城市建设标准专题汇编系列

建筑节能标准汇编

本社　编

中国建筑工业出版社

图书在版编目（CIP）数据

建筑节能标准汇编/本社编. —北京：中国建筑工业
出版社，2016.12
（城市建设标准专题汇编系列）
ISBN 978-7-112-19816-0

I. ①建… Ⅱ. ①本… Ⅲ. ①建筑-节能-标准-汇编-
中国 Ⅳ. ①TU111.4-65

中国版本图书馆 CIP 数据核字（2016）第 216949 号

责任编辑：丁洪良　何玮珂　孙玉珍

城市建设标准专题汇编系列
建筑节能标准汇编
本社　编

＊

中国建筑工业出版社出版、发行（北京西郊百万庄）
各地新华书店、建筑书店经销
北京红光制版公司制版
北京圣夫亚美印刷有限公司印刷

＊

开本：787×1092 毫米　1/16　印张：109　插页：12　字数：4016 千字
2016 年 11 月第一版　　2016 年 11 月第一次印刷
定价：**240.00** 元
ISBN 978-7-112-19816-0
（29357）

出　版　说　明

　　工程建设标准是建设领域实行科学管理，强化政府宏观调控的基础和手段。它对规范建设市场各方主体行为，确保建设工程质量和安全，促进建设工程技术进步，提高经济效益和社会效益具有重要的作用。

　　时隔 37 年，党中央于 2015 年底召开了"中央城市工作会议"。会议明确了新时期做好城市工作的指导思想、总体思路、重点任务，提出了做好城市工作的具体部署，为今后一段时期的城市工作指明了方向、绘制了蓝图、提供了依据。为深入贯彻中央城市工作会议精神，做好城市建设工作，我们根据中央城市工作会议的精神和住房城乡建设部近年来的重点工作，推出了《城市建设标准专题汇编系列》，为广大管理和工程技术人员提供技术支持。《城市建设标准专题汇编系列》共 13 分册，分别为：

　　1.《城市地下综合管廊标准汇编》

　　2.《海绵城市标准汇编》

　　3.《智慧城市标准汇编》

　　4.《装配式建筑标准汇编》

　　5.《城市垃圾标准汇编》

　　6.《养老及无障碍标准汇编》

　　7.《绿色建筑标准汇编》

　　8.《建筑节能标准汇编》

　　9.《高性能混凝土标准汇编》

　　10.《建筑结构检测维修加固标准汇编》

　　11.《建筑施工与质量验收标准汇编》

　　12.《建筑施工现场管理标准汇编》

　　13.《建筑施工安全标准汇编》

　　本次汇编根据"科学合理，内容准确，突出专题"的原则，参考住房和城乡建设部发布的"工程建设标准体系"，对工程建设中影响面大、使用面广的标准规范进行筛选整合，汇编成上述《城市建设标准专题汇编系列》。各分册中的标准规范均以"条文＋说明"的形式提供，便于读者对照查阅。

　　需要指出的是，标准规范处于一个不断更新的动态过程，为使广大读者放心地使用以上规范汇编本，我们将在中国建筑工业出版社网站上及时提供标准规范的制订、修订等信息。详情请点击 www.cabp.com.cn 的"规范大全园地"。我们诚恳地希望广大读者对标准规范的出版发行提供宝贵意见，以便于改进我们的工作。

目　录

《工业建筑供暖通风与空气调节设计规范》GB 50019—2015 ·············· 1—1

《民用建筑热工设计规范》GB 50176—93 ························ 2—1

《建筑气候区划标准》GB 50178—93 ························ 3—1

《公共建筑节能设计标准 》GB 50189—2015 ························ 4—1

《地源热泵系统工程技术规范》GB 50366—2005（2009 年版） ·········· 5—1

《建筑节能工程施工质量验收规范》GB 50411—2007 ·············· 6—1

《太阳能供热采暖工程技术规范 》GB 50495—2009 ·············· 7—1

《节能建筑评价标准》GB/T 50668—2011 ·············· 8—1

《民用建筑供暖通风与空气调节设计规范》GB 50736—2012 ·········· 9—1

《民用建筑太阳能空调工程技术规范》GB 50787—2012 ·············· 10—1

《可再生能源建筑应用工程评价标准》GB/T 50801—2013 ·············· 11—1

《农村居住建筑节能设计标准》GB/T 50824—2013 ·············· 12—1

《供热系统节能改造技术规范》GB/T 50893—2013 ·············· 13—1

《建筑节能基本术语标准》GB/T 51140—2015 ·············· 14—1

《严寒和寒冷地区居住建筑节能设计标准》JGJ 26—2010 ·············· 15—1

《夏热冬暖地区居住建筑节能设计标准》JGJ 75—2012 ·············· 16—1

《既有居住建筑节能改造技术规程》JGJ/T 129—2012 ·············· 17—1

《居住建筑节能检测标准》JGJ/T 132—2009 ·············· 18—1

《夏热冬冷地区居住建筑节能设计标准》JGJ 134—2010 ·············· 19—1

《辐射供暖供冷技术规程》JGJ 142—2012 ·············· 20—1

《外墙外保温工程技术规程》JGJ 144—2004 ·············· 21—1

《建筑门窗玻璃幕墙热工计算规程》JGJ/T 151—2008 ·············· 22—1

《民用建筑能耗数据采集标准》JGJ/T 154—2007 ·············· 23—1

《蓄冷空调工程技术规程》JGJ 158—2008 ·············· 24—1

《供热计量技术规程》JGJ 173—2009 ·············· 25—1

《多联机空调系统工程技术规程》JGJ 174—2010 ·············· 26—1

《公共建筑节能改造技术规范》JGJ 176—2009 ·············· 27—1

《公共建筑节能检测标准》JGJ/T 177—2009 ·············· 28—1

《民用建筑太阳能光伏系统应用技术规范》JGJ 203—2010 ·············· 29—1

《采暖通风与空气调节工程检测技术规程》JGJ/T 260—2011 ·············· 30—1

《外墙内保温工程技术规程》JGJ/T 261—2011 ·············· 31—1

《被动式太阳能建筑技术规范》JGJ/T 267—2012 ·············· 32—1

《公共建筑能耗远程监测系统技术规程》JGJ/T 285—2014 ·············· 33—1

《建筑反射隔热涂料节能检测标准》JGJ/T 287—2014 ·············· 34—1

《建筑能效标识技术标准》JGJ/T 288—2012 ·············· 35—1

《城市照明节能评价标准》JGJ/T 307—2013 ·················· 36—1

《变风量空调系统工程技术规程》JGJ 343—2014 ·················· 37—1

《建筑节能气象参数标准》JGJ/T 346—2014 ·················· 38—1

《建筑热环境测试方法标准》JGJ/T 347—2014 ·················· 39—1

《围护结构传热系数现场检测技术规程》JGJ/T 357—2015 ·················· 40—1

《城镇供热系统节能技术规范》CJJ/T 185—2012 ·················· 41—1

中华人民共和国国家标准

工业建筑供暖通风与空气调节设计规范

Design code for heating ventilation and
air conditioning of industrial buildings

GB 50019—2015

主编部门：中 国 有 色 金 属 工 业 协 会
批准部门：中华人民共和国住房和城乡建设部
施行日期：２０１６年２月１日

中华人民共和国住房和城乡建设部
公　告

第 822 号

住房城乡建设部关于发布国家标准
《工业建筑供暖通风与空气调节设计规范》的公告

现批准《工业建筑供暖通风与空气调节设计规范》为国家标准，编号为 GB 50019—2015，自 2016 年 2 月 1 日起实施。其中，第 5.4.12、5.5.2、5.7.4、5.8.17、6.1.13、6.2.2、6.3.2、6.3.10、6.4.7、6.9.2、6.9.3、6.9.9、6.9.12、6.9.13、6.9.15、6.9.19、6.9.30、8.5.6、9.1.2、9.4.4（4）、9.7.12、9.11.3、10.2.12、11.2.11、11.6.7 条（款）为强制性条文，必须严格执行。原国家标准

《采暖通风与空气调节设计规范》GB 50019—2003 同时废止。

本规范由我部标准定额研究所组织中国计划出版社出版发行。

中华人民共和国住房和城乡建设部

2015 年 5 月 11 日

前　言

本规范是根据住房和城乡建设部《关于印发〈2012 年工程建设标准规范制订修订计划〉的通知》（建标〔2012〕5 号）的要求，由中国有色工程有限公司、中国恩菲工程技术有限公司会同有关单位对原国家标准《采暖通风与空气调节设计规范》GB 50019—2003 进行修订而成的。

本规范在修订过程中，修订组进行了广泛深入地调查研究，认真总结了实践经验，吸取了近年来有关科研成果，借鉴有关国际标准和国外先进标准，广泛征求意见，并对一些重要问题进行了专题研究和反复讨论，最后经审查定稿。

本规范共分 13 章和 11 个附录，主要内容包括总则、术语、基本规定、室内外设计计算参数、供暖、通风、除尘与有害气体净化、空气调节、冷源与热源、矿井空气调节、监测与控制、消声与隔振、绝热与防腐等。

本规范本次修订的主要内容有：

1. 对适用范围进行调整；

2. 将空气调节冷热源名称调整为冷源与热源，对监测与控制的内容进行了调整；

3. 增加了蒸发冷却冷水机组、冷热电联供、局部排风罩、防火与防爆、有害气体净化、真空吸尘、粉尘输送、喷雾抑尘、排气筒、蒸发冷却冷水机组、冷热电联供、矿井空气调节、绝热与防腐等相关规定；

4. 增加了室外空气计算参数、室外空气计算温度简化统计方法、局部送风的计算。

本规范中以黑体字标志的条文为强制性条文，必须严格执行。

本规范由住房和城乡建设部负责管理和对强制性条文的解释，由中国有色金属工业工程建设标准规范管理处负责日常管理工作，由中国恩菲工程技术有限公司负责具体技术内容的解释。本规范在执行过程中如有意见和建议，请将有关意见和建议反馈给中国恩菲工程技术有限公司（地址：北京市海淀区复兴路 12 号，邮政编码：100038），以供今后修订时参考。

本规范主编单位、参编单位、参加单位、主要起草人和主要审查人：

主 编 单 位：中国有色工程有限公司
　　　　　　　中国恩菲工程技术有限公司

参 编 单 位：中国疾病预防控制中心
　　　　　　　中国电子工程设计院
　　　　　　　中冶京诚工程技术有限公司
　　　　　　　上海市机电设计研究院有限公司
　　　　　　　中国航空规划建设发展有限公司
　　　　　　　广东启源建筑工程设计院有限公司
　　　　　　　机械工业第六设计研究院有限公司
　　　　　　　中国昆仑工程公司
　　　　　　　中国瑞林工程技术有限公司
　　　　　　　昆明有色冶金设计研究院股份公司

长沙有色冶金设计研究院有限公司

中国建筑科学研究院

清华大学

同济大学

哈尔滨工业大学

西安建筑科技大学

广州大学

重庆大学

东华大学

西安工程大学

湖南大学

参加单位：上海拓邦电子有限公司

河南乾丰暖通科技股份有限公司

洁华控股股份有限公司

南通昆仑空调有限公司

约克（无锡）空调冷冻设备有限
公司

唐纳森（无锡）过滤器有限公司

澳蓝（福建）实业有限公司

主要起草人：任兆成 罗 英 高 波 邓有源
欧阳施化 戴自祝 秦学礼 袁志明
陈佩文 叶 鸣 赵 波 赵 炬
刘 强 舒春林 朱映莉 许小云
路 宾 郑 翔 李先庭 王福林
燕 达 张 崎 赵晓宇 张 旭
刘 东 周 翔 赵加宁 董重成
刘 京 姜益强 李安桂 冀兆良
李百战 李 楠 沈恒根 黄 翔
张国强 韩 杰 钱怡松 叶方涛
胡洪明 孟 辉

主要审查人：潘云刚 丁力行 李著萱 江 亿
罗继杰 张家平 李娥飞 魏占和
刘文清 赵继豪 孙敏生 张小慧
李建功 周 敏 宋 波

目　次

1　总则 ……………………………… 1—8

2　术语 ……………………………… 1—8

3　基本规定 ………………………… 1—8

4　室内外设计计算参数 …………… 1—8

  4.1　室内空气设计参数 ………… 1—8

  4.2　室外空气计算参数 ………… 1—9

  4.3　夏季太阳辐射照度 ………… 1—10

5　供暖 ……………………………… 1—10

  5.1　一般规定 …………………… 1—10

  5.2　热负荷 ……………………… 1—11

  5.3　散热器供暖 ………………… 1—12

  5.4　热水辐射供暖 ……………… 1—12

  5.5　燃气红外线辐射供暖 ……… 1—13

  5.6　热风供暖及热空气幕 ……… 1—14

  5.7　电热供暖 …………………… 1—14

  5.8　供暖管道 …………………… 1—14

  5.9　供暖热计量及供暖调节 …… 1—15

6　通风 ……………………………… 1—15

  6.1　一般规定 …………………… 1—15

  6.2　自然通风 …………………… 1—16

  6.3　机械通风 …………………… 1—16

  6.4　事故通风 …………………… 1—17

  6.5　隔热降温 …………………… 1—17

  6.6　局部排风罩 ………………… 1—18

  6.7　风管设计 …………………… 1—18

  6.8　设备选型与配置 …………… 1—19

  6.9　防火与防爆 ………………… 1—19

7　除尘与有害气体净化 …………… 1—20

  7.1　一般规定 …………………… 1—20

  7.2　除尘 ………………………… 1—20

  7.3　有害气体净化 ……………… 1—21

  7.4　设备布置 …………………… 1—21

  7.5　排气筒 ……………………… 1—22

  7.6　抑尘及真空清扫 …………… 1—22

  7.7　粉尘输送 …………………… 1—22

8　空气调节 ………………………… 1—22

  8.1　一般规定 …………………… 1—22

  8.2　负荷计算 …………………… 1—23

  8.3　空气调节系统 ……………… 1—24

  8.4　气流组织 …………………… 1—25

  8.5　空气处理 …………………… 1—26

9　冷源与热源 ……………………… 1—27

  9.1　一般规定 …………………… 1—27

  9.2　电动压缩式冷水机组 ……… 1—27

  9.3　溴化锂吸收式机组 ………… 1—28

  9.4　热泵 ………………………… 1—28

  9.5　蒸发冷却冷水机组 ………… 1—28

  9.6　冷热电联供 ………………… 1—29

  9.7　蓄冷、蓄热 ………………… 1—29

  9.8　换热装置 …………………… 1—29

  9.9　空气调节冷热水及冷凝水系统 … 1—29

  9.10　空气调节冷却水系统 ……… 1—31

  9.11　制冷和供热机房 …………… 1—31

10　矿井空气调节 ………………… 1—32

  10.1　井筒保温 …………………… 1—32

  10.2　深热矿井空气调节 ………… 1—32

11　监测与控制 …………………… 1—33

  11.1　一般规定 …………………… 1—33

  11.2　传感器和执行器 …………… 1—33

  11.3　供暖系统 …………………… 1—34

  11.4　通风系统 …………………… 1—34

  11.5　除尘与净化系统 …………… 1—34

  11.6　空气调节系统 ……………… 1—34

  11.7　冷热源及其水系统 ………… 1—34

12　消声与隔振 …………………… 1—35

  12.1　一般规定 …………………… 1—35

  12.2　消声与隔声 ………………… 1—35

  12.3　隔振 ………………………… 1—35

13　绝热与防腐 …………………… 1—35

  13.1　绝热 ………………………… 1—35

  13.2　防腐 ………………………… 1—36

附录A　室外空气计算参数 ……… 1—36

附录B　室外空气计算温度简化
　　　　统计方法 ………………… 1—69

附录C　夏季太阳总辐射照度 …… 1—70

附录D　夏季透过标准窗玻璃的
　　　　太阳辐射照度 …………… 1—77

附录E　夏季空气调节设计用

　　　大气透明度分布图 ……………… 1—88

附录 F　加热由门窗缝隙渗入室内
　　　的冷空气的耗热量 …………… 1—88

附录 G　渗透冷空气量的朝向修
　　　正系数 n 值 ………………… 1—89

附录 H　自然通风的计算 …………… 1—90

附录 J　局部送风的计算 …………… 1—91

附录 K　除尘风管的最小风速 ……… 1—91

附录 L　蓄冰装置容量与双工况制冷机
　　　空调工况制冷量 ……………… 1—92

本规范用词说明 ……………………… 1—92

引用标准名录 ………………………… 1—92

附：条文说明 ………………………… 1—93

Contents

1 General provisions .... 1—8

2 Terms .... 1—8

3 Basic requirements .... 1—8

4 Indoor and outdoor
  design conditions .... 1—8

  4.1 Indoor air design conditions .... 1—8

  4.2 Outdoor air design conditions .... 1—9

  4.3 Solar irradiance in summer .... 1—10

5 Heating .... 1—10

  5.1 General requirements .... 1—10

  5.2 Heating load calculation .... 1—11

  5.3 Radiator heating .... 1—12

  5.4 Hot water radiant heating .... 1—12

  5.5 Gas-fired infrared heating .... 1—13

  5.6 Warm air heating and
      warm air curtain .... 1—14

  5.7 Electric heating .... 1—14

  5.8 Heating pipeline design .... 1—14

  5.9 Heating metering and control .... 1—15

6 Ventilation .... 1—15

  6.1 General requirements .... 1—15

  6.2 Natural ventilation .... 1—16

  6.3 Mechanical ventilation .... 1—16

  6.4 Emergency ventilation .... 1—17

  6.5 Heat insulation and cooling .... 1—17

  6.6 Exhaust hood .... 1—18

  6.7 Duct design .... 1—18

  6.8 Equipment selection and layout ...... 1—19

  6.9 Fire protection and
      explosion proofing .... 1—19

7 Dust removal and cleaning of harmful
  gas and vapor .... 1—20

  7.1 General requirements .... 1—20

  7.2 Dust removal .... 1—20

  7.3 Cleaning of harmful gas and vapor ... 1—21

  7.4 Equipment layout .... 1—21

  7.5 Exhaust vertical pipe .... 1—22

  7.6 Dust inhibition .... 1—22

  7.7 Transportation of dust .... 1—22

8 Air conditioning .... 1—22

  8.1 General requirements .... 1—22

  8.2 Load calculation .... 1—23

  8.3 Air system .... 1—24

  8.4 Space air diffusion .... 1—25

  8.5 Air handling .... 1—26

9 Heating & cooling source .... 1—27

  9.1 General requirements .... 1—27

  9.2 Compression-type water chiller ...... 1—27

  9.3 Lithium-bromide absorption-type
      water chiller .... 1—28

  9.4 Heat pump .... 1—28

  9.5 Evaporative water chiller .... 1—28

  9.6 Combined cool, heat and power ..... 1—29

  9.7 Thermal storage .... 1—29

  9.8 Heat exchanger .... 1—29

  9.9 Hot & chilled water system and
      condensed water system .... 1—29

  9.10 Cooling water system .... 1—31

  9.11 Refrigeration and heating room .... 1—31

10 Mine air conditioning .... 1—32

  10.1 Mine air heating .... 1—32

  10.2 Mine air cooling .... 1—32

11 Monitor and control .... 1—33

  11.1 General requirements .... 1—33

  11.2 Transdducer and actuator .... 1—33

  11.3 Monitor and control of
       heating system .... 1—34

  11.4 Monitor and control of
       ventilation system .... 1—34

  11.5 Monitor and control of exhaust gas
       cleaning system .... 1—34

  11.6 Monitor and control of air
       conditioning system .... 1—34

  11.7 Monitor and coontrol of heating
       and cooling source .... 1—34

12 Noise reduction and vibration
   isolation .... 1—35

  12.1 General requirements .... 1—35

12. 2 Noise reduction and
sound insulation ·················· 1—35
12. 3 Vibration isolation ················· 1—35
13 Heat insulation and corrosion
prevention ························· 1—35
13. 1 Heating insulation ················ 1—35
13. 2 Corrosion prevention ············ 1—36
Appendix A Outdoor air design
conditions ·············· 1—36
Appendix B Simplified statistic methods
for outdoor air design
temperature ············· 1—69
Appendix C Global solar irradiance for
summer ················· 1—70
Appendix D Solar irradiance through
standard window glass
for summer ············· 1—77
Appendix E Distribution map of
atmospheric transparency
for summer air
conditioning ············ 1—88

Appendix F Heat loss for heating
cold air infiltrated
through gaps of doors
and windows ············ 1—88
Appendix G Orientation correction
factor for cold air
infiltration ············· 1—89
Appendix H Calculation of natural
ventilation ············· 1—90
Appendix J Calculation of local air
supply system ········· 1—91
Appendix K Minimum velocity in the
dust removal pipe ········ 1—91
Appendix L Capacity of ice storage
equipment and standard
reting of duplex
refrigerating machine ······ 1—92
Explanation of wording in this code ··· 1—92
List of quoted standards ················ 1—92
Addition: Explanation of provisions ··· 1—93

1 总 则

1.0.1 为了工业企业改善劳动条件,提高劳动生产率,保证产品质量和人身安全,在供暖、通风与空气调节设计中采用先进技术,合理利用和节约能源与资源,保护环境,制定本规范。

1.0.2 本规范适用于新建、扩建和改建的工业建筑物及构筑物的供暖、通风与空气调节设计。本规范不适用于有特殊用途、特殊净化与特殊防护要求的建筑物、洁净厂房以及临时性建筑物的供暖、通风与空气调节设计。

1.0.3 供暖、通风与空气调节设计方案应根据生产工艺要求以及建筑物的用途与功能、使用要求、冷热负荷构成特点、环境条件、能源状况,结合现行国家相关卫生、安全、节能、环保等方针政策,会同相关专业通过综合技术经济比较确定。在设计中宜采用新技术、新工艺、新设备、新材料。

1.0.4 供暖、通风与空气调节设计中,应明确施工及验收的要求以及应执行的相关施工及验收规范。当对施工及验收有特殊要求时,应在设计文件中加以说明。

1.0.5 工业建筑供暖、通风与空气调节设计除应符合本规范外,尚应符合国家现行有关标准的规定。

2 术 语

2.0.1 工业建筑 industrial building

生产厂房、仓库、公用辅助建筑以及生活、行政辅助建筑的统称。

2.0.2 活动区 activity area

本规范中特指建筑物内人的活动区,一般指从地面、楼面或操作平台以上3m以内的空间。

2.0.3 工作地点 work site

人员从事职业活动或进行生产管理而经常或定时停留的岗位或作业地点。

2.0.4 爆炸性气体环境 explosive gas atmosphere

大气条件下,气体、蒸气或雾状的可燃物质与空气构成的混合物,在该混合物中点燃后,燃烧将传遍整个未燃烧混合物的环境。

2.0.5 干式除尘 dry-type collection

捕集下来的粉尘或烟尘呈干态,未增加含湿量的除尘方法。

2.0.6 湿式除尘 wet separation

捕集下来的粉尘或烟尘呈泥浆状的除尘方法。

2.0.7 工艺性空调 industrial air conditioning system

指以满足生产工艺要求为主,人员舒适为辅,对室内温度、湿度、洁净度有较高要求的空调系统。

2.0.8 舒适性空调 comfort air conditioning

为满足人员工作与生活需要设置的空调。

2.0.9 分区两管制冷水系统 zoning two-pipe water system

按建筑物的负荷特性将空气调节水路分为冷水和冷热水合用的两个两管制系统。

2.0.10 二流体加湿 two fluid humidification

利用压缩空气雾化水,并利用细水雾加湿空气的技术。

2.0.11 矿井空气调节 mine air conditioning

严寒及寒冷地区的矿井,为了防止冬季井口结冰或为了维持作业面一定的环境温度,对矿井进风进行加热的技术;以及原始岩温较高的热井或深井,为了维持作业面一定的环境温度,对矿井进行人工制冷、空调降温的技术。

3 基本规定

3.0.1 建筑室内环境的热舒适性评价应符合现行国家标准《中等热环境 PMV 和 PPD 指数的测定及热舒适条件的规定》GB/T 18049 的有关规定,评价指标预计平均热感觉指数(PMV)值宜大于或等于−1,并宜小于或等于1,预计不满意者的百分数(PPD)值宜小于或等于27%。

3.0.2 高温作业场所应采取隔热降温措施。高温作业场所应符合现行国家标准《高温作业分级》GB/T 4200 的有关规定,并应对作业环境进行分级、评价。

3.0.3 供暖、通风与空调设备应按设计工况选型。

3.0.4 在供暖、通风与空气调节系统设计中,应留有设备、管道及配件所必需的安装、操作和维修的空间,并应在建筑设计中预留安装和维修用的孔洞。对于大型设备及管道应设置运输通道和起吊设施。

3.0.5 在供暖、通风与空气调节设计中,对有可能造成人体伤害的设备及管道应采取安全防护措施。

3.0.6 位于地震区或湿陷性黄土地区的工程,在供暖、通风与空气调节设计中应根据需要分别采取防震和防沉降措施。

3.0.7 供暖空调系统的水质应符合现行国家标准《工业锅炉水质》GB/T 1576 或《采暖空调系统水质》GB/T 29044 的有关规定。

3.0.8 通风、空调及制冷设备在下列情况下应设置备用设备:

1 防毒、防爆通风设备,设备停止运行会造成安全事故,或仅允许设备短时间停止运行时;

2 通风、空调及制冷设备,设备停止运行会造成所负担区域工艺系统运行异常,且会造成经济损失甚至事故,危害较大时。

3.0.9 蒸汽凝结水应回收利用。

3.0.10 供暖、通风、空调系统在技术经济条件合理时,应进行余热回收。

3.0.11 供暖、通风、空调水系统设备、管道及其部件等,其工作压力不应大于允许承压。

4 室内外设计计算参数

4.1 室内空气设计参数

4.1.1 冬季室内设计温度应根据建筑物的用途采用,并应符合下列规定:

1 生产厂房、仓库、公用辅助建筑的工作地点应按劳动强度确定设计温度,并应符合下列规定:

  1)轻劳动应为18℃~21℃,中劳动应为16℃~18℃,重劳动应为14℃~16℃,极重劳动应为12℃~14℃;

  2)当每名工人占用面积大于50m²,工作地点设计温度轻劳动时可降低到10℃,中劳动时可降低至7℃,重劳动时可降低至5℃。

2 生活、行政辅助建筑物及生产厂房、仓库、公用辅助建筑的辅助用室的室内温度应符合下列规定:

  1)浴室、更衣室不应低于25℃;

  2)办公室、休息室、食堂不应低于18℃;

  3)盥洗室、厕所不应低于14℃。

3 生产工艺对厂房有温、湿度有要求时,应按工艺要求确定室内设计温度。

4 采用辐射供暖时，室内设计温度值可低于本条第1款～第3款规定值2℃~3℃。

5 严寒、寒冷地区的生产厂房、仓库、公用辅助建筑仅要求室内防冻时，室内防冻设计温度宜为5℃。

4.1.2 设置供暖的建筑物，冬季室内活动区的平均风速应符合下列规定：

1 生产厂房，当室内散热量小于23W/m³时，不宜大于0.3m/s；当室内散热量大于或等于23W/m³时，不宜大于0.5m/s；

2 公用辅助建筑，不宜大于0.3m/s。

4.1.3 空气调节室内设计参数应符合下列规定：

1 工艺性空气调节室内温湿度基数及其允许波动范围应根据工艺需要及卫生要求确定。活动区的风速，冬季不宜大于0.3m/s，夏季宜采用0.2m/s～0.5m/s；当室内温度高于30℃时，可大于0.5m/s。

2 舒适性空气调节室内设计参数宜符合表4.1.3的规定。

表4.1.3 空气调节室内设计参数

参 数	冬 季	夏 季
温度（℃）	18～24	25～28
风速（m/s）	≤0.2	≤0.3
相对湿度（%）		40～70

4.1.4 当工艺无特殊要求时，生产厂房夏季工作地点的温度可根据夏季通风室外计算温度及其与工作地点的允许最大温差进行设计，并不得超过表4.1.4的规定。

表4.1.4 夏季工作地点温度（℃）

夏季通风室外计算温度	≤22	23	24	25	26	27	28	29～32	≥33
允许最大温差	10	9	8	7	6	5	4	3	2
工作地点温度	≤32			32				32～35	35

4.1.5 生产厂房不同相对湿度下空气温度的上限值应符合表4.1.5的规定。

表4.1.5 生产厂房不同相对湿度下空气温度的上限值

相对湿度 Φ（%）	55≤Φ<65	65≤Φ<75	75≤Φ<85	≥85
温度（℃）	29	28	27	26

4.1.6 高温、强热辐射作业场所应采取隔热、降温措施，并应符合下列规定：

1 人员经常停留或靠近的高温地面或高温壁板，其表面平均温度不应大于40℃，瞬间最高温度不宜大于60℃。

2 在高温作业区附近应设置休息室。夏季休息室的温度宜为26℃～30℃。

3 特殊高温作业区应采取隔热措施，热辐射强度应小于700W/m²，室内温度不应大于28℃。

4.1.7 热辐射强度较高的作业场所采用局部送风系统时，工作地点的温度和平均风速应符合表4.1.7的规定。

表4.1.7 工作地点的温度和平均风速

热辐射照度	冬 季		夏 季	
（W/m²）	温度（℃）	风速（m/s）	温度（℃）	风速（m/s）
350～700	20～25	1～2	26～31	1.5～3
701～1400	20～25	1～3	26～30	2～4
1401～2100	18～22	2～3	25～29	3～5
2101～2800	18～22	3～4	24～28	4～6

注：1 轻劳动时，温度宜采用表中较高值，风速宜采用较低值；重劳动时，温度宜采用较低值，风速宜采用较高值；中劳动时，其数据可按插入法确定。

2 表中夏季工作地点的温度，对于夏热冬冷或夏热冬暖地区可提高2℃；对于累年最热月平均温度小于25℃的地区可降低2℃。

4.1.8 工业建筑室内空气质量应符合国家现行有关室内空气质量标准及职业卫生标准的规定。

4.1.9 工业建筑应保证每人不小于30m³/h的新风量。

4.2 室外空气计算参数

4.2.1 供暖室外计算温度应采用累年平均每年不保证5d的日平均温度。

4.2.2 冬季通风室外计算温度应采用历年最冷月月平均温度的平均值。

4.2.3 冬季空气调节室外计算温度应采用累年平均每年不保证1d的日平均温度。

4.2.4 冬季空气调节室外计算相对湿度应采用历年最冷月月平均相对湿度的平均值。

4.2.5 夏季空气调节室外计算干球温度应采用累年平均每年不保证50h的干球温度。

4.2.6 夏季空气调节室外计算湿球温度应采用累年平均每年不保证50h的湿球温度。

4.2.7 夏季通风室外计算温度应采用历年最热月14时平均温度的平均值。

4.2.8 夏季通风室外计算相对湿度应采用历年最热月14时平均相对湿度的平均值。

4.2.9 夏季空气调节室外计算日平均温度应采用累年平均每年不保证5天的日平均温度。

4.2.10 夏季空气调节室外计算逐时温度可按下列公式确定：

$$t_{sh} = t_{wp} + \beta \Delta t_r \qquad (4.2.10-1)$$

$$\Delta t_r = \frac{t_{wg} - t_{wp}}{0.52} \qquad (4.2.10-2)$$

式中：t_{sh}——室外计算逐时温度（℃）；

t_{wp}——夏季空气调节室外计算日平均温度（℃），按本规范第4.2.9条采用；

β——室外温度逐时变化系数，按表4.2.10采用；

Δt_r——夏季室外计算平均日较差；

t_{wg}——夏季空气调节室外计算干球温度（℃），按本规范第4.2.5条采用。

表4.2.10 室外温度逐时变化系数

时刻	1	2	3	4	5	6
β	−0.35	−0.38	−0.42	−0.45	−0.47	−0.41
时刻	7	8	9	10	11	12
β	−0.28	−0.12	0.03	0.16	0.29	0.40
时刻	13	14	15	16	17	18
β	0.48	0.52	0.51	0.43	0.39	0.28
时刻	19	20	21	22	23	24
β	0.14	0.00	−0.10	−0.17	−0.23	−0.26

4.2.11 当室内温、湿度确需全年保证时，应另行确定空气调节室外计算参数。

4.2.12 室外平均风速的采用应符合下列规定：

1 冬季室外平均风速应采用累年最冷3个月各月平均风速的平均值。

2 冬季室外最多风向的平均风速应采用累年最冷3个月最多风向（静风除外）的各月平均风速的平均值。

3 夏季室外平均风速应采用累年最热3个月各月平均风速的平均值。

4.2.13 最多风向及其频率的采用应符合下列规定：

1 冬季最多风向及其频率应采用累年最冷3个月的最多风向及其平均频率；

2 夏季最多风向及其频率应采用累年最热3个月的最多风向及其平均频率；

3 年最多风向及其频率应采用累年最多风向及其平均频率。

4.2.14 冬季日照百分率应采用累年最冷3个月各月平均日照百分率的平均值。

4.2.15 室外大气压力的采用应符合下列规定：

1 冬季室外大气压力应采用累年最冷3个月各月平均大气压力的平均值；

2 夏季室外大气压力应采用累年最热3个月各月平均大气压力的平均值。

4.2.16 设计计算用供暖期天数及供暖室外临界温度的选取应符合下列规定：

1 设计计算用供暖期天数应按累年日平均温度稳定低于或等于供暖室外临界温度的总日数确定；

2 工业建筑供暖室外临界温度宜采用5℃。

4.2.17 极端最高气温应采用累年极端最高气温。

4.2.18 极端最低气温应采用累年极端最低气温。

4.2.19 历年极端最高气温平均值应采用历年极端最高气温的平均值。

4.2.20 历年极端最低气温平均值应采用历年极端最低气温的平均值。

4.2.21 累年最低日平均温度应采用累年日平均温度中的最低值。

4.2.22 累年最热月平均相对湿度应采用累年月平均温度最高的月份的平均相对湿度。

4.2.23 夏季空气调节室外逐时计算焓值可采用24个时刻累年平均每年不保证7h的空气焓值。

4.2.24 室外计算参数的统计年份宜采用近30年。不足30年者，应按实有年份采用，但不得少于10年；少于10年时，应对统计结果进行修正。

4.2.25 设计用室外空气计算参数，应从本规范附录A中与建设地地理和气候条件接近的气象台站中选取。确有必要时，应自行调查室外气象参数，并应按本规范第4.2.1～4.2.24条确定的统计方法形成设计用室外空气计算参数。基本观测数据不满足使用要求时，其冬夏两季室外计算参数，可按本规范附录B所列的简化统计方法确定。

4.3 夏季太阳辐射照度

4.3.1 夏季太阳辐射照度应根据当地的地理纬度、大气透明度和大气压力，按7月21日的太阳赤纬计算确定。

4.3.2 建筑物各朝向垂直面与水平面的太阳总辐射照度可按本规范附录C采用。

4.3.3 透过建筑物各朝向垂直面与水平面标准窗玻璃的太阳直接辐射照度和散射辐射照度可按本规范附录D采用。

4.3.4 采用本规范附录C和附录D时，当地的大气透明度等级应根据本规范附录E及夏季大气压力按表4.3.4确定。

表4.3.4 大气透明度等级

本规范附录C规定的大气透明度等级	下列大气压力(hPa)时的透明度等级							
	650	700	750	800	850	900	950	1000
1	1	1	1	1	1	1	1	1
2	1	1	1	1	2	2	2	2
3	1	2	2	2	3	3	3	3
4	2	2	3	3	4	4	4	4
5	3	3	4	4	4	5	5	5
6	4	4	4	5	5	6	6	6

5 供 暖

5.1 一般规定

5.1.1 供暖方式的选择应根据建筑物的功能及规模、所在地区气象条件、能源状况、能源政策、环保等要求，通过技术经济比较确定。

5.1.2 累年日平均温度稳定低于或等于5℃的日数大于或等于90d的地区，宜采用集中供暖。

5.1.3 符合下列条件之一的地区，有余热可供利用或经济条件许可时，可采用集中供暖：

1 累年日平均温度稳定低于或等于5℃的日数为60d～89d；

2 累年日平均温度稳定低于或等于5℃的日数不足60d，但累年日平均温度稳定低于或等于8℃的日数大于或等于75d。

5.1.4 严寒地区和寒冷地区的工业建筑，在非工作时间或中断使用的时间内，当室内温度需要保持在0℃以上，而利用房间蓄热量不能满足要求时，应按5℃设置值班供暖。当工艺或使用条件有特殊要求时，可根据需要另行确定值班供暖所需维持的室内温度。

5.1.5 位于集中供暖区的工业建筑，如工艺对室内温度无特殊要求，且每名工人占用的建筑面积超过100m²时，宜在固定工作地点设置局部供暖，工作地点不固定时应设置取暖室。

5.1.6 除外窗、阳台门和天窗外，设置全面供暖的建筑物，其围护结构的最小传热阻不得小于按下列公式计算所得值：

$$R_{o,min} = k \frac{a(t_n - t_e)}{\Delta t_y \alpha_n} \quad (5.1.6-1)$$

或

$$R_{o,min} = k \frac{a(t_n - t_e)}{\Delta t_y} R_n \quad (5.1.6-2)$$

式中：$R_{o,min}$——围护结构的最小传热阻(m²·℃/W)；

t_n——冬季室内计算温度(℃)，按本规范第4.1节和表5.1.6-1采用；

t_e——冬季围护结构室外计算温度(℃)，按表5.1.6-2采用；

a——围护结构温差修正系数，按表5.1.6-3采用；

Δt_y——冬季室内计算温度与围护结构内表面温度的允许温差(℃)，按表5.1.6-4采用；

a_n——围护结构内表面换热系数[W/(m²·℃)]，按表5.1.6-5采用；

R_n——围护结构内表面换热阻(m²·℃/W)，按表5.1.6-5采用；

k——最小传热阻修正系数，砖石墙体取0.95，外门取0.60，其他取1。

表5.1.6-1 冬季室内计算温度

围护结构	层高<4m	层高≥4m
地面		$t_n = t_g$
外墙	$t_n = t_g$	$t_n = t_{np} = \dfrac{t_g + t_d}{2}$
屋顶		$t_n = t_d = t_g + \Delta t_h(H-2)$

注：t_n为冬季室内计算温度(℃)，t_d为屋顶下的温度(℃)，t_g为工作地点温度(℃)，t_{np}为室内平均温度(℃)，Δt_h为温度梯度(℃/m)，H为房间高度(m)。

表5.1.6-2 冬季围护结构室外计算温度t_e(℃)

围护结构类型	热惰性指标D值	t_e的取值(℃)
I	>6.0	$t_e = t_{wn}$
II	4.1～6.0	$t_e = 0.6t_{wn} + 0.4t_{e,min}$
III	1.6～4.0	$t_e = 0.3t_{wn} + 0.7t_{e,min}$
IV	≤1.5	$t_e = t_{e,min}$

注：t_{wn}和$t_{e,min}$分别为供暖室外计算温度和累年最低日平均温度(℃)。

表5.1.6-3 温差修正系数a

围护结构特征	a
外墙、屋顶、地面以及与室外相通的楼板等	1.00
闷顶和与室外空气相通的非供暖地下室上面的楼板等	0.90
与有外门窗的不供暖楼梯间相邻的隔墙(1层～6层建筑)	0.60
与有外门窗的不供暖楼梯间相邻的隔墙(7层～30层建筑)	0.50
非供暖地下室上面的楼板，外墙上有窗时	0.75
非供暖地下室上面的楼板，外墙上无窗且位于室外地坪以上时	0.60
非供暖地下室上面的楼板，外墙上无窗且位于室外地坪以下时	0.40
与有外门窗的非供暖房间相邻的隔墙	0.70
与无外门窗的非供暖房间相邻的隔墙	0.40
伸缩缝墙、沉降缝墙	0.30
防震缝墙	0.70

表 5.1.6-4　允许温差 Δt_y 值(℃)

建筑物及房间类别	外墙	屋顶
室内空气干燥或正常的工业企业辅助建筑物	7.0	5.5
室内空气干燥的生产厂房	10.0	8.0
室内空气湿度正常的生产厂房	8.0	7.0
室内空气潮湿的公共建筑、生产厂房及辅助建筑物: 当不允许外墙和顶棚内表面结露时	$t_n - t_l$	$0.8(t_n - t_l)$
当仅不允许顶棚内表面结露时	7.0	$0.9(t_n - t_l)$
室内空气潮湿且具有腐蚀性介质的生产厂房	$t_n - t_l$	$t_n - t_l$
室内散热量大于 23W/m³,且计算相对湿度不大于 50%的生产厂房	12.0	12.0

注: 1　室内空气干湿程度的区分应根据室内温度和相对湿度按表 5.1.6-6 确定。
　　2　与室外空气相通的楼板和非供暖地下室上面的楼板,其允许温差 Δt_y 值可采用 2.5℃。
　　3　t_n 为冬季室内计算温度;t_l 为在室内计算温度和相对湿度状况下的露点温度(℃)。

表 5.1.6-5　内表面换热系数 α_n 和换热阻值 R_n

围护结构内表面特征	α_n [W/(m²·℃)]	R_n(m²·℃/W)
墙、地面、表面平整或有肋状突出物的顶棚,当 $\dfrac{h}{s} \le 0.3$ 时	8.7	0.115
有肋状突出物的顶棚,当 $\dfrac{h}{s} > 0.3$ 时	7.6	0.132

注: h 为肋高(m);s 为肋间净距(m)。

表 5.1.6-6　室内空气干湿程度的区分

类别	室内温度(℃)　　相对湿度(%) ≤12	13~24	>24
干燥	≤60	≤50	≤40
正常	61~75	51~60	41~50
较湿	>75	61~75	51~60
潮湿		>75	>60

5.1.7　集中供暖系统的热媒应根据建筑物的用途、供热情况和当地气候特点等条件,经技术经济比较确定,并应符合下列规定:

　　1　当厂区只有供暖用热或以供暖用热为主时,应采用热水作热媒;

　　2　当厂区供热以工艺蒸汽为主时,生产厂房、仓库、公用辅助建筑物可采用蒸汽作热媒,生活、行政辅助建筑物应采用热水作热媒;

　　3　利用余热或可再生能源供暖时,热媒及其参数可根据具体情况确定;

　　4　热水辐射供暖系统的热媒应符合本规范第 5.4 节的规定。

5.2　热　负　荷

5.2.1　冬季供暖通风系统的热负荷应根据建筑物下列耗热量和得热量确定。不经常的散热量可不计算。经常而不稳定的散热量应采用小时平均值。

　　1　围护结构的耗热量;

　　2　加热由门窗缝隙渗入室内的冷空气的耗热量;

　　3　加热由门、孔洞及相邻房间侵入的冷空气的耗热量;

　　4　水分蒸发的耗热量;

　　5　加热从外部运入的冷物料和运输工具的耗热量;

　　6　通风耗热量;

　　7　最小负荷班的工艺设备散热量;

　　8　热管道及其他热表面的散热量;

　　9　热物料的散热量;

　　10　通过其他途径散失或获得的热量。

5.2.2　围护结构的耗热量应包括基本耗热量和附加耗热量。

5.2.3　围护结构的基本耗热量应按下式计算:

$$Q = \alpha F K(t_n - t_{wn}) \tag{5.2.3}$$

式中:Q——围护结构的基本耗热量(W);

　　α——围护结构温差修正系数,按本规范表 5.1.6-3 采用;

　　F——围护结构的面积(m²);

　　K——围护结构平均传热系数[W/(m²·℃)],按本规范公式(5.2.4)计算;

　　t_n——供暖室内计算温度(℃);

　　t_{wn}——供暖室外计算温度(℃)。

5.2.4　围护结构平均传热系数应按下式计算:

$$K = \dfrac{\phi}{\dfrac{1}{\alpha_n} + \sum \dfrac{\delta}{\alpha_\lambda \cdot \lambda} + R_k + \dfrac{1}{\alpha_w}} \tag{5.2.4}$$

式中:K——围护结构平均传热系数[W/(m²·℃)];

　　α_n——围护结构内表面换热系数[W/(m²·℃)],按本规范表 5.1.6-5 采用;

　　α_w——围护结构外表面换热系数[W/(m²·℃)],按表 5.2.4-1 采用;

　　δ——围护结构主断面各层材料厚度(m);

　　λ——围护结构主断面各层材料导热系数[W/(m·℃)];

　　α_λ——材料导热系数的修正系数,按表 5.2.4-2 采用;

　　R_k——主断面封闭的空气间层的热阻(m²·℃/W),按表 5.2.4-3 采用;

　　ϕ——考虑热桥影响,对主断面传热系数的修正系数。

表 5.2.4-1　外表面换热系数 α_w 和换热阻 R_w 值

围护结构外表面特征	α_w [W/(m²·℃)]	R_w (m²·℃/W)
外墙和屋顶	23	0.04
与室外空气相通的非供暖地下室上面的楼板	17	0.06
闷顶和外墙上有窗的非供暖地下室上面的楼板	12	0.08
外墙上无窗的非供暖地下室上面的楼板	6	0.17

表 5.2.4-2　材料导热系数的修正系数 α_λ

材料、构造、施工、地区及说明	α_λ
作为夹芯层浇筑在混凝土墙体及屋面构件中的块状多孔保温材料,因干燥缓慢及灰缝影响	1.60
铺设在密闭屋面中的多孔保温材料,因干燥缓慢	1.50
铺设在密闭屋面中及作为夹芯层浇筑在混凝土构件中的半硬质矿棉、岩棉、玻璃棉板等,因压缩及吸湿	1.20
作为夹芯层浇筑在混凝土构件中的泡沫塑料等,因压缩	1.20
开孔型保温材料,表面抹灰或与混凝土浇筑在一起,因灰浆掺入	1.30
加气混凝土、泡沫混凝土砌块墙体及加气混凝土条板墙体、屋面,因灰缝影响	1.25
填充在空心墙及屋面构件中的松散保温材料,因下沉	1.20
矿渣混凝土、炉渣混凝土、浮石混凝土、粉煤灰陶粒混凝土、加气混凝土等实心墙体及屋面构件,在严寒地区,且在室内平均相对湿度超过 65%的供暖房间内使用,因干燥缓慢	1.15

表 5.2.4-3　封闭的空气间层热阻值 R_k(m²·℃/W)

位置、热流状态及材料特性		间层厚度(mm)					
		5	10	20	30	40	50	60
一般空气间层	热流向下(水平、倾斜)	0.10	0.14	0.17	0.18	0.19	0.20	0.20
	热流向上(水平、倾斜)	0.10	0.14	0.15	0.16	0.17	0.17	0.17
	垂直空气间层	0.10	0.14	0.16	0.17	0.18	0.18	0.18
单面铝箔空气间层	热流向下(水平、倾斜)	0.16	0.28	0.43	0.51	0.57	0.60	0.64
	热流向上(水平、倾斜)	0.16	0.26	0.35	0.40	0.42	0.42	0.43
	垂直空气间层	0.16	0.26	0.39	0.44	0.47	0.49	0.50

续表 5.2.4-3

位置、热流状态及材料特性		间层厚度(mm)						
		5	10	20	30	40	50	60
双面铝箔空气间层	热流向下(水平、倾斜)	0.18	0.34	0.56	0.71	0.84	0.94	1.01
	热流向上(水平、倾斜)	0.17	0.29	0.45	0.52	0.56	0.56	0.57
	垂直空气间层	0.18	0.31	0.49	0.59	0.65	0.69	0.71

5.2.5 与相邻房间的温差大于或等于5℃时,应计算通过隔墙或楼板等的传热量。与相邻房间的温差小于5℃,但通过隔墙和楼板等的传热大于该房间热负荷的10%时,此项传热量应计入该房间热负荷。

5.2.6 围护结构的附加耗热量应按其占基本耗热量的百分率确定。各项附加(或修正)百分率选用宜符合下列规定:

    1 围护结构耗热量朝向修正率应根据当地冬季日照率、辐射照度、建筑物使用和被遮挡等情况选用,宜符合下列规定:

      1)北、东北、西北宜为0~10%,东、西宜为-5%,东南、西南宜为-10%~-15%,南宜为-15%~-30%;

      2)冬季日照率小于35%的地区,东南、西南和南向的修正率宜采用-10%~0,东、西向可不修正。

    2 在不避风的高地、河边、海岸、旷野上的建筑物,以及城镇、厂区内特别高出的建筑物,垂直的外围护结构风力附加率取值宜为5%~10%。

    3 短时间开启的、无热空气幕的外门,外门附加率取值宜符合下列规定,其中n为建筑物的楼层数:

      1)一道门宜为65%×n;

      2)两道门且有一个门斗时宜为80%×n;

      3)三道门且有两个门斗时宜为60%×n;

      4)主要出入口宜为500%。

5.2.7 除楼梯间外的供暖房间高度大于4m时,围护结构基本耗热量可采用下列简化的计算方法:

    1 本规范式(5.2.3)中t_n应采用室内设计温度;

    2 计算结果采用高度附加率修正。采用地面辐射供暖的房间,高度附加率取(H-4)%,且总附加率不宜大于8%;采用热水吊顶辐射或燃气红外辐射供暖的房间,高度附加率取(H-4)%,且总附加率不宜大于15%;采用其他供暖形式的房间,高度附加率2(H-4)%,且总附加率不宜大于15%。H为房间高度。

5.2.8 间歇时间较长,只要求在使用时间保持室内温度时,可间歇供暖。间歇供暖宜采用能快速反应的供暖系统,并应对房间供暖热负荷进行附加,间歇附加率选取宜符合下列规定:

    1 仅白天使用的房间不宜小于20%;

    2 不经常使用的房间不宜小于30%。

5.2.9 加热由门窗缝隙渗入室内的冷空气的耗热量应根据建筑物的内部隔断、门窗构造、门窗朝向、室内外温度和室外风速等因素确定,宜按本规范附录F和附录G进行计算,也可采用计算机模拟方法计算。

5.2.10 采用辐射供暖作局部供暖时,局部供暖的热负荷应按全面辐射供暖的热负荷乘以表5.2.10的计算系数确定。

表 5.2.10 局部辐射供暖负荷计算系数

局部辐射供暖区面积与房间总面积的比值 f	f≥0.75	0.55	0.40	0.25	≤0.20
计算系数	1	0.72	0.54	0.38	0.30

5.3 散热器供暖

5.3.1 选择散热器时应符合下列规定:

    1 应根据供暖系统的压力要求确定散热器的工作压力,并应符合国家现行相关产品标准的规定;

    2 放散粉尘或防尘要求较高的工业建筑应采用易于清扫的散热器;

    3 具有腐蚀性气体的工业建筑或相对湿度较大的房间应采用耐腐蚀的散热器;

    4 采用钢制散热器时应满足产品对水质的要求,在非供暖季节供暖系统应充水保养;

    5 采用铝制散热器时,应选用内防腐型铝制散热器,并应满足产品对水质的要求;

    6 蒸汽供暖系统不应采用板型和扁管型散热器,并不应采用薄钢板加工的钢制柱型散热器;

    7 安装热量表和恒温阀的热水供暖系统采用铸铁散热器时,应采用内腔无砂型;

    8 应采用外表面刷非金属性涂料的散热器。

5.3.2 布置散热器时应符合下列规定:

    1 散热器宜安装在外墙窗台下;

    2 两道外门之间的门斗内不应设置散热器;

    3 楼梯间的散热器宜布置在底层或按一定比例分配在下部各层。

5.3.3 散热器应明装。确实需要暗装时,装饰罩应有合理的气流通道、足够的通道面积,并应方便维修。

5.3.4 铸铁散热器的组装片数宜符合下列规定:

    1 粗柱型不宜超过20片;

    2 细柱型不宜超过25片;

    3 长翼型不宜超过7片。

5.3.5 确定散热器数量时,应根据其连接方式、安装形式、组装片数、热水流量以及表面涂料等对散热量的影响,对散热器数量进行修正。

5.3.6 供暖系统中明装的不保温干管或支管,其散热量应计为有效供暖量。供暖管道暗装时,应采取减少无效热损失的措施。

5.3.7 建筑物热水供暖系统高度超过50m时,宜竖向分区设置。

5.3.8 垂直单管和垂直双管供暖系统,同一房间的两组散热器可采用异侧连接的水平单管串联的连接方式,也可采用上下接口同侧连接方式。当采用上下接口同侧连接方式时,散热器之间的上下连接管应与散热器接口管径。

5.3.9 有冻结危险的场所,其散热器的供暖立管或支管应单独设置,且散热器前后不应设置阀门。

5.4 热水辐射供暖

5.4.1 低温热水辐射供暖系统供水温度不应超过60℃;供回水温差不宜大于10℃,且不宜小于5℃。辐射体的表面平均温度宜符合表5.4.1的规定。

表 5.4.1 辐射体表面平均温度(℃)

设置位置	宜采用的温度	温度上限值
人员经常停留的地面	25~27	29
人员短期停留的地面	28~30	32
无人停留的地面	35~40	42
房间高度2.5m~3.0m的顶棚	28~30	—
房间高度3.1m~4.0m的顶棚	33~36	—
距地面1m以下的墙面	35	—
距地面1m以上3.5m以下的墙面	45	—

5.4.2 确定地面散热量时,应校核地面表面平均温度,且不宜高于本规范表5.4.1的温度上限值;当由于地面平均温度低而使得地面辐射供暖系统供暖量小于建筑物热负荷时,应通过改善建筑热工性能减小建筑物热负荷,或同时设置其他供暖设备。

5.4.3 低温热水地面辐射供暖的有效散热量应经计算确定,并应计算室内设备等地面覆盖物对散热量的折减。

5.4.4 供暖辐射地面绝热层的设置应符合下列规定:

    1 当与土壤接触的底层地面作为辐射地面时,应设置绝热层。设置绝热层时,绝热层与土壤之间应设置防潮层。

2 加热管及其覆盖层与外墙之间应设置绝热层。

3 当不允许楼板双向传热时,楼板结构层间应设置绝热层。

4 直接与室外空气接触的楼板或与不供暖房间相邻的地板作为供暖辐射地面时,应设置绝热层。

5 潮湿房间的混凝土填充式供暖地面的填充层上、预制沟槽保温层或预制轻薄供暖板供暖地面的面层下应设置隔离层。

5.4.5 低温热水地面辐射供暖系统敷设加热管的覆盖层厚度不宜小于 50mm。构造层应设置伸缩缝,伸缩缝的位置、距离及宽度应会同相关专业计算确定。加热管穿过伸缩缝时,宜设置长度不小于 100mm 的柔性套管。

5.4.6 生产厂房、仓库、生产辅助建筑物采用地面辐射供暖时,地面承载力应满足建筑的需要,地面构造应会同土建专业共同确定。

5.4.7 加热管的敷设间距应根据地面散热量、室内设计温度、平均水温及地面传热热阻等通过计算确定。

5.4.8 每个环路加热管的进、出水口应分别与分水器、集水器相连接。分水器、集水器内径不应小于总供、回水管内径,且分水器、集水器最大断面流速不宜大于 0.8m/s。每个分水器、集水器分支环路不宜多于 8 路。每个分支环路供、回水管上均应设置可关断阀门。

5.4.9 在分水器的总进水管与集水器的总出水管之间宜设置旁通管,旁通管上应设置阀门。分水器、集水器上均应设置手动或自动排气阀。

5.4.10 低温热水地面辐射供暖系统的阻力应计算确定。加热管内水的流速不应小于 0.25m/s,同一集配装置的每个环路加热管长度应接近,每个环路的阻力不宜超过 30kPa。低温热水地面辐射供暖系统分水器前应设置阀门及过滤器,集水器后应设置阀门;系统配件应采用耐腐蚀材料。

5.4.11 低温热水地面辐射供暖系统的工作压力应根据选用管道的材质、壁厚、介质温度和使用寿命等因素确定,不宜大于 0.8MPa;当工作压力超过 0.8MPa 时,应采取相应的措施。

5.4.12 辐射供暖加热管的材质和壁厚的选择应根据工程的耐久年限、管材的性能、管材的累计使用时间,以及系统的运行水温、工作压力等条件确定。

5.4.13 热水吊顶辐射板供暖可用于层高为 3m～30m 建筑物的供暖。

5.4.14 热水吊顶辐射板的供水温度,宜采用 40℃～130℃ 的热水,其水质应满足产品的要求。在非供暖季节,供暖系统应充水保养。

5.4.15 热水吊顶辐射板散热量应根据其安装角度、循环水量进行修正,修正系数应符合下列规定:

1 热水吊顶辐射板倾斜安装时,散热量修正系数应按表 5.4.15 取值;

2 辐射板的管中流体应为紊流,达不到最小流量要求时,辐射板的散热量应在其标准散热量的基础上加以修正,修正系数应取 0.85～0.90。

表 5.4.15　辐射板安装角度修正系数

辐射板与水平面的夹角(°)	0	10	20	30	40
修正系数	1	1.022	1.043	1.066	1.088

5.4.16 热水吊顶辐射板的安装高度应根据人体的舒适度确定。辐射板的最高平均水温应根据辐射板安装高度和其面积占天花板面积的比例按表 5.4.16 确定。

表 5.4.16　热水吊顶辐射板最高平均水温(℃)

最低安装高度(m)	热水吊顶辐射板占天花板面积的百分比					
	10%	15%	20%	25%	30%	35%
3	73	71	68	64	58	56
4	115	105	91	78	67	60

续表 5.4.16

最低安装高度(m)	热水吊顶辐射板占天花板面积的百分比					
	10%	15%	20%	25%	30%	35%
5	147	123	100	83	71	64
6	—	132	104	87	75	69
7	—	137	108	91	80	74
8	—	141	112	96	86	80
9	—	—	117	101	92	87
10	—	—	122	107	98	94

注:表中安装高度系指地面到板中心的垂直距离(m)。

5.4.17 热水吊顶辐射板与供暖系统供、回水管的连接方式可采用并联或串联、同侧或异侧连接,并应采取使辐射板表面温度均匀、流体阻力平衡的措施。

5.4.18 布置全面供暖的热水吊顶辐射板装置时,应使室内作业区辐射照度均匀,并应符合下列规定:

1 安装吊顶辐射板时,宜沿最长的外墙平行布置;

2 设置在墙边的辐射板规格应大于在室内设置的辐射板规格;

3 层高小于 4m 的建筑物,宜选择较窄的辐射板;

4 房间应预留辐射板沿长度方向热膨胀的余地;

5 辐射板装置不应布置在对热敏感的设备附近。

5.5 燃气红外线辐射供暖

5.5.1 无电气防爆要求的场所,技术经济比较合理时,可采用燃气红外线辐射供暖。采用燃气红外线辐射供暖时,应符合下列规定:

1 易燃物质可能出现的最高浓度不超过爆炸下限值的 10% 时,燃烧器宜设置在室外;

2 燃烧器设置在室内时,应采取通风安全措施,并应符合现行国家标准《城镇燃气设计规范》GB 50028 的相关规定。

5.5.2 燃气红外线辐射供暖严禁用于甲、乙类生产厂房和仓库。

5.5.3 燃气红外线辐射供暖系统的燃料应符合城镇燃气质量要求,宜采用天然气,可采用液化石油气、人工煤气等。燃气入口压力应与燃烧器所需压力相适应。燃料应充分气化,在严寒、寒冷地区采用液化石油气时,应采取防止燃气因管道敷设环境温度低而再次液化的措施。燃气质量、燃气输配系统应符合现行国家标准《城镇燃气设计规范》GB 50028 的规定。

5.5.4 采用燃气红外线辐射供暖时,热负荷应按本规范第 5.2 节的有关规定进行计算,室内计算温度宜低于对流供暖室内空气温度 2℃～3℃。当由室内向燃烧器提供空气时,还应计算加热该空气量所需的热负荷。

5.5.5 燃气红外线辐射加热器的安装高度应符合下列规定:

1 应根据加热器的辐射强度、安装角度由生产工艺要求及人体舒适度确定。除工艺特殊要求外,不应低于 3m。

2 用于固定工作地点供暖时,宜安装在人体的侧上方。

3 当安装高度超过额定供热量的最大高度时,应对加热器的总输入热量进行附加修正。

5.5.6 采用燃气红外线辐射供暖进行全面供暖时,加热器宜沿外墙布置,且加热器散热量不宜少于总热负荷的 60%。

5.5.7 当燃烧器所需要的空气量超过按厂房 0.5 次/h 换气计算所得的空气量时,其补风应直接来自室外。

5.5.8 燃气红外线辐射供暖系统采用室外进气时,进风口设置应符合本规范第 6.3 节的相关要求。

5.5.9 燃气红外线辐射供暖系统的尾气宜通过排气管直接排至室外,其室外排气口应符合下列规定:

1 应设置在人员不经常通行的地方,距地面高度不应小于 2m;

2 水平安装的排气管,其排气口伸出墙面不宜小于 0.3m,且排气口距可开启门、窗的距离不应小于 3m；

　　3　垂直安装的排气管，其排气口高出本建筑屋面不宜小于1m，且排气口距可开启门、窗的距离不应小于 3m；

　　4　排气管穿越外墙或屋面处应加装金属套管。

5.5.10　燃气红外线辐射供暖系统燃烧尾气直接排放在室内时，厂房上部应设置排气设施，宜采用机械排风方式。排风量应根据加热器的总输入功率和燃气种类经计算确定，宜为 20m³/(h·kW)～30m³/(h·kW)。当厂房净高小于 6m 时，尚应满足换气次数不小于 0.5 次/h 的要求。

5.5.11　燃气红外线辐射供暖系统应在便于操作的位置设置能直接切断供暖系统及燃气供应系统的控制装置。利用通风机提供燃烧所需空气或排除燃烧尾气时，通风机与供暖系统应连锁。

5.5.12　燃气红外线辐射供暖系统的燃烧器安装在厂房内时，燃气系统的相关安全措施除应符合本规范的规定外，尚应符合现行国家标准《城镇燃气设计规范》GB 50028 的相关规定。

5.6　热风供暖及热空气幕

5.6.1　符合下列条件之一时，应采用热风供暖：
　　1　能与机械送风系统结合时；
　　2　利用循环空气供暖，技术经济合理时；
　　3　由于防火、防爆和卫生要求，需要采用全新风的热风供暖时。

5.6.2　当采用燃气、燃油或电加热空气时，热风供暖应符合现行国家标准《城镇燃气设计规范》GB 50028 和《建筑设计防火规范》GB 50016 的有关规定。

5.6.3　工业建筑采用热风供暖时，应采取减小沿高度方向的温度梯度的措施，并应符合下列规定：
　　1　热风供暖系统或运行装置不宜少于两台。一台装置的最小供热量应保持非工作时间工艺所需的最低室内温度，且不得低于 5℃。
　　2　高于 10m 的空间采用热风供暖时，应采取自上向下的强制对流措施。

5.6.4　选择暖风机或空气加热器时，其散热量应留有 20%～30% 的裕量。

5.6.5　采用暖风机热风供暖时，应符合下列规定：
　　1　应根据厂房内部的几何形状、工艺设备布置情况及气流作用范围等因素，设计暖风机台数及位置；
　　2　室内空气的循环次数宜大于或等于 1.5 次/h；
　　3　热媒为蒸汽时，每台暖风机应单独设置阀门和疏水装置。

5.6.6　采用集中送热风供暖时，应符合下列规定：
　　1　工作区的风速应按本规范第 4.1.2 条的规定确定，但最小平均风速不宜小于 0.15m/s；送风口的出口风速应通过计算确定，可采用 5m/s～15m/s；
　　2　送风温度不宜低于 35℃，并不得高于 70℃。

5.6.7　符合下列条件之一的外门宜设置热空气幕：
　　1　位于严寒地区、寒冷地区，经常开启，且不设门斗和前室时；
　　2　当生产工艺要求不允许降低室内温度时或经技术经济比较设置热空气幕合理时。

5.6.8　设置热空气幕时，应符合下列规定：
　　1　大门宽度小于 3m 时，宜采用单侧送风，大门宽度为 3m～18m 时，可采用单侧、双侧或顶部送风；大门宽度超过 18m 时，宜采用顶部送风。
　　2　热空气幕的送风温度应根据计算确定，不宜高于 50℃。对于高大的外门，不应高于 70℃。
　　3　热空气幕的出口风速应通过计算确定，不宜大于 8m/s。高大的外门，热空气幕的出口风速不宜大于 25m/s。

5.7　电热供暖

5.7.1　电供暖散热器的形式、电气安全性能和热工性能应满足使用要求及相关规定。

5.7.2　低温加热电缆辐射供暖宜采用地板式，低温电热膜辐射供暖宜采用顶棚式。辐射体表面平均温度应符合本规范第 5.4.1 条的相关规定。

5.7.3　低温加热电缆辐射供暖和低温电热膜辐射供暖的加热元件及其表面工作温度，应符合国家现行标准《额定电压 300/500V 生活设施加热和防结冰用加热电缆》GB/T 20841 和《低温辐射电热膜》JG/T 286 的有关安全的规定。

5.7.4　低温加热电缆辐射供暖系统和低温电热膜辐射供暖系统应设置温控装置。

5.7.5　采用低温加热电缆地面辐射供暖方式时，加热电缆的线功率不宜大于 17W/m，且电缆布置时应避开无支腿家具占压区域；当面层采用带龙骨的架空木地板时，应采取散热措施，且加热电缆的线功率不应大于 10W/m。

5.7.6　电热膜辐射供暖安装功率应满足房间所需散热量的要求。在顶棚上布置电热膜时，应为灯具、烟感器、消防喷头、风口、音响等留出安装位置。

5.8　供暖管道

5.8.1　供暖管道的材质应根据其工作温度、工作压力、使用寿命、施工与环保性能等因素，经技术经济比较后确定，其质量应符合国家现行相关产品标准的规定。明装管道不宜采用非金属管材。

5.8.2　散热器供暖系统的供水、回水、供汽和凝结水管道在热力入口处与下列系统宜分开设置：
　　1　通风、空气调节系统；
　　2　热风供暖和热空气幕系统；
　　3　地面辐射供暖系统；
　　4　生产供热系统；
　　5　生活热水供应系统；
　　6　其他需要单独热计量的系统。

5.8.3　热水型热力入口的配置应符合下列规定：
　　1　供水、回水管道上应分别设置关断阀、过滤器、温度计、压力表；
　　2　供水、回水管之间应设置循环管，循环管上应设置关断阀；
　　3　应根据水力平衡要求和建筑物内供暖系统的调节方式设置水力平衡装置。

5.8.4　高压蒸汽型热力入口的配置应符合下列规定：
　　1　供汽管道上应设置关断阀、过滤器、减压阀、安全阀、压力表，过滤器及减压阀应设置旁通；
　　2　凝结水管道上应设置关断阀、疏水器。单台疏水器安装时应设置旁通管，多台疏水器并联安装时宜设置旁通管。疏水器后应根据需要设置止回阀。

5.8.5　高压蒸汽供暖系统最不利环路的供汽管，其压力损失不应大于起始压力的 25%。供暖系统最不利环路的比摩阻宜符合下列规定：
　　1　高压蒸汽系统（汽水同向）宜保持 100Pa/m～350Pa/m；
　　2　高压蒸汽系统（汽水逆向）宜保持 50Pa/m～150Pa/m；
　　3　低压蒸汽系统宜保持 50Pa/m～100Pa/m；
　　4　蒸汽凝结水余压回水宜为 150Pa/m。

5.8.6　室内热水供暖系统总供回水压差不宜大于 50kPa。应减少热水供暖系统各并联环路之间的压力损失的相对差额，当超过 15% 时，应设置调节装置。

5.8.7　供暖系统供水、供汽干管的末端和回水干管始端的管径不应小于 20mm。

5.8.8　室内供暖管道中的热媒流速应根据热水或蒸汽的资用压

力、系统形式、防噪声要求等因素确定,最大允许流速应符合下列规定:

1 热水供暖系统室内供暖管道最大允许流速应符合下列规定:

　　1)生活、行政辅助建筑物应为2m/s;

　　2)生产厂房、仓库、公用辅助建筑物应为3m/s。

2 低压蒸汽供暖系统最大允许流速应符合下列规定:

　　1)汽水同向流动时应为30m/s;

　　2)汽水逆向流动时应为20m/s。

3 高压蒸汽供暖系统最大允许流速应符合下列规定:

　　1)汽水同向流动时应为80m/s;

　　2)汽水逆向流动时应为60m/s。

5.8.9 机械循环双管热水供暖系统应对水在散热器和管道中冷却而产生自然作用压力的影响采取相应的技术措施。

5.8.10 供暖系统计算压力损失的附加值宜采用10%。

5.8.11 蒸汽供暖系统的凝结水回收方式应根据二次蒸汽利用的可能性以及室外地形、管道敷设方式等情况,分别采用下列回水方式:

1 闭式满管回水;

2 开式水箱自流或机械回水;

3 余压回水。

5.8.12 高压蒸汽供暖系统,疏水器前的凝结水管不应向上抬升;疏水器后的凝结水管向上抬升的高度应经计算确定。当疏水器本身无止回功能时,应在疏水器后的凝结水管上设置止回阀。

5.8.13 疏水器至回水箱或二次蒸发箱之间的蒸汽凝结水管应按汽水乳状体进行计算。

5.8.14 供暖系统各并联环路应设置关闭和调节装置。当有冻结危险时,立管或支管上的阀门至干管的距离不应大于120mm。

5.8.15 多层和高层建筑的热水供暖系统中,每根立管和分支管道的始末段均应设置调节、检修和泄水用的阀门。

5.8.16 热水和蒸汽供暖系统应根据不同情况设置排气、泄水、排污和疏水装置。

5.8.17 供暖管道必须计算其热膨胀。当利用管段的自然补偿不能满足要求时,应设置补偿器。

5.8.18 供暖管道宜有坡敷设。对于热水管、汽水同向流动的蒸汽管和凝结水管,坡度宜采用0.003,不得小于0.002;立管与散热器连接的支管,坡度不得小于0.01;对于汽水逆向流动的蒸汽管,坡度不得小于0.005。当受条件限制时,热水管道(包括水平单管串联系统的散热器连接管)可无坡度敷设,但管中的水流速度不宜小于0.25m/s。

5.8.19 穿过建筑物基础、变形缝的供暖管道,以及埋设在建筑构造里的管道,应采取预防由于建筑物下沉而损坏管道的措施。

5.8.20 当供暖管道确需穿过防火墙时,在管道穿过处应采取防火封堵措施,并应在管道穿过处采取使管道可向墙的两侧伸缩的固定措施。

5.8.21 供暖管道不得与输送蒸气燃点不高于120℃的可燃液体管道,或输送可燃、腐蚀性气体的管道在同一条管沟内平行或交叉敷设。

5.8.22 符合下列情况之一时,供暖管道应保温:

1 管道内输送的热媒必须保持一定参数时;

2 管道敷设在地沟、技术夹层、闷顶及管道井内或易被冻结的地方时;

3 管道通过的房间或地点要求保温时;

4 管道的无益热损失较大时;

5 人员易触碰烫伤的部位。

<h4 align="center">5.9 供暖热计量及供暖调节</h4>

5.9.1 集中供暖系统应按能源管理要求设置热量表。

5.9.2 热量表的设置应满足各成本核算单位分摊供暖费用的需要,并应符合下列规定:

1 热源处应设置总热量表;

2 用户端宜按成本核算单位、单体建筑或供暖系统分设热量表;

3 计量装置准确度等级应符合现行国家标准《用能单位能源计量器具配备和管理通则》GB 17167的有关规定。

5.9.3 热量表的选型和设置应符合下列规定:

1 热量表应根据公称流量选型,并应校核在系统设计流量下的压降。公称流量可按设计流量确定。

2 热量表的流量传感器、压力表、温度计的安装位置应符合仪表安装要求。

5.9.4 供暖热源处设置供热调节装置,并应根据气象条件、用户需求进行调节。

5.9.5 对于需要分室自动控制室温的散热器供暖系统,选用散热器恒温控制阀应符合下列规定:

1 当室内供暖系统为垂直或水平双管系统时,应在每组散热器的供水支管上安装高阻恒温控制阀;

2 单管跨越式系统应采用低压力两通恒温控制阀或三通恒温控制阀;

3 当散热器有罩时,应采用温包外置式恒温控制阀。

5.9.6 热力入口处设置的流量或压力调节装置应与整个供暖系统的调节目标相适配;当室内供暖系统为变流量系统时,不应设置自力式流量控制阀。

<h1 align="center">6 通 风</h1>

<h3 align="center">6.1 一 般 规 定</h3>

6.1.1 工业通风设计应在合理进行工艺设计、建筑设计、厂区总平面设计的基础上,采取综合预防和治理措施,并应防止生产中产生的有害物质对室内外环境造成污染。

6.1.2 生产工艺应按清洁生产标准的要求进行设计。对放散有害物质的生产过程和设备宜采用机械化、自动化,并应采取密闭、隔离和负压操作措施。对生产过程中不可避免放散的有害物质,在排放前应采取通风净化措施,并应达到相关污染物排放标准的要求。

6.1.3 放散粉尘的生产过程宜采用湿式作业,应采取综合防尘措施和无尘或低尘的新技术、新工艺、新设备。输送粉尘物料时,应采用不扬尘的运输工具。放散粉尘的工业建筑,地面清洁宜采取水冲洗措施;当工艺或建筑不允许水冲洗且防尘要求严格时,宜设置真空吸尘装置。

6.1.4 大量散热的热源宜布置在生产厂房外面或坡屋内。对生产厂房内的热源应采取隔热措施,并宜采用远距离控制或自动控制的工艺流程设计。

6.1.5 确定建筑物方位和形式时,宜减少夏季东西向的日晒。以自然通风为主的建筑物,其方位还应根据主要进风面和建筑物形式,按夏季最多风向布置。

6.1.6 位于夏热冬冷或夏热冬暖地区,工艺散热量小于23W/m³的厂房,当屋顶离地面平均高度小于或等于8m时,宜采取屋顶隔热措施。采用通风屋顶隔热时,其通风层长度不宜大于10m,空气层高度宜为20cm。

6.1.7 对于放散热或有害物质的生产设备布置,应符合下列规定:

1 放散不同毒性有害物质的生产设备布置在同一建筑物内时,毒性大的应与毒性小的隔开;

2 放散热和有害气体的生产设备,宜布置在厂房自然通风的天窗下部或穿堂风的下风侧;

3 放散热和有害气体的生产设备,当布置在多层厂房内时,应采取防止热或有害气体向相邻层扩散的措施。

6.1.8 厂房内放散热、蒸汽、粉尘和有害气体的生产设备应设置局部排风装置。当设置局部排风装置仍不能保证室内工作环境满足卫生要求时,应辅以全面通风系统。

6.1.9 厂房内放散有害气体或烟尘,无组织排放至室外,不符合现行国家标准《大气污染物综合排放标准》GB 16297及国家相关排放标准时,应采取封闭和净化措施,并应采用机械通风。

6.1.10 设计局部排风或全面排风时,宜采用自然通风。当自然通风不能满足卫生、环保或生产工艺要求时,应采用机械通风或自然与机械的联合通风。

6.1.11 组织室内送风、排风气流时,不应使含有大量热、蒸汽或有害物质的空气流入没有或仅有少量热、蒸汽或有害物质的人员活动区,且不应破坏局部排风系统的正常工作。

6.1.12 进行室内送风、排风设计时,可根据污染源变化、污染物特性和污染物控制要求,采用计算机模拟的方法优化气流组织。

6.1.13 下列情况之一时,应单独设置排风系统:

1 不同的物质混合后能形成毒害更大或腐蚀性的混合物、化合物时;

2 混合后易使蒸汽凝结并聚积粉尘时;

3 散发剧毒物质的房间和设备。

6.1.14 同时放散有害物质、余热和余湿时,全面通风量应按分别消除有害物质、余热和余湿所需风量的最大值确定。当数种溶剂(苯及其同系物、醇类或醋酸酯类)蒸气或数种刺激性气体同时放散于空气中时,应按各种气体分别稀释至规定的接触限值所需要的空气量的总和计算全面通风换气量。

6.1.15 放散入室内的有害物质数量不能确定时,全面通风量可根据类似房间的实测资料或经验数据按换气次数确定。

6.1.16 放散粉尘、有害气体的房间,室内应维持负压;要求空气清洁的房间,室内应维持正压。空气清洁程度要求不同或与有异味的房间有门、洞相通时,应通过压力控制措施使气流从较清洁的房间流向有污染的房间。

6.1.17 控制室、电子设备机房等工艺设备有防尘、防腐蚀要求的房间,新风宜净化,净化措施应包括过滤颗粒物、吸附或吸收有害气体等。

6.1.18 建筑物的防烟、排烟设计应按现行国家标准《建筑设计防火规范》GB 50016的有关规定执行。

6.2 自然通风

6.2.1 厂房采用自然通风时,应符合下列规定:

1 消除工业厂房余热、余湿的通风,宜采用自然通风;

2 厂房内放散的有害气体比空气轻时,宜采用自然通风;

3 无组织排放将造成室外环境空气质量不达标时,不应采用自然通风;

4 周围空气被粉尘或其他有害物质严重污染的生产厂房,不宜采用自然通风。

6.2.2 放散极毒物质的生产厂房、仓库严禁采用自然通风。

6.2.3 放散热量的厂房,其自然通风量应根据热压作用按本规范附录H的规定进行计算,但应避免风压造成的不利影响。

6.2.4 利用穿堂风进行自然通风的厂房,其迎风面与夏季最多风向宜成60°~90°角,且不应小于45°角。

6.2.5 自然通风应采用阻力系数小、易于开关和维修的进、排风口或窗扇。不便于人员开关或需要经常调节的进、排风口或窗扇,应设置机械开关或调节装置。

6.2.6 夏季自然通风用的进风口,其下缘距室内地面的高度不宜大于1.2m;冬季自然通风用的进风口,当其下缘距室内地面的高度小于4m时,应采取防止冷风吹向工作地点的措施。

6.2.7 当热源靠近厂房的一侧外墙布置,且外墙与热源之间无工作地点时,该侧外墙的进风口宜布置在热源的间断处。

6.2.8 利用天窗排风的厂房,符合下列情况之一时,应采用避风天窗或屋顶通风器。多跨厂房的相邻天窗或天窗两侧与建筑物邻接,且处于负压区时,无挡风板的天窗可视为避风天窗:

1 夏热冬冷和夏热冬暖地区,室内散热量大于23W/m³时;

2 其他地区,室内散热量大于35W/m³时;

3 不允许气流倒灌时。

6.2.9 利用天窗排风的厂房,符合下列情况之一时,可不设置避风天窗:

1 利用天窗能稳定排风时;

2 夏季室外平均风速小于或等于1m/s时。

6.2.10 当建筑物一侧与较高建筑物相邻接时,应防止避风天窗或风帽倒灌,避风天窗或风帽与建筑物的相关尺寸(图6.2.10-1、图6.2.10-2)应符合表6.2.10的要求。

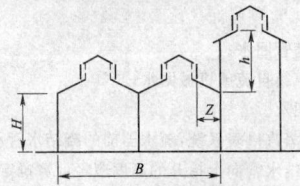

图6.2.10-1 避风天窗与建筑的相关尺寸

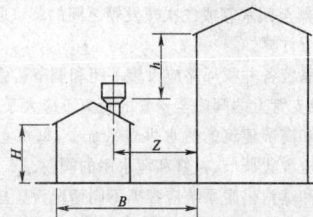

图6.2.10-2 风帽与建筑物的相关尺寸

表6.2.10 避风天窗或风帽与建筑物的相关尺寸

Z/h	0.4	0.6	0.8	1.0	1.2	1.4	1.6	1.8	2.0	2.1	2.2	2.3
$\dfrac{B-Z}{H}$	≤1.3	1.4	1.45	1.5	1.65	1.8	2.1	2.4	2.9	3.7	4.6	5.6

注:当Z/h>2.3时,建筑物的相关尺寸可不受限制。

6.2.11 挡风板与天窗之间,以及作为避风天窗的多跨厂房相邻天窗之间,其端部均应封闭。当天窗较长时,应设置横向隔板,其间距不应大于挡风板上缘至地坪高度的3倍,且不应大于50m。在挡风板或封闭物上应设置检查门。挡风板下缘至屋面的距离宜为0.1m~0.3m。

6.2.12 夏热冬暖或夏热冬冷地区以自然通风为主的热加工车间,进风口与排风天窗的水平距离及高差应满足自然通风效果的要求,通风效果可应用计算流体动力学(CFD)数值模拟方法预测。

6.2.13 不需调节天窗窗扇开启角度的高温厂房,宜采用不带窗扇的避风天窗,但应采取防雨措施。

6.3 机械通风

6.3.1 设置集中供暖且设有机械排风的建筑物,当采用自然补风不能满足室内卫生条件、生产工艺要求或在技术经济上不合理时,宜设置机械送风系统。设置机械送风系统时,应进行风量平衡和热量平衡计算。每班运行不足2h的机械排风系统,当室内卫生条件和生产工艺要求许可时,可不设机械送风补偿所排出的风量。

6.3.2 下列情况之一时,不应采用循环空气:

1 含有难闻气味以及含有危险浓度的致病细菌或病毒的房间;

2 空气中含有极毒物质的场所；

3 除尘系统净化后，排风含尘浓度仍大于或等于工作区容许浓度的30%时。

6.3.3 机械送风系统(包括与热风供暖合用的系统)的送风方式应符合下列规定：

1 放散热或同时放散热、湿和有害气体的厂房，当采用上部或上、下部同时全面排风时，宜送至作业地带；

2 放散粉尘或密度比空气大的气体和蒸气，而不同时放散热的厂房，当从下部地区排风时，宜送至上部区域；

3 当固定工作地点靠近有害物质放散源，且不可能安装有效的局部排风装置时，应直接向工作地点送风。

6.3.4 机械通风系统室外计算参数的采用应符合下列规定：

1 计算冬季通风耗热量时，应采用冬季供暖室外计算温度。

2 计算冬季消除余热、余湿通风量时，应采用冬季通风室外计算温度。

3 计算夏季消除余热通风量，或计算通风系统新风冷却量时，宜采用夏季通风室外计算温度；室内最高温度限值要求较严格，可采用夏季空气调节室外计算温度计算消除余热通风量或新风冷却量。

4 计算夏季消除室内余湿的通风量时，宜采用夏季通风室外计算干球温度和夏季通风室外计算相对湿度；室内最高湿度限值要求较严格，可采用夏季空气调节室外计算温度和夏季空气调节室外湿球温度计算消除余湿通风量。

6.3.5 机械送风系统进风口的位置应符合下列规定：

1 应直接设置在室外空气较清洁的地点；

2 近距离内有排风口时，应低于排风口；

3 进风口的下缘距室外地坪不宜小于2m，当设置在绿化地带时，不宜小于1m；

4 应避免进风、排风短路。

6.3.6 符合下列全部条件时，可设置置换通风：

1 厂房内有热源或热源与污染源伴生；

2 污染空气温度高于周围环境空气温度；

3 房间高度不小于3m；

4 厂房内无强烈的扰动气流。

6.3.7 置换通风系统的设计应符合下列规定：

1 置换通风风口宜落地安装。厂房内物流频繁时，置换通风风口可吊装，风口底部距离地面不应大于2m。

2 人员活动区内气流分布应均匀。

3 置换通风口的出风速度不宜大于0.5m/s。

6.3.8 同时放散热、蒸汽和有害气体，或仅放散密度比空气小的有害气体的厂房，除应设置局部排风外，宜从上部区域进行自然或机械的全面排风；当车间高度小于或等于6m时，其排风量不应小于按1次/h换气计算所得的风量；当车间高度大于6m时，排风量可按6m³/(h·m²)计算。

6.3.9 当采用全面排风消除余热、余湿或其他有害物质时，应分别从建筑物内温度最高、含湿量或有害物质浓度最大的区域排风。全面排风量的分配应符合下列规定：

1 当放散气体的相对密度小于或等于0.75，视为比室内空气轻，或虽比室内空气重但建筑内放散的显热全年均能形成稳定的上升气流时，宜从房间上部区域排出；

2 当放散气体的相对密度大于0.75，视为比空气重，且建筑内放散的显热不足以形成稳定的上升气流而沉积在下部区域时，宜从下部区域排出总排风量的2/3、上部区域排出总排风量的1/3；

3 当人员活动区有害气体与空气混合后的浓度未超过卫生标准，且混合后气体的相对密度与空气密度接近时，可只设上部或下部区域排风；

4 上、下部区域的全面排风量中应包括该区域内的局部排风量；地面以上2m以下为下部区域。

6.3.10 排除氢气与空气混合物时，建筑物全面排风系统室内吸风口的布置应符合下列规定：

1 吸风口上缘至顶棚平面或屋顶的距离不应大于0.1m；

2 因建筑构造形成的有爆炸危险气体排出的死角处应设置导流设施。

6.3.11 排除含有剧毒物质、难闻气味物质或含有浓度较高的爆炸危险性物质的局部排风系统，排出的气体应排至建筑物的空气动力阴影区和正压区外。

6.3.12 采用燃气加热的供暖装置、热水器或炉灶等的通风要求，应符合现行国家标准《城镇燃气设计规范》GB 50028的相关规定。

6.4 事故通风

6.4.1 对可能突然放散大量有毒气体、有爆炸危险气体或粉尘的场所，应根据工艺设计要求设置事故通风系统。

6.4.2 事故通风系统的设置应符合下列规定：

1 放散有爆炸危险的可燃气体、粉尘或气溶胶等物质时，应设置防爆通风系统或诱导式事故排风系统；

2 具有自然通风的单层建筑物，所放散的可燃气体密度小于室内空气密度时，宜设置事故送风系统；

3 事故通风可由经常使用的通风系统和事故通风系统共同保证。

6.4.3 事故通风量宜根据工艺设计条件通过计算确定，且换气次数不应小于12次/h。房间计算体积应符合下列规定：

1 当房间高度小于或等于6m时，应按房间实际体积计算；

2 当房间高度大于6m时，应按6m的空间体积计算。

6.4.4 事故排风的吸风口应设在有毒气体或爆炸危险性物质放散量可能最大或聚集最多的地点。对事故排风的死角处应采取导流措施。

6.4.5 事故排风的排风口应符合下列规定：

1 不应布置在人员经常停留或经常通行的地点。

2 排风口与机械送风系统的进风口的水平距离不应小于20m；当水平距离不足20m时，排风口应高于进风口，并不得小于6m。

3 当排气中含有可燃气体时，事故通风系统排风口距可能火花溅落地点应大于20m。

4 排风口不得朝向室外空气动力阴影区和正压区。

6.4.6 工作场所设置有有毒气体或有爆炸危险气体监测及报警装置时，事故通风装置应与报警装置连锁。

6.4.7 事故通风的通风机应分别在室内及靠近外门的外墙上设置电气开关。

6.4.8 设置有事故排风的场所不具备自然进风条件时，应同时设置补风系统，补风量宜为排风量的80%，补风机应与事故排风机连锁。

6.5 隔热降温

6.5.1 工作人员较长时间直接受辐射热影响的工作地点，当其热辐射强度大于或等于350W/m²时，应采取隔热措施；受辐射热影响较大的工作室应隔热。

6.5.2 经常受辐射热影响的工作地点，应根据工艺、供水和室内环境等条件，分别采用水幕、隔热水箱或隔热屏等隔热。

6.5.3 工作人员经常停留的高温地面或靠近的高温壁板，其表面平均温度不应高于40℃。当采用串水地板或隔热水箱时，其排水温度不宜高于45℃。

6.5.4 较长时间操作的工作地点，当热环境达不到卫生要求时应设置局部送风。

6.5.5 当采用不带喷雾的轴流式通风机进行局部送风时，工作地点的风速应符合下列规定：

1 轻劳动地点的风速应为2m/s~3m/s；

2 中劳动地点的风速应为 3m/s～5m/s;

3 重劳动地点的风速应为 4m/s～6m/s。

6.5.6 温度高于 35℃、热辐射强度大于 1400W/m², 且工艺不忌细小雾滴的中、重劳动的工作地点可设置喷雾风扇降温。采用喷雾风扇进行局部送风时,工作地点的风速应采用 3m/s～5m/s,雾滴直径宜小于 100μm。

6.5.7 当局部送风系统的空气需要冷却处理时,其室外计算参数应采用夏季通风室外计算温度及相对湿度。

6.5.8 局部送风系统宜符合下列规定:

1 送风气流宜从人体的前侧上方倾斜吹到头、颈和胸部,也可从上向下垂直送风;

2 送到人体上的有效气流宽度宜采用 1m;对于室内散热量小于 23W/m³ 的轻劳动,可采用 0.6m;

3 当工作人员活动范围较大时,宜采用旋转送风口;

4 局部送风的计算应按本规范附录 J 规定的方法进行。

6.5.9 特殊高温的工作小室应采取密闭、隔热措施,并应采用空气调节设备降温。

6.6 局部排风罩

6.6.1 工艺生产过程中产生的粉尘及有害气体应设置排风罩捕集。排风罩内的负压或罩口风速应根据污染物粒径大小、密度、释放动力及周围干扰气流等因素确定。有条件时,可采用工程经验数据。

6.6.2 排气罩设计宜采用密闭罩。密闭罩的设计风量应按下列因素叠加计算:

1 物料进入诱导的空气量;

2 设备运转鼓入的空气量;

3 工艺送风量;

4 物料和机械散热空气膨胀量;

5 压实物料排挤出的空气量;

6 排出物料带走的空气量;

7 控制污染物外溢从缝隙处吸入的空气量。

6.6.3 用于除尘的密闭罩,在确定密闭罩结构、吸风口位置、吸风口平均风速时,应使罩内负压均匀,应防止粉尘外逸和防止排风带走大量物料。吸风口的平均风速宜符合下列规定:

1 细粉料的筛分不宜大于 0.6m/s;

2 物料的粉碎不宜大于 2m/s;

3 粗颗粒物料的破碎不宜大于 3m/s。

6.6.4 当工艺操作不允许采用密闭罩时,可选用半密闭罩或柜式通风罩。其排风量应按防止粉尘或有害气体外逸,通过计算确定。

6.6.5 粉尘或有害气体发散面积小且不允许设置密闭罩时,可采用外部吸气罩。外部吸气罩的排风量应根据罩口形式、控制点风速等因素经过计算确定。

6.6.6 工业槽边排风罩的排风口风速应分布均匀,且应符合下列规定:

1 槽宽小于或等于 0.7m 时,宜采用单侧排风;槽宽大于 0.7m 且小于或等于 1.2m 时,宜采用双侧排风;

2 槽宽大于 1.2m 时,宜采用吹吸式排风罩;

3 圆形槽直径为 500mm～1000mm 时,宜采用环形排风罩。

6.6.7 当工艺产生大量诱导热气流时,排气罩宜采用热接受排气罩。热接受罩的断面尺寸不应小于罩口处污染气流的尺寸。热接受罩的排风量应按下式计算:

$$L = L_z + vF \qquad (6.6.7)$$

式中:L——热接受罩的排风量(m³/s);

L_z——罩口断面热射流量(m³/s);

v——扩大面积上空气的吸入速度,取 0.5m/s～0.7m/s;

F——罩口的扩大面积(m²)。

6.6.8 高速旋转的工艺设备产生的诱导污染气流应采用接受式排风罩,排风罩的排风量可按经验公式确定。

6.6.9 排风罩的材料应根据粉尘或有害气体温度、磨琢性、腐蚀性等因素选择。在可能由静电引起火灾爆炸的环境,罩体应采用防静电材料制作或采取防静电措施。

6.6.10 多台排风柜合并设计为一个排风系统时,应按同时使用的排风柜总风量确定系统风量。每台排风柜排风口宜安装调节风量用的阀门,风机宜采用变频调速。

6.6.11 设有排风柜的房间应按房间风平衡设计进风通道,并应按房间热平衡设置供暖或空气调节设施。

6.7 风管设计

6.7.1 风管尺寸应符合下列规定:

1 风管的截面尺寸宜按现行国家标准《通风与空调工程施工质量验收规范》GB 50243 的规定执行;

2 矩形风管长、短边之比不应超过 10。

6.7.2 风管材料应满足风管使用条件、施工安装条件要求,并应符合下列规定:

1 宜采用金属材料制作;

2 风管材料的防火性能应符合现行国家标准《建筑设计防火规范》GB 50016 的有关规定;

3 风管材料的防腐蚀性能应能抵御所接触腐蚀性介质的危害;

4 需防静电的风管应采用金属材料制作。

6.7.3 风管壁厚应符合下列规定:

1 风管壁厚应根据风管材质、风管断面尺寸、风管使用条件等因素确定,且不应小于现行国家标准《通风与空调工程施工质量验收规范》GB 50243 中有关最小壁厚的要求;

2 当采用焊接连接方式时,金属风管壁厚不应小于 1.5mm。

6.7.4 系统漏风量应通过选择风管材料以及风管制作工艺控制。系统漏风率宜符合下列规定:

1 非除尘系统不宜超过 5%;

2 除尘系统不宜超过 3%。

6.7.5 通风、除尘、空气调节系统各环路的压力损失应进行水力平衡计算。各并联环路压力损失的相对差额宜符合下列规定。当通过调整管径仍无法满足要求时,宜设置风量调节装置:

1 非除尘系统不宜超过 15%;

2 除尘系统不宜超过 10%。

6.7.6 风管设计风速应符合下列规定:

1 非除尘系统风管设计风速宜按表 6.7.6 采用;

2 除尘系统风管设计风速应根据气体含尘浓度、粉尘密度和粒径、气体温度、气体密度等因素确定,并应以正常运转条件下管道内不发生粉尘沉降为基本原则。设计工况和通风标准工况相近时,最低风速不应低于本规范附录 K 的规定。

表 6.7.6 风管内的风速(m/s)

风管类别	金属及非金属风管	砖及混凝土风道
干管	6～14	4～12
支管	2～8	2～6

6.7.7 下列情况下风管应采取补偿措施:

1 输送高温烟气的金属风管,应合理布置管道以及膨胀节、柔性接头和管道支架,并应选用合适的管道托座和减小管道对支架的推力;

2 线膨胀系数较大的非金属风管直段连续长度大于 20m 时,应设置伸缩节。

6.7.8 当风管内可能产生凝结水或其他液体时,风管应设置不小于 0.005 的坡度,并应在风管的最低点设置排水装置。

6.7.9 除尘系统的风管应符合下列规定:

1 宜采用圆形钢制风管。除与阀门、排风罩、设备的连接处以及经常拆装的管段可采用法兰连接外，除尘风管应采用焊接连接方式。

2 除尘风管最小直径应符合下列规定：

1）排风中含细矿尘、木材粉尘的风管直径不应小于80mm；

2）排风中含较粗粉尘、木屑的风管直径不应小于100mm；

3）排风中含粗粉尘、粗刨花的风管直径不应小于130mm。

3 风管宜垂直或倾斜敷设。倾斜敷设时，与水平面的夹角宜大于45°。水平敷设的管段不宜过长。

4 支管宜从主管的上面或侧面连接，三通的夹角宜采用15°～45°，90°连接时宜采取扩导流措施。

5 应减少弯头数量，在空间允许的条件下宜加大弯头曲率半径和减小弯头角度。

6 输送含尘浓度高、粉尘磨琢性强的含尘气体时，风管易受冲刷部位应采取防磨措施。

7 在容易积尘的异形管件附近，宜设置密闭清扫孔。

8 支管上宜设置风量调节装置及风量测定孔，风量调节装置宜设置在垂直管道上。

9 风管支、吊架的最大跨距宜按挠度确定。室外管道挠度不宜超过跨距的1/600，室内管道的挠度不宜超过跨距的1/300。

10 当风管安装高度超过2.5m时，需要经常操作和维护的部位宜设置平台和梯子。

11 大管径除尘风管，当有人员进入风管内部操作、检修的可能时，管道内部孔洞处应安装防踏空格栅或栏杆。

6.8 设备选型与配置

6.8.1 选择空气加热器、空气冷却器和空气热回收装置等设备时，应附加风管和设备等的漏风量，系统允许漏风量不应超过本规范第6.7.4条的附加风量；当计算工况与设备样本标定状态相差大时，应按计算工况复核设备换热能力。

6.8.2 通风机宜根据管路特性曲线和风机性能曲线进行选择，其性能参数应符合下列规定：

1 通风机的风量应在系统计算的总风量上附加风管和设备的漏风量，通风机的压力应在系统计算的压力损失上附加10%～15%；

2 当计算工况与风机样本标定状态相差较大时，应将风机样本标定状态下的数值换算成风机选型计算工况风量和全压；

3 风机的选用设计工况效率不应低于风机最高效率的90%；

4 采用定转速通风机时，电机轴功率应按工况参数计算确定；采用变频通风机时，电机轴功率应按工况参数计算确定，且应在100%转速计算值上再附加15%～20%；通风机输送介质温度较高时，电动机功率应按冷态运行进行附加。

6.8.3 通风机并联或串联安装时，其联合工况下的风量和风压应按通风机和管道的特性曲线确定，并应符合下列规定：

1 不同型号、不同性能的通风机不宜并联安装；

2 串联安装的通风机设计风量应相同；

3 变速风机并联或串联安装时应同步调速。

6.8.4 当通风系统风量、风压调节范围较大时，宜采用双速或变频调速风机。

6.8.5 为防毒而设置的排风机应独立设置，不应与其他系统的通风设备布置在同一通风机室内。

6.8.6 大型通风机应预留检修场地，并宜设置吊装设施及操作平台。通风机露天布置时，其电机应采取防雨措施，电机防护等级不应低于IP54。

6.8.7 通风机进、出风口不接风管或风管较短时，风口应设置安全防护网。风机与电机之间的传动皮带应设置防护罩。

6.8.8 符合下列条件之一时，通风设备和风管应采取保温或防冻等措施：

1 不允许所输送空气的温度有较显著升高或降低时；

2 所输送空气的温度相对环境温度较高或较低时；

3 除尘风管或干式除尘器内可能有结露时；

4 排出的气体可能被冷却而形成凝结物堵塞或腐蚀风管和设备时；

5 湿式除尘器可能被冻结时。

6.8.9 有振动的通风设备进、出口应设置柔性接头。通风设备进、出口风管应设置独立的支、吊架，管道荷载不应加在通风设备上。

6.8.10 电机功率大于300kW的大型离心式通风机宜采用高压供电方式。

6.8.11 离心通风机宜设置风机入口阀。需要通过关阀降低风机启动电流时，应设置风机启动用的阀门，风机启动用阀门的设置应符合下列规定：

1 中低压供电、供电条件允许且电动机功率小于或等于75kW时，可不装仅为启动用的阀门；

2 中低压供电、电动机功率大于75kW时，宜设置启动用风机入口阀；

3 风机启动用阀门宜为电动，并应与风机电机连锁。

6.8.12 大型离心式通风机轴承箱和电机采用水冷却方式时，应采用循环冷却水冷却方式。

6.8.13 排除含有蒸汽的空气，其通风设备应在易积液部位设置水封排液口。

6.9 防火与防爆

6.9.1 对厂房或仓库空气中含有易燃易爆物质的场所，应根据工艺要求采取通风措施。

6.9.2 下列场所均不得采用循环空气：

1 甲、乙类厂房或仓库；

2 空气中含有的爆炸危险粉尘、纤维，且含尘浓度大于或等于其爆炸下限值的25%的丙类厂房或仓库；

3 空气中含有的易燃易爆气体，且气体浓度大于或等于其爆炸下限值的10%的其他厂房或仓库；

4 建筑物内的甲、乙类火灾危险性的房间。

6.9.3 在下列任一情况下，通风系统均应单独设置：

1 甲、乙类厂房、仓库中不同的防火分区；

2 不同的有害物质混合后能引起燃烧或爆炸时；

3 建筑物内的甲、乙类火灾危险性的单独房间或其他有防火防爆要求的单独房间。

6.9.4 对于生产、试验中散发容易起火或爆炸危险性物质的厂房或局部房间，其机械通风系统宜采用局部通风方式。

6.9.5 排除有爆炸危险的气体、蒸汽或粉尘的局部排风系统，其风量应按在正常运行情况下，风管内有爆炸危险的气体、蒸气或粉尘的浓度不大于爆炸下限值的50%计算。

6.9.6 放散有爆炸危险性物质的房间应保持负压。

6.9.7 根据工艺要求在爆炸危险区域内为非防爆设备的封闭空间设置的正压送风系统，其进风口应设置在清洁区，正压值应根据工艺要求确定。

6.9.8 甲、乙类厂房、仓库及其他有燃烧或爆炸危险的单独房间或区域，其送风系统的进风口应与其他房间或区域的进风口分设，其进风口和排风口均应设置在室外无火花溅落的安全处。

6.9.9 含有燃烧或爆炸危险粉尘的空气，在进入排风机前应采用不产生火花的除尘器进行处理。净化有爆炸危险粉尘的除尘器、排风机应与其他普通型的排风机、除尘器分开设置。

6.9.10 净化有爆炸危险粉尘的干式除尘器宜布置在厂房外的独立建筑中，该建筑与所属厂房的防火间距不应小于10.0m。

6.9.11 符合下列条件之一时,净化有爆炸危险粉尘的干式除尘器可布置在厂房内的单独房间内,但不得布置在车间休息室、会议室等房间的下一层。与休息室、会议室等房间贴邻布置时,应采用耐火极限不小于 3.00h 的隔墙和 1.50h 的楼板与其他部位分隔,并应至少有一侧外围护结构:

　　1 有连续清灰设备;

　　2 除尘器定期清灰,处理风量不超过 15000m³/h,且集尘斗的储尘量小于 60kg。

6.9.12 粉尘遇水后,能产生可燃或有爆炸危险的物质时,不得采用湿式除尘器。

6.9.13 净化有爆炸危险粉尘和碎屑的除尘器应布置在系统的负压段上,且应设置泄爆装置。

6.9.14 用于净化含有爆炸危险物质的湿式除尘器,可布置在所属生产厂房或排风机房内。

6.9.15 在下列任一情况下,供暖、通风与空调设备均应采用防爆型:

　　1 直接布置在爆炸危险性区域内时;

　　2 排除、输送或处理含甲、乙类物质,其浓度为爆炸下限 10% 及以上时;

　　3 排除、输送或处理含有燃烧或爆炸危险的粉尘、纤维等物质,其含尘浓度为其爆炸下限的 25% 及以上时。

6.9.16 用于甲、乙类厂房、仓库及其他厂房中有爆炸危险区域的通风设备的布置应符合下列规定:

　　1 排风设备不应布置在建筑物的地下室、半地下室内,宜设置在生产厂房外或单独的通风机房中;

　　2 送、排风设备不应布置在同一通风机房内;

　　3 排风设备不应与其他房间的送、排风设备布置在同一机房内;

　　4 送风设备的出口处设有止回阀时,可与其他房间的送风设备布置在同一个送风机房内。

6.9.17 用于甲、乙类厂房、仓库及其他厂房中有爆炸危险区域的通风设备的选型符合下列规定:

　　1 设在专用机房中的排风机应采用防爆型,电动机可采用密闭型;

　　2 直接设置在甲、乙类厂房、仓库及其他厂房中有爆炸危险区域的送、排风设备,通风机和电机均应采用防爆型,风机和电机之间不得采用皮带传动;

　　3 送风设备设置在通风机房内且送风干管上设置止回阀时,可采用非防爆型。

6.9.18 用于甲、乙类厂房、仓库的爆炸危险区域的送风机房应采取通风措施,排风机房的换气次数不应小于 1 次/h。

6.9.19 排除或输送有燃烧或爆炸危险物质的风管不应穿过防火墙和有爆炸危险的车间隔墙,且不应穿过人员密集或可燃物较多的房间。

6.9.20 一般通风系统的管道不宜穿过防火墙和不燃性楼板等防火分隔物。如确实需要穿过时,应在穿过处设防火阀。在防火阀两侧各 2m 范围内的风管及其保温材料应采用不燃材料。风管穿过处的缝隙应用防火材料封堵。

6.9.21 排除有爆炸危险物质的排风管应采用金属管道,并应直接通到室外的安全处,不应暗设。

6.9.22 排除或输送有爆炸或燃烧危险物质的排风系统,除工艺确需要设置外,其各支管节点处不应设置调节阀,但应对两个管段结合点及各支管之间进行静压平衡计算。

6.9.23 直接布置在空气中含有爆炸危险物质场所内的通风系统和排除有爆炸危险物质的通风系统上的防火阀、调节阀等部件,应符合在防爆场合应用的要求。

6.9.24 排除或输送有燃烧或爆炸危险物质的通风设备和风管均应采取防静电接地措施,当风管法兰密封垫料或螺栓垫圈采用非金属材料时,还应采取法兰跨接的措施。

6.9.25 热媒温度高于 110℃ 的供热管道不应穿过输送有爆炸危险的气体、蒸气、粉尘或气溶胶等物质的风管,亦不得沿风管外壁敷设;当热媒管道与风管交叉敷设时,应采用不燃材料绝热。

6.9.26 排除比空气轻的可燃气体混合物的风管,应沿气体流动方向具有上倾的坡度,其值不应小于 0.005。

6.9.27 排除有爆炸危险粉尘的风管宜采用圆形风管,宜垂直或倾斜敷设。水平敷设管道时不宜过长,需用水冲洗清除积尘时,管道应沿气体流动方向具有下倾的坡度,其值不应小于 0.01。

6.9.28 设有可燃气体探测报警装置时,防爆通风设备应与可燃气体探测报警装置连锁。

6.9.29 排除或输送温度大于 80℃ 的空气或气体混合物的非保温金属风管、烟道,与输送有爆炸危险物质的风管及管道应有安全距离,当管道互为上下布置时,表面温度较高者应布置在上面;应与建筑可燃或难燃结构体之间保持不小于 150mm 的安全距离,或采用厚度不小于 50mm 的不燃材料隔热。

6.9.30 可燃气体管道、可燃液体管道和电缆线等不得穿过风管的内腔,并不得沿风管的外壁敷设。可燃气体管道和可燃液体管道不得穿过与其无关的通风机房。

6.9.31 当风管内设有电加热器时,电加热器前、后各 800mm 范围内的风管和穿过设有火源等容易起火房间的风管及其保温材料均应采用不燃材料。

7 除尘与有害气体净化

7.1 一般规定

7.1.1 废气向大气排放时,其污染物排放浓度及排放速率应符合国家现行有关污染物排放标准的要求。

7.1.2 需要与工艺设备连锁控制时,除尘及有害气体净化设备应比工艺设备提前启动、滞后停止。

7.1.3 除尘系统的划分应符合下列规定:

　　1 同一生产流程、同时工作的扬尘点相距不远时,宜合设一个系统;

　　2 同时工作但粉尘种类不同的扬尘点,当工艺允许不同粉尘混合回收或粉尘无回收价值时,可合设一个系统;

　　3 温、湿度不同的含尘气体,当混合后可能导致风管内结露时,应分设系统。

7.1.4 当工艺设备扬尘点较多时,除尘系统宜分区域集中设置;每个除尘系统连接的排风点不宜过多;当不能完全通过调整管径等达到风系统水力平衡要求时,可在风阻力小的支路上设调平衡用的阀门;风阀宜设置在垂直管路上。

7.1.5 除尘系统的排风量应按同时工作的最大排风量以及间歇工作的排风点漏风量之和计算。各间歇工作的排风点上应装设与工艺设备联动的阀门,阀门关闭时的漏风量应取正常排风量的 15%~20%。

7.1.6 干式除尘系统收集的粉尘应返回生产工艺系统回收或二次开发利用,当确无利用价值时应按国家有关固体废物贮存、处置或填埋标准进行处理。粉尘储运过程中应防止二次扬尘。

7.1.7 湿式除尘系统污水有条件时应直接利用,无直接利用条件时应经处理后回用。污水处理产生的污泥应返回生产工艺系统回收或二次开发利用,无利用价值时应按国家有关固体废物贮存、处置或填埋标准进行处理。

7.2 除　尘

7.2.1 除尘器的选择应根据下列因素并通过技术经济比较确定:

1 含尘气体的化学成分、腐蚀性、爆炸性、温度、湿度、露点、气体量和含尘浓度；

2 粉尘的化学成分、密度、粒径分布、腐蚀性、亲水性、磨琢度、比电阻、粘结性、纤维性和可燃性、爆炸性等；

3 净化后气体或粉尘的容许排放浓度；

4 除尘器的压力损失和除尘效率；

5 粉尘的回收价值及回收利用形式；

6 除尘器的设备费、运行费、使用寿命、场地布置及外部水、电源条件等；

7 维护管理的繁简程度。

7.2.2 粉尘净化宜选用干式除尘方式。不适合选用干式除尘或选用湿式除尘较合理的场合，可选用湿式除尘方式。

7.2.3 含尘粒径在 $0.1\mu m$ 以上、温度在 $250℃$ 以下，且含尘浓度低于 $50g/m^3$ 的废气的净化宜选用袋式除尘器。选用袋式除尘器时，其性能参数应符合下列规定：

1 袋式除尘器的除尘效率应满足污染物达标排放或除尘工艺对除尘器的技术要求。除尘器的总效率宜根据实际处理的粉尘的粒径分布及质量分布、除尘器分级效率经计算确定。

2 袋式除尘器的运行阻力宜为 $1200Pa\sim2000Pa$。

3 袋式除尘器过滤风速应根据气体和粉尘的类型、清灰方式、滤料性能等因素确定。采用脉冲喷吹清灰方式时，过滤风速不宜大于 $1.2m/min$；采用其他清灰方式时，过滤风速不宜大于 $0.60m/min$。

4 袋式除尘器的漏风率应小于 4%，且应满足除尘工艺的要求。

7.2.4 袋式除尘器清灰方式应根据工程条件确定，宜采用脉冲喷吹、反吹风清灰方式，也可采用机械振打、复合清灰方式，并应符合下列规定：

1 潮湿多雨地区不宜直接采用大气作为反吹风气源；

2 混入空气易引起除尘器内燃烧或爆炸时，不应采用空气作为清灰气体；

3 分室数量大于或等于 4 的反吹类袋式除尘器宜采用离线清灰方式。

7.2.5 袋式除尘器的滤料应能适应被处理气体，其耐温性能、抗水解性能、抗氧化性能及耐腐蚀性能应满足使用要求。技术经济条件合理时应选用经过表面覆膜处理的滤料。

7.2.6 旋风除尘器可作为预除尘器使用。旋风除尘器计算参数应符合表 7.2.6 的规定。

表 7.2.6　旋风除尘器计算参数

参数名称	参数指标
入口流速	$12m/s\sim25m/s$
筒体断面流速	$3m/s\sim5m/s$
阻力	$800Pa\sim1500Pa$
允许操作温度	$<450℃$
允许含尘浓度	$1000g/m^3$

7.2.7 湿式除尘器除尘效率应满足污染物达标排放或除尘工艺对除尘器的技术要求。湿式除尘器计算参数应符合表 7.2.7 的规定。

表 7.2.7　湿式除尘器计算参数

设备名称	除尘效率（%）	风速（m/s）	阻力（Pa）	循环水量（L/m³）	适用的粉尘粒径（μm）
水膜除尘器	≥80	入口风速 16～20	600～900	0.1～0.4	≥5
冲激式除尘器	≥85	入口风速 18～35	1000～1600	0.2～0.5	≥1
文丘里除尘器	≥95	喉管风速 30～80	2000～6000	0.3～1.0	≥1
湿式三效除尘器	≥85	入口风速 16～40	1000～4000	1.0～1.5	≥1
喷淋洗涤塔	≥70	空塔风速 0.6～1.5	250～500	0.4～2.7	≥5

7.2.8 采用静电除尘器时，粉尘比电阻值应为 $1×10^4\Omega \cdot cm\sim4×10^{12}\Omega \cdot cm$。

7.2.9 净化有爆炸危险物质的除尘器应符合本规范第 6.9.9 条～第 6.9.14 条的要求。

7.2.10 有结露或冻结可能时，除尘器应采取保温、伴热、室内布置等措施。

7.3 有害气体净化

7.3.1 有害气体净化应根据有害气体的物理及化学性质，并应经技术经济比较，选择吸收、吸附、冷凝、催化燃烧、生化法、电子束照射法和光触媒法等方法。废气净化最终产物应以回收有害物质、生成其他产品、生成无害化物质为处理目标。

7.3.2 有害气体净化吸收设备应符合下列规定：

1 应根据被吸收气体、吸收液、吸收塔形式和要求的吸收效率，选择经济合理的空塔气速；

2 气液之间宜逆流运行、有较大的接触面积、有一定的接触时间，并宜扰动强烈；

3 应根据有害气体吸收难易程度采用适宜的液气比，液气比宜可调节；

4 吸收塔的气体进口段应设气流分布装置，吸收塔的出口处应设置除雾装置；

5 应耐腐蚀，运行应安全可靠；

6 构造宜简单，宜便于制作和检修。

7.3.3 吸收剂应符合下列规定：

1 对被吸收组分的溶解度应高，吸收速率应快，应有良好的选择性；

2 蒸汽压应低；

3 黏度应低，化学稳定性应好，腐蚀性应小，应无毒或低毒，并应难燃；

4 价格应合理，且应易于重复使用；

5 应有利于被吸收组分的回收或处理。

7.3.4 低浓度有毒有害气体宜采用吸附法净化，吸附剂再生后重复利用。废气吸附处理前应除去颗粒物、油雾、难脱附的气态污染物，以及能造成吸附剂中毒的成分，并应调节气体温度、湿度、浓度和压力等满足吸附工艺操作的要求。

7.3.5 吸附装置应符合下列规定：

1 宜按最大废气排放量的 120% 进行设计。

2 净化效率不宜小于 90%。

3 吸附剂连续工作时间不应少于 3 个月。

4 固定床吸附装置吸附层的风速应根据吸附剂的材质、结构和性能确定，采用颗粒状活性炭时，宜取 $0.20m/s\sim0.60m/s$；采用活性炭纤维毡时，宜取 $0.10m/s\sim0.15m/s$；采用蜂窝状吸附剂时，宜取 $0.70m/s\sim1.20m/s$。

5 吸附剂和气体的接触时间宜为 $0.5s\sim2.0s$。

7.3.6 吸附法净化有害气体宜选用活性炭、硅胶、活性氧化铝、分子筛等作为吸附剂。

7.3.7 吸附剂脱附可采用升温、降压、置换、吹扫和化学转化等方式，也可采用几种方式结合使用，并应符合下列规定：

1 脱附产物宜分离并回收；

2 采用活性炭做吸附剂时，脱附气的温度宜控制在 $120℃$ 以下；

3 脱附气冷凝回收有机溶剂时，冷却水宜采用低温水。

7.4 设备布置

7.4.1 当收集的粉尘允许直接纳入工艺流程时，除尘器宜布置在胶带运输机、料仓等生产设备的上部。当收集的粉尘不允许或难以做到直接纳入工艺流程时，除尘器可另择合适的场地布置，但应设储尘斗及相应的搬运设备。

7.4.2 除尘器宜布置在系统的负压段。当布置在正压段时，宜选用排尘通风机。除尘系统各排风点计算压力损失不平衡率不宜大于10%,当通过调整管径或改变风量仍无法达到时,可装设风量调节装置。

7.4.3 湿式废气净化设备有冻结可能时,应采取防冻措施。严寒地区,湿式废气净化设备应设置在室内;寒冷地区,湿式废气净化设备宜设置在室内。

7.4.4 干式除尘器的卸尘管和湿式除尘器的污水排出管应采取防止漏风的措施。

7.4.5 袋式除尘器布置在室内时,应留出便于滤袋的检查和更换的空间。

7.4.6 设备的阀门、电动机、人孔、检测孔等处应设操作平台或留有操作空间。

7.4.7 设备布置在屋面时,该屋面应按上人屋面要求进行设计。

7.5 排 气 筒

7.5.1 排气筒的高度应满足国家现行有关大气污染物排放标准的要求,且不应低于15m。

7.5.2 排气筒出口风速宜为15m/s~20m/s。对集中大型排气筒宜预留排风能力。

7.5.3 排气筒应设置用于监测的采样孔和监测平台,以及必要的附属设施。

7.5.4 排气筒排烟时应根据烟气条件设绝热层、防腐层等。

7.5.5 一定区域内的排风点宜合并设置集中排气筒。

7.6 抑尘及真空清扫

7.6.1 在不影响生产和不改变物料性质时,对扬尘点宜采用水力喷雾抑尘。

7.6.2 放散粉尘的生产厂房,地面清扫宜采用真空吸尘装置。真空吸尘装置的设置应符合下列规定:

 1 最高真空度宜大于30kPa;

 2 吸气量宜满足2个~3个吸嘴同时工作,可按粉尘或物料粒径3.0mm~30mm设计;

 3 应根据清扫面积的大小和卸灰条件等因素确定设置移动式或固定式真空清扫设备;

 4 真空清扫设备应有自动保护功能。

7.6.3 真空清扫管网系统的设计应符合下列规定:

 1 每台生产装置和对应的料仓区域宜设置一套独立的真空清扫管网系统;

 2 应根据吸尘软管长度及其工作半径,确定各吸尘口之间的合理距离;

 3 吸尘管材质应按粉尘性质确定;

 4 从主管接引支管时,宜采用支管接头或Y形接头,支管应从主管的侧面或上部接入,并应保证支管中物料流向与主管中物料流向的夹角不大于15°,支管中的物料流向与主管中的物料流向应成顺流方向;

 5 弯管曲率半径不应小于4倍公称管径。

7.7 粉 尘 输 送

7.7.1 粉尘输送应符合下列规定:

 1 粉尘加湿后更利于其回收利用时,粉尘应加湿输送或搅拌制浆后输送;

 2 除尘器收集的粉尘需远距离输送时,干式输送方式宜采用机械输送或气力输送;

 3 机械输送的设备选型,后一级设备的输送能力不应小于前一级设备的能力。气力输送设备的输送能力应有50%以上裕量;

 4 储灰仓卸灰时,宜采用真空罐车、无尘装车装置、加湿机,无条件时,应在卸灰点设置局部排风。

7.7.2 采用气力输送装置时,应符合下列规定:

 1 输送具有爆炸危险性的粉尘时,气力输送系统应采取防爆措施;

 2 气力输送设备前宜设置中间储灰仓,中间仓的容积应按1d~2d储灰量设计;

 3 气力输送管路易磨构件宜采取耐磨措施;

 4 输送大量的磨琢性强的粉尘时,宜设置备用的仓式泵输灰系统;

 5 管道中的弯管曲率半径不宜小于8倍公称直径。

8 空 气 调 节

8.1 一 般 规 定

8.1.1 工艺性空气调节应满足生产工艺或产品对空气环境参数的要求,舒适性空气调节应满足人体舒适、健康对空气环境参数的要求。

8.1.2 符合下列条件之一时,应设计空气调节:

 1 采用供暖通风达不到生产工艺对室内温度、湿度、洁净度等的要求时;

 2 有利于提高劳动生产率、降低设备生命周期费用、增加经济效益时;

 3 有利于保护工作人员身体健康时;

 4 有利于提高和保证产品质量时;

 5 采用空气调节系统较采用供暖通风系统更经济合理时。

8.1.3 在满足生产工艺要求的条件下,宜减少空气调节区的面积和散热、散湿设备。当采用局部空气调节或局部区域空气调节能满足要求时,不应采用全室性空气调节。

8.1.4 工业建筑的高大空间,仅要求下部生产区域保持一定的温、湿度时,宜采用分层式空气调节方式。大面积厂房不同区域有不同温、湿度要求时,宜采用分区空气调节方式。

8.1.5 空气调节区内的空气压力应符合下列规定:

 1 工艺性空气调节应按工艺要求确定;

 2 当工艺无要求时,有外围护结构的空气调节区宜维持5Pa~10Pa的正压;不同的空气调节区之间有压差要求时,其压差值宜取5Pa~10Pa。

8.1.6 空气调节区宜集中布置。室内温、湿度基数和使用要求相近的空气调节区宜相邻布置。

8.1.7 工艺性空气调节区围护结构的传热系数不应大于表8.1.7所规定的数值,并应符合本规范第5.2.4条的规定。

表8.1.7 工艺性空气调节区围护结构最大传热系数
K限值[W/(m²·℃)]

围护结构名称	室温允许波动范围(℃)		
	±(0.1~0.2)	±0.5	±1.0
屋顶	—	—	0.8
顶棚	0.5	0.8	0.9
外墙	—	0.8	1.0
内墙和楼板	0.7	0.9	1.2

注:表中内墙和楼板的相关数值仅适用于相邻空气调节区的温差大于3℃时。

8.1.8 工艺性空气调节区,当室温允许波动范围小于或等于±0.5℃时,其围护结构的热惰性指标D值不应小于表8.1.8的规定。

表8.1.8 围护结构热惰性指标D值

围护结构名称	室温允许波动范围(℃)	
	±(0.1~0.2)	±0.5
外墙	—	4
屋顶	—	3
顶棚	4	3

8.1.9 工艺性空气调节区的外墙、外墙朝向及其所在层次应符合表8.1.9的规定。室温允许波动范围小于或等于±0.5℃的空气

调节区宜布置在室温允许波动范围较大的空气调节区中,当布置在单层建筑物内时,宜设置通风屋顶。

表 8.1.9 外墙、外墙朝向及所在层次

室温允许波动范围(℃)	外墙	外墙朝向	层次
±1.0	宜减少外墙	宜北向	宜避免在顶层
±0.5	不宜有外墙	如有外墙时, 应北向	宜在底层
±(0.1~0.2)	不应有外墙	—	宜在底层

注:北向适用于北纬 23.5°以北的地区;北纬 23.5°以南的地区,可采用南向。

8.1.10 室温允许波动范围大于±1.0℃的空气调节区,应设置可开启外窗。

8.1.11 工艺性空气调节区,当室温允许波动范围大于±1.0℃时,外窗宜北向;等于±1.0℃时,不应有东、西向外窗;等于±0.5℃时,不宜有外窗,如有外窗时,应北向。

8.1.12 工艺性空气调节区的门和门斗应符合表 8.1.12 的规定。外门门缝应严密,当门两侧的温差大于或等于7℃时,应采用保温门。

表 8.1.12 门和门斗

室温允许 波动范围(℃)	外门和门斗	内门和门斗
±1.0	不宜设置外门,如有经 常开启的外门,应设门斗	门两侧温差大于或等于7℃时,宜 设门斗
±0.5	不应有外门	门两侧温差大于3℃时,宜设门斗
±(0.1~0.2)		内门不宜通向室温基数不同或室 温允许波动范围大于±1.0℃的 邻室

8.1.13 以消除余热、余湿为主的全空气空调系统,宜可变新风比,且应配备过渡季全新风运行的设施。

8.1.14 规模较大、功能复杂的工业建筑空气调节系统的设计,宜通过全年综合能耗分析和投资及运行费用等的比较,进行方案优化。

8.2 负荷计算

8.2.1 空气调节区的冷负荷在方案设计或初步设计阶段可采用冷负荷指标法估算,在施工图设计阶段应进行逐项逐时计算。

8.2.2 空气调节区的冬季热负荷应按本规范第 5.2 节的规定计算,室外计算参数应采用冬季空气调节室外计算参数。

8.2.3 空气调节区的夏季计算得热量应包括下列内容:

1 通过围护结构传入的热量;
2 通过围护结构透明部分进入的太阳辐射热量;
3 人体散热量;
4 照明散热量;
5 设备、器具、管道及其他内部热源的散热量;
6 食品或物料的散热量;
7 室外渗透空气带入的热量;
8 伴随各种散湿过程产生的潜热量;
9 非空调区或其他空调区转移来的热量。

8.2.4 工业建筑空气调节区的夏季冷负荷应根据各项得热量的种类、性质以及空气调节区的蓄热特性经计算确定,并应符合下列规定:

1 24h 连续生产时,生产工艺设备散热量、人体散热量、照明灯具散热量可按稳态传热方法计算;

2 非连续生产时,生产工艺设备散热量、人体散热量、照明灯具散热量,以及通过围护结构进入的非稳态传热量、透过透明部分进入的太阳辐射热量等形成的冷负荷应按非稳态传热方法计算确定,不应将得热量的逐时值直接作为各相应时刻冷负荷的即时值。

8.2.5 夏季计算围护结构传热量时,室外或邻室计算温度应符合下列规定:

1 对于外窗或其他透明部分,应采用夏季空气调节室外计算逐时温度,并应按本规范式(4.2.10-1)计算。

2 对于外墙和屋顶,应采用室外计算逐时综合温度,并应按下式计算:

$$t_{zs}=t_{sh}+\frac{\rho J}{\alpha_w} \qquad (8.2.5\text{-}1)$$

式中:t_{zs}——夏季空气调节室外计算逐时综合温度(℃);

t_{sh}——夏季空气调节室外计算逐时温度,应按本规范第 4.2.10 条的规定采用(℃);

ρ——围护结构外表面对于太阳辐射热的吸收系数;

J——围护结构所在朝向的逐时太阳总辐射照度(W/m²),应按本规范附录 C 的规定采用(W/m²);

α_w——围护结构外表面换热系数[W/(m²·℃)]。

3 对于室温允许波动范围大于或等于±1.0℃的空气调节区,其非轻型外墙的室外计算温度可采用近似室外计算日平均综合温度,并应按下式计算:

$$t_{zp}=t_{wp}+\frac{\rho J_p}{\alpha_w} \qquad (8.2.5\text{-}2)$$

式中:t_{zp}——夏季空气调节室外计算日平均综合温度(℃);

t_{wp}——夏季空气调节室外计算日平均温度,按本规范第 4.2.9 条的规定采用(℃);

J_p——围护结构所在朝向太阳总辐射照度的日平均值(W/m²)。

4 对于隔墙、楼板等内围护结构,当邻室为非空气调节区时,可采用邻室计算平均温度,并应按下式计算:

$$t_{1s}=t_{wp}+\Delta t_{1s} \qquad (8.2.5\text{-}3)$$

式中:t_{1s}——邻室计算平均温度(℃);

Δt_{1s}——邻室计算平均温度与夏季空气调节室外计算日平均温度的差值,宜按表 8.2.5 采用(℃)。

表 8.2.5 温度的差值

邻室散热强度(w/m³)	Δt_{1s}(℃)
很少(如办公室和走廊等)	0~2
<23	3
23~116	5

8.2.6 外墙和屋顶传热形成的逐时冷负荷宜按下式计算。当屋顶处于空气调节区之外时,屋顶传热形成的冷负荷应在下式计算结果上进行修正:

$$CL=KF(t_{w1}-t_n) \qquad (8.2.6)$$

式中:CL——外墙或屋顶传热形成的逐时冷负荷(W);

K——传热系数[W/(m²·℃)];

F——传热面积(m²);

t_{w1}——外墙或屋顶的逐时冷负荷计算温度(℃),根据空气调节区的蓄热特性以及传热特性,由夏季空气调节室外计算逐时综合温度 t_{zs} 值通过转换计算确定;

t_n——夏季空气调节室内设计温度(℃)。

8.2.7 对于室温允许波动范围大于或等于±1.0℃的空气调节区,其非轻型外墙传热形成的冷负荷可按下式计算:

$$CL=KF(t_{zp}-t_n) \qquad (8.2.7)$$

式中:CL——外墙或屋顶传热形成的逐时冷负荷(W);

K——传热系数[W/(m²·℃)];

F——传热面积(m²);

t_{zp}——夏季空气调节室外计算日平均综合温度(℃);

t_n——夏季空气调节室内设计温度(℃)。

8.2.8 外窗温差传热形成的逐时冷负荷宜按下式计算:

$$CL=KF(t_{w1}-t_n) \qquad (8.2.8)$$

式中:CL——外窗温差传热形成的逐时冷负荷(W);

K——传热系数[W/(m²·℃)];

F——传热面积(m^2);

t_{w1}——外窗的逐时冷负荷计算温度(℃),根据建筑物的地理位置和空气调节区的蓄热特性以及传热特性,由本规范第4.2.10条确定的夏季空气调节室外计算逐时温度t_{sh}值通过转换计算确定;

t_n——夏季空气调节室内设计温度(℃)。

8.2.9 空气调节区与邻室的夏季温差大于3℃时,宜按下式计算通过隔墙、楼板等内围护结构传热形成的冷负荷:

$$CL=KF(t_{1s}-t_n) \qquad (8.2.9)$$

式中:CL——内围护结构传热形成的冷负荷(W);

K——传热系数[$W/(m^2 \cdot ℃)$];

F——传热面积(m^2);

t_{1s}——邻室计算平均温度(℃);

t_n——夏季空气调节室内设计温度(℃)。

8.2.10 工艺性空气调节区有外墙,且室温允许波动范围小于或等于±1.0℃时,宜计算距外墙2m范围内的地面传热形成的冷负荷。其他情况下,夏季可不计算通过地面传热形成的冷负荷。

8.2.11 透过外窗或其他透明部分进入空气调节区的太阳辐射热量应根据当地的太阳辐射照度、外窗或其他透明部分的构造、遮阳设施的类型,以及附近高大建筑或遮挡物的影响等因素,通过计算确定。

8.2.12 透过外窗或其他透明部分进入空气调节区的太阳辐射热形成的冷负荷,应根据本规范第8.2.11条得出的太阳辐射热量,并应综合外窗或其他透明部分遮阳设施的种类、室内空气分布特点,以及空气调节区的蓄热特性等因素,通过计算确定。

8.2.13 计算设备、人体、照明等散热形成的冷负荷时,应根据空气调节区蓄热特性、不同使用功能和设备开启时间,分别选用适宜的设备功率系数、同时使用系数、通风保温系数、人员群集系数,有条件时宜采用实测数值。当设备、人体、照明等散热形成的冷负荷占空气调节区冷负荷的比率较小时,可不计及空气调节区蓄热特性的影响。

8.2.14 空气调节区的夏季计算散湿量应包括下列内容:

1 人体散湿量;

2 工艺过程的散湿量;

3 各种潮湿表面、液面或液流的散湿量;

4 设备散湿量;

5 食品或其他物料的散湿量;

6 渗透空气带入的湿量。

8.2.15 确定散湿量时,应根据散湿源的种类,分别选用适宜的人员群集系数、设备同时使用系数以及通风系数。有条件时,应采用实测数值。

8.2.16 空气调节夏季设计冷负荷的计算应符合下列规定:

1 空调区冷负荷应按各项逐时冷负荷的综合最大值确定。

2 空气调节系统冷负荷计算应符合下列规定:

 1)各空气调节区设有室温自动控制装置时,宜按各空气调节区逐时冷负荷的综合最大值确定;无室温自动控制装置时,可按各空气调节区冷负荷的累加值确定。

 2)计算新风冷负荷时,新风计算参数宜采用夏季空气调节室外计算干球温度和夏季空气调节室外计算湿球温度。

 3)应计入风机温升、风管温升、再热量等附加冷负荷。

3 空调冷源冷负荷计算应符合下列规定:

 1)宜按各空调系统冷负荷的综合最大值确定,并宜计入同时使用系数;

 2)宜采用夏季新风逐时焓值计算新风冷负荷,与空气调节系统总冷负荷叠加时应采用综合最大值;

 3)应计入供冷系统输送冷损失。

8.3 空气调节系统

8.3.1 选择空气调节系统时,应根据建筑物的用途、构造形式、规模、使用特点、负荷变化情况与参数要求、所在地区气象条件与能源状况等,通过技术经济比较确定。

8.3.2 不同的空气调节区存在下列情况之一时,宜分别设置全空气空调系统。确需合设时,空调系统应能适应不同区域的不同要求:

1 使用时间不同时;

2 温、湿度基数和允许波动范围不同时;

3 空气的清洁度要求不同时;

4 噪声控制标准不同时;

5 在同一时间内需分别进行供热和供冷时。

8.3.3 下列空气调节区宜采用全空气定风量空气调节系统:

1 空间较大、人员较多;

2 温、湿度允许波动范围小;

3 噪声或洁净度标准高;

4 过渡季可利用新风作冷源的空气调节区。

8.3.4 当空气调节区允许采用较大送风温差时,宜采用具有一次回风的全空气定风量空气调节系统。

8.3.5 全空气调节系统符合下列情况之一时,可设回风机:

1 不同季节的新风量变化较大,而其他排风措施不能适应风量变化要求时;

2 回风系统阻力较大,设置回风机经济合理时。

8.3.6 空气调节区允许温、湿度波动范围小或噪声要求严格时,不宜采用全空气变风量空气调节系统。技术经济合理、符合下列情况之一时,可采用全空气变风量空气调节系统:

1 负担多个空气调节区,各空气调节区负荷变化较大,且低负荷运行时间较长,需要分别调节室内温度时;

2 负担单个空气调节区,低负荷运行时间较长,相对湿度不宜过大时。

8.3.7 采用变风量空气调节系统时,应符合下列规定:

1 风机应采用变速调节;

2 应采取保证最小新风量要求的措施;

3 空气调节区最大送风量应根据空气调节区夏季冷负荷确定,最小送风量应根据负荷变化情况、送风方式、系统稳定要求等确定;

4 当采用变风量的送风末端装置时,送风口应符合本规范8.4.2条的规定。

8.3.8 空气调节区较多、各空气调节区要求单独调节,且层高较低的建筑物宜采用风机盘管加新风系统,经处理的新风宜直接送入室内。当空气调节区空气质量和温、湿度波动范围要求严格或空气中含有较多油烟等有害物质时,不宜采用风机盘管。

8.3.9 符合下列条件之一时,宜采用蒸发冷却空调系统:

1 室外空气计算湿球温度小于23℃的干燥地区;

2 显热负荷大,但散湿量较小或无散湿量,且全年需要以降温为主的高温车间;

3 湿度要求较高的或湿度无严格限制的生产车间。

8.3.10 蒸发冷却空调系统设计应符合下列规定:

1 空调系统形式应根据夏季室外计算湿球温度和空调区显热负荷确定;

2 全空气蒸发冷却空调系统的送风量宜根据夏季空调设计工况下消除显热负荷的风量确定。

8.3.11 振动较大、油污蒸气较多以及产生电磁波或高次频波的场所不宜采用变频多联式空调系统。多联式空调系统的设计应符合下列规定:

1 使用时间接近的空调区宜设计为同一空调系统;

2 室内、外机之间以及室内机之间的最大管长和最大高差应符合产品技术要求；

    3 夏热冬冷地区、夏热冬暖地区、温和地区需全年运行时,宜采用热泵式机组；

    4 在同一系统中需要同时供冷和供热时,可选用热回收式机组。

8.3.12 有低温冷媒可利用时,宜采用低温送风空气调节系统；要求保持较高空气湿度或需要较大送风量的空气调节区,不宜采用低温送风空气调节系统。

8.3.13 采用低温送风空气调节系统时应符合下列规定：

    1 空气冷却器出风温度与冷媒进口温度之间的温差不宜小于 3℃,出风温度宜采用 4℃～10℃,直接膨胀系统出风温度不应低于 7℃。

    2 确定室内送风温度时,应计算送风机、送风管道及送风末端装置的温升,并应保证在室内温、湿度条件下风口不结露。

    3 空气处理机组的选型应通过技术经济比较确定。空气冷却器的迎风面风速宜采用 1.5m/s～2.3m/s,冷媒通过空气冷却器的温升宜采用 9℃～13℃。

    4 低温送风系统的空气处理机组、管道及附件、末端送风装置应进行严密的保冷,保冷层厚度应经过计算确定,并应符合本规范第 13.1.5 条的规定。

    5 低温送风系统的末端送风装置应符合本规范第 8.4.2 条的规定。

8.3.14 符合下列情况之一时,宜采用分散设置单元整体式或分体式空气调节系统：

    1 空气调节面积较小,采用集中供冷、供热系统不经济时；

    2 需设空气调节的房间布置过于分散时；

    3 少数房间的使用时间和要求与集中供冷供热不同时；

    4 原有建筑需增设空气调节,而机房和管道难以设置时。

8.3.15 单元式空气调节系统设计应符合下列规定：

    1 名义工况下的能效值应符合现行国家标准《单元式空气调节机能效限定值及能源效率等级》GB 19576 的规定；

    2 利用热泵供暖经济合理时,宜选用热泵型机组；

    3 采用非标准设备时可根据需要配备机组功能段；

    4 宜按机电一体化要求配置机组。

8.3.16 符合下列情况之一时,应采用直流式（全新风）空气调节系统：

    1 以消除余热余湿为目的的空调系统,夏季室内空气焓值高于室外空气焓值,使用回风不经济时；

    2 空气调节区排风量大于系统送风量时；

    3 空调系统兼顾防毒、防爆目的,不得从室内回风时。

8.3.17 湿热地区采用全新风空气调节系统时,夏季应采取防止未经除湿的新风直接送入室内的措施。

8.3.18 空气调节系统的最小新风量应取下列两项中的较大值：

    1 人员所需的新风量应符合本规范第 4.1.9 条的规定；

    2 补偿排风和保持室内正压所需风量之和。

8.3.19 新风进风口的面积应适应最大新风量的需要,进风口处应装设能严密关闭的阀门,进风口位置应符合本规范第 6.3.5 条的规定。

8.3.20 空气调节系统室内正压值应符合本规范第 8.1.5 条的规定。大量使用新风的空气调节区,应有排风出路或设置机械排风设施,排风量应适应新风量的变化。

8.3.21 空气处理机组宜安装在空调机房内,空调机房宜临近所服务的空调区,并应留有必要的维修通道和操作、检修空间,空气处理机组的设置应符合下列规定：

    1 机组的风机和水泵宜设置减振装置；

    2 应设置排水封；

    3 工艺无特殊要求时,机组漏风率及噪声应符合现行国家标准《组合式空调机组》GB/T 14294 的相关规定。

8.4 气 流 组 织

8.4.1 空气调节区的气流组织应根据下列因素通过计算确定,必要时可通过计算流体动力学（CFD）数值模拟方法确定：

    1 工艺设备和生产过程对气流组织的要求；

    2 室内温度、相对湿度、允许风速、噪声标准和温、湿度梯度等的要求；

    3 室内热、湿负荷分布情况；

    4 建筑物内部空间特点、建筑装修要求、工艺设备位置及外形尺寸；

    5 职业卫生要求。

8.4.2 空气调节区的送风方式及送风口的选型应通过计算确定,并应符合下列规定：

    1 设有吊顶时,应根据空气调节区高度与使用场所对气流的要求,分别采用方形、圆形、条缝形散流器。当单位面积送风量较大,且人员活动区内要求风速较小或区域温差要求严格时,应采用孔板送风。

    2 当无吊顶时,应根据建筑物的特点及使用场所对气流和温、湿度参数的要求分别采用双层百叶风口、喷口侧送或地板风口下送风。

    3 当工艺设备对侧送气流无阻碍且单位面积送风量不大时,可采用百叶风口或条缝形风口侧送,侧送气流宜贴附。

    4 室温允许波动范围大于或等于±1.0℃的高大厂房宜采用喷口送风、旋流风口送风或地板式风口送风。

    5 对于高大空间的空调区域,当室内温、湿度梯度有严格要求时,宜采用百叶风口或条缝形风口等对整个空间竖向分区侧送；当上部温、湿度无严格要求时,宜采用百叶风口、条缝形风口或喷口等分层侧送,当冬季需要送热风时,应采用可调送风角度功能的送风口或采用下送风。

    6 变风量空气调节系统的送风末端装置,应在送风量改变时室内气流分布不受影响,并应满足空气调节区的温度、风速的基本要求。

    7 机柜或机架高度大于 1.8m,设备热密度大,且设备发热量大的电子信息系统主机房宜采用活动地板下送风。

    8 选择低温送风口时,应使送风口表面温度高于室内露点温度 1℃～2℃。

8.4.3 采用散流器送风时应符合下列规定：

    1 平送贴附射流的散流器喉部风速宜采用 2m/s～5m/s,不得超过 6m/s；

    2 散流器宜带能调节风量的装置；

    3 圆形或方形散流器宜均匀布置,最大长宽比不宜大于 1:1.5。

8.4.4 采用贴附侧送风时应符合下列规定：

    1 送风口上缘离顶棚距离较大时,送风口处应设置向上倾斜 10°～20°的导流片；

    2 送风口内宜设置使射流不致左右偏斜的导流片；

    3 射流流程中应无阻挡物。

8.4.5 采用孔板送风时应符合下列规定：

    1 孔板上部稳压层的净高应按计算确定,但不应小于 0.2m；

    2 向稳压层内送风的速度宜采用 3m/s～5m/s；

    3 稳压层内不可不设送风分布支管；

    4 在稳压层进风口处,宜装设防止送风气流直接吹向孔板的导流片或挡板；

    5 稳压层的围护结构应严密,内表面应光滑不起尘,且应有良好的绝热性能。

8.4.6 采用喷口送风时应符合下列规定：

    1 人员操作区宜处于回流区；

    2 喷口的安装高度应根据空气调节区高度和回流区的分

位置等因素确定；

 3 兼作热风供暖时，喷口宜具有改变射流出口角度的功能。

8.4.7 电子信息系统机房采用活动地板下送风时应符合下列规定：

 1 送风口宜布置在冷通道区域内，并宜靠近机柜进风口处；

 2 送风口宜带风量调节装置，必要时高发热区送风口宜设置加压风扇；

 3 地板送风口开孔率宜大于 30%。

8.4.8 分层空气调节的气流组织设计应符合下列规定：

 1 空气调节区宜采用双侧送风，当空气调节区跨度小于 18m 时，亦可采用单侧送风，其回风口宜布置在送风口的同侧下方。

 2 侧送多股平行射流应互相搭接；采用双侧对送射流时，其射程可按相对喷口中点距离的 90% 计算。

 3 当采用下送风时，宜采用空气调节区上部侧边回风。

 4 当高大厂房仅下部生产区有温、湿度要求时，宜减少非空气调节区向空气调节区的热转移。必要时，应在非空气调节区设置送、排风装置。

8.4.9 空气调节系统上送风方式的夏季送风温差应根据送风口类型、安装高度、气流射程长度以及是否贴附等因素确定。在满足工艺和舒适要求的条件下，宜加大送风温差。工艺性空气调节的送风温差宜按表 8.4.9 采用。舒适性空气调节的送风温差，当送风口高度小于或等于 5m 时，不宜大于 10℃；当送风口高度大于5m 时，不宜大于 15℃。

表 8.4.9　工艺性空气调节的送风温差(℃)

室温允许波动范围	送风温差
在 ±1.0 以外	≤15
±1.0	6～9
±0.5	3～6
±(0.1～0.2)	2～3

8.4.10 空气调节区的换气次数应符合下列规定：

 1 工艺性空气调节不宜小于表 8.4.10 所规定的数值；

 2 舒适性空气调节不宜小于 5 次/h，但高大空间的换气次数应按其冷负荷通过计算确定。

表 8.4.10　工艺性空气调节换气次数

室温允许波动范围(℃)	换气次数(次/h)	备　注
±1.0	5	高大空间除外
±0.5	8	—
±(0.1～0.2)	12	工作时间不送风的除外

8.4.11 送风口的出口风速应根据送风方式、送风口类型、送风温度、安装高度、室内允许风速和噪声标准等因素确定。噪声标准较高时，宜采用 2m/s～5m/s；喷口送风可采用 4m/s～10m/s。

8.4.12 回风口的布置方式应符合下列规定：

 1 回风口宜靠近局部热源，不应设在射流区内或人员长时间停留的地点；

 2 采用侧送时，回风口宜设在送风口的同侧下方；采用顶送时，回风口宜设在房间的下部；

 3 条件允许时，宜采用集中回风或走廊回风，但走廊的横断面风速不宜超过 2m/s，且应保持走廊与非空气调节区之间的密封性。

8.4.13 回风口的吸风速度宜按表 8.4.13 选用。

表 8.4.13　回风口的吸风速度(m/s)

回风口的位置		吸风速度
房间上部		≤4.0
房间下部	不靠近人经常停留的地点时	≤3.0
	靠近人经常停留的地点时	≤1.5

8.5　空气处理

8.5.1 空气的冷却应根据不同条件和要求，分别采用下列处理方式：

 1 蒸发冷却；

 2 江水、湖水、地下水等天然冷源冷却；

 3 采用蒸发冷却和天然冷源等冷却方式达不到要求时，应采用人工冷源冷却。

8.5.2 水与被处理空气直接接触的空气处理装置，其水质应符合卫生要求。

8.5.3 空气冷却装置的选择应符合下列规定：

 1 采用蒸发冷却时，宜采用直接蒸发冷却装置、间接蒸发冷却装置或复合式蒸发冷却装置。

 2 当夏季空气调节室外计算湿球温度较高或空调区显热负荷较大，但无散湿量时，宜采用多级间接加直接蒸发冷却器。

 3 采用江水、湖水、地下水作为冷源时，宜采用喷水室。水温适宜时，宜选用两级喷水室。

 4 采用人工冷源时，宜采用表面冷却器或喷水室。

8.5.4 空气冷却器的选择应符合下列规定：

 1 空气与冷媒应逆向流动。

 2 迎风面的空气质量流速宜采用 2.5kg/(m²·s)～3.5kg/(m²·s)，当迎风面的空气质量流速大于 3kg/(m²·s)时，应在冷却器后设置挡水板。

 3 冷媒的进口温度应低于空气的出口干球温度至少 3.5℃。冷媒的温升宜采用 5℃～10℃，其流速宜采用 0.6m/s～1.5m/s。

 4 低温送风空调系统的空气冷却器应符合本规范第 8.3.13 条的规定。

 5 冬季有冻结危险的空气冷却器应设置防冻设施。

8.5.5 制冷剂直接膨胀式空气冷却器的蒸发温度应低于空气的出口干球温度至少 3.5℃。常温空调系统满负荷运行时，蒸发温度不宜低于 0℃。

8.5.6 空气调节系统采用制冷剂直接膨胀式空气冷却器时，不得用氨作制冷剂。

8.5.7 采用人工冷源喷水室处理空气时，水温升宜采用 3℃～5℃；采用天然冷源喷水室处理空气时，水温升应通过计算确定。

8.5.8 在进行喷水室热工计算时，应进行挡水板过水量对处理后空气参数影响的修正。

8.5.9 空气加热器的选择应符合下列规定：

 1 热媒宜采用热水；

 2 热水的供水温度及供回水温差应符合本规范第 9.9.2 条的规定；

 3 严寒和寒冷地区，新风系统或直流式空气调节系统采用热水或蒸汽为热媒时，应采取适用的防冻措施。

8.5.10 当室内温度允许波动范围小于±1.0℃时，送风末端宜设置精调加热器或冷却器。

8.5.11 两管制水系统，当冬夏季空调负荷相差较大时，应分别计算空气处理机组冷、热盘管的换热面积；当冷、热盘管换热面积相差很大时，宜分别设置冷、热盘管。

8.5.12 空气调节系统新风、回风应过滤处理，当其中所含的化学有害物质不符合生产工艺及卫生要求时，应对新风、回风进行净化处理。

8.5.13 空气调节系统的空气过滤器的设置应符合下列规定：

 1 空气过滤器效率应符合现行国家标准《空气过滤器》GB/T 14295 的规定，并宜选用低阻、高效、能清洗、难燃和容尘量大的滤料制作；

 2 当仅采用粗效空气过滤器不能满足要求时，应设置中效空气过滤器；

 3 空气过滤器的阻力应按终阻力计算；

4 过滤器应具备更换条件。

8.5.14 当工艺生产冬季有相对湿度要求时,空气调节系统应设置加湿装置。加湿装置的类型应根据工厂热源、加湿量,以及空气调节区的相对湿度允许波动范围要求等,经技术经济比较确定,并应符合下列规定:

1 有蒸汽源时,宜采用干蒸汽加湿器。

2 空气调节区湿度控制精度要求较严格,加湿量较小且无蒸汽源时,宜采用电极、电热或高压微雾等加湿器;当加湿量大时,宜采用淋水加湿器。

3 空气调节区湿度控制精度要求不高,且无蒸汽源时,可采用高压喷雾或湿膜等加湿器。

4 新风集中处理,且有低温余热可利用时,宜采用温水淋水加湿器。

5 生产工艺对空气中化学物质有严格要求时,宜采用洁净蒸汽加湿器或初级纯水的淋水加湿器。

6 生产车间有大量余热,且湿度控制精度要求不严格时,宜采用二流体加湿器。

7 加湿装置的供水水质应满足工艺、卫生要求及加湿器供水要求。

8.5.15 有低湿环境要求的空气调节区,宜采用冷却除湿与其他除湿方法对空气进行联合除湿处理。

8.5.16 大、中型恒温恒湿类空气调节系统和对相对湿度有上限控制要求的空气调节系统,新风宜预先单独处理或集中处理。

8.5.17 除特殊的工艺要求外,在同一个空气调节系统中,不宜采用冷却和加热、加湿和除湿相互抵消的处理过程。

9 冷源与热源

9.1 一般规定

9.1.1 供暖、通风、空调冷热源形式应根据建筑物规模、用途、冷热负荷,以及所在地区气象条件、能源结构、能源政策、能源价格、环保政策等情况,经技术经济比较论证确定,并应符合下列规定:

1 一次热源宜采用工业余热或区域供热;无工业余热或区域供热的地区,技术经济合理时,可自建锅炉房供热。

2 有供冷需求且技术经济上可行时,宜采用工业余热驱动吸收式冷水机组供冷;无工业余热的地区,可采用电动压缩式冷水机组供冷。

3 具有多种能源的地区的大型建筑,可采用复合式能源供冷、供热。

4 夏热冬冷地区、干旱缺水地区的中、小型建筑,可采用空气源热泵或土壤源热泵冷热水机组供冷、供热。

5 有条件时,可采用江水、湖水、地下水或室外新风作为天然冷源。

6 有天然地表水或有浅层地下水等资源可供利用,且保证地下水 100%回灌时,可采用水源热泵冷热水机组供冷、供热。

7 有工艺冷却水可利用,且经技术经济比较合理时,可采用热泵机组进行热回收供热。

8 燃气供应充足的地区,可采用燃气锅炉、燃气热水机供热或燃气吸收式冷(温)水机组供冷、供热。

9 当采用冬季热电联供、夏季冷电联供或全年冷热电三联供能取得较好的能源利用效率及经济效益时,可采用冷热电联供系统。

10 全年进行空气调节,且各房间或区域负荷特性相差较大,需长时间向建筑物同时供热和供冷时,经技术经济比较后,可采用水环热泵空气调节系统供冷、供热。

11 在执行分时电价、峰谷电价差较大的地区,空气调节系统采用低谷电价时段蓄冷(热)能明显节电及节省投资时,可采用蓄冷(热)系统供冷(热)。

9.1.2 工业厂房及辅助建筑,除符合下列条件之一且无法利用热泵外,不得采用电直接加热设备作为供暖、空调热源:

1 远离集中供热的分散独立建筑,无法利用其他方式提供热源时;

2 无工业余热、区域热源及气源,采用燃油、燃煤设备受环保、消防严格限制时;

3 在电力供应充足和执行峰谷电价格的地区,在夜间低谷电时段蓄热,在供电高峰和平段不使用时;

4 不能采用热水或蒸汽供暖的重要电力机房;

5 利用可再生能源发电,且发电量能满足电热供暖时。

9.1.3 工业建筑群同时具备下列条件且技术经济比较合理时,可设集中的供冷站:

1 整个区域供冷点相对集中,总冷负荷大时;

2 集中供冷能减少人员岗位设置,方便运行管理时;

3 集中供冷能满足冷媒参数需求,且能适应冷负荷调节需求时。

9.1.4 夏季空调室外计算湿球温度较低的地区,宜采用直接蒸发冷却冷水机组作为空调系统的冷源;露点温度较低的地区,宜采用间接-直接蒸发冷却冷水机组作为空调系统的冷源。

9.1.5 冷水机组的选择应满足空气调节负荷变化规律及部分负荷运行的调节要求,不宜少于 2 台;当小型工程仅设 1 台时,应选调节性能优良的机型;采用电动压缩式冷水机组时,对于负荷变化较大或运行工况变化较大的应用场合,宜配合使用变频调速式冷水机组。

9.1.6 选择电动压缩式机组时,其制冷剂应符合国家现行有关环保的规定。

9.2 电动压缩式冷水机组

9.2.1 电动压缩式冷水机组的总装机容量应根据计算的冷源负荷确定,不应另作附加;在设计条件下,当机组的规格不能符合计算冷负荷的要求时,所选择机组的总装机容量与计算冷负荷的比值不应超过 1.1。

9.2.2 选择水冷电动压缩式冷水机组机型时,宜按表 9.2.2 内的制冷量范围,经过性能价格综合比较后确定。

表 9.2.2　水冷式冷水机组选型

单机名义工况制冷量(kW)	冷水机组机型
≤116	涡旋式/活塞式
116～1054	螺杆式
1054～1758	螺杆式
	离心式
≥1758	离心式

9.2.3 选用冷水机组时应采用名义工况制冷性能系数(COP)及综合部分负荷性能系数(IPLV)均较高的产品。

9.2.4 电动压缩式冷水机组电动机的供电方式应符合下列规定:

1 单台电动机的额定输入功率大于 900kW 时,应采用高压供电方式;

2 单台电动机的额定输入功率大于 650kW 且小于或等于 900kW 时,宜采用高压供电方式;

3 单台电动机的额定输入功率大于 300kW 且小于或等于 650kW 时,可采用高压供电方式。

9.2.5 采用氨作制冷剂时,应采用安全性、密封性能良好的整体式氨冷水机组。

9.3 溴化锂吸收式机组

9.3.1 蒸汽、热水型溴化锂吸收式冷水机组和直燃型溴化锂吸收式冷(温)水机组的选择,应根据用户具备的加热源种类和参数合理确定。各类机型的加热源参数应符合表9.3.1的规定。

表9.3.1 各类机型的加热源参数

机　型	加热源种类及参数
直燃机组	天然气、人工煤气、轻柴油、液化石油气
蒸汽双效机组	蒸汽额定压力(表压)0.4MPa、0.6MPa、0.8MPa
蒸汽单效机组	废气(0.1MPa)
热水机组	具体参数值由制造厂和用户协商确定

9.3.2 采用溴化锂吸收式冷(温)水机组时,其使用的能源种类应根据当地的资源情况合理确定。在具有多种可使用能源时,应符合下列规定:

1 应利用废热或工业余热;

2 宜利用可再生能源产生的热源;

3 采用矿物质能源的顺序宜为天然气、人工煤气、液化石油气、燃油等。

9.3.3 选用直燃型溴化锂吸收式冷(温)水机组时,应符合下列规定:

1 机组供冷、供热量应与空调系统冷、热负荷匹配,宜选择满足夏季冷负荷和冬季热负荷需求的较小机型;

2 当热负荷大于机组供热量时,不应用加大机型的方式增加供热量;当通过技术经济比较合理时,可加大高压发生器和燃烧器以增加供热量,但增加的供热量不宜大于机组原供热量的50%;

3 当机组供冷能力不足时,宜采用辅助电制冷等措施。

9.3.4 选择溴化锂吸收式机组时,应根据机组水侧污垢及腐蚀等因素的影响,对供冷(热)量进行修正。

9.3.5 采用供冷(温)及生活热水三用直燃机时,除应符合本规范第9.3.3条的规定外,尚应符合下列规定:

1 应完全满足冷(温)水与生活热水日负荷变化和季节负荷变化的要求,并应达到实用、经济、合理的要求;

2 设置与机组配合的控制系统,应按冷(温)水及生活热水的负荷需求进行调节;

3 当生活热水负荷大、波动大或使用要求高时,应另设专用热水机组供给生活热水。

9.3.6 溴化锂吸收式机组的冷却水、补充水的水质要求应符合现行国家标准《采暖空调系统水质》GB/T 29044的规定。

9.3.7 直燃型溴化锂吸收式冷(温)水机组的储油、供油系统、燃气系统等的设计应符合现行国家标准《城镇燃气设计规范》GB 50028、《锅炉房设计规范》GB 50041等的规定。

9.4 热　泵

9.4.1 空气源热泵机组的选型应符合下列规定:

1 冬季设计工况时机组的性能系数(COP),冷热风机组不应小于1.80,冷热水机组不应小于2.00;

2 具有先进可靠的融霜控制,融霜所需时间总和不应超过运行周期时间的20%;

3 在冬季寒冷、潮湿的地区,需连续运行或对室内温度稳定性有要求的空气调节系统,应按当地平衡点温度确定辅助加热装置的容量。

9.4.2 空气源热泵机组的有效制热量应根据冬季室外空气调节计算温度,分别采用温度修正系数和融霜修正系数进行修正。

9.4.3 地埋管地源热泵系统的设计应符合下列规定:

1 同时有供冷供热需求时,可采用地埋管地源热泵系统,并应符合本条第4款的规定。

2 当应用建筑面积在5000m²以上时,应进行岩土热响应试验,并应利用岩土热响应试验结果进行地埋管换热器的设计。

3 地埋管的埋管方式、规格与长度应根据冷(热)负荷、占地面积、岩土层结构、岩土体热物性和机组性能等因素确定。

4 地埋管换热系统设计应进行全年供暖空调动态负荷计算,最小计算周期宜为1年。计算周期内,地源热泵系统总释热量和总吸热量宜基本平衡。

5 应分别按供冷与供热工况进行地埋管换热器的长度计算。当地埋管系统最大释热量和最大吸热量相差不大时,宜取其计算长度的较大者作为地埋管换热器的长度;当地埋管系统最大释热量和最大吸热量相差较大时,宜取其计算长度的较小者作为地埋管换热器的长度,宜采用增设辅助冷(热)源,或与其他冷、热源系统联合运行的方式,并应满足设计要求。

6 地埋管换热器宜埋设在冻土层之下1m,宜采用水作为介质,不宜添加防冻剂。

9.4.4 地下水地源热泵系统的设计应符合下列规定:

1 地下水的持续出水量应满足热泵机组最大水量的需求;

2 地下水系统宜根据供冷或供热负荷调节流量;

3 地下水直接进入热泵机组,进出水温差不宜小于10℃;

4 **使用后的地下水应回灌到原取水层;**

5 有生活热水供应需求时,宜回收机组冷凝热;

6 应采取防止水系统倒空的措施;

7 设于水流双方向流动管道上的阀门,应能双向密封。

9.4.5 以其他水源为热源时,热泵系统设计时应符合下列规定:

1 水源的水量、水温应满足供热或供冷需求;

2 当水源的水质不能满足要求时,应采取过滤、沉淀、灭藻、阻垢、除垢和防腐等措施;仍不满足使用需求时,可设热交换器换热;

3 以工艺循环冷却水为水源时,应首先满足工艺设备运行安全可靠,热泵机组与工艺循环水冷却塔并联。

9.4.6 采用水环热泵空气调节系统时应符合下列规定:

1 循环水水温宜控制在15℃～35℃。

2 循环水宜采用闭式系统。采用开式冷却塔时,应设置中间换热器。

3 辅助热源的供热量应根据建筑物的供暖负荷、系统内区可回收的余热等经热平衡计算确定。

4 水环热泵空调系统宜采用变流量运行方式,机组的循环水管道上应设置与机组连锁启停的双位式电动阀。

5 水环热泵机组应采取隔振及消声措施,并应满足空调区噪声标准要求。

9.5 蒸发冷却冷水机组

9.5.1 蒸发冷却冷水机组的供水温度应结合当地室外空气计算参数、室内冷负荷特性、末端设备的工作能力合理确定。直接蒸发冷却冷水机组设计供水温度,宜高于夏季空气调节室外计算湿球温度3℃～3.5℃;间接蒸发冷却冷水机组设计供水温度,宜高于夏季空气调节室外计算湿球温度5℃;间接-直接复合蒸发冷却冷水机组的设计供水温度,宜在夏季空气调节室外计算湿球温度和露点温度之间。

9.5.2 蒸发冷却冷水机组设计供回水温差宜符合下列规定:

1 大温差型冷水机组宜小于或等于10℃;

2 小温差型冷水机组宜小于或等于5℃。

9.5.3 蒸发冷却冷水机组采用小温差供水方式时,空调末端宜并联;蒸发冷却冷水机组采用大温差供水方式时,空调末端宜串联,且冷水宜先流经显热末端,再流经新风机组。

9.5.4 适宜的蒸发冷却冷水机组形式应根据室外空气计算参数选用,判定条件应符合表9.5.4的规定。

表 9.5.4　适宜的蒸发冷却冷水机组形式及其判定条件

适宜的蒸发冷却冷水机组形式	直接蒸发冷却冷水机组或间接蒸发冷却冷水机组	间接-直接蒸发冷却冷水机组
判定条件	$\dfrac{t_w - 18}{t_w - t_s} \leqslant 80\%$	$80\% \leqslant \dfrac{t_w - 21}{t_w - t_s} \leqslant 120\%$

注：t_w 为夏季空气调节室外计算干球温度，t_s 为夏季空气调节室外计算湿球温度，18℃、21℃ 为蒸发冷却冷水机组出水温度设计值。

9.6　冷热电联供

9.6.1 采用冷热电联供系统时，应优化系统配置，并应满足能源梯级利用的要求。

9.6.2 烟气余热利用方式应根据项目的冷热需求情况经技术经济比较后确定，可采用下列方式：

1　采用余热锅炉生产热水或蒸汽用于供热，采用热水或蒸汽型溴化锂吸收式冷水机组供冷；

2　采用烟气型溴化锂吸收式冷热水机组供冷、供热；

3　同时采用余热锅炉供热、溴化锂吸收式冷热水机组供冷、供热。

9.7　蓄冷、蓄热

9.7.1 符合下列条件之一，且综合技术经济比较合理时，宜蓄冷：

1　执行峰谷电价且峰谷电价差较大的地区，空气调节冷负荷高峰与电网高峰时段重合，而采用蓄冷方式能做到错峰用电，从而节约运行费用时；

2　空气调节冷负荷的峰谷差悬殊，使用常规制冷会导致装机容量过大，而采用蓄冷方式能降低设备初投资时；

3　对于改造工程，采取利用既有冷源、增加蓄冷装置的方式能取得较好的效益时；

4　蓄冷装置能作为应急冷源使用时；

5　电能的峰值供应量受到限制，以至于不采用蓄冷系统能源供应不能满足建筑空气调节的正常使用要求时。

9.7.2 符合下列条件之一，且综合技术经济比较合理时，宜蓄热：

1　执行峰谷电价且峰谷电价差较大的地区，采用电制热方式时；

2　利用太阳能集热技术供热时；

3　其他采用蓄热技术能取得较好效益的场合。

9.7.3 蓄冷空调系统设计应符合下列规定：

1　应计算一个蓄冷-释冷周期的逐时蓄冷量以及空调冷负荷，并应制订运行策略；宜进行全年动态负荷计算以及能耗分析。

2　应根据典型日逐时空调冷负荷曲线、电网峰谷时段，以及电价、蓄冷空间等因素，经技术经济综合比较后确定采用全负荷蓄冷或部分负荷蓄冷。

9.7.4 冰蓄冷系统载冷剂的选择应符合下列规定：

1　制冷机制冰时的蒸发温度应高于该浓度下溶液的凝固点，而溶液沸点应高于系统的最高温度；

2　物理化学性能应稳定；

3　比热应大，密度应小，黏度应低，导热好；

4　应无公害；

5　价格应适中；

6　载冷剂中应添加缓蚀剂和防泡沫剂。

9.7.5 当采用乙烯乙二醇水溶液作为冰蓄冷系统载冷剂时，载冷剂系统设计应符合下列规定：

1　宜采用闭式系统，应配置溶液膨胀箱和补液设备。

2　乙烯乙二醇水溶液的管道可先按冷水管道进行水力计算，再加以修正后确定。25% 浓度的乙烯乙二醇水溶液在管内的压力损失修正系数应为 1.2～1.3，流量修正系数应为 1.07～1.08。

3　应使用耐腐蚀管道，不应选用镀锌钢管。

4　空气调节系统规模较小时，可采用乙烯乙二醇水溶液直接进入空气调节系统供冷；当空气调节水系统规模大、工作压力较高时，宜通过板式换热器向空气调节系统供冷。

5　管路系统的最高处应设置自动排气阀。

6　多台蓄冷装置并联时，宜采用同程连接；当不能实现时，宜在每台蓄冷装置的入口处安装流量平衡阀。

7　管路系统中所有手动和电动阀均应保证其动作灵活而且严密性好，不应出现外泄漏和内泄漏。

8　蓄冰装置供冷、制冷机供冷、制冷机与蓄冰装置联合供冷应通过阀门切换实现。

9.7.6 蓄冰装置的设计应符合下列规定：

1　应保证在电网低谷时段内能完成全部预定蓄冷量的蓄存。

2　蓄冰装置释冷速率应满足供冷需求，冷水温度宜稳定。

9.7.7 蓄冰装置容量与双工况制冷机的空气调节标准制冷量宜按本规范附录 L 计算确定。

9.7.8 在蓄冰时段内有供冷需求时，应按下列规定采取措施：

1　当供冷负荷小于蓄冷速率的 15% 时，可在蓄冷的同时取冷；

2　当供冷负荷大于或等于蓄冷速率的 15% 时，宜另设制冷机供冷。

9.7.9 蓄冰系统供水温度及供回水温差应符合下列规定：

1　内融冰的供水温度不宜高于 6℃，供回水温差不应小于 6℃；

2　外融冰的供水温度不宜高于 5℃，供回水温差不应小于 8℃；

3　低温送风空调系统的冷水供水温度不宜高于 5℃；

4　区域供冷空调系统的冷水供回水温差不应小于 9℃。

9.7.10 共晶盐材料蓄冷装置的选择应符合下列规定：

1　蓄冷装置的蓄冷速率应保证在允许的时段内能充分蓄冷，制冷机工作温度的降低应控制在整个系统具有经济性的范围内；

2　释冷速率与出水温度应满足空气调节系统的用冷要求；

3　共晶盐相变材料应选用物理化学性能稳定，且相变潜热量大、无毒、价格适中的材料。

9.7.11 水蓄冷蓄热系统设计应符合下列规定：

1　蓄冷水温不宜低于 4℃；

2　水池容积不宜小于 100m³，水池深度宜加深；

3　开式系统应采取防止水倒灌的措施。

9.7.12 消防水池不得兼作蓄热水池。

9.8　换热装置

9.8.1 换热器的选择应符合下列规定：

1　应选择高效、结构紧凑、便于维护、使用寿命长的产品；

2　换热器的类型、构造、材质应与换热介质理化特性及换热系统的使用要求相适应。

9.8.2 换热器的容量应根据计算换热量确定，换热器的配置应符合下列规定：

1　全年使用的换热系统中，换热器的台数不应少于 2 台；

2　供暖用换热器的换热面积应乘以 1.1～1.2 的系数。且一台停止工作时，剩余换热器的设计换热量应符合下列规定：

　1）寒冷地区不应低于设计供热量的 65%；

　2）严寒地区不应低于设计供热量的 70%；

3　供冷用换热器的换热面积应乘以 1.05～1.1 的系数。

9.9　空气调节冷热水及冷凝水系统

9.9.1 工艺性空气调节系统冷水供回水温度，应根据空气处理工艺要求，并在技术可靠、经济合理的前提下确定。舒适性空气调节冷水供回水温度,应按制冷机组的能效高、循环泵的耗电输冷比低、输配冷损失小、末端需求适应性好等综合最佳,通过技术经济比较后确定,并应符合下列规定:

1 常规供冷系统冷水供水温度不宜低于 5℃,供回水温差不应小于 5℃,技术合理时宜增大供回水温差。

2 采用蓄冷装置的供冷系统供水温度和供回水温差应符合本规范第 9.7.9 条的相关规定。

3 采用温、湿度独立控制空调系统时,负担显热的冷水机组的空调供水温度不宜低于 16℃;当采用强制对流末端设备时,空调冷水供回水温差不宜小于 5℃;采用辐射供冷末端设备时,供水温度应以末端设备表面不结露为原则确定,空调冷水供回水温差不应小于 2℃。

4 蒸发冷却冷水机组供水温度和供回水温差应符合本规范第 9.5.1 条和第 9.5.2 条的相关规定。

9.9.2 空气调节热水供回水温度应根据空气处理工艺要求,加热盘管或冷热盘管对热媒的需求,以及热媒的种类和特性等,通过技术经济比较后确定,并应符合下列规定:

1 舒适性空调系统采用冷热盘管处理空气时,供水温度宜为 50℃～60℃,供回水温差不宜小于 10℃。

2 工艺性空调系统设专用加热盘管时,供水温度宜为 70℃～130℃,供回水温差不宜小于 25℃;热源服务范围内同时有供暖系统且条件允许时,空调热水供回水温度与供暖系统供回水温度宜保持一致。

3 采用溴化锂吸收式冷(温)水机组、热泵型机组供热水时,供回水温度应满足机组高效运行的需求。

9.9.3 空气调节水系统宜采用闭式循环。当确需采用开式系统时,应设置蓄水箱。蓄水箱的蓄水量宜按系统循环水流量的 5%～10% 确定。且在水系统停止运行时,应能容纳系统泄出的水,蓄水箱不得出现溢流现象。

9.9.4 全年运行的空气调节系统,仅要求按季节进行供冷和供热转换时,应采用两管制水系统;当厂区内一些区域需全年供冷时,可采用冷热源同时使用的分区两管制水系统。当供冷和供热工况交替频繁或同时使用时,宜采用四管制水系统。

9.9.5 直接供冷(热)空调水系统的设计应符合下列规定:

1 在冷水机组允许、控制方案和运行管理可靠的前提下,冷源侧可按变流量系统设计;

2 负荷侧应按变流量系统设计;

3 各区域水温要求一致且管路压力损失相差不大,系统设计阻力不高的中小型工程,宜采用一级泵系统;

4 各区域水温要求一致且管路压力损失相差不大,系统设计阻力较高的大型工程,宜采用二级泵系统,二级泵不应分区域集中设置;

5 各区域水温要求不一致或管路压力损失相差较大,系统设计阻力较高的大型工程,宜采用二级泵系统,二级泵应按不同的区域分别设置;

6 二级泵仍不满足使用要求时,可采用多级泵系统。

9.9.6 二级泵或多级泵系统的设计应符合下列规定:

1 应在二级泵供回水总管之间设平衡管,平衡管管径不宜小于总供回水管管径;

2 按区域分别设置二级泵或多级泵时,应按服务区域的平面布置、系统的压力分布等因素合理确定设备的位置;

3 二级泵或多级泵均应采用变速泵。

9.9.7 直接供冷(热)不满足使用要求时,可部分空调区或全部空调区设置换热器间接供冷(热)。二次侧空调水系统的设计应符合下列规定:

1 应按变流量系统设计;

2 各区域水温要求不一致或管路压力损失相差较大时,宜分区域设置热交换器。

9.9.8 冷源侧定流量运行、负荷侧变流量运行时,空调水系统设计应符合下列规定:

1 多台冷水机组和冷水泵之间通过共用集水管连接时,每台冷水机组进水或出水管道上宜设置电动或气动两通阀,并宜与冷水机组和水泵连锁;

2 空调末端装置应设置温控两通阀;

3 供、回水总管之间应设置旁通管及旁通调节阀或平衡管,旁通调节阀的设计流量宜取容量最大的单台冷水机组的额定流量。

9.9.9 冷源侧、负荷侧均变流量运行时,空调水系统设计除应符合本规范第 9.9.8 条第 1 款和第 2 款的规定外,还应符合下列规定:

1 应选择允许水流量变化范围大、适应冷水流量快速变化,且具有出水温度精确控制功能的冷水机组;

2 冷源侧循环泵应采用变速泵;

3 在供、回水总管之间应设置旁通管及旁通调节阀,旁通调节阀的设计流量应取各台冷水机组允许最小流量中的最大值;

4 采用多台冷水机组时,应选择在设计流量下蒸发器水压降相同或接近的冷水机组。

9.9.10 冷热水循环泵的选用应符合下列规定:

1 除冷水循环泵的流量及扬程、台数、允许使用温度满足冬季设计工况及部分负荷工况的使用要求外,两管制空气调节水系统应分别设置冷水和热水循环泵;

2 冷源侧冷水循环泵的台数和流量宜与冷水机组的台数和流量相对应;

3 冷热水泵台数应按系统设计流量和调节方式确定,每个分区不宜少于 2 台;

4 严寒及寒冷地区,每个分区运行的热水泵少于 3 台时,应设 1 台备用泵。

9.9.11 空气调节水系统布置和选择管径时,应减少并联环路之间的压力损失的相对差额,当超过 15% 时,应设置调节装置。

9.9.12 空气调节水系统的设计补水量(小时流量)可按系统水容量的 1% 计算。

9.9.13 空气调节水系统的补水点宜设置在循环水泵的吸入口处。当补水压力低于补水点压力时,应设置补水泵。空气调节补水泵的选择和设定应符合下列规定:

1 补水泵的扬程应保证补水压力比系统静止时补水点的压力高 30kPa～50kPa;

2 小时流量宜为补水量的 5 倍～10 倍;

3 补水泵不宜少于 2 台。

9.9.14 当设置补水泵时,空气调节水系统应设补水调节水箱;水箱的调节容积应按水源的供水能力、水处理设备的间断运行时间及补水泵稳定运行等因素确定。

9.9.15 闭式空气调节水系统的定压和膨胀设计应符合下列规定:

1 定压点宜设在循环水泵的吸入口处,定压点最低压力应使系统最高点压力高于大气压力 5kPa 以上;

2 宜采用高位膨胀水箱定压;

3 膨胀管上不宜设置阀门。设置阀门时,应采用有明显开关标志的阀门;

4 系统的膨胀水量应能够回收。

9.9.16 当给水硬度不符合相应标准时,空气调节热水系统的补水宜进行水处理,并应符合设备对水质的要求。

9.9.17 空调水管道设计应符合下列规定:

1 当空调热水管道利用自然补偿不能满足要求时,应设置补偿器;

2 坡度应符合本规范第 5.8.18 条对热水供暖管道的规定。

9.9.18 空气调节水系统应设置排气和泄水装置。

9.9.19 冷水机组或换热器、循环水泵、补水泵等设备的入口管道上，应根据需要设置过滤器或除污器。

9.9.20 空气处理设备冷凝水管道设置应符合下列规定：

1 当空气调节设备的冷凝水盘位于机组的正压段时，冷凝水盘的出水口宜设置水封；位于负压时，应设置水封，水封高度应大于冷凝水盘处正压或负压值。

2 冷凝水盘的泄水支管沿水流方向坡度不宜小于0.01，冷凝水水平干管不宜过长，其坡度不应小于0.003，且不应有积水部位。

3 冷凝水水平干管始端应设置扫除口。

4 冷凝水管道宜采用排水塑料管或热镀锌钢管，当冷凝水管表面可能产生二次冷凝水且对使用房间可能造成影响时，管道应采用防凝露措施。

5 冷凝水排入污水系统时，应采取空气隔断措施，冷凝水管不得与室内密闭雨水系统直接连接。

6 冷凝水管径应按冷凝水的流量和管道坡度确定。

9.10 空气调节冷却水系统

9.10.1 除使用地表水外，冷却水应循环使用。冬季或过渡季有供冷需求时，宜将冷却塔作为空气调节系统的冷源设备使用。有供热需求且技术经济比较合理时，冷凝热可回收利用。

9.10.2 冷水机组和水冷单元式空气调节机的冷却水水温除机组有特别要求外，应符合下列规定：

1 冷水机组的冷却水进口温度不宜高于33℃。

2 冷却水系统宜对冷却水的供水温度采取调节措施。冷却水进口最低温度应按冷水机组的要求确定，并应符合下列规定：

1）电动压缩式冷水机组不低于15.5℃；

2）溴化锂吸收式冷水机组不宜低于24℃。

3 冷却水进出口温差应按冷水机组的要求确定，电动压缩式冷水机组宜取5℃，溴化锂吸收式冷水机组宜为5℃～7℃。

9.10.3 冷却水泵的选择应符合下列规定：

1 冷却水泵的台数和流量应与集中设置的冷水机组相对应；

2 分散设置的水冷单元式空气调节机或小型户式冷水机组等可合用冷却水泵；

3 冷却水泵的扬程应包括冷却水系统阻力、布水点至冷却塔集水盘或中间水箱最低水位处的高差、冷却塔进水口要求的压力。

9.10.4 冷却塔的选用和设置应符合下列规定：

1 在夏季空气调节室外计算湿球温度条件下，冷却塔的出口水温、进出口水温差和循环水量应满足冷水机组的要求；

2 对进水压力有要求的冷却塔的台数，应与冷却水泵台数相对应；

3 供暖室外计算温度在0℃以下的地区，冬季运行的冷却塔应采取防冻措施。冬季不运行的冷却塔及其室外管道应能泄空；

4 冷却塔设置位置应通风良好，应远离高温或有害气体，并应避免飘逸水对周围环境的影响；

5 冷却塔的噪声标准和噪声控制应符合本规范第12章的相关要求；

6 冷却塔材质应符合防火要求；

7 对于双工况制冷机组，应分别复核两种工况下的冷却塔热工性能；

8 冷却塔宜选用风量可调型。

9.10.5 冷却水的水质应符合现行国家标准《采暖空调系统水质》GB/T 29044及相关产品对水质的要求，并应按下列规定采取措施：

1 应设置水质控制装置；

2 水泵或冷水机组的入口管道上应设置过滤器或除污器；

3 当开式冷却塔不能满足制冷设备的水质要求时，宜采用闭式冷却塔或设置中间换热器；

4 采用管壳式冷凝器的冷水机组宜设置在线清洗装置。

9.10.6 多台冷水机组和冷却水泵之间通过共用集管连接时，每台冷水机组入口或出口管道上宜设电动或气动阀，并宜与对应运行的冷水机组和冷却水泵连锁。

9.10.7 多台冷却水泵和冷却塔之间通过共用集管连接时，应使各台冷却塔并联环路的压力损失大致相同，在冷却塔之间宜设平衡管或各台冷却塔底部设置公用连通水槽。

9.10.8 多台冷却水泵和冷却塔之间通过共用集管连接时，进水口有水压要求的冷却塔应在每台冷却塔进水管上设置电动阀，并应与对应的冷却水泵连锁。

9.10.9 开式系统冷却水补水量应按系统的蒸发损失、飘逸损失、排污泄漏损失之和计算。不设置集水箱的系统应在冷却塔底盘处补水，设置集水箱的系统应在集水箱处补水。

9.10.10 间歇运行的开式冷却水系统，冷却塔底盘或集水箱的有效水容积应大于湿润冷却塔填料等部件所需水量，以及停泵时靠重力流入的管道等的水容量。

9.10.11 当设置冷却水集水箱且确需设置在室内时，集水箱宜设置在冷却塔的下一层，且冷却塔布水器与集水箱设计水位之间的高差不应超过8m。

9.11 制冷和供热机房

9.11.1 制冷或供热机房宜设置在空气调节负荷的中心，并应符合下列规定：

1 机房宜设置控制值班室、维修间以及卫生间。

2 机房应有良好的通风设施；地下层机房应设置机械通风，必要时应设置事故通风装置。

3 机房应预留安装孔及运输通道。

4 机房应设电话及事故照明装置，照度不宜小于100 lx，测量仪表集中处应设局部照明。

5 机房内的地面和设备机座应采用易于清洗的面层；机房内应设置给水与排水设施，并应满足水系统冲洗、排污要求。

6 机房内设置集中供暖时，室内温度不宜低于16℃。当制冷机房冬季不使用时，应设值班供暖。

7 控制室或值班室等有人员停留的场所宜设空气调节。

9.11.2 机房内设备布置应符合下列规定：

1 机组与墙之间的净距不应小于1m，与配电柜的距离不应小于1.5m；

2 机组与机组或其他设备之间的净距不应小于1.2m；

3 应留有不小于蒸发器、冷凝器或低温发生器长度的维修距离；

4 机组与其上方管道、烟道或电缆桥架的净距不应小于1m；

5 机房主要通道的宽度不应小于1.5m。

9.11.3 氨制冷机房应符合下列规定：

1 应单独设置制冷机房，且与其他建筑的距离应满足防火间距要求；

2 严禁采用明火供暖及电散热器供暖；

3 应设置事故排风装置，换气次数不应少于12次/h，排风机应选用防爆型；

4 氨冷水机组排氨口排气管的出口应高于周围50m范围内最高建筑物屋脊5m；

5 应设置紧急泄氨装置，当发生事故时应将机组氨液排入应急泄氨装置。

9.11.4 直燃吸收式机房应符合下列规定：

1 宜单独设置机房；

2 机房不应与人员密集场所和主要疏散口贴邻设置；

3 机房单层面积大于200m²时，应直接对外的安全出口；

4 机房应设置泄压口，泄压面积不应小于机房占地面积的10%；泄压口应避开人员密集场所和主要安全出口；

5 机房不应设置吊顶;

6 应合理布置烟道;

7 机房通风要求应符合本规范第 9.11.1 条第 2 款的要求,且送风系统风量宜可调节;

8 应符合现行国家标准《建筑设计防火规范》GB 50016 及《城镇燃气设计规范》GB 50028 的相关规定。

10 矿井空气调节

10.1 井筒保温

10.1.1 供暖室外计算干球温度等于或低于-4℃地区的进风竖井、等于或低于-5℃地区的进风斜井,以及等于或低于-6℃地区的进风平硐,符合下列情况之一时,宜设井筒保温设施:

1 井筒壁有淋帮水时;

2 根据当地或气候类似地区的矿山生产实践证明不采取空气预热会使进口、巷道路面或水管结冰影响安全生产时;

3 不采取空气预热会使开采面环境温度过低时。

10.1.2 计算井筒保温耗热量时,室外空气计算温度应符合下列规定:

1 提升井、斜井进风时,应采用历年极端最低温度的平均值;

2 从平硐或专用进风井进风时,应采用历年极端最低气温平均值与供暖室外计算温度二者的平均值。

10.1.3 井下通风量应由采矿专业提供,并应确定通风量对应的空气计算参数。

10.1.4 井筒保温空气加热可采用空气-蒸汽、空气-热水、空气-烟气等表面式热交换方式或天然气直燃式空气直接加热方式。当采用空气-烟气表面式热交换方式或天然气直燃式空气直接加热方式时,应监测热风出口处的一氧化碳浓度。

10.1.5 空气加热器前或后宜设置风机。当利用矿井通风机提供热风流通动力时,可不另设风机,但空气加热器的风流阻力不宜大于 50Pa。

10.1.6 风机和空气加热器的安装位置应符合下列规定:

1 轴流风机宜布置在空气加热器前,离心风机宜布置在空气加热器后;

2 采用轴流风机时,风机与电机宜直联传动。

10.1.7 通过空气加热器后的热风温度应符合下列规定:

1 热风送往竖井时温度宜为 60℃~70℃;

2 热风送往斜井、平硐时温度宜为 40℃~50℃;

3 热风送往井口房时,送风机压入式温度宜为 20℃~30℃,矿井风机吸入式温度宜为 10℃~20℃。

10.1.8 有风机方式的热风口位置应符合下列规定:

1 竖井的热风口,宜设置在井口地面下 2m~3m 处;

2 斜井、平硐的热风口,宜设置在距井口 3m~4m 处,并宜设置在人行道侧,热风口底缘宜靠近井道底板。

10.1.9 通过表面式空气加热器的空气质量流速应符合下列规定:

1 采用离心风机时,宜为 6kg/(m²·s)~10kg/(m²·s);

2 采用轴流风机时,宜为 4kg/(m²·s)~8kg/(m²·s);

3 利用矿井通风机提供动力时,宜为 2kg/(m²·s)~4kg/(m²·s)。

10.1.10 表面式空气加热器采用热水作为热媒时,供水温度宜为 90℃~130℃;采用蒸汽作为热媒时,进加热器的蒸汽压力宜为 0.2MPa~0.3MPa。

10.1.11 选用表面式空气加热器时,应符合下列规定:

1 绕片式空气加热器散热面积附加系数取 1.15~1.25;

2 串片式空气加热器散热面积附加系数取 1.25~1.35。

10.1.12 井筒保温用热水或蒸汽型空气加热器应设防冻设施,防冻设施应符合本规范第 8.5.9 条的规定。

10.1.13 远离主工业场地、供暖负荷较小或缺水地区、供水困难的井下送风系统,可采用燃煤型热风炉供暖。采用燃煤型热风炉时,应符合下列规定:

1 热风炉机房距进风井口不得小于 20m;

2 热风炉应选用矿用定型定型产品,不宜少于 2 台,当其中一台出现故障时,其余热风炉应能满足井筒保温的需要;

3 靠近热风炉的热风道内,应设一氧化碳检测装置;

4 热风道应采取保温、防结露、防火措施;

5 热风炉燃料、灰渣的贮存及运输应按现行国家标准《锅炉房设计规范》GB 50041 的相关规定执行。

10.2 深热矿井空气调节

10.2.1 深、热矿井采掘作业地点干球温度较高,且采用加大通风量及其他非机械制冷降温措施不能使作业面温度降至小于或等于 28℃时,应设置空调制冷设施。

10.2.2 矿井制冷及空气调节方式应根据矿井条件、采矿作业制度、室外气象条件、生产规模等因素,经技术经济比较确定。

10.2.3 采掘工作面或机电设备硐室送风参数应由离开工作面的空气参数,并根据空气在井下得热、得湿的状态变化过程,按式(10.2.3)计算。离开工作面的空气参数应符合现行国家标准《金属非金属矿山安全规程》GB 16423 的有关规定:

$$i_1 = i_2 - \frac{Q}{G} \qquad (10.2.3)$$

式中:Q——采掘工作面或机电设备硐室的冷负荷(kW);

G——采掘工作面或机电设备硐室的风量(kg/s);

i_1——进入采掘工作面或机电设备硐室的空气焓值(kJ/kg);

i_2——离开采掘工作面或机电设备硐室的空气焓值(kJ/kg)。

10.2.4 制冷设备制冷量应为井下作业面及机电设备硐室等得热量形成的冷负荷、新风冷负荷、风机水泵温升引起的冷负荷以及输配损失的总和。新风状态点应按当地空气调节室外计算参数确定。

10.2.5 地面集中制备冷冻水或冷却水送入井下时,应符合下列规定:

1 冷冻水供回水温差不宜小于 15℃。

2 冷却水供回水温差不宜小于 10℃。

3 应设置高压水减压装置。高低压换热器或高低压转换器前的供回水管应按工业压力管道 GC1 级设计及施工安装。

4 井筒内的水管管径不宜大于 DN500,有足够的安装空间且确保安全时可放大管径,管内水流速不宜大于 2.5m/s。单独钻孔敷设水管时,水管管径不受限制。

10.2.6 开采面在 3000m 以下时,宜采用地面制冰的供冷方式。

10.2.7 地面制冰时,冰片或颗粒冰宜采用自溜方式输送至井下,输冰系统应采取防冲击和防堵措施。

10.2.8 采用氨压缩制冷时,氨制冷机房距井口的位置不应小于 200m,并应符合现行国家标准《建筑设计防火规范》GB 50016 的有关规定。

10.2.9 产生冷凝热的设备设在井下时,应设在回风巷道附近,所需风量应小于巷道排风量。

10.2.10 采区作业用水需要用冷冻水时,宜采用梯级用冷方式。

10.2.11 空气处理机组应符合下列规定:

1 采用冷冻水制备冷风时,空气处理设备宜采用喷水室或表面冷却器;

2 设在井下的表面式空气冷却器,翅片间距应大于 4.2mm;

3 采用直接膨胀式空气冷却器时,不得采用氨作为制冷剂。

10.2.12 井下爆炸危险区域使用的空调制冷设备应采用防爆型。

11 监测与控制

11.1 一般规定

11.1.1 供暖、通风与空气调节系统监测与控制的功能宜包括参数检测、参数与设备状态显示、自动调节与控制、工况自动转换、设备连锁、自动保护与报警、能量计量以及中央监控与管理等。供暖、通风与空气调节系统监测与控制的设计应根据建筑物的功能与标准、系统类型、设备运行时间以及生产工艺要求等因素，通过技术经济比较确定。

11.1.2 当生产工艺需要对供暖、通风与空气调节设备进行监测与控制时，应满足生产工艺要求以及节能要求。

11.1.3 符合下列条件之一时，供暖、通风和空气调节设备宜设集中监控系统：

1 系统规模大，供暖通风空调设备台数多时；

2 系统各部分相距较远且相关联，并存在工况转换和运行调节时；

3 采用集中监控系统可合理利用能量实现节能运行时；

4 采用集中监控系统方能防止事故、保证设备和系统运行安全可靠时。

11.1.4 集中监控系统应具备下列功能：

1 应满足工艺要求的时间间隔与测量精度连续记录、显示各系统运行参数和设备状态。系统存储介质或数据库应保存连续两年以上的运行参数记录。

2 可计算和定期统计系统的能量消耗、各台受控设备连续和累计运行时间。

3 可改变各控制器的设定值，并可对设置为"远程"状态的设备直接进行启动、停止和调节。

4 可根据预定的时间表，或依据节能控制程序，自动进行系统或设备的启停。

5 应设置操作者权限、访问控制等安全机制。

6 应有参数越限报警、事故报警及报警记录功能，并宜设有系统或设备故障诊断功能。

7 可与制冷机、锅炉等自带控制装置的设备通过通信接口进行数据交互。

8 设置可与其他弱电系统通信的数据接口。

11.1.5 不具备采用集中监控系统的供暖、通风和空气调节系统，当符合下列条件之一时，宜采用就地的自动控制系统：

1 工艺或使用条件有一定要求时；

2 可防止事故保证安全时；

3 采用就地的自动控制系统可实现节能运行时。

11.1.6 就地系统宜具备下列功能：

1 可按满足工艺要求的时间间隔和精度对需要测量的参数进行检测；

2 可对代表性参数的数值进行显示；

3 可根据设定值自动调节相关装置动作；

4 可进行手动、自动工作模式切换；

5 可根据预定的时间表或依据节能控制程序，自动进行系统或设备的启停；

6 应设置操作者权限、访问控制等安全机制；

7 应有参数越限报警、事故报警，并宜设有系统或设备故障诊断功能；

8 设置可与其他弱电系统通信的接口。

11.1.7 供暖通风与空气调节设备设置联动、连锁等安全保护措施时应符合下列规定：

1 采用集中监控系统时，联动、连锁等安全保护状态宜在集

中监控系统的人机界面上显示；

2 采用就地自动控制系统时，联动、连锁等安全保护状态宜在就地自控系统的人机界面上显示；

3 未设置自动控制系统时，应采取专门联动、连锁等安全保护措施。

11.1.8 供暖、通风与空气调节系统有代表性的参数，应在便于观察的地点设置就地显示仪表。

11.1.9 采用集中监控系统控制的动力设备，应设就地手动控制装置，并应通过就地/远程转换开关实现就地与远程控制的转换；就地/远程转换开关的状态宜在集中监控系统的人机界面上显示。

11.1.10 控制器宜安装在被控系统或设备附近；当采用集中监控系统时，应设置控制室；当就地控制系统环节及仪表较多时，宜设置控制室。

11.1.11 冬季存在冻结可能的新风机组、空调机组、冷却塔等，在设有防冻设施时，应设防冻保护控制。

11.1.12 防火与排烟系统的监测与控制应符合现行国家标准《火灾自动报警系统设计规范》GB 50116 的有关规定；兼作防排烟用的通风空气调节设备应受消防系统的控制，并应在火灾时能切换到消防控制状态；风管上的防火阀宜设置位置信号反馈。

11.2 传感器和执行器

11.2.1 传感器、执行器应根据环境条件选择防尘型、防潮型、耐腐蚀型、防爆型等，并应根据使用环境状况规定传感器、执行器的维护点检周期。

11.2.2 传感器敏感元件的测量精度与二次仪表的转换精度应相互匹配，经过传感、转换和传输过程后的测量精度和测量范围应满足工艺要求的控制和测量精度的要求；传感器的安装位置应能反映被测参数的整体情况。

11.2.3 温度传感器的设置应符合下列规定：

1 温度传感器测量范围应为测点温度范围的 1.2 倍～1.5 倍。

2 壁挂式空气温度传感器应安装在空气流通，且能反映被测房间空气状态的位置；风道内温度传感器应保证插入深度，不得在探测头与风道外侧形成热桥；插入式水管温度传感器，应保证测头插入深度在水流的主流区范围内。

3 机器露点温度传感器应安装在挡水板后有代表性的位置，应避免辐射热、振动、水滴及二次回风的影响。

11.2.4 湿度传感器应安装在空气流通，且能反映被测房间或风管内空气状态的位置，安装位置附近不应有热源及湿源。

11.2.5 压力（压差）传感器的设置应符合下列规定：

1 压力（压差）传感器的工作压力（压差）应大于该点可能出现的最大压力（压差）的 1.5 倍，量程应为该点压力（压差）正常变化范围的 1.2 倍～1.3 倍；

2 同一对压力（压差）传感器宜处于同一标高。

11.2.6 流量传感器的设置应符合下列规定：

1 流量传感器量程应为系统最大工作流量的 1.2 倍～1.3 倍；

2 流量传感器安装位置前、后应有合理的直管段长度；

3 应选用具有瞬态值输出的流量传感器；

4 宜选用水流阻力低的产品。

11.2.7 仅用于控制开关操作时，宜选择温度开关、压力开关、风流开关、水流开关、压差开关、水位开关等以开关量形式输出的传感器，不宜使用连续量输出的传感器。

11.2.8 自动调节阀的选择应与被控对象的特性相适合，应使系统具有好的控制性能，并应符合下列规定：

1 水两通阀，宜采用等百分比特性。

2 水三通阀，宜采用抛物线特性或线性特性。

3 蒸汽两通阀，当压力损失比大于或等于 0.6 时，宜采用线

性特性;当压力损失比小于0.6时,宜采用等百分比特性。压力损失比应按下式计算:

$$P_v = \Delta p_{min} / \Delta p \qquad (11.2.8)$$

式中:P_v——压力损失比(阀权度);

Δp_{min}——调节阀全开时的压力损失(Pa);

Δp——调节阀所在串联支路的总压力损失(Pa)。

4 调节阀的口径应根据使用对象要求的流通能力,通过计算选择确定。

11.2.9 蒸汽两通阀应采用单座阀,三通分流阀不应用作三通混合阀,三通混合阀不宜用作三通分流阀使用。

11.2.10 当仅需要开关形式进行设备或系统水路的切换时,应采用通断阀,不应采用调节阀。当使用通断阀达不到温度或湿度调节要求时,应采用调节阀,调节阀的特性应符合本规范第11.2.8条的要求。

11.2.11 在易燃易爆环境中使用的传感器及执行器,应采用本质安全型。

11.3 供暖系统

11.3.1 供暖系统宜监测下列参数,技术可行时应根据监测数据调节供暖量:

1 活动区干球温度;

2 热力入口处热媒温度、压力及过滤器前、后压差;

3 热风供暖系统空气加热器进风温度、出风温度,空气过滤器前、后压差。

11.3.2 供暖热计量及供暖调节应符合本规范第5.9节的规定。

11.4 通风系统

11.4.1 生产工艺有要求且技术可行时,通风系统宜监测下列参数:

1 工作区有毒物质的浓度;

2 工作区有爆炸危险物质的浓度。

11.4.2 排除有毒或爆炸危险物质的局部排风系统,以及甲、乙类工业建筑的全面排风系统,宜与污染物浓度报警装置连锁,并应在工作地点设置通风机启停状态显示。

11.5 除尘与净化系统

11.5.1 除尘系统监测应包括下列参数或状态:

1 除尘设备运行状态,必要时与相关工艺设备连锁启停;

2 过滤式除尘装置进、出口压差;

3 脉冲喷吹除尘器清灰用气体压力;

4 净化有爆炸危险粉尘的除尘器,输灰系统故障时应报警;

5 高温烟气进入袋式除尘器前需降温时,宜监测烟气温度并控制降温设施;

6 环保要求监测的重点废气排放口各项参数。

11.5.2 有害气体净化系统监测应包括下列参数或状态:

1 有毒物质排放浓度,并应超限报警;

2 净化系统需控制的温度、压力、液位、酸碱度等工艺参数;

3 净化设备运行状态,必要时与相关工艺设备连锁启停;

4 环保要求监测的重点废气排放口各项参数。

11.6 空气调节系统

11.6.1 空气调节系统宜监测与控制下列参数:

1 室内外空气的参数;

2 喷水室用的水泵出口压力;

3 空气冷却器出口的冷水温度;

4 加热器进、出口的热媒温度和压力;

5 空气过滤器进、出口静压差并应超限报警;

6 风机、水泵、转轮热交换器、加湿器等设备启停状态。

11.6.2 全年运行的空气调节系统,其自动控制系统宜按多工况运行方式设计,应具有供冷和供热模式切换功能。

11.6.3 当受调节对象纯滞后、时间常数及热湿扰量变化的影响,采用单回路调节不能满足调节参数要求时,空气调节系统宜采用串级调节。

11.6.4 全空气空调系统的控制应符合下列规定:

1 室内温度控制应采用调节送风温度以及送风量的方式;

2 采用调节送风温度的方式时,送风温度设定值的修改周期应远大于盘管水路控制阀、电加热器等执行机构的动作周期;

3 采用调节送风量的方式时,风机应变频调速,并宜采用系统静压或风量作为控制参数;

4 需要控制室内湿度时,应按室内湿度要求和热湿负荷情况进行控制,并应采取避免与温度控制相互影响的措施;

5 过渡期宜采用加大新风比的方式运行。

11.6.5 新风机组的控制应符合下列规定:

1 送风温度应根据新风负担室内负荷确定,并应在水系统设调节阀;

2 当新风系统需要加湿时,加湿量应满足室内湿度要求;

3 对于湿热地区的全新风系统,水路阀宜采用模拟量调节阀。

11.6.6 风机盘管水路控制阀宜为常闭式通断阀,控制阀开启与关闭应分别与风机启动与停止连锁。

11.6.7 空调系统的电加热器应与送风机连锁,并应设置无风断电、超温断电保护装置;电加热器必须采取接地及剩余电流保护措施。

11.7 冷热源及其水系统

11.7.1 空气调节冷、热源及其水系统应监测与控制下列参数:

1 冷水机组蒸发器进、出口水温、压力;

2 冷水机组冷凝器进、出口水温、压力;

3 热交换器一、二次侧进、出口温度、压力;

4 分集水器温度、压力(或压差),集水器各支管温度;

5 水泵进、出口压力;

6 水过滤器前、后压差;

7 冷水机组、水阀、水泵、冷却塔风机等设备的启停状态。

11.7.2 蓄冷、蓄热系统应检测与监控下列参数:

1 蓄热水槽的进、出口水温;

2 冰槽进、出口溶液温度;

3 蓄冰量;

4 蓄水罐的液位;

5 蓄水罐内的水温;

6 调节阀的阀位;

7 流量计量;

8 冷热量计量。

11.7.3 当冷水机组采用自动方式运行时,各相关设备与冷水机组应进行电气连锁。

11.7.4 当具有多台冷水机组时,宜根据冷负荷大小及冷水机组能耗随负荷率的变化特性确定冷水机组最优的运行组合。冷水机组的启停频率应满足机组安全运行的要求。

11.7.5 冰蓄冷系统的冷冻水侧换热器应设防冻保护控制。

11.7.6 冷源侧定流量运行时,空调水系统总供、回水管之间的旁通调节阀应采用压差控制;冷源侧变流量运行时,空调水系统总供、回水管之间的旁通调节阀可采用流量、温差或压差控制。

11.7.7 水泵的控制应符合下列规定:

1 冷源侧定流量运行时,冷水泵、冷却水泵运行台数应与冷水机组相对应;

2 变流量运行的水系统,水泵运行宜采用流量控制方式;水泵变速宜根据系统压差变化控制。

11.7.8 冷水机组冬季或过渡季运行时,冷水机组的冷却水入口温度应通过调整冷却塔风机转速或关停冷却塔风机,调节冷却塔供、回水总管间设置的旁通调节阀控制。

11.7.9 集中监控系统宜对冷水机组的运行状态进行监测与控制。

12 消声与隔振

12.1 一般规定

12.1.1 供暖、通风与空气调节系统的消声和隔振设计计算,应根据工艺和使用的要求、噪声和振动的大小、频率特性、传播方式及噪声和振动允许标准等确定。

12.1.2 供暖、通风与空气调节系统的噪声传播至使用房间和周围环境的噪声级,应符合国家现行有关室内、室外声环境质量标准以及噪声控制标准的规定。

12.1.3 供暖、通风与空气调节系统的振动传播至使用房间和周围环境的振动级,应符合国家现行有关室内、室外环境振动控制标准的规定。

12.1.4 设置风系统管道时,消声处理后的风管不宜穿过高噪声的房间;噪声高的风管不宜穿过噪声控制严的房间,当确需穿过时,应采取隔声处理。

12.1.5 有消声要求的通风与空气调节系统,消声装置后的风管内的空气流速宜按表12.1.5选用。通风机与消声装置之间的风管,其空气流速可采用8m/s～10m/s。

表 12.1.5　风管内的空气流速(m/s)

室内允许噪声级 dB(A)	主管风速	支管风速
25～35	3～4	≤2
35～50	4～7	2～3
50～65	6～9	3～5
65～85	8～12	5～8

12.1.6 通风、空气调节与制冷机房等的位置不宜靠近声环境以及控制振动要求较高的房间;当确需靠近时,应采取消声和隔振措施。

12.1.7 暴露在室外的设备,当其噪声达不到环境噪声标准要求时,应采取降噪措施。

12.1.8 进、排风口宜采取消声措施。

12.2 消声与隔声

12.2.1 供暖、通风和空气调节设备噪声源的声功率级应依据产品的实测数值。

12.2.2 气流通过直风管、弯头、三通、变径管、阀门和送、回风口等部件产生的再生噪声声功率级与噪声自然衰减量,应分别按各倍频带中心频率计算确定。对于直风管,当风速小于5m/s时,可不计算气流再生噪声;风速大于8m/s时,可不计算噪声自然衰减量。

12.2.3 通风与空气调节系统产生的噪声,当自然衰减不能达到允许噪声标准时,应设置消声设备或采取其他消声措施。系统所需的消声量应通过计算确定。

12.2.4 选择消声设备时,应根据系统所需的消声量、噪声源频率特性和消声设备的声学性能及空气动力特性等因素,经技术经济比较确定。

12.2.5 消声设备应布置在靠近机房且气流稳定的管段上。消声设备与机房间墙的风管应采取隔声措施。

12.2.6 管道穿过机房围护结构时,管道与围护结构之间的缝隙应使用具有防火隔声能力的弹性材料填充密实。

12.3 隔 振

12.3.1 当通风、空气调节、制冷装置以及水泵等设备的振动靠自然衰减不能达到标时,应设置隔振器或采取其他隔振措施。

12.3.2 对本身不带有隔振装置的设备,当其转速小于或等于1500r/min时,宜选用弹簧隔振器;转速大于1500r/min时,可选用橡胶等弹性材料的隔振垫块或橡胶隔振器。

12.3.3 选择弹簧隔振器时应符合下列规定:
1 设备的运转频率与弹簧隔振器垂直方向的固有频率之比应大于或等于2.5,宜为4～5;
2 弹簧隔振器承受的荷载不应超过运行工作荷载;
3 当共振振幅较大时,宜与阻尼大的材料联合使用;
4 弹簧隔振器与基础之间宜设置弹性隔振垫。

12.3.4 橡胶隔振器应避免太阳直接辐射或与油类接触。选择橡胶隔振器时应符合下列规定:
1 应计入环境温度对隔振器压缩变形量的影响;
2 计算压缩变形量宜按生产厂家提供的极限压缩量的1/3～1/2采用;
3 设备的运转频率与橡胶隔振器垂直方向的固有频率之比应大于或等于2.5,宜为4～5;
4 橡胶隔振器承受的荷载不应超过运行工作荷载;
5 橡胶隔振器与基础之间应设置弹性隔振垫。

12.3.5 符合下列情况之一时,宜加大隔振台座质量及尺寸:
1 设备重心偏高时;
2 设备重心偏离中心较大,且不易调整时;
3 不符合严格隔振要求时。

12.3.6 冷(热)水机组、空气调节机组、通风机以及水泵等设备的进口、出口管道应采用柔性接头。水泵出口设止阀时,宜选用具有消除水锤功能的止回阀。

12.3.7 受设备振动影响的管道应采用弹性支、吊架。

12.3.8 设置在楼板上的供暖、通风与空气调节设备,当设备振动影响范围内有防振要求严格的房间存在,且又不能通过调整相对位置而降低影响时,宜采用浮筑双隔振台座。

13 绝热与防腐

13.1 绝 热

13.1.1 具有下列情况之一的设备、管道及附件应进行保温:
1 设备与管道的外表面温度高于50℃时(不包括室内供暖管道);
2 热介质必须保持一定状态或参数时;
3 不保温时热损耗量大,且不经济时;
4 安装或敷设在有冻结危险场所时;
5 不保温时散发的热量会对厂房温、湿度参数产生不利影响时。

13.1.2 具有下列情况之一的设备、管道及附件应进行保冷:
1 冷介质低于常温,需要减少设备与管道的冷损失时;
2 冷介质低于常温,需要防止设备与管道表面凝露时;
3 需要减少冷介质在生产和运输过程中的温升或汽化时;
4 不保冷时散发的冷量会对厂房温、湿度参数产生不利影响时。

13.1.3 设备与管道的绝热设计应符合下列规定:
1 保冷层的外表面不得产生冷凝水;
2 管道和支架之间,管道穿墙、穿楼板处应采取防止"冷桥"、"热桥"的措施;
3 采用非闭孔材料保冷时,外表面应设隔气层和保护层;采用非闭孔材料保温时,外表面应设保护层。

4 室外架空管道绝热层外应设保护层,保护层宜采用金属、玻璃钢或铝箔玻璃钢薄板。

13.1.4 设备和管道的绝热材料的选择应符合下列规定:

1 绝热材料及其制品的主要性能应符合现行国家标准《设备及管道绝热设计导则》GB/T 8175 的有关规定;

2 设备与管道的绝热材料燃烧性能应符合现行国家标准《建筑设计防火规范》GB 50016 的有关规定;

3 保温材料的允许使用温度应高于正常操作时的介质最高温度;

4 保冷材料的允许使用温度应低于正常操作时介质的最低温度;

5 保温材料应选择导热率小、密度小、造价低、易于施工的材料和制品;

6 保冷材料应选择导热率小、吸湿率低、吸水率小、密度小、耐低温性能好、易于施工、综合经济效益高的材料和制品;

7 用于冰蓄冷系统的保冷材料除应符合本条第 1 款～第 6 款的要求外,应采用闭孔型材料和便于异形部位保冷施工的材料。

13.1.5 设备和管道的保冷及保温层厚度应按现行国家标准《设备及管道绝热设计导则》GB/T 8175 的有关规定经计算确定,并应符合下列规定:

1 供冷或冷热共用时,应按经济厚度和防止表面凝露保冷层厚度分别计算,并应取大值;

2 设备和管道的保温层厚度应按经济厚度计算确定,必要时也可按允许表面热损失法或允许介质温降法计算确定;

3 凝结水管保冷厚度应按防止表面结露的计算方法确定。

13.2 防 腐

13.2.1 设备、管道及其配套的部件、配件的材料应根据所接触介质的性质、浓度、温度及使用环境等条件,结合材料的耐腐蚀特性、使用部位的重要性、经济性及安全性等因素确定。

13.2.2 除有色金属制品、不锈钢管、不锈钢板、镀锌钢管、镀锌钢板、非金属制品和铝箔保护层外,金属设备与管道的外表面应采用涂漆防腐,并应符合下列规定:

1 涂层类别应根据被涂物所处的大气腐蚀环境以及被涂物表面材质选择;

2 涂层的底漆与面漆应正确配套使用;

3 涂层施工方法宜根据被涂物施工条件选用,同时应保证涂层的安全可靠性。

13.2.3 外有绝热层的设备及管道应涂底漆。埋地管道应进行涂料防腐,防腐等级应根据土壤腐蚀性等级确定。

13.2.4 涂漆前设备及管道外表面的处理应符合涂层产品的相应要求,当有特殊要求时,应在设计文件中规定。

13.2.5 用于与奥氏体不锈钢表面接触的绝热材料应符合现行国家标准《工业设备及管道绝热工程施工规范》GB 50126 中有关氯离子含量的规定。

附录 A 室外空气计算参数

A.0.1 室外空气计算参数应按表 A.0.1-1、表 A.0.1-2 采用。

表 A.0.1-1 室外空气计算参数(一)

省/直辖市/自治区		北京(1)	天津(2)	河北(10)					
市/区/自治州		北京	天津	塘沽	石家庄	唐山	邢台	保定	张家口
台站名称及编号		北京	天津	塘沽	石家庄	唐山	邢台	保定	张家口
		54511	54527	54623	53698	54534	53798	54602	54401
台站信息	北纬	39°48′	39°05′	39°00′	38°02′	39°40′	37°04′	38°51′	40°47′
	东经	116°28′	117°04′	117°43′	114°25′	118°09′	114°30′	115°31′	114°53′
	海拔(m)	31.3	2.5	2.8	81	27.8	76.8	17.2	724.2
	统计年份	1971—2000	1971—2000	1971—2000	1971—2000	1971—2000	1971—2000	1971—2000	1971—2000
室外计算温、湿度	年平均温度(℃)	12.3	12.7	12.6	13.4	11.5	13.9	12.9	8.8
	供暖室外计算温度(℃)	−7.6	−7.0	−6.8	−6.2	−9.2	−5.5	−7.0	−13.6
	冬季空气调节室外计算温度(℃)	−3.6	−3.5	−3.3	−2.3	−5.1	−1.6	−3.2	−8.3
	冬季空气调节室外计算温度(℃)	−9.9	−9.6	−9.2	−8.8	−11.6	−8.0	−9.5	−16.2
	冬季空气调节室外计算相对湿度(%)	44	56	59	55	55	57	55	41.0
	夏季空气调节室外计算干球温度(℃)	33.5	33.9	32.5	35.1	32.9	35.1	34.8	32.1
	夏季空气调节室外计算湿球温度(℃)	26.4	26.8	26.9	26.8	26.3	26.9	26.6	22.6
	夏季通风室外计算温度(℃)	29.7	29.8	28.8	30.8	29.2	31.0	30.4	27.8
	夏季通风室外计算相对湿度(%)	61	63	68	60	63	61	61	50.0
	夏季空气调节室外计算日平均温度(℃)	29.6	29.4	29.6	30.0	28.5	30.2	29.8	27.0
风向、风速及频率	夏季室外平均风速(m/s)	2.1	2.2	4.2	1.7	2.3	1.7	2.0	2.1
	夏季最多风向	C SW	C S	SSE	C S	C ESE	C SSW	C SW	C SE
	夏季最多风向的频率(%)	18 10	15 9	12	26 13	14 11	23 13	18 14	19 15
	夏季室外最多风向的平均风速(m/s)	3.0	2.4	4.3	2.6	2.8	2.3	2.5	2.9
	冬季室外平均风速(m/s)	2.6	2.4	3.9	1.8	2.2	1.4	1.8	2.8
	冬季最多风向	C N	C N	NNW	C NNE	C WNW	C NNE	C SW	N
	冬季最多风向的频率(%)	19 12	20 11	13	25 12	22 11	27 10	23 12	35.0
	冬季室外最多风向的平均风速(m/s)	4.7	4.8	5.8	2	2.9	2.0	2.3	3.5
	年最多风向	C SW	C SW	NNW	C ESE	C ESE	C SSW	C SW	N
	年最多风向的频率(%)	17 10	16 9	8	25 12	17 8	24 13	19 14	26
	冬季日照百分率(%)	64	58	63	56	60	56	56	65.0
	最大冻土深度(cm)	66	58	59	56	72	46	58	136.0
大气压力	冬季室外大气压力(hPa)	1021.7	1027.1	1026.3	1017.2	1023.6	1017.7	1025.1	939.5
	夏季室外大气压力(hPa)	1000.2	1005.2	1004.6	995.8	1002.4	996.2	1002.9	925.0
设计计算用供暖天数及其平均温度	日平均温度≤+5℃的天数	123	121	122	111	130	105	119	146
	日平均温度≤+5℃的起止日期	11.12—03.14	11.13—03.13	11.15—03.16	11.15—03.05	11.10—03.19	11.19—03.03	11.13—03.11	11.03—03.28
	平均温度≤+5℃期间内的平均温度(℃)	−0.7	−0.6	−0.4	0.1	−1.6	0.5	−0.5	−3.9
	日平均温度≤+8℃的天数	144	142	143	140	146	129	142	168.0
	日平均温度≤+8℃的起止日期	11.04—03.27	11.06—03.27	11.07—03.29	11.07—03.26	11.04—03.29	11.08—03.16	11.05—03.27	10.20—04.05
	平均温度≤+8℃期间内的平均温度(℃)	0.3	0.4	0.6	1.5	−0.7	1.8	0.7	−2.6
	极端最高气温(℃)	41.9	40.5	40.9	41.5	39.6	41.1	41.6	39.2
	极端最低气温(℃)	−18.3	−17.8	−15.4	−19.3	−22.7	−20.2	−19.6	−24.6

省/直辖市/自治区		河北		山西(10)					
市/区/自治州		承德	秦皇岛	沧州	廊坊	衡水	太原	大同	阳泉
台站信息	台站名称及编号	承德	秦皇岛	沧州	霸州	饶阳	太原	大同	阳泉
		54423	54449	54616	54518	54606	53772	53487	53782
	北纬	40°58′	39°56′	38°20′	39°07′	38°14′	37°47′	40°06′	37°51′
	东经	117°56′	119°36′	116°50′	116°23′	115°44′	112°33′	113°20′	113°33′
	海拔(m)	377.2	2.6	9.6	9.0	18.9	778.3	1067.2	741.9
	统计年份	1971—2000	1971—2000	1971—1995	1971—2000	1971—2000	1971—2000	1971—2000	1971—2000
	年平均温度(℃)	9.1	11.0	12.9	12.2	12.5	10.0	7.0	11.3
室外计算温、湿度	供暖室外计算温度(℃)	-13.3	-9.6	-7.1	-8.3	-7.9	-10.1	-16.3	-8.3
	冬季通风室外计算温度(℃)	-9.1	-4.8	-3.0	-4.4	-3.9	-5.5	-10.6	-3.4
	冬季空气调节室外计算温度(℃)	-15.7	-12.0	-9.6	-11.0	-10.4	-12.8	-18.9	-10.4
	冬季空气调节室外计算相对湿度(%)	51	51	57	54	59	50	50	43
	夏季空气调节室外计算干球温度(℃)	32.7	30.6	34.3	34.4	34.8	31.5	30.9	32.8
	夏季空气调节室外计算湿球温度(℃)	24.1	25.9	26.7	26.6	26.9	23.8	21.2	23.6
	夏季通风室外计算温度(℃)	28.7	27.5	30.1	30.1	30.5	27.8	26.4	28.2
	夏季通风室外计算相对湿度(%)	55	55	63	61	64	58	49	55
	夏季空气调节室外计算日平均温度(℃)	27.4	27.7	29.7	29.6	29.6	26.1	25.3	27.4
风向、风速及频率	夏季室外平均风速(m/s)	0.9	2.3	2.9	2.2	2.2	1.8	2.5	1.6
	夏季最多风向	C SSW	C WSW	SW	C SW	C SW	C N	C NNE	C ENE
	夏季最多风向的频率(%)	61 6	19 10	12	12 9	15 11	30 10	17 12	33 9
	夏季最多风向的平均风速(m/s)	2.5	2.7	2.7	2.5	3.0	2.4	3.1	2.3
	冬季室外平均风速(m/s)	1.0	2.5	2.6	2.1	2.0	2.0	2.8	2.2
	冬季最多风向	C NW	C WNW	SW	C NE	C SW	C N	N	C NNW
	冬季最多风向的频率(%)	66 10	19 13	12	19 11	19 9	30 13	19	30 19
	冬季最多风向的平均风速(m/s)	3.3	3.0	2.8	3.3	2.6	2.6	3.3	3.7
	年最多风向	C NW	C WNW	SW	C SW	C SW	C N	C NNE	C NNW
	年最多风向的频率(%)	61 6	18 10	14	14 10	15 11	29 11	16 15	31 13
	冬季日照百分率(%)	65	64	64	57	63	57	61	62
	最大冻土深度(cm)	126	85	43	67	77	72	186	62
大气压力	冬季室外大气压力(hPa)	980.5	1026.4	1027.0	1026.4	1024.9	933.5	899.9	937.1
	夏季室外大气压力(hPa)	963.3	1005.6	1004.0	1004.4	1002.8	919.8	889.1	923.8
设计计算用供暖期天数及其平均温度	日平均温度≤+5℃的天数	118	135	118	124	122	141	163	126
	日平均温度≤+5℃的起止日期	11.03—03.27	11.12—03.26	11.15—03.12	11.11—03.14	11.12—03.13	11.06—03.26	10.24—04.04	11.12—03.17
	平均温度≤+5℃期间内的平均温度(℃)	-4.1	-1.2	-0.5	-1.3	-0.9	-1.7	-4.8	-0.5
	日平均温度≤+8℃的天数	146	153	141	143	143	160	183	146
	日平均温度≤+8℃的起止日期	10.21—04.04	11.04—04.05	11.07—03.27	11.05—03.27	11.05—03.27	10.23—03.31	10.14—04.14	11.04—03.29
	平均温度≤+8℃期间内的平均温度(℃)	-2.9	-0.3	0.7	-0.3	0.2	-0.7	-3.5	0.3
	极端最高气温(℃)	43.3	39.2	40.5	41.3	41.2	37.4	37.2	40.2
	极端最低气温(℃)	-24.2	-20.8	-19.5	-21.5	-22.6	-22.7	-27.2	-16.2

省/直辖市/自治区		山西		山西(10)				
市/区/自治州		运城	晋城	朔州	晋中	忻州	临汾	吕梁
台站信息	台站名称及编号	运城	阳城	右玉	榆社	原平	临汾	离石
		53959	53975	53478	53787	53673	53868	53764
	北纬	35°02′	35°29′	40°00′	37°04′	38°44′	36°04′	37°30′
	东经	111°01′	112°24′	112°27′	112°59′	112°43′	111°30′	111°06′
	海拔(m)	376.0	659.5	1345.8	1041.4	828.2	449.5	950.8
	统计年份	1971—2000	1971—2000	1971—2000	1971—2000	1971—2000	1971—2000	1971—2000
	年平均温度(℃)	14.0	11.8	3.9	8.8	9	12.6	9.1
室外计算温、湿度	供暖室外计算温度(℃)	-4.5	-6.6	-20.8	-11.1	-12.3	-6.6	-12.6
	冬季通风室外计算温度(℃)	-0.9	-2.6	-14.4	-6.6	-7.7	-2.7	-7.6
	冬季空气调节室外计算温度(℃)	-7.4	-9.1	-25.4	-13.6	-14.7	-10.0	-16.0
	冬季空气调节室外计算相对湿度(%)	57	53	61	49	47	58	55
	夏季空气调节室外计算干球温度(℃)	35.8	32.7	29.0	30.8	31.8	34.6	32.4
	夏季空气调节室外计算湿球温度(℃)	26.0	24.6	19.8	22.3	22.9	25.7	22.9
	夏季通风室外计算温度(℃)	31.3	28.8	24.5	26.8	27.6	30.6	28.1
	夏季通风室外计算相对湿度(%)	55	59	50	55	53	56	52
	夏季空气调节室外计算日平均温度(℃)	31.5	27.3	22.5	24.8	26.2	29.3	26.3
风向、风速及频率	夏季室外平均风速(m/s)	3.1	1.7	2.1	1.5	1.9	1.8	2.6
	夏季最多风向	SSE	C SSE	C ESE	C SSW	C NNE	C SW	C NE
	夏季最多风向的频率(%)	16	35 11	30 11	39 9	20 11	24 9	22 17
	夏季最多风向的平均风速(m/s)	5.0	2.9	2.8	2.8	2.4	3.0	2.5
	冬季室外平均风速(m/s)	2.4	1.9	2.3	1.3	2.3	1.6	2.1
	冬季最多风向	C W	C NW	C NW	C E	C NNE	C SW	NE
	冬季最多风向的频率(%)	24 9	42 12	41 11	42 14	26 14	35 11	26
	冬季最多风向的平均风速(m/s)	2.8	4.9	5.0	1.9	3.8	2.4	2.5
	年最多风向	C SSE	C NW	C WNW	C E	C NNE	C SW	NE
	年最多风向的频率(%)	18 11	37 9	32 8	38 9	22 12	31 9	20
	冬季日照百分率(%)	49	58	71	62	60	47	58
	最大冻土深度(cm)	39	39	169	76	121	54	104
大气压力	冬季室外大气压力(hPa)	982.0	947.4	868.6	902.6	926.9	972.5	914.5
	夏季室外大气压力(hPa)	962.7	932.4	860.7	892.0	913.8	954.2	901.3
设计计算用供暖期天数及其平均温度	日平均温度≤+5℃的天数	101	120	182	144	145	114	126
	日平均温度≤+5℃的起止日期	11.22—03.02	11.14—03.13	10.14—04.13	11.05—03.28	11.03—03.27	11.13—03.06	11.05—03.27
	平均温度≤+5℃期间内的平均温度(℃)	0.9	0.4	-6.9	-2.6	-3.2	-0.2	-3
	日平均温度≤+8℃的天数	127	143	208	168	168	142	166
	日平均温度≤+8℃的起止日期	11.08—03.14	11.06—03.28	10.01—04.26	10.20—04.05	10.20—04.05	11.06—03.27	10.20—04.05
	平均温度≤+8℃期间内的平均温度(℃)	2.0	1.0	-5.2	-1.3	-1.9	1.1	-1.7
	极端最高气温(℃)	41.2	38.5	34.4	36.7	38.1	40.5	38.4
	极端最低气温(℃)	-18.9	-17.2	-40.4	-25.1	-25.8	-23.1	-26.0

续表 A.0.1-1

省/直辖市/自治区	内蒙古		(12) 赤峰	通辽	鄂尔多斯	呼伦贝尔		巴彦淖尔
市/区/自治州	呼和浩特	包头	赤峰	通辽	鄂尔多斯	呼伦贝尔	呼伦贝尔	巴彦淖尔
台站名称及编号	呼和浩特	包头	赤峰	通辽	东胜	满洲里	海拉尔	临河
	53463	53446	54218	54135	53543	50514	50527	53513
台站信息 北纬	40°49′	40°40′	42°16′	43°36′	39°50′	49°34′	49°13′	40°45′
东经	111°41′	109°51′	118°56′	122°16′	109°59′	117°26′	119°45′	107°25′
海拔(m)	1063.0	1067.2	568.0	178.5	1460.4	661.7	610.2	1039.3
统计年份	1971—2000	1971—2000	1971—2000	1971—2000	1971—2000	1971—2000	1971—2000	1971—2000
年平均温度(℃)	6.7	7.2	7.5	6.6	6.2	-0.7	-1.0	8.1
室外计算温、湿度 供暖室外计算温度(℃)	-17.0	-16.6	-16.2	-19.0	-16.8	-28.6	-31.6	-15.3
冬季通风室外计算温度(℃)	-11.6	-11.1	-10.7	-13.5	-10.5	-23.3	-25.1	-9.9
冬季空气调节室外计算温度(℃)	-20.3	-19.7	-18.8	-21.8	-19.6	-31.6	-34.5	-19.1
冬季空气调节室外计算相对湿度(%)	58	55	43	54	52	75	79	51
夏季空气调节室外计算干球温度(℃)	30.6	31.7	32.7	32.3	29.1	29.0	30.2	32.7
夏季空气调节室外计算湿球温度(℃)	21.0	20.9	22.6	24.5	19.0	19.9	20.5	20.9
夏季通风室外计算温度(℃)	26.5	27.4	28.0	28.2	24.8	24.1	24.3	28.4
夏季通风室外计算相对湿度(%)	48	43	50	57	43	52	54	39
夏季空气调节室外计算日平均温度(℃)	25.9	26.5	27.4	27.3	24.6	23.6	23.5	27.5
风向、风速及频率 夏季室外平均风速(m/s)	1.8	2.6	2.2	3.5	3.1	3.8	3.0	2.1
夏季最多风向	C SW	C SE	C WSW	SSW	SSW	C E	C SSW	C E
夏季室外最多风向的频率(%)	36 8	14 11	20 13	17	19	13 10	13 8	20 10
夏季最多风向的平均风速(m/s)	3.4	2.9	2.5	4.6	3.7	4.4	3.5	2.0
冬季室外平均风速(m/s)	1.5	2.4	2.3	3.7	2.9	3.9	2.3	2.0
冬季最多风向	C NNW	N	C W	NW	SSW	WSW	C SSW	C W
冬季室外最多风向的频率(%)	50 9	21	26 14	16	14	23	22 19	30 13
冬季室外最多风向的平均风速(m/s)	4.2	3.4	3.1	4.4	3.1	3.9	3.4	3.4
年最多风向	C NNW	N	C W	SSW	SSW	WSW	C SSW	C W
年最多风向的频率(%)	40 7	16	21 13	11	17	13	15 12	24 10
冬季日照百分率(%)	63	68	70	76	73	62	72	72
大气压力 最大冻土深度(cm)	156	157	201	179	150	389	242	138
冬季室外大气压力(hPa)	901.2	901.2	955.1	1002.6	856.7	941.9	947.9	903.2
夏季室外大气压力(hPa)	889.6	889.1	941.1	984.4	849.5	930.3	935.7	891.1
设计计算用供暖期天数及其平均温度 日平均温度≤+5℃的天数	167	164	161	168	168	210	208	175
日平均温度≤+5℃的起止日期	10.20—04.04	10.21—04.02	10.26—04.04	10.21—04.06	10.20—04.05	09.30—04.27	10.01—04.26	10.24—03.29
平均温度≤+5℃期间内的平均温度(℃)	-5.3	-5.1	-5.0	-6.7	-4.9	-12.4	-12.7	-4.4
日平均温度≤+8℃的天数	184	182	179	184	189	229	227	175
日平均温度≤+8℃的起止日期	10.12—04.13	10.13—04.12	10.16—04.12	10.13—04.14	10.11—04.17	09.21—05.07	09.22—05.06	10.16—04.08
平均温度≤+8℃期间内的平均温度(℃)	-4.1	-3.9	-3.8	-5.4	-3.6	-10.8	-11.0	-3.3
极端最高气温(℃)	38.5	39.2	40.4	38.9	35.3	37.9	36.6	39.4
极端最低气温(℃)	-30.5	-31.4	-28.8	-31.6	-28.4	-40.5	-42.3	-35.3

续表 A.0.1-1

省/直辖市/自治区	内蒙古		(12) 锡林郭勒盟		辽宁(12)			
市/区/自治州	乌兰察布	兴安盟	锡林郭勒盟	锡林郭勒盟	沈阳	大连	鞍山	抚顺
台站名称及编号	集宁	乌兰浩特	二连浩特	锡林浩特	沈阳	大连	鞍山	抚顺
	53480	50838	53068	54102	54342	54662	54339	54351
台站信息 北纬	41°02′	46°05′	43°39′	43°57′	41°44′	38°54′	41°05′	41°55′
东经	113°04′	122°03′	111°58′	116°04′	123°27′	121°38′	123°00′	124°05′
海拔(m)	1419.3	274.7	964.7	989.5	44.7	91.5	77.3	118.5
统计年份	1971—2000	1971—2000	1971—2000	1971—2000	1971—2000	1971—2000	1971—2000	1971—2000
年平均温度(℃)	4.3	5.0	4.0	2.6	8.4	10.9	9.6	6.8
室外计算温、湿度 供暖室外计算温度(℃)	-18.9	-20.5	-24.3	-25.2	-16.9	-9.8	-15.1	-20.0
冬季通风室外计算温度(℃)	-13.0	-15.0	-18.1	-18.8	-11.0	-3.9	-8.6	-13.5
冬季空气调节室外计算温度(℃)	-21.9	-23.5	-27.8	-27.8	-20.7	-13.0	-18.0	-23.8
冬季空气调节室外计算相对湿度(%)	55	54	69	72	60	56	54	68
夏季空气调节室外计算干球温度(℃)	28.2	31.8	33.2	31.1	31.5	29.0	31.6	31.5
夏季空气调节室外计算湿球温度(℃)	18.9	23	19.3	19.9	25.3	24.9	25.1	24.8
夏季通风室外计算温度(℃)	23.8	27.1	27.9	26.0	28.2	26.3	28.2	27.8
夏季通风室外计算相对湿度(%)	49	55	33	44	65	71	63	65
夏季空气调节室外计算日平均温度(℃)	22.9	26.4	27.5	25.4	27.5	26.5	26.6	26.6
风向、风速及频率 夏季室外平均风速(m/s)	2.4	2.6	4.0	3.3	2.6	4.1	2.7	2.2
夏季最多风向	C WNW	C NE	NW	C SW	SW	SSW	SW	C NE
夏季室外最多风向的频率(%)	29 9	23 7	8	13 9	16	19	13	15 12
夏季最多风向的平均风速(m/s)	3.6	3.9	5.2	3.4	3.5	4.6	2.2	2.2
冬季室外平均风速(m/s)	3.0	2.6	3.6	3.2	2.6	5.2	2.9	2.3
冬季最多风向	C WNW	C NW	NW	WSW	C NNE	NNE	NE	ENE
冬季室外最多风向的频率(%)	33 13	27 17	16	19	13 10	24.0	14	20
冬季室外最多风向的平均风速(m/s)	4.9	4.0	5.3	4.3	3.6	7.0	2.1	2.1
年最多风向	C WNW	C NW	NW	C WSW	SW	NNE	SW	NE
年最多风向的频率(%)	29 12	22 11	13	15 13	13	15	12	16
冬季日照百分率(%)	72	69	76	71	56	65	60	61
大气压力 最大冻土深度(cm)	184	249	310	265	148	90	118	143
冬季室外大气压力(hPa)	860.2	989.1	910.4	906.4	1020.8	1013.9	1018.5	1011.0
夏季室外大气压力(hPa)	853.7	973.3	898.3	895.9	1000.9	997.8	998.8	992.4
设计计算用供暖期天数及其平均温度 日平均温度≤+5℃的天数	181	176	181	189	152	132	143	161
日平均温度≤+5℃的起止日期	10.16—04.14	10.17—04.10	10.14—04.12	10.11—04.17	10.30—03.30	11.15—03.27	11.06—03.28	10.26—04.04
平均温度≤+5℃期间内的平均温度(℃)	-6.4	-7.8	-9.3	-9.7	-5.1	-0.7	-3.8	-6.3
日平均温度≤+8℃的天数	206	193	196	209	172	152	163	182
日平均温度≤+8℃的起止日期	10.03—04.26	10.09—04.19	10.07—04.20	10.01—04.27	10.20—04.09	11.06—04.06	10.26—04.06	10.14—04.13
平均温度≤+8℃期间内的平均温度(℃)	-4.7	-6.5	-8.1	-8.1	-3.6	0.3	-2.5	-4.8
极端最高气温(℃)	33.6	40.3	41.1	39.2	36.1	35.3	36.5	37.7
极端最低气温(℃)	-32.4	-33.7	-37.1	-38.0	-29.4	-18.8	-26.9	-35.9

续表　A.0.1-1

省/直辖市/自治区	辽宁		锦州 (12)	营口	阜新	铁岭	朝阳	葫芦岛
市/区/自治州	本溪	丹东	锦州	营口	阜新	开原	朝阳	兴城
台站名称及编号	本溪 54346	丹东 54497	54337	54471	54237	54254	54324	54455
北纬	41°19′	40°03′	41°08′	40°40′	42°05′	42°32′	41°33′	40°35′
东经	123°47′	124°20′	121°07′	122°51′	121°43′	124°03′	120°27′	120°42′
海拔(m)	185.2	13.8	65.9	3.3	166.8	98.2	169.9	8.5
统计年份	1971—2000	1971—2000	1971—2000	1971—2000	1971—2000	1971—2000	1971—2000	1971—2000
年平均温度(℃)	7.8	8.9	9.5	9.5	8.1	7.0	9.0	9.2
供暖室外计算温度(℃)	-18.1	-12.9	-13.1	-14.1	-15.7	-20.0	-15.3	-12.6
冬季通风室外计算温度(℃)	-11.5	-7.4	-7.9	-8.5	-10.6	-13.4	-9.7	-7.7
冬季空气调节室外计算温度(℃)	-21.5	-15.9	-15.5	-17.1	-18.5	-23.5	-18.3	-15.0
冬季空气调节室外计算相对湿度(%)	64	55	52	62	49	49	43	52
夏季空气调节室外计算干球温度(℃)	31.0	29.6	31.4	30.4	32.5	31.1	33.5	29.5
夏季空气调节室外计算湿球温度(℃)	24.3	25.3	25.2	25.5	24.7	25	25	25.5
夏季通风室外计算温度(℃)	27.4	26.8	27.9	27.7	28.4	27.5	28.9	26.8
夏季通风室外计算相对湿度(%)	63	71	67	68	60	60	58	76
夏季空气调节室外计算日平均温度(℃)	27.1	25.9	27.1	27.5	27.3	26.8	28.3	26.4
夏季室外平均风速(m/s)	2.2	2.3	3.3	3.7	2.1	2.7	2.5	2.4
夏季最多风向	C ESE	C SSW	SW	SW	C SW	SSW	C SSW	C SSW
夏季室外最多风向的频率(%)	19 15	17 13	18	17.0	29 21	17.0	32 22	26 16
夏季室外最多风向的平均风速(m/s)	2.0	3.2	4.3	4.8	3.4	3.1	3.6	3.9
冬季室外平均风速(m/s)	2.4	3.4	3.2	3.6	2.1	2.7	2.4	2.2
冬季最多风向	ESE	N	C NNE	NE	C N	C SW	C SSW	C NNE
冬季室外最多风向的频率(%)	25	21	21 11	16	36 9	16 15	40 12	34 13
冬季室外最多风向的平均风速(m/s)	2.3	5.2	5.1	4.3	4.1	3.8	3.5	3.4
年最多风向	ESE	C ENE	C SW	SW	C SW	SW	C SSW	C SW
年最多风向的频率(%)	18	14 13	17 12	15	31 14	16	33 16	28 10
冬季日照百分率(%)	57	64	67	67	68	62	69	72
最大冻土深度(cm)	149	88	108	101	139	137	135	99
冬季室外大气压力(hPa)	1003.3	1023.7	1017.8	1026.1	1007.0	1013.4	1004.5	1025.5
夏季室外大气压力(hPa)	985.7	1005.5	997.8	1005.5	988.1	994.6	985.5	1004.7
日平均温度≤+5℃的天数	157	145	144	144	159	160	145	145
日平均温度≤+5℃的起止日期	10.28—04.03	11.07—03.31	11.05—03.28	11.06—03.29	10.27—04.03	10.27—04.04	11.04—03.28	11.06—03.30
平均温度≤+5℃期间内的平均温度(℃)	-5.1	-2.8	-3.4	-3.6	-4.8	-6.4	-4.7	-3.2
日平均温度≤+8℃的天数	175	172	164	172	176	180	167	167
日平均温度≤+8℃的起止日期	10.18—04.10	10.27—04.11	10.26—04.06	10.26—04.07	10.24—04.11	10.24—04.13	10.21—04.05	10.26—04.10
平均温度≤+8℃期间内的平均温度(℃)	-3.8	-1.7	-2.2	-2.4	3.7	-4.9	-3.2	-1.9
极端最高气温(℃)	37.5	35.3	41.8	34.7	40.9	36.6	43.3	40.8
极端最低气温(℃)	-33.6	-25.8	-22.8	-28.4	-27.1	-36.3	-34.4	-27.5

续表　A.0.1-1

省/直辖市/自治区	吉林		四平 (8)	通化	白山	松原	白城	延边
市/区/自治州	长春	吉林	四平	通化	临江	乾安	白城	延吉
台站名称及编号	长春 54161	吉林 54172	54157	54363	54374	50948	50936	54292
北纬	43°54′	43°57′	43°11′	41°41′	41°48′	45°00′	45°38′	42°53′
东经	125°13′	126°28′	124°20′	125°54′	126°55′	124°01′	122°50′	129°29′
海拔(m)	236.8	183.4	164.2	402.9	332.7	146.3	155.2	176.8
统计年份	1971—2000	1971—1995	1971—2000	1971—2000	1971—2000	1971—2000	1971—2000	1971—2000
年平均温度(℃)	5.7	4.8	6.7	5.6	5.4	5.4	5.0	5.4
供暖室外计算温度(℃)	-21.1	-24.0	-19.7	-21.0	-21.5	-21.6	-21.7	-18.4
冬季通风室外计算温度(℃)	-15.1	-17.2	-13.5	-14.2	-15.6	-16.1	-16.4	-13.6
冬季空气调节室外计算温度(℃)	-24.3	-27.5	-22.8	-24.2	-24.4	-24.5	-25.3	-21.3
冬季空气调节室外计算相对湿度(%)	66	72	66	68	71	64	57	59
夏季空气调节室外计算干球温度(℃)	30.5	30.4	30.7	29.9	30.8	31.8	31.8	31.3
夏季空气调节室外计算湿球温度(℃)	24.1	24.1	24.5	23.2	23.6	24.2	23.9	23.7
夏季通风室外计算温度(℃)	26.6	26.6	27.2	26.3	27.3	27.6	27.5	26.7
夏季通风室外计算相对湿度(%)	65	65	65	64	61	59	58	63
夏季空气调节室外计算日平均温度(℃)	26.3	26.1	26.7	25.3	25.4	27.3	26.9	25.6
夏季室外平均风速(m/s)	3.2	2.6	2.5	1.6	1.2	3.0	2.9	2.1
夏季最多风向	WSW	C SSE	SW	C SW	C NNE	SSW	C SSW	C E
夏季室外最多风向的频率(%)	15	20 11	17	41 12	42 14	14	13 10	31 19
夏季室外最多风向的平均风速(m/s)	4.6	2.3	3.8	3.5	1.6	3.8	3.8	3.7
冬季室外平均风速(m/s)	3.7	2.6	2.6	1.3	0.8	2.9	3.0	2.6
冬季最多风向	WSW	C WSW	C SW	C SW	C NNE	WNW	C WNW	C WNW
冬季室外最多风向的频率(%)	20	31 18	15 15	53 7	61 11	12	11 10	42 19
冬季室外最多风向的平均风速(m/s)	4.7	4.0	3.9	3.6	1.6	3.2	3.4	5.0
年最多风向	WSW	C WSW	SW	C SW	C NNE	SSW	C NNE	C WNW
年最多风向的频率(%)	17	22 13	16	43 11	46 14	11	10 9	37 13
冬季日照百分率(%)	64	52	69	50	55	67	73	57
最大冻土深度(cm)	169	182	148	139	136	220	750	198
冬季室外大气压力(hPa)	994.4	1001.9	1004.3	974.7	983.9	1005.5	1004.6	1000.7
夏季室外大气压力(hPa)	978.4	984.8	986.7	961.0	969.1	987.9	986.9	986.8
日平均温度≤+5℃的天数	169	172	163	170	170	170	172	171
日平均温度≤+5℃的起止日期	10.20—04.06	10.18—04.07	10.25—04.05	10.20—04.07	10.20—04.07	10.19—04.06	10.18—04.07	10.20—04.08
平均温度≤+5℃期间内的平均温度(℃)	-7.6	-8.5	-6.6	-6.6	-7.2	-8.4	-8.6	-6.6
日平均温度≤+8℃的天数	188	191	184	191	191	191	191	192
日平均温度≤+8℃的起止日期	10.12—04.17	10.11—04.19	10.13—04.14	10.12—04.18	10.11—04.19	10.11—04.18	10.10—04.18	10.11—04.20
平均温度≤+8℃期间内的平均温度(℃)	-6.1	-7.1	-5.0	-5.3	-5.7	-6.9	-7.1	-5.1
极端最高气温(℃)	35.7	35.7	37.3	35.6	37.9	38.5	38.6	37.7
极端最低气温(℃)	-33.0	-40.3	-32.3	-33.1	-33.8	-34.8	-38.1	-32.7

（12）

省/直辖市/自治区		黑龙江							
市/区/自治州		哈尔滨	齐齐哈尔	鸡西	鹤岗	伊春	佳木斯	牡丹江	双鸭山
台站名称及编号		哈尔滨 50953	齐齐哈尔 50745	鸡西 50978	鹤岗 50775	伊春 50774	佳木斯 50873	牡丹江 54094	宝清 50888
台站信息	北纬	45°45′	47°23′	45°17′	47°22′	47°44′	46°49′	44°34′	46°19′
	东经	126°46′	123°55′	130°57′	130°20′	128°55′	130°17′	129°36′	132°11′
	海拔(m)	142.3	145.9	238.3	227.9	240.9	81.2	241.4	83.0
	统计年份	1971—2000	1971—2000	1971—2000	1971—2000	1971—2000	1971—2000	1971—2000	1971—2000
	年平均温度(℃)	4.2	3.9	4.2	3.5	1.2	3.6	4.3	4.1
室外计算温、湿度	供暖室外计算温度(℃)	-24.2	-23.8	-21.5	-22.7	-28.3	-24.0	-22.4	-23.2
	冬季通风室外计算温度(℃)	-18.4	-18.6	-16.4	-17.2	-22.5	-18.5	-17.3	-17.5
	冬季空气调节室外计算温度(℃)	-27.1	-27.2	-24.4	-25.3	-31.3	-27.4	-25.8	-26.4
	冬季空气调节室外计算相对湿度(%)	73	67	64	63	73	70	69	65
	夏季空气调节室外计算干球温度(℃)	30.7	31.1	30.5	29.9	29.8	30.8	31.0	30.8
	夏季空气调节室外计算湿球温度(℃)	23.9	23.5	23.2	22.7	22.5	23.6	23.5	23.4
	夏季通风室外计算温度(℃)	26.8	26.7	26.3	25.5	25.7	26.6	26.2	26.4
	夏季通风室外计算相对湿度(%)	62	58	61	62	60	61	59	61
	夏季空气调节室外计算日平均温度(℃)	26.3	26.7	25.7	25.6	24.0	26.0	25.9	26.1
风向、风速及频率	夏季室外平均风速(m/s)	3.2	3.0	3.0	3.2	2.0	3.1	2.6	3.1
	夏季最多风向	SSW	SSW	C WNW	C ESE	C ENE	C WSW	C WSW	SSW
	夏季最多风向的频率(%)	12.0	10	22 11	11 11	20 11	20 12	18 14	18
	夏季室外最多风向的平均风速(m/s)	3.9	3.8	3.0	3.2	2.0	3.7	2.6	3.5
	冬季室外平均风速(m/s)	2.8	2.6	3.5	3.1	1.8	3.1	2.2	3.7
	冬季最多风向	SW	NNW	WNW	NW	C WNW	C W	C WSW	C NNW
	冬季最多风向的频率(%)	14	13	31	21	30 16	21 19	27 13	18 14
	冬季室外最多风向的平均风速(m/s)	3.7	3.1	4.7	4.3	3.2	4.1	2.3	6.4
	年最多风向	SSW	NNW	WNW	NW	C WNW	C WNW	C W	SSW
	年最多风向的频率(%)	12	10	20	13	22 13	18 15	20 14	14
	冬季日照百分率(%)	56	68	63	63	58	57	56	61
	最大冻土深度(cm)	205	209	238	221	278	220	191	260
大气压力	冬季室外大气压力(hPa)	1004.2	1005.0	991.9	991.9	991.8	1011.3	992.2	1010.5
	夏季室外大气压力(hPa)	987.7	987.9	979.7	979.5	978.5	996.4	978.9	996.4
设计计算用供暖期天数及其平均温度	日平均温度≤+5℃的天数	176	181	179	184	190	180	177	179
	日平均温度≤+5℃的起止日期	10.17—04.10	10.15—04.13	10.17—04.13	10.14—04.15	10.10—04.17	10.16—04.13	10.17—04.11	10.17—04.13
	平均温度≤+5℃期间内的平均温度(℃)	-9.4	-9.5	-8.3	-9.0	-11.8	-9.6	-8.6	-8.9
	日平均温度≤+8℃的天数	195	198	195	206	212	198	194	194
	日平均温度≤+8℃的起止日期	10.08—04.20	10.06—04.21	10.09—04.21	10.04—04.27	09.30—04.29	10.06—04.20	10.09—04.20	10.10—04.21
	平均温度≤+8℃期间内的平均温度(℃)	-7.8	-8.1	-7.0	-7.3	-9.9	-8.1	-7.3	-7.7
	极端最高气温(℃)	36.7	40.1	37.6	37.7	36.3	38.1	38.4	37.2
	极端最低气温(℃)	-37.7	-36.4	-32.5	-34.5	-41.2	-39.5	-35.1	-37.0

（12）

省/直辖市/自治区		黑龙江		大兴安岭地区		上海(1)	江苏(9)		
市/区/自治州		黑河	绥化	大兴安岭地区	大兴安岭地区	徐汇	南京	徐州	南通
台站名称及编号		黑河 50468	绥化 50853	漠河 50136	加格达奇 50442	上海徐家汇 58367	南京 58238	徐州 58027	南通 58259
台站信息	北纬	50°15′	46°37′	52°58′	50°24′	31°10′	32°00′	34°17′	31°59′
	东经	127°27′	126°58′	122°31′	124°07′	121°26′	118°48′	117°09′	120°53′
	海拔(m)	166.4	179.6	433	371.7	2.6	8.9	41	6.1
	统计年份	1971—2000	1971—2000	1971—2000	1971—2000	1971—1998	1971—2000	1971—2000	1971—2000
	年平均温度(℃)	0.4	2.8	-4.3	-0.8	16.1	15.5	14.5	15.3
室外计算温、湿度	供暖室外计算温度(℃)	-29.5	-26.7	-37.5	-29.7	-0.3	-1.8	-3.6	-1.0
	冬季通风室外计算温度(℃)	-23.2	-20.9	-29.6	-23.3	4.2	2.4	0.4	3.1
	冬季空气调节室外计算温度(℃)	-33.2	-30.3	-41.0	-32.9	-2.2	-4.1	-5.9	-3.0
	冬季空气调节室外计算相对湿度(%)	70	76	73	72	75	76	66	75
	夏季空气调节室外计算干球温度(℃)	29.4	30.1	29.1	28.9	34.4	34.8	34.3	33.5
	夏季空气调节室外计算湿球温度(℃)	22.3	23.4	20.8	21.2	27.9	28.1	27.6	28.1
	夏季通风室外计算温度(℃)	25.1	25.6	24.4	24.2	31.2	31.2	30.5	30.5
	夏季通风室外计算相对湿度(%)	62	63	57	61	69	69	67	72
	夏季空气调节室外计算日平均温度(℃)	24.2	25.6	21.6	22.2	30.8	31.2	30.5	30.3
风向、风速及频率	夏季室外平均风速(m/s)	2.6	3.5	1.9	2.2	3.1	2.6	2.6	3.0
	夏季最多风向	C NNW	SSE	C NW	C NW	SE	C SSE	C ESE	SE
	夏季最多风向的频率(%)	17 16	11	24 12	23 12	14	18 11	15 11	13
	夏季室外最多风向的平均风速(m/s)	2.8	3.6	2.9	2.6	3.0	3	3.5	2.9
	冬季室外平均风速(m/s)	2.8	3.2	1.3	1.6	2.6	2.4	2.3	3.0
	冬季最多风向	NNW	NNW	C N	C NW	NW	C ENE	C E	N
	冬季最多风向的频率(%)	41	9	55 10	47 19	14	28 10	23 12	12
	冬季室外最多风向的平均风速(m/s)	3.4	3.3	3.0	3.4	3.0	3.5	3.0	3.5
	年最多风向	NNW	SSW	C NW	C NW	SE	C E	C E	ESE
	年最多风向的频率(%)	27	10	34 9	31 16	10	23 9	20 12	10
	冬季日照百分率(%)	69	66	60	65	40	43	48	45
	最大冻土深度(cm)	263	715	—	288	8	9	21	12
大气压力	冬季室外大气压力(hPa)	1000.6	1000.4	984.1	974.9	1025.4	1025.5	1022.1	1025.9
	夏季室外大气压力(hPa)	986.2	984.9	969.4	962.7	1005.4	1004.3	1000.8	1005.5
设计计算用供暖期天数及其平均温度	日平均温度≤+5℃的天数	197	184	224	208	42	77	97	57
	日平均温度≤+5℃的起止日期	10.06—04.20	10.13—04.14	09.23—05.04	10.02—04.27	01.01—02.11	12.08—02.13	11.27—03.03	12.19—02.13
	平均温度≤+5℃期间内的平均温度(℃)	-12.5	-10.8	-16.1	-12.4	3.2	3.2	2.6	3.6
	日平均温度≤+8℃的天数	219	206	244	227	93	109	124	110
	日平均温度≤+8℃的起止日期	09.29—05.05	10.03—04.26	09.13—05.14	09.22—05.06	12.05—03.07	11.24—03.12	11.14—03.17	11.27—03.16
	平均温度≤+8℃期间内的平均温度(℃)	-10.6	-8.9	-14.2	-10.8	5.2	4.2	3.0	4.7
	极端最高气温(℃)	37.2	38.3	38	37.2	39.4	39.7	40.6	38.5
	极端最低气温(℃)	-44.5	-41.8	-49.6	-45.4	-10.1	-13.1	-15.8	-9.6

省/直辖市/自治区		江苏	
市/区/自治州		连云港	常州
台站名称及编号		赣榆 58040	常州 58343
台站信息	北纬	34°50′	31°46′
	东经	119°07′	119°56′
	海拔(m)	3.3	4.9
	统计年份	1971—2000	1971—2000
	年平均温度(℃)	13.6	15.8
室外计算温、湿度	供暖室外计算温度(℃)	-4.2	-1.2
	冬季通风室外计算温度(℃)	-0.3	3.1
	冬季空调室外计算温度(℃)	-6.4	-3.5
	冬季空气调节室外计算相对湿度(%)	67	75
	夏季空气调节室外计算干球温度(℃)	32.7	34.6
	夏季空气调节室外计算湿球温度(℃)	27.8	28.1
	夏季通风室外计算温度(℃)	29.1	31.3
	夏季通风室外计算相对湿度(%)	75	68
	夏季空气调节室外计算日平均温度(℃)	29.5	31.5
风向、风速及频率	夏季室外平均风速(m/s)	2.9	2.8
	夏季最多风向	E	SE
	夏季最多风向的频率(%)	12	17
	夏季室外最多风向的平均风速(m/s)	3.8	3.1
	冬季室外平均风速(m/s)	2.6	2.6
	冬季最多风向	NNE	C NE
	冬季最多风向的频率(%)	11.0	9
	冬季室外最多风向的平均风速(m/s)	2.9	3.0
	年最多风向	E	SE
	年最多风向的频率(%)	9	13
	冬季日照百分率(%)	57	42
	最大冻土深度(cm)	20	12
大气压力	冬季室外大气压力(hPa)	1026.3	1026.1
	夏季室外大气压力(hPa)	1005.1	1005.3
设计计算用供暖天数及其平均温度	日平均温度≤+5℃的天数	102	56
	日平均温度≤+5℃的起止日期	11.26—03.07	12.19—02.12
	平均温度≤+5℃期间内的平均温度(℃)	1.4	3.6
	日平均温度≤+8℃的天数	134	102
	日平均温度≤+8℃的起止日期	11.14—03.27	11.27—03.08
	平均温度≤+8℃期间内的平均温度(℃)	2.6	4.7
	极端最高气温(℃)	38.7	39.4
	极端最低气温(℃)	-13.8	-12.8

(9)	淮安	盐城	扬州	苏州	杭州 浙江(10)	温州
	淮阴 58144	射阳 58150	高邮 58241	吴县东山 58358	杭州 58457	温州 58659
北纬	33°36′	33°46′	32°48′	31°04′	30°14′	28°02′
东经	119°02′	120°15′	119°27′	120°26′	120°10′	120°39′
海拔(m)	17.5	2	5.4	17.5	41.7	28.3
统计年份	1971—2000	1971—2000	1971—2000	1971—2000	1971—2000	1971—2000
年平均温度(℃)	14.4	14.0	14.8	16.1	16.5	18.1
供暖室外计算温度(℃)	-3.3	-3.1	-2.3	-0.4	0.0	3.4
冬季通风室外计算温度(℃)	1	1.1	1.8	3.7	4.3	8
冬季空调室外计算温度(℃)	-5.6	-5.0	-4.3	-2.5	-2.4	1.4
冬季空气调节室外计算相对湿度(%)	72	74	75	77	76	76
夏季空气调节室外计算干球温度(℃)	33.4	33.2	34.0	34.4	35.6	33.8
夏季空气调节室外计算湿球温度(℃)	28.1	28.0	28.3	28.3	27.9	28.3
夏季通风室外计算温度(℃)	29.9	29.8	30.5	31.3	32.3	31.5
夏季通风室外计算相对湿度(%)	72	73	72	70	64	72
夏季空气调节室外计算日平均温度(℃)	30.2	29.7	30.6	31.3	31.6	29.9
夏季室外平均风速(m/s)	2.6	3.2	2.6	3.5	2.4	2.7
夏季最多风向	ESE	SSE	SE	SE	SW	C ESE
夏季最多风向的频率(%)	12	17	14	15	17	29 18
夏季室外最多风向的平均风速(m/s)	2.9	3.4	2.8	3.9	2.9	3.4
冬季室外平均风速(m/s)	2.6	3.2	2.6	3.5	2.3	1.8
冬季最多风向	C ENE	N	NE	N	C N	C NW
冬季最多风向的频率(%)	14 9	11	9	16	20 15	30 16
冬季室外最多风向的平均风速(m/s)	3.2	4.2	2.9	4.8	3.3	2.9
年最多风向	C ESE	SSE	SE	SE	C N	C SE
年最多风向的频率(%)	11 9	11	10	10	18 11	31 13
冬季日照百分率(%)	48	50	47	41	36	36
最大冻土深度(cm)	20	21	14	8	—	—
冬季室外大气压力(hPa)	1025.0	1026.3	1026.2	1024.1	1021.1	1023.7
夏季室外大气压力(hPa)	1003.9	1005.6	1005.2	1003.7	1000.9	1007.0
日平均温度≤+5℃的天数	93	94	87	50	40	0
日平均温度≤+5℃的起止日期	12.02—03.04	12.02—03.05	12.07—03.03	12.24—02.11	01.02—02.10	
平均温度≤+5℃期间内的平均温度(℃)	2.3	2.2	2.8	3.8	4.2	—
日平均温度≤+8℃的天数	130	130	119	96	90	33
日平均温度≤+8℃的起止日期	11.17—03.26	11.19—03.28	11.23—03.21	12.02—03.07	12.06—03.05	1.10—02.11
平均温度≤+8℃期间内的平均温度(℃)	3.7	3.4	4.0	5.0	5.4	7.5
极端最高气温(℃)	38.2	37.7	38.2	38.8	39.9	39.6
极端最低气温(℃)	-14.2	-12.3	-11.5	-8.3	-8.6	-3.9

省/直辖市/自治区		浙江	
市/区/自治州		金华	衢州
台站名称及编号		金华 58549	衢州 58633
台站信息	北纬	29°07′	28°52′
	东经	119°39′	118°52′
	海拔(m)	62.6	66.9
	统计年份	1971—2000	1971—2000
	年平均温度(℃)	17.3	17.3
室外计算温、湿度	供暖室外计算温度(℃)	0.4	0.8
	冬季通风室外计算温度(℃)	5.2	5.4
	冬季空调室外计算温度(℃)	-1.7	-1.1
	冬季空气调节室外计算相对湿度(%)	78	80
	夏季空气调节室外计算干球温度(℃)	36.2	35.8
	夏季空气调节室外计算湿球温度(℃)	27.6	27.7
	夏季通风室外计算温度(℃)	33.1	32.9
	夏季通风室外计算相对湿度(%)	60	62
	夏季空气调节室外计算日平均温度(℃)	32.1	31.5
风向、风速及频率	夏季室外平均风速(m/s)	2.4	2.3
	夏季最多风向	ESE	C E
	夏季最多风向的频率(%)	20	18 18
	夏季室外最多风向的平均风速(m/s)	2.7	3.1
	冬季室外平均风速(m/s)	2.7	2.5
	冬季最多风向	ESE	E
	冬季最多风向的频率(%)	28	27
	冬季室外最多风向的平均风速(m/s)	3.4	3.9
	年最多风向	ESE	S
	年最多风向的频率(%)	25	25
	冬季日照百分率(%)	37	35
	最大冻土深度(cm)	—	—
大气压力	冬季室外大气压力(hPa)	1017.0	1017.1
	夏季室外大气压力(hPa)	998.6	997.8
设计计算用供暖天数及其平均温度	日平均温度≤+5℃的天数	27	9
	日平均温度≤+5℃的起止日期	01.11—02.06	01.12—01.20
	平均温度≤+5℃期间内的平均温度(℃)	4.8	4.8
	日平均温度≤+8℃的天数	68	68
	日平均温度≤+8℃的起止日期	12.09—02.14	12.09—02.14
	平均温度≤+8℃期间内的平均温度(℃)	6.0	6.2
	极端最高气温(℃)	40.5	40.0
	极端最低气温(℃)	-9.6	-10.0

(10)	宁波	嘉兴	绍兴	舟山	台州	丽水
	鄞州 58562	平湖 58464	嵊州 58556	定海 58477	玉环 58667	丽水 58646
北纬	29°36′	30°37′	29°36′	30°02′	28°05′	28°27′
东经	121°34′	121°05′	120°49′	122°06′	121°16′	119°55′
海拔(m)	4.8	5.4	104.3	35.7	95.9	60.8
统计年份	1971—2000	1971—2000	1971—2000	1971—2000	1972—2000	1971—2000
年平均温度(℃)	16.5	15.8	16.5	16.4	17.1	18.1
供暖室外计算温度(℃)	0.5	-0.7	-0.3	1.4	2.1	1.5
冬季通风室外计算温度(℃)	4.9	3.9	4.5	5.8	7.2	6.6
冬季空调室外计算温度(℃)	-1.5	-2.6	-2.6	-0.5	0.1	-0.7
冬季空气调节室外计算相对湿度(%)	79	81	76	74	72	77
夏季空气调节室外计算干球温度(℃)	35.1	33.5	35.8	32.2	30.3	36.8
夏季空气调节室外计算湿球温度(℃)	28.0	28.3	27.7	27.5	27.3	27.7
夏季通风室外计算温度(℃)	31.9	30.7	32.5	30.0	28.9	34.0
夏季通风室外计算相对湿度(%)	68	74	63	74	80	57
夏季空气调节室外计算日平均温度(℃)	30.6	30.7	31.1	28.9	28.4	31.5
夏季室外平均风速(m/s)	2.6	3.6	2.1	3.1	5.2	1.3
夏季最多风向	S	SSE	C NE	C SSE	WSW	C ESE
夏季最多风向的频率(%)	17	17	29 9	16 15	11	41 10
夏季室外最多风向的平均风速(m/s)	2.7	4.4	3.9	3.7	4.6	2.3
冬季室外平均风速(m/s)	2.3	3.1	2.7	3.1	5.3	1.4
冬季最多风向	C N	NNW	C NNE	C N	NNE	C E
冬季最多风向的频率(%)	18 17	14	28 23	19 18	25	45 14
冬季室外最多风向的平均风速(m/s)	3.4	4.1	4.3	4.1	5.8	3.1
年最多风向	C S	ESE	C NE	C N	NNE	C E
年最多风向的频率(%)	15 10	10	28 16	18 11	16	43 11
冬季日照百分率(%)	37	42	37	41	39	33
最大冻土深度(cm)	—	—	—	—	—	—
冬季室外大气压力(hPa)	1025.7	1025.4	1012.9	1021.2	1012.9	1017.9
夏季室外大气压力(hPa)	1005.9	1005.3	994.0	1004.3	997.3	999.2
日平均温度≤+5℃的天数	32	44	40	8	0	0
日平均温度≤+5℃的起止日期	01.09—02.09	12.31—02.12	01.02—02.10	01.29—02.05	—	—
平均温度≤+5℃期间内的平均温度(℃)	4.6	3.9	4.4	4.8	—	—
日平均温度≤+8℃的天数	88	99	91	77	43	57
日平均温度≤+8℃的起止日期	12.08—03.05	11.29—03.07	12.05—03.05	12.19—03.05	01.02—02.13	12.18—02.12
平均温度≤+8℃期间内的平均温度(℃)	5.8	5.2	5.6	6.3	6.9	6.8
极端最高气温(℃)	39.5	38.4	40.3	38.6	34.7	41.3
极端最低气温(℃)	-8.5	-10.6	-9.6	-5.5	-4.6	-7.5

续表　　　　　　　　　　A. 0. 1-1

省/直辖市/自治区	安徽		(12)					
市/区/自治州	合肥	芜湖	蚌埠	安庆	六安	亳州	黄山	滁州
台站名称及编号	合肥	芜湖	蚌埠	安庆	六安	亳州	黄山	滁州
	58321	58334	58221	58424	58311	58102	58437	58236
台站信息 北纬	31°52′	31°20′	32°57′	30°32′	31°45′	33°52′	30°08′	32°18′
东经	117°14′	118°23′	117°23′	117°03′	116°30′	115°46′	118°09′	118°18′
海拔(m)	27.9	14.8	18.7	19.8	60.5	37.7	1840.4	27.5
统计年份	1971—2000	1971—1985	1971—2000	1971—2000	1971—2000	1971—2000	1971—2000	1971—2000
年平均温度(℃)	15.8	16.0	15.4	16.8	15.7	14.7	8.0	15.4
室外计算温、湿度 供暖室外计算温度(℃)	−1.7	−1.3	−2.6	−0.2	−1.8	−3.5	−9.9	−1.8
冬季通风室外计算温度(℃)	2.6	3	1.8	4	2.6	0.6	−2.4	1.9
冬季空气调节室外计算温度(℃)	−4.2	−3.5	−5.0	2.9	−4.6	−5.7	−13.0	−4.2
冬季空气调节室外计算相对湿度(%)	76	77	71	75	76	68	63	73
夏季空气调节室外计算干球温度(℃)	35.0	35.3	35.4	35.3	35.5	35.0	22.0	34.5
夏季空气调节室外计算湿球温度(℃)	28.1	27.7	28.0	28.1	28	27.8	19.2	28.2
夏季通风室外计算温度(℃)	31.4	31.7	31.3	31.8	31.4	31.1	19.0	31.0
夏季通风室外计算相对湿度(%)	69	68	66	66	68	66	90	70
夏季空气调节室外计算日平均温度(℃)	31.7	31.9	31.6	32.1	31.4	30.7	19.9	31.2
风向、风速及频率 夏季室外平均风速(m/s)	2.9	2.3	2.5	2.9	2.3	2.9	6.1	2.4
夏季最多风向	C SSW	C ESE	C E	ENE	C SSE	C SSW	WSW	C SSW
夏季最多风向的频率(%)	11 10	16 15	14 10	24	16 12	13 10	12	17 10
夏季室外最多风向的平均风速(m/s)	3.4	1.3	2.8	3.4	2.7	2.9	7.7	2.5
冬季室外平均风速(m/s)	2.7	2.6	2.3	4.1	2.4	2.3	6.3	2.2
冬季最多风向	C E	C E	C E	ENE	C SE	C NNE	NNW	C N
冬季最多风向的频率(%)	17 10	20 11	18 11	33	21 9	11 9	17	22 9
冬季室外最多风向的平均风速(m/s)	3.0	2.8	3.1	4.1	2.4	2.3	7.0	2.8
年最多风向	C E	C ESE	C E	ENE	C SSE	C SSW	NNW	C ESE
年最多风向的频率(%)	14 9	18 14	16 11	30	19 10	12 8	10	20 8
冬季日照百分率(%)	40	38	44	36	45	48	48	42
大气压力 最大冻土深度(cm)	8	9	11	10	10	18	—	11
冬季室外大气压力(hPa)	1022.3	1024.3	1024.0	1023.3	1019.3	1021.9	817.4	1022.0
夏季室外大气压力(hPa)	1001.2	1003.1	1002.6	1002.3	998.2	1000.4	814.3	1001.8
设计计算用供暖期天数及其平均温度 日平均温度≤+5℃的天数	64	62	83	48	64	93	148	67
日平均温度≤+5℃的起止日期	12.11—02.12	12.15—02.14	12.07—02.27	12.25—02.10	12.11—02.12	11.30—03.02	11.09—04.15	12.10—02.14
平均温度≤+5℃期间内的平均温度(℃)	3.4	3.4	2.9	4.1	3.3	2.1	0.3	3.2
日平均温度≤+8℃的天数	103	104	111	92	103	121	177	110
日平均温度≤+8℃的起止日期	11.24—03.06	12.02—03.15	11.23—03.13	12.03—03.04	11.24—03.06	11.15—03.15	10.24—04.18	11.24—03.13
平均温度≤+8℃期间内的平均温度(℃)	4.3	4.5	3.8	5.3	4.3	3.2	1.4	4.2
极端最高气温(℃)	39.1	39.5	40.3	39.5	40.6	41.3	27.6	38.7
极端最低气温(℃)	−13.5	−10.1	−13.0	−9.0	−13.6	−17.5	−22.7	−13.0

续表　　　　　　　　　　A. 0. 1-1

省/直辖市/自治区	安徽		(12)	福建	(7)			
市/区/自治州	阜阳	宿州	巢湖	宣城	福州	厦门	漳州	三明
台站名称及编号	阜阳	宿州	巢湖	宁国	福州	厦门	漳州	泰宁
	58203	58122	58326	58436	58847	59134	59126	58820
台站信息 北纬	32°55′	33°38′	31°37′	30°37′	26°05′	24°29′	24°30′	26°54′
东经	115°49′	116°59′	117°52′	118°59′	119°17′	118°04′	117°39′	117°10′
海拔(m)	30.6	25.9	22.4	89.4	84	139.4	28.9	342.9
统计年份	1971—2000	1971—2000	1971—2000	1971—2000	1971—2000	1971—2000	1971—2000	1971—2000
年平均温度(℃)	15.3	14.7	16.0	15.5	19.8	20.6	21.3	17.1
室外计算温、湿度 供暖室外计算温度(℃)	−2.5	−3.5	−1.2	−1.5	6.3	8.3	8.9	1.3
冬季通风室外计算温度(℃)	1.8	0.8	2.9	2.9	10.9	12.5	13.2	6.4
冬季空气调节室外计算温度(℃)	−5.2	−5.6	−3.8	−4.1	4.4	6.6	7.1	−1.0
冬季空气调节室外计算相对湿度(%)	71	68	75	79	74	79	76	86
夏季空气调节室外计算干球温度(℃)	35.2	35.0	35.3	36.1	35.9	33.5	35.2	34.6
夏季空气调节室外计算湿球温度(℃)	28.1	27.8	28.4	27.4	28.0	27.5	27.6	26.5
夏季通风室外计算温度(℃)	31.3	31.0	31.1	32.0	33.1	31.3	32.6	31.9
夏季通风室外计算相对湿度(%)	67	66	68	63	61	71	63	60
夏季空气调节室外计算日平均温度(℃)	31.4	30.7	32.1	30.8	30.8	29.7	30.8	28.6
风向、风速及频率 夏季室外平均风速(m/s)	2.3	2.4	2.4	1.9	3.0	3.1	1.7	1.0
夏季最多风向	C SSE	ESE	C E	C SSW	SSE	SSE	C SE	C WSW
夏季最多风向的频率(%)	11 10	11	21 13	28 10	24	10	31 10	59 6
夏季室外最多风向的平均风速(m/s)	2.4	2.4	2.5	2.2	4.2	3.4	2.8	2.7
冬季室外平均风速(m/s)	2.5	2.2	2.5	1.7	2.4	3.3	1.6	0.9
冬季最多风向	C ESE	ENE	C E	C N	C NNW	ESE	C SE	C WSW
冬季最多风向的频率(%)	10 9	14	22 16	35 13	17 23	23	34 18	59 14
冬季室外最多风向的平均风速(m/s)	2.5	2.9	3.0	3.5	3.1	4.0	2.8	2.5
年最多风向	C ESE	ENE	C E	C N	C SSE	ESE	C SE	C WSW
年最多风向的频率(%)	10 9	12	21 15	32 9	18 14	18	32 15	59 9
冬季日照百分率(%)	43	50	41	38	32	33	40	30
大气压力 最大冻土深度(cm)	13	14	9	11	—	—	—	7
冬季室外大气压力(hPa)	1022.5	1023.9	1023.8	1015.7	1012.9	1006.5	1018.1	982.4
夏季室外大气压力(hPa)	1000.8	1002.2	1002.5	995.8	996.6	994.5	1003.0	967.3
设计计算用供暖期天数及其平均温度 日平均温度≤+5℃的天数	71	93	59	65	0	0	0	0
日平均温度≤+5℃的起止日期	12.06—02.14	12.01—03.03	12.16—02.12	12.10—02.12	—	—	—	—
平均温度≤+5℃期间内的平均温度(℃)	2.8	2.2	3.5	3.4	—	—	—	—
日平均温度≤+8℃的天数	111	121	101	104	0	0	0	66
日平均温度≤+8℃的起止日期	11.22—03.12	11.16—03.16	11.26—03.06	11.24—03.07	—	—	—	12.09—02.12
平均温度≤+8℃期间内的平均温度(℃)	3.8	3.3	4.5	4.5	—	—	—	6.8
极端最高气温(℃)	40.8	40.9	39.3	41.1	39.9	38.5	38.6	38.9
极端最低气温(℃)	−14.9	−18.7	−13.2	−15.9	−1.7	1.5	−0.1	−10.6

续表 A.0.1-1

江西 · 福建（左侧：福建；右侧：(7) 福建 / 江西(9)）

类别	项目	南平	龙岩	宁德	南昌	景德镇	九江	上饶	赣州
台站信息	台站名称及编号	南平 58834	龙岩 58927	屏南 58933	南昌 58606	景德镇 58527	九江 58502	玉山 58634	赣州 57993
	北纬	26°39′	25°06′	26°55′	28°36′	29°18′	29°44′	28°41′	25°51′
	东经	118°10′	117°02′	118°59′	115°55′	117°12′	116°00′	118°15′	114°57′
	海拔(m)	125.6	342.3	869.5	46.7	61.5	36.1	116.3	123.8
	统计年份	1971—2000	1971—1992	1972—2000	1971—2000	1971—2000	1971—1991	1971—2000	1971—2000
	年平均温度(℃)	19.5	20	15.1	17.6	17.4	17.0	17.5	19.4
室外计算温、湿度	供暖室外计算温度(℃)	4.5	6.2	0.7	0.7	1.0	0.4	1.1	2.7
	冬季通风室外计算温度(℃)	9.7	11.6	5.8	5.3	5.3	4.5	5.5	8.2
	冬季空气调节室外计算温度(℃)	2.1	3.7	−1.7	−1.5	−1.4	−2.3	−1.2	0.5
	冬季空气调节室外计算相对湿度(%)	78	73	82	77	78	77	80	77
	夏季空气调节室外计算干球温度(℃)	36.1	34.6	30.9	35.5	36.0	35.8	36.1	35.4
	夏季空气调节室外计算湿球温度(℃)	27.1	25.5	23.8	28.2	27.7	27.8	27.4	27.0
	夏季通风室外计算温度(℃)	33.7	32.1	28.1	32.7	33.0	32.7	33.1	33.2
	夏季通风室外计算相对湿度(%)	55	55	63	63	62	64	60	57
	夏季空气调节室外计算日平均温度(℃)	30.7	29.4	25.9	32.1	31.5	32.5	31.6	31.7
风向、风速及频率	夏季室外平均风速(m/s)	1.1	1.6	1.9	2.2	2.1	2.3	2	1.8
	夏季最多风向	C SSE	C SSW	C WSW	C WSW	C NE	C ENE	ENE	C SW
	夏季最多风向的频率(%)	39 7	32 12	36 10	21 11	18 13	17 12	22	23 15
	夏季室外最多风向的平均风速(m/s)	1.8	2.5	3.1	3.1	2.3	2.3	2.5	2.5
	冬季室外平均风速(m/s)	1.0	1.5	1.4	2.6	1.9	2.7	2.4	1.6
	冬季最多风向	C ENE	C NE	C NE	NE	C NE	ENE	ENE	C NNE
	冬季最多风向的频率(%)	42 10	41 15	42 10	26	20 17	20	29	29 28
	冬季室外最多风向的平均风速(m/s)	2.1	2.2	2.5	3.6	2.8	4.1	3.2	2.4
	年最多风向	C ENE	C NE	C ENE	NE	C NE	ENE	ENE	C NNE
	年最多风向的频率(%)	41 8	38 11	39 9	20	18 16	17	28	27 19
	冬季日照百分率(%)	31	41	36	33	35	30	33	31
	最大冻土深度(cm)	—	—	8	—	—	—	—	—
大气压力	冬季室外大气压力(hPa)	1008.0	981.1	921.7	1019.5	1017.9	1021.7	1011.4	1008.0
	夏季室外大气压力(hPa)	991.5	968.1	911.6	999.5	998.5	1000.7	992.9	991.2
设计计算用供暖期天数及其平均温度	日平均温度≤+5℃的天数	0	0	0	25	26	46	8	0
	日平均温度≤+5℃的起止日期	—	—	—	01.11—02.05	01.11—02.04	12.24—02.10	01.12—01.19	—
	平均温度≤+5℃期间内的平均温度(℃)	—	—	—	4.7	4.8	4.6	4.9	—
	日平均温度≤+8℃的天数	0	0	87	66	68	89	67	12
	日平均温度≤+8℃的起止日期	—	—	12.08—03.04	12.10—02.13	12.08—02.13	12.07—03.05	12.10—02.14	01.11—01.22
	平均温度≤+8℃期间内的平均温度(℃)	—	—	6.5	6.2	6.1	5.5	6.3	7.7
	极端最高气温(℃)	39.4	39.0	35.0	40.1	40.4	40.3	40.7	40.0
	极端最低气温(℃)	−5.1	−3.0	−9.7	−9.7	−9.6	−7.0	−9.5	−3.8

续表 A.0.1-1

江西(9) · 山东(14)（左侧：江西；右侧：(9) 江西 / 山东(14)）

类别	项目	吉安	宜春	抚州	鹰潭	济南	青岛	淄博	烟台
台站信息	台站名称及编号	吉安 57799	宜春 57793	广昌 58813	贵溪 58626	济南 54823	青岛 54857	淄博 54830	烟台 54765
	北纬	27°07′	27°48′	26°51′	28°18′	36°41′	36°04′	36°50′	37°32′
	东经	114°58′	114°23′	116°20′	117°13′	116°59′	120°20′	118°00′	121°24′
	海拔(m)	76.4	131.3	143.8	51.2	51.6	76	34	46.7
	统计年份	1971—2000	1971—2000	1971—2000	1971—2000	1971—2000	1971—2000	1971—1994	1971—1991
	年平均温度(℃)	18.4	17.2	18.2	18.3	14.7	12.7	13.2	12.7
室外计算温、湿度	供暖室外计算温度(℃)	1.7	1.0	1.6	1.8	−5.3	−5	−7.4	−5.8
	冬季通风室外计算温度(℃)	6.5	5.4	6.6	6.2	−0.4	−0.5	−2.3	−1.1
	冬季空气调节室外计算温度(℃)	−0.5	−0.8	−0.6	−0.6	−7.7	−7.2	−10.3	−8.1
	冬季空气调节室外计算相对湿度(%)	81	81	81	78	53	63	61	59
	夏季空气调节室外计算干球温度(℃)	35.9	35.4	35.7	36.4	34.7	29.4	34.6	31.1
	夏季空气调节室外计算湿球温度(℃)	27.6	27.4	27.1	27.6	26.8	26.0	26.7	25.4
	夏季通风室外计算温度(℃)	33.4	32.3	33.2	33.6	30.9	27.3	30.9	26.9
	夏季通风室外计算相对湿度(%)	58	63	56	58	61	73	62	75
	夏季空气调节室外计算日平均温度(℃)	32	30.8	30.9	32.7	31.3	27.3	30.0	28
风向、风速及频率	夏季室外平均风速(m/s)	2.4	1.8	1.6	1.9	2.8	4.6	2.4	3.1
	夏季最多风向	SSW	C WNW	C SW	C ESE	SW	S	SW	C SW
	夏季最多风向的频率(%)	21	19 11	27 17	21 16	14	17	17	18 12
	夏季室外最多风向的平均风速(m/s)	3.2	3.0	2.1	2.4	3.6	4.6	2.7	3.5
	冬季室外平均风速(m/s)	2.0	1.9	1.6	1.8	2.9	5.4	2.7	
	冬季最多风向	NNE	C WNW	C NE	C ESE	E	N	SW	N
	冬季最多风向的频率(%)	28	18 16	29 25	25 17	16	23	15	20
	冬季室外最多风向的平均风速(m/s)	2.5	3.5	2.6	3.1	3.7	6.6	3.3	5.9
	年最多风向	NNE	C WNW	C NE	C ESE	SW	S	SW	C SW
	年最多风向的频率(%)	21	18 14	29 18	22 18	17	14	18	13 11
	冬季日照百分率(%)	28	27	30	32	56	59	51	49
	最大冻土深度(cm)	—	—	—	—	35	—	46	46
大气压力	冬季室外大气压力(hPa)	1015.4	1009.4	1006.7	1018.7	1019.1	1017.4	1023.7	1021.1
	夏季室外大气压力(hPa)	996.3	990.4	989.2	999.3	997.9	1000.4	1001.4	1001.2
设计计算用供暖期天数及其平均温度	日平均温度≤+5℃的天数	0	9	0	0	99	108	113	112
	日平均温度≤+5℃的起止日期	—	01.12—01.20	—	—	11.22—03.03	11.28—03.15	11.18—03.10	11.26—03.17
	平均温度≤+5℃期间内的平均温度(℃)	—	4.8	—	—	1.4	1.3	0.0	0.7
	日平均温度≤+8℃的天数	53	66	54	56	122	141	140	140
	日平均温度≤+8℃的起止日期	12.21—02.11	12.10—02.13	12.20—02.11	12.19—02.12	11.13—03.14	11.15—04.04	11.08—03.27	11.15—04.03
	平均温度≤+8℃期间内的平均温度(℃)	6.7	6.2	6.8	6.6	2.1	2.6	1.3	1.9
	极端最高气温(℃)	40.3	39.6	40	40.4	40.5	37.4	40.7	38.0
	极端最低气温(℃)	−8.0	−8.5	−9.3	−9.3	−14.9	−14.3	−23.0	−12.8

续表

山东（潍坊、临沂）

省/直辖市/自治区	山东	
市/区/自治州	潍坊	临沂
台站名称及编号	潍坊	临沂
	54843	54938
台站信息 北纬	36°45′	35°03′
东经	119°11′	118°21′
海拔(m)	22.2	87.9
统计年份	1971—2000	1971—1997
年平均温度(℃)	12.5	13.5
室外计算温、湿度 供暖室外计算温度(℃)	-7.0	-4.7
冬季通风室外计算温度(℃)	-2.9	-0.7
冬季空气调节室外计算温度(℃)	-9.3	-6.8
冬季空气调节室外计算相对湿度(%)	63	62
夏季空气调节室外计算干球温度(℃)	34.2	33.3
夏季空气调节室外计算湿球温度(℃)	26.9	27.2
夏季通风室外计算温度(℃)	30.2	29.7
夏季通风室外计算相对湿度(%)	63	68
夏季空气调节室外计算日平均温度(℃)	29.0	29.2
风向、风速及频率 夏季室外平均风速(m/s)	3.4	2.7
夏季最多风向	S	ESE
夏季最多风向的频率(%)	19	12
夏季室外最多风向的平均风速(m/s)	4.1	2.7
冬季室外平均风速(m/s)	3.5	2.8
冬季最多风向	SSW	NE
冬季最多风向的频率(%)	13	14.0
冬季室外最多风向的平均风速(m/s)	3.2	4.0
年最多风向	SSW	NE
年最多风向的频率(%)	14	12
冬季日照百分率(%)	58	55
最大冻土深度(cm)	50	40
大气压力 冬季室外大气压力(hPa)	1022.1	1017.0
夏季室外大气压力(hPa)	1000.9	996.4
设计计算用供暖期天数及其平均温度 日平均温度≤+5℃的天数	118	103
日平均温度≤+5℃的起止日期	11.16—03.13	11.24—03.06
平均温度≤+5℃期间内的平均温度(℃)	-0.3	1
日平均温度≤+8℃的天数	141	135
日平均温度≤+8℃的起止日期	11.08—03.28	11.13—03.27
平均温度≤+8℃期间内的平均温度(℃)	0.8	2.3
极端最高气温(℃)	40.7	38.4
极端最低气温(℃)	-17.9	-14.3

山东(14)（德州、菏泽、日照、威海、济宁、泰安）

项目	德州	菏泽	日照	威海	济宁	泰安
台站名称	德州	菏泽	日照	威海	兖州	泰安
编号	54714	54906	54945	54774	54916	54827
北纬	37°26′	35°15′	35°23′	37°28′	35°34′	36°10′
东经	116°19′	115°26′	119°32′	122°08′	116°51′	117°09′
海拔(m)	21.2	49.7	16.1	65.4	51.7	128.8
统计年份	1971—1994	1971—1994	1971—2000	1971—2000	1971—2000	1971—1991
年平均温度(℃)	13.2	13.8	13.0	12.5	13.6	12.8
供暖室外计算温度(℃)	-6.5	-4.9	-4.4	-5.4	-5.5	-6.7
冬季通风室外计算温度(℃)	-2.4	-0.3	-0.3	-0.9	-1.3	-2.1
冬季空气调节室外计算温度(℃)	-9.1	-7.2	-6.5	-7.7	-7.6	-9.4
冬季空气调节室外计算相对湿度(%)	60	68	61	61	66	60
夏季空气调节室外计算干球温度(℃)	34.2	34.4	30.0	30.2	34.1	33.1
夏季空气调节室外计算湿球温度(℃)	26.9	27.0	25.7	25.7	27.4	26.5
夏季通风室外计算温度(℃)	30.6	30.6	27.7	26.8	30.6	29.7
夏季通风室外计算相对湿度(%)	63	66	75	75	65	66
夏季空气调节室外计算日平均温度(℃)	29.7	29.9	28.1	27.5	29.7	28.6
夏季室外平均风速(m/s)	2.6	2.4	3.1	4.2	2.4	2.0
夏季最多风向	C SSW	C SSW	S	SSW	SSW	C ENE
夏季最多风向的频率(%)	19 12	26 10	9	15	13	25 12
夏季室外最多风向的平均风速(m/s)	2.4	1.7	3.6	5.4	3.0	1.9
冬季室外平均风速(m/s)	2.1	2.2	3.4	5.4	2.5	2.7
冬季最多风向	C ENE	C NNE	N	N	C S	C E
冬季最多风向的频率(%)	20 10	20 12	14	21	10 9	21 18
冬季室外最多风向的平均风速(m/s)	2.9	3.3	4.0	7.3	2.8	3.8
年最多风向	C SSW	C S	NNE	N	S	C E
年最多风向的频率(%)	19 12	24 10	9	11	11	25 13
冬季日照百分率(%)	49	46	59	54	54	52
最大冻土深度(cm)	46	21	25	47	48	31
冬季室外大气压力(hPa)	1025.5	1021.5	1024.8	1020.9	1020.8	1011.2
夏季室外大气压力(hPa)	1002.8	999.4	1006.6	1001.8	999.4	990.5
日平均温度≤+5℃的天数	114	105	108	116	104	113
日平均温度≤+5℃的起止日期	11.17—03.10	11.2—03.06	11.27—03.14	11.26—03.21	11.22—03.05	11.19—03.11
平均温度≤+5℃期间内的平均温度(℃)	0.9	1.4	1.2	0.6	0	
日平均温度≤+8℃的天数	141	130	136	141	137	140
日平均温度≤+8℃的起止日期	11.07—03.27	11.09—03.18	11.15—03.30	11.14—04.03	11.10—03.26	11.08—03.27
平均温度≤+8℃期间内的平均温度(℃)	1.3	2.2	2.1	2.1	2.1	1.3
极端最高气温(℃)	39.4	40.5	38.3	38.4	39.9	38.1
极端最低气温(℃)	-20.1	-16.5	-13.8	-13.2	-19.3	-20.7

续表

山东(14)（滨州、东营）

省/直辖市/自治区	山东	
市/区/自治州	滨州	东营
台站名称及编号	惠民	东营
	54725	54736
台站信息 北纬	37°30′	37°26′
东经	117°31′	118°40′
海拔(m)	11.7	6
统计年份	1971—2000	1971—2000
年平均温度(℃)	12.6	13.1
室外计算温、湿度 供暖室外计算温度(℃)	-7.6	-6.6
冬季通风室外计算温度(℃)	-3.3	-2.6
冬季空气调节室外计算温度(℃)	-10.2	-9.2
冬季空气调节室外计算相对湿度(%)	62	62
夏季空气调节室外计算干球温度(℃)	34	34.2
夏季空气调节室外计算湿球温度(℃)	27.2	26.8
夏季通风室外计算温度(℃)	30.4	30.2
夏季通风室外计算相对湿度(%)	64	64
夏季空气调节室外计算日平均温度(℃)	29.4	29.8
风向、风速及频率 夏季室外平均风速(m/s)	2.7	3.6
夏季最多风向	ESE	S
夏季最多风向的频率(%)	10	18
夏季室外最多风向的平均风速(m/s)	2.8	4.4
冬季室外平均风速(m/s)	3.0	3.4
冬季最多风向	WSW	NW
冬季最多风向的频率(%)	10	10
冬季室外最多风向的平均风速(m/s)	3.4	3.7
年最多风向	WSW	S
年最多风向的频率(%)	11	13
冬季日照百分率(%)	58	61
最大冻土深度(cm)	50	47
大气压力 冬季室外大气压力(hPa)	1026.0	1026.6
夏季室外大气压力(hPa)	1003.9	1004.9
设计计算用供暖期天数及其平均温度 日平均温度≤+5℃的天数	120	115
日平均温度≤+5℃的起止日期	11.14—03.13	11.19—03.13
平均温度≤+5℃期间内的平均温度(℃)	-0.5	0.0
日平均温度≤+8℃的天数	142	140
日平均温度≤+8℃的起止日期	11.06—03.27	11.09—03.28
平均温度≤+8℃期间内的平均温度(℃)	0.6	1.1
极端最高气温(℃)	39.8	40.7
极端最低气温(℃)	-21.4	-20.2

河南(12)（郑州、开封、洛阳、新乡、安阳、三门峡）

项目	郑州	开封	洛阳	新乡	安阳	三门峡
台站名称	郑州	开封	洛阳	新乡	安阳	三门峡
编号	57083	57091	57073	53986	53898	57051
北纬	34°43′	34°46′	34°38′	35°19′	36°07′	34°48′
东经	113°39′	114°23′	112°28′	113°53′	114°22′	111°12′
海拔(m)	110.4	72.5	137.1	72.7	75.5	409.9
统计年份	1971—2000	1971—2000	1971—1990	1971—2000	1971—2000	1971—2000
年平均温度(℃)	14.3	14.2	14.7	14.2	14.1	13.9
供暖室外计算温度(℃)	-3.8	-3.9	-3.0	-3.9	-4.7	-3.8
冬季通风室外计算温度(℃)	0.1	0.0	0.8	-0.2	-0.9	-0.3
冬季空气调节室外计算温度(℃)	-6	-6.0	-5.1	-5.8	-7	-6.2
冬季空气调节室外计算相对湿度(%)	61	63	59	61	60	55
夏季空气调节室外计算干球温度(℃)	34.9	34.4	35.4	34.4	34.7	34.8
夏季空气调节室外计算湿球温度(℃)	27.4	27.6	26.9	27.6	27.3	25.7
夏季通风室外计算温度(℃)	30.9	30.4	31.3	30.5	31.0	30.3
夏季通风室外计算相对湿度(%)	64	66	63	65	63	59
夏季空气调节室外计算日平均温度(℃)	30.2	30.0	30.5	29.8	30.2	30.1
夏季室外平均风速(m/s)	2.2	2.6	1.6	1.9	2	2.5
夏季最多风向	C S	C SSW	C E	C E	C SSW	ESE
夏季最多风向的频率(%)	21 11	12 11	31 9	25 13	28 17	23
夏季室外最多风向的平均风速(m/s)	2.8	3.2	3.1	2.8	3.3	3.4
冬季室外平均风速(m/s)	2.7	2.9	2.1	2.1	1.9	2.4
冬季最多风向	C NW	NE	C WNW	C E	C SSW	C ESE
冬季最多风向的频率(%)	22 12	16	30 11	29 17	32 11	25 14
冬季室外最多风向的平均风速(m/s)	4.9	3.9	2.4	3.6	3.1	3.7
年最多风向	C ENE	C NE	C WNW	C E	C SSW	C ESE
年最多风向的频率(%)	21 10	13 12	30 9	28 14	28 16	21 18
冬季日照百分率(%)	47	46	49	49	47	48
最大冻土深度(cm)	27	26	20	21	35	32
冬季室外大气压力(hPa)	1013.3	1018.2	1009.0	1017.9	1017.9	977.6
夏季室外大气压力(hPa)	992.3	996.8	988.2	996.6	996.6	959.3
日平均温度≤+5℃的天数	97	99	92	99	101	99
日平均温度≤+5℃的起止日期	11.26—03.02	11.25—03.03	12.01—03.02	11.24—03.02	11.23—03.03	11.24—03.02
平均温度≤+5℃期间内的平均温度(℃)	1.7	1.7	2.1	1.5	1	1.4
日平均温度≤+8℃的天数	125	125	118	124	126	128
日平均温度≤+8℃的起止日期	11.12—03.16	11.12—03.16	11.17—03.14	11.12—03.15	11.10—03.15	11.09—03.16
平均温度≤+8℃期间内的平均温度(℃)	3.0	2.8	3.0	2.6	2.2	2.6
极端最高气温(℃)	42.3	42.5	41.7	42.0	41.5	40.2
极端最低气温(℃)	-17.9	-16.0	-15.0	-19.2	-17.3	-12.8

续表　A.0.1-1

省/直辖市/自治区	河南 (12)						湖北(11)	
市/区/自治州	南阳	商丘	信阳	许昌	驻马店	周口	武汉	黄石
台站名称及编号	南阳 57178	商丘 58005	信阳 57297	许昌 57089	驻马店 57290	西华 57193	武汉 57494	黄石 58407
北纬	33°02′	34°27′	32°08′	34°01′	33°00′	33°47′	30°37′	30°15′
东经	112°35′	115°40′	114°03′	113°51′	114°01′	114°31′	114°08′	115°03′
海拔(m)	129.2	50.1	114.5	66.8	82.7	52.6	23.1	19.6
统计年份	1971—2000	1971—2000	1971—2000	1971—2000	1971—2000	1971—2000	1971—2000	1971—2000
年平均温度(℃)	14.9	14.1	15.3	14.5	14.9	14.4	16.6	17.1
供暖室外计算温度(℃)	-2.1	-4	-2.1	-3.2	-2.9	-3.2	-0.3	0.7
冬季通风室外计算温度(℃)	1.4	-0.1	2.2	0.7	1.3	0.7	3.7	4.5
冬季空气调节室外计算温度(℃)	-4.5	-6.3	-4.6	-5.5	-5.5	-5.7	-2.6	-1.4
冬季空气调节室外计算相对湿度(%)	70	69	72	64	69	68	77	79
夏季空气调节室外计算干球温度(℃)	34.3	34.6	34.5	35.1	35	35.0	35.2	35.8
夏季空气调节室外计算湿球温度(℃)	27.8	27.9	27.6	27.9	27.8	28.1	28.4	28.3
夏季通风室外计算温度(℃)	30.5	30.8	30.7	30.9	30.9	30.9	32.0	32.5
夏季通风室外计算相对湿度(%)	69	67	68	66	67	67	67	65
夏季空气调节室外计算日平均温度(℃)	30.1	30.2	30.9	30.3	30.7	30.2	32.0	32.5
夏季室外平均风速(m/s)	2	2.4	2.4	2.2	2.2	2.0	2.0	2.0
夏季最多风向	C ENE	C S	C SSW	C NE	C SSW	C SSW	C ENE	C ESE
夏季最多风向的频率(%)	21 14	14 10	19 10	21 9	15 10	20 13	23 8	19 16
夏季最多风向的平均风速(m/s)	2.7	2.7	3.2	3.1	2.8	2.6	2.3	2.8
冬季室外平均风速(m/s)	2.1	2.4	2.4	2.4	2.4	2.4	1.8	2.0
冬季最多风向	C ENE	C N	C NNE	C NE	C N	C NNE	C NE	C NW
冬季最多风向的频率(%)	26 18	13 10	25 14	22 13	15 11	17 11	28 13	28 11
冬季最多风向的平均风速(m/s)	3.4	3.1	3.8	3.3	3.3	3.2	3.0	3.1
年最多风向	C ENE	C S	C NNE	C NE	C N	C NE	C ENE	C SE
年最多风向的频率(%)	25 16	14 8	22 11	22 11	16 9	19 8	26 10	24 12
冬季日照百分率(%)	39	46	42	43	42	45	37	34
最大冻土深度(cm)	10	18	—	15	14	12	9	7
冬季室外大气压力(hPa)	1011.2	1020.8	1014.3	1018.6	1016.7	1020.7	1023.5	1023.4
夏季室外大气压力(hPa)	990.4	999.4	993.4	997.2	995.4	999.0	1002.1	1002.5
日平均温度≤+5℃的天数	86	99	64	95	87	91	50	38
日平均温度≤+5℃的起止日期	12.04—02.27	11.25—03.03	12.11—02.12	11.28—03.02	12.04—02.28	11.27—03.02	12.22—02.09	01.01—02.07
≤+5℃期间内的平均温度(℃)	2.6	1.6	3.1	2.2	2.5	2.1	3.6	4.5
日平均温度≤+8℃的天数	116	125	105	122	115	123	98	88
日平均温度≤+8℃的起止日期	11.19—03.14	11.13—03.17	11.23—03.07	11.14—03.15	11.21—03.15	11.13—03.15	11.27—03.04	12.06—03.03
≤+8℃期间内的平均温度(℃)	3.8	2.8	4.2	3.3	3.5	3.3	5.2	5.7
极端最高气温(℃)	41.4	41.3	40.0	41.9	40.6	41.9	39.3	40.2
极端最低气温(℃)	-17.5	-15.4	-16.6	-19.6	-18.1	-17.4	-18.1	-10.5

续表　A.0.1-1

省/直辖市/自治区	湖北		湖北(11)					
市/区/自治州	宜昌	恩施州	荆州	襄樊	荆门	十堰	黄冈	咸宁
台站名称及编号	宜昌 57461	恩施 57447	荆州 57476	枣阳 57279	钟祥 57378	房县 57259	麻城 57399	嘉鱼 57583
北纬	30°42′	30°17′	30°20′	30°09′	30°10′	30°02′	31°11′	29°59′
东经	111°18′	109°28′	112°11′	112°45′	112°34′	110°46′	115°01′	113°55′
海拔(m)	133.1	457.1	32.6	125.5	65.8	426.9	59.3	36
统计年份	1971—2000	1971—2000	1971—2000	1971—2000	1971—2000	1971—2000	1971—2000	1971—2000
年平均温度(℃)	16.8	16.2	16.5	15.6	16.1	14.3	16.3	17.1
供暖室外计算温度(℃)	0.9	2.0	0.3	-1.6	-0.5	-1.5	-0.4	0.3
冬季通风室外计算温度(℃)	4.9	5.0	4.1	2.4	3.5	1.9	3.5	4.4
冬季空气调节室外计算温度(℃)	-1.1	0.4	-1.9	-3.7	-2.4	-3.4	-2.5	-2
冬季空气调节室外计算相对湿度(%)	74	84	77	71	74	71	74	79
夏季空气调节室外计算干球温度(℃)	35.6	34.3	34.7	34.7	34.5	34.4	35.5	35.7
夏季空气调节室外计算湿球温度(℃)	27.8	26.0	28.5	27.6	28.2	26.3	28.0	28.5
夏季通风室外计算温度(℃)	31.8	31.0	31.4	31.2	31.0	30.3	31.6	32.3
夏季通风室外计算相对湿度(%)	66	57	70	66	70	63	65	65
夏季空气调节室外计算日平均温度(℃)	31.1	29.6	31.1	31.0	31.0	28.9	31.6	32.4
夏季室外平均风速(m/s)	1.5	0.7	2.3	2.4	3.0	1.0	2.0	2.1
夏季最多风向	C SSE	C SSW	SSW	SSE	N	C ESE	C NNE	C NNE
夏季最多风向的频率(%)	31 11	63 5	15	15	19	55 15	25 15	14 9
夏季最多风向的平均风速(m/s)	2.6	1.9	3.0	2.6	3.6	2.5	2.6	2.6
冬季室外平均风速(m/s)	1.3	0.5	2.1	2.3	3.1	1.1	2.1	2.1
冬季最多风向	C SSE	C SSW	C NE	C SSE	N	C ESE	C NNE	C NE
冬季最多风向的频率(%)	36 14	72 3	22 17	17 11	26	60 18	29 28	18 14
冬季最多风向的平均风速(m/s)	2.2	1.5	3.2	2.6	4.4	3.0	3.5	2.9
年最多风向	C SSE	C SSW	C NNE	C SSE	N	C ESE	C NNE	C NE
年最多风向的频率(%)	33 12	67 4	19 14	16 13	23	57 17	27 22	16 11
冬季日照百分率(%)	27	14	31	40	37	35	42	34
最大冻土深度(cm)	—	—	5	—	6	—	5	—
冬季室外大气压力(hPa)	1010.4	970.3	1022.4	1011.4	1018.7	974.1	1019.5	1022.1
夏季室外大气压力(hPa)	990.0	954.6	1000.9	990.8	997.5	956.8	998.8	1000.9
日平均温度≤+5℃的天数	28	13	44	64	54	72	54	37
日平均温度≤+5℃的起止日期	01.09—02.05	01.11—01.23	12.27—02.08	12.11—02.12	12.18—02.09	12.05—2.14	12.19—02.10	01.02—02.07
≤+5℃期间内的平均温度(℃)	4.7	4.8	4.2	3.1	3.8	2.9	3.7	4.4
日平均温度≤+8℃的天数	85	90	91	102	95	121	100	87
日平均温度≤+8℃的起止日期	12.08—03.02	12.04—03.03	12.04—03.04	11.25—03.06	12.01—03.05	11.15—03.15	11.26—03.05	12.07—03.03
≤+8℃期间内的平均温度(℃)	5.9	6.0	5.4	4.2	4.9	4.1	5	5.6
极端最高气温(℃)	40.4	40.3	38.6	40.7	38.6	41.4	39.8	39.4
极端最低气温(℃)	-9.8	-12.3	-14.9	-15.1	-15.3	-17.6	-15.3	-12.0

省/直辖市/自治区		湖北(11)	湖南	(12)					
市/区/自治州		随州	长沙	常德	衡阳	邵阳	岳阳	郴州	张家界
台站名称及编号		广水	马坡岭	常德	衡阳	邵阳	岳阳	郴州	桑植
		57385	57679	57662	57872	57766	57584	57972	57554
台站信息	北纬	31°37′	28°12′	29°03′	26°54′	27°14′	29°23′	25°48′	29°24′
	东经	113°49′	113°05′	111°41′	112°36′	111°28′	113°05′	113°02′	110°10′
	海拔(m)	93.3	44.9	35	104.7	248.6	53	184.9	322.2
	统计年份	1971—2000	1972—1986	1971—2000	1971—2000	1971—2000	1971—2000	1971—2000	1971—2000
年平均温度(℃)		15.8	17.0	16.9	18.0	17.1	17.2	18.0	16.2
室外计算温、湿度	供暖室外计算温度(℃)	−1.1	0.3	0.6	1.2	0.8	0.4	1.0	1.0
	冬季通风室外计算温度(℃)	2.7	4.6	4.7	5.9	5.2	4.8	6.2	4.7
	冬季空气调节室外计算温度(℃)	−3.5	−1.9	−1.6	−0.9	−1.2	−2.0	−1.1	0.9
	冬季空气调节室外计算相对湿度(%)	71	83	80	81	80	78	84	78
	夏季空气调节室外计算干球温度(℃)	34.9	35.8	35.4	36.0	34.8	34.1	35.6	34.7
	夏季空气调节室外计算湿球温度(℃)	28.0	27.7	28.6	27.7	26.8	28.3	26.7	26.9
	夏季通风室外计算温度(℃)	31.4	32.9	31.9	33.2	31.9	31.0	32.9	31.3
	夏季通风室外计算相对湿度(%)	67	61	66	58	62	72	55	66
	夏季空气调节室外计算日平均温度(℃)	31.1	31.6	32.0	32.4	30.9	32.2	31.7	30.0
风向、风速及频率	夏季室外平均风速(m/s)	2.2	2.6	1.9	2.1	1.4	3.2	3.2	1.2
	夏季最多风向	C SSE	C NNW	C NE	C SSW	C S	S	C SSW	C ENE
	夏季最多风向的频率(%)	21 11	16 13	23 8	16 13	27 8	11	39 14	47 12
	夏季室外最多风向的平均风速(m/s)	2.6	1.7	3.0	2.5	2.4	3.2	3.2	2.7
	冬季室外平均风速(m/s)	2.2	2.3	1.6	1.6	1.5	2.6	1.6	1.2
	冬季最多风向	C NNE	NNW	C NE	C ENE	C ESE	ENE	C NNE	C ENE
	冬季最多风向的频率(%)	26 15	32	33 13	28 20	32 13	20	45 19	52 15
	冬季室外最多风向的平均风速(m/s)	3.6	3.0	3.0	2.7	2.0	3.3	2.0	3.0
	年最多风向	C NNE	NNW	C NE	C ENE	C ESE	ENE	C NNE	C ENE
	年最多风向的频率(%)	24 12	22	28 12	23 16	30 10	16	44 13	50 14
	冬季日照百分率(%)	41	26	27	23	23	29	21	17
大气压力	最大冻土深度(cm)	—	—	—	—	5	2	—	—
	冬季室外大气压力(hPa)	1015.0	1019.6	1022.3	1012.6	995.1	1019.5	1002.0	987.3
	夏季室外大气压力(hPa)	994.1	999.2	1000.8	993.0	976.9	998.7	984.3	969.2
设计计算用供暖期天数及其平均温度	日平均温度≤+5℃的天数	63	48	30	0	11	27	0	30
	日平均温度≤+5℃的起止日期	12.11—02.11	12.26—02.11	01.08—02.06	—	01.12—01.22	01.10—02.05	—	01.08—02.06
	平均温度≤+5℃期间内的平均温度(℃)	3.3	4.3	4.5	—	4.7	4.3	—	4.5
	日平均温度≤+8℃的天数	102	88	86	56	67	68	55	88
	日平均温度≤+8℃的起止日期	11.25—03.06	12.06—03.03	12.08—03.03	12.19—02.13	12.10—02.14	12.09—02.14	12.19—02.11	12.07—03.04
	平均温度≤+8℃期间内的平均温度(℃)	4.3	5.5	5.8	6.4	6.1	5.9	6.5	5.8
极端最高气温(℃)		39.8	39.7	40.1	40.0	39.5	39.3	40.5	40.7
极端最低气温(℃)		−16.0	−11.3	−13.2	−7.9	−10.5	−11.4	−6.8	−10.2

省/直辖市/自治区		湖南		(12)			广东(15)		
市/区/自治州		益阳	永州	怀化	娄底	湘西州	广州	湛江	汕头
台站名称及编号		沅江	零陵	芷江	双峰	吉首	广州	湛江	汕头
		57671	57866	57745	57774	57649	59287	59658	59316
台站信息	北纬	28°51′	26°14′	27°27′	27°27′	28°19′	23°10′	21°13′	23°24′
	东经	112°22′	111°37′	109°41′	112°10′	109°44′	113°20′	110°24′	116°41′
	海拔(m)	36.0	172.6	272.2	100	208.4	41.7	25.3	1.1
	统计年份	1971—2000	1971—2000	1971—2000	1971—2000	1971—2000	1971—2000	1971—2000	1971—2000
年平均温度(℃)		17.0	17.8	16.5	17.0	16.6	22.0	23.3	21.5
室外计算温、湿度	供暖室外计算温度(℃)	0.6	1.0	0.8	0.6	1.3	8.0	10.0	9.4
	冬季通风室外计算温度(℃)	4.7	6.0	4.9	4.8	5.1	13.6	15.9	13.8
	冬季空气调节室外计算温度(℃)	−1.6	−1.0	−1.1	−1.6	−0.6	5.2	7.5	7.1
	冬季空气调节室外计算相对湿度(%)	81.0	81	80	82	79	72	81	78
	夏季空气调节室外计算干球温度(℃)	35.1	34.9	34.0	35.6	34.8	34.2	33.9	33.2
	夏季空气调节室外计算湿球温度(℃)	28.4	26.9	26.8	27.5	27	27.8	28.1	27.7
	夏季通风室外计算温度(℃)	31.7	32.1	31.2	32.7	31.8	31.5	30.9	30.9
	夏季通风室外计算相对湿度(%)	67.0	60	66	60	64	68	70	72
	夏季空气调节室外计算日平均温度(℃)	32.0	31.3	29.7	31.5	30.0	30.7	30.8	30.0
风向、风速及频率	夏季室外平均风速(m/s)	2.7	3.0	1.3	2.0	1.0	1.7	2.6	2.6
	夏季最多风向	S	SSW	C ENE	C NE	C NE	C SSE	SSE	C WSW
	夏季最多风向的频率(%)	14	19	44 10	31 11	44 10	28 12	15	18 10
	夏季室外最多风向的平均风速(m/s)	3.3	3.2	2.6	2.7	1.6	2.3	3.1	3.3
	冬季室外平均风速(m/s)	2.4	3.1	1.6	1.7	0.9	1.7	2.6	2.7
	冬季最多风向	NNE	NE	C ENE	C ENE	C ENE	C NNE	ESE	E
	冬季最多风向的频率(%)	22.0	26	40 24	39 21	49 10	34 19	17	24
	冬季室外最多风向的平均风速(m/s)	3.8	4.0	3.1	3.0	2.0	2.7	3.1	3.7
	年最多风向	NNE	NE	C ENE	C ENE	C NE	C NNE	SE	E
	年最多风向的频率(%)	18	18	42 16	37 16	46 10	31 11	13	18
	冬季日照百分率(%)	27.0	23	19	24	18	36	34	42
大气压力	最大冻土深度(cm)	—	—	—	—	—	—	—	—
	冬季室外大气压力(hPa)	1021.5	1012.6	991.9	1013.2	1000.5	1019.0	1015.5	1020.2
	夏季室外大气压力(hPa)	1000.4	993.0	974.0	993.4	981.3	1004.0	1001.3	1005.7
设计计算用供暖期天数及其平均温度	日平均温度≤+5℃的天数	29.0	0	29	30	11	—	—	—
	日平均温度≤+5℃的起止日期	01.09—02.06	—	01.08—02.05	01.08—02.06	01.10—01.20	—	—	—
	平均温度≤+5℃期间内的平均温度(℃)	4.5	—	4.7	4.6	4.8	—	—	—
	日平均温度≤+8℃的天数	85.0	56	69	87	68	—	—	—
	日平均温度≤+8℃的起止日期	12.09—03.03	12.19—02.12	12.08—02.14	12.07—03.03	12.09—02.14	—	—	—
	平均温度≤+8℃期间内的平均温度(℃)	5.8	6.6	5.9	5.9	6.1	—	—	—
极端最高气温(℃)		38.9	39.7	39.1	39.7	40.2	38.1	38.1	38.6
极端最低气温(℃)		−11.2	−7	−11.5	−11.7	−7.5	0.0	2.8	0.3

台站信息	省/直辖市/自治区	广东	
	市/区/自治州	韶关	阳江
	台站名称及编号	韶关	阳江
		59082	59663
	北纬	24°41′	21°52′
	东经	113°36′	111°58′
	海拔(m)	60.7	23.3
	统计年份	1971—2000	1971—2000
	年平均温度(℃)	20.4	22.5
室外计算温、湿度	供暖室外计算温度(℃)	5.0	9.4
	冬季通风室外计算温度(℃)	10.2	15.1
	冬季空气调节室外计算温度(℃)	2.6	6.8
	冬季空气调节室外计算相对湿度(%)	75	74
	夏季空气调节室外计算干球温度(℃)	35.4	33.0
	夏季空气调节室外计算湿球温度(℃)	27.3	27.8
	夏季通风室外计算温度(℃)	33.0	30.7
	夏季通风室外计算相对湿度(%)	60	74
	夏季空气调节室外计算日平均温度(℃)	31.2	29.9
风向、风速及频率	夏季室外平均风速(m/s)	1.6	2.6
	夏季最多风向	C SSW	SSW
	夏季最多风向的频率(%)	41 17	13
	夏季室外最多风向的平均风速(m/s)	2.8	2.8
	冬季室外平均风速(m/s)	1.5	2.9
	冬季最多风向	C NNW	ENE
	冬季最多风向的频率(%)	46 11	31
	冬季室外最多风向的平均风速(m/s)	2.9	3.7
	年最多风向	C SSW	ENE
	年最多风向的频率(%)	44 8	20
	冬季日照百分率(%)	30	37
	最大冻土深度(cm)	—	—
大气压力	冬季室外大气压力(hPa)	1014.5	1016.9
	夏季室外大气压力(hPa)	997.6	1002.6
设计计算用供暖期天数及其平均温度	日平均温度≤+5℃的天数	0	0
	日平均温度≤+5℃的起止日期	—	—
	平均温度≤+5℃期间内的平均温度(℃)	—	—
	日平均温度≤+8℃的天数	0	0
	日平均温度≤+8℃的起止日期	—	—
	平均温度≤+8℃期间内的平均温度(℃)	—	—
	极端最高气温(℃)	40.3	37.5
	极端最低气温(℃)	−4.3	2.2

(15)						
深圳	江门	茂名	肇庆	惠州	梅州
深圳	台山	信宜	高要	惠阳	梅州
59493	59478	59456	59278	59298	59117
22°33′	22°15′	22°21′	23°02′	23°05′	24°10′
114°06′	112°47′	110°56′	112°27′	114°25′	116°06′
18.2	32.7	84.6	41	22.4	87.8
1971—2000	1971—2000	1971—2000	1971—2000	1971—2000	1971—2000
22.6	22.0	22.5	22.3	21.9	21.3
9.2	8.0	8.5	8.4	8.0	6.7
14.9	13.9	14.7	13.9	13.7	12.4
6.0	5.2	6.0	6.0	4.8	4.3
72	75	74	68	71	77
33.7	33.6	34.3	34.6	34.1	35.1
27.5	27.6	27.6	27.8	27.6	27.2
31.2	31.0	32.0	32.1	31.5	32.7
70	71	66	74	69	60
30.5	29.9	30.1	31.1	30.4	30.6
2.2	2.0	1.5	1.6	1.6	1.2
C ESE	SSW	C SW	C SE	C SSE	C SW
21 11	23	41 12	27 12	26 14	36 8
2.7	2.7	2.5	2.0	2.0	2.1
2.8	2.6	2.9	1.7	2.7	1.0
ENE	NE	NE	C ENE	NE	C NNE
20	30	26	28 27	29	46 9
2.9	3.9	4.1	2.6	4.6	2.4
ESE	C NE	C NE	C ENE	C NE	C NNE
14	19 18	31 16	28 20	23 18	41 6
43	38	36	35	42	39
—	—	—	—	—	—
1016.6	1016.3	1009.3	1019.0	1017.9	1011.3
1002.4	1001.8	995.2	1003.7	1003.2	996.3
0	0	0	0	0	0
—	—	—	—	—	—
—	—	—	—	—	—
0	0	0	0	0	0
—	—	—	—	—	—
—	—	—	—	—	—
38.7	37.3	37.8	38.7	38.2	39.5
1.7	1.6	1.0	1	0.5	−3.3

台站信息	省/直辖市/自治区	广东	
	市/区/自治州	汕尾	河源
	台站名称及编号	汕尾	河源
		59501	59293
	北纬	22°48′	23°44′
	东经	115°22′	114°41′
	海拔(m)	17.3	40.6
	统计年份	1971—2000	1971—2000
	年平均温度(℃)	22.2	21.5
室外计算温、湿度	供暖室外计算温度(℃)	10.3	6.9
	冬季通风室外计算温度(℃)	14.8	12.7
	冬季空气调节室外计算温度(℃)	7.3	3.9
	冬季空气调节室外计算相对湿度(%)	73	70
	夏季空气调节室外计算干球温度(℃)	32.2	34.5
	夏季空气调节室外计算湿球温度(℃)	27.8	27.5
	夏季通风室外计算温度(℃)	30.2	32.1
	夏季通风室外计算相对湿度(%)	77	65
	夏季空气调节室外计算日平均温度(℃)	29.6	30.4
风向、风速及频率	夏季室外平均风速(m/s)	3.2	1.3
	夏季最多风向	WSW	C SSW
	夏季最多风向的频率(%)	19	37 17
	夏季室外最多风向的平均风速(m/s)	4.1	2.2
	冬季室外平均风速(m/s)	3.0	1.5
	冬季最多风向	ENE	C NNE
	冬季最多风向的频率(%)	19.0	32 24
	冬季室外最多风向的平均风速(m/s)	3.0	3.4
	年最多风向	ENE	C NNE
	年最多风向的频率(%)	15	35 14
	冬季日照百分率(%)	42	41
	最大冻土深度(cm)	—	—
大气压力	冬季室外大气压力(hPa)	1019.3	1016.3
	夏季室外大气压力(hPa)	1005.3	1000.9
设计计算用供暖期天数及其平均温度	日平均温度≤+5℃的天数	0	0
	日平均温度≤+5℃的起止日期	—	—
	平均温度≤+5℃期间内的平均温度(℃)	—	—
	日平均温度≤+8℃的天数	0	0
	日平均温度≤+8℃的起止日期	—	—
	平均温度≤+8℃期间内的平均温度(℃)	—	—
	极端最高气温(℃)	38.5	39.0
	极端最低气温(℃)	2.1	−0.7

(15)		广西(13)			
清远	揭阳	南宁	柳州	桂林	梧州
连州	惠来	南宁	柳州	桂林	梧州
59072	59317	59431	59046	57957	59265
24°47′	23°02′	22°49′	24°21′	25°19′	23°29′
112°23′	116°18′	108°21′	109°24′	110°18′	111°18′
98.3	12.9	73.1	96.8	164.4	114.8
1971—2000	1971—2000	1971—2000	1971—2000	1971—2000	1971—2000
19.6	21.9	21.8	20.7	18.9	21.1
4.0	10.3	7.6	5.1	3.0	6.0
9.1	14.5	12.9	10.4	7.9	11.9
1.8	8.0	5.7	3.0	1.1	3.6
77	74	78	75	74	76
35.1	32.8	34.5	34.8	34.2	34.8
27.4	27.6	27.9	27.5	27.1	27.9
32.7	30.7	31.8	32.4	31.7	32.5
61	74	68	65	65	65
30.6	29.61	30.7	31.4	30.4	30.5
1.2	3.4	1.6	1.6	1.6	1.5
C SSW	C SSW	C S	C SSW	C NE	C ESE
46 8	22 10	31 10	34 15	32 16	32 10
2.5	3.4	2.6	2.8	2.6	1.5
1.3	2.9	1.2	1.5	4.4	1.4
C NNE	ENE	C E	C N	NE	C NE
47 16	28	43 12	37 19	48	24 16
2.3	3.4	1.9	2.7	4.4	2.1
C NNE	ENE	C E	C N	NE	C NE
46 13	20	38 10	36 12	35	27 13
25	43	25	24	24	31
—	—	—	—	—	—
1011.1	1018.7	1011.0	1009.9	1003.3	1006.9
993.8	1004.6	995.5	993.2	986.1	991.6
0	0	0	0	0	0
—	—	—	—	—	—
—	—	—	—	—	—
0	0	0	0	28	0
—	—	—	—	01.10—02.06	—
—	—	—	—	7.5	—
39.6	38.4	39.0	39.1	38.5	39.7
−3.4	1.5	−1.9	−1.3	−3.6	−1.5

省/直辖市/自治区		广西		(13)					
市/区/自治州		北海	百色	钦州	玉林	防城港	河池	来宾	贺州
台站名称及编号		北海	百色	钦州	玉林	东兴	河池	来宾	贺州
		59644	59211	59632	59453	59626	59023	59242	59065
台站信息	北纬	21°27′	23°54′	21°57′	22°39′	21°32′	24°42′	23°45′	24°25′
	东经	109°08′	106°36′	108°37′	110°10′	107°58′	108°03′	109°14′	111°32′
	海拔(m)	12.8	173.5	4.5	81.8	22.1	211	84.9	108.8
	统计年份	1971—2000	1971—2000	1971—2000	1971—2000	1972—2000	1971—2000	1971—2000	1971—2000
	年平均温度(℃)	22.8	22.0	22.2	21.8	22.6	20.5	20.8	19.9
室外计算温、湿度	供暖室外计算温度(℃)	8.2	8.8	7.9	7.1	10.5	6.3	5.5	4.0
	冬季通风室外计算温度(℃)	14.5	13.4	13.6	13.1	15.1	10.9	10.8	9.3
	冬季空气调节室外计算温度(℃)	6.2	7.1	5.8	5.1	8.6	4.3	3.6	1.9
	冬季空气调节室外计算相对湿度(%)	79	76	77	79	81	75	75	78
	夏季空气调节室外计算干球温度(℃)	33.1	36.1	33.6	34.0	33.5	34.6	34.6	35.0
	夏季空气调节室外计算湿球温度(℃)	28.2	27.9	28.3	27.8	28.5	27.1	27.7	27.5
	夏季通风室外计算温度(℃)	30.9	32.7	31.1	31.7	30.9	31.7	32.2	32.6
	夏季通风室外计算相对湿度(%)	74	65	75	68	77	66	66	62
	夏季空气调节室外计算日平均温度(℃)	30.6	31.3	30.3	30.3	29.9	30.7	30.8	30.8
风向、风速及频率	夏季室外平均风速(m/s)	3	1.3	2.4	1.4	2.1	1.2	1.8	1.7
	夏季最多风向	SSW	C SSE	SSW	C SSE	C SSW	C ESE	C SSW	C ESE
	夏季最多风向的频率(%)	14	36 8	20	30 11	24 11	39 26	30 13	22 19
	夏季室外最多风向的平均风速(m/s)	3.1	2.5	3.1	1.7	3.3	2.0	2.8	2.3
	冬季室外平均风速(m/s)	3.8	1.2	2.7	1.7	1.7	1.1	2.4	1.5
	冬季最多风向	NNE	C S	NNE	C N	C ENE	C ESE	NE	C NW
	冬季最多风向的频率(%)	37	43 9	33	30 21	24 15	43 16	25	31 21
	冬季室外最多风向的平均风速(m/s)	5.0	2.2	3.5	3.2	2.0	1.9	3.3	2.3
	年最多风向	NNE	C SSE	NNE	C N	C ENE	C ESE	C NE	C NW
	年最多风向的频率(%)	21	39 8	20	31 12	24 10	43 20	27 17	28 12
	冬季日照百分率(%)	34	29	27	29	24	21	25	26
大气压力	最大冻土深度(cm)	—	—	—	—	—	—	—	—
	冬季室外大气压力(hPa)	1017.3	998.8	1019.0	1009.9	1016.6	995.9	1010.8	1009.0
	夏季室外大气压力(hPa)	1002.5	983.6	1003.5	995.0	1001.4	980.1	994.4	992.4
设计计算用供暖期天数及其平均温度	日平均温度≤+5℃的天数	0	0	0	0	0	0	0	0
	日平均温度≤+5℃的起止日期	—	—	—	—	—	—	—	—
	平均温度≤+5℃期间内的平均温度(℃)	—	—	—	—	—	—	—	—
	日平均温度≤+8℃的天数	0	0	0	0	0	0	0	0
	日平均温度≤+8℃的起止日期	—	—	—	—	—	—	—	—
	平均温度≤+8℃期间内的平均温度(℃)	—	—	—	—	—	—	—	—
	极端最高气温(℃)	37.1	42.2	37.5	38.4	38.1	39.4	39.6	39.5
	极端最低气温(℃)	2	0.1	2.0	0.8	3.3	0.0	-1.6	-3.5

省/直辖市/自治区		广西(13)	海南	(2)	重庆(3)			四川(16)	
市/区/自治州		崇左	海口	三亚	重庆	万州	奉节	成都	广元
台站名称及编号		龙州	海口	三亚	重庆	万州	奉节	成都	广元
		59417	59758	59948	57515	57432	57348	56294	57206
台站信息	北纬	22°20′	20°02′	18°14′	29°31′	30°46′	31°03′	30°40′	32°26′
	东经	106°51′	110°21′	109°31′	106°29′	108°24′	109°30′	104°01′	105°51′
	海拔(m)	128.8	13.9	5.9	351.1	186.7	607.3	506.1	492.4
	统计年份	1971—2000	1971—2000	1971—2000	1971—1986	1971—2000	1971—2000	1971—2000	1971—2000
	年平均温度(℃)	22.2	24.1	25.8	17.7	18.0	16.3	16.1	16.1
室外计算温、湿度	供暖室外计算温度(℃)	9.0	12.6	17.9	4.1	4.3	1.8	2.7	2.2
	冬季通风室外计算温度(℃)	14.0	17.7	21.6	7.2	7.0	5.2	5.6	5.2
	冬季空气调节室外计算温度(℃)	7.3	10.3	15.8	2.2	2.9	0.0	1.0	0.5
	冬季空气调节室外计算相对湿度(%)	79	86	73	83	85	71	83	64
	夏季空气调节室外计算干球温度(℃)	35.0	35.1	32.8	35.5	36.5	34.3	31.8	33.3
	夏季空气调节室外计算湿球温度(℃)	28.1	28.1	28.1	26.5	27.9	25.4	26.4	25.8
	夏季通风室外计算温度(℃)	32.1	32.2	31.3	31.7	33.0	30.6	28.5	29.5
	夏季通风室外计算相对湿度(%)	68	68	73	59	56	57	73	64
	夏季空气调节室外计算日平均温度(℃)	30.9	30.5	30.2	32.3	31.4	30.9	27.9	28.8
风向、风速及频率	夏季室外平均风速(m/s)	1.0	2.3	2.2	1.5	0.5	3.0	1.2	1.2
	夏季最多风向	C ESE	S	C SSE	C ENE	C N	C NNE	C NNE	C SE
	夏季最多风向的频率(%)	48 6	19	15 9	33 8	74 5	22 17	41 11	42 8
	夏季室外最多风向的平均风速(m/s)	2.0	2.7	2.4	1.1	2.3	2.6	2.0	1.6
	冬季室外平均风速(m/s)	1.2	2.5	2.7	1.1	0.4	3.1	0.9	1.3
	冬季最多风向	C ESE	ENE	ENE	C NNE	C NNE	C NNE	C NE	C N
	冬季最多风向的频率(%)	41 16	24	19	46 13	79 5	29 13	50 13	44 10
	冬季室外最多风向的平均风速(m/s)	2.2	3.1	3.0	1.6	1.9	2.6	1.9	2.8
	年最多风向	C ESE	ENE	C ESE	C NNE	C NNE	C NNE	C NE	C N
	年最多风向的频率(%)	46 10	14	14 13	44 13	76 5	24 16	43 11	41 8
	冬季日照百分率(%)	24	34	54	7.5	12	22	17	24
大气压力	最大冻土深度(cm)	—	—	—	—	—	—	—	—
	冬季室外大气压力(hPa)	1004.0	1016.4	1016.2	980.6	1001.1	1018.7	963.7	965.4
	夏季室外大气压力(hPa)	989	1002.8	1005.6	963.8	982.3	997.5	948	949.4
设计计算用供暖期天数及其平均温度	日平均温度≤+5℃的天数	0	0	0	0	0	12	0	7
	日平均温度≤+5℃的起止日期	—	—	—	—	—	01.12—01.23	—	01.13—01.19
	平均温度≤+5℃期间内的平均温度(℃)	—	—	—	—	—	4.8	—	4.9
	日平均温度≤+8℃的天数	0	0	0	53	54	85	69	75
	日平均温度≤+8℃的起止日期	—	—	—	12.22—02.12	12.20—02.11	12.07—03.01	12.08—02.14	12.03—02.15
	平均温度≤+8℃期间内的平均温度(℃)	—	—	—	7.2	7.2	6.0	6.2	6.1
	极端最高气温(℃)	39.9	38.7	35.9	40.2	42.1	39.6	36.7	37.9
	极端最低气温(℃)	-0.2	4.9	5.1	-1.8	-3.7	-9.2	-5.9	-8.2

续表 A.0.1-1

省/直辖市/自治区		四川		(16)					
市/区/自治州		甘孜州	宜宾	南充	凉山州	遂宁	内江	乐山	泸州
台站名称及编号		康定 56374	宜宾 56492	南充区 57411	西昌 56571	遂宁 57405	内江 57504	乐山 56386	泸州 57602
台站信息	北纬	30°03′	28°48′	30°47′	27°54′	30°30′	29°35′	29°34′	28°53′
	东经	101°58′	104°36′	106°06′	102°16′	105°35′	105°03′	103°45′	105°26′
	海拔(m)	2615.7	340.8	309.3	1590.9	278.2	347.1	424.2	334.8
	统计年份	1971—2000	1971—2000	1971—2000	1971—2000	1971—2000	1971—2000	1971—2000	1971—2000
	年平均温度(℃)	7.1	17.8	17.3	16.9	17.4	17.6	17.2	17.7
室外计算温、湿度	供暖室外计算温度(℃)	-6.5	4.5	3.6	4.7	3.9	4.1	3.9	4.5
	冬季通风室外计算温度(℃)	-2.2	7.8	6.4	9.6	6.5	7.2	7.1	7.7
	冬季空气调节室外计算温度(℃)	-8.3	2.8	1.9	2.0	2.0	2.1	2.2	2.6
	冬季空气调节室外计算相对湿度(%)	65	85	85	52	86	83	82	67
	夏季空气调节室外计算干球温度(℃)	22.8	33.8	35.3	30.7	34.7	34.3	32.8	34.6
	夏季空气调节室外计算湿球温度(℃)	16.3	27.3	27.1	21.8	27.5	27.1	26.6	27.1
	夏季通风室外计算温度(℃)	19.5	30.2	31.3	26.3	31.1	30.4	29.2	30.5
	夏季通风室外计算相对湿度(%)	64	67	61	63	63	66	71	86
	夏季空气调节室外计算日平均温度(℃)	18.1	30.0	31.4	26.6	30.7	30.8	29.0	31.0
风向、风速及频率	夏季室外平均风速(m/s)	2.9	0.9	1.1	1.2	0.8	1.8	1.4	1.7
	夏季最多风向	C SE	C NW	C NNE	C NNE	C NNE	C N	C NNE	C WSW
	夏季最多风向的频率(%)	30 21	55 6	43 9	41 9	58 7	25 11	34 9	20 10
	夏季室外最多风向的平均风速(m/s)	5.5	2.4	2.1	2.2	2.0	2.7	2.2	1.9
	冬季室外平均风速(m/s)	3.1	0.6	0.8	1.7	0.4	1.4	1.0	1.2
	冬季最多风向	C ESE	C ENE	C NNE	C NNE	C NNE	C NNE	C NNE	C NNW
	冬季最多风向的频率(%)	31 26	68 6	56 10	35 10	75 5	30 10	45 11	30 9
	冬季室外最多风向的平均风速(m/s)	5.1	1.6	1.7	2.5	1.9	2.1	1.9	2.0
	年最多风向	C ESE	C NW	C NNE	C NNE	C NNE	C N	C NNE	C NNW
	年最多风向的频率(%)	28 22	59 5	48 10	37 10	65 7	25 12	38 10	24 9
	冬季日照百分率(%)	45	11	11	69	13	13	13	11
大气压力	最大冻土深度(cm)	—	—	—	—	—	—	—	—
	冬季室外大气压力(hPa)	741.6	982.4	986.7	838.5	990.0	980.9	972.7	983.0
	夏季室外大气压力(hPa)	742.4	965.4	969.1	834.9	972.0	963.9	956.4	965.8
设计计算用供暖期天数及其平均温度	日平均温度≤+5℃的天数	145	0	0	0	0	0	0	0
	日平均温度≤+5℃的起止日期	11.06—03.30	—	—	—	—	—	—	—
	平均温度≤+5℃期间内的平均温度(℃)	0.3	—	—	—	—	—	—	—
	日平均温度≤+8℃的天数	187	32	62	—	42	50	53	33
	日平均温度≤+8℃的起止日期	10.14—04.18	12.26—01.26	12.12—02.11	—	12.12—02.09	12.22—02.09	12.20—02.10	12.25—01.26
	平均温度≤+8℃期间内的平均温度(℃)	1.7	7.7	6.8	—	6.9	7.3	7.2	7.7
	极端最高气温(℃)	29.4	39.5	41.2	36.6	39.5	40.1	36.8	39.8
	极端最低气温(℃)	-14.1	-1.7	-3.4	-3.8	-3.8	-2.7	-2.9	-1.9

续表 A.0.1-1

省/直辖市/自治区		四川		(16)				贵州(9)	
市/区/自治州		绵阳	达州	雅安	巴中	资阳	阿坝州	贵阳	遵义
台站名称及编号		绵阳 56196	达州 57328	雅安 56287	巴中 57313	资阳 56298	马尔康 56172	贵阳 57816	遵义 57713
台站信息	北纬	31°28′	31°12′	29°59′	31°52′	30°07′	31°54′	26°35′	27°42′
	东经	104°41′	107°30′	103°00′	106°46′	104°39′	102°14′	106°43′	106°53′
	海拔(m)	470.8	344.9	627.6	417.7	357	2664.4	1074.3	843.9
	统计年份	1971—2000	1971—2000	1971—2000	1971—2000	1971—1990	1971—2000	1971—2000	1971—2000
	年平均温度(℃)	16.2	17.1	16.2	16.9	17.2	8.6	15.3	15.3
室外计算温、湿度	供暖室外计算温度(℃)	2.4	3.5	2.9	3.2	3.6	-4.1	-0.3	0.3
	冬季通风室外计算温度(℃)	5.3	6.2	6.3	5.8	6.6	-0.6	5.0	4.5
	冬季空气调节室外计算温度(℃)	0.7	2.1	1.1	1.5	1.3	-6.1	-2.5	-1.7
	冬季空气调节室外计算相对湿度(%)	79	82	80	82	84	48	80	83
	夏季空气调节室外计算干球温度(℃)	32.6	35.4	32.1	34.5	33.7	27.3	30.1	31.8
	夏季空气调节室外计算湿球温度(℃)	26.4	27.1	25.8	26.9	26.7	17.3	23	24.3
	夏季通风室外计算温度(℃)	29.2	31.8	28.6	31.2	30.2	22.4	27.1	28.8
	夏季通风室外计算相对湿度(%)	70	59	70	59	65	53	64	63
	夏季空气调节室外计算日平均温度(℃)	28.5	31.0	27.9	30.3	29.5	19.3	26.6	27.9
风向、风速及频率	夏季室外平均风速(m/s)	1.1	1.4	1.8	0.9	1.3	1.1	1.9	1.5
	夏季最多风向	C ENE	C ENE	C WSW	C SW	C S	C NW	C SSW	C SSW
	夏季最多风向的频率(%)	46 5	31 27	29 15	52 5	41 7	61 9	24 17	48 7
	夏季室外最多风向的平均风速(m/s)	2.5	2.4	2.9	1.9	2.1	3.1	3.0	2.3
	冬季室外平均风速(m/s)	0.9	1.0	1.1	0.6	0.8	1.0	2.1	1.9
	冬季最多风向	C E	C ENE	C E	C E	C ENE	C NW	ENE	C ESE
	冬季最多风向的频率(%)	57 7	45 25	50 13	68 4	58 7	62 10	23	50 7
	冬季室外最多风向的平均风速(m/s)	2.7	1.9	2.1	1.3	1.3	3.3	2.5	1.9
	年最多风向	C E	C ENE	C E	C SW	C ENE	C NW	C ENE	C SSE
	年最多风向的频率(%)	49 6	37 27	40 11	60 4	50 7	60 10	23 15	49 6
	冬季日照百分率(%)	19	13	16	17	16	62	15	11
大气压力	最大冻土深度(cm)	—	—	—	—	—	25	—	—
	冬季室外大气压力(hPa)	967.3	985	949.7	979.9	980.3	733.3	897.4	924.0
	夏季室外大气压力(hPa)	951.2	967.5	935.4	962.7	962.9	734.7	887.8	911.8
设计计算用供暖期天数及其平均温度	日平均温度≤+5℃的天数	0	0	0	0	0	122	27	35
	日平均温度≤+5℃的起止日期	—	—	—	—	—	11.06—03.07	01.11—02.06	01.05—02.08
	平均温度≤+5℃期间内的平均温度(℃)	—	—	—	—	—	1.2	4.6	4.4
	日平均温度≤+8℃的天数	73	65	64	67	62	162	69	91
	日平均温度≤+8℃的起止日期	12.05—02.15	12.10—02.12	12.11—02.12	12.09—02.13	12.14—02.13	10.20—03.30	12.08—02.14	12.04—03.04
	平均温度≤+8℃期间内的平均温度(℃)	6.1	6.6	6.6	6.2	6.9	2.5	6.0	5.6
	极端最高气温(℃)	37.2	41.2	35.4	40.3	39.2	34.5	35.1	37.4
	极端最低气温(℃)	-7.3	-4.5	-3.9	-5.3	-4.0	-16	-7.3	-7.1

省/直辖市/自治区	贵州	
市/区/自治州	毕节地区	安顺
台站名称及编号	毕节 57707	安顺 57806
台站信息　北纬	27°18′	26°15′
东经	105°17′	105°55′
海拔(m)	1510.6	1392.9
统计年份	1971—2000	1971—2000
年平均温度(℃)	12.8	14.1
室外计算温、湿度　供暖室外计算温度(℃)	-1.7	-1.1
冬季通风室外计算温度(℃)	2.7	4.3
冬季空气调节室外计算温度(℃)	-3.5	-3.0
冬季空气调节室外计算相对湿度(%)	87	84
夏季空气调节室外计算干球温度(℃)	29.2	27.7
夏季空气调节室外计算湿球温度(℃)	21.8	21.8
夏季通风室外计算温度(℃)	25.7	24.8
夏季通风室外计算相对湿度(%)	64	70
夏季空气调节室外计算日平均温度(℃)	24.5	24.5
风向、风速及频率　夏季室外平均风速(m/s)	0.9	2.3
夏季最多风向	C SSE	SSW
夏季最多风向的频率(%)	60 12	25
夏季室外最多风向的平均风速(m/s)	2.3	3.4
冬季室外平均风速(m/s)	0.6	2.4
冬季最多风向	C SSE	ENE
冬季最多风向的频率(%)	69 7	31
冬季室外最多风向的平均风速(m/s)	1.9	2.8
年最多风向	C SSE	ENE
年最多风向的频率(%)	62 9	22
冬季日照百分率(%)	17	18
最大冻土深度(cm)	—	—
大气压力　冬季室外大气压力(hPa)	850.9	863.1
夏季室外大气压力(hPa)	844.2	856.0
设计计算用供暖期天数及其平均温度　日平均温度≤+5℃的天数	67	41
日平均温度≤+5℃的起止日期	12.10—02.14	01.01—02.10
平均温度≤+5℃期间内的平均温度(℃)	3.4	4.2
日平均温度≤+8℃的天数	112	99
日平均温度≤+8℃的起止日期	11.19—03.10	11.27—03.05
平均温度≤+8℃期间内的平均温度(℃)	4.4	5.7
极端最高气温(℃)	39.7	33.4
极端最低气温(℃)	-11.3	-7.6

(9)					云南(16)
铜仁地区	黔西南州	黔南州	黔东南州	六盘水	昆明
铜仁 57741	兴仁 57902	罗甸 57916	凯里 57825	盘县 56793	昆明 56778
27°43′	25°26′	25°26′	26°36′	25°47′	25°01′
109°11′	105°11′	106°46′	107°59′	104°37′	102°41′
279.7	1378.5	440.3	720.3	1515.2	1892.4
1971—2000	1971—2000	1971—2000	1971—2000	1971—2000	1971—2000
17.0	15.3	19.6	15.7	15.2	14.9
1.4	0.6	5.5	-0.4	0.6	3.6
5.5	6.3	10.2	4.7	6.5	8.1
-0.5	-1.3	3.7	-2.3	-1.4	0.9
76	84	73	80	79	68
35.3	28.7	34.5	32.1	29.3	26.2
26.7	22.2	*	24.5	21.6	20
32.2	25.3	31.2	29.0	25.5	23.0
60	69	66	64	65	68
30.7	24.8	29.3	28.3	24.7	22.4
0.8	1.8	0.6	1.6	1.3	1.8
C SSW	C ESE	C ESE	C SSW	C WSW	C WSW
62 7	29 13	69 4	33 9	48 9	31 13
2.3	2.3	1.7	3.1	2.3	2.6
0.9	2.2	0.7	1.6	2.0	2.2
C ENE	C ENE	C ESE	C NNE	C ENE	C WSW
58 15	19 18	62 8	26 22	31 19	35 19
2.3	1.8	2.3	2.3		3.7
C ENE	C ESE	C ESE	C NNE	C ENE	C WSW
61 11	24 15	64 6	29 15	39 14	31 16
15	29	21	16	33	66
—	—	—	—	—	—
991.3	864.4	968.6	938.3	849.6	811.9
973.1	857.5	954.7	925.2	843.8	808.2
0	0	0	0	0	0
01.29—02.02	—	—	01.09—02.07	—	—
4.9	—	—	4.4	—	—
64	65	0	87	66	27
12.12—02.13	12.10—02.12	—	12.08—03.04	12.09—02.12	12.17—01.12
6.3	6.7	—	5.8	6.9	7.7
40.1	35.5	39.2	37.5	35.1	30.4
-9.2	-6.2	-2.7	-9.7	-7.9	-7.8

省/直辖市/自治区	云南	
市/区/自治州	保山	昭通
台站名称及编号	保山 56748	昭通 56586
台站信息　北纬	25°07′	27°21′
东经	99°10′	103°43′
海拔(m)	1653.5	1949.5
统计年份	1971—2000	1971—2000
年平均温度(℃)	15.9	11.6
室外计算温、湿度　供暖室外计算温度(℃)	6.6	-3.1
冬季通风室外计算温度(℃)	8.5	2.2
冬季空气调节室外计算温度(℃)	5.6	-5.2
冬季空气调节室外计算相对湿度(%)	69	74
夏季空气调节室外计算干球温度(℃)	27.1	27.3
夏季空气调节室外计算湿球温度(℃)	20.9	19.5
夏季通风室外计算温度(℃)	24.2	23.5
夏季通风室外计算相对湿度(%)	67	63
夏季空气调节室外计算日平均温度(℃)	23.1	22.5
风向、风速及频率　夏季室外平均风速(m/s)	1.3	1.6
夏季最多风向	C SSW	C NE
夏季最多风向的频率(%)	50 10	43 12
夏季室外最多风向的平均风速(m/s)	2.5	3
冬季室外平均风速(m/s)	1.4	2.4
冬季最多风向	C WSW	C NE
冬季最多风向的频率(%)	54 10	32 20
冬季室外最多风向的平均风速(m/s)	3.4	3.6
年最多风向	C WSW	C NE
年最多风向的频率(%)	52 8	36 17
冬季日照百分率(%)	74	43
最大冻土深度(cm)	—	—
大气压力　冬季室外大气压力(hPa)	835.7	805.3
夏季室外大气压力(hPa)	830.3	802.0
设计计算用供暖期天数及其平均温度　日平均温度≤+5℃的天数	0	73
日平均温度≤+5℃的起止日期	—	12.04—02.14
平均温度≤+5℃期间内的平均温度(℃)	—	3.1
日平均温度≤+8℃的天数	6	122
日平均温度≤+8℃的起止日期	01.01—01.06	11.10—03.11
平均温度≤+8℃期间内的平均温度(℃)	7.9	4.1
极端最高气温(℃)	32.3	33.4
极端最低气温(℃)	-3.8	-10.6

(16)					
丽江	普洱	红河州	西双版纳州	文山州	曲靖
丽江 56651	思茅 56964	蒙自 56985	景洪 56959	文山州 56994	沾益 56786
26°52′	22°47′	23°23′	22°00′	23°23′	25°35′
100°13′	100°58′	103°23′	100°47′	104°15′	103°50′
2392.4	1302.1	1300.7	582	1271.6	1898.7
1971—2000	1971—2000	1971—2000	1971—2000	1971—2000	1971—2000
12.7	18.4	18.7	22.4	18	14.4
3.1	9.7	6.8	13.3	5.6	1.1
6.0	12.5	12.3	16.5	11.1	7.4
1.3	7.0	4.5	10.5	3.4	-1.6
46	78	72	85	77	67
25.6	29.7	30.7	34.7	30.4	27.0
18.1	22.1	22	25.7	22.1	19.8
22.3	25.8	26.7	30.4	26.7	23.3
59	69	62	67	63	68
21.3	24.0	25.9	28.5	25.5	22.4
2.5	1.0	3.2	0.8	2.2	2.3
C ESE	C SW	S	C ESE	SSE	C SSW
18 11	51 10	26	58 8	25	19 19
2.5	1.9	3.9	1.7	2.9	2.7
4.2	0.9	3.8	0.4	2.9	3.1
WNW	C WSW	SSW	C ESE	S	SW
21	59 7	24	72 3	26	19
5.5	2.7	5.1	1.4	3.4	3.3
WNW	C WSW	S	C ESE	SSE	SSW
15	55 7	23	68 5	25	18
77	64	62	57	50	56
—					
762.6	871.8	865.0	951.3	875.4	810.9
761.0	865.3	871.4	942.7	868.2	807.6
0	0	0	0	0	0
—	—	—	—	—	—
—	—	—	—	—	—
82	0	0	0	0	60
11.27—02.16	—	—	—	—	12.08—02.05
6.3	—	—	—	—	7.4
32.3	35.7	35.9	41.1	35.9	33.2
-10.3	-2.5	-3.9	-1.9	-3.0	-9.2

省/直辖市/自治区		云南		(16)				
市/区/自治州		玉溪	临沧	楚雄州	大理州	德宏州	怒江州	迪庆州
台站名称及编号		玉溪	临沧	楚雄	大理	瑞丽	泸水	香格里拉
		56875	56951	56768	56751	56838	56741	56543
台站信息	北纬	24°21′	23°53′	25°01′	25°42′	24°01′	25°59′	27°50′
	东经	102°33′	100°05′	101°32′	100°11′	97°51′	98°49′	99°42′
	海拔(m)	1636.7	1502.4	1772	1990.5	776.6	1804.9	3276.1
	统计年份	1971—2000	1971—2000	1971—2000	1971—2000	1971—2000	1971—2000	1971—2000
	年平均温度(℃)	15.9	17.5	16.0	14.9	20.3	15.2	5.9
室外计算温、湿度	供暖室外计算温度(℃)	5.5	9.2	5.6	5.2	10.9	6.7	-6.1
	冬季通风室外计算温度(℃)	8.9	11.2	8.7	8.2	13	9.2	-3.2
	冬季空气调节室外计算温度(℃)	3.4	7.7	3.2	3.5	9.9	5.6	-8.6
	冬季空气调节室外计算相对湿度(%)	73	65	75	66	78	56	60
	夏季空气调节室外计算干球温度(℃)	28.2	28.6	28.0	26.2	31.4	26.7	20.8
	夏季空气调节室外计算湿球温度(℃)	20.8	21.3	20.1	20.2	24.5	20	13.8
	夏季通风室外计算温度(℃)	24.5	25.2	24.6	23.3	27.5	22.4	17.9
	夏季通风室外计算相对湿度(%)	66	69	61	64	72	78	63
	夏季空气调节室外计算日平均温度(℃)	23.2	23.6	23.9	22.3	26.4	22.4	15.2
风向、风速及频率	夏季室外平均风速(m/s)	1.4	1.0	1.5	1.9	1.1	2.1	2.1
	夏季最多风向	C WSW	C NE	C WSW	C NW	C WSW	WSW	C SSW
	夏季最多风向的频率(%)	46 10	54 8	32 14	27 10	46 16	30	37 14
	夏季室外最多风向的平均风速(m/s)	2.5	2.4	2.6	2.4	2.5	2.3	3.6
	冬季室外平均风速(m/s)	1.7	1.0	1.5	3.4	0.7	2.1	2.4
	冬季最多风向	C WSW	C W	C WSW	C ESE	C WSW	C NNE	C SSW
	冬季最多风向的频率(%)	61 6	60 4	45 14	15 8	61 6	18 17	38 10
	冬季室外最多风向的平均风速(m/s)	2.8	2.9	2.8	3.9	1.8	2.4	3.9
	年最多风向	C WSW	C NNE	C WSW	C ESE	C WSW	WSW	C SSW
	年最多风向的频率(%)	45 16	55 4	40 13	20 8	51 8	18	36 13
	冬季日照百分率(%)	61	71	66	68	66	68	72
	最大冻土深度(cm)	—	—	—	—	—	—	25
大气压力	冬季室外大气压力(hPa)	837.2	851.2	823.3	802	927.6	820.9	684.5
	夏季室外大气压力(hPa)	832.1	845.4	818.8	798.7	918.6	816.2	685.8
设计计算用供暖期天数及其平均温度	日平均温度≤+5℃的天数	0	0	0	0	0	0	176
	日平均温度≤+5℃的起止日期	—	—	—	—	—	—	10.23—04.16
	平均温度≤+5℃期间内的平均温度(℃)	—	—	—	—	—	—	0.1
	日平均温度≤+8℃的天数	0	0	8	29	0	0	208
	日平均温度≤+8℃的起止日期	—	—	01.01—01.08	12.15—01.12	—	—	10.10—05.05
	平均温度≤+8℃期间内的平均温度(℃)	—	—	7.9	7.5	—	—	1.1
	极端最高气温(℃)	32.6	34.1	33.0	31.6	36.4	32.5	25.6
	极端最低气温(℃)	-5.5	-1.3	-4.8	-4.2	1.4	-0.5	-27.4

省/直辖市/自治区		西藏		(7)				
市/区/自治州		拉萨	昌都地区	那曲地区	日喀则地区	林芝地区	阿里地区	山南地区
台站名称及编号		拉萨	昌都	那曲	日喀则	林芝	狮泉河	错那
		55591	56137	55299	55578	56312	55228	55690
台站信息	北纬	29°40′	31°09′	31°29′	29°15′	29°40′	32°30′	27°59′
	东经	91°08′	97°10′	92°04′	88°53′	94°20′	80°05′	91°57′
	海拔(m)	3648.7	3306	4507	3836	2991.8	4278	9280
	统计年份	1971—2000	1971—2000	1971—2000	1971—2000	1971—2000	1972—2000	1971—2000
	年平均温度(℃)	8.0	7.6	-1.2	6.5	8.7	0.4	-0.3
室外计算温、湿度	供暖室外计算温度(℃)	-5.2	-5.9	-17.8	-7.3	-2	-19.8	-14.4
	冬季通风室外计算温度(℃)	-1.6	-2.3	-12.6	-3.2	0.5	-12.4	-9.9
	冬季空气调节室外计算温度(℃)	-7.6	-7.6	-21.9	-9.1	-3.7	-24.5	-18.2
	冬季空气调节室外计算相对湿度(%)	28	37	40	28	49	37	64
	夏季空气调节室外计算干球温度(℃)	24.1	26.2	17.2	22.6	22.9	22.0	13.2
	夏季空气调节室外计算湿球温度(℃)	13.5	15.1	9.1	13.4	15.6	9.5	8.7
	夏季通风室外计算温度(℃)	19.2	21.6	13.3	18.9	19.9	17.0	11.2
	夏季通风室外计算相对湿度(%)	38	46	52	40	61	31	68
	夏季空气调节室外计算日平均温度(℃)	19.2	19.6	11.5	17.1	17.9	16.4	9.0
风向、风速及频率	夏季室外平均风速(m/s)	1.8	1.2	2.5	1.3	1.6	3.2	4.1
	夏季最多风向	C SE	C NW	C SE	C SSE	C E	C W	WSW
	夏季最多风向的频率(%)	30 12	48 6	30 7	51 9	38 11	24 14	31
	夏季室外最多风向的平均风速(m/s)	2.7	2.1	3.5	2.5	2.1	5.0	5.7
	冬季室外平均风速(m/s)	2.0	0.9	3.0	1.8	2.0	2.6	3.6
	冬季最多风向	C ESE	C NW	C WNW	C W	C E	C W	C WSW
	冬季最多风向的频率(%)	27 15	61 5	39 11	50 11	27 17	41 17	32 17
	冬季室外最多风向的平均风速(m/s)	2.3	2.0	7.5	4.5	2.3	5.7	5.6
	年最多风向	C SE	C NW	C WNW	C W	C E	C W	WSW
	年最多风向的频率(%)	28 12	51 6	34 8	48 7	32 14	33 16	25
	冬季日照百分率(%)	77	63	71	81	57	80	77
	最大冻土深度(cm)	19	81	281	58	13	—	86
大气压力	冬季室外大气压力(hPa)	650.6	679.9	583.9	636.1	706.5	602.0	598.3
	夏季室外大气压力(hPa)	652.9	681.7	589.1	638.5	706.2	604.8	602.7
设计计算用供暖期天数及其平均温度	日平均温度≤+5℃的天数	132	148	254	159	116	238	251
	日平均温度≤+5℃的起止日期	11.01—03.12	10.28—03.24	09.17—05.28	10.22—03.29	11.13—03.08	09.28—05.23	09.23—05.31
	平均温度≤+5℃期间内的平均温度(℃)	0.61	0.3	-5.3	-0.3	2.0	-5.5	-3.7
	日平均温度≤+8℃的天数	179	185	300	194	172	263	365
	日平均温度≤+8℃的起止日期	10.19—04.15	10.17—04.19	08.23—06.18	10.11—04.22	10.24—04.13	09.19—06.08	01.01—12.31
	平均温度≤+8℃期间内的平均温度(℃)	2.17	1.6	-3.4	1.0	3.4	-4.3	-0.1
	极端最高气温(℃)	29.9	33.4	24.2	28.5	30.3	27.6	18.4
	极端最低气温(℃)	-16.5	-20.7	-37.6	-21.3	-13.7	-36.6	-37

省/直辖市/自治区	陕西							
市/区/自治州	西安	延安	宝鸡	汉中	榆林	安康	铜川	咸阳
台站名称及编号	西安	延安	宝鸡	汉中	榆林	安康	铜川	武功
	57036	53845	57016	57127	53646	57245	53947	57034
台站信息 北纬	34°18′	36°36′	34°21′	33°04′	38°14′	32°43′	35°05′	34°15′
东经	108°56′	109°30′	107°08′	107°02′	109°42′	109°02′	109°04′	108°13′
海拔(m)	397.5	958.5	612.4	509.5	1507.5	290.8	978.9	447.8
统计年份	1971—2000	1971—2000	1971—2000	1971—2000	1971—2000	1971—2000	1971—1999	1971—2000
年平均温度(℃)	13.7	9.9	13.2	14.4	8.3	15.6	10.6	13.2
室外计算温、湿度 供暖室外计算温度(℃)	-3.4	-10.3	-3.4	-0.1	-15.1	0.9	-7.2	-3.6
冬季通风室外计算温度(℃)	-0.1	-5.5	0.1	2.4	-9.4	3.5	-3.0	-0.4
冬季空气调节室外计算温度(℃)	-5.7	-13.3	-5.8	-1.8	-19.3	-0.9	-9.8	-5.9
冬季空气调节室外计算相对湿度(%)	66	53	62	80	55	71	55	67
夏季空气调节室外计算干球温度(℃)	35.0	32.4	34.1	32.3	32.2	35.0	31.5	34.3
夏季空气调节室外计算湿球温度(℃)	25.8	22.8	24.6	26	21.5	26.8	23	*
夏季通风室外计算温度(℃)	30.6	28.1	29.5	28.5	28.0	30.5	27.4	29.9
夏季通风室外计算相对湿度(%)	58	52	58	69	45	64	60	61
夏季空气调节室外计算日平均温度(℃)	30.7	26.1	29.2	28.5	26.5	30.7	26.5	29.8
风向、风速及频率 夏季室外平均风速(m/s)	1.9	1.6	1.5	1.1	2.3	1.3	2.2	2.9
夏季最多风向	C ENE	C WSW	C ESW	C ESE	C S	C E	ENE	C WNW
夏季最多风向的频率(%)	28 13	28 16	37 12	43 9	27 17	41 7	20	28
冬季室外平均风速(m/s)	1.4	1.8	1.1	0.9	1.7	1.2	2.2	1.4
冬季最多风向	C ENE	C WSW	C ESE	C E	C N	C E	ENE	C NW
冬季最多风向的频率(%)	41 10	25 20	54 13	55 8	43 14	49 13	31	34 7
冬季室外最多风向的平均风速(m/s)	2.5	2.4	2.8	2.4	2.9	2.3	2.3	2.1
年最多风向	C ENE	C WSW	C ESE	C ESE	C S	C E	ENE	C WNW
年最多风向的频率(%)	35 11	26 17	47 13	49 8	35 11	45 10	24	31 9
冬季日照百分率(%)	32	61	40	27	64	30	58	42
最大冻土深度(cm)	37	77	29	8	148	8	53	24
大气压力 冬季室外大气压力(hPa)	979.1	913.8	953.7	964.3	902.2	990.6	911.1	971.7
夏季室外大气压力(hPa)	959.8	900.7	936.9	947.8	889.9	971.7	898.4	953.1
设计计算用供暖期天数及其平均温度 日平均温度≤+5℃的天数	100	133	101	72	153	60	128	101
日平均温度≤+5℃的起止日期	11.23—03.02	11.06—03.18	11.23—03.03	12.04—02.13	10.27—03.28	12.12—02.09	11.10—03.17	11.23—03.03
平均温度≤+5℃期间内的平均温度(℃)	1.5	-1.9	1.6	3.0	-3.9	3.8	-0.2	1.2
日平均温度≤+8℃的天数	127	159	135	115	171	100	148	133
日平均温度≤+8℃的起止日期	11.09—03.15	10.23—03.30	11.08—03.22	11.15—03.09	10.17—04.05	11.26—03.05	11.03—03.30	11.08—03.20
平均温度≤+8℃期间内的平均温度(℃)	2.6	-0.5	2.7	4.3	-2.8	4.9	0.6	2.7
极端最高气温(℃)	41.8	38.3	41.6	38.3	38.6	41.3	37.7	40.4
极端最低气温(℃)	-12.8	-23.0	-16.1	-10.0	-30.0	-9.7	-21.8	-19.4

省/直辖市/自治区	陕西(9)	甘肃					
市/区/自治州	商洛	兰州	酒泉	平凉	天水	陇南	张掖
台站名称及编号	商州	兰州	酒泉	平凉	天水	武都	张掖
	57143	52889	52533	53915	57006	56096	52652
台站信息 北纬	33°52′	36°03′	39°46′	35°33′	34°35′	33°24′	38°56′
东经	109°58′	103°53′	98°29′	106°40′	105°45′	104°55′	100°26′
海拔(m)	742.2	1517.2	1477.2	1346.6	1141.7	1079.1	1482.7
统计年份	1971—2000	1971—2000	1971—2000	1971—2000	1971—2000	1971—2000	1971—2000
年平均温度(℃)	12.8	9.8	7.5	8.8	11.0	14.6	7.3
室外计算温、湿度 供暖室外计算温度(℃)	-3.3	-9.0	-14.5	-8.8	-5.7	0.0	-13.7
冬季通风室外计算温度(℃)	-0.5	-5.3	-9.0	-4.6	-2.0	3.3	-9.3
冬季空气调节室外计算温度(℃)	-5	-11.5	-18.5	-12.3	-8.4	-2.3	-17.1
冬季空气调节室外计算相对湿度(%)	59	54	53	55	62	51	52
夏季空气调节室外计算干球温度(℃)	32.9	31.2	30.5	29.8	30.8	32.6	31.7
夏季空气调节室外计算湿球温度(℃)	24.3	20.1	19.6	21.3	21.8	22.3	19.5
夏季通风室外计算温度(℃)	28.6	26.5	26.3	25.6	26.9	28.3	26.9
夏季通风室外计算相对湿度(%)	56	45	39	56	55	52	37
夏季空气调节室外计算日平均温度(℃)	27.6	26.0	24.8	24.0	25.9	28.5	25.1
风向、风速及频率 夏季室外平均风速(m/s)	2.2	1.2	2.2	2.8	1.2	1.7	2.0
夏季最多风向	C SE	C ESE	C ESE	C SE	C ESE	C SSE	C S
夏季最多风向的频率(%)	27 18	48 9	24 8	24 14	43 15	39 10	25 12
冬季室外平均风速(m/s)	2.6	0.5	2.0	2.8	1.0	1.2	1.8
冬季最多风向	C NW	C E	C W	C NW	C ESE	C ENE	C S
冬季最多风向的频率(%)	22 16	74 5	21 12	22 20	51 15	47 6	27 13
冬季室外最多风向的平均风速(m/s)	4.1	1.7	2.4	2.2	2.0	2.3	2.1
年最多风向	C SE	C ESE	C WSW	C NW	C ESE	C SSE	C S
年最多风向的频率(%)	26 15	59 7	21 10	24 16	47 15	43 8	25 12
冬季日照百分率(%)	47	53	72	60	46	47	74
最大冻土深度(cm)	18	98	117	48	90	13	113
大气压力 冬季室外大气压力(hPa)	937.7	851.5	856.3	870.0	892.4	898.0	855.5
夏季室外大气压力(hPa)	923.3	843.2	847.2	860.8	881.2	887.3	846.5
设计计算用供暖期天数及其平均温度 日平均温度≤+5℃的天数	100	133	157	143	119	64	159
日平均温度≤+5℃的起止日期	11.25—03.04	11.05—03.14	10.23—03.28	11.05—03.27	11.11—03.09	12.09—02.10	10.21—03.28
平均温度≤+5℃期间内的平均温度(℃)	1.9	-1.9	-4	-1.3	0.3	3.7	-4.0
日平均温度≤+8℃的天数	139	160	183	170	145	102	178
日平均温度≤+8℃的起止日期	11.09—03.27	10.20—03.28	10.12—04.12	10.18—04.05	11.04—03.28	11.23—03.04	10.12—04.07
平均温度≤+8℃期间内的平均温度(℃)	3.3	-0.3	-2.4	0.0	1.4	4.8	-2.9
极端最高气温(℃)	39.9	39.8	36.6	36.0	38.2	38.6	38.6
极端最低气温(℃)	-13.9	-19.7	-29.8	-24.3	-17.4	-8.6	-28.2

续表 A.0.1-1

省/直辖市/自治区	甘肃						
市/区/自治州	白银	金昌	(13) 庆阳	定西	武威	临夏州	甘南州
台站名称及编号	靖远 52895	永昌 52674	西峰镇 53923	临洮 52986	武威 52679	临夏 52984	合作 56080
北纬（台站信息）	36°34′	38°14′	35°44′	35°22′	37°55′	35°35′	36°00′
东经	104°41′	101°58′	107°38′	103°52′	102°40′	103°11′	102°54′
海拔(m)	1398.2	1976.1	1421	1886.6	1530.9	1917	2910.0
统计年份	1971—2000	1971—2000	1971—2000	1971—2000	1971—2000	1971—2000	1971—2000
年平均温度(℃)	9	5	8.7	7.2	7.9	7.0	2.4
供暖室外计算温度(℃)	-10.7	-14.8	-9.6	-11.3	-12.7	-10.6	-13.8
冬季通风室外计算温度(℃)	-6.9	-9.6	-4.8	-7.0	-7.8	-6.7	-9.9
冬季空气调节室外计算温度(℃)	-13.9	-18.2	-12.9	-15.2	-16.3	-13.4	-16.6
冬季空气调节室外计算相对湿度(%)	58	45	53	62	49	59	49
夏季空气调节室外计算干球温度(℃)	30.9	27.3	28.7	27.7	30.9	26.9	22.3
夏季空气调节室外计算湿球温度(℃)	21	17.2	20.6	19.2	19.6	19.4	14.5
夏季通风室外计算温度(℃)	26.7	23	24.6	23.3	26.4	22.8	17.9
夏季通风室外计算相对湿度(%)	48	45	57	55	41	57	54
夏季空气调节室外计算日平均温度(℃)	25.9	20.6	24.3	22.1	24.8	22.8	15.9
夏季室外平均风速(m/s)	1.3	3.1	2.4	1.2	1.8	1.0	1.5
夏季最多风向	C S	WNW	SSW	C SSW	C NNW	C WSW	C N
夏季最多风向的频率(%)	49 10	21	16	43 7	35 9	54 9	46 13
夏季室外最多风向的平均风速(m/s)	3.3	3.6	2.9	1.7	3.3	2.2	3.3
冬季室外平均风速(m/s)	0.7	2.6	2.2	1.0	1.6	1.2	1.0
冬季最多风向	C ENE	C WNW	C NNW	C NE	C SW	C N	C N
冬季最多风向的频率(%)	69 6	27 16	13 10	52 7	35 11	47 10	63 8
冬季室外最多风向的平均风速(m/s)	2.1	3.5	2.8	1.9	2.4	1.9	3.0
年最多风向	C S	C WNW	SSW	C ESE	C SW	C NNE	C N
年最多风向的频率(%)	56 6	19 18	13	45 9	34 9	49 9	50 11
冬季日照百分率(%)	66	78	61	64	75	63	66
最大冻土深度(cm)	86	159	79	114	141	85	142
冬季室外大气压力(hPa)	864.5	802.8	861.8	812.6	850.3	809.4	713.2
夏季室外大气压力(hPa)	855	798.9	853.5	808.1	841.8	805.1	716.0
日平均温度≤+5℃的天数	138		144	155	155	156	202
日平均温度≤+5℃的起止日期	11.03—03.20	10.15—04.04	11.05—03.28	10.25—03.28	10.24—03.27	10.24—03.28	10.08—04.27
平均温度≤+5℃期间内的平均温度(℃)	-2.7	-4.3	-1.5	-2.2	-3.1	-2.2	-3.9
日平均温度≤+8℃的天数	167	199	171	183	174	185	250
日平均温度≤+8℃的起止日期	10.19—04.03	10.05—04.21	10.18—04.06	10.14—04.14	10.14—04.05	10.13—04.15	09.15—05.22
平均温度≤+8℃期间内的平均温度(℃)	-1.1	-3.0	-0.2	-0.8	-2.0	-0.8	-1.8
极端最高气温(℃)	39.5	35.1	36.4	36.1	35.1	36.4	30.4
极端最低气温(℃)	-24.3	-28.3	-22.6	-27.9	-28.3	-24.7	-27.9

续表 A.0.1-1

省/直辖市/自治区	青海						
市/区/自治州	西宁	玉树州	(8) 海西州	黄南州	海南州	果洛州	海北州
台站名称及编号	西宁 52866	玉树 56029	格尔木 52818	河南 56065	共和 52856	达日 56046	祁连 52657
北纬（台站信息）	36°43′	33°01′	36°25′	34°44′	36°16′	33°45′	38°11′
东经	101°45′	97°01′	94°54′	101°36′	100°37′	99°39′	100°15′
海拔(m)	2295.2	3681.2	2807.3	3500	2835	3967.5	2787.4
统计年份	1971—2000	1971—2000	1971—2000	1972—2000	1971—2000	1972—2000	1971—2000
年平均温度(℃)	6.1	3.2	5.3	0.0	4.0	-0.9	1.0
供暖室外计算温度(℃)	-11.4	-11.9	-12.9	-18.0	-14	-18.0	-17.2
冬季通风室外计算温度(℃)	-7.4	-7.6	-9.1	-12.3	-9.8	-12.6	-13.2
冬季空气调节室外计算温度(℃)	-13.6	-15.8	-15.7	-22.0	-16.6	-21.1	-19.7
冬季空气调节室外计算相对湿度(%)	45	44	39	55	43	53	44
夏季空气调节室外计算干球温度(℃)	26.5	21.8	26.9	19.0	24.6	17.3	23.0
夏季空气调节室外计算湿球温度(℃)	16.6	13.1	13.3	12.4	14.8	10.9	13.8
夏季通风室外计算温度(℃)	21.9	17.3	21.6	14.9	19.8	13.4	18.3
夏季通风室外计算相对湿度(%)	48	50	30	58	48	57	48
夏季空气调节室外计算日平均温度(℃)	20.8	15.5	21.4	13.2	19.3	12.1	15.9
夏季室外平均风速(m/s)	1.5	0.8	3.3	2.4	2.0	2.2	2.2
夏季最多风向	C SSE	C E	WNW	C SE	C SSE	C ENE	C SSE
夏季最多风向的频率(%)	37 17	63 7	20	29 13	30 8	32 12	23 19
夏季室外最多风向的平均风速(m/s)	2.9	2.3	4.3	3.4	2.9	3.4	2.9
冬季室外平均风速(m/s)	1.3	1.1	2.2	1.9	1.4	2.0	1.5
冬季最多风向	C SSE	C WNW	C WSW	C NW	C NNE	C WNW	C SSE
冬季最多风向的频率(%)	49 18	62 7	23 12	47 6	45 12	48 7	36 13
冬季室外最多风向的平均风速(m/s)	3.2	3.5	2.3	4.4	1.6	4.9	2.3
年最多风向	C SSE	C WNW	WNW	C ESE	C NNE	C ENE	C SSE
年最多风向的频率(%)	41 20	60 6	15	35 9	36 10	38 7	27 17
冬季日照百分率(%)	68	60	72	69	75	62	73
最大冻土深度(cm)	123	104	84	177	150	238	250
冬季室外大气压力(hPa)	774.4	647.5	723.5	663.1	720.1	624.0	725.1
夏季室外大气压力(hPa)	772.9	651.5	724.0	668.4	721.8	630.1	727.3
日平均温度≤+5℃的天数	176	199	176	243	183	255	213
日平均温度≤+5℃的起止日期	10.20—04.02	10.09—04.25	10.15—04.08	09.17—05.17	10.14—04.14	09.14—05.26	09.29—04.29
平均温度≤+5℃期间内的平均温度(℃)	-2.6	-2.7	-3.8	-4.5	-4.1	-4.9	-5.8
日平均温度≤+8℃的天数	190	248	203	285	210	302	252
日平均温度≤+8℃的起止日期	10.10—04.17	09.17—05.22	10.02—04.22	09.01—06.12	09.30—04.27	08.23—06.20	09.12—05.21
平均温度≤+8℃期间内的平均温度(℃)	-1.4	-0.8	-2.4	-2.8	-2.7	-2.9	-3.8
极端最高气温(℃)	36.5	28.5	35.5	26.2	33.7	23.3	33.3
极端最低气温(℃)	-24.9	-27.6	-26.9	-37.2	-27.7	-34	-32.0

省/直辖市/自治区		青海(8)	宁夏	(5)			
市/区/自治州		海东地区	银川	石嘴山	吴忠	固原	中卫
台站名称及编号		民和	银川	惠农	同心	固原	中卫
		52876	53614	53519	53810	53817	53704
台站信息	北纬	36°19′	38°29′	39°13′	36°59′	36°00′	37°32′
	东经	102°51′	106°13′	106°46′	105°54′	106°16′	105°11′
	海拔(m)	1813.9	1111.4	1091.0	1343.9	1753.0	1225.7
	统计年份	1971—2000	1971—2000	1971—2000	1971—2000	1971—2000	1971—1990
	年平均温度(℃)	7.9	9.0	8.8	9.1	6.4	8.7
室外计算温、湿度	供暖室外计算温度(℃)	-10.5	-13.1	-13.6	-12.0	-13.2	-12.6
	冬季通风室外计算温度(℃)	-6.2	-7.9	-8.4	-7.1	-8.1	-7.5
	冬季空气调节室外计算温度(℃)	-13.4	-17.3	-17.4	-16.0	-17.3	-16.4
	冬季空气调节室外计算相对湿度(%)	51	55	50	50	56	51
	夏季空气调节室外计算干球温度(℃)	28.8	31.2	31.8	32.4	27.7	31.0
	夏季空气调节室外计算湿球温度(℃)	19.4	22.1	21.5	20.7	19	21.1
	夏季通风室外计算温度(℃)	24.5	27.6	28.0	27.7	23.2	27.2
	夏季通风室外计算相对湿度(%)	50	48	42	40	54	47
	夏季空气调节室外计算日平均温度(℃)	23.3	26.2	26.8	26.6	22.2	25.7
风向、风速及频率	夏季室外平均风速(m/s)	1.4	2.1	3.1	3.2	2.7	1.9
	夏季最多风向	C SE	C SSW	C SSW	SSE	C SSE	C ESE
	夏季室外最多风向的频率(%)	38 8	21 11	15 12	23	19 14	37 20
	夏季室外最多风向的平均风速(m/s)	2.2	2.9	3.1	3.4	3.7	1.9
	冬季室外平均风速(m/s)	1.4	1.8	2.7	2.3	2.7	1.8
	冬季最多风向	C SE	C NNE	C NNE	C SSE	C NNW	C WNW
	冬季最多风向的频率(%)	40 10	26 11	26 11	22 19	18 9	46 11
	冬季室外最多风向的平均风速(m/s)			4.7	2.8	3.8	2.6
	年最多风向	C SE	C NNE	C SSW	SSE	C SE	C ESE
	年最多风向的频率(%)	38 11	23 9	19 8	21	18 11	40 13
	冬季日照百分率(%)	61	68	73	72	67	72
大气压力	最大冻土深度(cm)	108	88	91	130	121	66
	冬季室外大气压力(hPa)	820.3	896.1	898.2	870.6	826.8	883.0
	夏季室外大气压力(hPa)	815.0	883.9	885.7	860.6	821.1	871.7
设计计算用供暖期天数及其平均温度	日平均温度≤+5℃的天数	146	145	146	143	166	145
	日平均温度≤+5℃的起止日期	11.02—03.27	11.03—03.27	11.02—03.27	11.04—03.26	10.21—04.04	11.02—03.26
	平均温度≤+5℃期间内的平均温度(℃)	-2.1	-3.2	-3.7	-2.8	-3.1	-3.1
	日平均温度≤+8℃的天数	173	169	169	168	189	170
	日平均温度≤+8℃的起止日期	10.15—04.05	10.19—04.05	10.19—04.05	10.19—04.04	10.10—04.16	10.18—04.05
	平均温度≤+8℃期间内的平均温度(℃)	-0.8	-1.8	-2.3	-1.4	-1.9	-1.6
	极端最高气温(℃)	37.2	38.7	38	39	34.6	37.6
	极端最低气温(℃)	-24.9	-27.7	-28.4	-27.1	-30.9	-29.2

省/直辖市/自治区		新疆		(14)			
市/区/自治州		乌鲁木齐	克拉玛依	吐鲁番	哈密	和田	阿勒泰	喀什地区
台站名称及编号		乌鲁木齐	克拉玛依	吐鲁番	哈密	和田	阿勒泰	喀什
		51463	51243	51573	52203	51828	51076	51709
台站信息	北纬	43°47′	45°37′	42°56′	42°49′	37°08′	47°44′	39°28′
	东经	87°37′	84°51′	89°12′	93°31′	79°56′	88°05′	75°59′
	海拔(m)	917.9	449.5	34.5	737.2	1374.5	735.3	1288.7
	统计年份	1971—2000	1971—2000	1971—2000	1971—2000	1971—2000	1971—2000	1971—2000
	年平均温度(℃)	7.0	8.6	14.4	10.0	12.5	4.5	11.8
室外计算温、湿度	供暖室外计算温度(℃)	-19.7	-22.2	-12.6	-15.6	-8.7	-24.5	-10.9
	冬季通风室外计算温度(℃)	-12.7	-15.4	-7.6	-10.4	-4.4	-15.5	-5.3
	冬季空气调节室外计算温度(℃)	-23.7	-26.5	-17.1	-18.9	-12.8	-29.5	-14.6
	冬季空气调节室外计算相对湿度(%)	78	78	60	60	54	74	67
	夏季空气调节室外计算干球温度(℃)	33.5	36.4	40.3	35.8	34.5	30.8	33.3
	夏季空气调节室外计算湿球温度(℃)	18.2	19.8	24.2	22.3	21.6	19.9	21.2
	夏季通风室外计算温度(℃)	27.5	30.6	36.2	31.5	28.8	25.5	28.8
	夏季通风室外计算相对湿度(%)	34	26	26	28	36	43	34
	夏季空气调节室外计算日平均温度(℃)	28.3	32.3	35.3	30.0	28.9	26.3	28.7
风向、风速及频率	夏季室外平均风速(m/s)	3.0	4.4	1.5	1.6	2.0	2.6	2.1
	夏季最多风向	NNW	NNW	C ESE	C ENE	C WSW	C WNW	C NNW
	夏季室外最多风向的频率(%)	15	29	34 8	36 13	19 10	23 15	22 8
	夏季室外最多风向的平均风速(m/s)	3.7	6.6	2.4	2.8	2.2	4.2	3.0
	冬季室外平均风速(m/s)	1.6	1.1	0.5	1.5	1.4	1.2	1.1
	冬季最多风向	C SSW	C E	C SSE	C ENE	C WSW	C ENE	C NNW
	冬季最多风向的频率(%)	29 10	49 7	67 4	37 16	31 8	52 9	44 9
	冬季室外最多风向的平均风速(m/s)			1.3	2.1	1.8	2.4	1.7
	年最多风向	C NNW	C NNW	C ESE	C ENE	C SW	C NE	C NNW
	年最多风向的频率(%)	15 12	21 19	48 7	35 13	23 10	31 9	33 9
	冬季日照百分率(%)	39	47	56	72	56	58	53
大气压力	最大冻土深度(cm)	139	192	83	127	64	139	66
	冬季室外大气压力(hPa)	924.6	979.0	1027.9	939.6	866.9	941.1	876.9
	夏季室外大气压力(hPa)	911.2	957.6	997.6	921.0	856.5	925.0	866.0
设计计算用供暖期天数及其平均温度	日平均温度≤+5℃的天数	158	147	118	141	114	176	121
	日平均温度≤+5℃的起止日期	10.24—03.30	10.31—03.26	11.07—03.04	10.31—03.20	11.12—03.05	10.17—04.10	11.09—03.09
	平均温度≤+5℃期间内的平均温度(℃)	-7.1	-8.6	-3.4	-4.7	-1.4	-8.6	-1.9
	日平均温度≤+8℃的天数	180	165	136	162	132	190	139
	日平均温度≤+8℃的起止日期	10.14—04.11	10.19—04.01	10.30—03.14	10.18—03.28	11.03—03.14	10.08—04.15	10.30—03.17
	平均温度≤+8℃期间内的平均温度(℃)	-5.4		-2.0	-3.2	-0.3	-7.5	-0.7
	极端最高气温(℃)	42.1	42.7	47.7	43.2	41.1	37.5	39.9
	极端最低气温(℃)	-32.8	-34.3	-25.2	-28.6	-20.1	-41.6	-23.6

续表 A.0.1-1

省/直辖市/自治区	新疆		(14)				
市/区/自治州	伊犁哈萨克自治州 伊宁	巴音郭楞蒙古自治州 库尔勒	昌吉回族自治州 奇台	博尔塔拉蒙古自治州 精河	阿克苏地区 阿克苏	塔城地区 塔城	克孜勒苏柯尔克孜自治州 乌恰
台站名称及编号	51431	51656	51379	51334	51628	51133	51705
北纬	43°57′	41°45′	44°01′	44°27′	41°10′	46°44′	39°43′
东经	81°20′	86°08′	89°34′	82°54′	80°14′	83°00′	75°15′
海拔(m)	662.5	931.5	793.5	320.1	1103.8	534.9	2175.7
统计年份	1971—2000	1971—2000	1971—2000	1971—2000	1971—2000	1971—2000	1971—2000
年平均温度(℃)	9	11.7	5.2	7.8	10.3	7.1	7.3
供暖室外计算温度(℃)	−16.9	−11.1	−24.0	−22.2	−12.5	−19.2	−14.1
冬季通风室外计算温度(℃)	−8.8	−7	−17.0	−15.2	−7.8	−10.5	−8.2
冬季空气调节室外计算温度(℃)	−21.5	−15.3	−28.2	−25.8	−16.2	−24.7	−17.9
冬季空气调节室外计算相对湿度(%)	78	63	79	81	69	72	59
夏季空气调节室外计算干球温度(℃)	32.9	34.5	33.5	34.8	32.7	33.6	28.8
夏季空气调节室外计算湿球温度(℃)	21.3	22.1	19.5	*	*	*	*
夏季通风室外计算温度(℃)	27.2	30.0	27.9	30.0	28.4	27.5	23.6
夏季通风室外计算相对湿度(%)	45	33	34	39	39	39	27
夏季空气调节室外计算日平均温度(℃)	26.3	30.6	28.2	28.7	27.1	26.9	24.3
夏季室外平均风速(m/s)	2	2.6	3.5	1.7	1.7	2.2	3.1
夏季最多风向	C ESE	C ENE	SSW	C SSW	C NNW	N	C WNW
夏季最多风向的频率(%)	20 16	28 19	18	28 14	28 8	16	21 15
夏季室外最多风向的平均风速(m/s)	2.3	4.6	3.5	2	2.3	2.2	5.0
冬季室外平均风速(m/s)	1.3	1.8	2.5	1.0	1.2	2.0	1.4
冬季最多风向	C E	C E	SSW	C SSW	C NNE	C NNE	C WNW
冬季最多风向的频率(%)	38 14	38 19	19	49 13	32 15	22 22	59 7
冬季室外最多风向的平均风速(m/s)	2	3.2	2.9	1.6	1.6	2.1	5.9
年最多风向	C ESE	C E	SSW	C SSW	C NNE	NNE	C WNW
年最多风向的频率(%)	28 14	32 16	17	37 13	31 10	17	36 12
冬季日照百分率(%)	56	62	60	43	61	57	62
最大冻土深度(cm)	60	58	136	141	80	160	650
冬季室外大气压力(hPa)	947.4	917.6	934.1	994.1	897.3	963.2	786.2
夏季室外大气压力(hPa)	934	902.3	919.4	971.2	884.3	947.5	784.3
日平均温度≤+5℃的天数	141	127	164	152	124	162	153
日平均温度≤+5℃的起止日期	11.03—03.23	11.06—03.12	10.19—03.31	10.27—03.27	11.04—03.07	10.23—04.02	10.27—03.28
平均温度≤+5℃期间内的平均温度(℃)	−3.9	−2.9	−9.5	−7.7	−3.5	−5.4	−3.6
日平均温度≤+8℃的天数	161	150	187	170	137	182	182
日平均温度≤+8℃的起止日期	10.20—03.29	10.24—03.22	10.09—04.13	10.16—04.03	10.22—03.07	10.13—04.12	10.13—04.12
平均温度≤+8℃期间内的平均温度(℃)	−2.6	−1.4	−7.4	−6.2	−1.8	−4.1	−1.9
极端最高气温(℃)	39.2	40	40.5	41.6	39.6	41.3	35.7
极端最低气温(℃)	−36	−25.3	−40.1	−33.8	−25.2	−37.1	−29.9

注：* 该台站该项数据缺失。

表 A.0.1-2 室外空气计算参数(二)

序号	省/直辖市/自治区	市/区/自治州	台站编号	北纬	东经	海拔(m)	统计年份	历年极端最高气温平均值(℃)	历年极端最低气温平均值(℃)	累年最低日平均温度(℃)	累年最热月平均相对湿度(%)
1	北京	密云	54416	40°23′	116°52′	71.8	1989—2000	36.6	−17.1	−13.9	61
2	北京	北京	54511	39°48′	116°28′	31.3	1971—2000	36.9	−14.0	−12.8	61
3	天津	天津	54527	39°05′	117°04′	2.5	1971—2000	37.1	−13.9	−11.8	61
4	河北	张北	53399	41°09′	114°42′	1393.3	1971—2000	30.5	−30.2	−27.7	65
5	河北	石家庄	53698	38°02′	114°25′	81	1971—2000	38.9	−13.1	−12.9	63
6	河北	邢台	53798	37°04′	114°30′	77.3	1971—2000	39.0	−12.0	−13	63
7	河北	丰宁	54308	41°13′	116°38′	661.2	1971—2000	35.0	−24.3	−20.6	57
8	河北	怀来	54405	40°24′	115°30′	536.8	1971—2000	36.5	−18.6	−17.6	58
9	河北	承德	54423	40°59′	117°57′	385.9	1971—2000	36.1	−20.6	−17.4	56
10	河北	乐亭	54539	39°26′	118°53′	10.5	1971—2000	34.6	−17.8	−15.5	74
11	河北	饶阳	54606	38°14′	115°44′	19	1971—2000	38.6	−16.0	−17.2	63
12	山西	大同	53487	40°06′	113°20′	1067.2	1971—2000	34.5	−24.3	−22.2	61
13	山西	原平	53673	38°44′	112°43′	828.2	1971—2000	35.6	−20.9	−19	63
14	山西	太原	53772	37°47′	112°33′	778.3	1971—2000	35.0	−19.0	−15.7	67
15	山西	榆社	53787	37°04′	112°59′	1041.4	1971—2000	34.4	−19.8	−18.1	63

1—55

序号	省/直辖市/自治区	市/区/自治州	台站编号	台站信息				室外空气计算参数			
				北纬	东经	海拔(m)	统计年份	历年极端最高气温平均值(℃)	历年极端最低气温平均值(℃)	累年最低日平均温度(℃)	累年最热月平均相对湿度(%)
16	山西	介休	53863	37°02′	111°55′	743.9	1971—2000	36.1	−17.9	−16.4	64
17	山西	运城	53959	35°03′	111°03′	365	1971—2000	39.1	−12.6	−11.7	58
18	山西	侯马	53963	35°39′	111°22′	433.8	1991—2000	39.1	−15.6	−14.9	60
19	内蒙古	图里河	50434	50°29′	121°41′	732.6	1971—2000	31.2	−44.2	−40.9	81
20	内蒙古	满洲里	50514	49°34′	117°26′	661.7	1971—2000	33.8	−36.2	−35.1	64
21	内蒙古	海拉尔	50527	49°13′	119°45′	610.2	1971—2000	33.5	−38.1	−38	70
22	内蒙古	博克图	50632	48°46′	121°55′	739.7	1971—2000	31.6	−31.9	−32	74
23	内蒙古	阿尔山	50727	47°10′	119°56′	997.2	1971—2000	30.3	−39.8	−40.3	74
24	内蒙古	索伦	50834	46°36′	121°13′	499.7	1971—2000	34.8	−31.3	−30.4	58
25	内蒙古	东乌珠穆沁旗	50915	45°31′	116°58′	838.9	1971—2000	35.8	−34.4	−33.4	49
26	内蒙古	额济纳旗	52267	41°57′	101°04′	940.5	1971—2000	39.9	−25.0	−24.9	27
27	内蒙古	巴音毛道	52495	40°10′	104°48′	1323.9	1971—2000	36.8	−25.0	−25	33
28	内蒙古	二连浩特	53068	43°39′	111°58′	964.7	1971—2000	37.2	−31.9	−31.8	35
29	内蒙古	阿巴嘎旗	53192	44°01′	114°57′	1126.1	1971—2000	34.8	−34.6	−33.8	45
30	内蒙古	海力素	53231	41°24′	106°24′	1509.6	1971—2000	34.4	−27.9	−28.9	35
31	内蒙古	朱日和	53276	42°24′	112°54′	1150.8	1971—2000	35.6	−28.1	−28	34
32	内蒙古	乌拉特后旗	53336	41°34′	108°31′	1288	1971—2000	34.4	−26.7	−27.2	46
33	内蒙古	达尔罕联合旗	53352	41°42′	110°26′	1376.6	1971—2000	33.9	−30.9	−32.6	52
34	内蒙古	化德	53391	41°54′	114°00′	1482.7	1971—2000	31.4	−28.5	−29.5	61
35	内蒙古	呼和浩特	53463	40°49′	111°41′	1063	1971—2000	34.2	−23.7	−25.1	53
36	内蒙古	吉兰太	53502	39°47′	105°45′	1031.8	1971—2000	38.9	−24.5	−24.7	36
37	内蒙古	鄂托克旗	53529	39°06′	107°59′	1380.3	1971—2000	34.8	−25.3	−24.2	46
38	内蒙古	东胜	53543	39°50′	109°59′	1461.9	1971—2000	32.8	−23.0	−24.9	52
39	内蒙古	西乌珠穆沁旗	54012	44°35′	117°36′	995.9	1971—2000	34.0	−33.4	−31.5	52
40	内蒙古	扎鲁特旗	54026	44°34′	120°54′	265	1971—2000	37.2	−24.1	−24.5	51
41	内蒙古	巴林左旗	54027	43°59′	119°24′	486.2	1971—2000	36.3	−27.0	−24.1	54
42	内蒙古	锡林浩特	54102	43°57′	116°07′	1003	1971—2000	35.2	−31.9	−30.5	45
43	内蒙古	林西	54115	43°36′	118°04′	799.5	1971—2000	35.0	−26.8	−25.2	49
44	内蒙古	开鲁	54134	43°36′	121°17′	241	1971—2000	36.6	−25.7	−24.4	58
45	内蒙古	通辽	54135	43°36′	122°16′	178.7	1971—2000	35.6	−26.4	−26.7	61
46	内蒙古	多伦	54208	42°11′	116°28′	1245.4	1971—2000	31.7	−31.3	−30	57

序号	省/直辖市/自治区	市/区/自治州	台站编号	台 站 信 息					室外空气计算参数			
				北纬	东经	海拔(m)	统计年份		历年极端最高气温平均值(℃)	历年极端最低气温平均值(℃)	累年最低日平均温度(℃)	累年最热月平均相对湿度(%)
47	内蒙古	赤峰	54218	42°16′	118°56′	568	1971—2000		36.6	−23.8	−22.4	49
48	辽宁	彰武	54236	42°25′	122°32′	79.4	1971—2000		34.3	−24.9	−23.7	69
49	辽宁	朝阳	54324	41°33′	120°27′	169.9	1971—2000		37.1	−24.6	−22.8	57
50	辽宁	新民	54333	41°59′	122°50′	30.7	1987—2000		33.7	−22.6	−23.3	83
51	辽宁	锦州	54337	41°08′	121°07′	65.9	1971—2000		35.0	−19.1	−18.7	70
52	辽宁	沈阳	54342	41°44′	123°27′	44.7	1971—2000		33.6	−25.0	−23.8	83
53	辽宁	本溪	54346	41°19′	123°47′	185.4	1971—2000		33.7	−26.6	−26.5	79
54	辽宁	兴城	54455	40°35′	120°42′	10.5	1971—2000		33.9	−19.9	−18.7	81
55	辽宁	营口	54471	40°40′	122°16′	3.3	1971—2000		32.4	−21.2	−22.3	72
56	辽宁	宽甸	54493	40°43′	124°47′	260.1	1971—2000		32.7	−27.9	−25.5	87
57	辽宁	丹东	54497	40°03′	124°20′	13.8	1971—2000		32.4	−19.7	−20.4	86
58	辽宁	大连	54662	38°54′	121°38′	91.5	1971—2000		31.9	−14.4	−15.8	76
59	吉林	白城	50936	45°38′	122°50′	155.3	1971—2000		35.7	−29.7	−29.8	66
60	吉林	前郭尔罗斯	50949	45°05′	124°52′	136.2	1971—2000		34.3	−28.5	−29.4	66
61	吉林	四平	54157	43°10′	124°20′	165.7	1971—2000		33.3	−26.4	−27.3	68
62	吉林	长春	54161	43°54′	125°13′	236.8	1971—2000		33.2	−27.8	−27.7	74
63	吉林	敦化	54186	43°22′	128°12′	524.9	1971—2000		31.8	−31.3	−30.1	71
64	吉林	东岗	54284	42°06′	127°34′	774.2	1971—2000		30.5	−32.7	−31	80
65	吉林	延吉	54292	42°53′	129°28′	176.8	1971—2000		34.6	−26.7	−24.4	69
66	吉林	临江	54374	41°48′	126°55′	332.7	1971—2000		33.5	−29.4	−27.4	79
67	黑龙江	漠河	50136	52°58′	122°31′	433	1971—2000		34.0	−45.3	−45.4	78
68	黑龙江	呼玛	50353	51°43′	126°39′	177.4	1971—2000		34.4	−40.8	−44.5	70
69	黑龙江	嫩江	50557	49°10′	125°14′	242.2	1971—2000		34.0	−38.9	−40.3	76
70	黑龙江	孙吴	50564	49°26′	127°21′	234.5	1971—2000		32.6	−39.6	−41.4	81
71	黑龙江	克山	50658	48°03′	125°53′	234.6	1971—2000		33.6	−34.3	−34.2	77
72	黑龙江	富裕	50742	47°48′	124°29′	162.7	1971—2000		34.3	−33.6	−33.8	75
73	黑龙江	齐齐哈尔	50745	47°23′	123°55′	147.1	1971—2000		34.9	−30.6	−33.1	73
74	黑龙江	海伦	50756	47°26′	126°58′	239.2	1971—2000		33.1	−33.8	−35.1	79
75	黑龙江	富锦	50788	47°14′	131°59′	66.4	1971—2000		34.2	−31.1	−32.4	74
76	黑龙江	安达	50854	46°23′	125°19′	149.3	1971—2000		35.0	−31.7	−32.4	76
77	黑龙江	佳木斯	50873	46°49′	130°17′	81.2	1971—2000		33.9	−32.3	−33.7	76
78	黑龙江	肇州	50950	45°42′	125°15′	148.7	1988—2000		34.6	−30.0	−30.3	65
79	黑龙江	哈尔滨	50953	45°45′	126°46′	142.3	1971—2000		34.1	−32.2	−32	75
80	黑龙江	通河	50963	45°58′	128°44′	108.6	1971—2000		33.1	−35.0	−33	79

序号	省/直辖市/自治区	市/区/自治州	台站编号	台 站 信 息					室外空气计算参数			
				北纬	东经	海拔(m)	统计年份		历年极端最高气温平均值(℃)	历年极端最低气温平均值(℃)	累年最低日平均温度(℃)	累年最热月平均相对湿度(%)
81	黑龙江	尚志	50968	45°13′	127°58′	189.7	1971—2000		32.9	−36.0	−33.2	79
82	黑龙江	鸡西	50978	45°17′	130°57′	238.3	1971—2000		34.3	−28.0	−27.8	72
83	黑龙江	牡丹江	54094	44°34′	129°36′	241.4	1971—2000		34.3	−29.3	−28.8	67
84	黑龙江	绥芬河	54096	44°23′	131°10′	567.8	1971—2000		32.2	−29.9	−29.4	74
85	上海	上海	58362	31°24′	121°27′	5.5	1991—2000		36.8	−4.3	−4.9	77
86	江苏	徐州	58027	34°17′	117°09′	41.2	1971—2000		37.2	−10.2	−9.8	77
87	江苏	赣榆	58040	34°50′	119°07′	3.3	1971—2000		35.9	−10.6	−10.2	82
88	江苏	淮阴(清江)	58144	33°38′	119°01′	14.4	1971—2000		35.7	−9.6	−10.3	76
89	江苏	南京	58238	32°00′	118°48′	7.1	1971—2000		36.9	−8.5	−7.8	74
90	江苏	东台	58251	32°52′	120°19′	4.3	1971—2000		35.9	−7.6	−7.5	77
91	江苏	吕泗	58265	32°04′	121°36′	5.5	1971—2000		35.9	−6.1	−5.9	81
92	浙江	杭州	58457	30°14′	120°10′	41.7	1971—2000		37.7	−5.2	−5	70
93	浙江	定海	58477	30°02′	122°06′	35.7	1971—2000		35.5	−3.1	−3.6	82
94	浙江	衢州	58633	29°00′	118°54′	82.4	1971—2000		38.0	−4.7	−5.2	68
95	浙江	温州	58659	28°02′	120°39′	28.3	1971—2000		36.5	−1.9	−0.9	79
96	浙江	洪家	58665	28°37′	121°25′	4.6	1971—2000		35.7	−4.2	−2.4	83
97	安徽	亳州	58102	33°52′	115°46′	37.7	1971—2000		38.1	−10.8	−11.2	75
98	安徽	寿县	58215	32°33′	116°47′	22.7	1971—2000		36.5	−10.6	−12.6	80
99	安徽	蚌埠	58221	32°57′	117°23′	18.7	1971—2000		37.7	−8.8	−9	72
100	安徽	霍山	58314	31°24′	116°19′	68.1	1971—2000		37.9	−8.9	−9.4	77
101	安徽	桐城	58319	31°04′	116°57′	85.4	1991—2000		36.6	−6.8	−6.7	79
102	安徽	合肥	58321	31°52′	117°14′	26.8	1971—2000		37.2	−7.7	−8	74
103	安徽	安庆	58424	30°32′	117°03′	19.8	1971—2000		37.4	−5.1	−5.9	70
104	安徽	屯溪	58531	29°43′	118°17′	142.7	1971—2000		37.7	−6.9	−9.3	72
105	福建	建瓯	58737	27°03′	118°19′	154.9	1971—2000		38.4	−3.8	−2.4	66
106	福建	南平	58834	26°39′	118°10′	125.6	1971—2000		38.1	−1.6	−0.6	67
107	福建	福州	58847	26°05′	119°17′	84	1971—2000		38.1	1.5	1.6	71
108	福建	上杭	58918	25°03′	116°25′	198	1971—2000		37.5	−1.4	−1.1	73
109	福建	永安	58921	25°58′	117°21′	206	1971—2000		38.3	−2.5	−1	66
110	福建	崇武	59133	24°54′	118°55′	21.8	1971—2000		33.6	4.1	3.1	77
111	福建	厦门	59134	24°29′	118°04′	139.4	1971—2000		36.1	4.0	4.3	79
112	江西	宜春	57793	27°48′	114°23′	131.3	1971—2000		37.6	−4.0	−4.8	67
113	江西	吉安	57799	27°03′	114°55′	71.2	1971—2000		38.4	−2.9	−3.8	65
114	江西	遂川	57896	26°20′	114°30′	126.1	1971—2000		38.2	−2.8	−3	64

序号	省/直辖市/自治区	市/区/自治州	台站编号	台站信息				室外空气计算参数			
				北纬	东经	海拔(m)	统计年份	历年极端最高气温平均值(℃)	历年极端最低气温平均值(℃)	累年最低日平均温度(℃)	累年最热月平均相对湿度(%)
115	江西	赣州	57993	25°52′	115°00′	137.5	1971—2000	38.0	−1.5	−2.6	66
116	江西	景德镇	58527	29°18′	117°12′	61.5	1971—2000	38.1	−5.3	−5.3	69
117	江西	南昌	58606	28°36′	115°55′	46.9	1971—2000	37.9	−3.8	−5.5	67
118	江西	玉山	58634	28°41′	118°15′	116.3	1971—2000	38.1	−4.6	−4.9	63
119	江西	南城	58715	27°35′	116°39′	80.8	1971—2000	37.7	−4.3	−6.2	65
120	山东	惠民县	54725	37°29′	117°32′	11.7	1971—2000	37.0	−14.9	−15.7	64
121	山东	龙口	54753	37°37′	120°19′	4.8	1971—2000	35.2	−13.3	−11.2	66
122	山东	成山头	54776	37°24′	122°41′	47.7	1971—2000	29.4	−9.0	−10.8	90
123	山东	朝阳	54808	36°14′	115°40′	37.8	1971—2000	38.3	−14.2	−13.2	72
124	山东	济南	54823	36°36′	117°03′	170.3	1971—2000	37.8	−11.2	−11	60
125	山东	潍坊	54843	36°45′	119°11′	22.2	1971—2000	37.5	−14.6	−13	69
126	山东	兖州	54916	35°34′	116°51′	51.7	1971—2000	37.3	−13.4	−10.5	77
127	山东	莒县	54936	35°35′	118°50′	107.4	1971—2000	35.5	−15.1	−12.6	88
128	河南	安阳	53898	36°03′	114°24′	62.9	1971—2000	38.7	−11.4	−10.3	72
129	河南	卢氏	57067	34°03′	111°02′	568.8	1971—2000	37.4	−12.6	−13	73
130	河南	郑州	57083	34°43′	113°39′	110.4	1971—2000	38.6	−11.0	−9.6	77
131	河南	南阳	57178	33°02′	112°35′	129.2	1971—2000	37.4	−9.3	−10.3	79
132	河南	驻马店	57290	33°00′	114°01′	82.7	1971—2000	38.0	−10.8	−9.4	75
133	河南	信阳	57297	32°08′	114°03′	114.5	1971—2000	37.0	−8.6	−8.7	72
134	河南	尚丘	58005	34°27′	115°40′	50.1	1971—2000	37.9	−10.8	−9.7	79
135	湖北	陨西	57251	33°00′	110°25′	249.1	1989—2000	38.7	−7.4	−8.8	68
136	湖北	老河口	57265	32°23′	111°40′	90	1971—2000	38.1	−7.2	−11.5	78
137	湖北	钟祥	57378	31°10′	112°34′	65.8	1971—2000	36.9	−5.3	−8.3	76
138	湖北	麻城	57399	31°11′	115°01′	59.3	1971—2000	37.7	−6.9	−8.9	69
139	湖北	鄂西	57447	30°17′	109°28′	457.1	1971—2000	37.4	−2.9	−6.9	68
140	湖北	宜昌	57461	30°42′	111°18′	133.1	1971—2000	38.4	−3.0	−6.7	71
141	湖北	武汉	57494	30°37′	114°08′	23.1	1971—2000	37.4	−6.9	−10	69
142	湖南	石门	57562	29°35′	111°22′	116.9	1971—2000	38.4	−3.7	−7.3	65
143	湖南	南县	57574	29°22′	112°24′	36	1971—2000	36.7	−4.9	−8.2	76
144	湖南	吉首	57649	28°19′	109°44′	208.4	1971—2000	37.6	−2.8	−4.4	71
145	湖南	常德	57662	29°03′	111°41′	35	1971—2000	38.0	−3.9	−6.9	71
146	湖南	长沙(望城)	57687	28°13′	112°55′	68	1987—2000	37.8	−3.9	−4.2	72
147	湖南	芷江	57745	27°27′	109°41′	272.2	1971—2000	36.9	−4.0	−6	75
148	湖南	株洲	57780	27°52′	113°10′	74.6	1987—2000	38.0	−3.9	−4.3	68

序号	省/直辖市/自治区	市/区/自治州	台站编号	台 站 信 息					室外空气计算参数			
				北纬	东经	海拔(m)	统计年份		历年极端最高气温平均值(℃)	历年极端最低气温平均值(℃)	累年最低日平均温度(℃)	累年最热月平均相对湿度(%)
149	湖南	武冈	57853	26°44′	110°38′	341	1971—2000		36.7	−4.1	−5.4	70
150	湖南	零陵	57866	26°14′	111°37′	172.6	1971—2000		37.7	−2.5	−5.4	65
151	湖南	常宁	57874	26°25′	112°24′	116.6	1987—2000		38.6	−2.8	−3.5	63
152	广东	南雄	57996	25°08′	114°19′	133.8	1971—2000		37.6	−1.3	−1.5	71
153	广东	韶关	59082	24°41′	113°36′	61	1971—2000		38.1	−0.3	−0.2	71
154	广东	广州	59287	23°10′	113°20′	41	1971—2000		36.5	2.8	2.9	71
155	广东	河源	59293	23°44′	114°41′	40.6	1971—2000		37.0	1.8	1.8	75
156	广东	增城	59294	23°20′	113°50′	38.9	1971—2000		36.4	2.3	3.4	79
157	广东	汕头	59316	23°24′	116°41′	2.9	1971—2000		35.6	3.6	4.2	79
158	广东	汕尾	59501	22°48′	115°22′	17.3	1971—2000		34.9	4.8	5	82
159	广东	阳江	59663	21°52′	111°58′	23.3	1971—2000		35.6	4.4	4.5	81
160	广东	电白	59664	21°30′	111°00′	11.8	1971—2000		35.5	5.0	5	81
161	广西	桂林	57957	25°19′	110°18′	164.4	1971—2000		36.8	−0.8	−2.3	67
162	广西	河池	59023	24°42′	108°03′	211	1971—2000		37.2	2.2	2.1	72
163	广西	都安	59037	23°56′	108°06′	170.8	1971—2000		37.4	3.3	2.8	66
164	广西	百色	59211	23°54′	106°36′	173.5	1971—2000		39.2	3.1	3.9	73
165	广西	桂平	59254	23°24′	110°05′	42.5	1971—2000		36.7	3.2	2	68
166	广西	梧州	59265	23°29′	111°18′	114.8	1971—2000		37.5	1.0	0.4	75
167	广西	龙州	59417	22°20′	106°51′	128.8	1971—2000		38.1	3.3	4.6	75
168	广西	南宁	59431	22°38′	108°13′	121.6	1971—2000		37.0	2.7	2.4	71
169	广西	灵山	59446	22°25′	109°18′	66.6	1971—2000		36.3	1.8	1.2	80
170	广西	钦州	59632	21°57′	108°37′	4.5	1971—2000		36.2	3.8	2.2	79
171	海南	海口	59758	20°02′	110°21′	13.9	1971—2000		37.1	8.1	6.9	78
172	海南	东方	59838	19°06′	108°37′	8.4	1971—2000		34.8	9.5	8.8	72
173	海南	琼海	59855	19°14′	110°28′	24	1971—2000		36.8	8.6	7.3	83
174	四川	甘孜	56146	31°37′	100°00′	3393.5	1971—2000		27.4	−19.8	−19.2	68
175	四川	马尔康	56172	31°54′	102°14′	2664.4	1971—2000		32.3	−13.7	−10	77
176	四川	红原	56173	32°48′	102°33′	3491.6	1971—2000		23.9	−28.7	−25.7	81
177	四川	松潘	56182	32°39′	103°34′	2850.7	1971—2000		28.2	−17.3	−13.1	75
178	四川	绵阳	56196	31°27′	104°44′	522.7	1971—2000		35.4	−3.6	−2	73
179	四川	理塘	56257	30°00′	100°16′	3948.9	1971—2000		22.6	−21.8	−22.6	66
180	四川	成都	56294	30°40′	104°01′	506.1	1971—2000		34.6	−2.5	−1.1	81
181	四川	乐山	56386	29°34′	103°45′	424.2	1971—2000		35.5	−0.1	0.3	75
182	四川	九龙	56462	29°00′	101°30′	2987.3	1971—2000		28.6	−11.7	−7	76

序号	省/直辖市/自治区	市/区/自治州	台站编号	台 站 信 息				室外空气计算参数			
				北纬	东经	海拔(m)	统计年份	历年极端最高气温平均值(℃)	历年极端最低气温平均值(℃)	累年最低日平均温度(℃)	累年最热月平均相对湿度(%)
183	四川	宜宾	56492	28°48′	104°36′	340.8	1971—2000	36.7	0.9	0.3	69
184	四川	西昌	56571	27°54′	102°16′	1590.9	1971—2000	34.2	−1.1	−1.4	61
185	四川	会理	56671	26°39′	102°15′	1787.3	1971—2000	31.4	−3.6	−1.9	68
186	四川	万源	57237	32°04′	108°02′	674	1971—2000	35.8	−5.3	−4.4	65
187	四川	南充	57411	30°47′	106°06′	309.7	1971—2000	37.7	−0.8	−0.3	63
188	四川	泸州	57602	28°53′	105°26′	334.8	1971—2000	37.5	1.2	0.1	63
189	重庆	重庆沙坪坝	57516	29°35′	106°28′	259.1	1971—2000	39.1	1.0	0.9	61
190	重庆	酉阳	57633	28°50′	108°46′	664.1	1971—2000	35.2	−3.8	−6.4	76
191	贵州	威宁	56691	26°52′	104°17′	2237.5	1971—2000	28.2	−9.0	−11	72
192	贵州	桐梓	57606	28°08′	106°50′	972	1971—2000	34.2	−3.8	−5.4	69
193	贵州	毕节	57707	27°18′	105°17′	1510.6	1971—2000	32.6	−5.2	−6.2	75
194	贵州	遵义	57713	27°42′	106°53′	843.9	1971—2000	35.0	−3.3	−5.3	62
195	贵州	贵阳	57816	26°35′	106°44′	1223.8	1971—2000	33.0	−3.7	−5.8	70
196	贵州	三穗	57832	26°58′	108°40′	626.9	1971—2000	34.7	−5.3	−7.8	78
197	贵州	兴义	57902	25°26′	105°11′	1378.5	1971—2000	31.9	−2.9	−3.4	78
198	云南	德钦	56444	28°29′	98°55′	3319	1971—2000	23.0	−10.6	−8.7	82
199	云南	丽江	56651	26°52′	100°13′	2392.4	1971—2000	29.0	−5.4	−2.8	60
200	云南	腾冲	56739	25°01′	98°30′	1654.6	1971—2000	28.9	−1.8	3.7	85
201	云南	楚雄	56768	25°02′	101°33′	1824.1	1971—2000	30.9	−2.3	−1.1	65
202	云南	昆明	56778	25°01′	102°41′	1892.4	1971—2000	29.1	−2.5	−3.5	74
203	云南	临沧	56951	23°53′	100°05′	1502.4	1971—2000	31.7	1.4	3.9	57
204	云南	澜沧	56954	22°34′	99°56′	1054.8	1971—2000	35.0	2.2	6.4	65
205	云南	思茅	56964	22°47′	100°58′	1302.1	1971—2000	32.7	2.1	4.6	80
206	云南	元江	56966	23°36′	101°59′	400.9	1971—2000	40.3	6.0	3.2	61
207	云南	勐腊	56969	21°29′	101°34′	631.9	1971—2000	36.0	5.9	7.2	85
208	云南	蒙自	56985	23°23′	103°23′	1300.7	1971—2000	33.8	−0.1	0.1	59
209	西藏	拉萨	55591	29°40′	91°08′	3648.9	1971—2000	27.4	−13.8	−10.5	45
210	西藏	昌都	56137	31°09′	97°10′	3306	1971—2000	30.2	−16.5	−13.3	—
211	西藏	林芝	56312	29°40′	94°20′	2991.8	1971—2000	27.6	−10.6	−5.7	—
212	陕西	榆林	53646	38°14′	109°42′	1057.5	1971—2000	35.5	−24.2	−23	54
213	陕西	定边	53725	37°35′	107°35′	1360.3	1989—2000	35.2	−23.1	−21.3	51
214	陕西	绥德	53754	37°30′	110°13′	929.7	1971—2000	36.2	−19.4	−18	58
215	陕西	延安	53845	36°36′	109°30′	958.5	1971—2000	35.8	−18.5	−17.2	63

序号	省/直辖市/自治区	市/区/自治州	台站编号	台 站 信 息					室外空气计算参数			
				北纬	东经	海拔(m)	统计年份	历年极端最高气温平均值(℃)	历年极端最低气温平均值(℃)	累年最低日平均温度(℃)	累年最热月平均相对湿度(%)
216	陕西	洛川	53942	35°49′	109°30′	1159.8	1971—2000	33.3	−17.9	−16	71
217	陕西	西安	57036	34°18′	108°56′	397.5	1971—2000	38.8	−9.9	−10.9	63
218	陕西	汉中	57127	33°04′	107°02′	509.5	1971—2000	35.4	−5.5	−6	70
219	陕西	安康	57245	32°43′	109°02′	290.8	1971—2000	38.8	−4.9	−5.3	62
220	甘肃	敦煌	52418	40°09′	94°41′	1139	1971—2000	38.3	−21.6	−24.2	39
221	甘肃	玉门镇	52436	40°16′	97°02′	1526	1971—2000	33.8	−24.7	−28.6	42
222	甘肃	酒泉	52533	39°46′	98°29′	1477.2	1971—2000	34.5	−23.2	−23.9	48
223	甘肃	民勤	52681	38°38′	103°05′	1367.5	1971—2000	37.3	−22.7	−21	41
224	甘肃	乌鞘岭	52787	37°12′	102°52′	3045.1	1971—2000	22.9	−25.0	−25.6	58
225	甘肃	兰州	52889	36°03′	103°53′	1517.2	1971—2000	35.4	−15.4	−15.1	45
226	甘肃	榆中	52983	35°52′	104°09′	1874.4	1971—2000	31.9	−20.4	−21.1	55
227	甘肃	平凉	53915	35°33′	106°40′	1346.6	1971—2000	33.2	−16.9	−16.6	62
228	甘肃	西峰镇	53923	35°44′	107°38′	1421	1971—2000	32.2	−16.6	−18	66
229	甘肃	合作	56080	35°00′	102°54′	2910	1971—2000	26.7	−24.8	−20.5	67
230	甘肃	岷县	56093	34°26′	104°01′	2315	1971—2000	28.5	−20.3	−17.6	73
231	甘肃	武都	56096	33°24′	104°55′	1079.1	1971—2000	35.8	−5.5	−5.2	56
232	甘肃	天水	57006	34°35′	105°45′	1141.7	1971—2000	34.4	−12.4	−13	55
233	青海	冷湖	52602	38°45′	93°20′	2770	1971—2000	31.6	−28.7	−24	29
234	青海	大柴旦	52713	37°51′	95°22′	3173.2	1971—2000	29.0	−28.6	−26.6	35
235	青海	刚察	52754	37°20′	100°08′	3301.5	1971—2000	22.5	−26.7	−23.2	63
236	青海	格尔木	52818	36°25′	94°54′	2807.6	1971—2000	31.3	−22.0	−19.4	37
237	青海	都兰	52836	36°18′	98°06′	3191.1	1971—2000	29.2	−22.2	−20.4	43
238	青海	西宁	52866	36°43′	101°45′	2295.2	1971—2000	31.1	−19.7	−19.4	61
239	青海	民和	52876	36°19′	102°51′	1813.9	1971—2000	33.1	−18.5	−16.8	54
240	青海	兴海	52943	35°35′	99°59′	3323.2	1971—2000	25.5	−27.0	−24.5	68
241	青海	托托河	56004	34°13′	92°26′	4533.1	1971—2000	21.0	−33.2	−36.3	65
242	青海	曲麻莱	56021	34°08′	95°47′	4175	1971—2000	21.5	−30.6	−28.8	61
243	青海	玉树	56029	33°01′	97°01′	3681.2	1971—2000	26.3	−22.8	−20.8	64
244	青海	玛多	56033	34°55′	98°13′	4272.3	1971—2000	19.9	−33.4	−37.8	71
245	青海	达日	56046	33°45′	99°39′	3967.5	1971—2000	21.2	−29.5	−25.8	75
246	青海	囊谦	56125	32°12′	96°29′	3643.7	1971—2000	26.3	−21.4	−17.7	67
247	宁夏	银川	53614	38°29′	106°13′	1111.4	1971—2000	35.0	−20.7	−21.8	56
248	宁夏	盐池	53723	37°48′	107°23′	1349.4	1971—2000	35.3	−23.3	−21.8	53
249	宁夏	固原	53817	36°00′	106°16′	1753	1971—2000	31.3	−22.9	−22.8	64
250	新疆	阿勒泰	51076	47°44′	88°05′	735.3	1971—2000	34.7	−34.0	−36.9	36
251	新疆	富蕴	51087	46°59′	89°31′	807.5	1971—2000	36.3	−37.7	−41.4	45
252	新疆	塔城	51133	46°44′	83°00′	534.9	1971—2000	38.2	−28.5	−30.4	39
253	新疆	和布克赛尔	51156	46°47′	85°43′	1291.6	1971—2000	32.5	−25.5	−27.4	35
254	新疆	克拉玛依	51243	45°37′	84°51′	449.5	1971—2000	40.5	−27.1	−31.2	23

序号	省/直辖市/自治区	市/区/自治州	台站编号	北纬	东经	海拔(m)	统计年份	历年极端最高气温平均值(℃)	历年极端最低气温平均值(℃)	累年最低日平均温度(℃)	累年最热月平均相对湿度(%)
								室外空气计算参数			
255	新疆	精河	51334	44°37′	82°54′	320.1	1971—2000	39.5	−28.1	−29.2	42
256	新疆	乌苏	51346	44°26′	84°40′	478.7	1971—2000	39.3	−27.3	−29.4	28
257	新疆	伊宁	51431	43°57′	81°20′	662.5	1971—2000	37.0	−27.4	−30.2	49
258	新疆	乌鲁木齐	51463	43°47′	87°39′	935	1971—2000	37.6	−25.3	−29.3	34
259	新疆	焉耆	51567	42°05′	86°34′	1055.3	1971—2000	36.0	−22.3	−24.6	47
260	新疆	吐鲁番	51573	42°56′	89°12′	34.5	1971—2000	45.0	−16.7	−21.7	28
261	新疆	阿克苏	51628	41°10′	80°14′	1103.8	1971—2000	36.8	−18.2	−19.8	54
262	新疆	库车	51644	41°43′	83°04′	1081.9	1971—2000	37.8	−17.0	−18.6	34
263	新疆	喀什	51709	39°28′	75°59′	1289.4	1971—2000	36.6	−16.6	−18.2	41
264	新疆	巴楚	51716	39°48′	78°34′	1116.5	1971—2000	39.3	−17.1	−17.1	41
265	新疆	铁干里克	51765	40°38′	87°42′	846	1971—2000	40.2	−20.5	−17.8	36
266	新疆	若羌	51777	39°02′	88°10′	887.7	1971—2000	41.3	−18.2	−17.9	29
267	新疆	莎车	51811	38°26′	77°16′	1231.2	1971—2000	37.6	−15.8	−17.1	39
268	新疆	和田	51828	37°08′	79°56′	1375	1971—2000	38.7	−14.1	−17	42
269	新疆	民丰	51839	37°04′	82°43′	1409.5	1971—2000	39.3	−17.9	−18.4	40
270	新疆	哈密	52203	42°49′	93°31′	737.2	1971—2000	40.4	−22.2	−24.4	33

A.0.2 夏季空气调节室外逐时计算焓值应按表 A.0.2 采用。

表 A.0.2 夏季空气调节室外逐时计算焓值(kJ/kg 干空气)

序号	省/直辖市/自治州	市/区/自治州	台站编号	1:00	2:00	3:00	4:00	5:00	6:00	7:00	8:00	9:00	10:00	11:00	12:00	13:00	14:00	15:00	16:00	17:00	18:00	19:00	20:00	21:00	22:00	23:00	0:00
1	北京	密云	54416	73.85	73.34	73.06	72.81	72.60	72.63	73.39	74.19	74.91	75.92	76.97	78.58	79.51	80.19	80.08	80.37	79.99	79.84	79.50	78.58	77.64	76.47	75.53	74.68
2	北京	北京	54511	75.09	74.50	73.88	73.72	73.48	73.57	73.96	74.63	75.39	76.36	77.16	78.44	79.62	80.17	80.48	80.63	80.53	80.33	79.84	79.08	78.42	77.51	76.73	75.89
3	天津	天津	54527	78.14	77.81	77.46	77.13	77.08	77.22	77.68	78.14	78.74	79.58	80.27	81.14	82.19	82.96	83.17	82.95	82.59	82.27	81.82	81.27	80.62	79.78	79.08	78.52
4	河北	张北	53399	52.75	53.16	53.22	53.11	52.99	53.24	53.86	54.48	55.49	56.50	57.60	58.43	59.15	59.62	59.56	59.18	58.65	57.77	57.15	56.43	55.61	54.86	54.51	53.97
5	河北	石家庄	53698	77.46	76.85	76.24	75.65	75.36	75.43	75.81	76.47	77.17	78.36	79.79	81.24	82.47	83.55	83.76	83.64	83.15	82.67	82.09	81.31	80.26	79.25	78.29	
6	河北	邢台	53798	78.43	77.75	77.41	77.05	76.86	76.77	76.97	77.68	78.50	79.52	80.72	82.15	83.33	84.20	84.65	84.31	84.00	83.49	82.79	81.97	81.03	79.86	79.12	
7	河北	丰宁	54308	62.49	62.16	61.72	61.37	61.34	61.51	61.96	62.41	63.28	64.54	66.07	67.97	69.29	70.41	70.74	70.42	69.56	68.62	67.89	66.74	65.78	64.82	63.89	63.11
8	河北	怀来	54405	66.17	65.87	65.54	65.24	65.12	65.39	65.91	66.40	67.09	68.08	69.06	70.17	71.17	71.98	72.04	71.84	71.59	71.35	70.90	70.30	69.38	68.45	67.63	66.93
9	河北	承德	54423	67.29	66.75	66.42	66.19	66.00	66.22	66.66	67.40	68.34	69.36	70.43	71.84	73.05	73.87	74.13	73.72	73.20	72.47	71.77	71.07	70.21	69.37	68.68	68.04
10	河北	乐亭	54539	74.43	74.34	74.47	74.98	75.24	75.99	76.80	77.63	78.11	78.70	79.86	80.72	81.21	81.51	81.10	80.89	80.15	79.47	78.52	77.71	76.84	75.82	74.92	74.57
11	河北	饶阳	54606	77.05	76.50	76.20	75.98	75.89	76.21	76.82	77.77	78.79	79.63	80.67	81.99	83.02	84.00	84.54	84.79	84.82	84.74	84.42	83.60	82.60	81.18	79.76	78.28
12	山西	大同	53487	58.50	57.84	57.60	57.44	57.36	57.66	58.04	58.74	59.60	60.83	61.98	63.26	64.40	65.31	65.47	65.17	64.81	64.24	63.41	62.54	61.73	60.81	59.85	59.09
13	山西	原平	53673	64.18	63.58	62.99	62.55	62.48	62.63	63.31	63.87	64.71	66.11	67.25	68.53	69.60	70.59	71.01	71.16	71.00	70.30	69.51	68.30	66.69	65.66	64.86	
14	山西	太原	53772	66.07	65.68	65.10	65.04	65.10	65.42	65.92	66.73	67.87	69.34	70.94	72.67	74.17	75.17	75.40	75.18	74.54	73.88	72.99	72.05	70.65	69.16	67.91	66.86
15	山西	榆社	53787	63.09	62.95	62.78	62.76	62.75	62.97	63.44	64.04	64.99	65.90	67.29	68.55	69.70	70.43	70.31	69.75	68.82	68.20	67.34	66.54	65.63	64.79	64.00	63.48
16	山西	介休	53863	66.25	65.56	65.12	65.04	65.00	65.36	65.80	66.80	67.90	69.32	71.09	72.66	74.14	75.20	75.62	75.46	75.09	74.75	73.90	72.94	71.54	70.08	68.59	67.17
17	山西	运城	53959	75.57	75.19	75.09	74.97	74.87	75.20	75.37	76.07	76.83	77.64	78.60	79.50	80.32	81.15	81.14	81.09	80.80	80.32	79.78	79.19	78.48	77.50	76.58	76.01
18	山西	侯马	53963	73.46	72.75	72.48	72.24	71.93	71.74	72.13	72.96	74.07	75.23	76.88	78.70	79.53	80.61	80.02	79.16	79.16	78.48	76.11	76.11	75.15	74.46	74.06	
19	内蒙古	图里河	50434	45.37	44.73	44.72	45.23	46.29	48.01	49.82	51.35	53.35	54.68	55.58	56.47	57.46	57.99	58.19	57.72	56.82	55.34	53.60	51.60	49.69	47.74	46.59	
20	内蒙古	满洲里	50514	50.96	50.63	50.40	50.51	50.96	51.65	52.76	53.79	54.84	55.72	56.73	57.86	58.59	59.19	59.05	58.83	58.42	57.76	56.70	55.55	53.95	52.84	51.91	
21	内蒙古	海拉尔	50527	52.17	51.51	51.31	51.55	52.02	52.75	53.88	54.84	56.01	57.03	58.18	59.40	60.11	60.66	60.92	60.92	60.70	60.33	59.68	58.55	57.25	55.94	54.42	53.16
22	内蒙古	博克图	50632	49.24	48.94	48.83	49.14	49.80	50.72	51.70	53.11	54.35	55.89	57.27	58.33	59.23	59.79	59.91	59.51	58.93	58.10	57.05	55.90	54.25	52.68	51.15	49.99

序号	省/直辖市/自治区	市/区/自治州	台站编号	1:00	2:00	3:00	4:00	5:00	6:00	7:00	8:00	9:00	10:00	11:00	12:00	13:00	14:00	15:00	16:00	17:00	18:00	19:00	20:00	21:00	22:00	23:00	0:00
23	内蒙古	阿尔山	50727	47.51	47.19	47.42	47.75	48.45	49.50	50.82	52.30	53.74	54.94	56.10	56.85	57.52	58.01	57.77	57.49	56.85	55.65	54.49	53.22	51.60	50.13	49.09	48.11
24	内蒙古	索伦	50834	54.80	54.31	54.18	53.94	53.87	54.36	55.26	56.60	57.82	59.17	60.72	62.24	63.64	64.19	64.23	64.20	63.13	62.26	61.40	60.35	58.96	57.79	56.37	55.64
25	内蒙古	东乌珠穆沁旗	50915	52.54	52.06	51.84	52.04	52.20	52.81	53.50	54.21	54.90	55.68	56.78	58.07	59.13	59.58	59.68	59.42	59.06	58.72	57.88	57.14	56.13	54.98	54.05	53.16
26	内蒙古	额济纳旗	52267	51.06	50.67	49.88	49.47	49.12	49.12	49.47	50.08	51.01	52.08	53.16	54.20	55.31	56.16	56.72	57.23	57.30	57.19	56.63	56.13	54.94	53.70	52.53	51.57
27	内蒙古	巴音毛道	52495	51.32	50.99	50.65	50.55	50.49	50.66	50.87	51.32	51.83	52.40	53.04	53.73	54.62	55.18	55.30	55.12	54.64	54.30	53.71	53.16	52.57	52.17	51.79	51.52
28	内蒙古	二连浩特	53068	52.42	52.30	52.17	51.94	52.14	52.33	52.82	53.37	53.89	54.14	54.79	55.62	56.17	56.63	56.75	56.70	56.44	56.08	55.79	55.27	54.59	53.90	53.42	52.94
29	内蒙古	阿巴嘎旗	53192	51.20	51.12	50.90	50.96	51.29	51.80	52.57	53.12	53.91	54.68	55.22	56.00	56.51	56.74	56.89	56.73	56.31	55.86	55.39	54.92	54.13	53.06	52.17	51.66
30	内蒙古	海力素	52323	47.63	47.59	47.60	47.59	47.82	48.27	48.73	49.23	49.85	50.32	50.72	51.08	51.41	51.64	51.79	51.73	51.47	51.15	50.91	50.43	49.83	49.23	48.70	47.96
31	内蒙古	朱日和	53276	52.44	52.11	51.98	52.09	52.32	53.50	54.05	54.35	54.75	55.44	55.84	56.44	56.96	57.31	57.39	57.31	57.13	56.84	56.47	56.00	55.38	54.41	53.63	52.99
32	内蒙古	乌拉特后旗	53336	54.43	53.75	53.83	53.25	53.42	53.49	53.98	54.43	55.14	56.02	56.98	58.36	59.11	59.69	59.98	59.62	59.30	58.65	58.49	57.79	56.94	56.09	55.37	55.12
33	内蒙古	达尔罕联合旗	53352	51.21	51.02	50.74	50.53	50.64	50.83	51.10	51.54	52.28	53.12	53.96	55.04	55.73	56.14	56.21	56.07	55.74	55.34	54.88	54.33	53.64	52.94	52.20	51.62
34	内蒙古	化德	53391	51.19	50.95	50.78	50.67	50.70	51.13	51.68	52.37	53.24	54.07	54.98	55.91	56.61	57.06	57.16	56.78	56.22	55.74	55.12	54.42	53.54	52.92	52.23	51.50
35	内蒙古	呼和浩特	53463	57.90	57.38	56.98	56.76	56.91	56.92	57.33	58.09	58.91	60.08	61.38	62.62	63.82	64.64	65.06	64.96	64.81	64.25	63.82	63.02	62.10	60.96	59.76	58.67
36	内蒙古	吉兰太	53502	56.06	56.15	55.93	55.74	55.77	55.89	56.03	56.50	57.02	57.64	58.54	59.70	60.50	61.05	61.20	60.82	60.28	59.95	59.53	59.00	58.23	57.49	56.82	56.44
37	内蒙古	鄂托克旗	53529	55.54	55.10	54.88	54.82	54.93	55.31	55.76	56.24	56.79	57.33	58.01	58.80	59.50	59.96	59.93	59.90	59.86	59.28	58.87	58.41	57.88	57.42	56.96	55.82

序号	省/直辖市/自治区	市/区/自治州	台站编号	1:00	2:00	3:00	4:00	5:00	6:00	7:00	8:00	9:00	10:00	11:00	12:00	13:00	14:00	15:00	16:00	17:00	18:00	19:00	20:00	21:00	22:00	23:00	0:00
38	内蒙古	东胜	53543	54.60	54.28	54.11	53.88	53.66	53.95	54.27	54.84	55.81	56.32	57.00	57.99	58.91	59.51	59.53	59.22	58.91	58.37	58.13	57.49	56.69	56.03	55.47	54.81
39	内蒙古	西乌珠穆沁旗	54012	51.26	50.82	50.69	50.80	51.39	52.21	53.16	54.18	55.19	56.13	56.98	57.81	58.54	59.21	59.12	59.06	58.51	57.80	56.98	56.22	55.21	54.07	52.69	51.81
40	内蒙古	扎鲁特旗	54026	62.41	61.93	61.89	61.79	61.93	62.38	63.08	64.04	64.85	66.04	67.10	68.24	68.96	69.63	70.00	69.62	69.45	68.86	68.42	67.67	66.62	65.36	64.07	63.10
41	内蒙古	巴林左旗	54027	58.62	58.21	58.08	58.24	58.51	59.27	60.52	61.82	62.80	64.07	65.23	66.29	67.23	67.82	68.09	68.04	67.47	66.88	65.89	65.02	63.71	62.01	60.65	59.34
42	内蒙古	锡林浩特	54102	53.67	53.36	53.21	53.32	53.67	54.13	54.85	55.52	56.38	57.40	58.24	59.22	59.78	60.11	59.95	59.79	59.33	58.62	57.90	57.32	56.56	55.81	54.81	54.19
43	内蒙古	林西	54115	55.22	54.68	54.49	54.44	54.88	55.47	56.17	57.31	58.33	59.40	60.54	61.75	62.93	63.64	63.93	63.54	63.34	62.79	62.07	61.00	59.73	58.43	57.33	56.11
44	内蒙古	开鲁	54134	64.85	64.65	64.48	64.47	64.93	65.41	66.37	67.16	68.03	68.97	69.87	70.51	71.50	71.99	71.97	72.01	71.48	70.96	70.21	69.43	68.54	67.44	66.41	65.50
45	内蒙古	通辽	54135	66.04	65.65	65.58	65.63	65.93	66.83	67.84	68.96	70.03	70.74	71.74	72.50	73.22	73.75	73.85	73.36	72.63	72.05	71.31	70.29	69.39	68.34	67.36	66.69
46	内蒙古	多伦	54208	52.13	51.73	51.57	51.66	52.11	52.86	53.64	54.70	55.75	56.92	57.98	59.13	60.23	60.84	60.88	60.22	59.87	59.02	58.13	57.37	56.34	55.01	53.97	52.88
47	内蒙古	赤峰	54218	61.24	60.93	60.83	60.88	61.34	61.89	62.60	63.17	63.92	64.62	65.43	66.61	67.46	68.03	67.98	67.85	67.19	66.57	65.80	65.10	64.22	63.24	62.48	61.83
48	辽宁	彰武	54236	68.63	68.42	68.20	67.93	68.26	68.66	69.54	70.51	71.46	72.65	73.48	74.56	75.53	76.09	76.15	75.73	75.06	74.33	73.68	72.84	71.78	70.82	70.08	69.38
49	辽宁	朝阳	54324	68.52	68.61	68.53	68.29	68.52	69.09	69.53	70.27	70.96	71.96	73.23	74.66	75.84	76.52	76.36	76.10	75.20	74.70	73.66	72.69	71.71	70.77	70.13	69.41
50	辽宁	新民	54333	70.51	70.22	69.61	69.34	69.48	69.89	70.44	71.30	72.02	73.09	74.30	75.22	76.09	76.90	76.85	76.71	76.11	75.60	74.97	74.25	73.28	72.32	71.63	71.11
51	辽宁	锦州	54337	70.76	70.67	70.52	70.37	70.45	70.81	71.22	71.95	72.83	73.72	74.87	76.19	77.18	77.99	77.43	76.98	76.26	75.22	74.12	73.29	72.61	71.89	71.44	71.08
52	辽宁	沈阳	54342	69.81	69.36	69.15	69.15	69.47	70.09	70.85	71.79	72.67	73.64	74.63	75.76	76.64	77.08	77.26	77.16	76.52	75.78	75.16	74.20	73.21	72.11	71.38	70.45
53	辽宁	本溪	54346	67.34	66.81	66.73	66.79	67.18	67.78	68.28	68.96	69.52	70.32	71.25	72.07	72.88	73.30	73.34	73.07	72.69	72.15	71.40	70.86	70.07	69.34	68.55	67.72
54	辽宁	兴城	54455	71.56	71.60	71.48	71.76	72.11	72.51	73.44	74.32	75.32	76.29	77.06	77.90	78.67	79.11	78.81	78.05	77.18	76.34	75.35	74.38	73.68	72.86	72.23	71.84
55	辽宁	营口	54471	72.45	72.34	72.18	72.08	72.38	72.68	73.22	73.68	74.48	75.28	76.06	76.80	77.52	77.88	77.93	77.59	77.09	76.53	75.69	75.00	74.13	73.54	72.97	72.58
56	辽宁	宽甸	54493	67.25	67.03	66.87	66.89	67.15	67.59	68.37	69.21	70.16	71.00	72.00	72.87	73.60	73.94	73.97	73.60	73.01	72.49	71.74	70.99	70.07	69.03	68.41	67.68

序号	省/直辖市/自治区	市/区/自治州	台站编号	1:00	2:00	3:00	4:00	5:00	6:00	7:00	8:00	9:00	10:00	11:00	12:00	13:00	14:00	15:00	16:00	17:00	18:00	19:00	20:00	21:00	22:00	23:00	0:00
57	辽宁	丹东	54497	70.73	70.53	70.39	70.25	70.41	70.65	71.32	72.14	73.11	74.17	75.25	76.39	77.03	77.60	77.56	76.83	76.01	74.99	73.84	73.16	72.44	71.67	71.10	70.88
58	辽宁	大连	54662	72.30	72.17	72.10	72.00	72.05	72.28	72.74	73.22	73.71	74.36	74.85	75.54	75.91	76.15	76.12	75.52	75.02	74.25	73.64	73.17	72.79	72.63	72.42	72.33
59	吉林	白城	50936	62.80	62.41	62.40	62.91	63.46	64.46	65.56	66.53	67.64	68.37	69.36	70.17	70.61	70.89	70.96	70.59	69.86	69.46	68.88	68.08	67.17	65.78	64.76	63.65
60	吉林	前郭尔罗斯	50949	65.87	65.64	65.53	65.54	65.74	66.47	67.42	68.40	69.23	70.03	70.73	71.45	72.18	72.50	72.67	72.65	71.98	71.57	70.96	70.39	69.48	68.31	67.40	66.55
61	吉林	四平	54157	67.19	66.89	66.60	66.68	67.12	67.66	68.34	69.38	70.36	71.57	72.34	73.26	74.03	74.45	74.44	74.46	74.17	73.57	72.85	71.93	70.80	69.68	68.64	67.71
62	吉林	长春	54161	65.54	65.37	65.23	65.33	65.82	66.65	67.50	68.31	69.16	70.13	71.16	72.09	73.02	73.26	73.21	72.94	71.83	71.16	70.46	69.53	68.71	67.60	66.66	66.04
63	吉林	敦化	54186	58.05	57.64	57.86	58.29	59.03	60.02	61.19	62.73	63.86	65.26	66.47	67.53	68.25	68.73	68.43	67.90	66.94	66.17	65.24	64.02	62.79	61.17	59.70	58.83
64	吉林	东岗	54284	57.33	57.20	57.34	57.67	58.45	59.44	60.58	61.95	63.06	64.20	65.21	65.96	66.54	66.69	66.51	65.71	64.83	64.00	62.90	61.70	60.64	59.50	58.59	57.90
65	吉林	延吉	54292	61.88	61.15	60.85	60.87	61.48	62.26	63.43	64.67	65.79	67.34	69.13	70.48	71.73	72.29	72.54	71.84	71.09	70.07	68.56	67.48	66.19	64.62	63.54	62.50
66	吉林	临江	54374	62.95	62.57	62.34	62.47	62.83	63.46	64.36	65.44	66.47	67.63	69.09	70.66	71.86	72.53	72.57	72.05	71.46	70.65	69.59	68.34	67.18	66.12	65.02	63.80
67	黑龙江	漠河	50136	47.42	46.83	46.76	47.06	48.07	49.56	51.42	53.39	55.32	57.11	59.32	60.53	61.64	62.53	63.08	63.10	62.65	61.92	60.45	58.56	56.13	53.02	50.82	48.89
68	黑龙江	呼玛	50353	54.47	53.74	53.41	53.50	54.02	54.88	56.25	57.66	59.01	60.44	61.80	62.80	63.69	64.43	64.59	64.42	64.08	63.50	62.70	61.51	59.97	58.33	56.65	55.38
69	黑龙江	嫩江	50557	56.07	55.44	55.34	55.88	56.76	58.04	59.45	60.87	62.24	63.28	64.45	65.35	65.98	66.26	66.06	65.60	64.92	64.41	63.42	62.26	60.86	59.30	58.09	56.99
70	黑龙江	孙吴	50564	53.81	53.32	53.29	53.64	54.73	56.36	58.13	60.32	61.97	63.63	64.82	65.60	66.25	66.54	66.25	65.72	64.90	63.78	62.62	60.88	59.04	57.31	55.91	54.65
71	黑龙江	克山	50658	58.60	58.06	58.04	58.38	59.18	60.11	61.17	62.45	63.37	64.07	65.00	65.71	66.42	66.75	66.95	66.65	66.40	65.78	65.04	64.35	63.20	61.92	60.67	59.58
72	黑龙江	富裕	50742	60.76	60.22	60.47	60.60	61.55	62.35	63.37	64.37	65.46	66.11	66.80	67.23	67.94	68.15	67.87	67.42	67.01	66.13	64.84	63.64	62.39	61.55		
73	黑龙江	齐齐哈尔	50745	62.45	62.08	62.25	62.15	62.44	63.16	63.89	64.54	65.60	66.36	66.94	67.80	68.55	68.97	69.17	68.76	68.34	67.81	67.17	66.24	65.53	64.65	63.78	62.93
74	黑龙江	海伦	50756	59.18	58.56	58.68	59.25	59.97	61.05	62.30	63.66	64.78	65.58	66.23	67.07	67.75	67.91	68.06	67.14	66.67	66.07	64.84	63.64	62.37	61.07	59.86	
75	黑龙江	富锦	50788	59.88	59.39	59.46	59.88	60.73	61.77	63.44	64.74	65.85	66.55	67.35	68.00	68.47	68.83	68.77	68.35	67.94	67.31	66.25	65.51	64.39	63.11	61.79	60.69
76	黑龙江	安达	50854	62.13	61.94	62.01	62.34	63.03	63.90	65.29	66.47	67.26	67.68	68.19	68.68	68.94	69.39	69.48	69.11	68.83	68.22	67.42	66.65	65.52	64.30	63.28	62.59
77	黑龙江	佳木斯	50873	60.47	59.97	60.22	60.64	61.63	62.52	64.02	65.01	66.05	67.10	68.13	68.86	69.60	69.82	69.72	69.28	68.73	67.82	67.13	65.97	64.61	63.46	62.29	61.22

序号	省/直辖市/自治区	市/区/自治州	台站编号	1:00	2:00	3:00	4:00	5:00	6:00	7:00	8:00	9:00	10:00	11:00	12:00	13:00	14:00	15:00	16:00	17:00	18:00	19:00	20:00	21:00	22:00	23:00	0:00
78	黑龙江	肇州	50950	64.22	63.90	63.98	64.17	64.78	65.70	66.72	67.77	68.59	69.35	70.06	70.73	70.97	71.34	71.39	71.25	70.80	70.24	69.37	68.58	67.72	66.30	65.50	64.71
79	黑龙江	哈尔滨	50953	63.24	62.71	62.84	63.17	63.90	64.80	65.99	67.27	68.32	69.21	70.10	70.76	71.23	71.65	71.57	71.28	70.60	70.02	69.25	68.46	67.26	66.07	64.80	63.91
80	黑龙江	通河	50963	61.20	60.63	60.64	61.05	61.65	62.87	64.26	65.66	66.95	68.38	69.73	71.21	72.30	72.86	72.70	72.39	71.58	70.76	69.85	68.46	66.99	65.32	63.50	62.34
81	黑龙江	尚志	50968	61.52	60.97	60.83	61.16	62.12	63.27	64.43	65.99	67.31	68.57	69.75	70.94	71.77	72.27	72.35	72.01	71.42	70.88	69.74	68.51	67.08	65.46	63.96	62.57
82	黑龙江	鸡西	50978	59.96	59.39	59.48	59.94	60.23	61.12	62.50	63.63	65.14	66.20	67.18	68.05	68.67	69.24	69.32	69.04	68.43	67.65	66.71	65.65	64.53	63.23	61.77	60.67
83	黑龙江	牡丹江	54094	61.44	60.77	60.73	60.63	61.17	62.03	62.93	64.04	65.21	66.28	67.57	68.82	69.70	70.19	70.30	70.04	69.55	68.84	67.95	66.79	65.50	64.03	63.00	62.09
84	黑龙江	绥芬河	54096	56.08	55.74	55.79	56.10	56.82	58.13	59.69	61.11	62.46	63.87	64.82	65.61	66.31	66.85	66.74	66.17	65.74	64.67	63.59	62.19	60.80	59.13	57.84	56.87
85	上海	上海	58362	83.83	83.54	83.76	83.90	84.11	84.74	85.08	85.84	86.46	86.99	87.89	88.74	89.40	89.38	89.21	88.77	88.31	87.37	86.58	85.94	85.29	84.77	84.35	83.97
86	江苏	徐州	58027	82.10	81.91	81.82	81.87	81.94	82.32	82.88	83.28	84.03	85.00	86.20	87.34	88.02	88.62	88.62	88.41	87.71	87.04	86.58	85.94	85.05	84.27	83.38	82.65
87	江苏	赣榆	58040	82.61	82.31	82.16	82.17	82.07	82.43	82.93	83.53	84.35	85.52	86.87	87.88	88.73	89.40	89.41	88.56	88.12	87.50	86.92	85.06	84.00	83.21		
88	江苏	淮阴(清江)	58144	84.76	84.51	84.17	83.66	83.96	84.12	84.37	84.91	85.92	86.73	87.91	88.86	89.97	90.41	90.33	90.20	89.59	89.02	88.33	87.94	87.17	86.28	85.51	84.82
89	江苏	南京	58238	85.05	84.77	84.75	84.68	84.93	85.57	86.14	86.62	87.04	87.38	87.90	88.53	89.23	89.52	89.39	89.16	88.98	88.83	88.40	88.02	87.10	86.26	85.67	
90	江苏	东台	58251	83.68	83.23	83.17	83.35	83.61	84.12	84.74	85.63	86.55	87.53	88.72	89.64	90.40	90.81	90.89	90.09	89.99	89.84	89.09	88.44	87.54	86.33	85.40	84.44
91	江苏	吕泗	58265	82.90	82.86	82.83	83.14	83.61	84.31	85.17	85.97	87.00	87.86	88.98	89.77	90.17	90.30	90.08	89.43	88.67	87.83	86.94	85.97	85.03	84.27	83.72	83.24
92	浙江	杭州	58457	82.89	82.38	82.08	81.83	81.86	82.22	82.63	83.18	84.03	84.83	86.08	87.14	88.12	88.62	88.59	88.35	88.35	87.38	88.04	87.62	86.77	85.64	84.47	83.51
93	浙江	定海	58477	80.39	80.57	80.90	81.15	81.63	82.31	83.25	84.22	85.29	86.26	87.62	88.74	89.38	89.48	88.76	87.47	85.87	84.39	83.32	82.81	81.59	80.94	80.57	80.38
94	浙江	衢州	58633	81.99	81.51	81.26	81.16	81.37	81.85	82.37	82.96	83.72	84.67	85.95	87.14	88.18	88.73	88.74	88.40	88.12	87.92	87.62	86.93	86.04	85.03	83.80	82.78
95	浙江	温州	58659	82.33	82.26	82.30	82.44	82.72	83.15	83.79	84.62	85.90	87.45	89.25	91.01	92.36	92.77	92.15	90.86	89.31	87.65	86.18	85.02	84.02	83.32	82.81	82.41
96	浙江	洪家	58665	81.90	82.09	82.39	82.62	83.04	83.68	84.36	85.32	86.71	88.59	90.42	92.43	93.79	94.33	93.08	91.40	89.28	87.11	85.77	84.31	83.50	82.76	82.30	82.01
97	安徽	亳州	58102	82.46	81.96	81.80	81.69	81.99	82.30	83.08	83.92	84.92	86.16	87.25	88.31	89.28	89.77	89.95	89.75	89.42	89.02	88.43	87.77	86.62	85.41	84.22	83.23
98	安徽	寿县	58215	85.46	84.80	84.64	84.87	85.29	86.03	86.82	87.55	88.75	89.93	90.84	91.97	92.79	93.11	93.30	93.27	93.15	92.75	92.15	91.32	90.16	88.83	87.43	86.36
99	安徽	蚌埠	58221	84.75	84.21	84.05	84.08	84.31	84.82	85.21	85.81	86.18	86.86	87.61	88.41	89.13	89.69	89.82	89.49	89.39	89.24	89.23	88.87	88.17	87.11	86.19	85.37

序号	台站信息 省/直辖市/自治区	市/区/自治州	台站编号	1:00	2:00	3:00	4:00	5:00	6:00	7:00	8:00	9:00	10:00	11:00	12:00	13:00	14:00	15:00	16:00	17:00	18:00	19:00	20:00	21:00	22:00	23:00	0:00
100	安徽	霍山	58314	82.03	81.38	81.11	81.03	81.32	81.93	82.66	83.71	84.78	86.07	87.48	89.12	90.24	91.06	91.08	90.67	90.33	90.03	89.35	88.49	87.13	85.77	84.23	82.93
101	安徽	桐城	58319	82.40	82.00	81.87	82.11	82.60	83.46	84.38	85.27	86.29	87.56	88.41	89.40	90.23	90.77	90.70	90.44	89.80	89.06	88.30	87.43	86.32	85.31	84.29	82.94
102	安徽	合肥	58321	85.18	85.20	84.94	85.08	85.22	85.49	86.03	86.75	87.45	88.20	89.23	90.06	90.99	91.16	90.98	90.47	90.09	89.50	89.03	88.68	87.79	86.93	86.25	85.59
103	安徽	安庆	58424	86.42	86.24	86.04	86.16	86.17	86.29	86.45	86.79	87.18	87.62	88.09	88.58	89.27	89.56	89.54	89.43	89.25	89.09	88.96	88.61	88.22	87.68	87.16	86.84
104	安徽	屯溪	58531	80.10	79.77	79.62	79.66	79.94	80.59	81.42	81.99	82.66	83.73	84.71	85.95	87.19	87.76	87.79	87.59	86.91	86.26	85.57	84.98	84.12	82.86	81.81	80.81
105	福建	建瓯	58733	80.33	79.80	79.36	79.26	79.62	80.15	80.56	81.22	82.01	83.27	84.45	85.95	87.12	87.82	87.71	87.32	87.04	86.49	85.96	85.21	84.33	83.14	81.90	81.02
106	福建	南平	58834	79.51	79.00	78.75	78.69	78.97	79.31	79.83	80.42	80.95	81.79	82.98	84.22	85.25	85.83	85.78	85.25	84.90	84.73	84.36	83.81	83.06	82.12	81.09	80.14
107	福建	福州	58847	81.27	81.18	81.21	81.29	81.56	82.02	82.61	83.51	84.67	86.15	87.92	89.58	90.79	91.22	90.58	89.41	87.84	86.48	85.21	84.02	83.02	82.31	81.81	81.48
108	福建	上杭	58911	78.41	77.94	77.56	77.39	77.49	77.64	78.10	78.65	79.45	80.49	81.59	82.74	83.76	84.33	84.40	84.11	83.87	83.66	83.39	82.86	82.12	81.14	80.05	79.17
109	福建	永安	58921	76.94	76.35	76.08	75.87	75.88	76.16	76.66	77.23	78.12	79.43	80.85	82.43	83.71	84.42	84.54	84.28	83.94	83.57	83.01	82.39	81.27	80.03	78.85	77.84
110	福建	崇武	59133	82.34	82.37	82.35	82.40	82.61	82.92	83.23	83.71	84.31	85.00	85.70	86.35	86.81	86.97	86.73	86.17	85.55	84.84	84.21	83.70	83.21	82.88	82.56	82.38
111	福建	厦门	59134	81.06	81.39	81.62	81.93	82.42	83.03	83.84	84.77	85.96	87.23	88.85	90.30	91.32	91.34	90.41	88.76	86.73	84.82	83.19	82.11	81.40	80.98	80.85	80.92
112	江西	宜春	57793	80.78	80.35	80.05	79.98	80.16	80.55	81.19	81.87	82.60	83.49	84.56	85.60	86.50	87.17	87.32	87.21	87.12	87.02	86.70	86.31	85.37	84.12	82.69	81.55
113	江西	吉安	57799	83.68	83.21	82.92	82.79	82.67	82.86	83.09	83.44	83.99	84.62	85.55	86.43	87.38	87.86	87.83	87.56	87.30	87.18	87.19	86.75	86.20	85.40	84.70	84.25
114	江西	遂川	57896	80.35	79.99	79.72	79.59	79.62	79.80	80.43	81.19	82.13	83.35	85.05	86.71	88.00	88.57	88.39	87.61	86.65	85.89	85.30	84.37	83.54	82.51	81.58	80.80
115	江西	赣州	57993	81.02	80.81	80.46	80.33	80.26	80.24	80.47	80.83	81.44	82.27	83.38	84.39	85.23	85.59	85.59	85.03	84.46	84.11	83.83	83.54	82.29	81.79	81.37	
116	江西	景德镇	58527	82.81	82.30	81.92	81.71	81.85	82.30	82.84	83.39	84.08	84.87	85.76	86.82	87.60	88.28	88.62	88.45	88.37	88.09	87.60	86.78	85.78	84.65	83.62	
117	江西	南昌	58606	87.91	87.60	87.33	87.11	86.95	86.98	87.24	87.37	87.49	87.83	88.36	89.00	89.73	90.01	89.91	89.68	89.36	89.57	89.43	89.30	88.99	88.51	88.16	88.07
118	江西	玉山	58634	81.83	81.46	81.43	81.62	82.01	82.36	82.97	83.50	83.91	84.44	85.15	85.91	86.65	87.07	86.97	86.71	86.42	86.32	86.13	85.74	84.93	83.96	83.09	82.41
119	江西	南城	58715	82.95	82.06	81.57	81.28	80.84	80.78	81.10	81.61	82.35	83.37	84.56	86.00	87.08	87.92	88.38	88.55	88.59	88.80	88.78	88.38	87.41	86.30	85.21	84.03
120	山东	惠民县	54725	77.81	77.12	76.83	76.91	77.09	77.68	78.55	79.61	80.76	81.92	82.99	83.98	85.11	85.63	85.96	85.75	85.47	84.94	84.48	83.82	82.56	81.13	80.14	78.73
121	山东	龙口	54753	75.31	75.21	75.23	75.49	75.90	76.38	77.27	78.10	79.07	80.12	81.13	82.06	82.66	82.90	82.68	82.15	81.20	80.31	79.24	78.33	77.30	76.40	75.89	75.53
122	山东	成山头	54776	70.84	70.91	70.76	70.77	70.76	70.99	71.42	71.96	72.30	72.84	73.51	74.26	74.87	75.00	74.73	74.28	73.60	73.07	72.43	71.79	71.28	70.94	70.74	70.77

序号	台站信息 省/直辖市/自治区	市/区/自治州	台站编号	1:00	2:00	3:00	4:00	5:00	6:00	7:00	8:00	9:00	10:00	11:00	12:00	13:00	14:00	15:00	16:00	17:00	18:00	19:00	20:00	21:00	22:00	23:00	0:00
123	山东	朝阳	54808	79.61	78.99	78.93	78.78	79.05	79.60	80.57	81.45	82.27	83.49	84.74	86.43	87.45	88.32	88.31	88.18	87.72	87.04	86.34	85.47	84.37	82.99	81.65	80.46
124	山东	济南	54823	78.53	78.51	78.26	77.98	78.19	78.40	78.87	79.39	80.16	81.01	82.11	83.23	84.02	84.42	84.29	84.00	83.49	82.91	82.45	81.71	81.11	80.23	79.58	78.94
125	山东	潍坊	54843	77.32	77.03	76.92	77.18	77.44	78.10	79.03	79.94	80.97	82.03	83.07	83.93	84.53	85.26	84.86	84.29	83.59	82.87	82.08	81.22	80.34	79.42	78.60	77.86
126	山东	兖州	54916	79.48	78.97	78.85	78.88	79.39	80.12	81.06	82.10	83.29	84.07	85.01	86.04	86.86	87.32	87.50	87.09	86.85	86.43	85.82	85.03	84.05	82.93	81.59	80.44
127	山东	莒县	54936	79.23	78.61	78.50	78.34	78.57	79.16	80.01	80.88	82.21	83.53	84.85	86.23	87.36	87.75	87.58	86.49	85.71	84.86	83.55	82.86	81.82	80.90	80.49	79.84
128	河南	安阳	53898	80.11	79.55	79.05	78.74	78.75	78.91	79.32	80.05	80.90	82.06	83.35	84.81	85.82	86.72	86.90	86.61	85.99	85.53	84.77	84.01	83.27	82.45	81.63	80.94
129	河南	卢氏	57067	73.94	73.46	73.01	72.62	72.53	72.45	73.07	73.80	74.91	76.28	77.88	79.48	80.67	81.52	81.63	81.28	80.50	79.57	78.81	77.93	77.00	76.09	75.37	74.53
130	河南	郑州	57083	80.13	79.65	79.20	79.34	79.57	79.85	80.67	81.38	82.42	83.49	84.67	85.71	86.60	87.17	87.37	87.21	87.17	86.72	86.17	85.33	84.57	83.38	82.19	80.99
131	河南	南阳	57178	82.93	82.50	82.14	81.82	81.62	81.77	82.35	83.29	84.08	85.31	86.98	88.29	89.42	90.20	90.35	89.92	89.71	89.38	88.56	87.89	87.03	85.77	84.44	83.58
132	河南	驻马店	57290	82.22	81.59	81.32	81.26	81.38	81.77	82.30	83.18	84.02	85.52	86.78	88.12	89.15	89.88	89.90	89.57	89.30	88.87	88.25	87.54	86.44	85.34	84.03	83.02
133	河南	信阳	57297	82.21	81.89	81.53	81.47	81.46	81.68	82.22	82.97	83.81	84.96	86.18	87.48	88.53	89.22	89.20	88.86	88.34	87.69	87.10	86.40	85.44	84.49	83.58	82.85
134	河南	商丘	58005	81.84	81.06	80.63	80.34	80.61	81.07	81.90	82.90	83.99	85.39	86.81	88.25	89.55	90.36	90.35	89.78	89.24	88.64	87.66	86.44	85.27	83.93	82.89	
135	湖北	郧西	57251	80.54	79.97	79.29	78.81	78.49	78.73	78.79	79.24	80.31	81.28	82.88	84.30	85.83	86.84	87.04	86.87	86.42	85.97	85.39	84.55	83.65	82.96	82.03	81.22
136	湖北	老河口	57265	83.64	82.85	82.24	81.81	81.61	81.51	81.89	82.75	84.16	85.83	87.43	89.09	90.43	91.18	91.51	91.40	90.83	90.43	89.86	88.97	88.00	86.86	85.60	84.55
137	湖北	钟祥	57378	85.34	84.60	84.06	83.82	83.58	83.69	84.20	84.84	85.67	86.64	87.70	89.03	90.16	90.87	91.32	91.27	91.22	91.19	90.78	90.96	89.06	88.07	87.01	86.00
138	湖北	麻城	57399	84.17	83.67	83.27	83.38	83.50	83.99	84.48	85.23	85.91	86.54	87.19	88.10	88.81	89.46	89.60	89.59	89.39	89.44	89.24	88.85	88.14	87.20	86.11	85.07
139	湖北	鄂西	57447	79.51	79.27	78.80	78.34	78.03	78.05	78.32	78.70	79.24	80.04	81.03	82.22	83.05	83.55	83.69	83.72	83.69	83.43	83.02	83.37	81.62	80.84	80.16	
140	湖北	宜昌	57461	83.70	83.40	83.13	82.83	82.61	82.64	83.00	83.54	84.38	85.47	86.71	88.16	89.34	90.03	90.03	89.59	89.02	88.59	88.11	87.47	86.74	85.79	84.78	84.01
141	湖北	武汉	57494	87.46	87.30	87.14	87.10	87.08	87.36	87.60	87.96	88.20	88.72	89.21	89.64	90.24	90.61	90.70	90.65	90.62	90.59	90.52	90.34	89.59	89.04	88.43	87.70
142	湖南	石门	57562	83.31	82.65	82.15	81.86	81.67	81.73	82.12	82.75	83.57	84.56	85.65	87.11	88.20	88.90	88.96	88.65	88.15	87.67	87.29	86.74	85.87	85.08	84.42	83.74
143	湖南	南县	57574	88.20	87.36	86.94	86.45	86.36	86.34	86.73	87.09	87.59	88.28	89.19	90.34	91.38	92.16	92.44	92.68	92.87	93.17	93.08	92.62	91.90	90.82	89.74	88.89
144	湖南	吉首	57649	81.41	80.10	79.21	78.63	78.41	78.45	78.93	79.31	80.02	81.06	82.41	83.90	85.01	86.08	86.85	87.41	87.69	87.98	87.68	87.17	86.33	85.30	83.84	82.50
145	湖南	常德	57662	88.47	87.53	86.82	86.07	85.52	85.23	85.29	85.72	86.16	86.82	87.81	88.98	90.11	91.12	91.50	91.85	92.26	92.78	92.91	92.85	92.20	91.29	90.22	89.21

序号	省/直辖市/自治区	市/区/自治州	台站编号	1:00	2:00	3:00	4:00	5:00	6:00	7:00	8:00	9:00	10:00	11:00	12:00	13:00	14:00	15:00	16:00	17:00	18:00	19:00	20:00	21:00	22:00	23:00	0:00
146	湖南	长沙(望城)	57687	84.39	83.98	83.55	83.39	83.26	83.27	83.66	84.14	84.92	85.81	86.95	88.09	89.19	89.71	89.64	89.41	89.00	88.55	88.61	88.09	87.10	86.38	85.72	84.88
147	湖南	芷江	57745	79.08	78.44	77.94	77.68	77.64	77.85	78.22	78.91	79.81	81.02	82.45	83.89	85.25	86.21	86.43	86.45	86.36	85.92	85.34	84.73	83.73	82.45	81.17	80.02
148	湖南	株洲	57780	83.29	82.70	82.11	81.81	81.74	81.94	82.20	82.57	83.04	83.63	84.58	85.76	86.92	87.44	87.74	87.67	87.84	88.09	87.81	87.32	86.76	85.97	84.97	83.96
149	湖南	武冈	57853	78.79	78.07	77.42	77.09	76.94	77.04	77.40	77.88	78.73	79.58	80.85	82.22	83.49	84.31	84.43	84.42	84.48	84.30	84.08	83.63	82.74	81.55	80.38	79.53
150	湖南	零陵	57866	79.93	79.34	79.06	78.79	78.78	78.88	79.12	79.56	80.28	81.23	82.39	83.80	84.88	85.60	85.76	85.43	85.19	84.93	84.43	83.66	82.85	81.91	81.08	80.46
151	湖南	常宁	57874	81.92	81.50	81.21	80.98	81.02	81.21	81.71	82.45	83.06	83.90	84.93	86.32	87.33	87.80	87.87	87.55	87.02	86.89	86.44	85.83	84.99	83.92	83.17	82.58
152	广东	南雄	57993	81.11	80.53	80.18	79.86	79.80	79.95	80.28	80.68	81.20	82.09	83.08	84.23	85.27	85.86	85.77	85.72	85.81	85.84	85.78	85.29	84.57	83.76	82.79	81.84
153	广东	韶关	59082	81.90	81.49	81.24	81.02	80.98	81.13	81.35	81.67	82.27	83.06	84.10	85.23	86.18	86.69	86.63	86.41	86.03	85.66	85.35	85.00	84.44	83.69	82.96	82.38
154	广东	广州	59287	84.73	84.37	84.29	84.41	84.57	84.84	85.18	85.54	85.83	86.32	87.00	87.66	88.19	88.51	88.42	88.32	88.05	87.98	87.97	87.69	87.22	86.49	85.71	85.16
155	广东	河源	59293	82.04	81.70	81.49	81.36	81.36	81.50	81.82	82.26	82.97	83.83	84.96	86.05	87.02	87.48	87.41	86.97	86.55	86.21	85.83	85.44	84.90	84.01	83.18	82.57
156	广东	增城	59294	84.46	84.14	83.98	83.88	84.08	84.38	84.80	85.19	85.65	86.38	87.16	88.08	88.94	89.39	89.32	88.93	88.63	88.45	88.24	87.81	87.19	86.49	85.64	84.94
157	广东	汕头	59316	83.55	83.63	83.70	83.85	84.10	84.44	84.93	85.34	85.74	86.34	87.18	88.00	88.58	88.91	88.58	87.69	86.88	85.99	85.22	84.64	84.19	83.79	83.64	83.52
158	广东	汕尾	59501	85.28	85.24	85.14	85.17	85.29	85.46	85.75	86.06	86.49	86.96	87.71	88.51	89.12	89.41	89.22	88.78	88.14	87.46	86.81	86.22	85.80	85.48	85.34	85.29
159	广东	阳江	59663	86.38	86.30	85.96	85.92	85.87	86.03	86.20	86.41	86.72	87.05	87.58	88.16	88.79	89.10	88.94	88.51	88.12	87.87	87.69	87.38	87.13	86.94	86.76	86.48
160	广东	电白	59664	87.13	87.00	86.94	86.98	87.00	87.23	87.49	87.80	88.23	88.82	89.56	90.48	91.18	91.51	91.22	90.72	90.09	89.41	89.03	88.62	88.12	87.65	87.38	87.23
161	广西	桂林	57957	82.49	81.94	81.43	81.12	80.89	80.94	81.13	81.42	81.75	82.27	83.04	83.99	84.95	85.75	86.12	86.43	86.67	86.91	87.12	86.96	86.28	85.24	84.15	83.20
162	广西	河池	59023	82.77	82.47	82.07	81.55	81.13	81.05	81.09	81.29	81.81	82.50	83.71	84.96	86.02	86.52	86.67	86.31	86.07	85.68	85.23	84.76	84.31	83.73	83.34	83.08
163	广西	都安	59037	82.69	82.35	81.90	81.69	81.72	81.79	82.03	82.49	83.24	84.32	85.87	87.05	88.34	88.96	88.96	88.59	88.13	87.61	87.05	86.32	85.36	84.53	83.83	83.24
164	广西	百色	59211	83.42	82.82	82.30	81.84	81.58	81.54	81.83	82.31	83.20	84.59	86.24	87.86	89.24	90.10	90.17	89.78	89.16	88.48	87.87	87.00	86.12	85.40	84.61	84.05
165	广西	桂平	59254	83.09	82.73	82.35	82.05	82.04	82.27	82.63	83.16	83.91	84.84	85.95	87.16	88.26	88.79	88.96	88.65	88.32	88.01	87.85	87.31	86.50	85.54	84.63	83.81
166	广西	梧州	59265	82.27	82.12	81.89	81.65	81.55	81.71	82.09	82.75	83.53	84.83	86.33	87.98	89.34	89.92	89.69	88.77	87.66	86.67	85.75	84.92	84.24	83.60	83.04	82.58
167	广西	龙州	59417	85.15	84.51	83.82	83.31	83.00	82.90	83.08	83.52	84.35	85.52	86.95	88.28	89.55	90.35	90.65	90.58	90.45	90.47	90.31	89.97	89.12	88.08	86.96	85.93
168	广西	南宁	59431	84.91	84.53	84.16	84.02	83.92	84.10	84.20	84.66	85.17	85.82	86.79	87.86	88.88	89.43	89.53	89.23	88.92	88.42	88.08	87.77	87.08	86.44	85.83	85.41
169	广西	灵山	59446	84.26	83.90	83.64	83.60	83.85	84.14	84.41	84.82	85.40	86.16	87.14	88.09	88.87	89.39	89.21	88.89	88.45	88.13	87.86	87.45	86.88	86.09	85.36	84.78
170	广西	钦州	59632	88.11	87.89	87.76	87.59	87.64	87.73	87.93	88.29	88.52	89.02	89.79	90.55	91.36	91.69	91.48	91.01	90.56	90.07	89.67	89.26	88.97	88.64	88.49	88.32
171	海南	海口	59758	85.05	84.93	84.81	84.67	84.75	84.89	85.27	85.71	86.26	87.05	88.23	89.39	90.29	90.45	90.03	89.30	88.62	88.17	87.58	87.11	86.65	86.11	85.64	85.32
172	海南	东方	59838	85.56	85.44	85.21	84.94	84.76	84.83	85.32	85.88	86.46	87.11	87.90	88.75	89.71	90.36	90.34	90.09	89.60	89.01	88.23	87.43	86.63	86.04	85.63	85.63
173	海南	琼海	59855	84.69	84.46	84.33	84.24	84.33	84.50	84.99	85.62	86.45	87.76	89.16	90.86	92.25	92.71	92.04	91.03	90.05	89.02	88.10	87.23	86.47	85.82	85.23	84.90
174	四川	甘孜	56146	44.46	43.63	43.04	42.59	42.23	42.29	42.47	43.14	44.13	45.67	47.34	49.58	51.52	52.94	53.71	53.61	53.12	52.94	52.17	51.68	50.20	48.47	46.90	45.44
175	四川	马尔康	56172	50.89	49.86	48.80	47.79	46.98	46.67	47.03	47.83	49.06	50.78	52.99	55.26	57.73	59.80	60.83	60.97	60.80	60.12	59.13	58.04	56.67	55.17	53.63	52.07
176	四川	红原	56173	40.05	39.03	38.20	37.48	37.13	36.94	37.38	38.07	39.28	41.16	43.02	45.57	47.85	49.29	50.06	50.32	49.71	49.56	48.48	47.32	46.05	44.17	42.44	41.04
177	四川	松潘	56182	46.19	45.94	45.15	44.50	44.08	43.58	43.64	44.17	45.21	46.75	48.65	50.77	52.58	53.97	54.54	54.44	53.72	52.66	51.41	50.25	49.33	48.45	47.74	46.97
178	四川	绵阳	56196	79.83	78.72	77.85	77.09	76.58	76.27	76.31	76.65	77.55	78.81	80.32	81.66	83.15	84.33	84.95	85.39	85.24	85.16	84.87	84.43	83.84	82.92	81.76	80.68
179	四川	理塘	56257	37.38	36.65	36.07	35.58	35.19	35.08	35.36	36.05	37.11	38.58	40.40	42.27	43.98	45.01	45.39	45.10	44.45	43.75	42.91	41.95	41.04	39.96	39.09	38.18
180	四川	成都	56294	79.79	78.71	77.70	76.94	76.53	76.46	76.71	77.23	78.11	79.20	80.56	82.12	83.77	84.90	85.70	86.02	86.32	86.33	86.30	85.76	84.94	83.70	82.24	80.92
181	四川	乐山	56386	80.36	79.57	78.63	77.84	77.18	76.83	76.92	77.40	78.34	79.51	80.99	82.70	84.37	85.56	86.17	86.08	86.13	86.00	85.49	84.85	84.04	82.83	81.86	81.14
182	四川	九龙	56462	49.87	49.31	48.56	47.81	47.17	46.91	47.27	47.90	48.58	49.42	50.62	51.81	53.11	54.13	54.56	54.62	54.44	54.15	53.75	53.04	52.40	51.70	51.02	50.39
183	四川	宜宾	56492	84.12	83.47	82.50	81.65	80.94	80.57	80.43	80.63	81.41	82.53	84.00	85.49	86.96	88.20	88.82	89.09	89.01	88.87	88.69	88.27	87.44	86.66	85.61	84.81
184	四川	西昌	56571	66.18	65.51	64.88	64.27	63.80	63.55	63.68	64.14	64.89	66.01	67.57	69.07	70.49	71.52	72.06	72.23	72.16	72.06	71.75	71.07	70.03	68.93	67.82	66.87
185	四川	会理	56671	65.72	64.88	64.29	63.67	63.12	62.99	63.01	63.31	63.69	64.43	65.34	66.41	67.63	68.71	69.26	69.70	70.15	70.45	70.40	70.14	69.45	68.50	67.39	66.42
186	四川	万源	57237	73.38	72.90	72.51	72.14	71.89	71.97	72.23	72.88	73.69	74.89	76.20	77.73	79.02	79.93	80.13	79.89	79.64	79.29	78.50	77.68	76.79	75.84	74.92	74.07
187	四川	南充	57411	83.18	82.70	82.12	81.56	81.32	81.21	81.36	81.70	82.05	82.61	83.53	84.48	85.46	86.17	86.41	86.58	86.67	86.76	86.56	86.20	85.51	84.94	84.47	83.85
188	四川	泸州	57602	82.86	82.61	81.90	81.09	80.35	79.84	79.92	80.26	81.21	82.28	83.82	85.29	86.60	87.60	87.86	87.84	87.73	87.19	86.69	86.09	85.38	84.44	83.86	83.28
189	重庆	沙坪坝	57516	83.87	83.42	83.00	82.59	82.29	82.08	82.23	82.52	82.87	83.64	84.57	85.66	86.67	87.40	87.60	87.68	87.45	87.33	87.07	86.81	86.26	85.55	84.92	84.47
190	重庆	酉阳	57633	75.36	74.79	74.34	73.86	73.73	73.78	73.99	74.41	74.97	75.51	77.17	78.28	79.22	79.90	80.32	80.45	80.35	80.24	79.98	79.50	78.92	78.05	77.02	76.08

续表　　　　A.0.2

序号	省/直辖市/自治区	市/区/自治州	台站编号	1:00	2:00	3:00	4:00	5:00	6:00	7:00	8:00	9:00	10:00	11:00	12:00	13:00	14:00	15:00	16:00	17:00	18:00	19:00	20:00	21:00	22:00	23:00	0:00
191	贵州	威宁	56691	56.71	56.18	55.49	54.87	54.40	54.13	54.25	54.68	55.55	56.83	58.37	59.93	61.39	62.29	62.61	62.38	61.88	61.21	60.52	59.85	59.08	58.39	57.78	57.18
192	贵州	桐梓	57606	70.75	70.29	69.81	69.35	69.01	68.92	69.18	69.72	70.67	72.11	73.87	75.66	77.19	78.13	78.49	78.12	77.28	76.22	75.42	74.49	73.61	72.68	72.07	71.36
193	贵州	毕节	57707	65.07	64.71	64.13	63.73	63.46	63.33	63.62	64.18	65.33	66.78	68.59	70.55	72.14	73.06	73.18	72.56	71.60	70.45	69.33	68.26	67.48	66.73	66.02	65.47
194	贵州	遵义	57713	73.15	72.55	71.86	71.37	71.05	70.99	71.14	71.56	72.32	73.40	74.72	76.16	77.40	78.12	78.38	78.47	78.21	77.76	77.31	76.81	76.16	75.32	74.53	73.83
195	贵州	贵阳	57816	70.10	69.76	69.29	68.91	68.62	68.59	68.61	68.98	69.54	70.39	71.37	72.39	73.35	73.92	74.06	73.91	73.66	73.29	72.90	72.43	71.97	71.40	70.90	70.45
196	贵州	三穗	57832	74.36	73.69	73.17	72.72	72.57	72.81	73.28	73.98	74.68	75.91	77.55	79.25	80.65	81.65	82.18	82.18	82.05	81.50	80.93	80.11	78.94	77.78	76.51	75.35
197	贵州	兴义	57902	68.35	67.87	67.16	66.42	65.94	65.61	65.74	66.11	66.88	67.96	69.42	70.98	72.16	72.95	73.23	72.98	72.70	72.41	71.86	71.37	70.70	70.02	69.35	68.87
198	云南	德钦	56444	43.81	43.38	42.91	42.39	41.83	41.59	41.83	42.43	43.33	44.61	46.14	47.84	49.23	50.12	50.27	49.84	49.00	48.07	47.29	46.47	45.83	45.13	44.63	44.21
199	云南	丽江	56651	56.49	55.96	55.45	54.68	54.15	53.88	54.05	54.56	55.41	56.65	58.20	59.99	61.51	62.53	62.81	62.60	62.05	61.47	60.78	60.08	59.13	58.31	57.59	56.94
200	云南	腾冲	56739	62.78	62.20	61.56	60.85	60.27	59.97	60.14	60.53	61.30	62.49	64.10	65.82	67.38	68.41	68.69	68.44	67.85	67.16	66.52	65.86	65.17	64.55	63.91	63.39
201	云南	楚雄	56768	62.77	62.28	61.71	61.19	60.76	60.55	60.69	60.98	61.50	62.36	63.45	64.65	65.65	66.45	66.69	66.64	66.57	66.34	66.00	65.55	65.04	64.45	63.83	63.23
202	云南	昆明	56778	61.42	60.88	60.29	59.77	59.41	59.34	59.50	59.92	60.69	61.81	63.19	64.64	65.93	66.83	67.06	66.98	66.51	66.10	65.63	64.98	64.32	63.53	62.69	62.03
203	云南	临沧	56951	65.52	64.96	64.39	64.02	63.65	63.44	63.55	63.82	64.43	65.47	66.63	68.06	69.31	70.20	70.50	70.02	69.55	69.20	68.55	67.89	67.24	66.61	66.03	
204	云南	澜沧	56954	69.89	69.38	68.89	68.43	67.93	67.89	68.15	68.49	69.11	70.14	71.47	72.88	74.16	75.08	75.31	75.01	74.80	74.47	74.04	73.60	72.85	71.97	71.19	70.47
205	云南	思茅	56964	67.80	67.23	66.62	66.09	65.65	65.54	65.65	65.84	66.39	67.33	68.58	70.02	71.26	72.09	72.43	72.44	72.32	72.33	72.14	71.73	71.10	70.28	69.43	68.57
206	云南	元江	56966	80.78	80.29	79.75	79.21	78.81	78.62	78.79	79.20	79.91	81.00	82.42	83.96	85.22	86.02	86.10	86.02	85.89	85.97	85.95	85.84	84.68	83.59	82.44	81.50
207	云南	勐腊	56969	75.99	75.14	74.43	73.72	73.13	72.96	73.20	73.71	74.52	75.69	77.39	79.16	80.68	81.92	82.51	82.70	82.91	82.84	82.62	82.06	81.19	79.82	78.32	77.17
208	云南	蒙自	56985	66.24	65.92	65.47	65.14	64.98	64.98	65.11	65.44	65.66	67.52	68.83	70.21	71.43	72.18	72.34	71.95	71.32	70.59	69.89	69.18	68.49	67.78	67.10	66.62
209	西藏	拉萨	55591	45.63	44.71	43.94	43.23	42.47	42.08	42.13	42.36	43.06	44.13	45.49	46.78	48.10	49.17	49.90	50.23	50.50	50.69	50.68	50.34	49.59	48.58	47.51	46.42
210	西藏	昌都	56137	46.84	46.03	45.25	44.35	43.68	43.39	43.53	44.02	45.13	46.75	48.73	50.76	52.74	54.06	54.73	54.82	54.47	53.89	53.19	52.27	51.13	49.97	48.70	47.67
211	西藏	林芝	56312	49.33	48.63	47.96	47.25	46.65	46.36	46.54	47.07	48.02	49.45	51.24	53.06	54.61	55.64	56.02	55.74	55.18	54.42	53.55	52.83	52.10	51.34	50.62	49.90
212	陕西	榆林	53646	61.23	60.83	60.49	60.21	60.08	60.52	61.10	61.75	62.66	63.58	64.73	65.77	66.58	67.27	67.20	66.99	66.40	65.62	64.98	64.27	63.63	62.86	62.12	61.69
213	陕西	定边	53725	59.78	59.47	59.30	58.91	58.90	59.28	59.43	59.87	60.71	61.35	62.24	62.99	64.02	65.03	65.23	64.99	64.79	63.95	63.56	63.14	62.38	61.66	60.69	60.22

续表　　　　A.0.2

序号	省/直辖市/自治区	市/区/自治州	台站编号	1:00	2:00	3:00	4:00	5:00	6:00	7:00	8:00	9:00	10:00	11:00	12:00	13:00	14:00	15:00	16:00	17:00	18:00	19:00	20:00	21:00	22:00	23:00	0:00
214	陕西	绥德	53754	64.80	64.60	63.97	63.59	63.43	63.59	63.86	64.49	65.42	66.60	67.78	69.30	70.44	71.24	71.12	70.58	69.64	68.64	67.67	66.70	66.02	65.51	65.11	64.87
215	陕西	延安	53845	66.54	65.46	64.85	64.46	64.02	63.79	63.93	64.29	65.01	66.21	67.85	69.42	71.10	72.37	72.79	73.02	72.66	72.18	71.47	70.60	70.13	69.20	68.11	67.34
216	陕西	洛川	53942	64.09	63.61	63.00	62.70	62.51	62.47	62.86	63.45	64.21	65.45	66.94	68.19	69.65	70.42	70.71	70.55	69.92	69.30	68.63	67.85	67.08	66.18	65.43	64.74
217	陕西	西安	57036	74.76	74.09	73.33	72.79	72.50	72.60	73.14	74.00	75.15	76.57	78.03	79.60	81.04	82.00	82.29	82.36	82.17	81.72	81.07	80.38	79.37	78.05	76.60	75.49
218	陕西	汉中	57127	77.61	76.57	75.78	74.93	74.46	74.35	74.50	75.10	76.06	77.23	78.62	80.11	81.44	82.61	83.68	84.17	84.65	84.89	84.96	84.60	83.38	81.88	80.38	78.96
219	陕西	安康	57245	79.98	79.43	78.91	78.65	78.53	78.40	78.69	79.30	80.17	81.30	82.47	83.76	84.99	85.87	86.24	86.09	85.89	85.35	84.79	84.09	83.33	82.31	81.40	80.70
220	甘肃	敦煌	52418	51.81	49.58	48.49	47.73	47.51	47.53	48.02	48.76	49.68	50.98	52.95	54.77	56.87	58.77	60.68	62.81	65.00	66.98	68.13	67.84	65.62	62.07	58.20	54.63
221	甘肃	玉门镇	52436	46.35	45.50	45.04	44.59	44.38	44.44	45.20	45.98	46.98	47.99	49.48	51.05	52.37	53.57	54.57	55.47	56.11	56.78	56.70	55.88	54.20	52.03	49.69	47.85
222	甘肃	酒泉	52533	50.80	49.58	48.78	48.06	48.19	48.33	48.97	50.05	51.05	52.01	53.13	54.29	55.92	57.49	58.62	60.15	61.60	62.88	63.53	63.18	61.11	58.61	55.54	52.69
223	甘肃	民勤	52681	53.06	52.52	52.36	51.78	51.77	51.87	52.32	52.90	53.58	54.54	55.42	56.62	57.71	58.74	59.10	59.03	59.03	58.56	58.35	57.81	56.78	55.87	54.62	53.65
224	甘肃	乌鞘岭	52787	36.67	36.12	35.56	35.19	35.04	35.02	35.46	36.26	37.33	38.67	40.33	42.10	43.49	44.62	44.99	44.58	43.79	42.72	41.79	40.84	39.91	38.95	38.21	37.33
225	甘肃	兰州	52889	58.50	58.01	57.42	56.93	56.38	56.13	56.16	56.43	57.22	58.38	59.94	61.43	62.75	63.69	64.08	64.02	63.69	63.47	62.85	62.26	61.41	60.54	59.67	59.00
226	甘肃	榆中	52983	53.55	52.81	52.23	51.77	51.55	51.49	51.93	52.87	53.99	55.32	56.76	58.37	59.98	61.00	61.61	61.65	61.43	61.19	60.22	59.15	57.99	56.64	55.47	54.39
227	甘肃	平凉	53915	61.48	60.90	60.14	59.51	59.28	59.10	59.36	59.72	60.52	62.10	63.88	65.53	67.03	68.35	68.91	68.96	68.61	67.79	66.93	65.93	64.92	63.92	62.85	62.11
228	甘肃	西峰镇	53923	61.15	60.75	60.58	60.24	60.01	60.12	60.40	60.88	61.51	62.22	63.22	64.05	65.01	65.62	65.79	65.87	65.39	65.07	64.64	64.08	63.41	62.79	62.18	61.62
229	甘肃	合作	56080	43.65	42.90	42.25	41.61	41.00	40.78	41.01	41.66	42.69	44.23	46.12	48.00	49.83	51.28	51.99	51.85	51.29	50.45	49.55	48.37	47.35	46.22	45.11	44.17
230	甘肃	岷县	56093	51.66	51.24	50.60	50.04	49.69	49.58	49.89	50.55	51.59	52.91	54.65	56.39	57.85	59.11	59.72	59.79	59.48	58.75	57.91	56.81	55.71	54.56	53.38	52.52
231	甘肃	武都	56096	66.71	66.36	65.80	65.47	65.11	64.98	64.87	65.06	65.65	66.62	67.61	68.72	69.43	70.12	70.40	70.10	69.94	69.53	69.05	68.76	68.17	67.61	67.22	67.09
232	甘肃	天水	57006	63.89	63.45	63.08	62.96	62.77	62.51	62.63	63.14	63.99	64.97	65.89	67.32	68.45	69.29	69.59	69.47	69.16	68.63	68.00	67.24	66.54	65.71	64.95	64.34
233	青海	冷湖	52602	33.62	32.81	32.08	31.64	31.42	31.49	31.74	32.08	33.01	34.27	35.76	37.34	38.74	39.88	40.42	40.54	40.47	40.13	39.47	38.77	37.60	36.65	35.49	34.45
234	青海	大柴旦	52713	38.73	38.09	37.50	36.99	36.38	35.99	36.12	36.36	36.89	37.49	38.10	38.92	40.13	41.08	41.78	42.25	42.53	42.54	42.57	42.23	41.76	41.01	40.09	39.39
235	青海	刚察	52754	37.93	37.38	36.74	36.15	35.92	35.71	36.19	36.56	37.72	39.42	41.39	42.95	44.58	45.80	46.61	46.41	46.15	45.38	44.29	43.36	42.18	40.97	39.74	38.65
236	青海	格尔木	52818	39.36	38.44	37.12	36.26	35.41	34.89	34.74	35.03	35.73	36.99	38.33	39.96	41.80	43.40	44.72	45.60	46.20	46.18	45.82	45.27	44.23	43.07	41.89	40.52

序号	省/直辖市/自治区	市/区/自治州	台站编号	1:00	2:00	3:00	4:00	5:00	6:00	7:00	8:00	9:00	10:00	11:00	12:00	13:00	14:00	15:00	16:00	17:00	18:00	19:00	20:00	21:00	22:00	23:00	0:00
237	青海	都兰	52836	39.64	38.89	38.05	37.48	37.11	36.90	37.05	37.37	38.12	38.94	39.98	41.18	42.39	43.49	44.29	44.51	44.68	44.61	44.29	43.80	43.14	42.10	41.04	40.26
238	青海	西宁	52866	49.14	48.54	47.85	47.16	46.69	46.59	46.58	46.90	47.42	48.52	49.81	51.58	53.09	54.32	54.97	55.21	55.22	54.74	53.94	53.23	52.48	51.63	50.65	49.80
239	青海	民和	52876	54.80	53.94	53.02	52.45	52.22	52.14	52.39	52.84	53.75	54.76	56.58	58.29	60.01	61.25	62.06	62.57	63.14	63.52	63.58	62.78	61.84	59.84	57.74	56.12
240	青海	兴海	52943	41.96	41.14	40.48	39.92	39.51	39.39	39.66	40.14	41.00	42.52	43.94	45.54	47.22	48.62	48.35	47.74	46.80	45.98	45.03	44.23	43.51	42.72		
241	青海	托托河	56004	31.30	30.54	29.73	28.77	28.06	27.77	27.87	28.27	29.33	30.72	32.52	34.48	36.05	37.32	37.87	37.92	37.61	37.12	36.44	35.71	34.72	33.91	32.94	32.14
242	青海	曲麻莱	56021	33.69	32.93	32.02	31.27	30.74	30.40	30.58	31.09	32.17	33.96	35.69	37.89	39.85	41.20	41.74	41.69	41.20	40.38	39.50	38.41	37.44	36.50	35.48	34.63
243	青海	玉树	56029	41.83	40.66	39.87	39.18	38.54	38.40	38.62	39.27	40.17	41.50	43.27	45.28	47.47	48.96	49.78	50.02	49.70	49.28	48.61	47.63	46.54	45.33	43.92	42.77
244	青海	玛多	56033	32.26	31.60	30.73	30.13	29.63	29.54	30.26	31.38	32.85		34.52	36.13	37.74	38.40	39.27	39.25	38.78	38.19	37.46	36.50	35.56	34.72	33.84	32.96
245	青海	达日	56046	36.01	35.27	34.50	33.90	33.46	33.32	33.57	34.24	35.23	36.90	38.76	40.80	42.92	44.36	45.04	44.70	44.13	43.22	42.11	40.89	39.82	38.71	37.83	36.85
246	青海	囊谦	56125	42.95	42.13	41.31	40.60	39.93	39.72	40.00	40.56	41.54	42.97	44.72	46.60	48.40	49.82	50.50	50.94	50.78	50.34	49.56	48.64	47.55	46.24	45.02	43.90
247	宁夏	银川	53614	61.33	60.17	59.71	59.43	59.40	59.84	60.58	61.37	62.25	63.23	64.44	65.67	67.00	68.36	68.90	69.40	69.74	69.91	70.06	69.37	68.17	66.64	64.59	62.62
248	宁夏	盐池	53723	57.78	57.55	57.38	57.41	57.57	57.47	57.70	58.07	58.67	59.33	59.97	60.55	61.39	61.86	61.98	61.82	61.70	61.21	61.06	60.53	59.94	59.25	58.69	58.30
249	宁夏	固原	53817	55.05	54.34	53.90	53.69	53.83	53.77	54.09	54.61	55.34	56.60	58.02	59.41	60.70	61.44	62.16	61.94	61.93	60.97	60.58	59.48	57.44	56.51	55.72	
250	新疆	阿勒泰	51076	48.63	47.15	45.98	45.20	45.00	45.09	45.57	46.45	47.64	49.08	50.85	52.65	54.44	56.23	57.52	58.40	59.07	59.27	59.14	58.39	56.96	54.90	52.69	50.63
251	新疆	富蕴	51087	47.72	47.32	46.79	46.28	45.92	45.69	45.77	46.18	46.86	47.71	48.84	50.21	51.55	52.81	53.39	53.23	52.90	52.41	51.14	50.52	49.68	48.92	48.27	
252	新疆	塔城	51133	52.26	51.19	49.91	48.62	47.69	47.49	47.61	47.98	48.77	50.54	52.97	55.38	57.59	59.47	61.14	61.50	61.20	60.82	59.40	58.18	56.39	54.01	53.68	
253	新疆	和布克赛尔	51156	43.82	42.81	41.92	40.98	40.32	40.03	40.00	40.26	41.09	42.17	43.39	44.85	46.45	47.62	48.49	48.99	48.89	48.75	48.52	48.12	47.35	46.40	45.53	44.83
254	新疆	克拉玛依	51243	51.69	51.23	50.48	49.90	49.34	49.21	49.34	49.50	50.01	50.72	51.65	52.73	53.81	54.51	55.09	55.21	55.17	55.02	54.53	53.99	53.36	52.76	52.19	
255	新疆	精河	51334	55.64	54.19	52.91	52.01	51.32	50.94	50.95	51.73	53.03	54.82	57.25	59.78	62.41	64.47	66.53	66.73	66.70	66.68	65.77	64.12	61.96	59.55	57.39	
256	新疆	乌苏	51346	54.19	53.06	52.06	51.22	50.73	50.43	50.68	51.12	52.00	53.28	54.87	56.61	58.46	59.88	61.13	61.84	62.36	62.29	61.67	60.31	58.76	57.02	55.48	
257	新疆	伊宁	51431	54.32	52.52	50.96	49.77	48.81	48.26	48.20	48.77	50.04	51.63	53.65	56.10	58.68	60.92	62.95	63.90	64.80	65.24	64.38	62.76	60.85	58.35	56.21	

序号	省/直辖市/自治区	市/区/自治州	台站编号	1:00	2:00	3:00	4:00	5:00	6:00	7:00	8:00	9:00	10:00	11:00	12:00	13:00	14:00	15:00	16:00	17:00	18:00	19:00	20:00	21:00	22:00	23:00	0:00
258	新疆	乌鲁木齐	51463	50.44	49.69	48.95	48.35	47.93	47.54	47.52	47.48	48.42	49.20	50.16	51.26	52.58	53.65	54.45	54.63	54.56	54.33	54.09	53.54	52.88	52.28	51.65	50.91
259	新疆	焉耆	51567	56.37	54.07	52.17	50.74	49.68	49.17	49.18	49.71	50.81	52.93	55.22	57.27	59.68	62.03	64.12	66.03	67.64	68.75	69.66	69.17	67.33	64.88	61.83	59.19
260	新疆	吐鲁番	51573	60.43	58.55	57.60	56.90	56.59	56.96	57.95	58.88	60.17		61.98	63.76	65.61	67.44	69.04	70.64	72.32	73.64	74.39	74.27	72.11	69.33	65.72	62.67
261	新疆	阿克苏	51628	59.14	57.73	55.64	53.78	52.62	51.78	51.77	52.07	52.66	54.16	56.23	58.10	60.54	62.36	64.08	65.46	66.91	67.91	68.32	68.00	67.07	65.04	62.88	60.96
262	新疆	库车	51644	53.39	51.86	50.64	49.47	48.73	48.19	48.25	48.55	49.46	50.76	52.27	54.13	56.17	57.86	59.32	60.36	61.31	61.95	62.25	61.85	60.73	59.09	57.26	55.03
263	新疆	喀什	51709	59.80	58.19	56.61	55.09	53.79	52.86	52.20	52.35	53.04	53.81	55.16	56.82	58.42	60.07	61.72	62.94	64.42	65.82	66.53	66.50	65.55	63.97	62.32	61.03
264	新疆	巴楚	51716	57.47	55.73	54.16	52.61	51.61	50.94	50.39	50.51	51.22	52.03	55.16	57.28	59.52	63.28	64.96	66.40	67.31	66.29	64.25	61.84	59.55			
265	新疆	铁干里克	51765	56.93	54.24	52.41	50.95	50.20	50.05	50.39	51.01	52.19	53.53	55.36	57.46	59.52	62.21	65.08	68.67	71.95	75.15	77.16	77.05	74.76	70.83	65.86	60.88
266	新疆	若羌	51777	54.23	52.25	50.84	49.87	49.38	49.17	49.34	49.96	51.03	52.42	54.44	56.55	58.98	61.30	63.13	66.85	68.24	68.83	68.27	66.26	63.06	60.05	56.80	
267	新疆	莎车	51811	64.28	62.17	59.77	57.57	55.72	54.32	53.79	53.82	53.99	53.61	56.08	58.12	60.36	63.05	65.42	68.25	70.70	72.86	74.22	74.26	73.23	71.52	69.11	66.55
268	新疆	和田	51828	57.20	55.14	53.05	51.46	50.39	49.75	49.10	50.08	50.88	51.90	53.76	55.88	58.53	61.37	63.76	65.90	67.98	69.48	70.32	69.92	68.06	65.62	62.52	59.17
269	新疆	民丰	51839	54.46	52.84	51.60	50.52	49.70	49.49	49.44	49.66	50.37	51.29	52.67	54.57	56.51	58.48	59.93	61.54	63.39	65.81	65.72	64.25	61.81	59.06	56.44	
270	新疆	哈密	52203	53.18	51.02	49.86	49.31	49.28	49.82	50.61	51.48	52.84	54.12	55.61	57.52	59.17	61.05	62.95	64.89	67.40	68.19	69.92	69.45	67.29	63.92	59.83	55.99

附录 B　室外空气计算温度简化统计方法

B.0.1　供暖室外计算温度可按下式确定：

$$t_{wn} = 0.57t_{lp} + 0.43t_{p,min} \tag{B.0.1}$$

式中：t_{wn}——供暖室外计算温度（℃），应取整数；

　　　t_{lp}——累年最冷月平均温度（℃）；

　　　$t_{p,min}$——累年最低日平均温度（℃）。

B.0.2　冬季空气调节室外计算温度可按下式确定：

$$t_{wk} = 0.30t_{lp} + 0.70t_{p,min} \tag{B.0.2}$$

式中：t_{wk}——冬季空气调节室外计算温度（℃），应取整数。

B.0.3　夏季通风室外计算温度可按下式确定：

$$t_{wf} = 0.71t_{rp} + 0.29t_{max} \tag{B.0.3}$$

式中：t_{wf}——夏季通风室外计算温度（℃），应取整数；

　　　t_{rp}——累年最热月平均温度（℃）；

　　　t_{max}——累年极端最高温度（℃）。

B.0.4　夏季空气调节室外计算干球温度可按下式确定：

$$t_{wg} = 0.47t_{rp} + 0.53t_{max} \tag{B.0.4}$$

式中：t_{wg}——夏季空气调节室外计算干球温度（℃）。

B.0.5　夏季空气调节室外计算湿球温度可按下列公式确定：

北部地区：$t_{ws}=0.72t_{s,rp}+0.28t_{s,max}$　(B.0.5-1)

中部地区：$t_{ws}=0.75t_{s,rp}+0.25t_{s,max}$　(B.0.5-2)

南部地区：$t_{ws}=0.80t_{s,rp}+0.20t_{s,max}$　(B.0.5-3)

式中：t_{ws}——夏季空气调节室外计算湿球温度（℃）；

　　　$t_{s,rp}$——与累年最热月平均温度和平均相对湿度相对应的湿球温度（℃），可在当地大气压力下的焓湿图上查得；

$t_{s,max}$——与累年极端最高温度和最热月平均相对湿度相对应的湿球温度（℃），可在当地大气压力下的焓湿图上查得。

B.0.6　夏季空气调节室外计算日平均温度可按下式确定：

$$t_{wp}=0.80t_{rp}+0.20t_{max}　(B.0.6)$$

式中：t_{wp}——夏季空气调节室外计算日平均温度（℃）。

附录C　夏季太阳总辐射照度

C.0.1　计算夏季空调冷负荷时，建筑物各朝向垂直面与水平面的太阳总辐射照度应按表 C.0.1-1～ 表C.0.1-7采用。

表C.0.1-1　北纬20°太阳总辐射照度（W/m²）

透明度等级		1						2						3						透明度等级
朝向		S	SE	E	NE	N	H	S	SE	E	NE	N	H	S	SE	E	NE	N	H	朝向
时刻（地方太阳时）	6	26	255	527	505	202	96	28	209	424	407	169	90	29	172	341	328	140	83	18 时刻（地方太阳时）
	7	63	454	825	749	272	349	63	408	736	670	249	321	70	373	661	602	233	306	17
	8	92	527	872	759	257	602	98	495	811	708	249	573	104	464	751	658	241	545	16
	9	117	518	791	670	224	826	121	494	748	635	220	787	130	476	711	606	222	759	15
	10	134	442	628	523	191	999	144	434	608	511	198	969	145	415	578	486	195	921	14
	11	145	312	404	344	169	1105	150	307	394	338	173	1064	156	302	384	333	177	1022	13
	12	149	149	149	157	161	1142	156	156	156	164	167	1107	162	162	162	170	172	1065	12
	13	145	145	145	145	169	1105	150	150	150	150	173	1064	156	156	156	156	177	1022	11
	14	134	134	134	134	191	999	144	144	144	144	198	969	145	145	145	145	195	921	10
	15	117	117	117	117	224	826	121	121	121	121	220	787	130	130	130	130	222	759	9
	16	92	92	92	92	257	602	98	98	68	98	249	573	104	104	104	104	241	545	8
	17	63	63	63	63	272	349	63	63	63	63	249	321	70	70	70	70	233	306	7
	18	26	26	26	26	202	96	28	28	28	28	169	90	29	29	29	29	140	83	6
日总计		1303	3232	4772	4284	2791	9096	1363	3108	4481	4037	2682	8716	1429	2998	4221	3817	2587	8339	日总计
日平均		55	135	199	179	116	379	57	129	187	168	112	363	60	125	176	159	108	347	日平均
朝向		S	SW	W	NW	N	H	S	SW	W	NW	N	H	S	SW	W	NW	N	H	朝向

续表C.0.1-1

透明度等级		4						5						6						透明度等级
朝向		S	SE	E	NE	N	H	S	SE	E	NE	N	H	S	SE	E	NE	N	H	朝向
时刻（地方太阳时）	6	27	130	254	243	107	69	22	97	184	177	79	55	22	72	131	127	60	48	18 时刻（地方太阳时）
	7	74	331	577	527	213	285	77	295	504	461	193	264	76	252	421	386	171	236	17
	8	106	423	677	594	227	505	113	395	620	548	220	480	116	354	542	481	207	440	16
	9	137	451	665	570	221	722	147	437	635	547	224	701	157	409	580	404	224	658	15
	10	155	402	551	468	200	880	165	397	536	458	208	857	179	385	508	438	217	815	14
	11	169	305	380	331	188	886	178	304	374	329	197	951	190	302	365	326	206	904	13
	12	172	172	172	179	181	1023	181	181	181	188	191	983	199	199	199	205	207	947	12
	13	169	169	169	169	188	986	178	178	178	178	197	951	190	190	190	190	206	904	11
	14	155	155	155	155	200	880	165	165	165	165	208	857	179	179	179	179	217	815	10
	15	137	137	137	137	221	722	147	147	147	147	224	701	157	157	157	157	224	658	9
	16	106	106	106	106	227	505	113	113	113	113	220	480	116	116	116	116	220	440	8
	17	74	74	74	74	213	285	77	77	77	77	193	264	76	76	76	76	171	236	7
	18	27	27	27	27	107	69	22	22	22	22	79	55	22	22	22	22	60	48	6
日总计		1507	2883	3944	3580	2493	7918	1584	2807	3736	3409	2433	7600	1678	2713	3487	3206	2379	7148	日总计
日平均		63	120	164	149	104	330	66	117	156	142	101	317	70	113	145	134	99	298	日平均
朝向		S	SW	W	NW	N	H	S	SW	W	NW	N	H	S	SW	W	NW	N	H	朝向

表 C.0.1-2　北纬 25°太阳总辐射照度(W/m²)

透明度等级		1						2						3						透明度等级
朝向	S	SE	E	NE	N	H	S	SE	E	NE	N	H	S	SE	E	NE	N	H	朝向
时刻（地方太阳时） 6	33	287	579	551	220	127	34	243	484	461	187	116	36	206	401	383	162	109	18 时刻（地方太阳时）
7	66	483	842	747	252	373	67	436	755	670	233	345	73	398	678	604	219	327	17
8	93	564	877	730	212	618	100	530	818	684	208	590	106	498	758	637	204	562	16
9	119	566	793	625	159	834	121	540	750	593	159	795	131	518	713	568	166	768	15
10	158	500	628	466	134	1000	166	488	608	456	144	970	166	466	578	436	145	922	14
11	212	376	404	281	145	1104	213	368	394	279	151	1062	215	359	384	276	156	1022	13
12	226	202	144	144	144	1133	228	206	151	151	151	1096	229	208	157	157	157	1054	12
13	212	145	145	145	145	1104	213	151	151	151	151	1062	215	156	156	156	156	1020	11
14	158	134	134	134	134	1000	166	144	144	144	144	970	166	145	145	145	145	922	10
15	119	119	119	119	159	834	121	121	121	121	159	795	131	131	131	131	166	768	9
16	93	93	93	93	212	618	100	100	100	100	208	590	106	106	106	106	204	562	8
17	66	66	66	66	252	373	67	67	67	67	233	345	73	73	73	73	219	327	7
18	33	33	33	33	220	127	34	34	34	34	187	116	36	36	36	36	162	109	6
日总计	1586	3568	4857	4134	2389	9244	1631	3429	4578	3911	2317	8853	1685	3301	4317	3708	2260	8469	日总计
日平均	66	149	202	172	100	385	68	143	191	163	97	369	70	138	180	154	94	353	日平均
朝向	S	SW	W	NW	N	H	S	SW	W	NW	N	H	S	SW	W	NW	N	H	朝向

续表 C.0.1-2

透明度等级		4						5						6						透明度等级
朝向	S	SE	E	NE	N	H	S	SE	E	NE	N	H	S	SE	E	NE	N	H	朝向
时刻（地方太阳时） 6	35	164	312	298	129	95	33	129	240	229	104	81	29	95	171	164	80	67	18 时刻（地方太阳时）
7	77	355	594	530	201	305	80	316	521	466	186	284	81	274	441	397	167	257	17
8	108	454	684	577	194	520	115	424	629	534	193	495	119	379	551	471	184	454	16
9	138	491	669	536	171	730	148	475	640	516	177	709	158	442	585	478	185	666	15
10	173	449	551	421	155	882	184	441	536	415	165	858	195	423	508	400	179	816	14
11	223	357	380	280	169	985	229	352	374	281	178	950	235	345	365	281	190	901	13
12	235	215	169	169	169	1014	240	222	178	178	178	973	250	234	194	194	194	935	12
13	223	169	169	169	169	985	229	178	178	178	178	950	235	190	190	190	190	901	11
14	173	155	155	155	155	882	184	165	165	165	165	858	195	179	179	179	179	816	10
15	138	138	138	138	171	730	148	148	148	148	177	709	158	158	158	158	185	666	9
16	108	108	108	108	194	520	115	115	115	115	193	495	119	119	119	119	184	454	8
17	77	77	77	77	201	305	80	80	80	80	186	284	81	81	81	81	167	257	7
18	35	35	35	35	129	95	33	33	33	33	104	81	29	29	29	29	80	67	6
日总计	1745	3166	4040	3492	2206	8048	1817	3078	3837	3339	2183	7730	1885	2949	3572	3141	2160	7259	日总计
日平均	73	132	168	146	92	335	76	128	160	139	91	322	79	123	149	131	90	302	日平均
朝向	S	SW	W	NW	N	H	S	SW	W	NW	N	H	S	SW	W	NW	N	H	朝向

表 C.0.1-3　北纬30°太阳总辐射照度(W/m²)

透明度等级		1						2						3						透明度等级
朝向	S	SE	E	NE	N	H	S	SE	E	NE	N	H	S	SE	E	NE	N	H	朝向
时刻（地方太阳时）6	38	320	629	593	231	156	38	277	538	507	201	142	42	239	457	431	178	135	18 时刻（地方太阳时）
7	69	512	856	740	229	395	71	464	770	666	214	368	76	423	693	601	201	345	17
8	94	600	879	699	164	627	101	566	822	656	164	599	107	530	764	613	165	571	16
9	144	614	794	578	119	835	145	584	750	549	121	795	154	558	713	527	131	768	15
10	240	557	628	408	134	996	243	542	608	402	144	966	237	516	577	386	145	918	14
11	300	436	401	215	143	1091	297	424	392	217	149	1050	292	413	381	217	154	1008	13
12	316	266	143	143	143	1119	313	265	149	149	149	1079	309	264	155	155	155	1037	12
13	300	143	143	143	143	1091	297	149	149	149	149	1050	292	154	154	154	154	1008	11
14	240	134	134	134	134	996	243	144	144	144	144	966	237	145	145	145	145	918	10
15	144	119	119	119	119	835	145	121	121	121	121	795	154	131	131	131	131	768	9
16	94	94	94	94	164	627	101	101	101	101	164	599	107	107	107	107	165	571	8
17	69	69	69	69	229	395	71	71	71	71	214	368	76	76	76	76	201	345	7
18	38	38	38	38	231	156	38	38	38	38	201	142	42	42	42	42	178	135	6
日总计	2086	3902	4928	3973	2183	9318	2104	3747	4654	3772	2135	8920	2124	3599	4395	3586	2104	8527	日总计
日平均	87	163	205	166	91	388	88	156	194	157	89	372	88	150	183	149	88	355	日平均
朝向	S	SW	W	NW	N	H	S	SW	W	NW	N	H	S	SW	W	NW	N	H	朝向

续表 C.0.1-3

透明度等级		4						5						6						透明度等级
朝向	S	SE	E	NE	N	H	S	SE	E	NE	N	H	S	SE	E	NE	N	H	朝向
时刻（地方太阳时）6	42	197	366	345	148	121	41	160	292	277	122	107	35	117	208	198	92	86	18 时刻（地方太阳时）
7	79	377	608	530	187	321	83	338	536	469	176	300	86	295	457	402	162	276	17
8	109	484	690	556	160	529	116	451	636	516	163	505	121	402	557	457	159	462	16
9	159	528	669	499	138	732	166	508	640	483	148	711	176	472	585	449	159	668	15
10	238	494	550	374	154	877	244	483	535	371	165	855	249	461	507	362	179	812	14
11	294	406	377	226	166	972	294	398	372	230	176	939	293	386	363	237	187	891	13
12	309	267	166	166	166	1000	308	270	177	177	177	962	309	274	191	191	191	919	12
13	294	166	166	166	166	972	294	176	176	176	176	939	293	187	187	187	187	891	11
14	238	154	154	154	154	877	244	165	165	165	165	855	249	179	179	179	179	812	10
15	159	138	138	138	138	732	166	148	148	148	148	711	176	159	159	159	159	668	9
16	109	109	109	109	160	529	116	116	116	116	163	505	121	121	121	121	159	462	8
17	79	79	79	79	187	321	83	83	83	83	176	300	86	86	86	86	162	276	7
18	42	42	42	42	148	121	41	41	41	41	122	107	35	35	35	35	92	86	6
日总计	2154	3441	4115	3385	2074	8104	2197	3337	3916	3251	2075	7793	2228	3176	3636	3063	2068	7306	日总计
日平均	90	143	171	141	86	338	92	139	163	135	86	325	93	132	151	128	86	304	日平均
朝向	S	SW	W	NW	N	H	S	SW	W	NW	N	H	S	SW	W	NW	N	H	朝向

表 C.0.1-4　北纬35°太阳总辐射照度(W/m²)

透明度等级		1						2						3					透明度等级
朝向	S	SE	E	NE	N	H	S	SE	E	NE	N	H	S	SE	E	NE	N	H	朝向
时刻（地方太阳时） 6	43	348	670	622	236	184	43	304	576	536	207	167	48	267	498	465	187	160	18 时刻（地方太阳时）
7	71	541	869	728	204	413	73	492	783	658	192	385	77	448	705	594	181	361	17
8	94	636	880	665	114	632	101	600	825	626	120	605	108	562	766	585	124	577	16
9	209	659	792	529	117	828	207	626	749	504	121	790	209	598	721	485	130	762	15
10	320	614	627	351	134	984	319	595	608	349	144	956	307	565	577	336	145	907	14
11	383	493	397	149	138	1066	376	479	388	155	145	1029	365	462	377	158	150	985	13
12	409	333	145	145	145	1105	400	327	151	151	151	1063	390	321	156	156	156	1021	12
13	383	138	138	138	138	1066	376	145	145	145	145	1029	365	150	150	150	150	985	11
14	320	134	134	134	134	984	319	144	144	144	144	956	307	145	145	145	145	907	10
15	209	117	117	117	117	828	207	121	121	121	121	790	209	130	130	130	130	762	9
16	94	94	94	94	114	632	101	101	101	101	120	605	108	108	108	108	124	577	8
17	71	71	71	71	204	413	73	73	73	73	192	385	77	77	77	77	181	361	7
18	43	43	43	43	236	184	43	43	43	43	207	167	48	48	48	48	187	160	6
日总计	2649	4223	4978	3788	2032	9318	2638	4051	4708	3606	2010	8927	2618	3881	4448	3438	1993	8525	日总计
日平均	110	176	207	158	85	388	110	169	197	150	84	372	109	162	185	143	83	355	日平均
朝向	S	SW	W	NW	N	H	S	SW	W	NW	N	H	S	SW	W	NW	N	H	朝向

续表 C.0.1-4

透明度等级		4						5						6					透明度等级
朝向	S	SE	E	NE	N	H	S	SE	E	NE	N	H	S	SE	E	NE	N	H	朝向
时刻（地方太阳时） 6	48	223	408	380	158	144	47	185	331	309	134	128	42	141	245	230	105	107	18 时刻（地方太阳时）
7	81	399	621	526	171	335	85	354	549	468	163	304	90	315	472	405	154	291	17
8	109	511	692	531	124	534	117	477	638	495	130	509	121	423	561	440	133	466	16
9	209	562	666	495	137	725	214	541	636	445	147	704	215	499	582	416	157	661	15
10	302	538	549	328	154	865	304	525	534	328	165	844	302	497	506	323	179	802	14
11	361	450	371	170	162	950	356	440	366	179	172	918	349	423	358	191	185	871	13
12	385	321	169	169	169	986	379	320	178	178	178	950	370	316	190	190	190	902	12
13	361	162	162	162	162	950	356	172	172	172	172	918	349	185	185	185	185	871	11
14	302	154	154	154	154	865	304	165	165	165	165	844	302	179	179	179	179	802	10
15	209	137	137	137	137	725	214	147	147	147	147	704	215	157	157	157	157	661	9
16	109	109	109	109	124	534	117	117	117	117	130	509	121	121	121	121	133	466	8
17	81	81	81	81	171	335	85	85	85	85	163	314	90	90	90	90	154	291	7
18	48	48	48	48	158	144	47	47	47	47	134	128	42	42	42	42	105	107	6
日总计	2606	3695	4166	3254	1981	8088	2624	3579	3966	3135	1999	7784	2607	3388	3687	2968	2013	7299	日总计
日平均	108	154	173	136	83	337	109	149	165	130	84	324	108	141	154	123	84	305	日平均
朝向	S	SW	W	NW	N	H	S	SW	W	NW	N	H	S	SW	W	NW	N	H	朝向

表 C.0.1-5　北纬 40°太阳总辐射照度(W/m²)

透明度等级		1						2						3						透明度等级
朝向		S	SE	E	NE	N	H	S	SE	E	NE	N	H	S	SE	E	NE	N	H	朝向
时刻（地方太阳时）	6	45	378	706	648	236	209	47	330	612	562	209	192	52	295	536	493	192	185	18	时刻（地方太阳时）
	7	72	570	878	714	174	427	76	519	793	648	166	399	79	471	714	585	159	373	17	
	8	124	671	880	629	94	630	129	632	825	593	101	604	133	591	766	556	108	576	16	
	9	273	702	787	479	115	813	266	665	475	458	120	777	264	634	707	442	129	749	15	
	10	393	663	621	292	130	958	386	640	600	291	140	927	371	607	570	283	142	883	14	
	11	465	550	392	135	135	1037	454	534	385	144	144	1004	436	511	372	147	147	958	13	
	12	492	388	140	140	140	1068	478	380	147	147	147	1030	461	370	150	150	150	986	12	
	13	465	187	135	135	135	1037	454	192	144	144	144	1004	436	192	147	147	147	958	11	
	14	393	130	130	130	130	958	386	140	140	140	140	927	371	142	142	142	142	883	10	
	15	273	115	115	115	115	813	266	120	120	120	120	777	264	129	129	129	129	749	9	
	16	124	94	94	94	94	630	129	101	101	101	101	604	133	108	108	108	108	571	8	
	17	72	72	72	72	174	427	76	76	76	76	166	399	79	79	79	79	159	373	7	
	18	45	45	45	45	236	209	47	47	47	47	209	192	52	52	52	52	192	185	6	
日总计		2785	4567	4996	3629	1910	9218	3192	4374	4733	3469	1907	8834	3131	4181	4473	3312	1904	8434	日总计
日平均		110	191	208	151	79	384	133	183	198	144	79	369	130	174	186	138	79	351	日平均
朝向		S	SW	W	NW	N	H	S	SW	W	NW	N	H	S	SW	W	NW	N	H	朝向

续表 C.0.1-5

透明度等级		4						5						6						透明度等级
朝向		S	SE	E	NE	N	H	S	SE	E	NE	N	H	S	SE	E	NE	N	H	朝向
时刻（地方太阳时）	6	52	250	445	411	165	166	50	209	368	340	142	148	49	164	279	258	115	127	18	时刻（地方太阳时）
	7	83	421	630	519	152	345	87	379	559	463	148	324	93	334	483	404	142	304	17	
	8	131	537	692	506	109	533	137	500	638	472	117	509	137	443	559	420	121	466	16	
	9	258	593	661	420	135	711	258	569	630	407	144	690	254	521	575	381	155	645	15	
	10	361	576	542	279	151	842	357	558	527	281	162	821	349	526	498	281	176	779	14	
	11	424	493	365	158	158	919	416	480	362	169	169	892	402	495	354	181	181	847	13	
	12	448	364	162	162	162	949	438	361	172	172	172	919	422	352	185	185	185	872	12	
	13	424	199	158	158	158	919	416	207	169	169	169	892	402	216	181	181	181	847	11	
	14	361	151	151	151	151	842	357	162	162	162	162	821	349	176	176	176	176	779	10	
	15	258	135	135	135	135	711	258	144	144	144	144	690	254	155	155	155	155	645	9	
	16	131	109	109	109	109	533	137	117	117	117	117	509	137	121	121	121	121	466	8	
	17	83	83	83	83	152	345	87	87	87	87	148	324	93	93	93	93	142	304	7	
	18	52	52	52	52	165	166	50	50	50	50	142	148	49	49	49	49	115	127	6	
日总计		3067	3964	4186	3142	1904	7981	3051	3824	3986	3033	1935	7687	2990	3609	3706	2885	1964	7208	日总计
日平均		128	165	174	131	79	333	127	159	166	127	80	320	124	150	155	120	81	300	日平均
朝向		S	SW	W	NW	N	H	S	SW	W	NW	N	H	S	SW	W	NW	N	H	朝向

表 C.0.1 6　北纬 45°太阳总辐射照度（W/m²）

透明度等级	1						2						3						透明度等级
朝向	S	SE	E	NE	N	H	S	SE	E	NE	N	H	S	SE	E	NE	N	H	朝向
6	48	407	740	668	233	234	49	357	644	582	208	214	56	323	571	493	193	207	18
7	73	598	885	698	143	437	77	544	801	634	140	409	80	494	721	518	135	381	17
8	173	705	879	593	94	625	173	662	821	559	101	598	173	618	763	573	107	570	16
9	333	742	782	429	112	791	323	704	740	413	117	758	316	668	701	525	127	730	15
10	464	709	614	234	127	926	449	679	590	233	134	891	431	657	562	399	140	851	14
11	545	606	390	134	134	1005	530	587	384	143	143	975	506	558	370	231	145	927	13
12	571	443	135	135	135	1028	554	434	143	143	143	996	529	418	147	145	147	949	12
13	545	244	134	134	134	1005	530	248	143	143	143	975	506	242	145	145	145	927	11
14	464	127	127	127	127	926	449	134	134	134	134	891	421	140	140	140	140	851	10
15	333	112	112	112	112	791	323	117	117	117	117	758	316	127	127	127	127	730	9
16	173	94	94	94	94	625	173	101	101	101	101	598	173	107	107	107	107	570	8
17	73	73	73	73	143	437	77	77	77	77	140	409	80	80	80	80	135	381	7
18	48	48	48	48	233	234	49	49	49	49	208	214	56	56	56	56	193	207	6
日总计	3844	4908	5011	3477	1819	9062	3756	4693	4744	3327	1829	8685	3655	4475	4489	3192	1840	8283	日总计
日平均	160	205	209	145	76	378	157	195	198	138	77	362	152	186	187	133	77	345	日平均
朝向	S	SW	W	NW	N	H	S	SW	W	NW	N	H	S	SW	W	NW	N	H	朝向

时刻（地方太阳时）

续表 C.0.1-6

透明度等级	4						5						6						透明度等级
朝向	S	SE	E	NE	N	H	S	SE	E	NE	N	H	S	SE	E	NE	N	H	朝向
6	56	276	480	435	169	166	50	234	400	364	147	166	53	186	311	283	122	127	18
7	84	441	637	509	131	187	53	398	566	456	130	333	95	351	491	399	129	145	17
8	167	561	688	478	109	354	88	520	635	447	116	504	164	459	556	398	120	312	16
9	304	621	652	378	131	527	169	592	621	369	142	669	287	538	563	347	150	461	15
10	415	611	535	231	148	690	300	590	519	236	158	792	391	551	488	241	171	623	14
11	486	534	361	155	155	813	408	520	358	166	166	863	454	494	350	180	180	750	13
12	509	406	157	157	157	886	475	400	167	167	167	884	473	387	181	181	181	840	12
13	486	243	155	155	155	909	495	249	166	166	166	863	454	254	180	180	180	820	11
14	415	148	148	148	148	886	475	158	158	158	158	792	391	171	171	171	171	750	10
15	304	131	131	131	131	813	408	142	142	142	142	669	287	150	150	150	150	623	9
16	167	109	109	109	109	690	300	116	116	116	116	504	164	120	120	120	120	461	8
17	84	84	84	84	131	527	169	88	88	88	130	333	95	95	95	95	129	312	7
18	56	56	56	56	169	354	88	53	53	53	147	166	53	53	53	53	122	145	6
日总计	3573	4219	4194	3026	1843	7822	3482	4060	3991	2930	1886	7536	3362	3811	3710	2798	1926	7062	日总计
日平均	148	176	174	126	77	326	145	169	166	122	79	314	1140	159	155	116	80	294	日平均
朝向	S	SW	W	NW	N	H	S	SW	W	NW	N	H	S	SW	W	NW	N	H	朝向

时刻（地方太阳时）

表 C.0.1-7　北纬 50°太阳总辐射照度(W/m²)

透明度等级		1						2						3						透明度等级
朝向		S	SE	E	NE	N	H	S	SE	E	NE	N	H	S	SE	E	NE	N	H	朝向
时刻（地方太阳时）	6	51	435	768	680	224	257	52	384	671	595	202	236	58	348	598	533	190	228	18	时刻（地方太阳时）
	7	74	625	890	677	112	444	78	569	805	615	112	415	80	516	726	558	110	387	17	
	8	220	736	876	557	93	615	216	688	816	525	99	586	212	642	757	492	106	558	16	
	9	390	778	773	379	108	763	377	737	734	368	115	734	365	698	694	356	124	706	15	
	10	530	752	607	178	124	887	507	715	579	178	128	848	488	680	554	183	136	815	14	
	11	620	656	385	131	131	963	599	634	379	141	141	933	569	601	364	143	143	887	13	
	12	650	499	134	134	134	989	630	487	144	144	144	961	598	465	145	145	145	912	12	
	13	620	297	131	131	131	963	599	297	141	141	141	933	569	287	143	143	143	887	11	
	14	530	124	124	124	124	887	507	128	128	128	128	848	488	136	136	136	136	815	10	
	15	390	108	108	108	108	763	377	115	115	115	115	734	365	124	124	124	124	706	9	
	16	220	93	93	93	93	615	216	99	99	99	99	586	212	106	106	106	106	558	8	
	17	74	74	74	74	112	444	78	78	78	78	112	415	80	80	80	80	110	378	7	
	18	51	51	51	51	224	257	52	52	52	52	2022	236	58	58	58	58	190	228	6	
日总计		4421	5229	5015	3319	1720	8848	4289	4983	4742	3178	1738	8464	4143	4743	4486	3058	1764	8076	日总计
日平均		184	217	209	138	72	369	179	208	198	133	72	352	172	198	187	128	73	336	日平均
朝向		S	SW	W	NW	N	H	S	SW	W	NW	N	H	S	SW	W	NW	N	H	朝向

续表 C.0.1-7

透明度等级		4						5						6						透明度等级
朝向		S	SE	E	NE	N	H	S	SE	E	NE	N	H	S	SE	E	NE	N	H	朝向
时刻（地方太阳时）	6	59	299	507	454	167	207	58	256	428	383	148	186	58	208	337	304	126	164	18	时刻（地方太阳时）
	7	85	461	642	497	109	359	90	414	571	445	112	338	95	365	495	391	114	316	17	
	8	201	580	683	448	107	518	198	536	628	419	115	492	188	473	550	374	119	451	16	
	9	345	644	641	337	128	663	337	612	608	329	137	642	316	551	549	309	145	595	15	
	10	466	642	527	187	144	779	454	618	511	193	154	758	429	572	478	201	163	716	14	
	11	542	571	355	151	151	847	527	554	352	163	163	826	498	522	343	177	177	784	13	
	12	568	447	154	154	154	870	552	438	165	165	165	849	522	422	179	179	179	807	12	
	13	542	284	151	151	151	847	527	286	163	163	163	826	498	285	177	177	177	784	11	
	14	466	144	144	144	144	779	454	154	154	154	154	758	429	163	163	163	163	716	10	
	15	345	128	128	128	128	663	337	137	137	137	137	642	316	145	145	145	145	595	9	
	16	201	107	107	107	107	518	198	115	115	115	115	492	188	119	119	119	119	451	8	
	17	85	85	85	85	109	359	90	90	90	90	112	338	95	95	95	95	114	316	7	
	18	59	59	59	59	167	207	58	58	58	58	148	186	58	58	58	58	126	164	6	
日总计		3966	4451	4182	2902	1768	7615	3879	4267	3980	2813	1821	7334	3693	3983	3693	2696	1872	6862	日总计
日平均		165	185	174	121	73	317	162	178	166	117	76	306	154	166	154	113	78	286	日平均
朝向		S	SW	W	NW	N	H	S	SW	W	NW	N	H	S	SW	W	NW	N	H	朝向

附录 D 夏季透过标准窗玻璃的太阳辐射照度

D.0.1 计算夏季空调冷负荷时,透过建筑物各朝向垂直面与水平面标准窗玻璃的太阳直接辐射照度和散射辐射照度应按表 D.0.1-1～表 D.0.1-7 采用。

表 D.0.1-1　北纬 20°透过标准窗玻璃的太阳辐射照度(W/m²)

透明度等级		1						2						透明度等级
朝向		S	SE	E	NE	N	H	S	SE	E	NE	N	H	朝向
辐射照度		上行——直接辐射 下行——散射辐射						上行——直接辐射 下行——散射辐射						辐射照度
时刻（地方太阳时）	6	0	162	423	404	112	20	0	128	335	320	88	15	18	时刻（地方太阳时）
		21	21	21	21	21	27	23	23	23	23	23	31	
	7	0	286	552	576	109	192	0	254	568	509	97	170	17
		52	52	52	52	52	47	52	52	52	52	52	51	
	8	0	315	654	550	65	428	0	288	598	502	59	391	16
		76	76	76	76	76	52	80	80	80	80	80	66	
	9	0	274	552	430	130	628	0	256	514	401	122	585	15
		97	97	97	97	97	57	99	99	99	99	99	69	

续表 D.0.1-1

透明度等级		1						2						透明度等级
朝向		S	SE	E	NE	N	H	S	SE	E	NE	N	H	朝向
辐射照度		上行——直接辐射 下行——散射辐射						上行——直接辐射 下行——散射辐射						辐射照度
时刻（地方太阳时）	10	0	180	364	258	8	784	0	170	342	243	8	737	14	时刻（地方太阳时）
		110	110	110	110	110	56	119	119	119	119	119	77	
	11	0	60	133	85	1	857	0	57	126	79	1	826	13
		120	120	120	120	120	57	123	123	123	123	123	72	
	12	0	0	0	0	1	911	0	0	0	0	1	863	12
		122	122	122	122	122	56	128	128	128	128	128	73	
	13	0	0	0	0	1	878	0	0	0	0	1	826	11
		120	120	120	120	120	57	123	123	123	123	123	72	
	14	0	0	0	0	8	784	0	0	0	0	8	737	10
		110	110	110	110	110	56	119	119	119	119	119	77	
	15	0	0	0	0	130	628	0	0	0	0	122	585	9
		97	97	97	97	97	57	99	99	99	99	99	69	
	16	0	0	0	0	65	428	0	0	0	0	59	391	8
		76	76	76	76	76	52	80	80	80	80	80	66	
	17	0	0	0	0	109	192	0	0	0	0	97	170	7
		52	52	52	52	52	47	52	52	52	52	52	51	
	18	0	0	0	0	112	20	0	0	0	0	88	15	6
		21	21	21	21	21	27	23	23	23	23	23	31	
朝向		S	SW	W	NW	N	H	S	SW	W	NW	N	H	朝向

续表 D.0.1-1

透明度等级		3						4					透明度等级
朝向	S	SE	E	NE	N	H	S	SE	E	NE	N	H	朝向
辐射照度		上行——直接辐射 下行——散射辐射						上行——直接辐射 下行——散射辐射					辐射照度
时刻（地方太阳时） 6	0	101	263	251	70	12	0	73	191	183	50	9	18 时刻（地方太阳时）
	24	24	24	24	24	35	22	22	22	22	22	33	
7	0	222	498	445	85	149	0	190	423	380	72	127	17
	58	58	58	58	58	65	60	60	60	60	60	76	
8	0	262	543	456	53	355	0	231	479	402	48	313	16
	85	85	85	85	85	80	87	87	87	87	87	91	
9	0	236	476	371	113	542	0	215	433	337	102	492	15
	107	107	107	107	107	90	113	113	113	113	113	107	
10	0	158	319	227	7	686	0	145	292	208	7	629	14
	120	120	120	120	120	87	127	127	127	127	127	109	
11	0	53	117	74	1	775	0	49	109	69	1	718	13
	128	128	128	128	128	88	138	138	138	138	138	115	
12	0	0	0	0	1	811	0	0	0	0	1	751	12
	133	133	133	133	133	91	141	141	141	141	141	114	
13	0	0	0	0	1	775	0	0	0	0	1	718	11
	128	128	128	128	128	88	138	138	138	138	138	115	
14	0	0	0	0	7	686	0	0	0	0	7	629	10
	120	120	120	120	120	87	127	127	127	127	127	109	
15	0	0	0	0	113	542	0	0	0	0	102	492	9
	107	107	107	107	107	90	113	113	113	113	113	107	
16	0	0	0	0	53	355	0	0	0	0	48	313	8
	85	85	85	85	85	80	87	87	87	87	87	91	
17	0	0	0	0	85	149	0	0	0	0	72	127	7
	58	58	58	58	58	65	60	60	60	60	60	76	
18	0	0	0	0	70	12	0	0	0	0	50	9	6
	24	24	24	24	24	35	22	22	22	22	22	33	
朝向	S	SW	W	NW	N	H	S	SW	W	NW	N	H	朝向

续表 D.0.1-1

透明度等级		5						6					透明度等级
朝向	S	SE	E	NE	N	H	S	SE	E	NE	N	H	朝向
辐射照度		上行——直接辐射 下行——散射辐射						上行——直接辐射 下行——散射辐射					辐射照度
时刻（地方太阳时） 6	0	52	136	130	36	6	0	36	93	88	24	5	18 时刻（地方太阳时）
	19	19	19	19	19	28	17	17	17	17	17	28	
7	0	160	359	323	62	107	0	130	271	261	50	87	17
	63	63	63	63	63	81	62	62	62	62	62	85	
8	0	206	426	358	42	278	0	172	257	300	36	234	16
	93	93	93	93	93	106	95	95	95	95	95	120	
9	0	199	401	313	95	456	0	172	347	271	83	395	15
	120	120	120	120	120	126	129	129	129	129	129	150	
10	0	135	273	194	6	587	0	120	242	172	6	521	14
	136	136	136	136	136	131	148	148	148	148	148	162	
11	0	45	101	64	1	665	0	41	91	57	1	597	13
	147	147	147	147	147	136	156	156	156	156	156	163	
12	0	0	0	0	0	692	0	0	0	0	0	627	12
	149	149	149	149	149	137	164	164	164	164	164	171	
13	0	0	0	0	1	665	0	0	0	0	1	597	11
	147	147	147	147	147	136	156	156	156	156	156	163	
14	0	0	0	0	6	587	0	0	0	0	6	521	10
	136	136	136	136	136	131	148	148	148	148	148	162	
15	0	0	0	0	95	456	0	0	0	0	83	395	9
	120	120	120	120	120	126	129	129	129	129	129	150	
16	0	0	0	0	42	278	0	0	0	0	36	234	8
	93	93	93	93	93	106	95	95	95	95	95	120	
17	0	0	0	0	62	107	0	0	0	0	50	87	7
	63	63	63	63	63	81	62	62	62	62	62	85	
18	0	0	0	0	36	6	0	0	0	0	24	5	6
	19	19	19	19	19	28	17	17	17	17	17	28	
朝向	S	SW	W	NW	N	H	S	SW	W	NW	N	H	朝向

表 D.0.1-2　北纬25°透过标准窗玻璃的太阳辐射照度（W/m²）

透明度等级	1						2						透明度等级
朝向	S	SE	E	NE	N	H	S	SE	E	NE	N	H	朝向
辐射照度	上行——直接辐射 下行——散射辐射						上行——直接辐射 下行——散射辐射						辐射照度
时刻（地方太阳时） 6	0	183	462	437	115	31	0	150	379	359	94	27	18 时刻（地方太阳时）
	27	27	27	27	27	33	28	28	28	28	28	37	
7	0	312	654	570	88	212	0	276	579	505	78	187	17
	55	55	55	55	55	48	56	56	56	56	56	53	
8	0	352	657	522	36	440	0	323	602	478	33	402	16
	77	77	77	77	77	52	81	81	81	81	81	67	
9	0	322	554	383	5	636	0	300	515	356	4	593	15
	98	98	98	98	98	57	100	100	100	100	100	68	
10	1	236	364	204	0	785	1	222	342	191	0	739	14
	101	101	101	101	101	56	119	119	119	119	119	77	
11	10	108	133	42	0	876	10	102	126	40	0	825	13
	120	120	120	120	120	58	124	124	124	124	124	73	
12	15	8	0	0	0	906	15	7	0	0	0	857	12
	119	119	119	119	119	51	124	124	124	124	124	69	
13	10	0	0	0	0	876	10	0	0	0	0	825	11
	120	120	120	120	120	58	124	124	124	124	124	73	
14	1	0	0	0	0	785	1	0	0	0	0	739	10
	101	101	101	101	101	56	119	119	119	119	119	77	
15	0	8	0	0	5	636	0	0	0	0	4	593	9
	98	98	98	98	98	57	100	100	100	100	100	68	
16	0	0	0	0	36	440	0	0	0	0	33	402	8
	77	77	77	77	77	52	81	81	81	81	81	67	
17	0	0	0	0	88	212	0	0	0	0	78	187	7
	55	55	55	55	55	48	56	56	56	56	56	53	
18	0	0	0	0	115	31	0	0	0	0	94	27	6
	27	27	27	27	27	33	28	28	28	28	28	37	
朝向	S	SW	W	NW	N	H	S	SW	W	NW	N	H	朝向

续表 D.0.1-2

透明度等级	3						4						透明度等级
朝向	S	SE	E	NE	N	H	S	SE	E	NE	N	H	朝向
辐射照度	上行——直接辐射 下行——散射辐射						上行——直接辐射 下行——散射辐射						辐射照度
时刻（地方太阳时） 6	0	121	308	290	77	21	0	92	234	221	58	16	18 时刻（地方太阳时）
	36	30	30	30	30	42	29	29	29	29	29	42	
7	0	243	511	445	69	165	0	208	436	380	59	141	17
	60	60	60	60	60	66	64	64	64	64	64	77	
8	0	274	548	435	30	366	0	259	484	384	27	323	16
	87	87	87	87	87	81	88	88	88	88	88	92	
9	0	278	477	445	4	549	0	252	434	300	4	500	15
	109	108	108	108	108	90	114	114	114	114	114	107	
10	1	207	319	178	0	687	1	190	292	163	0	632	14
	120	120	120	120	120	87	127	127	127	127	127	109	
11	9	95	117	37	0	773	8	88	109	34	0	715	13
	128	128	128	128	128	88	138	138	138	138	138	115	
12	14	7	0	0	0	804	13	7	0	0	0	745	12
	129	129	129	129	129	86	138	138	138	138	138	110	
13	9	0	0	0	0	773	8	0	0	0	0	715	11
	128	128	128	128	128	88	138	138	138	138	138	115	
14	1	0	0	0	0	687	1	0	0	0	0	632	10
	120	120	120	120	120	87	127	127	127	127	127	109	
15	0	0	0	0	4	549	0	0	0	0	4	500	9
	108	108	108	108	108	90	114	114	114	114	114	107	
16	0	0	0	0	30	366	0	0	0	0	27	323	8
	87	87	87	87	87	81	88	88	88	88	88	92	
17	0	0	0	0	69	165	0	0	0	0	59	141	7
	60	60	60	60	60	66	64	64	64	64	64	77	
18	0	0	0	0	77	21	0	0	0	0	58	16	6
	30	30	30	30	30	42	29	29	29	29	29	42	
朝向	S	SW	W	NW	N	H	S	SW	W	NW	N	H	朝向

透明度等级		5						6						透明度等级
朝向		S	SE	E	NE	N	H	S	SE	E	NE	N	H	朝向
辐射照度		上行——直接辐射 下行——散射辐射						上行——直接辐射 下行——散射辐射						辐射照度
时刻（地方太阳时）	6	0	69	176	166	44	12	0	48	120	113	30	8	18 时刻（地方太阳时）
		27	27	27	27	27	40	24	24	24	24	24	37	
	7	0	177	372	324	50	120	0	144	302	264	41	98	17
		66	66	66	66	66	62	67	67	67	67	67	92	
	8	0	231	431	343	23	288	0	194	363	288	20	242	16
		94	94	94	94	94	108	98	98	98	98	98	121	
	9	0	235	402	278	14	463	0	204	349	241	2	402	15
		121	121	121	121	121	126	130	130	130	130	130	151	
	10	1	177	273	152	0	588	1	157	242	135	0	522	14
		136	136	136	136	136	131	148	148	148	148	148	162	
	11	8	83	101	31	0	664	7	73	91	28	0	595	13
		147	147	147	147	147	137	156	156	156	156	156	164	
	12	12	6	0	0	0	687	10	6	0	0	0	621	12
		147	147	147	147	147	133	159	159	159	159	159	165	
	13	8	0	0	0	0	664	7	0	0	0	0	595	11
		147	147	147	147	147	137	156	156	156	156	156	164	
	14	1	0	0	0	0	588	1	0	0	0	0	522	10
		136	136	136	136	136	131	148	148	148	148	148	162	
	15	0	0	0	0	4	463	0	0	0	0	2	402	9
		121	121	121	121	121	126	130	130	130	130	130	151	
	16	0	0	0	0	23	288	0	0	0	0	20	242	8
		94	94	94	94	94	108	98	98	98	98	98	121	
	17	0	0	0	0	50	120	0	0	0	0	41	98	7
		65	66	66	66	66	62	67	67	67	67	67	92	
	18	0	0	0	0	44	12	0	0	0	0	30	8	6
		27	27	27	27	27	40	24	24	24	24	24	37	
朝向		S	SW	W	NW	N	H	S	SW	W	NW	N	H	朝向

表 D.0.1-3　北纬30°透过标准窗玻璃的太阳辐射照度（W/m²）

透明度等级		1						2						透明度等级
朝向		S	SE	E	NE	N	H	S	SE	E	NE	N	H	朝向
辐射照度		上行——直接辐射 下行——散射辐射						上行——直接辐射 下行——散射辐射						辐射照度
时刻（地方太阳时）	6	0	204	499	466	116	48	0	172	422	394	98	41	18 时刻（地方太阳时）
		31	31	31	31	31	37	31	31	31	31	31	40	
	7	0	338	664	559	67	229	0	300	590	497	59	204	17
		57	57	57	57	57	48	58	58	58	58	58	56	
	8	0	390	659	490	13	450	0	358	605	450	12	414	16
		78	78	78	78	78	52	83	83	83	83	83	67	
	9	1	371	554	332	0	637	1	345	515	311	0	593	15
		98	98	98	98	98	58	100	100	100	100	100	68	
	10	31	292	364	144	0	780	29	274	342	140	0	734	14
		110	110	110	110	110	57	119	119	119	119	119	78	
	11	53	164	133	13	0	866	50	155	126	12	0	815	13
		117	117	117	117	117	56	123	123	123	123	123	72	
	12	65	85	0	0	0	896	62	80	0	0	0	846	12
		117	117	117	117	117	51	123	123	123	123	123	67	
	13	53	0	0	0	0	866	50	0	0	0	0	815	11
		117	117	117	117	117	56	123	123	123	123	123	72	
	14	31	0	0	0	0	780	29	0	0	0	0	734	10
		110	110	110	110	110	57	119	119	119	119	119	78	
	15	1	0	0	0	0	637	1	0	0	0	0	593	9
		98	98	98	98	98	58	100	100	100	100	100	68	
	16	0	0	0	0	13	450	0	0	0	0	12	414	8
		78	78	78	78	78	52	83	83	83	83	83	67	
	17	0	0	0	0	67	229	0	0	0	0	59	204	7
		57	57	57	57	57	48	58	58	58	58	58	56	
	18	0	0	0	0	116	48	0	0	0	0	98	41	6
		31	31	31	31	31	37	31	31	31	31	31	40	
朝向		S	SW	W	NW	N	H	S	SW	W	NW	N	H	朝向

续表 D. 0. 1-3

透明度等级		3						4					透明度等级
朝向	S	SE	E	NE	N	H	S	SE	E	NE	N	H	朝向
辐射照度	上行——直接辐射						上行——直接辐射						辐射照度
	下行——散射辐射						下行——散射辐射						
6	0	143	350	328	81	34	0	112	273	256	64	27	18
	35	35	35	35	35	47	35	35	35	35	35	50	
7	0	265	520	438	52	180	0	227	445	376	45	155	17
	62	62	62	62	62	67	65	65	65	65	65	78	
8	0	326	551	409	10	377	0	288	487	362	9	333	16
	88	88	88	88	88	83	90	90	90	90	90	92	
9	1	320	477	287	0	549	1	292	435	262	0	500	15
	108	108	108	108	108	90	114	114	114	114	114	108	
10	28	256	319	130	0	683	26	235	292	120	0	626	14
	120	120	120	120	120	88	127	127	127	127	127	109	
11	47	145	117	10	0	764	43	134	108	10	0	706	13
	127	127	127	127	127	87	137	137	137	137	137	114	
12	58	76	0	0	0	793	53	70	0	0	0	734	12
	128	128	128	128	128	85	137	137	137	137	137	110	
13	47	0	0	0	0	764	43	0	0	0	0	706	11
	127	127	127	127	127	87	137	137	137	137	137	114	
14	28	0	0	0	0	683	26	0	0	0	0	626	10
	120	120	120	120	120	88	127	127	127	127	127	109	
15	1	0	0	0	0	549	1	0	0	0	0	500	9
	108	108	108	108	108	90	114	114	114	114	114	108	
16	0	0	0	0	10	377	0	0	0	0	9	333	8
	88	88	88	88	88	83	90	90	90	90	90	92	
17	0	0	0	0	52	180	0	0	0	0	45	155	7
	62	62	62	62	62	67	65	65	65	65	65	78	
18	0	0	0	0	81	34	0	0	0	0	64	27	6
	35	35	35	35	35	47	35	35	35	35	35	50	
朝向	S	SW	W	NW	N	H	S	SW	W	NW	N	H	朝向

（左侧竖排：时刻（地方太阳时）；右侧竖排：时刻（地方太阳时））

续表 D. 0. 1-3

透明度等级		5						6					透明度等级
朝向	S	SE	E	NE	N	H	S	SE	E	NE	N	H	朝向
辐射照度	上行——直接辐射						上行——直接辐射						辐射照度
	下行——散射辐射						下行——散射辐射						
6	0	86	213	199	49	21	0	59	147	136	34	14	18
	34	34	34	34	34	49	29	29	29	29	29	44	
7	0	194	383	322	38	133	0	159	313	264	31	108	17
	69	69	69	69	69	87	71	71	71	71	71	97	
8	0	258	435	323	8	298	0	216	366	272	7	250	16
	96	96	96	96	96	109	99	99	99	99	99	122	
9	1	270	404	243	0	464	1	235	350	211	0	402	15
	121	121	121	121	121	126	130	130	130	130	130	151	
10	23	219	272	112	0	585	21	194	242	99	0	518	14
	136	136	136	136	136	131	148	148	148	148	148	162	
11	41	124	101	9	0	656	36	112	90	8	0	587	13
	145	145	145	145	145	135	155	155	155	155	155	163	
12	50	65	0	0	0	679	45	58	0	0	0	612	12
	145	145	145	145	145	133	157	157	157	157	157	163	
13	41	0	0	0	0	656	36	0	0	0	0	587	11
	145	145	145	145	145	135	155	155	155	155	155	163	
14	23	0	0	0	0	585	21	0	0	0	0	518	10
	136	136	136	136	136	131	148	148	148	148	148	162	
15	1	0	0	0	0	464	1	0	0	0	0	402	9
	121	121	121	121	121	126	130	130	130	130	130	151	
16	0	0	0	0	8	298	0	0	0	0	7	250	8
	96	96	96	96	96	109	99	99	99	99	99	122	
17	0	0	0	0	38	133	0	0	0	0	31	108	7
	69	69	69	69	69	87	71	71	71	71	71	97	
18	0	0	0	0	49	21	0	0	0	0	34	14	6
	34	34	34	34	34	49	29	29	29	29	29	44	
朝向	S	SW	W	NW	N	H	S	SW	W	NW	N	H	朝向

（左侧竖排：时刻（地方太阳时）；右侧竖排：时刻（地方太阳时））

表 D.0.1-4　北纬35°透过标准窗玻璃的太阳辐射照度(W/m²)

透明度等级		1						2					透明度等级
朝向	S	SE	E	NE	N	H	S	SE	E	NE	N	H	朝向
辐射照度	上行——直接辐射 下行——散射辐射						上行——直接辐射 下行——散射辐射						辐射照度
时刻（地方太阳时） 6	0	223	529	488	113	62	0	191	450	415	95	53	18 时刻（地方太阳时）
	35	35	35	35	35	40	35	35	35	35	35	43	
7	0	365	672	547	47	245	0	324	598	486	40	219	17
	58	58	58	58	58	49	60	60	60	60	60	58	
8	0	427	659	456	1	453	0	392	607	419	1	418	16
	78	78	78	78	78	51	84	84	84	84	84	67	
9	44	420	552	285	0	632	37	392	515	265	0	588	15
	97	97	97	97	97	57	99	99	99	99	99	69	
10	74	350	363	99	0	768	70	329	342	93	0	722	14
	110	110	110	110	110	58	119	119	119	119	119	80	
11	121	224	133	0	0	847	114	211	124	0	0	797	13
	114	114	114	114	114	53	120	120	120	120	120	71	
12	138	74	0	0	0	877	130	71	0	0	0	825	12
	120	120	120	120	120	57	124	124	124	124	124	73	
13	121	0	0	0	0	847	114	0	0	0	0	797	11
	114	114	114	114	114	53	120	120	120	120	120	71	
14	74	0	0	0	0	768	70	0	0	0	0	722	10
	110	110	110	110	110	58	119	119	119	119	119	80	
15	40	0	0	0	0	632	37	0	0	0	0	588	9
	97	97	97	97	97	57	99	99	99	99	99	69	
16	0	0	0	0	1	453	0	0	0	0	1	418	8
	78	78	78	78	78	51	84	84	84	84	84	67	
17	0	0	0	0	47	245	0	0	0	0	40	219	7
	58	58	58	58	58	49	60	60	60	60	60	58	
18	0	0	0	0	113	62	0	0	0	0	95	53	6
	35	35	35	35	35	40	35	35	35	35	35	43	
朝向	S	SW	W	NW	N	H	S	SW	W	NW	N	H	朝向

续表 D.0.1-4

透明度等级		3						4					透明度等级
朝向	S	SE	E	NE	N	H	S	SE	E	NE	N	H	朝向
辐射照度	上行——直接辐射 下行——散射辐射						上行——直接辐射 下行——散射辐射						辐射照度
时刻（地方太阳时） 6	0	160	380	351	80	44	0	128	304	280	64	36	18 时刻（地方太阳时）
	40	40	40	40	40	52	40	40	40	40	40	55	
7	0	287	529	430	36	193	0	247	455	370	31	166	17
	64	64	64	64	64	67	67	67	67	67	67	79	
8	0	357	552	381	1	380	0	316	488	337	1	336	16
	88	88	88	88	88	83	91	91	91	91	91	93	
9	34	362	476	245	0	544	31	329	433	323	0	495	15
	107	107	107	107	107	90	113	113	113	113	113	107	
10	65	306	317	87	0	671	59	280	291	79	0	615	14
	120	120	120	120	120	90	127	127	127	127	127	110	
11	106	198	116	0	0	745	98	183	108	0	0	688	13
	123	123	123	123	123	85	134	134	134	134	134	110	
12	122	66	0	0	0	773	113	62	0	0	0	716	12
	128	128	128	128	128	85	138	138	138	138	138	115	
13	106	0	0	0	0	745	98	0	0	0	0	688	11
	123	123	123	123	123	85	134	134	134	134	134	110	
14	65	0	0	0	0	671	59	0	0	0	0	615	10
	120	120	120	120	120	90	127	127	127	127	127	110	
15	34	0	0	0	0	544	31	0	0	0	0	495	9
	107	107	107	107	107	90	113	113	113	113	113	107	
16	0	0	0	0	1	380	0	0	0	0	1	336	8
	88	88	88	88	88	83	91	91	91	91	91	93	
17	0	0	0	0	36	193	0	0	0	0	31	166	7
	64	64	64	64	64	67	67	67	67	67	67	79	
18	0	0	0	0	80	44	44	0	0	0	64	36	6
	40	40	40	40	40	52	52	40	40	40	40	55	
朝向	S	SW	W	NW	N	H	S	SW	W	NW	N	H	朝向

续表 D. 0. 1-4

透明度等级	5						6						透明度等级
朝向	S	SE	E	NE	N	H	S	SE	E	NE	N	H	朝向
辐射照度	上行——直接辐射 下行——散射辐射						上行——直接辐射 下行——散射辐射						辐射照度
6	0	102	241	222	51	28	0	72	171	158	36	20	18
	39	39	39	39	39	55	35	35	35	35	35	52	
7	0	212	391	317	27	143	0	174	322	262	22	117	17
	69	69	69	69	69	90	74	74	74	74	74	100	
8	0	283	437	302	1	301	0	238	369	254	1	254	16
	97	97	97	97	97	109	100	100	100	100	100	123	
9	29	305	401	207	0	459	24	264	348	179	0	398	15
	121	121	121	121	121	126	129	129	129	129	129	150	
10	56	262	272	77	0	575	49	231	241	66	0	508	14
	136	136	136	136	136	133	148	148	148	148	148	163	
11	91	170	100	0	0	640	81	151	90	0	0	571	13
	142	142	142	142	142	133	152	152	152	152	152	160	
12	105	57	0	0	0	664	94	51	0	0	0	595	12
	147	147	147	147	147	136	156	156	156	156	156	164	
13	91	0	0	0	0	640	81	0	0	0	0	571	11
	142	142	142	142	142	133	152	152	152	152	152	160	
14	56	0	0	0	0	575	49	0	0	0	0	508	10
	136	136	136	136	136	133	148	148	148	148	148	163	
15	29	0	0	0	0	459	24	0	0	0	0	398	9
	121	121	121	121	121	126	129	129	129	129	129	150	
16	0	0	0	0	1	301	0	0	0	0	1	254	8
	97	97	97	97	97	109	100	100	100	100	100	123	
17	0	0	0	0	27	143	0	0	0	0	22	117	7
	69	69	69	69	69	90	74	74	74	74	74	100	
18	0	0	0	0	51	28	0	0	0	0	36	20	6
	39	39	39	39	39	55	35	35	35	35	35	52	
朝向	S	SW	W	NW	N	H	S	SW	W	NW	N	H	朝向

时刻（地方太阳时）

表 D. 0. 1-5　北纬 40°透过标准窗玻璃的太阳辐射照度（W/m²）

透明度等级	1						2						透明度等级
朝向	S	SE	E	NE	N	H	S	SE	E	NE	N	H	朝向
辐射照度	上行——直接辐射 下行——散射辐射						上行——直接辐射 下行——散射辐射						辐射照度
6	0	245	558	507	106	83	0	211	477	434	91	71	18
	37	37	37	37	37	41	38	38	38	38	38	45	
7	0	392	679	530	72	259	0	349	605	472	64	231	17
	59	59	59	59	59	49	63	63	63	63	63	59	
8	2	463	659	420	0	454	2	424	606	385	0	418	16
	78	78	78	78	78	51	84	84	84	84	84	67	
9	57	466	551	238	0	620	53	434	513	222	0	577	15
	95	95	95	95	95	56	98	98	98	98	98	69	
10	138	406	362	58	0	748	130	380	340	55	0	702	14
	108	108	108	108	108	57	115	115	115	115	115	77	
11	200	283	133	0	0	822	188	266	124	0	0	773	13
	112	112	112	112	112	52	119	119	119	119	119	71	
12	222	124	0	0	0	848	209	117	0	0	0	798	12
	114	114	114	114	114	53	120	120	120	120	120	71	
13	200	7	0	0	0	822	188	6	0	0	0	773	11
	112	112	112	112	112	52	119	119	119	119	119	71	
14	138	0	0	0	0	748	130	0	0	0	0	702	10
	108	108	108	108	108	57	115	115	115	115	115	77	
15	57	0	0	0	0	620	53	0	0	0	0	577	9
	95	95	95	95	95	56	98	98	98	98	98	69	
16	2	0	0	0	0	454	2	0	0	0	0	418	8
	78	78	78	78	78	51	84	84	84	84	84	67	
17	0	0	0	0	72	259	0	0	0	0	64	231	7
	59	59	59	59	59	49	63	63	63	63	63	59	
18	0	0	0	0	106	83	0	0	0	0	91	71	6
	37	37	37	37	37	41	38	38	38	38	38	45	
朝向	S	SW	W	NW	N	H	S	SW	W	NW	N	H	朝向

时刻（地方太阳时）

续表 D.0.1-5

透明度等级			3						4				透明度等级
朝向	S	SE	E	NE	N	H	S	SE	E	NE	N	H	朝向
辐射照度	上行——直接辐射 下行——散射辐射						上行——直接辐射 下行——散射辐射						辐射照度
时刻（地方太阳时）6	0	180	409	371	78	60	0	145	331	301	63	49	18 时刻（地方太阳时）
	43	43	43	43	43	56	43	43	43	43	43	58	
7	0	309	536	419	57	205	0	266	462	361	49	177	17
	65	65	65	65	65	69	67	67	67	67	67	79	
8	2	387	552	351	0	379	2	342	488	311	0	336	16
	88	88	88	88	88	83	90	90	90	90	90	93	
9	49	401	475	205	0	533	44	364	430	186	0	484	15
	106	106	106	106	106	88	112	112	112	112	112	106	
10	121	354	315	50	0	652	110	324	288	47	0	598	14
	117	117	117	117	117	90	124	124	124	124	124	109	
11	176	248	116	0	0	722	162	224	107	0	0	665	13
	121	121	121	121	121	84	130	130	130	130	130	108	
12	195	114	0	0	0	747	180	101	0	0	0	688	12
	123	123	123	123	123	85	134	134	134	134	134	110	
13	176	6	0	0	0	722	162	6	0	0	0	665	11
	121	121	121	121	121	84	130	130	130	130	130	108	
14	121	0	0	0	0	652	110	0	0	0	0	598	10
	117	117	117	117	117	90	124	124	124	124	124	109	
15	49	0	0	0	0	833	44	0	0	0	0	484	9
	106	106	106	106	106	88	112	112	112	112	112	106	
16	2	0	0	0	0	379	2	0	0	0	0	336	8
	88	88	88	88	88	83	90	90	90	90	90	93	
17	0	0	0	0	57	205	0	0	0	0	49	177	7
	65	65	65	65	65	69	67	67	67	67	67	79	
18	0	0	0	0	78	60	0	0	0	0	63	49	6
	43	43	43	43	43	56	43	43	43	43	43	58	
朝向	S	SW	W	NW	N	H	S	SW	W	NW	N	H	朝向

续表 D.0.1-5

透明度等级			5						6				透明度等级
朝向	S	SE	E	NE	N	H	S	SE	E	NE	N	H	朝向
辐射照度	上行——直接辐射 下行——散射辐射						上行——直接辐射 下行——散射辐射						辐射照度
时刻（地方太阳时）6	0	117	267	243	51	40	0	86	194	177	37	29	18 时刻（地方太阳时）
	42	42	42	42	42	58	40	40	40	40	40	58	
7	0	229	398	311	42	152	0	190	329	257	35	126	17
	72	72	72	72	72	91	77	77	77	77	77	104	
8	1	306	437	278	0	300	1	258	368	234	0	254	16
	96	96	96	96	96	109	100	100	100	100	100	123	
9	41	337	398	172	0	448	36	291	344	149	0	387	15
	119	119	119	119	119	124	128	128	128	128	128	149	
10	104	302	270	43	0	557	97	266	237	38	0	492	14
	133	133	133	133	133	131	144	144	144	144	144	160	
11	150	213	100	0	0	619	134	190	88	0	0	551	13
	138	138	138	138	138	130	149	149	149	149	146	159	
12	167	94	0	0	0	641	150	85	0	0	0	572	12
	142	142	142	142	142	133	152	152	152	152	152	160	
13	150	5	0	0	0	619	134	5	0	0	0	551	11
	138	138	138	138	138	130	149	149	149	149	149	159	
14	104	0	0	0	0	557	91	0	0	0	0	492	10
	133	133	133	133	133	131	144	144	144	144	144	160	
15	41	0	0	0	0	448	36	0	0	0	0	387	9
	119	119	119	119	119	124	128	128	128	128	128	149	
16	1	0	0	0	0	300	1	0	0	0	0	254	8
	96	96	96	96	96	109	100	100	100	100	100	123	
17	0	0	0	0	42	152	0	0	0	0	35	126	7
	72	72	72	72	72	91	77	77	77	77	77	104	
18	0	0	0	0	51	40	0	0	0	0	37	29	6
	42	42	42	42	42	58	40	40	40	40	40	58	
朝向	S	SW	W	NW	N	H	S	SW	W	NW	N	H	朝向

表 D.0.1-6　北纬 45°透过标准窗玻璃的太阳辐射照度（W/m²）

透明度等级		1							2						透明度等级
朝向		S	SE	E	NE	N	H	S	SE	E	NE	N	H	朝向
辐射照度		上行——直接辐射　下行——散射辐射						上行——直接辐射　下行——散射辐射						辐射照度
时刻（地方太阳时）	6	0	269	584	521	97	100	0	230	502	448	84	86	18
		40	40	40	40	40	41	41	41	41	41	41	45	
	7	0	418	685	514	14	266	0	373	611	458	13	238	17
		60	60	60	60	60	49	64	64	64	64	64	59	
	8	16	497	658	383	0	449	15	456	605	351	0	413	16
		78	78	78	78	78	83	83	83	83	83	83	67	
	9	105	511	548	193	0	599	98	475	511	180	0	558	15
		92	92	92	92	92	55	97	97	97	97	97	69	
	10	209	458	359	117	0	720	197	429	336	109	0	675	14
		105	105	105	105	105	57	110	110	110	110	110	73	
	11	280	341	131	0	0	790	264	321	123	0	0	743	13
		110	110	110	110	110	55	119	119	119	119	119	76	
	12	305	180	0	0	0	814	287	170	0	0	0	766	12
		110	110	110	110	110	53	119	119	119	119	119	72	
	13	280	137	0	0	0	790	264	129	0	0	0	743	11
		110	110	110	110	110	55	119	119	119	119	119	76	
	14	209	0	0	0	0	720	197	0	0	0	0	675	10
		104	104	104	104	104	57	110	110	110	110	110	73	
	15	105	0	0	0	0	599	98	0	0	0	0	558	9
		92	92	92	92	92	55	97	97	97	97	97	69	
	16	16	0	0	0	0	119	15	0	0	0	0	413	8
		78	78	78	78	78	52	83	83	83	83	83	67	
	17	0	0	0	0	14	266	0	0	0	0	13	138	7
		60	60	60	60	60	49	64	64	64	64	64	59	
	18	0	0	0	0	97	100	0	0	0	0	84	86	6
		40	40	40	40	40	41	41	41	41	41	41	45	时刻（地方太阳时）
朝向		S	SW	W	NW	N	H	S	SW	W	NW	N	H	朝向

续表 D.0.1-6

透明度等级		3							4						透明度等级
朝向		S	SE	E	NE	N	H	S	SE	E	NE	N	H	朝向
辐射照度		上行——直接辐射　下行——散射辐射						上行——直接辐射　下行——散射辐射						辐射照度
时刻（地方太阳时）	6	0	200	435	388	72	77	0	165	358	320	59	62	18
		45	45	45	45	45	57	45	45	45	45	45	61	
	7	0	330	541	406	10	211	0	285	466	350	9	181	17
		65	65	65	65	65	69	69	69	69	69	69	79	
	8	14	415	550	320	0	376	12	366	486	283	0	331	16
		88	88	88	88	88	83	90	90	90	90	90	92	
	9	91	438	471	163	0	515	81	397	427	150	0	465	15
		105	105	105	105	105	88	108	108	108	108	108	104	
	10	183	399	312	101	0	626	166	365	286	93	0	572	14
		114	114	114	114	114	88	121	121	121	121	121	109	
	11	245	299	115	0	0	·692	226	274	106	0	0	635	13
		120	120	120	120	120	87	127	127	127	127	127	108	
	12	267	158	0	0	0	714	247	145	0	0	0	657	12
		121	121	121	121	121	85	129	129	129	129	129	108	
	13	245	120	0	0	0	692	226	110	0	0	0	635	11
		120	120	120	120	120	87	127	127	127	127	127	108	
	14	183	0	0	0	0	626	166	0	0	0	0	572	10
		114	114	114	114	114	88	121	121	121	121	121	109	
	15	91	0	0	0	0	515	81	0	0	0	0	465	9
		105	105	105	105	105	88	108	108	108	108	108	104	
	16	14	0	0	0	0	376	12	0	0	0	0	331	8
		88	88	88	88	88	83	90	90	90	90	90	92	
	17	0	0	0	0	10	211	0	0	0	0	9	181	7
		65	65	65	65	65	69	69	69	69	69	69	79	
	18	0	0	0	0	72	77	0	0	0	0	59	62	6
		45	45	45	45	45	57	45	45	45	45	45	61	时刻（地方太阳时）
朝向		S	SW	W	NW	N	H	S	SW	W	NW	N	H	朝向

续表 D.0.1-6

透明度等级		5						6						透明度等级
朝向		S	SE	E	NE	N	H	S	SE	E	NE	N	H	朝向
辐射照度		上行——直接辐射 下行——散射辐射						上行——直接辐射 下行——散射辐射						辐射照度
时刻（地方太阳时）	6	0 44	135 44	293 44	262 44	49 44	50 62	0 44	100 44	216 44	193 44	36 44	37 64	18 时刻（地方太阳时）
	7	0 73	247 73	402 73	302 73	8 73	157 91	0 78	204 78	334 78	256 78	7 78	130 105	17
	8	10 95	328 95	435 95	252 95	0 95	297 109	9 99	276 99	366 99	213 99	0 99	249 122	16
	9	76 116	365 116	393 116	138 116	0 116	429 122	65 124	315 124	338 124	120 124	0 124	370 145	15
	10	156 130	341 130	266 130	87 130	0 130	534 129	136 141	299 141	234 141	77 141	0 141	469 158	14
	11	211 136	256 136	99 136	0 136	0 136	593 131	186 148	227 148	87 148	0 148	0 148	526 160	13
	12	229 138	136 138	0 138	0 138	0 138	613 130	204 149	121 149	0 149	0 149	0 149	544 159	12
	13	211 136	104 136	0 136	0 136	0 136	593 131	186 148	92 148	0 148	0 148	0 148	526 160	11
	14	156 130	0 130	0 130	0 130	0 130	534 129	136 141	0 141	0 141	0 141	0 141	469 158	10
	15	76 116	0 116	0 116	0 116	0 116	429 122	65 124	0 124	0 124	0 124	0 124	370 145	9
	16	10 95	0 95	0 95	0 95	0 95	297 109	9 99	0 99	0 99	0 99	0 99	249 122	8
	17	0 73	0 73	0 73	0 73	8 73	157 91	0 78	0 78	0 78	0 78	7 78	130 105	7
	18	0 44	0 44	0 44	0 44	49 44	50 62	0 44	0 44	0 44	0 44	36 44	37 64	6
朝向		S	SW	W	NW	N	H	S	SW	W	NW	N	H	朝向

表 D.0.1-7　北纬 50°透过标准窗玻璃的太阳辐射照度（W/m²）

透明度等级		1						2						透明度等级
朝向		S	SE	E	NE	N	H	S	SE	E	NE	N	H	朝向
辐射照度		上行——直接辐射 下行——散射辐射						上行——直接辐射 下行——散射辐射						辐射照度
时刻（地方太阳时）	6	0 42	291 42	605 42	528 42	85 42	116 42	0 43	251 43	522 43	457 43	73 43	100 47	18 时刻（地方太阳时）
	7	0 40	442 40	687 40	494 40	3 40	276 49	0 64	397 64	613 64	441 64	3 64	245 60	17
	8	40 77	527 77	657 77	345 77	0 77	437 52	36 81	484 81	601 81	316 81	0 81	401 66	16
	9	160 90	549 90	545 90	150 90	0 90	576 52	149 94	511 94	507 94	140 94	0 94	555 69	15
	10	278 102	507 102	356 102	7 102	0 102	685 58	261 105	475 105	333 105	7 105	0 105	640 71	14
	11	359 108	398 108	130 108	0 108	0 108	751 58	337 115	373 115	123 115	0 115	0 115	706 78	13
	12	388 110	235 110	0 110	0 110	0 110	773 58	365 119	221 119	0 119	0 119	0 119	727 79	12
	13	359 108	62 108	0 108	0 108	0 108	751 58	337 115	57 115	0 115	0 115	0 115	706 78	11
	14	278 102	0 102	0 102	0 102	0 102	685 58	261 105	0 105	0 105	0 105	0 105	640 71	10
	15	160 90	0 90	0 90	0 90	0 90	576 52	149 94	0 94	0 94	0 94	0 94	555 69	9
	16	40 77	0 77	0 77	0 77	0 77	437 52	36 81	0 81	0 81	0 81	0 81	401 66	8
	17	0 60	0 60	0 60	0 60	3 60	276 49	0 64	0 64	0 64	0 64	3 64	245 60	7
	18	0 42	0 42	0 42	0 42	116 42	116 42	0 43	0 43	0 43	0 43	73 43	100 47	6
朝向		S	SW	W	NW	N	H	S	SW	W	NW	N	H	朝向

透明度等级		3						4					透明度等级
朝向	S	SE	E	NE	N	H	S	SE	E	NE	N	H	朝向
辐射照度	上行——直接辐射 下行——散射辐射						上行——直接辐射 下行——散射辐射						辐射照度
时刻（地方太阳时） 6	0 / 49	219 / 49	456 / 49	342 / 49	64 / 49	87 / 59	0 / 49	181 / 49	378 / 49	330 / 49	53 / 49	73 / 64	18 时刻（地方太阳时）
7	0 / 66	351 / 66	544 / 66	391 / 66	3 / 66	217 / 69	0 / 70	304 / 70	470 / 70	337 / 70	2 / 70	188 / 80	17
8	33 / 87	440 / 87	547 / 87	287 / 87	0 / 87	364 / 81	29 / 88	387 / 88	483 / 88	254 / 88	0 / 88	321 / 92	16
9	137 / 102	470 / 102	468 / 102	129 / 102	0 / 102	493 / 87	123 / 105	423 / 105	421 / 105	116 / 105	0 / 105	444 / 101	15
10	241 / 112	440 / 112	308 / 112	6 / 112	0 / 112	593 / 90	221 / 119	402 / 119	281 / 119	6 / 119	0 / 119	543 / 109	14
11	314 / 117	347 / 117	114 / 117	0 / 117	0 / 117	656 / 90	287 / 124	317 / 124	105 / 124	0 / 124	0 / 124	601 / 109	13
12	340 / 120	206 / 120	0 / 120	0 / 120	0 / 120	676 / 90	312 / 127	188 / 127	0 / 127	0 / 127	0 / 127	620 / 109	12
13	314 / 117	53 / 117	0 / 117	0 / 117	0 / 117	656 / 90	287 / 124	49 / 124	0 / 124	0 / 124	0 / 124	601 / 109	11
14	241 / 112	0 / 112	0 / 112	0 / 112	0 / 112	593 / 90	221 / 119	0 / 119	0 / 119	0 / 119	0 / 119	543 / 109	10
15	137 / 102	0 / 102	0 / 102	0 / 102	0 / 102	493 / 87	123 / 105	0 / 105	0 / 105	0 / 105	0 / 105	444 / 101	9
16	33 / 87	0 / 87	0 / 87	0 / 87	0 / 87	364 / 81	29 / 88	0 / 88	0 / 88	0 / 88	0 / 88	321 / 92	8
17	0 / 66	0 / 66	0 / 66	0 / 66	3 / 66	217 / 69	0 / 70	0 / 70	0 / 70	0 / 70	2 / 70	188 / 80	7
18	0 / 49	0 / 49	0 / 49	0 / 49	64 / 49	87 / 59	0 / 49	0 / 49	0 / 49	0 / 49	53 / 49	73 / 64	6
朝向	S	SW	W	NW	N	H	S	SW	W	NW	N	H	朝向

透明度等级		5						6					透明度等级
朝向	S	SE	E	NE	N	H	S	SE	E	NE	N	H	朝向
辐射照度	上行——直接辐射 下行——散射辐射						上行——直接辐射 下行——散射辐射						辐射照度
时刻（地方太阳时） 6	0 / 48	150 / 48	312 / 48	273 / 48	44 / 48	60 / 65	0 / 48	113 / 48	236 / 48	206 / 48	33 / 48	45 / 69	18 时刻（地方太阳时）
7	0 / 73	262 / 73	406 / 73	291 / 73	2 / 73	163 / 92	0 / 79	217 / 79	336 / 79	242 / 79	2 / 79	135 / 106	17
8	26 / 94	345 / 94	430 / 94	227 / 94	0 / 94	287 / 108	22 / 98	291 / 98	362 / 98	191 / 98	0 / 98	241 / 1231	16
9	113 / 113	388 / 113	386 / 113	107 / 113	0 / 113	408 / 121	98 / 120	334 / 120	331 / 120	91 / 120	0 / 120	349 / 141	15
10	206 / 127	374 / 127	263 / 127	6 / 127	0 / 127	506 / 128	179 / 137	337 / 137	229 / 137	5 / 137	0 / 137	442 / 156	14
11	269 / 134	297 / 134	98 / 134	0 / 134	0 / 134	561 / 131	236 / 145	262 / 145	86 / 145	0 / 145	0 / 145	495 / 162	13
12	291 / 136	177 / 136	0 / 136	0 / 136	0 / 136	579 / 133	257 / 148	156 / 148	0 / 148	0 / 148	0 / 148	513 / 163	12
13	269 / 134	45 / 134	0 / 134	0 / 134	0 / 134	561 / 131	236 / 145	41 / 145	0 / 145	0 / 145	0 / 145	495 / 162	11
14	206 / 127	0 / 127	0 / 127	0 / 127	0 / 127	506 / 128	179 / 137	0 / 137	0 / 137	0 / 137	0 / 137	442 / 156	10
15	113 / 113	0 / 113	0 / 113	0 / 113	0 / 113	408 / 121	98 / 120	0 / 120	0 / 120	0 / 120	0 / 120	349 / 141	9
16	26 / 94	0 / 94	0 / 94	0 / 94	0 / 94	287 / 108	22 / 98	0 / 98	0 / 98	0 / 98	0 / 98	241 / 121	8
17	0 / 73	0 / 73	0 / 73	0 / 73	2 / 73	163 / 92	0 / 79	0 / 79	0 / 79	0 / 79	2 / 79	135 / 106	7
18	0 / 48	0 / 48	0 / 48	0 / 48	44 / 48	60 / 65	0 / 48	0 / 48	0 / 48	0 / 48	33 / 48	45 / 69	6
朝向	S	SW	W	NW	N	H	S	SW	W	NW	N	H	朝向

附录E 夏季空气调节设计用大气透明度分布图

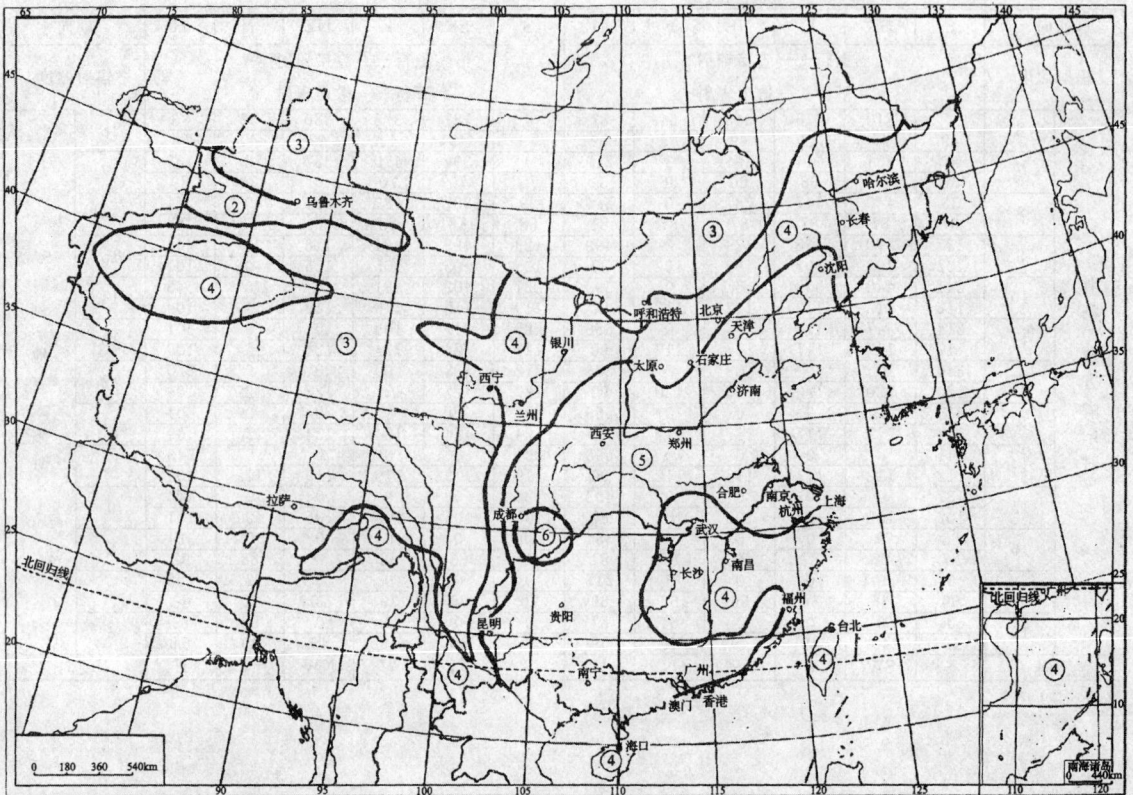

图E 夏季空气调节设计用大气透明度分布

附录F 加热由门窗缝隙渗入室内的冷空气的耗热量

F.0.1 加热由门窗缝隙渗入室内的冷空气的耗热量可按下式计算：

$$Q=0.28c_p\rho_{wn}L(t_n-t_{wn}) \qquad (F.0.1)$$

式中：Q——由门窗缝隙渗入室内的冷空气的耗热量（W）；

c_P——空气的定压比热容，$c_P=1\text{kJ/(kg·℃)}$；

ρ_{wn}——供暖室外计算温度下的空气密度（kg/m³）；

L——渗透冷空气量（m³/h），按本规范式（F.0.2）或式（F.0.5）确定；

t_n——供暖室内设计温度（℃），按本规范第4.1.1条确定；

t_{wn}——供暖室外计算温度（℃），按本规范第4.2.1条确定。

F.0.2 渗透冷空气量可根据不同的朝向按下式计算：

$$L=L_0l_1m^b \qquad (F.0.2)$$

式中：L_0——在基准高度单纯风压作用下，不考虑朝向修正和建筑物内部隔断情况时，通过每米门窗缝隙进入室内的理论渗透冷空气量[m³/(m·h)]，按本规范式（F.0.3）确定；

e_1——外门窗缝隙的长度，应分别按各朝向可开启的门窗缝隙长度计算（m）；

m——风压与热压共同作用下，考虑建筑体形、内部隔断和空气流通等因素后，不同朝向、不同高度的门窗冷风渗透压差综合修正系数，按本规范式（F.0.4-1）确定；

b——门窗缝隙渗风指数，$b=0.56\sim0.78$，当无实测数据时，可取$b=0.67$。

F.0.3 通过每米门窗缝隙进入室内的理论渗透冷空气量可按下式计算：

$$L_0=a_1\left(\frac{\rho_{wn}}{2}v_0^2\right)^b \qquad (F.0.3)$$

式中：a_1——外门窗缝隙渗风系数[m³/(m·h·p$_a{}^b$)]，当无实测数据时，可根据建筑外窗空气渗透性能分级的相关标准，按表F.0.3采用；

v_0——基准高度冬季室外最多风向的平均风速，按本规范第4.2节的相关规定确定（m/s）。

表F.0.3 外门窗缝隙渗风系数下限值

建筑外窗空气渗透性能分级	Ⅰ	Ⅱ	Ⅲ	Ⅳ	Ⅴ	Ⅵ	Ⅶ	Ⅷ
a_1[m³/(m·h·Pa$^{0.67}$)]	0.1	0.2	0.3	0.4	0.5	0.6	0.75	0.86

F.0.4 冷风渗透压差综合修正系数应按下列公式计算：

$$m=C_r\cdot\Delta C_f\cdot(n^{1/b}+C)\cdot C_h \qquad (F.0.4-1)$$

$$C=70\frac{h_z-h}{\Delta C_f v_0^2 h^{0.4}}\cdot\frac{t'-t_{wn}}{273+t'_n} \qquad (F.0.4-2)$$

$$C_h=0.3h^{0.4} \qquad (F.0.4-3)$$

式中：C_r——热压系数。当无法精确计算时，按F.0.4确定；

ΔC_f——风压差系数，当无实测数据时，可取0.7；

n——单纯风压作用下，渗透冷空气量的朝向修正系数，按

本规范附录 G 采用;

C——作用于门窗上的有效热压差与有效风压差之比;

C_h——高度修正系数;

h——计算门窗的中心线标高(m);

h_z——单纯热压作用下,建筑物中和面的标高,可取建筑物总高度的 1/2(m);

t'_n——建筑物内形成热压作用的竖井计算温度(℃)。

表 F.0.4 热压系数

内部隔断情况	开敞空间	有内门或房门		有前室门、楼梯间门或走廊两端设门	
		密闭性差	密闭性好	密闭性差	密闭性好
C_r	1.0	1.0~0.8	0.8~0.6	0.6~0.4	0.4~0.2

F.0.5 当无相关数据时,建筑物的渗透冷空气量可按下式计算:

$$L = kV \qquad (\text{F.0.5})$$

式中:V——房间体积(m^3);

k——换气次数,当无实测数据时,可按表 F.0.5 确定(次/h)。

表 F.0.5 换气次数(次/h)

房间类型	一面有外窗房间	两面有外窗房间	三面有外窗房间	门厅
k	0.5	0.5~1.0	1.0~1.5	2

F.0.6 生产厂房、仓库、公用辅助建筑物,加热由门窗缝隙渗入室内的冷空气的耗热量占围护结构总耗热量的百分率可按表 F.0.6 确定。

表 F.0.6 渗透耗热量占围护结构总耗热量的百分率(%)

建筑物高度(m)		<4.5	4.5~10.0	>10.0
玻璃窗层数	单层	25	35	40
	单、双层均有	20	30	35
	双层	15	25	30

附录 G 渗透冷空气量的朝向修正系数 n 值

G.0.1 计算供暖热负荷时,单纯风压作用下渗透冷空气量的朝向修正系数应按表 G.0.1 采用。

表 G.0.1 朝向修正系数 n 值

地区及台站名称		朝 向							
		N	NE	E	SE	S	SW	W	NW
北京市	北京	1.00	0.50	0.15	0.10	0.15	0.15	0.40	1.00
天津市	天津	1.00	0.40	0.20	0.10	0.15	0.20	0.40	1.00
	塘沽	0.90	0.55	0.55	0.20	0.30	0.30	0.70	1.00
河北省	承德	0.70	0.15	0.10	0.10	0.10	0.40	1.00	1.00
	张家口	1.00	0.40	0.10	0.10	0.10	0.10	0.35	1.00
	唐山	0.60	0.10	0.65	0.20	0.10	0.65	1.00	1.00
	保定	1.00	0.70	0.35	0.35	0.10	0.90	0.40	0.70
	石家庄	1.00	0.70	0.40	0.65	0.10	0.55	0.85	0.90
	邢台	1.00	0.10	0.10	0.10	0.10	0.10	0.10	1.00
山西省	大同	1.00	0.55	0.10	0.10	0.10	0.30	0.40	1.00
	阳泉	0.70	0.10	0.10	0.10	0.10	0.85	1.00	1.00
	太原	0.90	0.10	0.10	0.10	0.40	0.40	0.90	1.00
	阳城	0.70	0.10	0.25	0.10	0.25	0.10	0.70	1.00
内蒙古自治区	通辽	0.70	0.20	0.10	0.10	0.35	0.40	0.85	1.00
	呼和浩特	0.70	0.25	0.10	0.10	0.10	0.10	0.70	1.00

续表 G.0.1

地区及台站名称		朝 向							
		N	NE	E	SE	S	SW	W	NW
辽宁省	抚顺	0.70	1.00	0.70	0.10	0.10	0.25	0.30	0.30
	沈阳	1.00	0.70	0.30	0.30	0.40	0.35	0.30	0.30
	锦州	1.00	1.00	0.40	0.10	0.20	0.10	0.10	0.70
	鞍山	1.00	1.00	0.40	0.25	0.50	0.50	0.25	0.55
	营口	1.00	1.00	0.60	0.20	0.45	0.45	0.20	0.40
	丹东	1.00	0.55	0.40	0.10	0.10	0.10	0.40	1.00
	大连	1.00	0.70	0.15	0.10	0.15	0.15	0.10	0.70
吉林省	通榆	0.60	0.40	0.15	0.35	0.50	0.50	1.00	0.90
	长春	0.35	0.35	0.10	0.40	0.50	0.50	0.50	0.40
	延吉	0.40	0.10	0.10	0.10	0.65	1.00	1.00	1.00
黑龙江省	爱辉	0.70	0.10	0.10	0.10	0.10	0.70	1.00	1.00
	齐齐哈尔	0.95	0.40	0.40	0.40	0.40	0.40	0.10	0.40
	鹤岗	0.50	0.15	0.10	0.10	0.55	1.00	1.00	1.00
	哈尔滨	0.30	0.15	0.40	0.70	1.00	0.85	0.70	0.60
	绥芬河	0.20	0.10	0.10	0.10	0.50	1.00	1.00	0.70
上海市	上海	0.70	0.50	0.35	0.20	0.10	0.30	0.80	1.00
江苏省	连云港	1.00	0.40	0.15	0.15	0.15	0.15	0.20	0.40
	徐州	0.55	1.00	1.00	0.45	0.20	0.35	0.45	0.65
	淮阴	0.90	0.10	0.10	0.20	0.30	0.40	0.40	0.60
	南通	0.90	0.65	0.40	0.35	0.10	0.10	0.30	0.80
	南京	0.80	0.30	0.10	0.10	0.10	0.25	0.40	0.55
	武进	0.80	0.30	0.10	0.10	0.10	0.10	0.10	1.00
浙江省	杭州	1.00	0.65	0.30	0.10	0.10	0.20	0.40	1.00
	宁波	1.00	0.40	0.10	0.10	0.10	0.20	0.60	1.00
	金华	0.20	1.00	1.00	0.60	0.10	0.15	0.25	0.25
	衢州	0.45	1.00	1.00	0.30	0.20	0.10	0.10	0.10
安徽省	亳县	1.00	0.70	0.40	0.25	0.25	0.25	0.25	0.70
	蚌埠	0.70	0.10	0.10	0.30	0.30	0.35	0.45	0.45
	合肥	0.85	0.90	0.85	0.35	0.35	0.35	0.70	1.00
	六安	0.70	0.50	0.70	0.45	0.10	0.10	0.25	0.70
	芜湖	0.60	1.00	1.00	0.45	0.10	0.60	0.90	0.65
	安庆	0.70	0.10	0.10	0.10	0.10	0.10	0.10	0.25
	屯溪	0.70	0.10	0.10	0.20	0.10	0.15	0.15	0.15
福建省	福州	0.75	0.60	0.10	0.10	0.20	0.10	0.70	1.00
江西省	九江	0.70	0.10	0.10	0.10	0.10	0.10	0.35	0.30
	景德镇	1.00	0.10	0.10	0.20	0.10	0.35	0.35	0.70
	南昌	1.00	0.10	0.10	0.10	0.10	0.10	0.10	0.70
	赣州	1.00	0.70	0.10	0.10	0.10	0.10	0.10	0.70

地区及台站名称		朝 向							
		N	NE	E	SE	S	SW	W	NW
山东省	烟台	1.00	0.60	0.25	0.15	0.35	0.60	0.60	1.00
	莱阳	0.85	0.60	0.15	0.10	0.10	0.25	0.70	1.00
	潍坊	0.90	0.60	0.25	0.35	0.50	0.35	0.90	1.00
	济南	0.45	1.00	1.00	0.40	0.55	0.55	0.25	0.15
	青岛	1.00	0.70	0.10	0.10	0.20	0.20	0.40	1.00
	菏泽	1.00	0.90	0.40	0.20	0.35	0.35	0.20	0.70
	临沂	1.00	1.00	0.45	0.10	0.15	0.15	0.20	0.40
河南省	安阳	1.00	0.70	0.30	0.40	0.50	0.35	0.20	0.70
	新乡	0.70	1.00	0.55	0.15	0.30	0.30	0.30	0.15
	郑州	0.65	0.90	0.65	0.15	0.15	0.40	1.00	1.00
	洛阳	0.45	0.45	0.45	0.15	0.10	0.40	1.00	1.00
	许昌	1.00	1.00	0.40	0.10	0.20	0.25	0.35	0.50
	南阳	0.70	1.00	0.60	0.15	0.10	0.15	0.10	0.10
	驻马店	1.00	0.50	0.20	0.20	0.20	0.20	0.40	1.00
	信阳	1.00	0.70	0.20	0.10	0.15	0.15	0.20	0.70
湖北省	光化	0.70	0.70	0.35	0.20	0.20	0.10	0.40	0.60
	武汉	1.00	1.00	0.45	0.10	0.10	0.15	0.20	0.45
	江陵	1.00	1.00	0.40	0.10	0.15	0.20	0.70	1.00
	恩施	1.00	0.70	0.35	0.35	0.50	0.35	0.20	0.70
湖南省	长沙	0.85	0.35	0.10	0.10	0.10	0.10	0.40	1.00
	衡阳	0.70	1.00	0.60	0.10	0.10	0.10	0.15	0.30
广东省	广州	1.00	0.70	0.10	0.10	0.10	0.10	0.40	0.70
广西壮族自治区	桂林	1.00	1.00	0.40	0.10	0.15	0.10	0.10	0.40
	南宁	0.40	1.00	1.00	0.60	0.30	0.55	0.30	0.30
四川省	甘孜	0.75	1.00	0.50	0.20	0.25	0.30	0.70	1.00
	成都	1.00	1.00	0.45	0.10	0.10	0.10	0.10	0.40
重庆市	重庆	1.00	0.60	0.55	0.20	0.15	0.15	0.40	1.00
贵州省	威宁	1.00	1.00	0.40	0.90	0.40	0.15	0.20	0.45
	贵阳	0.70	1.00	0.70	0.15	0.25	0.15	0.10	0.25
云南省	昭通	1.00	0.70	0.20	0.10	0.15	0.10	0.10	0.70
	昆明	0.10	0.10	0.10	0.15	0.70	1.00	0.70	0.20
西藏自治区	那曲	0.50	0.50	0.10	0.10	0.35	0.90	1.00	1.00
	拉萨	0.15	0.45	1.00	1.00	0.40	0.40	0.40	0.25
	林芝	0.25	1.00	0.45	0.30	0.30	0.30	0.15	0.15
陕西省	榆林	1.00	0.40	0.10	0.30	0.30	0.10	0.40	1.00
	宝鸡	0.10	0.70	1.00	0.70	0.10	0.15	0.15	0.15
	西安	0.70	1.00	0.70	0.25	0.40	0.50	0.35	0.25
甘肃省	兰州	1.00	1.00	1.00	0.70	0.50	0.20	0.15	0.50
	平凉	0.80	0.40	0.85	0.85	0.35	0.70	1.00	1.00
	天水	0.20	0.70	1.00	0.70	0.10	0.15	0.20	0.15

地区及台站名称		朝 向							
		N	NE	E	SE	S	SW	W	NW
青海省	西宁	0.10	0.10	0.70	1.00	0.70	0.10	0.10	0.10
	共和	1.00	0.70	0.15	0.25	0.25	0.35	0.50	0.50
宁夏回族自治区	石嘴山	1.00	0.95	0.45	0.20	0.20	0.20	0.40	1.00
	银川	1.00	1.00	0.30	0.25	0.25	0.20	0.65	0.95
	固原	0.80	0.50	0.65	0.45	0.20	0.40	0.70	1.00
新疆维吾尔自治区	阿勒泰	0.70	0.70	0.10	0.10	0.10	0.10	0.15	0.35
	克拉玛依	0.70	0.55	0.15	0.10	0.10	0.10	0.70	1.00
	乌鲁木齐	0.35	0.35	0.55	0.75	1.00	0.70	0.25	0.10
	吐鲁番	1.00	0.70	0.65	0.40	0.35	0.25	0.15	0.70
	哈密	0.70	1.00	1.00	0.40	0.10	0.10	0.10	0.10
	喀什	0.70	0.60	0.10	0.40	0.10	0.15	0.10	1.00

附录 H 自然通风的计算

H.0.1 自然通风的通风量应按下列公式计算：

$$G = \frac{Q}{\alpha c_p (t_p - t_{wf})} \qquad (H.0.1\text{-}1)$$

或

$$G = \frac{mQ}{\alpha c_p (t_n - t_{wf})} \qquad (H.0.1\text{-}2)$$

式中：G——自然通风的通风量（kg/h）；

Q——散至室内的全部显热量（W）；

c_p——空气的定压比热容，取 1[kJ/(kg·℃)]；

α——单位换算系数，对于法定计量单位，取 0.28；

t_p——排风温度（℃），按本规范第 H.0.2 条确定；

t_n——室内工作地点温度（℃），按本规范第 4.1.4 条确定；

t_{wf}——夏季通风室外计算温度（℃），按本规范第 4.2.7 条确定；

m——散热量有效系数，按本规范第 H.0.3 条确定。

H.0.2 排风口温度应根据不同情况，分别按下列规定采用：

1 有条件时，可按与夏季通风室外计算温度的允许温差确定；

2 室内散热量比较均匀，且不大于 116W/m³ 时，可按下式计算：

$$t_p = t_n + \Delta t_H (H - 2) \qquad (H.0.2\text{-}1)$$

式中：Δt_H——温度梯度（℃/m），按表 H.0.2 采用；

H——排风口中心距地面的高度（m）。

表 H.0.2 温度梯度 Δt_H 值（℃/m）

室内散热量 (W/m³)	厂房高度（m）										
	5	6	7	8	9	10	11	12	13	14	15
12~23	1.0	0.9	0.8	0.7	0.6	0.5	0.4	0.4	0.3	0.3	0.2
24~47	1.2	1.2	0.9	0.8	0.7	0.6	0.5	0.5	0.5	0.4	0.4
48~70	1.5	1.5	1.2	1.1	0.9	0.8	0.8	0.8	0.8	0.8	0.5
71~93	—	1.5	1.5	1.3	1.2	1.2	1.2	1.2	1.1	1.0	0.9
94~116	—	—	1.5	1.5	1.5	1.5	1.5	1.5	1.5	1.4	1.3

3 当采用 m 值时，可按下式计算：

$$t_p = t_{wf} + \frac{t_n - t_{wf}}{m} \qquad (H.0.2\text{-}2)$$

H.0.3 散热量有效系数 m 值宜按相同建筑物和工艺布置的实测数据采用,当无实测数据时,单跨生产厂房可按下式计算:

$$m = m_1 m_2 m_3 \qquad (\text{H.0.3})$$

式中:m_1——根据热源占地面积 f 和地面面积 F 的比值,按图 H.0.3 确定的系数;

m_2——根据热源的高度,按表 H.0.3-1 确定的系数;

m_3——根据热源的辐射散热量 Q_f 和总散热量 Q 的比值,按表 H.0.3-2 确定的系数。

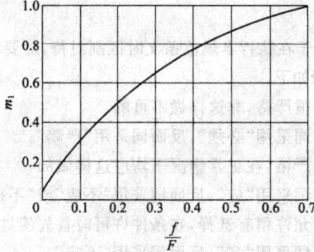

图 H.0.3 系数 m_1

表 H.0.3-1 系数 m_2

热源高度(m)	≤2	4	6	8	10	12	≥14
m_2	1.0	0.85	0.75	0.65	0.6	0.55	0.5

表 H.0.3-2 系数 m_3

Q_f/Q	≤0.40	0.45	0.5	0.55	0.6	0.65	0.7
m_3	1.00	1.03	1.07	1.12	1.18	1.30	1.45

H.0.4 进风口和排风口的面积应按下列公式计算:

$$F_j = \frac{G_j}{3600\sqrt{\dfrac{2g\rho_{wf}h_j(\rho_{wf}-\rho_{np})}{\xi_j}}} \qquad (\text{H.0.4-1})$$

$$F_p = \frac{G_p}{3600\sqrt{\dfrac{2g\rho_p h_p(\rho_{wf}-\rho_{np})}{\xi_p}}} \qquad (\text{H.0.4-2})$$

式中:F_j、F_p——分别为进风口和排风口面积(m²);

G_j、G_p——分别为进风量和排风量(kg/h);

h_j、h_p——分别为进风口和排风口中心与中和界的高差(m);

ρ_{wf}——夏季通风室外计算温度下的空气密度(kg/m³);

ρ_p——排风温度下的空气密度(kg/m³);

ρ_{np}——室内空气的平均密度(kg/m³),按作业地带和排风口处空气密度的平均值采用;

ξ_j、ξ_p——分别为进风口和排风口的局部阻力系数;

g——重力加速度(取 9.81m/s²)。

附录 J 局部送风的计算

J.0.1 工作地点的气流宽度应按下列公式计算:

$$d_s = 6.8(as + 0.145d_0) \qquad (\text{J.0.1-1})$$

或

$$d_s = 6.8(as + 0.164\sqrt{AB}) \qquad (\text{J.0.1-2})$$

式中:d_s——送至工作地点的气流宽度(m);

a——送风口的紊流系数,对于圆形送风口,采用 0.076;对于旋转送风口,采用 0.087;

s——送风口至工作地点的距离(m);

d_0——圆形送风口的直径,可采用送风口至工作地点距离的 20%~30%(m);

A、B——矩形截面送风口的边长(m)。

J.0.2 送风口的出口风速应按下式计算:

$$v_0 = \frac{v_g}{b}\left(\frac{as}{d_0} + 0.145\right) \qquad (\text{J.0.2})$$

式中:v_0——送风口的出口风速(m/s);

v_g——工作地点的平均风速,按本规范第 4.1.7 条采用(m/s);

b——系数(图 J.0.2)。

J.0.3 送风量应按下式计算:

$$L = 3600F_0 v_0 \qquad (\text{J.0.3})$$

式中:L——送风量(m³/h);

F_0——送风口的有效截面积(m²);

J.0.4 送风口的出口温度应按下式计算。当送冷风时,计算的送风口出口温度较低时,可选用较大尺寸的送风口重新确定相关参数。

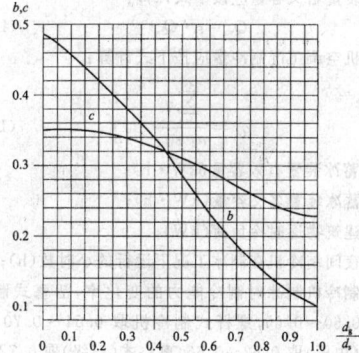

图 J.0.2 系数 b 和 c

d_g—工作地点的宽度;d_s—送至工作地点的气流宽度

$$t_0 = t_n - \frac{t_n - t_g}{c}\left(\frac{as}{d_0} + 0.145\right) \qquad (\text{J.0.4})$$

式中:t_0——送风口的出口温度(℃);

t_n——工作地点周围的室内温度(℃);

t_g——工作地点温度(℃),按本规范第 4.1.7 条确定;

c——系数(见本规范图 J.0.2)。

附录 K 除尘风管的最小风速

K.0.1 设计工况和通风标准工况相近时,除尘风管最低风速不应低于表 K.0.1 规定的数值。

表 K.0.1 除尘风管的最小风速(m/s)

粉尘类别	粉尘名称	垂直风管	水平风管
纤维粉尘	干锯末、小刨屑、纺织尘	10	12
	木屑、刨花	12	14
	干燥粗刨花、大块干木屑	14	16
	潮湿粗刨花、大块湿木屑	18	20
	棉絮	8	10
	麻	11	13
矿物粉尘	耐火材料粉尘	14	17
	黏土	13	16
	石灰石	14	16
	水泥	12	18
	湿土(含水 2%以下)	15	18
	重矿物粉尘	14	16
	轻矿物粉尘	12	14
	灰土、砂尘	16	18
	干型砂	17	20
	金刚砂、刚玉粉	15	19
金属粉尘	钢铁粉尘	13	15
	钢铁屑	19	23
	铅尘	20	25
其他粉尘	轻质干粉尘(木工磨床粉尘、烟草灰)	8	10
	煤尘	11	13
	焦炭粉尘	14	18
	谷物粉尘	10	12

附录 L 蓄冰装置容量与双工况制冷机空调工况制冷量

L.0.1 蓄冰装置容量与双工况制冷机空调工况制冷量计算应符合下列规定：

1 蓄冰装置有效容量应按下式计算：

$$Q_s = \sum_{i=1}^{24} q_i = n_1 \cdot c_f \cdot q_c \qquad \text{(L.0.1-1)}$$

2 蓄冰装置名义容量应按下式计算：

$$Q_{so} = \varepsilon \cdot Q_s \qquad \text{(L.0.1-2)}$$

3 制冷机空调工况制冷量应按下式计算：

$$q_c = \frac{\sum\limits_{i=1}^{24} q_i}{n_1 \cdot c_f} \qquad \text{(L.0.1-3)}$$

式中：Q_s——蓄冰装置有效容量（kW·h）；

Q_{so}——蓄冰装置名义容量（kW·h）；

q_i——建筑物逐时冷负荷（kW）；

n_1——夜间制冷机在制冰工况下运行的小时数（h）；

c_f——制冷机制冰时制冷能力的变化率，活塞式制冷机取 0.60～0.65，螺杆式制冷机取 0.64～0.70，离心式（中压）取 0.62～0.66，离心式（三级）取 0.72～0.80；

q_c——制冷机空调工况制冷量（kW）；

ε——蓄冰装置的实际放大系数（无因次）。

L.0.2 部分负荷蓄冰时，蓄冰装置容量与双工况制冷机空调工况制冷量计算应符合下列规定：

1 蓄冰装置有效容量应按下式计算：

$$Q_s = n_1 \cdot c_f \cdot q_c \qquad \text{(L.0.2-1)}$$

2 蓄冰装置名义容量应按下式计算：

$$Q_{so} = \varepsilon \cdot Q_s \qquad \text{(L.0.2-2)}$$

3 制冷机空调工况制冷量应按下式计算：

$$q_c = \frac{\sum\limits_{i=1}^{24} q_i}{n_2 + n_1 \cdot c_f} \qquad \text{(L.0.2-3)}$$

式中：n_2——白天制冷机在空调工况下的运行小时数（h）。

L.0.3 当地电力部门有其他限电政策时，所选蓄冰量的最大小时取冷量应满足限电时段的最大小时冷负荷的要求，并应符合下列规定：

1 为满足限电要求时，蓄冰装置有效容量应满足下式要求：

$$Q_s \cdot \eta_{max} \geqslant q'_{imax} \qquad \text{(L.0.3-1)}$$

2 为满足限电要求所需蓄冰槽的有效容量应满足下式要求：

$$Q'_s \geqslant \frac{q'_{imax}}{\eta_{max}} \qquad \text{(L.0.3-2)}$$

3 为满足限电要求，修正后的制冷机标定制冷量应满足下式要求：

$$q'_c \geqslant \frac{Q'_s}{n_1 \cdot c_f} \qquad \text{(L.0.3-3)}$$

式中：Q'_s——为满足限电要求所需的蓄冰槽容量（kW·h）；

η_{max}——所选蓄冰设备的最大小时取冷率；

q'——限电时段空气调节系统的最大小时冷负荷（kW）；

q'_c——修正后的制冷机标定制冷量（kW）。

本规范用词说明

1 为便于在执行本规范条文时区别对待，对要求严格程度不同的用词说明如下：

1）表示很严格，非这样做不可的：

正面词采用"必须"，反面词采用"严禁"；

2）表示严格，在正常情况下均应这样做的：

正面词采用"应"，反面词采用"不应"或"不得"；

3）表示允许稍有选择，在条件许可时首先应这样做的：

正面词采用"宜"，反面词采用"不宜"；

4）表示有选择，在一定条件下可以这样做的，采用"可"。

2 条文中指明应按其他有关标准执行的写法为："应符合……的规定"或"应按……执行"。

引用标准名录

《建筑设计防火规范》GB 50016

《城镇燃气设计规范》GB 50028

《锅炉房设计规范》GB 50041

《火灾自动报警系统设计规范》GB 50116

《工业设备及管道绝热工程施工规范》GB 50126

《通风与空调工程施工质量验收规范》GB 50243

《高温作业分级》GB/T 4200

《工业锅炉水质》GB/T 1576

《设备及管道绝热设计导则》GB/T 8175

《组合式空调机组》GB/T 14294

《空气过滤器》GB/T 14295

《金属非金属矿山安全规程》GB 16423

《大气污染物综合排放标准》GB 16297

《用能单位能源计量器具配备和管理通则》GB 17167

《中等热环境 PMV 和 PPD 指数的测定及热舒适条件的规定》GB/T 18049

《单元式空气调节机能效限定值及能源效率等级》GB 19576

《额定电压 300/500V 生活设施加热和防结冰用加热电缆》GB/T 20841

《采暖空调系统水质》GB/T 29044

《低温辐射电热膜》JG/T 286

中华人民共和国国家标准

工业建筑供暖通风与空气调节设计规范

GB 50019—2015

条 文 说 明

制 订 说 明

《工业建筑供暖通风与空气调节设计规范》GB
50019—2015，经住房城乡建设部 2015 年 5 月 11 日
以第 822 号公告批准、发布。

本规范是在原国家标准《采暖通风与空气调节设
计规范》GB 50019—2003 的基础上进行修订的，根
据其技术内容，将其更名为《工业建筑供暖通风与空
气调节设计规范》GB 50019—2015。适用范围调整为
适用于新建、扩建和改建的工业建筑物及构筑物的供
暖、通风与空气调节设计。不适用于有特殊用途、特
殊净化与特殊防护要求的建筑物、洁净厂房以及临时
性建筑物的供暖、通风与空气调节设计。

本规范上一版的主编单位是中国有色工程设计研
究总院，参编单位是中国疾病预防控制中心环境与健
康相关产品安全所、中国建筑设计研究院、中国气象
科学研究院、中国建筑东北设计研究院、中南大学、
哈尔滨工业大学、中国航空工业规划设计研究院、北
京国电华北电力设计院工程有限公司、同济大学、中
国建筑西北设计研究院、华东建筑设计研究院、贵州
省建筑设计研究院、北京市建筑设计研究院、上海机
电设计研究院、中南建筑设计院、清华大学、中国建
筑科学研究院空气调节研究所、北京绿创环保科技责
任有限公司、阿乐斯绝热材料（广州）有限公司、杭
州华电华源环境工程有限公司，主要起草人是张克
崧、周吕军、陆耀庆、戴自祝、朱瑞兆、李娥飞、房
家声、丁力行、董重成、赵继豪、魏占和、董纪林、
李强民、马伟骏、孙延勋、孙敏生、周祖毅、蔡路
得、赵庆珠、王志忠、江亿、耿晓音、罗英。

为便于广大设计、施工、科研、学校等单位有关
人员在使用本规范时能正确理解和执行条文规定，
《工业建筑供暖通风与空气调节设计规范》编制组按
章、节、条顺序编制了本规范的条文说明，对条文规
定的目的、依据以及执行中需要注意的有关事项进行
了说明，还着重对强制性条文的强制性理由作了解
释。但是，本条文说明不具备与规范正文同等的法律
效力，仅供使用者作为理解和执行把握规范规定的
参考。

目　　次

1 总则 …… 1—97
2 术语 …… 1—97
3 基本规定 …… 1—97
4 室内外设计计算参数 …… 1—98
　4.1 室内空气设计参数 …… 1—98
　4.2 室外空气计算参数 …… 1—99
　4.3 夏季太阳辐射照度 …… 1—100
5 供暖 …… 1—100
　5.1 一般规定 …… 1—100
　5.2 热负荷 …… 1—101
　5.3 散热器供暖 …… 1—102
　5.4 热水辐射供暖 …… 1—103
　5.5 燃气红外线辐射供暖 …… 1—104
　5.6 热风供暖及热空气幕 …… 1—105
　5.7 电热供暖 …… 1—106
　5.8 供暖管道 …… 1—106
　5.9 供暖热计量及供暖调节 …… 1—108
6 通风 …… 1—108
　6.1 一般规定 …… 1—108
　6.2 自然通风 …… 1—110
　6.3 机械通风 …… 1—111
　6.4 事故通风 …… 1—112
　6.5 隔热降温 …… 1—113
　6.6 局部排风罩 …… 1—114
　6.7 风管设计 …… 1—115
　6.8 设备选型与配置 …… 1—116
　6.9 防火与防爆 …… 1—117
7 除尘与有害气体净化 …… 1—119
　7.1 一般规定 …… 1—119
　7.2 除尘 …… 1—119
　7.3 有害气体净化 …… 1—120
　7.4 设备布置 …… 1—122
　7.5 排气筒 …… 1—122
　7.6 抑尘及真空清扫 …… 1—122
　7.7 粉尘输送 …… 1—123
8 空气调节 …… 1—123
　8.1 一般规定 …… 1—123

　8.2 负荷计算 …… 1—124
　8.3 空气调节系统 …… 1—125
　8.4 气流组织 …… 1—128
　8.5 空气处理 …… 1—131
9 冷源与热源 …… 1—134
　9.1 一般规定 …… 1—134
　9.2 电动压缩式冷水机组 …… 1—136
　9.3 溴化锂吸收式机组 …… 1—136
　9.4 热泵 …… 1—137
　9.5 蒸发冷却冷水机组 …… 1—138
　9.6 冷热电联供 …… 1—139
　9.7 蓄冷、蓄热 …… 1—139
　9.8 换热装置 …… 1—140
　9.9 空气调节冷热水及冷凝水系统 …… 1—140
　9.10 空气调节冷却水系统 …… 1—142
　9.11 制冷和供热机房 …… 1—143
10 矿井空气调节 …… 1—144
　10.1 井筒保温 …… 1—144
　10.2 深热矿井空气调节 …… 1—144
11 监测与控制 …… 1—145
　11.1 一般规定 …… 1—145
　11.2 传感器和执行器 …… 1—146
　11.3 供暖系统 …… 1—147
　11.4 通风系统 …… 1—147
　11.5 除尘与净化系统 …… 1—147
　11.6 空气调节系统 …… 1—147
　11.7 冷热源及其水系统 …… 1—148
12 消声与隔振 …… 1—149
　12.1 一般规定 …… 1—149
　12.2 消声与隔声 …… 1—149
　12.3 隔振 …… 1—150
13 绝热与防腐 …… 1—151
　13.1 绝热 …… 1—151
　13.2 防腐 …… 1—151
附录A 室外空气计算参数 …… 1—152
附录E 夏季空气调节设计用大气
　　　　透明度分布图 …… 1—154

附录 F　加热由门窗缝隙渗入室内的
　　　　冷空气的耗热量 ……………… 1—154

附录 G　渗透冷空气量的朝

向修正系数 n 值 ……………… 1—154
附录 H　自然通风的计算 …………… 1—154
附录 K　除尘风管的最小风速 ………… 1—155

1 总　则

1.0.1 本条规定了本规范的编制目的。供暖、通风与空气调节工程是基本建设领域中不可缺少的组成部分，它对改善劳动条件、提高劳动生产率、保证产品质量以及劳动保护、合理利用和节约能源及资源、保护环境都有着十分重要的意义。本次规范修订结合了近年来国内外的新技术、新设备、新材料与设计、科研新成果，从卫生、安全、节能、环保等方面对相关设计标准、技术要求、设计方法以及其他政策性较强的技术问题等都作了具体的规定。

1.0.2 本条规定了本规范的适用范围。本规范适用于新建、扩建和改建的工业建筑物及构筑物的供暖、通风与空气调节设计，以及生产工艺除尘与有害气体净化设计。其中适用于构筑物，主要是指在构筑物内生产工艺除尘及有害气体净化。

本规范不适用于有特殊用途、特殊净化与防护要求的建筑物、洁净厂房以及临时性建筑物的设计，是针对设计标准、装备水平以及某些特殊要求、特殊做法或特殊防护而言的，并不意味着本规范的全部内容都不适用于这些建筑物的设计。"特殊用途、特殊净化与特殊防护要求的建筑物"，是指如军事用途的建筑物，对空气中细菌、病毒有净化要求的医疗建筑物，人防工程等。有特殊要求的建筑物设计应执行国家相关的设计规范。

1.0.3 本条规定了选择设计方案和设备、材料的原则。供暖、通风与空气调节工程不仅在整个工程的全部投资中占有一定的份额，其运行过程中的能耗也是非常可观的。因此设计中必须贯彻适用、经济、节能、安全等原则，会同相关专业通过多方案的技术经济比较，确定出整体上技术先进、经济合理、安全可靠的设计方案。

1.0.4 本条说明了本规范同施工验收规范的衔接。为保证设计和施工质量，要求供暖通风与空气调节设计的施工图内容应与现行国家标准《建筑给水排水及供暖工程施工质量验收规范》GB 50242、《通风与空调工程施工质量验收规范》GB 50243 等标准保持一致。有特殊要求及现行施工质量验收规范中没有涉及的内容，在施工图文件中必须有详尽说明，以利于施工、监理工作的顺利进行。

1.0.5 本条说明了本规范同其他相关标准规范的衔接。

本规范为专业性的国家通用规范，根据国家主管部门相关编制和修订工程建设标准规范的统一规定，为了简化规范内容，凡引用或参照其他国家通用的设计标准及规范的内容，除确实需要之外，本规范不再作规定。本规范强调在设计中除执行本规范外，还应执行与设计内容相关的安全、环保、节能、卫生等方面的国家现行的相关标准、规范的规定，在此不一一列出。

2 术　语

2.0.1 公用辅助建筑物系指为生产主工艺提供水、电气、热力的建筑物，以及试验、化验类建筑物；生活、行政辅助建筑物包括食堂、浴室、活动中心、宿舍、办公楼等。

2.0.11 严寒或寒冷地区冬季加热矿井进风也俗称为井筒保温。

3 基 本 规 定

3.0.1 本条规定了室内热舒适性评价指标。

现行国家标准《中等热环境　PMV 和 PPD 指数的测定及热舒适条件的规定》GB/T 18049 等同于国际标准 ISO 7730:1994（Moderate thermal enviroments-Determination of the PMV and PPD indices and specification of the conditions for thermal comforts）。

PMV 是一种指数，表明预计群体对下述 7 个等级热感觉投票的平均值，包括热（+3），温暖（+2），较温暖（+1），适中（0），较凉（-1），凉（-2），冷（-3）。通过 PMV 预测有多少人感到不舒适（感觉温度过高或过低）。热舒适度平均指标宜为 -1~1，冬季宜为 -1~0，夏季宜为 0~1。PPD 指数可对于热不满意的人数给出定量的预计值，可以预测群体中感觉过暖或过凉的人数的百分比。

供暖通风与空气调节系统的能耗与许多因素相关，如室内温度、相对湿度、风速，出于建筑节能考虑，在不降低室内舒适度标准的条件下，要求冬季室内温度偏低一些，而夏季的室内温度偏高一些，室内舒适相对湿度范围在 30%～70% 之间。冬季室内相对湿度每提高 10%，供暖能耗增加 6%，因此不宜采用过高的相对湿度。夏季空气调节室内计算温度和湿度越低，房间的计算冷负荷就越大，系统耗能也越大。因此通过合理组合室内空气设计参数可以收到明显的节能效果。

3.0.2 本条规定了高温作业环境的分级评价标准。

现行国家标准《高温作业分级》GB/T 4200 规定了高温作业环境热强度大小的分级和高温作业人员允许持续接触热时间与休息时间限值。

应根据湿球黑球温度（WBGT）指数以及接触高温作业的时间对高温作业进行分级、评价。高温作业场所应采取隔热降温措施，降温措施包括但不限于局部送风、局部空调等。

3.0.3 供暖、通风与空调设备应按设计工况进行设备的选型。本条为新增条文。

供暖设备、通风设备、空调设备、制冷设备性能受大气压、温度等影响较大，特定的使用工况有特定的性能参数，尤其对于工业项目，设计工况与标准工况差别较大，因此应按设计工况选用设备。

3.0.4 本条给出了配合施工安装以及运行管理的要求。

多年实践证明，施工安装及维护管理的好坏是供暖、通风与空气调节系统能否正常运行和达到设计效果的重要因素。在设计中为操作、维护管理创造必要的条件，也是系统正常运行和发挥其应有作用的重要因素之一。

3.0.6 本条给出了地震区或湿陷性黄土地区的布置设备和管道的要求。

布置供暖、通风和空气调节系统的设备和管道时，为了防止和减缓位于地震区或湿陷性黄土地区的建筑物由于地震或土壤下沉而造成的破坏，除应在建筑结构设计等方面采取相应的预防措施外，还应按照国家现行规范的规定，根据不同情况分别采取防震或其他有效的防护措施。

3.0.7 本条对供暖系统的水质作出规定，为新增条文。

水质是保证供暖空调系统正常运行的前提。锅炉水直接供暖时，供暖系统水质应符合现行国家标准《工业锅炉水质》GB/T 1576 的要求。其他非锅炉直接供暖系统、空调冷热水系统、空调冷却水系统水质均应符合现行国家标准《采暖空调系统水质》GB/T 29044 的要求。

3.0.8 本条是关于通风、空调及制冷设备设置备用设备的规定，为新增条文。

1 在有些场所，爆炸危险性气体、有毒气体是连续产生的，必须依赖连续不断的通风来稀释危险气体，通风设备不能停止运行或者是停止运行的时间较短，这种情况下通风设备应设备用。应监控通风设备的运行状态，设备故障时备用设备自动投入运行，通风设备的供电安全应予以保证。

2 重要的工艺性通风、空调、制冷设备，直接影响所辖区域工艺系统正常运行，而所辖区域工艺系统的运行异常又事关更多工艺系统的正常运行乃至安全。相关性越高，影响范围越广，一旦发生其危害越严重，通风、空调、制冷设备的可靠性就需要越高。

如现行国家标准《电子信息系统机房设计规范》GB 50174 依据机房的使用性质、管理要求及重要性，将电子信息系统机房由高到低划分为 A、B、C 三级。并对用于 A、B 两级机房的空调装置的备用作了相应的规定。现行行业标准《石油化工供暖通风与空气调节设计规范》SH/T 3004 也有通风设备设置备用设备的规定。

3.0.9 本条对蒸汽凝结水的回收作出规定。

这里的蒸汽凝结水包括蒸汽供暖系统凝结水、汽-水热交换器凝结水、以蒸汽为热媒的空气加热器的凝结水、蒸汽型吸收式制冷设备的凝结水等。回收凝结水是国家节能政策和规范的一贯要求，目前一些供暖、空调用汽设备的凝结水未采取回收措施或由于设计不合理和管理不善，造成能源的大量浪费。为此应认真设计凝结水回收系统，做到技术先进，设备可靠，经济合理。凝结水回收系统一般分为重力、背压和压力凝结水回收系统，可按工程的具体情况确定。从节能和提高回收率考虑，热力站应优先采用闭式系统即凝结水与大气不直接接触的系统。当凝结水量小于10t/h 或距热源小于 500m 时，可用开式凝结水回收系统。

3.0.10 本条对能量回收作出规定，为新增条文。

设有供暖、通风、空调系统的工业建筑，可以从以下几个方面考虑能量的回收。

（1）排风热回收。设有供暖、通风、空调系统的厂房，在技术经济合理的情况下，应进行排风热回收。工业厂房的通风量往往较大，在多数情况下通风热负荷或冷负荷在建筑总能耗中的占比较大，排风中所含的能量十分可观，加以回收利用可以取得很好的节能效益和环境效益。长期以来，业内人士往往单纯地从经济效益方面来权衡热回收装置的设置与否，若热回收装置投资的回收期稍微长一些，就认为不值得采用。时至今日，人们考虑问题的出发点已提高到了保护全球环境这个高度，而节省能耗就意味着保护环境，这是人类面临的头等大事。在考虑其经济效益的同时，更重要地是考虑节能效益和环境效益。因此设计时应优先考虑，尤其是当新风与排风采用专门独立的管道输送时，非常有利于设置集中的排风热回收装置。

在满足卫生要求的前提下，除尘或有害气体净化系统排风至室内，形成风的再循环，可以减少新风量，从而减少排风热或冷损失。

（2）冷凝热回收。在同时需要供冷、供热时，制冷机组冷凝热可回收，用于供暖、供生活热水等。

3.0.11 本条对设备、管道及阀门工作压力作出规定，为新增条文。

保证水系统中设备，如散热器、冷水机组、水泵、空气调节末端、水系统热交换设备等，及管道、阀门的设计工作压力不超过其额定的工作压力，是系统运行必须保证的。

4 室内外设计计算参数

4.1 室内空气设计参数

4.1.1 本条对冬季室内设计温度作出规定。

1 劳动轻重的分级根据现行国家标准《工作场所有害因素职业接触限值 第 2 部分：物理因素》GBZ 2.2 执行。原规范中分为 I、II、III 和 IV级，也称为轻、中、重和极重级，为方便理解和使用，此处用轻、中、重和极重劳动表示。根据国内外相关研究的结果，当人体衣着适宜，保暖量充分，从事轻劳动时，室内温度 20℃ 左右比较适宜，18℃ 无冷感，15℃ 是产生明显冷感的温度界限。为了保证工作人员的工作效率及舒适性，并考虑工作强度不同时人体产热量的不同，来确定工业建筑工作地点室内的温度范围。

2 当每名工人占用较大面积时，为降低供暖的成本，适当降低室内温度的要求，可以采取个体防护的措施。

3 当工艺或使用条件有特殊要求时，各类建筑物的室内温度可按照实际需要确定。如湿法冶炼车间，工艺要求室内设计温度为 18℃。

4 体感温度和供暖方式有关，在相同的体感温度条件下，采用辐射供暖时可降低室内设计温度约 2℃～3℃，辐射强度越大，可降低幅度越大。

5 室内防冻设计温度一般采 5℃。

4.1.2 本条是关于设置供暖的建筑物冬季室内活动区的平均风速的规定。

本条对冬季室内最大允许风速的规定，主要针对设置热风供暖的建筑，目的是为了防止人体产生直接吹风感，影响舒适性。

4.1.3 本条是关于空气调节室内设计参数的规定。

1 对于设置工艺性空气调节的工业建筑，其室内参数首先应根据工艺的要求，并结合考虑必要的卫生条件确定。在可能的条件下，应尽量提高夏季室内温度基数，以节省建设投资和运行费用。另外，夏季室内温度基数过低，如 20℃，室内外温差太大，人员普遍感到不舒适，温度基数提高一些，对改善人员的劳动卫生条件也是有好处的。

2 舒适性空气调节的室内参数是基于人体对周围环境的温度、相对湿度、风速和辐射热等热环境条件的适应程度，并结合我国的经济情况和考虑人们的生活习惯及衣着情况等因素，本着保证工作人员的舒适性及提高工作效率的原则，在参考国内外相关标准的基础上确定的。

4.1.4 本条是关于生产厂房夏季工作地点温度的规定。

本条是参照现行国家标准《工业企业设计卫生标准》GBZ 1 的相关规定，在工艺无特殊要求时，根据夏季室外通风计算温度与工作地点的温度允许温差制订的。

4.1.5 本条规定了高湿房间对温度的限定，为新增条文。

由于室内空气的相对湿度对人的热舒适性有较大的影响，因此根据现行国家标准《工业企业设计卫生标准》GBZ 1，对生产厂房不同相对湿度下空气温度的上限值作出规定。

4.1.6 本条是关于高温、强热辐射作业场所隔热、降温措施的相关规定，为新增条文。

2 高温、强热辐射作业场所的室内热环境除了应满足本规范第 4.1.4 条和第 4.1.5 条的要求外，还应满足本款的要求，以保证工作人员的健康和工作效率。

3 对特殊高温作业区，如高温车间桥式起重机驾驶室、炼焦车间拦焦车驾驶室等，应首先隔热，同时对室内温度作出规定。

4.1.7 本条规定了采用局部降温送风系统时工作地点的温度和风速。

局部降温送风系统是对高温作业时间较长，工作地点的热环境达不到卫生要求时采取有效的局部降温措施之一。采用局部送风系统时,工作地点应保持的温度和风速与操作人员的劳动强度、工作地点周围的辐射照度等因素相关。

表4.1.7中的热辐射照度系指1h内的平均值。

4.1.8 本条规定了室内空气质量的要求。

工业建筑室内空气应符合国家现行的相关室内空气质量、污染物浓度控制等卫生标准,包括现行国家标准《工业企业设计卫生标准》GBZ 1、《工作场所有害因素接触限值》GBZ 2、《室内空气质量标准》GB/T 18883以及其他单项职业卫生标准的要求。

4.1.9 本条是关于工业建筑人员新风量的规定。

新风供给包括自然进风方式和机械送风方式。工业建筑用于消除余热、余湿、稀释有害气体、补充排风等的新风量往往较大,远大于人员所需新风量。规定本条的目的主要是针对工业建筑中的无窗房间。

工作场所中人员所需的新风量应根据室内空气质量的要求、人员的活动和工作性质及时间、污染源及建筑物的状况等因素来确定。最小新风量首先要保证满足人员卫生要求,一般是用CO_2浓度推算确定,还应考虑室内其他污染物等。设计时尚应满足国家现行专项标准的特殊要求。

4.2 室外空气计算参数

4.2.1 本条规定了供暖室外计算温度的统计方法。

供暖室外计算温度按以下方法计算:在用于统计的年份(n年)中,将所有年份的日平均温度由小到大进行排序,选择第$5n+1$个数值作为供暖室外计算温度,累年不保证$5n$天,即累年平均每年不保证5天。

对设计用气象参数统计方法中的专业术语"历年"、"累年"作以下解释:

历年——逐年,特指整编气象资料时,所采用的以往一段连续年份的每一年。整编年份中每年数据作为一个集合,不同年份之间数据不交互,最终统计结果为一个数列,元素个数与年数相同。如统计年份为30年时,历年值为30个。在用词上,"历年"通常与"平均值"一起使用。如"冬季通风室外计算温度",应采用历年最冷月月平均温度的平均值,当统计年份为30年时,在30年中选择每年最冷月,将30个月月平均温度取平均作为最终计算参数。

累年——多年,特指整编气象资料时,所采用的以往一段连续年份的累计。整编年份中所有年份数据作为一个集合,不同年份之间数据没有区别,最终统计结果为一个数据。如统计年份为30年时,累年值为1个。如供暖室外计算温度应采用累年平均每年不保证5天的日平均温度,当统计年份为30年时,取30年累计日平均温度由小到大排序的第151个数值作为最终计算参数。

4.2.2 本条规定了冬季通风室外计算温度的统计方法。

冬季通风室外计算温度按以下方法计算:在用于统计的年份(n年)中,分别选出每年最冷月的月平均温度,即得到n个月平均温度,将n个月平均温度进行平均即为冬季通风室外计算温度。

4.2.3 本条规定了冬季空气调节室外计算温度的统计方法。

冬季空气调节室外计算温度按以下方法计算:在用于统计的年份(n年)中,将所有年份的日平均温度由小到大进行排序,选择第$n+1$个数值作为供暖室外计算温度,累年不保证n天,即累年平均每年不保证1天。

4.2.4 本条规定了冬季空气调节室外计算相对湿度的统计方法。

冬季空气调节室外计算相对湿度按以下方法计算:在用于统计的年份(n年)中,分别选出每年最冷月,即得到n个月,将n个月的平均相对湿度进行平均即为冬季空气调节室外计算相对湿度。

规定本条的目的是为了在不影响空气调节系统经济性的前提下,尽量简化参数的统计方法,同时采用这一参数计算冬季的热湿负荷也是比较安全的。

4.2.5 本条规定了夏季空气调节室外计算干球温度的统计方法。

夏季空气调节室外计算干球温度按以下方法计算:在用于统计的年份(n年)中,将所有年份的逐时温度由大到小进行排序,选择第$50n+1$个数值作为夏季空气调节室外计算干球温度,累年不保证$50nh$,即累年平均每年不保证$50h$。

4.2.6 本条规定了夏季空气调节室外计算湿球温度的统计方法。

夏季空气调节室外计算湿球温度按以下方法计算:在用于统计的年份(n年)中,将所有年份的逐时湿球温度由大到小进行排序,选择第$50n+1$个数值作为夏季空气调节室外计算湿球温度,累年不保证$50nh$,即累年平均每年不保证$50h$。

4.2.7 本条规定了夏季通风室外计算温度的统计方法。

夏季通风室外计算温度按以下方法计算:在用于统计的年份(n年)中,分别选出每年最热月,即得到n个月,将n个月的逐日14时的平均温度进行平均即为夏季通风室外计算温度。

由于从1960年开始,全国各气象台(站)统一采用北京时间(即东经120°的地方平均太阳时)进行观测,1965年以来,各台(站)仅有北京时间14时(还有2时、8时和20时)的温度记录整理资料。因此对于我国大部分地区来说,当地太阳时的14时与北京太阳时的14时,时差达1~2h,相差最多的可达3h。经比较,时差问题对我国华北、华东和中南等地区影响不大,而对气候干燥的西部地区和西南高原影响较大,温差可达1℃~2℃。也就是说,统一采用北京14时的温度记录,对于我国西部地区并不是真正反映当地最热月逐日逐时气温较高的14时的温度,而是温度不太高的13时、12时乃至11时的温度,显然,时差对温度的影响是不可忽视的。但是考虑到需要进行时差修正的地区,夏季通风室外计算温度多在30℃以下(有的还不到20℃),把通风计算温度规定提高一些,对通风设计(主要是自然通风)效果影响不大,本规范未规定对此进行修正。如需修正,可按以下的时差订正简化方法进行修正:

(1)对北京以东地区以及北京以西时差为14h地区,可以不考虑以北京时间14时所确定的夏季通风室外计算温度的时差订正;

(2)对北京以西时差为2h的地区,可按以北京时间14时所确定的夏季通风室外计算温度加上2℃来修正。

4.2.8 本条规定了夏季通风室外计算相对湿度的统计方法。

夏季通风室外计算相对湿度按以下方法计算:在用于统计的年份(n年)中,分别选出每年最热月,即得到n个月,将n个月的逐日14时的平均相对湿度进行平均即为夏季通风室外计算相对湿度。

4.2.9 本条规定了夏季空气调节室外计算日平均温度的统计方法。

夏季空气调节室外计算日平均温度按以下方法计算:在用于统计的年份(n年)中,将所有年份的日平均温度由大到小进行排序,选择第$5n+1$个数值为夏季空气调节室外计算日平均温度,累年不保证$5nd$,即累年平均每年不保证$5d$。

4.2.10 本条规定了夏季空气调节室外计算逐时温度。

4.2.11 本条规定了特殊情况下空气调节室外计算参数的确定。

按本规范上述条文确定的室外计算参数设计的空气调节系统,运行时均会出现个别时间达不到室内温、湿度要求的现象,但其保证率却是相当高的。为了在特殊情况下保证全年达到既定的室内温、湿度参数(这种情况是很少的),完全确保技术上的要求,需另行确定适宜的室外计算参数,直至采用累年极端最高或极端最低干、湿球温度等,但它对空气调节系统的初投资影响极大,要采取极为谨慎的态度。仅在部分时间(如夜间)工作的空气调节系统如仍按常规参数设计,将会使设备富裕能力过大,造成浪费,应根据具体情况另行确定适宜的室外计算参数。

4.2.12 本条规定了室外风速的确定。

本条及本规范其他有关条文中的"累年最冷3个月"系指累年逐月平均气温最低的3个月,"累年最热3个月"系指累年逐月平均气温最高的 3 个月。

4.2.13 本条规定了最多风向及频率。

条文中的"最多风向"即为主导风向（Predominant Wind Direction）。

4.2.14 本条规定了冬季日照百分率。

4.2.15 本条规定了室外大气压力。

4.2.16 本条规定了设计计算用供暖期的确定原则。

本条中"日平均温度稳定低于或等于供暖室外临界温度"系指室外连续 5d 的滑动平均温度低于或等于供暖室外临界温度。

按本条规定统计和确定的设计计算用供暖期，是计算供暖建筑物的能量消耗，进行技术经济分析、比较等不可缺少的数据，是专供设计计算应用的，并不是指具体某一个地方的实际供暖期，各地的实际供暖期应由各地主管部门根据情况自行确定。

4.2.17 极端最高气温应选择累年逐日最高温度的最高值。

4.2.18 极端最低气温应选择累年逐日最低温度的最低值。

4.2.19 历年极端最高气温平均值按以下方法计算：在用于统计的年份（n 年）中，选择逐年的极端最高温度，得到 n 个极端最高温度进行平均得到历年极端最高气温平均值。

4.2.20 历年极端最低气温平均值按以下方法计算：在用于统计的年份（n 年）中，选择逐年的极端最低温度，得到 n 个极端最低温度进行平均得到历年极端最低气温平均值。

4.2.21 累年最低日平均温度按以下方法计算：在用于统计的年份（n 年）中，选择所有日平均温度的最低值即为累年最低日平均温度。

4.2.22 累年最热月平均相对湿度按以下方法计算：在用于统计的年份（n 年）中，选择所有月平均温度最高的月份，此月的平均相对湿度即为累年最热月平均相对湿度。

4.2.23 夏季空气调节室外逐时计算焓值按以下方法统计：首先将累年数据分别按照出现时刻 1～24 时分为 24 组，每组分别由大到小排序，逐时刻取第 $7n+1$ 个数值作为该时刻的计算焓值，并由此方法可以得到 24 个时刻的夏季空气调节室外逐时计算焓值。

通过对北京、上海、广州、哈尔滨、西安、成都等城市的夏季新风逐时计算焓值的统计，发现 24 时刻分别不保证 7h 的空气焓值中的最大值，与全年不保证 50h 的焓值基本相符，因而选择不保证 7h 作为统计方法。新风的焓值是逐时变化的，由新风形成的夏季冷负荷也是逐时变化的，不宜将新风最大负荷和围护结构最大负荷直接相加，否则会造成设备选型偏大。在新风最大负荷和围护结构最大负荷错峰时差较大时，这种影响是不能忽略的。

逐时新风计算焓值用于计算冷源冷负荷，并不用于空气处理设备的选型。

4.2.24 本条规定了室外计算参数的统计年份。

室外计算参数的统计年份长，概率性强，更具有代表性，有助于将各地的气象参数相对地稳定下来，为此现有的国家统计年份采用 30 年～50 年。目前我国大部分气象台（站）都有 30 年以上完整的气象资料。统计结果表明，统计 10 年、20 年和 30 年的数值是有差别的，但一般差别不是太大。如仅统计 1 年或几年，则偶然性太大、数据可靠性差。因此条文中推荐采用 30 年，至少不低于 10 年，否则应通过调研、测试并与有长期观测记录的邻近台（站）做比较，必要时，应请气象部门进行订正。

4.2.25 室外气象参数选用原则。

4.3 夏季太阳辐射照度

4.3.1 本条规定了确定太阳辐射照度的基本原则。本规范附录 C 所列数据是推算值，非实测值。

本规范所给出的太阳辐射照度值是根据地理纬度和 7 月大气透明度，并按 7 月 21 日的太阳赤纬，应用相关太阳辐射的研究成果通过计算确定的。

关于计算太阳辐射照度的基础数据及其确定方法说明如下：这里所说的基础数据，是指垂直于太阳光线表面上的直接辐射照度 S 和水平面上的总辐射照度 Q。原规范的基础数据是基于观测记录用逐时的 S 和 Q 值，采用近 10 年中每年 6 月至 9 月内舍去 15 个～20 个高峰值的较大值的历年平均值。实践证明，这一统计方法虽然较为烦琐，但它所确定的基础数据的量值已为大家所接受。本规范参照这一量值。根据我国相关太阳辐射研究中给出的不同大气透明度和不同太阳高度角下的 S 和 Q 值，按照不同纬度、不同时刻（6～18 时）的太阳高度角用内插法确定太阳辐射照度。

4.3.2 本条规定了垂直面和水平面的太阳总辐射照度。

建筑物各朝向垂直面与水平面的太阳总辐射照度是按下列公式计算确定的：

$$J_{zz} = J_z + (D + D_f)/2 \tag{1}$$
$$J_{zp} = J_p + D \tag{2}$$

式中：J_{zz}——各朝向垂直面上的太阳总辐射照度（W/m²）；

J_{zp}——水平面上的太阳总辐射照度（W/m²）；

J_z——各朝向垂直面的直接辐射照度（W/m²）；

J_p——水平面的直接辐射照度（W/m²）；

D——散射辐射照度（W/m²）；

D_f——地面反射辐射照度（W/m²）。

各纬度带和各大气透明度等级的计算结果列于本规范附录 C。

4.3.3 本条规定了透过标准窗玻璃的太阳辐射照度。

根据相关资料，将 3mm 厚的普通平板玻璃定义为标准玻璃。透过标准窗玻璃的太阳直接辐射照度和散射辐射照度是按下列公式计算确定的：

$$J_{cz} = \mu_\theta J_z \tag{3}$$
$$J_{zp} = \mu J_p \tag{4}$$
$$D_{cz} = \mu_d(D + D_f)/2 \tag{5}$$
$$D_{cp} = \mu_d D \tag{6}$$

式中：J_{cz}——各朝向垂直面和水平面透过标准窗玻璃的直接辐射照度（W/m²）；

μ_θ——太阳直接辐射入射率；

D_{cz}——透过各朝向垂直面标准窗玻璃的散射辐射照度（W/m²）；

D_{cp}——透过水平面标准窗玻璃的散射辐射照度（W/m²）；

μ_d——太阳散射辐射入射率。

其他符号意义同前。

各纬度带和各大气透明度等级的计算结果列于本规范附录 E。

4.3.4 本条规定了当地大气透明度等级的确定方法。

为了按本规范附录 C 和附录 D 查取当地的太阳辐射照度值，需要确定当地的计算大气透明度等级。为此，本条给出了根据当地大气压力确定大气透明度的等级，并在本规范附录 E 中给出了夏季空气调节用的计算大气透明度分布图。

5 供　暖

5.1 一般规定

5.1.1 本条规定了选择供暖方式的原则。

工业建筑的功能及规模差别很大，供暖可以有很多方式。如何选定合理的供暖方式，达到技术经济最优化，是应通过综合技术经济比较确定的。这是因为各地能源结构、价格均不同，经济实力也存在较大差异，还要受到环保、卫生、安全等多方面的制约。而以上各种因素并非固定不变，是在不断发展和变化的。一个大、中型工程项目一般有几年周期,在这期间随着能源市场的变化而更改原来的供暖方式也是完全可能的。在初步设计时,应予以充分考虑。

5.1.2 本条规定了宜采用集中供暖的地区。

这类地区包括北京、天津、河北、山西、内蒙古、辽宁、吉林、黑龙江、山东、西藏、青海、宁夏、新疆等13个省、直辖市、自治区的全部,河南、陕西、甘肃等省的大部分,江苏、安徽、四川等省的一小部分,以及某些省份的高寒地区,如贵州的威宁、云南的中甸等,其全部面积约占全国陆地面积的70%。

5.1.3 本条规定了可采用集中供暖的地区。

累年日平均温度稳定低于或等于5℃的日数为60d~89d的地区包括上海,江苏的南京、南通、武进、无锡、苏州,浙江的杭州,安徽的合肥、蚌埠、六安、芜湖,河南的平顶山、南阳、驻马店、信阳,湖北的光华、武汉、江陵,贵州的毕节、水城,云南的昭通,陕西的汉中,甘肃的武都等。

累年日平均温度稳定低于或等于5℃的日数不足60d,但累年日平均温度稳定低于或等于8℃的日数大于或等于75d地方包括浙江的宁波、金华、衢州,安徽的安庆、屯溪,江西的南昌、上饶、萍乡,湖北的宜昌、恩施、黄石,湖南的长沙、岳阳、常德、株洲、芷江、邵阳、零陵,四川的成都,贵州的贵阳、遵义、安顺、独山,云南的丽江,陕西的安康等。这两类地区的总面积约占全国陆地面积的15%。

5.1.4 本条是关于设置值班供暖的规定。

值班供暖的目的之一是为了防冻,防止在非工作时间或中断使用的时间内,水管及其他水设备等发生冻结。需要指出的是,供暖只是防冻措施之一,技术经济合理时采用。

值班供暖一般由平时使用的供暖设施承担,也可以设专用设施。

5.1.5 本条是关于设置局部供暖和取暖室的规定。

当每名工人占用的建筑面积超过100㎡时,设置使整个房间都达到某一温度要求的全面供暖是不经济的,仅在固定的工作地点设置局部供暖即可满足要求。有时厂房中无固定的工作地点,设置与办公室或休息室相结合的取暖室,对改善劳动条件也会起到一定的作用,因此作了条文中的相关规定。

5.1.6 本条是关于围护结构最小热阻的规定。本条基于下列原则制订:对围护结构的最小传热阻、最大传热系数及围护结构的耗热量加以限制,使围护结构内表面保持一定的温度,防止产生冷凝水,同时保障人体不致因受冷表面影响而产生不舒适感。

对于层高小于4m的房间,冬季室内计算温度即取室内设计温度。对于层高大于4m的房间,确定冬季室内计算温度时尚应考虑室内温度梯度的影响,地面处、屋顶和天窗处、外墙外窗及门处分别采用不同的温度。对于不同性质和高度的建筑物,室内温度梯度值与很多因素相关,如供暖方式、工艺设备布置及散热量大小等,难以在规范中给出普遍适用的数据,设计时需根据具体情况确定。

冬季围护结构室外计算温度的取值方法是根据建筑物围护结构热惰性D值的大小不同,分别采用四种类型的冬季围护结构室外计算温度。按照这一方法,不仅能保证围护结构内表面不产生结露现象,而且将围护结构的热稳定性与室外气温的变化规律紧密地结合起来,使D值较小(抗室外温度波动能力较差)的围护结构具有较大传热阻,使D值较大(抗室外温度波动能力较强)的围护结构具有较小传热阻。这些传热阻不同的围护结构,不论D值大小,不仅在各自的室外计算温度条件下,其内表面温度都能满足要求,而且当室外温度偏离计算温度乃至降低到当地最低日平均温度时,围护结构内表面的温度降低也不会超过1℃。也就是说,这些不同类型的围护结构,其内表面最低温度降低到大体相同

的水平。对于热稳定性最差的Ⅳ类围护结构,实际计算温度不是采用累年极端最低温度,而是采用累年最低日平均温度(两者相差5℃~10℃);对于热稳定性较好的Ⅰ类围护结构,采用供暖室外计算温度,其值相当于寒冷期连续最冷10天左右的平均温度;对于热稳定性处于Ⅰ、Ⅳ类中间的Ⅱ、Ⅲ类围护结构,则利用Ⅰ、Ⅳ类计算温度即供暖室外计算温度和最低日平均温度并采用调整权值的方式计算确定,不但使气象资料的统计工作可以简化,而且也便于应用。

5.1.7 本条规定了供暖热媒的选择。

1 热水和蒸汽是集中供暖系统最常用的两种热媒。多年的实践证明,与蒸汽供暖相比,热水供暖具有许多优点。从实际使用情况看,热水作热媒不但供暖效果好,而且锅炉设备、燃料消耗和司炉维修人员等比使用蒸汽供暖减少了30%左右。由于热水供暖比蒸汽供暖具有明显的技术经济效果,因此当厂区只有供暖用热或以供暖用热为主时,推荐采用热水作热媒。

2 有时生产工艺是以高压蒸汽为热源,因此不宜对蒸汽供暖持绝对否定的态度。当厂区供热以工艺用蒸汽为主,在不违反卫生、技术和节能的条件下,生产厂房、仓库、公用辅助建筑物可采用蒸汽作热媒。从舒适、安全的角度考虑,生活、行政辅助建筑物仍应采用热水作为热媒,热水可采用汽-水换热器制备。

3 利用余热或可再生能源供暖时,热媒及其参数受到工程条件和技术条件的限制,需要根据具体情况确定。

4 热水辐射供暖有地面辐射供暖、吊顶辐射供暖等方式,热水参数应根据辐射表面需要达到的温度、循环水量等因素确定。

5.2 热 负 荷

5.2.1 本条给出了确定供暖通风系统热负荷的因素。对于建筑物间歇性的内部得热,在确定热负荷时可不予考虑。

5.2.2、5.2.3 这两条规定了围护结构耗热量的分类及基本耗热量的计算。

式(5.2.3)是按稳定传热计算围护结构耗热量的基本公式。在计算围护结构耗热量的时候,不管围护结构的热惰性指标D值大小如何,室外计算温度均采用供暖室外计算温度,不再分级。当已知或可求出冷侧温度时,t_{wn}项可直接用冷侧温度值代入,不再进行α值修正。

5.2.4 本条规定了围护结构平均传热系数的计算,为新增条文。

计算屋顶、外墙的基本耗热量时,应对主断面传热系数进行修正,采用了考虑热桥影响的平均传热系数。围护结构平均传热系数的计算方法比较复杂,见现行国家标准《民用建筑热工设计规范》GB 50176的相关规定。对于外挑楼板等其他围护结构,因其主体与保温均采用单一材料,且没有或很少有门窗洞口和突出物,热桥影响很小,取φ值为1。

5.2.5 本条规定了相邻房间的温差传热计算原则。

与相邻房间的温差小于5℃时,但与相邻房间的传热量大于该房间热负荷的10%时,也应将其传热量计入该房间的热负荷内。

5.2.6 本条规定了围护结构的附加耗热量。

1 朝向修正率是基于太阳辐射的有利作用和南北向房间的温度平衡要求而在耗热量计算中采取的修正系数。本款给出的一组朝向修正率是综合各方面的论述、意见和要求,在考虑某些地区、某些建筑物在太阳辐射得热方面存在的潜力的同时,考虑到我国幅员辽阔,各地实际情况比较复杂,影响因素很多,南北向房间耗热量客观存在一定的差异(10%~30%左右),以及北向房间由于接受不到太阳直射作用而使人们的实感温度低(约差2℃),而且墙体的干燥程度北向也比南向差,为使南北向房间在整个供暖期均维持大体均衡的温度,规定了附加(减)的范围值。这样做适应性比较强,并为广大设计人员提供了可供选择的余地,具有一定的灵活性,有利于本规范的贯彻执行。

2 风力附加率是指在供暖耗热量计算中,基于较大的室外风速会引起围护结构外表面传热系数增大,即大于 $23W/(m^2 \cdot ℃)$ 而增加的附加系数。由于我国大部分地区冬季平均风速不大,一般为 $2m/s \sim 3m/s$,仅个别地区大于 $5m/s$,影响不大,为简化计算起见,一般建筑物不必考虑风力附加,仅对建筑在不避风的高地、河边、海岸、旷野上的建筑物,以及城镇、厂区内特别高出的建筑物的风力附加系数作了规定。

3 外门附加率是基于建筑物外门开启的频繁程度以及冲入建筑物中的冷空气导致耗热量增大而增加的附加系数。

此处所指的外门是建筑物底层入口的门,而不是各层每户的外门。

5.2.7 本条规定了围护结构基本耗热量的简化计算方法。

在建筑物供暖耗热量计算中,为考虑室内竖向温度梯度的影响,常用两种不同的计算方法:第一种方法室内采用同一计算温度计算房间各部分围护结构耗热量,当房间高于 4m 时计入高度附加值,即本条规定的计算方法。第二种方法采用不同的室内计算温度计算房间各部分围护结构耗热量,即房间高于 4m 时不再计入高度附加值,这就是本规范第5.2.3条规定的计算方法。

第一种方法比较简单,即对于某一具体房只有一个相对应的高度附加系数,方法比较简单,但不能做到根据建筑物的不同性质区别对待;第二种方法比较烦琐,但可适应各种性质的建筑物,尤其是室内散热量较大、上部空间温度明显升高的建筑物,因此房间高度大于 4m 的工业厂房宜采用这种方法。通过分析对比,在某些情况下,如室内散热量不大的机械厂房,两种计算方法所得的结果虽有差异,但出入不大。

高度附加率是基于房间高度大于 4m 时,由于竖向温度梯度的影响导致上部空间及围护结构的耗热量增大而增加的附加系数。采用对流方式供暖时,由于围护结构的耗热作用等影响,房间竖向温度的分布并不总是逐步提高的,因此对高度附加率的上限值作了不应大于 15% 的限制。

辐射供暖室内存在温度梯度,因此辐射供暖同样需要高度附加。辐射供暖室内温度梯度小,因此平均每米高度附加率小,本规范一取对流供暖高度附加量的一半,每高出 1m 附加 1%。对于地面辐射供暖,总附加率不宜大于 8%,相当于自地面起 12m 的供暖空间的附加量,12m 以上空间辐射供暖的影响减小,可不再附加。热水吊顶辐射和燃气红外辐射往往应用于高大空间,高度总附加率不宜大于 15%,相当于自地面起 19m 的供暖空间的附加量,这样的规定基本满足使用的需要。

5.2.8 本条规定了间歇供暖附加率的选取,为新增条文。

间歇附加率应根据预热时间等因素通过计算确定,当缺少数据时,可按本条规定的数值选用。能快速反应的供暖系统,如热风供暖系统、燃气红外辐射供暖系统等。

5.2.9 本条规定了冷风渗透耗热量的计算。

在工业建筑的耗热量中,冷风渗透耗热量所占比例是相当大的,有时高达 40% 左右。根据现有的资料,本规范附录 F 分别给出了用缝隙法、百分率附加法、换气次数法计算建筑物的冷风渗透耗热量,并在本规范附录 G 中给出了全国主要城市的冷风渗透耗热量的朝向修正系数 n 值。目前,计算机技术已很发达,必要时可采用计算机模拟方法计算冷风渗透及其耗热量。

5.2.10 本条规定了局部辐射供暖热负荷的计算。

局部供暖一般采用辐射供暖方式,包括地面辐射供暖、热水吊顶辐射供暖、燃气红外辐射供暖等。局部供暖的供暖量按全面供暖量乘以局部供暖区面积和总面积的比值,再乘以一个放大系数确定。表 5.2.10 中的计算系数,就是局部供暖区面积和总面积的比值与放大系数的乘积。

5.3 散热器供暖

5.3.1 本条是关于选择散热器的规定。

1 散热器在供暖系统中的位置决定了其工作压力,各类型散热器产品标准均明确规定了各种热媒下的允许承压,工作压力应小于允许承压。

4、5 钢制、铝制散热器腐蚀问题比较突出,选用时应考虑水质和防腐问题。铝制散热器选用内防腐型铝制散热器。供暖系统运行水质应符合现行国家标准《采暖空调系统水质》GB/T 29044 的规定,非供暖季节应充水保养。

6 工程经验表明,板型和扁管型散热器用于蒸汽供暖系统时,易出现漏气情况。近年来,钢管柱式散热器在蒸汽供暖系统中有所应用,运行情况较好,钢管及封头的壁厚均在 2.0mm ~ 2.5mm 之间,有效地防止了渗漏情况的出现。

7 由于散热器内不清洁,使系统安装的热量表和恒温阀不能正常运行,因此规定:安装热量表和恒温阀的热水供暖系统中,宜采用水流通道内无粘砂的铸铁等散热器。

8 实验证明:散热器外表面涂刷非金属性涂料时,其散热量比涂刷金属性涂料时能增加 10% 左右。

5.3.2 本条是关于散热器布置的规定。

1 散热器布置在外墙的窗台下,从散热器上升的对流热气流能阻止从玻璃窗下降的冷气流,使流经生活区和工作区的空气比较暖和,给人以舒适的感觉,因此推荐把散热器布置在外墙的窗台下;为了便于户内管道的布置,散热器也可靠内墙安装。

2 为了防止散热器冻裂,在两道外门之间的门斗内不应设置散热器。

3 把散热器布置在楼梯间的底层,可以利用热压作用,使热了的空气自行上升到楼梯间的上部补偿其耗热量,因此规定楼梯间的散热器应尽量布置在底层或按一定比例分配在下部各层。

5.3.3 本条是关于散热器安装的规定。

本条是根据建筑物的用途,考虑有利于散热器放热、安全、适应室内装修要求以及维护管理等方面制订的。近几年散热器的装饰已很普遍,但很多的装饰罩设计不合理,严重影响了散热器的散热效果,因此强调了暗装时装饰罩的做法应合理。即装饰罩应有合理的气流通道、足够的通道面积,并方便维修。

5.3.4 本条规定了散热器的组装片数。

规定本条的目的主要是从便于施工安装考虑的。

5.3.5 本条规定了散热器数量的修正。

散热器的散热量是在特定条件下通过实验测定给出的,在实际工程应用中该值往往与测试条件下给出的值有一定差别,为此设计时除按不同的传热温差(散热器表面温度与室温之差)选用合适的传热系数外,还应考虑其连接方式、安装形式、组装片数、热水流量以及表面涂料等对散热量的影响。

5.3.6 本条是关于供暖系统明装管道计为有效供暖量的规定。

管道明设时,非保温管道的散热量有提高室温的作用,可补偿一部分耗热量,其值应通过明装管道外表面与室内空气的传热计算确定。管道暗设于管井、吊顶等处时,均应保温,可不考虑管道中水的冷却温降;对于直接埋设于墙内的不保温立、支管,散入室内的热量、无效热损失、水温降等较难准确计算,设计人可根据暗设管道长度等因素,适当考虑对散热器数量的影响。

5.3.7 本条规定了高层工业建筑供暖系统的布置。

本条是基于国内的实践经验并参考相关资料制订的。竖向分区可以减小供暖系统规模,对系统压力平衡、安全运行、运行管理有利,因此规定供暖系统高度超过 50m 时,宜竖向分区设置。

5.3.8 本条是关于散热器分组串接的规定。

条文中的散热器连接方式一般称为"分组串接",由于供暖房间的温控要求,各房间散热器均需独立与供暖立管连接,因此只允许同一房间的两组散热器采用"分组串接"。对于水平单管跨越式和双管系统,完全有条件使每组散热器与水平供暖管道独立连接并分别控制,因此"分组串接"仅限于垂直单管和垂直双管系统采用。

采用"分组串接"的原因一般是房间热负荷过大，散热器片数过多，或为了散热器布置均匀，需分成两组进行施工安装，而单独设置立管或使每组散热器单独与立管连接又有困难或不经济。采用上下接口同侧连接方式时，为了保证距立管较远的散热器的散热量，散热器之间的连接管管径应尽可能大，使其相当于一组散热器，即采用带外螺纹的支管直接与散热器内螺纹接口连接。

5.3.9　本条是关于有冻结危险的场所供热系统的规定。

对于有冻结危险的场所，一般不应将其散热器同邻室连接，以防影响邻室的供暖效果，甚至冻裂散热器。

5.4　热水辐射供暖

5.4.1　本条是关于低温热水辐射供暖系统供水温度及供回水温差的规定。

从对地面辐射供暖的安全、寿命和舒适考虑，规定供水温度不应超过60℃。根据国内外技术资料从人体舒适和安全角度考虑，本条对辐射供暖的辐射表面平均温度作了具体规定。

5.4.2　本条是关于低温热水地面辐射供暖地面表面平均温度的规定。

应改善建筑热工性能或设置其他辅助供暖设备，减少地面辐射供暖系统负担的热负荷。地面的表面平均温度若高于表5.4.1的最高限值会造成不舒适，此时应减少地面辐射供暖系统负担的热负荷，采取改善建筑热工性能或设置其他辅助供暖设备等措施满足设计要求。现行行业标准《辐射供暖供冷技术规程》JGJ 142给出了校核地面的表面平均温度的近似公式。

5.4.3　本条规定了低温热水地面辐射供暖的有效散热量的确定。

加热管在整个房间内等间距敷设，而室内设备、家具等地面覆盖物对供暖的有效散热量的影响较大。因此本条强调了地面辐射供暖的有效散热量应通过计算确定。在计算有效散热量时，应重视室内设备、家具等地面覆盖物对有效散热面积的影响。

5.4.4　本条是关于供暖辐射地面绝热层设置的规定。

1　向土壤的散热应为无效散热，因此土壤上方应设绝热层。为保证绝热效果，规定绝热层与土壤间设置防潮层。

3　对于地面辐射供暖，一般不允许向下层传热，所以本款首先强调应设绝热层。

5　对于潮湿房间，在混凝土填充式供暖地面的填充层上、预制沟槽保温板或预制轻薄供暖板供暖地面的地面面层下设置隔离层，以防止水渗入。

5.4.5　本条是关于供暖辐射地面构造的规定。

覆盖层厚度不应过小，否则人站在上面会有颤动感。一般覆盖层厚度不宜小于50mm。伸缩缝的设置间距与宽度应计算确定，一般在面积超过30m²或长度超过6m时，伸缩缝设置间距宜小于或等于6m；伸缩缝的宽度大于或等于5mm且面积较大时，伸缩缝的设置间距可适当增大，但不宜超过10m。

5.4.6　本条是关于生产厂房等采用地面辐射供暖时的规定。

地面辐射供暖采用常规做法时，地面平均承载力一般可达到5kN/m²～25kN/m²，满足使用要求。但对于工业建筑中的生产厂房、仓库、生产辅助建筑物等，上述地面承载力不一定满足要求。根据现行国家标准《建筑地面设计规范》GB 50037，地面平均荷载的标准值有20kN/m²、30kN/m²、50kN/m²等，重载地面荷载标准值为80kN/m²、100kN/m²、120kN/m²、150kN/m²、200kN/m²，远大于一般地面的允许地面承载力。在这种情况下，地面构造应会同土建专业共同确定。除增加建筑垫层厚度、增强配筋、提高混凝土等级外，还可采用的措施有：

（1）采用抗压性能较好的材料或其制成品作为绝热层，如采用轻骨料混凝土作为绝热层。

（2）重载楼面的绝热层可设在楼板下，避免绝热层受压。

5.4.7　本条是关于低温热水地面辐射供暖系统加热管的敷设间距的规定。

地面散热量的计算都是建立在加热管间距均匀布置的基础上的。实际上房间的热损失主要发生在与室外空气邻接的部位，如外墙、外窗、外门等处。为了使室内温度分布尽可能均匀，在邻近这些部位的区域如靠近外窗、外墙处，管间距可以适当缩小，而在其他区域则可以将管间距适当放大。不过为了使地面温度分布不会有过大的差异，人员长期停留区域的最大间距不宜超过300mm。最小间距要满足弯管施工条件，防止弯管挤扁。

5.4.8　本条是关于设计分水器、集水器的规定。

分水器、集水器总进、出水管内径一般不小于25mm，当所带加热管为8个回路时，管内流媒流速可以保持不超过最大允许流速0.8m/s。分水器、集水器环路过多，将导致分水器、集水器处管道过于密集。

5.4.9　本条规定了分水器和集水器的安装要求。

旁通管的连接位置应在总进水管的始端（阀门之前）和总出水管的末端（阀门之后）之间，保证对供暖管路系统冲洗时水不流进加热管。

5.4.10　本条规定了低温热水地面辐射供暖系统的阻力确定方法。

低温热水地面辐射供暖系统的阻力应计算确定，否则会由于管路过长或流速过快使系统阻力超过系统供水压力或单元式热水机组水泵的扬程。为了使加热管中的空气能够被水带走，加热管内热水流速不应小于0.25m/s，一般为0.25m/s～0.5m/s。

5.4.11　本条是关于低温热水地面辐射供暖系统的工作压力的规定。

规定本条的目的是为了保证低温热水地面辐射供暖系统管材与配件的强度和使用寿命。本条规定系统压力不超过0.8MPa，系统压力过大时，应选择适当的管材并采取相应的措施。

5.4.12　本条规定了辐射供暖加热管的材质和壁厚的要求，为强制性条文。

辐射供暖所用的加热管有多种塑料管材，这些塑料管材的使用寿命主要取决于不同使用温度和压力对管材的累计破坏作用。在不同的工作压力下，热作用使管壁承受环应力的能力逐渐下降，即发生管材的"蠕变"，以至不能满足使用压力要求而破坏，壁厚计算方法可参照现行国家相关塑料管的标准执行。

5.4.13　本条规定了热水吊顶辐射板的适用场所。

热水吊顶辐射板为金属辐射板的一种，可用于层高3m～30m的建筑物的全面供暖和局部区域或局部工作地点供暖，其使用范围很广泛，包括大型船坞、船舶、飞机和汽车的维修大厅等许多场合。

5.4.15　本条规定了热水吊顶辐射板的散热量的修正系数。

热水吊顶辐射板倾斜安装时，辐射板的有效散热量会随着安装角度的不同而变化。设计时，应根据不同的安装角度按表5.4.15对总散热量进行修正。

由于热水吊顶辐射板的散热量是在管道内流体处于紊流状态下进行测试的，为保证辐射板达到设计散热量，管内流量不得低于保证紊流状态的最小流量。如果流量达不到所要求的最小流量，辐射板的散热量应乘以0.85的修正系数或者辐射板安装面积应乘以1.18的安全系数。多块板串联连接并保证其供、回水压差可以增加辐射板管中流量。

5.4.16　本条是关于热水吊顶辐射板的安装高度的规定。

热水吊顶辐射板属于平面辐射体，辐射的范围局限于它所面对的半个空间，辐射的热量正比于开尔文温度的4次方，因此辐射体的表面温度对局部的热量分配起决定作用，影响到房间内各部分的热量分布。而采用高温辐射会引起室内温度的不均匀分布，使人体产生不舒适感。当然辐射板的安装位置和高度也同样影响着室内温度的分布。因此，在供暖设计中，应对辐射板的最低安装高度以及在不同安装高度下辐射板内热媒的最高平均温度加以限制。条文中给出了采用热水吊顶辐射板供暖时，人体感到舒适的允许最高平均水温。这个温度值是依据辐射板表面温度计算出来的。对于在通道或附属建筑物内人们短暂停留的区域，可采用较高的允许最高平均水温。

5.4.17 本条规定了热水吊顶辐射板与供暖系统的连接方式。

热水吊顶辐射板可以并联和串联、同侧和异侧等多种连接方式接入供暖系统。可根据建筑物的具体情况设计出最优的管道布置方式，以保证系统各环路阻力平衡和辐射板表面温度均匀。对于较长、高大空间的最佳管路布置，可采用沿长度方向平行的内部板和外部板串联连接、热水两侧进出的连接方式，同时采用流量调节阀来平衡每块板的热水流量，使辐射能得到最优分布。这种连接方式所需费用低，辐射照度分布均匀，但设计时应注意能满足各个方向的热膨胀。在屋架或横梁隔断的情况下，也可采用沿外墙长度方向平行的两个或多个辐射板串联成一排，各辐射板排之间并联连接、热水异侧进出的方式。

5.4.18 本条规定了热水吊顶辐射板的布置要求。

热水吊顶辐射板的布置对于优化供暖系统设计，保证室内作业区辐射照度的均匀分布是很关键的。通常吊顶辐射板的布置应与最长的外墙平行设置，如果必要，也可垂直于外墙设置。沿墙设置的辐射板排规格应大于室中部设置的辐射板规格，这是因为供暖系统热负荷主要是由围护结构传热耗热量以及通过外门、外窗侵入或渗入的冷空气耗热量来决定的。因此为保证室内作业区辐射照度分布均匀，应考虑室内空间不同区域的不同热需求，如设置大规格的辐射板在外墙处来补偿外墙处的热损失。房间建筑结构尺寸同样也影响着吊顶辐射板的布置方式。房间高度较高时，宜采用较窄的辐射板，以避免过大的辐射照度；沿外墙布置辐射板且板排较长时，应注意预留长度方向热膨胀的余地。

5.5 燃气红外线辐射供暖

5.5.1 本条规定了燃气红外线辐射供暖的适用要求及安全措施，为新增条文。

目前在我国使用的燃气红外线辐射供暖加热器产品有进口的，也有国产的，欧美产品占领了主要市场。从形式上基本分为单体型和连续加热型；从压力上分为正压型和负压型；从表面温度上也分为三类（根据美国 ASHRAE 应用手册关于辐射加热器的分类）：高强度辐射加热器表面温度在 1000℃~2800℃ 之间，中强度辐射加热器表面温度在 650℃~1000℃ 之间，低强度辐射加热器（也称柔强辐射加热器）表面温度在 150℃~650℃ 之间。低、中、高强度红外辐射加热器在工业领域经常用于飞机库、工厂、仓库或开放的区域等，也可用于冰雪融化、工业过程加热。

1 根据现行国家标准《爆炸危险环境电力装置设计规范》GB 50058 规定：易燃物质可能出现的最高浓度不超过爆炸下限值的 10％时，该区可划分为非爆炸危险区，可采用燃气红外辐射供暖。据此，可燃液体或固体表面产生的蒸气与空气形成的混合物质的浓度小于其爆炸下限值的 10％时（但还是有易燃易爆物质存在），宜采用燃烧器在室外的燃气辐射供暖系统，主要是从安全角度考虑的。

2 当燃烧器安装在室内工作时，需对其供应一定比例的空气量，燃烧后放散二氧化碳和水蒸气等燃烧产物，当燃烧不完全时，还会生成一氧化碳，宜直接排至室外。为保证燃烧所需的足够空气或当燃烧产物直接排至室内时，将二氧化碳和一氧化碳稀释到允许浓度以下并间接排至室外，避免水蒸气在围护结构内表面上凝结，应具有一定的通风换气量。

燃气红外线辐射供暖通常有炙热的表面，因此应采取相应的措施，符合国家现行相关燃气、防火规范的要求，以保证安全。

5.5.2 本条为新增条文，且为强制性条文。

根据现行国家标准《建筑设计防火规范》GB 50016 规定：甲、

乙类厂房不得采用明火供暖。由于甲、乙类厂房或存储场所内有大量的易燃、易爆物质，而一般燃气红外线辐射供暖加热器表面温度均较高，从安全角度考虑，严禁在甲、乙类火灾危险环境中采用。

5.5.3 本条规定了燃气质量、种类、供气压力、输配的要求。

我国城镇燃气是指符合规范的燃气质量要求，供给居民生活、商业和工业企业生产作料用的共用性质的燃气，一般包括天然气、液化石油气、人工煤气等，执行现行国家标准《城镇燃气分类和基本特征》GB/T 13611。规定本条的目的是为了防止因燃气成分改变、杂质超标和供气压力不足等引起供暖效果的降低或引发安全问题。

燃气压力及耗气量应由设备生产厂提供。特别是安装在严寒地区厂房内外的供气管道，应采取如保温或伴热等措施，防止由于气温较低，汽化不充分或汽化后又液化造成燃气量供应不足，影响供暖效果，甚至不能正常开机。

5.5.4 本条规定了辐射供暖热负荷的计算。

采用燃气红外线辐射供暖，设备辐射效率越高，表面温度也越高，体感温度与室内空气温度的温差越大，温度梯度越小，耗热量越少，节能性越好。目前一些国外的产品标准规定，此类设备的最低辐射效率应达到 35％。经国外的实测数据表明，采用 35％辐射效率的设备时，辐射供暖的实感温度比对流供暖室内空气温度高 2℃~3℃。目前有最高辐射效率是 81％的燃气红外线辐射供暖设备。随着燃气红外线辐射供暖设备辐射效率的提高，实感温度也随之提高，节能效果更明显。

燃烧器工作时，需要一定比例的空气与燃气相混合，当这部分空气取之室内，且由门、窗自然渗透补充时，应计算加热此部分冷空气渗透量所需的热负荷。

即便从室内取助燃空气，其实质还是间接来自室外。因此不论从室内取风还是从室外取风，从风平衡和能平衡角度考虑，其燃料的消耗量是基本一致的。

5.5.5 本条规定了燃气红外线辐射加热器的安装要求。

1 燃气红外线辐射加热器的表面温度较高，除生产工艺要求外，如不对其最小安装高度加以限制，人体所感受到的辐射照度将会超过人体舒适的要求。尤其是人体舒适度与很多因素相关，如供暖方式、环境温度及风速、空气含尘浓度及相对湿度、作业种类和加热器的布置及安装方式等。当用于全面供暖时，既要保持一定的室温，又要求辐射照度均匀，保证人体的舒适度，为此辐射加热器不应安装得过低；当用于局部区域供暖时，由于空气的对流，供暖区域的空气温度比全面供暖时要低，所要求的辐射强度比全面供暖大，为此加热器应安装得低一些。另外，辐射加热器表面温度有 300℃~1000℃ 不等的产品，当表面温度和辐射效率高时，安装高度也相应要高。总之，应根据全面供暖、局部供暖和室外工作地点的供暖人体舒适度和辐射加热器的表面温度、辐射效率不同而定。本款只是作了最小安装高度的限制。

2 固定工作点的供暖一般采用高强度单体辐射器，应调整辐射器的悬挂高度及角度，达到人体舒适状态。

3 燃气红外线辐射加热器表面温度、辐射效率及结构形式不同，产品额定供热量的最大安装高度也不同。各企业不同型号的产品额定供热量的最大安装高度也不相同，当安装高度超过标准值时，由于空气中的水蒸气、二氧化碳等混合气体会吸收辐射热量的影响，使到达工作区的辐射强度减小，不能达到额定供热量；同时，会直接导致系统向墙面的辐射热量增加，系统的直接辐射损失也相应增加，地面的吸热量就会减少，蓄热能力也会降低。因此，应根据辐射加热器的实际安装高度，对其总输出热量进行必要的高度附加。由于目前国内燃气红外线辐射加热器产品种类较多，额定供热量的最大安装高度各不相同，有的 6m 以上就要求附加，有的 12m 才进行附加。一般是根据加热器的辐射强度由低至高，而标准安装高度也由低至高。但有一点是明确的：修正系数的大小与燃气红外线辐射器的结构、形式及产品的辐射效率相关,产品辐射效率越高,修正系数相应越小。到目前为止,高度附加没有统一方法,各企业根据自己的产品特点自行制订修正值。故设计时应根据所选产品进行附加修正。

5.5.6 本条规定了全面辐射供暖加热器的布置。

采用辐射供暖进行全面供暖时,不但要使人体感到较理想的舒适度,而且要使整个厂房的温度比较均匀。通常建筑四周外墙和外门的耗热量一般不少于总耗热量的60%,适当增加该处的加热器的数量对保持室温均匀有较好的效果。

5.5.7 本条规定了燃气红外线辐射供暖系统供应空气的安全要求。

燃气红外线辐射供暖系统的燃烧器工作时,需对其提供一定比例的空气量。当燃烧器每小时所需的空气量超过该厂房0.5次/h换气时,应由室外提供空气,以避免厂房内缺氧和向燃烧器供应空气量不足而使供暖设备产生故障。

5.5.9 本条规定了燃气红外线辐射供暖尾气排放要求及排风口的要求。

燃气燃烧后的尾气为二氧化碳和水蒸气,当不完全燃烧时,还存在一氧化碳,为保证厂房内的空气品质,宜将燃气燃烧后的尾气直接排至室外。当采用的燃气红外线辐射供暖设备为尾气室内直接排放时,应符合本规范第5.5.10条的要求。

5.5.10 本条规定了燃气红外线辐射供暖尾气直接排室内时的要求,为新增条文。

目前工程应用的燃气红外线辐射供暖设备的尾气排放分为室外直排和室内排放两种。欧洲标准《非家用悬挂式燃气辐射加热器安装和使用时的通风要求》EN 13410 中表述的 A 类就是指:不连接通向室外的排烟管道或燃烧产物的排放装置的悬挂式燃气辐射加热器,也就是人们常称的内排式燃气辐射加热器。此时尾部的烟气温度一般在 100℃～200℃,比空气轻,易聚集在屋顶上部。当工程中采用的设备为燃烧产物直接排在厂房内部时,必须采取通风措施将燃烧废气置换到室外,确保室内空气品质与尾气直接外排一样。根据欧洲和北美测试数据,绝大部分燃烧产物可置换到室外。下部门、窗补充的新风因温度低,大都会聚集在 2m 以下工作区的供暖空间。

根据欧洲标准《非家用悬挂式燃气辐射加热器安装和使用时的通风要求》EN 13410,辐射加热器产生的燃烧产物应从安装场所内排放到建筑物外。排放方式可采用热力通风、自然通风和机械通风。热力通风就是通过建筑物内部的排风口或墙壁上的排风口,以对流通风的方式来排放燃烧产物或空气混合物。自然通风就是根据建筑物室内外的气压差和温差,通过自然通风的方式来排放燃烧产物或空气混合物。机械通风是通过建筑物顶部或墙壁上的多台通风机来排放燃烧产物或空气混合物。由于热力通风和自然通风都需要有足够的排风口和进风口面积,而且还不能受室外风力的影响,在实际工程中满足这两种通风方式的条件较难实现。故本条提出宜采用机械通风方式,一般采用机械排风、自然进风,通过建筑物顶部或侧墙上部的多台排风机,将混合了室内空气的燃烧产物从辐射加热器上方排出。正确的运行方式是:先开启排风机,辐射加热器才能运行。根据国外一些国家、地区的标准,排或补风的通风量按辐射加热器的输入功率确定,欧洲标准《非家用悬挂式燃气辐射加热器安装和使用时的通风要求》EN 13410规定不小于 $10m^3/(h \cdot kW)$,美国消防协会标准《National fuel gas code》NFPA 54 规定:不应小于 $23m^3/(h \cdot kW)$,加拿大标准《Natural gas and propane installation code》CSA B149.1 规定不应小于 $18m^3/(h \cdot kW)$。以上通风量都是以天然气为燃料,也有资料给出液化石油气的通风量不应小于 $27m^3/(h \cdot kW)$。由于我国各地的燃气种类、气质量不尽相同,与欧洲燃气质量也不同,使用单位的运行、维护和管理水平参差不齐。出于安全考虑,本条

制订的排风量大于欧美标准。尤其是采用液化石油气时,不完全燃烧的占比很大,故提出不宜小于 $20m^3/(h \cdot kW)$ ～ $30m^3/(h \cdot kW)$ 的排风量。

当厂房高度较低,又采用了尾气厂房内直接排放时,尾气排放效果的好坏对下部工作区的影响较高,大厂房要明显,为保证工作区的空气品质,规定了 6m 以下厂房的最小排气量。

5.5.12 燃气系统的相关安全措施是指当厂房内有消防值班室时,宜设远控的总开关,无消防值班时,可在厂房内方便的位置设置,以便当工作区发出故障信号时应能自动关闭供暖系统,同时还应连锁关闭燃气系统入口处的总阀门,以保证安全。当采用机械进、排风时,为了保证燃烧器所需的空气量,通风机应与供暖系统连锁工作并确保通风机不工作时,供暖系统不能开启。

当燃气红外线辐射供暖系统的燃烧器安装在室内,并设有燃气泄漏报警装置时,工作区发出燃气泄漏报警信号,应能自动关闭供暖系统,同时还应连锁关闭燃气系统入口处的总阀门,以保证安全。对于燃气泄漏报警探测装置的设置,尚应符合当地消防主管部门及燃气使用主管部门的规定。

5.6 热风供暖及热空气幕

5.6.1 本条规定了热风供暖的适用范围。

1 对于设置机械送风系统的建筑物,采用与进风相结合的热风供暖,一般在技术经济上是比较合理的。通过对某些工程的调查,其设计原则也是凡有机械送风的,其设备能力都考虑了补偿围护结构的部分或全部耗热量,因此条文中予以推荐。至于一班制的工业建筑,由于在间断使用或非工作时间内需考虑值班供暖问题,以热风供暖补偿围护结构的全部耗热量而不设置散热器供暖是否可行与是否经济合理,则应根据具体情况而定,不能一概而论。

2 对于室内空气允许循环使用的工业建筑,是否采用热风供暖需要通过技术经济比较确定。

3 有些工业建筑物内部,由于防火、防爆和卫生等方面的要求,不允许利用循环空气供暖,也不允许设置散热器供暖。如生产过程中放散二硫化碳气体的工业建筑,当二硫化碳气体同散热器和热管道表面接触时有引起自燃的危险。在这种情况下,需要采用全新风的热风供暖系统。

5.6.2 本条规定了热风供暖安全方面的要求。

采用燃气、燃油加热或电加热作热风供暖的热源,国内外已有成熟的技术和设备,但是在选用时应符合国家现行相关规范的要求。

5.6.3 本条是关于热风供暖的规定。

1 本条规定在不设置值班供暖的条件下,热风供暖不宜少于两个系统(两套装置),以保证当其中一个系统因故停止运行或检修时,室内温度仍能满足工艺的最低要求且不致低于5℃,这是从安全角度考虑的。如果整个房间只设一个热风供暖系统,一旦发生故障,供暖效果就会急剧恶化,不但无法达到正常的室温要求,还会使室内供排水管道和其他用水设备有冻结的可能。

2 减小沿高度方向的温度梯度的措施包括加大空气循环量、降低送风温度等。高于 10m 的空间采用热风供暖时,应采取自上向下的强制对流措施,包括调整送风角度、采用下送型暖风机、在顶板下吊装向下送风的循环风机等。

5.6.4 本条规定了选择暖风机或空气加热器时散热量应留的裕量。

暖风机和空气加热器产品样本上给出的散热量都是在特定条件下通过对出厂产品进行抽样热工试验得出的数据。在实际使用过程中,受到一些因素的影响,其散热量会低于产品样本标定的数值。影响散热量的因素主要有:加热器表面积尘未能定期清扫、加热盘管内壁结垢和锈蚀、绕片和盘管间咬合不紧或因腐蚀而加大

了热阻、热媒参数未能达到测试条件下的要求。另外，放大空气加热器供热能力还可保证在极端工况下送风系统不吹冷风。

5.6.5 本条是关于采用暖风机的相关规定。

1 设计暖风机台数及位置时，应考虑厂房内部的几何形状、工艺设备布置情况及气流作用范围等因素，做到气流组织合理、室内温度均匀。

2 规定室内换气次数不宜小于 1.5 次/h，目的是为了使热射流同周围空气混合的均匀程度达到最起码的要求，保证供暖效果。

3 每台暖风机单独装设闭气和疏水装置既可改善运行状况，也便于维修，不致影响整个系统的供热。

5.6.6 本条是关于采用集中热风供暖的相关规定。

(1)据调查，有的工业建筑由于集中送风的出风口装得太低或出口射流向下倾斜角太大，工作区风速太大，工人有直接吹风感，不愿使用，应使生产区风速满足本规范第 4.1.2 条的规定。规定最小平均风速的目的是为了防止出现空气停滞的"死区"。

(2)对于送风温度的确定，除考虑减少风量、节省设备投资外，还要尽量减小沿房间高度方向的温度梯度，因此送风温度不宜过高，这里规定不得超过 70℃。送风温度偏低会有吹冷风感，故最低送风温度规定为 35℃。

(3)删除了原规范中关于送风口和回风口的安装高度的具体规定。送风口和回风口的安装高度与厂房高度、管道布置、气流组织等多种因素相关，不宜作硬性规定。

5.6.7 本条规定了设置热空气幕的条件。

把"热风幕"一词改为"热空气幕"。

5.6.8 本条规定了热空气幕送风方式、送风温度、出口风速的要求。

1 本款规定了热空气幕送风方式的要求。允许设置单侧送风的大门宽度界限定为 3m，是根据实际调查情况得出的结论。在实际应用中采用单侧送风的很少，而且效果不好保证，离风口远的地方往往有强烈的冷风侵入室内，有些单侧送风已改为双侧送风。当大门宽度超过 18m 时，双侧送风也难以达到预期效果，推荐由上向下送风。

2 本款规定了热空气幕送风温度的要求。热空气幕送风温度主要是根据实践经验并参考国内外相关资料制订的。"高大的外门"系指可通行汽车和机车等的大门。

3 本款规定了热空气幕出口风速的要求。热空气幕出口风速的要求主要是根据人体的感受、噪声对环境的影响、阻隔冷空气效果的实践经验并参考国内外相关资料制订的。

5.7 电热供暖

5.7.1 本条规定了电供暖散热器的形式和性能要求。

电供暖散热器按放热方式可以分为直接作用式和蓄热式；按传热类型可分为对流式和辐射式，其中对流式包括自然对流和强制对流两种；按安装方式又可以分为吊装式、壁挂式和落地式。在工程设计中，无论选用哪一种电供暖散热器，其形式和性能都应满足具体工程的使用要求和相关规定。

电供暖散热器的性能包括电气安全性能和热工性能。电气安全性能主要有泄漏电流、电气强度、接地电阻、防潮等级、防触电保护等。电供暖散热器的热工性能指标主要有输入功率、表面温度和出风温度、升温时间、温度控制功能和蓄热性能等，其中蓄热性能是针对蓄热式电供暖散热器而言的。

5.7.2 本条规定了电热辐射供暖安装形式的要求。

发热电缆供暖系统是由加热电缆、温度感应器、温度传感器、恒温温控器等构成。发热电缆具有接地体和工厂预制的电气接头，通常采用地板式，将电缆敷设于混凝土中，有直接供热及存储供热等系统两种形式；低温电热膜辐射供暖方式是以电热膜为发热体，大部分热量以辐射方式传入供暖区域，它是一种通电后能发

热的半透明聚酯薄膜，由可导电的特制油墨、金属载流条经印刷、热压在两层绝缘聚酯薄膜之间制成，电热膜通常不具有接地体，且须在施工现场进行电气连接，电热膜通常布置在顶棚上，并以吊顶龙骨作为系统接地体，同时配以独立的温控装置。

5.7.3 本条规定了电热辐射供暖加热元件的要求。

本条要求低温加热电缆辐射供暖和低温电热膜辐射供暖的加热元件及其表面工作温度应符合国家现行相关标准规定的安全要求。普通加热电缆参见现行国家标准《额定电压 300/500V 生活设施加热和防结冰用加热电缆》GB/T 20841(等同 IEC 60800)，低温电热膜辐射供暖参见现行行业标准《低温辐射电热膜》JG/T 286。

5.7.4 本条规定了电供暖系统温控装置要求，为强制性条文。

从节能及安全角度考虑，要求低温加热电缆辐射供暖和低温电热膜辐射供暖增设相应的温控装置。

5.7.5 本条规定了加热电缆的线功率要求。

普通加热电缆的线功率是基本恒定的，热量不能散出来就会导致局部温度上升，成为安全的隐患。现行国家标准《额定电压 300/500V 生活设施加热和防结冰用加热电缆》GB/T 20841 规定，护套材料为聚氯乙烯的发热电缆，表面工作温度(电缆表面允许的最高连续温度)为 70℃；《美国 UL 认证》规定，加热电缆表面工作温度不超过 65℃。当面层采用塑料类材料(面层热阻 $R=0.075m^2 \cdot K/W$)，混凝土填充层厚度 35mm，聚苯乙烯泡沫塑料绝热层厚度 20mm，加热电缆间距 50mm，加热电缆表面温度 70℃时，计算加热电缆的线功率为 16.3W/m。因此本条作出了加热电缆的线功率不宜超过 17W/m 的规定，以控制加热电缆表面温度。

加热电缆功率的选择与敷设间距、面层热阻等因素密切相关，敷设间距越大，面层热阻越小，允许的加热电缆线功率可适当放大；而当面层采用地毯等高热阻材料时，应选用更低线功率的加热电缆，以确保安全。

5.7.6 本条规定了电热膜辐射供暖的安装功率及其在顶棚上布置时的安装要求。

为了保证电热膜安装后能满足房间的温度要求，并避免与顶棚上的电气、消防、空调等装置的安装位置发生冲突而影响其使用效果和安全性，作出本条要求。

5.8 供暖管道

5.8.1 本条规定了供暖管道选择的要求。

本条是根据供暖方式多样化和各种非金属管材的相关标准而制订的。强调了供暖管道材质应通过综合技术经济比较确定。

在一些工程中，传统的垂直单管或双管散热器供暖系统使用了塑料类管材，使用效果较差，主要表现在管道变形严重。由于塑料类管材线膨胀系数较大，供暖后干管、立管、支管都存在不同程度的变形，视觉效果较差，同时也存在漏水隐患。因此本条明确指出明装管道不宜采用塑料类管材。

5.8.2 本条是关于散热器供暖系统和其他系统分设供、回水管道的规定。

1~4 款所列系统同散热器供暖系统比较，在热媒参数、使用条件、使用时间和系统阻力特性上不是完全一致的，因此提出对各系统管道宜在热力入口处分开设置；其他系统需要单独热计量时，也应分开设置。

5.8.3 本条规定了热水供暖系统的热力入口装置的设置要求。

1 热力入口配置阀门、仪表为运行调节、检修提供方便。过滤器是保证管道配件及热量表等不堵塞、不磨损的主要措施。在供、回水管道上均装过滤器，能分别过滤室外管网及室内系统产生的杂质。

2 设循环管的主要目的是防止室内系统检修时，室外管道因没有流动水而产生冻结。

3 水力平衡装置的要求见本规范第 5.9.6 条。

5.8.4 本条规定了蒸汽供暖系统的热力入口装置的规定。

蒸汽供暖系统多数情况采用高压蒸汽供暖系统,低压蒸汽供暖系统已很少使用,本条按高压蒸汽供暖系统规定。有的疏水器有止回功能,其后可不设止回阀。

5.8.5 本条是关于高压蒸汽供暖系统资用压力、管道比摩阻的规定。

规定本条的目的主要是为了有利于系统各并联环路在设计流量下的压力平衡,为此,本条参考国内外相关资料规定,高压蒸汽供暖系统最不利环路的供汽管,其压力损失不应大于起始压力的 25%。

5.8.6 本条是关于室内热水供暖系统总供回水压差及各并联环路的水力平衡的要求。

热水供暖系统热力入口处资用压差不宜过大,否则供暖各用户之间不易达到平衡。同时限制热力入口资用压差也起到限制供暖系统规模的作用,防止供暖系统过大引起系统内水力不平衡。热水供暖系统各并联环路之间的计算压力损失允许差额不大于15%的规定,是基于保证供暖系统的运行效果,并参考国内外资料规定的。

5.8.7 本条是关于供暖系统末端管径的规定。

规定干管的最小管径,一是为了防止堵塞,二是因为管道的末端或始端往往安装有自动排气装置,是排气的通道。

5.8.8 本条是关于供暖管道中的热媒最大流速的规定。

关于供暖管道中的热媒最大允许流速,目前国内尚无专门的试验资料和统一规定,但设计中又很需要这方面的数据,因此参考苏联建筑法规的相关篇章并结合我国管材供应等的实际情况,略加调整作出了条文中的相关规定。据分析,我们认为这一规定是可行的。这是因为:第一,最大流速与推荐流速不同,它只在极少数公用管段中为消除剩余压力或为了计算平衡压力损失时使用,如果把最大允许流速规定的过小,则不易达到平衡要求,不但管径增大,还需要增加调压板等装置。第二,苏联在关于机械循环供暖系统中噪声的形成和水的极限流速的专门研究中得出的结论表明,适当提高热水供暖系统的热媒流速不会产生明显的噪声,其他国家的研究结果也证实了这一点。

5.8.9 本条是关于机械循环热水供暖系统考虑自然作用压力的规定。

规定本条的目的是为了防止或减少热水在散热器和管道中冷却产生的自然压力而引起的系统竖向水力失调。

5.8.10 本条是关于供暖系统计算压力损失的附加值的规定。

规定本条是基于计算误差、施工误差和管道结垢等因素考虑的安全系数。

5.8.11 本条是关于蒸汽供暖系统的凝结水回收方式的规定。

蒸汽供暖系统的凝结水回收方式,目前设计上经常采用的有三种,即利用二次蒸汽的闭式满管回水,开式水箱自流或机械回水,地沟或架空敷设的余压回水。这几种回水方式在理论上都是可以应用的,但具体使用有一定的条件和范围。从调查来看,在高压蒸汽系统供汽压力比较正常的情况下,有条件就地利用二次蒸汽时,以闭式满管回水为好;低压蒸汽或供汽压力波动较大的高压蒸汽系统,一般采用开式水箱自流回水,当自流回水有困难时,则采用机械回水。余压回水设备简单,凝结水热量可集中利用,因此在一般作用半径不大,凝结水量不多,用户分散的中小型厂区应用地比较广泛。但是应当特别注意两个问题:一是高压蒸汽的凝结水在管道的输送过程中不断汽化,加上疏水器的漏气,余压凝结水管中时汽、水两相流动,极易产生水击,严重的水击能破坏管件和设备;二是余压凝结水系统中有来自供汽压力相差较大的凝结水

合流,在设计与管理不当时会相互干扰,以致使凝结水回流不畅,不能正常工作。

5.8.12 本条规定了对疏水器出入口凝结水管的要求。

在疏水器入口前的凝结水管中,由于汽水混流,如果向上抬升,容易造成水击或因积水不易排除而导致供暖设备不热,因此疏水器入口前的凝结水管不应向上抬升;疏水器出口端的凝结水管向上抬升的高度应根据剩余压力的大小经计算确定,但实践经验证明不宜大于 5m。

5.8.13 本条规定了凝结水管的计算原则。

在蒸汽凝结水管中,由于通过疏水器后二次蒸汽及疏水器本身漏气存在,因此自疏水器至回水箱之间的凝结水管段应按汽水乳状体进行计算。

5.8.14 本条规定了供暖系统的关闭和调节装置的要求。

供暖系统各并联环路设置关闭和调节装置的目的是为系统的调节和检修创造必要的条件。当有调节要求时,应设置调节阀,必要时尚应同时装设关闭用的阀门;无调节要求时,只需装设关闭用的阀门。

楼梯间或靠近外门处的供暖散热器及供暖立管,受冷风侵入的影响易冻结,这时散热器前后不装阀门,立管靠近干管处设阀门,阀门至干管的距离不应大于 120mm。

5.8.15 本条规定了供暖系统的调节和检修装置的要求。

规定本条的目的是为了便于调节和检修工作。

5.8.16 本条规定了供暖系统设排气、泄水、排污和疏水装置的要求。

热水和蒸汽供暖系统根据不同情况设置排气、泄水、排污和疏水装置,是为了保证系统的正常运行并为维护管理创造必要的条件。

不论是热水供暖还是蒸汽供暖都必须妥善解决系统内空气的排除问题。通常的做法是:对于热水供暖系统,在有可能积存空气的高点(高于前后管段)排气,机械循环热水干管尽量抬头走,使空气与水同向流动;下行上给式系统,在最上层散热器上装排气阀或排气管;水平单管串联系统在每组散热器上装排气阀,如为上进上出式系统,在最后的散热器上装排气阀。对于蒸汽供暖系统,采用干式回水时,由凝结水管的末端(疏水器入口之前)集中排气;采用湿式回水时,如各立管装有排气管时,集中在排气管的末端排气,如无排气管时,则在散热器和蒸汽干管的末端设排气装置。

5.8.17 本条规定了供暖管道设置补偿器的要求,为强制性条文。

供暖系统的管道由于热媒温度变化而引起热膨胀,不但要考虑干管的热膨胀,也要考虑立管的热膨胀。这个问题很重要,必须重视。在可能的情况下,利用管道的自然弯曲补偿是简单易行的,如果这样做不能满足要求时,则应根据不同情况设置补偿器。

5.8.18 本条规定了供暖管道的坡度要求。

本条是考虑便于排除空气和蒸汽、凝结水分流,参考国外相关资料并结合具体情况制订的。当水流速度达到 0.25m/s 时,方能把管中的空气裹挟走,使之不能浮升;因此采用无坡度敷设时,管内流速不得小于 0.25m/s。

5.8.19 本条是关于供暖管道穿越建筑物基础和变形缝的规定。

在布置供暖系统时,若必须穿过建筑物变形缝,应采取预防由于建筑物下沉而损坏管道的措施,如在管子穿过基础或墙体处埋设大口径套管内填以弹性材料等。

5.8.20 本条规定了供暖管道穿过防火墙的要求。

规定本条的目的是为了保证防火墙墙体的完整性,以防发生火灾时,烟气或火焰等通过管道穿墙处波及其他房间。

5.8.21 本条是关于供暖管道与特殊管道不得同沟敷设的规定。

规定本条的目的是为了防止表面温度较高的供暖管道,触发

其他管道中燃点低的可燃液体、可燃气体引起燃烧和爆炸，同时也是为了防止其他管道中的腐蚀性气体腐蚀供暖管道。在采取了适当的保护措施后，供暖管道可以和可燃液体管道、可燃气体管道、腐蚀性气体管道同沟敷设。如根据现行国家标准《城市综合管廊工程技术规范》GB 50838，供暖管道可以和燃气管道同沟敷设，《城市综合管廊工程技术规范》GB 50838同时对管廊的通风、消防、监控与报警等作出了详细的规定。

5.8.22 本条是关于供暖管道应保温的规定。

本条是基于使热媒保持一定参数、节能和防冻等因素制订的。根据国家新的节能政策，对每米管道保温后的允许热耗，保温材料的导热系数及保温厚度，以及保护壳做法等必须在原有基础上加以改善和提高，设计中要给予重视。

5.9 供暖热计量及供暖调节

5.9.1 本条规定了集中供暖系统设置热量表的要求。

根据国家相关能源政策和自身管理需求配备能源计量装置，通过精细化管理推动主动节能。对于热水供暖系统，通过测定热水流量及回水温差，积分算出系统供热量。对于蒸汽供暖系统，通过测定蒸汽流量、压力、温度，积分算出蒸汽热值。需说明的是，这里的蒸汽热值并不是供暖系统供热量，需要减去蒸汽凝结水带走热量后才能得出供暖系统供热量。一般情况下凝结水流态呈汽水乳状体状，热量较难测定，工程上也无实例。目前尚无热价数据可循，供暖热计量实际上是在确定分摊费用的系数，用热量数据或热媒流量数据作为分摊供暖费用的依据均满足计量要求。

5.9.2 本条规定了热量表的设置要求。

热源、换热机房安装热量计量装置便于对用热量进行检测和管理，是总热量表，用户端的热量表是分表，总表、分表计量出的数据满足各成本核算单位分摊供暖费用即可。供暖系统内热量表准确度等级有统一的要求，现行国家标准《用能单位能源计量器具配备和管理通则》GB 17167中对水流量、蒸汽流量、温度、压力的计量准确度等级均提出了要求。

5.9.3 本条规定了热量表的选型和设置要求。

热量表的选型不能简单地按照管道直径直接选用，而应根据系统的设计流量的一定比例对应热量表的公称流量确定。流量传感器、压力表、温度计的安装位置直接影响计量精度，其安装位置应符合仪表安装要求。

5.9.4 本条规定了供暖热源处调节装置的设置要求。

热源调节是供暖调节的最基本措施。供暖调节和供暖计量都是供暖节能的要求。热源调节包括对热媒的质调节、量调节或者质、量同时调节。

5.9.5 本条规定了选用散热器恒温控制阀的要求。

散热器恒温控制阀有高阻型、低阻型之分，选用时双立管系统选高阻型，单管系统选低阻型。

5.9.6 本条是关于热力入口处流量或压力调节装置的设置规定。

变流量系统能够大量节省水泵耗电，目前应用越来越广泛。在变流量系统的末端（热力入口）采用自力式流量控制阀（定流量阀）是不妥的。当系统根据气候负荷改变循环流量时，我们要求所有末端按照设计要求分配流量，而彼此间的比例基本维持，这个要求需要通过静态水力平衡阀来实现；当用户室内恒温阀进行调节改变末端工况时，自力式流量控制阀具有定流量特性，对改变工况的用户作用相抵触；对未改变工况的用户能够起到保证流量不变的作用，但是未变工况用户的流量变化不是改变工况用户"排挤"过来的，而主要是受水泵扬程变化的影响，如果水泵扬程有控制，这个"排挤"影响是较小的，所以对于变流量系统不应采用自力式流量控制阀。

6 通 风

6.1 一般规定

6.1.1 本条规定了保障劳动和环境卫生条件的综合预防和治理措施。

某些工业企业在生产过程中放散大量热、蒸汽、烟尘、粉尘及有害气体等，如果不采取治理措施，不但直接危害操作人员的身体健康，影响职工队伍的稳定和企业经济效益的提高，还会污染工厂周围的自然环境，对农作物和水域造成污染，影响城乡居民的健康。因此对于工业企业放散的有害物质，必须采取源头控制、过程控制、排放控制等综合有效的预防、治理和控制措施。经验证明，对工业企业有害物质的治理和控制必须以预防为主。应强调在总体规划中，从工艺着手，使之不产生或少产生有害物质，然后再采取综合的治理措施，才能收到较好的效果。因此条文中规定工艺、建筑和通风等相关专业应密切配合，采取有效的综合预防和治理措施。

6.1.2 本条规定了对有害物的控制及工艺改革的要求。

很多行业都制定了相应的清洁生产标准，清洁生产的概念是：不断采取改进设计、使用清洁的能源和原料、采用先进的工艺技术与设备、改善管理、提高综合利用率等措施，从源头消减污染，提高资源利用效率，减少或者避免生产、服务和产品使用过程中污染物的产生和排放，以减轻或者消除对人类健康和环境的危害。清洁生产要求中涉及废气污染的预防与治理部分，当中有一大部分内容应由通风工程师负责，因此在本规范中引入清洁生产的概念，用清洁生产的理念指导本规范通风一章的编制。

对于放散有害物质的生产过程和设备，应采用机械化、自动化、密闭、隔离和在负压下操作的措施，避免直接操作，以改善工作人员的工作条件。如精密铸造的蜡模涂料、撒砂自动线、电缆元件成批生产自动流水线、油漆工件的电泳涂漆自动流水线等，都以自动化代替了人工操作，改善了劳动条件。工业发达国家生产自动化程度高，采用遥控、电视监视以及用机器人等先进手段代替人工操作生产，如振动落砂机现场无人，从而降低了人员活动区的防尘要求。这些先进手段可供借鉴。

对生产过程中不可避免放散的有害物质，在排放前必须予以净化，以满足现行国家标准《大气污染物综合排放标准》GB 16297等相关大气污染物排放标准的要求。大气排放除执行污染物最高排放浓度标准外，还需满足污染物总量控制的要求。为了满足污染物总量控制的要求，某些工程项目确定的最高允许排放浓度比国家标准还要低很多。

6.1.3 关于湿式作业以及防止二次扬尘的规定。

对于产生粉尘的生产过程，当工艺条件允许时，采用湿式作业是经济和有效的防尘措施之一。如在物料破碎或粉碎前喷水、粉碎后润水、铸件清理前在水中浸泡、耐火材料车间和铸造车间地面洒水等，都可以减少粉尘的产生并防止扬尘。采用定向或不定向的风扇喷雾，可使悬浮于空气中的粉尘沉降，从而减少空气中的含尘浓度。

对除尘设备捕集的粉尘，应采用如螺旋输送机、刮板运输机、真空输送、水力输送等不扬尘的运输工具输送。

对放散粉尘的车间，为了消除地面、墙壁和设备等的二次扬尘，采用湿法冲洗是一项行之有效的措施。多年以来一些选矿厂、烧结厂、耐火材料厂均将湿法冲洗列为经常性的重要防尘措施之一，收到了良好的效果。

当工艺不允许湿法冲洗，且车间防尘要求严格时，可以采用真空吸尘装置。如有色冶炼的有毒粉尘用水冲洗会造成污染转移；电石车间以及其他遇水容易发生爆炸的场合，均宜采用真空吸尘装置。真空吸尘装置主要有集中固定和可移动整体机组等两种形式，其中集中固定式适用于大面积清除大量积尘的场合。近年来，国内外发展了多种形式和用途的真空清扫机，其中真空度较高的机组可用于真空吸尘。

6.1.4 本条规定了热源的布置原则及隔热措施。

热源包括：散热设备、散热物料等。进行工艺布置时，将散热量大的热源尽可能远离工作人员操作地点或布置在室外，是隔热降温的有效措施。如将锻压车间的钢锭钢坯加热炉设在边跨或坡屋内，水压机车间高压泵房的乳化液冷却罐设在室外，铸造车间的浇注流水线的冷却走廊尽可能设在室外等。

为了改善劳动条件，除对工艺散热设备本身采取绝缘隔热措施外，还可以采用隔热水箱、隔热水幕、隔热屏等措施或采用远距离控制或计算机控制，使工作人员远离热源操作。

对于排除的余热，有条件的情况下可考虑余热回收利用。

6.1.5 本条是关于厂房方位的规定。

确定建筑物方位时，应与建筑、工艺等专业配合，使建筑尽量避免或减少东西向的日晒。以自然通风为主的厂房，在方位选择时，除考虑避免西向外，还应根据厂房的主要进风面和建筑物的形式，按夏季最多风向布置，即将主要的进风面，置于夏季最多风向的一侧或按与夏季风向频率最多的两个方向的中心线垂直或接近垂直或与厂房纵轴线成 60°～90° 布置。厂房的平面布置不宜采用封闭的庭院式。如布置成"L"和"Ⅲ"、"Ⅱ"形时，其开口部分应位于夏季最多风向的迎风面，各翼的纵轴应与夏季最多风向平行或呈 0°～45°。

6.1.6 本条规定了建筑物设置通风屋顶及隔热的条件。

夏热冬冷或夏热冬暖地区的建筑物大都采用通风屋顶进行隔热，收到了良好效果。近年来，民用建筑设置通风屋顶的也越来越多，所需费用很少，但效果却很显著。某些存放油漆、橡胶、塑料制品等的仓库，由于受太阳辐射的影响，屋顶内表面及室内温度过高，致使所存放的上述物品变质或损坏，乃至有引起自燃和爆炸的危险，除应加强通风外，设置通风屋顶也是一种有效的隔热措施。

夏热冬冷或夏热冬暖地区散热量小于 $23W/m^3$ 的冷车间，夏季经围护结构传入的热量占传入车间总热量的 85% 以上，其中经屋顶传入量又占绝大部分，以致造成屋顶对工作区的热辐射。为了减少太阳辐射热，当屋顶离地面平均高度小于或等于 8m 时，宜采用屋顶隔热措施。

6.1.7 本条规定了放散热或有害气体的生产设备的布置原则。

本条规定了放散热或有害气体的生产设备的布置原则，其目的是有利于采取通风措施，改善车间的卫生条件。

1 放散毒害大的设备与放散毒害小的设备应隔开布置，既防止了交叉污染，又有利于设置局部排风系统。

2 放散热和有害气体的生产设备布置在厂房的天窗下或通风的下风侧，就能充分利用自然通风，将有害气体排出室外，不致污染整个车间。

3 放散热和密度小于空气的有害气体的生产设备，当布置在多层厂房时，宜集中布置在顶层，这能有效地避免由于设在下层可能造成对上层房间空气的污染，也有利于设置排风系统。如必须布置在下层，就应采取有效措施防止污染上层空气；放散密度大于空气的有害气体的生产设备，宜集中布置在下层。

6.1.8 本条规定了全面通风与局部通风的配合。

对于放散热、蒸汽、粉尘或有害气体的车间，为了不使生产过程中产生的有害物在室内扩散，在工艺设备上或有害物质放散处设置自然或机械的局部排风，予以就地排除是经济有效的措施。有时采用了局部排风仍然有部分有害物质扩散在室内、有害物质的浓度有可能超过国家标准时，则应辅以自然的或机械的全面排风或者采用自然的或机械的全面排风。例如：焊接车间有固定工作台的手工焊接，局部排风罩将焊接烟尘基本上抽走；如果焊接地点不固定时，则电焊烟尘难以用局部排风排除，此时辅以或另行设置全面排风来排除烟尘。

6.1.9 本条规定了采用封闭式厂房的条件，为新增条文。

有害气体或烟尘等污染物无组织排放，是指正常生产过程中产生的污染物没有进入收集和排气系统，通过厂房天窗等直接散放到室外环境。污染物无组织排放可能造成不达标排放，这时应对厂房进行封闭，设机械通风系统并采取相应处理措施使排放达到现行国家标准《大气污染物综合排放标准》GB 16297 及相关排放标准的要求。

6.1.10 本条规定了通风方式的选择。

自然通风对改善热车间人员活动区的卫生条件是最经济有效的方法。因此对同时散发热量和有害物质的车间，在夏季，应尽量采用自然通风；在冬季，当室外空气直接进入室内不致形成雾气和在围护结构内表面不致产生凝结水时，也应考虑采用自然通风。只有当自然通风达不到要求时，才考虑增设机械通风或自然与机械的联合通风。例如：放散大量水分的车间（印染、漂洗、造纸和电解等），冬季由于进入室外空气，车间内可能形成雾，围护结构内表面可能产生凝结水，寒冷地区还会使室温降低，影响生产和人员活动区的卫生条件。在这种情况下，应考虑采用将室外空气加热的机械送风等设施，但此时排风仍可采用自然排放。

6.1.11 本条是关于室内气流组织的原则规定。

规定本条的目的是为了避免或减轻大量余热、余湿或有害物质对卫生条件较好的人员活动区的影响。进风气流首先应送入车间污染较小的区域，再进入污染较大的区域。同时应该注意送风系统不应破坏排风系统的正常工作。当送风系统补偿供暖房间的机械排风时，送风可送至走廊或较清洁的邻室、工作部位，但是送风量不应超过房间所需风量的 50%，这主要是为了防止送风气流受到一定污染而规定的。

6.1.12 本条是关于计算机模拟方法的使用，为新增条文。

随着现代计算机模拟技术的不断进步，针对高大厂房、多跨厂房及空间气流复杂场合的送排风设计，可用模拟的方法对气流组织及污染物控制效果进行模拟预测，辅助优化设计。

6.1.13 本条规定了排风系统的划分原则，为强制性条文。

1 本款规定是为了避免形成毒性更大的混合物或化合物，对人体造成危害或腐蚀设备及管道，如挥发氰化物的电镀槽与酸洗槽散发的气体混合时生成氢氰酸，毒害更大。

2 本款规定是为了防止或减缓蒸汽在风管中凝结聚积粉尘，从而增加风管阻力甚至堵塞风管，影响通风系统的正常运行。

3 本款规定是为了避免剧毒物质通过排风管道及风口窜入其他房间，如放散铅蒸气、汞蒸气、氰化物和砷化氢等剧毒气体的排风与其他房间的排风设为同一系统时，当系统停止运行，剧毒气体可能通过风管窜入其他房间。

6.1.14 本条规定了全面通风量的计算。

当数种溶剂（苯及其同系物或醋酸酯类）蒸气或数种刺激性气体（三氧化硫及二氧化硫或氟化氢及其盐类等）同时放散于空气中时，全面通风换气量应按各种气体分别稀释至接触限值所需的空气量的总和计算。除上述有害物质的气体及蒸气外，其他有害物质同时放散于空气中时，通风量应仅按需要空气量最大的有害物质计算，无须进行叠加。

布置有局部机械排风系统的场合，在全面排风量计算时，应考虑补偿局部机械排风的室外进风的排除有害物的作用，全面排风量值可以适当较小。

算例：某车间使用脱漆剂，每小时消耗量为 4kg。脱漆剂成分为苯 50%，醋酸乙酯 30%，乙醇 10%，松节油 10%，求全面通风所需的空气量。

解:各种有机溶剂的散发量为

苯：$x_1=4×50\%=2(kg/h)=555.6(mg/s)$；

醋酸乙酯：$x_2=4×30\%=1.2(kg/h)=333.3(mg/s)$；

乙醇：$x_3=4×10\%=0.4(kg/h)=111.1(mg/s)$；

松节油：$x_d=4×10\%=0.4(kg/h)=111.1(mg/s)$。

根据卫生标准，车间空气中上述有机溶剂蒸气的容许浓度为：苯 $y_{p1}=40mg/m^3$；醋酸乙酯 $y_{p2}=300mg/m^3$；乙醇没有规定，不计风量；松节油 $y_{p4}=300mg/m^3$。

送风空气中上述四种溶剂的浓度为零，即 $y_0=0$。取安全系数 $K=6$，分别计算得到各种溶剂蒸气稀释到最高允许浓度的所需风量为：

苯 $L_1=\dfrac{6\times555.5}{40-0}=83.33(m^3/s)$

醋酸乙酯 $L_2=\dfrac{6\times333.3}{300-0}=6.67(m^3/s)$

乙醇 $L_3=0$

松节油 $L_4=\dfrac{6\times111.1}{300-0}=2.22(m^3/s)$

数种有机溶剂混合存在时，全面通风量为各自所需风量之和。即

$$L=L_1+L_2+L_3+L_4=92.22(m^3/s)。$$

6.1.15 本条规定了换气次数的确定。

由于我国工业企业行业众多，其生产性质和特点差异很大，换气次数无法在本规范中予以统一规定。国家针对不同的行业都制定了行业标准，各个行业部门也根据各自行业的特点，相继编制了相关设计技术规定、技术措施等。各行业设计单位通过多年的实践，在总结本行业经验的基础上，在其设计手册中列入了相关换气次数的数据可供设计参考。

6.1.16 本条是关于厂房内部气流组织的原则规定。

6.1.17 新风净化措施根据室外空气的质量以及室内环境要求而定。本条为新增条文。

6.1.18 本条规定了高层与多层工业建筑的防排烟设计。

近年来，工业厂房的直接火灾及次生火灾危害造成了很大危害，有必要在工业建筑供暖空调通风设计中也将消防安全提到突出位置。在现行国家标准《建筑设计防火规范》GB 50016 中，对厂房的防烟和排烟已做了具体规定。

6.2 自 然 通 风

6.2.1 本条是关于自然通风的一般规定。

有资料表明，无组织排放对环境污染的贡献大于有组织排放，这是因为有组织排放的废气都经过了高效的净化处理。

6.2.2 本条是关于放散极毒物质的厂房不得采用自然通风的规定，为强制性条文。

自然通风将引起极毒物质的扩散。现行国家标准《职业性接触毒物危害程度分级》GB Z230 将毒物危害程度分为极度危害、高度危害、中度危害、轻度危害、轻微危害 5 级，本条中极毒物质是指会放散于空气中产生极度危害的物质。根据上述分级标准，我国常见的极度危害物质及行业见表1。

表 1 常见极度危害物质及行业

极毒物质	行业举例
汞及其化合物	汞冶炼、汞齐法生产氯碱
苯	含苯粘合剂的生产和使用（制皮鞋）
砷及其无机化合物（非致癌的无机化合物除外）	砷矿开采和冶炼，含砷金属矿（铜、锡）的开采和冶炼
氯乙烯	聚氯乙烯树脂生产
铬酸盐、重铬酸盐	铬酸盐、重铬酸盐生产
黄磷	黄磷生产
铍及其化合物	铍冶炼、铍化合物的生产
对硫磷	对硫磷的生产和贮运
羰基镍	羰基镍生产
八氯异丁烯	二氯一氯甲烷裂解及其残液处理
氯甲醚	双氯甲醚、一氯甲醚生产、离子交换数值生产
锰及其无机化合物	锰矿开采和冶炼、锰铁和锰钢冶炼、高锰焊条制造
氰化物	氰化钠制造、有机玻璃制造

6.2.3 本条规定了自然通风的设计计算。

放散热量的厂房自然通风设计仅考虑热压作用，主要是因为热压比较稳定、可靠，而风压变化较大，即使在同一天内也不稳定。有些地区在炎热的日子里往往风速较低，所以在设计时不计入风压，而把它作为实际使用中的安全因素。热车间自然通风的计算方法见本规范附录 H。不同天窗，不同风向角，室外风对天窗排风能力影响各不相同。室外风不完全是有利的因素。由于有不利因素的存在，在自然通风设计时，应考虑风压因素。在主导风向上有连续贯通开口的厂房，其自然通风除了按照规范根据热压作用计算外，可应用 CFD 模拟预测风压的影响，避免因风压导致有害物侵入人员活动区域。

6.2.4 本条规定了厂房朝向要求。

在高温厂房的自然通风设计中主要考虑热压作用。某些地区室外通风计算温度较高，因为室温的限制，热压作用就会有所减小。为此，在确定该地区高温厂房的朝向时，应考虑利用夏季最多风向来增加自然通风的风压作用或对厂房形成穿堂风。因而要求厂房的迎风面与最多风向成 60°～90°。非高温厂房宜考虑其他季节的最多风向，以充分利用自然通风。

6.2.5 本条规定了自然通风进、排风口或窗扇的选择。

为了提高自然通风的效果，应采用流量系数较大的进、排风口或窗扇，如在工程设计中常采用的性能较好的门、洞、平开窗、上悬窗、中悬窗与隔板或垂直转动窗、板等。

供自然通风用的进、排风口或窗扇，一般随季节的变换要进行调节。对于不便于人员开关或需要经常调节的进、排风口或窗扇，应考虑设置机械开关装置，否则自然通风效果将不能达到设计要求。总之，设计或选用的机械开关装置应便于维护管理并能防止锈蚀失灵，且有足够的构件强度。

6.2.6 本条规定了进风口的位置。

夏季由于室内外形成的热压小，为保证足够的进风量，消除余热、提高通风效率，应使室外新鲜空气直接进入人员活动区。自然进风口的位置应尽可能低。参考国内外一些相关资料，可将夏季自然通风进风口的下端距室内地坪的上限定为 1.2m。冬季为防止冷空气吹向人员活动区，进风口下缘不宜低于 4m，冷空气经上部侧窗进入，当其下降至工作地点时，已经过了一段混合加热过程，这样就不致使工作区过冷。如进风口下缘低于 4m，则应采取防止冷空气吹向人员活动区的措施。

6.2.7 本条规定了进风口与热源的相互位置。

本条规定是从防止室外新鲜空气流经散热设备被加热和污染考虑的。

6.2.8 本条规定了设置避风天窗或屋顶通风器的条件。

我国幅员辽阔，气候复杂，相关避风天窗的设置条件，南北方应区别对待。设置避风天窗与否，取决于当地气象条件（特别是夏季通风室外计算温度的高低）、车间散热量的大小、工艺和室内卫生条件要求以及建筑结构形式等因素。从所调查的部分热车间来看，设置避风天窗和散热量之间的关系大致为：南方炎热地区，车间散热量超过 $23W/m^3$；其他地区，车间散热量超过 $35W/m^3$，用于自然排风的天窗均采用避风天窗，因此作了如条文中的相关规定。

屋顶通风器按照结构形式分为流线型屋顶通风器、薄型屋顶通风器两种。流线型通风器适用于电力、钢铁、冶金、化工、造船、机械、机车等工业厂房，薄型通风器特别适用于风力较大的沿江、沿海的工业厂房。屋面通风排烟型通风器适用于烟尘量、热量较大或有排烟要求的大跨度高大厂房。流线型屋顶通风器、薄型屋顶通风器又分为电动开启式及常开式。屋顶通风器主要原理是利用室内外温差所造成的热压及外界风力作用所造成的风压来实现进风和排风，从而满足生产车间内换气要求的一种通风装置，无运行能耗。流线型屋顶通风器通风效率高，骨架采用结构方管焊接而成，强度高；它不占用车间的生产面积，通风效果比普通天窗（或

称气楼)提高30%,流量系数提高到0.84,无倒灌现象,最大能承受1000Pa的风载及50kg/m²的雪载荷。薄型通风器整体高度低,仅高于屋顶接口546mm,因而结构风荷载小,重量轻,建筑造价较低,采用三重防雨雪槽结构,以保证遇风通道干燥,最大能承受1200Pa的风载荷及50kg/m²的雪载荷。

通风器选型计算方法:

(1)计算车间需要的总换气量:

车间总换气量 Q=车间容积×换气次数

(2)计算通风器的每米通风量:

通风量计算公式:

$$G=3600U_pA_p\sqrt{2gh_pr_p(r_j-r_{pw})} \qquad (7)$$

式中:G——通风量;

U_p——通风器流量系数,流量系数=1/阻力系数;

A_p——通风器的有效通风面积(m²);

g——重力加速度,取 9.81;

h_p——中和界高度,一般是檐口高度的1/2;

r_p——排风温度下的空气密度;

r_j——进风温度下的空气密度;

r_{pw}——室内空气的平均密度,按排风温度和进风温度的平均值采用,即 $0.5×(r_j+r_p)$;

(3)结合厂房工艺布置图确定通风器长度及喉口宽度。

6.2.9 本条规定了可不采用避风型天窗的条件。

放散有害物质且不允许空气倒灌的车间,如铝电解车间,在电解过程中产生余热、烟气和粉尘(主要是氟化氢及沥青挥发物)等大量有害物质,采用自然通风的目的是排除车间的余热和有害物质。为使上升气流不致产生倒灌而恶化人员活动区的卫生条件,也应装设避风天窗。

我国南方有少数地区夏季室外平均风速不超过1m/s,风压很小,经试验对比远不致对天窗的排风形成干扰,实测调查的结果也证实了这一点,因此规定夏季室外平均风速小于或等于1m/s的地区,可不设置避风天窗。

6.2.10 本条规定了防止天窗或风帽倒灌,避风天窗或风帽各部分尺寸的要求。

规定本条的目的是为了避免风吹在较高建筑的侧墙上,因风压作用使天窗或风帽处于正压区,引起倒灌现象。

6.2.11 本条规定了封闭天窗端部的要求及设置横向隔板的条件。

将挡风板与天窗之间,以及作为避风天窗的多跨厂房相邻天窗之间的端部加以封闭,并沿天窗长度方向每隔一定距离设置横向隔板,其目的是为了保证避风天窗的排风效果,防止形成气流倒灌。

关于横向隔板的间距,国内各单位采取的数值不尽相同,有的采用40m~50m,有的采用50m~60m。相关单位的试验研究结果表明,当端部挡风板上缘距地坪的高度约13m的情况下,沿天窗长度方向的气流下降至挡风板上缘处的位置距端部约42m,相当于端部高度的3倍~3.5倍。综合各单位的实际经验及研究成果,作了如条文中的相关规定。为了便于清理挡风板与天窗之间的空间,规定在横向隔板或封闭物上应设置检查门。

挡风板下缘距离屋面留有距离是为了排水、清扫污物等。

6.2.12 本条规定了自然通风进风口与排风天窗的水平距离的要求,为新增条文。

在夏热冬暖或夏热冬冷地区热加工车间,利用自然通风来冲淡工作区有害物时,车间宽度不宜超过60m。对于多跨车间的自然通风效果,可利用CFD模拟,进行预测。增加车间高度有利于自然通风。

6.2.13 本条规定了设置不带窗扇的避风天窗的条件及要求。

有些高温车间的天窗(特别是在南方炎热地区)由于全年厂房内的散热量都比较大,无须按季节调节天窗窗扇的开启角度,宜采用不带窗扇的避风天窗,不但能降低造价,还能减小天窗的局部阻力,提高通风效率,但在这种情况下,应采取必要的防雨及防渗漏措施。

6.3 机械通风

6.3.1 关于补风和设置机械送风系统的规定。

设置集中供暖且有排风的建筑物,设计上存在着如何考虑冬季的补风和补热的问题。在排风量一定的情况下,为了保持室内的风量平衡,有两种补风的方式:一是依靠建筑物围护结构的自然渗透,二是利用送风系统人为地予以补偿。无论采取哪一种方式,为了保持室内达到既定的室温标准,都存在着补热的问题,以实现设计工况下的热平衡。

本条规定应考虑利用自然补风,包括利用相邻房间的清洁空气补风的可能性。当自然补风达不到卫生条件和生产要求或在技术经济上不合理时,则以设置机械送风系统为宜。"不能满足室内卫生条件"是指室内环境温度过低或有害物浓度超标,影响操作人员的工作和健康;"生产工艺要求"是指生产工艺对渗入室内的空气含尘量及温度要求;"技术经济不合理"是指为了保持热平衡需设置大量的散热器等不及设置机械送风系统合理。

设置集中供暖的建筑物,为负担通风所引起的过多的耗热量会增加室内的散热设备。而在实际使用中通风系统停止运行时,散热设备提供的过多的热量会使建筑物内温度过高。如果仅按围护结构的负荷,不考虑新风负荷而设置散热设备,在通风系统运行时又难以保证建筑物内的供暖温度。因此本条规定在设置机械送风系统时,应进行风量平衡及热平衡计算。

6.3.2 本条规定了不应采用循环空气的限制条件,为强制性条文。

排风中仍然含有污染物质,再循环使用不当将造成污染物质的累积,房间内污染物浓度将越来越高,因此规定了在某些情况下不得使用循环风。

6.3.3 本条是关于送风方式的规定。

根据有害物质以及所采用的排风方式,本条给出了三种可供设计选择的送风方式:

1 放散热或同时放散热、湿和有害气体的厂房,当采用上部全面排风(用以消除余热)或采用上、下部同时全面排风(用以消除余热、余湿和有害气体)时,将新鲜空气送至人员活动区,以使送风气流既不致为房间上部的高温空气所预热,也不致为室内的有害物质所污染,从而有助于改善人员活动区的劳动条件。

2 放散粉尘或比空气重的有害气体和蒸气,而不同时放散热的厂房,当主要从下部区域排风时(包括局部排风和全面排风),由于室内不会形成稳定的上升气流,将新鲜空气送至上部区域,以便不使送风气流短路,对保持室内人员活动区温度场分布均匀、防止粉尘飞扬和改善劳动条件都是有好处的。

3 当有害物质的放散源附近有固定工作地点,但因条件限制不可能安装有效的局部排风装置时,直接向工作地点送风(包括采用系统式局部送风),以便在固定工作地点造成一个有害物浓度符合卫生标准的人工小气候,使操作人员的劳动条件得以改善。在这种情况下,应妥善地合理地组织排风气流,以免有害物质为送风气流所裹携而到处逸逸和飞扬。

6.3.4 本条规定了机械送风系统室外计算参数的选择原则。

1 为了使室内温度不因通风而降低,计算冬季通风耗热量时,应采用冬季供暖室外计算温度。

2 计算冬季消除余热、余湿通风量时,采用冬季通风室外计算温度,计算温差比采用冬季供暖室外计算温度时小,计算所得的风量大,这样做保证率反而高。

3 设计通风系统消除余热、余湿的区域,一般对温、湿度允许波动范围的要求不严格,因此夏季室外计算参数采用保证率相对较低的通风计算参数。一些对温、湿度波动范围要求不严格的场所,由于室内发热量较大或夏季室外温度较高,消除余热要求的通风量过大,允许的送风量不能满足要求,虽然需要进行降温处理,但保证率可以低一些,新风冷却量计算可采用夏季通风室外计算温度,不采用夏季空调室外计算温度。但对室内最高温度限值要求较严格的工程,可以采用夏季空调室外计算温度。

4 夏季消除室内余湿的通风系统,宜采用夏季通风室外计算干球温度和夏季通风室外计算相对湿度确定室外空气状态点,用对应的含湿量进行通风量计算。同理,最高湿度限值要求严格时,则可采用空调室外设计参数确定室外空气状态点。

6.3.5 本条规定了机械送风系统进风口的位置。

1 为了使送入室内的空气免受外界环境的不良影响而保持清洁,因此规定把进风口直接布置在室外空气较清洁的地点。

2 为了防止排风(特别是放散有害物质的厂房的排风)对进风的污染,所以规定近距离内有排风口时进口应低于排风口。

3 为了防止送风系统把进风口附近的灰尘、碎屑等扬起而吸入,规定进风口下缘距室外地坪不宜小于 2m,同时还规定当布置在绿化地带时,不宜小于 1m。

4 应避免进、排风口短路。当屋顶上设有天窗、屋顶通风器等排风装置时,如同时在屋面上设进风口,进风口与屋顶排风装置之间应保持一定的距离。

6.3.6 本条规定了设置置换通风的原则及条件。

与十年前相比,置换通风系统已被国内工业建筑设计院所采用。置换通风在汽车制造厂、轨道交通列车制造厂、造纸厂、电子设备厂、印刷厂、机械设备制造厂等工业厂房运行并取得良好的效果。置换通风设备已国产化,改变了以往从国外引进、造价昂贵的局面。

6.3.7 本条是关于置换通风的设计规定。

置换通风是将经过处理或未经处理的空气,以低风速、低紊流度、小温差的方式,直接送入室内人员活动区的下部。送入室内的空气先在地板上均匀分布,随后流向热源(人员或设备)形成热气流以热烟羽的形式向上流动,在上部空间形成滞流层,从滞留层将余热和污染物排出室外。

在建筑空间中,人们只在活动区停留。以净高大于或等于2.4m 的民用建筑及层高为 5.5m 的厂房为例,人的呼吸带高度与建筑空间高度之比约为 0.46~0.27。将新鲜空气直接送入人员活动区,既满足了室内的卫生要求,也保证了良好的热舒适性,最大限度地保证了通风的有效性。置换通风的竖向流型是以浮力为基础,室内污染物在热浮力的作用下向上流动。气流在上升的过程中,卷吸周围空气,热烟羽流量不断增大。在热力作用下,建筑物内空气出现分层现象。

置换通风在稳定状态时,室内空气在流态上将形成上下两个不同的区域:即上部紊流混合区和下部单向流动区,下部区域(人员活动区)内没有循环气流(接近置换气流),而上部区域(滞留区)内有循环气流。室内热浊空气滞留在上部区域而下部区域是凉爽的清洁空气。两个区域分层界面的高度取决于送风量,热源特性及其在室内的分布情况。在设计置换通风系统时,该分层界面应控制在人员活动区以上,以确保人员活动区内空气质量及热舒适性。

与通常的混合通风相比,置换通风的设计要求确保人员活动区内的气流掺混程度最小。置换通风的目的是为了在人员活动区内维持接近于送风状态的空气质量。同时,由于置换通风是先在地板上均匀分布,然后再向上流动,为了避免下部送风对人体产生的不舒适性,置换通风器的出风速度不大于 0.5m/s。

6.3.8 本条规定了对全面排风的要求。

本条规定了设计全面排风的几点要求。为了防止有害气体在厂房的上部空间聚集,特别是装有吊车时,有害气体的聚积会影响吊车司机的健康和造成安全事故;高度小于或等于 6m 的车间全面排风量不宜小于 1 次/h 换气。当房间高度大于 6m 时,换气次

数允许稍有减少,仍按 6m 高度时的房间容积计算全面排风量,即可满足要求。

6.3.9 本条规定了全面排风系统吸风口的布置及风量分配。

采用全面排风消除余热、余湿或其他有害物质时,把吸风口分别布置在室内温度最高、含湿量和有害物质浓度最大的区域,一是为了满足本规范第 6.1.11 条和第 6.1.12 条关于合理组织室内气流的要求,避免使含有大量余热、余湿或有害物质的空气流入没有或仅有少量余热、余湿或有害物质的区域;二是为了提高全面排风系统的效果,创造较好的劳动条件。因而考虑了有害气体的密度和室内热气流的诱导作用,按上、下两个区域设置不同的排风量。

室内有害物浓度的分布是不均匀的,影响其分布状况的原因有两个方面:第一,由于某种原因(如热气流或横向气流的影响等)造成含有有害物的空气流动或紊流,即对流扩散;第二,有害物分子本身的扩散运动,但在有对流的情况下其影响甚微。对流扩散对有害物的分布起着决定性的作用。只有在没有对流的情况下,才会使一些密度较大的有害气体沉积在房间的下部区域;并使一些比较轻的气体,如汽油、醚等挥发物由于蒸发而冷却周围空气也有下降的趋势。在有强烈热源的厂房内,即使密度较大的有害气体,如氯等由于受稳定上升气流的影响,最大浓度也会出现在房间的上部。如果不考虑具体情况,只注意有害气体密度的大小(比空气轻或重),有时会得出浓度分布的不正确结论。因此,参考国内外相关资料,对全面排风量的分配作了如条文中的规定,并着重强调了必须考虑是否会形成稳定上升气流的影响问题。当有害气体分布均匀且其浓度符合卫生标准时,从有害气体与空气混合后与室内空气的相对密度的作用已不会构成分上、下区域排风的理由。

6.3.10 本条规定了排除爆炸危险性气体时,全面排风系统吸风口的布置要求,为强制性条文。

对于由于建筑结构造成的有爆炸危险气体排出的死角,如在生产过程中产生氢气的车间,会出现由于顶棚内无法设置排风口而聚集一定浓度的氢气发生爆炸的情况。在结构允许的情况下,在结构梁上设置连通管进行导流排气,以避免事故发生。

6.3.11 本条规定了局部排风的排放要求。

规定本条的目的是为了使局部排风系统排出的剧毒物质、难闻气体或浓度较高的爆炸危险性物质得以在大气中扩散稀释,以免降落到建筑物的空气动力阴影区和正压区内,污染周围空气或导致向车间内倒流。

所谓"建筑物的空气动力阴影区",系指室外大气气流撞击在建筑物的迎风面上形成的弯曲现象及由此而导致屋顶和背风面等处由于静压减小而形成的负压区;"正压区"系指建筑物迎风面上由于气流的撞击作用而使静压高于大气压力的区域,一般情况下,只有当它和风向的夹角大于 30°时,才会发生静压增大,即形成正压区。

6.3.12 本条规定了采用燃气加热的供暖装置、热水器或炉灶时的安全要求。

为保证安全,防火防爆,在采用燃气加热的供暖装置、热水器或炉灶时,应符合现行国家标准《城镇燃气设计规范》GB 50028 的规定。

6.4 事 故 通 风

6.4.1 本条规定了设置事故通风系统的原则要求。

事故通风是保证安全生产和保障人民生命安全的一项必要的措施。对生产、工艺过程中可能突然放散有害气体的建筑物,在设计中均应设置事故排风系统。有时虽然很少或没有使用,但并不等于可以不设,应以预防为主。这对防止设备、管道大量逸出有害气体而造成人身事故是至关重要的。

6.4.2 本条规定了事故通风设备防爆、系统形式、运行保证的要求。

放散有爆炸危险的可燃气体、蒸气或粉尘气溶胶等物质时,应

采用防爆通风设备，也可采用诱导式事故排风系统。诱导式排风系统可采用一般的通风机等设备，具有自然通风的单层厂房，当所放散的可燃气体或蒸气密度小于室内空气密度时，宜设事故送风系统。而较轻的可燃气体、蒸气经天窗或排风帽排出室外。事故通风由经常使用的通风系统和事故通风系统共同保证，非常有利于提前预防。

6.4.3 本条规定了事故通风的定义及计算风量等。

从本规范 2003 年版执行情况反馈信息来看，对于高大厂房，大家普遍认为按整个车间 12 次/h 换气计算事故通风量时，事故通风系统庞大，且不一定合理。经反复讨论，大家认为现行行业标准《化工供暖通风与空气调节设计规范》HG/T 20698 中确定的事故通风计算方法值得借鉴，且能满足各行业使用的需要，因此规定厂房以 6m 高度为限：当房间高度小于或等于 6m 时，按房间实际体积计算；当房间高度大于 6m 时，按 6m 的空间体积计算。通过合理布置吸风口，可以让事故通风系统发挥最大的作用。吸风口的布置应符合本规范第 6.4.4 条的规定。

6.4.5 本条是关于事故通风吸风口、排风口位置的规定。

事故通风吸风口的位置应有利于有毒、有爆炸危险气体在扩散前排出，并避免形成通风死角。事故排风口的布置是从安全角度考虑的，为的是防止系统投入运行时排出的有毒及爆炸性气体危及人身安全和由于气流短路时进风空气质量造成影响。

6.4.6 本条是关于事故通风装置的自动控制，为新增条文。

随着技术的进步，事故通风系统的启动或停止不能仅依赖于人为发现、人为控制，条件具备时应当引入自动控制系统，以增加其可靠性。

6.4.7 本条规定了事故通风设备电气开关设置的位置要求，为强制性条文。

事故排风系统（包括兼作事故排风用的基本排风系统）的通风机，其开关装置应装在室内外便于操作的地点，以便一旦发生紧急事故时，使其立即投入运行。事故排风系统的供电系统的可靠等级应由工艺设计确定，并应符合现行国家标准《供配电系统设计规范》GB 50052 以及其他规范的要求。

6.4.8 本条规定了事故通风系统设补风系统的要求，为新增条文。

所有通风系统均应考虑风量的平衡，有排风、有进风，才能保证气流通畅。设计中遇到过设有事故排风系统却不具备自然进风的情况，因此特别增加本条而予以强调。

6.5 隔热降温

6.5.1 本条规定了采取隔热措施的界限。

工作人员较长时间内直接受到辐射热影响的工作地点，在多大辐射照度下设置隔热措施一般是以人体所能接受的辐射照度及时间确定的。本条参照国外相关资料，确定了设置隔热的辐射照度界限。

由于隔热措施投资少、收效大，我国高温车间普遍采用。实践证明，只要设计人员密切结合工艺操作条件，因地制宜地进行设计，都能取得较好的效果。

高温车间内装有冷风机的吊车司机室、操纵室等，由于小室位于高温、强辐射热的环境中，为了提高降温效果、节约电能，这些小室应采取良好的隔热、密封措施。

6.5.2 本条规定了隔热方式的选择。

据调查，水幕隔热大多数用于高温炉的操作口处，一般系定点采用。但是水幕的采用受到工艺条件和供水条件等的约束，所以设计时要根据工艺、供水和室内风速等条件，在选择地分别采用水幕、隔热水箱和隔热屏等隔热方式。

6.5.3 本条规定了隔热标准。

隔热水箱和串水地板常用在高温炉壁、轧钢车间操纵室的外墙或底部以及铸锭车间底板四周处。以轧钢车间为例，地面常

用钢板铺成，当 600℃ 以上的红热钢件经常沿操纵室地面运输时，钢板地面温度能逐渐升高到 120℃～150℃，甚至更高，在这种情况下，往往利用隔热水箱做成串水地板。其表面平均温度不应高于 40℃。

当采用隔热水箱或串水地板时，为了防止水中悬浮物结垢，规定排水温度不宜高于 45℃。

6.5.4 本条规定了设置局部送风（空气淋浴）的条件。

局部送风是工作地点通风降温的一项措施，它能改变局部范围内的空气参数，在工作地点或局部工作区造成一个小气候。当工作地点固定或相对固定时，在条文中所规定的情况下，设置局部送风是合适的。

设置局部送风的目的，既要保证《工业企业设计卫生标准》GBZ 1 对工作地点的温度要求，又要消除辐射热对人体的影响。人体在较长时间内受到照度较大的辐射热作用时，会造成皮肤蓄热，影响人体的正常生理机能。一般情况下，高温工作地点的辐射热和对流热是同时存在的，但在冶金炉或炼钢、轧钢车间等是以辐射热为主的，这都需要设置局部送风。

局部送风的方式分两种，一种是单体式局部送风，借助于轴流风机或喷雾风扇，利用室内循环空气直接向工作地点送风，适用于工作地点单一或分散的场合；另一种是系统式局部送风，用通风机将室外新鲜空气（经处理或未经处理的）通过风管送至工作地点，适用于工作地点较多且比较集中的场合。

6.5.5、6.5.6 这两条规定了采用单体式局部送风时工作地点的风速。

（1）采用不带喷雾的轴流风机进行局部送风时，由于不能改变工作地点的温、湿度参数，只能依靠保持一定的风速达到改善劳动条件的目的，因此本规范第 6.5.5 条根据现行国家标准《工业企业设计卫生标准》GBZ 1 的相关规定（可用风速范围为 2m/s～6m/s），并按作业强度的不同，把工作地点的风速分为三挡：轻作业时，2m/s～3m/s；中作业时，3m/s～5m/s；重作业时，4m/s～6m/s。

（2）采用喷雾风扇进行局部送风时，由于借助于细小雾滴能够起到一定的隔热作用，具有显著的降温效果，本规范第 6.5.6 条针对其适用对象，把工作地点的风速控制在 3m/s～5m/s。

鉴于多年来国内相关单位研制和使用喷雾风扇的经验，为避免对生产操作人员的健康造成不良影响。因此把使用范围限制在工作地点温度高于 35℃（高于人体皮肤温度），热辐射强度大于 1400W/m² ，且工艺不忌细小雾滴的中、重作业的工作地点，并规定喷雾雾滴直径不应大于 100μm。

当局部送风系统的空气需要冷却处理时，其室外计算参数应采用夏季通风室外计算温度及相对湿度。

6.5.7 本条规定了局部送风空气处理计算参数的确定。

6.5.8 本条规定了设置局部送风系统的要求。

据调查，以前有些地方采用的局部送风系统，气流大多是从背后倾斜吹到人体上部躯干的。在受辐射热影响的工作地点，工作人员反映"前烤后寒"，效果不好，这主要是因为受辐射面吹不到风的缘故。因此认为最好是从人体的前侧上方倾斜吹风。医学卫生界认为，头部直接受辐射热作用，会使辐射作用于大脑皮质，产生过热；胸背受辐射热作用，会使肺部的大量血液受热；颈部受辐射热作用，会使流经大脑的血液受热；而手足等其他部位受辐射热作用，影响则较小。气流自上而下或由一边吹向人体时，人体前部和背部都能均匀地受到降温作用。综合上述情况，对气流方向作了规定。

送到人体上的气流宽度，宜使操作人员处于气流作用的范围内，这样效果较好。在满足送风速度要求的情况下，较大的气流宽度对提高局部送风的效果有利。一般情况下，以 1m 作为设计宽度是合适的。但是对于某些工作地点较固定的轻作业，为减少送风量，节约投资，气流宽度可适当减少至 0.6m。

6.5.9 本条规定了特殊高温工作小室的降温措施。

在特殊高温工作地点，由于气温高、辐射强度大，应采用空气调节设备降温，尤其是南方炎热、潮湿地区。如高温作业车间吊车司机室所在的车间较高处，吊车司机室周围温度可达40℃～50℃，这类场所适合采用高温型空气调节设备，可在50℃～70℃环境下稳定运行。为节省能量消耗，这类特殊的高温的工作小室应采用很好的密闭和隔热措施。

6.6 局部排风罩

6.6.1 本条规定了排风罩的设计原则，为新增条文。

设计排风罩的目的是捕集烟气、毒气、粉尘等有害物，是通风除尘系统设计的关键环节之一。排风罩首先应能有效捕集污染源散发的有害物，用较小的排风量达到最好的污染物控制效果。其次，排风罩的设置应不影响操作者的使用，避免干扰气流对吸气气流的影响。

6.6.2 本条规定了密闭罩的设计，为新增条文。

密闭罩和其他形式的排风罩相比，外部干扰小，容易控制有害物的扩散，在条件允许时，宜优先采用密闭罩。密闭罩根据工艺设备及其配置的不同，可采用局部密闭罩、整体密闭罩、大容积密闭罩、固定式密闭罩和移动式密闭罩。密闭罩的设计要充分考虑不妨碍工人操作。密闭罩有条件时采用装配结构。观察窗、操作孔和检修门应开关灵活，具有气密性，远离气流正压高的部位。吸风口的位置也应避免物料飞溅区及气流正压高的部位，同时保持罩内均匀负压。密闭罩可整体或局部采用透明材料制作。密闭罩同时可兼有减噪和隔声的作用。

6.6.3 本条规定了密闭罩排气口位置的设计，为新增条文。

在密闭罩上装设位置和开口面积适宜的吸气罩同除尘风管连接，使罩口断面风速均匀，为防止排风把物料带走，还应对吸风口的风速加以控制。在吸风点的排风量一定的情况下，吸风口风速主要取决于物料的密度和粒径大小以及吸风口至扬尘点之间的距离远近等。针对筛分工艺特点规定：对于细粉料的筛分过程，采用不大于0.6m/s；对于物料粉碎过程，采用不大于2m/s；对于粗粒径物料的破碎过程，采用不大于3m/s，由于各行业的具体情况不同，设计人员可以根据粉尘的比重参考上述数值进行修正。

物料输送过程密闭罩粉尘外逸的原因是物料进入罩内时的动压及带入的气体压力考虑的不足，3m/s风速对应的静压仅为5.4Pa，如果物料的动压及带入气体产生的压力叠加大于这个数字，粉尘就会从缝隙外逸。

6.6.4 本条规定了半密闭罩和柜式通风罩的设计，为新增条文。

半密闭罩和排风柜因有多面围挡，外部气流干扰小，和外部通风罩相比能取得较好地控制污染物的作用，同时便于工作者的操作，工程中使用的较多。

排风柜内部构造形式根据柜内有害气体密度大小确定。当有害物为热蒸气或其密度小于空气时，排风柜采用上排风形式；当害物密度大于空气时，排风柜采用下排风形式；有害物密度大小多变时，排风柜采用上、下同时排风的形式。

小型排风柜多用于化学实验室，分为定风量型、变风量型、补风型等。小型排风柜的柜口风速见表2。

表2 小型排风柜的吸入速度

序号	有害物性质	速度（m/s）
1	无毒有害物	0.25～0.375
2	有毒或有危险性的有害物	0.4～0.5
3	剧毒或有少量放散性物质	0.5～0.6

小型实验柜操作口高度和风量可调节。目前多台实验柜组成的通风系统设有的实验柜传感器与末端风机连控，无极调节实验柜的排风风量及末端风机风量，在保证可靠的前提下，大大提高了运行的节能性。

当柜式排风罩设置在供暖及空调房间时，为节约供暖空调能耗，可采用补风式柜式排气罩。

大型排风柜使用在特定的工艺中。设计中需要注意的问题是因开口面积大而产生的断面风速不均匀问题。当工艺过程为冷过程、有害物比重大于环境空气比重时，有害气体有可能从下部逸出。设计人员要综合考虑工艺污染物的重力、浮力、原始动力等因素，设置合适的排风口位置。特定工艺柜式排气罩工作孔吸入风速见相关资料。

6.6.5 本条规定了外部吸气罩的设计，为新增条文。

外部吸气罩主要有均流侧罩、方形（或圆形）侧吸罩、条缝形吸气罩、冷气流上吸式（回转）伞形罩、下吸式（回转）伞形罩、升降式（回转）伞形罩等。外部罩的罩口尺寸应按吸入气流流场特性来确定，其罩口与罩子连接管面积之比不应超过16∶1，罩子的扩张角度宜小于60°，不应大于90°。当罩口的平面尺寸较大时，可分成几个独立小排风罩；中等大小的排风罩可在罩内设置挡板、导流板或条缝等。伞形罩等在有条件时宜增加侧挡板保证排风效果。外部排风罩的风量计算公式可查阅通风类手册。

6.6.6 本条规定了槽边排气罩设计，为新增条文。

1 工业槽边排气罩是工件表面处理行业常用的排气罩方式。普通槽边排风罩为平口式和条缝式，条缝式排风罩减少了吸气范围，相应地减少了排风量，同样排风量时效果比平口式好。在实际工程中，工程设计人员对平口罩进行了改进，使平口罩达到了条缝罩的效果。具体做法是：镀槽液面适当降低，在平口罩上增加一个活页式小盖板，使排气罩上盖延伸到阳极杆上方位置，减少了吸风范围，使同样的风量达到更好的效果。设计人员可以根据外部通风罩的设计原理，同时参阅槽边排气的经验公式进行计算和改进。

2 吹吸式排风罩气流组织合理，控制范围大，对于大型工业槽是比较好的处理方案。有工程实践的做法是适当降低原有液面高度到距槽口300mm，将吹风速控制在0.5m/s～2.0m/s范围内，吹风口下倾5°，液面蒸发雾被很好地控制并排出。

3 圆形槽环形排风罩控制罩口面风速在合适的范围内。

6.6.7 本条规定了接受排风罩的设计，为新增条文。

高温热源的上部气流应因势利导，用接受罩将污染空气控制在排风罩内。热源上部热射流面积的计算见工业通风类手册。根据安装高度H的不同，热源上部的接受罩可分为两类，$H \leqslant 1.5\sqrt{F}$或$H \leqslant 1m$的称为低悬罩，$H > 1.5\sqrt{F}$或$H > 1m$的称为高悬罩。低悬罩排风罩口尺寸比热源尺寸每边扩大150mm～200mm，高悬罩应将计算所得的罩口处热射流直径增加$0.8H$作为罩口直径。H为罩口至热源上沿的距离，F为热源水平投影面积。

大型熔炼炉采用导流式排烟罩或气幕隔离罩减小热射流面积，以减少接受罩的捕捉面积。

6.6.8 本条规定了工艺接受罩的设计，为新增条文。

金属件在喷砂、磨光及抛光时产生大量诱导气流，用特制接受罩将污染空气控制在排风罩内。工程技术人员对特定工艺接收罩的设计风量已进行测试和总结出计算的经验公式，详见通风罩标准图集及工业通风类手册。

6.6.9 本条规定了排风罩的材料选择，为新增条文。

排风罩材质除钢板外，还可采用有色金属、工程塑料、玻璃钢等。振动小、温度不高的罩体采用小于或等于2mm的薄钢板制作；振动及冲击大、温度高的场合采用3mm～8mm的钢板制作。高温条件或炉窑旁使用的排风罩采用耐热钢板制作。有酸碱或其他腐蚀条件的环境，罩体材质采用耐腐蚀材料或材料表面防腐处理。在可能由静电引起火灾爆炸的环境，罩体做防静电处理。排风罩应坚固耐用。

6.6.10 本条规定了排风柜合并设计排风系统的要求，为新增条文。

排风柜的数量较多时，经常需要多台排风柜合并设计排风系统，尤其在试验、化验型建筑中。多台排风柜合设排风系统时，应按同时使用的排风柜总风量确定系统风量，否则将造成设备选型过大、排风量过大的情况。每台排风柜排风口宜安装调节风量用的阀门，风机宜变频调速。

6.6.11 本条规定了设有排风柜的房间设计进风通道、供暖或空调设施的要求，为新增条文。

一个房间内设多台排风柜时，房间的通风量相当可观，应按房间风平衡设计进风通道，并按房间热平衡设必要的供暖或空调设施。

6.7 风管设计

6.7.1～6.7.3 本条是关于风管尺寸、风管材料、风管壁厚的规定，为新增条文。

条文的目的是为使设计中选用的风管截面尺寸标准化，为施工、安装和维护管理提供方便，为风管及零部件加工工厂化创造条件。据了解，在《全国通用通风管道计算表》中，圆形风管的统一规格是根据 R20 系列的优先数制定的，相邻管径之间共有固定的公比（≈1.12），在直径 100mm～1000mm 范围内只推荐 20 种可供选择的规格，各种直径间隔的疏密程度均匀合理，比以前国内常采用的圆形风管规格减少了许多；矩形风管的统一规格是根据标准长度 20 系列的数值确定的。把以前常用的 300 多种规格缩减到 50 种左右。经相关单位试算对比，按上述圆形和矩形风管系列进行设计，基本上能满足系统压力平衡计算的要求。对于要求较严格的除尘系统，除以 R20 作为基本系列外，还有辅助系列可供选用，因此是足以满足设计要求的。

对风管材料的要求综合在本规范第 6.7.2 条中。风管有金属风管、非金属风管、复合材料风管等多种，用何种材料制作风管首先应满足使用条件及施工安装条件要求，如风管的强度、耐温、耐腐蚀、耐磨、使用寿命等应满足使用要求。其次，其防火性能应满足《建筑设计防火规范》GB 50016 中的相关要求。需防静电的风管应采用金属材料制作。

第 6.7.3 条提出了确定风管壁厚的原则，设计者应根据具体工程需要确定风管壁厚，同时强调现行国家标准《通风与空调工程施工质量验收规范》GB 50243 中是风管最小壁厚的要求。风管壁厚还和施工方法相关。

6.7.4 本条是关于风管漏风量的规定。

原条文中提出漏风率的取值范围，对选择风机、空气处理设备等有用，但对风管设计无实际意义，且提出的系统漏风率数值偏大。"一般送、排风系统"概念不明确，因此改为"非除尘系统"，与除尘系统相对应（以下同）。

风管设计中，选择风管材料及风管制作工艺，从而控制风管漏风量是设计人员能够且应该做到的。风管漏风率改为非除尘系统不超过 5%，除尘系统不超过 3%。需要指出，这样的附加百分率适用于最长正压段总长度不大于 50m 的送风系统和最长负压管段总长度不大于 50m 的排风及除尘系统。对于更大的系统，其漏风百分率适当增加。有的全面排风系统直接布置在使用房间内，则不必考虑漏风的影响。

6.7.5 本条规定了风管水力平衡计算要求。

把通风、除尘和空气调节系统各并联管段间的压力损失差额控制在一定范围内，是保障系统运行效果的重要条件之一。在设计计算时，应用调整管径的办法使系统各并联管段间的压力损失达到所要求的平衡状态。不仅能保证各并联支管的风量要求，而且可不装设调节阀门，对减少漏风量和降低系统造价较为有利。特别是对除尘系统，设置调节阀害多利少，不仅会增大系统的阻力，而且会增加管内积尘，甚至有可导致风管堵塞的可能。根据国内的习惯做法，本条规定非除尘系统各并联管段的压力损失相对差额不大于 15%，除尘系统不大于 10%，相当于风量相差不太于 5%。这样做既能保证通风效果，设计上也是能办到的。如在设计时难以利用调整管径达到平衡要求时，则可以采用设置调节阀门或增加设计流量等方法进行增加阻力计算，同时也可以考虑重新布置管道走向，改善环路的平衡特性。

6.7.6 本条规定了风管设计风速要求。

1 表 6.7.6 中所给出的通风系统风管内的风速是基于经济流速和防止在风管中产生空气动力噪声等因素，参照国内外相关资料测定的。对丁一般工业建筑的机械通风系统，因背景噪声较大、系统本身无消声要求，即使按表 6.7.6 中较大的经济流速取值，也能达到允许噪声标准的要求。

2 除尘系统风管设计风速应按第 6.7.6 条第 2 款的规定确定，条文中特别指出使用本规范附录 K 时，应注意适用条件。

6.7.7 本条是关于风管采取补偿措施的规定，为新增条文。

1 要求金属风管设补偿器，是因为输送高温烟气的金属风管，在温度变化时会热胀冷缩，产生很大的推力，处理不好会对建筑物或支架造成破坏，因此要求设计人员一定要通过计算，将管道对管道支架的推力控制在合理的范围内，并选用合适的管道托座。

2 提出线膨胀系数较大的非金属风管在一定条件下应设补偿器。

6.7.8 本条规定了通风系统排除凝结水的措施，为新增条文。

排除潮湿气体或含水蒸气的通风系统，风管内表面有时会因其温度低于露点温度而产生凝结水。为了防止在系统内积水腐蚀设备及风管影响通风机的正常运行，因此条文中规定水平敷设的风管应有一定的坡度，并在风管的最低点排除凝结水。

6.7.9 本条规定了除尘系统风管设计要求，为新增条文。

1 强调了宜采用圆形钢制风管，在同等输送能力下，圆形钢制风管强度大，比摩阻小。满焊连接，以减少漏风量。

2 除尘风管直径根据所输送的含尘粒径的大小作了最小直径的补充规定，以防产生堵塞问题。

3 除尘风管以垂直或倾斜敷设为好。但考虑到客观条件的限制，有些场合不得不水平敷设，尤其大管径的风管倾斜敷设就比较困难。倾斜敷设时，与水平面的夹角越大越好，因此规定应大于 45°。为了减少积尘的可能，本款强调了应尽量缩小坡度或水平敷设的管段。

4 支管从主管的上面连接比较有利。但是施工安装不方便，鉴于具体设计中支管从主管底部连接的情况也不少，所以本款规定为"宜"。对于三通管夹角，考虑到大风管常采用 45°夹角的三通，除尘风管的三通夹角也可以用到 45°，因此本款规定三通夹角宜采用 15°～45°。

较大直径风管三通连接时经常受到场地的限制，支管和干管的夹角不能保证小于 45°，常有采用 90°连接的情况，这时应采取扩口导流措施，可显著减小局部阻力。

5 减少弯管数量、加大弯管曲率半径、减小弯管角度可降低阻力，防止堵塞。

6 除尘风管在特定条件下应有防磨措施。

7 除尘风管设计应考虑管内积灰清除的可能性。直径较大的水平管道可在易积灰的部位，如弯管、三通、阀门等附近设置密闭清灰人孔，直径较小的管道可设置密闭检查孔或管道吹扫孔。

8 除尘支管上设置风量调节装置及风量测定孔有利于运行调节。对于吸风点较多的机械除尘系统，虽然在设计时进行了各并联环路的压力平衡计算，但是由于设计、施工和使用过程中的种种原因，出现压力不平衡的情况实际上是难以避免的。为适应这种情况，保障除尘系统的各吸风点都能达到预期效果，因此条文规定在各分支管段上宜设置调节阀门。

在吸入段风管上，一般不容许采用直插板阀，因为它容易引起堵塞。作为调节用的阀门，无论是蝶阀、调节瓣或插板阀，都宜装设在垂直管段上，如果把这类阀门装在倾斜或水平风管上，则阀板前、后产生强烈涡流，粉尘容易沉积，妨碍阀门的开关，有时还会堵塞风管。

9 本款规定了除尘风管支、吊架跨距的确定原则。除尘风管的外径和壁厚是根据管内气体流速、管道刚度及粉尘磨琢性等因素综合确定，常采用较厚的钢板制作，因此有较大的刚度。现行的国标图集及施工与验收规范大部分内容是针对薄壁风管的，并不适用于除尘风管，因此本条参考相关资料给出原则性规定。

10 从生产操作的角度出发，装有阀门、测孔、人孔、检查孔或吹扫孔等部位现场不具备其他检查维护条件时，宜设置平台和梯子，便于使用。

11 本款是安全生产的要求。

6.8 设备选型与配置

6.8.2 本条是关于选择通风设备时性能参数确定的规定。

1 在工业通风系统运行过程中，由于风管和设备的漏风会导致送风口和排风口处的风量达不到设计值，甚至会导致室内参数（其中包括温度、相对湿度、风速和有害物浓度等）达不到设计和卫生标准的要求。为了弥补系统漏风可能产生的不利影响，选择通风机时，应根据系统的类别（低压、中压或高压系统）、风管内的工作压力、设备布置情况以及系统特点等因素，附加系统的漏风量。由于管道积尘、过滤器积灰、除尘器积尘等因素，通风系统的阻力会有增加，因此通风机压力也应附加。

2 通常通风机性能图表是按标定状态下的空气参数编制的（大部分标定状态是指温度 20℃，大气压力为 1.01×10^5 Pa，相对湿度 50%，密度为 $1.2 kg/m^3$ 的标准状态）。从流体力学原理可知，当输送的空气密度改变时，通风系统的通风机特性和风管特性曲线也随之改变。对于离心式或轴流式风机，容积风量保持不变，而风压和电动机轴功率与空气密度成正比变化。当计算工况与风机样本标定状态相差较大时，风机选型应按式（8）、式（9）将风机样本标定状态下的数值换算成风机选型计算工况的风量和全压，据此选择通风机。风机配套电机应按式（10）计算出轴功率配套选型。

通风系统计算工况容积风量与标准状态下的通风系统的容积风量关系如下：

$$L = L_0 \quad (8)$$

式中：L——计算工况下的通风系统的容积风量（m^3/h）；

L_0——标定状态下的通风系统的容积风量（m^3/h）。

通风系统计算工况压力损失与标准状态下的通风系统的压力损失关系如下：

$$P = P_0 \cdot \frac{P_b}{P_{b0}} \cdot \frac{273 + t_0}{273 + t} \quad (9)$$

式中：P——计算工况下通风系统的实际工况压力损失（Pa）；

P_0——标定状态下的通风系统压力损失（Pa）；

P_b——当地大气压力（Pa）；

P_{b0}——标定状态的大气压力（Pa）；

t——计算工况下风管中的空气温度（℃）；

t_0——标定状态下风管中的空气温度（℃）。

电动的轴功率应按下面公式进行计算，其式如下：

$$N_z = \frac{L \cdot P}{3600 \cdot 1000 \cdot \eta_1 \cdot \eta_2} \quad (10)$$

式中：N_z——计算工况下电动机的轴功率（kW）；

L——计算工况下通风机的风量（m^3/h）；

P——计算工况下系统的压力损失（Pa）；

η_1——通风机的效率；

η_2——通风机的传动效率。

3 当系统的设计风量和计算阻力确定以后，选择通风机时，应考虑的主要问题之一是通风机的效率。在满足给定的风量和风压要求的条件下，通风机在最高效率点工作时，其轴功率最小。在具体选用中由于通风机的规格所限，不可能在任何情况下都能保证通风机在最高效率点工作，因此条文中规定通风机的设计工况效率不应低于最高效率的 90%。一般认为在最高效率的 90% 以上范围内均属于通风机的高效率区。根据我国目前通风机的生产及供应情况来看，做到这一点是不难的。通常风机在最高效率点

附近运行时的噪声最小，越远离最高效率点，噪声越大。

4 输送非标准状态空气的通风系统，尤其是输送介质温度较高时，按照高温参数选配的电动机在冷态运行时可能产生电机过载现象，因此需对通风机电机功率进行复核。

另外，需要提醒的是，通风机选择中要避免重复多次附加造成选型偏差。

6.8.3 本条是关于通风机联合工作的规定。

通风机的并联或串联安装均属于通风机联合工作。采用通风机联合工作的场合主要有两种：一是系统的风量或阻力过大，无法选到合适的单台通风机；二是系统的风量或阻力变化较大，选用单台通风机无法适应系统工况的变化或运行不经济。并联工作的目的是在同一风压下获得较大的风量，串联工作的目的是在同一风量下获得较大的风压。在系统阻力即通风机风压一定的情况下，并联后的风量等于各台并联通风机的风量之和。当并联的通风机不同时运行时，系统阻力变小，每台运行的通风机之风量比同时工作时的相应风量大；每台运行的通风机之风压则比同时运行的相应风压小。通风机并联或串联工作时，布置是否得当是至关重要的。有时由于布置和使用不当，并联工作不但不能增加风量，而且适得其反，会比一台通风机的风量还小；串联工作也会出现类似的情况，不但不能增加风量，而且会比单台通风机的风压小，这是必须避免的。

由于通风机并联或串联工作比较复杂，尤其是对具有峰值特性的不稳定区在多台通风机并联工作时易受到扰动而恶化其工作性能；因此设计时必须慎重对待，否则不但达不到预期目的，还会无谓地增加能量消耗。为简化设计和便于运行管理，条文中规定，在通风机联合工作的情况下，应尽量选用相同型号、相同性能的通风机并联，风量相同的通风机串联。当通风机并联或串联安装时，应根据通风机和系统的风管特性曲线，确定联合工况下的风量和风压。

6.8.4 本条规定了双速或变频调速风机的适用条件，为新增条文。

随着工艺需求和气候等因素的变化，建筑对通风量的要求也随之改变。系统风量的变化会引起系统阻力更大的变化。对于运行时间较长且运行工况（风量、风压）有较大变化的系统，为节省系统运行费用，宜考虑采用双速或变频调速风机。通常对于要求不高的系统，为节省投资，可采用双速风机，但要对双速风机的工况与系统的工况变化进行校核。对于要求较高的系统，宜采用变频调速风机。采用变频调速风机的系统节能性更加显著。采用变频调速风机的通风系统应配备合理的控制。

6.8.5 本条是关于为防毒而设置的通风机设置的规定。

本条是从保证安全的角度制订的。用于排除有毒物质的排风设备，不应与其他系统的通风设备布置在同一通风机室内。排除不同浓度同类有毒物质的排风设备可以布置在同一通风机室内。

6.8.6 本条规定了通风设备的检修条件和吊装设施，为新增条文。

6.8.7 本条规定了安全措施，为新增条文。

为防止由于风机对人的意外伤害，本条对通风机转动件的外露部分和敞口作了强制性的保护性措施规定。

6.8.8 本条规定了通风设备和风管的保温、防冻要求。

通风设备和风管的保温、防冻具有一定的技术经济意义，有时还是系统安全运行的必要条件。例如，某些降温用的局部送风系统和兼作热风供暖的送风系统，如果通风机和风管不保温，不仅冷、热耗量大，不经济，而且会因冷热损失使系统内所输送的空气温度显著升高或降低，从而达不到既定的室内参数要求。又如，苯蒸气或锅炉烟气等可能被冷却而形成凝结物堵塞或腐蚀风管。位于严寒地区和寒冷地区的湿式除尘器，如果不采取保温、防冻措施，冬季就可能冻结而不能发挥应有的作用。此外，某些高温风管如不采取保温的办法加以防护，也有烫伤人体的危险。

6.8.9 本条规定了对通风设备隔振的要求，为新增条文。

与通风机及其他振动设备连接的风管，其荷载应由风管的支、吊架承担。一般情况下，风管和振动设备间应设装设挠性接头，目的是保证其荷载不传到通风机等设备上，使其呈非刚性连接。这样既便于通风机等振动设备安装隔振器，有利于风管伸缩，又可防止因振动产生固定噪声，对通风机等的维护、检修也有好处。

6.8.10 本条规定了离心通风机的供电要求，为新增条文。

高压供电可以减少电能输配损失，因此规定电机功率大于300kW的大型离心式通风机宜采用高压供电方式。

6.8.11 本条是关于风机入口阀的规定。

风机入口阀可起到调节系统风量的作用，一般情况下宜设。有时候为了降低启动，就需要风机入口阀，本条第1款～第3款说明了什么情况下设风机入口阀及风机入口阀的配置要求。

一般情况下，电动机的直接启动与供电系统的电源和线路有直接的关系。电动机的启动电流约为正常运行电流的6倍～7倍，这样的电流波动对大型变电站影响不大，对负荷小的变电站有时会造成一定的影响。如供电变压器的容量为180kV·A时，允许直接启动的鼠笼型异步电动机的最大功率为40kW（启动时允许电压降为10%）和55kW（启动时允许电压降为15%）。一台75kW的电动机，需要具有320kV·A的变压器方可直接启动，对于大、中型工厂来说，这当然是没有问题的。由于我国在城市供电设计上要求较高，电压降允许值一般为5%～6%，其他如供电线路的长短、启动方式等均与供电设计有密切关系，因此本条规定了"供电条件允许"这样的前提。

6.8.12 采用循环水冷却方式是工程建设节水的需要，本条为新增条文。

6.8.13 本条规定了通风机排除凝结水的措施，为新增条文。

排除含有蒸汽的通风系统，风管内表面有时会因其温度低于露点温度而产生凝结水。为防止在系统内积水腐蚀设备，影响通风机的正常运行，规定在通风机的底部排除凝结水。因通风机运行时机壳内为负压，故应设置水封排液口。

6.9 防火与防爆

6.9.1 本条规定了爆炸性气体环境的通风要求，为新增条文。

对厂房或仓库可能形成爆炸性气体环境的区域应采取通风措施，一般是由工艺提出要求。通风可以促使爆炸性气体或粉尘的浓度降低，能有效防止爆炸性气体环境的持久存在。通风形式包括自然通风和机械通风，在有可能利用自然通风的场所，应首先采取自然通风方式，如果自然通风条件不能满足要求时，应设置机械通风。在危险源相同的情形下，通风强度越大，通风可靠性越好，爆炸危险越小；反之，通风强度越小，通风可靠性越差，爆炸危险区越大。

如把环境中可燃气体或蒸气的浓度降低到其爆炸下限值的10%以下，或把环境中可燃粉尘的浓度降低到其爆炸下限值的25%以下，可消除爆炸性危险。

6.9.2 本条规定了对采用循环空气的限制，为强制性条文。

1 甲、乙类物质易挥发出可燃蒸气，可燃气体易泄漏，会形成有爆炸危险的气体混合物，随着时间的增长，火灾危险性也越来越大。许多火灾事例说明，含易燃易爆类物质的空气再循环使用，不仅卫生上不允许，而且火灾危险增大，因此含易燃易爆类物质生产区域和仓库应有良好的通风换气，室内空气应及时排至室外，不应循环使用。

2 丙类厂房内的空气以及含有容易起火或有爆炸危险物质的粉尘、纤维的房间内的空气，应在通风机前经过滤器，对空气进行净化，使空气中的粉尘、纤维含量低于其爆炸下限的25%，不再有燃烧爆炸的危险并符合卫生条件时可循环使用，反之不能循环使用。

3 根据现行国家标准《爆炸危险环境电力装置设计规范》GB 50058的规定，易燃气体物质可能出现的最高浓度不超过爆炸下限值的10%时，可划为非爆炸区域，此区域内的所有电气设备可采用非防爆型的，也就是说，当不再有燃烧爆炸危险时，空气可循环使用，反之不能循环使用。

4 有的建筑物火灾危险性不是甲、乙类，但建筑物内有火灾危险性是甲、乙类的房间，对这些房间也不能使用循环空气。

6.9.3 本条规定了排风系统的划分原则，为强制性条文。

1 目的是防止易燃易爆物质进入其他车间或区域，防止火灾蔓延，以免造成更严重的后果。

2 防止不同种类和性质的有害物质混合后引起燃烧或爆炸事故。如淬火油槽与高温盐浴炉产生的气体混合后有可能引起燃烧，盐浴炉散发的硝酸钾、硝酸钠气体与水蒸气混合时有可能引起爆炸。

3 根据现行国家标准《建筑设计防火规范》GB 50016的规定，建筑中存在容易引起火灾或具有爆炸危险物质的房间（如漆料库和用甲类液体清洗零配件的房间）所设置的排风装置应是独立的系统，以免使其中容易引起火灾或爆炸的物质通过排风管道窜入其他房间，防止火灾蔓延，造成严重后果。

6.9.4 本条规定了火灾及爆炸危险环境的通风要求，为新增条文。

对于有火灾或爆炸危险的厂房或局部房间，应确保这些场所具有良好的通风。局部通风系统能及时排除有爆炸危险的物质，在降低容易起火或爆炸危险性气体混合物浓度方面，其效果比较好，应优先采用。

6.9.5 本条规定了有爆炸危险的局部排风系统风量的确定。

规定本条是为了保证安全。通过增加设计风量，可降低风管内有爆炸危险的气体、蒸气和粉尘的浓度。

6.9.6 本条规定了室内保持负压的要求。

为了防止爆炸危险物质扩散形成对周围环境和相邻房间的影响，室内应保持负压，一般采用送风量小于排风量来实现。

6.9.7 本条规定了为防爆而设置的正压送风系统的要求，为新增条文。

爆炸危险区域内安装有非防爆型的仪表、电气设备时，一般对这些非防爆型的仪表、电气设备采取封闭措施，对封闭空间送风，使封闭空间保持正压，是一种安全措施。正压送风的目的是为了阻止有爆炸危险性的气体或蒸气进入封闭空间，一般采用送风量大于排风量或仅送风的方式来实现。

6.9.8 本条规定了进风口的布置及进、排风口的防火、防爆要求。

对进风口的布置作出规定是为了防止互相干扰，特别是当甲、乙类火灾危险性区域的送风系统停运时，避免其他普通送风系统把甲、乙类火灾危险性区域内的易燃易爆气体吸入并送到室内。

规定进、排风口的防火防爆要求，是为了消除明火引起燃烧或爆炸危险。

6.9.9 本条是强制性条文，为新增条文。

本条是根据现行国家标准《建筑设计防火规范》GB 50016的相关条文制订的，目的是保证安全。为防止火花引起爆炸事故，应采用不产生火花的设备。有爆炸危险粉尘的排风机、除尘器采取分区、分组布置是必要的，可以减小爆炸破坏范围。

6.9.10、6.9.11 这两条规定了对净化有爆炸危险粉尘的干式除尘器的布置要求。

从国内一些用于净化有爆炸危险粉尘的干式除尘器发生爆炸的危险情况看，这些设备如果条件允许布置在厂房之外或独立建筑物内最好，且与所属厂房保持一定的安全间距，对于防止爆炸发生和减少爆炸后的损失十分有利。

不应布置在车间休息室、会议室等经常有人或短时间有大量人员停留房间的下一层，主要是考虑安全。

6.9.12 本条从防爆角度出发，对湿法除尘和湿式除尘器进行了限制，为强制性条文。

有些物质遇水或水蒸气时，将有燃烧或爆炸危险，如活泼金属锂、钠、钾以及氢化物、电石、碳化铝等，这类物质又称为忌水物质。有些忌水物质，如生石灰、无水氯化铝、苛性钠等，与水接触时所发生的热能将其附近可燃物质引燃着火。

遇水燃烧物质根据其性质和危险性大小可分为两级。一级遇水燃烧物质，遇水后立即发生剧烈的化学反应，单位时间内放出大量可燃气体和热量，容易引起猛烈燃烧或爆炸。如铝粉与镁粉混合物就是这样；二级遇水燃烧物质，遇水后反应速度比较缓慢，同时产生可燃气体，若遇点火源即能引起燃烧，如金属钙、锌及其某些化合物氢化钙、磷化锌等。因此规定遇水后产生可燃或有爆炸危险混合物的生产过程不得采用湿法除尘或湿式除尘器。

6.9.13 本条规定了设置泄爆装置以及净化有爆炸危险粉尘除尘器的设置要求，为强制性条文。

有爆炸危险的粉尘和碎屑，包括铝粉、镁粉、硫矿粉、煤粉、木屑、人造纤维和面粉等。由于上述物质爆炸下限较低，容易在除尘器处发生爆炸。为减轻爆炸时的破坏力，应设置泄爆装置。泄爆面积应根据粉尘等的危险程度通过计算确定。泄爆装置的布置应考虑防止产生次生灾害的可能性。泄爆装置可参照现行国家标准《粉尘爆炸泄压指南》GB/T 15605。

对于处理净化上述易爆粉尘所用的除尘器，为缩短含有爆炸危险粉尘的风管长度，减少风管内积尘，减少粉尘在风机中摩擦起火的机会，避免因把除尘器布置在系统的正压段上引起漏风等，本条规定除尘器应设置在系统的负压段上。

6.9.14 本条规定了对净化有爆炸危险物质的湿式除尘器的布置要求，为新增条文。

6.9.15 本条规定了应采用防爆型设备的条件，为强制性条文。

直接布置在有爆炸危险场所中的通风设备，用于排除、输送或处理爆炸危险性物质的通风设备以及排除、输送或处理含有燃烧或爆炸危险的粉尘、纤维等物质，其含尘浓度高于或等于其爆炸下限的25％时，或含易燃气体物质的浓度高于或等于其爆炸下限值的10％时，由于设备内或外的空气中均含有燃烧或爆炸危险性物质，遇火花即可能引起燃烧或爆炸事故，为此规定该设备应采用防爆型的。

6.9.16 本条从防爆角度出发，规定了对通风设备布置的要求。

1 排除有爆炸危险物质的排风系统的设备不应布置在地下室、半地下室内，这主要是从安全出发，一旦发生事故便于扑救。

2 因为有爆炸危险物质场所的排风系统有可能在通风机房内泄漏，如果将送风设备同排风设备布置在一起，就有可能把排风设备及风管的漏风吸入系统再次被送入生产场所中，因此规定用于甲、乙类物质场所的送、排风设备不应布置在同一通风机房内。

3 用于排除有爆炸危险物质的排风设备不应与非防爆系统的通风设备布置在同一通风机房内，因为排风机有泄漏可能。

4 规定此款的目的是：当甲、乙类厂房的送风系统停运时，有止回阀可避免甲、乙类厂房中的易燃易爆物质倒流。

6.9.17 本条规定了送、排风机房的安全要求。

爆炸危险性场所送风机房的设备由于设置有止回阀，一般采用非防爆设备，故要求送风机房通风良好，不能有爆炸危险气体或蒸气进入。而排风系统有可能在通风机房内泄漏，为安全起见，制订本条规定。

6.9.19 参照现行国家标准《爆炸危险环境电力装置设计规范》GB 50058 的规定，界定"有爆炸危险"。易燃物质可能出现的最高浓度不超过爆炸下限的10％，可划为非爆炸危险区域；根据现行国家标准《建筑设计防火规范》GB 50016，空气中可燃粉尘的含量低于其爆炸下限的25％以下，一般认为是可防止可燃粉尘形成局部高浓度、满足安全要求的数值。

有爆炸危险的厂房、车间发生事故后，火灾容易通过通风管道蔓延扩大到厂房的其他部分，因此其排风管道不应穿过防火墙和有爆炸危险的车间隔墙等防火分隔物以及人员密集或可燃物较多的房间，目的都是防止一旦发生事故，沿通风管道蔓延。

6.9.20 本条规定了排风管道的布置要求。

目的是为了缩小发生事故影响的范围。

6.9.21 本条规定了排除有爆炸危险物质的排风管的材质及敷设的要求。

排除有爆炸危险物质的排风管不应暗设，目的是防止一旦风管爆裂时破坏建筑物，并为了便于检修。

6.9.22 本条规定了排风管道的布置要求。

排除或输送有爆炸危险物质的排风管各支管节点处不应设置调节阀，以免在间歇使用时关闭阀门处聚集有爆炸危险的气体浓度达到爆炸浓度，一旦开机运行时引起爆炸。但有些工艺生产和试验环境的通风系统对风量有要求，需要用阀门调节，此时的调节阀门应为防爆型。

6.9.23 本条规定了防爆通风系统对阀件的防火要求，为新增条文。

通风管道和调节阀门一般采用碳钢制造，由于活动部件的摩擦和撞击，易产生火花。在易燃易爆危险场所内的通风系统内、外的空气中均含有燃烧或爆炸危险性物质，遇火花即可能引起燃烧或爆炸事故。为此规定通风系统的防火阀、活动部件、阀件等调节装置应采取防爆措施。一般阀板采用铝制，风机叶轮采用铝合金。

6.9.24 本条规定了通风设备及管道的防静电接地等要求。

当静电积聚到一定程度时，就会产生静电放电，即产生静电火花，使可燃或爆炸危险物质有引起燃烧或爆炸的可能；管内沉积不易导电的物质会妨碍静电导出接地，有在管内产生火花的可能。防止静电引起灾害的最有效办法是防止其积聚，采用导电性能良好（电阻率小于 $104\Omega \cdot cm$）的材料接地。因此作了如条文中的相关规定。

法兰跨接系指风管法兰连接时，法兰间密封垫或法兰螺栓垫圈常常采用橡胶材料，故两法兰之间须用金属线搭接。

6.9.25 本要规定了风管敷设安全事宜。

为防止某些可燃物质同热表面接触引起自燃起火及爆炸事故，因此规定，热媒温度高于110℃的供热管道不应穿过输送有燃烧或爆炸危险物质的风管，也不得沿其外壁敷设。有些物质自燃点较低，如二硼烷、磷化氢、二硫化碳和硝酸乙醚等，为安全起见，规定同这些物质的排风管交叉接触时，供热管道应采用不燃材料绝热。

6.9.26、6.9.27 这两条是关于排除易燃易爆危险物质的风管坡向的规定。

为防止比空气轻的可燃气体混合物或有爆炸危险的粉尘在风管内局部积存，使浓度增高发生事故，因此规定水平风管应顺气流方向有不同的坡度。除尘风管与水平面的夹角大于粉尘安息角时，可防止粉尘积存。如必须水平敷设时，对于含爆炸危险的粉尘的风管，需用水冲洗清除积灰时，也应有一定的坡度。

6.9.28 本条规定了爆炸危险物质场所防爆通风的安全措施。

因为要在爆炸危险物质场所产生爆炸，必须同时具备两个条件：一是爆炸危险物质的浓度在爆炸极限以内，二是存在足以点燃爆炸危险物质的火花、电弧或高温。通过采取通风措施可以降低爆炸危险物质的浓度。

6.9.29 本条规定了风管安全距离的要求。

为防止外表面温度超过80℃的风管，由于辐射热及对流热的作用导致输送有燃烧或爆炸危险物质的风管及管道表面温度升高而发生事故，规定两者的外表面之间应保持一定的安全距离，或设置不燃材料隔热层；互为上下布置时，表面温度较高者应布置在上面。

6.9.30 本条是关于危险管道不得穿越风管和风机房的规定，为强制性条文。

可燃气体（天然气等）、可燃液体（甲、乙、丙类液体）和电缆等由于某种原因常引起火灾事故,为防止火势通过风管蔓延,因此规定:这类管线不得穿过风管的内腔,可燃气体或可燃液体管道不应穿过与其无关的通风机房。

6.9.31 本条规定了电加热器的安全要求。

规定本条是为了减少发生火灾的因素。防止或减缓火灾通过风管蔓延。

7 除尘与有害气体净化

7.1 一般规定

7.1.1 本条是关于污染物排放浓度及排放速率的规定,为新增条文。

排放进入大气的含尘气体、有害气体应符合现行国家现行排放标准要求,不满足要求时,应采取治理措施。排放浓度及排放总量是我国污染排放控制的两项指标,均不能违反。其中排放总量对应的控制参数是排放速率。

7.1.2 本条规定了除尘及有害气体净化系统与工艺设备联动的要求,为新增条文。

除尘与有害气体净化系统的运行控制宜与工艺系统连锁,应确保通风除尘设备先于工艺设备运行,滞后于工艺设备停止。

7.1.3 本条规定了除尘系统的划分原则。

除尘系统作用半径不宜过大,系统过大会出现各排风点水力不平衡以及风机功率过大,不利于运行节能。不同性质的粉尘混合不利于回收利用,甚至混合后会增加粉尘爆炸危险性,因此在确保安全、工艺条件允许的情况下才能将粉尘性质不同的排风点合并为同一个除尘系统。

7.1.4 本条规定了除尘系统管道设计的要求。

从便于除尘设备的运行维护和集中管理、便于除尘系统排尘的收集和二次处理等角度考虑,工厂内各装置的除尘系统宜集中设置。除尘系统的排风点如设计过多,会影响系统运行的灵活性,甚至影响使用效果,因为排风点不一定是同时使用的。风管支路上设置阀门是为了平衡系统风量和阻力,选用的阀门应耐磨损且漏风量小。

7.1.5 本条规定了除尘系统的排风量确定原则。

为保证除尘系统的除尘效果和简化生产操作,当一个除尘系统的间歇工作排风点的排风量不大时,设备能力应按其所连接的全部排风点同时工作计算,而不考虑个别排风点的间歇修正,间歇工作的排风点上阀门常开。

当一个除尘系统的间歇工作排风点的排风量较大时,为节省除尘设施的投资和运行费用,该系统的排风量可按同时工作的排风点的排风量加上各间歇工作的排风点的排风量的15%～20%的总和计算,后者15%～20%的漏风量是由于阀门关闭不严产生的漏风量。如某厂的4个除尘系统,按15%漏风量附加,间歇点用蝶阀关闭,阀板周围用软橡胶垫密封,使用效果良好。

7.1.6、7.1.7 这两条规定了收尘产物的处理、处置原则,为新增条文。

当收集的粉尘允许直接纳入工艺流程时,除尘器宜布置在生产设备(胶带运输机、料仓等)的上部,利用高差通过卸灰溜槽自溜卸灰,不具备自溜卸灰条件时应设卸尘输送设备。当收集的粉尘不允许直接纳入工艺流程时或无回收价值时,应设粉尘贮存设施。

湿式除尘器污水应直接回用或处理后回用,不能直排,也不宜和其他性质的污水混合。污水处理产生的固体废弃物应返回生产工艺系统回收或二次开发利用,无利用价值时应按照国家相关标准处理或处置。

7.2 除 尘

7.2.1 本条规定了选择除尘器应考虑的因素。

除尘器也称除尘设备,是用于分离空气中的粉尘达到除尘目的的设备。除尘器的种类繁多,构造各异,由于其除尘机理不同,各自具有不同的特点,因此其技术性能和适用范围也就有所不同。根据是否用水作除尘媒介,除尘器分为两大类:干式除尘器和湿式除尘器。干式除尘器可分为重力沉降室、惯性除尘器、旋风除尘器、袋式除尘器和干式电除尘器等;湿式除尘器可分为喷淋式除尘器、填料式除尘器、泡沫除尘器、自激式除尘器、文氏管除尘器和湿式电除尘器等。

选择除尘器时,除考虑所处理含尘气体的理化性质之外,还应考虑能否达到排放标准,使用寿命,场地布置条件,水、电条件,运行费,设备费以及维护管理等进行全面分析。

7.2.2 本条规定了干式除尘和湿式除尘的确定原则,为新增条文。

干式除尘不改变粉尘的物理化学性质,有利于粉尘的回收利用。常用的几种高效型除尘器如袋式除尘器、静电除尘器、塑烧板除尘器、陶瓷过滤除尘器等均为干式除尘设备。

在某些场合不适合采用干式除尘,如高湿型烟气、粉尘易粘接型烟气的净化。某些场合较适合使用湿式除尘设备,如采矿选矿工艺除尘,以及其他除尘的同时需进行化学吸收的废气净化系统。采用湿式除尘时应避免污染从大气向水体的转移。

7.2.3 本条是关于袋式除尘器的设计规定,为新增条文。

现行的国家标准对袋式除尘器性能参数都作了具体的规定,总结几项重要的条款列在本规范中。这些标准是:《脉冲喷吹类袋式除尘器》JB/T 8532、《回转反吹类袋式除尘器》JB/T 8533、《内滤分室反吹类袋式除尘器》JB/T 8534、《电袋复合除尘器》GB/T 27869、《滤筒式除尘器》JB/T 10341、《袋式除尘器技术要求》GB/T 6719、《机械振动类袋式除尘器 技术条件》JB/T 9055。

当气体含尘浓度大于50g/m³时,宜在袋式除尘器前配预除尘设施。

当含尘气体温度高于除尘器和风机所容许的工作温度时,应采取冷却降温措施,如掺冷风、喷水雾冷却、设冷却器等。有时烟气的温度并不高,但烟气中含炽热粉尘,炽热颗粒物会烧穿滤袋,在这种情况下除尘器之前应设火花捕集器。

1 如果只有袋式除尘器一段净化、净化废气排向大气,则除尘效率应满足污染物达标排放的要求;如果袋式除尘器只是净化工艺中的某一段净化设备,则除尘器的除尘效率满足技术要求即可。袋式除尘器的除尘效率一定和实际处理粉尘的粒径分布及各粒径分布段粉尘的质量百分比相关,不强调实际处理粉尘的特性而提出除尘器的除尘效率是无意义的、不科学的。对于机械性粉尘,可约定中粒径 d_{c50} 为 $8\mu m \sim 12\mu m$,几何标准偏差 σ_g 在 $2\mu m \sim 3\mu m$ 范围内的 325 目滑石粉为实验粉尘;对于挥发性粉尘、烟尘,宜采用实际处理的尘为实验尘。

2 袋式除尘器的运行阻力宜为1200Pa～2000Pa,初阻力接近下限值,终阻力接近上限值。

3 过滤风速和除尘效率、滤袋寿命、清灰效果、除尘器压力损失关系密切,一般来说,较小的过滤风速会提高除尘效率、延长滤袋寿命,改善清灰效果。但过小的过滤风速会造成设备型号偏大,设备初投资增加。国家现行的几项除尘器设备标准都对除尘器过滤风速、压力损失作了规定,总结为表3,根据表3总结为本条第3款。

表3 各类布袋除尘器过滤风速和压力损失

布袋除尘器类型	滤袋材质及清灰方式	压力损失(Pa)	过滤风速(m/min)	适用入口浓度
滤筒除尘器	合成纤维非织造	≤1500	0.3～0.8	入口浓度≥15g/m³
	合成纤维非织造	≤1500	0.6～1.2	入口浓度<15g/m³

布袋除尘器类型	滤袋材质及清灰方式	压力损失(Pa)	过滤风速(m/min)	适用入口浓度
滤筒除尘器	合成纤维非织造覆膜	≤1300	0.3~1.0	入口浓度≥15g/m³
	合成纤维非织造覆膜	≤1300	0.8~1.5	入口浓度<15g/m³
	纸质	≤1500	0.3~0.6	入口浓度≤15g/m³
	纸质覆膜	≤1300	0.3~0.8	入口浓度≤15g/m³
脉冲喷吹类	逆喷	<1200	1.0~2.0	—
	顺喷	<1400	1.0~2.0	—
	对喷	<1500	1.0~2.0	—
	环喷	<1200	1.5~3.0	—
	气箱、长袋	<1500	1.0~2.0	—
内滤分室反吹类		<2000	0.35~1.0	—
机械回转反吹类		≤1500	0.8~1.2	—
机械振打类	低频振打<60次/min		<1.5	—
	中频振打60次/min~700次/min	<1500		
	高频振打>700次/min			
袋式除尘机组	—	≥200(外接管道需用压力)	<2.0	—

表4　常用滤料物性指标

品名	化学类别	密度(g/cm³)	直径(μm)	受拉强度(g/mm²)	伸长率(%)	耐酸、碱性能 酸	碱	耐温性能(℃) 经常	最高	吸水率(%)
棉	天然纤维	1.47~1.6	10~20	35~76.6	1~10	差	良	75~85	95	8.0~9.0
麻	天然纤维	—	16~50	35	—				80	—
蚕丝	天然纤维	—	18	44	—			80~90	100	—
羊毛	天然纤维	1.32	5~15	14.1~25	25~35	弱酸、低温时:良	差	80~90	100	10~15
玻璃	矿物纤维(有机硅处理)	2.54	5~8	100~300	3~4	良	良	260	350	0
维纶	聚酸基烯基Vinyl类	1.39~1.44	—		12~25	良	良	40~65	65	0
尼龙	聚胺	1.13~1.15	—	51.3~84	25~45	冷:良 热:差	良	75~85	95	4.0~4.5
芳纶	芳香族聚酰胺	1.4	—		—	良	良	≤200	230	5.0
腈纶	(纯)聚丙烯腈		30~65	15~30	良		弱质:可	≤120	130	2.0
	聚丙烯腈与聚胺混合聚合物	1.14~1.17			18~22	良	弱质:可	≤120	130	1.0
涤纶	聚酯	1.38			35~55	良	良	≤100		0.40
PTEE	聚四氟乙烯	2.3		33	10~25	优	优	200~250		0
PPS	聚苯硫醚	1.37		35		优	优	120~160	190	0.60
PI	聚酰亚胺					优	良	260		

　　4 袋式除尘器的漏风率一般限定在2%~4%之间,并且可以通过提升制造工艺水平降低漏风率。

7.2.4 本条规定了袋式除尘器清灰方式的选择原则,为新增条文。

　　清灰方式是袋式除尘器重要的技术环节,应根据工程情况合理选用。

　　1 潮湿的空气进入除尘系统易引起结露、滤袋粘结,因此潮湿多雨地区不宜直接采用大气作为反吹风气源。

　　2 净化爆炸性粉尘、爆炸性气体的除尘器如引入空气可能产生燃烧或爆炸危险时,可改用氮气作为清灰气体或改用机械振打清灰方式。

　　3 在线清灰时,大多数情况下清灰气流与主气流方向相反,清灰气流强度被主气流削弱,势必影响清灰效果。抖落的灰尘未完全沉降又被主气流带起,形成反复过滤、反复清灰的现象,应当避免。采用离线清灰方式时,需要将滤袋分室布置,配合提升阀使用,实现分室离线清灰。当某过滤室需要清灰时,通过关闭设在进气口或者出气口的阀门实现清灰室与主气流的隔离。清灰操作过程中因为至少有1个室不过滤气体,相当于总过滤面积减少,所以规定分室数量大于或等于4的反吹类袋式除尘器宜采用离线清灰方式。

7.2.5 本条规定了滤料选择需考虑的因素,为新增条文。

　　滤料性能应满足生产条件和除尘工艺的要求,滤料的主要性能包括耐温性能、耐酸碱性能等,选择滤料应对各种因素进行对比,抓住主要影响因素选择滤料。应尽可能选择使用寿命长的滤料。表面过滤方式已被公认为有助于提高除尘效率,滤料表面覆膜可实现滤袋表面过滤,常用的覆膜材料如聚四氟乙烯(PTFE)。选用覆膜滤料会增加造价,因此宜在技术经济条件合理时选用。常用滤料的物性指标总结在表4中。

7.2.6 本条是关于旋风除尘器的设计规定,为新增条文。

　　旋风除尘器除尘效率在70%~90%之间,除尘效率不高,一般情况下作为预除尘设备使用,可以减轻后续除尘设备的压力,延长后续除尘设备的使用寿命。烟气中含有炽热颗粒时,可采用旋风除尘器将其除去。

7.2.7 本条是关于湿式除尘器的设计规定,为新增条文。

　　湿式除尘器的效率和粉尘特性、除尘器性能、设计参数等相关,这里规定最低的设计效率标准。废气处理达到排放标准,是指最少满足现行国家标准的排放浓度限值和排放速率的要求。

7.2.8 本条规定了选用静电除尘器时对粉尘比电阻值的要求,为新增条文。

　　粉尘比电阻大小对静电除尘器净化效率影响很大,是决定性因素。粉尘比电阻值不在此范围内时,也可通过烟气调温如加湿等,使其适合于使用静电除尘器。

7.2.9、7.2.10 这两条是关于除尘器防爆、防结露、防冻结的规定,为新增条文。

　　在气体含湿量较高、环境温度较低等情况下,除尘器内部容易产生结露现象,该现象是造成腐蚀、粉尘粘袋的主要原因,应尽量避免。湿式除尘器还可能出现冻结情况,应予避免。

7.3 有害气体净化

7.3.1 本条规定了有害气体净化的要求,为新增条文。

　　有害气体的净化方法很多,需从工程情况、净化工艺的技术经济性出发,选择适用的废气净化工艺。废气净化最终产物应以回收有害物质、生成其他产品、生成无害物质为处理目标,应避免二次污染:避免污染物向水系统转移,避免生成大量的固体废物。

7.3.2 本条规定了有害气体净化吸收设备的基本要求,为新增条文。

　　有害气体净化吸收设备的基本要求,目的是为了强化吸收过程，降低设备的投资和运行费用。

1～3 气、液两相的界面状态对吸收过程有着决定性的影响，吸收设备的主要功能就在于建立最大的相接触面积，有一定的接触时间，并使其迅速更新。由于用吸收法净化处理的通风排气量大都是低浓度、大风量，因而大都选用气相为连续相、紊流程度高、相界面大的吸收设备。适宜的液气比是保证净化效率、控制运行费用的关键。通过溶液泵变频调速、溶液泵运行台数控制可实现液气比的调节。常用的吸收装置运行参数见表5。

表5 吸收装置运行参数

装置名称	液气比 (L/m³)	空塔速度 (m/s)	压力损失 (Pa)	备 注
填料塔	1.0～10	0.30～1.0	500～2000	拉西环、鲍尔环、波纹丝网等填料
湍球塔	2.7～3.8	0.50～6.0	每段400～1200	为填料塔的一种类型
喷淋塔	0.10～1.0	0.60～1.2	200～900	—
旋风洗涤器	0.50～5.0	1.0～3.0	500～3000	—
文氏管洗涤器	0.30～1.2	喉口30～100	3000～9000	—
喷射洗涤器	10～100	喷口20～50	1000～2000	—
穿流筛板塔	3.0～5.0	>3.0	每层200～600	为板式塔的一种形式
旋流板塔	5.0	3.0～4.0	每块板200	为板式塔的一种形式

4～6 与生产工艺的排气相比，通风排气中所含有害气体的浓度一般都比较低，回收利用价值小。因此用于通风排气系统的吸收设备与工艺流程应尽量简单，维护管理方便。

7.3.3 本条规定了吸收剂的选择，为新增条文。

1 为了提高吸收速度，增大对有害组分的吸收率，减少吸收剂用量和设备尺寸，要求对被吸收组分的溶解度尽量高，吸收速率尽量快。

2 为了减少吸收剂的耗损，其蒸汽压应尽量低，防止吸收剂挥发后随排风排出。

3 化学稳定性差会造成吸收剂失效，吸收剂补充量增加，失效的吸收剂是新的污染物。

4，5 在可能的条件下，应尽量采用工厂的废液（如废酸、废碱液）作为吸收剂。常用的吸收剂及其性能如下。

1）水。比较易溶于水的气体可用水作吸收剂，吸收效率与温度有关，一般随着温度的增高吸收效率下降。当气相中吸收质浓度较低时，吸收效率较低。应设法回收利用水吸收有害气体形成的酸液或碱液，减少新水的使用。确无利用价值时，废液应交由污酸污水系统集中处理。

2）碱性吸收剂。通常用于吸收能与碱起化学反应的有害组分，如二氧化硫、氮氧化物、硫化氢、氯化氢、氯气等。常用的碱性吸收剂有氢氧化钠、碳酸钠、氢氧化钙、氨水等。

3）酸性吸收剂。如稀硝酸吸收一氧化氮或二氧化氮，醋酸可用于吸收铅烟等。

4）有机吸收剂。有机吸收剂一般可用于吸收有机气体，如汽油吸收苯类气体，用柴油吸收有机溶剂蒸气等。涂装行业的有机废气是涂料中的有机溶剂挥发造成的，对人体危害较大的有甲苯、二甲苯。苯和二甲苯能溶解于柴油和煤油。目前我国涂装行业常用0#柴油作为吸收剂，净化效率可达95%以上。柴油是快速吸收型吸收剂，要考虑从柴油中分离有机溶剂，使柴油再生后循环使用。

5）氧化剂吸收剂。用次氯酸钠、臭氧、过氧化氢可以氧化分解恶臭物质，用高锰酸钾溶液吸收汞蒸气等。

7.3.4 吸附法可应用于大多数废气的净化，吸附法可达到90%以上的净化效率。

吸附过程是由于气相分子和吸附剂表面分子之间的吸引力使气相分子吸附在吸附剂表面。用作吸附剂的物质都是松散的多孔状结构，具有巨大的表面积。如工业上应用较多的活性炭，其比表面积为700m²/g～1500m²/g。吸附过程分为物理吸附和化学吸附两种。物理吸附单纯依靠分子间的吸引力（称为范德华力）把吸附质吸附在吸附剂表面。物理吸附是可逆的，吸附过程是一个放热过程，吸附热约是同类气体凝结热的2倍～3倍。化学吸附的作用力是吸附剂与吸附质之间的化学反应，它大大超过物理吸附的范德华力。化学吸附具有很高的选择特性，一种吸附剂只对特定的物质有吸附作用。化学吸附比较稳定，确实需要在高温下才能解吸。化学吸附是不可逆的。

进入吸附装置的有机废气的浓度应低于其爆炸下限的25%，否则应采用冷凝的方式进行预处理或混风稀释；进入吸附装置的颗粒物含量宜低于1mg/m³；进入吸附装置的废气温度宜低于40℃，否则应进行换热冷却或混风稀释；难脱除的气态污染物以及能造成吸附剂中毒的成分应采用吸收或预吸附的方法去除。

7.3.5 本条规定了吸附装置的几项重要参数，为新增条文。

为避免频繁更换吸附剂，吸附剂不再生时其连续工作时间不应少于3个月。

平衡吸附量是指在一定的温度、压力（25℃、101.3kPa）下污染空气通过一定量的吸附剂时，吸附剂所能吸附的最大气体量，通常以吸附剂的质量百分数表示。平衡保持量是指已吸附饱和的吸附剂让同温度的清洁干空气连续6h通过该吸附层后，在吸附层内仍保留的污染气体量。

对吸附剂再生利用的场合，吸附能力以平衡吸附量和平衡保持量的差计算。对吸附剂不再生利用的场合，吸附能力按平衡保持量计算。对吸附剂不进行再生的吸附器，吸附剂的连续工作时间按下式计算。

$$t = 10^6 \times S \times W \times E/[(\eta \times L \times y_1) \times h] \tag{11}$$

式中：t——吸附剂的连续工作时间；

W——吸附层内吸附剂的质量（kg）；

S——平衡保持量；

η——吸附效率，通常取 $\eta=1.0$；

L——通风量（m³/h）；

y_1——吸附器进口处有害气体浓度（mg/m³）；

E——动活性与静活性之比，近似取 $E=0.8～0.9$。

7.3.6 本条规定了吸附剂选用要求，为新增条文。

常用的吸附剂有活性炭、硅胶、活性氧化铝或分子筛等。活性炭是应用较广泛的一种吸附剂，特别是经浸渍处理后，应用更加广泛。硅胶等吸附剂称为亲水性吸附剂，用于吸附水蒸气和气体干燥。各种吸附剂可去除的有害气体见表6。

表6 各种吸附剂可去除的有害气体

吸附剂	可去除的有害气体
活性炭	苯、甲苯、二甲苯、丙酮、乙醇、乙醚、甲醛、苯乙烯、氯乙烯、恶臭物质、硫化氢、氯气、硫氧化物、氮氧化物、氯仿、一氧化碳
浸渍活性炭	烯烃、胺、酸雾、碱雾、硫醇、二氧化硫、氮化氢、氯化氢、氨气、汞、甲醛
活性氧化铝	硫化氢、二氧化硫、氟化氢、烃类
浸渍活性氧化铝	甲醛、氟化氢、酸雾、汞
硅胶	氮氧化物、二氧化硫、乙炔
分子筛	氮氧化物、二氧化硫、硫化氢、氯仿、烃类
泥煤、褐煤、风化煤	恶臭物质、氨气、氮氧化物
焦炭粉粒、白云石粉	沥青烟

7.3.7 本条规定了吸附剂脱附方式，为新增条文。

为防止对吸附剂造成破坏，采用活性炭作吸附剂时，脱附气的温度宜控制在120℃以下；脱附气冷凝回收有机溶剂时，冷却水温度与有机溶剂沸点温度差越大，回收效果越好，根据有机溶剂的物理性质确定冷却水温度,一般的冷却水温度达不到要求时,采用冷冻水。

7.4 设备布置

7.4.1 本条规定了粉尘回收处理方式,为新增条文。

本条是从保障除尘系统的正常运行,便于维护管理、减少二次扬尘,保护环境和提高经济效益等方面出发,并结合国内各厂矿、企业的实践经验制订的。对粉尘的处理回收方式主要有以下几种:

对于干式除尘器,有人工清灰、机械清灰和除尘器的排灰管直接接至工艺流程等。人工清灰多用于粉尘量少,不直接回收利用或无回收价值的粉尘;机械清灰包括机械输送、水力输送和气力输送等,其处理方式一般是将收集的粉尘纳入工艺流程回收处理。机械清灰的输送灰尘设施较复杂,但操作简单、可靠。除尘器直接布置在胶带运输机、料仓等上部,排灰管直接接至工艺流程,如接到胶带运输机溜槽、漏斗、料仓,用于有回收价值且能直接回收的粉尘,是一种较经济有效的方式。

7.4.2 本条是关于除尘器的位置及除尘系统水力平衡的规定。

在设计机械除尘系统时,大都把除尘器布置在系统的负压段,其最大优点是保护通风机壳体和叶片免受或减缓粉尘的磨损,延长通风机的使用寿命。由于某种需要也有把除尘器置于系统正压段的,如采用袋式除尘器时,为了节省外部壳体的金属耗量,避免因考虑漏风问题而增加除尘器的负荷,延长布袋的使用期限及便于在工作状况下进行检修等,有时把除尘器安装在正压段就具有一定的优点。在这种情况下,应选择排尘通风机。由于同普通通风机相比,排尘通风机价格较贵,效率较低,能量消耗约增加25%以上,因此设计时应根据具体情况进行技术经济比较确定。

把除尘系统并联管间的压力损失差额控制在一定范围内是保障系统运行效果的重要条件之一。在设计计算时,应用调整管径的办法使系统各并联管段间的压力损失达到所要求的平衡状态,不仅能保证各并联支管的风量要求,而且可不装设调节阀门,对减少漏风量和降低系统造价也较为有利。特别是对除尘系统,设置调节阀害多利少,不仅会增大系统的阻力,而且会增加管内积尘,甚至有导致风管堵塞的可能。根据国内的习惯做法,本条规定一般送排风系统各并联管段的压力损失相对差额不大于15%,除尘系统不大于10%,相当于风量相差不大于5%。这样做既能保证通风效果,设计上也是能办到的,如在设计时难于利用调整管径达到平衡要求时,则可装设调节阀门。

7.4.3 本条规定了湿式有害气体净化装置的防冻要求,为新增条文。

在严寒及寒冷地区,湿式废气净化设备的布置要注意设备防冻结、结露而影响正常运行。

为了保证湿式除尘器在冬季的时候还能够正常工作,在设计上应该采取的防冻措施有:把湿式除尘器安装在供暖房间内,对除尘器壳体进行保温,对水池进行保温、加热等。

7.4.4 本条规定了卸尘管和排污管的防漏风要求,为新增条文。

防止卸尘管和排污管漏风的措施是在干式除尘器的卸尘管和湿式除尘器的污水排出管上装设有效的卸尘装置。卸尘装置(包括集尘斗、卸尘阀或水封等)是除尘设备的一个不可忽视的重要组成部分,它对除尘器的运行及除尘效率有相当大的影响。如果卸尘装置装设不好,就会使大量空气从排尘口或排污口吸入,破坏除尘器内部的气流运动,大大降低除尘效率。如当旋风除尘器卸尘口漏风达15%时,就会使除尘器完全失去作用。其他种类的除尘器漏风对除尘效率的影响也是非常显著的。

7.5 排 气 筒

7.5.1 本条是关于排气筒的高度的规定,为新增条文。

排气筒的高度在设计中要给予足够的重视。即使废气排放前

已经采取了有效的净化措施,高空排放对加强污染物稀释扩散、降低污染物落地浓度依旧是最直接、最经济有效的措施。现行国家标准《大气污染物综合排放标准》GB 16297执行多年,其中排气筒高度的规定可执行性强,工程中能够符合要求。近几年,环境保护部联合国家质量监督检验检疫总局,相继颁布了若干行业的工业污染物排放标准,其中也有关于排气筒高度的规定,这些标准也应予以执行。

排气筒高度除满足条文规定以外,在完成项目环境影响评价的工作中,经由环评单位对污染物的排放情况进行模拟计算,从而进一步核准排气筒高度。如不满足排放要求,会采取改进废气净化工艺、减少排放总量、加高排气筒等措施。模拟计算中将本企业以及周边影响范围内的企业的污染物排放情况作为初始输入,计算结果准确度较高,可作为设计依据。

7.5.2 本条是关于排气筒出口风速的规定,为新增条文。

为达产、达标或增产的需要,建设项目常有改造的需求,排气筒一经建好,改造的难度较大,因此应有一定的排放能力富余量。

7.5.3 本条是关于设置监测采样孔的规定,为新增条文。

设置监测的采样孔和监测平台及排气筒附属设施是环境监测、操作维护、安全的需要。排气筒附属设施通常有:

(1)清灰孔、排水孔、楼梯或爬梯;

(2)备用电源、照明设施、避雷设施、航空障碍灯等。

7.5.4 本条规定了排气筒绝热防腐要求,为新增条文。

排烟的排气筒习惯上称烟囱,应向土建专业提出明确的烟气参数、烟气成分等,用于设计烟囱绝热层及防腐层。非正常生产状况会出现短时间恶劣工况时,则应根据非正常生产情况下的烟气条件设计。

7.5.5 本条是关于设集中排气筒的规定,为新增条文。

减少排放点数量可以减少环境管理工作量,在一定区域内的排风点集中设排气筒是大多数企业的现实需求。

7.6 抑尘及真空清扫

7.6.1 本条是关于采用水力喷雾抑尘的规定,为新增条文。

水力喷雾抑尘在扬尘地点利用喷嘴将水喷成水雾,均匀地加湿物料以减少或消除粉尘的产生,并捕集和抑制已经扬起的粉尘。加水会引起产品水解或粉化的工艺流程不允许设置水力抑尘,如耐火厂煅烧后的镁砂、白云石等工艺流程。加水过多影响产品的产量和质量时,应控制加水量,以避免筒磨机、球磨机的"粘球",干碾机的碾底片板堵塞和筛子的糊网等。

7.6.2 本条是关于设置真空清扫装置的规定,为新增条文。

1 影响真空清扫设备选择的因素很多,但主要是真空度、风量、真空清扫设备形式等几项。根据运行经验,通常粉尘或物料粒径按3.0mm~30mm,真空度在30kPa以上即可满足要求,但要考虑海拔高度对真空度的影响。

2 真空清扫设备的容量可以根据最远处吸尘点所需的抽吸能力确定,可按2个~3个吸嘴同时工作来设计。

3 真空清扫设备分为固定式和移动式两种,采用哪种方式根据工程的具体情况确定。移动式有一机多用、灵活方便等优点,虽然造价较高,但受业主欢迎,在一般情况下,宜优先采用移动车载式。选用固定式应注意每一个独立的清扫管网应配套一台固定式清扫设备。

4 真空清扫设备所应具有的自动保护功能包括但不限于:真空泵润滑油油位过低,自动关机;真空泵出口温度过高,自动关机;真空泵负压过高,自动放空保护;主料斗料位满,自动停机;布袋过滤器破损检测并停机保护;布袋堵塞压差过高,连锁保护。

7.6.3 本条规定了真空清扫管网系统的设计要求,为新增条文。

1 管网配置的好坏关系到真空清扫系统的运行成功与否。因此配置管网时,要考虑到运行、维护、检修的方便性。每台生产装置(包括对应的料仓区域)设置一套管网系统,可独立运行。

2 常用的吸尘软管长度及其工作半径一般在 10m～15m,根据吸尘软管长度确定各吸尘口之间的合理距离。

3 为了使管道耐磨和减小阻力,生产厂房吸尘管道多数情况下采用无缝钢管制作,但也有采用非金属材料制作的吸尘管道。

7.7 粉尘输送

7.7.1 本条规定了粉尘的输送要求,为新增条文。

1、2 除尘器收集的粉尘需要从除尘器排出并输送到储存装置,再通过运输车辆运送到粉尘回收处理单元。因此粉尘输送是除尘工程设计的一个环节,是大、中型除尘系统不可缺少的组成部分。防止二次扬尘是粉尘输送的一项重要要求,条件允许时加湿输送或搅拌制浆后输送可防止二次扬尘。粉尘采用机械输送或气力输送技术成熟,是当前除尘系统粉尘输送主要采用的方式。

3 多级机械设备输送时,后一级机械设备的输送能力不应小于前一级设备的能力,主要是防止在输送设备内造成粉尘堵塞。

4 本款规定了为减少或消除储灰仓向运输车辆卸灰时产生的二次扬尘,目前通常采取的措施。

7.7.2 本条是关于气力输送装置的规定,为新增条文。

1 防爆措施包括采用氮气输送、采用防爆型设备等。

2 气力输送时设置中间储灰仓,可以解决输送能力及输送时间不匹配的问题。

3 气力输送设计中应充分考虑输送管路的磨损。应根据所输送粉尘的粉尘量、密度、磨琢性、粒径分布等物料性质及输送条件,合理确定料气比及输送速度。弯管是气力输送系统中最易磨损的构件,为延长弯管的使用寿命,可采取管壁加厚或采用耐磨材料制作。

4 备用的仓式泵输灰系统包括设备的备用和管道的备用,任何一个系统因设备故障或管道损坏而停止工作时,备用的系统能够满足使用要求。

5 加大曲率半径可防止堵塞、减小输送阻力、防止管道磨损。

8 空气调节

8.1 一般规定

8.1.1 本条规定了对空气调节的要求,为新增条文。

空气调节的目的有两个,一个是以满足工业生产工艺或产品对室内空气环境参数要求为目的,称为工艺性空气调节;另一个是以满足人体对室内空气热湿环境要求及健康要求为目的,称为舒适性空气调节。本规范主要针对工艺性空气调节,因此明确规定"工艺性空气调节应满足生产工艺或产品对空气环境参数的要求"是必要的。当设计生产环境有人员的工艺性空气调节时,应首先满足生产工艺对空气环境参数的要求,在此前提下兼顾考虑人员的热舒适及健康要求。当工业建筑中以满足人员的舒适性要求为主时,空气调节设计应符合现行国家标准《民用建筑供暖通风与空气调节设计规范》GB 50736中的相关规定。

8.1.2 本条规定了设置空气调节的条件。

1 对于工业建筑,生产工艺的室内温度、湿度计洁净度条件是必须满足的,当采用供暖通风不能达到生产工艺对环境的要求,一般指夏季室外温度较高,无法用通风的方式满足降温的情况,如发热量较大的配电室等场合,若采用通风方式降温,夏季不能达到室内温度要求;或者冬季采暖虽然能满足室内温度要求,但不能满足室内湿度要求的情况;或者室内洁净度要求较高的情况,所以设置空气调节。

2 为了有利于提高了人员的劳动生产率和工作效率,延长设备使用寿命,降低设备生命周期费用,增加了经济效益。

3 随着经济水平的提高,空气调节的应用也日益广泛,为了改善劳动条件,满足卫生要求,有益于人员的身体健康,都应设置空气调节。

4 有利于提高和保证产品质量是指产品生产或储存中,对室内温度、湿度、洁净度有特殊的要求。

8.1.3 本条是关于工业建筑空气调节区的面积、散热、散湿设备和设置全室性空气调节的规定。

在满足生产工艺要求的前提下,尽可能减少空气调节区的面积和体积,其目的是为了节约空气调节投资、减少空气调节用能、降低空气调节运行费用。

空气调节区的散热、散湿设备越少,则冷、湿负荷越小,越有利于控制达到温、湿度的要求,同时也比较经济。因此条文规定,在满足生产工艺要求的条件下,宜减少空气调节区的散热、散湿设备。

对于工艺性空气调节,宜采取经济有效的局部工艺措施或局部区域的空气调节代替全室性空气调节,以达到节能降耗的目的。如储存受潮后易生锈的金属零件。若采用全室性空气调节保持低温要求是不经济的,而在工艺上采用干燥箱储存这些零件是行之有效的好办法,又如,电表厂的标准电阻要求温度波动小,而将标准电阻放在油箱内用半导体制冷,保持油箱内的温度就可不设全室性空气调节;对于工业厂房内个别设备或工艺生产线有空气调节要求,采用罩子将其隔开,在此局部区域内进行空气调节,既可满足工艺要求,又比整个区域空气调节节约投资并节能。

8.1.4 本条规定了工业建筑的高大空间分层空气调节的要求。

对于工业建筑的高大空间,当生产工艺或使用要求允许仅在下部作业区域设计空气调节时,应采用分层式送风或下部送风的气流组织方式,以达到节能的目的。本次修订将原规范第 6.1.2 条中的高大空间分层空气调节的规定成为单独的条文,并改为适用于"工业建筑",是为了响应工业建筑节能及空气调节节能设计要求,强化空气调节节能设计。有些场所无法实现侧送风,只能顶部送风,因此规定"宜"采用分层式空气调节方式。

大面积厂房如纺织厂,厂房内工艺设备区和操作人员区可以有不同的温、湿度要求,但两个区域之间无隔间,这时也可采用分区设不同空气调节系统,对节能有显著效果,已在很多工厂应用。

8.1.5 本条规定了空气调节区内的空气压差要求。

空气调节区内的空气压力不仅影响空气的流动,而且还影响着空气调节区的环境参数控制和新风比及能耗,因此在设计上需要重视。如果空气调节区的空气压力为负压,区外空气就会流入,从而影响空气调节区的环境参数;如果空气调节区的空气压力保持为正压,则能防止区外空气渗入,有利于保证空气调节区的环境参数少受外界干扰。所以一般情况下,空气调节区保持正压。

对于工业建筑的生产工艺性空气调节,不同的生产工艺有不同的要求,因此空气调节区的空气压力应按工艺要求确定。通常,当环境参数不同的空气调节区相邻时,原则上空气压差的方向是:洁净度等级较高的空气调节区的空气压力大于洁净度等级较低的空气调节区的空气压力,温、湿度波动范围较小的空气调节区的空气压力大于温、湿度波动范围较大的空气调节区的空气压力,无污染源的空气调节区的空气压力大于有污染源的空气调节区的空气压力。

空气调节系统室内正压值不宜过小,也不宜过大,研究及大量工程实践证明,室内正压值一般宜为 5Pa～10Pa,室内正压值太大时,不仅会影响人体舒适感,而且会增大新风能耗,同时还会造成开门困难。

8.1.6 本条是关于空气调节区的设计布置要求。

空气调节区集中布置有利于减少空气调节区外墙以及与非空气调节区相邻的内墙、楼板传热形成的冷、热负荷,降低空气调节系统投资及建筑保温的造价,便于运行控制和维护管理。

8.1.7 本条规定了围护结构的传热系数。

建筑物围护结构的传热系数 K 值的大小是能否保证空气调节区正常生产条件,影响空气调节工程综合造价高低、维护费用多少的主要因素之一。K值愈小，则冷负荷愈小，空气调节系统装机容量愈小。K值又受建筑结构与材料等投资影响，不能无限制地减小。K值的选择与绝热材料价格及导热系数、室内外计算温差、初投资费用系数、年维护费用系数以及绝热材料的投资回收年限等各项因素相关。不同地区的热价、冷价、电价、水价、绝热材料价格及系统工作时间等可能不同，即使同一地区这些因素也是变化的，因此本条只给出K值的最大限值，实际应用中应通过技术经济比较确定合理的K值。

8.1.8 本条规定了围护结构的热惰性指标。

热惰性指标D是表征建筑围护结构对温度波衰减快慢程度的无量纲指标，D值大小直接影响室内温度波动范围，其值大则室温波动范围越小，其值小则相反。因此，本条按照室内温度允许波动范围的不同规定了围护结构热惰性指标D的最小限值，恒温空调设计时建筑围护结构的D值不应小于表8.1.8的值。需要说明的是，虽然D值越大越有利，但增大D值意味着增加围护结构投资，所以具体工程合理的D值应经过技术经济比较后确定。

8.1.9 本条是关于空气调节区外墙、外墙朝向及其所在层次的规定。

根据实测表明，对于空气调节区西向外墙，当其传热系数为0.34W/(m²·℃)~0.40W/(m²·℃)，室内、外温差为10.5℃~24.5℃时，距墙面100mm以内的空气温度不稳定，变化在±0.3℃以内；距墙面100mm以外时，温度就比较稳定了。因此对于室温允许波动范围大于或等于±1.0℃的空气调节区来说，有西向外墙也是可以的，对人员活动区的温度波动不会有什么影响。从减少室内冷负荷出发，则宜减少西向外墙以及其他朝向的外墙；如有外墙时，最好为北向，且应避免将空气调节区设置在顶层。

为了保持室温的稳定性和不减少人员活动区的范围，对于室温允许波动范围为±0.5℃的空气调节区，不宜有外墙，如有外墙，应北向；对于室温允许波动范围为±(0.1~0.2)℃的空气调节区，不应有外墙。

屋顶受太阳辐射热的作用后，能使屋顶表面温度升高35℃~40℃，屋顶温度的波幅可达±28℃。为了减少太阳辐射热对室温波动要求小于或等于±0.5℃空气调节区的影响，所以规定当其在单层建筑物内时，宜通风屋顶。

在北纬23.5°及其以南的地区，北向与南向的太阳辐射强度相差不大，且均较其他朝向小，可采用南向或北向外墙。对于本规范第8.1.10条来说，则可采用南向或北向外窗。

8.1.10 过渡季空调系统不运行时，利用外窗自然通风，可开启外窗面积应满足自然通风的需要。

8.1.11 本条规定了工艺性空气调节区的外窗朝向。

根据调查、实测与分析：当室温允许波动范围大于±1.0℃时，从技术上来看，可以不限制外窗朝向，但从降低空气调节系统造价考虑，应尽量采用北向外窗；室温允许波动范围为±1.0℃的空气调节区，由于东、西向外窗的太阳辐射热可以直接进入人员活动区，不应有东、西向外窗，据实测，室温允许波动范围为±0.5℃的空气调节区，对于双层毛玻璃的北向外窗，室内外温差为9.4℃时，窗对室温波动的影响范围在200mm以内，如果有外窗，应北向。

8.1.12 本条规定了设置门斗的要求。

从调查来看，一般空气调节区的外门均设有门斗，内门指空气调节区与非空气调节区或走廊相通的门，一般也设有门斗。走廊两边都是空气调节区的除外，在这种情况下，门斗设在走廊的两端。与邻室温差较大的空气调节区，设计中也有未设门斗的，但在使用过程中，由于门的开闭对室温波动影响较大，因此在后来的运行管理中也采取了一定的措施。按北京、上海、南京、广州等地空气调节区的实际使用情况，规定门两侧温差大于或等于7℃时，应采用保温门；同时对室内温度波动范围要求较严格的工艺性空气调节区的内门和门斗作了如条文中表8.1.12的相关规定。

8.1.13 本条是关于全空气空调系统可变新风比的规定，为新增条文。

本条规定主要是从空调系统节能及保证室内空气质量来考虑的，因为不少工业建筑的空气调节区内生产工艺设备散热形成的空调冷负荷远大于建筑围护结构传热形成的冷负荷，有些甚至需要全年供冷，从空调系统运行节能考虑，这种场合的空调系统设计应能实现在过渡季节充分利用外部自然冷源，即当室外空气焓值低于空气调节区焓值时，空调系统可实现加大新风量直至全新风运行的运行模式，从而减少冷水机组运行时间和台数，实现系统运行节能。当室外新风质量符合空气调节区要求且空气调节区有可开启的外窗时，则开窗自然通风更有利于节能；当室外新风质量不符合空气调节区要求时，就不能开启外窗自然通风，必须开启空气调节系统机械送排风，这就要求系统能实现全新风运行，所以系统设计时就要设计有能实现全新风运行的技术措施及调节控制设备。

实现全新风运行的措施包括空调机组配备双风机（送风机及回风机）或者另设专用的排风机，新风口及新风道按照总风量设计。

8.1.14 本条是关于工业建筑空气调节系统进行方案优化的原则，为新增条文。

对建筑规模较大、生产工艺功能复杂、空气调节区环境参数要求较高的工业建筑，在选择确定空气调节设计方案时，宜对各种可行的方案及运行模式进行全年能耗模拟计算分析，综合考虑系统能耗、投资、运行维护费用，并进行技术、经济比较，才能使系统的设计配置最合理，运行模式及控制策略最优化。

8.2 负荷计算

8.2.1 本条是关于逐时冷负荷的计算规定。

近年来，全国各地暖通工程设计过程中滥用单位冷负荷指标的现象十分普遍。估算的结果当然总是偏大，并由此造成"一大三大"的后果，即总负荷偏大，从而导致主机偏大、管道输送系统偏大、末端设备偏大。由此带来初投资较高，运行不经济，给国家和投资者造成损失，给节能和环保带来的潜在问题也是显而易见的。因此，规范必须对这个问题有个明确的规定。

工业建筑一般是以工艺设备发热量为主要得热量，围护结构得热量占有的比例较小，本条规定空气调节区的冷负荷在高阶段设计时可采用冷负荷指标法计算，而施工图设计时应逐项逐时计算，因此本条不再作为强制性条文。

8.2.2 本条规定了空气调节系统的冬季热负荷。

空气调节区的冬季热负荷与供暖房间的热负荷，计算方法是一样的，只是当空气调节区有足够的正压时，不必计算经由门窗缝隙渗入室内冷空气的耗热量。但是考虑到空气调节区内热环境条件要求较高，空气调节区温度的不保证时间应少于一般供暖房间，因此在选取室外计算温度时，规定采用历年平均每年不保证1天的日平均温度值，即应采用冬季空气调节室外计算温度。

空气调节厂房冬季热负荷应按本规范第5.2节的方法计算，当工艺设备具有稳定的散热量时，厂房的热负荷应扣除这部分得热量。

8.2.3 本条规定了空气调节区的夏季得热量。

在计算得热量时，只能计算空气调节区域得到的热量，包括空气调节区自身的得热量和由空气调节区外传入的得热量，如分层空气调节中的对流热转移和辐射热转移等，处于空气调节区域之外的得热量不应计算。工业建筑的高大空间采用分层空调方式时，需计算上部空间向空调区的热转移量；采用局部空调或分区空调方式时，应计算其他区域向计算空调区的热转移量。

8.2.4 本条规定了空气调节区的夏季冷负荷。

本条规定了计算夏季设计冷负荷所应考虑的基本因素，指出得热量与冷负荷是两个不同的概念；明确规定了应按非稳态传热方法进行冷负荷计算的各种得热项目,并提出对于工业建筑工艺性空气调节,往往设计冷负荷的绝大部分是由生产工艺设备散热等室内热源得热量形成的,冷负荷计算时要特别重视这一特点。

以空气调节房间为例,通过围护结构进入房间的以及房间内部散出的各种热量称为房间得热量;为保持所要求的室内温度必须由空气调节系统从房间带走的热量称为房间冷负荷。两者在数值上不一定相等,取决于得热中是否含有时变的辐射成分。当时变的得热量中含有辐射成分时或者虽然时变得热曲线相同但所含的辐射百分比不同时,由于进入房间的辐射成分不能被空气调节系统的送风消除,只能被房间内表面及室内各种陈设所吸收、反射、放热、再吸收,再反射、再放热⋯⋯在多次放热过程中,由于房间及陈设的蓄热—放热作用,得热当中的辐射成分逐渐转化为对流成分,即转化为冷负荷。显然,此时得热曲线与负荷曲线不再一致,比起前者,后者线型将产生峰值上的衰减和时间上的延迟,这对于削减空气调节设计负荷有重要意义。

8.2.5 本条规定了室外或邻室计算温度。

8.2.6～8.2.8 这几条规定了外墙、屋顶和外窗传热形成的逐时冷负荷。

第8.2.6条提醒设计人员在进行局部区域空气调节负荷计算时,不要把不处于空气调节区的屋顶形成的负荷全部考虑进去。

冷负荷计算温度的确定过程比较复杂,而且有不同的计算方法,国内一些技术手册中均有现成的表格可查。在此必须说明,本条用冷负荷计算温度计算冷负荷的公式是基于国内各种计算方法的一种综合的表达形式,并不是特指某一种具体计算方法。

对于一般要求的空气调节区,由于室外扰动因素经历了围护结构和空气调节区的双重衰减作用,负荷曲线已相当平缓,为减少计算工作量,对非轻型外墙,室外计算温度可采用平均综合温度代替冷负荷计算温度。

8.2.9 本条规定了内围护结构传热形成的冷负荷。

当相邻空气调节区的温差大于3℃时,通过隔墙或楼板等传热形成的冷负荷在空气调节区的冷负荷中占有一定比重,在某些情况下是不宜忽略的,因此作了本条规定。

8.2.10 本条规定了地面传热形成的冷负荷。

对于工艺性空气调节区,当有外墙时,距外墙2m范围内的地面受室外气温和太阳辐射热的影响较大,测得地面的表面温度比室温高1.2℃～1.26℃,即地面温度比西外墙的内表面温度还高。分析其原因,可能是混凝土地面的K值比西外墙的要大一些的缘故,所以规定距外墙2m范围内的地面宜计算传热形成的冷负荷。

本条所指的"其他情况",是对于舒适性空气调节区,夏季通过地面传热形成的冷负荷所占的比例很小,可以忽略不计。

8.2.11 本条规定了透过玻璃窗进入的太阳辐射热量。

对于有外窗的空气调节区,透过玻璃窗进入室内的太阳辐射热形成的冷负荷在空气调节区总负荷中占有举足轻重的地位。因此,正确计算透过窗户进入室内的太阳辐射热量十分重要。本规范附录D所列夏季透过标准玻璃的太阳辐射照度是针对裸露的单位净面积标准玻璃给出的。对于实际使用的玻璃窗,当计算其透过太阳辐射热量时,则不但要考虑窗框、窗玻璃种类与窗户层数的影响,更重要的是要考虑各种遮阳物的影响,其中包括内遮阳设施、外遮阳设施(包括窗洞、窗套的遮阳作用)以及位于空气调节建筑物附近的高大建筑物和构筑物的影响。一些遮阳设备的遮阳作用则应通过建筑光学中关于阴影的计算方法加以考虑。

8.2.12 本条规定了透过玻璃窗进入的太阳辐射热形成的冷负荷。

由于透过玻璃窗进入空气调节区的太阳辐射热量随时间变化,而且其中的辐射成分又随着遮阳设施类型和窗面送风状况的不同而异,因此这项得热量形成的冷负荷应根据实际采用的遮阳方法、窗内表面空气流动状态以及空气调节区的蓄热特性计算确定。由于计算过程比较复杂,可直接使用专门的计算表格或计算

机程序求解。

8.2.13 本条是关于人体、照明和设备等散热形成的冷负荷的规定。

非全天工作的照明、设备、器具以及人员等室内热源散热量,因具有时变性质,且包含辐射成分,所以这些散热曲线与它们所形成的负荷曲线是不一致的。根据散热的特点和空气调节区的热工状况,按照负荷计算理论,依据给出的散热曲线可计算出相应的负荷曲线。在进行具体的工程计算时,可直接查计算表或使用计算机程序求解。

人员群集系数系指人员的年龄构成、性别构成以及密集程度等情况的不同而考虑的折减系数。年龄不同和性别不同,人员的小时散热量就不同。如成年女子的散热量约为成年男子散热量的85%,儿童散热量相当于成年男子散热量的75%。

设备的功率系数系指设备小时平均实耗功率与其安装功率之比。

设备的"通风保温系数"系指考虑设备有无局部排风设施以及设备热表面是否保温而采取的散热量折减系数。

8.2.14 本条规定了空气调节区的夏季散湿量。

空气调节区的计算散湿量直接关系到空气处理过程和空气调节系统的冷负荷。把散湿量的各个项目一一列出,单独形成一条,是为了把湿量问题提得更加明确,并且与本规范第8.2.3条第8款相呼应,强调了与显热得热量性质不同的各项有关的潜热得热量。

8.2.15 本条规定了散湿量的计算。

本条所说的"人员群集系数",指的是集中在空气调节区内的各类人员的年龄构成、性别构成和密集程度不同而使人均小时散湿量发生变化的折减系数。如儿童和成年女子的散湿量约为成年男子相应散湿量的75%和85%。考虑人员群集的实际情况,将会把以往计算偏大的湿负荷降低下来。

"通风系数"系指考虑散湿设备有无排风设施而采用的散湿量折减系数。当按照本规范第8.2.13条从有关工具书中查找通风保湿系数时,"设备无保温"情况下的通风保温系数值即为本条的通风系数值。

8.2.16 本条是关于空气调节区、空气调节系统、空调冷源夏季冷负荷的规定。

根据空气调节区的同时使用情况、空气调节系统类型及控制方式等各种情况的不同,在确定空气调节系统夏季冷负荷时,主要有两种不同算法:一是取同时使用的各空气调节区逐时冷负荷的综合最大值,即从各空气调节区逐时冷负荷相加之后得出的数列中找出的最大值;一是取同时使用的各空气调节区夏季冷负荷的累计值,即找出各空气调节区逐时冷负荷的最大值并将它们相加在一起,而不考虑它们是否同时发生。后一种方法的计算结果显然比前一种方法的结果要大。例如:当采用变风量集中式空气调节系统时,由于系统本身具有适应各空气调节区冷负荷变化的调节能力,此时即应采用各空气调节区逐时冷负荷的综合最大值;当末端设备没有室温控制装置时,由于系统本身不能适应各空气调节区冷负荷的变化,为保证最不利情况下达到空气调节区的温湿度要求,即应采用各空气调节区夏季冷负荷的累计值。

空调系统附加冷负荷,包括空气通过风机、风管的温升引起的冷负荷,以及空气处理过程产生冷热抵消现象引起的附加冷负荷等。空调冷源附加冷负荷,包括冷水通过水泵、水管、水箱的温升引起的冷负荷。

8.3 空气调节系统

8.3.1 本条规定了选择空气调节系统的原则。

本条是选择空气调节系统的总原则,其目的是为了在满足使用要求的前提下,尽量做到节省一次投资、系统运行经济、减少能耗。

8.3.2 本条规定了空气调节风系统的划分。

1 考虑到将不同要求的空气调节区放置在一个空气调节系统中难以控制、影响使用,所以强调不同要求的空气调节区宜分别设置空气调节风系统。但有适应不同区域不同要求的措施时,如采用设有末端装置的变风量系统或采用分区送风型空气处理装置时,可合设。

5 同一时段需供冷和供热的空气调节区,指不同朝向空气调节区、外区与内区等。内、外区负荷特性相差很大,尤其是冬季或过渡季,常常外区需热时,内区因过热而全年需冷;过渡季节朝向不同的空气调节区也常常需要不同的送风参数,推荐按不同区域分别设置空气调节风系统,易于调节及满足使用要求。

8.3.3 本条规定了全空气定风量空气调节系统的选择设计。

(1)空气系统存在风管占用空间较大的缺点,但人员较多的空气调节区新风比例较大。与风机盘管加新风等空气-水系统相比,多占用空间不明显;人员较多的大空间空气调节负荷和风量较大,便于独立设置空气调节风系统。因而不存在多空气调节区共用全空气定风量系统难以分别控制的问题;全空气定风量系统易于改变新回风比例,必要时可实现全新风送风,能够获得较大的节能效果;全空气系统的设备集中,便于维修管理。因此推荐在大空间建筑中采用。

(2)全空气定风量系统易于消除噪声、过滤净化和控制空气调节区温、湿度,且气流组织稳定,因此推荐用于要求较高的工艺性空气调节系统。

8.3.4 本条规定了一次回风系统的选择。

目前,定风量系统多采用改变冷热水水量控制送风温度,而不常采用变动一、二次回风比的复杂控制系统,且变动一、二次回风比会影响室内相对湿度的稳定,也不适用于散湿量大、温、湿度要求严格的空气调节区;因此一般工程推荐系统简单、易于控制的一次回风系统。

采用下送风方式的空气调节风系统以及洁净室的空气调节风系统(按洁净要求确定的风量往往大于以负荷和允许送风温差计算出的风量),其允许进风温差都较小,为避免再热量的损失,不宜采用一次回风的全空气定风量空气调节系统,可以使用二次回风系统。

8.3.5 本条规定了设置进风机、回风机的双风机空气调节系统的选择。

仅有送风机的单风机空气调节系统简单、占地少、一次投资省、运转耗电量少,因此常被采用。在需要变换新风、回风和排风量时,单风机空气调节系统存在调节困难、空气调节处理机组容易漏风等缺点;在系统阻力大时,风机风压高,耗电量大,噪声也较大。因此,宜采用双风机空气调节系统。

8.3.6 本条规定了变风量空气调节系统的选择。

由于变风量系统的风量变化范围有一定的限制,且湿度不易控制,因此规定不宜用在温、湿度精度要求高的工艺性空气调节区;变风量系统末端装置由于控制等需要较高的风速、风压,末端阀门的节流及设小风机等都会产生较高噪声;因此不适用于噪声要求严格的空气调节区。变风量系统比其他空气调节系统造价高,比风机盘管加新风系统占据空间大,使用前应经技术经济比较,技术经济合理时可采用。

1 负担多个空气调节区,各空气调节区负荷变化较大时,采用各个空调区分别设置变风量末端,或者采用空调机组分区送风集中设置变风量装置,均可达到系统变风量的目的,从而实现分区控制温度,以及节能运行的目的。

2 条文中增加了单个空气调节区的全空气变风量空气调节系统。全空气系统部分负荷时如果不改变空气调节系统的送风量,要保持室内温度只能通过减小送风温差来达到热量平衡,此时热湿比线右移使室内相对湿度变大。如果采用变风量空气调节系统,部分负荷时通过减小送风量,不但可以节省风量输送电能,而

且能够保持较低的相对湿度,减小室内金属零部件锈蚀。

8.3.7 本条规定了变风量空气调节系统的设计。

1 对变风量空气调节系统,要求采用风机调速改变系统风量以达到节能的目的;不应采用恒速风机通过改变送风阀和回风阀的开度实现变风量等简易方法。

2 当进风量减少时,新风量也随之减少,会产生新风不满足卫生要求的后果因此强调应采取保证最小新风量的措施。

3 本款是对空气调节区可变风量范围的要求。

4 变风量的末端装置是指送风口处的风量是变化的,不包括送风口处风量恒定的串联式风机驱动型等末端装置。当送风口处风量变化时,如果送风口选择不当,会影响到室内空气分布。但是采用串联式风机驱动型等末端装置时,则不存在上述问题。

8.3.8 本条规定了风机盘管加新风系统的选择设计。

(1)风机盘管系统具有各空气调节区可单独调节,比全空气系统节省空间,比带冷源的分散设置的空气调节器和变风量系统造价低廉等优点。

(2)"加新风系统"是指新风需经过处理,达到一定的参数要求,有组织地送入室内。本条将"经处理的新风宜直接送入室内"中的"宜"修改为"应",是强调如果新风与风机盘管吸入口相接或只送到风机盘管的回风口吊顶处,将减少室内的通风量,不利于节能。当风机盘管风机停止运行时,新风有可能从带有过滤器的回风口吹出,不利于室内卫生;

(3)风机盘管加新风系统存在着不能严格控制室内温、湿度,常年使用时冷却盘管外部因冷凝水而滋生微生物和病菌,恶化室内空气等缺点。因此对温、湿度和卫生等要求较高的空气调节区限制使用;

(4)由于风机盘管对空气进行循环处理,一般不做特殊的过滤,所以不应安装在机加工等油烟较多的空气调节区,否则会增加盘管风阻力及影响传热。

8.3.9 本条规定了蒸发冷却空调系统的选择,为新增条文。

蒸发冷却空调系统是利用室外空气中的干、湿球温度差所具有的"天然冷却能力",通过水与空气之间的热湿交换,对被处理的空气或水进行降温处理,以满足室内温、湿度要求的空调系统。

1 在室外气象条件满足要求的前提下,推荐在夏季空调室外计算湿球温度较低的干燥地区(通常在低于23℃的地区),如新疆、西藏、青海、宁夏、甘肃、内蒙古、陕西、云南等干热气候区,采用蒸发冷却空调系统,降温幅度大约能达到10℃～20℃的明显效果。蒸发冷却空调机组目前已在新疆、甘肃、宁夏和内蒙古等地区得到了大力推广与应用。

2 对于工业建筑中高温车间,如铸造车间、熔炼车间、动力发电厂汽机房、变频机房、通信机房(基站)、数据中心等,由于生产和使用过程散热量较大,但散湿量较小或无散湿量,且空调区全年需要以降温为主,这时采用蒸发冷却空调系统或蒸发冷却与机械制冷联合的空调系统与传统压缩式空调机相比,耗电量只有其1/10～1/8。全年中过渡季节可使用蒸发冷却空调系统,夏季部分高温高湿季节蒸发冷却与机械制冷联合使用,有利于空调系统的节能。

3 对于纺织厂、印染厂、服装厂等工业建筑,由于生产工艺要求空调区相对湿度较高,宜采用蒸发冷却空调系统。另外,在较潮湿地区(如南方地区),使用蒸发冷却空调系统一般能达到5℃～10℃左右的降温效果。江苏、浙江、福建和广东沿海地区的一些工业厂房,对空调区湿度无严格限制,且在设置有良好排风系统的情况下,也广泛应用蒸发式冷冷机进行空调降温。

8.3.10 本条规定了蒸发冷却空调系统的设计要求,为新增条文。

1 蒸发冷却空调系统的形式,按负担空调区热湿负荷所用的介质不同,可分为全空气式和空气-水式蒸发冷却空调系统。当通过蒸发冷却处理后的空气能承担空调区的全部显热负荷和散湿量时,应选全空气式蒸发冷却空调系统;当通过蒸发冷却处理后的空

气仅承担空调区的全部散湿量和部分显热负荷,而剩余部分显热负荷由冷水系统承担时,系统应选用空气-水式蒸发冷却空调系统。空气-水式蒸发冷却空调系统中,水系统的末端设备可选用干式风机盘管机组、辐射板或冷梁等。

2 全空气式蒸发冷却空调系统根据空气处理方式,可采用直接蒸发冷却、间接蒸发冷却、间接-直接复合式蒸发冷却(直接蒸发冷却与间接蒸发冷却组合的方式)、蒸发冷却-机械制冷联合式空调技术(蒸发冷却与机械制冷混合的方式)以及除湿-蒸发冷却(除湿与蒸发冷却混合的方式)。

夏季空调室外计算湿球温度低于23℃的干燥地区,其空气处理可采用直接蒸发冷却方式。当空调区热湿负荷较大时,为强化冷却效果,进一步降低系统的送风温度,减小送风量和风管面积时,可采用复合式蒸发冷却方式。复合式蒸发冷却的二级蒸发冷却是指在一个间接蒸发冷却器后再串联一个直接蒸发冷却器;三级蒸发冷却是指在两个间接蒸发冷却器串联后,再串联一个直接蒸发冷却器;夏季空调室外计算湿球温度在23℃～28℃的中等湿度地区,单纯用复合式蒸发冷却已无法满足送风含湿量的要求,可采用在一个间接蒸发冷却器后,再串联一个空气冷却器(以间接蒸发冷却为主,机械制冷为辅);夏季空调室外计算湿球温度高于28℃的高湿度地区,既可采用在一个间接蒸发冷却器后再串联一个空气冷却器(以机械制冷为主,间接蒸发冷却为辅),又可采用除湿与蒸发冷却混合的方式,即采用冷冻除湿、转轮除湿及溶液除湿等除湿方法先将被处理空气处理到干燥地区的状态,然后再串联一个直接蒸发冷却器或复合式蒸发冷却器。

直接蒸发冷却空调系统由于水与空气直接接触,其水质直接影响室内空气质量,故其水质应符合本规范第8.5.2条的规定。

8.3.11 本条规定了多联式空调系统的选择。

多联式空调系统的主要工作原理是:室内温度传感器控制室内机制冷剂管道上的电子膨胀阀,通过制冷剂压力的变化,对室外机的制冷压缩机进行变频调速控制或改变压缩机的运行台数、工作气缸数、节流阀开度等,使系统的制冷剂流量变化,达到制冷或制热量随负荷变化的目的。由于该空气调节方式没有空气调节水系统和冷却水系统,系统简单,不需机房面积,管理灵活,可以热回收,且自动化程度较高,近年来已在国内一些工程中采用。该系统一次投资较高,空气净化、加湿以及大量使用新风等比较困难,因此应经过技术经济比较后采用。由于制冷剂直接进入空气调节区,且室内有电子控制设备,当用于有振动、有油污蒸气、有产生电磁波或高次频波设备的场所时,易引起制冷剂泄漏、设备损坏、控制器失灵等事故,不宜采用该系统。

1 使用时间接近的空调区设计为同一空调系统对运行调节有利,有利于提高部分负荷运行性能系数,建议采用。

2 制冷剂管道长度,室、内外机位置有一定限制等,是采用该系统的限制条件。

3 夏热冬冷地区、夏热冬暖地区、温和地区一般不具备市政供热管网,需全年运行时宜采用热泵式机组。

4 近年来,一些生产厂商推出了能同时进行制冷和制热的热回收机组。室外机为双压缩机和双换热器,并增加了一根制冷剂连通管道;当同时需供冷和供热时,需供冷区域蒸发器吸收的热量通过制冷剂向需供热区域的冷凝器借热,达到了全热回收的目的。室外机的两个换热器、需供冷区域室内机和需供热区域室内机换热器根据负荷的变化,按不同的组合作为蒸发器或冷凝器使用,系统控制灵活,供热、供冷一体化,符合节能的原则,所以推荐采用这种热回收式机组。

8.3.12 本条规定了低温送风系统的选择。

低温送风系统具有以下优点:

(1)比常规系统送风温差和冷水温升大,送风量和循环水量小,减小了空气处理设备、水泵、风道等的初投资,节省了机房面积和风道所占空间高度。

(2)由于冷水温度低,制冷能耗比常规系统要高,但采用蓄冷系统时,制冷能耗发生在非用电高峰,而用电高峰期使用的风机和冷水循环泵的能耗却有显著的降低,因此与冰蓄冷结合使用的低温送风系统明显减少了用电高峰期的电力需求和运行费用。

(3)特别适用于负荷增加而又不允许加大管道、降低层高的改造工程。

(4)加大了空气的除湿量,降低了室内湿度,增强了室内的热舒适性。

蓄冰空气调节冷源需要较高的初投资,实际用电量也较大,利用蓄冰设备提供的低温冷水与低温送风系统结合,则可有效减少初投资和用电量,且更能够发挥减小电力需求和运行费用的优点,所以特别推荐使用;其他能够提供低温冷媒的冷源设备,如干式蒸发或利用乙烯乙二醇水溶液作冷媒的空气处理机组也可采用低温送风系统;常规冷水机组提供的5℃～7℃的冷水,也可用于空气冷却器的出风温度为8℃～10℃的空气调节系统。

低温送风系统的空气调节区相对湿度较低,送风量较小。因此要求湿度较高及送风量较大的空气调节区不宜采用。

8.3.13 本条规定了低温送风系统的设计。

1 空气冷却器的出风温度:制约空气冷却器出风温度的条件是冷媒温度,如果冷却盘管的出风温度与冷媒的进口温度之间的温差(接近度)过小,必然导致盘管传热面积过大而不经济,以致选择盘管困难。送风温度过低还会带来以下问题:易引起风口结露;不利于风口处空气的混合扩散;当冷却盘管出风温度低于7℃时,可能导致直接膨胀系统的盘管结霜和液态制冷剂带入压缩机。

2 送风温升:低温送风系统不能忽视的还有风机、风道及末端装置的温升,并考虑风口结露等因素,才能够最后确定室内送风温度及送风量。

3 空气处理机组的选型:空气冷却器的迎风面风速低于常规系统,是为了减少风侧阻力和风凝水吹出的可能性,并使出风温度接近冷媒的进口温度;为了获得低出风温度,冷却器盘管的排数和翅片密度也高于常规系统,但翅片过密或排数过多会增加风或水侧阻力,不便于清洗、凝水易被吹出盘营等,应对翅片密度和盘管排数两者权衡取舍,进行设备费和运行费的经济比较,确定其数值;为了取得风、水之间更大的接近度和温升及解决部分负荷时速过低的问题,应使冷媒流过盘管的路径较长,温升较高,并提高冷媒流速与扰动,以改善传热。因此冷却盘管的回路布置常采用管程数较多的分回路的布置方式,但增加了盘管阻力。基于上述诸多因素,低温送风系统不能采用常规空气调节系统的空气处理机组,应通过技术经济分析比较,严格计算,进行设计选型。本规范参考《低温送风系统设计指南》(美国 Allan T. Kirkpatrick 和 James S. Elleson 编著,汪训昌译)一书,它给出了相关推荐数据。

4 低温送风系统的保冷:由于送风温度比常规系统低,为减少系统冷量损失和防止结露,应保证系统设备、管道及附件、末端送风装置的正确保冷与密封,保冷层应比常规系统厚。

5 低温送风系统的末端送风装置:因送风温度低,为防止低温空气直接进入人员活动区,尤其是采用变风量空气调节系统,当低负荷低进风量时,对末端送风装置的扩散性或空气混合性有更高的要求。

8.3.14 本条规定了设置单元式空气调节机的原则,为新增条文。

单元式空气调节系统是指空气调节机组带有压缩机、冷凝器、直接膨胀式蒸发器、空气过滤器、通风机和自控系统等整套装置,可直接对空气调节区进行空气处理,实施温、湿度控制。整体式空气调节机组所有部件组合成一体,分体式空气调节机组是将部件分成室外机和室内机两部分分别安装。

直接膨胀式包括了风冷式和水冷式两类。本条指出了某些需空气调节的建筑或房间,采用分散设置的整体或分体直接膨胀式空气调节机组比集中空气调节更经济合理的几种情况,这在工业厂房及辅助建筑中很常用。风冷小型空气调节机组品种繁多,有风冷单冷(热泵)空气调节机组、冷(热)水机组等。当台数较多且室外机难以布置时，也可采用水冷型机组，但需设置冷却塔，在冷却水管的设置及运行管理上都比较麻烦，因此较少采用。直接膨胀式空调机组采用蒸发式冷凝器，制冷性能系数高，运行节能效果较好，其系列产品中制冷性能系数(COP)一般可达到3.0以上，比现行国家标准《蒸汽压缩循环冷水(热泵)机组 第2部分：户用或类似用途的冷水(热泵)机组》GB/T 18430.2 中的 COP 规定值高出40%，节能效果显著，对于符合上述情况的建筑均较为适用。

单元式空气调节系统用于空气调节房间面积小且比较分散的场合，是比较经济的方式。

使用时间不一致大致有以下几种情况：一是白天工作与全天工作不一致，二是季节性工作与全年工作不一致，等等。

8.3.15 本条规定了单元整体、分体式空气调节系统设计，为新增条文。

在气候条件允许的条件下，采用热泵型机组供暖比电加热供暖节能。工业厂房一般有蒸汽或热水供应，这时可利用集中热源供热。对于屋顶单元式空气调节机，可根据需要配备机组功能段，如过滤段、新风净化段、热水或蒸汽加热段等。非标准设备宜按机电一体化要求配置机组，自带温度控制、湿度控制、过滤器压差报警、连锁、自动保护等功能。

8.3.16 本条规定了直流式系统的选择。

直流系统不包括设置回风，但过渡季可通过阀门转换采用全新风直流运行的全空气系统。本条是考虑节能、卫生、安全而规定的，一般全空气调节系统不宜采用冬、夏季能耗较大的直流式(全新风)空气调节系统，而宜采用有回风的混风系统。

8.3.17 本条规定了湿热地区全新风空气调节系统防止室内结露的措施。

采用房间温度或送风温度控制表冷器水阀开度时，有阀门全关的情况出现，这时未经除湿的新风直接送入室内，室内易出现结露现象。避免这种情况出现的方法有定露点控制加再热方式、设定水阀不能全关、工艺允许的情况下改变送风量等。

8.3.18 本条规定了空气调节系统的新风量。

有资料规定，空气调节系统的新风量占送风量的百分数不应低于10%，但温、湿度波动范围要求很小或洁净度要求很高的空气调节区送风量都很大，如果要求最小新风量达到送风量的10%，新风量也很大，不仅不节能，大量室外空气还影响了室内温、湿度的稳定，增加了过滤器的负担；一般舒适性空气调节系统，按人员和正压要求确定的新风量达不到10%时，由于人员较少，室内 CO_2 浓度也较低(氧气含量相对较高)，没必要加大新风量。因此本规范没有规定新风量的最小比例(即最小新风比)。

8.3.19 本条是关于新风进风口的规定。

(1)新风进风口的面积应适应新风变化的需要，是指在过渡季大量使用新风时，可设置最小新风口和最大新风口或按最大新风量设置新风进风口，并设调节装置，以分别适应冬夏和过渡季节新风量变化的需要。

(2)系统停止运行时，进风口如果不能严密关闭，夏季热湿空气侵入会造成金属表面和室内墙面结露；冬季冷空气侵入将使室温降低，甚至使加热排管冻结。所以规定进风口处应设有严密关闭的阀门，寒冷和严寒地区宜设保温阀门。

8.3.20 本条规定了空气调节系统的排风出路和风量平衡。

考虑空气调节系统的排风出路(包括机械排风和自然排风)及进行空气调节系统的风量平衡计算，是为了使室内正压不要过大，造成新风无法正常送入。

机械排风设施可采用设回风机的双风机系统或设置专用排风机，排风量还应随新风量变化，如采取控制双风机系统各风阀的开度或排风机与新风机连锁控制风量等自控措施。

8.3.21 本条规定了空气处理机组的设置及安装位置。

空气处理机组安装在空调机房内，有利于日常维修和噪声控制。

空气处理机组安装在邻近所服务的空调区机房内，可减小空气输送能耗和风机压头，也可有效地减小机组噪声和火患的危害。新建筑设计时，应将空气处理机组安装在空调机房内，并留有必要的维修通道和检修空间；同时宜避免由于机房面积的原因，机组的出风风管采用突然扩大的静压箱来改变气流方向，以导致机组风机压头损失较大，造成实际送风量小于设计风量的现象发生。

为降低风机和水泵运行时的振动对工艺生产和操作人员的影响，空调机组所配的风机和水泵应设置良好的减振装置，对于某些精密加工生产工艺对微振要求很高时，风机和水泵可设置多级减振。

为保证空气处理机组表冷器凝结水排水顺畅，应根据机组排水处的压力合理设置排水水封。排水水封的做法可参照图1；图1(a)适合于排水处为负压，图1(b)适合于排水处为正压。

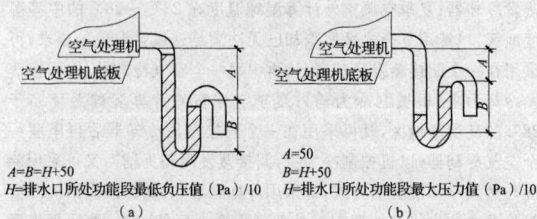

$A=B=H+50$
$H=$排水口所处功能段最低负压值(Pa)/10
(a)

$A=50$
$B=H+50$
$H=$排水口所处功能段最大压力值(Pa)/10
(b)

图1 排水水封

通常情况下，空气处理机组的漏风率及噪声满足现行国家标准《组合式空调机组》GB/T 14294 即可，但对于特殊工艺要求的空气调节系统，如温、湿度控制精度要求高、湿度要求极低的干房等，若空气处理机组的漏风量大，将直接影响房间参数的保证，所以应降低空气处理机组的漏风率。同样，对于房间噪声要求严格的空气调节房间，如微波暗室、消声室等，其空气调节系统的空气处理机组噪声应降低。

8.4 气 流 组 织

8.4.1 本条是关于空气调节区的气流组织的规定。

本条规定了进行气流组织设计时应考虑的因素，强调进行气流组织设计时除要考虑室内温度、相对湿度、允许风速噪声等要求外，结合工业建筑的特点，还应考虑工艺设备和生产工艺对气流组织的要求以及温、湿度梯度等要求。

8.4.2 本条规定了空气调节区的送风方式及送风口选型。

空气调节区内良好的气流组织需要通过合理的送、回风方式以及送、回风口的正确选型和合理的布置来实现。

侧送时宜使气流贴附以增加送风的射程，改善室内气流分布。工程实践中发现风机盘管送风如果不贴附，则室内温度分布不均匀。本条增加了电子信息系统机房地板送风等方式。

1 方形、圆形、条缝形散流器或孔板等顶部送均能形成贴附射流，对室内高度较低的空气调节区既能满足使用要求，又比较美观，因此当有吊顶可利用或建筑上有设置吊顶的可能时，采用这种送风方式是比较合适的。对于室内高度较高的空气调节区，以及室内散湿量较大的生产空气调节区，当采用散流器时，应采用向下送风，但布置风口时应考虑气流的均布性。

在一些室温允许波动范围小的工艺性空气调节区中，采用孔板送风的较多。根据测定可知，在距孔板100mm～250mm的汇合段内，射流的温度、速度均已衰减，可达到±0.1℃的要求，且区域温差小，在较大的换气次数下(达32次/h)，人员活动区风速一般均在0.09m/s～0.12m/s范围内。所以在单位面积送风量大，且人员活动区要求风速小或区域温差要求严格的情况下，应采用孔板向下送风。

2 对于一些无吊顶的房间，如机加工车间、装配车间等，可根据工艺生产设备的布置情况，房间的层高等因素选择双层百叶风口侧送,当房间比较高时,可采用喷口侧送、直片散流器和旋流风口等顶送或地板风口下送风方式。

3 侧送是目前几种送风方式中比较简单经济的一种。在一般空气调节系统中,大都可以采用侧送。当采用较大送风温差时,侧送贴附射流有助于增加气流的射程长度,使气流混合均匀,既能保证舒适性要求,又能保证人员活动区温度波动小的要求。侧送气流宜贴附顶棚。生产工艺和人员活动区对风速有要求时,不应采用侧送。

4 对于温、湿度允许波动范围要求不太严格的高大厂房,采用顶部散流器贴附送风或双层百叶风口贴附送风等方式,送风气流很难到达工作区,工作区的温、湿度也难以保证,因此规定在上述建筑物中宜采用喷口或旋流风口送风方式。由于喷口送风的喷口截面大,出口风速高,气流射程长,与室内空气强烈掺混,能在室内形成较大的回流区,达到布置少量风口即可满足气流均布的要求,同时具有风管布置简单、便于安装、经济等特点。此外,向下送风时采用旋流风口亦可达到满意的效果。

经过处理或未经处理的空气以略低于室内工艺操作区的温度直接以较低的速度送入室内,送风口置于地板附近,排风口置于屋顶附近。送入室内的空气先在地板上均匀分布,然后被热源(人员、设备等)加热以热烟羽的形式形成向上的对流气流,将余热和污染物排出工艺操作和设备区。

5 对于工业建筑,高大空间的空调区域通常有以下两种情况:第一种情况,工艺生产对整个空间的温、湿度均有严格要求,且对温、湿度梯度也有严格要求,此时宜采用百叶风口或条缝形风口在房间的高度方向上分多层侧送风,回风口宜设置在对面,相应的作多层回风;第二种情况,工艺生产只对房间下部,即生产操作区的温、湿度有较严格要求,而对房间上部空间温、湿度无严格要求,此时宜采用百叶风口、条缝形风口或喷口等仅对房间下部进行侧送,以节省能量。

6 变风量空气调节系统的送风参数通常是保持不变的,它是通过改变风量来平衡负荷变化以保持室内参数不变的。这就要求在送风量变化时,为保持室内空气质量的设计要求以及噪声要求,所选用的送风末端装置或送风口应满足室内空气温度及风速的要求。用于变风量空气调节系统的送风末端装置应具有与室内空气充分混合的性能,如果在低送风量时,应能防止产生空气滞留,在整个空气调节区内具有均匀的温度和风速,而不能产生吹风感,尤其在组织热气流时,要保证气流能够进入生产操作区,而不至于在上部区域滞留。

7 对于热密度大、热负荷大的电子信息系统机房,采用下送风、上回风的方式有利于设备的散热;对于高度超过1.8m的机柜,采用下送风、上回风的方式可以减少机柜对气流的影响。

随着电子信息技术的发展,机柜的容量不断提高,设备的发热量将随容量的增加而加大,为了保证电子信息系统的正常运行,对设备的降温也将出现多种形式,各种方式之间可以相互补充。

8 低温送风的送风口所采用的散流器与常规散流器相似。两者的主要差别是:低温送风散流器所适用的温度和风量范围较常规散流器广。在这种较广的温度与风量范围下,必须解决好充分与空气调节区空气混合、贴附长度及噪声等问题。选择低温送风散流器就是通过比较散流器的射程、散流器的贴附长度与空气调节区特征长度三个参数,确定最优的性能参数。选择低温送风散流器时,一般与常规方法相同,但应对低温送风射流的贴附长度予以重视。在考虑散流器射程的同时,应使散流器的贴附长度大于空气调节区的特征长度,以避免人员活动区吹冷风现象。

8.4.3 本条规定了采用散流器送风的要求,为新增条文。

1 采用平送贴附射流的散流器,为了保证贴附射流有足够射程,并不产生较大的噪声,所以规定了散流器的喉部风速,送热风时可取较大值;

2 为了便于散流器的风量调节,使房间的风量接近设计值或

使房间的风量分布均匀,每个散流器宜带风量调节装置;

3 根据空调房间的大小和室内所要求的环境参数选择散流器的个数,一般按对称位置或梅花形布置。散流器之间的间距和离墙的距离,一方面应使射流有足够射程,另一方面又应使射流扩散好。规定最大长宽比主要是考虑送风气流分布均匀。

8.4.4 本条规定了贴附侧送风的要求。

贴附射流的贴附长度主要取决于侧送气流的阿基米德数。为了使射流在整个射程中都贴附在顶棚上而不致中途下落,就需要控制阿基米德数小于一定的数值。

侧送风口安装位置距顶棚愈近,愈容易贴附。如果送风口上缘离顶棚距离较大时,为了达到贴附目的,规定送风口处应设置向上倾斜$10°\sim20°$的导流片。

8.4.5 本条规定了孔板送风的要求。

1 本款规定的稳压层最小净高不应小于0.2m,主要是从满足施工安装的要求上考虑的。

2 风速的规定是为了稳压层内静压波动小。

3 在一般面积不大的空气调节区中,稳压层内可以不设送风分布支管。根据实测,在$6m\times9m$的空气调节区内(室温允许波动范围为$\pm0.1℃$和$\pm0.5℃$)采用孔板送风,测试过程中将送风分布支管装上或拆下,在室内均未曾发现任何明显的影响。因此除送风射程较长的以外,稳压层内可不设送风分布支管。

4 当稳压层高度较大时,稳压层进风的送风口一般需要设置导流板或挡板,以免送风气流直接吹向孔板。

5 当送冷热风时,需在稳压层侧面和顶部加保温措施。稳压层还要求有良好的气密性以减少漏风。

8.4.6 本条规定了喷口送风的要求。

1 将人员操作区置于气流回流区是从满足卫生标准的要求而制订的。

2 喷口送风的气流组织形式和侧送是相似的,都是受限射流。受限射流的气流分布与建筑物的几何形状、尺寸和送风口安装高度等因素相关。送风口安装高度太低,则射流易直接进入人员活动区;太高则使回流层厚度增加,回流速度过小,两者均影响舒适感。根据模型实验,当空气调节区宽度为高度的3倍时,为使回流区处于空气调节区的下部,送风口安装高度不宜低于空气调节区高度的0.5倍。

3 对于兼作热风供暖的喷口送风系统,为防止热射流上翘,设计时应考虑使喷口有改变射流角度的可能性。

8.4.7 本条规定了电子信息系统机房采用活动地板下送风的要求,为新增条文。

1 随着电子信息产业的发展,机柜的发热功率越来越大,为了减少空调系统的送风量,并保证机柜的冷却效果,宜将空调系统处理过的低温空气全部通过机柜,所以将送风口全部布置在冷通道区域内,并靠近机柜进风口处。

2 同一个信息机房内,布置的机柜型号不完全相同,有高密度型,也有低密度型,不同机柜的发热量相差比较大,且即使在一个房间内不同区域的机柜布置密度也不尽相同,所以为了便于房间的温度调节,各区域的送风量应该可以调节。

有些机房的个别区域密布高密度机柜,该区域的发热量很大,即使在该区域满布开孔的架空地板,也难以消除设备的高发热,所以必要时应在该区域的送风口下方设置加压风扇,加大送风量。

3 近几年,随着信息技术的发展,机柜的数据存储量越来越大,相应的机柜发热功率也越来越大,机房的单位面积送风量也随之增大,为了减小地板送风口的出口风速,降低地板送风口的阻力,宜采用开孔率大的地板送风口。

8.4.8 本条规定了分层空气调节的空气分布。

1 在高大厂房中,当上部温、湿度无严格要求时,利用合理的气流组织,仅对下部空间(空气调节区域)进行空气调节,对上部较大空间(非空气调节区域)不设空气调节而采用通风排热,这种分

层空气调节具有较好的节能效果，一般可达 30% 左右。

实践证明，对于高度大于 10m，容积大于 10000m³ 的高大空间，采用双侧对送、下部回风的气流组织方式是合适的，能够达到分层空气调节的要求。当空气调节区跨度小于 18m 时，采用单侧送风也可以满足要求。

2 为强调实现分层，即能形成空气调节区和非空气调节区，本款提出"侧送多股平行气流应互相搭接"，以便形成覆盖。双侧对送射流末端不需要搭接，按相对喷口中点距离的 90% 计算射程即可。送风口的构造应能满足改变射流出口角度的要求。送风口可选用圆喷口、扁喷口和百叶风口，实践证明，都是可以达到分层效果的。

3 在高大厂房中，如仅对下部空间(空气调节区域)进行空气调节，对上部较大空间(非空气调节区域)不设空气调节而采用通风排热，为保证分层，使下部空气调节区的气流与上部非空调区域的通风排热气流减少交叉和混合，当下部空气调节区采用下送风时，回风口应布置在下部空气调节区域内的侧边上部。

4 为保证空气调节区达到设计要求，应减少非空气调节区向空气调节区的热转移，为此，应设法消除非空气调节区的散热量。实验结果表明，当非空气调节区的散热量大于 4.2W/m³ 时，在非空气调节区适当部位设置送、排风装置排除余热，可以达到较好的效果。

8.4.9 本条规定了空气调节系统上送风方式的夏季送风温差。

空气调节系统夏季送风温差，对室内温、湿度效果有一定影响是决定空气调节系统经济性的主要因素之一。在保证既定的技术要求的前提下，加大送风温差有突出的经济意义。送风温差加大一倍，送风量可减少一半，系统的材料消耗和投资(不包括制冷系统)约减少 40%，而送风动力消耗则可减少 50%；送风温差在 4℃~8℃之间每增加 1℃，风量可减少 10%~15%。所以在空气调节设计中，正确地决定送风温差是一个相当重要的问题。

送风温差的大小与送风方式关系很大，对于不同送风方式的送风温差不能规定一个定值。所以确定空气调节系统的送风温差时，必须和送风方式结合起来考虑。对混合式通风可加大送风温差，但置换通风就不宜加大送风温差。

表 8.4.9 中所列的送风温差的数值适用于贴附侧送、散流器平送和孔板送风等方式。多年的实践证明，对于采用上述送风方式的工艺性空气调节区来说，应用这样较大的送风温差能够满足室内温、湿度要求，也是比较经济的。人员活动区处于下送气流的扩散区时，送风温差应通过计算确定。条文中给出的舒适性空气调节的送风温差是参照室温允许波动范围大于±1.0℃的工艺性空气调节的送风温差，并考虑空气调节区高度等因素确定的。

8.4.10 本条规定了空气调节区的换气次数。

空气调节区的换气次数系指空气调节区的总送风量与空气调节区体积的比值。换气次数和送风温差之间有一定的关系。对于空气调节区来说，送风温差加大，换气次数即随之减少，本条所规定的换气次数是和本规范第 8.4.9 条所规定的送风温差相适应的。

实践证明，在室温允许波动范围大于±1.0℃工艺性空气调节区和一般舒适性空气调节中，换气次数的多少不是一个需要严格控制的指标，只要按照所取的送风温差计算风量，一般都能满足室温要求，当室温允许波动范围小于或等于±1.0℃时，换气次数的多少对室温的均匀程度和自控系统的调节品质的影响就需考虑了。据实测结果，在保证室温的一定均匀度和自控系统的一定调节品质的前提下，归纳了如条文中所规定的在不同室温允许波动范围时的最小换气次数。

对于通常所遇到的室内散热量较小的空气调节区来说，换气次数采用条文中规定的数值就已经够了，不必把换气次数再增多；不过对于室内散热量较大的空气调节区来说，换气次数的多少应

根据室内负荷和送风温差大小通过计算确定，其数值一般都大于条文中所规定的数值。

8.4.11 本条规定了送风口的出口风速。

送风口的出口风速应根据不同情况通过计算确定，条文中推荐的风速范围，是基于常用的送风方式制订的。

(1)侧送和散流器平送的出口风速受两个因素的限制，一是回流区风速的上限，二是风口处的允许噪声。回流区风速的上限与射流的自由度 $\sqrt{F}/d_0$ 相关，根据实验，两者有以下关系：

$$v_h = \frac{0.65 v_0}{\sqrt{F}/d_0} \tag{12}$$

式中：v_h——回流区的最大平均风速(m/s)；

v_0——送风口出口风速(m/s)；

d_0——送风口当量直径(m)；

F——每个送风口所管辖的空气调节区断面面积(m²)。

当 $v_h = 0.25$m/s 时，根据式(12)得出的计算结果列于表 7。

表 7 出口风速(m/s)

射流自由度 $\sqrt{F}/d_0$	最大允许出口风速(m/s)	采用的出口风速(m/s)	射流自由度 $\sqrt{F}/d_0$	最大允许出口风速(m/s)	采用的出口风速(m/s)
5	2.0		11	4.2	
6	2.3	2.0	12	4.6	3.5
7	2.7		13	5.0	
8	3.1		15	5.7	
9	3.5	3.5	20	7.3	5.0
10	3.9		25	9.6	

因此侧送和散流器平送的出口风速采用 2m/s~5m/s 是合适的。

(2)孔板下送风的出口风速从理论上讲可以采用较高的数值。因为在一定条件下，出口风速高，相应的稳压层内的静压也可高一些，送风会比较均匀，同时由于速度衰减快，提高出口风速后，不致影响人员活动区的风速。稳压层内静压过高，会使漏风量增加；当出口风速高达 7m/s~8m/s 时，会有一定的噪声，一般采用 3m/s~5m/s 为宜。

(3)条缝形风口下送多用于纺织厂，当空气调节区层高为 4m~6m，人员活动区风速不大于 0.5m/s 时，出口风速宜为 2m/s~4m/s。

(4)喷口送风的出口风速是根据射流末端到达人员活动区的轴心风速与平均风速经计算确定的。

8.4.12 本条规定了回风口的布置方式。

1 对于工业建筑，经常会有发热量比较大的设备，将回风口布置在这些发热设备的附近，能使设备的散热立即带走，避免热量的扩散，有利于房间温度的保证。按照射流理论，送风射流引射着大量的室内空气与之混合，使射流流量随着射程的增加而不断增大。而回风量小于(最多等于)送风量，同时回风口的速度场图形呈半球状，其吸风气流速度与作用半径的平方成反比，速度的衰减很快。所以在空气调节区内的气流流型主要取决于送风射流，而回风口的位置对室内气流流型及温度、速度的均匀性影响均很小。设计时，应考虑尽量避免射流短路和产生"死区"等现象。

2 采用侧送时，把回风口布置在送风口同侧，采用顶送时，回风口设置在房间的下部或下侧部，效果会更好些。

3 关于走廊回风，其横断面风速不宜过大，以免引起扬尘和造成不舒适感。同时应保持走廊与非空气调节区之间的密封性，以减少漏风，节省能量。

8.4.13 本条规定了回风口的吸风速度。

确定回风口的吸风速度(即面风速)时，主要考虑了三个因素：一是避免靠近回风口处的风速过大，防止对回风口附近经常停留的人员造成不舒适的感觉；二是不要因为风速过大而扬起灰尘及增加噪声；三是尽可能缩小风口断面，以节约投资。

8.5 空 气 处 理

8.5.1 本条规定了空气冷却方式。

1 空气的蒸发冷却有直接蒸发冷却和间接蒸发冷却之分。直接蒸发冷却是利用喷淋水(循环水)的喷淋雾化或淋水填料层直接与待处理的室外新风空气接触。这时由于喷淋水的温度一般都低于待处理空气(即准备进入室内的新风)的温度,空气将会因不断地把自身的显热传递给水而得以降温;与此同时,喷淋水(循环水)也会因不断吸收空气中的热量作为自身蒸发所耗,而蒸发后的水蒸气随后又会被气流带入室内。于是新风既得以降温,又实现了加湿。所以这种利用空气的显热换得潜热的处理过程,既可称为空气的直接蒸发冷却,又可称为空气的绝热降温加湿。待处理空气通过直接蒸发冷却所实现的空气处理过程为等焓加湿降温过程,其极限温度能达到空气的湿球温度。

在某些情况下,当对待处理空气有进一步的要求,如果要求较低的含湿量或比焓时,应采用间接蒸发冷却。间接蒸发冷却有三种主要形式。一种是利用一股辅助气流先经喷淋水(循环水)直接蒸发冷却,温度降低后,再通过空气-空气换热器来冷却待处理空气(即准备送入室内的空气),并使之降低温度。由此可见,待处理空气通过间接蒸发冷却所实现的便不再是等焓加湿降温过程,而是减焓等湿降温过程,从而得以避免由于加湿而把过多的湿量带入空调区。如果将上述两种过程放在一个设备内同时完成,这样的设备便成为间接蒸发冷却器。第二种是间接蒸发冷却器有两个通道,第一通道通过待处理空气,第二通道通过辅助气流及喷淋水。在第一通道中水蒸气被吸热,第二通道辅助气流把水冷却到接近其湿球温度,然后水通过盘管把另一侧的待处理空气冷却下来。第三种是待处理空气经由蒸发冷却冷水机组制取高温冷水(16℃～18℃),使空气减焓等湿降温。待处理空气通过间接蒸发冷却所实现的空气处理过程为等湿降温过程,其极限温度能达到空气的露点温度。

由于空气的蒸发冷却不需要人工冷源,只是利用水的蒸发吸热以降低空气温度,所以是最节能的一种空气降温处理方式,常常用在纺织车间、高温车间或干热气候条件下的空气调节中。但是随着对空气调节节能要求的提高和蒸发冷却空气处理技术的不断发展,空气的蒸发冷却在空气调节工程中的应用必将得到进一步的推广。特别是我国幅员辽阔,各地气候条件相差很大,这种空气冷却方式在干热地区(如新疆、西藏、青海、宁夏、甘肃、内蒙古、陕西、云南)是很适用的。

干燥地区(夏季空调室外计算湿球温度通常在低于23℃的地区),夏季空气的干球温度高,湿球温度低,含湿量低,不仅可直接利用室外干燥空气消除空调区的湿负荷,还可以通过蒸发冷却等来消除空调区的热负荷。在新疆、西藏、青海、宁夏、甘肃、内蒙古、陕西、云南等地区,应用蒸发冷却技术可大量节约空调系统的能耗。

2 对于温度较低的江、河、湖水等,如西北部地区的某些河流、深水湖泊等,夏季水体温度在10℃左右,完全可以作为空调的冷源。对于地下水资源丰富且有合适的水温、水质的地区,当采取可靠的回灌和防止污染措施时,可适当利用这一天然冷源,并应征得地区主管部门的同意。

3 当无法利用蒸发冷却,且又没有水温、水质符合要求的天然冷源可利用时,或利用天然冷源无法满足空气冷却要求时,空气冷却应采用人工冷源,并在条件许可的情况下,适当考虑利用天然冷源的可能性,以达到节能的目的。

8.5.2 本条规定了空气处理装置的水质要求,为新增条文。

水与被处理空气直接接触,涉及室内空气品质,并会影响空气处理装置的使用效果和寿命,如直接与被处理空气接触的水有异味或不卫生,会直接影响处理后空气的品质,进而影响室内空气质量,同时水的硬度过高会加速换热管结垢。

8.5.3 本条规定了空气冷却装置的选择。

1 直接蒸发冷却是绝热加湿过程,实现这一过程是直接蒸发冷却装置的特有功能,是其他空气处理装置所不能代替的。典型的直接蒸发冷却装置有喷水室和水膜式蒸发冷却器。前者利用循环水的喷淋雾化与待处理的空气接触,后者利用淋水填料层与待处理的空气接触。

2 当夏季空调室外计算湿球温度较高或空调区显热负荷较大,但无散湿量时,采用多级间接加直接蒸发冷却器可以得到较大的送风温差,以消除室内余热。

3 当用地下水、江水、湖水等作为冷源时,其水温一般相对较高,此时若采用间接冷却方式处理空气,一般不易满足要求。采用空气与水直接接触冷却的双级喷水室比前者更易满足要求,还可以节省水资源。

4 采用人工冷源时,原则上选用空气冷却器和喷水室都是可行的。空气冷却器由于其具有占地面积小,水的管路简单,特别是可采用闭式水系统,可减少水泵安装数量,节省水的输送能耗,空气出口参数可调性好等原因,它得到了比其他形式的冷却器更加广泛的应用。空气冷却器的缺点是消耗有色金属较多,因此价格也相应地较贵。

喷水室可以实现多种空气处理过程,尤其在要求保证较严格的露点温度控制时,具有较大的优越性;喷水室采用的是水与空气直接接触进行热、质交换的工作原理,在要求的空气出口露点温度相同情况下,其所需冷水的供水温度可以比间接式冷却器高得多;喷水室挡水板的间距较大(远大于空气冷却器的翅片间距),且可以拆卸清理,处理含尘特别是短绒较多的空气,不易导致堵塞。因此在纺织厂的空气调节中,喷水室迄今是无可替代的。此外,喷水室设备制造比较容易,金属材料消耗量少,造价便宜。但是采用喷水室时,冷水系统必须采用开式系统,靠重力回水。或者需要设置中间水箱,增加水泵,使水系统变得复杂化,既会增加输送能耗,又会加大维修工作量。所以其应用受到一定的影响。

8.5.4 本条是关于采用空气冷却器的注意事项。

空气冷却器迎风面的空气流速大小会直接影响其外表面的放热系数。据测定,当风速在1.5m/s～3.0m/s范围内,风速每增加0.5m/s,相应的放热系数递增率在10%左右。但是考虑到提高风速不仅会使空气侧的阻力增加,而且会把冷凝水吹走,增加带水量,所以一般当质量流速大于3.0kg/(m²·s)时,应设挡水板。在采用带喷水装置的空气冷却器时,一般都应设挡水板。

规定空气冷却器的冷媒进口温度应比空气的出口干球温度至少低3.5℃,是从保证空气冷却器有一定的热质交换能力提出来的。在空气冷却器中,空气与冷媒的流动方向主要为逆交叉流。一般认为,冷却器的排数大于或等于4排时,可将逆交叉流看成逆流。按逆流理论推导,空气的终温是逐渐趋近冷媒初温的。

冷媒温升宜为5℃～10℃,是从减小流量、降低输配系统能耗的角度考虑确定的。

据实测,冷水流速在2m/s以上时,空气冷却器的传热系数K值几乎没有什么变化,但却增加了冷水系统的能耗。冷水流速只有在1.5m/s以下时,K值才会随冷水流速的提高而增加,其主要原因是水侧热阻对冷却器换热的总热阻影响不大,加大水侧放热系数,K值并不会得到多大提高。所以从冷却器传热效果和水流阻力两者综合考虑,冷水流速以0.6m/s～1.5m/s为宜。

工业建筑的特点是空气处理机组通常需要全年昼夜24h运行,严寒和寒冷地区空气处理机组的表冷器经常发生冻结事故,所以设计中应采取必要措施,如表冷器设在加热器后,若表冷器前无加热器,则表冷器应有排水装置,冬季能将水排空,以防止表冷器冻结事故发生。

8.5.5 本条规定了制冷剂直接膨胀式空气冷却器的蒸发温度。

制冷剂蒸发温度与空气出口干球温度之差和冷却器的单位负荷、冷却器结构形式、蒸发温度的高低、空气质量流速和制冷剂中的含油量大小等因素相关。根据国内空气冷却器产品设计中采用的单位负荷值、管内壁的制冷剂换热系数和冷却器肋化系数的大小，可以算出制冷剂蒸发温度应比空气的出口干球温度至少低3.5℃，这一温差值也可以说是在技术上可能达到的最小值。随着今后蒸发器在结构设计上的改进，这一温差值必将会有所降低。

空气冷却器的设计供冷量很大时，若蒸发温度过低，会在低负荷运行的情况下，由于冷却器的供冷能力明显大于系统所需的供冷量，造成空气冷却器表面易于结霜，影响制冷机的正常运行。

8.5.6 本条是关于直接膨胀式空气冷却器的制冷剂选择，为强制性条文。

为防止氨制冷剂泄漏，经送风机直接将氨送至空调区，危害人体或造成其他事故，所以采用制冷剂直接膨胀式空气冷却器时，不得用氨作制冷剂。

8.5.7 本条是关于喷水室水温升的要求。

冷水温升主要取决于水气比。在相同条件下，水气比越大，冷水温升越小。水气比取大了，由于冷水温升小，冷水系统的水泵容量就需相应增大，水的输送能耗也会增大。这显然是不经济的。根据经验总结，采用人工冷源时，冷水温升取3℃～5℃为宜；采用天然冷源时，应根据当地的实际水温情况，通过计算确定。

8.5.8 本条规定了挡水板的过水量。

挡水板后气流中的带水现象会引起空气调节区的湿度增大。要消除带水量的影响，则需额外降低喷水室的机器露点温度，实际运行经验表明，当带水量为0.7g/kg时，机器露点温度需相应降低1℃。机器露点温度的额外降低必然导致处理空气的耗冷量增加。因此在设计计算中，挡水板过水的影响是不容忽视的。

需要指出的是，机器露点温度的额外降低也同时加大了送回风焓差，空调系统的通风量可得以减少，空气输送能耗可因此而降低。纺织厂的生产车间要求有较高的湿度且设备散热量大，其空调系统往往通过适当控制挡水板的过水量而减少通风量，从而降低风机的能耗，当系统以最小新风量运行时，冷量增加是可以接受的。

挡水板的过水量大小与挡水板的材料、形式、折角、折数、间距、喷水室截面的空气流速以及喷嘴压力等相关。许多单位对挡水板过水量做过测定，但因具体条件不同，也略有差异。因此设计时可根据具体情况参照相关的设计手册确定。

8.5.9 本条规定了空气调节系统的热媒及加热器选型。

合理地选用空气调节系统的热媒是为了满足空气调节控制精确度和稳定性以及节能的要求。对于室内温度要求控制的允许波动范围等于或大于±1.0℃的场合，采用热水作为热媒是可以满足要求的。

地处严寒和寒冷地区的新风集中处理系统以及全新风系统，工程实测数据表明，其一级加热器的上部和下部的空气温差很大，如设计或运行不当，加热器的下部铜管很容易被冻裂，所以应设计防冻措施。防冻措施需要根据情况选用，具体如下：

(1)采用电动保温型新风阀并与风机连锁；

(2)分设预热盘管和加热盘管，预热盘管结构形式应利于防冻，预热盘管热水和空气应顺流；

(3)加热盘管后设温度检测装置，低于5℃时停机保护；

(4)加热器设置循环水泵，以加大循环水量；

(5)当空调箱比较高时，应在高度方向上分隔成多层，防止出现大的温度梯度；

(6)设混风阀，必要时通过开启混风阀关小新风阀，提高加热器前空气温度。

8.5.10 本条规定了送风末端设置精调加热器或冷却器，为新增条文。

当室内温度允许波动范围小于±1.0℃时，原规范规定设置精调电加热器，工程实例证明，当室内温度允许波动范围小于

±1.0℃，甚至接近±0.02℃时，送风末端设置空气加热器或空气冷却器，且热水或冷冻水的供水温度与室温相差不大时，也是一种很好的保证高精度温度的方法，所以本条规定不仅设置精调电加热器一种方式。

8.5.11 本条是关于两管制水系统的冷、热盘管选用，为新增条文。

许多两管制的空调水系统中，空气的加热和冷却处理均由一组盘管来实现。设计时，通常以供冷量来计算盘管的换热面积，当盘管的供冷量和供热量差异较大时，盘管的冷水和热水流量相差也较大，会造成电动控制阀在供热工况时的调节性能下降，对控制不利。另外，热水流量偏小时，在严寒或寒冷地区，也可能造成空调机组的盘管冻裂现象出现。

综合以上原因，本条对两管制的冷、热盘管选用作了规定。

8.5.12 本条是关于新风、回风的过滤及净化，为新增条文。

工艺性空气调节，其空气过滤器应按相关规范要求设置。舒适性空气调节，一般都有一定的洁净度和室内卫生要求，因此送入室内的空气都应通过必要的过滤处理；同时为防止盘管的表面积尘严重影响其热湿交换性能，进入盘管的空气也需进行过滤处理。

当过滤处理不能满足要求时，如在化工、石化等企业厂区内或其周边区域内，室外空气中可能含有化学物质，化学物质会随着新风不断进入空气调节房间，室内空气中化学物质的浓度终将与室外空气相同。当室外空气中某种或某几种化学物质的浓度超过室内该化学物质许可限值时，室内空气中该化学物质的浓度终将超过其许用限值。此时，新风是室内空气污染源，故应经化学过滤处理，以移除该化学物质。

如石化企业的中央控制室（CCR）、分散系统控制室（DCS）和现场机柜间（FAR）等，工艺对室内空气中硫化氢和二氧化硫的最高容许浓度有要求，而厂区室外空气中难免含有该两种化学物质，因此石化企业的中控室、DCS机柜间的新风系统普遍设置化学过滤器。

有些行业，如电子工业对生产环境中化学污染物有较严格要求，超出限值会影响产品的质量，且各生产工序有时需要在一个大的空间内进行，不便进行物理隔离，各生产工序释放的化学物质交叉污染，相互影响，此时只能对房间的回风进行化学过滤。

8.5.13 本条规定了空气过滤器的设置。

1 根据现行国家标准《空气过滤器》GB/T 14295的规定，空气过滤器按其性能可分为粗效过滤器、中效过滤器、高中效过滤器及亚高效过滤器，其中，中效过滤器额定风量下的计数效率为：70%＞E≥20%（粒径$\geq 0.5\mu m$）。

为降低能耗，应选用低阻、高效的滤料；为降低运行费用，过滤器的滤料宜选用能清洗的材料，但清洗后的滤料性能不能明显降低；为延长过滤器的更换周期，过滤器应选用容尘量大的滤料制作。另外，为满足消防要求，过滤器的滤料和封堵胶的燃烧性能不应低于B2级。

2 对于工艺性空气调节系统，如果空气调节系统仅设置粗效过滤器不能满足生产工艺要求，系统中还应设置中效过滤器；对于舒适性空气调节，随着人们对工作环境要求的提高，通常空气调节系统仅设置一级粗效过滤器是不够的，宜设置中效过滤器。

3 空气调节系统计算风机压头时，过滤器的阻力应按其终阻力计算。空气过滤器额定风量下的终阻力分别为：粗效过滤器100Pa，中效过滤器160Pa。

4 过滤器应具备更换条件，抽出型的应留有抽出空间，需进入设备内更换的应留有检修门等。

8.5.14 本条规定了加湿装置的选择，为新增条文。

目前，常用的加湿装置有干蒸汽加湿器、电加湿器、高压微雾加湿器、高压喷雾加湿器、湿膜加湿器等。

1 干蒸汽加湿器具有加湿迅速、均匀、稳定，并不带水滴，有

利于细菌的抑制等特点,因此在有蒸汽源可利用时,宜优先考虑采用干蒸汽加湿器。

2 空气调节区湿度控制精度要求较严格,一般是指湿度控制精度小于或等于±5%的情况。常用的电加湿器有电极式、电热式蒸汽加湿器。该加湿器具有蒸汽加湿的各项优点,且控制方便、灵活,可以满足空气调节区对相对湿度允许波动范围严格的要求。高压微雾加湿器通过不同的开关量组合,也可以达到较严格的相对湿度允许波动范围要求。但前两种加湿器耗电量大,运行、维护费用较高,适用于加湿量比较小的场合。当加湿量较大时,宜采用淋水加湿器,淋水加湿器前通常设置加热器,通过控制加热器后的温度来控制加湿量,从而达到较严格的相对湿度精度要求。

3 湿度控制精度要求不高,一般是指大于或等于±10%的情况。

高压喷雾加湿器和湿膜加湿器等绝热加湿器具有耗电量低、初投资及运行费用低等优点,在普通民用建筑中得到广泛应用,但该类加湿易产生微生物污染,卫生要求较严格的空气调节区不应采用。

4 淋水加湿器的空气处理为等焓过程,当新风集中处理时,为满足生产车间内相对湿度要求,通常在淋水加湿器前的加热器需要将空气加热到较高的温度,这就限制了工厂低温余热的利用。如将淋水室加湿方式改为温水淋水加湿方式,即室外新风淋水加湿前用空气加热器对之加热的同时,淋水室喷淋系统的循环水也采取加热措施,使淋水温度提高,这样淋水室空气的处理过程介于等焓和等温过程之间,所以加湿前不需要将空气加热到较高的温度,通常只需25℃左右,同时将淋水室的循环水也加热到25℃左右,使之与空气加热器后的空气温度基本一致。这样淋水加湿器和空气加热器热水供水温度可降低,使工厂内大量的低温余热热水得以充分利用。

5 某些生物、医药、电子等工厂的生产工艺对空气中化学物质有严格要求,若采用传统的加湿方式,工业蒸气或自来水中的某些杂质将通过加湿系统进入到生产车间,从而影响工艺生产。针对上述对空气中化学物质有要求的空气调节区,其空气处理系统的加湿如采用蒸汽加湿方式,其加湿源应是洁净蒸汽,如采用淋水加湿方式,其循环淋水系统的补充水应是初级纯水。

6 二流体加湿为压缩空气和水对喷射水雾化,或使用压缩空气经过文丘里管将水雾化,产生几十微米直径或更细微的雾点,从而使雾化的水进入空气中。该过程为等焓加湿,雾化的水珠汽化过程中吸收显热,在增加空气湿度的同时使空气的温度降低,可以说是一举两得,有较明显的节能效果,但这种加湿方式缺点是湿度控制精度不高,所以比较适合于生产车间有大量余热,且湿度控制精度要求不严格的场合。

7 一方面,由于加湿处理后的空气中如含有杂质,会影响室内空气质量;另一方面,如加湿器供水中含有颗粒、杂质,会堵塞加湿器的喷嘴,直接影响加湿器的正常工作,因此加湿器的供水水质应符合卫生标准及加湿器供水要求,可采用生活饮用水等。

8.5.15 本条是对空气进行联合除湿处理的规定,为新增条文。

近几年,制药、电子、锂电池、夹层玻璃、印刷制品等行业的有些生产车间或仓库有低湿环境的要求,通常这些房间的温度为常温,即23℃左右,但要求的相对湿度不大于35%或更低。当房间所要求的温、湿度所对应的露点温度低于6℃时,仅采用空气冷却器对空气进行处理很难达到低湿度要求,也不经济,因此推荐采用联合除湿的方法。比较常用的做法是先用空气冷却器对新风进行冷却除湿,该部分新风处理后与房间的回风混合,再采用干式除湿方法,如转轮除湿机,或其他除湿方法,如溶液除湿、固体除湿对空气进行进一步除湿处理。当采用转轮除湿机对空气进行除湿处理时,由于转轮除湿机对空气除湿的同时空气的温度也急剧升高,为

保证房间的温度,经转轮除湿后的干空气还应经空气冷却器干冷却后才能送入房间。

8.5.16 本条是关于恒温恒湿空气调节系统新风应预先单独处理或集中处理的规定。

8.5.17 本条是关于空调系统避免冷却和加热、加湿和除湿相互抵消现象的规定。

现在对相对湿度有上限控制要求的空气调节工程越来越多。这类工程虽然只要求全年室内相对湿度不超过某一限度,比如60%,并不要求对相对湿度进行严格控制,但实际设计中对夏季的空气处理过程却往往不得不采用与恒温恒湿型空气调节系统相类似的做法。所以在这里有必要特别提出,并把它们归并于一起讨论。

过去对恒温恒湿型或对相对湿度有上限控制要求的空气调节系统,大都采用新风和回风先混合,然后降温去湿处理,实行露点温度控制加再热式控制。这必然会带来大量的冷热抵消,导致能量的大量浪费。本条力图改变这种状态。近年来,不少新建集成电路洁净厂房的恒温恒湿空气调节系统采用新的空气处理方式,成功地取消了再热,而相对湿度的控制允许波动范围可达±5%。这表明新条文的规定是必要的、现实的。

本条规定不仅旨在避免采用上述耗能的再热方式,而且也意在限制采用一般二次回风或旁通方式。因采用一般二次回风或旁通,尽管理论上说可起到减轻由于再热引起的冷热抵消的效应,但经实践证明,如完全依靠二次回风来避免出现冷热抵消现象,其控制较难实现。这里所提倡的实质上是采取简易的解耦手段,把温度和相对湿度的控制分开进行。譬如,采用单独的新风处理机组专门对新风空气中的湿负荷进行处理,使之一直处理到相应于室内要求参数的露点温度,然后再与回风相混合,经干冷降温到所需的送风温度即可。这一系统的组成、空气处理过程、自动控制原理及其相应的夏季空气焓图见图2和图3。

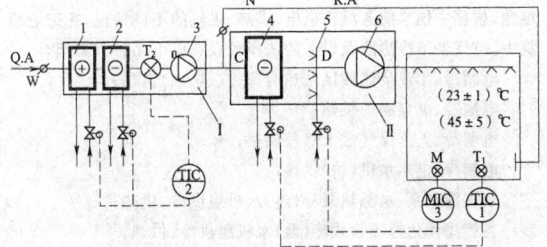

图 2　大中型精密恒温恒湿空调系统的空气热湿处理和自控原理
Ⅰ—新风处理机组;Ⅱ—主空气处理机组;1—新风预加热器;
2—新风空气冷却器;3—新风风机;4—空气干冷冷却器;5—加湿器;6—送风机

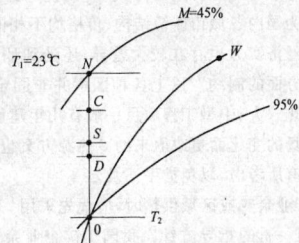

图 3　在焓湿图上表示的夏季空气处理过程

如果系统是直流式系统或新风量比例很大,则新风空气经过处理后与回风空气混合后的温度有可能低于所需的送风温度。在这种情况下再热便成为不可避免,否则相对湿度便会控制不住。

至于当相对湿度控制允许波动范围很小,比如±(2%~3%)时,情况可能会不同。因为在所述的空气调节控制系统中,夏季湿度控制环节采用的恒定露点温度控制,对室内相对湿度参数而言终究还是低级别的开环性质的控制。

这里用"不宜"而没有用"不应"作出规定，是因为有例外。对于小型空调系统，不能生硬地规定不允许冷热抵消、加湿去湿抵消，这是因为：

(1)再热损失(即冷热抵消量的多少)与送风量的大小(即系统的大小)成正比例关系。系统规模越大，改进节能的潜力越大。小型系统规模小，即使用再热有一些冷热抵消，数量有限。

(2)小型系统常采用整体式恒温恒湿机组，使用方便，占地面积小，在实用中确实有一定的优势，因此不应限制使用。况且对于小型系统，如果再另外加设一套新风处理机组也不现实。这里"大、中型"意在定位于通常高度为3m左右，面积在300m²以上的恒温恒湿空气调节区对象。对于这类对象适用的恒温恒湿机组的容量大致为：风量10000m³/h，冷量约56kW。现在也有将恒温恒湿机组越做越大的现象。这是不节能、不经济、不合理的。因为：

(1)恒温恒湿机本身难以对温度和相对湿度实现解耦控制，难以避免因再热而引起大量的冷热抵消；

(2)系统容量大，因冷却和加热、加湿和除湿相互抵消而引起的能耗量更会令人难以容忍；

(3)其冬季运行全靠电加热供暖，与电炉取暖并无不同。系统容量大，这种能源不能优质优用的损失也必然随之增大。

9 冷源与热源

9.1 一般规定

9.1.1 本条规定了选择空气调节冷热源的总原则。

冷热源设计方案一直是需要供冷、供热空气调节设计的首要难题，根据中国当前各城市供电、供热、供气的不同情况，在工业建筑中，空气调节冷热源及设备的选择可以有以下多种方案组合：

电制冷、工业余热或区域热网(蒸汽、热水)供热；

电制冷、燃煤锅炉供热；

电制冷、人工煤气或天然气供热；

电制冷、电热水机(炉)供热；

空气源热泵、水源热泵冷(热)水机组供冷、供热；

直燃型溴化锂吸收式冷(温)水机组供冷、供热；

蒸汽(热水)溴化锂吸收式冷水机组供冷、城市小区蒸汽(热水)热网供热；

蒸汽驱动式压缩热泵机组区域集中供热。

如何选定合理的冷热源组合方案，达到技术经济最优化是比较困难的。因为国内各城市能源结构、价格均不相同，工业建筑的全生命周期和经济实力也存在较大差异，还受到环保和消防以及能源安全等方面的制约。以上各种因素并非固定不变，而是在不断发展和变化。大、中型工程项目一般有几年建设周期，在这期间随着能源市场的变化而更改原来的冷热源方案也完全可能。在初步设计时应有所考虑，以免措手不及。

1 具有工业余热或区域供热时，应优先采用。这是国家能源政策、节能标准一贯的指导方针。我国工矿企业余热资源潜力很大，冶金、建材、电力、化工等企业在生产过程中也产生大量余热，这些余热都可能转化为供冷供热的热源，从而减少重复建设，节约一次能源。发展城市热源是我国城市供热的基本政策，北方城市发展较快，夏热冬冷地区的部分城市已在规划中，有的已在逐步实施。

2 在没有余热或区域供热的地区，通过技术经济比较及当地政策条件允许，空气调节冷热源可采用电动式压缩式冷水机组加燃煤锅炉的供冷供热，这在工业工程中常用。燃煤锅炉主要应符合

国家及当地环保相关标准的规定。

3 当具有电力、城市热力、天然气、城市煤气、油等其中两种以上能源时，为提高一次能源利用率及热效率，可按冷热负荷要求采用几种能源合理搭配作为空气调节冷热源。如电＋气(天然气、人工煤气)、电＋蒸汽、电＋油等。实际上很多工程都通过技术经济比较后采用了这种复合能源方式，取得了较好的经济效益。城市的能源结构应该是电力、热力、燃气同时发展并存，同样，空气调节也应适应城市的多元化能源结构，用能源的峰谷、季节差价进行设备选型，提高能源的一次效，使用户得到实惠。

4 热泵技术是属于国家大力提倡的节能技术之一，有条件时应积极推广。在夏热冬冷地区，空气源热泵冷热量出力较适合该地区建筑物的冷热负荷，空气源热泵的全年能效比较好，并且机组安装方便，不占机房面积，管理维护简单，因此推荐在中、小型生产厂房及辅助建筑中使用。但该地区冬季相对湿度较高，应考虑夜间低温高湿造成热泵机组化霜停机的影响；对于干旱缺水地区，宜采用空气源热泵或土壤源热泵系统。当采用土壤源热泵系统时，中、小型建筑空调冷热负荷的比例比较容易实现土壤全年热平衡，因此也推荐使用，但应考虑厂区敷设地埋管对生产规模扩建的影响。

5 中国河流年均水温的地区分布形势大体与气温一致。河流年均水温略高于当地年均气温，差值一般为1℃～2℃。但当高山冰雪融水在河流补给中占主要地位的地区则相反，年均水温低于气温1℃～2℃；中国河流水温的年内变化过程，大部分地区均为在春、夏增温阶段，水温低于当地气温；秋、冬降温阶段，水温高于当地气温。采用蒸发冷却空气处理方式，冷却水采用直流式地表水，可降低被处理空气温度，此时地表水即为天然冷源。

一般地下水水温是本地年平均温度。采用地表水作天然冷源时，强调再利用是对资源的保护，地下水的回灌可以防止地面沉降，全部回灌并不得造成污染是对水资源保护必须采取的措施。为保证地下水不被污染，地下水宜采用与空气间接接触的冷却方式。

条件具备时，室外新风可作为天然冷源；在室外气温适宜的条件下，室外新风可作为冷源；干空气具有吸湿降温能力，有称"天然冷却能力"，或称"干空气能"，可作为天然冷源。

6 水源热泵是一种以低位热能作能源的热泵机组，具有以下优点：

(1)可利用地下水、江、河、湖水或工业余热作为热源，供供暖和空气调节系统用，供暖运行时的性能系数(COP)一般大于4，节能效果明显；

(2)与电制冷中央空气调节相比，投资相近；

(3)调节、运转灵活方便，便于管理和计量收费。

7 本款是新增内容，这里的热泵包括压缩式热泵以及吸收式热泵。

工业项目中很多设备都需要给机械运转部分循环水冷却，如大型空压机、大型氧气压缩机、大型风机、发电机等，工业炉窑中的冷却水套都需要循环水，循环水带走余热，循环水也成为一种热源。采用水源热泵机组提取其中的热量，技术上是可行的，只要做到经济上合理即可。

吸收式热泵是一种机械装置，以高品位热能(蒸汽、热水、燃气)作推动力，回收低品位余热，形成可被工业和民用建筑使用的热能，投入产出比一般在1.8～2.5之间，是典型的节能环保型技术。提出采用吸收式热泵，主要是在热电、冶炼(钢铁、有色金属)、石化(石油、化工)、纺织等行业，利用25℃～60℃的低温余热水，通过少量高品位热能驱动，制取45℃～90℃中高温热水，供区域集中供热，可实施规模化回收，据统计，节能效率达45%～55%。

蒸汽驱动式压缩热泵机组是一种大型机械压缩装置，以各种蒸汽作为蒸汽机的驱动力，驱动压缩机作功实现热力循环，回收各

种低品位的余热，可以运用在热电厂、市政污水处理厂、油田采油污水、煤矿伴生水、冶金(钢铁)、电子、化工、制药、食品等领域。制热效率/COP(定义为热泵制热量和热泵能耗的比值)通常和温度压头(热泵冷凝器侧制热水出水温度和热泵蒸发器侧热源水出水温度差)相关，在40℃～60℃温度压头范围内，其制热COP通常在4.0～6.0之间，是典型的节能环保型技术。

8 1996年建设部在《市政公用事业节能技术政策》中提出发展城市燃气事业，搞好城市燃气发展规划，贯彻多种气源、合理利用能源的方针。目前，除城市煤气发展较快以外，西部天然气迅速开发，西气东输工程正在实施，输气管起自新疆塔里木的轮南地区、途经甘肃、宁夏、山西、河南、安徽、江苏、上海等地，2004年已建成投产，可稳定供气30年。川气东送2010年已建成，同年8月正式投入运行，是继"西气东输"管线工程之后建成的又一条横贯中国东西部地区的绿色能源管道大动脉。同时，中俄共设管道引进俄国天然气，广东建设液化天然气码头，用于广东南部地区。

天然气燃烧转化效率高、污染少，是较好的清洁能源，而且可以通过管道长距离输送。这些优点正是发达国家迅速发展的主要原因。用于工业建筑空气调节冷热源的关键在于气源成本，采用燃气型直燃机或燃气锅炉具有如下优点：

(1)有利于环境质量的改善；

(2)解决燃气季节调峰；

(3)平衡电力负荷；

(4)提高能源利用率。

9 本款是新增内容。

燃气冷热电三联供是一种能量梯级利用技术，以天然气为一次能源，产生蒸、电、冷的联产联供系统。推广热电联产、集中供热，提高热电机组的利用率、发展热能梯级利用技术，热、电、冷联产技术和热、电、煤气三联供技术，提高热能综合利用率符合《中华人民共和国节约能源法》的基本精神。

在天然气充足的地区，当电力负荷、热负荷和冷负荷能较好匹配，并能充分发挥冷热电联产系统的综合能源利用效率时，可以采用分布式燃气冷热电三联供系统，利用小型燃气轮机、燃气内燃机、微燃机等设备将天然气燃烧后获得高温烟气首先用于发电，然后利用余热在冬季供暖，在夏季通过驱动吸收式制冷机供冷，充分利用了排气的热量，大量节省了一次能源，减少碳排放。

我国天然气开发和利用作为改善能源结构、提高环境质量的重要措施，北京、上海、哈尔滨、济南、南京、成都等地政府出台了一些优惠政策，鼓励热电冷三联供项目的发展。

中国在国外投资的一些项目中，项目所在地基础设施很差，供水、供电、交通都要从无到有做起，热电联供、冷电联供、冷热电三联供无疑是能源高效利用的最佳途径。用煤、燃气、重油发电的情况都有，暖通工程师作为项目的参与者，有必要倡导并实施联供技术。

需要指出的是，工业领域三联供中的供冷不单指空调供冷，供热不单指建筑供热，也同时指工艺用冷、用热。需用全局的、开放的眼光审视三联供问题，有利于对三联供技术作出正确合理的判断。

10 水环热泵系统是利用水源热泵机组进行供冷和供热的系统形式之一，20世纪60年代首先由美国提出，国内从20世纪90年代开始已在一些工程中采用。系统按负荷特性在各房间或区域分散布置水源热泵机组，根据房间各自的需要，控制机组制冷或制热，将房间余热传向水侧换热器(冷凝器)或从水侧吸收热量(蒸发器)以双管封闭式循环水系统将水侧换热器连接成并联环路，以辅助加热和排热设备供给系统热量的不足和排除多余热量。

水环热泵系统的主要优点是：机组分散布置，减少风道占据的空间，设计施工简便灵活，便于独立调节；能进行制冷工况和制热

工况机组之间的热回收，节能效益明显；比空气源热泵机组效率高，受室外环境温度的影响小。因此推荐(宜)在全年空气调节且同时需要供热和供冷的厂房内使用。

水环热泵系统没有新风补给功能，需设单独的新风系统，且不易大量使用新风；压缩机分散布置在室内，维修、消除噪声、空气净化、加湿等也比集中式空气调节复杂，因此应经过经济技术比较后采用。

水环热泵系统的节能潜力主要表现在冬季供热时。有研究表明，由于水源热泵机组夏季制冷COP值比集中式空气调节的冷水机组低，冬暖夏热的我国南方地区(例如福建、广东等)使用水环热泵系统比集中式空气调节反而不节能。因此上述地区不宜采用。

11 蓄冷(热)空气调节系统近几年在中国发展较快，其意义在于均衡当前的用电负荷，缩小峰谷用电差，减少电厂投资，提高发电输配电效率，对国家和电力部门具有重要的意义和经济效益。对用户来说，有多大的实惠，主要看当地供电部门能够给出的优惠政策，包括分时电价和奖励。经过几年国内较多工程实践说明，双工况主机和蓄能设备的质量一般都较好，在设计上关键是合理的系统设计和系统控制以及设备选型。经过技术经济论证，当用户能在可以接受的年份内回收所增加的初投资时，宜采用蓄冷(热)空气调节系统。

9.1.2 本条规定了采用电直接加热设备作为热源的限制条件，为强制性条文。

常见的直接用电供热的情况有电锅炉、电热水器、电热空气加热器、电暖气及电暖风机等。采用高品位的电能直接转换为低品位的热能，热效率低，运行费用高，用于供暖空调热源是不经济的。合理利用能源，提高能源利用率，节约能源是我国基本国策。考虑到国内各地区以及工业建筑的情况，只有在符合本条所指的特殊情况下才能采用。

1 工矿企业一些分散的建筑，远离集中供热区域，如偏远的泵站、仓库、值班室等，这些建筑通常体积小，热负荷也较小，集中供热管道太长，管网热损失及阻力过大，不具备集中供热的条件，为了保证必要的职业卫生条件，当无法利用热泵供热时，允许采用电直接加热。

4 这里指配电室等重要电力机房，在严寒地区，设备余热不足，又不能采用热水或蒸汽供暖的情况。在工业企业中常见的是一些小型的配电室等。

5 工业企业本身设置了可再生能源发电系统，其发电量能够满足部分厂房或辅助建筑供热需求，为了充分利用发电能力，允许采用这部分电能直接供热。

9.1.3 区域供冷在工业企业或工业区有其适用条件。

9.1.4 本条规定了蒸发冷却冷水机组作为冷源选择的基本原则，为新增条文。

通常情况下，当室外空气的露点温度低于14℃～15℃时，采用间接-直接蒸发冷却方式，可以得到接近16℃的空调冷水作为空调系统的冷源。直接蒸发冷却式系统包括水冷式蒸发冷却、冷却塔冷却、蒸发式冷凝等。在西北地区等干燥气候区，可通过蒸发冷却方式直接提供用于空调系统的冷水，减少人工制冷的能耗，符合条件的地区推荐优先推广采用。

9.1.5 本条规定了机组台数选择。

机组台数的选择应按工程大小、负荷运行规律而定，一般不宜少于2台；大工程台数也不宜过多。单机组制冷量的大小应合理搭配，当单机容量调节下限的制冷量大于建筑物的最小负荷时，可选1台适合最小负荷的冷水机组，在最小负荷开启小型制冷机组满足使用要求。为保证运转的安全可靠性，小型工程选用1台机组时应选择多台压缩机分路联控的机组，即多机头联控型机

组。虽然目前冷水机组质量都比较好，有的公司承诺几万小时或10年不大修，但电控及零部件故障是难以避免的。

变频调速技术在目前冷水机组中的运用越来越成熟，自2010年起，我国变频冷水机组的应用呈不断上升的趋势。冷水机组变频后，可有效地提升机组部分负荷的性能，尤其是变频离心式冷水机组，变频后其综合部分负荷性能系数IPLV通常可提升30%左右；相应地，由于变频器功率损耗及其配用的电抗器、滤波器损耗，变频后机组在名义工况点的满负荷性能会有一定程度的降低，通常在3%～4%。所以，对于负荷变化比较大或运行工况变化比较大的场合，适宜选用变频调速式冷水机组，用户既可获得实际常用工况和负荷下的更高性能，节省了运行能耗，又可以实现对配电系统的零冲击电流。配置多台机组时，有人认为定频机组配合变频机组使用，既节约设备初投资又能达到需要的负荷调节精度，也有人认为全部配置变频调速机组运行调节能力更好，具体的配置方式需根据具体的工程情况经技术经济分析后确定。

9.1.6 本条是关于电动压缩式机组制冷剂的选择。

1991年我国政府签署了《关于消耗臭氧层物质的蒙特利尔议定书》（以下简称《议定书》）伦敦修正案，成为按该《议定书》第五条第一款行事的缔约国。我国编制的《中国消耗臭氧层物质逐步淘汰国家方案》由国务院批准。该方案规定，对臭氧层有破坏作用的CFC-11、CFC-12制冷剂最终禁用时间为2010年1月1日。对于当前广泛用于空气调节制冷设备的HCFC-22以及HCFC-123制冷剂是过渡制冷剂，按《议定书》调整案的要求，需要加速淘汰HCFCs，2030年完成HCFCs物质生产和消费的淘汰（允许每年保留基线水平2.5%用于制冷维修领域，直到2040年为止）。

压缩式冷水机组的使用年限较长，一般在20年以上，当选用过渡制冷剂时应考虑禁用年限。

9.2 电动压缩冷水机组

9.2.1 本条规定了电动压缩式冷水机组的总装机容量。

对装机容量问题，在工业建筑的工程项目中曾进行过详细的调查，一般制冷设备装机容量普遍偏大，这些制冷设备和变配电设备"大马拉小车"或机组闲置的情况浪费了大量资金。对国内空气调节工程的总结和运转实践说明，装机容量偏大的现象虽有所好转，但在一些工程中仍有存在，主要原因如下：一是空调负荷计算方法不够准确，二是不切实际地套用负荷指标，三是设备选型的附加系数过大。冷水机组总装机容量过大会造成投资浪费。同时，由于单台的装机容量也同时增加，还导致了其低负荷工况下的能效降低。因此对设计的装机容量作出了本条规定。

目前大部分主流厂家的产品都可以按照设计冷量的需求来配置和提供冷水机组，但也有一些产品采用的是"系列化或规格化"生产。为了防止冷水机组的装机容量选择过大，本条对总容量进行了限制。对于工艺要求必须设置备用冷水机组时，其备用冷水机组的容量不统计在本条规定的装机容量之中。

9.2.2 本条规定了水冷式冷水机组制冷量的范围划分。

本条对目前生产的水冷式冷水机组的单机制冷量作了大致的划分，供选型时参考。考虑到工业建筑的复杂性，表9.2.2中仍保留了涡旋式、往复式冷水机组的选型范围，以方便使用。

（1）表9.2.2中对几种机型制冷范围的划分，主要是推荐采用较高性能参数的机组，以实现节能。

（2）螺杆式和离心式之间有制冷量相近的型号，可通过性能价格比选择合适的机型。

9.2.3 冷水机组名义工况制冷性能系数（COP）是指在表8温度条件下，机组以同一单位标准的制冷量除以总输入电功率的比值。

表8　名义工况时的温度条件

类型	进水温度 （℃）	出水温度 （℃）	冷却水进水温度 （℃）	空气干球温度 （℃）
水冷式	12	7	30	—
风冷式	12	7	—	35

机组性能系数应符合现行国家标准《冷水机组能效限定值及能源效率等级》GB 19577中的要求，提倡采用高性能设备，可选用现行国家标准《冷水机组能效限定值及能源效率等级》GB 19577中2级能效等级以上的机组。同时指出在机组选型时，除考虑满负荷运行时的性能系数外，还应考虑部分负荷时的性能系数。

9.2.4 本条规定了冷水机组电动机供电方式要求。

9.2.5 氨作为制冷剂，有较好的热力学及热物理性质，其ODP（消耗臭氧层潜值）和GWP（全球变暖潜值）值均为0。随着CFCs及HCFCs的禁用和限用，随着氨制冷的工艺水平和研发技术不断提高，氨制冷的应用项目和范围将不断扩大。

9.3 溴化锂吸收式机组

9.3.1 本条规定了溴化锂吸收式机组的选型。

采用饱和蒸汽和热水为热源的溴化锂吸收式冷水机组有单效机组、双效机组和热水机组三种形式。除利用废热或工业余热、可再生能源产生的热源、区域或市政集中热水为热源外，矿物质能源直接燃烧和提供热源的溴化锂吸收式机组均不应采用单效型机组。

9.3.2 本条规定了溴化锂吸收式冷（温）水机组的燃料选择。

溴化锂吸收式冷（温）水机组的燃料选择根据节能环保要求，宜按本条顺序。

1 利用废热或工业余热作为溴化锂机组的热源有利于节能，但考虑实际经济效益，一般有压力不低于30kPa的废热蒸汽或温度不低于80℃的废热热水等适宜的热源时才采用。

2 可再生能源作为溴化锂机组的热源，如太阳能、地热能等，需经过技术经济比较确定。

3 直燃式溴化锂冷（温）水机组，本款推荐了采用矿物质能源的顺序，其中天然气是直燃机的最佳能源，在无天然气的地区宜采用人工煤气或液化石油气。燃油时，目前都采用0号轻柴油而不用重柴油，因为重柴油黏度大，必须加热油输送。在南方地区可在重柴油中加入20%～40%的轻柴油，输送时可不加热。重柴油对设计、管理都带来不便，因此不宜采用。

9.3.3 本条规定了选用直燃型溴化锂吸收式冷（温）水机组的原则。

1 直燃机组的额定供热量一般为额定供冷量的70%～80%，这是一个标准的配置，也是较经济合理的配置，在设计时尽可能按照标准型机组来选择，我国多数地区（需要供应生活热水除外）都能满足要求。同时，设计时要分别按供冷工况和供热工况来预选直燃机。如果供冷、供热两种工况下选择的机型规格相差较大时，宜按照机型较小者来配置，并增加辅助的冷源或热源装置。

2 当热负荷大于机组供热量时，用加大机组型号的方法是不可取的，因为要增加投资、降低机组效率。加大高压发生器和燃烧器虽然可行，但也应有限制，否则会影响机组高、低压发生器的匹配，同样造成低效，导致能耗增加。

3 按冬季热负荷选择溴化锂吸收式冷（温）水机组，夏季供冷能力不足时应设辅助制冷措施。

9.3.4 本条规定了溴化锂吸收式冷（热）水机组的冷（热）量修正。

虽然近年来溴化锂吸收式机组在保持真空度、防结垢、防腐等方面采取了多方位的有效措施，产品质量大为提高，但真正做好、管理好还是有一定难度的。因为溴化锂吸收式机组都是由换热器组成，结垢和腐蚀的影响很大。从某些工程运行的情况看，因结垢、腐蚀造成的冷量衰减现象仍然存在。至于如何修正，可根据水质及水处理的实际状况确定。

9.3.5 本条规定了溴化锂吸收式三用直燃机的选型要求。

由于此机型具备系统简单、占用面积小等优点，在实际工程中有广泛应用，在设计选型中需注意以下问题：三用机的工作模式混淆，被曲解为同时供冷、供热、供生活热水，实际上应该是夏季单供冷、供冷及供生活热水，春秋季供生活热水，冬季供暖、供暖及供生活热水。

有如此多的用途，三用机受到业主的欢迎。由于在设计选型中存在一些问题，致使在实际工程使用中出现不尽如人意之处。分析其原因是：

（1）对供冷（温）和生活热水未进行日负荷分析与平衡，由于机组能量不足，造成不能同时满足各方面的要求。

（2）未进行各季节的使用分析，造成不经济、不合理运行、效率低、能耗大。

（3）在供冷（温）及生活热水系统内未设必要的控制与调节装置，管理无法优化，造成运行混乱，达不到便用要求，以致运行成本提高。

直燃机是价格昂贵的设备，尤其是三用机，要搞好合理匹配、系统控制、提高能源利用率是设计选型的关键。当难以满足生活热水供应要求，又影响供冷（温）质量时，即不符合本条和本规范第9.3.3条的要求时，应另设专用热水机组提供生活热水。

9.3.6 本条规定了溴化锂吸收式机组的水质要求。

吸收式机组对水质的要求较高，应满足国家现行相关标准的要求，以防止和减少对机组换热管的结垢和腐蚀。

9.3.7 本条规定了直燃型机组的储油、供油、燃气系统的设计要求。

直燃型溴化锂吸收式冷（温）水机组储油、供油、燃气供应及烟道的设计应符合现行国家标准《锅炉房设计规范》GB 50041、《建筑设计防火规范》GB 50016、《城镇燃气设计规范》GB 50028、《工业企业煤气安全规程》GB 6222 等的要求。

9.4 热 泵

9.4.1 本条规定了空气源热泵冷（热）水机组的选型原则。

本条提出选用空气源热泵冷（热）水机组时应注意的问题：

（1）空气源热泵机组应优选机组性能系数较高的产品，以降低投资和运行成本。此外，先进科学的融霜技术是机组冬季运行的可靠保障。机组冬季运行时，换热盘管强度低于露点温度时，表面产生冷凝水，冷凝水低于 0℃ 就会结霜，严重时就会堵塞盘管，明显降低机组效率，为此必须除霜。除霜方法有多种，包括原始的定时控制、温度传感器控制和近几年发展的智能控制，最佳的除霜控制应是判断正确，除霜时间短，做到完美是很难的。设计选型时应进一步了解机组的除霜方式，通过比较判断后确定。

（2）机组多数安装在屋面，应考虑机组噪声对周边建筑环境的影响，尤其是夜间远行，若噪声超标不但会遭到投诉，还会被勒令停止运行。

（3）在北方寒冷地区采用空气源热泵机组是否合适，根据一些文献分析和对北京、西安、郑州等地实际使用单位的调查，归纳意见如下：

1）日间使用，对室温要求不太高的建筑可以采用；

2）室外计算温度低于-20℃的地区，不宜采用；

3）当室外强度低于空气源热泵平衡点温度（即空气源热泵供热量等于建筑耗热量时的室外计算温度）时，应设置辅助热源。在辅助热源使用后，应注意防止冷凝温度和蒸发温度超出机组的使用范围。

以上仅从技术角度指出了空气源热泵在寒冷地区的使用，设计时还需从经济角度全面分析。在有集中供热的地区就不宜采用。

一些公司已推出适用于低温环境（-12℃～-20℃）运行的机组，为寒冷地区推广应用空气源热泵创造了条件。同时空气源热泵还可以拓宽现有的应用途径，如与水源热泵串级应用，为低温

热水辐射供暖系统提供供热源等。

我国幅员辽阔、气温差异较大，对空气源热泵的应用应按可靠性与经济性为原则因地制宜地结合当地的综合条件而确定。

9.4.2 本条规定了空气源热泵机组的制热量计算。

空气源热泵机组的冬季制热量会受到室外空气温度、湿度和机组本身的融酸性能的影响，在设计工况下的制热量通常采用下式计算：

$$Q = qK_1K_2 \tag{13}$$

式中：Q——机组设计工况下的制热量（kW）；

q——产品标准工况下的制热量（标准工况：室外空气干球温度7℃、湿球温度6℃）（kW）；

K_1——使用地区室外空气调节计算干球温度的修正系数，按产品样本选取；

K_2——机组融霜修正系数，应根据生产厂家提供的数据修正；当无数据时每小时融霜一次取 0.9，两次取 0.8。

每小时融霜次数可按所选机组融霜控制方式、冬季室外计算温度、湿度选取或向生产厂家咨询。对于多联机空调系统，还要考虑管长的修正。

9.4.3 本条规定了地埋管地源热泵系统设计的基本要求。

1 地埋管地源热泵系统的采用首先应根据工程场地条件、地质勘查结果，评估地埋管换热系统实施的可能性与经济性。

2 利用岩土热响应实验进行地埋管换热器的设计，是将岩土综合热物性参数、岩土初始平均温度和空调冷热负荷输入专业软件，在夏季工况和冬季工况运行条件下进行动态耦合计算，通过控制地埋管换热器夏季运行期间出口最高温度和冬季运行期间进口最低温度，进行地埋管换热器的设计。

3 采用地埋管地源热泵系统，埋管换热系统是成败的关键。这种系统的设计与计算较为复杂，地埋管的埋管形式、数量、规格等应根据系统的换热量、埋管土地面积、土壤的热物理特性、地下岩土分布情况、机组性能等多种因素确定。

4 地源热泵地埋管系统的全年总释热量和总吸热量（单位均为 kW·h）基本平衡是地埋管地源热泵系统成败的关键。对于地下水径流流速较小的地埋管区域，在计算周期内，地源热泵系统总释热量和总吸热量应相平衡。两者相差不大指两者的比值为0.8～1.25。对于地下水径流流速较大的地埋管区域，地源热泵系统总释热量和总吸热量可以通过地下水流动（带走或获取热量）取得平衡。地下水径流流速的大小区分原则为：1个月内，地下水的流动距离超过沿流动方向的地埋管布置区域的长度为较大流速；反之，为较小流速。

5 当无法取得地埋管系统的总释热量和总吸热量的平衡时，设计可以通过增加辅助热源或冷却塔辅助散热的方法解决；还可以采用设置其他冷、热源与地源热泵系统联合运行的方法解决，通过检测地下土壤温度，调整运行策略，保证整个冷、热源系统全年的高效率运行。

6 地埋管泄漏后，防冻剂会造成污染，故不建议使用。

9.4.4 本条规定了地下水水源热泵的基本要求。第4款为强制性条款。

1 应通过工程场地的水文地质勘查、试验资料，取得地下水资源详细数据，包括连续供水量、水温、地下水径流方向、分层水质、渗透系数等参数。有了这些资料才能判定采用地下水的可能性。水源热泵的正常运行对地下水的水质有一定的要求。为满足水质要求可采用具有针对性的处理方法，如采用除砂器、除垢器、除铁处理等。正确的水处理手段是保证系统正常运行的前提，不容忽视。

2 采用变流量设计是为了尽量减少地下水的用量和减少输送动力消耗。但要注意的是：当地下水采用直接进入机组的方式时，应满足对机组对最小水量的限制要求和最小水量变化速率限制的要求，这一点与冷水机组变流量系统的要求相同。

3 地下水直接进入机组还是通过换热器后间接进入机组,需要根据多种因素确定,包括水质、水温和维护的方便性。水质好的地下水宜直接进入机组,反之采用间接方法;维护简单工作量不大时采用直接方法,反之亦然;地下水直接进入机组有利于提高机组效率,反之亦然。因此设计人员可以通过技术经济分析后确定,本条提供的方法正是遵照了这些原则。

4 为了保护宝贵的地下水资源,要求采用地下水全部回灌,并回灌到原取水层。回灌到原取水层可形成取水、回灌水的良性循环,既保障了水源热泵系统的稳定运行,又避免了人为改变地下水资源环境。

9.4.5 本条规定了水源热泵设计的原则。

1 在工程方案设计时,通常可假设所使用的水源温度计算出机组所需的总水量。然后进行技术经济比较。

2 充足稳定的水量、合适的水温、合格的水质是水源热泵系统正常运行的重要因素。机组冬、夏季运行时对水源温度的要求不同,一般冬季不宜低于10℃,夏季不宜高于30℃,采用地表水时应特别注意。有些机组在冬季可采用低于10℃的水源,但使用时应进行技术经济比较。关于水质,在目前还没有机组产品标准的情况下,可参照下列要求:pH 值在 6.5~8.5,CaO 含量<200mg/L,矿化度<3g/L,Cl⁻<100mg/L,SO₄²⁻<200mg/L,Fe²⁺<1mg/L,H₂S<0.5mg/L,含砂量<1/200000。

3 水源的供给分直接供水和间接供水(即通过板式换热器换热)。采用间接供水,可保证机组不受水源水质不好的影响,能减少维修费用和延长使用寿命,尤其是采用小型分散式系统时,应采用间接式供水。当采用大、中型机组集中设置在机房时,可视水源水质情况确定。如果水质符合标准,不需采取处理措施时,可采用直接供水。

9.4.6 本条规定了水环热泵空气调节系统的设计要求。

1 循环水的温度范围是根据热泵机组的正常工作范围、冷却塔的处理能力和使用板式换热器时的水温确定的。为使水温保持在这个范围内,需设置温度控制装置,用水温控制辅助加热装置和排热装置的运行。

2 由于热泵机组换热器对循环水水质有较高的要求,一般不允许直接采用与大气直接接触的开式冷却塔。采用闭式冷却塔能够保证水质且系统简单,但价格较高(为开式冷却塔的 2~3 倍)、重量较大(为开式冷却塔的 4 倍左右),我国目前产品较少;采用换热器和开式冷却塔的系统,也可以保证流经热泵机组的水质,但多一套循环水系统,系统较复杂且增加了水泵能耗;因此需经技术经济比较后确定循环水系统方案,一般认为系统较小时可采用闭式冷却塔。

3 水环热泵空气调节系统的最大优势是冬季可减少热源供热量,但要考虑白天和夜间等不同时段的需热和余热之间的热平衡关系,经分析计算确定其数值。

9.5 蒸发冷却冷水机组

9.5.1 根据水蒸发冷却原理,蒸发冷却冷水机组制取的冷水温度受气象条件的限制,在不同的气象条件下制取的冷水温度有所不同。直接蒸发冷却冷水机组和间接蒸发冷却冷水机组的供水温度主要取决于室外湿球温度和干、湿球温度差。采用间接-直接蒸发冷却冷水机组的供水温度介于低于湿球温度而接近露点温度的范围。表9列举了部分地区的间接-直接蒸发冷却冷水机组适宜的供水温度计算结果。

表 9 西北地区主要城市间接-直接蒸发冷却冷水机组出水温度计算结果

省份	城市	设计温度参数(℃)		冷水机组出水温度(℃)
		干球温度	湿球温度	
内蒙古	呼和浩特	30.6	21.0	19.1
	赤峰	32.7	22.6	20.6
	通辽	32.3	24.5	22.9

续表 9

省份	城市	设计温度参数(℃)		冷水机组出水温度(℃)
		干球温度	湿球温度	
陕西	榆林	32.2	21.5	19.4
	延安	32.4	22.8	20.9
	西安	35.0	25.8	24.0
甘肃	酒泉	30.5	19.6	17.4
	兰州	31.2	20.1	17.9
	天水	30.8	21.8	20.0
青海	格尔木	26.9	13.3	10.6
	西宁	26.5	16.6	14.6
	玉树	21.8	13.1	11.4
宁夏	固原	27.7	19.0	17.3
	吴中(盐池)	32.4	20.7	18.4
	银川	31.2	22.1	20.3
新疆	克拉玛依	36.4	19.8	16.5
	乌鲁木齐	33.5	18.2	15.1
	喀什	33.8	21.2	18.7

9.5.2 本条规定了蒸发冷却冷水机组设计供回水温差的要求,为新增条文。

蒸发冷却冷水机组按终端温差可分为:大温差型冷水机组,其适宜的最大温差为 10℃;小温差型冷水机组,其适宜的最大温差为 5℃。采用何种形式的冷水机组应结合当地室外空气计算参数、室内冷负荷特性、末端设备的工作能力合理确定,水系统温差过小会增加水泵运行功耗,水系统温差过大会增加冷水机组单位冷量的能耗,应根据技术经济合理的要求确定蒸发冷却冷水机组设计供回水温差。

9.5.3 本条是关于采用蒸发冷却冷水机组时空调末端水系统的规定,为新增条文。

根据不同的连接方式其对应的水系统流程通常有三种方式:

(1)独立式[图4(a)]:供给显热末端的冷水直接回到冷水机组,新风机组不利用末端的回水。

(2)串联式[图4(b)]:供给显热末端的冷水经显热末端利用后再通过新风机组的空气冷却器预冷新风,然后回到冷水机组。该形式的系统就是为了更好地利用干空气能"自然冷却",从而减少显热末端需处理的显热负荷,相比独立式系统进一步降低了冷水机组的装机容量,减少了管道输送系统及末端设备;

(3)并联式[图4(c)]:冷水机组制取的冷水分别单独供给显热末端与新风机组,然后显热末端与新风机组的回水混合后回到冷水机组。该系统相比于串联式,冷水机组的供回水温差较小但冷水流量较大。该系统进一步提高了新风机组的降温能力,但对建筑物的占用空间较大。

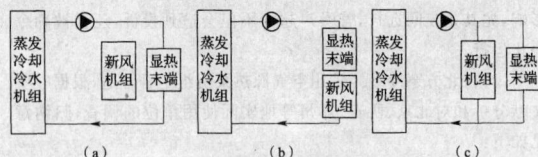

图 4 蒸发冷却水系统流程

9.5.4 本条是关于蒸发冷却冷水机组选型的规定,为新增条文。

蒸发冷却冷水机组分为直接蒸发冷却冷水机组、间接蒸发冷却冷水机组、间接-直接蒸发冷却冷水机组。

(1)直接蒸发冷却冷水机组的产出介质为冷水,冷水由滴水填料式直接蒸发冷却或喷淋式直接蒸发冷却制取。工作介质(冷却排风)与产出介质(冷水)直接接触,工作介质温度升高,湿度增加,排至室外,而产出介质降温后,送入室内显热末端,如干式风机盘管、辐射末端、冷梁等。

(2)间接蒸发冷却冷水机组的产出介质为冷水,冷水由喷淋式冷却盘管制取。工作介质(冷却排风及循环喷淋水或冷却水)与产出介质(冷水)不直接接触,产出介质始终在冷却盘管内流动,通过冷却盘管壁与外界工作介质进行换热,工作介质温度升高,排到室外,而管内的产出介质降温后,送入室内显热末端,如干式风机盘管、辐射末端、冷梁等。

(3)间接-直接蒸发冷却复合冷水机组的产出介质为冷水,其工作过程就是间接蒸发冷却和直接蒸发冷却的复合过程。首先室外空气先经过一个间接蒸发冷却器实现等湿降温后再经过滴水填料与循环水充分接触,实现等焓降温直接蒸发冷却,通过这个间接-直接蒸发冷却复合冷水机组,可以获得较低温度的冷水,其中间接蒸发冷却器可以为表冷器或管式间接蒸发冷却器等,其中之一设备形式示意图如图5中所示。

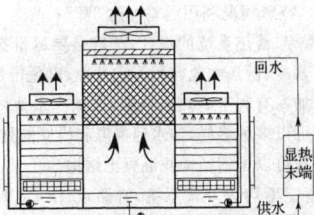

图5 间接-直接蒸发冷却冷水机组示意图

蒸发冷却冷水机组选型时应根据室外气象条件而定。我国幅员辽阔,地区海拔差异很大,受海上风及地理位置等因素的影响,形成湿热、温湿、干旱及半干旱等多样气候条件,多样的气候条件决定了蒸发冷却冷水机组在不同的地区有不同的适用性。

9.6 冷热电联供

9.6.1 本条规定了冷热电联供系统的配置原则,为新增条文。

本规范提到的冷热电联供是适用于工厂类工业建筑的分布式冷热电联供系统,不包括大型工业开发区类大型热电联供系统。系统配置形式与特点见表10。

表10 系统配置形式与特点

发电机	余热形式	中间热回收	余热利用设备	用途
涡轮发电机	烟气	无	烟气双效吸收式制冷机 烟气补燃双效吸收式制冷机	空调、供暖、生活热水
内燃发电机	烟气高温冷却水	无	烟气热水吸收式制冷机 烟气补燃双效吸收式制冷机	空调、供暖、生活热水
大型燃气(油)汽轮机热电厂	烟气、蒸汽	余热锅炉蒸汽轮机	蒸汽双效吸收式制冷机 烟气双效吸收式制冷机	空调、供暖、生活热水
微型燃气(油)汽轮机	低温烟气	—	烟气双效吸收式制冷机 烟气单效吸收式制冷机	空调、供暖

9.6.2 本条规定了烟气余热利用方式,为新增条文。

1 采用余热锅炉生产热水或蒸汽用于供热,采用热水或蒸汽型溴化锂吸收式冷水机组供冷,是比较稳妥的一种余热利用方式。烟气成分随燃料的不同而不同,含尘量大,含粘结性烟尘、有腐蚀性的烟气,对设备的要求较高,烟气型余热锅炉技术上成熟,能够克服这些技术上的难题。而热水或蒸汽型溴化锂吸收式冷水机组技术上也是较成熟的。

2 当烟气成分、参数较适合采用溴化锂吸收式冷、热水机组时,可直接采用溴化锂吸收式冷、热水机组供冷、供热;

3 本款是第1款和第2款的综合。

9.7 蓄冷、蓄热

9.7.1 本条规定了蓄冷的条件。

1~3 采用蓄冷方式或者是为了节约初投资,或者是为了节约运行费用,但两者都只能作为采用蓄冷方案的必要条件而非充分条件,所以还应从技术经济层面上入手,做到方案整体上最优。

4 特殊场合,如矿山的避险硐室,采用相变蓄冷装置蓄冷,作为灾难时降温使用。

5 这里指的是供电能力有限的情况。

9.7.2 本条规定了集中蓄热的条件。

蓄热要比蓄冷应用的更为普遍。蓄热的介质包括水、相变材料等。

9.7.3 本条规定了蓄冷空调负荷计算和蓄冷方式的选择,为新增条文。

1 对于一般的工业建筑来说,典型设计蓄冷时段通常为一个典型设计日。对于全年非每天使用(或即使每天使用但使用负荷并不总是满负荷的厂房,如阶段性工艺生产等),其满负荷使用的情况具有阶段性,这是根据实际负荷使用的阶段性周期作为典型设计蓄冷时段来进行的。

由于蓄冷系统存在间歇运行的特点,空调系统不运行的时段内,建筑构件(主要包括楼板、内墙)仍然有传热而形成了一定的蓄热量,这些蓄热量需要空调系统来带走。因此在计算空调蓄冷系统典型设计日的总冷量(kW·h)时,除计算空调系统运行时间段的冷负荷外,还应考虑上述附加冷负荷。

2 对于用冷时间短,并且在用电高峰时段需冷量相对较大的系统,可采用全负荷蓄冷;一般工程建议采用部分负荷蓄冷。在设计蓄冷-释放周期内采用部分负荷的蓄冷空调系统,应考虑其在负荷较小时以全负荷蓄冷方式运行。

9.7.4 本条规定了选择载冷剂的要求。

蓄冰系统中常用的载冷剂是乙烯乙二醇水溶液,其浓度愈大,凝固点愈低。一般制冰出液温度为$-7℃\sim-6℃$,蓄冰需要其蒸发温度为$-11℃\sim-10℃$,因此希望乙烯乙二醇水溶液的凝固温度在$-14℃\sim-11℃$之间。所以常选用乙烯乙二醇水溶液体积浓度为25%左右。

9.7.5 本条规定了乙烯乙二醇水溶液作为载冷剂的要求。

1 乙烯乙二醇水溶液系统的溶液膨胀箱,容量计算原则与水系统中的膨胀水箱相同,存液和补液设备一般由存液箱和补液泵组成,存液箱兼作配液箱使用。补液泵扬程、存液箱容积按本规范第9.9.13条和第9.9.14条的相关规定计算确定。对冰球式系统尚应考虑冰球结冰后的膨胀量。

2 乙烯乙二醇水溶液的物理特性与水不同,与水相比,其密度和黏度均较大,而热容量较小,故对一般水力计算得出的水管阻力、溶液流量均应进行修正。

3 蓄冷系统的载冷剂一般选用乙烯乙二醇水溶液,遇锌会产生絮状沉淀物。

4 由载冷剂乙烯乙二醇水溶液直接进入空气调节系统末端设备时,要求空气调节水管路系统安装后确保清洁、严密,而且管材不得选用镀锌管材。

5 载冷剂乙烯乙二醇水溶液管高处与水系统一样会有空气集存,应予以即时排除。

6 多台并联的蓄冰装置采用并联连接时,设置流量平衡阀是为了保证每台蓄冰装置流量分配均衡,从而实现均匀蓄冷和取冷。

7 载冷剂系统中的阀门性能非常重要,它们直接影响系统中各种运行工况之间的正确转换,而且要确保在制冰工况下,防止低温溶液进入板式换热器,引起用户侧不流动的水冻结,破坏板式换热器的结构。

8 一个冰蓄冷系统,常用的运行工况有:蓄冰、蓄球装置单独供冷、制冷机单独供冷,制冷机与蓄冰装置联合供冷等。实现工况转换宜配合自动控制。

9.7.6 本条规定了蓄冰装置的设计要求。

1 蓄冷装置种类很多，蓄冷与取冷的机理也各不相同，因而其性能特征不同。蓄冷特性包括两个内容，即为保证在电网的低谷时段（一般约为7～9时）完成全部冷量的蓄存，应能提供出的两个必要条件：确定制冷机在制冰工况下的最低运行温度（一般为−4℃～−8℃），用以计算制冷机的运行效率；根据最低运行温度及保证制冷机安全运行的原则，确定载冷剂的浓度（一般为体积浓度25%～30%）。

2 对用户及设计单位来说，蓄冰装置的取冷特性是非常重要的，因为所选蓄冰装置在融球取冷时，冷水温度能否保持、逐时取冷量能否保证是一个空气调节系统稳定运行的前提条件之一。所以蓄冰装置的完整取冷特性曲线中，应能明确给出装置逐时可取出的冷量（常用取冷速率来表示和计算）及其相应的溶液温度。

对取冷速率，通常有两种定义法：

其一，取冷速率是单位时间可取出的冷量与蓄冰装置名义总蓄冷量的比值，以百分数表示（一般球盘管式蓄冰装置均按此种方法给出）；

其二，取冷速率是某单位时间取出的冷量与该时刻蓄冰装置内实际蓄存的冷量的比值，以百分数表示（一般封装式蓄冰装置均按此种方法给出）。

由于定义不同，在相同取冷速率时，实际上取出的冷量并不相等。因此在选择产品时，务必首先了解清楚其定义方法。

9.7.7 本条规定了设备容量的确定。

全负荷蓄冰系统初投资最大，占地面积大，但运行费最省。部分负荷蓄冰系统则既减少了装机容量，又有一定蓄能效果，相应减少了运行费用。本规范附录L中所指一般空气调节系统运行周期为1天21h，实际工程（如教堂）使用周期可能是一周或其他。

一般产品规格和工程说明书中，常用蓄冷量量纲为冷吨（RT·h）时，它与标准量纲的关系为：1RT·h=3.517kW·h。

9.7.8 本条规定了蓄冰时段供冷措施。

1 蓄冰时段内供冷负荷较小时，为了整个系统的简化，建议在大系统制冰工况下，在环路中增设小循环泵取冷管路，保证少量用冷需求。

2 一般制冷机在制冰工况下效率比较低，连续空气调节负荷可以让冷机在空气调节工况下连续运行来解决供冷，以保证制冷机的运行效率永远最高。即在系统中另设制冷机按空气调节工况运行来负担这部分负荷，以保证系统运行更为节能与节省运行费。这台制冷机称为基载制冷机，意为满足基本需求的制冷机。当然，制冰机和蓄冰装置容量计算中不需考虑这部分负荷。

9.7.9 本条规定了冰蓄冷系统的冷水供回水温度的温差要求。

采用蓄冷空调系统时，由于能够提供比较低的供水温度，应加大冷水供回水温差，节省冷水输送能耗。在蓄冷空调系统中，由于系统形式、蓄冰装置等的不同，供水温度也会存在一定的区别，因此设计中要根据不同情况来确定。

设计中要根据不同蓄冷介质和蓄冷取冷方式来确定空调冷水供水温度。各种方式常用冷水温度范围可参考表11。表11中也列出了采用水蓄冷时的适宜供水温度。

表11 不同蓄冷介质和蓄冷取冷方式的空调冷水供水温度（℃）

蓄冷介质和蓄冷取冷方式	水	冰				共晶盐
		动态冰片滑落式	冰盘管式		封装式（冰球或冰板）	
			内融冰式	外融冰式		
空调供水温度（℃）	4～9	2～4	3～6	2～6	3～6	7～10

9.7.10 本条规定了共晶盐相变材料的蓄冷，为新增条文。

作为蓄冰装置，不论其发生相变的材料是水还是其他共晶盐

都要求蓄冷和取冷特性应满足本规范的要求。

水最适于作首选的相变材料，但其相变结冰温度有限，只能在0℃时进行，因此要求制冷机需在双工况下工作。制冰时蒸发器出液温度需降至−8℃～−5℃，致使制冷效率大幅度下降。如果制冷机不便于实现双工况下工作，而又想利用蓄冷系统，则要利用相变材料。为配合一般制冷机工作，常选相变温度为4℃～8℃。若为特殊工艺服务，如食品、制药等行业，可根据要求选用不同的相变温度。

9.7.11 本条规定了水蓄能系统设计。

1 为防止蒸发器内水的冻结，一般制冷机出水温度不宜低于4℃，而且4℃水密度最大，便于利用温度分层蓄存，通常可利用温差为6℃～7℃，特殊情况利用温差可达8℃～10℃。

2 水池蓄冷、蓄热系统的设计，关键是要尽量提高水池的蓄能效率。因此蓄冷、蓄热水池容积不宜过小，以免传热损失所占比例过大。水池加深有利于冷热水分层，减少水池内冷热水的掺混。加深形式可以多种多样，如水池保温和内壁的处理，进出水口的布置等。结构可以是钢结构或混凝土结构。

3 一般蓄能槽均为开式系统，管路设计一定要配合自动控制，防止水倒灌和管内出现真空（尤其对蓄热水系统）。

9.7.12 本条是关于消防水池不得兼作蓄热水池的规定，为强制性条文。

热水不能用于消防，消防水池不得作为蓄热水池使用。使用专用消防水池需要得到消防部门的认可。

9.8 换热装置

9.8.1 本条规定了换热器的选型原则。换热装置是一个含义很广的概念，在本章中专指冷热源处常用到的换热装置。

1 目前可选用的换热器品种繁多，某些产品样本所列参数，选型表所列数据并非真实可靠，以样本的传热系数来区别产品的先进与否也比较困难，因为传热系数计算极其复杂，变化因素很多，与一、二次热源的流体介质、温度、流速及诸多热工系数的取值相关。在一些换热器样本中，对传热系数的标注均不相同。如3000W/(m²·℃)、4000W/(m²·℃)、3000W/(m²·℃)～7000W/(m²·℃)等，从这些数据中难以判断产品的先进性。因此在选型时，应按生产厂的技术实力、生产装备、样本资料的科技含量、市场占有率、用户反应等情况综合考虑。

2 换热介质理化特性是确定换热器类型、构造、材质的重要因素，例如，水-水板式换热器由于结构紧凑、易于实现小温差换热的特点，在供暖空调中被广泛使用，但高温汽-水热交换器不适合采用板式换热器，因为板式换热器所用的胶垫在高温下使用寿命短。又如，当换热介质含有较大粒径杂质时，应选择高通过性流道形式的换热器。

9.8.2 本条规定了换热器的容量计算。

换热器的容量应根据计算的冷、热量进行选择，其台数与单台的供冷、供热能力应满足换热量的使用需求、分期增长的计划及考虑热源可靠稳定性等因素。

9.9 空气调节冷热水及冷凝水系统

9.9.1 本条规定了空气调节冷水参数。

工艺性空气调节系统冷水供回水温度，应根据空气处理工艺要求，并在技术可靠、经济合理的前提下确定。舒适性空气调节系统冷热水参数，应考虑冷热源、末端、循环泵功率的影响等因素，通过技术经济比较后确定。原规范规定：空气调节冷水供水温度：5℃～9℃，一般为7℃；空气调节冷水供回水温差：5℃～10℃，一般为5℃。由于工业建筑中工艺性空调系统种类繁多，要求各异，同时随着冷热源设备种类的增加、技术的进步、新的节能环保政策的出台等因素，上述参数显得过于简单、概括，但要全面概括各种情况，规范的篇幅可能过长，因此本规范中只提出原则性规定。

工业项目中生产用制冷和空气调节用制冷有时合并设置制冷站，甚至合并设置制冷系统，在工艺用冷为主时，冷媒参数应随工艺要求确定。

仅按设备种类划分，空气调节冷水参数的确定原则如下：

1 采用冷水机组直接供冷时，空调冷水供回水温度可按设备额定工况取 7℃/12℃。循环水泵功率较大的工程（如厂区集中供冷），在综合考虑制冷机组性能系数和制冷量影响的前提下，可适当降低供水温度、加大空调冷水供回水温差。

2 采用蓄冷装置的供冷系统，空调冷水供水温度应根据采用蓄冷介质和蓄冷、取冷方式确定，并应符合本规范第 9.7.9 条的相关规定；当采用蓄冷装置能获得较低的供水温度时，应尽量加大供回水温差。

4 采用蒸发冷却或天然冷源制取空调冷水时，空调冷水的供水温度应根据当地气象条件和末端设备的工作能力合理确定；当采用强制对流末端设备时，空调冷水供水温差不宜小于 4℃。

9.9.2 本条规定了空气调节热水供回水温差。

1 确定热水供回水温度时，也应综合各种因素，经技术经济比较后确定。冷热盘管夏季供冷、冬季供热，换热面积较大，热水温度不宜过高，供水温度 50℃～60℃，供回水温差不宜小于 10℃；专用加热盘管不受夏季工况的限制。

2 对于工业厂房，一次热源的温度一般较高，供暖空调设备有使用高温热水的条件。使用高温热水，可减小加热器面积，获得较高的送风温度，大温差供水系统输送能耗低、管材消耗小，因此规定：工艺性空调系统设专用加热盘管时，供水温度宜为 70℃～130℃，供回水温差不宜小于 25℃。

3 采用直燃式冷（温）水机组、空气源热泵、水源热泵等作为热源时，空调热水供回水温度和温差应按设备要求和具体情况确定，并应使设备具有较高的供热性能系数。

9.9.5 本条规定了直接供冷空调水系统的设计。

暖通术语规定如下：是同一个水系统，直接供冷，称为一级泵、二级泵等；经过了换热，划分成了不同的水系统，间接供冷，称为一次泵、二次泵等。

1 冷水机组定流量、负荷侧变流量的一级泵系统，形式简单，通过末端用户设置的水路两通自动控制阀调节各末端的水流量，是目前应用最广泛、最成熟的系统形式。在冷水机组允许、控制方案和运行管理可靠的前提下，为了节能，在技术经济条件合理时，也可采用冷水机组、负荷侧均变流量的一级泵系统。

2 负荷侧应按变流量系统设计，末端设备水路上设电动或气动阀，与末端设备联动。水路阀采用双位阀或调节阀。

3 一级泵系统是较常用的系统形式。

4，5 二级泵的选择设计：

（1）关于系统作用半径较大、设计系统阻力较高。

机房冷源侧阻力变化不大，因此系统设计水流阻力较高的原因一般是由于系统作用半径造成的，因此系统阻力是推荐采用二级泵或多级泵系统的充分必要条件。通过二级泵的变流量运行，可大大节约系统耗能。

（2）关于二级泵不分区域并联设置。一级泵负担冷源侧水系统阻力，二级泵负担负荷侧水系统阻力，通过运行调控，可实现水泵运行节能。

（3）关于分区域设置二级泵。当有些系统或区域空调冷热水的温度参数与冷热源的温度参数不一致，又不单独设置冷热源时，可采用设置二级混水泵和混水阀调节水温的直接供冷系统；当不同区域管网阻力相差较大时，分区域分别设置二级泵，有利于水泵运行节能。

6 多级泵的选择设计：

当系统作用半径大，即使采用二级泵系统，仍然扬程过高时，宜采用多级泵系统。对于冷热源集中设置且各建筑分散的大规模冷、热水系统，当输送距离较远且各用户管路阻力相差悬殊或用户

所需水温不一致时，宜按系统或区域分别设置多级泵系统。

9.9.6 本条是关于二级泵或多级泵系统的设计，为新增条文。

1 一、二级泵之间的旁通管称为平衡管（也称盈亏管、耦合管），其两侧接管端点，即为一级泵和二级泵负担管网阻力的分界点。当一、二级泵流量在设计工况完全匹配时，平衡管内应无水流通过，两端无压差。当一、二级泵流量在调节工况时，平衡管内有水流通过，保证冷源侧通过蒸发器的流量恒定，同时负荷侧的流量按需供给。为了防止平衡管内水'倒流'现象，应进行水力计算。当分区域设置的二级泵采用分布式布置时，如平衡管远离机房设在各区域内，定流量运行的一级泵需负担机房和外网的阻力，应按最不利区域所需压力配置，功率很大，同时较近各区域平衡管前的资用压力过大，需用阀门调节克服，不符合节能，因此推荐平衡管的位置在冷源站房内。当平衡管内有水流通过时，也应尽量减少平衡管阻力，因此管径尽量大。

2 二级泵或多级泵可集中设置在冷源站房内，也可以设在服务的各区域内。集中设置管理简单，当水系统分区较多时，可考虑将二级泵或多级泵设置在各服务区内，但需校核从平衡管的分界点至二级泵或多级泵入口的阻力不应大于定压点高度，防止二级泵或多级泵入口处出现进气和气蚀。

3 二级泵或多级泵采用变频调速泵，比仅采用台数调节更节能。

9.9.7 本条是关于二次侧空调水系统的设计，为新增条文。

直接供冷（热）不满足使用要求时可通过换热间接供冷（热）。

1 按变流量系统设计时，末端设备应设温控两通阀，循环泵宜采用变频调速泵。

2 这里的分区域设置二次水系统，其原理与分区域设二级泵或多级泵相似。

9.9.8 本条是关于冷源侧定流量运行、负荷侧变流量运行时，空调水系统的设计。

（1）多台冷水机组和循环水泵之间宜采用一对一的管道连接方式（不包括冷源侧、负荷侧均变流量的一级泵系统）。当冷水机组与冷水循环泵之间采用一对一连接有困难时，常采用共用集管的连接方式，当一些冷水机组和对应的冷水泵停机时，应自动隔断停止运行的冷水机组的冷水通路，以免流经运行冷水机组的流量不足。对于冷源侧、负荷侧均变流量的一级泵系统，冷水机组和冷水循环泵可不一一对应，并应采用共用集管连接方式。冷水机组和冷水循环泵的台数变化及运行状态应根据负荷变化独立控制。

（2）空调末端装置应设置自控两通阀（包括开关控制和连续调节门），才能实现系统流量按需实时改变。

（3）工业上除电动两通阀外，也常用气动两通阀。

（4）自控旁通阀的口径应按本规范第 11.2.8 条的规定通过计算阀门流通能力（即流量系数）来确定，防止阀门选择过大。对于设置多台相同容量冷冻机组的系统，该设计流量就是一台冷水机组的流量。对于设置冷水机组大小搭配的系统，通常情况是多台大机组联合运行，小机组停运，但也可能有其他的大小搭配运行模式，但从冷水机组定流量运行的安全原则考虑，旁通阀设计流量选取容量最大的单台冷水机组的额定流量。

9.9.9 本条是关于冷源侧、负荷侧均变流量运行时，空调水系统的设计。

1 对适应变流量运行的冷水机组应具有的性能提出了要求。

2 水泵采用变速控制模式，其被控参数应经过详细的分析后确定，包括采用供回水压差、供回水温差、流量、冷量以及上述参数的组合等控制方式。

3 虽然应用于该系统的冷水机组均是流量允许变化的机型，但均有各自安全运行的最小流量，为了确保冷水机组均能达到最小流量，供、回水总管间应设置设计流量取各台冷水机组允许最小流量中的最大值的旁通调节阀（即空调末端全部关闭，冷冻机组在停机前，也可通过该旁通阀，有一个最低限度流量的冷冻水通过冷

水机组）。

4 如果冷水机组蒸发器在设计流量下的水压降相差较大，由于系统的不平衡，在变流量运行时，流经阻力较大机组的水流量可能低于机组允许的最小流量，故作出本款规定。

9.9.10 本条规定了冷热水循环泵的选用原则。

1 对于两管制系统，一般按系统的供冷运行工况选择循环泵，供热工况时系统和水泵工况不吻合，往往水泵不在高效率区运行或系统为小温差大流量运行等，造成电能浪费，因此不宜冬、夏合用循环泵。当冬、夏季空气调节水系统流量及系统阻力相差不大时，从减少投资和机房占用面积的角度出发，也可以合用循环泵。

2 为保证流经冷水机组蒸发器的水量恒定，并随冷水机组的运行台数的增减，向用户提供适应负荷变化的空气调节冷水流量，要求一级泵设置的台数和流量与冷水机组"相对应"。考虑到如模块式冷水机组拥有多套蒸发器制冷系统的特殊情况，不再按原规范强调"一对一"，可根据模块组装成的冷水机组情况，灵活配备循环水泵台数，且流量应与冷水机组相对应。

3 变流量运行的每个分区的各级水泵的流量调节，可通过台数调节和水泵变速调节实现，但即使是流量较小的系统，也不宜少于2台，是考虑在小流量运行时，水泵可以轮流检修。但是同级水泵均采用变速方式时，如果台数过多，会造成控制上的困难。系统不分区时，可认为是一个大区，"每个分区（冷热水循环泵）不宜少于2台"同样适用。

4 空气调节热水循环泵的流量调节和水泵设置原则一般为流量调节，多数时间在小于设计流量状态下运行，只要水泵不少于2台，即可做到轮流检修。但考虑到严寒及寒冷地区对供暖的可靠性要求较高，而且设备管道等有冻结的危险，强调水泵设置台数不超过3台时，宜设置备用泵，以免水泵检修时，流量减少过多。上述规定与现行国家标准《锅炉房设计规范》GB 50041中"供热热水制备"一章的相关规定相符。

9.10 空气调节冷却水系统

9.10.1 本条是关于冷却水的循环使用和冷却塔供冷、热回收的规定。

为符合节水的要求，除采用地表水作为冷却水情况外，冷却水系统已不允许直流。冷水机组的冷凝废热也应通过冷却水尽量得到利用。例如，夏季可作为生活热水的预热热源，并宜在冷季充分利用冷却塔冷却功能进行制冷等。

9.10.2 本条规定了冷却水水温的限制和要求。

1 冷却水最高温度限制应根据压缩式冷水机组冷凝器的允许工作压力和溴化锂吸收式冷（温）水机组的运行效率等因素，并考虑湿球温度较高的炎热地区冷却塔的处理能力，经技术经济比较后确定。本规范参考相关标准提供的数值，并针对目前空气调节常用设备的要求进行了简化和统一，规定不宜高于33℃。

2 冷却水水温不稳定或过低会造成制冷系统运行不稳定、影响节流过程的正常进行、吸收式冷（温）水机组出现结晶事故等，所以增加了对一般冷水机组冷却水最低水温的限制（不包括水源热泵等特殊系统的冷却水）。本规范参照了相关标准中提供的数值。随着冷水机组技术配置的提高，对冷却水进口最低水温的要求也会有所降低，必要时可参考生产厂的具体要求。调节水温的措施包括控制冷却水风机、控制供回水旁通水量等。

3 电动压缩式冷水机组的冷却水进出口温差是综合考虑了设备投资和运行费用、大部分地区的室外气候条件等因素，推荐了我国工程和产品的常用数据。吸收式冷（温）水机组的冷却水因为经过吸收器和冷凝器两次温升，进、出口温差比压缩式冷水机组大，推荐的数据是按照我国目前常用产品要求确定的。当考虑室外气候条件可采用较大温差时，应与设备生产厂配合选用非标准工况冷却水流量的设备。

9.10.3 本条是关于冷却水循环泵的选择。

1 为保证流经冷水机组冷凝器的水量恒定，要求冷却水循环泵台数和流量应与冷水机组相对应。

2 小型水冷柜式空气调节器、小型户式冷水机组等可以合用冷却水系统。

3 冷却水泵扬程包括冷却水系统阻力、系统所需扬水高差，有布器器的冷却塔和喷射式冷却塔等进水口要求的压力，这在工程设计中经常容易被忽略或漏掉，所以特作出本款规定。

9.10.4 本条规定了冷却塔的设置要求。

1 同一型号的冷却塔，在不同的室外湿球温度条件和冷水机组进出口温差要求的情况下，散热量和冷却水量不同，因此选用时需按照工程实际，对冷却塔的名义工况下设备性能参数进行修正，得到设计工况下的冷却塔性能参数，该参数应满足冷水机组的要求。

2 有旋转式布水器或喷射式等对进口水压有要求的冷却塔需保证其进水量，所以应和循环水泵相对应设置，详见本规范第9.10.3条的条文说明。

3 为防止冷却塔在0℃以下，尤其是间断运行时结冰，应采取防冻措施，包括在冷却塔底盘和室外管道设电加热设施，以及在合适的高度设泄空阀等。

4 冷却塔的设置位置不当，直接影响冷却塔散热量，且对周围环境产生影响。

6 由冷却塔产生火灾是工程中经常发生的事故，因此作出本款规定。

7 由于双工况制冷机组一般情况需昼夜运行，蓄冷工况和空调用冷工况冷冻水温、制冷量均不同，在相同冷却水量条件下，所需冷却水进出水温和温差亦不同。故应选用能满足两种工况冷却能力的冷却塔。

8 选用可风量调节的冷却塔，有利于冷却塔进、出水温差控制和节约电能。

9.10.5 本条规定了冷却水水质的要求。

1 由于补充水的水质和系统内的机械杂质等因素，不能保证冷却水系统水质，尤其是开式冷却塔能使水与空气大量接触，造成水质不稳定，产生和积累大量水垢、污泥，滋生微生物等，使冷却塔和冷凝器的传热效率降低，水流阻力增加，卫生环境恶化，对设备及管道造成腐蚀。因此为稳定水质，规定应采取相应措施。

3 电算机房专用水冷整体式空气调节器或分区设置的水源热泵机组等，这些设备内换热器要求冷却水洁净，一般不能将开式系统的冷却水直接送入机组。

4 在线清洗装置，是指工作状态下不停机清洗。有一种在线清洗装置在制冷机组冷却水入口向水系统内释放清洁球，在机组冷却水出口回收，并反复循环使用，自动清洗水冷管壳式冷凝器换热管内壁，可以有效降低冷凝器的污垢热阻，提高制冷效率。

9.10.6 本条规定了冷水机组和冷却水泵之间的连接方式和保证冷凝器水流量恒定的措施。

冷却水泵和冷水泵相同，与冷水机组之间有一对一连接和通过共用集管连接两种接管方式；为使正常运行的冷水机组所需水量不分流，冷凝温度稳定，冷水机组正常工作，共用集管接管时宜设电动或气动阀，且与冷水机组和冷却水泵连锁。

9.10.7 本条规定了并联冷却塔管路的流量平衡。

在并联冷却塔之间设置平衡管或公用连通水槽是为了避免各台冷却塔补水和溢水不均衡，造成浪费。另外，冷却塔进、出水管道设计时也应注意管道阻力平衡，以保证各台冷却塔要求的水量。

9.10.8 本条规定了并联冷却塔的水量控制。

冷却塔的旋转式布水器靠出水的反作用力推动运转，因此需要足够的水量和约0.1MPa的水压才能够正常布水；喷射式冷却塔的喷嘴也要求约0.1MPa～0.2MPa的压力。当并联冷却水系统中一部分冷水机组和冷却水泵停机时，系统总循环水量减少，如果平均进入所有冷却塔，每台冷却塔进水量过少，会使布水器或喷嘴不能正常运转，影响散热；冷却塔一般远离冷却水泵，如采用手动阀门控制十分不便；因此要求共用集管连接的系统应设置能够随冷却水泵频繁动作的自控阀门，在水泵停机时关断对应冷却塔的进水阀，保证正在工作的冷却塔的进水量。

9.10.9 本条规定了冷却水的补水量和补水点。

1 开式冷却水损失量占系统循环水量的比例计算或估算值：蒸发损失为每1℃水温降0.185%；飘逸损失可按生产厂提供数据确定，无资料时可取0.3%～0.35%；排污损失（包括泄漏损失）与补水水质、冷却水浓缩倍数的要求、飘逸损失量等因素相关，应经计算确定，一般可按0.3%估算。计算冷却水补水量的目的是为了确定补水管管径、补水泵、补水箱等设施，可以采用以上估算数值。

2 补水点位置应按是否设置集水箱确定。

集水箱的作用如下：

(1)可连通多台并联运行的冷却塔，使各台冷却塔水位平衡；

(2)可减少冷却塔底部存水盘容积及塔的运行重量；

(3)冬季使用的系统，停止运行时，冷却塔底部无存水，可以防止静止的存水冻结；

(4)可方便地增加系统间歇运行时所需存水容积，使冷却水循环泵能够稳定工作，详见本规范第9.10.10条的条文说明；

(5)为多台冷却塔统一补水、排污、加药等提供了方便操作的条件等。

设置水箱也存在占据机房面积、水箱和冷却塔高差过大时浪费电能等缺点。因此是否设置集水箱应根据工程具体情况确定，这里不作规定。

9.10.10 本条规定了间歇运行的冷却水系统的存水量。

间歇运行的冷却水系统，在系统停机后，冷却塔填料的淋水表面附着的水滴落下来。一些管道内的水容量由于重力作用，也从系统开口部位下落，系统内如没有足够的容纳这些水量的容积，就会造成大量溢水浪费；当系统重新开机时，首先需要一定的存水量，以湿润冷却塔干燥的填料表面和充满停机时流空的管道空间，否则会造成水泵缺水进气空蚀，不能稳定运行。

不设集水箱采用冷却塔底盘存水时，底盘补水水位以上的存水量不应小于冷却塔布水槽以上供水水平管道内的水容量，以及湿润冷却塔填料等部件所需水量；当冷却塔下方设置集水箱时，水箱补水水位以上的存水容除满足上述水量外，还应容纳冷却塔底盘至水箱之间管道等的水容量。

湿润冷却塔填料等部件所需水量应由冷却塔生产厂提供，根据资料介绍，经测试，逆流塔约为冷却塔标称循环水量的1.2%，横流塔约为1.5%。

9.10.11 本条规定了集水箱的设置位置。

当冷却塔设置在多层或高层建筑的屋顶时，集水箱如设置在底层，不能利用高位冷却塔的位能，过多地增加了循环水泵的扬水高度和电力消耗，不符合节能原则，故规定集水箱宜设置在冷却塔的下一层，且冷却塔布水器与集水箱设计水位之间的高差不应超过8m。

9.11 制冷和供热机房

9.11.1 本条规定了制冷和供热机房(不含锅炉房，包含无压热水机房及换热间)的布置和要求。

制冷和供热机房的位置应根据工程项目的实际情况确定，尽可能设置在空气调节负荷的中心，这样可以避免环路长短不均，有利于各支路负荷的平衡，并能够减少管路输送长度和输送能耗。

1 机房内设备运行噪声比较大，为了保证机房内工作人员良好的工作环境，应设置值班室；设置控制室便于工作人员对机房内

设备和末端进行控制和调节，是提高设备与系统管理水平、保障空气调节质量、实现机房自动化控制的需要。

2 地下机房应设置机械通风，这是地下空间的通用要求。地下机房是否设置事故通风，需根据潜在的危险因素、可能发生事故的概率、机组对机房配置的要求等确定。

3 由于机房内设备的尺寸都比较大，因此设计时就需考虑预留好安装洞和这些大型设备的运输通道，防止建筑结构完成后设备的就位困难。

4 为了保证机房内的室内环境，对机房地面、照明、给排水以及温度提出了要求。

9.11.2 本条规定了机房设备布置要求。

按当前常用的机型作了最小间距的规定。在设计布置时还是应尽量紧凑、不应宽打窄用、浪费面积，根据实践经验，设计图面上因重叠的管道摊平绘制，管道甚多，看似机房很挤，完工后却较宽松。所以按本条规定的间距设计一般不会拥挤。

9.11.3 本条规定了氨制冷机房的要求，为强制性条文。

氨是一种应用较广泛的中压中温制冷剂，其ODP(消耗臭氧层潜值)和GWP(全球变暖潜值)均为0，是一种环境友好型制冷剂。氨具有较好的热力学及热物理性质，单位容积制冷量大，黏度小，流动阻力小，传热性能好。氨制冷机的COP(制冷能效比)比采用R22、R134a的制冷机高出约12%～19%。氨制冷在我国冷藏行业得到了广泛的应用，同样适用于其他类型的工业建筑或民用建筑，但应尤其注意安全问题。

1 关于氨制冷机房的设置位置，在《采暖通风与空气调节设计规范》GB 50019—2003中即有"氨制冷机房单独设置且远离建筑群"的规定，本次修订在条文中增加了程度用词"应"，并经编制组及审查专家组讨论，确定其为强制性条文。由于在建筑空调制冷中不允许采用氨直接蒸发式空调系统，而是先由氨制冷机组生产冷水或低温盐水作为载冷剂，因此单独设置氨制冷机房是可行的、必要的，对于降低使用氨的事故风险意义重大。

2 氨制冷机房的火灾危险性是乙类，根据现行国家标准《建筑设计防火规范》GB 50016的相关规定，严禁明火和电散热器供暖。

3 本款规定了氨制冷机房事故通风的要求。

4,5 关于氨泄压口和紧急泄氨装置的规定，是参考了现行国家标准《冷库设计规范》GB 50072作出的，并将其上升为强制性条款，是为了加强氨制冷使用的安全性。

9.11.4 本款规定了直燃机房的设计要求。

直燃机房的设计除机房布置和管路系统外，还包括室外储油罐、供回油系统、室内日用油箱及油路系统(或燃气系统)、排烟管道系统、消防及通风等方面，较为复杂，关键是安全和环保问题。以上各项设计涉及的规范较多，应按现行国家标准《建筑设计防火规范》GB 50016、《城镇燃气设计规范》GB 50028等的相关规定综合考虑协调解决。在原条文的基础上增加第7款规定，因为对于设置于地下室的大型直燃机组，特别是针对工业建筑，必须考虑因冷热负荷变化而引起的机组燃烧所需空气量的变化因素。机房内正压或负压过大，都不利于机组燃烧，也不利于平时的使用。增加本款的目的可以更加合理地设计通风系统，防止由于机组燃烧时所需空气量变化引起室内空气压力超出范围，影响机组燃烧工况。要求有风量调节能力，理论上可以采用变频调节技术，但是实际中为了减少投资，保证使用效果，不宜采用变频调节。可以采用送风机组与直燃机组连锁的方式实现风量调节。当通风管道或通风井直通室外时，其面积可计入机房的泄压面积；以免影响机组的燃烧效率及制冷效率。特别是送风系统，要具有风量调节能力，以适应机组的运行工况和机组燃烧空气量的变化，保证机房内空气压力在正常范围内。

10 矿井空气调节

10.1 井筒保温

10.1.1 本条规定了需设井筒保温设施的条件。

加热入井空气是井筒保温常用措施，一般采用加热部分新风，然后与未经加热的新风混合，混风送入井下的方式，加热后空气温度一般控制在30℃～50℃，混风后空气温度不宜低于2℃。加热入井空气是矿山项目中供暖能耗最大的部分，必须加以重视。严寒及寒冷地区，冬季加热入井空气，目的主要有以下两个方面：一是为了防止井壁、井口、巷道路面或水管等结冰，二是为了维持开采面一定的环境温度，保障工人的生产条件。矿井内适宜的空气温度范围是15℃～28℃，适宜的相对湿度范围是50%～60%。

10.1.2 本条规定了井筒保温热负荷的计算。

采用不同的室外空气计算温度，主要出于经济及安全方面的考虑。取值过低，会使加热设备型号偏大，但供暖保障率高；取值过高，加热设备型号偏小，设备费用低，供暖保障率降低。

1 提升井井壁结冰可能引起提升罐笼碰撞冰面，危险较大；斜井路面结冰会使路面打滑，行车、行人均不安全；因此提升井或斜井进风时室外计算温度取值较低。

2 平硐或专用进风井危险较小，保障率可适当降低。

10.1.3 本条规定了矿井通风量及其计算参数。

矿井通风量由采矿专业提供。确定工况后，才能由体积流量换算为质量流量，才能确定加热设备加热量。通风标准工况为：温度293K(20℃)，大气压力101325Pa，相对湿度50%，空气密度ρ=1.2kg/m³。

10.1.4 本条规定了空气加热器的形式。

空气-蒸汽、空气-热水式空气加热器是较常采用的空气加热设备，技术上成熟。缺水地区在技术经济比较合理的条件下，可采用燃煤型热风炉(设有空气-烟气热交换器)，但风道内应设一氧化碳浓度检测报警装置。在条件具备且技术经济合理时，可采用天然气直燃型空气加热器，风道内也应设一氧化碳浓度检测报警装置。

10.1.5 本条规定了空气加热器风流阻力的规定。

空气加热器可设在热风机内，加热部分新风送入井筒内，与未经加热的新风混合，混风进入井下；空气加热器也可直接安装在井口下进风道内，利用矿井通风机提供热风流通动力，此时的空气加热器的风流阻力不宜大于50Pa。

10.1.6 本条规定了风机和空气加热器的安装位置。

1 空气加热器前空气温度较低，电动机工作条件较好。轴流风机一般与电机直联，电机处在气流中，因此轴流风机宜布置在空气加热器前；空气加热后温度升高，密度减小，体积膨胀，空气的体积流量发生了较大的变化，按照这个工作条件选用风机，选出的风机规格偏大，偏于安全，因此离心风机宜布置在空气加热器后。

2 轴流风机直联传动时效率较高，因此风机与电机宜直联传动。

10.1.7 本条是关于井筒保温送风温度的规定。

从人的舒适性考虑，斜井、平硐、井口房人员通行的可能性越来越大，相应送风温度的要求也是越来越低。另外，由于浮力的影响，温度越高的空气，送入井下的难度越大，热风逸散的可能性越大，因此对送入井口房的风温作出了规定。

10.1.8 本条是关于热风口位置的规定。

从人的舒适性以及防止热风逸散损失考虑，作出了本条规定。

10.1.10 本条是关于空气加热器热媒参数的规定。

矿井进风均为直流风，热媒温度维持在一定水平上才能保证加热效果。

10.1.12 本条是关于空气加热器设防冻设施的规定。

矿井进风均为直流风，易发生冻结现象，故特别作出本条规定。

10.1.13 本条是关于燃煤型热风炉的适用条件及设计规定。

燃煤型热风炉采用烟气-空气换热器加热井下送风，换热器换热系数小，工作条件差，钢耗高，一般情况下不建议采用。但在特殊场合，如远离主工业场地、供暖负荷较小或缺水地区、供水困难的井下送风系统，可采用燃煤型热风炉供暖。

规定热风炉与井口的距离，主要是井下进风安全的需要。烟气-空气换热器可能渗漏，因此热风道内应安装一氧化碳检测设施。

10.2 深热矿井空气调节

10.2.1 本条规定了深、热矿井设置空调制冷设施的条件。

深、热矿井制冷设施是保证人员安全生产、提高工作效率的保证。矿井风量大，供冷时耗冷量巨大，应给予足够的重视。井下空气温度是由原始岩温、井下各种散热和空气自压缩升温等综合因素决定的。竖井中的空气在下降过程中温度和压力都在增加，当空气在沿竖井向下流动时，如果被压缩，即使没有其他的热交换和水蒸气的蒸发，由于势能转变为内能，其温度也会升高。按照理论计算，对于干空气，气流向下流动1000m，由于自压缩引起的升温约9.7℃。同样条件，湿空气自压缩升温约4℃～5℃，水自压缩升温约2.3℃。

对于一般矿井，能够利用矿井通风使作业面温度降至小于或等于28℃的临界深度约为2500m～3000m，超过这个深度，必须设置人工制冷系统才能满足使用要求。

对于热井，则根据井下通风计算结果确定是否需要设置人工制冷系统。

10.2.2 本条规定了确定矿井制冷及空气调节方式的原则。

矿井空气调节方式有多种。从制冷空调设备安装位置分，可以分为地面集中式空调系统、井下集中式空调系统或井上、井下联合式空调系统。

地面设置制冷机房时，可以制备冷水、冷风或冰送入井下，各有适用条件，根据工程情况确定。

冷水机组设在井下时，冷却塔可以设在地面，此时冷凝热直接排至大气；也可以将冷却塔设在井下，此时冷凝热排至井下回风道，间接地排至室外大气。

制冷空调设备设在井下时，可以不制备冷冻水，而采用直接膨胀式空气处理设备。直接膨胀式空气处理设备可以采用水冷方式，也可以采用风冷方式。采用风冷冷凝器时，表面喷淋循环水增强传热效果，同时也可起到清洗冷凝器的效果。这种空调制冷方式较适用于井下局部空调系统。

从空气处理上看，矿井空气调节可以冷却矿井进风、采区进风或作业地点进风。冷却矿井进风相当于全面空调，冷却采区进风相当于局部空调，冷却作业地点进风相当于岗位空调。采用何种方式，还需要根据工程具体情况而定。

室外气象条件对矿井空气调节方式有较重要的影响。夏季室外空气焓值高的地区，新风负荷远大于井下得热量产生的冷负荷，这时采用地面制备冷风的方式较经济。处理后的干冷空气送入井下，有利于吸收井下的热量及湿量。但送入工作面之前，空气沿途吸收的热量应视为无效损失。

矿体的规模越大，所需的冷空气越多。当采场比较分散而且不断向新的地点延伸时，采用井下局部空调的方式比较好。

采矿速度对空调制冷设备装机容量的影响：采矿速度快时，会产生一个很大的瞬时热负荷，但每生产一吨矿石时的总热量会减少，这是因为在热量放入空气之前，岩壁已经被覆盖或隔绝了。所以采矿速度快时，空调制冷设备装机容量大，但单位产能的制冷降温费用会减少。

老矿井向下延伸开采深层矿体时，由于受气流通道面积小的限制，不太可能通过加大通风量来降温，这时对空调降温的需求更为迫切。

矿井深度超过 3000m 时，采用地面制冰送入井下的制冷方式较经济。井下融冰制备冷冻水，一般采用喷水室制备冷风。

10.2.3 本条是关于工作面或机电设备硐室送风参数的确定。

井下每个工作面的通风量由采矿专业提供。离开工作面的空气计算参数应满足现行国家标准《金属非金属矿山安全规程》GB 16423 的要求。

表 12 采掘作业地点环境参数规定

干球温度(℃)	相对湿度(%)	风速(m/s)	备　注
≤28	不规定	0.5~1.0	上限
≤26	不规定	0.3~0.5	合适
≤18	不规定	≤0.3	增加工作服保暖量

国外井下热环境标准一般采用干球温度、湿球温度、感觉温度、等效温度、相对湿度或者它们的组合来定义，一般认为，采掘工作面湿球温度或相对湿度对人的影响更大。美国有一项研究表明，湿球温度对劳动的影响如下：

$t_{wb} < 27$℃时，工作效率 100%；

$27 < t_{wb} < 29$℃，较合适；

$29 < t_{wb} < 33$℃，能够正常工作；

$t_{wb} > 33$℃，只能工作较短时间。

现行国家标准《金属非金属矿山安全规程》GB 16423 暂未对作业地点相对湿度作出规定，但随着认识的深入，作业地点的相对湿度要求会逐步成为必要的设计参数。

10.2.4 本条是关于制冷设备容量的确定。

井下得热量由采矿专业计算确定。一般包括：

（1）空气自压缩热；

（2）井筒、巷道壁面散热；

（3）采出的矿石散热；

（4）矿石氧化放热；

（5）采矿机电设备散热；

（6）柴油机及尾气散热；

（7）照明散热；

（8）人体散热；

（9）地面沟槽热水散热；

（10）充填养护散热。

有的热源处于井下作业面下风向，这部分散热可不计入井下得热量。井下岩石温度按钻探记录数据由采矿专业提供有困难时用近似公式计算确定。

井下通风系统一般为直流式，有条件时也可利用一部分循环风，新风冷负荷占制冷设备总容量的比例很大，尤其在炎热地区。风机、水泵等温升引起的附加冷负荷也应计入制冷设备总容量内。

10.2.5 本条是关于地面集中制备冷冻水或冷却水时的原则规定。

1 送入井下的冷冻水供水温度一般取 3℃，回水温度一般取 18℃，温差 15℃。井下设高低压换热器时，二次水温度一般为 6℃/21℃。载冷剂采用乙二醇溶液时，一次侧温度一般取 -3℃/12℃，二次水温度取 3℃/15℃。

2 受室外空气湿球温度的限制，冷却水温度一般不会低于 30℃；受制冷机冷凝温度的限制，冷却水回水温度一般不高于 42℃，因此这里规定冷却水供回水温差不宜小于 10℃。

3 由于设备的承压问题，高压管道的成本问题以及安全问题，送入井下的冷冻水或冷却水应设置减压装置，减压装置包括中间水池、减压阀、高低压换热器、高低压转换器、水能回收装置等。

4 井筒内安装的管道过大时，会使得井筒直径增加，从而增加了井筒造价。千米及以下深井水管承受的高压大于 10MPa 以上，水管壁厚加大，则管径过大，自重大，不便安装。水管流速过高，管道又长，消耗动力过大，所以应限制流速。

10.2.6 本条规定了地面制冰供冷的适用条件。

冷负荷较大，输送冷媒管径过大，井内难以安装时应采用制冰送入井下的供冷方式。矿井在 3000m 以下时，载冷剂管线压力过大，难以保证安全。同时由于自压缩热的产生，水温升高较大，冷量损失较多，这时宜采用制冰方式。

10.2.7 本条是关于冰输送的规定。

自溜方式输送冰，管道不承压，但应有必要的折弯管段，防止冰块对井下储冰槽形成巨大的冲击。

10.2.8 本条是关于采用氨压缩制冷的规定。

10.2.9 本条是关于产生冷凝热的设备在井下位置的规定。

产生冷凝热的设备一般是指冷却塔或风冷冷凝器，这些设备安装在井下时，冷凝热排入回风巷道，热量才会被带到地面上。井下排风量是有限的，冷却塔或风冷冷凝器所需通风量大于巷道排风量时，会降低设备冷却能力，影响制冷效果。

10.2.10 本条是关于冷冻水梯级用能的规定。

冷水梯级利用是指冷冻水先用于冷却空气，再用于生产作业。用冷水直接喷洒于新采出的矿石表面，通过井下排水带走矿石的热量，防止矿石散热到空气中，这部分用水可采用空气处理机组的回水，而不宜直接采用冷冻水。

10.2.11 本条是关于空气冷却设备的规定。

10.2.12 本条是关于井下爆炸危险区域使用防爆型设备的规定，为强制性条文。

深热矿井空气调节目前在煤炭行业应用较多，按照国家安全生产监督管理局、国家煤矿安全监察局联合发布的《煤矿安全规程》(2014 年版)第四百四十四条的规定，有瓦斯产生的煤矿，设在翻车机硐室、采区进风巷、总回风巷、主要回风巷、采区回风巷、工作面和工作面进回风巷的高低压电机和电气设备，都必须采用矿用防爆型。这些场所均属于爆炸危险区域，因此本条规定井下爆炸危险区域使用的空调制冷设备应采用防爆型。这些场所一旦发生爆炸，后果将很严重，因此本条作为强制性条文提出。

本条同样适用于有爆炸危险的非煤矿山。

11 监测与控制

11.1 一般规定

11.1.1 本条规定了监测和控制的内容及确定方法。

（1）参数检测：根据管理和控制的需要，测量相关参数的数值。

（2）参数和设备状态显示：在集中监控系统或本地控制系统的界面显示或通过打印单元打印某一参数的数值或者某一设备的运行状态。

（3）自动调节：使某些运行参数自动保持规定值或按预定的规律变动。

（4）自动控制：使系统中的设备及元件按规定的程序启停。

（5）工况自动转换：指在多工况运行的系统中，根据运行要求自动从某一运行工况转到另一运行工况。

（6）设备连锁：使相关设备按某一既定程序顺序启停或者动作互锁。

（7）自动保护与报警：指设备运行状况异常或某些参数超过允许值时，发出报警信号或使系统中某些设备及元件自动停止工作。

（8）能量计量：计量系统的电力使用量、燃气使用量、冷热量、水流量及其累计值等,它是实现系统节能,更好地进行能量管理的基础。

(9)中央监控与管理:是对供暖、通风及空调系统的集中监控与管理,既考虑局部,又着重总体,实现各类设备的综合高效运行。

设计时需要根据建筑物的功能和标准、系统的类型、运行时间和工业生产工艺的要求等因素,经技术经济比较确定合理的监测与控制内容,实现只测不监、只监不控、远动操作、安全保护、自动调节等不同层次的功能。

11.1.2 本条规定了供暖、通风和空调控制系统与生产工艺控制系统的层次关系。

当工业生产工艺需要对供暖、通风与空气调节设备进行监测与控制时,应优先由工业生产工艺的控制系统对供暖、通风与空调设备进行控制,供暖、通风与空调设备的监控系统作为工艺控制的辅助,不能与工艺控制指令矛盾。

11.1.3 本条规定了采用集中监控系统的条件。

1 由于集中监控系统可以实现设备的远程管理,因而采用集中监控对于规模大、每位运行管理人员管理的设备台数较多时,能有效减少运行维护工作量,提高管理水平。

2 由于集中监控系统远程管理能方便地改变设备工作状态,因而与常规控制相比实现工况转换和调节更容易。

3 由于集中监控系统容易监控系统的总体运行状态,因而更有利于实现系统的整体优化节能运行。

4 由于工业生产过程中有些环境无法进行现场的设备操作,所以通过集中监控系统可实现系统的远程监控与管理,保证设备的安全可靠运行。

11.1.4 本条规定了集中监控系统的功能要求,为新增条文。

指出了集中监控系统应具有的基本功能。包括监视功能、显示功能、操作功能、控制功能、数据管理辅助功能、安全保护管理功能等。它是由监控系统的软件包实现的,各厂家的软件包虽然各有特点,但是软件功能应满足本规范的要求。实际工程中,由于没有按照条文中的要求去做,致使所安装的集中监控系统运行不良的例子屡见不鲜。例如,不设立安全机制,任何人都可进入修改程序的级别,就会造成系统运行故障;不定期统计系统的能量消耗并加以改进,就达不到节能的目标;不记录系统运行参数并保存,就缺少改进运行性能的依据等。

随着智能建筑技术的发展,主要以管理暖通空调系统为主的集中监控系统只是弱电子系统的一部分。为了实现各弱电子系统数据共享,就要求各子系统间(如消防子系统、安全防范子系统等)能够相互通信,进行数据交互,因而要预留进行数据交互的接口。

11.1.5 本条规定了采用就地控制系统的条件。

(1)经技术经济分析不适合设置集中监控的供暖、通风与空气调节设备,宜采用就地控制系统。

(2)工业生产工艺有一定要求、不能采用集中监控的供暖、通风和空气调节设备,宜采用就地控制。

11.1.6 本条规定了就地控制系统宜实现的功能,为新增条文。

指出了就地监控系统应具有的基本功能,包括检测功能、显示功能、操作功能、控制功能、运行调节、安全保护管理功能等。

11.1.7 本条是关于联动、连锁等保护措施的设置。

1 采用集中监控系统时,设备联动、连锁等安全保护措施在保证可靠性的前提下可以直接通过监控系统下位机的控制程序或点到点的连接实现,尤其联动、连锁分布在不同控制区域时优越性更大,也可以由本地的机械或电气联动、连锁实现。联动、连锁等安全保护状态应能在集中监控系统的人机界面上显示,以方便管理与监视。

2 采用就地控制系统时,设备联动、连锁等保护措施可以为就地控制系统的一部分,也可以设置成本地的机械或电气联动、连锁,联动、连锁等安全保护状态应能在就地控制系统的人机界面上显示。

3 对于不采用自动控制的系统,处于安全保护的目的,应设置本地的机械或电气联动、连锁装置。

11.1.8 本条是关于设置就地检测仪表的规定。

设置就地检测仪表的目的,是通过仪表随时向操作人员提供各工况点和室内控制点的情况,以便进行必要的操作,因而应设在便于观察的位置。另一方面,集中监控或就地控制系统基于实现监测与控制目的所设置的远传仪表当具有就地显示环节时,则可不必再设就地显示仪表。

11.1.9 本条是关于就地/远程转换开关及就地手动控制装置的设置。

为使动力设备安全运行及便于维修,采用集中监控系统时,应在动力设备附近的动力柜上设置手动控制装置及就地/远程转换开关,并要求能监视就地/远程转换开关状态。

11.1.10 本条是关于控制室的设置。

为便于系统初调试及运行管理,通常做法是将控制器或集中监控系统的下位机放在被控设备或系统附近;当采用集中监控系统时,为便于管理及提高系统运行质量,应设专门控制室;当就地控制的环节或仪表较多时,为便于统一管理,宜设专门控制室。

11.1.11 本条是关于防冻控制的要求。

首先要做好防冻配置,其次才能做防冻保护控制。位于冬季有冻结可能地区的新风机组、空调机组,应防止因某种原因热水盘管或其局部水流断流而造成结冰胀裂盘管的事故发生。通常的做法是在机组盘管的背风侧加设感温测头(通常为毛细管或其他类型测头),当其检测到盘管的背风侧温度低于某一设定值时,与该测头相连的防冻开关发出信号,机组即通过控制程序或电气设备的联动、连锁等方式运行防冻保护程序,如关新风阀、停风机、开大热水阀、启动加热装置等,防止热水盘管冰冻面积进一步扩大。

11.1.12 本条规定了供暖、通风和空调控制系统与消防控制系统的层次关系。

涉及防火与排烟系统的监测与控制应执行国家现行相关防火规范的规定;兼作平排烟用的通风空气调节设备应能接受消防系统的控制,并在火灾时能切换到消防控制状态,由消防系统控制设备的运行;风道上的防火阀宜设置位置信息反馈,以方便管理与监视。

11.2 传感器和执行器

11.2.1 本条规定了传感器、执行器的选用及维护的规定,为新增条文。

工业建筑中传感器、执行器的使用环境复杂多样,传感器、执行器的设计选型需要根据使用环境的情况选择合适的型号,如防尘、防潮、耐腐蚀等。传感器、执行器应进行定期的维护检查与校正,否则无法保证控制效果,设计时需要根据使用环境的情况和所选产品的特性,规定维护点检周期。

11.2.2 本条规定了传感器精度及安装位置的要求,为新增条文。

本条规定了传感器选型设计及安装位置设计时应注意的问题。所选择的传感器测量精度与范围应为经过传感、转换和传输过程后的测量精度和测量范围,测量精度应高于工艺要求的控制和测量精度。传感器的安装位置应能反映被测参数的整体情况,不能处于对其产生干扰的位置,如涡流区或者有局部热源、湿源、热桥的区域,在这些区域测得的参数值不能代表被测参数的整体情况。

11.2.3、11.2.4 这两条规定了温度、湿度、压力(压差)、流量传感器的选型及安装位置应满足的条件。

实际工程中,由于忽视条文中指出的相关条款,致使以上所述参数测量不准确或根本测不出参数值的实例屡见不鲜。

11.2.5 本条规定了压力(压差)的选型及安装位置应满足的条

件。

原条文第8.2.3条第2款,压差传感器的位置"应"安装在同一标高,修改为"宜"。当压差传感器不在相同标高时,需考虑两点之间的高度差。

11.2.6 本条规定了流量传感器的选型及安装位置应满足的条件。

本条第2款,不包括选用弯管流量计的不同要求。第4款推荐选用低阻产品,有利于水系统输送的节能。

11.2.7 本条规定了开关量传感器使用的条件。

当设备状态监视及安全保护,如温度、压力、风流、水流、压差、水位等仅需要开关操作时,宜选择以开关量形式输出的传感器。开关量输出的传感器比连续输出的传感器结构简单、工作可靠、成本较低,所以当用于安全保护和设备状态监视为目的仅需要开关操作时,应尽量选用开关型传感器。

11.2.8 本条规定了自动调节阀的选择。

为了调节系统正常工作,保证在负荷全部变化范围内的调节质量和稳定性,提高设备的利用率和经济性,正确选择调节阀的特性十分重要。

调节阀的选择原则应以调节阀的工作流量特性即调节阀的放大系数来补偿对象放大系统的变化,以保证系统总开环放大系数不变,进而使系统达到较好的控制效果。但是实际上由于影响对象特性的因素很多,用分析法难以求解,多数是通过经验法粗定,并以此来选用不同特性的调节阀。

此外,在系统中由于配管阻力的存在,压力损失比 S 值的不同,调节阀的工作流量特性并不同于理想的流量特性。如理想线性流量特性,当 S<0.3 时,工作流量特性近似为快开特性,等百分比特性也畸变为接近线性特性,可调比显著减小,因此通常是不希望 S<0.3 的。

关于水两通阀流量特性的选择,由试验可知,空气加热器和空气冷却器的换热量的增加是随流量的增大而变小,而等百分比特性阀门的流量增加量是随开度的加大而增大,同时由于水系统管道压力损失往往较大,S<0.6 的情况居多,因而选用等百分比特性阀门具有较好的适应性。

关于三通阀的选择,总的原则是要求通过三通阀的总流量保持不变,抛物线特性的三通阀当 S=0.3~0.5 时,其总流量变化较小,在设计上一般常使三通阀的压力损失与热交换器和管道的总压力损失相同,即 S=0.5,此时无论从总流量变化角度,还是从三通阀的工作流量特性补偿热交换器的静态特性考虑,均以抛物线特性的三通阀为宜,在系统压力损失较小,通过三通阀的压力损失较大时,亦可选用线性三通阀。

关于蒸汽两通阀的选择,如果蒸汽加热中的蒸汽作自由冷凝,那么加热器每小时所放出的热量等于蒸汽凝结潜热和进入加热器蒸汽量的乘积。当通过加热器的空气量一定时,经推导可以证明,蒸汽加热器的静态特性是一条直线,但实际上蒸汽在加热器中不能实现自由冷凝,有一部分蒸汽冷凝后再冷却使加热器的实际特性有微量的弯曲,但这种弯曲可以忽略不计。从对象特性考虑可以选用线性调节阀,但根据配管状态当 S<0.6 时工作流量特性发生畸变,此时宜选用等百分比特性的阀。

调节阀的口径应根据使用对象要求的流通能力来定。口径选用过大或过小都满足不了调节质量或不经济。

11.2.9 本条规定了三通阀和两通阀的应用。

受阀门结构的限制,三通混合阀和分流阀一般都要求流体单向流动,因此两者不能互为代用。但是对于公称直径小于80mm的阀,由于不平衡力,混合阀亦可用作分流。

双座阀不易保证上、下两阀芯同时关闭,因而泄漏量大。尤其用在高温场合,阀芯和阀座两种材料的膨胀系数不同,泄漏会更大。因此规定蒸汽的流量控制用单座阀。

11.2.10 本条规定了通断阀和调节阀的适用条件。

通断阀一般具有较快的开关速度和较少的泄漏量,因此当仅需要开关形式进行设备或系统水路的切换时,应采用通断阀。本次修订补充后半句,当使用通断阀达不到温度或湿度调节要求时,应采用调节阀。

11.2.11 本条是关于易燃易爆环境中使用的传感器、执行器的规定,为强制性条文。

本质安全型产品是按现行国家标准《爆炸性气体环境用电气设备 第4部分:本质安全型"i"》GB 3836.4标准生产,专供易燃易爆场合使用的防爆电器设备。本质安全型电器设备的特征是其全部电路均为本质安全电路,即在正常工作或规定的故障状态下产生的电火花和热效应均不能点燃规定的爆炸性混合物的电路。也就是说该类电器不是靠外壳防爆和充填物防爆,而是其电路在正常使用或出现故障时产生的电火花或热效应的能量小于0.28mJ,即瓦斯浓度为 8.5%(最易爆炸的浓度)最小点燃能量。

11.3 供暖系统

11.3.1 本条规定了供暖系统的监测要求。

监测数据主要用于运行管理、运行调节。对于改善供暖质量、供暖系统节能运行、监视供暖系统运行状态均有帮助,防止供暖场所过冷或过热的情形出现。

11.4 通风系统

11.4.1 本条规定了通风系统需检测与监视的参数。

11.4.2 本条规定了防毒通风及防爆通风系统风机控制及状态显示的要求。

由于该类排风系统的通风机通常设在远离工作地点处,为了在工作地点处能监督通风机运行,防止由于停机导致工作地点产生有毒或爆危险性物质超过允许浓度,发生火灾或爆炸及其他人身事故,应在工作地点设通风机运行状态显示信号,以确保工作现场及人身的安全。有条件时可以根据主要污染物浓度自动控制排风系统的运行,既满足安全要求,又能节约风机能耗。

11.5 除尘与净化系统

11.5.1 本条规定了除尘系统监测的要求。

1~5 监测及控制的目的是为了保障运行、方便运行管理。

6 项目实施之前,均会进行环境影响评价,重点污染源参数要求监测,并执行相关的国家标准。相关的政策及措施包括:《污染源自动监控管理办法》、《固定污染源排气中颗粒物测定与气态污染物采样方法》GB/T 16157、《污染源统一监测分析方法》(废气部分)等。

11.5.2 本条规定了有害气体净化系统监测的要求。

1~3 监测的目的是为了控制废气净化工艺、保障运行、方便运行管理。

11.6 空气调节系统

11.6.1 本条规定了空气调节系统需要监测的参数。

本条给出了应设置的空气调节系统监测点,设计时应根据系统所具有的设备配置具体确定。

11.6.2 本条是关于控制系统多工况控制的规定。

本条中"多工况"的含义是，在不同的工况时，其调节（调节对象和执行机构等）的组成是变化的，以适应室内、外热湿条件变化大的特点，达到节能的目的。工况的划分也要因系统的组成及处理方式的不同而改变，但总的原则是节能，尽量避免空气处理过程中的冷热抵消，充分利用新风和回风，缩短制冷机、加热器和加湿器的运行时间等，并根据各工况在一年中运行的累计小时数简化设计，以减少投资。多工况同常规系统运行的区别在于不仅要进行参数的控制，还要进行工况的转换。多工况的控制、转换可采用就地的逻辑控制系统或集中监控系统等方式实现，工况少时可采用手动转换实现。

利用执行机构的极限位置，空气参数的极限信号以及分程控制方式等自动转换方式，在运行多工况控制及转换程序时交替使用，可达到实时转换的目的。

供冷和供热模式的水阀开度、风量随偏差的调节方向不同，例如：在供冷工况下，当房间温度降低时，变风量末端装置的风阀应向关小的位置调节；当房间温度升高时，再向开大的位置调节。在加热工况下，风阀的调节过程则相反。因此控制系统应具有供冷/供热模式切换功能，以保证末端装置的动作方向正确。

11.6.3 本条给出了串级调节系统的应用范围，说明如下：

串级调节系统采用两个调节回路：一是由副调节器、调节机构、对象2，变送器2等组成的副调节回路；二是由副调节回路以外的其余部分组成的主调节回路。主调节器为恒值调节，副调节器的给定值由主调节器输入，并随输入而变化，为随动调节。主副两个调节器相串联，组成串级调节系统。这一调节系统如图6所示。

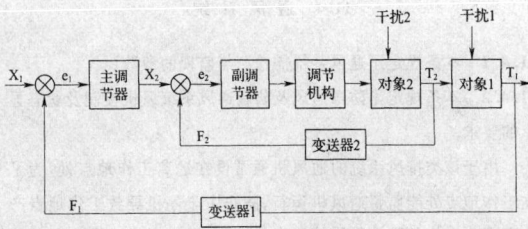
图 6 串级调节系统原理图

11.6.4 本条规定了全空气空调系统的控制。

1 空调房间室温的控制应由送风温度和送风量的控制和调节来实现。定风量系统通过控制送风温度、变风量系统主要通过送风量的调节来保证。

2 送风温度是空调系统中重要的设计参数，应采取必要措施保证其达到目标，有条件时进行优化调节。控制室温是空调系统需要实现的目标，根据室温实测值与目标值的偏差对送风温度设定值不断进行修正。房间温度变化的时间常数大，而改变盘管水阀开度或电加热器输出后，送风温度的时间常数小，这两个时间常数不在一个数量级，是分钟级量级与秒级量级的区别，如房间温度降低1℃需要十几分钟，而送风温度降低1℃仅需要几秒钟。控制系统的控制参数要与被控对象的物理特性相匹配，才能实现稳定无振荡的控制。因此对于变送风温度调节时，应采取调节周期长短差别较大的两个控制回路嵌套的串级调节方式。送风温度设定值的修改周期应根据房间温度的时间常数确定，如10min修改一次；用于改变送风温度的盘管水阀开度等执行机构的状态修改周期应根据送风温度的时间常数确定，如10s修改一次。送风温度调节的通常手段有空气冷却器/加热器的水阀调节、电加热器的加热量调节、对于二次回风系统和一次回风系统也可通过调节新风和回风的比例来控制送风温度。

3 变风量采用风机变速是最节能的方式。尽管风机变速的做法投资有一定增加，但对于采用变风量系统的工程而言，这点投资应该是有保证的，其节能所带来的效益能够较快地回收投资。

4 当空调系统需要控制室内湿度时，应进行加/除湿量控制。空调房间湿负荷变化较小时，用恒定送风温度的方法可以使室内相对湿度稳定在某一范围内，如室内湿负荷稳定，可达到相当高的控制精度。但对于室内湿负荷或相对湿度变化大的场合，宜采用变送风温度的方式，即用直接装在室内工作区、回风口或总回风管中的湿度敏感元件来测量房间湿度并调节相应执行调节机构进行加湿或除湿，达到控制室内相对湿度的目的。对湿度控制和对温度的控制是相互影响的，应采取适当措施，避免相互干扰引起被控参数达不到要求的控制精度。例如，通过根据室温偏差变送风量控制室温，根据室内湿度偏差变送风温度或湿度控制室内湿度，并根据送风温度修正送风量，根据送风量修正送风温度或湿度。

5 在条件合适的时期应充分利用全空气空调系统的优势，尽可能利用室外自然冷源，最大限度地利用新风温湿，提高室内空气品质和人员的舒适度，降低能耗。利用新风免费供冷（增大新风比）工况的判别方法可采用固定温度法、温焓法、固定焓法、电子焓法、焓差法等，根据建筑的气候分区进行选取，具体可参考ASHRAE标准《Energy standard for buildings except low-rise residential buildings》ASHRAE Standard 90.1—2013。从理论分析，采用焓差法的节能性最好，然而该方法需要同时检测温度和湿度，且湿度传感器误差大、故障率高，需要经常维护，数年来在国内外的实施效果不够理想。而固定温度和温焓法，在工程中实施最为简便方便。因此对变新风比控制方法不作限定。

11.6.5 本条规定了新风机组的控制。

1 新风机组根据承担室内热湿负荷的多少确定控制调节方法：

（1）一般情况下，配合风机盘管等空调房间内末端设备使用的新风系统，新风不负担室内主要冷热负荷时，各房间的室温控制主要由风机盘管满足，新风机组控制送风温度恒定即可。

（2）当新风负担房间主要或全部冷负荷时，机组送风温度设定值应根据室内温度进行调节。

2 当新风负责控制室内湿度时，送风温度应根据室内湿度设计值进行确定。

3 对于湿热地区的全新风系统，水路阀宜采用模拟量调节阀，水路阀不应全关，防止未经除湿的新风直接送入室内。

11.6.6 本条规定了风机盘管的控制。

风机盘管的自动控制方式主要有两种：带风机三速选择开关、可冬夏转换的室温控制器控制水路两通阀的开关，带风机三速选择开关、可冬夏转换的室温控制器控制风机开停。第一种方式，能够实现整个水系统的变水量调节；第二种方式，采用风机开停对室内温度进行控制，但不利于房间的湿度控制和实现变水量节能，所以本条规定水路控制阀的开关应与风机的启停连锁。

11.6.7 本条规定了电加热器的连锁与保护，为强制性条文。

要求电加热器与送风机连锁，是一种保护控制，可避免系统中因无风电加热器单独工作导致的火灾。为了进一步提高安全可靠性，还要求设无风断电、超温断电保护措施，如用监视风机运行的风压差开关信号及在电加热器后面设超温断电信号与风机启停连锁等方式，来保证电加热器的安全运行。

电加热器采取接地及剩余电流保护，可避免因漏电造成触电类的事故。

11.7 冷热源及其水系统

11.7.1 本条规定了空气调节冷、热源及其水系统的监测参数。

冷、热源及其水系统应设置的监测参数，在设计时应根据系统设置加以确定。

11.7.2 本条规定了蓄冷、蓄热系统的监测参数。

蓄冷(热)系统宜设置的监测点,设计时应根据系统设置加以确定。

11.7.3 本条规定了冷水机组水系统的连锁。

规定本条的目的是为了保护制冷机安全运行。由于制冷机运行时,一定要保证它的蒸发器和冷凝器有足够的水量流过,为达到这一目的,制冷机水系统中其他设备,包括电动水阀,冷水泵、冷却水泵、冷却塔风机等应先于制冷机开机运行,停机则应按相反顺序进行。通常通过水流开关检测与制冷机相连锁的水泵状态,即确认水流开关接通后才允许制冷机启动。

11.7.4 本条规定了冷水机组群控的要求。

根据冷负荷的大小及冷水机组在不同负荷率下的不同能耗,确定能耗最小的运行组合,实现冷水机组节能。冷水机组运行组合的变化不能太频繁,冷水机组的启停频率需要满足冷水机组安全运行的要求,如启停间隔不能小于30min。

11.7.5 本条规定了冰蓄冷系统二次冷媒侧换热器的防冻保护。

一般空气调节系统夜间负荷往往很小,甚至处在停运状态,而冰蓄冷系统主要在夜间电网低谷期进行蓄冰。因此在两者进行换热的板式热交换器处,由于空气调节系统的水侧冷水基本不流动,如果乙二醇侧的制冰低温传递过来,必然引起另一侧水的冻结,造成板式热交换器的冻裂破坏。因此确实需要随时观察板式热交换器处的乙二醇侧的溶液温度,调节好相关电动调节阀的开度,防止事故发生。

11.7.7 本条规定了水泵的控制要求。

冷源侧定流量、负荷侧变流量是常见的空调水系统,这时的一般做法是冷水泵、冷却水泵运行台数宜与冷水机组相对应。

变流量运行的水系统,既指冷源侧变流量的水系统,也指负荷侧变流量的水系统,水泵运行台数宜用流量控制,水泵变速宜用压差控制。

11.7.8 本条规定了冷却水旁通调节阀的设置要求。

设置旁通调节阀的目的是为了防止进入冷水机组冷却水温度低于机组安全运行所要求的温度下限。通常在实施冷却水旁通前,会减少风机风量或停止风机运行。冷水机组冷却水温度下限要求见本规范第9.10.2条。

11.7.9 本条规定了集中监控系统对冷水机组的运行状态监测与控制的要求。

冷水机组自带控制器,设立控制器通讯接口并接入集中监控系统,可使集中监控系统的中央主机系统能够监控冷水机组的运行参数,并使冷水系统能量管理更加合理。

12 消声与隔振

12.1 一般规定

12.1.1 本条规定了消声与隔振的设计原则。

供暖、通风与空气调节系统产生的噪声与振动只是建筑中噪声和振动源的一部分。当系统产生的噪声和振动影响到工艺和使用的要求时,就应根据工艺和使用要求,也就是各自的允许噪声标准及对振动的限制,系统的噪声和振动的频率特性及其传播方式(空气传播或固体传播)等进行消声与隔振设计,并应做到技术经济合理。

12.1.2 本条规定了室内及环境噪声标准。

室内和环境噪声标准是消声设计的重要依据。因此本条规定由供暖、通风和空气调节系统产生的噪声传播至使用房间和周围环境的噪声级,满足现行国家标准《工业企业设计卫生标准》GBZ 1、《工业企业噪声控制设计规范》GB/T 50087、《民用建筑隔

声设计规范》GB 50118、《声环境质量标准》GB 3096 和《工业企业厂界噪声排放标准》GB 12348 等标准的要求。

12.1.3 本条规定了振动控制设计标准。

振动对人体健康的危害是很严重的。在供暖、通风与空气调节系统中振动问题也是相当严重。因此本条规定了振动控制设计应满足现行国家标准《工业企业设计卫生标准》GBZ 1、《城市区域环境振动标准》GB 10070 等的要求。

12.1.4 本条规定了降低风系统噪声的措施。

本条规定了降低风系统噪声应注意的事项。系统设计安装了消声器,其消声效果也很好,但经消声处理后的风管又穿过高噪声房间,再次被污染,又回复到了原来的噪声水平,最终不能起到消声作用,这个问题过去往往被人们忽视。同样道理,噪声高的风管穿过要求噪声低的房间时,它也会污染低噪声房间,使其达不到要求。因此对这两种情况必须引起重视。当然,必须穿过时还是允许的,但应对风管进行良好的隔声处理,以避免上述两种情况发生。

12.1.5 本条规定了风管内的空气流速。

通风机与消声装置之间的风管,其风道无特殊要求时,可按经济流速采用,根据国内外相关资料介绍,经济流速为6m/s~13m/s。本条推荐采用 8m/s~10m/s。

消声装置与房间之间的风管,其空气流速不宜过大,因为空气流速增大会引起系统内气流噪声和管壁振动加大,空气流速增加到一定值后,产生的气流再生噪声甚至会超过消声装置后的计算声压级;风管内的空气流速也不宜过小,否则会使风管的截面积增大,既耗费材料又占用较大的建筑空间,这也是不合理的。因此本条给出了适应四种室内允许噪声级的主管和支管的空气流速范围。

12.1.6 本条规定了机房位置及噪声源的控制。

通风、空气调节与制冷机房是产生噪声和振动的地方,是噪声和振动的发源处,其位置应尽量不靠近有较高隔振和消声要求的房间,否则对周围环境影响颇大。

通风、空气调节与制冷系统运行时,机房内会产生相当高的噪声,一般为 80dB(A)~100dB(A),甚至更高,远远超过环境噪声标准的要求。为了防止对相邻房间和周围环境的干扰,本条规定了噪声源位置在靠近有较高隔振和消声要求的房间时,应采取有效措施。这些措施是在噪声和振动传播的途径上对其加以控制。为了防止机房内噪声源通过空气传声和固体传声对周围环境的影响,设计中应首先考虑采取把声源和振源控制在局部范围内的隔声和隔振措施,如采用实心墙体、密封门窗、堵塞空洞和设置隔振器等,这样做仍达不到要求时,再辅以降低声源噪声的吸声措施。大量实践证明,这样做是简单易行、经济合理的。

12.1.7 本条规定了室外设备噪声控制。

对露天布置的通风、空气调节和制冷设备及其附属设备,如冷却塔、空气源冷(热)水机组等,其噪声达不到环境噪声标准要求时,亦应采取有效的降噪措施,如在其进、排风口设置消声设备或在其周围设置隔声屏障等。

12.1.8 进、排风口是重点的噪声源,其传播设备噪声并产生气流噪声,应引起注意。

12.2 消声与隔声

12.2.1 本条规定了噪声源声功率级的确定。

进行供暖、通风与空气调节系统消声与隔振设计时,首先必须知道其设备,如通风机、空气调节机组、制冷压缩机和水泵等声功率级,通过计算后再与室内、外允许的噪声标准相比较,最终确定是否需要设置消声和隔声装置。

12.2.2 本条规定了再生噪声与自然衰减量的确定。

当气流以一定速度通过直风管、弯头、三通、变径管、阀门和

送、回风口等部件时，由于部件受气流的冲击湍振或因气流发生偏斜和涡流，从而产生气流再生噪声。随着气流速度的增加，再生噪声的影响也随之加大，以至成为系统中的一个新噪声源。所以应通过计算确定所产生的再生噪声级，以便采取适当措施来降低或消除。

本条规定了在噪声要求不高，风速较低的情况下，对于直风管可不计算气流再生噪声和噪声自然衰减量。气流再生噪声和噪声自然衰减量是风速的函数。

12.2.3 本条规定了设置消声装置的条件及消声量的确定。

通风与空气调节系统产生的噪声量应尽量用风管、弯头和三通等部件以及房间的自然衰减降低或消除。当这样做不能满足消声要求时，则应设置消声装置或采取其他消声措施，如采用消声弯头等。消声装置所需的消声量应根据室内所允许的噪声标准和系统的噪声功率级分频带通过计算确定。

12.2.4 本条规定了选择消声设备的原则。

选择消声设备时，首先应了解消声设备的声学特性，使其在各频带的消声能力与噪声源的频率特性及各频带所需消声量相适应。如对中、高频噪声源，宜采用阻性或阻抗复合式消声设备；对于低、中频噪声源，宜采用共振式或其他抗性消声设备；对于脉动低频噪声源，宜采用抗性或微穿孔板阻抗复合式消声设备；对于变频带噪声源，宜采用阻抗复合式或微穿孔板消声设备。其次，还应兼顾消声设备的空气动力特性，消声设备的阻力不宜过大。

12.2.5 本条规定了消声设备的布置原则。

为了减少和防止机房噪声源对其他房间的影响，并尽量发挥消声设备应有的消声作用，消声设备一般应布置在靠近机房的气流稳定的管段上。当消声器直接布置在机房内时，消声器、检查门及消声器后到机房隔墙的那段风管应有良好的隔声措施；当消声器布置在机房外时，其位置应尽量临近机房隔墙，而且消声器前至隔墙的那段风管（包括拐弯静压箱或弯头）也应有良好的隔声措施，以免机房内的噪声通过消声设备本体、检查门及风管的不严密处再次传入系统中，使消声设备输出端的噪声增高。

在有些情况下，如系统所需的消声量较大或不同房间的允许噪声标准不同时，可在总管和支管上分段设置消声设备。在支管或风口上设置消声设备，还可适当提高风管风速，相应减小风管尺寸。

12.2.6 本条规定了管道穿过围护结构的处理。

管道本身会由于液体或气体的流动而产生振动，当与墙壁硬接触时，会产生固体传声，因此应使之与弹性材料接触，同时也为防止噪声通过孔洞缝隙泄露出去而影响相邻房间及周围环境。

12.3 隔 振

12.3.1 本条规定了设置隔振的条件。

通风、空调和制冷装置运行过程中产生的强烈振动，如不予以妥善处理，将会对工艺设备、精密仪器等的工作造成影响，并且有害于人体健康，严重时还会危及建筑物的安全。因此本条规定当通风、空气调节和制冷装置的振动靠自然衰减不能达到允许程度时，应设置隔振器或采取其他隔振措施，这样做还能起到降低固体传声的作用。

12.3.4 本条规定了选择隔振器的原则。

（1）从隔振器的一般原理可知，工作区的固有频率或者说包括振动设备、支座和隔振器在内的整个隔振体系的固有频率，与隔振体系的质量成反比，与隔振器的刚度成正比，也可以借助于隔振器的静态压缩量用下式计算：

$$f_0 = \frac{1}{2\pi}\sqrt{\frac{k}{m}} \approx \frac{5}{\sqrt{x}} \qquad (14)$$

式中：f_0——隔振器的固有频率（Hz）；

$\quad\quad k$——隔振器的刚度（kg/cm²）；

$\quad\quad m$——隔振体系的质量（kg）；

$\quad\quad x$——隔振器的静态压缩量（cm）；

$\quad\quad \pi$——圆周率。

振动设备的扰动频率取决于振动设备本身的转速，即：

$$f = \frac{n}{60} \qquad (15)$$

式中：f——振动设备的扰动频率（Hz）；

$\quad\quad n$——振动设备的转速（r/min）。

隔振器的隔振效果一般以传递率表示，它主要取决于振动设备的扰动频率与隔振器的固有频率之比，如忽略系统的阻尼作用，其关系式为：

$$T = \left| \frac{1}{1 - \left(\frac{f}{f_0}\right)^2} \right| \qquad (16)$$

式中：T——振动传递率。

由式（16）可以看出，当 f/f_0 趋近于 0 时，振动传递率接近于 1，此时隔振器不起隔振作用；当 $f = f_0$ 时，传递率趋于无穷大，表示系统发生共振，这时不仅没有隔振作用，反而使系统的振动急剧增加，这是隔振设计必须避免的；只有当 $f/f_0 > \sqrt{2}$ 时，亦即振动传递率小于 1，隔振器才能起作用，其比值愈大，隔振效果愈好。虽然在理论上，f/f_0 愈大愈好，但因设计很低的 f_0，不但有困难、造价高，而且当 $f/f_0 > 5$ 时，隔振效果提高得也很缓慢，通常在工程设计上选用 $f/f_0 = 2.5 \sim 5$。因此规定设备运转频率（即扰动频率或驱动频率）与隔振器的固有频率之比应大于或等于 2.5。

弹簧隔振器的固有频率较低（一般为 2Hz～5Hz），橡胶隔振器的固有频率较高（一般为 5Hz～10Hz），为了发挥其应有的隔振作用，使 $f/f_0 = 2.5 \sim 5$，因此本规范规定当设备转速小于或等于 1500r/min 时，宜选用弹簧隔振器；设备转速大于 1500r/min 时，宜选用橡胶等弹性材料垫块或橡胶隔振器。对弹簧隔振器适用范围的限制并不意味着它不能用于高转速的振动设备，而是因为采用橡胶等弹性材料已能满足隔振要求，而且做法简单，比较经济。

原规范规定设备运转频率与弹簧隔振器或橡胶隔振器垂直方向的固有频率之比应大于或等于 2，本次修订改为 2.5 意味着隔振效率从 67% 提高到 80%。各类建筑由于允许噪声的标准不同，因而对隔振的要求也不尽相同。由设备隔振而使与机房毗邻房间内的噪声降低量 NR 可由经验公式（19）得出：

$$NR = 12.5\lg(1/T) \qquad (17)$$

允许振动传递率 T 随着建筑和设备的不同而不同，对于生产厂房、仓库等，振动传递率 T 值宜在 0.5～0.6 之间。

（2）为了保证隔振器的隔振效果并考虑某些安全因素，橡胶隔振器的计算压缩变形量一般按制造厂提供的极限压缩量的 1/3～1/2 采用；橡胶隔振器和弹簧隔振器所承受的荷载均不应超过允许工作荷载；由于弹簧隔振器的压缩变形量大，阻尼作用小，其阻幅也较大，当设备启动与停止运行通过共振区而其共振振幅达到最大时，有可能对设备及基础起破坏作用。因此条文中规定，当共振振幅较大时，弹簧隔振器宜与阻尼大的材料联合使用。

（3）当设备的运转频率与弹簧隔振器或橡胶隔振器垂直方向的固有频率之比为 2.5 时，隔振效率约为 80%，自振频率之比为 4～5 时，隔振效率大于 93%，此时的隔振效果才比较明显。在保证稳定性的条件下，应尽量增大这个比值。根据固体声的特性，低频声域的隔振设计应遵循隔振设计的原则，即仍遵循单自由度系统的强迫振动理论，高频声域的隔振设计不再遵循单自由度系统的强迫振动理论，此时必须考虑到声波沿着不同介质传播所发生的现象，这种现象的原理是十分复杂的，它既包括在不同介质中介封上的能量反射，也包括在介质中被吸收的声波能量。根据上述现象及工程实践，在隔振器与基础之间再设置一定厚度的弹性隔振垫，能够减弱固体声的传播。

12.3.5 本条规定了对隔振台座的要求。

加大隔振台座的质量及尺寸等是为了加强隔振基础的稳定性

和降低隔振器的固有频率,提高隔振效果。设计安装时,要使设备的重心尽量落在各隔振器的几何中心上,整个振动体系的重心要尽量低,以保证其稳定性。同时应使隔振器的自由高度尽量一致,基础底面也应平整,使各隔振器在平面上均匀对称,受压均匀。

12.3.6、12.3.7 这两条规定了减缓固体传振和传声的措施。

为了减缓通风机和水泵设备运行时,通过刚性连接的管道产生的固体传振和传声,同时防止这些设备设置隔振器后,由于振动加剧而导致管道破裂或设备损坏,其进、出口宜采用软管与管道连接。这样做还能加大隔振体系的阻尼作用,降低通过共振时的振幅。同样道理,为了防止管道将振动设备的振动和噪声传播出去,支、吊架与管道间应设弹性材料垫层。管道穿过机房围护结构处,其与孔洞之间的缝隙应使用具备隔声能力的弹性材料填充密实。

12.3.8 这两条规定了浮筑双隔振台座的适用条件。

一般采用预制混凝土板作为设备的配重,安装于设备减振台座和楼板之间,预制混凝土板和楼板之间再设橡胶减振垫,因此称为"浮筑双隔振台座"。通过这种减振方式,实质上降低了设备的重心,改变了设备的固有振动频率,措施得当时能起到较好的效果。

13 绝热与防腐

13.1 绝 热

13.1.1 本条规定了需要保温的条件。

为减少设备与管道的散热损失、节约能源、保持生产及输送能力,改善工作环境、防止烫伤,应对设备、管道及其附件、阀门等进行保温。其中对于设备与管道表面温度超过 50℃ 的保温要求中不包括室内供暖管道。由于空调、通风、供暖系统需要进行保温的设备和管道种类较多,本条仅原则性地提出应该保温的部位和要求。

13.1.2 本条规定了需要保冷的条件。

为减少设备与管道的冷损失、节约能源、保持和发挥生产及输送能力、防止表面结露、改善工作环境,应对设备、管道及其附件、阀门等进行保冷。由于空调系统需要进行保冷的设备和管道种类较多,本条仅原则性地提出应该保冷的部位和要求。

13.1.3 本条规定了保冷和保温的基本要求。

本条仅原则性地提出管道保冷、保温应该达到的效果。特别需要指出的是,水源热泵系统的水源环路应根据当地气象参数做好保冷(温)或防凝露措施;全年供冷的冷却水管应保温。

室外架空管道无论采用闭孔或非闭孔绝热材料,均应设保护层,防止日晒雨淋对绝热构造造成破坏或者加速绝热层老化。

13.1.4 本条规定了保冷、保温材料的选择要求。

本条重点强调用在空气调节及制冷系统的保冷材料的性能应符合现行国家标准《设备及管道绝热设计导则》GB/T 8175 的要求。保冷与保温的要求不同,保冷特别强调材料的湿阻因子 μ 要大,吸水性要小的特性。现行国家标准《柔性泡沫橡塑绝热制品》GB/T 17794 中说明湿阻因子是用以衡量保冷材料的抗水渗透能力,即空气的水蒸气扩散系数 D 与材料的透湿系数 δ 之比。

对于低温管道,保持材料的内、外壁两侧始终存在着温差和湿度差,在水汽分压差的持续作用下,水汽会不可避免地渗入保冷材料内部,因水的导热系数[$0.56W/(m \cdot K)$]十数倍于材料的初始导热系数,故材料的导热系数会逐渐增高,致使原有初始导热系数选定的保冷层厚度变得不足而产生结露。保冷层的湿阻因子 μ,即抗水汽渗透能力至关重要,它直接关系到保冷材料的使用寿命。

随着我国对工厂安全生产的重视,对于绝热材料的燃烧性能要求会越来越高,因此有必要提出所使用的绝热材料的燃烧性能

满足相应的防火规范的要求;防火规范主要是现行国家标准《建筑设计防火规范》GB 50016。

13.1.5 本条规定了保温保冷的计算规则。

设备和管道的保冷及保温层厚度应按照现行国家标准《设备及管道绝热设计导则》GB/T 8175 中给出的方法计算确定。国家建筑标准设计图集《管道与设备绝热》(K507—1～2、R418—1～2)对不同使用环境、不同介质参数、不同保温材料、不同热价条件下的绝热层经济厚度给出了详细的数据,可参考使用。

13.2 防 腐

13.2.1 本条规定了设备、管道及其部件、配件的防腐材料及防腐设计要求。

设备、管道及其它们配套的部件、配件等所接触的介质是包括了内部输送的介质与外部环境接触的物质。工业建筑中的设备、管道使用的环境条件较复杂,有些使用场合条件比较恶劣。设计应针对条件,正确选择使用防腐材料。

13.2.2 本条规定了金属设备与管道外表面的防腐要求。

一般情况下,有色金属、不锈钢管、不锈钢板、镀锌钢管、镀锌钢板、非金属和用作保护层的铝板都具有较好的耐腐蚀能力,不需要涂漆。但这些金属材料与特定的物质接触时也会产生防腐。如铝、锌材料不耐酸、碱性介质,不耐氯、氯化氢和氟化氢,也不适用于铜、汞、铅等金属化合物粉末作用的部位;奥氏体铬镍不锈钢不耐盐酸、氯气等含氯离子的物质。因此这类金属在非正常使用环境条件下,也应注意防腐蚀工作。

防腐蚀涂料有很多类型,适用于不同环境大气条件。对于一般防腐蚀,应选用价格便宜的涂料,如酚醛、醇酸等。环氧树脂、聚氨酯、橡胶等涂料,由于它们优良的防腐蚀性和较高的价格,主要用于防腐程度较高或重要的设备及管道防腐。用于酸性介质环境时,宜选用氯化橡胶、聚氨酯、环氧、聚氯乙烯萤丹、丙烯酸酯氨酯、丙烯酸环氧、环氧沥青等涂料;用于弱酸性介质环境时,可选用醇酸涂料等;用于碱性介质环境时,宜选用环氧涂料等;用于室外环境时,可选用氯化橡胶、脂肪属聚氨酯、高氯化聚乙烯、丙酸聚氨酯、醇酸等;用于对涂层有耐磨要求时,宜选用树脂玻璃鳞片涂料。

为保证涂层的使用效果和寿命,涂层的底层涂料、中间涂料与面层涂料应选用相互间结合良好的涂层配套。

13.2.3 本条规定了埋地管道防腐要求的原则。

为保证管道的使用寿命,埋地管道应根据土壤腐蚀性等级进行防腐处理,其防腐涂料可选用石油沥青或环氧煤沥青。

土壤腐蚀性等级及防腐涂料等级要求见表 13。

表 13 土壤腐蚀性等级及防腐涂料等级

土壤腐蚀性等级	土壤腐蚀性质					防腐等级	涂层总厚度
	电阻率(W·m)	含盐量(质量比‰)	含水量(质量比‰)	电流密度(mA/cm³)	pH值		
强	<50	>0.75	>12	>0.3	<3.5	特级加强	≥7.0
中	50～100	0.05～0.75	5～12	0.025～0.3	3.5～4.5	加强级	≥5.5
弱	>50	<0.05	<5	<0.025	4.5～5.5	普通级	≥4.0

表 13 中其中任何一项超过表指标者,防腐等级应提高一级;埋地管道穿越道路、沟渠以及改变埋设深度时的弯管处,防腐等级应为特加强级。

13.2.4 本条是关于表面除锈的规定。

为保证涂层质量,涂漆前设备与管道的外表面均需进行表面除锈处理,表面应平整,无附着物(油污、焊渣、毛刺、铁锈等)。一般情况下,在防腐工程施工验收规范中都有规定。特殊要求是设计根据设备及管道使用环境条件所规定的除锈等级方式,如喷射或抛丸除锈、火焰除锈、化学除锈等。

13.2.5 本条规定了与奥氏体不锈钢表面接触的绝热材料的相关要求。

氯离子、氟离子会引起奥氏体不锈钢表面产生应力裂纹，而硅酸盐、钠离子的存在则会对其应力腐蚀起到抑制作用。现行国家标准《工业设备及管道绝热工程施工规范》GB 50126 中规定：用于奥氏体不锈钢设备及管道上的绝热材料，其氯化物、氟化物、硅酸盐、钠离子含量的规定如下：

$$\lg(y \times 10^4) \leqslant 0.188 + 0.655 \lg(x \times 10^4) \tag{18}$$

式中：y——测得的（$CL^- + F^-$）离子含量 < 0.060%；

x——测得的（$Na^+ + SiO_3^{2-}$）离子含量 < 0.005%。

离子含量的对应关系对照见表 14。

表 14　离子含量的对应关系对照

CL⁻+F⁻ (y)		Na⁺+SiO₃⁻²(x)	
%	μg/g	%	μg/g
0.0020	20	0.0050	50
0.0030	30	0.010	100
0.0040	40	0.015	150
0.0050	50	0.020	200
0.0060	60	0.026	260
0.0070	70	0.034	340
0.0080	80	0.042	420
0.0090	90	0.050	500
0.010	100	0.060	600
0.020	200	0.18	1800
0.030	300	0.30	3000
0.040	400	0.60	5000
0.050	500	0.70	7000
0.060	600	0.90	9000

附录 A　室外空气计算参数

A.0.1　表 A.0.1-1 全部采用了现行国家标准《民用建筑供暖通风与空气调节设计规范》GB 50736—2012 附录 A 的数据，本规范未作修改。现行国家标准《民用建筑供暖通风与空气调节设计规范》GB 50736—2012 附录 A 的说明如下：

本附录提供了我国除香港、澳门特别行政区，台湾外 28 个省级行政区，4 个直辖市所属 294 个台站的室外空气计算参数。由于台站迁移、观测条件不足等因素，个别台站的基础数据缺失，统计年限不足 30 年。统计年限不足 30 年的计算结果在使用时应参照邻近台站数据进行比较、修正。咸阳、黔南州及新疆塔城地区等个别台站的湿球温度无记录，可参考表 15 的数值选取。

本附录绝大部分台站基础数据的统计年限为 1971 年 1 月 1 日至 2000 年 12 月 31 日。在标准编制过程中，编制组与国家气象信息中心合作，投入了很大的精力整理计算室外空气计算参数，为了确保方法的准确性，编制组提取了 1951—1980 年的数据进行整理，并与《工业企业供暖通风和空气调节设计规范》TJ 19—75 进行比对，最终确定了各个参数的确定方法。本标准编制初期是 2009 年，还没有 2010 年的基础数据，由于气象部门的整编数据是以 1 为起始年份，每十年进行一次整编，因此编制组选用 1971 年至 2000 年的数据整理计算形成了附录 A（注：即本规范表 A.0.1-1）。2010 年底，标准编制进入末期，为了能使设计参数更具时效性，编制组又联合气象部门计算整理了以 1981 年至 2010 年为基础数据的室外空气计算参数。经过对比，1981 年至 2010 年的供暖计算温度、冬季通风室外计算温度及冬季空气调节室外计算温度上升较为明显，夏季空气调节室外计算温度等夏季计算参数也有小幅上升。

以北京为例，供暖计算温度为 −6.9℃，已经突破了 −7℃。不同统计年份下，北京、西安、乌鲁木齐、哈尔滨、广州、上海的室外空气计算参数比对情况见表 16。

据气象学人士的研究：自 20 世纪 60 年代起，乌鲁木齐、青岛、广州等台站的年平均气温均表现为显著的上升趋势，21 世纪前几年，极端最高气温的年际值都比多年平均值偏高。同时，20 世纪 60 年代中后期和 70 年代中期是极端低温事件发生的高频时段，20 世纪 70 年代初和 80 年代初是极端高温事件发生的低频时段，20 世纪 90 年代后期是极端高温事件发生的高频时期。因此，室外空气计算参数的结果也随之发生变化。表 16 可以看出 1951—1980 年的室外空气计算参数最低，这是由于 1951—1980 年是极端最低气温发生频率较高的时期；1971—2000 年由于气温逐渐升高，室外空气气象参数也随之升高，1981—2010 年则更高。考虑到近两年来冬季气温较往年同期有所下降，如果选用 1981—2010 年的计算数据，对工程设计尤其是供暖系统的设计影响较大，为使数据具有一定的连贯性，编制组在广泛征求行业内部专家学者意见的基础上，最终决定选用 1971—2000 年作为本标准室外空气计算参数的统计期，形成表 A.0.1（注：即本规范表 A.0.1-1）。

表 15　部分台站夏季空调室外计算湿球温度参考值

市/区/自治州	咸阳	黔南州	博尔塔拉蒙古自治州	阿克苏地区	塔城地区	克孜勒苏柯尔克孜自治州
台站名称	武功	罗甸	精河	阿克苏	塔城	乌恰
	57034	57916	51334	51628	51133	51705
统计期	1981—2010	1981—2010	1981—2010	1981—2010	1981—2010	1981—2010
夏季空气调节室外计算湿球温度(℃)	27.0	27.8	26.2	25.7	22.9	19.4

表 16　室外空气计算参数对比

台站名称及编号	北京			西安①			乌鲁木齐		
	54511			57036			51463		
统计年份	1981—2010	1971—2000	1951—1980	1981—2005	1971—2000	1951—1980	1981—2010	1971—2000	1951—1980
年平均温度(℃)	12.9	12.3	11.4	14.2	13.7	13.3	7.3	7.0	5.7
供暖室外计算温度(℃)	−6.9	−7.6	−9	−3.0	−3.4	−5	−18.6	−19.7	−22
冬季通风室外计算温度(℃)	−3.1	−3.6	−5	0.3	−0.1	−1	−12.1	−12.7	−15
冬季空气调节室外计算温度(℃)	−9.4	−9.9	−12	−5.5	−5.7	−8	−23.1	−23.7	−27
冬季空气调节室外计算相对湿度(%)	43	44	45	64	66	67	78	78	80
夏季空气调节室外计算干球温度(℃)	34.1	33.5	33.2	35.0	35.0	35.2	33.0	33.5	34.1
夏季空气调节室外计算湿球温度(℃)	27.3	26.4	26.4	26.0	25.8	26	23.0	18.2	18.5
夏季通风室外计算温度(℃)	30.3	29.7	30	30.5	30.6	31	27.1	27.5	29
夏季通风室外计算相对湿度(%)	57	61	64	59	58	55	35	34	31

续表 16

台站名称及编号	北京			西安①			乌鲁木齐		
	54511			57036			51463		
统计年份	1981—2010	1971—2000	1951—1980	1981—2005	1971—2000	1951—1980	1981—2010	1971—2000	1951—1980
夏季空气调节室外计算日平均温度(℃)	29.7	29.6	28.6	31.0	30.7	30.7	28.1	28.3	29
极端最高气温(℃)	41.9	41.9	37.1	41.8	41.8	39.4	40.6	42.1	38.4
极端最低气温(℃)	-17.0	-18.3	-17.1	-14.7	-12.8	-11.8	-30	-32.8	-29.7

台站名称及编号	哈尔滨			广州			徐汇②	上海②
	50953			59287			58367	
统计年份	1981—2010	1971—2000	1951—1980	1981—2005	1971—2000	1951—1980	1971—2000	1951—1980
年平均温度(℃)	4.9	4.2	3.6	22.4	22.0	21.8	16.1	15.7
供暖室外计算温度(℃)	-23.4	-24.2	-26	8.2	8.0	7	-0.3	-2
冬季通风室外计算温度(℃)	-17.6	-18.4	-20	13.9	13.6	13	4.2	4
冬季空气调节室外计算温度(℃)	-26.6	-27.1	-29	6.0	5.2	5	-2.2	-4
冬季空气调节室外计算相对湿度(%)	71	73	74	70	72	70	75	75
夏季空气调节室外计算干球温度(℃)	30.9	30.7	30.3	34.8	34.2	33.5	34.4	34
夏季空气调节室外计算湿球温度(℃)	24.6	23.9	23.4	28.5	27.8	27.7	27.9	28.2
夏季通风室外计算温度(℃)	26.9	26.8	27	32.2	31.8	31	31.2	32
夏季通风室外计算相对湿度(%)	62	62	61	66	68	67	69	67
夏季空气调节室外计算日平均温度(℃)	26.6	26.3	26	31.1	30.7	30.1	30.8	30.4
极端最高气温(℃)	39.2	36.7	34.2	39.1	38.1	36.3	39.4	36.6
极端最低气温(℃)	-37.7	-37.7	-33.4	0.0	0.0	1.9	-10.1	-6.7

注:西安站由于迁站或者台站号改变造成数据不完整,2006—2010年数据缺失。

上海市气象台站由于迁站等原因,数据十分不连续,基本基准站里仅徐汇站数据较为完整,且只有截至1998年的数据。由于1951—1980年的数据没有徐汇站(或站名改变),台站编号不确定,故分开表示。

表15和表16引自现行国家标准《民用建筑供暖通风与空气调节设计规范》GB 50736—2012。

表A.0.1-2提供了我国除香港、澳门特别行政区以及台湾外的27个省级行政区、4个直辖市所属270个台站的4个室外空气计算参数值,是对室外空气计算参数(一)的补充。目前掌握的基础数据有限,因此与表A.0.1-1的气象台站数量不能一一对应。

A.0.2 夏季设计用逐时新风计算焓值按以下方法计算:首先用

各气象站点历史观测得到的室外空气参数进行插值,得到累年逐时的空气参数,并求得累年逐时室外空气焓值。将累年焓值数据分别按照出现时刻1～24时分为24组,每组分别由大到小排序,逐时刻取第$7n+1$个数值作为该时刻的计算值,由此可以得到24个时刻的夏季设计用逐时新风计算焓值。其中n为室外气象参数的统计年数。

在使用室外空气参数插值计算累年逐时空气参数的过程中,使用的是干球温度和绝对湿度。使用绝对湿度代替相对湿度进行插值的原因,一是避免了相对湿度在某些时刻出现突变对插值结果的影响,二是避免了先求四次定时焓值再插值计算逐时焓值。

以北京夏季设计用逐时新风计算焓值为例,将30年室外空气焓值按每一时刻降序排列,取每一时刻平均每年不保证7小时,即30年不保证210小时的焓值作为该时刻的计算值。图7为逐时焓值按时刻排列的分布(仅显示最大250个小时的数据),图示曲线上的点即为每一时刻按降序排列的第211个数值,取作该时刻的设计用新风计算焓值。

在现有的单点新风焓值计算中,均采用室外空调计算干、湿球温度确定设计焓值,即采用累年平均每年不保证50h的干、湿球温度。编制组认为对于逐时计算焓值曲线,其峰值应该与现有不保证50h的湿球温度对应。通过对北京、上海、广州、哈尔滨、西安、成都等城市的夏季逐时新风计算焓值的统计,发现24时刻分别不保证7小时的空气焓值中的最大值,与全年不保证

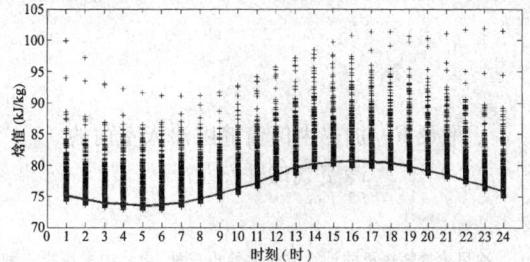

图7 北京夏季逐时新风计算焓值统计结果

50小时的焓值基本相符,因而选择不保证7小时作为统计方法。图8对比了全国部分主要城市用现有不保证50h的湿球温度计算得到的单点焓值与本规范所采用的统计方法得到的曲线,可以看出本规范统计方法得到的曲线峰值与现有计算方法基本对应。

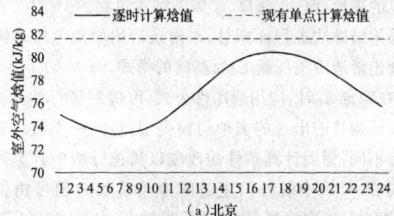

(a)北京

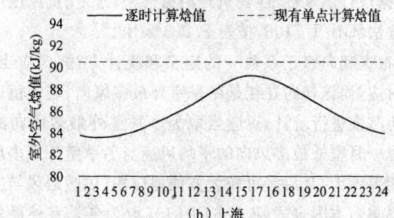

(b)上海

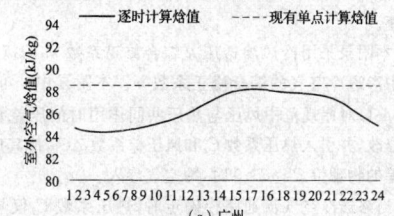

(c)广州

图8 设计用夏季逐时计算焓值

由逐时曲线亦可看出,对于大部分城市,夏季逐时计算焓值为近似的正弦曲线,而亦有部分城市逐时焓值日变化不明显或不规律。与湿球温度相对应,北方寒冷干燥城市的焓值日较差一般大于南方温暖潮湿城市。

附录 E 夏季空气调节设计用大气透明度分布图

夏季空气调节设计用大气透明度等级分布图,其制订条件是在标准大气压力下,大气质量 $M=2$,($M=\dfrac{1}{\sin\beta}$, β 为太阳高度角,这里取 $\beta=30°$)。

根据本附录所标定的计算大气透明度等级,再按本规范第 4.3.4 条表 4.3.4 进行大气压力订正,即可确定出当地的计算大气透明度等级。本附录是根据我国气象部门有关科研成果中给出的我国七月大气透明度分布图,并参照全国日照率等值线图改制的。

附录 F 加热由门窗缝隙渗入室内的冷空气的耗热量

冷风渗透耗热量的计算方法共给出三种,设计中采用哪一种根据工程情况确定。缝隙法适于计算生活、行政辅助建筑物以及辅助用室(包括值班室、控制室、休息室等)的冷风渗透耗热量,百分率附加法适合于计算生产厂房、仓库、公用辅助建筑物中除辅助用室外的部分,换气次数法适合于计算气密性差的建筑物或建筑在不避风的高地、河边、海岸、旷野上的建筑物。

在采用缝隙法进行计算时,本附录沿用原规范以单纯风压作用下的理论渗透冷空气量 L_0 为基础的模式。

(1)在确定 L_0 时,应用通用性公式(F.0.2)进行计算。原因是规范难以涵盖目前出现的多种门窗类型,且同一类型门窗的渗风特性也有不同,而因计算条件的改变以风速分级的计算列表也无必要。式(F.0.3)中的外门窗缝隙渗风系数 a_1 值可由供货方提供,或根据现行国家标准《建筑外门窗气密、水密、抗风压性能分级及检测方法》GB/T 7106,按表 F.0.3 采用。

(2)根据朝向修正系数 n 的定义和统计方法, v_0 应当与 $n=1$ 的朝向对应,而该朝向往往是冬季室外最多风向;若 n 值以一月平均风速为基准进行统计, v_0 应当取为一月室外最多风向的平均风速。考虑一月室外最多风向的平均风速与冬季室外最多风向的平均风速相差不大,且后者可较为方便地应用《供暖通风与空气调节气象资料集》,本附录式(F.0.3)中的 v_0 取为冬季室外最多风向的平均风速。

(3)本附录采用冷风渗透压差综合修正系数 m 的概念,取代原规范中渗透冷空气的综合修正系数 m。本附录中 m 值的计算式(F.0.4-1)对原规范中风压与热压共同作用时的压差叠加方式进行了修改,并引入热压系数 C_r 和风压差系数 ΔC_f,使其成为反映综合压差的物理量,当 $m>0$ 时,冷空气渗入。

(4)当渗透冷空气流路路径确定时,热压系数 C_r 仅与建筑内部隔断情况及缝隙渗风特性相关。因建筑日趋多样化,且确定 C_r

的解析值需求解非线性方程,获取 C_r 的理论值非常困难。本附录根据典型建筑门窗设置情况及其缝隙特性,通过对相关参数的数量级分析,提供了热压系数 C_r 的推荐值。一般认为,渗透冷空气经外窗、内(房)门、前室门和楼梯间(电梯间)门进入气流竖井。表 F.0.4 中,若前室门或楼梯间(电梯间)设门,则 $0.2 \leqslant C_r \leqslant 0.6$;否则 $C_r \geqslant 0.6$。对于内(房)门也是如此。所谓密闭性好与差是相对于外窗气密性而言的。 C_r 的幅值范围应为 $0\sim1.0$,但为便于计算且偏安全,可取下限为 0.2。有条件时,应进行理论分析与实测。

(5)风压差系数 ΔC_f 不仅与建筑表面风压系数 C_f 相关,而且与建筑内部隔断情况及缝隙渗透特性相关。当建筑迎风面与背风面内部隔断等情况相同时, ΔC_f 仅与 C_f 相关;当迎风面与背风面 C_f 分别取绝对值最大,即 1.0 和-0.4 时, $\Delta C_f=0.7$,可见该值偏于安全。有条件时,应进行理论分析与实测。

(6)因热压系数 C_r 对热压差与风压差均有作用,本附录中有效热压差与有效风压差之比 C 值的计算式(F.0.4-2)中不包含 C_r,且以风压差系数 ΔC_f 取代原规范中建筑表面风压系数 C_f。

(7)竖井计算温度 t'_n,应根据楼梯间等竖井是否供暖等情况经分析确定。

附录 G 渗透冷空气量的朝向修正系数 n 值

本附录给出的全国 104 个城市的渗透冷空气量的朝向修正系数 n 值,是参照国内相关资料提出的方法,通过具体地统计气象资料得出的。所谓渗透冷空气量的朝向修正系数,仍是 1971—1980 年累年一月份各朝向的平均风速、风向频率和室内外温差三者的乘积与其最大值的比值,即以渗透冷空气量最大的某一朝向 $n=1$,其他朝向分别采用 $n<1$ 的修正系数。在本附录中所列的 104 个城市中,有一小部分城市 $n=1$ 的朝向不是供暖问题比较突出的北、东北或西北,而是南、西南或东南等。如乌鲁木齐南向 $n=1$,北向 $n=0.35$;哈尔滨南向 $n=1$,北向 $n=0.30$。有的单位反映这样规定不尽合理,有待进一步研究解决。考虑到各地区的实际情况及小气候等因素的影响,为了给设计人员留有选择的余地,在本附录的表述中给予一定的灵活性。

附录 H 自然通风的计算

本附录列出的自然通风计算方法是适用于热车间自然通风的比较常用的计算方法。

本附录 H.0.3 中的散热量有效系数 m 值,其影响因素较多,如热源的布置情况、热源的高度和辐射强度等。一个热车间当热源的布置、保温等情况一定时,就有一个客观存在的 m 值,它可以通过实测得到比较符合实际的数值。其他相同或类似布置的热车间就可以沿用这个实测数据进行设计计算。不是每种类型的热车间都有实测数据,这样就会给热车间的自然通风计算带来困难。经过对一些资料的分析对比,本附录给出了式(H.0.3)的计算方法,该计算公式除考虑了热设备占地面积的因素外,还考虑了热设备的高度和辐射强度对 m 值的影响,比较全面,计算结果比较切合实际。

附录 K 除尘风管的最小风速

本附录给出的除尘风管最小风速是根据国内外有关资料归纳整理的。由于所依据的资料较多，所载数据不尽相同。取舍的原则是：凡数据有出入的，按与其关系最直接的部门的数据采用。

设计工况和通风标准工况相近时，最低风速不应低于本附录表 K.0.1 中的数值；如两者相差较大，则应根据气体含尘浓度、粉尘密度和粒径、气体温度、气体密度等另行确定除尘风管最小风速。

中华人民共和国国家标准

民用建筑热工设计规范

GB 50176—93

主编部门：中华人民共和国建设部
批准部门：中华人民共和国建设部
施行日期：1993年10月1日

关于发布国家标准《民用建筑热工
设计规范》的通知

建标〔1993〕196 号

根据国家计委计综〔1984〕305 号文的要求，由中国建筑科学研究院会同有关单位制订的《民用建筑热工设计规范》，已经有关部门会审，现批准《民用建筑热工设计规范》GB 50176—93 为强制性国家标准，自一九九三年十月一日起施行。

本标准由建设部负责管理，具体解释等工作由中国建筑科学研究院负责，出版发行由建设部标准定额研究所负责组织。

中华人民共和国建设部
一九九三年三月十七日

编 制 说 明

本规范是根据国家计委计综〔1984〕305 号文的要求，由中国建筑科学研究院负责主编，并会同有关单位共同编制而成。

本规范在编制过程中，规范编制组进行了广泛的调查研究，认真总结了我国建国以来在建筑热工科研和设计方面的实践经验，参考了有关国际标准和国外先进标准，针对主要技术问题开展了科学研究与试验验证工作，并广泛征求了全国有关单位的意见。最后，由我部会同有关部门审查定稿。

鉴于本规范系初次编制，在执行过程中，希望各单位结合工程实践和科学研究，认真总结经验，注意积累资料，如发现需要修改和补充之处，请将意见和有关资料寄交中国建筑科学研究院建筑物理研究所（地址：北京车公庄大街 19 号，邮政编码：100044），以供今后修订时参考。

中华人民共和国建设部
1993 年 1 月

目 次

主要符号

第一章　总则 …………………… 2—4

第二章　室外计算参数 ………… 2—4

第三章　建筑热工设计要求 …… 2—4

　第一节　建筑热工设计分区及
　　　　　设计要求 …………… 2—4

　第二节　冬季保温设计要求 … 2—5

　第三节　夏季防热设计要求 … 2—5

　第四节　空调建筑热工设计要求 … 2—5

第四章　围护结构保温设计 …… 2—5

　第一节　围护结构最小传热阻的确定 … 2—5

　第二节　围护结构保温措施 … 2—6

　第三节　热桥部位内表面温度验算及
　　　　　保温措施 …………… 2—6

　第四节　窗户保温性能、气密性和面
　　　　　积的规定 …………… 2—6

　第五节　采暖建筑地面热工要求 … 2—7

第五章　围护结构隔热设计 …… 2—7

　第一节　围护结构隔热设计要求 … 2—7

　第二节　围护结构隔热措施 … 2—7

第六章　采暖建筑围护结构防
　　　　潮设计 ………………… 2—7

　第一节　围护结构内部冷凝受潮验算 … 2—7

　第二节　围护结构防潮措施 …… 2—8

附录一　名词解释 ……………… 2—8

附录二　建筑热工设计计算公式
　　　　及参数 ………………… 2—9

附录三　室外计算参数 ………… 2—14

附录四　建筑材料热物理性能
　　　　计算参数 ……………… 2—21

附录五　窗墙面积比与外墙允许最小
　　　　传热阻的对应关系 …… 2—24

附录六　围护结构保温的经济评价 … 2—25

附录七　法定计量单位与习用非法定
　　　　计量单位换算表 ……… 2—26

附录八　全国建筑热工设计分区图 …… 插页

附录九　本规范用词说明 ……… 2—26

附加说明 ………………………… 2—26

附：条文说明 …………………… 2—28

主 要 符 号

A_{te} ——室外计算温度波幅

A_{ti} ——室内计算温度波幅

$A_{\theta i}$ ——内表面温度波幅

a ——导温系数，导热系数和蓄热系数的修正系数

B ——地面吸热指数

b ——材料层的热渗透系数

c ——比热容

D ——热惰性指标

D_{di} ——采暖期度日数

F ——传热面积

H ——蒸汽渗透阻

I ——太阳辐射照度

K ——传热系数

P_e ——室外空气水蒸气分压力

P_i ——室内空气水蒸气分压力

R ——热阻

R_o ——传热阻

$R_{o \cdot min}$ ——最小传热阻

$R_{o \cdot E}$ ——经济传热阻

R_e ——外表面换热阻

R_i ——内表面换热阻

S ——材料蓄热系数

t_e ——室外计算温度

t_i ——室内计算温度

t_d ——露点温度

t_w ——采暖室外计算温度

t_{sa} ——室外综合温度

$[\Delta t]$ ——室内空气与内表面之间的允许温差

Y_e ——外表面蓄热系数

Y_i ——内表面蓄热系数

Z ——采暖期天数

α_e ——外表面换热系数

α_i ——内表面换热系数

θ ——表面温度，内部温度

$\theta_{i \cdot max}$ ——内表面最高温度

μ ——材料蒸汽渗透系数

v_o ——衰减倍数

v_i ——室内空气到内表面的衰减倍数

ξ_o ——延迟时间

ζ_i ——室内空气到内表面的延迟时间

ρ ——太阳辐射吸收系数

ρ_o ——材料干密度

φ ——空气相对湿度

ω ——材料湿度或含水率

$[\Delta \omega]$ ——保温材料重量湿度允许增量

λ ——材料导热系数

第一章 总 则

第1.0.1条 为使民用建筑热工设计与地区气候相适应，保证室内基本的热环境要求，符合国家节约能源的方针，提高投资

效益，制订本规范。

第1.0.2条 本规范适用于新建、扩建和改建的民用建筑热工设计。

本规范不适用于地下建筑、室内温湿度有特殊要求和特殊用途的建筑，以及简易的临时性建筑。

第1.0.3条 建筑热工设计，除应符合本规范要求外，尚应符合国家现行的有关标准、规范的要求。

第二章 室外计算参数

第2.0.1条 围护结构根据其热惰性指标 D 值分成四种类型，其冬季室外计算温度 t_e 应按表 2.0.1 的规定取值。

围护结构冬季室外计算温度 t_e(℃)　　　表 2.0.1

类型	热惰性指标 D 值	t_e 的取值
I	>6.0	$t_e = t_w$
II	4.1~6.0	$t_e = 0.6t_w + 0.4t_{e \cdot min}$
III	1.6~4.0	$t_e = 0.3t_w + 0.7t_{e \cdot min}$
IV	<1.5	$t_e = t_{e \cdot min}$

注：①热惰性指标D值应按本规范附录二中（二）的规定计算。

②t_w 和 $t_{e \cdot min}$ 分别为采暖室外计算温度和累年最低一个日平均温度。

③冬季室外计算温度t_e应取整数值。

④全国主要城市四种类型围护结构冬季室外计算温度t_e值，可按本规范附录三附表3.1采用。

第2.0.2条 围护结构夏季室外计算温度平均值 $\bar{t}_e$，应按历年最热一天的日平均温度的平均值确定。围护结构夏季室外计算温度最高值 $t_{e \cdot max}$，应按历年最热一天的最高温度的平均值确定。围护结构夏季室外计算温度波幅值 A_{te}，应按室外计算温度最高值 $t_{e \cdot max}$ 与室外计算温度平均值 $\bar{t}_e$ 的差值确定。

注：全国主要城市的 $\bar{t}_e$、$t_{e \cdot max}$ 和 A_{te} 值，可按本规范附录三附表3.2采用。

第2.0.3条 夏季太阳辐射照度应取各地历年七月份最大直射辐射日总量和相应日期总辐射日总量的累年平均值，通过计算分别确定东、南、西、北垂直面和水平面上逐时的太阳辐射照度及昼夜平均值。

注：全国主要城市夏季太阳辐射照度可按本规范附录三附表3.3采用。

第三章 建筑热工设计要求

第一节 建筑热工设计分区及设计要求

第3.1.1条 建筑热工设计应与地区气候相适应。建筑热工设计分区及设计要求应符合表 3.1.1 的规定。全国建筑热工设计分区应按本规范附图8.1采用。

建筑热工设计分区及设计要求　　　表 3.1.1

分区名称	分区指标		设计要求
	主要指标	辅助指标	
严寒地区	最冷月平均温度 <-10℃	日平均温度 <5℃的天数 ≥145d	必须充分满足冬季保温要求，一般可不考虑夏季防热
寒冷地区	最冷月平均温度 0~-10℃	日平均温度 <5℃的天数 90~145d	应满足冬季保温要求，部分地区兼顾夏季防热
夏热冬冷地区	最冷月平均温度 0~10℃，最热月平均温度 25~30℃	日平均温度 <5℃的天数 0~90d，日平均温度 >25℃的天数 40~110d	必须满足夏季防热要求，适当兼顾冬季保温
夏热冬暖地区	最冷月平均温度 >10℃，最热月平均温度 25~29℃	日平均温度 >25℃的天数 100~200d	必须充分满足夏季防热要求，一般可不考虑冬季保温
温和地区	最冷月平均温度 0~13℃，最热月平均温度 18~25℃	日平均温度 <5℃的天数 0~90d	部分地区应考虑冬季保温，一般可不考虑夏季防热

第二节　冬季保温设计要求

第 3.2.1 条 建筑物宜设在避风和向阳的地段。

第 3.2.2 条 建筑物的体形设计宜减少外表面积，其平、立面的凹凸面不宜过多。

第 3.2.3 条 居住建筑，在严寒地区不应设开敞式楼梯间和开敞式外廊；在寒冷地区不宜设开敞式楼梯间和开敞式外廊。公共建筑，在严寒地区出入口处应设门斗或热风幕等避风设施；在寒冷地区出入口处宜设门斗或热风幕等避风设施。

第 3.2.4 条 建筑物外部窗户面积不宜过大，应减少窗户缝隙长度，并采取密闭措施。

第 3.2.5 条 外墙、屋顶、直接接触室外空气的楼板和不采暖楼梯间的隔墙等围护结构，应进行保温验算，其传热阻应大于或等于建筑物所在地区要求的最小传热阻。

第 3.2.6 条 当有散热器、管道、壁龛等嵌入外墙时，该处外墙的传热阻应大于或等于建筑物所在地区要求的最小传热阻。

第 3.2.7 条 围护结构中的热桥部位应进行保温验算，并采取保温措施。

第 3.2.8 条 严寒地区居住建筑的底层地面，在其周边一定范围内应采取保温措施。

第 3.2.9 条 围护结构的构造设计应考虑防潮要求。

第三节　夏季防热设计要求

第 3.3.1 条 建筑物的夏季防热应采取自然通风、窗户遮阳、围护结构隔热和环境绿化等综合性措施。

第 3.3.2 条 建筑物的总体布置，单体的平、剖面设计和门窗的设置，应有利于自然通风，并尽量避免主要房间受东、西向的日晒。

第 3.3.3 条 建筑物的向阳面，特别是东、西向窗户，应采取有效的遮阳措施。在建筑设计中，宜结合外廊、阳台、挑檐等处理方法达到遮阳目的。

第 3.3.4 条 屋顶和东、西向外墙的内表面温度，应满足隔热设计标准的要求。

第 3.3.5 条 为防止潮霉季节湿空气在地面冷凝泛潮，居室、托幼园所等场所的地面下部宜采取保温措施或架空做法，地面面层宜采用微孔吸湿材料。

第四节　空调建筑热工设计要求

第 3.4.1 条 空调建筑或空调房间应尽量避免东、西朝向和东、西向窗户。

第 3.4.2 条 空调房间应集中布置、上下对齐。温湿度要求相近的空调房间宜相邻布置。

第 3.4.3 条 空调房间应避免布置在有两面相邻外墙的转角处和有伸缩缝处。

第 3.4.4 条 空调房间应避免布置在顶层；当必须布置在顶层时，屋顶应有良好的隔热措施。

第 3.4.5 条 在满足使用要求的前提下，空调房间的净高宜降低。

第 3.4.6 条 空调建筑的外表面积宜减少，外表面宜采用浅色饰面。

第 3.4.7 条 建筑物外部窗户当采用单层窗时，窗墙面积比不宜超过 0.30；当采用双层窗或单框双层玻璃窗时，窗墙面积比不宜超过 0.40。

第 3.4.8 条 向阳面，特别是东、西向窗户，应采取热反射玻璃、反射阳光涂膜、各种固定式和活动式遮阳等有效的遮阳措施。

第 3.4.9 条 建筑物外部窗户的气密性等级不应低于现行国家标准《建筑外窗空气渗透性能分级及其检测方法》GB7107 规

定的Ⅲ级水平。

第 3.4.10 条 建筑物外部窗户的部分窗扇应能开启。当有频繁开启的外门时，应设置门斗或空气幕等防渗透措施。

第 3.4.11 条 围护结构的传热系数应符合现行国家标准《采暖通风与空气调节设计规范》GBJ19 规定的要求。

第 3.4.12 条 间歇使用的空调建筑，其外围护结构内侧和内围护结构宜采用轻质材料。连续使用的空调建筑，其外围护结构内侧和内围护结构宜采用重质材料。围护结构的构造设计应考虑防潮要求。

第四章　围护结构保温设计

第一节　围护结构最小传热阻的确定

第 4.1.1 条 设置集中采暖的建筑物，其围护结构的传热阻应根据技术经济比较确定，且应符合国家有关节能标准的要求，其最小传热阻应按下式计算确定：

$$R_{o \cdot min} = \frac{(t_i - t_e) n}{[\Delta t]} R_i \qquad (4.1.1)$$

式中 $R_{o \cdot min}$——围护结构最小传热阻（$m^2 \cdot K / W$）；

t_i——冬季室内计算温度（℃），一般居住建筑，取 18℃；高级居住建筑，医疗、托幼建筑，取 20℃；

t_e——围护结构冬季室外计算温度（℃），按本规范第 2.0.1 条的规定采用；

n——温差修正系数，应按表4.1.1-1采用；

R_i——围护结构内表面换热阻（$m^2 \cdot K / W$），应按本规范附录二附表 2.2 采用；

$[\Delta t]$——室内空气与围护结构内表面之间的允许温差（℃），应按表 4.1.1-2 采用。

温差修正系数 n 值　　　　表 4.1.1-1

围护结构及其所处情况	温差修正系数 n 值
外墙、平屋顶及与室外空气直接接触的楼板等	1.00
带通风间层的平屋顶、坡屋顶顶棚及与室外空气相通的不采暖地下室上面的楼板等	0.90
与有外门窗的不采暖楼梯间相邻的隔墙： 1～6 层建筑 7～30 层建筑	0.60 0.50
不采暖地下室上面的楼板： 外墙上有窗户时 外墙上无窗户且位于室外地坪以上时 外墙上无窗户且位于室外地坪以下时	0.75 0.60 0.40
与有外门窗的不采暖房间相邻的隔墙 与无外门窗的不采暖房间相邻的隔墙	0.70 0.40
伸缩缝、沉降缝墙	0.30
抗震缝墙	0.70

室内空气与围护结构内表面之间的允许温差[Δt](℃)　表 4.1.1-2

建筑物和房间类型	外墙	平屋顶和坡屋顶顶棚
居住建筑、医院和幼儿园等	6.0	4.0
办公楼、学校和门诊部等	6.0	4.5
礼堂、食堂和体育馆等	7.0	5.5
室内空气潮湿的公共建筑： 不允许外墙和顶棚内表面结露时 允许外墙内表面结露，但不允许顶棚内表面结露时	$t_i - t_d$ 7.0	$0.8(t_i - t_d)$ $0.9(t_i - t_d)$

注：①潮湿房间系指室内温度为13～24℃，相对湿度大于75%，或室内温度高于24℃，相对湿度大于60%的房间。

②表中 t_i、t_d 分别为室内空气温度和露点温度（℃）。

③对于直接接触室外空气的楼板和不采暖地下室上面的楼板，当有人长期停留时，取允许温差[Δt]等于 2.5℃；当无人长期停留时，取允许温差[Δt]等于 5.0℃。

第 4.1.2 条 当居住建筑、医院、幼儿园、办公楼、学校和门诊部等建筑物的外墙为轻质材料或内侧复合轻质材料时，外墙的最小传热阻应在按式（4.1.1）计算结果的基础上进行附加，其附加值应按表 4.1.2 的规定采用。

轻质外墙最小传热阻的附加值(%)　　　表 4.1.2

外墙材料与构造	当建筑物处在连续供热热网中时	当建筑物处在间歇供热热网中时
密度为 800～1200kg／m³ 的轻骨料混凝土单一材料墙体	15～20	30～40
密度为 500～800kg／m³ 的轻混凝土单一材料墙体；外侧为砖或混凝土、内侧复合轻混凝土的墙体	20～30	40～60
平均密度小于 500kg／m³ 的轻质复合墙体；外侧为砖或混凝土、内侧复合轻质材料（如岩棉、矿棉、石膏板等）墙体	30～40	60～80

第 4.1.3 条 处在寒冷和夏热冬冷地区，且设置集中采暖的居住建筑和医院、幼儿园、办公楼、学校、门诊部等公共建筑，当采用Ⅲ型和Ⅳ型围护结构时，应对其屋顶和东、西外墙进行夏季隔热验算。如按夏季隔热要求的传热阻大于按冬季保温要求的最小传热阻，应按夏季隔热要求采用。

第二节　围护结构保温措施

第 4.2.1 条 提高围护结构热阻值可采取下列措施：

一、采用轻质高效保温材料与砖、混凝土或钢筋混凝土等材料组成的复合结构。

二、采用密度为 500～800kg／m³ 的轻混凝土和密度为 800～1200kg／m³ 的轻骨料混凝土作为单一材料墙体。

三、采用多孔粘土空心砖或多排孔轻骨料混凝土空心砌块墙体。

四、采用封闭空气间层或带有铝箔的空气间层。

第 4.2.2 条 提高围护结构热稳定性可采取下列措施：

一、采用复合结构时，内外侧宜采用砖、混凝土或钢筋混凝土等重质材料，中间复合轻质保温材料。

二、采用加气混凝土、泡沫混凝土等轻混凝土单一材料墙体时，内外侧宜作水泥砂浆抹面层或其他重质材料饰面层。

第三节　热桥部位内表面温度验算及保温措施

第 4.3.1 条 围护结构热桥部位的内表面温度不应低于室内空气露点温度。

第 4.3.2 条 在确定室内空气露点温度时，居住建筑和公共建筑的室内空气相对湿度均应按 60% 采用。

第 4.3.3 条 围护结构中常见五种形式热桥（见图 4.3.3），其内表面温度应按下列规定验算：

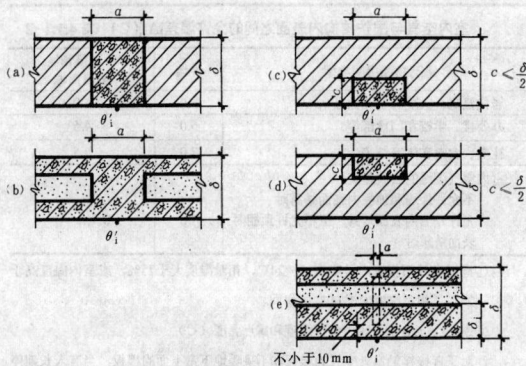

图 4.3.3　常见五种形式热桥

一、当肋宽与结构厚度比 $a／\delta$ 小于或等于 1.5 时，

$$\theta'_i = t_i - \frac{R'_o + \eta(R_o - R'_o)}{R'_o \cdot R_o} R_i(t_i - t_e) \qquad (4.3.3-1)$$

式中　θ'_i ——热桥部位内表面温度（℃）；

t_i ——室内计算温度（℃）；

t_e ——室外计算温度（℃），应按本规范附录三附表3.1中Ⅰ型围护结构的室外计算温度采用；

R_o ——非热桥部位的传热阻（m²·K／W）；

R'_o ——热桥部位的传热阻（m²·K／W）；

R_i ——内表面换热阻，取0.11m²·K／W；

η ——修正系数，应根据比值 $a／\delta$，按表4.3.3-1或表4.3.3-2采用。

二、当肋宽与结构厚度比 $a／\delta$ 大于1.5时，

$$\theta'_i = t_i - \frac{t_i - t_e}{R'_o} R_i \qquad (4.3.3-2)$$

修正系数 η 值　　　表 4.3.3-1

热桥形式	肋宽与结构厚度比 $a／\delta$								
	0.02	0.06	0.10	0.20	0.40	0.60	0.80	1.00	1.50
(1)	0.12	0.24	0.38	0.55	0.74	0.83	0.87	0.90	0.95
(2)	0.07	0.15	0.26	0.42	0.62	0.73	0.81	0.85	0.94
(3)	0.25	0.60	0.96	1.26	1.27	1.21	1.16	1.10	1.00
(4)	0.04	0.10	0.17	0.32	0.50	0.62	0.71	0.77	0.89

修正系数 η 值　　　表 4.3.3-2

热桥形式	$\delta_i／\delta$	肋宽与结构厚度比 $a／\delta$						
		0.04	0.06	0.08	0.10	0.12	0.14	0.16	0.18
(5)	0.50	0.011	0.025	0.044	0.071	0.102	0.136	0.170	0.205
	0.25	0.006	0.014	0.025	0.040	0.054	0.074	0.092	0.112

注：$a／\delta$ 的中间值可用内插法确定。

第 4.3.4 条 单一材料外墙角处的内表面温度和内侧最小附加热阻，应按下列公式计算：

$$\theta'_i = t_i - \frac{t_i - t_e}{R_o} R_i \cdot \xi \qquad (4.3.4-1)$$

$$R_{ad \cdot min} = (t_i - t_e)\left(\frac{1}{t_i - t_d} - \frac{1}{t_i - \theta'_i}\right)R_i \qquad (4.3.4-2)$$

式中　θ'_i ——外墙角处内表面温度（℃）；

$R_{ad \cdot min}$ ——内侧最小附加热阻（m²·K／W）；

t_i ——室内计算温度（℃）；

t_e ——室外计算温度（℃），按本规范附录三附表3.1中Ⅰ型围护结构的室外计算温度采用；

t_d ——室内空气露点温度（℃）；

R_i ——外墙角处内表面换热阻，取0.11m²·K／W；

R_o ——外墙传热阻（m²·K／W）；

ξ ——比例系数，根据外墙热阻 R 值，按表4.3.4采用。

比例系数 ξ 值　　　表 4.3.4

外墙热阻 R（m²·K／W）	比例系数 ξ
0.10～0.40	1.42
0.41～0.49	1.72
0.50～1.50	1.73

第 4.3.5 条 除第 4.3.3 条中常见五种形式热桥外，其他形式热桥的内表面温度应进行温度场验算。当其内表面温度低于室内空气露点温度时，应在热桥部位的外侧或内侧采取保温措施。

第四节　窗户保温性能、气密性和面积的规定

第 4.4.1 条 窗户的传热系数应按经国家计量认证的质检机构提供的测定值采用；如无上述机构提供的测定值时，可按表 4.4.1 采用。

窗框材料	窗户类型	空气层厚度(mm)	窗框窗洞面积比(%)	传热系数 K(W/m²·K)
钢、铝	单层窗	—	20~30	6.4
	单框双玻窗	12	20~30	3.9
		16	20~30	3.7
		20~30	20~30	3.6
	双层窗	100~140	20~30	3.0
	单层+单框双玻窗	100~140	20~30	2.5
木、塑料	单层窗	—	30~40	4.7
	单框双玻窗	12	30~40	2.7
		16	30~40	2.6
		20~30	30~40	2.5
	双层窗	100~140	30~40	2.3
	单层+单框双玻窗	100~140	30~40	2.0

注:①本表中的窗户包括一般窗户、天窗和阳台门上部带玻璃部分。

②阳台门下部门肚板部分的传热系数,当下部不作保温处理时,应按表中值采用;当作保温处理时,应按计算确定。

③本表中未包括的新型窗户,其传热系数应按测定值采用。

第 4.4.2 条 居住建筑和公共建筑外部窗户的保温性能,应符合下列规定:

一、严寒地区各朝向窗户,不应低于现行国家标准《建筑外窗保温性能分级及其检测方法》GB8484 规定的Ⅱ级水平。

二、寒冷地区各朝向窗户,不应低于上述标准规定的Ⅴ级水平;北向窗户,宜达到上述标准规定的Ⅳ级水平。

第 4.4.3 条 阳台门下部门肚板部分的传热系数,严寒地区应小于或等于 1.35W/(m²·K);寒冷地区应小于或等于 1.72W/(m²·K)。

第 4.4.4 条 居住建筑和公共建筑窗户的气密性,应符合下列规定:

一、在冬季室外平均风速大于或等于 3.0m/s 的地区,对于 1~6 层建筑,不应低于现行国家标准《建筑外窗空气渗透性能分级及其检测方法》GB7107 规定的Ⅲ级水平;对于 7~30 层建筑,不应低于上述标准规定的Ⅱ级水平。

二、在冬季室外平均风速小于 3.0m/s 的地区,对于 1~6 层建筑,不应低于上述标准规定的Ⅳ级水平;对于 7~30 层建筑,不应低于上述标准规定的Ⅲ级水平。

第 4.4.5 条 居住建筑各朝向的窗墙面积比应符合下列规定:

一、当外墙传热阻达到按式 (4.1.1) 计算确定的最小传热阻时,北向窗墙面积比,不应大于 0.20;东、西向,不应大于 0.25 (单层窗) 或 0.30 (双层窗);南向,不应大于 0.35。

二、当建筑设计上需要增大窗墙面积比或实际采用的外墙传热阻大于按式 (4.1.1) 计算确定的最小传热阻时,所采用的窗墙面积比和外墙传热阻应符合本规范附录五的规定。

第五节　采暖建筑地面热工要求

第 4.5.1 条 采暖建筑地面的热工性能,应根据地面的吸热指数 B 值,按表 4.5.1 的规定,划分成三个类别。

地面热工性能类别	B 值〔W/(m²·h⁻¹/²·K)〕
Ⅰ	<17
Ⅱ	17~23
Ⅲ	>23

注:地面吸热指数 B 值应按本规范附录二中(三)的规定计算。

第 4.5.2 条 不同类型采暖建筑对地面热工性能的要求,应符合表 4.5.2 的规定。

不同类型采暖建筑对地面热工性能的要求　　表 4.5.2

采暖建筑类型	对地面热工性能的要求
高级居住建筑、幼儿园、托儿所、疗养院等	宜采用Ⅰ类地面
一般居住建筑、办公楼、学校等	可采用Ⅱ类地面
临时逗留用房及室温高于23℃的采暖房间	可采用Ⅲ类地面

第 4.5.3 条 严寒地区采暖建筑的底层地面,当建筑物周边无采暖管沟时,在外墙内侧 0.5~1.0m 范围内应铺设保温层,其热阻不应小于外墙的热阻。

第五章　围护结构隔热设计

第一节　围护结构隔热设计要求

第 5.1.1 条 在房间自然通风情况下,建筑物的屋顶和东、西外墙的内表面最高温度,应满足下式要求:

$$\theta_{i \cdot max} \leqslant t_{e \cdot max} \tag{5.1.1}$$

式中　$\theta_{i \cdot max}$——围护结构内表面最高温度(℃),应按本规范附录二中(八)的规定计算;

$t_{e \cdot max}$——夏季室外计算温度最高值(℃),应按本规范附录三附表 3.2 采用。

第二节　围护结构隔热措施

第 5.2.1 条 围护结构的隔热可采用下列措施:

一、外表面做浅色饰面,如浅色粉刷、涂层和面砖等。

二、设置通风间层,如通风屋顶、通风墙等。通风屋顶的风道长度不宜大于 10m。间层高度以 20cm 左右为宜。基层上面应有6cm 左右的隔热层。夏季多风地区,檐口处宜采用兜风构造。

三、采用双排或三排孔混凝土或轻骨料混凝土空心砌块墙体。

四、复合墙体的内侧宜采用厚度为10cm 左右的砖或混凝土等重质材料。

五、设置带铝箔的封闭空气间层。当为单面铝箔空气间层时,铝箔宜设在温度较高的一侧。

六、蓄水屋顶。水面宜有水浮莲等浮生植物或白色漂浮物。水深宜为 15~20cm。

七、采用有土和无土植被屋顶,以及墙面垂直绿化等。

第六章　采暖建筑围护结构防潮设计

第一节　围护结构内部冷凝受潮验算

第 6.1.1 条 外侧有卷材或其他密闭防水层的平屋顶结构,以及保温层外侧有密实保护层的多层墙体结构,当内侧结构层为加气混凝土和砖等多孔材料时,应进行内部冷凝受潮验算。

第 6.1.2 条 采暖期间,围护结构中保温材料因内部冷凝受潮而增加的重量湿度允许增量，应符合表 6.1.2 的规定。

采暖期间保温材料重量
湿度的允许增量〔Δω〕(%)　　　表 6.1.2

保温材料名称	重量湿度允许增量〔Δω〕
多孔混凝土（泡沫混凝土、加气混凝土等），$\rho_o = 500 \sim 700 kg / m^3$	4
水泥膨胀珍珠岩和水泥膨胀蛭石等，$\rho_o = 300 \sim 500 kg / m^3$	6
沥青膨胀珍珠岩和沥青膨胀蛭石等，$\rho_o = 300 \sim 400 kg / m^3$	7
水泥纤维板	5
矿棉、岩棉、玻璃棉及其制品（板或毡）	3
聚苯乙烯泡沫塑料	15
矿渣和炉渣填料	2

第 6.1.3 条 根据采暖期间围护结构中保温材料重量湿度的允许增量，冷凝计算界面内侧所需的蒸汽渗透阻应按下式计算：

$$H_{o \cdot i} = \frac{P_i - P_{s \cdot c}}{\frac{10 \rho_o \delta_i [\Delta \omega]}{24 Z} + \frac{P_{s \cdot c} - P_e}{H_{o \cdot e}}} \quad (6.1.3)$$

式中 $H_{o \cdot i}$ ——冷凝计算界面内侧所需的蒸汽渗透阻（$m^2 \cdot h \cdot Pa / g$）；

$H_{o \cdot e}$ ——冷凝计算界面至围护结构外表面之间的蒸汽渗透阻（$m^2 \cdot h \cdot Pa / g$）；

P_i ——室内空气水蒸气分压力（Pa），根据室内计算温度和相对湿度确定；

P_e ——室外空气水蒸气分压力（Pa），根据本规范附录三附表 3.1 查得的采暖期室外平均温度和平均相对湿度确定；

$P_{s \cdot c}$ ——冷凝计算界面处与界面温度 θ_c 对应的饱和水蒸气分压力（Pa）；

Z ——采暖期天数，应符合本规范附录三附表3.1的规定；

$[\Delta \omega]$ ——采暖期间保温材料重量湿度的允许增量（%），应按表 6.1.2 中的数值直接采用；

ρ_o ——保温材料的干密度（kg / m^3）；

δ_i ——保温材料厚度(m)。

第 6.1.4 条 冷凝计算界面温度应按下式计算：

$$\theta_c = t_i - \frac{t_i - t_e}{R_o}(R_i + R_{o \cdot i}) \quad (6.1.4)$$

式中 θ_c ——冷凝计算界面温度（℃）；

t_i ——室内计算温度（℃）；

$\bar{t}_e$ ——采暖期室外平均温度（℃），应符合本规范附录三附表 3.1 的规定；

R_o、R_i ——分别为围护结构传热阻和内表面换热阻（$m^2 \cdot K / W$）；

$R_{o \cdot i}$ ——冷凝计算界面至围护结构内表面之间的热阻（$m^2 \cdot K / W$）。

第 6.1.5 条 冷凝计算界面的位置，应取保温层与外侧密实材料层的交界处（见图 6.1.5）。

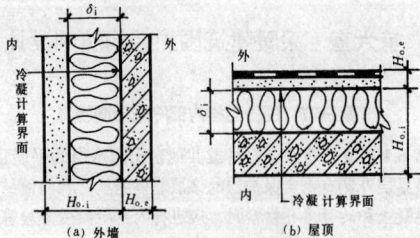

图 6.1.5 冷凝计算界面

（a）外墙　　（b）屋顶

第 6.1.6 条 对于不设通风口的坡屋顶，其顶棚部分的蒸汽渗透阻应符合下式要求：

$$H_{o \cdot i} > 1.2(P_i - P_e) \quad (6.1.6)$$

式中 $H_{o \cdot i}$ ——顶棚部分的蒸汽渗透阻（$m^2 \cdot h \cdot Pa / g$）；

P_i、P_e ——分别为室内和室外空气水蒸气分压力（Pa）。

第 6.1.7 条 围护结构材料层的蒸汽渗透阻应按下式计算：

$$H = \frac{\delta}{\mu} \quad (6.1.7)$$

式中 H ——材料层的蒸汽渗透阻（$m^2 \cdot h \cdot Pa / g$）；

δ ——材料层的厚度（m）；

μ ——材料的蒸汽渗透系数〔$g / (m \cdot h \cdot Pa)$〕，应按本规范附录四附表 4.1 采用。

注：①多层结构的蒸汽渗透阻应按各层蒸汽渗透阻之和确定。

②封闭空气间层的蒸汽渗透阻取零。

③某些薄片材料和涂层的蒸汽渗透阻应按本规范附录四附表4.3采用。

第二节　围护结构防潮措施

第 6.2.1 条 采用多层围护结构时，应将蒸汽渗透阻较大的密实材料布置在内侧，而将蒸汽渗透阻较小的材料布置在外侧。

第 6.2.2 条 外侧有密实保护层或防水层的多层围护结构，经内部冷凝受潮验算而必须设置隔汽层时，应严格控制保温层的施工湿度，或采用预制板状或块状保温材料，避免湿法施工和雨天施工，并保证隔汽层的施工质量。对于卷材防水屋面，应有与室外空气相通的排湿措施。

第 6.2.3 条 外侧有卷材或其他密闭防水层，内侧为钢筋混凝土屋面板的平屋顶结构，如经内部冷凝受潮验算不需设隔汽层，则应确保屋面板及其接缝的密实性，达到所需的蒸汽渗透阻。

附录一　名　词　解　释

名　词　解　释　　　　附表 1.1

名　词	曾用名词	名　词　解　释
历　年		逐年，特指整编气象资料时，所采用的以往一段连续年份中的每一年
累年	历　年	多年，特指整编气象资料时，所采用的以往一段连续年份（不少于 3 年）的累计
设计计算用采暖期天数		累年日平均温度低于或等于 5℃ 的天数。这一天数仅用于建筑热工设计计算，故称设计计算用采暖期天数。各地实际的采暖期天数，应按当地行政或主管部门的规定执行
采暖期度日数		室内温度 18℃ 与采暖期室外平均温度之间的温差值乘以采暖期天数
地方太阳时	当地太阳时	以太阳正对当地子午线的时刻为中午 12 时所推算出的时间
太阳辐射照度	太阳辐射强度	以太阳为辐射源，在某一表面上形成的辐射照度
导热系数		在稳态条件下，1m 厚的物体，两侧表面温差为 1℃，1h 内通过 1m² 面积传递的热量
比热容	比热	1kg 的物质，温度升高或降低 1℃ 所需吸收或放出的热量
密　度	容　重	1m³ 的物体所具有的质量
材料蓄热系数		当某一足够厚度单一材料层一侧受到谐波热作用时，表面温度将按一周期波动，通过表面的热流波幅与表面温度波幅的比值。其值越大，材料的热稳定性越好

名 词	曾用名词	名 词 解 释
表面蓄热系数		在周期性热作用下，物体表面温度升高或降低1℃时，在1h内，1m²表面积贮存或释放的热量
导温系数	热扩散系数	材料的导热系数与其比热容和密度乘积的比值。表征物体在加热或冷却时各部分温度趋于一致的能力。其值愈大，温度变化的速度越快
围护结构		建筑物及房间各面的围挡物。它分透明和不透明两部分：不透明围护结构有墙、屋顶和楼板等；透明围护结构有窗户、天窗和阳台门等。按是否同室外空气直接接触，又可分外围护结构和内围护结构
外围护结构		同室外空气直接接触的围护结构，如外墙、屋顶、外门和外窗等
内围护结构		不同室外空气直接接触的围护结构，如隔墙、楼板、内门和内窗等
热阻		表征围护结构本身或其中某层材料阻抗传热能力的物理量
内表面换热系数	内表面热转移系数	围护结构内表面温度与室内空气温度之差为1℃，1h内通过1m²表面传递的热量
内表面换热阻	内表面热转移阻	内表面换热系数的倒数
外表面换热系数	外表面热转移系数	围护结构外表面温度与室外空气温度之差为1℃，1h内通过1m²表面传递的热量
外表面换热阻	外表面热转移阻	外表面换热系数的倒数
传热系数	总传热系数	在稳态条件下，围护结构两侧空气温度差为1℃，1h内通过1m²面积传递的热量
传热阻	总热阻	表征围护结构（包括两侧表面空气边界层）阻抗传热能力的物理量。为传热系数的倒数
最小传热阻	最小总热阻	特指设计计算中容许采用的围护结构传热阻的下限值。规定最小传热阻的目的，是为了限制通过围护结构的传热量过大，防止内表面冷凝，以及限制内表面与人体之间的辐射换热量过大而使人体受凉
经济传热阻	经济热阻	围护结构单位面积的建造费用（初次投资的折旧费）与使用费用（由围护结构单位面积分摊的采暖运行费和设备折旧费）之和达到最小值时的传热阻
热惰性指标（D值）		表征围护结构对温度波衰减快慢程度的无量纲指标。单一材料围护结构，$D=RS$；多层材料围护结构，$D=\Sigma RS$。式中 R 为围护结构材料层的热阻，S 为相应材料层的蓄热系数。D值越大，温度波在其中的衰减越快，围护结构的热稳定性越好
围护结构的热稳定性		在周期性热作用下，围护结构本身抵抗温度波动的能力。围护结构的热惰性是影响其热稳定性的主要因素
房间的热稳定性		在室内外周期性热作用下，整个房间抵抗温度波动的能力。房间的热稳定性主要取决于内围护结构的热稳定性
窗墙面积比	窗墙比	窗户洞口面积与房间立面单元面积(即房间层高与开间定位线围成的面积)的比值
温度波幅		当温度呈周期性波动时，最高值或最低值与平均值之差
综合温度		室外空气温度 t_e 与太阳辐射当量温度 $\rho I/\alpha_e$ 之和，即 $t_{sa}=t_e+\rho I/\alpha_e$ 式中 ρ 为太阳辐射吸收系数，I 为太阳辐射照度，α_e 为外表面换热系数
衰减倍数	总衰减倍数	围护结构内侧空气温度稳定，外侧受室外综合温度或室外空气温度谐波作用时，室外综合温度或室外空气温度谐波幅与围护结构内表面温度谐波波幅的比值
延迟时间	总延迟时间	围护结构内侧空气温度稳定，外侧受室外综合温度或室外空气温度谐波作用时，围护结构内表面温度谐波最高值（或最低值）出现时间与室外综合温度或室外空气温度谐波最高值（或最低值）出现时间的差值

名 词	曾用名词	名 词 解 释
露点温度		在大气压力一定、含湿量不变的情况下，未饱和的空气因冷却而达到饱和状态时的温度
冷凝或结露	凝结	特指围护结构表面温度低于附近空气露点温度时，表面出现冷凝水的现象
水蒸气分压力		在一定温度下湿空气中水蒸气部分所产生的压力
饱和水蒸气分压力		空气中水蒸气呈饱和状态时水蒸气部分所产生的压力
空气相对湿度		空气中实际的水蒸气分压力与同一温度下饱和水蒸气分压力的百分比
蒸汽渗透系数		1m厚的物体，两侧水蒸气分压力差为1Pa，1h内通过1m²面积渗透的水蒸气量
蒸汽渗透阻		围护结构或某一材料层，两侧水蒸气分压力差为1Pa，通过1m²面积渗透1g水分所需要的时间

附录二　建筑热工设计计算公式及参数

（一）热阻的计算

1. 单一材料层的热阻应按下式计算：

$$R=\frac{\delta}{\lambda} \tag{附2.1}$$

式中　R——材料层的热阻（m²·K／W）；

　　　　δ——材料层的厚度（m）；

　　　　λ——材料的导热系数〔W／(m·K)〕，应按本规范附录四附表 4.1 和表注的规定采用。

2. 多层围护结构的热阻应按下式计算：

$$R=R_1+R_2+\cdots\cdots+R_n \tag{附2.2}$$

式中　R_1、R_2……R_n——各层材料的热阻（m²·K／W）。

3. 由两种以上材料组成的、二向非均质围护结构（包括各种形式的空心砌块，填充保温材料的墙体等，但不包括多孔粘土空心砖），其平均热阻应按下式计算：

$$\bar{R}=\left[\frac{F_o}{\dfrac{F_1}{R_{o\cdot1}}+\dfrac{F_2}{R_{o\cdot2}}+\cdots\cdots+\dfrac{F_n}{R_{o\cdot n}}}-(R_i+R_e)\right]\varphi \tag{附2.3}$$

式中　$\bar{R}$——平均热阻（m²·K／W）；

　　　　F_o——与热流方向垂直的总传热面积（m²），（见附图 2.1）；

　　　　F_1、F_2……F_n——按平行于热流方向划分的各个传热面积（m²）；

　　　　$R_{o\cdot1}$、$R_{o\cdot2}$……$R_{o\cdot n}$——各个传热面部位的传热阻（m²·K／W）；

　　　　R_i——内表面换热阻，取0.11m²·K／W；

　　　　R_e——外表面换热阻，取0.04m²·K／W；

　　　　φ——修正系数，应按本附录附表2.1采用。

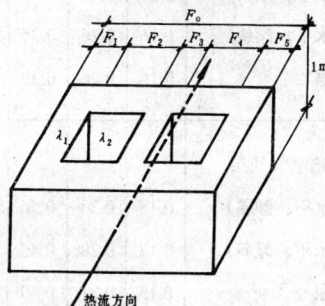

附图 2.1　计算用图

λ_2/λ_1 或 $\dfrac{\lambda_2+\lambda_3}{2}\Big/\lambda_1$	φ
0.09～0.10	0.86
0.20～0.39	0.93
0.40～0.69	0.96
0.70～0.99	0.98

注：①表中 λ 为材料的导热系数。当围护结构由两种材料组成时，λ_2 应取较小值，λ_1 应取较大值，然后求两者的比值。

②当围护结构由三种材料组成，或有两种厚度不同的空气间层时，φ 值应按比值 $\dfrac{\lambda_2+\lambda_3}{2}\Big/\lambda_1$ 确定。空气间层的 λ 值，应按附表 2.4 空气间层的厚度及热阻求得。

③当围护结构中存在圆孔时，应先将圆孔折算成同面积的方孔，然后按上述规定计算。

4. 围护结构的传热阻应按下式计算：

$$R_o = R_i + R + R_e \qquad (附2.4)$$

式中　R_o——围护结构的传热阻（$m^2 \cdot K / W$）；
　　　R_i——内表面换热阻（$m^2 \cdot K / W$），应按本附录附表2.2采用；
　　　R_e——外表面换热阻（$m^2 \cdot K / W$），应按本附录附表2.3采用；
　　　R——围护结构热阻（$m^2 \cdot K / W$）。

5. 空气间层热阻的确定：

（1）不带铝箔、单面铝箔、双面铝箔封闭空气间层的热阻，应按本附录附表 2.4 采用。

（2）通风良好的空气间层，其热阻可不予考虑。这种空气间层的间层温度可取进气温度，表面换热系数可取 12.0W/（$m^2 \cdot$ K）。

适用季节	表 面 特 征	α_i〔W/（$m^2 \cdot$ K）〕	R_i（$m^2 \cdot K / W$）
冬季和夏季	墙面、地面、表面平整或有肋状突出物的顶棚，当 $h/s \leqslant 0.3$ 时	8.7	0.11
	有肋状突出物的顶棚，当 $h/s > 0.3$ 时	7.6	0.13

注：表中 h 为肋高，s 为肋间净距。

适用季节	表 面 特 征	α_e〔W/（$m^2 \cdot$ K）〕	R_e〔$m^2 \cdot K / W$〕
冬季	外墙、屋顶、与室外空气直接接触的表面	23.0	0.04
	与室外空气相通的不采暖地下室上面的楼板	17.0	0.06
	闷顶、外墙上有窗的不采暖地下室上面的楼板	12.0	0.08
	外墙上无窗的不采暖地下室上面的楼板	6.0	0.17
夏季	外墙和屋顶	19.0	0.05

空 气 间 层 热 阻 值（$m^2 \cdot K / W$）　　附表 2.4

位置、热流状况及材料特性	冬季状况 间层厚度（mm）							夏季状况 间层厚度（mm）						
	5	10	20	30	40	50	60以上	5	10	20	30	40	50	60以上
一般空气间层														
热流向下（水平、倾斜）	0.10	0.14	0.17	0.18	0.19	0.20	0.20	0.09	0.12	0.15	0.15	0.16	0.16	0.15
热流向上（水平、倾斜）	0.10	0.14	0.15	0.16	0.17	0.17	0.17	0.09	0.11	0.13	0.13	0.13	0.13	0.13
垂直空气间层	0.10	0.14	0.16	0.17	0.18	0.18	0.18	0.09	0.12	0.14	0.14	0.15	0.15	0.15
单面铝箔空气间层														
热流向下（水平、倾斜）	0.16	0.28	0.43	0.51	0.57	0.60	0.64	0.15	0.25	0.37	0.44	0.48	0.52	0.54
热流向上（水平、倾斜）	0.16	0.26	0.35	0.40	0.42	0.42	0.43	0.14	0.20	0.28	0.29	0.30	0.30	0.28
垂直空气间层	0.16	0.26	0.39	0.44	0.47	0.49	0.50	0.15	0.22	0.31	0.34	0.36	0.37	0.37
双面铝箔空气间层														
热流向下（水平、倾斜）	0.18	0.34	0.56	0.71	0.84	0.94	1.01	0.16	0.30	0.49	0.63	0.73	0.81	0.86
热流向上（水平、倾斜）	0.17	0.29	0.45	0.52	0.55	0.56	0.57	0.15	0.25	0.34	0.37	0.38	0.38	0.35
垂直空气间层	0.18	0.31	0.49	0.59	0.65	0.69	0.71	0.16	0.27	0.39	0.46	0.49	0.50	0.50

(二) 围护结构热惰性指标 D 值的计算

1. 单一材料围护结构或单一材料层的 D 值应按下式计算：
$$D = RS \qquad (附2.5)$$
式中 R ——材料层的热阻（$m^2 \cdot K / W$）；

S ——材料的蓄热系数[$W / (m^2 \cdot K)$]。

2. 多层围护结构的 D 值应按下式计算：
$$\begin{aligned} D &= D_1 + D_2 + \cdots\cdots + D_n \\ &= R_1 S_1 + R_2 S_2 + \cdots\cdots + R_n S_n \end{aligned} \qquad (附2.6)$$
式中 R_1、$R_2 \cdots\cdots R_n$ ——各层材料的热阻（$m^2 \cdot K / W$）；

S_1、$S_2 \cdots\cdots S_n$ ——各层材料的蓄热系数 [$W / (m^2 \cdot K)$]，空气间层的蓄热系数取 $S = 0$。

3. 如某层有两种以上材料组成，则应先按下式计算该层的平均导热系数：
$$\bar{\lambda} = \frac{\lambda_1 F_1 + \lambda_2 F_2 + \cdots\cdots + \lambda_n F_n}{F_1 + F_2 + \cdots\cdots + F_n} \qquad (附2.7)$$

然后按下式计算该层的平均热阻：
$$\bar{R} = \frac{\delta}{\bar{\lambda}}$$

该层的平均蓄热系数按下式计算：
$$\bar{S} = \frac{S_1 F_1 + S_2 F_2 + \cdots\cdots + S_n F_n}{F_1 + F_2 + \cdots\cdots + F_n} \qquad (附2.8)$$

式中 F_1、$F_2 \cdots\cdots F_n$ ——在该层中按平行于热流划分的各个传热面积（m^2）；

λ_1、$\lambda_2 \cdots\cdots \lambda_n$ ——各个传热面积上材料的导热系数 [$W / (m \cdot K)$]；

S_1、$S_2 \cdots\cdots S_n$ ——各个传热面积上材料的蓄热系数 [$W / (m^2 \cdot K)$]。

该层的热惰性指标 D 值应按下式计算：
$$D = \bar{R} \; \bar{S}$$

(三) 地面吸热指数 B 值的计算

地面吸热指数 B 值，应根据地面中影响吸热的界面位置，按下面几种情况计算：

1. 影响吸热的界面在最上一层内，即当：
$$\frac{\delta_1^2}{a_1 \tau} \geqslant 3.0 \qquad (附2.9)$$
式中 δ_1 ——最上一层材料的厚度（m）；

a_1 ——最上一层材料的导温系数（m^2 / h）；

τ ——人脚与地面接触的时间，取0.2h。

这时，B 值应按下式计算：
$$B = b_1 = \sqrt{\lambda_1 c_1 \rho_1} \qquad (附2.10)$$
b_1 ——最上一层材料的热渗透系数 [$W / (m^2 \cdot h^{-1/2} \cdot K)$]；

c_1 ——最上一层材料的比热容[$W \cdot h / (kg \cdot K)$]；

λ_1 ——最上一层材料的导热系数[$W / (m \cdot K)$]；

ρ_1 ——最上一层材料的密度（kg / m^3）。

2. 影响吸热的界面在第二层内，即当：
$$\frac{\delta_1^2}{a_1 \tau} + \frac{\delta_2^2}{a_2 \tau} \geqslant 3.0 \qquad (附2.11)$$
式中 δ_2 ——第二层材料的厚度（m）；

a_2 ——第二层材料的导温系数（m^2 / h）。

这时，B 值应按下式计算：
$$B = b_1 (1 + K_{1,2}) \qquad (附2.12)$$
式中 $K_{1,2}$ ——第1、2两层地面吸热计算系数，根据 b_2 / b_1 和 $\delta_1^2 / a_1 \tau$ 两值按附表2.5查得；

b_2 ——第二层材料的热渗透系数 [$W / (m^2 \cdot h^{-1/2} \cdot K)$]。

3. 影响吸热的界面在第二层以下，即按式（附2.11）求得的结果小于 3.0，则影响吸热的界面位于第三层或更深处。这时，可仿照式（附2.12）求出 $B_{2,3}$ 或 $B_{3,4}$ 等，然后按顺序依次求出 $B_{1,2}$ 值。这时，式中的 $K_{1,2}$ 值应根据 $B_{2,3} / b_1$ 和 $\delta_1^2 / a_1 \tau$ 值按附表2.5查得。

地 面 吸 热 计 算 系 数 K 值 　　　　　　附表2.5

$\dfrac{\delta_1^2}{a_1\tau}$ / $\dfrac{b_2}{b_1}$	0.005	0.01	0.05	0.10	0.15	0.20	0.25	0.30	0.40	0.50	0.60	0.80	1.00	1.50	2.00	3.00
0.2	−0.82	−0.80	−0.80	−0.79	−0.78	−0.78	−0.77	−0.76	−0.73	−0.70	−0.65	−0.56	−0.47	−0.30	−0.18	−0.07
0.3	−0.70	−0.70	−0.69	−0.69	−0.68	−0.67	−0.66	−0.64	−0.61	−0.58	−0.54	−0.46	−0.39	−0.24	−0.15	−0.05
0.4	−0.60	−0.60	−0.59	−0.58	−0.57	−0.56	−0.55	−0.54	−0.51	−0.47	−0.44	−0.37	−0.31	−0.19	−0.12	−0.04
0.5	−0.50	−0.50	−0.49	−0.48	−0.47	−0.46	−0.45	−0.43	−0.41	−0.38	−0.35	−0.29	−0.24	−0.15	−0.09	−0.03
0.6	−0.40	−0.40	−0.39	−0.38	−0.37	−0.36	−0.35	−0.34	−0.31	−0.29	−0.26	−0.22	−0.18	−0.11	−0.07	−0.03
0.7	−0.30	−0.30	−0.29	−0.28	−0.27	−0.26	−0.25	−0.24	−0.22	−0.21	−0.19	−0.16	−0.13	−0.08	−0.05	−0.02
0.8	−0.20	−0.20	−0.19	−0.19	−0.18	−0.17	−0.16	−0.16	−0.14	−0.13	−0.12	−0.10	−0.08	−0.05	−0.03	0.00
0.9	−0.10	−0.10	−0.10	−0.09	−0.09	−0.08	−0.08	−0.08	−0.07	−0.06	−0.06	−0.05	−0.04	−0.02	−0.01	0.00
1.1	0.10	0.10	0.09	0.09	0.09	0.08	0.08	0.07	0.07	0.06	0.05	0.04	0.02	0.01	0.00	
1.2	0.20	0.20	0.19	0.18	0.17	0.16	0.15	0.14	0.13	0.11	0.08	0.07	0.04	0.03	0.00	
1.3	0.30	0.30	0.28	0.26	0.24	0.23	0.22	0.20	0.18	0.15	0.13	0.10	0.06	0.04	0.01	
1.4	0.40	0.40	0.38	0.34	0.32	0.30	0.28	0.26	0.24	0.21	0.19	0.15	0.12	0.08	0.05	0.02
1.5	0.50	0.49	0.46	0.42	0.39	0.37	0.34	0.32	0.29	0.25	0.22	0.15	0.09	0.05	0.02	
1.6	0.60	0.59	0.55	0.50	0.46	0.43	0.40	0.38	0.33	0.30	0.26	0.21	0.17	0.10	0.06	0.03
1.7	0.70	0.68	0.63	0.58	0.53	0.49	0.46	0.43	0.38	0.30	0.24	0.19	0.12	0.07	0.03	
1.8	0.79	0.78	0.71	0.65	0.60	0.55	0.51	0.48	0.42	0.37	0.33	0.21	0.13	0.08	0.03	
1.9	0.89	0.88	0.80	0.72	0.66	0.61	0.56	0.52	0.46	0.40	0.36	0.23	0.14	0.08	0.03	
2.0	0.99	0.97	0.90	0.79	0.72	0.66	0.61	0.57	0.49	0.40	0.39	0.31	0.25	0.15	0.09	0.03
2.2	1.18	1.16	1.03	0.92	0.83	0.76	0.70	0.65	0.56	0.49	0.44	0.35	0.28	0.17	0.10	0.04
2.4	1.37	1.35	1.19	1.04	0.94	0.85	0.78	0.72	0.62	0.55	0.48	0.38	0.31	0.19	0.11	0.04
2.6	1.57	1.53	1.33	1.16	1.04	0.94	0.86	0.79	0.68	0.60	0.52	0.42	0.34	0.20	0.12	0.04
2.8	1.77	1.72	1.47	1.27	1.13	1.02	0.93	0.85	0.73	0.66	0.56	0.45	0.36	0.21	0.13	0.05
3.0	1.95	1.89	1.60	1.37	1.21	1.09	0.99	0.91	0.78	0.68	0.60	0.47	0.38	0.23	0.14	0.05

（四）室外综合温度的计算

1.室外综合温度各小时值应按下式计算：

$$t_{sa} = t_e + \frac{\rho I}{\alpha_e} \qquad (\text{附}2.13)$$

式中　t_{sa}——室外综合温度（℃）；

t_e——室外空气温度（℃）；

I——水平或垂直面上的太阳辐射照度（W/m²）；

ρ——太阳辐射吸收系数，应按本附录附表2.6采用；

α_e——外表面换热系数，取19.0W/(m²·K)。

2.室外综合温度平均值应按下式计算：

$$\bar{t}_{sa} = \bar{t}_e + \frac{\rho \bar{I}}{\alpha_e} \qquad (\text{附}2.14)$$

式中　$\bar{t}_{sa}$——室外综合温度平均值（℃）；

$\bar{t}_e$——室外空气温度平均值（℃），应按本规范附录三附表3.2采用；

$\bar{I}$——水平或垂直面上太阳辐射照度平均值（W/m²），应按本规范附录三附表3.3采用；

ρ——太阳辐射吸收系数，应按本附录附表2.6采用；

α_e——外表面换热系数，取19.0W/(m²·K)。

太阳辐射吸收系数 ρ 值 附表2.6

外表面材料	表面状况	色泽	ρ值
红瓦屋面	旧	红褐色	0.70
灰瓦屋面	旧	浅灰色	0.52
石棉水泥瓦屋面		浅灰色	0.75
油毡屋面	旧,不光滑	黑色	0.85
水泥屋面及墙面		青灰色	0.70
红砖墙面		红褐色	0.75
硅酸盐砖墙面	不光滑	灰白色	0.50
石灰粉刷墙面	新,光滑	白色	0.48
水刷石墙面	旧,粗糙	灰白色	0.70
浅色饰面砖及浅色涂料		浅黄、浅绿色	0.50
草坪		绿色	0.80

3.室外综合温度波幅应按下式计算：

$$A_{tsa} = (A_{te} + A_{ts})\beta \qquad (\text{附}2.15)$$

式中　A_{tsa}——室外综合温度波幅（℃）；

A_{te}——室外空气温度波幅（℃），应按本规范附录三附表3.2采用；

A_{ts}——太阳辐射当量温度波幅（℃），应按下式计算：

$$A_{ts} = \frac{\rho(I_{max} - \bar{I})}{\alpha_e} \qquad (\text{附}2.16)$$

I_{max}——水平或垂直面上太阳辐射照度最大值（W/m²），应按本规范附录三附表3.3采用；

$\bar{I}$——水平或垂直面上太阳辐射照度平均值（W/m²），应按本规范附录三附表3.3采用；

α_e——外表面换热系数，取19.0W/(m²·K)；

β——相位差修正系数，根据A_{te}与A_{ts}的比值（两者中数值较大者为分子）及φ_{te}与φ_I之间的差值按本附录附表2.7采用；

ρ——太阳辐射吸收系数，应按本附录附表2.6采用。

（五）围护结构衰减倍数和延迟时间的计算

1.多层围护结构的衰减倍数应按下式计算：

$$\nu_o = 0.9e^{\frac{D}{\sqrt{2}}} \frac{S_1 + \alpha_i}{S_1 + Y_1} \cdot \frac{S_2 + Y_1}{S_2 + Y_2} \cdots$$

$$\frac{Y_{K-1}}{Y_K} \cdots \frac{S_n + Y_{n-1}}{S_n + Y_n} \cdot \frac{Y_n + \alpha_e}{\alpha_e} \qquad (\text{附}2.17)$$

式中　ν_o——围护结构的衰减倍数；

D——围护结构的热惰性指标，应按本附录中（二）的规定计算；

α_i、α_e——分别为内、外表面换热系数，取$\alpha_i = 8.7$W/(m²·K)，$\alpha_e = 19.0$W/(m²·K)；

S_1、S_2……S_n——由内到外各层材料的蓄热系数[W/(m²·K)]，

相位差修正系数 β 值 附表2.7

$\dfrac{A_{tsa}}{\nu_o}$ 与 $\dfrac{A_{ti}}{\nu_i}$ 的比值或A_{te}与A_{ts}的比值	$\Delta\varphi = (\varphi_{tsa} + \xi_o) - (\varphi_{ti} + \xi_i)$ 或 $\Delta\varphi = \varphi_{te} - \varphi_I$									(h)
	1	2	3	4	5	6	7	8	9	10
1.0	0.99	0.97	0.92	0.87	0.79	0.71	0.60	0.50	0.38	0.26
1.5	0.99	0.97	0.93	0.87	0.80	0.72	0.63	0.53	0.42	0.32
2.0	0.99	0.97	0.93	0.88	0.81	0.74	0.66	0.58	0.49	0.41
2.5	0.99	0.97	0.94	0.89	0.83	0.76	0.69	0.62	0.55	0.49
3.0	0.99	0.97	0.94	0.90	0.85	0.79	0.72	0.65	0.60	0.55
3.5	0.99	0.97	0.94	0.91	0.86	0.81	0.76	0.69	0.64	0.59
4.0	0.99	0.97	0.95	0.91	0.87	0.82	0.77	0.72	0.67	0.63
4.5	0.99	0.97	0.95	0.92	0.88	0.83	0.79	0.74	0.70	0.66
5.0	0.99	0.98	0.95	0.92	0.89	0.85	0.81	0.76	0.72	0.69

注：表中φ_{tsa}为室外综合温度最大值的出现时间（h），通常可取：水平及南向，13；东向，9；西向，16。

空气间层取$S=0$；

Y_1、Y_2……Y_n——由内到外各层（见附图2.2）材料外表面蓄热系数[W/（m²·K）]，应按本附录中（七）1.的规定计算；

Y_K、Y_{K-1}——分别为空气间层外表面和空气间层前一层材料外表面的蓄热系数[W/（m²·K）]。

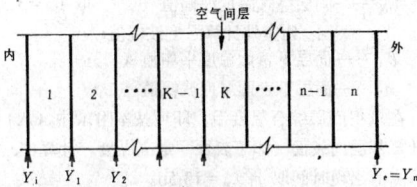

附图2.2 多层围护结构的层次排列

2. 多层围护结构延迟时间应按下式计算：

$$\xi_o = \frac{1}{15} \left(40.5D - \text{arctg}\frac{\alpha_i}{\alpha_i + Y_i\sqrt{2}} \right.$$
$$\left. + \text{arctg}\frac{R_K \cdot Y_{Ki}}{R_K \cdot Y_{Ki} + \sqrt{2}} + \text{arctg}\frac{Y_e}{Y_e + \alpha_e\sqrt{2}}\right) \quad \text{（附2.18）}$$

式中　ξ_o——围护结构延迟时间（h）；

Y_e——围护结构外表面（亦即最后一层外表面）蓄热系数[W/（m²·K）]，应按本附录中（七）2.的规定计算；

R_K——空气间层热阻（m²·K/W），应按本规范附录二附表2.4采用；

Y_{Ki}——空气间层内表面蓄热系数[W/（m²·K）]，参照本附录中（七）2.的规定计算。

（六）室内空气到内表面的衰减倍数及延迟时间的计算

1. 室内空气到内表面的衰减倍数应按下式计算：

$$v_i = 0.95\frac{\alpha_i + Y_i}{\alpha_i} \quad \text{（附2.19）}$$

2. 室内空气到内表面的延迟时间应按下式计算：

$$\xi_i = \frac{1}{15}\text{arctg}\frac{Y_i}{Y_i + \alpha_i\sqrt{2}} \quad \text{（附2.20）}$$

式中　v_i——内表面衰减倍数；

ξ_i——内表面延迟时间（h）；

α_i——内表面换热系数[W/（m²·K）]；

Y_i——内表面蓄热系数[W/（m²·K）]。

（七）表面蓄热系数的计算

1. 多层围护结构各层外表面蓄热系数应按下列规定由内到外逐层（见附图2.2）进行计算：

如果任何一层的$D>1$，则$Y=S$，即取该层材料的蓄热系数。

如果第一层的$D<1$，则：

$$Y_1 = \frac{R_1S_1^2 + \alpha_i}{1 + R_1\alpha_i}$$

如果第二层的$D<1$，则：

$$Y_2 = \frac{R_2S_2^2 + Y_1}{1 + R_2Y_1}$$

其余类推，直到最后一层（第n层）：

$$Y_n = \frac{R_nS_n^2 + Y_{n-1}}{1 + R_nY_{n-1}}$$

式中　S_1、S_2……S_n——各层材料的蓄热系数[W/（m²·K）]；

R_1、R_2……R_n——各层材料的热阻（m²·K/W）；

Y_1、Y_2……Y_n——各层材料的外表面蓄热系数[W/（m²·K）]；

α_i——内表面换热系数[W/（m²·K）]。

2. 多层围护结构外表面蓄热系数应取最后一层材料的外表面蓄热系数，即$Y_e = Y_n$。

3. 多层围护结构内表面蓄热系数应按下列规定计算：

如果多层围护结构中的第一层（即紧接内表面的一层）$D_1 > 1$，则多层围护结构内表面蓄热系数应取第一层材料的蓄热系数，即$Y_i = S_1$。

如果多层围护结构中最接近内表面的第m层，其$D_m > 1$，则取$Y_m = S_m$，然后从第m-1层开始，由外向内逐层（层次排列见附图2.2）计算，直至第一层的Y_1，即为所求的多层围护结构内表面蓄热系数。

如果多层围护结构中的每一层D值均小于1，则计算应从最后一层（第n层）开始，然后由外向内逐层计算，直至第一层的Y_1，即为所求的多层围护结构内表面蓄热系数。

（八）围护结构内表面最高温度的计算

1. 非通风围护结构内表面最高温度可按下式计算：

$$\theta_{i\cdot max} = \bar{\theta}_i + \left(\frac{A_{tsa}}{v_o} + \frac{A_{ti}}{v_i}\right)\beta \quad \text{（附2.21）}$$

内表面平均温度可按下式计算：

$$\bar{\theta}_i = \bar{t}_i + \frac{\bar{t}_{sa} - \bar{t}_i}{R_o\alpha_i} \quad \text{（附2.22）}$$

式中　$\theta_{i\cdot max}$——内表面最高温度（℃）；

$\bar{\theta}_i$——内表面平均温度（℃）；

$\bar{t}_i$——室内计算温度平均值（℃），取$\bar{t}_i = \bar{t}_e + 1.5℃$；

$\bar{t}_e$——室外计算温度平均值（℃），应按本规范附录三附表3.2采用；

A_{ti}——室内计算温度波幅值（℃），取$A_{ti} = A_{te} - 1.5℃$，A_{te}为室外计算温度波幅值，应按本规范附录三附表3.2采用；

$\bar{t}_{sa}$——室外综合温度平均值（℃），应按本附录式（附2.14）计算；

A_{tsa}——室外综合温度波幅值（℃），应按本附录式（附2.15）计算；

v_o——围护结构衰减倍数，应按本附录式（附2.17）计算；

ξ_o——围护结构延迟时间（h），应按本附录式（附2.18）计算；

v_i——室内空气到内表面的衰减倍数，应按本附录式（附2.19）计算；

ξ_i——室内空气到内表面的延迟时间（h），应按本附录式（附2.20）计算；

β——相位差修正系数，根据$\frac{A_{tsa}}{v_o}$与$\frac{A_{ti}}{v_i}$的比值（两者中数值较大者为分子）及（$\varphi_{t_u} + \xi_o$）与（$\varphi_{t_i} + \xi_i$）的差值，按本附录附表2.7采用；

φ_{ti}——室内空气温度最大值出现时间（h），通常取16；

φ_{te}——室外空气温度最大值出现时间（h），通常取15；

φ_I——太阳辐射照度最大值出现时间（h），通常取：水平及南向，12；东向，8；西向，16；

A_{te}——室外计算温度波幅值（℃），应按本规范附录三附表3.2采用；

A_{ts}——太阳辐射当量温度波幅值（℃），应按本附录式（附2.16）计算。

2. 通风屋顶内表面最高温度的计算

对于薄型面层（如混凝土薄板、大阶砖等）、厚型基层（如混凝土实心板、空心板等）、间层高度为20cm左右的通风屋顶，其内表面最高温度应按下列规定计算：

(1) 面层下表面温度最高值、平均值和波幅值应分别按下列三式计算：

$$\theta_{1 \cdot max} = 0.8 t_{sa \cdot max} \qquad (附2.23)$$

$$\bar{\theta}_1 = 0.54 t_{sa \cdot max} \qquad (附2.24)$$

$$A_{\theta 1} = 0.26 t_{sa \cdot max} \qquad (附2.25)$$

式中 $\theta_{1 \cdot max}$ ——面层下表面温度最高值（℃）；

$\bar{\theta}_1$ ——面层下表面温度平均值（℃）；

$A_{\theta 1}$ ——面层下表面温度波幅值（℃）；

$t_{sa \cdot max}$ ——室外综合温度最高值（℃），应按本附录式（附2.13）计算室外综合温度各小时值，然后取其中的最高值。

(2) 间层综合温度（作为基层上表面的热作用）的平均值和波幅值应分别按下列二式计算：

$$\bar{t}_{vc \cdot sy} = 0.5 \ (\bar{t}_{vc} + \bar{\theta}_1) \qquad (附2.26)$$

$$A_{t vc \cdot sy} = 0.5 \ (A_{t vc} + A_{\theta 1}) \qquad (附2.27)$$

式中 $\bar{t}_{vc \cdot sy}$ ——间层综合温度平均值（℃）；

$A_{t vc \cdot sy}$ ——间层综合温度波幅值（℃）；

$\bar{t}_{vc}$ ——间层空气温度平均值（℃），取 $\bar{t}_{vc} = 1.06 \bar{t}_e$，

$\bar{t}_e$ 为室外计算温度平均值；

A_{tvc} ——间层空气温度波幅值（℃），取 $A_{tvc} = 1.3 A_{te}$，

A_{te} 为室外计算温度波幅值；

$\bar{\theta}_1$ ——面层下表面温度平均值（℃）；

$A_{\theta 1}$ ——面层下表面温度波幅值（℃）。

(3) 在求得间层综合温度后，即可按本附录中（八）1.同样的方法计算基层内表面（即下表面）最高温度。计算中，间层综合温度最高值出现时间取 $\varphi_{t vc \cdot sy} = 13.5h$。

附录三　室外计算参数

围护结构冬季室外计算参数及最冷最热月平均温度　　　　　　　　附表 3.1

| 地　名 | 冬季室外计算温度 t_e（℃） | | | | 设计计算用采暖期 | | | | 冬季室外平均风速（m/s） | 最冷月平均温度（℃） | 最热月平均温度（℃） |
	Ⅰ型	Ⅱ型	Ⅲ型	Ⅳ型	天数 Z(d)	平均温度 $\bar{t}_e$（℃）	平均相对湿度 $\bar{\varphi}_e$（%）	度日数 D_{di}（℃·d）			
北京市	-9	-12	-14	-16	125(129)	-1.6	50	2450	2.8	-4.5	25.9
天津市	-9	-11	-12	-13	119(122)	-1.2	57	2285	2.9	-4.0	26.5
河北省											
石家庄	-8	-12	-14	-17	112(117)	-0.6	56	2083	1.8	-2.9	26.6
张家口	-15	-18	-21	-23	153(155)	-4.8	42	3488	3.5	-9.6	23.3
秦皇岛	-11	-13	-15	-17	135	-2.4	51	2754	3.0	-6.0	24.5
保定	-9	-11	-13	-15	119(124)	-1.2	60	2285	2.1	-4.1	26.6
邯郸	-7	-9	-11	-13	108	0.1	60	1933	2.5	-2.1	26.9
唐山	-10	-12	-14	-16	127(137)	-2.9	55	2654	2.5	-5.6	25.5
承德	-14	-16	-18	-20	144(147)	-4.5	44	3240	1.3	-9.4	24.5
丰宁	-17	-20	-23	-25	163	-5.6	44	3847	2.7	-11.9	22.1
山西省											
太原	-12	-14	-16	-18	135(144)	-2.7	53	2795	2.4	-6.5	23.5
大同	-17	-20	-22	-24	162(165)	-5.2	49	3758	3.0	-11.3	21.8
长治	-13	-14	-17	-22	135	-2.7	58	2795	1.4	-6.8	22.8
五台山	-28	-32	-34	-37	273	-8.2	62	7153	12.5	-18.3	9.5
阳泉	-11	-12	-15	-16	124(129)	-1.3	46	2393	2.4	-4.2	24.0
临汾	-9	-13	-15	-18	113	-1.1	54	2158	2.0	-3.9	26.0
晋城	-9	-12	-15	-17	121	-0.9	53	2287	2.4	-3.7	24.0
运城	-7	-9	-11	-13	102	0.0	57	1836	2.6	-2.0	27.2
内蒙古自治区											
呼和浩特	-19	-21	-23	-25	166(171)	-6.2	53	4017	1.6	-12.9	21.9

地 名	冬季室外计算温度 t_e(℃)				设计计算用采暖期				冬季室外平均风速(m／s)	最冷月平均温度(℃)	最热月平均温度(℃)
	I 型	II 型	III 型	IV 型	天数 Z(d)	平均温度 $\bar{t}_e$(℃)	平均相对湿度 $\bar{\varphi}_e$(%)	度日数 D_{di}(℃·d)			
锡林浩特	-27	-29	-31	-33	190	-10.5	60	5415	3.3	-19.8	20.9
海拉尔	-34	-38	-40	-43	209(213)	-14.3	69	6751	2.4	-26.7	19.6
通 辽	-20	-23	-25	-27	165(167)	-7.4	48	4191	3.5	-14.3	23.9
赤 峰	-18	-21	-23	-25	160	-6.0	40	3840	2.4	-11.7	23.5
满州里	-31	-34	-36	-38	211	-12.8	64	6499	3.9	-23.8	19.4
博克图	-28	-31	-34	-36	210	-11.3	63	6153	3.3	-21.3	17.7
二连浩特	-26	-30	-32	-35	180(184)	-9.9	53	5022	3.9	-18.6	22.9
多 伦	-26	-29	-31	-33	192	-9.2	62	5222	3.8	-18.2	18.7
白云鄂博	-23	-26	-28	-30	191	-8.2	52	5004	6.2	-16.0	19.5
辽宁省											
沈 阳	-19	-21	-23	-25	152	-5.7	58	3602	3.0	-12.0	24.6
丹 东	-14	-17	-19	-21	144(151)	-3.5	60	3096	3.7	-8.4	23.2
大 连	-11	-14	-17	-19	131(132)	-1.6	58	2568	5.6	-4.9	23.9
阜 新	-17	-19	-21	-23	156	-6.0	50	3744	2.2	-11.6	24.3
抚 顺	-21	-24	-27	-29	162(160)	-6.6	65	3985	2.7	-14.2	23.6
朝 阳	-16	-18	-20	-22	148(154)	-5.2	42	3434	2.7	-10.7	24.7
本 溪	-19	-21	-23	-25	151	-5.7	62	3579	2.6	-12.2	24.2
锦 州	-15	-17	-19	-20	144(147)	-4.1	47	3182	3.8	-8.9	24.3
鞍 山	-18	-21	-23	-25	144(148)	-4.8	59	3283	3.4	-10.1	24.8
锦 西	-14	-16	-18	-19	143	-4.2	50	3175	3.4	-9.0	24.2
吉林省											
长 春	-23	-26	-28	-30	170(174)	-8.3	63	4471	4.2	-16.4	23.0
吉 林	-25	-29	-31	-34	171(175)	-9.0	68	4617	3.0	-18.1	22.9
延 吉	-20	-22	-24	-26	170(174)	-7.1	58	4267	2.9	-14.4	21.3
通 化	-24	-26	-28	-30	168(173)	-7.7	69	4318	1.3	-16.1	22.2
双 辽	-21	-23	-25	-27	167	-7.8	61	4309	3.4	-15.5	23.7
四 平	-22	-24	-26	-28	163(162)	-7.4	61	4140	3.0	-14.8	23.6
白 城	-23	-25	-27	-28	175	-9.0	54	4725	3.5	-17.1	23.3
黑龙江省											
哈尔滨	-26	-29	-31	-33	176(179)	-10.0	66	4928	3.6	-19.4	22.8
嫩 江	-33	-36	-39	-41	197	-13.5	66	6206	2.5	-25.2	20.6
齐齐哈尔	-25	-28	-30	-32	182(186)	-10.2	62	5132	2.9	-19.4	22.8
富 锦	-25	-28	-30	-32	184	-10.6	65	5262	3.9	-20.2	21.9

地　名	冬季室外计算温度 t_e(℃)				设计计算用采暖期				冬季室外平均风速 (m/s)	最冷月平均温度 (℃)	最热月平均温度 (℃)
	Ⅰ型	Ⅱ型	Ⅲ型	Ⅳ型	天数 Z(d)	平均温度 $\bar{t}_e$(℃)	平均相对湿度 $\bar{\varphi}_e$(%)	度日数 D_{di}(℃·d)			
牡丹江	-24	-27	-29	-31	178(180)	-9.4	65	4877	2.3	-18.3	22.0
呼　玛	-39	-42	-45	-47	210	-14.5	69	6825	1.7	-27.4	20.2
佳木斯	-26	-29	-32	-34	180(183)	-10.3	68	5094	3.4	-19.7	22.1
安　达	-26	-29	-32	-34	180(182)	-10.4	64	5112	3.5	-19.9	22.9
伊　春	-30	-33	-35	-37	193(197)	-12.4	70	5867	2.0	-23.6	20.6
克　山	-29	-31	-33	-35	191	-12.1	66	5749	2.4	-22.7	21.4
上海市	-2	-4	-6	-7	54(62)	3.7	76	772	3.0	3.5	27.8
江苏省											
南　京	-3	-5	-7	-9	75(83)	3.0	74	1125	2.6	1.9	27.9
徐　州	-5	-8	-10	-12	94(97)	1.4	63	1560	2.7	0.0	27.0
连云港	-5	-7	-9	-11	96(105)	1.4	68	1594	2.9	-0.2	26.8
浙江省											
杭　州	-1	-3	-5	-6	51(61)	4.0	80	714	2.3	3.7	28.5
宁　波	0	-2	-3	-4	42(50)	4.3	80	575	2.8	4.1	28.1
安徽省											
合　肥	-3	-7	-10	-13	70(75)	2.9	73	1057	2.6	2.0	28.2
阜　阳	-6	-9	-12	-14	85	2.1	66	1352	2.8	0.8	27.7
蚌　埠	-4	-7	-10	-12	83(77)	2.3	68	1303	2.5	1.0	28.0
黄　山	-11	-15	-17	-20	121	-3.4	64	2589	6.2	-3.1	17.7
福建省											
福　州	6	4	3	2	0	—	—	—	2.6	10.4	28.8
江西省											
南　昌	0	-2	-4	-6	17(35)	4.7	74	226	3.6	4.9	29.5
天目山	-10	-13	-15	-17	136	-2.0	68	2720	6.3	-2.9	20.2
庐　山	-8	-11	-13	-15	106	1.7	70	1728	5.5	-0.2	22.5
山东省 山东省											
济　南	-7	-10	-12	-14	101(106)	0.6	52	1757	3.1	-1.4	27.4
青　岛	-6	-9	-11	-13	110(111)	0.9	66	1881	5.6	-1.2	25.2
烟　台	-6	-8	-10	-12	111(112)	0.5	60	1943	4.6	-1.6	25.0
德　州	-8	-12	-14	-17	113(118)	-0.8	63	2124	2.6	-3.4	26.9
淄　博	-9	-12	-14	-16	111(116)	-0.5	61	2054	2.6	-3.0	26.8
泰　山	-16	-19	-22	-24	166	-3.7	52	3602	7.3	-8.6	17.8
兖　州	-7	-9	-11	-12	106	-0.4	62	1950	2.9	-1.9	26.9

地　名	冬季室外计算温度 t_e(℃)				设计计算用采暖期				冬季室外平均风速 (m/s)	最冷月平均温度 (℃)	最热月平均温度 (℃)
	Ⅰ型	Ⅱ型	Ⅲ型	Ⅳ型	天数 Z(d)	平均温度 $\bar{t}_e$(℃)	平均相对湿度 $\bar{\varphi}_e$(%)	度日数 D_{di}(℃·d)			
潍坊	−8	−11	−13	−15	114(118)	−0.7	61	2132	3.5	−3.3	25.9
河南省											
郑州	−5	−7	−9	−11	98(102)	1.4	58	1627	3.4	−0.3	27.2
安阳	−7	−11	−13	−15	105(109)	0.3	59	1859	2.3	−1.8	26.9
濮阳	−7	−9	−11	−12	107	0.2	69	1905	3.1	−2.2	26.9
新乡	−5	−8	−11	−13	100(105)	1.2	63	1680	2.6	−0.7	27.0
洛阳	−5	−8	−10	−12	91(95)	1.8	55	1474	2.4	0.3	27.4
南阳	−4	−8	−11	−14	84(89)	2.2	67	1327	2.5	0.9	27.3
信阳	−4	−7	−10	−12	78	2.6	72	1201	2.2	1.6	27.6
商丘	−6	−9	−12	−14	101(106)	1.1	67	1707	3.0	−0.9	27.0
开封	−5	−7	−9	−10	102(106)	1.3	63	1703	3.5	−0.5	27.0
湖北省											
武汉	−2	−6	−8	−11	58(67)	3.4	77	847	2.6	3.0	28.7
湖南省											
长沙	0	−3	−5	−7	30(45)	4.6	81	402	2.7	4.6	29.3
南岳	−7	−10	−13	−15	86	1.3	80	1436	5.7	0.1	21.6
广东省											
广州	7	5	4	3	0	—	—	—	2.2	13.3	28.4
广西壮族自治区											
南宁	7	5	3	2	0	—	—	—	1.7	12.7	28.3
四川省											
成都	2	1	0	−1	0	—	—	—	0.9	5.4	25.5
阿坝	−12	−16	−20	−23	189	−2.8	57	3931	1.2	−7.9	12.5
甘孜	−10	−14	−18	−21	165(169)	−0.9	43	3119	1.6	−4.4	14.0
康定	−7	−9	−11	−12	139	0.2	65	2474	3.1	−2.6	15.6
峨嵋山	−12	−14	−15	−16	202	−1.5	83	3939	3.6	−6.0	11.8
贵州省											
贵阳	−1	−2	−4	−6	20(42)	5.0	78	260	2.2	4.9	24.1
毕节	−2	−3	−5	−7	70(81)	3.2	85	1036	0.9	2.4	21.8
安顺	−2	−3	−5	−6	43(48)	4.1	82	598	2.4	4.1	22.0
威宁	−5	−7	−9	−11	80(98)	3.0	78	1200	3.4	1.9	17.7
云南省											
昆明	13	11	10	9	0	—	—	—	2.5	7.7	19.8

| 地 名 | 冬季室外计算温度 t_e(℃) | | | | 设计计算用采暖期 | | | | 冬季室外平均风速 (m／s) | 最冷月平均温度 (℃) | 最热月平均温度 (℃) |
	Ⅰ型	Ⅱ型	Ⅲ型	Ⅳ型	天数 Z(d)	平均温度 $\bar{t}_e$(℃)	平均相对湿度 $\bar{\varphi}_e$(%)	度日数 D_{di}(℃·d)			
西藏自治区											
拉 萨	−6	−8	−9	−10	142(149)	0.5	35	2485	2.2	−2.3	15.5
噶 尔	−17	−21	−24	−27	240	−5.5	28	5640	3.0	−12.4	13.6
日喀则	−8	−12	−14	−17	158(160)	−0.5	28	2923	1.8	−3.9	14.6
陕西省											
西 安	−5	−8	−10	−12	100(101)	0.9	66	1710	1.7	−0.9	26.4
榆 林	−16	−20	−23	−26	148(145)	−4.4	56	3315	1.8	−10.2	23.3
延 安	−12	−14	−16	−18	130(133)	−2.6	57	2678	2.1	−6.3	22.9
宝 鸡	−5	−7	−9	−11	101(104)	1.1	65	1707	1.0	−0.7	25.4
华 山	−14	−17	−20	−22	164	−2.8	57	3411	5.4	−6.7	17.5
汉 中	−1	−2	−4	−5	75(83)	3.1	76	1118	0.9	2.1	25.4
甘肃省											
兰 州	−11	−13	−15	−16	132(135)	−2.8	60	2746	0.5	−6.7	22.2
酒 泉	−16	−19	−21	−23	155(154)	−4.4	52	3472	2.1	−9.9	21.8
敦 煌	−14	−18	−20	−23	138(140)	−4.1	49	3053	2.1	−9.1	24.6
张 掖	−16	−19	−21	−23	156	−4.5	55	3510	1.9	−10.1	21.4
山 丹	−17	−21	−25	−28	165(172)	−5.1	55	3812	2.3	−11.3	20.3
平 凉	−10	−13	−15	−17	137(141)	−1.7	59	2699	2.1	−5.5	21.0
天 水	−7	−10	−12	−14	116(117)	−0.3	67	2123	1.3	−2.9	22.5
青海省											
西 宁	−13	−16	−18	−20	162(165)	−3.3	50	3451	1.7	−8.2	17.2
玛 多	−23	−29	−34	−38	284	−7.2	56	7159	2.9	−16.7	7.5
大柴旦	−19	−22	−24	−26	205	−6.8	34	5084	1.4	−14.0	15.1
共 和	−15	−17	−19	−21	182	−4.9	44	4168	1.6	−10.9	15.2
格尔木	−15	−18	−21	−23	179(189)	−5.0	35	4117	2.5	−10.6	17.6
玉 树	−13	−15	−17	−19	194	−3.1	46	4093	1.2	−7.8	12.5
宁夏回族自治区											
银 川	−15	−18	−21	−23	145(149)	−3.8	57	3161	1.7	−8.9	23.4
中 宁	−12	−16	−19	−22	137	−3.1	52	2891	2.9	−7.6	23.3
固 原	−14	−17	−20	−22	162	−3.3	57	3451	2.8	−8.3	18.8
石嘴山	−15	−18	−20	−22	149(152)	−4.1	49	3293	2.6	−9.2	23.5
新疆维吾尔自治区											
乌鲁木齐	−22	−26	−30	−33	162(157)	−8.5	75	4293	1.7	−14.6	23.5

地　名	冬季室外计算温度 t_e(℃)				设计计算用采暖期				冬季室外平均风速 (m/s)	最冷月平均温度 (℃)	最热月平均温度 (℃)
	Ⅰ型	Ⅱ型	Ⅲ型	Ⅳ型	天数 Z(d)	平均温度 $\bar{t}_e$(℃)	平均相对湿度 $\bar{\varphi}_e$(%)	度日数 D_{di}(℃·d)			
塔　城	-23	-27	-30	-33	163	-6.5	71	3994	2.1	-12.1	22.3
哈　密	-19	-22	-24	-26	137	-5.9	48	3274	2.2	-12.1	27.1
伊　宁	-20	-26	-30	-34	139(143)	-4.8	75	3169	1.6	-9.7	22.7
喀　什	-12	-14	-16	-18	118(122)	-2.7	63	2443	1.2	-6.4	25.8
富　蕴	-36	-40	-42	-45	178	-12.6	73	5447	0.5	-21.7	21.4
克拉玛依	-24	-28	-31	-33	146(149)	-9.2	68	3971	1.5	-16.4	27.5
吐鲁番	-15	-19	-21	-24	117(121)	-5.0	50	2691	0.9	-9.3	32.6
库　车	-15	-18	-20	-22	123	-3.6	56	2657	1.9	-8.2	25.8
和　田	-10	-13	-16	-18	112(114)	-2.1	50	2251	1.6	-5.5	25.5
台湾省											
台　北	11	9	8	7	0	——	——	——	3.7	14.8	28.6
香　港	10	8	7	6	0	——	——	——	6.3	15.6	28.6

注：①表中设计计算用采暖期仅供建筑热工设计计算采用。各地实际的采暖期应按当地行政或主管部门的规定执行。

②在设计计算用采暖期天数一栏中，不带括号的数值系指累年日平均温度低于或等于5℃的天数；带括号的数值系指累年日平均温度稳定低于或等于5℃的天数。在设计计算中，这两种采暖期天数均可采用。

围护结构夏季室外计算温度（℃）　　　附表 3.2　　　　　　　　　　　　

城市名称	夏季室外计算温度			城市名称	夏季室外计算温度		
	平均值 $\bar{t}_e$	最高值 $t_{e\cdot max}$	波幅值 A_{te}		平均值 $\bar{t}_e$	最高值 $t_{e\cdot max}$	波幅值 A_{te}
西　安	32.3	38.4	6.1	九　江	32.8	37.4	4.6
汉　中	29.5	35.8	6.3	景德镇	31.6	37.2	5.6
北　京	30.2	36.3	6.1	福　州	30.9	37.2	6.3
天　津	30.4	35.4	5.0	建　阳	30.5	37.3	6.8
石家庄	31.7	38.3	6.6	南　平	30.8	37.4	6.6
济　南	33.0	37.3	4.3	永　安	30.8	37.3	6.5
青　岛	28.1	31.1	3.0	漳　州	31.3	37.1	5.8
上　海	31.2	36.1	4.9	厦　门	30.8	35.5	4.7
南　京	32.0	37.1	5.1	郑　州	32.5	38.8	6.3
常　州	32.3	36.4	4.1	信　阳	31.9	36.6	4.7
徐　州	31.5	36.7	5.2	武　汉	32.4	36.9	4.5
东　台	31.1	35.8	4.7	宜　昌	32.0	38.2	6.2
合　肥	32.3	36.8	4.5	黄　石	33.0	37.9	4.9
芜　湖	32.5	36.9	4.4	长　沙	32.7	37.9	5.2
阜　阳	32.1	37.1	5.2	芷　江	30.4	36.3	5.9
杭　州	32.1	37.2	5.1	岳　阳	32.5	35.9	3.4
衢　县	32.1	37.6	5.5	株　州	34.4	39.9	5.5
温　州	30.3	35.7	5.4	衡　阳	32.8	38.3	5.5
南　昌	32.9	37.8	4.9	广　州	31.1	35.6	4.5
赣　州	32.2	37.8	5.6	海　口	30.7	36.3	5.6

城市名称	夏季室外计算温度			城市名称	夏季室外计算温度		
	平均值 $\bar{t}_e$	最高值 $t_{e \cdot max}$	波幅值 A_{te}		平均值 $\bar{t}_e$	最高值 $t_{e \cdot max}$	波幅值 A_{te}
汕 头	30.6	35.2	4.6	成 都	29.2	34.4	5.2
韶 关	31.5	30.3	4.8	重 庆	33.2	38.9	5.7
德 庆	31.2	36.6	5.4	达 县	33.2	38.6	5.4
湛 江	30.9	35.5	4.6	南 充	34.0	39.3	5.3
南 宁	31.0	36.7	5.7	贵 阳	26.9	32.7	5.8
桂 林	30.9	36.2	5.3	铜 仁	31.2	37.8	6.6
百 色	31.8	37.6	5.8	遵 义	28.5	34.1	5.6
梧 州	30.9	37.0	6.1	思 南	31.4	36.8	5.4
柳 州	32.9	38.8	5.9	昆 明	23.3	29.3	6.0
桂 平	32.4	37.5	5.1	元 江	33.7	40.3	6.6

全国主要城市夏季太阳辐射照度(W/m^2)　　　　　附表 3.3

城市名称	朝向	地方太阳时													日总量	昼夜平均
		6	7	8	9	10	11	12	13	14	15	16	17	18		
南 宁	S	17	60	98	129	150	182	196	182	150	129	98	60	17	1468	61.2
	W(E)	17	60	98	129	150	162	166	352	502	591	594	483	255	3559	148.3
	N	100	168	186	176	157	162	166	162	157	176	186	168	100	2064	86.0
	H	60	251	473	678	838	942	976	942	838	678	473	251	60	7462	310.9
广 州	S	15	53	89	118	138	175	189	175	138	118	89	53	15	1365	56.9
	W(E)	15	53	89	118	138	151	154	341	494	586	591	487	265	3482	145.1
	N	101	163	176	162	143	151	154	151	143	162	176	163	101	1946	81.1
	H	58	244	462	664	824	926	962	926	824	664	462	244	58	7318	304.9
福 州	S	16	52	86	112	163	211	227	211	163	112	86	52	16	1507	62.8
	W(E)	16	52	86	112	131	143	146	344	508	609	624	528	305	3604	150.2
	N	113	162	159	131	131	143	146	143	131	131	159	162	113	1824	76.0
	H	70	261	481	685	845	949	983	949	845	685	481	261	70	7565	315.2
贵 阳	S	20	67	110	145	205	255	273	255	205	145	110	67	20	1877	78.2
	W(E)	20	67	110	145	169	184	189	375	524	608	603	489	267	3750	156.3
	N	103	163	174	158	169	184	189	184	169	158	174	163	103	2091	87.1
	H	73	269	496	708	876	983	1021	983	876	708	496	269	73	7831	326.3
长 沙	S	16	48	79	106	184	236	254	236	184	106	79	48	16	1592	66.3
	W(E)	16	48	79	104	123	134	138	345	518	629	651	561	341	3687	153.6
	N	124	159	141	104	123	134	138	134	123	104	141	159	124	1708	71.2
	H	77	272	493	697	860	964	1000	964	860	697	493	272	77	7726	321.9
北 京	S	30	65	116	245	352	423	447	423	352	245	116	65	30	2909	121.2
	W(E)	30	65	95	118	136	147	151	364	543	662	697	629	441	4078	169.9
	N	148	137	95	118	136	147	151	147	136	118	95	137	148	1713	71.4
	H	139	336	543	730	878	972	1003	972	878	730	543	336	139	8199	341.6
郑 州	S	20	53	83	172	261	319	340	319	261	172	83	53	20	2156	89.8
	W(E)	20	53	83	109	126	138	141	333	491	590	609	528	338	3559	148.3
	N	118	132	98	109	126	138	141	138	126	109	98	132	118	1583	66.0
	H	95	275	475	661	808	902	935	902	808	661	475	275	95	7367	307.0
上 海	S	18	50	79	134	217	273	291	273	217	134	79	50	18	1833	76.4
	W(E)	18	50	79	102	119	130	133	336	505	615	640	558	353	3638	151.6
	N	125	148	118	102	119	130	133	130	119	102	118	148	125	1617	67.4
	H	88	276	487	681	836	933	967	933	836	681	487	276	88	7569	315.4
武 汉	S	17	47	76	125	207	261	280	261	207	125	76	47	17	1746	72.8
	W(E)	17	47	76	100	117	127	131	332	501	609	633	551	345	3586	149.4
	N	123	147	120	100	117	127	131	127	117	100	120	147	123	1599	66.6
	H	83	269	480	675	829	928	961	928	829	675	480	269	83	7489	312.0
西 安	S	24	60	94	180	267	325	345	325	267	180	94	60	24	2245	93.5
	W(E)	24	60	94	122	141	153	157	344	496	591	607	523	332	3644	151.8
	N	119	139	111	122	141	153	157	153	141	122	111	139	119	1727	72.0
	H	98	282	486	672	819	914	945	914	819	672	486	282	98	7487	312.0

| 城 市 名 称 | 朝向 | 地 方 太 阳 时 | | | | | | | | | | | | | 日 总 量 | 昼夜平均 |
		6	7	8	9	10	11	12	13	14	15	16	17	18		
重 庆	S	16	47	79	119	200	252	270	252	200	119	79	47	16	1696	70.7
	W(E)	16	47	79	104	122	133	138	340	509	617	640	555	345	3645	151.9
	N	124	153	131	104	122	133	138	133	122	104	131	153	124	1672	69.7
	H	81	270	487	686	844	945	980	945	844	686	487	270	81	7606	316.9
杭 州	S	18	53	84	131	209	261	279	261	209	131	84	53	18	1791	74.6
	W(E)	18	53	84	109	127	138	143	333	490	590	608	521	318	3532	147.2
	N	116	147	127	109	127	138	143	138	127	109	127	147	116	1671	69.6
	H	82	266	473	664	815	910	944	910	815	664	473	266	82	7364	306.8
南 京	S	18	51	82	148	237	296	316	296	237	148	82	51	18	1980	82.5
	W(E)	18	51	82	108	126	138	141	350	521	629	650	560	350	3724	155.1
	N	124	146	117	108	126	138	141	138	126	108	117	146	124	1659	69.1
	H	89	281	497	700	860	964	999	964	860	700	497	281	89	7781	324.2
南 昌	S	15	46	76	108	189	244	262	244	189	108	76	46	15	1618	67.4
	W(E)	15	46	76	101	118	132	133	350	530	647	676	589	366	3779	157.4
	N	131	161	138	101	118	130	133	130	118	101	138	161	131	1691	70.5
	H	82	280	505	714	879	985	1021	985	879	714	505	280	82	7911	329.6
合 肥	S	18	51	81	150	241	302	324	302	241	150	81	51	18	2010	83.8
	W(E)	18	51	81	106	125	137	141	361	544	660	687	596	377	3884	161.8
	N	133	153	119	106	125	137	141	137	125	106	119	153	133	1687	70.3
	H	94	294	521	730	897	1004	1040	1004	897	730	521	294	94	8120	338.3

附录四 建筑材料热物理性能计算参数

建筑材料热物理性能计算参数

附表 4.1

| 序号 | 材料名称 | 干密度 ρ_o (kg/m³) | 计 算 参 数 | | | |
			导热系数 λ 〔W/(m·K)〕	蓄热系数 S(周期 24h) 〔W/(m²·K)〕	比热容 C 〔kJ/(kg·K)〕	蒸汽渗透系数 μ 〔g/(m·h·Pa)〕
1	混凝土					
1.1	普通混凝土					
	钢筋混凝土	2500	1.74	17.20	0.92	0.0000158*
	碎石、卵石混凝土	2300	1.51	15.36	0.92	0.0000173*
		2100	1.28	13.57	0.92	0.0000173*
1.2	轻骨料混凝土					
	膨胀矿渣珠混凝土	2000	0.77	10.49	0.96	
		1800	0.63	9.05	0.96	
		1600	0.53	7.87	0.96	
	自燃煤矸石、炉渣混凝土	1700	1.00	11.68	1.05	0.0000548*
		1500	0.76	9.54	1.05	0.0000900
		1300	0.56	7.63	1.05	0.0001050
	粉煤灰陶粒混凝土	1700	0.95	11.40	1.05	0.0000188
		1500	0.70	9.16	1.05	0.0000975
		1300	0.57	7.78	1.05	0.0001050
		1100	0.44	6.30	1.05	0.0001350
	粘土陶粒混凝土	1600	0.84	10.36	1.05	0.0000315*
		1400	0.70	8.93	1.05	0.0000390*
		1200	0.53	7.25	1.05	0.0000405*

序号	材料名称	干密度 ρ_o (kg/m³)	计算参数			
			导热系数 λ 〔W/(m·K)〕	蓄热系数 S(周期 24h) 〔W/(m²·K)〕	比热容 C 〔kJ/(kg·K)〕	蒸汽渗透系数 μ 〔g/(m·h·Pa)〕
	页岩渣、石灰、水泥混凝土	1300	0.52	7.39	0.98	0.0000855*
	页岩陶粒混凝土	1500	0.77	9.65	1.05	0.0000315*
		1300	0.63	8.16	1.05	0.0000390*
		1100	0.50	6.70	1.05	0.0000435*
	火山灰渣、沙、水泥混凝土	1700	0.57	6.30	0.57	0.0000395*
	浮石混凝土	1500	0.67	9.09	1.05	
		1300	0.53	7.54	1.05	0.0000188*
		1100	0.42	6.13	1.05	0.0000353*
1.3	轻混凝土					
	加气混凝土、泡沫混凝土	700	0.22	3.59	1.05	0.0000998*
		500	0.19	2.81	1.05	0.0001110*
2	砂浆和砌体					
2.1	砂浆					
	水泥砂浆	1800	0.93	11.37	1.05	0.0000210*
	石灰水泥砂浆	1700	0.87	10.75	1.05	0.0000975*
	石灰砂浆	1600	0.81	10.07	1.05	0.0000443*
	石灰石膏砂浆	1500	0.76	9.44	1.05	
	保温砂浆	800	0.29	4.44	1.05	
2.2	砌体					
	重砂浆砌筑粘土砖砌体	1800	0.81	10.63	1.05	0.0001050*
	轻砂浆砌筑粘土砖砌体	1700	0.76	9.96	1.05	0.0001200
	灰砂砖砌体	1900	1.10	12.72	1.05	0.0001050
	硅酸盐砖砌体	1800	0.87	11.11	1.05	0.0001050
	炉渣砖砌体	1700	0.81	10.43	1.05	0.0001050
	重砂浆砌筑 26、33 及 36 孔粘土空心砖砌体	1400	0.58	7.92	1.05	0.0000158
3	热绝缘材料					
3.1	纤维材料					
	矿棉、岩棉、玻璃棉板	80 以下	0.050	0.59	1.22	
		80~200	0.045	0.75	1.22	0.0004880
	矿棉、岩棉、玻璃棉毡	70 以下	0.050	0.58	1.34	
		70~200	0.045	0.77	1.34	0.0004880
	矿棉、岩棉、玻璃棉松散料	70 以下	0.050	0.46	0.84	
		70~120	0.045	0.51	0.84	0.0004880
3.2	膨胀珍珠岩、蛭石制品					
	水泥膨胀珍珠岩	800	0.26	4.37	1.17	0.0000420*
		600	0.21	3.44	1.17	0.0000900*
		400	0.16	2.49	1.17	0.0001910*
	沥青、乳化沥青膨胀珍珠岩	400	0.12	2.28	1.55	0.0000293*
		300	0.093	1.77	1.55	0.0000675*
	水泥膨胀蛭石	350	0.14	1.99	1.05	
3.3	泡沫材料及多孔聚合物					
	聚乙烯泡沫塑料	100	0.047	0.70	1.38	
	聚苯乙烯泡沫塑料	30	0.042	0.36	1.38	0.0000162
	聚氨酯硬泡沫塑料	30	0.033	0.36	1.38	0.0000234
	聚氯乙烯硬泡沫塑料	130	0.048	0.79	1.38	
	钙塑	120	0.049	0.83	1.59	
	泡沫玻璃	140	0.058	0.70	0.84	0.0000225
	泡沫石灰	300	0.116	1.70	1.05	
	炭化泡沫石灰	400	0.14	2.33	1.05	
	泡沫石膏	500	0.19	2.78	1.05	0.0000375

序号	材料名称	干密度 ρ_0 (kg/m³)	计算参数			
			导热系数 λ 〔W/(m·K)〕	蓄热系数 S(周期 24h) 〔W/(m²·K)〕	比热容 C 〔kJ/(kg·K)〕	蒸汽渗透系数 μ 〔g/m·h·Pa〕
4	木材、建筑板材					
4.1	木材					
	橡木、枫树（热流方向垂直木纹）	700	0.17	4.90	2.51	0.0000562
	橡木、枫树(热流方向顺木纹)	700	0.35	6.93	2.51	0.0003000
	松、木、云杉（热流方向垂直木纹）	500	0.14	3.85	2.51	0.0000345
	松、木、云杉（热流方向顺木纹）	500	0.29	5.55	2.51	0.0001680
4.2	建筑板材					
	胶合板	600	0.17	4.57	2.51	0.0000225
	软木板	300	0.093	1.95	1.89	0.0000255*
		150	0.058	1.09	1.89	0.0000285*
	纤维板	1000	0.34	8.13	2.51	0.0001200
		600	0.23	5.28	2.51	0.0001130
	石棉水泥板	1800	0.52	8.52	1.05	0.0000135*
	石棉水泥隔热板	500	0.16	2.58	1.05	0.0003900
	石膏板	1050	0.33	5.28	1.05	0.0000790*
	水泥刨花板	1000	0.34	7.27	2.01	0.0000240*
		700	0.19	4.56	2.01	0.0001050
	稻草板	300	0.13	2.33	1.68	0.0003000
	木屑板	200	0.065	1.54	2.10	0.0002630
5	松散材料					
5.1	无机材料					
	锅炉渣	1000	0.29	4.40	0.92	0.0001930
	粉煤灰	1000	0.23	3.93	0.92	
	高炉炉渣	900	0.26	3.92	0.92	0.0002030
	浮石、凝灰岩	600	0.23	3.05	0.92	0.0002630
	膨胀蛭石	300	0.14	1.79	1.05	
	膨胀蛭石	200	0.10	1.24	1.05	
	硅藻土	200	0.076	1.00	0.92	
	膨胀珍珠岩	120	0.07	0.84	1.17	
	膨胀珍珠岩	80	0.058	0.63	1.17	
5.2	有机材料					
	木屑	250	0.093	1.84	2.01	0.0002630
	稻壳	120	0.06	1.02	2.01	
	干草	100	0.047	0.83	2.01	
6	其他材料					
6.1	土壤					
	夯实粘土	2000	1.16	12.99	1.01	
		1800	0.93	11.03	1.01	
	加草粘土	1600	0.76	9.37	1.01	
		1400	0.58	7.69	1.01	
	轻质粘土	1200	0.47	6.36	1.01	
	建筑用砂	1600	0.58	8.26	1.01	
6.2	石材					
	花岗岩、玄武岩	2800	3.49	25.49	0.92	0.0000113
	大理石	2800	2.91	23.27	0.92	0.0000113
	砾石、石灰岩	2400	2.04	18.03	0.92	0.0000375
	石灰石	2000	1.16	12.56	0.92	0.0000600
6.3	卷材、沥青材料					
	沥青油毡、油毡纸	600	0.17	3.33	1.47	
	沥青混凝土	2100	1.05	16.39	1.68	0.0000075
	石油沥青	1400	0.27	6.73	1.68	
		1050	0.17	4.71	1.68	0.0000075
6.4	玻璃					
	平板玻璃	2500	0.76	10.69	0.84	
	玻璃钢	1800	0.52	9.25	1.26	

序号	材料名称	干密度 ρ_0 (kg/m³)	计 算 参 数			
			导热系数 λ 〔W/(m·K)〕	蓄热系数 S(周期24h) 〔W/(m²·K)〕	比热容 C 〔kJ/(kg·K)〕	蒸汽渗透系数 μ 〔g/(m·h·Pa)〕
6.5	金属					
	紫铜	8500	407	324	0.42	
	青铜	8000	64.0	118	0.38	
	建筑钢材	7850	58.2	126	0.48	
	铝	2700	203	191	0.92	
	铸铁	7250	49.9	112	0.48	

注：①围护结构在正确设计和正常使用条件下，材料的热物理性能计算参数应按本表直接采用。

②有附表4.2所列情况者，材料的导热系数和蓄热系数计算值应分别按下列两式修正：

$$\lambda_c = \lambda \cdot a$$
$$S_c = S \cdot a$$

式中 λ、S——材料的导热系数和蓄热系数，应按本表采用；

a——修正系数，应按附表4.2采用。

③表中比热容C的单位为法定单位，但在实际计算中比热容C的单位应取W·h/(kg·K)，因此，表中数值应乘以换算系数0.2778。

④表中带 * 号者为测定值。

导热系数 λ 及蓄热系数 S 的修正系数 a 值 附表4.2

序号	材料、构造、施工、地区及使用情况	a
1	作为夹芯层浇筑在混凝土墙体及屋面构件中的块状多孔保温材料(如加气混凝土、泡沫混凝土及水泥膨胀珍珠岩等)，因干燥缓慢及灰缝影响	1.60
2	铺设在密闭屋面中的多孔保温材料(如加气混凝土、泡沫混凝土、水泥膨胀珍珠岩、石灰炉渣等)，因干燥缓慢	1.50
3	铺设在密闭屋面中及作为夹芯层浇筑在混凝土构件中的半硬质矿棉、岩棉、玻璃棉板等，因压缩及吸湿	1.20
4	作为夹芯层浇筑在混凝土构件中的泡沫塑料等，因压缩	1.20
5	开孔型保温材料(如水泥刨花板、木丝板、稻草板等)，表面抹灰或与混凝土浇筑在一起，因灰浆渗入	1.30
6	加气混凝土、泡沫混凝土砌块墙体及加气混凝土条板墙体、屋面，因灰缝影响	1.25
7	填充在空心墙体及屋面构件中的松散保温材料(如稻壳、木屑、矿棉、岩棉等)，因下沉	1.20
8	矿渣混凝土、炉渣混凝土、浮石混凝土、粉煤灰陶粒混凝土、加气混凝土等实心墙体及屋面构件，在严寒地区，且在室内平均相对湿度超过65%的采暖房间内使用，因干燥缓慢	1.15

常用薄片材料和涂层蒸汽渗透阻 H_c 值 附表4.3

材料及涂层名称	厚度 (mm)	H_c (m²·h·Pa/g)
普通纸板	1	16
石膏板	8	120
硬质木纤维板	8	107
软质木纤维板	10	53
三层胶合板	3	227
石棉水泥板	6	267
热沥青一道	2	267
热沥青二道	4	480

续表4.3

材料及涂层名称	厚度 (mm)	H_c (m²·h·Pa/g)
乳化沥青二道	—	520
偏氯乙烯二道	—	1240
环氧煤焦油二道	—	3733
油漆二道(先做油灰嵌缝、上底漆)	—	640
聚氯乙烯涂层二道	—	3866
氯丁橡胶涂层二道	—	3466
玛琋脂涂层一道	2	600
沥青玛琋脂涂层一道	1	640
沥青玛琋脂涂层二道	2	1080
石油沥青油毡	1.5	1107
石油沥青油纸	0.4	333
聚乙烯薄膜	0.16	733

附录五 窗墙面积比与外墙允许最小传热阻的对应关系

单层钢窗和单层木窗 附表5.1

地区	外墙类型	朝向	窗墙面积比			
			0.20	0.25	0.30	0.35
北京	I	S	最小传热阻			
		W、E				0.53
		N		0.56	0.66	
	II	S	最小传热阻			
		W、E				0.62
		N		0.63	0.77	
	III	S	最小传热阻			
		W、E				0.69
		N		0.69	0.86	
	IV	S	最小传热阻			
		W、E			0.64	0.75
		N			0.75	0.96

注：① 粗实线以上最小传热阻系指按式(4.1.1)计算确定的传热阻。这时，窗墙面积比应符合第4.4.5条一款的规定。当窗墙面积比超过这一规定时，外墙采用的传热阻不应小于粗实线以下的数值。
② 表中外墙的最小传热阻未考虑按第4.1.2条规定的附加值。

双层钢窗和双层木窗　　　　　　　　　　附表5.2

地区	外墙类型	朝向	0.20	0.25	0.30	0.35
沈阳、呼和浩特	I	S	最小传热阻			0.70
		W、E	最小传热阻			
		N		0.70	0.73	
	II	S	最小传热阻			0.74
		W、E	最小传热阻			
		N		0.74	0.78	
	III	S	最小传热阻		0.76	0.79
		W、E	最小传热阻			
		N		0.78	0.83	
	IV	S	最小传热阻		0.80	0.85
		W、E	最小传热阻			
		N		0.83	0.88	
哈尔滨	I	S	最小传热阻			0.87
		W、E	最小传热阻			
		N		0.83	0.94	
	II	S	最小传热阻		0.88	0.96
		W、E	最小传热阻			
		N		0.93	1.03	
哈尔滨	III	S	最小传热阻		0.93	1.02
		W、E	最小传热阻			
		N		0.98	1.09	
	IV	S	最小传热阻		0.97	1.07
		W、E	最小传热阻			
		N		1.02	1.15	
乌鲁木齐	I	S	最小传热阻			0.67
		W、E	最小传热阻			
		N		0.76	0.80	
	II	S	最小传热阻			0.75
		W、E	最小传热阻			
		N		0.85	0.90	
	III	S	最小传热阻			0.82
		W、E	最小传热阻			
		N		0.93	1.00	
	IV	S	最小传热阻			0.89
		W、E	最小传热阻			
		N		1.00	1.09	

注：本表注与附表5.1注相同。

附录六　围护结构保温的经济评价

（一）围护结构保温的经济性

围护结构保温的经济性可用其经济传热阻进行评价。

（二）围护结构的经济传热阻

围护结构（系指外墙和屋顶）的经济传热阻，应按下式计算：

$$R_{o \cdot E} = \sqrt{\frac{24 D_{di}}{P E_1 \lambda_1 m}(PB + CM + rmM)} \qquad (附6.1)$$

式中　$R_{o \cdot E}$——围护结构的经济传热阻($m^2 \cdot K / W$)；

　　　D_{di}——采暖期度日数($^\circ\!C \cdot d / an$)，应按本规范附录三附表3.1采用；

　　　B——供暖系统造价（元／W）；

　　　C——供暖系统运行费〔元／（an·W）〕；

　　　m——采暖期小时数（h／an）；

　　　M——回收年限（an）；

　　　r——有效热价格〔元／（W·h）〕；

　　　P——利息系数；

　　　E_1——保温层造价（元／m^3）；

　　　λ_1——保温材料导热系数〔W／(m·K)〕。

（三）围护结构保温层的经济热阻和经济厚度

围护结构保温层的经济热阻和经济厚度应分别按下列两式计算：

$$R_{1 \cdot E} = R_{o \cdot E} - (R_i + \Sigma R + R_e) \qquad (附6.2)$$

$$\delta_{1 \cdot E} = R_{1 \cdot E} \cdot \lambda_1 \qquad (附6.3)$$

式中　$R_{1 \cdot E}$——保温层的经济热阻($m^2 \cdot K / W$)；

　　　$\delta_{1 \cdot E}$——保温层的经济厚度(m)；

　　　λ_1——保温材料导热系数〔W／(m·K)〕；

　　　$R_{o \cdot E}$——围护结构经济传热阻($m^2 \cdot K / W$)；

　　　ΣR——除保温层外各层材料的热阻之和($m^2 \cdot K / W$)；

　　　R_i、R_e——分别为内、外表面换热阻($m^2 \cdot K / W$)。

（四）不同材料、不同构造围护结构的经济性

不同材料、不同构造围护结构的经济性，可用其单位热阻造价进行比较，造价较低者较经济。单位热阻造价应按下式计算：

$$Y = \sum_{i=1}^{n} E_i \delta_i / R_{o \cdot E} \qquad (附6.4)$$

式中　Y——围护结构单位热阻造价〔元／($m^2 \cdot m^2 \cdot K / W$)〕；

　　　E_i——第i层材料造价(元／m^3)；

　　　δ_i——第i层材料厚度(m)；

　　　$R_{o \cdot E}$——围护结构经济传热阻($m^2 \cdot K / W$)；

　　　n——围护结构层数。

附录七　法定计量单位与习用非法定计量单位换算表

法定计量单位与习用非法定计量单位换算表　　　　　　附表7.1

量的名称	法定计量单位		非法定计量单位		单位换算关系
	名　称	符　号	名　称	符　号	
压　强	帕斯卡	Pa	毫米水柱	mmH$_2$O	1mmH$_2$O＝9.80665Pa
	帕斯卡	Pa	毫米汞柱	mmHg	1mmHg＝133.322Pa
功、能、热	千焦耳	kJ	千卡	kcal	1kcal＝4.1868kJ
	兆焦耳	MJ	千瓦小时	kW·h	1kW·h＝3.6MJ
功　率	瓦特	W	千卡每小时	kcal／h	1kcal／h＝1.163W
比热容	千焦耳每千克开尔文	kJ／(kg·K)	千卡每千克摄氏度	kcal／(kg·℃)	1kcal／(kg·℃)＝4.1868kJ／(kg·K)
热流密度	瓦特每平方米	W／m^2	千卡每平方米小时	kcal／(m^2·h)	1kcal／(m^2·h)＝1.163W／m^2
传热系数	瓦特每平方米开尔文	W／(m^2·K)	千卡每平方米小时摄氏度	kcal／(m^2·h·℃)	1kcal／(m^2·h·℃)＝1.163W／(m^2·K)
导热系数	瓦特每米开尔文	W／(m·K)	千卡每米小时摄氏度	kcal／(m·h·℃)	1kcal／(m·h·℃)＝1.163W／(m·K)
蓄热系数	瓦特每平方米开尔文	W／(m^2·K)	千卡每平方米小时摄氏度	kcal／(m^2·h·℃)	1kcal／(m^2·h·℃)＝1.163W／(m^2·K)
表面换热系数	瓦特每平方米开尔文	W／(m^2·K)	千卡每平方米小时摄氏度	kcal／(m^2·h·℃)	1kcal／(m^2·h·℃)＝1.163W／(m^2·K)
太阳辐射照度	瓦特每平方米	W／m^2	千卡每平方米小时	kcal／(m^2·h)	1kcal／(m^2·h)＝1.163W／m^2
蒸汽渗透系数	克每米小时帕斯卡	g／(m·h·Pa)	克每米小时毫米汞柱	g／(m·h·mmHg)	1g／(m·h·mmHg)＝0.0075g／(m·h·Pa)

注：① 比热容、传热系数、导热系数、蓄热系数、表面换热系数等法定计量单位中的K（开尔文）也可以用℃（摄氏度）代替。

② 比热容的法定计量单位为kJ／（kg·K），但在实际计算中比热容的单位应取W·h／（kg·K），由前者换算成后者应乘以换算系数0.2778。

附录九　本规范用词说明

一、为便于在执行本规范条文时区别对待，对要求严格程度不同的用词说明如下：

1. 表示很严格，非这样做不可的：

正面词采用"必须"；

反面词采用"严禁"。

2. 表示严格，在正常情况下均应这样做的：

正面词采用"应"；

反面词采用"不应"或"不得"。

3. 表示允许稍有选择，在条件许可时首先应这样做的：

正面词采用"宜"；

反面词采用"不宜"。

二、条文中指定应按其他有关标准、规范执行时，写法为"应符合……的规定"或"应按……执行"。

附加说明

本规范主编单位、参加单位和主要起草人名单

主 编 单 位：中国建筑科学研究院

参 加 单 位：西安冶金建筑学院

　　　　　　　浙江大学

重庆建筑工程学院　　　　　　　　　四川省建筑科学研究所
哈尔滨建筑工程学院　　　　　　　　广东省建筑科学研究所
南京大学　　　　　　　　　　主要起草人：杨善勤　胡　璘　蒋鑑明　陈启高
华南理工大学　　　　　　　　　　　　王建瑚　王景云　周景德　沈锟元
清华大学　　　　　　　　　　　　　　初仁兴　许文发　李怀瑾　毛慰国
东南大学　　　　　　　　　　　　　　朱文鹏　张宝库　林其标　甘　柽
中国建筑东北设计院　　　　　　　　　陈庆丰　丁小中　李焕文　杜文英
北京市建筑设计研究院　　　　　　　　白玉珍　王启欢　张廷全　韦延年
河南省建筑设计院　　　　　　　　　　高伟俊
湖北工业建筑设计院

中华人民共和国国家标准

民用建筑热工设计规范

GB 50176—93

条 文 说 明

前　言

根据国家计委计综［1984］305 号文的要求，由中国建筑科学研究院负责主编，具体由中国建筑科学研究院建筑物理研究所会同有关单位共同编制的《民用建筑热工设计规范》GB 50176—93，经建设部1993 年 3 月 17 日以建设部建标［1993］196 号文批准发布。

为便于广大设计、施工、科研、学校等有关单位人员在使用本规范时能正确理解和执行条文规定，《民用建筑热工设计规范》编制组根据国家计委关于编制标准、规范条文说明的统一要求，按《民用建筑热工设计规范》的章、节、条的顺序，编制了《民用建筑热工设计规范条文说明》，供国内各有关部门和单位参考。在使用中如发现本条文说明有欠妥之处，请将意见函寄中国建筑科学研究院建筑物理研究所（地址：北京车公庄大街 19 号，邮政编码：100044）《民用建筑热工设计规范》国标管理组。

1993 年 1 月

目　次

第一章　总则 ···································· 2—31

第二章　室外计算参数 ···················· 2—31

第三章　建筑热工设计要求 ············ 2—31

　　第一节　建筑热工设计分区及设计要求 ····· 2—31

　　第二节　冬季保温设计要求 ············ 2—32

　　第三节　夏季防热设计要求 ············ 2—32

　　第四节　空调建筑热工设计要求 ······ 2—32

第四章　围护结构保温设计 ············ 2—33

　　第一节　围护结构最小传热阻的确定 ····· 2—33

　　第二节　围护结构保温措施 ············ 2—34

　　第三节　热桥部位内表面温度验算及

　　　　　　保温措施 ························ 2—34

　　第四节　窗户保温性能、气密性和面

　　　　　　积的规定 ························ 2—34

　　第五节　采暖建筑地面热工要求 ······ 2—36

第五章　围护结构隔热设计 ············ 2—36

　　第一节　围护结构隔热设计要求 ·········· 2—36

　　第二节　围护结构隔热措施 ············ 2—36

第六章　采暖建筑围护结构

　　　　　防潮设计 ························ 2—36

　　第一节　围护结构内部冷凝受潮验算 ····· 2—36

　　第二节　围护结构防潮措施 ············ 2—37

附录一　名词解释 ·························· 2—37

附录二　建筑热工设计计算公式

　　　　　及参数 ·························· 2—37

附录三　室外计算参数 ···················· 2—37

附录四　建筑材料热物理性能

　　　　　计算参数 ························ 2—37

附录五　窗墙面积比与外墙允许最小

　　　　　传热阻的对应关系 ············ 2—37

附录六　围护结构保温的经济评价 ····· 2—38

附录七　法定计量单位与习用非法定

　　　　　计量单位换算表 ·············· 2—38

第一章 总 则

第1.0.1条 本规范制定的目的。

我国基本建设投资以民用建筑所占比重最大，涉及面最广。制订本规范的主要目的就在于使这些民用建筑的热工设计与地区气候相适应，保证室内基本的热环境要求，符合国家节约能源的方针，发挥投资的经济和社会效益。

建筑热工设计主要包括建筑物及其围护结构的保温、隔热和防潮设计。

室内基本的热环境要求系指为人们生活和工作所需的最低限度的热环境要求。例如，室内的温度、湿度、气流和环境热辐射应在允许范围之内，冬季采暖房屋围护结构内表面温度不应低于室内空气露点温度，夏季自然通风房屋围护结构内表面最高温度不应高于当地夏季室外计算温度最高值等。这些基本的热环境要求得到保证，建筑物的使用质量才能得到保证。

我国60年代至70年代中期，由于片面强调降低基本建设造价和减轻结构自重，在设计中缺乏全面的技术经济观点和节能意识，导致一再削弱围护结构保温隔热水平，使得大量民用建筑冬冷夏热，采暖和空调能耗大大增加，经济和社会效益都很差。直至70年代中期能源危机以后，特别是改革开放以来，这种情况才引起重视并逐步改变。在制订本规范时，除了达到本规范的主要目的之外，还注意在一定程度上节约采暖和空调能耗，所采取的主要措施有：控制窗户面积，提高窗户气密性，围护结构实际采用的传热阻尽量接近经济传热阻，以及在严寒和寒冷地区，避免设置开敞式外廊和开敞式楼梯间，入口处设置门斗，加强阳台门下部保温等。采取这些措施后，将在一定程度上降低采暖和空调能耗，提高投资的经济和社会效益。

第1.0.2条 本规范的适用范围。

根据工程建设标准规范主管部门下达任务的要求，本规范的适用范围应是民用建筑的热工设计。民用建筑的范围很广，但主要包括居住建筑和公共建筑。考虑到建筑热工设计与使用要求和室内温湿度状况密切相关，因此可按使用要求和室内温湿度状况把民用建筑分成下列三类：

第一类：居住建筑（主要包括住宅、宿舍、旅馆等）、托幼建筑、疗养院、医院、病房等。这类建筑大多数连续使用，对室内温湿度有较高要求。

第二类：办公楼、学校、门诊部等。这类建筑大多数间歇使用，对室内温湿度要求一般低于第一类。

第三类：礼堂、食堂、体育馆、影剧院、车站、机场、港口建筑等。这类建筑中除部分建筑对室内温湿度有较高要求外，一般是间歇使用，对室内温湿度要求一般低于第二类。

公共建筑中的图书馆、档案馆、博物馆等，有些建筑或有些房间对温湿度有特殊要求，建筑热工设计上应考虑这些要求，但一般来说，对室内温湿度的要求与第二类接近，因此可按第二类进行设计。

地下建筑、室内温湿度有特殊要求和特殊用途的建筑，以及简易的临时性建筑，因其使用条件和建筑标准与一般民用建筑有较大差别，故本规范不适用于这些建筑。

第1.0.3条 本规范与其他标准规范的衔接。

根据国家计委对编制和修订工程建设标准规范的统一规定，为了精简规范内容，凡引用或参照其他全国通用的设计标准规范内容，除必要的以外，本规范一般不再另立条文，故在本条中统一作一说明。本规范引用或参照的主要标准规范有：《采暖通风与空气调节设计规范》GBJ19-87、《建筑外窗空气渗透性能分级及其检测方法》GB7107-86、《建筑外窗保温性能分级及其检测方法》GB8484-87等。

第二章 室外计算参数

第2.0.1条 围护结构冬季室外计算温度的确定。

本规范提出的确定围护结构冬季室外计算温度的原则和方法，是在吸取原苏联《建筑热工规范》关于确定围护结构冬季室外计算温度规定的合理部分，并综合国内近年来对这一问题研究成果的基础上提出的。确定围护结构冬季室外计算温度的基本原则是：根据围护结构的热惰性指标D值不同，取不同的室外计算温度，以保证不同D值的围护结构，在室内温度保持稳定，室外温度从各自的计算温度降至当地最低一个日平均温度条件下，在围护结构内表面上引起的温降都不超过1℃，内表面最低温度都不低于露点温度。确定围护结构冬季室外计算温度的具体方法是：根据围护结构D值不同，将围护结构分成四种类型，然后按本规范第二章表2.0.1的规定取不同的室外计算温度。

第2.0.2条 围护结构夏季室外计算温度的确定。

围护结构夏季室外计算温度用于计算确定围护结构的隔热厚度。这一隔热厚度应能满足在夏季较热的天气条件下，其内表面温度不致过高，内表面与人体之间的辐射换热不致过量，并能被大多数的人们所接受。本规范根据我国30多年的气象资料，取历年（连续25年中的每一年）最热一天（日平均温度最高的一天）来代表夏季较热天气。具体的取值方法是：夏季室外计算温度平均值按历年最热一天的日平均温度的平均值确定；夏季室外计算温度最高值按历年最热一天的最高温度的平均值确定；夏季室外计算温度波幅值按室外计算温度最高值与室外计算温度平均值的差值确定。

第2.0.3条 夏季太阳辐射照度的取值。

夏季太阳辐射照度用于围护结构隔热计算，其取值原则上应与夏季室外计算温度的取值相配合，亦即取历年最热一天的太阳辐射资料的累年平均值作为基础来统计。但考虑到这样统计比较麻烦，因此取各地历年七月份最大直射辐射日总量和相应日期总辐射日总量的累年平均值，然后通过计算分别确定东、南、西、北垂直面和水平面上地方太阳时逐时的太阳辐射照度及昼夜平均值。全国15个城市夏季太阳辐射照度已列入本规范附录三附表3.3，在进行围护结构隔热计算时可以直接采用。

第三章 建筑热工设计要求

第一节 建筑热工设计分区及设计要求

第3.1.1条 关于建筑热工设计分区及相应的设计要求。

由于这一分区适用于建筑热工设计，故称建筑热工设计分区。这一分区是根据建筑热工设计的实际需要，以及与现行有关标准规范相协调，分区名称要直观贴切等要求制订的。由于目前建筑热工设计主要涉及冬季保温和夏季隔热，主要与冬季和夏季的温度状况有关，因此，用累年最冷月（即一月）和最热月（即七月）平均温度作为分区主要指标，累年日平均温度<5℃和>25℃的天数作为辅助指标，将全国划分成五个区，即严寒、寒冷、夏热冬冷、夏热冬暖和温和地区（见本规范附录八），并提出相应的设计要求。《建筑气候区划标准》GB50178-93中的建筑气候区划，适用于一般工业与民用建筑的规划、设计与施工，适用范围更广，涉及的气候参数更多。该标准以累年一月和七月平均气温、七月平均相对湿度作为主要指标，以年降水量、年日平均气温<5℃和>25℃的天数等作为辅助指标，将全国划分成七个一级区，即Ⅰ、Ⅱ、Ⅲ、Ⅳ、Ⅴ、Ⅵ、Ⅶ区，在一级区内，又以一月、七月平均气温、冻土性质、最大风速、年降水量等指标，划分成若干二级区，并提出相应的建筑基本要求。由于建筑热工设计分区和建筑气候区划（一级区划）的划分主要指标一致，因此，两者的区划是相互兼容、基本一致的。建筑热工设计分区中的严寒地区，包含建筑气候区划图中的全部Ⅰ区，以及Ⅵ区中的ⅥA、ⅥB，Ⅶ区中的ⅦA、ⅦB、ⅦC；建筑热工设计分区中的寒冷地区，包含建筑气候区划图中的全部Ⅱ区，以及Ⅵ区中的ⅥC，Ⅶ区中的ⅦD；建筑热工设计分区中的夏热冬冷、夏热冬暖、温和地区，与建筑气候区划图中的Ⅲ、Ⅳ、Ⅴ区完全一致。

第二节　冬季保温设计要求

第 3.2.1 条　对建筑物设置的地段和主要房间的布局提出的原则性要求。

建筑物设在避风和向阳地段，可以减少冷风渗透并争取较多的日照，但在实践中由于规划上的限制，不可能全部做到，故在用词上采用"宜"。

第 3.2.2 条　对建筑物体形设计的要求。

建筑物外表面积减少，对节约采暖能耗有较大意义。建筑物外表面积与其所包围的体积之比称为体形系数。体形系数愈小，对节约采暖能耗愈有利。据调查统计，目前我国普遍采用的单元式多层住宅，当为 4 个单元 6 层楼时，体形系数一般在 0.28～0.30 左右；当为 4 个单元 3 层楼时，体形系数将增至 0.34 左右，采暖能耗将增加 11% 左右；当为点式平面 6 层楼时，体形系数将为 0.36 左右，采暖能耗将增加 20% 左右；3 层楼时，体形系数将为 0.42 左右，采暖能耗将增加 33% 左右。可见采暖能耗随体形系数的增加而急剧增加。对于在民用建筑中占 70% 以上的居住建筑来说，适当限制其体形系数是必要的。但是，为了避免建筑物外形千篇一律，就不能对建筑物的体形系数作出硬性规定。本条规定仅对建筑师起提示作用。

第 3.2.3 条　对严寒和寒冷地区居住和公共建筑楼梯间、外廊和入口处设计的要求。

在严寒和寒冷地区居住建筑中，采用开敞式楼梯间和开敞式外廊，公共建筑入口处不设门斗或热风幕等避风设施，对保证室内热环境要求和节约采暖能耗都十分不利，但影响的程度有所不同，故对严寒和寒冷地区采用了不同的用词。

第 3.2.4 条　对建筑物外部窗户面积和密闭性提出的原则性要求。

通过建筑物外部窗户既有太阳辐射得热，也有传热和冷风渗透热损失，但就整个采暖期来说，窗户仍是一个失热构件，即使南窗也是如此。此外，窗户与外墙相比，其单位面积热损失也要大得多。计算表明，在北京地区采用单层钢窗的情况下，窗户单位面积传热热损失为同一朝向 37cm 砖墙的倍数：南向约为 2.2 倍，东、西向约为 3.2 倍，北向约为 3.7 倍。在哈尔滨地区采用双层钢窗的情况下，窗户单位面积传热热损失为同一朝向 49cm 砖墙的倍数：南向约为 1.5 倍，东、西向约为 2 倍，北向约为 2.3 倍。如果窗户有邻近建筑物或上部阳台遮挡，并考虑冷风渗透的影响，则窗户与外墙相比就更为不利。此外，在冬季大风天气，通过窗户缝隙的冷风渗透，还会造成室温的急剧下降和波动。因此，本条提出窗户面积不宜过大，并尽量减少窗户缝隙长度，加强窗户的密闭性，是十分必要的。对窗户面积具体的限制性规定见本规范第四章第 4.4.5 条。

第 3.2.5 条　本条规定是为了保证外墙、屋顶、直接接触室外空气的楼板和不采暖楼梯间的隔墙等围护结构满足最低限度的保温要求。

第 3.2.6 条　外墙中嵌入散热器、管道、壁龛等，削弱了这部分墙体的保温能力，使热损失大大增加，散热器不能发挥应有的效能，因此本条作出了限制性规定。

第 3.2.7 条　对热桥部位保温的原则性要求。

外墙和屋顶中的各种接缝和混凝土或金属嵌入体构成的热桥，在建筑构造上往往难以避免，如果不作适当的保温处理，不但使房间热损失增加，而且这些部位可能出现结露、长霉，影响使用。因此，本条规定对这些部位应进行保温验算，并采取保温措施。

第三节　夏季防热设计要求

第 3.3.1 条　在我国目前的技术经济条件下，建筑物内部不可能普遍设置空调设备，而是采用各种建筑措施来达到夏季防热的目的。实践证明，只有采取综合性的建筑措施，主要包括自然通风、窗户遮阳、围护结构隔热和环境绿化，才能取得较好的防热效果。

第 3.3.2 条　建筑物的总体布置，单体的平、剖面设计和门窗的设置，应有利于自然通风，并尽量避免主要房间受东、西向的日晒，这些是夏季防热措施中的主要措施，因此作出了本条规定。

第 3.3.3 条　直射阳光通过向阳面，特别是东、西向窗户进入室内，是造成室内过热的主要原因。为了有效地遮挡直射阳光，并尽量兼顾采光、通风、视野等功能，遮阳的形式和材料要适当。例如，南向和北向（在北回归线以南的地区），宜采用水平式遮阳；东北、北和西北向，宜采用垂直式遮阳；东南和西南向，宜采用综合式遮阳；东、西向，宜采用挡板式遮阳。固定式遮阳往往具有挡风、挡光、挡视线、造价高和维修困难等不利影响，因此，在建筑设计中应谨慎对待，宜结合外廊、阳台、挑檐等处理达到遮阳目的。此外，活动百叶窗帘、反射阳光涂膜和热反射玻璃等，也是近年来被日益广泛采用的遮阳材料。

第 3.3.4 条　建筑物夏季隔热的关键部位在屋顶和东、西外墙。保证这些部位的内表面温度满足隔热设计标准的要求，是围护结构隔热设计的主要任务。

第 3.3.5 条　在夏热冬暖地区和夏热冬冷地区的建筑中，潮霉季节地面冷凝泛潮现象普遍存在，底层地面特别严重。地面下部采取保温措施，以及传统的架空做法，可使地面保持较高的温度，从而减少冷凝现象。地面面层材料的选择也十分重要，光滑而密实的面层，如水磨石和水泥地面等，虽然耐磨和便于清洁，但容易冷凝泛潮。相反，采用微孔吸湿材料，如微孔地面砖、大阶砖等作面层时，则效果较好。医院、病房等场所，从防止地面冷凝泛潮的角度考虑，也宜采用微孔吸湿材料，但对清洗和消毒不利，故一般仍采用水磨石等地面。居室和托幼等场所的地面面层，则宜采用微孔吸湿材料。

第四节　空调建筑热工设计要求

第 3.4.1 条　本节中的空调建筑系指一般民用，亦即舒适性空调建筑或空调房间。对于这类空调建筑或空调房间，为了降低空调负荷及改善室内热环境条件，应尽量避免东、西朝向和东、西向窗户。计算机动态模拟试验结果表明，当窗墙面积比为 0.30 时，东、西向房间与南、北向房间相比，设计日冷负荷（系指在空调设计条件下，逐时冷负荷的峰值）要大 37%～67%，运行负荷（系指在夏季空调期间，为维持恒定室温而必须从房间中除去的热量）要大 22%～46%。此外，通过窗户进入室内的直射阳光也将使室内热环境条件大大恶化。

第 3.4.2 条　空调房间集中布置、上下对齐，温湿度要求相近的房间相邻布置，可以减少传热面积，有利于降低空调负荷、节约设备投资和建造费用，并便于维护管理。

节约设备投资和建造费用，并便于维护管理。

第 3.4.3 条 本条规定有利于空调房间室温稳定，并有利于降低空调负荷。

第 3.4.4 条 顶层房间因屋顶接受的太阳辐射热较多而使空调负荷大大增加。例如，同样的南北向房间，窗墙面积比为 0.30，顶层与非顶层相比，设计日冷负荷要大 22%～93%，运行负荷要大 23%～96%。为了降低空调负荷，应避免在顶层布置空调房间；如必须在顶层布置，则屋顶应有良好的隔热措施，如加大热阻或设置通风间层等。

第 3.4.5 条 在满足使用要求的前提下，降低空调房间的层高，实质上是减少外墙和窗户这些传热面积，对节约建筑和设备投资，降低空调负荷和运行费用都有利。

第 3.4.6 条 减少空调建筑的外表面积，可以降低空调负荷。外表面采用浅色饰面，可以减少外表面对太阳辐射热的吸收量。例如，浅黄或浅绿色表面比深色表面要少吸收 30% 左右的太阳辐射热。

第 3.4.7 条 建筑物外部窗户面积对空调负荷的影响很大，基本上呈线性递增关系。目前国内存在着为追求建筑物外表美观而采用大面积玻璃窗的倾向，这对节约空调能耗十分不利。动态模拟试验结果表明，在采用单层窗的情况下，窗墙面积比从 0.30 增至 0.50，各朝向房间的设计日冷负荷要增加 25%～42%，运行负荷要增加 17%～25%。事实上，窗墙面积比为 0.30，对于房间开间为 3.3m，层高为 2.8m 的墙面，窗户尺寸已达 1.5m×1.8m；对于开间为 3.9m，层高为 2.8m 的墙面，窗户尺寸已达 1.5m×2.1m。这样的窗户面积已不算小了。当采用双层窗或单框双玻窗时，由于窗框遮闭面积增加，窗户传热系数变小，对降低空调负荷有利。在这种情况下，窗墙面积比从 0.30 增至 0.40，空调负荷不致增加，或增加很少，但若窗墙面积比进一步加大，则空调负荷将逐步上升。

本条规定主要适用于居住建筑，如住宅、集体宿舍、旅馆、宾馆、招待所的客房，以及医院和病房等场所。对于特殊的公共建筑，在窗户采取良好的保温隔热和遮阳措施的情况下，窗墙面积比可不受本条规定的限制。

第 3.4.8 条 向阳面，特别是东、西向窗户，采取有效的遮阳措施，如热反射玻璃、反射阳光涂膜、各种固定式或活动式遮阳等，是减少太阳辐射得热，降低空调负荷，改善室内热环境条件的重要措施。

第 3.4.9 条 建筑物外部门窗的气密性对空调负荷和室温的稳定有显著影响。例如，当房间的换气次数由每小时 0.5 次增至 1.5 次时，设计日冷负荷将增加 41%，运行负荷将增加 27%。《建筑外窗空气渗透性能分级及其检测方法》GB7107-86 规定，当窗户试件两侧空气压力差为 10Pa，窗户每米缝长的空气渗透量 $q_0 \leqslant 2.5m^3/(m \cdot h)$ 时，其气密性等级属于Ⅲ级。国产标准型气密钢窗、推拉铝窗以及平开铝窗等，均能满足这一要求。

第 3.4.10 条 舒适性空调房间，部分或全部窗扇可以开启，便于夜间利用自然通风降温，从而达到节约空调能耗和改善室内卫生条件的目的。这是一种简易易行的措施。舒适性空调房间如有频繁开启的外门，将使空调负荷大幅度增加，而且室温也难以保持在允许的范围内。因此作出了本条规定。

第 3.4.12 条 间歇使用的空调建筑，如办公楼、商业建筑等，其外围护结构内侧及内围护结构采用轻质材料，有利于在较短的时间内达到要求的室温；相反，在连续使用的空调建筑，特别是室温允许波动范围较小的空调建筑，其外围护结构内侧及内围护结构采用重质材料较为有利。

在进行夏季空调建筑围护结构防潮设计时，应注意蒸汽渗透的方向是由内向内，因此，蒸汽渗透阻大的材料层或隔汽层应设在外侧。

第四章 围护结构保温设计

第一节 围护结构最小传热阻的确定

第 4.1.1 条 围护结构最小传热阻的确定方法。

设置集中采暖建筑物围护结构的传热阻应根据技术经济比较确定，且应符合国家有关节能标准的要求，其最小传热阻应按本规范第 4.1.1 条式 (4.1.1) 计算确定。

最小传热阻系指围护结构在规定的室外计算温度和室内计算温湿度条件下，为保证围护结构内表面温度不低于室内空气露点，从而避免结露，同时避免人体与内表面之间的辐射换热过多而引起的不舒适感所必需的传热阻。

确定围护结构最小传热阻的计算式如下：

$$R_{o \cdot min} = \frac{(t_i - t_e)\, n}{[\Delta t]} R_i \tag{4.1.1}$$

从形式上看，式 (4.1.1) 是稳定传热计算式。但是，实际上己考虑了室外温度波动对内表面温度的影响。因为式中的冬季室外计算温度 t_e 是根据围护结构的热惰性指标 D 值不同而采取不同的值，以便使 D 值较小，亦即抗室外温度波动能力较小的围护结构，能求得较大的传热阻；反之亦然。这些具有不同传热阻的围护结构，不论 D 值大小，不仅在各自的室外计算温度条件下，其内表面温度都能满足要求，而且当室外温度偏离其计算温度降至当地最低一个日平均温度时，其内表面温度偏离其平均值向下的温降也不会超过 1℃，也就是说，这些不同类型围护结构的内表面最低温度将达到大体相同的水平（参见第 2.0.1 条说明）。

式中的 t_i 为冬季室内计算温度。按式 (4.1.1) 计算时，假定室温保持稳定不变。

式中的 n 为室内外温差修正系数，是考虑围护结构受室外冷空气的影响程度不同而采取的修正系数。

式中的 $[\Delta t]$ 为室内空气与内表面之间的允许温差。在这一温差条件下，对于居住建筑和公共建筑的外墙，其内表面温度不仅能够满足卫生要求，而且也能满足不结露要求，但室温必须保持稳定，相对湿度不能超过 60%；对于平屋顶和坡屋顶顶棚，由于规定的允许温差 $[\Delta t]$ 值较小，内表面温度较高（在计算条件下，内表面温度可达 12.5～14℃），因此，室温若在允许范围内波动，内表面一般是不会出现结露的。

第 4.1.2 条 轻质外墙最小传热阻附加值的规定。

如上条所述，按式 (4.1.1) 计算确定围护结构最小传热阻时，假定室内计算温度保持稳定不变，但在我国目前的供暖条件下，无论是连续供暖，还是间歇供暖，室温总是有某种程度的波动。据调查，在连续供暖条件下，在砖混等重型结构和陶粒混凝土等中型结构建筑中，室温的波幅值为 1～2℃；在加气混凝土等轻型结构建筑中，室温的波幅值为 2～2.5℃。在间歇供暖条件下，在重型和中型结构建筑中，室温的波幅值为 2～3℃；在轻型结构建筑中，室温的波幅值为 2.5～3.5℃。室温的波动必然引起内表面温度的波动。在室温波动条件下，保证内表面最低温度不低于室内空气的露点温度，这就是确定围护结构最小传热阻附加值的基本出发点。计算中应考虑不利情况，即取较大的室温波幅值作为允许波幅值。在连续供暖条件下，在重型和中型结构建筑中，取室温允许波幅 $A_{ti} = 2.0℃$；在轻型结构建筑中，取室温允许波幅 $A_{ti} = 2.5℃$。在间歇供暖条件下，在重型和中型结构建筑中，取室温允许波幅 $A_{ti} = 3.0℃$；在轻型结构建筑中，取室温允许波幅 $A_{ti} = 3.5℃$。

对于平屋顶和坡屋顶顶棚，由于本规范第 4.1.1 条表 4.1.1-2

规定的室内空气与内表面之间的允许温差〔Δt〕值较小，其内表面温度已能达到 12.5～14℃。在上述的室温允许波幅条件下，已能保证内表面最低温度不低于室内空气露点，因此，其最小传热阻可直接按式（4.1.1）求得，而不再需要附加。但对于外墙，由于规定的允许温差〔Δt〕值较大，其内表面温度只能达到 11～12℃。在上述的室温允许波幅条件下，其内表面最低温度有可能低于室内空气露点温度，因此，其最小传热阻应在按式（4.1.1）求得值的基础上进行附加。由于砖墙等重型结构外墙其内侧抵抗温度波动的能力较强，在上述的室温允许波幅条件下，其内表面最低温度也不致低于室内空气露点温度，因此，其最小传热阻也不必进行附加。但是，在采用轻质外墙情况下，其内侧抵抗温度波动的能力较弱，在上述的室温波幅条件下，为了保证其内表面最低温度不低于室内空气露点温度，其最小传热阻有必要在按式（4.1.1）求得值的基础上进行附加。

表 4.1.2 轻质外墙最小传热阻的附加值，是分别按连续供暖和间歇供暖两种情况下，为保证内表面最低温度不低于室内空气露点温度而求得的。考虑到这些轻质外墙的密度或平均密度在一定范围内变化，故附加值也允许在一定范围内取值。密度或平均密度较小的，应取较大的附加值。

现以北京地区居住建筑中采用轻质外墙为例，来说明最小传热阻附加的必要性和现实性。当外墙采用 $\rho_o=1100\text{kg}/\text{m}^3$，$\lambda=0.44\text{W}/（\text{m}\cdot\text{K}）$ 的粉煤灰陶粒混凝土墙板时，若最小传热阻不附加，则墙板厚度为 0.19m，在 $A_{ti}=2.0℃$ 条件下，其内表面最低温度为 9.5℃（室内空气露点温度为 10.1℃）；若最小传热阻附加 20%，则墙板厚度为 0.23m，在 $A_{ti}=2.0℃$ 条件下，其内表面最低温度为 10.2℃；若附加 40%，则墙板厚度为 0.29m，在 $A_{ti}=3.0℃$ 条件下，其内表面最低温度为 10.6℃。当外墙采用 $\rho_o=500\text{kg}/\text{m}^3$，$\lambda=0.24\text{W}/（\text{m}\cdot\text{K}）$ 的加气混凝土墙板时，若最小传热阻不附加，则墙板厚度为 0.10m，在 $A_{ti}=2.5℃$ 条件下，其内表面最低温度为 8.6℃；若附加 30%，则墙板厚度为 0.14m，在 $A_{ti}=2.5℃$ 条件下，其内表面最低温度为 10.1℃；若附加 60%，则墙板厚度为 0.19m，在 $A_{ti}=3.5℃$ 条件下，其内表面最低温度为 10.1℃。当外墙采用石膏、矿棉、石膏板、空气间层、钢筋混凝土薄板构成的轻质复合墙板时，若最小传热阻不附加，则矿棉层的厚度为 0.011m，在 $A_{ti}=2.5℃$ 条件下，其内表面最低温度为 9.0℃；若附加 40%，则矿棉层厚度为 0.024m，在 $A_{ti}=2.5℃$ 条件下，其内表面最低温度为 10.4℃；若附加 80%，则矿棉层厚度为 0.038m，在 $A_{ti}=3.5℃$ 条件下，其内表面最低温度为 10.7℃。可见，当采用轻质外墙时，最小传热阻不附加，其厚度不足以满足最低限度的保温要求；按表 4.1.2 的规定附加，内表面最低温度均已高于室内空气露点温度，墙板或保温层的厚度并不大，在实践中是完全可行的。

第 4.1.3 条　处在寒冷和夏热冬冷地区，且设置集中采暖的居住建筑和医院、幼儿园、办公楼、学校、门诊部等公共建筑，当采用Ⅲ、Ⅳ围护结构时，要满足冬季保温要求并不困难，但要满足夏季隔热要求就比较困难。例如在北京地区，当采用加气混凝土外墙时，其传热阻达到 $0.77\text{m}^2\cdot\text{K}/\text{W}$，厚度为 0.14m，即可满足冬季保温要求，但要满足夏季隔热要求，其传热阻至少应达到 $0.88\text{m}^2\cdot\text{K}/\text{W}$，厚度为 0.175m；当采用加气混凝土条板屋顶时，其传热阻达到 $0.88\text{m}^2\cdot\text{K}/\text{W}$，厚度为 0.175m，即可满足冬季保温要求，但要满足夏季隔热要求，其传热阻至少应达到 $1.29\text{m}^2\cdot\text{K}/\text{W}$，厚度为 0.25m。这是因为Ⅲ、Ⅳ型围护结构的热稳定性较差，特别是作为屋顶和东、西外墙时，在夏季室内外温度波作用下，内表面温度容易升得较高，因此有必要对它们进行夏季隔热验算。如经验算按夏季隔热要求的传热阻大于按冬季保温要求的最小传热阻，则应按夏季隔热要求采用。

第二节　围护结构保温措施

第 4.2.1 条　提高围护结构热阻值的措施。

提高热阻值是提高围护结构保温性能的主要措施。这里列出的几条措施经国内外实践证明行之有效，但构造设计和施工方法要适当。例如，构造设计上应避免贯通的热桥，空气间层应封闭，复合结构中的保温材料应避免施工水、雨水和冷凝水的浸湿等。

第 4.2.2 条　提高围护结构热稳定性的措施。

提高围护结构的热稳定性是提高其保温性能的另一措施。对于居住建筑和要求室温比较稳定的公共建筑，在采用轻型结构和复合结构时，特别要注意提高其热稳定性。这里提出的两条措施，有利于提高轻型结构和复合结构的热稳定性，从而可以充分发挥轻质和重质材料各自的优点，用较薄的保温材料取得较好的保温效果。此外，提高围护结构的热稳定性对改善房间的热稳定性也是有益的。

第三节　热桥部位内表面温度验算及保温措施

第 4.3.1 条　围护结构的热桥部位系指嵌入墙体的混凝土或金属梁、柱，墙体和屋面板中的混凝土肋或金属件，装配式建筑中的板材接缝以及墙角、屋顶檐口、墙体勒脚、楼板与外墙、内隔墙与外墙联接处等部位。这些部位保温薄弱，热流密集，内表面温度较低，可能产生程度不同的结露和长霉现象，影响使用和耐久性。在进行保温设计时，应对这些部位的内表面温度进行验算，以便确定其是否低于室内空气露点温度。

第 4.3.2 条　为了确定室内空气露点温度，有必要对室内空气相对湿度的取值作出规定。

第 4.3.3 条　所列的围护结构中常见五种形式热桥的内表面温度验算公式引自原苏联《建筑热工规范》СНиП Ⅱ-3-79，并经国内用导电纸热电模拟试验验证，认为修正系数 η 值是合适的，故本规范予以采用。

第 4.3.4 条　在我国的墙体改革中，曾采用陶粒混凝土等轻骨料混凝土单一材料墙体。在外墙角处，由于吸热面小，散热面大，热流由内向外扩散，形成热桥，其内表面温度较正常部位低，容易出现结露。因此，本规范提出要求验算这一部位的内表面温度。验算的程序是，先根据外墙热阻 R 值的大小，确定比例系数 ξ，然后计算外墙角处内表面温度 $\theta_i{}'$，再根据 $\theta_i{}'$ 计算内侧最小附加热阻 $R_{ad\cdot min}$。计算中，不论围护结构轻重度如何，室外计算温度 t_e 均按Ⅰ型围护结构采用。也就是说，这一计算结果能保证在当地室外采暖计算温度条件下，外墙角处内表面不会出现结露。

第 4.3.5 条　围护结构中热桥的形式多种多样，本规范不可能一一列举。如遇其他形式的热桥，则应通过模拟试验或解温度场的方法，验算其内表面温度。当内表面温度低于室内空气露点温度时，应在热桥部位的外侧或内侧采取保温措施。

第四节　窗户保温性能、气密性和面积的规定

第 4.4.1 条　关于窗户（包括一般窗户、天窗和阳台门上部带玻璃部分）传热系数的取值。

《民用建筑热工设计规程》JGJ24-86 中表 4.4.1 窗户总热阻（现改称传热阻）和总传热系数（现改称传热系数）是根据《采暖通风设计手册》1973 年修订第二版的数据编制的。这些数据是 50 年代从苏联引进的，在我国已沿用多年。80 年代初期，我国开始建立标定热箱法窗户保温性能试验装置，并于 1987 年颁布了国家标准《建筑外窗保温性能分级及其检测方法》GB8484-87。按这一标准，对我国常用单、双层钢窗和木窗，以及近年来大量涌现的铝窗、塑料窗、单框双玻窗等 100 多樘窗户进行测定的结果表明，这些窗户的传热系数与《规程》值相

比，对于金属单层窗和单框双玻窗，测定值与《规程》值接近；对于双层金属窗和木窗，测定值比《规程》值要小 16%～39%。我国的测定值与国外一些国家（如美国、英国、德国、日本等国家）的数据相比，单层窗的测定值与国外数据接近；单框双玻窗和双层窗的测定值比国外数据要小一些。这是由于我国标准试验方法（GB8484-87）中，试件热侧采用接近实际情况的自然对流，表面换热系数较小所致；而国外一些国家的标准试验方法中，热侧一般采用强迫对流，表面换热系数偏大。因此，按我国标准试验方法测定的窗户传热系数是切合实际因而是比较合理的。我国国家建筑工程质量监督检测中心门窗检测部已于 1987 年成立，并通过国家计量认证。有些地方也已成立门窗质检机构。因此，本条规定：窗户的传热系数应按经国家计量认证的质检机构提供的测定值采用；当无上述质检机构提供的测定值时，可按表 4.4.1 采用。表 4.4.1 中的数据是根据近年来国家建筑工程质量监督检测中心门窗检测部累的 100 多樘窗户传热系数测定值归类统计的结果。这些数据在同类窗户中具有代表性。

第 4.4.2 条 关于严寒和寒冷地区居住建筑和公共建筑窗户（包括阳台门上部带玻璃部分）保温水平的规定。窗户是当前建筑保温中的一个薄弱环节。在国外发达国家的采暖建筑中，一般都不用单层窗，但在我国目前的经济条件下，要把采暖建筑中的单层窗全部改为双层窗或单框双玻窗是难以做到的。根据这一实际情况，本规范对居住建筑和公共建筑窗户的保温性能作出如下规定：严寒地区各向窗户，不应低于《建筑外窗保温性能及其检测方法》GB8484-87 规定的 Ⅱ 级水平〔$K>2.00$，$\leqslant 3.00 \mathrm{W} /（\mathrm{m}^2 \cdot \mathrm{K}）$〕；寒冷地区各向窗户，不应低于 Ⅴ 级水平〔$K>5.00$，$\leqslant 6.40 \mathrm{W} /（\mathrm{m}^2 \cdot \mathrm{K}）$〕，北向窗户宜达到 Ⅳ 级水平〔$K>4.00$，$\leqslant 5.00 \mathrm{W} /（\mathrm{m}^2 \cdot \mathrm{K}）$〕。

第 4.4.3 条 关于阳台门下部门肚板部分传热系数的规定：严寒地区，$K \leqslant 1.35 \mathrm{W} /（\mathrm{m}^2 \cdot \mathrm{K}）$；寒冷地区，$K \leqslant 1.72 \mathrm{W} /（\mathrm{m}^2 \cdot \mathrm{K}）$。这实际上相当于在双层阳台门内层门下部及单层阳台门下部加 20mm 左右的聚苯乙烯泡沫塑料或岩棉板的保温水平。

第 4.4.4 条 关于居住建筑和公共建筑窗户气密性的规定。

我国从 60 年代中期开始，逐步采用空腹和实腹钢窗代替木窗。由于窗型设计上的缺陷，以及制作和安装质量较差，使得窗户的气密性质量普遍较差。在采暖建筑中，通过窗户缝隙的空气渗透热损失约占建筑物全部热损失的 25% 以上。在大风降温天气，特别是在中高层和高层建筑中，室温将急剧下降或波动。在多风沙地区，室内有大量尘土进入。为了节约采暖能耗、改善室内热环境和卫生条件，迫切需要提高窗户的气密性。但是，提高窗户气密性又与保持室内空气适当的洁净度和相对湿度有矛盾。窗户过于密闭，将导致室内空气混浊，相对湿度过高。在我国目前建筑物内尚不能普遍设置机械换气设备和热压换气系统的条件下，采用具有适当气密性的窗户是经济合理的。

通过窗户缝隙的空气渗透是由风压和热压共同作用引起的。室外风速越大，建筑物越高，风压和热压的作用越强。因此，本条对窗户气密性的规定，按冬季室外平均风速大于或等于 3.0m/s 和小于 3.0m/s 两类地区及建筑物 1～6 层和 7～30 层两种高度分别作出规定。实际上，建筑物的遮挡情况，建筑物的平面布置、朝向、高度、室内外温差的波动，以及风的随机性等等因素，都会对热压和风压产生影响，因此，本条规定实际上只能起到某种宏观控制作用。

通过近年来的努力，我国已制订了国家标准《建筑外窗空气渗透性能分级及其检测方法》GB7107-86，对窗户空气渗透性能分级作出了规定（表 4.4.4），并已建立了国家建筑工程质量监督检测中心门窗检测部，具备了窗户气密性检测条件，特别是我国实行改革开放以来，从国外引进了门窗生产先进技术和设备，科研与生产结合，节能与质量意识的提高，促使门窗行业蓬勃发

展，新型气密窗和改进型气密窗得到了重视和发展，门窗气密性质量有了显著提高。测试结果表明，改型空腹钢窗的空气渗透性能等级已达到 Ⅳ 级水平，标准型气密钢窗、推拉铝窗等已达到 Ⅲ 级水平，国标气密窗密封窗、平开铝窗、塑料窗、单框双玻钢塑复合窗等已达到 Ⅰ、Ⅱ 级水平。因此，在我国采暖建筑中采用气密性质量较好的窗户不但需要，而且已有可能。

国标 GB7107-86 对窗户
空气渗透性能的分级 表 4.4.4

空气渗透性能等级	Ⅰ	Ⅱ	Ⅲ	Ⅳ	Ⅴ
空气渗透量下限值 [$\mathrm{m}^3 /（\mathrm{m} \cdot \mathrm{h} \cdot 10 \mathrm{Pa}）$]	0.5	1.5	2.5	4.0	5.5

第 4.4.5 条 关于居住建筑各朝向窗墙面积比的规定。

窗墙面积比系指窗户洞口面积与房间立面单元面积（即房间层高与开间定位线围成的面积）的比值。据调查，北京市和东北三省居住建筑的窗墙面积比从建国初期的 0.19 增至目前的 0.35 左右，并有进一步增大的趋势，这种情况需要具体分析。在我国传统民居中，南向开窗面积较大，北向往往不开窗或开小窗。这是利用日照，改善热环境，节约采暖能耗的有效办法。传热计算和分析表明，南向窗户的太阳辐射得热量是不容忽视的。在北京地区采用单层钢窗情况下，南向窗户的太阳辐射得热量约占通过窗户向外热损失的 52%～59%，东西向窗户的太阳辐射得热量约占通过窗户向外热损失的 10%～13%。在沈阳地区采用双层钢窗情况下，即使在最冷的一月份，南向窗户的太阳辐射得热量约占通过窗户向外热损失的 61%，就整个采暖期平均来说，所占比例可达 77%。因此，不同朝向窗户应有不同的窗墙面积比，以便使不同朝向房间的热损失达到大体相同的水平。居住建筑各朝向的窗墙面积比是这样确定的：

1. 首先假定一个基准居室：开间×进深×层高 = 3.3×4.8×2.8m。朝向为北向。窗墙面积比按采光要求确定，取 0.2。外墙按其热惰性指标 D 值分四种类型给出最小传热阻。窗户按本规范第 4.4.2 规定采用。这一居室窗户和外墙采暖期平均热损失按下式计算：

$$Q_{\mathrm{om(G+w)}} = 0.2 K_G \cdot \Delta t_{\mathrm{meG}} + 0.8 K_w \cdot \Delta t_{\mathrm{meW}}$$

式中 $Q_{\mathrm{om(G+w)}}$ ——基准居室窗户和外墙采暖期平均热损失，即基准热损失；

K_G ——窗户传热系数，$\mathrm{W} /（\mathrm{m}^2 \cdot \mathrm{K}）$；

K_W ——外墙传热系数，$\mathrm{W} /（\mathrm{m}^2 \cdot \mathrm{K}）$，取

$K_W = 1 / R_{\mathrm{o \cdot min}}$，$R_{\mathrm{o \cdot min}}$ 为最小传热阻；

Δt_{meG} ——窗户采暖期室内外空气平均当量温差（℃）；

Δt_{meW} ——外墙采暖期室内外空气平均当量温差（℃）。

这一基准热损失因地区、窗户类型和层数、外墙热惰性指标不同而有不同的值。

2. 其他朝向居室窗户和外墙采暖期平均热损失按下式计算：

$$Q_{\mathrm{m(G+w)}} = K_G \cdot \Delta t_{\mathrm{meG}} \cdot X + K_w \cdot \Delta t_{\mathrm{meW}}（1-X）$$

式中 X ——窗户在整个立面单元中所占的比例，即窗墙面积比；

$(1-X)$ ——外墙在整个立面单元中所占的比例。

3. 为了控制其他朝向居室的热损失，使之达到与基准居室大体相同的水平，则应按下式计算：

$$Q_{\mathrm{m(G+w)}} \leqslant Q_{\mathrm{om(G+w)}}$$

整理上式即得：

$$X \leqslant \frac{Q_{\mathrm{om(G+w)}} - K_w \cdot \Delta t_{\mathrm{meW}}}{K_G \cdot \Delta t_{\mathrm{meG}} - K_w \cdot \Delta t_{\mathrm{meW}}}$$

这就是不同朝向窗墙面积比的计算式。计算中采用了"当量温差"这一概念，即考虑了窗户和外墙的太阳辐射得热。当给出采暖期不同朝向的太阳辐射照度、窗户传热系数、太阳辐射透过系数和结霜系数，以及四种类型外墙的最小传热阻等参数，即可按上式求得不同朝向的窗墙面积比。

本条一、当外墙传热阻按式（4.1.1）计算确定，即达到最小传热阻时，不同朝向允许达到的窗墙面积比。

本条二、当建筑设计上需要增大窗墙面积比时，则应采用比最小传热阻大一些的传热阻（在本规范附录五附表 5.1 和附表 5.2 中粗实线以下可以找到这些数值）；当实际采用的外墙传热阻大于最小传热阻时，则窗墙面积比可以相应加大（即在本规范附录五附表 5.1 和附表 5.2 中取与粗实线以下数值相对应的窗墙面积比）。

由于木窗的传热系数小于钢窗，太阳辐射的透过系数也与钢窗有所不同，因此，不同朝向的窗墙面积比的数值也会有所区别，但总的来看差别不大。为简化起见，木窗也按钢窗考虑。这样做对节约采暖能耗也是有利的。

第五节　采暖建筑地面热工要求

第 4.5.1 条　关于采暖建筑地面热工性能类别划分的规定。

采暖建筑地面热工性能直接影响在其中生活和工作的人们的健康与舒适。地面的热工性能用其吸热指数 B 值来反映。B 值大的地面，表明其从人体脚部吸走的热量较多，脚部感觉较冷；反之亦然。保证地面必要的热工性能，减少地面对人体脚部的吸热，是当前严寒和寒冷地区采暖建筑中急待解决的问题。本规范从我国的实际需要和经济水平出发，并根据调查测定和计算分析资料，对采暖建筑地面热工性能的类别和要求作出了规定。本条提出按地面吸热指数 B 值，将采暖建筑地面热工性能划分成三个类别（本规范表 4.5.1）。地面吸热指数 B 值的计算方法见本规范附录二中的（三）。

第 4.5.2 条　关于不同类型采暖建筑对地面热工性能要求的规定。

考虑到我国目前的经济水平，本条未作硬性规定，在用词上采用"宜"和"可"两种。"宜"表示在条件许可时首先应这样做；"可"与"允许"同义。

第 4.5.3 条　关于严寒地区采暖建筑底层地面周边设置保温层的规定。

在严寒地区，当建筑物周边无采暖管沟时，在外墙内侧 0.5 ~1.0m 范围内，地面温度往往很低，不但增加采暖能耗，而且有碍卫生，影响使用和耐久性。因此，本条对这部分地面的保温作出了规定。

第五章　围护结构隔热设计

第一节　围护结构隔热设计要求

第 5.1.1 条　关于围护结构隔热设计标准的规定。

在我国夏热冬暖、夏热冬冷地区，以及部分寒冷地区的民用建筑中，夏季大都利用自然通风来改善室内热环境。在自然通风情况下，建筑物的屋顶和东、西外墙夏季的隔热设计究竟应采用什么样的标准，这是一个十分复杂而又急待解决的问题。通过对近年来有关这一问题研究成果的比较分析和反复讨论，大多数人认为，采用本规范式（5.1.1）作为隔热设计标准较为合理。因为用内表面最高温度作为评价指标，既能反映围护结构隔热的本质，又便于实际应用。内表面最高温度满足式（5.1.1）的要求，实际上就是大体上达到 24 砖墙（清水墙，内侧抹 2cm 石灰

砂浆）的隔热水平。应该指出，由于各地夏季气候类型的不同（气温日较差及太阳辐射照度等的不同），同样的 24 墙（西墙），在当地夏季室外计算条件下，其内表面最高温度并不正好等于当地夏季室外计算温度最高值。一般来说，夏季室外计算温度波幅值较大的地区（例如重庆地区，$A_{te} = 5.7℃$），24 砖墙（西墙）内表面最高温度要比当地夏季室外计算温度最高值约低1℃；夏季室外计算温度波幅值较小的地区（例如广州地区，$A_{te} = 4.5℃$），24 砖墙（西墙）内表面最高温度要比当地夏季室外计算温度最高值约低 0.5℃。因此，按式（5.1.1）验算时，若取 $\theta_{i \cdot max} = t_{e \cdot max}$，则实际上并未完全达到 24 砖墙的隔热水平。考虑到这一情况，在实际执行本标准时，一般来说，应尽量使所设计的屋顶和外墙的内表面最高温度低于当地夏季室外计算温度最高值。

第二节　围护结构隔热措施

第 5.2.1 条　关于围护结构的隔热措施。

所提出的七种隔热措施，经测试和实际应用证明行之有效，有些措施隔热效果显著，但应注意因地制宜，适当采用，如通风屋顶中的兜风檐口，宜在夏季多风地区采用，蓄水屋顶和植被屋顶，使用时应加强管理等。

第六章　采暖建筑围护结构防潮设计

第一节　围护结构内部冷凝受潮验算

第 6.1.1 条　关于何种类型的结构应进行内部冷凝受潮验算的规定。

根据现场实测资料判明，单层结构和外侧透气性较好的围护结构，其内部的施工湿度，经若干时间后即能达到正常平衡湿度。对于这类结构不需进行内部冷凝受潮验算。对于外侧有卷材或其他密闭防水层的平屋顶结构，以及保温层外侧有密实保护层的多层墙体结构，当内侧结构层为加气混凝土和粘土砖等多孔材料时，由于采暖期间存在着由室内向室外的水蒸气分压力差，在结构内部可能出现冷凝受潮，故应进行验算；当内侧结构层为密实混凝土或钢筋混凝土时，在室内温湿度正常条件下，一般不需进行内部冷凝受潮验算。

第 6.1.2 条　关于采暖期间，围护结构中保温材料重量湿度允许增量的规定。

材料的耐久性和保温性与其潮湿状况密切相关。湿度过高会明显地降低其机械强度，产生破坏性变形，有机材料会导致腐朽。湿度过高会使其保温性能显著降低。因此，对于一般采暖建筑，虽然允许结构内部产生一定量的冷凝水，但是为了保证结构的耐久性和保温性，材料的湿度不得超过一定限度。允许增量系指经过一个采暖期，保温材料重量湿度的增量在允许范围之内，以便采暖期过后，保温材料中的冷凝水逐渐向内侧和外侧散发，而不致在内部逐年积聚，导致湿度过高。关于保温材料重量湿度允许增量值的规定，本规范暂引用原苏联《建筑热工规范》СНИПⅡ-А7-62 的规定。原苏联《建筑热工规范》СНИПⅡ-3-79 规定的重量湿度允许增量值有所提高，但考虑到其冷凝计算时间与本规范的不同，并为偏于安全起见，故仍沿用原苏联《建筑热工规范》СНИПⅡ-А7-62 中偏小的规定值。至于未列入本规范表 6.1.2 中的保温材料，可参照耐湿性与其相近的材料，根据体积湿度增量相同的原则确定其重量湿度的允许增量。例如表中的水泥膨胀珍珠岩和水泥膨胀蛭石，其重量湿度的允许增量值即是参照多孔混凝土推算而得的。

第6.1.3条　关于围护结构中冷凝计算界面内侧所需蒸汽渗透阻的计算方法。

在本规范编制过程中，曾提出一种考虑液相水分迁移的实用分析计算方法，但因缺乏必要的材料湿物理性能计算参数，故仍沿用目前国内外工程中通行的方法。这是以稳定条件下纯蒸汽扩散过程为基础提出的冷凝受潮分析方法。此法应用上虽很简便，但没有正确地反映材料内部的湿迁移机理。从理论上讲，此法是不尽合理的，然而按此法计算分析的结果是充分偏于安全方面的，所以在尚未提出一种理想的方法以前，从设计应用的角度考虑，采用此法较为妥当。

第二节　围护结构防潮措施

第6.2.1条　关于围护结构防潮的基本原则和措施。

第6.2.2条　关于经验算必须设置隔汽层的围护结构应采取的施工措施和构造措施。

设置隔汽层是防止结构内部冷凝受潮的一种措施，但有其副作用，即影响结构的干燥速度。因此，可能不设隔汽层的就不设置；当必须设置隔汽层时，对保温层的施工湿度要严加控制，避免湿法施工。在墙体结构中，在保温层和外侧密实层之间留有间隙，以切断液态水的毛细迁移，对改善保温层的湿度状况是十分有利的。对于卷材屋面，采取与室外空气相连通的排汽措施，一方面有利于湿气的外逸，对保温层起到干燥作用，另一方面也可以防止卷材屋面的起鼓。

附录一　名　词　解　释

为便于正确理解和执行本规范条文，本附录给出了39个主要名词的解释。其中大多数沿用习惯名称；有些名词为了规范之间的协调统一，已改换名称，如总传热系数改称传热系数，总热阻改称传热阻等；有些名词为了符合现行国家标准的规定，已改换名称，如容重改称密度，比热改称比热容，太阳辐射强度改称太阳辐射照度等；有些名词要给出一个确切的定义十分困难，这里只能给出一个近似的名词解释，如蓄热系数、热惰性指标、热稳定性等。

附录二　建筑热工设计计算公式及参数

建筑热工设计涉及的计算公式及参数多而繁杂。虽然有些常规的计算公式及参数，在有关的教科书和手册中可以找到，但因来源不同，往往多有差别，使设计人员无所适从。为使设计人员有所遵循，使计算结果具有可比性，并尽量接近实际，有必要对本规范涉及的计算公式及参数作出统一规定。由于所涉及的计算公式及参数较多，如都列入正文，则将使正文显得臃肿而不得要领，因此，将大部分计算公式及参数列入本附录，以便设计人员查用。

附录三　室外计算参数

本附录是根据本规范第二章的有关规定，为设计人员提供在建筑热工设计中必需的室外计算参数而编制的。本附录附表3.1涉及全国各省、市、自治区（包括台湾省）以及香港等139个主要城市的围护结构冬季室外计算参数及最冷最热月平均温度。其中设计计算用采暖期天数（日平均温度≤5℃的天数）、平均温度、度日数、冬季室外平均风速、最冷和最热月平均温度等取自国家标准《建筑气候区划标准》。这样做的主要原因是，考虑到该标准是一项综合性基础标准，气候参数的统计年份取近期35年，年份较长，参数较稳定；同时考虑到国家标准之间应相互协调一致，特别是各项有关的专业标准应向基础标准靠拢。本附录附表3.1中的采暖期前特别冠以"设计计算用"字样，意在特别指出这里的采暖期仅供建筑热工设计计算用，而各地实际采用的采暖期应按当地行政或主管部门的规定执行。在附表3.1设计计算用采暖期天数一栏中，不带括号的数值系指累年日平均温度低于或等于5℃的天数；带括号的数值系指累年日平均温度稳定低于或等于5℃的天数。在设计计算中，这两种采暖期天数均可采用。

本附录附表3.2，围护结构夏季室外计算温度，包括夏热冬暖、夏热冬冷、温和和部分寒冷地区60个城市的计算参数。附表3.3"全国主要城市夏季太阳辐射照度"，包括夏热冬暖、夏热冬冷和部分寒冷地区15个城市的夏季太阳辐射照度。这些数据是根据当地观测台站建站起到1980年的观测资料统计确定的。目前全国已有40个城市的数据，限于篇幅，附表3.3仅列15个城市的数据。在进行围护结构夏季隔热计算，确定隔热厚度时，没有太阳辐射照度数据的城市，可按就近城市采用。

附录四　建筑材料热物理性能计算参数

本附录给出了我国常用的70多种建筑材料（包括保温材料）的热物理性能计算参数，并规定了不同使用情况下这些材料导热系数和蓄热系数的修正系数取值，以便使计算结果具有可比性，并尽量接近实际。附表4.1中的数据，绝大部分是根据我国多年来的试验研究结果归纳而成，一小部分采取或参考原苏联和原东德建筑热工规范中的数据。附表4.1中的数据已考虑了围护结构在正确设计和正常使用条件下，材料中的正常含水率和材料的不均匀性和密度波动等的影响，因而在一般情况下可以直接采用。如遇附表4.2中所列的情况，则材料的导热系数和蓄热系数应按本附表规定进行修正。建筑材料热物理性能计算参数按本附录规定取值，计算结果将比较接近实际，并且安全可靠。

附录五　窗墙面积比与外墙允许 最小传热阻的对应关系

本附录给出北京、沈阳、呼和浩特、哈尔滨和乌鲁木齐等5个城市采暖居住建筑窗墙面积比与外墙允许最小传热阻之间的对应关系。当外墙采用按本规范式（4.1.1）确定的最小传热阻时，窗墙面积比应按第4.4.3条一款的规定采用。当窗墙面积比超过这一规定时，外墙采用的传热阻不应小于附表中粗实线以下的数值，亦即窗墙面积比增大，外墙允许采用的最小传热阻应相应增大。木窗的传热阻大于金属窗，当窗墙面积比相同时，采用木窗的居住建筑，外墙允许采用的最小传热阻可以稍小一些，但是为了方便应用并偏于安全起见，木窗和金属窗采用同一个对应关系（即同一个表格）。

本附录附表5.1和附表5.2中外墙的最小传热阻未考虑按本规范第4.1.2条规定的附加值。

附录六　围护结构保温的经济评价

本附录给出了围护结构保温的经济评价方法，包括围护结构经济传热阻、保温层的经济热阻和经济厚度，以及围护结构单位热阻造价的计算方法。围护结构的经济传热阻系指其建造费用（初次投资的折旧费）与使用费用（采暖运行费及设备折旧费）之和达到最小值时的传热阻。因此，经济传热阻是围护结构保温达到经济合理的标志。一些欧美国家在围护结构热工设计中早已采用经济传热阻这一概念。有些国家已将经济传热阻的计算列入建筑热工规范。例如原苏联《建筑热工规范》СНиПⅡ-3-79，规定了围护结构保温层经济热阻和围护结构经济传热阻的计算方法；原东德1982年开始使用的《建筑热工规范》TGL35424列出了经济的建筑保温一节，并给出了围护结构经济传热阻的计算方法。随着我国改革开放方针的实施，在各项建设中越来越重视经济效益，经济热阻问题也开始受到重视。近年来国内出现了几种经济热阻的计算方法。本规范推荐采用的方法是以其中的一种方法为主，吸收其他方法的优点归纳而成的。如果其中的计算参数取值合理，则计算结果可用来评价围护结构保温的技术经济效果。

围护结构热工设计采用的热阻值，除了应满足保温隔热要求之外，还应经济合理；而采用经济传热阻，则意味着能取得最佳的技术经济效果。由于我国建材，特别是保温材料价格偏高，回收年限定得较短，由计算所得的经济传热阻并不很大。例如，砖墙的经济厚度与实际采用的接近；岩棉复合墙体中岩棉保温板的经济厚度也不大，在实践中也是可以接受的。由于各地材料、设备和能源价格常有差异和变动，因此，一些计算参数的取值应按当时当地的具体情况确定。

附录七　法定计量单位与习用非
法定计量单位换算表

我国已从1986年起在全国实行以国际单位制为基础的法定计量单位。本规范遵照国家计委《关于在工程建设标准规范中采用法定计量单位的通知》要求，一律用法定计量单位作为各章节中出现的有关物理量的计量单位。为便于单位之间的对照和换算，本附录给出了法定计量单位与习用非法定计量单位换算表。

中华人民共和国国家标准

建筑气候区划标准

Standard of climatic regionalization for architecture

GB 50178—93

主编部门：中华人民共和国建设部
批准部门：中华人民共和国建设部
实施日期：1994 年 2 月 1 日

关于发布国家标准《建筑气候
区划标准》的通知

建标〔1993〕462号

根据国家计委计综（1986）2630号文的要求，由中国建筑科学研究院会同有关单位共同制订的《建筑气候区划标准》已经有关部门会审，现批准《建筑气候区划标准》GB 50178—93为强制性国家标准，自一九九四年二月一日起施行。

本标准由建设部负责管理，具体解释等工作由中国建筑科学研究院负责，出版发行由建设部标准定额研究所负责组织。

中华人民共和国建设部
一九九三年七月五日

目　次

第一章　总则 ……………………………… 3—4

第二章　建筑气候区划 …………………… 3—4

　第一节　一般规定 ……………………… 3—4

　第二节　区划的指标 …………………… 3—4

第三章　建筑气候特征和建筑基本
　　　　　要求 …………………………… 3—4

　第一节　第Ⅰ建筑气候区 ……………… 3—4

　第二节　第Ⅱ建筑气候区 ……………… 3—5

　第三节　第Ⅲ建筑气候区 ……………… 3—5

　第四节　第Ⅳ建筑气候区 ……………… 3—6

　第五节　第Ⅴ建筑气候区 ……………… 3—6

　第六节　第Ⅵ建筑气候区 ……………… 3—6

　第七节　第Ⅶ建筑气候区 ……………… 3—7

附录一　全国气候要素分布图 …………… 3—7

附录二　全国主要城镇气候参
　　　　　数表 …………………………… 3—8

附录三　名词解释 ………………………… 3—27

附录四　本标准用词说明 ………………… 3—28

附加说明 …………………………………… 3—28

附：条文说明 ……………………………… 3—29

区名	主要指标	辅助指标	各区辖行政区范围
V	7月平均气温 18～25℃ 1月平均气温 0～13℃	年日平均气温<5℃的日数 0～90d	云南大部、贵州、四川西南部、西藏南部一小部分地区
VI	7月平均气温 <18℃ 1月平均气温 0～-22℃	年日平均气温<5℃的日数 90～285d	青海全境、西藏大部、四川西部、甘肃西南部、新疆南部部分地区
VII	7月平均气温 >18℃ 1月平均气温 -5～-20℃ 7月平均相对湿度 <50%	年降水量 10～600mm 年日平均气温≥25℃的日数<120d 年日平均气温<5℃的日数 110～180d	新疆大部、甘肃北部、内蒙西部

第 2.2.2 条 在各一级区内，分别选取能反映该区建筑气候差异性的气候参数或特征作为二级区划指标，各二级区区划指标应符合表 2.2.2 的规定。

二级区区划指标　　　　　表 2.2.2

区名	指		标
ⅠA	1月平均气温 <-28℃	冻土性质 永冻土	
ⅠB	-28～-22℃	岛状冻土	
ⅠC	-22～-16℃	季节冻土	
ⅠD	-16～-10℃	季节冻土	
ⅡA	7月平均气温 >25℃	7月平均气温日较差 <10℃	
ⅡB	>25℃	≥10℃	
ⅢA	最大风速 >25m/s	7月平均气温 26～29℃	
ⅢB	<25m/s	>28℃	
ⅢC	<25m/s	<28℃	
ⅣA	最大风速 >25m/s		
ⅣB	<25m/s		
ⅤA	1月平均气温 <5℃		
ⅤB	>5℃		
ⅥA	7月平均气温 >10℃	1月平均气温 <-10℃	
ⅥB	<10℃	<-10℃	
ⅥC	>10℃	>-10℃	
ⅦA	1月平均气温 <-10℃	7月平均气温 >25℃	年降水量 <200mm
ⅦB	<-10℃	<25℃	200～600mm
ⅦC	<-10℃	<25℃	50～200mm
ⅦD	>-10℃	>25℃	10～200mm

第三章 建筑气候特征和建筑基本要求

第一节 第Ⅰ建筑气候区

第 3.1.1 条 该区冬季漫长严寒，夏季短促凉爽；西部偏于干燥，东部偏于湿润；气温年较差很大；冰冻期长，冻土深，积雪厚；太阳辐射量大，日照丰富；冬半年多大风。该区建筑气候特征值宜符合下列条件：

一、1月平均气温为-31～-10℃，7月平均气温低于25℃；气温年较差为 30～50℃，年平均气温日较差为 10～16℃；3～5月平均气温日较差最大，可达 25～30℃；极端最低气温普遍低于-35℃，漠河曾有-52.3℃的全国最低记录；年日平均气温低于或等于5℃的日数大于145d。

二、年平均相对湿度为 50%～70%；年降水量为 200～

第一章 总　　则

第 1.0.1 条 为区分我国不同地区气候条件对建筑影响的差异性，明确各气候区的建筑基本要求，提供建筑气候参数，从总体上做到合理利用气候资源，防止气候对建筑的不利影响，制订本标准。

第 1.0.2 条 本标准适用于一般工业与民用建筑的规划、设计与施工。

第 1.0.3 条 在工业与民用建筑的规划、设计、施工时，除执行本标准的规定外，尚应符合有关标准、规范的规定。

第二章 建筑气候区划

第一节 一般规定

第 2.1.1 条 建筑气候的区划应采用综合分析和主导因素相结合的原则。

第 2.1.2 条 建筑气候的区划系统分为一级区和二级区两级：一级区划分为 7 个区，二级区划分为 20 个区，各级区区界的划分应符合图 2.1.2 的规定（见文后插图）。

第 2.1.3 条 建筑上常用的 1 月平均气温、7 月平均气温等21 个气候要素的分布，应按本标准附录一全国气候要素分布图附图 1.1 至附图 1.21 的规定采用。

第 2.1.4 条 建筑气候参数应按本标准附录二全国主要城镇气候参数表附表（一）至（九）的规定采用。

注：当建设地点与本标准附录二各表所列气象台站的地势、地形差异不大，水平距离在 50km 以内，海拔高度差在 100m 以内时，本标准附录二所列建筑气候参数，可直接引用。

第二节 区划的指标

第 2.2.1 条 一级区划以 1 月平均气温、7 月平均气温、7月平均相对湿度为主要指标；以年降水量、年日平均气温低于或等于 5℃的日数和年日平均气温高于或等于 25℃的日数为辅助指标；各一级区区划指标应符合表 2.2.1 的规定。

一级区区划指标　　　　　表 2.2.1

区名	主要指标	辅助指标	各区辖行政区范围
Ⅰ	1月平均气温 <-10℃ 7月平均气温 <25℃ 7月平均相对湿度 >50%	年降水量 200～800mm 年日平均气温<5℃的日数>145d	黑龙江、吉林全境；辽宁大部；内蒙中、北部及陕西、山西、河北、北京北部的部分地区
Ⅱ	1月平均气温 -10～0℃ 7月平均气温 18～28℃	年日平均气温≥25℃的日数<80d 年日平均气温<5℃的日数 145～90d	天津、山东、宁夏全境；北京、河北、山西、陕西大部；辽宁南部；甘肃中东部以及河南、安徽、江苏北部的部分地区
Ⅲ	1月平均气温 0～10℃ 7月平均气温 25～30℃	年日平均气温≥25℃的日数 40～110d 年日平均气温<5℃的日数 90～0d	上海、浙江、江西、湖北、湖南全境；江苏、安徽、四川大部；陕西、河南南部；贵州东部；福建、广东、广西北部和甘肃南部的部分地区
Ⅳ	1月平均气温 >10℃ 7月平均气温 25～29℃	年日平均气温≥25℃的日数 100～200d	海南、台湾全境；福建南部；广东、广西大部以及云南西部和元江河谷地区

800mm，雨量多集中在 6~8 月，雨日数为 60~160d。

三、年太阳总辐射照度为 140~200W／m²，年日照时数为 2100~3100h，年日照百分率为 50%~70%，12~翌年 2 月偏高，可达 60%~70%。

四、12~翌年 2 月西部地区多偏北风，北、东部多偏北风和偏西风，中南部多偏南风；6~8 月东部多偏东风和东北风，其余地区多为偏南风；年平均风速为 2~5m／s，12~翌年 2 月平均风速为 1~5m／s，3~5 月平均风速最大，为 3~6m／s。

五、年大风日数一般为 10~50d；年降雪日数一般为 5~60d，长白山个别地区可达 150d，年积雪日数为 40~160d；最大积雪深度为 10~50cm，长白山个别地区超过 60cm；年雾凇日数为 2~40d。

第 3.1.2 条 该区各二级区对建筑有重大影响的建筑气候特征值宜符合下列条件：

一、ⅠA 区冬季长 9 个月以上，1 月平均气温低于-28℃，多积雪，基本雪压为 0.5~0.7kPa；该区为永冻土地区，最大冻土深度为 4.0m 左右。

二、ⅠB 区冬季长 8~9 个月，1 月平均气温为-28~-22℃；年冰雹日数为 1~4d；年沙暴日数为 1~5d；基本雪压为 0.3~0.7kPa；该区为岛状冻土地区，最大冻土深度为 2.0~4.0m。

三、ⅠC 区冬季长 7~8 个月，1 月平均气温为-22~-16℃；夏季长 1 个月左右；年冰雹日数为 3~5d；年沙暴日数为 5d 左右；东部基本雪压值偏高，为 0.3~0.7kPa；最大冻土深度为 1.5~2.5m。

四、ⅠD 区冬季长 6~7 个月，1 月平均气温高于-16℃；夏季长 2 个月；年冰雹日数为 5d 左右；西部年沙暴日数为 5~10d；最大冻土深度为 1.0~2.0m。

第 3.1.3 条 该区建筑的基本要求应符合下列规定：

一、建筑物必须充分满足冬季防寒、保温、防冻等要求，夏季可不考虑防热。

二、总体规划、单体设计和构造处理应使建筑物满足冬季日照和防御寒风的要求；建筑物应采取减少外露面积，加强冬季密闭性，合理利用太阳能等节能措施；结构上应考虑气温年较差大及大风的不利影响；屋面构造应考虑积雪及冻融危害；施工应考虑冬季漫长严寒的特点，采取相应的措施。

三、ⅠA 区和ⅠB 区尚应着重考虑冻土对建筑物地基和地下管道的影响，防止冻土融化塌陷及冻胀的危害。

四、ⅠB、ⅠC 和ⅠD 区的西部，建筑物尚应注意防冰雹和防风沙。

第二节　第Ⅱ建筑气候区

第 3.2.1 条 该区冬季较长且寒冷干燥，平原地区夏季较炎热湿润，高原地区夏季较凉爽，降水量相对集中；气温年较差大，日照较丰富；春、秋季短促，气温变化剧烈；春季雨雪稀少，多大风风沙天气，夏秋多冰雹和雷暴；该区建筑气候特征值宜符合下列条件：

一、1 月平均气温为-10~0℃，极端最低气温在-20~-30℃之间；7 月平均气温为 18~28℃，极端最高气温为 35~44℃，平原地区的极端最高气温大多可超过 40℃；气温年较差可达 26~34℃，年平均气温日较差为 7~14℃；年日平均气温低于或等于 5℃的日数为 145~90d；年日平均气温高于或等于 25℃的日数少于 80d；年最高气温高于或等于 35℃的日数可达 10~20d。

二、年平均相对湿度为 50%~70%；年雨日数为 60~100d，年降水量为 300~1000mm，日最大降水量大都为 200~300mm，个别地方日最大降水量超过 500mm。

三、年太阳总辐射照度为 150~190W／m²，年日照时数为

2000~2800h，年日照百分率为 40%~60%。

四、东部广大地区 12~翌年 2 月多偏北风，6~8 月多偏南风，陕西北部常年多西南风；陕西、甘肃中部常年多偏东风；年平均风速为 1~4m／s，3、5 月平均风速最大，为 2~5m／s。

五、年大风日数为 5~25d，局部地区达 50d 以上；年沙暴日数为 1~10d，北部地区偏多；年降雪日数一般在 15d 以下，年积雪日数为 10~40d，最大积雪深度为 10~30cm；最大冻土深度小于 1.2m；年冰雹日数一般在 5d 以下；年雷暴日数为 20~40d。

第 3.2.2 条 该区各二级区对建筑有重大影响的建筑气候特征值宜符合下列条件：

一、ⅡA 区 6~8 月气温高，7 月平均气温一般高于或等于 25℃；日平均气温高于或等于 25℃的日数为 20~80d；暴雨强度大；10~翌年 3 月多大风风沙，沿海一带 4~9 月多盐雾。

二、ⅡB 区 6~8 月气温偏低，7 月平均气温一般低于 25℃；年平均相对湿度偏低；3~5 月多风沙；年降水量普遍少于ⅡA 区。

第 3.2.3 条 该区建筑的基本要求应符合下列规定：

一、建筑物应满足冬季防寒、保温、防冻等要求，夏季部分地区应兼顾防热。

二、总体规划、单体设计和构造处理应满足冬季日照并防御寒风的要求，主要房间宜避西晒；应注意防暴雨；建筑物应采取减少外露面积，加强冬季密闭性且兼顾夏季通风和利用太阳能等节能措施；结构上应考虑气温年较差大、多大风的不利影响；建筑物宜有防冰雹和防雷措施；施工应考虑冬季寒冷期较长和夏季多暴雨的特点。

三、ⅡA 区建筑物尚应考虑防热、防潮、防暴雨，沿海地带尚应注意防盐雾侵蚀。

四、ⅡB 区建筑物可不考虑夏季防热。

第三节　第Ⅲ建筑气候区

第 3.3.1 条 该区大部分地区夏季闷热，冬季湿冷，气温日较差小；年降水量大；日照偏少；春末夏初为长江中下游地区的梅雨期，多阴雨天气，常有大雨和暴雨出现；沿海及长江中下游地区夏秋常受热带风暴和台风袭击，易有暴雨大风天气；该区建筑气候特征值宜符合下列条件：

一、7 月平均气温一般为 25~30℃，1 月平均气温为 0~10℃；冬季寒潮可造成剧烈降温，极端最低气温大多可降至-10℃以下，甚至低于-20℃；年日平均气温低于或等于 5℃的日数为 90~0d；年日平均气温高于或等于 25℃的日数为 40~110d。

二、年平均相对湿度较高，为 70%~80%，四季相差不大；年雨日数为 150d 左右，多者可超过 200d；年降水量为 1000~1800mm。

三、年太阳总辐射照度为 110~160W／m²，四川盆地东部为低值中心，尚不足 110W／m²；年日照时数为 1000~2400h，川南黔北日照极少，只有 1000~1200h；年日照百分率一般为 30%~50%，川南黔北地区不足 30%，是全国最低的。

四、12~翌年 2 月盛行偏北风，6~8 月盛行偏南风；年平均风速为 1~3m／s，东部沿海地区偏大，可达 7m／s 以上。

五、年大风日数一般为 10~25d，沿海岛屿可达 100d 以上；年降雪日数为 1~14d，最大积雪深度为 0~50cm；年雷暴日数为 30~80d，年雨凇日数，平原地区一般为 0~10d，山区可多达 50~70d。

第 3.3.2 条 该区各二级区对建筑有重大影响的建筑气候特征值宜符合下列条件：

一、ⅢA 区 6~10 月常有热带风暴和台风袭击，30 年一遇最大风速大于 25m／s；暴雨强度大，局部地区可有 24 小时降雨

量 400mm 以上的特大暴雨，夏季有海陆风，不太闷热。

二、ⅢB 区夏季温高湿重，闷热天气多；冬季积雪深度最大可达 51cm；四川盆地部分的日照百分率极低，光照度偏低。

三、ⅢC 区夏季不太闷热，日照百分率普遍较低；川南黔北日照百分率极低，光照度偏低。

第 3.3.3 条 该区建筑基本要求应符合下列规定：

一、建筑物必须满足夏季防热、通风降温要求，冬季应适当兼顾防寒。

二、总体规划、单体设计和构造处理应有利于良好的自然通风，建筑物应避西晒，并满足防雨、防潮、防洪、防雷击要求；夏季施工应有防高温和防雨的措施。

三、ⅢA 区建筑物尚应注意防热带风暴和台风、暴雨袭击及盐雾侵蚀。

四、ⅢB 区北部建筑物的屋面尚应预防冬季积雪危害。

第四节　第Ⅳ建筑气候区

第 3.4.1 条 该区长夏无冬，温高湿重，气温年较差和日较差均小；雨量丰沛，多热带风暴和台风袭击，易有大风暴雨天气；太阳高度角大，日照较小，太阳辐射强烈；该区建筑气候特征值宜符合下列条件：

一、1 月平均气温高于 10℃，7 月平均气温为 25～29℃，极端最高气温一般低于 40℃，个别可达 42.5℃；气温年较差为 7～19℃，气温平均气温日较差为 5～12℃；年平均气温高于或等于 25℃的日数为 100～200d。

二、年平均相对湿度为 80% 左右，四季变化不大；年降雨日数为 120～200d，年降水量大多在 1500～2000mm，是我国降水量最多的地区；年暴雨日数为 5～20d，各月均可发生，主要集中在 4～10 月，暴雨强度大，台湾局部地区尤甚，日最大降雨量可在 1000mm 以上。

三、年太阳总辐射照度为 130～170W/m²，在我国属较少地区之一，年日照时数大多在 1500～2600h，年日照百分率为 35%～50%，12～翌年 5 月偏低。

四、10～翌年 3 月普遍盛行东北风和东风；4～9 月大多盛行东南风和西南风，年平均风速为 1～4m/s，沿海岛屿风速显著偏大，台湾海峡平均风速在全国最大，可达 7m/s 以上。

五、年大风日数各地相差悬殊，内陆大部分地区全年不足 5d，沿海为 10～25d，岛屿可达 75～100d，甚至超过 150d；年雷暴日数为 20～120d，西部偏多，东部偏少。

第 3.4.2 条 该区各二级区对建筑有重大影响的建筑气候特征值宜符合下列条件：

一、ⅣA 区 30 年一遇的最大风速大于 25m/s；年平均气温高，气温年较差小，部分地区终年皆夏。

二、ⅣB 区 30 年一遇的最大风速小于 25m/s；12～翌年 2 月有寒潮影响，两广北部最低气温可降至 -7℃ 以下；西部云南的河谷地区，4～9 月炎热湿润多雨；10～翌年 3 月干燥凉爽，无热带风暴和台风影响；部分地区夜晚降温剧烈，气温日较差大，有时可达 20～30℃。

第 3.4.3 条 该区建筑基本要求应符合下列规定：

一、该区建筑物必须充分满足夏季防热、通风、防雨要求，冬季可不考虑防寒、保温。

二、总体规划、单体设计和构造处理宜开敞通透，充分利用自然通风；建筑物应避西晒，宜设遮阳；应注意防暴雨、防洪、防潮、防雷击；夏季施工应有防高温和防雨的措施。

三、ⅣA 区建筑物尚应注意防热带风暴和台风、暴雨袭击及盐雾侵蚀。

四、ⅣB 区内云南的河谷地区建筑物尚应注意屋面及墙身抗裂。

第五节　第Ⅴ建筑气候区

第 3.5.1 条 该区立体气候特征明显，大部分地区冬温夏凉，干湿季分明；常年有雷暴、多雾，气温的年较差小，日较差偏大，日照较少，太阳辐射强烈，部分地区冬季气温偏低；该区建筑气候特征值宜符合下列条件：

一、1 月平均气温为 0～13℃，冬季强寒潮可造成气温大幅度下降，昆明最低气温曾降至 -7.8℃；7 月平均气温为 18～25℃，极端最高气温一般低于 40℃，个别地方可达 42℃；气温年较差为 12～20℃；由于干湿季节的不同影响，部分地区的最热月在 5、6 月份；年日平均气温低于或等于 5℃的日数为 90～0d。

二、年平均相对湿度为 60%～80%；年雨日数为 100～200d，年降水量在 600～2000mm；该区有干季（风季）与湿季（雨季）之分，湿季在 5～10 月，雨量集中，湿度偏高；干季在 11～翌年 4 月，湿度偏低，风速偏大；6～8 月多南或西南风；12～翌年 2 月东部多东南风，西部多西南风；年平均风速为 1～3m/s。

三、年太阳总辐射照度为 140～200W/m²，年日照时数为 1200～2600h，年日照百分率为 30%～60%。

四、年大风日数为 5～60d；年降雪日数为 0～15d，东北部偏多；最大积雪深度为 0～35cm；高山有终年积雪及现代冰川；该区为我国雷暴多发地区，各月均可出现，年雷暴日数为 40～120d；年雾日数为 1～100d。

第 3.5.2 条 该区各二级区对建筑有重大影响的建筑气候特征值宜符合下列条件：

一、VA 区常年温和，气温较低，气温年较差为 14～20℃，气温日较差为 7～11℃，日照较少。

二、VB 区除攀枝花和东川一带常年气温偏高外，其余地方常年温和，但雨天易造成低温；气温年较差和气温日较差均为 10～14℃；年雷暴日数偏多，南部分地区可超过 120d；年雾日数偏多，可超过 100d。

第 3.5.3 条 该区建筑基本要求应符合下列规定：

一、建筑物应满足湿季防雨和通风要求，可不考虑防热；

二、总体规划、单体设计和构造处理宜使湿季有较好自然通风，主要房间应有良好朝向；建筑物应注意防潮、防雷击；施工应有防雨的措施。

三、VA 区建筑尚应注意防寒。

四、VB 区建筑物应特别注意防雷。

第六节　第Ⅵ建筑气候区

第 3.6.1 条 该区长冬无夏，气候寒冷干燥，南部气温较高，降水较多，比较湿润；气温年较差小而日较差大；气压偏低，空气稀薄，透明度高；日照丰富，太阳辐射强烈；冬季多西南大风，冻土深，积雪较厚，气候垂直变化明显；该区建筑气候特征值宜符合下列条件：

一、1 月平均气温为 0～-22℃，极端最低气温一般低于 -32℃，很少低于 -40℃；7 月平均气温为 2～18℃；气温年较差为 16～30℃；年平均气温日较差为 12～16℃，冬季气温日较差最大，可达 16～18℃；年日平均气温低于或等于 5℃的日数为 90～285d。

二、年平均相对湿度为 30%～70%；年雨日数为 20～180d，年降水量为 25～900mm；该区干湿季分明，全年降水多集中在 5～9 月或 4～10 月，约占年降水总量的 80%～90%，降水强度很小，极少有暴雨出现。

三、年太阳总辐射照度为 180～260W/m²，年日照时数为 1600～3600h，年日照百分率为 40%～80%，柴达木盆地为全国最高，可超过 80%。

四、该区东北部地区常年盛行东北风，12~翌年 2 月南部和东南部盛行偏南风；其他地方大多为偏西风，6~8 月北部地区多东北风，南部地区多为东风；年平均风速一般为 2~4m/s，极大风速可超过 40m/s；空气密度甚小；年平均气压值偏低，大多在 600hPa 左右，只及平原地区的 2/3~1/2。

五、年大风日数为 10~100d，最多可超过 200d；年雷暴日数为 5~90d，全部集中在 5~9 月；年冰雹日数为 1~30d；12~翌年 5 月多沙爆，年沙暴日数为 0~10d；年降雪日数为 5~100d，年积雪日数为 10~100d；高山终年积雪，有现代冰川，最大积雪深度为 10~40cm。

第 3.6.2 条 该区各二级区对建筑有重大影响的建筑气候特征值宜符合下列条件：

一、ⅥA 区冬季严寒，6~8 月凉爽；12~翌年 5 月多风沙，气候干燥；年降水量一般为 25~200mm，山地高处降水较多，可超过 500mm。

二、ⅥB 区全年皆冬，气候严寒干燥，为高原永冻土区，最大冻土深度达 2.5m 左右，年沙暴日数为 10d 左右。

三、ⅥC 区冬季寒冷，6~8 月凉爽；降水较多，比较湿润，多雷暴且雷击强度大；西部地区年太阳总辐射照度偏高，超过 260W/m²；年沙暴日数偏多，可达 20d。

第 3.6.3 条 该区建筑基本要求应符合下列规定：

一、建筑物应充分满足防寒、保温、防冻的要求，夏天不需考虑防热。

二、总体规划、单体设计和构造处理应注意防寒风与防风沙；建筑物应采取减少外露面积，加强密闭性，充分利用太阳能等节能措施；结构上应注意大风的不利作用，地基及地下管道应考虑冻土的影响；施工应注意冬季严寒的特点。

三、ⅥA 区和ⅥB 区尚应注意冻土对建筑物地基及地下管道的影响，并应特别注意防风沙。

四、ⅥC 区东部建筑物尚应注意防雷击。

第七节 第Ⅶ建筑气候区

第 3.7.1 条 该区大部分地区冬季漫长严寒，南疆盆地冬季寒冷；大部分地区夏季干热，吐鲁番盆地酷热，山地较凉；气温年较差和日较差均大；大部分地区雨量稀少，气候干燥，风沙大；部分地区冻土深，山地积雪较厚，日照丰富，太阳辐射强烈；该区建筑气候特征值宜符合下列条件：

一、1 月平均气温为 -20~-5℃，极端最低气温为 -20~-50℃；7 月平均气温为 18~33℃，山地偏低，盆地偏高；极端最高气温各地差异很大，山地明显偏低，盆地非常之高；吐鲁番极端最高气温达到 47.6℃，为全国最高；气温年较差大都在 30~40℃，年平均气温日较差为 10~18℃；年日平均气温低于或等于 5℃的日数为 110~180d；年日平均气温高于或等于 25℃的日数小于 120d。

二、年平均相对湿度为 35%~70%；年降雨日数为 10~120d；年降水量为 10~600mm，是我国降水最少的地区；降水量主要集中在 6~8 月，约占年总量的 60%~70%；山地降水量年际变化小，盆地变化大。

三、年太阳总辐射照度为 170~230W/m²，年日照时数为 2600~3400h，年日照百分率为 60%~70%。

四、12~翌年 2 月北疆西部以西北风为主，东部多偏东风；南疆东部多东北风，西部多西至西南风；6~8 月大部分地区盛行西北和西风，东部地区多东北风；年平均风速为 1~4m/s。

五、年大风日数为 5~75d，山口和风口地方多大风，持续时间长，年大风日数超过 100d；区内风沙天气盛行，是全国沙暴日数最多的地区，年沙暴日数最多可达 40d；年降雪日数为 1~100d。

第 3.7.2 条 该区各二级区对建筑有重大影响的建筑气候特征值宜符合下列条件：

一、ⅦA 区冬季干燥严寒，为北疆寒冷中心；夏季干热，为北疆炎热中心；日平均气温高于或等于 25℃ 的日数可达 72d；年降水量少于 200mm；基本雪压值小于 0.5kPa；最大冻土深度为 1.5~2.0m。

二、ⅦB 区冬季严寒，夏季凉爽，较为湿润。基本雪压值偏高，为 0.3~1.2kPa；最大积雪深度为 30~80cm；最大冻土深度为 0.5~4.0m；有永冻土存在；高山终年积雪，有现代冰川；冬季多阴雨天气；4~9 月山地多冰雹。

三、ⅦC 区冬季严寒，夏季较热；年降水量小于 200mm，空气干燥，风速偏大，多大风风沙天气；日照丰富；最大冻土深度为 1.5~2.5m；日平均气温高于或等于 25℃ 的日数为 20~70d。

四、ⅦD 区冬季寒冷，夏季干热，日照丰富，平均风速偏小，常年干燥少雨，年降水量小于 200mm，多风沙天气；吐鲁番盆地夏季酷热，日平均气温高于或等于 25℃ 的日数约为 120d，高于或等于 35℃ 的天数为 97d。

第 3.7.3 条 该区建筑基本要求应符合下列规定：

一、建筑物必须充分满足防寒、保温、防冻要求，夏季部分地区应兼顾防热。

二、总体规划、单体设计和构造处理应以防寒风与防风沙，争取冬季日照为主；建筑物应采取减少外露面积，加强密闭性，充分利用太阳能等节能措施；房屋外围护结构宜厚重；结构上应考虑气温年较差和日较差大以及大风等的不利作用；施工应注意冬季低温、干燥多风沙以及温差大的特点。

三、除ⅦD 区处，尚应注意冻土对建筑物的地基及地下管道的危害。

四、ⅦB 区建筑物尚应特别注意预防积雪的危害。

五、ⅦC 区建筑物尚应特别注意防风沙，夏季兼顾防热。

六、ⅦD 区建筑物尚应注意夏季防热要求，吐鲁番盆地应特别注意隔热、降温。

附录一　全国气候要素分布图

附图 1.1　一月平均气温（℃）分布图

附图 1.2　七月平均气温（℃）分布图

附图 1.3　气温年较差（℃）分布图

附图 1.4　年平均气温日较差（℃）分布图

附图 1.5　一月平均相对湿度（%）分布图

附图 1.6　七月平均相对湿度（%）分布图

附图 1.7　年降水量（mm）分布图

附图 1.8　最大积雪深度（cm）分布图

附图 1.9　冬季风向玫瑰图分布图

附图 1.10　夏季风向玫瑰图分布图

附图 1.11　全年风向玫瑰图分布图

附图 1.12　年日照时数（h）分布图

附图 1.13　年总光照度〔klx〕分布图

附图 1.14 年扩散光照度〔klx〕分布图
附图 1.15 年太阳总辐射照度〔W／m²〕分布图
附图 1.16 冬季太阳总辐射照度〔W／m²〕分布图
附图 1.17 夏季太阳总辐射照度〔W／m²〕分布图
附图 1.18 最大冻土深度〔cm〕分布图
附图 1.19 年雷暴日数〔d〕分布图
附图 1.20 年沙暴日数〔d〕分布图
附图 1.21 年冰雹日数〔d〕分布图
以上附图见文后插图。

附录二 全国主要城镇气候参数表

全国主要城镇气候参数表（一）　　　　附表 2.1-1

区属号	地 名	气象台站位置			大气压力 (hPa)		
		北 纬	东 经	海拔高度(m)	年平均	夏季平均	冬季平均
1	2	3	4	5	6	7	8
ⅠA.1	漠河	53°28′	122°22′	296.0	978.8	971.3	986.4
ⅠB.1	加格达奇	50°24′	124°07′	371.7	968.5	962.3	974.5
ⅠB.2	克山	48°03′	125°53′	236.9	984.8	977.3	992.0
ⅠB.3	黑河	50°15′	127°27′	165.8	993.3	985.9	1000.4
ⅠB.4	嫩江	49°10′	125°14′	242.2	984.1	976.6	991.4
ⅠB.5	铁力	46°59′	128°01′	210.5	988.2	980.7	995.3
ⅠB.6	额尔古纳右旗	50°13′	120°12′	581.4	944.9	938.9	950.9
ⅠB.7	满洲里	49°34′	117°26′	666.8	936.4	930.2	941.7
ⅠB.8	海拉尔	49°13′	119°45′	612.8	941.6	935.4	947.3
ⅠB.9	博克图	48°46′	121°55′	738.6	926.4	922.0	930.1
ⅠB.10	东乌珠穆沁旗	45°31′	116°58′	838.7	917.5	911.2	922.6
ⅠC.1	齐齐哈尔	47°23′	123°55′	145.9	996.4	987.6	1004.7
ⅠC.2	鹤岗	47°22′	130°20′	227.9	985.3	979.1	990.9
ⅠC.3	哈尔滨	45°45′	126°46′	142.3	994.2	985.6	1002.0
ⅠC.4	虎林	45°46′	132°58′	100.2	1001.7	994.8	1007.9
ⅠC.5	鸡西	45°17′	130°57′	232.3	986.0	979.5	991.8
ⅠC.6	绥芬河	44°23′	131°09′	496.7	955.3	950.9	958.5
ⅠC.7	长春	43°54′	125°13′	236.9	986.6	977.9	994.1
ⅠC.8	桦甸	42°59′	126°45′	263.3	984.3	976.0	991.3
ⅠC.9	图们	42°59′	129°50′	140.6	999.0	992.4	1005.7
ⅠC.10	天池	42°01′	128°05′	2623.5	734.2	740.3	725.9
ⅠC.11	通化	41°41′	125°54′	402.9	968.4	960.7	974.5
ⅠC.12	乌兰浩特	46°05′	122°03′	274.7	981.3	972.9	988.9
ⅠC.13	锡林浩特	43°57′	116°04′	989.5	901.5	895.7	906.1
ⅠC.14	多伦	42°11′	116°28′	1245.4	874.7	870.0	877.4

续附表 2.1-1

区属号	地 名	气象台站位置			大气压力 (hPa)		
		北 纬	东 经	海拔高度(m)	年平均	夏季平均	冬季平均
1	2	3	4	5	6	7	8
ⅠD.1	四平	43°11′	124°20′	164.2	995.8	986.4	1004.1
ⅠD.2	沈阳	41°46′	123°26′	41.6	1011.4	1000.7	1020.8
ⅠD.3	朝阳	41°33′	120°27′	168.7	995.8	985.5	1004.6
ⅠD.4	林西	43°36′	118°04′	799.0	922.3	916.1	927.6
ⅠD.5	赤峰	42°16′	118°58′	571.1	948.7	940.8	954.7
ⅠD.6	呼和浩特	40°49′	111°41′	1063.0	896.0	889.3	900.9
ⅠD.7	达尔罕茂明安联合旗	41°42′	110°26′	1375.9	862.0	857.1	865.0
ⅠD.8	张家口	40°47′	114°53′	723.9	932.5	924.5	939.0
ⅠD.9	大同	40°06′	113°20′	1066.7	895.0	888.7	899.4
ⅠD.10	榆林	38°14′	109°42′	1057.5	896.8	889.9	902.1
ⅡA.1	营口	40°40′	122°16′	3.3	1016.5	1005.3	1026.2
ⅡA.2	丹东	40°03′	124°20′	15.1	1015.3	1005.3	1023.7
ⅡA.3	大连	38°54′	121°38′	92.8	1005.1	994.8	1013.9
ⅡA.4	北京市	39°48′	116°28′	31.5	1010.2	998.6	1020.3
ⅡA.5	天津市	39°06′	117°10′	3.3	1016.6	1004.9	1026.7
ⅡA.6	承德	40°58′	117°56′	375.2	972.3	962.9	980.1
ⅡA.7	乐亭	39°25′	118°54′	10.5	1016.3	1004.8	1026.1
ⅡA.8	沧州	38°20′	116°50′	9.6	1015.7	1003.8	1026.0
ⅡA.9	石家庄	38°02′	114°25′	80.5	1007.1	995.6	1017.0
ⅡA.10	南宫	37°22′	115°23′	27.4	1013.5	1001.5	1023.7
ⅡA.11	邯郸	36°36′	114°30′	57.2	1009.7	997.8	1019.7
ⅡA.12	威海	37°31′	112°08′	46.6	1011.5	1000.9	1020.2
ⅡA.13	济南	36°41′	116°59′	51.6	1010.3	998.6	1020.5
ⅡA.14	沂源	36°11′	118°09′	304.5	981.7	971.6	989.6
ⅡA.15	青岛	36°04′	120°20′	76.0	1008.1	997.3	1017.0
ⅡA.16	枣庄	34°51′	117°35′	75.9	1007.8	996.3	1017.4
ⅡA.17	濮阳	35°42′	115°01′	52.2	1010.0	998.5	1020.0
ⅡA.18	郑州	34°43′	113°39′	110.4	1003.4	991.8	1013.0
ⅡA.19	卢氏	34°00′	111°01′	568.8	950.9	941.6	958.0
ⅡA.20	宿州	33°38′	116°59′	25.9	1013.5	1001.7	1023.4
ⅡA.21	西安	34°18′	108°56′	396.9	970.1	959.3	978.8
ⅡB.1	蔚县	39°50′	114°34′	909.5	912.0	905.1	917.3
ⅡB.2	太原	37°47′	112°33′	777.9	927.2	919.3	933.0
ⅡB.3	离石	37°30′	111°06′	950.8	908.3	900.8	913.8
ⅡB.4	晋城	35°28′	112°50′	742.1	930.9	923.0	936.8

区属号	地名	气象台站位置			大气压力 (hPa)		
		北纬	东经	海拔高度(m)	年平均	夏季平均	冬季平均
1	2	3	4	5	6	7	8
ⅡB.5	临汾	36°04′	110°30′	449.5	963.7	953.6	972.0
ⅡB.6	延安	36°36′	109°30′	957.6	907.8	900.3	913.4
ⅡB.7	铜川	35°05′	109°04′	978.5	905.5	898.2	910.8
ⅡB.8	白银	36°33′	104°11′	1707.2	828.1	823.9	830.3
ⅡB.9	兰州	36°03′	103°53′	1517.2	848.0	843.1	851.4
ⅡB.10	天水	34°35′	105°45′	1131.7	887.5	880.8	892.1
ⅡB.11	银川	38°29′	106°13′	1111.5	890.6	883.6	895.9
ⅡB.12	中宁	37°29′	105°40′	1183.3	882.6	875.8	887.6
ⅡB.13	固原	36°00′	106°16′	1753.2	824.8	821.0	826.6
ⅢA.1	盐城	33°23′	120°08′	2.3	1016.7	1005.4	1026.2
ⅢA.2	上海市	31°10′	121°26′	4.5	1016.0	1005.3	1025.2
ⅢA.3	舟山	30°02′	122°07′	35.7	1012.4	1002.5	1021.0
ⅢA.4	温州	28°01′	120°40′	6.0	1015.2	1005.0	1023.6
ⅢA.5	宁德	26°20′	119°32′	32.2	1011.7	1002.4	1019.5
ⅢB.1	泰州	32°30′	119°56′	5.5	1015.9	1004.7	1025.4
ⅢB.2	南京	32°00′	118°48′	8.9	1015.5	1004.0	1025.3
ⅢB.3	蚌埠	32°57′	117°22′	21.0	1014.2	1002.3	1024.2
ⅢB.4	合肥	31°52′	117°14′	29.8	1012.5	1000.9	1022.4
ⅢB.5	铜陵	30°58′	117°47′	37.1	1011.7	1000.5	1021.3
ⅢB.6	杭州	30°14′	120°10′	41.7	1011.5	1000.5	1021.0
ⅢB.7	丽水	28°27′	119°55′	60.8	1008.9	999.0	1017.7
ⅢB.8	邵武	27°20′	117°28′	191.5	992.5	983.7	1000.3
ⅢB.9	三明	26°16′	117°37′	165.7	995.2	986.8	1002.6
ⅢB.10	长汀	25°51′	116°22′	317.5	978.5	970.8	985.4
ⅢB.11	景德镇	29°18′	117°12′	61.5	1008.5	998.2	1017.7
ⅢB.12	南昌	28°36′	115°55′	46.7	1009.7	999.1	1019.0
ⅢB.13	上饶	28°27′	117°59′	118.3	1002.4	992.4	1011.1
ⅢB.14	吉安	27°07′	114°58′	76.4	1005.9	995.8	1014.9
ⅢB.15	宁冈	26°43′	113°58′	263.1	985.0	975.8	992.9
ⅢB.16	广昌	26°51′	116°20′	143.8	998.3	989.1	1006.7
ⅢB.17	赣州	25°51′	114°57′	123.8	1000.1	990.9	1008.4
ⅢB.18	沙市	30°20′	112°11′	32.6	1012.1	1000.3	1022.4
ⅢB.19	武汉	30°38′	114°04′	23.3	1013.4	1001.7	1023.4
ⅢB.20	大庸	29°08′	110°28′	183.3	994.6	983.9	1003.6
ⅢB.21	长沙	28°12′	113°05′	44.9	1010.3	999.3	1020.0
ⅢB.22	涟源	27°42′	111°41′	149.6	997.9	987.3	1006.9
ⅢB.23	永州	26°14′	111°37′	174.1	995.2	985.2	1004.0
ⅢB.24	韶关	24°48′	113°35′	69.3	1006.0	997.1	1013.9
ⅢB.25	桂林	25°20′	110°18′	161.8	995.0	986.0	1002.9
ⅢB.26	涪陵	29°45′	107°25′	273.0	982.1	972.2	990.3
ⅢB.27	重庆	29°35′	106°28′	259.1	983.2	973.2	991.3
ⅢC.1	驻马店	33°00′	114°01′	82.7	1006.9	995.2	1016.7
ⅢC.2	固始	32°10′	115°40′	57.1	1009.6	997.8	1019.4
ⅢC.3	平顶山	33°43′	113°17′	84.7	1006.7	995.0	1016.4
ⅢC.4	老河口	32°23′	111°40′	90.0	1005.5	993.6	1015.3
ⅢC.5	随州	31°43′	113°23′	96.2	1005.1	993.5	1014.6
ⅢC.6	远安	31°04′	111°38′	114.9	1002.3	990.9	1011.7
ⅢC.7	恩施	30°17′	109°28′	437.2	964.3	955.1	971.6
ⅢC.8	汉中	33°04′	107°02′	508.4	956.9	947.5	964.2
ⅢC.9	略阳	33°19′	106°09′	794.2	925.0	917.3	930.8
ⅢC.10	山阳	33°32′	109°55′	720.7	933.2	925.0	939.1
ⅢC.11	安康	32°43′	109°02′	290.8	982.0	971.3	990.5
ⅢC.12	平武	32°25′	104°31′	876.5	915.4	908.5	920.2
ⅢC.13	仪陇	31°32′	106°24′	655.6	939.3	931.4	945.4
ⅢC.14	达县	31°12′	107°30′	310.4	978.0	968.0	985.8
ⅢC.15	成都	30°40′	104°01′	505.9	956.4	947.7	963.3
ⅢC.16	内江	29°35′	105°03′	352.3	973.1	963.7	980.9
ⅢC.17	酉阳	28°50′	108°46′	663.7	939.2	931.2	945.6
ⅢC.18	桐梓	28°08′	106°50′	972.0	905.1	898.6	909.7
ⅢC.19	凯里	26°36′	107°59′	720.3	932.3	925.2	938.1
ⅣA.1	福州	26°05′	119°17′	84.0	1005.1	996.4	1012.7
ⅣA.2	泉州	24°54′	118°35′	♯23.0	1011.3	1005.8	1018.3
ⅣA.3	汕头	23°24′	116°41′	1.2	1013.0	1005.4	1019.9
ⅣA.4	广州	23°08′	113°19′	6.6	1012.3	1004.5	1019.5
ⅣA.5	茂名	21°39′	110°53′	25.3	1008.9	1001.7	1015.6
ⅣA.6	北海	21°27′	109°06′	14.6	1010.1	1002.4	1017.1
ⅣA.7	海口	20°02′	110°21′	14.1	1009.5	1002.5	1016.1
ⅣA.8	儋县	19°31′	109°35′	168.7	991.9	985.3	998.0

区属号	地名	气象台站位置			大气压力 (hPa)		
		北纬	东经	海拔高度(m)	年平均	夏季平均	冬季平均
1	2	3	4	5	6	7	8
ⅣA.9	琼中	19°02′	109°50′	250.9	983.0	976.7	988.8
ⅣA.10	三亚	18°14′	109°31′	5.5	1010.2	1004.1	1015.8
ⅣA.11	台北	25°02′	121°31′	9.0	1012.8	1005.3	1019.7
ⅣA.12	香港	22°18′	114°10′	32.0	1012.8	1005.6	1019.5
ⅣB.1	漳州	24°30′	117°39′	30.0	1010.7	1002.7	1017.8
ⅣB.2	梅州	24°18′	116°07′	77.5	1004.4	996.5	1011.7
ⅣB.3	梧州	23°29′	111°18′	119.2	999.4	991.4	1006.7
ⅣB.4	河池	24°42′	108°03′	213.9	988.4	980.0	995.8
ⅣB.5	百色	23°54′	106°36′	173.1	991.0	983.0	998.3
ⅣB.6	南宁	22°49′	108°21′	72.2	1004.1	995.9	1011.4
ⅣB.7	凭祥	22°06′	106°45′	242.0	983.6	976.1	990.2
ⅣB.8	元江	23°34′	102°09′	396.6	963.6	957.5	968.7
ⅣB.9	景洪	21°52′	101°04′	552.7	947.3	942.4	951.4
ⅤA.1	毕节	27°18′	105°14′	1510.6	848.2	844.1	850.6
ⅤA.2	贵阳	26°35′	106°43′	1071.3	893.6	888.0	897.5
ⅤA.3	察隅	28°39′	97°28′	2327.6	768.9	766.3	769.6
ⅤB.1	西昌	27°54′	102°16′	1590.7	837.1	834.7	838.1
ⅤB.2	攀枝花	26°30′	101°44′	1108.0	885.6	882.0	887.8
ⅤB.3	丽江	26°52′	100°13′	2393.2	762.7	761.0	762.5
ⅤB.4	大理	25°43′	100°11′	1990.5	801.0	798.5	801.6
ⅤB.5	腾冲	25°07′	98°29′	1647.8	834.7	831.3	836.7
ⅤB.6	昆明	25°01′	102°41′	1891.4	810.5	808.0	811.5
ⅤB.7	临沧	23°57′	100°13′	1463.5	848.7	845.0	850.8
ⅤB.8	个旧	23°23′	103°09′	1692.1	830.4	827.2	832.2
ⅤB.9	思茅	22°40′	101°24′	1302.1	868.9	865.0	871.4
ⅤB.10	盘县	25°47′	104°37′	1527.1	847.1	843.5	849.2
ⅤB.11	兴义	25°05′	104°54′	1299.6	870.0	865.7	872.5
ⅤB.12	独山	25°50′	107°33′	972.2	900.9	895.3	905.0
ⅥA.1	冷湖	38°50′	93°23′	2733.0	729.0	728.1	727.7
ⅥA.2	茫崖	38°21′	90°13′	3138.5	695.2	696.6	692.8
ⅥA.3	德令哈	37°22′	97°22′	2981.5	708.6	708.6	707.0
ⅥA.4	刚察	37°20′	100°08′	3301.5	680.3	682.1	677.0
ⅥA.5	西宁	36°37′	101°46′	2261.2	775.1	773.5	775.0

区属号	地名	气象台站位置			大气压力 (hPa)		
		北纬	东经	海拔高度(m)	年平均	夏季平均	冬季平均
1	2	3	4	5	6	7	8
ⅥA.6	格尔木	36°25′	94°54′	2807.7	724.6	723.9	723.4
ⅥA.7	都兰	36°18′	98°06′	3191.1	691.0	691.5	688.7
ⅥA.8	同德	35°16′	100°39′	3289.4	683.3	684.7	680.3
ⅥA.9	夏河	35°00′	102°54′	2915.7	714.3	715.0	711.9
ⅥA.10	若尔盖	33°35′	102°58′	3439.6	669.7	671.6	666.2
ⅥB.1	曲麻莱	34°33′	95°29′	4231.2	607.6	610.3	603.4
ⅥB.2	杂多	32°54′	95°18′	4067.5	619.5	621.2	615.9
ⅥB.3	玛多	34°55′	98°13′	4272.3	607.1	610.1	602.7
ⅥB.4	噶尔	32°30′	80°05′	4278.0	604.4	604.6	601.8
ⅥB.5	改则	32°09′	84°25′	4414.9	594.0	595.3	590.8
ⅥB.6	那曲	31°29′	92°04′	4507.0	587.2	589.0	583.8
ⅥB.7	申扎	30°57′	88°38′	4672.0	576.2	578.1	572.8
ⅥC.1	马尔康	31°54′	102°14′	2664.4	735.4	735.3	733.8
ⅥC.2	甘孜	31°37′	100°00′	3393.5	673.9	674.9	671.7
ⅥC.3	巴塘	30°00′	99°06′	2589.2	741.7	740.5	741.3
ⅥC.4	康定	30°03′	101°58′	2615.7	742.6	742.1	741.2
ⅥC.5	班玛	32°56′	100°45′	3750.0	663.3	664.9	660.2
ⅥC.6	昌都	31°09′	97°10′	3306.0	681.2	681.4	679.4
ⅥC.7	波密	29°52′	95°46′	#2736.0	730.8	729.0	730.5
ⅥC.8	拉萨	29°40′	91°08′	3648.7	652.0	652.4	650.0
ⅥC.9	定日	28°38′	87°05′	4300.0	602.5	603.2	600.0
ⅥC.10	德钦	28°39′	99°10′	3592.9	660.0	660.4	657.9
ⅦA.1	克拉玛依	45°36′	84°51′	427.0	970.4	958.8	980.5
ⅦA.2	博乐阿拉山口	45°11′	82°35′	284.8	987.3	974.6	998.7
ⅦB.1	阿勒泰	47°44′	88°05′	735.3	934.4	925.1	941.9
ⅦB.2	塔城	46°44′	83°00′	548.0	956.6	947.5	963.4
ⅦB.3	富蕴	46°59′	89°31′	823.6	925.4	916.2	932.7
ⅦB.4	伊宁	43°57′	81°20′	662.5	941.4	933.5	947.2
ⅦB.5	乌鲁木齐	43°47′	87°37′	917.9	914.2	906.7	919.8
ⅦC.1	额济纳旗	41°57′	101°04′	940.5	909.1	900.4	916.0
ⅦC.2	二连浩特	43°39′	112°00′	964.7	904.2	898.1	910.3
ⅦC.3	杭锦后旗	40°54′	107°08′	1056.7	898.2	890.9	903.9
ⅦC.4	安西	40°32′	95°46′	1170.8	884.0	876.6	889.3
ⅦC.5	张掖	38°56′	100°26′	1482.7	851.7	846.2	855.3

区属号	地名	气象台站位置			大气压力 (hPa)		
		北纬	东经	海拔高度(m)	年平均	夏季平均	冬季平均
1	2	3	4	5	6	7	8
ⅦD.1	吐鲁番	42°56′	89°12′	34.5	1013.1	997.6	1028.3
ⅦD.2	哈密	42°49′	93°31′	737.9	931.0	921.0	939.7
ⅦD.3	库车	41°43′	82°57′	1099.0	893.3	886.0	899.4
ⅦD.4	库尔勒	41°45′	86°08′	931.5	910.2	902.0	917.5
ⅦD.5	阿克苏	41°10′	80°14′	1103.8	891.0	884.0	897.2
ⅦD.6	喀什	39°28′	75°59′	1288.7	871.9	865.9	876.8
ⅦD.7	且末	38°09′	85°33′	1247.5	875.4	868.5	880.9
ⅦD.8	和田	37°08′	79°56′	1374.6	862.3	856.5	867.1

全国主要城镇气候参数表（二）　　附表 2.1-2

区属号	地名	气温(℃)							日平均温度<5℃的天数(d)
		最热月	最冷月	年平均	年较差	日较差	极端最高	极端最低	
1	2	9	10	11	12	13	14	15	16
ⅠA.1	漠河	18.4	−30.5	−4.8	48.9	15.8	36.8	−52.3	219
ⅠB.1	加格达奇	19.0	−24.0	−1.3	43.0	14.8	37.3	−45.4	207
ⅠB.2	克山	21.4	−22.7	1.2	44.1	12.0	37.9	−42.0	191
ⅠB.3	黑河	20.4	−23.9	−0.3	44.3	11.6	37.7	−44.5	198
ⅠB.4	嫩江	20.6	−25.2	−0.3	45.8	13.8	37.4	−47.3	197
ⅠB.5	铁力	21.3	−23.5	1.2	44.8	11.8	36.3	−42.6	188
ⅠB.6	额尔古纳右旗	18.4	−27.9	−3.2	46.3	13.4	36.6	−46.2	215
ⅠB.7	满洲里	19.4	−23.8	−1.3	43.2	13.7	37.9	−42.7	211
ⅠB.8	海拉尔	19.6	−26.7	−2.0	46.3	14.9	36.7	−48.5	209
ⅠB.9	博克图	17.7	−21.3	−1.0	39.0	11.8	35.6	−37.5	210
ⅠB.10	东乌珠穆沁旗	20.7	−21.4	0.7	42.1	14.3	39.7	−40.5	196
ⅠC.1	齐齐哈尔	22.8	−19.4	3.3	42.2	12.1	40.1	−39.5	182
ⅠC.2	鹤岗	21.2	−17.9	2.9	39.1	9.7	37.7	−34.5	183
ⅠC.3	哈尔滨	22.8	−19.4	3.7	42.2	11.7	36.4	−38.1	176
ⅠC.4	虎林	21.2	−18.9	2.9	40.1	10.5	34.7	−36.1	182
ⅠC.5	鸡西	21.7	−17.2	3.7	38.9	11.8	37.6	−35.1	178
ⅠC.6	绥芬河	19.2	−17.1	2.3	36.3	11.9	35.3	−37.5	188
ⅠC.7	长春	23.0	−16.4	5.0	39.4	11.3	38.0	−36.5	170
ⅠC.8	桦甸	22.4	−18.8	4.0	41.2	13.2	36.3	−45.0	175
ⅠC.9	图们	21.1	−13.1	5.7	34.2	11.2	37.6	−27.3	170
ⅠC.10	天池	8.6	−23.4	−7.3	32.0	6.5	19.2	−44.0	294
ⅠC.11	通化	22.2	−16.1	5.0	38.3	11.8	35.5	−36.3	168
ⅠC.12	乌兰浩特	22.6	−16.2	4.3	38.8	13.1	39.9	−33.9	179
ⅠC.13	锡林浩特	20.9	−19.8	1.8	40.7	14.2	38.3	−42.4	190
ⅠC.14	多伦	18.7	−18.2	1.6	36.9	13.9	35.4	−39.8	192
ⅠD.1	四平	23.6	−14.8	6.0	38.4	11.6	36.6	−34.6	163
ⅠD.2	沈阳	24.6	−12.0	7.9	36.6	11.0	38.3	−30.6	152
ⅠD.3	朝阳	24.7	−10.7	8.5	35.4	13.6	40.6	−31.1	148
ⅠD.4	林西	21.1	−14.2	4.3	35.3	12.7	38.6	−32.2	178
ⅠD.5	赤峰	23.5	−11.7	6.9	35.2	13.3	42.5	−31.4	160
ⅠD.6	呼和浩特	21.9	−12.9	5.9	34.8	13.9	37.3	−32.8	166
ⅠD.7	达尔罕茂明安联合旗	20.5	−15.9	3.4	36.4	14.4	36.6	−41.0	181
ⅠD.8	张家口	23.3	−9.6	7.9	32.9	12.5	40.9	−25.7	153

区属号	地名	气温(℃)							日平均温度<5℃的天数(d)
		最热月	最冷月	年平均	年较差	日较差	极端最高	极端最低	
ⅠD.9	大同	21.8	−11.3	6.5	33.1	13.3	37.7	−29.1	162
ⅠD.10	榆林	23.3	−10.2	8.1	33.5	13.5	38.6	−32.7	148
ⅡA.1	营口	24.8	−9.5	9.0	34.3	9.2	35.3	−28.4	144
ⅡA.2	丹东	23.2	−8.4	8.5	31.6	9.3	34.3	−28.0	144
ⅡA.3	大连	23.9	−4.9	10.3	28.8	6.9	35.3	−21.1	131
ⅡA.4	北京市	25.9	−4.5	11.6	30.4	11.3	40.6	−27.4	125
ⅡA.5	天津市	26.5	−4.0	12.3	30.5	9.6	39.7	−22.9	119
ⅡA.6	承德	24.5	−9.4	8.9	33.9	12.3	41.5	−23.3	144
ⅡA.7	乐亭	24.8	−6.6	10.1	31.4	11.2	37.9	−23.7	136
ⅡA.8	沧州	26.5	−3.9	12.6	30.4	10.5	42.9	−20.6	117
ⅡA.9	石家庄	26.6	−2.9	12.9	29.5	11.4	42.7	−26.5	112
ⅡA.10	南宫	27.0	−3.6	13.0	30.6	12.2	42.7	−22.1	121
ⅡA.11	邯郸	26.9	−2.1	13.5	29.0	11.4	42.5	−19.0	108
ⅡA.12	威海	24.6	−1.6	12.1	26.2	7.0	38.4	−13.8	114
ⅡA.13	济南	27.4	−1.4	14.2	28.8	9.6	42.5	−19.7	101
ⅡA.14	沂源	25.3	−3.7	11.9	29.0	10.9	38.8	−21.4	117
ⅡA.15	青岛	25.2	−1.2	12.2	26.4	6.4	35.4	−15.5	110
ⅡA.16	枣庄	26.7	−0.9	13.9	27.6	10.8	39.6	−19.2	100
ⅡA.17	濮阳	26.9	−2.2	13.4	29.1	11.1	42.2	−20.7	107
ⅡA.18	郑州	27.2	−0.3	14.2	27.5	11.0	43.0	−17.9	98
ⅡA.19	卢氏	25.4	−1.5	12.5	26.9	11.9	42.1	−19.1	105
ⅡA.20	宿州	27.3	−0.2	14.4	27.5	10.6	40.3	−23.2	93
ⅡA.21	西安	26.4	−0.9	13.3	27.3	10.5	41.7	−20.6	100
ⅡB.1	蔚县	22.1	−12.4	6.4	34.5	14.7	38.6	−35.3	160
ⅡB.2	太原	23.5	−6.5	9.5	30.0	13.3	39.4	−25.5	135
ⅡB.3	离石	23.0	−7.8	8.8	30.8	13.6	38.9	−25.5	138
ⅡB.4	晋城	24.0	−3.7	10.9	27.7	11.6	38.6	−22.8	121
ⅡB.5	临汾	26.0	−3.9	12.2	29.9	12.8	41.9	−25.6	113
ⅡB.6	延安	22.9	−6.3	9.4	29.2	13.5	39.7	−25.4	130
ⅡB.7	铜川	23.1	−3.2	10.5	26.3	10.1	37.7	−18.2	122
ⅡB.8	白银	21.3	−7.7	7.9	29.0	12.8	37.3	−26.0	146
ⅡB.9	兰州	22.2	−6.7	9.1	28.9	12.8	39.1	−21.7	132
ⅡB.10	天水	22.5	−2.9	10.7	25.4	10.6	37.2	−19.2	116
ⅡB.11	银川	23.4	−8.9	8.5	32.3	13.0	39.3	−30.6	145
ⅡB.12	中宁	23.3	−7.6	9.2	30.9	13.4	38.5	−26.7	137
ⅡB.13	固原	18.8	−8.3	6.1	27.1	12.4	34.6	−28.1	162
ⅢA.1	盐城	27.0	0.7	14.2	26.3	9.0	39.1	−14.3	90
ⅢA.2	上海市	27.8	3.5	15.7	24.3	7.5	38.9	−10.1	54
ⅢA.3	舟山	27.2	5.3	16.3	21.9	6.2	39.1	−6.1	
ⅢA.4	温州	27.9	7.5	17.9	20.4	7.0	39.3	−4.5	
ⅢA.5	宁德	28.7	9.7	19.0	19.0	6.9	39.4	−2.4	
ⅢB.1	泰州	27.4	1.5	14.7	25.9	8.6	39.4	−19.2	80
ⅢB.2	南京	27.9	1.9	15.3	26.0	8.8	40.7	−14.0	75
ⅢB.3	蚌埠	28.0	1.0	15.1	27.0	9.5	41.3	−19.4	83
ⅢB.4	合肥	28.2	2.0	15.7	26.2	8.2	41.0	−20.6	70
ⅢB.5	铜陵	28.6	3.2	16.2	25.4	6.9	39.0	−7.6	59
ⅢB.6	杭州	28.5	3.7	16.2	24.8	7.9	39.9	−9.6	51
ⅢB.7	丽水	29.3	6.2	18.0	23.1	9.4	41.5	−7.7	
ⅢB.8	邵武	27.5	7.0	17.7	20.5	10.0	40.4	−7.9	
ⅢB.9	三明	28.4	9.1	19.4	18.9	9.5	40.6	−5.5	
ⅢB.10	长汀	27.2	7.7	18.4	19.5	9.5	39.4	−6.5	
ⅢB.11	景德镇	28.7	4.6	17.0	24.1	9.7	41.8	−10.9	22
ⅢB.12	南昌	29.5	4.9	17.5	24.6	7.1	40.6	−9.3	17

区属号	地名	气温(℃)							日平均温度<5℃的天数(d)
		最热月	最冷月	年平均	年较差	日较差	极端最高	极端最低	
1	2	9	10	11	12	13	14	15	16
ⅢB.13	上饶	29.3	5.6	17.7	23.7	8.5	41.6	-8.6	
ⅢB.14	吉安	29.5	6.1	18.3	23.4	8.1	40.2	-8.0	
ⅢB.15	宁冈	27.6	5.5	17.1	22.1	9.9	40.0	-10.0	
ⅢB.16	广昌	28.8	6.2	18.0	22.6	9.2	40.0	-9.8	
ⅢB.17	赣州	29.5	7.8	19.4	21.7	8.1	41.2	-6.0	
ⅢB.18	沙市	28.0	3.4	16.1	24.6	8.3	38.6	-14.9	54
ⅢB.19	武汉	28.7	3.0	16.3	25.7	8.5	39.4	-18.1	58
ⅢB.20	大庸	28.0	5.0	16.8	23.0	8.2	40.7	-13.7	14
ⅢB.21	长沙	29.3	4.6	17.2	24.7	7.6	40.6	-11.3	30
ⅢB.22	涟源	28.7	4.9	17.0	23.8	8.0	40.1	-12.1	
ⅢB.23	永州	29.1	5.9	17.8	23.2	7.4	43.7	-7.0	
ⅢB.24	韶关	29.1	10.0	20.3	19.1	8.5	42.0	-4.3	
ⅢB.25	桂林	28.3	7.8	18.8	20.5	7.5	39.4	-4.9	
ⅢB.26	涪陵	28.5	7.2	18.1	21.3	7.1	42.2	-2.2	
ⅢB.27	重庆	28.5	7.5	18.2	21.0	6.8	42.2	-1.8	
ⅢC.1	驻马店	27.3	1.2	14.7	26.1	10.0	41.9	-17.4	82
ⅢC.2	固始	27.7	1.6	15.3	26.1	8.8	41.5	-20.9	75
ⅢC.3	平顶山	27.6	1.0	14.9	26.6	10.5	42.6	-18.8	86
ⅢC.4	老河口	27.6	2.0	15.3	25.6	9.4	41.0	-17.2	75
ⅢC.5	随州	28.0	2.3	15.6	25.7	9.2	41.1	-16.3	70
ⅢC.6	远安	27.6	3.3	16.0	24.3	9.8	40.2	-19.0	56
ⅢC.7	恩施	27.0	4.9	16.3	22.1	7.8	41.2	-12.3	17
ⅢC.8	汉中	25.4	2.1	14.3	23.3	8.6	38.0	-10.1	75
ⅢC.9	略阳	23.6	1.8	13.2	21.8	9.5	37.7	-11.2	81
ⅢC.10	山阳	25.1	0.4	13.0	24.7	10.8	39.8	-14.5	97
ⅢC.11	安康	27.3	3.2	15.6	24.1	9.3	41.7	-9.5	55
ⅢC.12	平武	24.1	3.9	14.7	20.2	9.1	37.0	-7.3	48
ⅢC.13	仪陇	26.2	4.9	15.7	21.3	5.6	37.5	-5.7	
ⅢC.14	达县	27.8	6.0	17.2	21.8	7.8	42.3	-4.7	
ⅢC.15	成都	25.5	5.4	16.1	20.1	7.4	37.3	-5.9	
ⅢC.16	内江	26.9	7.1	17.6	19.8	6.7	41.1	-3.0	
ⅢC.17	酉阳	25.4	3.6	14.9	21.8	7.7	38.1	-8.4	42
ⅢC.18	桐梓	24.7	3.9	14.7	20.8	7.4	37.5	-6.9	46
ⅢC.19	凯里	25.7	4.6	15.7	21.1	8.1	37.0	-9.7	40
ⅣA.1	福州	28.8	10.4	19.6	18.4	7.7	39.8	-1.2	
ⅣA.2	泉州	28.5	12.0	20.6	16.5	7.2	38.9	0.0	
ⅣA.3	汕头	28.2	13.2	21.3	15.0	6.6	38.6	0.4	
ⅣA.4	广州	28.4	13.3	21.8	15.1	7.5	38.7	0.0	
ⅣA.5	茂名	28.3	16.0	23.0	12.3	7.2	36.6	2.8	
ⅣA.6	北海	28.7	14.2	22.6	14.5	6.6	37.1	2.8	
ⅣA.7	海口	28.4	17.1	23.8	11.3	6.9	38.9	2.8	
ⅣA.8	儋县	27.6	16.9	23.2	10.7	9.2	40.0	0.4	
ⅣA.9	琼中	26.6	16.5	22.4	10.1	9.1	38.3	0.1	
ⅣA.10	三亚	28.5	20.9	25.5	7.6	6.8	35.7	5.1	
ⅣA.11	台北	28.6	14.8	22.1	13.8	7.5	38.0	-2.0	
ⅣA.12	香港	28.6	15.6	22.8	13.0	5.2	35.9	2.4	
ⅣB.1	漳州	28.7	12.7	21.0	16.0	8.1	40.9	-2.1	
ⅣB.2	梅州	28.6	11.8	21.2	16.8	9.7	39.5	-7.3	
ⅣB.3	梧州	28.3	11.8	21.0	16.5	8.9	39.5	-3.0	
ⅣB.4	河池	28.0	11.0	20.3	17.0	7.8	39.7	-2.0	
ⅣB.5	百色	28.7	13.2	22.1	15.5	9.1	42.5	-2.0	
ⅣB.6	南宁	28.3	12.7	21.6	15.6	7.9	40.4	-2.1	
ⅣB.7	凭祥	27.7	13.0	21.3	14.7	7.8	38.7	-1.2	
ⅣB.8	元江	28.6	16.6	23.8	12.0	11.3	42.3	-0.1	
ⅣB.9	景洪	25.6	15.7	21.9	9.9	12.0	41.1	2.7	
ⅤA.1	毕节	21.8	2.4	12.8	19.4	8.2	33.8	-10.9	70
ⅤA.2	贵阳	24.1	4.9	15.3	19.2	7.9	37.5	-7.8	20
ⅤA.3	察隅	18.8	3.9	11.8	14.9	11.2	31.9	-5.5	57
ⅤB.1	西昌	22.6	9.5	17.0	13.1	11.1	36.6	-3.8	
ⅤB.2	攀枝花	26.2	11.7	20.3	14.5	14.1	40.7	-1.8	
ⅤB.3	丽江	18.1	5.9	12.6	12.2	11.6	32.3	-10.3	
ⅤB.4	大理	20.1	8.6	15.1	11.5	11.1	34.0	-4.2	
ⅤB.5	腾冲	19.8	7.5	14.8	12.3	11.7	30.5	-4.2	
ⅤB.6	昆明	19.8	7.7	14.7	12.1	11.1	31.5	-7.8	
ⅤB.7	临沧	21.3	10.7	17.2	10.6	11.6	34.6	-1.3	
ⅤB.8	个旧	20.1	9.9	15.9	10.2	7.8	30.3	-4.7	
ⅤB.9	思茅	21.8	11.6	17.8	10.2	11.4	35.7	-2.5	
ⅤB.10	盘县	21.9	6.4	15.2	15.5	9.6	36.7	-7.9	
ⅤB.11	兴义	22.4	7.0	16.0	15.4	7.9	34.9	-4.7	
ⅤB.12	独山	23.4	4.8	15.0	18.6	7.3	34.4	-8.0	20
ⅥA.1	冷湖	16.9	-12.9	2.6	29.8	17.7	34.2	-34.3	195
ⅥA.2	茫崖	13.5	-12.3	1.4	25.8	14.3	29.4	-29.5	205
ⅥA.3	德令哈	16.0	-10.7	3.7	26.7	12.7	33.1	-27.2	185
ⅥA.4	刚察	10.7	-13.9	-0.6	24.6	13.3	25.0	-31.0	239
ⅥA.5	西宁	17.2	-8.2	5.7	25.4	13.7	33.5	-26.6	162
ⅥA.6	格尔木	17.6	-10.6	4.3	28.2	15.4	33.3	-33.6	179
ⅥA.7	都兰	14.9	-10.4	2.7	25.3	12.6	31.9	-29.8	194
ⅥA.8	同德	11.6	-13.4	0.2	25.0	17.2	28.1	-36.2	213
ⅥA.9	夏河	12.6	-10.4	2.0	23.0	14.8	28.4	-28.5	199
ⅥA.10	若尔盖	10.7	-10.5	0.7	21.2	14.8	24.6	-33.7	227
ⅥB.1	曲麻莱	8.5	-14.2	-2.5	22.7	14.1	24.9	-34.8	272
ⅥB.2	杂多	10.6	-11.3	0.2	21.9	14.0	25.5	-33.1	230
ⅥB.3	玛多	7.5	-16.7	-4.1	24.2	13.8	22.9	-48.1	284
ⅥB.4	喝尔	13.6	-12.4	0.1	26.0	16.1	27.6	-34.6	240
ⅥB.5	改则	11.6	-12.2	-0.2	23.8	17.1	25.6	-36.8	240
ⅥB.6	那曲	8.8	-13.8	-1.8	22.6	16.0	22.6	-41.2	252
ⅥB.7	申扎	9.4	-10.8	-0.4	20.2	13.0	24.2	-31.1	242
ⅥC.1	马尔康	16.4	-0.8	8.6	17.2	16.0	34.8	-17.5	116
ⅥC.2	甘孜	14.0	-4.4	5.6	18.4	14.9	31.7	-28.7	165
ⅥC.3	巴塘	19.7	3.7	12.6	16.0	16.3	37.6	-12.8	56
ⅥC.4	康定	15.6	-2.6	7.1	18.2	9.0	28.9	-14.7	139
ⅥC.5	班玛	11.7	-7.7	2.6	19.4	15.0	28.1	-29.7	199
ⅥC.6	昌都	16.1	-2.6	7.5	18.7	16.1	33.4	-20.7	142
ⅥC.7	波密	16.4	-0.1	8.6	16.5	12.4	31.0	-20.3	128
ⅥC.8	拉萨	15.5	-2.3	7.5	17.8	14.5	29.4	-16.5	142
ⅥC.9	定日	12.0	-7.5	2.7	19.5	17.0	24.8	-24.8	207
ⅥC.10	德钦	11.7	-3.0	4.7	14.7	9.6	24.5	-13.1	184
ⅦA.1	克拉玛依	27.5	-16.4	8.1	43.9	10.0	42.9	-35.9	146
ⅦA.2	博乐阿拉山口	27.5	-15.6	8.4	43.1	10.7	44.2	-33.0	146
ⅦB.1	阿勒泰	22.0	-17.2	4.1	39.2	12.2	37.6	-43.5	173
ⅦB.2	塔城	22.3	-12.1	6.2	34.4	13.7	41.3	-39.2	163

区属号	地名	气温(℃)							日平均温度<5℃的天数(d)
		最热月	最冷月	年平均	年较差	日较差	极端最高	极端最低	
1	2	9	10	11	12	13	14	15	16
ⅦB.3	富蕴	21.4	-21.7	2.0	43.1	15.3	38.7	-49.8	178
ⅦB.4	伊宁	22.7	-9.7	8.5	32.4	14.0	38.7	-40.4	139
ⅦB.5	乌鲁木齐	23.5	-14.6	5.9	38.1	10.9	40.5	-41.5	162
ⅦC.1	额济纳旗	26.2	-12.3	8.2	38.5	15.6	41.4	-35.3	155
ⅦC.2	二连浩特	22.9	-18.6	3.4	41.5	14.8	39.9	-40.2	180
ⅦC.3	杭锦后旗	23.0	-11.9	6.9	34.9	13.7	37.4	-33.1	161
ⅦC.4	安西	24.8	-10.3	8.8	35.1	16.1	42.8	-29.3	144
ⅦC.5	张掖	21.4	-10.1	7.0	31.5	15.6	38.6	-28.7	156
ⅦD.1	吐鲁番	32.6	-9.3	14.0	41.9	14.1	47.6	-28.0	117
ⅦD.2	哈密	27.1	-12.1	9.8	39.2	14.8	43.9	-32.0	137
ⅦD.3	库车	25.8	-8.2	11.4	34.0	11.7	41.5	-27.4	123
ⅦD.4	库尔勒	26.1	-7.9	11.4	34.0	12.5	40.0	-28.1	123
ⅦD.5	阿克苏	23.6	-9.2	10.4	32.8	13.9	40.7	-27.6	129
ⅦD.6	喀什	25.8	-6.4	11.7	32.2	12.9	40.1	-24.4	118
ⅦD.7	且末	24.8	-8.6	10.1	33.4	15.9	41.5	-26.4	130
ⅦD.8	和田	25.5	-5.5	12.2	31.0	12.9	40.6	-21.6	112

全国主要城镇气候参数表（三）　　附表 2.1-3

区属号	地名	相对湿度(%)		降水(mm)		最大积雪深度(cm)	风速(m/s)		
		最热月	最冷月	年降水量	日最大降水量		全年	夏季	冬季
1	2	17	18	19	20	21	22	23	24
ⅠA.1	漠河	79	73	419.2	115.2	53	2.0	2.0	1.7
ⅠB.1	加格达奇	81	71	481.9	74.8	30	2.3	2.3	1.8
ⅠB.2	克山	76	74	503.7	177.9	20	3.1	2.8	2.4
ⅠB.3	黑河	79	73	525.9	107.1	33	3.7	3.1	2.5
ⅠB.4	嫩江	78	75	485.1	105.5	31	3.8	3.8	2.5
ⅠB.5	铁力	79	76	648.7	109.0	34	2.7	2.7	1.9
ⅠB.6	额尔古纳右旗	75	77	363.8	71.0	35	2.5	2.7	1.1
ⅠB.7	满洲里	69	74	304.0	75.7	24	4.3	4.4	3.9
ⅠB.8	海拉尔	71	78	351.3	63.4	39	3.2	3.1	2.4
ⅠB.9	博克图	78	70	481.5	127.5	23	3.1	2.1	3.3
ⅠB.10	东乌珠穆沁旗	62	72	253.1	63.4	26	3.5	3.2	3.0
ⅠC.1	齐齐哈尔	73	70	423.5	83.2	24	3.5	3.4	2.9
ⅠC.2	鹤岗	77	62	615.2	79.2	40	3.5	3.0	3.3
ⅠC.3	哈尔滨	77	74	535.8	104.8	41	4.0	3.5	3.6
ⅠC.4	虎林	81	70	570.3	98.8	46	3.6	3.1	3.3
ⅠC.5	鸡西	77	67	541.7	121.8	60	3.2	2.3	3.6
ⅠC.6	绥芬河	82	65	556.7	121.1	51	3.4	2.2	4.2
ⅠC.7	长春	78	68	592.7	130.4	22	4.3	3.5	4.2
ⅠC.8	桦甸	81	73	744.8	72.6	54	2.2	1.9	1.9
ⅠC.9	图门	82	53	493.9	138.2	24	3.0	2.6	3.3
ⅠC.10	天池	91	63	1352.6	164.8		11.7	7.1	15.5
ⅠC.11	通化	80	72	878.1	129.1	39	1.8	1.7	1.3
ⅠC.12	乌兰浩特	70	57	417.8	102.1	26	3.2	2.7	2.8
ⅠC.13	锡林浩特	62	71	287.2	89.5	24	3.5	3.3	3.3
ⅠC.14	多伦	72	69	386.9	109.9	22	3.6	2.6	3.8
ⅠD.1	四平	78	67	656.8	154.1	19	3.3	2.8	3.2
ⅠD.2	沈阳	78	63	727.5	215.5	28	3.2	2.9	3.0

区属号	地名	相对湿度(%)		降水(mm)		最大积雪深度(cm)	风速(m/s)		
		最热月	最冷月	年降水量	日最大降水量		全年	夏季	冬季
1	2	17	18	19	20	21	22	23	24
ⅠD.3	朝阳	73	44	472.1	232.2	17	3.0	2.6	2.7
ⅠD.4	林西	69	49	383.3	140.7	23	3.0	1.9	3.7
ⅠD.5	赤峰	65	43	359.2	108.0	25	2.5	2.1	2.4
ⅠD.6	呼和浩特	64	56	418.8	210.1	30	1.8	1.6	1.6
ⅠD.7	达尔罕茂明安联合旗	55	59	258.8	90.8	21	4.3	4.0	3.9
ⅠD.8	张家口	66	42	411.8	100.4	31	3.0	2.4	3.5
ⅠD.9	大同	66	50	380.5	67.0	22	2.9	2.4	3.0
ⅠD.10	榆林	62	57	410.1	141.7	15	2.9	2.4	3.2
ⅡA.1	营口	78	63	673.7	240.5	21	3.5	3.5	3.5
ⅡA.2	丹东	86	58	1028.4	414.4	31	3.1	3.4	3.5
ⅡA.3	大连	83	58	648.4	166.4	37	5.1	4.3	5.6
ⅡA.4	北京市	77	44	627.6	244.2	24	2.5	1.9	2.8
ⅡA.5	天津市	77	53	562.1	158.1	20	2.9	2.5	2.9
ⅡA.6	承德	72	47	544.6	151.4	27	1.4	1.1	1.3
ⅡA.7	乐亭	82	56	602.5	234.7	18	3.6	3.1	3.6
ⅡA.8	沧州	77	56	617.8	274.2	21	3.3	3.1	3.2
ⅡA.9	石家庄	75	52	538.2	200.2	19	1.8	1.6	1.8
ⅡA.10	南宫	78	58	498.5	148.8	19	3.0	2.7	2.7
ⅡA.11	邯郸	76	58	580.3	518.5	16	2.6	2.5	2.5
ⅡA.12	威海	84	61	776.9	370.8	24	4.3	3.7	4.8
ⅡA.13	济南	73	53	671.0	298.4	19	3.2	3.1	3.1
ⅡA.14	沂源	79	55	721.8	222.9	20	2.3	2.1	2.3
ⅡA.15	青岛	85	63	749.0	269.6	27	5.4	4.9	5.6
ⅡA.16	枣庄	81	60	882.9	224.1	15	2.9	2.8	2.7
ⅡA.17	濮阳	80	66	609.6	276.9	23	3.1	3.1	3.1
ⅡA.18	郑州	76	60	655.0	189.4	23	3.0	2.8	3.4
ⅡA.19	卢氏	75	64	656.6	95.3	22	1.5	1.6	1.5
ⅡA.20	宿州	81	68	877.0	216.9	22	2.6	2.5	2.7
ⅡA.21	西安	72	67	591.1	92.3	21	2.2	2.0	2.5
ⅡB.1	蔚县	70	42	412.8	88.9	21	3.0	2.7	3.2
ⅡB.2	太原	72	50	456.0	183.5	16	2.0	2.0	2.4
ⅡB.3	离石	68	53	493.5	103.4	13	2.1	2.0	2.1
ⅡB.4	晋城	77	52	626.1	176.4	21	2.3	2.2	2.4
ⅡB.5	临汾	71	56	511.1	104.4	13	2.1	2.1	2.0
ⅡB.6	延安	72	53	538.4	139.9	17	1.9	1.6	2.1
ⅡB.7	铜川	73	53	610.5	113.6	15	2.3	2.2	2.2
ⅡB.8	白银	54	49	200.2	82.2	11	1.9	2.2	1.4
ⅡB.9	兰州	60	57	322.9	96.8	10	1.0	1.3	0.5
ⅡB.10	天水	72	56	537.5	88.1	15	1.2	1.2	1.3
ⅡB.11	银川	58	58	197.0	66.8	17	1.9	1.7	1.7
ⅡB.12	中宁	59	48	221.4	77.8	8	2.9	2.9	2.9
ⅡB.13	固原	71	53	476.4	75.9	19	2.9	2.7	2.8
ⅢA.1	盐城	84	74	1008.5	167.9	19	3.4	3.3	3.4
ⅢA.2	上海市	83	75	1132.3	204.4	14	3.1	3.0	3.0
ⅢA.3	舟山	84	70	1320.6	212.5	23	3.3	3.2	3.6
ⅢA.4	温州	85	75	1707.2	252.5	10	2.1	2.1	2.1
ⅢA.5	宁德	79	78	2001.7	206.8	6	1.3	1.6	1.2
ⅢB.1	泰州	85	76	1053.1	212.1	30	3.4	3.4	3.5
ⅢB.2	南京	81	73	1034.1	179.3	51	2.7	2.6	2.6
ⅢB.3	蚌埠	80	71	903.2	154.0	35	2.5	2.3	2.5

区属号	地 名	相对湿度(%)		降 水(mm)		最大积雪深度(cm)	风 速(m/s)		
		最热月	最冷月	年降水量	日最大降水量		全年	夏季	冬季
1	2	17	18	19	20	21	22	23	24
ⅢB.4	合肥	81	75	989.5	238.4	45	2.7	2.7	2.6
ⅢB.5	铜陵	79	75	1390.7	204.8	33	3.0	2.9	3.1
ⅢB.6	杭州	80	77	1409.8	189.3	29	2.2	2.2	2.3
ⅢB.7	丽水	75	75	1402.6	143.7	23	1.4	1.3	1.4
ⅢB.8	邵武	81	79	1788.1	187.7	10	1.2	1.1	1.2
ⅢB.9	三明	75	79	1610.7	116.2	3	1.8	1.7	1.8
ⅢB.10	长汀	78	78	1729.1	180.7	9	1.5	1.3	1.7
ⅢB.11	景德镇	79	76	1763.2	228.5	28	2.1	2.1	2.0
ⅢB.12	南昌	76	74	1589.2	289.0	24	2.6	2.0	3.6
ⅢB.13	上饶	74	74	1720.6	162.8	26	2.5	2.5	2.5
ⅢB.14	吉安	73	78	1496.0	198.8	27	2.4	2.5	2.3
ⅢB.15	宁冈	80	82	1507.0	271.6	27	1.7	1.5	1.8
ⅢB.16	广昌	74	79	1732.2	327.4	20	1.8	1.7	1.9
ⅢB.17	赣州	70	75	1466.5	200.8	13	2.0	2.0	2.0
ⅢB.18	沙市	83	77	1109.5	174.3	30	2.3	2.3	2.4
ⅢB.19	武汉	79	76	1230.6	317.4	32	2.6	2.5	2.6
ⅢB.20	大庸	79	74	1357.9	185.9	18	1.4	1.2	1.4
ⅢB.21	长沙	75	81	1394.6	192.5	20	2.6	2.6	2.6
ⅢB.22	涟源	75	74	1358.5	147.5		1.8	1.8	1.3
ⅢB.23	永州	72	79	1419.6	194.8	14	3.4	3.3	3.4
ⅢB.24	韶关	75	72	1552.1	208.8		1.6	1.5	1.7
ⅢB.25	桂林	78	71	1894.4	255.9	4	2.6	1.6	3.3
ⅢB.26	涪陵	75	81	1071.8	113.1	4	1.0	1.1	0.8
ⅢB.27	重庆	75	82	1082.9	192.9	3	1.3	1.4	1.2
ⅢC.1	驻马店	81	65	1004.4	420.4	18	2.6	2.4	2.7
ⅢC.2	固始	83	75	1075.1	206.9	48	3.1	2.8	3.3
ⅢC.3	平顶山	78	60	757.3	234.4	22	2.7	2.4	3.0
ⅢC.4	老河口	80	72	841.3	178.7	22	1.4	1.5	1.3
ⅢC.5	随州	80	70	965.3	214.6	15	2.9	2.9	2.8
ⅢC.6	远安	82	74	1098.4	226.1	26	1.7	2.0	1.5
ⅢC.7	恩施	80	84	1461.2	227.5	19	0.5	0.5	0.4
ⅢC.8	汉中	81	77	905.4	117.8	10	1.0	1.1	0.9
ⅢC.9	略阳	79	62	853.2	160.9	9	2.0	1.8	2.0
ⅢC.10	山阳	74	59	731.6	92.5	15	1.6	1.5	1.7
ⅢC.11	安康	76	68	818.7	161.9	9	1.3	1.4	1.3
ⅢC.12	平武	76	67	859.6	151.0	8	0.6	0.9	0.5
ⅢC.13	仪陇	73	74	1139.1	172.2	8	2.3	2.1	2.3
ⅢC.14	达县	79	81	1201.3	194.1	4	1.2	1.3	1.0
ⅢC.15	成都	85	81	938.9	201.3	5	1.1	1.1	0.9
ⅢC.16	内江	81	82	1058.6	244.8	5	1.7	1.7	1.4
ⅢC.17	酉阳	82	76	1375.6	194.9	14	1.0	1.0	1.1
ⅢC.18	桐梓	76	80	1054.8	173.3	8	1.8	1.7	1.8
ⅢC.19	凯里	75	77	1225.4	256.5	19	1.8	1.6	1.8
ⅣA.1	福州	78	74	1339.7	167.6		2.8	2.9	2.6
ⅣA.2	泉州	80	72	1228.1	296.1		3.5	2.9	3.8
ⅣA.3	汕头	84	79	1560.1	297.4		2.7	2.5	2.9
ⅣA.4	广州	83	70	1705.0	284.9		2.0	1.8	2.2
ⅣA.5	茂名	84	78	1738.2	296.2		2.5	2.6	2.2
ⅣA.6	北海	83	77	1677.2	509.2		3.2	2.9	3.6
ⅣA.7	海口	83	85	1681.7	283.0		3.1	2.8	3.3
ⅣA.8	儋县	81	84	1808.0	403.1		2.4	2.2	2.6
ⅣA.9	琼中	82	87	2452.3	373.5		1.1	1.2	1.0
ⅣA.10	三亚	83	74	1239.1	287.5		2.9	2.3	2.9
ⅣA.11	台北	77	82	1869.9	400.0		3.5	2.8	3.7
ⅣA.12	香港	81	71	2224.7	382.6		6.0	5.2	6.3
ⅣB.1	漳州	80	76	1543.3	215.9		1.6	1.6	1.6
ⅣB.2	梅州	78	76	1472.9	224.4		0.9	1.0	0.8
ⅣB.3	梧州	80	73	1517.0	334.5		1.6	1.5	1.7
ⅣB.4	河池	79	73	1489.2	209.6	5	1.2	1.1	1.2
ⅣB.5	百色	79	74	1104.6	169.8		1.2	1.1	1.1
ⅣB.6	南宁	82	70	1307.0	198.6		1.7	1.9	1.7
ⅣB.7	凭祥	82	81	1424.8	206.5		0.9	0.8	1.0
ⅣB.8	元江	72	65	789.4	109.4	6	2.8	2.2	3.5
ⅣB.9	景洪	76	85	1196.9	151.8		0.5	0.6	0.4
ⅤA.1	毕节	78	85	952.0	115.2	18	1.0	1.1	0.9
ⅤA.2	贵阳	77	78	1127.1	133.9	16	2.1	2.0	2.2
ⅤA.3	察隅	76	59	773.9	90.8	32	2.6	3.2	2.3
ⅤB.1	西昌	75	51	1002.6	135.7	13	1.6	1.3	1.8
ⅤB.2	攀枝花	48	68	767.3	106.3	1	1.0	1.0	1.0
ⅤB.3	丽江	81	45	933.9	105.2	32	3.4	2.3	4.1
ⅤB.4	大理	82	54	1060.1	136.8		2.4	1.6	3.3
ⅤB.5	腾冲	89	71	1482.4	93.2		1.6	1.6	1.6
ⅤB.6	昆明	83	68	1003.8	153.3	36	2.2	1.9	2.5
ⅤB.7	临沧	82	67	1205.5	97.4		1.0	0.8	1.1
ⅤB.8	个旧	84	75	1104.5	118.4	17	3.8	3.1	4.5
ⅤB.9	思茅	86	80	1546.2	149.0		1.0	0.9	1.0
ⅤB.10	盘县	81	78	1399.9	148.8	23	1.6	1.2	1.9
ⅤB.11	兴义	85	85	1545.1	163.1	18	2.7	2.4	2.6
ⅤB.12	独山	84	80	1343.8	160.3	20	2.4	2.2	2.5
ⅥA.1	冷湖	31	36	16.9	22.7	3	4.0	4.8	3.1
ⅥA.2	茫崖	38	38	48.4	15.3	9	5.1	5.5	4.2
ⅥA.3	德令哈	41	39	173.6	84.0	13	2.7	3.3	2.1
ⅥA.4	刚察	68	44	375.0	40.5	13	3.7	3.6	3.5
ⅥA.5	西宁	65	48	367.0	62.2	18	2.0	1.9	1.7
ⅥA.6	格尔木	36	41	39.6	32.0	6	3.1	3.5	2.5
ⅥA.7	都兰	46	41	178.7	31.4	18	3.0	2.8	2.9
ⅥA.8	同德	73	44	437.9	＃47.5	20	3.1	2.6	3.2
ⅥA.9	夏河	76	49	557.9	64.4	19	1.5	1.5	1.1
ⅥA.10	若尔盖	79	53	663.6	65.3	20	2.6	2.5	2.5
ⅥB.1	曲麻莱	66	46	399.2	28.5	24	3.2	3.1	3.1
ⅥB.2	杂多	69	45	524.8	37.9	20	2.2	1.9	2.4
ⅥB.3	玛多	68	56	322.7	54.2	16	3.4	3.7	2.9
ⅥB.4	噶尔	41	33	71.8	24.6	10	3.2	3.2	3.0
ⅥB.5	改则	52	25	189.6	26.4	17	4.4	3.9	5.0
ⅥB.6	那曲	71	37	410.1	33.3	20	2.9	2.4	3.2
ⅥB.7	申扎	62	24	294.3	25.4	13	3.9	3.4	4.6
ⅥC.1	马尔康	75	43	766.0	53.5	14	1.2	1.2	1.1
ⅥC.2	甘孜	71	42	640.0	38.1	18	1.8	1.7	1.6
ⅥC.3	巴塘	66	32	467.6	42.3	7	1.2	1.0	1.3
ⅥC.4	康定	80	63	802.0	48.0	54	3.1	2.8	3.1
ⅥC.5	班玛	75	46	667.3	49.6	17	1.7	1.6	1.6
ⅥC.6	昌都	64	37	466.0	55.3	11	1.3	1.4	1.0
ⅥC.7	波密	78	59	879.5	80.0	32	1.6	1.5	1.5

区属号	地名	相对湿度(%)		降水(mm)		最大积雪深度(cm)	风速(m/s)		
		最热月	最冷月	年降水量	日最大降水量		全年	夏季	冬季
1	2	17	18	19	20	21	22	23	24
ⅥC.8	拉萨	53	29	431.3	41.6	12	2.1	1.8	2.2
ⅥC.9	定日	60	21	289.0	47.8	8	2.7	2.2	3.0
ⅥC.10	德钦	84	56	661.3	74.7	70	2.0	1.8	2.2
ⅦA.1	克拉玛依	31	77	103.1	26.7	25	3.6	5.0	1.5
ⅦA.2	博乐阿拉山口	34	79	100.1	20.6	17	6.0	7.2	3.8
ⅦB.1	阿勒泰	48	72	180.2	40.5	73	2.6	3.0	1.3
ⅦB.2	塔城	53	73	284.0	56.9	75	2.4	2.3	2.1
ⅦB.3	富蕴	49	77	159.0	37.3	54	1.8	2.8	0.5
ⅦB.4	伊宁	57	78	255.7	41.6	89	2.1	2.4	1.6
ⅦB.5	乌鲁木齐	43	80	275.6	57.7	48	2.5	3.0	1.7
ⅦC.1	额济纳旗	33	50	35.5	27.3	11	3.7	4.1	3.1
ⅦC.2	二连浩特	49	66	140.4	61.6	15	4.3	4.0	3.9
ⅦC.3	杭锦后旗	59	51	138.2	77.6	17	2.5	2.2	2.4
ⅦC.4	安西	39	54	47.4	30.7	17	3.6	3.4	3.4
ⅦC.5	张掖	57	55	128.6	46.7	11	2.1	2.2	1.9
ⅦD.1	吐鲁番	31	59	15.8	36.0	17	1.6	2.2	0.9
ⅦD.2	哈密	34	61	34.8	25.5	17	2.5	3.0	2.2
ⅦD.3	库车	35	63	64.0	56.3	16	2.5	3.2	1.9
ⅦD.4	库尔勒	40	62	51.3	27.6	21	2.5	3.2	2.1
ⅦD.5	阿克苏	52	69	62.0	48.6	14	1.7	2.0	1.4
ⅦD.6	喀什	40	67	62.2	32.7	46	1.8	2.4	1.2
ⅦD.7	且末	41	55	20.5	42.9	12	2.5	2.7	1.8
ⅦD.8	和田	40	53	32.6	26.6	14	2.0	2.3	1.6

全国主要城镇气候参数表（四）　附表 2.1-4

区属号	地名	冬季最多风向及其频率(%)		
		12 月	1 月	2 月
1	2	25	26	27
ⅠA.1	漠河	C 46 NNW 13	C 49 NNW 13	C 42 NNW 13
ⅠB.1	加格达奇	C 44 WNW 23	C 48 WNW 26	C 40 WNW 24
ⅠB.2	克山	C 28 NW 13	C 29 NW 13	C 25 NW 14
ⅠB.3	黑河	NW 42	NW 49	NW 44
ⅠB.4	嫩江	C 33 SSW 10	C 41 SSW 8	C 33 SSW 9
ⅠB.5	铁力	C 29 SE 16	C 30 SE 15	C 22 SE 17
ⅠB.6	额尔古纳右旗	C 71 SE 6	C 72 SE 5	C 66 W 7
ⅠB.7	满洲里	SW 29	SW 32	SW 32
ⅠB.8	海拉尔	C 22 S 15	C 25 S 16	C 20 SSW 10
ⅠB.9	博克图	WNW 26	C 26 WNW 27	WNW 21
ⅠB.10	东乌珠穆沁旗	C 30 SW 15	C 29 SW 14	C 33 SW 11
ⅠC.1	齐齐哈尔	NW 15	NW 17	NW 16
ⅠC.2	鹤岗	W 19	W 20	WNW 17
ⅠC.3	哈尔滨	SSW 15	S 14	SSW 12
ⅠC.4	虎林	C 23 NNW 15	C 23 NNW 19	NNW 19
ⅠC.5	鸡西	W 34	W 35	W 31
ⅠC.6	绥芬河	W 38	W 37	W 32
ⅠC.7	长春	SW 21	SW 21	SW 18
ⅠC.8	桦甸	C 45 SW 19	C 50 SW 18	C 46 SW 16
ⅠC.9	图们	WNW 30	WNW 34	WNW 26
ⅠC.10	天池	WSW 36	WSW 29	WSW 28

区属号	地名	冬季最多风向及其频率(%)		
		12 月	1 月	2 月
1	2	25	26	27
ⅠC.11	通化	C 55 SSW,SW 6	C 58 SSW,SW 5	C 47 N,SSW 7
ⅠC.12	乌兰浩特	C 29 W 19	C 29 WNW 17	C 24 WNW 16
ⅠC.13	锡林浩特	SW 23	C 23 SW 20	C 25 SW 17
ⅠC.14	多伦	C 27 W 20	C 29 WNW 19	C 30 WNW 17
ⅠD.1	四平	SSW 15	SSW 14	SSW 13
ⅠD.2	沈阳	N 13	N 13	N 14
ⅠD.3	朝阳	C 33 S 11	C 29 S 11	C 25 S 11
ⅠD.4	林西	WSW 23	WSW 22	C 24 WSW 15
ⅠD.5	赤峰	C 27 SW 15	C 29 SW 15	C 28 SW 13
ⅠD.6	呼和浩特	C 53 NW 10	C 49 NW 11	C 46 NW 10
ⅠD.7	达尔罕茂明安联合旗	SE,SW 17	SE 20	SE 18
ⅠD.8	张家口	NNW 25	NNW 28	NNW 25
ⅠD.9	大同	C 20 N 19	C 20 N,NNW 18	N 18
ⅠD.10	榆林	C 41 NNW 14	C 39 NNW 14	C 34 NNW 13
ⅡA.1	营口	NNE 14	NNE 15	NNE 15
ⅡA.2	丹东	NNW 19	NNW 19	NNW 18
ⅡA.3	大连	N 25	N 26	N 24
ⅡA.4	北京市	C 23 N 14	C 18 NNW 14	C 17 N,NNW 12
ⅡA.5	天津市	C 15 NNW 14	NNW 14	NNW 14
ⅡA.6	承德	C 61 NW 11	C 54 NW 12	C 51 NW 10
ⅡA.7	乐亭	W 13	WNW 11	ENE 13
ⅡA.8	沧州	SSW 11	SW 10	SSW 11
ⅡA.9	石家庄	C 34 N 9	C 31 N 10	C 30 N 10
ⅡA.10	南宫	S 14	S 12	S 13
ⅡA.11	邯郸	C 19 N 16	C 18 N 15	N 16
ⅡA.12	威海	NNW 20	NNW 23	NNW 20
ⅡA.13	济南	C 16 SSW 15	C 17 ENE 14	ENE 17
ⅡA.14	沂源	C 36 W 12	C 35 WSW,W 11	C 31 ENE,WSW 10
ⅡA.15	青岛	NNW 22	NNW 22	N 19
ⅡA.16	枣庄	C 25 ENE 13	C 25 ENE 12	C 22 ENE 13
ⅡA.17	濮阳	N 14	N 14	N,NNE 13
ⅡA.18	郑州	C 17 WNW 15	C 16 WNW 14	NE 16
ⅡA.19	卢氏	C 42 NE 11	C 40 NE 13	C 34 NE,ENE 15
ⅡA.20	宿州	NE 14	NE 14	NE 14
ⅡA.21	西安	C 35 NE 11	C 34 NE 11	C 29 NE 17
ⅡB.1	蔚县	C 42 SW 7	C 41 SW 7	C 36 SW 7
ⅡB.2	太原	C 25 NNW 15	C 24 NNW 14	C 22 NNW 14
ⅡB.3	离石	C 29 NNE 27	C 27 NNE 23	C 28 NNE 21
ⅡB.4	晋城	C 38 NW 20	C 37 NW 20	C 34 NW 19
ⅡB.5	临汾	C 34 NE,SW 8	C 34 NE 9	C 28 NE,SW 9
ⅡB.6	延安	SW,WSW 22	SW 23	C 23 SW 21
ⅡB.7	铜川	NE 26	NE 24	NE 22
ⅡB.8	白银	C 53 N,NW 6	C 51 N 7	C 44 N 10
ⅡB.9	兰州	C 77 NE 3	C 71 NE 3	C 59 NE 7
ⅡB.10	天水	C 47 E 16	C 41 E 17	C 38 E 20
ⅡB.11	银川	C 38 N 11	C 35 N 11	C 27 N 12
ⅡB.12	中宁	C 21 W 15	C 22 W 14	C 24 W 10
ⅡB.13	固原	C 19 NW 11	C 17 NW 13	C 16 NW 10
ⅢA.1	盐城	NNW	NNW	NNE 12
ⅢA.2	上海市	NW 15	NW 15	NW 11

区属号	地名	冬季最多风向及其频率(%)		
		12 月	1 月	2 月
1	2	25	26	27
ⅢA.3	舟山	C 20 NW,NNW 17	NW 20	C 18 N 16
ⅢA.4	温州	C 22 NW 20	C 23 NW 20	C 23 ESE,N 16
ⅢA.5	宁德	C 37 SE 16	C 36 SE 16	C 37 SE 18
ⅢB.1	泰州	NW 9	NW 11	NE 10
ⅢB.2	南京	C 29 NE 9	C 25 NE 11	C 21 NE 11
ⅢB.3	蚌埠	C 29 NE,ENE 8	C 18 ENE 10	C 15 ENE 11
ⅢB.4	合肥	C 21 NW 9	C 21 ENE 9	C 20 ENE 9
ⅢB.5	铜陵	NE 20	NE 20	NE 22
ⅢB.6	杭州	C 21 NNW 18	C 19 NNW 16	C 16 NNW 14
ⅢB.7	丽水	C 52 ENE 10	C 47 ENE 13	C 43 ENE 14
ⅢB.8	邵武	C 54 NW 13	C 47 NW 15	C 44 NW 14
ⅢB.9	三明	C 35 NNE 19	C 36 NNE 19	C 29 NNE 21
ⅢB.10	长汀	C 42 NW 13	C 36 NW 15	C 36 WNW,NW 13
ⅢB.11	景德镇	C 27 NE 14	C 25 NE 13	C 23 NNE,NE 14
ⅢB.12	南昌	N 29	N 28	N 29
ⅢB.13	上饶	C 28 NE 15	C 22 NE 14	C 19 NE 16
ⅢB.14	吉安	N 30	N 32	N 31
ⅢB.15	宁冈	C 45 NNE 16	C 43 NNE 16	C 40 NNE 18
ⅢB.16	广昌	C 30 NNE 28	NNE 31	NNE 28
ⅢB.17	赣州	N 38	N 38	N 39
ⅢB.18	沙市	C 26 N 18	C 23 N 20	C 21 N 9
ⅢB.19	武汉	NNE 20	NNE 19	NNE 19
ⅢB.20	大庸	C 46 E 16	C 44 E 17	C 40 E 19
ⅢB.21	长沙	NW 32	NW 31	NW 30
ⅢB.22	涟源	C 35 E 11	C 34 E 11	C 34 E 11
ⅢB.23	永州	NE 24	NE 25	NE 24
ⅢB.24	韶关	C 38 NW 14	C 36 NW 13	C 33 N 13
ⅢB.25	桂林	NNE 51	NNE 54	NNE 51
ⅢB.26	涪陵	C 64 NE 6	C 59 NE 8	C 54 NE 8
ⅢB.27	重庆	C 39 N 13	C 36 N 13	C 33 N 12
ⅢC.1	驻马店	C 18 NNW 14	C 16 NNW 14	C 15 N,NNW 10
ⅢC.2	固始	E,ESE 9	E,ESE 10	ESE 13
ⅢC.3	平顶山	C 22 NW 12	C 21 NW 11	C 18 NE 13
ⅢC.4	老河口	C 46 NE 8	C 41 NE 9	C 36 NE 10
ⅢC.5	随州	N 12	N 13	N 12
ⅢC.6	远安	C 45 S 11	C 41 S 11	C 36 SSE 10
ⅢC.7	恩施	C 79 N 4	C 78 N,S 3	C 72 N 5
ⅢC.8	汉中	C 63 ENE 8	C 61 ENE 8	C 50 ENE 11
ⅢC.9	略阳	C 41 N,WSW 8	C 35 E 9	C 30 E 12
ⅢC.10	山阳	C 42 ESE 14	C 38 ESE 15	C 35 ESE 18
ⅢC.11	安康	C 59 ENE 10	C 56 ENE 10	C 46 ENE 14
ⅢC.12	平武	C 71 SW 5	C 72 SW 4	C 67 ESE 4
ⅢC.13	仪陇	NE 25	NE 26	NE 25
ⅢC.14	达县	C 47 NE 24	C 45 NE 23	C 41 NE 24
ⅢC.15	成都	C 50 NNE 11	C 45 NNE 14	C 43 NNE 12
ⅢC.16	内江	C 31 N 15	C 30 N 15	C 26 N 14
ⅢC.17	酉阳	C 49 N 18	C 46 N 19	C 46 N 19
ⅢC.18	桐梓	C 38 E 10	C 36 E 10	C 33 E 12
ⅢC.19	凯里	C 27 N 20	C 26 N 22	C 27 N 22
ⅣA.1	福州	C 16 NW 14	C 18 NW 13	C 19 SE 11
ⅣA.2	泉州	ENE 25	ENE 26	ENE 27
ⅣA.3	汕头	ENE 21	ENE 20	ENE 26

区属号	地名	冬季最多风向及其频率(%)		
		12 月	1 月	2 月
1	2	25	26	27
ⅣA.4	广州	C 33 N 29	C 29 N 28	C 26 N 24
ⅣA.5	茂名	C 24 SE 15	NNW 17	ESE,SE 18
ⅣA.6	北海	N 35	N 39	N 38
ⅣA.7	海口	NE 31	NE 31	NE 25
ⅣA.8	儋县	ENE 24	ENE 20	ENE 15
ⅣA.9	琼中	C 61 NE 6	C 55 NE,SE 6	C 52 SE 10
ⅣA.10	三亚	NE 24	NE 22	E 21
ⅣA.11	台北	E 32	E 26	E 27
ⅣA.12	香港	E 30	E 33	E 38
ⅣB.1	漳州	C 38 ESE 16	C 37 ESE 19	C 35 ESE 21
ⅣB.2	梅州	C 59 N 10	C 53 N 12	C 52 N 9
ⅣB.3	梧州	C 21 NE 19	C 21 NE 18	NE 21
ⅣB.4	河池	C 43 E 15	C 39 E 15	C 37 E 19
ⅣB.5	百色	C 51 SE 8	C 48 SE 10	C 39 SE 13
ⅣB.6	南宁	C 30 ENE 15	C 26 ENE 17	C 23 ENE 16
ⅣB.7	凭祥	C 58 E 14	C 55 E 17	C 47 E 15
ⅣB.8	元江	C 43 ESE 19	C 32 ESE 25	ESE 27
ⅣB.9	景洪	C 79 SE 2	C 76 SW 3	C 68 E,SE 4
ⅤA.1	毕节	C 56 ESE,SE 6	C 54 NE 6	C 50 NE,SE 7
ⅤA.2	贵阳	C 24 NE 21	NE 21	NE 24
ⅤA.3	察隅	C 35 SSW 19	C 36 SSW 20	SSW 26
ⅤB.1	西昌	C 44 N 8	C 34 S 10	C 23 S 13
ⅤB.2	攀枝花	C 66 SE 6	C 59 SE 7	C 49 SE 8
ⅤB.3	丽江	W 18	W 28	W 32
ⅤB.4	大理	C 29 E 10	C 20 E 10	C 17 S 10
ⅤB.5	腾冲	C 36 SSW,SW 12	C 32 SW 15	C 29 SW 15
ⅤB.6	昆明	C 35 SW 22	C 32 SW 23	C 28 SW 15
ⅤB.7	临沧	C 61 NW,N 4	C 58 NW 4	C 50 SW,W 5
ⅤB.8	个旧	S 38	S 42	S 42
ⅤB.9	思茅	C 64 SW 6	C 59 S,SW 7	C 56 SW 7
ⅤB.10	盘县	C 38 NE 18	C 32 NE 21	C 29 NE 20
ⅤB.11	兴义	S 27	S 25	S 20
ⅤB.12	独山	C 24 N 14	N 18	N 17
ⅥA.1	冷湖	C 29 ENE 16	C 25 ENE 19	C 18 ENE 13
ⅥA.2	茫崖	NW 24	NW 28	NW 35
ⅥA.3	德令哈	C 50 ENE 18	C 40 ENE 19	C 39 ENE 20
ⅥA.4	刚察	NNW 21	NNW 17	NNW 15
ⅥA.5	西宁	C 49 SE 18	C 46 SE 21	C 37 SE 28
ⅥA.6	格尔木	SW 21	SW 19	SW 19
ⅥA.7	都兰	SE 32	SE 30	SE 26
ⅥA.8	同德	E 26	E 24	E 20
ⅥA.9	夏河	C 66 N,NNW 7	C 61 N,NNW 8	C 52 NNW 11
ⅥA.10	若尔盖	C 28 NE 14	C 24 NE 19	C 20 NE 16
ⅥB.1	曲麻莱	C 38 WNW 14	C 31 WNW 19	C 22 W,WNW 17
ⅥB.2	杂多	C 30 W 14	C 32 W 15	C 28 W 19
ⅥB.3	玛多	C 39 W 9	C 36 W 11	C 28 W 12
ⅥB.4	噶尔	C 34 WSW 12	C 30 WSW 13	C 22 WSW 18
ⅥB.5	改则	C 24 WSW 14	WSW 19	WSW 22
ⅥB.6	那曲	C 37 NNE 9	C 30 W 12	C 25 W 16
ⅥB.7	申扎	C 31 W 18	C 27 W 20	W 26
ⅥC.1	马尔康	C 63 WNW 10	C 59 WNW 12	C 52 WNW 13
ⅥC.2	甘孜	C 59 W 9	C 51 W 10	C 42 W 15
ⅥC.3	巴塘	C 57 SW 12	C 48 SW 11	C 37 SW 17
ⅥC.4	康定	C 36 E 29	E 32	E 34

区属号	地 名	冬季最多风向及其频率 (%)					
		12 月		1 月		2 月	
1	2	25		26		27	
ⅥC.5	班玛	C 44 NW	13	C 44 NW	13	C 39 NW	14
ⅥC.6	昌都	C 62 NW,NNW	5	C 56 NW	6	C 45 S,NW	7
ⅥC.7	波密	C 48 NW	17	C 38 NW	22	C 32 NW	27
ⅥC.8	拉萨	C 31 E	17	C 24 E	16	C 19 ESE	13
ⅥC.9	定日	C 54 WSW	21	C 43 WSW	22	C 36 WSW	24
ⅥC.10	德钦	C 35 S,SSW	11	C 31 S	13	C 29 SSW	14
ⅦA.1	克拉玛依	C 40 NE,NW	8	C 38 NW	9	C 30 NW	9
ⅦA.2	博乐阿拉山口	SSE	22	C 25 SSE	20	SSE	25
ⅦB.1	阿勒泰	C 48 NE	11	C 50 NE	12	C 47 NE	10
ⅦB.2	塔城	C 25 N	21	N	21	C 21 N	20
ⅦB.3	富蕴	C 75 E	14	C 78 E	13	C 74 E	14
ⅦB.4	伊宁	C 32 E	16	C 31 E	16	C 28 E	16
ⅦB.5	乌鲁木齐	C 32 S	10	C 30 S	12	C 27 S	12
ⅦC.1	额济纳旗	C 25 W	15	C 23 W	10	C 19 W	9
ⅦC.2	二连浩特	SW	17	SW	16	W	13
ⅦC.3	杭锦后旗	C 37 SW	12	C 37 NE	12	C 27 NE	15
ⅦC.4	安西	E	34	E	36	E	38
ⅦC.5	张掖	C 30 NW	11	C 25 NW	13	C 24 NW	14
ⅦD.1	吐鲁番	C 51 N	9	C 49 N	10	C 37 N	12
ⅦD.2	哈密	C 18 NE,ENE	16	NE	22	NE	16
ⅦD.3	库车	C 25 N	17	N	22	N	22
ⅦD.4	库尔勒	C 40 ENE	15	C 36 ENE	22	C 27 ENE	20
ⅦD.5	阿克苏	C 37 NNW	14	C 33 NNW	16	C 26 NNW	16
ⅦD.6	喀什	C 48 NW	11	C 42 NW	13	C 33 NW	13
ⅦD.7	且末	C 32 NW	13	C 30 NW	15	C 24 NE	18
ⅦD.8	和田	C 28 SW	10	C 31 SW	10	C 25 SW	10

全国主要城镇气候参数表（五）　　附表 2.1-5

区属号	地 名	夏季最多风向及其频率 (%)					
		6 月		7 月		8 月	
1	2	28		29		30	
ⅠA.1	漠河	C 17 W	10	C 23 SE,W	8	C 27 NW	8
ⅠB.1	加格达奇	C 25 WNW	11	C 27 WNW	10	C 25 WNW	15
ⅠB.2	克山	C 12 E	9	C 16 E	10	C 18 NW	8
ⅠB.3	黑河	NW	18	NW	16	NW	22
ⅠB.4	嫩江	C 14 N	9	C 17 S	8	C 19 N	9
ⅠB.5	铁力	SE	16	C 16 SE	14	C 20 SE	13
ⅠB.6	额尔古纳右旗	C 29 SE	9	C 30 SE	9	C 36 SE	8
ⅠB.7	满洲里	E	11	E	12	C 14 SW	11
ⅠB.8	海拉尔	C 11 E,SSE	9	C 12 E	11	C 15 E	9
ⅠB.9	博克图	C 34 SE	8	C 39 SE	9	C 40 W	9
ⅠB.10	东乌珠穆沁旗	C 18 N	9	C 21 SE	8	C 25 SE	9
ⅠC.1	齐齐哈尔	N	11	S	11	N	12
ⅠC.2	鹤岗	NE	13	NE	14	NE	12
ⅠC.3	哈尔滨	S	12	S	14	S	12
ⅠC.4	虎林	SSW	18	SSW	18	C 14 SSW	10
ⅠC.5	鸡西	C 19 W	11	C 22 W	9	C 23 W	12
ⅠC.6	绥芬河	C 30 E	12	C 31 E	13	C 32 W	12
ⅠC.7	长春	SW	16	SSW,SW	16	SSW,SW	13
ⅠC.8	桦甸	C 25 SW	15	C 29 SW	15	C 35 NE	13

区属号	地 名	夏季最多风向及其频率 (%)					
		6 月		7 月		8 月	
1	2	28		29		30	
ⅠC.9	图们	E	21	C 23 ENE	17	C 31 E	14
ⅠC.10	天池	WSW	19	WSW	22	WSW	23
ⅠC.11	通化	C 29 SSW	14	C 36 SSW	9	C 42 SW	9
ⅠC.12	乌兰浩特	C 20 N	8	C 24 N	7	C 28 N,W	8
ⅠC.13	锡林浩特	C 17 SW,N	8	C 17 SW	8	C 22 SSW	9
ⅠC.14	多伦	C 25 S	8	C 29 S	10	C 35 S	9
ⅠD.1	四平	SSW	19	SSW	19	C 19 SSW	13
ⅠD.2	沈阳	S	18	S	19	S	14
ⅠD.3	朝阳	S	22	C 25 S	24	C 34 S	17
ⅠD.4	林西	C 28 WSW	9	C 37 WSW	8	C 41 WSW,W	7
ⅠD.5	赤峰	C 19 SW	16	C 23 SW	16	C 29 SW	14
ⅠD.6	呼和浩特	C 34 SSW	7	C 44 SSW	7	C 49 SSW	6
ⅠD.7	达尔罕茂明安联合旗	SW	13	C 15 SW	13	C 16 SE	13
ⅠD.8	张家口	C 19 SE	15	C 25 SE	16	C 27 ESE,SE	15
ⅠD.9	大同	C 21 N	12	C 28 N	10	C 28 N	13
ⅠD.10	榆林	C 27 SSE	12	C 25 SSE	16	C 27 SSE	15
ⅡA.1	营口	SW	15	SW	15	NNE,NE	11
ⅡA.2	丹东	C 18 S	15	C 19 S	18	C 21 NE	14
ⅡA.3	大连	SE	17	SE,SSE	17	S	13
ⅡA.4	北京市	C 17 S	9	C 25 S	9	C 30 N	10
ⅡA.5	天津市	SE	13	SE	11	C 15 SE	9
ⅡA.6	承德	C 43 S	8	C 53 S	7	C 58 SE,S	5
ⅡA.7	乐亭	S	12	S	15	C 17 ENE,E	8
ⅡA.8	沧州	SSW	14	SSW	11	C 12 E	9
ⅡA.9	石家庄	C 28 SE	11	C 36 SE	13	C 42 SE	9
ⅡA.10	南宫	S	20	S	15	C 15 S	12
ⅡA.11	邯郸	S	20	C 16 S	15	C 20 N	16
ⅡA.12	威海	S	15	S	15	C 16 SSE,S	9
ⅡA.13	济南	SSW	19	C 17 SSW	15	C 20 ENE	15
ⅡA.14	沂源	C 26 ENE	8	C 30 ENE	9	C 36 NE,ENE	10
ⅡA.15	青岛	SSE	30	SSE	29	SSE	20
ⅡA.16	枣庄	E	16	E	17	C 20 ENE	15
ⅡA.17	濮阳	SSW	15	S	13	N	14
ⅡA.18	郑州	S	13	C 15 S	13	C 20 NE	13
ⅡA.19	卢氏	C 29 SSW	15	C 31 NE	13	C 37 NE	16
ⅡA.20	宿州	E,ESE,SE	10	C 13 ENE	10	C 15 ENE	14
ⅡA.21	西安	C 22 NE	13	C 25 NE	13	C 26 NE	13
ⅡB.1	蔚县	C 26 SSE,S	8	C 35 SSE	7	C 39 SE,SW	7
ⅡB.2	太原	C 21 NNW	12	C 29 NNW	13	C 29 NNW	15
ⅡB.3	离石	C 27 NNE	16	C 33 NNE	16	C 37 NNE	15
ⅡB.4	晋城	C 27 S	17	C 31 S	17	C 36 S	19
ⅡB.5	临汾	C 22 NE	11	C 27 NE	12	C 30 NE	13
ⅡB.6	延安	C 23 SW	22	C 34 SW	17	C 36 SW	14
ⅡB.7	铜川	NE	20	C 19 NE	18	NNE	19
ⅡB.8	白银	C 27 N	9	C 30 N	9	C 34 N	8
ⅡB.9	兰州	C 42 E	9	C 44 E	9	C 48 NE,E	8
ⅡB.10	天水	C 41 E	13	C 40 E	16	C 40 E	18
ⅡB.11	银川	C 26 S	12	C 32 S	11	C 36 S	9
ⅡB.12	中宁	C 22 NE	12	C 22 S	11	C 22 NE	13
ⅡB.13	固原	C 18 SE	12	C 18 SE	13	C 19 SE	13
ⅢA.1	盐城	ESE	17	ESE	13	ESE	13

区属号	地名	夏季最多风向及其频率(%)		
		6 月	7 月	8 月
1	2	28	29	30
ⅢA.2	上海市	ESE,SE 16	SSE 19	ESE 17
ⅢA.3	舟山	C 21 SE 20	SE 25	SE 20
ⅢA.4	温州	C 36 ESE 19	C 30 E 23	C 29 E 18
ⅢA.5	宁德	C 33 SE 17	C 20 SE 18	C 23 SE 16
ⅢB.1	泰州	SE 16	SE 15	SE 15
ⅢB.2	南京	C 16 SE 15	C 19 SE 12	C 19 SE 12
ⅢB.3	蚌埠	C 24 SSE 12	C 25 ENE 10	C 26 ENE 17
ⅢB.4	合肥	C 15 S 13	S 17	C 17 ENE 9
ⅢB.5	铜陵	C 18 SW 17	SW 23	NE 17
ⅢB.6	杭州	SSW 20	SSW 25	C 12 SSW 10
ⅢB.7	丽水	C 47 E 13	C 41 E 15	C 38 E 15
ⅢB.8	邵武	C 56 ESE 6	C 51 ESE 6	C 50 E,ESE 7
ⅢB.9	三明	C 35 NNE 9	C 31 SSW 13	C 28 NNE 15
ⅢB.10	长汀	C 50 S 9	C 45 S 10	C 46 WNW 6
ⅢB.11	景德镇	C 27 NE 13	C 27 NE 13	C 23 NE 17
ⅢB.12	南昌	C 22 NNE,SW 10	SW 17	C 19 NNE 13
ⅢB.13	上饶	C 21 NE 14	C 21 NE 11	C 18 NE 11
ⅢB.14	吉安	S 20	S 29	S 16
ⅢB.15	宁冈	C 51 NNE 10	C 53 NE 7	C 52 NE 9
ⅢB.16	广昌	C 28 SSW 15	SSW 22	C 27 SSW 13
ⅢB.17	赣州	C 27 SSW 19	SSW 25	C 23 SSW 14
ⅢB.18	沙市	C 21 S 16	S 23	C 21 N 18
ⅢB.19	武汉	C 13 SE 9	C 12 SSW 10	NNE 14
ⅢB.20	大庸	C 48 E 10	C 43 E 10	C 43 E 14
ⅢB.21	长沙	C 19 NW 13	S 21	C 17 NW 14
ⅢB.22	涟源	C 28 E 12	C 22 SW 9	C 24 E,W 9
ⅢB.23	永州	S 26	S 36	S 24
ⅢB.24	韶关	C 37 S 20	C 33 S 26	C 43 S 13
ⅢB.25	桂林	C 35 NNE 18	C 37 S 13	C 39 NNE 17
ⅢB.26	涪陵	C 57 N 6	C 48 NE 9	C 49 NE 8
ⅢB.27	重庆	C 37 N 10	C 29 N 8	C 30 NE 8
ⅢC.1	驻马店	C 15 S 13	C 17 S 16	C 21 N 11
ⅢC.2	固始	ESE 16	SW 12	C 14 E,ESE 11
ⅢC.3	平顶山	C 16 NE,E 8	C 21 SSW 8	C 24 NE 11
ⅢC.4	老河口	C 34 SE 11	C 37 SE 12	C 40 NE,SE 8
ⅢC.5	随州	SE 16	SE 19	SE 13
ⅢC.6	远安	C 25 SSE 15	C 26 SSE 16	C 27 NNW 17
ⅢC.7	恩施	C 72 N 4	C 66 S 5	C 68 N,S 4
ⅢC.8	汉中	C 45 ENE,E 8	C 47 ENE,E 8	C 48 E 9
ⅢC.9	略阳	C 34 N 9	C 38 E 7	C 35 N,E 7
ⅢC.10	山阳	C 36 ESE 14	C 36 ESE 18	C 38 ESE 17
ⅢC.11	安康	C 45 E,W 7	C 45 E,W 7	C 41 E 9
ⅢC.12	平武	C 46 N 14	C 55 N 10	C 58 N 10
ⅢC.13	仪陇	NE 15	NE 16	NE 18
ⅢC.14	达县	C 34 NE 19	C 31 NE 25	NE 27
ⅢC.15	成都	C 40 NNE 7	C 41 NNE 9	C 44 N 9
ⅢC.16	内江	C 26 NNW 10	C 25 NNW 12	C 27 NNW 11
ⅢC.17	酉阳	C 58 N 8	C 61 SE 7	C 61 N 8
ⅢC.18	桐梓	C 38 SSE,WSW 7	C 33 SSE 15	C 40 SE,SSE 10
ⅢC.19	凯里	C 37 N 10	C 33 S 13	C 41 E 8
ⅣA.1	福州	C 26 SE 24	SE 32	C 21 SE 20
ⅣA.2	泉州	C 19 SSW 17	SSW 20	C 19 SSE 9

区属号	地名	夏季最多风向及其频率(%)		
		6 月	7 月	8 月
1	2	28	29	30
ⅣA.3	汕头	C 20 SSW 11	C 21 S,SSW 10	C 24 ESE 10
ⅣA.4	广州	C 26 SE 15	C 26 SE 16	C 32 E 11
ⅣA.5	茂名	SE 25	SE 24	C 16 SE 14
ⅣA.6	北海	SSW 13	SSW 16	C 18 SE,SSW 9
ⅣA.7	海口	SSE 20	SSE 21	C 16 SSE 13
ⅣA.8	儋县	S 20	S 20	S 17
ⅣA.9	琼中	C 54 SE 10	C 52 SE 8	C 58 SE,W 6
ⅣA.10	三亚	C 19 SSE 10	C 19 W 10	C 25 W 11
ⅣA.11	台北	SSE 13	ESE 13	ESE 17
ⅣA.12	香港	E 22	E 15	E 23
ⅣB.1	漳州	C 38 ESE 15	C 34 S 10	C 36 ESE 10
ⅣB.2	梅州	C 53 SW 6	C 44 SSW,SW 8	C 46 SSW,SW 6
ⅣB.3	梧州	C 26 E 17	C 25 E 18	C 28 E 13
ⅣB.4	河池	C 44 E 25	C 40 E 27	C 49 E 18
ⅣB.5	百色	C 39 SE 11	C 40 SE 10	C 50 SE 6
ⅣB.6	南宁	C 19 SE 14	C 16 E,SE 15	C 25 E 13
ⅣB.7	凭祥	C 64 S 8	C 64 S 8	C 67 E 5
ⅣB.8	元江	C 33 ESE 21	C 33 ESE 23	C 47 ESE 14
ⅣB.9	景洪	C 64 SE 8	C 63 E,ESE 8	C 71 E 5
ⅤA.1	毕节	C 55 SE 7	C 49 SE 10	C 57 SE 9
ⅤA.2	贵阳	C 29 S 14	C 26 S 23	C 35 S 13
ⅤA.3	察隅	SSW 29	SSW 34	C 30 SSW 29
ⅤB.1	西昌	C 40 N 7	C 43 N 8	C 42 N 9
ⅤB.2	攀枝花	C 53 SE 8	C 60 SE 6	C 70 ESE 4
ⅤB.3	丽江	C 16 SE 11	C 21 SE 12	C 25 E,SE 13
ⅤB.4	大理	C 33 E 13	C 39 E 12	C 44 NW 8
ⅤB.5	腾冲	C 32 SW 27	SW 31	C 36 SW 22
ⅤB.6	昆明	C 23 SW 18	C 28 SW 18	C 38 S 9
ⅤB.7	临沧	C 55 N 8	C 59 N 9	C 60 N 9
ⅤB.8	个旧	S 39	S 37	S 26
ⅤB.9	思茅	C 50 S 12	C 52 S,SSW 11	C 60 SSW 7
ⅤB.10	盘县	C 47 SW 10	C 47 SSW 12	C 57 NE 7
ⅤB.11	兴义	SSE 24	SSE 26	S 18
ⅤB.12	独山	C 22 SE 21	SE 27	C 33 SE 18
ⅥA.1	冷湖	NE,ENE 16	NE 17	NE 18
ⅥA.2	茫崖	NW 35	NW 36	NW 37
ⅥA.3	德令哈	ENE 22	ENE 24	C 28 ENE 26
ⅥA.4	刚察	NNW 16	NNW 14	NNW 16
ⅥA.5	西宁	C 27 SE 18	C 29 SE 22	C 30 SE 26
ⅥA.6	格尔木	W 24	W 24	W 21
ⅥA.7	都兰	SE 17	SE 17	SE 17
ⅥA.8	同德	NE 14	C 16 E,NE 14	C 17 NE 14
ⅥA.9	夏河	C 44 NNW 12	C 46 NNW 12	C 46 NNW 13
ⅥA.10	若尔盖	C 18 NE 15	C 20 NE 14	C 26 NE 16
ⅥB.1	曲麻莱	E,ESE 15	E 17	ESE 18
ⅥB.2	杂多	C 26 W 11	C 30 W 10	C 27 ESE 11
ⅥB.3	玛多	C 18 NE 14	C 19 NE 14	C 21 NE 13
ⅥB.4	噶尔	C 20 WSW 13	C 16 W 11	C 19 W 10
ⅥB.5	改则	C 15 W 11	C 16 ESE 8	C 16 ESE 10
ⅥB.6	那曲	C 26 NE 8	C 30 ESE 8	C 32 NE,ESE 7
ⅥB.7	申扎	C 18 SE 13	C 22 SE 17	C 24 SE 15
ⅥC.1	马尔康	C 51 WNW 13	C 55 WNW 9	C 55 WNW 10

区属号	地名	夏季最多风向及其频率(%)					
		6 月		7 月		8 月	
1	2	28		29		30	
ⅥC.2	甘孜	C 41 W	9	C 46 E	7	C 47 W	6
ⅥC.3	巴塘	C 54 SW	12	C 59 SW	10	C 57 SW	9
ⅥC.4	康定	C 27 E	24	C 31 E	22	C 29 E	23
ⅥC.5	班玛	C 34 NNW	10	C 39 NNW	9	C 42 ESE	9
ⅥC.6	昌都	C 33 NW,NNW	10	C 37 NNW	9	C 41 NW,NNW	8
ⅥC.7	波密	C 44 NW	17	C 45 NW	18	C 44 NW	19
ⅥC.8	拉萨	C 24 ESE	13	C 30 ESE	14	C 32 ESE	14
ⅥC.9	定日	C 31 SSW,WSW	8	C 37 SE	8	C 43 SE	7
ⅥC.10	德钦	C 29 SSW	17	C 35 SSW	15	C 35 SSW	13
ⅦA.1	克拉玛依	NW	35	NW	32	NW	28
ⅦA.2	博乐阿拉山口	NW	33	NNW	34	NNW	29
ⅦB.1	阿勒泰	W	18	C 20 W	15	C 19 W	15
ⅦB.2	塔城	C 18 N	17	C 18 N	15	C 17 N	16
ⅦB.3	富蕴	C 38 W	25	C 43 W	23	C 43 W	23
ⅦB.4	伊宁	E	20	E	19	C 18 E	17
ⅦB.5	乌鲁木齐	NW	15	NW	15	NW	16
ⅦC.1	额济纳旗	NW	13	E	12	E	16
ⅦC.2	二连浩特	NW	9	E,NW	9	C 10 E	9
ⅦC.3	杭锦后旗	C 26 NE	12	C 31 NE	12	C 30 NE	14
ⅦC.4	安西	E	29	E	30	E	29
ⅦC.5	张掖	C 19 SE	11	C 22 SE	10	C 25 SE,NW	10
ⅦD.1	吐鲁番	C 21 E	11	C 23 E	9	C 26 E	9
ⅦD.2	哈密	NE	16	NE	14	C 16 NE	14
ⅦD.3	库车	N	15	N	16	N	16
ⅦD.4	库尔勒	NE	23	C 23 NE	20	C 24 NE	22
ⅦD.5	阿克苏	C 25 NW	14	C 27 NW	12	C 28 NW	12
ⅦD.6	喀什	C 13 W,NW	11	C 15 W,NW	8	C 19 NW	8
ⅦD.7	且末	C 21 NE	15	C 23 NE	18	C 25 NE	22
ⅦD.8	和田	C 15 SW	12	C 19 W	9	C 20 SW,W	10

全国主要城镇气候参数表（六）　　附表 2.1-6

区属号	地名	全年最多(最少)风向及其频率(%)			
		最 多		最 少	
1	2	31		32	
ⅠA.1	漠河	C 31 NW	10	NNE,ENE	1
ⅠB.1	加格达奇	C 31 WNW	18	E,ESE	1
ⅠB.2	克山	C 18 NW	11	ESE	2
ⅠB.3	黑河	NW	30	NNE,NE,ENE,E,ESE,SSW,WSW	2
ⅠB.4	嫩江	C 21 S,N	8	ENE	2
ⅠB.5	铁力	C 18 SE	15	NNE,ENE,NNW	2
ⅠB.6	额尔古纳右旗	C 44 SE	6	SSW	1
ⅠB.7	满洲里	SW	19	N,NNE,ESE,SE,SSE	2
ⅠB.8	海拉尔	C 15 S	10	NNE	2
ⅠB.9	博克图	C 31 WNW	15	E,ESE,S,SSW,SW	1
ⅠB.10	东乌珠穆沁旗	C 24 SW	10	ENE	1
ⅠC.1	齐齐哈尔	NW	11	ENE,ESE	2
ⅠC.2	鹤岗	W	12	SSE	1
ⅠC.3	哈尔滨	S,SSW	12	NNE,ESE	2
ⅠC.4	虎林	C 14 NNW	13	NNE,ENE,ESE	2
ⅠC.5	鸡西	W	21	SSE	1

区属号	地名	全年最多(最少)风向及其频率(%)			
		最 多		最 少	
1	2	31		32	
ⅠC.6	绥芬河	C 26 W	21	NNE,NE,SSE	1
ⅠC.7	长春	SW	17	E	1
ⅠC.8	桦甸	C 35 SW	16	N,ESE,SE,SSE,S,NNW	1
ⅠC.9	图们	C 26 WNW	17	N,NNE,SSE,S,SSW,SW	1
ⅠC.10	天池	WSW	26	NNE,NE,ENE,E,ESE,SE	1
ⅠC.11	通化	C 40 SSW	10	E,ESE,SE	1
ⅠC.12	乌兰浩特	C 24 W,WNW	12	ENE,E,ESE,SSE	2
ⅠC.13	锡林浩特	C 19 SW	13	ENE,E	2
ⅠC.14	多伦	C 26 WNW	12	NE,ENE,E,ESE	2
ⅠD.1	四平	SSW	16	ENE,E,ESE,NNW	2
ⅠD.2	沈阳	S	12	W,WNW	2
ⅠD.3	朝阳	C 25 S	16	ESE	0
ⅠD.4	林西	C 26 WSW	13	NNE,NE,SSE,S,SSW	2
ⅠD.5	赤峰	C 24 SW	15	NNE,ESE,SE,SSE	2
ⅠD.6	呼和浩特	C 43 NW	8	ESE,SE,SSE,WSW,W	2
ⅠD.7	达尔罕茂明安联合旗	SW	14	ENE,E	1
ⅠD.8	张家口	C 21 NNW	19	NE	0
ⅠD.9	大同	C 21 N	15	NE,ENE	2
ⅠD.10	榆林	C 32 SSE	11	ENE,E,WSW,W	1
ⅡA.1	营口	SSW	12	ENE,E,ESE,WNW	2
ⅡA.2	丹东	C 16 NE	12	E,ESE	1
ⅡA.3	大连	NE	15	NE,ENE	1
ⅡA.4	北京市	C 20 N	10	W	1
ⅡA.5	天津市	C 10 SSW,NNW	8	NNE	3
ⅡA.6	承德	C 51 NW	7	ENE,ESE	1
ⅡA.7	乐亭	ENE	9	NNE,ESE	3
ⅡA.8	沧州	SSW	13	W,WNW,NW	3
ⅡA.9	石家庄	C 32 N,SE	9	SSW,SW,WSW	1
ⅡA.10	南宫	S	17	WSW,W,WNW	2
ⅡA.11	邯郸	S	15	WSW	2
ⅡA.12	威海	NW,NNW	11	WSW	2
ⅡA.13	济南	SSW	16	ESE,SE	2
ⅡA.14	沂源	C 32 ENE,WSW	9	N,NNE,SSE,S,SSW	2
ⅡA.15	青岛	SSE	16	NE,ENE.WSW	1
ⅡA.16	枣庄	C 20 E	13	N,NNE,SSW,SW	2
ⅡA.17	濮阳	S	13	W,WNW	1
ⅡA.18	郑州	C 15 NE	12	N,NNW	2
ⅡA.19	卢氏	C 36 NE	13	ESE,SE,W,WNW,NW,NNW	1
ⅡA.20	宿州	ENE	12	N,WSW,W,WNW	3
ⅡA.21	西安	C 29 NE	14	NNW	1
ⅡB.1	蔚县	C 34 SW	8	ENE,E,ESE	2
ⅡB.2	太原	C 24 NNW	13	ENE,WSW	1
ⅡB.3	离石	C 29 NNW	19	ESE	0
ⅡB.4	晋城	C 35 S	14	ENE,E,ESE,WSW	1
ⅡB.5	临汾	C 30 NE	10	ESE,SE,SSE,WNW	1
ⅡB.6	延安	C 26 SW	20	N,SE,SSE,NW,NNW	1
ⅡB.7	铜川	NE	22	WSW,W,WNW,NW	1
ⅡB.8	白银	C 39 N	9	SSW,WSW,W,NNW	2
ⅡB.9	兰州	C 55 NE	7	SSE,SSW,SW,WSW,WNW	1
ⅡB.10	天水	C 40 E	17	NNE,SSW,NNW	1

区属号	地名	全年最多(最少)风向及其频率(%)			
		最多		最少	
1	2	31		32	
ⅡB.11	银川	C 32 N,S	8	WSW	1
ⅡB.12	中宁	C 22 NE,W	10	N	1
ⅡB.13	固原	C 18 ESE	10	NNE,NE	1
ⅢA.1	盐城	ESE	10	WSW,W	3
ⅢA.2	上海市	ESE	10	SW,WSW	2
ⅢA.3	舟山	C 18 N,SE	11	SW,WSW	0
ⅢA.4	温州	C 27 ESE	16	SSW,SW	0
ⅢA.5	宁德	C 33 SE	18	NNE,NE,SSW,SW,WSW	1
ⅢB.1	泰州	SE	10	SW,WSW,W	3
ⅢB.2	南京	C 22 NE,E	9	SSW,WNW	2
ⅢB.3	蚌埠	C 18 ENE	11	N,WSW,W,NW,NNW	3
ⅢB.4	合肥	C 18 ENE	9	SW,WSW	2
ⅢB.5	铜陵	NE	20	SSE	0
ⅢB.6	杭州	C 15 NNW	12	WSW,W	1
ⅢB.7	丽水	C 44 E	12	S,SSW,NNW	1
ⅢB.8	邵武	C 51 NW	10	NNE	0
ⅢB.9	三明	C 32 NNE	17	WNW,NW	0
ⅢB.10	长江	C 44 WNW,NW	9	NNE,ESE,SE	1
ⅢB.11	景德镇	C 24 NE	15	SE,SSE,S,WNW	1
ⅢB.12	南昌	N	22	WNW	0
ⅢB.13	上饶	C 20 NE	16	WNW,NNW	1
ⅢB.14	吉安	E	23	ENE,E,ESE,WSW,WNW	1
ⅢB.15	宁冈	C 46 NNE	13	ESE,WNW	1
ⅢB.16	广昌	C 27 NNE	21	E,ESE,WNW	0
ⅢB.17	赣州	N	25	ESE,SE,SSE,W,NW,WNW	1
ⅢB.18	沙市	C 23 N	8	ESE,WSW,WNW	1
ⅢB.19	武汉	NNE	14	WSW,W,WNW	2
ⅢB.20	大庸	C 43 E	15	N,NNE,SSE,SSW,NNW	1
ⅢB.21	长沙	NW	24	ENE,WSW,W	1
ⅢB.22	涟源	C 30 E	10	WNW,NW,NNW	2
ⅢB.23	永州	NE	17	ESE,SE,WNW	1
ⅢB.24	韶关	C 37 NW	10	ESE,SE,WSW	1
ⅢB.25	桂林	NNE	37	E,ESE,WNW	0
ⅢB.26	涪陵	C 55 NE	7	ENE,E,ESE,SSW,SW,WSW	1
ⅢB.27	重庆	C 33 N	11	ESE	1
ⅢC.1	驻马店	C 18 N	9	SW,WSW	2
ⅢC.2	固始	ESE	13	SSE,S,SSW,NNW	3
ⅢC.3	平顶山	C 21 NE	10	NNW	2
ⅢC.4	老河口	C 39 NE	8	SSW	1
ⅢC.5	随州	SE	12	SSW,SW,WSW	1
ⅢC.6	远安	C 34 NNW	13	NE,ENE,E,SW,WSW,W,WNW	1
ⅢC.7	恩施	C 73 N	4	ESE	0
ⅢC.8	汉中	C 53 ENE	8	N,SE,SSE,WNW,NNW	1
ⅢC.9	略阳	C 34 E	9	NNE,NE,SSE,S	1
ⅢC.10	山阳	C 39 ESE	15	N,NNE,NE,SE,S,SSW,NNW	1
ⅢC.11	安康	C 49 ENE	9	N,NNE,SSW,NNW	1
ⅢC.12	平武	C 64 N	5	NNE,NE,ENE,SSE,S,SSW,WSW,WNW	1
ⅢC.13	仪陇	NE	22	WSW,WNW	1
ⅢC.14	达县	C 37 NE	24	WSW,WNW,NW,NNW	1
ⅢC.15	成都	C 42 NNE	11	E,ESE	1
ⅢC.16	内江	C 26 N	12	ESE,SSW,WSW,W,WNW	1
ⅢC.17	酉阳	C 52 N	14	WSW,WNW	0

区属号	地名	全年最多(最少)风向及其频率(%)			
		最多		最少	
1	2	31		32	
ⅢC.18	桐梓	C 36 SE	8	WNW,NNW	0
ⅢC.19	凯里	C 30 N	15	ESE,SE,WSW,W,WNW	1
ⅣA.1	福州	C 19 SE	14	SSW,SW,WSW	1
ⅣA.2	泉州	ENE	18	WSW,W	1
ⅣA.3	汕头	C 19 ENE	18	W,WNW,NW	1
ⅣA.4	广州	C 29 N	16	WSW	1
ⅣA.5	茂名	SE	17	SSW,SW,WSW,W,WNW	1
ⅣA.6	北海	N	21	WSW,W,WNW	1
ⅣA.7	海口	NE	16	SW,WSW,W,WNW	1
ⅣA.8	儋县	ENE	12	SW,WSW,W,WNW,NW	2
ⅣA.9	琼中	C 55 SE	8	SSW,NNW	1
ⅣA.10	三亚	C 15 E	14	SSW,WNW,NW,NNW	1
ⅣA.11	台北	E	23	NNE,NE	1
ⅣA.12	香港	E	32	NW,NNW	1
ⅣB.1	漳州	C 36 ESE	17	NNE,NE,SSW,SW,WSW	1
ⅣB.2	梅州	C 51 N	7	WNW	1
ⅣB.3	梧州	C 23 NE	15	SSE,S,SSW,WNW	1
ⅣB.4	河池	C 43 E	19	NNW	0
ⅣB.5	百色	C 43 SE	10	NE,ENE,SW,WSW,WNW,NW,NNW	2
ⅣB.6	南宁	C 25 E	13	SSW,SW,WSW,W,WNW	1
ⅣB.7	凭祥	C 59 E	9	N,NNW	1
ⅣB.8	元江	C 37 ESE	21	NNE,NE,ENE,S,SSW	1
ⅣB.9	景洪	C 71 SE	4	NNW	0
ⅤA.1	毕节	C 52 SE	7	WSW	0
ⅤA.2	贵阳	C 24 NE	15	WSW,W,WNW	1
ⅤA.3	察隅	C 30 SSW	25	E,ESE,WNW,NW,NNW	0
ⅤB.1	西昌	C 37 N	8	WNW	1
ⅤB.2	攀枝花	C 59 SE	6	NNE,NE,ENE,NNW	1
ⅤB.3	丽江	W	18	SSW	1
ⅤB.4	大理	C 30 E	10	NNE	1
ⅤB.5	腾冲	C 34 SW	17	ENE,E,ESE	0
ⅤB.6	昆明	C 30 SW	18	WNW,NW,NNW	1
ⅤB.7	临沧	C 56 N	5	ENE,ESE	1
ⅤB.8	个旧	S	37	NE,ENE,ESE	0
ⅤB.9	思茅	C 57 S	7	ENE	0
ⅤB.10	盘县	C 43 NE	13	WNW,NW,NNW	0
ⅤB.11	兴义	S	22	ENE,WSW,W,WNW,NW,NNW	1
ⅤB.12	独山	C 23 SE	17	WSW	1
ⅥA.1	冷湖	C 15 ENE	14	ESE,S,SSW	2
ⅥA.2	茫崖	NW	35	NNE,NE,ENE,SSE,SW,WSW	1
ⅥA.3	德令哈	C 32 ENE	19	WNW,NW	1
ⅥA.4	刚察	NNW	15	WSW	1
ⅥA.5	西宁	C 35 SE	25	NNE,NE,ENE,E,WSW	1
ⅥA.6	格尔木	SW	17	ESE,SE,SSE	1
ⅥA.7	都兰	SE	21	NNE,ENE	1
ⅥA.8	同德	E	18	SSW	1
ⅥA.9	夏河	C 49 NNW	11	WSW,W,WNW	1
ⅥA.10	若尔盖	C 21 NE	15	SSW,WSW	2
ⅥB.1	曲麻莱	C 20 ESE	12	N,S,NNW	1
ⅥB.2	杂多	C 27 W	13	N,NNE,NNW	0
ⅥB.3	玛多	C 25 NE	10	SSW	1
ⅥB.4	噶尔	C 24 WSW	14	NNE,ENE	1
ⅥB.5	改则	C 17 WSW	12	SSE	1
ⅥB.6	那曲	C 29 W	8	SSE,NNW	2

区属号	地 名	全 年 最 多（最 少）风 向 及 其 频 率（%）			
		最　多		最　少	
1	2	31		32	
ⅥB.7	申扎	C 24 W	13	ENE,SSW	1
ⅥC.1	马尔康	C 53 WNW	11	NNE	0
ⅥC.2	甘孜	C 45 W	8	NNE,NE,ENE,SSE,SSW	2
ⅥC.3	巴塘	C 51 SW	12	WNW,NNW	0
ⅥC.4	康定	E	28	NNE,WSW,W,WNW,NW,NNW	1
ⅥC.5	班玛	C 38 NW,NNW	11	NNE,NE,ENE	1
ⅥC.6	昌都	C 43 NW	8	ENE,E,ESE	1
ⅥC.7	波密	C 41 NW	20	NE,ENE	0
ⅥC.8	拉萨	C 25 ESE	14	SSE	1
ⅥC.9	定日	C 40 WSW	16	NE,ENE,E	1
ⅥC.10	德钦	C 32 SSW	14	NNE,WNW	0
ⅦA.1	克拉玛依	NW	22	WSW	1
ⅦA.2	博乐阿拉山口	NW	22	NNE,NE,ENE	0
ⅦB.1	阿勒泰	C 28 NNE	11	SSE,S,SSW	2
ⅦB.2	塔城	C 19 N	17	SSE,S,SSW,WNW	2
ⅦB.3	富蕴	C 54 W	15	NNE,SSE,SSW	0
ⅦB.4	伊宁	C 22 E	17	SSE,S,SSW,NNW	1
ⅦB.5	乌鲁木齐	C 17 NW	11	ESE,WSW	1
ⅦC.1	额济纳旗	C 14 W	12	NNE,SSE,S,SSW	1
ⅦC.2	二连浩特	SW	12	NNE,SSE	1
ⅦC.3	杭锦后旗	C 29 NE	12	NNW	0
ⅦC.4	安西	E	36	N,NNE,SSE,S,NNW	1
ⅦC.5	张掖	C 23 NW	12	ENE	0
ⅦD.1	吐鲁番	C 32 E	9	SSW,WSW,WNW	2
ⅦD.2	哈密	NE	15	SSE,S,SSW,SW,WSW,NNW	3
ⅦD.3	库车	N	17	SSE,S,WNW	2
ⅦD.4	库尔勒	C 27 NE,ENE	16	NW,NNW	1
ⅦD.5	阿克苏	C 30 NW,NNW	11	SSW,SW,WSW	1
ⅦD.6	喀什	C 26 NW	11	SSW,WSW	1
ⅦD.7	且末	C 24 NE	19	WNW	1
ⅦD.8	和田	C 21 SW	11	NNE,SSE	2

全国主要城镇气候参数表（七）　　附表 2.1-7

区属号	地 名	日照时数（h）				日照百分率（%）			
		年	12月	1月	2月	年	12月	1月	2月
1	2	33	34	35	36	37	38	39	40
ⅠA.1	漠河	2432.4	121.1	149.1	187.8	54	51	60	68
ⅠB.1	加格达奇	2496.2	149.6	169.9	198.5	57	61	65	71
ⅠB.2	克山	2701.2	157.9	182.6	201.2	61	61	67	69
ⅠB.3	黑河	2646.3	157.4	180.1	209.7	60	63	69	73
ⅠB.4	嫩江	2672.5	151.2	174.9	197.6	60	59	64	69
ⅠB.5	铁力	2452.8	131.8	156.5	183.7	55	50	56	63
ⅠB.6	额尔古纳右旗	2628.7	140.1	173.1	203.2	59	57	65	72
ⅠB.7	满洲里	2840.9	159.2	183.2	215.0	64	63	69	75
ⅠB.8	海拉尔	2806.9	157.9	180.2	203.5	63	61	67	71
ⅠB.9	博克图	2663.3	166.2	188.9	214.0	60	65	70	75
ⅠB.10	东乌珠穆沁旗	2975.0	187.2	202.4	218.9	67	70	72	75
ⅠC.1	齐齐哈尔	2867.4	175.9	193.5	208.4	64	67	70	72
ⅠC.2	鹤岗	2517.4	154.0	183.0	199.8	57	59	65	69
ⅠC.3	哈尔滨	2627.0	153.0	173.4	190.7	60	59	65	65

区属号	地 名	日照时数（h）				日照百分率（%）			
		年	12月	1月	2月	年	12月	1月	2月
1	2	33	34	35	36	37	38	39	40
ⅠC.4	虎林	2373.6	149.9	172.0	192.8	54	56	61	66
ⅠC.5	鸡西	2709.5	171.2	193.7	208.8	61	64	68	71
ⅠC.6	绥芬河	2584.8	172.5	195.8	201.3	58	63	68	68
ⅠC.7	长春	2636.9	168.1	194.3	197.6	60	68	68	67
ⅠC.8	桦甸	2360.2	139.1	162.7	181.8	53	56	56	61
ⅠC.9	图们	2144.8	154.9	175.0	181.0	49	55	60	61
ⅠC.10	天池	2259.1	179.7	211.2	208.4	51	64	72	70
ⅠC.11	通化	2292.2	133.5	156.3	176.7	52	47	53	59
ⅠC.12	乌兰浩特	2902.1	183.5	198.1	213.4	65	69	70	73
ⅠC.13	锡林浩特	2876.6	183.3	196.1	209.9	65	67	68	71
ⅠC.14	多伦	3114.9	216.8	225.2	213.3	70	77	77	78
ⅠD.1	四平	2771.2	190.9	209.5	209.5	63	67	72	70
ⅠD.2	沈阳	2555.4	155.9	169.0	182.9	58	55	58	61
ⅠD.3	朝阳	2854.7	201.9	210.6	216.7	65	71	71	72
ⅠD.4	林西	2962.1	199.8	213.6	220.2	67	72	73	74
ⅠD.5	赤峰	2908.5	196.9	206.7	214.8	66	71	70	72
ⅠD.6	呼和浩特	2954.8	190.9	201.1	209.3	67	67	68	69
ⅠD.7	达尔罕茂明安联合旗	3133.8	216.8	225.8	229.9	71	76	77	77
ⅠD.8	张家口	2866.7	188.2	201.4	202.9	65	67	69	67
ⅠD.9	大同	2783.7	182.3	197.0	198.5	63	63	66	66
ⅠD.10	榆林	2903.5	204.8	214.7	208.4	66	70	71	68
ⅡA.1	营口	2892.7	196.9	210.1	209.7	65	69	70	70
ⅡA.2	丹东	2530.9	182.5	198.0	197.4	57	65	66	65
ⅡA.3	大连	2768.5	187.5	202.6	204.1	63	63	67	67
ⅡA.4	北京市	2776.0	192.5	204.7	196.8	63	68	68	65
ⅡA.5	天津市	2701.3	180.6	190.0	183.8	61	62	63	61
ⅡA.6	承德	2851.0	191.0	206.6	210.7	64	66	69	70
ⅡA.7	乐亭	2587.1	177.2	186.7	185.3	58	61	62	61
ⅡA.8	沧州	2864.9	190.5	201.0	200.7	65	66	66	64
ⅡA.9	石家庄	2689.8	193.7	204.0	193.6	61	67	67	63
ⅡA.10	南宫	2629.2	181.4	191.5	179.9	59	61	63	59
ⅡA.11	邯郸	2556.7	172.5	174.9	168.6	58	57	57	55
ⅡA.12	威海	2495.2	141.1	160.8	172.9	57	48	53	57
ⅡA.13	济南	2716.6	185.6	188.8	183.4	62	62	62	59
ⅡA.14	沂源	2622.6	185.1	190.8	187.8	59	61	62	61
ⅡA.15	青岛	2508.6	188.0	190.4	180.6	56	62	61	59
ⅡA.16	枣庄	2354.1	161.7	167.1	161.1	53	54	54	52
ⅡA.17	濮阳	2526.2	170.6	172.4	165.7	57	56	56	53
ⅡA.18	郑州	2345.4	164.1	165.8	152.8	53	54	53	49
ⅡA.19	卢氏	2084.5	153.5	162.2	147.5	47	51	52	47
ⅡA.20	宿州	2346.3	166.5	161.0	152.7	53	54	51	49
ⅡA.21	西安	1963.6	129.5	136.3	124.7	44	43	43	41
ⅡB.1	蔚县	2910.2	201.4	207.9	207.1	66	69	69	69
ⅡB.2	太原	2632.1	183.7	191.5	183.9	59	63	63	60
ⅡB.3	离石	2563.4	183.4	190.6	176.6	58	62	62	58
ⅡB.4	晋城	2347.9	173.5	178.4	159.5	53	57	58	52
ⅡB.5	临汾	2371.3	163.7	173.5	165.2	54	56	56	53
ⅡB.6	延安	2418.1	188.6	197.7	176.0	54	63	64	58
ⅡB.7	铜川	2308.2	182.0	187.3	163.9	52	60	60	53
ⅡB.8	白银	2545.2	202.3	196.6	191.3	57	67	65	63

区属号	地 名	日照时数 (h)				日照百分率 (%)				区属号	地 名	日照时数 (h)				日照百分率 (%)			
		年	12月	1月	2月	年	12月	1月	2月			年	12月	1月	2月	年	12月	1月	2月
1	2	33	34	35	36	37	38	39	40	1	2	33	34	35	36	37	38	39	40
ⅡB.9	兰州	2568.7	178.2	182.7	189.7	58	59	59	62	ⅢC.16	内江	1255.4	42.0	45.9	56.4	28	13	14	18
ⅡB.10	天水	1996.5	148.2	155.0	142.9	45	49	50	46	ⅢC.17	酉阳	1122.8	58.0	48.6	42.1	26	19	15	13
ⅡB.11	银川	3014.8	218.6	223.5	218.8	68	74	74	72	ⅢC.18	桐梓	1101.8	42.2	36.8	38.3	25	13	11	12
ⅡB.12	中宁	2914.0	221.0	217.8	211.6	66	74	71	69	ⅢC.19	凯里	1262.3	60.8	52.6	46.7	29	19	16	15
ⅡB.13	固原	2522.7	209.8	204.9	185.8	57	70	66	60	ⅣA.1	福州	1806.0	131.0	118.9	90.4	41	40	36	29
ⅢA.1	盐城	2309.0	172.0	167.3	156.9	52	56	53	50	ⅣA.2	泉州	2078.0	168.7	147.2	101.3	47	52	44	31
ⅢA.2	上海市	1989.9	147.2	138.3	117.5	44	46	43	38	ⅣA.3	汕头	2043.9	175.1	145.3	101.6	46	53	43	32
ⅢA.3	舟山	2022.1	146.7	137.9	116.4	45	46	42	37	ⅣA.4	广州	1849.2	168.6	135.8	79.6	42	51	40	25
ⅢA.4	温州	1805.6	140.6	127.3	98.5	41	44	39	31	ⅣA.5	茂名	1932.7	182.0	119.5	85.8	44	55	35	27
ⅢA.5	宁德	1666.1	122.5	113.3	88.0	37	38	34	28	ⅣA.6	北海	2097.0	160.6	118.1	82.3	47	48	35	26
ⅢB.1	泰州	2241.4	170.8	163.3	151.3	51	55	52	49	ⅣA.7	海口	2206.1	145.3	126.3	107.4	50	43	33	33
ⅢB.2	南京	2116.4	156.3	146.9	128.2	48	50	46	41	ⅣA.8	儋县	2046.4	134.1	132.0	118.1	46	40	39	36
ⅢB.3	蚌埠	2118.8	150.4	145.1	136.8	48	49	46	44	ⅣA.9	琼中	1742.9	103.1	109.4	105.2	40	31	32	33
ⅢB.4	合肥	2127.0	152.6	142.4	129.4	48	49	45	41	ⅣA.10	三亚	2532.9	200.9	200.5	162.3	57	59	58	50
ⅢB.5	铜陵	1990.9	141.1	130.2	116.7	45	45	41	37	ⅣA.11	台北								
ⅢB.6	杭州	1879.8	140.8	125.7	105.2	42	45	39	34	ⅣA.12	香港	2011.6	179.3	153.5	108.7	45	54	45	34
ⅢB.7	丽水	1780.6	122.9	117.3	92.8	40	38	36	30	ⅣB.1	漳州	2019.4	171.7	145.9	99.9	46	52	44	31
ⅢB.8	邵武	1704.0	120.3	110.5	80.1	38	38	34	26	ⅣB.2	梅州	2000.0	165.6	141.3	98.2	45	50	43	31
ⅢB.9	三明	1769.9	118.6	107.2	83.7	40	36	33	27	ⅣB.3	梧州	1883.6	151.6	115.1	70.0	42	46	34	22
ⅢB.10	长江	1866.6	153.5	122.4	85.3	42	49	37	28	ⅣB.4	河池	1422.9	99.8	75.5	59.0	32	30	23	19
ⅢB.11	景德镇	1968.1	142.1	123.9	95.6	44	45	38	30	ⅣB.5	百色	1868.9	124.1	94.5	89.5	42	38	28	28
ⅢB.12	南昌	1897.2	131.0	110.2	85.9	43	41	34	27	ⅣB.6	南宁	1782.3	128.7	90.6	65.0	40	39	27	21
ⅢB.13	上饶	1920.9	136.7	115.0	90.2	44	43	36	29	ⅣB.7	凭祥	1605.2	114.8	76.6	55.8	37	34	22	17
ⅢB.14	吉安	1788.5	122.6	94.4	68.6	40	38	29	22	ⅣB.8	元江	2288.4	188.9	202.1	208.2	52	57	60	65
ⅢB.15	宁冈	1566.2	104.5	83.5	62.0	35	33	25	20	ⅣB.9	景洪	2153.6	153.9	179.1	210.1	49	43	53	65
ⅢB.16	广昌	1795.7	129.2	106.6	76.7	40	40	32	24	ⅤA.1	毕节	1330.8	61.5	57.7	61.4	30	19	18	19
ⅢB.17	赣州	1866.6	134.5	108.5	77.1	42	41	32	25	ⅤA.2	贵阳	1343.1	64.2	53.1	54.9	30	20	16	18
ⅢB.18	沙市	1882.2	115.3	109.2	99.3	42	37	34	32	ⅤA.3	綦隅	1610.5	141.0	126.5	112.5	37	44	39	36
ⅢB.19	武汉	2045.9	138.7	123.7	108.4	46	44	39	35	ⅤB.1	西昌	2436.9	214.9	234.5	221.5	55	67	72	70
ⅢB.20	大庸	1443.5	76.3	69.4	58.7	33	24	22	18	ⅤB.2	攀枝花	2683.3	227.0	251.2	245.7	60	70	77	78
ⅢB.21	长沙	1654.9	104.0	87.1	64.5	38	32	27	21	ⅤB.3	丽江	2511.9	259.6	261.6	225.9	57	80	80	71
ⅢB.22	涟源	1653.7	100.5	89.7	65.7	38	32	27	21	ⅤB.4	大理	2281.5	231.9	231.8	205.7	52	72	70	65
ⅢB.23	永州	1595.4	104.5	75.2	52.1	36	32	23	16	ⅤB.5	腾冲	2118.8	246.6	242.7	209.8	48	75	73	65
ⅢB.24	韶关	1821.8	144.5	117.4	76.9	41	45	35	24	ⅤB.6	昆明	2427.9	216.5	238.0	232.9	55	66	72	73
ⅢB.25	桂林	1610.4	116.7	81.7	57.1	37	35	24	18	ⅤB.7	临沧	2113.1	227.7	239.8	228.2	48	69	72	72
ⅢB.26	涪陵	1248.1	31.7	36.2	44.9	28	10	11	15	ⅤB.8	个旧	1969.9	172.7	192.9	187.1	45	52	58	58
ⅢB.27	重庆	1212.5	33.4	39.1	46.3	27	11	12	14	ⅤB.9	思茅	2092.7	189.9	220.2	225.6	48	57	66	70
ⅢC.1	驻马店	2108.2	154.3	148.5	135.7	48	50	47	43	ⅤB.10	盘县	1593.1	103.5	99.9	106.1	36	32	30	34
ⅢC.2	固始	2130.9	151.6	140.1	129.5	48	49	44	42	ⅤB.11	兴义	1650.6	99.4	83.1	99.2	37	30	25	31
ⅢC.3	平顶山	2036.8	146.5	136.9	125.2	46	48	44	40	ⅤB.12	独山	1334.7	80.4	63.7	58.6	30	24	19	18
ⅢC.4	老河口	1879.0	131.3	125.5	113.3	43	42	38	36	ⅥA.1	冷湖	3549.6	241.4	246.1	248.3	80	83	81	82
ⅢC.5	随州	2043.8	142.8	135.2	121.6	46	44	42	39	ⅥA.2	茫崖	3343.3	232.4	235.0	227.6	76	79	78	75
ⅢC.6	远安	1891.0	122.1	120.7	106.4	43	38	38	34	ⅥA.3	德令哈	3160.4	235.0	234.8	226.1	71	79	77	74
ⅢC.7	恩施	1289.4	51.8	52.2	51.8	29	16	16	16	ⅥA.4	刚察	3037.9	247.3	247.1	234.0	68	83	81	77
ⅢC.8	汉中	1704.3	102.2	108.3	95.8	39	33	35	31	ⅥA.5	西宁	2756.9	213.5	217.0	211.3	62	71	70	69
ⅢC.9	略阳	1570.2	108.6	115.1	94.4	36	35	37	31	ⅥA.6	格尔木	3090.8	227.0	217.9	209.7	70	69	71	68
ⅢC.10	山阳	2065.2	147.8	156.5	132.0	46	48	50	42	ⅥA.7	都兰	3101.1	234.2	232.1	221.0	70	78	75	72
ⅢC.11	安康	1748.1	103.0	114.5	108.3	38	32	35	34	ⅥA.8	同德	2751.8	242.1	230.7	213.3	62	80	74	69
ⅢC.12	平武	1332.5	110.3	103.3	79.4	30	32	32	25	ⅥA.9	夏河	2366.1	220.1	207.1	191.6	53	73	66	61
ⅢC.13	仪陇	1535.6	80.1	82.3	71.0	34	26	25	22	ⅥA.10	若尔盖	2417.1	218.0	209.8	189.8	55	71	67	62
ⅢC.14	达县	1407.0	50.6	56.5	60.8	32	16	18	20	ⅥB.1	曲麻莱	2684.6	219.5	194.3	180.1	60	72	62	58
ⅢC.15	成都	1200.4	62.4	68.7	61.5	27	21	21	20	ⅥB.2	杂多	2480.1	204.2	187.8	162.5	56	66	59	52

区属号	地名	日照时数 (h)				日照百分率 (%)			
		年	12月	1月	2月	年	12月	1月	2月
1	2	33	34	35	36	37	38	39	40
ⅥB.3	玛多	2717.2	228.9	209.6	195.3	61	75	67	63
ⅥB.4	噶尔	3418.0	253.1	235.5	230.2	77	81	74	74
ⅥB.5	改则	3176.0	243.3	211.7	201.1	71	78	66	65
ⅥB.6	那曲	2871.5	244.5	234.7	213.7	65	78	74	68
ⅥB.7	申扎	2931.0	236.5	227.2	207.3	66	76	71	66
ⅥC.1	马尔康	2195.5	195.9	195.0	174.1	50	63	61	56
ⅥC.2	甘孜	2649.3	230.4	219.4	194.1	60	74	69	62
ⅥC.3	巴塘	2448.4	222.2	219.4	190.0	56	70	68	61
ⅥC.4	康定	1743.8	151.8	149.3	126.8	39	48	46	40
ⅥC.5	班玛	2363.1	209.2	197.2	179.8	54	67	62	58
ⅥC.6	昌都	2337.3	200.5	192.0	170.2	53	64	60	54
ⅥC.7	波密	1538.3	166.8	150.8	118.4	35	52	47	38
ⅥC.8	拉萨	3014.5	260.6	251.7	226.6	68	82	78	72
ⅥC.9	定日	2622.9	284.8	350.8	262.1	75	89	86	83
ⅥC.10	德钦	1987.3	217.0	193.2	154.0	45	68	60	49
ⅦA.1	克拉玛依	2726.7	109.1	145.2	171.1	61	40	51	58
ⅦA.2	博乐阿拉山口	2682.7	96.5	136.9	164.7	61	39	48	56
ⅦB.1	阿勒泰	2962.2	136.2	167.3	189.4	67	52	61	65
ⅦB.2	塔城	2947.0	139.3	165.3	184.2	66	55	59	63
ⅦB.3	富蕴	2885.7	140.7	168.7	192.6	65	53	61	66
ⅦB.4	伊宁	2801.9	140.1	155.4	166.3	63	51	54	56
ⅦB.5	乌鲁木齐	2706.4	113.3	143.4	155.5	60	41	50	53
ⅦC.1	额济纳旗	3449.5	223.0	232.5	237.4	78	79	79	79
ⅦC.2	二连浩特	3207.8	202.3	214.8	226.4	72	73	74	76
ⅦC.3	杭锦后旗	3181.0	216.4	224.5	225.2	72	76	76	75
ⅦC.4	安西	3240.8	207.7	212.6	210.9	73	72	71	70
ⅦC.5	张掖	3069.6	225.8	227.1	221.8	70	77	76	73
ⅦD.1	吐鲁番	3038.7	163.4	178.5	201.7	68	58	61	68
ⅦD.2	哈密	3353.1	201.7	212.0	226.7	76	72	72	72
ⅦD.3	库车	2851.1	186.2	194.0	193.7	65	66	66	65
ⅦD.4	库尔勒	2976.4	185.1	188.6	195.2	67	65	64	65
ⅦD.5	阿克苏	2857.9	189.1	188.6	185.8	65	66	64	66
ⅦD.6	喀什	2756.2	159.4	158.5	161.0	62	55	53	54
ⅦD.7	且末	2888.4	194.1	193.0	191.5	65	66	64	63
ⅦD.8	和田	2568.5	184.0	171.8	155.4	58	62	56	51

全国主要城镇气候参数表（八） 附表 2.1-8

区属号	地名	入射角(°)		最大冻土深度 (cm)	天气现象			雷暴日数
		冬至日	大寒日		大风(风力≥8级)日数			
					全年	最多	最少	
1	2	41	42	43	44	45	46	47
ⅠA.1	漠河	13.0	16.3	400	10.3	35	2	35.2
ⅠB.1	加格达奇	16.1	19.4	309	8.5	18	3	28.7
ⅠB.2	克山	18.5	21.8	282	22.2	44	6	29.5
ⅠB.3	黑河	16.3	19.6	298	20.3	45	3	31.5
ⅠB.4	嫩江	17.3	20.6	252	21.8		0	31.3
ⅠB.5	铁力	19.5	22.8	167	12.3	31	0	36.3
ⅠB.6	额尔古纳右旗	16.3	19.6	>400	19.5		8	28.7
ⅠB.7	满洲里	16.9	20.2	389	40.9	98	8	28.3
ⅠB.8	海拉尔	17.3	20.6	242	21.5	43	0	29.7
ⅠB.9	博克图	17.7	21.0	311	40.0	71		33.7

区属号	地名	入射角(°)		最大冻土深度 (cm)	天气现象			雷暴日数
		冬至日	大寒日		大风(风力≥8级)日数			
					全年	最多	最少	
1	2	41	42	43	44	45	46	47
ⅠB.10	东乌珠穆沁旗	21.0	24.3	346	58.8	119	36	32.4
ⅠC.1	齐齐哈尔	19.1	22.4	225	21.3	38	6	28.1
ⅠC.2	鹤岗	19.1	22.4	238	31.0	115	9	27.3
ⅠC.3	哈尔滨	20.8	24.1	205	37.6	76	10	31.7
ⅠC.4	虎林	20.7	24.0	187	26.0	58	10	26.4
ⅠC.5	鸡西	21.2	24.5	255	31.5	62	5	29.9
ⅠC.6	绥芬河	22.1	25.4	241	37.4	75	5	27.1
ⅠC.7	长春	22.6	25.9	169	45.9	82	5	35.9
ⅠC.8	桦甸	23.5	26.8	197	12.3	41	2	40.4
ⅠC.9	图们	23.5	26.8	181	30.2	47	7	25.4
ⅠC.10	天池	24.5	27.8	269.4	304	225		28.4
ⅠC.11	通化	24.8	28.1	139	11.5	32	1	35.9
ⅠC.12	乌兰浩特	20.4	23.7	249	25.1	77	0	29.8
ⅠC.13	锡林浩特	22.6	25.9	289	59.2	101	23	31.4
ⅠC.14	多伦	24.3	27.6	199	69.2	143	26	45.5
ⅠD.1	四平	23.3	26.6	148	33.4	60	11	33.5
ⅠD.2	沈阳	24.7	28.0	148	42.7	100	2	26.4
ⅠD.3	朝阳	25.0	28.3	135	12.5	34	1	33.8
ⅠD.4	林西	22.9	26.2	210	44.4	86	3	40.3
ⅠD.5	赤峰	24.2	27.5	201	29.6	90	9	32.0
ⅠD.6	呼和浩特	25.7	29.0	156	33.3	69	15	36.8
ⅠD.7	达尔罕茂明安联合旗	24.8	28.1	268	67.0	130	23	33.9
ⅠD.8	张家口	25.7	29.0	136	42.9	80	24	39.2
ⅠD.9	大同	26.4	29.7	186	41.0	65	11	41.4
ⅠD.10	榆林	28.3	31.6	148	13.7	27	4	29.6
ⅡA.1	营口	25.8	29.1	111	33.3	95	10	27.9
ⅡA.2	丹东	26.5	29.8	88	14.8	53	0	26.9
ⅡA.3	大连	27.6	30.9	93	76.8	167	5	19.0
ⅡA.4	北京市	26.7	30.0	85	25.7	64	5	35.7
ⅡA.5	天津市	27.4	30.7	69	35.7	60	6	27.5
ⅡA.6	承德	25.5	28.8	126	19.4	58	5	43.5
ⅡA.7	乐亭	27.1	30.4	80	20.0	53	3	32.1
ⅡA.8	沧州	28.2	31.5	52	28.7	69	6	29.4
ⅡA.9	石家庄	28.5	31.8	56	16.8	41	4	30.8
ⅡA.10	南宫	29.1	32.4	47	12.8	40	2	28.6
ⅡA.11	邯郸	29.9	33.2	37	11.7	26	1	27.3
ⅡA.12	威海	29.0	32.3	>47	50.3	96	26	21.2
ⅡA.13	济南	29.8	33.1	44	40.7	79	19	25.3
ⅡA.14	沂源	30.3	33.6	44	16.6	48	4	36.5
ⅡA.15	青岛	30.4	33.7	31	67.6	113	40	22.4
ⅡA.16	枣庄	31.7	35.0	29	7.8			31.5
ⅡA.17	濮阳	30.8	34.1	41	8.6			26.6
ⅡA.18	郑州	31.8	35.1	27	22.6	42	2	22.0
ⅡA.19	卢氏	32.5	35.8	27	2.3	15	0	34.0
ⅡA.20	宿州	32.9	36.2	15	9.1	36	0	32.8
ⅡA.21	西安	32.2	35.5	45	7.2	18	1	16.7
ⅡB.1	蔚县	26.7	30.0	150	18.8	50	3	45.1
ⅡB.2	太原	28.7	32.0	77	32.3	54	12	35.7
ⅡB.3	离石	29.0	32.3	101	8.5	14	2	34.3
ⅡB.4	晋城	31.0	34.3	42	22.9	100	3	27.7
ⅡB.5	临汾	30.4	33.7	62	7.3	12	1	31.1

区属号	地名	入射角(°) 冬至日	入射角(°) 大寒日	最大冻土深度(cm)	大风(风力>8级)日数 全年	大风(风力>8级)日数 最多	大风(风力>8级)日数 最少	雷暴日数
1	2	41	42	43	44	45	46	47
ⅡB.6	延安	29.9	33.2	79	1.2	5	0	30.5
ⅡB.7	铜川	31.4	34.7	54	6.2	15	0	29.4
ⅡB.8	白银	30.0	33.3	108	54.3	113	11	24.6
ⅡB.9	兰州	30.5	33.8	103	7.1	18	0	23.2
ⅡB.10	天水	31.9	35.2	61	3.8	15	0	16.2
ⅡB.11	银川	28.0	31.3	88	24.7	56	11	19.1
ⅡB.12	中宁	29.0	32.3	80	18.0	49	1	16.8
ⅡB.13	固原	30.5	33.8	121	21.4	47	10	30.9
ⅢA.1	盐城	33.1	36.4		12.8	43	1	32.5
ⅢA.2	上海市	35.3	38.6	8	15.0	35	1	29.4
ⅢA.3	舟山	36.5	39.8		27.6	61	10	28.7
ⅢA.4	温州	38.5	41.8		6.2	13	0	51.3
ⅢA.5	宁德	40.2	43.5		5.1	21	0	54.0
ⅢB.1	泰州	34.0	37.3		19.8	56	1	36.0
ⅢB.2	南京	34.5	37.8	9	11.2	24	5	33.6
ⅢB.3	蚌埠	33.6	36.9	15	11.8	26	3	30.4
ⅢB.4	合肥	34.6	37.9	11	10.2	44	2	29.6
ⅢB.5	铜陵	35.5	38.8	6	11.4	37	0	40.0
ⅢB.6	杭州	36.3	39.6	5	6.9	18	0	39.1
ⅢB.7	丽水	38.1	41.4		3.4	10	0	60.5
ⅢB.8	邵武	39.2	42.5		1.2	4	0	72.9
ⅢB.9	三明	40.2	43.5		8.0	15	3	67.4
ⅢB.10	长汀	40.7	44.0		2.5	8	0	82.6
ⅢB.11	景德镇	37.2	40.5		2.9	6	0	58.0
ⅢB.12	南昌	37.9	41.2		19.9	38	5	58.0
ⅢB.13	上饶	38.1	41.4		6.2	15	1	65.0
ⅢB.14	吉安	39.4	42.7		5.2	20	0	69.9
ⅢB.15	宁冈	39.8	43.1		2.4	13	0	78.2
ⅢB.16	广昌	39.7	43.0		2.8	13	0	70.5
ⅢB.17	赣州	40.7	44.0		8	16	0	67.4
ⅢB.18	沙市	36.2	39.5	8	6.5	19	0	38.4
ⅢB.19	武汉	35.9	39.2	10	7.6	16	2	36.9
ⅢB.20	大庸	37.4	40.7		3.1	12	0	48.2
ⅢB.21	长沙	38.3	41.6	5	6.6	14	0	49.5
ⅢB.22	涟源	38.8	42.1		3.9	17	0	54.8
ⅢB.23	永州	40.0	43.6		16.4	42	2	65.3
ⅢB.24	韶关	41.7	45.0		2.4	11	0	77.9
ⅢB.25	桂林	41.2	44.5		14.8	26	6	77.6
ⅢB.26	涪陵	36.8	40.1		3.5	10	0	45.6
ⅢB.27	重庆	36.9	40.2		3.4	8	0	36.5
ⅢC.1	驻马店	33.5	36.8	16	5.6	20	1	27.6
ⅢC.2	固始	34.3	37.6	10	5.4	43	0	35.3
ⅢC.3	平顶山	32.8	36.1		18.6			21.1
ⅢC.4	老河口	34.1	37.4	11	4.0	14	0	26.0
ⅢC.5	随州	34.8	38.1	9	4.1	12	1	35.1
ⅢC.6	远安	35.4	38.7		5.6	14	1	46.5
ⅢC.7	恩施	36.2	39.5		0.5	5	0	49.3
ⅢC.8	汉中	33.4	36.7	8	1.7	8	0	31.0
ⅢC.9	略阳	33.2	36.5	16	13.0	73	1	21.8
ⅢC.10	山阳	33.0	36.3	17	2.9	13	0	29.4
ⅢC.11	安康	33.8	37.1	7	5.4	18	0	31.7
ⅢC.12	平武	34.1	37.4		0.9	5	0	30.0
ⅢC.13	仪陇	35.0	38.3		16.2	41	3	36.4
ⅢC.14	达县	35.3	38.6	9	4.4	14	0	37.1
ⅢC.15	成都	35.8	39.1		3.2	9	0	34.6
ⅢC.16	内江	36.9	40.2		6.5	22	0	40.6
ⅢC.17	酉阳	37.7	41.0		1.6	6	0	52.7
ⅢC.18	桐梓	38.4	41.7		3.6	14	0	49.9
ⅢC.19	凯里	39.9	43.2		4.7	23	0	59.4
ⅣA.1	福州	40.4	43.7		12.6	23	3	56.5
ⅣA.2	泉州	41.6	44.9		48.5	122	5	38.4
ⅣA.3	汕头	43.1	46.4		11.1	23	5	51.7
ⅣA.4	广州	43.4	46.7		5.5	17	0	80.3
ⅣA.5	茂名	44.9	48.2		15.2			94.4
ⅣA.6	北海	45.0	48.3		11.5	25	3	81.8
ⅣA.7	海口	46.5	49.8		13.9	28	1	112.7
ⅣA.8	儋县	47.0	50.3		4.1	20	0	120.8
ⅣA.9	琼中	47.5	50.8		1.9	6	0	115.5
ⅣA.10	三亚	48.3	51.6		7.0	18	0	69.9
ⅣA.11	台北	41.5	44.8					27.9
ⅣA.12	香港	44.2	47.5					34.0
ⅣB.1	漳州	42.0	45.3		1.9	6	0	60.5
ⅣB.2	梅州	42.2	45.5		1.5	7	0	79.6
ⅣB.3	梧州	43.0	46.3		9.5	25	0	92.3
ⅣB.4	河池	41.8	45.1		4.9	18	0	64.0
ⅣB.5	百色	42.6	45.9		2.7	8	0	76.8
ⅣB.6	南宁	43.7	47.0		3.5	10	0	90.3
ⅣB.7	凭祥	44.4	47.7		0.7	3	0	82.7
ⅣB.8	元江	42.9	46.2		26.2	66	1	78.8
ⅣB.9	景洪	44.6	47.9		3.4	11	0	119.2
ⅤA.1	毕节	39.2	42.5		2.3	10	0	61.3
ⅤA.2	贵阳	39.9	43.2		10.2	45	0	51.6
ⅤA.3	察隅	37.9	41.2	9	1.1	6	0	14.4
ⅤB.1	西昌	38.6	41.9		9.0	35	0	72.9
ⅤB.2	攀枝花	40.0	43.3		18.1	66	2	68.1
ⅤB.3	丽江	39.6	42.9		17.0	51	0	75.8
ⅤB.4	大理	40.8	44.1		58.7	110	16	62.4
ⅤB.5	腾冲	41.4	44.7		2.9	10	0	79.8
ⅤB.6	昆明	41.5	44.8		11.0	40	0	66.3
ⅤB.7	临沧	42.6	45.9		10.9	44	0	86.9
ⅤB.8	个旧	43.1	46.4		1.1	7	0	51.0
ⅤB.9	思茅	43.8	47.1		5.0	15	0	102.7
ⅤB.10	盘县	40.7	44.0		54.4	98	6	80.1
ⅤB.11	兴义	41.4	44.7		14.9	38	2	77.4
ⅤB.12	独山	40.7	44.0		2.9	10	0	58.2
ⅥA.1	冷湖	27.7	31.0	174	47.2	116	7	2.5
ⅥA.2	茫崖	28.2	31.5	229	113.3	163	57	5.0
ⅥA.3	德令哈	29.1	32.4	196	38.0	65	19	19.3
ⅥA.4	刚察	29.2	32.5	>250	47.2	70	18	60.4
ⅥA.5	西宁	29.9	33.2	134	27.3	55	2	31.4
ⅥA.6	格尔木	30.1	33.4	88	22.9	46	7	2.8
ⅥA.7	都兰	30.2	33.5	201	28.2	107	3	8.8
ⅥA.8	同德	31.2	34.5	162	36.6	56	20	56.9
ⅥA.9	夏河	31.5	34.8	142	19.9	53	4	63.8
ⅥA.10	若尔盖	32.9	36.2	75	39.2	77	15	64.2
ⅥB.1	曲麻莱	32.0	35.3	>250	120.4	172	68	65.7
ⅥB.2	杂多	33.6	36.9	229	66.0	126	2	74.9
ⅥB.3	玛多	31.6	34.9	277	63.1	110	12	44.9

区属号	地名	入射角(°)		最大冻土深度(cm)	天气现象			
		冬至日	大寒日		大风(风力>8级)日数			雷暴日数
					全年	最多	最少	
1	2	41	42	43	44	45	46	47
ⅥB.4	噶尔	34.0	37.3	176	134.8	231	48	19.1
ⅥB.5	改则	34.4	37.7		164.5	219	129	43.5
ⅥB.6	那曲	35.0	38.3	281	100.6	211	17	83.6
ⅥB.7	申扎	35.6	38.9		111.3	179	27	68.8
ⅥC.1	马尔康	34.6	37.9	26	35.0	52	7	68.8
ⅥC.2	甘孜	34.9	38.2	95	102.6	163	34	80.1
ⅥC.3	巴塘	36.5	39.8		25.6	68	0	72.3
ⅥC.4	康定	36.5	39.8		167.3	257	31	52.1
ⅥC.5	班玛	33.6	36.9	137	56.6	96	21	73.4
ⅥC.6	昌都	35.4	38.7	81	50.5	87	15	55.6
ⅥC.7	波密	36.6	39.9	20	3.6	23	0	10.2
ⅥC.8	拉萨	36.8	40.1	26	36.6	65	1	72.6
ⅥC.9	定日	37.9	41.2		80.2	117	51	43.4
ⅥC.10	德钦	38.0	41.3		61.7	135	5	24.7
ⅦA.1	克拉玛依	20.9	24.2	197	76.5	110	59	30.6
ⅦA.2	博乐阿拉山口	21.3	24.6	188	164.3	188	137	27.8
ⅦB.1	阿勒泰	18.8	22.1	>146	30.5	85	5	21.4
ⅦB.2	塔城	19.8	23.1	146	39.9	88	6	27.7
ⅦB.3	富蕴	19.5	22.8	175	23.5	55	7	14.0
ⅦB.4	伊宁	22.6	25.9	62	14.7	34	1	26.1
ⅦB.5	乌鲁木齐	22.7	26.0	139	21.7	59	5	8.9
ⅦC.1	额济纳旗	24.6	27.9	120	43.8	78	19	7.8
ⅦC.2	二连浩特	22.9	26.2	337	72.2	125	44	23.3
ⅦC.3	杭锦后旗	25.6	28.9	127	25.1	47	10	23.9
ⅦC.4	安西	26.0	29.3	116	64.8	105	12	7.5
ⅦC.5	张掖	27.6	30.9	123	14.7	40	3	10.1
ⅦD.1	吐鲁番	23.6	26.9	83	25.9	68	0	9.7
ⅦD.2	哈密	23.7	27.0	127	21.0	49	2	6.8
ⅦD.3	库车	24.8	28.1	120	19.6	41	2	28.7
ⅦD.4	库尔勒	24.8	28.1	63	30.9	57	15	21.4
ⅦD.5	阿克苏	25.3	28.6	62	13.4	45	2	32.7
ⅦD.6	喀什	27.0	30.3	66	21.8	36	11	19.5
ⅦD.7	且末	28.4	31.7	62	14.5	37	0	6.2
ⅦD.8	和田	29.4	32.7	67	6.8	17	0	3.1

全国主要城镇气候参数表（九）　附表 2.1-9

区属号	地名	天气现象						记录年代
		积雪			降雪			
		初日	终日	年日数	初日	终日	年日数	
1	2	48	49	50	51	52	53	54
ⅠA.1	漠河	10.11	4.30	175.9	9.27	5.14	47.2	1960-1985
ⅠB.1	加格达奇	10.11	4.27	143.9	9.29	5.10	36.3	1967-1985
ⅠB.2	克山	10.26	4.16	117.0	10.9	5.1	31.4	1951-1985
ⅠB.3	黑河	10.18	4.26	147.5	10.6	5.6	35.7	1959-1985
ⅠB.4	嫩江	10.17	4.18	135.1	10.8	5.4	34.8	1951-1985
ⅠB.5	铁力	10.18	4.18	132.5	10.9	4.29	41.5	1958-1985
ⅠB.6	额尔古纳右旗	10.10	5.5	167.7	9.26	5.16	46.7	1957-1985
ⅠB.7	满洲里	10.13	4.30	118.7	9.30	5.14	23.6	1957-1985
ⅠB.8	海拉尔	10.11	5.4	143.9	9.29	5.13	43.3	1951-1985
ⅠB.9	博克图	10.6	5.4	136.1	9.26	5.20	43.8	1951-1985
ⅠB.10	东乌珠穆沁旗	10.18	4.24	10.18	10.5	5.6	24.0	1956-1985

区属号	地名	天气现象						记录年代
		积雪			降雪			
		初日	终日	年日数	初日	终日	年日数	
1	2	48	49	50	51	52	53	54
ⅠC.1	齐齐哈尔	10.31	4.11	85.7	10.16	4.27	19.8	1951-1985
ⅠC.2	鹤岗	10.21	4.19	123.5	10.13	4.30	32.0	1956-1985
ⅠC.3	哈尔滨	10.27	4.8	105.1	10.15	4.19	33.1	1951-1985
ⅠC.4	虎林	10.27	4.15	123.9	10.19	5.2	37.6	1957-1985
ⅠC.5	鸡西	10.27	4.20	106.4	10.13	4.29	35.8	1951-1985
ⅠC.6	绥芬河	10.21	4.23	120.9	10.10	5.5	43.1	1953-1985
ⅠC.7	长春	10.31	4.7	88.4	10.14	4.23	27.1	1951-1985
ⅠC.8	桦甸	11.1	4.15	119.2	10.15	4.30	42.3	1956-1985
ⅠC.9	图们	11.13	4.9	75.4	10.22	4.25	24.7	1975-1985
ⅠC.10	天池	9.8	6.18	257.5	8.30	6.24	144.5	1959-1985
ⅠC.11	通化	11.1	4.14	111.9	10.17	4.27	42.9	1951-1985
ⅠC.12	乌兰浩特	11.1	4.8	51.4	10.15	4.19	16.2	1951-1985
ⅠC.13	锡林浩特	10.18	4.18	94.7	10.3	5.13	28.2	1953-1985
ⅠC.14	多伦	10.20	4.27	89.3	10.7	5.15	32.7	1953-1985
ⅠD.1	四平	11.4	4.7	80.1	10.23	4.17	23.9	1951-1985
ⅠD.2	沈阳	11.16	4.1	61.5	10.31	4.14	20.5	1951-1985
ⅠD.3	朝阳	•11.29	•3.25	22.9	11.9	4.8	9.0	1953-1985
ⅠD.4	林西	10.26	4.14	34.0	10.11	4.30	13.5	1953-1985
ⅠD.5	赤峰	11.12	4.7	30.6	10.23	4.8	11.6	1951-1985
ⅠD.6	呼和浩特	11.27	3.22	31.7	10.25	4.13	12.6	1951-1985
ⅠD.7	达尔罕茂明安联合旗	10.28	4.14	58.7	10.15	5.5	23.1	1954-1985
ⅠD.8	张家口	11.28	3.24	25.1	10.31	4.16	12.2	1956-1985
ⅠD.9	大同	11.18	3.30	29.3	10.26	4.24	14.4	1955-1985
ⅠD.10	榆林	12.1	3.13	29.3	11.4	4.6	12.1	1951-1985
ⅡA.1	营口	11.21	3.22	42.9	11.8	4.5	15.7	1951-1985
ⅡA.2	丹东	11.24	3.22	40.5	11.14	4.5	17.4	1951-1985
ⅡA.3	大连	11.30	3.13	26.3	11.11	3.25	12.9	1951-1985
ⅡA.4	北京市	12.16	3.7	15.6	11.26	3.19	9.5	1951-1985
ⅡA.5	天津市	12.14	3.3	12.6	12.1	3.18	8.4	1955-1985
ⅡA.6	承德	11.29	3.23	25.3	11.7	4.6	10.5	1951-1985
ⅡA.7	乐亭	12.8	3.13	18.0	11.22	3.27	9.7	1957-1985
ⅡA.8	沧州	12.20	3.7	14.1	12.1	3.19	8.8	1954-1985
ⅡA.9	石家庄	12.17	2.27	18.4	11.27	3.14	10.6	1955-1985
ⅡA.10	南宫	12.18	3.1	15.8	11.28	3.13	8.8	1958-1985
ⅡA.11	邯郸	12.20	2.25	14.0	12.5	3.17	9.7	1955-1985
ⅡA.12	威海	11.25	3.22	28.3	11.6	3.26	18.8	1959-1985
ⅡA.13	济南	12.15	3.7	14.6	11.30	3.22	9.3	1951-1985
ⅡA.14	沂源	12.10	3.8	17.8	11.23	3.30	10.2	1958-1985
ⅡA.15	青岛	12.19	2.24	9.7	11.24	3.16	9.1	1951-1985
ⅡA.16	枣庄	12.15	2.19	9.9	12.7	3.11	8.0	1958-1985
ⅡA.17	濮阳	12.18	2.28	14.1	12.8	3.11	8.9	1954-1985
ⅡA.18	郑州	12.16	3.3	14.8	12.1	3.15	10.0	1951-1985
ⅡA.19	卢氏	12.3	3.9	23.4	11.18	3.22	16.4	1953-1985
ⅡA.20	宿州	12.21	2.24	11.2	12.5	3.11	10.6	1953-1985
ⅡA.21	西安	12.7	3.6	14.0	11.25	3.22	13.0	1951-1985
ⅡB.1	蔚县	11.20	4.10	38.5	10.26	4.25	15.0	1954-1985
ⅡB.2	太原	12.7	3.13	22.1	11.27	3.26	11.4	1951-1985
ⅡB.3	离石	12.4	3.20	29.6	11.6	3.29	13.9	1965-1985
ⅡB.4	晋城	12.5	3.13	26.3	11.26	3.14	13.9	1956-1985
ⅡB.5	临汾	12.20	2.23	15.1	12.5	3.6	8.5	1954-1985
ⅡB.6	延安	11.24	3.18	20.6	11.1	4.1	13.7	1951-1985
ⅡB.7	铜川	12.4	3.22	25.0	11.11	3.29	16.3	1958-1985

区属号	地名	天气现象 积雪 初日	积雪 终日	积雪 年日数	降雪 初日	降雪 终日	降雪 年日数	记录年代
1	2	48	49	50	51	52	53	54
ⅡB.8	白银	11.17	3.25	12.3	10.23	4.20	9.8	1955-1985
ⅡB.9	兰州	11.22	3.24	17.8	11.1	4.9	12.2	1951-1985
ⅡB.10	天水	11.30	3.14	18.7	11.8	3.28	18.0	1951-1985
ⅡB.11	银川	*11.30	*2.9	13.5	11.19	3.27	6.2	1951-1985
ⅡB.12	中宁	12.6	2.29	11.9	11.5	4.2	8.1	1953-1985
ⅡB.13	固原	10.24	4.19	39.3	10.12	4.28	24.6	1957-1985
ⅢA.1	盐城	1.13	2.17	6.4	12.24	3.13	6.4	1954-1985
ⅢA.2	上海市	1.25	2.18	3.2	1.5	3.11	5.5	1951-1985
ⅢA.3	舟山	*1.29	*2.14	2.9	12.22	3.7	5.4	1954-1985
ⅢA.4	温州			1.4	1.13	2.23	3.9	1951-1985
ⅢA.5	宁德			0.2	*1.28	*2.13	1.2	1960-1985
ⅢB.1	泰州	*1.25	*2.24	6.1	12.27	3.8	7.6	1955-1985
ⅢB.2	南京	*1.12	*2.21	8.9	12.14	*3.10	8.4	1951-1985
ⅢB.3	蚌埠	12.20	2.26	12.3	12.10	3.10	10.6	1952-1985
ⅢB.4	合肥	*12.21	*2.15	11.5	12.10	3.12	10.3	1953-1985
ⅢB.5	铜陵	*1.5	*2.17	9.5	12.15	3.4	10.5	1957-1985
ⅢB.6	杭州	*1.16	*2.20	7.8	12.20	3.11	9.8	1951-1985
ⅢB.7	丽水	1.19	2.1	3.8	12.28	3.2	7.1	1953-1985
ⅢB.8	邵武			1.5	*1.4	*2.9	4.5	1957-1985
ⅢB.9	三明			0.2			1.2	1960-1985
ⅢB.10	长汀			0.4	*1.11	*2.2	1.7	1955-1985
ⅢB.11	景德镇	*1.21	*2.18	3.8	12.27	2.28	6.3	1953-1985
ⅢB.12	南昌	*1.14	*2.12	5.1	12.17	3.1	6.9	1951-1985
ⅢB.13	上饶	*1.30	*2.12	4.0	1.2	2.27	7.1	1957-1985
ⅢB.14	吉安	*1.27	*2.7	2.4	12.28	2.18	5.5	1952-1985
ⅢB.15	宁冈	*1.21	*2.2	3.4	12.20	2.20	6.8	1957-1985
ⅢB.16	广昌	*1.21	*1.30	2.7	12.29	2.13	5.7	1954-1985
ⅢB.17	赣州			1.1	*1.1	*2.5	2.4	1951-1985
ⅢB.18	沙市	1.1	2.11	8.6	12.4	3.7	10.0	1954-1985
ⅢB.19	武汉	*12.31	*2.17	8.9	12.6	3.4	9.2	1951-1985
ⅢB.20	大庸	*1.11	*2.10	5.1	12.6	3.8	10.0	1957-1985
ⅢB.21	长沙	*1.9	*2.14	6.1	12.20	2.28	8.8	1951-1985
ⅢB.22	涟源	*1.11	*2.13	5.5	12.16	2.26	8.6	1958-1985
ⅢB.23	永州	*1.14	*1.31	4.0	12.24	2.22	67	1951-1985
ⅢB.24	韶关			0.2	1.20	2.4	1.0	1951-1985
ⅢB.25	桂林			0.5	*1.5	*2.13	2.0	1951-1985
ⅢB.26	涪陵			0.2			0.6	1952-1985
ⅢB.27	重庆			0.2			0.8	1951-1985
ⅢC.1	驻马店	12.15	2.26	13.8	12.3	3.12	12.3	1958-1985
ⅢC.2	固始	12.19	2.24	14.5	12.7	3.12	12.0	1953-1985
ⅢC.3	平顶山	12.18	2.21	11.3	12.4	3.11	11.2	1955-1985
ⅢC.4	老河口	12.11	2.24	13.7	11.28	3.12	14.2	1951-1985
ⅢC.5	随州	12.23	2.16	8.0	12.5	3.10	9.1	1952-1985
ⅢC.6	远安	*1.1	*2.18	4.6	12.4	3.6	7.5	1957-1985
ⅢC.7	恩施			1.9	12.29	2.23	5.1	1951-1985
ⅢC.8	汉中	*3.1	*1.31	4.0	12.9	3.3	7.7	1951-1985
ⅢC.9	略阳	12.28	2.16	6.7	11.30	3.14	11.3	1959-1985
ⅢC.10	山阳	12.12	3.5	10.7	11.21	3.24	13.5	1959-1985
ⅢC.11	安康	*1.6	*2.9	2.1	12.9	3.4	5.6	1953-1985
ⅢC.12	平武	*1.13	*1.29	2.4	12.26	2.22	4.8	1953-1985
ⅢC.13	仪陇			2.0	12.31	2.16	4.7	1959-1985
ⅢC.14	达县			0.3	*1.3	*1.30	1.4	1953-1985
ⅢC.15	成都			0.7	*1.5	*2.6	2.4	1951-1985
ⅢC.16	内江				*1.9	*1.29	1.5	1951-1985
ⅢC.17	西阳	*12.29	*2.16	7.9	12.1	3.11	14.5	1952-1985
ⅢC.18	桐梓	*1.9	*2.7	3.5	12.17	2.26	8.5	1951-1985
ⅢC.19	凯里	*1.10	*2.9	4.3	12.13	2.28	8.2	1958-1985
ⅣA.1	福州						0.8	1951-1985
ⅣA.2	泉州						0.0	1957-1985
ⅣA.3	汕头							1951-1985
ⅣA.4	广州							1951-1985
ⅣA.5	茂名							1973-1980
ⅣA.6	北海							1953-1985
ⅣA.7	海口							1951-1985
ⅣA.8	儋县							1955-1985
ⅣA.9	琼中							1960-1985
ⅣA.10	三亚							1959-1985
ⅣA.11	台北							1971-1980
ⅣA.12	香港							1951-1980
ⅣB.1	漳州						0.0	1951-1985
ⅣB.2	梅州						0.1	1953-1985
ⅣB.3	梧州						0.0	1951-1985
ⅣB.4	河池				*1.17	*1.31	1.1	1956-1985
ⅣB.5	百色						0.1	1951-1985
ⅣB.6	南宁						0.1	1951-1985
ⅣB.7	凭祥							1965-1985
ⅣB.8	元江							1955-1985
ⅣB.9	景洪							1954-1985
ⅤA.1	毕节	12.29	2.13	6.3	11.24	3.15	13.2	1951-1985
ⅤA.2	贵阳	*1.12	*2.3	2.9	12.10	2.19	6.5	1951-1985
ⅤA.3	察隅	1.10	3.14	7.8	12.24	4.7	12.3	1967-1984
ⅤB.1	西昌			0.8	12.25	2.11	2.3	1951-1985
ⅤB.2	攀枝花						0.0	1966-1985
ⅤB.3	丽江				12.25	3.7	2.2	1951-1985
ⅤB.4	大理				*1.5	*2.22	0.6	1951-1985
ⅤB.5	腾冲							1951-1985
ⅤB.6	昆明			1.0	*12.30	*1.29	2.2	1951-1985
ⅤB.7	临沧							1954-1985
ⅤB.8	个旧						0.9	1959-1985
ⅤB.9	思茅							1955-1985
ⅤB.10	盘县	*1.16	*2.3	2.1	12.10	2.18	6.1	1951-1985
ⅤB.11	兴义			1.1			2.9	1969-1985
ⅤB.12	独山			2.0	*12.20	*2.13	4.4	1951-1985
ⅥA.1	冷湖	*12.23	*2.6	4.0	11.5	4.24	2.4	1957-1985
ⅥA.2	茫崖	11.18	5.11	10.2	9.4	6.23	11.2	1964-1985
ⅥA.3	德令哈	11.11	4.27	31.1	9.29	6.18	14.1	1973-1985
ⅥA.4	刚察	9.26	6.1	45.3	8.28	6.30	38.5	1958-1985
ⅥA.5	西宁	11.1	4.15	22.8	10.12	5.6	19.5	1954-1985
ⅥA.6	格尔木	11.26	4.3	8.7	10.16	5.14	7.2	1956-1985
ⅥA.7	都兰	10.5	5.13	50.0	9.15	6.18	29.9	1955-1985
ⅥA.8	同德	10.10	5.21	35.2	9.16	6.22	32.4	1959-1985
ⅥA.9	夏河	10.6	5.17	52.5	9.19	6.4	44.6	1958-1985
ⅥA.10	若尔盖	9.25	5.24	72.2	8.29	6.27	65.7	1957-1985
ⅥB.1	曲麻莱	8.31	6.30	88.4	8.19	7.27	83.2	1957-1985
ⅥB.2	杂多	9.29	6.1	69.8	9.3	6.28	59.8	1957-1985
ⅥB.3	玛多	8.30	7.5	102.0	8.16	7.29	78.6	1953-1985
ⅥB.4	噶尔	11.10	5.10	24.9	9.20	6.21	13.9	1961-1981
ⅥB.5	改则	10.14	6.5	20.4	9.3	7.16	21.3	1973-1980

区属号	地名	天气现象						记录年代
		积雪			降雪			
		初日	终日	年日数	初日	终日	年日数	
1	2	48	49	50	51	52	53	54
VIB.6	那曲	9.25	6.12	59.6	8.24	7.9	50.9	1955—1985
VIB.7	申扎	9.26	6.16	29.0	8.23	7.10	37.8	1961—1983
VIC.1	马尔康	11.29	3.21	12.6	10.25	4.20	16.2	1954—1985
VIC.2	甘孜	10.24	4.24	36.5	10.4	5.27	33.4	1952—1985
VIC.3	巴塘			0.4	12.18	3.22	0.9	1957—1985
VIC.4	康定	10.28	4.21	36.7	10.20	5.10	40.2	1953—1985
VIC.5	班玛	10.11	5.14	52.8	9.11	6.19	55.2	1965—1985
VIC.6	昌都	11.12	4.6	14.9	10.7	5.10	18.9	1953—1985
VIC.7	波密	12.6	3.26	20.0	11.10	4.5	25.8	1953—1985
VIC.8	拉萨	12.20	4.11	5.1	10.23	5.13	6.3	1955—1985
VIC.9	定日	12.2	4.29	7.4	9.22	6.4	10.1	1971—1984
VIC.10	德钦	10.31	4.27	55.5	10.19	5.13	56.4	1957—1980
VIIA.1	克拉玛依	11.18	3.17	76.7	10.22	3.30	23.5	1957—1985
VIIA.2	博乐阿拉山口	11.22	3.15	84.5	10.24	3.30	20.8	1956—1985
VIIB.1	阿勒泰	10.29	4.9	137.3	10.13	4.24	37.9	1955—1985
VIIB.2	塔城	11.1	3.31	126.3	10.18	4.17	43.0	1954—1985
VIIB.3	富蕴	10.21	4.12	141.7	10.10	4.26	37.0	1962—1985
VIIB.4	伊宁	11.12	3.22	100.9	10.28	4.5	33.7	1952—1985
VIIB.5	乌鲁木齐	10.18	4.21	136.1	10.14	5.1	46.5	1967—1985
VIIC.1	额济纳旗	* 12.26	* 2.19	11.3	12.2	3.19	1.9	1960—1985
VIIC.2	二连浩特	11.6	4.4	55.6	10.18	4.23	12.5	1956—1985
VIIC.3	杭锦后旗	1.1	3.8	13.4	11.23	4.2	4.6	1955—1985
VIIC.4	安西	12.3	3.8	15.2	11.13	3.29	4.6	1951—1985
VIIC.5	张掖	11.3	3.27	25.8	10.23	4.17	14.8	1951—1985
VIID.1	吐鲁番			13.8	* 12.24	* 2.4	4.2	1952—1985
VIID.2	哈密	* 12.3	* 2.26	33.5	11.17	3.21	12.6	1952—1985
VIID.3	库车	* 1.1	* 2.17	27.1			3.4	1951—1985
VIID.4	库尔勒		* 2.10	16.0	12.12	3.6	5.9	1959—1985
VIID.5	阿克苏	1.1	2.14	26.7	12.14	2.27	7.3	1955—1985
VIID.6	喀什	* 12.24	* 2.17	27.8	12.11	2.27	7.0	1956—1985
VIID.7	且末	* 1.3	* 2.2	8.4	12.19	2.12	3.4	1954—1985
VIID.8	和田	* 1.2	* 2.12	14.4	* 12.15	* 2.22	6.3	1954—1985

注：① 区属号"IB.3"中,"I"表示一级区编号,"B"表示二级区编号,"3"表示该区内城镇编号。
② 降、积雪的初、终日中加"*"者表示出现年数占整编年数2/3或以上,以便与每年均有出现的相区别。
③ 凡资料数值加"#",表示资料欠准确,但仍可使用。空格表示缺资料,或按规定不作统计。
④ 表中"地名"系以国务院批准的1989年底全国县级以上行政区划资料(中华人民共和国行政区划简册)为准。

附录三　名词解释

名词解释　　　　　　　　　　　附表 3.1

序号	名词	名词解释
1	春、夏、秋、冬四季	季节的划分在气候学上有不同的方法,一种按阳历月份划分,以阳历3~5月为春季,6~8月为夏季,9~11月为秋季,12月~翌年2月为冬季。另一种按物候学划分方法是:取候(五日)平均气温<10℃的时期为冬季,>22℃的时期为夏季,介于10~22℃的时期为春季或秋季

序号	名词	名词解释
2	冬半年、夏半年	气候学上称10月~翌年3月期间为冬半年,4~9月期间为夏半年
3	年降水量	年降水量是指一年内由天空降落到单位面积水平地面的液态水或固态水的量
4	年平均气温日较差	气温在一昼夜内最高值与最低值之差称为气温日较差。年平均气温日较差是年平均最高气温与年平均最低气温之差
5	气温年较差	最热月平均气温与最冷月平均气温之差
6	季节冻土	冬季冻结、夏季全部融化的土层称为季节性冻土
7	永冻土	在最热的季节里,仍不能融化的土层称为永冻土
8	岛状冻土	呈岛状分布的永久性冻土,是季节性冻土与永久性冻土之间的过渡状态
9	最大冻土深度	地面土层或疏松岩石冻结的最大深度
10	降雪日	某日出现降雪即作为降雪日计
11	积雪日	下雪后,只要气温接近或低于零度,雪就可能在地面上积累起来,当视野内地面覆雪面积超过一半时,便记为积雪日
12	最大积雪深度	一定时间内,地面积雪层的最大厚度
13	雨凇日	天上的雨滴落在电线、物体和地面上,马上结成透明或半透明的冰层,这就是雨凇,俗称冰凌。某日出现雨凇现象即记为一个雨凇日
14	沙暴日	沙暴是强风将大量的沙粒、尘土猛烈地卷入空中的现象。某日出现沙暴,水平能见距离低到1km以下,即作为沙暴日计
15	雾凇日	雾凇是严冬季节出现的空气中水汽直接凝华或过冷却雾滴直接冻结在物体上,所形成的乳白色冰晶物。某日出现雾凇现象,即作为雾凇日计
16	雷暴日	大气中伴有雷声的放电现象,称为雷暴。凡闻雷声即作为雷暴日计
17	冰雹日	冰雹是天上掉下来的固体降水,有球形、圆锥形或形状不规则的冰块。凡有降雹现象即作为冰雹日计
18	日照时数	日照时数是指太阳实际照射某地面时的时数
19	日照百分率	一定时间内某地日照时数与该地的可照时数的百分比称为日照百分率
20	太阳总辐照度	水平或垂直面上单位时间内,单位面积上接受的太阳辐射量称为太阳辐射照度。太阳直射辐射照度和散射辐射照度之和称为太阳总辐射照度
21	梅雨	初夏季节在江淮流域乃至闽、赣、湘出现的雨期较长的连阴雨天气,称为梅雨
22	热带风暴和台风	发生在北太平洋西部的热带气旋,其中心附近的海面(或地面)最大风力达8级以上。风力在8级以上称为热带风暴,10级以上称为强热带风暴,12级以上称为台风
23	立体气候	指垂直分布的气候,山岳地带气候特征垂直分布明显,故泛指山岳气候为立体气候
24	建筑防寒	泛指为防止冬季室内过冷和创造适宜的室内热环境而采取的建筑综合措施
25	建筑保温	系指为减少冬季通过房屋围护结构向外散失热量,并保证围护结构薄弱部位内表面温度不致过低而采取的建筑构造措施
26	建筑防热	泛指为防止夏季室内过热和改善室内热环境而采取的建筑综合措施
27	建筑隔热	系指为减少夏季由太阳辐射和室外空气形成的热作用,通过房屋围护结构传入室内,防止围护结构内表面温度不致过高而采取的建筑构造措施

附录四　本标准用词说明

一、为便于在执行本标准条文时区别对待，对要求严格程度不同的用词说明如下：

1. 表示很严格，非这样做不可的：
   正面词采用"必须"；
   反面词采用"严禁"。
2. 表示严格，在正常情况下均应这样做的：
   正面词采用"应"；
   反面词采用"不应"或"不得"。
3. 表示允许稍有选择，在条件许可时首先应这样做的：
   正面词采用"宜"或"可"；
   反面词采用"不宜"。

二、条文中指定应按其他有关标准、规范执行时，写法为"应符合……的规定"或"应按……执行"。

附加说明

本标准主编单位、参加单位和主要起草人名单

主 编 单 位：中国建筑科学研究院

参 加 单 位：国家气象中心
　　　　　　　中国建筑标准设计研究所

主要起草人：谢守穆　周曙光　马天健
　　　　　　　胡　璘　刘崇颐　王昌本
　　　　　　　王启欢

中华人民共和国国家标准

建筑气候区划标准

GB 50178—93

条 文 说 明

前　言

根据原国家计委计综〔1986〕第 2630 号文的通知要求，由建设部会同有关单位共同编制的《建筑气候区划标准》GB 50178—93，经建设部 1993 年 7 月 5 日以建标〔1993〕462 号文批准发布。

为便于广大规划、设计、施工、科研、学校等有关单位人员在使用本标准时能正确理解和执行条文规定，《建筑气候区划标准》编制组根据原国家计委关于编制标准、规范条文说明的统一要求，按《建筑气候区划标准》的章、节、条顺序，编制了本条文说明，供国内各有关部门和单位参考。在使用中如发现本条文说明有欠妥之处，请将意见函寄中国建筑科学研究院建筑物理研究所《建筑气候区划标准》国标管理组（邮编 100044，北京车公庄大街 19 号）。

本条文说明由建设部标准定额研究所组织出版印刷，仅供有关部门和单位执行本标准时使用，不得外传和翻印。

目　次

第一章　　总则……………………………… 3—32

第二章　　建筑气候区划………………… 3—32

　第一节　一般规定………………………… 3—32

　第二节　区划的指标……………………… 3—33

第三章　　建筑气候特征和建筑

　　　　　基本要求……………… 3—34

　第一节　第 I 建筑气候区……………… 3—34

　第二节　第 II 建筑气候区……………… 3—35

　第三节　第 III 建筑气候区……………… 3—35

　第四节　第 IV 建筑气候区……………… 3—36

　第五节　第 V 建筑气候区……………… 3—36

　第六节　第 VI 建筑气候区……………… 3—36

　第七节　第 VII 建筑气候区……………… 3—36

第一章 总 则

第1.0.1条 编制目的。建筑与气候的关系十分密切，建筑的规划、设计、施工等无不受气候的巨大影响，世界各国都很重视建筑气候和建筑气候区划的研究，国外建筑气候区划的有关情况详见《建筑气候区划标准》研究报告之一《国外建筑气候区划简介》一文。

我国幅员辽阔，地形复杂，各地气候差异悬殊，为了适应各地不同的气候条件，建筑上反映出不同的特点和要求。寒冷的北方，建筑需防寒和保温，建筑布局紧凑、体态封闭、厚重；炎热多雨的南方，建筑要通风、遮阳、隔热，以降温除湿，建筑讲究防晒，内外通透；沿海地区的建筑还需防台风和暴雨；高原之上的建筑要注意强烈的日照、气候干燥和多风沙等。因此，研究我国建筑与气候的关系，按照各地建筑气候的相似性和差异性进行科学合理的建筑气候区划，概括出各区气候特征，明确各区建筑的基本要求，提供建筑设计所需的气候参数，合理利用当地气候资源，改善环境功能和使用条件，提高建筑技术水平，加快建设速度，发挥建设投资的经济效益和社会效益都有重要的意义。

我国50年代就开展了建筑气候区划的研究，并于1964年提出了《全国建筑气候分区草案（修订稿）》，由国家科学技术委员会内部出版，但是由于种种原因，该草案未能得到实际应用。有关我国建筑气候区划的情况详见《建筑气候区划标准》研究报告之二《我国建筑气候区划概述》一文。

近几年来，随着建筑业的发展，特别是有关建筑专业标准规范的制订和修订，迫切要求有一个全国统一的建筑气候区划标准作为基础。本标准的区划是在总结我国以往的区划经验的基础上，并与《民用建筑热工规范》、《采暖通风与空气调节设计规范》、《城市居住区规划设计规范》等标准规范协调制订的。本标准对区划分级、各区划指标、各区建筑气候特征和建筑的基本要求等问题作了原则规定。应该特别说明的是，有关采暖区的划分问题是一个涉及面很广、原则性很强的问题，根据审查会议的讨论，由于采暖区划涉及面广，目前制订该项区划条件尚未成熟，暂将采暖区划与建筑气候区划标准脱钩，所以，本标准中有关采暖的指标、气候参数和要求等有关内容均不涉及。

第1.0.2条 标准适用范围。建筑按用途分为工业与民用两大类。民用建筑因等级不同，工业建筑因工艺要求各异，其室内温湿度等条件要求不一样，如高级宾馆、档案馆、文物历史博物馆、办公楼等均要求较高，建设投资和管理费用都高于一般民用建筑。有特殊工艺要求的工厂，如精密仪器、仪表工厂，纺织厂、电子工业车间等要求恒温恒湿，而钢铁厂的热车间散热量很大，要求尽快散热。据统计，高级民用建筑和有特殊工艺要求的工业建筑约占全国总建筑面积的10%，一般工业与民用建筑是大量的，约占90%，本标准在拟订建筑气候区划指标和建筑基本要求时，都是针对一般工业与民用建筑的。另外，从收集到的国外建筑气候区划资料中也可看出，建筑气候区划都是针对某一类建筑的，如苏联的"居住建筑气候区划"，日本的"住宅节能度日值区划"和"办公楼节能建筑气候区划"等。道理很简单，只有室内外条件相近，才能有建筑的相似性，才可将相同的建筑要求列入一个建筑气候区，所以本条规定，本标准适用于一般工业与民用建筑的规划、设计与施工。

第1.0.3条 本标准与其他标准的关系。本标准是一个综合性很强的基础标准，主要对建筑的规划、设计与施工起宏观控制和指导作用。所以，本标准规定的内容是各有关标准规范的共性部分，对于各个专业标准规范中特有的内容，本标准未作规定，仅规定达到某一专业技术方面的基本要求，而不代替相关专业的标准规范。因此，本条规定，在执行本标准时，尚应符合国家现行有关标准规范的规定。

第二章 建筑气候区划

第一节 一般规定

第2.1.1条 区划原则。气候区划原则，一般有主导因素原则、综合性原则及综合分析和主导因素相结合原则等三种不同的原则。

主导因素原则强调进行某一级分区时，必须采用统一的指标，综合性原则强调区内气候的相似性，而不必用统一的指标去划分某一级分区，两者各有利弊，目前常用的区划原则是将上述二者结合起来的第三种原则。本标准采用综合分析和主导因素相结合原则。

第2.1.2条 区划的分级。建筑气候区划是反映我国建筑与气候关系的区域划分，由于影响建筑气候区划的因素很多，各气候要素的时空分布不一，各气候要素对建筑气候区划的作用也不相同，因此，区划必须分级，这样可使各级分区中，突出各级区内建筑的相似性和差异性。本标准作为全国性的区划标准，主要用于宏观控制，是高层次的，必须有较大的概括性，为了便于应用，目前区划系统以避繁就简为宜。本标准在分析各气候要素对建筑影响的大小和气候要素在全国的分布状况之后，决定先按二级区划系统划分，至于更低级的划分，各省、市、地区可根据上述原则，在所辖范围内进一步划分。但各级区的划分原则必须有一定的建筑气候特征和相应的建筑基本要求为依据，假使仅有某一气候要素在程度上的较小差别，而目前建筑技术经济上无明显的反应，在这样的地区范围内就没有必要再划区。据此，全国划分为7个一级区，20个二级区。一级区反映全国建筑气候上大的差异，二级区反映各大区内建筑气候上小的不同。图2.1.2表示中国建筑气候区划的全貌，一级区以大写罗马字Ⅰ、Ⅱ、Ⅲ……代表其区号，二级区则在一级区号的右侧注以大写英文字母A、B、C……代表其二级区号。在本标准制订过程中，曾对我国各建筑气候区的名称作过多次讨论，意见不能完全统一，主要问题在于区名难以与国际上有关气候学和地理学中通用的名称相一致，而用上述编号作为区名，则能为大家所接受。有关区划的原则与分级的说明详见《建筑气候区划标准》研究报告之四《关于建筑气候区划的若干问题》一文。

第2.1.3条 全国气候要素分布图。本标准附录一中给出21幅全国气候要素分布图，其中除年总光照度和年扩散光照度两幅是中国建筑科学研究院物理所和中国气象科学研究院联合研究的成果外，其余均是根据国家气象部门1951～1980年整编资料绘制的。

气候要素分布图的作用有三个：一是为划分一级区提供依据，如1月平均气温等，二是为划分二级区提供依据，三是对建筑气候特征和建筑气候参数的不足作补充。例如最大积雪深度，冬、夏及全年风向玫瑰分布，日照时数分布，太阳辐射照度分布以及各种天气状况分布、光照度、太阳辐射照度等图均具有一定科学价值。

第2.1.4条 全国主要城镇气候参数表。本标准附录二给出全国203个气象台站的气候参数。为了满足区划和当前建设的需要，气象台站的选点除全国主要城市和新开放的港口城市（如深圳、秦皇岛）、新能源基地（如陕西韩城、甘肃窑街、云南芒市、内蒙东胜）外，还照顾到布点的均匀性和某些气象上的极值点。我国城镇分布的规律是东南沿海密集，而西部沙漠及西南高原极为稀疏，考虑到布点的均匀性，故将东南沿海城镇数量压缩，如江苏的无锡邻近南京，广东的佛山邻近广州，虽其工农业产值和人口数量均为重点城镇也未列入，而西部城镇的布点则适当增加，如青海的茫崖、大柴旦虽非县级以上城镇，而其所处地区空白较大，却也被列入。此外，还有一些具有建筑气象要素极值点的气象台站，如黑龙江的漠河（最低气温记录-52.3℃）、新疆的吐鲁番（最高气温记录47.6℃）、甘肃的夏河（沙暴日数110d）也被列入。

鉴于本标准是基础标准，建筑气候参数的选取应以各有关专业共同的常用的参数为准，凡是专业性标准规范中所必需具备的参数，如采暖计算温度等，已由各专业标准解决，本标准一律不列，避免重复。

考虑到本标准的气候参数作为有关建筑专业的基础参数，其统计方法仍以原中央气象局1979年颁布的《全国地面基本气象资料统计方法》中有关规定为准。

气象参数统计年代长，所得的气候参数值就比较稳定，概率性更强，也更有代表性，世界气象组织规定，30年记录为得出气象特征的最短年限，我国许多气象台站是50年代中后期建立的，如果选用1951～1980年的气象记录资料，则不足30年的台站为数不少，为使统计年份接近30年，并尽量靠近最近的年份，本标准选用1951～1985年的气象记录资料整理，能够较好地反映全国各地气候的近况。但仍有个别台站建站较晚，只有8年资料，其代表性就差一些，但其差别不大，还是可用的，所有气象台站的资料统计年代均在表末注明，供参考。

使用本标准参数时，建设地点与本标准所列气象台站的地势、地形差异不大，且水平距离在50km以内及海拔高度差在100m以内可直接引用。因为气候受地形影响很大，如气温随海拔高度上升而下降，在我国夏季，高度每升高100m，平均气温降低0.6℃，冬季稍小些，地形使降雨量分布不均，而风随地形的变化更为明显。所以，气象部门规定，在地势平坦的地区，一个台站可以覆盖50km的范围，只要某地与气象台站海拔高度差在100m以内，水平距离在50km以内，气候具有相似性，参数使用比较可靠，而地势崎岖的地区则由于气候垂直变化比较复杂，不可直接引用。有关建筑气候参数的更详细的说明见《建筑气候区划标准》研究报告之七《关于建筑气候参数及气候要素分布图的概述》。

第二节　区划的指标

第2.2.1条　一级区划指标。一级区划主要根据全国范围内对建筑有决定性影响的气候因素来拟定。

气温、湿度、降水、积雪、太阳辐射、风、冻土、日照等气候要素对建筑有很大影响，其中积雪、风、冻土等只在局部地区才呈现出较大的梯度；日照和太阳辐射照度多呈纬向分布，梯度一般也不大；积雪主要影响建筑屋面荷载、形式和构造，但又不是唯一的因素；风速产生水平荷载，对结构产生影响，但也不是结构设计的唯一因素；风向及频率对城市规划产生较大影响，但城市规划也是要综合其他许多因素的，冻土影响到地基及地下管道埋深，但地基及地下管道的埋深受多种因素的控制，且冻土在全国的分布是局部性的；日照主要影响城市规划和居住建筑的日照标准，但城市规划和日照标准也取决于多种因素；太阳辐射对热工、采暖、空调有影响，但它与温度的作用相比还是次要的，且其随机性较大。从上面的分析可知积雪、风、冻土、日照和太阳辐射并不是在全国范围对建筑具有决定性影响的气候要素，不能作为主要指标。

气温、降水、相对湿度在空间和时间分布上差异很大，它形成我国各地气候特征的主要差异，即为冷、热、干、湿之不同。这三种气候要素对建筑产生的影响也是最大的，一是它们几乎影响到建筑行业的各个专业，如热工、暖通、规划、设计、结构、地基、给排水、建材、施工等专业都与温度、湿度、降水有关；二是它们对建筑的规划、设计、施工起主要作用，如建筑围护结构的热阻要求和采暖能耗核算主要决定于温度和湿度条件。所以一级区划应以气温、相对湿度和降水量作为指标是有道理的，是能全面反映建筑气候特点的。

然而气温作为指标，可有年平均气温、月平均气温、月平均最高与最低气温、高于或低于某一界线温度的天数等，选取的指标既要有明确的建筑意义，又要符合习惯，使用方便，为大家所接受，经过反复征求意见，认为月平均温度能较好地反映一地的冷热程度，有关专业使用的一些计算参数大多是以月平均气温为基础统计的，工程界乐于接受。故本标准选用1月平均气温和7月平均气温为主要指标，年日平均气温小于等于5℃的日数能反映一地寒冷期的长短，年日平均气温大于等于25℃的日数能反映一地炎热期的长短，故将此二项指标作为辅助指标。

对建筑起决定作用的是最热月（7月个别地区为5月、6月）和最冷月（1月）气温。1月由于受西北寒流的影响，东部南北温差达50℃，而西部南北则温差较小，因此，选用1月平均气温作为东部季风区的划分指标。7月由于受东南季风暖流的影响，全国普遍增温，东部南北温差仅10℃，青藏高原温度仍然很低。因此，选用7月平均气温作为青藏高原与其他地区的界限指标。

相对湿度在气温适中时，对人的热作用并不明显，只在气温高时才有明显影响。我国相对湿度分布一般在7月份最大，东部季风区相对湿度大多在70%以上，而西北部只有30%～70%。所以选用7月平均相对湿度作为Ⅰ、Ⅶ区区划的主要指标。

降水量是确定区域雨水排水和屋面排水系统的主要设计参数，同时降水量也反映了一个地方的干湿程度，降水也给施工带来影响。此外，降水还可能使某些黄土及膨胀土产生湿陷或膨胀。排水工程一般不以年降水量为指标，而以暴雨强度为设计指标，即以10min和1h的最大降水量为指标。考虑到10min和1h最大降水量与年降水量分布规律大致相近，以及年降水量对建筑的其他方面影响，本标准仍然用年降水量作为指标。由于我国年降水量的分布与湿度分布一样，东南部大，西北部小，东部各区内降水量的差别在建筑上的反映不明显，所以年降水量仅作为Ⅰ、Ⅶ区划分的辅助指标。

确定划区指标的详细依据见《建筑气候区划标准》研究报告之三《建筑气候区划指标的确定》和研究报告之四《关于中国建筑气候区划的若干问题》。

下面对表2.2.1中的区界划分指标作简单说明。

一、Ⅰ、Ⅶ区与Ⅱ区的分界。主要指标为1月平均气温-10℃，低于或等于-10℃为Ⅰ、Ⅶ区，高于-10℃为Ⅱ区（Ⅶ区的部分地区，1月平均气温高于-10℃，但综合考虑地理位置和其他气候因素，仍然划归Ⅶ区）。从建筑意义上说，Ⅰ、Ⅶ区只要考虑防寒，自然就满足了夏季隔热要求，故不考虑夏季防热，且从我国目前技术经济发展水平来看，对于门窗的设置，在Ⅰ、Ⅶ区一般用双层，而在Ⅱ区则仍为单层，分界线东起丹东北，向西经锦州、承德、北京、大同、榆林、中宁附近，止于西宁东北与Ⅵ区相连，基本上平行于长城，所以又称这条线为长城线。

二、Ⅱ区与Ⅲ区的分界。主要指标为1月平均气温0℃，低于或等于0℃为Ⅱ区，高于0℃为Ⅲ区，从建筑意义上说Ⅱ区冬季寒冷干燥而且寒冷期长，但夏季亦较炎热。所以建筑应以冬季防寒为主，适当兼顾夏季防热，Ⅲ区十分炎热、潮湿，炎热时间长，而冬季湿冷，但寒冷期较短，与Ⅱ区相反，建筑以夏季防热降温为主，兼顾冬季防寒。另外，因为气温低于0℃，建筑围护结构易产生凝结水的冻结，凝融对建筑的耐久性将会产生很大的危害，有冻结危险的地区就是1月平均气温低于0℃的地区，0℃线向来是我国南北方的分界线，分界线东起江苏的盐城北，向西经淮阴、蚌埠、阜阳、山阳、略阳、武都附近，止于Ⅵ区的马尔康以东，分界线大致经过秦岭、淮河，所以又称这条线为秦

（岭）淮（河）线。

三、Ⅲ区与Ⅳ区的分界。主要指标为 1 月平均气温 10℃，低于或等于 10℃为Ⅲ区，高于 10℃为Ⅳ区。从建筑意义上说，Ⅳ区建筑只要考虑夏季防热而不考虑冬季防寒，因为从人体生理角度看，室温低于 12℃时，人体会感到很冷，影响人的正常活动，所以维持室温在 12℃以上，是最起码的要求。实地观测表明，不采暖房间如不通风，室温可比室外平均气温高 2～3℃，即当室外平均气温为 10℃时，室温可维持在 12℃以上，能满足人们正常活动的起码要求。所以，1 月平均气温高于 10℃的地区可以不考虑防寒问题。分界线东起福州北，向西经龙岩、寻乌、连平、连县、柳州、兴仁附近，与Ⅴ区相连，分界线大致经过南岭，所以又称这条线为南岭线。

以上三条线，也是我国自然地理学上公认的气候分界线。

四、Ⅴ区与Ⅲ、Ⅳ区的分界。主要指标为 7 月平均气温 25℃，低于 25℃为Ⅴ区，高于 25℃为Ⅲ、Ⅳ区。从建筑意义上说，Ⅴ区最热月平均气温低于 25℃，建筑一般可不考虑夏季防热，而Ⅲ、Ⅳ区建筑则主要考虑夏季防热。国内外的研究表明，在夏季对人体的适宜温度上限为 28～30℃；在有良好的自然通风情况下，室内外气温是接近相等的，在我国湿热地区，7 月平均气温日较差大致为 6～10℃，所以当 7 月平均气温在 25℃以上时，最高气温可达 28～30℃以上，室温也达 29℃以上，已经超过人体适宜温度上限，建筑上应当采取防热的措施，分界线分三段：第一段南起云南和广西在国境线上的交界，向北往兴仁、罗甸、独山、凯里、遵义至雅安与Ⅵ区相连，第二段在云南元江河谷，第三段在云南西南边界。

五、Ⅵ区与Ⅶ、Ⅱ、Ⅲ、Ⅴ区的分界。主要指标为 7 月平均气温 18℃，低于 18℃为Ⅵ区，高于 18℃为Ⅶ、Ⅱ、Ⅲ、Ⅴ区，18℃指标的确定主要是考虑青藏高原气候独特，该区气温常年偏低，风大而空气干燥，太阳辐射强烈，日照时间长，在光气候的研究中把它划分为单独的光气候区。本区建筑上只需考虑防寒，而且区内建筑可充分利用太阳能。分界线西起国境线，向东经和田、且末、敦煌、酒泉，向南经张掖、兰州、武都、平武、雅安，向西经中甸、察禺、波密、林芝，再向西南至国境线。

另外，Ⅵ区与Ⅲ区之间，由于山势险陡，存在一条 18～25℃的很窄地带，区划时作了技术处理，这一窄带划归Ⅲ区。

六、Ⅶ区与Ⅰ区的分界。主要指标为 7 月平均相对湿度 50%，大于 50%为Ⅰ区，小于 50%为Ⅶ区。确定区界时，参考年降水量 200mm 等值线。但Ⅶ区的西北部由于受北冰洋水系的影响，相对湿度大于 50%，年降水量也大于 200mm。从建筑意义上说，Ⅶ区建筑应兼顾防寒与隔热，而对防雨、防潮要求不高，而Ⅰ区建筑需考虑防寒、防雨、防潮，可不考虑隔热。分界线北起中蒙边界，经二连浩特以东，向西经百灵庙、石嘴山、银川附近，向西南与Ⅱ区相连。

表 2.2.1 内扼要列出各一级区划的主要指标和辅助指标，表内还附带列出所辖行政区的大致范围。

第 2.2.2 条　二级区划指标。二级区划主要应考虑各二级区内建筑气候上小的不同，且按各区不同的特点，选取不同的指标。各二级区的分界线如下：

一、第Ⅰ建筑气候区。本区 1 月南北温差达 20℃，冬季长 9 个月至 6 个月，相差 3 个月。从永冻土到季节冻土，最大冻土深度从 4m 以上到 1.2m，编制组在东北调查中了解到，多数意见认为本区应按寒冷程度划分二级区为宜，所以选取 1 月平均气温和冻土性质作为二级区划指标，区分建筑围护结构保温性能、防寒、防冻等要求的不同。

1. ⅠA 与 ⅠB 区的分界。主要指标为 1 月平均气温-28℃，高于或等于-28℃为 ⅠB 区，低于-28℃为 ⅠA 区，ⅠA 区又为永冻土区。

2. ⅠB 与 ⅠC 区的分界。主要指标为 1 月平均气温-22℃，

高于或等于-22℃为 ⅠC 区，低于-22℃为 ⅠB 区，ⅠB 区同时又为岛状冻土区。

3. ⅠC 与 ⅠD 区的分界。主要指标为 1 月平均气温-16℃，高于或等于-16℃为 ⅠD 区，低于-16℃为 ⅠC 区，ⅠC 与 ⅠD 两个二级区均为季节性冻土区。

二、第Ⅱ建筑气候区。本区气候主要差别是冬季西部比东部冷，夏季东部比西部炎热。按 7 月平均气温 25℃划分为ⅡA 和ⅡB 区，区分建筑夏季隔热和冬季防寒要求的不同，高于或等于 25℃为ⅡA 区，低于 25℃为ⅡB 区。

三、第Ⅲ建筑气候区。本区气候主要差别是沿海易受热带风暴和台风暴雨的袭击，夏季东部比西部炎热。按 30 年一遇的最大风速和 7 月平均气温的不同划分为 3 个二级区，区分建筑抗风压和防热等要求的不同。

1. ⅢA 与ⅢB 区的分界。主要指标为 30 年一遇的最大风速 25m／s，大于或等于 25m／s 为ⅢA 区，小于 25m／s 为ⅢB 区。

2. ⅢB 与ⅢC 区的分界。主要指标为 7 月平均气温 28℃，高于或等于 28℃为ⅢB 区，低于 28℃为ⅢC 区。

四、第Ⅳ建筑气候区。本区气候主要差别是沿海一带和海岛上易受热带风暴和台风暴雨的袭击，按 30 年一遇的最大风速 25m／s 划分为 2 个二级区，区分建筑抗风压等要求的不同。Ⅳ A 区 30 年一遇的最大风速大于或等于 25m／s；ⅣB 区 30 年一遇的最大风速小于 25m／s。

五、第Ⅴ建筑气候区。本区气候主要差别是冬季北部比南部冷，按 1 月平均气温 5℃划分为 2 个二级区，区分建筑冬季防寒要求的不同，ⅤA 区 1 月平均气温低于或等于 5℃，ⅤB 区高于 5℃。

六、第Ⅵ建筑气候区。本区气候主要差别是各地气温的温差大，寒冷期长短不同，按 1 月平均气温和 7 月平均气温的不同划分为 3 个二级区，区分建筑防寒等要求的不同。

1. ⅥB 与ⅥA、ⅥC 区的分界。主要指标为 7 月平均气温 10℃，ⅥA 和ⅥC 区高于或等于 10℃，ⅥB 区低于 10℃。

2. ⅥA 区与ⅥC 区的分界。主要指标为 1 月平均气温-10℃，ⅥA 区低于或等于-10℃，ⅥC 区高于-10℃。

七、第Ⅶ建筑气候区。根据本区气候各地干湿、寒冷和炎热程度不同，以年降水量、1 月和 7 月平均气温为指标，划分为四个二级区。

1. ⅦA 与ⅦB 区的分界。主要指标为年降水量 200mm，ⅦA 区小于 200mm，ⅦB 区大于或等于 200mm，确定区界时参考 7 月平均气温 25℃和 1 月平均气温-10℃。

2. ⅦB 区与ⅦD 区的分界。主要指标为年降水量 200mm，ⅦB 区大于或等于 200mm，ⅦD 区小于 200mm，确定区界时参考 7 月平均气温 25℃和 1 月平均气温-10℃。

3. ⅦC 区与ⅦD 区的分界。主要指标为 1 月平均气温-10℃，ⅦD 区高于-10℃，ⅦC 区低于或等于-10℃，确定区界时参考 7 月平均气温 25℃。

表 2.2.2 列出各二级区区划指标，区划指标及数量在各二级区是不相同的。

第三章　建筑气候特征和建筑基本要求

第一节　第Ⅰ建筑气候区

第 3.1.1 条　此条与第 3.2.1、3.3.1、3.4.1、3.5.1、3.6.1、3.7.1 条分别给出各一级区的建筑气候特征，都是以 1951～1985 年《中国地面气候资料》的数据为基础，参考《中国气候总论》（1986 年版）及《中国气候图集》给出的。本条条文先叙述本区

气候特征，而后再分五款给予定量描述。这样可以满足不同层次的需要，并为宏观控制提供依据。

第一款给定气温，包括1月平均气温和7月平均气温，极端最高和极端最低气温，年平均气温日较差等特征值；

第二款给定降水和湿度，年平均相对湿度、年降水量及降水日数等特征值；

第三款给定日照时数、日照百分率、太阳总辐射照度等特征值；

第四款给定风向及风速等特征值；

第五款给定其他天气现象，如风频、大风日数、降雪日数、积雪日数、最大积雪深度、沙暴、雷暴、冰雹日数等特征值。这些特征值是指一般的统计平均值范围，但并不排除少数地区中极少数气候要素超过这些特征值范围的可能，在使用本标准时应予注意。

第3.1.2条 此条与第3.2.2、3.3.2、3.4.2、3.5.2、3.6.2、3.7.2条分别给出各二级区对建筑气候有重大影响的建筑气候特征值。这七条描述各二级区的气候特征值是该二级区中特有，且对建筑有重大影响的特征值，在建筑的规划、设计、施工中应当予以特别的重视，也是规定各一级区和各二级区建筑基本要求的主要依据。

第3.1.3条 第Ⅰ区建筑的基本要求。

一、本区地处我国东北部，属地理学的中温带气候和北温带气候，冬季气候严寒且持续时间长，1月平均气温为-31～-10℃，按候平均气温10℃为冬季，则冬长达6个月以上，为保证室内基本的热环境功能和节约采暖能耗，建筑设计上必须充分满足防寒保温要求。本区冰冻期长，冻土深，最大冻土深度为1～4m，为了防止房屋破坏和道路及地下管道折断等一系列冻害现象发生，建筑工程设计还必须充分满足防冻要求。

本区夏季短促凉爽，按候平均气温高于或等于22℃为夏季，只在松辽平原有2个月的夏天，但7月平均气温也低于25℃，可不考虑夏季的防热设计要求。

二、本区有半年以上的冬季，且冬半年多大风，人们在室内活动的时间长，为了增进人们的健康和节约能源，从总体规划、单体设计和构造处理上使建筑物满足冬季日照要求和防御寒风的侵袭，提高房屋内热环境质量是很必要的。

建筑物的采暖能耗与室内外温差、采暖期长短、外表面积和冷风渗透率等有关，为了节约采暖能耗并保证室内热环境功能要求，减少外露面积，加强房屋的密闭性是至关重要的。

本区太阳能丰富，冬季日照率偏高，可达60%～70%，但本区大多在北纬40°以北，其太阳高度角较小，因此日照间距比纬度低的南方地区大得多，在居住小区及城市道路的规划上，要做到充分利用太阳能的困难较多，因此提出合理利用太阳能。

本区气温年较差很大，可达30～50℃。建筑物由于常年受温度变化的影响而产生热胀冷缩，在结构内部产生过度的温度应力而使建筑产生开裂，为了预防这种情况发生，结构上应设伸缩缝或附加应力储备。区内冬半年多大风，为保证结构有足够的刚度和强度，结构设计和门窗构造处理应考虑大风的不利影响。

区内冬季积雪厚，积雪时间长，基本雪压较大，屋面应注意有较大的雪荷载与积雪分布的变化对结构荷载的影响，雪融时易对女儿墙根部造成局部冻害，因而应提高泛水的高度，并严格处理泛水与女儿墙的接缝或挑檐收头，以防融雪渗入墙身或屋檐板，还应注意产生檐口挂冰等。

本区冰冻期长，冬半年施工应着重考虑低温条件下的各种冬季施工技术措施。

三、ⅠA区位于北纬50°以北，为我国最北部的地区，最大冻土深度4m左右，为永冻土地区，建筑物的基础和地下管道多埋在冻土层内，为防止冻结地基融化坍塌，应当隔绝坑底、墙身、墙基及管道对冻结地基的传热；ⅠB区包括黑龙江省西北部

和内蒙古海拉尔以南大兴安岭以西地区，最大冻土深度2～4m，为岛状冻土地区，同ⅠA区一样，基础和管道多埋在冻土层内，为了防止冻结地基的融化坍塌，也应隔绝地坪、墙身、墙基及地下管道对冻结地基的传热。

四、ⅠB、ⅠC和ⅠD区的西部多沙暴和冰雹，为使建筑物内不受风沙的侵袭，玻璃幕墙和玻璃屋顶不被冰块砸坏，建筑设计应采取防冰雹和防风沙的措施。

第二节 第Ⅱ建筑气候区

第3.2.3条 第Ⅱ区建筑的基本要求。

一、本区位于我国华北地区，属地理学的南温带气候，区内冬季气候寒冷且持续期长，1月平均气温为-10～0℃，按候平均气温低于10℃为冬季，冬季长5～6个月，建筑上的主要问题仍然是防寒，只不过比第Ⅰ区的要求偏低，建筑物应满足防寒、保温、防冻等要求，在这里比第Ⅰ区少用"充分"二字，以示在程度上的差别。夏季，区内平原地区气候湿热炎热，7月平均气温在25～28℃之间，而高原地区气候凉爽，气温在18～25℃之间，热工计算表明，区内的平原地区采用轻型墙体和屋顶时，如果按冬季保温要求设计，则不能满足夏季隔热要求，部分地区（即平原地区）的建筑应兼顾夏季防热。

本区属季节性冻土地区，最大冻土深度一般小于1.2m，同第Ⅰ区一样，建筑上也应防冻，只是在程度上可略轻些，在防冻的要求上比第Ⅰ区少用"充分"二字，以示区别。

二、本区冬季寒冷，持续时间较长，多大风风沙天气，夏季也较炎热，建筑的总体规划、单体设计和构造处理要满足冬季日照和防寒要求，还应防止大风和风沙的侵袭，但在夏季又要兼顾夏季通风降温需要，区内平原地区夏季气温较高，太阳辐射强烈，西晒易造成室内过热，在房间安排上，主要房间应避西晒。

本区年降雨量虽然不甚多，但降雨期相对集中，暴雨强度大，日最大降水量大都在200～300mm，个别地方可超过500mm，易造成积水危害，建筑屋面设计应注意防暴雨要求。

本区冬季较冷，居民较多，室内生活和工作均需采暖，室内外温差较大，为了降低采暖能耗，同第Ⅰ区一样建筑设计也应减少外露面积和冷风渗透，但与第Ⅰ区相比，程度有些差别，所以提"宜"减少外露面积，注意冬季房屋的密闭性，以示区别。

本区太阳能较丰富，年太阳辐射照度为150～190w／m²，当地居民有不少利用太阳能的经验，近年来我国科技界在本区开展的太阳房研究，取得很大成果，可以节省燃料，减少污染，值得推广应用，所以提出宜考虑利用太阳能，注意节能。

本区气温年较差为26～34℃，比第Ⅰ区稍小些，但其变化范围仍然较大，热胀冷缩仍然可给建筑物造成危害，结构设计上应考虑其影响。本区年大风日数为5～25d，局部地区可达25d以上，结构荷载也应考虑大风的作用。

本区夏秋多冰雹和雷暴，宜有防冰雹和雷暴的措施，对不同建筑类型、不同建筑档次作出不同处理。

本区冬季施工期较长，夏季多暴雨，施工应考虑冬季寒冷期较长和夏季多暴雨的特点，以保证建筑施工工程质量与安全。

三、ⅡA区与ⅡB区相比，夏季炎热湿润，暴雨强度更大，ⅡA区建筑尚应注意防热、防潮、防暴雨，沿海地区4～9月多盐雾，对建筑物外露面积易产生腐蚀作用，应注意防盐雾的侵蚀。

四、ⅡB区的大部分地区地处黄土高原，夏季气候凉爽，气温不高，建筑物可不考虑夏季防热。

第三节 第Ⅲ建筑气候区

第3.3.3条 第Ⅲ区建筑的基本要求。

一、本区位于我国长江中、下游地区，属地理学中北亚热带和中亚热带气候，四季较明显，但各季长短较均匀，夏季闷热，

冬季湿冷是其主要特点。7月平均气温为 25～30℃，相对湿度为 70%～80%，1月平均气温为 0～10℃，建筑既要考虑夏季防热，又要考虑冬季防寒，以夏季防热为主兼顾冬季防寒。本款规定建筑物必须满足夏季防热，适当兼顾防寒。

二、建筑物中如不用设备降温，利用自然通风是建筑防热的有效措施之一，它可以保证房间内空气新鲜洁净，排除室内热湿空气，且建筑物中空气有一定的流速，可以加强体表对流蒸发散热，对改善人们的工作和休息条件十分有利，提高自然通风的效果，首先应从合理布置群体建筑，合理确定门、窗进出口面积的大小、位置、开启方式以及房屋平面、剖面形式等方面入手，总之要使通风流畅，力避阻塞，总体规划、单体设计和构造处理应有利于自然通风。

对本区建筑朝向分析表明，东西向是房屋的最不利朝向，东西向虽然太阳辐照度相同，但西向时下午日晒，此时的室外气温也很高，形成西向的综合温度远高于东向，容易造成西向室内过热，建筑设计应使主要使用房间避免西晒，西向房间设置遮阳是必要的建筑措施。

本区雨量大且雨日多，相对湿度高，雷暴日数多，建筑物应满足防雨、防潮、防洪、防雷击等要求，尤其是长江中、下游地区，春末夏初的梅雨期，地面及墙基很易泛潮，甚至出现结露，建筑设计上应予注意。

本区高温多雨，沿江、湖、河地区，建筑物易被洪水淤渍，在城镇规划时应予重视，在建筑施工中，也应采取防高温和防暴雨的措施。

三、ⅢA 区地处沿海一带，夏秋常有热带风暴和台风暴雨袭击，建筑设计上应考虑抗风压和防暴雨的措施，沿海地区的建筑应考虑防盐雾的措施。

四、ⅢB 区的北部（安徽、湖北）冬季积雪较深，最大可达51cm，雪荷载较大，建筑结构荷载应加以考虑。

第四节 第Ⅳ建筑气候区

第 3.4.3 条 第Ⅳ区建筑的基本要求。

一、本区位于我国南部，包括海南、台湾全境、福建南部，广东、广西大部以及云南西南部和元江河谷地区，北回归线横贯其北部，属地理学中南亚热带至热带气候，长夏无冬，温高湿重，气温年较差和日较差均小，由于有海陆风的调节，居民已习惯该地气候，不感到闷热。7月平均气温为 25～29℃，1月平均气温亦高于 10℃。相对湿度为 80%左右，各季变化不大，本区年降水量为 1500～2000mm，是我国降水最多的地区，建筑主要解决防热和防雨问题，建筑必须充分满足夏季防热、通风和防雨要求，可不考虑冬季防寒保温。

二、本区气温高，湿度大，气温日较差小，建筑的总体规划、单体设计和构造处理应使建筑物开敞通透，充分利用自然通风，以加快人体汗液的蒸发，降低体温。

同第Ⅲ区一样，房屋西面也是最不利的，所以建筑物应力避西晒，必要时应设不阻挡自然通风的建筑遮阳，或采取水平和垂直绿化等遮阳措施。

本区降雨量大，相对湿度高，雷暴强度大，雷暴日数多，建筑物应注意防暴雨、防潮、防洪、防雷击等要求，在建筑小区和城镇道路两旁设置骑楼或形成中庭也不失为一项有益的传统作法。

本区夏季高温且多暴雨，为保证施工质量和安全，在施工中，应有相应的措施。

三、ⅣA 区包括台湾、海南、福建、两广沿海地区，易受热带风暴和台风暴雨、盐雾的袭击，30 年一遇的最大风速超过25m／s，建筑设计和施工都应注意采取相应的措施。

四、ⅣB 区内云南河谷地区，气温日较差较大，有时可达20～30℃，温度变化大，可造成墙身和屋面开裂等，因此应注意

屋面及墙身抗裂。

第五节 第Ⅴ建筑气候区

第 3.5.3 条 第Ⅴ区建筑的基本要求。

一、本区位于我国云贵高原及青藏高原南部，海拔高度 1000～3000m，地形错综复杂，立体气候明显，属地理学中亚热带和南亚热带气候，区内大部地区冬温夏凉，自然气候舒适宜人，建筑上一般无需特别考虑防寒隔热问题，部分地区冬季较冷，建筑设计上应满足防寒要求，区内干湿季分明，湿季在 5～10 月，长达半年，雨量相对集中，湿度偏高，可达 80%左右，建筑上应满足湿季防雨和通风要求。

二、本区湿季多雨，潮湿，冬季较冷，夏季不热，建筑的总体规划、单体设计和构造处理应以满足自然通风为主，适当争取冬季日照。

本区为我国雷暴多发地区，各月均可发生，建筑设计应注意防雷击。

本区雨季较长，施工中应有防雨措施。

三、ⅤA 区冬季气温低，1月平均气温低于 5℃，日照较少，建筑设计应注意防寒。

四、ⅤB 区年雷暴日数多，南部部分地区可超过 120d，建筑设计应特别注意防雷。

第六节 第Ⅵ建筑气候区

第 3.6.3 条 第Ⅵ区建筑的基本要求。

一、本区位于青藏高原，海拔高度在 3000m 以上，属地理学中高原寒带、亚寒带和高原温带气候，气候寒冷干燥，1月平均气温为 0～-22℃，7月平均气温为 2～18℃，按候平均气温低于 10℃为冬天，则冬季长达 8～12 个月，按候平均气温高于或等于 22℃为夏天，则本区无夏季可言，由于气温偏低，区内有大量冻土存在，最大冻土深度为 2.5m 左右，建筑设计应充分满足防寒、保温、防冻要求，而不必考虑夏季的防热。

二、本区多大风天气，年大风日数为 10～100d，最多可超过 200d，年平均风速为 2～4m／s，极大风速可超过 40m／s，由于气候干燥，区内多沙暴，建筑的总体规划、单体设计和构造处理应注意防寒风与风沙。

本区与第Ⅰ区气候特点的最大差别是空气稀薄，大气透明度高，太阳辐射强烈，日照丰富，太阳辐射照度为 180～260w／m²，日照时数最高达 3600h，年日照率高达 80%以上，均是全国最高的，充分利用太阳能采光、取暖，对节能和减少环境污染，增进居民的健康都很有意义，以往的民居在适应当地气候方面有很好的经验，如藏族的碉房，取背风向阳、开小窗的方式，青海民居叫做"庄窠"，房子外面是高厚的土筑墙，黄土屋面，坡度平缓，房间绕内庭布置，窗户向内庭开，这种建筑具有防寒保温和防风沙的特点，极适应干寒的气候，值得借鉴。

本区冬季长，室内外温差大，减少外露面积和加强密闭性，对保证室内热环境功能和节能是十分必要的。施工时应注意采取干寒气候低温下的技术措施，以保证工程质量。

三、ⅥA 区和ⅥB 区为高原永冻区，最大冻土深度为 1～3m，设计地基及地下管道时应注意冻土的影响。

四、ⅥC 区位于青藏高原南部，多雷暴且雷击强度大，应注意防雷击。

第七节 第Ⅶ建筑气候区

第 3.7.3 条 第Ⅶ区建筑的基本要求。

一、本区位于我国西北部，地形复杂，属地理学中干旱中温带和干旱南温带气候。冬季除南疆盆地气候寒冷，1月平均气温高于-10℃外，其余地方，大多气候严寒，1月平均气温为-5～-20℃；夏季除山地凉爽，7月平均气温低于 25℃外，其余地方

呈干热气候，7月平均气温高于 25℃；区内著名的吐鲁番则呈酷热气候，7月平均气温高达 33℃，夏季长达 3 个月，本区气温年较差和日较差均大，建筑应充分满足防寒保温要求，部分地区应兼顾夏季防热，还应满足房屋的热稳定性要求。

本区大部分地区冻土深，最大冻土深度为 0.5～4.0m，建筑应满足防冻要求。

二、本区冬季寒冷，气候干燥，多大风与风沙，建筑的总体规划、单体设计和构造处理应注意满足防寒风与风沙的要求，本区冬季长而寒冷，为了节约采暖能耗，保证室内热环境功能，建筑应减少外露面积和加强密闭性。

本区气温年较差和日较差均大，建筑物因受温度变化的影响产生热胀冷缩，在结构内部产生温度应力，建筑物长度超过一定限度时，建筑平面变化较多或结构类型变化较大时，建筑物会因热胀冷缩变形而产生开裂，结构设计应采取措施，防止建筑物开裂。

本区低温、干燥、多风沙，应考虑低温、干燥气候对施工的不利影响和防风沙的措施。

三、除ⅦD区外，其余各区冻土较深，设计地基和地下管道时应考虑冻土的影响。

四、ⅦB区积雪深达 30～80cm，基本雪压为 0.3～1.2kPa，结构荷载应考虑雪载的影响。

五、ⅦC区空气干燥，多大风风沙天气，风速偏大，夏季较热，建筑应满足防风沙和隔热的要求。

六、ⅦD区夏季干热，特别是吐鲁番盆地夏季酷热，日平均气温高于 25℃的日数达 100d，气温高于 35℃的日数多达 98d，建筑设计应特别注意防热。本地由于气候干燥，气温日较差大，为了保持建筑物的热稳定性，建筑应较厚重，并利用白天闭窗遮阳，减少日晒和热空气进入室内，夜间通风，让低温进入室内降低室内温度，民居中利用屋顶，夜间可以在屋顶上纳凉、休息，也是经济有效的措施。

有关本章的详细说明可见《建筑气候区划标准》研究报告之五《建筑气候特征编写报告》和研究报告之六《建筑基本要求概述》。

中华人民共和国国家标准

公共建筑节能设计标准

Design standard for energy efficiency of public buildings

GB 50189—2015

主编部门：中华人民共和国住房和城乡建设部
批准部门：中华人民共和国住房和城乡建设部
施行日期：２０１５年１０月１日

中华人民共和国住房和城乡建设部
公　告

第 739 号

住房城乡建设部关于发布国家标准
《公共建筑节能设计标准》的公告

现批准《公共建筑节能设计标准》为国家标准，编号为 GB 50189 - 2015，自 2015 年 10 月 1 日起实施。其中，第 3.2.1、3.2.7、3.3.1、3.3.2、3.3.7、4.1.1、4.2.2、4.2.3、4.2.5、4.2.8、4.2.10、4.2.14、4.2.17、4.2.19、4.5.2、4.5.4、4.5.6 条为强制性条文，必须严格执行。原《公共建筑节能设计标准》GB 50189 - 2005 同时废止。

本标准由我部标准定额研究所组织中国建筑工业出版社出版发行。

中华人民共和国住房和城乡建设部

2015 年 2 月 2 日

前　言

根据住房和城乡建设部《关于印发〈2012 年工程建设标准规范制订、修订计划〉的通知》（建标〔2012〕5 号）的要求，标准编制组经广泛调查研究，认真总结实践经验，参考有关国际标准和国外先进标准，并在广泛征求意见的基础上，修订本标准。

本标准的主要技术内容是：1. 总则；2. 术语；3. 建筑与建筑热工；4. 供暖通风与空气调节；5. 给水排水；6. 电气；7. 可再生能源应用。

本标准修订的主要技术内容是：1. 建立了代表我国公共建筑特点和分布特征的典型公共建筑模型数据库，在此基础上确定了本标准的节能目标；2. 更新了围护结构热工性能限值和冷源能效限值，并按建筑分类和建筑热工分区分别作出规定；3. 增加了围护结构权衡判断的前提条件，补充细化了权衡计算软件的要求及输入输出内容；4. 新增了给水排水系统、电气系统和可再生能源应用的有关规定。

本标准中以黑体字标志的条文为强制性条文，必须严格执行。

本标准由住房和城乡建设部负责管理和对强制性条文的解释，由中国建筑科学研究院负责具体技术内容的解释。执行过程中如有意见或建议，请寄送中国建筑科学研究院《公共建筑节能设计标准》编制组（地址：北京市北三环东路 30 号，邮政编码 100013）。

本标准主编单位：中国建筑科学研究院

本标准参编单位：北京市建筑设计研究院有限公司

中国建筑设计研究院

上海建筑设计研究院有限公司

中国建筑西南设计研究院

天津市建筑设计院

同济大学建筑设计研究院（集团）有限公司

中国建筑西北设计研究院有限公司

中国建筑东北设计研究院

同济大学中德工程学院

深圳市建筑科学研究院

上海市建筑科学研究院

新疆建筑设计研究院

中建国际设计顾问有限公司

山东省建筑设计研究院

中南建筑设计院股份有限公司

华南理工大学建筑设计研究院

仲恺农业工程学院

同方泰德国际科技（北京）有限公司

开利空调销售服务（上海）有限公司

特灵空调系统（中国）有

限公司

大金（中国）投资有限
公司

江森自控楼宇设备科技
（无锡）有限公司

北京金易格新能源科技发
展有限公司

西门子西伯乐斯电子有限
公司

北京绿建（斯维尔）软件
有限公司

珠海格力电器股份有限
公司

深圳市方大装饰工程有限
公司

欧文斯科宁（中国）投资
有限公司

曼瑞德集团有限公司

广东艾科技术股份有限
公司

河北奥润顺达窗业有限
公司

北京振利节能环保科技股
份有限公司

本标准主要起草人员： 徐　伟　邹　瑜　徐宏庆
　　　　　　　　　　万水娥　潘云钢　寿炜炜
　　　　　　　　　　陈　琪　徐　凤　冯　雅
　　　　　　　　　　顾　放　车学娅　柳　澎
　　　　　　　　　　王　谦　金丽娜　龙惟定
　　　　　　　　　　赵晓宇　刘明明　刘　鸣
　　　　　　　　　　毛红卫　周　辉　于晓明
　　　　　　　　　　马友才　陈祖铭　丁力行
　　　　　　　　　　刘俊跃　陈　曦　孙德宇
　　　　　　　　　　杨利明　施敏琪　钟　鸣
　　　　　　　　　　施　雯　班广生　邵康文
　　　　　　　　　　刘启耀　陈　进　曾晓武
　　　　　　　　　　田　辉　陈立楠　李飞龙
　　　　　　　　　　魏贺东　黄振利　王碧玲
　　　　　　　　　　刘宗江

本标准主要审查人员： 郎四维　孙敏生　金鸿祥
　　　　　　　　　　徐华东　赵　锂　戴德慈
　　　　　　　　　　吴雪岭　张　旭　赵士怀
　　　　　　　　　　职建民　王素英

目　次

1　总则 ················· 4—6
2　术语 ················· 4—6
3　建筑与建筑热工 ········ 4—6
　3.1　一般规定 ·········· 4—6
　3.2　建筑设计 ·········· 4—7
　3.3　围护结构热工设计 ···· 4—8
　3.4　围护结构热工性能的权衡判断 ·· 4—11
4　供暖通风与空气调节 ···· 4—12
　4.1　一般规定 ········· 4—12
　4.2　冷源与热源 ······· 4—12
　4.3　输配系统 ········· 4—16
　4.4　末端系统 ········· 4—19
　4.5　监测、控制与计量 ··· 4—19
5　给水排水 ············ 4—20
　5.1　一般规定 ········· 4—20
　5.2　给水与排水系统设计 · 4—20
　5.3　生活热水 ········· 4—21
6　电气 ················ 4—21
　6.1　一般规定 ········· 4—21

　6.2　供配电系统 ········ 4—21
　6.3　照明 ············· 4—21
　6.4　电能监测与计量 ····· 4—22
7　可再生能源应用 ······· 4—22
　7.1　一般规定 ········· 4—22
　7.2　太阳能利用 ······· 4—22
　7.3　地源热泵系统 ······ 4—22
附录A　外墙平均传热系数的计算 ··· 4—23
附录B　围护结构热工性能的权衡
　　　计算 ············· 4—23
附录C　建筑围护结构热工性能权
　　　衡判断审核表 ······· 4—26
附录D　管道与设备保温及保冷
　　　厚度 ············· 4—27
本标准用词说明 ·········· 4—29
引用标准名录 ············ 4—29
附：条文说明 ············ 4—30

Contents

1 General Provisions ······················ 4—6

2 Terms ·································· 4—6

3 Building and Envelope Thermal
   Design ······························ 4—6
   3.1 General Requirements ············ 4—6
   3.2 Architectural Design ············ 4—7
   3.3 Building Envelope Thermal
        Design ······················ 4—8
   3.4 Building Envelope Thermal
        Performance Trade-off ········ 4—11

4 Heating, Ventilation and Air
   Conditioning ······················ 4—12
   4.1 General Requirements ·········· 4—12
   4.2 Heating and Cooling Source ······ 4—12
   4.3 Transmission and Distribution
        System ······················ 4—16
   4.4 Terminal System ·············· 4—19
   4.5 Monitor, Control and Measure ······· 4—19

5 Water Supply and Drainage ··········· 4—20
   5.1 General Requirements ·········· 4—20
   5.2 Water Supply and Drainage
        System ······················ 4—20
   5.3 Service Water Heating ········· 4—21

6 Electric ···························· 4—21
   6.1 General Requirements ·········· 4—21
   6.2 Power Supply and Distribution
        System ······················ 4—21

6.3 Lighting ······················ 4—21
6.4 Electric Power Supervision and
     Measure ······················ 4—22

7 Renewable Energy Application ······ 4—22
   7.1 General Requirements ·········· 4—22
   7.2 Solar Energy Application ········ 4—22
   7.3 Ground Source Heat Pump
        System ······················ 4—22

Appendix A Calculation of Mean Heat
            Transfer Coefficient
            of Walls ··············· 4—23
Appendix B Building Envelope Thermal
            Performance Trade
            -off ··················· 4—23
Appendix C Building Envelope Thermal
            Performance Compliance
            Form ·················· 4—26
Appendix D Insulation Thickness of
            Pipes, Ducts and
            Equipments ············· 4—27
Explanation of Wording in This
   Standard ························· 4—29
List of Quoted Standards ············· 4—29
Addition: Explanation of
   Provisions ······················· 4—30

1 总　则

1.0.1 为贯彻国家有关法律法规和方针政策，改善公共建筑的室内环境，提高能源利用效率，促进可再生能源的建筑应用，降低建筑能耗，制定本标准。

1.0.2 本标准适用于新建、扩建和改建的公共建筑节能设计。

1.0.3 公共建筑节能设计应根据当地的气候条件，在保证室内环境参数条件下，改善围护结构保温隔热性能，提高建筑设备及系统的能源利用效率，利用可再生能源，降低建筑暖通空调、给水排水及电气系统的能耗。

1.0.4 当建筑高度超过150m或单栋建筑地上建筑面积大于200000m²时，除应符合本标准的各项规定外，还应组织专家对其节能设计进行专项论证。

1.0.5 施工图设计文件中应说明该工程项目采取的节能措施，并宜说明其使用要求。

1.0.6 公共建筑节能设计除应符合本标准的规定外，尚应符合国家现行有关标准的规定。

2 术　语

2.0.1 透光幕墙　transparent curtain wall

可见光可直接透射入室内的幕墙。

2.0.2 建筑体形系数　shape factor

建筑物与室外空气直接接触的外表面积与其所包围的体积的比值，外表面积不包括地面和不供暖楼梯间内墙的面积。

2.0.3 单一立面窗墙面积比　single facade window to wall ratio

建筑某一个立面的窗户洞口面积与该立面的总面积之比，简称窗墙面积比。

2.0.4 太阳得热系数（SHGC）solar heat coefficient

通过透光围护结构（门窗或透光幕墙）的太阳辐射室内得热量与投射到透光围护结构（门窗或透光幕墙）外表面上的太阳辐射量的比值。太阳辐射室内得热量包括太阳辐射通过辐射透射的得热量和太阳辐射被构件吸收再传入室内的得热量两部分。

2.0.5 可见光透射比　visible transmittance

透过透光材料的可见光光通量与投射在其表面上的可见光光通量之比。

2.0.6 围护结构热工性能权衡判断　building envelope thermal performance trade-off

当建筑设计不能完全满足围护结构热工设计规定指标要求时，计算并比较参照建筑和设计建筑的全年供暖和空气调节能耗，判定围护结构的总体热工性能是否符合节能设计要求的方法，简称权衡判断。

2.0.7 参照建筑　reference building

进行围护结构热工性能权衡判断时，作为计算满足标准要求的全年供暖和空气调节能耗用的基准建筑。

2.0.8 综合部分负荷性能系数（IPLV）integrated part load value

基于机组部分负荷时的性能系数值，按机组在各种负荷条件下的累积负荷百分比进行加权计算获得的表示空气调节用冷水机组部分负荷效率的单一数值。

2.0.9 集中供暖系统耗电输热比（EHR-h）electricity consumption to transferred heat quantity ratio

设计工况下，集中供暖系统循环水泵总功耗（kW）与设计热负荷（kW）的比值。

2.0.10 空调冷（热）水系统耗电输冷（热）比［EC(H)R-a］electricity consumption to transferred cooling（heat）quantity ratio

设计工况下，空调冷（热）水系统循环水泵总功耗（kW）与设计冷（热）负荷（kW）的比值。

2.0.11 电冷源综合制冷性能系数（SCOP）system coefficient of refrigeration performance

设计工况下，电驱动的制冷系统的制冷量与制冷机、冷却水泵及冷却塔净输入能量之比。

2.0.12 风道系统单位风量耗功率（Ws）energy consumption per unit air volume of air duct system

设计工况下，空调、通风的风道系统输送单位风量（m³/h）所消耗的电功率（W）。

3 建筑与建筑热工

3.1 一般规定

3.1.1 公共建筑分类应符合下列规定：

1 单栋建筑面积大于300m²的建筑，或单栋建筑面积小于或等于300m²但总建筑面积大于1000m²的建筑群，应为甲类公共建筑；

2 单栋建筑面积小于或等于300m²的建筑，应为乙类公共建筑。

3.1.2 代表城市的建筑热工设计分区应按表3.1.2确定。

表3.1.2　代表城市建筑热工设计分区

气候分区及气候子区		代表城市
严寒地区	严寒A区	博克图、伊春、呼玛、海拉尔、满洲里、阿尔山、玛多、黑河、嫩江、海伦、齐齐哈尔、富锦、哈尔滨、牡丹江、大庆、安达、佳木斯、二连浩特、多伦、大柴旦、阿勒泰、那曲
	严寒B区	

续表 3.1.2

气候分区及气候子区		代表城市
严寒地区	严寒C区	长春、通化、延吉、通辽、四平、抚顺、阜新、沈阳、本溪、鞍山、呼和浩特、包头、鄂尔多斯、赤峰、额济纳旗、大同、乌鲁木齐、克拉玛依、酒泉、西宁、日喀则、甘孜、康定
寒冷地区	寒冷A区	丹东、大连、张家口、承德、唐山、青岛、洛阳、太原、阳泉、晋城、天水、榆林、延安、宝鸡、银川、平凉、兰州、喀什、伊宁、阿坝、拉萨、林芝、北京、天津、石家庄、保定、邢台、济南、德州、兖州、郑州、安阳、徐州、运城、西安、咸阳、吐鲁番、库尔勒、哈密
	寒冷B区	
夏热冬冷地区	夏热冬冷A区	南京、蚌埠、盐城、南通、合肥、安庆、九江、武汉、黄石、岳阳、汉中、安康、上海、杭州、宁波、温州、宜昌、长沙、南昌、株洲、永州、赣州、韶关、桂林、重庆、达县、万州、涪陵、南充、宜宾、成都、遵义、凯里、绵阳、南平
	夏热冬冷B区	
夏热冬暖地区	夏热冬暖A区	福州、莆田、龙岩、梅州、兴宁、英德、河池、柳州、贺州、泉州、厦门、广州、深圳、湛江、汕头、南宁、北海、梧州、海口、三亚
	夏热冬暖B区	
温和地区	温和A区	昆明、贵阳、丽江、会泽、腾冲、保山、大理、楚雄、曲靖、泸西、屏边、广南、兴义、独山
	温和B区	瑞丽、耿马、临沧、澜沧、思茅、江城、蒙自

3.1.3　建筑群的总体规划应考虑减轻热岛效应。建筑的总体规划和总平面设计应有利于自然通风和冬季日照。建筑的主朝向宜选择本地区最佳朝向或适宜朝向，且宜避开冬季主导风向。

3.1.4　建筑设计应遵循被动节能措施优先的原则，充分利用天然采光、自然通风，结合围护结构保温隔热和遮阳措施，降低建筑的用能需求。

3.1.5　建筑体形宜规整紧凑，避免过多的凹凸变化。

3.1.6　建筑总平面设计及平面布置应合理确定能源设备机房的位置，缩短能源供应输送距离。同一公共建筑的冷热源机房宜位于或靠近冷热负荷中心位置集中设置。

3.2　建　筑　设　计

3.2.1　严寒和寒冷地区公共建筑体形系数应符合表3.2.1的规定。

表 3.2.1　严寒和寒冷地区公共建筑体形系数

单栋建筑面积 A（m²）	建筑体形系数
300＜A≤800	≤0.50
A＞800	≤0.40

3.2.2　严寒地区甲类公共建筑各单一立面窗墙面积比（包括透光幕墙）均不宜大于 0.60；其他地区甲类公共建筑各单一立面窗墙面积比（包括透光幕墙）均不宜大于 0.70。

3.2.3　单一立面窗墙面积比的计算应符合下列规定：

　　1　凸凹立面朝向应按其所在立面的朝向计算；

　　2　楼梯间和电梯间的外墙和外窗均应参与计算；

　　3　外凸窗的顶部、底部和侧墙的面积不应计入外墙面积；

　　4　当外墙上的外窗、顶部和侧面为不透光构造的凸窗时，窗面积应按窗洞口面积计算；当凸窗顶部和侧面透光时，外凸窗面积应按透光部分实际面积计算。

3.2.4　甲类公共建筑单一立面窗墙面积比小于 0.40时，透光材料的可见光透射比不应小于 0.60；甲类公共建筑单一立面窗墙面积比大于等于 0.40时，透光材料的可见光透射比不应小于 0.40。

3.2.5　夏热冬暖、夏热冬冷、温和地区的建筑各朝向外窗（包括透光幕墙）均应采取遮阳措施；寒冷地区的建筑宜采取遮阳措施。当设置外遮阳时应符合下列规定：

　　1　东西向宜设置活动外遮阳，南向宜设置水平外遮阳；

　　2　建筑外遮阳装置应兼顾通风及冬季日照。

3.2.6　建筑立面朝向的划分应符合下列规定：

　　1　北向应为北偏西 60°至北偏东 60°；

　　2　南向应为南偏西 30°至南偏东 30°；

　　3　西向应为西偏北 30°至西偏南 60°（包括西偏北 30°和西偏南 60°）；

　　4　东向应为东偏北 30°至东偏南 60°（包括东偏北 30°和东偏南 60°）。

3.2.7　甲类公共建筑的屋顶透光部分面积不应大于屋顶总面积的 20%。当不能满足本条的规定时，必须按本标准规定的方法进行权衡判断。

3.2.8　单一立面外窗（包括透光幕墙）的有效通风换气面积应符合下列规定：

　　1　甲类公共建筑外窗（包括透光幕墙）应设可开启窗扇，其有效通风换气面积不宜小于所在房间外墙面积的 10%；当透光幕墙受条件限制无法设置可开启窗扇时，应设置通风换气装置。

  2 乙类公共建筑外窗有效通风换气面积不宜小于窗面积的30%。

3.2.9 外窗（包括透光幕墙）的有效通风换气面积应为开启扇面积和窗开启后的空气流通界面面积的较小值。

3.2.10 严寒地区建筑的外门应设置门斗；寒冷地区建筑面向冬季主导风向的外门应设置门斗或双层外门，其他外门宜设置门斗或应采取其他减少冷风渗透的措施；夏热冬冷、夏热冬暖和温和地区建筑的外门应采取保温隔热措施。

3.2.11 建筑中庭应充分利用自然通风降温，并可设置机械排风装置加强自然补风。

3.2.12 建筑设计应充分利用天然采光。天然采光不能满足照明要求的场所，宜采用导光、反光等装置将自然光引入室内。

3.2.13 人员长期停留房间的内表面可见光反射比宜符合表3.2.13的规定。

表3.2.13 人员长期停留房间的内表面可见光反射比

房间内表面位置	可见光反射比
顶棚	0.7～0.9
墙面	0.5～0.8
地面	0.3～0.5

3.2.14 电梯应具备节能运行功能。两台及以上电梯集中排列时，应设置群控措施。电梯应具备无外部召唤且轿厢内一段时间无预置指令时，自动转为节能运行模式的功能。

3.2.15 自动扶梯、自动人行步道应具备空载时暂停或低速运转的功能。

3.3 围护结构热工设计

3.3.1 根据建筑热工设计的气候分区，甲类公共建筑的围护结构热工性能应分别符合表3.3.1-1～表3.3.1-6的规定。当不能满足本条的规定时，必须按本标准规定的方法进行权衡判断。

表3.3.1-1 严寒A、B区甲类公共建筑围护结构热工性能限值

围护结构部位	体形系数≤0.30	0.30<体形系数≤0.50
	传热系数 K [W/(m²·K)]	
屋面	≤0.28	≤0.25
外墙（包括非透光幕墙）	≤0.38	≤0.35
底面接触室外空气的架空或外挑楼板	≤0.38	≤0.35
地下车库与供暖房间之间的楼板	≤0.50	≤0.50
非供暖楼梯间与供暖房间之间的隔墙	≤1.2	≤1.2

续表 3.3.1-1

围护结构部位		体形系数≤0.30	0.30<体形系数≤0.50
		传热系数 K [W/(m²·K)]	
单一立面外窗（包括透光幕墙）	窗墙面积比≤0.20	≤2.7	≤2.5
	0.20<窗墙面积比≤0.30	≤2.5	≤2.3
	0.30<窗墙面积比≤0.40	≤2.2	≤2.0
	0.40<窗墙面积比≤0.50	≤1.9	≤1.7
	0.50<窗墙面积比≤0.60	≤1.6	≤1.4
	0.60<窗墙面积比≤0.70	≤1.5	≤1.4
	0.70<窗墙面积比≤0.80	≤1.4	≤1.3
	窗墙面积比>0.80	≤1.3	≤1.2
屋顶透光部分（屋顶透光部分面积≤20%）		≤2.2	

围护结构部位	保温材料层热阻 R [(m²·K)/W]
周边地面	≥1.1
供暖地下室与土壤接触的外墙	≥1.1
变形缝（两侧墙内保温时）	≥1.2

表3.3.1-2 严寒C区甲类公共建筑围护结构热工性能限值

围护结构部位	体形系数≤0.30	0.30<体形系数≤0.50
	传热系数 K [W/(m²·K)]	
屋面	≤0.35	≤0.28
外墙（包括非透光幕墙）	≤0.43	≤0.38
底面接触室外空气的架空或外挑楼板	≤0.43	≤0.38
地下车库与供暖房间之间的楼板	≤0.70	≤0.70
非供暖楼梯间与供暖房间之间的隔墙	≤1.5	≤1.5

围护结构部位		体形系数≤0.30	0.30<体形系数≤0.50
单一立面外窗（包括透光幕墙）	窗墙面积比≤0.20	≤2.9	≤2.7
	0.20<窗墙面积比≤0.30	≤2.6	≤2.4
	0.30<窗墙面积比≤0.40	≤2.3	≤2.1
	0.40<窗墙面积比≤0.50	≤2.0	≤1.7
	0.50<窗墙面积比≤0.60	≤1.7	≤1.5
	0.60<窗墙面积比≤0.70	≤1.7	≤1.5
	0.70<窗墙面积比≤0.80	≤1.5	≤1.4
	窗墙面积比>0.80	≤1.4	≤1.3
屋顶透光部分（屋顶透光部分面积≤20%）		≤2.3	

围护结构部位	保温材料层热阻 R [(m²·K)/W]
周边地面	≥1.1
供暖地下室与土壤接触的外墙	≥1.1
变形缝（两侧墙内保温时）	≥1.2

表 3.3.1-3　寒冷地区甲类公共建筑围护结构热工性能限值

围护结构部位		体形系数≤0.30		0.30<体形系数≤0.50	
		传热系数 $K[W/(m^2 \cdot K)]$	太阳得热系数 SHGC（东、南、西向/北向）	传热系数 $K[W/(m^2 \cdot K)]$	太阳得热系数 SHGC（东、南、西向/北向）
屋面		≤0.45	—	≤0.40	—
外墙（包括非透光幕墙）		≤0.50	—	≤0.45	—
底面接触室外空气的架空或外挑楼板		≤0.50	—	≤0.45	—
地下车库与供暖房间之间的楼板		≤1.0	—	≤1.0	—
非供暖楼梯间与供暖房间之间的隔墙		≤1.5	—	≤1.5	—
单一立面外窗（包括透光幕墙）	窗墙面积比≤0.20	≤3.0	—	≤2.8	—
	0.20<窗墙面积比≤0.30	≤2.7	≤0.52/—	≤2.5	≤0.52/—
	0.30<窗墙面积比≤0.40	≤2.4	≤0.48/—	≤2.2	≤0.48/—
	0.40<窗墙面积比≤0.50	≤2.2	≤0.43/—	≤1.9	≤0.43/—
	0.50<窗墙面积比≤0.60	≤2.0	≤0.40/—	≤1.7	≤0.40/—
	0.60<窗墙面积比≤0.70	≤1.9	≤0.35/0.60	≤1.7	≤0.35/0.60
	0.70<窗墙面积比≤0.80	≤1.6	≤0.35/0.52	≤1.5	≤0.35/0.52
	窗墙面积比>0.80	≤1.5	≤0.30/0.52	≤1.4	≤0.30/0.52
屋顶透光部分（屋顶透光部分面积≤20%）		≤2.4	≤0.44	≤2.4	≤0.35
围护结构部位		保温材料层热阻 $R[(m^2 \cdot K)/W]$			
周边地面		≥0.60			
供暖、空调地下室外墙（与土壤接触的墙）		≥0.60			
变形缝（两侧墙内保温时）		≥0.90			

表 3.3.1-4　夏热冬冷地区甲类公共建筑围护结构热工性能限值

围护结构部位		传热系数 K $[W/(m^2 \cdot K)]$	太阳得热系数 SHGC（东、南、西向/北向）
屋面	围护结构热惰性指标 D≤2.5	≤0.40	—
	围护结构热惰性指标 D>2.5	≤0.50	
外墙（包括非透光幕墙）	围护结构热惰性指标 D≤2.5	≤0.60	—
	围护结构热惰性指标 D>2.5	≤0.80	
底面接触室外空气的架空或外挑楼板		≤0.70	—
单一立面外窗（包括透光幕墙）	窗墙面积比≤0.20	≤3.5	
	0.20<窗墙面积比≤0.30	≤3.0	≤0.44/0.48
	0.30<窗墙面积比≤0.40	≤2.6	≤0.40/0.44
	0.40<窗墙面积比≤0.50	≤2.4	≤0.35/0.40
	0.50<窗墙面积比≤0.60	≤2.2	≤0.35/0.40
	0.60<窗墙面积比≤0.70	≤2.2	≤0.30/0.35
	0.70<窗墙面积比≤0.80	≤2.0	≤0.26/0.35
	窗墙面积比>0.80	≤1.8	≤0.24/0.30
屋顶透明部分（屋顶透明部分面积≤20%）		≤2.6	≤0.30

表 3.3.1-5　夏热冬暖地区甲类公共建筑围护结构热工性能限值

围护结构部位		传热系数 K [W/(m²·K)]	太阳得热系数 SHGC (东、南、西向/北向)
屋面	围护结构热惰性指标 D≤2.5	≤0.50	—
	围护结构热惰性指标 D>2.5	≤0.80	
外墙(包括非透光幕墙)	围护结构热惰性指标 D≤2.5	≤0.80	—
	围护结构热惰性指标 D>2.5	≤1.5	
底面接触室外空气的架空或外挑楼板		≤1.5	
单一立面外窗(包括透光幕墙)	窗墙面积比≤0.20	≤5.2	≤0.52/—
	0.20<窗墙面积比≤0.30	≤4.0	≤0.44/0.52
	0.30<窗墙面积比≤0.40	≤3.0	≤0.35/0.44
	0.40<窗墙面积比≤0.50	≤2.7	≤0.35/0.40
	0.50<窗墙面积比≤0.60	≤2.5	≤0.26/0.35
	0.60<窗墙面积比≤0.70	≤2.5	≤0.24/0.30
	0.70<窗墙面积比≤0.80	≤2.5	≤0.22/0.26
	窗墙面积比>0.80	≤2.0	≤0.18/0.26
屋顶透光部分(屋顶透光部分面积≤20%)		≤3.0	≤0.30

表 3.3.1-6　温和地区甲类公共建筑围护结构热工性能限值

围护结构部位		传热系数 K [W/(m²·K)]	太阳得热系数 SHGC (东、南、西向/北向)
屋面	围护结构热惰性指标 D≤2.5	≤0.50	—
	围护结构热惰性指标 D>2.5	≤0.80	
外墙(包括非透光幕墙)	围护结构热惰性指标 D≤2.5	≤0.80	—
	围护结构热惰性指标 D>2.5	≤1.5	
单一立面外窗(包括透光幕墙)	窗墙面积比≤0.20	≤5.2	—
	0.20<窗墙面积比≤0.30	≤4.0	≤0.44/0.48
	0.30<窗墙面积比≤0.40	≤3.0	≤0.40/0.44
	0.40<窗墙面积比≤0.50	≤2.7	≤0.35/0.40
	0.50<窗墙面积比≤0.60	≤2.5	≤0.35/0.40
	0.60<窗墙面积比≤0.70	≤2.5	≤0.30/0.35
	0.70<窗墙面积比≤0.80	≤2.5	≤0.26/0.35
	窗墙面积比>0.80	≤2.0	≤0.24/0.30
屋顶透光部分(屋顶透光部分面积≤20%)		≤3.0	≤0.30

注：传热系数 K 只适用于温和 A 区，温和 B 区的传热系数 K 不作要求。

3.3.2　乙类公共建筑的围护结构热工性能应符合表 3.3.2-1 和表 3.3.2-2 的规定。

表 3.3.2-1　乙类公共建筑屋面、外墙、楼板热工性能限值

围护结构部位	传热系数 K[W/(m²·K)]				
	严寒 A、B 区	严寒 C 区	寒冷地区	夏热冬冷地区	夏热冬暖地区
屋面	≤0.35	≤0.45	≤0.55	≤0.70	≤0.90
外墙(包括非透光幕墙)	≤0.45	≤0.50	≤0.60	≤1.0	≤1.5

围护结构部位	传热系数 K[W/(m²·K)]				
	严寒A、B区	严寒C区	寒冷地区	夏热冬冷地区	夏热冬暖地区
底面接触室外空气的架空或外挑楼板	≤0.45	≤0.50	≤0.60	≤1.0	—
地下车库和供暖房间与之间的楼板	≤0.50	≤0.70	≤1.0	—	—

表 3.3.2-2 乙类公共建筑外窗(包括透光幕墙)热工性能限值

围护结构部位	传热系数 K[W/(m²·K)]					太阳得热系数 SHGC		
外窗(包括透光幕墙)	严寒A、B区	严寒C区	寒冷地区	夏热冬冷地区	夏热冬暖地区	寒冷地区	夏热冬冷地区	夏热冬暖地区
单一立面外窗(包括透光幕墙)	≤2.0	≤2.2	2.5	≤3.0	≤4.0	—	≤0.52	≤0.48
屋顶透光部分(屋顶透光部分面积≤20%)	≤2.0	≤2.2	2.5	≤3.0	≤4.0	≤0.44	≤0.35	≤0.30

3.3.3 建筑围护结构热工性能参数计算应符合下列规定:

1 外墙的传热系数应为包括结构性热桥在内的平均传热系数,平均传热系数应按本标准附录 A 的规定进行计算;

2 外窗(包括透光幕墙)的传热系数应按现行国家标准《民用建筑热工设计规范》GB 50176 的有关规定计算;

3 当设置外遮阳构件时,外窗(包括透光幕墙)的太阳得热系数应为外窗(包括透光幕墙)本身的太阳得热系数与外遮阳构件的遮阳系数的乘积。外窗(包括透光幕墙)本身的太阳得热系数和外遮阳构件的遮阳系数应按现行国家标准《民用建筑热工设计规范》GB 50176 的有关规定计算。

3.3.4 屋面、外墙和地下室的热桥部位的内表面温度不应低于室内空气露点温度。

3.3.5 建筑外门、外窗的气密性分级应符合国家标准《建筑外门窗气密、水密、抗风压性能分级及检测方法》GB/T 7106-2008 中第4.1.2条的规定,并应满足下列要求:

1 10 层及以上建筑外窗的气密性不应低于7级;

2 10 层以下建筑外窗的气密性不应低于6级;

3 严寒和寒冷地区外门的气密性不应低于4级。

3.3.6 建筑幕墙的气密性应符合国家标准《建筑幕墙》GB/T 21086-2007 中第5.1.3条的规定且不应低于3级。

3.3.7 当公共建筑入口大堂采用全玻幕墙时,全玻幕墙中非中空玻璃的面积不应超过同一立面透光面

(门窗和玻璃幕墙)的 15%,且应按同一立面透光面积(含全玻幕墙面积)加权计算平均传热系数。

3.4 围护结构热工性能的权衡判断

3.4.1 进行围护结构热工性能权衡判断前,应对设计建筑的热工性能进行核查;当满足下列基本要求时,方可进行权衡判断:

1 屋面的传热系数基本要求应符合表 3.4.1-1 的规定。

表 3.4.1-1 屋面的传热系数基本要求

传热系数 K [W/(m²·K)]	严寒A、B区	严寒C区	寒冷地区	夏热冬冷地区	夏热冬暖地区
	≤0.35	≤0.45	≤0.55	≤0.70	≤0.90

2 外墙(包括非透光幕墙)的传热系数基本要求应符合表 3.4.1-2 的规定。

表 3.4.1-2 外墙(包括非透光幕墙)的传热系数基本要求

传热系数 K [W/(m²·K)]	严寒A、B区	严寒C区	寒冷地区	夏热冬冷地区	夏热冬暖地区
	≤0.45	≤0.50	≤0.60	≤1.0	≤1.5

3 当单一立面的窗墙面积比大于或等于 0.40 时,外窗(包括透光幕墙)的传热系数和综合太阳得热系数基本要求应符合表 3.4.1-3 的规定。

表 3.4.1-3　外窗（包括透光幕墙）的传热系数和太阳得热系数基本要求

气候分区	窗墙面积比	传热系数 K $[W/(m^2 \cdot K)]$	太阳得热系数 $SHGC$
严寒 A、B 区	0.40＜窗墙面积比≤0.60	≤2.5	—
	窗墙面积比＞0.60	≤2.2	—
严寒 C 区	0.40＜窗墙面积比≤0.60	≤2.6	—
	窗墙面积比＞0.60	≤2.3	—
寒冷地区	0.40＜窗墙面积比≤0.70	≤2.7	—
	窗墙面积比＞0.70	≤2.4	—
夏热冬冷地区	0.40＜窗墙面积比≤0.70	≤3.0	≤0.44
	窗墙面积比＞0.70	≤2.6	
夏热冬暖地区	0.40＜窗墙面积比≤0.70	≤4.0	≤0.44
	窗墙面积比＞0.70	≤3.0	

3.4.2　建筑围护结构热工性能的权衡判断，应首先计算参照建筑在规定条件下的全年供暖和空气调节能耗，然后计算设计建筑在相同条件下的全年供暖和空气调节能耗，当设计建筑的供暖和空气调节能耗小于或等于参照建筑的供暖和空气调节能耗时，应判定围护结构的总体热工性能符合节能要求。当设计建筑的供暖和空气调节能耗大于参照建筑的供暖和空气调节能耗时，应调整设计参数重新计算，直至设计建筑的供暖和空气调节能耗不大于参照建筑的供暖和空气调节能耗。

3.4.3　参照建筑的形状、大小、朝向、窗墙面积比、内部的空间划分和使用功能应与设计建筑完全一致。当设计建筑的屋顶透光部分的面积大于本标准第 3.2.7 条的规定时，参照建筑的屋顶透光部分的面积应按比例缩小，使参照建筑的屋顶透光部分的面积符合本标准第 3.2.7 条的规定。

3.4.4　参照建筑围护结构的热工性能参数取值应按本标准第 3.3.1 条的规定取值。参照建筑的外墙和屋面的构造应与设计建筑一致。当本标准第 3.3.1 条对外窗（包括透光幕墙）太阳得热系数未作规定时，参照建筑外窗（包括透光幕墙）的太阳得热系数应与设计建筑一致。

3.4.5　建筑围护结构热工性能的权衡计算应符合本标准附录 B 的规定，并应按本标准附录 C 提供相应的原始信息和计算结果。

4　供暖通风与空气调节

4.1　一般规定

4.1.1　甲类公共建筑的施工图设计阶段，必须进行热负荷计算和逐项逐时的冷负荷计算。

4.1.2　严寒 A 区和严寒 B 区的公共建筑宜设热水集中供暖系统，对于设置空气调节系统的建筑，不宜采用热风末端作为唯一的供暖方式；对于严寒 C 区和寒冷地区的公共建筑，供暖方式应根据建筑等级、供暖期天数、能源消耗量和运行费用等因素，经技术经济综合分析比较后确定。

4.1.3　系统冷热媒温度的选取应符合现行国家标准《民用建筑供暖通风与空气调节设计规范》GB 50736 的有关规定。在经济技术合理时，冷媒温度宜高于常用设计温度，热媒温度宜低于常用设计温度。

4.1.4　当利用通风可以排除室内的余热、余湿或其他污染物时，宜采用自然通风、机械通风或复合通风的通风方式。

4.1.5　符合下列情况之一时，宜采用分散设置的空调装置或系统：

　　1　全年所需供冷、供暖时间短或采用集中供冷、供暖系统不经济；

　　2　需设空气调节的房间布置分散；

　　3　设有集中供冷、供暖系统的建筑中，使用时间和要求不同的房间；

　　4　需增设空调系统，而难以设置机房和管道的既有公共建筑。

4.1.6　采用温湿度独立控制空调系统时，应符合下列要求：

　　1　应根据气候特点，经技术经济分析论证，确定高温冷源的制备方式和新风除湿方式；

　　2　宜考虑全年对天然冷源和可再生能源的应用措施；

　　3　不宜采用再热空气处理方式。

4.1.7　使用时间不同的空气调节区不应划分在同一个定风量全空气风系统中。温度、湿度等要求不同的空气调节区不宜划分在同一个空气调节风系统中。

4.2　冷源与热源

4.2.1　供暖空调冷源与热源应根据建筑规模、用途、建设地点的能源条件、结构、价格以及国家节能减排和环保政策的相关规定，通过综合论证确定，并应符合下列规定：

　　1　有可供利用的废热或工业余热的区域，热源宜采用废热或工业余热。当废热或工业余热的温度较高、经技术经济论证合理时，冷源宜采用吸收式冷水机组。

　　2　在技术经济合理的情况下，冷、热源宜利用浅层地能、太阳能、风能等可再生能源。当采用可再生能源受到气候等原因的限制无法保证时，应设置辅助冷、热源。

　　3　不具备本条第 1、2 款的条件，但有城市或区域热网的地区，集中式空调系统的供热热源宜优先采用城市或区域热网。

  4 不具备本条第1、2款的条件，但城市电网夏季供电充足的地区，空调系统的冷源宜采用电动压缩式机组。

  5 不具备本条第1款～第4款的条件，但城市燃气供应充足的地区，宜采用燃气锅炉、燃气热水机供热或燃气吸收式冷（温）水机组供冷、供热。

  6 不具备本条第1款～5款条件的地区，可采用燃煤锅炉、燃油锅炉供热，蒸汽吸收式冷水机组或燃油吸收式冷（温）水机组供冷、供热。

  7 夏季室外空气设计露点温度较低的地区，宜采用间接蒸发冷却冷水机组作为空调系统的冷源。

  8 天然气供应充足的地区，当建筑的电力负荷、热负荷和冷负荷能较好匹配、能充分发挥冷、热、电联产系统的能源综合利用效率且经济技术比较合理时，宜采用分布式燃气冷热电三联供系统。

  9 全年进行空气调节，且各房间或区域负荷特性相差较大，需要长时间地向建筑同时供热和供冷，经技术经济比较合理时，宜采用水环热泵空调系统供冷、供热。

  10 在执行分时电价、峰谷电价差较大的地区，经技术经济比较，采用低谷电能够明显起到对电网"削峰填谷"和节省运行费用时，宜采用蓄能系统供冷、供热。

  11 夏热冬冷地区以及干旱缺水地区的中、小型建筑宜采用空气源热泵或土壤源地源热泵系统供冷、供热。

  12 有天然地表水等资源可供利用，或者有可利用的浅层地下水且能保证100%回灌时，可采用地表水或地下水地源热泵系统供冷、供热。

  13 具有多种能源的地区，可采用复合式能源供冷、供热。

4.2.2 除符合下列条件之一外，不得采用电直接加热设备作为供暖热源：

  1 电力供应充足，且电力需求侧管理鼓励用电时；

  2 无城市或区域集中供热，采用燃气、煤、油等燃料受到环保或消防限制，且无法利用热泵提供供暖热源的建筑；

  3 以供冷为主、供暖负荷非常小，且无法利用热泵或其他方式提供供暖热源的建筑；

  4 以供冷为主、供暖负荷小，无法利用热泵或其他方式提供供暖热源，但可以利用低谷电进行蓄热，且电锅炉不在用电高峰和平段时间启用的空调系统；

  5 利用可再生能源发电，且其发电量能满足自身电加热用电量需求的建筑。

4.2.3 除符合下列条件之一外，不得采用电直接加热设备作为空气加湿热源：

  1 电力供应充足，且电力需求侧管理鼓励用电时；

  2 利用可再生能源发电，且其发电量能满足自身加湿用电量需求的建筑；

  3 冬季无加湿用蒸汽源，且冬季室内相对湿度控制精度要求高的建筑。

4.2.4 锅炉供暖设计应符合下列规定：

  1 单台锅炉的设计容量应以保证其具有长时间较高运行效率的原则确定，实际运行负荷率不宜低于50%；

  2 在保证锅炉具有长时间较高运行效率的前提下，各台锅炉的容量宜相等；

  3 当供暖系统的设计回水温度小于或等于50℃时，宜采用冷凝式锅炉。

4.2.5 名义工况和规定条件下，锅炉的热效率不应低于表4.2.5的数值。

表 4.2.5 名义工况和规定条件下锅炉的热效率（%）

锅炉类型及燃料种类		锅炉额定蒸发量 D（t/h）/额定热功率 Q（MW）					
		$D<1$ / $Q<0.7$	$1 \leqslant D \leqslant 2$ / $0.7 \leqslant Q \leqslant 1.4$	$2<D<6$ / $1.4<Q<4.2$	$6 \leqslant D \leqslant 8$ / $4.2 \leqslant Q \leqslant 5.6$	$8<D \leqslant 20$/ $5.6<Q \leqslant 14.0$	$D>20$ / $Q>14.0$
燃油燃气锅炉	重油	86			88		
	轻油	88			90		
	燃气	88			90		
层状燃烧锅炉		75	78	80		81	82
抛煤机链条炉排锅炉	Ⅲ类烟煤	—	—	—		82	83
流化床燃烧锅炉		—	—	—		84	

4.2.6 除下列情况外，不应采用蒸汽锅炉作为热源：

    1 厨房、洗衣、高温消毒以及工艺性湿度控制等必须采用蒸汽的热负荷；

    2 蒸汽热负荷在总热负荷中的比例大于70%且总热负荷不大于1.4MW。

4.2.7 集中空调系统的冷水（热泵）机组台数及单机制冷量（制热量）选择，应能适应负荷全年变化规律，满足季节及部分负荷要求。机组不宜少于两台，且同类型机组不宜超过4台；当小型工程仅设一台时，应选调节性能优良的机型，并能满足建筑最低负荷的要求。

4.2.8 电动压缩式冷水机组的总装机容量，应按本标准第4.1.1条的规定计算的空调冷负荷值直接选定，不得另作附加。在设计条件下，当机组的规格不

符合计算冷负荷的要求时，所选择机组的总装机容量与计算冷负荷的比值不得大于1.1。

4.2.9 采用分布式能源站作为冷热源时，宜采用由自身发电驱动、以热电联产产生的废热为低位热源的热泵系统。

4.2.10 采用电机驱动的蒸气压缩循环冷水（热泵）机组时，其在名义制冷工况和规定条件下的性能系数（*COP*）应符合下列规定：

    1 水冷定频机组及风冷或蒸发冷却机组的性能系数（*COP*）不应低于表4.2.10的数值；

    2 水冷变频离心式机组的性能系数（*COP*）不应低于表4.2.10中数值的0.93倍；

    3 水冷变频螺杆式机组的性能系数（*COP*）不应低于表4.2.10中数值的0.95倍。

表 4.2.10　名义制冷工况和规定条件下冷水（热泵）机组的制冷性能系数（*COP*）

类　型		名义制冷量 *CC*（kW）	性能系数 *COP*（W/W）					
			严寒 A、B区	严寒 C区	温和 地区	寒冷 地区	夏热冬 冷地区	夏热冬 暖地区
水冷	活塞式/涡旋式	*CC*≤528	4.10	4.10	4.10	4.10	4.20	4.40
	螺杆式	*CC*≤528	4.60	4.70	4.70	4.70	4.80	4.90
		528＜*CC*≤1163	5.00	5.00	5.00	5.10	5.20	5.30
		CC＞1163	5.20	5.30	5.40	5.50	5.60	5.60
	离心式	*CC*≤1163	5.00	5.00	5.10	5.20	5.30	5.40
		1163＜*CC*≤2110	5.30	5.40	5.40	5.50	5.60	5.70
		CC＞2110	5.70	5.70	5.70	5.80	5.90	5.90
风冷或 蒸发 冷却	活塞式/涡旋式	*CC*≤50	2.60	2.60	2.60	2.60	2.70	2.80
		CC＞50	2.80	2.80	2.80	2.80	2.90	2.90
	螺杆式	*CC*≤50	2.70	2.70	2.70	2.80	2.90	2.90
		CC＞50	2.90	2.90	2.90	3.00	3.00	3.00

4.2.11 电机驱动的蒸气压缩循环冷水（热泵）机组的综合部分负荷性能系数（*IPLV*）应符合下列规定：

    1 综合部分负荷性能系数（*IPLV*）计算方法应符合本标准第4.2.13条的规定；

    2 水冷定频机组的综合部分负荷性能系数（*IPLV*）不应低于表4.2.11的数值；

    3 水冷变频离心式冷水机组的综合部分负荷性能系数（*IPLV*）不应低于表4.2.11中水冷离心式冷水机组限值的1.30倍；

    4 水冷变频螺杆式冷水机组的综合部分负荷性能系数（*IPLV*）不应低于表4.2.11中水冷螺杆式冷水机组限值的1.15倍。

表 4.2.11　冷水（热泵）机组综合部分负荷性能系数（*IPLV*）

类　型		名义制冷量 *CC*（kW）	综合部分负荷性能系数 *IPLV*					
			严寒 A、B区	严寒 C区	温和 地区	寒冷 地区	夏热冬 冷地区	夏热冬 暖地区
水冷	活塞式/涡旋式	*CC*≤528	4.90	4.90	4.90	4.90	5.05	5.25
	螺杆式	*CC*≤528	5.35	5.45	5.45	5.45	5.55	5.65
		528＜*CC*≤1163	5.75	5.75	5.75	5.85	5.90	6.00
		CC＞1163	5.85	5.95	6.10	6.20	6.30	6.30

类型		名义制冷量 CC（kW）	综合部分负荷性能系数 IPLV					
			严寒 A、B区	严寒 C区	温和 地区	寒冷 地区	夏热冬 冷地区	夏热冬 暖地区
水冷	离心式	CC≤1163	5.15	5.15	5.25	5.35	5.45	5.55
		1163<CC≤2110	5.40	5.50	5.55	5.60	5.75	5.85
		CC>2110	5.95	5.95	5.95	6.10	6.20	6.20
风冷或蒸发冷却	活塞式/涡旋式	CC≤50	3.10	3.10	3.10	3.10	3.20	3.20
		CC>50	3.35	3.35	3.35	3.35	3.40	3.45
	螺杆式	CC≤50	2.90	2.90	2.90	3.00	3.10	3.10
		CC>50	3.10	3.10	3.10	3.20	3.20	3.20

4.2.12 空调系统的电冷源综合制冷性能系数（SCOP）不应低于表 4.2.12 的数值。对多台冷水机组、冷却水泵和冷却塔组成的冷水系统，应将实际参与运行的所有设备的名义制冷量和耗电功率综合统计计算，当机组类型不同时，其限值应按冷量加权的方式确定。

表 4.2.12 空调系统的电冷源综合制冷性能系数（SCOP）

类型		名义制冷量 CC（kW）	综合制冷性能系数 SCOP（W/W）					
			严寒 A、B区	严寒 C区	温和 地区	寒冷 地区	夏热冬 冷地区	夏热冬 暖地区
水冷	活塞式/涡旋式	CC≤528	3.3	3.3	3.3	3.3	3.4	3.6
	螺杆式	CC≤528	3.6	3.6	3.6	3.6	3.6	3.7
		528<CC<1163	4	4	4	4	4.1	4.1
		CC≥1163	4	4.1	4.2	4.4	4.4	4.4
	离心式	CC≤1163	4	4	4	4.1	4.1	4.2
		1163<CC<2110	4.1	4.2	4.2	4.4	4.4	4.5
		CC≥2110	4.5	4.5	4.5	4.5	4.6	4.6

4.2.13 电机驱动的蒸气压缩循环冷水（热泵）机组的综合部分负荷性能系数（IPLV）应按下式计算：

$$IPLV = 1.2\% \times A + 32.8\% \times B + 39.7\% \times C + 26.3\% \times D \qquad (4.2.13)$$

式中：A——100%负荷时的性能系数（W/W），冷却水进水温度 30℃/冷凝器进气干球温度 35℃；

B——75%负荷时的性能系数（W/W），冷却水进水温度 26℃/冷凝器进气干球温度 31.5℃；

C——50%负荷时的性能系数（W/W），冷却水进水温度 23℃/冷凝器进气干球温度 28℃；

D——25%负荷时的性能系数（W/W），冷却水进水温度 19℃/冷凝器进气干球温度 24.5℃。

4.2.14 采用名义制冷量大于 7.1kW、电机驱动的单元式空气调节机、风管送风式和屋顶式空气调节机组时，其在名义制冷工况和规定条件下的能效比（EER）不应低于表 4.2.14 的数值。

表 4.2.14 名义制冷工况和规定条件下单元式空气调节机、风管送风式和屋顶式空气调节机组能效比（EER）

类型		名义制冷量 CC（kW）	能效比 EER（W/W）					
			严寒 A、B区	严寒 C区	温和 地区	寒冷 地区	夏热冬 冷地区	夏热冬 暖地区
风冷	不接风管	7.1<CC≤14.0	2.70	2.70	2.70	2.75	2.80	2.85
		CC>14.0	2.65	2.65	2.65	2.70	2.75	2.75

类　型		名义制冷量 CC (kW)	能效比 EER (W/W)					
			严寒 A、B区	严寒 C区	温和 地区	寒冷 地区	夏热冬 冷地区	夏热冬 暖地区
风冷	接风管	7.1<CC≤14.0	2.50	2.50	2.50	2.55	2.60	2.60
		CC>14.0	2.45	2.45	2.45	2.50	2.55	2.55
水冷	不接风管	7.1<CC≤14.0	3.40	3.45	3.45	3.50	3.55	3.55
		CC>14.0	3.25	3.30	3.30	3.35	3.40	3.45
	接风管	7.1<CC≤14.0	3.10	3.10	3.15	3.20	3.25	3.25
		CC>14.0	3.00	3.00	3.05	3.10	3.15	3.20

4.2.15 空气源热泵机组的设计应符合下列规定：

1 具有先进可靠的融霜控制，融霜时间总和不应超过运行周期时间的20%；

2 冬季设计工况下，冷热风机组性能系数（COP）不应小于1.8，冷热水机组性能系数（COP）不应小于2.0；

3 冬季寒冷、潮湿的地区，当室外设计温度低于当地平衡点温度时，或当室内温度稳定性有较高要求时，应设置辅助热源；

4 对于同时供冷、供暖的建筑，宜选用热回收式热泵机组。

4.2.16 空气源、风冷、蒸发冷却式冷水（热泵）式机组室外机的设置，应符合下列规定：

1 应确保进风与排风通畅，在排出空气与吸入空气之间不发生明显的气流短路；

2 应避免污浊气流的影响；

3 噪声和排热应符合周围环境要求；

4 应便于对室外机的换热器进行清扫。

4.2.17 采用多联式空调（热泵）机组时，其在名义制冷工况和规定条件下的制冷综合性能系数 IPLV（C）不应低于表4.2.17的数值。

表4.2.17 名义制冷工况和规定条件下多联式空调（热泵）机组制冷综合性能系数 IPLV（C）

名义制冷量 CC (kW)	制冷综合性能系数 IPLV (C)					
	严寒 A、B区	严寒 C区	温和 地区	寒冷 地区	夏热冬 冷地区	夏热冬 暖地区
CC≤28	3.80	3.85	3.85	3.90	4.00	4.00
28<CC≤84	3.75	3.80	3.80	3.85	3.95	3.95
CC>84	3.65	3.70	3.70	3.75	3.80	3.80

4.2.18 除具有热回收功能型或低温热泵型多联机系统外，多联机空调系统的制冷剂连接管等效长度应满足对应制冷工况下满负荷时的能效比（EER）不低于2.8的要求。

4.2.19 采用直燃型溴化锂吸收式冷（温）水机组时，其在名义工况和规定条件下的性能参数应符合表4.2.19的规定。

表4.2.19 名义工况和规定条件下直燃型溴化锂吸收式冷（温）水机组的性能参数

名义工况		性能参数	
冷（温）水进/ 出口温度（℃）	冷却水进/出口温度（℃）	性能系数（W/W）	
		制冷	供热
12/7（供冷）	30/35	≥1.20	—
—/60（供热）	—	—	≥0.90

4.2.20 对冬季或过渡季存在供冷需求的建筑，应充分利用新风降温；经技术经济分析合理时，可利用冷却塔提供空气调节冷水或使用具有同时制冷和制热功能的空调（热泵）产品。

4.2.21 采用蒸汽为热源，经技术经济比较合理时，应回收用汽设备产生的凝结水。凝结水回收系统应采用闭式系统。

4.2.22 对常年存在生活热水需求的建筑，当采用电动蒸汽压缩循环冷水机组时，宜采用具有冷凝热回收功能的冷水机组。

4.3 输 配 系 统

4.3.1 集中供暖系统应采用热水作为热媒。

4.3.2 集中供暖系统的热力入口处及供水或回水管的分支管路上，应根据水力平衡要求设置水力平衡装置。

4.3.3 在选配集中供暖系统的循环水泵时，应计算集中供暖系统耗电输热比（EHR-h），并应标注在施工图的设计说明中。集中供暖系统耗电输热比应按下式计算：

$$EHR\text{-}h = 0.003096 \sum (G \times H/\eta_b)/Q$$

$$\leqslant A(B + \alpha \sum L)/\Delta T \qquad (4.3.3)$$

式中：$EHR\text{-}h$——集中供暖系统耗电输热比；

G——每台运行水泵的设计流量（m^3/h）；

H——每台运行水泵对应的设计扬程（mH₂O）;

η_b——每台运行水泵对应的设计工作点效率;

Q——设计热负荷（kW）;

ΔT——设计供回水温差（℃）;

A——与水泵流量有关的计算系数，按本标准表 4.3.9-2 选取;

B——与机房及用户的水阻力有关的计算系数，一级泵系统时 B 取 17，二级泵系统时 B 取 21;

$\sum L$——热力站至供暖末端（散热器或辐射供暖分集水器）供回水管道的总长度（m）;

α——与 $\sum L$ 有关的计算系数;

当 $\sum L \leqslant 400\mathrm{m}$ 时，$\alpha = 0.0115$;

当 $400\mathrm{m} < \sum L < 1000\mathrm{m}$ 时，$\alpha = 0.003833 + 3.067/\sum L$;

当 $\sum L \geqslant 1000\mathrm{m}$ 时，$\alpha = 0.0069$。

4.3.4 集中供暖系统采用变流量水系统时，循环水泵宜采用变速调节控制。

4.3.5 集中空调冷、热水系统的设计应符合下列规定:

1 当建筑所有区域只要求按季节同时进行供冷和供热转换时，应采用两管制空调水系统;当建筑内一些区域的空调系统需全年供冷、其他区域仅要求按季节进行供冷和供热转换时，可采用分区两管制空调水系统;当空调水系统的供冷和供热工况转换频繁或需同时使用时，宜采用四管制空调水系统。

2 冷水水温和供回水温差要求一致且各区域管路压力损失相差不大的中小型工程，宜采用变流量一级泵系统;单台水泵功率较大时，经技术经济比较，在确保设备的适应性、控制方案和运行管理可靠的前提下，空调冷水可采用冷水机组和负荷侧均变流量的一级泵系统，且一级泵应采用调速泵。

3 系统作用半径较大、设计水流阻力较高的大型工程，空调冷水宜采用变流量二级泵系统。当各环路的设计水温一致且设计水流阻力接近时，二级泵宜集中设置;当各环路的设计水流阻力相差较大或各系统水温或温差要求不同时，宜按区域或系统分别设置二级泵，且二级泵应采用调速泵。

4 提供冷源设备集中且用户分散的区域供冷的大规模空调冷水系统，当二级泵的输送距离较远且各用户管路阻力相差较大，或者水温（温差）要求不同时，可采用多级泵系统，且二级泵等负荷侧各级泵应采用调速泵。

4.3.6 空调水系统布置和管径的选择，应减少并联环路之间压力损失的相对差额。当设计工况下并联环路之间压力损失的相对差额超过 15% 时，应采取水力平衡措施。

4.3.7 采用换热器加热或冷却的二次空调水系统的循环水泵宜采用变速调节。

4.3.8 除空调冷水系统和空调热水系统的设计流量、管网阻力特性及水泵工作特性相近的情况外，两管制空调水系统应分别设置冷水和热水循环泵。

4.3.9 在选配空调冷（热）水系统的循环水泵时，应计算空调冷（热）水系统耗电输冷（热）比 $[EC(H)R\text{-}a]$，并应标注在施工图的设计说明中。空调冷（热）水系统耗电输冷（热）比计算应符合下列规定:

1 空调冷（热）水系统耗电输冷（热）比应按下式计算:

$$EC(H)R\text{-}a = 0.003096 \sum(G \times H/\eta_b)/Q$$
$$\leqslant A(B + \alpha \sum L)/\Delta T \qquad (4.3.9)$$

式中:$EC(H)R\text{-}a$——空调冷（热）水系统循环水泵的耗电输冷（热）比;

G——每台运行水泵的设计流量（m³/h）;

H——每台运行水泵对应的设计扬程（mH₂O）;

η_b——每台运行水泵对应的设计工作点效率;

Q——设计冷（热）负荷（kW）;

ΔT——规定的计算供回水温差（℃），按表 4.3.9-1 选取;

A——与水泵流量有关的计算系数，按表 4.3.9-2 选取;

B——与机房及用户的水阻力有关的计算系数，按表 4.3.9-3 选取;

α——与 $\sum L$ 有关的计算系数，按表 4.3.9-4 或表 4.3.9-5 选取;

$\sum L$——从冷热机房出口至该系统最远用户供回水管道的总输送长度（m）。

表 4.3.9-1 ΔT 值（℃）

冷水系统	热水系统			
	严寒	寒冷	夏热冬冷	夏热冬暖
5	15	15	10	5

表 4.3.9-2 A 值

设计水泵流量 G	$G \leqslant 60\mathrm{m}^3/\mathrm{h}$	$60\mathrm{m}^3/\mathrm{h} < G \leqslant 200\mathrm{m}^3/\mathrm{h}$	$G > 200\mathrm{m}^3/\mathrm{h}$
A 值	0.004225	0.003858	0.003749

表 4.3.9-3　B 值

系统组成		四管制单冷、单热管道 B 值	两管制热水管道 B 值
一级泵	冷水系统	28	—
	热水系统	22	21
二级泵	冷水系统	33	—
	热水系统	27	25

表 4.3.9-4　四管制冷、热水管道系统的 α 值

系统	管道长度 ∑L 范围（m）		
	∑L≤400m	400m<∑L<1000m	∑L≥1000m
冷水	α= 0.02	α= 0.016 + 1.6/∑L	α= 0.013 + 4.6/∑L
热水	α= 0.014	α= 0.0125 + 0.6/∑L	α= 0.009 + 4.1/∑L

表 4.3.9-5　两管制热水管道系统的 α 值

系统	地区	管道长度 ∑L 范围（m）		
		∑L≤400m	400m<∑L<1000m	∑L≥1000m
热水	严寒寒冷	α= 0.009	α= 0.0072 + 0.72/∑L	α= 0.0059 + 2.02/∑L
	夏热冬冷	α= 0.0024	α= 0.002 + 0.16/∑L	α= 0.0016 + 0.56/∑L
	夏热冬暖	α= 0.0032	α= 0.0026 + 0.24/∑L	α= 0.0021 + 0.74/∑L
冷水		α= 0.02	α= 0.016 + 1.6/∑L	α= 0.013 + 4.6/∑L

　　2　空调冷（热）水系统耗电输冷（热）比计算参数应符合下列规定：

　　1）空气源热泵、溴化锂机组、水源热泵等机组的热水供回水温差应按机组实际参数确定；直接提供高温冷水的机组，冷水供回水温差应按机组实际参数确定。

　　2）多台水泵并联运行时，A 值应按较大流量选取。

　　3）两管制冷水管道的 B 值应按四管制单冷管道的 B 值选取；多级泵冷水系统，每增加一级泵，B 值可增加 5；多级泵热水系统，每增加一级泵，B 值可增加 4。

　　4）两管制冷水系统 α 计算式应与四管制冷水系统相同。

　　5）当最远用户为风机盘管时，∑L 应按机房

出口至最远端风机盘管的供回水管道总长度减去 100m 确定。

4.3.10　当通风系统使用时间较长且运行工况（风量、风压）有较大变化时，通风机宜采用双速或变速风机。

4.3.11　设计定风量全空气空气调节系统时，宜采取实现全新风运行或可调新风比的措施，并宜设计相应的排风系统。

4.3.12　当一个空气调节风系统负担多个使用空间时，系统的新风量应按下列公式计算：

$$Y = X/(1 + X - Z) \qquad (4.3.12\text{-}1)$$
$$Y = V_{ot}/V_{st} \qquad (4.3.12\text{-}2)$$
$$X = V_{on}/V_{st} \qquad (4.3.12\text{-}3)$$
$$Z = V_{oc}/V_{sc} \qquad (4.3.12\text{-}4)$$

式中：Y——修正后的系统新风量在送风量中的比例；

　　　V_{ot}——修正后的总新风量（m^3/h）；

　　　V_{st}——总送风量，即系统中所有房间送风量之和（m^3/h）；

　　　X——未修正的系统新风量在送风量中的比例；

　　　V_{on}——系统中所有房间的新风量之和（m^3/h）；

　　　Z——新风比需求最大的房间的新风比；

　　　V_{oc}——新风比需求最大的房间的新风量（m^3/h）；

　　　V_{sc}——新风比需求最大的房间的送风量（m^3/h）。

4.3.13　在人员密度相对较大且变化较大的房间，宜根据室内 CO_2 浓度检测值进行新风需求控制，排风量也宜适应新风量的变化以保持房间的正压。

4.3.14　当采用人工冷、热源对空气调节系统进行预热或预冷运行时，新风系统应能关闭；当室外空气温度较低时，应尽量利用新风系统进行预冷。

4.3.15　空气调节内、外区应根据室内进深、分隔、朝向、楼层以及围护结构特点等因素划分。内、外区宜分别设置空气调节系统。

4.3.16　风机盘管加新风空调系统的新风宜直接送入各空气调节区，不宜经过风机盘管机组后再送出。

4.3.17　空气过滤器的设计选择应符合下列规定：

　　1　空气过滤器的性能参数应符合现行国家标准《空气过滤器》GB/T 14295 的有关规定；

　　2　宜设置过滤器阻力监测、报警装置，并应具备更换条件；

　　3　全空气空气调节系统的过滤器应能满足全新风运行的需要。

4.3.18　空气调节风系统不应利用土建风道作为送风道和输送冷、热处理后的新风风道。当受条件限制利用土建风道时，应采取可靠的防漏风和绝热措施。

4.3.19　空气调节冷却水系统设计应符合下列规定：

1 应具有过滤、缓蚀、阻垢、杀菌、灭藻等水处理功能；

2 冷却塔应设置在空气流通条件好的场所；

3 冷却塔补水总管上应设置水流量计量装置；

4 当在室内设置冷却水集水箱时，冷却塔布水器与集水箱设计水位之间的高差不应超过 8m。

4.3.20 空气调节系统送风温差应根据焓湿图表示的空气处理过程计算确定。空气调节系统采用上送风气流组织形式时，宜加大夏季设计送风温差，并应符合下列规定：

1 送风高度小于或等于 5m 时，送风温差不宜小于 5℃；

2 送风高度大于 5m 时，送风温差不宜小于 10℃。

4.3.21 在同一个空气处理系统中，不宜同时有加热和冷却过程。

4.3.22 空调风系统和通风系统的风量大于 10000m³/h 时，风道系统单位风量耗功率（W_s）不宜大于表 4.3.22 的数值。风道系统单位风量耗功率（W_s）应按下式计算：

$$W_s = P/(3600 \times \eta_{CD} \times \eta_F) \quad (4.3.22)$$

式中：W_s——风道系统单位风量耗功率 [W/(m³/h)]；

P——空调机组的余压或通风系统风机的风压（Pa）；

η_{CD}——电机及传动效率（%），η_{CD} 取 0.855；

η_F——风机效率（%），按设计图中标注的效率选择。

表 4.3.22 风道系统单位风量耗功率 W_s[W/(m³/h)]

系统形式	W_s 限值
机械通风系统	0.27
新风系统	0.24
办公建筑定风量系统	0.27
办公建筑变风量系统	0.29
商业、酒店建筑全空气系统	0.30

4.3.23 当输送冷媒温度低于其管道外环境温度且不允许冷媒温度有升高，或当输送热媒温度高于其管道外环境温度且不允许热媒温度有降低时，管道与设备应采取保温保冷措施。绝热层的设置应符合下列规定：

1 保温层厚度应按现行国家标准《设备及管道绝热设计导则》GB/T 8175 中经济厚度计算方法计算；

2 供冷或冷热共用时，保冷层厚度应按现行国家标准《设备及管道绝热设计导则》GB/T 8175 中经济厚度和防止表面结露的保冷层厚度方法计算，并取大值；

3 管道与设备绝热层厚度及风管绝热层最小热阻可按本标准附录 D 的规定选用；

4 管道和支架之间，管道穿墙、穿楼板处应采取防止"热桥"或"冷桥"的措施；

5 采用非闭孔材料保温时，外表面应设保护层；采用非闭孔材料保冷时，外表面应设隔汽层和保护层。

4.3.24 严寒和寒冷地区通风或空调系统与室外相连接的风管和设施上应设置可自动连锁关闭且密闭性能好的电动风阀，并采取密封措施。

4.3.25 设有集中排风的空调系统经技术经济比较合理时，宜设置空气-空气能量回收装置。严寒地区采用时，应对能量回收装置的排风侧是否出现结霜或结露现象进行核算。当出现结霜或结露时，应采取预热等保温防冻措施。

4.3.26 有人员长期停留且不设置集中新风、排风系统的空气调节区或空调房间，宜在各空气调节区或空调房间分别安装带热回收功能的双向换气装置。

4.4 末 端 系 统

4.4.1 散热器宜明装；地面辐射供暖面层材料的热阻不宜大于 0.05m²·K/W。

4.4.2 夏季空气调节室外计算湿球温度低、温度日较差大的地区，宜优先采用直接蒸发冷却、间接蒸发冷却或直接蒸发冷却与间接蒸发冷却相结合的二级或三级蒸发冷却的空气处理方式。

4.4.3 设计变风量全空气空气调节系统时，应采用变频自动调节风机转速的方式，并应在设计文件中标明每个变风量末端装置的最小送风量。

4.4.4 建筑空间高度大于等于 10m 且体积大于 10000m³ 时，宜采用辐射供暖供冷或分层空气调节系统。

4.4.5 机电设备用房、厨房热加工间等发热量较大的房间的通风设计应满足下列要求：

1 在保证设备正常工作前提下，宜采用通风消除室内余热。机电设备用房夏季室内计算温度取值不宜低于夏季通风室外计算温度。

2 厨房热加工间宜采用补风式油烟排气罩。采用直流式空调送风的区域，夏季室内计算温度取值不宜低于夏季通风室外计算温度。

4.5 监测、控制与计量

4.5.1 集中供暖通风与空气调节系统，应进行监测与控制。建筑面积大于 20000m² 的公共建筑使用全空气调节系统时，宜采用直接数字控制系统。系统功能及监测控制内容应根据建筑功能、相关标准、系统类型等通过技术经济比较确定。

4.5.2 锅炉房、换热机房和制冷机房应进行能量计量，能量计量应包括下列内容：

1 燃料的消耗量；

2 制冷机的耗电量；

3 集中供热系统的供热量；

4 补水量。

4.5.3 采用区域性冷源和热源时，在每栋公共建筑的冷源和热源入口处，应设置冷量和热量计量装置。采用集中供暖空调系统时，不同使用单位或区域宜分别设置冷量和热量计量装置。

4.5.4 锅炉房和换热机房应设置供热量自动控制装置。

4.5.5 锅炉房和换热机房的控制设计应符合下列规定：

1 应能进行水泵与阀门等设备连锁控制；

2 供水温度应能根据室外温度进行调节；

3 供水流量应能根据末端需求进行调节；

4 宜能根据末端需求进行水泵台数和转速的控制；

5 应能根据需求供热量调节锅炉的投运台数和投入燃料量。

4.5.6 供暖空调系统应设置室温调控装置；散热器及辐射供暖系统应安装自动温度控制阀。

4.5.7 冷热源机房的控制功能应符合下列规定：

1 应能进行冷水（热泵）机组、水泵、阀门、冷却塔等设备的顺序启停和连锁控制；

2 应能进行冷水机组的台数控制，宜采用冷量优化控制方式；

3 应能进行水泵的台数控制，宜采用流量优化控制方式；

4 二级泵应能进行自动变速控制，宜根据管道压差控制转速，且压差宜能优化调节；

5 应能进行冷却塔风机的台数控制，宜根据室外气象参数进行变速控制；

6 应能进行冷却塔的自动排污控制；

7 宜能根据室外气象参数和末端需求进行供水温度的优化调节；

8 宜能按累计运行时间进行设备的轮换使用；

9 冷热源主机设备 3 台以上的，宜采用机组群控方式；当采用群控方式时，控制系统应与冷水机组自带控制单元建立通信连接。

4.5.8 全空气空调系统的控制应符合下列规定：

1 应能进行风机、风阀和水阀的启停连锁控制；

2 应能按使用时间进行定时启停控制，宜对启停时间进行优化调整；

3 采用变风量系统时，风机应采用变速控制方式；

4 过渡季宜采用加大新风比的控制方式；

5 宜根据室外气象参数优化调节室内温度设定值；

6 全新风系统送风末端宜采用设置人离延时关闭控制方式。

4.5.9 风机盘管应采用电动水阀和风速相结合的控制方式，宜设置常闭式电动通断阀。公共区域风机盘管的控制应符合下列规定：

1 应能对室内温度设定值范围进行限制；

2 应能按使用时间进行定时启停控制，宜对启停时间进行优化调整。

4.5.10 以排除房间余热为主的通风系统，宜根据房间温度控制通风设备运行台数或转速。

4.5.11 地下停车库风机宜采用多台并联方式或设置风机调速装置，并宜根据使用情况对通风机设置定时启停（台数）控制或根据车库内的一氧化碳浓度进行自动运行控制。

4.5.12 间歇运行的空气调节系统，宜设置自动启停控制装置。控制装置应具备按预定时间表、服务区域是否有人等模式控制设备启停的功能。

5 给水排水

5.1 一般规定

5.1.1 给水排水系统的节水设计应符合现行国家标准《建筑给水排水设计规范》GB 50015 和《民用建筑节水设计标准》GB 50555 有关规定。

5.1.2 计量水表应根据建筑类型、用水部门和管理要求等因素进行设置，并应符合现行国家标准《民用建筑节水设计标准》GB 50555 的有关规定。

5.1.3 有计量要求的水加热、换热站室，应安装热水表、热量表、蒸汽流量计或能源计量表。

5.1.4 给水泵应根据给水管网水力计算结果选型，并应保证设计工况下水泵效率处在高效区。给水泵的效率不宜低于现行国家标准《清水离心泵能效限定值及节能评价值》GB 19762 规定的泵节能评价值。

5.1.5 卫生间的卫生器具和配件应符合现行行业标准《节水型生活用水器具》CJ/T 164 的有关规定。

5.2 给水与排水系统设计

5.2.1 给水系统应充分利用城镇给水管网或小区给水管网的水压直接供水。经批准可采用叠压供水系统。

5.2.2 二次加压泵站的数量、规模、位置和泵组供水水压应根据城镇给水条件、小区规模、建筑高度、建筑的分布、使用标准、安全供水和降低能耗等因素合理确定。

5.2.3 给水系统的供水方式及竖向分区应根据建筑的用途、层数、使用要求、材料设备性能、维护管理和能耗等因素综合确定。分区压力要求应符合现行国家标准《建筑给水排水设计规范》GB 50015 和《民用建筑节水设计标准》GB 50555 的有关规定。

5.2.4 变频调速泵组应根据用水量和用水均匀性等

因素合理选择搭配水泵及调节设施，宜按供水需求自动控制水泵启动的台数，保证在高效区运行。

5.2.5 地面以上的生活污、废水排水宜采用重力流系统直接排至室外管网。

5.3 生活热水

5.3.1 集中热水供应系统的热源，宜利用余热、废热、可再生能源或空气源热泵作为热水供应热源。当最高日生活热水量大于 5m³ 时，除电力需求侧管理鼓励用电，且利用谷电加热的情况外，不应采用直接电加热热源作为集中热水供应系统的热源。

5.3.2 以燃气或燃油作为热源时，宜采用燃气或燃油机组直接制备热水。当采用锅炉制备生活热水或开水时，锅炉额定工况下热效率不应低于本标准表4.2.5 中的限定值。

5.3.3 当采用空气源热泵热水机组制备生活热水时，制热量大于 10kW 的热泵热水机在名义制热工况和规定条件下，性能系数（COP）不宜低于表 5.3.3 的规定，并应有保证水质的有效措施。

表 5.3.3 热泵热水机性能系数（COP）（W/W）

制热量 H(kW)	热水机型式		普通型	低温型
$H \geqslant 10$	一次加热式		4.40	3.70
	循环加热	不提供水泵	4.40	3.70
		提供水泵	4.30	3.60

5.3.4 小区内设有集中热水供应系统的热水循环管网服务半径不宜大于 300m 且不应大于 500m。水加热、热交换站室宜设置在小区的中心位置。

5.3.5 仅设有洗手盆的建筑不宜设计集中生活热水供应系统。设有集中热水供应系统的建筑中，日热水用量设计值大于等于 5m³ 或定时供应热水的用户宜设置单独的热水循环系统。

5.3.6 集中热水供应系统的供水分区宜与用水点处的冷水分区同区，并应采取保证用水点处冷、热水供水压力平衡和保证循环管网有效循环的措施。

5.3.7 集中热水供应系统的管网及设备应采取保温措施，保温层厚度应按现行国家标准《设备及管道绝热设计导则》GB/T 8175 中经济厚度计算方法确定，也可按本标准附录 D 的规定选用。

5.3.8 集中热水供应系统的监测和控制宜符合下列规定：

1 对系统热水耗量和系统总供热量宜进行监测；

2 对设备运行状态宜进行检测及故障报警；

3 对每日用水量、供水温度宜进行监测；

4 装机数量大于等于 3 台的工程，宜采用机组群控方式。

6 电 气

6.1 一般规定

6.1.1 电气系统的设计应经济合理、高效节能。

6.1.2 电气系统宜选用技术先进、成熟、可靠，损耗低、谐波发射量少、能效高、经济合理的节能产品。

6.1.3 建筑设备监控系统的设置应符合现行国家标准《智能建筑设计标准》GB 50314 的有关规定。

6.2 供配电系统

6.2.1 电气系统的设计应根据当地供电条件，合理确定供电电压等级。

6.2.2 配变电所应靠近负荷中心、大功率用电设备。

6.2.3 变压器应选用低损耗型，且能效值不应低于现行国家标准《三相配电变压器能效限定值及能效等级》GB 20052 中能效标准的节能评价值。

6.2.4 变压器的设计宜保证其运行在经济运行参数范围内。

6.2.5 配电系统三相负荷的不平衡度不宜大于15%。单相负荷较多的供电系统，宜采用部分分相无功自动补偿装置。

6.2.6 容量较大的用电设备，当功率因数较低且离配变电所较远时，宜采用无功功率就地补偿方式。

6.2.7 大型用电设备、大型可控硅调光设备、电动机变频调速控制装置等谐波源较大设备，宜就地设置谐波抑制装置。当建筑中非线性用电设备较多时，宜预留滤波装置的安装空间。

6.3 照 明

6.3.1 室内照明功率密度（LPD）值应符合现行国家标准《建筑照明设计标准》GB 50034 的有关规定。

6.3.2 设计选用的光源、镇流器的能效不宜低于相应能效标准的节能评价值。

6.3.3 建筑夜景照明的照明功率密度（LPD）限值应符合现行行业标准《城市夜景照明设计规范》JGJ/T 163 的有关规定。

6.3.4 光源的选择应符合下列规定：

1 一般照明在满足照度均匀度条件下，宜选择单灯功率较大、光效较高的光源，不宜选用荧光高压汞灯，不应选用自镇流荧光高压汞灯；

2 气体放电灯用镇流器应选用谐波含量低的产品；

3 高大空间及室外作业场所宜选用金属卤化物灯、高压钠灯；

4 除需满足特殊工艺要求的场所外，不应选用白炽灯；

5 走道、楼梯间、卫生间、车库等无人长期逗留的场所，宜选用发光二极管（LED）灯；

6 疏散指示灯、出口标志灯、室内指向性装饰照明等宜选用发光二极管（LED）灯；

7 室外景观、道路照明应选择安全、高效、寿命长、稳定的光源，避免光污染。

6.3.5 灯具的选择应符合下列规定：

1 使用电感镇流器的气体放电灯应采用单灯补偿方式，其照明配电系统功率因数不应低于 0.9；

2 在满足眩光限制和配光要求条件下，应选用效率高的灯具，并应符合现行国家标准《建筑照明设计标准》GB 50034 的有关规定；

3 灯具自带的单灯控制装置宜预留与照明控制系统的接口。

6.3.6 一般照明无法满足作业面照度要求的场所，宜采用混合照明。

6.3.7 照明设计不宜采用漫射发光顶棚。

6.3.8 照明控制应符合下列规定：

1 照明控制应结合建筑使用情况及天然采光状况，进行分区、分组控制；

2 旅馆客房应设置节电控制型总开关；

3 除单一灯具的房间，每个房间的灯具控制开关不宜少于 2 个，且每个开关所控的光源数不宜多于 6 盏；

4 走廊、楼梯间、门厅、电梯厅、卫生间、停车库等公共场所的照明，宜采用集中开关控制或就地感应控制；

5 大空间、多功能、多场景场所的照明，宜采用智能照明控制系统；

6 当设置电动遮阳装置时，照度控制宜与其联动；

7 建筑景观照明应设置平时、一般节日、重大节日等多种模式自动控制装置。

6.4 电能监测与计量

6.4.1 主要次级用能单位用电量大于等于 10kW 或单台用电设备大于等于 100kW 时，应设置电能计量装置。公共建筑宜设置用电能耗监测与计量系统，并进行能效分析和管理。

6.4.2 公共建筑应按功能区域设置电能监测与计量系统。

6.4.3 公共建筑应按照明插座、空调、电力、特殊用电分项进行电能监测与计量。办公建筑宜将照明和插座分项进行电能监测与计量。

6.4.4 冷热源系统的循环水泵耗电量宜单独计量。

7 可再生能源应用

7.1 一般规定

7.1.1 公共建筑的用能应通过对当地环境资源条件和技术经济的分析，结合国家相关政策，优先应用可再生能源。

7.1.2 公共建筑可再生能源利用设施应与主体工程同步设计。

7.1.3 当环境条件允许且经济技术合理时，宜采用太阳能、风能等可再生能源直接并网供电。

7.1.4 当公共电网无法提供照明电源时，应采用太阳能、风能等发电并配置蓄电池的方式作为照明电源。

7.1.5 可再生能源应用系统宜设置监测系统节能效益的计量装置。

7.2 太阳能利用

7.2.1 太阳能利用应遵循被动优先的原则。公共建筑设计宜充分利用太阳能。

7.2.2 公共建筑宜采用光热或光伏与建筑一体化系统；光热或光伏与建筑一体化系统不应影响建筑外围护结构的建筑功能，并应符合国家现行标准的有关规定。

7.2.3 公共建筑利用太阳能同时供热供电时，宜用太阳能光伏光热一体化系统。

7.2.4 公共建筑设置太阳能热利用系统时，太阳能保证率应符合表 7.2.4 的规定。

表 7.2.4 太阳能保证率 $f(\%)$

太阳能资源区划	太阳能热水系统	太阳能供暖系统	太阳能空气调节系统
Ⅰ 资源丰富区	≥60	≥50	≥45
Ⅱ 资源较富区	≥50	≥35	≥30
Ⅲ 资源一般区	≥40	≥30	≥25
Ⅳ 资源贫乏区	≥30	≥25	≥20

7.2.5 太阳能热利用系统的辅助热源应根据建筑使用特点、用热量、能源供应、维护管理及卫生防菌等因素选择，并宜利用废热、余热等低品位能源和生物质、地热等其他可再生能源。

7.2.6 太阳能集热器和光伏组件的设置应避免受自身或建筑本体的遮挡。在冬至日采光面上的日照时数，太阳能集热器不应少于 4h，光伏组件不宜少于 3h。

7.3 地源热泵系统

7.3.1 公共建筑地源热泵系统设计时，应进行全年动态负荷与系统取热量、释热量计算分析，确定地热能交换系统，并宜采用复合热交换系统。

7.3.2 地源热泵系统设计应选用高能效水源热泵机组，并宜采取降低循环水泵输送能耗等节能措施，提高地源热泵系统的能效。

7.3.3 水源热泵机组性能应满足地热能交换系统运行参数的要求，末端供暖供冷设备选择应与水源热泵机组运行参数相匹配。

7.3.4 有稳定热水需求的公共建筑，宜根据负荷特点，采用部分或全部热回收型水源热泵机组。全年供热水时，应选用全部热回收型水源热泵机组或水源热水机组。

附录 A 外墙平均传热系数的计算

A.0.1 外墙平均传热系数应按现行国家标准《民用建筑热工设计规范》GB 50176 的有关规定进行计算。

A.0.2 对于一般建筑，外墙平均传热系数也可按下式计算：

$$K = \varphi K_P \qquad (A.0.2)$$

式中：K——外墙平均传热系数[W/(m² · K)]；

K_P——外墙主体部位传热系数[W/(m² · K)]；

φ——外墙主体部位传热系数的修正系数。

A.0.3 外墙主体部位传热系数的修正系数 φ 可按表 A.0.3 取值。

表 A.0.3 外墙主体部位传热系数的修正系数 φ

气候分区	外保温	夹心保温(自保温)	内保温
严寒地区	1.30	—	—
寒冷地区	1.20	1.25	—
夏热冬冷地区	1.10	1.20	1.20
夏热冬暖地区	1.00	1.05	1.05

附录 B 围护结构热工性能的权衡计算

B.0.1 建筑围护结构热工性能权衡判断应采用能自动生成符合本标准要求的参照建筑计算模型的专用计算软件，软件应具有下列功能：

    1 全年 8760h 逐时负荷计算；

    2 分别逐时设置工作日和节假日室内人员数量、照明功率、设备功率、室内温度、供暖和空调系统运行时间；

    3 考虑建筑围护结构的蓄热性能；

    4 计算 10 个以上建筑分区；

    5 直接生成建筑围护结构热工性能权衡判断计算报告。

B.0.2 建筑围护结构热工性能权衡判断应以参照建筑与设计建筑的供暖和空气调节总耗电量作为其能耗判断的依据。参照建筑与设计建筑的供暖耗煤量和耗气量应折算为耗电量。

B.0.3 参照建筑与设计建筑的空气调节和供暖能耗应采用同一软件计算，气象参数均应采用典型气象年数据。

B.0.4 计算设计建筑全年累计耗冷量和累计耗热量时，应符合下列规定：

    1 建筑的形状、大小、朝向、内部的空间划分和使用功能、建筑构造尺寸、建筑围护结构传热系数、做法、外窗(包括透光幕墙)太阳得热系数、窗墙面积比、屋面开窗面积应与建筑设计文件一致；

    2 建筑空气调节和供暖应按全年运行的两管制风机盘管系统设置。建筑功能区除设计文件明确为非空调区外，均应按设置供暖和空气调节计算；

    3 建筑的空气调节和供暖系统运行时间、室内温度、照明功率密度值及开关时间、房间人均占有的使用面积及在室率、人员新风量及新风机组运行时间表、电气设备功率密度及使用率应按表 B.0.4-1～表 B.0.4-10 设置。

表 B.0.4-1 空气调节和供暖系统的日运行时间

类别		系统工作时间
办公建筑	工作日	7：00～18：00
	节假日	
宾馆建筑	全年	1：00～24：00
商场建筑	全年	8：00～21：00
医疗建筑-门诊楼	全年	8：00～21：00
学校建筑-教学楼	工作日	7：00～18：00
	节假日	

表 B.0.4-2 供暖空调区室内温度(℃)

建筑类别	运行时段	运行模式	下列计算时刻(h)供暖空调区室内设定温度(℃)											
			1	2	3	4	5	6	7	8	9	10	11	12
办公建筑、教学楼	工作日	空调	37	37	37	37	37	37	28	26	26	26	26	26
		供暖	5	5	5	5	5	12	18	20	20	20	20	20
	节假日	空调	37	37	37	37	37	37	37	37	37	37	37	37
		供暖	5	5	5	5	5	5	5	5	5	5	5	5
宾馆建筑、住院部	全年	空调	25	25	25	25	25	25	25	25	25	25	25	25
		供暖	22	22	22	22	22	22	22	22	22	22	22	22
商场建筑、门诊楼	全年	空调	37	37	37	37	37	37	37	28	26	25	25	25
		供暖	5	5	5	5	5	5	12	16	18	18	18	18

建筑类别	运行时段	运行模式	下列计算时刻(h)供暖空调区室内设定温度(℃)											
			13	14	15	16	17	18	19	20	21	22	23	24
办公建筑、教学楼	工作日	空调	26	26	26	26	26	26	37	37	37	37	37	37
		供暖	20	20	20	20	20	18	12	5	5	5	5	5
	节假日	空调	37	37	37	37	37	37	37	37	37	37	37	37
		供暖	5	5	5	5	5	5	5	5	5	5	5	5

续表 B.0.4-2

建筑类别	运行时段	运行模式	下列计算时刻(h)供暖空调区室内设定温度(℃)											
			13	14	15	16	17	18	19	20	21	22	23	24
宾馆建筑、住院部	全年	空调	25	25	25	25	25	25	25	25	25	25	25	25
		供暖	22	22	22	22	22	22	22	22	22	22	22	22
商场建筑、门诊楼	全年	空调	25	25	25	25	25	25	25	25	37	37	37	37
		供暖	18	18	18	18	18	18	18	12	5	5	5	5

表 B.0.4-3　照明功率密度值(W/m²)

建筑类别	照明功率密度
办公建筑	9.0
宾馆建筑	7.0
商场建筑	10.0
医院建筑-门诊楼	9.0
学校建筑-教学楼	9.0

表 B.0.4-4　照明开关时间(%)

建筑类别	运行时段	下列计算时刻(h)照明开关时间(%)											
		1	2	3	4	5	6	7	8	9	10	11	12
办公建筑、教学楼	工作日	0	0	0	0	0	0	10	50	95	95	95	80
	节假日	0	0	0	0	0	0	0	0	0	0	0	0
宾馆建筑、住院部	全年	10	10	10	10	10	10	30	30	30	30	30	30
商场建筑、门诊楼	全年	10	10	10	10	10	10	30	60	60	60	60	60

建筑类别	运行时段	下列计算时刻(h)照明开关时间(%)											
		13	14	15	16	17	18	19	20	21	22	23	24
办公建筑、教学楼	工作日	80	95	95	95	95	30	30	0	0	0	0	0
	节假日	0	0	0	0	0	0	0	0	0	0	0	0
宾馆建筑、住院部	全年	30	30	50	50	60	90	90	90	90	80	10	10
商场建筑、门诊楼	全年	60	60	60	60	80	90	100	100	100	10	10	10

表 B.0.4-5　不同类型房间人均占有的建筑面积(m²/人)

建筑类别	人均占有的建筑面积
办公建筑	10
宾馆建筑	25
商场建筑	8
医院建筑-门诊楼	8
学校建筑-教学楼	6

表 B.0.4-6　房间人员逐时在室率(%)

建筑类别	运行时段	下列计算时刻(h)房间人员逐时在室率(%)											
		1	2	3	4	5	6	7	8	9	10	11	12
办公建筑、教学楼	工作日	0	0	0	0	0	0	10	50	95	95	95	80
	节假日	0	0	0	0	0	0	0	0	0	0	0	0
宾馆建筑、住院部	全年	70	70	70	70	70	70	70	70	50	50	50	50
	全年	95	95	95	95	95	95	95	95	95	95	95	95
商场建筑、门诊楼	全年	0	0	0	0	0	0	0	20	50	80	80	80
	全年	0	0	0	0	0	0	0	20	50	95	80	40

建筑类别	运行时段	下列计算时刻(h)房间人员逐时在室率(%)											
		13	14	15	16	17	18	19	20	21	22	23	24
办公建筑、教学楼	工作日	80	95	95	95	95	30	30	0	0	0	0	0
	节假日	0	0	0	0	0	0	0	0	0	0	0	0
宾馆建筑、住院部	全年	50	50	50	50	70	70	70	70	70	70	70	70
	全年	95	95	95	95	95	95	95	95	95	95	95	95
商场建筑、门诊楼	全年	80	80	80	80	80	80	60	0	0	0	0	0
	全年	20	50	60	60	20	20	0	0	0	0	0	0

表 B.0.4-7　不同类型房间的人均新风量[m³/(h·人)]

建筑类别	新风量
办公建筑	30
宾馆建筑	30
商场建筑	30
医院建筑-门诊楼	30
学校建筑-教学楼	30

表 B.0.4-8　新风运行情况

（1 表示新风开启，0 表示新风关闭）

建筑类别	运行时段	下列计算时刻(h)新风运行情况											
		1	2	3	4	5	6	7	8	9	10	11	12
办公建筑、教学楼	工作日	0	0	0	0	0	0	0	1	1	1	1	1
	节假日	0	0	0	0	0	0	0	0	0	0	0	0
宾馆建筑、住院部	全年	1	1	1	1	1	1	1	1	1	1	1	1
	全年	1	1	1	1	1	1	1	1	1	1	1	1
商场建筑、门诊楼	全年	0	0	0	0	0	0	0	0	1	1	1	1
	全年	0	0	0	0	0	0	0	0	0	1	1	1

建筑类别	运行时段	下列计算时刻(h)新风运行情况											
		13	14	15	16	17	18	19	20	21	22	23	24
办公建筑、教学楼	工作日	1	1	1	1	1	1	1	0	0	0	0	0
	节假日	0	0	0	0	0	0	0	0	0	0	0	0
宾馆建筑、住院部	全年	1	1	1	1	1	1	1	1	1	1	1	1
	全年	1	1	1	1	1	1	1	1	1	1	1	1
商场建筑、门诊楼	全年	1	1	1	1	1	1	1	0	0	0	0	0
	全年	0	0	0	0	0	0	0	0	0	0	0	0

表 B.0.4-9　不同类型房间电器设备功率密度（W/m²）

建筑类别	电器设备功率
办公建筑	15
宾馆建筑	15
商场建筑	13
医院建筑-门诊楼	20
学校建筑-教学楼	5

表 B.0.4-10　电气设备逐时使用率（%）

建筑类别	运行时段	下列计算时刻(h)电气设备逐时使用率											
		1	2	3	4	5	6	7	8	9	10	11	12
办公建筑、教学楼	工作日	0	0	0	0	0	0	0	10	50	95	95	95
	节假日	0	0	0	0	0	0	0	0	0	0	0	0
宾馆建筑、住院部	全年	0	0	0	0	0	0	0	0	0	0	0	0
	全年	95	95	95	95	95	95	95	95	95	95	95	95
商场建筑、门诊楼	全年	0	0	0	0	0	0	0	0	0	30	50	80
	全年	0	0	0	0	0	0	0	0	0	0	20	50

建筑类别	运行时段	下列计算时刻(h)电气设备逐时使用率											
		13	14	15	16	17	18	19	20	21	22	23	24
办公建筑、教学楼	工作日	50	95	95	95	95	95	50	0	0	0	0	0
	节假日	0	0	0	0	0	0	0	0	0	0	0	0
宾馆建筑、住院部	全年	0	0	0	0	0	0	0	0	0	0	0	0
	全年	95	95	95	95	95	95	95	95	95	95	95	95
商场建筑、门诊楼	全年	80	80	80	80	80	80	80	80	70	50	0	0
	全年	20	50	60	60	20	20	0	0	0	0	0	0

B.0.5　计算参照建筑全年累计耗冷量和累计耗热量时，应符合下列规定：

1　建筑的形状、大小、朝向、内部的空间划分和使用功能、建筑构造尺寸应与设计建筑一致；

2　建筑围护结构做法应与建筑设计文件一致，围护结构热工性能参数取值应符合本标准第 3.3 节的规定；

3　建筑空气调节和供暖系统的运行时间、室内温度、照明功率密度及开关时间、房间人均占有的使用面积及在室率、人员新风量及新风机组运行时间表、电气设备功率密度及使用率应与设计建筑一致；

4　建筑空气调节和供暖应采用全年运行的两管制风机盘管系统。供暖和空气调节区的设置应与设计建筑一致。

B.0.6　计算设计建筑和参照建筑全年供暖和空调总耗电量时，空气调节系统冷源应采用电驱动冷水机组；严寒地区、寒冷地区供暖系统热源应采用燃煤锅炉；夏热冬冷地区、夏热冬暖地区、温和地区供暖系统热源应采用燃气锅炉，并应符合下列规定：

1　全年供暖和空调总耗电量应按下式计算：

$$E = E_H + E_C \qquad \text{(B.0.6-1)}$$

式中：E——全年供暖和空调总耗电量（kWh/m²）；

E_C——全年空调耗电量（kWh/m²）；

E_H——全年供暖耗电量（kWh/m²）。

2　全年空调耗电量应按下式计算：

$$E_C = \frac{Q_C}{A \times SCOP_T} \qquad \text{(B.0.6-2)}$$

式中：Q_C——全年累计耗冷量（通过动态模拟软件计算得到）（kWh）；

A——总建筑面积（m²）；

$SCOP_T$——供冷系统综合性能系数，取 2.50。

3　严寒地区和寒冷地区全年供暖耗电量应按下式计算：

$$E_H = \frac{Q_H}{A\eta_1 q_1 q_2} \qquad \text{(B.0.6-3)}$$

式中：Q_H——全年累计耗热量（通过动态模拟软件计算得到）（kWh）；

η_1——热源为燃煤锅炉的供暖系统综合效率，取 0.60；

q_1——标准煤热值，取 8.14 kWh/kgce；

q_2——发电煤耗（kgce/kWh）取 0.360kgce/kWh。

4　夏热冬冷、夏热冬暖和温和地区全年供暖耗电量应按下式计算：

$$E_H = \frac{Q_H}{A\eta_2 q_3 q_2}\varphi \qquad \text{(B.0.6-4)}$$

式中：η_2——热源为燃气锅炉的供暖系统综合效率，取 0.75；

q_3——标准天然气热值，取 9.87 kWh/m³；

φ——天然气与标煤折算系数，取 1.21kgce/m³。

附录C 建筑围护结构热工性能权衡判断审核表

表C 建筑围护结构热工性能权衡判断审核表

项目名称						
工程地址						
设计单位						
设计日期				气候区域		
采用软件				软件版本		
建筑面积	m²			建筑外表面积	m²	
建筑体积	m³			建筑体形系数		
设计建筑窗墙面积比				屋顶透光部分与屋顶总面积之比 M	M的限值	
立面1	立面2	立面3	立面4			
					20%	

围护结构部位	设计建筑		参照建筑		是否符合标准规定限值
	传热系数 K W/(m²·K)	太阳得热系数 $SHGC$	传热系数 K W/(m²·K)	太阳得热系数 $SHGC$	
屋顶透光部分					
立面1外窗（包括透光幕墙）					
立面2外窗（包括透光幕墙）					
立面3外窗（包括透光幕墙）					
立面4外窗（包括透光幕墙）					
屋面		—		—	
外墙（包括非透光幕墙）		—		—	
底面接触室外空气的架空或外挑楼板		—		—	
非供暖房间与供暖房间的隔墙与楼板		—		—	

围护结构部位	设计建筑	参照建筑	是否符合标准规定限值
	保温材料层热阻 R [（m²·K）/W]	保温材料层热阻 R [（m²·K）/W]	
周边地面			
供暖地下室与土壤接触的外墙			
变形缝（两侧墙内保温时）			

权衡判断基本要求判定	围护结构传热系数基本要求 K [W/（m²·K）]		设计建筑是否满足基本要求	
	屋面			
	外墙（包括非透光幕墙）			

续表C

权衡判断基本要求判定	围护结构传热系数基本要求 K [W/(m²·K)]		设计建筑是否满足基本要求
	外窗（包括透光幕墙）		
	太阳得热系数 SHGC		
	围护结构是否满足基本要求	是 / 否	
权衡计算结果	设计建筑（kWh/ m²）		参照建筑（kWh/ m²）
全年供暖和空调总耗电量			
权衡判断结论	设计建筑的围护结构热工性能合格 / 不合格		

附录D 管道与设备保温及保冷厚度

D.0.1 热管道经济绝热层厚度可按表D.0.1-1～表D.0.1-3选用。热设备绝热层厚度可按最大口径管道的绝热层厚度再增加5mm选用。

表D.0.1-1 室内热管道柔性泡沫橡塑经济绝热层厚度（热价85元/GJ）

最高介质温度（℃）	绝热层厚度（mm）						
	25	28	32	36	40	45	50
60	≤DN20	DN25~DN40	DN50~DN125	DN150~DN400	≥DN450	—	—
80	—	—	≤DN32	DN40~DN70	DN80~DN125	DN150~DN450	≥DN500

表D.0.1-2 热管道离心玻璃棉经济绝热层厚度（热价35元/GJ）

	最高介质温度（℃）	绝热层厚度（mm）								
		25	30	35	40	50	60	70	80	90
室内	60	≤DN40	DN50~DN125	DN150~DN1000	≥DN1100	—	—	—	—	—
	80	—	≤DN32	DN40~DN80	DN100~DN250	≥DN300	—	—	—	—
	95	—	—	≤DN40	DN50~DN100	DN125~DN1000	≥DN1100	—	—	—
	140	—	—	—	≤DN25	DN32~DN80	DN100~DN300	≥DN350	—	—
	190	—	—	—	—	≤DN32	DN40~DN80	DN100~DN200	DN250~DN900	≥DN1000
室外	60	—	≤DN40	DN50~DN100	DN125~DN450	≥DN500	—	—	—	—
	80	—	—	≤DN40	DN50~DN100	DN125~DN1700	≥DN1800	—	—	—
	95	—	—	≤DN25	DN32~DN50	DN70~DN250	≥DN300	—	—	—
	140	—	—	—	≤DN20	DN25~DN70	DN80~DN200	DN250~DN1000	≥DN1100	—
	190	—	—	—	≤DN25	DN32~DN70	DN80~DN150	DN200~DN500	≥DN600	

表 D.0.1-3 热管道离心玻璃棉经济绝热层厚度（热价 85 元/GJ）

最高介质温度（℃）		绝热层厚度（mm）								
		40	50	60	70	80	90	100	120	140
室内	60	≤DN50	DN70~DN300	≥DN350	—	—	—	—	—	—
	80	≤DN20	DN25~DN70	DN80~DN200	≥DN250	—	—	—	—	—
	95	—	≤DN40	DN50~DN100	DN125~DN300	DN350~DN2500	≥DN3000	—	—	—
	140	—	—	≤DN32	DN40~DN70	DN80~DN150	DN200~DN300	DN350~DN900	≥DN1000	—
	190	—	—	—	≤DN32	DN40~DN50	DN70~DN100	DN125~DN150	DN200~DN700	≥DN800
室外	60	—	≤DN80	DN100~DN250	≥DN300	—	—	—	—	—
	80	—	≤DN40	DN50~DN100	DN125~DN250	DN300~DN1500	≥DN2000	—	—	—
	95	—	≤DN25	DN32~DN70	DN80~DN150	DN200~DN400	DN500~DN2000	≥DN2500	—	—
	140	—	—	≤DN25	DN32~DN50	DN70~DN100	DN125~DN200	DN250~DN450	≥DN500	—
	190	—	—	—	≤DN25	DN32~DN50	DN70~DN80	DN100~DN150	DN200~DN450	≥DN500

D.0.2　室内空调冷水管道最小绝热层厚度可按表 D.0.2-1、表 D.0.2-2 选用；蓄冷设备保冷厚度可按对应介质温度最大口径管道的保冷厚度再增加 5mm～10mm 选用。

表 D.0.2-1 室内空调冷水管道最小绝热层厚度
（介质温度≥5℃）（mm）

地区	柔性泡沫橡塑		玻璃棉管壳	
	管径	厚度	管径	厚度
较干燥地区	≤DN40	19	≤DN32	25
	DN50~DN150	22	DN40~DN100	30
	≥DN200	25	DN125~DN900	35
较潮湿地区	≤DN25	25	≤DN25	25
	DN32~DN50	28	DN32~DN80	30
	DN70~DN150	32	DN100~DN400	35
	≥DN200	36	≥DN450	40

表 D.0.2-2 室内空调冷水管道最小绝热层厚度
（介质温度≥-10℃）（mm）

地区	柔性泡沫橡塑		聚氨酯发泡	
	管径	厚度	管径	厚度
较干燥地区	≤DN32	28	≤DN32	25
	DN40~DN80	32	DN40~DN150	30
	DN100~DN200	36	≥DN200	35
	≥DN250	40	—	—
较潮湿地区	≤DN50	40	≤DN50	35
	DN70~DN100	45	DN70~DN125	40
	DN125~DN250	50	DN150~DN500	45
	DN300~DN2000	55	≥DN600	50
	≥DN2100	60	—	—

D.0.3　室内生活热水管经济绝热层厚度可按表 D.0.3-1、表 D.0.3-2 选用。

表 D. 0. 3-1　室内生活热水管道经济绝热层厚度

（室内 5℃ 全年≤105 天）

绝热材料 介质温度	离心玻璃棉		柔性泡沫橡塑	
	公称管径（mm）	厚度 （mm）	公称管径（mm）	厚度 （mm）
≤70℃	≤DN25	40	≤DN40	32
	DN32～DN80	50	DN50～DN80	36
	DN100～DN350	60	DN100～DN150	40
	≥DN400	70	≥DN200	45

表 D. 0. 3-2　室内生活热水管道经济绝热层厚度

（室内 5℃ 全年≤150 天）

绝热材料 介质温度	离心玻璃棉		柔性泡沫橡塑	
	公称管径（mm）	厚度 （mm）	公称管径（mm）	厚度 （mm）
≤70℃	≤DN40	50	≤DN50	40
	DN50～DN100	60	DN70～DN125	45
	DN125～DN300	70	DN150～DN300	50
	≥DN350	80	≥DN350	55

D. 0. 4　室内空调风管绝热层最小热阻可按表 D. 0. 4 选用。

表 D. 0. 4　室内空调风管绝热层最小热阻

风管类型	适用介质温度（℃）		最小热阻 $R[(m^2 \cdot K)/W]$
	冷介质最低 温度	热介质最高 温度	
一般空调风管	15	30	0.81
低温风管	6	39	1.14

本标准用词说明

1　为便于在执行本标准条文时区别对待，对要求严格程度不同的用词说明如下：

　　1）表示很严格，非这样做不可的：
　　　　正面词采用"必须"，反面词采用"严禁"；
　　2）表示严格，在正常情况下均应这样做的：
　　　　正面词采用"应"，反面词采用"不应"或"不得"；
　　3）表示允许稍有选择，在条件许可时首先应这样做的：
　　　　正面词采用"宜"，反面词采用"不宜"；
　　4）表示有选择，在一定条件下可以这样做的采用"可"。

2　条文中指明应按其他有关标准执行的写法为："应符合……的规定"或"应按……执行"。

引用标准名录

　　1　《建筑给水排水设计规范》GB 50015
　　2　《建筑照明设计标准》GB 50034
　　3　《民用建筑热工设计规范》GB 50176
　　4　《智能建筑设计标准》GB 50314
　　5　《民用建筑节水设计标准》GB 50555
　　6　《民用建筑供暖通风与空气调节设计规范》GB 50736
　　7　《建筑外门窗气密、水密、抗风压性能分级及检测方法》GB/T 7106
　　8　《设备及管道绝热设计导则》GB/T 8175
　　9　《空气过滤器》GB/T 14295
　　10　《清水离心泵能效限定值及节能评价值》GB 19762
　　11　《三相配电变压器能效限定值及能效等级》GB 20052
　　12　《建筑幕墙》GB/T 21086
　　13　《城市夜景照明设计规范》JGJ/T 163
　　14　《节水型生活用水器具》CJ/T 164

中华人民共和国国家标准

公共建筑节能设计标准

GB 50189—2015

条 文 说 明

修 订 说 明

《公共建筑节能设计标准》GB 50189－2015 经住房和城乡建设部 2015 年 2 月 2 日以第 739 号公告批准、发布。

本标准是在《公共建筑节能设计标准》GB 50189－2005 的基础上修订而成。上一版的主编单位是中国建筑科学研究院和中国建筑业协会建筑节能专业委员会，参编单位是中国建筑西北设计研究院、中国建筑西南设计研究院、同济大学、中国建筑设计研究院、上海建筑设计研究院有限公司、上海市建筑科学研究院、中南建筑设计院、中国有色工程设计研究总院、中国建筑东北设计研究院、北京市建筑设计研究院、广州市设计院、深圳市建筑科学研究院、重庆市建设技术发展中心、北京振利高新技术公司、北京金易格幕墙装饰工程有限责任公司、约克（无锡）空调冷冻科技有限公司、深圳市方大装饰工程有限公司、秦皇岛耀华玻璃股份有限公司、特灵空调器有限公司、开利空调销售服务（上海）有限公司、乐意涂料（上海）有限公司、北京兴立捷科技有限公司，主要起草人是郎四维、林海燕、涂逢祥、陆耀庆、冯雅、龙惟定、潘云钢、寿炜炜、刘明明、蔡路得、罗英、金丽娜、卜一秋、郑爱军、刘俊跃、彭志辉、黄振利、班广生、盛萍、曾晓武、鲁大学、余中海、杨利明、张盐、周辉、杜立。

本次修订的主要技术内容包括：1. 根据国家统计局建筑类型分布数据和国内典型公共建筑调研信息，建立了代表我国公共建筑特点和分布特征的典型公共建筑模型数据库，并确定本标准节能目标；2. 采用收益投资比（SIR）组合优化筛选法，通过模拟计算分析并结合国内产业现状和工程实际更新了围护结构热工性能限值和冷热源能效限值；围护结构热工性能限值和冷源能效限值均按照建筑热工分区分别作出规定；3. 增加了窗墙面积比大于 0.70 时围护结构热工性能限值，增加了围护结构进行权衡判断建筑物热工性能所需达到的基本要求，补充细化了权衡计算的输入输出内容和对权衡计算软件的要求；4. 增加了建筑分类和建筑设计的有关规定；5. 将原第三章室内环境节能设计计算参数移入附录 B 围护结构热工性能的权衡计算；6. 增加了不同气候区空调系统的电冷源综合制冷性能系数限值，修订了空调冷（热）水系统耗电输冷（热）比、集中供暖系统耗电输热比、风道系统单位风量耗功率的计算方法及限值；7. 新增了给水排水系统、电气系统和可再生能源应用的相关规定；8. 增加了对超高超大建筑的节能设计复核要求。

为便于广大设计、施工、科研、学校等单位有关人员在使用本标准时能正确理解和执行条文规定，《公共建筑节能设计标准》编制组按章、节、条顺序编制了本标准的条文说明，对条文规定的目的、依据以及执行中需要注意的有关事项进行说明，且着重对强制性条文的强制性理由作出解释。本条文说明不具备与标准正文同等的法律效力，仅供使用者作为理解和把握标准规定的参考。

目　次

1　总则 ················· 4—33
2　术语 ················· 4—34
3　建筑与建筑热工 ········· 4—35
　3.1　一般规定 ··········· 4—35
　3.2　建筑设计 ··········· 4—36
　3.3　围护结构热工设计 ····· 4—39
　3.4　围护结构热工性能的权衡判断 · 4—41
4　供暖通风与空气调节 ····· 4—42
　4.1　一般规定 ··········· 4—42
　4.2　冷源与热源 ········· 4—44
　4.3　输配系统 ··········· 4—52
　4.4　末端系统 ··········· 4—58
　4.5　监测、控制与计量 ····· 4—58
5　给水排水 ············· 4—61
　5.1　一般规定 ··········· 4—61
　5.2　给水与排水系统设计 ··· 4—62

5.3　生活热水 ··········· 4—63
6　电气 ················· 4—64
　6.1　一般规定 ··········· 4—64
　6.2　供配电系统 ········· 4—64
　6.3　照明 ············· 4—65
　6.4　电能监测与计量 ····· 4—65
7　可再生能源应用 ········· 4—66
　7.1　一般规定 ··········· 4—66
　7.2　太阳能利用 ········· 4—66
　7.3　地源热泵系统 ······· 4—67
附录A　外墙平均传热系数的计算 ····· 4—67
附录B　围护结构热工性能的权衡
　　　计算 ············· 4—68
附录D　管道与设备保温及保冷
　　　厚度 ············· 4—69

1 总 则

1.0.1 我国建筑用能约占全国能源消费总量的27.5%,并将随着人民生活水平的提高逐步增加到30%以上。公共建筑用能数量巨大,浪费严重。制定并实施公共建筑节能设计标准,有利于改善公共建筑的室内环境,提高建筑用能系统的能源利用效率,合理利用可再生能源,降低公共建筑的能耗水平,为实现国家节约能源和保护环境的战略,贯彻有关政策和法规作出贡献。

1.0.2 建筑分为民用建筑和工业建筑。民用建筑又分为居住建筑和公共建筑。公共建筑则包括办公建筑(如写字楼、政府办公楼等),商业建筑(如商场、超市、金融建筑等),酒店建筑(如宾馆、饭店、娱乐场所等),科教文卫建筑(如文化、教育、科研、医疗、卫生、体育建筑等),通信建筑(如邮电、通讯、广播用房等)以及交通运输建筑(如机场、车站等)。目前中国每年建筑竣工面积约为 25 亿 m²,其中公共建筑约有 5 亿 m²。在公共建筑中,办公建筑、商场建筑,酒店建筑、医疗卫生建筑、教育建筑等几类建筑存在许多共性,而且其能耗较高,节能潜力大。

在公共建筑的全年能耗中,供暖空调系统的能耗约占 40%~50%,照明能耗约占 30%~40%,其他用能设备约占 10%~20%。而在供暖空调能耗中,外围护结构传热所导致的能耗约占 20%~50%(夏热冬暖地区大约 20%,夏热冬冷地区大约 35%,寒冷地区大约 40%,严寒地区大约 50%)。从目前情况分析,这些建筑在围护结构、供暖空调系统、照明、给水排水以及电气等方面,有较大的节能潜力。

对全国新建、扩建和改建的公共建筑,本标准从建筑与建筑热工、供暖通风与空气调节、给水排水、电气和可再生能源应用等方面提出了节能设计要求。其中,扩建是指保留原有建筑,在其基础上增加另外的功能、形式、规模,使得新建部分成为与原有建筑相关的新建建筑;改建是指对原有建筑的功能或者形式进行改变,而建筑的规模和建筑的占地面积均不改变的新建建筑。不包括既有建筑节能改造。新建、扩建和改建的公共建筑的装修工程设计也应执行本标准。不设置供暖供冷设施的建筑的围护结构热工参数可不强制执行本标准,如:不设置供暖空调设施的自行车库和汽车库、城镇农贸市场、材料市场等。

宗教建筑、独立公共卫生间和使用年限在 5 年以下的临时建筑的围护结构热工参数可不强制执行本标准。

1.0.3 公共建筑的节能设计,必须结合当地的气候条件,在保证室内环境质量,满足人们对室内舒适度要求的前提下,提高围护结构保温隔热能力,提高供暖、通风、空调和照明等系统的能源利用效率;在保证经济合理、技术可行的同时实现国家的可持续发展和能源发展战略,完成公共建筑承担的节能任务。

本次标准的修订参考了发达国家建筑节能标准编制的经验,根据我国实际情况,通过技术经济综合分析,确定我国不同气候区典型城市不同类型公共建筑的最优建筑节能设计方案,进而确定在我国现有条件下公共建筑技术经济合理的节能目标,并将节能目标逐项分解到建筑围护结构、供暖空调、照明等系统,最终确定本次标准修订的相关节能指标要求。

本次修订建立了代表我国公共建筑使用特点和分布特征的典型公共建筑模型数据库。数据库中典型建筑模型通过向国内主要设计院、科研院所等单位征集分析确定,由大型办公建筑、小型办公建筑、大型酒店建筑、小型酒店建筑、大型商场建筑、医院建筑及学校建筑等七类模型组成,各类建筑的分布特征是在国家统计局提供数据的基础上研究确定。

以满足国家标准《公共建筑节能设计标准》GB 50189-2005 要求的典型公共建筑模型作为能耗分析的"基准建筑模型","基准建筑模型"的围护结构、供暖空调系统、照明设备的参数均按国家标准《公共建筑节能设计标准》GB 50189-2005 规定值选取。通过建立建筑能耗分析模型及节能技术经济分析模型,采用年收益投资比组合优化筛选法对基准建筑模型进行优化设计。根据各项节能措施的技术可行性,以单一节能措施的年收益投资比(简称 SIR 值)为分析指标,确定不同节能措施选用的优先级,将不同节能措施组合成多种节能方案;以节能方案的全寿命周期净现值(NPV)大于零为指标对节能方案进行筛选分析,进而确定各类公共建筑模型在既定条件下的最优投资与收益关系曲线,在此基础上,确定最优节能方案。根据最优节能方案中的各项节能措施的 SIR 值,确定本标准对围护结构、供暖空调系统以及照明系统各相关指标的要求。年收益投资比 SIR 值为使用某项建筑节能措施后产生的年节能量(单位:kgce/a)与采用该项节能措施所增加的初投资(单位:元)的比值,即单位投资所获得的年节能量(单位:kgce/(年·元))。

基于典型公共建筑模型数据库进行计算和分析,本标准修订后,与 2005 版相比,由于围护结构热工性能的改善,供暖空调设备和照明设备能效的提高,全年供暖、通风、空气调节和照明的总能耗减少约20%~23%。其中从北方至南方,围护结构分担节能率约 6%~4%;供暖空调系统分担节能率约 7%~10%;照明设备分担节能率约 7%~9%。该节能率仅体现了围护结构热工性能、供暖空调设备及照明设备能效的提升,不包含热回收、全新风供冷、冷却塔供冷、可再生能源等节能措施所产生的节能效益。由于给水排水、电气和可再生能源应用的相关内容为本次修订新增内容,没有比较基准,无法计算此部分所产生的节能率，所以未包括在内。该节能率是考虑不同气候区、不同建筑类型加权后的计算值，反映的是本标准修订并执行后全国公共建筑的整体节能水平，并不代表某单体建筑的节能率。

1.0.4 随着建筑技术的发展和建设规模的不断扩大，超高超大的公共建筑在我国各地日益增多。1990年，国内高度超过200m的建筑物仅有5栋。截至2013年，国内超高层建筑约有2600栋，数量远远超过了世界上其他任何一个国家，其中，在全球建筑高度排名前20的超高层建筑中，国内就占有10栋。特大型建筑中，城市综合体发展较快，截至2011年，我国重点城市的城市综合体存量已突破8000万m²，其中北京就达到1684万m²。超高超大类建筑多以商业用途为主，在建筑形式上追求特异，不同于常规建筑类型，且是耗能大户，如何加强对此类建筑能耗的控制，提高能源系统应用方案的合理性，选取最优方案，对建筑节能工作尤其重要。

因而要求除满足本标准的要求外，超高超大建筑的节能设计还应通过国家建设行政主管部门组织的专家论证，复核其建筑节能设计特别是能源系统设计方案的合理性，设计单位应依据论证会的意见完成本项目的节能设计。

此类建筑的节能设计论证，除满足本规范要求外，还需对以下内容进行论证，并提交分析计算书等支撑材料：

1 外窗有效通风面积及有组织的自然通风设计；

2 自然通风的节能潜力计算；

3 暖通空调负荷计算；

4 暖通空调系统的冷热源选型与配置方案优化；

5 暖通空调系统的节能措施，如新风量调节、热回收装置设置、水泵与风机变频、计量等；

6 可再生能源利用计算；

7 建筑物全年能耗计算。

此外，这类建筑通常存在着多种使用功能，如商业、办公、酒店、居住、餐饮等，建筑的业态比例、作息时间等参数会对空调能耗产生较大影响，因而此类建筑的节能设计论证材料中应提供建筑的业态比例、作息时间等基本参数信息。

1.0.5 设计达到节能要求并不能保证建筑做到真正的节能。实际的节能效益，必须依靠合理运行才能实现。

就目前我国的实际情况而言，在使用和运行管理上，不同地区、不同建筑存在较大的差异，相当多的建筑实际运行管理水平不高、实际运行能耗远远大于设计时对运行能耗的评估值，这一现象是严重阻碍了我国建筑节能工作的正常进行。设计文件应为工程运行管理方提供一个合理的、符合设计思想的节能措施使用要求。这既是各专业的设计师在建筑节能方面应尽的义务，也是保证工程按照设计思想来取得最优节能效果的必要措施之一。

节能措施及其使用要求包括以下内容：

1 建筑设备及被动节能措施（如遮阳、自然通风等）的使用方法，建筑围护结构采取的节能措施及做法；

2 机电系统（暖通空调、给排水、电气系统等）的使用方法和采取的节能措施及其运行管理方式，如：

（1）暖通空调系统冷源配置及其运行策略；

（2）季节性（包括气候季节以及商业方面的"旺季"与"淡季"）使用要求与管理措施；

（3）新（回）风风量调节方法，热回收装置在不同季节使用方法，旁通阀使用方法，水量调节方法，过滤器的使用方法等；

（4）设定参数（如：空调系统的最大及最小新（回）风风量表）；

（5）对能源的计量监测及系统日常维护管理的要求等。

需要特别说明的是：尽管许多大型公建的机电系统设置了比较完善的楼宇自动控制系统，在一定程度上为合理使用提供了相应的支持。但从目前实际使用情况来看，自动控制系统尚不能完全替代人工管理。因此，充分发挥管理人员的主动性依然是非常重要的节能措施。

1.0.6 本标准对公共建筑的建筑、热工以及暖通空调、给水排水、电气以及可再生能源应用设计中应该控制的、与能耗有关的指标和应采取的节能措施作出了规定。但公共建筑节能涉及的专业较多，相关专业均制定了相应的标准，并作出了节能规定。在进行公共建筑节能设计时，除应符合本标准外，尚应符合国家现行的有关标准的规定。

2 术　语

2.0.3 本标准中窗墙面积比均是以单一立面为对象，同一朝向不同立面不能合并计算窗墙面积比。

2.0.4 通过透光围护结构（门窗或透光幕墙）成为室内得热量的太阳辐射部分是影响建筑能耗的重要因素。目前 ASHARE 90.1 等标准均以太阳得热系数（SHGC）作为衡量透光围护结构性能的参数。主流建筑能耗模拟软件中也以太阳得热系数（SHGC）作为衡量外窗的热工性能的参数。为便于工程设计人员使用并与国际接轨，本次标准修订将太阳得热系数作为衡量透光围护结构（门窗或透光幕墙）性能的参数。人们最关心的也是太阳辐射进入室内的部分，而不是被构件遮挡的部分。

太阳得热系数（SHGC）不同于本标准2005版中的遮阳系数（SC）值。2005版标准中遮阳系数（SC）的定义为通过透光围护结构（门窗或透光幕墙）的太阳辐射室内得热量，与相同条件下通过相同面积的标准玻璃（3mm 厚的透明玻璃）的太阳辐射室内得热量的比值。标准玻璃太阳得热系数理论值为 0.87。因此可按 SHGC 等于 SC 乘以 0.87 进行换算。

随着太阳照射时间的不同，建筑实际的太阳得热系数也不同。但本标准中透光围护结构的太阳得热系数是指根据相关国家标准规定的方法测试、计算确定的产品固有属性。新修订的《民用建筑热工设计规范》GB 50176 给出了 SHGC 的计算公式，如式（1）所示，其中外表面对流换热系数 α_e 按夏季条件确定。

$$SHGC = \frac{\sum g \cdot A_g + \sum \rho \cdot \frac{K}{\alpha_e} A_f}{A_w} \qquad (1)$$

式中：$SHGC$——门窗、幕墙的太阳得热系数；

g——门窗、幕墙中透光部分的太阳辐射总透射比，按照国家标准 GB/T 2680 的规定计算；

ρ——门窗、幕墙中非透光部分的太阳辐射吸收系数；

K——门窗、幕墙中非透光部分的传热系数 [W/（m²·K）]；

α_e——外表面对流换热系数 [W/（m²·K）]；

A_g——门窗、幕墙中透光部分的面积 （m²）；

A_f——门窗、幕墙中非透光部分的面积 （m²）；

A_w——门窗、幕墙的面积 （m²）；

2.0.6 围护结构热工性能权衡判断是一种性能化的设计方法。为了降低空气调节和供暖能耗，本标准对围护结构的热工性能提出了规定性指标。当设计建筑无法满足规定性指标时，可以通过调整设计参数并计算能耗，最终达到设计建筑全年的空气调节和供暖能耗之和不大于参照建筑能耗的目的。这种方法在本标准中称之为权衡判断。

2.0.7 参照建筑是一个达到本标准要求的节能建筑，进行围护结构热工性能权衡判断时，用其全年供暖和空调能耗作为标准来判断设计建筑的能耗是否满足本标准的要求。

参照建筑的形状、大小、朝向以及内部的空间划分和使用功能与设计建筑完全一致，但其围护结构热工性能等主要参数应符合本标准的规定性指标。

2.0.11 电冷源综合制冷性能系数（SCOP）是电驱动的冷源系统单位耗电量所能产出的冷量，反映了冷源系统效率的高低。

电冷源综合制冷性能系数（SCOP）可按下列方法计算：

$$SCOP = \frac{Q_c}{E_e} \qquad (2)$$

式中：Q_c——冷源设计供冷量（kW）；

E_e——冷源设计耗电功率（kW）。

对于离心式、螺杆式、涡旋/活塞式水冷式机组，E_e 包括冷水机组、冷却水泵及冷却塔的耗电功率。

对于风冷式机组，E_e 包括放热侧冷却风机消耗的电功率；对于蒸发冷却式机组 E_e 包括水泵和风机消耗的电功率。

3 建筑与建筑热工

3.1 一般规定

3.1.1 本条中所指单栋建筑面积包括地下部分的建筑面积。对于单栋建筑面积小于等于 300m² 的建筑如传达室等，与甲类公共建筑的能耗特性不同。这类建筑的总量不大，能耗也较小，对全社会公共建筑的总能耗量影响很小，同时考虑到减少建筑节能设计工作量，故将这类建筑归为乙类，对这类建筑只给出规定性节能指标，不再要求作围护结构权衡判断。对于本标准中没有注明建筑分类的条文，甲类和乙类建筑应统一执行。

3.1.2 本标准与现行国家标准《民用建筑热工设计规范》GB 50176 的气候分区一致。

3.1.3 建筑的规划设计是建筑节能设计的重要内容之一，它是从分析建筑所在地区的气候条件出发，将建筑设计与建筑微气候、建筑技术和能源的有效利用相结合的一种建筑设计方法。分析建筑的总平面布置、建筑平、立、剖面形式、太阳辐射、自然通风等对建筑能耗的影响，也就是说在冬季最大限度地利用日照，多获得热量，避开主导风向，减少建筑物外表面热损失；夏季和过渡季最大限度地减少得热并利用自然能来降温冷却，以达到节能的目的。因此，建筑的节能设计应考虑日照、主导风向、自然通风、朝向等因素。

建筑总平面布置和设计应避免大面积围护结构外表面朝向冬季主导风向，在迎风面尽量少开门窗或其他孔洞，减少作用在围护结构外表面的冷风渗透，处理好窗口和外墙的构造型式与保温措施，避免风、雨、雪的侵袭，降低能源的消耗。尤其是严寒和寒冷地区，建筑的规划设计更应有利于日照并避开冬季主导风向。

夏季和过渡季强调建筑平面规划具有良好的自然风环境主要有两个目的，一是为了改善建筑室内热环境，提高热舒适标准，体现以人为本的设计思想；二是为了提高空调设备的效率。因为良好的通风和热岛强度的下降可以提高空调设备冷凝器的工作效率，有利于降低设备的运行能耗。通常设计时注重利用自然通风的布置形式，合理地确定房屋开口部分的面积与位置、门窗的装置与开启方法、通风的构造措施等，注重穿堂风的形成。

建筑的朝向、方位以及建筑总平面设计应综合考虑社会历史文化、地形、城市规划、道路、环境等多方面因素，权衡分析各个因素之间的得失轻重，优化建筑的规划设计，采用本地区建筑最佳朝向或适宜的朝向，尽量避免东西向日晒。

3.1.4 建筑设计应根据场地和气候条件，在满足建筑功能和美观要求的前提下，通过优化建筑外形和内部空间布局，充分利用天然采光以减少建筑的人工照明需求，适时合理利用自然通风以消除建筑余热余湿，同时通过围护结构的保温隔热和遮阳措施减少通过围护结构形成的建筑冷热负荷，达到减少建筑用能需求的目的。

建筑物屋顶、外墙常用的隔热措施包括：

1 浅色光滑饰面（如浅色粉刷、涂层和面砖等）；

2 屋顶内设置贴铝箔的封闭空气间层；

3 用含水多孔材料做屋面层；

4 屋面遮阳；

5 屋面有土或无土种植；

6 东、西外墙采用花格构件或爬藤植物遮阳。

3.1.5 合理地确定建筑形状，必须考虑本地区气候条件，冬、夏季太阳辐射强度、风环境、围护结构构造等各方面的因素。应权衡利弊，兼顾不同类型的建筑造型，对严寒和寒冷地区尽可能地减少房间的外围护结构面积，使体形不要太复杂，凹凸面不要过多，避免因此造成的体形系数过大；夏热冬暖地区也可以利用建筑的凹凸变化实现建筑的自身遮阳，以达到节能的目的。但建筑物过多的凹凸变化会导致室内空间利用效率下降，造成材料和土地的浪费，所以应综合考虑。

通常控制体形系数的大小可采用以下方法：

1 合理控制建筑面宽，采用适宜的面宽与进深比例；

2 增加建筑层数以减小平面展开；

3 合理控制建筑体形及立面变化。

3.1.6 在建筑设计中合理确定冷热源和风动力机房的位置，尽可能缩短空调冷（热）水系统和风系统的输送距离是实现本标准中对空调冷（热）水系统耗电输冷（热）比（$EC(H)Ra$）、集中供暖系统耗电输热比（$EHR-h$）和风道系统单位风量耗功率（W_s）等要求的先决条件。

对同一公共建筑尤其是大型公建的内部，往往有多个不同的使用单位和空调区域。如果按照不同的使用单位和空调区域分散设置多个冷热源机房，虽然能在一定程度上避免或减少房地产开发商（或业主）对空调系统运行维护管理以及向用户缴纳空调用费等方面的麻烦，但是却造成了机房占地面积、土建投资以及运行维护管理人员的增加；同时，由于分散设置多个机房，各机房中空调冷热源主机等设备必须按其所在空调系统的最大冷热负荷进行选型，这势必会加大

整个建筑冷热源设备和辅助设备以及变配电设施的装机容量和初投资，增加电力消耗和运行费用，给业主和国家带来不必要的经济损失。因此，本标准强调对同一公共建筑的不同使用单位和空调区域，宜集中设置一个冷热源机房（能源中心）。对于不同的用户和区域，可通过设置各自的冷热量计量装置来解决冷热费的收费问题。

集中设置冷热源机房后，可选用单台容量较大的冷热源设备。通常设备的容量越大，高能效设备的选择空间越大。对于同一建筑物内各用户区域的逐时冷热负荷曲线差异性较大，且各同时使用率比较低的建筑群，采用同一集中冷热源机房，自动控制系统合理时，集中冷热源共用系统的总装机容量小于各分散机房装机容量的叠加值，可以节省设备投资和供冷、供热的设备房间面积。而专业化的集中管理方式，也可以提高系统能效。因此集中设置冷热源机房具有装机容量低、综合能效高的特点。但是集中机房系统较大，如果其位置设置偏离冷热负荷中心较远，同样也可能导致输送能耗增加。因此，集中冷热源机房宜位于或靠近冷热负荷中心位置设置。

在实际工程中电线电缆的输送损耗也十分可观，因此应尽量减小高低压配电室与用电负荷中心的距离。

3.2 建筑设计

3.2.1 强制性条文。严寒和寒冷地区建筑体形的变化直接影响建筑供暖能耗的大小。建筑体形系数越大，单位建筑面积对应的外表面面积越大，热损失越大。但是，体形系数的确定还与建筑造型、平面布局、采光通风等条件相关。随着公共建筑的建设规模不断增大，采用合理的建筑设计方案的单栋建筑面积小于 800m²，其体形系数一般不会超过 0.50。研究表明，2 层～4 层的低层建筑的体形系数基本在 0.40 左右，5 层～8 层的多层建筑体形系数在 0.30 左右，高层和超高层建筑的体形系数一般小于 0.25，实际工程中，单栋面积 300m² 以下的小规模建筑，或者形状奇特的极少数建筑有可能体形系数超过 0.50。因此根据建筑体形系数的实际分布情况，从降低建筑能耗的角度出发，对严寒和寒冷地区建筑的体形系数进行控制，制定本条文。

在夏热冬冷和夏热冬暖地区，建筑体形系数对空调和供暖能耗也有一定的影响，但由于室内外的温差远不如严寒和寒冷地区大，尤其是对部分内部发热量很大的商场类建筑，还存在夜间散热问题，所以不对体形系数提出具体的要求，但也应考虑建筑体形系数对能耗的影响。

因此建筑师在确定合理的建筑形状时，必须考虑本地区的气候条件，冬、夏季太阳辐射强度、风环境、围护结构构造等多方面因素，综合考虑，兼顾不

同类型的建筑造型，尽可能地减少房间的外围护结构，使体形不要太复杂，凹凸面不要过多，以达到节能的目的。

在本条中，建筑面积应按各层外墙外包线围成的平面面积的总和计算，包括半地下室的面积，不包括地下室的面积；建筑体积应按与计算建筑面积所对应的建筑物外表面和底层地面所围成的体积计算。

3.2.2 窗墙面积比的确定要综合考虑多方面的因素，其中最主要的是不同地区冬、夏季日照情况（日照时间长短、太阳总辐射强度、阳光入射角大小）、季风影响、室外空气温度、室内采光设计标准以及外窗开窗面积与建筑能耗等因素。一般普通窗户（包括阳台门的透光部分）的保温隔热性能比外墙差很多，窗墙面积比越大，供暖和空调能耗也越大。因此，从降低建筑能耗的角度出发，必须限制窗墙面积比。

我国幅员辽阔，南北方、东西部地区气候差异很大。窗、透光幕墙对建筑能耗高低的影响主要有两个方面，一是窗和透光幕墙的热工性能影响到冬季供暖、夏季空调室内外温差传热；二是窗和幕墙的透光材料（如玻璃）受太阳辐射影响而造成的建筑室内的得热。冬季通过窗口和透光幕墙进入室内的太阳辐射有利于建筑的节能，因此，减小窗和透光幕墙的传热系数抑制温差传热是降低窗口和透光幕墙热损失的主要途径之一；夏季通过窗口和透光幕墙进入室内的太阳辐射成为空调冷负荷，因此，减少进入室内的太阳辐射以及减小窗或透光幕墙的温差传热都是降低空调能耗的途径。由于不同纬度、不同朝向的墙面太阳辐射的变化很复杂，墙面日辐射强度和峰值出现的时间是不同的，因此，不同纬度地区窗墙面积比也应有所差别。

近年来公共建筑的窗墙面积比有越来越大的趋势，这是由于人们希望公共建筑更加通透明亮，建筑立面更加美观，建筑形态更为丰富。但为防止建筑的窗墙面积比过大，本条规定要求严寒地区各单一立面窗墙面积比均不宜超过 0.60，其他地区的各单一立面窗墙面积比均不宜超过 0.70。

与非透光的外墙相比，在可接受的造价范围内，透光幕墙的热工性能要差很多。因此，不宜提倡在建筑立面上大面积应用玻璃（或其他透光材料）幕墙。如果希望建筑的立面有玻璃的质感，可使用非透光的玻璃幕墙，即玻璃的后面仍然是保温隔热材料和普通墙体。

3.2.4 玻璃或其他透光材料的可见光透射比直接影响到天然采光的效果和人工照明的能耗，因此，从节约能源的角度，除非一些特殊建筑要求隐蔽性或单向透射以外，任何情况下都不应采用可见光透射比过低的玻璃或其他透光材料。目前，中等透光率的玻璃可见光透射比都可达到 0.4 以上。根据最新公布的建筑常用的低辐射镀膜隔热玻璃的光学热工参数中，无论传热系数、太阳得热系数的高低，无论单银、双银还是三银镀膜玻璃的可见光透光率均可以保持在 45%

~85%，因此，本标准要求建筑在白昼更多利用自然光，透光围护结构的可见光透射当窗墙面积比较大时，不应小于 0.4，当窗墙面积比较小时，不应小于 0.6。

3.2.5 对本条所涉及的建筑，通过外窗透光部分进入室内的热量是造成夏季室温过热使空调能耗上升的主要原因，因此，为了节约能源，应对窗口和透光幕墙采取遮阳措施。

遮阳设计应根据地区的气候特点、房间的使用要求以及窗口所在朝向。遮阳设施遮挡太阳辐射热量的效果除取决于遮阳形式外，还与遮阳设施的构造、安装位置、材料与颜色等因素有关。遮阳装置可以设置成永久性或临时性。永久性遮阳装置包括在窗口设置各种形式的遮阳板等；临时性的遮阳装置包括在窗口设置轻便的窗帘、各种金属或塑料百叶等。永久性遮阳设施可分为固定式和活动式两种。活动式的遮阳设施可根据一年中季节的变化，一天中时间的变化和天空的阴暗情况，调节遮阳板的角度。遮阳措施也可以采用各种热反射玻璃和镀膜玻璃、阳光控制膜、低发射率膜玻璃等。

夏热冬暖、夏热冬冷、温和地区的建筑以及寒冷地区冷负荷大的建筑，窗和透光幕墙的太阳辐射得热夏季增大了冷负荷，冬季则减小了热负荷，因此遮阳措施应根据负荷特性确定。一般而言，外遮阳效果比较好，有条件的建筑应提倡活动外遮阳。

本条对严寒地区未提出遮阳要求。在严寒地区，阳光充分进入室内，有利于降低冬季供暖能耗。这一地区供暖能耗在全年建筑总能耗中占主导地位，如果遮阳设施阻挡了冬季阳光进入室内，对自然能源的利用和节能是不利的。因此，遮阳措施一般不适用于严寒地区。

夏季外窗遮阳在遮挡阳光直接进入室内的同时，可能也会阻碍窗口的通风，设计时要加以注意。

3.2.7 强制性条文。夏季屋顶水平面太阳辐射强度最大，屋顶的透光面积越大，相应建筑的能耗也越大，因此对屋顶透明部分的面积和热工性能应予以严格的限制。

由于公共建筑形式的多样化和建筑功能的需要，许多公共建筑设计有室内中庭，希望在建筑的内区有一个通透明亮，具有良好的微气候及人工生态环境的公共空间。但从目前已经建成工程来看，大量的建筑中庭热环境不理想且能耗很大，主要原因是中庭透光围护结构的热工性能较差，传热损失和太阳辐射得热过大。夏热冬暖地区某公共建筑中庭进行测试结果显示，中庭四层内走廊气温达到 40℃ 以上，平均热舒适值 $PMV \geqslant 2.63$，即使采用空调室内也无法达到人们所要求的舒适温度。

对于需要视觉、采光效果而加大屋顶透光面积的建筑，如果所设计的建筑满足不了规定性指标的要求，突破了限值，则必须按本标准第 3.4 节的规定对该建筑进行权衡判断。权衡判断时，参照建筑的屋顶透光部分面积应符合本条的规定。

透光部分面积是指实际透光面积，不含窗框面积，应通过计算确定。

3.2.8 公共建筑一般室内人员密度比较大，建筑室内空气流动，特别是自然、新鲜空气的流动，是保证建筑室内空气质量符合国家有关标准的关键。无论在北方地区还是在南方地区，在春、秋季节和冬、夏季节的某些时段普遍有开窗加强房间通风的习惯，这也是节能和提高室内热舒适性的重要手段。外窗的可开启面积过小会严重影响建筑室内的自然通风效果，本条规定是为了使室内人员在较好的室外气象条件下，可以通过开启外窗通风来获得热舒适性和良好的室内空气品质。

近来有些建筑为了追求外窗的视觉效果和建筑立面的设计风格，外窗的可开启率有逐渐下降的趋势，有的甚至使外窗完全封闭，导致房间自然通风不足，不利于室内空气流通和散热，不利于节能。现行国家标准《民用建筑设计通则》GB 50352 中规定：采用直接自然通风的房间……生活、工作的房间的通风开口有效面积不应小于该房间地板面积的 1/20。这是民用建筑通风开口面积需要满足的最低规定。通过对我国南方地区建筑实测调查与计算机模拟表明：当室外干球温度不高于 28℃，相对湿度 80% 以下，室外风速在 1.5m/s 左右时，如果外窗的有效开启面积不小于所在房间地面面积的 8%，室内大部分区域基本能达到热舒适性水平；而当室内通风不畅或关闭外窗，室内干球温度 26℃，相对湿度 80% 左右时，室内人员仍然感到有些闷热。人们曾对夏热冬暖地区典型城市的气象数据进行分析，从 5 月到 10 月，室外平均温度不高于 28℃ 的天数占每月总天数，有的地区高达 60%～70%，最热月也能达到 10% 左右，对应时间段的室外风速大多能达到 1.5m/s 左右。所以做好自然通风气流组织设计，保证一定的外窗可开启面积，可以减少房间空调设备的运行时间，节约能源，提高舒适性。

甲类公共建筑大多内区较大，且设计时各层房间分隔情况并不明确，因此以房间地板面积为基数规定通风开口面积会出现无法执行的情况；而以外区房间地板面积计算，会造成通风开口面积过小，不利于节能。以平层 40m×40m 的高层办公建筑为例，有效使用面积按 67% 计，即为 1072m²，有效通风面积为该层地板面积 5% 时，相当于外墙面积的 9.3%；有效通风面积为该层地板面积的 8% 时，相当于外墙面积的 15%。考虑对于甲类建筑过大的有效通风换气面积会给建筑设计带来较大难度，因此取较低值，开启有效通风面积不小于外墙面积的 10% 对于 100m 以下的建筑设计均可做到。当条件允许时应适当增加有效通风开口面积。

自然通风作为节能手段在体量较小的乙类建筑中能发挥更大作用，因此推荐较高值。房间面积 6m（长）×8m（进深）层高 3.6m 的公共建筑，有效通风面积为房间地板面积的 8% 时，相当于外墙面积的 17%。以窗墙比 0.5 计，为外窗面积的 34%；以窗墙比 0.6 计，为外窗面积的 28%。

3.2.9 目前 7 层以下建筑窗户多为内外平开、内悬内平开及推拉窗形式；高层建筑窗户则多为内悬内平开或推拉扇开启；高层建筑的玻璃幕墙开启扇大多为外上悬开启扇，目前也有极少数外平推扇开启方式。

对于推拉窗，开启扇有效通风换气面积是窗面积的 50%；

对于平开窗（内外），开启扇有效通风换气面积是窗面积的 100%。

内悬窗和外悬窗开启扇有效通风换气面积具体分析如下：

根据现行行业标准《玻璃幕墙工程技术规范》JGJ 102 的要求："幕墙开启窗的设置，应满足使用功能和立面效果要求，并应启闭方便，避免设置在梁、柱、隔墙等位置。开启扇的开启角度不宜大于 30°，开启距离不宜大于 300mm。"这主要是出于安全考虑。

以扇宽 1000mm，高度分别为 500mm、800mm、1000mm、1200mm、1500mm、1800mm、2000mm、2500mm 的外上悬计算空气流界面面积，如表 1 所示。不同开窗角度下有效通风面积见图 1。

表 1 悬扇的有效通风面积计算

开启扇面积 (m²)	扇高 (mm)	15°开启角度		30°开启角度	
		空气界面 (m²)	下缘框扇间距 (mm)	空气界面 (m²)	下缘框扇间距 (mm)
0.5	500	0.19	130	0.38	260
0.8	800	0.37	200	0.73	400
1.0	1000	0.52	260	1.03	520
1.2	1200	0.67	311	1.34	622
1.5	1500	0.95	388	1.90	776
1.8	1800	1.28	466	2.55	932
2.0	2000	1.53	520	3.05	1040
2.5	2500	2.21	647	4.41	1294

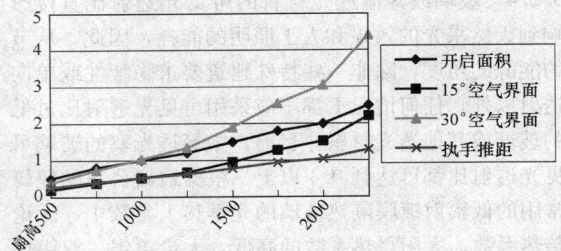

图 1 不同开窗角度下有效通风面积

由表 1 中可以看出，开启距离不大于 300mm 时，"有效通风换气面积"小于开启扇面积，仅为窗面积的 19%～67%。当幕墙、外窗开启时，空气将经过两个"洞口"，一个是开启扇本身的固定洞口，一个是开启后的空气界面洞口。因此决定空气流量的是较小的洞口。如果以开启扇本身的固定洞口作为有效通风换气面积进行设计，将会导致实际换气量不足，这也是目前市场反映通风量不够的主要原因。另一方面，内开悬窗开启角度更小，约 15°左右，换气量更小。

3.2.10 公共建筑的性质决定了它的外门开启频繁。在严寒和寒冷地区的冬季，外门的频繁开启造成室外冷空气大量进入室内，导致供暖能耗增加。设置门斗可以避免冷风直接进入室内，在节能的同时，也提高门厅的热舒适性。除了严寒和寒冷地区之外，其他气候区也存在类似的现象，因此也应该采取各种可行的节能措施。

3.2.11 建筑中庭空间高大，在炎热的夏季，太阳辐射将会使中庭内温度过高，大大增加建筑物的空调能耗。自然通风是改善建筑热环境，节约空调能耗最为简单、经济，有效的技术措施。采用自然通风能提供新鲜、清洁的自然空气（新风），降低中庭内过高的空气温度，减少中庭空调的负荷，从而节约能源。而且中庭通风改善了中庭热环境，提高建筑中庭的舒适度，所以中庭通风应充分考虑自然通风，必要时设置机械排风。

由于自然风的不稳定性，或受周围高大建筑或植被的影响，许多情况下在建筑周围无法形成足够的风压，这时就需要利用热压原理来加强自然通风。它是利用建筑中庭高大空间内部的热压，即平常所讲的"烟囱效应"，使热空气上升，从建筑上部风口排出，室外新鲜的冷空气从建筑底部被吸入。室内外空气温度差越大，进排风口高度差越大，则热压作用越强。

利用风压和热压来进行自然通风往往是互为补充、密不可分的。但是，热压和风压综合作用下的自然通风非常复杂，一般来说，建筑进深小的部位多利用风压来直接通风，进深较大的部位多利用热压来达到通风的效果。风的垂直分布特性使得高层建筑比较容易实现自然通风。但对于高层建筑来说，焦点问题往往会转变为建筑内部（如中庭、内天井）及周围区域的风速是否会过大或造成紊流，新建高层建筑对于周围风环境特别是步行区域有什么影响等。在公共建筑中利用风压和热压来进行自然通风的实例是非常多的，它利用中庭的高大空间，外围护结构为双层通风玻璃幕墙，在内部的热压和外表面太阳辐射作用下，即平常所讲的"烟囱效应"热空气上升，形成良好的自然通风。

对于一些大型体育馆、展览馆、商业设施等，由于通风路径（或管道）较长，流动阻力较大，单纯依靠自然的风压，热压往往不足以实现自然通风。而对于空气和噪声污染比较严重的大城市，直接自然通风会将室外污浊的空气和噪声带入室内，不利于人体健康，在上述情况下，常采用机械辅助式自然通风系统，如利用土壤预冷、预热、深井水换热等，此类系统有一套完整的空气循环通道，并借助一定的机械方式来加速室内通风。

由于建筑朝向、形式等条件的不同，建筑通风的设计参数及结果会大相径庭；周边建筑或植被会改变风速、风向；建筑的女儿墙、挑檐、屋顶坡度等也会影响建筑围护结构表面的气流。因此建筑中庭通风设计必须具体问题具体分析，并且与建筑设计同步进行（而不是等到建筑设计完成之后再做通风设计）。

因此，若建筑中庭空间高大，一般应考虑在中庭上部的侧面开一些窗口或其他形式的通风口，充分利用自然通风，达到降低中庭温度的目的。必要时，应考虑在中庭上部的侧面设置排风机加强通风，改善中庭热环境。尤其在室外空气的焓值小于建筑室内空气的焓值时，自然通风或机械排风能有效地带走中庭内的散热量和散湿量，改善室内热环境，节约建筑能耗。

3.2.12 应优先利用建筑设计实现天然采光。当利用建筑设计实现的天然采光不能满足照明要求时，应根据工程的地理位置、日照情况进行经济、技术比较，合理的选择导光或反光装置。可采用主动式或被动式导光系统。主动式导光系统采光部分实时跟踪太阳，以获得更好的采光效果，该系统效率较高，但机械、控制较复杂，造价较高。被动式导光系统采光部分固定不动，其系统效率不如主动式系统高，但结构、控制较简单，造价低廉。自然光导光、反光系统只能用于一般照明的补充，不可用于应急照明。当采用天然光导光、反光系统时，宜采用照明控制系统对人工照明进行自动控制，有条件时可采用智能照明控制系统对人工照明进行调光控制。

3.2.13 房间内表面反射比高，对照度的提高有明显作用。可参照国家标准《建筑采光设计标准》GB 50033 的相关规定执行。

3.2.14 设置群控功能，可以最大限度地减少等候时间，减少电梯运行次数。轿厢内一段时间无预置指令时，电梯自动转为节能方式主要是关闭部分轿厢照明。高速电梯可考虑采用能量再生电梯。

在电梯设计选型时，宜选用采用高效电机或具有能量回收功能的节能型电梯。

3.3 围护结构热工设计

3.3.1、3.3.2 强制性条文。采用热工性能良好的建筑围护结构是降低公共建筑能耗的重要途径之一。我国幅员辽阔，气候差异大，各地区建筑围护结构的设计应因地制宜。在经济合理和技术可行的前提下，提高我国公共建筑的节能水平。根据建筑物所处的气候特点和技术情况，确定合理的建筑围护结构热工性能参数。

本标准修订时，建筑围护结构的热工性能参数是根据不同类型、不同气候区的典型建筑模型的最优节能方案确定的。并将同一气候区不同类型的公共建筑限值按其分布特征加权，得到该气候区公共建筑围护结构热工性能限值，再经过专家论证分析最终确定。

围护结构热工性能与投资增量经济模型的准确性是经济、技术分析的关键。非透光围护结构（外墙、屋顶）的热工性能主要以传热系数来衡量。编制组通过调研，确定了目前最常用的保温材料价格，经统计分析建立传热系数与投资增量的数学模型。对于透光围护结构，传热系数 K 和太阳得热系数 $SHGC$ 是衡量外窗、透光幕墙热工性能的两个主要指标。外窗造价与其传热系数和太阳得热系数的经济分析模型是通过对调研数据进行统计分析确定的。

外墙的传热系数采用平均传热系数，主要考虑围护结构周边混凝土梁、柱、剪力墙等"热桥"的影响，以保证建筑在冬季供暖和夏季空调时，围护结构的传热量不超过标准的要求。

本次修订以太阳得热系数（$SHGC$）作为衡量透光围护结构性能的参数，一方面在名称上更贴近人们关心的太阳辐射进入室内得热量，另一方面国外标准及主流建筑能耗模拟软件中也是以太阳得热系数（$SHGC$）作为衡量窗户或透光幕墙等透光围护结构热工性能的参数。

由于严寒 A 区的公共建筑面积仅占全国公共建筑的 0.24%，该气候区的公共建筑能耗特点和严寒 B 区相近，因此，对严寒 A 区和 B 区提出相同要求，以规定性指标作为节能设计的主要依据。严寒和寒冷地区冬季室内外温差大、供暖期长，建筑围护结构传热系数对供暖能耗影响很大，供暖期室内外温差传热的热量损失占主导地位。因此，在严寒、寒冷地区主要考虑建筑的冬季保温，对围护结构传热系数的限值要求相对高于其他气候区。在夏热冬暖和夏热冬冷地区，空调期太阳辐射得热是建筑能耗的主要原因，因此，对窗和幕墙的玻璃（或其他透光材料）的太阳得热系数的要求高于北方地区。

夏热冬冷地区要同时考虑冬季保温和夏季隔热，不同于北方供暖建筑主要考虑单向的传热过程。能耗分析结果表明，在该气候区改变围护结构传热系数时，随着 K 值的减少，能耗并非按线性规律变化：提高屋顶热工性能总是能带来更好的节能效果，但是提高外墙的热工性能时，全年供冷能耗量增加，供热能耗量减少，变化幅度接近，导致节能效果不明显。但是考虑到随着人们生活水平的日益提高，该地区对室内环境热舒适度的要求越来越高，因此对该地区围护结构保温性能的要求也作出了相应的提高。

目前以供冷为主的南方地区越来越多的公共建筑采用轻质幕墙结构，其热工性能与重型墙体差异较大。本次修订分析了轻型墙体和重型墙体结构对建筑全年能耗的影响，结果表明，建筑全年能耗随着墙体热惰性指标 D 值增大而减小。这说明，采用轻质幕墙结构时，只对传热系数进行要求，难以保证墙体的节能性能。通过调查分析，常用轻质幕墙结构的热惰性指标集中在 2.5 以下，故以 $D=2.5$ 为界，分别给出传热系数限值，通过热惰性指标和传热系数同时约束。

夏热冬暖地区主要考虑建筑的夏季隔热。该地区太阳辐射通过透光围护结构进入室内的热量是夏季冷负荷的主要成因，所以对该地区透光围护结构的遮阳性能要求较高。

当建筑师追求通透、大面积使用透光幕墙时，要根据建筑所处的气候区和窗墙面积比选择玻璃（或其他透光材料），使幕墙的传热系数和玻璃（或其他透光材料）的热工性能符合本标准的规定。为减少做权衡判断的机会，方便设计，本次修订对窗墙面积比大于 0.70 的情况，也做了节能性等效的热工权衡计算，并给出其热工性能限值。当采用较大的窗墙面积比时，其透光围护结构的热工性能所要达到的要求也更高，需要付出的经济代价也更大。但正常情况下，建筑应采用合理的窗墙面积比，尽量避免采用大窗墙面积比的设计方案。通常，窗墙面积比不宜大于 0.7。乙类建筑的建筑面积小，其能耗总量也小，可适当放宽对该类建筑的围护结构热工性能要求，以简化该类建筑的节能设计，提高效率。

在严寒和寒冷地区，如果建筑物地下室外墙的热阻过小，墙的传热量会很大，内表面尤其是墙角部位容易结露。同样，如果与土壤接触的地面热阻过小，地面的传热量也会很大，地表面也容易结露或产生冻脚现象。因此，从节能和卫生的角度出发，要求这些部位必须达到防止结露或产生冻脚的热阻值。因此对地面和地下室外墙的热阻作出了规定。为方便计算本标准只对保温材料层的热阻性能提出要求，不包括土壤和混凝土地面。周边地面是指室内距外墙内表面 2m 以内的地面。

温和地区气候温和，近年来，为满足旅游业和经济发展的需要，主要公共建筑都配置了供暖空调设施，公共建筑能耗逐年呈上升趋势。目前国家在大力推广被动建筑，提出被动优先、主动优化的原则，而在温和地区，被动技术是最适宜的技术，因此，从控制供暖空调能耗和室内热环境角度，对围护结构提出一定的保温、隔热性能要求有利于该地区建筑节能工作，也符合国家提出的可持续发展理念。

温和 A 区的采暖度日数与夏热冬冷地区一致，温和 B 区的采暖度日数与夏热冬暖地区一致，因此，对于温和 A 区，从控制供暖能耗角度，其围护结构保温性能宜与具有相同采暖度日数的地区一致，一方面可以有效降低供暖能耗，另一方面围护结构热工性能的提升也将有效改善室内热舒适性，有利于减少供暖系统的设置和使用。温和地区空调度日数远小于夏热冬冷地区，但温和地区所处地理位置普遍海拔高、纬度低，太阳高度角较高、辐射强，空气透明度大，多数地区太阳年日照小时数为 2100h～2300h，年太阳能总辐照量 4500MJ/m² ～6000MJ/m²，太阳辐射是导致室内过热的主要原因。因此，要求其遮阳性能分别与相邻气候区一致，不仅能有效降低能耗，而且可以明显改善夏季室内热环境，为采用通风手段满足室内热舒适度、尽量减少空调系统的使用提供可能。但考虑到该地区经济社会发展水平相对滞后、能源资源条件有限，且温和地区建筑能耗总量占比较低，因此，本标准对温和 A 区围护结构保温性能的要求低于相同采暖度日数的夏热冬冷地区；对温和 B 区，也只对其遮阳性能提出要求，而对围护结构保温性能不作要求。

由于温和地区的乙类建筑通常不设置供暖和空调系统，因此未对其围护结构热工性能作出要求。

3.3.3 本条是对本标准第 3.3.1 条和 3.3.2 条中热工性能参数的计算方法进行规定。建筑围护结构热工性能参数是本标准衡量围护结构节能性能的重要指标。计算时应符合现行国家标准《民用建筑热工设计规范》GB 50176 的有关规定。

围护结构设置保温层后，其主断面的保温性能比较容易保证，但梁、柱、窗口周边和屋顶突出部分等结构性热桥的保温通常比较薄弱，不经特殊处理会影响建筑的能耗，因此本标准规定的外墙传热系数是包括结构性热桥在内的平均传热系数，并在附录 A 对计算方法进行了规定。

外窗（包括透光幕墙）的热工性能，主要指传热系数和太阳得热系数，受玻璃系统的性能、窗框（或框架）的性能以及窗框（或框架）和玻璃系统的面积比例等影响，计算时应符合《民用建筑热工设计规范》GB 50176 的规定。

外遮阳构件是改善外窗（包括透光幕墙）太阳得热系数的重要技术措施。有外遮阳时，本标准第 3.3.1 条和 3.3.2 条中外窗（包括透光幕墙）的遮阳性能应为由外遮阳构件和外窗（包括透光幕墙）组成的外窗（包括透光幕墙）系统的综合太阳得热系数。外遮阳构件的遮阳系数计算应符合《民用建筑热工设计规范》GB 50176 的规定。需要注意的是，外窗（包括透光幕墙）的太阳得热系数的计算不考虑内遮阳构件的影响。

3.3.4 围护结构中窗过梁、圈梁、钢筋混凝土抗震柱、钢筋混凝土剪力墙、梁、柱、墙体和屋面及地面相接触部位的传热系数远大于主体部位的传热系数，形成热流密集通道，即为热桥。对这些热工性能薄弱环节，必须采取相应的保温隔热措施，才能保证围护结构正常的热工状况和满足建筑室内人体卫生方面的基本要求。

热桥部位的内表面温度规定要求的目的主要是防止冬季供暖期间热桥内外表面温差小，内表面温度容易低于室内空气露点温度，造成围护结构热桥部位内表面产生结露，使围护结构内表面材料受潮、长霉，影响室内环境。因此，应采取保温措施，减少围护结构热桥部位的传热损失。同时也可避免夏季空调期间这些部位传热过大导致空调能耗增加。

3.3.5 公共建筑一般对室内环境要求较高，为了保证建筑的节能，要求外窗具有良好的气密性能，以抵御夏季和冬季室外空气过多地向室内渗漏，因此对外窗的气密性能要有较高的要求。根据国家标准《建筑外门窗气密、水密、抗风压性能分级及检测方法》GB/T 7106-2008，建筑外门窗气密性 7 级对应的分级指标绝对值为：单位缝长 $1.0 \geqslant q_1 [m^3/(m \cdot h)] > 0.5$，单位面积 $3.0 \geqslant q_2 [m^3/(m^2 \cdot h)] > 1.5$；建筑外门窗气密性 6 级对应的分级指标绝对值为：单位缝长 $1.5 \geqslant q_1 [m^3/(m \cdot h)] > 1.0$，单位面积 $4.5 \geqslant q_2 [m^3/(m^2 \cdot h)] > 3.0$。建筑外门窗气密性 4 级对应的分级指标绝对值为：单位缝长 $2.5 \geqslant q_1 [m^3/(m \cdot h)] > 2.0$，单位面积 $7.5 \geqslant q_2 [m^3/(m^2 \cdot h)] > 6.0$。

3.3.6 目前国内的幕墙工程，主要考虑幕墙围护结构的结构安全性、日光照射的光环境、隔绝噪声、防止雨水渗透以及防火安全等方面的问题，较少考虑幕墙围护结构的保温隔热、冷凝等热工节能问题。为了节约能源，必须对幕墙的热工性能作出明确的规定。这些规定已经体现在第 3.3.1、3.3.2 条中。

由于透光幕墙的气密性能对建筑能耗也有较大的影响，为了达到节能目标，本条文对透光幕墙的气密性也作了明确的规定。根据国家标准《建筑幕墙》GB/T 21086-2007，建筑幕墙开启部分气密性 3 级对应指标为 $1.5 \geqslant q_L [m^3/(m \cdot h)] > 0.5$，建筑幕墙整体气密性 3 级对应指标为 $1.2 \geqslant q_A [m^3/(m^2 \cdot h)] > 0.5$。

3.3.7 强制性条文。由于功能要求，公共建筑的入口大堂可能采用玻璃肋式的全玻幕墙，这种幕墙形式难于采用中空玻璃，为保证设计师的灵活性，本条仅对入口大堂的非中空玻璃构成的全玻幕墙进行特殊要求。为了保证围护结构的热工性能，必须对非中空玻璃的面积加以控制，底层大堂非中空玻璃构成的全玻幕墙的面积不应超过同一立面的门窗和透光幕墙总面积的 15%，加权计算得到的平均传热系数应符合本标准第 3.3.1 条和第 3.3.2 条的要求。

3.4 围护结构热工性能的权衡判断

3.4.1 为防止建筑物围护结构的热工性能存在薄弱环节，因此设定进行建筑围护结构热工性能权衡判断计算的前提条件。除温和地区以外，进行权衡判断的甲类公共建筑首先应符合本标准表 3.4.1 的性能要求。当不符合时，应采取措施提高相应热工设计参数，使其达到基本条件后方可按照本节规定进行权衡判断，满足本标准节能要求。建筑围护结构热工性能判定逻辑关系如图 2 所示。

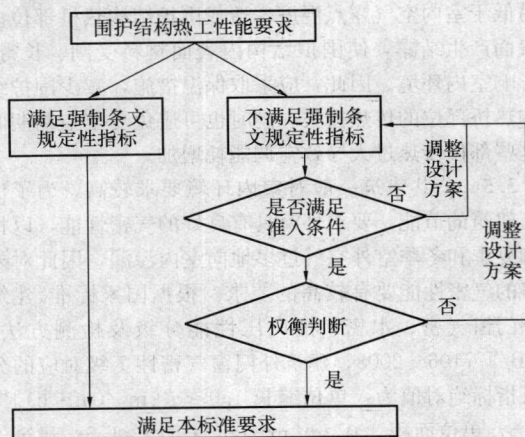

图 2 围护结构热工性能判定逻辑关系

根据实际工程经验，与非透光围护结构相比，外窗（包括透光幕墙）更容易成为建筑围护结构热工性能的薄弱环节，因此对窗墙面积比大于 0.4 的情况，规定了外窗（包括透光幕墙）的基本要求。

3.4.2 公共建筑的设计往往着重考虑建筑外形立面和使用功能，有时由于建筑外形、材料和施工工艺条件等的限制难以完全满足本标准第 3.3.1 条的要求。因此，使用建筑围护结构热工性能权衡判断方法在确保所设计的建筑能够符合节能设计标准的要求的同时，尽量保证设计方案的灵活性和建筑师的创造性。权衡判断不拘泥于建筑围护结构各个局部的热工性能，而是着眼于建筑物总体热工性能是否满足节能标准的要求。优良的建筑围护结构热工性能是降低建筑能耗的前提，因此建筑围护结构的权衡判断只针对建筑围护结构，允许建筑围护结构热工性能的互相补偿（如建筑设计方案中的外墙热工性能达不到本标准的要求，但外窗的热工性能高于本标准要求，最终使建筑物围护结构的整体性能达到本标准的要求），不允许使用高效的暖通空调系统对不符合本标准要求的围护结构进行补偿。

自 2005 版标准使用建筑围护结构权衡判断方法以来，该方法已经成为判定建筑物围护结构热工性能的重要手段之一，并得到了广泛地应用，保证了标准的有效性和先进性。但经过几年来的大规模应用，该方法也暴露出一些不完善之处。主要体现在设计师对方法的理解不够透彻，计算中一些主要参数的要求不够明确，工作量大，导致存在通过权衡判断的建筑的围护结构整体热工性能达不到标准要求的情况。本次修订通过软件比对、大量算例计算，对权衡判断方法

进行了完善和补充，提高了方法的可操作性和有效性。

3.4.3 权衡判断是一种性能化的设计方法，具体做法就是先构想出一栋虚拟的建筑，称之为参照建筑，然后分别计算参照建筑和实际设计的建筑全年供暖和空调能耗，并依照这两个能耗的比较结果作出判断。当实际设计的建筑能耗大于参照建筑的能耗时，调整部分设计参数（例如提高窗户的保温隔热性能、缩小窗户面积等等），重新计算设计建筑的能耗，直至设计建筑的能耗不大于参照建筑的能耗为止。

每一栋实际设计的建筑都对应一栋参照建筑。与实际设计的建筑相比，参照建筑除了在实际设计建筑不满足本标准的一些重要规定之处作了调整以满足本标准要求外，其他方面都相同。参照建筑在建筑围护结构的各个方面均应完全符合本标准的规定。

3.4.4 参照建筑是进行围护结构热工性能权衡判断时，作为计算满足标准要求的全年供暖和空气调节能耗用的基准建筑。所以参照建筑围护结构的热工性能参数应按本标准第 3.3.1 条的规定取值。

建筑外墙和屋面的构造、外窗（包括透光幕墙）的太阳得热系数都与供暖和空调能耗直接相关，因此参照建筑的这些参数必须与设计建筑完全一致。

3.4.5 权衡计算的目的是对围护结构的整体热工性能进行判断，是一种性能化评价方法，判断的依据是在相同的外部环境、相同的室内参数设定、相同的供暖空调系统的条件下，参照建筑和设计建筑的供暖、空调的总能耗。用动态方法计算建筑的供暖和空调能耗是一个非常复杂的过程，很多细节都会影响能耗的计算结果。因此，为了保证计算的准确性，本标准在附录 B 对权衡计算方法和参数设置等作出具体的规定。

需要指出的是，进行权衡判断时，计算出的是某种"标准"工况下的能耗，不是实际的供暖和空调能耗。本标准在规定这种"标准"工况时尽量使它合理并接近实际工况。

权衡判断计算后，设计人员应按本标准附录 C 提供计算依据的原始信息和计算结果，便于审查及判定。

4 供暖通风与空气调节

4.1 一般规定

4.1.1 强制性条文。为防止有些设计人员错误地利用设计手册中供方案设计或初步设计时估算用的单位建筑面积冷、热负荷指标，直接作为施工图设计阶段确定空调的冷、热负荷的依据，特规定此条为强制性要求。用单位建筑面积冷、热负荷指标估算时，总负荷计算结果偏大，从而导致了装机容量偏大、管道直径

偏大、水泵配置偏大、末端设备偏大的"四大"现象。其直接结果是初投资增高、能量消耗增加，给国家和投资人造成巨大损失。热负荷、空调冷负荷的计算应符合国家标准《民用建筑供暖通风与空气调节设计规范》GB 50736－2012的有关规定，该标准中第5.2节和第7.2节分别对热负荷、空调冷负荷的计算进行了详细规定。

需要说明的是，对于仅安装房间空气调节器的房间，通常只做负荷估算，不做空调施工图设计，所以不需进行逐项逐时的冷负荷计算。

4.1.2 严寒A区和严寒B区供暖期长，不论在降低能耗或节省运行费用方面，还是提高室内舒适度、兼顾值班供暖等方面，通常采用热水集中供暖系统更为合理。

严寒C区和寒冷地区公共建筑的冬季供暖问题涉及很多因素，因此要结合实际工程通过具体的分析比较、优选后确定是否另设置热水集中供暖系统。

4.1.3 提倡低温供暖、高温供冷的目的：一是提高冷热源效率，二是可以充分利用天然冷热源和低品位热源，尤其在利用可再生能源的系统中优势更为明显，三是可以与辐射末端等新型末端配合使用，提高房间舒适度。本条实施的一个重要前提是分析系统设计的技术经济性。例如，对于集中供暖系统，使用锅炉作为热源的供暖系统采用低温供暖不一定能达到节能的目的；单纯提高冰蓄冷系统供水温度不一定合理，需要考虑投资和节能的综合效益。此外，低温供热或高温供冷通常会导致投资的增加，因而在方案选择阶段进行经济技术比较后确定热媒温度是十分必要的。

4.1.4 建筑通风被认为是消除室内空气污染、降低建筑能耗的最有效手段。当采用通风可以满足消除余热余湿要求时，应优先使用通风措施，可以大大降低空气处理的能耗。自然通风主要通过合理适度地改变建筑形式，利用热压和风压作用形成有组织气流，满足室内通风要求、减少能耗。复合通风系统与传统通风系统相比，最主要的区别在于通过智能化的控制与管理，在满足室内空气品质和热舒适的前提下，使一天的不同时刻或一年的不同季节交替或联合运行自然或机械通风系统以实现节能。

4.1.5 分散设置的空调装置或系统是指单一房间独立设置的蒸发冷却方式或直接膨胀式空调系统（或机组），包括为单一房间供冷的水环热泵系统或多联机空调系统。直接膨胀式与蒸发冷却式空调系统（或机组）的冷、热源的原理不同：直接膨胀式采用的是冷媒通过制冷循环而得到需要的空调冷、热源或空调冷、热风；而蒸发冷却式则主要依靠天然的干燥冷空气或天然的低温冷水来得到需要的空调冷、热源或空调冷、热风，在这一过程中没有制冷循环的过程。直接膨胀式又包括了风冷式和水冷式两类。这种分散式

的系统更适宜应用在部分时间部分空间供冷的场所。

当建筑全年供冷需求的运行时间较少时，如果采用设置冷水机组的集中供冷空调系统，会出现全年集中供冷系统设备闲置时间长的情况，导致系统的经济性较差；同理，如果建筑全年供暖需求的时间少，采用集中供暖系统也会出现类似情况。因此，如果集中供冷、供暖的经济性不好，宜采用分散式空调系统。从目前情况看：建议可以以全年供冷运行季节时间3个月（非累积小时）和年供暖运行季节时间2个月，来作为上述的时间分界线。当然，在有条件时，还可以采用全年负荷计算与分析方法，或者通过供冷与供暖的"度日数"等方法，通过经济分析来确定。分散设置的空调系统，虽然设备安装容量下的能效比低于集中设置的冷（热）水机组或供热、换热设备，但其使用灵活多变，可适应多种用途、小范围的用户需求。同时，由于它具有容易实现分户计量的优点，能对行为节能起到促进作用。

对于既有建筑增设空调系统时，如果设置集中空调系统，在机房、管道设置方面存在较大的困难时，分散设置空调系统也是一个比较好的选择。

4.1.6 温湿度独立控制空调系统将空调区的温度和湿度的控制与处理方式分开进行，通常是由干燥的新风来负担室内的湿负荷，用高温末端来负担室内的显热负荷，因此空气除湿后无需再热升温，消除了再热能耗。同时，降温所需要的高温冷媒可由多种方式获得，其冷媒温度高于常规冷却除湿联合进行时的冷媒温度要求，即使采用人工冷源，系统制冷能效比也高于常规系统，因此冷源效率得到了大幅提升。再者，夏季采用高温末端之后，末端的换热能力增大，冬季的热媒温度可明显低于常规系统，这为使用可再生能源等低品位能源作为热源提供了条件。但目前处理潜热的技术手段还有待提高，设计不当则会导致投资过高或综合节能效益不佳，无法体现温湿度独立控制系统的优势。因此，温湿度独立控制空调系统的设计，需注意解决好以下问题：

1 除湿方式和高温冷源的选择

1） 对于我国的潮湿地区［空气含湿量高于12g/（kg·干空气）］，引入的新风应进行除湿处理，达到设计要求的含湿量之后再送入房间。设计者应通过对空调区全年温湿度要求的分析，合理采用各种除湿方式。如果空调区全年允许的温、湿度变化范围较大，冷却除湿能够满足使用要求，也是可应用的除湿的方式之一。对于干燥地区，将室外新风直接引入房间（干热地区可能需要适当的降温，但不需要专门的除湿措施），即可满足房间的除湿要求。

2） 人工制取高温冷水、高温冷媒系统、蒸发冷却等方式或天然冷源（如地表水、地下

水等），都可作为温湿度独立控制系统的高温冷源。因此应对建筑所在地的气候特点进行分析论证后合理采用，主要的原则是：尽可能减少人工冷源的使用。

2 考虑全年运行工况，充分利用天然冷源

1）由于全年室外空气参数的变化，设计采用人工冷源的系统，在过渡季节也可直接应用天然冷源或可再生能源等低品位能源。例如：在室外空气的湿球温度较低时，应采用冷却塔制取的16℃～18℃高温冷水直接供冷；与采用7℃冷水的常规系统相比，前者全年冷却塔供冷的时间远远多于后者，从而减少了冷水机组的运行时间。

2）当冬季供热与夏季供冷采用同一个末端设备时，例如夏季采用干式风机盘管或辐射末端设备，一般冬季采用同一末端时的热水温度在30℃/40℃即可满足要求，如果有低品位可再生热源，则应在设计中充分考虑和利用。

3 不宜采用再热方式

温湿度独立控制空调系统的优势即为温度和湿度的控制与处理方式分开进行，因此空气处理时通常不宜采用再热升温方式，避免造成能源的浪费。在现有的温湿度独立控制系统的设备中，有采用热泵蒸发器冷却除湿后，用冷凝热再热的方式。也有采用表冷器除湿后用排风、冷却水等进行再热的措施。它们的共同特点是：再热利用的是废热，但会造成冷量的浪费。

4.1.7 温湿度要求不同的空调区不应划分在同一个空调风系统中是空调风系统设计的一个基本要求，这也是多数设计人员都能够理解和考虑到的。但在实际工程设计中，一些设计人员忽视了不同空调区在使用时间等要求上的区别，出现了把使用时间不同的空气调节区划分在同一个定风量全空气风系统中的情况，不仅给运行与调节造成困难，同时也增大了能耗，为此强调应根据使用要求来划分空调风系统。

4.2 冷源与热源

4.2.1 冷源与热源包括冷热水机组、建筑内的锅炉和换热设备、蒸发冷却机组、多联机、蓄能设备等。

建筑能耗占我国能源总消费的比例已达27.5%，在建筑能耗中，暖通空调系统和生活热水系统耗能比例接近60%。公共建筑中，冷、热源的能耗占空调系统能耗40%以上。当前，各种机组、设备类型繁多，电制冷机组、溴化锂吸收式机组及蓄冷蓄热设备等各具特色，地源热泵、蒸发冷却等利用可再生能源或天然冷源的技术应用广泛。由于使用这些机组和设备时会受到能源、环境、工程状况、使用时间及要求等多种因素的影响和制约，因此应客观全面地对冷热

源方案进行技术经济比较分析，以可持续发展的思路确定合理的冷热源方案。

1 热源应优先采用废热或工业余热，可变废为宝，节约资源和能耗。当废热或工业余热的温度较高、经技术经济论证合理时，冷源宜采用吸收式冷水机组，可以利用废热或工业余热制冷。

2 面对全球气候变化，节能减排和发展低碳经济成为各国共识。我国政府于2009年12月在丹麦哥本哈根举行的《联合国气候变化框架公约》大会上，提出2020年我国单位国内生产总值二氧化碳排放比2005年下降40%～45%。随着《中华人民共和国可再生能源法》、《中华人民共和国节约能源法》、《民用建筑节能条例》、《可再生能源中长期发展规划》等一系列法规的出台，政府一方面利用大量补贴、税收优惠政策来刺激清洁能源产业发展；另一方面也通过法规，帮助能源公司购买、使用可再生能源。因此，地源热泵系统、太阳能热水器等可再生能源技术应用的市场发展迅猛，应用广泛。但是，由于可再生能源的利用与室外环境密切相关，从全年使用角度考虑，并不是任何时候都可以满足应用需求，因此当不能保证时，应设置辅助冷、热源来满足建筑的需求。

3 发展城镇集中热源是我国北方供暖的基本政策，发展较快，较为普遍。具有城镇或区域集中热源时，集中式空调系统应优先采用。

4 电动压缩式机组具有能效高、技术成熟、系统简单灵活、占地面积小等特点，因此在城市电网夏季供电充足的区域，冷源宜采用电动压缩式机组。

5 对于既无城市热网，也没有较充足的城市供电的地区，采用电能制冷会受到较大的限制，如果其城市燃气供应充足的话，采用燃气锅炉、燃气热水机作为空调供热的热源和燃气吸收式冷（温）水机组作为空调冷源是比较合适的。

6 既无城市热网，也无燃气供应的地区，集中空调系统只能采用燃煤或者燃油来提供空调热源和冷源。采用燃油时，可以采用燃油吸收式冷（温）水机组。采用燃煤时，则只能通过设置吸收式冷水机组来提供空调冷源。这种方式应用时，需要综合考虑燃油的价格和当地环保要求。

7 在高温干燥地区，可通过蒸发冷却方式直接提供用于空调系统的冷水，减少了人工制冷的能耗，符合条件的地区应优先推广采用。通常来说，当室外空气的露点温度低于15℃时，采用间接式蒸发冷却方式，可以得到接近16℃的空调冷水来作为空调系统的冷源。直接水冷式系统包括水冷式蒸发冷却、冷却塔冷却、蒸发冷凝等。

8 从节能角度来说，能源应充分考虑梯级利用，例如采用热、电、冷联产的方式。《中华人民共和国节约能源法》明确提出："推广热电联产，集中供热，提高热电机组的利用率，发展热能梯级利用技术，

热、电、冷联产技术和热、电、煤气三联供技术，提高热能综合利用率。"大型热电冷联产是利用热电系统发展供热、供电和供冷为一体的能源综合利用系统。冬季用热电厂的热源供热，夏季采用溴化锂吸收式制冷机供冷，使热电厂冬夏负荷平衡，高效经济运行。

9 水环热泵空调系统是用水环路将小型的水/空气热泵机组并联在一起，构成一个以回收建筑物内部余热为主要特点的热泵供暖、供冷的空调系统。需要长时间向建筑物同时供热和供冷时，可节省能源和减少向环境排热。

水环热泵空调系统具有以下优点：

　　1）实现建筑内部冷、热转移；

　　2）可独立计量；

　　3）运行调节比较方便，在需要长时间向建筑同时供热和供冷时，能够减少建筑外提供的供热量而节能。

但由于水环热泵系统的初投资相对较大，且因为分散设置后每个压缩机的安装容量较小，使得 COP 值相对较低，从而导致整个建筑空调系统的电气安装容量相对较大，因此，在设计选用时，需要进行较细的分析。从能耗上看，只有当冬季建筑物内存在明显可观的冷负荷时，才具有较好的节能效果。

10 蓄能系统的合理使用，能够明显提高城市或区域电网的供电效率，优化供电系统，转移电力高峰，平衡电网负荷。同时，在分时电价较为合理的地区，也能为用户节省全年运行电费。为充分利用现有电力资源，鼓励夜间使用低谷电，国家和各地区电力部门制定了峰谷电价差政策。

11 热泵系统属于国家大力提倡的可再生能源的应用范围，有条件时应积极推广。但是，对于缺水、干旱地区，采用地表水或地下水存在一定的困难，因此，中、小型建筑宜采用空气源或土壤源热泵系统为主（对于大型工程，由于规模等方面的原因，系统的应用可能会受到一些限制）；夏热冬冷地区，空气源热泵的全年能效比较好，因此推荐使用；而当采用土壤源热泵系统时，中、小型建筑空调冷、热负荷的比例比较容易实现土壤全年的热平衡，因此也推荐使用。对于水资源严重短缺的地区，不但地表水或地下水的使用受到限制，集中空调系统的冷却水在全年运行过程中，水量消耗较大的缺点也会凸现出来，因此，这些地区不应采用消耗水资源的空调系统形式和设备（例如冷却塔、蒸发冷却等），而宜采用风冷式机组。

12 当天然水可以有效利用或浅层地下水能够确保 100% 回灌时，也可以采用地表水或地下水源地源热泵系统，有效利用可再生能源。

13 由于可供空气调节的冷热源形式越来越多，节能减排的形势要求下，出现了多种能源形式向一个

空调系统供能的状况，实现能源的梯级利用、综合利用、集成利用。当具有电、城市供热、天然气、城市煤气等多种人工能源以及多种可能利用的天然能源形式时，可采用几种能源合理搭配作为空调冷热源，如"电十气"、"电十蒸汽"等。实际上很多工程都通过技术经济比较后采用了复合能源方式，降低了投资和运行费用，取得了较好的经济效益。城市的能源结构若是几种共存，空调也可适应城市的多元化能源结构，用能源的峰谷季节差价进行设备选型，提高能源的一次能效，使用户得到实惠。

4.2.2 强制性条文。合理利用能源、提高能源利用率、节约能源是我国的基本国策。我国主要以燃煤发电为主，直接将燃煤发电生产出的高品位电能转换为低品位的热能进行供暖，能源利用效率低，应加以限制。考虑到国内各地区的具体情况，只有在符合本条所指的特殊情况时方可采用。

1 随着我国电力事业的发展和需求的变化，电能生产方式和应用方式均呈现出多元化趋势。同时，全国不同地区电能的生产、供应与需求也是不相同的，无法做到一刀切的严格规定和限制。因此如果当地电能富裕、电力需求侧管理从发电系统整体效率角度，有明确的供电政策支持时，允许适当采用直接电热。

2 对于一些具有历史保护意义的建筑，或者消防及环保有严格要求无法设置燃气、燃油或燃煤区域的建筑，由于这些建筑通常规模都比较小，在迫不得已的情况下，也允许适当地采用电进行供热，但应在征求消防、环保等部门的批准后才能进行设计。

3 对于一些设置了夏季集中空调供冷的建筑，其个别局部区域（例如：目前在一些南方地区，采用内、外区合一的变风量系统且加热量非常低时——有时采用窗边风机及低容量的电热加热、建筑屋顶的局部水箱间为了防冻需求等）有时需要加热，如果为这些要求专门设置空调热水系统，难度较大或者条件受到限制或者投入非常高。因此，如果所需要的直接电能供热负荷非常小（不超过夏季空调供冷时冷源设备电气安装容量的 20%）时，允许适当采用直接电热方式。

4 夏热冬暖或部分夏热冬冷地区冬季供热时，如果没有区域或集中供热，热泵是一个较好的方案。但是，考虑到建筑的规模、性质以及空调系统的设置情况，某些特定的建筑，可能无法设置热泵系统。当这些建筑冬季供热设计负荷较小，当地电力供应充足，且具有峰谷电差政策时，可利用夜间低谷电蓄热方式进行供暖，但电锅炉不得在用电高峰和平段时间启用。为了保证整个建筑的变压器装机容量不因冬季采用电热方式而增加，要求冬季直接电能供热负荷不超过夏季空调供冷负荷的 20%，且单位建筑面积的直接电能供热总安装容量不超过 $20W/m^2$。

5 如果建筑本身设置了可再生能源发电系统（例如利用太阳能光伏发电、生物质能发电等），且发电量能够满足建筑本身的电热供暖需求，不消耗市政电能时，为了充分利用其发电的能力，允许采用这部分电能直接用于供暖。

4.2.3 强制性条文。在冬季无加湿用蒸汽源，但冬季室内相对湿度的要求较高且对加湿器的热惰性有工艺要求（例如有较高恒温恒湿要求的工艺性房间），或对空调加湿有一定的卫生要求（例如无菌病房等），不采用蒸汽无法实现湿度的精度要求时，才允许采用电极（或电热）式蒸汽加湿器。

4.2.4 本条中各款是出的是选择锅炉时应注意的问题，以便能在满足全年变化的热负荷前提下，达到高效节能运行的要求。

1 供暖及空调热负荷计算中，通常不计入灯光设备等得热，而将其作为热负荷的安全余量。但灯光设备等得热远大于管道热损失，所以确定锅炉房容量时无需计入管道热损失。负荷率不低于50%即锅炉单台容量不低于其设计负荷的50%。

2 燃煤锅炉低负荷运行时，热效率明显下降，如果能使锅炉的额定容量与长期运行的实际负荷接近，会得到较高的热效率。作为综合建筑的热源往往长时间在很低的负荷率下运行，由此基于长期热效率高的原则确定单台锅炉容量很重要，不能简单地等容量选型。但在保证较高的长期热效率的前提下，又以等容量选型最佳，因为这样投资节约、系统简洁、互备性好。

3 冷凝式锅炉即在传统锅炉的基础上加设冷凝式热交换受热面，将排烟温度降到40℃～50℃，使烟气中的水蒸气冷凝下来并释放潜热，可以使热效率提高到100%以上（以低位发热量计算），通常比非冷凝式锅炉的热效率至少提高10%～12%。燃料为天然气时，烟气的露点温度一般在55℃左右，所以当系统回水温度低于50℃，采用冷凝式锅炉可实现节能。

4.2.5 强制性条文。中华人民共和国国家质量监督检验检疫总局颁布的特种设备安全技术规范《锅炉节能技术监督管理规程》TSG G0002-2010中，工业锅炉热效率指标分为目标值和限定值，达到目标值可以作为评价工业锅炉节能产品的条件之一。条文表中数值为该规程规定限定值，选用设备时必须要满足。

4.2.6 与蒸汽相比，热水作为供热介质的优势早已被实践证明，所以强调优先以水为锅炉供热介质的理念。但当蒸汽热负荷比例大，而总热负荷不大时，分设蒸汽供热与热水供热系统，往往导致系统复杂、投资偏高、锅炉选型困难，而且节能效果有限，所以此时统一供热介质，技术经济上往往更合理。

超高层建筑采用蒸汽供暖弊大于利，其优点在于比水供暖所需的管道尺寸小，换热器经济性更好，但由于

介质温度高，竖向长距离输送，汽水管道易腐蚀等因素，会带来安全、管理的诸多困难。

4.2.7 在大中型公共建筑中，或者对于全年供冷负荷变化幅度较大的建筑，冷水（热泵）机组的台数和容量的选择，应根据冷（热）负荷大小及变化规律确定，单台机组制冷量的大小应合理搭配，当单机容量调节下限的制冷量大于建筑物的最小负荷时，可选一台适合最小负荷的冷水机组，在最小负荷时开启小型制冷系统满足使用要求，这种配置方案已在许多工程中取得很好的节能效果。如果每台机组的装机容量相同，此时也可以采用一台或多台变频调速机组的方式。

对于设计冷负荷大于528kW以上的公共建筑，机组设置不宜少于两台，除可提高安全可靠性外，也可达到经济运行的目的。因特殊原因仅能设置一台时，应选用可靠性高，部分负荷能效高的机组。

4.2.8 强制性条文。从目前实际情况来看，舒适性集中空调建筑中，几乎不存在冷源的总供冷量不够的问题，大部分情况下，所有安装的冷水机组一年中同时满负荷运行的时间没有出现过，甚至一些工程所有机组同时运行的时间也很短或者没有出现过。这说明相当多的制冷站房的冷水机组总装机容量过大，实际上造成了投资浪费。同时，由于单台机组装机容量也同时增加，还导致了其在低负荷工况下运行，能效降低。因此，对设计的装机容量作出了本条规定。

目前大部分主流厂家的产品，都可以按照设计冷量的需求来提供冷水机组，但也有一些产品采用"系列化或规格化"生产。为了防止冷水机组的装机容量选择过大，本条对总容量进行了限制。

对于一般的舒适性建筑而言，本条规定能够满足使用要求。对于某些特定的建筑必须设置备用冷水机组时（例如某些工艺要求必须24h保证供冷的建筑等），其备用冷水机组的容量不统计在本条规定的装机容量之中。

应注意：本条提到的比值不超过1.1，是一个限制值。设计人员不应理解为选择设备时的"安全系数"。

4.2.9 分布式能源站作为冷热源时，需优先考虑使用热电联产产生的废热，综合利用能源，提高能源利用效率。热电联产如果仅考虑如何用热，而电力只是并网上网，就失去了分布式能源就地发电（site generation）的意义，其综合能效还不及燃气锅炉，在现行上网电价条件下经济效益也很差，必须充分发挥自身产生电力的高品位能源价值。

采用热泵后综合一次能效理论上可以达到2.0以上，经济收益也可提高1倍左右。

4.2.10、4.2.11 第4.2.10条是强制性条文。随着人民生活水平的不断提高，建筑业的持续发展，公共建筑中空调的使用进一步普及，我国已成为冷水机组

的制造大国，也是冷水机组的主要消费国，直接推动了冷水机组的产品性能和质量的提升。

冷水机组是公共建筑集中空调系统的主要耗能设备，其性能很大程度上决定了空调系统的能效。而我国地域辽阔，南北气候差异大，严寒地区公共建筑中的冷水机组夏季运行时间较短，从北到南，冷水机组的全年运行时间不断延长，而夏热冬暖地区部分公共建筑中的冷水机组甚至需要全年运行。在经济和技术分析的基础上，严寒寒冷地区冷水机组性能适当提升，建筑围护结构性能作较大幅度的提升；夏热冬冷和夏热冬暖地区，冷水机组性能提升较大，建筑围护结构热工性能作小幅提升。保证全国不同气候区达到一致的节能率。因此，本次修订根据冷水机组的实际运行情况及其节能潜力，对各气候区提出不同的限值要求。

实际运行中，冷水机组绝大部分时间处于部分负荷工况下运行，只选用单一的满负荷性能指标来评价冷水机组的性能不能全面地体现冷水机组的真实能效，还需考虑冷水机组在部分负荷运行时的能效。发达国家也多将综合部分负荷性能系数（IPLV）作为冷水机组性能的评价指标，美国供暖、制冷与空调工程师学会（ASHRAE）标准 ASHARE90.1-2013 以 COP 和 IPLV 作为评价指标，提供了 Path A 和 Path B 两种等效的办法，并给出了相应的限值。因此，本次修订对冷水机组的满负荷性能系数（COP）以及水冷冷水机组的综合部分负荷性能系数（IPLV）均作出了要求。

编制组调研了国内主要冷水机组生产厂家，获得不同类型、不同冷量和性能水平的冷水机组在不同城市的销售数据，对冷水机组性能和价格进行分析，确定我国冷水机组的性能模型和价格模型，以此作为分析的基准。以最优节能方案中冷水机组的节能目标与年收益投资比（SIR 值）作为目标，确定冷水机组的性能系数（COP）限值和综合部分负荷性能系数（IPLV）限值。

2005 版标准中只对水冷螺杆和离心式冷水机组的综合部分负荷性能系数（IPLV）提出要求，而未对风冷机组和水冷活塞或水冷涡旋式机组作出要求，本次修订增加了这部分要求。同时根据不同制冷量冷水机组的销售数据及性能特点对冷水机组的冷量分级进行了调整。

2006 年～2011 年的销售数据显示，目前市场上的离心式冷水机组主要集中于大冷量，冷量小于 528kW 的离心式冷水机组的生产和销售已基本停止，而冷量 528kW～1163kW 的冷水机组也只占到了离心式冷水机组总销售量的 0.1%。因此在本次修订过程中，对于小冷量的离心式冷水机组只按照小于 1163kW 冷量范围作统一要求；而对大冷量的离心式冷水机组进行了进一步的细分，分别对制冷量在

1163kW～2110kW、2110kW～5280kW，以及大于 5280kW 的离心机的销售数据和性能进行了分析，同时参考国内冷水机组的生产情况，冷量大于 1163kW 的离心机按照冷量范围在 1163kW～2110kW 和大于等于 2110kW 的机组分别作出要求。

水冷活塞/涡旋式冷水机组，冷量主要分布在小于 528kW、528kW～1163kW 的机组只占到该类型总销售量的 2% 左右，大于 1163kW 的机组已基本停止生产，并且根据该类型机组的性能特点，大容量的水冷活塞/涡旋式冷水机组与相同的螺杆或离心式相比能效相差较大，当所需容量大于 528kW 时，不建议选用该类型机组，因此本标准对容量小于 528kW 的水冷活塞/涡旋式冷水机组作出统一要求。水冷螺杆式和风冷机组冷量分级不变。

现行国家标准《冷水机组能效限定值及能源效率等级》GB 19577 和《单元式空气调节机能效限定值及能源效率等级》GB 19576 为本标准确定能效最低值提供了参考。表 2 为摘自现行国家标准《冷水机组能效限定值及能源效率等级》GB 19577 中的能源效率等级指标。图 3 为摘自《中国用能产品能效状况白皮书（2012）》中公布的冷水机组总体能效等级分布情况。

表 2　冷水机组能效限定值及能源效率等级

类型	名义制冷量 CC（kW）	能效等级 COP				
		1	2	3	4	5
风冷式或蒸发冷却式	CC≤50	3.20	3.00	2.80	2.60	2.40
	CC>50	3.40	3.20	3.00	2.80	2.60
水冷式	CC≤528	5.00	4.70	4.40	4.10	3.80
	528<CC≤1163	5.50	5.10	4.70	4.30	4.00
	CC>1163	6.10	5.60	5.10	4.60	4.20

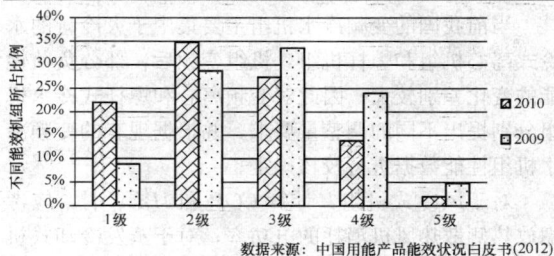

数据来源：中国用能产品能效状况白皮书(2012)

图 3　冷水机组总体能效等级分布

2005 版标准中的限值是根据能效等级中的三级（离心）、四级（螺杆）和五级（活塞）分别作出要求的。根据《中国用能产品能效状况白皮书 2012》中的数据显示，2011 年我国销售的各类型冷水机组中，四级和五级能效产品占总量的 16%，三级及以上产品占 84%，其中节能产品（一级和二级能效）则占到了总量的 57%。此外，根据调研得到的数据显示，当前主要厂家生产的主流冷水机组性能系数与 2005

版标准限值相比，高出比例大致为 3.6%～42.3%，平均高出 19.7%。可见，当前我国冷水机组的性能已经有了较大幅度的提升。

本标准修订后，表 4.2.10 中规定限值与 2005 版标准相比，各气候区能效限值提升比例，从严寒 A、B 区到夏热冬暖地区，各类型机组限值提升比例大致为 4%～23%，其中应用较多、容量较大的螺杆和离心机组，限值提升也较多。根据各类型销量数据以及各气候区分布加权后，全国综合平均提升比例为 12.9%，冷水机组能效提升所带来的空调系统节能率约为 4.5%。将主要厂家主流产品性能与表 4.2.10 中规定限值进行对比，目前市场上有一部分产品性能将无法满足要求，各类产品应用在不同气候区，性能需要改善的产品所占比例，从北到南为 11.5%～36.3%，全国加权平均后约有 27.9% 的冷水机组性能需要改善才能满足要求。

根据当前冷水机组市场价格，按照表 4.2.10 中规定限值要求，则气候区各类型冷水机组初投资成本增量比例，从北到南为 11%～21.7%，全国加权平均增量成本比例约为 19.1%，静态投资回收期约为 4 年～5 年。

随着变频冷水机组技术的不断发展和成熟，自 2010 年起，我国变频冷水机组的应用呈不断上升的趋势。冷水机组变频后，可有效地提升机组部分负荷的性能，尤其是变频离心式冷水机组，变频后其综合部分负荷性能系数 IPLV 通常可提升 30% 左右；但由于变频器功率损耗及电抗器、滤波器损耗，变频后机组的满负荷性能会有一定程度的降低。因此，对于变频机组，本标准主要基于定频机组的研究成果，根据机组加变频后其满负荷和部分负荷性能的变化特征，对变频机组的 COP 和 IPLV 限值要求在其对应定频机组的基础上分别作出调整。

当前我国的变频冷水机组主要集中于大冷量的水冷式离心机组和螺杆机组，机组变频后，部分负荷性能的变化差别较大。因此对变频离心和螺杆式冷水机组分别提出不同的调整量要求，并根据现有的变频冷水机组性能数据进行校核确定。

对于风冷式机组，计算 COP 和 IPLV 时，应考虑放热侧散热风机消耗的电功率；对于蒸发冷却式机组，计算 COP 和 IPLV 时，机组消耗的功率应包括放热侧水泵和风机消耗的电功率。双工况制冷机组制造时需照顾到两个工况工作条件下的效率，会比单工况机组低，所以不强制执行本条规定。

名义工况应符合现行国家标准《蒸气压缩循环冷水（热泵）机组 第 1 部分：工业或商业用及类似用途的冷水（热泵）机组》GB/T 18430.1 的规定，即：

1 使用侧：冷水出口水温 7℃，水流量为 0.172m³/(h·kW)；

2 热源侧（或放热侧）：水冷式冷却水进口水温

30℃，水流量为 0.215m³/(h·kW)；

3 蒸发器水侧污垢系数为 0.018m²·℃/kW，冷凝器水侧污垢系数 0.044m²·℃/kW。

目前我国的冷机设计工况大多为冷凝侧温度为 32℃/37℃，而国标中的名义工况为 30℃/35℃。很多时候冷水机组样本上只给出了相应的设计工况（非名义工况）下的 COP 和 NPLV 值，没有统一的评判标准，用户和设计人员很难判断机组性能是否达到相关标准的要求。

因此，为给用户和设计人员提供一个可供参考方法，编制组基于我国冷水机组名义工况下满负荷性能参数及非名义工况下机组满负荷性能参数，拟合出适用于我国离心式冷水机组的设计工况（非名义工况）下的 COP_n 和 NPLV 限值修正公式供设计人员参考。

水冷离心式冷水机组非名义工况修正可参考以下公式：

$$COP = COP_n / K_a \qquad (3)$$

$$IPLV = NPLV / K_a \qquad (4)$$

$$K_a = A \times B \qquad (5)$$

$$A = 0.000000346579568 \times (LIFT)^4 - 0.00121959777$$
$$\times (LIFT)^2 + 0.0142513850 \times (LIFT)$$
$$+ 1.33546833 \qquad (6)$$

$$B = 0.00197 \times LE + 0.986211 \qquad (7)$$

$$LIFT = LC - LE \qquad (8)$$

式中：COP——名义工况下离心式冷水（热泵）机组的性能系数；

COP_n——设计工况（非名义工况）下离心式冷水（热泵）机组的性能系数；

IPLV——名义工况下离心式冷水（热泵）机组的性能系数；

NPLV——设计工况（非名义工况）下离心式冷水（热泵）机组的性能系数；

LC——冷水（热泵）机组满负荷时冷凝器出口温度（℃）；

LE——冷水（热泵）机组满负荷时蒸发器出口温度（℃）；

上述满负荷 COP 值和 NPLV 值的修正计算方法仅适用于水冷离心式机组。

4.2.12 目前，大型公共建筑中，空调系统的能耗占整个建筑能耗的比例约为 40%～60%，所以空调系统的节能是建筑节能的关键，而节能设计是空调系统节能的基础条件。

在现有的建筑节能标准中，只对单一空调设备的能效相关参数限值作了规定，例如规定冷水（热泵）机组制冷性能系数（COP）、单元式机组能效比等，却没有对整个空调冷源系统的能效水平进行规定。实际上，最终决定空调系统耗电量的是包含空调冷热源、输送系统和空调末端设备在内整个空调系统，整体更优才能达到节能的最终目的。这里，提出引入空调系统电冷源综合制冷性能系数（SCOP）这个参数，保证空调冷源部分的节能设计整体更优。

通过对公共建筑集中空调系统的配置及实测能耗数据的调查分析，结果表明：

1 在设计阶段，对电冷源综合制冷性能系数（SCOP）进行要求，在一定范围内能有效促进空调系统能效的提升，SCOP若太低，空调系统的能效必然也低，但实际运行并不是SCOP越高系统能效就一定越好。

2 电冷源综合制冷性能系数（SCOP）考虑了机组和输送设备以及冷却塔的匹配性，一定程度上能够督促设计人员重视冷源选型时各设备之间的匹配性，提高系统的节能性；但仅从SCOP数值的高低并不能直接判断机组的选型及系统配置是否合理。

3 电冷源综合制冷性能系数（SCOP）中没有包含冷水泵的能耗，一方面考虑到标准中对冷水泵已经提出了输送系数指标要求，另一方面由于系统的大小和复杂程度不同，冷水泵的选择变化较大，对SCOP绝对值的影响相对较大，故不包括冷水泵可操作性更强。

电冷源综合制冷性能系数（SCOP）的计算应注意以下事项：

1 制冷机的名义制冷量、机组耗电功率应采用名义工况运行条件下的技术参数；当设计与此不一致时，应进行修正。

2 当设计设备表中缺乏机组耗电功率，只有名义制冷性能系数（COP）数值时，机组耗电功率可通过名义制冷量除以名义性能系数获得。

3 冷却水流量按冷却水泵的设计流量选取，并应核对其正确性。由于水泵选取时会考虑富裕系数，因此核对流量时可考虑1～1.1的富裕系数。

4 冷却水泵扬程按设计设备表上的扬程选取。

5 水泵效率按设计设备表上水泵效率选取。

6 名义工况下冷却塔水量是指室外环境湿球温度28℃，进出水塔水温为37℃、32℃工况下该冷却塔的冷却水流量。确定冷却塔名义工况下的水量后，可根据冷却塔样本查对风机配置功率。

7 冷却塔风机配置电功率，按实际参与运行冷却塔的电机配置功率计入。

8 冷源系统的总耗电量按主机耗电量、冷却水泵耗电量及冷却塔耗电量之和计算。

9 电冷源综合制冷性能系数（SCOP）为名义制冷量（kW）与冷源系统的总耗电量（kW）之比。

10 根据现行国家标准《蒸气压缩循环冷水（热泵）机组 第1部分：工业或商业用及类似用途的冷水（热泵）机组》GB/T 18430.1的规定，风冷机组的制冷性能系数（COP）计算中消耗的总电功率包括了放热侧冷却风机的电功率，因此风冷机组名义工况下的制冷性能系数（COP）值即为其综合制冷性能系

数（SCOP）值。

11 本条文适用于采用冷却塔冷却、风冷或蒸发冷却的冷源系统，不适用于通过换热器换热得到的冷却水的冷源系统。利用地表水、地下水或地埋管中循环水作为冷却水时，为了避免水质或水压等各种因素对系统的影响而采用了板式换热器进行系统隔断，这时会增加循环水泵，整个冷源的综合制冷性能系数（SCOP）就会下降；同时对于地源热泵系统，机组的运行工况也不同，因此，不适用于本条文规定。

4.2.13 冷水机组在相当长的运行时间内处于部分负荷运行状态，为了降低机组部分负荷运行时的能耗，对冷水机组的部分负荷时的性能系数作出要求。

IPLV是对机组4个部分负荷工况条件下性能系数的加权平均值，相应的权重综合考虑了建筑类型、气象条件、建筑负荷分布以及运行时间，是根据4个部分负荷工况的累积负荷百分比得出的。

相对于评价冷水机组满负荷性能的单一指标COP而言，IPLV的提出提供了一个评价冷水机组部分负荷性能的基准和平台，完善了冷水机组性能的评价方法，有助于促进冷水机组生产厂商对冷水机组部分负荷性能的改进，促进冷水机组实际性能水平的提高。

受IPLV的计算方法和检测条件所限，IPLV具有一定适用范围：

1 IPLV只能用于评价单台冷水机组在名义工况下的综合部分负荷性能水平；

2 IPLV不能用于评价单台冷水机组实际运行工况下的性能水平，不能用于计算单台冷水机组的实际运行能耗；

3 IPLV不能用于评价多台冷水机组综合部分负荷性能水平。

IPLV在我国的实际工程应用中出现了一些误区，主要体现在以下几个方面：

1 对IPLV公式中4个部分负荷工况权重理解存在偏差，认为权重是4个部分负荷对应的运行时间百分比；

2 用IPLV计算冷水机组全年能耗，或者用IPLV进行实际项目中冷水机组的能耗分析；

3 用IPLV评价多台冷水机组系统中单台或者冷机系统的实际运行能效水平。

IPLV的提出完善了冷水机组性能的评价方法，但是计算冷水机组及整个系统的效率时，仍需要利用实际的气象资料、建筑物的负荷特性、冷水机组的台数及配置、运行时间、辅助设备的性能进行全面分析。

从2005年至今，我国公共建筑的分布情况以及空调系统运行水平发生了很大变化，这些都会导致IPLV计算公式中权重系数的变化，为了更好地反映我国冷水机组的实际使用条件，本次标准修订对

IPLV 计算公式进行了更新。

本次标准修订建立了我国典型公共建筑模型数据库，数据库包括了各类型典型公共建筑的基本信息、使用特点及分布情况，同时调研了主要冷水机组生产厂家的冷机性能及销售等数据，为建立更完善的 IPLV 计算方法提供了数据基础。根据对国内主要冷水机组生产厂家提供的销售数据的统计分析结果，选取我国 21 个典型城市进行各类典型公共建筑的逐时负荷计算。这些城市的冷机销售量占到了统计期（2006 年~2011 年）销售总量的 94.8%，基本覆盖我国冷水机组的实际使用条件。

编制组对我国各气候区内 21 个典型城市的 6 类常用冷水机组作为冷源的典型公共建筑分别进行了 IPLV 公式的计算，以各城市冷机销售数据、不同气候区内不同类型公共建筑面积分布为权重系数进行统计平均，确定全国统一的 IPLV 计算公式。

IPLV 规定的工况为现行国家标准《蒸气压缩循环冷水（热泵）机组　第 1 部分：工业或商业用及类似用途的冷水（热泵）机组》GB/T 18430.1 中标准测试工况，即蒸发器出水温度为 7℃，冷凝器进水温度为 30℃，冷凝器的水流量为 0.215m³/(h·kW)；在非名义工况（即不同于 IPLV 规定的工况）下，其综合部分负荷性能系数即 NPLV 也应按公式（4.2.13）计算，但 4 种部分负荷率条件下的性能系数的测试工况，应满足 GB/T 18430.1 中 NPLV 的规定工况。

4.2.14 强制性条文。现行国家标准《单元式空气调节机》GB/T 17758 已经开始采用制冷季节能效比 SEER、全年性能系数 APF 作为单元机的能效评价指标，但目前大部分厂家尚无法提供其机组的 SEER、APF 值，现行国家标准《单元式空气调节机能效限定值及能源效率等级》GB 19576 仍采用 EER 指标，因此，本标准仍然沿用 EER 指标。EER 为名义制冷工况下，制冷量与消耗的电量的比值，名义制冷工况应符合现行国家标准《单元式空调机组》GB/T 17758 的有关规定。

4.2.15 空气源热泵机组的选型原则。

1 空气源热泵的单位制冷量的耗电量较水冷冷水机组大，价格也高，为降低投资成本和运行费用，应选用机组性能系数较高的产品。此外，先进科学的融霜技术是机组冬季运行的可靠保证。机组在冬季制热运行时，室外空气侧换热盘管低于露点温度时，换热翅片上就会结霜，会大大降低机组运行效率，严重时无法运行，为此必须除霜。除霜的方法有很多，最佳的除霜控制应判断正确，除霜时间短，融霜修正系数高。近年来各厂家为此都进行了研究，对于不同气候条件采用不同的控制方法。设计选型时应对此进行了解，比较后确定。

2 空气源热泵机组比较适合于不具备集中热源的夏热冬冷地区。对于冬季寒冷、潮湿的地区使用时，

必须考虑机组的经济性和可靠性。室外温度过低会降低机组制热量；室外空气过于潮湿使得融霜时间过长，同样也会降低机组的有效制热量，因此设计师必须计算冬季设计状态下机组的 COP，当热泵机组失去节能上的优势时就不应采用。对于性能上相对较有优势的空气源热泵冷热水机组的 COP 限定为 2.0；对于规格较小、直接膨胀的单元式空调机组限定为 1.8。冬季设计工况下的机组性能系数应为冬季室外空调或供暖计算温度条件下，达到设计需求参数时的机组供热量（W）与机组输入功率（W）的比值。

3 空气源热泵的平衡点温度是该机组的有效制热量与建筑物耗热量相等时的室外温度。当这个温度高于建筑物的冬季室外计算温度时，就必须设置辅助热源。

空气源热泵机组在融霜时机组的供热量就会受到影响，同时会影响到室内温度的稳定度，因此在稳定度要求高的场合，同样应设置辅助热源。设置辅助热源后，应注意防止冷凝温度和蒸发温度超出机组的使用范围。辅助加热装置的容量应根据在冬季室外计算温度情况下空气源热泵机组有效制热量和建筑物耗热量的差值确定。

4 带有热回收功能的空气源热泵机组可以把原来排放到大气中的热量加以回收利用，提高了能源利用效率，因此对于有同时供冷、供热要求的建筑应优先采用。

4.2.16 空气源热泵或风冷制冷机组室外机设置要求。

1 空气源热泵机组的运行效率，很大程度上与室外机的换热条件有关。考虑主导风向、风压对机组的影响，机组布置时避免产生热岛效应，保证室外机进、排风的通畅，一般出风口方向 3m 内不能有遮挡。防止进、排风短路是布置室外机时的基本要求。当受位置条件等限制时，应创造条件，避免发生明显的气流短路；如设置排风帽，改变排风方向等方法，必要时可以借助于数值模拟方法辅助气流组织设计。此外，控制进、排风的气流速度也是有效避免短路的一种方法；通常机组进风气流速度宜控制在 1.5m/s ~2.0m/s，排风口的排气速度不宜小于 7m/s。

2 室外机除了避免自身气流短路外，还应避免含有热量、腐蚀性物质及油污微粒等排放气体的影响，如厨房油烟排气和其他室外机的排风等。

3 室外机运行会对周围环境产生热污染和噪声污染，因此室外机应与周围建筑物保持一定的距离，以保证热量有效扩散和噪声自然衰减。室外机对周围建筑产生的噪声干扰，应符合现行国家标准《声环境质量标准》GB 3096 的要求。

4 保持室外机换热器清洁可以保证其高效运行，因此为清扫室外机创造条件很有必要。

4.2.17 强制性条文。近年来多联机在公共建筑中的

应用越来越广泛，并呈逐年递增的趋势。相关数据显示，2011 年我国集中空调产品中多联机的销售量已经占到了总量的 34.8%（包括直流变频和数码涡旋机组），多联机已经成为我国公共建筑中央空调系统中非常重要的用能设备。数据显示，到 2011 年市场上的多联机产品已经全部为节能产品（1 级和 2 级），而 1 级能效产品更是占到了总量的 98.8%，多联机产品的广阔市场推动了其技术的迅速发展。

现行国家标准《多联式空调（热泵）机组》GB/T 18837 正在修订中，而现行国家标准《多联式空调（热泵）机组能效限定值及能源效率等级》GB 21454 中以 $IPLV(C)$ 作为其能效考核指标。因此，本标准采用制冷综合性能指标 $IPLV(C)$ 作为能效评价指标。名义制冷工况和规定条件应符合现行国家标准《多联式空调（热泵）机组》GB/T 18837 的有关规定。

表 3 为摘录自现行国家标准《多联式空调（热泵）机组能效限定值及能源效率等级》GB 21454 中多联式空调（热泵）机组的能源效率等级限值要求。

表 3　多联式空调（热泵）机组的能源效率等级限值

制冷量 CC（kW）	制冷综合性能系数				
	1	2	3	4	5
$CC \leqslant 28$	3.60	3.40	3.20	3.00	2.80
$28 < CC \leqslant 84$	3.55	3.35	3.15	2.95	2.75
$CC > 84$	3.50	3.30	3.10	2.90	2.70

对比上述要求，表 4.2.17 中规定的制冷综合性能指标限值均达到该标准中的一级能效要求。

4.2.18 多联机空调系统是利用制冷剂（冷媒）输配能量的，在系统设计时必须考虑制冷剂连接管（配管）内制冷剂的重力与摩擦阻力对系统性能的影响。因此，设计系统时应根据系统的制冷量和能效比衰减程度来确定每个系统的服务区域大小，以提高系统运行时的能效比。设定因管长衰减后的主机制冷能效比（EER）不小于 2.8，也体现了对制冷剂连接管合理长度的要求。"制冷剂连接管等效长度"是指室外机组与最远室内机之间的气体管长度与该管路上各局部阻力部件的等效长度之和。

本标准相比国家现行标准《多联机空调系统工程技术规程》JGJ 174 及《民用建筑供暖通风与空气调节设计规范》GB 50736 中的相应条文减少了"当产品技术资料无法满足核算要求时，系统冷媒管等效长度不宜超过 70m"的要求。这是因为随着多联机行业的不断发展及进步，各厂家均能提供齐全的技术资料，不存在无法核算的情况。

制冷剂连接管越长，多联机系统的能效比损失越大。目前市场上的多联机通常采用 R410A 制冷剂，由于 R410A 制冷剂的黏性和摩擦阻力小于 R22 制冷剂，故在相同的满负荷制冷能效比衰减率的条件下，

其连接管允许长度比 R22 制冷剂系统长。根据厂家技术资料，当 R410A 系统的制冷剂连接管实际长度为 90m～100m 或等效长度在 110m～120m 时，满负荷时的制冷能效比（EER）下降 13%～17%，制冷综合性能系数 IPLV(C) 下降 10% 以内。而目前市场上优良的多联机产品，其满负荷时的名义制冷能效比可达到 3.30，连接管增长后其满负荷时的能效比（EER）为 2.74～2.87。设计实践表明，多联机空调系统的连接管等效长度在 110m～120m，已能满足绝大部分大型建筑室内外机位置设置的要求。然而，对于一些特殊场合，则有可能超出该等效长度，故采用衰减后的主机制冷能效比（EER）限定值（不小于 2.8）来规定制冷剂连接管的最大长度具有科学性，不仅能适应特殊场合的需求，而且有利于产品制造商提升技术，一方面继续提高多联机的能效比，另一方面探索减少连接管长度对性能衰减影响的技术途径，以推动多联机企业的可持续发展。

此外，现行国家标准《多联式空调（热泵）机组》GB/T 18837 及《多联式空调（热泵）机组能效限定值及能源效率等级》GB 21454 均以综合制冷性能系数 $[IPLV(C)]$ 作为多联机的能效评价指标，但由于计算连接管长度时 $[IPLV(C)]$ 需要各部分负荷点的参数，各厂家很少能提供该数据，且计算方法较为复杂，对设计及审图造成困难，故本条使用满负荷时的制冷能效比（EER）作为评价指标，而不使用 $[IPLV(C)]$ 指标。

4.2.19 强制性条文。本条规定的性能参数略高于现行国家标准《溴化锂吸收式冷水机组能效限定值及能效等级》GB 29540 中的能效限定值。表 4.2.19 中规定的性能参数为名义工况的能效限定值。直燃机性能系数计算时，输入能量应包括消耗的燃气（油）量和机组自身的电力消耗两部分，性能系数的计算应符合现行国家标准《直燃型溴化锂吸收式冷（温）水机组》GB/T 18362 的有关规定。

4.2.20 对于冬季或过渡季需要供冷的建筑，当条件合适时，应考虑采用室外新风供冷。当建筑物室内空间有限，无法安装风管，或新风、排风口面积受限制等原因时，在室外条件许可时，也可采用冷却塔直接提供空调冷水的方式，减少全年运行冷水机组的时间。通常的系统做法是：当采用开式冷却塔时，用被冷却塔冷却后的水作为一次水，通过板式换热器提供二次空调冷水（如果是闭式冷却塔，则不通过板式换热器，直接提供），再由阀门切换到空调冷水系统之中向空调机组供冷水，同时停止冷水机组的运行。不管采用何种形式的冷却塔，都应按当地过渡季或冬季的气候条件，计算空调末端需求的供水温度及冷却水能够提供的水温，并得出增加投资和回收期等数据，当技术经济合理时可以采用。也可考虑采用水环热泵等可同时具有制冷和制热功能的系统，实现能量的回

收利用。

4.2.21 目前一些供暖空调用汽设备的凝结水未采取回收措施或由于设计不合理和管理不善，造成大量的热量损失。为此应认真设计凝结水回收系统，做到技术先进，设备可靠，经济合理。凝结水回收系统一般分为重力、背压和压力凝结水回收系统，可按工程的具体情况确定。从节能和提高回收率考虑，应优先采用闭式系统即凝结水与大气不直接相接触的系统。

回收利用有两层含义：

1 回到锅炉房的凝结水箱；

2 作为某些系统（例如生活热水系统）的预热在换热机房就地换热言再回到锅炉房。后者不但可以降低凝结水的温度，而且充分利用了热量。

4.2.22 制冷机在制冷的同时需要排除大量的冷凝热，通常这部分热量由冷却系统通过冷却塔散发到室外大气中。宾馆、医院、洗浴中心等有大量的热水需求，在空调供冷季节也有较大或稳定的热水需求，采用具有冷凝热回收（部分或全部）功能的机组，将部分冷凝热或全部冷凝热进行回收予以有效利用具有显著的节能意义。

冷凝热的回收利用要同时考虑质（温度）和量（热量）的因素。不同形式的冷凝热回收机组（系统）所提供的冷凝器出水最高温度不同，同时，由于冷凝热回收的负荷特性与热水的使用在时间上存在差异，因此，在系统设计中需要采用蓄热装置和考虑是否进行必要的辅助加热装置。是否采用冷凝热回收技术和采用何种形式的冷凝热回收系统需要通过技术经济比较确定。

强调"常年"二字，是要求注意到制冷机组具有热回收的时段，主要是针对夏季和过渡季制冷机需要运行的季节，而不仅仅限于冬季需要。此外生活热水的范围比卫生热水范围大，例如可以是厨房需要的热水等。

4.3 输配系统

4.3.1 采用热水作为热媒，不仅对供暖质量有明显的提高，而且便于调节。因此，明确规定散热器供暖系统应采用热水作为热媒。

4.3.2 在供暖空调系统中，由于种种原因，大部分输配环路及热（冷）源机组（并联）环路存在水力失调，使得流经用户及机组的流量与设计流量不符。加上水泵选型偏大，水泵运行在不合适的工作点处，导致水系统大流量、小温差运行，水泵运行效率低、热量输送效率低。并且各用户处室温不一致，近热源处室温偏高，远热源处室温偏低。对热源来说，机组达不到其额定出力，使实际运行的机组台数超过按负荷要求的台数。造成了能耗高，供热品质差。

设置水力平衡装置后，可以通过对系统水力分布的调整与设定，保持系统的水力平衡，提高系统输配

效率，保证获得预期的供暖效果，达到节能的目的。

4.3.3 规定集中供暖系统耗电输热比（$EHR\text{-}h$）的目的是为了防止采用过大的循环水泵，提高输送效率。公式（4.3.3）同时考虑了不同管道长度、不同供回水温差因素对系统阻力的影响。本条计算思路与《严寒和寒冷地区居住建筑节能设计标准》JGJ 26 - 2010 第5.2.16条一致，但根据公共建筑实际情况对相关参数进行了调整。

居住建筑集中供暖时，可能有多幢建筑，存在供暖外网的可能性较大，但公共建筑的热力站大多数建在自身建筑内，因此，在确定公共建筑耗电输热比（$EHR\text{-}h$）时，需要考虑一定的区别，即重点不是考虑外网的长度，而是热力站的供暖半径。这样，原居住建筑计算时考虑的室内干管部分，在这里统一采用供暖半径即热力站至供暖末端的总长度替代了，并同时对 B 值进行了调整。

考虑室内干管比摩阻与$\sum L \leqslant 400\text{m}$ 时室外管网的比摩阻取值差距不大，为了计算方便，本标准在$\sum L \leqslant 400\text{m}$ 时，全部按照 $\alpha = 0.0115$ 来计算。与现行行业标准《严寒和寒冷地区居住建筑节能设计标准》JGJ 26 相比，此时略微提高了要求，但对于公共建筑是合理的。

4.3.4 对于变流量系统，采用变速调节，能够更多地节省输送能耗，水泵调速技术是目前比较成熟可靠的节能方式，容易实现且节能潜力大，调速水泵的性能曲线宜为陡降型。一般采用根据供回水管上的压差变化信号，自动控制水泵转速调节的控制方式。

4.3.5 集中空调冷（热）水系统设计原则。

1 工程实践已充分证明，在季节变化时只是要求相应作供冷/供暖空调工况转换的空调系统，采用两管制水系统完全可以满足使用要求，因此予以推荐。

建筑内存在需全年供冷的区域时（不仅限于内区），这些区域在非供冷季首先应该直接采用室外新风做冷源，例如全空气系统增大新风比、独立新风系统增大新风量。只有在新风冷源不能满足供冷量需求时，才需要在供热季设置为全年供冷区域单独供冷水的管路，即分区两管制系统。对于一般工程，如仅在理论上存在一些内区，但实际使用时发热量常比夏季采用的设计数值小且不长时间存在，或这些区域面积或总冷负荷很小，冷源设备无法为之单独开启，或这些区域冬季即使短时温度较高也不影响使用，如为其采用相对复杂投资较高的分区两管制系统，工程中常出现不能正常使用的情况，甚至在冷负荷小于热负荷时房间温度过低而无供热手段的情况。因此工程中应考虑建筑是否真正存在面积和冷负荷较大的需全年供应冷水的区域，确定最经济和满足要求的空调管路制式。

2 变流量一级泵系统包括冷水机组定流量、冷

水机组变流量两种形式。冷水机组定流量、负荷侧变流量的一级泵系统形式简单，通过末端用户设置的两通阀自动控制各末端的冷水量需求，同时，系统的运行水量也处于实时变化之中，在一般情况下均能较好地满足要求，是目前应用最广泛、最成熟的系统形式。当系统作用半径较大或水流阻力较高时，循环水泵的装机容量较大，由于水泵为定流量运行，使得冷水机组的供回水温差随着负荷的降低而减少，不利于在运行过程中水泵的运行节能，因此一般适用于最远环路总长度在500m之内的中小型工程。通常大于55kW的单台水泵应调速变流量，大于30kW的单台水泵宜调速变流量。

随着冷水机组性能的提高，循环水泵能耗所占比例上升，尤其当单台冷水机组所需流量较大时或系统阻力较大时，冷水机组变流量运行水泵的节能潜力较大。但该系统涉及冷水机组允许变化范围，减少水量对冷机性能系数的影响，对设备、控制方案和运行管理等的特殊要求等，因此应经技术和经济比较，与其他系统相比，节能潜力较大并确有技术保障的前提下，可以作为供选择的节能方案。

系统设计时，应重点考虑以下两个方面：

（1）冷水机组对变水量的适应性：重点考虑冷水机组允许的变流量范围和允许的流量变化速率；

（2）设备控制方式：需要考虑冷水机组的容量调节和水泵变速运行之间的关系，以及所采用的控制参数和控制逻辑。

冷水机组应能适应水泵变流量运行的要求，其最低流量应低于50%的额定流量，其最高流量应高于额定流量；同时，应具备至少每分钟30%流量变化的适应能力。一般离心式机组宜为额定流量的30%～130%，螺杆式机组宜为额定流量的40%～120%。从安全角度来讲，适应冷水流量快速变化的冷水机组能承受每分钟30%～50%的流量变化率；从对供水温度的影响角度来讲，机组允许的每分钟流量变化率不低于10%（具体产品有一定区别）。流量变化会影响机组供水温度，因此机组还应有相应的控制功能。本处所提到的额定流量指的是供回水温差为5℃时蒸发器的流量。

水泵的变流量运行，可以有效降低运行能耗，还可以根据年运行小时数量来降低冷水输配侧的管径，达到降低初投资的目的。美国ANSI/ASHRAE/IES Standard 90.1－2004就有此规定，但只是要求300kPa、37kW以上的水泵变流量运行，而到ANSI/ASHRAE/IES Standard 90.1－2010出版时，有了更严格的要求。ANSI/ASHRAE/IES Standard 90.1－2010中规定，当末端采用两通阀进行开关量或模拟量控制负荷，只设置一台冷水泵且其功率大于3.7kW或冷水泵超过一台且总功率大于7.5kW时，水泵必须变流量运行，并且其流量能够降到设计流量

的50%或以下，同时其运行功率低于30%的设计功率；当冷水机组不能适应变流量运行且冷水泵总功率小于55kW时，或者末端虽然有采用两通阀进行开关量或模拟量控制负荷，但是其数量不超过3个时，冷水泵可不作变流量运行。

3 二级泵系统的选择设计

（1）机房内冷源侧阻力变化不大，多数情况下，系统设计水流阻力较高的原因是系统的作用半径造成的，因此系统阻力是推荐采用二级泵或多级泵系统的充要条件。当空调系统负荷变化很大时，首先应通过合理设置冷水机组的台数和规格解决小负荷运行问题，仅用靠增加负荷侧的二级泵台数无法解决根本问题，因此"负荷变化大"不列入采用二级泵或多级泵的条件。

（2）各区域水温一致且阻力接近时完全可以合用一组二级泵，多台水泵根据末端流量需要进行台数和变速调节，大大增加了流量调解范围和各水泵的互为备用性。且各区域末端的水路电动阀自动控制水量和通断，即使停止运行或关闭检修也不会影响其他区域。以往工程中，当各区域水温一致且阻力接近，仅使用时间等特性不同，也常按区域分别设置二级泵，带来如下问题：

一是水泵设置总台数多于合用系统，有的区域流量过小采用一台水泵还需设置备用泵，增加投资；

二是各区域水泵不能互为备用，安全性差；

三是各区域最小负荷小于系统总最小负荷，各区域水泵台数不可能过多，每个区域泵的流量调节范围减少，使某些区域在小负荷时流量过大、温差过小，不利于节能。

（3）当系统各环路阻力相差较大时，如果分区分环路按阻力大小设置和选择二级泵，有可能比设置一组二级泵更节能。阻力相差"较大"的界限推荐值可采用0.05MPa，通常这一差值会使得水泵所配电机容量规格变化一档。

（4）工程中常有空调冷热水的一些系统与冷热源供水温度的水温或温差要求不同，又不单独设置冷热源的情况。可以采用再设换热器的间接系统，也可以采用设置二级混水泵和混水阀旁通调节水温的直接串联系统。后者相对于前者有不增加换热器的投资和运行阻力，不需再设置一套补水定压膨胀设施的优点。因此增加了当各环路水温要求不一致时按系统分设二级泵的推荐条件。

4 对于冷水机组集中设置且各单体建筑用户分散的区域供冷等大规模空调冷水系统，当输送距离较远且各用户管路阻力相差非常悬殊的情况下，即使采用二级泵系统，也可能导致二级泵的扬程很高，运行能耗的节省受到限制。这种情况下，在冷源侧设置定流量运行的一级泵，为共用输配干管设置变流量运行的二级泵，各用户或用户内的各系统分别设置变流量

运行的三级泵或四级泵的多级泵系统，可降低二级泵的设计扬程，也有利于单体建筑的运行调节。如用户所需水温或温差与冷源不同，还可通过三级（或四级）泵和混水阀满足要求。

4.3.7 一般换热器不需要定流量运行，因此推荐在换热器二次水侧的二次循环泵采用变速调节的节能措施。

4.3.8 由于冬夏季空调水系统流量及系统阻力相差很大，两管制系统如冬夏季合用循环水泵，一般按系统的供冷运行工况选择循环泵，供热时系统和水泵工况不吻合，往往水泵不在高效区运行，且系统为小温差大流量运行，浪费电能；即使冬季改变系统的压力设定值，水泵变速运行，水泵冬季在设计负荷下也可能长期低速运行，降低效率，因此不允许合用。

如冬夏季冷热负荷大致相同，冷热水温差也相同（例如采用直燃机、水源热泵等），流量和阻力基本吻合，或者冬夏不同的运行工况与水泵特性相吻合时，从减少投资和机房占用面积的角度出发，也可以合用循环泵。

值得注意的是，当空调热水和空调冷水系统的流量和管网阻力特性及水泵工作特性相吻合而采用冬、夏共用水泵的方案时，应对冬、夏两个工况情况下的水泵轴功率要求分别进行校核计算，并按照轴功率要求较大者配置水泵电机，以防止水泵电机过载。

4.3.9 空调冷（热）水系统耗电输冷（热）比反映了空调水系统中循环水泵的耗电与建筑冷热负荷的关系，对此值进行限制是为了保证水泵的选择在合理的范围，降低水泵能耗。

与本标准 2005 版相比，本条文根据实际情况对计算公式及相关参数进行了调整：

1 本标准 2005 版中，系统阻力以一个统一规定的水泵的扬程 H 来代替，而实际工程中，水系统的供冷半径差距较大，如果用一个规定的水泵扬程（标准规定限值为 36m）并不能完全反映实际情况，也会给实际工程设计带来一些困难。因此，本条文在修订过程中的一个思路就是：系统半径越大，允许的限值也相应增大。故把机房及用户的阻力和管道系统长度引起的阻力分别计算，以 B 值反映了系统内除管道之外的其他设备和附件的水流阻力，$\alpha\sum L$ 则反映系统管道长度引起的阻力。同时也解决了管道长度阻力 α 在不同长度时的连续性问题，使得条文的可操作性得以提高。公式中采用设计冷（热）负荷计算，避免了由于应用多级泵和混水泵造成的水温差和水流量难以确定的状况发生。

2 温差的确定。对于冷水系统，要求不低于 5℃ 的温差是必需的，也是正常情况下能够实现的。在这里对四个气候区的空调热水系统分别作了最小温差的限制，也符合相应气候区的实际情况，同时考虑到了空调自动控制与调节能力的需要。对非常规系统

应按机组实际参数确定。

A 值是反映水泵效率影响的参数，由于流量不同，水泵效率存在一定的差距，因此 A 值按流量取值，更符合实际情况。根据现行国家标准《清水离心泵能效限定值及节能评价值》GB 19762 中水泵的性能参数，并满足水泵工作在高效区的要求，当水泵水流量≤60m³/h 时，水泵平均效率取 63%；当 60m³/h <水泵水流量≤200m³/h 时，水泵平均效率取 69%；当水泵水流量>200m³/h 时，水泵平均效率取 71%。

当最远用户为空调机组时，$\sum L$ 为从机房出口至最远端空调机组的供回水管道总长度；当最远用户为风机盘管时，$\sum L$ 应减去 100m。

4.3.10 随着工艺需求和气候等因素的变化，建筑对通风量的要求也随之改变。系统风量的变化会引起系统阻力更大的变化。对于运行时间较长且运行中风量、风压有较大变化的系统，为节省系统运行费用，宜考虑采用双速或变速风机。通常对于要求不高的系统，为节省投资，可采用双速风机，但要对双速风机的工况与系统的工况变化进行校核。对于要求较高的系统，宜采用变速风机，采用变速风机的系统节能性更加显著，采用变速风机的通风系统应配备合理的控制措施。

4.3.11 空调系统设计时不仅要考虑到设计工况，而且应考虑全年运行模式。在过渡季，空调系统采用全新风或增大新风比运行，都可以有效地改善空调区内空气的品质，大量节省空气处理所需消耗的能量，应该大力推广应用。但要实现全新风运行，设计时必须认真考虑新风取风口和新风管所需的截面积，妥善安排好排风出路，并应确保室内必须满足正压值的要求。

应明确的是："过渡季"指的是与室内外空气参数相关的一个空调工况分区范围，其确定的依据是通过室内外空气参数的比较而定的。由于空调系统全年运行过程中，室外参数总是不断变化，即使是夏天，在每天的早晚也有可能出现"过渡季"工况（尤其是全天 24h 使用的空调系统），因此，不要将"过渡季"理解为一年中自然的春、秋季节。

在条件合适的地区应充分利用全空气空调系统的优势，尽可能利用室外天然冷源，最大限度地利用新风降温，提高室内空气品质和人员的舒适度，降低能耗。利用新风免费供冷（增大新风比）工况的判别方法可采用固定温度法、温差法、固定焓法、电子焓法、焓差法等。从理论分析，采用焓差法的节能性最好，然而该方法需要同时检测温度和湿度，且湿度传感器误差大、故障率高，需要经常维护，数年来在国内、外的实施效果不够理想。而固定温度和温差法，在工程中实施最为简单方便。因此，本条对变新风比控制方法不作限定。

4.3.12 本条文系参考美国供暖制冷空调工程师学会

标准《Ventilation for Acceptable Indoor Air Quality》ASHRAE 62.1 中第 6 章的内容。考虑到一些设计采用新风比最大的房间的新风比作为整个空调系统的新风比，这将导致系统新风比过大，浪费能源。采用上述计算公式将使得各房间在满足要求的新风量的前提下，系统的新风比最小，因此本条规定可以节约空调风系统的能耗。

举例说明式（4.3.12）的用法：假定一个全空气空调系统为表 4 中的几个房间送风：

表 4　案例计算表

房间用途	在室人数	新风量（m³/h）	总风量（m³/h）	新风比（%）
办公室	20	680	3400	20
办公室	4	136	1940	7
会议室	50	1700	5100	33
接待室	6	156	3120	5
合计	80	2672	13560	20

如果为了满足新风量需求最大（新风比最大的房间）的会议室，则须按该会议室的新风比设计空调风系统。其需要的总新风量变成：$13560 \times 33\% = 4475$（m³/h），比实际需要的新风量（2672m³/h）增加了 67%。

现用式（4.3.12）计算，在上面的例子中，V_{ot} = 未知；$V_{st} = 13560 \text{m}^3/\text{h}$；$V_{on} = 2672 \text{m}^3/\text{h}$；$V_{oc} = 1700 \text{m}^3/\text{h}$；$V_{sc} = 5100 \text{m}^3/\text{h}$。因此可以计算得到：

$Y = V_{ot}/V_{st} = V_{ot}/13560$

$X = V_{on}/V_{st} = 2672/13560 = 19.7\%$

$Z = V_{oc}/V_{sc} = 1700/5100 = 33.3\%$

代入方程 $Y = X/(1 + X - Z)$ 中，得到

$V_{ot}/13560 = 0.197/(1 + 0.197 - 0.333) = 0.228$

可以得出 $V_{ot} = 3092 \text{m}^3/\text{h}$。

4.3.13　根据二氧化碳浓度控制新风量设计要求。二氧化碳并不是污染物，但可以作为评价室内空气品质的指标，现行国家标准《室内空气质量标准》GB/T 18883 对室内二氧化碳的含量进行了规定。当房间内人员密度变化较大时，如果一直按照设计的较大人员密度供应新风，将浪费较多的新风处理用冷、热量。我国有的建筑已采用了新风需求控制，要注意的是，如果只变新风量、不变排风量，有可能造成部分时间室内负压，反而增加能耗，因此排风量也应适应新风量的变化以保持房间的正压。在技术允许条件下，二氧化碳浓度检测与 VAV 变风量系统相结合，同时满足各个区域新风与室内温度要求。

4.3.14　新风系统的节能。采用人工冷、热源进行预热或预冷运行时新风系统应能关闭，其目的在于减少处理新风的冷、热负荷，降低能量消耗；在夏季的夜间或室外温度较低的时段，直接采用室外温度较低的空气对建筑进行预冷，是一项有效的节能方法，应该推广应用。

4.3.15　建筑外区和内区的负荷特性不同。外区由于与室外空气相邻，围护结构的负荷随着季节改变有较大的变化；内区则由于无外围护结构，室内环境几乎不受室外环境的影响，常年需要供冷。冬季内、外区对空调的需求存在很大的差异，因此宜分别设计和配置空调系统。这样，不仅方便运行管理，易于获得最佳的空调效果，而且还可以避免冷热抵消，降低能源的消耗，减少运行费用。

对于办公建筑而言，办公室内、外区的划分标准与许多因素有关，其中房间分隔是一个重要的因素，设计中需要灵活处理。例如，如果在进深方向有明确的分隔，则分隔处一般为内、外区的分界线；房间开窗的大小、房间朝向等因素也对划分有一定影响。在设计没有明确分隔的大开间办公室时，根据国外有关资料介绍，通常可将距外围护结构 3m～5m 的范围内划为外区，其所包围的为内区。为了满足不同的使用需求，也可以将上述从 3m～5m 的范围作为过渡区，在空调负荷计算时，内、外区都计算此部分负荷，这样只要分隔线在 3m～5m 之间变动，都是能够满足要求的。

4.3.16　如果新风经过风机盘管后送出，风机盘管的运行与否对新风量的变化有较大影响，易造成能源浪费或新风不足。

4.3.17　粗、中效空气过滤器的性能应符合现行国家标准《空气过滤器》GB/T 14295 的有关规定：

1　粗效过滤器的初阻力小于或等于 50Pa（粒径大于或等于 2.0μm，效率不大于 50% 且不小于 20%）；终阻力小于或等于 100Pa；

2　中效过滤器的初阻力小于或等于 80Pa（粒径大于或等于 0.5μm，效率小于 70% 且不小于 20%）；终阻力小于或等于 160Pa；

由于全空气空调系统要考虑到空调过渡季全新风运行的节能要求，因此其过滤器应能满足全新风运行的需要。

4.3.18　由于种种原因一些工程采用了土建风道（指用砖、混凝土、石膏板等材料构成的风道）。从实际调查结果来看，这种方式带来了相当多的隐患，其中最突出的问题就是漏风严重，而且由于大部分是隐蔽工程无法检查，导致系统不能正常运行，处理过的空气无法送到设计要求的地点，能量浪费严重。因此作出较严格的规定。

在工程设计中，有时会因受条件限制或为了结合建筑的需求，存在一些用砖、混凝土、石膏板等材料构成的土建风道、回风竖井的情况；此外，在一些下送风方式（如剧场等）的设计中，为了管道的连接及与室内设计配合，有时也需要采用一些局部的土建式封闭空腔作为送风静压箱。因此本条文对这些情况不

作严格限制。

同时由于混凝土等墙体的蓄热量大，没有绝热层的土建风道会吸收大量的送风能量，严重影响空调效果，因此当受条件限制不得已利用土建风道时，对这类土建风道或送风静压箱提出严格的防漏风和绝热要求。

4.3.19 做好冷却水系统的水处理，对于保证冷却水系统尤其是冷凝器的传热，提高传热效率有重要意义。

在目前的一些工程设计中，片面考虑建筑外立面美观等原因，将冷却塔安装区域用建筑外装修进行遮挡，忽视了冷却塔通风散热的基本要求，对冷却效果产生了非常不利的影响，导致了冷却能力下降，冷水机组不能达到设计的制冷能力，只能靠增加冷水机组的运行台数等非节能方式来满足建筑空调的需求，加大了空调系统的运行能耗。因此，强调冷却塔的工作环境应在空气流通条件好的场所。

冷却塔的"飘水"问题是目前一个较为普遍的现象，过多的"飘水"导致补水量的增大，增加了补水能耗。在补水总管上设置水流量计量装置的目的就是要通过对补水量的计量，让管理者主动地建立节能意识，同时为政府管理部门监督管理提供一定的依据。

在室内设置水箱存在占据室内面积、水箱和冷却塔的高差增加水泵电能等缺点，因此是否设置应根据具体工程情况确定，且应尽量减少冷却塔和集水箱高差。

4.3.20 空调系统的送风温度应以 h-d 图的计算为准。对于湿度要求不高的舒适性空调而言，降低湿度要求，加大送风温差，可以达到很好的节能效果。送风温差加大一倍，送风量可减少一半左右，风系统的材料消耗和投资相应可减少 40% 左右，风机能耗则下降 50% 左右。送风温差在 4℃～8℃ 之间时，每增加 1℃，送风量可减少 10%～15%。而且上送风气流在到达人员活动区域时已与房间空气进行了比较充分的混合，温差减小，可形成较舒适环境，该气流组织形式有利于大温差送风。由此可见，采用上送风气流组织形式空调系统时，夏季的送风温差可以适当加大。

4.3.21 在空气处理过程中，同时有冷却和加热过程出现，肯定是既不经济也不节能的，设计中应尽量避免。对于夏季具有高温高湿特征的地区来说，若仅用冷却过程处理，有时会使相对湿度超出设定值，如果时间不长，一般是可以允许的；如果对相对湿度的要求很严格，则宜采用二次回风或淋水旁通等措施，尽量减少加热用量。但对于一些散湿量较大、热湿比很小的房间等特殊情况，如室内游泳池等，冷却后再热可能是必要的方式之一。

对于置换通风方式，由于要求送风温差较小，当采用一次回风系统时，如果系统的热湿比较小，有可能会使处理后的送风温度过低，若采用再加热显然降低利用置换通风方式所带来的节能效益。因此，置换通风方式适用于热湿比较大的空调系统，或者可采用二次回风的处理方式。

采用变风量系统（VAV）也通常使用热水盘管对冷空气进行再加热。

4.3.22 在执行过程中发现，本标准 2005 版中风机的单位耗功率的规定中对总效率 η_t 和风机全压的要求存在一定的问题：

1 设计人员很难确定实际工程的总效率 η_t；

2 对于空调机组，由于内部组合的变化越来越多，且设计人员很难计算出其所配置的风机的全压要求。这些都导致实际执行和节能审查时存在一定的困难。因此进行修改。

由于设计人员并不能完全掌控空调机组的阻力和内部功能附件的配置情况。作为节能设计标准，规定 W_s 的目的是要求设计师对常规的空调、通风系统的管道系统在设计工况下的阻力进行一定的限制，同时选择高效的风机。

近年来，我国的机电产品性能取得了较大的进步，风机效率和电机效率得到了较大的提升。本次修订按照新的风机和电机能效等级标准的规定来重新计算了风道系统的 W_s 限值。在计算过程中，将传动效率和电机效率合并后，作为后台计算数据，这样就不需要暖通空调的设计师再对此进行计算。

首先要明确的是，W_s 指的是实际消耗功率而不是风机所配置的电机的额定功率。因此不能用设计图（或设备表）中的额定电机容量除以设计风量来计算 W_s。设计师应在设计图中标明风机的风压（普通的机械通风系统）或机组余压（空调风系统）P，以及对风机效率 η_F 的最低限值要求。这样即可用上述公式来计算实际设计系统的 W_s，并和表 4.3.23 对照来评判是否达到了本条文的要求。

4.3.23 本标准附录 D 是管道与设备绝热厚度。该附录是从节能角度出发，按经济厚度和防结露的原则制定。但由于全国各地的气候条件差异很大，对于保冷管道防结露厚度的计算结果也会相差较大，因此除了经济厚度外，还必须对冷管道进行防结露厚度的核算，对比后取其大值。

为了方便设计人员选用，本标准附录 D 针对目前建筑常用管道的介质温度和最常使用、性价比高的两种绝热材料制定，并直接给出了厚度。如使用条件不同或绝热材料不同，设计人员应结合供应厂家提供的技术资料自行计算确定。

按照本标准附录 D 的绝热厚度的要求，在最长管路为 500m 的空调供回水系统中，设计流速状态下计算出来的冷水温升在 0.25℃ 以下。对于超过 500m 的系统管路中，主要增加的是大口径的管道，这些管道设计流速状态下的每百米温升都在 0.004℃ 以下，因此完全可以将整个系统的管内冷水的温升控制在0.3℃（对于热水温降控制在0.6℃）以内，也就是不超过常用的供、回水温差的6%左右。但是，对于超过500m的系统管道，其绝热层表面冷热量损失的绝对值是不容忽视的，尤其是区域能源供应管道，往往长达一千多米。当系统低负荷运行时，绝热层表面冷热量损失相对于整个系统的输送能量的比例就会上升，会大大降低能源效率，其绝热层厚度应适当加厚。

保冷管道的绝热层外的隔汽层是防止凝露的有效手段，保证绝热效果。空气调节保冷管道绝热层外设置保护层主要作用有两个：

1 防止外力，如车辆碰撞、经常性踩踏对隔汽层的物理损伤；

2 防止外部环境，如紫外线照射对于隔汽层的老化、气候变化——雨雪对隔汽层的腐蚀和由于刮风造成的负风压对隔汽层的损坏。

实际上，空气调节保冷管道绝热层在室外部分是必须设置保护层的；在室内部分，由于外界气候环境比较稳定，无紫外线照射，温湿度变化并不剧烈，也没有负风压的危险。另外空气调节保冷管所处的位置也很少遇到车辆碰撞或者经常性的踩踏，所以在室内的空气调节保冷管道一般都不设置保护层。这样既节省了施工成本，也方便室内的维修。

4.3.24 与风道的气密性要求类似，通风空调系统即使在停用期间，室内外空气的温湿度相差较大，空气受压力作用流出或流入室内，都将造成大量热损失。为减少热损失，靠近外墙或外窗设置的电动风阀设计上应采用漏风量不大于0.5%的密闭性阀门。随着风机的启停，自动开启或关闭，通往室外的风道外侧与土建结构间也应密封可靠。否则，常会造成大量隐蔽的热损失，严重的甚至会结露、冻裂水管。

4.3.25 空气—空气能量回收过去习惯称为空气热回收。空调系统中处理新风所需的冷热负荷占建筑物总冷热负荷的比例很大，为有效地减少新风冷热负荷，宜采用空气—空气能量回收装置回收空调排风中的热量和冷量，用来预热和预冷新风，可以产生显著地节能效益。

现行国家标准《空气—空气能量回收装置》GB/T 21087将空气热回收装置按换热类型分为全热回收型和显热回收型两类，同时规定了内部漏风率和外部漏风率指标。由于热回收原理和结构特点的不同，空气热回收装置的处理风量和排风泄漏量存在较大的差异。当排风中污染物浓度较大或污染物种类对人体有害时，在不能保证污染物不泄漏到新风送风中时，空气热回收装置不应采用转轮式空气热回收装置，同时也不宜采用板式或板翅式空气热回收装置。

在进行空气能量回收系统的技术经济比较时，应充分考虑当地的气象条件、能量回收系统的使用时间等因素。在满足节能标准的前提下，如果系统的回收期过长，则不宜采用能量回收系统。

在严寒地区和夏季室外空气比焓低于室内空气设计比焓而室外空气温度又高于室内空气设计温度的温和地区，宜选用显热回收装置；在其他地区，尤其是夏热冬冷地区，宜选用全热回收装置。空气热回收装置的空气积灰对热回收效率的影响较大，设计中应予以重视，并考虑热回收装置的过滤器设置问题。

对室外温度较低的地区（如严寒地区），如果不采取保温、防冻措施，冬季就可能冻结而不能发挥应有的作用，因此，要求对热回收装置的排风侧是否出现结霜或结露现象进行核算，当出现结霜或结露时，应采取预热等措施。

常用的空气热回收装置性能和适用对象参见表5。

表5 常用空气热回收装置性能和适用对象

项目	热回收装置形式					
	转轮式	液体循环式	板式	热管式	板翅式	溶液吸收式
热回收形式	显热或全热	显热	显热	显热	全热	全热
热回收效率	50%～85%	55%～65%	50%～80%	45%～65%	50%～70%	50%～85%
排风泄漏量	0.5%～10%	0	0～5%	0～1%	0～5%	0
适用对象	风量较大且允许排风与新风间有适量渗透的系统	新风与排风热回收点较多且比较分散的系统	仅需回收显热的系统	含有轻微灰尘或温度较高的通风系统	需要回收全热且空气较清洁的系统	需回收全热并对空气有过滤的系统

4.3.26 采用双向换气装置，让新风与排风在装置中进行显热或全热交换，可以从排出空气中回收50%以上的热量和冷量，有较大的节能效果，因此应该提倡。人员长期停留的房间一般是指连续使用超过3h的房间。

当安装带热回收功能的双向换气装置时，应注意：

1 热回收装置的进、排风入口过滤器应便于清洗；

2 风机停止使用时，新风进口、排风出口设置的密闭风阀应同时关闭，以保证管道气密性。

4.4 末 端 系 统

4.4.1 散热器暗装在罩内时，不但散热器的散热量会大幅度减少；而且，由于罩内空气温度远远高于室内空气温度，从而使罩内墙体的温差传热损失大大增加。为此，应避免这种错误做法，规定散热器宜明装。

面层热阻的大小，直接影响到地面的散热量。实测证明，在相同的供暖条件和地板构造的情况下，在同一个房间里，以热阻为 0.02 $[m^2 \cdot K/W]$ 左右的花岗石、大理石、陶瓷砖等做面层的地面散热量，比以热阻为 0.10 $[m^2 \cdot K/W]$ 左右的木地板为面层时要高30%～60%，比以热阻为 0.15 $[m^2 \cdot K/W]$ 左右的地毯为面层时高60%～90%。由此可见，面层材料对地面散热量的巨大影响。为了节省能耗和运行费用，采用地面辐射供暖供冷方式时，要尽量选用热阻小于 0.05 $[m^2 \cdot K/W]$ 的材料做面层。

4.4.2 蒸发冷却空气处理过程不需要人工冷源，能耗较少，是一种节能的空调方式。对于夏季湿球温度低、温度日较差（即一日内最高温度与最低温度之差值）大的地区，宜充分利用其干燥、夜间凉爽的气候条件，优先考虑采用蒸发冷却技术或与人工冷源相结合的技术，降低空调系统的能耗。

4.4.3 风机的变风量途径和方法很多，通常变频调节通风机转速时的节能效果最好，所以推荐采用。本条中提到的风机是指空调机组内的系统送风机（也可能包括回风机）而不是变风量末端装置内设置的风机。对于末端装置所采用的风机来说，若采用变频方式应采取可靠的防止对电网造成电磁污染的技术措施。变风量空调系统在运行过程中，随着送风量的变化，送至空调区的新风量也相应改变。为了确保新风量能符合卫生标准的要求，同时为了使初调试能够顺利进行，根据满足最小新风量的原则，应在设计文件中标明每个变风量末端装置必需的最小送风量。

4.4.4 公共建筑采用辐射为主的供暖供冷方式，一般有明显的节能效果。分层空调是一种仅对室内下部人员活动区进行空调，而不对上部空间空调的特殊空调方式，与全室性空调方式相比，分层空调夏季可节

省冷量30%左右，因此，能节省运行能耗和初投资。

4.4.5 发热量大房间的通风设计要求。

1 变配电室等发热量较大的机电设备用房如夏季室内计算温度取值过低，甚至低于室外通风温度，既没有必要，也无法充分利用室外空气消除室内余热，需要耗费大量制冷能量。因此规定夏季室内计算温度取值不宜低于室外通风计算温度，但不包括设备需要较低的环境温度才能正常工作的情况。

2 厨房的热加工间夏季仅靠机械通风不能保证人员对环境的温度要求，一般需要设置空气处理机组对空气进行降温。由于排除厨房油烟所需风量很大，需要采用大风量的不设热回收装置的直流式送风系统。如计算室温取值过低，供冷能耗大，直流系统使得温度较低的室内空气直接排走，不利于节能。

4.5 监测、控制与计量

4.5.1 为了降低运行能耗，供暖通风与空调系统应进行必要的监测与控制。20世纪80年代后期，直接数字控制（DDC）系统开始进入我国，经过20多年的实践，证明其在设备及系统控制、运行管理等方面具有较大的优越性且能够较大地节约能源，在大多数工程项目的实际应用中都取得了较好的效果。就目前来看，多数大、中型工程也是以此为基本的控制系统形式的。但实际情况错综复杂，作为一个总的原则，设计时要求结合具体工程情况通过技术经济比较确定具体的控制内容。能源计量总站宜具有能源计量报表管理及趋势分析等基本功能。监测控制的内容可包括参数检测、参数与设备状态显示、自动调节与控制、工况自动转换、能量计量以及中央监控与管理等。

4.5.2 强制性条文。加强建筑用能的量化管理，是建筑节能工作的需要，在冷热源处设置能量计量装置，是实现用能总量量化管理的前提和条件，同时在冷热源处设置能量计量装置利于相对集中，也便于操作。

供热锅炉房应设燃煤或燃气、燃油计量装置。制冷机房内，制冷机组能耗是大户，同时也便于计量，因此要求对其单独计量。直燃型机组应设燃气或燃油计量总表，电制冷机组总用电量应分别计量。《民用建筑节能条例》规定，实行集中供热的建筑应当安装供热系统调控装置、用热计量装置和室内温度调控装置，因此，对锅炉房、换热机房总供热量应进行计量，作为用能量化管理的依据。

目前水系统"跑冒滴漏"现象普遍，系统补水造成的能源浪费现象严重，因此对冷热源站总补水量也应采用计量手段加以控制。

4.5.3 集中空调系统的冷量和热量计量和我国北方地区的供热热计量一样，是一项重要的建筑节能措施。设置能量计量装置不仅有利于管理与收费，用户也能及时了解和分析用能情况，加强管理，提高节能

意识和节能的积极性，自觉采取节能措施。目前在我国出租型公共建筑中，集中空调费用多按照用户承租建筑面积的大小，用面积分摊方法收取，这种收费方法的效果是用与不用一个样、用多用少一个样，使用户产生"不用白不用"的心理，使室内过热或过冷，造成能源浪费，不利于用户健康，还会引起用户与管理者之间的矛盾。公共建筑集中空调系统，冷、热量的计量也可作为收取空调使用费的依据之一，空调按用户实际用量收费是未来的发展趋势。它不仅能够降低空调运行能耗，也能够有效地提高公共建筑的能源管理水平。

我国已有不少单位和企业对集中空调系统的冷热量计量原理和装置进行了广泛的研究和开发，并与建筑自动化（BA）系统和合理的收费制度结合，开发了一些可用于实际工程的产品。当系统负担有多栋建筑时，应针对每栋建筑设置能量计量装置。同时，为了加强对系统的运行管理，要求在能源站房（如冷冻机房、热交换站或锅炉房等）应同样设置能量计量装置。但如果空调系统只是负担一栋独立的建筑，则能量计量装置可以只设于能源站房内。当实际情况要求并且具备相应的条件时，推荐按不同楼层、不同室内区域、不同用户或房间设置冷、热量计量装置的做法。

4.5.4 强制性条文。本条文针对公共建筑项目中自建的锅炉房及换热机房的节能控制提出了明确的要求。供热量控制装置的主要目的是对供热系统进行总体调节，使供水水温或流量等参数在保持室内温度的前提下，随室外空气温度的变化进行调整，始终保持锅炉房或换热机房的供热量与建筑物的需热量基本一致，实现按需供热，达到最佳的运行效率和最稳定的供热质量。

气候补偿器是供暖热源常用的供热量控制装置，设置气候补偿器后，可以通过在时间控制器上设定不同时间段的不同室温节省供热量；合理地匹配供水流量和供水温度，节省水泵电耗，保证散热器恒温阀等调节设备正常工作；还能够控制一次水回水温度，防止回水温度过低而减少锅炉寿命。

虽然不同企业生产的气候补偿器的功能和控制方法不完全相同，但气候补偿器都具有能根据室外空气温度或负荷变化自动改变用户侧供（回）水温度或对热媒流量进行调节的基本功能。

4.5.5 供热量控制调节包括质调节（供水温度）和量调节（供水流量）两部分，需要根据室外气候条件和末端需求变化进行调节。对于未设集中控制系统的工程，设置气候补偿器和时间控制器等装置来实现本条第2款和第3款的要求。

对锅炉台数和燃烧过程的控制调节，可以实现按需供热，提高锅炉运行效率，节省运行能耗和减少大气污染。锅炉的热水温度、烟气温度、烟道片角度、大

火、中火、小火状态等能效相关的参数应上传至建筑能量管理系统，根据实际需求供热量调节锅炉的投运台数和投入燃料量。

4.5.6 强制性条文。《中华人民共和国节约能源法》第三十七条规定：使用空调供暖、制冷的公共建筑应当实行室内温度控制制度。用户能够根据自身的用热需求，利用空调供暖系统中的调节阀主动调节和控制室温，是实现按需供热、行为节能的前提条件。

除末端只设手动风量开关的小型工程外，供暖空调系统均应具备室温自动调控功能。以往传统的室内供暖系统中安装使用的手动调节阀，对室内供暖系统的供热量能够起到一定的调节作用，但因其缺乏感温元件及自力式动作元件，无法对系统的供热量进行自动调节，从而无法有效利用室内的自由热，降低了节能效果。因此，对散热器和辐射供暖系统均要求能够根据室温设定值自动调节。对于散热器和地面辐射供暖系统，主要是设置自力式恒温阀、电热阀、电动通断阀等。散热器恒温控制阀具有感受室内温度变化并根据设定的室内温度对系统流量进行自力式调节的特性，有效利用室内自由热从而达到节省室内供热量的目的。

4.5.7 冷热源机房的控制要求。

1 设备的顺序启停和连锁控制是为了保证设备的运行安全，是控制的基本要求。从大量工程应用效果看，水系统"大流量小温差"是个普遍现象。末端空调设备不用时水阀没有关闭，为保证使用支路的正常水流量，导致运行水泵台数增加，建筑能耗增大。因此，该控制要求也是运行节能的前提条件。

2 冷水机组是暖通空调系统中能耗最大的单体设备，其台数控制的基本原则是保证系统冷负荷要求，节能目标是使设备尽可能运行在高效区域。冷水机组的最高效率点通常位于该机组的某一部分负荷区域，因此采用冷量控制方式有利于运行节能。但是，由于监测冷量的元器件和设备价格较高，因此在有条件时（如采用了DDC控制系统时），优先采用此方式。对于一级泵系统冷机定流量运行时，冷量可以简化为供回水温差；当供水温度不作调节时，也可简化为总回水温度来进行控制，工程中需要注意简化方法的使用条件。

3 水泵的台数控制应保证系统水流量和供水压力/供回水压差的要求，节能目标是使设备尽可能运行在高效区域。水泵的最高效率点通常位于某一部分流量区域，因此采用流量控制方式有利于运行节能。对于一级泵系统冷机定流量运行时和二级泵系统，一级泵台数与冷机台数相同，根据连锁控制即可实现；而一级泵系统冷机变流量运行时的一级泵台数控制和二级泵系统中的二级泵台数控制推荐采用此方式。由于价格较高且对安装位置有一定要求，选择流量和冷量的监测仪表时应统一考虑。

4 二级泵系统水泵变速控制才能保证符合节能要求，二级泵变速调节的节能目标是减少设备耗电量。实际工程中，有压力/压差控制和温差控制等不同方式，温差的测量时间滞后较长，压差方式的控制效果相对稳定。而压差测点的选择通常有两种：（1）取水泵出口主供、回水管道的压力信号。由于信号点的距离近，易于实施。（2）取二级泵环路中最不利末端回路支管上的压差信号。由于运行调节中最不利末端会发生变化，因此需要在有代表性的分支管道上各设置一个，其中有一个压差信号未能达到设定要求时，提高二次泵的转速，直到满足为止；反之，如所有的压差信号都超过设定值，则降低转速。显然，方法（2）所得到的供回水压差更接近空调末端设备的使用要求，因此在保证使用效果的前提下，它的运行节能效果较前一种更好，但信号传输距离远，要有可靠的技术保证。但若压差传感器设置在水泵出口并采用定压差控制，则与水泵定速运行相似，因此，推荐优先采用压差设定值优化调节方式以发挥变速水泵的节能优势。

5 关于冷却水的供水温度，不仅与冷却塔风机能耗相关，更会影响到冷机能耗。从节能的观点来看，较低的冷却水进水温度有利于提高冷水机组的能效比，但会使冷却塔风机能耗增加，因此对于冷却侧能耗有个最优化的冷却水温度。但为了保证冷水机组能够正常运行，提高系统运行的可靠性，通常冷却水进水温度有最低水温限制的要求。为此，必须采取一定的冷却水水温控制措施。通常有三种做法：（1）调节冷却塔风机运行台数；（2）调节冷却塔风机转速；（3）供、回水总管上设置旁通电动阀，通过调节旁通流量保证进入冷水机组的冷却水温高于最低限值。在（1）、（2）两种方式中，冷却塔风机的运行总能耗也得以降低。

6 冷却水系统在使用时，由于水分的不断蒸发，水中的离子浓度会越来越高。为了防止由于高离子浓度带来的结垢等种种弊病，必须及时排污。排污方法通常有定期排污和控制离子浓度排污。这两种方法都可以采用自动控制方法，其中控制离子浓度排污方法在使用效果与节能方面具有明显优点。

7 提高供水温度会提高冷水机组的运行能效，但会导致末端空调设备的除湿能力下降、风机运行能耗提高，因此供水温度需要根据室外气象参数、室内环境和设备运行情况，综合分析整个系统的能耗进行优化调节。因此，推荐在有条件时采用。

8 设备保养的要求，有利于延长设备的使用寿命，也属于广义节能范畴。

9 机房群控是冷、热源设备节能运行的一种有效方式，水温和水量等调节对于冷水机组、循环水泵和冷却塔风机等运行能效有不同的影响，因此机房总能耗是总体的优化目标。冷水机组内部的负荷调节等

都由自带控制单元完成，而且其传感器设置在机组内部管路上，测量比较准确和全面。采用通信方式，可以将其内部监测数据与系统监控结合，保证第 2 款和第 7 款的实现。

4.5.8 全空气空调系统的节能控制要求。

1 风阀、水阀与风机连锁启停控制，是一项基本控制要求。实践中发现很多工程没有实现，主要是由于冬季防冻保护需要停风机、开水阀，这样造成夏季空调机组风机停时往往水阀还开，冷水系统"大流量，小温差"，造成冷水泵输送能耗增加、冷机效率下降等后果。需要注意在需要防冻保护地区，应设置本连锁控制与防冻保护逻辑的优先级。

2 绝大多数公共建筑中的空调系统都是间歇运行的，因此保证使用期间的运行是基本要求。推荐优化启停时间即尽量提前系统运行的停止时间和推迟系统运行的启动时间，这是节能的重要手段。

3 室内温度设定值对空调风系统、水系统和冷热源的运行能耗均有影响。根据相关文献，夏季室内温度设定值提高 1℃，空调系统总体能耗可下降 6% 左右。因此，推荐根据室外气象参数优化调节室内温度设定值，这既是一项节能手段，同时也有利于提高室内人员舒适度。

6 新建建筑、酒店、高等学校等公共建筑同时使用率相对较低，不使用的房间在空调供冷/供暖期，一般只关闭水系统，过渡季节风系统不会主动关闭，造成能源浪费。

4.5.9 推荐设置常闭式电动通断阀，风机盘管停止运行时能够及时关断水路，实现水泵的变流量调节，有利于水系统节能。

通常情况下，房间内的风机盘管往往采用室内温控器就地控制方式。根据《民用建筑节能条例》和《公共机构节能条例》等法律法规，对公共区域风机盘管的控制功能提出要求，采用群控方式都可以实现。

1 由于室温设定值对能耗有影响和响应政府对空调系统夏季运行温度的号召，要求对室温设定值进行限制，可以从监控机房统一设定温度。

2 风机盘管可以采用水阀通断/调节和风机分档/变速等不同控制方式。采用温控器控制水阀可保证各末端能够"按需供水"，以实现整个水系统为变水量系统。

考虑到对室温控制精度要求很高的场所会采用电动调节阀，严寒地区在冬季夜间维持部分流量进行值班供暖等情况，不作统一限定。

4.5.10 对于排除房间余热为主的通风系统，根据房间温度控制通风设备运行台数或转速，可避免在气候凉爽或房间发热量不大的情况下通风设备满负荷运行的状况发生，既可节约电能，又能延长设备的使用年限。

4.5.11 对于车辆出入明显有高峰时段的地下车库，采用每日、每周时间程序控制风机启停的方法，节能效果明显。在有多台风机的情况下，也可以根据不同的时间启停不同的运行台数的方式进行控制。

采用CO浓度自动控制风机的启停（或运行台数），有利于在保持车库内空气质量的前提下节约能源，但由于CO浓度探测设备比较贵，因此适用于高峰时段不确定的地下车库在汽车开、停过程中，通过对其主要排放污染物CO浓度的监测来控制通风设备的运行。国家相关标准规定一氧化碳8h时间加权平均允许浓度为20mg/m³，短时间接触允许30mg/m³。

4.5.12 对于间歇运行的空调系统，在保证使用期间满足要求的前提下，应尽量提前系统运行的停止时间和推迟系统运行的启动时间，这是节能的重要手段。在运行条件许可的建筑中，宜使用基于用户反馈的控制策略（Request-Based Control），包括最佳启动策略（Optimal Start）和分时再设及反馈策略（Trim and Respond）。

5 给 水 排 水

5.1 一 般 规 定

5.1.1 节水与节能是密切相关的，为节约能耗、减少水泵输送的能耗，应合理设计给水、热水、排水系统、计算用水量及水泵等设备，通过节约用水达到节能的目的。

工程设计时，建筑给水排水的设计中有关"用水定额"计算仍按现行国家标准《建筑给水排水设计规范》GB 50015的有关规定执行。公共建筑的平均日生活用水定额、全年用水量计算、非传统水源利用率计算等按国家现行标准《民用建筑节水设计标准》GB 50555有关规定执行。

5.1.2 现行国家标准《民用建筑节水设计标准》GB 50555对设置用水计量水表的位置作了明确要求。冷却塔循环冷却水、游泳池和游乐设施、空调冷（热）水系统等补水管上需要设置用水计量表；公共建筑中的厨房、公共浴室、洗衣房、锅炉房、建筑物引入管等有冷水、热水量计量要求的水管上都需要设置计量水表，控制用水量，达到节水、节能要求。

5.1.3 安装热媒或热源计量表以便控制热媒或热源的消耗，落实到节约用能。

水加热、热交换站室的热媒水仅需要计量用量时，在热媒管道上安装热水表，计量热媒水的使用量。

水加热、热交换站室的热媒水需要计量热媒水耗热量时，在热媒管道上需要安装热量表。热量表是一种适用于测量在热交换环路中，载热液体所吸收或转换热能的仪器。热量表是通过测量热媒流量和焓差值来计算出热量损耗，热量损耗一般以"kJ或MJ"表示，也有采用"kWh"表示。在水加热、换热器的热媒进水管和热媒回水管上安装温度传感器，进行热量消耗计量。热水表可以计量热水使用量，但是不能计量热量的消耗量，故热水表不能替代热量表。

热媒为蒸汽时，在蒸汽管道上需要安装蒸汽流量计进行计量。水加热的热源为燃气或燃油时，需要设燃气计量表或燃油计量表进行计量。

5.1.4 水泵是耗能设备，应该通过计算确定水泵的流量和扬程，合理选择通过节能认证的水泵产品，减少能耗。水泵节能产品认证书由中国节能产品认证中心颁发。

给水泵节能评价值是按现行国家标准《清水离心泵能效限定值及节能评价值》GB 19762的规定进行计算、查表确定的。泵节能评价值是指在标准规定测试条件下，满足节能认证要求应达到的泵规定点的最低效率。为方便设计人员选用给水泵时了解泵的节能评价值，参照《建筑给水排水设计手册》中IS型单级单吸水泵、TSWA型多级单吸水泵和DL型多级单吸水泵的流量、扬程、转速数据，通过计算和查表，得出给水泵节能评价值，见表6~表8。通过计算发现，同样的流量、扬程情况下，2900r/min的水泵比1450r/min的水泵效率要高2%~4%，建议除对噪声有要求的场合，宜选用转速2900r/min的水泵。

表6 IS型单级单吸给水泵节能评价值

流量 （m³/h）	扬程 （m）	转速 （r/min）	节能评价值 （%）
12.5	20	2900	62
	32	2900	56
15	21.8	2900	63
	35	2900	57
	53	2900	51
25	20	2900	71
	32	2900	67
	50	2900	61
	80	2900	55
30	22.5	2900	72
	36	2900	68
	53	2900	63
	84	2900	57
	128	2900	52
50	20	2900	77
	32	2900	75
	50	2900	71
	80	2900	65

流量 （m³/h）	扬程 （m）	转速 （r/min）	节能评价值 （%）
50	125	2900	59
60	24	2900	78
	36	2900	76
	54	2900	73
	87	2900	67
	133	2900	60
100	20	2900	80
	32	2900	80
	50	2900	78
	80	2900	74
	125	2900	68
120	57.5	2900	79
	87	2900	75
	132.5	2900	70
200	50	2900	82
	80	2900	81
	125	2900	76
240	44.5	2900	83
	72	2900	82
	120	2900	79

注：表中列出节能评价值大于50%的水泵规格。

表7　TSWA型多级单吸离心给水泵节能评价值

流量 （m³/h）	单级扬程 （m）	转速 （r/min）	节能评价值 （%）
15	9	1450	56
18	9	1450	58
22	9	1450	60
30	11.5	1450	62
36	11.5	1450	64
42	11.5	1450	65
62	15.6	1450	67
69	15.6	1450	68
72	21.6	1450	66
80	15.6	1450	70
90	21.6	1450	69
108	21.6	1450	70
115	30	1480	72
119	30	1480	68
191	30	1480	74

表8　DL多级离心给水泵节能评价值

流量 （m³/h）	单级扬程 （m）	转速 （r/min）	节能评价值 （%）
9	12	1450	43
12.6	12	1450	49
15	12	1450	52
18	12	1450	54
30	12	1450	61
32.4	12	1450	62
35	12	1450	63
50.4	12	1450	67
65.16	12	1450	69
72	12	1450	70
100	12	1450	71
126	12	1450	71

泵节能评价值计算与水泵的流量、扬程、比转速有关，故当采用其他类型的水泵时，应按现行国家标准《清水离心泵能效限定值及节能评价值》GB 19762的规定进行计算、查表确定泵节能评价值。

水泵比转速按下式计算：

$$n_s = \frac{3.65n\sqrt{Q}}{H^{3/4}} \tag{9}$$

式中：Q——流量（m³/s）（双吸泵计算流量时取 $Q/2$）；

　　　H——扬程（m）（多级泵计算取单级扬程）；

　　　n——转速（r/min）；

　　　n_s——比转速，无量纲。

按现行国家标准《清水离心泵能效限定值及节能评价值》GB 19762的有关规定，计算泵规定点效率值、泵能效限定值和节能评价值。

工程项目中所应用的给水泵节能评价值应由给水泵供应商提供，并不能小于现行国家标准《清水离心泵能效限定值及节能评价值》GB 19762的限定值。

5.2　给水与排水系统设计

5.2.1　为节约能源，减少生活饮用水水质污染，除了有特殊供水安全要求的建筑以外，建筑物底部的楼层应充分利用城镇给水管网或小区给水管网的水压直接供水。当城镇给水管网或小区给水管网的水压和（或）水量不足时，应根据卫生安全、经济节能的原则选用储水调节和（或）加压供水方案。在征得当地供水行政主管部门及供水部门批准认可时，可采用直接从城镇给水管网吸水的叠压供水系统。

5.2.2　本条依据国家标准《建筑给水排水设计规范》GB 50015－2003（2009年版）第3.3.2条的规定。加压站位置与能耗也有很大的关系，如果位置设置不合理，会造成浪费能耗。

5.2.3 为避免因水压过高引起的用水浪费，给水系统应竖向合理分区，每区供水压力不大于 0.45MPa，合理采取减压限流的节水措施。

5.2.4 当给水流量大于 10m³/h 时，变频组工作水泵由 2 台以上水泵组成比较合理，可以根据公共建筑的用水量、用水均匀性合理选择大泵、小泵搭配，泵组也可以配置气压罐，供小流量用水，避免水泵频繁启动，以降低能耗。

5.2.5 除在地下室的厨房含油废水隔油器（池）排水、中水源水、间接排水以外，地面以上的生活污、废水排水采用重力流系统直接排至室外管网，不需要动力，不需要能耗。

5.3 生活热水

5.3.1 余热包括工业余热、集中空调系统制冷机组排放的冷凝热、蒸汽凝结水热等。

当采用太阳能热水系统时，为保证热水温度恒定和保证水质，可优先考虑采用集热与辅热设备分开设置的系统。

由于集中热水供应系统采用直接电加热会耗费大量电能；若当地供电部门鼓励采用低谷时段电力，并给予较大的优惠政策时，允许采用利用谷电加热的蓄热式电热水炉，但必须保证在峰时段与平时段不使用，并设有足够热容量的蓄热装置。以最高日生活热水量 5m³ 作为限定值，是以酒店生活热水用量进行了测算，酒店一般最少 15 套客房，以每套客房 2 床计算，取最高日用水定额 160L/(床·日)，则最高日热水量为 4.8m³，故当最高日生活热水量大于 5m³ 时，尽可能避免采用直接加热作为主热源或集中太阳能

热水系统的辅助热源，除非当地电力供应富裕、电力需求侧管理从发电系统整体效率角度，有明确的供电政策支持时，允许适当采用直接电热。

根据当地电力供应状况，小型集中热水系统宜采用夜间低谷电直接电加热作为集中热水供应系统的热源。

5.3.2 集中热水供应系统除有其他用蒸汽要求外，不宜采用燃气或燃油锅炉制备高温、高压蒸汽再进行热交换后供应生活热水的热源方式，是因为蒸汽的热焓比热水要高得多，将水由低温状态加热至高温、高压蒸汽再通过热交换转化为生活热水是能量的高质低用，造成能源浪费，应避免采用。医院的中心供应中心（室）、酒店的洗衣房等有需要用蒸汽的要求，需要设蒸汽锅炉，制备生活热水可以采用汽—水热交换器。其他没有用蒸汽要求的公共建筑可以利用工业余热、废热、太阳能、燃气热水炉等方式制备生活热水。

5.3.3 为了有效地规范国内热泵热水机（器）市场，加快设备制造厂家的技术进步，现行国家标准《热泵热水机（器）能效限定值及能效等级》GB 29541 将热泵热水机能源效率分为 1、2、3、4、5 五个等级，1 级表示能源效率最高，2 级表示达到节能认证的最小值、3、4 级代表了我国多联机的平均能效水平，5 级为标准实施后市场准入值。表 5.3.3 中能效等级数据是依据现行国家标准《热泵热水机（器）能效限定值及能效等级》GB 29541 中能效等级 2 级编制，在设计和选用空气源热泵热水机组时，推荐采用达到节能认证的产品。摘录自现行国家标准《热泵热水机（器）能效限定值及能效等级》GB 29541 中热泵热水机（器）能源效率等级见表 9。

表 9　热泵热水机（器）能源效率等级指标

制热量（kW）	形式	加热方式	能效等级 COP（W/W）				
			1	2	3	4	5
$H<10kW$	普通型	一次加热式、循环加热式	4.60	4.40	4.10	3.90	3.70
		静态加热式	4.20	4.00	3.80	3.60	3.40
	低温型	一次加热式、循环加热式	3.80	3.60	3.40	3.20	3.00
$H\geqslant10kW$	普通型	一次加热式	4.60	4.40	4.10	3.90	3.70
		循环加热 不提供水泵	4.60	4.40	4.10	3.90	3.70
		循环加热 提供水泵	4.50	4.30	4.00	3.80	3.60
	低温型	一次加热式	3.90	3.70	3.50	3.30	3.10
		循环加热 不提供水泵	3.90	3.70	3.50	3.30	3.10
		循环加热 提供水泵	3.80	3.60	3.40	3.20	3.00

空气源热泵热水机组较适用于夏季和过渡季节总时间长地区；寒冷地区使用时需要考虑机组的经济性与可靠性，在室外温度较低的工况下运行，致使机组制热 COP 太低，失去热泵机组节能优势时就不宜

采用。

一般用于公共建筑生活热水的空气源热泵热水机型大于 10kW，故规定制热量大于 10kW 的热泵热水机在名义制热工况和规定条件下，应满足性能系数

选用空气源热泵热水机组制备生活热水时应注意热水出水温度，在节能设计的同时还要满足现行国家标准对生活热水的卫生要求。一般空气源热泵热水机组热水出水温度低于 60℃，为避免热水管网中滋生军团菌，需要采取措施抑制细菌繁殖。如定期每隔 1 周～2 周采用 65℃的热水供水一天，抑制细菌繁殖生长，但必须有用水时防止烫伤的措施，如设置混水阀等，或采取其他安全有效的消毒杀菌措施。

5.3.4 本条对水加热、热交换站室至最远建筑或用水点的服务半径作了规定，限制热水循环管网服务半径，一是减少管路上热量损失和输送动力损失；二是避免管线过长，管网末端温度降低，管网内容易滋生军团菌。

要求水加热、热交换站室位置尽可能靠近热水用水量较大的建筑或部位，以及设置在小区的中心位置，可以减少热水管线的敷设长度，以降低热损耗，达到节能目的。

5.3.5 《建筑给水排水设计规范》GB 50015 中规定，办公楼集中盥洗室仅设有洗手盆时，每人每日热水用水定额为 5L ～10L，热水用量较少，如设置集中热水供应系统，管道长，热损失大，为保证热水出水温度还需要设热水循环泵，能耗较大，故限定仅设有洗手盆的建筑，不宜设计集中生活热水供应系统。办公建筑内仅有集中盥洗室的洗手盆供应热水时，可采用小型储热容积式电加热热水器供应热水。

对于管网输送距离较远、用水量较小的个别热水用户（如需要供应热水的洗手盆），当距离集中热水站室较远时，可以采用局部、分散加热方式，不需要为个别的热水用户敷设较长的热水管道，避免造成热水在管道输送过程中的热损失。

热水用量较大的用户，如浴室、洗衣房、厨房等，宜设计单独的热水回路，有利于管理与计量。

5.3.6 使用生活热水需要通过冷、热水混合后调整到所需要的使用温度。故热水供应系统需要与冷水系统分区一致，保证系统内冷水、热水压力平衡，达到节水、节能和用水舒适的目的，要求按照现行国家标准《建筑给水排水设计规范》GB 50015 和《民用建筑节水设计标准》GB 50555 有关规定执行。

集中热水供应系统要求采用机械循环，保证干管、立管的热水循环，支管可以不循环，采用多设立管的形式，减少支管的长度，在保证用水点使用温度的同时也需要注意节能。

5.3.7 本条规定了热水管道绝热计算的基本原则，生活热水管的保温设计应从节能角度出发减少散热损失。

5.3.8 控制的基本原则是：（1）让设备尽可能高效运行；（2）让相同型号的设备的运行时间尽量接近以保持其同样的运行寿命（通常优先启动累计运行小时数

最少的设备）；（3）满足用户侧低负荷运行的需求。

设备运行状态的监测及故障报警是系统监控的一个基本内容。

集中热水系统采用风冷或水源热泵作为热源时，当装机数量多于 3 台时采用机组群控方式，有一定的优化运行效果，可以提高系统的综合能效。

由于工程的情况不同，本条内容可能无法完全包含一个具体工程中的监控内容，因此设计人还需要根据项目具体情况确定一些应监控的参数和设备。

6 电 气

6.1 一 般 规 定

6.1.3 建筑设备监控系统可以自动控制建筑设备的启停，使建筑设备工作在合理的工况下，可以大量节约建筑物的能耗。现行国家标准《智能建筑设计标准》GB 50314 对设置有详细规定。

6.2 供配电系统

6.2.2 不但配变电所要靠近负荷中心，各级配电都要尽量减少供电线路的距离。"配变电所位于负荷中心"，一直是一个概念，提倡配变电所位于负荷中心是电气设计专业的要求，但建筑设计需要整体考虑，配变电所设置位置也是电气设计与建筑设计协商的结果，考虑配变电所位于负荷中心主要是考虑线缆的电压降不满足规范要求时，需加大线缆截面，浪费材料资源，同时，供电距离长，线损大，不节能。《2009 全国民用建筑工程设计技术措施——电气》第 3.1.3 条第 2 款规定："低压线路的供电半径应根据具体供电条件，干线一般不超过 250m，当供电容量超过 500kW（计算容量），供电距离超过 250m 时，宜考虑增设变电所"。且 IEC 标准也在考虑"当建筑面积 > 20000m² 、需求容量 > 2500kVA 时，用多个小容量变电所供电"。故以变电所到末端用电点的距离不超过 250m 为宜。

在公共建筑中大功率用电设备，主要指电制冷的冷水机组。

6.2.3 低损耗变压器即空载损耗和负载损耗低的变压器。现行配电变压器能效标准国标为《三相配电变压器能效限定值及能效等级》GB 20052。

6.2.4 电力变压器经济运行计算可参照现行国家标准《电力变压器经济运行》GB/T 13462。配电变压器经济运行计算可参照现行行业标准《配电变压器能效技术经济评价导则》DL/T 985。

6.2.5 系统单相负荷达到 20% 以上时，容易出现三相不平衡，且各相的功率因数不一致，故采用部分分相补偿无功功率。

6.2.6 容量较大的用电设备一般指单台 AC380V 供

电的 250kW 及以上的用电设备，功率因数较低一般指功率因数低于 0.8，离配变电所较远一般指距离在 150m 左右。

6.2.7 大型用电设备、大型可控硅调光设备一般指 250kW 及以上的设备。

6.3 照 明

6.3.1 现行国家标准《建筑照明设计标准》GB 50034 对办公建筑、商店建筑、旅馆建筑、医疗建筑、教育建筑、博览建筑、会展建筑、交通建筑、金融建筑的照明功率密度值的限值进行了规定，提供了现行值和目标值。照明设计时，照明功率密度限值应符合该标准规定的现行值。

6.3.2 目前国家已对 5 种光源和 3 种镇流器制定了能效限定值、节能评价值及能效等级。相关现行国家标准包括：《单端荧光灯能效限定值及节能评价值》GB 19415、《普通照明用双端荧光灯能效限定值及能效等级》GB 19043、《普通照明用自镇流荧光灯能效限定值及能效等级》GB 19044、《高压钠灯能效限定值及能效等级》GB 19573、《金属卤化物灯能效限定值及能效等级》GB 20054、《管型荧光灯镇流器能效限定值及能效等级》GB 17896、《高压钠灯用镇流器能效限定值及节能评价值》GB 19574、《金属卤化物灯用镇流器能效限定值及能效等级》GB 20053。

6.3.3 夜景照明是建筑景观的一大亮点，也是节能的重点。

6.3.4 光源的选择原则。

1 通常同类光源中单灯功率较大者，光效高，所以应选单灯功率较大的，但前提是应满足照度均匀度的要求。对于直管荧光灯，根据现今产品资料，长度为 1200mm 左右的灯管光效比长度 600mm 左右（即 T8 型 18W，T5 型 14W）的灯管效率高，再加上其镇流器损耗差异，前者的节能效果十分明显。所以除特殊装饰要求者外，应选用前者（即 28W～45W 灯管），而不应选用后者（14W～18W 灯管）。

与其他高强气体放电灯相比，荧光高压汞灯光效较低，寿命也不长，显色指数也不高，故不宜采用。自镇流荧光高压汞灯光效更低，故不应采用。

2 按照现行国家标准《电磁兼容 限值 谐波电流发射限值（设备每相输入电流≤16A）》GB 17625.1 对照明设备（C 类设备）谐波限值的规定，对功率大于 25W 的放电灯的谐波限值规定较严，不会增加太大能耗；而对≤25W 的放电灯规定的谐波限值很宽（3 次谐波可达 86%），将使中性线电流大大增加，超过相线电流达 2.5 倍以上，不利于节能和节材。所以≤25W 的放电灯选用的镇流器宜满足下列条件之一：（1）谐波限值符合现行国家标准《电磁兼容 限值 谐波电流发射限值（设备每相输入电流≤16A）》GB 17625.1 规定的功率大于 25W

照明设备的谐波限值；（2）次谐波电流不大于基波电流的 33%。

7 室外景观照明不应采用高强投光灯、大面积霓虹灯、彩灯等高亮度、高能耗灯具，应优先采用高效、长寿、安全、稳定的光源，如高频无极灯、冷阴极荧光灯、发光二极管（LED）照明灯等。

6.3.5 当灯具功率因数低于 0.85 时，均应采取灯内单灯补偿方式。

6.3.6 一般照明保障一般均匀性，局部照明保障使用照度，但要两者相差不能太大。通道和其他非作业区域的一般照明的照度值不宜低于作业区域一般照明照度值的 1/3。

6.3.7 漫射发光顶棚的照明方式光损失较严重，不利于节能。

6.3.8 集中开、关控制有许多种类，如建筑设备监控（BA）系统的开关控制、接触器控制、智能照明开、关控制系统等，公共场所照明集中开、关控制有利于安全管理。适宜的场所宜采用就地感应控制包括红外、雷达、声波等探测器的自动控制装置，可自动开关实现节能控制，通常推荐采用。但医院的病房大楼、中小学校及其学生宿舍、幼儿园（未成年使用场所）、老年公寓、酒店等场所，因病人、小孩、老年人等不具备完全行为能力人，在灯光明暗转换期间极易发生踏空等安全事故；酒店走道照明出于安全监控考虑需保证一定的照度，因此上述场所不宜采用就地感应控制。

人员聚集大厅主要指报告厅、观众厅、宴会厅、航空客运站、商场营业厅等外来人员较多的场所。智能照明控制系统包括开、关型或调光型控制，两者都可以达到节能的目的，但舒适度、价格不同。

当建筑考虑设置电动遮阳设施时，照度宜可以根据需要自动调节。

建筑红线范围内的建筑物设置景观照明时，应采取集中控制方式，并设置平时、一般节日、重大节日等多种模式。

6.4 电能监测与计量

6.4.1 参照现行国家标准《用能单位能源计量器具配备和管理通则》GB 17167 要求，次级用能单位为用能单位下属的能源核算单位。

电能自动监测系统是节能控制的基础，电能自动监测系统至少包括各层、各区域用电量的统计、分析。2007 年中华人民共和国建设部与财政部联合发布的《关于加强国家机关办公建筑和大型公共建筑节能管理工作的实施意见》（建科〔2007〕245 号）对国家机关办公建筑提出了具体要求。

2008 年 6 月住房和城乡建设部发布了《国家机关办公建筑和大型公共建筑能耗监测系统分项能耗数据采集技术导则》，对能耗监测提出了具体要求。

6.4.2 建筑功能区域主要指锅炉房、换热机房等设备机房、公共建筑各使用单位、商店各租户、酒店各独立核算单位、公共建筑各楼层等。

6.4.3 照明插座用电是指建筑物内照明、插座等室内设备用电的总称。包括建筑物内照明灯具和从插座取电的室内设备，如计算机等办公设备、厕所排气扇等。

办公类建筑建议照明与插座分项监测，其目的是监测照明与插座的用电情况，检查照明灯具及办公设备的用电指标。当未分项计量时，不利于建筑各类系统设备的能耗分布统计，难以发现能耗不合理之处。

空调用电是为建筑物提供空调、采暖服务的设备用电的统称。常见的系统主要包括冷水机组、冷冻泵（一次冷冻泵、二次冷冻泵、冷冻水加压泵等）、冷却泵、冷却塔风机、风冷热泵等和冬季采暖循环泵（采暖系统中输配热量的水泵；对于采用外部热源、通过板换供热的建筑，仅包括板换二次泵；对于采用自备锅炉的，包括一、二次泵）、全空气机组、新风机组、空调区域的排风机、变冷媒流量多联机组等。

若空调系统末端用电不可单独计量，空调系统末端用电应计算在照明和插座子项中，包括 220V 排风扇、室内空调末端（风机盘管、VAV、VRV 末端）和分体式空调等。

电力用电是集中提供各种电力服务（包括电梯、非空调区域通风、生活热水、自来水加压、排污等）的设备（不包括空调采暖系统设备）用电的统称。电梯是指建筑物中所有电梯（包括货梯、客梯、消防梯、扶梯等）及其附属的机房专用空调等设备。水泵是指除空调采暖系统和消防系统以外的所有水泵，包括自来水加压泵、生活热水泵、排污泵、中水泵等。通风机是指除空调采暖系统和消防系统以外的所有风机，如车库通风机，厕所楼顶排风机等。特殊用电是指不属于建筑物常规功能的用电设备的耗电量，特殊用电的特点是能耗密度高、占总电耗比重大的用电区域及设备。特殊用电包括信息中心、洗衣房、厨房餐厅、游泳池、健身房、电热水器等其他特殊用电。

6.4.4 循环水泵耗电量不仅是冷热源系统能耗的一部分，而且也反映出输送系统的用能效率，对于额定功率较大的设备宜单独设置电计量。

7 可再生能源应用

7.1 一般规定

7.1.1 《中华人民共和国可再生能源法》规定，可再生能源是指风能、太阳能、水能、生物质能、地热能、海洋能等非化石能源。目前，可在建筑中规模化使用的可再生能源主要包括浅层地热能和太阳能。《民用建筑节能条例》规定：国家鼓励和扶持在新建建筑和既有建筑节能改造中采用太阳能、地热能等可再生能源。在具备太阳能利用条件的地区，应当采取有效措施，鼓励和扶持单位、个人安装使用太阳能热水系统、照明系统、供热系统、供暖制冷系统等太阳能利用系统。

在进行公共建筑设计时，应根据《中华人民共和国可再生能源法》和《民用建筑节能条例》等法律法规，在对当地环境资源条件的分析与技术经济比较的基础上，结合国家与地方的引导与优惠政策，优先采用可再生能源利用措施。

7.1.2 《民用建筑节能条例》规定：对具备可再生能源利用条件的建筑，建设单位应当选择合适的可再生能源，用于供暖、制冷、照明和热水供应等；设计单位应当按照有关可再生能源利用的标准进行设计。建设可再生能源利用设施，应当与建筑主体工程同步设计、同步施工、同步验收。

目前，公共建筑的可再生能源利用的系统设计（例如太阳能热水系统设计），与建筑主体设计脱节严重，因此要求在进行公共建筑设计时，其可再生能源利用设施也应与主体工程设计同步，从建筑及规划开始即应涵盖有关内容，并贯穿各专业设计全过程。供热、供冷、生活热水、照明等系统中应用可再生能源时，应与相应各专业节能设计协调一致，避免出现因节能技术的应用而浪费其他资源的现象。

7.1.3 利用可再生能源应本着"自发自用，余量上网，电网调节"的原则。要根据当地日照条件考虑设置光伏发电装置。直接并网供电是指无蓄电池，太阳能光电并网直接供给负荷，并不送至上级电网。

7.1.5 提出计量装置设置要求，适应节能管理与评估工作要求。现行国家标准《可再生能源建筑应用工程评价标准》GB/T 50801 对可再生能源建筑应用的评价指标及评价方法均作出了规定，设计时宜设置相应计量装置，为节能效益评估提供条件。

7.2 太阳能利用

7.2.2 太阳能利用与建筑一体化是太阳能应用的发展方向，应合理选择太阳能应用一体化系统类型、色泽、矩阵形式等，在保证光热、光伏效率的前提下，应尽可能做到与建筑物的外围护结构从建筑功能、外观形式、建筑风格、立面色调等协调一致，使之成为建筑的有机组成部分。

太阳能应用一体化系统安装在建筑屋面、建筑立面、阳台或建筑其他部位，不得影响该部位的建筑功能。太阳能应用一体化构件作为建筑围护结构时，其传热系数、气密性、遮阳系数等热工性能应满足相关标准的规定；建筑光热或光伏系统组件安装在建筑透光部位时，应满足建筑物室内采光的最低要求；建筑物之间的距离应符合系统有效吸收太阳光的要求，并降低二次辐射对周边环境的影响；系统组件的安装不应影响建筑通风换气的要求。

太阳能与建筑一体化系统设计时除做好光热、光伏部件与建筑结合外，还应符合国家现行相关标准的规定，保证系统应用的安全性、可靠性和节能效益。目前，国家现行相关标准主要有：《民用建筑太阳能热水系统应用技术规范》GB 50364、《太阳能供热采暖工程技术规范》GB 50495、《民用建筑太阳能空调工程技术规范》GB 50787、《民用建筑太阳能光伏系统应用技术规范》JGJ 203。

7.2.3 太阳能光伏光热系统可以同时为建筑物提供电力和热能，具有较高的效率。太阳能光伏光热一体化不仅能够有效降低光伏组件的温度，提高光伏发电效率，而且能够产生热能，从而大大提高了太阳能光伏的转换效率，但会导致供热能力下降，对热负荷大的建筑并不一定能满足用户的用热需求，因而在具体工程应用中应结合实际情况加以分析。另一方面，光伏光热建筑减少了墙体得热，一定程度上减少了室内空调负荷。

光伏光热建筑一体化（BIPV/T）系统的两种主要模式：水冷却型和空气冷却型系统。

7.2.4 太阳能保证率是衡量太阳能在供热空调系统所能提供能量比例的一个关键参数，也是影响太阳能供热采暖系统经济性能的重要指标。实际选用的太阳能保证率与系统使用期内的太阳辐照、气候条件、产品与系统的热性能、供热采暖负荷、末端设备特点、系统成本和开发商的预期投资规模等因素有关。太阳能保证率影响常规能源替代量，进而影响造价、节能、环保和社会效益。本条规定的保证率取值参考现行国家标准《可再生能源建筑应用工程评价标准》GB/T 50801 的有关规定。

7.2.5 太阳能是间歇性能源，在系统中设置其他能源辅助加热/换热设备，其目的是保证太阳能供热系统稳定可靠运行的同时，降低系统的规模和投资。

辅助热源应根据当地条件，尽可能利用工业余热、废热等低品位能源或生物质燃料等可再生能源。

7.2.6 太阳能集热器和光伏组件的位置设置不当，受到前方障碍物的遮挡，不能保证采光面上的太阳光照时，系统的实际运行效果和经济性会受到影响，因而对放置在建筑外围护结构上太阳能集热器和光伏组件采光面上的日照时间作出规定。冬至日太阳高度角最低，接收太阳光照的条件最不利，因此规定冬至日日照时间为最低要求。此时采光面上的日照时数，是综合考虑系统运行效果和围护结构实际条件而提出的。

7.3 地源热泵系统

7.3.1 全年冷、热负荷不平衡，将导致地埋管区域岩土体温度持续升高或降低，从而影响地埋管换热器的换热性能，降低运行效率。因此，地埋管换热

系统设计应考虑全年冷热负荷的影响。当两者相差较大时，宜通过技术经济比较，采用辅助散热（增加冷却塔）或辅助供热的方式来解决，一方面经济性较好，另一方面也可避免因吸热与释热不平衡导致的系统运行效率降低。

带辅助冷热源的混合式系统可有效减少埋管数量或地下（表）水流量或地表水换热盘管的数量，同时也是保障地埋管系统吸释热量平衡的主要手段，已成为地源热泵系统应用的主要形式。

7.3.2 地源热泵系统的能效除与水源热泵机组能效密切相关外，受地源侧及用户侧循环水泵的输送能耗影响很大，设计时应优化地源侧环路设计，宜采用根据负荷变化调节流量等技术措施。

对于地埋管系统，配合变流量措施，可采用分区轮换间歇运行的方式，使岩土体温度得到有效恢复，提高系统换热效率，降低水泵系统的输送能耗。对于地下水系统，设计时应以提高系统综合性能为目标，考虑抽水泵与水源热泵机组能耗间的平衡，确定地下水的取水量。地下水流量增加，水源热泵机组性能系数提高，但抽水泵能耗明显增加；相反地下水流量较少，水源热泵机组性能系数较低，但抽水泵能耗明显减少。因此地下水系统设计应在两者之间寻找平衡点，同时考虑部分负荷下两者的综合性能，计算不同工况下系统的综合性能系数，优化确定地下水流量。该项工作能有效降低地下水系统运行费用。

表10摘自现行国家标准《可再生能源建筑应用工程评价标准》GB/T 50801 对地源热泵系统能效比的规定，设计时可参考。

表 10　地源热泵系统性能级别划分

工况	1级	2级	3级
制热性能系数 COP	$COP \geqslant 3.5$	$3.0 \leqslant COP < 3.5$	$2.6 \leqslant COP < 3.0$
制冷能效比 EER	$EER \geqslant 3.9$	$3.4 \leqslant EER < 3.9$	$3.0 \leqslant EER < 3.4$

7.3.3 不同地区岩土体、地下水或地表水水温差别较大，设计时应按实际水温参数进行设备选型。末端设备应采用适合水源热泵机组供、回水温度的特点的低温辐射末端，保证地源热泵系统的应用效果，提高系统能源利用率。

附录 A　外墙平均传热系数的计算

A.0.2、A.0.3 在建筑外围护结构中，墙角、窗间墙、凸窗、阳台、屋顶、楼板、地板等处形成热桥，称为结构性热桥。热桥的存在一方面增大了墙体的传热系数，造成通过建筑围护结构的热流增加，会加大

供暖空调负荷；另一方面在北方地区冬季热桥部位的内表面温度可能过低，会产生结露现象，导致建筑构件发霉，影响建筑的美观和室内环境。

国际标准"Thermal bridges in building construction-Heat flows and surface temperatures-Detailed calculations" ISO 10211：2007 中，热桥部位的定义为：非均匀的建筑围护结构部分，该处的热阻被明显改变，由于建筑围护结构被另一种不同导热系数的材料完全或部分穿透；或结构的厚度改变；或内外表面及不同，如墙体、地板、顶棚连接处。现行国家标准《民用建筑热工设计规范》GB 50176 中热桥的定义为：围护结构单元中热流强度明显大于平壁部分的节点。也曾称为冷桥。围护结构的热桥部位包括嵌入墙体的混凝土或金属梁、柱，墙体和屋面板中的混凝土肋或金属构件，装配式建筑中的板材接缝以及墙角、屋顶檐口、墙体勒脚、楼板与外墙、内隔墙与外墙连接处等部位。

公共建筑围护结构受结构性热桥的影响虽然不如居住建筑突出，但公共建筑的热桥问题应当在设计中得到充分的重视和妥善的解决，在施工过程中应当对热桥部位做重点的局部处理。

对外墙平均传热系数的计算方法，本标准 2005 版中采用的是现行国家标准《民用建筑热工设计规范》GB 50176 规定的面积加权的计算方法。这一方法是将二维温度场简化为一维温度场，然后按面积加权平均法求得外墙的平均传热系数。面积加权平均法计算外墙平均传热系数的基本思路是将外墙主体部位和周边热桥部位的一维传热系数按其对应的面积加权平均，结构性热桥部位主要包括楼板、结构柱、梁、内隔墙等部位。按这种计算方法求得的外墙平均传热系数一般要比二维温度场模拟的计算结果偏小。随着建筑节能技术的发展，围护结构材料的更新和保温水平不断提高。该方法的误差大、计算能力差等局限性逐渐显现，如无法计算外墙和窗连接处等热桥位置。

经过近 20 年的发展，国际标准中引入热桥线传热系数的概念计算外墙的平均传热系数，热桥线传热系数通过二维计算模型确定。现行行业标准《严寒和寒冷地区居住建筑节能设计标准》JGJ 26 以及现行国家标准《民用建筑热工设计规范》GB 50176 中也采用该方法。对于定量计算线传热系数的理论问题已经基本解决，理论上只要建筑的构造设计完成了，建筑中任何形式的热桥对建筑外围护结构的影响都能够计算。但对普通设计人员而言，这种计算工作量较大，因此上述两个标准分别提供了二维热桥稳态传热模拟软件和平均传热系数计算软件，用于分析实际工程中热桥对外墙平均传热系数的影响。热桥线传热系数的计算要通过人工建模的方式完成。

对于公共建筑，围护结构对建筑能耗的影响小于居住建筑，受热桥影响也较小，在热桥的计算上可做适当简化处理。为了提高设计效率，简化计算流程，本次标准修订提供一种简化的计算方法。经对公共建筑不同气候区典型构造类型热桥进行计算，整理得到外墙主体部位传热系数的修正系数值 φ，φ 受到保温类型、墙主体部位传热系数，以及结构性热桥节点构造等因素的影响，由于对于特定的建筑气候分区，标准中的围护结构限值是固定的，相应不同气候区通常也会采用特定的保温方式。

需要特别指出的是，由于结构性热桥节点的构造做法多种多样，墙体中又包含多个结构性热桥，组合后的类型更是数量巨大，难以一一列举。表 A.0.3 的主要目的是方便计算，表中给出的只是针对一般建筑的节点构造。如设计中采用了特殊构造节点，还应采用现行国家标准《民用建筑热工设计标准》GB 50176 中的精确计算方法计算平均传热系数。

附录 B 围护结构热工性能的权衡计算

B.0.1 为了提高权衡计算的准确性提出上述要求，权衡判断专用计算软件指参照建筑围护结构性能指标应按本标准要求固化到软件中，计算软件可以根据输入的设计建筑的信息自动生成符合本标准要求的参照建筑模型，用户不能更改。

权衡判断专用计算软件应具备进行全年动态负荷计算的基本功能，避免使用不符合动态负荷计算方法要求的、简化的稳态计算软件。

建筑围护结构热工性能权衡判断计算报告应该包含设计建筑和参照建筑的基本信息，建筑面积、层数、层高、地点以及窗墙面积比、外墙传热系数、外窗传热系数、太阳得热系数等详细参数和构造，照明功率密度、设备功率密度、人员密度、建筑运行时间表、房间供暖设定温度、房间供冷设定温度等室内计算参数等初始信息，建筑累积热负荷、累计冷负荷、全年供热能耗量、空调能耗量、供热和空调总耗电量、权衡判断结论等。

B.0.2 建筑围护结构的权衡判断的核心是在相同的外部条件和使用条件下，对参照建筑和所设计的建筑的供暖能耗和空调能耗之和进行比较并作出判断。建筑围护热工性能的权衡判断是为了判断建筑物围护结构整体的热工性能，不涉及供暖空调系统的差异，由于提供热量和冷量的系统效率和所使用的能源品位不同，为了保证比较的基准一致，将设计建筑和参照建筑的累计耗热量和累计耗冷量按照规定方法统一折算到所消耗的能源，将除电力外的能源统一折算成电力，最终以参照建筑与设计建筑的供暖和空气调节总耗电量作为权衡判断的依据。具体折算方法详见本标准第 B.0.6 条。

B. 0. 3 准确分析建筑热环境性能及其能耗需要代表当地平均气候状况的逐时典型气象年数据。典型气象年是以累年气象观测数据的平均值为依据，从累年气象观测数据中，选出与平均值最接近的 12 个典型气象月的逐时气象参数组成的假想年。

B. 0. 4 表 B. 0. 4-2 空调区室内温度所规定的温度为建筑围护结构热工性能权衡判断时的室内计算温度，并不代表建筑物内的实际温度变化。目前建筑能耗模拟软件计算时，一般通过室内温度的设定完成供暖空调系统的运行控制，即当室内温度为 37℃ 时空调系统停止工作，室内温度为 5℃ 时为值班供暖，保证室内温度。

为保证建筑围护结构的热工性能权衡判断计算的基础数据一致，规定权衡判断计算节假日的设置应按照 2013 年国家法定节假日进行设置。学校的暑假假期为 7 月 15 日至 8 月 25 日，寒假假期为 1 月 15 日至 3 月 1 日。

室内人体、照明和设备的散热中对流和辐射的比例也是影响建筑负荷计算结果的因素，进行建筑围护结构热工性能权衡判断计算时可按表 11 选择。人员的散热量可按照表 12 选取。

表 11　人体、照明、设备散热中对流和辐射的比例

热源	辐射比例（%）	对流比例（%）
照明	67	33
设备	30	70
人体显热	40	60

表 12　人员的散热量和散湿量

类别	显热（W）	潜热（W）	散湿量（g/h）
教学楼	67	41	61
办公建筑、酒店建筑、住院部	66	68	102
商场建筑、门诊楼	64	117	175

B. 0. 5 围护结构的做法对围护结构的传热系数、热惰性等产生影响。当计算建筑物能耗时采用相同传热系数，不同做法的围护结构其计算结果会存在一定的差异。因此规定参照建筑的围护结构做法应与设计建筑一致，参照建筑的围护结构的传热系数应采用与设计建筑相同的围护结构做法并通过调整围护结构保温层的厚度以满足本标准第 3.3 节的要求。

B. 0. 6 由于提供冷量和热量所消耗能量品位以及供冷系统和供热系统能源效率的差异，因此以建筑物供冷和供热能源消耗量作为权衡判断的依据。在建筑能耗模拟计算中，如果通过动态计算的方法，根据建筑逐时负荷计算建筑能耗，涉及末端、输配系统、冷热

源的效率，存在一定的难度，需要耗费较大的精力和时间，也难于准确计算。建筑物围护结构热工性能的权衡判断着眼于建筑物围护结构的热工性能，供暖空调系统等建筑能源系统不参与权衡判断。为消除无关因素影响、简化计算、减低计算难度，本标准采用统一的系统综合效率简化计算供暖空调系统能耗。

本条的目的在于使用相同的系统效率将设计建筑和参照建筑的累计耗热量和累计耗冷量计算成设计建筑和参照建筑的供暖耗电量和供冷耗电量，为权衡判断提供依据。

本条针对不同气候区的特点约定了不同的标准供暖系统和供冷系统形式。空气调节系统冷源统一采用电驱动冷水机组；严寒地区、寒冷地区供暖系统热源采用燃煤锅炉；夏热冬冷地区、夏热冬暖地区、温和地区供暖系统热源采用燃气锅炉。

需要说明的是，进行权衡判断计算时，计算的并非实际的供暖和空调能耗，而是在标准规定的工况下的能耗，是用于权衡判断的依据，不能用作衡量建筑的实际能耗。

附录 D　管道与设备保温及保冷厚度

D. 0. 1 热价 35 元/GJ 相当于城市供热；热价 85 元/GJ 相当于天然气供热。表 D. 0. 1 的制表条件为：

1 按经济厚度计算，还贷期 6 年，利息 10%，使用期 120d（2880h）。

2 柔性泡沫橡塑导热系数按下式计算：

$$\lambda = 0.034 + 0.00013 t_m \qquad (10)$$

式中：λ——导热系数［W/(m・K)］；

t_m——绝热层平均温度℃。

3 离心玻璃棉导热系数按下式计算：

$$\lambda = 0.031 + 0.00017 t_m \qquad (11)$$

4 室内环境温度 20℃，风速 0m/s。

5 室外环境温度 0℃，风速 3m/s；当室外温度非 0℃时，实际采用的绝热厚度按下式修正：

$$\delta' = [(T_o - T_w)/T_o]^{0.36} \cdot \delta \qquad (12)$$

式中：δ——室外环境温度 0℃ 时的查表厚度（mm）；

T_o——管内介质温度（℃）；

T_w——实际使用期室外平均环境温度（℃）。

D. 0. 2 较干燥地区，指室内机房环境温度不高于 31℃、相对湿度不大于 75%；较潮湿地区，指室内机房环境温度不高于 33℃、相对湿度不大于 80%；各城市或地区可对照使用。表 D. 0. 2 的制表条件为：

1 按同时满足经济厚度和防结露要求计算绝热厚度。冷价 75 元/GJ，还贷期 6 年，利息 10%；使用期 120d（2880h）。

2 柔性泡沫橡塑、离心玻璃棉导热系数计算公式应符合本标准第 D. 0. 1 条规定；聚氨酯发泡导热系

数应按下式计算：

$$\lambda = 0.0275 + 0.00009t_m \qquad (13)$$

D. 0.3 表 D. 0. 3 的制表条件为：

1 柔性泡沫橡塑、离心玻璃棉导热系数计算公式同式（10）、式（11）；

2 环境温度 5℃，热价 85 元/GJ，还贷期 6 年，利息 10%。

D. 0. 4 表 D. 0. 4 的制表条件为：

1 室内环境温度：供冷风时，26℃；供暖风时，温度 20℃；

2 冷价 75 元/GJ，热价 85 元/GJ。

中华人民共和国国家标准

地源热泵系统工程技术规范

Technical code for ground-source heat pump system

GB 50366—2005

（2009 年版）

主编部门：中华人民共和国建设部
批准部门：中华人民共和国建设部
施行日期：２００６年１月１日

中华人民共和国住房和城乡建设部
公 告

第 234 号

关于发布国家标准《地源热泵系统
工程技术规范》局部修订的公告

现批准《地源热泵系统工程技术规范》GB 50366-2005 局部修订的条文，自 2009 年 6 月 1 日起实施。经此次修改的原条文同时废止。

局部修订的条文及具体内容，将在近期出版的

《工程建设标准化》刊物上登载。

2009 年 3 月 10 日

修 订 说 明

本次局部修订系根据原建设部《关于印发〈2008年工程建设标准规范制订、修订计划（第一批）〉的通知》（建标〔2008〕102 号）的要求，由中国建筑科学研究院会同有关单位对《地源热泵系统工程技术规范》GB 50366-2005 进行修订而成。

《地源热泵系统工程技术规范》GB 50366-2005自实施以来，对地源热泵空调技术在我国健康快速的发展和应用起到了很好的指导和规范作用。然而，随着地埋管地源热泵系统研究和应用的不断深入，如何正确获得岩土热物性参数，并用来指导地源热泵系统的设计，《规范》中并没有明确的条文。因此，在实际的地埋管地源热泵系统的设计和应用中，存在有一定的盲目性和随意性：①简单地按照每延米换热量来指导地埋管地源热泵系统的设计和应用，给地埋管地源热泵系统的长期稳定运行埋下了很多隐患。②没有统一的规范对岩土热响应试验的方法和手段进行指导和约束，造成岩土热物性参数测试结果不一致，致使地埋管地源热泵系统在应用过程中存在一些争议。

为了使《地源热泵系统工程技术规范》GB 50366-2005 更加完善合理，统一规范岩土热响应试验方法，正确指导地埋管地源热泵系统的设计和应用，本次修订增加补充了岩土热响应试验方法及相关内容，并在此基础上，对相关条文进行了修订。其内容统计如下：

1. 在第 2 章中，增加第 2.0.25 条、第 2.0.26条、第 2.0.27 条、第 2.0.28 条及其条文说明。

2. 在第 3 章中，增加第 3.2.2A 条和第 3.2.2B

条及其条文说明。

3. 在第 4 章中，增加第 4.3.5A 条及其条文说明，对第 4.3.13 条进行了修订，对第 4.3.14 条中的公式（4）进行修改。

4. 增加附录 C：岩土热响应试验。

本规范中下划线为修改的内容；用黑体字表示的条文为强制性条文，必须严格执行。

本次局部修订的主编单位：中国建筑科学研究院

本次局部修订的参编单位：山东建筑大学、际高建业有限公司、北京计科地源热泵科技有限公司、北京恒有源科技发展有限公司、清华同方人工环境有限公司、北京市地质勘察技术院、中国地质调查局浅层地热能研究与推广中心、山东富尔达空调设备有限公司、湖北风神净化空调设备工程有限公司、河北工程大学、克莱门特捷联制冷设备（上海）有限公司、武汉金牛经济发展有限公司、广州从化中宇冷气科技发展有限公司、湖南凌天科技有限公司、北京依科瑞德地源科技有限责任公司、济南泰勒斯工程有限公司、山东亚特尔集团股份有限公司

本次局部修订的主要起草人：徐伟、邹瑜、刁乃仁、丛旭日、李元普、孙骥、于卫平、冉伟彦、冯晓梅、高翀、郁松涛、王侃宏、王付立、朱剑锋、魏艳萍、覃志成、林宣军、朱清宇、沈亮、吕晓辰、李文伟、苏存堂、顾业锋、郑良村、袁东立、冯婷婷

本次局部修订的主要审查人员：许文发、王秉忱、马最良、徐宏庆、王贵玲、胡松涛、李著萱、郝军、王勇

中华人民共和国建设部
公　告

第 386 号

建设部关于发布国家标准
《地源热泵系统工程技术规范》的公告

现批准《地源热泵系统工程技术规范》为国家标准，编号为 GB 50366－2005，自 2006 年 1 月 1 日起实施。其中，第 3.1.1、5.1.1 条为强制性条文，必须严格执行。

本规范由建设部标准定额研究所组织中国建筑工业出版社出版发行。

中华人民共和国建设部

2005 年 11 月 30 日

前　　言

根据建设部建标 ［2003］ 104 号文件和建标标便 (2005) 28 号文件的要求，由中国建筑科学研究院会同有关单位共同编制了本规范。

在规范编制过程中，编制组进行了广泛深入的调查研究，认真总结了当前地源热泵系统应用的实践经验，吸收了发达国家相关标准和先进技术经验，并在广泛征求意见的基础上，通过反复讨论、修改与完善，制定了本规范。

本规范共分 8 章和 2 个附录。主要内容是：总则，术语，工程勘察，地埋管换热系统，地下水换热系统，地表水换热系统，建筑物内系统及整体运转、调试与验收。

本规范中用黑体字标志的条文为强制性条文，必须严格执行。

本规范由建设部负责管理和对强制性条文的解释，中国建筑科学研究院负责具体技术内容的解释。

本规范在执行过程中，请各单位注意总结经验，积累资料，随时将有关意见和建议反馈给中国建筑科学研究院（地址：北京市北三环东路 30 号；邮政编码 100013），以供今后修订时参考。

本规范主编单位：中国建筑科学研究院

本规范参编单位：山东建筑工程学院、际高集团有限公司、北京计科地源热泵科技有限公司、北京恒有源科技发展有限公司、清华同方人工环境有限公司、北京市地质勘察技术院、山东富尔达空调设备有限公司、湖北风神净化空调设备工程有限公司、河北工程学院、克莱门特捷联制冷设备（上海）有限公司、武汉金牛经济发展有限公司、广州从化中宇冷气科技发展有限公司、湖南凌天科技有限公司

本规范主要起草人：徐　伟　邹　瑜　刁乃仁
丛旭日　李元普　孙　骥
于卫平　冉伟彦　冯晓梅
高　翀　郁松涛　王侃宏
王付立　朱剑锋　魏艳萍
覃志成　林宣军

目　次

1　总则 ································· 5—5

2　术语 ································· 5—5

3　工程勘察 ··························· 5—6

  3.1　一般规定 ····················· 5—6

  3.2　地埋管换热系统勘察 ·········· 5—6

  3.3　地下水换热系统勘察 ·········· 5—6

  3.4　地表水换热系统勘察 ·········· 5—6

4　地埋管换热系统 ··················· 5—7

  4.1　一般规定 ····················· 5—7

  4.2　地埋管管材与传热介质 ········ 5—7

  4.3　地埋管换热系统设计 ·········· 5—7

  4.4　地埋管换热系统施工 ·········· 5—8

  4.5　地埋管换热系统的检验与验收 ··· 5—8

5　地下水换热系统 ··················· 5—8

  5.1　一般规定 ····················· 5—8

  5.2　地下水换热系统设计 ·········· 5—9

  5.3　地下水换热系统施工 ·········· 5—9

  5.4　地下水换热系统检验与验收 ···· 5—9

6　地表水换热系统 ··················· 5—9

  6.1　一般规定 ····················· 5—9

  6.2　地表水换热系统设计 ·········· 5—9

  6.3　地表水换热系统施工 ·········· 5—9

  6.4　地表水换热系统检验与验收 ···· 5—10

7　建筑物内系统 ····················· 5—10

  7.1　建筑物内系统设计 ············ 5—10

  7.2　建筑物内系统施工、检验与
　　　　验收 ······················· 5—10

8　整体运转、调试与验收 ············ 5—10

附录A　地埋管外径及壁厚 ··········· 5—11

附录B　竖直地埋管换热器的设计
　　　　计算 ······················· 5—12

附录C　岩土热响应试验(新增) ········· 5—13

本规范用词说明 ····················· 5—13

附：条文说明 ······················· 5—14

1 总　则

1.0.1 为使地源热泵系统工程设计、施工及验收，做到技术先进、经济合理、安全适用，保证工程质量，制定本规范。

1.0.2 本规范适用于以岩土体、地下水、地表水为低温热源，以水或添加防冻剂的水溶液为传热介质，采用蒸气压缩热泵技术进行供热、空调或加热生活热水的系统工程的设计、施工及验收。

1.0.3 地源热泵系统工程设计、施工及验收除应符合本规范外，尚应符合国家现行有关标准的规定。

2　术　语

2.0.1 地源热泵系统 ground-source heat pump system

以岩土体、地下水或地表水为低温热源，由水源热泵机组、地热能交换系统、建筑物内系统组成的供热空调系统。根据地热能交换系统形式的不同，地源热泵系统分为地埋管地源热泵系统、地下水地源热泵系统和地表水地源热泵系统。

2.0.2 水源热泵机组 water-source heat pump unit

以水或添加防冻剂的水溶液为低温热源的热泵。通常有水/水热泵、水/空气热泵等形式。

2.0.3 地热能交换系统 geothermal exchange system

将浅层地热能资源加以利用的热交换系统。

2.0.4 浅层地热能资源 shallow geothermal resources

蕴藏在浅层岩土体、地下水或地表水中的热能资源。

2.0.5 传热介质 heat-transfer fluid

地源热泵系统中，通过换热管与岩土体、地下水或地表水进行热交换的一种液体。一般为水或添加防冻剂的水溶液。

2.0.6 地埋管换热系统 ground heat exchanger system

传热介质通过竖直或水平地埋管换热器与岩土体进行热交换的地热能交换系统，又称土壤热交换系统。

2.0.7 地埋管换热器 ground heat exchanger

供传热介质与岩土体换热用的，由埋于地下的密闭循环管组构成的换热器，又称土壤热交换器。根据管路埋置方式不同，分为水平地埋管换热器和竖直地埋管换热器。

2.0.8 水平地埋管换热器 horizontal ground heat exchanger

换热管路埋置在水平管沟内的地埋管换热器，又称水平土壤热交换器。

2.0.9 竖直地埋管换热器 vertical ground heat exchanger

换热管路埋置在竖直钻孔内的地埋管换热器，又称竖直土壤热交换器。

2.0.10 地下水换热系统 groundwater system

与地下水进行热交换的地热能交换系统，分为直接地下水换热系统和间接地下水换热系统。

2.0.11 直接地下水换热系统 direct closed-loop groundwater system

由抽水井取出的地下水，经处理后直接流经水源热泵机组热交换后返回地下同一含水层的地下水换热系统。

2.0.12 间接地下水换热系统 indirect closed-loop groundwater system

由抽水井取出的地下水经中间换热器热交换后返回地下同一含水层的地下水换热系统。

2.0.13 地表水换热系统 surface water system

与地表水进行热交换的地热能交换系统，分为开式地表水换热系统和闭式地表水换热系统。

2.0.14 开式地表水换热系统 open-loop surface water system

地表水在循环泵的驱动下，经处理直接流经水源热泵机组或通过中间换热器进行热交换的系统。

2.0.15 闭式地表水换热系统 closed-loop surface water system

将封闭的换热盘管按照特定的排列方法放入具有一定深度的地表水体中，传热介质通过换热管管壁与地表水进行热交换的系统。

2.0.16 环路集管 circuit header

连接各并联环路的集合管，通常用来保证各并联环路流量相等。

2.0.17 含水层 aquifer

导水的饱和岩土层。

2.0.18 井身结构 well structure

构成钻孔柱状剖面技术要素的总称，包括钻孔结构、井壁管、过滤管、沉淀管、管外滤料及止水封井段的位置等。

2.0.19 抽水井 production well

用于从地下含水层中取水的井。

2.0.20 回灌井 injection well

用于向含水层灌注回水的井。

2.0.21 热源井 heat source well

用于从地下含水层中取水或向含水层灌注回水的井，是抽水井和回灌井的统称。

2.0.22 抽水试验 pumping test

一种在井中进行计时计量抽取地下水，并测量水位变化的过程，目的是了解含水层富水性，并获取水文地质参数。

2.0.23 回灌试验 injection test

一种向井中连续注水，使井内保持一定水位，或计量注水、记录水位变化来测定含水层渗透性、注水量和水文地质参数的试验。

2.0.24 岩土体 rock-soil body

岩石和松散沉积物的集合体，如砂岩、砂砾石、土壤等。

2.0.25 岩土热响应试验 rock-soil thermal response test

通过测试仪器，对项目所在场区的测试孔进行一定时间的连续加热，获得岩土综合热物性参数及岩土初始平均温度的试验。

2.0.26 岩土综合热物性参数 parameter of the rock-soil thermal properties

是指不含回填材料在内的，地埋管换热器深度范围内，岩土的综合导热系数、综合比热容。

2.0.27 岩土初始平均温度 initial average temperature of the rock-soil

从自然地表下 10～20m 至竖直地埋管换热器埋设深度范围内，岩土常年恒定的平均温度。

2.0.28 测试孔 vertical testing exchanger

按照测试要求和拟采用的成孔方案，将用于岩土热响应试验的竖直地埋管换热器称为测试孔。

3 工程勘察

3.1 一般规定

3.1.1 地源热泵系统方案设计前，应进行工程场地状况调查，并应对浅层地热能资源进行勘察。

3.1.2 对已具备水文地质资料或附近有水井的地区，应通过调查获取水文地质资料。

3.1.3 工程勘察应由具有勘察资质的专业队伍承担。工程勘察完成后，应编写工程勘察报告，并对资源可利用情况提出建议。

3.1.4 工程场地状况调查应包括下列内容：

　　1 场地规划面积、形状及坡度；

　　2 场地内已有建筑物和规划建筑物的占地面积及其分布；

　　3 场地内树木植被、池塘、排水沟及架空输电线、电信电缆的分布；

　　4 场地内已有的、计划修建的地下管线和地下构筑物的分布及其埋深；

　　5 场地内已有水井的位置。

3.2 地埋管换热系统勘察

3.2.1 地埋管地源热泵系统方案设计前，应对工程场区内岩土体地质条件进行勘察。

3.2.2 地埋管换热系统勘察应包括下列内容：

　　1 岩土层的结构；

　　2 岩土体热物性；

　　3 岩土体温度；

　　4 地下水静水位、水温、水质及分布；

　　5 地下水径流方向、速度；

　　6 冻土层厚度。

3.2.2A 当地埋管地源热泵系统的应用建筑面积在 3000～5000m² 时，宜进行岩土热响应试验；当应用建筑面积大于等于 5000m² 时，应进行岩土热响应试验。

3.2.2B 岩土热响应试验应符合附录 C 的规定，测试仪器仪表应具有有效期内的检验合格证、校准证书或测试证书。

3.3 地下水换热系统勘察

3.3.1 地下水地源热泵系统方案设计前，应根据地源热泵系统对水量、水温和水质的要求，对工程场区的水文地质条件进行勘察。

3.3.2 地下水换热系统勘察应包括下列内容：

　　1 地下水类型；

　　2 含水层岩性、分布、埋深及厚度；

　　3 含水层的富水性和渗透性；

　　4 地下水径流方向、速度和水力坡度；

　　5 地下水水温及其分布；

　　6 地下水水质；

　　7 地下水水位动态变化。

3.3.3 地下水换热系统勘察应进行水文地质试验。试验应包括下列内容：

　　1 抽水试验；

　　2 回灌试验；

　　3 测量出水水温；

　　4 取分层水样并化验分析分层水质；

　　5 水流方向试验；

　　6 渗透系数计算。

3.3.4 当地下水换热系统的勘察结果符合地源热泵系统要求时，应采用成井技术将水文地质勘探孔完善成热源井加以利用。成井过程应由水文地质专业人员进行监理。

3.4 地表水换热系统勘察

3.4.1 地表水地源热泵系统方案设计前，应对工程场区地表水源的水文状况进行勘察。

3.4.2 地表水换热系统勘察应包括下列内容：

　　1 地表水水源性质、水面用途、深度、面积及其分布；

　　2 不同深度的地表水水温、水位动态变化；

　　3 地表水流速和流量动态变化；

　　4 地表水水质及其动态变化；

　　5 地表水利用现状；

　　6 地表水取水和回水的适宜地点及路线。

4 地埋管换热系统

4.1 一般规定

4.1.1 地埋管换热系统设计前，应根据工程勘察结果评估地埋管换热系统实施的可行性及经济性。

4.1.2 地埋管换热系统施工时，严禁损坏既有地下管线及构筑物。

4.1.3 地埋管换热器安装完成后，应在埋管区域做出标志或标明管线的定位带，并应采用2个现场的永久目标进行定位。

4.2 地埋管管材与传热介质

4.2.1 地埋管及管件应符合设计要求，且应具有质量检验报告和生产厂的合格证。

4.2.2 地埋管管材及管件应符合下列规定：

1 地埋管应采用化学稳定性好、耐腐蚀、导热系数大、流动阻力小的塑料管材及管件，宜采用聚乙烯管（PE80或PE100）或聚丁烯管（PB），不宜采用聚氯乙烯（PVC）管。管件与管材应为相同材料。

2 地埋管质量应符合国家现行标准中的各项规定。管材的公称压力及使用温度应满足设计要求，且管材的公称压力不应小于1.0MPa。地埋管外径及壁厚可按本规范附录A的规定选用。

4.2.3 传热介质应以水为首选，也可选用符合下列要求的其他介质：

1 安全，腐蚀性弱，与地埋管管材无化学反应；

2 较低的冰点；

3 良好的传热特性，较低的摩擦阻力；

4 易于购买、运输和储藏。

4.2.4 在有可能冻结的地区，传热介质应添加防冻剂。防冻剂的类型、浓度及有效期应在充注阀处注明。

4.2.5 添加防冻剂后的传热介质的冰点宜比设计最低运行水温低3～5℃。选择防冻剂时，应同时考虑防冻剂对管道与管件的腐蚀性，防冻剂的安全性、经济性及其对换热的影响。

4.3 地埋管换热系统设计

4.3.1 地埋管换热系统设计前应明确待埋管区域内各种地下管线的种类、位置及深度，预留未来地下管线所需的埋管空间及埋管区域进出重型设备的车道位置。

4.3.2 地埋管换热系统设计应进行全年动态负荷计算，最小计算周期宜为1年。计算周期内，地源热泵系统总释热量宜与其总吸热量相平衡。

4.3.3 地埋管换热器换热量应满足地源热泵系统最大吸热量或释热量的要求。在技术经济合理时，可采

用辅助热源或冷却源与地埋管换热器并用的调峰形式。

4.3.4 地埋管换热器应根据可使用地面面积、工程勘察结果及挖掘成本等因素确定埋管方式。

4.3.5 地埋管换热器设计计算宜根据现场实测岩土体及回填料热物性参数，采用专用软件进行。竖直地埋管换热器的设计也可按本规范附录B的方法进行计算。

4.3.5A 当地埋管地源热泵系统的应用建筑面积在5000m² 以上，或实施了岩土热响应试验的项目，应利用岩土热响应试验结果进行地埋管换热器的设计，且宜符合下列要求：

1 夏季运行期间，地埋管换热器出口最高温度宜低于33℃；

2 冬季运行期间，不添加防冻剂的地埋管换热器进口最低温度宜高于4℃。

4.3.6 地埋管换热器设计计算时，环路集管不应包括在地埋管换热器长度内。

4.3.7 水平地埋管换热器可不设坡度。最上层埋管顶部应在冻土层以下0.4m，且距地面不宜小于0.8m。

4.3.8 竖直地埋管换热器埋管深度宜大于20m，钻孔孔径不宜小于0.11m，钻孔间距应满足换热需要，间距宜为3～6m。水平连接管的深度应在冻土层以下0.6m，且距地面不宜小于1.5m。

4.3.9 地埋管换热器管内流体应保持紊流流态，水平环路集管坡度宜为0.002。

4.3.10 地埋管环路两端应分别与供、回水环路集管相连接，且宜同程布置。每对供、回水环路集管连接的地埋管环路数宜相等。供、回水环路集管的间距不应小于0.6m。

4.3.11 地埋管换热器安装位置应远离水井及室外排水设施，并宜靠近机房或以机房为中心设置。

4.3.12 地埋管换热系统应设自动充液及泄漏报警系统。需要防冻的地区，应设防冻保护装置。

4.3.13 地埋管换热系统应根据地质特征确定回填料配方，回填料的导热系数不宜低于钻孔外或沟槽外岩土体的导热系数。

4.3.14 地埋管换热系统设计时应根据实际选用的传热介质的水力特性进行水力计算。

4.3.15 地埋管换热系统宜采用变流量设计。

4.3.16 地埋管换热系统设计时应考虑地埋管换热器的承压能力，若建筑物内系统压力超过地埋管换热器的承压能力时，应设中间换热器将地埋管换热器与建筑物内系统分开。

4.3.17 地埋管换热系统宜设置反冲洗系统，冲洗流量宜为工作流量的2倍。

4.4 地埋管换热系统施工

4.4.1 地埋管换热系统施工前应具备埋管区域的工程勘察资料、设计文件和施工图纸，并完成施工组织设计。

4.4.2 地埋管换热系统施工前应了解埋管场地内已有地下管线、其他地下构筑物的功能及其准确位置，并应进行地面清理，铲除地面杂草、杂物，平整地面。

4.4.3 地埋管换热系统施工过程中，应严格检查并做好管材保护工作。

4.4.4 管道连接应符合下列规定：

1 埋地管道应采用热熔或电熔连接。聚乙烯管道连接应符合国家现行标准《埋地聚乙烯给水管道工程技术规程》CJJ 101 的有关规定；

2 竖直地埋管换热器的 U 形弯管接头，宜选用定型的 U 形弯头成品件，不宜采用直管道撖制弯头；

3 竖直地埋管换热器 U 形管的组对长度应能满足插入钻孔后与环路集管连接的要求，组对好的 U 形管的两开口端部，应及时密封。

4.4.5 水平地埋管换热器铺设前，沟槽底部应先铺设相当于管径厚度的细砂。水平地埋管换热器安装时，应防止石块等重物撞击管身。管道不应有折断、扭结等问题，转弯处应光滑，且应采取固定措施。

4.4.6 水平地埋管换热器回填料应细小、松散、均匀，且不应含石块及土块。回填压实过程应均匀，回填料应与管道接触紧密，且不得损伤管道。

4.4.7 竖直地埋管换热器 U 形管安装应在钻孔钻好且孔壁固化后立即进行。当钻孔孔壁不牢固或者存在孔洞、洞穴等导致成孔困难时，应设护壁套管。下管过程中，U 形管内宜充满水，并应采取措施使 U 形管两支管处于分开状态。

4.4.8 竖直地埋管换热器 U 形管安装完毕后，应立即灌浆回填封孔。当埋管深度超过 40m 时，灌浆回填应在周围临近钻孔均钻凿完毕后进行。

4.4.9 竖直地埋管换热器灌浆回填料宜采用膨润土和细砂（或水泥）的混合浆或专用灌浆材料。当地埋管换热器设在密实或坚硬的岩土体中时，宜采用水泥基料灌浆回填。

4.4.10 地埋管换热器安装前后均应对管道进行冲洗。

4.4.11 当室外环境温度低于 0℃ 时，不宜进行地埋管换热器的施工。

4.5 地埋管换热系统的检验与验收

4.5.1 地埋管换热系统安装过程中，应进行现场检验，并应提供检验报告。检验内容应符合下列规定：

1 管材、管件等材料应符合国家现行标准的规定；

2 钻孔、水平埋管的位置和深度、地埋管的直径、壁厚及长度均应符合设计要求；

3 回填料及其配比应符合设计要求；

4 水压试验应合格；

5 各环路流量应平衡，且应满足设计要求；

6 防冻剂和防腐剂的特性及浓度应符合设计要求；

7 循环水流量及进出水温差均应符合设计要求。

4.5.2 水压试验应符合下列规定：

1 试验压力：当工作压力小于等于 1.0MPa 时，应为工作压力的 1.5 倍，且不应小于 0.6MPa；当工作压力大于 1.0MPa 时，应为工作压力加 0.5MPa。

2 水压试验步骤：

 1）竖直地埋管换热器插入钻孔前，应做第一次水压试验。在试验压力下，稳压至少 15min，稳压后压力降不应大于 3%，且无泄漏现象；将其密封后，在有压状态下插入钻孔，完成灌浆之后保压 1h。水平地埋管换热器放入沟槽前，应做第一次水压试验。在试验压力下，稳压至少 15min，稳压后压力降不应大于 3%，且无泄漏现象。

 2）竖直或水平地埋管换热器与环路集管装配完成后，回填前应进行第二次水压试验。在试验压力下，稳压至少 30min，稳压后压力降不应大于 3%，且无泄漏现象。

 3）环路集管与机房分集水器连接完成后，回填前应进行第三次水压试验。在试验压力下，稳压至少 2h，且无泄漏现象。

 4）地埋管换热系统全部安装完毕，且冲洗、排气及回填完成后，应进行第四次水压试验。在试验压力下，稳压至少 12h，稳压后压力降不应大于 3%。

3 水压试验宜采用手动泵缓慢升压，升压过程中应随时观察与检查，不得有渗漏；不得以气压试验代替水压试验。

4.5.3 回填过程的检验应与安装地埋管换热器同步进行。

5 地下水换热系统

5.1 一般规定

5.1.1 地下水换热系统应根据水文地质勘察资料进行设计。必须采取可靠回灌措施，确保置换冷量或热量后的地下水全部回灌到同一含水层，并不得对地下水资源造成浪费及污染。系统投入运行后，应对抽水量、回灌量及其水质进行定期监测。

5.1.2 地下水的持续出水量应满足地源热泵系统最大吸热量或释热量的要求。

5.1.3 地下水供水管、回灌管不得与市政管道连接。

5.2 地下水换热系统设计

5.2.1 热源井的设计单位应具有水文地质勘察资质。

5.2.2 热源井设计应符合现行国家标准《供水管井技术规范》GB 50296 的相关规定，并应包括下列内容：

    1 热源井抽水量和回灌量、水温和水质；

    2 热源井数量、井位分布及取水层位；

    3 井管配置及管材选用，抽灌设备选择；

    4 井身结构、填砾位置、滤料规格及止水材料；

    5 抽水试验和回灌试验要求及措施；

    6 井口装置及附属设施。

5.2.3 热源井设计时应采取减少空气侵入的措施。

5.2.4 抽水井与回灌井宜能相互转换，其间应设排气装置。抽水管和回灌管上均应设置水样采集口及监测口。

5.2.5 热源井数目应满足持续出水量和完全回灌的需求。

5.2.6 热源井位的设置应避开有污染的地面或地层。热源井井口应严格封闭，井内装置应使用对地下水无污染的材料。

5.2.7 热源井井口处应设检查井。井口之上若有构筑物，应留有检修用的足够高度或在构筑物上留有检修口。

5.2.8 地下水换热系统应根据水源水质条件采用直接或间接系统；水系统宜采用变流量设计；地下水供水管道宜保温。

5.3 地下水换热系统施工

5.3.1 热源井的施工队伍应具有相应的施工资质。

5.3.2 地下水换热系统施工前应具备热源井及其周围区域的工程勘察资料、设计文件和施工图纸，并完成施工组织设计。

5.3.3 热源井施工过程中应同时绘制地层钻孔柱状剖面图。

5.3.4 热源井施工应符合现行国家标准《供水管井技术规范》GB 50296 的规定。

5.3.5 热源井在成井后应及时洗井。洗井结束后应进行抽水试验和回灌试验。

5.3.6 抽水试验应稳定延续 12h，出水量不应小于设计出水量，降深不应大于 5m；回灌试验应稳定延续 36h 以上，回灌量应大于设计回灌量。

5.4 地下水换热系统检验与验收

5.4.1 热源井应单独进行验收，且应符合现行国家标准《供水管井技术规范》GB 50296 及《供水水文地质钻探与凿井操作规程》CJJ 13 的规定。

5.4.2 热源井持续出水量和回灌量应稳定，并应满足设计要求。持续出水量和回灌量应符合本规范第 5.3.6 条的规定。

5.4.3 抽水试验结束前应采集水样，进行水质测定和含砂量测定。经处理后的水质应满足系统设备的使用要求。

5.4.4 地下水换热系统验收后，施工单位应提交热源井成井报告。报告应包括管井综合柱状图、洗井、抽水和回灌试验、水质检验及验收资料。

5.4.5 输水管网设计、施工及验收应符合现行国家标准《室外给水设计规范》GB 50013 及《给水排水管道工程施工及验收规范》GB 50268 的规定。

6 地表水换热系统

6.1 一般规定

6.1.1 地表水换热系统设计前，应对地表水地源热泵系统运行对水环境的影响进行评估。

6.1.2 地表水换热系统设计方案应根据水面用途，地表水深度、面积，地表水水质、水位、水温情况综合确定。

6.1.3 地表水换热盘管的换热量应满足地源热泵系统最大吸热量或释热量的需要。

6.2 地表水换热系统设计

6.2.1 开式地表水换热系统取水口应远离回水口，并宜位于回水口上游。取水口应设置污物过滤装置。

6.2.2 闭式地表水换热系统宜为同程系统。每个环路集管内的换热环路数宜相同，且宜并联连接；环路集管布置应与水体形状相适应，供、回水管应分开布置。

6.2.3 地表水换热盘管应牢固安装在水体底部，地表水的最低水位与换热盘管距离不应小于 1.5m。换热盘管设置处水体的静压应在换热盘管的承压范围内。

6.2.4 地表水换热系统可采用开式或闭式两种形式，水系统宜采用变流量设计。

6.2.5 地表水换热盘管管材与传热介质应符合本规范第 4.2 节的规定。

6.2.6 当地表水体为海水时，与海水接触的所有设备、部件及管道应具有防腐、防生物附着的能力；与海水连通的所有设备、部件及管道应具有过滤、清理的功能。

6.3 地表水换热系统施工

6.3.1 地表水换热系统施工前应具备地表水换热系统勘察资料、设计文件和施工图纸，并完成施工组织设计。

6.3.2 地表水换热盘管管材及管件应符合设计要求，且具有质量检验报告和生产厂的合格证。换热盘管宜按照标准长度由厂家做成所需的预制件，且不应有扭曲。

6.3.3 地表水换热盘管固定在水体底部时，换热盘管下应安装衬垫物。

6.3.4 供、回水管进入地表水源处应设明显标志。

6.3.5 地表水换热系统安装过程中应进行水压试验。水压试验应符合本规范第6.4.2条的规定。地表水换热系统安装前后应对管道进行冲洗。

6.4 地表水换热系统检验与验收

6.4.1 地表水换热系统安装过程中，应进行现场检验，并应提供检验报告，检验内容应符合下列规定：

  1 管材、管件等材料应具有产品合格证和性能检验报告；

  2 换热盘管的长度、布置方式及管沟设置应符合设计要求；

  3 水压试验应合格；

  4 各环路流量应平衡，且应满足设计要求；

  5 防冻剂和防腐剂的特性及浓度应符合设计要求；

  6 循环水流量及进出水温差应符合设计要求。

6.4.2 水压试验应符合下列规定：

  1 闭式地表水换热系统水压试验应符合以下规定：

  1）试验压力：当工作压力小于等于1.0MPa时，应为工作压力的1.5倍，且不应小于0.6MPa；当工作压力大于1.0MPa时，应为工作压力加0.5MPa。

  2）水压试验步骤：换热盘管组装完成后，应做第一次水压试验，在试验压力下，稳压至少15min，稳压后压力降不应大于3%，且无泄漏现象；换热盘管与环路集管装配完成后，应进行第二次水压试验，在试验压力下，稳压至少30min，稳压后压力降不应大于3%，且无泄漏现象；环路集管与机房分集水器连接完成后，应进行第三次水压试验，在试验压力下，稳压至少12h，稳压后压力降不应大于3%。

  2 开式地表水换热系统水压试验应符合现行国家标准《通风与空调工程施工质量验收规范》GB 50243的相关规定。

7 建筑物内系统

7.1 建筑物内系统设计

7.1.1 建筑物内系统的设计应符合现行国家标准《采暖通风与空气调节设计规范》GB 50019的规定。其中，涉及生活热水或其他热水供应部分，应符合现行国家标准《建筑给水排水设计规范》GB 50015的规定。

7.1.2 水源热泵机组性能应符合现行国家标准《水源热泵机组》GB/T 19409的相关规定，且应满足地源热泵系统运行参数的要求。

7.1.3 水源热泵机组应具备能量调节功能，且其蒸发器出口应设防冻保护装置。

7.1.4 水源热泵机组及末端设备应按实际运行参数选型。

7.1.5 建筑物内系统应根据建筑的特点及使用功能确定水源热泵机组的设置方式及末端空调系统形式。

7.1.6 在水源热泵机组外进行冷、热转换的地源热泵系统应在水系统上设冬、夏季节的功能转换阀门，并在转换阀门上作出明显标识。地下水或地表水直接流经水源热泵机组的系统应在水系统上预留机组清洗用旁通管。

7.1.7 地源热泵系统在具备供热、供冷功能的同时，宜优先采用地源热泵系统提供（或预热）生活热水，不足部分由其他方式解决。水源热泵系统提供生活热水时，应采用换热设备间接供给。

7.1.8 建筑物内系统设计时，应通过技术经济比较后，增设辅助热源、蓄热（冷）装置或其他节能设施。

7.2 建筑物内系统施工、检验与验收

7.2.1 水源热泵机组、附属设备、管道、管件及阀门的型号、规格、性能及技术参数等应符合设计要求，并具备产品合格证书、产品性能检验报告及产品说明书等文件。

7.2.2 水源热泵机组及建筑物内系统安装应符合现行国家标准《制冷设备、空气分离设备安装工程施工及验收规范》GB 50274及《通风与空调工程施工质量验收规范》GB 50243的规定。

8 整体运转、调试与验收

8.0.1 地源热泵系统交付使用前，应进行整体运转、调试与验收。

8.0.2 地源热泵系统整体运转与调试应符合下列规定：

  1 整体运转与调试前应制定整体运转与调试方案，并报送专业监理工程师审核批准；

  2 水源热泵机组试运转前应进行水系统及风系统平衡调试，确定系统循环总流量、各分支流量及各末端设备流量均达到设计要求；

  3 水力平衡调试完成后，应进行水源热泵机组的试运转，并填写运转记录，运行数据应达到设备技

术要求；

4 水源热泵机组试运转正常后，应进行连续24h的系统试运转，并填写运转记录；

5 地源热泵系统调试应分冬、夏两季进行，且调试结果应达到设计要求。调试完成后应编写调试报告及运行操作规程，并提交甲方确认后存档。

8.0.3 地源热泵系统整体验收前，应进行冬、夏两季运行测试，并对地源热泵系统的实测性能作出评价。

8.0.4 地源热泵系统整体运转、调试与验收除应符合本规范规定外，还应符合现行国家标准《通风与空调工程施工质量验收规范》GB 50243 和《制冷设备、空气分离设备安装工程施工及验收规范》GB 50274 的相关规定。

附录 A 地埋管外径及壁厚

A.0.1 聚乙烯（PE）管外径及公称壁厚应符合表A.0.1的规定。

表 A.0.1 聚乙烯（PE）管外径及公称壁厚（mm）

公称外径 dn	平均外径		公称壁厚/材料等级		
	最小	最大	公 称 压 力		
			1.0MPa	1.25MPa	1.6MPa
20	20.0	20.3	—	—	—
25	25.0	25.3	—	$2.3^{+0.5}$/PE80	—
32	32.0	32.3	—	$3.0^{+0.5}$/PE80	$3.0^{+0.5}$/PE100
40	40.0	40.4	—	$3.7^{+0.6}$/PE80	$3.7^{+0.6}$/PE100
50	50.0	50.5	—	$4.6^{+0.7}$/PE80	$4.6^{+0.7}$/PE100
63	63.0	63.6	$4.7^{+0.8}$/PE80	$4.7^{+0.8}$/PE100	$5.8^{+0.9}$/PE100
75	75.0	75.7	$4.5^{+0.7}$/PE100	$5.6^{+0.9}$/PE100	$6.8^{+1.1}$/PE100
90	90.0	90.9	$5.4^{+0.9}$/PE100	$6.7^{+1.1}$/PE100	$8.2^{+1.3}$/PE100
110	110.0	111.0	$6.6^{+1.1}$/PE100	$8.1^{+1.3}$/PE100	$10.0^{+1.5}$/PE100
125	125.0	126.2	$7.4^{+1.2}$/PE100	$9.2^{+1.4}$/PE100	$11.4^{+1.8}$/PE100
140	140.0	141.3	$8.3^{+1.3}$/PE100	$10.3^{+1.6}$/PE100	$12.7^{+2.0}$/PE100
160	160.0	161.5	$9.5^{+1.5}$/PE100	$11.8^{+1.8}$/PE100	$14.6^{+2.2}$/PE100
180	180.0	181.7	$10.7^{+1.7}$/PE100	$13.3^{+2.0}$/PE100	$16.4^{+3.2}$/PE100
200	200.0	201.8	$11.9^{+1.8}$/PE100	$14.7^{+2.3}$/PE100	$18.2^{+3.6}$/PE100
225	225.0	227.1	$13.4^{+2.1}$/PE100	$16.6^{+3.3}$/PE100	$20.5^{+4.0}$/PE100
250	250.0	252.3	$14.8^{+2.3}$/PE100	$18.4^{+3.6}$/PE100	$22.7^{+4.5}$/PE100
280	280.0	282.6	$16.6^{+3.3}$/PE100	$20.6^{+4.1}$/PE100	$25.4^{+5.0}$/PE100
315	315.0	317.9	$18.7^{+3.7}$/PE100	$23.2^{+4.6}$/PE100	$28.6^{+5.7}$/PE100
355	355.0	358.2	$21.1^{+4.2}$/PE100	$26.1^{+5.2}$/PE100	$32.2^{+6.4}$/PE100
400	400.0	403.6	$23.7^{+4.7}$/PE100	$29.4^{+5.8}$/PE100	$36.3^{+7.2}$/PE100

A.0.2 聚丁烯（PB）管外径及公称壁厚应符合表A.0.2的规定。

表 A.0.2 聚丁烯（PB）管外径及公称壁厚（mm）

公称外径 dn	平均外径		公称壁厚
	最小	最大	
20	20.0	20.3	$1.9^{+0.3}$
25	25.0	25.3	$2.3^{+0.4}$
32	32.0	32.3	$2.9^{+0.4}$
40	40.0	40.4	$3.7^{+0.5}$
50	49.9	50.5	$4.6^{+0.6}$

续表 A.0.2

公称外径 dn	平均外径		公称壁厚
	最小	最大	
63	63.0	63.6	$5.8^{+0.7}$
75	75.0	75.7	$6.8^{+0.8}$
90	90.0	90.9	$8.2^{+1.0}$
110	110.0	111.0	$10.0^{+1.1}$
125	125.0	126.2	$11.4^{+1.3}$
140	140.0	141.3	$12.7^{+1.4}$
160	160.0	161.5	$14.6^{+1.6}$

附录 B 竖直地埋管换热器的设计计算

B. 0. 1 竖直地埋管换热器的热阻计算宜符合下列要求：

1 传热介质与 U 形管内壁的对流换热热阻可按下式计算：

$$R_f = \frac{1}{\pi d_i K} \qquad (B.0.1-1)$$

式中 R_f——传热介质与 U 形管内壁的对流换热热阻（m·K/W）；

d_i——U 形管的内径（m）；

K——传热介质与 U 形管内壁的对流换热系数 [W/(m²·K)]。

2 U 形管的管壁热阻可按下列公式计算：

$$R_{pe} = \frac{1}{2\pi\lambda_p}\ln\left(\frac{d_e}{d_e-(d_o-d_i)}\right) \quad (B.0.1-2)$$

$$d_e = \sqrt{n}d_o \qquad (B.0.1-3)$$

式中 R_{pe}——U 形管的管壁热阻（m·K/W）；

λ_p——U 形管导热系数 [W/(m·K)]；

d_o——U 形管的外径（m）；

d_e——U 形管的当量直径（m）；对单 U 形管，$n=2$；对双 U 形管，$n=4$。

3 钻孔灌浆回填材料的热阻可按下式计算：

$$R_b = \frac{1}{2\pi\lambda_b}\ln\left(\frac{d_b}{d_e}\right) \qquad (B.0.1-4)$$

式中 R_b——钻孔灌浆回填材料的热阻（m·K/W）；

λ_b——灌浆材料导热系数 [W/(m·K)]；

d_b——钻孔的直径（m）。

4 地层热阻，即从孔壁到无穷远处的热阻可按下列公式计算：

对于单个钻孔：

$$R_s = \frac{1}{2\pi\lambda_s}I\left(\frac{r_b}{2\sqrt{a\tau}}\right) \qquad (B.0.1-5)$$

$$I(u) = \frac{1}{2}\int_u^\infty \frac{e^{-s}}{s}ds \qquad (B.0.1-6)$$

对于多个钻孔：

$$R_s = \frac{1}{2\pi\lambda_s}\left[I\left(\frac{r_b}{2\sqrt{a\tau}}\right)+\sum_{i=2}^N I\left(\frac{x_i}{2\sqrt{a\tau}}\right)\right]$$

$$(B.0.1-7)$$

式中 R_s——地层热阻（m·K/W）；

I——指数积分公式，可按公式（B.0.1-6）计算；

λ_s——岩土体的平均导热系数 [W/(m·K)]；

a——岩土体的热扩散率（m²/s）；

r_b——钻孔的半径（m）；

τ——运行时间（s）；

x_i——第 i 个钻孔与所计算钻孔之间的距离（m）。

5 短期连续脉冲负荷引起的附加热阻可按下式计算：

$$R_{sp} = \frac{1}{2\pi\lambda_s}I\left(\frac{r_b}{2\sqrt{a\tau_p}}\right) \qquad (B.0.1-8)$$

式中 R_{sp}——短期连续脉冲负荷引起的附加热阻（m·K/W）；

τ_p——短期脉冲负荷连续运行的时间，例如 8h。

B. 0. 2 竖直地埋管换热器钻孔的长度计算宜符合下列要求：

1 制冷工况下，竖直地埋管换热器钻孔的长度可按下式计算：

$$L_c = \frac{1000Q_c[R_f+R_{pe}+R_b+R_s\times F_c+R_{sp}\times(1-F_c)]}{(t_{max}-t_\infty)}\left(\frac{EER+1}{EER}\right)$$

$$(B.0.2-1)$$

$$F_c = T_{c1}/T_{c2} \qquad (B.0.2-2)$$

式中 L_c——制冷工况下，竖直地埋管换热器所需钻孔的总长度（m）；

Q_c——水源热泵机组的额定冷负荷（kW）；

EER——水源热泵机组的制冷性能系数；

t_{max}——制冷工况下，地埋管换热器中传热介质的设计平均温度，通常取33~36℃；

t_∞——埋管区域岩土体的初始温度（℃）；

F_c——制冷运行份额；

T_{c1}——一个制冷季中水源热泵机组的运行小时数，当运行时间取一个月时，T_{c1} 为最热月份水源热泵机组的运行小时数；

T_{c2}——一个制冷季中的小时数，当运行时间取一个月时，T_{c2} 为最热月份的小时数。

2 供热工况下，竖直地埋管换热器钻孔的长度可按下式计算：

$$L_h = \frac{1000Q_h[R_f+R_{pe}+R_b+R_s\times F_h+R_{sp}\times(1-F_h)]}{(t_\infty-t_{min})}\left(\frac{COP-1}{COP}\right)$$

$$(B.0.2-3)$$

$$F_h = T_{h1}/T_{h2} \qquad (B.0.2-4)$$

式中 L_h——供热工况下，竖直地埋管换热器所需钻孔的总长度（m）；

Q_h——水源热泵机组的额定热负荷（kW）；

COP——水源热泵机组的供热性能系数；

t_{min}——供热工况下，地埋管换热器中传热介质的设计平均温度，通常取−2~6℃；

F_h——供热运行份额；

T_{h1}——一个供热季中水源热泵机组的运行小时数；当运行时间取一个月时，T_{h1} 为最冷月份水源热泵机组的运行小时数；

T_{h2}——一个供热季中的小时数；当运行时间取一个月时，T_{h2} 为最冷月份的小时数。

附录 C 岩土热响应试验（新增）

C.1 一般规定

C.1.1 在岩土热响应试验之前，应对测试地点进行实地的勘察，根据地质条件的复杂程度，确定测试孔的数量和测试方案。地埋管地源热泵系统的应用建筑面积大于或等于 $10000m^2$ 时，测试孔的数量不应少于 2 个。对 2 个及以上测试孔的测试，其测试结果应取算术平均值。

C.1.2 在岩土热响应试验之前应通过钻孔勘察，绘制项目场区钻孔地质综合柱状图。

C.1.3 岩土热响应试验应包括下列内容：

1 岩土初始平均温度；

2 地埋管换热器的循环水进出口温度、流量以及试验过程中向地埋管换热器施加的加热功率。

C.1.4 岩土热响应试验报告应包括下列内容：

1 项目概况；

2 测试方案；

3 参考标准；

4 测试过程中参数的连续记录，应包括：循环水流量、加热功率、地埋管换热器的进出口水温；

5 项目所在地岩土柱状图；

6 岩土热物性参数；

7 测试条件下，钻孔单位延米换热量参考值。

C.1.5 测试现场应提供稳定的电源，具备可靠的测试条件。

C.1.6 在对测试设备进行外部连接时，应遵循先接水后接电的原则。

C.1.7 测试孔的施工应由具有相应资质的专业队伍承担。

C.1.8 连接应减少弯头、变径，连接管外露部分应保温，保温层厚度不应小于 10mm。

C.1.9 岩土热响应的测试过程应遵守国家和地方有关安全、劳动保护、防火、环境保护等方面的规定。

C.2 测试仪表

C.2.1 在输入电压稳定的情况下，加热功率的测量误差不应大于 ±1%。

C.2.2 流量的测量误差不应大于 ±1%。

C.2.3 温度的测量误差不应大于 ±0.2℃。

C.3 岩土热响应试验方法

C.3.1 岩土热响应试验的测试过程，应遵循下列步骤：

1 制作测试孔；

2 平整测试孔周边场地，提供水电接驳点；

3 测试岩土初始温度；

4 测试仪器与测试孔的管道连接；

5 水电等外部设备连接完毕后，应对测试设备本身以及外部设备的连接再次进行检查；

6 启动电加热、水泵等试验设备，待设备运转稳定后开始读取记录试验数据；

7 岩土热响应试验过程中，应做好对试验设备的保护工作；

8 提取试验数据，分析计算得出岩土综合热物性参数；

9 测试试验完成后，对测试孔应做好防护工作。

C.3.2 测试孔的深度应与实际的用孔相一致。

C.3.3 岩土热响应试验应在测试孔完成并放置至少 48h 以后进行。

C.3.4 岩土初始平均温度的测试应采用布置温度传感器的方法。测点的布置宜在地埋管换热器埋设深度范围内，且间隔不宜大于 10m；以各测点实测温度的算术平均值作为岩土初始平均温度。

C.3.5 岩土热响应试验测试过程应符合下列要求：

1 岩土热响应试验应连续不间断，持续时间不宜少于 48h；

2 试验期间，加热功率应保持恒定；

3 地埋管换热器的出口温度稳定后，其温度宜高于岩土初始平均温度 5℃ 以上且维持时间不应少于 12h。

C.3.6 地埋管换热器内流速不应低于 0.2m/s。

C.3.7 试验数据读取和记录的时间间隔不应大于 10min。

本规范用词说明

1 为便于在执行本规范条文时区别对待，对要求严格程度不同的用词说明如下：

1) 表示很严格，非这样做不可的：

正面词采用"必须"，反面词采用"严禁"；

2) 表示严格，在正常情况下均应这样做的：

正面词采用"应"，反面词采用"不应"或"不得"；

3) 表示允许稍有选择，在条件许可时首先应这样做的：

正面词采用"宜"，反面词采用"不宜"；

表示有选择，在一定条件下可以这样做的，采用"可"。

2 条文中指明应按其他有关标准执行的写法为："应符合……的规定"或"应按……执行"。

中华人民共和国国家标准

地源热泵系统工程技术规范

GB 50366—2005

（2009年版）

条 文 说 明

目　次

1　总则 ······························· 5—16
2　术语 ······························· 5—16
3　工程勘察 ························· 5—16
　3.1　一般规定 ···················· 5—16
　3.2　地埋管换热系统勘察 ······ 5—16
　3.3　地下水换热系统勘察 ······ 5—17
　3.4　地表水换热系统勘察 ······ 5—17
4　地埋管换热系统 ··············· 5—17
　4.1　一般规定 ···················· 5—17
　4.2　地埋管管材与传热介质 ··· 5—17
　4.3　地埋管换热系统设计 ······ 5—17
　4.4　地埋管换热系统施工 ······ 5—20
　4.5　地埋管换热系统的检验与验收 ··· 5—20
5　地下水换热系统 ··············· 5—22
　5.1　一般规定 ···················· 5—22
　5.2　地下水换热系统设计 ······ 5—22
　5.3　地下水换热系统施工 ······ 5—22
　5.4　地下水换热系统检验与验收 ··· 5—22
6　地表水换热系统 ··············· 5—23
　6.1　一般规定 ···················· 5—23
　6.2　地表水换热系统设计 ······ 5—23
　6.3　地表水换热系统施工 ······ 5—23
7　建筑物内系统 ··················· 5—23
　7.1　建筑物内系统设计 ········· 5—23
8　整体运转、调试与验收 ······ 5—23
附录A　地埋管外径及壁厚 ······ 5—24
附录B　竖直地埋管换热器的
　　　　设计计算 ·················· 5—24
附录C　岩土热响应试验(新增) ··· 5—24

1 总　则

1.0.1　制定本规范的宗旨。地源热泵系统可利用浅层地热能资源进行供热与空调，具有良好的节能与环境效益，近年来在国内得到了日益广泛的应用。但由于缺乏相应规范的约束，地源热泵系统的推广呈现出很大的盲目性。许多项目在没有对当地资源状况进行充分评估的条件下，就匆匆上马，造成了地源热泵系统工作不正常，影响了地源热泵系统的进一步推广与应用。为了规范地源热泵系统的设计、施工及验收，确保地源热泵系统安全可靠地运行以及更好地发挥其节能效益，特制定本规范。本规范侧重于地热能交换系统部分的规定，对建筑物内系统仅作简要规定。

1.0.2　规定了本规范的适用范围。地表水包括河流、湖泊、海水、中水或达到国家排放标准的污水、废水等。

1.0.3　本规范为地源热泵系统工程的专业性全国通用技术规范。根据国家主管部门有关编制和修订工程建设标准、规范等的统一规定，为了精简规范内容，凡其他全国性标准、规范等已有明确规定的内容，除确有必要者以外，本规范均不再另设条文。本条文的目的是强调在执行本规范的同时，还应注意贯彻执行相关标准、规范等的有关规定。

2 术　语

2.0.1　地源热泵系统通常还被称为地热热泵系统（geothermal heat pump system），地能系统（earth energy system），地源系统（ground-source system）等，后来，由 ASHRAE 统一为标准术语即地源热泵系统（ground-source heat pump system）。其中地埋管地源热泵系统，也称地耦合系统（closed-loop ground-coupled heat pump system）或土壤源地源热泵系统，考虑实际应用中人们的称呼习惯，同时便于理解，本规范定义为地埋管地源热泵系统。

2.0.21　本规范中抽水井和回灌井均用作地源热泵系统的低温热源，故将抽水井和回灌井统称为热源井。

2.0.26　对于工程设计而言，最为关心的是地埋管换热系统的换热能力，这主要反映在地埋管换热器深度范围内的综合岩土导热系数和综合比热容两个参数上。由于地质结构的复杂性和差异性，因此通过现场试验得到的岩土热物性参数，是一个反映了地下水流等因素影响的综合值。

2.0.27　一般来说，从地表以下 10～20m 深度范围内，岩土受外部环境影响，其温度会随季节发生变化；而在此深度以下至竖直地埋管换热器埋设深度范围内，岩土自身的温度受外界环境影响较小，常年恒定。

3 工程勘察

3.1 一般规定

3.1.1　工程场地状况及浅层地热能资源条件是能否应用地源热泵系统的基础。地源热泵系统方案设计前，应根据调查及勘察情况，选择采用地埋管、地下水或地表水地源热泵系统。浅层地热能资源勘察包括地埋管换热系统勘察、地下水换热系统勘察及地表水换热系统勘察。

3.1.2　在工程场区内或附近有水井的地区，可调查收集已有工程勘察及水井资料。调查区域半径宜大于拟定换热区 100～200m。调查以收集资料为主，除观察地形地貌外，应调查已有水井的位置、类型、结构、深度、地层剖面、出水量、水位、水温及水质情况，还应了解水井的用途、开采方式、年用水量及水位变化情况等。

3.1.4　工程场地可利用面积应满足修建地表水抽水构筑物（地表水换热系统）或修建地下水抽水井和回灌井（地下水换热系统）或埋设水平或竖直地埋管换热器（地埋管换热系统）的需要。同时应满足置放和操作施工机具及埋设室外管网的需要。

3.2 地埋管换热系统勘察

3.2.1　岩土体地质条件勘察可参照《岩土工程勘察规范》GB 50021 及《供水水文地质勘察规范》GB 50027 进行。

3.2.2　采用水平地埋管换热器时，地埋管换热系统勘察采用槽探、坑探或矸探进行。槽探是为了了解构造线和破碎带宽度、地层和岩性界限及其延伸方向在地表挖掘探槽的工程勘察技术。探槽应根据场地形状确定，探槽的深度一般超过埋管深度 1m。采用竖直地埋管换热器时，地埋管换热系统勘察采用钻探进行。钻探方案应根据场地大小确定，勘探孔深度应比钻孔至少深 5m。

岩土体热物性指岩土体的热物性参数，包括岩土体导热系数、密度及比热等。若埋管区域已具有权威部门认可的热物性参数，可直接采用已有数据，否则应进行岩土体导热系数、密度及比热等热物性测定。测定方法可采用实验室法或现场测定法。

1　实验室法：对勘探孔不同深度的岩土体样品进行测定，并以其深度加权平均，计算该勘探孔的岩土体热物性参数；对探槽不同水平长度的岩土体样品进行测定，并以其长度加权平均，计算该探槽的岩土体热物性参数。

2　现场测试法：即岩土热响应试验，岩土热响应试验详见附录C。

3.2.2A　应用建筑面积是指在同一个工程中，应用地埋管地源热泵系统的各个单体建筑面积的总和。根据近几年对我国应用地埋管地源热泵系统情况的调查，大中型地埋管地源热泵系统的应用建筑面积多在5000m² 以上，5000m² 以下多为小型单体建筑；根据国外对商用和公用建筑应用地埋管地源热泵系统的技术要求，应用建筑面积小于 3000m² 时至少设置一个测试孔进行岩土热响应试验。考虑我国目前地埋管地源热泵系统应用特点，结合国外已有的经验，为了保证大中型地埋管地源热泵系统的安全运行和节能效果，作此规定。

3.2.2B 测试仪器所配置的计量仪表，如流量计、温度传感器等，满足测试精度与要求。

3.3 地下水换热系统勘察

3.3.1 水文地质条件勘察可参照《供水水文地质勘察规范》GB 50027、《供水管井技术规范》GB 50296 进行。通过勘察，查明拟建热源井地段的水文地质条件，即一个地区地下水的分布、埋藏，地下水的补给、径流、排泄条件以及水质和水量等特征。对地下水资源作出可靠评价，提出地下水合理利用方案，并预测地下水的动态及其对环境的影响，为热源井设计提供依据。

3.3.3 渗透系数指单位时间内通过单位断面的流量（m/d），一般用来衡量地下水在含水层中径流的快慢。

3.3.4 水文地质勘探孔即为查明水文地质条件、地层结构，获取所需的水文地质资料，按水文地质钻探要求施工的钻孔。

3.4 地表水换热系统勘察

3.4.2 地表水水温、水位及流量勘察应包括近 20 年最高和最低水温、水位及最大和最小水量；地表水水质勘察应包括：引起腐蚀与结垢的主要化学成分，地表水源中含有的水生物、细菌类、固体含量及盐碱量等。

4 地埋管换热系统

4.1 一般规定

4.1.1 岩土体的特性对地埋管换热器施工进度和初投资有很大影响。坚硬的岩土体将增加施工难度及初投资，而松软岩土体的地质变形对地埋管换热器也会产生不利影响。为此，工程勘察完成后，应对地埋管换热系统实施的可行性及经济性进行评估。

4.1.2 管沟开挖施工中遇有管道、电缆、地下构筑物或文物古迹时，应予以保护，并及时与有关部门联系协同处理。

4.1.3 埋管区域不应以树木、灌木、花园等作为标识。

4.2 地埋管管材与传热介质

4.2.2 聚乙烯管应符合《给水用聚乙烯（PE）管材》GB/T 13663 的要求。聚丁烯管应符合《冷热水用聚丁烯（PB）管道系统》GB/T 19473.2 的要求。

4.2.3 传热介质的安全性包括毒性、易燃性及腐蚀性；良好的传热特性和较低的摩擦阻力是指传热介质具有较大的导热系数和较低的黏度。可采用的其他传热介质包括氯化钠溶液、氯化钙溶液、乙二醇溶液、丙醇溶液、丙二醇溶液、甲醇溶液、乙醇溶液、醋酸钾溶液及碳酸钾溶液。

4.2.4 可选择防冻剂包括：
1 盐类：氯化钙和氯化钠；
2 乙二醇：乙烯基乙二醇和丙烯基乙二醇；
3 酒精：甲醇，异丙基，乙醛；
4 钾盐溶液：醋酸钾和碳酸钾。

4.2.5 添加防冻剂后的传热介质的冰点宜比设计最低使用水温低 $3\sim5{}^\circ\!C$，是为了防止出现结冰现象。

地埋管换热系统的金属部件应与防冻剂兼容。这些金属部件包括循环泵及其法兰、金属管道、传感部件等与防冻剂接触的所有金属部件。

4.3 地埋管换热系统设计

4.3.2 全年冷、热负荷平衡失调，将导致地埋管区域岩土体温度持续升高或降低，从而影响地埋管换热器的换热性能，降低地埋管换热系统的运行效率。因此，地埋管换热系统设计应考虑全年冷热负荷的影响。

4.3.3 地源热泵系统最大释热量与建筑设计冷负荷相对应。包括：各空调分区内水源热泵机组释放到循环水中的热量（空调负荷和机组压缩机耗功）、循环水在输送过程中得到的热量、水泵释放到循环水中的热量。将上述三项热量相加就可得到供冷工况下释放到循环水的总热量。即：

$$最大释热量 = \sum[空调分区冷负荷\times(1+1/EER)]+\sum输送过程得热量$$
$$+\sum水泵释放热量$$

地源热泵系统最大吸热量与建筑设计热负荷相对应。包括：各空调分区内热泵机组从循环水中的吸热量（空调热负荷，并扣除机组压缩机耗功）、循环水在输送过程失去的热量并扣除水泵释放到循环水中的热量。将上述前二项热量相加并扣除第三项就可得到供热工况下循环水的总吸热量。即：

$$最大吸热量 = \sum\left[空调分区热负荷 \times \left(1 - \frac{1}{COP}\right)\right] + \sum 输送过程失热量 - \sum 水泵释放热量$$

最大吸热量和最大释热量相差不大的工程，应分别计算供热与供冷工况下地埋管换热器的长度，取其大者，确定地埋管换热器；当两者相差较大时，宜通过技术经济比较，采用辅助散热（增加冷却塔）或辅助供热的方式来解决，一方面经济性较好，同时，也可避免因吸热与释热不平衡引起岩土体温度的降低或升高。

4.3.4 地埋管换热器有水平和竖直两种埋管方式。当可利用地表面积较大，浅层岩土体的温度及热物性受气候、雨水、埋设深度影响较小时，宜采用水平地埋管换热器。否则，宜采用竖直地埋管换热器。图 1 为常见的水平地埋管换热器形式，图 2 为新近开发的水平地埋管换热器形式，图 3 为竖直地埋管换热器形式。在没有合适的室外用地时，竖直地埋管换热器还可以利用建筑物的混凝土基桩埋设，即将 U 形管捆扎在基桩的钢筋网架上，然后浇灌混凝土，使 U 形管固定在基桩内。

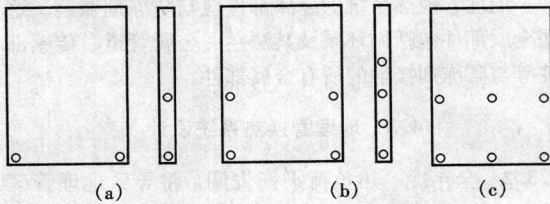

图 1 几种常见的水平地埋管换热器形式
(a) 单或双环路；(b) 双或四环路；(c) 三或六环路

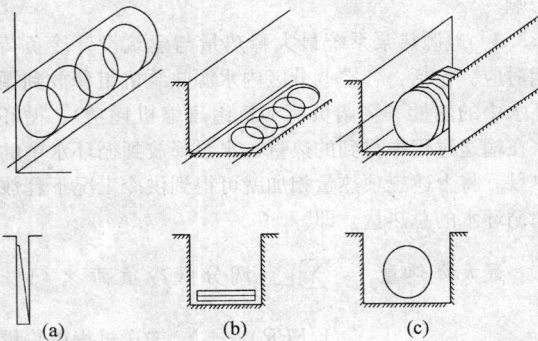

图 2 几种新近开发的水平地埋管换热器形式
(a) 垂直排圈式；(b) 水平排圈式；(c) 水平螺旋式

4.3.5 地埋管换热器设计计算是地源热泵系统设计所特有的内容，由于地埋管换热器换热效果受岩土体热物性及地下水流动情况等地质条件影响非常大，使得不同地区，甚至同一地区不同区域岩土体的换热特性差别都很大。为保证地埋管换热器设计符合实际，满足使用要求，通常，设计前需要对现场岩土体热物

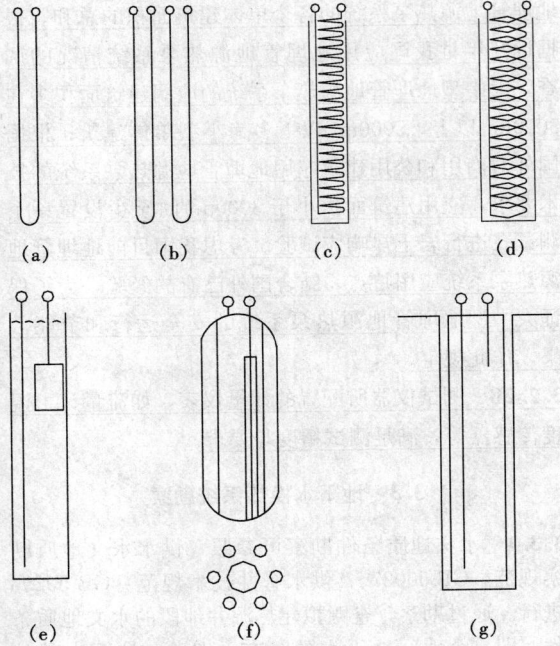

图 3 竖直地埋管换热器形式
(a) 单 U 形管；(b) 双 U 形管；(c) 小直径螺旋盘管；
(d) 大直径螺旋盘管；(e) 立柱状；
(f) 蜘蛛状；(g) 套管式

性进行测定，并根据实测数据进行计算。此外建筑物全年动态负荷、岩土体温度的变化、地埋管及传热介质特性等因素都会影响地埋管换热器的换热效果。因此，考虑地埋管换热器设计计算的特殊性及复杂性，宜采用专用软件进行计算。该软件应具有以下功能：

1 能计算或输入建筑物全年动态负荷；

2 能计算当地岩土体平均温度及地表温度波幅；

3 能模拟岩土体与换热管间的热传递及岩土体长期储热效果；

4 能计算岩土体、传热介质及换热管的热物性；

5 能对所设计系统的地埋管换热器的结构进行模拟，（如钻孔直径、换热器类型、灌浆情况等）。

目前，在国际上比较认可的地埋管换热器的计算核心为瑞典隆德大学开发的 g-functions 算法。根据程序界面的不同主要有：瑞典隆德 Lund 大学开发的 EED 程序；美国威斯康星 Wisconsin-Madison 大学 Solar Energy 实验室（SEL）开发的 TRNSYS 程序；美国俄克拉何马州 Oklahoma 大学开发的 GLHEPRO 程序。在国内，许多大专院校也曾对地埋管换热器的计算进行过研究并编制了计算软件。

4.3.5A 利用岩土热响应试验进行地埋管换热器的设计，是将岩土综合热物性参数、岩土初始平均温度和空调冷热负荷输入专业软件，在夏季工况和冬季工况运行条件下进行动态耦合计算，通过控制地埋管换热器夏季运行期间出口最高温度和冬季运行期间进口最低温度，进行地埋管换热器的设计。

条文中对冬夏运行期间地埋管换热器进出口温度的规定，是出于对地源热泵系统节能性的考虑，同时保证热泵机组的安全运行。在夏季，如果地埋管换热器出口温度高于33℃，地源热泵系统的运行工况与常规的冷却塔相当，无法充分体现地源热泵系统的节能性；在冬季，制定地埋管换热器出口温度限值，是为了防止温度过低，机组结冰，系统能效比降低。

为了便于设计人员采用，本条文分别规定了冬夏期间地埋管换热器进出口温度的限值，通常地埋管地源热泵系统设计时进出口温度限值的确定，还应考虑对全年运行能效的影响；在对有利于提高冬夏全年运行能效和节能量的条件下，夏季运行期间地埋管换热器出口温度和冬季运行地埋管换热器进口温度可做适当调整。

4.3.6 引自加拿大地源热泵系统设计安装标准《Design and Installation of Earth Energy Systems for Commercial and Institutional Buildings》CAN/CSA-C448.1。

4.3.8 为避免换热短路，钻孔间距应通过计算确定。岩土体吸、释热量平衡时，宜取小值；反之，宜取大值。

4.3.9 目的为确保系统及时排气和加强换热。地埋管换热器内管道推荐流速：双 U 形埋管不宜小于 0.4m/s，单 U 形埋管不宜小于 0.6m/s。

4.3.10 利于水力平衡及降低压力损失。供、回水环路集管的间距不小于 0.6m，是为了减少供回水管间的热传递。

4.3.11 地埋管换热器远离水井及室外排水设施，是为了减少水井及室外排水设施的影响。靠近机房或以机房为中心设置是为了缩短供、回水集管的长度。

4.3.12 目的在于增加系统的安全性、可靠性。便于系统充液，一般在分水器或集水器上预留充液管。连接地埋管换热器系统的室内送、回液联管上要安装闭式膨胀箱、充放液设施、压力表、温度计等基本仪器与部件。

4.3.13 保证地下埋管的导热效果，但对于地质情况多为岩石的区域，回填料导热系数可低于岩土体导热系数。

4.3.14 传热介质不同，其摩擦阻力也不同，水力计算应按选用的传热介质的水力特性进行计算。国内已有塑料管比摩阻均是针对水而言，对添加防冻剂的水溶液，目前尚无相应数据，为此，地埋管压力损失可参照以下方法进行计算。该方法引自《地源热泵工程技术指南》（Ground-source heat pump engineering manual）。

　　1　确定管内流体的流量、公称直径和流体特性。
　　2　根据公称直径，确定地埋管的内径。
　　3　计算地埋管的断面面积 A：

$$A = \frac{\pi}{4} \times d_j^2 \tag{1}$$

式中　A——地埋管的断面面积（m²）；

d_j——地埋管的内径（m）。
　　4　计算管内流体的流速 V：

$$V = \frac{G}{3600 \times A} \tag{2}$$

式中　V——管内流体的流速（m/s）；

G——管内流体的流量（m³/h）。
　　5　计算管内流体的雷诺数 Re，Re 应该大于 2300 以确保紊流：

$$Re = \frac{\rho V d_j}{\mu} \tag{3}$$

式中　Re——管内流体的雷诺数；

ρ——管内流体的密度（kg/m³）；

μ——管内流体的动力黏度（N·s/m²）。
　　6　计算管段的沿程阻力 P_y：

$$P_d = 0.158 \times \rho^{0.75} \times \mu^{0.25} \times d_j^{-1.25} \times V^{1.75} \tag{4}$$

$$P_y = P_d \times L \tag{5}$$

式中　P_y——计算管段的沿程阻力（Pa）；

P_d——计算管段单位管长的沿程阻力（Pa/m）；

L——计算管段的长度（m）。
　　7　计算管段的局部阻力 P_j：

$$P_j = P_d \times L_j \tag{6}$$

式中　P_j——计算管段的局部阻力（Pa）；

L_j——计算管段管件的当量长度（m）。

管件的当量长度可按表1计算。

表1　管件当量长度表

名义管径		弯头的当量长度（m）				T形三通的当量长度（m）			
		90°标准型	90°长半径型	45°标准型	180°标准型	旁流三通	直流三通	直流三通后缩小1/4	直流三通后缩小1/2
3/8″	DN10	0.4	0.3	0.2	0.7	0.8	0.3	0.4	0.4
1/2″	DN12	0.5	0.3	0.2	0.9	1.0	0.3	0.4	0.5
3/4″	DN20	0.6	0.4	0.3	1.0	1.2	0.4	0.6	0.6
1″	DN25	0.8	0.5	0.4	1.3	1.5	0.5	0.7	0.8
5/4″	DN32	1.0	0.7	0.5	1.7	2.1	0.7	0.9	1.0
3/2″	DN40	1.2	0.8	0.6	1.9	2.4	0.8	1.1	1.2
2″	DN50	1.5	1.0	0.8	2.5	3.1	1.0	1.4	1.5
5/2″	DN63	1.8	1.3	1.0	3.1	3.7	1.3	1.7	1.8
3″	DN75	2.3	1.5	1.2	3.7	4.6	1.5	2.1	2.3
7/2″	DN90	2.7	1.8	1.4	4.6	5.5	1.8	2.4	2.7
4″	DN110	3.1	2.0	1.6	5.2	6.4	2.0	2.7	3.1
5″	DN125	4.0	2.5	2.0	6.4	7.6	2.5	3.7	4.0
6″	DN160	4.9	3.1	2.4	7.6	9.2	3.1	4.3	4.9
8″	DN200	6.1	4.0	3.1	10.1	12.2	4.0	5.5	6.1

8 计算管段的总阻力 P_z：

$$P_z = P_y + P_j \qquad (7)$$

式中 P_z——计算管段的总阻力（Pa）。

4.3.15 地埋管换热系统根据建筑负荷变化进行流量调节，可以节省运行电耗。

4.3.17 目的在于防止地埋管换热系统堵塞。

4.4 地埋管换热系统施工

4.4.3 地埋管的质量对地埋管换热系统至关重要。进入现场的地埋管及管件应逐件进行外观检查，破损和不合格产品严禁使用。不得采用出厂已久的管材，宜采用刚制造出的管材。聚乙烯管应符合《给水用聚乙烯（PE）管材》GB/T 13663 的要求；聚丁烯管应符合《冷热水用聚丁烯（PB）管道系统》GB/T 19473.2 的要求。

地埋管运抵工地后，应用空气试压进行检漏试验。地埋管及管件存放时，不得在阳光下曝晒。搬运和运输时，应小心轻放，采用柔韧性好的皮带、吊带或吊绳进行装卸，不应抛摔和沿地拖曳。

4.4.6 回填料应采用网孔不大于 15mm×15mm 的筛进行过筛，保证回填料不含有尖利的岩石块和其他碎石。为保证回填均匀且回填料与管道紧密接触，回填应在管道两侧同步进行，同一沟槽中有双排或多排管道时，管道之间的回填压实应与管道和槽壁之间的回填压实对称进行。各压实面的高差不宜超过 30cm。管腋部采用人工回填，确保塞严、捣实。分层管道回填时，应重点作好每一管道层上方 15cm 范围内的回填。管道两侧和管顶以上 50cm 范围内，应采用轻夯实，严禁压实机具直接作用在管道上，使管道受损。

4.4.7 护壁套管为下入钻孔中用以保护钻孔孔壁的套管。钻孔前，护壁套管应预先组装好，施钻完毕应尽快将套管放入钻孔中，并立即将水充满套管，以防孔内积水使套管脱离孔底上浮，达不到预定埋设深度。

下管时，可采用每隔 2~4m 设一弹簧卡（或固定支卡）的方式将 U 形管两支管分开，以提高换热效果。

4.4.8 U 形管安装完毕后，应立即灌浆回填封孔，隔离含水层。灌浆即使用泥浆泵通过灌浆将混合浆灌入钻孔中的过程。泥浆泵的泵压足以使孔底的泥浆上返至地表，当上返泥浆密度与灌注材料的密度相等时，认为灌浆过程结束。灌浆时，应保证灌浆的连续性，应根据机械灌浆的速度将灌浆管逐渐抽出，使灌浆液自下而上灌注封孔，确保钻孔灌浆密实，无空腔，否则会降低传热效果，影响工程质量。

当埋管深度超过 40m 时，灌浆回填宜在周围邻近钻孔均钻凿完毕后进行，目的在于一旦孔斜将相邻的 U 形管钻伤，便于更换。

4.4.9 灌浆回填料一般为膨润土和细砂（或水泥）的混合浆或其他专用灌浆材料。膨润土的比例宜占 4‰~6‰。钻孔时取出的泥砂浆凝固后如收缩很小时，也可用作灌浆材料。如果地埋管换热器设在非常密实或坚硬的岩土体或岩石情况下，宜采用水泥基料灌浆，以防孔隙水因冻结膨胀损坏膨润土灌浆材料而导致管道被挤压节流。对地下水流丰富的地区，为保持地下水的流动性，增强对流换热效果，不宜采用水泥基料灌浆。

4.4.10 系统冲洗是保证地埋管换热系统可靠运行的必须步骤，在地埋管换热器安装前、地埋管换热器与环路集管装配完成后及地埋管换热系统全部安装完成后均应对管道系统进行冲洗。

4.4.11 室外环境温度低于 0℃时，塑料地埋管物理力学性能将有所降低，容易造成地埋管的损害，故当室外环境温度低于 0℃时，尽量避免地埋管换热器的施工。

4.5 地埋管换热系统的检验与验收

4.5.2 地埋管换热系统多采用聚乙烯（PE）管。聚乙烯（PE）管是一种热塑性材料，管材本身具有受压发生蠕变和应力松弛的特性，与钢管不同。因此，对聚乙烯（PE）管水压试验期间压力降值的理解应更全面些，充分考虑到压力下降并不一定意味着管道有泄漏。

1 国内现有规范对水压试验的规定：

《通风与空调工程施工质量验收规范》GB 50243 中规定：

1）冷热水、冷却水系统的试验压力，当工作压力小于等于 1.0MPa 时，为 1.5 倍工作压力，但最低不小于 0.6MPa；当工作压力大于 1.0MPa 时，为工作压力加 0.5MPa。

2）系统试压：在各分区管道与系统主、干管全部连通后，对整个系统的管道进行系统的试压。试验压力以最低点的压力为准，但最低点的压力不得超过管道与组成件的承受压力。压力试验升至试验压力后，稳压 10min，压力下降不得大于 0.02MPa，再将系统压力降至工作压力，外观检查无渗漏为合格。

3）各类耐压塑料管的强度试验压力为 1.5 倍工作压力，严密性工作压力为 1.15 倍的设计工作压力。

《建筑给水排水及采暖工程施工质量验收规范》GB 50242 中规定：

低温热水地板辐射采暖系统：

1）试验压力为工作压力的 1.5 倍，但不小于 0.6MPa。

2）检验方法：在试验压力下稳压 1h，压力降不大于0.05MPa且不渗不漏。

采暖系统：

1）使用塑料管及复合管的热水采暖系统，应以系统顶点工作压力加0.2MPa做水压试验，同时在系统顶点的试验压力不小于0.4MPa。

2）检验方法：使用塑料管的采暖系统应在试验压力下1h内压力降不大于0.05MPa，然后降压至工作压力的1.15倍，稳压3h，压力降不大于0.03MPa，同时各连接处不渗、不漏。

《建筑给水聚乙烯类管道工程技术规程》CJJ/T 98中规定：

1）试验压力应为管道系统设计工作压力的1.5倍，但不得小于0.6MPa。

2）水压试验应按下列步骤进行：

将试压管段各配水点封堵，缓慢注水，同时将管内空气排出；

管道充满水后，进行水密封性检查；

对系统加压，应缓慢升压，升压时间不应小于10min；

升压至规定的试验压力后，停止加压，稳压1h，压力降不得超过0.05MPa；

在工作压力的1.15倍状态下稳压2h，压力降不得超过0.03MPa，同时检查各连接处，不得渗漏。

《埋地聚乙烯给水管道工程技术规程》CJJ 101中规定：

1）试验压力：水压试验静水压力不应小于管道工作压力的1.5倍，且试验压力不应低于0.8MPa，不得以气压试验代替水压试验。

2）管道水压试验应分预试验阶段与主试验阶段两个阶段进行。

3）预试验阶段，应按如下步骤，并符合下列规定：

步骤1：将试压管道内的水压降至大气压，并持续60min。期间应确保空气不进入管道。

步骤2：缓慢将管道内水压升至试验压力并稳压30min，期间如有压力下降可注水补压，但不得高于试验压力。检查管道接口、配件等处有无渗漏现象。当有渗漏现象时应中止试压，并查明原因采取相应措施后重新组织试压。

步骤3：停止注水补压并稳定60min。当60min后压力下降不超过试验压力的70%时，则预试验阶段的工作结束。当60min后压力下降到低于试验压力的70%时，应停止试压，并应查明原因采取相应措施后再组织试压。

4）主试验阶段，应按如下步骤，并符合下列规定：

步骤1：在预试验阶段结束后，迅速将管道泄水降压，降压量为试验压力的10%～15%。

期间应准确计量降压所泄出的水量，设为ΔV(L)。按照下式计算允许泄出的最大水量ΔV_{max}(L)：

$$V_{max} = 1.2V\Delta P\{1/E_W + d_i/(e_n E_P)\} \tag{8}$$

式中　V——试压管段总容积（L）；

ΔP——降压量（MPa）；

E_W——水的体积模量，不同水温时E_W值可按表2采用；

E_P——管材弹性模量（MPa），与水温及试压时间有关；

d_i——管材内径（m）；

e_n——管材公称壁厚（m）。

当ΔV大于ΔV_{max}，应停止试压。泄压后应排除管内过量空气，再从预试验阶段的"步骤2"开始重新试验。

表2　温度与体积模量关系

温度 （℃）	体积模量 （MPa）	温度 （℃）	体积模量 （MPa）
5	2080	20	2170
10	2110	25	2210
15	2140	30	2230

步骤2：每隔3min记录一次管道剩余压力，应记录30min。当30min内管道剩余压力有上升趋势时，则水压试验结果合格。

步骤3：30min内管道剩余压力无上升趋势时，则应再持续观察60min。当整个90min内压力下降不超过0.02MPa，则水压试验结果合格。

步骤4：当主试验阶段上述两条均不能满足时，则水压试验结果不合格。应查明原因并采取相应措施后再组织试压。

2　国外地埋管换热系统水压试验标准及方法

加拿大地源热泵系统设计安装标准《Design and installation of earth energy systems for commercial and institutional buildings》CAN/CSA-C448.1（简称加拿大标准）中水压试验方法如下：

试压分四个阶段：

（1）竖直地埋管换热器插入钻孔前，应充水进行水压试验后再封堵。试验压力大于等于690kPa，稳压15min，没有明显压力降低或泄漏。该压力应保持到回填后 1h。

（2）竖直或水平地埋管换热器与环路集管装配完成后，回填前应进行水压试验。

（3）各环路集管与机房分集水器连接完成后，回填前应充水进行水压试验。试验压力应大于等于690kPa，且系统最低点压力应小于管材破裂压力。试压持续至少2h，期间应无泄漏现象。

（4）地埋管换热系统全部安装完毕，且冲洗、排气完成并回填后应充水进行水压试验。试验压力应大于等于690kPa，且系统最低点压力应小于管材破裂压力。试压持续至少12h，期间压力降没有明显变化（应不大于3%）。

分别进行（3）、（4）两阶段水压试验的目的是为了保证水压试验结果的正确性。因为系统进行第（3）阶段试压时，地埋管环路可能会发生膨胀现象，一段时间后将导致压力有所下降，容易造成系统有泄漏的假象，故需要进行第（4）阶段水压试验。

美国地埋管地源热泵系统设计与安装标准《Closed-Loop/Geothermal Heat Pump Systems —Design and Installation Standards》1997（简称美国标准）中水压试验方法如下：

（1）所有地埋管安装前均应做压力试验，地埋管换热器所有部件回填前均应做压力试验。

（2）压力试验应为水压试验，试验压力至少为管材设计压力的1.5倍或系统运行压力的3倍。

（3）试验时间30min，期间应无泄漏现象。

3 国内地埋管换热系统应用时间不长，在水压试验方法上缺乏试验与实践数据。《埋地聚乙烯给水管道工程技术规程》CJJ 101适用于埋地聚乙烯给水管道工程，但其水压试验方法与地埋管换热系统工程应用实践有较大差距，也不宜直接采用。加拿大标准与美国标准相比，前者步骤清晰与目前地埋管换热系统工程应用实践相一致，故本规范水压试验方法是建立在加拿大标准基础上，在试验压力上考虑了与国内相关标准的一致性。

4.5.3 回填过程的检验内容包括回填料配比、混合程序、灌浆及封孔的检验。

5 地下水换热系统

5.1 一 般 规 定

5.1.1 可靠回灌措施是指将地下水通过回灌井全部送回原来的取水层的措施，要求从哪层取水必须再灌回哪层，且回灌井要具有持续回灌能力。同层回灌可避免污染含水层和维持同一含水层储量，保护地热能资源。热源井只能用于置换地下冷量或热量，不得用于取水等其他用途。抽水、回灌过程中应采取密闭等措施，不得对地下水造成污染。

5.1.2 地源热泵系统最大吸热量或释热量按本规范第4.3.3条条文说明的规定计算。

5.1.3 地下水供水管不得与市政管道连接是为了避免污染市政供水和使用自来水取热；地下水回灌管不得与市政管道连接，是为了避免回灌水排入下水，保护水资源不被浪费。

5.2 地下水换热系统设计

5.2.3 氧气会与水井内存在的低价铁离子反应形成铁的氧化物，也能产生气体黏合物，引起回灌井阻塞，为此，热源井设计时应采取有效措施消除空气侵入现象。

5.2.4 抽水井与回灌井相互转换以利于开采、洗井、岩土体和含水层的热平衡。抽水井具有长时间抽水和回灌的双重功能，要求不出砂又保持通畅。抽水井与回灌井间设排气装置，可避免将空气带入含水层。

5.2.5 一般为了保证回灌效果，抽水井与回灌井比例不小于1：2。

5.2.6 为了避免污染地下水。

5.2.8 从保障地下水安全回灌及水源热泵机组正常运行的角度，地下水尽可能不直接进入水源热泵机组。直接进入水源热泵机组的地下水水质应满足以下要求（引自《采暖通风与空气调节设计规范》GB 50019第7.3.3条条文说明）：含砂量小于1/200000，pH值为6.5～8.5，CaO小于200mg/L，矿化度小于3g/L，Cl^-小于100mg/L，SO_4^{2-}小于200mg/L，Fe^{2+}小于1mg/L，H_2S小于0.5mg/L。

当水质达不到要求时，应进行水处理。经过处理后仍达不到规定时，应在地下水与水源热泵机组之间加设中间换热器。对于腐蚀性及硬度高的水源，应设置抗腐蚀的不锈钢换热器或钛板换热器。在使用海水时，建议在进入换热器前增加氯气处理装置以防止藻类在换热器内部滋生。

当水温不能满足水源热泵机组使用要求时，可通过混水或设置中间换热器进行调节，以满足机组对温度的要求。

变流量系统设计可降低地下水换热系统的运行费用，且进入地源热泵系统的地下水水量越少，对地下水环境的影响也越小。

5.3 地下水换热系统施工

5.3.2 热源井及其周围区域的工程勘察资料包括施工场区内地下水换热系统勘察资料及其他专业的管线布置图等。

5.4 地下水换热系统检验与验收

5.4.3 水质要求符合本规范第5.2.8条条文说明的规定。

6 地表水换热系统

6.1 一般规定

6.1.1 目的是减小对地表水体及其水生态环境和行船等的影响。

6.1.2 地表水体应具有一定的深度和面积，具体大小应根据当地气象条件、水体流速、建筑负荷等因素综合确定。

6.1.3 地源热泵系统最大吸热量或释热量按本规范第 4.3.3 条条文说明的规定计算。

6.2 地表水换热系统设计

6.2.1 取水口应远离回水口，目的是避免热交换短路。

6.2.2 有利于水力平衡。

6.2.3 为了防止风浪、结冰及船舶可能对其造成的损害，要求地表水的最低水位与换热盘管距离不应小于 1.5m。最低水位指近 20 年每年最低水位的平均值。

6.2.4 地表水换热系统采用开式系统时，从保障水源热泵机组正常运行的角度，地表水尽可能不直接进入水源热泵机组。直接进入水源热泵机组的地表水水质应符合本规范第 5.2.8 条条文说明的规定。水系统采用变流量设计有利于降低输送能耗。

6.3 地表水换热系统施工

6.3.2 换热盘管任何扭曲部分均应切除，未受损部分熔接后须经压力测试合格后才可使用。换热盘管存放时，不得在阳光下曝晒。

6.3.3 换热盘管一般固定在排架上，并在下部安装衬垫物，衬垫物可采用轮胎等。

7 建筑物内系统

7.1 建筑物内系统设计

7.1.2 水源热泵机组应符合《水源热泵机组》GB/T 19409 的要求。

水源热泵机组正常工作的冷（热）源温度范围（引自《水源热泵机组》GB/T 19409）：

水环热泵系统　　20~40℃（制冷）　15~30℃（制热）
地下水热泵系统　10~25℃（制冷）　10~25℃（制热）
地埋管热泵系统　10~40℃（制冷）　-5~25℃（制热）

7.1.3 当水温达到设定温度时，水源热泵机组应能减载或停机。用于供热时，水源热泵机组应保证足够的流量以防止机组出口端结冰。

7.1.4 不同地区岩土体、地下水或地表水水温差别较大，设计时应按实际水温参数进行设备选型。末端设备选择时应适合水源热泵机组供、回水温度的特点，保证地源热泵系统的应用效果，提高系统节能率。

7.1.5 根据水源热泵机组的设置方式不同，分为集中、水环和分体热泵系统。水环热泵系统是小型水/空气热泵的一种应用方式，即用水环路将小型水/空气热泵机组并联在一起，构成以回收建筑物内部余热为主要特征的热泵供热、供冷的系统。水环热泵系统机组的进风温度不应低于 10℃或高于 32.2℃。当进风温度低于 10℃时，应进行预热处理。对于冬季间歇使用的建筑物，宜采用分体热泵系统，以防止停止使用时设备冻损。末端空调系统可采用风机盘管系统、冷暖顶/地板辐射系统或全空气系统。

7.1.6 夏季运行时，空调水进入机组蒸发器，冷源水进入机组冷凝器。冬季运行时，空调水进入机组冷凝器，热源水进入机组蒸发器。冬、夏季节的功能转换阀门应性能可靠，严密不漏。

7.1.7 当采用地源热泵系统提供（或预热）生活热水较其他方式提供生活热水经济性更好时，宜优先采用地源热泵提供生活热水，不足部分由辅助热源解决。生活热水的制备可以采用水路加热的方式或制冷剂环路加热两种方式。

7.1.8 为达到节能目的，可采用水侧或风侧节能器，且根据实际情况设置蓄热水箱。对于平均水温低于 10℃的地区，由于供热量大，地埋管换热器出水温度较低，为节省热量，此时宜在水侧或风侧设置热回收装置对排热进行回收；或根据室外气象条件及系统特点采用过渡季增大新风量等节能措施。

8 整体运转、调试与验收

8.0.2 地源热泵系统试运转需测定与调整的主要内容包括：

1 系统的压力、温度、流量等各项技术数据应符合有关技术文件的规定；

2 系统连续运行应达到正常平稳；水泵的压力和水泵电机的电流不应出现大幅波动；

3 各种自动计量检测元件和执行机构的工作应正常，满足建筑设备自动化系统对被测定参数进行监测和控制的要求；

4 控制和检测设备应能与系统的检测元件和执行机构正常沟通，系统的状态参数应能正确显示，设备连锁、自动调节、自动保护应能正确动作。

调试报告应包括调试前的准备记录、水力平衡、机组及系统试运转的全部测试数据。

8.0.3 地源热泵系统的冬、夏两季运行测试包括室内空气参数及系统运行能耗的测定。系统运行能耗包括所有水源热泵机组、水泵和末端设备的能耗。

附录A 地埋管外径及壁厚

A.0.1 表中数值引自《给水用聚乙烯（PE）管材》GB/T 13663。

A.0.2 表中数值引自《冷热水用聚丁烯（PB）管道系统》GB/T 19473.2。

附录B 竖直地埋管换热器的设计计算

B.0.1 为了便于工程计算，几种典型土壤、岩石及回填料的热物性可参考表3确定。表3引自《2003 ASHRAE HANDBOOK HVAC Applications》中Geothermal Energy 一章。

表3 几种典型土壤、岩石及回填料的热物性

		导热系数 λ_s [W/(m·K)]	扩散率 a $(10^{-6} m^2/s)$	密度 ρ (kg/m³)
土壤	致密黏土（含水量15%）	1.4~1.9	0.49~0.71	1925
	致密黏土（含水量5%）	1.0~1.4	0.54~0.71	1925
	轻质黏土（含水量15%）	0.7~1.0	0.54~0.64	1285
	轻质黏土（含水量5%）	0.5~0.9	0.65	1285
	致密砂土（含水量15%）	2.8~3.8	0.97~1.27	1925
	致密砂土（含水量5%）	2.1~2.4	1.10~1.62	1925
	轻质砂土（含水量15%）	1.0~2.1	0.54~1.08	1285
	轻质砂土（含水量5%）	0.9~1.9	0.64~1.39	1285
岩石	花岗岩	2.3~3.7	0.97~1.51	2650
	石灰石	2.4~3.8	0.97~1.51	2400~2800
	砂岩	2.1~3.5	0.75~1.27	2570~2730
	湿页岩	1.4~2.4	0.75~0.97	—
	干页岩	1.0~2.1	0.64~0.86	—
回填料	膨润土（含有20%~30%的固体）	0.73~0.75	—	—
	含有20%膨润土、80%SiO₂砂子的混合物	1.47~1.64	—	—
	含有15%膨润土、85%SiO₂砂子的混合物	1.00~1.10	—	—
	含有10%膨润土、90%SiO₂砂子的混合物	2.08~2.42	—	—
	含有30%混凝土、70%SiO₂砂子的混合物	2.08~2.42	—	—

B.0.2 地埋管换热器中传热介质的设计平均温度的选取，应符合本规范第4.3.5A条的规定。

附录C 岩土热响应试验（新增）

C.1 一般规定

C.1.1 工程场地状况及浅层地热能资源条件是能否应用地源热泵系统的前提。地源热泵系统方案设计之前，应根据实地勘察情况，选择测试孔的位置及测试孔的数量，确定钻孔、成孔工艺及测试方案。如果在打孔区域内，由于设计需要，存在有成孔方案或成孔工艺不同，应各选出一孔作为测试孔分别进行测试；此外，对于地埋管换热器埋设面积较大，或地埋管换热器埋设区域较为分散，或场区地质条件差异性大的情况，应根据设计和施工的要求划分区域，分别设置测试孔，相应增加测试孔的数量，进行岩土热物性参数的测试。

C.1.2 通过对岩土层分布、各层岩土土质以及地下水情况的掌握，为热泵系统的设计方案遴选提供依据。钻孔地质综合柱状图是指通过现场钻孔勘察，并综合场区已知水文地质条件，绘制钻孔揭露的岩土柱状分布图，获取地下岩土不同深度的岩性结构。

C.1.4 作为地源热泵系统设计的指导性文件，报告内容应明晰准确。

参考标准是指在岩土热响应试验的进行过程中（含测试孔的施工），所遵循的国家或地方相关标准。

由于钻孔单位延米换热量是在特定测试工况下得到的数据，受工况条件影响很大，不能直接用于地埋管地源热泵系统的设计。因此该数值仅可用于设计参考。

报告中应明确指出，由于地质结构的复杂性和差异性，测试结果只能代表项目所在地岩土热物性参数，只有在相同岩土条件下，才能类比作为参考值使用，而不能片面地认为测试所得结果即为该区域或该地区的岩土热物性参数。

C.1.5 测试现场应提供满足测试仪器所需的、稳定的电源。对于输入电压受外界影响有波动的，电压波动的偏差不应超过5%；测试现场应为测试仪器提供有效的防雨、防雷电等安全防护措施。

C.1.6 先连接水管和地埋管换热器等外部非用电的设备，在检查完外部设备连接无误后，最后再将动力电连接到测试仪器上，以保证施工人员和现场的安全。

C.2 测试仪表

C.2.3 对测试仪器仪表的选择，在选择高精度等级的元器件同时，应选择抗干扰能力强，在长时间连续测量情况下仍能保证测量精度的元器件。

C.3 岩土热响应试验方法

C.3.1 测试仪器的摆放应尽可能地靠近测试孔，摆放地点应平整，便于有关人员进行操作，同时减少水平连接管段的长度以及连接过程中的弯头、变径，减少传热损失。

在测试现场，应搭设防护措施，防止测试设备受日晒雨淋的影响，造成测试元件的损坏，影响测试结果。

岩土热物性参数作为一种热物理性质，无论对其进行放热还是取热试验，其数据处理过程基本相同。因此本规范中只要求采用向岩土施加一定加热功率的方式，来进行热响应试验。

现有的主要计算方法，是利用反算法推导出岩土热物性参数。其方法是：从计算机中取出试验测试结果，将其与软件模拟的结果进行对比，使得方差和 $f = \sum_{i=1}^{N}(T_{\text{cal},i} - T_{\text{exp},i})^2$ 取得最小值时，通过传热模型调整后的热物性参数即是所求结果。其中，$T_{\text{cal},i}$ 为第 i 时刻由模型计算出的埋管内流体的平均温度；$T_{\text{exp},i}$ 为第 i 时刻实际测量的埋管中流体的平均温度；N 为试验测量的数据的组数。也可将试验数据直接输入专业的地源热泵岩土热物性测试软件，通过计算分析得到当地岩土的热物性参数。

以下给出一种适用于单 U 形竖直地埋管换热器的分析方法，以供参考。

地埋管换热器与周围岩土的换热可分为钻孔内传热过程和钻孔外传热过程。相比钻孔外，钻孔内的几何尺寸和热容量均很小，可以很快达到一个温度变化相对比较平稳的阶段，因此埋管与钻孔内的换热过程可近似为稳态换热过程。埋管中循环介质温度沿流程不断变化，循环介质平均温度可认为是埋管出入口温度的平均值。钻孔外可视为无限大空间，地下岩土的初始温度均匀，其传热过程可认为是线热源或柱热源在无限大介质中的非稳态传热过程。在定加热功率的条件下：

1 钻孔内传热过程及热阻

钻孔内两根埋管单位长度的热流密度分别为 q_1 和 q_2，根据线性叠加原理有：

$$\begin{cases} T_{\text{fl}} - T_b = R_1 q_1 + R_{12} q_2 \\ T_{\text{f2}} - T_b = R_{12} q_1 + R_2 q_2 \end{cases} \tag{9}$$

式中 T_{fl}，T_{f2} ——分别为两根埋管内流体温度（℃）；

T_b ——钻孔壁温度（℃）；

R_1，R_2 ——分别看作是两根管子独立存在时与钻孔壁之间的热阻（m·K/W）；

R_{12} ——两根管子之间的热阻（m·K/W）。

在工程中可以近似认为两根管子是对称分布在钻

孔内部的，其中心距为 D，因此有：

$$R_1 = R_2 = \frac{1}{2\pi\lambda_b}\left[\ln\left(\frac{d_b}{d_o}\right) + \frac{\lambda_b - \lambda_s}{\lambda_b + \lambda_s} \cdot \right. \tag{10}$$
$$\left. \ln\left(\frac{d_b^2}{d_b^2 - D^2}\right)\right] + R_p + R_f$$

$$R_{12} = \frac{1}{2\pi\lambda_b}\left[\ln\left(\frac{d_b}{D}\right) + \frac{\lambda_b - \lambda_s}{\lambda_b + \lambda_s} \cdot \ln\left(\frac{d_b^2}{d_b^2 + D^2}\right)\right] \tag{11}$$

其中埋管管壁的导热热阻 R_p 和管壁与循环介质对流换热热阻 R_f 分别为：

$$R_p = \frac{1}{2\pi\lambda_p} \cdot \ln\left(\frac{d_o}{d_i}\right), R_f = \frac{1}{\pi d_i K} \tag{12}$$

式中 d_i ——埋管内径（m）；

d_o ——埋管外径（m）；

d_b ——钻孔直径（m）；

λ_p ——埋管管壁导热系数 [W/(m·K)]；

λ_b ——钻孔回填材料导热系数 [W/(m·K)]；

λ_s ——埋管周围岩土的导热系数 [W/(m·K)]；

K ——循环介质与 U 形管内壁的对流换热系数 [W/(m²·K)]。

取 q_l 为单位长度埋管释放的热流量，根据假设有：$q_1 = q_2 = q_l/2$，$T_{\text{fl}} = T_{\text{f2}} = T_f$，则式（9）可表示为：

$$T_f - T_b = q_l R_b \tag{13}$$

由式（10）～（13）可推得钻孔内传热热阻 R_b 为

$$R_b = \frac{1}{2}\left\{\frac{1}{2\pi\lambda_b}\left[\ln\left(\frac{d_b}{d_o}\right) + \ln\left(\frac{d_b}{D}\right) + \frac{\lambda_b - \lambda_s}{\lambda_b + \lambda_s} \cdot \right.\right.$$
$$\left. \ln\left(\frac{d_b^4}{d_b^4 - D^4}\right)\right] + \frac{1}{2\pi\lambda_p} \cdot \ln\left(\frac{d_o}{d_i}\right)$$
$$\left. + \frac{1}{\pi d_i K}\right\} \tag{14}$$

2 钻孔外传热过程及热阻

当钻孔外传热视为以钻孔壁为柱面热源的无限大介质中的非稳态热传导时，其传热控制方程、初始条件和边界条件分别为

$$\frac{\partial T}{\partial \tau} = \frac{\lambda_s}{\rho_s c_s}\left(\frac{\partial^2 T}{\partial r^2} + \frac{1}{r}\frac{\partial T}{\partial r}\right), \frac{d_b}{2} \leqslant r < \infty, \tau > 0 \tag{15}$$

$$T = T_{\text{ff}}, \frac{d_b}{2} < r < \infty, \tau = 0 \tag{16}$$

$$-\pi d_b \lambda_s \frac{\partial T}{\partial r}\Big|_{r = \frac{d_b}{2}} = q_l, \tau > 0 \tag{17}$$

$$T = T_{\text{ff}}, r \rightarrow \infty, \tau > 0 \tag{18}$$

式中 c_s ——埋管周围岩土的平均比热容 [J/(kg·℃)]；

T ——孔周围岩土温度（℃）

T_{ff} ——无穷远处土壤温度（℃）；

ρ_s ——岩土周围岩土的平均密度（kg/m³）；

τ ——时间（s）。

由上述方程可求得 τ 时刻钻孔周围土壤的温度分布。其公式非常复杂，求值十分困难，需要采取近似

计算。

当加热时间较短时，柱热源和线热源模型的计算结果有显著差别；而当加热时间较长时，两模型计算结果的相对误差逐渐减小，而且时间越长差别越小。一般国内外通过实验推导钻孔传热性能及热物性所采用的普遍模型是线热源模型的结论，当时间较长时，线热源模型的钻孔壁温度为：

$$T_b = T_{ff} + q_l \cdot \frac{1}{4\pi\lambda_s} \cdot Ei\left(\frac{d_b^2\rho_s c_s}{16\lambda_s\tau}\right) \quad (19)$$

式中

$Ei(x) = \int_x^{\infty} \frac{e^{-s}}{S}dS$ 是指数积分函数。当时间足够长时，$Ei\left(\frac{d_b^2\rho_s c_s}{16\lambda_s\tau}\right) \approx \ln\left(\frac{16\lambda_s\tau}{d_b^2\rho_s c_s}\right) - \gamma, \gamma$ 是欧拉常数，$\gamma \approx 0.577216$。$R_s = \frac{1}{4\pi\lambda_s} \cdot Ei\left(\frac{d_b^2\rho_s c_s}{16\lambda_s\tau}\right)$ 为钻孔外岩土的导热热阻。

由式（13）和式（19）可以导出 τ 时刻循环介质平均温度，为

$$T_f = T_{ff} + q_l \cdot \left[R_b + \frac{1}{4\pi\lambda_s} \cdot Ei\left(\frac{d_b^2\rho_s c_s}{16\lambda_s\tau}\right)\right] \quad (20)$$

式（14）和式（20）构成了埋管内循环介质与周围岩土的换热方程。式（20）有两个未知参数，周围岩土导热系数 λ_s 和容积比热容 $\rho_s c_s$，利用该式可以求得上述两个未知参数。

C.3.2 测试孔的深度相比实际的用孔过大或过小都不足以反映真实的岩土热物性参数；如果测试孔与实际的用孔相差过大，应当按照实际用孔的要求，制作测试孔；或将制成的实际用孔作为测试孔进行测试。

C.3.3 通过近年来对多个岩土热响应试验的总结，由于地质条件的差异性以及测试孔的成孔工艺不同、深度不一，测试孔恢复至岩土初始温度时所需时间也不一致，通常在48h后测试埋管的状态基本稳定；但对于采用水泥基料作为回填材料的，由于水泥在失水的过程中会出现缓慢的放热，因此对于使用水泥基料作回填材料的测试孔，测试孔应放置足够的时间（宜为10d以上），以保证测试孔内岩土温度恢复至与周围岩土初始平均温度一致；此外，测试孔成孔完毕后，要求将测试孔放置48h以上，也是为了使回填料在钻孔内充分地沉淀密实。

C.3.4 随着岩土深度以及岩土性质的不同，各个深度的岩土初始温度也会有所不同。待钻孔结束，钻孔内岩土温度恢复至岩土初始温度后，可采用在钻孔内不同深度分别埋设温度传感器（如铂电阻温度探头）或向测试孔内注满水的PE管中，插入温度传感器的方法获得岩土初始的温度分布。

C.3.5 岩土热响应试验是一个对岩土缓慢加热直至达到传热平衡的测试过程，因此需要有足够的时间来保证这一过程的充分进行。在试验过程中，如果要改变加热功率，则需要停止试验，待测试孔内温度恢复至与岩土的初始平均温度一致时，才能再进行岩土热响应试验。

对于采用加热功率的测试，加热功率大小的设定，应使换热流体与岩土保持有一定的温差，在地埋管换热器的出口温度稳定后，其温度宜高于岩土初始平均温度5℃以上。如果不能保持一定的温差，试验过程就会变得缓慢，影响试验结果，不利于计算导出岩土热物性参数。

地埋管换热器出口温度稳定，是指在不少于12h的时间内，其温度的波动小于1℃。

C.3.6 为有效测定项目所在地岩土热物性参数，应在测试开始前，对流量进行合理化设置：地埋管换热器内流速应能保证流体始终处于紊流状态，流速的大小可视管径、测试现场情况进行设定，但不应低于0.2m/s。

中华人民共和国国家标准

建筑节能工程施工质量验收规范

Code for acceptance of energy efficient building construction

GB 50411—2007

主编部门：中华人民共和国建设部
批准单位：中华人民共和国建设部
施行日期：２００７年１０月１日

中华人民共和国建设部
公　告

第 554 号

建设部关于发布国家标准
《建筑节能工程施工质量验收规范》的公告

现批准《建筑节能工程施工质量验收规范》为国家标准，编号为 GB 50411 - 2007，自 2007 年 10 月 1 日起实施。其中，第 1.0.5、3.1.2、3.3.1、4.2.2、4.2.7、4.2.15、5.2.2、6.2.2、7.2.2、8.2.2、9.2.3、9.2.10、10.2.3、10.2.14、11.2.3、11.2.5、11.2.11、12.2.2、13.2.5、15.0.5 条为强制性条文，必须严格执行。

本规范由建设部标准定额研究所组织中国建筑工业出版社出版发行。

中华人民共和国建设部
2007 年 1 月 16 日

前　　言

为了贯彻落实科学发展观，做好建筑"四节"工作，加强建筑节能工程的施工质量管理，提高建筑工程节能技术水平，根据建设部（建标函［2005］84 号）《关于印发〈2005 年工程建设标准规范制订、修订计划（第一批）〉的通知》，由中国建筑科学研究院会同有关单位共同编制本规范。

在编制过程中，编制组进行了广泛的调查研究，开展专题讨论和试验，以多种方式征求了国内外有关科研、设计、施工、质检、检测、监理、墙改等单位的意见，参考了国内外相关标准。

本规范依据国家现行法律法规和相关标准，总结了近年来我国建筑工程中节能工程的设计、施工、验收和运行管理方面的实践经验和研究成果，借鉴了国际先进经验和做法，充分考虑了我国现阶段建筑节能工程的实际情况，突出了验收中的基本要求和重点，是一部涉及多专业，以达到建筑节能要求为目标的施工验收规范。

本规范共分 15 章及 3 个附录。内容包括：墙体、幕墙、门窗、屋面、地面、采暖、通风与空气调节、空调与采暖系统冷热源及管网、配电与照明、监测与控制、建筑节能工程现场实体检验、建筑节能分部工程质量验收。

本规范中用黑体字标志的条文为强制性条文，必须严格执行。

本规范由建设部负责管理和对强制性条文的解释，由中国建筑科学研究院负责具体技术内容的解释。为提高规范质量，请各单位在执行本规范过程中，注意总结经验、积累资料，随时将有关的意见和建议反馈给中国建筑科学研究院《建筑节能工程施工质量验收规范》编制组（地址：北京市北三环东路 30 号，邮编 100013，E-MAIL：songbo163163 @163.com)，以供今后修订时参考。

本规范主编单位、参编单位和主要起草人：

主 编 单 位：中国建筑科学研究院
参 编 单 位：北京市建设工程质量监督总站
　　　　　　　广东省建筑科学研究院
　　　　　　　河南省建筑科学研究院
　　　　　　　山东省建筑设计研究院
　　　　　　　同方股份有限公司
　　　　　　　中国建筑东北设计研究院
　　　　　　　中国人民解放军工程与环境质量监督总站
　　　　　　　北京大学建筑设计研究院
　　　　　　　江苏省建筑科学研究院有限公司
　　　　　　　深圳市建设工程质量监督总站
　　　　　　　建设部科技发展促进中心
　　　　　　　宁波市建设委员会
　　　　　　　上海市建设工程安装质量监督总站
　　　　　　　中国建筑业协会建筑节能专业委员会

哈尔滨市墙体材料改革建筑节能办公室

宁波荣山新型材料有限公司

哈尔滨天硕建材工业有限公司

北京振利高新技术公司

广东粤铝建筑装饰有限公司

深圳金粤幕墙装饰工程有限公司

中国建筑第八工程局

北京住总集团有限责任公司

松下电工株式会社

三井物产（中国）贸易有限公司

广东省工业设备安装公司

欧文斯科宁（中国）投资有限公司

及时雨保温隔音技术有限公司

西门子楼宇科技（天津）有限公司

江苏仪征久久防水保温隔热工程公司

大连实德集团有限公司

主要起草人：宋　波　张元勃　杨仕超　栾景阳
　　　　　　于晓明　金丽娜　孙述璞　冯金秋
（以下按姓氏笔画）万树春　王　虹　史新华
　　　　　　　　阮　华　刘锋钢　许锦峰
　　　　　　　　佟贵森　陈海岩　李爱新
　　　　　　　　肖绪文　应柏平　张广志
　　　　　　　　张文库　吴兆军　杨西伟
　　　　　　　　杨　坤　杨　霁　姚　勇
　　　　　　　　赵诚颢　康玉范　徐凯讯
　　　　　　　　顾福林　黄　江　黄振利
　　　　　　　　涂逢祥　韩　红　彭尚银
　　　　　　　　潘延平

目　　次

1　总则 ································· 6—5

2　术语 ································· 6—5

3　基本规定 ···························· 6—5

　3.1　技术与管理 ······················ 6—5

　3.2　材料与设备 ······················ 6—6

　3.3　施工与控制 ······················ 6—6

　3.4　验收的划分 ······················ 6—6

4　墙体节能工程 ························· 6—7

　4.1　一般规定 ························ 6—7

　4.2　主控项目 ························ 6—7

　4.3　一般项目 ························ 6—8

5　幕墙节能工程 ························· 6—9

　5.1　一般规定 ························ 6—9

　5.2　主控项目 ························ 6—9

　5.3　一般项目 ······················ 6—10

6　门窗节能工程 ························ 6—10

　6.1　一般规定 ······················ 6—10

　6.2　主控项目 ······················ 6—10

　6.3　一般项目 ······················ 6—11

7　屋面节能工程 ························ 6—11

　7.1　一般规定 ······················ 6—11

　7.2　主控项目 ······················ 6—11

　7.3　一般项目 ······················ 6—12

8　地面节能工程 ························ 6—12

　8.1　一般规定 ······················ 6—12

　8.2　主控项目 ······················ 6—12

　8.3　一般项目 ······················ 6—13

9　采暖节能工程 ························ 6—13

　9.1　一般规定 ······················ 6—13

　9.2　主控项目 ······················ 6—13

　9.3　一般项目 ······················ 6—14

10　通风与空调节能工程 ················· 6—14

　10.1　一般规定 ······················ 6—14

　10.2　主控项目 ····················· 6—15

　10.3　一般项目 ····················· 6—16

11　空调与采暖系统冷热源及
　　管网节能工程 ······················ 6—17

　11.1　一般规定 ····················· 6—17

　11.2　主控项目 ····················· 6—17

　11.3　一般项目 ····················· 6—18

12　配电与照明节能工程 ················· 6—18

　12.1　一般规定 ····················· 6—18

　12.2　主控项目 ····················· 6—18

　12.3　一般项目 ····················· 6—20

13　监测与控制节能工程 ················· 6—20

　13.1　一般规定 ····················· 6—20

　13.2　主控项目 ····················· 6—20

　13.3　一般项目 ····················· 6—21

14　建筑节能工程现场检验 ··············· 6—22

　14.1　围护结构现场实体检验 ··········· 6—22

　14.2　系统节能性能检测 ·············· 6—22

15　建筑节能分部工程质量验收 ··········· 6—23

附录A　建筑节能工程进场材料
　　　　和设备的复验项目 ··············· 6—24

附录B　建筑节能分部、分项工程
　　　　和检验批的质量验收表 ··········· 6—24

附录C　外墙节能构造钻芯检验
　　　　方法 ·························· 6—26

本规范用词说明 ······················· 6—27

附：条文说明 ························· 6—28

1 总　　则

1.0.1 为了加强建筑节能工程的施工质量管理，统一建筑节能工程施工质量验收，提高建筑工程节能效果，依据现行国家有关工程质量和建筑节能的法律、法规、管理要求和相关技术标准，制订本规范。

1.0.2 本规范适用于新建、改建和扩建的民用建筑工程中墙体、幕墙、门窗、屋面、地面、采暖、通风与空调、空调与采暖系统的冷热源及管网、配电与照明、监测与控制等建筑节能工程施工质量的验收。

1.0.3 建筑节能工程中采用的工程技术文件、承包合同文件对工程质量的要求不得低于本规范的规定。

1.0.4 建筑节能工程施工质量验收除应执行本规范外，尚应遵守《建筑工程施工质量验收统一标准》GB 50300、各专业工程施工质量验收规范和国家现行有关标准的规定。

1.0.5 单位工程竣工验收应在建筑节能分部工程验收合格后进行。

2 术　　语

2.0.1 保温浆料　insulating mortar

由胶粉料与聚苯颗粒或其他保温轻骨料组配，使用时按比例加水搅拌混合而成的浆料。

2.0.2 凸窗　bay window

位置凸出外墙外侧的窗。

2.0.3 外门窗　outside doors and windows

建筑围护结构上有一个面与室外空气接触的门或窗。

2.0.4 玻璃遮阳系数　shading coefficient

透过窗玻璃的太阳辐射得热与透过标准 3mm 透明窗玻璃的太阳辐射得热的比值。

2.0.5 透明幕墙　transparent curtain wall

可见光能直接透射入室内的幕墙。

2.0.6 灯具效率　luminaire efficiency

在相同的使用条件下，灯具发出的总光通量与灯具内所有光源发出的总光通量之比。

2.0.7 总谐波畸变率（*THD*）　total harmonic distortion

周期性交流量中的谐波含量的方均根值与其基波分量的方均根值之比（用百分数表示）。

2.0.8 不平衡度 ε　unbalance factor ε

指三相电力系统中三相不平衡的程度，用电压或电流负序分量与正序分量的方均根值百分比表示。

2.0.9 进场验收　site acceptance

对进入施工现场的材料、设备等进行外观质量检查和规格、型号、技术参数及质量证明文件核查并形成相应验收记录的活动。

2.0.10 进场复验　site reinspection

进入施工现场的材料、设备等在进场验收合格的基础上，按照有关规定从施工现场抽取试样送至试验室进行部分或全部性能参数检验的活动。

2.0.11 见证取样送检　evidential test

施工单位在监理工程师或建设单位代表见证下，按照有关规定从施工现场随机抽取试样，送至有见证检测资质的检测机构进行检测的活动。

2.0.12 现场实体检验　in-situ inspection

在监理工程师或建设单位代表见证下，对已经完成施工作业的分项或分部工程，按照有关规定在工程实体上抽取试样，在现场进行检验或送至有见证检测资质的检测机构进行检验的活动。简称实体检验或现场检验。

2.0.13 质量证明文件　quality proof document

随同进场材料、设备等一同提供的能够证明其质量状况的文件。通常包括出厂合格证、中文说明书、型式检验报告及相关性能检测报告等。进口产品应包括出入境商品检验合格证明。适用时，也可包括进场验收、进场复验、见证取样检验和现场实体检验等资料。

2.0.14 核查　check

对技术资料的检查及资料与实物的核对。包括：对技术资料的完整性、内容的正确性、与其他相关资料的一致性及整理归档情况的检查，以及将技术资料中的技术参数等与相应的材料、构件、设备或产品实物进行核对、确认。

2.0.15 型式检验　type inspection

由生产厂家委托有资质的检测机构，对定型产品或成套技术的全部性能及其适用性所作的检验。其报告称型式检验报告。通常在工艺参数改变、达到预定生产周期或产品生产数量时进行。

3 基 本 规 定

3.1 技术与管理

3.1.1 承担建筑节能工程的施工企业应具备相应的资质；施工现场应建立相应的质量管理体系、施工质量控制和检验制度，具有相应的施工技术标准。

3.1.2 设计变更不得降低建筑节能效果。当设计变更涉及建筑节能效果时，应经原施工图设计审查机构审查，在实施前应办理设计变更手续，并获得监理或建设单位的确认。

3.1.3 建筑节能工程采用的新技术、新设备、新材料、新工艺，应按照有关规定进行评审、鉴定及备案。施工前应对新的或首次采用的施工工艺进行评价，并制定专门的施工技术方案。

3.1.4 单位工程的施工组织设计应包括建筑节能工程施工内容。建筑节能工程施工前，施工单位应编制建筑节能工程施工方案并经监理（建设）单位审查批准。施工单位应对从事建筑节能工程施工作业的人员进行技术交底和必要的实际操作培训。

3.1.5 建筑节能工程的质量检测，除本规范14.1.5条规定的以外，应由具备资质的检测机构承担。

3.2 材料与设备

3.2.1 建筑节能工程使用的材料、设备等，必须符合设计要求及国家有关标准的规定。严禁使用国家明令禁止使用与淘汰的材料和设备。

3.2.2 材料和设备进场验收应遵守下列规定：

1 对材料和设备的品种、规格、包装、外观和尺寸等进行检查验收，并应经监理工程师（建设单位代表）确认，形成相应的验收记录。

2 对材料和设备的质量证明文件进行核查，并应经监理工程师（建设单位代表）确认，纳入工程技术档案。进入施工现场用于节能工程的材料和设备均应具有出厂合格证、中文说明书及相关性能检测报告；定型产品和成套技术应有型式检验报告，进口材料和设备应按规定进行出入境商品检验。

3 对材料和设备应按照本规范附录 A 及各章的规定在施工现场抽样复验。复验应为见证取样送检。

3.2.3 建筑节能工程使用材料的燃烧性能等级和阻燃处理，应符合设计要求和现行国家标准《高层民用建筑设计防火规范》GB 50045、《建筑内部装修设计防火规范》GB 50222 和《建筑设计防火规范》GB 50016 等的规定。

3.2.4 建筑节能工程使用的材料应符合国家现行有关标准对材料有害物质限量的规定，不得对室内外环境造成污染。

3.2.5 现场配制的材料如保温浆料、聚合物砂浆等，应按设计要求或试验室给出的配合比配制。当未给出要求时，应按照施工方案和产品说明书配制。

3.2.6 节能保温材料在施工使用时的含水率应符合设计要求、工艺要求及施工技术方案要求。当无上述要求时，节能保温材料在施工使用时的含水率不应大于正常施工环境湿度下的自然含水率，否则应采取降低含水率的措施。

3.3 施工与控制

3.3.1 **建筑节能工程应按照经审查合格的设计文件和经审查批准的施工方案施工。**

3.3.2 建筑节能工程施工前，对于采用相同建筑节能设计的房间和构造做法，应在现场采用相同材料和工艺制作样板间或样板件，经有关各方确认后方可进行施工。

3.3.3 建筑节能工程的施工作业环境和条件，应满足相关标准和施工工艺的要求。节能保温材料不宜在雨雪天气中露天施工。

3.4 验收的划分

3.4.1 建筑节能工程为单位建筑工程的一个分部工程。其分项工程和检验批的划分，应符合下列规定：

1 建筑节能分项工程应按照表 3.4.1 划分。

2 建筑节能工程应按照分项工程进行验收。当建筑节能分项工程的工程量较大时，可以将分项工程划分为若干个检验批进行验收。

3 当建筑节能工程验收无法按照上述要求划分分项工程或检验批时，可由建设、监理、施工等各方协商进行划分。但验收项目、验收内容、验收标准和验收记录均应遵守本规范的规定。

4 建筑节能分项工程和检验批的验收应单独填写验收记录，节能验收资料应单独组卷。

表 3.4.1 建筑节能分项工程划分

序号	分项工程	主要验收内容
1	墙体节能工程	主体结构基层；保温材料；饰面层等
2	幕墙节能工程	主体结构基层；隔热材料；保温材料；隔汽层；幕墙玻璃；单元式幕墙板块；通风换气系统；遮阳设施；冷凝水收集排放系统等
3	门窗节能工程	门；窗；玻璃；遮阳设施等
4	屋面节能工程	基层；保温隔热层；保护层；防水层；面层等
5	地面节能工程	基层；保温层；保护层；面层等
6	采暖节能工程	系统制式；散热器；阀门与仪表；热力入口装置；保温材料；调试等
7	通风与空气调节节能工程	系统制式；通风与空调设备；阀门与仪表；绝热材料；调试等
8	空调与采暖系统的冷热源及管网节能工程	系统制式；冷热源设备；辅助设备；管网；阀门与仪表；绝热、保温材料；调试等
9	配电与照明节能工程	低压配电电源；照明光源、灯具；附属装置；控制功能；调试等
10	监测与控制节能工程	冷、热源系统的监测控制系统；空调水系统的监测控制系统；通风与空调系统的监测控制系统；监测与计量装置；供配电的监测控制系统；照明自动控制系统；综合控制系统等

4 墙体节能工程

4.1 一般规定

4.1.1 本章适用于采用板材、浆料、块材及预制复合墙板等墙体保温材料或构件的建筑墙体节能工程质量验收。

4.1.2 主体结构完成后进行施工的墙体节能工程，应在基层质量验收合格后施工，施工过程中应及时进行质量检查、隐蔽工程验收和检验批验收，施工完成后应进行墙体节能分项工程验收。与主体结构同时施工的墙体节能工程，应与主体结构一同验收。

4.1.3 墙体节能工程当采用外保温定型产品或成套技术时，其型式检验报告中应包括安全性和耐候性检验。

4.1.4 墙体节能工程应对下列部位或内容进行隐蔽工程验收，并应有详细的文字记录和必要的图像资料：

1 保温层附着的基层及其表面处理；

2 保温板粘结或固定；

3 锚固件；

4 增强网铺设；

5 墙体热桥部位处理；

6 预置保温板或预制保温墙板的板缝及构造节点；

7 现场喷涂或浇注有机类保温材料的界面；

8 被封闭的保温材料厚度；

9 保温隔热砌块填充墙体。

4.1.5 墙体节能工程的保温材料在施工过程中应采取防潮、防水等保护措施。

4.1.6 墙体节能工程验收的检验批划分应符合下列规定：

1 采用相同材料、工艺和施工做法的墙面，每500~1000m² 面积划分为一个检验批，不足 500 m² 也为一个检验批。

2 检验批的划分也可根据与施工流程相一致且方便施工与验收的原则，由施工单位与监理（建设）单位共同商定。

4.2 主 控 项 目

4.2.1 用于墙体节能工程的材料、构件等，其品种、规格应符合设计要求和相关标准的规定。

检验方法：观察、尺量检查；核查质量证明文件。

检查数量：按进场批次，每批随机抽取 3 个试样进行检查；质量证明文件应按照其出厂检验批进行核查。

4.2.2 墙体节能工程使用的保温隔热材料，其导热系数、密度、抗压强度或压缩强度、燃烧性能应符合设计要求。

检验方法：核查质量证明文件及进场复验报告。

检查数量：全数检查。

4.2.3 墙体节能工程采用的保温材料和粘结材料等，进场时应对其下列性能进行复验，复验应为见证取样送检：

1 保温材料的导热系数、密度、抗压强度或压缩强度；

2 粘结材料的粘结强度；

3 增强网的力学性能、抗腐蚀性能。

检验方法：随机抽样送检，核查复验报告。

检查数量：同一厂家同一品种的产品，当单位工程建筑面积在 20000m² 以下时各抽查不少于 3 次；当单位工程建筑面积在 20000m² 以上时各抽查不少于 6 次。

4.2.4 严寒和寒冷地区外保温使用的粘结材料，其冻融试验结果应符合该地区最低气温环境的使用要求。

检验方法：核查质量证明文件。

检查数量：全数检查。

4.2.5 墙体节能工程施工前应按照设计和施工方案的要求对基层进行处理，处理后的基层应符合保温层施工方案的要求。

检验方法：对照设计和施工方案观察检查；核查隐蔽工程验收记录。

检查数量：全数检查。

4.2.6 墙体节能工程各层构造做法应符合设计要求，并应按照经过审批的施工方案施工。

检验方法：对照设计和施工方案观察检查；核查隐蔽工程验收记录。

检查数量：全数检查。

4.2.7 墙体节能工程的施工，应符合下列规定：

1 保温隔热材料的厚度必须符合设计要求。

2 保温板材与基层及各构造层之间的粘结或连接必须牢固。粘结强度和连接方式应符合设计要求。保温板材与基层的粘结强度应做现场拉拔试验。

3 保温浆料应分层施工。当采用保温浆料做外保温时，保温层与基层之间及各层之间的粘结必须牢固，不应脱层、空鼓和开裂。

4 当墙体节能工程的保温层采用预埋或后置锚固件固定时，锚固件数量、位置、锚固深度和拉拔力应符合设计要求。后置锚固件应进行锚固力现场拉拔试验。

检验方法：观察；手扳检查；保温材料厚度采用钢针插入或剖开尺量检查；粘结强度和锚固力核查试验报告；核查隐蔽工程验收记录。

检查数量：每个检验批抽查不少于 3 处。

4.2.8 外墙采用预置保温板现场浇筑混凝土墙体

时，保温板的验收应符合本规范第 4.2.2 条的规定；保温板的安装位置应正确、接缝严密，保温板在浇筑混凝土过程中不得移位、变形，保温板表面应采取界面处理措施，与混凝土粘结应牢固。

混凝土和模板的验收，应按《混凝土结构工程施工质量验收规范》GB 50204 的相关规定执行。

检验方法：观察检查；核查隐蔽工程验收记录。

检查数量：全数检查。

4.2.9 当外墙采用保温浆料做保温层时，应在施工中制作同条件养护试件，检测其导热系数、干密度和压缩强度。保温浆料的同条件养护试件应见证取样送检。

检验方法：核查试验报告。

检查数量：每个检验批应抽样制作同条件养护试块不少于 3 组。

4.2.10 墙体节能工程各类饰面层的基层及面层施工，应符合设计和《建筑装饰装修工程质量验收规范》GB 50210 的要求，并应符合下列规定：

1 饰面层施工的基层应无脱层、空鼓和裂缝，基层应平整、洁净，含水率应符合饰面层施工的要求。

2 外墙外保温工程不宜采用粘贴饰面砖做饰面层；当采用时，其安全性与耐久性必须符合设计要求。饰面砖做粘结强度拉拔试验，试验结果应符合设计和有关标准的规定。

3 外墙外保温工程的饰面层不得渗漏。当外墙外保温工程的饰面层采用饰面板开缝安装时，保温层表面应具有防水功能或采取其他防水措施。

4 外墙外保温层及饰面层与其他部位交接的收口处，应采取密封措施。

检验方法：观察检查；核查试验报告和隐蔽工程验收记录。

检查数量：全数检查。

4.2.11 保温砌块砌筑的墙体，应采用具有保温功能的砂浆砌筑。砌筑砂浆的强度等级应符合设计要求。砌体的水平灰缝饱满度不应低于 90%，竖直灰缝饱满度不应低于 80%。

检验方法：对照设计核查施工方案和砌筑砂浆强度试验报告。用百格网检查灰缝砂浆饱满度。

检查数量：每楼层的每个施工段至少抽查一次，每次抽查 5 处，每处不少于 3 个砌块。

4.2.12 采用预制保温墙板现场安装的墙体，应符合下列规定：

1 保温墙板应有型式检验报告，型式检验报告中应包含安装性能的检验；

2 保温墙板的结构性能、热工性能及与主体结构的连接方法应符合设计要求，与主体结构连接必须牢固；

3 保温墙板的板缝处理、构造节点及嵌缝做法

应符合设计要求；

4 保温墙板板缝不得渗漏。

检验方法：核查型式检验报告、出厂检验报告、对照设计观察和淋水试验检查；核查隐蔽工程验收记录。

检查数量：型式检验报告、出厂检验报告全数核查；其他项目每个检验批抽查 5%，并不少于 3 块（处）。

4.2.13 当设计要求在墙体内设置隔汽层时，隔汽层的位置、使用的材料及构造做法应符合设计要求和相关标准的规定。隔汽层应完整、严密，穿透隔汽层处应采取密封措施。隔汽层冷凝水排水构造应符合设计要求。

检验方法：对照设计观察检查；核查质量证明文件和隐蔽工程验收记录。

检查数量：每个检验批抽查 5%，并不少于 3 处。

4.2.14 外墙或毗邻不采暖空间墙体上的门窗洞口四周的侧面，墙体上凸窗四周的侧面，应按设计要求采取节能保温措施。

检验方法：对照设计观察检查，必要时抽样剖开检查；核查隐蔽工程验收记录。

检查数量：每个检验批抽查 5%，并不少于 5 个洞口。

4.2.15 **严寒和寒冷地区外墙热桥部位，应按设计要求采取节能保温等隔断热桥措施。**

检验方法：对照设计和施工方案观察检查；核查隐蔽工程验收记录。

检查数量：按不同热桥种类，每种抽查 20%，并不少于 5 处。

4.3 一般项目

4.3.1 进场节能保温材料与构件的外观和包装应完整无破损，符合设计要求和产品标准的规定。

检验方法：观察检查。

检查数量：全数检查。

4.3.2 当采用加强网作为防止开裂的措施时，加强网的铺贴和搭接应符合设计和施工方案的要求。砂浆抹压应密实，不得空鼓，加强网不得皱褶、外露。

检验方法：观察检查；核查隐蔽工程验收记录。

检查数量：每个检验批抽查不少于 5 处，每处不少于 2m²。

4.3.3 设置空调的房间，其外墙热桥部位应按设计要求采取隔断热桥措施。

检验方法：对照设计和施工方案观察检查；核查隐蔽工程验收记录。

检查数量：按不同热桥种类，每种抽查 10%，并不少于 5 处。

4.3.4 施工产生的墙体缺陷，如穿墙套管、脚手

眼、孔洞等，应按照施工方案采取隔断热桥措施，不得影响墙体热工性能。

检验方法：对照施工方案观察检查。

检查数量：全数检查。

4.3.5 墙体保温板材接缝方法应符合施工方案要求。保温板接缝应平整严密。

检验方法：观察检查。

检查数量：每个检验批抽查 10%，并不少于 5 处。

4.3.6 墙体采用保温浆料时，保温浆料层宜连续施工；保温浆料厚度应均匀、接茬应平顺密实。

检验方法：观察、尺量检查。

检查数量：每个检验批抽查 10%，并不少于 10 处。

4.3.7 墙体上容易碰撞的阳角、门窗洞口及不同材料基体的交接处等特殊部位，其保温层应采取防止开裂和破损的加强措施。

检验方法：观察检查；核查隐蔽工程验收记录。

检查数量：按不同部位，每类抽查 10%，并不少于 5 处。

4.3.8 采用现场喷涂或模板浇注的有机类保温材料做外保温时，有机类保温材料应达到陈化时间后方可进行下道工序施工。

检查方法：对照施工方案和产品说明书进行检查。

检查数量：全数检查。

5 幕墙节能工程

5.1 一般规定

5.1.1 本章适用于透明和非透明的各类建筑幕墙的节能工程质量验收。

5.1.2 附着于主体结构上的隔汽层、保温层应在主体结构工程质量验收合格后施工。施工过程中应及时进行质量检查、隐蔽工程验收和检验批验收，施工完成后应进行幕墙节能分项工程验收。

5.1.3 当幕墙节能工程采用隔热型材时，隔热型材生产厂家应提供型材所使用的隔热材料的力学性能和热变形性能试验报告。

5.1.4 幕墙节能工程施工中应对下列部位或项目进行隐蔽工程验收，并应有详细的文字记录和必要的图像资料：

1 被封闭的保温材料厚度和保温材料的固定；
2 幕墙周边与墙体的接缝处保温材料的填充；
3 构造缝、结构缝；
4 隔汽层；
5 热桥部位、断热节点；
6 单元式幕墙板块间的接缝构造；

7 冷凝水收集和排放构造；
8 幕墙的通风换气装置。

5.1.5 幕墙节能工程使用的保温材料在安装过程中应采取防潮、防水等保护措施。

5.1.6 幕墙节能工程检验批划分，可按照《建筑装饰装修工程质量验收规范》GB 50210 的规定执行。

5.2 主控项目

5.2.1 用于幕墙节能工程的材料、构件等，其品种、规格应符合设计要求和相关标准的规定。

检验方法：观察、尺量检查；核查质量证明文件。

检查数量：按进场批次，每批随机抽取 3 个试样进行检查；质量证明文件应按照其出厂检验批进行核查。

5.2.2 幕墙节能工程使用的保温隔热材料，其导热系数、密度、燃烧性能应符合设计要求。幕墙玻璃的传热系数、遮阳系数、可见光透射比、中空玻璃露点应符合设计要求。

检验方法：核查质量证明文件和复验报告。

检查数量：全数核查。

5.2.3 幕墙节能工程使用的材料、构件等进场时，应对其下列性能进行复验，复验应为见证取样送检：

1 保温材料：导热系数、密度；
2 幕墙玻璃：可见光透射比、传热系数、遮阳系数、中空玻璃露点；
3 隔热型材：抗拉强度、抗剪强度。

检验方法：进场时抽样复验，验收时核查复验报告。

检查数量：同一厂家的同一种产品抽查不少于一组。

5.2.4 幕墙的气密性能应符合设计规定的等级要求。当幕墙面积大于 3000m² 或建筑外墙面积 50% 时，应现场抽取材料和配件，在检测试验室安装制作试件进行气密性能检测，检测结果应符合设计规定的等级要求。

密封条应镶嵌牢固、位置正确、对接严密。单元幕墙板块之间的密封应符合设计要求。开启扇应关闭严密。

检验方法：观察及启闭检查；核查隐蔽工程验收记录、幕墙气密性能检测报告、见证记录。

气密性能检测试件应包括幕墙的典型单元、典型拼缝、典型可开启部分。试件应按照幕墙工程施工图进行设计。试件设计应经建筑设计单位项目负责人、监理工程师同意并确认。气密性能的检测应按照国家现行有关标准的规定执行。

检查数量：核查全部质量证明文件和性能检测报告。现场观察及启闭检查按检验批抽查 30%，并不少于 5 件（处）。气密性能检测应对一个单位工程中面积超过 1000m² 的每一种幕墙均抽取一个试件进行检测。

5.2.5 幕墙节能工程使用的保温材料，其厚度应符合设计要求，安装牢固，且不得松脱。

检验方法：对保温板或保温层采取针插法或剖开法，尺量厚度；手扳检查。

检查数量：按检验批抽查 10%，并不少于 5 处。

5.2.6 遮阳设施的安装位置应满足设计要求。遮阳设施的安装应牢固。

检验方法：观察；尺量；手扳检查。

检查数量：检查全数的 10%，并不少于 5 处；牢固程度全数检查。

5.2.7 幕墙工程热桥部位的隔断热桥措施应符合设计要求，断热节点的连接应牢固。

检验方法：对照幕墙节能设计文件，观察检查。

检查数量：按检验批抽查 10%，并不少于 5 处。

5.2.8 幕墙隔汽层应完整、严密、位置正确，穿透隔汽层处的节点构造应采取密封措施。

检验方法：观察检查。

检查数量：按检验批抽查 10%，并不少于 5 处。

5.2.9 冷凝水的收集和排放应通畅，并不得渗漏。

检验方法：通水试验、观察检查。

检查数量：按检验批抽查 10%，并不少于 5 处。

5.3 一 般 项 目

5.3.1 镀（贴）膜玻璃的安装方向、位置应正确。中空玻璃应采用双道密封。中空玻璃的均压管应密封处理。

检验方法：观察；检查施工记录。

检查数量：每个检验批抽查 10%，并不少于 5 件（处）。

5.3.2 单元式幕墙板块组装应符合下列要求：

1 密封条：规格正确，长度无负偏差，接缝的搭接符合设计要求；

2 保温材料：固定牢固，厚度符合设计要求；

3 隔汽层：密封完整、严密；

4 冷凝水排水系统通畅，无渗漏。

检验方法：观察检查；手扳检查；尺量；通水试验。

检查数量：每个检验批抽查 10%，并不少于 5 件（处）。

5.3.3 幕墙与周边墙体间的接缝处应采用弹性闭孔材料填充饱满，并应采用耐候密封胶密封。

检验方法：观察检查。

检查数量：每个检验批抽查 10%，并不少于 5 件（处）。

5.3.4 伸缩缝、沉降缝、抗震缝的保温或密封做法应符合设计要求。

检验方法：对照设计文件观察检查。

检查数量：每个检验批抽查 10%，并不少于 10 件（处）。

5.3.5 活动遮阳设施的调节机构应灵活，并应能调节到位。

检验方法：现场调节试验，观察检查。

检查数量：每个检验批抽查 10%，并不少于 10 件（处）。

6 门窗节能工程

6.1 一 般 规 定

6.1.1 本章适用于建筑外门窗节能工程的质量验收，包括金属门窗、塑料门窗、木质门窗、各种复合门窗、特种门窗、天窗以及门窗玻璃安装等节能工程。

6.1.2 建筑门窗进场后，应对其外观、品种、规格及附件等进行检查验收，对质量证明文件进行核查。

6.1.3 建筑外门窗工程施工中，应对门窗框与墙体接缝处的保温填充做法进行隐蔽工程验收，并应有隐蔽工程验收记录和必要的图像资料。

6.1.4 建筑外门窗工程的检验批应按下列规定划分：

1 同一厂家的同一品种、类型、规格的门窗及门窗玻璃每 100 樘划分为一个检验批，不足 100 樘也为一个检验批。

2 同一厂家的同一品种、类型和规格的特种门每 50 樘划分为一个检验批，不足 50 樘也为一个检验批。

3 对于异形或有特殊要求的门窗，检验批的划分应根据其特点和数量，由监理（建设）单位和施工单位协商确定。

6.1.5 建筑外门窗工程的检查数量应符合下列规定：

1 建筑门窗每个检验批应抽查 5%，并不少于 3 樘，不足 3 樘时应全数检查；高层建筑的外窗，每个检验批应抽查 10%，并不少于 6 樘，不足 6 樘时应全数检查。

2 特种门每个检验批应抽查 50%，并不少于 10 樘，不足 10 樘时应全数检查。

6.2 主 控 项 目

6.2.1 建筑外门窗的品种、规格应符合设计要求和相关标准的规定。

检验方法：观察、尺量检查；核查质量证明文件。

检查数量：按本规范第 6.1.5 条执行；质量证明文件应按照其出厂检验批进行核查。

6.2.2 建筑外窗的气密性、保温性能、中空玻璃露点、玻璃遮阳系数和可见光透射比应符合设计要求。

　　检验方法：核查质量证明文件和复验报告。

　　检查数量：全数核查。

6.2.3　建筑外窗进入施工现场时，应按地区类别对其下列性能进行复验，复验应为见证取样送检：

　　1　严寒、寒冷地区：气密性、传热系数和中空玻璃露点；

　　2　夏热冬冷地区：气密性、传热系数、玻璃遮阳系数、可见光透射比、中空玻璃露点；

　　3　夏热冬暖地区：气密性、玻璃遮阳系数、可见光透射比、中空玻璃露点。

　　检验方法：随机抽样送检；核查复验报告。

　　检查数量：同一厂家同一品种同一类型的产品各抽查不少于 3 樘（件）。

6.2.4　建筑门窗采用的玻璃品种应符合设计要求。中空玻璃应采用双道密封。

　　检验方法：观察检查；核查质量证明文件。

　　检查数量：按本规范第 6.1.5 条执行。

6.2.5　金属外门窗隔断热桥措施应符合设计要求和产品标准的规定，金属副框的隔断热桥措施应与门窗框的隔断热桥措施相当。

　　检验方法：随机抽样，对照产品设计图纸，剖开或拆开检查。

　　检查数量：同一厂家同一品种、类型的产品各抽查不少于 1 樘。金属副框的隔断热桥措施按检验批抽查 30%。

6.2.6　严寒、寒冷、夏热冬冷地区的建筑外窗，应对其气密性做现场实体检验，检测结果应满足设计要求。

　　检验方法：随机抽样现场检验。

　　检查数量：同一厂家同一品种、类型的产品各抽查不少于 3 樘。

6.2.7　外门窗框或副框与洞口之间的间隙应采用弹性闭孔材料填充饱满，并使用密封胶密封；外门窗框与副框之间的缝隙应使用密封胶密封。

　　检验方法：观察检查；核查隐蔽工程验收记录。

　　检查数量：全数检查。

6.2.8　严寒、寒冷地区的外门安装，应按照设计要求采取保温、密封等节能措施。

　　检验方法：观察检查。

　　检查数量：全数检查。

6.2.9　外窗遮阳设施的性能、尺寸应符合设计和产品标准要求；遮阳设施的安装应位置正确、牢固，满足安全和使用功能的要求。

　　检验方法：核查质量证明文件；观察、尺量、手扳检查。

　　检查数量：按本规范第 6.1.5 条执行；安装牢固程度全数检查。

6.2.10　特种门的性能应符合设计和产品标准要求；特种门安装中的节能措施，应符合设计要求。

　　检验方法：核查质量证明文件；观察、尺量检查。

　　检查数量：全数检查。

6.2.11　天窗安装的位置、坡度应正确，封闭严密，嵌缝处不得渗漏。

　　检验方法：观察、尺量检查；淋水检查。

　　检查数量：按本规范第 6.1.5 条执行。

6.3　一般项目

6.3.1　门窗扇密封条和玻璃镶嵌的密封条，其物理性能应符合相关标准的规定。密封条安装位置应正确，镶嵌牢固，不得脱槽，接头处不得开裂。关闭门窗时密封条应接触严密。

　　检验方法：观察检查。

　　检查数量：全数检查。

6.3.2　门窗镀（贴）膜玻璃的安装方向应正确，中空玻璃的均压管应密封处理。

　　检验方法：观察检查。

　　检查数量：全数检查。

6.3.3　外门窗遮阳设施调节应灵活，能调节到位。

　　检验方法：现场调节试验检查。

　　检查数量：全数检查。

7　屋面节能工程

7.1　一般规定

7.1.1　本章适用于建筑屋面节能工程，包括采用松散保温材料、现浇保温材料、喷涂保温材料、板材、块材等保温隔热材料的屋面节能工程的质量验收。

7.1.2　屋面保温隔热工程的施工，应在基层质量验收合格后进行。施工过程中应及时进行质量检查、隐蔽工程验收和检验批验收，施工完成后应进行屋面节能分项工程验收。

7.1.3　屋面保温隔热工程应对下列部位进行隐蔽工程验收，并应有详细的文字记录和必要的图像资料：

　　1　基层；

　　2　保温层的敷设方式、厚度；板材缝隙填充质量；

　　3　屋面热桥部位；

　　4　隔汽层。

7.1.4　屋面保温隔热层施工完成后，应及时进行找平层和防水层的施工，避免保温隔热层受潮、浸泡或受损。

7.2　主控项目

7.2.1　用于屋面节能工程的保温隔热材料，其品种、规格应符合设计要求和相关标准的规定。

检验方法：观察、尺量检查；核查质量证明文件。

检查数量：按进场批次，每批随机抽取3个试样进行检查；质量证明文件应按照其出厂检验批进行核查。

7.2.2 屋面节能工程使用的保温隔热材料，其导热系数、密度、抗压强度或压缩强度、燃烧性能应符合设计要求。

检验方法：核查质量证明文件及进场复验报告。

检查数量：全数检查。

7.2.3 屋面节能工程使用的保温隔热材料，进场时应对其导热系数、密度、抗压强度或压缩强度、燃烧性能进行复验，复验应为见证取样送检。

检验方法：随机抽样送检，核查复验报告。

检查数量：同一厂家同一品种的产品各抽查不少于3组。

7.2.4 屋面保温隔热层的敷设方式、厚度、缝隙填充质量及屋面热桥部位的保温隔热做法，必须符合设计要求和有关标准的规定。

检验方法：观察、尺量检查。

检查数量：每100m² 抽查一处，每处10m²，整个屋面抽查不得少于3处。

7.2.5 屋面的通风隔热架空层，其架空高度、安装方式、通风口位置及尺寸应符合设计及有关标准要求。架空层内不得有杂物。架空面层应完整，不得有断裂和露筋等缺陷。

检验方法：观察、尺量检查。

检查数量：每100m² 抽查一处，每处10m²，整个屋面抽查不得少于3处。

7.2.6 采光屋面的传热系数、遮阳系数、可见光透射比、气密性应符合设计要求。节点的构造做法应符合设计和相关标准的要求。采光屋面的可开启部分应按本规范第6章的要求验收。

检验方法：核查质量证明文件；观察检查。

检查数量：全数检查。

7.2.7 采光屋面的安装应牢固，坡度正确，封闭严密，嵌缝处不得渗漏。

检验方法：观察、尺量检查；淋水检查；核查隐蔽工程验收记录。

检查数量：全数检查。

7.2.8 屋面的隔汽层位置应符合设计要求，隔汽层应完整、严密。

检验方法：对照设计观察检查；核查隐蔽工程验收记录。

检查数量：每100m² 抽查一处，每处10m²，整个屋面抽查不得少于3处。

7.3 一般项目

7.3.1 屋面保温隔热层应按施工方案施工，并应符

合下列规定：

1 松散材料应分层敷设、按要求压实、表面平整、坡向正确；

2 现场采用喷、浇、抹等工艺施工的保温层，其配合比应计量准确，搅拌均匀、分层连续施工，表面平整，坡向正确。

3 板材应粘贴牢固、缝隙严密、平整。

检验方法：观察、尺量、称重检查。

检查数量：每100m² 抽查一处，每处10m²，整个屋面抽查不得少于3处。

7.3.2 金属板保温夹芯屋面应铺装牢固、接口严密、表面洁净、坡向正确。

检验方法：观察、尺量检查；核查隐蔽工程验收记录。

检查数量：全数检查。

7.3.3 坡屋面、内架空屋面当采用敷设于屋面内侧的保温材料做保温隔热层时，保温隔热层应有防潮措施，其表面应有保护层，保护层的做法应符合设计要求。

检验方法：观察检查；核查隐蔽工程验收记录。

检查数量：每100m² 抽查一处，每处10m²，整个屋面抽查不得少于3处。

8 地面节能工程

8.1 一般规定

8.1.1 本章适用于建筑地面节能工程的质量验收。包括底面接触室外空气、土壤或毗邻不采暖空间的地面节能工程。

8.1.2 地面节能工程的施工，应在主体或基层质量验收合格后进行。施工过程中应及时进行质量检查、隐蔽工程验收和检验批验收，施工完成后应进行地面节能分项工程验收。

8.1.3 地面节能工程应对下列部位进行隐蔽工程验收，并应有详细的文字记录和必要的图像资料：

1 基层；

2 被封闭的保温材料厚度；

3 保温材料粘结；

4 隔断热桥部位。

8.1.4 地面节能分项工程检验批划分应符合下列规定：

1 检验批可按施工段或变形缝划分；

2 当面积超过200m² 时，每200m² 可划分为一个检验批，不足200m² 也为一个检验批；

3 不同构造做法的地面节能工程应单独划分检验批。

8.2 主控项目

8.2.1 用于地面节能工程的保温材料，其品种、规

格应符合设计要求和相关标准的规定。

检验方法：观察、尺量或称重检查；核查质量证明文件。

检查数量：按进场批次，每批随机抽取 3 个试样进行检查；质量证明文件应按照其出厂检验批进行核查。

8.2.2 地面节能工程使用的保温材料，其导热系数、密度、抗压强度或压缩强度、燃烧性能应符合设计要求。

检验方法：核查质量证明文件和复验报告。

检查数量：全数核查。

8.2.3 地面节能工程采用的保温材料，进场时应对其导热系数、密度、抗压强度或压缩强度、燃烧性能进行复验，复验应为见证取样送检。

检验方法：随机抽样送检，核查复验报告。

检查数量：同一厂家同一品种的产品各抽查不少于 3 组。

8.2.4 地面节能工程施工前，应对基层进行处理，使其达到设计和施工方案的要求。

检验方法：对照设计和施工方案观察检查。

检查数量：全数检查。

8.2.5 地面保温层、隔离层、保护层等各层的设置和构造做法以及保温层的厚度应符合设计要求，并应按施工方案施工。

检验方法：对照设计和施工方案观察检查；尺量检查。

检查数量：全数检查。

8.2.6 地面节能工程的施工质量应符合下列规定：

1 保温板与基层之间、各构造层之间的粘结应牢固，缝隙应严密；

2 保温浆料应分层施工；

3 穿越地面直接接触室外空气的各种金属管道应按设计要求，采取隔断热桥的保温措施。

检验方法：观察检查；核查隐蔽工程验收记录。

检查数量：每个检验批抽查 2 处，每处 10m²；穿越地面的金属管道处全数检查。

8.2.7 有防水要求的地面，其节能保温做法不得影响地面排水坡度，保温层面层不得渗漏。

检验方法：用长度 500mm 水平尺检查；观察检查。

检查数量：全数检查。

8.2.8 严寒、寒冷地区的建筑首层直接与土壤接触的地面、采暖地下室与土壤接触的外墙、毗邻不采暖空间的地面以及底面直接接触室外空气的地面应按设计要求采取保温措施。

检验方法：对照设计观察检查。

检查数量：全数检查。

8.2.9 保温层的表面防潮层、保护层应符合设计要求。

检验方法：观察检查。

检查数量：全数检查。

8.3 一般项目

8.3.1 采用地面辐射采暖的工程，其地面节能做法应符合设计要求，并应符合《地面辐射供暖技术规程》JGJ 142 的规定。

检验方法：观察检查。

检查数量：全数检查。

9 采暖节能工程

9.1 一般规定

9.1.1 本章适用于温度不超过 95℃室内集中热水采暖系统节能工程施工质量的验收。

9.1.2 采暖系统节能工程的验收，可按系统、楼层等进行，并应符合本规范第 3.4.1 条的规定。

9.2 主控项目

9.2.1 采暖系统节能工程采用的散热设备、阀门、仪表、管材、保温材料等产品进场时，应按设计要求对其类型、材质、规格及外观等进行验收，并应经监理工程师（建设单位代表）检查认可，且应形成相应的验收记录。各种产品和设备的质量证明文件和相关技术资料应齐全，并应符合国家现行有关标准和规定。

检验方法：观察检查；核查质量证明文件和相关技术资料。

检查数量：全数检查。

9.2.2 采暖系统节能工程采用的散热器和保温材料等进场时，应对其下列技术性能参数进行复验，复验应为见证取样送检：

1 散热器的单位散热量、金属热强度；

2 保温材料的导热系数、密度、吸水率。

检验方法：现场随机抽样送检；核查复验报告。

检查数量：同一厂家同一规格的散热器按其数量的 1%进行见证取样送检，但不得少于 2 组；同一厂家同材质的保温材料见证取样送检的次数不得少于 2 次。

9.2.3 采暖系统的安装应符合下列规定：

1 采暖系统的制式，应符合设计要求；

2 散热设备、阀门、过滤器、温度计及仪表应按设计要求安装齐全，不得随意增减和更换；

3 室内温度调控装置、热计量装置、水力平衡装置以及热力入口装置的安装位置和方向应符合设计要求，并便于观察、操作和调试；

4 温度调控装置和热计量装置安装后，采暖系统应能实现设计要求的分室（区）温度调控、分栋热计量和分户或分室（区）热量分摊的功能。

　　检验方法：观察检查。

　　检查数量：全数检查。

9.2.4 散热器及其安装应符合下列规定：

　　1 每组散热器的规格、数量及安装方式应符合设计要求；

　　2 散热器外表面应刷非金属性涂料。

　　检验方法：观察检查。

　　检查数量：按散热器组数抽查 5%，不得少于 5 组。

9.2.5 散热器恒温阀及其安装应符合下列规定：

　　1 恒温阀的规格、数量应符合设计要求；

　　2 明装散热器恒温阀不应安装在狭小和封闭空间，其恒温阀阀头应水平安装，且不应被散热器、窗帘或其他障碍物遮挡；

　　3 暗装散热器的恒温阀应采用外置式温度传感器，并应安装在空气流通且能正确反映房间温度的位置上。

　　检验方法：观察检查。

　　检查数量：按总数抽查 5%，不得少于 5 个。

9.2.6 低温热水地面辐射供暖系统的安装除了应符合本规范第 9.2.3 条的规定外，尚应符合下列规定：

　　1 防潮层和绝热层的做法及绝热层的厚度应符合设计要求；

　　2 室内温控装置的传感器应安装在避开阳光直射和有发热设备且距地 1.4m 处的内墙面上。

　　检验方法：防潮层和绝热层隐蔽前观察检查；用钢针刺入绝热层、尺量；观察检查、尺量室内温控装置传感器的安装高度。

　　检查数量：防潮层和绝热层按检验批抽查 5 处，每处检查不少于 5 点；温控装置按每个检验批抽查 10 个。

9.2.7 采暖系统热力入口装置的安装应符合下列规定：

　　1 热力入口装置中各种部件的规格、数量，应符合设计要求；

　　2 热计量装置、过滤器、压力表、温度计的安装位置、方向应正确，并便于观察、维护；

　　3 水力平衡装置及各类阀门的安装位置、方向应正确，并便于操作和调试。安装完毕后，应根据系统水力平衡要求进行调试并做出标志。

　　检验方法：观察检查；核查进场验收记录和调试报告。

　　检查数量：全数检查。

9.2.8 采暖管道保温层和防潮层的施工应符合下列规定：

　　1 保温层应采用不燃或难燃材料，其材质、规格及厚度等应符合设计要求；

　　2 保温管壳的粘贴应牢固、铺设应平整；硬质或半硬质的保温管壳每节至少应用防腐金属丝或难腐织带或专用胶带进行捆扎或粘贴 2 道，其间距为 300～350mm，且捆扎、粘贴应紧密，无滑动、松弛及断裂现象；

　　3 硬质或半硬质保温管壳的拼接缝隙不应大于 5mm，并用粘结材料勾缝填满；纵缝应错开，外层的水平接缝应设在侧下方；

　　4 松散或软质保温材料应按规定的密度压缩其体积，疏密应均匀；毡类材料在管道上包扎时，搭接处不应有空隙；

　　5 防潮层应紧密粘贴在保温层上，封闭良好，不得有虚粘、气泡、褶皱、裂缝等缺陷；

　　6 防潮层的立管应由管道的低端向高端敷设，环向搭接缝应朝向低端；纵向搭接缝应位于管道的侧面，并顺水；

　　7 卷材防潮层采用螺旋形缠绕的方式施工时，卷材的搭接宽度宜为 30～50mm；

　　8 阀门及法兰部位的保温层结构应严密，且能单独拆卸并不得影响其操作功能。

　　检验方法：观察检查；用钢针刺入保温层、尺量。

　　检查数量：按数量抽查 10%，且保温层不得少于 10 段、防潮层不得少于 10m，阀门等配件不得少于 5 个。

9.2.9 采暖系统应随施工进度对与节能有关的隐蔽部位或内容进行验收，并应有详细的文字记录和必要的图像资料。

　　检验方法：观察检查；核查隐蔽工程验收记录。

　　检查数量：全数检查。

9.2.10 采暖系统安装完毕后，应在采暖期内与热源进行联合试运转和调试。联合试运转和调试结果应符合设计要求，采暖房间温度相对于设计计算温度不得低于 2℃，且不高于 1℃。

　　检验方法：检查室内采暖系统试运转和调试记录。

　　检查数量：全数检查。

9.3 一 般 项 目

9.3.1 采暖系统过滤器等配件的保温层应密实、无空隙，且不得影响其操作功能。

　　检验方法：观察检查。

　　检查数量：按类别数量抽查 10%，且均不得少于 2 件。

10 通风与空调节能工程

10.1 一 般 规 定

10.1.1 本章适用于通风与空调系统节能工程施工

质量的验收。

10.1.2　通风与空调系统节能工程的验收，可按系统、楼层等进行，并应符合本规范第 3.4.1 条的规定。

10.2　主 控 项 目

10.2.1　通风与空调系统节能工程所使用的设备、管道、阀门、仪表、绝热材料等产品进场时，应按设计要求对其类型、材质、规格及外观等进行验收，并应对下列产品的技术性能参数进行核查。验收与核查的结果应经监理工程师（建设单位代表）检查认可，并应形成相应的验收、核查记录。各种产品和设备的质量证明文件和相关技术资料应齐全，并应符合有关国家现行标准和规定。

　　1　组合式空调机组、柜式空调机组、新风机组、单元式空调机组、热回收装置等设备的冷量、热量、风量、风压、功率及额定热回收效率；

　　2　风机的风量、风压、功率及其单位风量耗功率；

　　3　成品风管的技术性能参数；

　　4　自控阀门与仪表的技术性能参数。

　　检验方法：观察检查；技术资料和性能检测报告等质量证明文件与实物核对。

　　检查数量：全数检查。

10.2.2　风机盘管机组和绝热材料进场时，应对其下列技术性能参数进行复验，复验应为见证取样送检。

　　1　风机盘管机组的供冷量、供热量、风量、出口静压、噪声及功率；

　　2　绝热材料的导热系数、密度、吸水率。

　　检验方法：现场随机抽样送检；核查复验报告。

　　检查数量：同一厂家的风机盘管机组按数量复验 2%，但不得少于 2 台；同一厂家同材质的绝热材料复验次数不得少于 2 次。

10.2.3　通风与空调节能工程中的送、排风系统及空调风系统、空调水系统的安装，应符合下列规定：

　　1　各系统的制式，应符合设计要求；

　　2　各种设备、自控阀门与仪表应按设计要求安装齐全，不得随意增减和更换；

　　3　水系统各分支管路水力平衡装置、温控装置与仪表的安装位置、方向应符合设计要求，并便于观察、操作和调试；

　　4　空调系统应能实现设计要求的分室（区）温度调控功能。对设计要求分栋、分区或分户（室）冷、热计量的建筑物，空调系统应能实现相应的计量功能。

　　检验方法：观察检查。

　　检查数量：全数检查。

10.2.4　风管的制作与安装应符合下列规定：

　　1　风管的材质、断面尺寸及厚度应符合设计要求；

　　2　风管与部件、风管与土建风道及风管间的连接应严密、牢固；

　　3　风管的严密性及风管系统的严密性检验和漏风量，应符合设计要求或现行国家标准《通风与空调工程施工质量验收规范》GB 50243 的有关规定；

　　4　需要绝热的风管与金属支架的接触处、复合风管及需要绝热的非金属风管的连接和内部支撑加固等处，应有防热桥的措施，并应符合设计要求。

　　检验方法：观察、尺量检查；核查风管及风管系统严密性检验记录。

　　检查数量：按数量抽查 10%，且不得少于 1 个系统。

10.2.5　组合式空调机组、柜式空调机组、新风机组、单元式空调机组的安装应符合下列规定：

　　1　各种空调机组的规格、数量应符合设计要求；

　　2　安装位置和方向应正确，且与风管、送风静压箱、回风箱的连接应严密可靠；

　　3　现场组装的组合式空调机组各功能段之间连接应严密，并应做漏风量的检测，其漏风量应符合现行国家标准《组合式空调机组》GB/T 14294 的规定；

　　4　机组内的空气热交换器翅片和空气过滤器应清洁、完好，且安装位置和方向必须正确，并便于维护和清理。当设计未注明过滤器的阻力时，应满足粗效过滤器的初阻力 ≤50Pa（粒径 ≥5.0μm，效率：80%＞E≥20%）；中效过滤器的初阻力 ≤80Pa（粒径 ≥1.0μm，效率：70%＞E≥20%）的要求。

　　检验方法：观察检查；核查漏风量测试记录。

　　检查数量：按同类产品的数量抽查 20%，且不得少于 1 台。

10.2.6　风机盘管机组的安装应符合下列规定：

　　1　规格、数量应符合设计要求；

　　2　位置、高度、方向应正确，并便于维护、保养；

　　3　机组与风管、回风箱及风口的连接应严密、可靠；

　　4　空气过滤器的安装应便于拆卸和清理。

　　检验方法：观察检查。

　　检查数量：按总数抽查 10%，且不得少于 5 台。

10.2.7　通风与空调系统中风机的安装应符合下列规定：

　　1　规格、数量应符合设计要求；

　　2　安装位置及进、出口方向应正确，与风管的连接应严密、可靠。

　　检验方法：观察检查。

　　检查数量：全数检查。

10.2.8　带热回收功能的双向换气装置和集中排风

系统中的排风热回收装置的安装应符合下列规定：

1 规格、数量及安装位置应符合设计要求；

2 进、排风管的连接应正确、严密、可靠；

3 室外进、排风口的安装位置、高度及水平距离应符合设计要求。

检验方法：观察检查。

检查数量：按总数抽检20%，且不得少于1台。

10.2.9 空调机组回水管上的电动两通调节阀、风机盘管机组回水管上的电动两通（调节）阀、空调冷热水系统中的水力平衡阀、冷（热）量计量装置等自控阀门与仪表的安装应符合下列规定：

1 规格、数量应符合设计要求；

2 方向应正确，位置应便于操作和观察。

检验方法：观察检查。

检查数量：按类型数量抽查10%，且均不得少于1个。

10.2.10 空调风管系统及部件的绝热层和防潮层施工应符合下列规定：

1 绝热层应采用不燃或难燃材料，其材质、规格及厚度等应符合设计要求；

2 绝热层与风管、部件及设备应紧密贴合，无裂缝、空隙等缺陷，且纵、横向的接缝应错开；

3 绝热层表面应平整，当采用卷材或板材时，其厚度允许偏差为5mm；采用涂抹或其他方式时，其厚度允许偏差为10mm；

4 风管法兰部位绝热层的厚度，不应低于风管绝热层厚度的80%；

5 风管穿楼板和穿墙处的绝热层应连续不间断；

6 防潮层（包括绝热层的端部）应完整，且封闭良好，其搭接缝应顺水；

7 带有防潮层隔汽层绝热材料的拼缝处，应用胶带封严，粘胶带的宽度不应小于50mm；

8 风管系统部件的绝热，不得影响其操作功能。

检验方法：观察检查；用钢针刺入绝热层、尺量检查。

检查数量：管道按轴线长度抽查10%；风管穿楼板和穿墙处及阀门等配件抽查10%，且不得少于2个。

10.2.11 空调水系统管道及配件的绝热层和防潮层施工，应符合下列规定：

1 绝热层应采用不燃或难燃材料，其材质、规格及厚度等应符合设计要求；

2 绝热管壳的粘贴应牢固、铺设应平整；硬质或半硬质的绝热管壳每节至少应用防腐金属丝或难腐织带或专用胶带进行捆扎或粘贴2道，其间距为300～350mm，且捆扎、粘贴应紧密，无滑动、松弛与断裂现象；

3 硬质或半硬质绝热管壳的拼接缝隙，保温时不应大于5mm、保冷时不应大于2mm，并用粘结材料勾缝填满；纵缝应错开，外层的水平接缝应设在侧下方；

4 松散或软质保温材料应按规定的密度压缩其体积，疏密应均匀；毡类材料在管道上包扎时，搭接处不应有空隙；

5 防潮层与绝热层应结合紧密，封闭良好，不得有虚粘、气泡、褶皱、裂缝等缺陷；

6 防潮层的立管应由管道的低端向高端敷设，环向搭接缝应朝向低端；纵向搭接缝应位于管道的侧面，并顺水；

7 卷材防潮层采用螺旋形缠绕的方式施工时，卷材的搭接宽度宜为30～50mm；

8 空调冷热水管穿楼板和穿墙处的绝热层应连续不间断，且绝热层与穿楼板和穿墙处的套管之间应用不燃材料填实不得有空隙，套管两端应进行密封封堵；

9 管道阀门、过滤器及法兰部位的绝热结构应能单独拆卸，且不得影响其操作功能。

检验方法：观察检查；用钢针刺入绝热层、尺量检查。

检查数量：按数量抽查10%，且绝热层不得少于10段、防潮层不得少于10m、阀门等配件不得少于5个。

10.2.12 空调水系统的冷热水管道与支、吊架之间应设置绝热衬垫，其厚度不应小于绝热层厚度，宽度应大于支、吊架支承面的宽度。衬垫的表面应平整，衬垫与绝热材料之间应填实无空隙。

检验方法：观察、尺量检查。

检查数量：按数量抽检5%，且不得少于5处。

10.2.13 通风与空调系统应随施工进度对与节能有关的隐蔽部位或内容进行验收，并应有详细的文字记录和必要的图像资料。

检验方法：观察检查；核查隐蔽工程验收记录。

检查数量：全数检查。

10.2.14 通风与空调系统安装完毕，应进行通风机和空调机组等设备的单机试运转和调试，并应进行系统的风量平衡调试。单机试运转和调试结果应符合设计要求；系统的总风量与设计风量的允许偏差不应大于10%，风口的风量与设计风量的允许偏差不应大于15%。

检验方法：观察检查；核查试运转和调试记录。

检验数量：全数检查。

10.3 一 般 项 目

10.3.1 空气风幕机的规格、数量、安装位置和方向应正确，纵向垂直度和横向水平度的偏差均不应大于2/1000。

检验方法：观察检查。

检查数量：按总数量抽查 10%，且不得少于1台。

10.3.2 变风量末端装置与风管连接前宜做动作试验，确认运行正常后再封口。

检验方法：观察检查。

检查数量：按总数量抽查 10%，且不得少于2台。

11 空调与采暖系统冷热源及管网节能工程

11.1 一般规定

11.1.1 本章适用于空调与采暖系统中冷热源设备、辅助设备及其管道和室外管网系统节能工程施工质量的验收。

11.1.2 空调与采暖系统冷热源设备、辅助设备及其管道和管网系统节能工程的验收，可分别按冷源和热源系统及室外管网进行，并应符合本规范第 3.4.1条的规定。

11.2 主控项目

11.2.1 空调与采暖系统冷热源设备及其辅助设备、阀门、仪表、绝热材料等产品进场时，应按照设计要求对其类型、规格和外观等进行检查验收，并应对下列产品的技术性能参数进行核查。验收与核查的结果应经监理工程师（建设单位代表）检查认可，并应形成相应的验收、核查记录。各种产品和设备的质量证明文件和相关技术资料应齐全，并应符合国家现行有关标准和规定。

1 锅炉的单台容量及其额定热效率；

2 热交换器的单台换热量；

3 电机驱动压缩机的蒸气压缩循环冷水（热泵）机组的额定制冷量（制热量）、输入功率、性能系数（COP）及综合部分负荷性能系数（IPLV）；

4 电机驱动压缩机的单元式空气调节机、风管送风式和屋顶式空气调节机组的名义制冷量、输入功率及能效比（EER）；

5 蒸汽和热水型溴化锂吸收式机组及直燃型溴化锂吸收式冷（温）水机组的名义制冷量、供热量、输入功率及性能系数；

6 集中采暖系统热水循环水泵的流量、扬程、电机功率及耗电输热比（EHR）；

7 空调冷热水系统循环水泵的流量、扬程、电机功率及输送能效比（ER）；

8 冷却塔的流量及电机功率；

9 自控阀门与仪表的技术性能参数。

检验方法：观察检查；技术资料和性能检测报告等质量证明文件与实物核对。

检查数量：全数核查。

11.2.2 空调与采暖系统冷热源及管网节能工程的绝热管道、绝热材料进场时，应对绝热材料的导热系数、密度、吸水率等技术性能参数进行复验，复验应为见证取样送检。

检验方法：现场随机抽样送检；核查复验报告。

检查数量：同一厂家同材质的绝热材料复验次数不得少于2次。

11.2.3 空调与采暖系统冷热源设备和辅助设备及其管网系统的安装，应符合下列规定：

1 管道系统的制式，应符合设计要求；

2 各种设备、自控阀门与仪表应按设计要求安装齐全，不得随意增减和更换；

3 空调冷（热）水系统，应能实现设计要求的变流量或定流量运行；

4 供热系统应能根据热负荷及室外温度变化实现设计要求的集中质调节、量调节或质-量调节相结合的运行。

检验方法：观察检查。

检查数量：全数检查。

11.2.4 空调与采暖系统冷热源和辅助设备及其管道和室外管网系统，应随施工进度对与节能有关的隐蔽部位或内容进行验收，并应有详细的文字记录和必要的图像资料。

检验方法：观察检查；核查隐蔽工程验收记录。

检查数量：全数检查。

11.2.5 冷热源侧的电动两通调节阀、水力平衡阀及冷（热）量计量装置等自控阀门与仪表的安装，应符合下列规定：

1 规格、数量应符合设计要求；

2 方向应正确，位置应便于操作和观察。

检验方法：观察检查。

检查数量：全数检查。

11.2.6 锅炉、热交换器、电机驱动压缩机的蒸气压缩循环冷水（热泵）机组、蒸汽或热水型溴化锂吸收式冷水机组及直燃型溴化锂吸收式冷（温）水机组等设备的安装，应符合下列要求：

1 规格、数量应符合设计要求；

2 安装位置及管道连接应正确。

检验方法：观察检查。

检查数量：全数检查。

11.2.7 冷却塔、水泵等辅助设备的安装应符合下列要求：

1 规格、数量应符合设计要求；

2 冷却塔设置位置应通风良好，并应远离厨房排风等高温气体；

3 管道连接应正确。

检验方法：观察检查。

检查数量：全数检查。

11.2.8 空调冷热源水系统管道及配件绝热层和防潮层的施工要求，可按照本规范第10.2.11条的规定执行。

11.2.9 当输送介质温度低于周围空气露点温度的管道，采用非闭孔绝热材料作绝热层时，其防潮层和保护层应完整，且封闭良好。

检验方法：观察检查。

检查数量：全数检查。

11.2.10 冷热源机房、换热站内部空调冷热水管道与支、吊架之间绝热衬垫的施工可按照本规范第10.2.12条执行。

11.2.11 空调与采暖系统冷热源和辅助设备及其管道和管网系统安装完毕后，系统试运转及调试必须符合下列规定：

1 冷热源和辅助设备必须进行单机试运转及调试；

2 冷热源和辅助设备必须同建筑物室内空调或采暖系统进行联合试运转及调试。

3 联合试运转及调试结果应符合设计要求，且允许偏差或规定值应符合表11.2.11的有关规定。当联合试运转及调试不在制冷期或采暖期时，应先对表11.2.11中序号2、3、5、6四个项目进行检测，并在第一个制冷期或采暖期内，带冷（热）源补做序号1、4两个项目的检测。

表11.2.11 联合试运转及调试检测项目与允许偏差或规定值

序号	检测项目	允许偏差或规定值
1	室内温度	冬季不得低于设计计算温度2℃，且不应高于1℃；夏季不得高于设计计算温度2℃，且不应低于1℃
2	供热系统室外管网的水力平衡度	0.9～1.2
3	供热系统的补水率	≤0.5%
4	室外管网的热输送效率	≥0.92
5	空调机组的水流量	≤20%
6	空调系统冷热水、冷却水总流量	≤10%

检验方法：观察检查；核查试运转和调试记录。

检验数量：全数检查。

11.3 一般项目

11.3.1 空调与采暖系统的冷热源设备及其辅助设备、配件的绝热，不得影响其操作功能。

检验方法：观察检查。

检查数量：全数检查。

12 配电与照明节能工程

12.1 一般规定

12.1.1 本章适用于建筑节能工程配电与照明的施工质量验收。

12.1.2 建筑配电与照明节能工程验收的检验批划分应按本规范第3.4.1条的规定执行。当需要重新划分检验批时，可按照系统、楼层、建筑分区划分为若干个检验批。

12.1.3 建筑配电与照明节能工程的施工质量验收，应符合本规范和《建筑电气工程施工质量验收规范》GB 50303的有关规定、已批准的设计图纸、相关技术规定和合同约定内容的要求。

12.2 主控项目

12.2.1 照明光源、灯具及其附属装置的选择必须符合设计要求，进场验收时应对下列技术性能进行核查，并经监理工程师（建设单位代表）检查认可，形成相应的验收、核查记录。质量证明文件和相关技术资料应齐全，并应符合国家现行有关标准和规定。

1 荧光灯灯具和高强度气体放电灯灯具的效率不应低于表12.2.1-1的规定。

表12.2.1-1 荧光灯灯具和高强度气体放电灯灯具的效率允许值

灯具出光口形式	开敞式	保护罩（玻璃或塑料）透明	磨砂、棱镜	格栅	格栅或透光罩
荧光灯灯具	75%	65%	55%	60%	—
高强度气体放电灯灯具	75%	—	—	60%	60%

2 管型荧光灯镇流器能效限定值应不小于表12.2.1-2的规定。

表12.2.1-2 镇流器能效限定值

标称功率（W）		18	20	22	30	32	36	40
镇流器能效因数（BEF）	电感型	3.154	2.952	2.770	2.232	2.146	2.030	1.992
	电子型	4.778	4.370	3.998	2.870	2.678	2.402	2.270

3 照明设备谐波含量限值应符合表12.2.1-3的规定。

表 12. 2. 1-3　照明设备谐波含量的限值

谐波次数 n	基波频率下输入电流百分比数表示的最大允许谐波电流（％）
2	2
3	30×λ^注
5	10
7	7
9	5
11≤n≤39（仅有奇次谐波）	3

注：λ是电路功率因数。

检验方法：观察检查；技术资料和性能检测报告等质量证明文件与实物核对。

检查数量：全数核查。

12. 2. 2　低压配电系统选择的电缆、电线截面不得低于设计值，进场时应对其截面和每芯导体电阻值进行见证取样送检。每芯导体电阻值应符合表 12. 2. 2 的规定。

表 12. 2. 2　不同标称截面的电缆、电线每芯导体最大电阻值

标称截面（mm²）	20℃时导体最大电阻（Ω/km）圆铜导体（不镀金属）
0.5	36.0
0.75	24.5
1.0	18.1
1.5	12.1
2.5	7.41
4	4.61
6	3.08

续表 12.2.2

标称截面（mm²）	20℃时导体最大电阻（Ω/km）圆铜导体（不镀金属）
10	1.83
16	1.15
25	0.727
35	0.524
50	0.387
70	0.268
95	0.193
120	0.153
150	0.124
185	0.0991
240	0.0754
300	0.0601

检验方法：进场时抽样送检，验收时核查检验报告。

检查数量：同厂家各种规格总数的 10%，且不少于 2 个规格。

12. 2. 3　工程安装完成后应对低压配电系统进行调试，调试合格后应对低压配电电源质量进行检测。其中：

1　供电电压允许偏差：三相供电电压允许偏差为标称系统电压的 ±7%；单相 220V 为 +7%、−10%。

2　公共电网谐波电压限值为：380V 的电网标称电压，电压总谐波畸变率（$THDu$）为 5%，奇次（1～25 次）谐波含有率为 4%，偶次（2～24 次）谐波含有率为 2%。

3　谐波电流不应超过表 12.2.3 中规定的允许值。

表 12. 2. 3　谐波电流允许值

标准电压（kV）	基准短路容量（MVA）	谐波次数及谐波电流允许值（A）											
		2	3	4	5	6	7	8	9	10	11	12	13
0.38	10	78	62	39	62	26	44	19	21	16	28	13	24
		谐波次数及谐波电流允许值（A）											
		14	15	16	17	18	19	20	21	22	23	24	25
		11	12	9.7	18	8.6	16	7.8	8.9	7.1	14	6.5	12

4　三相电压不平衡度允许值为 2%，短时不得超过 4%。

检验方法：在已安装的变频和照明等可产生谐波的用电设备均可投入的情况下，使用三相电能质量分析仪在变压器的低压侧测量。

检查数量：全部检测。

12.2.4 在通电试运行中，应测试并记录照明系统的照度和功率密度值。

1 照度值不得小于设计值的 90%；

2 功率密度值应符合《建筑照明设计标准》GB 50034 中的规定。

检验方法：在无外界光源的情况下，检测被检区域内平均照度和功率密度。

检查数量：每种功能区检查不少于 2 处。

12.3 一般项目

12.3.1 母线与母线或母线与电器接线端子，当采用螺栓搭接连接时，应采用力矩扳手拧紧，制作应符合《建筑电气工程施工质量验收规范》GB 50303 标准中有关规定。

检验方法：使用力矩扳手对压接螺栓进行力矩检测。

检查数量：母线按检验批抽查 10%。

12.3.2 交流单芯电缆或分相后的每相电缆宜品字型（三叶型）敷设，且不得形成闭合铁磁回路。

检验方法：观察检查。

检查数量：全数检查。

12.3.3 三相照明配电干线的各相负荷宜分配平衡，其最大相负荷不宜超过三相负荷平均值的 115%，最小相负荷不宜小于三相负荷平均值的 85%。

检验方法：在建筑物照明通电试运行时开启全部照明负荷，使用三相功率计检测各相负载电流、电压和功率。

检查数量：全部检查。

13 监测与控制节能工程

13.1 一般规定

13.1.1 本章适用于建筑节能工程监测与控制系统的施工质量验收。

13.1.2 监测与控制系统施工质量的验收应执行《智能建筑工程质量验收规范》GB 50339 相关章节的规定和本规范的规定。

13.1.3 监测与控制系统验收的主要对象应为采暖、通风与空气调节和配电与照明所采用的监测与控制系统，能耗计量系统以及建筑能源管理系统。

建筑节能工程所涉及的可再生能源利用、建筑冷热电联供系统、能源回收利用以及其他与节能有关的建筑设备监控部分的验收，应参照本章的相关规定执行。

13.1.4 监测与控制系统的施工单位应依据国家相关标准的规定，对施工图设计进行复核。当复核结果不能满足节能要求时，应向设计单位提出修改建议，由设计单位进行设计变更，并经原节能设计审查机构批准。

13.1.5 施工单位应依据设计文件制定系统控制流程图和节能工程施工验收大纲。

13.1.6 监测与控制系统的验收分为工程实施和系统检测两个阶段。

13.1.7 工程实施由施工单位和监理单位随工程实施过程进行，分别对施工质量管理文件、设计符合性、产品质量、安装质量进行检查，及时对隐蔽工程和相关接口进行检查，同时，应有详细的文字和图像资料，并对监测与控制系统进行不少于 168h 的不间断试运行。

13.1.8 系统检测内容应包括对工程实施文件和系统自检文件的复核，对监测与控制系统的安装质量、系统节能监控功能、能源计量及建筑能源管理等进行检查和检测。

系统检测内容分为主控项目和一般项目，系统检测结果是监测与控制系统的验收依据。

13.1.9 对不具备试运行条件的项目，应在审核调试记录的基础上进行模拟检测，以检测监测与控制系统的节能监控功能。

13.2 主控项目

13.2.1 监测与控制系统采用的设备、材料及附属产品进场时，应按照设计要求对其品种、规格、型号、外观和性能等进行检查验收，并应经监理工程师（建设单位代表）检查认可，且应形成相应的质量记录。各种设备、材料和产品附带的质量证明文件和相关技术资料应齐全，并应符合国家现行有关标准和规定。

检验方法：进行外观检查；对照设计要求核查质量证明文件和相关技术资料。

检查数量：全数检查。

13.2.2 监测与控制系统安装质量应符合以下规定：

1 传感器的安装质量应符合《自动化仪表工程施工及验收规范》GB 50093 的有关规定；

2 阀门型号和参数应符合设计要求，其安装位置、阀前后直管段长度、流体方向等应符合产品安装要求；

3 压力和差压仪表的取压点、仪表配套的阀门安装应符合产品要求；

4 流量仪表的型号和参数、仪表前后的直管段长度等应符合产品要求；

5 温度传感器的安装位置、插入深度应符合产品要求；

6 变频器安装位置、电源回路敷设、控制回路敷设应符合设计要求；

7 智能化变风量末端装置的温度设定器安装位置应符合产品要求；

8 涉及节能控制的关键传感器应预留检测孔或

检测位置，管道保温时应做明显标注。

检验方法：对照图纸或产品说明书目测和尺量检查。

检查数量：每种仪表按20％抽检，不足10台全部检查。

13.2.3 对经过试运行的项目，其系统的投入情况、监控功能、故障报警连锁控制及数据采集等功能，应符合设计要求。

检验方法：调用节能监控系统的历史数据、控制流程图和试运行记录，对数据进行分析。

检查数量：检查全部进行过试运行的系统。

13.2.4 空调与采暖的冷热源、空调水系统的监测控制系统应成功运行，控制及故障报警功能应符合设计要求。

检验方法：在中央工作站使用检测系统软件，或采用在直接数字控制器或冷热源系统自带控制器上改变参数设定值和输入参数值，检测控制系统的投入情况及控制功能；在工作站或现场模拟故障，检测故障监视、记录和报警功能。

检查数量：全部检测。

13.2.5 通风与空调监测控制系统的控制功能及故障报警功能应符合设计要求。

检验方法：在中央工作站使用检测系统软件，或采用在直接数字控制器或通风与空调系统自带控制器上改变参数设定值和输入参数值，检测控制系统的投入情况及控制功能；在工作站或现场模拟故障，检测故障监视、记录和报警功能。

检查数量：按总数的20％抽样检测，不足5台全部检测。

13.2.6 监测与计量装置的检测计量数据应准确，并符合系统对测量准确度的要求。

检验方法：用标准仪器仪表在现场实测数据，将此数据分别与直接数字控制器和中央工作站显示数据进行比对。

检查数量：按20％抽样检测，不足10台全部检测。

13.2.7 供配电的监测与数据采集系统应符合设计要求。

检验方法：试运行时，监测供配电系统的运行工况，在中央工作站检查运行数据和报警功能。

检查数量：全部检测。

13.2.8 照明自动控制系统的功能应符合设计要求，当设计无要求时应实现下列控制功能：

1 大型公共建筑的公用照明区应采用集中控制并应按照建筑使用条件和天然采光状况采取分区、分组控制措施，并按需要采取调光或降低照度的控制措施；

2 旅馆的每间（套）客房应设置节能控制型开关；

3 居住建筑有天然采光的楼梯间、走道的一般照明，应采用节能自熄开关；

4 房间或场所设有两列或多列灯具时，应按下列方式控制：

　　1）所控灯列与侧窗平行；

　　2）电教室、会议室、多功能厅、报告厅等场所，按靠近或远离讲台分组。

检验方法：

1 现场操作检查控制方式；

2 依据施工图，按回路分组，在中央工作站上进行被检回路的开关控制，观察相应回路的动作情况；

3 在中央工作站改变时间表控制程序的设定，观察相应回路的动作情况；

4 在中央工作站采用改变光照度设定值、室内人员分布等方式，观察相应回路的控制情况。

5 在中央工作站改变场景控制方式，观察相应的控制情况。

检查数量：现场操作检查为全数检查，在中央工作站上检查按照明控制箱总数的5％检测，不足5台全部检测。

13.2.9 综合控制系统应对以下项目进行功能检测，检测结果应满足设计要求：

1 建筑能源系统的协调控制；

2 采暖、通风与空调系统的优化监控。

检验方法：采用人为输入数据的方法进行模拟测试，按不同的运行工况检测协调控制和优化监控功能。

检查数量：全部检测。

13.2.10 建筑能源管理系统的能耗数据采集与分析功能，设备管理和运行管理功能，优化能源调度功能，数据集成功能应符合设计要求。

检验方法：对管理软件进行功能检测。

检查数量：全部检查。

13.3 一 般 项 目

13.3.1 检测监测与控制系统的可靠性、实时性、可维护性等系统性能，主要包括下列内容：

1 控制设备的有效性，执行器动作应与控制系统的指令一致，控制系统性能稳定符合设计要求；

2 控制系统的采样速度、操作响应时间、报警反应速度应符合设计要求；

3 冗余设备的故障检测正确性及其切换时间和切换功能应符合设计要求；

4 应用软件的在线编程（组态）、参数修改、下载功能、设备及网络故障自检测功能应符合设计要求；

5 控制器的数据存储能力和所占存储容量应符合设计要求；

6 故障检测与诊断系统的报警和显示功能应符合设计要求；

7 设备启动和停止功能及状态显示应正确；

8 被控设备的顺序控制和连锁功能应可靠；

9 应具备自动控制/远程控制/现场控制模式下的命令冲突检测功能；

10 人机界面及可视化检查。

检验方法：分别在中央工作站、现场控制器和现场利用参数设定、程序下载、故障设定、数据修改和事件设定等方法，通过与设定的显示要求对照，进行上述系统的性能检测。

检查数量：全部检测。

14 建筑节能工程现场检验

14.1 围护结构现场实体检验

14.1.1 建筑围护结构施工完成后，应对围护结构的外墙节能构造和严寒、寒冷、夏热冬冷地区的外窗气密性进行现场实体检测。当条件具备时，也可直接对围护结构的传热系数进行检测。

14.1.2 外墙节能构造的现场实体检验方法见本规范附录C。其检验目的是：

1 验证墙体保温材料的种类是否符合设计要求；

2 验证保温层厚度是否符合设计要求；

3 检查保温层构造做法是否符合设计和施工方案要求。

14.1.3 严寒、寒冷、夏热冬冷地区的外窗现场实体检测应按照国家现行有关标准的规定执行。其检验目的是验证建筑外窗气密性是否符合节能设计要求和国家有关标准的规定。

14.1.4 外墙节能构造和外窗气密性的现场实体检验，其抽样数量可以在合同中约定，但合同中约定的抽样数量不应低于本规范的要求。当无合同约定时应按照下列规定抽样：

1 每个单位工程的外墙至少抽查3处，每处一个检查点；当一个单位工程外墙有2种以上节能保温做法时，每种节能做法的外墙应抽查不少于3处；

2 每个单位工程的外窗至少抽查3樘。当一个单位工程外窗有2种以上品种、类型和开启方式时，每种品种、类型和开启方式的外窗应抽查不少于3樘。

14.1.5 外墙节能构造的现场实体检验应在监理（建设）人员见证下实施，可委托有资质的检测机构实施，也可由施工单位实施。

14.1.6 外窗气密性的现场实体检测应在监理（建设）人员见证下抽样，委托有资质的检测机构实施。

14.1.7 当对围护结构的传热系数进行检测时，应由建设单位委托具备检测资质的检测机构承担；其检测方法、抽样数量、检测部位和合格判定标准等可在合同中约定。

14.1.8 当外墙节能构造或外窗气密性现场实体检验出现不符合设计要求和标准规定的情况时，应委托有资质的检测机构扩大一倍数量抽样，对不符合要求的项目或参数再次检验。仍然不符合要求时应给出"不符合设计要求"的结论。

对于不符合设计要求的围护结构节能构造应查找原因，对因此造成的对建筑节能的影响程度进行计算或评估，采取技术措施予以弥补或消除后重新进行检测，合格后方可通过验收。

对于建筑外窗气密性不符合设计要求和国家现行标准规定的，应查找原因进行修理，使其达到要求后重新进行检测，合格后方可通过验收。

14.2 系统节能性能检测

14.2.1 采暖、通风与空调、配电与照明工程安装完成后，应进行系统节能性能的检测，且应由建设单位委托具有相应检测资质的检测机构检测并出具报告。受季节影响未进行的节能性能检测项目，应在保修期内补做。

14.2.2 采暖、通风与空调、配电与照明系统节能性能检测的主要项目及要求见表14.2.2，其检测方法应按国家现行有关标准规定执行。

表 14.2.2 系统节能性能检测主要项目及要求

序号	检测项目	抽样数量	允许偏差或规定值
1	室内温度	居住建筑每户抽测卧室或起居室1间，其他建筑按房间总数抽测10%	冬季不得低于设计计算温度2℃，且不应高于1℃；夏季不得高于设计计算温度2℃，且不应低于1℃
2	供热系统室外管网的水力平衡度	每个热源与换热站均不少于1个独立的供热系统	0.9～1.2
3	供热系统的补水率	每个热源与换热站均不少于1个独立的供热系统	0.5%～1%

序号	检测项目	抽样数量	允许偏差或规定值
4	室外管网的热输送效率	每个热源与换热站均不少于1个独立的供热系统	≥0.92
5	各风口的风量	按风管系统数量抽查10%，且不得少于1个系统	≤15%
6	通风与空调系统的总风量	按风管系统数量抽查10%，且不得少于1个系统	≤10%
7	空调机组的水流量	按系统数量抽查10%，且不得少于1个系统	≤20%
8	空调系统冷热水、冷却水总流量	全数	≤10%
9	平均照度与照明功率密度	按同一功能区不少于2处	≤10%

14.2.3 系统节能性能检测的项目和抽样数量也可以在工程合同中约定，必要时可增加其他检测项目，但合同中约定的检测项目和抽样数量不应低于本规范的规定。

15 建筑节能分部工程质量验收

15.0.1 建筑节能分部工程的质量验收，应在检验批、分项工程全部验收合格的基础上，进行外墙节能构造实体检验，严寒、寒冷和夏热冬冷地区的外窗气密性现场检测，以及系统节能性能检测和系统联合试运转与调试，确认建筑节能工程质量达到验收条件后方可进行。

15.0.2 建筑节能工程验收的程序和组织应遵守《建筑工程施工质量验收统一标准》GB 50300 的要求，并应符合下列规定：

　　1 节能工程的检验批验收和隐蔽工程验收应由监理工程师主持，施工单位相关专业的质量检查员与施工员参加；

　　2 节能分项工程验收应由监理工程师主持，施工单位项目技术负责人和相关专业的质量检查员、施工员参加；必要时可邀请设计单位相关专业的人员参加；

　　3 节能分部工程验收应由总监理工程师（建设单位项目负责人）主持，施工单位项目经理、项目技术负责人和相关专业的质量检查员、施工员参加；施工单位的质量或技术负责人应参加；设计单位节能设计人员应参加。

15.0.3 建筑节能工程的检验批质量验收合格，应符合下列规定：

　　1 检验批应按主控项目和一般项目验收；

　　2 主控项目应全部合格；

　　3 一般项目应合格；当采用计数检验时，至少应有90%以上的检查点合格，且其余检查点不得有严重缺陷；

　　4 应具有完整的施工操作依据和质量验收记录。

15.0.4 建筑节能分项工程质量验收合格，应符合下列规定：

　　1 分项工程所含的检验批均应合格；

　　2 分项工程所含检验批的质量验收记录应完整。

15.0.5 建筑节能分部工程质量验收合格，应符合下列规定：

　　1 分项工程应全部合格；

　　2 质量控制资料应完整；

　　3 外墙节能构造现场实体检验结果应符合设计要求；

　　4 严寒、寒冷和夏热冬冷地区的外窗气密性现场实体检测结果应合格；

　　5 建筑设备工程系统节能性能检测结果应合格。

15.0.6 建筑节能工程验收时应对下列资料核查，并纳入竣工技术档案：

　　1 设计文件、图纸会审记录、设计变更和洽商；

　　2 主要材料、设备和构件的质量证明文件、进场检验记录、进场核查记录、进场复验报告、见证试验报告；

　　3 隐蔽工程验收记录和相关图像资料；

　　4 分项工程质量验收记录；必要时应核查检验批验收记录；

　　5 建筑围护结构节能构造现场实体检验记录；

　　6 严寒、寒冷和夏热冬冷地区外窗气密性现场检测报告；

　　7 风管及系统严密性检验记录；

　　8 现场组装的组合式空调机组的漏风量测试记录；

　　9 设备单机试运转及调试记录；

　　10 系统联合试运转及调试记录；

　　11 系统节能性能检验报告；

12 其他对工程质量有影响的重要技术资料。

15.0.7 建筑节能工程分部、分项工程和检验批的质量验收表见本规范附录 B。

1 分部工程质量验收表见本规范附录 B 中表 B.0.1；

2 分项工程质量验收表见本规范附录 B 中表 B.0.2；

3 检验批质量验收表见本规范附录 B 中表 B.0.3。

附录 A　建筑节能工程进场材料和设备的复验项目

A.0.1 建筑节能工程进场材料和设备的复验项目应符合表 A.0.1 的规定。

表 A.0.1　建筑节能工程进场材料和设备的复验项目

章号	分项工程	复 验 项 目
4	墙体节能工程	1 保温材料的导热系数、密度、抗压强度或压缩强度； 2 粘结材料的粘结强度； 3 增强网的力学性能、抗腐蚀性能
5	幕墙节能工程	1 保温材料：导热系数、密度； 2 幕墙玻璃：可见光透射比、传热系数、遮阳系数、中空玻璃露点； 3 隔热型材：抗拉强度、抗剪强度
6	门窗节能工程	1 严寒、寒冷地区：气密性、传热系数和中空玻璃露点； 2 夏热冬冷地区：气密性、传热系数，玻璃遮阳系数、可见光透射比、中空玻璃露点； 3 夏热冬暖地区：气密性、玻璃遮阳系数、可见光透射比、中空玻璃露点
7	屋面节能工程	保温隔热材料的导热系数、密度、抗压强度或压缩强度
8	地面节能工程	保温材料的导热系数、密度、抗压强度或压缩强度
9	采暖节能工程	1 散热器的单位散热量、金属热强度； 2 保温材料的导热系数、密度、吸水率
10	通风与空调节能工程	1 风机盘管机组的供冷量、供热量、风量、出口静压、噪声及功率； 2 绝热材料的导热系数、密度、吸水率
11	空调与采暖系统冷、热源及管网节能工程	绝热材料的导热系数、密度、吸水率
12	配电与照明节能工程	电缆、电线截面和每芯导体电阻值

附录 B　建筑节能分部、分项工程和检验批的质量验收表

B.0.1 建筑节能分部工程质量验收应按表 B.0.1 的规定填写。

表 B.0.1　建筑节能分部工程质量验收表

工程名称		结构类型		层　数	
施工单位		技术部门负责人		质量部门负责人	
分包单位		分包单位负责人		分包技术负责人	

序号	分项工程名称	验收结论	监理工程师签字	备注
1	墙体节能工程			
2	幕墙节能工程			
3	门窗节能工程			
4	屋面节能工程			
5	地面节能工程			
6	采暖节能工程			
7	通风与空调节能工程			
8	空调与采暖系统的冷热源及管网节能工程			
9	配电与照明节能工程			
10	监测与控制节能工程			
质量控制资料				
外墙节能构造现场实体检验				
外窗气密性现场实体检测				
系统节能性能检测				
验收结论				
其他参加验收人员：				

验收单位	分包单位：	项目经理：　　　年　月　日
	施工单位：	项目经理：　　　年　月　日
	设计单位：	项目负责人：　　年　月　日
	监理（建设）单位：	总监理工程师： （建设单位项目负责人） 　　　年　月　日

B.0.2 建筑节能分项工程质量验收汇总应按表 B.0.2 的规定填写。

表 B.0.2 _____分项工程质量验收汇总表

工程名称		检验批数量	
设计单位		监理单位	
施工单位	项目经理		项目技术负责人
分包单位	分包单位负责人		分包项目经理
序号	检验批部位、区段、系统	施工单位检查评定结果	监理（建设）单位验收结论
1			
2			
3			
4			
5			
6			
7			
8			
9			
10			
11			
12			
13			
14			
15			

施工单位检查结论： 项目专业质量（技术）负责人 年 月 日	验收结论： 监理工程师： （建设单位项目专业技术负责人） 年 月 日

B.0.3 建筑节能工程检验批/分项工程质量验收应按表 B.0.3 的规定填写。

表 B.0.3 _____检验批/分项工程质量验收表 编号：

工程名称		分项工程名称		验收部位	
施工单位			专业工长		项目经理
施工执行标准名称及编号					
分包单位			分包项目经理		施工班组长

验收规范规定			施工单位检查评定记录	监理（建设）单位验收记录
主控项目	1	第 条		
	2	第 条		
	3	第 条		
	4	第 条		
	5	第 条		
	6	第 条		
	7	第 条		
	8	第 条		
	9	第 条		
	10	第 条		
一般项目	1	第 条		
	2	第 条		
	3	第 条		
	4	第 条		

施工单位检查评定结果	项目专业质量检查员： （项目技术负责人）　年 月 日
监理（建设）单位验收结论	监理工程师： （建设单位项目专业技术负责人） 年 月 日

附录 C 外墙节能构造钻芯检验方法

C.0.1 本方法适用于检验带有保温层的建筑外墙其节能构造是否符合设计要求。

C.0.2 钻芯检验外墙节能构造应在外墙施工完工后、节能分部工程验收前进行。

C.0.3 钻芯检验外墙节能构造的取样部位和数量，应遵守下列规定：

1 取样部位应由监理（建设）与施工双方共同确定，不得在外墙施工前预先确定；

2 取样部位应选取节能构造有代表性的外墙上相对隐蔽的部位，并宜兼顾不同朝向和楼层；取样部位必须确保钻芯操作安全，且应方便操作。

3 外墙取样数量为一个单位工程每种节能保温做法至少取 3 个芯样。取样部位宜均匀分布，不宜在同一个房间外墙上取 2 个或 2 个以上芯样。

C.0.4 钻芯检验外墙节能构造应在监理（建设）人员见证下实施。

C.0.5 钻芯检验外墙节能构造可采用空心钻头，从保温层一侧钻取直径 70mm 的芯样。钻取芯样深度为钻透保温层到达结构层或基层表面，必要时也可钻透墙体。

当外墙的表层坚硬不易钻透时，也可局部剔除坚硬的面层后钻取芯样。但钻取芯样后应恢复原有外墙的表面装饰层。

C.0.6 钻取芯样时应尽量避免冷却水流入墙体内及污染墙面。从空心钻头中取出芯样时应谨慎操作，以保持芯样完整。当芯样严重破损难以准确判断节能构造或保温层厚度时，应重新取样检验。

C.0.7 对钻取的芯样，应按照下列规定进行检查：

1 对照设计图纸观察、判断保温材料种类是否符合设计要求；必要时也可采用其他方法加以判断；

2 用分度值为 1mm 的钢尺，在垂直于芯样表面（外墙面）的方向上量取保温层厚度，精确到 1mm；

3 观察或剖开检查保温层构造做法是否符合设计和施工方案要求。

C.0.8 在垂直于芯样表面（外墙面）的方向上实测芯样保温层厚度，当实测芯样厚度的平均值达到设计厚度的 95％ 及以上且最小值不低于设计厚度的 90％ 时，应判定保温层厚度符合设计要求；否则，应判定保温层厚度不符合设计要求。

C.0.9 实施钻芯检验外墙节能构造的机构应出具检验报告。检验报告的格式可参照表 C.0.9 样式。检验报告至少应包括下列内容：

1 抽样方法、抽样数量与抽样部位；

2 芯样状态的描述；

3 实测保温层厚度，设计要求厚度；

4 按照本规范 14.1.2 条的检验目的给出是否符合设计要求的检验结论；

5 附有带标尺的芯样照片并在照片上注明每个芯样的取样部位；

6 监理（建设）单位取样见证人的见证意见；

7 参加现场检验的人员及现场检验时间；

8 检测发现的其他情况和相关信息。

C.0.10 当取样检验结果不符合设计要求时，应委托具备检测资质的见证检测机构增加一倍数量再次取样检验。仍不符合设计要求时应判定围护结构节能构造不符合设计要求。此时应根据检验结果委托原设计单位或其他有资质的单位重新验算房屋的热工性能，提出技术处理方案。

C.0.11 外墙取样部位的修补，可采用聚苯板或其他保温材料制成的圆柱形塞填充并用建筑密封胶密封。修补后宜在取样部位挂贴注有"外墙节能构造检验点"的标志牌。

表 C.0.9 外墙节能构造钻芯检验报告

	外墙节能构造检验报告		报告编号	
			委托编号	
			检测日期	
工程名称				
建设单位		委托人/联系电话		
监理单位		检测依据		
施工单位		设计保温材料		
节能设计单位		设计保温层厚度		
检验结果	检验项目	芯样 1	芯样 2	芯样 3
	取样部位	轴线/层	轴线/层	轴线/层
	芯样外观	完整/基本完整/破碎	完整/基本完整/破碎	完整/基本完整/破碎
	保温材料种类			
	保温层厚度	mm	mm	mm
	平均厚度	mm		
	围护结构分层做法	1基层； 2 3 4 5	1基层； 2 3 4 5	1基层； 2 3 4 5
	照片编号			
结论：			见证意见： 1 抽样方法符合规定 2 现场钻芯真实 3 芯样照片真实 4 其他 见证人：	
批准		审核		检验
检验单位		（印章）		报告日期

本规范用词说明

1 为了便于在执行本规范条文时区别对待，对要求严格程度不同的用词说明如下：

　1）表示很严格，非这样做不可的用词：

　　正面词采用"必须"，反面词采用"严禁"；

　2）表示严格，在正常情况下均应这样做的用词：

　　正面词采用"应"，反面词采用"不应"或"不得"；

　3）表示允许稍有选择，在条件许可时首先应这样做的用词：

　　正面词采用"宜"，反面词采用"不宜"；表示有选择，在一定条件下可以这样做的，采用"可"。

2 规范中指定应按其他标准、规范执行时，采用："应按……执行"或"应符合……的要求或规定"。

中华人民共和国国家标准

建筑节能工程施工质量验收规范

GB 50411—2007

条 文 说 明

目　次

1　总则 ……………………………… 6—30
2　术语 ……………………………… 6—30
3　基本规定 ………………………… 6—30
　3.1　技术与管理 ………………… 6—30
　3.2　材料与设备 ………………… 6—31
　3.3　施工与控制 ………………… 6—31
　3.4　验收的划分 ………………… 6—32
4　墙体节能工程 …………………… 6—32
　4.1　一般规定 …………………… 6—32
　4.2　主控项目 …………………… 6—33
　4.3　一般项目 …………………… 6—34
5　幕墙节能工程 …………………… 6—34
　5.1　一般规定 …………………… 6—34
　5.2　主控项目 …………………… 6—35
　5.3　一般项目 …………………… 6—37
6　门窗节能工程 …………………… 6—37
　6.1　一般规定 …………………… 6—37
　6.2　主控项目 …………………… 6—37
　6.3　一般项目 …………………… 6—38
7　屋面节能工程 …………………… 6—38
　7.1　一般规定 …………………… 6—38
　7.2　主控项目 …………………… 6—39
　7.3　一般项目 …………………… 6—39
8　地面节能工程 …………………… 6—40
　8.1　一般规定 …………………… 6—40
　8.2　主控项目 …………………… 6—40
　8.3　一般项目 …………………… 6—41
9　采暖节能工程 …………………… 6—41

　9.1　一般规定 …………………… 6—41
　9.2　主控项目 …………………… 6—41
　9.3　一般项目 …………………… 6—42
10　通风与空调节能工程 …………… 6—42
　10.1　一般规定 ………………… 6—42
　10.2　主控项目 ………………… 6—42
　10.3　一般项目 ………………… 6—45
11　空调与采暖系统冷热源及管
　　网节能工程 …………………… 6—45
　11.1　一般规定 ………………… 6—45
　11.2　主控项目 ………………… 6—45
　11.3　一般项目 ………………… 6—48
12　配电与照明节能工程 …………… 6—48
　12.1　一般规定 ………………… 6—48
　12.2　主控项目 ………………… 6—48
　12.3　一般项目 ………………… 6—48
13　监测与控制节能工程 …………… 6—49
　13.1　一般规定 ………………… 6—49
　13.2　主控项目 ………………… 6—50
　13.3　一般项目 ………………… 6—51
14　建筑节能工程现场检验 ………… 6—51
　14.1　围护结构现场实体检验 …… 6—51
　14.2　系统节能性能检测 ………… 6—52
15　建筑节能分部工程质量验收 …… 6—52
附录 C　外墙节能构造钻芯检验
　　　　方法 ……………………… 6—52

1 总　　则

标准的"总则"一章，通常叙述本项标准编制的目的、依据、适用范围、各项规定的严格程度，以及本标准与其他标准的关系等基本事项。

1.0.1 阐述制定本规范的目的与依据。

制定节能验收规范的目的，是为了加强建筑节能工程的施工质量管理，统一建筑节能工程施工质量验收，提高建筑工程节能效果，使其达到设计要求。而制定的依据则是现行国家有关工程质量和建筑节能的法律、法规、管理要求和相关技术标准等。需要理解的是，作为验收标准，是从验收角度对施工质量提出的要求和规定，不能也不应是全面的要求。

1.0.2 界定本规范的适用范围。

本规范的适用范围，是新建、改建和扩建的民用建筑。在一个单位工程中，适用的具体范围是建筑工程中围护结构、设备专业等各个专业的建筑节能分项工程施工质量的验收。对于既有建筑节能改造工程由于可列入改建工程的范畴，故也应遵守本规范的要求。

1.0.3 阐述本规范各项规定的总体"水平"，即"严格程度"。由于是适用于全国的验收规范，与其他验收规范一样，本规范各项规定的"水平"是最低要求，即"最起码的要求"。

1.0.4 阐述本规范与其他相关验收规范的关系。这种关系遵守协调一致、互相补充的原则，即无论是本规范还是其他相应规范，在施工和验收中都应遵守，不得违反。

1.0.5 根据国家规定，建设工程必须节能，节能达不到要求的建筑工程不得验收交付使用。因此，规定单位工程竣工验收应在建筑节能分部工程验收合格后方可进行。即建筑节能验收是单位工程验收的先决条件，具有"一票否决权"。

2 术　　语

术语通常为在本标准中出现的其含义需要加以界定、说明或解释的重要词汇。尽管在确定和解释术语时尽可能考虑到习惯和通用性，但是理论上术语只在本标准中有效，列出的目的主要是防止出现错误理解。当本标准列出的术语在本规范以外使用时，应注意其可能含有与本规范不同的含义。

3 基 本 规 定

3.1　技术与管理

3.1.1 本条对承担建筑节能工程施工任务的施工企业提出资质要求。执行中，目前国家尚未制定专门的

节能工程施工资质，故应按照国家现行规定具备相应的建筑工程承包的施工资质。如国家制定专门的节能工程施工资质，则应按照国家规定执行。

对施工现场的要求，本规范与统一标准及各专业验收规范一致。

本条要求施工现场具有相应的施工技术标准，指与施工有关的各种技术标准，包括工艺标准、验收标准以及与工程有关的材料标准、检验标准等；不仅包括国家、行业和地方标准，也可以包括与工程有关的企业标准、施工方案及作业指导书等。

3.1.2 由于材料供应、工艺改变等原因，建筑工程施工中可能需要改变节能设计。为了避免这些改变影响节能效果，本条对涉及节能的设计变更严格加以限制。

本条规定有三层含义：第一，任何有关节能的设计变更，均须事前办理设计变更手续；第二，有关节能的设计变更不应降低节能效果；第三，涉及节能效果的设计变更，除应由原设计单位认可外，还应报原负责节能设计审查机构审查方可确定。确定变更后，并应获得监理或建设单位的确认。

本条的设定增加了节能设计变更的难度，是为了尽可能维护已经审查确定的节能设计要求，减少不必要的节能设计变更。

3.1.3 建筑节能工程采用的新技术、新设备、新材料、新工艺，通常称为"四新"技术。"四新"技术由于"新"，尚没有标准可作为依据。对于"四新"技术的应用，应采取积极、慎重的态度。国家鼓励建筑节能工程施工中采用"四新"技术，但为了防止不成熟的技术或材料被应用到工程上，国家同时又规定了对于"四新"技术要进行科技成果鉴定、技术评审或实行备案等措施。具体做法是：应按照有关规定进行评审鉴定及备案方可采用，节能施工中应遵照执行。

此外，与"四新"技术类似的，还有新的或首次采用的施工工艺。考虑到建筑节能施工中涉及的新材料、新技术较多，对于从未有过的施工工艺，或者其他单位虽已做过但是本施工单位尚未做过的施工工艺，应进行"预演"并进行评价，需要时应调整参数再次演练，直至达到要求。施工前还应制定专门的施工技术方案以保证节能效果。

3.1.4 单位工程的施工组织设计应包括建筑节能工程施工内容。建筑节能工程施工前，施工企业应编制建筑节能工程施工技术方案并经监理（建设）单位审查批准。施工单位应对从事建筑节能工程施工作业的专业人员进行技术交底和必要的实际操作培训。

鉴于建筑节能的重要性，每个工程的施工组织设计中均应列明有关本工程与节能施工有关的内容以便规划、组织和指导施工。施工前，施工企业还应专门编制建筑节能工程施工技术方案，经监理单位审批后

实施。没有实行监理的工程则应由建设单位审批。

从事节能施工作业人员的操作技能对于节能施工效果影响较大，且许多节能材料和工艺对于某些施工人员可能并不熟悉，故应在节能施工前对相关人员进行技术交底和必要的实际操作培训，技术交底和培训均应留有记录。

3.1.5 建筑节能效果只能通过检测数据来评价，因此检测结论的正确与否十分重要。目前建设部关于检测机构资质管理办法（第 141 号建设部令）中尚未包括节能专项检测资质，故目前承担建筑节能工程检测试验的检测机构应具备见证检测资质并通过节能试验项目的计量认证。待国家颁发节能专项检测资质后应按照相关规定执行。

3.2 材料与设备

3.2.1 材料、设备是节能工程的物质基础，通常在设计中规定或在合同中约定。凡设计有要求的应符合设计要求，同时也要符合国家有关产品质量标准的规定，此即对它们的质量进行"双控"。对于设计未提出要求或尚无国家和行业标准的材料和设备，则应该在合同中约定，或在施工方案中明确，并且应该得到监理或建设单位的同意或确认。这些材料和设备，虽然尚无国家和行业标准，但是应该有地方或企业标准。这些材料和设备必须符合地方或企业标准中的质量要求。

执行中应注意，由于采暖、空调系统及其他建筑机电设备的技术性能参数对于节能效果影响较大，故更应严格要求其符合国家有关标准的规定。近几年来，国家对于技术指标落后或质量存在较大问题的材料、设备明令禁止使用，节能工程施工应严格遵守这些规定，不得采购和使用。

本条提出的设计要求，是指工程的设计要求，而非设备生产厂家对产品或设备的设计要求。

3.2.2 本条给出了材料和设备进场验收的具体规定。材料和设备的进场验收是把好材料合格关的重要环节，进场验收通常可分为三个步骤：

1 首先是对其品种、规格、包装、外观和尺寸等"可视质量"进行检查验收，并应经监理工程师或建设单位代表核准。进场验收应形成相应的质量记录。材料和设备的可视质量，指那些可以通过目视和简单的尺量、称重、敲击等方法进行检查的质量。

2 其次是对质量证明文件的核查。由于进场验收时对"可视质量"的检查只能检查材料和设备的外观质量，其内在质量难以判定，需由各种质量证明文件加以证明，故进场验收必须对材料和设备附带的质量证明文件进行核查。这些质量证明文件通常也称技术资料，主要包括质量合格证、中文说明书及相关性能检测报告、型式检验报告等；进口材料和设备应按规定进行出入境商品检验。这些质量证明文件应纳入

工程技术档案。

3 对于建筑节能效果影响较大的部分材料和设备应实施抽样复验，以验证其质量是否符合要求。由于抽样复验需要花费较多的时间和费用，故复验数量、频率和参数应控制到最少，主要针对那些直接影响节能效果的材料、设备的部分参数。

本规范各章均提出了进场材料和设备的复验项目。为方便查找和使用，本规范将各章提出的材料、设备的复验项目汇总在附录 A 中，但是执行中仍应对照和满足各章的具体要求。参照建设部建建字 [2000] 211 号文件规定，重要的试验项目应实行见证取样和送检，以提高试验的真实性和公正性，本规范规定建筑节能工程进场材料和设备的复验应为见证取样送检。

3.2.3 本条对建筑节能工程所使用材料的耐火性能作出规定。耐火性能是建筑工程最重要的性能之一，直接影响用户安全，故有必要加以强调。对材料耐火性能的具体要求，应由设计提出，并应符合相应标准的要求。

3.2.4 为了保护环境，国家制定了建筑装饰材料有害物质限量标准，建筑节能工程使用的材料与建筑装饰材料类似，往往附着在结构的表面，容易造成污染，故规定应符合这些材料有害物质限量标准，不得对室内外环境造成污染。目前判断竣工工程室内环境是否污染通常按照《民用建筑室内环境污染控制规范》GB 50325 的要求进行。

3.2.5 现场配制的材料由于现场施工条件的限制，其质量较难保证。本条规定主要是为了防止现场配制的随意性，要求必须按设计要求或配合比配制，并规定了应遵守的关于配置要求的关系与顺序。即：首先应按设计要求或试验室给出的配合比进行现场配制。当无上述要求时，可以按照产品说明书配制。执行中应注意上述配制要求，均应具有可追溯性，并应写入施工方案中。不得按照经验或口头通知配制。

3.2.6 多数节能保温材料的含水率对节能效果有明显影响，但是这一情况在施工中未得到足够重视。本条规定了施工中控制节能保温材料含水率的原则。即节能保温材料在施工使用时的含水率应符合设计要求、工艺标准要求及施工技术方案要求。通常设计或工艺标准应给出材料的含水率要求，这些要求应该体现在施工技术方案中。但是目前缺少上述含水率要求的情况较多，考虑到施工管理水平的不同，本规范给出了控制含水率的基本原则亦即最低要求：节能保温材料的含水率不应大于正常施工环境湿度中的自然含水率，否则应采取降低含水率的措施。据此，雨季施工、材料受潮或泡水等情形下，应采取适当措施控制保温材料的含水率。

3.3 施工与控制

3.3.1 本条为强制性条文，是对节能工程施工的基

本要求。设计文件和施工技术方案，是节能工程施工也是所有工程施工均应遵循的基本要求。对于设计文件应当经过设计审查机构的审查；施工技术方案则应通过建设或监理单位的审查。施工中的变更，同样应经过审查，见本规范相关章节。

3.3.2 制作样板间的方法是在长期施工中总结出来行之有效的方法。不仅可以直观地看到和评判其质量与工艺状况，还可以对材料、做法、效果等进行直接检查，相当于验收的实物标准。因此节能工程施工也应当借鉴和采用。样板间方法主要适用于重复采用同样建筑节能设计的房间和构造做法，制作时应采用相同材料和工艺在现场制作，经有关各方确认后方可进行施工。

施工中应注意，样板间或样板件的技术资料（材料、工艺、验收资料）应纳入工程技术档案。

3.3.3 建筑节能工程的施工作业往往在主体结构完成后进行，其作业条件各不相同。部分节能材料对环境条件的要求较高，例如保温材料对环境湿度及施工时气候的要求等。这些要求多数在工艺标准或施工技术方案中加以规定，因此本条要求建筑节能工程的施工作业环境条件，应满足相关标准和施工工艺的要求。

3.4 验收的划分

3.4.1 本条给出了建筑节能验收与其他已有的各个分部分项工程验收的关系，确定了节能验收在总体验收中的定位，故称之为验收的划分。

建筑节能验收本来属于专业验收的范畴，其许多验收内容与原有建筑工程的分部分项验收有交叉与重复，故建筑节能工程验收的定位有一定困难。为了与已有的《建筑工程施工质量验收统一标准》GB 50300和各专业验收规范一致，本规范将建筑节能工程作为单位建筑工程的一个分部工程来进行划分和验收，并规定了其包含的各分项工程划分的原则，主要有四项规定：

一是直接将节能分部工程划分为 10 个分项工程，给出了这 10 个分项工程名称及需要验收的主要内容。划分这些分项工程的原则与《建筑工程施工质量验收统一标准》GB 50300 及各专业工程施工质量验收规范原有的划分尽量一致。表 3.4.1 中的各个分项工程，是指"其节能性能"，这样理解就能够与原有的分部工程划分协调一致。

二是明确节能工程应按分项工程验收。由于节能工程验收内容复杂，综合性较强，验收内容如果对检验批直接给出易造成分散和混乱。故本规范的各项验收要求均直接对分项工程提出。当分项工程较大时，可以划分成检验批验收，其验收要求不变。

三是考虑到某些特殊情况下，节能验收的实际内容或情况难以按照上述要求进行划分和验收，如遇到

某建筑物分期或局部进行节能改造时，不易划分分部、分项工程，此时允许采取建设、监理、设计、施工等各方协商一致的划分方式进行节能工程的验收。但验收项目、验收标准和验收记录均应遵守本规范的规定。

四是规定有关节能的项目应单独填写检查验收表格，作出节能项目验收记录并单独组卷，以与建设部要求节能审图单列的规定一致。

4 墙体节能工程

4.1 一 般 规 定

4.1.1 本条规定了墙体节能工程的适用范围。本章的适用范围，实际涵盖了目前所有的墙体节能做法。除了所列举的板材、浆料、块材、构件外，采用其他节能材料的墙体也应遵照执行。

4.1.2 本条规定墙体节能验收的程序性要求。分为两种情况：

一种情况是墙体节能工程在主体结构完成后施工，对此在施工过程中应及时进行质量检查、隐蔽工程验收、相关检验批和分项工程验收，施工完成后应进行墙体节能子分部工程验收。大多数墙体节能工程都是在主体结构内侧或外侧表面做保温层，故属于这种情况。

另一种是与主体结构同时施工的墙体节能工程，如现浇夹心复合保温墙板等，对此无法分别验收，只能与主体结构一同验收。验收时结构部分应符合相应的结构规范要求，而节能工程应符合本规范的要求。

4.1.3 墙体节能工程采用的外保温成套技术或产品，是由供应方配套提供。对于其生产过程中采用的材料、工艺难以在施工现场进行检查，耐久性在短期内更是难以判断，因此主要依靠厂方提供的型式检验报告加以证实。型式检验报告本应包含耐久性能检验，但是由于该项检验较复杂，现实中有部分不规范的型式检验报告不做该项检验。故本条规定型式检验报告的内容应包括耐候性检验。当供应方不能提供耐久性检验参数时，应由具备资格的检测机构予以补做。

4.1.4 本条列出墙体节能工程通常应该进行隐蔽工程验收的具体部位和内容，以规范隐蔽工程验收。当施工中出现本条未列出的内容时，应在施工组织设计、施工方案中对隐蔽工程验收内容加以补充。

需要注意，本条要求隐蔽工程验收不仅应有详细的文字记录，还应有必要的图像资料，这是为了利用现代科技手段更好地记录隐蔽工程的真实情况。对于"必要"的理解，可理解为有隐蔽工程全貌和有代表性的局部（部位）照片。其分辨率以能够表达清楚受检部位的情况为准。照片应作为隐蔽工程验收资料与

文字资料一同归档保存。

4.1.6 节能工程分项工程划分的方法和应遵守的原则已由本规范 3.4.1 条规定。如果分项工程的工程量较大，出现需要划分检验批的情况时，可按照本条规定进行。本条规定的原则与现行国家标准《建筑装饰装修工程质量验收规范》GB 50210 保持一致。

应注意墙体节能工程检验批的划分并非是惟一或绝对的。当遇到较为特殊的情况时，检验批的划分也可根据方便施工与验收的原则，由施工单位与监理（建设）单位共同商定。

4.2 主控项目

4.2.1 本条是对墙体节能工程使用材料、构件的基本规定。要求材料、构件的品种、规格等应符合设计要求，不能随意改变和替代。在材料、构件进场时通过目视和尺量、秤重等方法检查，并对其质量证明文件进行核查确认。检查数量为每种材料、构件按进场批次每批次随机抽取 3 个试样进行检查。当能够证实多次进场的同种材料属于同一生产批次时，可按该材料的出厂检验批次和抽样数量进行检查。如果发现问题，应扩大抽查数量，最终确定该批材料、构件是否符合设计要求。

4.2.2 本条为强制性条文。是在 4.2.1 条规定基础上，要求墙体节能工程使用的保温隔热材料的导热系数、密度、抗压强度或压缩强度，以及燃烧性能均应符合设计要求。

保温隔热材料的主要热工性能和燃烧性能是否满足本条规定，主要依靠对各种质量证明文件的核查和进场复验。核查质量证明文件包括核查材料的出厂合格证、性能检测报告、构件的型式检验报告等。对有进场复验规定的要核查进场复验报告。本条中除材料的燃烧性能外均应进行进场复验，故均应核查复验报告。对材料燃烧性能则应核查其质量证明文件。对于新材料，应检查是否通过技术鉴定，其热工性能和燃烧性能检验结果是否符合设计要求和本规范相关规定。

应该注意，当上述质量证明文件和各种检测报告为复印件时，应加盖证明其真实性的相关单位印章和经手人员签字，并应注明原件存放处。必要时，还应核对原件。

4.2.3 本条列出墙体节能工程保温材料和粘结材料等进场复验的具体项目和参数要求。复验的试验方法应遵守相应产品的试验方法标准。复验指标是否合格应依据设计要求和产品标准判定。复验抽样频率为：同一厂家的同一种类产品（不考虑规格）应至少抽样复验 3 次。当单位工程建筑面积超过 20000m² 时应抽查 6 次。不同厂家、不同种类（品种）的材料均应分别抽样进行复验。所谓种类，是指材质或材料品种。复验应为见证取样送检，由具备见证资质的检测机构

进行试验。根据建设部 141 号令第 12 条规定，见证取样试验应由建设单位委托。

4.2.4 严寒、寒冷地区的外保温粘结材料，由于处在较为严酷的条件下，故对其增加了冻融试验要求。本条所要求进行的冻融试验不是进场复验，是指由材料生产、供应方委托送检的试验。这些试验应按照有关产品标准进行，其结果应符合产品标准的规定。冻融试验可由生产或供应方委托通过计量认证具备产品检验资质的检验机构进行试验并提供报告。

4.2.5 为了保证墙体节能工程质量，需要对墙体基层表面进行处理，然后进行保温层施工。基层表面处理对于保证安全和节能效果很重要，由于基层表面处理属于隐蔽工程，施工中容易被忽略，事后无法检查。本条强调对基层表面进行的处理应按照设计和施工方案的要求进行，以满足保温层施工工艺的需要。并规定施工中应全数检查，验收时则应核查所有隐蔽工程验收记录。

4.2.6 除面层外，墙体节能工程各层构造做法均为隐蔽工程，完工后难以检查。因此本条给出了施工中实体检查和验收时资料核查两种检查方法和数量。在施工过程中对于隐蔽工程应该随做随验，并做好记录。检查的内容主要是墙体节能工程各层构造做法是否符合设计要求，以及施工工艺是否符合施工方案要求。检验批验收时则应核查这些隐蔽工程验收记录。

4.2.7 本条为强制性条文。对墙体节能工程施工提出 4 款基本要求，这些要求主要关系到安全和节能效果，十分重要。本条要求的粘贴强度和锚固拉拔力试验，当施工企业试验室有能力时可由施工企业试验室承担，也可委托给具备见证资质的检测机构进行试验。采用的试验方法可以在承包合同中约定，也可选择现行行业标准、地方标准推荐的相关试验方法。

4.2.8 外墙采用预置保温板现场浇筑混凝土墙体时，除了保温材料本身质量外，容易出现的主要问题是保温板移位的问题。故本条要求施工单位安装保温板时应做到位置正确、接缝严密，在浇筑混凝土过程中应采取措施并设专人照看，以保证保温板不移位、不变形、不损坏。

4.2.9 外墙保温层采用保温浆料做法时，由于施工现场的条件所限，保温浆料的配制与施工质量不易控制。为了检验浆料保温层的实际保温效果，本条规定应在施工中制作同条件养护试件，以检测其导热系数、干密度和压缩强度等参数。保温浆料同条件养护试块试验应实行见证取样送检，由建设单位委托给具备见证资质的检测机构进行试验。

4.2.10 本条是对墙体节能工程的各类饰面层施工质量的规定。除了应符合设计要求和《建筑装饰装修工程质量验收规范》GB 50210 的规定外，本条提出了 4 项要求。提出这些要求的主要目的是防止外墙外保温出现安全问题和保温效果失效的问题。

第 2 款提出外墙外保温工程不宜采用粘贴饰面砖做饰面层的要求，是鉴于目前许多外墙外保温工程经常采用饰面砖饰面，而考虑到外墙外保温工程中的保温层强度一般较低，如果表面粘贴较重的饰面砖，使用年限较长后容易变形脱落，故本规范建议不宜采用。当一定要采用时，则规定必须有保证保温层与饰面砖安全性与耐久性的措施。

第 3 款提出不应渗漏的要求，是保证保温效果的重要规定。特别对外墙外保温工程的饰面层采用饰面板开缝安装时，规定保温层表面应具有防水功能或采取其他相应的防水措施，以防止保温层浸水失效。如果设计无此要求，应提出洽商解决。

4.2.11 保温砌块砌筑的墙体，通常设计均要求采用具有保温功能的砂浆砌筑。由于其灰缝饱满度与密实性对节能效果有一定影响，故对于保温砌体灰缝砂浆饱满度的要求应严于普通灰缝。本规范要求水平灰缝饱满度不应低于 90%，竖直灰缝不应低于 80%，相当于对小砌块的要求，实践证明是可行的。

4.2.12 采用预制保温墙板现场安装组成保温墙体，具有施工进度快、产品质量稳定、保温效果可靠等优点。但是组装过程容易出现连接、渗漏等问题。为此本条规定首先应有型式检验报告证明预制保温墙板产品及其安装性能合格，包括保温墙板的结构性能、热工性能等均应合格；其次墙板与主体结构的连接方法应符合设计要求，墙板的板缝、构造节点及嵌缝做法应与设计一致。检查安装好的保温墙板板缝不得渗漏，可采用现场淋水试验的方法，对墙体板缝部位连续淋水 1h 不渗漏为合格。

4.2.13 墙体内隔汽层的作用，主要为防止空气中的水分进入保温层造成保温效果下降，进而形成结露等问题。本条针对隔汽层容易出现的破损、透汽等问题，规定隔汽层设置的位置、使用的材料及构造做法，应符合设计要求和相关标准的规定。要求隔汽层应完整、严密，穿透隔汽层处应采取密封措施。隔汽层冷凝水排水构造应符合设计要求。

4.2.14 本条所指的门窗洞口四周墙侧面，是指窗洞口的侧面，即与外墙面垂直的 4 个小面。这些部位容易出现热桥或保温层缺陷。对于外墙和毗邻不采暖空间墙体上的上述部位，以及凸窗外凸部分的四周墙侧面和地面，均应按设计要求采取隔断热桥或节能保温措施。当设计未对上述部位提出要求时，施工单位应与设计、建设或监理单位联系，确认是否应采取处理措施。

4.2.15 本条特别对严寒、寒冷地区的外墙热桥部位提出要求。这些地区外墙的热桥，对于墙体总体保温效果影响较大。故要求均应按设计要求采取隔断热桥或节能保温措施。当缺少设计要求时，应提出办理洽商，或按照施工技术方案进行处理。完工后采用热工成像设备进行扫描检查，可以辅助了解其处理措施

是否有效。本条为主控项目，与 4.3.3 条列为一般项目的非严寒、寒冷地区的要求在严格程度上有区别。

4.3 一般项目

4.3.1 在出厂运输和装卸过程中，节能保温材料与构件的外观如棱角、表面等容易损坏，其包装容易破损，这些都可能进一步影响到材料和构件的性能。如：包装破损后材料受潮，构件运输中出现裂缝等，这类现象应该引起重视。本条针对这种情况作出规定：要求进入施工现场的节能保温材料和构件的外观和包装应完整无破损，并符合设计要求和材料产品标准的规定。

4.3.2 本条是对于玻纤网格布的施工要求。玻纤网格布属于隐蔽工程，其质量缺陷完工后难以发现，故施工中应加强管理和严格要求。

4.3.6 从施工工艺角度看，除配制外，保温浆料的抹灰与普通装饰抹灰基本相同。保温浆料层的施工，包括对基层和面层的要求、对接槎的要求、对分层厚度和压实的要求等，均应按照抹灰工艺执行。

4.3.7 本条主要针对容易碰撞、破损的保温层特殊部位要求采取加强措施，防止被损坏。具体防止开裂和破损的加强措施通常由设计或施工技术方案确定。

4.3.8 有机类保温材料的陈化，也称"熟化"，是该类材料的一个特点。由于有机类保温材料的体积需经过一定时间才趋于稳定，故本条提出了对材料陈化时间的要求。其具体陈化时间可根据不同有机类保温材料的产品说明书确定。

5 幕墙节能工程

5.1 一般规定

5.1.1 建筑幕墙包括玻璃幕墙（透明幕墙）、金属幕墙、石材幕墙及其他板材幕墙，种类非常繁多。随着建筑的现代化，越来越多的建筑使用建筑幕墙，建筑幕墙以其美观、轻质、耐久、易维修等优良特性被建筑师和业主所亲睐，在建筑中禁止使用建筑幕墙是不现实的。

虽然建筑幕墙的种类繁多，但作为建筑的围护结构，在建筑节能的要求方面还是有一定的共性，节能标准对其性能指标也有着明确的要求。玻璃幕墙属于透明幕墙，与建筑外窗在节能方面有着共同的要求。但玻璃幕墙的节能要求也与外窗有着很明显的不同，玻璃幕墙往往与其他的非透明幕墙是一体的，不可分离。非透明幕墙虽然与墙体有着一样的节能指标要求，但由于其构造的特殊性，施工与墙体有着很大的不同，所以不适于和墙体的施工验收放在一起。

另外，由于建筑幕墙的设计施工往往是另外进行专业分包，施工验收按照《建筑装饰装修工程质量验

收规范》GB 50210 进行，而且也往往是先单独验收，所以将建筑幕墙单列一章。

5.1.2 有些幕墙的非透明部分的隔汽层或保温层附着在建筑主体的实体墙上。对于这类建筑幕墙，保温材料或隔汽层需要在实体墙的墙面质量满足要求后才能进行施工作业，否则保温材料可能粘贴不牢固，隔汽层（或防水层）附着不理想。另外，主体结构往往是土建单位施工，幕墙是专业分包，在施工中若不进行分阶段验收，出现质量问题时容易发生纠纷。

5.1.3 铝合金隔热型材、钢隔热型材在一些幕墙工程中已经得到应用。隔热型材的隔热材料一般是尼龙或发泡的树脂材料等。这些材料是很特殊的，既要保证足够的强度，又要有较小的导热系数，还要满足幕墙型材在尺寸方面的苛刻要求。从安全的角度而言，型材的力学性能是非常重要的，对于有机材料，其热变形性能也非常重要。型材的力学性能主要包括抗剪强度和横向抗拉强度等；热变形性能包括热膨胀系数、热变形温度等。

5.1.4 对建筑幕墙节能工程施工进行隐蔽工程验收是非常重要的。这样一方面可以确保节能工程的施工质量，另一方面可以避免工程质量纠纷。

在非透明幕墙中，幕墙保温材料的固定是否牢固，可以直接影响到节能的效果。如果固定不牢，保温材料可能会脱离，从而造成部分部位无保温材料。另外，如果采用彩釉玻璃一类的材料作为幕墙的外饰面板，保温材料直接贴到玻璃上很容易使得玻璃的温度不均匀，从而使玻璃更加容易自爆。

幕墙的隔汽层、冷凝水收集和排放构造等都是为了避免非透明幕墙部位结露，结露的水渗漏到室内，让室内的装饰发霉、变色、腐烂等。一般，如果非透明幕墙保温层的隔汽性好，幕墙与室内侧墙体之间的空间内就不会有凝结水。但为了确保凝结水不破坏室内的装饰，不影响室内环境，许多幕墙设置了冷凝水收集、排放系统。

幕墙周边与墙体间接缝处的保温填充，幕墙的构造缝、沉降缝、热桥部位、断热节点等，这些部位虽然不是幕墙能耗的主要部位，但处理不好，也会大大影响幕墙的节能。这些部位主要是密封问题和热桥问题。密封问题对于冬季节能非常重要，热桥则容易引起结露和发霉，所以必须将这些部位处理好。

单元式幕墙板块间的缝隙密封是非常重要的。由于单元缝隙处理不好，修复特别困难，所以应该特别注意施工质量。这里质量不好，不仅会使得气密性能差，还常常引起雨水渗漏。

许多幕墙安装有通风换气装置。通风换气装置能使得建筑室内达到足够的新风量，同时也可以使得房间在空调不启动的情况下达到一定的舒适度。虽然通风换气装置往往耗能，但舒适的室内环境可以使得我们少开空调制冷，因而通风换气装置是非常必要的。

一般，以上这些部位在幕墙施工完毕后都将隐蔽，为了方便以后的质量验收，应该进行隐蔽工程验收。

5.1.5 幕墙节能工程的保温材料多是多孔材料，很容易潮湿变质或改变性状。比如岩棉板、玻璃棉板容易受潮而松散，膨胀珍珠岩板受潮后导热系数会增大等。所以在安装过程中应采取防潮、防水等保护措施，避免上述情况发生。

5.2 主控项目

5.2.1 用于幕墙节能工程的材料、构件等的品种、规格符合设计要求和相关标准的规定，这是一般性的要求，应该得到满足。

比如幕墙玻璃是决定玻璃幕墙节能性能的关键构件，玻璃品种应采用设计的品种。幕墙玻璃的品种信息主要内容包括：结构、单片玻璃品种、中空玻璃的尺寸、气体层、间隔条等。

再如：隔热型材的隔热条、隔热材料（一般为发泡材料）等，其尺寸和导热系数对框的传热系数影响很大，所以隔热条的类型、尺寸必须满足设计的要求。

又如：幕墙的密封条是确保幕墙密封性能的关键材料。密封材料要保证足够的弹性（硬度适中、弹性恢复好）、耐久性。密封条的尺寸是幕墙设计时确定下来的，应与型材、安装间隙相配套。如果尺寸不满足要求，要么大了合不拢，要么小了漏风。

幕墙的遮阳构件种类繁多，如百叶、遮阳板、遮阳挡板、卷帘、花格等。对于遮阳构件，其尺寸直接关系到遮阳效果。如果尺寸不够大，必然不能按照设计的预期遮住阳光。遮阳构件所用的材料也是非常重要的，材料的光学性能、材质、耐久性等均很重要，所以材料应为所设计的材料。遮阳构件的构造关系到其结构安全、灵活性、活动范围等，应该按照设计的构造制作遮阳的构件。

5.2.2 幕墙材料、构配件等的热工性能是保证幕墙节能指标的关键，所以必须满足要求。材料的热工性能主要是导热系数，许多构件也是如此，但复合材料和复合构件的整体性能则主要是热阻。

比如有些幕墙采用隔热附件（材料）来隔断热桥，而不是采用隔热型材。这些隔热附件往往是垫块、连接件之类。对隔热附件，其导热系数也应该不大于产品标准的要求。

玻璃的传热系数、遮阳系数、可见光透射比对于玻璃幕墙都是主要的节能指标要求，所以应该满足设计要求。中空玻璃露点应满足产品标准要求，以保证产品的密封质量和耐久性。

5.2.3 非透明幕墙保温材料的导热系数非常重要，

而达到设计值往往并不困难，所以应要求不大于设计值。保温材料的密度与导热系数有很大关系，而且密度偏差过大，往往意味着材料的性能也发生了很大的变化。

幕墙玻璃是决定玻璃幕墙节能性能的关键构件。玻璃的传热系数越大，对节能越不利；而遮阳系数越大，对空调的节能越不利（严寒地区由于冬季很冷，且采暖期特别长，情况正好相反）；可见光透射比对自然采光很重要，可见光透射比越大，对采光越有利。中空玻璃露点是反映中空玻璃产品密封性能的重要指标，露点不满足要求，产品的密封则不合格，其节能性能必然受到很大的影响。

隔热型材的力学性能非常重要，直接关系到幕墙的安全，所以应符合设计要求和相关产品标准的规定。不能因为节能而影响到幕墙的结构安全，所以要对型材的力学性能进行复验。

5.2.4 幕墙的气密性能指标是幕墙节能的重要指标。一般幕墙设计均规定有气密性能的等级要求，幕墙产品应该符合要求。

由于幕墙的气密性能与节能关系重大，所以当建筑所设计的幕墙面积超过一定量后，应该对幕墙的气密性能进行检测。但是，由于幕墙是特殊的产品，其性能需要现场的安装工艺来保证，所以一般要求进行建筑幕墙的三个性能（气密、水密、抗风压性能）的检测。然而，多少面积的幕墙需要检测，有关国家和行业标准一直都没有明确的规定。本规范规定，当幕墙面积大于建筑外墙面积50％或3000m²时，应现场抽取材料和配件，在检测试验室安装制作试件进行气密性能检测。这为幕墙检测数量问题作出了明确的规定，方便执行。

由于一栋建筑中的幕墙往往比较复杂，可能由多种幕墙组合成组合幕墙，也可能是多幅不同的幕墙。对于组合幕墙，只需要进行一个试件的检测即可；而对于不同幕墙幅面，则要求分别进行检测。对于面积比较小的幅面，则可以不分开对其进行检测。

在保证幕墙气密性能的材料中，密封条很重要，所以要求镶嵌牢固、位置正确、对接严密。单元式幕墙板块之间的密封一般采用密封条。单元板块间的缝隙有水平缝和垂直缝，还有水平缝和垂直缝交叉处的十字缝，为了保证这些缝隙的密封，单元式幕墙都有专门的密封设计。施工时应该严格按照设计进行安装。第一方面，需要密封条完整，尺寸满足要求；第二方面，单元板块必须安装到位，缝隙的尺寸不能偏大；第三方面，板块之间还需要在少数部位加装一些附件，并进行注胶密封，保证特殊部位的密封。

幕墙的开启扇是幕墙密封的另一关键部件。开启扇位置到位，密封条压缩合适，开启扇方能关闭严密。由于幕墙的开启扇一般是平开窗或悬窗，气密性能比较好，只要关闭严密，可以保证其设计的密封性能。

5.2.5 在非透明幕墙中，幕墙保温材料的固定是否牢固，可以直接影响到节能的效果。如果固定不牢，容易造成部分部位无保温材料。另外，也可能影响彩釉玻璃一类外饰面板材料的安全。

保温材料的厚度越厚，保温隔热性能就越好，所以厚度应不小于设计值。由于幕墙保温材料一般比较松散，采取针插法即可检测厚度。有些板材比较硬，可采用剖开法检测厚度。

5.2.6 幕墙的遮阳设施若要满足节能的要求，一般应该安置在室外。由于对太阳光的遮挡是按照太阳的高度和方位角来设计的，所以遮阳设施的安装位置对于遮阳而言非常重要。只有安装在合适位置、尺寸合适的遮阳装置，才能满足节能的设计要求。

由于遮阳设施一般安装在室外，而且是突出建筑物的构件，很容易受到风荷载的作用。遮阳设施的抗风问题在遮阳设施的应用中一直是热门问题，我国的《建筑结构荷载规范》GB 50009对这个问题没有很明确的规定。在工程中，大型遮阳设施的抗风往往需要进行专门的研究。在目前北方普遍采用外墙外保温的情况下，活动外遮阳设施的固定往往成了难以解决的问题。所以，在设计安装遮阳设施的时候应考虑到各个方面的因素，合理设计，牢固安装。由于遮阳设施的安全问题非常重要，所以要进行全数的检查。

5.2.7 幕墙工程热桥部位的隔断热桥措施是幕墙节能设计的重要内容，在完成了幕墙面板中部的传热系数和遮阳系数设计的情况下，隔断热桥则成为主要矛盾。这些节点设计如果不理想，首要的问题是容易引起结露。如果大面积的热桥问题处理不当，则会增大幕墙的传热系数，使得通过幕墙的热损耗大大增加。判断隔断热桥措施是否可靠，主要是看固体的传热路径是否被有效隔断，这些路径包括：通过型材截面，通过幕墙的连接件，通过螺丝等紧固件、中空玻璃边缘的间隔条等。

型材截面的断热节点主要是通过采用隔热型材或隔热垫来实现的，其安全性取决于型材的隔热条、发泡材料或连接紧固件。通过幕墙连接件、螺丝等紧固件的热桥则需要进行转换连接的方式，通过一个尼龙件（或类似材料制作的附件）进行连接的转换，隔断固体的热传递路径。由于这些转换连接都增加了一个连接，其是否牢固则成为安全隐患问题，应进行相关的检查和确认。

5.2.8 非透明幕墙的隔汽层是为了避免幕墙部位内部结露，结露的水很容易使保温材料发生性状的改变，如果结冰，则问题更加严重。如果非透明幕墙保温层的隔汽性好，幕墙与室内侧墙体之间的空间内就不会有凝结水。为了实现这个目标，隔汽层必须完整，必须设在保温材料靠近水蒸气压较高的一侧（冬季为室内）。如果隔汽层放错了位置，不但起不到隔汽作用，反而有可能使结露加剧。一般冬季比较容易结露，所以隔汽层应放在保温材料靠近室内的一侧。

幕墙的非透明部分常常有许多需要穿透隔汽层的部件，如连接件等。对这些节点构造采取密封措施很重要，以保证隔汽层的完整。

5.2.9 幕墙的凝结水收集和排放构造是为了避免幕墙结露的水渗漏到室内，让室内的装饰发霉、变色、腐烂等。为了确保凝结水不破坏室内的装饰，不影响室内环境，凝结水收集、排放系统应该发挥有效的作用。为了验证凝结水的收集和排放，可以进行一定的试验。

5.3 一 般 项 目

5.3.1 镀（贴）膜玻璃在节能方面有两方面的作用，一方面是遮阳，另一方面是降低传热系数。对于遮阳而言，镀膜可以反射阳光或吸收阳光，所以镀膜一般应放在靠近室外的玻璃上。为了避免镀膜层的老化，镀膜面一般在中空玻璃内部，单层玻璃应将镀膜置于室内侧。对于低辐射玻璃（Low-E 玻璃），低辐射膜应该置于中空玻璃内部。

目前制作中空玻璃一般均应采用双道密封。因为一般来说密封胶的水蒸气渗透阻力还不足以保证中空玻璃内部空气干燥，需要再加一道丁基胶密封。有些暖边间隔条将密封和间隔两个功能置于一身，本身的密封效果很好，可以不受此限制，实际上这样的间隔条本身就有双道密封的效果。

为了保证中空玻璃在长途（尤其是海拔高度、温度相差悬殊）运输过程中不至于损坏，或者保证中空玻璃不至于因生产环境和使用环境相差甚远而出现损坏或变形，许多中空玻璃设有均压管。在玻璃安装完成之后，为了确保中空玻璃的密封，均压管应进行密封处理。

5.3.2 单元式幕墙板块是在工厂内组装完成运送到现场的。运送到现场的单元板块一般都将密封条、保温材料、隔汽层、凝结水收集装置安装好了，所以幕墙板块到现场后应对这些安装好的部分进行检查验收。

5.3.3 幕墙周边与墙体接缝部位虽然不是幕墙能耗的主要部位，但处理不好，也会大大影响幕墙的节能。由于幕墙边缘一般都是金属边框，所以存在热桥问题，应采用弹性闭孔材料填充饱满。另外，幕墙有水密性要求，所以应采用耐候胶进行密封。

5.3.4 幕墙的构造缝、沉降缝、热桥部位、断热节点等处理不好，也会影响到幕墙的节能和结露。这些部位主要是要解决好密封问题和热桥问题，密封问题对于冬季节能非常重要，热桥则容易引起结露。

5.3.5 活动遮阳设施的调节机构是保证活动遮阳设施发挥作用的重要部件。这些部件应灵活，能够将遮阳板等调节到位。

6 门窗节能工程

6.1 一 般 规 定

6.1.1 与围护结构节能密切相关的门窗主要是与室外空气接触的门窗，包括普通门窗、凸窗、天窗、倾斜窗以及不封闭阳台的门连窗。这些门窗的保温隔热的节能验收，均在本章作出了明确规定。

6.1.2 门窗的外观、品种、规格及附件等均与节能的相关性能以及门窗的质量有关，所以应进行检查验收，并对质量证明文件进行核查。

6.1.3 门窗框与墙体缝隙虽然不是能耗的主要部位，但处理不好，会大大影响门窗的节能。这些部位主要是密封问题和热桥问题。密封问题对于冬季节能非常重要，热桥则容易引起结露和发霉，所以必须将这些部位处理好。

6.2 主 控 项 目

6.2.1 建筑外门窗的品种、规格符合设计要求和相关标准的规定，这是一般性的要求，应该得到满足。门窗的品种一般包含了型材、玻璃等主要材料和主要配件、附件的信息，也包含一定的性能信息，规格包含了尺寸、分格信息等。

6.2.2 建筑外窗的气密性、保温性能、中空玻璃露点、玻璃遮阳系数和可见光透射比是重要的节能指标，所以应符合强制的要求。

6.2.3 为了保证进入工程用的门窗质量达到标准，保证门窗的性能，需要在建筑外窗进入施工现场时进行复验。由于在严寒、寒冷、夏热冬冷地区对门窗保温节能性能要求更高，门窗容易结露，所以需要对门窗的气密性能、传热系数进行复验；夏热冬暖地区由于夏天阳光强烈，太阳辐射对建筑能耗的影响很大，主要考虑门窗的夏季隔热，所以在此仅对气密性能进行复验。

玻璃的遮阳系数、可见光透射比以及中空玻璃的露点是建筑玻璃的基本性能，应该进行复验。因为在夏热冬冷和夏热冬暖地区，遮阳系数是非常重要的。

6.2.4 门窗的节能很大程度上取决于门窗所用玻璃的形式（如单玻、双玻、三玻等）、种类（普通平板玻璃、浮法玻璃、吸热玻璃、镀膜玻璃、贴膜玻璃）及加工工艺（如单道密封、双道密封等），为了达到节能要求，建筑门窗采用的玻璃品种应符合设计要求。

中空玻璃一般均应采用双道密封，为保证中空玻璃内部空气不受潮，需要再加一道丁基胶密封。有些暖边间隔条将密封和间隔两个功能置于一身，本身的密封效果很好，可以不受此限制。

6.2.5 金属窗的隔热措施非常重要，直接关系到传热系数的大小。金属框的隔断热桥措施一般采用穿条式隔热型材、注胶式隔热型材，也有部分采用连接点断热措施。验收时应检查金属外门窗隔断热桥措施是否符合设计要求和产品标准的规定。

有些金属门窗采用先安装框的干法安装方法。这种方法因可以在土建基本施工完成后安装门窗，因而门窗的外观质量得到了很好的保护。但金属副框经常会形成新的热桥，应该引起足够的重视。这里要求金属副框的隔热措施隔热效果与门窗型材所采取的措施效果相当。

6.2.6 严寒、寒冷、夏热冬冷地区的建筑外窗，为了保证应用到工程的产品质量，本规范要求对外窗的气密性能做现场实体检验。

6.2.7 外门窗框与副框之间以及外门窗框或副框与洞口之间间隙的密封也是影响建筑节能的一个重要因素，控制不好，容易导致渗水、形成热桥，所以应该对缝隙的填充进行检查。

6.2.8 严寒、寒冷地区的外门节能也很重要，设计中一般均会采取保温、密封等节能措施。由于外门一般不多，而往往又不容易做好，因而要求全数检查。

6.2.9 在夏季炎热的地区应用外窗遮阳设施是很好的节能措施。遮阳设施的性能主要是其遮挡阳光的能力，这与其尺寸、颜色、透光性能等均有很大关系，还与其调节能力有关，这些性能均应符合设计要求。为保证达到遮阳设计要求，遮阳设施的安装位置应正确。

由于遮阳设施安装在室外效果好，而目前在北方普遍采用外墙外保温，活动外遮阳设施的固定往往成了难以解决的问题。所以遮阳设施的牢固问题要引起重视。

6.2.10 特种门与节能有关的性能主要是密封性能和保温性能。对于人员出入频繁的门，其自动启闭、阻挡空气渗透的性能也很重要。另外，安装中采取的相应措施也非常重要，应按照设计要求施工。

6.2.11 天窗与节能有关的性能均与普通门窗类似。天窗的安装位置、坡度等均应正确，并保证封闭严密，不渗漏。

6.3 一般项目

6.3.1 门窗扇和玻璃的密封条的安装及性能对门窗节能有很大影响，使用中经常出现由于断裂、收缩、低温变硬等缺陷造成门窗渗水，气密性能差。密封条质量应符合《塑料门窗密封条》GB/T 12002 标准的要求。

密封条安装完整、位置正确、镶嵌牢固对于保证门窗的密封性能均很重要。关闭门窗时应保证密封条

的接触严密，不脱槽。

6.3.2 镀（贴）膜玻璃在节能方面有两方面的作用，一方面是遮阳，另一方面是降低传热系数。膜层位置与节能的性能和中空玻璃的耐久性均有关。

为了保证中空玻璃在长途运输过程中不至于损坏，或者保证中空玻璃不至于因生产环境和使用环境相差甚远而出现损坏或变形，许多中空玻璃设有均压管。在玻璃安装完成之后，均压管应进行密封处理，从而确保中空玻璃的密封性能。

6.3.3 活动遮阳设施的调节机构是保证活动遮阳设施发挥作用的重要部件。这些部件应灵活，能够将遮阳构件调节到位。

7 屋面节能工程

7.1 一般规定

7.1.1 本条规定了建筑屋面节能工程验收适用范围，包括采用松散、现浇、喷涂、板材及块材等保温隔热材料施工的平屋面、坡屋面、倒置式屋面、架空屋面、种植屋面、蓄水屋面、采光屋面等。

7.1.2 本条对屋面保温隔热工程施工条件提出了明确的要求。要求敷设保温隔热层的基层质量必须达到合格，基层的质量不仅影响屋面工程质量，而且对保温隔热层的质量也有直接的影响，基层质量不合格，将无法保证保温隔热层的质量。

7.1.3 本条对影响屋面保温隔热效果的隐蔽部位提出隐蔽验收要求。主要包括：①基层；②保温层的敷设方式、厚度及缝隙填充质量；③屋面热桥部位；④隔汽层。因为这些部位被后道工序隐蔽覆盖后无法检查和处理，因此在被隐蔽覆盖前必须进行验收，只有合格后才能进行后序施工。

7.1.4 屋面保温隔热层施工完成后的防潮处理非常重要，特别是易吸潮的保温隔热材料。因为保温材料受潮后，其孔隙中存在水蒸气和水，而水的导热系数（$\lambda=0.5$）比静态空气的导热系数（$\lambda=0.02$）要大 20 多倍，因此材料的导热系数也必然增大。若材料孔隙中的水分受冻成冰，冰的导热系数（$\lambda=2.0$）相当于水的导热系数的 4 倍，则材料的导热系数更大。黑龙江省低温建筑科学研究所对加气混凝土导热系数与含水率的关系进行测试，其结果见表1。

上述情况说明，当材料的含水率增加 1% 时，其导热系数则相应增大 5% 左右；而当材料的含水率从干燥状态（$\omega=0$）增加到 20% 时，其导热系数则几乎增大一倍。还需特别指出的是：材料在干燥状态下，其导热系数是随着温度的降低而减少；而材料在潮湿状态下，当温度降到 0℃ 以下，其中的水分冷却成冰，则材料的导热系数必然增大。

表1　加气混凝土导热系数与含水率的关系

含水率ω（%）	导热系数λ[W/（m·K）]	含水率ω（%）	导热系数λ[W/（m·K）]
0	0.13	15	0.21
5	0.16	20	0.24
10	0.19	—	—

含水率对导热系数的影响颇大，特别是负温度下更使导热系数增大，为保证建筑物的保温效果，在保温隔热层施工完成后，应尽快进行防水层施工，在施工过程中应防止保温层受潮。

7.2　主控项目

7.2.1　本条规定屋面节能工程所用保温隔热材料的品种、规格应按设计要求和相关标准规定选择，不得随意改变其品种和规格。材料进场时通过目视、尺量、称重和核对其使用说明书、出厂合格证以及型式检验报告等方法进行检查，确保其品种、规格及相关性能参数符合设计要求。

7.2.2　强制性条文。在屋面保温隔热工程中，保温隔热材料的导热系数、密度或干密度指标直接影响到屋面保温隔热效果，抗压强度或压缩强度影响到保温隔热层的施工质量，燃烧性能是防止火灾隐患的重要条件，因此应对保温隔热材料的导热系数、密度或干密度、抗压强度或压缩强度及燃烧性能进行严格的控制，必须符合节能设计要求、产品标准要求以及相关施工技术标准要求。应检查保温隔热材料的合格证、有效期内的产品性能检测报告及进场验收记录所代表的规格、型号和性能参数是否与设计要求和有关标准相符，并重点检查进场复验报告，复验报告必须是第三方见证取样，检验样品必须是按批量随机抽取。

7.2.3　在屋面保温隔热工程中，保温材料的性能对于屋面保温隔热的效果起到了决定性的作用。为了保证用于屋面保温隔热材料的质量，避免不合格材料用于屋面保温隔热工程，参照常规建筑工程材料进场验收办法，对进场的屋面保温隔热材料也由监理人员现场见证随机抽样送有资质的试验室复验，复验内容主要包括保温隔热材料的导热系数、密度、抗压强度或压缩强度、燃烧性能，复验结果作为屋面保温隔热工程质量验收的一个依据。

7.2.4　影响屋面保温隔热效果的主要因素除了保温隔热材料的性能以外，另一重要因素是保温隔热材料的厚度、敷设方式以及热桥部位的处理等。在一般情况下，只要保温隔热材料的热工性能（导热系数、密度或干密度）和厚度、敷设方式均达到设计标准要求，其保温隔热效果也基本上能达到设计要求。因此，在本规范第7.2.2条按主控项目对保温隔热材料的热工性能进行控制外，本条要求对保温隔热材料的

厚度、敷设方式以及热桥部位也按主控项目进行验收。

检查方法：对于保温隔热层的敷设方式、缝隙填充质量和热桥部位采用观察检查，检查敷设的方式、位置、缝隙填充的方式是否正确，是否符合设计要求和国家有关标准要求。保温隔热层的厚度可采取钢针插入后用尺测量，也可采取将保温层切开用尺直接测量。具体采取哪种方法由验收人员根据实际情况选取。

7.2.5　影响架空隔热效果的主要因素有三个方面：一是架空层的高度、通风口的尺寸和架空通风安装方式；二是架空层材质的品质和架空层的完整性；三是架空层内应畅通，不得有杂物。因此在验收时一是检查架空层的型式，用尺测量架空层的高度及通风口的尺寸是否符合设计要求。二是检查架空层的完整性，不应断裂或损坏。如果使用了有断裂和露筋等缺陷的制品，日久后会使隔热层受到破坏，对隔热效果带来不良的影响。三是检查架空层内不得残留施工过程中的各种杂物，确保架空层内气流畅通。

7.2.6　本条是对采光屋面节能方面的基本要求，其传热系数、遮阳系数、可见光透射比、气密性是影响采光屋面节能效果的主要因素，因此必须达到设计要求。通过检查出厂合格证、型式检验报告、进场见证取样复检报告等进行验证。

7.2.7　本条对采光屋面的安装质量提出具体要求。安装要牢固是要保证采光屋面的可靠性、安全性，特别是沿海地区，屋面的风荷载非常大，如果不能牢固可靠的安装，在受到负压时会使屋面脱落。封闭要严密，嵌缝处要填充严密，不得渗漏，一方面是减少空气渗透，减少能耗，另一方面是避免雨水渗漏，确保使用功能。采用观察、尺量检查其安装牢固性能和坡度，通过淋水试验检查其严密性能，并核查其隐蔽验收记录。采光屋面主要是公共建筑，数量不多，并且很重要，所以要全数检查。

7.2.8　本条要求在施工过程中要保证屋面隔汽层位置、完整性、严密性应符合设计要求。主要通过观察检查和核查隐蔽工程验收记录进行验证。

7.3　一般项目

7.3.1　保温层的铺设应按本条文规定检查保温层施工质量，应保证表面平整、坡向正确、铺设牢固、缝隙严密，对现场配料的还要检查配料记录。

7.3.2　本条要求金属保温夹芯屋面板的安装应牢固，接口应严密，坡向应正确。检查方法是观察与尺量，应重点检查其接口的气密性和穿钉处的密封性，不得渗水。

7.3.3　当屋面的保温层敷设于屋面内侧时，如果保温层未进行密闭防潮处理，室内空气中湿气将渗入保温层，并在保温层与屋面基层之间结露，这不仅增大

了保温材料导热系数，降低节能效果，而且由于受潮之后还容易产生细菌，最严重的可能会有水溢出，因此必须对保温材料采取有效防潮措施，使之与室内的空气隔绝。

8 地面节能工程

8.1 一般规定

8.1.1 本条明确了本章的适用范围，本条所讲的建筑地面节能工程是指包括采暖空调房间接触土壤的地面、毗邻不采暖空调房间的楼地面、采暖地下室与土壤接触的外墙、不采暖地下室上面的楼板、不采暖车库上面的楼板、接触室外空气或外挑楼板的地面。

8.1.2 本条对地面保温工程施工条件提出了明确的要求，要求敷设保温层的基层质量必须达到合格，基层的质量不仅影响地面工程质量，而且对保温的质量也有直接的影响，基层质量不合格，必然影响保温的质量。

8.1.3 本条对影响地面保温效果的隐蔽部位提出隐蔽验收要求。主要包括：①基层；②保温层厚度；③保温材料与基层的粘结强度；④地面热桥部位。因为这些部位被后道工序隐蔽覆盖后无法检查和处理，因此在被隐蔽覆盖前必须进行验收，只有合格后才能进行后序施工。

8.1.4 本条参照《建筑地面工程施工质量验收规范》GB 50209 的有关规定，给出了地面节能工程检验批划分的原则和方法，并对检验批抽查数量作出基本规定。

8.2 主控项目

8.2.1 本条规定地面节能工程所用保温材料的品种、规格应按设计要求和相关标准规定选择，不得随意改变其品种和规格。材料进场时通过目视、尺量、称重和核对其使用说明书、出厂合格证以及型式检验报告等方法进行检查，确保其品种、规格符合设计要求。

8.2.2 强制性条文。在地面保温工程中，保温材料的导热系数、密度或干密度指标直接影响到地面保温效果，抗压强度或压缩强度影响到保温层的施工质量，燃烧性能是防止火灾隐患的重要条件，因此应对保温材料的导热系数、密度或干密度、抗压强度或压缩强度及燃烧性能进行严格的控制，必须符合节能设计要求、产品标准要求以及相关施工技术标准要求。应检查材料的合格证、有效期内的产品性能检测报告及进场验收记录所代表的规格、型号和性能参数是否与设计要求和有关标准相符，并重点检查进场复验报告，复验报告必须是第三方见证取样，检验样品必须是按批量随机抽取。

8.2.3 在地面保温工程中，保温材料的性能对于地面保温的效果起到了决定性的作用。为了保证用于地面保温材料的质量，避免不合格材料用于地面保温工程，参照常规建筑工程材料进场验收办法，对进场的地面保温材料也由监理人员现场见证随机抽样送有资质的试验室对有关性能参数进行复验，复验结果作为地面保温工程质量验收的一个依据。复验报告必须是第三方见证取样，检验样品必须是按批量随机抽取。

8.2.4 为了保证施工质量，在进行地面保温施工前，应将基层处理好，基层应平整、清洁，接触土壤地面应将垫层处理好。

8.2.5 影响地面保温效果的主要因素除了保温材料的性能和厚度以外，另一重要因素是保温层、保护层等的设置和构造做法以及热桥部位的处理等。在一般情况下，只要保温材料的热工性能（导热系数、密度或干密度）和厚度、敷设方式均达到设计标准要求，其保温效果也基本上能达到设计要求。因此，在本规范第 8.2.2 条按主控项目对保温材料的热工性能进行控制外，本条要求对保温层、保护层等的设置和构造做法以及热桥部位也按主控项目进行验收。

对于保温层的敷设方式、缝隙填充质量和热桥部位采取观察检查，检查敷设的方式、位置、缝隙填充的方式是否正确，是否符合设计要求和国家有关标准要求。保温层厚度可采用钢针插入后用尺测量，也可采用将保温层切开用尺直接测量。

8.2.6 地面节能工程的施工质量应符合本条的规定。在施工过程中保温层与基层之间粘结牢固、缝隙严密是非常必要的。特别是地下室（或车库）的顶板粘贴 XPS 板、EPS 板或粉刷胶粉聚苯颗粒时，虽然这些部位不同于建筑外墙那样有风荷载的作用，但由于顶板上部有活动荷载，会使其产生振动，从而引发脱落。在楼板下面粉刷浆料保温层时分层施工也是非常重要的，每层的厚度不应超过 20mm，如果过厚，由于自重力的作用在粉刷过程中容易产生空鼓和脱落。对于严寒、寒冷地区，穿越接触室外空气地面的各种金属类管道都是传热量很大的热桥，这些热桥部位除了对节能效果有一定的影响外，其热桥部位的周围还可能结露，影响使用功能，因此必须对其采取有效的措施进行处理。

8.2.7 本条对有防水要求地面的构造做法和验收方法提出了明确要求。对于厨卫等有防水要求的地面进行保温时，应尽可能将保温层设置在防水层下，可避免保温层浸水吸潮影响保温效果。当确实需要将保温层设置在防水层上面时，则必须对保温层进行防水处理，不得使保温层吸水受潮。另外在铺设保温层时，要确保地面排水坡度不受影响，保证地面排水畅通。

8.2.8 在严寒、寒冷地区，冬季室外最低气温在 −15℃ 以下，冻土层厚度在 400mm 以上，建筑首层直接与土壤接触的周边地面是热桥部位，如不采取有效措施进行处理，会在建筑室内地面产生结露，影响节能效果，因此必须对这些部位采取保温隔热措施。

8.2.9 对保温层表面必须采取有效措施进行保护，其目的之一是防止保温层材料吸潮，保温层吸潮含水率增大后，将显著影响保温效果，其二是提高保温层表面的抗冲击能力，防止保温层受到外力的破坏。

8.3 一般项目

8.3.1 本条规定地面辐射供暖工程应按《地面辐射供暖技术规程》JGJ 142 规定执行。

9 采暖节能工程

9.1 一般规定

9.1.1 根据目前国内室内采暖系统的热水温度现状，对本章的适用范围做出了规定。室内集中热水采暖系统包括散热设备、管道、保温、阀门及仪表等。

9.1.2 本条给出了采暖系统节能工程验收的划分原则和方法。

采暖系统节能工程的验收，应根据工程的实际情况、结合本专业特点，分别按系统、楼层等进行。

采暖系统可以按每个热力入口作为一个检验批进行验收；对于垂直方向分区供暖的高层建筑采暖系统，可按照采暖系统不同的设计分区分别进行验收；对于系统大且层数多的工程，可以按几个楼层作为一个检验批进行验收。

9.2 主控项目

9.2.1 采暖系统中散热设备的散热量、金属热强度和阀门、仪表、管材、保温材料等产品的规格、热工技术性能是采暖系统节能工程中的主要技术参数。为了保证采暖系统节能工程施工全过程的质量控制，对采暖系统节能工程采用的散热设备、阀门、仪表、管材、保温材料等产品的进场，要按照设计要求对其类别、规格及外观等进行逐一核对验收，验收一般应由供货商、监理、施工单位的代表共同参加，并应经监理工程师（建设单位代表）检查认可，形成相应的验收记录。各种产品和设备的质量证明文件和相关技术资料应齐全，并应符合国家现行有关标准和规定。

9.2.2 采暖系统中散热器的单位散热量、金属热强度和保温材料的导热系数、密度、吸水率等技术参数，是采暖系统节能工程中的重要性能参数，它是否符合设计要求，将直接影响采暖系统的运行及节能效果。因此，本条文规定在散热器和保温材料进场时，应对其热工等技术性能参数进行复验。复验应采取见证取样送检的方式，即在监理工程师或建设单位代表见证下，按照有关规定

从施工现场随机抽取试样，送至有见证检测资质的检测机构进行检测，并应形成相应的复验报告。

9.2.3 强制性条文。在采暖系统中系统制式也就是管道的系统形式，是经过设计人员周密考虑而设计的，要求施工单位必须按照设计图纸进行施工。

设备、阀门以及仪表能否安装到位，直接影响采暖系统的节能效果，任何单位不得擅自增减和更换。

在实际工程中，温控装置经常被遮挡，水力平衡装置因安装空间狭小无法调节，有很多采暖系统的热力入口只有总开关阀门和旁通阀门，没有按照设计要求安装热计量装置、过滤器、压力表、温度计等入口装置；有的工程虽然安装了入口装置，但空间狭窄，过滤器和阀门无法操作，热计量装置、压力表、温度计等仪表很难观察读取。常常是采暖系统热力入口装置起不到过滤、热能计量及调节水力平衡等功能，从而达不到节能的目的。

同时，本条还强制性规定设有温度调控装置和热计量装置的采暖系统安装完毕后，应能实现设计要求的分室（区）温度调控和分栋热计量及分户或分室（区）热量（费）分摊，这也是国家有关节能标准所要求的。

9.2.4 目前对散热器的安装存在不少误区，常常会出现散热器的规格、数量及安装方式与设计不符等情况。如把散热器全包起来，仅留很少一点通道，或随意减少散热器的数量，以致每组散热器的散热量不能达到设计要求，而影响采暖系统的运行效果。散热器暗装在罩内时，不但散热器的散热量会大幅度减少，而且由于罩内空气温度远远高于室内空气温度，从而使罩内墙体的温差传热损失大大增加。散热器暗装时，还会影响恒温阀的正常工作。另外，实验证明：散热器外表面涂刷非金属性涂料时，其散热量比涂刷金属性涂料时能增加 10% 左右。故本条文对此进行了强调和规定。

9.2.5 散热器恒温阀（又称温控阀、恒温器）安装在每组散热器的进水管上，它是一种自力式调节控制阀，用户可根据对室温高低的要求，调节并设定室温。散热器恒温阀阀头如果垂直安装或被散热器、窗帘或其他障碍物遮挡，恒温阀将不能真实反映出室内温度，也就不能及时调节进入散热器的水流量，从而达不到节能的目的。恒温阀应具有人工调节和设定室内温度的功能，并通过感应室温自动调节流经散热器的热水流量，实现室温自动恒定。对于安装在装饰罩内的恒温阀，则必须采用外置式传感器，传感器应设在能正确反映房间温度的位置。

9.2.6 在低温热水地面辐射供暖系统的施工安装时，对无地下室的一层地面应分别设置防潮层和绝热层，绝热层采用聚苯乙烯泡沫塑料板［导热系数为 $\leqslant 0.041\mathrm{W/(m \cdot K)}$，密度 $\geqslant 20.0\mathrm{kg/m^3}$］时，其厚度不应小于 30mm；直接与室外空气相邻的楼板应设绝

热层，绝热层采用聚苯乙烯泡沫塑料板［导热系数为
≤0.041W/（m·K），密度≥20.0kg/m³］时，其厚度
不应小于40mm。当采用其他绝热材料时，可根据热
阻相当的原则确定厚度。室内温控装置的传感器应安
装在距地面1.4m的内墙面上（或与室内照明开关并
排设置），并应避开阳光直射和发热设备。

9.2.7 在实际工程中有很多采暖系统的热力入口只
有系统阀门和旁通阀门，没有安装热计量装置、过滤
器、压力表、温度计等入口装置；有的工程虽然安装
了入口装置，但空间狭窄，过滤器和阀门无法操作，
热计量装置、压力表、温度计等仪表很难观察读取。
常常是采暖系统热力入口装置起不到过滤、热能计量
及调节水力平衡等功能，从而达不到节能的目的。故
本条文对此进行了强调，并作出规定。

9.2.8 采暖管道保温厚度是由设计人员依据保温材
料的导热系数、密度和采暖管道允许的温降等条件计
算得出的。如果管道保温的厚度等技术性能达不到设
计要求，或者保温层与管道粘贴不紧密牢固，以及敷
设在地沟及潮湿环境内的保温管道不做防潮层或防潮层
做得不完整或有缝隙，都将会严重影响采暖管道的保
温效果。因此，本条文对采暖管道保温层和防潮层的
施工作出了规定。

9.2.9 采暖保温管道及附件，被安装于封闭的部位
或直接埋地时，均属于隐蔽工程。在封闭前，必须对
该部分将被隐蔽的管道工程施工质量进行验收，且必
须得到现场监理人员认可的合格签证，否则不得进行
封闭作业。必要时，应对隐蔽部位进行录像或照相以
便追溯。

9.2.10 强制性条文。采暖系统工程安装完工后，
为了使采暖系统达到正常运行和节能的预期目标，规
定应在采暖期与热源连接进行系统联合试运转和调
试。联合试运转及调试结果应符合设计要求，室内温
度不得低于设计计算温度2℃，且不应高于1℃。采
暖系统工程竣工如果是在非采暖期或虽然在采暖期却
还不具备热源条件时，应对采暖系统进行水压试验，
试验压力应符合设计要求。但是，这种水压试验，并
不代表系统已进行调试和达到平衡，不能保证采暖房
间的室内温度能达到设计要求。因此，施工单位和建
设单位应在工程（保修）合同中进行约定，在具备热
源条件后的第一个采暖期期间再进行联合试运转及调
试，并补做本规范表14.2.2中序号为1的"室内温
度"项的调试。补做的联合试运转及调试报告应经监
理工程师（建设单位代表）签字确认，以补充完善验
收资料。

9.3 一 般 项 目

9.3.1 采暖系统的过滤器等配件应做好保温，保温
层应密实、无空隙，且不得影响其操作功能。

10 通风与空调节能工程

10.1 一 般 规 定

10.1.1 本条明确了本章适用的范围。本条文所讲
的通风系统是指包括风机、消声器、风口、风管、风
阀等部件在内的整个送、排风系统。空调系统包括空
调风系统和空调水系统，前者是指包括空调末端设
备、消声器、风管、风阀、风口等部件在内的整个空
调送、回风系统；后者是指除了空调冷热源和其辅助
设备与管道及室外管网以外的空调水系统。

10.1.2 本条给出了通风与空调系统节能工程验收
的划分原则和方法。

系统节能工程的验收，应根据工程的实际情况、
结合本专业特点，分别按系统、楼层等进行。

空调冷（热）水系统的验收，一般应按系统分区
进行；通风与空调的风系统可按风机或空调机组等所
各自负担的风系统，分别进行验收。

对于系统大且层数多的空调冷（热）水系统及通
风与空调的风系统工程，可分别按几个楼层作为一个
检验批进行验收。

10.2 主 控 项 目

10.2.1 通风与空调系统所使用的设备、管道、阀
门、仪表、绝热材料等产品是否相互匹配、完好，是
决定其节能效果好坏的重要因素。本条是对其进场验
收的规定，这种进场验收主要是根据设计要求对有关
材料和设备的类型、材质、规格及外观等"可视质
量"和技术资料进行检查验收，并应经监理工程师
（建设单位代表）核准。进场验收应形成相应的验收
记录。事实表明，许多通风与空调工程，由于在产品
的采购过程中擅自改变有关设备、绝热材料等的设计
类型、材质或规格等，结果造成了设备的外形尺寸偏
大、设备重量超重、设备耗电功率大、绝热材料绝热
效果差等不良后果，从而给设备的安装和维修带来了
不便，给建筑物带来了安全隐患，并且降低了通风与
空调系统的节能效果。

由于进场验收只能核查材料和设备的外观质量，
其内在质量则需由各种质量证明文件和技术资料加以
证明。故进场验收的一项重要内容，是对材料和设备
附带的质量证明文件和技术资料进行检查。这些文件
和资料应符合国家现行有关标准和规定并应齐全，主
要包括质量合格证明文件、中文说明书及相关性能检
测报告。进口材料和设备还应按规定进行出入境商品
检验合格证明。

为保证通风与空调节能工程的质量，本条文作出
了在有关设备、自控阀门与仪表进场时，应对其热工
等技术性能参数进行核查，并应形成相应的核查记

录。对有关设备等的核查，应根据设计要求对其技术资料和相关性能检测报告等所表示的热工等技术性能参数进行一一核对。事实表明，许多空调工程，由于所选用空调末端设备的冷量、热量、风量、风压及功率高于或低于设计要求，而造成了空调系统能耗高或空调效果差等不良后果。

风机是空调与通风系统运行的动力，如果选择不当，就有可能加大其动力和单位风量的耗功率，造成能源浪费。为了降低空调与通风系统的能耗，设计人员在进行风机选型时，都要根据具体工程进行详细的计算，以控制风机的单位风量耗功率不大于《公共建筑节能设计标准》GB 50189-2005 第 5.3.26 所规定的限值（见表2）。所以，风机在采购过程中，未经设计人员同意，都不应擅自改变风机的技术性能参数，并应保证其单位风量耗功率满足国家现行有关标准的规定。

表2 风机的单位风量耗功率限值 [W/（m³/h）]

系统型式	办公建筑		商业、旅馆建筑	
	粗效过滤	粗、中效过滤	粗效过滤	粗、中效过滤
两管制定风量系统	0.42	0.48	0.46	0.52
四管制定风量系统	0.47	0.53	0.51	0.58
两管制变风量系统	0.58	0.64	0.62	0.68
四管制变风量系统	0.63	0.69	0.67	0.74
普通机械通风系统	0.32			

注：1 $W_s = P/(3600\eta_t)$，式中 W_s 为单位风量耗功率，W/（m³/h）；P 为风机全压值，Pa；η_t 为包含风机、电机及传动效率在内的总效率（%）。

2 普通机械通风系统中不包括厨房等需要特定过滤装置的房间的通风系统。

3 严寒地区增设预热盘管时，单位风量耗功率可增加 0.035 [W/（m³/h）]。

4 当空调机组内采用湿膜加湿方法时，单位风量耗功率可增加 0.053 [W/（m³/h）]。

10.2.2 通风与空调节能工程中风机盘管机组和绝热材料的用量较多，且其供冷量、供热量、风量、出口静压、噪声、功率及绝热材料的导热系数、材料密度、吸水率等技术性能参数是否符合设计要求，会直接影响通风与空调节能工程的节能效果和运行的可靠性。因此，本条文规定在风机盘管机组和绝热材料进场时，应对其热工等技术性能参数进行复验。复验应采取见证取样送检的方式，即在监理工程师或建设单位代表见证下，按照有关规定从施工现场随机抽取试样，送至有见证检测资质的检测机构进行检测，并应形成相应的复验报告。

10.2.3 为保证通风与空调节能工程中送、排风系统及空调风系统、空调水系统具有节能效果，首先要求工程设计人员将其设计成具有节能功能的系统；其

次要求在各系统中要选用节能设备和设置一些必要的自控阀门与仪表，并安装齐全到位。这些要求，必然会增加工程的初投资。因此，有的工程为了降低工程造价，根本不考虑日后的节能运行和减少运行费用等问题，在产品采购或施工过程中擅自改变了系统的制式并去掉一些节能设备和自控阀门与仪表，或将节能设备及自控阀门更换为不节能的设备及手动阀门，导致了系统无法实现节能运行，能耗及运行费用大大增加。为避免上述现象的发生，保证以上各系统的节能效果，本条做出了通风与空调节能工程中送、排风系统及空调风系统、空调水系统的安装制式应符合设计要求的强制性规定，且各种节能设备、自控阀门与仪表应全部安装到位，不得随意增加、减少和更换。

水力平衡装置，其作用是可以通过对系统水力分布的调整与设定，保持系统的水力平衡，保证获得预期的空调效果。为使其发挥正常的功能，本条文要求其安装位置、方向应正确，并便于调试操作。

空调系统安装完毕后应能实现分室（区）进行温度调控，一方面是为了通过对各空调场所室温的调节达到舒适度要求；另一方面是为了通过调节室温而达到节能的目的。对有分栋、分室（区）冷、热计量要求的建筑物，要求其空调系统安装完毕后，能够通过冷（热）量计量装置实现冷、热计量，是节约能源的重要手段，按照用冷、热量的多少来计收空调费用，既公平合理，更有利于提高用户的节能意识。

10.2.4 制定本条的目的是为了保证通风与空调系统所用风管的质量以及风管系统安装的严密，减少因漏风和热桥作用等带来的能量损失，保证系统安全可靠地运行。

工程实践表明，许多通风与空调工程中的风管并没有严格按照设计和有关国家现行标准的要求去制作和安装，造成了风管品质差、断面积小、厚度薄等不良现象，且安装不严密、缺少防热桥措施，对系统安全可靠地运行和节能产生了不利的影响。

防热桥措施一般是在需要绝热的风管与金属支、吊架之间设置绝热衬垫（承压强度能满足管道重量的不燃、难燃硬质绝热材料或经防腐处理的木衬垫），其厚度不应小于绝热层厚度，宽度应大于支、吊架支承面的宽度。衬垫的表面应平整，衬垫与绝热材料间应填实无空隙；复合风管及需要绝热的非金属风管的连接和内部支撑加固处的热桥，通过外部敷设的符合设计要求的绝热层就可防止产生。

10.2.5 本条文对组合式空调机组、柜式空调机组、新风机组、单元式空调机组安装的验收质量作出了规定。

1 组合式空调机组、柜式空调机组、单元式空调机组是空调系统中的重要末端设备，其规格、台数是否符合设计要求，将直接影响其能耗大小和空调场所的空调效果。事实表明，许多工程在安装过程中擅

自更改了空调末端设备的台数，其后果是或因设备台数增多造成设备超重而给建筑物安全带来了隐患及能耗增大，或因设备台数减少及规格与设计不符等而造成了空调效果不佳。因此，本条文对此进行了强调。

2 本条文对各种空调机组的安装位置和方向的正确性提出了要求，并要求机组与风管、送风静压箱、回风箱的连接应严密可靠，其目的是为了减少管道交叉、方便施工、减少漏风量，进而保证工程质量、满足使用要求、降低能耗。

3 一般大型空调机组由于体积大，不便于整体运输，常采用散装或组装功能段运至现场进行整体拼装的施工方法。由于加工质量和组装水平的不同，组装后机组的密封性能存在较大的差异，严重的漏风量不仅影响系统的使用功能，而且会增加能耗；同时，空调机组的漏风量测试也是工程设备验收的必要步骤之一。因此，现场组装的机组在安装完毕后，应进行漏风量的测试。

4 空气热交换器翅片在运输与安装过程中被损坏和沾染污物，会增加空气阻力，影响热交换效率，增加系统的能耗。本条文还对粗、中效空气过滤器的阻力参数做出要求，主要目的是对空气过滤器的初阻力有所控制，以保证节能要求。

10.2.6 风机盘管机组是建筑物中最常用的空调末端设备之一，其规格、台数及安装位置和高度是否符合设计要求，将直接影响其能耗和空调场所的空调效果。事实表明，许多工程在安装过程中擅自改变风机盘管的设计台数和安装位置、高度及方向，其后果是所采用的风机盘管机组的耗电功率、风量、风压、冷量、热量等技术性能参数与设计不匹配，能耗增大，房间气流组织不合理，空调效果差，且安装维修不方便。因此，本条文对此进行了强调。

风机盘管机组与风管、回风箱或风口的连接，在工程施工中常存在不到位、空缝或通过吊顶间接连接风口等不良现象，使直接送入房间的风量减少、风压降低、能耗增大、空气品质下降，最终影响了空调效果，故本条文对此进行了强调。

10.2.7 工程实践表明，空调机组或风机出风口与风管系统不合理的连接，可能会造成风系统阻力的增大，进而引起风机性能急剧地变坏；风机与风管连接时使空气在进出风机时尽可能均匀一致，且不要有方向或速度的突然变化，则可大大减小风系统的阻力，进而减小风机的全压和耗电功率。因此，本条文作出了风机的安装位置及出口方向应正确的规定。

10.2.8 本条文强调双向换气装置和排风热回收装置的规格、数量应符合设计要求，是为了保证对系统排风的热回收效率（全热和显热）不低于60%。条文要求其安装和进、排风口位置及接管等应正确，是为了防止功能失效和污浊的排风对系统的新风引起污染。

10.2.9 在空调系统中设置自控阀门和仪表，是实现系统节能运行的必要条件。当空调场所的空调负荷发生变化时，电动两通调节阀和电动两通阀，可以根据已设定的温度通过调节流经空调机组的水流量，使空调冷热水系统实现变流量的节能运行；水力平衡装置，可以通过对系统水力分布的调整与设定，保持系统的水力平衡，保证获得预期的空调效果；冷（热）量计量装置，是实现量化管理、节约能源的重要手段，按照用冷、热量的多少来计收空调费用，既公平合理，更有利于提高用户的节能意识。

工程实践表明，许多工程为了降低造价，不考虑日后的节能运行和减少运行费用等问题，未经设计人员同意，就擅自去掉一些自控阀门与仪表，或将自控阀门更换为不具备主动节能功能的手动阀门，或将平衡阀、热计量装置去掉；有的工程虽然安装了自控阀门与仪表，但是其进、出口方向和安装位置却不符合产品及设计要求。这些不良做法，导致了空调系统无法进行节能运行和水力平衡及冷（热）量计量，能耗及运行费用大大增加。为避免上述现象的发生，本条文对此进行了强调。

10.2.10、10.2.11 本条文对空调风、水系统管道及其部、配件绝热层和防潮层施工的基本质量要求作出了规定。绝热节能效果的好坏除了与绝热材料的材质、密度、导热系数、热阻等有着密切的关系外，还与绝热层的厚度有直接的关系。绝热层的厚度越大，热阻就越大，管道的冷（热）损失也就越小，绝热节能效果就好。工程实践表明，许多空调工程因绝热层的厚度等不符合设计要求，而降低了绝热材料的热阻，导致绝热失败，浪费了大量的能源；另外，从防火的角度出发，绝热材料应尽量采用不燃的材料。但是，从我国目前生产绝热材料品种的构成，以及绝热材料的使用效果、性能等诸多条件来对比，难燃材料还有其相对的长处，在工程中还占一定的比例。无论是国内还是国外，都发生过空调工程中的绝热材料，因防火性能不符合设计要求被引燃后而造成恶果的案例。因此，本条文明确规定，风管和空调水系统管道的绝热应采用不燃或难燃材料，其材质、密度、导热系数、规格与厚度等应符合设计要求。

空调风管和冷热水管穿楼板和穿墙处的绝热层应连续不间断，均是为了保证绝热效果，以防止产生凝结水并导致能量损失；绝热层与穿楼板和穿墙处的套管之间应用不燃材料填实不得有空隙，套管两端应进行密封封堵，是出于防火和防水的考虑；空调风管系统部件的绝热不得影响其操作功能，以及空调水管道的阀门、过滤器及法兰部位的绝热结构应能单独拆卸且不得影响其操作功能，均是为了方便维修保养和运行管理。

10.2.12 在空调水系统冷热水管道与支、吊架之间应设置绝热衬垫（承压强度能满足管道重量的不燃、难燃硬质绝热材料或经防腐处理的木衬垫），是防止产生冷桥作用而造成能量损失的重要措施。工程实践表明，许多空调工程的冷热水管道与支、吊架之间由于没有设置绝热衬垫，管道与支、吊架直接接触而形成了冷桥，导致了能量损失并且产生了凝结水。因此，本条对空调水系统的冷热水管道与支、吊架之间应设置绝热衬垫进行了强调，并对其设置要求和检查方法也作了说明。

10.2.13 通风与空调系统中与节能有关的隐蔽部位位置特殊，一旦出现质量问题后不易发现和修复。因此，本条文规定应随施工进度对其及时进行验收。通常主要隐蔽部位检查内容有：地沟和吊顶内部的管道、配件安装及绝热、绝热层附着的基层及其表面处理、绝热材料粘结或固定、绝热板材的板缝及构造节点、热桥部位处理等。

10.2.14 强制性条文。通风与空调节能工程安装完工后，为了达到系统正常运行和节能的预期目标，规定必须进行通风机和空调机组等设备的单机试运转和调试及系统的风量平衡调试。试运转和调试结果应符合设计要求；通风与空调系统的总风量与设计风量的允许偏差不应大于 10%，各风口的风量与设计风量的允许偏差不应大于 15%。

10.3 一般项目

10.3.1 本条文对空气风幕机的安装验收作出了规定。

空气风幕机的作用是通过其出风口送出具有一定风速的气流并形成一道风幕屏障，来阻挡由于室内外温差而引起的室内外冷（热）量交换，以此达到节能的目的。带有电热装置或能通过热媒加热送出热风的空气风幕机，被称作热空气幕。公共建筑中的空气风幕机，一般应安装在经常开启且不设门斗及前室外门的上方，并且宜采用由上向下的送风方式，出口风速应通过计算确定，一般不宜大于 6m/s。空气风幕机的台数，应保证其总长度略大于或等于外门的宽度。

实际工程中，经常发现安装的空气风幕机其规格和数量不符合设计要求，安装位置和方向也不正确。如：有的设计选型是热空气幕，但安装的却是一般的自然风空气风幕机；有的安装在内门的上方，起不到应有的作用；有的采用暗装，但却未设置回风口，无法保证出口风速；有的总长度小于外门的宽度，难以阻挡屏障全部的室内外冷（热）量交换，节能效果不明显。为避免上述等不良现象的发生，本条文对此进行了强调。

10.3.2 本条文对变风量末端装置的安装验收作出了规定。

变风量末端装置是变风量空调系统的重要部件，其规格和技术性能参数是否符合设计要求、动作是否可靠，将直接关系到变风量空调系统能否正常运行和节能效果的好坏，最终影响空调效果，故条文对此进行了强调。

行了强调。

11 空调与采暖系统冷热源及管网节能工程

11.1 一般规定

11.1.1 本条文规定了本章适用的范围。

11.1.2 本条给出了采暖与空调系统冷热源、辅助设备及其管道和管网系统节能工程验收的划分原则和方法。

空调的冷源系统，包括冷源设备及其辅助设备（含冷却塔、水泵等）和管道；空调与采暖的热源系统，包括热源设备及其辅助设备和管道。

不同的冷源或热源系统，应分别进行验收；室外管网应单独验收，不同的系统应分别进行。

11.2 主控项目

11.2.1 本条是对空调与采暖系统冷热源设备及其辅助设备、阀门、仪表、绝热材料等产品进场验收与核查的规定，其中，对进场验收的具体解析可参见本规范第 10.2.1 条的有关条文说明。

空调与采暖系统在建筑物中是能耗大户，而其冷热源和辅助设备又是空调与采暖系统中的主要设备，其能耗量占整个空调与采暖系统总能耗量的大部分，其选型是否合理，热工等技术性能参数是否符合设计要求，将直接影响空调与采暖系统的总能耗及使用效果。事实表明，许多工程基于降低空调与采暖系统冷热源及其辅助设备的初投资，在采购过程中，擅自改变了有关设备的类型和规格，使其制冷量、制热量、额定热效率、流量、扬程、输入功率等性能系数不符合设计要求，结果造成空调与采暖系统能耗过大、安全可靠性差、不能满足使用要求等不良后果。因此，为保证空调与采暖系统冷热源及管网节能工程的质量，本条文作出了在空调与采暖系统的冷热源及其辅助设备进场时，应对其热工等技术性能进行核查，并应形成相应的核查记录的规定。对有关设备等的核查，应根据设计要求对其技术资料和相关性能检测报告等所表示的热工等技术性能参数进行一一核对。

锅炉的额定热效率、电机驱动压缩机的蒸气压缩循环冷水（热泵）机组的性能系数和综合部分负荷性能系数、单元式空气调节机及风管送风式和屋顶式空气调节机组的能效比、蒸汽和热水型溴化锂吸收式机组及直燃型溴化锂吸收式冷（温）水机组的性能参数，是反映上述设备节能效果的一个重要参数，其数值越大，节能效果就越好；反之亦然。因此，在上述设备进场时，应核查它们的有关性能参数是否符合设计要求并满足国家现行有关标准的规定，进而促进高效、节能产品的市场，淘汰低效、落后产品的使用。表3～7摘录了国家现行有关标准对空调与采暖系统冷热源设备有关性能参数的规定值，供采购和验收设备时参考。

表3　锅炉的最低设计效率（%）

锅炉类型、燃料种类及发热值		在下列锅炉容量（MW）下的设计效率（%）						
		0.7	1.4	2.8	4.2	7.0	14.0	>28.0
燃煤	Ⅱ类烟煤	—	—	73	74	78	79	80
	Ⅲ类烟煤	—	—	74	76	78	80	82
燃油、燃气		86	87	87	88	89	90	90

表4　冷水（热泵）机组制冷性能系数（COP）

类　型		额定制冷量（kW）	性能系数（W/W）
水冷	活塞式/涡旋式	<528	≥3.8
		528~1163	≥4.0
		>1163	≥4.2
	螺杆式	<528	≥4.10
		528~1163	≥4.30
		>1163	≥4.60
	离心式	<528	≥4.40
		528~1163	≥4.70
		>1163	≥5.10
风冷或蒸发冷却	活塞式/涡旋式	≤50	≥2.40
		>50	≥2.60
	螺杆式	≤50	≥2.60
		>50	≥2.80

表5　冷水（热泵）机组综合部分负荷性能系数（IPLV）

类　型		额定制冷量（kW）	综合部分负荷性能系数（W/W）
水冷	螺杆式	<528	≥4.47
		528~1163	≥4.81
		>1163	≥5.13
	离心式	<528	≥4.49
		528~1163	≥4.88
		>1163	≥5.42

注：IPLV值是基于单台主机运行工况。

表6　单元式机组能效比（EER）

类　型		能效比（W/W）
风冷式	不接风管	≥2.60
	接风管	≥2.30
水冷式	不接风管	≥3.00
	接风管	≥2.70

表7　溴化锂吸收式机组性能参数

机型	名义工况			性能参数		
	冷（温）水进/出口温度（℃）	冷却水进/出口温度（℃）	蒸汽压力（MPa）	单位制冷量蒸汽耗量[kg/(kW·h)]	性能系数（W/W）	
					制冷	供热
蒸汽双效	18/13	30/35	0.25	≤1.40		
	12/7		0.4			
			0.6	≤1.31		
			0.8	≤1.28		
直燃	供冷 12/7	30/35			≥1.10	
	供热出口 60					≥0.90

注：直燃机的性能系数为：制冷量（供热量）/〔加热源消耗量（以低位热值计）＋电力消耗量（折算成一次能）〕。

循环水泵是集中热水采暖系统和空调冷（热）水系统循环的动力，其耗电输热比（EHR）和输送能效比（ER），分别反映了集中热水采暖系统和空调冷（热）水系统的输送效率，其数值越小，输送效率越高，系统的能耗就越低；反之亦然。在实际工程中，往往把循环水泵的扬程选得过高，导致其耗电输热比和输送能效比过高，使系统因输送效率低下而不节能。因此，在循环水泵进场时，应核查其耗电输热比和输送能效比，是否符合设计要求并满足国家现行有关标准的规定值，以便把这部分经常性的能耗控制在一个合理的范围内，进而达到节能的目的。表8、表9摘录了国家现行有关节能标准中对集中采暖系统热水循环水泵的耗电输热比（EHR）和空调冷热水系统的输送能效比（ER）的计算公式与限值，供采购和验收水泵时参考。

表8　EHR计算公式和计算系数及电机传动效率

热负荷 Q（kW）		<2000	≥2000
电机和传动部分的效率 η	直联方式	0.88	0.9
	联轴器连接方式	0.87	0.89
计算系数 A		0.00556	0.005

注：$EHR=N/Q\eta$，并应满足 $EHR \leq A(20.4+\alpha \sum L)/\Delta t$。式中 N 为水泵在设计工况下的轴功率（kW）；Q 为建筑供热负荷（kW）；η 为电机和传动部分的效率（%），按表8选取；A 为与热负荷有关的计算系数，按表8选取；Δt 为设计供回水温度差（℃），按照设计要求选取；$\sum L$ 为室外主干线（包括供回水管）总长度（m）；α 为与 $\sum L$ 有关的计算系数，按如下选用或计算：当 $\sum L \leq 400$m 时，$\alpha=0.0115$；当 $400<\sum L<1000$m 时，$\alpha=0.003833+3.067/\sum L$；当 $\sum L \geq 1000$m 时，$\alpha=0.0069$。

表9　空调冷热水系统的最大输送能效比（ER）

管道类型	两管制热水管道			四管制热水管道	空调冷水管道
	严寒地区	寒冷地区/夏热冬冷地区	夏热冬冷地区		
ER	0.00577	0.00433	0.00865	0.00673	0.0241

注：1　$ER=0.002342H/(\Delta T \cdot \eta)$。式中 H 为水泵设计扬程（m）；ΔT 为供回水温差；η 为水泵在设计工作点的效率（%）。
　　2　两管制热水管道系统中的输送能效比值，不适用于采用直燃式冷水机组和热泵冷热水机组作为热源的空调热水系统。

11.2.2　绝热材料的导热系数、材料密度、吸水率等技术性能参数，是空调与采暖系统冷热源及管网节能工程的主要参数，它是否符合设计要求，将直接影响到空调与采暖系统冷热源及管网的绝热节能效果。因此，本条文规定在绝热管道和绝热材料进场时，应对绝热材料的上述技术性能参数进行复验。复验应采取见证取样检测的方式，即在监理工程师或建设单位代表见证下，按照有关规定从施工现场随机抽取试样，送至有见证检测资质的检测机构进行检测，并应形成相应的复验报告。

11.2.3　强制性条文。为保证空调与采暖系统具有良好的节能效果，首先要求将冷热源机房、换热站内的管道系统设计成具有节能功能的系统制式；其次要求所选用的省电节能型冷、热源设备及其辅助设备，均要安装齐全、到位；另外在各系统中要设置一些必要的自控阀门和仪表，是系统实现自动化、节能运行的必要条件。上述要求增加工程的初投资是必然的，但是，有的工程为了降低工程造价，却忽略了日后的节能运行和减少运行费用等重要问题，未经设计单位同意，就擅自改变系统的制式并去掉一些节能设备和自控阀门与仪表，或将节能设备及自控阀门更换为不节能的设备及手动阀门，导致了系统无法实现节能运行，能耗及运行费用大大增加。为避免上述现象的发生，保证以上各系统的节能效果，本条作出了空调与采暖管道系统的制式及其安装应符合设计要求、各种设备和自控阀门与仪表应安装齐全且不得随意增减和更换的强制性规定。

本条文规定的空调冷（热）水系统应能实现设计要求的变流量或定流量运行，以及热水采暖系统应能实现根据热负荷及室外温度的变化实现设计要求的集中质调节、量调节或质-量调节相结合的运行，是空调与采暖系统最终达到节能目的有效运行方式。为此，本条文作出了强制性的规定，要求安装完毕的空调与供热工程，应能实现工程设计的节能运行方式。

11.2.4　空调与采暖系统冷热源、辅助设备及其管道和管网系统中与节能有关的隐蔽部位位置特殊，一旦出现质量问题后不易发现和修复。因此，本条文规定应随施工进度对其及时进行验收。通常主要的隐蔽部位检查内容有：地沟和吊顶内部的管道安装及绝热、绝热层附着的基层及其表面处理、绝热材料粘结或固定、绝热板材的板缝及构造节点、热桥部位处理等。

11.2.5　强制性条文。在冷热源及空调系统中设置自控阀门和仪表，是实现系统节能运行等的必要条件。当空调场所的空调负荷发生变化时，电动两通调节阀和电动两通阀，可以根据已设定的温度通过调节流经空调机组的水流量，使空调冷热水系统实现变流量的节能运行；水力平衡装置，可以通过对系统水力分布的调整与设定，保持系统的水力平衡，保证获得预期的空调和供热效果；冷（热）量计量装置，是实现量化管理、节约能源的重要手段，按照用冷、热量的多少来计收空调和采暖费用，既公平合理，更有利于提高用户的节能意识。

工程实践表明，许多工程为了降低造价，不考虑日后的节能运行和减少运行费用等问题，未经设计人员同意，就擅自去掉一些自控阀门与仪表，或将自控阀门更换为不具备主动节能功能的手动阀门，或将平衡阀、热计量装置去掉；有的工程虽然安装了自控阀门与仪表，但是其进、出口方向和安装位置却不符合产品及设计要求。这些不良做法，导致了空调与采暖系统无法进行节能运行和水力平衡及冷（热）量计量，能耗及运行费用大大增加。为避免上述现象的发生，本条文对此进行了强调。

11.2.6、11.2.7　空调与采暖系统在建筑物中是能耗大户，而锅炉、热交换器、电机驱动压缩机的蒸气压缩循环冷水（热泵）机组、蒸汽或热水型溴化锂吸收式冷水机组及直燃型溴化锂吸收式冷（温）水机组、冷却塔、冷热水循环水泵等设备又是空调与采暖系统中的主要设备，因其能耗量占整个空调与采暖系统总能耗量的大部分，其规格、数量是否符合设计要求，安装位置及管道连接是否合理、正确，将直接影响空调与采暖系统的总能耗及空调场所的空调效果。工程实践表明，许多工程在安装过程中，未经设计人员同意，擅自改变了有关设备的规格、台数及安装位置，有的甚至将管道接错。其后果是或因设备台数增加而增大了设备的能耗，给设备的安装带来了不便，也给建筑物的安全带来了隐患；或因设备台数减少而降低了系统运行的可靠性，满足不了工程使用要求；或因安装位置及管道连接不符合设计要求，加大了系统阻力，影响了设备的运行效率，增大了系统的能耗。因此，本条文对此进行了强调。

11.2.8　本条文的说明参见本规范第10.2.11条的条文解释。

11.2.9　保冷管道的绝热层外的隔汽层（防潮层）是防止结露、保证绝热效果的有效手段，保护层是用来保护隔汽层的（具有隔汽性的闭孔绝热材料，可认为是隔汽层和保护层）。输送介质温度低于周围空气露点温度的管道，当采用非闭孔绝热材料作绝热层而不设防潮层（隔汽层）和保护层或者虽然设了但不完整、有缝隙时，空气中的水蒸气就极易被暴露的非闭孔性绝热材料吸收或从缝隙中流入绝热层而产生凝结水，使绝热材料的导热系数急剧增大，不但起不到绝热的作用，反而使绝热性能降低、冷量损失加大。因此，本条文要求非闭孔性绝热材料的隔汽层（防潮层）和保护层必须完整，且封闭良好。

11.2.10 本条文的说明参见本规范第10.2.12条的条文解释。

11.2.11 强制性条文。空调与采暖系统的冷、热源和辅助设备及其管道和室外管网系统安装完毕后，为了达到系统正常运行和节能的预期目标，规定必须进行空调与采暖系统冷、热源和辅助设备的单机试运转及调试和各系统的联合试运转及调试。单机试运转及调试，是进行系统联合试运转及调试的先决条件，是一个较容易执行的项目。系统的联合试运转及调试，是指系统在有冷热负荷和冷热源的实际工况下的试运行和调试。联合试运转及调试结果应满足本规范表11.2.11中的相关要求。当建筑物室内空调与采暖系统工程竣工不在空调制冷期或采暖期时，联合试运转及调试只能进行表11.2.11中序号为2、3、5、6的四项内容。因此，施工单位和建设单位应在工程（保修）合同中进行约定，在具备冷热源条件后的第一个空调期或采暖期期间再进行联合试运转及调试，并补做本规范表11.2.11中序号为1、4的两项内容。补做的联合试运转及调试报告应经监理工程师（建设单位代表）签字确认后，以补充完善验收资料。

各系统的联合试运转受到工程竣工时间、冷热源条件、室内外环境、建筑结构特性、系统设置、设备质量、运行状态、工程质量、调试人员技术水平和调试仪器等诸多条件的影响和制约，是一项技术性较强、很难不折不扣地执行的工作；但是，它又是非常重要、必须完成好的工程施工任务。因此，本条对此进行了强制性规定。对空调与采暖系统冷热源和辅助设备的单机试运转及调试和系统的联合试运转及调试的具体要求，可详见《通风与空调工程施工质量验收规范》GB 50243的有关规定。

11.3 一般项目

11.3.1 本条文对空调与采暖系统的冷、热源设备及其辅助设备、配件绝热施工的基本质量要求作出了规定。

12 配电与照明节能工程

12.1 一般规定

12.1.1 本条文规定了本章适用的范围。

12.1.2 本条给出了配电与照明节能工程验收检验批的划分原则和方法。

12.1.3 本条给出了配电与照明节能工程验收的依据。

12.2 主控项目

12.2.1 照明耗电在各个国家的总发电量中占有很大的比例。目前，我国照明耗电大体占全国总发电量的10％～12％，2001年我国总发电量为14332.5亿度（kWh），年照明耗电达1433.25～1719.9亿度。为此，照明节电，具有重要意义。1998年1月1日我国颁布了《节约能源法》，其中包括照明节电。选择高效的照明光源、灯具及其附属装置直接关系到建筑照明系统的节能效果。如室内灯具效率的检测方法依据《室内灯具光度测试》GB/T 9467进行，道路灯具、投光灯具的检测方法依据其各自标准GB/T 9468和GB/T 7002进行。各种镇流器的谐波含量检测依据《低压电气及电子设备发出的谐波电流限值（设备每相输入电流≤16A）》GB 17625.1进行，各种镇流器的自身功耗检测依据各自的性能标准进行，如管形荧光灯用交流电子镇流器应依据《管形荧光灯用交流电子镇流器性能要求》GB/T 15144进行，气体放电灯的整体功率因数检测依据国家相关标准进行。生产厂家应提供以上数据的性能检测报告。

12.2.2 工程中使用伪劣电线电缆会造成发热，造成极大的安全隐患，同时增加线路损耗。为加强对建筑电气中使用的电线和电缆的质量控制，工程中使用的电线和电缆进场时均应进行抽样送检。相同材料、截面导体和相同芯数为同规格，如VV3＊185与YJV3＊185为同规格，BV6.0与BVV6.0为同规格。

12.2.3 此项检测主要是对建筑的低压配电电源质量情况，当建筑内使用了变频器、计算机等用电设备时，可能会造成电源质量下降，谐波含量增加，谐波电流危害较大，当其通过变压器时，会明显增加铁心损耗，使变压器过热；当其通过电机，令电机铁心损耗增加，转子产生振动，影响工作质量；谐波电流还增加线路能耗与压损，尤其增加零线上电流，并对电子设备的正常工作和安全产生危害。

12.2.4 应重点对公共建筑和建筑的公共部分的照明进行检查。考虑到住宅项目（部分）中住户的个性使用情况偏差较大，一般不建议对住宅内的测试结果作为判断的依据。

12.3 一般项目

12.3.1 加强对母线压接头的质量控制，避免由于压接头的加工质量问题而产生局部接触电阻增加，从而造成发热，增加损耗。母线搭接螺栓的拧紧力矩如下：

序号	螺栓规格	力矩值（N·m）
1	M8	8.8～10.8
2	M10	17.7～22.6
3	M12	31.4～39.2
4	M14	51.0～60.8
5	M16	78.5～98.1
6	M18	98.0～127.4
7	M20	156.9～196.2
8	M24	274.6～343.2

12.3.2 交流单相或三相单芯电缆如果并排敷设或用铁制卡箍固定会形成铁磁回路，造成电缆发热，增加损耗并形成安全隐患。

12.3.3 电源各相负载不均衡会影响照明器具的发光效率和使用寿命，造成电能损耗和资源浪费。检查方法中的试运行不是带载运行，应该在所有照明灯具全部投入的情况下用功率表测量。

13 监测与控制节能工程

13.1 一般规定

13.1.1 说明本章的适用范围。

13.1.2 建筑节能工程监测与控制系统的施工验收应以智能建筑的建筑设备监控系统为基础进行施工验收。

13.1.3 建筑节能工程涉及很多内容，因建筑类别、自然条件不同，节能重点也应有所差别。在各类建筑能耗中，采暖、通风与空气调节，供配电及照明系统是主要的建筑耗能大户；建筑节能工程应按不同设备、不同耗能用户设置检测计量系统，便于实施对建筑能耗的计量管理，故列为检测验收的重点内容。建筑能源管理系统（BEMS，building energy management system）是指用于建筑能源管理的管理策略和软件系统。建筑冷热电联供系统（BCHP，building cooling heating & power）是为建筑物提供电、冷、热的现场能源系统。

13.1.4 监测与控制系统的施工图设计、控制流程和软件通常由施工单位完成，是保证施工质量的重要环节，本条规定应对原设计单位的施工图进行复核，并在此基础上进行深化设计和必要的设计变更。对建筑节能工程监测与控制系统设计施工图进行复核时，具体项目及要求可参考表10。

表 10 建筑节能工程监测与控制系统功能综合表

类型	序号	系统名称	检测与控制功能	备注
通风与空气调节控制系统	1	空气处理系统控制	空调箱启停控制状态显示 送回风温度检测 焓值控制 过渡季节新风温度控制 最小新风量控制 过滤器报警 送风压力检测 风机故障报警 冷（热）水流量调节 加湿器控制 风门控制 风机变频调速 二氧化碳浓度、室内温湿度检测 与消防自动报警系统联动	
	2	变风量空调系统控制	总风量调节 变静压控制 定静压控制 加热系统控制 智能化变风量末端装置控制 送风温湿度控制 新风量控制	
	3	通风系统控制	风机启停控制状态显示 风机故障报警 通风设备温度控制 风机排风排烟联动 地下车库二氧化碳浓度控制 根据室内外温差中空玻璃幕墙通风控制	
	4	风机盘管系统控制	室内温度检测 冷热水量开关控制 风机启停和状态显示 风机变频调速控制	
冷热源、空调水的监测控制	1	压缩式制冷机组控制	运行状态监视 启停程序控制与连锁 台数控制（机组群控） 机组疲劳度均衡控制	能耗计量
	2	变制冷剂流量空调系统控制		能耗计量
	3	吸收式制冷系统/冰蓄冷系统控制	运行状态监视 启停控制 制冰/融冰控制	冰库蓄冰量检测、能耗累计
	4	锅炉系统控制	台数控制 燃烧负荷控制 换热器一次侧供回水温度监视 换热器一次侧供回水流量控制 换热器二次侧供回水温度监视 换热器二次侧供回水流量控制 换热器二次侧变频泵控制 换热器二次侧供回水压力监视 换热器二次侧供回水压差旁通控制 换热站其他控制	能耗计量

类型	序号	系统名称	检测与控制功能	备注
冷热源、空调水的监测控制	5	冷冻水系统控制	供回水温差控制 供回水流量控制 冷冻水循环泵启停控制和状态显示（二次冷冻水循环泵变频调速） 冷冻水循环泵过载报警 供回水压力监视 供回水压差旁通控制	冷源负荷监视，能耗计量
	6	冷却水系统控制	冷却水进出口温度检测 冷却水泵启停控制和状态显示 冷却水泵变频调速 冷却水循环泵过载报警 冷却塔风机启停控制和状态显示 冷却塔风机变频调速 冷却塔风机故障报警 冷却塔排污控制	能耗计量
供配电系统监测	1	供配电系统监测	功率因数控制 电压、电流、功率、频率、谐波、功率因数检测 中/低压开关状态显示 变压器温度检测与报警	用电量计量
照明系统控制	1	照明系统控制	磁卡、传感器、照明的开关控制 根据亮度的照明控制 办公区照度控制 时间表控制 自然采光控制 公共照明区开关控制 局部照明控制 照明的全系统优化控制 室内场景设定控制 室外景观照明场景设定控制 路灯时间表及亮度开关控制	照明系统用电量计量
综合控制系统	1	综合控制系统	建筑能源系统的协调控制 采暖、空调与通风系统的优化监控	
建筑能源管理系统的能耗数据采集与分析	1	建筑能源管理系统的数据采集与分析	管理软件功能检测	

建筑节能工程的设计是工程质量的关键，也是检测验收目标设定的依据，故作此说明。

1 建筑节能工程设计审核要点：

1) 合理利用太阳能、风能等可再生能源。

2) 根据总能量系统原理，按能源的品位合理利用能源。

3) 选用高效、节能、环保的先进技术和设备。

4) 合理配置建筑物的耗能设施。

5) 用智能化系统实现建筑节能工程的优化监控，保证建筑节能系统在优化运行中节省能源。

6) 建立完善的建筑能源（资源）计量系统，加强建筑物的能源管理和设备维护，在保证建筑物功能和性能的前提下，通过计量和管理节约能耗。

7) 综合考虑建筑节能工程的经济效益和环保效益，优化节能工程设计。

2 审核内容包括：

1) 与建筑节能相关的设计文件、技术文件、设计图纸和变更文件。

2) 节能设计及施工所执行标准和规范要求。

3) 节能设计目标和节能方案。

4) 节能控制策略和节能工艺。

5) 节能工艺要求的系统技术参数指标及设计计算文件。

6) 节能控制流程设计和设备选型及配置。

13.1.5 监测与控制系统的检测验收是按监测与控制回路进行的。本条要求施工单位按监测与控制回路制定控制流程图和相应的节能工程施工验收大纲，提交监理工程师批准，在检测验收过程中按施工验收大纲实施。

13.1.6 根据13.1.2条的规定，监测与控制系统的验收流程应与《智能建筑工程质量验收规范》GB 50339一致，以免造成重复和混乱。

13.1.7 工程实施过程检查将直接采用智能建筑子分部工程中"建筑设备监控系统"的检测结果。

13.1.8 本条列出了与建筑节能关系密切的系统检测项目。

13.1.9 因为空调、采暖为季节性运行设备，有时在工程验收阶段无法进行不间断试运行，只能通过模拟检测对其功能和性能进行测试。具体测试应按施工单位提交的施工验收大纲进行。

13.2 主 控 项 目

13.2.1 设备材料的进场检查应执行《智能建筑工程质量验收规范》GB 50339和本规范3.2节的有关规定。

13.2.2 监测与控制系统的现场仪表安装质量对监

测与控制系统的功能发挥和系统节能运行影响较大，本条要求对现场仪表的安装质量进行重点检查。

13.2.3 在试运行中，对各监控回路分别进行自动控制投入、自动控制稳定性、监测控制各项功能、系统连锁和各种故障报警试验，调出计算机内的全部试运行历史数据，通过查阅现场试运行记录和对试运行历史数据进行分析，确定监控系统是否符合设计要求。

13.2.4 验收时，冷热源、空调水系统因季节原因无法进行不间断试运行时，按此条规定执行。黑盒法是一种系统检测方法，这种测试方法不涉及内部过程，只要求规定的输入得到预定的输出。

13.2.5 验收时，通风与空调系统因季节原因无法进行不间断试运行时，按此条规定执行。

13.2.6 本条主要适用于与监测与控制系统联网的监测与计量仪表的检测。

13.2.7 当供配电的监测与控制系统联网时，应满足本条所提出的功能要求。

13.2.8 照明控制是建筑节能的主要环节，照明控制应满足本条所规定的各项功能要求。

13.2.9 综合控制系统的功能包括建筑能源系统的协调控制，及采暖、通风与空调系统的优化监控。

1 建筑能源系统的协调控制是指将整个建筑物看成一个能源系统，综合考虑建筑物中的所有耗能设备和系统，包括建筑物内的人员，以建筑物中的环境要求为目标，实现所有建筑设备的协调控制，使所有设备和系统在不同的运行工况下尽可能高效运行，实现节能的目标。因涉及建筑物内的多种系统之间的协调动作，故称之为协调控制。

2 采暖、通风与空调系统的优化监控是根据建筑环境的需求，合理控制系统中的各种设备，使其尽可能运行在设备的高效率区内，实现节能运行。如时间表控制、一次泵变流量控制等控制策略。

3 人为输入的数据可以是通过仿真模拟系统产生的数据，也可以是同类在运行建筑的历史数据。模拟测试应由施工单位或系统供货厂商提出方案并执行测试。

13.2.10 监测与控制系统应设置建筑能源管理系统，以保证建筑设备通过优化运行、维护、管理实现节能。建筑能源管理按时间（月或年），根据检测、计量和计算的数据，作出统计分析，绘制成图表；或按建筑物内各分区或用户，或按建筑节能工程的不同系统，绘制能流图；用于指导管理者实现建筑的节能运行。

13.3 一 般 项 目

13.3.1 本条所列系统性能检测是实现节能的重要保证。这部分检测内容一般已在建筑设备监控系统的验收中完成，进行建筑节能工程检测验收时，以复核

已有的检测结果为主，故列为一般项目。

14 建筑节能工程现场检验

14.1 围护结构现场实体检验

14.1.1 对已完工的工程进行实体检验，是验证工程质量的有效手段之一。通常只有对涉及安全或重要功能的部位采取这种方法验证。围护结构对于建筑节能意义重大，虽然在施工过程中采取了多种质量控制手段，但是其节能效果到底如何仍难确认。曾拟议对墙体等进行传热系数检测，但是受到检测条件、检测费用和检测周期的制约，不宜广泛推广。经过多次征求意见，并在部分工程上试验，决定对围护结构的外墙和建筑外窗进行现场实体检验。据此本条规定了建筑围护结构现场实体检验项目为外墙节能构造和部分地区的外窗气密性。但是当部分工程具备条件时，也可对围护结构直接进行传热系数的检测。此时的检测方法、抽样数量等应在合同中约定或遵守另外的规定。

14.1.2 规定了外墙节能构造现场实体检验目的和方法。规定其检验目的的作用是要求检验报告应该给出相应的检验结果。

1 验证保温材料的种类是否符合设计要求；

2 验证保温层厚度是否符合设计要求；

3 检查保温层构造做法是否符合设计和施工方案要求。

围护结构的外墙节能构造现场实体检验的方法可采取本规范附录 C 规定的方法。

14.1.3 外窗气密性的实体检验，是指对已经完成安装的外窗在其使用位置进行的测试。检验方法按照国家现行有关标准执行。检验目的是抽样验证建筑外窗气密性是否符合节能设计要求和国家有关标准的规定。这项检验实际上是在进场验收合格的基础上，检验外窗的安装（含组装）质量，能够有效防止"送检窗合格、工程用窗不合格"的"挂羊头、卖狗肉"不法行为。当外窗气密性出现不合格时，应当分析原因，进行返工修理，直至达到合格水平。

14.1.4 本条规定了现场实体检验的抽样数量。给出了两种确定抽样数量的方法：一种是可以在合同中约定，另一种是本规范规定的最低数量。最低数量是一个单位工程每项实体检验最少抽查 3 个试件（3 个点、3 樘窗等）。实际上，这样少的抽样数量不足以进行质量评定或工程验收，因此这种实体检验只是一种验证。它建立在过程控制的基础上，以极少的抽样来对工程质量进行验证。这对造假者能够构成威慑，对合格质量则并无影响。由于抽样少，经济负担也相对较轻。

14.1.5 本条规定了承担围护结构现场实体检验任

务的实施单位。考虑到围护结构的现场实体检验是采用钻芯法验证其节能保温做法，操作简单，不需要使用试验仪器，为了方便施工，故规定现场实体检验除了可以委托有资质的检测单位来承担外，也可由施工单位自行实施。但是不论由谁实施均须进行见证，以保证检验的公正性。

14.1.6 本条规定了承担外窗现场实体检验任务的实施单位。考虑到外窗气密性检验操作较复杂，需要使用整套试验仪器，故规定应委托有资质的检测单位承担，对"有资质的检测单位"的理解，可参照3.1.5条的条文说明。本项检验应进行见证，以保证检验的公正性。

14.1.7 本条中检测机构的资质要求，可参见本规范3.1.5条的条文说明。

14.1.8 当现场实体检验出现不符合要求的情况时，显示节能工程质量可能存在问题。此时为了得出更为真实可靠的结论，应委托有资质的检测单位再次检验。且为了增加抽样的代表性，规定应扩大一倍数量再次抽样。再次检验只需要对不符合要求的项目或参数检验，不必对已经符合要求的参数再次检验。如果再次检验仍然不符合要求时，则应给出"不符合要求"的结论。

考虑到建筑工程的特点，对于不符合要求的项目难以立即拆除返工，通常的做法是首先查找原因，对所造成的影响程度进行计算或评估，然后采取某些可行的技术措施予以弥补、修理或消除，这些措施有时还需要征得节能设计单位的同意。注意消除隐患后必须重新进行检测，合格后方可通过验收。

14.2 系统节能性能检测

14.2.1～14.2.3 本条给出了采暖、通风与空调及冷热源、配电与照明系统节能性能检测的主要项目及要求，并规定对这些项目节能性能的检测应由建设单位委托具有相应资质的第三方检测单位进行。所有的检测项目可以在工程合同中约定，必要时可增加其他检测项目。另外，表14.2.2中序号为1～8的检测项目，也是本规范第9～11章中强制性条文规定的在室内空调与采暖系统及其冷热源和管网工程竣工验收时所必须进行的试运转及调试内容。为了保证工程的节能效果，对于表14.2.2中所规定的某个检测项目如果在工程竣工验收时可能会因受某种条件的限制（如采暖工程不在采暖期竣工或竣工时热源和室外管网工程还没有安装完毕等）而不能进行时，那么施工单位与建设单位应事先在工程（保修）合同中对该检测项目作出延期补做试运转及调试的约定。

15 建筑节能分部工程质量验收

15.0.1 本条提出了建筑节能分部工程质量验收的

条件。这些要求与统一标准完全一致，即共有两个条件：第一，检验批、分项、子分部工程应全部验收合格；第二，应通过外窗气密性现场检测、围护结构墙体节能构造实体检验、系统功能检验和无生产负荷系统联合试运转与调试，确认节能分部工程质量达到可以进行验收的条件。

15.0.2 本条是对建筑节能工程验收程序和组织的具体规定。其验收的程序和组织与《建筑工程施工质量验收统一标准》GB 50300的规定一致，即应由监理方（建设单位项目负责人）主持，会同参与工程建设各方共同进行。

15.0.3 本条是对建筑节能工程检验批验收合格质量条件的基本规定。本条规定与《建筑工程施工质量验收统一标准》GB 50300和各专业工程施工质量验收规范完全一致。应注意对于"一般项目"不能作为可有可无的验收内容，验收时应要求一般项目亦应"全部合格"。当发现不合格情况时，应进行返工修理。只有当难以修复时，对于采用计数检验的验收项目，才允许适当放宽，即至少有90%以上的检查点合格即可通过验收，同时规定其余10%的不合格点不得有"严重缺陷"。对"严重缺陷"可理解为明显影响了使用功能，造成功能上的缺陷或降低。

15.0.5 考虑到建筑节能工程的重要性，建筑节能工程分部工程质量验收，除了应在各相关分项工程验收合格的基础上进行技术资料检查外，增加了对主要节能构造、性能和功能的现场实体检验。在分部工程验收之前进行的这些检查，可以更真实地反映工程的节能性能。具体检查内容在各章均有规定。

15.0.7 本规范给出了建筑节能工程分部、子分部、分项工程和检验批的质量验收记录格式。该格式系参照其他验收规范的规定并结合节能工程的特点制定，具体见本规范附录B。

当节能工程按分项工程直接验收时，附录B中给出的表 B.0.2 可以省略，不必填写。此时使用表 B.0.3 即可。

附录 C 外墙节能构造钻芯检验方法

C.0.1 给出本方法的适用范围。当对围护结构中墙体之外的部位（如屋面、地面等）进行节能构造检验时，也可以参照本附录规定进行。

C.0.2 给出采用本方法检验外墙节能构造的时间。即应在外墙施工完工后、节能分部工程验收前进行。

C.0.3 给出钻芯检验外墙节能构造的取样部位和数量规定。实施时应事先制定方案，在确定取样部位后在图纸上加以标柱。

C.0.5 给出钻芯检验外墙节能构造的方法。规范建议钻取直径70mm的芯样，是综合考虑了多种直径芯样的实际效果后确定的。实施时如有困难，也可以采取 50～100mm 范围内的其他直径。由于检验目的是验证墙体节能构造，故钻取芯样深度只需要钻透保温层到达结构层或基层表面即可。

C. 0. 6 为避免钻取芯样时冷却水流入墙体内或污染墙面，钻芯时应采用内注水冷却方式的钻头。

C. 0. 7 给出对芯样的检查方法。可分为 3 个步骤进行检查并作出检查记录（原始记录）：

    1 对照设计图纸观察、判断；

    2 量取厚度；

    3 观察或剖开检查构造做法。

C. 0. 8 给出是否符合设计要求结论的判断方法。即实测厚度的平均值达到设计厚度的 95％ 及以上时，应判符合；否则应判不符合设计要求。

C. 0. 9 给出钻芯检验外墙节能构造的检验报告主要内容。这些内容实际上也是对检测报告的基本要求。无论是由检测单位还是由施工单位进行检验，均应按照这些内容和报告格式的要求出具报告，并应保存检验原始记录以备查对。

C. 0. 10 当出现检验结果不符合设计要求时，首先应考虑取点的代表性及偶然性等因素，故应增加一倍数量再次取样检验。当证实确实不符合要求时，应按照统一标准规定的原则进行处理。此时应委托原设计单位或其他有资质的单位重新验算房屋的热工性能，提出技术处理方案。

C. 0. 11 给出对外墙取样部位的修补要求。规范要求采用保温材料填充并用建筑胶密封。实际操作中应注意填塞密实并封闭严密，不允许使用混凝土或碎砖加砂浆等材料填塞，以避免产生热桥。规范建议修补后宜在取样部位挂贴标志牌加以标示。

中华人民共和国国家标准

太阳能供热采暖工程技术规范

Technical code for solar heating system

GB 50495—2009

主编部门：中华人民共和国住房和城乡建设部
批准部门：中华人民共和国住房和城乡建设部
施行日期：２００９年８月１日

中华人民共和国住房和城乡建设部
公 告

第 262 号

关于发布国家标准《太阳能
供热采暖工程技术规范》的公告

现批准《太阳能供热采暖工程技术规范》为国家标准，编号为 GB 50495-2009，自 2009 年 8 月 1 日起实施。其中，第 1.0.5、3.1.3、3.4.1（1）、3.6.3（4）、4.1.1 条（款）为强制性条文，必须严格执行。

本规范由我部标准定额研究所组织中国建筑工业出版社出版发行。

中华人民共和国住房和城乡建设部

2009 年 3 月 19 日

前 言

根据原建设部"关于印发《二〇〇二～二〇〇三年度工程建设国家标准制订、修订计划》的通知"（建标〔2003〕104 号）和"关于印发《2006 年工程建设标准规范制订、修订计划（第一批）》的通知"（建标〔2006〕77 号）的要求，由中国建筑科学研究院会同有关单位共同编制了本规范。

在规范编制过程中，编制组进行了广泛深入的调查研究，认真总结了工程实践经验，参考了国外相关标准和先进经验，并在广泛征求意见的基础上，通过反复讨论、修改和完善，制定了本规范。

本规范共分 5 章和 7 个附录。主要内容是：总则，术语，太阳能供热采暖系统设计，太阳能供热采暖工程施工，太阳能供热采暖工程的调试、验收与效益评估。

本规范中以黑体字标志的条文为强制性条文，必须严格执行。

本规范由住房和城乡建设部负责管理和对强制性条文的解释，由中国建筑科学研究院负责具体技术内容的解释。

本规范在执行过程中，请各单位注意总结经验，积累资料，随时将有关意见和建议反馈给中国建筑科学研究院（地址：北京北三环东路 30 号；邮政编码：100013），以供修订时参考。

本规范主编单位：中国建筑科学研究院
本规范参编单位：国家住宅与居住环境工程技术
　　　　　　　　　研究中心
　　　　　　　　　国际铜业协会（中国）
　　　　　　　　　北京市太阳能研究所有限公司

昆明新元阳光科技有限公司
深圳市嘉普通太阳能有限公司
北京创意博能源科技有限公司
山东力诺瑞特新能源有限公司
皇明太阳能集团有限公司
北京清华阳光能源开发有限责任公司
江苏太阳雨太阳能有限公司
北京九阳实业公司
艾欧史密斯（中国）热水器有限公司
默洛尼卫生洁具(中国)有限公司
北京北方赛尔太阳能工程技术有限公司
北京天普太阳能工业有限公司
陕西华夏新能源科技有限公司

本规范主要起草人：郑瑞澄　路　宾　李　忠
　　　　　　　　　何　涛　张　磊　张昕宇
　　　　　　　　　孙　宁　朱敦智　朱培世
　　　　　　　　　邹怀松　刘学真　孙峙峰
　　　　　　　　　倪　超　徐志斌　冯爱荣
　　　　　　　　　窦建清　焦青太　赵国华
　　　　　　　　　程兆山　方达龙　赵大山
　　　　　　　　　任　杰　霍炳男

主要审查人员名单：李娥飞　罗振涛　殷志强
　　　　　　　　　刘振印　张树君　何梓年
　　　　　　　　　杨纯华　宋业辉　贾铁鹰

目　次

1　总则 ………………………………… 7—5
2　术语 ………………………………… 7—5
3　太阳能供热采暖系统设计 ………… 7—6
　　3.1　一般规定 …………………… 7—6
　　3.2　供热采暖系统选型 ………… 7—6
　　3.3　供热采暖系统负荷计算 …… 7—6
　　3.4　太阳能集热系统设计 ……… 7—7
　　3.5　蓄热系统设计 ……………… 7—8
　　3.6　控制系统设计 ……………… 7—9
　　3.7　末端供暖系统设计 ………… 7—10
　　3.8　热水系统设计 ……………… 7—10
　　3.9　其他能源辅助加热/换热设备
　　　　设计选型 …………………… 7—10
4　太阳能供热采暖工程施工 ………… 7—10
　　4.1　一般规定 …………………… 7—10
　　4.2　太阳能集热系统施工 ……… 7—10
　　4.3　太阳能蓄热系统施工 ……… 7—11
　　4.4　控制系统施工 ……………… 7—11
　　4.5　末端供暖系统施工 ………… 7—11
5　太阳能供热采暖工程的调试、
　　验收与效益评估 ………………… 7—11

5.1　一般规定 …………………… 7—11
5.2　系统调试 …………………… 7—11
5.3　工程验收 …………………… 7—12
5.4　工程效益评估 ……………… 7—12
附录A　不同地区太阳能集热器的
　　　　补偿面积比 ……………… 7—12
附录B　代表城市气象参数及不同
　　　　地区太阳能保证率推荐值 … 7—31
附录C　太阳能集热器平均集热效
　　　　率计算方法 ……………… 7—33
附录D　太阳能集热系统管路、水
　　　　箱热损失率计算方法 …… 7—34
附录E　间接系统热交换器换热面
　　　　积计算方法 ……………… 7—34
附录F　太阳能供热采暖系统效益
　　　　评估计算公式 …………… 7—34
附录G　常用相变材料特性 ……… 7—35
本规范用词说明 …………………… 7—35
引用标准名录 ……………………… 7—35
附：条文说明 ……………………… 7—37

Contents

1 General Provisions ················· 7—5

2 Terms ························· 7—5

3 Solar Heating System Design ········· 7—6

  3.1 General Requirements ·············· 7—6

  3.2 Heating System Selection ··········· 7—6

  3.3 Heating Load Calculation ··········· 7—6

  3.4 Solar Collector Loop Design ········· 7—7

  3.5 Heat Storage System Design ········· 7—8

  3.6 Control System Design ············· 7—9

  3.7 Terminal Heating System
Design ····················· 7—10

  3.8 Hot Water System Design ··········· 7—10

  3.9 Selection For Auxiliary Heating
Equipment ··················· 7—10

4 Solar Heating System
Installation ···················· 7—10

  4.1 General Requirements ·············· 7—10

  4.2 Solar Collector Loop
Installation ··················· 7—10

  4.3 Heat Storage System
Installation ··················· 7—11

  4.4 Control System Installation ········· 7—11

  4.5 Terminal Heating System
Installation ··················· 7—11

5 Solar Heating System Adjusting,
Commissioning and Benefit
Evaluation ···················· 7—11

  5.1 General Requirements ·············· 7—11

  5.2 System Adjusting ················· 7—11

  5.3 Commissioning ·················· 7—12

  5.4 Benefit Evaluation ··············· 7—12

Appendix A Compensative Area
Ratio of Solar Collector
in Different Areas ········· 7—12

Appendix B Weather Parameters in
Representative Cities and
Recommendation Values
of Solar Fraction in
Different Areas ·············· 7—31

Appendix C Calculation for Average
Thermal Efficiency of
Solar Collector ··········· 7—33

Appendix D Calculation for Heat Loss
of Pipeline and Water
Tank in Solar Collector
Loop ··················· 7—34

Appendix E Calculation for Heat
Exchanger Area of
Indirect System ··········· 7—34

Appendix F The Formula for Benefit
Evaluation of Solar
Heating System ··········· 7—34

Appendix G Properties of Common
Phase Changeable
Materials ················ 7—35

Explanation of Wording in
This Code ···················· 7—35

Normative Standards ··············· 7—35

Explanation of Provisions ··········· 7—37

1 总　则

1.0.1 为规范太阳能供热采暖工程的设计、施工及验收，做到安全适用、经济合理、技术先进可靠，保证工程质量，制定本规范。

1.0.2 本规范适用于在新建、扩建和改建建筑中使用太阳能供热采暖系统的工程，以及在既有建筑上改造或增设太阳能供热采暖系统的工程。

1.0.3 太阳能供热采暖系统应与工程建设项目同步设计、同步施工、统一验收、同时投入使用。

1.0.4 太阳能供热采暖系统应做到全年综合利用，在采暖期为建筑物提供供热采暖，在非采暖期为建筑物提供生活热水或其他用热。

1.0.5 **在既有建筑上增设或改造太阳能供热采暖系统，必须经建筑结构安全复核，满足建筑结构及其他相应的安全性要求，并经施工图设计文件审查合格后，方可实施。**

1.0.6 设置太阳能供热采暖系统的新建、改建、扩建和既有供暖建筑物，建筑热工与节能设计不应低于国家有关建筑节能标准的规定。

1.0.7 太阳能供热采暖工程设计、施工及验收除应符合本规范外，尚应符合国家现行有关标准的规定。

2 术　语

2.0.1 太阳能供热采暖系统　solar heating system

将太阳能转换成热能，供给建筑物冬季采暖和全年其他用热的系统，系统主要部件有太阳能集热器、换热蓄热装置、控制系统、其他能源辅助加热／换热设备、泵或风机、连接管道和末端供热采暖系统等。

2.0.2 短期蓄热太阳能供热采暖系统　solar heating system with short-term heat storage

仅设置具有数天贮热容量设备的太阳能供热采暖系统。

2.0.3 季节蓄热太阳能供热采暖系统　solar heating system with seasonal heat storage

设置的贮热设备容量，可贮存在非采暖期获取的太阳能量，用于冬季供热采暖的太阳能供热采暖系统。

2.0.4 液体工质太阳能集热器　solar liquid collector

吸收太阳辐射并将产生的热能传递到液体传热工质的装置。

2.0.5 太阳能空气集热器　solar air collector

吸收太阳辐射并将产生的热能传递到空气传热工质的装置。

2.0.6 液体工质集热器太阳能供热采暖系统　solar heating system using solar liquid collector

使用液体工质太阳能集热器的太阳能供热采暖系统。

2.0.7 太阳能空气集热器供热采暖系统　solar heating system using solar air collector

使用太阳能空气集热器的太阳能供热采暖系统。

2.0.8 太阳能集热系统　solar collector loop

用于收集太阳能并将其转化为热能传递到蓄热装置的系统，包括太阳能集热器、管路、泵或风机（强制循环系统）、换热器（间接系统）、蓄热装置及相关附件。

2.0.9 直接式太阳能集热系统（直接系统）　solar direct system

在太阳能集热器中直接加热水供给用户的太阳能集热系统。

2.0.10 间接式太阳能集热系统（间接系统）　solar indirect system

在太阳能集热器中加热液体传热工质，再通过换热器由该种传热工质加热水供给用户的太阳能集热系统。

2.0.11 开式太阳能集热系统（开式系统）　solar open system

与大气相通的太阳能集热系统。

2.0.12 闭式太阳能集热系统（闭式系统）　solar closed system

不与大气相通的太阳能集热系统。

2.0.13 排空系统　drain down system

在可能发生工质被冻结情况时，可将全部工质全部排空以防止冻害的直接式太阳能集热系统。

2.0.14 排回系统　drain back system

在可能发生工质被冻结情况时，可将全部工质排回室内贮液罐以防止冻害的间接式太阳能集热系统。

2.0.15 防冻液系统　antifreeze system

采用防冻液作为传热工质以防止冻害的间接式太阳能集热系统。

2.0.16 循环防冻系统　prevent freeze with circulation

在可能发生工质被冻结情况时，启动循环泵使工质循环以防止冻害的直接式太阳能集热系统。

2.0.17 太阳能保证率　solar fraction

太阳能供热采暖系统中由太阳能供给的热量占系统总热负荷的百分率。

2.0.18 系统费效比　cost／benefit ratio of the system

太阳能供热采暖系统的增投资与系统在正常使用寿命期内的总节能量的比值（元／kWh），表示利用太阳能节省每千瓦小时常规能源热量的投资成本。

2.0.19 建筑物耗热量　heat loss of building

在计算采暖期室外平均气温条件下，为保持室内设计计算温度，建筑物在单位时间内消耗的、需由室内供暖设备供给的热量。单位为瓦（W）。

2.0.20 采暖热负荷　heating load for space heating

在采暖室外计算温度条件下，为保持室内设计计算温度，建筑物在单位时间内消耗的、需由供热设施供给的热量。单位为瓦（W）。

2.0.21 太阳能集热器总面积　gross collector area

整个集热器的最大投影面积，不包括那些固定和连接传热工质管道的组成部分。单位为平方米（m²）。

2.0.22 太阳能集热器采光面积　aperture collector area

非会聚太阳辐射进入集热器的最大投影面积。单位为平方米（m²）。

3 太阳能供热采暖系统设计

3.1 一般规定

3.1.1 太阳能供热采暖系统类型的选择，应根据所在地区气候、太阳能资源条件、建筑物类型、建筑物使用功能、业主要求、投资规模、安装条件等因素综合确定。

3.1.2 太阳能供热采暖系统设计应充分考虑施工安装、操作使用、运行管理、部件更换和维护等要求，做到安全、可靠、适用、经济、美观。

3.1.3 太阳能供热采暖系统应根据不同地区和使用条件采取防冻、防结露、防过热、防雷、防雹、抗风、抗震和保证电气安全等技术措施。

3.1.4 太阳能供热采暖系统应设置其他能源辅助加热/换热设备，做到因地制宜、经济适用。

3.1.5 太阳能供热采暖系统中的太阳能集热器的性能应符合现行国家标准《平板型太阳能集热器》GB/T 6424 和《真空管型太阳能集热器》GB/T 17581 的规定，正常使用寿命不应少于 10 年。其余组成设备和部件的质量应符合国家相关产品标准的规定。

3.1.6 在太阳能供热采暖系统中，宜设置能耗计量装置。

3.1.7 太阳能供热采暖系统设计完成后，应进行系统节能、环保效益预评估。

3.2 供热采暖系统选型

3.2.1 太阳能供热采暖系统可由太阳能集热系统、蓄热系统、末端供热采暖系统、自动控制系统和其他能源辅助加热/换热设备集合构成。

3.2.2 按所使用的太阳能集热器类型，太阳能供热采暖系统可分为下列两种系统：

1 液体工质太阳能集热器供热采暖系统；

2 太阳能空气集热器供热采暖系统。

3.2.3 按集热系统的运行方式，太阳能供热采暖系统可分为下列两种系统：

1 直接式太阳能供热采暖系统；

2 间接式太阳能供热采暖系统。

3.2.4 按所使用的末端采暖系统类型，太阳能供热采暖系统可分为下列四种系统：

1 低温热水地板辐射采暖系统；

2 水-空气处理设备采暖系统；

3 散热器采暖系统；

4 热风采暖系统。

3.2.5 按蓄热能力，太阳能供热采暖系统可分为下列两种系统：

1 短期蓄热太阳能供热采暖系统；

2 季节蓄热太阳能供热采暖系统。

3.2.6 太阳能供热采暖系统的类型宜根据建筑气候分区和建筑物类型参照表 3.2.6 选择。

表 3.2.6　太阳能供热采暖系统选型

建筑气候分区			严寒地区			寒冷地区			夏热冬冷、温和地区		
建筑物类型			低层	多层	高层	低层	多层	高层	低层	多层	高层
太阳能集热器	液体工质集热器	●	●	●	●	●	●	●	●	●	●
	空气集热器	●	●	—	●	●	—	●	●	—
集热系统运行方式	直接系统	—	—	—	●	●	●	●	●	●
	间接系统	●	●	●	●	●	●	●	●	●
系统蓄热能力	短期蓄热	●	●	●	●	●	●	●	●	●
	季节蓄热	●	●	●	●	●	●	—	—	—
末端采暖系统	低温热水地板辐射采暖	●	●	●	●	●	●	●	●	●
	水-空气处理设备采暖	—	—	—	—	—	—	●	●	●
	散热器采暖	—	—	—	●	●	●	●	●	●
	热风采暖	●	—	—	●	—	—	●	—	—

注：表中"●"为可选用项。

3.2.7 液体工质集热器太阳能供热采暖系统可用于现行国家标准《采暖通风与空气调节设计规范》GB 50019 中规定采用热水辐射采暖、空气调节系统采暖和散热器采暖的各类建筑。太阳能空气集热器供暖系统可用于建筑物内需热风采暖的区域。

3.3 供热采暖系统负荷计算

3.3.1 对采暖热负荷和生活热水负荷分别进行计算

后，应选两者中较大的负荷确定为太阳能供热采暖系统的设计负荷，太阳能供热采暖系统的设计负荷应由太阳能集热系统和其他能源辅助加热/换热设备共同负担。

3.3.2 太阳能集热系统负担的采暖热负荷是在计算采暖期室外平均气温条件下的建筑物耗热量。建筑物耗热量、围护结构传热耗热量、空气渗透耗热量的计算应符合下列规定：

1 建筑物耗热量应按下式计算：

$$Q_H = Q_{HT} + Q_{INF} - Q_{IH} \quad (3.3.2\text{-}1)$$

式中 Q_H ——建筑物耗热量，W；

$\quad Q_{HT}$ ——通过围护结构的传热耗热量，W；

$\quad Q_{INF}$ ——空气渗透耗热量，W；

$\quad Q_{IH}$ ——建筑物内部得热量（包括照明、电器、炊事和人体散热等），W。

2 通过围护结构的传热耗热量应按下式计算：

$$Q_{HT} = (t_i - t_e)(\Sigma \varepsilon KF) \quad (3.3.2\text{-}2)$$

式中 Q_{HT} ——通过围护结构的传热耗热量，W；

$\quad t_i$ ——室内空气计算温度，按《采暖通风与空气调节设计规范》GB 50019 中的规定范围的低限选取，℃；

$\quad t_e$ ——采暖期室外平均温度，℃；

$\quad \varepsilon$ ——各个围护结构传热系数的修正系数，参照相关的建筑节能设计行业标准选取；

$\quad K$ ——各个围护结构的传热系数，W/(m² · ℃)；

$\quad F$ ——各个围护结构的面积，m²。

3 空气渗透耗热量应按下式计算：

$$Q_{INF} = (t_i - t_e)(c_P \rho NV) \quad (3.3.2\text{-}3)$$

式中 Q_{INF} ——空气渗透耗热量，W；

$\quad c_P$ ——空气比热容，取 0.28W · h/(kg · ℃)；

$\quad \rho$ ——空气密度，取 t_e 条件下的值，kg/m³；

$\quad N$ ——换气次数，次/h；

$\quad V$ ——换气体积，m³/次。

3.3.3 其他能源辅助加热/换热设备负担在采暖室外计算温度条件下建筑物采暖热负荷的计算应符合下列规定：

1 采暖热负荷应按现行国家标准《采暖通风与空气调节设计规范》GB 50019 中的规定计算。

2 在标准规定可不设置集中采暖的地区或建筑，宜根据当地的实际情况，适当降低室内空气计算温度。

3.3.4 太阳能集热系统负担的热水供应负荷为建筑物的生活热水日平均耗热量。热水日平均耗热量应按下式计算：

$$Q_w = mq_r c_w \rho_w (t_r - t_l)/86400 \quad (3.3.4\text{-}1)$$

式中 Q_w ——生活热水日平均耗热量，W；

$\quad m$ ——用水计算单位数，人数或床位数；

$\quad q_r$ ——热水用水定额，根据《建筑给水排水设计规范》GB 50015 规定，按热水最高日用水定额的下限取值，L/(人 · d)或 L/(床 · d)；

$\quad c_w$ ——水的比热容，取 4187 J/(kg · ℃)；

$\quad \rho_w$ ——热水密度，kg/L；

$\quad t_r$ ——设计热水温度，℃；

$\quad t_l$ ——设计冷水温度，℃。

3.4 太阳能集热系统设计

3.4.1 太阳能集热系统设计应符合下列基本规定：

1 建筑物上安装太阳能集热系统，严禁降低相邻建筑的日照标准。

2 直接式太阳能集热系统宜在冬季环境温度较高，防冻要求不严格的地区使用；冬季环境温度较低的地区，宜采用间接式太阳能集热系统。

3 太阳能集热系统管道应选用耐腐蚀和安装连接方便可靠的管材。可采用铜管、不锈钢管、塑料和金属复合热水管等。

3.4.2 太阳能集热器的设置应符合下列规定：

1 太阳能集热器宜朝向正南，或南偏东、偏西30°的朝向范围内设置；安装倾角宜选择在当地纬度 $-10° \sim -20°$ 的范围内；当受实际条件限制时，应按附录 A 进行面积补偿，合理增加集热器面积，并应进行经济效益分析。

2 放置在建筑外围护结构上的太阳能集热器，在冬至日集热器采光面上的日照时数应不少于 4h。前、后排集热器之间应留有安装、维护操作的足够间距，排列应整齐有序。

3 某一时刻太阳能集热器不被前方障碍物遮挡阳光的日照间距应按下式计算：

$$D = H \times \coth \times \cos\gamma_0 \quad (3.4.2)$$

式中 D ——日照间距，m；

$\quad H$ ——前方障碍物的高度，m；

$\quad h$ ——计算时刻的太阳高度角，°；

$\quad \gamma_0$ ——计算时刻太阳光线在水平面上的投影线与集热器表面法线在水平面上的投影线之间的夹角，°。

4 太阳能集热器不得跨越建筑变形缝设置。

3.4.3 确定太阳能集热器总面积应符合下列规定：

1 直接系统集热器总面积应按下式计算：

$$A_C = \frac{86400 Q_H f}{J_T \eta_{cd}(1 - \eta_L)} \quad (3.4.3\text{-}1)$$

式中 A_C ——直接系统集热器总面积，m²；

$\quad Q_H$ ——建筑物耗热量，W；

J_T —— 当地集热器采光面上的平均日太阳辐照量，$J/(m^2 \cdot d)$，按附录 B 选取；

f —— 太阳能保证率，%，按附录 B 选取；

η_{cd} —— 基于总面积的集热器平均集热效率，%，按附录 C 方法计算；

η_L —— 管路及贮热装置热损失率，%，按附录 D 方法计算。

2 间接系统集热器总面积应按下式计算：

$$A_{IN} = A_C \cdot \left(1 + \frac{U_L \cdot A_C}{U_{hx} \cdot A_{hx}} \right) \quad (3.4.3\text{-}2)$$

式中 A_{IN} —— 间接系统集热器总面积，m^2；

A_C —— 直接系统集热器总面积，m^2；

U_L —— 集热器总热损系数，$W/(m^2 \cdot ℃)$，测试得出；

U_{hx} —— 换热器传热系数，$W/(m^2 \cdot ℃)$，查产品样本得出；

A_{hx} —— 间接系统换热器换热面积，m^2，按附录 E 方法计算。

3.4.4 太阳能集热系统的设计流量应按下列公式和推荐的参数计算。

1 太阳能集热系统的设计流量应按下式计算：

$$G_S = gA \quad (3.4.4)$$

式中 G_S —— 太阳能集热系统的设计流量，m^3/h；

g —— 太阳能集热器的单位面积流量，$m^3/(h \cdot m^2)$；

A —— 太阳能集热器的采光面积，m^2。

2 太阳能集热器的单位面积流量应根据太阳能集热器生产企业给出的数值确定。在没有企业提供相关技术参数的情况下，根据不同的系统，宜按表3.4.4给出的范围取值。

表 3.4.4 太阳能集热器的单位面积流量

系 统 类 型		太阳能集热器的单位面积流量 $m^3/(h \cdot m^2)$
小型太阳能供热水系统	真空管型太阳能集热器	0.035～0.072
	平板型太阳能集热器	0.072
大型集中太阳能供暖系统（集热器总面积大于100m^2）		0.021～0.06
小型独户太阳能供暖系统		0.024～0.036
板式换热器间接式太阳能集热供暖系统		0.009～0.012
太阳能空气集热器供暖系统		36

3.4.5 太阳能集热系统宜采用自动控制变流量运行。

3.4.6 太阳能集热系统的防冻设计应符合下列规定：

1 在冬季室外环境温度可能低于 0℃ 的地区，应进行太阳能集热系统的防冻设计。

2 太阳能集热系统可采用的防冻措施宜根据集热系统类型、使用地区参照表3.4.6选择。

表 3.4.6 太阳能集热系统的防冻设计选型

建筑气候分区		严寒地区		寒冷地区		夏热冬冷地区		温和地区	
太阳能集热系统类型		直接系统	间接系统	直接系统	间接系统	直接系统	间接系统	直接系统	间接系统
防冻设计类型	排空系统	—	—	●	—	●	—	●	—
	排回系统	—	●	●	●	●	—	—	—
	防冻液系统	—	●	—	●	●	—	—	●
	循环防冻系统	—	—	●	—	●	—	●	—

注：表中"●"为可选用项。

3 太阳能集热系统的防冻措施应采用自动控制运行工作。

3.5 蓄热系统设计

3.5.1 太阳能蓄热系统设计应符合下列基本规定：

1 应根据太阳能集热系统形式、系统性能、系统投资，供热采暖负荷和太阳能保证率进行技术经济分析，选取适宜的蓄热系统。

2 太阳能供热采暖系统的蓄热方式，应根据蓄热系统形式、投资规模和当地的地质、水文、土壤条件及使用要求按表3.5.1进行选择。

表 3.5.1 蓄热方式选用表

系统形式	蓄热方式				
	贮热水箱	地下水池	土壤埋管	卵石堆	相变材料
液体工质集热器短期蓄热系统	●	●	—	—	●
液体工质集热器季节蓄热系统	—	●	●	—	—
空气集热器短期蓄热系统	—	—	—	●	●

注：表中"●"为可选用项。

3 短期蓄热液体工质集热器太阳能供暖系统，宜用于单体建筑的供暖；季节蓄热液体工质集热器太阳能供暖系统，宜用于较大建筑面积的区域供暖。

4 蓄热水池不应与消防水池合用。

3.5.2 液体工质蓄热系统设计应符合下列规定：

1 根据当地的太阳能资源、气候、工程投资等因素综合考虑，短期蓄热液体工质集热器太阳能供暖系统的蓄热量应满足建筑物1～5天的供暖需求。

2 各类太阳能供暖采暖系统对应每平方米太阳能集热器采光面积的贮热水箱、水池容积范围可按表3.5.2选取，宜根据设计蓄热时间周期和蓄热量等参数计算确定。

表3.5.2 各类系统贮热水箱的容积选择范围

系统类型	小型太阳能供热水系统	短期蓄热太阳能供热采暖系统	季节蓄热太阳能供热采暖系统
贮热水箱、水池容积范围（L/m²）	40～100	50～150	1400～2100

3 应合理布置太阳能集热系统、生活热水系统、供暖系统与贮热水箱的连接管位置，实现不同温度供热／换热需求，提高系统效率。

4 水箱进、出口处流速宜小于0.04m/s，必要时宜采用水流分布器。

5 设计地下水池季节蓄热系统的水池容量时，应校核计算蓄热水池内热水可能达到的最高温度；宜利用计算软件模拟系统的全年运行性能，进行计算预测。水池的最高水温应比水池工作压力对应的工质沸点温度低5℃。

6 地下水池应根据相关国家标准、规范进行槽体结构、保温结构和防水结构的设计。

7 季节蓄热地下水池应有避免池内水温分布不均匀的技术措施。

8 贮热水箱和地下水池宜采用外保温，其保温设计应符合国家现行标准《采暖通风与空气调节设计规范》GB 50019及《设备及管道绝热设计导则》GB/T 8175的规定。

9 设计土壤埋管季节蓄热系统之前，应进行地质勘察，确定当地的土壤地质条件是否适宜埋管，是否宜与地埋管热泵系统配合使用。

3.5.3 卵石堆蓄热设计应符合下列规定：

1 空气蓄热系统的蓄热装置——卵石堆蓄热器（卵石箱）内的卵石含量为每平方米集热器面积250kg；卵石直径小于10cm时，卵石堆深度不宜小于2m，卵石直径大于10cm时，卵石堆深度不宜小于3m。卵石箱上下风口的面积应大于8％的卵石箱截面积，空气通过上下风口流经卵石堆的阻力应小于37Pa。

2 放入卵石箱内的卵石应大小均匀并清洗干净，直径范围宜在5～10cm之间；不应使用易破碎或可与水和二氧化碳起反应的石头。卵石堆可水平或垂直

铺放在箱内，宜优先选用垂直卵石堆，地下狭窄、高度受限的地点宜选用水平卵石堆。

3.5.4 相变材料蓄热设计应符合下列规定：

1 空气集热器太阳能供暖系统采用相变材料蓄热时，热空气可直接流过相变材料蓄热器加热相变材料进行蓄热；液体工质集热器太阳能供暖系统采用相变材料蓄热时，应增设换热器，通过换热器加热相变材料蓄热器中的相变材料进行蓄热。

2 应根据太阳能供热采暖系统的工作温度，选择确定相变材料，使相变材料的相变温度与系统的工作温度范围相匹配。常用相变材料特性可参见附录G。

3.6 控制系统设计

3.6.1 太阳能供热采暖系统的自动控制设计应符合下列基本规定：

1 太阳能供热采暖系统应设置自动控制。自动控制的功能应包括对太阳能集热系统的运行控制和安全防护控制、集热系统和辅助热源设备的工作切换控制。太阳能集热系统安全防护控制的功能应包括防冻保护和防过热保护。

2 控制方式应简便、可靠、利于操作；相应设置的电磁阀、温度控制阀、压力控制阀、泄水阀、自动排气阀、止回阀、安全阀等控制元件性能应符合相关产品标准要求。

3 自动控制系统中使用的温度传感器，其测量不确定度不应大于0.5℃。

3.6.2 系统运行和设备工作切换的自动控制应符合下列规定：

1 太阳能集热系统宜采用温差循环运行控制。

2 变流量运行的太阳能集热系统，宜采用设太阳辐照感应传感器（如光伏电池板等）或温度传感器的方式，应根据太阳辐照条件或温差变化控制变频泵改变系统流量，实现优化运行。

3 太阳能集热系统和辅助热源加热设备的相互工作切换宜采用定温控制。应在贮热装置内的供热介质出口处设置温度传感器，当介质温度低于"设计供热温度"时，应通过控制器启动辅助热源加热设备工作，当介质温度高于"设计供热温度"时，辅助热源加热设备应停止工作。

3.6.3 系统安全和防护的自动控制应符合下列规定：

1 使用排空和排回防冻措施的直接和间接式太阳能集热系统宜采用定温控制。当太阳能集热系统出口水温低于设定的防冻执行温度时，通过控制器启闭相关阀门完全排空集热系统中的水或将水排回贮水箱。

2 使用循环防冻措施的直接式太阳能集热系统宜采用定温控制。当太阳能集热系统出口水温低于设定的防冻执行温度时，通过控制器启动循环泵进行防

冻循环。

3 水箱防过热温度传感器应设置在贮热水箱顶部,防过热执行温度应设定在 80℃ 以内;系统防过热温度传感器应设置在集热系统出口,防过热执行温度的设定范围应与系统的运行工况和部件的耐热能力相匹配。

4 为防止因系统过热而设置的安全阀应安装在泄压时排出的高温蒸汽和水不会危及周围人员的安全的位置上,并应配备相应的措施;其设定的开启压力,应与系统可耐受的最高工作温度对应的饱和蒸汽压力相一致。

3.7 末端供暖系统设计

3.7.1 液体工质集热器太阳能供热采暖系统可采用低温热水地板辐射、水-空气处理设备和散热器等末端供暖系统。

3.7.2 空气集热器太阳能供热采暖系统应采用热风采暖末端供暖系统,宜采用部分新风加回风循环的风管送风系统,系统运行噪声应符合国家相关规范的要求。

3.7.3 太阳能供热采暖系统的末端供暖系统设计应符合国家现行标准《采暖通风与空气调节设计规范》GB 50019 和《地面辐射供暖技术规程》JGJ 142 的规定。

3.8 热水系统设计

3.8.1 太阳能供热采暖系统中热水系统的供热水范围,应根据所在地区气候、太阳能资源条件、建筑物类型、功能,综合业主要求、投资规模、安装等条件确定,并应保证系统在非采暖季正常运行时不会发生过热现象。

3.8.2 热水系统设计应符合现行国家标准《建筑给水排水设计规范》GB 50015、《民用建筑太阳能热水系统应用技术规范》GB 50364 的规定。

3.8.3 生活热水系统水质的卫生指标,应符合现行国家标准《生活饮用水卫生标准》GB 5749 的要求。

3.9 其他能源辅助加热/换热设备设计选型

3.9.1 其他能源加热/换热设备所使用的常规能源种类,应符合现行国家标准《采暖通风与空气调节设计规范》GB 50019、《公共建筑节能设计标准》GB 50189 的规定。

3.9.2 其他能源加热/换热设备的选择原则和设备的综合性能应符合现行国家标准《公共建筑节能设计标准》GB 50189 的规定。

3.9.3 其他能源加热/换热设备的设计选型应符合现行国家标准《采暖通风与空气调节设计规范》GB 50019、《锅炉房设计规范》GB 50041 的规定。

4 太阳能供热采暖工程施工

4.1 一般规定

4.1.1 太阳能供热采暖系统的施工安装不得破坏建筑物的结构、屋面、地面防水层和附属设施,不得削弱建筑物在寿命期内承受荷载的能力。

4.1.2 太阳能供热采暖系统的施工安装应单独编制施工组织设计,并应包括与主体结构施工、设备安装、装饰装修等相关工种的协调配合方案和安全措施等内容。

4.1.3 太阳能供热采暖系统施工安装前应具备下列条件:

1 设计文件齐备,且已审查通过;

2 施工组织设计及施工方案已经批准;

3 施工场地符合施工组织设计要求;

4 现场水、电、场地、道路等条件能满足正常施工需要;

5 预留基础、孔洞、设施符合设计图纸,并已验收合格;

6 既有建筑经结构复核或法定检测机构同意安装太阳能供热采暖系统的鉴定文件。

4.1.4 太阳能供热采暖系统连接管线、部件、阀门等配件选用的材料应耐受系统的最高工作温度和工作压力。

4.1.5 进场安装的太阳能供热采暖系统产品、配件、材料有产品合格证,其性能应符合设计要求;集热器应有性能检测报告。

4.2 太阳能集热系统施工

4.2.1 太阳能集热器的安装方位应符合设计要求并使用罗盘仪定位。

4.2.2 太阳能集热器的相互连接以及真空管与联箱的密封应按照产品设计的连接和密封方式安装,具体操作应严格按产品说明书进行。

4.2.3 安装在平屋面专用基座上的太阳能集热器,应按照设计要求保证基座的强度,基座与建筑主体结构应牢固连接;应做好防水处理,防水制作应符合现行国家标准《屋面工程质量验收规范》GB 50207 的规定。

4.2.4 埋设在坡屋面结构层的预埋件应在结构层施工时同时埋入,位置应准确。预埋件应做防腐处理,在太阳能集热系统安装前应妥善保护。

4.2.5 带支架安装的太阳能集热器,其支架强度、抗风能力、防腐处理和热补偿措施等应符合设计要求或国家现行标准的规定。

4.2.6 太阳能集热系统管线穿过屋面、露台时,应预埋防水套管。

4.2.7 太阳能集热系统的管道施工安装应符合现行国家标准《建筑给水排水及采暖工程施工质量验收规范》GB 50242、《通风与空调工程施工质量验收规范》GB 50243 的规定。

4.3 太阳能蓄热系统施工

4.3.1 用于制作贮热水箱的材质、规格应符合设计要求；钢板焊接的贮热水箱，水箱内、外壁应按设计要求做防腐处理，内壁防腐涂料应卫生、无毒，能长期耐受所贮存热水的最高温度。

4.3.2 贮热水箱制作应符合相关标准的规定；贮热水箱保温应在水箱检漏试验合格后进行，保温制作应符合现行国家标准《工业设备及管道绝热工程质量检验评定标准》GB 50185 的规定；贮热水箱内箱应做接地处理，接地应符合现行国家标准《电气装置安装工程接地装置施工及验收规范》GB 50169 的规定。

4.3.3 贮热水箱和支架间应有隔热垫，不宜直接刚性连接。

4.3.4 蓄热地下水池现场施工制作时，应符合下列规定：

　1　地下水池应满足系统承压要求，并应能承受土壤等荷载；

　2　地下水池应严密、无渗漏；

　3　地下水池及内部部件应作抗腐蚀处理，内壁防腐涂料应卫生、无毒，能长期耐受所贮存热水的最高温度；

　4　地下水池选用的保温材料和保温构造做法应能长期耐受所贮存热水的最高温度。

4.3.5 太阳能蓄热系统的管道施工安装应符合现行国家标准《建筑给水排水及采暖工程施工质量验收规范》GB 50242、《通风与空调工程施工质量验收规范》GB 50243 的规定。

4.4 控制系统施工

4.4.1 系统的电缆线路施工和电气设施的安装应符合现行国家标准《电气装置安装工程电缆线路施工及验收规范》GB 50168 和《建筑电气工程施工质量验收规范》GB 50303 的相关规定。

4.4.2 系统中全部电气设备和与电气设备相连接的金属部件应做接地处理。电气接地装置的施工应符合现行国家标准《电气装置安装工程接地装置施工及验收规范》GB 50169 的规定。

4.5 末端供暖系统施工

4.5.1 末端供暖系统的施工安装应符合现行国家标准《建筑给水排水及采暖工程施工质量验收规范》GB 50242、《通风与空调工程施工质量验收规范》GB 50243 的相关规定。

4.5.2 低温热水地板辐射供暖系统的施工安装应符

合现行行业标准《地面辐射供暖技术规程》JGJ 142 的相关规定。

5 太阳能供热采暖工程的调试、验收与效益评估

5.1 一般规定

5.1.1 太阳能供热采暖工程安装完毕投入使用前，应进行系统调试。系统调试应在竣工验收阶段进行；不具备使用条件时，经建设单位同意，可延期进行。

5.1.2 系统调试应包括设备单机、部件调试和系统联动调试。系统联动调试应按照实际运行工况进行，联动调试完成后，应进行连续 3 天试运行。

5.1.3 太阳能供热采暖系统工程的验收应分为分项工程验收和竣工验收。分项工程验收应由监理工程师（建设单位技术负责人）组织施工单位项目专业质量（技术）负责人等进行；竣工验收应由建设单位（项目）负责人组织施工单位、设计、监理等单位（项目）负责人进行。

5.1.4 分项工程验收宜根据工程施工特点分期进行，对于影响工程安全和系统性能的工序，必须在本工序验收合格后才能进入下一道工序的施工。

5.1.5 竣工验收应在工程移交用户前，分项工程验收合格后进行；竣工验收应提交下列验收资料：

　1　设计变更证明文件和竣工图；

　2　主要材料、设备、成品、半成品、仪表的出厂合格证明或检验资料；

　3　屋面防水检漏记录；

　4　隐蔽工程验收记录和中间验收记录；

　5　系统水压试验记录；

　6　系统生活热水水质检验记录；

　7　系统调试及试运行记录；

　8　系统热工性能检验记录。

5.1.6 太阳能供热采暖工程施工质量的保修期限，自竣工验收合格日起计算为二个采暖期。在保修期内发生施工质量问题的，施工企业应履行保修职责，责任方承担相应的经济责任。

5.2 系统调试

5.2.1 太阳能供热采暖工程的系统调试，应由施工单位负责，监理单位监督，设计单位与建设单位参与和配合。系统调试的实施单位可以是施工企业本身或委托给有调试能力的其他单位。

5.2.2 太阳能供热采暖工程的系统联动调试，应在设备单机、部件调试和试运转合格后进行。

5.2.3 设备单机、部件调试应包括下列内容：

　1　检查水泵安装方向；

　2　检查电磁阀安装方向；

3 温度、温差、水位、流量等仪表显示正常；

4 电气控制系统应达到设计要求功能，动作准确；

5 剩余电流保护装置动作准确可靠；

6 防冻、过热保护装置工作正常；

7 各种阀门开启灵活，密封严密；

8 辅助能源加热设备工作正常，加热能力达到设计要求。

5.2.4 系统联动调试应包括下列内容：

1 调整系统各个分支回路的调节阀门，使各回路流量平衡，达到设计流量；

2 调试辅助热源加热设备与太阳能集热系统的工作切换，达到设计要求；

3 调整电磁阀使阀前阀后压力处于设计要求的压力范围内。

5.2.5 系统联动调试后的运行参数应符合下列规定：

1 额定工况下供热采暖系统的流量和供热水温度、热风采暖系统的风量和热风温度的调试结果与设计值的偏差不应大于现行国家标准《通风与空调工程施工质量验收规范》GB 50243 的相关规定；

2 额定工况下太阳能集热系统的流量或风量与设计值的偏差不应大于10%；

3 额定工况下太阳能集热系统进出口工质的温差应符合设计要求。

5.3 工程验收

5.3.1 太阳能供热采暖工程的分部、分项工程可按表5.3.1划分。

表5.3.1 太阳能供热采暖工程的分部、分项工程划分表

序号	分部工程	分 项 工 程
1	太阳能集热系统	太阳能集热器安装、其他能源辅助加热/换热设备安装、管道及配件安装、系统水压试验及调试、防腐、绝热
2	蓄热系统	贮热水箱及配件安装、地下水池施工、管道及配件安装、辅助设备安装、防腐、绝热
3	室内采暖系统	管道及配件安装、低温热水地板辐射采暖系统安装、水-空气处理设备安装、辅助设备及散热器安装、系统水压试验及调试、防腐、绝热
4	室内热水供应系统	管道及配件安装、辅助设备安装、防腐、绝热
5	控制系统	传感器及安全附件安装、计量仪表安装、电缆线路施工安装

5.3.2 太阳能供热采暖系统中的隐蔽工程，在隐蔽前应经监理人员验收及认可签证。

5.3.3 太阳能供热采暖系统中的土建工程验收前，

应在安装施工中完成下列隐蔽项目的现场验收：

1 安装基础螺栓和预埋件；

2 基座、支架、集热器四周与主体结构的连接节点；

3 基座、支架、集热器四周与主体结构之间的封堵及防水；

4 太阳能供热采暖系统与建筑物避雷系统的防雷连接节点或系统自身的接地装置安装。

5.3.4 太阳能集热器的安装方位角和倾角应满足设计要求，安装误差应在±3°以内。

5.3.5 太阳能供热采暖工程的检验、检测应包括下列主要内容：

1 压力管道、系统、设备及阀门的水压试验；

2 系统的冲洗及水质检测；

3 系统的热性能检测。

5.3.6 太阳能供热采暖系统管道的水压试验压力应为工作压力的 1.5 倍，工作压力应符合设计要求。设计未注明时，开式太阳能集热系统应以系统顶点工作压力加 0.1MPa 作水压试验；闭式太阳能集热系统和采暖系统应按现行国家标准《建筑给水排水及采暖工程施工质量验收规范》GB 50242 的规定进行。

5.4 工程效益评估

5.4.1 太阳能供热采暖系统工作运行后，宜进行系统能耗的定期监测。

5.4.2 太阳能供热采暖工程的节能、环保效益的分析评定指标应包括：系统的年节能量、年节能费用、费效比和二氧化碳减排量。

5.4.3 计算太阳能供热采暖系统的年节能量、系统全寿命周期内的总节能费用、费效比和二氧化碳减排量，可采用附录F中的公式评估。

附录 A 不同地区太阳能集热器的补偿面积比

A.0.1 太阳能集热器的面积补偿应按下式计算：

$$A_B = A_C / R_S \qquad (A.0.1)$$

式中 A_B ——进行面积补偿后实际确定的太阳能集热器面积；

　　A_C ——按集热器方位正南，倾角为当地纬度，用本规范式（3.4.3-1）、式（3.4.3-2）计算得出的太阳能集热器面积；

　　R_S ——太阳能集热器补偿面积比。

A.0.2 代表城市的太阳能集热器补偿面积比 R_S 可选用表 A.0.2-1 和表 A.0.2-2 中的对应值，表 A.0.2-1 适用于短期蓄热系统，表 A.0.2-2 适用于季节蓄热系统。表中未列入的城市，可选用与该表中距离最近，而且纬度最接近的城市的 R_S 对应值。

表 A. 0. 2-1　代表城市的太阳能集热器补偿面积比 **R**S（适用于短期蓄热系统）

R_S大于90%的范围
R_S小于90%的范围
R_S大于95%的范围

北京　　　　纬度 39°48′

	东	-80	-70	-60	-50	-40	-30	-20	-10	南	10	20	30	40	50	60	70	80	西
90	43%	50%	56%	64%	71%	78%	85%	90%	93%	94%	93%	90%	85%	78%	71%	64%	56%	50%	43%
80	46%	53%	60%	68%	76%	83%	89%	94%	97%	98%	97%	94%	89%	83%	76%	68%	60%	53%	46%
70	48%	55%	63%	71%	78%	86%	92%	96%	99%	100%	99%	96%	92%	86%	78%	71%	63%	55%	48%
60	51%	57%	65%	72%	80%	86%	92%	96%	99%	100%	99%	96%	92%	86%	80%	72%	65%	57%	51%
50	52%	59%	66%	73%	80%	86%	91%	94%	97%	97%	97%	94%	91%	86%	80%	73%	66%	59%	52%
40	54%	60%	66%	72%	78%	83%	87%	91%	92%	93%	92%	91%	87%	83%	78%	72%	66%	60%	54%
30	55%	60%	66%	70%	75%	79%	82%	84%	86%	86%	86%	84%	82%	79%	75%	70%	66%	60%	55%
20	57%	60%	64%	67%	70%	73%	75%	77%	78%	78%	78%	77%	75%	73%	70%	67%	64%	60%	57%
10	57%	59%	61%	63%	65%	66%	67%	68%	68%	69%	68%	68%	67%	66%	65%	63%	61%	59%	57%
水平面	58%	58%	58%	58%	58%	58%	58%	58%	58%	58%	58%	58%	58%	58%	58%	58%	58%	58%	58%

武汉　　　　纬度 30°37′

	东	-80	-70	-60	-50	-40	-30	-20	-10	南	10	20	30	40	50	60	70	80	西
90	48%	52%	56%	61%	65%	70%	74%	78%	80%	80%	80%	78%	74%	70%	65%	61%	56%	52%	48%
80	53%	58%	63%	68%	73%	77%	82%	85%	87%	88%	87%	85%	82%	77%	73%	68%	63%	58%	53%
70	59%	64%	69%	74%	79%	84%	88%	91%	93%	94%	93%	91%	88%	84%	79%	74%	69%	64%	59%
60	64%	69%	74%	79%	84%	88%	92%	95%	97%	97%	97%	95%	92%	88%	84%	79%	74%	69%	64%
50	69%	74%	78%	83%	88%	92%	95%	98%	99%	100%	99%	98%	95%	92%	88%	83%	78%	74%	69%
40	73%	77%	81%	86%	90%	93%	96%	98%	99%	100%	99%	98%	96%	93%	90%	86%	81%	77%	73%
30	77%	80%	84%	87%	90%	93%	95%	97%	98%	98%	98%	97%	95%	93%	90%	87%	84%	80%	77%
20	79%	82%	84%	87%	89%	91%	92%	93%	94%	94%	94%	93%	92%	91%	89%	87%	84%	82%	79%
10	81%	83%	84%	85%	86%	87%	88%	88%	89%	89%	89%	88%	88%	87%	86%	85%	84%	83%	81%
水平面	82%	82%	82%	82%	82%	82%	82%	82%	82%	82%	82%	82%	82%	82%	82%	82%	82%	82%	82%

昆明　　　　　　纬度 25°01′

	东	−80	−70	−60	−50	−40	−30	−20	−10	南	10	20	30	40	50	60	70	80	西
90	52%	55%	58%	61%	63%	65%	67%	68%	69%	69%	69%	68%	67%	65%	63%	61%	58%	55%	52%
80	58%	61%	65%	68%	71%	73%	76%	77%	78%	78%	78%	77%	76%	73%	71%	68%	65%	61%	58%
70	63%	67%	71%	75%	78%	81%	83%	85%	86%	86%	86%	85%	83%	81%	78%	75%	71%	67%	63%
60	69%	73%	77%	81%	84%	87%	89%	91%	92%	92%	92%	91%	89%	87%	84%	81%	77%	73%	69%
50	75%	78%	82%	86%	89%	92%	94%	96%	97%	97%	97%	96%	94%	92%	89%	86%	82%	78%	75%
40	79%	83%	86%	89%	92%	95%	97%	98%	99%	99%	99%	98%	97%	95%	92%	89%	86%	83%	79%
30	83%	86%	89%	92%	94%	96%	98%	99%	100%	100%	100%	99%	98%	96%	94%	92%	89%	86%	83%
20	87%	89%	91%	93%	94%	96%	97%	98%	98%	99%	98%	98%	97%	96%	94%	93%	91%	89%	87%
10	89%	90%	91%	92%	93%	94%	94%	95%	95%	95%	95%	95%	94%	94%	93%	92%	91%	90%	89%
水平面	90%	90%	90%	90%	90%	90%	90%	90%	90%	90%	90%	90%	90%	90%	90%	90%	90%	90%	90%

贵阳　　　　　　纬度 26°35′

	东	−80	−70	−60	−50	−40	−30	−20	−10	南	10	20	30	40	50	60	70	80	西
90	48%	51%	55%	59%	64%	68%	71%	75%	76%	77%	76%	75%	71%	68%	64%	59%	55%	51%	48%
80	54%	58%	62%	67%	71%	76%	80%	82%	84%	85%	84%	82%	80%	76%	71%	67%	62%	58%	54%
70	59%	64%	69%	73%	78%	82%	86%	89%	91%	91%	91%	89%	86%	82%	78%	73%	69%	64%	59%
60	65%	69%	74%	79%	83%	88%	91%	94%	96%	96%	96%	94%	91%	88%	83%	79%	74%	69%	65%
50	70%	75%	79%	83%	88%	92%	95%	97%	99%	99%	99%	97%	95%	92%	88%	83%	79%	75%	70%
40	75%	79%	83%	87%	90%	94%	96%	98%	99%	100%	99%	98%	96%	94%	90%	87%	83%	79%	75%
30	79%	82%	85%	89%	91%	94%	96%	97%	99%	99%	99%	97%	96%	94%	91%	89%	85%	82%	79%
20	82%	84%	86%	89%	91%	92%	94%	95%	96%	96%	96%	95%	94%	92%	91%	89%	86%	84%	82%
10	83%	85%	86%	87%	88%	89%	90%	90%	91%	91%	91%	90%	90%	89%	88%	87%	86%	85%	83%
水平面	84%	84%	84%	84%	84%	84%	84%	84%	84%	84%	84%	84%	84%	84%	84%	84%	84%	84%	84%

続表 A.0.2-1

长沙　　　　　　纬度 28°12′

	东	−80	−70	−60	−50	−40	−30	−20	−10	南	10	20	30	40	50	60	70	80	西
90	47%	51%	55%	60%	64%	69%	73%	76%	78%	79%	78%	76%	73%	69%	64%	60%	55%	51%	47%
80	53%	57%	62%	67%	72%	77%	81%	84%	86%	87%	86%	84%	81%	77%	72%	67%	62%	57%	53%
70	58%	63%	68%	73%	78%	83%	87%	90%	92%	93%	92%	90%	87%	83%	78%	73%	68%	63%	58%
60	64%	69%	74%	79%	84%	88%	92%	95%	97%	97%	97%	95%	92%	88%	84%	79%	74%	69%	64%
50	69%	74%	79%	83%	88%	92%	95%	98%	99%	100%	99%	98%	95%	92%	88%	83%	79%	74%	69%
40	73%	78%	82%	86%	90%	93%	96%	98%	100%	100%	100%	98%	96%	93%	90%	86%	82%	78%	73%
30	77%	81%	84%	88%	91%	93%	96%	97%	98%	99%	98%	97%	96%	93%	91%	88%	84%	81%	77%
20	80%	83%	85%	87%	90%	91%	93%	94%	95%	95%	95%	94%	93%	91%	90%	87%	85%	83%	80%
10	82%	83%	85%	86%	87%	88%	89%	89%	90%	90%	90%	89%	89%	88%	87%	86%	85%	83%	82%
水平面	83%	83%	83%	83%	83%	83%	83%	83%	83%	83%	83%	83%	83%	83%	83%	83%	83%	83%	83%

广州　　　　　　纬度 23°08′

	东	−80	−70	−60	−50	−40	−30	−20	−10	南	10	20	30	40	50	60	70	80	西
90	45%	49%	53%	58%	62%	66%	70%	74%	76%	77%	76%	74%	70%	66%	62%	58%	53%	49%	45%
80	51%	55%	60%	65%	70%	75%	79%	82%	84%	85%	84%	82%	79%	75%	70%	65%	60%	55%	51%
70	56%	62%	67%	72%	77%	82%	86%	89%	91%	92%	91%	89%	86%	82%	77%	72%	67%	62%	56%
60	62%	67%	73%	78%	83%	87%	91%	94%	96%	97%	96%	94%	91%	87%	83%	78%	73%	67%	62%
50	67%	72%	77%	82%	87%	91%	95%	97%	99%	99%	99%	97%	95%	91%	87%	82%	77%	72%	67%
40	72%	77%	81%	85%	89%	93%	96%	98%	100%	100%	100%	98%	96%	93%	89%	85%	81%	77%	72%
30	76%	80%	84%	87%	90%	93%	95%	97%	98%	99%	98%	97%	95%	93%	90%	87%	84%	80%	76%
20	79%	82%	84%	87%	89%	91%	93%	94%	95%	95%	95%	94%	93%	91%	89%	87%	84%	82%	79%
10	81%	83%	84%	85%	87%	88%	88%	89%	89%	89%	89%	89%	88%	88%	87%	85%	84%	83%	81%
水平面	82%	82%	82%	82%	82%	82%	82%	82%	82%	82%	82%	82%	82%	82%	82%	82%	82%	82%	82%

南昌　　　　　　纬度 28°36′

	东	−80	−70	−60	−50	−40	−30	−20	−10	南	10	20	30	40	50	60	70	80	西
90	48%	52%	56%	60%	64%	69%	73%	76%	78%	79%	78%	76%	73%	69%	64%	60%	56%	52%	48%
80	53%	58%	63%	67%	72%	77%	80%	84%	85%	86%	85%	84%	80%	77%	72%	67%	63%	58%	53%
70	59%	64%	69%	74%	79%	83%	87%	90%	92%	93%	92%	90%	87%	83%	79%	74%	69%	64%	59%
60	64%	69%	74%	79%	84%	88%	92%	95%	96%	97%	96%	95%	92%	88%	84%	79%	74%	69%	64%
50	70%	74%	79%	83%	88%	91%	95%	97%	99%	99%	99%	97%	95%	91%	88%	83%	79%	74%	70%
40	74%	78%	82%	86%	90%	93%	96%	98%	99%	100%	99%	98%	96%	93%	90%	86%	82%	78%	74%
30	78%	81%	85%	88%	91%	94%	96%	97%	98%	99%	98%	97%	96%	94%	91%	88%	85%	81%	78%
20	81%	83%	85%	88%	90%	92%	93%	94%	95%	95%	95%	94%	93%	92%	90%	88%	85%	83%	81%
10	83%	84%	85%	86%	88%	88%	89%	90%	90%	90%	90%	90%	89%	88%	88%	86%	85%	84%	83%
水平面	83%	83%	83%	83%	83%	83%	83%	83%	83%	83%	83%	83%	83%	83%	83%	83%	83%	83%	83%

成都　　　　　　纬度 30°40′

	东	−80	−70	−60	−50	−40	−30	−20	−10	南	10	20	30	40	50	60	70	80	西
90	60%	60%	61%	61%	62%	63%	64%	64%	64%	64%	64%	64%	64%	63%	62%	61%	61%	60%	60%
80	67%	67%	68%	69%	69%	70%	71%	71%	71%	71%	71%	71%	71%	70%	69%	69%	68%	67%	67%
70	74%	74%	74%	75%	76%	77%	78%	78%	78%	78%	78%	78%	78%	77%	76%	75%	74%	74%	74%
60	80%	81%	81%	81%	82%	83%	84%	84%	84%	84%	84%	84%	84%	83%	82%	81%	81%	81%	80%
50	85%	86%	87%	88%	88%	88%	89%	89%	89%	89%	89%	89%	89%	88%	88%	88%	87%	86%	85%
40	91%	91%	91%	92%	92%	93%	93%	94%	94%	94%	94%	94%	93%	93%	92%	92%	91%	91%	91%
30	95%	95%	95%	95%	96%	96%	97%	97%	97%	97%	97%	97%	97%	96%	96%	95%	95%	95%	95%
20	98%	98%	98%	98%	98%	98%	99%	99%	99%	99%	99%	99%	99%	98%	98%	98%	98%	98%	98%
10	99%	99%	99%	100%	100%	100%	100%	100%	100%	100%	100%	100%	100%	100%	100%	100%	99%	99%	99%
水平面	100%	100%	100%	100%	100%	100%	100%	100%	100%	100%	100%	100%	100%	100%	100%	100%	100%	100%	100%

続表 A.0.2-1

上海　　　　　　　纬度 31°10′

	东	−80	−70	−60	−50	−40	−30	−20	−10	南	10	20	30	40	50	60	70	80	西
90	47%	51%	56%	61%	65%	70%	75%	78%	80%	81%	80%	78%	75%	70%	65%	61%	56%	51%	47%
80	53%	57%	62%	68%	73%	78%	82%	85%	88%	88%	88%	85%	82%	78%	73%	68%	62%	57%	53%
70	58%	63%	68%	74%	79%	84%	88%	91%	93%	94%	93%	91%	88%	84%	79%	74%	68%	63%	58%
60	63%	68%	74%	79%	84%	89%	92%	96%	97%	98%	97%	96%	92%	89%	84%	79%	74%	68%	63%
50	68%	73%	78%	83%	88%	92%	95%	98%	99%	100%	99%	98%	95%	92%	88%	83%	78%	73%	68%
40	72%	77%	81%	85%	89%	93%	96%	98%	99%	100%	99%	98%	96%	93%	89%	85%	81%	77%	72%
30	76%	80%	83%	87%	90%	93%	95%	96%	98%	98%	98%	96%	95%	93%	90%	87%	83%	80%	76%
20	79%	81%	84%	86%	89%	90%	92%	93%	94%	94%	94%	93%	92%	90%	89%	86%	84%	81%	79%
10	80%	82%	83%	84%	85%	87%	87%	88%	88%	88%	88%	88%	87%	87%	85%	84%	83%	82%	80%
水平面	81%	81%	81%	81%	81%	81%	81%	81%	81%	81%	81%	81%	81%	81%	81%	81%	81%	81%	81%

西安　　　　　　　纬度 34°18′

	东	−80	−70	−60	−50	−40	−30	−20	−10	南	10	20	30	40	50	60	70	80	西
90	50%	55%	60%	65%	71%	76%	81%	84%	87%	87%	87%	84%	81%	76%	71%	65%	60%	55%	50%
80	55%	60%	65%	71%	76%	82%	87%	90%	93%	93%	93%	90%	87%	82%	76%	71%	65%	60%	55%
70	58%	64%	69%	75%	81%	86%	91%	94%	96%	97%	96%	94%	91%	86%	81%	75%	69%	64%	58%
60	62%	68%	73%	79%	84%	89%	94%	97%	99%	99%	99%	97%	94%	89%	84%	79%	73%	68%	62%
50	66%	71%	76%	81%	86%	91%	95%	97%	99%	100%	99%	97%	95%	91%	86%	81%	76%	71%	66%
40	69%	73%	78%	83%	87%	91%	94%	96%	98%	98%	98%	96%	94%	91%	87%	83%	78%	73%	69%
30	71%	75%	79%	82%	86%	89%	92%	94%	94%	95%	94%	94%	92%	89%	86%	82%	79%	75%	71%
20	73%	76%	79%	81%	84%	86%	87%	89%	90%	90%	90%	89%	87%	86%	84%	81%	79%	76%	73%
10	74%	76%	77%	79%	80%	81%	82%	82%	83%	83%	83%	82%	82%	81%	80%	79%	77%	76%	74%
水平面	75%	75%	75%	75%	75%	75%	75%	75%	75%	75%	75%	75%	75%	75%	75%	75%	75%	75%	75%

郑州　　　　　纬度 34°43′

	东	−80	−70	−60	−50	−40	−30	−20	−10	南	10	20	30	40	50	60	70	80	西
90	48%	53%	58%	63%	69%	75%	79%	83%	86%	86%	86%	83%	79%	75%	69%	63%	58%	53%	48%
80	53%	58%	63%	69%	75%	81%	86%	89%	92%	92%	92%	89%	86%	81%	75%	69%	63%	58%	53%
70	57%	62%	68%	74%	80%	86%	91%	94%	96%	97%	96%	94%	91%	86%	80%	74%	68%	62%	57%
60	61%	67%	73%	78%	84%	89%	93%	97%	99%	99%	99%	97%	93%	89%	84%	78%	73%	67%	61%
50	65%	70%	75%	81%	86%	91%	95%	98%	99%	100%	99%	98%	95%	91%	86%	81%	75%	70%	65%
40	68%	73%	78%	82%	87%	91%	94%	97%	98%	99%	98%	97%	94%	91%	87%	82%	78%	73%	68%
30	71%	75%	79%	83%	86%	89%	92%	94%	95%	95%	95%	94%	92%	89%	86%	83%	79%	75%	71%
20	73%	76%	79%	81%	84%	86%	88%	89%	90%	90%	90%	89%	88%	86%	84%	81%	79%	76%	73%
10	75%	76%	77%	79%	80%	81%	82%	83%	83%	83%	83%	83%	82%	81%	80%	79%	77%	76%	75%
水平面	75%	75%	75%	75%	75%	75%	75%	75%	75%	75%	75%	75%	75%	75%	75%	75%	75%	75%	75%

青岛　　　　　纬度 36°04′

	东	−80	−70	−60	−50	−40	−30	−20	−10	南	10	20	30	40	50	60	70	80	西
90	45%	50%	56%	61%	68%	73%	79%	82%	85%	86%	85%	82%	79%	73%	68%	61%	56%	50%	45%
80	50%	56%	62%	68%	74%	80%	85%	89%	92%	92%	92%	89%	85%	80%	74%	68%	62%	56%	50%
70	55%	61%	67%	73%	79%	85%	90%	94%	96%	97%	96%	94%	90%	85%	79%	73%	67%	61%	55%
60	59%	65%	71%	77%	83%	89%	93%	97%	99%	100%	99%	97%	93%	89%	83%	77%	71%	65%	59%
50	63%	69%	75%	80%	86%	91%	95%	98%	100%	100%	100%	98%	95%	91%	86%	80%	75%	69%	63%
40	67%	72%	77%	82%	86%	91%	94%	97%	98%	99%	98%	97%	94%	91%	86%	82%	77%	72%	67%
30	70%	74%	78%	82%	85%	89%	92%	94%	95%	95%	95%	94%	92%	89%	85%	82%	78%	74%	70%
20	72%	75%	78%	81%	83%	85%	87%	89%	90%	90%	90%	89%	87%	85%	83%	81%	78%	75%	72%
10	73%	75%	76%	78%	79%	80%	81%	82%	82%	82%	82%	82%	81%	80%	79%	78%	76%	75%	73%
水平面	74%	74%	74%	74%	74%	74%	74%	74%	74%	74%	74%	74%	74%	74%	74%	74%	74%	74%	74%

兰州　　　　　纬度 36°03′

	东	−80	−70	−60	−50	−40	−30	−20	−10	南	10	20	30	40	50	60	70	80	西
90	52%	57%	63%	68%	74%	79%	84%	88%	91%	91%	91%	88%	84%	79%	74%	68%	63%	57%	52%
80	55%	61%	67%	72%	78%	84%	89%	93%	95%	96%	95%	93%	89%	84%	78%	72%	67%	61%	55%
70	58%	64%	70%	76%	82%	88%	92%	96%	98%	99%	98%	96%	92%	88%	82%	76%	70%	64%	58%
60	61%	67%	73%	78%	84%	90%	94%	97%	99%	100%	99%	97%	94%	90%	84%	78%	73%	67%	61%
50	64%	69%	75%	80%	85%	90%	94%	97%	99%	99%	99%	97%	94%	90%	85%	80%	75%	69%	64%
40	66%	71%	76%	80%	85%	89%	92%	95%	96%	97%	96%	95%	92%	89%	85%	80%	76%	71%	66%
30	68%	72%	76%	80%	83%	86%	89%	91%	92%	92%	92%	91%	89%	86%	83%	80%	76%	72%	68%
20	69%	72%	75%	78%	80%	82%	84%	85%	86%	86%	86%	85%	84%	82%	80%	78%	75%	72%	69%
10	70%	72%	73%	75%	76%	77%	78%	79%	79%	79%	79%	79%	78%	77%	76%	75%	73%	72%	70%
水平面	71%	71%	71%	71%	71%	71%	71%	71%	71%	71%	71%	71%	71%	71%	71%	71%	71%	71%	71%

济南　　　　　纬度 36°41′

	东	−80	−70	−60	−50	−40	−30	−20	−10	南	10	20	30	40	50	60	70	80	西
90	49%	53%	59%	65%	71%	77%	82%	86%	88%	89%	88%	86%	82%	77%	71%	65%	59%	53%	49%
80	52%	58%	64%	70%	76%	82%	87%	92%	94%	95%	94%	92%	87%	82%	76%	70%	64%	58%	52%
70	56%	62%	68%	74%	81%	86%	92%	95%	98%	98%	98%	95%	92%	86%	81%	74%	68%	62%	56%
60	59%	65%	72%	78%	84%	89%	94%	97%	99%	100%	99%	97%	94%	89%	84%	78%	72%	65%	59%
50	63%	69%	74%	80%	85%	90%	94%	97%	99%	100%	99%	97%	94%	90%	85%	80%	74%	69%	63%
40	65%	71%	76%	81%	85%	90%	93%	95%	97%	98%	97%	95%	93%	90%	85%	81%	76%	71%	65%
30	68%	72%	76%	80%	84%	87%	90%	92%	93%	94%	93%	92%	90%	87%	84%	80%	76%	72%	68%
20	70%	73%	76%	79%	81%	83%	85%	87%	87%	88%	87%	87%	85%	83%	81%	79%	76%	73%	70%
10	71%	72%	74%	76%	77%	78%	79%	80%	80%	80%	80%	80%	79%	78%	77%	76%	74%	72%	71%
水平面	71%	71%	71%	71%	71%	71%	71%	71%	71%	71%	71%	71%	71%	71%	71%	71%	71%	71%	71%

太原 　　　　　纬度 37°47′

	东	−80	−70	−60	−50	−40	−30	−20	−10	南	10	20	30	40	50	60	70	80	西
90	50%	55%	61%	67%	73%	79%	85%	89%	91%	92%	91%	89%	85%	79%	73%	67%	61%	55%	50%
80	53%	58%	65%	71%	78%	84%	89%	93%	96%	97%	96%	93%	89%	84%	78%	71%	65%	58%	53%
70	55%	62%	68%	74%	81%	87%	92%	96%	98%	99%	98%	96%	92%	87%	81%	74%	68%	62%	55%
60	58%	64%	70%	77%	83%	89%	93%	97%	99%	100%	99%	97%	93%	89%	83%	77%	70%	64%	58%
50	60%	66%	72%	78%	84%	89%	93%	96%	98%	99%	98%	96%	93%	89%	84%	78%	72%	66%	60%
40	62%	68%	73%	78%	83%	87%	91%	93%	95%	95%	95%	93%	91%	87%	83%	78%	73%	68%	62%
30	64%	68%	73%	77%	81%	84%	87%	89%	90%	90%	90%	89%	87%	84%	81%	77%	73%	68%	64%
20	65%	69%	71%	74%	77%	79%	81%	83%	84%	84%	84%	83%	81%	79%	77%	74%	71%	69%	65%
10	66%	68%	70%	71%	72%	74%	75%	75%	76%	76%	76%	75%	75%	74%	72%	71%	70%	68%	66%
水平面	67%	67%	67%	67%	67%	67%	67%	67%	67%	67%	67%	67%	67%	67%	67%	67%	67%	67%	67%

天津 　　　　　纬度 39°06′

	东	−80	−70	−60	−50	−40	−30	−20	−10	南	10	20	30	40	50	60	70	80	西
90	47%	53%	59%	66%	72%	79%	85%	89%	92%	93%	92%	89%	85%	79%	72%	66%	59%	53%	47%
80	50%	56%	63%	70%	77%	84%	89%	94%	96%	97%	96%	94%	89%	84%	77%	70%	63%	56%	50%
70	53%	59%	66%	73%	80%	87%	92%	96%	99%	100%	99%	96%	92%	87%	80%	73%	66%	59%	53%
60	55%	62%	68%	75%	82%	88%	93%	97%	99%	100%	99%	97%	93%	88%	82%	75%	68%	62%	55%
50	57%	64%	70%	76%	82%	88%	92%	96%	98%	98%	98%	96%	92%	88%	82%	76%	70%	64%	57%
40	59%	65%	71%	76%	81%	86%	90%	92%	94%	95%	94%	92%	90%	86%	81%	76%	71%	65%	59%
30	61%	66%	70%	75%	79%	82%	85%	87%	89%	89%	89%	87%	85%	82%	79%	75%	70%	66%	61%
20	62%	66%	69%	72%	75%	77%	79%	81%	82%	82%	82%	81%	79%	77%	75%	72%	69%	66%	62%
10	63%	65%	66%	68%	70%	71%	72%	73%	73%	73%	73%	73%	72%	71%	70%	68%	66%	65%	63%
水平面	64%	64%	64%	64%	64%	64%	64%	64%	64%	64%	64%	64%	64%	64%	64%	64%	64%	64%	64%

续表 A.0.2-1

抚顺　　　　纬度 41°54′

	东	−80	−70	−60	−50	−40	−30	−20	−10	南	10	20	30	40	50	60	70	80	西
90	44%	50%	57%	65%	72%	66%	86%	91%	94%	95%	94%	91%	86%	66%	72%	65%	57%	50%	44%
80	47%	53%	61%	68%	76%	73%	90%	95%	97%	98%	97%	95%	90%	73%	76%	68%	61%	53%	47%
70	49%	56%	63%	71%	79%	78%	92%	96%	99%	100%	99%	96%	92%	78%	79%	71%	63%	56%	49%
60	51%	58%	65%	73%	80%	83%	92%	96%	99%	100%	99%	96%	92%	83%	80%	73%	65%	58%	51%
50	53%	59%	66%	73%	80%	86%	91%	94%	96%	97%	96%	94%	91%	86%	80%	73%	66%	59%	53%
40	54%	60%	66%	72%	78%	86%	87%	90%	92%	93%	92%	90%	87%	86%	78%	72%	66%	60%	54%
30	55%	60%	65%	70%	75%	86%	82%	84%	86%	86%	86%	84%	82%	86%	75%	70%	65%	60%	55%
20	56%	60%	64%	67%	70%	84%	75%	77%	77%	78%	77%	77%	75%	84%	70%	67%	64%	60%	56%
10	57%	59%	61%	63%	64%	79%	67%	68%	68%	68%	68%	68%	67%	79%	64%	63%	61%	59%	57%
水平面	58%	58%	58%	58%	58%	58%	58%	58%	58%	58%	58%	58%	58%	58%	58%	58%	58%	58%	58%

长春　　　　纬度 43°54′

	东	−80	−70	−60	−50	−40	−30	−20	−10	南	10	20	30	40	50	60	70	80	西
90	39%	46%	53%	62%	70%	79%	86%	91%	94%	95%	94%	91%	86%	79%	70%	62%	53%	46%	39%
80	41%	48%	57%	65%	74%	82%	89%	95%	98%	99%	98%	95%	89%	82%	74%	65%	57%	48%	41%
70	43%	50%	59%	67%	76%	84%	91%	96%	99%	100%	99%	96%	91%	84%	76%	67%	59%	50%	43%
60	44%	52%	60%	69%	77%	84%	90%	95%	98%	99%	98%	95%	90%	84%	77%	69%	60%	52%	44%
50	46%	53%	60%	68%	76%	82%	88%	92%	94%	95%	94%	92%	88%	82%	76%	68%	60%	53%	46%
40	47%	53%	60%	67%	73%	79%	83%	87%	89%	89%	89%	87%	83%	79%	73%	67%	60%	53%	47%
30	47%	53%	59%	64%	69%	73%	77%	79%	81%	82%	81%	79%	77%	73%	69%	64%	59%	53%	47%
20	48%	52%	56%	60%	63%	66%	69%	71%	72%	72%	72%	71%	69%	66%	63%	60%	56%	52%	48%
10	49%	51%	53%	55%	57%	58%	60%	60%	61%	61%	61%	60%	60%	58%	57%	55%	53%	51%	49%
水平面	49%	49%	49%	49%	49%	49%	49%	49%	49%	49%	49%	49%	49%	49%	49%	49%	49%	49%	49%

表 A. 0. 2-2　代表城市的太阳能集热器补偿面积比 R_s（适用于季节蓄热系统）

R_s大于90%的范围
R_s小于90%的范围
R_s大于95%的范围

北京　　　　纬度 39°48′

	东	−80	−70	−60	−50	−40	−30	−20	−10	南	10	20	30	40	50	60	70	80	西
90	52%	55%	58%	61%	63%	65%	67%	68%	69%	69%	69%	68%	67%	65%	63%	61%	58%	55%	52%
80	58%	61%	65%	68%	71%	73%	76%	77%	78%	78%	78%	77%	76%	73%	71%	68%	65%	61%	58%
70	63%	67%	71%	75%	78%	81%	83%	85%	86%	86%	86%	85%	83%	81%	78%	75%	71%	67%	63%
60	69%	73%	77%	81%	84%	87%	89%	91%	92%	92%	92%	91%	89%	87%	84%	81%	77%	73%	69%
50	75%	78%	82%	86%	89%	92%	94%	96%	97%	97%	97%	96%	94%	92%	89%	86%	82%	78%	75%
40	79%	83%	86%	89%	92%	95%	97%	98%	99%	99%	99%	98%	97%	95%	92%	89%	86%	83%	79%
30	83%	86%	89%	92%	94%	96%	98%	99%	100%	100%	100%	99%	98%	96%	94%	92%	89%	86%	83%
20	87%	89%	91%	93%	94%	96%	97%	98%	98%	99%	98%	98%	97%	96%	94%	93%	91%	89%	87%
10	89%	90%	91%	92%	93%	94%	94%	95%	95%	95%	95%	95%	94%	94%	93%	92%	91%	90%	89%
水平面	90%	90%	90%	90%	90%	90%	90%	90%	90%	90%	90%	90%	90%	90%	90%	90%	90%	90%	90%

武汉　　　　纬度 30°37′

	东	−80	−70	−60	−50	−40	−30	−20	−10	南	10	20	30	40	50	60	70	80	西
90	54%	55%	57%	58%	58%	59%	59%	59%	59%	59%	59%	59%	59%	59%	58%	58%	57%	55%	54%
80	61%	62%	64%	65%	66%	67%	68%	68%	68%	69%	68%	68%	68%	67%	66%	65%	64%	62%	61%
70	68%	70%	71%	73%	74%	75%	76%	77%	77%	77%	77%	77%	76%	75%	74%	73%	71%	70%	68%
60	74%	76%	78%	80%	81%	82%	83%	84%	84%	84%	84%	84%	83%	82%	81%	80%	78%	76%	74%
50	80%	82%	84%	86%	87%	88%	89%	90%	91%	91%	91%	90%	89%	88%	87%	86%	84%	82%	80%
40	86%	88%	89%	91%	92%	93%	94%	95%	95%	95%	95%	95%	94%	93%	92%	91%	89%	88%	86%
30	91%	92%	93%	95%	96%	97%	98%	98%	98%	99%	98%	98%	98%	97%	96%	95%	93%	92%	91%
20	94%	95%	96%	97%	98%	99%	99%	100%	100%	100%	100%	100%	99%	99%	98%	97%	96%	95%	94%
10	97%	97%	98%	98%	99%	99%	99%	99%	100%	100%	100%	99%	99%	99%	99%	98%	98%	97%	97%
水平面	98%	98%	98%	98%	98%	98%	98%	98%	98%	98%	98%	98%	98%	98%	98%	98%	98%	98%	98%

昆明　　　　　　纬度 25°01′

	东	−80	−70	−60	−50	−40	−30	−20	−10	南	10	20	30	40	50	60	70	80	西
90	52%	54%	56%	57%	58%	59%	59%	60%	60%	60%	60%	60%	59%	59%	58%	57%	56%	54%	52%
80	59%	61%	63%	65%	66%	67%	68%	69%	69%	69%	69%	69%	68%	67%	66%	65%	63%	61%	59%
70	66%	68%	70%	72%	74%	75%	76%	77%	78%	78%	78%	77%	76%	75%	74%	72%	70%	68%	66%
60	73%	75%	77%	79%	81%	82%	84%	85%	85%	85%	85%	85%	84%	82%	81%	79%	77%	75%	73%
50	79%	81%	83%	85%	87%	89%	90%	91%	91%	92%	91%	91%	90%	89%	87%	85%	83%	81%	79%
40	85%	87%	89%	90%	92%	93%	95%	95%	96%	96%	96%	95%	95%	93%	92%	90%	89%	87%	85%
30	90%	91%	93%	94%	96%	97%	98%	98%	99%	99%	99%	98%	98%	97%	96%	94%	93%	91%	90%
20	93%	94%	96%	97%	98%	98%	99%	100%	100%	100%	100%	100%	99%	98%	98%	97%	96%	94%	93%
10	96%	96%	97%	97%	98%	98%	99%	99%	99%	99%	99%	99%	99%	98%	98%	97%	97%	96%	96%
水平面	96%	96%	96%	96%	96%	96%	96%	96%	96%	96%	96%	96%	96%	96%	96%	96%	96%	96%	96%

贵阳　　　　　　纬度 26°35′

	东	−80	−70	−60	−50	−40	−30	−20	−10	南	10	20	30	40	50	60	70	80	西
90	54%	56%	57%	58%	58%	59%	59%	59%	59%	59%	59%	59%	59%	59%	59%	58%	57%	56%	54%
80	61%	63%	64%	65%	66%	67%	68%	68%	68%	68%	68%	68%	68%	67%	66%	65%	64%	63%	61%
70	68%	70%	71%	73%	74%	76%	76%	76%	77%	77%	77%	76%	76%	76%	74%	73%	71%	70%	68%
60	75%	77%	78%	79%	81%	82%	83%	84%	84%	84%	84%	84%	83%	82%	81%	79%	78%	77%	75%
50	81%	83%	84%	86%	87%	88%	89%	90%	90%	90%	90%	90%	89%	88%	87%	86%	84%	83%	81%
40	87%	88%	90%	91%	92%	93%	94%	95%	95%	95%	95%	95%	94%	93%	92%	91%	90%	88%	87%
30	91%	93%	94%	95%	96%	97%	97%	98%	98%	98%	98%	98%	97%	97%	96%	95%	94%	93%	91%
20	95%	96%	97%	97%	98%	99%	99%	100%	100%	100%	100%	100%	99%	99%	98%	97%	97%	96%	95%
10	97%	98%	98%	99%	99%	99%	99%	100%	100%	100%	100%	100%	99%	99%	99%	99%	98%	98%	97%
水平面	98%	98%	98%	98%	98%	98%	98%	98%	98%	98%	98%	98%	98%	98%	98%	98%	98%	98%	98%

长沙　　　　　　　纬度 28°12′

	东	−80	−70	−60	−50	−40	−30	−20	−10	南	10	20	30	40	50	60	70	80	西
90	54%	55%	56%	57%	57%	58%	58%	58%	58%	58%	58%	58%	58%	58%	57%	57%	56%	55%	54%
80	61%	62%	63%	64%	61%	66%	67%	67%	67%	67%	67%	67%	67%	66%	61%	64%	63%	62%	61%
70	67%	69%	71%	72%	73%	74%	75%	75%	75%	76%	75%	75%	75%	74%	73%	72%	71%	69%	67%
60	74%	76%	78%	79%	80%	81%	82%	83%	83%	83%	83%	83%	82%	81%	80%	79%	78%	76%	74%
50	81%	82%	84%	85%	87%	88%	89%	89%	90%	90%	90%	89%	89%	88%	87%	85%	84%	82%	81%
40	86%	88%	89%	91%	92%	93%	94%	94%	95%	95%	95%	94%	94%	93%	92%	91%	89%	88%	86%
30	91%	92%	94%	95%	96%	97%	97%	98%	98%	98%	98%	98%	97%	97%	96%	95%	94%	92%	91%
20	95%	96%	97%	97%	98%	99%	99%	100%	100%	100%	100%	100%	99%	99%	98%	97%	97%	96%	95%
10	97%	98%	98%	99%	99%	99%	100%	100%	100%	100%	100%	100%	100%	99%	99%	99%	98%	98%	97%
水平面	98%	98%	98%	98%	98%	98%	98%	98%	98%	98%	98%	98%	98%	98%	98%	98%	98%	98%	98%

广州　　　　　　　纬度 23°08′

	东	−80	−70	−60	−50	−40	−30	−20	−10	南	10	20	30	40	50	60	70	80	西
90	53%	54%	55%	56%	57%	57%	58%	58%	58%	57%	58%	58%	58%	57%	57%	56%	55%	54%	53%
80	60%	61%	63%	64%	65%	66%	66%	67%	67%	67%	67%	67%	66%	66%	65%	64%	63%	61%	60%
70	67%	69%	70%	72%	73%	74%	75%	75%	75%	75%	75%	75%	75%	74%	73%	72%	70%	69%	67%
60	74%	75%	77%	79%	80%	81%	82%	83%	83%	83%	83%	83%	82%	81%	80%	79%	77%	75%	74%
50	80%	82%	84%	85%	86%	88%	89%	89%	90%	90%	90%	89%	89%	88%	86%	85%	84%	82%	80%
40	86%	87%	89%	90%	92%	93%	94%	94%	95%	95%	95%	94%	94%	93%	92%	90%	89%	87%	86%
30	91%	92%	93%	95%	96%	97%	97%	98%	98%	98%	98%	98%	97%	97%	96%	95%	93%	92%	91%
20	95%	95%	96%	97%	98%	99%	99%	100%	100%	100%	100%	100%	99%	99%	98%	97%	96%	95%	95%
10	97%	97%	98%	98%	99%	99%	99%	100%	100%	100%	100%	100%	99%	99%	99%	98%	98%	97%	97%
水平面	98%	98%	98%	98%	98%	98%	98%	98%	98%	98%	98%	98%	98%	98%	98%	98%	98%	98%	98%

南昌　　　　　　　　纬度 28°36′

	东	−80	−70	−60	−50	−40	−30	−20	−10	南	10	20	30	40	50	60	70	80	西
90	54%	55%	56%	57%	58%	58%	58%	58%	58%	58%	58%	58%	58%	58%	58%	57%	56%	55%	54%
80	61%	62%	64%	65%	66%	66%	67%	67%	67%	67%	67%	67%	67%	66%	66%	65%	64%	62%	61%
70	68%	69%	71%	72%	73%	74%	75%	75%	76%	76%	76%	75%	75%	74%	73%	72%	71%	69%	68%
60	74%	76%	78%	79%	81%	82%	82%	83%	83%	84%	83%	83%	82%	82%	81%	79%	78%	76%	74%
50	81%	82%	84%	86%	87%	88%	89%	89%	90%	90%	90%	89%	89%	88%	87%	86%	84%	82%	81%
40	86%	88%	89%	91%	92%	93%	94%	94%	95%	95%	95%	94%	94%	93%	92%	91%	89%	88%	86%
30	91%	92%	94%	95%	96%	97%	97%	98%	98%	98%	98%	98%	97%	97%	96%	95%	94%	92%	91%
20	95%	96%	97%	97%	98%	99%	99%	100%	100%	100%	100%	100%	99%	99%	98%	97%	97%	96%	95%
10	97%	98%	98%	99%	99%	99%	100%	100%	100%	100%	100%	100%	100%	99%	99%	99%	98%	98%	97%
水平面	98%	98%	98%	98%	98%	98%	98%	98%	98%	98%	98%	98%	98%	98%	98%	98%	98%	98%	98%

成都　　　　　　　　纬度 30°40′

	东	−80	−70	−60	−50	−40	−30	−20	−10	南	10	20	30	40	50	60	70	80	西
90	58%	58%	58%	58%	58%	58%	58%	58%	57%	57%	57%	58%	58%	58%	58%	58%	58%	58%	58%
80	65%	65%	65%	66%	66%	66%	66%	65%	65%	65%	65%	65%	66%	66%	66%	66%	65%	65%	65%
70	72%	72%	72%	73%	73%	73%	73%	73%	73%	73%	73%	73%	73%	73%	73%	73%	72%	72%	72%
60	78%	79%	79%	79%	80%	80%	80%	80%	80%	80%	80%	80%	80%	80%	80%	80%	79%	79%	78%
50	84%	85%	85%	86%	86%	86%	86%	86%	86%	86%	86%	86%	86%	86%	86%	85%	85%	85%	84%
40	89%	90%	90%	91%	91%	91%	91%	92%	92%	92%	92%	92%	91%	91%	91%	91%	90%	90%	89%
30	94%	94%	94%	95%	95%	95%	95%	96%	96%	96%	96%	96%	95%	95%	95%	95%	94%	94%	94%
20	97%	97%	98%	98%	98%	98%	98%	98%	98%	99%	98%	98%	98%	98%	98%	98%	98%	97%	97%
10	99%	99%	99%	100%	100%	100%	100%	100%	100%	100%	100%	100%	100%	100%	100%	100%	99%	99%	99%
水平面	100%	100%	100%	100%	100%	100%	100%	100%	100%	100%	100%	100%	100%	100%	100%	100%	100%	100%	100%

上海　　　　　　　纬度 31°10′

	东	−80	−70	−60	−50	−40	−30	−20	−10	南	10	20	30	40	50	60	70	80	西
90	55%	56%	57%	58%	59%	60%	61%	61%	61%	61%	61%	61%	61%	60%	59%	58%	57%	56%	55%
80	61%	63%	65%	66%	67%	68%	69%	69%	70%	70%	70%	69%	69%	68%	67%	66%	65%	63%	61%
70	68%	70%	72%	73%	75%	76%	77%	77%	78%	78%	78%	77%	77%	76%	75%	73%	72%	70%	68%
60	75%	77%	78%	80%	82%	83%	84%	85%	85%	85%	85%	85%	84%	83%	82%	80%	78%	77%	75%
50	81%	83%	84%	86%	88%	89%	90%	91%	91%	91%	91%	91%	90%	89%	88%	86%	84%	83%	81%
40	86%	88%	90%	91%	92%	94%	94%	95%	96%	96%	96%	95%	94%	94%	92%	91%	90%	88%	86%
30	91%	92%	94%	95%	96%	97%	98%	98%	99%	99%	99%	98%	98%	97%	96%	95%	94%	92%	91%
20	94%	95%	96%	97%	98%	99%	99%	100%	100%	100%	100%	100%	99%	99%	98%	97%	96%	95%	94%
10	97%	97%	98%	98%	99%	99%	99%	99%	100%	100%	100%	99%	99%	99%	99%	98%	98%	97%	97%
水平面	97%	97%	97%	97%	97%	97%	97%	97%	97%	97%	97%	97%	97%	97%	97%	97%	97%	97%	97%

西安　　　　　　　纬度 34°18′

	东	−80	−70	−60	−50	−40	−30	−20	−10	南	10	20	30	40	50	60	70	80	西
90	55%	57%	58%	60%	61%	62%	62%	62%	63%	63%	63%	62%	62%	62%	61%	60%	58%	57%	55%
80	62%	64%	65%	67%	68%	69%	70%	71%	71%	71%	71%	71%	70%	69%	68%	67%	65%	64%	62%
70	68%	71%	72%	74%	76%	77%	78%	79%	79%	79%	79%	79%	78%	77%	76%	74%	72%	71%	68%
60	75%	77%	79%	81%	82%	84%	85%	86%	86%	86%	86%	86%	85%	84%	82%	81%	79%	77%	75%
50	81%	83%	85%	86%	88%	89%	91%	91%	92%	92%	92%	91%	91%	89%	88%	86%	85%	83%	81%
40	86%	88%	90%	91%	93%	94%	95%	96%	96%	96%	96%	96%	95%	94%	93%	91%	90%	88%	86%
30	90%	92%	93%	95%	96%	97%	98%	99%	99%	99%	99%	99%	98%	97%	96%	95%	93%	92%	90%
20	94%	95%	96%	97%	98%	99%	99%	100%	100%	100%	100%	100%	99%	99%	98%	97%	96%	95%	94%
10	96%	97%	97%	98%	98%	98%	99%	99%	99%	99%	99%	99%	99%	98%	98%	98%	97%	97%	96%
水平面	97%	97%	97%	97%	97%	97%	97%	97%	97%	97%	97%	97%	97%	97%	97%	97%	97%	97%	97%

郑州　　　　　纬度 34°43′

	东	−80	−70	−60	−50	−40	−30	−20	−10	南	10	20	30	40	50	60	70	80	西
90	55%	57%	58%	60%	83%	62%	63%	63%	63%	63%	63%	63%	63%	62%	83%	60%	58%	57%	55%
80	62%	64%	66%	67%	69%	70%	71%	72%	72%	72%	72%	72%	71%	70%	69%	67%	66%	64%	62%
70	68%	70%	72%	74%	76%	77%	79%	79%	80%	72%	80%	79%	79%	77%	76%	74%	72%	70%	68%
60	75%	77%	79%	81%	83%	84%	85%	86%	87%	87%	87%	86%	85%	84%	83%	81%	79%	77%	75%
50	81%	83%	85%	87%	88%	90%	91%	92%	92%	93%	92%	92%	91%	90%	88%	87%	85%	83%	81%
40	86%	88%	90%	91%	93%	94%	95%	96%	96%	97%	96%	96%	95%	94%	93%	91%	90%	88%	86%
30	90%	92%	93%	95%	96%	97%	98%	99%	99%	99%	99%	99%	98%	97%	96%	95%	93%	92%	90%
20	94%	95%	96%	97%	98%	99%	99%	100%	100%	100%	100%	100%	99%	99%	98%	97%	96%	95%	94%
10	96%	96%	97%	97%	98%	98%	99%	99%	99%	99%	99%	99%	99%	98%	98%	97%	97%	96%	96%
水平面	97%	97%	97%	97%	97%	97%	97%	97%	97%	97%	97%	97%	97%	97%	97%	97%	97%	97%	97%

青岛　　　　　纬度 36°04′

	东	−80	−70	−60	−50	−40	−30	−20	−10	南	10	20	30	40	50	60	70	80	西
90	54%	56%	58%	60%	62%	63%	64%	65%	66%	66%	66%	65%	64%	63%	62%	60%	58%	56%	54%
80	60%	63%	65%	67%	70%	71%	73%	74%	75%	75%	75%	74%	73%	71%	70%	67%	65%	63%	60%
70	67%	69%	72%	75%	77%	79%	80%	82%	82%	83%	82%	82%	80%	79%	77%	75%	72%	69%	67%
60	73%	76%	78%	81%	83%	85%	87%	88%	89%	89%	89%	88%	87%	85%	83%	81%	78%	76%	73%
50	79%	81%	84%	87%	89%	91%	92%	94%	94%	95%	94%	94%	92%	91%	89%	87%	84%	81%	79%
40	84%	87%	89%	91%	93%	95%	96%	97%	98%	98%	98%	97%	96%	95%	93%	91%	89%	87%	84%
30	88%	90%	92%	94%	96%	97%	98%	99%	100%	100%	100%	99%	98%	97%	96%	94%	92%	90%	88%
20	92%	93%	94%	96%	97%	98%	99%	99%	100%	100%	100%	99%	99%	98%	97%	96%	94%	93%	92%
10	94%	95%	95%	96%	97%	97%	98%	98%	98%	98%	98%	98%	98%	97%	97%	96%	95%	95%	94%
水平面	95%	95%	95%	95%	95%	95%	95%	95%	95%	95%	95%	95%	95%	95%	95%	95%	95%	95%	95%

続表 A.0.2-2

兰州　　　　　　纬度 36°03′

	东	−80	−70	−60	−50	−40	−30	−20	−10	南	10	20	30	40	50	60	70	80	西
90	54%	56%	58%	60%	61%	62%	63%	64%	64%	64%	64%	64%	63%	62%	61%	60%	58%	56%	54%
80	60%	63%	65%	67%	69%	71%	72%	73%	73%	73%	73%	73%	72%	71%	69%	67%	65%	63%	60%
70	66%	69%	72%	74%	76%	78%	80%	81%	81%	82%	81%	81%	80%	78%	76%	74%	72%	69%	66%
60	72%	75%	78%	81%	83%	85%	86%	88%	88%	89%	88%	88%	86%	85%	83%	81%	78%	75%	72%
50	78%	81%	84%	86%	89%	90%	92%	93%	94%	94%	94%	93%	92%	90%	89%	86%	84%	81%	78%
40	83%	86%	88%	91%	93%	95%	96%	97%	98%	98%	98%	97%	96%	95%	93%	91%	88%	86%	83%
30	88%	90%	92%	94%	96%	97%	98%	99%	100%	100%	100%	99%	98%	97%	96%	94%	92%	90%	88%
20	91%	93%	94%	96%	97%	98%	99%	99%	100%	100%	100%	99%	99%	98%	97%	96%	94%	93%	91%
10	94%	95%	95%	96%	97%	97%	98%	98%	98%	98%	98%	98%	98%	98%	97%	97%	96%	95%	94%
水平面	95%	95%	95%	95%	95%	95%	95%	95%	95%	95%	95%	95%	95%	95%	95%	95%	95%	95%	95%

济南　　　　　　纬度 36°41′

	东	−80	−70	−60	−50	−40	−30	−20	−10	南	10	20	30	40	50	60	70	80	西
90	53%	56%	58%	60%	62%	63%	64%	65%	65%	65%	65%	65%	64%	63%	62%	60%	58%	56%	53%
80	60%	62%	65%	67%	69%	71%	73%	74%	74%	74%	74%	74%	73%	71%	69%	67%	65%	62%	60%
70	66%	69%	72%	74%	77%	79%	80%	82%	82%	83%	82%	82%	80%	79%	77%	74%	72%	69%	66%
60	72%	75%	78%	81%	83%	85%	87%	88%	89%	89%	89%	88%	87%	85%	83%	81%	78%	75%	72%
50	78%	81%	84%	86%	89%	91%	92%	94%	94%	95%	94%	94%	92%	91%	89%	86%	84%	81%	78%
40	83%	86%	88%	91%	93%	95%	96%	97%	98%	98%	98%	97%	96%	95%	93%	91%	88%	86%	83%
30	88%	90%	92%	94%	96%	97%	98%	99%	100%	100%	100%	99%	98%	97%	96%	94%	92%	90%	88%
20	91%	93%	94%	95%	97%	98%	99%	99%	100%	100%	100%	99%	99%	98%	97%	95%	94%	93%	91%
10	93%	94%	95%	96%	96%	97%	97%	98%	98%	98%	98%	98%	97%	97%	96%	96%	95%	94%	93%
水平面	94%	94%	94%	94%	94%	94%	94%	94%	94%	94%	94%	94%	94%	94%	94%	94%	94%	94%	94%

太原　　　　　　　纬度 37°47′

	东	−80	−70	−60	−50	−40	−30	−20	−10	南	10	20	30	40	50	60	70	80	西
90	54%	56%	59%	61%	63%	64%	66%	66%	67%	67%	67%	66%	66%	64%	63%	61%	59%	56%	54%
80	60%	63%	66%	68%	70%	72%	74%	75%	76%	76%	76%	75%	74%	72%	70%	68%	66%	63%	60%
70	66%	69%	72%	75%	77%	80%	81%	83%	84%	84%	84%	83%	81%	80%	77%	75%	72%	69%	66%
60	72%	75%	78%	81%	84%	86%	88%	89%	90%	90%	90%	89%	88%	86%	84%	81%	78%	75%	72%
50	77%	81%	84%	86%	89%	91%	93%	94%	95%	95%	95%	94%	93%	91%	89%	86%	84%	81%	77%
40	82%	85%	88%	91%	93%	95%	96%	98%	98%	99%	98%	98%	96%	95%	93%	91%	88%	85%	82%
30	87%	89%	91%	93%	95%	97%	98%	99%	100%	100%	100%	99%	98%	97%	95%	93%	91%	89%	87%
20	90%	92%	93%	95%	96%	97%	98%	99%	99%	100%	99%	99%	98%	97%	96%	95%	93%	92%	90%
10	92%	93%	94%	95%	95%	96%	96%	97%	97%	97%	97%	97%	96%	96%	95%	95%	94%	93%	92%
水平面	93%	93%	93%	93%	93%	93%	93%	93%	93%	93%	93%	93%	93%	93%	93%	93%	93%	93%	93%

天津　　　　　　　纬度 39°06′

	东	−80	−70	−60	−50	−40	−30	−20	−10	南	10	20	30	40	50	60	70	80	西
90	53%	56%	58%	61%	63%	65%	66%	67%	68%	68%	68%	67%	66%	65%	63%	61%	58%	56%	53%
80	59%	62%	65%	68%	71%	73%	75%	76%	77%	77%	77%	76%	75%	73%	71%	68%	65%	62%	59%
70	65%	68%	72%	75%	78%	80%	82%	84%	85%	85%	85%	84%	82%	80%	78%	75%	72%	68%	65%
60	71%	74%	78%	81%	84%	86%	88%	90%	91%	91%	91%	90%	88%	86%	84%	81%	78%	74%	71%
50	76%	80%	83%	86%	89%	91%	93%	95%	96%	96%	96%	95%	93%	91%	89%	86%	83%	80%	76%
40	81%	84%	87%	90%	93%	95%	97%	98%	99%	99%	99%	98%	97%	95%	93%	90%	87%	84%	81%
30	85%	88%	90%	93%	95%	97%	98%	99%	100%	100%	100%	99%	98%	97%	95%	93%	90%	88%	85%
20	89%	91%	92%	94%	95%	97%	98%	98%	99%	99%	99%	98%	98%	97%	95%	94%	92%	91%	89%
10	91%	92%	93%	94%	94%	95%	96%	96%	96%	96%	96%	96%	96%	95%	94%	94%	93%	92%	91%
水平面	92%	92%	92%	92%	92%	92%	92%	92%	92%	92%	92%	92%	92%	92%	92%	92%	92%	92%	92%

続表 A.0.2-2

抚顺　　　　纬度 41°54′

	东	−80	−70	−60	−50	−40	−30	−20	−10	南	10	20	30	40	50	60	70	80	西
90	54%	57%	60%	63%	66%	68%	70%	72%	73%	73%	73%	72%	70%	68%	66%	63%	60%	57%	54%
80	59%	63%	67%	70%	73%	76%	78%	80%	81%	81%	81%	80%	78%	76%	73%	70%	67%	63%	59%
70	65%	69%	73%	76%	80%	83%	85%	87%	88%	88%	88%	87%	85%	83%	80%	76%	73%	69%	65%
60	70%	74%	78%	82%	85%	88%	91%	92%	94%	94%	94%	92%	91%	88%	85%	82%	78%	74%	70%
50	75%	79%	83%	86%	90%	92%	95%	96%	98%	98%	98%	96%	95%	92%	90%	86%	83%	79%	75%
40	80%	83%	86%	90%	92%	95%	97%	99%	100%	100%	100%	99%	97%	95%	92%	90%	86%	83%	80%
30	83%	86%	89%	92%	94%	96%	98%	99%	100%	100%	100%	99%	98%	96%	94%	92%	89%	86%	83%
20	86%	88%	90%	92%	94%	95%	97%	97%	98%	98%	98%	97%	97%	95%	94%	92%	90%	88%	86%
10	88%	89%	90%	91%	92%	93%	94%	94%	94%	94%	94%	94%	94%	94%	93%	92%	91%	90%	89%	88%
水平面	89%	89%	89%	89%	89%	89%	89%	89%	89%	89%	89%	89%	89%	89%	89%	89%	89%	89%	89%

长春　　　　纬度 43°54′

	东	−80	−70	−60	−50	−40	−30	−20	−10	南	10	20	30	40	50	60	70	80	西
90	52%	56%	59%	63%	66%	69%	72%	74%	75%	75%	75%	74%	72%	69%	66%	63%	59%	56%	52%
80	57%	61%	66%	70%	73%	77%	80%	82%	83%	84%	83%	82%	80%	77%	73%	70%	66%	61%	57%
70	62%	67%	71%	76%	80%	83%	86%	89%	90%	90%	90%	89%	86%	83%	80%	76%	71%	67%	62%
60	67%	72%	77%	81%	85%	88%	91%	94%	95%	96%	95%	94%	91%	88%	85%	81%	77%	72%	67%
50	72%	76%	81%	85%	89%	92%	95%	97%	98%	99%	98%	97%	95%	92%	89%	85%	81%	76%	72%
40	76%	80%	84%	88%	91%	94%	97%	98%	100%	100%	100%	98%	97%	94%	91%	88%	84%	80%	76%
30	80%	83%	86%	89%	92%	95%	97%	98%	99%	99%	99%	98%	97%	95%	92%	89%	86%	83%	80%
20	83%	85%	87%	89%	91%	93%	95%	96%	96%	96%	96%	96%	95%	93%	91%	89%	87%	85%	83%
10	84%	86%	87%	88%	89%	90%	91%	91%	92%	92%	92%	91%	91%	90%	89%	88%	87%	86%	84%
水平面	85%	85%	85%	85%	85%	85%	85%	85%	85%	85%	85%	85%	85%	85%	85%	85%	85%	85%	85%

—30

附录 B 代表城市气象参数及不同地区
太阳能保证率推荐值

B.0.1 太阳能供热采暖系统设计采用的气象参数可　按照表 B.0.1 选取。

表 B.0.1 代表城市气象参数

城市名称	纬度	H_{ha}	H_{La}	H_{ht}	H_{Lt}	T_a	S_y	T_d	T_h	S_d	资源区
格尔木	36°25′	19.238	21.785	11.016	20.91	5.5	8.7	−9.6	−3.1	7.6	I
葛尔	32°30′	19.013	21.717	12.827	20.741	0.4	10	−11.1	−9.1	8.6	I
拉萨	29°40′	19.843	22.022	15.725	25.025	8.2	8.6	−1.7	1.6	8.7	I
阿勒泰	47°44′	14.943	18.157	4.822	11.03	4.5	8.5	−14.1	−7.9	4.4	II
昌都	31°09′	16.415	18.082	12.593	20.092	7.6	6.9	−2	0.5	7	II
大同	40°06′	15.202	17.346	7.977	14.647	7.2	7.6	−8.9	−4	5.6	II
敦煌	40°09′	17.48	19.922	8.747	15.879	9.5	9.2	−7	−2.8	6.9	II
额济纳旗	41°57′	17.884	21.501	8.04	17.39	8.9	9.6	−9.1	−4.3	7.3	II
二连浩特	43°39′	17.28	21.012	7.824	18.15	4.1	9.1	−16.2	−8	6.9	II
哈密	42°49′	17.229	20.238	7.748	16.222	10.1	9	−9	−4.1	6.4	II
和田	37°08′	15.707	17.032	9.206	14.512	12.5	7.3	−3.2	−0.6	5.9	II
景洪	21°52′	15.17	15.768	11.433	14.356	22.3	6	16.5	17.2	5.1	II
喀什	39°28′	15.522	16.911	7.529	11.957	11.9	7.7	−4.2	−1.3	5.3	II
库车	41°48′	15.77	17.639	7.779	14.272	11.3	7.7	−6.1	−2.7	5.7	II
民勤	38°38′	15.928	17.991	9.112	16.272	8.3	8.7	−7.9	−2.6	7.7	II
那曲	31°29′	15.423	17.013	13.626	21.486	−1.2	8	−13.2	−4.8	8	II
奇台	44°01′	14.927	17.489	4.99	10.15	5.2	8.5	−13.2	−9.2	4.9	II
若羌	39°02′	16.674	18.26	8.506	13.945	11.7	8.8	−6.2	−2.9	6.5	II
三亚	18°14′	16.627	16.956	13.08	15.36	25.8	7	22.1	22.1	6.2	II
腾冲	25°07′	14.96	16.148	14.352	19.416	15.1	5.8	9	8.9	8.1	II
吐鲁番	42°56′	15.244	17.114	6.443	11.623	14.4	8.3	−7.2	−2.5	4.5	II
西宁	36°37′	15.636	17.336	10.105	16.816	6.5	7.6	−6.7	−3	6.7	II
伊宁	43°57′	15.125	17.733	5.774	12.225	9	8.1	−5.8	−2.8	4.9	II
伊金霍洛旗	39°34′	15.438	17.973	8.839	16.991	6.3	8.7	−9.6	−6.2	7.1	II
银川	38°29′	16.507	18.465	9.095	15.941	8.9	8.3	−6.7	−2.1	6.8	II
玉树	33°01′	15.797	17.439	11.997	19.926	3.2	7.1	−7.2	−2.2	6.5	II
北京	39°48′	14.18	16.014	7.889	13.709	12.9	7.5	−2.7	0.1	6	III
长春	43°54′	13.663	16.127	6.112	13.116	5.8	7.4	−12.8	−6.7	5.5	III
慈溪	30°16′	12.202	12.804	8.301	11.276	16.2	5.5	6.6	5.5	4.8	III
峨眉山	29°31′	11.757	12.621	10.736	15.584	3.1	3.9	−3.5	−4.7	5.1	III
福州	26°05′	11.772	12.128	8.324	10.86	19.6	4.6	13.2	11.7	4.2	III

城市名称	纬度	H_{ha}	H_{La}	H_{ht}	H_{Lt}	T_a	S_y	T_d	T_h	S_d	资源区
赣 州	25°51′	12.168	12.481	8.807	11.425	19.4	5	10.3	9.4	4.7	Ⅲ
哈尔滨	45°41′	12.923	15.394	5.162	10.522	4.2	7.3	−15.6	−8.5	4.7	Ⅲ
海 口	20°02′	12.912	13.018	8.937	10.792	24.1	5.9	19	18.5	4.4	Ⅲ
黑 河	50°15′	12.732	16.253	4.072	11.34	0.4	7.6	−20.9	−11.6	5.4	Ⅲ
侯 马	35°39′	13.791	14.816	8.262	13.649	12.9	6.7	−2.3	0.9	4.8	Ⅲ
济 南	36°41′	13.167	14.455	7.657	13.854	14.9	7.1	1.1	1.8	5.5	Ⅲ
佳木斯	46°49′	12.019	14.689	4.847	10.481	3.6	6.9	−15.5	−12.7	4.6	Ⅲ
昆 明	25°01′	14.633	15.551	11.884	15.736	15.1	6.2	8.2	8.7	6.7	Ⅲ
兰 州	36°03′	14.322	15.135	7.326	10.696	9.8	6.9	−5.5	−0.6	5.1	Ⅲ
蒙 自	23°23′	14.621	15.247	12.128	15.23	18.6	6.1	12.3	13	6.5	Ⅲ
漠 河	52°58′	12.935	17.147	3.258	10.361	−4.3	6.7	−28	−14.7	4	Ⅲ
南 昌	28°36′	11.792	12.158	8.027	10.609	17.5	5.2	7.8	6.7	4.7	Ⅲ
南 京	32°00′	12.156	12.898	8.163	12.047	15.4	5.6	4.4	3.4	5	Ⅲ
南 宁	22°49′	12.69	12.788	9.368	11.507	22.1	4.5	14.9	13.9	4.1	Ⅲ
汕 头	23°24′	12.921	13.293	10.959	14.131	21.5	5.6	15.5	14.4	5.7	Ⅲ
上 海	31°10′	12.3	12.904	8.047	11.437	16	5.5	6.2	4.8	4.7	Ⅲ
韶 关	24°48′	11.677	11.981	9.366	11.689	20.3	4.6	12.1	11.4	4.7	Ⅲ
沈 阳	41°46′	13.091	14.98	6.186	11.437	8.6	7	−8.5	−4.5	4.9	Ⅲ
太 原	37°47′	14.394	15.815	8.234	13.701	10	7.1	−4.9	−1.1	5.4	Ⅲ
天 津	39°06′	14.106	15.804	7.328	12.61	13	7.2	−1.6	−0.2	5.6	Ⅲ
威 宁	26°51′	12.793	13.492	9.214	12.293	10.4	5	3.4	3.1	5.4	Ⅲ
乌鲁木齐	43°47′	13.884	15.726	4.174	7.692	6.9	7.3	−9.3	−6.5	3.1	Ⅲ
西 安	34°18′	11.878	12.303	7.214	10.2	13.5	4.7	0.7	2.1	3.1	Ⅲ
烟 台	37°32′	13.428	14.792	5.96	9.752	12.6	7.6	1.5	2.3	5.2	Ⅲ
郑 州	34°43′	13.482	14.301	7.781	12.277	14.3	6.2	1.7	2.5	5	Ⅲ
长 沙	28°14′	10.882	11.061	6.811	8.712	17.1	4.5	6.7	5.8	3.7	Ⅳ
成 都	30°40′	9.402	9.305	5.419	6.302	16.1	3	7.3	6.8	1.7	Ⅳ
广 州	23°08′	11.216	11.513	10.528	13.355	22.2	4.6	15.3	14.5	5.5	Ⅳ
贵 阳	26°35′	9.548	9.654	5.514	6.421	15.4	3.3	7.4	6.4	2.1	Ⅳ
桂 林	25°20′	10.756	10.999	8.05	9.667	19	4.2	10.5	9.2	3.9	Ⅳ
杭 州	30°14′	11.117	11.621	7.303	10.425	16.5	5	6.8	5.6	4.6	Ⅳ
合 肥	31°52′	11.272	11.873	7.565	10.927	15.4	5.4	4.5	3.6	4.8	Ⅳ
乐 山	29°30′	9.448	9.372	4.253	4.702	17.2	3	8.7	8.2	1.5	Ⅳ
泸 州	28°53′	8.807	8.77	3.358	3.612	17.7	3.2	9.1	8.7	1.2	Ⅳ
绵 阳	31°28′	10.049	10.051	4.771	5.94	16.2	3.2	6.7	6.4	2	Ⅳ

城市名称	纬度	H_{ha}	H_{La}	H_{ht}	H_{Lt}	T_a	S_y	T_d	T_h	S_d	资源区
南 充	30°48′	9.946	9.939	4.069	4.558	17.3	3.2	8	7.6	0.9	Ⅳ
万 县	30°46′	9.653	9.655	4.015	4.583	18	3.6	9.1	8.2	1.1	Ⅳ
武 汉	30°37′	11.466	11.869	7.022	9.404	16.5	5.5	6	5.2	4.5	Ⅳ
宜 昌	30°42′	10.628	10.852	6.167	7.833	16.6	4.4	6.7	5.9	3.2	Ⅳ
重 庆	29°33′	8.669	8.552	3.21	3.531	18.3	4.2	9.3	8.9	0.9	Ⅳ
遵 义	27°41′	8.797	8.685	4.252	4.825	15.3	3	6.7	5.7	1.5	Ⅳ

注: H_{ha}: 水平面年平均日辐照量, MJ/(m²·d);

　　H_{La}: 当地纬度倾角平面年平均日辐照量, MJ/(m²·d);

　　H_{ht}: 水平面 12 月的月平均日辐照量, MJ/(m²·d);

　　H_{Lt}: 当地纬度倾角平面 12 月的月平均日辐照量, MJ/(m²·d);

　　T_a: 年平均环境温度, ℃;

　　T_d: 12 月的月平均环境温度, ℃;

　　T_h: 计算采暖期平均环境温度, ℃;

　　S_y: 年平均每日的日照小时数, h;

　　S_d: 12 月的月平均每日的日照小时数, h。

B.0.2 太阳能供热采暖系统在不同资源区内的太阳能保证率 f 可按表 B.0.2 的推荐范围选取。

表 B.0.2　不同地区太阳能供热采暖系统的太阳能保证率 f 的推荐选值范围

资源区划	短期蓄热系统太阳能保证率	季节蓄热系统太阳能保证率
Ⅰ资源丰富区	≥50%	≥60%
Ⅱ资源较富区	30%~50%	40%~60%
Ⅲ资源一般区	10%~30%	20%~40%
Ⅳ资源贫乏区	5%~10%	10%~20%

附录 C　太阳能集热器平均集热效率计算方法

C.0.1 太阳能集热器的集热效率应根据选用产品的实际测试效率公式 (C.0.1-1) 或 (C.0.1-2) 进行计算。

$$\eta = \eta_0 - UT^* \qquad (C.0.1-1)$$

式中　η ——以 T^* 为参考的集热器热效率, %;

　　η_0 ——$T^* = 0$ 时的集热器热效率, %;

　　U ——以 T^* 为参考的集热器总热损系数, W/(m²·K);

　　T^* ——归一化温差, (m²·K)/W。

$$\eta = \eta_0 - a_1 T^* - a_2 G(T^*)^2 \qquad (C.0.1-2)$$

式中　a_1 ——以 T^* 为参考的常数;

　　a_2 ——以 T^* 为参考的常数;

　　G ——总太阳辐照度, W/m²。

$$T^* = (t_i - t_a)/G \qquad (C.0.1-3)$$

式中　t_i ——集热器工质进口温度, ℃;

　　t_a ——环境温度, ℃。

C.0.2 短期蓄热太阳能供热采暖系统计算太阳能集热器集热效率时, 归一化温差计算的参数选择应符合下列原则:

　1 直接系统的 t_i 取供暖系统的回水温度, 间接系统的 t_i 等于供暖系统的回水温度加换热器的换热温差。

　2 t_a 取当地 12 月的月平均室外环境空气温度。

　3 总太阳辐照度 G 应按下式计算。

$$G = H_d/(3.6S_d) \qquad (C.0.2)$$

式中　H_d ——当地 12 月集热器采光面上的太阳总辐射月平均日辐照量, kJ/(m²·d);

　　S_d ——当地 12 月的月平均每日的日照小时数, h。

C.0.3 季节蓄热太阳能供热采暖系统计算太阳能集热器集热效率时, 归一化温差计算的参数选择应符合下列原则:

　1 直接系统的 t_i 取供暖系统的回水温度, 间接系统的 t_i 等于供暖系统的回水温度加换热器的换热温差。

　2 t_a 取当地的年平均室外环境空气温度。

　3 总太阳辐照度 G 应按下式计算。

$$G = H_y/(3.6S_y) \qquad (C.0.3)$$

式中　H_y ——当地集热器采光面上的太阳总辐射年平均日辐照量, kJ/(m²·d);

　　S_y ——当地的年平均每日的日照小时数, h。

附录 D 太阳能集热系统管路、水箱热损失率计算方法

D.0.1 管路、水箱热损失率 η_L 可按经验取值估算，η_L 的推荐取值范围为：

短期蓄热太阳能供热采暖系统：10%～20%

季节蓄热太阳能供热采暖系统：10%～15%

D.0.2 需要准确计算时，可按 D.0.3～D.0.5 条给出的公式迭代计算。

D.0.3 太阳能集热系统管路单位表面积的热损失可按下式计算：

$$q_l = \frac{(t - t_a)}{\dfrac{D_0}{2\lambda} \ln \dfrac{D_0}{D_i} + \dfrac{1}{a_0}} \qquad (D.0.3)$$

式中 q_l ——管路单位表面积的热损失，W/m^2；

D_i ——管道保温层内径，m；

D_0 ——管道保温层外径，m；

t_a ——保温结构周围环境的空气温度，℃；

t ——设备及管道外壁温度，金属管道及设备通常可取介质温度，℃；

a_0 ——表面放热系数，$W/(m^2 \cdot ℃)$；

λ ——保温材料的导热系数，$W/(m \cdot ℃)$。

D.0.4 贮水箱单位表面积的热损失可按下式计算：

$$q = \frac{(t - t_a)}{\dfrac{\delta}{\lambda} + \dfrac{1}{a}} \qquad (D.0.4\text{-}1)$$

式中 q ——贮水箱单位表面积的热损失，W/m^2；

δ ——保温层厚度，m；

λ ——保温材料导热系数，$W/(m \cdot ℃)$；

a ——表面放热系数，$W/(m^2 \cdot ℃)$。

对于圆形水箱保温：

$$\delta = \frac{D_0 - D_i}{2} \qquad (D.0.4\text{-}2)$$

D.0.5 管路及贮水箱热损失率 η_L 可按下式计算：

$$\eta_L = (q_1 A_1 + q A_2)/(G A_C \eta_{cd}) \qquad (D.0.5)$$

式中 A_1 ——管路表面积，m^2；

A_2 ——贮水箱表面积，m^2；

A_C ——系统集热器总面积；

G ——集热器采光面上的总太阳辐照度，W/m^2；

η_{cd} ——基于总面积的集热器平均集热效率，%，按附录 C 方法计算。

附录 E 间接系统热交换器换热面积计算方法

E.0.1 间接系统热交换器换热面积可按下式计算：

$$A_{hx} = (1 - \eta_L) Q_{hx}/(\varepsilon \times U_{hx} \times \Delta t_j) \qquad (E.0.1)$$

式中 A_{hx} ——间接系统热交换器换热面积，m^2；

η_L ——贮热水箱到热交换器的管路热损失率，一般可取 0.02～0.05；

Q_{hx} ——热交换器换热量，kW；

ε ——结垢影响系数，0.6～0.8；

U_{hx} ——热交换器传热系数，按热交换器技术参数确定；

Δt_j ——传热温差，宜取 5～10℃，集热器热性能好，温差取高值，否则取低值。

E.0.2 热交换器换热量可按下式计算：

$$Q_{hx} = (k \times f \times Q)/(3600 \times S_y) \qquad (E.0.2)$$

式中 Q_{hx} ——热交换器换热量，kW；

k ——太阳辐照度时变系数，取 1.5～1.8，取高限对太阳能利用有利，但会增加造价；

f ——太阳能保证率，%，按附录 B 选取；

Q ——太阳能供热采暖系统负担的采暖季平均日供热量，kJ；

S_y ——当地的年平均每日的日照小时数，h。

E.0.3 太阳能供热采暖系统负担的采暖季平均日供热量可按下式计算：

$$Q = Q_H \times 86400 \qquad (E.0.3)$$

式中 Q ——太阳能供热采暖系统负担的采暖季平均日供热量，kJ；

Q_H ——建筑物耗热量，kW。

附录 F 太阳能供热采暖系统效益评估计算公式

F.0.1 太阳能供热采暖系统的年节能量可按下式计算：

$$\Delta Q_{save} = A_c \cdot J_T \cdot (1 - \eta_c) \cdot \eta_{cd} \qquad (F.0.1)$$

式中 ΔQ_{save} ——太阳能供热采暖系统的年节能量，MJ；

A_c ——系统的太阳能集热器面积，m^2；

J_T ——太阳能集热器采光表面上的年总太阳辐照量，MJ/m^2；

η_{cd} ——太阳能集热器的年平均集热效率，%；

η_c ——管路、水泵、水箱和季节蓄热装置的热损失率。

F.0.2 太阳能供热采暖系统寿命期内的总节能费可按下式计算：

$$SAV = PI(\Delta Q_{save} \cdot C_c - A \cdot DJ) - A \qquad (F.0.2)$$

式中 SAV ——系统寿命期内的总节能费用，元；

PI ——折现系数；

C_c ——系统评估当年的常规能源热价，元/MJ；

A ——太阳能热水系统总增投资，元；

DJ ——每年用于与太阳能供热采暖系统有关的维修费用，包括太阳集热器维护，集热系统管道维护和保温等费用占总增投资的百分率；一般取1%。

F.0.3 折现系数 PI 可按下式计算：

$$PI = \frac{1}{d-e}\left[1-\left(\frac{1+e}{1+d}\right)^n\right] \quad d \neq e$$

(F.0.3-1)

$$PI = \frac{n}{1+d} \quad d = e$$

(F.0.3-2)

式中 d ——年市场折现率，可取银行贷款利率；

e ——年燃料价格上涨率；

n ——分析节省费用的年限，从系统开始运行算起，取集热系统寿命（一般为10～15年）。

F.0.4 系统评估当年的常规能源热价 C_c 可按下式计算：

$$C_c = C'_c/(q \cdot Eff)$$

(F.0.4)

式中 C'_c ——系统评估当年的常规能源价格，元/kg；

q ——常规能源的热值，MJ/kg；

Eff ——常规能源水加热装置的效率，%。

F.0.5 太阳能供热采暖系统的费效比可按下式计算：

$$B = A/(\Delta Q_{save} \cdot n)$$

(F.0.5)

式中 B ——系统费效比，元/kWh。

F.0.6 太阳能供热采暖系统的二氧化碳减排量可按下式计算：

$$Q_{co_2} = \frac{\Delta Q_{save} \times n}{W \times Eff} \times F_{co_2}$$

(F.0.6)

式中 Q_{co_2} ——系统寿命期内二氧化碳减排量，kg；

W ——标准煤热值，29.308MJ/kg；

F_{co_2} ——二氧化碳排放因子，按表 F.0.6 取值。

表 F.0.6 二氧化碳排放因子

辅助常规能源		煤	石油	天然气	电
二氧化碳排放因子	kg CO₂/kg 标准煤	2.662	1.991	1.481	3.175

附录 G 常用相变材料特性

表 G 常用相变材料特性

相变材料	分子式	熔点(℃)	熔化潜热(kJ/kg)	固态密度(kg/m³)	比热容(kJ/kg℃) 固态	比热容(kJ/kg℃) 液态
6水氯化钙	CaCl₂·6H₂O	29.4	170	1630	1340	2310
12水磷酸二钠	Na₂HPO₄·12H₂O	36	280	1520	1690	1940

续表 G

相变材料	分子式	熔点(℃)	熔化潜热(kJ/kg)	固态密度(kg/m³)	比热容(kJ/kg℃) 固态	比热容(kJ/kg℃) 液态
N-(碳)烷	CₙH₂n₂	36.7	247	856	2210	2010
聚乙烯乙二醇	HO(CH₂CH₂O)ₙH	20～25	146	1100	2260	—
10水硫酸钠	Na₂SO₄·10H₂O	32.4	253	1460	1920	3260
5水硫代硫酸钠	Na₂S₂O₃·5H₂O	49	200	1690	1450	2389
硬脂酸	C₁₈H₃₆O₂	69.4	199	847	1670	2300

本规范用词说明

1 为便于在执行本规范条文时区别对待，对要求严格程度不同的用词说明如下：

1） 表示很严格，非这样做不可的：

正面词采用"必须"，反面词采用"严禁"；

2） 表示严格，在正常情况下均应这样做的：

正面词采用"应"，反面词采用"不应"或"不得"；

3） 表示允许稍有选择，在条件许可时首先应这样做的：

正面词采用"宜"，反面词采用"不宜"；

表示有选择，在一定条件下可以这样做的，采用"可"。

2 条文中指明应按其他有关标准执行的写法为："应符合……的规定（或要求）"或"应按……执行"。

引用标准名录

1 《生活饮用水卫生标准》GB 5749

2 《设备及管道绝热设计导则》GB/T 8175

3 《建筑给水排水设计规范》GB 50015

4 《采暖通风与空气调节设计规范》GB 50019

5 《锅炉房设计规范》GB 50041

6 《电气装置安装工程电缆线路施工及验收规范》GB 50168

7 《电气装置安装工程接地装置施工及验收规范》GB 50169

8 《工业设备及管道绝热工程质量检验评定标准》GB 50185

9 《公共建筑节能设计标准》GB 50189

10 《屋面工程质量验收规范》GB 50207

11 《建筑给水排水及采暖工程施工质量验收规范》GB 50242

12 《通风与空调工程施工质量验收规范》GB 50243

13 《建筑电气工程施工质量验收规范》GB 50303

14 《民用建筑太阳能热水系统应用技术规范》GB 50364

15 《平板型太阳能集热器》GB/T 6424

16 《真空管型太阳能集热器》GB/T 17581

17 《严寒和寒冷地区居住建筑节能设计标准》JGJ 26

18 《夏热冬冷地区居住建筑节能设计标准》JGJ 134

19 《地面辐射供暖技术规程》JGJ 142

太阳能供热采暖工程技术规范

GB 50495—2009

条 文 说 明

制 订 说 明

《太阳能供热采暖工程技术规范》GB 50495 -
2009 经住房和城乡建设部 2009 年 3 月 19 日以第 262
号公告批准、发布。

为便于广大设计、施工、科研、学校等单位有关
人员在使用本规范时能正确理解和执行条文的规定，

《太阳能供热采暖工程技术规范》编制组按章、节、
条顺序编制了本规范的条文说明，供使用者参考。在
使用中如发现本条文说明有不妥之处，请将意见函寄
中国建筑科学研究院（地址：北京北三环东路 30 号；
邮编 100013）。

目　次

1　总则 ……………………………… 7—40
2　术语 ……………………………… 7—41
3　太阳能供热采暖系统设计 ………… 7—42
　　3.1　一般规定 …………………… 7—42
　　3.2　供热采暖系统选型 ………… 7—43
　　3.3　供热采暖系统负荷计算 …… 7—44
　　3.4　太阳能集热系统设计 ……… 7—45
　　3.5　蓄热系统设计 ……………… 7—46
　　3.6　控制系统设计 ……………… 7—48
　　3.7　末端供暖系统设计 ………… 7—49
　　3.8　热水系统设计 ……………… 7—49
　　3.9　其他能源辅助加热/换热设备
　　　　设计选型 …………………… 7—49
4　太阳能供热采暖系统施工 ………… 7—50
　　4.1　一般规定 …………………… 7—50
　　4.2　太阳能集热系统施工 ……… 7—50
　　4.3　太阳能蓄热系统施工 ……… 7—50

4.4　控制系统施工 ………………… 7—51
4.5　末端供暖系统施工 …………… 7—51
5　太阳能供热采暖工程的调试、验收
　　与效益评估 …………………… 7—51
　　5.1　一般规定 …………………… 7—51
　　5.2　系统调试 …………………… 7—51
　　5.3　工程验收 …………………… 7—52
　　5.4　工程效益评估 ……………… 7—52
附录A　不同地区太阳能集热器的补偿
　　　　面积比 …………………… 7—52
附录B　代表城市气象参数及不同地区
　　　　太阳能保证率推荐值 …… 7—52
附录C　太阳能集热器平均集热效率计
　　　　算方法 …………………… 7—53
附录D　太阳能集热系统管路、水箱热
　　　　损失率计算方法 ………… 7—53

1 总　　则

1.0.1　本条说明了制定本规范的宗旨。随着我国国民经济的持续发展，城乡人民居住条件的改善和生活水平的不断提高，建筑能耗快速增长，建筑用能占全社会能源消费量的比例已接近30%，从而加剧了能源供应的紧张形势。在建筑能耗中，供热采暖用能约占45%，是建筑节能的重点领域。为降低建筑能耗，既要节约，又要开源，所以，应努力增加可再生能源在建筑中的应用范围。

太阳能是永不枯竭的清洁能源，是人类可以长期依赖的重要能源之一，利用太阳热能为建筑物供热采暖可以获得非常良好的节能和环境效益，长期以来，一直受到世界各国的普遍重视。近十余年来，欧洲、北美发达国家的太阳能供热采暖规模化利用技术快速发展，建成了大批利用太阳能的区域供热采暖工程，并编写出版了相应的技术指南和设计手册；我国的太阳能供热采暖技术近几年来也成为可再生能源建筑应用的热点，各地陆续建成一批试点示范工程，并已形成进一步推广应用的发展趋势。

国内目前完成的太阳能供热采暖工程，基本上是依据太阳能企业过去做太阳能热水系统的经验，系统设计的科学性、合理性较差，更做不到优化设计，使系统建成后不能发挥应有的效益；太阳能供热采暖系统需要的太阳能集热器面积较多，与建筑围护结构结合安装时，既要保证尽可能多地接收太阳光照，又要保证其安全性；这些问题都需要通过技术规范加以解决。因此，为了规范太阳能供热采暖工程的设计、施工和验收，确保太阳能供热采暖系统安全可靠运行并更好地发挥节能效益，特制定本规范。

本规范侧重于为实现太阳能供热采暖而设置的太阳能集热、蓄热系统部分的规定，对建筑物内系统仅作简要规定。

1.0.2　本条规定了本规范的适用范围。太阳能供热采暖的工程应用并不只限于城市，也适用于乡镇、农村的民用建筑；工厂车间等工业建筑一般具有较大的屋顶面积，要求的供暖室温低，同样适合太阳能供热采暖，并具有良好的节能效益。因此，对凡使用太阳能供热采暖系统的民用和部分工业建筑物，无论新建、扩建、改建或既有建筑，无论位于城市、乡镇还是农村，本规范均适用。规范中涉及系统设计方面的内容，针对新建、扩建、改建和既有建筑同等有效；但对系统设置安装、工程施工的要求规定，针对新建和既有建筑扩建、改建有所不同。

1.0.3　目前我国太阳能热水器的安装使用总量居世界第一，但大多作为建筑的后置部件在房屋建成后才购买安装，由此造成了对建筑安全和城市景观的不利影响，为解决这一问题，国家建设行政主管部门提出

了太阳能热水器与建筑结合的发展方向，并在已发布实施的国家标准《民用建筑太阳能热水系统应用技术规范》GB 50364 中对系统与建筑结合作出了规定。与太阳能热水系统相比，太阳能供热采暖系统的集热器面积更大，技术的综合性更强，因此，更需要严格纳入工程建设的规定程序，按照工程建设的要求，统一规划、设计、施工、验收和投入使用。

1.0.4　由于建筑物的供暖负荷远大于热水负荷，为满足建筑物的供暖需求，太阳能供热采暖系统的集热器面积较大，如果在设计时没有考虑全年综合利用，就会导致非采暖季产生的热水无法使用，从而浪费投资、浪费资源，以及因系统过热而产生安全隐患；所以，必须强调太阳能供热采暖系统的全年综合利用。可采用的措施有：适当降低系统的太阳能保证率，合理匹配供暖和供热水的建筑面积（同一系统供热水的建筑面积应大于供暖的建筑面积），以及用于夏季的空调制冷等。

1.0.5　本条为强制性条文，目的是确保建筑物的结构安全。由于既有建筑建成的年代参差不齐，有的建筑已使用多年，过去我国在抗震设计等结构安全方面的要求也比较低，而太阳能供热采暖系统的太阳能集热器需要安装在建筑物的外围护结构表面上，如屋面、阳台或墙面等，从而加重了安装部位的结构承载负荷量，如果不进行结构安全复核计算，就会对建筑结构的安全性带来隐患；特别是太阳能供热采暖系统中的太阳能集热器面积较大，对结构安全影响的矛盾更加突出。

结构复核可以由原建筑设计单位或其他有资质的建筑设计单位根据原施工图、竣工图、计算书进行，或经法定检测机构检测，确认不会影响结构安全后，才能够实施增设或改造太阳能供热采暖系统，否则，不能进行增设或改造。

1.0.6　鉴于目前我国节能减排工作的严峻形势，各级建设行政主管部门已严格要求新建、改建和扩建建筑物执行建筑节能设计标准，所以，设置了太阳能供热采暖系统的建筑物，必须首先满足节能设计标准的规定。在此基础上，有条件的工程项目应适当提高标准，特别是要提高围护结构的保温性能；太阳能的特点是在单位面积上的能量密度较低，要降低太阳能供热采暖系统的增投资，提高系统的太阳能保证率，首先就必须从改善围护结构的保温措施着手，只有大幅度降低建筑物的采暖耗热量，才能有效降低系统的初投资；所以，提高对设置太阳能供热采暖系统新建、改建和扩建供暖建筑物的节能设计要求，能够更好发挥太阳能供热采暖系统的节能效益，有利于太阳能供热采暖技术的推广应用，同时也可以为今后进一步提高建筑节能设计标准的规定指标积累经验。

我国过去建成的大量建筑物都不符合建筑节能设计标准的要求，随着建筑节能水平的进一步发展和提

高，将开展对既有建筑进行大规模的节能改造，包括增加对围护结构的保温措施等；因此，对设置太阳能供热采暖系统的既有建筑进行围护结构热工性能复核，增加相应节能措施，既符合形势要求，又是保证太阳能供热采暖系统节能效益的必要措施。如果设置太阳能供热采暖系统的既有建筑，不符合相关的建筑节能标准要求时，宜按照所在气候区国家、行业和地方建筑节能设计标准和实施细则的要求采取相应措施，否则，建筑物的采暖耗热量过大，将造成太阳能供热采暖系统完全不能发挥应有的节能作用。

1.0.7 太阳能供热采暖工程应用是建筑和太阳能应用领域多项技术的综合利用，在建筑领域，涉及建筑、结构、暖通空调、给排水等多个专业，本规范只能针对太阳能供热采暖工程本身具有的特点进行规定和要求，不可能把所有相关的专业技术规定都涉及，所以，与太阳能供热采暖工程应用相关的其他标准都应遵守执行，尤其是强制性条文。

2 术　语

2.0.2 本条术语所说的短期，一般指贮热周期不超过 15 天的蓄热系统。根据我国大部分采暖地区的气候特点，冬季连阴、雨、雪天的时段均在一周以内，因此，短期蓄热太阳能供热采暖系统通常具有一周的贮热设备容量；条件许可时，也可根据当地气象条件、特点适当加大贮热设备容量，延长蓄热时间。

2.0.18 该参数在国外文献资料中称之为太阳能热价（Solarcost），是评价系统经济性的重要参数；为能够更直观地反映其实际含义，通俗易懂，将其中文名称定为系统费效比，该定义名称已在评价国内实施的示范工程时使用。其中的常规能源是指具体工程项目的辅助能源加热设备所使用的能源种类（天然气、标准煤或电）。

2.0.19 该条术语由行业标准《严寒和寒冷地区居住建筑节能设计标准》JGJ 26 中"建筑物耗热量指标"的术语定义改写。在本标准中特别提出该条术语定义，是为更清楚地说明由太阳能集热系统负担的采暖负荷量。

2.0.20 该条术语参照国家标准《采暖通风与空气调节术语标准》GB 50155 中"热负荷"和行业标准《严寒和寒冷地区居住建筑节能设计标准》JGJ 26 中"建筑物耗热量指标"的术语定义改写。在本标准中特别提出该条术语定义，是为更清楚地说明由其他能源加热/换热设备负担的采暖负荷量。

2.0.21 太阳能集热器总面积 A_G 的计算公式如下：

$$A_G = L_1 \times W_1$$

式中　L_1——最大长度（不包括固定支架和连接管道）；

　　　W_1——最大宽度（不包括固定支架和连接管道）。

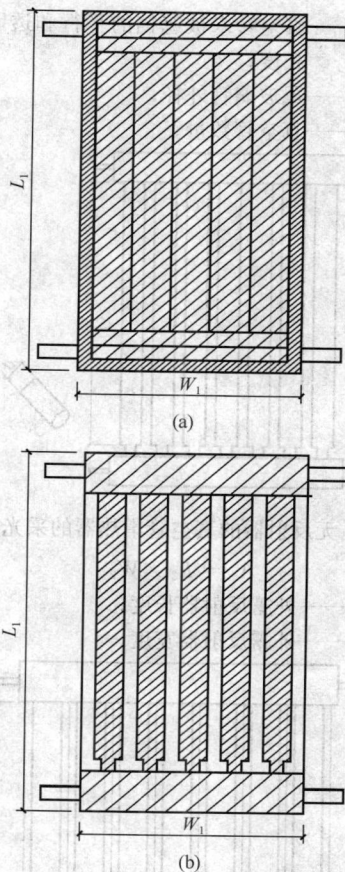

图 1　集热器总面积
（a）平板型集热器；（b）真空管集热器

2.0.22 各种类型的太阳能集热器采光面积 A_a 的计算如下：

$$A_a = L_2 \times W_2$$

式中　L_2——采光口的长度；

　　　W_2——采光口的宽度。

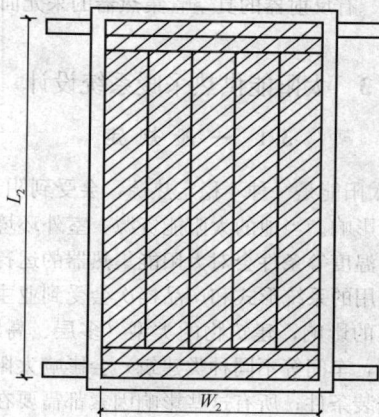

图 2　平板型集热器的采光面积

$$A_a = L_2 \times d \times N$$

式中 L_2 —— 真空管未被遮挡的平行和透明部分的长度；

　　　d —— 罩玻璃管外径；

　　　N —— 真空管数量。

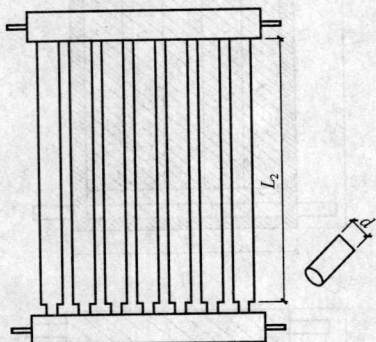

图3　无反射器的真空管集热器的采光面积

$$A_a = L_2 \times W_2$$

式中 L_2 —— 外露反射器长度；

　　　W_2 —— 外露反射器宽度。

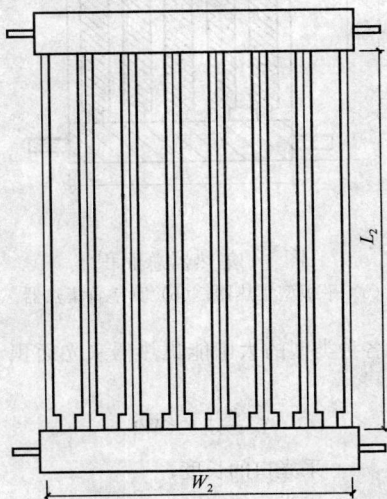

图4　有反射器的真空管集热器的采光面积

3　太阳能供热采暖系统设计

3.1　一般规定

3.1.1　太阳能是一种不稳定热源，会受到阴天和雨、雪天气的影响。当地的太阳能资源、室外环境气温和系统工作温度等条件会对太阳能集热器的运行效率有影响；选用的系统形式和产品档次会受到业主要求和投资规模的影响；建筑物的类型（多层、高层住宅，公共建筑，车间等不同种类建筑）会影响太阳能集热系统的安装条件；所有这些影响因素都需要在进行系统设计选型时统筹考虑。

　　选择的系统类型应与当地的太阳能资源和气候条件、建筑物类型和投资规模相适应，在保证系统使用功能的前提下，使系统的性价比最优。

3.1.2　由于太阳能供热采暖系统中的太阳能集热器是安装在建筑物的外围护结构表面上，会给系统投入使用后的运行管理维护和部件更换带来一定难度；太阳能集热器的规格、尺寸须和建筑模数相匹配，做到与建筑结合，其施工安装也与常规系统有所不同；在既有建筑上安装太阳能集热系统，不能破坏原有的房屋功能，如屋面防水等，以及如何保证施工维修人员的安全等问题；如果在设计时没有予以充分重视，不但带来了安全隐患、破坏建筑立面美观等系列问题，还会影响系统不能发挥应有的作用和效益。

　　目前国内已发布实施了与太阳能供热采暖技术相关的各类国家建筑标准设计图集，进行系统设计时，可以直接引用和参照执行。

3.1.3　本条为强制性条文，目的是确保太阳能供热采暖系统投入实际运行使用后的安全性。大部分使用太阳能供热采暖系统的地区，冬季最低温度低于0℃，安装在室外的集热系统可能发生冻结，使系统不能运行甚至破坏管路、部件；即使考虑了系统的全年综合利用，也有可能因其他偶发因素，如住户外出度长假等造成用热负荷量大幅度减少，从而发生系统的过热现象。过热现象分为水箱过热和集热系统过热两种；水箱过热是当用户负荷突然减少，例如长期无人用水时，贮热水箱中热水温度会过高，甚至沸腾而有烫伤危险，产生的蒸汽会堵塞管道或将水箱和管道挤裂；集热系统过热是系统循环泵发生故障、关闭或停电时导致集热系统中的温度过高，而对集热器和管路系统造成损坏，例如集热系统中防冻液的温度高于115℃后具有强烈腐蚀性，对系统部件会造成损坏等。因此，在太阳能集热系统中应设置防过热安全防护措施和防冻措施。强风、冰雹、雷击、地震等恶劣自然条件也可能对室外安装的太阳能集热系统造成破坏；如果用电作为辅助热源，还会有电气安全问题；所有这些可能危及人身安全的因素，都必须在设计之初就认真对待，设置相应的技术措施加以防范。

3.1.4　太阳能是间歇性能源，在系统中设置其他能源辅助加热/换热设备，其目的是既要保证太阳能供热采暖系统稳定可靠运行，又要降低系统的规模和投资，否则将造成集热和蓄热设备、设施过大，初投资过高，在经济性上是不合理的。

　　辅助热源应根据当地条件，选择城市热网、电、燃气、燃油、工业余热或生物质燃料等。加热/换热设备选择各类锅炉、换热器和热泵等，做到因地制宜、经济适用。对选用辅助热源的种类没有限制，但应和当地使用的实际能源种类相匹配，特别是要与设置太阳能供热采暖系统建筑物用于其他用途的常规能源类型和设备相匹配或相一致，比如配有管道燃气供应的建筑物，其太阳能供热采暖系统的辅助热源就不应再使用电。应特别重视城市中工业余热的利用，以及乡镇、农村中的生物质燃料应用。

3.1.5 为保证太阳能供热采暖系统能够安全、稳定、高效地工作运行，并维持一定的使用寿命，必须保证系统中所采用设备和产品的性能质量。太阳能集热器是太阳能供热采暖系统中的关键设备，其性能、质量直接影响着系统的效益；我国目前有两大类太阳能集热器产品——平板型太阳能集热器和真空管型太阳能集热器，已发布实施的两个国家标准：《平板型太阳能集热器》GB/T 6424 和《真空管型太阳能集热器》GB/T 17581，分别对其产品性能质量作出了合格性指标规定；其中对热性能的要求，凡是合格产品，在我国大部分采暖地区环境资源条件和冬季供暖运行工况时的集热效率可以达到 40%左右，从而保证系统能够获得较好的预期效益，标准对太阳能集热器产品的安全性等重要指标也有合格限的规定；因此，要求在太阳能供热采暖系统中必须使用合格产品。

太阳能集热器的性能质量是由具有相应资质的国家级产品质量监督检验中心检测得出，在进行系统设计时，应根据供货企业提供的太阳能集热器全性能检测报告，作为评价产品是否合格的依据。

太阳能集热器安装在建筑的外围护结构上，进行维修更换比较麻烦，正常使用寿命不能太低，目前我国较好企业生产的产品，已经有使用 10 年仍正常工作的实例，因此，规定产品的正常使用寿命不应少于10 年。

3.1.6 我国正在加快推进供暖热计量和供暖收费改革，太阳能供热采暖作为一项节能新技术进入供暖市场，更应积极响应国家政策要求，所以，凡是有条件的工程，宜在系统中设计安装用于系统能耗监测的计量装置。

3.1.7 太阳能供热采暖系统最显著的特点是能够充分利用太阳能，替代常规能源，从而节约供热采暖系统的能耗，减轻环境污染。因此，在系统设计完成后，进行系统节能、环保效益预评估非常重要，预评估结果是系统方案选择和开发投资的重要依据，当业主或开发商对评估结果不满意时，可以调整设计方案、参数，进行重新设计，所以，效益预评估是不可缺少的设计程序。

3.2 供热采暖系统选型

3.2.1 本条规定了构成太阳能供热采暖系统的分系统和关键设备。其中，太阳能集热系统由太阳能集热器、循环管路、泵或风机等动力设备和相关附件组成；蓄热系统主要包括贮热水箱、蓄热水池或卵石蓄热堆等蓄热装置和管路、附件；末端供热采暖系统主要包括热媒配送管网、散热器等设备和附件；其他能源辅助加热/换热设备是指使用电、燃气等常规能源的锅炉和换热器等设备。

3.2.2 虽然在太阳能供热采暖系统中可以使用的太

阳能集热器种类很多，但按集热器的工作介质划分，均可归到空气和液体工质两大类中，这两大类集热器在太阳能供热采暖系统中所使用的末端供热采暖系统类型、蓄热方式和主要设计参数等有较大差别，适用的场合也有所不同，在进行太阳能供热采暖系统选型时，需要根据使用要求和具体条件选用适宜类型的太阳能集热器。当然，工作介质相同的太阳能集热器，其材质、结构、构造和规格、尺寸等参数不同时，其性能参数也会有所不同，但不同点只是在参数的量值上有差异，不会影响到供热采暖系统的选型，因此，按选用的太阳能集热器种类划分系统类型时，将现有的各类太阳能集热器归于空气和液体工质两大类型。

3.2.3 太阳能集热系统的运行方式和系统安装使用地点的气候、水质等条件以及系统的初投资等经济因素密切相关，由于太阳能供热采暖系统的功能是兼有供暖和供热水，所以通常采用的运行方式是间接式太阳能集热系统；但我国是发展中国家，为降低系统造价，在气候相对温暖和软水质的地区，也可以采用直接式太阳能集热系统。

3.2.4 太阳能供热采暖系统与常规供热采暖系统的主要不同点是使用的热源不同，太阳能供热采暖系统的热源部分是收集利用太阳能的太阳能集热系统，常规供热采暖系统的热源是使用煤、天然气等常规能源的锅炉、换热器等设备；两种系统使用的末端采暖系统并无不同，目前常规供热采暖系统使用的末端采暖系统都能在太阳能供热采暖系统中使用，所以，在按末端采暖系统分类时，这些常规末端采暖系统均包括在内。但从提高系统运行效率、性能和适用合理性的角度分析，太阳能集热系统与末端采暖系统的配比组合对系统的工作性能、质量有较大影响，应在系统选型时予以充分重视。

由于目前市场上的液体工质太阳能集热器多是低温热水地板辐射为供生活热水而设计生产，冬季的工作温度较低——一般在 40℃左右，所以现阶段最适宜的末端采暖系统是低温热水地板辐射采暖系统；但随着高效太阳能集热器新产品的开发和工作温度的不断提高，今后与其他类型的末端采暖系统相匹配也是适宜的。

3.2.5 太阳能的不稳定性决定了太阳能供热采暖系统必须设置相应的蓄热装置，具有一定的蓄热能力，从而保证系统稳定运行，并提高系统节能效益；虽然目前国内基本上是应用短期蓄热系统，但国外已有大量的季节蓄热太阳能供热采暖系统工程实践，和十多年的工程应用经验，技术成熟，太阳能可替代的常规能源量更大，可以作为我们的借鉴。因此，将短期蓄热和季节蓄热两种太阳能供热采暖系统都包括在本规范中。

应根据系统的投资规模和工程应用地区的气候特点选择蓄热系统，一般来说，气候干燥，阴、雨、雪天较少和冬季气温较高地区可用短期蓄热系统，选择蓄热能力较低和蓄热周期较短的蓄热设备；而冬季寒冷、夏季凉爽、不需设空调系统的地区，更适宜选择季节蓄热太阳能供热采暖系统，以利于系统全年的综合利用。

3.2.6 按不同分类方式划分的太阳能供热采暖系统，对应于不同的建筑气候分区和不同的建筑物类型使用时，其适用性是不同的，需在系统选型时综合考虑。设计太阳能供热采暖系统的主要目的是供暖，建筑物的使用功能——公共建筑、居住建筑或车间等，对系统选型的影响不大，而建筑物的层数对系统选型的影响相对较高，因此，表3.2.6中的建筑物类型是按低层、多层和高层来进行划分。

空气集热器太阳能供热采暖系统主要用于建筑物内需要局部热风采暖的部位，有庞大的风管、风机等系统设备，占据较大空间，而且，目前空气集热器的热性能相对较差，为减少热损失，提高系统效益，空气集热器离送风点的距离不能太远，所以，空气集热器太阳能供热采暖系统不适宜用于多层和高层建筑。

太阳能集热器的工作温度越低，室外环境温度越高，其热效率越高，严寒地区冬季的室外温度较低，对集热器的实际工作热效率有较大影响，为提高系统效益，应使用低温热水地板辐射采暖末端供暖系统，如因供水温度低，出现地板可铺面积不够的情况，可将地板辐射扩展为顶棚辐射、墙面辐射等，以保证室内的设计温度；寒冷地区冬季的室外温度稍高，但对集热器的工作效率还是有影响，所以仍应采用低温供水采暖，选用地板辐射采暖末端供暖系统或散热器均可，但应适当加大散热器面积以满足室温设计要求；而在夏热冬冷和温和地区，冬季的室外环境温度较高，对集热器的实际工作热效率影响不大，可以选用工作温度稍高的末端供暖系统，如散热器等，以降低投资；在夏热冬冷地区，夏季普遍有空调需求，系统的全年综合利用可以冬季供暖、夏季空调，冬夏季使用相同的水—空气处理设备，从而降低造价，提高系统的经济性。夏热冬冷和温和地区的供暖需求不高，供暖负荷较小，短期蓄热即可满足要求；夏热冬冷地区的系统全年综合利用可以用夏季空调来解决，所以，在这两个气候区，不需要设置投资较高的季节蓄热系统。

3.2.7 液体工质集热器太阳能供暖系统的热媒是水，与热水辐射采暖、空气调节系统采暖和散热器采暖的热媒相同，所以，可用于现行国家标准《采暖通风与空气调节设计规范》GB 50019中规定采用这些采暖方式的各类建筑。空气集热器太阳能供暖系统的热媒是空气，可以直接供给建筑物内需热风采暖的区域。

3.3 供热采暖系统负荷计算

3.3.1 由于太阳能供热采暖系统要做到全年综合利用，系统负担的负荷有两类：采暖热负荷和生活热水负荷；规定用两者中较大的负荷作为最后确定的系统负荷，是为保证系统的运行效果。太阳能是不稳定热源，所以系统负荷是由太阳能集热系统和其他能源辅助加热/换热设备共同负担，而两者负担的负荷量是不同的；因此，在后面条文中分别规定了不同类型负荷的计算原则，给出了计算公式。

3.3.2 规定了由太阳能集热系统负担的采暖热负荷是在采暖期室外平均气温条件下的建筑物耗热量。即：太阳能集热系统所负担的只是建筑物在采暖期的平均采暖负荷，而不是建筑物的最大采暖负荷。这样做的好处是降低系统投资，提高系统效益；否则会造成系统的集热器面积过大，增加系统过热隐患，降低系统费效比。

1 本款公式由行业标准《严寒和寒冷地区居住建筑节能设计标准》JGJ 26中给出的建筑物耗热量指标公式改写，将耗热量指标公式中的各项乘以建筑面积即为本款公式。建筑物内部得热量的选取，针对居住建筑和公共建筑有所区别，居住建筑可按《严寒和寒冷地区居住建筑节能设计标准》JGJ 26的规定选值，公共建筑则按照建筑物的功能具体计算确定。

2 在使用本款公式进行围护结构传热耗热量计算时，室内空气计算温度按现行国家标准《采暖通风与空气调节设计规范》GB 50019规定的低限取值。例如，民用建筑的主要房间，可选16～18℃（规范规定范围为16～24℃）；采暖期室外平均温度和围护结构传热系数的修正系数ε按《严寒和寒冷地区居住建筑节能设计标准》JGJ 26、《夏热冬冷地区居住建筑节能设计标准》JGJ 134和本规范附录B选取。

3 在使用本款公式进行空气渗透耗热量计算时，换气次数的选取，针对居住建筑和公共建筑有所区别，居住建筑可按《严寒和寒冷地区居住建筑节能设计标准》JGJ 26的规定选值，公共建筑则按照建筑物的功能具体计算确定。

3.3.3 在不利的阴、雨、雪天气条件下，太阳能集热系统完全不能工作，这时，建筑物的全部采暖负荷都需依靠其他能源加热/换热设备供给，所以，其他能源加热/换热设备的供热能力和供热量应能满足建筑物的全部采暖热负荷。

1 本款规定了由其他能源加热/换热设备负担的采暖热负荷应按现行国家标准《采暖通风与空气调节设计规范》GB 50019规定的采暖热负荷计算方法和公式得出。即：这部分的负荷计算与进行常规采暖系统设计时的原则、方法完全相同。

2 在现行国家标准《采暖通风与空气调节设计规范》GB 50019规定可不设置集中采暖的地区或建筑，例如在夏热冬冷、温和地区的居住建筑，目前当地居民对冬季室内环境温度的要求普遍不高，一般居室温度达到14～16℃就已足够满意，并不一定要求达到规范要求的 16～24℃，对这些地区或建筑，就可以根据当地的实际情况，适当降低室内空气设计计算温度，从而减小常规能源加热/换热设备容量，降低系统投资，提高系统效益。

今后，当该地区居民对室内环境舒适度的要求提高时，再在本规范进行修订时，提高冬季室内计算温度至国家标准《采暖通风与空气调节设计规范》GB 50019 的规定值。

3.3.4 规定了由太阳能供热采暖系统负担的供热水负荷是建筑物的生活热水日平均耗热量。这是世界各国普遍遵循的设计原则，也与我国的国家标准《民用建筑太阳能热水系统应用技术规范》GB 50364 的规定相一致。否则系统设计会偏大，使某些时段热水过剩造成浪费，或系统过热造成安全隐患。

本条的计算公式中，热水用水定额应选取《建筑给水排水设计规范》GB 50015 中给出的定额范围的下限值。

3.4 太阳能集热系统设计

3.4.1 本条规定了太阳能集热系统设计的基本要求。

1 本款为强制性条文。目前我国的实际情况，开发商为充分利用所购买的土地获取利润，在进行规划时确定的容积率普遍偏高，从而影响到建筑物的底层房间只能刚刚达到规范要求的日照标准；所以，虽然在屋顶上安装的太阳能集热系统本身高度并不高，但也有可能影响到相邻建筑的底层房间不能满足日照标准要求；此外，在阳台或墙面上安装有一定倾角的太阳能集热器时，也有可能会影响下层房间不能满足日照标准要求，必须在进行太阳能集热系统设计时予以充分重视。

2 直接式太阳能集热系统中的工作介质是水，冬季气温低于 0℃ 时容易发生冻结现象，如果温度不是过低，处于低温状态的时间也不长，系统还可能再恢复正常工作，否则系统就可能被冻坏。因此，以冬季最低环境温度 -5℃ 为界，在低于 -5℃ 的地区，采用间接式太阳能集热系统，可使用防冻液工作介质，从而满足防冻要求。

3.4.2 本条是太阳能集热器设置和定位的基本规定。

1 太阳能集热器采光面上能够接收到的太阳光照会受到集热器安装方位和安装倾角的影响，根据集热器安装地点的地理位置，对应有一个可接收最多的全年太阳光照辐射热量的最佳安装方位和倾角范围，该最佳范围的方位是正南，或南偏东、偏西 10°，倾角为当地纬度 ±10°，但该范围太窄，对建筑规划设计的限制过于严格，不利于太阳能供热采暖的推广应用；为此，编制组利用 Meteo Norm V4.0 软件进行了不同方位、倾角表面接收太阳光照的模拟计算，结果显示：当安装方位偏离正南向的角度再扩大到南偏东、偏西 30° 时，集热器表面接收的全年太阳光照辐

射热量只减少了不到 5%，所以，本条将推荐的集热器最佳安装方位扩大至正南，或南偏东、偏西 30°；倾角为当地纬度 -10°～+20°，是因为太阳能供热采暖系统的主要功能是冬季采暖，倾角适当加大有利于提高冬季集热器的太阳能得热量。

对于受实际条件限制，集热器的朝向不可能在正南，或南偏东、偏西 30° 的朝向范围内，安装倾角与当地纬度偏差较大时，本条也给出了解决方法，即按附录 A 进行面积补偿，合理增加集热器面积；从而放宽了对应用太阳能供热采暖系统建筑物朝向、屋面坡度的限制，使建筑师的设计有了更大的灵活性，同时又能保证太阳能供热采暖系统设计的合理性。

在根据附录 A 进行面积补偿时，应针对不同的蓄热系统，选用不同的表格；表 A.0.2-1 根据 12 月的太阳辐照计算，适用于短期蓄热系统；表 A.0.2-2 根据全年的太阳辐照计算，适用于季节蓄热系统。

2 如果系统中太阳能集热器的位置设置不当，受到前方障碍物或前排集热器的遮挡，不能保证太阳能集热器采光面上的太阳光照的话，系统的实际运行效果和经济性都会大受影响，所以，需要对放置在建筑外围护结构上太阳能集热器采光面上的日照时间作出规定，冬至日太阳高度角最低，接收太阳光照的条件最不利，规定此时集热器采光面上的日照时数不少于 4h，是综合考虑系统运行效果和围护结构实际条件而提出的；由于冬至前后在早上 10 点之前和下午 2 点之后的太阳高度角较低，对应照射到集热器采光面上的太阳辐照度也较低，即该时段系统能够接收到的太阳能热量较少，对系统全天运行的工作效果影响不大；如果增加对日照时数的要求，则安装集热器的屋面面积要加大，在很多情况下不可行，所以，取冬至日日照时间 4h 为最低要求。

除了保证太阳能集热器采光面上有足够的日照时间外，前、后排集热器之间还应留有足够的间距，以便于施工安装和维护操作；集热器应排列整齐有序，以免影响建筑立面的美观。

3 本款给出了某一时刻太阳能集热器不被前方障碍物遮挡阳光的日照间距计算公式。公式中的计算时刻应选冬至日（此时赤纬角 $\delta = -23°57'$）的 10：00 或 14：00；公式中的角 γ 和太阳方位角 α 及集热器的方位角 γ（集热器表面法线在水平面上的投影线与正南方向线之间的夹角，偏东为负，偏西为正）有如下关系，见图 5。

4 建筑物的变形缝是为避免因材料的热胀冷缩而破坏建筑物结构而设置，主体结构在伸缩缝、沉降缝、防震缝等变形缝两侧会发生相对位移，太阳能集热器如跨越建筑物变形缝易受到破坏，所以不应跨越变形缝设置。

3.4.3 本条规定了系统设计中确定太阳能集热器总面积的计算方法。

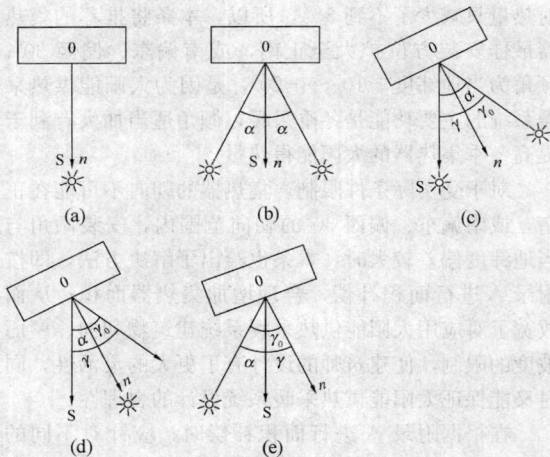

图 5　集热器朝向与太阳方位的关系

(a) $\gamma_0 = 0$, $\gamma = 0$, $\alpha = 0$; (b) $\gamma_0 = \alpha$, $\gamma = 0$;

(c) $\gamma_0 = \alpha - \gamma$; (d) $\gamma_0 = \gamma - \alpha$; (e) $\gamma_0 = \alpha + \gamma$

1 本款规定了直接系统太阳能集热器总面积的计算公式。一般情况下，太阳能集热器的安装倾角是在当地纬度 $-10°\sim +20°$ 的范围内，所以，公式中的 J_T 可按附录 B 选取；选取时，针对短期蓄热和季节蓄热系统应选用不同值；短期蓄热系统应选用 H_{Lt}：当地纬度倾角平面 12 月的月平均日辐照量，季节蓄热系统应选用；H_{La}：当地纬度倾角平面年平均日辐照量，其原因是季节蓄热系统可蓄存全年的太阳能得热量用于冬季采暖，太阳能集热器面积可以选得小一些，而短期蓄热系统的太阳能集热器面积应稍大，以保证系统的供暖效果。

2 本款规定了间接系统太阳能集热器总面积的计算方法。由于间接系统换热器内外需保持一定的换热温差，与直接系统相比，间接系统的集热器工作温度较高，使得集热器效率稍有降低，所以，确定的间接系统集热器面积要大于直接系统。其中的计算参数 A_c 用公式（3.4.3-1）计算得出，U_L 和 U_{hx} 可由生产企业提供的产品样本或产品检测报告得出，A_{hx} 则用附录 E 给出的方法计算。

3.4.4 本条规定了太阳能集热系统设计流量的计算方法。

1 本款规定了太阳能集热系统设计流量的计算公式。其中的计算参数 A 是将用式（3.4.3-1）或式（3.4.3-2）计算的总面积换算得出的采光面积，而优化系统设计流量的关键是要合理确定太阳能集热器的单位面积流量。

2 太阳能集热器的单位面积流量 g 与太阳能集热器的特性和用途有关，对应集热器本身的热性能和不同的用途，单位面积流量 g 的选取值是不同的。国外企业的普遍做法是根据其产品的不同用途——供暖、供热水或加热泳池等，委托相关的权威性检测机构给出与产品热性能相对应、在不同用途运行工况下

单位面积流量的合理选值，并列入企业产品样本，供用户使用；而我国企业目前对产品优化和性能检测的认识水平还不高，大部分企业的产品都缺乏该项检测数据；因此，表 3.4.4 中给出的是根据国外企业产品性能，由《太阳能住宅供热综合系统设计手册》（Solar Heating Systems for Houses, A Design Handbook for Solar Combisystems）等国外资料总结的推荐值，可能并不完全与我国产品的性能相匹配，但目前国内较好企业的产品性能和国外产品的差别不大，引用国外推荐值应该不会产生太大的偏差。当然，今后应积极引导企业关注产品检测，逐渐积累我国自己的优化设计参数。

3.4.5 太阳能的特点之一是其不稳定性，太阳能集热器采光面上接收的太阳辐照度是随天气条件不同而发生变化的，所以在投资条件许可时，应积极提倡采用自动控制变流量运行太阳能集热系统，提高系统效益。

3.4.6 本条规定了太阳能集热系统防冻设计的要求和防冻措施的选择。

1 在冬季室外环境温度可能低于 0℃ 的地区，因系统工质冻结会造成对系统的破坏，因此，在这些地区使用的太阳能集热系统，应进行防冻设计。

2 本款给出了太阳能集热系统可采用的防冻措施类型和根据集热系统类型、使用地区选择防冻措施的参照选择表。防冻措施包括：排空系统、排回系统、防冻液系统、循环防冻系统。严寒地区的防冻要求高，所以只能使用间接式太阳能集热系统和严格的防冻措施——排回系统和防冻液系统。鉴于我国目前的消费水平和投资能力较低，表 3.4.6 中将直接式太阳能集热系统和相应的排空和循环防冻系统列入了寒冷地区的推荐项，但如果从严要求，仅寒冷地区中冬季环境温度相对较高，如山东、河北南部、河南等省区，可以使用直接式太阳能集热系统和相应的排空和循环防冻系统。所以，只要有投资条件，寒冷地区仍应优先选用间接式太阳能集热系统和相应的防冻措施。

3 为保证太阳能集热系统的防冻措施能正常工作，规定防冻系统应采用自动控制运行。

3.5　蓄热系统设计

3.5.1 本条对太阳能供热采暖系统中蓄热系统的设计作出了基本规定。

1 目前在太阳能供热采暖系统中主要应用三种蓄热系统：液体工质集热器短期蓄热系统、液体工质集热器季节蓄热系统和空气集热器短期蓄热系统，太阳能集热系统形式、系统性能、系统投资、供热采暖负荷和太阳能保证率是影响蓄热系统选型的主要影响因素，在进行蓄热系统选型时，应通过对上述影响因素的综合技术经济分析，合理选取与工程具体条件最

为适宜的系统。

2 目前太阳能供热采暖系统的蓄热方式共有 5 种——贮热水箱、地下水池、土壤埋管、卵石堆和相变材料。表 3.5.1 给出了与蓄热系统相对应和匹配的蓄热方式，决定该对应关系的主要因素是系统的工作介质和蓄热周期；其中，相变材料蓄热方式目前的实际应用较少，但考虑到这是太阳能应用长期以来一直关注的一种重要蓄热方式，近年来也不断有运用相变原理的新型材料被开发应用，所以，仍将其列入选项，但因其投资相对较大，不宜用于季节蓄热系统。

对应于同一蓄热系统形式，有两种以上可选择项目的蓄热方式时，应根据实际工程的投资规模和当地的地质、水文、土壤条件及使用要求综合分析选择；一般来说，地下水池的蓄热量大、施工简便、初投资最低，是性能价格比最优的季节蓄热系统；土壤埋管蓄热施工较复杂，初投资高，但优点是能与地源热泵供暖空调系统联合工作，特别是在冬季从土壤的取热量远大于夏季向土壤放热量的地区，可以通过向土壤蓄热来弥补负荷的不平衡。

国外还有几种已应用于实际工程的蓄热方式，如利用地下的砂砾石含水层蓄热和利用地下的封闭水体蓄热，因适用条件过于特殊，故本规范中没有列入，但如当地恰好有这种适宜的水文地质条件，也可以参照国外相关工程经验，利用来进行季节蓄热。

3 季节蓄热液体工质集热器太阳能供暖系统的设备容量较大，需要较大的机房面积，投资比较高，只应用于单体建筑的综合效益较差，所以更适用于较大建筑面积的区域供暖；为提高系统的经济性，对单体建筑的供暖，采用短期蓄热液态工质集热器太阳能供暖系统较为适宜；但对某些地区或特定建筑，比如常规能源缺乏的边远地区，或高投资成本建设的高档别墅，也不排除采用季节蓄热系统。

4 蓄热水池中的水温较高，会发生烫伤等安全隐患，不能同时用作灭火的消防用水。

3.5.2 本条规定了液体工质蓄热系统的设计原则和相关设计参数。

1 短期蓄热液体工质集热器太阳能供暖系统的蓄热量是为满足在连续阴、雨、雪天时的供暖需求，加大蓄热量会增加蓄热设备容量和集热器面积，同时增加投资，所以需要在蓄热量和设备投资之间作权衡，选取适宜的蓄热周期。我国冬季大部分地区的连续阴、雨、雪天一般不超过一周，有些地区则可能会延长至半个月左右，如果要求蓄热量能够完全满足全部连续阴、雨、雪天时的供暖需求，则系统设备会过于庞大，系统投资过高，所以，规定短期蓄热液体工质集热器太阳能供暖系统的蓄热量只需满足建筑物 1～5 天的供暖需求，当地的太阳能资源好、环境气温高、工程投资大，可取高值，否则，取低值。如果投资许可，条件适宜，也不排除增加蓄热容量，延长

蓄热周期，但蓄热周期应不超过 15 天。

2 太阳能供热采暖系统对应每平方米太阳能集热器采光面积的贮热水箱、水池容积与当地的太阳能资源条件、集热器的性能特性有关，我国目前只有针对热水系统的经验数据，所以表 3.5.2 中给出的短期和季节蓄热太阳能供热采暖系统的贮热水箱容积配比范围，是参照《太阳能住宅供热综合系统设计手册》(Solar Heating Systemsfor Houses, A Design Handbook For Solar Combisystems) 等国外资料提出；在具体取值时，当地的太阳能资源好、环境气温高、工程投资高，可取高值，否则，取低值。

由于影响因素复杂，给出的推荐值范围较宽，选取某一具体数值确定水箱、水池容积完成系统设计后，可利用相关软件模拟系统在运行工况下的贮水温度，进行校核计算，验证取值是否合理。随着我国太阳能供热采暖工程的推广应用，在积累了较多工程经验和实测数据后，才有可能提出更加细化的适配参数。

3 贮热水箱内的热水存在温度梯度，水箱顶部的水温高于底部水温；为提高太阳能集热系统的效率，从贮热水箱向太阳能集热系统的供水温度应较低，所以，该条供水管的接管位置应在水箱底部；根据具体工程条件，生活热水和供暖系统对供水温度的要求是不同的，也应在贮热水箱相对应适宜的温度层位置接管，以实现系统对不同温度的供热/换热需求，提高系统的总效率。

4 如果贮热水箱接管处的流速过高，会对水箱中的水造成扰动，影响水箱的水温分层，所以，水箱进、出口处的流速应尽量降低；国外的部分工程经验，该处的流速远低于 0.04m/s，但太低的流速会过分加大接管管径，特别对循环流量较大的大系统，在具体取值时需要综合考虑权衡；这里规定的 0.04m/s 是最高限值，必须在接管处采取措施使流速低于限值。

5 季节蓄热系统地下水池的水池容量将直接影响水池内热水的蓄热温度，对应于一定的水池保温措施、周围土壤的全年温度分布、集热系统供水温度和水池容量等，有一个可能达到的最高水温。设计容量过大，池内水温低，既浪费了投资，又不能满足系统的功能要求；设计容量偏小，则池内水温可能过高，甚至超过水池内压力相对应的沸点温度而蒸发汽化，形成安全隐患；因此，必须对水池内可能达到的最高水温做校核计算。进行校核计算时，选用动态传热计算模型准确度最高，所以，有条件时，应优先利用计算软件做系统的全年运行性能动态模拟计算，得出蓄热水池内可能达到的最高水温预测值；为确保安全，该最高水温预测值应比与水池内压力相对应的水的沸点低 5℃。

6 地下水池的槽体结构、保温结构和防水结构的设计在相关国家标准、规范中已有规定，参照执行

即可。

7 季节蓄热地下水池一般容量较大，容易形成池内水温分布不均匀的现象，影响系统的供暖效果，所以，应采取相应的技术措施，例如设计迷宫式水池或设布水器等方法，避免池内水温分布不均匀。

8 保温设计在相关国家标准中已有规定，可参照执行。

9 工程建设当地的土壤地质条件是能否应用土壤埋管季节蓄热的基础，对土壤埋管季节蓄热系统的性能和实际运行效果有很大影响，因此，在进行设计前，应进行地质勘察，从而确定当地的土壤地质条件是否适宜埋管，同时又可对系统设计提出土壤温度等相关基础参数。土壤埋管季节蓄热系统的投资较大，其蓄热装置——地下埋管部分与地源热泵系统的地理管换热系统完全相同，在特定条件（夏季气候凉爽、完全不需空调）的地区，用地源热泵机组作辅助热源，与地埋管热泵系统配合使用，可以提高系统的运行效率和经济效益。

3.5.3 本条规定了卵石堆蓄热方式的设计原则和设计参数。

1 规定了空气蓄热系统的蓄热装置——卵石堆蓄热器（卵石箱）的基本尺寸和容量。推荐参数参照国外工程经验。

2 放入卵石箱内的卵石应清洗干净，以免热风通过时吹起灰尘。卵石大小如果不均匀，或使用易破碎或可与水和二氧化碳起反应的石头，如石灰石、砂石、大理石、白云石等，因会减小卵石之间的空隙，降低卵石箱内的空隙率，使阻力加大，影响系统效率。卵石堆的热分层可提高蓄热性能，所以，宜优先选用有热分层的垂直卵石堆；当高度受限时，只能采用水平卵石堆，但水平卵石堆无热分层。

3.5.4 本条规定了相变材料蓄热方式的设计原则和设计参数。

1 液体工质与相变材料直接接触换热，使相变材料发生相变时，相变材料有可能与液体换热工质混合，而使本身的成分、浓度等产生变化，从而改变相变温度等关键设计参数，并影响系统的总体运行效果，所以，液体工质不能直接与相变材料接触，而必须通过换热器间接换热。

2 使太阳能供热采暖系统的工作温度范围与相变材料的相变温度相匹配，是相变材料蓄热系统能够运行工作的基础，必须严格遵守。

3.6 控制系统设计

3.6.1 本条规定了太阳能供热采暖系统自动控制设计的基本原则。

1 太阳能供热采暖系统的热源是不稳定的太阳能，系统中又设有常规能源辅助加热设备，为保证系统的节能效益，系统运行最重要的原则是优先使用太阳能，这就需要通过相应的控制手段来实现。太阳辐照和天气条件在短时间内发生的剧烈变化，几乎不可能通过手动控制来实现调节；因此，应设置自动控制系统，保证系统的安全、稳定运行，以达到预期的节能效益。同时，规定了自动控制的功能应包括对太阳能集热系统的运行控制和安全防护控制、集热系统和辅助热源设备的工作切换控制、太阳能集热系统安全防护控制的功能应包括防冻保护和防过热保护。

2 为保证自动控制系统能长久、稳定、正常工作，必须确保系统部件、元件的产品质量，性能、质量符合相关产品标准是最低要求，进行系统设计时，应予以充分重视。目前我国大部分物业管理公司的设备运行和管理人员，其技能普遍不高，如果控制方式过于复杂，使设备运行管理人员不易掌握，就会严重影响系统的运行效果，所以，自动控制系统的设计应简便、可靠、利于操作。

3 温度传感器的测量不确定度不能太大，否则将会导致控制精度降低，进而影响系统的合理运行，因此，必须规定温度传感器应达到的测量不确定度。对工程应用来说，小于等于 0.5℃ 的测量不确定度已足够准确，可以满足控制精度要求。

3.6.2 本条规定了系统运行和设备工作切换的自动控制设计的基本原则。

1 根据集热系统工质出口和贮热装置底部介质的温差，控制太阳能集热系统的运行循环，是最常使用的系统运行控制方式。其依据的原理是：只有当集热系统工质出口温度高于贮热装置底部温度（贮热装置底部的工作介质通过管路被送回集热系统重新加热，该温度可视为是返回集热系统的工质温度）时，工作介质才可能在集热系统中获取有用热量；否则，说明由于太阳辐照过低，工质不能通过集热系统得到热量，如果此时系统仍然继续循环工作，则可能发生工质反而通过集热系统散热，使贮热装置内的工质温度降低。

温差循环的运行控制方式是：在集热系统工质出口和贮热装置底部分别设置温度传感器 S1 和 S2，当二者温差大于设定值（宜取 5～10℃）时，通过控制器启动循环泵或风机，系统运行，将热量从集热系统传输到贮热装置；当二者温差小于设定值（宜取 2～5℃）时，循环泵或风机关闭，系统停止运行。

2 本款提出了太阳能集热系统变流量运行的具体控制方式。可以根据太阳辐照条件的变化直接改变系统流量，或因太阳辐照不同引起的温差变化间接改变系统流量，从而实现系统的优化运行。

3 为保证太阳能供热采暖系统的稳定运行，当太阳辐照较差，通过太阳能集热系统的工作介质不能获取相应的有用热量，使工质温度达到设计要求时，辅助热源加热设备应启动工作；而太阳辐照较好，工质通过太阳能集热系统可以被加热到设计温度时，辅助热源加热设备应立即停止工作，以实现优先使用太阳能，提高系统的太阳能保证率；所以，应采用定温（工质温度是否达到设计温度）自动控制，来完成太阳能集热系统和辅助热源加热设备的相互工作切换。

3.6.3 本条规定了系统安全和防护控制的基本设计原则。

1 使用水作工作介质的直接和间接式太阳能集热系统，常采用排空和排回措施，将全部工作介质排空或从安装在室外的太阳能集热系统排至设于室内的贮水箱内，以防止冻结现象发生；所以，当水温降低到某一定值——防冻执行温度时，就应通过自动控制启动排空和排回措施，防止水温继续下降至0℃产生冻结，影响系统安全。防冻执行温度的范围通常取3～5℃，视当地的气候条件和系统大小确定具体选值，气温偏低地区取高值，否则，取低值。

2 系统循环防冻的技术相对简便，是目前较常使用的防冻措施，但因系统循环会有水泵能耗，设计时应结合当地条件作经济分析，考虑是否采用；如水泵运行时间过长或频繁起停，则不适用。

3 贮热水箱中的水一般是直接供给供暖末端系统或热水用户的，所以，防过热措施应更严格。过热防护系统的工作思路是：当发生水箱过热时，不允许集热系统采集的热量再进入水箱，避免供给末端系统或用户的水过热，此时多余的热量由集热系统承担；集热系统安装在户外，当集热系统也发生过热时，因集热系统中的工质沸腾造成人身伤害的危险稍小，而且容易采取其他措施散热。

因此，水箱防过热执行温度的设定更严格，应设在80℃以内，水箱顶部温度最高，防过热温度传感器应设置在贮热水箱顶部；而集热系统中的防过热执行温度则根据系统的常规工作压力，设定较为宽泛的范围，一般常用的范围是95～120℃，当介质温度超过了安全上限，可能发生危险时，用开启安全阀泄压的方式保证安全。

4 本款为强制性条文。当发生系统过热安全阀必须开启时，系统中的高温水或蒸汽会通过安全阀外泄，安全阀的设置位置不当，或没有配备相应措施，有可能会危及周围人员的人身安全，必须在设计时着重考虑。例如，可将安全阀设置在已引入设备机房的系统管路上，并通过管路将外泄高温水或蒸汽排至机房地漏；安全阀只能在室外系统管路上设置时，通过管路将外泄高温水或蒸汽排至就近的雨水口等。

如果安全阀的开启压力大于与系统可耐受的最高工作温度对应的饱和蒸汽压力，系统可能会因工作压力过高受到破坏；而开启压力小于与系统可耐受的最高工作温度对应的饱和蒸汽压力，则使本来仍可正常运行的系统停止工作，所以，安全阀的开启压力应与系统可耐受的最高工作温度对应的饱和蒸汽压力一致，既保证了系统的安全性，又保证系统的稳定正常运行。

运行。

3.7 末端供暖系统设计

3.7.1 本条规定了太阳能供热采暖系统中可以和液体工质集热器配合工作的末端供暖系统。可用于常规采暖、空调系统的末端设备、系统（低温热水地板辐射、水-空气处理设备和散热器等）均可用于太阳能供热采暖系统；需根据具体工程的条件选用。只设置采暖系统的建筑，应优先选用低温热水地板辐射；拟设置集中空调系统的建筑，应选用水-空气处理设备；在温和地区只设置采暖系统的建筑，或使用高效集热器的单纯采暖系统，也可选用散热器采暖，以降低工程初投资，提高系统效益。

3.7.2 本条规定了太阳能供热采暖系统中可以和空气集热器配合工作的末端供暖系统。空气集热器太阳能供热采暖系统的工质为空气，所以末端供暖系统是在常规采暖、空调系统中通常采用的热风采暖系统。部分新风加回风循环的风管送风系统中，应由太阳能提供新风部分的热负荷，从而提高系统效率，得到更好的节能效益。

3.7.3 太阳能供热采暖系统的末端供暖系统与常规采暖、空调系统的末端设备、系统完全相同，其系统设计在国家现行标准、规范中已作详细规定，遵照执行即可，不需再作另行规定。

3.8 热水系统设计

3.8.1 太阳能供热采暖系统是根据采暖热负荷确定太阳能集热器面积从而进行系统设计的，所以，系统在非采暖季可提供生活热水的建筑面积会大于冬季采暖的建筑面积，即热水系统的供热水范围必定大于冬季采暖的范围。

以在一个由若干栋住宅组成的小区内设计太阳能供热采暖系统为例，如果系统设计是冬季为其中的2栋住宅供暖，那么在非采暖季生活热水的供应范围是选4栋、6栋还是更多栋住宅，就需要根据所在地区气候、太阳能资源条件、用水负荷，综合业主要求、投资规模、安装等条件，通过计算合理确定适宜的供水范围。是否适宜，需要遵循的一个重要原则是保证系统在非采暖季正常运行的条件下不会产生过热。

3.8.2 太阳能供热采暖系统中的热水系统与常规热水供应系统完全相同，其系统设计在现行国家标准、规范中已作详细规定，遵照执行即可，不需再作另行规定。

3.8.3 本条规定是为强调设计人员应重视太阳能供热采暖系统中的生活热水系统的水质，因为洗浴热水会直接接触使用人员的皮肤，所以要求水质必须符合卫生指标。

3.9 其他能源辅助加热/换热设备设计选型

3.9.1 在国家标准《采暖通风与空气调节设计规范》

GB 50019 和《公共建筑节能设计标准》GB 50189 中，均对采暖热源的适用条件和使用的常规能源种类作出了规定，其目的除了保证技术上的合理性之外，另一重要的原因是为满足建筑节能的要求。例如，《公共建筑节能设计标准》中的强制性条文："除了符合下列情况之一外，不得采用电热锅炉、电热水器作为直接采暖和空气调节系统的热源：（6 种情况略）"，对采用电热锅炉作出了限制规定；太阳能供热采暖系统是以节能为目标，因此，更应该严格遵守。

3.9.2 太阳能供热采暖系统中使用的其他能源加热/换热设备和常规采暖系统中的热源设备没有区别，为满足建筑节能的要求，国家标准《公共建筑节能设计标准》GB 50189 中对采暖系统的热源性能——例如锅炉额定热效率等作出了规定。太阳能供热采暖系统在选择其他能源加热/换热设备时，同样应该遵守。

3.9.3 其他能源加热/换热设备和常规采暖系统中的热源设备完全相同，其设计选型在现行国家标准、规范中已作详细规定，遵照执行即可，不需再作另行规定。

4 太阳能供热采暖系统施工

4.1 一般规定

4.1.1 本条为强制性条文。进行太阳能供热采暖系统的施工安装，保证建筑物的结构和功能设施安全是第一位的；特别在既有建筑上安装系统时，如果不能严格按照相关规范进行土建、防水、管道等部位的施工安装，很容易造成对建筑物的结构、屋面、地面防水层和附属设施的破坏，削弱建筑物在寿命期内承受荷载的能力，所以，必须作为强制性条文提出，予以充分重视。

4.1.2 目前国内现状，太阳能供热采暖系统的施工安装通常由专门的太阳能工程公司承担，作为一个独立工程实施完成，而太阳能供热采暖系统的安装与土建、装修等相关施工作业有很强的关联性，所以，必须强调施工组织设计，以避免差错，提高施工效率。

4.1.3 本条的提出是由于目前太阳能供热采暖系统施工安装人员的技术水平参差不齐，不进行规范施工的现象时有发生。所以，着重强调必要的施工条件，严禁不满足条件的盲目施工。

4.1.4 本条规定了太阳能供热采暖系统连接管线、部件、阀门等配件选用的材料应能耐受温度，以防止系统破坏，提高系统部件的耐久性和系统工作寿命。

4.1.5 本条对进场安装的太阳能供热采暖系统产品、配件、材料及其性能提出了要求，针对目前国内企业普遍不重视太阳能集热器性能检测的现状，规定了应提供集热器进场产品的性能检测报告。

4.2 太阳能集热系统施工

4.2.1 太阳能集热器的安装方位对采光面上可以接收到的太阳辐射有很大影响，进而影响系统的运行效果，因此，应保证按照设计要求的方位进行安装；推荐使用罗盘仪确定方位，罗盘仪操作方便，是简便易行的定位工具。

4.2.2 太阳能集热器的种类繁多，不同企业产品设计的相互连接方式以及真空管与联箱的密封方式有较大差别，其连接、密封的具体操作方法通常都在产品说明书中详细说明，所以，在本条规定中予以强调，要求按照具体产品所设计的连接和密封方式安装，并严格按产品说明书进行具体操作。

4.2.3 平屋面上用于安装太阳能集热器的专用基座，其强度是为保证集热器防风、抗震及今后运行安全，通过设计计算提出的关键指标，施工时应严格按照设计要求，否则，基座强度就得不到保证；基座的防水处理做不好，会引发屋面漏水，影响顶层住户的切身利益，在既有建筑屋面上安装时，需要刨开屋面面层做基座，会破坏原有防水结构，基座完工后，被破坏部位需重做防水，所以，都应严格按国家标准《屋面工程质量验收规范》GB 50207 的规定进行防水制作。

4.2.4 本条是对埋设在坡屋面结构层预埋件的施工工序的规定，对新建建筑和既有建筑改造同样适用。

4.2.5 在部分围护结构表面，如平屋面上安装太阳能集热器时，集热器需安装在支架上，支架通常由同一生产企业提供，本条对集热器支架提出要求。根据集热器所安装地区的气候特点，支架的强度、抗风能力、防腐处理和热补偿措施等必须符合设计要求，部分指标在设计未作规定时，则应符合国家现行标准的要求。

4.2.6 本条是防止因太阳能集热系统管线穿过屋面、露台时造成这些部位漏水的重要措施，应严格执行。

4.2.7 管道的施工安装在国家标准《建筑给水排水及采暖工程施工质量验收规范》GB 50242、《通风与空调工程施工质量验收规范》GB 50243 中已有详细的规定，严格执行即可。

4.3 太阳能蓄热系统施工

4.3.1 贮热水箱内贮存的是热水，设计时会根据贮水温度提出对材质、规格的要求，因此，要求施工单位在购买或现场制作安装时，应严格遵照设计要求。钢板焊接的贮热水箱容易被腐蚀，所以，特别强调按设计要求对水箱内、外壁做防腐处理；为确保人身健康，同时要求内壁防腐涂料应卫生、无毒，能长期耐受所贮存热水的最高温度。

4.3.2 本条规定了贮热水箱制作的程序和应遵照执行的标准，以保证水箱质量。

4.3.3 本条规定是为减少贮热水箱的热损失。

4.3.4 本条规定了蓄热地下水池现场施工制作时的要求，以保证水池质量和施工安全。

1 地下水池施工时，除必须按照设计规定，满足系统的承压和承受土壤等荷载的要求外，还应在施工过程中，严格施工程序，防止因土壤等荷载造成安全事故。

2 应严格按设计要求和相关标准规定的施工工法，进行地下水池的防水渗漏施工，保证水池的防水渗漏性能质量。

3 为保证地下水池的工作寿命，减轻日常维护工作量，避免危及人员健康、安全，应严格按设计要求和相关标准规定的施工工法，选择内壁防腐涂料，进行地下水池及内部部件的抗腐蚀处理。

4 地下水池需要长期贮存热水，为尽可能延长水池的工作寿命，选用的保温材料和保温构造做法应能长期耐受所贮存热水的最高温度，所以，除现场条件不允许，如利用现有水池等特殊情况外，一般应采用外保温构造做法。

4.3.5 管道的施工安装在国家标准《建筑给水排水及采暖工程施工质量验收规范》GB 50242、《通风与空调工程施工质量验收规范》GB 50243 中已有详细的规定，严格执行即可。

4.4 控制系统施工

4.4.1 系统的电缆线路施工和电气设施的安装在国家标准《电气装置安装工程电缆线路施工及验收规范》GB 50168 和《建筑电气工程施工质量验收规范》GB 50303 中已有详细规定，遵照执行即可。

4.4.2 为保证系统运行的电气安全，系统中的全部电气设备和与电气设备相连接的金属部件应做接地处理。而电气接地装置的施工在国家标准《电气装置安装工程接地装置施工及验收规范》GB 50169 中均有规定，遵照执行即可。

4.5 末端供暖系统施工

4.5.1 末端供暖系统的施工安装在国家标准《建筑给水排水及采暖工程施工质量验收规范》GB 50242、《通风与空调工程施工质量验收规范》GB 50243 中均有规定，遵照执行即可。

4.5.2 低温热水地板辐射供暖是太阳能供热采暖中使用最广泛的末端供暖系统，其施工安装在行业标准《地面辐射供暖技术规程》JGJ 142 中已有详细规定，应遵照执行。

5 太阳能供热采暖工程的调试、验收与效益评估

5.1 一般规定

5.1.1 本条根据太阳能供热采暖工程的特点和需要，明确规定在系统安装完毕投入使用前，应进行系统调试。系统调试是使系统功能正常发挥的调整过程，也是对工程质量进行检验的过程。根据调研，凡施工结束进行系统调试的项目，效果较好，发现问题可进行改进；未作系统调试的工程，往往存在质量问题，使用效果不好，而且互相推诿、不予解决，影响工程效能的发挥。所以，作出本条规定，以严格施工管理。一般情况下，系统调试应在竣工验收阶段进行；不具备使用条件，是指气候条件等不合适时，比如，竣工时间在夏季，不利于进行冬季供暖工况调试等，但延期进行调试需经建设单位同意。

5.1.2 本条规定了系统调试需要包括的项目和连续试运行的天数，以使工程能达到预期效果。

5.1.3 本条为《建筑工程施工质量验收统一标准》GB 50300 中的规定，在此提出予以强调。

5.1.4 太阳能供热采暖系统的施工受多种条件制约，因此，本条提出分项工程验收可根据工程施工特点分期进行，但强调对于影响工程安全和系统性能的工序，必须在本工序验收合格后才能进入下一道工序的施工。

5.1.5 本条规定了竣工验收的时间及竣工验收应提交的资料。实际工程中，部分施工单位对施工资料不够重视，所以，在此加以强调。

5.1.6 本条参照了相关国家标准对常规暖通空调工程质量保修期限的规定。太阳能供热采暖工程比常规暖通空调工程更加复杂，技术要求更多；因此，对施工质量的保修期限应至少与常规暖通空调工程相同，负担的责任方也应相同。

5.2 系统调试

5.2.1 本条规定了进行太阳能供热采暖工程系统调试的相关责任方。由于施工单位可能不具备系统调试能力，所以规定可以由施工企业委托有调试能力的其他单位进行系统调试。

5.2.2 本条规定了太阳能供热采暖工程系统设备单机、部件调试和系统联动调试的执行顺序，应首先进行设备单机和部件的调试和试运转，设备单机、部件调试合格后才能进行系统联动调试。

5.2.3 本条规定了设备单机、部件调试应包括的内容，以为系统联动调试做好准备。

5.2.4 为使工程达到预期效果，本条规定了系统联动调试应包括的内容。

5.2.5 为使工程达到预期效果，本条规定了系统联动调试结果与系统设计值之间的容许偏差。

1 现行国家标准《通风与空调工程施工质量验收规范》GB 50243 对供热采暖系统的流量、供水温度等参数的联动调试结果与系统设计值之间的容许偏差有详细规定，应严格执行，以保证系统投入使用后能正常运行。

2 本条的额定工况指太阳能集热系统在系统流量或风量等于系统的设计流量或设计风量的条件下工作。

3 针对短期蓄热系统和季节蓄热系统，本条太阳能集热系统的额定工况是不相同的，具体的集热系统工作条件如下：

    1) 短期蓄热系统：日太阳辐照量接近于当地纬度倾角平面 12 月的月平均日太阳辐照量，日平均室外温度接近于当地 12 月的月平均环境温度；

    2) 季节蓄热系统：日太阳辐照量接近于当地纬度倾角平面的年平均日太阳辐照量，日平均室外温度接近于当地的年平均环境温度；通常情况下以 3 月、9 月（春分、秋分节气所在月）的条件最为接近。

集热系统进出口工质的设计温差 Δt 可用下式计算得出：

$$\Delta t = \frac{Q_\mathrm{H} f}{\rho c G}$$

式中　Q_H——建筑物耗热量，W；

    f——系统的设计太阳能保证率，%；

    c——水的比热容，4187J/(kg·℃)；

    ρ——热水密度，kg/L；

    G——系统设计流量，L/s。

5.3　工程验收

5.3.1 本条划分了太阳能供热采暖工程的分部、分项工程，以及分项工程所包括的基本施工安装工序和项目，分项工程验收应能涵盖这些基本施工安装工序和项目。

5.3.2 太阳能供热采暖系统中的隐蔽工程，一旦在隐蔽后出现问题，需要返工的部位涉及面广、施工难度和经济损失大，因此，必须在隐蔽前经监理人员验收及认可签证，以明确界定出现问题后的责任。

5.3.3 本条规定了在太阳能供热采暖系统的土建工程验收前，应完成现场验收的隐蔽项目内容。进行现场验收时，按设计要求和规定的质量标准进行检验，并填写中间验收记录表。

5.3.4 本条规定了太阳能集热器的安装方位角和倾角与设计要求的容许安装误差。检验安装方位角时，应先使用罗盘仪确定正南向，再使用经纬仪测量出方位角。检验安装倾角，则可使用量角器测量。

5.3.5 为保证工程质量和达到工程的预期效果，本条规定了对太阳能供热采暖系统工程进行检验和检测的主要内容。

5.3.6 本条规定了太阳能供热采暖系统管道的水压试验压力取值。一般情况下，设计会提出对系统的工作压力要求，此时，可按国家标准《建筑给水排水及采暖工程施工质量验收规范》GB 50242 的规定，取

1.5 倍的工作压力作为水压试验压力；而对可能出现的设计未注明的情况，则分不同系统提出了规定要求。开式太阳能集热系统虽然可以看作无压系统，但为保证系统不会因突发的压力波动造成漏水或损坏，仍要求应以系统顶点工作压力加 0.1MPa 做水压试验；闭式太阳能集热系统和供暖系统均为有压力系统，所以应按《建筑给水排水及采暖工程施工质量验收规范》GB 50242 的规定进行水压试验。

5.4　工程效益评估

5.4.1 发达国家通常都对太阳能供热采暖工程进行系统效益的长期监测，以作为对使用太阳能供热采暖工程用户提供税收优惠或补贴的依据；我国今后也有可能出台类似政策，所以，本条建议有条件的工程，宜在系统工作运行后，进行系统能耗的定期监测，以确定系统的节能、环保效益。

5.4.2 本条规定了对太阳能供热采暖工程做节能、环保效益分析的评定指标内容。所包括的评定指标能够有效反映系统的节能、环保效益，而且计算相对简单、方便，可操作性强。

5.4.3 本条规定了计算太阳能供热采暖系统的年节能量、系统寿命期内的总节能费用、费效比和二氧化碳减排量的计算方法——本规范附录 F 中的推荐公式。

附录 A　不同地区太阳能集热器的补偿面积比

A.0.1 当太阳能集热器受实际条件限制，不能按照给出的最佳方位范围和接近当地纬度的倾角安装时，需要使用本附录方法进行面积补偿，本条规定了计算公式，其中的 A_C 是按假设安装倾角为当地纬度、安装方位角为正南，用式（3.4.3-1）和式（3.4.3-2）计算得出的太阳能集热器面积；R_S 是从 A.0.2 条给出的表中选取的补偿面积比，应选取与实际安装倾角和方位角最为接近角度对应的 R_S。

附录 B　代表城市气象参数及不同地区太阳能保证率推荐值

B.0.1 本条给出了我国代表城市的设计用气象参数。

表 B.0.1 给出的气象参数根据国家气象中心信息中心气象资料室提供的 1971～2000 年相关参数的月平均值统计；其中，计算采暖期平均环境温度的部分取值引自行业标准《严寒和寒冷地区居住建筑节能设计标准》JGJ 26 和《夏热冬冷地区居住建筑节能设计标准》JGJ 134。

B.0.2 本条给出了我国 4 个太阳能资源区的太阳能保证率取值的推荐范围。太阳能保证率 f 是确定太阳能集热器面积的一个关键性因素，也是影响太阳能供热采暖系统经济性能的重要参数。实际选用的太阳能保证率 f 与系统使用期内的太阳辐照、气候条件、产品与系统的热性能、供热采暖负荷、末端设备特点、系统成本和开发商的预期投资规模等因素有关。

表 B.0.2 是根据不同地区的太阳能辐射资源和气候条件，取合格产品的性能参数，设定合理的投资成本，针对不同末端设备模拟计算得出；具体选值时，需按当地的辐射资源和投资规模确定，太阳辐照好、投资大的工程可选相对较高的太阳能保证率，反之，取低值。

附录 C 太阳能集热器平均集热效率计算方法

C.0.1 强调太阳能集热器的集热效率应根据选用产品的实际测试效率方程计算得出。因为不同企业生产的产品热性能差别很大，如果不按具体产品的测试方程选取效率，将会直接影响系统的正常工作和预期效益。

太阳能集热器产品的国家标准规定，太阳能集热器实测的效率方程可根据实测参数拟合为一次方程或二次方程，无论是一次还是二次方程，均可用于设计计算。

标准中对合格产品相关参数（一次方程中的 η_0 和 U）应达到的要求作出了规定，该规定值是：平板型集热器：$\eta_0 \geqslant 0.72$，$U \leqslant 6.0\text{W/(m}^2 \cdot \text{K)}$；无反射器真空管集热器：$\eta_0 \geqslant 0.62$，$U \leqslant 2.5\text{W/(m}^2 \cdot \text{K)}$。以下给出一个计算实例。

如一个合格真空管集热器经测试得出的效率方程分别为：

一次方程：$\eta = 0.742 - 2.480T^*$

二次方程：$\eta = 0.743 - 2.604T^* - 0.003G(T^*)^2$

该集热器将用于北京市一个短期蓄热、地板辐射采暖的太阳能供热采暖系统，采暖回水温度 t_i 取 35℃，t_a 取北京 12 月的平均环境温度 -2.7℃，北京 12 月集热器采光面上的太阳总辐射月平均日辐照量 H_d 为 13709kJ/(m²·d)，12 月的月平均每日的日照小时数 S_d 为 6.0h；

则 $G = H_d/(3.6S_d) = 13709/(3.6 \times 6) = 635\text{W/m}^2$，

$T^* = (t_i - t_a)/G = (35 + 2.7)/635 = 0.06$，

选用一次方程：

$\eta = 0.742 - 2.480T^* = 0.742 - 2.480 \times 0.06 = 0.593$

选用二次方程：

$\eta = 0.743 - 2.604T^* - 0.003G(T^*)^2$
$= 0.743 - 2.604 \times 0.06 - 0.003 \times 635 \times 0.06^2$
$= 0.580$

C.0.2 在我国大部分地区，基本上可以用 12 月的气象条件代表冬季气候的平均水平，所以，短期蓄热太阳能供热采暖系统的设计选用 12 月的平均气象参数进行计算。

C.0.3 季节蓄热太阳能供热采暖系统是将全年收集的太阳能都贮存起来用于供暖，所以其系统设计是选用全年的平均气象参数进行计算。

附录 D 太阳能集热系统管路、水箱热损失率计算方法

D.0.1 本条给出了管路、水箱热损失率 η_L 的推荐取值范围，该取值范围是在参考暖通空调、热力专业相关设计技术措施、手册、标准图等资料的基础上，选取典型系统，以代表城市哈尔滨、北京、郑州的气象参数进行校核计算后确定的。应按照当地的气象、太阳能资源条件合理取值；12 月和全年的环境温度较低、太阳辐照较差的地区应取较高值，反之，可取较低值。

D.0.2 本条给出了需要准确计算 η_L 的方法原则，即按本附录 D.0.3～D.0.5 给出的公式迭代计算。具体迭代计算的步骤是：

1) 按 D.0.1 给出的推荐范围选取 η_L 的初始值；

2) 利用本规范第 3.4.3 条中的公式计算太阳能集热器总面积；

3) 根据实际工程要求进行系统设计，确定管路长度、尺寸、水箱容积等；

4) 利用 D.0.3～D.0.5 给出的公式，根据系统设计和设备选型计算 η_L 的实际值；

5) η_L 初始值和实际值的差别小于 5% 时，说明 η_L 初始值选择合理，系统设计完成；否则，改变 η_L 取值按上述过程重新设计计算。

中华人民共和国国家标准

节能建筑评价标准

Standard for energy efficient building assessment

GB/T 50668—2011

主编部门：中华人民共和国住房和城乡建设部
批准部门：中华人民共和国住房和城乡建设部
施行日期：２０１２年５月１日

中华人民共和国住房和城乡建设部
公 告

第 970 号

关于发布国家标准
《节能建筑评价标准》的公告

现批准《节能建筑评价标准》为国家标准，编号为 GB/T 50668 - 2011，自 2012 年 5 月 1 日起实施。

本标准由我部标准定额研究所组织中国建筑工业出版社出版发行。

中华人民共和国住房和城乡建设部

2011 年 4 月 2 日

前 言

根据原建设部《关于印发〈2006 年工程建设标准规范制定、修订计划（第一批）〉的通知》（建标〔2006〕77 号）的要求，标准编制组经广泛调查研究，认真总结实践经验，参考有关国内标准和国外先进标准，并在广泛征求意见的基础上，制定本标准。

本标准的主要技术内容是：1. 总则；2. 术语；3. 基本规定；4. 居住建筑；5. 公共建筑。

本标准由住房和城乡建设部负责管理，由中国建筑科学研究院负责具体技术内容的解释。执行过程中如有意见或建议，请寄送中国建筑科学研究院（地址：北京市北三环东路 30 号，邮编：100013）。

本 标 准 主 编 单 位：中国建筑科学研究院

本 标 准 参 编 单 位：中国建筑西南设计研究院
中国建筑设计研究院
深圳建筑科学研究院有限公司
上海建筑设计研究院
重庆大学
哈尔滨工业大学
河南省建筑科学研究院
中国城市科学研究会绿色建筑研究中心
黑龙江寒地建筑科学研究院
陕西省建筑科学研究院
天津大学
北京立升茂科技有限公司

本标准主要起草人员：王清勤　林海燕　冯 雅
赵建平　潘云钢　郎四维
叶 青　曾 捷　寿炜炜
李百战　董重成　栾景阳
卜增文　陈 琪　尹 波
郭振伟　张锦屏　李 荣
朱 能　孙大明　李 楠
谢尚群　吕晓辰　张 森
高沛峻

本标准主要审查人员：吴德绳　杨 榕　葛 坚
李德英　赵 锂　任元会
杨旭东　齐承英　方天培

目次

1 总则 ……………………… 8—5

2 术语 ……………………… 8—5

3 基本规定 ………………… 8—5

　3.1 基本要求 …………… 8—5

　3.2 评价与等级划分 …… 8—5

4 居住建筑 ………………… 8—6

　4.1 建筑规划 …………… 8—6

　4.2 围护结构 …………… 8—7

　4.3 采暖通风与空气调节 … 8—9

　4.4 给水排水 …………… 8—10

　4.5 电气与照明 ………… 8—11

　4.6 室内环境 …………… 8—12

　4.7 运营管理 …………… 8—12

5 公共建筑 ………………… 8—13

　5.1 建筑规划 …………… 8—13

　5.2 围护结构 …………… 8—14

　5.3 采暖通风与空气调节 … 8—15

　5.4 给水排水 …………… 8—17

　5.5 电气与照明 ………… 8—17

　5.6 室内环境 …………… 8—19

　5.7 运营管理 …………… 8—19

本标准用词说明 …………… 8—20

引用标准名录 ……………… 8—20

附：条文说明 ……………… 8—22

Contents

1 General Provisions ·················· 8—5

2 Terms ······························ 8—5

3 Basic Requirements ·············· 8—5

  3. 1 General Requirements ·········· 8—5

  3. 2 Assessment and Classification ·········· 8—5

4 Residential Building ············ 8—6

  4. 1 Architectural Planning ············ 8—6

  4. 2 Building Envelope ············ 8—7

  4. 3 Heating, Ventilating and Air Conditioning ············ 8—9

  4. 4 Water Supply and Drainage ·········· 8—10

  4. 5 Power Supply and Lighting ·········· 8—11

  4. 6 Indoor Environment ············ 8—12

  4. 7 Operation and Management ·········· 8—12

5 Public Building ·················· 8—13

  5. 1 Architectural Planning ············ 8—13

  5. 2 Building Envelope ············ 8—14

  5. 3 Heating, Ventilating and Air Conditioning ············ 8—15

  5. 4 Water Supply and Drainage ·········· 8—17

  5. 5 Power Supply and Lighting ·········· 8—17

  5. 6 Indoor Environment ············ 8—19

  5. 7 Operation and Management ·········· 8—19

Explanation of Wording in This Standard ············ 8—20

List of Quoted Standards ············ 8—20

Addition: Explanation of Provisions ············ 8—22

1 总　　则

1.0.1 为贯彻落实节约能源资源的基本国策，引导采用先进适用的建筑节能技术，推动建筑的可持续发展，规范节能建筑的评价，编制本标准。

1.0.2 本标准适用于新建、改建和扩建的居住建筑和公共建筑的节能评价。

1.0.3 节能建筑评价应符合下列规定：

1　节能建筑的评价应包括建筑及其用能系统，涵盖设计和运营管理两个阶段；

2　节能建筑的评价应在达到适用的室内环境的前提下进行。

1.0.4 节能建筑的评价除应符合本标准的规定外，尚应符合国家现行有关标准的规定。

2 术　　语

2.0.1 节能建筑　energy efficient building

遵循当地的地理环境和节能的基本方法，设计和建造的达到或优于国家有关节能标准的建筑。

2.0.2 节能建筑评价　energy efficient building assessment

按照建筑采用的节能技术措施和节能管理措施，采取定量和定性相结合的方法，对建筑的节能性能进行分析判断并确定出节能建筑的等级。

2.0.3 围护结构传热系数　heat transfer coefficient of building envelope

在稳态条件下，围护结构两侧空气温差为 1℃，在单位时间内通过单位面积围护结构的传热量。

2.0.4 围护结构平均传热系数　mean heat transfer coefficient of building envelope

考虑了围护结构存在的热桥影响后得到的围护结构传热系数。

2.0.5 合同能源管理　energy performance contracting（EPC）

节能服务公司与用能单位以契约形式约定节能项目的节能目标，节能服务公司为实现节能目标向用能单位提供必要的服务，用能单位以节能效益支付节能服务公司的投入及其合理利润的节能服务机制。

3 基本规定

3.1 基本要求

3.1.1 节能建筑评价应包括节能建筑设计评价和节能建筑工程评价两个阶段。

3.1.2 节能建筑的评价应以单栋建筑或建筑小区为对象。评价单栋建筑时，凡涉及室外部分的指标应以该栋建筑所处的室外条件的评价结果为准；建筑小区的节能评价应在单栋建筑评价的基础上进行，建筑小区的节能等级应根据小区中全部单栋建筑均达到或超过的节能等级来确定。

3.1.3 节能建筑设计评价应在建筑设计图纸通过相关部门的节能审查并合格后进行；节能建筑工程评价应在建筑通过相关部门的节能工程竣工验收并运行一年后进行。

3.1.4 申请节能建筑设计评价的建筑应提供下列资料：

1　建筑节能技术措施；

2　规划与建筑设计文件；

3　规划与建筑节能设计文件；

4　建筑节能设计审查批复文件。

3.1.5 申请节能建筑工程评价除应提供设计评价阶段的资料外，尚应提供下列资料：

1　材料质量证明文件或检测报告；

2　建筑节能工程竣工验收报告；

3　检测报告、专项分析报告、运营管理制度文件、运营维护资料等相关的资料。

3.2 评价与等级划分

3.2.1 节能建筑设计评价指标体系应由建筑规划、建筑围护结构、采暖通风与空气调节、给水排水、电气与照明、室内环境六类指标组成；节能建筑工程评价指标体系应由建筑规划、建筑围护结构、采暖通风与空气调节、给水排水、电气与照明、室内环境和运营管理七类指标组成。每类指标应包括控制项、一般项和优选项。

3.2.2 节能建筑应满足本标准第 4 章或第 5 章中所有控制项的要求，并应按满足一般项数和优选项数的程度，划分为 A、AA 和 AAA 三个等级。节能建筑等级划分应符合表 3.2.2-1 或表 3.2.2-2 的规定。

表 3.2.2-1　居住建筑节能等级的划分

等级	一般项数							一般项数（共 42 项）
	建筑规划（共 7 项）	围护结构（共 7 项）	暖通空调（共 8 项）	给水排水（共 5 项）	电气与照明（共 4 项）	室内环境（共 4 项）	运营管理（共 7 项）	
A	2	2	2	2	1	1	3	
AA	3	3	3	3	2	2	4	
AAA	5	5	4	4	3	3	5	

等级	优选项数							优选项数（共 25 项）
	建筑规划（共 3 项）	围护结构（共 6 项）	暖通空调（共 7 项）	给水排水（共 2 项）	电气与照明（共 3 项）	室内环境（共 2 项）	运营管理（共 2 项）	
A	5							
AA	9							
AAA	13							

表 3.2.2-2　公共建筑节能等级的划分

等级	一般项数							一般项数（共 58 项）
	建筑规划（共 5 项）	围护结构（共 8 项）	暖通空调（共 15 项）	给水排水（共 6 项）	电气与照明（共 12 项）	室内环境（共 4 项）	运营管理（共 8 项）	
A	2	2	4	2	3	1		
AA	3	4	6		5	2	4	
AAA	4	6	10	4	8	3	6	

等级	优选项数							优选项数（共 34 项）
	建筑规划（共 3 项）	围护结构（共 6 项）	暖通空调（共 14 项）	给水排水（共 2 项）	电气与照明（共 4 项）	室内环境（共 2 项）	运营管理（共 3 项）	
A	6							
AA	12							
AAA	18							

3.2.3 AAA 节能建筑除应满足本标准第 3.2.2 条的规定外，尚应符合下列规定：

　　1 在围护结构指标方面，居住建筑满足的优选项数不应少于 2 项，公共建筑满足的优选项数不应少于 3 项；

　　2 在暖通空调指标方面，居住建筑满足的优选项数不应少于 2 项，公共建筑满足的优选项数不应少于 4 项；

　　3 在电气与照明指标方面，居住建筑满足的优选项数不应少于 1 项，公共建筑满足的优选项数不应少于 2 项。

3.2.4 当本标准中一般项和优选项中的某条文不适应建筑所在地区、气候、建筑类型和评价阶段等条件时，该条文可不参与评价，参评的总项数可相应减少，等级划分时对项数的要求应按原比例调整确定。对项数的要求按原比例调整后，每类指标满足的一般项数不得少于 1 条。

3.2.5 本标准中各条款的评价结论应为通过或不通过；对有多项要求的条款，不满足各款的全部要求时评价结论不得为通过。

3.2.6 温和地区节能建筑的评价宜根据最邻近的气候分区的相应条款进行。

4　居　住　建　筑

4.1　建　筑　规　划

Ⅰ　控　制　项

4.1.1 居住建筑的选址和总体规划设计应符合城市规划和居住区规划的要求。

　　评价方法：检查规划设计批复文件。

4.1.2 居住建筑小区的日照、建筑密度应符合现行国家标准《城市居住区规划设计规范》GB 50180 的有关规定。

　　评价方法：检查规划设计批复文件和日照设计计算书。

4.1.3 居住建筑的项目建议书或可行性研究报告、设计文件中应有节能专项的内容。

　　评价方法：检查项目建议书或可行性研究报告、设计图纸。

Ⅱ　一　般　项

4.1.4 当建筑中单套住宅居住空间总数大于等于 4 个时，至少有 2 个房间能获得冬季日照。

评价方法：检查设计图纸、日照模拟分析报告。

4.1.5 居住区内绿地率不低于下列规定：

1 新区建设绿地率不低于30%；

2 旧区改建绿地率不低于20%。

评价方法：检查设计图纸、绿化面积计算书和现场检查。

4.1.6 严寒、寒冷地区、夏热冬冷地区建筑物朝向符合下列其中一款的规定，夏热冬暖地区符合下列第3款的规定：

1 建筑南北朝向；

2 40%以上的主要房间朝南向；

3 90%以上主要房间避免夏季西向日晒，或者采取活动外遮阳和其他隔热措施，实现90%的房间避免夏季西向日晒。

评价方法：检查设计图纸、专项计算书和现场检查。

4.1.7 小区的建筑规划布局采用有利于建筑群体间夏季自然通风的布置形式。用地面积15万 m² 以下的居住小区和建筑单体进行定性或定量的自然通风设计；用地面积15万 m² 以上的居住小区和建筑单体进行定量的自然通风模拟设计。

评价方法：检查小区通风计算报告。

4.1.8 单栋建筑或居住小区公共区域天然采光在满足功能区照度的前提下，符合下列其中一款的规定：

1 建筑地上部分，公共区域的天然采光面积比例大于30%；

2 有地下室的建筑，地下一层公共区域的天然采光面积比例大于5%。

评价方法：检查设计图纸和采光模拟计算书。

4.1.9 利用导光管和反光装置将天然光引入地下停车场或设备房，在满足该功能区照度的条件下，天然采光的区域不小于地下室一层建筑面积的10%。

评价方法：检查设计图纸和采光模拟计算书。

4.1.10 建筑中的所有电梯均使用节能型电梯，并采用节能控制方式。

评价方法：检查设计图纸、设备说明书和现场检查。

Ⅲ 优 选 项

4.1.11 实测或模拟计算证明住区室外日平均热岛强度不大于1.5℃，或者采用下列其中两款措施降低小区的热岛强度：

1 住区绿地率不小于35%；

2 住区中不少于50%的硬质地面有遮荫或铺设太阳辐射吸收率为0.3～0.6的浅色材料；

3 无遮荫的地面停车位占地面总停车位的比率不超过10%；

4 不少于30%的可绿化屋面实施绿化或不少于75%的非绿化屋面为浅色饰面，坡屋顶太阳辐射吸收

率小于0.7，平屋顶太阳辐射吸收率小于0.5；

5 建筑外墙浅色饰面，墙面太阳辐射吸收率小于0.6。

评价方法：检查设计图纸和计算分析报告。

4.1.12 居住小区规划、建筑单体设计时进行了天然采光设计，天然采光满足下列规定：

1 建筑地上部分，公共区域的天然采光面积比例大于50%；

2 有地下室的建筑，地下一层公共区域的天然采光面积比例大于10%。

评价方法：检查设计图纸和采光模拟计算书。

4.1.13 除太阳能资源贫乏地区外，在居住建筑中采用太阳能热水系统，并统一设计和施工安装太阳能热水系统应符合现行国家标准《民用建筑太阳能热水系统应用技术规范》GB 50364 的有关规定。

评价方法：检查设计图纸、设计计算书和竣工验收资料。

4.2 围护结构

Ⅰ 控 制 项

4.2.1 严寒、寒冷地区建筑体形系数、窗墙面积比、建筑围护结构的热工参数、外窗及敞开式阳台门的气密性等指标应符合现行行业标准《严寒和寒冷地区居住建筑节能设计标准》JGJ 26 的有关规定。不满足以上规定性指标的规定时，应按照现行行业标准《严寒和寒冷地区居住建筑节能设计标准》JGJ 26 中规定的权衡判断法来判定建筑是否满足节能要求。

评价方法：检查设计图纸、设计计算书和现场检查。

4.2.2 夏热冬冷地区建筑体形系数、窗墙面积比、建筑围护结构的热工参数、外窗的遮阳系数、外窗及敞开式阳台门的气密性等指标应符合现行行业标准《夏热冬冷地区居住建筑节能设计标准》JGJ 134 的有关规定。不满足以上规定性指标的规定时，应根据建筑物的节能综合指标来判定建筑是否满足节能要求。

评价方法：检查设计图纸、设计计算书和现场检查。

4.2.3 夏热冬暖地区围护结构的热工限值、窗墙面积比、外窗的遮阳系数等指标应符合现行行业标准《夏热冬暖地区居住建筑节能设计标准》JGJ 75 的有关规定。不满足以上规定性指标的规定时，应按照建筑节能设计的综合评价来判定建筑是否满足节能要求。

评价方法：检查设计图纸、设计计算书和现场检查。

4.2.4 严寒、寒冷地区外墙与屋面的热桥部位，外窗（门）洞口室外部分的侧墙面应进行保温处理，保证热桥部位的内表面温度不低于设计状态下的室内空

气露点温度，并减小附加热损失。

夏热冬冷、夏热冬暖地区能保证围护结构热桥部位的内表面温度不低于设计状态下的室内空气露点温度。

评价方法：检查设计图纸、设计计算书、竣工验收资料。

4.2.5 围护结构施工中使用的保温隔热材料的性能指标应符合表4.2.5-1的规定。建筑材料和产品进行的复检项目应符合表4.2.5-2的规定。

表4.2.5-1 围护结构施工使用的保温隔热材料的性能指标

序号	分项工程	性能指标
1	墙体节能工程	厚度、导热系数、密度、抗压强度或压缩强度、燃烧性能
2	门窗节能工程	保温性能、中空玻璃露点、玻璃遮阳系数、可见光透射比
3	屋面节能工程	厚度、导热系数、密度、抗压强度或压缩强度、燃烧性能
4	地面节能工程	厚度、导热系数、密度、抗压强度或压缩强度、燃烧性能
5	严寒地区墙体保温工程粘结材料	冻融循环

表4.2.5-2 建筑材料和产品进行复检项目

序号	分项工程	复验项目
1	墙体节能工程	保温材料的导热系数、密度、抗压强度或压缩强度；粘结材料的粘结强度；增强网的力学性能、抗腐蚀性能
2	门窗节能工程	严寒、寒冷地区气密性、传热系数和中空玻璃露点夏热冬冷地区遮阳系数
3	屋面节能工程	保温隔热材料的导热系数、密度、抗压强度或压缩强度
4	地面节能工程	保温材料的导热系数、密度、抗压强度或压缩强度
5	严寒地区墙体保温工程粘结材料	冻融循环

评价方法：检查设计图纸、竣工验收资料、材料检测报告。

Ⅱ 一 般 项

4.2.6 严寒、寒冷地区屋面、外墙、不采暖楼梯间

隔墙的平均传热系数比现行行业标准《严寒和寒冷地区居住建筑节能设计标准》JGJ 26的规定再降低10%；夏热冬冷地区屋面、外墙、外窗的平均传热系数比现行行业标准《夏热冬冷地区居住建筑节能设计标准》JGJ 134的规定再降低10%。

评价方法：检查设计图纸、设计计算书、竣工验收资料。

4.2.7 严寒地区外窗的传热系数小于$1.5W/(m^2 \cdot K)$；寒冷地区外窗的传热系数小于$1.8W/(m^2 \cdot K)$。

评价方法：检查设计图纸、门窗性能参数表、竣工验收资料。

4.2.8 严寒、寒冷地区单元入口门设有门斗或其他避风防渗透措施。

评价方法：检查设计图纸、现场检查。

4.2.9 夏热冬冷、夏热冬暖地区建筑屋面、外墙具有良好的隔热措施，屋面、外墙外表面材料太阳辐射吸收系数小于0.6。

评价方法：检查设计图纸、节能分析报告、现场检查。

4.2.10 夏热冬冷、夏热冬暖地区分户墙、分户楼板采取保温措施，传热系数满足国家现行相关节能标准规定。

评价方法：检查设计图纸、节能分析报告、现场检查。

4.2.11 严寒、寒冷地区外窗的气密性等级不低于现行国家标准《建筑外门窗气密、水密、抗风压性能分级及检测方法》GB/T 7106中规定的6级。

评价方法：检查设计文件、外窗性能检测报告。

4.2.12 夏热冬冷、夏热冬暖地区居住建筑的屋面采用植被绿化屋面或蒸发冷却屋面，植被绿化或蒸发冷却屋面不小于屋面总面积的40%。

评价方法：检查设计文件和现场检查。

Ⅲ 优 选 项

4.2.13 严寒、寒冷地区屋面、外墙、外窗的平均传热系数比现行行业标准《严寒和寒冷地区居住建筑节能设计标准》JGJ 26的规定再降低20%。

评价方法：检查设计图纸、设计计算书、竣工验收资料。

4.2.14 严寒、寒冷地区，在建筑物采用气密性窗或窗户加密封条的情况下，房间设置可调节换气装置或其他换气措施。

评价方法：检查设计图纸、设计计算书、竣工验收资料和现场检查。

4.2.15 严寒、寒冷地区外窗气密性等级不低于现行国家标准《建筑外门窗气密、水密、抗风压性能分级及检测方法》GB/T 7106中规定的7级。

评价方法：检查设计文件、外窗性能检测报告。

4.2.16 夏热冬冷、夏热冬暖地区居住建筑外窗的可

开启面积不小于外窗面积的 35%。

评价方法：检查设计文件、现场检查。

4.2.17 夏热冬冷、夏热冬暖地区建筑，其南向、东向、西向的外窗（包括阳台的透明部分）设置有活动外遮阳措施。

评价方法：检查设计文件、现场检查。

4.2.18 夏热冬冷、夏热冬暖地区居住建筑的屋面采用植被绿化屋面或蒸发冷却屋面，植被绿化或蒸发冷却屋面不小于屋面总面积的 70%。

评价方法：检查设计文件和现场检查。

4.3 采暖通风与空气调节

Ⅰ 控 制 项

4.3.1 采用集中空调与采暖的建筑，在施工图设计阶段应对热负荷和逐时逐项的冷负荷进行计算，并应按照计算结果选择相应的设备。

评价方法：检查设计计算书。

4.3.2 集中热水采暖系统的耗电输热比（EHR）、空气调节冷热水系统的输送能效比（ER）应满足国家现行相关建筑节能设计标准的规定。

评价方法：检查设计计算书。

4.3.3 在集中采暖系统与集中空调系统中，建筑物或热力入口处应设置热量计量装置。

评价方法：检查设计图纸、竣工验收资料和现场检查。

4.3.4 设置集中采暖系统和（或）集中空调系统的建筑，应采取分室（户）或者对末端设备设置温度控制调节装置。

评价方法：检查设计图纸、竣工验收资料和现场检查。

4.3.5 设置集中采暖系统和（或）集中空调系统的建筑，应设置分户热量分摊装置。

评价方法：检查设计图纸、竣工验收资料和现场检查。

4.3.6 采用电机驱动压缩机的蒸气压缩循环冷水（热泵）机组，以及采用名义制冷量大于 7100W 的电机驱动压缩机单元式空气调节机作为居住小区或整栋楼的冷热源机组时，所选用机组的能效比（性能系数）不应低于现行国家标准《公共建筑节能设计标准》GB 50189 的规定值；采用多联式空调（热泵）机组作为户式集中空调（采暖）机组时，所选用机组的制冷综合性能系数不应低于现行国家标准《多联式空调（热泵）机组综合性能系数限定值及能源效率等级》GB 21454 中规定的第 3 级。

评价方法：检查设计图纸、设备检测报告和现场检查。

4.3.7 当建筑设计已经包括房间空调器的设计和安装时，所选房间空调器能效应符合现行国家标准《房间空气调节器能效限定值及能效等级》GB 12021.3 标准中第 3 级能效等级的规定值；或符合现行国家标准《转速可控型房间空气调节器能效限定值及能源效率等级》GB 21455 中规定的第 3 级。

评价方法：检查设计图纸、设备检测报告和现场检查。

4.3.8 当采用户式燃气采暖热水炉作为采暖热源时，其能效等级应达到现行国家标准《家用燃气快速热水器和燃气采暖热水炉能效限定值及能效等级》GB 20665 中的 3 级标准。

评价方法：检查设计图纸、设备检测报告和现场检查。

4.3.9 以电能直接作为采暖、空调的热源应符合现行国家标准《采暖通风与空气调节设计规范》GB 50019 的相关规定。

评价方法：检查技术经济分析报告。

4.3.10 分体式空调的室外机设置应在通风良好的场所，并避免热气流、污浊气流和含油气流的影响。

评价方法：检查设计图纸和现场检查。

4.3.11 区域供热锅炉房和热力站应设置参数自动控制系统，除配置必要的保证安全运行的控制环节外，还应具有保证供热质量及实现按需供热和实时监测的措施。

评价方法：检查设计图纸、竣工验收资料和现场检查。

4.3.12 所有采暖与空调系统管道的绝热性能均应符合现行国家标准《公共建筑节能设计标准》GB 50189 的相关规定。

评价方法：检查设计图纸、设计计算书、竣工验收资料和现场检查。

Ⅱ 一 般 项

4.3.13 严寒与寒冷地区，在具备集中供暖的条件下，采用集中供暖方式。

评价方法：检查设计图纸、竣工验收资料和现场检查。

4.3.14 采用电机驱动压缩机的蒸气压缩循环冷水（热泵）机组，或采用名义制冷量大于 7100W 的电机驱动压缩机单元式空气调节机，作为居住小区或整栋楼的冷热源机组时，所选用机组的能效比（性能系数）不低于现行国家标准《冷水机组能效限定值及能源效率等级》GB 19577 中规定的第 2 级，或《单元式空气调节机能效限定值及能源效率等级》GB 19576 中规定的第 2 级；当设计采用多联式空调（热泵）机组作为户式集中空调（采暖）机组时，所选用机组的制冷综合性能系数不低于现行国家标准《多联式空调（热泵）机组综合性能系数限定值及能源效率等级》GB 21454 中规定的第 2 级。

评价方法：检查设计图纸、设备检测报告和现场检查。

4.3.15 如果建筑设计已经包括房间空调器的设计和安装，所选房间空调器能效符合现行国家标准《房间空气调节器能效限定值及能效等级》GB 12021.3 中第2级能效等级的规定值；或符合《转速可控型房间空气调节器能效限定值及能源效率等级》GB 21455第2级规定值。

评价方法：检查设计图纸、设备检测报告和现场检查。

4.3.16 设计采用户式燃气采暖热水炉为热源时，其能效达到现行国家标准《家用燃气快速热水器和燃气采暖热水炉能效限定值及能效等级》GB 20665中的2级标准。

评价方法：审查设计图纸、设备检测报告和现场检查。

4.3.17 供热管网具有水力平衡措施（或装置），并提供水力平衡的调试报告。

评价方法：检查设计图纸、水力平衡计算书、水力平衡调试报告。

4.3.18 设计采用集中空调的居住建筑，空气热回收装置的设置满足下列其中一款的规定：

1 未设计集中新风系统的居住建筑，设置房间新、排风双向式热回收设备，热回收系统负担的房间数量不少于主要功能房间数量的30%；

2 设计有集中新风系统的居住建筑，在新风系统与排风系统之间设冷、热量回收装置，其参与热回收的排风量不少于集中新风量的20%。

评价方法：检查设计图纸、设计计算书和现场检查。

4.3.19 设置集中采暖系统和（或）集中空调系统的建筑，采取分室（户）或者对末端设备设置温度自动控制装置或系统。

评价方法：检查设计图纸、竣工验收资料和现场检查。

4.3.20 根据当地气候条件和自然资源，利用可再生能源，设计装机容量达到采暖空调总设计负荷的10%以上。

评价方法：检查设计图纸、可再生能源利用技术经济分析报告。

Ⅲ 优 选 项

4.3.21 采用电机驱动压缩机的蒸气压缩循环冷水（热泵）机组，或采用名义制冷量大于7100W的电机驱动压缩机单元式空气调节机，作为居住小区或整栋楼的冷热源机组时，所选用机组的能效比（性能系数）不低于现行国家标准《冷水机组能效限定值及能源效率等级》GB 19577中规定的第1级，或《单元式空气调节机能效限定值及能源效率等级》GB 19576中规定的第1级；设计采用多联式空调（热泵）机组作为户式集中空调（采暖）机组时，所选用机组的制冷综合性能系数不低于现行国家标准《多联式空调（热泵）机组综合性能系数限定值及能源效率等级》GB 21454中规定的第1级。

评价方法：检查设计图纸、设备检测报告和现场检查。

4.3.22 当设计采用户式燃气采暖热水炉为热源时，其能效达到现行国家标准《家用燃气快速热水器和燃气采暖热水炉能效限定值及能效等级》GB 20665中的1级标准。

评价方法：检查设计图纸、设备检测报告和现场检查。

4.3.23 设计采用集中空调的居住建筑，空气热回收装置的设置满足下列两者之一：

1 未设计集中新风系统的居住建筑，设置房间新、排风双向式热回收设备，设置热回收系统的房间数量不少于主要功能房间数量的60%；

2 设计有集中新风系统的居住建筑，在新风系统与排风系统之间设冷、热量回收装置，其参与热回收的排风量不少于集中新风量的40%。

评价方法：检查设计图纸、设计计算书和现场检查。

4.3.24 如果建筑设计已经包括房间空调器的设计和安装，所选房间空调器能效符合现行国家标准《房间空气调节器能效限定值及能效等级》GB 12021.3 中第1级能效等级的规定值；或符合《转速可控型房间空气调节器能效限定值及能源效率等级》GB 21455中规定的第1级。

评价方法：检查设计图纸、设备检测报告和现场检查。

4.3.25 采用时间程序或房间温度控制房间新风量（或排风量）的用户数达到总户数的30%以上。

评价方法：检查设计图纸、设计计算书和现场检查。

4.3.26 根据当地气候条件和自然资源，利用可再生能源，设计装机容量达到采暖空调总设计负荷的20%以上。

评价方法：检查设计图纸、可再生能源利用分析报告和现场检查。

4.3.27 利用余热或废热等作为建筑采暖空调系统的能源。

评价方法：检查设计图纸、设计计算书和现场检查。

4.4 给 水 排 水

Ⅰ 控 制 项

4.4.1 生活给水系统应充分利用城镇给水管网的水压直接供水。

评价方法：检查设计文件和现场检查。

4.4.2 采用集中热水供应系统的居住建筑，热水供应系统应采用合理的循环方式，且管道及设备均应采取有效的保温。

评价方法：检查设计图纸、设计计算书和现场检查。

4.4.3 生活给水和集中热水系统应分户计量。

评价方法：检查设计图纸和现场检查。

Ⅱ 一 般 项

4.4.4 采用节能的加压供水方式，且水泵在高效区运行。

评价方法：检查设计图纸、设计计算书、产品说明书和现场检查。

4.4.5 给水系统采取有效的减压限流措施。居住建筑用水点处的供水压力不大于 0.20MPa。

评价方法：检查设计图纸、设计计算书和现场检查。

4.4.6 居住建筑配置节水器具。

评价方法：检查节水器具产品说明书或检测报告和现场检查。

4.4.7 居住小区的公共厕所、公共浴室等公共用水场所使用节水器具。

评价方法：检查设计图纸、节水器具产品说明书或检测报告，现场检查。

4.4.8 除太阳能资源贫乏地区外，12 层及以下的居住建筑设太阳能热水系统，采用太阳能热水系统的户数占到总户数的 50% 以上；当采用集中太阳能热水系统对生活热水进行预热时，太阳能热水系统提供的热量占到热水能耗的 25% 以上。

评价方法：检查设计图纸、设计计算书、竣工验收资料和现场检查。

Ⅲ 优 选 项

4.4.9 除太阳能资源贫乏地区外，12 层及以下的居住建筑设太阳能热水系统，采用太阳能热水系统的户数占到总户数的 80% 以上；当采用集中太阳能热水系统对生活热水进行预热时，太阳能热水系统提供的热量占到热水能耗的 40% 以上。

评价方法：检查设计图纸、设计计算书、竣工验收资料和现场检查。

4.4.10 通过技术经济分析，合理采用热泵或余热、废热回收技术制备生活热水。

评价方法：检查设计图纸、设计计算书、技术经济分析报告和现场检查。

4.5 电气与照明

Ⅰ 控 制 项

4.5.1 选用三相配电变压器的空载损耗和负载损耗不应高于现行国家标准《三相配电变压器能效限定值及

节能评价值》GB 20052 规定的能效限定值。

评价方法：检查设计图纸、产品检测报告和竣工验收资料。

4.5.2 居住建筑应按户设置电能表。

评价方法：检查设计图纸和竣工验收资料。

4.5.3 选用光源的能效值及与其配套的镇流器的能效因数（BEF）应满足下列规定：

1 单端荧光灯的能效值不应低于现行国家标准《单端荧光灯能效限定值及节能评价值》GB 19415 规定的节能评价值；

2 普通照明用双端荧光灯的能效值不应低于现行国家标准《普通照明用双端荧光灯能效限定值及能效等级》GB 19043 规定的节能评价值；

3 普通照明用自镇流荧光灯的能效值不应低于现行国家标准《普通照明用自镇流荧光灯能效限定值及能效等级》GB 19044 规定的节能评价值；

4 管型荧光灯镇流器的能效因数（BEF）不应低于现行国家标准《管型荧光灯镇流器能效限定值及节能评价值》GB 17896 规定的节能评价值。

评价方法：检查设计图纸、产品检测报告和竣工验收资料。

4.5.4 选用荧光灯灯具的效率不应低于表 4.5.4 的规定。

表 4.5.4 荧光灯灯具的效率

灯具出光口形式	开敞式	保护罩（玻璃或塑料）		格 栅
		透明	磨砂、棱镜	
灯具效率	75%	65%	55%	60%

评价方法：检查设计图纸、产品检测报告和竣工验收资料。

4.5.5 选用中小型三相异步电动机在额定输出功率和 75% 额定输出功率的效率不应低于现行国家标准《中小型三相异步电动机能效限定值及能效等级》GB 18613 规定的能效限定值。

评价方法：检查设计图纸、产品检测报告和竣工验收资料。

4.5.6 选用交流接触器的吸持功率不应高于现行国家标准《交流接触器能效限定值及能效等级》GB 21518 规定的能效限定值。

评价方法：检查设计图纸、产品检测报告和竣工验收资料。

4.5.7 照明系统功率因数不应低于 0.9。

评价方法：检查设计图纸和竣工验收资料。

4.5.8 楼梯间、走道的照明，应采用节能自熄开关。

评价方法：检查设计图纸、竣工验收资料和现场检查。

Ⅱ 一 般 项

4.5.9 变配电所位于负荷中心。

评价方法：检查设计图纸、竣工验收资料和现场检查。

4.5.10 各房间或场所的照明功率密度值（LPD）不高于现行国家标准《建筑照明设计标准》GB 50034 规定的现行值。

评价方法：检查设计图纸、设计计算书和竣工验收资料。

4.5.11 选用交流接触器的吸持功率不高于现行国家标准《交流接触器能效限定值及能效等级》GB 21518 规定的节能评价值。

评价方法：检查设计图纸、产品检测报告和竣工验收资料。

4.5.12 楼梯间、走道采用半导体发光二极管照明。

评价方法：检查设计图纸、竣工验收资料和现场检查。

Ⅲ 优 选 项

4.5.13 各房间或场所的照明功率密度值（LPD）不高于现行国家标准《建筑照明设计标准》GB 50034 规定的目标值。

评价方法：检查设计图纸、设计计算书和竣工验收资料。

4.5.14 当用电设备容量达到 250kW 或变压器容量在 160kVA 以上时，采用 10kV 或以上供电电源。

评价方法：检查设计图纸和竣工验收资料。

4.5.15 未使用普通白炽灯。

评价方法：检查设计图纸、竣工验收资料和现场检查。

4.6 室 内 环 境

Ⅰ 控 制 项

4.6.1 居住建筑房间内的温度、湿度等设计参数应符合国家现行居住建筑节能设计标准中的设计计算规定。

评价方法：检查设计计算书。

4.6.2 照明场所的照明数量和质量应符合现行国家标准《建筑照明设计标准》GB 50034 的有关规定。

评价方法：检查设计计算书及现场检查。

4.6.3 居住空间应能自然通风，在夏热冬暖和夏热冬冷地区通风开口面积不应小于该房间地板面积的 8%，在其他地区不应小于 5%。

评价方法：检查设计图纸、分析报告和现场检查。

4.6.4 居住建筑厨房与卫生间应符合室内通风要求，采用自然通风时，通风开口面积不应小于该房间地板面积的 10%，并不应小于 0.6m²。

评价方法：检查设计图纸、分析报告和现场检查。

4.6.5 厨房和无外窗的卫生间应设有通风措施，或预留安装排风机的位置和条件。

评价方法：检查设计图纸和现场检查。

4.6.6 室内游离甲醛、苯、氨、氡和 TVOC 等空气污染物的浓度应符合现行国家标准《民用建筑工程室内环境污染控制规范》GB 50325 的有关规定。

评价方法：检查设计图纸、设计专项说明、检测报告。

Ⅱ 一 般 项

4.6.7 相对湿度较大的地区围护结构具有防潮措施。

评价方法：检查设计计算书和现场检查。

4.6.8 暖通空调系统运行时，建筑室内温度冬季不得低于设计计算温度 2℃，且不高于 1℃；夏季不得高于设计计算温度 2℃，且不低于 1℃。

评价方法：检查设计计算书和现场检查。

4.6.9 卧室、起居室（厅）、书房、厨房设置外窗，房间的采光系数不低于现行国家标准《建筑采光设计标准》GB/T 50033 的有关规定。

评价方法：检查设计图纸、设计计算书和现场检查。

4.6.10 建筑内不少于 70% 住户的厨房和卫生间设置于户型的北侧，或设置于户型自然通风的负压侧。

评价方法：检查设计图纸、现场检查。

Ⅲ 优 选 项

4.6.11 使用蓄能、调湿或改善室内环境质量的功能材料。

评价方法：检查设计图纸、产品检测报告和现场检查。

4.6.12 地下停车库的通风系统根据车库内的一氧化碳浓度进行自动运行控制。

评价方法：检查设计图纸和现场检查。

4.7 运 营 管 理

Ⅰ 控 制 项

4.7.1 物业管理单位应根据建筑和小区的特点，制定采暖、空调、通风、照明、电梯、生活热水、给水排水等主要用能设备和系统的节能运行管理制度。

评价方法：检查正式颁布的规章制度、管理措施，相应的执行记录，并辅以现场检查。

4.7.2 物业管理单位应配备专门的节能管理人员，且节能管理人员应通过了相关的节能管理培训。

评价方法：检查培训证明。

4.7.3 建筑燃气部分能耗应实行分户计量。

评价方法：检查设计图纸、竣工资料和现场检查。

4.7.4 物业管理单位每年对住户进行不少于一次的节能知识科普宣传，发放或张贴宣传材料。

评价方法：检查宣传资料材料和宣传活动的照片。

4.7.5 对下列公共场所的主要用能设备和系统定期进行维修、调试和保养。

1 水加热器每年至少进行一次维护保养；

2 长期使用的电梯、水泵等设备每年至少进行一次维修保养；

评价方法：检查维修保养记录资料和照片。

4.7.6 设有集中空调系统的居住建筑，按照现行国家标准《空调通风系统清洗规范》GB 19210 的有关规定，定期检查和清洗。

评价方法：检查清洗记录资料和照片。

4.7.7 对公共场所的照明装置每年至少进行两次擦洗。

评价方法：检查擦洗记录资料和照片。

4.7.8 编制住户节能手册。

评价方法：检查住户节能手册及向用户发放手册的记录。

4.7.9 用户供暖费用基于分户供热计量方式收取。

评价方法：检查收费标准及部分用户收费依据。

4.7.10 垂直电梯轿厢内部装饰为轻质材料，装饰材料重量不大于电梯载重的 10%。

评价方法：检查电梯验收报告和电梯装饰现场照片。

Ⅲ 优 选 项

4.7.11 每年进行建筑总能耗和公共部分能耗的数据统计工作，并向住户公示。

评价方法：检查年度能耗统计表和公示资料。

4.7.12 实施分时电价政策的地区，每户安装分时计费电表，并执行分时电价制度。

评价方法：检查设计图纸和现场检查。

5 公 共 建 筑

5.1 建 筑 规 划

Ⅰ 控 制 项

5.1.1 公共建筑的选址、总体设计、建筑密度和间距规划应符合城市规划的要求。

评价方法：检查规划设计和审批文件。

5.1.2 新建公共建筑对附近既有居住建筑的日照时数的影响应进行控制，保证既有居住建筑符合现行国家标准《城市居住区规划设计规范》GB 50180 的有

关规定。

评价方法：检查模拟计算报告和规划设计文件。

5.1.3 项目建议书或设计文件中应有节能专项内容。

评价方法：检查项目建议书和设计图纸。

Ⅱ 一 般 项

5.1.4 屋面绿化面积占屋面可绿化面积的比例不小于 30%。

评价方法：检查建筑设计图、绿化面积分析报告、现场检查。

5.1.5 场地遮荫与浅色饰面符合下列其中两款即为满足要求。

1 场地中不少于 50% 的硬质地面有遮荫或铺设太阳辐射吸收率为 0.3~0.6 的浅色材料；

2 不少于 75% 的非绿化屋面为浅色饰面，坡屋顶太阳辐射吸收率小于 0.7，平屋顶太阳辐射吸收率小于 0.5；

3 建筑外墙浅色饰面，墙体太阳辐射吸收率小于 0.6；

4 不少于 50% 的停车位设置在地下车库或有顶停车库。

评价方法：检查设计图纸和计算分析报告。

5.1.6 应用太阳能热水系统和光伏系统的建筑，太阳能系统统一设计和施工安装。太阳能热水系统符合现行国家标准《民用建筑太阳能热水系统应用技术规范》GB 50364 的有关规定；太阳能光伏系统符合现行行业标准《民用建筑太阳能光伏系统应用技术规范》JGJ 203 的有关规定。太阳能系统的容量满足下列其中一款的规定：

1 太阳能光伏系统设计发电量不小于建筑总用电负荷的 2%；

2 太阳能热水系统供热量不小于建筑热水需求量的 30%；

3 太阳能热水采暖系统的供热量不小于热负荷的 20%。

评价方法：检查设计图纸、设计计算书、竣工验收资料。

5.1.7 电梯控制方式符合下列规定：

1 多台电梯集中排列时，设置群控功能；

2 无预置指令时，电梯自动转为节能方式。

评价方法：检查设计图纸、竣工验收资料和现场检查。

5.1.8 扶梯采用无人延时、停运或低速的运行方式。

评价方法：检查设计图纸、竣工验收资料和现场检查。

Ⅲ 优 选 项

5.1.9 公共建筑规划、建筑单体设计时，进行自然通风专项优化设计和分析。

评价方法：检查设计图纸和专项分析研究报告。

5.1.10 公共建筑规划、建筑单体设计时，进行天然采光专项优化设计和分析。

评价方法：检查建筑节能专项分析报告。

5.1.11 利用各种导光、反光装置等将天然光引入室内进行照明，满足下列其中一款规定：

1 有地下室的建筑，地下一层采光面积大于本层建筑面积的 5%；

2 有地下室的建筑，地下二层采光面积大于本层建筑面积的 2%；

3 不可直接利用窗户采光的地面上房间，导光管或反光装置的采光面积大于 100m²。

评价方法：检查设计图纸和采光模拟计算书。

5.2 围护结构

Ⅰ 控 制 项

5.2.1 严寒、寒冷地区公共建筑体形系数、建筑外窗（包括透明幕墙）的窗墙面积比、建筑围护结构的热工参数等指标应符合现行国家标准《公共建筑节能设计标准》GB 50189 的有关规定。如果不满足以上规定性指标的规定，则必须采用标准中规定的围护结构热工性能的权衡判断来判定建筑是否满足节能要求。

评价方法：检查设计图纸、建筑节能专项分析报告。

5.2.2 夏热冬冷、夏热冬暖地区建筑围护结构的热工指标限值、外窗（包括透明幕墙）的窗墙面积比、遮阳系数等指标应符合现行国家标准《公共建筑节能设计标准》GB 50189 的有关规定。

评价方法：检查设计图纸、建筑节能专项分析报告。

5.2.3 当建筑每个朝向的外窗（包括透明幕墙）的窗墙面积比小于 0.4 时，玻璃或其他透明材料的可见光透射比不应小于 0.4。

评价方法：检查设计图纸、建筑节能专项分析报告。

5.2.4 屋顶透明部分的面积不应大于屋顶总面积的 20%。

评价方法：检查设计图纸、建筑节能专项分析报告。

5.2.5 围护结构施工中使用的保温隔热材料的性能指标应符合表 5.2.5-1 的规定。建筑材料和产品进行的复检项目应符合表 5.2.5-2 的规定。

表 5.2.5-1　围护结构使用保温隔热材料性能指标

序号	分项工程	性 能 指 标
1	墙体节能工程	厚度、导热系数、密度、抗压强度或压缩强度、燃烧性能

续表 5.2.5-1

序号	分项工程	性 能 指 标
2	门窗（透明幕墙）节能工程	保温性能、中空玻璃露点、玻璃遮阳系数、可见光透射比
3	屋面节能工程	厚度、导热系数、密度、抗压强度或压缩强度、燃烧性能
4	地面节能工程	厚度、导热系数、密度、抗压强度或压缩强度、燃烧性能
5	严寒地区墙体保温工程粘结材料	冻融循环

表 5.2.5-2　建筑材料和产品进行复检项目

序号	分项工程	复 验 项 目
1	墙体节能工程	保温材料的导热系数、密度、抗压强度或压缩强度；粘结材料的粘结强度；增强网的力学性能、抗腐蚀性能
2	门窗节能工程	严寒、寒冷地区气密性、传热系数和中空玻璃露点
3	透明幕墙	中空玻璃露点、玻璃遮阳系数、可见光透射比
4	屋面节能工程	保温隔热材料的导热系数、密度、抗压强度或压缩强度
5	地面节能工程	保温材料的导热系数、密度、抗压强度或压缩强度
6	严寒、寒冷地区墙体保温工程粘结材料	冻融循环

评价方法：检查设计图纸、竣工验收资料、材料检测报告。

Ⅱ 一 般 项

5.2.6 严寒、寒冷地区屋面、外墙、外窗（透明幕墙）在符合现行国家标准《公共建筑节能设计标准》GB 50189 的条件下，屋面、外墙、外窗（透明幕墙）的平均传热系数再降低 10%。

评价方法：检查设计图纸、建筑节能专项分析报告、竣工验收资料。

5.2.7 夏热冬冷、夏热冬暖地区建筑的外窗（包括透明幕墙）设置外部遮阳措施。

评价方法：检查设计图纸、建筑节能专项分析报告、现场检查。

5.2.8 严寒、寒冷地区外墙与屋面的热桥部位，外窗（门）洞口室外部分的侧墙面进行保温处理，保证热桥部位的内表面温度不低于设计状态下的室内空气露点温度，以减小附加热损失；夏热冬冷、夏热冬暖地区保证围护结构热桥部位的内表面温度不低于设计状态下的室内空气露点温度。

评价方法：检查设计图纸、设计计算书、竣工验收资料。

5.2.9 外窗及敞开式阳台门的气密性等级不低于现行国家标准《建筑外门窗气密、水密、抗风压性能分级及检测方法》GB/T 7106 中规定的 6 级。

评价方法：检查设计图纸、外窗性能检测报告。

5.2.10 幕墙的气密性等级不低于现行国家标准《建筑幕墙》GB/T 21086 中规定的 3 级。

评价方法：检查设计图纸、幕墙性能检测报告、竣工验收资料。

5.2.11 采暖空调建筑入口处设置门斗、旋转门、空气幕等避风、防空气渗透、保温隔热措施。

评价方法：检查设计图纸、现场检查。

5.2.12 夏热冬冷、夏热冬暖地区建筑屋面、外墙外表面材料太阳辐射吸收系数小于 0.5。

评价方法：检查设计图纸、建筑节能专项分析报告和现场检查。

5.2.13 夏热冬冷、夏热冬暖地区建筑的屋面采用蒸发屋面和植被绿化屋面占建筑屋面的 40% 以上。

评价方法：检查设计图纸、建筑节能专项分析报告和现场检查。

Ⅲ 优 选 项

5.2.14 严寒地区屋面、外墙、外窗在符合现行国家标准《公共建筑节能设计标准》GB 50189 的条件下，屋面、外墙、外窗的平均传热系数再降低 20%。

评价方法：检查设计图纸、建筑节能专项分析报告、竣工验收资料。

5.2.15 建筑各个朝向的透明幕墙的面积不大于 50%。

评价方法：检查设计图纸、建筑节能专项分析报告、竣工验收文件。

5.2.16 寒冷地区、夏热冬冷和夏热冬暖地区，南向、西向、东向的外窗和透明幕墙设有活动的外遮阳装置。活动的外遮阳装置能方便地控制与维护。

评价方法：检查设计图纸和现场检查。

5.2.17 严寒、寒冷地区透明幕墙的传热系数小于 $1.8W/(m^2 \cdot K)$。

评价方法：检查设计图纸、建筑节能专项分析报告、竣工验收资料和检测报告。

5.2.18 外窗气密性等级不低于现行国家标准《建筑外门窗气密、水密、抗风压性能分级及检测方法》GB/T 7106 中规定的 7 级。

评价方法：检查设计图纸、外窗性能检测报告。

5.2.19 夏热冬冷、夏热冬暖地区建筑的屋面采用蒸发屋面和植被绿化屋面占建筑屋面的 70% 以上。

评价方法：检查设计图纸、建筑节能专项分析

报告。

5.3 采暖通风与空气调节

Ⅰ 控 制 项

5.3.1 采用集中空调与采暖的建筑，在施工图设计阶段应对热负荷和逐时逐项的冷负荷进行计算，并按照计算结果选择相应的设备。

评价方法：检查设计图纸、设计计算书。

5.3.2 集中热水采暖系统的耗电输热比（*EHR*）、空气调节冷热水系统的输送能效比（*ER*）应满足国家现行相关建筑节能设计标准的规定。

评价方法：检查设计图纸、设计计算书。

5.3.3 采用电机驱动压缩机的蒸气压缩循环冷水（热泵）机组，或采用名义制冷量大于 7100W 的电机驱动压缩机单元式空气调节机，作为冷热源机组时，所选用机组的能效比（性能系数）不应低于现行国家标准《公共建筑节能设计标准》GB 50189 中规定值；当采用多联式空调（热泵）机组作为户式集中空调（采暖）机组时，所选用机组的制冷综合性能系数不应低于现行国家标准《多联式空调（热泵）机组综合性能系数限定值及能源效率等级》GB 21454 中规定的第 3 级。

评价方法：检查设计图纸、设备检测报告和现场检查。

5.3.4 以电能作为直接空调系统热源时，应符合现行国家标准《采暖通风与空气调节设计规范》GB 50019 的相关规定。

评价方法：检查设计图纸、技术经济分析报告。

5.3.5 区域供热锅炉房和热力站应设置参数自动控制系统，除配置必要的保证安全运行的控制环节外，还应具有保证供热质量及实现按需供热和实时监测的措施。

评价方法：检查设计图纸、竣工验收资料和现场检查。

5.3.6 所有空调风管和水管的保温应达到现行国家标准《公共建筑节能设计标准》GB 50189 的相关规定。

评价方法：检查设计图纸、设计计算资料、竣工验收资料。

5.3.7 如果设计采用房间空调器或转速可控型房间空气调节器作为冷热源，所选房间空调器能效应符合现行国家标准《房间空气调节器能效限定值及能效等级》GB 12021.3 标准中第 3 级能效等级的规定值；或符合《转速可控型房间空气调节器能效限定值及能源效率等级》GB 21455 第 3 级规定值。

评价方法：检查设计图纸、设备检测报告和现场检查。

Ⅱ 一 般 项

5.3.8 施工图设计阶段，根据详细的水力计算结果，确定采暖和空调冷热水循环泵的扬程。

评价方法：检查水力计算资料和设计图纸。

5.3.9 室内采暖系统和（或）空调系统的末端装置设置温度调节、自动控制设施。

评价方法：检查设计图纸、竣工验收资料和现场检查。

5.3.10 空气热回收装置符合现行国家标准《公共建筑节能设计标准》GB 50189 的有关规定。

评价方法：检查设计图纸和竣工验收资料。

5.3.11 设置集中采暖和（或）集中空调系统的建筑设置冷、热量计量装置。

评价方法：检查设计图纸和竣工验收资料。

5.3.12 采用电机驱动压缩机的蒸气压缩循环冷水（热泵）机组，或采用名义制冷量大于 7100W 的电机驱动压缩机单元式空气调节机，作为建筑小区或整栋楼的冷热源机组时，所选用机组的能效比（性能系数）不低于现行国家标准《冷水机组能效限定值及能源效率等级》GB 19577 中规定的第 2 级，或《单元式空气调节机能效限定值及能源效率等级》GB 19576 中规定的第 2 级；当采用多联式空调（热泵）机组作为户式集中空调（采暖）机组时，所选用机组的制冷综合性能系数不低于现行国家标准《多联式空调（热泵）机组综合性能系数限定值及能源效率等级》GB 21454 中规定的第 2 级。

评价方法：检查设计图纸、设备检测报告和现场检查。

5.3.13 如果设计采用房间空调器或转速可控型房间空气调节器作为冷热源，所选房间空调器能效符合现行国家标准《房间空气调节器能效限定值及能效等级》GB 12021.3 中第 2 级能效等级的规定值，或符合《转速可控型房间空气调节器能效限定值及能源效率等级》GB 21455 第 2 级规定值。

评价方法：检查设计图纸、设备检测报告和现场检查。

5.3.14 合理采用风机变频的变风量空调系统的数量达到全部全空气空调系统数量的 15% 以上。

评价方法：检查设计图纸、设计计算书。

5.3.15 集中空调冷、热水系统采用变水量系统。

评价方法：检查设计图纸、设计计算书和竣工验收资料。

5.3.16 对于设计最小新风比较大的全空气空调系统和新风空调系统，设计采用二氧化碳浓度控制新风量。

评价方法：检查设计图纸和竣工验收资料。

5.3.17 按照建筑的朝向和（或）内、外区对采暖、空调系统进行合理分区。

评价方法：检查设计图纸和竣工验收资料。

5.3.18 与工艺无关的空气调节系统中，不采用对空气进行冷却后再热的处理方式。

评价方法：检查设计图纸和竣工验收资料。

5.3.19 对于建筑内的高大空间采用分层空调方式或采用辐射供暖方式。

评价方法：检查设计图纸、设计计算书和竣工验收资料。

5.3.20 采用可调新风比的空调系统（系统最大新风比能够达到设计总送风量的 60% 以上）的数量达到全部全空气空调系统数量的 30% 以上。

评价方法：检查设计图纸、设计计算书和竣工验收资料。

5.3.21 采用对冷却水塔风机台数和（或）调速控制的方法运行控制。

评价方法：检查设计图纸、设计计算书和竣工验收资料。

5.3.22 应用变频调速水泵的总装机容量，达到建筑内循环水泵的总装机容量的 20% 以上。

评价方法：检查设计图纸、设计计算书和竣工验收资料。

Ⅲ 优 选 项

5.3.23 采用时间程序、房间温度或有害气体浓度控制的通风系统的使用面积达到通风系统覆盖的建筑面积的 30% 以上。

评价方法：检查设计图纸、设计计算书和竣工验收资料。

5.3.24 合理利用地热能技术，冷、热装机容量达到空调冷负荷或热负荷的 50% 以上。

评价方法：检查设计图纸、设计计算书和竣工验收资料。

5.3.25 利用太阳能或其他可再生能源，作为采暖或空调热源，设计供热量达到建筑采暖或空调热负荷的 10% 以上。

评价方法：检查设计图纸、设计计算书和竣工验收资料。

5.3.26 采用可调新风比的空调系统（系统最大新风比能够达到设计总送风量的 60% 以上）的数量达到全部全空气空调系统数量的 60% 以上。

评价方法：检查设计图纸、设计计算书和竣工验收资料。

5.3.27 采用低谷电进行蓄能的空调系统，蓄能设备装机容量达到典型设计日空调或采暖总能量的 20% 以上。

评价方法：检查设计图纸、设计计算书和竣工验收资料。

5.3.28 合理利用低温冷源，采用低温送风技术的空调系统的数量占全部全空气空调系统数量的 15%

以上。

评价方法：检查设计图纸、设计计算书和竣工验收资料。

5.3.29 合理采用蒸发冷却或冷却塔冷却方式进行冬季和过渡季供冷（或全年供冷）。

评价方法：检查设计图纸、设计计算书和竣工验收资料。

5.3.30 利用低温余热或废热等作为建筑采暖空调系统的能源。

评价方法：检查设计图纸、设计计算书和竣工验收资料。

5.3.31 合理采用热、电、冷三联供技术。

评价方法：检查设计图纸和技术经济分析报告。

5.3.32 采用建筑设备管理系统对暖通空调系统进行自动监控。

评价方法：检查设计图纸和竣工验收资料。

5.3.33 应用变频调速水泵的总装机容量，达到建筑内循环水泵的总装机容量的 40% 以上。

评价方法：检查设计图纸、设计计算书和竣工验收资料。

5.3.34 采用电机驱动压缩机的蒸气压缩循环冷水（热泵）机组，或采用名义制冷量大于 7100W 的电机驱动压缩机单元式空气调节机，作为建筑小区或整栋楼的冷热源机组时，所选用机组的能效比（性能系数）不低于现行国家标准《冷水机组能效限定值及能源效率等级》GB 19577 中规定的第 1 级，或《单元式空气调节机能效限定值及能源效率等级》GB 19576 中规定的第 1 级；当采用多联式空调（热泵）机组作为户式集中空调（采暖）机组时，所选用机组的制冷综合性能系数不低于现行国家标准《多联式空调（热泵）机组综合性能系数限定值及能源效率等级》GB 21454 中规定的第 1 级。

评价方法：检查设计图纸、设备检测报告和现场检查。

5.3.35 当设计采用房间空调器或转速可控型房间空气调节器作为冷热源时，所选房间空调器能效符合现行国家标准《房间空气调节器能效限定值及能效等级》GB 12021.3 标准中第 1 级能效等级的规定值，或符合《转速可控型房间空气调节器能效限定值及能源效率等级》GB 21455 第 1 级规定值。

评价方法：检查设计图纸、设备检测报告和现场检查。

5.3.36 合理采用温湿度独立调节空调系统。

评价方法：检查设计图纸和现场检查。

5.4 给水排水

Ⅰ 控 制 项

5.4.1 生活给水系统应充分利用城镇给水管网的水压直接供水。

评价方法：检查设计文件和现场检查。

5.4.2 采用集中热水系统时，热水供应系统应采用合理的循环方式，且管道及设备均应采取有效的保温。

评价方法：检查设计图纸、设计计算书和现场检查。

Ⅱ 一 般 项

5.4.3 采用节能的加压供水方式，水泵在高效区运行，冷却塔采用节能的运行方式。

评价方法：检查设计图纸、设计计算书、产品说明书和现场检查。

5.4.4 冷却塔采用节能的运行方式。

评价方法：检查设计图纸、设计计算书、产品说明书。

5.4.5 给水系统采取有效的减压限流措施。公共建筑用水点处的供水压力不大于 0.20MPa。

评价方法：检查设计计算书和现场检查。

5.4.6 公共厕所、公共浴室等公共场所使用节水器具。

评价方法：检查节水器具产品说明书或检测报告和现场检查。

5.4.7 生活给水、集中热水系统分用途、分用户计量。

评价方法：检查设计图纸和现场检查。

5.4.8 公共浴室类建筑的热水淋浴供应系统，采用设置可靠恒温混合阀等阀件或设备的单管供水，或采用带恒温装置的冷热水混合龙头。宾馆采用带恒温装置的冷热水混合龙头。

评价方法：检查设计图纸、产品说明书、竣工验收资料和现场检查。

Ⅲ 优 选 项

5.4.9 通过技术经济分析，合理采用可再生能源或余热、废热等回收技术制备生活热水。

评价方法：检查设计图纸、设计计算书、技术经济分析报告、竣工验收资料。

5.4.10 公共浴室的淋浴器采用计流量的刷卡用水管理。

评价方法：检查设计图纸、产品说明书、竣工验收资料和现场检查。

5.5 电气与照明

Ⅰ 控 制 项

5.5.1 选用三相配电变压器的空载损耗和负载损耗不应高于现行国家标准《三相配电变压器能效限定值及节能评价值》GB 20052 规定的能效限定值。

评价方法：检查设计图纸、产品检测报告和竣工验收资料。

5.5.2 办公楼、商场等按租户或单位应设置电能表。

评价方法：检查设计图纸和竣工验收资料。

5.5.3 旅馆建筑的每间（套）客房，应设置节能控制型总开关。

评价方法：检查设计图纸和竣工验收资料。

5.5.4 各房间或场所的照明功率密度值（LPD）不应高于现行国家标准《建筑照明设计标准》GB 50034 规定的现行值。

评价方法：检查设计图纸、设计计算书和竣工验收资料。

5.5.5 选用光源的能效值及与其配套的镇流器的能效因数（BEF）应满足下列规定：

　　1 单端荧光灯的能效值不应低于现行国家标准《单端荧光灯能效限定值及节能评价值》GB 19415 规定的节能评价值；

　　2 普通照明用双端荧光灯的能效值不应低于现行国家标准《普通照明用双端荧光灯能效限定值及能效等级》GB 19043 规定的节能评价值；

　　3 普通照明用自镇流荧光灯的能效值不应低于现行国家标准《普通照明用自镇流荧光灯能效限定值及能效等级》GB 19044 规定的节能评价值；

　　4 金属卤化物灯的能效值不应低于现行国家标准《金属卤化物灯能效限定值及能效等级》GB 20054 规定的节能评价值；

　　5 高压钠灯的能效值不应低于现行国家标准《高压钠灯能效限定值及能效等级》GB 19573 规定的节能评价值；

　　6 管型荧光灯镇流器的能效因数（BEF）不应低于现行国家标准《管型荧光灯镇流器能效限定值及节能评价值》GB 17896 规定的节能评价值；

　　7 金属卤化物灯镇流器的能效因数（BEF）不应低于现行国家标准《金属卤化物灯用镇流器能效限定值及能效等级》GB 20053 规定的节能评价值；

　　8 高压钠灯镇流器的能效因数（BEF）不应低于现行国家标准《高压钠灯用镇流器能效限定值及节能评价值》GB 19574 规定的节能评价值。

评价方法：检查设计图纸、产品检测报告和竣工验收资料。

5.5.6 选用荧光灯灯具的效率不应低于表 5.5.6 的规定。

表 5.5.6　荧光灯灯具的效率

灯具出光口形式	开敞式	保护罩（玻璃或塑料）		格栅
		透明	磨砂、棱镜	
灯具效率	75%	65%	55%	60%

评价方法：检查设计图纸、产品检测报告和竣工验收资料。

验收资料。

5.5.7 选用中小型三相异步电动机在额定输出功率和 75% 额定输出功率的效率不应低于现行国家标准《中小型三相异步电动机能效限定值及能效等级》GB 18613 规定的能效限定值。

评价方法：检查设计图纸、产品检测报告和竣工验收资料。

5.5.8 选用交流接触器的吸持功率不应高于现行国家标准《交流接触器能效限定值及能效等级》GB 21518 规定的能效限定值。

评价方法：检查设计图纸、产品检测报告和竣工验收资料。

5.5.9 照明系统功率因数不应低于 0.9。

评价方法：检查设计图纸和竣工验收资料。

Ⅱ　一　般　项

5.5.10 变配电所位于负荷中心。

评价方法：检查设计图纸和竣工验收资料。

5.5.11 当用电设备容量达到 250kW 或变压器容量在 160kVA 以上者，采用 10kV 或以上供电电源。

评价方法：检查设计图纸和竣工验收资料。

5.5.12 电力变压器工作在经济运行区。

评价方法：检查设计图纸、运行报告。

5.5.13 各房间或场所的照明功率密度值（LPD）不高于现行国家标准《建筑照明设计标准》GB 50034 规定的目标值。

评价方法：检查设计图纸、设计计算书和竣工验收资料。

5.5.14 选用交流接触器的吸持功率不高于现行国家标准《交流接触器能效限定值及能效等级》GB 21518 规定的节能评价值。

评价方法：检查设计图纸、产品检测报告和竣工验收资料。

5.5.15 未使用普通照明白炽灯。

评价方法：检查设计图纸、竣工验收资料和现场检查。

5.5.16 走廊、楼梯间、门厅等公共场所的照明，采用集中控制。

评价方法：检查设计图纸、竣工验收资料和现场检查。

5.5.17 楼梯间、走道采用半导体发光二极管（LED）照明。

评价方法：检查设计图纸、竣工验收资料和现场检查。

5.5.18 体育馆、影剧院、候机厅、候车厅等公共场所照明采用集中控制，并按建筑使用条件和天然采光状况采取分区、分组控制措施。

评价方法：检查设计图纸、竣工验收资料和现场检查。

5.5.19 电开水器等电热设备，设置时间控制模式。

评价方法：检查设计图纸、竣工验收资料和现场检查。

5.5.20 设置建筑设备监控系统。

评价方法：检查设计图纸、竣工验收资料和现场检查。

5.5.21 没有采用间接照明或漫射发光顶棚的照明方式。

评价方法：检查设计图纸、竣工验收资料和现场检查。

Ⅲ 优 选 项

5.5.22 天然采光良好的场所，按该场所照度自动开关灯或调光。

评价方法：检查设计图纸、竣工验收资料和现场检查。

5.5.23 旅馆的门厅、电梯大堂和客房层走廊等场所，采用夜间降低照度的自动控制装置。

评价方法：检查设计图纸、竣工验收资料和现场检查。

5.5.24 大中型建筑，按具体条件采用合适的照明自动控制系统。

评价方法：检查设计图纸、竣工验收资料和现场检查。

5.5.25 大型用电设备、大型舞台可控硅调光设备，当谐波不符合现行国家标准《电能质量公用电网谐波》GB/T 14549 有关规定时，就地设置谐波抑制装置。

评价方法：检查设计图纸、竣工验收资料和现场检查。

5.6 室 内 环 境

Ⅰ 控 制 项

5.6.1 公共建筑室内的温度、湿度等设计计算参数应符合国家现行节能设计标准中的规定。

评价方法：检查设计计算书和设计图纸。

5.6.2 公共建筑主要空间的设计新风量应符合现行国家标准《公共建筑节能设计标准》GB 50189 的设计要求。

评价方法：检查设计图纸、设计计算书。

5.6.3 建筑围护结构内部和表面应无结露、发霉现象。

评价方法：检查设计图纸、设计计算书和现场检查。

5.6.4 室内游离甲醛、苯、氨、氡和 TVOC 等空气污染物的浓度应符合现行国家标准《民用建筑工程室内环境污染控制规范》GB 50325 的有关规定。

评价方法：检查设计图纸、设计专项说明、检测报告。

5.6.5 建筑室内照度、统一眩光值、一般显色指数等指标应符合现行国家标准《建筑照明设计标准》GB 50034 的有关规定。

评价方法：检查设计图纸、设计专项说明、检测报告。

Ⅱ 一 般 项

5.6.6 暖通空调系统运行时，建筑室内温度冬季不得低于设计计算温度 2℃，且不高于 1℃；夏季不得高于设计计算温度 2℃，且不低于 1℃；

评价方法：检查设计计算书或检测报告。

5.6.7 公共建筑具备天然采光条件，其窗地面积比符合现行国家标准《建筑采光设计标准》GB/T 50033 的有关规定。

评价方法：检查设计图纸、设计计算书。

5.6.8 采暖空调时无局部过热、过冷的现象，空调送风区域气流分布均匀，主要人员活动区域人体头脚之间的垂直空气温度梯度小于 4℃。

评价方法：检查设计计算书或检测报告。

5.6.9 建筑每个房间的外窗可开启面积不小于该房间外窗面积的 30%；透明幕墙具有不小于房间透明面积 10%的可开启部分。

评价方法：检查设计图纸、门窗表、幕墙设计说明和现场检查。

Ⅲ 优 选 项

5.6.10 设有监控系统可根据监测结果自动启闭新风系统或调节新风送入量。

评价方法：检查设计图纸和现场检查。

5.6.11 地下停车库的通风系统根据车库内的一氧化碳浓度进行自动运行控制。

评价方法：检查设计图纸和现场检查。

5.7 运 营 管 理

Ⅰ 控 制 项

5.7.1 物业管理单位或业主应根据建筑的特点制定建筑采暖与空调、通风、照明、生活热水及电梯等重点用能设备的节能运行管理制度。

评价方法：检查制度清单、制度文本和现场检查。

5.7.2 物业管理人员应通过建筑节能管理岗位的上岗培训和继续教育。

评价方法：检查培训记录或上岗证书。

5.7.3 公共建筑内夏季室内空调温度设置不应低于 26℃，冬季室内空调温度设置不应高于 20℃。

评价方法：检查检测报告。

5.7.4 对公共建筑应进行分项计量，对建筑主要用能设备应实行分类计量,并应每年进行能耗统计、审计和公示。

评价方法:检查能耗审计、统计表。

5.7.5 空调通风系统应按照现行国家标准《空调通风系统清洗规范》GB 19210 的有关规定进行定期检查和清洗,并有相应的记录。

评价方法:检查清洗记录资料和照片。

Ⅱ 一 般 项

5.7.6 物业管理单位针对建筑物内工作人员和住户制定持续的建筑节能知识科普宣传的计划,每年定期发放、张贴宣传材料。

评价方法:检查宣传资料材料和宣传活动的照片。

5.7.7 空调系统、电梯等设备及管道的设置和安装便于维修、改造和更换,定期对仪表、设备和控制系统进行维修,并有相应的记录。

评价方法:检查维修保养记录资料和照片。

5.7.8 采用集中空气调节系统的公共建筑的用能计量符合现行国家标准《公共建筑节能设计标准》GB 50189 的有关规定,分楼层、分室内区域、分用户或分室设置冷、热量计量装置;建筑群的每栋公共建筑及其冷、热源站房设置冷、热量计量装置。

评价方法:检查设计图纸和竣工验收资料。

5.7.9 选择合理的空调、采暖运行参数。空调、采暖系统运行参数进行现场监测并作记录。

评价方法:检查设计图纸和监测记录。

5.7.10 对下列采暖通风和空调设备、管道定期进行维修保养,并有相应的记录。

    1 分季节使用空调、采暖水泵,每个使用季前后各进行一次清洗保养;

    2 冷却水系统每个使用季前后各进行一次清洗保养;

    3 空调室外机和室内机每年进行一次清洗保养;

    4 空调过滤网、过滤器、冷凝水盘等每半年清洗保养一次;

    5 采暖和空调系统的换热设备每年至少进行一次维修和保养。

评价方法:检查维修保养记录资料和照片。

5.7.11 下列用能设备和装置每年至少进行一次维修保养,并有相应的记录。

    1 长期使用的电梯、水泵等设备;

    2 热水加热器;

    3 照明设备的整流器、灯具。

评价方法:检查维修保养记录资料和照片。

5.7.12 建筑用能系统通过调试合格后方可运行。

评价方法:检查调试报告和运行记录资料。

5.7.13 垂直电梯轿厢内部装饰采用轻质材料,装饰材料重量不大于电梯载重量的10%。

评价方法:检查电梯验收报告和电梯装饰现场照片。

Ⅲ 优 选 项

5.7.14 每年进行建筑能耗情况的审计工作,并进行公示。

评价方法:检查历年能耗统计表和公示资料。

5.7.15 具有并实施能源管理激励机制,管理业绩与节约能源、提高经济效益挂钩。

评价方法:检查激励制度文本。

5.7.16 委托节能技术服务机构开展合同能源管理或其他创新的能源管理模式或商业模式,提高节能运行管理的水平。

评价方法:检查合同文本和实施措施。

本标准用词说明

1 为便于在执行本标准条文时区别对待,对要求严格程度不同的用词说明如下:

    1) 表示很严格,非这样做不可的:

        正面词采用"必须",反面词采用"严禁";

    2) 表示严格,在正常情况下均应这样做的:

        正面词采用"应",反面词采用"不应"或"不得";

    3) 表示允许稍有选择,在条件许可时首先应这样做的:

        正面词采用"宜",反面词采用"不宜";

    4) 表示有选择,在一定条件下可以这样做的,采用"可"。

2 条文中指明应按其他有关标准执行的写法为:"应符合……的规定"或"应按……执行"。

引用标准名录

1 《采暖通风与空气调节设计规范》GB 50019

2 《建筑采光设计标准》GB/T 50033

3 《建筑照明设计标准》GB 50034

4 《城市居住区规划设计规范》GB 50180

5 《公共建筑节能设计标准》GB 50189

6 《民用建筑工程室内环境污染控制规范》GB 50325

7 《民用建筑太阳能热水系统应用技术规范》GB 50364

8 《严寒和寒冷地区居住建筑节能设计标准》JGJ 26

9 《夏热冬暖地区居住建筑节能设计标准》JGJ 75

10 《夏热冬冷地区居住建筑节能设计标准》JGJ 134

11 《民用建筑太阳能光伏系统应用技术规范》JGJ 203

12 《建筑外门窗气密、水密、抗风压性能分级及检测方法》GB/T 7106

13 《房间空气调节器能效限定值及能效等级》GB 12021.3

14 《电能质量公用电网谐波》GB/T 14549

15 《管型荧光灯镇流器能效限定值及节能评价值》GB 17896

16 《中小型三相异步电动机能效限定值及能效等级》GB 18613

17 《普通照明用双端荧光灯能效限定值及能效等级》GB 19043

18 《普通照明用自镇流荧光灯能效限定值及能效等级》GB 19044

19 《空调通风系统清洗规范》GB 19210

20 《单端荧光灯能效限定值及节能评价值》GB 19415

21 《高压钠灯能效限定值及能效等级》GB 19573

22 《高压钠灯用镇流器能效限定值及节能评价值》GB 19574

23 《单元式空气调节机能效限定值及能源效率等级》GB 19576

24 《冷水机组能效限定值及能源效率等级》GB 19577

25 《三相配电变压器能效限定值及节能评价值》GB 20052

26 《金属卤化物灯用镇流器能效限定值及能效等级》GB 20053

27 《金属卤化物灯能效限定值及能效等级》GB 20054

28 《家用燃气快速热水器和燃气采暖热水炉能效限定值及能效等级》GB 20665

29 《建筑幕墙》GB/T 21086

30 《多联式空调(热泵)机组综合性能系数限定值及能源效率等级》GB 21454

31 《转速可控型房间空气调节器能效限定值及能源效率等级》GB 21455

32 《交流接触器能效限定值及能效等级》GB 21518

中华人民共和国国家标准

节能建筑评价标准

GB/T 50668—2011

条 文 说 明

制　定　说　明

《节能建筑评价标准》GB/T 50668－2011，经住房和城乡建设部 2011 年 4 月 2 日以第 970 号公告批准、发布。

为便于广大设计、施工、科研、学校等单位有关人员在使用本标准时能正确理解和执行条文规定，《节能建筑评价标准》编制组按章、节、条顺序编制了

本标准的条文说明，对条文规定的目的、依据以及执行中需注意的有关事项进行了说明。但是，本条文说明不具备与标准正文同等的法律效力，仅供使用者作为理解和把握标准规定的参考。在使用中如发现本条文说明有不妥之处，请将意见函寄中国建筑科学研究院。

目　次

1　总则 ┈┈┈┈┈┈┈┈┈ 8—25

2　术语 ┈┈┈┈┈┈┈┈┈ 8—25

3　基本规定 ┈┈┈┈┈┈┈ 8—25

　3.1　基本要求 ┈┈┈┈┈ 8—25

　3.2　评价与等级划分 ┈┈┈ 8—26

4　居住建筑 ┈┈┈┈┈┈┈ 8—26

　4.1　建筑规划 ┈┈┈┈┈ 8—26

　4.2　围护结构 ┈┈┈┈┈ 8—29

　4.3　采暖通风与空气调节 ┈ 8—31

　4.4　给水排水 ┈┈┈┈┈ 8—34

　4.5　电气与照明 ┈┈┈┈ 8—35

　4.6　室内环境 ┈┈┈┈┈ 8—37

　4.7　运营管理 ┈┈┈┈┈ 8—38

5　公共建筑 ┈┈┈┈┈┈┈ 8—38

　5.1　建筑规划 ┈┈┈┈┈ 8—38

　5.2　围护结构 ┈┈┈┈┈ 8—39

　5.3　采暖通风与空气调节 ┈ 8—41

　5.4　给水排水 ┈┈┈┈┈ 8—44

　5.5　电气与照明 ┈┈┈┈ 8—45

　5.6　室内环境 ┈┈┈┈┈ 8—47

　5.7　运营管理 ┈┈┈┈┈ 8—49

1 总　则

1.0.1　建筑与人们的生活休戚相关，也与我国的环境、资源、能源等密切相关。我国已经发布了北方严寒和寒冷地区、夏热冬冷地区和夏热冬暖地区的居住建筑节能设计标准，公共建筑节能设计标准、建筑节能工程施工质量验收规范也已经颁布实施，这些标准对建筑的节能设计和施工给出了最低的要求。为了对建筑的节能性进行综合评价，鼓励建造更低能耗的节能建筑，特制定本标准。

1.0.2　本条规定了标准的适用范围是新建建筑和既有建筑改造后达到节能标准的建筑。由于不同类型的建筑因使用功能的不同，其能耗情况存在较大差异。本标准考虑到我国目前建设市场的情况，侧重评价总量大的居住建筑和公共建筑中能耗较大的办公建筑（包括写字楼、政府部门办公楼等）、商业建筑（如商场建筑、金融建筑等）、旅游建筑（如旅游饭店、娱乐建筑等）、科教文卫建筑（包括文化、教育、科研、医疗、卫生、体育建筑等）。其他公共建筑也可参照执行。

1.0.3　规划和建筑设计以及运营管理是建筑的两个重要阶段，都与建筑的节能性密切相关，必须统筹考虑，漏掉任何一个阶段都不能称之为节能建筑。

　　本标准的节能建筑评价指标体系由建筑规划、建筑围护结构、采暖通风与空气调节、给水排水、电气与照明、室内环境和运营管理七类指标组成。通过对七类指标的评价，体现建筑的综合节能性能。标准的评价指标以现行的国家相关标准为依据，有些指标适当提高。

1.0.4　由于建筑节能涉及多个专业和多个阶段，不同专业和不同阶段都制定了相应的节能标准。在进行节能建筑的评价时，除应符合本标准的规定外，尚应符合国家现行的有关标准规范的规定。对于某些地区，如果执行了高于国家标准和行业标准规定的、更严格的地方节能标准，尚应符合当地的节能标准的要求。

2 术　语

2.0.1　节能建筑的主要指标有建筑规划、建筑围护结构、暖通空调、给水排水、电气与照明、室内环境，并且具有良好的运行管理手段和制度并落实到实处。节能建筑一定要因地制宜，遵循当地的气候条件和资源条件。节能建筑不仅要满足国家和行业标准的节能要求，同时也要符合当地的有关节能标准。

2.0.2　本条对节能建筑评价进行了定义。建筑是一个复杂的、特殊的产品，不像冰箱、房间空调器等产品可以在实验室的标准工况下进行检测并给出额定工况下的能耗。为了提高节能建筑评价的科学性和可操作性，本标准把涉及建筑节能的因素分为七类指标体系，每类指标体系中又分为具体的节能技术措施或节能管理措施。根据建筑采用的节能技术措施或节能管理措施，采取定量和定性相结合的方法来评估建筑的节能性能。这种方法兼顾了评价的科学性和可操作性，简单易用，有利于节能建筑的推广。

2.0.5　这种节能投资方式允许客户用未来的节能收益为设备和系统升级，以降低建筑的运行成本；或者节能服务公司以承诺节能项目的节能效益、或承包整体能源费用的方式为客户提供节能服务。合同能源管理在实施节能项目的用户与节能服务公司之间签订，有助于推动节能项目的实施。依照具体的业务方式，可以分为分享型合同能源管理业务、承诺型合同能源管理业务、能源费用托管型合同能源管理业务。

3 基本规定

3.1 基本要求

3.1.1　节能建筑评价应包括节能建筑设计评价和节能建筑工程评价两个阶段。

3.1.2　本条规定了评价的对象为单栋建筑或建筑小区。评价单栋建筑时，凡涉及室外部分的指标，如绿地率、建筑密度等，以该栋建筑所处的室外条件的评价结果为准。建筑小区的节能评价应在单栋建筑评价的基础上进行，建筑小区的节能等级应根据小区中全部单栋建筑均达到或超过的节能等级来确定。

3.1.3　本条规定了评价的时间节点。对于节能建筑设计评价，应在建筑设计图纸经相关部门节能审查合格后进行；对于节能建筑工程评价，应在建筑工程竣工验收合格并投入运行一年以后进行。

3.1.4　本条规定了申请节能建筑设计评价的建筑应提供的资料，主要有：

　　1　建筑节能技术措施，包括所采用的全部建筑节能技术和相关技术参数；

　　2　规划与建筑设计文件，包括规划批文、规划设计说明、建筑设计说明和相应的建筑设计施工图等；

　　3　规划与建筑节能设计文件，包括规划、建筑设计与建筑节能有关的设计图纸、建筑节能设计专篇、节能计算书等；

　　4　各地建设行政管理部门或建设行政管理部门委托的建筑节能管理机构进行的建筑节能设计审查批复文件。

3.1.5　本条规定了申请节能建筑评价的建筑应提供的材料。除了提供节能建筑设计评价阶段的资料外，还应提供：

　　1　材料主要包括建筑中采用的设备、部品、施工材料等；

2 需要提供完整的建筑节能工程竣工验收报告；

3 主要包括与建筑节能评价有关的如检测报告、专项分析报告、运营管理制度文件、运营维护资料等资料。

3.2 评价与等级划分

3.2.1 本条规定了节能建筑设计评价和节能建筑评价的指标体系。每类指标包括控制项、一般项和优选项。控制项为节能建筑的必备条件，全部满足本标准中控制项要求的建筑，方可认为已经具备节能建筑评价的基本申请资格。一般项和优选项是划分节能建筑等级的可选条件。

3.2.2 进行节能建筑评价时，应首先审查是否满足本标准中全部控制项的要求。为了使每类指标得分均衡，使得节能建筑各个环节都能在建筑中体现，所以把得分项分成了一般项和优选项。对于一般项，不同等级的节能建筑都要满足最低的项数要求，而且不能互相借用一般项的分数。优选项是难度大、节能效果较好的可选项。

节能建筑细分为三个等级，目的是为了引导建筑节能性能的发展与提高，鼓励建造更高节能性能的建筑。

3.2.3 对于围护结构、暖通空调、电气与照明三类指标规定了需要满足的最少优选项数，主要是考虑到这三类指标是影响建筑节能最关键因素，对建筑节能的贡献率也最大，所以对围护结构、暖通空调、电气与照明这三类指标明确提出优选项数量的要求。

3.2.4 当标准中某条文不适应建筑所在地区、气候、建筑类型、评价阶段等条件时，该条文可不参与评价，这时，参评的总项数会相应减少，表 3.2.2 中对项数的要求可以按比例调整。

设表中某类指标一般项数为 a，某等级要求的一般项数为 b，则比例为 $p=b/a$。当存在不参与评价的条文时，参评的一般项数减少，在这种情况下，可按表中规定的比例 p 调整，一般项数的要求调整为 [参评的一般项数×p]，计算结果舍尾取整。

例如，某类指标一般项共 6 项，AA 级要求的一般项数为 2 项，则 $p=1/3$。由于有 2 项不参评，导致参评的一般项减少为 4，这种情况下对 AA 级要求的一般项数减少为 [4×(1/3)]，计算结果舍尾取整后为 1 项。

3.2.5 本条规定了具体条款的评价结论。对于定性条款，评价的结论只有两个，即"通过"或"不通过"；对于有多项要求的条款，则全部要求都满足方可认定本条的评价结论为"通过"，否则应认定为"不通过"。

3.2.6 由于温和地区没有相应的国家和行业建筑节能标准，在进行节能建筑评价时，可参考建筑邻近的气候分区的相应条款进行评价。

4 居 住 建 筑

4.1 建 筑 规 划

Ⅰ 控 制 项

4.1.1 本条是编制居住区规划设计必须遵循的基本原则：

1 居住区是城市的重要组成部分，因而必须根据城市总体规划要求，从全局出发考虑居住区具体的规划设计。

2 居住区规划设计是在一定的规划用地范围内进行，应考虑其各种规划要素后确定，如日照标准、房屋间距、密度、建筑布局、道路、绿化和空间环境设计及其组成有机整体等，均应与所在城市的特点、所处建筑气候分区、规划用地范围内的现状条件及社会经济发展水平密切相关。在规划设计中应充分考虑、利用当地气候特点和条件，为整体提高居住区节能规划设计创造条件。

4.1.2 现行国家标准《城市居住区规划设计规范》GB 50180 第 5.0.2 规定，住宅日照标准应符合表 1 规定。对于特定情况符合下列规定：

1 每套住宅至少应有一个居室空间能获得冬季日照；

2 宿舍半数以上的居室，应获得同住宅居住空间相等的日照标准；

3 托儿所、幼儿园的主要生活用房，应能获得冬至日不小于 3h 的日照标准；

4 老年人住宅、残疾人住宅的卧室、起居室，医院、疗养院半数以上的病房和疗养室，中小学半数以上的教室应能获得冬至日不小于 2h 的日照标准；

5 旧区改建的项目内新建住宅日照标准可酌情降低，但不应低于大寒日日照 1h 的标准。

表 1 住宅建筑日照标准

建筑气候分区	Ⅰ、Ⅱ、Ⅲ、Ⅶ气候区		Ⅳ气候区		Ⅴ、Ⅵ气候区
	大城市	中小城市	大城市	中小城市	
日照标准	大寒日				冬至日
日照时数(h)	≥2	≥3			≥1
有效日照时间带(h)（当地真太阳时）	8～16				9～15
日照时间计算点	底层窗台面（距室内地坪0.9m 高的外墙位置）				

注：本表中的气候分区与全国建筑热工设计分区的关系见现行国家标准《民用建筑设计通则》GB 50352 表 3.3.1。

4.1.3 要求从项目立项，到可行性研究报告、规划设计、初步设计、施工图设计各个阶段都要考虑建筑节能。在建设部、国家计委关于印发《建设项目选址规划管理办法》的通知（1991 年 8 月 23 日）第六条中也有规定，建设项目选址意见书应当包括建设项目供水与能源的需求量，采取的运输方式与运输量，以及废水、废气、废渣的排放方式和排放量。

Ⅱ　一　般　项

4.1.4 针对 4.1.2 条作出了一定的提高。对于特定情况符合下列规定：

1 每套住宅有 2 个或者以上的居室空间能获得冬季日照；

2 宿舍 2/3 或以上的居室，应获得同住宅居住空间相等的日照标准；

3 旧区改建的项目内新建住宅日照标准满足现行国家标准《民用建筑设计通则》GB 50352 表 3.3.1 的要求。

4.1.5 住宅小区绿地不但可以美化环境，而且可以改善小区微气候，降低小区热岛强度。按照现行国家标准《城市居住区规划设计规范》GB 50180，居住建筑小区的绿化包括公共绿地、宅旁绿地、配套公建所属绿地和道路绿地，其中包括了满足当地植树绿化覆土要求，方便居民出入的地上或半地下建筑的屋顶绿地。绿地面积按下列规定确定：

1 宅旁（宅间）绿地面积计算的起止界：绿地边界对宅间路、组团路和小区路算到路边，当小区路设有人行便道时算到便道边，沿居住区路、城市道路则算到红线；距房屋墙脚 1.5m；对其他围墙、院墙算到墙脚。

2 道路绿地面积计算，以道路红线内规划的绿地面积为准进行计算。

3 院落式组团绿地面积计算起止界：绿地边界距宅间路、组团路和小区路路边 1m；当小区路有人行便道时，算到人行便道边；临城市道路、居住区级道路时算到道路红线；距房屋墙脚 1.5m。

4 其他块状、带状公共绿地面积计算的起止界同院落式组团绿地。沿居住区（级）道路、城市道路的公共绿地算到红线。

4.1.6 建筑物朝向对太阳辐射得热量和空气渗透耗热量都有影响。在其他条件相同情况下，东西向板式多层居住建筑的传热耗热量要比南北向的高 5% 左右。建筑物的主立面朝向冬季主导风向，会使空气渗透耗热量增加。对于建筑物的朝向，也可以按照主要房间的朝南向数量来考核。对于单栋建筑来说，40%的主要房间朝南向是可以做到的。

节能建筑标准中朝向是这样规定的："南"代表从南偏东 30°至偏西 30°的范围。居住建筑的最佳朝向是在南偏东 15°至南偏西 15°范围内，适宜的朝向为南偏

东 45°至南偏西 30°范围。

1 建筑平面布置时，不宜将主要卧室、起居室设置在正东和正西、西北方向；

2 不宜在建筑的正东、正西和西西北、东东北方向设置大面积的玻璃门窗或玻璃幕墙；

3 当建筑采用最佳朝向南偏东 15°至南偏西 15°范围内时，与最差朝向（正西向）相比，可以贡献 5%～10%的节能率。

对于一些有景观资源的住宅或受本身地块条件的限制，满足本条文的第 1 和第 2 款难度较大，但是通过采取隔热措施和活动外遮阳措施，也可以实现改善室内的热环境，节约建筑能耗的目的。

4.1.7 现行国家标准《城市居住区规划设计规范》GB 50180 第 5.0.3 条规定，在Ⅰ、Ⅱ、Ⅳ、Ⅶ建筑气候区，居住小区规划设计主要应利于居住建筑冬季的日照、防寒、保温与防风沙的侵袭；在Ⅲ、Ⅳ建筑气候区，居住小区规划设计主要应考虑居住建筑夏季防热和组织自然通风、导风入室的要求；在丘陵和山区，除考虑居住建筑布置与主导风向的关系外，尚应重视因地形变化而产生的地方风对居住建筑防寒、保温或自然通风的影响；经过多个工程项目的实践，可以采用计算流体力学软件，通过模拟的方法进行自然通风的量化评价。

1 气流模拟设计可以采用自然通风模拟软件进行。方法是先对小区规划的初步设计进行自然通风模拟，然后根据模拟结果对小区的规划布局进行调整，使居住小区的规划布局有利于自然通风。采用自然通风模拟时，应注意气候边界条件的选取，气候边界条件选取的原则是：夏季有效利用自然通风，冬季有效避免冷空气的渗透。

2 在确定建筑物的相对位置时，应使建筑物处于周围建筑物的气流旋涡区之外。

3 宜使小区各建筑的主立面迎向夏季主导风向，或将夏季主导风引向建筑的主立面。目的是在有效利用自然通风时，使建筑物前后形成一定的风压差，为建筑室内形成良好的自然通风创造条件。

对于规模较小的建筑小区，根据当地规范和规定，通过建筑师的经验判断，也可以不采用计算机模拟量化判断的方法。

4.1.8 建筑公共区间如地下室、楼梯间（包括消防楼梯）、公共走道，应该充分利用建筑设计措施实现天然采光，但是一梯六户以上的小户型塔式高层居住建筑，其公共楼梯很难做到天然采光，通过调查和测算，在设计阶段采取措施，地上部分 30%的公共区间实现天然采光是可行的。

如果建筑有地下室，地下一层可以有条件地利用自然光，通过设计采光井、采光窗，保证地下一层可采光的面积占地下室总面积的 5%以上。

考虑到夏热冬暖地区、夏热冬冷地区以及严寒、

寒冷地区的气候不同特点，本标准确定的指标按照较低值选取。

4.1.9 在无法通过窗户实现自然采光的情况下，利用各种导光和反光装置将天然光引入室内(如地下室车库)是一种比较成熟的技术，该技术有利于节能，应大力提倡。

4.1.10 高层居住建筑越来越多，电梯能耗成为高层居住建筑公共区域能耗中最大的一部分。例如，深圳市有 43000 台电梯，每台电梯按照 15kW 计算，如果电梯全部投入使用，负荷达到 64.5 万 kW，占深圳市高峰用电负荷的 8%。

但是目前国内没有节能型电梯标准可供评价，故参考香港机电工程署颁布的 Code of Practice for Energy Efficiency of Lift and Escalator Installations 来参考执行(见表 2、表 3、表 4)。

表 2 曳引式电梯最大允许电功率 $P(kW)$ ($V < 3$)

负载 L(kg)	额定梯速 V (m/s)				
	$V < 1$	$1 \leqslant V$ < 1.5	$1.5 \leqslant$ $V < 2$	$2 \leqslant V$ < 2.5	$2.5 \leqslant$ $V < 3$
$L < 750$	7	10	12	16	18
$750 \leqslant L < 1000$	10	12	17	21	24
$1000 \leqslant L < 1350$	12	17	22	27	32
$1340 \leqslant L < 1600$	15	20	27	32	38
$1600 \leqslant L < 2000$	17	25	32	39	46
$2000 \leqslant L < 3000$	25	37	47	59	70
$3000 \leqslant L < 4000$	33	48	63	78	92
$4000 \leqslant L < 5000$	42	60	78	97	115
$L \geqslant 5000$	$0.0083L$ $+0.5$	$0.0118L$ $+1$	$0.0156L$ $+0.503$	$0.019L$ $+2$	$0.0229L$ $+0.5$

表 3 最大允许电功率 $P(kW)$ ($V < 7$)

负载 L(kg)	额定梯速 V (m/s)				
	$3 \leqslant V$ < 3.5	$3.5 \leqslant$ $V < 4$	$4 \leqslant$ $V < 5$	$5 \leqslant$ $V < 6$	$6 \leqslant$ $V < 7$
$L < 750$	21	23	25	30	34
$750 \leqslant L < 1000$	27	31	32	39	46
$1000 \leqslant L < 1350$	36	40	45	52	60
$1340 \leqslant L < 1600$	43	49	52	62	72
$1600 \leqslant L < 2000$	53	60	65	75	88
$2000 \leqslant L < 3000$	79	90	95	115	132
$3000 \leqslant L < 4000$	104	120	130	150	175
$4000 \leqslant L < 5000$	130	150	160	190	220

表 4 最大允许电功率 $P(kW)$ ($V \geqslant 7$)

负载 L(kg)	额定梯速 V (m/s)		
	$7 \leqslant V < 8$	$8 \leqslant V < 9$	$V \geqslant 9$
$L < 750$	39	45	$4.887V + 0.0014V^3$

续表 4

负载 L(kg)	额定梯速 V (m/s)		
	$7 \leqslant V < 8$	$8 \leqslant V < 9$	$V \geqslant 9$
$750 \leqslant L < 1000$	52	60	$6.516V + 0.0021V^3$
$1000 \leqslant L < 1350$	70	80	$8.797V + 0.0021V^3$
$1340 \leqslant L < 1600$	83	95	$10.426V + 0.00266V^3$
$1600 \leqslant L < 2000$	105	120	$13.033V + 0.0014V^3$
$2000 \leqslant L < 3000$	155	175	$19.549V + 0.0030V^3$
$3000 \leqslant L < 4000$	205	235	$26.065V + 0.0038V^3$
$4000 \leqslant L < 5000$	255	290	$32.582V + 0.0048V^3$

在建筑中选用节能电梯，并采用变频控制、启动控制、群梯智能控制等经济运行手段，以及分区、分时等运行方式来达到电梯节能的目的。另外，电梯无外部召唤，且轿厢内一段时间无预置指令时，电梯自动转为节能方式也是一种很好的节能运行模式。

Ⅲ 优选项

4.1.11 居住小区环境温度的升高，不但增加建筑的空调能耗，而且影响小区行人的热舒适度。对于住区而言，由于受规划设计中建筑密度、建筑材料、建筑布局、绿地率和水景设施、空调排热、交通排热及炊事排热等因素的影响，住区有可能出现"热岛"现象。设计时应该采取通风、水景、绿化、透水地面等措施，降低热岛，改善住区热环境。

热岛强度可通过综合措施得到控制。提高绿地率可有效改善场地热岛效应，采用遮阳措施或采用高反射率的浅色涂料可有效降低屋面、地面的表面温度，减少热岛效应，提高顶层住户和地面的热舒适度。

屋面可设计成种植屋面，或采用高反射率涂料，或同时采用高反射率涂料和种植屋面。对屋面的评价，要求可绿化屋面面积的 30% 实施绿化或 75% 屋面太阳辐射吸收率小于 0.7。当部分屋面有绿化，但达不到 30% 比例时，非绿化屋面的 75% 如果能够满足太阳辐射吸收率小于 0.7 也认为满足条文要求。可绿化屋面是指除掉设备管路、楼梯间及太阳能集热板等部位之外的屋面。对于高反射率屋面的评价而言，楼梯间等要计入评价范围，设备管路、太阳能集热板等部位不计入。不同面层的表面特性见表 5。

表 5 不同面层的表面特性

面层类型	表面性质	表面颜色	吸收系数 ρ 值
石灰粉刷墙面	光滑、新	白色	0.48
抛光铝反射板	—	浅色	0.12
水泥拉毛墙	粗糙、旧	米黄色	0.65
白水泥粉刷墙面	光滑、新	白色	0.48
水刷石	粗糙、旧	浅灰	0.68

面层类型	表面性质	表面颜色	吸收系数 ρ 值
水泥粉刷墙面	光滑、新	浅黄	0.56
砂石粉刷面	—	深色	0.57
浅色饰面砖	—	浅黄、浅绿	0.50
红砖墙	旧	红色	0.77
硅酸盐砖墙	不光滑	黄灰色	0.5
混凝土砌块		灰色	0.65
混凝土墙	平滑	深灰	0.73
红褐陶瓦屋面	旧	红褐	0.74
灰瓦屋面	旧	浅灰	0.52
水泥屋面	旧	素灰	0.74
水泥瓦屋面		深灰	0.69
绿豆砂保护层屋面	—	浅黑色	0.65
白石子屋面	粗糙	灰白色	0.62
浅色油毛毡屋面	不光滑、新	浅黑色	0.72
黑色油毛毡屋面	不光滑、新	深黑色	0.86
绿色草地			0.80
水(开阔湖、海面)			0.96
黑色漆	光滑	深黑色	0.92
灰色漆	光滑	深灰色	0.91
褐色漆	光滑	淡褐色	0.89
绿色漆	光滑	深绿色	0.89
棕色漆	光滑	深棕色	0.88
蓝色漆、天蓝色漆	光滑	深蓝色	0.88
中棕色	光滑	中棕色	0.84
浅棕色漆	光滑	浅棕色	0.80
棕色、绿色喷泉漆	光亮	中棕、中绿色	0.79
红油漆	光亮	大红	0.74
浅色涂料	光平	浅黄、浅红	0.50
银色漆	光亮	银色	0.25

硬质地面遮荫或硬质地面铺设采用浅色材料有利于降低人行区域的温度,为便于评价硬质地面的遮荫比例,成年乔木平均遮荫半径取为4m,棕榈科乔木平均遮荫半径取为2m。

无遮荫的硬质地面停车率是指无遮荫的硬质地面机动车停车位与总停车位的比例。如果地面停车位受植物遮荫或设置了遮阳棚或地面为透水地面,可不计入无遮荫的硬质地面停车率的计算。

4.1.12 本条在第4.1.8条的基础上提高了要求,鼓励采用天然采光,降低建筑能耗。

4.1.13 我国有丰富的太阳能资源,全国2/3以上地区的全年太阳能辐照量大于5700MJ/(m² · a),全年日照时数大于2200h。除了重庆、四川、贵州、江西部分地区资源贫乏带,绝大多数地区都可以利用太阳能。

全国一些城市和省份如深圳、江苏、海南等,通过立法将12层及以下的居住建筑利用太阳能热水系统作为强制要求,纳入施工图审查和项目报建以及节能专项验收中。但是考虑到还有很多省市并没有此要求,所以以本条文作为优选项。

为避免太阳能热水系统在建筑中的无序使用并保证使用的安全和可靠,太阳能热水系统需要统一设计和施工安装。

满足现行国家标准《民用建筑太阳能热水系统应用技术规范》GB 50364的要求,如满足建筑结构及其他相应的安全性要求;设置防止太阳能集热器损坏后部件坠落伤人的安全防护设施;支承太阳能热水系统的钢结构支架应与建筑物接地系统可靠连接,防止雷击。太阳能系统不得降低相邻建筑的日照标准等。

4.2 围护结构

Ⅰ 控制项

4.2.1 严寒和寒冷地区围护结构热工性能是影响居住建筑采暖负荷与能耗最重要的因素之一,必须予以严格控制。而建筑的体形系数、窗墙面积比、建筑围护结构的热工参数、外窗的气密性等指标是节能建筑的重要内容,是节能建筑围护结构必须满足的基本要求。因此,建筑体形系数、窗墙面积比、建筑围护结构的热工参数、外窗的气密性等必须满足现行行业标准《严寒和寒冷地区居住建筑节能设计标准》JGJ 26中的有关规定。

4.2.2 夏热冬冷地区建筑围护结构的热工设计涉及夏季隔热、冬季保温及过渡季节自然通风等因素,其围护结构的热工特性不同于寒冷地区供暖建筑对围护结构的严格保温要求。但由于建筑的体形系数、窗墙面积比、建筑围护结构的热工参数、外窗的气密性等指标同样是影响夏热冬冷地区建筑能耗重要的指标,也是节能建筑围护结构必须满足的基本要求,因此必须满足现行行业标准《夏热冬冷地区居住建筑节能设计标准》JGJ 134中的要求。

4.2.3 夏热冬暖地区只涉及夏季空调,在这一地区主要考虑建筑围护结构的隔热问题,确定围护结构隔热的基本原则是围护结构有一定的热阻,重点是外窗的遮阳,主要体现在建筑围护结构的热工参数限值、窗墙面积比、外窗的遮阳系数等几个关键指标上;因此,围护结构的热工参数、窗墙面积比、外窗的遮阳系数等指标必须满足现行行业标准《夏热冬暖地区居住建筑节能设计标准》JGJ 75的要求。

4.2.4 外墙结构性冷(热)桥部位系指嵌入墙体的混凝土或金属梁、柱,墙体的混凝土肋或金属件,建筑中的板材按缝及墙角、墙体勒脚、楼板与外墙、内隔墙与外墙连接处、外窗(门)洞口室外部分的侧墙等部位。由于这些部位的传热系数明显大于其他部位，使得热量集中地从这些部位快速传递，特别是当冷（热）桥内表面温度低于室内露点温度后将吸收大量的空气相变潜热，从而增大了建筑物的空调、采暖负荷及能耗。在进行外墙的热工节能设计时，应对这些部位的内表面温度进行验算，以便确定其是否低于室内空气露点温度。

4.2.5 本条文依据现行国家标准《建筑节能工程施工质量验收规范》GB 50411 中强制性条文 4.2.2、5.2.2、7.2.2 和 8.2.2 条文提出的。因为保温材料的厚度、导热系数、密度直接影响到非透明围护结构的保温隔热效果，抗压强度或压缩强度直接关系到保温材料的可靠性和安全性，燃烧性能是防火要求最直接的指标，门窗的气密性、保温性能、中空玻璃露点、玻璃遮阳系数、可见光透射比直接影响到透明围护结构的节能效果。因此，必须对围护结构保温材料的上述性能提出控制要求，这是保证建筑围护结构到达节能设计要求的最基本条件。

要求对表 4.2.5-2 中的建筑材料和产品进行复检，是为了保证建筑在施工过程中所使用的保温节能材料和产品的质量，以保证节能建筑的可靠性。

Ⅱ 一 般 项

4.2.6 为了进一步减小透过围护结构的传热量，节约能源，对屋面、外墙等围护结构的平均传热系数规定降低 10%。

不同气候区平均传热系数分别按照现行行业标准《严寒和寒冷地区居住建筑节能设计标准》JGJ 26 附录 B 和现行行业标准《夏热冬冷地区居住建筑节能设计标准》JGJ 134 附录 A 中平均传热系数计算方法进行计算。

4.2.7 严寒和寒冷地区冬季室内外温差大，因温差传热造成的热量损失占总能耗的比例较高，提高围护结构的保温性能对降低采暖能耗作用明显；而在围护结构中窗（包括阳台门的透明部分）与屋面、外墙相比是围护结构最薄弱的环节，在基本不影响冬季太阳辐射传入热量的情况下，通过降低外窗的传热系数是减少外窗的温差传热的重要手段，因此，对窗的传热系数提出了更高的要求。

4.2.8 在严寒、寒冷地区的冬季，外门的频繁开启造成室外冷空气大量进入室内，导致采暖能耗增加。设置门斗可以避免冷风直接进入室内，在节能的同时，也提高了楼梯间的热舒适性。

4.2.9 夏热冬冷地区建筑围护结构保温隔热的基本原则是以隔热为主兼顾保温，而夏热冬暖地区建筑节能最有效的措施是外围护结构的隔热，不让或少让室外的热量传入室内。

对于外墙与屋面的隔热性能要求，目前节能标准的热工性能控制指标只是从外墙和屋面的热惰性指标来控制，尚不能全面反映外围护结构在夏季热作用下

的受热与传热特征，以及影响外围护结构隔热质量的综合因素。特别是对于轻质结构的外墙与屋面，热惰性指标都低，很难达到隔热指标限值的要求。对夏热冬冷及夏热冬暖地区居住建筑的外墙，规定屋面、外墙外表面材料太阳辐射吸收系数小于 0.6，降低屋面、外墙外表面综合温度，以提高其隔热性能，理论计算及实测结果都表明这是一条可行而有效的隔热途径，也是提高轻质外围护结构隔热性能的一条最有效的途径。

4.2.10 有些标准中虽规定了分户墙、楼板传热系数 K 的要求，但由于节能动态计算软件中当确定所有房间采暖空调时，分户墙、楼板传热系数 K 值的大小不影响建筑的能耗。因此，造成夏热冬冷地区楼板基本未作保温，但夏热冬冷、夏热冬暖地区实际建筑并非所有房间同时采暖空调，户间传热是很大的，从理论计算和实测来看，其冷热量损失对节能影响较大，因此，规定了分户墙、楼板对传热系数 K 的要求。

4.2.11 外窗的气密性能的好坏直接影响到夏季和冬季室外空气向室内渗漏的多少，对建筑的能耗影响很大，因此对外窗的气密性能要求比国家标准 GB/T 7106 提高一级是为了鼓励居住建筑采用气密性更为优良的建筑外窗。

4.2.12 在我国夏热冬冷和夏热冬暖地区过去就有"淋水蒸发屋面"和"蓄土种植屋面"的应用实例，通常我们称为生态植被绿化屋面和蒸发冷却屋面，它不仅具有优良的保温隔热性能，而且也是集环境生态效益、节能效益和热环境舒适效益为一体的居住建筑屋顶形式之一。

Ⅲ 优 选 项

4.2.13 把严寒、寒冷地区屋面、外墙、外窗的平均传热系数标准进一步提高，使建筑达到更加节能的水平。

4.2.14 为避免冬季室外空气过多地向室内渗漏造成的大量能耗，通过种种措施以提高外窗的气密性；然而，室内新风作为空气质量品质的重要方面，必须通过在房间设置可调节换气装置或其他换气设施予以保证。

4.2.15 在 4.2.11 条的基础上提高一级作为优选项的内容。

4.2.16 居住在夏热冬冷区的人们无论是冬季采暖、夏季空调或在过渡季节都有开窗的习惯；当夏季在晚间室外空气温度低于室内空气温度时，通风能有效而快速地降低室内空气温度。在规定外窗的可开启面积应不小于外窗面积的 35% 的情况下，完全能保证居住建筑有很好的自然通风，从而达到提高室内空气质量品质，改善室内热环境，减少空调能耗的多方面优点。

4.2.17 设置活动外遮阳是减少太阳辐射热进入室内

的一个有效措施，活动式外遮阳容易兼顾建筑冬夏两季对阳光的不同需求，如设置了展开或关闭后可以全部遮蔽窗户的活动式外遮阳，可以方便快捷地控制透过窗户的太阳辐射热量，从而降低能耗和提高室内环境的舒适性。如窗外侧的卷帘、百叶窗等就属于"展开或关闭后可以全部遮蔽窗户的活动式外遮阳"，虽然造价比一般固定外遮阳（如窗口上部的外挑板等）高，但遮阳效果好，能兼顾冬夏，所以应当鼓励大量使用。

4.2.18 为了彰显被动蒸发屋面和植被绿化屋面对建筑节能的重要贡献，在优选项中把采用被动蒸发屋面和植被绿化屋面占建筑屋面的 70% 以上作为控制指标。

4.3 采暖通风与空气调节

Ⅰ 控 制 项

4.3.1 目前国内一些工程设计普遍存在用初步设计时的冷、热负荷指标作为施工图设计的冷、热负荷计算依据的情况。从实际情况的统计来看，其冷、热负荷均偏大，导致装机容量大、管道尺寸大、水泵和风机配置大、末端设备大的"四大"现象。这使得初投资增加，能源负荷上升，设备运行效率下降，不利于节省运行能耗，因此特作此规定。

居住建筑采用集中空调与采暖时，其负荷计算与集中供冷供热的公共建筑要求是相同的。

目前一些居住建筑中，设计采用了户式空调（通常为风管式、水管式和冷媒管式三种方式）系统，这些系统从原理上来讲也属于集中空调系统的形式（只是规模比较小而已）。因此，设计采用这些系统的居住建筑时，也应执行本条规定。

4.3.2 集中采暖系统热水循环水泵的耗电输热比（EHR）值应满足现行行业标准《严寒与寒冷地区居住建筑节能设计标准》JGJ 26 的规定；集中空调冷热水系统的输送能效比 ER 值满足现行国家标准《公共建筑节能设计标准》GB 50189 的规定。

4.3.3 楼前热计量表是该栋楼与供热（冷）单位进行用热（冷）量的结算依据，要说明的是，当计量表的服务区域太大了，就会失去它的公正性，因此应对每栋建筑物设置热计量表。

但也有建筑物有多个用户单元设置，每个热力入口设置计量装置。这样做，中间单元的热耗必然低于有山墙的边单元，强调一栋楼为一个整体，是因为节能设计标准也以整栋楼计算。

4.3.4 通过末端控制系统能够充分满足不同房间或住户对室温的需求差异，对于建筑的采暖空调系统节能有十分重要的作用，因此作为节能建筑的控制项内容。

4.3.5 楼内住户需进行按户热（冷）量分摊，就应

该有相应的装置作为对整栋楼的耗热（冷）量进行户间分摊的依据。

4.3.6 居住建筑可以采取多种空调采暖方式，如集中方式或者分散方式。如果采用集中式空调采暖系统，比如，由空调冷（热）源站向多套住宅、多栋住宅楼、甚至居住小区提供空调冷（热）源（往往采用冷热水）；或者，应用户式集中空调机组（户式中央空调机组）向一套住宅提供空调冷热源（冷热水、冷热风）进行空调采暖。

集中空调采暖系统中，冷热源的能耗是空调采暖系统能耗的主体。因此，冷热源的能源效率对节省能源至关重要。性能系数、能效比是反映冷热源能源效率的主要指标之一，为此规定冷热源的性能系数、能效比作为必须达标的项目。对于设计阶段已完成集中空调采暖系统的居民小区，或者户式中央空调系统设计的住宅，其冷热源能效的要求应该等同于公共建筑的规定。

国家质量监督检验检疫总局和国家标准化管理委员会已发布实施的空调机组能效限定值及能源效率等级的标准有：国家标准《冷水机组能效限定值及能源效率等级》GB 19577，国家标准《单元式空气调节机能效限定值及能源效率等级》GB 19576，国家标准《多联式空调（热泵）机组能效限定值及能源效率等级》GB 21454。产品的强制性国家能效标准，将产品根据机组的能源效率划分为 5 个等级，目的是配合我国能效标识制度的实施。能效等级的含义：1 等级是企业努力的目标；2 等级代表节能型产品的门槛（按最小寿命周期成本确定）；3、4 等级代表我国的平均水平；5 等级产品是未来淘汰的产品。目的是能够为消费者提供明确的信息，帮助其购买的选择，促进高效产品的市场。

为了方便应用，以下表 6 为规定的冷水（热泵）机组制冷性能系数（COP）值，表 7 为规定的单元式空气调节机能效比（EER）值，这是根据现行国家标准《公共建筑节能设计标准》GB 50189 中第 5.4.5 和 5.4.8 条强制性条文规定的能效限值。而表 8 是多联式空调（热泵）机组制冷综合性能系数［$IPLV(C)$］值，是根据现行国家标准《多联式空调（热泵）机组能效限定值及能源效率等级》GB 21454 中规定的能效等级第 3 级。

表 6　冷水（热泵）机组制冷性能系数

类　型		额定制冷量（kW）	性能系数（W/W）
水冷	活塞式/涡旋式	<528	3.80
		528～1163	4.00
		>1163	4.20
	螺杆式	<528	4.10
		528～1163	4.30
		>1163	4.60
	离心式	<528	4.40
		528～1163	4.70
		>1163	5.10

类　　型		额定制冷量 （kW）	性能系数 （W/W）
风冷或 蒸发冷却	活塞式/ 涡旋式	≤50 >50	2.40 2.60
	螺杆式	≤50 >50	2.60 2.80

表 7　单元式机组能效比

类　　型		能效比（W/W）
风冷式	不接风管	2.60
	接风管	2.30
水冷式	不接风管	3.00
	接风管	2.70

**表 8　多联式空调（热泵）机组制冷
综合性能系数[IPLV(C)]**

名义制冷量（CC） （W）	能效等级第 3 级
CC≤28000	3.20
28000<CC≤84000	3.15
CC>84000	3.10

4.3.7 居住建筑中，房间空调器往往以安装使用方便、能源要求简单的优势作为提高环境舒适度的设备，同时也是住宅用户中较大的用电设备，因此房间空调器的性能对能耗的影响很大。国家已颁布并于2010 年 6 月 1 日实施国家标准《房间空气调节器能效限定值及能效等级》GB 12021.3，该标准将房间空调器能效分为 3 个等级。本标准将第 3 级作为控制项（见表 9），第 2 级作为一般项要求，第 1 级则作为优选项要求。国家标准《转速可控型房间空气调节器能效限定值及能效等级》GB 21455 能效等级第 3 级的能效值见表 10。

**表 9　《房间空气调节器能效限定
值及能效等级》GB 12021.3**

类　　型	额定制冷量（CC） （W）	能效等级第 3 级
整体式	—	2.90
分体式	CC≤4500	3.20
	4500<CC≤7100	3.10
	7100<CC≤14000	3.00

**表 10　《转速可控型房间空气调节器
能效限定值及能效等级》
GB 21455 中能源效率等级对应的制冷季节能源
消耗效率（SEER）指标（Wh/Wh）**

类　　型	额定制冷量（CC） （W）	能效等级第 3 级
分体式	CC≤4500	3.90
	4500<CC≤7100	3.60
	7100<CC≤14000	3.30

4.3.8 目前一些居住建筑根据实际情况采用户式燃气采暖热水炉作为采暖热源，并通过设计、施工一次完成后由开发商配套提供。为了保证设备的效率，现行国家标准《家用燃气快速热水器和燃气采暖热水炉能效限定值及能效等级》GB 20665 提出了相应的能效规定，该规定共分为 1、2、3 级，其中 3 级为能效限定级。因此本标准将其中的 3 级规定为控制项（见表 11），2 级作为一般项，1 级作为优选项。

**表 11　《家用燃气快速热水器和燃气采暖热水炉
能效限定值及能效等级》GB 20665**

类　　型		热负荷	最低热效率值（%）		
			能效等级		
			1	2	3
热水器		额定热负荷	96	88	84
		≤50%额定热负荷	94	84	—
采暖炉 （单采暖）		额定热负荷	94	88	84
		≤50%额定热负荷	92	84	—
热采暖炉 （两用型）	供暖	额定热负荷	94	88	84
		≤50%额定热负荷	92	84	—
	热水	额定热负荷	96	88	84
		≤50%额定热负荷	94	84	—

4.3.9 现行国家标准《采暖通风与空气调节设计规范》GB 50019第 7.1.2 条规定，在电力充足、供电政策和价格优惠的地区，符合下列情况之一时，可采用电力为供热热源：

　　1 以供冷为主，供热负荷较小的建筑；

　　2 无城市、区域热源及气源，采用燃油、燃煤设备受到环保、消防严格限制的建筑；

　　3 夜间可利用低谷电价进行蓄热的系统。

4.3.10 分体式空调器的能效除与空调器的性能有关外，同时也与室外机合理的布置有很大关系。为了保证空调器室外机功能和能力的发挥，应设置在通风良好的地方，不应设置在通风不良的建筑竖井或封闭的或接近封闭的空间内，如内走廊等地方。同样如果室外机设置在阳光直射，或有墙壁等障碍物使进、排风不畅和短路的地方，也会影响室外机功能和能力的发挥。实际工程中，因清洗不便，室外机换热器被灰尘堵塞，造成能效下降甚至不能运行的情况时有发生，因此，在确定安装位置时，要保证室外机有清洗的条件。

4.3.11 按需供热：设置供热量自动控制装置（气候补偿器），通过锅炉系统热特性识别和工况优化程序，根据当前的室外温度和前几天的运行参数等，预测该时段的最佳工况，实现对系统用户侧的运行指导和调节。

　　实时检测：对锅炉房消耗的燃料数量进行检测，对供热量、补水量、耗电量进行检测。锅炉房、热力站的动力用电、水泵用电和照明用电应分别计量。

4.3.12 对于采暖与空调系统管道的绝热要求，参照现行国家标准《公共建筑节能设计标准》GB 50189对管道绝热作出的规定，应遵照执行。

Ⅱ 一 般 项

4.3.13 对于严寒与寒冷地区来说，当已经具备了集中供暖热源时，采用集中供热方式具有充分提高热源效率和系统综合效率、降低排放的特点，值得提倡。在南方地区，由于采暖时间相对比较短，生活方式对采暖系统的能耗影响更大一些，因此本条主要针对北方地区。

本条所提到的集中供暖热源，不仅仅指的是城市热网，也包括以区域或楼内锅炉房、热泵机房等集中提供供暖热水的情况。

4.3.14 提倡采用高性能设备，根据现行国家标准《冷水机组能效限定值及能源效率等级》GB 19577，本条对设备的能效等级要求在控制项基数上提高了一级。为了方便应用，表12～表14列出了相应的能效值。

表 12 冷水(热泵)机组制冷性能系数

类 型		额定制冷量(kW)	性能系数(W/W)
水冷	活塞式/涡旋式	<528	4.10
		528～1163	4.30
		>1163	4.60
	螺杆式	<528	4.40
		528～1163	4.70
		>1163	5.10
	离心式	<528	4.70
		528～1163	5.10
		>1163	5.60
风冷或蒸发冷却	活塞式/涡旋式	≤50	2.60
		>50	2.80
	螺杆式	≤50	2.80
		>50	3.00

表 13 单元式空气调节机组能效比

类 型		能效比(W/W)
风冷式	不接风管	2.80
	接风管	2.50
水冷式	不接风管	3.20
	接风管	2.90

表 14 多联式空调(热泵)机组制冷综合性能系数[IPLV(C)]

名义制冷量(CC)(W)	能效等级第2级
CC≤28000	3.40
28000<CC≤84000	3.35
CC>84000	3.30

4.3.15 表15和表16给出的国家标准《房间空气调节器能效限定值及能效等级》GB 12021.3和《转速可

控型房间空气调节器能效限定值及能效等级》GB 21455规定的能效等级第2级的能效值。

表 15 《房间空气调节器能效限定值及能效等级》GB 12021.3

类 型	额定制冷量(CC)(W)	能效等级第2级
整体式	—	3.10
分体式	CC≤4500	3.40
	4500<CC≤7100	3.30
	7100<CC≤14000	3.20

表 16 《转速可控型房间空气调节器能效限定值及能效等级》GB 21455 中能源效率等级对应的制冷季节能源消耗效率(SEER)指标(Wh/Wh)

类 型	额定制冷量(CC)(W)	能效等级第2级
分体式	CC≤4500	4.50
	4500<CC≤7100	4.10
	7100<CC≤14000	3.70

4.3.16 对应于4.3.8条的规定，本条在此基础上进行了提高。

4.3.17 水力平衡是供热管网节能的一个重要措施。这里要求的水力平衡措施，首先应该通过详细的水力计算，在无法实现管网系统计算平衡的基础上，再增加合理的平衡装置。

无论是否设置平衡装置，都应进行水力平衡的调试，因此要求提供水力平衡调试报告，作为评估的依据之一。

4.3.18 从目前国内实际使用情况和统计来看，集中空调系统从节能上来说并不太适合在居住建筑中使用。但是考虑到目前存在这种实际情况，为了规范系统的应用，要求在新风系统与排风系统之间设冷、热量回收装置。

1 本条提到的主要功能房间指的是居住建筑的客厅和卧室。

2 如果设置了集中新风系统，通常也设置一定风量的集中排风系统。但考虑到居住建筑排风的特殊性，厨房等排风并不适宜进行热回收，因此对参与热回收的排风风量比例要求并不高。

4.3.19 无论是采暖还是空调，末端设备的温度自动控制系统是保证实时温控的最有效措施，对于建筑的采暖空调系统节能和提高房间环境的舒适度有着十分重要的作用。因此，本条在4.3.4条的基础上，提高了要求，强调了温度的自动控制。

4.3.20 可再生能源具有"节能减排"的综合效益，利用太阳能、地热能等作为采暖或空调的冷热源已有很多成功的实例，值得大力推广。考虑到这类技术的实施有一定的难度，初期投资较高，对于居住建筑平均造价影响较大，因此提出了设计装机容量达到总设计负荷10%的要求。

当采用地下水为直接或间接的冷、热源（如利用水源热泵）时，还应提供工程所在地政府部门的批文和相应的尾水利用或地下水回灌的措施或专题报告。

Ⅲ 优 选 项

4.3.21 本条对设备的能效等级要求是在第4.3.14条基础上的进一步提高。为了方便应用，表17～表19列出了相应的能效值。

表 17 冷水（热泵）机组制冷性能系数

类 型		额定制冷量（kW）	性能系数（W/W）
水 冷	活塞式/涡旋式	<528 528～1163 >1163	4.40 4.70 5.10
	螺杆式	<528 528～1163 >1163	4.70 5.10 5.60
	离心式	<528 528～1163 >1163	5.00 5.50 6.10
风冷或 蒸发冷却	活塞式/涡旋式	≤50 >50	2.80 3.00
	螺杆式	≤50 >50	3.00 3.20

表 18 单元式空气调节机组能效比

类 型		能效比（W/W）
风冷式	不接风管	3.00
	接风管	2.70
水冷式	不接风管	3.40
	接风管	3.10

表 19 多联式空调(热泵)机组制冷综合性能系数$[IPLV(C)]$

名义制冷量（CC）（W）	能效等级第1级
$CC \leqslant 28000$	3.60
$28000 < CC \leqslant 84000$	3.55
$CC > 84000$	3.50

4.3.22 本条在一般项要求的基础上，提高了要求。

4.3.23 本条在一般项要求的基础上，提高了要求。

4.3.24 为了方便应用，表20和表21列出能效等级第1级的能效值。

表 20 《房间空气调节器能效限定值及能效等级》GB 12021.3

类 型	额定制冷量（CC）（W）	能效等级第1级
整体式	—	3.10
分体式	$CC \leqslant 4500$	3.40
	$4500 < CC \leqslant 7100$	3.30
	$7100 < CC \leqslant 14000$	3.20

表 21 《转速可控型房间空气调节器能效限定值及能源效率等级》GB 21455 中能源效率等级对应的制冷季节能源消耗效率(SEER)指标（Wh/Wh）

类 型	额定制冷量（CC）（W）	能效等级第1级
分体式	$CC \leqslant 4500$	5.20
	$4500 < CC \leqslant 7100$	4.70
	$7100 < CC \leqslant 14000$	4.20

4.3.25 对于设置采暖、空调的居住建筑，根据设定时段自动启闭通风机，或根据房间温度自动调节通风系统，控制房间的新风量（或排风量），既保证了房间的卫生与舒适条件，又能起到很好的节能效果。考虑到实施这类技术除了投资因素外，对设备本身的性能和安装施工都会有较高的要求，全面实施有一定的难度，因此提出了其用户数达到总用户数30%以上的要求。

4.3.26 可再生能源设计装机容量所占总设计负荷的比例在4.3.20条规定的基础上，提出了更高的要求。

4.3.27 建筑、小区或者生产区的余热或废热的充分利用，可以提高能源利用效率，是节能建筑鼓励和提倡的措施之一。这里提到的"余热或废热"，是指具有一定品质、但未经利用后直接排至大气或者环境而浪费的热量。

4.4 给 水 排 水

Ⅰ 控 制 项

4.4.1 摘自现行国家标准《住宅建筑规范》GB 50368。为节约能源，当市政给水管网（含市政再生水管网等）的供水压力能满足居住建筑低层住户的用水要求时，应充分利用市政管网水压直接供水，以节省给水二次提升的能耗，同时还可避免用水在水池停留造成的二次污染，避免居民生活饮用水水质污染。

4.4.2 摘自现行国家标准《住宅建筑规范》GB 50368。集中生活热水供应系统应做好保温，以减少管道和设备的热损失，同时采用合理的循环方式，保证干管和立管中的热水循环，减少无效冷水量。集中生活热水系统应在套内热水表前设循环回水管，热水表后或户内热水器不循环的供水支管的长度不得大于

8m，使得配水点的水温在用热水水龙头打开后 15s 内不低于 45℃。

4.4.3 分户计量可实现使用者付费，能最大限度地调动用户的节约意识，达到节水节能的目的。生活给水水表包括冷水表、热水表、中水（再生水）表、直饮水水表等。

Ⅱ 一 般 项

4.4.4 应根据项目的具体情况和当地市政部门的规定，采用节能的加压供水方式，如：管网叠压供水、常速泵组（管网叠压）＋高位水箱等。

不设加压设备的建筑不参评。

4.4.5 分区供水时，如果设计分区不合理，各分区中楼层偏低的用水器具就会承受大于其流出水头的静水压力，导致其出流量大于用水器具本身的额定流量，即出现"超压出流"现象，"超压出流"造成无效出流，也造成了水的浪费。给水系统采取有效的减压限流措施，能有效控制超压出流造成的浪费。居住建筑用水点处的压力宜控制在不超过 0.20MPa。

目前应用较多的减压装置有减压阀和减压孔板两种。减压阀同时具备减静压和减动压的功能，具有较好的减压效果，可使出流量大为降低。减压孔板相对于减压阀来说，系统简单，投资较少，管理方便，具有一定的减压节水效果，但减压孔板只能减动压不能减静压，且下游的压力随上游压力和流量而变，不够稳定。由于其造价较低，故在水质较好和供水压力较稳定的情况下，可考虑采用减压孔板减压方式。

4.4.6 装修到位的居住建筑，用水器具应采用节水器具，如节水龙头、节水淋浴器、6L 及以下坐便器等。

4.4.7 根据公共场所的用水特点，采用红外感应水嘴、感应式冲洗阀、光电感应式淋浴器等节水手段。

4.4.8 目前有些地区如深圳、江苏、海南等均立法对 12 层及以下的居住建筑采用太阳能热水系统提出了强制要求。

我国有丰富的太阳能资源，全国 2/3 以上地区的全年太阳能辐照量大于 5700MJ/(m²·a)；全年日照时数大于 2200h。除了四川、贵州大部分、重庆等资源贫乏带，绝大多数地区都可以利用太阳能。

Ⅲ 优 选 项

4.4.9 目前有些地区如深圳、江苏、海南等均立法对 12 层及以下的居住建筑采用太阳能热水系统提出了强制要求。

我国有丰富的太阳能资源，全国 2/3 以上地区的全年太阳能辐照量大于 5700MJ/(m²·a)；全年日照时数大于 2200h。除了四川、贵州大部分、重庆等资源贫乏带，绝大多数地区都可以利用太阳能。

4.4.10 根据项目的具体条件，通过技术经济比较分

析，合理使用热泵热水系统制备生活热水；有条件时还可利用余热、废热（如空调冷凝热）制备生活热水。

4.5 电气与照明

Ⅰ 控 制 项

4.5.1 此处三相配电变压器指 10kV 无励磁变压器。变压器的空载损耗和负载损耗是变压器的主要损耗，故应加以限制。现行国家标准《三相配电变压器能效限定值及节能评价值》GB 20052 规定了配电变压器目标能效限定值及节能评价值。表 22 和表 23 给出了变压器的能效限定值。

表 22　油浸式配电变压器能效限定值

额定容量 S_N (kVA)	损 耗（W）		短路阻抗 U_K （%）
	空载 PO	负载 PK(75℃)	
30	100	600	
50	130	870	
63	150	1040	4.0
80	180	1250	
100	200	1500	
125	240	1800	
160	280	2200	
200	340	2600	
250	400	3050	
315	480	3650	4.0
400	570	4300	
500	680	5150	
630	810	6200	
800	980	7500	
1000	1150	10300	4.5
1250	1360	12000	
1600	1640	14500	

注：引自《三相配电变压器能效限定值及节能评价值》GB 20052。

表 23　干式配电变压器能效限定值

额定容量 S_N (kVA)	损耗（W）				短路阻抗 U_K （%）
	空载 PO	负载 PK			
		B (100℃)	F (120℃)	H (145℃)	
30	190	670	710	760	4
50	270	940	1000	1070	

额定容量 SN (kVA)	损耗(W)				短路阻抗 U_K (%)
	空载 PO	负载 PK			
		B (100℃)	F (120℃)	H (145℃)	
80	370	1290	1380	1480	
100	400	1480	1570	1690	
125	470	1740	1850	1980	
160	550	2000	2130	2280	
200	630	2370	2530	2710	
250	720	2590	2760	2960	4
315	880	3270	3470	3730	
400	980	3750	3990	4280	
500	1160	4590	4880	5230	
630	1350	5530	5880	6290	
630	1300	5610	5960	6400	
800	1520	6550	6960	7460	
1000	1770	7650	8130	8760	
1250	2090	9100	9690	10370	6
1600	2450	11050	11730	12580	
2000	3320	13600	14450	15560	
2500	4000	16150	17170	18450	

注：引自《三相配电变压器能效限定值及节能评价值》GB 20052。

4.5.2 根据分户计费提出的要求，以便于节能与管理。

4.5.3 光源的能效标准规定节能评价值是光源的最低初始光效值；镇流器能效标准规定镇流器节能评价值是评价镇流器节能水平的最低镇流器能效因数（BEF）值。

4.5.4 现行国家标准《建筑照明设计标准》GB 50034 规定了荧光灯灯具的最低效率以利于节能。

4.5.5 中小型三相异步电动机的效率高低，直接影响建筑物的节能运行，故应加以限制。现行国家标准《中小型三相异步电动机能效限定值及能效等级》GB 18613 表 1 中规定了中小型三相异步电动机能效限定值、目标能效限定值及节能评价值。中小型三相异步电动机在额定输出功率和 75% 额定输出功率效率的能效限定值见表 24。

4.5.6 现行国家标准《交流接触器能效限定值及能效等级》GB 21518 将交流接触器能效等级分为 3 个级别，见表 25。在此要求选用交流接触器的吸持功率不大于能效限定值的要求。

表 24 电动机能效等级

额定功率(kW)	效 率(%)		
	2 级		
	2 极	4 极	6 极
0.55	—	80.7	75.4
0.75	77.5	82.3	77.7
1.1	82.8	83.8	79.9
1.5	84.1	85.0	81.5
2.2	85.6	86.4	83.4
3	86.7	87.4	84.9
4	87.6	88.3	86.1
5.5	88.6	89.2	87.4
7.5	89.5	90.1	89.0
11	90.5	91.0	90.0
15	91.3	91.8	91.0
18.5	91.8	92.2	91.5
22	92.2	92.6	92.0
30	92.9	93.2	92.5
37	93.3	93.6	93.0
45	93.7	93.9	93.5
55	94.0	94.2	93.8
75	94.6	94.7	94.2
90	95.0	95.0	94.5
110	95.0	95.4	95.0
132	95.4	95.4	95.0
160	95.4	95.4	95.0
200	95.4	95.4	95.0
250	95.8	95.8	95.0
315	95.8	95.8	—

注：引自《中小型三相异步电动机能效限定值及能效等级》GB 18613。

表 25 接触器（AC-3）能效等级

额定工作电流 I_e/A	吸持功率/(V·A)		
	1 级	2 级	3 级
$6 \leqslant I_e < 12$	0.5	5.0	9.0
$12 \leqslant I_e < 22$	0.5	5.1	9.5
$22 \leqslant I_e < 32$	0.5	8.3	14.0
$32 \leqslant I_e < 40$	0.5	11.4	19.0
$40 \leqslant I_e < 63$	0.5	34.2	57.0
$63 \leqslant I_e < 100$	1.0	36.6	61.0
$100 \leqslant I_e < 160$	1.0	51.3	85.5
$160 \leqslant I_e < 250$	1.0	91.2	152.0
$250 \leqslant I_e < 400$	1.0	150.0	250.0
$400 \leqslant I_e \leqslant 630$	1.0	150.0	250.0

注：1 引自《交流接触器能效限定值及能效等级》GB 21518；
2 表中 1 级：吸持功率最低；2 级：节能评价值；3 级：能效限定值；
3 同一壳架等级取最大的 I_e，例如：40A～65A 为同一壳架等级的接触器，应按 65A 的能效等级进行考核，即应符合本表中 $63 < I_e \leqslant 100$ 一栏中的能效等级指标。

4.5.7 提高功率因数能够降低照明线路电流值，从而降低线路能耗和电压损失。不低于 0.9 是现行国家标准《建筑照明设计标准》GB 50034 等规定的最低要求。

4.5.8 采用声、光、感应等开关，主要是为了避免长明灯，若有其他方法亦可。

Ⅱ 一 般 项

4.5.9 变配电所位于负荷中心，是为了降低线路损耗，从而达到节能的目的。

4.5.10 现行国家标准《建筑照明设计标准》GB 50034 规定了居住建筑照明功率密度值（LPD）的现行值为 7W/m²，应该严格执行。

4.5.11 现行国家标准《交流接触器能效限定值及能效等级》GB 21518 将交流接触器能效等级分为 3 个级别。在此要求选用交流接触器的吸持功率不大于节能评价值的要求。

4.5.12 LED 是未来发展的方向，具有启动快、寿命不受多次启动的影响等优点。虽然目前还不太稳定，但在楼梯间、走道应用时节能效果明显。

Ⅲ 优 选 项

4.5.13 现行国家标准《建筑照明设计标准》GB 50034 规定了居住建筑照明功率密度值（LPD）的目标值为 6W/m²，便于考核评价。

4.5.14 设备容量较大时，宜采用 10kV 或以上供电电源，目的是降低线路损耗。现行行业标准《民用建筑电气设计规范》JGJ 16 中也有相关规定。

4.5.15 因白炽灯光效低和寿命短，为节约能源，不应采用普通照明白炽灯。

4.6 室 内 环 境

Ⅰ 控 制 项

4.6.1 目前我国各气候区或城市均对居住建筑制定了相应的节能设计标准，居住建筑设计室内的温度、湿度等设计参数应符合现行标准。目的是在确保室内舒适环境的前提下，选取合理设计计算参数，达到节能的效果。

4.6.2 现行国家标准《建筑照明设计标准》GB 50034 规定了照明场所的照明数量和质量，是满足光环境的最低要求，必须保证。

4.6.3 良好的自然通风可以提高居住者的舒适感，有助于健康。在室外气象条件良好的条件下，加强自然通风还有助于缩短空调设备的运行时间，降低空调能耗。

4.6.4 厨房和卫生间往往是居住建筑内的污染源，本条的目的是为了改善厨房、卫生间的空气质量。

4.6.5 无外窗卫生间的空气质量如果不采取有效的

通风措施，会影响到整个居住建筑的室内空气质量。居住建筑中设有竖向通风道，利用自然通风的作用排出厨房和卫生间的污染气体。但由于竖向通风道自然通风的作用力，主要依靠室内外空气温差形成的热压，以及排风帽处的风压作用，其排风能力受自然条件制约。为了保证室内卫生要求，需要安装机械排气装置，为此应留有安装排气机械的位置和条件。

4.6.6 现行国家标准《民用建筑工程室内环境污染控制规范》GB 50325 列出了危害人体健康的游离甲醛、苯、氨、氡和 TVOC 五类空气污染物，并对它们的浓度提出了控制要求和措施。对于节能建筑，本条文的规定必须满足。

Ⅱ 一 般 项

4.6.7 建筑围护结构（屋面、地面、墙、外窗）的表面受潮或结露后会滋生霉菌，对居住者的健康造成有害的影响。但是，要杜绝围护结构表面受潮和结露现象有时非常困难，尤其是我国南方的梅雨季节。因此，为了避免在室内温、湿度设计条件下不出现受潮和结露现象，围护结构表面须具有防潮措施。

4.6.8 现场检查由建设单位委托具有相应资质的第三方检测单位进行抽测，根据现行国家标准《建筑节能工程施工质量验收规范》GB 50411 相关要求进行。

4.6.9 建筑应注重利用天然采光以节约能源，采光系数标准值符合表 26 的规定。

表 26 居住建筑的采光系数标准值

采光等级	房 间 名 称	侧 面 采 光	
		采光系数最低值 C_{min}（%）	室内天然光临界照度（lx）
Ⅳ	起居室（厅）、卧室、书房、厨房	1	50
Ⅴ	卫生间、过厅、楼梯间、餐厅	0.5	25

注：引自《建筑采光设计标准》GB/T 50033。

4.6.10 将厨房和卫生间设置于建筑单元（或户型）自然通风的负压侧是为了防止厨房或卫生间的气味因主导风反灌进入室内，而影响室内空气质量。

朝向的规定：北向，北偏西 30°～北偏东 45°。

Ⅲ 优 选 项

4.6.11 卧室、起居室（厅）使用蓄能、调湿或改善室内空气质量的功能材料有利于降低采暖空调能耗，改善室内环境。目前较为成熟的这类功能材料包括空气净化功能纳米复相涂覆材料、产生负离子功能材料、稀土激活保健抗菌材料、湿度调节材料、温度调节材料等。

4.6.12 随着我国汽车的不断普及，建筑大型地下车库的建设，地下停车库的通风系统平时用能水平不容忽视。

4.7 运营管理

4.7.1 大型耗能设备或特种耗能设备，如锅炉、制冷机组、电梯应该分别按照设备特点制定节能运行管理制度。水泵、风机、照明、空调末端设备等，应分系统制定节能管理制度。

4.7.2 物业管理人员应持续进行节能知识培训，特别是主要管理人员、主要设备运行人员，每年不少于2次内部培训和1次外部培训。

4.7.3 居住建筑的住户燃气每户安装燃气计量表。

4.7.4 为配合国家节能宣传周的宣传，物业管理单位每年都应该为住户进行至少一次节能知识宣传，增加住户节能知识，强化节能意识。

4.7.5 居住建筑公共场所的用能设备使用时间长，能耗大；实践证明，定期对水加热器、电梯等高耗能设备进行维护保养，不但可以提高设备能效，而且可以保证设备的安全。

4.7.6 部分居住建筑采用集中空调系统，而影响空调系统能效的一个主要因素是风系统对过滤器的堵塞和水系统冷凝器的结垢。通过对多个空调系统的进行实测发现，空调风系统清洗后，空调设备效率可以提高10%～35%；水系统清洗后，冷水机组效率提高15%～40%。集中空调系统的清洗包括：对冷冻水、冷却水管道定期进行清洗；冷却水系统每个使用季前后至少进行一次清洗。

4.7.7 对照明装置及时进行擦洗，可以有效保证照明装置的使用效率。

4.7.8 通过住户的合作，能提高建筑的运行效率。通常情况下，住户并不清楚建筑环境与舒适、健康及节能的关系。开发商和物业公司为住户提供节能手册，说明建筑物或小区的居住建筑内用能设施的基本情况，提供节能运行的一些基本做法，指导住户如何选择与安装节能设备如冰箱、制冷机、洗衣机以及节能灯；指导住户如何对设备和设施进行节能操作，如空调机组、换气扇、厨房用排风扇与抽油烟机等；指导住户最大限度地利用天然采光与自然通风。

4.7.9 为保证真正落实供热分户计量要求，避免单纯按照建筑面积或供暖面积收费，鼓励行为节能，对采用集中供暖的建筑或小区，其供暖收费应建立在分户计量的基础上。合理的分户计量方式包括分户热量表、热分配表，以及分栋热量表加面积分配等。

4.7.10 电梯内部提倡采用轻质材料装修，不使用大理石、地板砖等自重很大的材料装修，可以增加有效载客数，减少电梯能耗。

4.7.11 建筑能耗统计和分析是掌握建筑能耗开展建筑节能的基础工作，现行行业标准《民用建筑能耗数据采集标准》JGJ/T 153对这项工作作了详细的规定。对住户进行能耗公示，也可以让住户监督物业管理单位的节能工作。能耗公示的内容应该包括：电梯能耗、地下室车库通风能耗、会所能耗、公共场所的照明能耗、小区内路灯照明能耗、采暖能耗、空调能耗等，以及与以往年度的能耗比较。

4.7.12 分时电价制度是削峰填谷的有效手段，可以有效降低电网负荷，降低住户的生活用能支出。

5 公 共 建 筑

5.1 建 筑 规 划

5.1.1 公共建筑是城市的重要组成部分，必须根据城市总体规划及片区控制性详细规划的要求，从城市及所在区域角度出发，综合考虑建筑的规划设计。

公共建筑规划设计是在一定的规划用地范围内进行，首先应满足规划对该用地的各项控制性要求，如建筑功能、容积率、覆盖率、绿化率、建筑高度、建筑红线和道路市政接口要求。

建筑作为城市的有机组成部分，规划设计应充分考虑所在区域的整体规划要求，在满足自身规划控制性要求的同时，不应妨碍周边地块规划控制要求的实现，如日照、通风、地面公共空间（廊道）和视线景观。

5.1.2 公共建筑周边如有居住建筑，在设计时应该进行日照计算，如既有建筑本身并不能满足日照时数要求，新建公共建筑不应造成日照时数的降低。

5.1.3 公共建筑能耗巨大，调查数据表明，大型公共建筑的耗电量是居民住宅的10～15倍。以北京地区为例，虽然大型公共建筑的面积只占民用建筑总面积的5.4%，全国的相应比例不到5%。但是，这5.4%的大型公共建筑耗电量却等于北京住宅的总耗电量，公共建筑的节能问题应该引起高度重视。

公共建筑的能耗高、影响因素多、环节复杂，因此公共建筑的节能不能只从设计阶段开始，应该在项目立项阶段即开始考虑，所以要求建议书或设计文件中应有节能部分的专项内容，对采用的节能技术、节能措施和节能效果进行技术经济分析。

5.1.4 屋顶绿化有利于改善顶层房间的热环境，并有利于降低场地热岛效应，改善城市面貌。对于屋面无可绿化面积的项目，本项目不参评。

可绿化屋面是指除设备管路、楼梯间及太阳能集热板等部位之外的屋面。

5.1.5 降低公共建筑与居住建筑的热岛强度控制方法具有较大的差别，在城市中心区的公共建筑较多，绿地面积有限，采用遮阳设施降低场地人行区间的太阳辐射，可以有效改善场地热环境；利用景观特征遮挡建筑表面以降低建筑表面温度，减少建筑能耗，如屋顶花园和网格状透水地面替代硬表面（屋面、道路、人行道等），或采用高反射率材料减少吸热。

5.1.6 目前，太阳能系统在建筑中的应用已有多项标准，主要包括国家标准《民用建筑太阳能热水系统应用技术规范》GB 50364、行业标准《民用建筑太阳能光伏系统应用技术规范》JGJ 203 和《太阳光伏电源系统安装工程施工及验收技术规范》CECS 85 等。

建筑应用太阳能系统时，建筑设计单位和太阳能系统产品设计、研发、生产单位应相互配合，共同完成。太阳能系统产品生产、供应商需向建筑设计单位提供太阳能集热器、电池组件的规格、尺寸、荷载；提供预埋件的规格、尺寸、安装位置及安装要求。

建筑太阳能系统统一设计和安装是太阳能系统大规模应用的必经之路。太阳能系统的应用，必须有建筑师的参与，统一规划、同步设计、同步施工、同步验收，与建筑物同时投入使用。

太阳能系统设计与建筑结合应包括以下四个方面：

1 在外观上，实现太阳能系统与建筑有机结合，应合理设置太阳能集热器、电池板。无论在屋面、阳台、外墙面、墙体内（嵌入式）以及建筑物的其他部位，都应使太阳能集热器、电池板成为建筑的一部分，实现两者的和谐统一。

2 在结构上，妥善解决太阳能系统的安装问题，应确保建筑物的承载、防水等功能不受影响，还应充分考虑太阳能集热器、电池板与建筑物共同抵御强（台）风、暴雨、冰雹、雷电及地震等自然灾害的能力。

3 在管线布置上，应合理布置太阳能循环管路以及冷、热水供应管路，电线管，建筑设计时应预留所有管线的接口、通道或竖井，严防渗漏，尽可能减少热水管路的长度，减少热能耗。

4 在系统运行上，应确保系统安全、可靠、稳定，易于安装、检修、维护及管理。

5.1.7 设置群控功能，优化运行模式，提高电梯运行效率，减少等候时间，一般要求两台以上设置。电梯长时间无动作时，宜切断轿箱照明、风扇等电源，尽量降低损耗。

5.1.8 当无人使用扶梯时，应鼓励采用延时停运或低速运行的方式，可以有效降低能耗。

Ⅲ 优 选 项

5.1.9 精细化设计是实现建筑节能的最经济的手段，在建筑施工图设计前，应该进行建筑节能专项研究，如使用实验手段、计算机模拟等手段辅助设计，确保建筑设计实现节能优化。

5.1.10 天然采光一方面可以提高建筑室内的环境质量，另一方面也可以降低建筑的照明能耗。在公共建筑规划、建筑单体设计阶段进行天然采光专项优化设计和分析，有利于合理采用天然采光措施。

在建筑施工图设计前，应该进行建筑主要房间的采光专项研究，如使用计算机模拟等辅助设计帮助建筑设计实现采光优化设计。

5.1.11 利用各种导光和反光装置将天然光引入室内是一种比较成熟的技术，在公共中应用的场所要比住宅更多，不但地下室可以采用，地面以上没有外窗的房间也可以使用，在一切照明能耗较大的商业场所，节能潜力更大。同时，自然光的引入还可以改善室内环境。

5.2 围 护 结 构

Ⅰ 控 制 项

5.2.1 严寒、寒冷地区公共建筑的体形系数、建筑外窗（包括透明幕墙）的窗墙面积比、建筑围护结构的热工参数等指标是现行国家标准《公共建筑节能设计标准》GB 50189 中强制性条文，也是公共建筑节能必须满足的基本要求。因此，建筑体形系数、窗墙面积比、建筑围护结构的热工参数、外窗的气密性等指标应该满足现行国家标准《公共建筑节能设计标准》GB 50189 的要求。

5.2.2 夏热冬冷、夏热冬暖地区公共建筑围护结构的热工指标、建筑的窗墙面积比、遮阳系数 SC 等参数是现行国家标准《公共建筑节能设计标准》GB 50189 中强制性条文，也是节能建筑控制围护结构最基本的指标要求。因此，作为节能的公共建筑外窗（包括透明幕墙）墙面积比、围护结构的热工参数等指标应该满足现行国家标准《公共建筑节能设计标准》GB 50189 中的要求。

5.2.3 利用天然采光，白天减少照明是建筑节能的有效方法，当窗墙面积比小于 0.4 时，会影响公共建筑的采光性能；透明材料的可见光透射比同样是衡量采光性能的一个重要指标，而且这两个指标也是现行国家标准《公共建筑节能设计标准》GB 50189 中强制性条文内容。所以条文从开窗面积和材料的可见光透射比提出对窗户（或透明幕墙）的采光的要求。

5.2.4 本条为现行国家标准《公共建筑节能设计标准》GB 50189 中强制性条文。屋顶透明部分面积所占的比例虽然远低于实体屋面，但对建筑顶层而言，透明部分将直接受到太阳的辐射,透明部分隔热性能的好坏对顶层房间的室内环境影响很大,尤其夏季屋顶水平面太阳辐射强度最大,屋顶的透明面积越大,建筑的能耗也越大,因此对屋顶透明部分的面积和热工性能应予以严格的限制。

5.2.5 本条文依据现行国家标准《建筑节能工程施工质量验收规范》GB 50411 中强制性条文 4.2.2、5.2.2、7.2.2 和 8.2.2 条文提出的。对表 5.2.5-1 中围护结构保温材料和产品的技术性能提出了控制要求,这是保证建筑围护结构达到节能设计要求的最基本条件。

要求对表 5.2.5-2 中的建筑材料和产品进行复检,是为了保证建筑在施工过程中所使用的保温节能材料和产品的质量,以保证节能建筑的可靠性。

Ⅱ 一 般 项

5.2.6 严寒、寒冷地区围护结构的热工性能对建筑能耗影响很大,为了进一步减少透过围护结构的传热量,在这一气候区,屋面、外墙、外窗的平均传热系数在现行国家标准《公共建筑节能设计标准》GB 50189 规定的基础上降低 10%。

屋面、外墙、外窗的平均传热系数计算方法参照现行国家标准《公共建筑节能设计标准》GB 50189 中的有关规定。

对于商场这类内热源较大的公共建筑,提高围护结构的保温性能后,对节能的贡献并不明显,对这类建筑在进行节能建筑评估时,本条可以不参评。

5.2.7 夏季透过窗户进入室内的太阳辐射热是造成空调负荷的主要原因。设置遮阳是减少太阳辐射热进入室内的一个有效措施。例如在南窗的上部设置水平外遮阳,夏季可减少太阳辐射热进入室内,冬季由于太阳高度角比较小,对进入室内的太阳辐射影响不大。

夏季外遮阳在遮挡阳光直接进入室内的同时,可能也会阻碍窗口的通风,因此设计时要加以注意。

5.2.8 本条文引自现行国家标准《公共建筑节能设计标准》GB 50189 中第 4.2.3 条。

由于围护结构中窗、过梁、圈梁、钢筋混凝土抗震柱、钢筋混凝土剪力墙、梁、柱等部位的传热系数远大于主体部位的传热系数,形成热流密集通道,即为热桥。对这些热工性能薄弱的环节,必须采取相应的保温隔热措施,才能保证围护结构正常的热工状况和建筑正常的室内气候。

本条规定的目的在于防止冬季采暖期间热桥内外表面温差小,内表面温度容易低于室内空气露点温度,造成围护结构热桥部位内表面产生结露,使围护结构内表面材料受潮、长霉,影响室内环境。因此,应采取保温措施,减少围护结构热桥部位的传热损失,同时也避免了夏季空调期间这些部位传热过大增加空调

能耗。

5.2.9 为了保证建筑的节能,要求外窗具有良好的气密性能,以抵御夏季和冬季室外空气过多地向室内渗漏,因此对外窗的气密性能要有较高的要求。

5.2.10 由于透明幕墙的气密性能对建筑能耗也有较大的影响,为了达到节能目标,本条文对透明幕墙的气密性也作了较为严格的规定。

5.2.11 公共建筑的性质决定了它的外门开启频繁。在严寒和寒冷地区的冬季,外门的频繁开启造成室外冷空气大量进入室内,导致采暖能耗增加。设置门斗、旋转门等可以避免冷风直接进入室内,在节能的同时,也提高门厅的热舒适性。除了严寒和寒冷地区之外,其他气候区也存在着相类似的现象,因此也应该采取如空气幕等各种可行的保温隔热措施。

5.2.12 建筑屋面、外墙外表面材料太阳辐射吸收系数越小,越有利于降低屋面、外墙外表面综合温度,从而提高了其隔热性能。理论计算及实测结果都表明这是一条可行而有效的隔热途径,也是提高轻质外围护结构隔热性能的一条最有效途径。

5.2.13 在我国夏热冬冷和夏热冬暖地区过去就有"淋水蒸发屋面"和"蓄土种植屋面"的应用实例,通常称为种植屋面,已大量在这些地区广泛应用。

目前在建筑中此类屋顶的应用更加广泛,利用屋面多孔材料进行淋水,或在多孔材料层蓄存一定量的雨水所形成的被动蒸发降温,屋顶植草栽花,甚至种灌木、堆假山、设喷水形成了"草场屋顶"或屋顶花园,都是一种生态型的节能屋面。蒸发屋面和植绿化屋面不仅具有优良的保温隔热性能,而且还能改善环境、节约能源。

Ⅲ 优 选 项

5.2.14 围护结构的热工性能是影响严寒地区建筑能耗最重要的因数之一,减少透过围护结构的传热量,是严寒地区重要的节能措施,因此,为了使建筑节能水平进一步提高,对严寒地区屋面、外墙、外窗的热工性能提出了比较高的要求。

当然对于商场这类内热源较大的公共建筑,提高围护结构的保温性能后,对节能的贡献率并不明显,对这类建筑在进行节能建筑评估时,本条可以不参评。

5.2.15 由于透明幕墙的保温隔热性能比外墙差很多,透明幕墙面积比越大,热损耗越大,采暖和空调能耗也越大。因此,从降低建筑能耗的角度出发,必须限制幕墙面积。

5.2.16 设置活动外遮阳是减少太阳辐射热进入室内的一个有效措施,活动式外遮阳容易兼顾建筑冬夏两季对阳光的不同需求,如设置了展开或关闭后可以全部遮蔽窗户的活动式外遮阳,可以方便快捷地控制透过窗户的太阳辐射热量,从而降低能耗和提高室内环

境的舒适性。但外遮阳系统的维护与管理也将影响节能效果，所以要考虑到活动的外遮阳系统便于控制与维护。

5.2.17 在严寒、寒冷地区透明幕墙的保温性能比外墙差很多，因此通过限定透明幕墙的传热系数来达到提高保温性能的目的。

5.2.18 本条是对外窗气密性等级的进一步提高。

5.2.19 蒸发屋面和植被绿化屋面不仅具有优良的保温隔热性能，而且还能改善环境、节约能源；为了推广应用力度，在优选项中把采用蒸发屋面和植被绿化屋面占建筑屋面的70%以上作为控制指标。

5.3 采暖通风与空气调节

Ⅰ 控 制 项

5.3.1 目前国内一些工程设计普遍存在用初步设计的冷、热负荷指标作为施工图设计的冷、热负荷计算依据的情况。从实际情况的统计来看，冷、热负荷均偏大，导致装机容量大、管道尺寸大、水泵和风机配置大、末端设备大的"四大"现象。这使得初投资增加，能源负荷上升，运行能耗加大，不利于节省运行能耗。因此特作此规定。

5.3.2 集中采暖系统热水循环水泵的耗电输热比（EHR）值应满足现行行业标准《严寒与寒冷地区居住建筑节能设计标准》JGJ 26 的规定；集中空调冷热水系统的输送能效比 ER 值应满足现行国家标准《公共建筑节能设计标准》GB 50189 的规定。

5.3.3 集中空调采暖系统中，冷热源的能耗是空调采暖系统能耗的主体。因此，冷热源的能源效率对节省能源至关重要。性能系数、能效比是反映冷热源能源效率的主要指标之一，为此，将冷热源的性能系数、能效比作为必须达标的项目。

国家质量监督检验检疫总局和国家标准化管理委员会已发布实施的空调机组能效限定值及能源效率等级的标准有：国家标准《冷水机组能效限定值及能源效率等级》GB 19577，国家标准《单元式空气调节机能效限定值及能源效率等级》GB 19576，国家标准《多联式空调（热泵）机组能效限定值及能源效率等级》GB 21454。产品的强制性国家能效标准，将产品根据机组的能源效率划分为5个等级，目的是配合我国能效标识制度的实施。

能效等级的含义：1 等级是企业努力的目标；2 等级代表节能型产品的门槛（按最小寿命周期成本确定）；3、4 等级代表我国的平均水平；5 等级产品是未来淘汰的产品。目的是能够为消费者提供明确的信息，帮助其购买的选择，促进高效产品的市场。

为了方便应用，表27、表28和表29分别摘自现行国家标准《公共建筑节能设计标准》GB 50189 和《多联式空调（热泵）机组能效限定值及能源效率等

级》GB 21454 中规定的能效等级第 3 级。

表 27　冷水（热泵）机组制冷性能系数

类　　型		额定制冷量（kW）	性能系数（W/W）
水　冷	活塞式/涡旋式	<528	3.80
		528～1163	4.00
		>1163	4.20
	螺杆式	<528	4.10
		528～1163	4.30
		>1163	4.60
	离心式	<528	4.40
		528～1163	4.70
		>1163	5.10
风冷或蒸发冷却	活塞式/涡旋式	≤50	2.40
		>50	2.60
	螺杆式	≤50	2.60
		>50	2.80

表 28　单元式机组能效比

类　　型		能效比（W/W）
风冷式	不接风管	2.60
	接风管	2.30
水冷式	不接风管	3.00
	接风管	2.70

表 29　多联式空调（热泵）机组制冷综合性能系数〔IPLV(C)〕

名义制冷量（CC）(W)	能效等级第 3 级
CC≤28000	3.20
28000<CC≤84000	3.15
CC>84000	3.10

5.3.4 根据现行国家标准《采暖通风与空气调节设计规范》GB 50019 第 7.1.2 条的规定，在电力充足、供电政策和价格优惠的地区，符合下列情况之一时，可采用电力为供热热源：

　1 以供冷为主，供热负荷较小的建筑；

　2 无城市、区域热源及气源，采用燃油、燃煤设备受到环保、消防严格限制的建筑；

　3 夜间可利用低谷电价进行蓄热的系统。

5.3.5 按需供热：设置供热量自动控制装置（气候补偿器），通过锅炉系统热特性识别和工况优化程序，根据当前的室外温度和前几天的运行参数等，预测该时段的最佳工况，实现对系统用户侧的运行指导和调节。

实时检测：对锅炉房消耗的燃料数量进行检测，对供热量、补水量、耗电量进行检测。锅炉房、热力站的动力用电、水泵用电和照明用电应分别计量。

5.3.6 对于采暖管道的保温要求，应与空调热水管道相同。现行国家标准《公共建筑节能设计标准》GB 50189 对管道绝热的规定如下：

1 空气调节冷热水管的绝热厚度，应按现行国家标准《设备及管道保冷设计导则》GB/T 15586 的经济厚度和防表面结露厚度的方法计算，建筑物内空气调节冷热水管亦可按本标准附录 C 的规定选用（见表 30）。

表 30 建筑物内空调水管的经济绝热厚度

绝热材料 管道类型	离心玻璃棉		柔性泡沫橡塑	
	公称管径（mm）	厚度（mm）	公称管径（mm）	厚度（mm）
单冷管道（管内介质温度 7℃）	≤DN32	25	按防结露要求计算	
	DN40～DN100	30		
	≥DN125	35		
热或冷热合用管道（管内最高热介质温度 60℃）	≤DN40	35	≤DN50	25
	DN50～DN100	40	DN70～DN150	28
	DN125～DN250	45	≥DN200	32
	≥DN300	50		
热管道（管内最高热介质温度 95℃）	≤DN50	50	不适宜使用	
	DN170～DN150	60		
	≥DN200	70		

注：1　绝热材料的导热系数 λ：

离心玻璃棉：$\lambda = 0.033 + 0.00023 t_m [W/(m \cdot K)]$

柔性泡沫橡塑：$\lambda = 0.03375 + 0.0001375 t_m [W/(m \cdot K)]$

式中　t_m——绝热层的平均温度（℃）。

2　单冷管道和柔性泡沫橡塑保冷的管道均应进行防结露要求验算。

2 空气调节风管绝热材料的最小热阻应符合表 31 的规定。

表 31 空气调节风管绝热材料的最小热阻

风管类型	最小热阻（m² · K/W）
一般空调风管	0.74
低温空调风管	1.08

3 空气调节保冷管道的绝热层外，应设置隔汽层和保护层。

5.3.7 在某些公共建筑中，房间空调器往往作为提高环境舒适度的设备，是建筑中较大的用电设备。国家已于 2010 年实施了国家标准《房间空气调节器能效限定值及能源效率等级》GB 12021.3 能效等级标准，该标准将房间空调器能效分为 3 个等级。本标准将第 3 级作为控制项（见表 32 和表 33），第 2 级作为一般项要求，第 1 级则作为优选项要求。

表 32 《房间空气调节器能效限定值及
能源效率等级》GB 12021.3

类　型	额定制冷量（CC）（W）	能效等级第 3 级
整体式	—	2.90
分体式	CC≤4500	3.20
	4500＜CC≤7100	3.10
	7100＜CC≤14000	3.00

表 33 《转速可控型房间空气调节器
能效限定值及能源效率等级》
GB 21455 中能源效率等级对应的制冷
季节能源消耗效率（SEER）指标（Wh/Wh）

类　型	额定制冷量（CC）（W）	能效等级第 3 级
分体式	CC≤4500	3.90
	4500＜CC≤7100	3.60
	7100＜CC≤14000	3.30

Ⅱ　一　般　项

5.3.8 实际调查发现，目前的一些工程设计中，对于水泵的扬程选择采用经验估算的方式而不是根据实际工程的系统设置情况，结果使得水泵扬程选择偏大，配电机容量随之加大，形成"大马拉小车"的现象，严重时还存在水泵电机过载的风险。因此要求应进行详细的水力计算，并根据计算的结果作为水泵扬程选择的依据。

5.3.9 无论是采暖还是空调，末端设备的温度调节、自动控制系统是保证实时温控的最有效措施，对于建筑的采暖空调系统节能有十分重要的作用，同时也保证了房间环境的舒适度，作为节能建筑，应该大力提倡。本条在第 4.3.4 条的基础上，提高了要求，更加强调了温度自动控制。

5.3.10 现行国家标准《公共建筑节能设计标准》GB 50189 规定如下：

建筑物内设有集中排风系统且符合下列条件之一时，宜设置排风热回收装置。排风热回收装置（全热和显热）的额定热回收效率不应低于 60%。

1 送风量大于或等于 3000m³/h 的直流式空气调节系统，且新风与排风的温度差大于或等于 8℃；

2 设计新风量大于或等于 4000m³/h 的空气调节系统，且新风与排风的温度差大于或等于 8℃；

3 设有独立新风和排风的系统。

5.3.11 集中空调系统的冷量和热量计量同我国北方地区的采暖热计量一样，是一项重要的建筑节能措施。设置能量计量装置不仅有利于管理与收费，用户也能及时了解和分析用能情况，加强管理，提高节能意识和节能的积极性，自觉采取节能措施。公共建筑中，冷、热量的计量也可作为收取空调使用费的依据之一，空调按用户实际用量收费将是今后的一个发展趋势。它不仅能够降低空调运行能耗，也能够有效地提高公共建筑的能源管理水平。

在采用计量的情况下，必须允许使用人员根据自身的需求进行温度控制，才能保证行为节能的公平性。

5.3.12 提倡采用高性能设备，对设备的能效等级要求是在第5.3.3条的基础上提高了一级。

5.3.13 提倡采用高性能设备，对房间空调器或转速可控型房间空调器的能效等级在第5.3.7条的基础上提高了一级。

5.3.14 风机变频的变风量空调系统是全空气系统中具有较好节能效果的系统之一，通过规定其在全空气空调系统中所占的比例，予以推广。

5.3.15 变水量系统适合于末端温控的采暖、空调水系统。这里提到的"变水量系统"，是指用户用水量能够根据控制参数实时进行变化的空调水系统。

5.3.16 当房间内人员密度变化较大时，如果系统运行过程中一直按照设计状态下的较大的人员密度供应新风，将浪费较多的新风处理用冷/热量。对于最小新风比较大的全空气空调系统，在冬、夏季工况且人员密度较小时，可以有效地减少新风量；对于新风空调系统，根据每个使用房间的二氧化碳浓度控制该房间新风量及总新风量都可以达到显著的节能效果。因此，根据二氧化碳浓度实时控制新风量，有助于新风系统的节能。

5.3.17 按照不同朝向得热量不同而对采暖、空调系统进行分区，有利于系统的稳定运行和节能；例如在进深较大的房间中，空调内、外区体现出不同的负荷性质，宜根据不同的要求划分空调系统。

5.3.18 对空气进行"冷却+再热"的处理方式，必然存在明显的冷热抵消和能源浪费的情况，在设计中应该予以避免，对于大部分民用建筑的空调系统均遵循这一原则，但对于有一定工艺要求的建筑（例如博物馆的库房等），有时候为了确保空气参数的要求，所以这部分不在本条的适用范围。

5.3.19 根据现行国家标准《采暖通风与空气调节设计规范》GB 50019中第6.5.6条条文说明，对于高大空间采用分层空调方式，一般可节能30%左右。高大空间通常是指：高度大于10m，容积大于10000m³的空间。

现行国家标准《公共建筑节能设计标准》GB 50019第5.2.6条规定：公共建筑内的高大空间，

宜采用辐射供暖方式。

5.3.20 采用可调新风比系统，其目的是为了充分利用过渡季的室外低温新风进行供冷，新风量的控制与工况的转换，宜采用新风和回风的焓值控制方法。由于机房尺寸等因素的限制，有时候要做到100%全新风比较困难，因此提出了60%的比例要求。

5.3.21 冷却塔风机的台数控制或者调速控制（变频调速或者通过电机改变极数的方式改变风机转速），是节省冷却塔运行能耗的措施之一。在实际工程中，通常有两种情况：

1 每台冷却塔配备多个风机时，可通过控制风机的运行台数（或者同时调速）起到节能的作用。

2 每台冷却塔只配备一个较大的风机时，通过对风机的转速控制也能起到较好的节能效果。

5.3.22 合理的水泵变频调速设置方式，是降低输送能耗的一个有效措施。对于整个建筑而言，水泵变频调试装置设置的多少决定了水泵输送能耗节约的程度。

Ⅲ 优 选 项

5.3.23 对于以散发热量或有害气体为主的通风房间或区域，以房间温度或有害气体浓度（例如二氧化碳）作为控制目标，或者应用设定时段自动启停通风系统进行通风控制，既保证了房间的卫生条件，又能够起到很好的节能效果，值得提倡。

5.3.24 地下水源和土壤源热泵系统，具有"节能减排"的综合效益，是暖通空调系统节省能耗的一个重要冷热源方式，值得大力推广。考虑到各地和建筑物由于条件的差异，采用这种方式时，有可能需要设置辅助冷源或热源设备，因此提出了50%的要求。

5.3.25 太阳能或其他可再生能源（如生物质能，但不包括地热能）的利用，是对常规能源的一种有效补充的手段。考虑到在目前的条件下，某些建筑还存在一些技术、经济等应用方面的问题没有彻底解决，因此，对其使用的总量要求并不是太高（10%）。但不可否认，这是一种值得大力提倡和鼓励的方式。

5.3.26 可调新风比空调系统在全空气系统中所占的比例在第5.3.20条规定的基础上，进行了更大的提高。

5.3.27 蓄能空调或采暖系统，具有对电力系统"削峰填谷"的作用，可以降低全社会的能源消耗和能源建设的投资，满足能源结构调整和环境保护的要求，在条件允许的情况下应鼓励采用。

5.3.28 低温送风空调系统加大了送风温差，大幅度减少输送风量，能明显降低空调设备与风道的投资，而且对于减少输送能耗具有良好的作用。但低温送风空调系统的低温冷源，也应是在合理利用现有能源的条件下获得的冷源，例如利用低谷电蓄冷的低温冷源，或者是利用太阳能等可再生能源获得的低温冷源。

但是，在非低谷用电时段采用制冷机生产低温冷水直接供低温送风空调系统的做法，降低了冷水机组的蒸发温度，但对于系统的总体能耗并不合理。

5.3.29 蒸发冷却方式包括：全年供冷采用蒸发冷却设备提供空调用冷源（例如在我国西北的大部分夏季室外湿球温度比较低的地区），消除（或减少）了冷水机组的运行时间，有利于降低能耗。

夏季采用其他冷源、但冬季（甚至过渡季）采用冷却塔提供空调冷源的方式，也能够有效地减少冷水机组运行时间从而实现节能。

5.3.30 建筑、小区或者生产区的余热或废热的充分利用，可以提高能源利用效率，是节能建筑鼓励和提倡的措施之一。

这里提到的"余热或废热"，是指具有一定品质、但未经利用后直接排至大气或者环境而浪费的热量。

5.3.31 在经济技术分析合理的前提下，采用热电冷三联供技术，有利于能源的综合利用。

5.3.32 在第5.3.9条中，没有对空调自动控制系统的形式提出要求。由于以计算机为平台（DDC技术）的建筑设备管理系统（BMS系统）具有非常好的运行管理功能和可实现多种控制工况的特点，是目前公共建筑空调控制系统的首选形式，值得大力提倡和采用。因此作为优选项，本条在第5.3.9条的基础上提高了要求。

5.3.33 变频调速水泵在建筑内循环水泵总装机容量中所占的比例在第5.3.22条的基础上，提出了更高的要求（40%以上）。

5.3.34 提倡采用高性能设备，本条对设备的能效等级要求在第5.3.12条的基础上提出了更高的要求。

5.3.35 对房间空调器或转速可控型房间空调器的能效等级在第5.3.13的基础上提高了一级，将国家标准《房间空气调节器能效限定值及能源效率等级》GB 12021.3中第1级作为本条的控制项。

5.3.36 温湿度独立调节空调系统，能够在改善室内环境，提高室内热舒适，减少空调能耗方面起到较好的作用，值得推广应用。

5.4 给水排水

Ⅰ 控 制 项

5.4.1 为节约能源，当市政给水管网（含市政再生水管网等）的供水压力能满足建筑低层部分的用水要求时，应充分利用市政管网水压直接供水，以节省给水二次提升的能耗，同时还可避免用水在水池停留造成的二次污染。

5.4.2 集中生活热水供应系统应做好保温，减少管道和设备的热损失，同时采用合理的循环方式，保证干管和立管中的热水循环，使得配水点的水温在热水

水龙头打开后15s内不低于45℃，减少无效冷水量。

Ⅱ 一 般 项

5.4.3 应根据项目的具体情况和当地市政部门的规定，采用节能的加压供水方式，如：管网叠压供水、常速泵组（管网叠压）＋高位水箱供水等。

5.4.4 冷却塔采用节能的运行方式，如：小流量大温差系统、双速风机、变频风机或采取节能的控制措施等。

5.4.5 分区供水时，如果设计分区不合理，各分区中楼层偏低的用水器具就会承受大于其流出水头的静水压力，导致其出流量大于用水器具本身的额定流量，即出现"超压出流"现象，"超压出流"造成无效出流，也造成了水的浪费。给水系统采取有效的减压限流措施，能有效控制超压出流造成的浪费。

目前应用较多的减压装置有减压阀和减压孔板两种。减压阀同时具备减静压和减动压的功能，具有较好的减压效果，可使出流量大为降低。减压孔板相对于减压阀来说，系统简单，投资较少，管理方便，具有一定的减压节水效果，但减压孔板只能减动压不能减静压，且下游的压力随上游压力和流量而变，不够稳定。由于其造价较低，故在水质较好和供水压力较稳定的情况下，可考虑采用减压孔板减压方式。

5.4.6 根据公共场所的用水特点，采用红外感应水嘴、感应式冲洗阀、光电感应或脚踩踏板式淋浴器等节水手段。

5.4.7 分用户、分用途计量可实现使用者付费，能最大限度地调动用户的节约意识，达到节水节能的目的。如冷却塔补水、空调系统补水、绿化、景观、洗衣房、餐饮、泳池淋浴等不同用途和用户的用水应能分别计量，方便实现独立核算，达到节约的目的。

5.4.8 目前我国建筑双管热水系统冷热水的混合方式大多采用混合龙头和双阀门调节方式，每次开启配水装置时，为获得适宜温度的水，需反复调节，而造成一定的水量浪费。

因此热水用量大的公共浴室宜采用单管热水系统，采用性能稳定的水温控制设备，减少由于调温时间过长造成的水量浪费。对于高档公共浴室类建筑和宾馆为满足个体水温调节的需求，可采用带恒温装置的冷热水混合龙头来减少因调温时间过长造成的水量浪费。

Ⅲ 优 选 项

5.4.9 根据项目的具体条件，通过技术经济比较分析，合理使用太阳能热水系统、热泵热水系统或利用空调冷凝热制备生活热水等。有条件时，公共浴室、学校、泳池等优先采用太阳能热水系统。

5.4.10 公共浴室，包括大学生公寓、学生宿舍的公共浴室，淋浴器使用计流量的刷卡用水管理具有很好

的节水效果。

5.5 电气与照明

Ⅰ 控 制 项

5.5.1 此处三相配电变压器指 10kV 无励磁变压器。变压器的空载损耗和负载损耗是变压器的主要损耗，故应加以限制。现行国家标准《三相配电变压器能效限定值及节能评价值》GB 20052中规定了配电变压器目标能效限定值及节能评价值。

5.5.2 按租户或单位设置电能表，有利于节能、管理。

5.5.3 旅馆建筑的每间（套）客房，设置节能控制型总开关，是为了避免客人离开房间时，忘记关灯，利于节能。

5.5.4 现行国家标准《建筑照明设计标准》GB 50034规定了公共建筑各房间或场所照明功率密度值（LPD）的现行值，应该严格执行。表34~表38的数据引自国家标准《建筑照明设计标准》GB 50034。

表34 办公建筑照明功率密度值

房间或场所	照明功率密度(W/m²) 现行值	对应照度值 (lx)
普通办公室	11	300
高档办公室、设计室	18	500
会议室	11	300
营业厅	13	300
文件整理、复印、发行室	11	300
档案室	8	200

表35 商业建筑照明功率密度值

房间或场所	照明功率密度(W/m²) 现行值	对应照度值 (lx)
一般商店营业厅	12	300
高档商店营业厅	19	500
一般超市营业厅	13	300
高档超市营业厅	20	500

表36 旅馆建筑照明功率密度值

房间或场所	照明功率密度(W/m²) 现行值	对应照度值(lx)
客 房	15	—
中餐厅	13	200
多功能厅	18	300
客房层走廊	5	50
门 厅	15	300

表37 医院建筑照明功率密度值

房间或场所	照明功率密度(W/m²) 现行值	对应照度值(lx)
治疗室、诊室	11	300
化验室	18	500
手术室	30	750
候诊室、挂号厅	8	200
病 房	6	100
护士站	11	300
药 房	20	500
重症监护室	11	300

表38 学校建筑照明功率密度值

房间或场所	照明功率密度(W/m²) 现行值	对应照度值(lx)
教室、阅览室	11	300
实验室	11	300
美术教室	18	500
多媒体教室	11	300

5.5.5 光源的能效标准规定节能评价值是光源的最低初始光效值；镇流器能效标准规定镇流器节能评价值是评价镇流器节能水平的最低镇流器能效因数（BEF）值。

5.5.6 现行国家标准《建筑照明设计标准》GB 50034规定了荧光灯灯具的效率以利于节能。

5.5.7 中小型三相异步电动机的效率高低，直接影响建筑物的节能运行，故应加以限制。现行国家标准《中小型三相异步电动机能效限定值及能效等级》GB 18613中规定了中小型三相异步电动机能效限定值、目标能效限定值及节能评价值。中小型三相异步电动机在额定输出功率和75%额定输出功率效率的能效限定值见表24（本标准第4.5.4条的条文说明）。

5.5.8 现行国家标准《交流接触器能效限定值及能效等级》GB 21518将交流接触器能效等级分为3个级别，见表25（本标准第4.5.5条的条文说明）。在此要求选用交流接触器的吸持功率不大于能效限定值的要求。

5.5.9 提高功率因数能够降低照明线路电流值，从而降低线路能耗和电压损失。不低于0.9是现行国家标准《建筑照明设计标准》GB 50034等规定的最低要求。

Ⅱ 一 般 项

5.5.10 变配电所位于负荷中心，是为了降低线路损耗。

5.5.11 设备容量较大时，宜采用 10kV 或以上供电电源，目的是降低线路损耗。现行行业标准《民用建筑电气设计规范》JGJ 16 中也有相关规定。

5.5.12 引自现行行业标准《民用建筑电气设计规范》JGJ 16 中有相关规定。在现行国家标准《电力变压器经济运行》GB/T 13462 中，关于配电变压器经济运行区有明确的计算方法。

5.5.13 现行国家标准《建筑照明设计标准》GB 50034 规定了公共建筑各房间或场所照明功率密度值（LPD）的目标值，便于考核评价。表 39～表 43 的数据引自现行国家标准《建筑照明设计标准》GB 50034。

表 39　办公建筑照明功率密度值

房间或场所	照明功率密度（W/m²）	对应照度值（lx）
	目标值	
普通办公室	9	300
高档办公室、设计室	15	500
会议室	9	300
营业厅	11	300
文件整理、复印、发行室	9	300
档案室	7	200

表 40　商业建筑照明功率密度值

房间或场所	照明功率密度（W/m²）	对应照度值（lx）
	目标值	
一般商店营业厅	10	300
高档商店营业厅	16	500
一般超市营业厅	11	300
高档超市营业厅	17	500

表 41　旅馆建筑照明功率密度值

房间或场所	照明功率密度（W/m²）	对应照度值（lx）
	目标值	
客房	13	—
中餐厅	11	200
多功能厅	15	300
客房层走廊	4	50
门厅	13	300

表 42　医院建筑照明功率密度值

房间或场所	照明功率密度（W/m²）	对应照度值（lx）
	目标值	
治疗室、诊室	9	300
化验室	15	500
手术室	25	750
候诊室、挂号厅	7	200
病房	5	100
护士站	9	300
药房	17	500
重症监护室	9	300

表 43　学校建筑照明功率密度值

房间或场所	照明功率密度（W/m²）	对应照度值（lx）
	目标值	
教室、阅览室	9	300
实验室	9	300
美术教室	15	500
多媒体教室	9	300

5.5.14 现行国家标准《交流接触器能效限定值及能效等级》GB 21518 将交流接触器能效等级分为 3 个级别，见表 25（本标准第 4.5.6 条的条文说明）。在此要求选用交流接触器的吸持功率不大于节能评价值的要求。

5.5.15 因白炽灯光效低和寿命短，为节约能源，一般情况下，不应采用普通白炽灯照明。

5.5.16 采用集中控制，主要是为了避免长明灯。

5.5.17 LED 是未来发展的方向，具有启动快、寿命不受多次启动的影响等优点。虽然目前还不太稳定，但在楼梯间、走道应用时节能效果明显。

5.5.18 采用集中控制，主要是为了避免长明灯，有条件的场所，宜采用智能照明控制系统。

5.5.19 电开水器等电热设备用电量较大，下班时，人员较少，应采取措施，避免重复加热。

5.5.20 建筑设备监控系统，可以根据需要，调整空调进、排风量及水泵等设备的运行模式，既可保证人员的舒适度又避免浪费。

5.5.21 间接照明或漫射发光顶棚的照明方式光损失严重，不利于节能。

Ⅲ　优　选　项

5.5.22 应尽量利用天然采光，以达到节能的目的。

5.5.23 夜间公共空间人员活动较少，降低照度，完全可以满足功能需要。

5.5.24 采用集中控制，主要是为了避免长明灯，有条件的场所，宜采用智能照明控制系统。

5.5.25 谐波会引起变压器、电动机的损耗增加、中性线过热、载流导体的集肤效应加重、功率因数降低等，故谐波较大时，应就地设置谐波抑制装置。

5.6 室内环境

Ⅰ 控 制 项

5.6.1 按照现行国家标准《公共建筑节能设计标准》GB 50189 的规定，集中采暖系统和（或）空气调节系统室内计算参数宜符合表 44 和表 45 的规定。目的是在确保室内舒适环境的前提下，选取合理设计计算参数，达到节能的效果，参数选择允许根据工程实际情况进行调整，但必须在设计计算书中说明正当理由，不能简单地以甲方要求作为参数调整的理由。

表 44 集中采暖系统室内计算参数

建筑类型及房间名称	室内温度（℃）
1. 办公楼：	
门厅、楼（电）梯	16
办公室	20
会议室、接待室、多功能厅	18
走道、洗手间、公共食堂	16
车库	5
2. 餐饮：	
餐厅、饮食、小吃、办公	18
洗碗间	16
制作间、洗手间、配餐	16
厨房、热加工间	10
干菜、饮料间	8
3. 影剧院：	
门厅、走道	14
观众厅、放映室、洗手间	16
休息厅、吸烟室	18
化妆室	20
4. 交通：	
民航候机厅、办公室	20
候车室、售票厅	16
公共洗手间	16
5. 银行：	
营业大厅	18
走道、洗手间	16
办公室	20
楼（电）梯	14

续表 44

建筑类型及房间名称	室内温度（℃）
6. 体育：	
比赛厅(不含体操)、练习厅	16
体操练习厅	18
休息厅	18
运动员、教练员更衣、休息室	20
游泳池大厅	25～28
观众区	22～24
检录处	20～24
7. 商业：	
营业厅(百货、书籍)	18
鱼肉、蔬菜营业厅	14
副食(油、盐、杂货)、洗手间	16
办公	20
米面储藏	5
百货仓库	10
8. 集体宿舍、无中央空调系统的旅馆、招待所：	
大厅、接待	16
客房、办公室	20
餐厅、会议室	18
走道、楼（电）梯间	16
公共浴室	25
公共洗手间	16
9. 图书馆：	
大厅	16
洗手间	16
办公室、阅览	20
报告厅、会议室	18
特藏、胶卷、书库	14
10. 医疗及疗养建筑：	
成人病房、诊室、治疗、化验室、活动室、餐厅等	20
儿童病房、婴儿室、高级病房、放射诊断及治疗室	22
门厅、挂号处、药房、洗衣房、走廊、病人厕所等	18
消毒、污物、解剖、工作人员厕所、洗碗间、厨房	16
太平间、药品库	12
11. 学校：	
厕所、门厅、走道、楼梯间	16
教室、阅览室、实验室、科技活动室、教研室、办公室	18
人体写生美术教室模特所在局部区域	26
风雨操场	14
12. 幼儿园、托儿所：	
活动室、卧室、乳儿室、喂奶、隔离室、医务室、办公室	20
盥洗室、厕所	22
浴室及其更衣室	25
洗衣房	18

建筑类型及房间名称	室内温度（℃）
厨房、门厅、走廊、楼梯间	16
13. 未列入各类公共建筑的共同部分： 电梯机房 电话总机房、控制中心等 设采暖的汽车停车库 汽车修理间 空调机房、水泵房等	5 18 5~10 12~16 10

表 45　空气调节系统室内计算参数

建筑类型	房间类型	夏季		冬季	
		温度（℃）	相对湿度（%）	温度（℃）	相对湿度（%）
旅馆	客房	24~27	65~50	18~22	>30
	宴会厅、餐厅	24~27	65~55	18~22	≥40
	文体娱乐房间	25~27	60~40	18~20	>40
	大厅、休息厅、服务部门	26~28	65~50	16~18	>30
医院	病房	25~27	65~45	18~22	55~40
	手术室、产房	25~27	60~40	22~26	60~40
	检查室、诊断室	25~27	60~40	18~22	60~40
办公楼	一般办公室	26~28	<65	18~20	—
	高级办公室	24~27	60~40	20~22	55~40
	会议室	25~27	<65	16~18	—
	计算机房	25~27	65~45	16~18	—
	电话机房	24~28	65~45	18~20	—
影剧院	观众厅	26~28	≤65	16~18	≥30
	舞台	25~27	≤65	16~18	≥35
	化妆室	25~27	≤60	18~22	≥35
	休息厅	28~30	≤65	16~18	—
学校	教室	26~28	≤65	16~18	—
	礼堂	26~28	≤65	16~18	—
	实验室	25~27	≤65	16~20	—
图书馆	阅览室	26~28	65~45	16~18	—
博物馆	展览厅	26~28	60~45	16~18	50~40
美术馆	善本、舆图、珍藏、档案库和书库	22~24	60~40	12~16	60~45
档案馆	缩微胶片库*	20~22	50~30	16~18	50~30
体育馆	观众席	26~28	≤65	16~18	50~35
	比赛厅	26~28	≤65	16~18	—

建筑类型	房间类型	夏季		冬季	
		温度（℃）	相对湿度（%）	温度（℃）	相对湿度（%）
体育馆	练习厅	26~28	≤65	16~18	—
	游泳池大厅	26~29	≤75	26~28	≤75
	休息厅	28~30	≤65	16~18	—
	营业厅	26~28	65~50	16~18	50~30
	播音室、演播室	25~27	65~40	18~20	50~40
	控制室	24~26	60~40	20~22	55~40
	机房	25~27	60~40	16~18	55~40
	节目制作室、录音室	25~27	60~40	18~20	50~40
百货商店	营业厅	26~28	50~65	16~18	50~30

注：* 缩微胶片库保存胶片的环境要求，必要时可根据胶片类别按国家标准规定，并考虑其储藏条件等原因。

5.6.2 按照现行国家标准《公共建筑节能设计标准》GB 50189，公共建筑主要空间的设计新风量应符合表46的规定。

表 46　公共建筑主要空间的设计新风量

建筑类型与房间名称		新风量 m³/（h·p）
旅游旅馆	客房　5 星级	50
	客房　4 星级	40
	客房　3 星级	30
	餐厅、宴会厅、多功能厅　5 星级	30
	餐厅、宴会厅、多功能厅　4 星级	25
	餐厅、宴会厅、多功能厅　3 星级	20
	餐厅、宴会厅、多功能厅　2 星级	15
	大堂、四季厅　4~5 星级	10
	大堂、四季厅　4~5 星级	20
	大堂、四季厅　2~3 星级	10
	美容、理发、康乐设施	30
旅店	客房　1~3 级	30
	客房　4 级	20
文化娱乐	影剧院、音乐厅、录像厅	20
	游艺厅、舞厅（包括卡拉 OK 歌厅）	30
	酒吧、茶座、咖啡厅	10
	体育馆	20
	商场（店）、书店	20
	饭馆（餐厅）	20
	办公	30
学校	教室　小学	11
	教室　初中	14
	教室　高中	17

5.6.3 除浴室等相对湿度很高的房间外，围护结构内表面温度应满足不结露的要求，因为内表面结露可导致耗热量增大，恶化室内卫生条件，同时使围护结构易于破坏，影响建筑物寿命。检验内表面是否结露，主要看围护结构内表面温度是否低于室内空气的露点温度。如果低于与围护结构内表面接触的室内空气的露点温度，就会发生结露。

5.6.4 现行国家标准《民用建筑工程室内环境污染控制规范》GB 50325 列出了危害人体健康的游离甲醛、苯、氨、氡和 TVOC 五类空气污染物，并对它们的浓度提出了控制要求和措施。对于节能建筑，同样需要满足本条文的规定。

5.6.5 《建筑照明设计标准》GB 50034 中规定了不同照明场所照明数量和照明质量的要求，是满足工作场所视觉作业时的最基本要求，也是评定节能建筑的前提，只有在满足这些基本要求的前提下才能进行节能建筑的评定。

Ⅱ 一 般 项

5.6.6 现场检查由建设单位委托具有相应资质的第三方检测单位进行抽测，根据现行国家标准《建筑节能工程施工质量验收规范》GB 50411 相关要求进行。

5.6.7 建筑应注重利用天然采光以节约能源，采光系数标准值应根据建筑用途符合相关标准的规定。

5.6.8 可以审查设计计算书来判断房间的温度均匀情况，也可按房间总数抽测 10%，检测应由建设单位委托具有相应资质的第三方检测单位进行，主要检测人员活动区域的垂直空气温度梯度。

根据 ASHARE Standard 55，人体头脚之间的垂直空气温度梯度也会造成不舒适，图 1 显示了不满意百分数（PD）作为头脚之间的垂直空气温度梯度的函数。图中可以看出，当人体头脚之间的垂直空气温度梯度达到 4℃时，不满意百分数就达到 10%，这在实际工程中应该避免的。

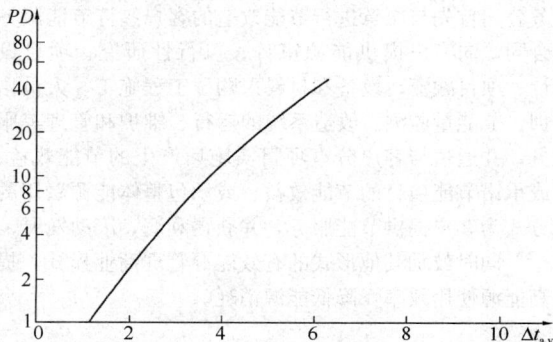

图 1　人体头脚之间的垂直温度
梯度对应的不满意百分数
PD：不满意百分数％；
$\Delta t_{a,v}$：头脚之间的垂直温度梯度。

5.6.9 提倡利用自然通风以节约能源，改善室内空气品质，尤其是过渡季节要充分利用自然通风调节室内热湿环境，改善室内空气品质。

Ⅲ 优 选 项

5.6.10 空调系统运行过程中，新风量的大小直接导致能耗增减。如果按照设计标准一直维持最高的新风供应量，必将造成较多的新风用冷热量被损失浪费；因此，通过监测数据合理调整控制新风系统，能够实现减少能耗的同时又不影响日常使用。

5.6.11 随着我国汽车的不断普及，建筑大型地下停车库的建设，地下停车库的通风系统平时用能水平不容忽视。

5.7 运 营 管 理

Ⅰ 控 制 项

5.7.1 大型耗能设备或特种耗能设备，如锅炉、制冷机组、电梯应该分别制定节能运行管理制度。水泵、风机、照明、空调末端设备等，应分系统制定节能管理制度。

5.7.2 物业管理人员应持续进行节能知识培训，以提高对用能设备的运行规律掌握，每年不少于 2 次内部培训和 1 次外部培训。

5.7.3 《国务院办公厅关于严格执行公共建筑空调温度控制标准的通知》于 2007 年发布。2008 年 4 月 1 日《中华人民共和国节约能源法》（主席令第七十七号）实施，在《节约能源法》中第三十七条中明确规定"使用空调采暖、制冷的公共建筑应当实行室内温度控制制度，具体办法由国务院建设主管部门制定"。为了加强公共建筑空调系统的运行管理，合理设置公共建筑空调温度，节约能源与资源，保护环境，改善和营造适宜的室内舒适环境，2008 年 6 月 25 日，住房和城乡建设部印发了《公共建筑室内温度控制管理办法》（建科〔2008〕115 号），并规定了具体的检测方法。

5.7.4 建筑能耗统计和分析是掌握建筑能耗，开展建筑节能最基础工作，现行行业标准《民用建筑能耗数据采集标准》JGJ/T 153 对这项工作作了详细的规定；能耗公示可以让住户监督物业管理单位节能工作。

能耗审计和公示的内容应该按照《关于加强国家机关办公建筑和大型公共建筑节能管理工作的实施意见》和《国家机关办公建筑和大型公共建筑能源审计导则》开展。

5.7.5 影响空调系统能效的一个主要因素是风系统对过滤器的堵塞和冷却水系统冷凝器的结垢。国内有单位通过对多个大型公建空调系统的进行实测，发现风系统清洗后，空调设备效率可以提高 10%～

35%；水系统清洗后，冷水机组效率提高 15%～40%。因此，公共建筑的空调通风系统的定期检查和清洗至关重要，空调系统的清洗应该执行《空调通风系统清洗规范》GB 19210。

Ⅱ 一 般 项

5.7.6 物业管理单位每年都应该为建筑内工作人员进行一次节能知识宣传，增加人员节能知识，强化节能意识。

5.7.7 公共建筑的用能设备使用时间长，能耗大；实践证明，定期对空调、电梯等高耗能设备进行维护保养，不但可以提高设备能效，而且可以保证设备的安全。

5.7.8 不同租户应单独设置能量计量装置，避免单纯按照建筑面积分摊能耗费用，鼓励节能行为。

5.7.9 现行国家标准《空气调节系统经济运行》GB/T 17981 规定，空调系统室内设定值应按以下原则选取：

1 空调系统运行状态下的室内环境控制参数，应主要考虑温度、湿度及新风量；

2 空调系统运行时民用建筑室内空气参数设定值可以参考表 47 的规定。

表 47　民用建筑室内空气参数设定值

房间类型	夏 季		冬 季		新风量 [m³/(h·p)]
	温度 (℃)	相对湿度 (%)	温度 (℃)	相对湿度 (%)	
特定房间	≥26	40～65	≤21	30～60	≤50
一般房间	≥26	40～70	≤20	30～60	20～30
大堂、过厅	26～28		16～18		≤10

注：特定房间通常为对外经营性且标准要求较高的个别房间，如旅游旅馆的四、五星级的客房、康乐等场所，以及其他有特殊需求的房间。对于冬季室内有大量内热源的房间，室内温度可高于以上给定值。

5.7.10 为了有效降低采暖和空调通风系统的能耗，同时也为了改善室内空气品质，空调过滤网、过滤器等每六个月清洗或更换一次，空气处理机组、表冷器、加湿器、加热器、冷凝水盘等每年清洗一次。清洗保养的好处包括增强制冷和采暖效果、有益身体健康、延长系统使用寿命、降低电耗、减少运行费用等。

5.7.11 公共场所的用能设备使用时间长、能耗大，

每年进行保养，不但可以提高设备能效，而且可以保证设备的安全。

5.7.12 建筑在交付使用之前，要进行用能系统的调试运行，物业管理人员要求确认用能设备的运行参数在设计范围内。对于调试的要求是：

1 用能设备的调试运行要列入施工文件；

2 制定并落实用能设备的调试运行计划；

3 与运行维护人员一同检查建筑运行情况，提出一套在建筑竣工之日起一年内有关用能设备运行问题的解决方案；

4 完成调试运行报告。

5.7.13 电梯内部提倡采用轻质材料装修，不使用大理石、地砖等自重很大的材料装修，可以增加有效载客数，减少电梯能耗。

Ⅲ 优 选 项

5.7.14 建筑能耗统计和分析是掌握建筑能耗最基础工作，也是开展建筑节能依据；没有建筑能耗统计，建筑节能运行管理工作难以有效开展；向住户和在建筑内工作人员进行能耗公示，是监督物业公司节能工作简单有效的方法。公示的内容应该包括：整个建筑能耗，每个租户的照明能耗，电梯能耗、地下室车库通风能耗、采暖能耗、空调能耗等，以及与以往历年的能耗比较。

5.7.15 实践表明，节能与管理人员业绩挂钩是非常有效的具体措施，因此特别提出此条文。

5.7.16 合同能源管理是一种新型的市场化节能机制，是以减少的能源费用来支付节能项目全部成本的节能业务方式。这种节能投资方式允许客户用未来的节能收益为设备升级，以降低目前的运行成本；或者节能服务公司以承诺节能项目的节能效益、或承包整体能源费用的方式为客户提供节能服务。

能源管理合同在实施节能项目的用户与节能服务公司（包括内部的能源服务机构）之间签订。节能服务公司首先与愿意进行节能改造的客户签订节能服务合同，向客户提供能源审计、可行性研究、项目设计、项目融资、设备和材料采购、工程施工、人员培训、节能量监测、改造系统的运行、维护和管理等服务，并通过与客户分享项目实施后产生的节能效益、或承诺节能项目的节能效益、或承包整体能源费用的方式为客户提供节能服务，并获得利润，滚动发展。

同时鼓励其他形式的有效能源管理商业模式，提高能源使用效率，降低能源消耗。

中华人民共和国国家标准

民用建筑供暖通风与空气调节设计规范

Design code for heating ventilation and air conditioning
of civil buildings

GB 50736—2012

主编部门：中华人民共和国住房和城乡建设部
批准部门：中华人民共和国住房和城乡建设部
施行日期：２０１２年１０月１日

中华人民共和国住房和城乡建设部
公　告

第 1270 号

关于发布国家标准
《民用建筑供暖通风与空气调节设计规范》的公告

现批准《民用建筑供暖通风与空气调节设计规范》为国家标准，编号为 GB 50736 - 2012，自 2012 年 10 月 1 日起实施。其中，第 3.0.6(1)、5.2.1、5.3.5、5.3.10、5.4.3(1)、5.4.6、5.5.1、5.5.5、5.5.8、5.6.1、5.6.6、5.7.3、5.9.5、5.10.1、6.1.6、6.3.2、6.3.9(2)、6.6.13、6.6.16、7.2.1、7.2.10、7.2.11(1、3)、7.5.2(3)、7.5.6、8.1.2、8.1.8、8.2.2、8.2.5、8.3.4（1）、8.3.5（4）、8.5.20(1)、8.7.7(4)、8.10.3(1、2、3)、8.11.14、9.1.5(1、2、3、4)、9.4.9 条（款）为强制性条文，必须严格执行。《采暖通风与空气调节设计规范》GB 50019- 2003 中相应条文同时废止。

本规范由我部标准定额研究所组织中国建筑工业出版社出版发行。

中华人民共和国住房和城乡建设部
2012 年 1 月 21 日

前　　言

本规范系根据住房和城乡建设部《关于印发〈2008 年工程建设国家标准制订、修订计划（第一批）〉的通知》（建标［2008］102 号）的要求，由中国建筑科学研究院会同有关单位编制完成的。

本规范在编制过程中，编制组经广泛调查研究，认真总结实践经验，参考有关国际标准和国外先进标准，并在广泛征求意见的基础上，最后经审查定稿。

本规范共分 11 章和 10 个附录，主要技术内容是：总则、术语、室内空气设计参数、室外设计计算参数、供暖、通风、空气调节、冷源与热源、检测与监控、消声与隔振、绝热与防腐。

本规范中以黑体字标志的条文为强制性条文，必须严格执行。

本规范由住房和城乡建设部负责管理和对强制性条文的解释，由中国建筑科学研究院负责具体技术内容的解释。执行过程中如有意见或建议，请寄送中国建筑科学研究院暖通空调规范编制组（地址：北京市北三环东路 30 号，邮政编码 100013）。

本 规 范 主 编 单 位：中国建筑科学研究院

本 规 范 参 编 单 位：北京市建筑设计研究院
中国建筑设计研究院
国家气象信息中心
中国建筑东北设计研究院
清华大学
上海建筑设计研究院
华东建筑设计研究院
山东省建筑设计研究院
哈尔滨工业大学
天津市建筑设计院
中国建筑西北设计研究院
中国建筑西南设计研究院
中南建筑设计院
深圳市建筑设计研究总院
同济大学
天津大学
新疆建筑设计研究院
贵州省建筑设计研究院
中建（北京）国际设计顾问有限公司
华南理工大学建筑设计研究院
同方股份有限公司
特灵空调系统（中国）有限公司
昆山台佳机电有限公司
安徽安泽电工有限公司
杭州源牌环境科技有限公司

丹佛斯（上海）自动控制有限公司
北京普来福环境技术有限公司
际高建业有限公司
开利空调销售服务（上海）有限公司
远大空调有限公司
新疆绿色使者空气环境技术有限公司
北京联合迅杰科技有限公司
西门子楼宇科技（天津）有限公司
北京天正工程软件有限公司
北京鸿业同行科技有限公司
广东美的商用空调设备有限公司
妥思空调设备（苏州）有限公司
欧文斯科宁（中国）投资有限公司

本规范主要起草人员：徐　伟　邹　瑜　徐宏庆　孙敏生　潘云钢　金丽娜　李先庭　寿炜炜　马伟骏　王国复　赵晓宇　于晓明　董重成　伍小亭　王　谦　戎向阳　马友才　吴大农　张　旭　朱　能　狄洪发　刘　鸣　孙延勋　毛红卫　王　钊　阮　新　贾　晶　刘一民　程乃亮　叶水泉　张寒晶　朱江卫　丛旭日　杨利明　傅立新　于向阳　王舜立　邵康文　李振华　魏光远　张嚞犟　郭建雄　王聪慧　张时聪　陈　曦　孙峙峰

本规范主要审查人员：吴元炜　吴德绳　郎四维　江　亿　李娥飞　许文发　罗继杰　曹　越　郑官振　钟朝安　徐　明　张瑞武　毛明强　丁力行　李著萱　张小慧

目　　次

1　总则 ……………………… 9—7

2　术语 ……………………… 9—7

3　室内空气设计参数 ………… 9—8

4　室外设计计算参数 ………… 9—9
  4.1　室外空气计算参数 ……… 9—9
  4.2　夏季太阳辐射照度 ……… 9—10

5　供暖 ……………………… 9—10
  5.1　一般规定 ……………… 9—10
  5.2　热负荷 ………………… 9—11
  5.3　散热器供暖 …………… 9—12
  5.4　热水辐射供暖 ………… 9—13
  5.5　电加热供暖 …………… 9—14
  5.6　燃气红外线辐射供暖 …… 9—15
  5.7　户式燃气炉和户式空气源
      热泵供暖 ……………… 9—15
  5.8　热空气幕 ……………… 9—15
  5.9　供暖管道设计及水力计算 … 9—15
  5.10　集中供暖系统热计量与室温
      调控 …………………… 9—16

6　通风 ……………………… 9—17
  6.1　一般规定 ……………… 9—17
  6.2　自然通风 ……………… 9—18
  6.3　机械通风 ……………… 9—18
  6.4　复合通风 ……………… 9—20
  6.5　设备选择与布置 ……… 9—20
  6.6　风管设计 ……………… 9—20

7　空气调节 ………………… 9—21
  7.1　一般规定 ……………… 9—21
  7.2　空调负荷计算 ………… 9—22
  7.3　空调系统 ……………… 9—24
  7.4　气流组织 ……………… 9—26
  7.5　空气处理 ……………… 9—27

8　冷源与热源 ……………… 9—28
  8.1　一般规定 ……………… 9—28
  8.2　电动压缩式冷水机组 …… 9—29
  8.3　热泵 …………………… 9—29
  8.4　溴化锂吸收式机组 …… 9—30
  8.5　空调冷热水及冷凝水系统 … 9—31
  8.6　冷却水系统 …………… 9—33
  8.7　蓄冷与蓄热 …………… 9—34
  8.8　区域供冷 ……………… 9—35
  8.9　燃气冷热电三联供 …… 9—35

8.10　制冷机房 ……………… 9—35
8.11　锅炉房及换热机房 …… 9—36

9　检测与监控 ……………… 9—37
  9.1　一般规定 ……………… 9—37
  9.2　传感器和执行器 ……… 9—38
  9.3　供暖通风系统的检测与监控 … 9—38
  9.4　空调系统的检测与监控 … 9—39
  9.5　空调冷热源及其水系统的检测
      与监控 ………………… 9—39

10　消声与隔振 …………… 9—40
  10.1　一般规定 ……………… 9—40
  10.2　消声与隔声 …………… 9—40
  10.3　隔振 …………………… 9—40

11　绝热与防腐 …………… 9—41
  11.1　绝热 …………………… 9—41
  11.2　防腐 …………………… 9—41

附录A　室外空气计算参数 …… 9—42

附录B　室外空气计算温度简化
     方法 ………………… 9—118

附录C　夏季太阳总辐射照度 … 9—118

附录D　夏季透过标准窗玻璃的
     太阳辐射照度 ……… 9—125

附录E　夏季空气调节大气透明度
     分布图 ……………… 9—136

附录F　加热由门窗缝隙渗入室
     内的冷空气的耗热量 … 9—136

附录G　渗透冷空气量的朝向修正
     系数 n 值 ………… 9—137

附录H　夏季空调冷负荷简化计算
     方法计算系数表 …… 9—140

附录J　蓄冰装置容量与双工况
     制冷机的空调标准
     制冷量 ……………… 9—157

附录K　设备与管道最小保温、
     保冷厚度及冷凝水管
     防结露厚度选用表 … 9—157

本规范用词说明 …………… 9—164

引用标准名录 ……………… 9—164

附：条文说明 ……………… 9—165

Contents

1 General Provisions ················· 9—7

2 Terms ················· 9—7

3 Indoor Air Design Conditions ········ 9—8

4 Outdoor Design Conditions ·········· 9—9

  4.1 Outdoor Air Design Conditions ········ 9—9

  4.2 Solar Irradiance in Summer ········ 9—10

5 Heating ················· 9—10

  5.1 General Requirement ·········· 9—10

  5.2 Heating Load Calculation ········ 9—11

  5.3 Radiator Heating ·········· 9—12

  5.4 Hot Water Radiant Heating ········ 9—13

  5.5 Electric Heating ·········· 9—14

  5.6 Gas-fired Infrared Heating ········ 9—15

  5.7 Unitary Gas Furnace Heating
    & Unitary Air Source Heat
    Pump Heating ·········· 9—15

  5.8 Warm Air Curtain ·········· 9—15

  5.9 Heating Pipeline Design and
    Hydraulic Calculation ········ 9—15

  5.10 Heat Metering and Temperature
    Control ·········· 9—16

6 Ventilation ················· 9—17

  6.1 General Requirement ·········· 9—17

  6.2 Natural Ventilation ········ 9—18

  6.3 Mechanical Ventilation ········ 9—18

  6.4 Hybrid Ventilation ········ 9—20

  6.5 Equipment Selection and
    Layout ·········· 9—20

  6.6 Duct Design ·········· 9—20

7 Air Conditioning ················· 9—21

  7.1 General Requirement ·········· 9—21

  7.2 Cooling Load Calculation ········ 9—22

  7.3 Air Conditioning System ········ 9—24

  7.4 Space Air Diffusion ········ 9—26

  7.5 Air Handling ·········· 9—27

8 Heating & Cooling Source ········ 9—28

  8.1 General Requirement ·········· 9—28

  8.2 Compression-type Water
    Chiller ·········· 9—29

  8.3 Heat Pump ·········· 9—29

  8.4 Lithium-bromide Absorption-type
    Water Chiller ·········· 9—30

  8.5 Hot & Chilled Water System and
    Condensed Water System ········ 9—31

  8.6 Cooling Water System ········ 9—33

  8.7 Thermal Storage ·········· 9—34

  8.8 District Cooling ·········· 9—35

  8.9 Combined Cool, Heat and
    Power ·········· 9—35

  8.10 Chiller Plant Room ·········· 9—35

  8.11 Boilers Room ·········· 9—36

9 Monitor & Control ················· 9—37

  9.1 General Requirement ·········· 9—37

  9.2 Transducer and Actuator ········ 9—38

  9.3 Monitor and Control of Heating
    and Ventilation System ········ 9—38

  9.4 Monitor and Control of Air
    Conditioning System ········ 9—39

  9.5 Monitor and Control of Heating
    & Cooling Source and Water
    System of Air Conditioning
    System ·········· 9—39

10 Noise Reduction and Vibration
  Isolation ················· 9—40

  10.1 General Requirement ·········· 9—40

  10.2 Noise Reduction and Sound
    Insulation ·········· 9—40

  10.3 Vibration Isolation ········ 9—40

11 Heat Insulation and Corrosion
  Prevention ················· 9—41

  11.1 Heating Insulation ········ 9—41

  11.2 Corrosion Prevention ········ 9—41

Appendix A Outdoor Air Design
              Conditions ········ 9—42

Appendix B Simplified Statistic
              Methods for Outdoor

	Air Design	
	Temperature ·············· 9—118	
Appendix C	Global Solar Irradiance	
	for Summer ················ 9—118	
Appendix D	Solar Irradiance Through	
	Standard Window Glass	
	for Summer ················ 9—125	
Appendix E	Distribution Map of	
	Atmospheric	
	Transparency for Summer	
	Air Conditioning ········· 9—136	
Appendix F	Heat Loss for Heating Cold	
	Air Infiltrated through	
	Gaps of Doors and	
	Windows ················· 9—136	
Appendix G	Orientation Correction	
	Factor for Cold Air	
	Infiltration ················ 9—137	
Appendix H	Calculation Coefficients	

of Simplified Method for
  Cooling Load ·············· 9—140
Appendix J Capacity of Ice Storage
  Equipment and Standard
  Rating of Duplex
  Refrigerating
  Machine ···················· 9—157
Appendix K Minimum Insulation
  Thickness of Equipment,
  Pipe and Duct and Anti-
  condensation Thickness
  of Condensate
  Water Pipe ················ 9—157
Explanation of Wording in
  This Code ···················· 9—164
List of Quoted Standards ·············· 9—164
Addition: Explanation of
  Provisions ···················· 9—165

1 总　则

1.0.1 为了在民用建筑供暖通风与空气调节设计中贯彻执行国家技术经济政策，合理利用资源和节约能源，保护环境，促进先进技术应用，保证健康舒适的工作和生活环境，制定本规范。

1.0.2 本规范适用于新建、改建和扩建的民用建筑的供暖、通风与空气调节设计，不适用于有特殊用途、特殊净化与防护要求的建筑物以及临时性建筑物的设计。

1.0.3 供暖、通风与空气调节设计方案，应根据建筑物的用途与功能、使用要求、冷热负荷特点、环境条件以及能源状况等，结合国家有关安全、节能、环保、卫生等政策、方针，通过经济技术比较确定。在设计中应优先采用新技术、新工艺、新设备、新材料。

1.0.4 在供暖、通风与空气调节设计中，对有可能造成人体伤害的设备及管道，必须采取安全防护措施。

1.0.5 在供暖、通风与空调系统设计中，应设有设备、管道及配件所必需的安装、操作和维修的空间，或在建筑设计时预留安装维修用的孔洞。对于大型设备及管道应提供运输和吊装的条件或设置运输通道和起吊设施。

1.0.6 在供暖、通风与空气调节设计中，应根据现有国家抗震设防等级要求，考虑防震或其他防护措施。

1.0.7 供暖、通风与空气调节设计应考虑施工、调试及验收的要求。当设计对施工、调试及验收有特殊要求时，应在设计文件中加以说明。

1.0.8 民用建筑供暖、通风与空气调节的设计，除应符合本规范的规定外，尚应符合国家现行有关标准的规定。

2 术　语

2.0.1 预计平均热感觉指数（PMV）　predicted mean vote

PMV 指数是以人体热平衡的基本方程式以及心理生理学主观热感觉的等级为出发点，考虑了人体热舒适感诸多有关因素的全面评价指标。PMV 指数表明群体对于（+3～-3）七个等级热感觉投票的平均指数。

2.0.2 预计不满意者的百分数（PPD）　predicted percent of dissatisfied

PPD 指数为预计处于热环境中的群体对于热环境不满意的投票平均值。PPD 指数可预计群体中感觉过暖或过凉"根据七级热感觉投票表示热（+3），温暖（+2），凉（-2），或冷（-3）"的人的百分数。

2.0.3 供暖　heating

用人工方法通过消耗一定能源向室内供给热量，使室内保持生活或工作所需温度的技术、装备、服务的总称。供暖系统由热媒制备（热源）、热媒输送和热媒利用（散热设备）三个主要部分组成。

2.0.4 集中供暖　central heating

热源和散热设备分别设置，用热媒管道相连接，由热源向多个热用户供给热量的供暖系统，又称为集中供暖系统。

2.0.5 值班供暖　standby heating

在非工作时间或中断使用的时间内，为使建筑物保持最低室温要求而设置的供暖。

2.0.6 毛细管网辐射系统　capillary mat radiant system

辐射末端采用细小管道，加工成并联的网栅，直接铺设于地面、顶棚或墙面的一种热水辐射供暖供冷系统。

2.0.7 热量结算点　heat settlement site

供热方和用热方之间通过热量表计量的热量值直接进行贸易结算的位置。

2.0.8 置换通风　displacement ventilation

空气以低风速、小温差的状态送入人员活动区下部，在送风及室内热源形成的上升气流的共同作用下，将热浊空气顶升至顶部排出的一种机械通风方式。

2.0.9 复合通风系统　hybrid ventilation system

在满足热舒适和室内空气质量的前提下，自然通风和机械通风交替或联合运行的通风系统。

2.0.10 空调区　air-conditioned zone

保持空气参数在设定范围之内的空气调节区域。

2.0.11 分层空调　stratified air conditioning

特指仅使高大空间下部工作区域的空气参数满足设计要求的空气调节方式。

2.0.12 多联机空调系统　multi-connected split air conditioning system

一台（组）空气（水）源制冷或热泵机组配置多台室内机，通过改变制冷剂流量适应各房间负荷变化的直接膨胀式空调系统。

2.0.13 低温送风空调系统　cold air distribution system

送风温度不高于 10℃ 的全空气空调系统。

2.0.14 温度湿度独立控制空调系统　temperature & humidity independent processed air conditioning system

由相互独立的两套系统分别控制空调区的温度和湿度的空调系统，空调区的全部显热负荷由干工况室内末端设备承担，空调区的全部散湿量由经除湿处理的干空气承担。

2.0.15 空气分布特性指标（ADPI）　air diffusion performance index

舒适性空调中用来评价人的舒适性的指标，系指人员活动区内测点总数中符合要求测点所占的百分比。

2.0.16 工艺性空调 industrial air conditioning system

指以满足设备工艺要求为主，室内人员舒适感为辅的具有较高温度、湿度、洁净度等级要求的空调系统。

2.0.17 热泵 heat pump

利用驱动能使能量从低位热源流向高位热源的装置。

2.0.18 空气源热泵 air-source heat pump

以空气为低位热源的热泵。通常有空气/空气热泵、空气/水热泵等形式。

2.0.19 地源热泵系统 ground-source heat pump system

以岩土体、地下水或地表水为低温热源，由水源热泵机组、地热能交换系统、建筑物内系统组成的供热供冷系统。根据地热能交换系统形式的不同，地源热泵系统分为地埋管地源热泵系统、地下水地源热泵系统和地表水地源热泵系统。

2.0.20 水环热泵空调系统 water-loop heat pump air conditioning system

水/空气热泵的一种应用方式。通过水环路将众多的水/空气热泵机组并联成一个以回收建筑物余热为主要特征的空调系统。

2.0.21 分区两管制空调水系统 zoning two-pipe chilled water system

按建筑物空调区域的负荷特性将空调水路分为冷水和冷热水合用的两种两管制系统。需全年供冷水区域的末端设备只供应冷水，其余区域末端设备根据季节转换，供应冷水或热水。

2.0.22 定流量一级泵空调冷水系统 constant flow distribution with primary pump chilled water system

空调末端无水路调节阀或设水路分流三通调节阀的一级泵系统，简称定流量一级泵系统。

2.0.23 变流量一级泵空调冷水系统 variable flow distribution with primary pump chilled water system

空调末端设水路两通调节阀的一级泵系统，包括冷水机组定流量、冷水机组变流量两种形式，简称变流量一级泵系统。

2.0.24 耗电输冷（热）比 ［EC(H)R］ electricity consumption to transferred cooling (heat) quantity ratio

设计工况下，空调冷热水系统循环水泵总功耗（kW）与设计冷（热）负荷（kW）的比值。

2.0.25 蓄冷-释冷周期 period of charge and discharge

蓄冷系统经一个蓄冷-释冷循环所运行的时间。

2.0.26 全负荷蓄冷 full cool storage

蓄冷装置承担设计周期内电力平、峰段的全部空调负荷。

2.0.27 部分负荷蓄冷 partial cool storage

蓄冷装置只承担设计周期内电力平、峰段的部分空调负荷。

2.0.28 区域供冷系统 district cooling system

在一个建筑群中设置集中的制冷站制备空调冷水，再通过输送管道，向各建筑物供给冷量的系统。

2.0.29 耗电输热比（EHR）electricity consumption to transferred heat quantity ratio

设计工况下，集中供暖系统循环水泵总功耗（kW）与设计热负荷（kW）的比值。

3 室内空气设计参数

3.0.1 供暖室内设计温度应符合下列规定：

1 严寒和寒冷地区主要房间应采用18℃~24℃；

2 夏热冬冷地区主要房间宜采用16℃~22℃；

3 设置值班供暖房间不应低于5℃。

3.0.2 舒适性空调室内设计参数应符合以下规定：

1 人员长期逗留区域空调室内设计参数应符合表3.0.2的规定：

表3.0.2 人员长期逗留区域空调室内设计参数

类别	热舒适度等级	温度（℃）	相对湿度（%）	风速（m/s）
供热工况	Ⅰ级	22~24	≥30	≤0.2
	Ⅱ级	18~22	—	≤0.2
供冷工况	Ⅰ级	24~26	40~60	≤0.25
	Ⅱ级	26~28	≤70	≤0.3

注：1 Ⅰ级热舒适度较高，Ⅱ级热舒适度一般；
2 热舒适度等级划分按本规范第3.0.4条确定。

2 人员短期逗留区域空调供冷工况室内设计参数宜比长期逗留区域提高1℃~2℃，供热工况宜降低1℃~2℃。短期逗留区域供冷工况风速不宜大于0.5m/s，供热工况风速不宜大于0.3m/s。

3.0.3 工艺性空调室内设计温度、相对湿度及其允许波动范围，应根据工艺需要及健康要求确定。人员活动区的风速，供热工况时，不宜大于0.3m/s；供冷工况时，宜采用0.2 m/s~0.5m/s。

3.0.4 供暖与空调的室内热舒适性应按现行国家标准《中等热环境 PMV和PPD指数的测定及热舒适条件的规定》GB/T 18049的有关规定执行，采用预计平均热感觉指数（PMV）和预计不满意者的百分数（PPD）评价，热舒适度等级划分应按表3.0.4采用。

表3.0.4 不同热舒适度等级对应的 PMV、PPD 值

热舒适度等级	PMV	PPD
Ⅰ级	−0.5≤PMV≤0.5	≤10%
Ⅱ级	−1≤PMV<−0.5, 0.5<PMV≤1	≤27%

3.0.5 辐射供暖室内设计温度宜降低2℃；辐射供冷室内设计温度宜提高0.5℃~1.5℃。

3.0.6 设计最小新风量应符合下列规定：

1 公共建筑主要房间每人所需最小新风量应符合表3.0.6-1规定。

表 3.0.6-1 公共建筑主要房间每人所需最小新风量[m³/(h·人)]

建筑房间类型	新风量
办公室	30
客房	30
大堂、四季厅	10

2 设置新风系统的居住建筑和医院建筑，所需最小新风量宜按换气次数法确定。居住建筑换气次数宜符合表 3.0.6-2 规定，医院建筑换气次数宜符合表 3.0.6-3 规定。

表 3.0.6-2 居住建筑设计最小换气次数

人均居住面积 F_P	每小时换气次数
$F_P \leqslant 10m^2$	0.70
$10m^2 < F_P \leqslant 20m^2$	0.60
$20m^2 < F_P \leqslant 50m^2$	0.50
$F_P > 50m^2$	0.45

表 3.0.6-3 医院建筑设计最小换气次数

功能房间	每小时换气次数
门诊室	2
急诊室	2
配药室	5
放射室	2
病房	2

3 高密人群建筑每人所需最小新风量应按人员密度确定，且应符合表 3.0.6-4 规定。

表 3.0.6-4 高密人群建筑每人所需最小新风量[m³/(h·人)]

建筑类型	人员密度 P_F（人/m²）		
	$P_F \leqslant 0.4$	$0.4 < P_F \leqslant 1.0$	$P_F > 1.0$
影剧院、音乐厅、大会厅、多功能厅、会议室	14	12	11
商场、超市	19	16	15
博物馆、展览厅	19	16	15
公共交通等候室	19	16	15
歌厅	23	20	19
酒吧、咖啡厅、宴会厅、餐厅	30	25	23
游艺厅、保龄球房	30	25	23
体育馆	19	16	15
健身房	40	38	37
教室	28	24	22
图书馆	20	17	16
幼儿园	30	25	23

4 室外设计计算参数

4.1 室外空气计算参数

4.1.1 主要城市的室外空气计算参数应按本规范附录 A 采用。对于附录 A 未列入的城市，应按本节的规定进行计算确定，若基本观测数据不满足本节要求，其冬夏两季室外计算温度，也可按本规范附录 B 所列的简化方法确定。

4.1.2 供暖室外计算温度应采用历年平均不保证 5 天的日平均温度。

4.1.3 冬季通风室外计算温度，应采用累年最冷月平均温度。

4.1.4 冬季空调室外计算温度，应采用历年平均不保证 1 天的日平均温度。

4.1.5 冬季空调室外计算相对湿度，应采用累年最冷月平均相对湿度。

4.1.6 夏季空调室外计算干球温度，应采用历年平均不保证 50 小时的干球温度。

4.1.7 夏季空调室外计算湿球温度，应采用历年平均不保证 50 小时的湿球温度。

4.1.8 夏季通风室外计算温度，应采用历年最热月 14 时的月平均温度的平均值。

4.1.9 夏季通风室外计算相对湿度，应采用历年最热月 14 时的月平均相对湿度的平均值。

4.1.10 夏季空调室外计算日平均温度，应采用历年平均不保证 5 天的日平均温度。

4.1.11 夏季空调室外计算逐时温度，可按下式确定：

$$t_{sh} = t_{wp} + \beta \Delta t_r \qquad (4.1.11-1)$$

$$\Delta t_r = \frac{t_{wg} - t_{wp}}{0.52} \qquad (4.1.11-2)$$

式中：t_{sh} —— 室外计算逐时温度（℃）；

t_{wp} —— 夏季空调室外计算日平均温度（℃）；

β —— 室外温度逐时变化系数按表 4.1.11 确定；

Δt_r —— 夏季室外计算平均日较差；

t_{wg} —— 夏季空调室外计算干球温度（℃）。

表 4.1.11 室外温度逐时变化系数

时刻	1	2	3	4	5	6
β	−0.35	−0.38	−0.42	−0.45	−0.47	−0.41
时刻	7	8	9	10	11	12
β	−0.28	−0.12	0.03	0.16	0.29	0.40
时刻	13	14	15	16	17	18
β	0.48	0.52	0.51	0.43	0.39	0.28
时刻	19	20	21	22	23	24
β	0.14	0.00	−0.10	−0.17	−0.23	−0.26

4.1.12 当室内温湿度必须全年保证时，应另行确定空调室外计算参数。仅在部分时间工作的空调系统，可根据实际情况选择室外计算参数。

4.1.13 冬季室外平均风速，应采用累年最冷3个月各月平均风速的平均值；冬季室外最多风向的平均风速，应采用累年最冷3个月最多风向（静风除外）的各月平均风速的平均值；夏季室外平均风速，应采用累年最热3个月各月平均风速的平均值。

4.1.14 冬季最多风向及其频率，应采用累年最冷3个月的最多风向及其平均频率；夏季最多风向及其频率，应采用累年最热3个月的最多风向及其平均频率；年最多风向及其频率，应采用累年最多风向及其平均频率。

4.1.15 冬季室外大气压力，应采用累年最冷3个月各月平均大气压力的平均值；夏季室外大气压力，应采用累年最热3个月各月平均大气压力的平均值。

4.1.16 冬季日照百分率，应采用累年最冷3个月各月平均日照百分率的平均值。

4.1.17 设计计算用供暖期天数，应按累年日平均温度稳定低于或等于供暖室外临界温度的总日数确定。一般民用建筑供暖室外临界温度宜采用5℃。

4.1.18 室外计算参数的统计年份宜取30年。不足30年者，也可按实有年份采用，但不得少于10年。

4.1.19 山区的室外气象参数应根据就地的调查、实测并与地理和气候条件相似的邻近台站的气象资料进行比较确定。

4.2 夏季太阳辐射照度

4.2.1 夏季太阳辐射照度应根据当地的地理纬度、大气透明度和大气压力，按7月21日的太阳赤纬计算确定。

4.2.2 建筑物各朝向垂直面与水平面的太阳总辐射照度可按本规范附录C采用。

4.2.3 透过建筑物各朝向垂直面与水平面标准窗玻璃的太阳直接辐射照度和散射辐射照度，可按本规范附录D采用。

4.2.4 采用本规范附录C和附录D时，当地的大气透明度等级，应根据本规范附录E及夏季大气压力，并按表4.2.4确定。

表4.2.4　大气透明度等级

附录E标定的大气透明度等级	下列大气压力(hPa)时的透明度等级							
	650	700	750	800	850	900	950	1000
1	1	1	1	1	1	1	1	1
2	1	1	1	1	1	2	2	2
3	1	2	2	2	2	3	3	3
4	2	2	3	3	3	3	4	4
5	3	3	4	4	4	5	5	5
6	4	4	5	5	5	6	6	6

5 供暖

5.1 一般规定

5.1.1 供暖方式应根据建筑物规模，所在地区气象条件、能源状况及政策、节能环保和生活习惯要求等，通过技术经济比较确定。

5.1.2 累年日平均温度稳定低于或等于5℃的日数大于或等于90天的地区，应设置供暖设施，并宜采用集中供暖。

5.1.3 符合下列条件之一的地区，宜设置供暖设施；其中幼儿园、养老院、中小学校、医疗机构等建筑宜采用集中供暖：

1　累年日平均温度稳定低于或等于5℃的日数为60d～89d；

2　累年日平均温度稳定低于或等于5℃的日数不足60d，但累年日平均温度稳定低于或等于8℃的日数大于或等于75d。

5.1.4 供暖热负荷计算时，室内设计参数应按本规范第3章确定；室外计算参数应按本规范第4章确定。

5.1.5 严寒或寒冷地区设置供暖的公共建筑，在非使用时间内，室内温度应保持在0℃以上；当利用房间蓄热量不能满足要求时，应按保证室内温度5℃设置值班供暖。当工艺有特殊要求时，应按工艺要求确定值班供暖温度。

5.1.6 居住建筑的集中供暖系统应按连续供暖进行设计。

5.1.7 设置供暖的建筑物，其围护结构的传热系数应符合国家现行相关节能设计标准的规定。

5.1.8 围护结构的传热系数应按下式计算：

$$K = \frac{1}{\frac{1}{\alpha_n} + \sum \frac{\delta}{\alpha_\lambda \cdot \lambda} + R_k + \frac{1}{\alpha_w}} \quad (5.1.8)$$

式中：K——围护结构的传热系数[W/(m²·K)]；

α_n——围护结构内表面换热系数[W/(m²·K)]，按本规范表5.1.8-1采用；

α_w——围护结构外表面换热系数[W/(m²·K)]，按本规范表5.1.8-2采用；

δ——围护结构各层材料厚度(m)；

λ——围护结构各层材料导热系数[W/(m·K)]；

α_λ——材料导热系数修正系数，按本规范表5.1.8-3采用；

R_k——封闭空气间层的热阻(m²·K/W)，按本规范表5.1.8-4采用。

表 5.1.8-1 围护结构内表面换热系数 α_n

围护结构内表面特征	$\alpha_n[W/(m^2 \cdot K)]$
墙、地面、表面平整或有肋状突出物的顶棚，当 $h/s \leqslant 0.3$ 时	8.7
有肋、井状突出物的顶棚，当 $0.2 < h/s \leqslant 0.3$ 时	8.1
有肋状突出物的顶棚，当 $h/s > 0.3$ 时	7.6
有井状突出物的顶棚，当 $h/s > 0.3$ 时	7.0

注：h 为肋高（m）；s 为肋间净距（m）。

表 5.1.8-2 围护结构外表面换热系数 α_w

围护结构外表面特征	$\alpha_w[W/(m^2 \cdot K)]$
外墙和屋顶	23
与室外空气相通的非供暖地下室上面的楼板	17
闷顶和外墙上有窗的非供暖地下室上面的楼板	12
外墙上无窗的非供暖地下室上面的楼板	6

表 5.1.8-3 材料导热系数修正系数 α_λ

材料、构造、施工、地区及说明	α_λ
作为夹心层浇筑在混凝土墙体及屋面构件中的块状多孔保温材料（如加气混凝土、泡沫混凝土及水泥膨胀珍珠岩），因干燥缓慢及灰缝影响	1.60
铺设在密闭屋面中的多孔保温材料（如加气混凝土、泡沫混凝土、水泥膨胀珍珠岩、石灰炉渣等），因干燥缓慢	1.50
铺设在密闭屋面中及作为夹心层浇筑在混凝土构件中的半硬质矿棉、岩棉、玻璃棉板等，因压缩及吸湿	1.20
作为夹心层浇筑在混凝土构件中的泡沫塑料等，因压缩	1.20
开孔型保温材料（如水泥刨花板、木丝板、稻草板等），表面抹灰或混凝土浇筑在一起，因灰浆渗入	1.30
加气混凝土、泡沫混凝土砌块墙体及加气混凝土条板墙体、屋面，因灰缝影响	1.25
填充在空心墙体及屋面构件中的松散保温材料（如稻壳、木、矿棉、岩棉等），因下沉	1.20
矿渣混凝土、炉渣混凝土、浮石混凝土、粉煤灰陶粒混凝土、加气混凝土等实心墙体及屋面构件，在严寒地区，且在室内平均相对湿度超过65%的供暖房间内使用，因干燥缓慢	1.15

表 5.1.8-4 封闭空气间层热阻值 R_k（$m^2 \cdot K/W$）

位置、热流状态及材料特性		间层厚度（mm）						
		5	10	20	30	40	50	60
一般空气间层	热流向下（水平、倾斜）	0.10	0.14	0.17	0.18	0.19	0.20	0.20
	热流向上（水平、倾斜）	0.10	0.14	0.15	0.16	0.17	0.17	0.17
	垂直空气间层	0.10	0.14	0.16	0.17	0.18	0.18	0.18
单面铝箔空气间层	热流向下（水平、倾斜）	0.16	0.28	0.43	0.51	0.57	0.60	0.64
	热流向上（水平、倾斜）	0.16	0.26	0.35	0.40	0.42	0.42	0.43
	垂直空气间层	0.16	0.26	0.39	0.44	0.47	0.49	0.50
双面铝箔空气间层	热流向下（水平、倾斜）	0.18	0.34	0.56	0.71	0.84	0.94	1.01
	热流向上（水平、倾斜）	0.17	0.29	0.42	0.45	0.52	0.55	0.57
	垂直空气间层	0.18	0.31	0.49	0.59	0.65	0.69	0.71

注：本表为冬季状况值。

5.1.9 对于有顶棚的坡屋面，当用顶棚面积计算其传热量时，屋面和顶棚的综合传热系数，可按下式计算：

$$K = \frac{K_1 \times K_2}{K_1 \times \cos\alpha + K_2} \qquad (5.1.9)$$

式中：K——屋面和顶棚的综合传热系数[$W/(m^2 \cdot K)$]；

K_1——顶棚的传热系数[$W/(m^2 \cdot K)$]；

K_2——屋面的传热系数[$W/(m^2 \cdot K)$]；

α——屋面和顶棚的夹角。

5.1.10 建筑物的热水供暖系统应按设备、管道及部件所能承受的最低工作压力和水力平衡要求进行竖向分区设置。

5.1.11 条件许可时，建筑物的集中供暖系统宜分南北向设置环路。

5.1.12 供暖系统的水质应符合国家现行相关标准的规定。

5.2 热 负 荷

5.2.1 集中供暖系统的施工图设计，必须对每个房间进行热负荷计算。

5.2.2 冬季供暖通风系统的热负荷应根据建筑物下列散失和获得的热量确定：

1 围护结构的耗热量；

2 加热由外门、窗缝隙渗入室内的冷空气耗热量；

3 加热由外门开启时经外门进入室内的冷空气耗热量；

4 通风耗热量；

5 通过其他途径散失或获得的热量。

5.2.3 围护结构的耗热量，应包括基本耗热量和附加耗热量。

5.2.4 围护结构的基本耗热量应按下式计算：

$$Q = \alpha F K (t_n - t_{wn}) \qquad (5.2.4)$$

式中：Q——围护结构的基本耗热量（W）；

α——围护结构温差修正系数，按本规范表5.2.4采用；

F——围护结构的面积（m^2）；

K——围护结构的传热系数［W/（$m^2 \cdot$ K）］；

t_n——供暖室内设计温度（℃），按本规范第3章采用；

t_{wn}——供暖室外计算温度（℃），按本规范第4章采用。

注：当已知或可求出冷侧温度时，t_{wn}一项可直接用冷侧温度值代入，不再进行 α 值修正。

表 5.2.4　温差修正系数 α

围护结构特征	α
外墙、屋顶、地面以及与室外相通的楼板等	1.00
闷顶和与室外空气相通的非供暖地下室上面的楼板等	0.90
与有外门窗的不供暖楼梯间相邻的隔墙（1～6层建筑）	0.60
与有外门窗的不供暖楼梯间相邻的隔墙（7～30层建筑）	0.50
非供暖地下室上面的楼板，外墙上有窗时	0.75
非供暖地下室上面的楼板，外墙上无窗且位于室外地坪以上时	0.60
非供暖地下室上面的楼板，外墙上无窗且位于室外地坪以下时	0.40
与有外门窗的非供暖房间相邻的隔墙	0.70
与无外门窗的非供暖房间相邻的隔墙	0.40
伸缩缝墙、沉降缝墙	0.30
防震缝墙	0.70

5.2.5 与相邻房间的温差大于或等于5℃，或通过隔墙和楼板等的传热量大于该房间热负荷的10%时，应计算通过隔墙或楼板等的传热量。

5.2.6 围护结构的附加耗热量应按其占基本耗热量的百分率确定。各项附加百分率宜按下列规定的数值选用：

1 朝向修正率：

1）北、东北、西北按 0～10%；

2）东、西按－5%；

3）东南、西南按－10%～－15%；

4）南按－15%～－30%。

注：1 应根据当地冬季日照率、辐射照度、建筑物使用和被遮挡等情况选用修正率。

2 冬季日照率小于35%的地区，东南、西南和南向的修正率，宜采用－10%～0，东、西向可不修正。

2 风力附加率：设在不避风的高地、河边、海岸、旷野上的建筑物，以及城镇中明显高出周围其他建筑物的建筑物，其垂直外围护结构宜附加5%～10%；

3 当建筑物的楼层数为 n 时，外门附加率：

1）一道门按 65%×n；

2）两道门（有门斗）按 80%×n；

3）三道门（有两个门斗）按 60%×n；

4）公共建筑的主要出入口按 500%。

5.2.7 建筑（除楼梯间外）的围护结构耗热量高度附加率，散热器供暖房间高度大于4m时，每高出1m应附加2%，但总附加率不应大于15%；地面辐射供暖的房间高度大于4m时，每高出1m宜附加1%，但总附加率不宜大于8%。

5.2.8 对于只要求在使用时间保持室内温度，而其他时间可以自然降温的供暖间歇使用建筑物，可按间歇供暖系统设计。其供暖热负荷应对围护结构耗热量进行间歇附加，附加率应根据保证室温的时间和预热时间等因素通过计算确定。间歇附加率可按下列数值选取：

1 仅白天使用的建筑物，间歇附加率可取20%；

2 对不经常使用的建筑物，间歇附加率可取30%。

5.2.9 加热由门窗缝隙渗入室内的冷空气的耗热量，应根据建筑物的内部隔断、门窗构造、门窗朝向、室内外温度和室外风速等因素确定，宜按本规范附录F进行计算。

5.2.10 在确定分户热计量供暖系统的户内供暖设备容量和户内管道时，应考虑户间传热对供暖负荷的附加，但附加量不应超过50%，且不应统计在供暖系统的总热负荷内。

5.2.11 全面辐射供暖系统的热负荷计算时，室内设计温度应符合本规范第3.0.5条的规定。局部辐射供暖系统的热负荷按全面辐射供暖的热负荷乘以表5.2.11的计算系数。

表 5.2.11　局部辐射供暖热负荷计算系数

供暖区面积与房间总面积的比值	≥0.75	0.55	0.40	0.25	≤0.20
计算系数	1	0.72	0.54	0.38	0.30

5.3 散热器供暖

5.3.1 散热器供暖系统应采用热水作为热媒；散热器集中供暖系统宜按75℃/50℃连续供暖进行设计，且供水温度不宜大于85℃，供回水温差不宜小于20℃。

5.3.2 居住建筑室内供暖系统的制式宜采用垂直双

管系统或共用立管的分户独立循环双管系统，也可采用垂直单管跨越式系统；公共建筑供暖系统宜采用双管系统，也可采用单管跨越式系统。

5.3.3 既有建筑的室内垂直单管顺流式系统应改成垂直双管系统或垂直单管跨越式系统，不宜改造为分户独立循环系统。

5.3.4 垂直单管跨越式系统的楼层层数不宜超过6层，水平单管跨越式系统的散热器组数不宜超过6组。

5.3.5 管道有冻结危险的场所，散热器的供暖立管或支管应单独设置。

5.3.6 选择散热器时，应符合下列规定：

1 应根据供暖系统的压力要求，确定散热器的工作压力，并符合国家现行有关产品标准的规定；

2 相对湿度较大的房间应采用耐腐蚀的散热器；

3 采用钢制散热器时，应满足产品对水质的要求，在非供暖季节供暖系统应充水保养；

4 采用铝制散热器时，应选用内防腐型，并满足产品对水质的要求；

5 安装热量表和恒温阀的热水供暖系统不宜采用水流通道内含有粘砂的铸铁散热器；

6 高大空间供暖不宜单独采用对流型散热器。

5.3.7 布置散热器时，应符合下列规定：

1 散热器宜安装在外墙窗台下，当安装或布置管道有困难时，也可靠内墙安装；

2 两道外门之间的门斗内，不应设置散热器；

3 楼梯间的散热器，应分配在底层或按一定比例分配在下部各层。

5.3.8 铸铁散热器的组装片数，宜符合下列规定：

1 粗柱型（包括柱翼型）不宜超过20片；

2 细柱型不宜超过25片。

5.3.9 除幼儿园、老年人和特殊功能要求的建筑外，散热器应明装。必须暗装时，装饰罩应有合理的气流通道、足够的通道面积，并方便维修。散热器的外表面应刷非金属性涂料。

5.3.10 幼儿园、老年人和特殊功能要求的建筑的散热器必须暗装或加防护罩。

5.3.11 确定散热器数量时，应根据其连接方式、安装形式、组装片数、热水流量以及表面涂料等对散热量的影响，对散热器数量进行修正。

5.3.12 供暖系统非保温管道明设时，应计算管道的散热量对散热器数量的折减；非保温管道暗设时宜考虑管道的散热量对散热器数量的影响。

5.3.13 垂直单管和垂直双管供暖系统，同一房间的两组散热器，可采用异侧连接的水平单管串联的连接方式，也可采用上下接口同侧连接方式。当采用上下接口同侧连接方式时，散热器之间的上下连接管应与散热器接口同径。

5.4 热水辐射供暖

5.4.1 热水地面辐射供暖系统供水温度宜采用35℃～45℃，不应大于60℃；供回水温差不宜大于10℃，且不宜小于5℃；毛细管网辐射系统供水温度宜满足表5.4.1-1的规定，供回水温差宜采用3℃～6℃。辐射体的表面平均温度宜符合表5.4.1-2的规定。

表 5.4.1-1 毛细管网辐射系统供水温度（℃）

设 置 位 置	宜采用温度
顶棚	25～35
墙面	25～35
地面	30～40

表 5.4.1-2 辐射体表面平均温度（℃）

设 置 位 置	宜采用的温度	温度上限值
人员经常停留的地面	25～27	29
人员短期停留的地面	28～30	32
无人停留的地面	35～40	42
房间高度2.5m～3.0m的顶棚	28～30	—
房间高度3.1m～4.0m的顶棚	33～36	—
距地面1m以下的墙面	35	—
距地面1m以上3.5m以下的墙面	45	—

5.4.2 确定地面散热量时，应校核地面表面平均温度，确保其不高于表5.4.1-2的温度上限值；否则应改善建筑热工性能或设置其他辅助供暖设备，减少地面辐射供暖系统负担的热负荷。

5.4.3 热水地面辐射供暖系统地面构造，应符合下列规定：

1 直接与室外空气接触的楼板、与不供暖房间相邻的地板为供暖地面时，必须设置绝热层；

2 与土壤接触的底层，应设置绝热层；设置绝热层时，绝热层与土壤之间应设置防潮层；

3 潮湿房间，填充层上或面层下应设置隔离层。

5.4.4 毛细管网辐射系统单独供暖时，宜首先考虑地面埋置方式，地面面积不足时再考虑墙面埋置方式；毛细管网同时用于冬季供暖和夏季供冷时，宜首先考虑顶棚安装方式，顶棚面积不足时再考虑墙面或地面埋置方式。

5.4.5 热水地面辐射供暖系统的工作压力不宜大于0.8MPa，毛细管网辐射系统的工作压力不应大于0.6MPa。当超过上述压力时，应采取相应的措施。

5.4.6 热水地面辐射供暖塑料加热管的材质和壁厚的选择，应根据工程的耐久年限、管材的性能以及系统的运行水温、工作压力等条件确定。

5.4.7 在居住建筑中，热水辐射供暖系统应按户划分系统，并配置分水器、集水器；户内的各主要房间，宜分环路布置加热管。

5.4.8 加热管的敷设间距，应根据地面散热量、室内设计温度、平均水温及地面传热热阻等通过计算确定。

5.4.9 每个环路加热管的进、出水口，应分别与分水器、集水器相连接。分水器、集水器内径不应小于总供、回水管内径，且分水器、集水器最大断面流速不宜大于 0.8m/s。每个分水器、集水器分支环路不宜多于 8 路。每个分支环路供回水管上均应设置可关断阀门。

5.4.10 在分水器的总进水管与集水器的总出水管之间，宜设置旁通管，旁通管上应设置阀门。分水器、集水器上均应设置手动或自动排气阀。

5.4.11 热水吊顶辐射板供暖，可用于层高为 3m～30m 建筑物的供暖。

5.4.12 热水吊顶辐射板的供水温度宜采用 40℃～95℃ 的热水，其水质应满足产品要求。在非供暖季节供暖系统应充水保养。

5.4.13 当采用热水吊顶辐射板供暖，屋顶耗热量大于房间总耗热量的 30% 时，应加强屋顶保温措施。

5.4.14 热水吊顶辐射板的有效散热量的确定应符合下列规定：

　　1 当热水吊顶辐射板倾斜安装时，应进行修正。辐射板安装角度的修正系数，应按表 5.4.14 进行确定；

　　2 辐射板的管中流体应为素流。当达不到系统所需最小流量时，辐射板的散热量应乘以 1.18 的安全系数。

表 5.4.14　辐射板安装角度修正系数

辐射板与水平面的夹角（°）	0	10	20	30	40
修 正 系 数	1	1.022	1.043	1.066	1.088

5.4.15 热水吊顶辐射板的安装高度，应根据人体的舒适度确定。辐射板的最高平均水温应根据辐射板安装高度和其面积占顶棚面积的比例按表 5.4.15 确定。

表 5.4.15　热水吊顶辐射板最高平均水温（℃）

最低安装高度（m）	热水吊顶辐射板占顶棚面积的百分比					
	10%	15%	20%	25%	30%	35%
3	73	71	68	64	58	56
4	—	—	91	78	67	60
5	—	—	—	83	71	64
6	—	—	—	87	75	69
7	—	—	—	91	80	74
8	—	—	—	—	86	80
9	—	—	—	—	92	87
10	—	—	—	—	—	94

注：表中安装高度系指地面到板中心的垂直距离（m）。

5.4.16 热水吊顶辐射板与供暖系统供、回水管的连接方式，可采用并联或串联、同侧或异侧连接，并应采取使辐射板表面温度均匀、流体阻力平衡的措施。

5.4.17 布置全面供暖的热水吊顶辐射板装置时，应使室内人员活动区辐射照度均匀，并应符合下列规定：

　　1 安装吊顶辐射板时，宜沿最长的外墙平行布置；

　　2 设置在墙边的辐射板规格应大于在室内设置的辐射板规格；

　　3 层高小于 4m 的建筑物，宜选择较窄的辐射板；

　　4 房间应预留辐射板沿长度方向热膨胀余地；

　　5 辐射板装置不应布置在对热敏感的设备附近。

5.5　电加热供暖

5.5.1 除符合下列条件之一外，不得采用电加热供暖：

　　1 供电政策支持；

　　2 无集中供暖和燃气源，且煤或油等燃料的使用受到环保或消防严格限制的建筑；

　　3 以供冷为主，供暖负荷较小且无法利用热泵提供热源的建筑；

　　4 采用蓄热式电散热器、发热电缆在夜间低谷电进行蓄热，且不在用电高峰和平段时间启用的建筑；

　　5 由可再生能源发电设备供电，且其发电量能够满足自身电加热量需求的建筑。

5.5.2 电供暖散热器的形式、电气安全性能和热工性能应满足使用要求及有关规定。

5.5.3 发热电缆辐射供暖宜采用地板式；低温电热膜辐射供暖宜采用顶棚式。辐射体表面平均温度应符合本规范表 5.4.1-2 条的有关规定。

5.5.4 发热电缆辐射供暖和低温电热膜辐射供暖的加热元件及其表面工作温度，应符合国家现行有关产品标准的安全要求。

5.5.5 根据不同的使用条件，电供暖系统应设置不同类型的温控装置。

5.5.6 采用发热电缆地面辐射供暖方式时，发热电缆的线功率不宜大于 17W/m，且布置时应考虑家具位置的影响；当面层采用带龙骨的架空木地板时，必须采取散热措施，且发热电缆的线功率不应大于 10W/m。

5.5.7 电热膜辐射供暖安装功率应满足房间所需热负荷要求。在顶棚上布置电热膜时，应考虑为灯具、烟感器、喷头、风口、音响等预留安装位置。

5.5.8 安装于距地面高度 180cm 以下的电供暖元器件，必须采取接地及剩余电流保护措施。

5.6 燃气红外线辐射供暖

5.6.1 采用燃气红外线辐射供暖时，必须采取相应的防火和通风换气等安全措施，并符合国家现行有关燃气、防火规范的要求。

5.6.2 燃气红外线辐射供暖的燃料，可采用天然气、人工煤气、液化石油气等。燃气质量、燃气输配系统应符合现行国家标准《城镇燃气设计规范》GB 50028 的有关规定。

5.6.3 燃气红外线辐射器的安装高度不宜低于 3m。

5.6.4 燃气红外线辐射器用于局部工作地点供暖时，其数量不应少于两个，且应安装在人体不同方向的侧上方。

5.6.5 布置全面辐射供暖系统时，沿四周外墙、外门处的辐射器散热量不宜少于总热负荷的 60%。

5.6.6 由室内供应空气的空间应能保证燃烧器所需要的空气量。当燃烧器所需要的空气量超过该空间 0.5 次/h 的换气次数时，应由室外供应空气。

5.6.7 燃气红外线辐射供暖系统采用室外供应空气时，进风口应符合下列规定：

　　1 设在室外空气洁净区，距地面高度不低于 2m；

　　2 距排风口水平距离大于 6m；当处于排风口下方时，垂直距离不小于 3m；当处于排风口上方时，垂直距离不小于 6m；

　　3 安装过滤网。

5.6.8 无特殊要求时，燃气红外线辐射供暖系统的尾气应排至室外。排风口应符合下列规定：

　　1 设在人员不经常通行的地方，距地面高度不低于 2m；

　　2 水平安装的排气管，其排风口伸出墙面不少于 0.5m；

　　3 垂直安装的排气管，其排风口高出半径为 6m 以内的建筑物最高点不少于 1m；

　　4 排气管穿越外墙或屋面处，加装金属套管。

5.6.9 燃气红外线辐射供暖系统应在便于操作的位置设置能直接切断供暖系统及燃气供应系统的控制开关。利用通风机供应空气时，通风机与供暖系统应设置连锁开关。

5.7 户式燃气炉和户式空气源热泵供暖

5.7.1 当居住建筑利用燃气供暖时，宜采用户式燃气炉供暖。采用户式空气源热泵供暖时，应符合本规范第 8.3.1 条规定。

5.7.2 户式供暖系统热负荷计算时，宜考虑生活习惯、建筑特点、间歇运行等因素进行附加。

5.7.3 户式燃气炉应采用全封闭式燃烧、平衡式强制排烟型。

5.7.4 户式燃气炉供暖时，供回水温度应满足热源要求；末端供水温度宜采用混水的方式调节。

5.7.5 户式燃气炉的排烟口应保持空气畅通，且远离人群和新风口。

5.7.6 户式空气源热泵供暖系统应设置独立供电回路，其化霜水应集中排放。

5.7.7 户式供暖系统的供回水温度、循环泵的扬程应与末端散热设备相匹配。

5.7.8 户式供暖系统应具有防冻保护、室温调控功能，并应设置排气、泄水装置。

5.8 热空气幕

5.8.1 对严寒地区公共建筑经常开启的外门，应采取热空气幕等减少冷风渗透的措施。

5.8.2 对寒冷地区公共建筑经常开启的外门，当不设门斗和前室时，宜设置热空气幕。

5.8.3 公共建筑热空气幕送风方式宜采用由上向下送风。

5.8.4 热空气幕的送风温度应根据计算确定。对于公共建筑的外门，不宜高于 50℃；对高大外门，不宜高于 70℃。

5.8.5 热空气幕的出口风速应通过计算确定。对于公共建筑的外门，不宜大于 6m/s；对于高大外门，不宜大于 25m/s。

5.9 供暖管道设计及水力计算

5.9.1 供暖管道的材质应根据其工作温度、工作压力、使用寿命、施工与环保性能等因素，经综合考虑和技术经济比较后确定，其质量应符合国家现行有关产品标准的规定。

5.9.2 散热器供暖系统的供水和回水管道应在热力入口处与下列系统分开设置：

　　1 通风与空调系统；

　　2 热风供暖与热空气幕系统；

　　3 生活热水供应系统；

　　4 地面辐射供暖系统；

　　5 其他需要单独热计量的系统。

5.9.3 集中供暖系统的建筑物热力入口，应符合下列规定：

　　1 供水、回水管道上应分别设置关断阀、温度计、压力表；

　　2 应设置过滤器及旁通阀；

　　3 应根据水力平衡要求和建筑物内供暖系统的调节方式，选择水力平衡装置；

　　4 除多个热力入口设置一块共用热量表的情况外，每个热力入口处均应设置热量表，且热量表宜设在回水管上。

5.9.4 供暖干管和立管等管道（不含建筑物的供暖系统热力入口）上阀门的设置应符合下列规定：

　　1 供暖系统的各并联环路，应设置关闭和调节装置；

2 当有冻结危险时，立管或支管上的阀门至干管的距离不应大于120mm；

3 供水立管的始端和回水立管的末端均应设置阀门，回水立管上还应设置排污、泄水装置；

4 共用立管分户独立循环供暖系统，应在连接共用立管的进户供、回水支管上设置关闭阀。

5.9.5 当供暖管道利用自然补偿不能满足要求时，应设置补偿器。

5.9.6 供暖系统水平管道的敷设应有一定的坡度，坡向应有利于排气和泄水。供回水支、干管的坡度宜采用0.003，不得小于0.002；立管与散热器连接的支管，坡度不得小于0.01；当受条件限制，供回水干管（包括水平单管串联系统的散热器连接管）无法保持必要的坡度时，局部可无坡敷设，但该管道内的水流速不得小于0.25m/s；对于汽水逆向流动的蒸汽管，坡度不得小于0.005。

5.9.7 穿越建筑物基础、伸缩缝、沉降缝、防震缝的供暖管道，以及埋设在建筑结构里的立管，应采取预防建筑物下沉而损坏管道的措施。

5.9.8 当供暖管道必须穿越防火墙时，应预埋钢套管，并在穿墙处一侧设置固定支架，管道与套管之间的空隙应采用耐火材料封堵。

5.9.9 供暖管道不得与输送蒸汽燃点低于或等于120℃的可燃液体或可燃、腐蚀性气体的管道在同一条管沟内平行或交叉敷设。

5.9.10 符合下列情况之一时，室内供暖管道应保温：

1 管道内输送的热媒必须保持一定参数；

2 管道敷设在管沟、管井、技术夹层、阁楼及顶棚内等导致无益热损失较大的空间内或易被冻结的地方；

3 管道通过的房间或地点要求保温。

5.9.11 室内热水供暖系统的设计应进行水力平衡计算，并应采取措施使设计工况时各并联环路之间（不包括共用段）的压力损失相对差额不大于15%。

5.9.12 室内供暖系统总压力应符合下列规定：

1 不应大于室外热力网给定的资用压力降；

2 应满足室内供暖系统水力平衡的要求；

3 供暖系统总压力损失的附加值宜取10%。

5.9.13 室内供暖系统管道中的热媒流速，应根据系统的水力平衡要求及防噪声要求等因素确定，最大流速不宜超过表5.9.13的限值。

5.9.14 热水垂直双管供暖系统和垂直分层布置的水平单管串联跨越式供暖系统，应对热水在散热器和管道中冷却而产生自然作用压力的影响采取相应的技术措施。

5.9.15 供暖系统供水、供汽干管的末端和回水干管始端的管径不应小于DN20，低压蒸汽的供汽干管可适当放大。

表5.9.13 室内供暖系统管道中热媒的最大流速（m/s）

室内热水管道管径 DN（mm）	15	20	25	32	40	≥50
有特殊安静要求的热水管道	0.50	0.65	0.80	1.00	1.00	1.00
一般室内热水管道	0.80	1.00	1.20	1.40	1.80	2.00
蒸汽供暖系统形式	低压蒸汽供暖系统			高压蒸汽供暖系统		
汽水同向流动	30			80		
汽水逆向流动	20			60		

5.9.16 静态水力平衡阀或自力式控制阀的规格应按热媒设计流量、工作压力及阀门允许压降等参数经计算确定；其安装位置应保证阀门前后有足够的直管段，没有特别说明的情况下，阀门前直管段长度不应小于5倍管径，阀门后直管段长度不应小于2倍管径。

5.9.17 蒸汽供暖系统，当供汽压力高于室内供暖系统的工作压力时，应在供暖系统入口的供汽管上装设减压装置。

5.9.18 高压蒸汽供暖系统最不利环路的供汽管，其压力损失不应大于起始压力的25%。

5.9.19 蒸汽供暖系统的凝结水回收方式，应根据二次蒸汽利用的可能性以及室外地形、管道敷设方式等情况，分别采用以下回水方式：

1 闭式满管回水；

2 开式水箱自流或机械回水；

3 余压回水。

5.9.20 高压蒸汽供暖系统，疏水器前的凝结水管不应向上抬升；疏水器后的凝结水管向上抬升的高度应经计算确定。当疏水器本身无止回功能时，应在疏水器后的凝结水管上设置止回阀。

5.9.21 疏水器至回水箱或二次蒸发箱之间的蒸汽凝结水管，应按汽水乳状体进行计算。

5.9.22 热水和蒸汽供暖系统，应根据不同情况，设置排气、泄水、排污和疏水装置。

5.10 集中供暖系统热计量与室温调控

5.10.1 集中供暖的新建建筑和既有建筑节能改造必须设置热量计量装置，并具备室温调控功能。用于热量结算的热量计量装置必须采用热量表。

5.10.2 热量计量装置设置及热计量改造应符合下列规定：

1 热源和换热机房应设热量计量装置；居住建筑应以楼栋为对象设置热量表。对建筑类型相同、建设年代相近、围护结构做法相同、用户热分摊方式一致的若干栋建筑，也可设置一个共用的热量表；

2 当热量结算点为楼栋或者换热机房设置的热量表时，分户热计量应采取用户热分摊的方法确定。在同一个热量结算点内，用户热分摊方式应统一，仪表的种类和型号应一致；

3 当热量结算点为每户安装的户用热量表时，可直接进行分户热计量；

4 供暖系统进行热计量改造时，应对系统的水力工况进行校核。当热力入口资用压差不能满足既有供暖系统要求时，应采取提高管网循环泵扬程或增设局部加压泵等补偿措施，以满足室内系统资用压差的需要。

5.10.3 用于热量结算的热量表的选型和设置应符合下列规定：

1 热量表应根据公称流量选型，并校核在系统设计流量下的压降。公称流量可按设计流量的 80% 确定；

2 热量表的流量传感器的安装位置应符合仪表安装要求，且宜安装在回水管上。

5.10.4 新建和改扩建散热器室内供暖系统，应设置散热器恒温控制阀或其他自动温度控制阀进行室温调控。散热器恒温控制阀的选用和设置应符合下列规定：

1 当室内供暖系统为垂直或水平双管系统时，应在每组散热器的供水支管上安装高阻恒温控制阀；超过 5 层的垂直双管系统宜采用有预设阻力调节功能的恒温控制阀；

2 单管跨越式系统应采用低阻力两通恒温控制阀或三通恒温控制阀；

3 当散热器有罩时，应采用温包外置式恒温控制阀；

4 恒温控制阀应具有产品合格证、使用说明书和质量检测部门出具的性能测试报告，其调节性能等指标应符合现行行业标准《散热器恒温控制阀》JG/T 195 的有关要求。

5.10.5 低温热水地面辐射供暖系统应具有室温控制功能；室温控制器宜设在被控温的房间或区域内；自动控制阀宜采用热电式控制阀或自力式恒温控制阀。自动控制阀的设置可采用分环路控制和总体控制两种方式，并应符合下列规定：

1 采用分环路控制时，应在分水器或集水器处，分路设置自动控制阀，控制房间或区域保持各自的设定温度值。自动控制阀也可内置于集水器中；

2 采用总体控制时，应在分水器总供水管或集水器回水管上设置一个自动控制阀，控制整个用户或区域的室内温度。

5.10.6 热计量供暖系统应适应室温调控的要求；当室内供暖系统为变流量系统时，不应设自力式流量控制阀，是否设置自力式压差控制阀应通过计算热力入口的压差变化幅度确定。

6 通 风

6.1 一 般 规 定

6.1.1 当建筑物存在大量余热余湿及有害物质时，宜优先采用通风措施加以消除。建筑通风应从总体规划、建筑设计和工艺等方面采取有效的综合预防和治理措施。

6.1.2 对不可避免放散的有害或污染环境的物质，在排放前必须采取通风净化措施，并达到国家有关大气环境质量标准和各种污染物排放标准的要求。

6.1.3 应首先考虑采用自然通风消除建筑物余热、余湿和进行室内污染物浓度控制。对于室外空气污染和噪声污染严重的地区，不宜采用自然通风。当自然通风不能满足要求时，应采用机械通风，或自然通风和机械通风结合的复合通风。

6.1.4 设有机械通风的房间，人员所需的新风量应满足第 3.0.6 条的要求。

6.1.5 对建筑物内放散热、蒸汽或有害物质的设备，宜采用局部排风。当不能采用局部排风或局部排风达不到卫生要求时，应辅以全面通风或采用全面通风。

6.1.6 凡属下列情况之一时，应单独设置排风系统：

1 两种或两种以上的有害物质混合后能引起燃烧或爆炸时；

2 混合后能形成毒害更大或腐蚀性的混合物、化合物时；

3 混合后易使蒸汽凝结并聚积粉尘时；

4 散发剧毒物质的房间和设备；

5 建筑物内设有储存易燃易爆物质的单独房间或有防火防爆要求的单独房间；

6 有防疫的卫生要求时。

6.1.7 室内送风、排风设计时，应根据污染物的特性及污染源的变化，优化气流组织设计；不应使含有大量热、蒸汽或有害物质的空气流入没有或仅有少量热、蒸汽或有害物质的人员活动区，且不应破坏局部排风系统的正常工作。

6.1.8 采用机械通风时，重要房间或重要场所的通风系统应具备防止以空气传播为途径的疾病通过通风系统交叉传播的功能。

6.1.9 进入室内或室内产生的有害物质数量不能确定时，全面通风量可按类似房间的实测资料或经验数据，按换气次数确定，亦可按国家现行的各相关行业标准执行。

6.1.10 同时放散余热、余湿和有害物质时，全面通风量应按其中所需最大的空气量确定。多种有害物质同时放散于建筑物内时，其全面通风量的确定应符合现行国家有关工业企业设计卫生标准的有关规定。

6.1.11 建筑物的通风系统设计应符合国家现行防火

规范要求。

6.2 自然通风

6.2.1 利用自然通风的建筑在设计时，应符合下列规定：

1 利用穿堂风进行自然通风的建筑，其迎风面与夏季最多风向宜成 60°～90° 角，且不应小于 45°，同时应考虑可利用的春秋季风向以充分利用自然通风；

2 建筑群平面布置应重视有利自然通风因素，如优先考虑错列式、斜列式等布置形式。

6.2.2 自然通风应采用阻力系数小、噪声低、易于操作和维修的进排风口或窗扇。严寒寒冷地区的进排风口还应考虑保温措施。

6.2.3 夏季自然通风用的进风口，其下缘距室内地面的高度不宜大于 1.2m。自然通风进风口应远离污染源 3m 以上；冬季自然通风用的进风口，当其下缘距室内地面的高度小于 4m 时，宜采取防止冷风吹向人员活动区的措施。

6.2.4 采用自然通风的生活、工作的房间的通风开口有效面积不应小于该房间地板面积的 5%；厨房的通风开口有效面积不应小于该房间地板面积的 10%，并不得小于 0.60m²。

6.2.5 自然通风设计时，宜对建筑进行自然通风潜力分析，依据气候条件确定自然通风策略并优化建筑设计。

6.2.6 采用自然通风的建筑，自然通风量的计算应同时考虑热压以及风压的作用。

6.2.7 热压作用的通风量，宜按下列方法确定：

1 室内发热量较均匀、空间形式较简单的单层大空间建筑，可采用简化计算方法确定；

2 住宅和办公建筑中，考虑多个房间之间或多个楼层之间的通风，可采用多区域网络法进行计算；

3 建筑体形复杂或室内发热量明显不均的建筑，可按计算流体动力学（CFD）数值模拟方法确定。

6.2.8 风压作用的通风量，宜按下列原则确定：

1 分别计算过渡季及夏季的自然通风量，并按其最小值确定；

2 室外风向按计算季节中的当地室外最多风向确定；

3 室外风速按基准高度室外最多风向的平均风速确定。当采用计算流体动力学（CFD）数值模拟时，应考虑当地地形条件及其梯度风、遮挡物的影响；

4 仅当建筑迎风面与计算季节的最多风向成 45°～90° 角时，该面上的外窗或有效开口利用面积可作为进风口进行计算。

6.2.9 宜结合建筑设计，合理利用被动式通风技术强化自然通风。被动通风可采用下列方式：

1 当常规自然通风系统不能提供足够风量时，可采用捕风装置加强自然通风；

2 当采用常规自然通风难以排除建筑内的余热、余湿或污染物时，可采用屋顶无动力风帽装置，无动力风帽的接口直径宜与其连接的风管管径相同；

3 当建筑物利用风压有局限或热压不足时，可采用太阳能诱导等通风方式。

6.3 机械通风

6.3.1 机械送风系统进风口的位置，应符合下列规定：

1 应设在室外空气较清洁的地点；

2 应避免进风、排风短路；

3 进风口的下缘距室外地坪不宜小于 2m，当设在绿化地带时，不宜小于 1m。

6.3.2 建筑物全面排风系统吸风口的布置，应符合下列规定：

1 位于房间上部区域的吸风口，除用于排除氢气与空气混合物时，吸风口上缘至顶棚平面或屋顶的距离不大于 0.4m；

2 用于排除氢气与空气混合物时，吸风口上缘至顶棚平面或屋顶的距离不大于 0.1m；

3 用于排出密度大于空气的有害气体时，位于房间下部区域的排风口，其下缘至地板距离不大于 0.3m；

4 因建筑结构造成有爆炸危险气体排出的死角处，应设置导流设施。

6.3.3 选择机械送风系统的空气加热器时，室外空气计算参数应采用供暖室外计算温度；当其用于补偿全面排风耗热量时，应采用冬季通风室外计算温度。

6.3.4 住宅通风系统设计应符合下列规定：

1 自然通风不能满足室内卫生要求的住宅，应设置机械通风系统或自然通风与机械通风结合的复合通风系统。室外新风应先进入人员的主要活动区；

2 厨房、无外窗卫生间应采用机械排风系统或预留机械排风系统开口，且应留有必要的进风面积；

3 厨房和卫生间全面通风换气次数不宜小于 3 次/h；

4 厨房、卫生间宜设竖向排风道，竖向排风道应具有防火、防倒灌及均匀排气的功能，并应采取防止支管回流和竖井泄漏的措施。顶部应设置防止室外风倒灌装置。

6.3.5 公共厨房通风应符合下列规定：

1 发热量大且散发大量油烟和蒸汽的厨房设备应设排气罩等局部机械排风设施；其他区域当自然通风达不到要求时，应设置机械通风。

2 采用机械排风的区域，当自然补风满足不了要求时，应采用机械补风。厨房相对于其他区域应保持负压，补风量应与排风量相匹配，且宜为排风量的

80%～90%。严寒和寒冷地区宜对机械补风采取加热措施；

3 产生油烟设备的排风应设置油烟净化设施，其油烟排放浓度及净化设备的最低去除效率不应低于国家现行相关标准的规定，排风口的位置应符合本规范第6.6.18条的规定；

4 厨房排油烟风道不应与防火排烟风道共用；

5 排风罩、排油烟风道及排风机设置安装应便于油、水的收集和油污清理，且应采取防止油烟气味外溢的措施。

6.3.6 公共卫生间和浴室通风应符合下列规定：

1 公共卫生间应设置机械排风系统。公共浴室宜设气窗；无条件设气窗时，应设独立的机械排风系统。应采取措施保证浴室、卫生间对更衣室以及其他公共区域的负压；

2 公共卫生间、浴室及附属房间采用机械通风时，其通风量宜按换气次数确定。

6.3.7 设备机房通风应符合下列规定：

1 设备机房应保持良好的通风，无自然通风条件时，应设置机械通风系统。设备有特殊要求时，其通风应满足设备工艺要求；

2 制冷机房的通风应符合下列规定：

1）制冷机房设备间排风系统宜独立设置且应直接排向室外。冬季室内温度不宜低于10℃，夏季不宜高于35℃，冬季值班温度不应低于5℃；

2）机械排风宜按制冷剂的种类确定事故排风口的高度。当设于地下制冷机房，且泄漏气体密度大于空气时，排风口应上、下分别设置；

3）氟制冷机房应分别计算通风量和事故通风量。当机房内设备放热量的数据不全时，通风量可取（4～6）次/h。事故通风量不应小于12次/h。事故排风口上沿距室内地坪的距离不应大于1.2m；

4）氨冷冻站应设置机械排风和事故通风排风系统。通风量不应小于3次/h，事故通风量宜按183m³/(m²·h)进行计算，且最小排风量不应小于34000m³/h。事故排风机应选用防爆型，排风口应位于侧墙高处或屋顶；

5）直燃溴化锂制冷机房宜设置独立的送、排风系统。燃气直燃溴化锂制冷机房的通风量不应小于6次/h，事故通风量不应小于12次/h。燃油直燃溴化锂制冷机房的通风量不应小于3次/h，事故通风量不应小于6次/h。机房的送风量应为排风量与燃烧所需的空气量之和；

3 柴油发电机房宜设置独立的送、排风系统。其送风量应为排风量与发电机组燃烧所需的空气量之和；

4 变配电室宜设置独立的送、排风系统。设在地下的变配电室送风气流宜从高低压配电区流向变压器区，从变压器区排至室外。排风温度不宜高于40℃。当通风无法保障变配电室设备工作要求时，宜设置空调降温系统；

5 泵房、热力机房、中水处理机房、电梯机房等采用机械通风时，换气次数可按表6.3.7选用。

表6.3.7 部分设备机房机械通风换气次数

机房名称	清水泵房	软化水间	污水泵房	中水处理机房	蓄电池室	电梯机房	热力机房
换气次数（次/h）	4	4	8～12	8～12	10～12	10	6～12

6.3.8 汽车库通风应符合下列规定：

1 自然通风时，车库内CO最高允许浓度大于30mg/m³时，应设机械通风系统；

2 地下汽车库，宜设置独立的送风、排风系统；具备自然进风条件时，可采用自然进风、机械排风的方式。室外排风口应设于建筑下风向，且远离人员活动区并宜作消声处理；

3 送排风量宜采用稀释浓度法计算，对于单层停放的汽车库可采用换气次数法计算，并应取两者较大值。送风量宜为排风量的80%～90%；

4 可采用风管通风或诱导通风方式，以保证室内不产生气流死角；

5 车流量随时间变化较大的车库，风机宜采用多台并联方式或设置风机调速装置；

6 严寒和寒冷地区，地下汽车库宜在坡道出入口处设热空气幕；

7 车库内排风与排烟可共用一套系统，但应满足消防规范要求。

6.3.9 事故通风应符合下列规定：

1 可能突然放散大量有害气体或有爆炸危险气体的场所应设置事故通风。事故通风量宜根据放散物的种类、安全及卫生浓度要求，按全面排风计算确定，且换气次数不应小于12次/h；

2 事故通风应根据放散物的种类，设置相应的检测报警及控制系统。事故通风的手动控制装置应在室内外便于操作的地点分别设置；

3 放散有爆炸危险气体的场所应设置防爆通风设备；

4 事故排风宜由经常使用的通风系统和事故通风系统共同保证，当事故通风量大于经常使用的通风系统所要求的风量时，宜设置双风机或变频调速风机；但在发生事故时，必须保证事故通风要求；

5 事故排风系统室内吸风口和传感器位置应根

据放散物的位置及密度合理设计;

6 事故排风的室外排风口应符合下列规定:

  1)不应布置在人员经常停留或经常通行的地点以及邻近窗户、天窗、室门等设施的位置;

  2)排风口与机械送风系统的进风口的水平距离不应小于20m;当水平距离不足20m时,排风口应高出进风口,并不宜小于6m;

  3)当排气中含有可燃气体时,事故通风系统排风口应远离火源30m以上,距可能火花溅落地点应大于20m;

  4)排风口不应朝向室外空气动力阴影区,不宜朝向空气正压区。

6.4 复合通风

6.4.1 大空间建筑及住宅、办公室、教室等易于在外墙上开窗并通过室内人员自行调节实现自然通风的房间,宜采用自然通风和机械通风结合的复合通风。

6.4.2 复合通风中的自然通风量不宜低于联合运行风量的30%。复合通风系统设计参数及运行控制方案应经技术经济及节能综合分析后确定。

6.4.3 复合通风系统应具备工况转换功能,并应符合下列规定:

  1 应优先使用自然通风;

  2 当控制参数不能满足要求时,启用机械通风;

  3 对设置空调系统的房间,当复合通风系统不能满足要求时,关闭复合通风系统,启动空调系统。

6.4.4 高度大于15m的大空间采用复合通风系统时,宜考虑温度分层等问题。

6.5 设备选择与布置

6.5.1 通风机应根据管路特性曲线和风机性能曲线进行选择,并应符合下列规定:

  1 通风机风量应附加风管和设备的漏风量。送、排风系统可附加5%~10%,排烟兼排风系统宜附加10%~20%;

  2 通风机采用定速时,通风机的压力在计算系统压力损失上宜附加10%~15%;

  3 通风机采用变速时,通风机的压力应以计算系统总压力损失作为额定压力;

  4 设计工况下,通风机效率不应低于其最高效率的90%;

  5 兼用排烟的风机应符合国家现行建筑设计防火规范的规定。

6.5.2 选择空气加热器、空气冷却器和空气热回收装置等设备时,应附加风管和设备等的漏风量。系统允许漏风量不应超过第6.5.1条的附加风量。

6.5.3 通风机输送非标准状态空气时,应对其电动机的轴功率进行验算。

6.5.4 多台风机并联或串联运行时,宜选择相同特性曲线的通风机。

6.5.5 当通风系统使用时间较长且运行工况(风量、风压)有较大变化时,通风机宜采用双速或变速风机。

6.5.6 排风系统的风机应尽可能靠近室外布置。

6.5.7 符合下列条件之一时,通风设备和风管应采取保温或防冻等措施:

  1 所输送空气的温度相对环境温度较高或较低,且不允许所输送空气的温度有较显著升高或降低时;

  2 需防止空气热回收装置结露(冻结)和热量损失时;

  3 排出的气体在进入大气前,可能被冷却而形成凝结物堵塞或腐蚀风管时。

6.5.8 通风机房不宜与要求安静的房间贴邻布置。如必须贴邻布置时,应采取可靠的消声隔振措施。

6.5.9 排除、输送有燃烧或爆炸危险混合物的通风设备和风管,均应采取防静电接地措施(包括法兰跨接),不应采用容易积聚静电的绝缘材料制作。

6.5.10 空气中含有易燃易爆危险物质的房间中的送风、排风系统应采用防爆型通风设备;送风机如设置在单独的通风机房内且送风干管上设置止回阀时,可采用非防爆型通风设备。

6.6 风管设计

6.6.1 通风、空调系统的风管,宜采用圆形、扁圆形或长、短边之比不宜大于4的矩形截面。风管的截面尺寸宜按现行国家标准《通风与空调工程施工质量验收规范》GB 50243的有关规定执行。

6.6.2 通风与空调系统的风管材料、配件及柔性接头等应符合现行国家标准《建筑设计防火规范》GB 50016的有关规定。当输送腐蚀性或潮湿气体时,应采用防腐材料或采取相应的防腐措施。

6.6.3 通风与空调系统风管内的空气流速宜按表6.6.3采用。

表 6.6.3 风管内的空气流速(低速风管)

风管分类	住宅(m/s)	公共建筑(m/s)
干管	3.5~4.5 6.0	5.0~6.5 8.0
支管	3.0 5.0	3.0~4.5 6.5
从支管上接出的风管	2.5 4.0	3.0~3.5 6.0
通风机入口	3.5 4.5	4.0 5.0
通风机出口	5.0~8.0 8.5	6.5~10 11.0

注:1 表列值的分子为推荐流速,分母为最大流速。
  2 对消声有要求的系统,风管内的流速宜符合本规范10.1.5的规定。

6.6.4 自然通风的进排风口风速宜按表 6.6.4-1 采用。自然通风的风道内风速宜按表 6.6.4-2 采用。

表 6.6.4-1　自然通风系统的进排风口空气流速（m/s）

部位	进风百叶	排风口	地面出风口	顶棚出风口
风速	0.5～1.0	0.5～1.0	0.2～0.5	0.5～1.0

表 6.6.4-2　自然进排风系统的风道空气流速（m/s）

部位	进风竖井	水平干管	通风竖井	排风道
风速	1.0～1.2	0.5～1.0	0.5～1.0	1.0～1.5

6.6.5 机械通风的进排风口风速宜按表 6.6.5 采用。

表 6.6.5　机械通风系统的进排风口空气流速（m/s）

部位		新风入口	风机出口
空气流速	住宅和公共建筑	3.5～4.5	5.0～10.5
	机房、库房	4.5～5.0	8.0～14.0

6.6.6 通风与空调系统各环路的压力损失应进行水力平衡计算。各并联环路压力损失的相对差额，不宜超过 15%。当通过调整管径仍无法达到上述要求时，应设置调节装置。

6.6.7 风管与通风机及空气处理机组等振动设备的连接处，应装设柔性接头，其长度宜为 150mm～300mm。

6.6.8 通风、空调系统通风机及空气处理机组等设备的进风或出风口处宜设调节阀，调节阀宜选用多叶式或花瓣式。

6.6.9 多台通风机并联运行的系统应在各自的管路上设置止回或自动关断装置。

6.6.10 通风与空调系统的风管布置，防火阀、排烟阀、排烟口等的设置，均应符合国家现行有关建筑设计防火规范的规定。

6.6.11 矩形风管采取内外同心弧形弯管时，曲率半径宜大于 1.5 倍的平面边长；当平面边长大于 500mm，且曲率半径小于 1.5 倍的平面边长时，应设置弯管导流叶片。

6.6.12 风管系统的主干支管应设置风管测定孔、风管检查孔和清洗孔。

6.6.13 高温烟气管道应采取热补偿措施。

6.6.14 输送空气温度超过 80℃ 的通风管道，应采取一定的保温隔热措施，其厚度按隔热层外表面温度不超过 80℃ 确定。

6.6.15 当风管内设有电加热器时，电加热器前后各 800mm 范围内的风管和穿过设有火源等容易起火房间的风管及其保温材料均应采用不燃材料。

6.6.16 可燃气体管道、可燃液体管道和电线等，不得穿过风管的内腔，也不得沿风管的外壁敷设。可燃气体管道和可燃液体管道，不应穿过通风、空调机房。

6.6.17 当风管内可能产生沉积物、凝结水或其他液体时，风管应设置不小于 0.005 的坡度，并在风管的最低点和通风机的底部设排液装置；当排除有氢气或其他比空气密度小的可燃气体混合物时，排风系统的风管应沿气体流动方向具有上倾的坡度，其值不小于 0.005。

6.6.18 对于排除有害气体的通风系统，其风管的排风口宜设置在建筑物顶端，且宜采用防雨风帽。屋面送、排（烟）风机的吸、排风（烟）口应考虑冬季不被积雪掩埋的措施。

7　空气调节

7.1　一般规定

7.1.1 符合下列条件之一时，应设置空气调节：

　1　采用供暖通风达不到人体舒适、设备等对室内环境的要求，或条件不允许、不经济时；

　2　采用供暖通风达不到工艺对室内温度、湿度、洁净度等要求时；

　3　对提高工作效率和经济效益有显著作用时；

　4　对身体健康有利，或对促进康复有效果时。

7.1.2 空调区宜集中布置。功能、温湿度基数、使用要求等相近的空调区宜相邻布置。

7.1.3 工艺性空调在满足空调区环境要求的条件下，宜减少空调区的面积和散热、散湿设备。

7.1.4 采用局部性空调能满足空调区环境要求时，不应采用全室性空调。高大空间仅要求下部区域保持一定的温湿度时，宜采用分层空调。

7.1.5 空调区内的空气压力，应满足下列要求：

　1　舒适性空调，空调区与室外或空调区之间有压差要求时，其压差值宜取 5Pa～10Pa，最大不应超过 30 Pa；

　2　工艺性空调，应按空调区环境要求确定。

7.1.6 舒适性空调区建筑热工，应根据建筑物性质和所处的建筑气候分区设计，并符合国家现行节能设计标准的有关规定。

7.1.7 工艺性空调区围护结构传热系数，应符合国家现行节能设计标准的有关规定，并不应大于表 7.1.7 中的规定值。

表 7.1.7　工艺性空调区围护结构最大传热系数 K 值 [W/(m²·K)]

围护结构名称	室温波动范围（℃）		
	±0.1～0.2	±0.5	≥±1.0
屋顶	—	—	0.8
顶棚	0.5	0.8	0.9
外墙	—	0.8	1.0
内墙和楼板	0.7	0.9	1.2

注：表中内墙和楼板的有关值，仅适用于相邻空调区的温差大于 3℃ 时。

7.1.8 工艺性空调区，当室温波动范围小于或等于±0.5℃时，其围护结构的热惰性指标，不应小于表7.1.8的规定。

表7.1.8 工艺性空调区围护结构最小热惰性指标 D 值

围护结构名称	室温波动范围（℃）	
	±0.1~0.2	±0.5
屋顶	—	3
顶棚	4	3
外墙	—	4

7.1.9 工艺性空调区的外墙、外墙朝向及其所在层次，应符合表7.1.9的要求。

表7.1.9 工艺性空调区外墙、外墙朝向及其所在层次

室温允许波动范围（℃）	外墙	外墙朝向	层次
±0.1~0.2	不应有外墙	—	宜底层
±0.5	不宜有外墙	如有外墙，宜北向	宜底层
≥±1.0	宜减少外墙	宜北向	宜避免在顶层

注：1 室温允许波动范围小于或等于±0.5℃的空调区，宜布置在室温允许波动范围较大的空调区之中，当布置在单层建筑物内时，宜设通风屋顶；
　　2 本条与本规范第7.1.10条规定的"北向"，适用于北纬23.5°以北的地区；北纬23.5°及其以南的地区，可相应地采用南向。

7.1.10 工艺性空调区的外窗，应符合下列规定：

1 室温波动范围大于等于±1.0℃时，外窗宜设置在北向；

2 室温波动范围小于±1.0℃时，不应有东西向外窗；

3 室温波动范围小于±0.5℃时，不宜有外窗，如有外窗应设置在北向。

7.1.11 工艺性空调区的门和门斗，应符合表7.1.11的要求。舒适性空调区开启频繁的外门，宜设门斗、旋转门或弹簧门等，必要时宜设置空气幕。

表7.1.11 工艺性空调区的门和门斗

室温波动范围（℃）	外门和门斗	内门和门斗
±0.1~0.2	不应设外门	内门不宜通向室温基数不同或室温允许波动范围大于±1.0℃的邻室
±0.5	不应设外门，必须设外门时，必须设门斗	门两侧温差大于3℃时，宜设门斗
≥±1.0	不宜设外门，如有经常开启的外门，应设门斗	门两侧温差大于7℃时，宜设门斗

注：外门门缝应严密，当门两侧温差大于7℃时，应采用保温门。

7.1.12 下列情况，宜对空调系统进行全年能耗模拟计算：

1 对空调系统设计方案进行对比分析和优化时；

2 对空调系统节能措施进行评估时。

7.2 空调负荷计算

7.2.1 除在方案设计或初步设计阶段可使用热、冷负荷指标进行必要的估算外，施工图设计阶段应对空调区的冬季热负荷和夏季逐时冷负荷进行计算。

7.2.2 空调区的夏季计算得热量，应根据下列各项确定：

1 通过围护结构传入的热量；

2 通过透明围护结构进入的太阳辐射热量；

3 人体散热量；

4 照明散热量；

5 设备、器具、管道及其他内部热源的散热量；

6 食品或物料的散热量；

7 渗透空气带入的热量；

8 伴随各种散湿过程产生的潜热量。

7.2.3 空调区的夏季冷负荷，应根据各项得热量的种类、性质以及空调区的蓄热特性，分别进行计算。

7.2.4 空调区的下列各项得热量，应按非稳态方法计算其形成的夏季冷负荷，不应将其逐时值直接作为各对应时刻的逐时冷负荷值：

1 通过围护结构传入的非稳态传热量；

2 通过透明围护结构进入的太阳辐射热量；

3 人体散热量；

4 非全天使用的设备、照明灯具散热量等。

7.2.5 空调区的下列各项得热量，可按稳态方法计算其形成的夏季冷负荷：

1 室温允许波动范围大于或等于±1℃的空调区，通过非轻型外墙传入的传热量；

2 空调区与邻室的夏季温差大于3℃时，通过隔墙、楼板等内围护结构传入的传热量；

3 人员密集空调区的人体散热量；

4 全天使用的设备、照明灯具散热量等。

7.2.6 空调区的夏季冷负荷计算，应符合下列规定：

1 舒适性空调可不计算地面传热形成的冷负荷；工艺性空调有外墙时，宜计算距外墙2m范围内的地面传热形成的冷负荷；

2 计算人体、照明和设备等散热形成的冷负荷时，应考虑人员群集系数、同时使用系数、设备功率系数和通风保温系数等；

3 屋顶处于空调区之外时，只计算屋顶进入空调区的辐射部分形成的冷负荷；高大空间采用分层空调时，空调区的逐时冷负荷可按全室性空调计算的逐时冷负荷乘以小于 1 的系数确定。

7.2.7 空调区的夏季冷负荷宜采用计算软件进行计算；采用简化计算方法时，按非稳态方法计算的各项逐时冷负荷，宜按下列方法计算。

1 通过围护结构传入的非稳态传热形成的逐时冷负荷，按式（7.2.7-1）～式（7.2.7-3）计算：

$$CL_{Wq} = KF(t_{wlq} - t_n) \quad (7.2.7\text{-}1)$$
$$CL_{Wm} = KF(t_{wlm} - t_n) \quad (7.2.7\text{-}2)$$
$$CL_{Wc} = KF(t_{wlc} - t_n) \quad (7.2.7\text{-}3)$$

式中：CL_{Wq} ——外墙传热形成的逐时冷负荷（W）；

CL_{Wm} ——屋面传热形成的逐时冷负荷（W）；

CL_{Wc} ——外窗传热形成的逐时冷负荷（W）；

K ——外墙、屋面或外窗传热系数 $[W/(m^2 \cdot K)]$；

F ——外墙、屋面或外窗传热面积（m^2）；

t_{wlq} ——外墙的逐时冷负荷计算温度（℃），可按本规范附录 H 确定；

t_{wlm} ——屋面的逐时冷负荷计算温度（℃），可按本规范附录 H 确定；

t_{wlc} ——外窗的逐时冷负荷计算温度（℃），可按本规范附录 H 确定；

t_n ——夏季空调区设计温度（℃）。

2 透过玻璃窗进入的太阳辐射得热形成的逐时冷负荷，按式（7.2.7-4）计算：

$$CL_C = C_{clC} C_z D_{Jmax} F_C \quad (7.2.7\text{-}4)$$
$$C_z = C_w C_n C_s \quad (7.2.7\text{-}5)$$

式中：CL_C ——透过玻璃窗进入的太阳辐射得热形成的逐时冷负荷（W）；

C_{clC} ——透过无遮阳标准玻璃太阳辐射冷负荷系数，可按本规范附录 H 确定；

C_z ——外窗综合遮挡系数；

C_w ——外遮阳修正系数；

C_n ——内遮阳修正系数；

C_s ——玻璃修正系数；

D_{Jmax} ——夏季日射得热因数最大值，可按本规范附录 H 确定；

F_C ——窗玻璃净面积（m^2）。

3 人体、照明和设备等散热形成的逐时冷负荷，分别按式（7.2.7-6）～式（7.2.7-8）计算：

$$CL_{rt} = C_{cl_{rt}} \phi Q_{rt} \quad (7.2.7\text{-}6)$$
$$CL_{zm} = C_{cl_{zm}} C_{zm} Q_{zm} \quad (7.2.7\text{-}7)$$
$$CL_{sb} = C_{cl_{sb}} C_{sb} Q_{sb} \quad (7.2.7\text{-}8)$$

式中：CL_{rt} ——人体散热形成的逐时冷负荷（W）；

$C_{cl_{rt}}$ ——人体冷负荷系数，可按本规范附录 H 确定；

ϕ ——群集系数；

Q_{rt} ——人体散热量（W）；

CL_{zm} ——照明散热形成的逐时冷负荷（W）；

$C_{cl_{zm}}$ ——照明冷负荷系数，可按本规范附录 H 确定；

C_{zm} ——照明修正系数；

Q_{zm} ——照明散热量（W）；

CL_{sb} ——设备散热形成的逐时冷负荷（W）；

$C_{cl_{sb}}$ ——设备冷负荷系数，可按本规范附录 H 确定；

C_{sb} ——设备修正系数；

Q_{sb} ——设备散热量（W）。

7.2.8 按稳态方法计算的空调区夏季冷负荷，宜按下列方法计算。

1 室温允许波动范围大于或等于 ± 1.0℃的空调区，其非轻型外墙传热形成的冷负荷，可近似按式（7.2.8-1）计算：

$$CL_{Wq} = KF(t_{zp} - t_n) \quad (7.2.8\text{-}1)$$
$$t_{zp} = t_{wp} + \frac{\rho J_p}{\alpha_w} \quad (7.2.8\text{-}2)$$

式中：t_{zp} ——夏季空调室外计算日平均综合温度（℃）；

t_{wp} ——夏季空调室外计算日平均温度（℃），按本规范第 4.1.10 条的规定确定；

J_p ——围护结构所在朝向太阳总辐射照度的日平均值（W/m^2）；

ρ ——围护结构外表面对于太阳辐射热的吸收系数；

α_w ——围护结构外表面换热系数 $[W/(m^2 \cdot K)]$。

2 空调区与邻室的夏季温差大于 3℃时，其通过隔墙、楼板等内围护结构传热形成的冷负荷可按式（7.2.8-3）计算：

$$CL_{Wn} = KF(t_{wp} + \Delta t_{ls} - t_n) \quad (7.2.8\text{-}3)$$

式中：CL_{Wn} ——内围护结构传热形成的冷负荷（W）；

Δt_{ls} ——邻室计算平均温度与夏季空调室外计算日平均温度的差值（℃）。

7.2.9 空调区的夏季计算散湿量，应考虑散湿源的种类、人员群集系数、同时使用系数以及通风系数等，并根据下列各项确定：

1 人体散湿量；

2 渗透空气带入的湿量；

3 化学反应过程的散湿量；

4 非围护结构各种潮湿表面、液面或液流的散湿量；

5 食品或气体物料的散湿量；

6 设备散湿量；

7 围护结构散湿量。

7.2.10 空调区的夏季冷负荷，应按空调区各项逐时冷负荷的综合最大值确定。

7.2.11 空调系统的夏季冷负荷，应按下列规定确定：

1 末端设备设有温度自动控制装置时，空调系统的夏季冷负荷按所服务各空调区逐时冷负荷的综合最大值确定；

2 末端设备无温度自动控制装置时，空调系统的夏季冷负荷按所服务各空调区冷负荷的累计值确定；

3 应计入新风冷负荷、再热负荷以及各项有关的附加冷负荷；

4 应考虑所服务各空调区的同时使用系数。

7.2.12 空调系统的夏季附加冷负荷，宜按下列各项确定：

1 空气通过风机、风管温升引起的附加冷负荷；

2 冷水通过水泵、管道、水箱温升引起的附加冷负荷。

7.2.13 空调区的冬季热负荷，宜按本规范第5.2节的规定计算；计算时，室外计算温度应采用冬季空调室外计算温度，并扣除室内设备等形成的稳定散热量。

7.2.14 空调系统的冬季热负荷，应按所服务各空调区热负荷的累计值确定，除空调风管局部布置在室外环境的情况外，可不计入各项附加热负荷。

7.3 空调系统

7.3.1 选择空调系统时，应符合下列原则：

1 根据建筑物的用途、规模、使用特点、负荷变化情况、参数要求、所在地区气象条件和能源状况，以及设备价格、能源预期价格等，经技术经济比较确定；

2 功能复杂、规模较大的公共建筑，宜进行方案对比并优化确定；

3 干热气候区应考虑其气候特征的影响。

7.3.2 符合下列情况之一的空调区，宜分别设置空调风系统；需要合用时，应对标准要求高的空调区做处理。

1 使用时间不同；

2 温湿度基数和允许波动范围不同；

3 空气洁净度标准要求不同；

4 噪声标准要求不同，以及有消声要求和产生噪声的空调区；

5 需要同时供热和供冷的空调区。

7.3.3 空气中含有易燃易爆或有毒有害物质的空调区，应独立设置空调风系统。

7.3.4 下列空调区，宜采用全空气定风量空调系统：

1 空间较大、人员较多；

2 温湿度允许波动范围小；

3 噪声或洁净度标准高。

7.3.5 全空气空调系统设计，应符合下列规定：

1 宜采用单风管系统；

2 允许采用较大送风温差时，应采用一次回风式系统；

3 送风温差较小、相对湿度要求不严格时，可采用二次回风式系统；

4 除温湿度波动范围要求严格的空调区外，同一个空气处理系统中，不应有同时加热和冷却过程。

7.3.6 符合下列情况之一时，全空气空调系统可设回风机。设置回风机时，新回风混合室的空气压力应为负压。

1 不同季节的新风量变化较大、其他排风措施不能适应风量的变化要求；

2 回风系统阻力较大，设置回风机经济合理。

7.3.7 空调区允许温湿度波动范围或噪声标准要求严格时，不宜采用全空气变风量空调系统。技术经济条件允许时，下列情况可采用全空气变风量空调系统：

1 服务于单个空调区，且部分负荷运行时间较长时，采用区域变风量空调系统；

2 服务于多个空调区，且各区负荷变化相差大、部分负荷运行时间较长并要求温度独立控制时，采用带末端装置的变风量空调系统。

7.3.8 全空气变风量空调系统设计，应符合下列规定：

1 应根据建筑模数、负荷变化情况等对空调区进行划分；

2 系统形式，应根据所服务空调区的划分、使用时间、负荷变化情况等，经技术经济比较确定；

3 变风量末端装置，宜选用压力无关型；

4 空调区和系统的最大送风量，应根据空调区和系统的夏季冷负荷确定；空调区的最小送风量，应根据负荷变化情况、气流组织等确定；

5 应采取保证最小新风量要求的措施；

6 风机应采用变速调节；

7 送风口应符合本规范第7.4.2条的规定要求。

7.3.9 空调区较多，建筑层高较低且各区温度要求独立控制时，宜采用风机盘管加新风空调系统；空调区的空气质量、温湿度波动范围要求严格或空气中含有较多油烟时，不宜采用风机盘管加新风空调系统。

7.3.10 风机盘管加新风空调系统设计，应符合下列规定：

1 新风宜直接送入人员活动区；

2 空气质量标准要求较高时，新风宜负担空调区的全部散湿量。低温新风系统设计，应符合本规范第

7.3.13 条的规定要求；

    3 宜选用出口余压低的风机盘管机组。

7.3.11 空调区内振动较大、油污蒸汽较多以及产生电磁波或高频波等场所，不宜采用多联机空调系统。多联机空调系统设计，应符合下列要求：

    1 空调区负荷特性相差较大时，宜分别设置多联机空调系统；需要同时供冷和供热时，宜设置热回收型多联机空调系统；

    2 室内、外机之间以及室内机之间的最大管长和最大高差，应符合产品技术要求；

    3 系统冷媒管等效长度应满足对应制冷工况下满负荷的性能系数不低于 2.8；当产品技术资料无法满足核算要求时，系统冷媒管等效长度不宜超过 70m；

    4 室外机变频设备，应与其他变频设备保持合理距离。

7.3.12 有低温冷媒可利用时，宜采用低温送风空调系统；空气相对湿度或送风量较大的空调区，不宜采用低温送风空调系统。

7.3.13 低温送风空调系统设计，应符合下列规定：

    1 空气冷却器的出风温度与冷媒的进口温度之间的温差不宜小于 3℃，出风温度宜采用 4℃～10℃，直接膨胀式蒸发器出风温度不应低于 7℃；

    2 空调区送风温度，应计算送风机、风管以及送风末端装置的温升；

    3 空气处理机组的选型，应经技术经济比较确定。空气冷却器的迎风面风速宜采用 1.5 m/s～2.3m/s，冷媒通过空气冷却器的温升宜采用 9℃～13℃；

    4 送风末端装置，应符合本规范第 7.4.2 条的规定；

    5 空气处理机组、风管及附件、送风末端装置等应严密保冷，保冷层厚度应经计算确定，并符合本规范第 11.1.4 条的规定。

7.3.14 空调区散湿量较小且技术经济合理时，宜采用温湿度独立控制空调系统。

7.3.15 温度湿度独立控制空调系统设计，应符合下列规定：

    1 温度控制系统，末端设备应负担空调区的全部显热负荷，并根据空调区的显热热源分布状况等，经技术经济比较确定；

    2 湿度控制系统，新风应负担空调区的全部散湿量，其处理方式应根据夏季空调室外计算湿球温度和露点温度、新风送风状态点要求等，经技术经济比较确定；

    3 当采用冷却除湿处理新风时，新风再热不应采用热水、电加热等；采用转轮或溶液除湿处理新风时，转轮或溶液再生不应采用电加热；

    4 应对室内空气的露点温度进行监测，并采取确保末端设备表面不结露的自动控制措施。

7.3.16 夏季空调室外设计露点温度较低的地区，经技术经济比较合理时，宜采用蒸发冷却空调系统。

7.3.17 蒸发冷却空调系统设计，应符合下列规定：

    1 空调系统形式，应根据夏季空调室外计算湿球温度和露点温度以及空调区显热负荷、散湿量等确定；

    2 全空气蒸发冷却空调系统，应根据夏季空调室外计算湿球温度、空调区散湿量和送风状态点要求等，经技术经济比较确定。

7.3.18 下列情况时，应采用直流式（全新风）空调系统：

    1 夏季空调系统的室内空气比焓大于室外空气比焓；

    2 系统所服务的各空调区排风量大于按负荷计算出的送风量；

    3 室内散发有毒有害物质，以及防火防爆等要求不允许空气循环使用；

    4 卫生或工艺要求采用直流式（全新风）空调系统。

7.3.19 空调区、空调系统的新风量计算，应符合下列规定：

    1 人员所需新风量，应根据人员的活动和工作性质，以及在室内的停留时间等确定，并符合本规范第 3.0.6 条的规定要求；

    2 空调区的新风量，应按不小于人员所需新风量，补偿排风和保持空调区空气压力所需新风量之和以及新风除湿所需新风量中的最大值确定；

    3 全空气空调系统的新风量，当系统服务于多个不同新风比的空调区时，系统新风比应小于空调区新风比中的最大值；

    4 新风系统的新风量，宜按所服务空调区或系统的新风量累计值确定。

7.3.20 舒适性空调和条件允许的工艺性空调，可用新风作冷源时，应最大限度地使用新风。

7.3.21 新风进风口的面积应适应最大新风量的需要。进风口处应装设能严密关闭的阀门，进风口的位置应符合本规范第 6.3.1 条的规定要求。

7.3.22 空调系统应进行风量平衡计算，空调区内的空气压力应符合本规范第 7.1.5 条的规定。人员集中且密闭性较好，或过渡季节使用大量新风的空调区，应设置机械排风设施，排风量应适应新风量的变化。

7.3.23 设有集中排风的空调系统，且技术经济合理时，宜设置空气-空气能量回收装置。

7.3.24 空气能量回收系统设计，应符合下列要求：

    1 能量回收装置的类型，应根据处理风量、新排风中显热量和潜热量的构成以及排风中污染物种类等选择；

2 能量回收装置的计算，应考虑积尘的影响，并对是否结霜或结露进行核算。

7.4 气流组织

7.4.1 空调区的气流组织设计，应根据空调区的温湿度参数、允许风速、噪声标准、空气质量、温度梯度以及空气分布特性指标（ADPI）等要求，结合内部装修、工艺或家具布置等确定；复杂空间空调区的气流组织设计，宜采用计算流体动力学（CFD）数值模拟计算。

7.4.2 空调区的送风方式及送风口选型，应符合下列规定：

1 宜采用百叶、条缝型等风口贴附侧送；当侧送气流有阻碍或单位面积送风量较大，且人员活动区的风速要求严格时，不应采用侧送；

2 设有吊顶时，应根据空调区的高度及对气流的要求，采用散流器或孔板送风。当单位面积送风量较大，且人员活动区内的风速或区域温差要求较小时，应采用孔板送风；

3 高大空间宜采用喷口送风、旋流风口送风或下部送风；

4 变风量末端装置，应保证在风量改变时，气流组织满足空调区环境的基本要求；

5 送风口表面温度应高于室内露点温度；低于室内露点温度时，应采用低温风口。

7.4.3 采用贴附侧送风时，应符合下列规定：

1 送风口上缘与顶棚的距离较大时，送风口应设置向上倾斜10°～20°的导流片；

2 送风口内宜设置防止射流偏斜的导流片；

3 射流流程中应无阻挡物。

7.4.4 采用孔板送风时，应符合下列规定：

1 孔板上部稳压层的高度应按计算确定，且净高不应小于0.2m；

2 向稳压层内送风的速度宜采用3 m/s～5m/s。除送风射流较长的以外，稳压层内可不设送风分布支管。稳压层的送风口处，宜设防止送风气流直接吹向孔板的导流片或挡板；

3 孔板布置应与局部热源分布相适应。

7.4.5 采用喷口送风时，应符合下列规定：

1 人员活动区宜位于回流区；

2 喷口安装高度，应根据空调区的高度和回流区分布等确定；

3 兼作热风供暖时，宜具有改变射流出口角度的功能。

7.4.6 采用散流器送风时，应满足下列要求：

1 风口布置应有利于送风气流对周围空气的诱导，风口中心与侧墙的距离不宜小于1.0m；

2 采用平送方式时，贴附射流区无阻挡物；

3 兼作热风供暖，且风口安装高度较高时，宜具有改变射流出口角度的功能。

7.4.7 采用置换通风时，应符合下列规定：

1 房间净高宜大于2.7m；

2 送风温度不宜低于18℃；

3 空调区的单位面积冷负荷不宜大于120W/m²；

4 污染源宜为热源，且污染气体密度较小；

5 室内人员活动区0.1m至1.1m高度的空气垂直温差不宜大于3℃；

6 空调区内不宜有其他气流组织。

7.4.8 采用地板送风时，应符合下列规定：

1 送风温度不宜低于16℃；

2 热分层高度应在人员活动区上方；

3 静压箱应保持密闭，与非空调区之间有保温隔热处理；

4 空调区内不宜有其他气流组织。

7.4.9 分层空调的气流组织设计，应符合下列规定：

1 空调区宜采用双侧送风；当空调区跨度较小时，可采用单侧送风，且回风口宜布置在送风口的同侧下方；

2 侧送多股平行射流应互相搭接；采用双侧对送射流时，其射程可按相对喷口中点距离的90%计算；

3 宜减少非空调区向空调区的热转移；必要时，宜在非空调区设置送、排风装置。

7.4.10 上送风方式的夏季送风温差，应根据送风口类型、安装高度、气流射程长度以及是否贴附等确定，并宜符合下列规定：

1 在满足舒适、工艺要求的条件下，宜加大送风温差；

2 舒适性空调，宜按表7.4.10-1采用；

表 7.4.10-1　舒适性空调的送风温差

送风口高度（m）	送风温差（℃）
≤5.0	5～10
>5.0	10～15

注：表中所列的送风温差不适用于低温送风空调系统以及置换通风采用上送风方式等。

3 工艺性空调，宜按表7.4.10-2采用。

表 7.4.10-2　工艺性空调的送风温差

室温允许波动范围（℃）	送风温差（℃）
>±1.0	≤15
±1.0	6～9
±0.5	3～6
±0.1～0.2	2～3

7.4.11 送风口的出口风速，应根据送风方式、送风口类型、安装高度、空调区允许风速和噪声标准等确定。

7.4.12 回风口的布置，应符合下列规定：

1 不应设在送风射流区内和人员长期停留的地点；采用侧送时，宜设在送风口的同侧下方；

2 兼做热风供暖、房间净高较高时，宜设在房间的下部；

3 条件允许时，宜采用集中回风或走廊回风，但走廊的断面风速不宜过大；

4 采用置换通风、地板送风时，应设在人员活动区的上方。

7.4.13 回风口的吸风速度，宜按表 7.4.13 选用。

表 7.4.13 回风口的吸风速度

回风口的位置		最大吸风速度（m/s）
房间上部		≤4.0
房间下部	不靠近人经常停留的地点时	≤3.0
	靠近人经常停留的地点时	≤1.5

7.5 空 气 处 理

7.5.1 空气的冷却应根据不同条件和要求，分别采用下列处理方式：

1 循环水蒸发冷却；

2 江水、湖水、地下水等天然冷源冷却；

3 采用蒸发冷却和天然冷源等冷却方式达不到要求时，应采用人工冷源冷却。

7.5.2 凡与被冷却空气直接接触的水质均应符合卫生要求。空气冷却采用天然冷源时，应符合下列规定：

1 水的温度、硬度等符合使用要求；

2 地表水使用过后的回水予以再利用；

3 使用过后的地下水应全部回灌到同一含水层，并不得造成污染。

7.5.3 空气冷却装置的选择，应符合下列规定：

1 采用循环水蒸发冷却或天然冷源时，宜采用直接蒸发式冷却装置、间接蒸发式冷却装置和空气冷却器；

2 采用人工冷源时，宜采用空气冷却器。当要求利用循环水进行绝热加湿或利用喷水增加空气处理后的饱和度时，可选用带喷水装置的空气冷却器。

7.5.4 空气冷却器的选择，应符合下列规定：

1 空气与冷媒应逆向流动；

2 冷媒的进口温度，应比空气的出口干球温度至少低 3.5℃。冷媒的温升宜采用 5℃～10℃，其流速宜采用 0.6m/s～1.5m/s；

3 迎风面的空气质量流速宜采用 2.5 kg/(m²·s)～3.5kg/(m²·s)，当迎风面的空气质量流速大于 3.0kg/(m²·s)时，应在冷却器后设置挡水板；

4 低温送风空调系统的空气冷却器，应符合本规范第 7.3.13 条的规定要求。

7.5.5 制冷剂直接膨胀式空气冷却器的蒸发温度，应比空气的出口干球温度至少低 3.5℃。常温空调系统满负荷运行时，蒸发温度不宜低于 0℃；低负荷运行时，应防止空气冷却器表面结霜。

7.5.6 空调系统不得采用氨作制冷剂的直接膨胀式空气冷却器。

7.5.7 空气加热器的选择，应符合下列规定：

1 加热空气的热媒宜采用热水；

2 工艺性空调，当室温允许波动范围小于 ±1.0℃时，送风末端的加热器宜采用电加热器；

3 热水的供水温度及供回水温差，应符合本规范第 8.5.1 条的规定。

7.5.8 两管制水系统，当冬夏季空调负荷相差较大时，应分别计算冷、热盘管的换热面积；当二者换热面积相差很大时，宜分别设置冷、热盘管。

7.5.9 空调系统的新风和回风应经过滤处理。空气过滤器的设置，应符合下列规定：

1 舒适性空调，当采用粗效过滤器不能满足要求时，应设置中效过滤器；

2 工艺性空调，应按空调区的洁净度要求设置过滤器；

3 空气过滤器的阻力应按终阻力计算；

4 宜设置过滤器阻力监测、报警装置，并应具备更换条件。

7.5.10 对于人员密集空调区或空气质量要求较高的场所，其全空气空调系统宜设置空气净化装置。空气净化装置的类型，应根据人员密度、初投资、运行费用及空调区环境要求等，经技术经济比较确定，并符合下列规定：

1 空气净化装置类型的选择应根据空调区污染物性质选择；

2 空气净化装置的指标应符合现行相关标准。

7.5.11 空气净化装置的设置应符合下列规定：

1 空气净化装置在空气净化处理过程中不应产生新的污染；

2 空气净化装置宜设置在空气热湿处理设备的进风口处，净化要求高时可在出风口处设置二级净化装置；

3 应设置检查口；

4 宜具备净化失效报警功能；

5 高压静电空气净化装置应设置与风机有效联动的措施。

7.5.12 冬季空调区湿度有要求时，宜设置加湿装置。加湿装置的类型，应根据加湿量、相对湿度允许波动范围要求等，经技术经济比较确定，并应符合下列规定：

1 有蒸汽源时，宜采用干蒸汽加湿器；

2 无蒸汽源，且空调区湿度控制精度要求严格时，宜采用电加湿器；

3 湿度要求不高时，可采用高压喷雾或湿膜等绝热加湿器；

4 加湿装置的供水水质应符合卫生要求。

7.5.13 空气处理机组宜安装在空调机房内。空调机房应符合下列规定：

1 邻近所服务的空调区；

2 机房面积和净高应根据机组尺寸确定，并保证风管的安装空间以及适当的机组操作、检修空间；

3 机房内应考虑排水和地面防水设施。

8 冷源与热源

8.1 一般规定

8.1.1 供暖空调冷源与热源应根据建筑物规模、用途、建设地点的能源条件、结构、价格以及国家节能减排和环保政策的相关规定等，通过综合论证确定，并应符合下列规定：

1 有可供利用的废热或工业余热的区域，热源宜采用废热或工业余热。当废热或工业余热的温度较高、经技术经济论证合理时，冷源宜采用吸收式冷水机组；

2 在技术经济合理的情况下，冷、热源宜利用浅层地能、太阳能、风能等可再生能源。当采用可再生能源受到气候等原因的限制无法保证时，应设置辅助冷、热源；

3 不具备本条第1、2款的条件，但有城市或区域热网的地区，集中式空调系统的供热热源宜优先采用城市或区域热网；

4 不具备本条第1、2款的条件，但城市电网夏季供电充足的地区，空调系统的冷源宜采用电动压缩式机组；

5 不具备本条第1款～4款的条件，但城市燃气供应充足的地区，宜采用燃气锅炉、燃气热水机供热或燃气吸收式冷（温）水机组供冷、供热；

6 不具备本条第1款～5款条件的地区，可采用燃煤锅炉、燃油锅炉供热，蒸汽吸收式冷水机组或燃油吸收式冷（温）水机组供冷、供热；

7 夏季室外空气设计露点温度较低的地区，宜采用间接蒸发冷却冷水机组作为空调系统的冷源；

8 天然气供应充足的地区，当建筑的电力负荷、热负荷和冷负荷能较好匹配、能充分发挥冷、热、电联产系统的能源综合利用效率并经济技术比较合理时，宜采用分布式燃气冷热电三联供系统；

9 全年进行空气调节，且各房间或区域负荷特性相差较大，需要长时间地向建筑物同时供热和供冷，经技术经济比较合理时，宜采用水环热泵空调系统供冷、供热；

10 在执行分时电价、峰谷电价差较大的地区，经技术经济比较，采用低谷电价能够明显起到对电网"削峰填谷"和节省运行费用时，宜采用蓄能系统供冷供热；

11 夏热冬冷地区以及干旱缺水地区的中、小型建筑宜采用空气源热泵或土壤源地源热泵系统供冷、供热；

12 有天然地表水等资源可供利用、或者有可利用的浅层地下水且能保证100%回灌时，可采用地表水或地下水地源热泵系统供冷、供热；

13 具有多种能源的地区，可采用复合式能源供冷、供热。

8.1.2 除符合下列条件之一外，不得采用电直接加热设备作为空调系统的供暖热源和空气加湿热源：

1 以供冷为主、供暖负荷非常小，且无法利用热泵或其他方式提供供暖热源的建筑，当冬季电力供应充足、夜间可利用低谷电进行蓄热、且电锅炉不在用电高峰和平段时间启用时；

2 无城市或区域集中供热，且采用燃气、用煤、油等燃料受到环保或消防严格限制的建筑；

3 利用可再生能源发电，且其发电量能够满足直接电热用量需求的建筑；

4 冬季无加湿用蒸汽源，且冬季室内相对湿度要求较高的建筑。

8.1.3 公共建筑群同时具备下列条件并经技术经济比较合理时，可采用区域供冷系统：

1 需要设置集中空调系统的建筑的容积率较高，且整个区域建筑的设计综合冷负荷密度较大；

2 用户负荷及其特性明确；

3 建筑全年供冷时间长，且需求一致；

4 具备规划建设区域供冷站及管网的条件。

8.1.4 符合下列情况之一时，宜采用分散设置的空调装置或系统：

1 全年需要供冷、供暖运行时间较少，采用集中供冷、供暖系统不经济的建筑；

2 需设空气调节的房间布置过于分散的建筑；

3 设有集中供冷、供暖系统的建筑中，使用时间和要求不同的少数房间；

4 需增设空调系统，而机房和管道难以设置的既有建筑；

5 居住建筑。

8.1.5 集中空调系统的冷水（热泵）机组台数及单机制冷量（制热量）选择，应能适应空调负荷全年变化规律，满足季节及部分负荷要求。机组不宜少于两台；当小型工程仅设一台时，应选调节性能优良的机型，并能满足建筑最低负荷的要求。

8.1.6 选择电动压缩式制冷机组时，其制冷剂应符合国家现行有关环保的规定。

8.1.7 选择冷水机组时，应考虑机组水侧污垢等因素对机组性能的影响，采用合理的污垢系数对供冷（热）量进行修正。

8.1.8 空调冷（热）水和冷却水系统中的冷水机组、水泵、末端装置等设备和管路及部件的工作压力不应大于其额定工作压力。

8.2 电动压缩式冷水机组

8.2.1 选择水冷电动压缩式冷水机组类型时，宜按表8.2.1中的制冷量范围，经性能价格综合比较后确定。

表 8.2.1 水冷式冷水机组选型范围

单机名义工况制冷量（kW）	冷水机组类型
≤116	涡旋式
116～1054	螺杆式
1054～1758	螺杆式
	离心式
≥1758	离心式

8.2.2 电动压缩式冷水机组的总装机容量，应根据计算的空调系统冷负荷值直接选定，不另作附加；在设计条件下，当机组的规格不能符合计算冷负荷的要求时，所选择机组的总装机容量与计算冷负荷的比值不得超过1.1。

8.2.3 冷水机组的选型应采用名义工况制冷性能系数（COP）较高的产品，并同时考虑满负荷和部分负荷因素，其性能系数应符合现行国家标准《公共建筑节能设计标准》GB 50189的有关规定。

8.2.4 电动压缩式冷水机组电动机的供电方式应符合下列规定：

1 当单台电动机的额定输入功率大于1200kW时，应采用高压供电方式；

2 当单台电动机的额定输入功率大于900kW而小于或等于1200kW时，宜采用高压供电方式；

3 当单台电动机的额定输入功率大于650kW而小于或等于900kW时，可采用高压供电方式。

8.2.5 采用氨作制冷剂时，应采用安全性、密封性能良好的整体式氨冷水机组。

8.3 热 泵

8.3.1 空气源热泵机组的性能应符合国家现行相关标准的规定，并应符合下列规定：

1 具有先进可靠的融霜控制，融霜时间总和不应超过运行周期时间的20%；

2 冬季设计工况时机组性能系数（COP），冷热

风机组不应小于1.80，冷热水机组不应小于2.00；

3 冬季寒冷、潮湿的地区，当室外设计温度低于当地平衡点温度，或对于室内温度稳定性有较高要求的空调系统，应设置辅助热源；

4 对于同时供冷、供暖的建筑，宜选用热回收式热泵机组。

注：冬季设计工况下的机组性能系数是指冬季室外空调计算温度条件下，达到设计需求参数时的机组供热量（W）与机组输入功率（W）的比值。

8.3.2 空气源热泵机组的有效制热量应根据室外空调计算温度，分别采用温度修正系数和融霜修正系数进行修正。

8.3.3 空气源热泵或风冷制冷机组室外机的设置，应符合下列规定：

1 确保进风与排风通畅，在排出空气与吸入空气之间不发生明显的气流短路；

2 避免受污浊气流影响；

3 噪声和排热符合周围环境要求；

4 便于对室外机的换热器进行清扫。

8.3.4 地埋管地源热泵系统设计时，应符合下列规定：

1 应通过工程场地状况调查和对浅层地能资源的勘察，确定地埋管换热系统实施的可行性与经济性；

2 当应用建筑面积在5000m² 以上时，应进行岩土热响应试验，并应利用岩土热响应试验结果进行地埋管换热器的设计；

3 地埋管的埋管方式、规格与长度，应根据冷（热）负荷、占地面积、岩土层结构、岩土体热物性和机组性能等因素确定；

4 地埋管换热系统设计应进行全年供暖空调动态负荷计算，最小计算周期宜为1年。计算周期内，地源热泵系统总释热量和总吸热量宜基本平衡；

5 应分别按供冷与供热工况进行地埋管换热器的长度计算。当地埋管系统最大释热量和最大吸热量相差不大时，宜取其计算长度的较大者作为地埋管换热器的长度；当地埋管系统最大释热量和最大吸热量相差较大时，宜取其计算长度的较小者作为地埋管换热器的长度，采用增设辅助冷（热）源，或与其他冷热源系统联合运行的方式，满足设计要求；

6 冬季有冻结可能的地区，地埋管应有防冻措施。

8.3.5 地下水地源热泵系统设计时，应符合下列规定：

1 地下水的持续出水量应满足地源热泵系统最大吸热量或释热量的要求；地下水的水温应满足机组运行要求，并根据不同的水质采取相应的水处理措施；

2 地下水系统宜采用变流量设计，并根据空调

负荷动态变化调节地下水用量;

3 热泵机组集中设置时,应根据水源水质条件确定水源直接进入机组换热器或另设板式换热器间接换热;

4 应对地下水采取可靠的回灌措施,确保全部回灌到同一含水层,且不得对地下水资源造成污染。

8.3.6 江河湖水源地源热泵系统设计时,应符合下列规定:

1 应对地表水体资源和水体环境进行评价,并取得当地水务主管部门的批准同意。当江河湖为航运通道时,取水口和排水口的设置位置应取得航运主管部门的批准;

2 应考虑江河的丰水、枯水季节的水位差;

3 热泵机组与地表水水体的换热方式应根据机组的设置、水体水温、水质、水深、换热量等条件确定;

4 开式地表水换热系统的取水口,应设在水位适宜、水质较好的位置,并应位于排水口的上游,远离排水口;地表水进入热泵机组前,应设置过滤、清洗、灭藻等水处理措施,并不得造成环境污染;

5 采用地表水盘管换热器时,盘管的形式、规格与长度,应根据冷(热)负荷、水体面积、水体深度、水体温度的变化规律和机组性能等因素确定;

6 在冬季有冻结可能的地区,闭式地表水换热系统应有防冻措施。

8.3.7 海水源地源热泵系统设计时,应符合下列规定:

1 海水换热系统应根据海水水文状况、温度变化规律等进行设计;

2 海水设计温度宜根据近 30 年取水点区域的海水温度确定;

3 开式系统中的取水口深度应根据海水水深温度特性进行优化后确定,距离海底高度宜大于 2.5m;取水口应能抵抗大风和海水的潮汐引起的水流应力;取水口处应设置过滤器、杀菌及防生物附着装置;排水口应与取水口保持一定的距离;

4 与海水接触的设备及管道,应具有耐海水腐蚀性能,应采取防止海洋生物附着的措施;中间换热器应具备可拆卸功能;

5 闭式海水换热系统在冬季有冻结可能的地区,应采取防冻措施。

8.3.8 污水源地源热泵系统设计时,应符合下列规定:

1 应考虑污水水温、水质及流量的变化规律和对后续污水处理工艺的影响等因素;

2 采用开式原生污水源地源热泵系统时,原生污水取水口处设置的过滤装置应具有连续反冲洗功能,取水口处污水量应稳定;排水口应位于取水口下游并与取水口保持一定的距离;

3 采用开式原生污水源地源热泵系统设中间换热器时,中间换热器应具备可拆卸功能;原生污水直接进入热泵机组时,应采用冷媒侧转换的热泵机组,且与原生污水接触的换热器应特殊设计;

4 采用再生水污水源热泵系统时,宜采用再生水直接进入热泵机组的开式系统。

8.3.9 水环热泵空调系统的设计,应符合下列规定:

1 循环水水温宜控制在 15℃~35℃;

2 循环水宜采用闭式系统。采用开式冷却塔时,宜设置中间换热器;

3 辅助热源的供热量应根据冬季白天高峰和夜间低谷负荷时的建筑物的供暖负荷、系统内区可回收的余热等,经热平衡计算确定。辅助热源的选择原则应符合本规范第 8.1.1 条规定;

4 水环热泵空调系统的循环水系统较小时,可采用定流量运行方式;系统较大时,宜采用变流量运行方式。当采用变流量运行方式时,机组的循环水管道上应设置与机组启停连锁控制的开关式电动阀;

5 水源热泵机组应采取有效的隔振及消声措施,并满足空调区噪声标准要求。

8.4 溴化锂吸收式机组

8.4.1 采用溴化锂吸收式冷(温)水机组时,其使用的能源种类应根据当地的资源情况合理确定;在具有多种可使用能源时,宜按照以下优先顺序确定:

1 废热或工业余热;

2 利用可再生能源产生的热源;

3 矿物质能源优先顺序为天然气、人工煤气、液化石油气、燃油等。

8.4.2 溴化锂吸收式机组的机型应根据热源参数确定。除第 8.4.1 条第 1 款、第 2 款和利用区域或市政集中热水为热源外,矿物质能源直接燃烧和提供热源的溴化锂吸收式机组均不应采用单效型机组。

8.4.3 选用直燃式机组时,应符合下列规定:

1 机组应考虑冷、热负荷与机组供冷、供热量的匹配,宜按满足夏季冷负荷和冬季热负荷的需求中的机型较小者选择;

2 当机组供热能力不足时,可加大高压发生器和燃烧器以增加供热量,但其高压发生器和燃烧器的最大供热能力不宜大于所选直燃式机组型号额定热量的 50%;

3 当机组供冷能力不足时,宜采用辅助电制冷等措施;

8.4.4 吸收式机组的性能参数应符合现行国家标准《公共建筑节能设计标准》GB 50189 的有关规定。采用供冷(温)及生活热水三用型直燃机时,尚应满足下列要求:

1 完全满足冷(温)水及生活热水日负荷变化

和季节负荷变化的要求；

2　应能按冷（温）水及生活热水的负荷需求进行调节。

3　当生活热水负荷大、波动大或使用要求高时，应设置储水装置，如容积式换热器、水箱等。若仍不能满足要求的，则应另设专用热水机组供应生活热水。

8.4.5　当建筑在整个冬季的实时冷、热负荷比值变化大时，四管制和分区两管制空调系统不宜采用直燃式机组作为单独冷热源。

8.4.6　小型集中空调系统，当利用废热热源或太阳能提供的热源，且热源供水温度在 60℃～85℃ 时，可采用吸附式冷水机组制冷。

8.4.7　直燃型溴化锂吸收式冷（温）水机组的储油、供油、燃气系统等的设计，均应符合现行国家有关标准的规定。

8.5　空调冷热水及冷凝水系统

8.5.1　空调冷水、空调热水参数应考虑对冷热源装置、末端设备、循环水泵功率的影响等因素，并按下列原则确定：

1　采用冷水机组直接供冷时，空调冷水供水温度不宜低于 5℃，空调冷水供回水温差不应小于 5℃；有条件时，宜适当增大供回水温差。

2　采用蓄冷空调系统时，空调冷水供水温度和供回水温差应根据蓄冷介质和蓄冷、取冷方式分别确定，并应符合本规范第 8.7.6 条和第 8.7.7 条的规定。

3　采用温湿度独立控制空调系统时，负担显热的冷水机组的空调供水温度不宜低于 16℃；当采用强制对流末端设备时，空调冷水供回水温差不宜小于 5℃。

4　采用蒸发冷却或天然冷源制取空调冷水时，空调冷水的供水温度，应根据当地气象条件和末端设备的工作能力合理确定；采用强制对流末端设备时，供回水温差不宜小于 4℃。

5　采用辐射供冷末端设备时，供水温度应以末端设备表面不结露为原则确定；供回水温差不应小于 2℃。

6　采用市政热力或锅炉供应的一次热源通过换热器加热的二次空调热水时，其供水温度宜根据系统需求和末端能力确定。对于非预热盘管，供水温度宜采用 50℃～60℃，用于严寒地区预热时，供水温度不宜低于 70℃。空调热水的供回水温差，严寒和寒冷地区不宜小于 15℃，夏热冬冷地区不宜小于 10℃。

7　采用直燃式冷（温）水机组、空气源热泵、地源热泵等作为热源时，空调热水供回水温度和温差应按设备要求和具体情况确定，并应使设备具有较高的供热性能系数。

8　采用区域供冷系统时，供回水温差应符合本规范第 8.8.2 条的要求。

8.5.2　除采用直接蒸发冷却器的系统外，空调水系统应采用闭式循环系统。

8.5.3　当建筑物所有区域只要求按季节同时进行供冷和供热转换时，应采用两管制的空调水系统。当建筑物内一些区域的空调系统需全年供应空调冷水、其他区域仅要求按季节进行供冷和供热转换时，可采用分区两管制空调水系统。当空调水系统的供冷和供热工况转换频繁或需同时使用时，宜采用四管制水系统。

8.5.4　集中空调冷水系统的选择，应符合下列规定：

1　除设置一台冷水机组的小型工程外，不应采用定流量一级泵系统；

2　冷水水温和供回水温差要求一致且各区域管路压力损失相差不大的中小型工程，宜采用变流量一级泵系统；单台水泵功率较大时，经技术和经济比较，在确保设备的适应性、控制方案和运行管理可靠的前提下，可采用冷水机组变流量方式；

3　系统作用半径较大、设计水流阻力较高的大型工程，宜采用变流量二级泵系统。当各环路的设计水温一致且设计水流阻力接近时，二级泵宜集中设置；当各环路的设计水流阻力相差较大或各系统水温或温差要求不同时，宜按区域或系统分别设置二级泵；

4　冷源设备集中设置且用户分散的区域供冷等大规模空调冷水系统，当二级泵的输送距离较远且各用户管路阻力相差较大，或者水温（温差）要求不同时，可采用多级泵系统。

8.5.5　采用换热器加热或冷却的二次空调水系统的循环水泵宜采用变速调节。对供冷（热）负荷和规模较大工程，当各区域管路阻力相差较大或需要对二次水系统分别管理时，可按区域分别设置换热器和二次循环泵。

8.5.6　空调水系统自控阀门的设置应符合下列规定：

1　多台冷水机组和冷水泵之间通过共用集管连接时，每台冷水机组进水或出水管道上应设置与对应的冷水机组和水泵连锁开关的电动两通阀；

2　除定流量一级泵系统外，空调末端装置应设置水路电动两通阀。

8.5.7　定流量一级泵系统应设置室内空气温度调控或自动控制措施。

8.5.8　变流量一级泵系统采用冷水机组定流量方式时，应在系统的供回水管之间设置电动旁通调节阀，旁通调节阀的设计流量宜取容量最大的单台冷水机组的额定流量。

8.5.9　变流量一级泵系统采用冷水机组变流量方式时，空调水系统设计应符合下列规定：

1　一级泵应采用调速泵；

2 在总供、回水管之间应设旁通管和电动旁通调节阀，旁通调节阀的设计流量应取各台冷水机组允许的最小流量中的最大值；

3 应考虑蒸发器最大许可的水压降和水流对蒸发器管束的侵蚀因素，确定冷水机组的最大流量；冷水机组的最小流量不应影响到蒸发器换热效果和运行安全性；

4 应选择允许水流量变化范围大、适应冷水流量快速变化（允许流量变化率大）、具有减少出水温度波动的控制功能的冷水机组；

5 采用多台冷水机组时，应选择在设计流量下蒸发器水压降相同或接近的冷水机组。

8.5.10 二级泵和多级泵系统的设计应符合下列规定：

1 应在供回水总管之间冷源侧和负荷侧分界处设平衡管，平衡管宜设置在冷源机房内，管径不宜小于总供回水管管径；

2 采用二级泵系统且按区域分别设置二级泵时，应考虑服务区域的平面布置、系统的压力分布等因素，合理确定二级泵的设置位置；

3 二级泵等负荷侧各级泵应采用变速泵。

8.5.11 除空调热水和空调冷水系统的流量和管网阻力特性及水泵工作特性相吻合的情况外，两管制空调水系统应分别设置冷水和热水循环泵。

8.5.12 在选配空调冷热水系统的循环水泵时，应计算循环水泵的耗电输冷（热）比 $EC(H)R$，并应标注在施工图的设计说明中。耗电输冷（热）比应符合下式要求：

$$EC(H)R = 0.003096\Sigma(G \cdot H/\eta_b)/\Sigma Q$$
$$\leqslant A(B + \alpha\Sigma L)/\Delta T \qquad (8.5.12)$$

式中：$EC(H)R$——循环水泵的耗电输冷（热）比；

G——每台运行水泵的设计流量，m^3/h；

H——每台运行水泵对应的设计扬程，m；

η_b——每台运行水泵对应设计工作点的效率；

Q——设计冷（热）负荷，kW；

ΔT——规定的计算供回水温差，按表8.5.12-1选取，℃；

A——与水泵流量有关的计算系数，按表8.5.12-2选取；

B——与机房及用户的水阻力有关的计算系数，按表8.5.12-3选取；

α——与ΣL有关的计算系数，按表8.5.12-4或表8.5.12-5选取；

ΣL——从冷热机房至该系统最远用户的供回水管道的总输送长度，m；当管道设于大面积单层或多层建

筑时，可按机房出口至最远端空调末端的管道长度减去100m确定。

表 8.5.12-1　ΔT 值（℃）

冷水系统	热 水 系 统			
	严寒	寒冷	夏热冬冷	夏热冬暖
5	15	15	10	5

注：1　对空气源热泵、溴化锂机组、水源热泵等机组的热水供回水温差按机组实际参数确定；

2　对直接提供高温冷水的机组，冷水供回水温差按机组实际参数确定。

表 8.5.12-2　A 值

设计水泵流量G	$G\leqslant60m^3/h$	$200m^3/h\geqslant G>60m^3/h$	$G>200m^3/h$
A值	0.004225	0.003858	0.003749

注：多台水泵并联运行时，流量按较大流量选取。

表 8.5.12-3　B 值

系 统 组 成		四管制　单冷、单热管道 B 值	二管制　热水管道 B 值
一级泵	冷水系统	28	—
	热水系统	22	21
二级泵	冷水系统[1]	33	—
	热水系统[2]	27	25

[1]　多级泵冷水系统，每增加一级泵，B值可增加5；

[2]　多级泵热水系统，每增加一级泵，B值可增加4。

表 8.5.12-4　四管制冷、热水管道系统的 α 值

系统	管道长度ΣL范围（m）		
	$\leqslant400m$	$400m<\Sigma L<1000m$	$\Sigma L\geqslant1000m$
冷水	$\alpha=0.02$	$\alpha=0.016+1.6/\Sigma L$	$\alpha=0.013+4.6/\Sigma L$
热水	$\alpha=0.014$	$\alpha=0.0125+0.6/\Sigma L$	$\alpha=0.009+4.1/\Sigma L$

表 8.5.12-5　两管制热水管道系统的 α 值

系统	地　区	管道长度ΣL范围（m）		
		$\leqslant400m$	$400m<\Sigma L<1000m$	$\Sigma L\geqslant1000m$
热水	严寒	$\alpha=0.009$	$\alpha=0.0072+0.72/\Sigma L$	$\alpha=0.0059+2.02/\Sigma L$
	寒冷	$\alpha=0.0024$	$\alpha=0.002+0.16/\Sigma L$	$\alpha=0.0016+0.56/\Sigma L$
	夏热冬冷			
	夏热冬暖	$\alpha=0.0032$	$\alpha=0.0026+0.24/\Sigma L$	$\alpha=0.0021+0.74/\Sigma L$

注：两管制冷水系统α计算式与表8.5.13-4四管制冷水系统相同。

8.5.13 空调水循环泵台数应符合下列规定：

1 水泵定流量运行的一级泵，其设置台数和流量应与冷水机组的台数和流量相对应，并宜与冷水机组的管道一对一连接；

2 变流量运行的每个分区的各级水泵不宜少于2台。当所有的同级水泵均采用变速调节方式时，台数不宜过多；

3 空调热水泵台数不宜少于2台；严寒及寒冷地区，当热水泵不超过3台时，其中一台宜设置为备用泵。

8.5.14 空调水系统布置和选择管径时，应减少并联环路之间压力损失的相对差额。当设计工况时并联环路之间压力损失的相对差额超过15%时，应采取水力平衡措施。

8.5.15 空调冷水系统的设计补水量（小时流量）可按系统水容量的1%计算。

8.5.16 空调水系统的补水点，宜设置在循环水泵的吸入口处。当采用高位膨胀水箱定压时，应通过膨胀水箱直接向系统补水；采用其他定压方式时，如果补水压力低于补水点压力，应设置补水泵。空调补水泵的选择及设置应符合下列规定：

1 补水泵的扬程，应保证补水压力比补水点的工作压力高30kPa~50kPa；

2 补水泵宜设置2台，补水泵的总小时流量宜为系统水容量的5%~10%；

3 当仅设置1台补水泵时，严寒及寒冷地区空调热水用及冷热水合用的补水泵，宜设置备用泵。

8.5.17 当设置补水泵时，空调水系统应设补水调节水箱；水箱的调节容积应根据水源的供水能力、软化设备的间断运行时间及补水泵运行情况等因素确定。

8.5.18 闭式空调水系统的定压和膨胀设计应符合下列规定：

1 定压点宜设在循环水泵的吸入口处，定压点最低压力宜使管道系统任何一点的表压均高于5kPa以上；

2 宜优先采用高位膨胀水箱定压；

3 当水系统设置独立的定压设施时，膨胀管上不应设置阀门；当各系统合用定压设施且需要分别检修时，膨胀管上应设置带电信号的检修阀，且各空调水系统应设置安全阀；

4 系统的膨胀水量应进行回收。

8.5.19 空调冷热水的水质应符合国家现行相关标准规定。当给水硬度较高时，空调热水系统的补水宜进行水质软化处理。

8.5.20 空调热水管道设计应符合下列规定：

1 **当空调热水管道利用自然补偿不能满足要求时，应设置补偿器；**

2 坡度应符合本规范第5.9.6对热水供暖管道

的要求。

8.5.21 空调水系统应设置排气和泄水装置。

8.5.22 冷水机组或换热器、循环水泵、补水泵等设备的入口管道上，应根据需要设置过滤器或除污器。

8.5.23 冷凝水管道的设置应符合下列规定：

1 当空调设备冷凝水积水盘位于机组的正压段时，凝水盘的出水口宜设置水封；位于负压段时，应设置水封，且水封高度应大于凝水盘处正压或负压值；

2 凝水盘的泄水支管沿水流方向坡度不宜小于0.010；冷凝水干管坡度不宜小于0.005，不应小于0.003，且不允许有积水部位；

3 冷凝水水平干管始端应设置扫除口；

4 冷凝水管道宜采用塑料管或热镀锌钢管；当凝结水管表面可能产生二次冷凝水且对使用房间有可能造成影响时，凝结水管道应采取防结露措施；

5 冷凝水排入污水系统时，应有空气隔断措施；冷凝水管不得与室内雨水系统直接连接；

6 冷凝水管管径应按冷凝水的流量和管道坡度确定。

8.6 冷却水系统

8.6.1 除使用地表水之外，空调系统的冷却水应循环使用。技术经济比较合理且条件具备时，冷却塔可作为冷源设备使用。

8.6.2 以供冷为主、兼有供热需求的建筑物，在技术经济合理的前提下，可采取措施对制冷机组的冷凝热进行回收利用。

8.6.3 空调系统的冷却水水温应符合下列规定：

1 冷水机组的冷却水进口温度宜按照机组额定工况下的要求确定，且不宜高于33℃；

2 冷却水进口最低温度应按制冷机组的要求确定，电动压缩式冷水机组不宜小于15.5℃，溴化锂吸收式冷水机组不宜小于24℃；全年运行的冷却水系统，宜对冷却水的供水温度采取调节措施；

3 冷却水进出口温差应根据冷水机组设定参数和冷却塔性能确定，电动压缩式冷水机组不宜小于5℃，溴化锂吸收式冷水机组宜为5℃~7℃。

8.6.4 冷却水系统设计时应符合下列规定：

1 应设置保证冷却水系统水质的水处理装置；

2 水泵或冷水机组的入口管道上应设置过滤器或除污器；

3 采用水冷管壳式冷凝器的冷水机组，宜设置自动在线清洗装置；

4 当开式冷却水系统不能满足制冷设备的水质要求时，应采用闭式循环系统。

8.6.5 集中设置的冷水机组与冷却水泵，台数和流量均应对应；分散设置的水冷整体式空调器或小型户式冷水机组，可以合用冷却水系统；冷却水泵的扬程应满足冷却塔的进水压力要求。

8.6.6 冷却塔的选用和设置应符合下列规定：

1 在夏季空调室外计算湿球温度条件下，冷却塔的出口水温、进出口水温降和循环水量应满足冷水机组的要求；

2 对进口水压有要求的冷却塔的台数，应与冷却水泵台数相对应；

3 供暖室外计算温度在 0℃ 以下的地区，冬季运行的冷却塔应采取防冻措施，冬季不运行的冷却塔及其室外管道应能泄空；

4 冷却塔设置位置应保证通风良好、远离高温或有害气体，并避免飘水对周围环境的影响；

5 冷却塔的噪声控制应符合本规范第 10 章的有关要求；

6 应采用阻燃型材料制作的冷却塔，并符合防火要求；

7 对于双工况制冷机组，若机组在两种工况下对于冷却水温的参数要求有所不同时，应分别进行两种工况下冷却塔热工性能的复核计算。

8.6.7 间歇运行的开式冷却塔的集水盘或下部设置的集水箱，其有效存水容积，应大于湿润冷却塔填料等部件所需水量，以及停泵时靠重力流入的管道内的水容量。

8.6.8 当设置冷却水集水箱且必须设置在室内时，集水箱宜设置在冷却塔的下一层，且冷却塔布水器与集水箱设计水位之间的高差不应超过 8m。

8.6.9 冷水机组、冷却水泵、冷却塔或集水箱之间的位置和连接应符合下列规定：

1 冷却水泵应自灌吸水，冷却塔集水盘或集水箱最低水位与冷却水泵吸水口的高差应大于管道、管件、设备的阻力；

2 多台冷水机组和冷却水泵之间通过共用集管连接时，每台冷水机组进水或出水管道上应设置与对应的冷水机组和水泵连锁开关的电动两通阀；

3 多台冷却水泵或冷水机组与冷却塔之间通过共用集管连接时，在每台冷却塔进水管上宜设置与对应水泵连锁开闭的电动阀；对进口水压有要求的冷却塔，应设置与对应水泵连锁开闭的电动阀。当每台冷却塔进水管上设置电动阀时，除设置集水箱或冷却塔底部为共用集水盘的情况外，每台冷却塔的出水管上也应设置与冷却水泵连锁开闭的电动阀。

8.6.10 当多台冷却塔与冷却水泵或冷水机组之间通过共用集管连接时，应使各台冷却塔并联环路的压力损失大致相同。当采用开式冷却塔时，底盘之间宜设平衡管，或在各台冷却塔底部设置共用集水盘。

8.6.11 开式冷却塔补水量应按系统的蒸发损失、飘逸损失、排污泄漏损失之和计算。不设集水箱的系统，应在冷却塔底盘处补水；设置集水箱的系统，应在集水箱处补水。

8.7 蓄冷与蓄热

8.7.1 符合以下条件之一，且经综合技术经济比较合理时，宜采用蓄冷（热）系统供冷（热）：

1 执行分时电价，峰谷电价差较大的地区，或有其他用电鼓励政策时；

2 空调冷、热负荷峰值的发生时刻与电力峰值的发生时刻接近、且电网低谷时段的冷、热负荷较小时；

3 建筑物的冷、热负荷具有显著的不均匀性，或逐时空调冷、热负荷的峰谷差悬殊，按照峰值负荷设计装机容量的设备经常处于部分负荷下运行，利用闲置设备进行制冷或供热能够取得较好的经济效益时；

4 电能的峰值供应量受到限制，以至于不采用蓄冷系统能源供应不能满足建筑空气调节的正常使用要求时；

5 改造工程，既有冷（热）源设备不能满足新的冷（热）负荷的峰值需要，且在空调负荷的非高峰时段总制冷（热）量存在富裕量时；

6 建筑空调系统采用低温送风方式或需要较低的冷水供水温度时；

7 区域供冷系统中，采用较大的冷水温差供冷时；

8 必须设置部分应急冷源的场所。

8.7.2 蓄冷空调系统设计应符合下列规定：

1 应计算一个蓄冷—释冷周期的逐时空调冷负荷，且应考虑间歇运行的冷负荷附加；

2 应根据蓄冷—释冷周期内冷负荷曲线、电网峰谷时段以及电价、建筑物能够提供的设置蓄冷设备的空间等因素，经综合比较后确定采用全负荷蓄冷或部分负荷蓄冷。

8.7.3 冰蓄冷装置和制冷机的容量，应保证在设计蓄冷时段内完成全部预定的冷量蓄存，并宜按照附录 J 的规定确定。冰蓄冷装置的蓄冷和释冷特性应满足蓄冷空调系统的需求。

8.7.4 冰蓄冷系统，当设计蓄冷时段仍需供冷，且符合下列情况之一时，宜配置基载机组：

1 基载冷负荷超过制冷主机单台空调工况制冷量的 20% 时；

2 基载冷负荷超过 350kW 时；

3 基载负荷下的空调总冷量（kWh）超过设计蓄冰冷量（kWh）的 10% 时。

8.7.5 冰蓄冷系统载冷剂选择及管路设计应符合现行行业标准《蓄冷空调工程技术规程》JGJ 158 的有关规定。

8.7.6 采用冰蓄冷系统时，应适当加大空调冷水的供回水温差，并应符合下列规定：

1 当空调冷水直接进入建筑内各空调末端时，若采用冰盘管内融冰方式，空调系统的冷水供回水温差不应小于 6℃，供水温度不宜高于 6℃；若采用冰盘管外融冰方式，空调系统的冷水供回水温差不应小于 8℃，供水温度不宜高于 5℃；

2 当建筑空调水系统由于分区而存在二次冷水的需求时，若采用冰盘管内融冰方式，空调系统的一次冷水供回水温差不应小于 5℃，供水温度不宜高于 6℃；若采用冰盘管外融冰方式，空调系统的一次冷水供回水温差不应小于 6℃，供水温度不宜高于 5℃；

3 当空调系统采用低温送风方式时，其冷水供回水温度，应经经济技术比较后确定。供水温度不宜高于 5℃；

4 采用区域供冷时，温差要求应符合第 8.8.2 条的要求。

8.7.7 水蓄冷（热）系统设计应符合下列规定：

1 蓄冷水温不宜低于 4℃，蓄冷水池的蓄水深度不宜低于 2m；

2 当空调水系统最高点高于蓄冷（或蓄热）水池设计水面时，宜采用板式换热器间接供冷（热）；当高差大于 10m 时，应采用板式换热器间接供冷（热）。如果采用直接供冷（热）方式，水路设计应采用防止水倒灌的措施；

3 蓄冷水池与消防水池合用时，其技术方案应经过当地消防部门的审批，并应采取切实可靠的措施保证消防供水的要求；

4 蓄热水池不应与消防水池合用。

8.8 区域供冷

8.8.1 区域供冷时，应优先考虑利用分布式能源站、热电厂等余热作为制冷能源。

8.8.2 采用区域供冷方式时，宜采用冰蓄冷系统。空调冷水供回水温差应符合下列规定：

1 采用电动压缩式冷水机组供冷时，不宜小于 7℃；

2 采用冰蓄冷系统时，不应小于 9℃。

8.8.3 区域供冷站的设计应符合下列规定：

1 应根据建设的不同阶段及用户的使用特点进行冷负荷分析，并确定同时使用系数和系统的总装机容量；

2 应考虑分期投入和建设的可能性；

3 区域供冷站宜位于冷负荷中心，且可根据需要独立设置；供冷半径应经技术经济比较确定；

4 应设计自动控制系统及能源管理优化系统。

8.8.4 区域供冷管网的设计应符合下列规定：

1 负荷侧的共用输配管网和用户管道应按变流量系统设计。各段管道的设计流量应按其所承担的建筑或区域的最大逐时冷负荷，并考虑同时使用系数后确定；

2 区域供冷系统管网与建筑单体的空调水系统规模较大时，宜采用用户设置换热器间接供冷的方式；规模较小时，可根据水温、系统压力和管理等因素，采用用户设置换热器间接供冷或采用直接串联的多级泵系统；

3 应进行管网的水力工况分析及水力平衡计算，并通过经济技术比较确定管网的计算比摩阻。管网设计的最大水流速不宜超过 2.9m/s。当各环路的水力不平衡率超过 15% 时，应采取相应的水力平衡措施；

4 供冷管道宜采用带有保温及防水保护层的成品管材。设计沿程冷损失应小于设计输送总冷量的 5%；

5 用户入口应设有冷量计量装置和控制调节装置，并宜分段设置用于检修的阀门井。

8.9 燃气冷热电三联供

8.9.1 采用燃气冷热电三联供系统时，应优化系统配置，满足能源梯级利用的要求。

8.9.2 设备配置及系统设计应符合下列原则：

1 以冷、热负荷定发电量；

2 优先满足本建筑的机电系统用电。

8.9.3 余热利用设备及容量选择应符合下列规定：

1 宜采用余热直接回收利用的方式；

2 余热利用设备最低制冷容量，不应低于发电机满负荷运行时产生的余热制冷量。

8.10 制冷机房

8.10.1 制冷机房设计时，应符合下列规定：

1 制冷机房宜设在空调负荷的中心；

2 宜设置值班室或控制室，根据使用需求也可设置维修及工具间；

3 机房内应有良好的通风设施；地下机房应设置机械通风，必要时设置事故通风；值班室或控制室的室内设计参数应满足工作要求；

4 机房应预留安装孔、洞及运输通道；

5 机组制冷剂安全阀泄压管应接至室外安全处；

6 机房应设电话及事故照明装置，照度不宜小于 100lx，测量仪表集中处应设局部照明；

7 机房内的地面和设备机座应采用易于清洗的面层；机房内应设置给水与排水设施，满足水系统冲洗、排污要求；

8 当冬季机房内设备和管道中存水或不能保证完全放空时，机房内应采取供热措施，保证房间温度达到 5℃ 以上。

8.10.2 机房内设备布置应符合下列规定：

1 机组与墙之间的净距不小于 1m，与配电柜的距离不小于 1.5m；

2 机组与机组或其他设备之间的净距不小于 1.2m；

3 宜留有不小于蒸发器、冷凝器或低温发生器长度的维修距离；

4 机组与其上方管道、烟道或电缆桥架的净距不小于 1m；

5 机房主要通道的宽度不小于 1.5m。

8.10.3 氨制冷机房设计应符合下列规定：

1 氨制冷机房单独设置且远离建筑群；

2 机房内严禁采用明火供暖；

3 机房应有良好的通风条件，同时应设置事故排风装置，换气次数每小时不少于 12 次，排风机应选用防爆型；

4 制冷剂室外泄压口应高于周围 50m 范围内最高建筑屋脊 5m，并采取防止雷击、防止雨水或杂物进入泄压管的装置；

5 应设置紧急泄氨装置，在紧急情况下，能将机组氨液溶于水中，并排至经有关部门批准的储罐或水池。

8.10.4 直燃吸收式机组机房的设计应符合下列规定：

1 应符合国家现行有关防火及燃气设计规范的相关规定；

2 宜单独设置机房；不能单独设置机房时，机房应靠建筑物的外墙，并采用耐火极限大于 2h 防爆墙和耐火极限大于 1.5h 现浇楼板与相邻部位隔开；当与相邻部位必须设门时，应设甲级防火门；

3 不应与人员密集场所和主要疏散口贴邻设置；

4 燃气直燃型制冷机组机房单层面积大于 200m² 时，机房应设直接对外的安全出口；

5 应设置泄压口，泄压口面积不应小于机房占地面积的 10%（当通风管道或通风井直通室外时，其面积可计入机房的泄压面积）；泄压口应避开人员密集场所和主要安全出口；

6 不应设置吊顶；

7 烟道布置不应影响机组的燃烧效率及制冷效率。

8.11 锅炉房及换热机房

8.11.1 采用城市热网或区域锅炉房（蒸汽、热水）供热的空调系统，宜设换热机房，通过换热器进行间接供热。锅炉房、换热机房应设置计量表具。

8.11.2 换热器的选择，应符合下列规定：

1 应选择高效、紧凑、便于维护管理、使用寿命长的换热器，其类型、构造、材质与换热介质理化特性及换热系统使用要求相适应；

2 热泵空调系统，从低温热源取热时，应采用能以紧凑形式实现小温差换热的板式换热器；

3 水-水换热器宜采用板式换热器。

8.11.3 换热器的配置应符合下列规定：

1 换热器总台数不应多于四台。全年使用的换热系统中，换热器的台数不应少于两台；非全年使用的换热系统中，换热器的台数不宜少于两台；

2 换热器的总换热量应在换热系统设计热负荷的基础上乘以附加系数，宜按表 8.11.3 取值，供暖系统的换热器还应同时满足本条第 3 款的要求；

3 供暖系统的换热器，一台停止工作时，剩余换热器的设计换热量应保障供热量的要求，寒冷地区不应低于设计供热量的 65%，严寒地区不应低于设计供热量的 70%。

表 8.11.3 换热器附加系数取值表

系统类型	供暖及空调供热	空调供冷	水源热泵
附加系数	1.1～1.15	1.05～1.1	1.15～1.25

8.11.4 当换热器表面产生污垢不易被清洁时，宜设置免拆卸清洗或在线清洗系统。

8.11.5 当换热介质为非清水介质时，换热器宜设在独立房间内，且应设置清洗设施及通风系统。

8.11.6 汽水换热器的蒸汽凝结水，宜回收利用。

8.11.7 锅炉房的设置与设计除应符合本规范规定外，尚应符合现行国家标准《锅炉房设计规范》GB 50041、《高层民用建筑设计防火规范》GB 50045、《建筑设计防火规范》GB 50016 的有关规定以及工程所在地主管部门的管理要求。

8.11.8 锅炉房及单台锅炉的设计容量与锅炉台数应符合下列规定：

1 锅炉房的设计容量应根据供热系统综合最大热负荷确定；

2 单台锅炉的设计容量应以保证其具有长时间较高运行效率的原则确定，实际运行负荷率不宜低于 50%；

3 在保证锅炉具有长时间较高运行效率的前提下，各台锅炉的容量宜相等；

4 锅炉房锅炉总台数不宜过多，全年使用时不应少于两台，非全年使用时不宜少于两台；

5 其中一台因故停止工作时，剩余锅炉的设计换热量应符合业主保障供热量的要求，并且对于寒冷地区和严寒地区供热（包括供暖和空调供热），剩余锅炉的总供热量分别不应低于设计供热量的 65% 和 70%。

8.11.9 除厨房、洗衣、高温消毒以及冬季空调加湿等必须采用蒸汽的热负荷外，其余热负荷应以热水锅炉为热源。当蒸汽热负荷在总热负荷中的比例大于 70% 且总热负荷 ≤1.4MW 时，可采用蒸汽锅炉。

8.11.10 锅炉额定热效率不应低于现行国家标准

《公共建筑节能设计标准》GB 50189 的有关规定。当供热系统的设计回水温度小于或等于 50℃时，宜采用冷凝式锅炉。

8.11.11 当采用真空热水锅炉时，最高用热温度宜小于或等于 85℃。

8.11.12 集中供暖系统采用变流量水系统时，循环水泵宜采用变速调节控制。

8.11.13 在选配集中供暖系统的循环水泵时，应计算循环水泵的耗电输热比（EHR），并应标注在施工图的设计说明中。循环泵耗电输热比应符合下式要求：

$$EHR = 0.003096\Sigma(G \cdot H/\eta_b)/Q \leqslant A(B + \alpha\Sigma L)/\Delta T \tag{8.11.13}$$

式中：EHR——循环水泵的耗电输热比；

　　G——每台运行水泵的设计流量，m^3/h；

　　H——每台运行水泵对应的设计扬程，m 水柱；

　　η_b——每台运行水泵对应的设计工作点效率；

　　Q——设计热负荷，kW；

　　ΔT——设计供回水温差，℃；

　　A——与水泵流量有关的计算系数，按本规范表 8.5.12-2 选取；

　　B——与机房及用户的水阻力有关的计算系数，一级泵系统时 $B=20.4$，二级泵系统时 $B=24.4$；

　　ΣL——室外主干线（包括供回水管）总长度（m）；

　　α——与 ΣL 有关的计算系数，按如下选取或计算：

　　当 $\Sigma L \leqslant 400m$ 时，$\alpha=0.0015$；

　　当 $400m < \Sigma L < 1000m$ 时，$\alpha=0.003833+3.067/\Sigma L$；

　　当 $\Sigma L \geqslant 1000m$ 时，$\alpha=0.0069$。

8.11.14 锅炉房及换热机房，应设置供热量控制装置。

8.11.15 锅炉房、换热机房的设计补水量（小时流量）可按系统水容量的 1%计算，补水泵设置应符合本规范 8.5.16 条规定。

8.11.16 闭式循环水系统的定压和膨胀方式，应符合本规范第 8.5.18 条规定。当采用对系统含氧量要求严格的散热器设备时，宜采用能容纳膨胀水量的闭式定压方式或进行除氧处理。

9 检测与监控

9.1 一般规定

9.1.1 供暖、通风与空调系统应设置检测与监控设备或系统，并应符合下列规定：

　　1 检测与监控内容可包括参数检测、参数与设备状态显示、自动调节与控制、工况自动转换、设备连锁与自动保护、能量计量以及中央监控与管理等。具体内容和方式应根据建筑物的功能与要求、系统类型、设备运行时间以及工艺对管理的要求等因素，通过技术经济比较确定；

　　2 系统规模大，制冷空调设备台数多且相关联各部分相距较远时，应采用集中监控系统；

　　3 不具备采用集中监控系统的供暖、通风与空调系统，宜采用就地控制设备或系统。

9.1.2 供暖、通风与空调系统的参数检测应符合下列规定：

　　1 反映设备和管道系统在启停、运行及事故处理过程中的安全和经济运行的参数，应进行检测；

　　2 用于设备和系统主要性能计算和经济分析所需的参数，宜进行检测；

　　3 检测仪表的选择和设置应与报警、自动控制和计算机监视等内容综合考虑，不宜重复设置，就地检测仪表应设在便于观察的地点。

9.1.3 采用集中监控系统控制的动力设备，应设就地手动控制装置，并通过远程/就地转换开关实现远距离与就地手动控制之间的转换；远程/就地转换开关的状态应为监控系统的检测参数之一。

9.1.4 供暖、通风与空调设备设置联动、连锁等保护措施时，应符合下列规定：

　　1 当采用集中监控系统时，联动、连锁等保护措施应由集中监控系统实现；

　　2 当采用就地自动控制系统时，联动、连锁等保护措施，应为自控系统的一部分或独立设置；

　　3 当无集中监控或就地自动控制系统时，应设置专门联动、连锁等保护措施。

9.1.5 锅炉房、换热机房和制冷机的能量计量应符合下列规定：

　　1 应计量燃料的消耗量；

　　2 应计量耗电量；

　　3 应计量集中供热系统的供热量；

　　4 应计量补水量；

　　5 应计量集中空调系统冷源的供冷量；

　　6 循环水泵耗电量宜单独计量。

9.1.6 中央级监控管理系统应符合下列规定：

　　1 应能以与现场测量仪表相同的时间间隔与测量精度连续记录，显示各系统运行参数和设备状态。其存储介质和数据库应能保证记录连续一年以上的运行参数；

　　2 应能计算和定期统计系统的能量消耗、各台设备连续和累计运行时间；

　　3 应能改变各控制器的设定值，并能对设置为"远程"状态的设备直接进行启、停和调节；

4 应根据预定的时间表，或依据节能控制程序自动进行系统或设备的启停；

5 应设立操作者权限控制等安全机制；

6 应有参数越限报警、事故报警及报警记录功能，并宜设有系统或设备故障诊断功能；

7 宜设置可与其他弱电系统数据共享的集成接口。

9.1.7 防排烟系统的检测与监控，应执行国家现行有关防火规范的规定；与防排烟系统合用的通风空调系统应按消防设置的要求供电，并在火灾时转入火灾控制状态；通风空调风道上的防火阀宜具有位置反馈功能。

9.1.8 有特殊要求的冷热源机房、通风和空调系统的检测与监控应符合相关规范的规定。

9.2 传感器和执行器

9.2.1 传感器的选择应符合下列规定：

1 当以安全保护和设备状态监视为目的时，宜选择温度开关、压力开关、风流开关、水流开关、压差开关、水位开关等以开关量形式输出的传感器，不宜使用连续量输出的传感器；

2 传感器测量范围和精度应与二次仪表匹配，并高于工艺要求的控制和测量精度；

3 易燃易爆环境应采用防燃防爆型传感器。

9.2.2 温度、湿度传感器的设置，应符合下列规定：

1 温度、湿度传感器测量范围宜为测点温度范围的1.2～1.5倍，传感器测量范围和精度应与二次仪表匹配，并高于工艺要求的控制和测量精度；

2 供、回水管温差的两个温度传感器应成对选用，且温度偏差系数应同为正或负；

3 壁挂式空气温度、湿度传感器应安装在空气流通，能反映被测房间空气状态的位置；风道内温度、湿度传感器应保证插入深度，不应在探测头与风道外侧间形成热桥；插入式水管温度传感器应保证测头插入深度在水流的主流区范围内，安装位置附近不应有热源及水滴。

4 机器露点温度传感器应安装在挡水板后有代表性的位置，应避免辐射热、振动、水滴及二次回风的影响。

9.2.3 压力（压差）传感器的设置，应符合下列规定：

1 压力（压差）传感器的工作压力（压差）应大于该点可能出现的最大压力（压差）的1.5倍，量程宜为该点压力（压差）正常变化范围的1.2～1.3倍；

2 在同一建筑层的同一水系统上安装的压力（压差）传感器宜处于同一标高；

3 测压点和取压点的设置应根据系统需要和介

质类型确定，设在管内流动稳定的地方并满足产品需要的安装条件。

9.2.4 流量传感器的设置，应符合下列规定：

1 流量传感器量程宜为系统最大工作流量的1.2～1.3倍；

2 流量传感器安装位置前后应有保证产品所要求的直管段长度或其他安装条件；

3 应选用具有瞬态值输出的流量传感器；

4 宜选用水流阻力低的产品。

9.2.5 自动调节阀的选择，应符合下列规定：

1 阀权度的确定应综合考虑调节性能和输送能耗的影响，宜取0.3～0.7。阀权度应按下式计算：

$$S = \Delta p_{min} / \Delta p \qquad (9.2.5)$$

式中：S——阀权度；

Δp_{min}——调节阀全开时的压力损失（Pa）；

Δp——调节阀所在串联支路的总压力损失（Pa）。

2 调节阀的流量特性应根据调节对象特性和阀权度选择，并宜符合下列规定：

1) 水路两通阀宜采用等百分比特性的阀门；

2) 水路三通阀宜采用抛物线特性或线性特性的阀门；

3) 蒸汽两通阀，当阀权度大于或等于0.6时，宜采用线性特性的；当阀权度小于0.6时，宜采用等百分比特性的阀门。

3 调节阀的口径应根据使用对象要求的流通能力，通过计算选择确定。

9.2.6 蒸汽两通阀应采用单座阀。三通分流阀不应作三通混合阀使用；三通混合阀不宜作三通分流阀使用。

9.2.7 当仅以开关形式用于设备或系统水路切换时，应采用通断阀，不得采用调节阀。

9.3 供暖通风系统的检测与监控

9.3.1 供暖系统应对下列参数进行检测：

1 供暖系统的供水、供汽和回水干管中的热媒温度和压力；

2 过滤器的进出口静压差；

3 水泵等设备的启停状态；

4 热空气幕的启停状态。

9.3.2 热水集中供暖系统的室温调控应符合本规范第5.10节的有关规定。

9.3.3 通风系统应对下列参数进行检测：

1 通风机的启停状态；

2 可燃或危险物泄漏等事故状态；

3 空气过滤器进出口静压差的越限报警。

9.3.4 事故通风系统的通风机应与可燃气体泄漏、事故等探测器连锁开启，并宜在工作地点设有声、光等报警状态的警示。

9.3.5 通风系统的控制应符合下列规定：

1 应保证房间风量平衡、温度、压力、污染物浓度等要求；

2 宜根据房间内设备使用状况进行通风量的调节。

9.3.6 通风系统的监控应符合相关现行消防规范和本规范第6章的相关规定。

9.4 空调系统的检测与监控

9.4.1 空调系统应对下列参数进行检测：

1 室内、外空气的温度；

2 空气冷却器出口的冷水温度；

3 空气加热器出口的热水温度；

4 空气过滤器进出口静压差的越限报警；

5 风机、水泵、转轮热交换器、加湿器等设备启停状态。

9.4.2 全年运行的空调系统，宜采用多工况运行的监控设计。

9.4.3 室温允许波动范围小于或等于±1℃和相对湿度允许波动范围小于或等于±5%的空调系统，当水冷式空气冷却器采用变水量控制时，宜由室内温度、湿度调节器通过高值或低值选择器进行优先控制，并对加热器或加湿器进行分程控制。

9.4.4 全空气空调系统的控制应符合下列规定：

1 室温的控制由送风温度或/和送风量的调节实现，应根据空调系统的类型和工况进行选择；

2 送风温度的控制应通过调节冷却器或加热器水路控制阀和/或新、回风道调节风阀实现。水路控制阀的设置应符合本规范第8.5.6条的规定，且宜采用模拟量调节阀；需要控制混风温度时风阀宜采用模拟量调节阀；

3 采用变风量系统时，风机应采用变速控制方式；

4 当采用加湿处理时，加湿量应按室内湿度要求和热湿负荷情况进行控制。当室内散湿量较大时，宜采用机器露点温度不恒定或不达到机器露点温度的方式，直接控制室内相对湿度；

5 过渡期宜采用加大新风比的方式运行。

9.4.5 新风机组的控制应符合下列规定：

1 新风机组水路电动阀的设置应符合第8.5.6条的要求，且宜采用模拟量调节阀；

2 水路电动阀的控制和调节应保证需要的送风温度设定值，送风温度设定值应根据新风承担室内负荷情况进行确定；

3 当新风系统进行加湿处理时，加湿量的控制和调节可根据加湿精度要求，采用送风湿度恒定或室内湿度恒定的控制方式。

9.4.6 风机盘管水路电动阀的设置应符合第8.5.6条的要求，并宜设置常闭式电动通断阀。

9.4.7 冬季有冻结可能性的地区，新风机组或空调机组应设置防冻保护控制。

9.4.8 空调系统空气处理装置的送风温度设定值，应按冷却和加热工况分别确定；当冷却和加热工况互换时，应设冷热转换装置。冬季和夏季需要改变送风方向和风量的风口应设置冬夏转换装置。转换装置的控制可独立设置或作为集中监控系统的一部分。

9.4.9 空调系统的电加热器应与送风机连锁，并应设无风断电、超温断电保护装置；电加热器必须采取接地及剩余电流保护措施。

9.5 空调冷热源及其水系统的检测与监控

9.5.1 空调冷热源及其水系统，应对下列参数进行检测：

1 冷水机组蒸发器进、出口水温、压力；

2 冷水机组冷凝器进、出口水温、压力；

3 热交换器一二次侧进、出口温度、压力；

4 分、集水器温度、压力（或压差）；

5 水泵进出口压力；

6 水过滤器前后压差；

7 冷水机组、水泵、冷却塔风机等设备的启停状态。

9.5.2 蓄冷（热）系统应对下列参数进行检测：

1 蓄冷（热）装置的进、出口介质温度；

2 电锅炉的进、出口水温；

3 蓄冷（热）装置的液位；

4 调节阀的阀位；

5 蓄冷（热）量、供冷（热）量的瞬时值和累计值；

6 故障报警。

9.5.3 冷水机组宜采用由冷量优化控制运行台数的方式；采用自动方式运行时，冷水系统中各相关设备及附件与冷水机组应进行电气连锁，顺序启停。

9.5.4 冰蓄冷系统的二次冷媒侧换热器应设防冻保护控制。

9.5.5 变流量一级泵系统冷水机组定流量运行时，空调水系统总供、回水管之间的旁通调节阀应采用压差控制。压差测点相关要求应符合本规范第9.2.3条的规定。

9.5.6 二级泵和多级泵空调水系统中，二级泵等负荷侧各级水泵运行台数宜采用流量控制方式；水泵变速宜根据系统压差变化控制。

9.5.7 变流量一级泵系统冷水机组变流量运行时，空调水系统的控制应符合下列规定：

1 总供、回水管之间的旁通调节阀可采用流量、温差或压差控制；

2 水泵的台数和变速控制应符合本规范第9.5.6条的要求；

3 应采用精确控制流量和降低水流量变化速率

的控制措施。

9.5.8 空调冷却水系统的控制调节应符合下列规定：

    1 冷却塔风机开启台数或转速宜根据冷却塔出水温度控制；

    2 当冷却塔供回水总管间设置旁通调节阀时，应根据冷水机组最低冷却水温度调节旁通水量；

    3 可根据水质检测情况进行排污控制。

9.5.9 集中监控系统与冷水机组控制器之间宜建立通信连接，实现集中监控系统中央主机对冷水机组运行参数的检测与监控。

10 消声与隔振

10.1 一般规定

10.1.1 供暖、通风与空调系统的消声与隔振设计计算应根据工艺和使用的要求、噪声和振动的大小、频率特性、传播方式及噪声振动允许标准等确定。

10.1.2 供暖、通风与空调系统的噪声传播至使用房间和周围环境的噪声级应符合现行国家有关标准的规定。

10.1.3 供暖、通风与空调系统的振动传播至使用房间和周围环境的振动级应符合现行国家标准的规定。

10.1.4 设置风系统管道时，消声处理后的风管不宜穿过高噪声的房间；噪声高的风管，不宜穿过噪声要求低的房间，当必须穿过时，应采取消声处理措施。

10.1.5 有消声要求的通风与空调系统，其风管内的空气流速，宜按表 10.1.5 选用。

表 10.1.5 风管内的空气流速（m/s）

室内允许噪声级 dB（A）	主管风速	支管风速
25～35	3～4	≤2
35～50	4～7	2～3

注：通风机与消声装置之间的风管，其风速可采用 8m/s ～10m/s。

10.1.6 通风、空调与制冷机房等的位置，不宜靠近声环境要求较高的房间；当必须靠近时，应采取隔声、吸声和隔振措施。

10.1.7 暴露在室外的设备，当其噪声达不到环境噪声标准要求时，应采取降噪措施。

10.1.8 进排风口噪声应符合环保要求，否则应采取消声措施。

10.2 消声与隔声

10.2.1 供暖、通风和空调设备噪声源的声功率级应依据产品的实测数值。

10.2.2 气流通过直管、弯头、三通、变径管、阀门和送回风口等部件产生的再生噪声声功率级与噪声自然衰减量，应分别按各倍频带中心频率计算确定。

    注：对于直风管，当风速小于 5m/s 时，可不计算气流再生噪声；风速大于 8m/s 时，可不计算噪声自然衰减量。

10.2.3 通风与空调系统产生的噪声，当自然衰减不能达到允许噪声标准时，应设置消声设备或采取其他消声措施。系统所需的消声量，应通过计算确定。

10.2.4 选择消声设备时，应根据系统所需消声量、噪声源频率特性和消声设备的声学性能及空气动力特性等因素，经技术经济比较确定。

10.2.5 消声设备的布置应考虑风管内气流对消声能力的影响。消声设备与机房隔墙间的风管应采取隔声措施。

10.2.6 管道穿过机房围护结构时，管道与围护结构之间的缝隙应使用具备防火隔声能力的弹性材料填充密实。

10.3 隔振

10.3.1 当通风、空调、制冷装置以及水泵等设备的振动靠自然衰减不能达标时，应设置隔振器或采取其他隔振措施。

10.3.2 对不带有隔振装置的设备，当其转速小于或等于 1500r/min 时，宜选用弹簧隔振器；转速大于 1500r/min 时，根据环境需求和设备振动的大小，亦可选用橡胶等弹性材料的隔振垫块或橡胶隔振器。

10.3.3 选择弹簧隔振器时，应符合下列规定：

    1 设备的运转频率与弹簧隔振器垂直方向的固有频率之比，应大于或等于 2.5，宜为 4～5；

    2 弹簧隔振器承受的载荷，不应超过允许工作载荷；

    3 当共振振幅较大时，宜与阻尼大的材料联合使用；

    4 弹簧隔振器与基础之间宜设置一定厚度的弹性隔振垫。

10.3.4 选择橡胶隔振器时，应符合下列要求：

    1 应计入环境温度对隔振器压缩变形量的影响；

    2 计算压缩变形量，宜按生产厂家提供的极限压缩量的1/3～1/2采用；

    3 设备的运转频率与橡胶隔振器垂直方向的固有频率之比，应大于或等于 2.5，宜为 4～5；

    4 橡胶隔振器承受的荷载，不应超过允许工作荷载；

    5 橡胶隔振器与基础之间宜设置一定厚度的弹性隔振垫。

注：橡胶隔振器应避免太阳直接辐射或与油类接触。

10.3.5 符合下列要求之一时，宜加大隔振台座质量及尺寸：

    1 设备重心偏高；

    2 设备重心偏离中心较大，且不易调整；

    3 不符合严格隔振要求的。

10.3.6 冷（热）水机组、空调机组、通风机以及水泵等设备的进口、出口宜采用软管连接。水泵出口设止回阀时，宜选用消锤式止回阀。

10.3.7 受设备振动影响的管道应采用弹性支吊架。

10.3.8 在有噪声要求严格的房间的楼层设置集中的空调机组设备时，应采用浮筑双隔振台座。

11 绝热与防腐

11.1 绝　热

11.1.1 具有下列情形之一的设备、管道（包括管件、阀门等）应进行保温：

    1 设备与管道的外表面温度高于 50℃时（不包括室内供暖管道）；

    2 热介质必须保证一定状态或参数时；

    3 不保温时，热损耗量大，且不经济时；

    4 安装或敷设在有冻结危险场所时；

    5 不保温时，散发的热量会对房间温、湿度参数产生不利影响或不安全因素。

11.1.2 具有下列情形之一的设备、管道（包括阀门、管附件等）应进行保冷：

    1 冷介质低于常温，需要减少设备与管道的冷损失时；

    2 冷介质低于常温，需要防止设备与管道表面凝露时；

    3 需要减少冷介质在生产和输送过程中的温升或汽化时；

    4 设备、管道不保冷时，散发的冷量会对房间温、湿度参数产生不利影响或不安全因素。

11.1.3 设备与管道绝热材料的选择应符合下列规定：

    1 绝热材料及其制品的主要性能应符合现行国家标准《设备及管道绝热设计导则》GB/T 8175 的有关规定；

    2 设备与管道的绝热材料燃烧性能应满足现行有关防火规范的要求；

    3 保温材料的允许使用温度应高于正常操作时的介质最高温度；

    4 保冷材料的最低安全使用温度应低于正常操作时介质的最低温度；

    5 保温材料应选择热导率小、密度小、造价低、易于施工的材料和制品；

    6 保冷材料应选择热导率小、吸湿率低、吸水率小、密度小、耐低温性能好、易于施工、造价低、综合经济效益高的材料；优先选用闭孔型材料和对异形部位保冷简便的材料；

    7 经综合经济比较合适时，可以选用复合绝热材料。

11.1.4 设备和管道的保温层厚度应按现行国家标准《设备及管道绝热设计导则》GB/T 8175 中经济厚度方法计算确定，亦可按本规范附录 K 选用。必要时也可按允许表面热损失法或允许介质温降法计算确定。

11.1.5 设备与管道的保冷层厚度应按下列原则计算确定：

    1 供冷或冷热共用时，应按现行国家标准《设备及管道绝热设计导则》GB/T 8175 中经济厚度和防止表面结露的保冷层厚度方法计算，并取厚值，或按本规范附录 K 选用；

    2 冷凝水管应按《设备及管道绝热设计导则》GB/T 8175 中防止表面结露保冷厚度方法计算确定，或按本规范附录 K 选用。

11.1.6 当选择复合型风管时，复合型风管绝热材料的热阻应符合附录 K 中相关要求。

11.1.7 设备与管道的绝热设计应符合下列要求：

    1 管道和支架之间，管道穿墙、穿楼板处应采取防止"热桥"或"冷桥"的措施；

    2 保冷层的外表面不得产生凝结水；

    3 采用非闭孔材料保温时，外表面应设保护层；采用非闭孔材料保冷时，外表面应设隔汽层和保护层。

11.2 防　腐

11.2.1 设备、管道及其配套的部、配件的材料应根据接触介质的性质、浓度和使用环境等条件，结合材料的耐腐蚀特性、使用部位的重要性及经济性等因素确定。

11.2.2 除有色金属、不锈钢管、不锈钢板、镀锌钢管、镀锌钢板和铝板外，金属设备与管道的外表面防腐，宜采用涂漆。涂层类别应能耐受环境大气的腐蚀。

11.2.3 涂层的底漆与面漆应配套使用。外有绝热层的管道应涂底漆。

11.2.4 涂漆前管道外表面的处理应符合涂层产品的相应要求。当有特殊要求时，应在设计文件中规定。

11.2.5 用于与奥氏体不锈钢表面接触的绝热材料应符合现行国家标准《工业设备及管道绝热工程施工规范》GB 50126 有关氯离子含量的规定。

表 A 室外空气

省/直辖市/自治区		北京（1）	天津
市/区/自治州		北京	天津
台站名称及编号		北京	天津
		54511	54527
台站信息	北纬	39°48′	39°05′
	东经	116°28′	117°04′
	海拔（m）	31.3	2.5
	统计年份	1971～2000	1971～2000
	年平均温度（℃）	12.3	12.7
室外计算温、湿度	供暖室外计算温度（℃）	−7.6	−7.0
	冬季通风室外计算温度（℃）	−3.6	−3.5
	冬季空气调节室外计算温度（℃）	−9.9	−9.6
	冬季空气调节室外计算相对湿度（%）	44	56
	夏季空气调节室外计算干球温度（℃）	33.5	33.9
	夏季空气调节室外计算湿球温度（℃）	26.4	26.8
	夏季通风室外计算温度（℃）	29.7	29.8
	夏季通风室外计算相对湿度（%）	61	63
	夏季空气调节室外计算日平均温度（℃）	29.6	29.4
风向、风速及频率	夏季室外平均风速（m/s）	2.1	2.2
	夏季最多风向	C SW	C S
	夏季最多风向的频率（%）	18 10	15 9
	夏季室外最多风向的平均风速（m/s）	3.0	2.4
	冬季室外平均风速（m/s）	2.6	2.4
	冬季最多风向	C N	C N
	冬季最多风向的频率（%）	19 12	20 11
	冬季室外最多风向的平均风速（m/s）	4.7	4.8
	年最多风向	C SW	C SW
	年最多风向的频率（%）	17 10	16 9
	冬季日照百分率（%）	64	58
	最大冻土深度（cm）	66	58
大气压力	冬季室外大气压力（hPa）	1021.7	1027.1
	夏季室外大气压力（hPa）	1000.2	1005.2
设计计算用供暖期天数及其平均温度	日平均温度≤+5℃的天数	123	121
	日平均温度≤+5℃的起止日期	11.12～03.14	11.13～03.13
	平均温度≤+5℃期间内的平均温度（℃）	−0.7	−0.6
	日平均温度≤+8℃的天数	144	142
	日平均温度≤+8℃的起止日期	11.04～03.27	11.06～03.27
	平均温度≤+8℃期间内的平均温度（℃）	0.3	0.4
	极端最高气温（℃）	41.9	40.5
	极端最低气温（℃）	−18.3	−17.8

计算参数

计算参数

(2)	河北（10）				
塘沽	石家庄	唐山	邢台	保定	张家口
塘沽	石家庄	唐山	邢台	保定	张家口
54623	53698	54534	53798	54602	54401
39°00′	38°02′	39°40′	37°04′	38°51′	40°47′
117°43′	114°25′	118°09′	114°30′	115°31′	114°53′
2.8	81	27.8	76.8	17.2	724.2
1971~2000	1971~2000	1971~2000	1971~2000	1971~2000	1971~2000
12.6	13.4	11.5	13.9	12.9	8.8
−6.8	−6.2	−9.2	−5.5	−7.0	−13.6
−3.3	−2.3	−5.1	−1.6	−3.2	−8.3
−9.2	−8.8	−11.6	−8.0	−9.5	−16.2
59	55	55	57	55	41.0
32.5	35.1	32.9	35.1	34.8	32.1
26.9	26.8	26.3	26.9	26.6	22.6
28.8	30.8	29.2	31.0	30.4	27.8
68	60	63	61	61	50.0
29.6	30.0	28.5	30.2	29.8	27.0
4.2	1.7	2.3	1.7	2.0	2.1
SSE	C　S	C　ESE	C　SSW	C　SW	C　SE
12	26　13	14　11	23　13	18　14	19　15
4.3	2.6	2.8	2.3	2.5	2.9
3.9	1.8	2.2	1.4	1.8	2.8
NNW	C　NNE	C　WNW	C　NNE	C　SW	N
13	25　12	22　11	27　10	23　12	35.0
5.8	2	2.9	2.0	2.3	3.5
NNW	C　S	C　ESE	C　SSW	C　SW	N
8	25　12	17　8	24　13	19　14	26
63	56	60	56	56	65.0
59	56	72	46	58	136.0
1026.3	1017.2	1023.6	1017.7	1025.1	939.5
1004.6	995.8	1002.4	996.2	1002.9	925.0
122	111	130	105	119	146
11.15~03.16	11.15~03.05	11.10~03.19	11.19~03.03	11.13~03.11	11.03~03.28
−0.4	0.1	−1.6	0.5	−0.5	−3.9
143	140	146	129	142	168.0
11.07~03.29	11.07~03.26	11.04~03.29	11.08~03.16	11.05~03.27	10.20~04.05
0.6	1.5	−0.7	1.8	0.7	−2.6
40.9	41.5	39.6	41.1	41.6	39.2
−15.4	−19.3	−22.7	−20.2	−19.6	−24.6

省/直辖市/自治区		河北	
市/区/自治州		承德	秦皇岛
台站名称及编号		承德	秦皇岛
		54423	54449
台站信息	北纬	40°58′	39°56′
	东经	117°56′	119°36′
	海拔（m）	377.2	2.6
	统计年份	1971～2000	1971～2000
	年平均温度（℃）	9.1	11.0
室外计算温、湿度	供暖室外计算温度（℃）	−13.3	−9.6
	冬季通风室外计算温度（℃）	−9.1	−4.8
	冬季空气调节室外计算温度（℃）	−15.7	−12.0
	冬季空气调节室外计算相对湿度（%）	51	51
	夏季空气调节室外计算干球温度（℃）	32.7	30.6
	夏季空气调节室外计算湿球温度（℃）	24.1	25.9
	夏季通风室外计算温度（℃）	28.7	27.5
	夏季通风室外计算相对湿度（%）	55	55
	夏季空气调节室外计算日平均温度（℃）	27.4	27.7
风向、风速及频率	夏季室外平均风速（m/s）	0.9	2.3
	夏季最多风向	C　SSW	C　WSW
	夏季最多风向的频率（%）	61　6	19　10
	夏季室外最多风向的平均风速（m/s）	2.5	2.7
	冬季室外平均风速（m/s）	1.0	2.5
	冬季最多风向	C　NW	C　WNW
	冬季最多风向的频率（%）	66　10	19　13
	冬季室外最多风向的平均风速（m/s）	3.3	3.0
	年最多风向	C　NW	C　WNW
	年最多风向的频率（%）	61　6	18　10
	冬季日照百分率（%）	65	64
	最大冻土深度（cm）	126	85
大气压力	冬季室外大气压力（hPa）	980.5	1026.4
	夏季室外大气压力（hPa）	963.3	1005.6
设计计算用供暖期天数及其平均温度	日平均温度≤+5℃的天数	145	135
	日平均温度≤+5℃的起止日期	11.03～03.27	11.12～03.26
	平均温度≤+5℃期间内的平均温度（℃）	−4.1	−1.2
	日平均温度≤+8℃的天数	166	153
	日平均温度≤+8℃的起止日期	10.21～04.04	11.04～04.05
	平均温度≤+8℃期间内的平均温度（℃）	−2.9	−0.3
	极端最高气温（℃）	43.3	39.2
	极端最低气温（℃）	−24.2	−20.8

(10)			山西（10）		
沧州	廊坊	衡水	太原	大同	阳泉
沧州	霸州	饶阳	太原	大同	阳泉
54616	54518	54606	53772	53487	53782
38°20′	39°07′	38°14′	37°47′	40°06′	37°51′
116°50′	116°23′	115°44′	112°33′	113°20′	113°33′
9.6	9.0	18.9	778.3	1067.2	741.9
1971～1995	1971～2000	1971～2000	1971～2000	1971～2000	1971～2000
12.9	12.2	12.5	10.0	7.0	11.3
−7.1	−8.3	−7.9	−10.1	−16.3	−8.3
−3.0	−4.4	−3.9	−5.5	−10.6	−3.4
−9.6	−11.0	−10.4	−12.8	−18.9	−10.4
57	54	59	50	50	43
34.3	34.4	34.8	31.5	30.9	32.8
26.7	26.6	26.9	23.8	21.2	23.6
30.1	30.1	30.5	27.8	26.4	28.2
63	61	61	58	49	55
29.7	29.6	29.6	26.1	25.3	27.4
2.9	2.2	2.2	1.8	2.5	1.6
SW	C SW	C SW	C N	C NNE	C ENE
12	12 9	15 11	30 10	17 12	33 9
2.7	2.5	3.0	2.4	3.1	2.3
2.6	2.1	2.0	2.0	2.8	2.2
SW	C NE	C SW	C N	N	C NNW
12	19 11	19 9	30 13	19	30 19
2.8	3.3	2.6	2.6	3.3	3.7
SW	C SW	C SW	C N	C NNE	C NNW
14	14 10	15 11	29 11	16 15	31 13
64	57	63	57	61	62
43	67	77	72	186	62
1027.0	1026.4	1024.9	933.5	899.9	937.1
1004.0	1004.4	1002.8	919.8	889.1	923.8
118	124	122	141	163	126
11.15～03.12	11.11～03.14	11.12～03.13	11.06～03.26	10.24～04.04	11.12～03.17
−0.5	−1.3	−0.9	−1.7	−4.8	−0.5
141	143	143	160	183	146
11.07～03.27	11.05～03.27	11.05～03.27	10.23～03.31	10.14～04.14	11.04～03.29
0.7	−0.3	0.2	−0.7	−3.5	0.3
40.5	41.3	41.2	37.4	37.2	40.2
−19.5	−21.5	−22.6	−22.7	−27.2	−16.2

省/直辖市/自治区		山西	
市/区/自治州		运城	晋城
台站名称及编号		运城	阳城
		53959	53975
台站信息	北纬	35°02′	35°29′
	东经	111°01′	112°24′
	海拔（m）	376.0	659.5
	统计年份	1971～2000	1971～2000
年平均温度（℃）		14.0	11.8
室外计算温、湿度	供暖室外计算温度（℃）	−4.5	−6.6
	冬季通风室外计算温度（℃）	−0.9	−2.6
	冬季空气调节室外计算温度（℃）	−7.4	−9.1
	冬季空气调节室外计算相对湿度（%）	57	53
	夏季空气调节室外计算干球温度（℃）	35.8	32.7
	夏季空气调节室外计算湿球温度（℃）	26.0	24.6
	夏季通风室外计算温度（℃）	31.3	28.8
	夏季通风室外计算相对湿度（%）	55	59
	夏季空气调节室外计算日平均温度（℃）	31.5	27.3
风向、风速及频率	夏季室外平均风速（m/s）	3.1	1.7
	夏季最多风向	SSE	C SSE
	夏季最多风向的频率（%）	16	35 11
	夏季室外最多风向的平均风速（m/s）	5.0	2.9
	冬季室外平均风速（m/s）	2.4	1.9
	冬季最多风向	C W	C NW
	冬季最多风向的频率（%）	24 9	42 12
	冬季室外最多风向的平均风速（m/s）	2.8	4.9
	年最多风向	C SSE	C NW
	年最多风向的频率（%）	18 11	37 9
冬季日照百分率（%）		49	58
最大冻土深度（cm）		39	39
大气压力	冬季室外大气压力（hPa）	982.0	947.4
	夏季室外大气压力（hPa）	962.7	932.4
设计计算用供暖期天数及其平均温度	日平均温度≤+5℃的天数	101	120
	日平均温度≤+5℃的起止日期	11.22～03.02	11.14～03.13
	平均温度≤+5℃期间内的平均温度（℃）	0.9	0.0
	日平均温度≤+8℃的天数	127	143
	日平均温度≤+8℃的起止日期	11.08～03.14	11.06～03.28
	平均温度≤+8℃期间内的平均温度（℃）	2.0	1.0
极端最高气温（℃）		41.2	38.5
极端最低气温（℃）		−18.9	−17.2

朔州	晋中	忻州	临汾	吕梁
右玉	榆社	原平	临汾	离石
53478	53787	53673	53868	53764
40°00′	37°04′	38°44′	36°04′	37°30′
112°27′	112°59′	112°43′	111°30′	111°06′
1345.8	1041.4	828.2	449.5	950.8
1971~2000	1971~2000	1971~2000	1971~2000	1971~2000
3.9	8.8	9	12.6	9.1
−20.8	−11.1	−12.3	−6.6	−12.6
−14.4	−6.6	−7.7	−2.7	−7.6
−25.4	−13.6	−14.7	−10.0	−16.0
61	49	47	58	55
29.0	30.8	31.8	34.6	32.4
19.8	22.3	22.9	25.7	22.9
24.5	26.8	27.6	30.6	28.1
50	55	53	56	52
22.5	24.8	26.2	29.3	26.3
2.1	1.5	1.9	1.8	2.6
C　ESE	C　SSW	C　NNE	C　SW	C　NE
30　11	39　9	20　11	24　9	22　17
2.8	2.8	2.4	3.0	2.5
2.3	1.3	2.3	1.6	2.1
C　NW	C　E	C　NNE	C　SW	NE
41　11	42　14	26　14	35　7	26
5.0	1.9	3.8	2.6	2.5
C　WNW	C　E	C　NNE	C　SW	NE
32　8	38　9	22　12	31　9	20
71	62	60	47	58
169	76	121	57	104
868.6	902.6	926.9	972.5	914.5
860.7	892.0	913.8	954.2	901.3
182	144	145	114	143
10.14~04.13	11.05~03.28	11.03~03.27	11.13~03.06	11.05~03.27
−6.9	−2.6	−3.2	−0.2	−3
208	168	168	142	166
10.01~04.26	10.20~04.05	10.20~04.05	11.06~03.27	10.20~04.03
−5.2	−1.3	−1.9	1.1	−1.7
34.4	36.7	38.1	40.5	38.4
−40.4	−25.1	−25.8	−23.1	−26.0

省/直辖市/自治区		内蒙古	
市/区/自治州		呼和浩特	包头
台站名称及编号		呼和浩特	包头
		53463	53446
台站信息	北纬	40°49′	40°40′
	东经	111°41′	109°51′
	海拔（m）	1063.0	1067.2
	统计年份	1971~2000	1971~2000
年平均温度（℃）		6.7	7.2
室外计算温、湿度	供暖室外计算温度（℃）	−17.0	−16.6
	冬季通风室外计算温度（℃）	−11.6	−11.1
	冬季空气调节室外计算温度（℃）	−20.3	−19.7
	冬季空气调节室外计算相对湿度（%）	58	55
	夏季空气调节室外计算干球温度（℃）	30.6	31.7
	夏季空气调节室外计算湿球温度（℃）	21.0	20.9
	夏季通风室外计算温度（℃）	26.5	27.4
	夏季通风室外计算相对湿度（%）	48	43
	夏季空气调节室外计算日平均温度（℃）	25.9	26.5
风向、风速及频率	夏季室外平均风速（m/s）	1.8	2.6
	夏季最多风向	C SW	C SE
	夏季最多风向的频率（%）	36 8	14 11
	夏季室外最多风向的平均风速（m/s）	3.4	2.9
	冬季室外平均风速（m/s）	1.5	2.4
	冬季最多风向	C NNW	N
	冬季最多风向的频率（%）	50 9	21
	冬季室外最多风向的平均风速（m/s）	4.2	3.4
	年最多风向	C NNW	N
	年最多风向的频率（%）	40 7	16
冬季日照百分率（%）		63	68
最大冻土深度（cm）		156	157
大气压力	冬季室外大气压力（hPa）	901.2	901.2
	夏季室外大气压力（hPa）	889.6	889.1
设计计算用供暖期天数及其平均温度	日平均温度≤+5℃的天数	167	164
	日平均温度≤+5℃的起止日期	10.20~04.04	10.21~04.02
	平均温度≤+5℃期间内的平均温度（℃）	−5.3	−5.1
	日平均温度≤+8℃的天数	184	182
	日平均温度≤+8℃的起止日期	10.12~04.13	10.13~04.12
	平均温度≤+8℃期间内的平均温度（℃）	−4.1	−3.9
极端最高气温（℃）		38.5	39.2
极端最低气温（℃）		−30.5	−31.4

A
(12)

赤峰	通辽	鄂尔多斯	呼伦贝尔		巴彦淖尔
赤峰	通辽	东胜	满洲里	海拉尔	临河
54218	54135	53543	50514	50527	53513
42°16′	43°36′	39°50′	49°34′	49°13′	40°45′
118°56′	122°16′	109°59′	117°26′	119°45′	107°25′
568.0	178.5	1460.4	661.7	610.2	1039.3
1971~2000	1971~2000	1971~2000	1971~2000	1971~2000	1971~2000
7.5	6.6	6.2	−0.7	−1.0	8.1
−16.2	−19.0	−16.8	−28.6	−31.6	−15.3
−10.7	−13.5	−10.5	−23.3	−25.1	−9.9
−18.8	−21.8	−19.6	−31.6	−34.5	−19.1
43	54	52	75	79	51
32.7	32.3	29.1	29.0	29.0	32.7
22.6	24.5	19.0	19.9	20.5	20.9
28.0	28.2	24.8	24.1	24.3	28.4
50	57	43	52	54	39
27.4	27.3	24.6	23.6	23.5	27.5
2.2	3.5	3.1	3.8	3.0	2.1
C WSW	SSW	SSW	C E	C SSW	C E
20 13	17	19	13 10	13 8	20 10
2.5	4.6	3.7	4.4	3.1	2.5
2.3	3.7	2.9	3.7	2.3	2.0
C W	NW	SSW	WSW	C SSW	C W
26 14	16	14	23	22 19	30 13
3.1	4.4	3.1	3.9	2.5	3.4
C W	SSW	SSW	WSW	C SSW	C W
21 13	11	17	13	15 12	24 10
70	76	73	70	62	72
201	179	150	389	242	138
955.1	1002.6	856.7	941.9	947.9	903.9
941.1	984.4	849.5	930.3	935.7	891.1
161	166	168	210	208	157
10.26~04.04	10.21~04.04	10.20~04.05	09.30~04.27	10.01~04.26	10.24~03.29
−5.0	−6.7	−4.9	−12.4	−12.7	−4.4
179	184	189	229	227	175
10.16~04.12	10.13~04.14	10.11~04.17	09.21~05.07	09.22~05.06	10.16~04.08
−3.8	−5.4	−3.6	−10.8	−11.0	−3.3
40.4	38.9	35.3	37.9	36.6	39.4
−28.8	−31.6	−28.4	−40.5	−42.3	−35.3

省/直辖市/自治区		内蒙古	
市/区/自治州		乌兰察布	兴安盟
台站名称及编号		集宁	乌兰浩特
		53480	50838
台站信息	北纬	41°02′	46°05′
	东经	113°04′	122°03′
	海拔（m）	1419.3	274.7
	统计年份	1971~2000	1971~2000
年平均温度（℃）		4.3	5.0
室外计算温、湿度	供暖室外计算温度（℃）	−18.9	−20.5
	冬季通风室外计算温度（℃）	−13.0	−15.0
	冬季空气调节室外计算温度（℃）	−21.9	−23.5
	冬季空气调节室外计算相对湿度（%）	55	54
	夏季空气调节室外计算干球温度（℃）	28.2	31.8
	夏季空气调节室外计算湿球温度（℃）	18.9	23
	夏季通风室外计算温度（℃）	23.8	27.1
	夏季通风室外计算相对湿度（%）	49	55
	夏季空气调节室外计算日平均温度（℃）	22.9	26.6
风向、风速及频率	夏季室外平均风速（m/s）	2.4	2.6
	夏季最多风向	C　WNW	C　NE
	夏季最多风向的频率（%）	29　9	23　7
	夏季室外最多风向的平均风速（m/s）	3.6	3.9
	冬季室外平均风速（m/s）	3.0	2.6
	冬季最多风向	C　WNW	C　NW
	冬季最多风向的频率（%）	33　13	27　17
	冬季室外最多风向的平均风速（m/s）	4.9	4.0
	年最多风向	C　WNW	C　NW
	年最多风向的频率（%）	29　12	22　11
冬季日照百分率（%）		72	69
最大冻土深度（cm）		184	249
大气压力	冬季室外大气压力（hPa）	860.2	989.1
	夏季室外大气压力（hPa）	853.7	973.3
设计计算用供暖期天数及其平均温度	日平均温度≤+5℃的天数	181	176
	日平均温度≤+5℃的起止日期	10.16~04.14	10.17~04.10
	平均温度≤+5℃期间内的平均温度（℃）	−6.4	−7.8
	日平均温度≤+8℃的天数	206	193
	日平均温度≤+8℃的起止日期	10.03~04.26	10.09~04.19
	平均温度≤+8℃期间内的平均温度（℃）	−4.7	−6.5
极端最高气温（℃）		33.6	40.3
极端最低气温（℃）		−32.4	−33.7

(12)		辽宁 (12)			
锡林郭勒盟		沈阳	大连	鞍山	抚顺
二连浩特	锡林浩特	沈阳	大连	鞍山	抚顺
53068	54102	54342	54662	54339	54351
43°39′	43°57′	41°44′	38°54′	41°05′	41°55′
111°58′	116°04′	123°27′	121°38′	123°00′	124°05′
964.7	989.5	44.7	91.5	77.3	118.5
1971~2000	1971~2000	1971~2000	1971~2000	1971~2000	1971~2000
4.0	2.6	8.4	10.9	9.6	6.8
-24.3	-25.2	-16.9	-9.8	-15.1	-20.0
-18.1	-18.8	-11.0	-3.9	-8.6	-13.5
-27.8	-27.8	-20.7	-13.0	-18.0	-23.8
69	72	60	56	54	68
33.2	31.1	31.5	29.0	31.6	31.5
19.3	19.9	25.3	24.9	25.1	24.8
27.9	26.0	28.2	26.3	28.2	27.8
33	44	65	71	63	65
27.5	25.4	27.5	26.5	28.1	26.6
4.0	3.3	2.6	4.1	2.7	2.2
NW	C　SW	SW	SSW	SW	C　NE
8	13　9	16	19	13	15　12
5.2	3.4	3.5	4.6	3.6	2.2
3.6	3.2	2.6	5.2	2.9	2.3
NW	WSW	C　NNE	NNE	NE	ENE
16	19	13　10	24.0	14	20
5.3	4.3	3.6	7.0	3.5	2.1
NW	C　WSW	SW	NNE	SW	NE
13	15　13	13	15	12	16
76	71	56	65	60	61
310	265	148	90	118	143
910.5	906.4	1020.8	1013.9	1018.5	1011.0
898.3	895.9	1000.9	997.8	998.8	992.4
181	189	152	132	143	161
10.14~04.12	10.11~04.17	10.30~03.30	11.16~03.27	11.06~03.28	10.26~04.04
-9.3	-9.7	-5.1	-0.7	-3.8	-6.3
196	209	172	152	163	182
10.07~04.20	10.01~04.27	10.20~04.09	11.06~04.06	10.26~04.06	10.14~04.13
-8.1	-8.1	-3.6	0.3	-2.5	-4.8
41.1	39.2	36.1	35.3	36.5	37.7
-37.1	-38.0	-29.4	-18.8	-26.9	-35.9

省/直辖市/自治区				辽宁	
市/区/自治州			本溪		丹东
台站名称及编号			本溪		丹东
			54346		54497
台站信息		北纬	41°19′		40°03′
		东经	123°47′		124°20′
		海拔（m）	185.2		13.8
		统计年份	1971～2000		1971～2000
年平均温度（℃）			7.8		8.9
室外计算温、湿度		供暖室外计算温度（℃）	−18.1		−12.9
		冬季通风室外计算温度（℃）	−11.5		−7.4
		冬季空气调节室外计算温度（℃）	−21.5		−15.9
		冬季空气调节室外计算相对湿度（%）	64		55
		夏季空气调节室外计算干球温度（℃）	31.0		29.6
		夏季空气调节室外计算湿球温度（℃）	24.3		25.3
		夏季通风室外计算温度（℃）	27.4		26.8
		夏季通风室外计算相对湿度（%）	63		71
		夏季空气调节室外计算日平均温度（℃）	27.1		25.9
风向、风速及频率		夏季室外平均风速（m/s）	2.2		2.3
		夏季最多风向	C	ESE	C SSW
		夏季最多风向的频率（%）	19	15	17 13
		夏季室外最多风向的平均风速（m/s）	2.0		3.2
		冬季室外平均风速（m/s）	2.4		3.4
		冬季最多风向	ESE		N
		冬季最多风向的频率（%）	25		21
		冬季室外最多风向的平均风速（m/s）	2.3		5.2
		年最多风向	ESE		C ENE
		年最多风向的频率（%）	18		14 13
冬季日照百分率（%）			57		64
最大冻土深度（cm）			149		88
大气压力		冬季室外大气压力（hPa）	1003.3		1023.7
		夏季室外大气压力（hPa）	985.7		1005.5
设计计算用供暖期天数及其平均温度		日平均温度≤+5℃的天数	157		145
		日平均温度≤+5℃的起止日期	10.28～04.03		11.07～03.31
		平均温度≤+5℃期间内的平均温度（℃）	−5.1		−2.8
		日平均温度≤+8℃的天数	175		167
		日平均温度≤+8℃的起止日期	10.18～04.10		10.27～04.11
		平均温度≤+8℃期间内的平均温度（℃）	−3.8		−1.7
		极端最高气温（℃）	37.5		35.3
		极端最低气温（℃）	−33.6		−25.8

锦州	营口	阜新	铁岭	朝阳	葫芦岛
锦州	营口	阜新	开原	朝阳	兴城
54337	54471	54237	54254	54324	54455
41°08′	40°40′	42°05′	42°32′	41°33′	40°35′
121°07′	122°16′	121°43′	124°03′	120°27′	120°42′
65.9	3.3	166.8	98.2	169.9	8.5
1971～2000	1971～2000	1971～2000	1971～2000	1971～2000	1971～2000
9.5	9.5	8.1	7.0	9.0	9.2
−13.1	−14.1	−15.7	−20.0	−15.3	−12.6
−7.9	−8.5	−10.6	−13.4	−9.7	−7.7
−15.5	−17.1	−18.5	−23.5	−18.3	−15.0
52	62	49	49	43	52
31.4	30.4	32.5	31.1	33.5	29.5
25.2	25.5	24.7	25	25	25.5
27.9	27.7	28.4	27.5	28.9	26.8
67	68	60	60	58	76
27.1	27.5	27.3	26.8	28.3	26.4
3.3	3.7	2.1	2.7	2.5	2.4
SW	SW	C SW	SSW	C SSW	C SSW
18	17.0	29 21	17.0	32 22	26 16
4.3	4.8	3.4	3.1	3.6	3.9
3.2	3.6	2.1	2.7	2.4	2.2
C NNE	NE	C N	C SW	C SSW	C NNE
21 15	16	36 9	16 15	40 12	34 13
5.1	4.3	4.1	3.8	3.5	3.4
C SW	SW	C SW	SW	C SSW	C SW
17 12	15	31 14	16	33 16	28 10
67	67	68	62	69	72
108	101	139	137	135	99
1017.8	1026.1	1007.0	1013.4	1004.5	1025.5
997.8	1005.5	988.1	994.6	985.5	1004.7
144	144	159	160	145	145
11.05～03.28	11.06～03.29	10.27～04.03	10.27～04.04	11.04～03.28	11.06～03.30
−3.4	−3.6	−4.8	−6.4	−4.7	−3.2
164	164	176	180	167	167
10.26～04.06	10.26～04.07	10.18～04.11	10.16～04.13	10.21～04.05	10.26～04.10
−2.2	−2.4	3.7	−4.9	−3.2	−1.9
41.8	34.7	40.9	36.6	43.3	40.8
−22.8	−28.4	−27.1	−36.3	−34.4	−27.5

省/直辖市/自治区		吉林
市/区/自治州	长春	吉林
台站名称及编号	长春	吉林
	54161	54172
台站信息 北纬	43°54′	43°57′
东经	125°13′	126°28′
海拔（m）	236.8	183.4
统计年份	1971～2000	1971～1995
年平均温度（℃）	5.7	4.8
室外计算温、湿度 供暖室外计算温度（℃）	−21.1	−24.0
冬季通风室外计算温度（℃）	−15.1	−17.2
冬季空气调节室外计算温度（℃）	−24.3	−27.5
冬季空气调节室外计算相对湿度（%）	66	72
夏季空气调节室外计算干球温度（℃）	30.5	30.4
夏季空气调节室外计算湿球温度（℃）	24.1	24.1
夏季通风室外计算温度（℃）	26.6	26.6
夏季通风室外计算相对湿度（%）	65	65
夏季空气调节室外计算日平均温度（℃）	26.3	26.1
风向、风速及频率 夏季室外平均风速（m/s）	3.2	2.6
夏季最多风向	WSW	C SSE
夏季最多风向的频率（%）	15	20 11
夏季室外最多风向的平均风速（m/s）	4.6	2.3
冬季室外平均风速（m/s）	3.7	2.6
冬季最多风向	WSW	C WSW
冬季最多风向的频率（%）	20	31 18
冬季室外最多风向的平均风速（m/s）	4.7	4.0
年最多风向	WSW	C WSW
年最多风向的频率（%）	17	22 13
冬季日照百分率（%）	64	52
最大冻土深度（cm）	169	182
大气压力 冬季室外大气压力（hPa）	994.4	1001.9
夏季室外大气压力（hPa）	978.4	984.8
设计计算用供暖期天数及其平均温度 日平均温度≤+5℃的天数	169	172
日平均温度≤+5℃的起止日期	10.20～04.06	10.18～04.07
平均温度≤+5℃期间内的平均温度（℃）	−7.6	−8.5
日平均温度≤+8℃的天数	188	191
日平均温度≤+8℃的起止日期	10.12～04.17	10.11～04.19
平均温度≤+8℃期间内的平均温度（℃）	−6.1	−7.1
极端最高气温（℃）	35.7	35.7
极端最低气温（℃）	−33.0	−40.3

(8)

四平	通化	白山	松原	白城	延边
四平	通化	临江	乾安	白城	延吉
54157	54363	54374	50948	50936	54292
43°11′	41°41′	41°48′	45°00′	45°38′	42°53′
124°20′	125°54′	126°55′	124°01′	122°50′	129°28′
164.2	402.9	332.7	146.3	155.2	176.8
1971~2000	1971~2000	1971~2000	1971~2000	1971~2000	1971~2000
6.7	5.6	5.3	5.4	5.0	5.4
−19.7	−21.0	−21.5	−21.6	−21.7	−18.4
−13.5	−14.2	−15.6	−16.1	−16.4	−13.6
−22.8	−24.2	−24.4	−24.5	−25.3	−21.3
66	68	71	64	57	59
30.7	29.9	30.8	31.8	31.8	31.3
24.5	23.2	23.6	24.2	23.9	23.7
27.2	26.3	27.3	27.6	27.5	26.7
65	64	61	59	58	63
26.7	25.3	25.4	27.3	26.9	25.6
2.5	1.6	1.2	3.0	2.9	2.1
SW	C SW	C NNE	SSW	C SSW	C E
17	41 12	42 14	14	13 10	31 19
3.8	3.5	1.6	3.8	3.8	3.7
2.6	1.3	0.8	2.9	3.0	2.6
C SW	C SW	C NNE	WNW	C WNW	C WNW
15 15	53 7	61 11	12	11 10	42 19
3.9	3.6	1.6	3.2	3.4	5.0
SW	C SW	C NNE	SSW	C NNE	C WNW
16	43 11	46 14	11	10 9	37 13
69	50	55	67	73	57
148	139	136	220	750	198
1004.3	974.7	983.9	1005.5	1004.6	1000.7
986.7	961.0	969.1	987.9	986.9	986.8
163	170	170	170	172	171
10.25~04.05	10.20~04.07	10.20~04.07	10.19~04.06	10.18~04.07	10.20~04.08
−6.6	−6.6	−7.2	−8.4	−8.6	−6.6
184	189	191	190	191	192
10.13~04.14	10.12~04.18	10.11~04.19	10.11~04.18	10.10~04.18	10.11~04.20
−5.0	−5.3	−5.7	−6.9	−7.1	−5.1
37.3	35.6	37.9	38.5	38.6	37.7
−32.3	−33.1	−33.8	−34.8	−38.1	−32.7

省/直辖市/自治区		黑龙江	
市/区/自治州		哈尔滨	齐齐哈尔
台站名称及编号		哈尔滨	齐齐哈尔
		50953	50745
台站信息	北纬	45°45′	47°23′
	东经	126°46′	123°55′
	海拔（m）	142.3	145.9
	统计年份	1971～2000	1971～2000
年平均温度（℃）		4.2	3.9
室外计算温、湿度	供暖室外计算温度（℃）	−24.2	−23.8
	冬季通风室外计算温度（℃）	−18.4	−18.6
	冬季空气调节室外计算温度（℃）	−27.1	−27.2
	冬季空气调节室外计算相对湿度（%）	73	67
	夏季空气调节室外计算干球温度（℃）	30.7	31.1
	夏季空气调节室外计算湿球温度（℃）	23.9	23.5
	夏季通风室外计算温度（℃）	26.8	26.7
	夏季通风室外计算相对湿度（%）	62	58
	夏季空气调节室外计算日平均温度（℃）	26.3	26.7
风向、风速及频率	夏季室外平均风速（m/s）	3.2	3.0
	夏季最多风向	SSW	SSW
	夏季最多风向的频率（%）	12.0	10
	夏季室外最多风向的平均风速（m/s）	3.9	3.8
	冬季室外平均风速（m/s）	3.2	2.6
	冬季最多风向	SW	NNW
	冬季最多风向的频率（%）	14	13
	冬季室外最多风向的平均风速（m/s）	3.7	3.1
	年最多风向	SSW	NNW
	年最多风向的频率（%）	12	10
冬季日照百分率（%）		56	68
最大冻土深度（cm）		205	209
大气压力	冬季室外大气压力（hPa）	1004.2	1005.0
	夏季室外大气压力（hPa）	987.7	987.9
设计计算用供暖期天数及其平均温度	日平均温度≤+5℃的天数	176	181
	日平均温度≤+5℃的起止日期	10.17～04.10	10.15～04.13
	平均温度≤+5℃期间内的平均温度（℃）	−9.4	−9.5
	日平均温度≤+8℃的天数	195	198
	日平均温度≤+8℃的起止日期	10.08～04.20	10.06～04.21
	平均温度≤+8℃期间内的平均温度（℃）	−7.8	−8.1
极端最高气温（℃）		36.7	40.1
极端最低气温（℃）		−37.7	−36.4

(12)

鸡西	鹤岗	伊春	佳木斯	牡丹江	双鸭山
鸡西	鹤岗	伊春	佳木斯	牡丹江	宝清
50978	50775	50774	50873	54094	50888
45°17′	47°22′	47°44′	46°49′	44°34′	46°19′
130°57′	130°20′	128°55′	130°17′	129°36′	132°11′
238.3	227.9	240.9	81.2	241.4	83.0
1971~2000	1971~2000	1971~2000	1971~2000	1971~2000	1971~2000
4.2	3.5	1.2	3.6	4.3	4.1
−21.5	−22.7	−28.3	−24.0	−22.4	−23.2
−16.4	−17.2	−22.5	−18.5	−17.3	−17.5
−24.4	−25.3	−31.3	−27.4	−25.8	−26.4
64	63	73	70	69	65
30.5	29.9	29.8	30.8	31.0	30.8
23.2	22.7	22.5	23.6	23.5	23.4
26.3	25.5	25.7	26.6	26.9	26.4
61	62	60	61	59	61
25.7	25.6	24.0	26.0	25.9	26.1
2.3	2.9	2.0	2.8	2.1	3.1
C WNW	C ESE	C ENE	C WSW	C WSW	SSW
22 11	11 11	20 11	20 12	18 14	18
3.0	3.2	2.0	3.7	2.6	3.5
3.5	3.1	1.8	3.1	2.2	3.7
WNW	NW	C WNW	C W	C WSW	C NNW
31	21	30 16	21 19	27 13	18 14
4.7	4.3	3.2	4.1	2.3	6.4
WNW	NW	C WNW	C WSW	C WSW	SSW
20	13	22 13	18 15	20 14	14
63	63	58	57	56	61
238	221	278	220	191	260
991.9	991.3	991.8	1011.3	992.2	1010.5
979.7	979.5	978.5	996.4	978.9	996.7
179	184	190	180	177	179
10.17~04.13	10.14~04.15	10.10~04.17	10.16~04.13	10.17~04.11	10.17~04.13
−8.3	−9.0	−11.8	−9.6	−8.6	−8.9
195	206	212	198	194	194
10.09~04.21	10.04~04.27	09.30~04.29	10.06~04.21	10.09~04.20	10.10~04.21
−7.0	−7.3	−9.9	−8.1	−7.3	−7.7
37.6	37.7	36.3	38.1	38.4	37.2
−32.5	−34.5	−41.2	−39.5	−35.1	−37.0

省/直辖市/自治区		黑龙江	
市/区/自治州		黑河	绥化
台站名称及编号		黑河	绥化
		50468	50853
台站信息	北纬	50°15′	46°37′
	东经	127°27′	126°58′
	海拔（m）	166.4	179.6
	统计年份	1971～2000	1971～2000
年平均温度（℃）		0.4	2.8
室外计算温、湿度	供暖室外计算温度（℃）	−29.5	−26.7
	冬季通风室外计算温度（℃）	−23.2	−20.9
	冬季空气调节室外计算温度（℃）	−33.2	−30.3
	冬季空气调节室外计算相对湿度（%）	70	76
	夏季空气调节室外计算干球温度（℃）	29.4	30.1
	夏季空气调节室外计算湿球温度（℃）	22.3	23.4
	夏季通风室外计算温度（℃）	25.1	26.2
	夏季通风室外计算相对湿度（%）	62	63
	夏季空气调节室外计算日平均温度（℃）	24.2	25.6
风向、风速及频率	夏季室外平均风速（m/s）	2.6	3.5
	夏季最多风向	C　　NNW	SSE
	夏季最多风向的频率（%）	17　　16	11
	夏季室外最多风向的平均风速（m/s）	2.8	3.6
	冬季室外平均风速（m/s）	2.8	3.2
	冬季最多风向	NNW	NNW
	冬季最多风向的频率（%）	41	9
	冬季室外最多风向的平均风速（m/s）	3.4	3.3
	年最多风向	NNW	SSW
	年最多风向的频率（%）	27	10
冬季日照百分率（%）		69	66
最大冻土深度（cm）		263	715
大气压力	冬季室外大气压力（hPa）	1000.6	1000.4
	夏季室外大气压力（hPa）	986.2	984.9
设计计算用供暖期天数及其平均温度	日平均温度≤+5℃的天数	197	184
	日平均温度≤+5℃的起止日期	10.06～04.20	10.13～04.14
	平均温度≤+5℃期间内的平均温度（℃）	−12.5	−10.8
	日平均温度≤+8℃的天数	219	206
	日平均温度≤+8℃的起止日期	09.29～05.05	10.03～04.26
	平均温度≤+8℃期间内的平均温度（℃）	−10.6	−8.9
极端最高气温（℃）		37.2	38.3
极端最低气温（℃）		−44.5	−41.8

(12)		上海（1）	江苏（9）		
大兴安岭地区		徐汇	南京	徐州	南通
漠河	加格达奇	上海徐家汇	南京	徐州	南通
50136	50442	58367	58238	58027	58259
52°58′	50°24′	31°10′	32°00′	34°17′	31°59′
122°31′	124°07′	121°26′	118°48′	117°09′	120°53′
433	371.7	2.6	8.9	41	6.1
1971～2000	1971～2000	1971～1998	1971～2000	1971～2000	1971～2000
−4.3	−0.8	16.1	15.5	14.5	15.3
−37.5	−29.7	−0.3	−1.8	−3.6	−1.0
−29.6	−23.3	4.2	2.4	0.4	3.1
−41.0	−32.9	−2.2	−4.1	−5.9	−3.0
73	72	75	76	66	75
29.1	28.9	34.4	34.8	34.3	33.5
20.8	21.2	27.9	28.1	27.6	28.1
24.4	24.2	31.2	31.2	30.5	30.5
57	61	69	69	67	72
21.6	22.2	30.8	31.2	30.5	30.3
1.9	2.2	3.1	2.6	2.6	3.0
C　NW	C　NW	SE	C　SSE	C　ESE	SE
24　8	23　12	14	18　11	15　11	13
2.9	2.6	3.0	3	3.5	2.9
1.3	1.6	2.6	2.4	2.3	3.0
C　N	C　NW	NW	C　ENE	C　E	N
55　10	47　19	14	28　10	23　12	12
3.0	3.4	3.0	3.5	3.0	3.5
C　NW	C　NW	SE	C　E	C　E	ESE
34　9	31　16	10	23　9	20　12	10
60	65	40	43	48	45
—	288	8	9	21	12
984.1	974.9	1025.4	1025.5	1022.1	1025.9
969.4	962.7	1005.4	1004.3	1000.8	1005.5
224	208	42	77	97	57
09.23～05.04	10.02～04.27	01.01～02.11	12.08～02.13	11.27～03.03	12.19～02.13
−16.1	−12.4	4.1	3.2	2.0	3.6
244	227	93	109	124	110
09.13～05.14	09.22～05.06	12.05～03.07	11.24～03.12	11.14～03.17	11.27～03.16
−14.2	−10.8	5.2	4.2	3.0	4.7
38	37.2	39.4	39.7	40.6	38.5
−49.6	−45.4	−10.1	−13.1	−15.8	−9.6

省/直辖市/自治区			江苏	
市/区/自治州			连云港	常州
台站名称及编号			赣榆	常州
			58040	58343
台站信息		北纬	34°50′	31°46′
		东经	119°07′	119°56′
		海拔（m）	3.3	4.9
		统计年份	1971～2000	1971～2000
年平均温度（℃）			13.6	15.8
室外计算温、湿度		供暖室外计算温度（℃）	−4.2	−1.2
		冬季通风室外计算温度（℃）	−0.3	3.1
		冬季空气调节室外计算温度（℃）	−6.4	−3.5
		冬季空气调节室外计算相对湿度（%）	67	75
		夏季空气调节室外计算干球温度（℃）	32.7	34.6
		夏季空气调节室外计算湿球温度（℃）	27.8	28.1
		夏季通风室外计算温度（℃）	29.1	31.3
		夏季通风室外计算相对湿度（%）	75	68
		夏季空气调节室外计算日平均温度（℃）	29.5	31.5
风向、风速及频率		夏季室外平均风速（m/s）	2.9	2.8
		夏季最多风向	E	SE
		夏季最多风向的频率（%）	12	17
		夏季室外最多风向的平均风速（m/s）	3.8	3.1
		冬季室外平均风速（m/s）	2.6	2.4
		冬季最多风向	NNE	C　NE
		冬季最多风向的频率（%）	11.0	9
		冬季室外最多风向的平均风速（m/s）	2.9	3.0
		年最多风向	E	SE
		年最多风向的频率（%）	9	13
冬季日照百分率（%）			57	42
最大冻土深度（cm）			20	12
大气压力		冬季室外大气压力（hPa）	1026.3	1026.1
		夏季室外大气压力（hPa）	1005.1	1005.3
设计计算用供暖期天数及其平均温度		日平均温度≤+5℃的天数	102	56
		日平均温度≤+5℃的起止日期	11.26～03.07	12.19～02.12
		平均温度≤+5℃期间内的平均温度（℃）	1.4	3.6
		日平均温度≤+8℃的天数	134	102
		日平均温度≤+8℃的起止日期	11.14～03.27	11.27～03.08
		平均温度≤+8℃期间内的平均温度（℃）	2.6	4.7
极端最高气温（℃）			38.7	39.4
极端最低气温（℃）			−13.8	−12.8

淮安	盐城	扬州	苏州	杭州	温州
淮阴	射阳	高邮	吴县东山	杭州	温州
58144	58150	58241	58358	58457	58659
33°36′	33°46′	32°48′	31°04′	30°14′	28°02′
119°02′	120°15′	119°27′	120°26′	120°10′	120°39′
17.5	2	5.4	17.5	41.7	28.3
1971～2000	1971～2000	1971～2000	1971～2000	1971～2000	1971～2000
14.4	14.0	14.8	16.1	16.5	18.1
−3.3	−3.1	−2.3	−0.4	0.0	3.4
1	1.1	1.8	3.7	4.3	8
−5.6	−5.0	−4.3	−2.5	−2.4	1.4
72	74	75	77	76	76
33.4	33.2	34.0	34.4	35.6	33.8
28.1	28.0	28.3	28.3	27.9	28.3
29.9	29.8	30.5	31.3	32.3	31.5
72	73	72	70	64	72
30.2	29.7	30.6	31.3	31.6	29.9
2.6	3.2	2.6	3.5	2.4	2.0
ESE	SSE	SE	SE	SW	C ESE
12	17	14	15	17	29 18
2.9	3.4	2.8	3.9	2.9	3.4
2.5	3.2	2.6	3.5	2.3	1.8
C ENE	N	NE	N	C N	C NW
14 9	11	9	16	20 15	30 16
3.2	4.2	2.9	4.8	3.3	2.9
C ESE	SSE	SE	SE	C N	C SE
11 9	11	10	10	18 11	31 13
48	50	47	41	36	36
20	21	14	8		—
1025.0	1026.3	1026.2	1024.1	1021.1	1023.7
1003.9	1005.6	1005.2	1003.7	1000.9	1007.0
93	94	87	50	40	0
12.02～03.04	12.02～03.05	12.07～03.03	12.24～02.11	01.02～02.10	—
2.3	2.2	2.8	3.8	4.2	—
130	130	119	96	90	33
11.17～03.26	11.19～03.28	11.23～03.21	12.02～03.07	12.06～03.05	1.10～02.11
3.7	3.4	4.0	5.0	5.4	7.5
38.2	37.7	38.2	38.8	39.9	39.6
−14.2	−12.3	−11.5	−8.3	−8.6	−3.9

省/直辖市/自治区			浙江	
市/区/自治州			金华	衢州
台站名称及编号			金华	衢州
			58549	58633
台站信息		北纬	29°07′	28°58′
		东经	119°39′	118°52′
		海拔（m）	62.6	66.9
		统计年份	1971～2000	1971～2000
年平均温度（℃）			17.3	17.3
室外计算温、湿度		供暖室外计算温度（℃）	0.4	0.8
		冬季通风室外计算温度（℃）	5.2	5.4
		冬季空气调节室外计算温度（℃）	−1.7	−1.1
		冬季空气调节室外计算相对湿度（%）	78	80
		夏季空气调节室外计算干球温度（℃）	36.2	35.8
		夏季空气调节室外计算湿球温度（℃）	27.6	27.7
		夏季通风室外计算温度（℃）	33.1	32.9
		夏季通风室外计算相对湿度（%）	60	62
		夏季空气调节室外计算日平均温度（℃）	32.1	31.5
风向、风速及频率		夏季室外平均风速（m/s）	2.4	2.3
		夏季最多风向	ESE	C E
		夏季最多风向的频率（%）	20	18 18
		夏季室外最多风向的平均风速（m/s）	2.7	3.1
		冬季室外平均风速（m/s）	2.7	2.5
		冬季最多风向	ESE	E
		冬季最多风向的频率（%）	28	27
		冬季室外最多风向的平均风速（m/s）	3.4	3.9
		年最多风向	ESE	S
		年最多风向的频率（%）	25	25
冬季日照百分率（%）			37	35
最大冻土深度（cm）			—	—
大气压力		冬季室外大气压力（hPa）	1017.9	1017.1
		夏季室外大气压力（hPa）	998.6	997.8
设计计算用供暖期天数及其平均温度		日平均温度≤+5℃的天数	27	9
		日平均温度≤+5℃的起止日期	01.11～02.06	01.12～01.20
		平均温度≤+5℃期间内的平均温度（℃）	4.8	4.8
		日平均温度≤+8℃的天数	68	68
		日平均温度≤+8℃的起止日期	12.09～02.14	12.09～02.14
		平均温度≤+8℃期间内的平均温度（℃）	6.0	6.2
极端最高气温（℃）			40.5	40.0
极端最低气温（℃）			−9.6	−10.0

宁波	嘉兴	绍兴	舟山	台州	丽水
鄞州	平湖	嵊州	定海	玉环	丽水
58562	58464	58556	58477	58667	58646
29°52′	30°37′	29°36′	30°02′	28°05′	28°27′
121°34′	121°05′	120°49′	122°06′	121°16′	119°55′
4.8	5.4	104.3	35.7	95.9	60.8
1971～2000	1971～2000	1971～2000	1971～2000	1972～2000	1971～2000
16.5	15.8	16.5	16.4	17.1	18.1
0.5	−0.7	−0.3	1.4	2.1	1.5
4.9	3.9	4.5	5.8	7.2	6.6
−1.5	−2.6	−2.6	−0.5	0.1	−0.7
79	81	76	74	72	77
35.1	33.5	35.8	32.2	30.3	36.8
28.0	28.3	27.7	27.5	27.3	27.7
31.9	30.7	32.5	30.0	28.9	34.0
68	74	63	74	80	57
30.6	30.7	31.1	28.9	28.4	31.5
2.6	3.6	2.1	3.1	5.2	1.3
S	SSE	C NE	C SSE	WSW	C ESE
17	17	29 9	16 15	11	41 10
2.7	4.4	3.9	3.7	4.6	2.3
2.3	3.1	2.7	3.1	5.3	1.4
C N	NNW	C NNE	C N	NNE	C E
18 17	14	28 23	19 18	25	45 14
3.4	4.1	4.3	4.1	5.8	3.1
C S	ESE	C NE	C N	NNE	C E
15 10	10	28 16	18 11	16	43 11
37	42	37	41	39	33
—	—	—	—	—	—
1025.7	1025.4	1012.9	1021.2	1012.9	1017.9
1005.9	1005.3	994.0	1004.3	997.3	999.2
32	44	40	8	0	0
01.09～02.09	12.31～02.12	01.02～02.10	01.29～02.05	—	—
4.6	3.9	4.4	4.8	—	—
88	99	91	77	43	57
12.08～03.05	11.29～03.07	12.05～03.05	12.19～03.05	01.02～02.13	12.18～02.12
5.8	5.2	5.6	6.3	6.9	6.8
39.5	38.4	40.3	38.6	34.7	41.3
−8.5	−10.6	−9.6	−5.5	−4.6	−7.5

省/直辖市/自治区			安徽
市/区/自治州		合肥	芜湖
台站名称及编号		合肥	芜湖
		58321	58334
台站信息	北纬	31°52′	31°20′
	东经	117°14′	118°23′
	海拔（m）	27.9	14.8
	统计年份	1971～2000	1971～1985
年平均温度（℃）		15.8	16.0
室外计算温、湿度	供暖室外计算温度（℃）	−1.7	−1.3
	冬季通风室外计算温度（℃）	2.6	3
	冬季空气调节室外计算温度（℃）	−4.2	−3.5
	冬季空气调节室外计算相对湿度（%）	76	77
	夏季空气调节室外计算干球温度（℃）	35.0	35.3
	夏季空气调节室外计算湿球温度（℃）	28.1	27.7
	夏季通风室外计算温度（℃）	31.4	31.7
	夏季通风室外计算相对湿度（%）	69	68
	夏季空气调节室外计算日平均温度（℃）	31.7	31.9
风向、风速及频率	夏季室外平均风速（m/s）	2.9	2.3
	夏季最多风向	C　　SSW	C　　ESE
	夏季最多风向的频率（%）	11　　10	16　　15
	夏季室外最多风向的平均风速（m/s）	3.4	1.3
	冬季室外平均风速（m/s）	2.7	2.2
	冬季最多风向	C　　E	C　　E
	冬季最多风向的频率（%）	17　　10	20　　11
	冬季室外最多风向的平均风速（m/s）	3.0	2.8
	年最多风向	C　　E	C　　ESE
	年最多风向的频率（%）	14　　9	18　　14
冬季日照百分率（%）		40	38
最大冻土深度（cm）		8	9
大气压力	冬季室外大气压力（hPa）	1022.3	1024.3
	夏季室外大气压力（hPa）	1001.2	1003.1
设计计算用供暖期天数及其平均温度	日平均温度≤+5℃的天数	64	62
	日平均温度≤+5℃的起止日期	12.11～02.12	12.15～02.14
	平均温度≤+5℃期间内的平均温度（℃）	3.4	3.4
	日平均温度≤+8℃的天数	103	104
	日平均温度≤+8℃的起止日期	11.24～03.06	12.02～03.15
	平均温度≤+8℃期间内的平均温度（℃）	4.3	4.5
极端最高气温（℃）		39.1	39.5
极端最低气温（℃）		−13.5	−10.1

蚌埠		安庆	六安		亳州		黄山	滁州	
蚌埠		安庆	六安		亳州		黄山	滁州	
58221		58424	58311		58102		58437	58236	
32°57′		30°32′	31°45′		33°52′		30°08′	32°18′	
117°23′		117°03′	116°30′		115°46′		118°09′	118°18′	
18.7		19.8	60.5		37.7		1840.4	27.5	
1971～2000		1971～2000	1971～2000		1971～2000		1971～2000	1971～2000	
15.4		16.8	15.7		14.7		8.0	15.4	
−2.6		−0.2	−1.8		−3.5		−9.9	−1.8	
1.8		4	2.6		0.6		−2.4	2.3	
−5.0		2.9	−4.6		−5.7		−13.0	−4.2	
71		75	76		68		63.0	73	
35.4		35.3	35.5		35.0		22.0	34.5	
28.0		28.1	28		27.8		19.2	28.2	
31.3		31.8	31.4		31.1		19.0	31.0	
66		66	68		66		90	70	
31.6		32.1	31.4		30.7		19.9	31.2	
2.5		2.9	2.1		2.3		6.1	2.4	
C	E	ENE	C	SSE	C	SSW	WSW	C	SSW
14	10	24	16	12	13	10	12	17	10
2.8		3.4	2.7		2.9		7.7	2.5	
2.3		3.2	2.0		2.5		6.3	2.2	
C	E	ENE	C	SE	C	NNE	NNW	C	N
18	11	33	21	9	11	9	17	22	9
3.1		4.1	2.8		3.3		7.0	2.8	
C	E	ENE	C	SSE	C	SSW	NNW	C	ESE
16	11	30	19	10	12	8	10	20	8
44		36	45		48		48	42	
11		13	10		18		—	11	
1024.0		1023.3	1019.3		1021.9		817.4	1022.9	
1002.6		1002.3	998.2		1000.4		814.3	1001.8	
83		48	64		93		148	67	
12.07～02.27		12.25～02.10	12.11～02.12		11.30～03.02		11.09～04.15	12.10～02.14	
2.9		4.1	3.3		2.1		0.3	3.2	
111		92	103		121		177	110	
11.23～03.13		12.03～03.04	11.24～03.06		11.15～03.15		10.24～04.18	11.24～03.13	
3.8		5.3	4.3		3.2		1.4	4.2	
40.3		39.5	40.6		41.3		27.6	38.7	
−13.0		−9.0	−13.6		−17.5		−22.7	−13.0	

省/直辖市/自治区		安徽	
市/区/自治州		阜阳	宿州
台站名称及编号		阜阳	宿州
		58203	58122
台站信息	北纬	32°55′	33°38′
	东经	115°49′	116°59′
	海拔（m）	30.6	25.9
	统计年份	1971～2000	1971～2000
年平均温度（℃）		15.3	14.7
室外计算温、湿度	供暖室外计算温度（℃）	−2.5	−3.5
	冬季通风室外计算温度（℃）	1.8	0.8
	冬季空气调节室外计算温度（℃）	−5.2	−5.6
	冬季空气调节室外计算相对湿度（%）	71	68
	夏季空气调节室外计算干球温度（℃）	35.2	35.0
	夏季空气调节室外计算湿球温度（℃）	28.1	27.8
	夏季通风室外计算温度（℃）	31.3	31.0
	夏季通风室外计算相对湿度（%）	67	66
	夏季空气调节室外计算日平均温度（℃）	31.4	30.7
风向、风速及频率	夏季室外平均风速（m/s）	2.3	2.4
	夏季最多风向	C　　SSE	ESE
	夏季最多风向的频率（%）	11　　10	11
	夏季室外最多风向的平均风速（m/s）	2.4	2.4
	冬季室外平均风速（m/s）	2.5	2.2
	冬季最多风向	C　　ESE	ENE
	冬季最多风向的频率（%）	10　　9	14
	冬季室外最多风向的平均风速（m/s）	2.5	2.9
	年最多风向	C　　ESE	ENE
	年最多风向的频率（%）	10　　9	12
冬季日照百分率（%）		43	50
最大冻土深度（cm）		13	14
大气压力	冬季室外大气压力（hPa）	1022.5	1023.9
	夏季室外大气压力（hPa）	1000.8	1002.3
设计计算用供暖期天数及其平均温度	日平均温度≤+5℃的天数	71	93
	日平均温度≤+5℃的起止日期	12.06～02.14	12.01～03.03
	平均温度≤+5℃期间内的平均温度（℃）	2.8	2.2
	日平均温度≤+8℃的天数	111	121
	日平均温度≤+8℃的起止日期	11.22～03.12	11.16～03.16
	平均温度≤+8℃期间内的平均温度（℃）	3.8	3.3
极端最高气温（℃）		40.8	40.9
极端最低气温（℃）		−14.9	−18.7

(12)		福建（7）			
巢湖	宣城	福州	厦门	漳州	三明
巢湖	宁国	福州	厦门	漳州	泰宁
58326	58436	58847	59134	59126	58820
31°37′	30°37′	26°05′	24°29′	24°30′	26°54′
117°52′	118°59′	119°17′	118°04′	117°39′	117°10′
22.4	89.4	84	139.4	28.9	342.9
1971～2000	1971～2000	1971～2000	1971～2000	1971～2000	1971～2000
16.0	15.5	19.8	20.6	21.3	17.1
−1.2	−1.5	6.3	8.3	8.9	1.3
2.9	2.9	10.9	12.5	13.2	6.4
−3.8	−4.1	4.4	6.6	7.1	−1.0
75	79	74	79	76	86
35.3	36.1	35.9	33.5	35.2	34.6
28.4	27.4	28.0	27.5	27.6	26.5
31.1	32.0	33.1	31.3	32.6	31.9
68	63	61	71	63	60
32.1	30.8	30.8	29.7	30.8	28.6
2.4	1.9	3.0	3.1	1.7	1.0
C E	C SSW	SSE	SSE	C SE	C WSW
21 13	28 10	24	10	31 10	59 6
2.5	2.2	4.2	3.4	2.8	2.7
2.5	1.7	2.4	3.3	1.6	0.9
C E	C N	C NNW	ESE	C SE	C WSW
22 16	35 13	17 23	23	34 18	59 14
3.0	3.5	3.1	4.0	2.8	2.5
C E	C N	C SSE	ESE	C SE	C WSW
21 15	32 9	18 14	18	32 15	59 9
41	38	32	33	40	30
9	11	—	—	—	7
1023.8	1015.7	1012.9	1006.5	1018.1	982.4
1002.5	995.8	996.6	994.5	1003.0	967.3
59	65	0	0	0	0
12.16～02.12	12.10～02.12	—	—	—	—
3.5	3.4	—	—	—	—
101	104	0	0	0	66
11.26～03.06	11.24～03.07	—	—	—	12.09～02.12
4.5	4.5	—	—	—	6.8
39.3	41.1	39.9	38.5	38.6	38.9
−13.2	−15.9	−1.7	1.5	−0.1	−10.6

	省/直辖市/自治区		福建	
	市/区/自治州		南平	龙岩
	台站名称及编号		南平	龙岩
			58834	58927
台站信息	北纬		26°39′	25°06′
	东经		118°10′	117°02′
	海拔（m）		125.6	342.3
	统计年份		1971～2000	1971～1992
	年平均温度（℃）		19.5	20
室外计算温、湿度	供暖室外计算温度（℃）		4.5	6.2
	冬季通风室外计算温度（℃）		9.7	11.6
	冬季空气调节室外计算温度（℃）		2.1	3.7
	冬季空气调节室外计算相对湿度（%）		78	73
	夏季空气调节室外计算干球温度（℃）		36.1	34.6
	夏季空气调节室外计算湿球温度（℃）		27.1	25.5
	夏季通风室外计算温度（℃）		33.7	32.1
	夏季通风室外计算相对湿度（%）		55	55
	夏季空气调节室外计算日平均温度（℃）		30.7	29.4
风向、风速及频率	夏季室外平均风速（m/s）		1.1	1.6
	夏季最多风向		C SSE	C SSW
	夏季最多风向的频率（%）		39 7	32 12
	夏季室外最多风向的平均风速（m/s）		1.8	2.5
	冬季室外平均风速（m/s）		1.0	1.5
	冬季最多风向		C ENE	C NE
	冬季最多风向的频率（%）		42 10	41 15
	冬季室外最多风向的平均风速（m/s）		2.1	2.2
	年最多风向		C ENE	C NE
	年最多风向的频率（%）		41 8	38 11
	冬季日照百分率（%）		31	41
	最大冻土深度（cm）		—	—
大气压力	冬季室外大气压力（hPa）		1008.0	981.1
	夏季室外大气压力（hPa）		991.5	968.1
设计计算用供暖期天数及其平均温度	日平均温度≤+5℃的天数		0	0
	日平均温度≤+5℃的起止日期		—	—
	平均温度≤+5℃期间内的平均温度（℃）		—	—
	日平均温度≤+8℃的天数		0	0
	日平均温度≤+8℃的起止日期		—	—
	平均温度≤+8℃期间内的平均温度（℃）		—	—
	极端最高气温（℃）		39.4	39.0
	极端最低气温（℃）		—5.1	—3.0

(7)	江西 (9)				
宁德	南昌	景德镇	九江	上饶	赣州
屏南	南昌	景德镇	九江	玉山	赣州
58933	58606	58527	58502	58634	57993
26°55′	28°36′	29°18′	29°44′	28°41′	25°51′
118°59′	115°55′	117°12′	116°00′	118°15′	114°57′
869.5	46.7	61.5	36.1	116.3	123.8
1972~2000	1971~2000	1971~2000	1971~1991	1971~2000	1971~2000
15.1	17.6	17.4	17.0	17.5	19.4
0.7	0.7	1.0	0.4	1.1	2.7
5.8	5.3	5.3	4.5	5.5	8.2
−1.7	−1.5	−1.4	−2.3	−1.2	0.5
82	77	78	77	80	77
30.9	35.5	36.0	35.8	36.1	35.4
23.8	28.2	27.7	27.8	27.4	27.0
28.1	32.7	33.0	32.7	33.1	33.2
63	63	62	64	60	57
25.9	32.1	31.5	32.5	31.6	31.7
1.9	2.2	2.1	2.3	2	1.8
C WSW	C WSW	C NE	C ENE	ENE	C SW
36 10	21 11	18 13	17 12	22	23 15
3.1	3.1	2.3	2.3	2.5	2.5
1.4	2.6	1.9	2.7	2.4	1.6
C NE	NE	C NE	ENE	ENE	C NNE
42 10	26	20 17	20	29	29 28
2.5	3.6	2.8	4.1	3.2	2.4
C ENE	NE	C NE	ENE	ENE	C NNE
39 9	20	18 16	17	28	27 19
36	33	35	30	33	31
8	—				
921.7	1019.5	1017.9	1021.7	1011.4	1008.7
911.6	999.5	998.5	1000.7	992.9	991.2
0	26	25	46	8	0
—	01.11~02.05	01.11~02.04	12.24~02.10	01.12~01.19	—
—	4.7	4.8	4.6	4.9	—
87	66	68	89	67	12
12.08~03.04	12.10~02.13	12.08~02.13	12.07~03.05	12.10~02.14	01.11~01.22
6.5	6.2	6.1	5.5	6.3	7.7
35.0	40.1	40.4	40.3	40.7	40.0
−9.7	−9.7	−9.6	−7.0	−9.5	−3.8

省/直辖市/自治区		江西	
市/区/自治州		吉安	宜春
台站名称及编号		吉安	宜春
		57799	57793
台站信息	北纬	27°07′	27°48′
	东经	114°58′	114°23′
	海拔（m）	76.4	131.3
	统计年份	1971~2000	1971~2000
年平均温度（℃）		18.4	17.2
室外计算温、湿度	供暖室外计算温度（℃）	1.7	1.0
	冬季通风室外计算温度（℃）	6.5	5.4
	冬季空气调节室外计算温度（℃）	−0.5	−0.8
	冬季空气调节室外计算相对湿度（%）	81	81
	夏季空气调节室外计算干球温度（℃）	35.9	35.4
	夏季空气调节室外计算湿球温度（℃）	27.6	27.4
	夏季通风室外计算温度（℃）	33.4	32.3
	夏季通风室外计算相对湿度（%）	58	63
	夏季空气调节室外计算日平均温度（℃）	32	30.8
风向、风速及频率	夏季室外平均风速（m/s）	2.4	1.8
	夏季最多风向	SSW	C　WNW
	夏季最多风向的频率（%）	21	19　11
	夏季室外最多风向的平均风速（m/s）	3.2	3.0
	冬季室外平均风速（m/s）	2.0	1.9
	冬季最多风向	NNE	C　WNW
	冬季最多风向的频率（%）	28	18　16
	冬季室外最多风向的平均风速（m/s）	2.5	3.5
	年最多风向	NNE	C　WNW
	年最多风向的频率（%）	21	18　14
冬季日照百分率（%）		28	27
最大冻土深度（cm）		—	—
大气压力	冬季室外大气压力（hPa）	1015.4	1009.4
	夏季室外大气压力（hPa）	996.3	990.4
设计计算用供暖期天数及其平均温度	日平均温度≤+5℃的天数	0	9
	日平均温度≤+5℃的起止日期	—	01.12~01.20
	平均温度≤+5℃期间内的平均温度（℃）	—	4.8
	日平均温度≤+8℃的天数	53	66
	日平均温度≤+8℃的起止日期	12.21~02.11	12.10~02.13
	平均温度≤+8℃期间内的平均温度（℃）	6.7	6.2
极端最高气温（℃）		40.3	39.6
极端最低气温（℃）		−8.0	−8.5

(9)		山东（14）			
抚州	鹰潭	济南	青岛	淄博	烟台
广昌	贵溪	济南	青岛	淄博	烟台
58813	58626	54823	54857	54830	54765
26°51′	28°18′	36°41′	36°04′	36°50′	37°32′
116°20′	117°13′	116°59′	120°20′	118°00′	121°24′
143.8	51.2	51.6	76	34	46.7
1971～2000	1971～2000	1971～2000	1971～2000	1971～1994	1971～1991
18.2	18.3	14.7	12.7	13.2	12.7
1.6	1.8	−5.3	−5	−7.4	−5.8
6.6	6.2	−0.4	−0.5	−2.3	−1.1
−0.6	−0.6	−7.7	−7.2	−10.3	−8.1
81	78	53	63	61	59
35.7	36.4	34.7	29.4	34.6	31.1
27.1	27.6	26.8	26.0	26.7	25.4
33.2	33.6	30.9	27.3	30.9	26.9
56	58	61	73	62	75
30.9	32.7	31.3	27.3	30.0	28
1.6	1.9	2.8	4.6	2.4	3.1
C SW	C ESE	SW	S	SW	C SW
27 17	21 16	14	17	17	18 12
2.1	2.4	3.6	4.6	2.7	3.5
1.6	1.8	2.9	5.4	2.7	4.4
C NE	C ESE	E	N	SW	N
29 25	25 17	16	23	15	20
2.6	3.1	3.7	6.6	3.3	5.9
C NE	C ESE	SW	S	SW	C SW
29 18	22 18	17	14	18	13 11
30	32	56	59	51	49
—	—	35	—	46	46
1006.7	1018.7	1019.1	1017.4	1023.7	1021.1
989.2	999.3	997.9	1000.4	1001.4	1001.2
0	0	99	108	113	112
—	—	11.22～03.03	11.28～03.15	11.18～03.10	11.26～03.17
—	—	1.4	1.3	0.0	0.7
54	56	122	141	140	140
12.20～02.11	12.19～02.12	11.13～03.14	11.15～04.04	11.08～03.27	11.15～04.03
6.8	6.6	2.1	2.6	1.3	1.9
40	40.4	40.5	37.4	40.7	38.0
−9.3	−9.3	−14.9	−14.3	−23.0	−12.8

省/直辖市/自治区		山东
市/区/自治州	潍坊	临沂
台站名称及编号	潍坊	临沂
	54843	54938
台站信息 北纬	36°45′	35°03′
东经	119°11′	118°21′
海拔（m）	22.2	87.9
统计年份	1971～2000	1971～1997
年平均温度（℃）	12.5	13.5
室外计算温、湿度 供暖室外计算温度（℃）	−7.0	−4.7
冬季通风室外计算温度（℃）	−2.9	−0.7
冬季空气调节室外计算温度（℃）	−9.3	−6.8
冬季空气调节室外计算相对湿度（%）	63	62
夏季空气调节室外计算干球温度（℃）	34.2	33.3
夏季空气调节室外计算湿球温度（℃）	26.9	27.2
夏季通风室外计算温度（℃）	30.2	29.7
夏季通风室外计算相对湿度（%）	63	68
夏季空气调节室外计算日平均温度（℃）	29.0	29.2
风向、风速及频率 夏季室外平均风速（m/s）	3.4	2.7
夏季最多风向	S	ESE
夏季最多风向的频率（%）	19	12
夏季室外最多风向的平均风速（m/s）	4.1	2.7
冬季室外平均风速（m/s）	3.5	2.8
冬季最多风向	SSW	NE
冬季最多风向的频率（%）	13	14.0
冬季室外最多风向的平均风速（m/s）	3.2	4.0
年最多风向	SSW	NE
年最多风向的频率（%）	14	12
冬季日照百分率（%）	58	55
最大冻土深度（cm）	50	40
大气压力 冬季室外大气压力（hPa）	1022.1	1017.0
夏季室外大气压力（hPa）	1000.9	996.4
设计计算用供暖期天数及其平均温度 日平均温度≤+5℃的天数	118	103
日平均温度≤+5℃的起止日期	11.16～03.13	11.24～03.06
平均温度≤+5℃期间内的平均温度（℃）	−0.3	1
日平均温度≤+8℃的天数	141	135
日平均温度≤+8℃的起止日期	11.08～03.28	11.13～03.27
平均温度≤+8℃期间内的平均温度（℃）	0.8	2.3
极端最高气温（℃）	40.7	38.4
极端最低气温（℃）	−17.9	−14.3

(14)

德州	菏泽	日照	威海	济宁	泰安
德州	菏泽	日照	威海	兖州	泰安
54714	54906	54945	54774	54916	54827
37°26′	35°15′	35°23′	37°28′	35°34′	36°10′
116°19′	115°26′	119°32′	122°08′	116°51′	117°09′
21.2	49.7	16.1	65.4	51.7	128.8
1971~1994	1971~1994	1971~2000	1971~2000	1971~2000	1971~1991
13.2	13.8	13.0	12.5	13.6	12.8
−6.5	−4.9	−4.4	−5.4	−5.5	−6.7
−2.4	−0.9	−0.3	−0.9	−1.3	−2.1
−9.1	−7.2	−6.5	−7.7	−7.6	−9.4
60	68	61	61	66	60
34.2	34.4	30.0	30.2	34.1	33.1
26.9	27.4	26.8	25.7	27.4	26.5
30.6	30.6	27.7	26.8	30.6	29.7
63	66	75	75	65	66
29.7	29.9	28.1	27.5	29.7	28.6
2.2	1.8	3.1	4.2	2.4	2.0
C SSW	C SSW	S	SSW	SSW	C ENE
19 12	26 10	9	15	13	25 12
2.4	1.7	3.6	5.4	3.0	1.9
2.1	2.2	3.4	5.4	2.5	2.7
C ENE	C NNE	N	N	C S	C E
20 10	20 12	14	21	10 9	21 18
2.9	3.3	4.0	7.3	2.8	3.8
C SSW	C S	NNE	N	S	C E
19 12	24 10	9	11	11	25 13
49	46	59	54	54	52
46	21	25	47	48	31
1025.5	1021.5	1024.8	1020.9	1020.8	1011.2
1002.8	999.4	1006.6	1001.8	999.4	990.5
114	105	108	116	104	113
11.17~03.10	11.2~03.06	11.27~03.14	11.26~03.21	11.22~03.05	11.19~03.11
0	0.9	1.4	1.2	0.6	0
141	130	136	141	137	140
11.07~03.27	11.09~03.18	11.15~03.30	11.14~04.03	11.10~03.26	11.08~03.27
1.3	2.2	2.4	2.1	2.1	1.3
39.4	40.5	38.3	38.4	39.9	38.1
−20.1	−16.5	−13.8	−13.2	−19.3	−20.7

省/直辖市/自治区		山东（14）	
市/区/自治州		滨州	东营
台站名称及编号		惠民	东营
		54725	54736
台站信息	北纬	37°30′	37°26′
	东经	117°31′	118°40′
	海拔（m）	11.7	6
	统计年份	1971～2000	1971～2000
年平均温度（℃）		12.6	13.1
室外计算温、湿度	供暖室外计算温度（℃）	−7.6	−6.6
	冬季通风室外计算温度（℃）	−3.3	−2.6
	冬季空气调节室外计算温度（℃）	−10.2	−9.2
	冬季空气调节室外计算相对湿度（%）	62	62
	夏季空气调节室外计算干球温度（℃）	34	34.2
	夏季空气调节室外计算湿球温度（℃）	27.2	26.8
	夏季通风室外计算温度（℃）	30.4	30.2
	夏季通风室外计算相对湿度（%）	64	64
	夏季空气调节室外计算日平均温度（℃）	29.4	29.8
风向、风速及频率	夏季室外平均风速（m/s）	2.7	3.6
	夏季最多风向	ESE	S
	夏季最多风向的频率（%）	10	18
	夏季室外最多风向的平均风速（m/s）	2.8	4.4
	冬季室外平均风速（m/s）	3.0	3.4
	冬季最多风向	WSW	NW
	冬季最多风向的频率（%）	10	10
	冬季室外最多风向的平均风速（m/s）	3.4	3.7
	年最多风向	WSW	S
	年最多风向的频率（%）	11	13
冬季日照百分率（%）		58	61
最大冻土深度（cm）		50	47
大气压力	冬季室外大气压力（hPa）	1026.0	1026.6
	夏季室外大气压力（hPa）	1003.9	1004.9
设计计算用供暖期天数及其平均温度	日平均温度≤+5℃的天数	120	115
	日平均温度≤+5℃的起止日期	11.14～03.13	11.19～03.13
	平均温度≤+5℃期间内的平均温度（℃）	−0.5	0.0
	日平均温度≤+8℃的天数	142	140
	日平均温度≤+8℃的起止日期	11.06～03.27	11.09～03.28
	平均温度≤+8℃期间内的平均温度（℃）	0.6	1.1
极端最高气温（℃）		39.8	40.7
极端最低气温（℃）		−21.4	−20.2

A

河南（12）					
郑州	开封	洛阳	新乡	安阳	三门峡
郑州	开封	洛阳	新乡	安阳	三门峡
57083	57091	57073	53986	53898	57051
34°43′	34°46′	34°38′	35°19′	36°07′	34°48′
113°39′	114°23′	112°28′	113°53′	114°22′	111°12′
110.4	72.5	137.1	72.7	75.5	409.9
1971～2000	1971～2000	1971～1990	1971～2000	1971～2000	1971～2000
14.3	14.2	14.7	14.2	14.1	13.9
−3.8	−3.9	−3.0	−3.9	−4.7	−3.8
0.1	0.0	0.8	−0.2	−0.9	−0.3
−6	−6.0	−5.1	−5.8	−7	−6.2
61	63	59	61	60	55
34.9	34.4	35.4	34.4	34.7	34.8
27.4	27.6	26.9	27.6	27.3	25.7
30.9	30.7	31.3	30.5	31.0	30.3
64	66	63	65	63	59
30.2	30.0	30.5	29.8	30.2	30.1
2.2	2.6	1.6	1.9	2	2.5
C S	C SSW	C E	C E	C SSW	ESE
21 11	12 11	31 9	25 13	28 17	23
2.8	3.2	3.1	2.8	3.3	3.4
2.7	2.9	2.1	2.1	1.9	2.4
C NW	NE	C WNW	C E	C SSW	C ESE
22 12	16	30 11	29 17	32 11	25 14
4.9	3.9	2.4	3.6	3.1	3.7
C ENE	C NE	C WNW	C E	C SSW	C ESE
21 10	13 12	30 9	28 14	28 16	21 18
47	46	49	49	47	48
27	26	20	21	35	32
1013.3	1018.2	1009.0	1017.9	1017.9	977.6
992.3	996.8	988.2	996.6	996.6	959.3
97	99	92	99	101	99
11.26～03.02	11.25～03.03	12.01～03.02	11.24～03.02	11.23～03.03	11.24～03.02
1.7	1.7	2.1	1.5	1	1.4
125	125	118	124	126	128
11.12～03.16	11.12～03.16	11.17～03.14	11.12～03.15	11.10～03.15	11.09～03.16
3.0	2.8	3.0	2.6	2.2	2.6
42.3	42.5	41.7	42.0	41.5	40.2
−17.9	−16.0	−15.0	−19.2	−17.3	−12.8

省/直辖市/自治区			河南	
市/区/自治州			南阳	商丘
台站名称及编号			南阳	商丘
			57178	58005
台站信息	北纬		33°02′	34°27′
	东经		112°35′	115°40′
	海拔（m）		129.2	50.1
	统计年份		1971～2000	1971～2000
年平均温度（℃）			14.9	14.1
室外计算温、湿度	供暖室外计算温度（℃）		−2.1	−4
	冬季通风室外计算温度（℃）		1.4	−0.1
	冬季空气调节室外计算温度（℃）		−4.5	−6.3
	冬季空气调节室外计算相对湿度（%）		70	69
	夏季空气调节室外计算干球温度（℃）		34.3	34.6
	夏季空气调节室外计算湿球温度（℃）		27.8	27.9
	夏季通风室外计算温度（℃）		30.5	30.8
	夏季通风室外计算相对湿度（%）		69	67
	夏季空气调节室外计算日平均温度（℃）		30.1	30.2
风向、风速及频率	夏季室外平均风速（m/s）		2	2.4
	夏季最多风向		C　ENE	C　S
	夏季最多风向的频率（%）		21　14	14　10
	夏季室外最多风向的平均风速（m/s）		2.7	2.7
	冬季室外平均风速（m/s）		2.1	2.4
	冬季最多风向		C　ENE	C　N
	冬季最多风向的频率（%）		26　18	13　10
	冬季室外最多风向的平均风速（m/s）		3.4	3.1
	年最多风向		C　ENE	C　S
	年最多风向的频率（%）		25　16	14　8
冬季日照百分率（%）			39	46
最大冻土深度（cm）			10	18
大气压力	冬季室外大气压力（hPa）		1011.2	1020.8
	夏季室外大气压力（hPa）		990.4	999.4
设计计算用供暖期天数及其平均温度	日平均温度≤+5℃的天数		86	99
	日平均温度≤+5℃的起止日期		12.04～02.27	11.25～03.03
	平均温度≤+5℃期间内的平均温度（℃）		2.6	1.6
	日平均温度≤+8℃的天数		116	125
	日平均温度≤+8℃的起止日期		11.19～03.14	11.13～03.17
	平均温度≤+8℃期间内的平均温度（℃）		3.8	2.8
极端最高气温（℃）			41.4	41.3
极端最低气温（℃）			−17.5	−15.4

A

(12)				湖北（11）	
信阳	许昌	驻马店	周口	武汉	黄石
信阳	许昌	驻马店	西华	武汉	黄石
57297	57089	57290	57193	57494	58407
32°08′	34°01′	33°00′	33°47′	30°37′	30°15′
114°03′	113°51′	114°01′	114°31′	114°08′	115°03′
114.5	66.8	82.7	52.6	23.1	19.6
1971～2000	1971～2000	1971～2000	1971～2000	1971～2000	1971～2000
15.3	14.5	14.9	14.4	16.6	17.1
−2.1	−3.2	−2.9	−3.2	−0.3	0.7
2.2	0.7	1.3	0.6	3.7	4.5
−4.6	−5.5	−5.5	−5.7	−2.6	−1.4
72	64	69	68	77	79
34.5	35.1	35	35.0	35.2	35.8
27.6	27.9	27.8	28.1	28.4	28.3
30.7	30.9	30.9	30.9	32.0	32.5
68	66	67	67	67	65
30.9	30.3	30.7	30.2	32.0	32.5
2.4	2.2	2.2	2.0	2.0	2.2
C SSW	C NE	C SSW	C SSW	C ENE	C ESE
19 10	21 9	15 10	20 8	23 8	19 16
3.2	3.1	2.8	2.6	2.3	2.8
2.4	2.4	2.4	2.4	1.8	2.0
C NNE	C NE	C N	C NNE	C NE	C NW
25 14	22 13	15 11	17 11	28 13	28 11
3.8	3.9	3.2	3.3	3.0	3.1
C NNE	C NE	C N	C NE	C ENE	C SE
22 11	22 11	16 9	19 8	26 10	24 12
42	43	42	45	37	34
—	15	14	12	9	7
1014.3	1018.6	1016.7	1020.6	1023.5	1023.4
993.4	997.2	995.4	999.0	1002.1	1002.5
64	95	87	91	50	38
12.11～02.12	11.28～03.02	12.04～02.28	11.27～03.02	12.22～02.09	01.01～02.07
3.1	2.2	2.5	2.1	3.9	4.5
105	122	115	123	98	88
11.23～03.07	11.14～03.15	11.21～03.15	11.13～03.15	11.27～03.04	12.06～03.03
4.2	3.3	3.5	3.3	5.2	5.7
40.0	41.9	40.6	41.9	39.3	40.2
−16.6	−19.6	−18.1	−17.4	−18.1	−10.5

省/直辖市/自治区			湖北	
市/区/自治州			宜昌	恩施州
台站名称及编号			宜昌	恩施
			57461	57447
台站信息	北纬		30°42′	30°17′
	东经		111°18′	109°28′
	海拔（m）		133.1	457.1
	统计年份		1971～2000	1971～2000
	年平均温度（℃）		16.8	16.2
室外计算温、湿度	供暖室外计算温度（℃）		0.9	2.0
	冬季通风室外计算温度（℃）		4.9	5.0
	冬季空气调节室外计算温度（℃）		−1.1	0.4
	冬季空气调节室外计算相对湿度（%）		74	84
	夏季空气调节室外计算干球温度（℃）		35.6	34.3
	夏季空气调节室外计算湿球温度（℃）		27.8	26.0
	夏季通风室外计算温度（℃）		31.8	31.0
	夏季通风室外计算相对湿度（%）		66	57
	夏季空气调节室外计算日平均温度（℃）		31.1	29.6
风向、风速及频率	夏季室外平均风速（m/s）		1.5	0.7
	夏季最多风向		C SSE	C SSW
	夏季最多风向的频率（%）		31 11	63 5
	夏季室外最多风向的平均风速（m/s）		2.6	1.9
	冬季室外平均风速（m/s）		1.3	0.5
	冬季最多风向		C SSE	C SSW
	冬季最多风向的频率（%）		36 14	72 3
	冬季室外最多风向的平均风速（m/s）		2.2	1.5
	年最多风向		C SSE	C SSW
	年最多风向的频率（%）		33 12	67 4
	冬季日照百分率（%）		27	14
	最大冻土深度（cm）		—	—
大气压力	冬季室外大气压力（hPa）		1010.4	970.3
	夏季室外大气压力（hPa）		990.0	954.6
设计计算用供暖天数及其平均温度	日平均温度≤+5℃的天数		28	13
	日平均温度≤+5℃的起止日期		01.09～02.05	01.11～01.23
	平均温度≤+5℃期间内的平均温度（℃）		4.7	4.8
	日平均温度≤+8℃的天数		85	90
	日平均温度≤+8℃的起止日期		12.08～03.02	12.04～03.03
	平均温度≤+8℃期间内的平均温度（℃）		5.9	6.0
	极端最高气温（℃）		40.4	40.3
	极端最低气温（℃）		−9.8	−12.3

(11)

荆州	襄樊	荆门	十堰	黄冈	咸宁
荆州	枣阳	钟祥	房县	麻城	嘉鱼
57476	57279	57378	57259	57399	57583
30°20′	30°09′	30°10′	30°02′	31°11′	29°59′
112°11′	112°45′	112°34′	110°46′	115°01′	113°55′
32.6	125.5	65.8	426.9	59.3	36
1971～2000	1971～2000	1971～2000	1971～2000	1971～2000	1971～2000
16.5	15.6	16.1	14.3	16.3	17.1
0.3	−1.6	−0.5	−1.5	−0.4	0.3
4.1	2.4	3.5	1.9	3.5	4.4
−1.9	−3.7	−2.4	−3.4	−2.5	−2
77	71	74	71	74	79
34.7	34.7	34.5	34.4	35.5	35.7
28.5	27.6	28.2	26.3	28.0	28.5
31.4	31.2	31.0	30.3	32.1	32.3
70	66	70	63	65	65
31.1	31.0	31.0	28.9	31.6	32.4
2.3	2.4	3.0	1.0	2.0	2.1
SSW	SSE	N	C ESE	C NNE	C NNE
15	15	19	55 15	25 15	14 9
3.0	2.6	3.6	2.5	2.6	2.6
2.1	2.3	3.1	1.1	2.1	2.0
C NE	C SSE	N	C ESE	C NNE	C NE
22 17	17 11	26	60 18	29 28	18 14
3.2	2.6	4.4	3.0	3.5	2.9
C NNE	C SSE	N	C ESE	C NNE	C NE
19 14	16 13	23	57 17	27 22	16 11
31	40	37	35	42	34
5	—	6	—	5	—
1022.4	1011.4	1018.7	974.1	1019.5	1022.1
1000.9	990.8	997.5	956.8	998.8	1000.9
44	64	54	72	54	37
12.27～02.08	12.11～02.12	12.18～02.09	12.05～2.14	12.19～02.10	01.02～02.07
4.2	3.1	3.8	2.9	3.7	4.4
91	102	95	121	100	87
12.04～03.04	11.25～03.06	12.01～03.05	11.15～03.15	11.26～03.05	12.07～03.03
5.4	4.2	4.9	4.1	5	5.6
38.6	40.7	38.6	41.4	39.8	39.4
−14.9	−15.1	−15.3	−17.6	−15.3	−12.0

省/直辖市/自治区		湖北（11）	湖南
市/区/自治州		随州	长沙
台站名称及编号		广水	马坡岭
		57385	57679
台站信息	北纬	31°37′	28°12′
	东经	113°49′	113°05′
	海拔（m）	93.3	44.9
	统计年份	1971~2000	1972~1986
年平均温度（℃）		15.8	17.0
室外计算温、湿度	供暖室外计算温度（℃）	−1.1	0.3
	冬季通风室外计算温度（℃）	2.7	4.6
	冬季空气调节室外计算温度（℃）	−3.5	−1.9
	冬季空气调节室外计算相对湿度（%）	71	83
	夏季空气调节室外计算干球温度（℃）	34.9	35.8
	夏季空气调节室外计算湿球温度（℃）	28.0	27.7
	夏季通风室外计算温度（℃）	31.4	32.9
	夏季通风室外计算相对湿度（%）	67	61
	夏季空气调节室外计算日平均温度（℃）	31.1	31.6
风向、风速及频率	夏季室外平均风速（m/s）	2.2	2.6
	夏季最多风向	C SSE	C NNW
	夏季最多风向的频率（%）	21 11	16 13
	夏季室外最多风向的平均风速（m/s）	2.6	1.7
	冬季室外平均风速（m/s）	2.2	2.3
	冬季最多风向	C NNE	NNW
	冬季最多风向的频率（%）	26 15	32
	冬季室外最多风向的平均风速（m/s）	3.6	3.0
	年最多风向	C NNE	NNW
	年最多风向的频率（%）	24 12	22
	冬季日照百分率（%）	41	26
	最大冻土深度（cm）	—	—
大气压力	冬季室外大气压力（hPa）	1015.0	1019.6
	夏季室外大气压力（hPa）	994.1	999.2
设计计算用供暖期天数及其平均温度	日平均温度≤+5℃的天数	63	48
	日平均温度≤+5℃的起止日期	12.11~02.11	12.26~02.11
	平均温度≤+5℃期间内的平均温度（℃）	3.3	4.3
	日平均温度≤+8℃的天数	102	88
	日平均温度≤+8℃的起止日期	11.25~03.06	12.06~03.03
	平均温度≤+8℃期间内的平均温度（℃）	4.3	5.5
极端最高气温（℃）		39.8	39.7
极端最低气温（℃）		−16.0	−11.3

常德	衡阳	邵阳	岳阳	郴州	张家界
常德	衡阳	邵阳	岳阳	郴州	桑植
57662	57872	57766	57584	57972	57554
29°03′	26°54′	27°14′	29°23′	25°48′	29°24′
111°41′	112°36′	111°28′	113°05′	113°02′	110°10′
35	104.7	248.6	53	184.9	322.2
1971～2000	1971～2000	1971～2000	1971～2000	1971～2000	1971～2000
16.9	18.0	17.1	17.2	18.0	16.2
0.6	1.2	0.8	0.4	1.0	1.0
4.7	5.9	5.2	4.8	6.2	4.7
−1.6	−0.9	−1.2	−2.0	−1.1	0.9
80	81	80	78	84	78
35.4	36.0	34.8	34.1	35.6	34.7
28.6	27.7	26.8	28.3	26.7	26.9
31.9	33.2	31.9	31.0	32.9	31.3
66	58	62	72	55	66
32.0	32.4	30.9	32.2	31.7	30.0
1.9	2.1	1.7	2.8	1.6	1.2
C　NE	C　SSW	C　S	S	C　SSW	C　ENE
23　8	16　13	27　8	11	39　14	47　12
3.0	2.5	2.4	3.2	3.2	2.7
1.6	1.6	1.5	2.6	1.2	1.2
C　NE	C　ENE	C　ESE	ENE	C　NNE	C　ENE
33　15	28　20	32　13	20	45　19	52　15
3.0	2.7	2.0	3.3	2.0	3.0
C　NE	C　ENE	C　ESE	ENE	C　NNE	C　ENE
28　12	23　16	30　10	16	44　13	50　14
27	23	23	29	21	17
—	—	5	2	—	—
1022.3	1012.6	995.1	1019.5	1002.2	987.3
1000.8	993.0	976.9	998.7	984.3	969.2
30	0	11	27	0	30
01.08～02.06	—	01.12～01.22	01.10～02.05	—	01.08～02.06
4.5	—	4.7	4.5	—	4.5
86	56	67	68	55	88
12.08～03.03	12.19～02.12	12.10～02.14	12.09～02.14	12.19～02.11	12.07～03.04
5.8	6.4	6.1	5.9	6.5	5.8
40.1	40.0	39.5	39.3	40.5	40.7
−13.2	−7.9	−10.5	−11.4	−6.8	−10.2

省/直辖市/自治区		湖南	
市/区/自治州		益阳	永州
台站名称及编号		沅江	零陵
		57671	57866
台站信息	北纬	28°51′	26°14′
	东经	112°22′	111°37′
	海拔（m）	36.0	172.6
	统计年份	1971～2000	1971～2000
年平均温度（℃）		17.0	17.8
室外计算温、湿度	供暖室外计算温度（℃）	0.6	1.0
	冬季通风室外计算温度（℃）	4.7	6.0
	冬季空气调节室外计算温度（℃）	−1.6	−1.0
	冬季空气调节室外计算相对湿度（%）	81.0	81
	夏季空气调节室外计算干球温度（℃）	35.1	34.9
	夏季空气调节室外计算湿球温度（℃）	28.4	26.9
	夏季通风室外计算温度（℃）	31.7	32.1
	夏季通风室外计算相对湿度（%）	67.0	60
	夏季空气调节室外计算日平均温度（℃）	32.0	31.3
风向、风速及频率	夏季室外平均风速（m/s）	2.7	3.0
	夏季最多风向	S	SSW
	夏季最多风向的频率（%）	14	19
	夏季室外最多风向的平均风速（m/s）	3.3	3.2
	冬季室外平均风速（m/s）	2.4	3.1
	冬季最多风向	NNE	NE
	冬季最多风向的频率（%）	22.0	26
	冬季室外最多风向的平均风速（m/s）	3.8	4.0
	年最多风向	NNE	NE
	年最多风向的频率（%）	18	18
冬季日照百分率（%）		27.0	23
最大冻土深度（cm）		—	—
大气压力	冬季室外大气压力（hPa）	1021.5	1012.6
	夏季室外大气压力（hPa）	1000.4	993.0
设计计算用供暖期天数及其平均温度	日平均温度≤+5℃的天数	29.0	0
	日平均温度≤+5℃的起止日期	01.09～02.06	—
	平均温度≤+5℃期间内的平均温度（℃）	4.5	—
	日平均温度≤+8℃的天数	85.0	56
	日平均温度≤+8℃的起止日期	12.09～03.03	12.19～02.12
	平均温度≤+8℃期间内的平均温度（℃）	5.8	6.6
极端最高气温（℃）		38.9	39.7
极端最低气温（℃）		−11.2	−7

(12)			广东 （15）		
怀化	娄底	湘西州	广州	湛江	汕头
芷江	双峰	吉首	广州	湛江	汕头
57745	57774	57649	59287	59658	59316
27°27′	27°27′	28°19′	23°10′	21°13′	23°24′
109°41′	112°10′	109°44′	113°20′	110°24′	116°41′
272.2	100	208.4	41.7	25.3	1.1
1971～2000	1971～2000	1971～2000	1971～2000	1971～2000	1971～2000
16.5	17.0	16.6	22.0	23.3	21.5
0.8	0.6	1.3	8.0	10.0	9.4
4.9	4.8	5.1	13.6	15.9	13.8
−1.1	−1.6	−0.6	5.2	7.5	7.1
80	82	79	72	81	78
34.0	35.6	34.8	34.2	33.9	33.2
26.8	27.5	27	27.8	28.1	27.7
31.2	32.7	31.7	31.8	31.5	30.9
66	60	64	68	70	72
29.7	31.5	30.0	30.7	30.8	30.0
1.3	2.0	1.0	1.7	2.6	2.6
C ENE	C NE	C NE	C SSE	SSE	C WSW
44 10	31 11	44 10	28 12	15	18 10
2.6	2.7	1.6	2.3	3.1	3.3
1.6	1.7	0.9	1.7	2.6	2.7
C ENE	C ENE	C ENE	C NNE	ESE	E
40 24	39 21	49 10	34 19	17	24
3.1	3.0	2.0	2.7	3.1	3.7
C ENE	C ENE	C NE	C NNE	SE	E
42 18	37 16	46 10	31 11	13	18
19	24	18	36	34	42
—	—	—	—	—	—
991.9	1013.2	1000.5	1019.0	1015.5	1020.2
974.0	993.4	981.3	1004.0	1001.3	1005.7
29	30	11	0	0	0
01.08～02.05	01.08～02.06	01.10～01.20	—	—	—
4.7	4.6	4.8	—	—	—
69	87	68	0	0	0
12.08～02.14	12.07～03.03	12.09～02.14	—	—	—
5.9	5.9	6.1	—	—	—
39.1	39.7	40.2	38.1	38.1	38.6
−11.5	−11.7	−7.5	0.0	2.8	0.3

省/直辖市/自治区		广东	
市/区/自治州		韶关	阳江
台站名称及编号		韶关	阳江
		59082	59663
台站信息	北纬	24°41′	21°52′
	东经	113°36′	111°58′
	海拔（m）	60.7	23.3
	统计年份	1971~2000	1971~2000
年平均温度（℃）		20.4	22.5
室外计算温、湿度	供暖室外计算温度（℃）	5.0	9.4
	冬季通风室外计算温度（℃）	10.2	15.1
	冬季空气调节室外计算温度（℃）	2.6	6.8
	冬季空气调节室外计算相对湿度（%）	75	74
	夏季空气调节室外计算干球温度（℃）	35.4	33.0
	夏季空气调节室外计算湿球温度（℃）	27.3	27.8
	夏季通风室外计算温度（℃）	33.0	30.7
	夏季通风室外计算相对湿度（%）	60	74
	夏季空气调节室外计算日平均温度（℃）	31.2	29.9
风向、风速及频率	夏季室外平均风速（m/s）	1.6	2.6
	夏季最多风向	C SSW	SSW
	夏季最多风向的频率（%）	41 17	13
	夏季室外最多风向的平均风速（m/s）	2.8	2.8
	冬季室外平均风速（m/s）	1.5	2.9
	冬季最多风向	C NNW	ENE
	冬季最多风向的频率（%）	46 11	31
	冬季室外最多风向的平均风速（m/s）	2.9	3.7
	年最多风向	C SSW	ENE
	年最多风向的频率（%）	44 8	20
冬季日照百分率（%）		30	37
最大冻土深度（cm）			
大气压力	冬季室外大气压力（hPa）	1014.5	1016.9
	夏季室外大气压力（hPa）	997.6	1002.6
设计计算用供暖期天数及其平均温度	日平均温度≤+5℃的天数	0	0
	日平均温度≤+5℃的起止日期	—	—
	平均温度≤+5℃期间内的平均温度（℃）	—	—
	日平均温度≤+8℃的天数	0	0
	日平均温度≤+8℃的起止日期	—	—
	平均温度≤+8℃期间内的平均温度（℃）	—	—
极端最高气温（℃）		40.3	37.5
极端最低气温（℃）		−4.3	2.2

(15)

深圳	江门	茂名	肇庆	惠州	梅州
深圳	台山	信宜	高要	惠阳	梅州
59493	59478	59456	59278	59298	59117
22°33′	22°15′	22°21′	23°02′	23°05′	24°16′
114°06′	112°47′	110°56′	112°27′	114°25′	116°06′
18.2	32.7	84.6	41	22.4	87.8
1971~2000	1971~2000	1971~2000	1971~2000	1971~2000	1971~2000
22.6	22.0	22.5	22.3	21.9	21.3
9.2	8.0	8.5	8.4	8.0	6.7
14.9	13.9	14.7	13.9	13.7	12.4
6.0	5.2	6.0	6.0	4.8	4.3
72	75	74	68	71	77
33.7	33.6	34.3	34.6	34.1	35.1
27.5	27.6	27.6	27.8	27.6	27.2
31.2	31.0	32.0	32.1	31.5	32.7
70	71	66	74	69	60
30.5	29.9	30.1	31.1	30.4	30.6
2.2	2.0	1.5	1.6	1.6	1.2
C ESE	SSW	C SW	C SE	C SSE	C SW
21 11	23	41 12	27 12	26 14	36 8
2.7	2.7	2.5	2.0	2.0	2.1
2.8	2.6	2.9	1.7	2.7	1.0
ENE	NE	NE	C ENE	NE	C NNE
20	30	26	28 27	29	46 9
2.9	3.9	4.1	2.6	4.6	2.4
ESE	C NE	C NE	C ENE	C NE	C NNE
14	19 18	31 16	28 20	23 18	41 6
43	38	36	35	42	39
—	—	—	—	—	—
1016.6	1016.3	1009.3	1019.0	1017.9	1011.3
1002.4	1001.8	995.2	1003.7	1003.2	996.3
0	0	0	0	0	0
—	—	—	—	—	—
0	0	0	0	0	0
—	—	—	—	—	—
38.7	37.3	37.8	38.7	38.2	39.5
1.7	1.6	1.0	1	0.5	-3.3

省/直辖市/自治区		广东	
市/区/自治州		汕尾	河源
台站名称及编号		汕尾	河源
		59501	59293
台站信息	北纬	22°48′	23°44′
	东经	115°22′	114°41′
	海拔（m）	17.3	40.6
	统计年份	1971～2000	1971～2000
	年平均温度（℃）	22.2	21.5
室外计算温、湿度	供暖室外计算温度（℃）	10.3	6.9
	冬季通风室外计算温度（℃）	14.8	12.7
	冬季空气调节室外计算温度（℃）	7.3	3.9
	冬季空气调节室外计算相对湿度（%）	73	70
	夏季空气调节室外计算干球温度（℃）	32.2	34.5
	夏季空气调节室外计算湿球温度（℃）	27.8	27.5
	夏季通风室外计算温度（℃）	30.2	32.1
	夏季通风室外计算相对湿度（%）	77	65
	夏季空气调节室外计算日平均温度（℃）	29.6	30.4
风向、风速及频率	夏季室外平均风速（m/s）	3.2	1.3
	夏季最多风向	WSW	C SSW
	夏季最多风向的频率（%）	19	37 17
	夏季室外最多风向的平均风速（m/s）	4.1	2.2
	冬季室外平均风速（m/s）	3.0	1.5
	冬季最多风向	ENE	C NNE
	冬季最多风向的频率（%）	19.0	32 24
	冬季室外最多风向的平均风速（m/s）	3.0	2.4
	年最多风向	ENE	C NNE
	年最多风向的频率（%）	15	35 14
	冬季日照百分率（%）	42	41
	最大冻土深度（cm）	—	—
大气压力	冬季室外大气压力（hPa）	1019.3	1016.3
	夏季室外大气压力（hPa）	1005.3	1000.9
设计计算用供暖期天数及其平均温度	日平均温度≤+5℃的天数	0	0
	日平均温度≤+5℃的起止日期	—	—
	平均温度≤+5℃期间内的平均温度（℃）	—	—
	日平均温度≤+8℃的天数	0	0
	日平均温度≤+8℃的起止日期	—	—
	平均温度≤+8℃期间内的平均温度（℃）	—	—
	极端最高气温（℃）	38.5	39.0
	极端最低气温（℃）	2.1	—0.7

A

(15)		广西（13）			
清远	揭阳	南宁	柳州	桂林	梧州
连州	惠来	南宁	柳州	桂林	梧州
59072	59317	59431	59046	57957	59265
24°47′	23°02′	22°49′	24°21′	25°19′	23°29′
112°23′	116°18′	108°21′	109°24′	110°18′	111°18′
98.3	12.9	73.1	96.8	164.4	114.8
1971～2000	1971～2000	1971～2000	1971～2000	1971～2000	1971～2000
19.6	21.9	21.8	20.7	18.9	21.1
4.0	10.3	7.6	5.1	3.0	6.0
9.1	14.5	12.9	10.4	7.9	11.9
1.8	8.0	5.7	3.0	1.1	3.6
77	74	78	75	74	76
35.1	32.8	34.5	34.8	34.2	34.8
27.4	27.6	27.9	27.5	27.3	27.9
32.7	30.7	31.8	32.4	31.7	32.5
61	74	68	65	65	65
30.6	29.6	30.7	31.4	30.4	30.5
1.2	2.3	1.5	1.6	1.6	1.2
C SSW	C SSW	C S	C SSW	C NE	C ESE
46 8	22 10	31 10	34 15	32 16	32 10
2.5	3.4	2.6	2.8	2.6	1.5
1.3	2.9	1.2	1.5	3.2	1.4
C NNE	ENE	C E	C N	NE	C NE
47 16	28	43 12	37 19	48	24 16
2.3	3.4	1.9	2.7	4.4	2.1
C NNE	ENE	C E	C N	NE	C ENE
46 13	20	38 10	36 12	35	27 13
25	43	25	24	24	31
—	—	—	—	—	—
1011.1	1018.7	1011.0	1009.9	1003.0	1006.9
993.8	1004.6	995.5	993.2	986.1	991.6
0	0	0	0	0	0
—	—	—	—	—	—
0	0	0	0	28	0
—	—	—	—	01.10～02.06	—
—	—	—	—	7.5	—
39.6	38.4	39.0	39.1	38.5	39.7
−3.4	1.5	−1.9	−1.3	−3.6	−1.5

省/直辖市/自治区			广西	
市/区/自治州			北海	百色
台站名称及编号			北海	百色
			59644	59211
台站信息	北纬		21°27′	23°54′
	东经		109°08′	106°36′
	海拔（m）		12.8	173.5
	统计年份		1971~2000	1971~2000
年平均温度（℃）			22.8	22.0
室外计算温、湿度	供暖室外计算温度（℃）		8.2	8.8
	冬季通风室外计算温度（℃）		14.5	13.4
	冬季空气调节室外计算温度（℃）		6.2	7.1
	冬季空气调节室外计算相对湿度（%）		79	76
	夏季空气调节室外计算干球温度（℃）		33.1	36.1
	夏季空气调节室外计算湿球温度（℃）		28.2	27.9
	夏季通风室外计算温度（℃）		30.9	32.7
	夏季通风室外计算相对湿度（%）		74	65
	夏季空气调节室外计算日平均温度（℃）		30.6	31.3
风向、风速及频率	夏季室外平均风速（m/s）		3	1.3
	夏季最多风向		SSW	C SSE
	夏季最多风向的频率（%）		14	36 8
	夏季室外最多风向的平均风速（m/s）		3.1	2.5
	冬季室外平均风速（m/s）		3.8	1.2
	冬季最多风向		NNE	C S
	冬季最多风向的频率（%）		37	43 9
	冬季室外最多风向的平均风速（m/s）		5.0	2.2
	年最多风向		NNE	C SSE
	年最多风向的频率（%）		21	39 8
冬季日照百分率（%）			34	29
最大冻土深度（cm）				
大气压力	冬季室外大气压力（hPa）		1017.3	998.8
	夏季室外大气压力（hPa）		1002.5	983.6
设计计算用供暖期天数及其平均温度	日平均温度≤+5℃的天数		0	0
	日平均温度≤+5℃的起止日期		—	—
	平均温度≤+5℃期间内的平均温度（℃）		—	—
	日平均温度≤+8℃的天数		0	0
	日平均温度≤+8℃的起止日期		—	—
	平均温度≤+8℃期间内的平均温度（℃）		—	—
极端最高气温（℃）			37.1	42.2
极端最低气温（℃）			2	0.1

钦州	玉林		防城港		河池	来宾		贺州
钦州	玉林		东兴		河池	来宾		贺州
59632	59453		59626		59023	59242		59065
21°57′	22°39′		21°32′		24°42′	23°45′		24°25′
108°37′	110°10′		107°58′		108°03′	109°14′		111°32′
4.5	81.8		22.1		211	84.9		108.8
1971~2000	1971~2000		1972~2000		1971~2000	1971~2000		1971~2000
22.2	21.8		22.6		20.5	20.8		19.9
7.9	7.1		10.5		6.3	5.5		4.0
13.6	13.1		15.1		10.9	10.8		9.3
5.8	5.1		8.6		4.3	3.6		1.9
77	79		81		75	75		78
33.6	34.0		33.5		34.6	34.6		35.0
28.3	27.8		28.5		27.1	27.7		27.5
31.1	31.7		30.9		31.7	32.2		32.6
75	68		77		66	66		62
30.3	30.3		29.9		30.7	30.8		30.8
2.4	1.4		2.1		1.2	1.8		1.7
SSW	C	SSE	C	SSW	C ESE	C	SSW	C ESE
20	30	11	24	11	39 26	30	13	22 19
3.1	1.7		3.3		2.0	2.8		2.3
2.7	1.7		1.7		1.1	2.4		1.5
NNE	C	N	C	ENE	C ESE	NE		C NW
33	30	21	24	15	43 16	25		31 21
3.5	3.2		2.0		1.9	3.3		2.3
NNE	C	N	C	ENE	C ESE	C	NE	C NW
20	31	12	24	10	43 20	27	17	28 12
27	29		24		21	25		26
—	—		—		—	—		—
1019.0	1009.9		1016.2		995.9	1010.8		1009.0
1003.5	995.0		1001.4		980.1	994.4		992.4
0	0		0		0	0		0
—	—		—		—	—		—
—	—		—		—	—		—
0	0		0		0	0		0
—	—		—		—	—		—
—	—		—		—	—		—
37.5	38.4		38.1		39.4	39.6		39.5
2.0	0.8		3.3		0.0	−1.6		−3.5

省/直辖市/自治区			广西（13）	海南
市/区/自治州			崇左	海口
台站名称及编号			龙州	海口
			59417	59758
台站信息		北纬	22°20′	20°02′
		东经	106°51′	110°21′
		海拔（m）	128.8	13.9
		统计年份	1971～2000	1971～2000
		年平均温度（℃）	22.2	24.1
室外计算温、湿度		供暖室外计算温度（℃）	9.0	12.6
		冬季通风室外计算温度（℃）	14.0	17.7
		冬季空气调节室外计算温度（℃）	7.3	10.3
		冬季空气调节室外计算相对湿度（%）	79	86
		夏季空气调节室外计算干球温度（℃）	35.0	35.1
		夏季空气调节室外计算湿球温度（℃）	28.1	28.1
		夏季通风室外计算温度（℃）	32.1	32.2
		夏季通风室外计算相对湿度（%）	68	68
		夏季空气调节室外计算日平均温度（℃）	30.9	30.5
风向、风速及频率		夏季室外平均风速（m/s）	1.0	2.3
		夏季最多风向	C ESE	S
		夏季最多风向的频率（%）	48 6	19
		夏季室外最多风向的平均风速（m/s）	2.0	2.7
		冬季室外平均风速（m/s）	1.2	2.5
		冬季最多风向	C ESE	ENE
		冬季最多风向的频率（%）	41 16	24
		冬季室外最多风向的平均风速（m/s）	2.2	3.1
		年最多风向	C ESE	ENE
		年最多风向的频率（%）	46 10	14
		冬季日照百分率（%）	24	34
		最大冻土深度（cm）	—	—
大气压力		冬季室外大气压力（hPa）	1004.0	1016.4
		夏季室外大气压力（hPa）	989	1002.8
设计计算用供暖期天数及其平均温度		日平均温度≤+5℃的天数	0	0
		日平均温度≤+5℃的起止日期	—	—
		平均温度≤+5℃期间内的平均温度（℃）	—	—
		日平均温度≤+8℃的天数	0	0
		日平均温度≤+8℃的起止日期	—	—
		平均温度≤+8℃期间内的平均温度（℃）	—	—
		极端最高气温（℃）	39.9	38.7
		极端最低气温（℃）	−0.2	4.9

(2)	重庆（3）			四川（16）	
三亚	重庆	万州	奉节	成都	广元
三亚	重庆	万州	奉节	成都	广元
59948	57515	57432	57348	56294	57206
18°14′	29°31′	30°46′	31°03′	30°40′	32°26′
109°31′	106°29′	108°24′	109°30′	104°01′	105°51′
5.9	351.1	186.7	607.3	506.1	492.4
1971～2000	1971～1986	1971～2000	1971～2000	1971～2000	1971～2000
25.8	17.7	18.0	16.3	16.1	16.1
17.9	4.1	4.3	1.8	2.7	2.2
21.6	7.2	7.0	5.2	5.6	5.2
15.8	2.2	2.9	0.0	1.0	0.5
73	83	85	71	83	64
32.8	35.5	36.5	34.3	31.8	33.3
28.1	26.5	27.9	25.4	26.4	25.8
31.3	31.7	33.0	30.6	28.5	29.5
73	59	56	57	73	64
30.2	32.3	31.4	30.9	27.9	28.8
2.2	1.5	0.5	3.0	1.2	1.2
C　SSE	C　ENE	C　N	C　NNE	C　NNE	C　SE
15　9	33　8	74　5	22　17	41　8	42　8
2.4	1.1	2.3	2.6	2.0	1.6
2.7	1.1	0.4	3.1	0.9	1.3
ENE	C　NNE	C　NNE	C　NNE	C　NE	C　N
19	46　13	79　5	29　13	50　13	44　10
3.0	1.6	1.9	2.6	1.9	2.8
C　ESE	C　NNE	C　NNE	C　NNE	C　NE	C　N
14　13	44　13	76　5	24　16	43　11	41　8
54	7.5	12	22	17	24
—					
1016.2	980.6	1001.1	1018.7	963.7	965.4
1005.6	963.8	982.3	997.5	948	949.4
0	0	0	12	0	7
—	—	—	01.12～01.23	—	01.13～01.19
—	—	—	4.8	—	4.9
0	53	54	85	69	75
—	12.22～02.12	12.20～02.11	12.07～03.01	12.08～02.14	12.03～02.15
—	7.2	7.2	6.0	6.2	6.1
35.9	40.2	42.1	39.6	36.7	37.9
5.1	−1.8	−3.7	−9.2	−5.9	−8.2

省/直辖市/自治区				四川
市/区/自治州			甘孜州	宜宾
台站名称及编号			康定	宜宾
			56374	56492
台站信息	北纬		30°03′	28°48′
	东经		101°58′	104°36′
	海拔（m）		2615.7	340.8
	统计年份		1971～2000	1971～2000
年平均温度（℃）			7.1	17.8
室外计算温、湿度	供暖室外计算温度（℃）		−6.5	4.5
	冬季通风室外计算温度（℃）		−2.2	7.8
	冬季空气调节室外计算温度（℃）		−8.3	2.8
	冬季空气调节室外计算相对湿度（%）		65	85
	夏季空气调节室外计算干球温度（℃）		22.8	33.8
	夏季空气调节室外计算湿球温度（℃）		16.3	27.3
	夏季通风室外计算温度（℃）		19.5	30.2
	夏季通风室外计算相对湿度（%）		64	67
	夏季空气调节室外计算日平均温度（℃）		18.1	30.0
风向、风速及频率	夏季室外平均风速（m/s）		2.9	0.9
	夏季最多风向		C SE	C NW
	夏季最多风向的频率（%）		30 21	55 6
	夏季室外最多风向的平均风速（m/s）		5.5	2.4
	冬季室外平均风速（m/s）		3.1	0.6
	冬季最多风向		C ESE	C ENE
	冬季最多风向的频率（%）		31 26	68 6
	冬季室外最多风向的平均风速（m/s）		5.6	1.6
	年最多风向		C ESE	C NW
	年最多风向的频率（%）		28 22	59 5
冬季日照百分率（%）			45	11
最大冻土深度（cm）			—	—
大气压力	冬季室外大气压力（hPa）		741.6	982.4
	夏季室外大气压力（hPa）		742.4	965.4
设计计算用供暖期天数及其平均温度	日平均温度≤+5℃的天数		145	0
	日平均温度≤+5℃的起止日期		11.06～03.30	—
	平均温度≤+5℃期间内的平均温度（℃）		0.3	—
	日平均温度≤+8℃的天数		187	32
	日平均温度≤+8℃的起止日期		10.14～04.18	12.26～01.26
	平均温度≤+8℃期间内的平均温度（℃）		1.7	7.7
极端最高气温（℃）			29.4	39.5
极端最低气温（℃）			−14.1	−1.7

南充	凉山州	遂宁	内江	乐山	泸州
南坪区	西昌	遂宁	内江	乐山	泸州
57411	56571	57405	57504	56386	57602
30°47′	27°54′	30°30′	29°35′	29°34′	28°53′
106°06′	102°16′	105°35′	105°03′	103°45′	105°26′
309.3	1590.9	278.2	347.1	424.2	334.8
1971~2000	1971~2000	1971~2000	1971~2000	1971~2000	1971~2000
17.3	16.9	17.4	17.6	17.2	17.7
3.6	4.7	3.9	4.1	3.9	4.5
6.4	9.6	6.5	7.2	7.1	7.7
1.9	2.0	2.0	2.1	2.2	2.6
85	52	86	83	82	67
35.3	30.7	34.7	34.3	32.8	34.6
27.1	21.8	27.5	27.1	26.6	27.1
31.3	26.3	31.1	30.4	29.2	30.5
61	63	63	66	71	86
31.4	26.6	30.7	30.8	29.0	31.0
1.1	1.2	0.8	1.8	1.4	1.7
C　NNE	C　NNE	C　NNE	C　N	C　NNE	C　WSW
43　9	41　9	58　7	25　11	34　9	20　10
2.1	2.2	2.0	2.7	2.2	1.9
0.8	1.7	0.4	1.4	1.0	1.2
C　NNE	C　NNE	C　NNE	C　NNE	C　NNE	C　NNW
56　10	35　10	75　5	30　13	45　11	30　9
1.7	2.5	1.9	2.1	1.9	2.0
C　NNE	C　NNE	C　NNE	C　N	C　NNE	C　NNW
48　10	37　10	65　7	25　12	38　10	24　9
11	69	13	13	13	11
—		—	—		—
986.7	838.5	990.0	980.9	972.7	983.0
969.1	834.9	972.0	963.9	956.4	965.8
0	0	0	0	0	0
—		—			—
—		—		—	—
62	0	62	50	53	33
12.12~02.11	—	12.12~02.11	12.22~02.09	12.20~02.10	12.25~01.26
6.8	—	6.9	7.3	7.2	7.7
41.2	36.6	39.5	40.1	36.8	39.8
−3.4	−3.8	−3.8	−2.7	−2.9	−1.9

省/直辖市/自治区		四川	
市/区/自治州		绵阳	达州
台站名称及编号		绵阳	达州
		56196	57328
台站信息	北纬	31°28′	31°12′
	东经	104°41′	107°30′
	海拔（m）	470.8	344.9
	统计年份	1971～2000	1971～2000
年平均温度（℃）		16.2	17.1
室外计算温、湿度	供暖室外计算温度（℃）	2.4	3.5
	冬季通风室外计算温度（℃）	5.3	6.2
	冬季空气调节室外计算温度（℃）	0.7	2.1
	冬季空气调节室外计算相对湿度（%）	79	82
	夏季空气调节室外计算干球温度（℃）	32.6	35.4
	夏季空气调节室外计算湿球温度（℃）	26.4	27.1
	夏季通风室外计算温度（℃）	29.2	31.8
	夏季通风室外计算相对湿度（%）	70	59
	夏季空气调节室外计算日平均温度（℃）	28.5	31.0
风向、风速及频率	夏季室外平均风速（m/s）	1.1	1.4
	夏季最多风向	C　ENE	C　ENE
	夏季最多风向的频率（%）	46　5	31　27
	夏季室外最多风向的平均风速（m/s）	2.5	2.4
	冬季室外平均风速（m/s）	0.9	1.0
	冬季最多风向	C　E	C　ENE
	冬季最多风向的频率（%）	57　7	45　25
	冬季室外最多风向的平均风速（m/s）	2.7	1.9
	年最多风向	C　E	C　ENE
	年最多风向的频率（%）	49　6	37　27
	冬季日照百分率（%）	19	13
	最大冻土深度（cm）	—	—
大气压力	冬季室外大气压力（hPa）	967.3	985
	夏季室外大气压力（hPa）	951.2	967.5
设计计算用供暖期天数及其平均温度	日平均温度≤+5℃的天数	0	0
	日平均温度≤+5℃的起止日期	—	—
	平均温度≤+5℃期间内的平均温度（℃）	—	—
	日平均温度≤+8℃的天数	73	65
	日平均温度≤+8℃的起止日期	12.05～02.15	12.10～02.12
	平均温度≤+8℃期间内的平均温度（℃）	6.1	6.6
	极端最高气温（℃）	37.2	41.2
	极端最低气温（℃）	−7.3	−4.5

(16)				贵州（9）	
雅安	巴中	资阳	阿坝州	贵阳	遵义
雅安	巴中	资阳	马尔康	贵阳	遵义
56287	57313	56298	56172	57816	57713
29°59′	31°52′	30°07′	31°54′	26°35′	27°42′
103°00′	106°46′	104°39′	102°14′	106°43′	106°53′
627.6	417.7	357	2664.4	1074.3	843.9
1971～2000	1971～2000	1971～1990	1971～2000	1971～2000	1971～2000
16.2	16.9	17.2	8.6	15.3	15.3
2.9	3.2	3.6	−4.1	−0.3	0.3
6.3	5.8	6.6	−0.6	5.0	4.5
1.1	1.5	1.3	−6.1	−2.5	−1.7
80	82	84	48	80	83
32.1	34.5	33.7	27.3	30.1	31.8
25.8	26.9	26.7	17.3	23	24.3
28.6	31.2	30.2	22.4	27.1	28.8
70	59	65	53	64	63
27.9	30.3	29.5	19.3	26.5	27.9
1.8	0.9	1.3	1.1	2.1	1.1
C WSW	C SW	C S	C NW	C SSW	C SSW
29 15	52 5	41 7	61 9	24 17	48 7
2.9	1.9	2.1	3.1	3.0	2.3
1.1	0.6	0.8	1.0	2.1	1.0
C E	C E	C ENE	C NW	ENE	C ESE
50 13	68 4	58 7	62 10	23	50 7
2.1	1.7	1.3	3.3	2.5	1.9
C E	C SW	C ENE	C NW	C ENE	C SSE
40 11	60 4	50 6	60 10	23 15	49 6
16	17	16	62	15	11
—	—	—	25	—	—
949.7	979.9	980.3	733.3	897.4	924.0
935.4	962.7	962.9	734.7	887.8	911.8
0	0	0	122	27	35
—	—	—	11.06～03.07	01.11～02.06	01.05～02.08
—	—	—	1.2	4.6	4.4
64	67	62	162	69	91
12.11～02.12	12.09～02.13	12.14～02.13	10.20～03.30	12.08～02.14	12.04～03.04
6.6	6.2	6.9	2.5	6.0	5.6
35.4	40.3	39.2	34.5	35.1	37.4
−3.9	−5.3	−4.0	−16	−7.3	−7.1

省/直辖市/自治区		贵州	
市/区/自治州		毕节地区	安顺
台站名称及编号		毕节	安顺
		57707	57806
台站信息	北纬	27°18′	26°15′
	东经	105°17′	105°55′
	海拔（m）	1510.6	1392.9
	统计年份	1971～2000	1971～2000
年平均温度（℃）		12.8	14.1
室外计算温、湿度	供暖室外计算温度（℃）	−1.7	−1.1
	冬季通风室外计算温度（℃）	2.7	4.3
	冬季空气调节室外计算温度（℃）	−3.5	−3.0
	冬季空气调节室外计算相对湿度（%）	87	84
	夏季空气调节室外计算干球温度（℃）	29.2	27.7
	夏季空气调节室外计算湿球温度（℃）	21.8	21.8
	夏季通风室外计算温度（℃）	25.7	24.8
	夏季通风室外计算相对湿度（%）	64	70
	夏季空气调节室外计算日平均温度（℃）	24.5	24.5
风向、风速及频率	夏季室外平均风速（m/s）	0.9	2.3
	夏季最多风向	C　SSE	SSW
	夏季最多风向的频率（%）	60　12	25
	夏季室外最多风向的平均风速（m/s）	2.3	3.4
	冬季室外平均风速（m/s）	0.6	2.4
	冬季最多风向	C　SSE	ENE
	冬季最多风向的频率（%）	69　7	31
	冬季室外最多风向的平均风速（m/s）	1.9	2.8
	年最多风向	C　SSE	ENE
	年最多风向的频率（%）	62　9	22
冬季日照百分率（%）		17	18
最大冻土深度（cm）		—	—
大气压力	冬季室外大气压力（hPa）	850.9	863.1
	夏季室外大气压力（hPa）	844.2	856.0
设计计算用供暖期天数及其平均温度	日平均温度≤+5℃的天数	67	41
	日平均温度≤+5℃的起止日期	12.10～02.14	01.01～02.10
	平均温度≤+5℃期间内的平均温度（℃）	3.4	4.2
	日平均温度≤+8℃的天数	112	99
	日平均温度≤+8℃的起止日期	11.19～03.10	11.27～03.05
	平均温度≤+8℃期间内的平均温度（℃）	4.4	5.7
极端最高气温（℃）		39.7	33.4
极端最低气温（℃）		−11.3	−7.6

铜仁地区	黔西南州	黔南州	黔东南州	六盘水	昆明
铜仁	兴仁	罗甸	凯里	盘县	昆明
57741	57902	57916	57825	56793	56778
27°43′	25°26′	25°26′	26°36′	25°47′	25°01′
109°11′	105°11′	106°46′	107°59′	104°37′	102°41′
279.7	1378.5	440.3	720.3	1515.2	1892.4
1971～2000	1971～2000	1971～2000	1971～2000	1971～2000	1971～2000
17.0	15.3	19.6	15.7	15.2	14.9
1.4	0.6	5.5	−0.4	0.6	3.6
5.5	6.3	10.2	4.7	6.5	8.1
−0.5	−1.3	3.7	−2.3	−1.4	0.9
76	84	73	80	79	68
35.3	28.7	34.5	32.1	29.3	26.2
26.7	22.2	*	24.5	21.6	20
32.2	25.3	31.2	29.0	25.5	23.0
60	69	66	64	65	68
30.7	24.8	29.3	28.3	24.7	22.4
0.8	1.8	0.6	1.6	1.3	1.8
C SSW	C ESE	C ESE	C SSW	C WSW	C WSW
62 7	29 13	69 4	33 9	48 9	31 13
2.3	2.3	1.7	3.1	2.5	2.6
0.9	2.2	0.7	1.6	2.0	2.2
C ENE	C ENE	C ESE	C NNE	C ENE	C WSW
58 15	19 18	62 8	26 22	31 19	35 19
2.2	2.3	1.8	2.3	2.5	3.7
C ENE	C ESE	C ESE	C NNE	C ENE	C WSW
61 11	24 15	64 6	29 15	39 14	31 16
15	29	21	16	33	66
—					
991.3	864.4	968.6	938.3	849.6	811.9
973.1	857.5	954.7	925.2	843.8	808.2
5	0	0	30	0	0
01.29～02.02			01.09～02.07		—
4.9	—	—	4.4		—
64	65	0	87	66	27
12.12～02.13	12.10～02.12		12.08～03.04	12.09～02.12	12.17～01.12
6.3	6.7	—	5.8	6.9	7.7
40.1	35.5	39.2	37.5	35.1	30.4
−9.2	−6.2	−2.7	−9.7	−7.9	−7.8

省/直辖市/自治区		云南	
市/区/自治州		保山	昭通
台站名称及编号		保山	昭通
		56748	56586
台站信息	北纬	25°07′	27°21′
	东经	99°10′	103°43′
	海拔（m）	1653.5	1949.5
	统计年份	1971～2000	1971～2000
年平均温度（℃）		15.9	11.6
室外计算温、湿度	供暖室外计算温度（℃）	6.6	−3.1
	冬季通风室外计算温度（℃）	8.5	2.2
	冬季空气调节室外计算温度（℃）	5.6	−5.2
	冬季空气调节室外计算相对湿度（%）	69	74
	夏季空气调节室外计算干球温度（℃）	27.1	27.3
	夏季空气调节室外计算湿球温度（℃）	20.9	19.5
	夏季通风室外计算温度（℃）	24.2	23.5
	夏季通风室外计算相对湿度（%）	67	63
	夏季空气调节室外计算日平均温度（℃）	23.1	22.5
风向、风速及频率	夏季室外平均风速（m/s）	1.3	1.6
	夏季最多风向	C SSW	C NE
	夏季最多风向的频率（%）	50 10	43 12
	夏季室外最多风向的平均风速（m/s）	2.5	3
	冬季室外平均风速（m/s）	1.5	2.4
	冬季最多风向	C WSW	C NE
	冬季最多风向的频率（%）	54 10	32 20
	冬季室外最多风向的平均风速（m/s）	3.4	3.6
	年最多风向	C WSW	C NE
	年最多风向的频率（%）	52 8	36 17
冬季日照百分率（%）		74	43
最大冻土深度（cm）		—	
大气压力	冬季室外大气压力（hPa）	835.7	805.3
	夏季室外大气压力（hPa）	830.3	802.0
设计计算用供暖期天数及其平均温度	日平均温度≤+5℃的天数	0	73
	日平均温度≤+5℃的起止日期	—	12.04～02.14
	平均温度≤+5℃期间内的平均温度（℃）	—	3.1
	日平均温度≤+8℃的天数	6	122
	日平均温度≤+8℃的起止日期	01.01～01.06	11.10～03.11
	平均温度≤+8℃期间内的平均温度（℃）	7.9	4.1
极端最高气温（℃）		32.3	33.4
极端最低气温（℃）		−3.8	−10.6

(16)

丽江	普洱	红河州	西双版纳州	文山州	曲靖
丽江	思茅	蒙自	景洪	文山州	沾益
56651	56964	56985	56959	56994	56786
26°52′	22°47′	23°23′	22°00′	23°23′	25°35′
100°13′	100°58′	103°23′	100°47′	104°15′	103°50′
2392.4	1302.1	1300.7	582	1271.6	1898.7
1971~2000	1971~2000	1971~2000	1971~2000	1971~2000	1971~2000
12.7	18.4	18.7	22.4	18	14.4
3.1	9.7	6.8	13.3	5.6	1.1
6.0	12.5	12.3	16.5	11.1	7.4
1.3	7.0	4.5	10.5	3.4	−1.6
46	78	72	85	77	67
25.6	29.7	30.7	34.7	30.4	27.0
18.1	22.1	22	25.7	22.1	19.8
22.3	25.8	26.7	30.4	26.7	23.3
59	69	62	67	63	68
21.3	24.0	25.9	28.5	25.5	22.4
2.5	1.0	3.2	0.8	2.2	2.3
C ESE	C SW	S	C ESE	SSE	C SSW
18 11	51 10	26	58 8	25	19 19
2.5	1.9	3.9	1.7	2.9	2.7
4.2	0.9	3.8	0.4	2.9	3.1
WNW	C WSW	SSW	C ESE	S	SW
21	59 7	24	72 3	26	19
5.5	2.7	5.5	1.4	3.4	3.8
WNW	C WSW	S	C ESE	SSE	SSW
15	55 7	23	68 5	25	18
77	64	62	57	50	56
—			—	—	—
762.6	871.8	865.0	951.3	875.4	810.9
761.0	865.3	871.4	942.7	868.2	807.6
0	0	0	0	0	0
—			—	—	—
—			—	—	—
82	0	0	0	0	60
11.27~02.16	—	—	—	—	12.08~02.05
6.3	—	—	—	—	7.4
32.3	35.7	35.9	41.1	35.9	33.2
−10.3	−2.5	−3.9	1.9	−3.0	−9.2

省/直辖市/自治区		云南	
市/区/自治州		玉溪	临沧
台站名称及编号		玉溪	临沧
		56875	56951
台站信息	北纬	24°21′	23°53′
	东经	102°33′	100°05′
	海拔（m）	1636.7	1502.4
	统计年份	1971～2000	1971～2000
年平均温度（℃）		15.9	17.5
室外计算温、湿度	供暖室外计算温度（℃）	5.5	9.2
	冬季通风室外计算温度（℃）	8.9	11.2
	冬季空气调节室外计算温度（℃）	3.4	7.7
	冬季空气调节室外计算相对湿度（%）	73	65
	夏季空气调节室外计算干球温度（℃）	28.2	28.6
	夏季空气调节室外计算湿球温度（℃）	20.8	21.3
	夏季通风室外计算温度（℃）	24.5	25.2
	夏季通风室外计算相对湿度（%）	66	69
	夏季空气调节室外计算日平均温度（℃）	23.2	23.6
风向、风速及频率	夏季室外平均风速（m/s）	1.4	1.0
	夏季最多风向	C　WSW	C　NE
	夏季最多风向的频率（%）	46　10	54　8
	夏季室外最多风向的平均风速（m/s）	2.5	2.4
	冬季室外平均风速（m/s）	1.7	1.0
	冬季最多风向	C　WSW	C　W
	冬季最多风向的频率（%）	61　6	60　4
	冬季室外最多风向的平均风速（m/s）	1.8	2.9
	年最多风向	C　WSW	C　NNE
	年最多风向的频率（%）	45　16	55　4
冬季日照百分率（%）		61	71
最大冻土深度（cm）		—	—
大气压力	冬季室外大气压力（hPa）	837.2	851.2
	夏季室外大气压力（hPa）	832.1	845.4
设计计算用供暖期天数及其平均温度	日平均温度≤+5℃的天数	0	0
	日平均温度≤+5℃的起止日期	—	—
	平均温度≤+5℃期间内的平均温度（℃）	—	—
	日平均温度≤+8℃的天数	0	0
	日平均温度≤+8℃的起止日期	—	—
	平均温度≤+8℃期间内的平均温度（℃）	—	—
极端最高气温（℃）		32.6	34.1
极端最低气温（℃）		−5.5	−1.3

(16)

楚雄州	大理州	德宏州	怒江州	迪庆州
楚雄	大理	瑞丽	泸水	香格里拉
56768	56751	56838	56741	56543
25°01′	25°42′	24°01′	25°59′	27°50′
101°32′	100°11′	97°51′	98°49′	99°42′
1772	1990.5	776.6	1804.9	3276.1
1971~2000	1971~2000	1971~2000	1971~2000	1971~2000
16.0	14.9	20.3	15.2	5.9
5.6	5.2	10.9	6.7	−6.1
8.7	8.2	13	9.2	−3.2
3.2	3.5	9.9	5.6	−8.6
75	66	78	56	60
28.0	26.2	31.4	26.7	20.8
20.1	20.2	24.5	20	13.8
24.6	23.3	27.5	22.4	17.9
61	64	72	78	63
23.9	22.3	26.4	22.4	15.6
1.5	1.9	1.1	2.1	2.1
C WSW	C NW	C WSW	WSW	C SSW
32 14	27 10	46 10	30	37 14
2.6	2.4	2.5	2.3	3.6
1.5	3.4	0.7	2.1	2.4
C WSW	C ESE	C WSW	C NNE	C SSW
45 14	15 8	61 6	18 17	38 10
2.8	3.9	1.8	2.4	3.9
C WSW	C ESE	C WSW	WSW	C SSW
40 13	20 8	51 8	18	36 13
66	68	66	68	72
—	—	—	—	25
823.3	802	927.6	820.9	684.5
818.8	798.7	918.6	816.2	685.8
0	0	0	0	176
—	—	—	—	10.23~04.16
—	—	—	—	0.1
8	29	0	0	208
01.01~01.08	12.15~01.12	—	—	10.10~05.05
7.9	7.5	—	—	1.1
33.0	31.6	36.4	32.5	25.6
−4.8	−4.2	1.4	−0.5	−27.4

省/直辖市/自治区			西藏	
市/区/自治州			拉萨	昌都地区
台站名称及编号			拉萨	昌都
			55591	56137
台站信息		北纬	29°40′	31°09′
		东经	91°08′	97°10′
		海拔（m）	3648.7	3306
		统计年份	1971～2000	1971～2000
年平均温度（℃）			8.0	7.6
室外计算温、湿度		供暖室外计算温度（℃）	−5.2	−5.9
		冬季通风室外计算温度（℃）	−1.6	−2.3
		冬季空气调节室外计算温度（℃）	−7.6	−7.6
		冬季空气调节室外计算相对湿度（%）	28	37
		夏季空气调节室外计算干球温度（℃）	24.1	26.2
		夏季空气调节室外计算湿球温度（℃）	13.5	15.1
		夏季通风室外计算温度（℃）	19.2	21.6
		夏季通风室外计算相对湿度（%）	38	46
		夏季空气调节室外计算日平均温度（℃）	19.2	19.6
风向、风速及频率		夏季室外平均风速（m/s）	1.8	1.2
		夏季最多风向	C SE	C NW
		夏季最多风向的频率（%）	30 12	48 6
		夏季室外最多风向的平均风速（m/s）	2.7	2.1
		冬季室外平均风速（m/s）	2.0	0.9
		冬季最多风向	C ESE	C NW
		冬季最多风向的频率（%）	27 15	61 5
		冬季室外最多风向的平均风速（m/s）	2.3	2.0
		年最多风向	C SE	C NW
		年最多风向的频率（%）	28 12	51 6
冬季日照百分率（%）			77	63
最大冻土深度（cm）			19	81
大气压力		冬季室外大气压力（hPa）	650.6	679.9
		夏季室外大气压力（hPa）	652.9	681.7
设计计算用供暖期天数及其平均温度		日平均温度≤+5℃的天数	132	148
		日平均温度≤+5℃的起止日期	11.01～03.12	10.28～03.24
		平均温度≤+5℃期间内的平均温度（℃）	0.61	0.3
		日平均温度≤+8℃的天数	179	185
		日平均温度≤+8℃的起止日期	10.19～04.15	10.17～04.19
		平均温度≤+8℃期间内的平均温度（℃）	2.17	1.6
极端最高气温（℃）			29.9	33.4
极端最低气温（℃）			−16.5	−20.7

(7)

那曲地区	日喀则地区	林芝地区	阿里地区	山南地区
那曲	日喀则	林芝	狮泉河	错那
55299	55578	56312	55228	55690
31°29′	29°15′	29°40′	32°30′	27°59′
92°04′	88°53′	94°20′	80°05′	91°57′
4507	3936	2991.8	4278	9280
1971～2000	1971～2000	1971～2000	1972～2000	1971～2000
−1.2	6.5	8.7	0.4	−0.3
−17.8	−7.3	−2	−19.8	−14.4
−12.6	−3.2	0.5	−12.4	−9.9
−21.9	−9.1	−3.7	−24.5	−18.2
40	28	49	37	64
17.2	22.6	22.9	22.0	13.2
9.1	13.4	15.6	9.5	8.7
13.3	18.9	19.9	17.0	11.2
52	40	61	31	68
11.5	17.1	17.9	16.4	9.0
2.5	1.3	1.6	3.2	4.1
C SE	C SSE	C E	C W	WSW
30 7	51 9	38 11	24 14	31
3.5	2.5	2.1	5.0	5.7
3.0	1.8	2.0	2.6	3.6
C WNW	C W	C E	C W	C WSW
39 11	50 11	27 17	41 17	32 17
7.5	4.5	2.3	5.7	5.6
C WNW	C W	C E	C W	WSW
34 8	48 7	32 14	33 16	25
71	81	57	80	77
281	58	13	—	86
583.9	636.1	706.5	602.0	598.3
589.1	638.5	706.2	604.8	602.7
254	159	116	238	251
09.17～05.28	10.22～03.29	11.13～03.08	09.28～05.23	09.23～05.31
−5.3	−0.3	2.0	−5.5	−3.7
300	194	172	263	365
08.23～06.18	10.11～04.22	10.24～04.13	09.19～06.08	01.01～12.31
−3.4	1.0	3.4	−4.3	−0.1
24.2	28.5	30.3	27.6	18.4
−37.6	−21.3	−13.7	−36.6	−37

省/直辖市/自治区			陕西	
市/区/自治州			西安	延安
台站名称及编号			西安	延安
			57036	53845
台站信息		北纬	34°18′	36°36′
		东经	108°56′	109°30′
		海拔（m）	397.5	958.5
		统计年份	1971～2000	1971～2000
年平均温度（℃）			13.7	9.9
室外计算温、湿度		供暖室外计算温度（℃）	−3.4	−10.3
		冬季通风室外计算温度（℃）	−0.1	−5.5
		冬季空气调节室外计算温度（℃）	−5.7	−13.3
		冬季空气调节室外计算相对湿度（%）	66	53
		夏季空气调节室外计算干球温度（℃）	35.0	32.4
		夏季空气调节室外计算湿球温度（℃）	25.8	22.8
		夏季通风室外计算温度（℃）	30.6	28.1
		夏季通风室外计算相对湿度（%）	58	52
		夏季空气调节室外计算日平均温度（℃）	30.7	26.1
风向、风速及频率		夏季室外平均风速（m/s）	1.9	1.6
		夏季最多风向	C ENE	C WSW
		夏季最多风向的频率（%）	28 13	28 16
		夏季室外最多风向的平均风速（m/s）	2.5	2.2
		冬季室外平均风速（m/s）	1.4	1.8
		冬季最多风向	C ENE	C WSW
		冬季最多风向的频率（%）	41 10	25 20
		冬季室外最多风向的平均风速（m/s）	2.5	2.4
		年最多风向	C ENE	C WSW
		年最多风向的频率（%）	35 11	26 17
冬季日照百分率（%）			32	61
最大冻土深度（cm）			37	77
大气压力		冬季室外大气压力（hPa）	979.1	913.8
		夏季室外大气压力（hPa）	959.8	900.7
设计计算用供暖期天数及其平均温度		日平均温度≤+5℃的天数	100	133
		日平均温度≤+5℃的起止日期	11.23～03.02	11.06～03.18
		平均温度≤+5℃期间内的平均温度（℃）	1.5	−1.9
		日平均温度≤+8℃的天数	127	159
		日平均温度≤+8℃的起止日期	11.09～03.15	10.23～03.30
		平均温度≤+8℃期间内的平均温度（℃）	2.6	−0.5
极端最高气温（℃）			41.8	38.3
极端最低气温（℃）			−12.8	−23.0

(9)

宝鸡		汉中		榆林		安康		铜川		咸阳	
宝鸡		汉中		榆林		安康		铜川		武功	
57016		57127		53646		57245		53947		57034	
34°21′		33°04′		38°14′		32°43′		35°05′		34°15′	
107°08′		107°02′		109°42′		109°02′		109°04′		108°13′	
612.4		509.5		1057.5		290.8		978.9		447.8	
1971~2000		1971~2000		1971~2000		1971~2000		1971~1999		1971~2000	
13.2		14.4		8.3		15.6		10.6		13.2	
−3.4		−0.1		−15.1		0.9		−7.2		−3.6	
0.1		2.4		−9.4		3.5		−3.0		−0.4	
−5.8		−1.8		−19.3		−0.9		−9.8		−5.9	
62		80		55		71		55		67	
34.1		32.3		32.2		35.0		31.5		34.3	
24.6		26		21.5		26.8		23		*	
29.5		28.5		28.0		30.5		27.4		29.9	
58		69		45		64		60		61	
29.2		28.5		26.5		30.7		26.5		29.8	
1.5		1.1		2.3		1.3		2.2		1.7	
C	ESE	C	ESE	C	S	C	E	ENE		C	WNW
37	12	43	9	27	17	41	7	20		28	
2.9		1.9		3.5		2.3		2.2		2.9	
1.1		0.9		1.7		1.2		2.2		1.4	
C	ESE	C	E	C	N	C	E	ENE		C	NW
54	13	55	8	43	14	49	13	31		34	7
2.8		2.4		2.9		2.9		2.3		2.3	
C	ESE	C	ESE	C	S	C	E	ENE		C	WNW
47	13	49	8	35	11	45	10	24		31	9
40		27		64		30		58		42	
29		8		148		8		53		24	
953.7		964.3		902.2		990.6		911.1		971.7	
936.9		947.8		889.9		971.7		898.4		953.1	
101		72		153		60		128		101	
11.23~03.03		12.04~02.13		10.27~03.28		12.12~02.09		11.10~03.17		11.23~03.03	
1.6		3.0		−3.9		3.8		−0.2		1.2	
135		115		171		100		148		133	
11.08~03.22		11.15~03.09		10.17~04.05		11.26~03.05		11.03~03.30		11.08~03.20	
3		4.3		−2.8		4.9		0.6		2.7	
41.6		38.3		38.6		41.3		37.7		40.4	
−16.1		−10.0		−30.0		−9.7		−21.8		−19.4	

省/直辖市/自治区			陕西（9）	甘肃
市/区/自治州			商洛	兰州
台站名称及编号			商州	兰州
			57143	52889
台站信息	北纬		33°52′	36°03
	东经		109°58′	103°53′
	海拔（m）		742.2	1517.2
	统计年份		1971～2000	1971～2000
年平均温度（℃）			12.8	9.8
室外计算温、湿度	供暖室外计算温度（℃）		−3.3	−9.0
	冬季通风室外计算温度（℃）		0.5	−5.3
	冬季空气调节室外计算温度（℃）		−5	−11.5
	冬季空气调节室外计算相对湿度（%）		59	54
	夏季空气调节室外计算干球温度（℃）		32.9	31.2
	夏季空气调节室外计算湿球温度（℃）		24.3	20.1
	夏季通风室外计算温度（℃）		28.6	26.5
	夏季通风室外计算相对湿度（%）		56	45
	夏季空气调节室外计算日平均温度（℃）		27.6	26.0
风向、风速及频率	夏季室外平均风速（m/s）		2.2	1.2
	夏季最多风向		C　　SE	C　　ESE
	夏季最多风向的频率（%）		27　　18	48　　9
	夏季室外最多风向的平均风速（m/s）		3.9	2.1
	冬季室外平均风速（m/s）		2.6	0.5
	冬季最多风向		C　　NW	C　　E
	冬季最多风向的频率（%）		22　　16	74　　5
	冬季室外最多风向的平均风速（m/s）		4.1	1.7
	年最多风向		C　　SE	C　　ESE
	年最多风向的频率（%）		26　　15	59　　7
冬季日照百分率（%）			47	53
最大冻土深度（cm）			18	98
大气压力	冬季室外大气压力（hPa）		937.7	851.5
	夏季室外大气压力（hPa）		923.3	843.2
设计计算用供暖期天数及其平均温度	日平均温度≤+5℃的天数		100	130
	日平均温度≤+5℃的起止日期		11.25～03.04	11.05～03.14
	平均温度≤+5℃期间内的平均温度（℃）		1.9	−1.9
	日平均温度≤+8℃的天数		139	160
	日平均温度≤+8℃的起止日期		11.09～03.27	10.20～03.28
	平均温度≤+8℃期间内的平均温度（℃）		3.3	−0.3
极端最高气温（℃）			39.9	39.8
极端最低气温（℃）			−13.9	−19.7

(13)

酒泉		平凉		天水		陇南		张掖	
酒泉		平凉		天水		武都		张掖	
52533		53915		57006		56096		52652	
39°46′		35°33′		34°35′		33°24′		38°56′	
98°29′		106°40′		105°45′		104°55′		100°26′	
1477. 2		1346. 6		1141. 7		1079. 1		1482. 7	
1971～2000		1971～2000		1971～2000		1971～2000		1971～2000	
7.5		8.8		11.0		14.6		7.3	
−14.5		−8.8		−5.7		0.0		−13.7	
−9.0		−4.6		−2.0		3.3		−9.3	
−18.5		−12.3		−8.4		−2.3		−17.1	
53		55		62		51		52	
30.5		29.8		30.8		32.6		31.7	
19.6		21.3		21.8		22.3		19.5	
26.3		25.6		26.9		28.3		26.9	
39		56		55		52		37	
24.8		24.0		25.9		28.5		25.1	
2.2		1.9		1.2		1.7		2.0	
C	ESE	C	SE	C	ESE	C	SSE	C	S
24	8	24	14	43	15	39	10	25	12
2.8		2.8		2.0		3.1		2.1	
2.0		2.1		1.0		1.2		1.8	
C	W	C	NW	C	ESE	C	ENE	C	S
21	12	22	20	51	15	47	6	27	13
2.4		2.2		2.2		2.3		2.1	
C	WSW	C	NW	C	ESE	C	SSE	C	S
21	10	24	16	47	15	43	8	25	12
72		60		46		47		74	
117		48		90		13		113	
856.3		870.0		892.4		898.0		855.5	
847.2		860.8		881.2		887.3		846.5	
157		143		119		64		159	
10. 23～03. 28		11. 05～03. 27		11. 11～03. 09		12. 09～02. 10		10. 21～03. 28	
−4		−1.3		0.3		3.7		−4.0	
183		170		145		102		178	
10. 12～04. 12		10. 18～04. 05		11. 04～03. 28		11. 23～03. 04		10. 12～04. 07	
−2.4		0.0		1.4		4.8		−2.9	
36.6		36.0		38.2		38.6		38.6	
−29.8		−24.3		−17.4		−8.6		−28.2	

省/直辖市/自治区		甘肃
市/区/自治州	白银	金昌
台站名称及编号	靖远	永昌
	52895	52674
台站信息　北纬	36°34′	38°14′
东经	104°41′	101°58′
海拔（m）	1398.2	1976.1
统计年份	1971～2000	1971～2000
年平均温度（℃）	9	5
室外计算温、湿度　供暖室外计算温度（℃）	−10.7	−14.8
冬季通风室外计算温度（℃）	−6.9	−9.6
冬季空气调节室外计算温度（℃）	−13.9	−18.2
冬季空气调节室外计算相对湿度（%）	58	45
夏季空气调节室外计算干球温度（℃）	30.9	27.3
夏季空气调节室外计算湿球温度（℃）	21	17.2
夏季通风室外计算温度（℃）	26.7	23
夏季通风室外计算相对湿度（%）	48	45
夏季空气调节室外计算日平均温度（℃）	25.9	20.6
风向、风速及频率　夏季室外平均风速（m/s）	1.3	3.1
夏季最多风向	C　S	WNW
夏季最多风向的频率（%）	49　10	21
夏季室外最多风向的平均风速（m/s）	3.3	3.6
冬季室外平均风速（m/s）	0.7	2.6
冬季最多风向	C　ENE	C　WNW
冬季最多风向的频率（%）	69　6	27　16
冬季室外最多风向的平均风速（m/s）	2.1	3.5
年最多风向	C　S	C　WNW
年最多风向的频率（%）	56　6	19　18
冬季日照百分率（%）	66	78
最大冻土深度（cm）	86	159
大气压力　冬季室外大气压力（hPa）	864.5	802.8
夏季室外大气压力（hPa）	855	798.9
设计计算用供暖期天数及其平均温度　日平均温度≤+5℃的天数	138	175
日平均温度≤+5℃的起止日期	11.03～03.20	10.15～04.04
平均温度≤+5℃期间内的平均温度（℃）	−2.7	−4.3
日平均温度≤+8℃的天数	167	199
日平均温度≤+8℃的起止日期	10.19～04.03	10.05～04.21
平均温度≤+8℃期间内的平均温度（℃）	−1.1	−3.0
极端最高气温（℃）	39.5	35.1
极端最低气温（℃）	−24.3	−28.3

庆阳	定西	武威	临夏州	甘南州
西峰镇	临洮	武威	临夏	合作
53923	52986	52679	52984	56080
35°44′	35°22′	37°55′	35°35′	35°00′
107°38′	103°52′	102°40′	103°11′	102°54′
1421	1886.6	1530.9	1917	2910.0
1971～2000	1971～2000	1971～2000	1971～2000	1971～2000
8.7	7.2	7.9	7.0	2.4
−9.6	−11.3	−12.7	−10.6	−13.8
−4.8	−7.0	−7.8	−6.7	−9.9
−12.9	−15.2	−16.3	−13.4	−16.6
53	62	49	59	49
28.7	27.7	30.9	26.9	22.3
20.6	19.2	19.6	19.4	14.5
24.6	23.3	26.4	22.8	17.9
57	55	41	57	54
24.3	22.1	24.8	21.2	15.9
2.4	1.2	1.8	1.0	1.5
SSW	C　SSW	C　NNW	C　WSW	C　N
16	43　7	35　9	54　9	46　13
2.9	1.7	3.3	2.0	3.3
2.2	1.0	1.6	1.2	1.0
C　NNW	C　NE	C　SW	C　N	C　N
13　10	52　7	35　11	47　10	63　8
2.8	1.9	2.4	1.9	3.0
SSW	C　ESE	C　SW	C　NNE	C　N
13	45　6	34　9	49　9	50　11
61	64	75	63	66
79	114	141	85	142
861.8	812.6	850.3	809.4	713.2
853.5	808.1	841.8	805.1	716.0
144	155	155	156	202
11.05～03.28	10.25～03.28	10.24～03.27	10.24～03.28	10.08～04.27
−1.5	−2.2	−3.1	−2.2	−3.9
171	183	174	185	250
10.18～04.06	10.14～04.14	10.14～04.05	10.13～04.15	09.15～05.22
−0.2	−0.8	−2.0	−0.8	−1.8
36.4	36.1	35.1	36.4	30.4
−22.6	−27.9	−28.3	−24.7	−27.9

省/直辖市/自治区			青海	
市/区/自治州			西宁	玉树州
台站名称及编号			西宁	玉树
			52866	56029
台站信息		北纬	36°43′	33°01′
		东经	101°45′	97°01′
		海拔（m）	2295.2	3681.2
		统计年份	1971～2000	1971～2000
年平均温度（℃）			6.1	3.2
室外计算温、湿度		供暖室外计算温度（℃）	−11.4	−11.9
		冬季通风室外计算温度（℃）	−7.4	−7.6
		冬季空气调节室外计算温度（℃）	−13.6	−15.8
		冬季空气调节室外计算相对湿度（%）	45	44
		夏季空气调节室外计算干球温度（℃）	26.5	21.8
		夏季空气调节室外计算湿球温度（℃）	16.6	13.1
		夏季通风室外计算温度（℃）	21.9	17.3
		夏季通风室外计算相对湿度（%）	48	50
		夏季空气调节室外计算日平均温度（℃）	20.8	15.5
风向、风速及频率		夏季室外平均风速（m/s）	1.5	0.8
		夏季最多风向	C　　SSE	C　　E
		夏季最多风向的频率（%）	37　　17	63　　7
		夏季室外最多风向的平均风速（m/s）	2.9	2.3
		冬季室外平均风速（m/s）	1.3	1.1
		冬季最多风向	C　　SSE	C　　WNW
		冬季最多风向的频率（%）	49　　18	62　　7
		冬季室外最多风向的平均风速（m/s）	3.2	3.5
		年最多风向	C　　SSE	C　　WNW
		年最多风向的频率（%）	41　　20	60　　6
冬季日照百分率（%）			68	60
最大冻土深度（cm）			123	104
大气压力		冬季室外大气压力（hPa）	774.4	647.5
		夏季室外大气压力（hPa）	772.9	651.5
设计计算用供暖期天数及其平均温度		日平均温度≤+5℃的天数	165	199
		日平均温度≤+5℃的起止日期	10.20～04.02	10.09～04.25
		平均温度≤+5℃期间内的平均温度（℃）	−2.6	−2.7
		日平均温度≤+8℃的天数	190	248
		日平均温度≤+8℃的起止日期	10.10～04.17	09.17～05.22
		平均温度≤+8℃期间内的平均温度（℃）	−1.4	−0.8
		极端最高气温（℃）	36.5	28.5
		极端最低气温（℃）	−24.9	−27.6

海西州	黄南州	海南州	果洛州	海北州
格尔木	河南	共和	达日	祁连
52818	56065	52856	56046	52657
36°25′	34°44′	36°16	33°45′	38°11′
94°54′	101°36′	100°37′	99°39′	100°15′
2807.3	8500	2835	3967.5	2787.4
1971~2000	1972~2000	1971~2000	1972~2000	1971~2000
5.3	0.0	4.0	−0.9	1.0
−12.9	−18.0	−14	−18.0	−17.2
−9.1	−12.3	−9.8	−12.6	−13.2
−15.7	−22.0	−16.6	−21.1	−19.7
39	55	43	53	44
26.9	19.0	24.6	17.3	23.0
13.3	12.4	14.8	10.9	13.8
21.6	14.9	19.8	13.4	18.3
30	58	48	57	48
21.4	13.2	19.3	12.1	15.9
3.3	2.4	2.0	2.2	2.2
WNW	C SE	C SSE	C ENE	C SSE
20	29 13	30 8	32 12	23 1 9
4.3	3.4	2.9	3.4	2.9
2.2	1.9	1.4	2.0	1.5
C WSW	C NW	C NNE	C WNW	C SSE
23 12	47 6	45 12	48 7	36 13
2.3	4.4	1.6	4.9	2.3
WNW	C ESE	C NNE	C ENE	C SSE
15	35 9	36 10	38 7	27 17
72	69	75	62	73
84	177	150	238	250
723.5	663.1	720.1	624.0	725.1
724.0	668.4	721.8	630.1	727.3
176	243	183	255	213
10.15~04.08	09.17~05.17	10.14~04.14	09.14~05.26	09.29~04.29
−3.8	−4.5	−4.1	−4.9	−5.8
203	285	210	302	252
10.02~04.22	09.01~06.12	09.30~04.27	08.23~06.20	09.12~05.21
−2.4	−2.8	−2.7	−2.9	−3.8
35.5	26.2	33.7	23.3	33.3
−26.9	−37.2	−27.7	−34	−32.0

省/直辖市/自治区		青海（8）	宁夏
市/区/自治州		海东地区	银川
台站名称及编号		民和	银川
		52876	53614
台站信息	北纬	36°19′	38°29′
	东经	102°51′	106°13′
	海拔（m）	1813.9	1111.4
	统计年份	1971～2000	1971～2000
年平均温度（℃）		7.9	9.0
室外计算温、湿度	供暖室外计算温度（℃）	−10.5	−13.1
	冬季通风室外计算温度（℃）	−6.2	−7.9
	冬季空气调节室外计算温度（℃）	−13.4	−17.3
	冬季空气调节室外计算相对湿度（%）	51	55
	夏季空气调节室外计算干球温度（℃）	28.8	31.2
	夏季空气调节室外计算湿球温度（℃）	19.4	22.1
	夏季通风室外计算温度（℃）	24.5	27.6
	夏季通风室外计算相对湿度（%）	50	48
	夏季空气调节室外计算日平均温度（℃）	23.3	26.2
风向、风速及频率	夏季室外平均风速（m/s）	1.4	2.1
	夏季最多风向	C　SE	C　SSW
	夏季最多风向的频率（%）	38　8	21　11
	夏季室外最多风向的平均风速（m/s）	2.2	2.9
	冬季室外平均风速（m/s）	1.4	1.8
	冬季最多风向	C　SE	C　NNE
	冬季最多风向的频率（%）	40　10	26　11
	冬季室外最多风向的平均风速（m/s）	2.6	2.2
	年最多风向	C　SE	C　NNE
	年最多风向的频率（%）	38　11	23　9
冬季日照百分率（%）		61	68
最大冻土深度（cm）		108	88
大气压力	冬季室外大气压力（hPa）	820.3	896.1
	夏季室外大气压力（hPa）	815.0	883.9
设计计算用供暖期天数及其平均温度	日平均温度≤+5℃的天数	146	145
	日平均温度≤+5℃的起止日期	11.02～03.27	11.03～03.27
	平均温度≤+5℃期间内的平均温度（℃）	−2.1	−3.2
	日平均温度≤+8℃的天数	173	169
	日平均温度≤+8℃的起止日期	10.15～04.05	10.19～04.05
	平均温度≤+8℃期间内的平均温度（℃）	−0.8	−1.8
极端最高气温（℃）		37.2	38.7
极端最低气温（℃）		−24.9	−27.7

(5)

石嘴山	吴忠	固原	中卫
惠农	同心	固原	中卫
53519	53810	53817	53704
39°13′	36°59′	36°00′	37°32′
106°46′	105°54′	106°16′	105°11′
1091.0	1343.9	1753.0	1225.7
1971～2000	1971～2000	1971～2000	1971～1990
8.8	9.1	6.4	8.7
−13.6	−12.0	−13.2	−12.6
−8.4	−7.1	−8.1	−7.5
−17.4	−16.0	−17.3	−16.4
50	50	56	51
31.8	32.4	27.7	31.0
21.5	20.7	19	21.1
28.0	27.7	23.2	27.2
42	40	54	47
26.8	26.6	22.2	25.7
3.1	3.2	2.7	1.9
C SSW	SSE	C SSE	C ESE
15 12	23	19 14	37 20
3.1	3.4	3.7	1.9
2.7	2.3	2.7	1.8
C NNE	C SSE	C NNW	C WNW
26 11	22 19	18 9	46 11
4.7	2.8	3.8	2.6
C SSW	SSE	C SE	C ESE
19 8	21	18 11	40 13
73	72	67	72
91	130	121	66
898.2	870.6	826.8	883.0
885.7	860.6	821.1	871.7
146	143	166	145
11.02～03.27	11.04～03.26	10.21～04.04	11.02～03.26
−3.7	−2.8	−3.1	−3.1
169	168	189	170
10.19～04.05	10.19～04.04	10.10～04.16	10.18～04.05
−2.3	−1.4	−1.9	−1.6
38	39	34.6	37.6
−28.4	−27.1	−30.9	−29.2

省/直辖市/自治区			新疆	
市/区/自治州			乌鲁木齐	克拉玛依
台站名称及编号			乌鲁木齐	克拉玛依
			51463	51243
台站信息	北纬		43°47′	45°37′
	东经		87°37′	84°51′
	海拔（m）		917.9	449.5
	统计年份		1971~2000	1971~2000
年平均温度（℃）			7.0	8.6
室外计算温、湿度	供暖室外计算温度（℃）		−19.7	−22.2
	冬季通风室外计算温度（℃）		−12.7	−15.4
	冬季空气调节室外计算温度（℃）		−23.7	−26.5
	冬季空气调节室外计算相对湿度（%）		78	78
	夏季空气调节室外计算干球温度（℃）		33.5	36.4
	夏季空气调节室外计算湿球温度（℃）		18.2	19.8
	夏季通风室外计算温度（℃）		27.5	30.6
	夏季通风室外计算相对湿度（%）		34	26
	夏季空气调节室外计算日平均温度（℃）		28.3	32.3
风向、风速及频率	夏季室外平均风速（m/s）		3.0	4.4
	夏季最多风向		NNW	NNW
	夏季最多风向的频率（%）		15	29
	夏季室外最多风向的平均风速（m/s）		3.7	6.6
	冬季室外平均风速（m/s）		1.6	1.1
	冬季最多风向		C SSW	C E
	冬季最多风向的频率（%）		29 10	49 7
	冬季室外最多风向的平均风速（m/s）		2.0	2.1
	年最多风向		C NNW	C NNW
	年最多风向的频率（%）		15 12	21 19
冬季日照百分率（%）			39	47
最大冻土深度（cm）			139	192
大气压力	冬季室外大气压力（hPa）		924.6	979.0
	夏季室外大气压力（hPa）		911.2	957.6
设计计算用供暖期天数及其平均温度	日平均温度≤+5℃的天数		158	147
	日平均温度≤+5℃的起止日期		10.24~03.30	10.31~03.26
	平均温度≤+5℃期间内的平均温度（℃）		−7.1	−8.6
	日平均温度≤+8℃的天数		180	165
	日平均温度≤+8℃的起止日期		10.14~04.11	10.19~04.01
	平均温度≤+8℃期间内的平均温度（℃）		−5.4	−7.0
极端最高气温（℃）			42.1	42.7
极端最低气温（℃）			−32.8	−34.3

(14)

吐鲁番	哈密	和田	阿勒泰	喀什地区
吐鲁番	哈密	和田	阿勒泰	喀什
51573	52203	51828	51076	51709
42°56′	42°49′	37°08′	47°44′	39°28′
89°12′	93°31′	79°56′	88°05′	75°59′
34.5	737.2	1374.5	735.3	1288.7
1971～2000	1971～2000	1971～2000	1971～2000	1971～2000
14.4	10.0	12.5	4.5	11.8
−12.6	−15.6	−8.7	−24.5	−10.9
−7.6	−10.4	−4.4	−15.5	−5.3
−17.1	−18.9	−12.8	−29.5	−14.6
60	60	54	74	67
40.3	35.8	34.5	30.8	33.8
24.2	22.3	21.6	19.9	21.2
36.2	31.5	28.8	25.5	28.8
26	28	36	43	34
35.3	30.0	28.9	26.3	28.7
1.5	1.8	2.0	2.6	2.1
C ESE	C ENE	C WSW	C WNW	C NNW
34 8	36 13	19 10	23 15	22 8
2.4	2.8	2.2	4.2	3.0
0.5	1.5	1.4	1.2	1.1
C SSE	C ENE	C WSW	C ENE	C NNW
67 4	37 16	31 8	52 9	44 9
1.3	2.1	1.8	2.4	1.7
C ESE	C ENE	C SW	C NE	C NNW
48 7	35 13	23 10	31 9	33 9
56	72	56	58	53
83	127	64	139	66
1027.9	939.6	866.9	941.1	876.9
997.6	921.0	856.5	925.0	866.0
118	141	114	176	121
11.07～03.04	10.31～03.20	11.12～03.05	10.17～04.10	11.09～03.09
−3.4	−4.7	−1.4	−8.6	−1.9
136	162	132	190	139
10.30～03.14	10.18～03.28	11.03～03.14	10.08～04.15	10.30～03.17
−2.0	−3.2	−0.3	−7.5	−0.7
47.7	43.2	41.1	37.5	39.9
−25.2	−28.6	−20.1	−41.6	−23.6

省/直辖市/自治区			新疆	
市/区/自治州			伊犁哈萨克自治州	巴音郭楞蒙古自治州
台站名称及编号			伊宁	库尔勒
			51431	51656
台站信息		北纬	43°57′	41°45′
		东经	81°20′	86°08′
		海拔（m）	662.5	931.5
		统计年份	1971~2000	1971~2000
年平均温度（℃）			9	11.7
室外计算温、湿度		供暖室外计算温度（℃）	−16.9	−11.1
		冬季通风室外计算温度（℃）	−8.8	−7
		冬季空气调节室外计算温度（℃）	−21.5	−15.3
		冬季空气调节室外计算相对湿度（%）	78	63
		夏季空气调节室外计算干球温度（℃）	32.9	34.5
		夏季空气调节室外计算湿球温度（℃）	21.3	22.1
		夏季通风室外计算温度（℃）	27.2	30.0
		夏季通风室外计算相对湿度（%）	45	33
		夏季空气调节室外计算日平均温度（℃）	26.3	30.6
风向、风速及频率		夏季室外平均风速（m/s）	2	2.6
		夏季最多风向	C ESE	C ENE
		夏季最多风向的频率（%）	20 16	28 19
		夏季室外最多风向的平均风速（m/s）	2.3	4.6
		冬季室外平均风速（m/s）	1.3	1.8
		冬季最多风向	C E	C E
		冬季最多风向的频率（%）	38 14	38 19
		冬季室外最多风向的平均风速（m/s）	2	3.2
		年最多风向	C ESE	C E
		年最多风向的频率（%）	28 14	32 16
冬季日照百分率（%）			56	62
最大冻土深度（cm）			60	58
大气压力		冬季室外大气压力（hPa）	947.4	917.6
		夏季室外大气压力（hPa）	934	902.3
设计计算用供暖期天数及其平均温度		日平均温度≤+5℃的天数	141	127
		日平均温度≤+5℃的起止日期	11.03~03.23	11.06~03.12
		平均温度≤+5℃期间内的平均温度（℃）	−3.9	−2.9
		日平均温度≤+8℃的天数	161	150
		日平均温度≤+8℃的起止日期	10.20~03.29	10.24~03.22
		平均温度≤+8℃期间内的平均温度（℃）	−2.6	−1.4
极端最高气温（℃）			39.2	40
极端最低气温（℃）			−36	−25.3

* 注：该台站该项数据缺失。

昌吉回族自治州	博尔塔拉蒙古自治州	阿克苏地区	塔城地区	克孜勒苏柯尔克孜自治州
奇台	精河	阿克苏	塔城	乌恰
51379	51334	51628	51133	51705
44°01′	44°37′	41°10′	46°44′	39°43′
89°34′	82°54′	80°14′	83°00′	75°15′
793.5	320.1	1103.8	534.9	2175.7
1971～2000	1971～2000	1971～2000	1971～2000	1971～2000
5.2	7.8	10.3	7.1	7.3
−24.0	−22.2	−12.5	−19.2	−14.1
−17.0	−15.2	−7.8	−10.5	−8.2
−28.2	−25.8	−16.2	−24.7	−17.9
79	81	69	72	59
33.5	34.8	32.7	33.6	28.8
19.5	*	*	*	*
27.9	30.0	28.4	27.5	23.6
34	39	39	39	27
28.2	28.7	27.1	26.9	24.3
3.5	1.7	1.7	2.2	3.1
SSW	C　SSW	C　NNW	N	C　WNW
18	28　14	28　8	16	21　15
3.5	2	2.3	2.2	5.0
2.5	1.0	1.2	2.0	1.4
SSW	C　SSW	C　NNE	C　NNE	C　WNW
19	49　12	32　15	22　22	59　7
2.9	1.6	1.6	2.1	5.9
SSW	C　SSW	C　NNE	NNE	C　WNW
17	37　13	31　10	17	36　12
60	43	61	57	62
136	141	80	160	650
934.1	994.1	897.3	963.2	786.2
919.4	971.2	884.3	947.5	784.3
164	152	124	162	153
10.19～03.31	10.27～03.27	11.04～03.07	10.23～04.02	10.27～03.28
−9.5	−7.7	−3.5	−5.4	−3.6
187	170	137	182	182
10.09～04.13	10.16～04.03	10.22～03.07	10.13～04.12	10.13～04.12
−7.4	−6.2	−1.8	−4.1	−1.9
40.5	41.6	39.6	41.3	35.7
−40.1	−33.8	−25.2	−37.1	−29.9

附录 B 室外空气计算温度简化方法

B.0.1 供暖室外计算温度，可按下式确定（化为整数）：

$$t_{wn} = 0.57t_{lp} + 0.43t_{p \cdot min} \qquad (B.0.1)$$

式中：t_{wn} ——供暖室外计算温度（℃）；

t_{lp} ——累年最冷月平均温度（℃）；

$t_{p \cdot min}$ ——累年最低日平均温度（℃）。

B.0.2 冬季空气调节室外计算温度，可按下式确定（化为整数）：

$$t_{wk} = 0.30t_{lp} + 0.70t_{p \cdot min} \qquad (B.0.2-1)$$

式中：t_{wk} ——冬季空气调节室外计算温度（℃）。

夏季通风室外计算温度，可按下式确定（化为整数）：

$$t_{wf} = 0.71t_{rp} + 0.29t_{max} \qquad (B.0.2-2)$$

式中：t_{wf} ——夏季通风室外计算温度（℃）；

t_{rp} ——累年最热月平均温度（℃）；

t_{max} ——累年极端最高温度（℃）。

B.0.3 夏季空气调节室外计算干球温度，可按下式确定：

$$t_{wg} = 0.71t_{rp} + 0.29t_{max} \qquad (B.0.3)$$

式中：t_{wg} ——夏季空气调节室外计算干球温度（℃）。

B.0.4 夏季空气调节室外计算湿球温度，可按下列公式确定：

$$t_{ws} = 0.72t_{s \cdot rp} + 0.28t_{s \cdot max} \qquad (B.0.4-1)$$
$$t_{ws} = 0.75t_{s \cdot rp} + 0.25t_{s \cdot max} \qquad (B.0.4-2)$$
$$t_{ws} = 0.80t_{s \cdot rp} + 0.20t_{s \cdot max} \qquad (B.0.4-3)$$

式中：t_{ws} ——夏季空气调节室外计算湿球温度（℃）；

$t_{s \cdot rp}$ ——与累年最热月平均温度和平均相对湿度相对应的湿球温度（℃），可在当地大气压力下的焓湿图上查得；

$t_{s \cdot max}$ ——与累年极端最高温度和最热月平均相对湿度相对应的湿球温度（℃），可在当地大气压力下的焓湿图上查得。

注：式（B.0.4-1）适用于北部地区；式（B.0.4-2）适用于中部地区，式（B.0.4-3）适用于南部地区。

B.0.5 夏季空气调节室外计算日平均温度，可按下式确定：

$$t_{wp} = 0.80t_{rp} + 0.20t_{max} \qquad (B.0.5)$$

式中：t_{wp} ——夏季空气调节室外计算日平均温度（℃）。

附录 C 夏季太阳总辐射照度

表 C-1 北纬 20°太阳总辐射照度（W/m²）

透明度等级		1						2						3						透明度等级
朝向		S	SE	E	NE	N	H	S	SE	E	NE	N	H	S	SE	E	NE	N	H	朝向
时刻（地方太阳时）	6	26	255	527	505	202	96	28	209	424	407	169	90	29	172	341	328	140	83	18	时刻（地方太阳时）
	7	63	454	825	749	272	349	63	408	736	670	249	321	70	373	661	602	233	306	17	
	8	92	527	872	759	257	602	98	495	811	708	249	573	104	464	751	658	241	545	16	
	9	117	518	791	670	224	826	121	494	748	635	220	787	130	476	711	606	222	759	15	
	10	134	442	628	523	191	999	144	434	608	511	198	969	145	415	578	486	195	921	14	
	11	145	312	404	344	169	1105	150	307	394	338	173	1064	156	302	384	333	177	1022	13	
	12	149	149	149	157	161	1142	156	156	156	164	167	1107	162	162	162	170	172	1065	12	
	13	145	145	145	145	169	1105	150	150	150	150	173	1064	156	156	156	156	177	1022	11	
	14	134	134	134	134	191	999	144	144	144	144	198	969	145	145	145	145	195	921	10	
	15	117	117	117	117	224	826	121	121	121	121	220	787	130	130	130	130	222	759	9	
	16	92	92	92	92	257	602	98	98	68	98	249	573	104	104	104	104	241	545	8	
	17	63	63	63	63	272	349	63	63	63	63	249	321	70	70	70	70	233	306	7	
	18	26	26	26	26	202	96	28	28	28	28	169	90	29	29	29	29	140	83	6	
日总计		1303	3232	4772	4284	2791	9096	1363	3108	4481	4037	2682	8716	1429	2998	4221	3817	2587	8339	日总计
日平均		55	135	199	179	116	379	57	129	187	168	112	363	60	125	176	159	108	347	日平均
朝向		S	SW	W	NW	N	H	S	SW	W	NW	N	H	S	SW	W	NW	N	H	朝向

透明度等级		4						5						6						透明度等级
朝向		S	SE	E	NE	N	H	S	SE	E	NE	N	H	S	SE	E	NE	N	H	朝向
时刻（地方太阳时）	6	27	130	254	243	107	69	22	97	184	177	79	55	22	72	131	127	60	48	18
	7	74	331	577	527	213	285	77	295	504	461	193	264	76	252	421	386	171	236	17
	8	106	423	677	594	227	505	113	395	620	548	220	480	116	354	542	481	207	440	16
	9	137	451	665	570	221	722	147	437	635	547	224	701	157	409	580	404	224	658	15
	10	155	402	551	468	200	880	165	397	536	458	208	857	179	385	508	438	217	815	14
	11	169	305	380	331	188	886	178	304	374	329	197	951	190	302	365	326	206	904	13
	12	172	172	172	179	181	1023	181	181	181	188	191	983	199	199	199	205	207	947	12
	13	169	169	169	169	188	986	178	178	178	178	197	951	190	190	190	190	206	904	11
	14	155	155	155	155	200	880	165	165	165	165	208	857	179	179	179	179	217	815	10
	15	137	137	137	137	221	722	147	147	147	147	224	701	157	157	157	157	224	658	9
	16	106	106	106	106	227	505	113	113	113	113	220	480	116	116	116	116	207	440	8
	17	74	74	74	74	213	285	77	77	77	77	193	264	76	76	76	76	171	236	7
	18	27	27	27	27	107	69	22	22	22	22	79	55	22	22	22	22	60	48	6
日总计		1507	2883	3944	3580	2493	7918	1584	2807	3736	3409	2433	7600	1678	2713	3487	3206	2379	7148	日总计
日平均		63	120	164	149	104	330	66	117	156	142	101	317	70	113	145	134	99	298	日平均
朝向		S	SW	W	NW	N	H	S	SW	W	NW	N	H	S	SW	W	NW	N	H	朝向

表 C-2　北纬 25°太阳总辐射照度（W/m²）

透明度等级		1						2						3						透明度等级
朝向		S	SE	E	NE	N	H	S	SE	E	NE	N	H	S	SE	E	NE	N	H	朝向
时刻（地方太阳时）	6	33	287	579	551	220	127	34	243	484	461	187	116	36	206	401	383	162	109	18
	7	66	483	842	747	252	373	67	436	755	670	233	345	73	398	678	604	219	327	17
	8	93	564	877	730	212	618	100	530	818	684	208	590	106	498	758	637	204	562	16
	9	119	566	793	625	159	834	121	540	750	593	159	795	131	518	713	568	166	768	15
	10	158	500	628	466	134	1000	166	488	608	456	144	970	166	466	578	436	145	922	14
	11	212	376	404	281	145	1104	213	368	394	279	151	1062	215	359	384	276	156	1022	13
	12	226	202	144	144	144	1133	228	206	151	151	151	1096	229	208	157	157	157	1054	12
	13	212	145	145	145	145	1104	213	151	151	151	151	1062	215	156	156	156	156	1020	11
	14	158	134	134	134	134	1000	166	144	144	144	144	970	166	145	145	145	145	922	10
	15	119	119	119	119	159	834	121	121	121	121	159	795	131	131	131	131	166	768	9
	16	93	93	93	93	212	618	100	100	100	100	208	590	106	106	106	106	204	562	8
	17	66	66	66	66	252	373	67	67	67	67	233	345	73	73	73	73	219	327	7
	18	33	33	33	33	220	127	34	34	34	34	187	116	36	36	36	36	162	109	6
日总计		1586	3568	4857	4134	2389	9244	1631	3429	4578	3911	2317	8853	1685	3301	4317	3708	2260	8469	日总计
日平均		66	149	202	172	100	385	68	143	191	163	97	369	70	138	180	154	94	353	日平均
朝向		S	SW	W	NW	N	H	S	SW	W	NW	N	H	S	SW	W	NW	N	H	朝向

透明度等级		4						5						6					透明度等级
朝向	S	SE	E	NE	N	H	S	SE	E	NE	N	H	S	SE	E	NE	N	H	朝向
6	35	164	312	298	129	95	33	129	240	229	104	81	29	95	171	164	80	67	18
7	77	355	594	530	201	305	80	316	521	466	186	284	81	274	441	397	167	257	17
8	108	454	684	577	194	520	115	424	629	534	193	495	119	379	551	471	184	454	16
9	138	491	669	536	171	730	148	475	640	516	177	709	158	442	585	478	185	666	15
10	173	449	551	421	155	882	184	441	536	415	165	858	195	423	508	400	179	816	14
11	223	357	380	280	169	985	229	352	374	281	178	950	235	345	365	281	190	901	13
12	235	215	169	169	169	1014	240	222	178	178	178	973	250	234	194	194	194	935	12
13	223	169	169	169	169	985	229	178	178	178	178	950	235	190	190	190	190	901	11
14	173	155	155	155	155	882	184	165	165	165	165	858	195	179	179	179	179	816	10
15	138	138	138	138	171	730	148	148	148	148	177	709	158	158	158	158	185	666	9
16	108	108	108	108	194	520	115	115	115	115	193	495	119	119	119	119	184	454	8
17	77	77	77	77	201	305	80	80	80	80	186	284	81	81	81	81	167	257	7
18	35	35	35	35	129	95	33	33	33	33	104	81	29	29	29	29	80	67	6
日总计	1745	3166	4040	3492	2206	8048	1817	3078	3837	3339	2183	7730	1885	2949	3572	3141	2160	7259	日总计
日平均	73	132	168	146	92	335	76	128	160	139	91	322	79	123	149	131	90	302	日平均
朝向	S	SW	W	NW	N	H	S	SW	W	NW	N	H	S	SW	W	NW	N	H	朝向

（左侧列为"时刻（地方太阳时）"，右侧列为"时刻（地方太阳时）"）

表 C-3　北纬 30°太阳总辐射照度（W/m²）

透明度等级		1						2						3					透明度等级
朝向	S	SE	E	NE	N	H	S	SE	E	NE	N	H	S	SE	E	NE	N	H	朝向
6	38	320	629	593	231	156	38	277	538	507	201	142	42	239	457	431	178	135	18
7	69	512	856	740	229	395	71	464	770	666	214	368	76	423	693	601	201	345	17
8	94	600	879	699	164	627	101	566	822	656	164	599	107	530	764	613	165	571	16
9	144	614	794	578	119	835	145	584	750	549	121	795	154	558	713	527	131	768	15
10	240	557	628	408	134	996	243	542	608	402	144	966	237	516	577	386	145	918	14
11	300	436	401	215	143	1091	297	424	392	217	149	1050	292	413	381	217	154	1008	13
12	316	266	143	143	143	1119	313	265	149	149	149	1079	309	264	155	155	155	1037	12
13	300	143	143	143	143	1091	297	149	149	149	149	1050	292	154	154	154	154	1008	11
14	240	134	134	134	134	996	243	144	144	144	144	966	237	145	145	145	145	918	10
15	144	119	119	119	119	835	145	121	121	121	121	795	154	131	131	131	131	768	9
16	94	94	94	94	164	627	101	101	101	101	164	599	107	107	107	107	165	571	8
17	69	69	69	69	229	395	71	71	71	71	214	368	76	76	76	76	201	345	7
18	38	38	38	38	231	156	38	38	38	38	201	142	42	42	42	42	178	135	6
日总计	2086	3902	4928	3973	2183	9318	2104	3747	4654	3772	2135	8920	2124	3599	4395	3586	2104	8527	日总计
日平均	87	163	205	166	91	388	88	156	194	157	89	372	88	150	183	149	88	355	日平均
朝向	S	SW	W	NW	N	H	S	SW	W	NW	N	H	S	SW	W	NW	N	H	朝向

透明度等级		4						5						6					透明度等级
朝向	S	SE	E	NE	N	H	S	SE	E	NE	N	H	S	SE	E	NE	N	H	朝向
6	42	197	366	345	148	121	41	160	292	277	122	107	35	117	208	198	92	86	18
7	79	377	608	530	187	321	83	338	536	469	176	300	86	295	457	402	162	276	17
8	109	484	690	556	160	529	116	451	636	516	163	505	121	402	557	457	159	462	16
9	159	528	669	499	138	732	166	508	640	483	148	711	176	472	585	449	159	668	15
10	238	494	550	374	154	877	244	483	535	371	165	855	249	461	507	362	179	812	14
11	294	406	377	226	166	972	294	398	372	230	176	939	293	386	363	237	187	891	13
12	309	267	166	166	166	1000	308	270	177	177	177	962	309	274	191	191	191	919	12
13	294	166	166	166	166	972	294	176	176	176	176	939	293	187	187	187	187	891	11
14	238	154	154	154	154	877	244	165	165	165	165	855	249	179	179	179	179	812	10
15	159	138	138	138	138	732	166	148	148	148	148	711	176	159	159	159	159	668	9
16	109	109	109	109	160	529	116	116	116	116	163	505	121	121	121	121	159	462	8
17	79	79	79	79	187	321	83	83	83	83	176	300	86	86	86	86	162	276	7
18	42	42	42	42	148	121	41	41	41	41	122	107	35	35	35	35	92	86	6
日总计	2154	3441	4115	3385	2074	8104	2197	3337	3916	3251	2075	7793	2228	3176	3636	3063	2068	7306	日总计
日平均	90	143	171	141	86	338	92	139	163	135	86	325	93	132	151	128	86	304	日平均
朝向	S	SW	W	NW	N	H	S	SW	W	NW	N	H	S	SW	W	NW	N	H	朝向

（时刻（地方太阳时））

表 C-4　北纬 35°太阳总辐射照度（W/m²）

透明度等级		1						2						3					透明度等级
朝向	S	SE	E	NE	N	H	S	SE	E	NE	N	H	S	SE	E	NE	N	H	朝向
6	43	348	670	622	236	184	43	304	576	536	207	167	48	267	498	465	187	160	18
7	71	541	869	728	204	413	73	492	783	658	192	385	77	448	705	594	181	361	17
8	94	636	880	665	114	632	101	600	825	626	120	605	108	562	766	585	124	577	16
9	209	659	792	529	117	828	207	626	749	504	121	790	209	598	721	485	130	762	15
10	320	614	627	351	134	984	319	595	608	349	144	956	307	565	577	336	145	907	14
11	383	493	397	149	138	1066	376	479	388	155	145	1029	365	462	377	158	150	985	13
12	409	333	145	145	145	1105	400	327	151	151	151	1063	390	321	156	156	156	1021	12
13	383	138	138	138	138	1066	376	145	145	145	145	1029	365	150	150	150	150	985	11
14	320	134	134	134	134	984	319	144	144	144	144	956	307	145	145	145	145	907	10
15	209	117	117	117	117	828	207	121	121	121	121	790	209	130	130	130	130	762	9
16	94	94	94	94	114	632	101	101	101	101	120	605	108	108	108	108	124	577	8
17	71	71	71	71	204	413	73	73	73	73	192	385	77	77	77	77	181	361	7
18	43	43	43	43	236	184	43	43	43	43	207	167	48	48	48	48	187	160	6
日总计	2649	4223	4978	3788	2032	9318	2638	4051	4708	3606	2010	8927	2618	3881	4448	3438	1993	8525	日总计
日平均	110	176	207	158	85	388	110	169	197	150	84	372	109	162	185	143	83	355	日平均
朝向	S	SW	W	NW	N	H	S	SW	W	NW	N	H	S	SW	W	NW	N	H	朝向

（时刻（地方太阳时））

透明度等级		4							5							6					透明度等级
朝向		S	SE	E	NE	N	H	S	SE	E	NE	N	H	S	SE	E	NE	N	H		朝向
时刻（地方太阳时）	6	48	223	408	380	158	144	47	185	331	309	134	128	42	141	245	230	105	107	18	时刻（地方太阳时）
	7	81	399	621	526	171	335	85	354	549	468	163	304	90	315	472	405	154	291	17	
	8	109	511	692	531	124	534	117	477	638	495	130	509	121	423	561	440	133	466	16	
	9	209	562	666	495	137	725	214	541	636	445	147	704	215	499	582	416	157	661	15	
	10	302	538	549	328	154	865	304	525	534	328	165	844	302	497	506	323	179	802	14	
	11	361	450	371	170	162	950	356	440	366	179	172	918	349	423	358	191	185	871	13	
	12	385	321	169	169	169	986	379	320	178	178	178	950	370	316	190	190	190	902	12	
	13	361	162	162	162	162	950	356	172	172	172	172	918	349	185	185	185	185	871	11	
	14	302	154	154	154	154	865	304	165	165	165	165	844	302	179	179	179	179	802	10	
	15	209	137	137	137	137	725	214	147	147	147	147	704	215	157	157	157	157	661	9	
	16	109	109	109	109	124	534	117	117	117	117	130	509	121	121	121	121	133	466	8	
	17	81	81	81	81	171	335	85	85	85	85	163	314	90	90	90	90	154	291	7	
	18	48	48	48	48	158	144	47	47	47	47	134	128	42	42	42	42	105	107	6	
日总计		2606	3695	4166	3254	1981	8088	2624	3579	3966	3135	1999	7784	2607	3388	3687	2968	2013	7299		日总计
日平均		108	154	173	136	83	337	109	149	165	130	84	324	108	141	154	123	84	305		日平均
朝向		S	SW	W	NW	N	H	S	SW	W	NW	N	H	S	SW	W	NW	N	H		朝向

表 C-5 北纬 40°太阳总辐射照度（W/m²）

透明度等级		1							2							3					透明度等级
朝向		S	SE	E	NE	N	H	S	SE	E	NE	N	H	S	SE	E	NE	N	H		朝向
时刻（地方太阳时）	6	45	378	706	648	236	209	47	330	612	562	209	192	52	295	536	493	192	185	18	时刻（地方太阳时）
	7	72	570	878	714	174	427	76	519	793	648	166	399	79	471	714	585	159	373	17	
	8	124	671	880	629	94	630	129	632	825	593	101	604	133	591	766	556	108	576	16	
	9	273	702	787	479	115	813	266	665	475	458	120	777	264	634	707	442	129	749	15	
	10	393	663	621	292	130	958	386	640	600	291	140	927	371	607	570	283	142	883	14	
	11	465	550	392	135	135	1037	454	534	385	144	144	1004	436	511	372	147	147	958	13	
	12	492	388	140	140	140	1068	478	380	147	147	147	1030	461	370	150	150	150	986	12	
	13	465	187	135	135	135	1037	454	192	147	147	147	1004	436	192	147	147	147	958	11	
	14	393	130	130	130	130	958	386	140	140	140	140	927	371	142	142	142	142	883	10	
	15	273	115	115	115	115	813	266	120	120	120	120	777	264	129	129	129	129	749	9	
	16	124	94	94	94	94	630	129	101	101	101	101	604	133	108	108	108	108	571	8	
	17	72	72	72	72	174	427	76	76	76	76	166	399	79	79	79	79	159	373	7	
	18	45	45	45	45	236	209	47	47	47	47	209	192	52	52	52	52	192	185	6	
日总计		2785	4567	4996	3629	1910	9218	3192	4374	4733	3469	1907	8834	3131	4181	4473	3312	1904	8434		日总计
日平均		110	191	208	151	79	384	133	183	198	144	79	369	130	174	186	138	79	351		日平均
朝向		S	SW	W	NW	N	H	S	SW	W	NW	N	H	S	SW	W	NW	N	H		朝向

透明度等级		4						5						6					透明度等级
朝向		S	SE	E	NE	N	H	S	SE	E	NE	N	H	S	SE	E	NE	N	H	朝向
时刻（地方太阳时）	6	52	250	445	411	165	166	50	209	368	340	142	148	49	164	279	258	115	127	18
	7	83	421	630	519	152	345	87	379	559	463	148	324	93	334	483	404	142	304	17
	8	131	537	692	506	109	533	137	500	638	472	117	509	137	443	559	420	121	466	16
	9	258	593	661	420	135	711	258	569	630	407	144	690	254	521	575	381	155	645	15
	10	361	576	542	279	151	842	357	558	527	281	162	821	349	526	498	281	176	779	14
	11	424	493	365	158	158	919	416	480	362	169	169	892	402	495	354	181	181	847	13
	12	448	364	162	162	162	949	438	361	172	172	172	919	422	352	185	185	185	872	12
	13	424	199	158	158	158	919	416	207	169	169	169	892	402	216	181	181	181	847	11
	14	361	151	151	151	151	842	357	162	162	162	162	821	349	176	176	176	176	779	10
	15	258	135	135	135	135	711	258	144	144	144	144	690	254	155	155	155	155	645	9
	16	131	109	109	109	109	533	137	117	117	117	117	509	137	121	121	121	121	466	8
	17	83	83	83	83	152	345	87	87	87	87	148	324	93	93	93	93	142	304	7
	18	52	52	52	52	165	166	50	50	50	50	142	148	49	49	49	49	115	127	6
日总计		3067	3964	4186	3142	1904	7981	3051	3824	3986	3033	1935	7687	2990	3609	3706	2885	1964	7208	日总计
日平均		128	165	174	131	79	333	127	159	166	127	80	320	124	150	155	120	81	300	日平均
朝向		S	SW	W	NW	N	H	S	SW	W	NW	N	H	S	SW	W	NW	N	H	朝向

表 C-6 北纬 45°太阳总辐射照度（W/m²）

透明度等级		1						2						3					透明度等级
朝向		S	SE	E	NE	N	H	S	SE	E	NE	N	H	S	SE	E	NE	N	H	朝向
时刻（地方太阳时）	6	48	407	740	668	233	234	49	357	644	582	208	214	56	323	571	493	193	207	18
	7	73	598	885	698	143	437	77	544	801	634	140	409	80	494	721	518	135	381	17
	8	173	705	879	593	94	625	173	662	821	559	101	598	173	618	763	573	107	570	16
	9	333	742	782	429	112	791	323	704	740	413	117	758	316	668	701	525	127	730	15
	10	464	709	614	234	127	926	449	679	590	233	134	891	431	657	562	399	140	851	14
	11	545	606	390	134	134	1005	530	587	384	143	143	975	506	558	370	231	145	927	13
	12	571	443	135	135	135	1028	554	434	143	143	143	996	529	418	147	145	147	949	12
	13	545	244	134	134	134	1005	530	248	143	143	143	975	506	242	145	145	145	927	11
	14	464	127	127	127	127	926	449	134	134	134	134	891	421	140	140	140	140	851	10
	15	333	112	112	112	112	791	323	117	117	117	117	758	316	127	127	127	127	730	9
	16	173	94	94	94	94	625	173	101	101	101	101	598	173	107	107	107	107	570	8
	17	73	73	73	73	143	437	77	77	77	77	140	409	80	80	80	80	135	381	7
	18	48	48	48	48	233	234	49	49	49	49	208	214	56	56	56	56	193	207	6
日总计		3844	4908	5011	3477	1819	9062	3756	4693	4744	3327	1829	8685	3655	4475	4489	3192	1840	8283	日总计
日平均		160	205	209	145	76	378	157	195	198	138	77	362	152	186	187	133	77	345	日平均
朝向		S	SW	W	NW	N	H	S	SW	W	NW	N	H	S	SW	W	NW	N	H	朝向

透明度等级		4						5						6					透明度等级
朝向	S	SE	E	NE	N	H	S	SE	E	NE	N	H	S	SE	E	NE	N	H	朝向
6	56	276	480	435	169	166	50	234	400	364	147	166	53	186	311	283	122	127	18
7	84	441	637	509	131	187	53	398	566	456	130	333	95	351	491	399	129	145	17
8	167	561	688	478	109	354	88	520	635	447	116	504	164	459	556	398	120	312	16
9	304	621	652	378	131	527	169	592	621	369	142	669	287	538	563	347	150	461	15
10	415	611	535	231	148	690	300	590	519	236	158	792	391	551	488	241	171	623	14
11	486	534	361	155	155	813	408	520	358	166	166	863	454	494	350	180	180	750	13
12	509	406	157	157	157	886	475	400	167	167	167	884	473	387	181	181	181	840	12
13	486	243	155	155	155	909	495	249	166	166	166	863	454	254	180	180	180	820	11
14	415	148	148	148	148	886	475	158	158	158	158	792	391	171	171	171	171	750	10
15	304	131	131	131	131	813	408	142	142	142	142	669	287	150	150	150	150	623	9
16	167	109	109	109	109	690	300	116	116	116	116	504	164	120	120	120	120	461	8
17	84	84	84	84	131	527	169	88	88	88	130	333	95	95	95	95	129	312	7
18	56	56	56	56	169	354	88	53	53	53	147	166	53	53	53	53	122	145	6
日总计	3573	4219	4194	3026	1843	7822	3482	4060	3991	2930	1886	7536	3362	3811	3710	2798	1926	7062	日总计
日平均	148	176	174	126	77	326	145	169	166	122	79	314	1140	159	155	116	80	294	日平均
朝向	S	SW	W	NW	N	H	S	SW	W	NW	N	H	S	SW	W	NW	N	H	朝向

(左列"时刻（地方太阳时）"，右列"时刻（地方太阳时）")

表 C-7　北纬 50°太阳总辐射照度

透明度等级		1						2						3					透明度等级
朝向	S	SE	E	NE	N	H	S	SE	E	NE	N	H	S	SE	E	NE	N	H	朝向
6	51	435	768	680	224	257	52	384	671	595	202	236	58	348	598	533	190	228	18
7	74	625	890	677	112	444	78	569	805	615	112	415	80	516	726	558	110	387	17
8	220	736	876	557	93	615	216	688	816	525	99	586	212	642	757	492	106	558	16
9	390	778	773	379	108	763	377	737	734	368	115	734	365	698	694	356	124	706	15
10	530	752	607	178	124	887	507	715	579	178	128	848	488	680	554	183	136	815	14
11	620	656	385	131	131	963	599	634	379	141	141	933	569	601	364	143	143	887	13
12	650	499	134	134	134	989	630	487	144	144	144	961	598	465	145	145	145	912	12
13	620	297	131	131	131	963	599	297	141	141	141	933	569	287	143	143	143	887	11
14	530	124	124	124	124	887	507	128	128	128	128	848	488	136	136	136	136	815	10
15	390	108	108	108	108	763	377	115	115	115	115	734	365	124	124	124	124	706	9
16	220	93	93	93	93	615	216	99	99	99	99	586	212	106	106	106	106	558	8
17	74	74	74	74	112	444	78	78	78	78	112	415	80	80	80	80	110	378	7
18	51	51	51	51	224	257	52	52	52	52	2022	236	58	58	58	58	190	228	6
日总计	4421	5229	5015	3319	1720	8848	4289	4983	4742	3178	1738	8464	4143	4743	4486	3058	1764	8076	日总计
日平均	184	217	209	138	72	369	179	208	198	133	72	352	172	198	187	128	73	336	日平均
朝向	S	SW	W	NW	N	H	S	SW	W	NW	N	H	S	SW	W	NW	N	H	朝向

(左列"时刻（地方太阳时）"，右列"时刻（地方太阳时）")

透明度等级		4						5						6					透明度等级
朝向		S	SE	E	NE	N	H	S	SE	E	NE	N	H	S	SE	E	NE	N	H	朝向
	6	59	299	507	454	167	207	58	256	428	383	148	186	58	208	337	304	126	164	18	
	7	85	461	642	497	109	359	90	414	571	445	112	338	95	365	495	391	114	316	17	
	8	201	580	683	448	107	518	198	536	628	419	115	492	188	473	550	374	119	451	16	
	9	345	644	641	337	128	663	337	612	608	329	137	642	316	551	549	309	145	595	15	
时刻（地方太阳时）	10	466	642	527	187	144	779	454	618	511	193	154	758	429	572	478	201	163	716	14	时刻（地方太阳时）
	11	542	571	355	151	151	847	527	554	352	163	163	826	498	522	343	177	177	784	13	
	12	568	447	154	154	154	870	552	438	165	165	165	849	522	420	179	179	179	807	12	
	13	542	284	151	151	151	847	527	286	163	163	163	826	498	285	177	177	177	784	11	
	14	466	144	144	144	144	779	454	154	154	154	154	758	429	163	163	163	163	716	10	
	15	345	128	128	128	128	663	337	137	137	137	137	642	316	145	145	145	145	595	9	
	16	201	107	107	107	107	518	198	115	115	115	115	492	188	119	119	119	119	451	8	
	17	85	85	85	85	109	359	90	90	90	90	112	338	95	95	95	95	114	316	7	
	18	59	59	59	59	167	207	58	58	58	58	148	186	58	58	58	58	126	164	6	
日总计		3966	4451	4182	2902	1768	7615	3879	4267	3980	2813	1821	7334	3693	3983	3693	2696	1872	6862	日总计
日平均		165	185	174	121	73	317	162	178	166	117	76	306	154	166	154	113	78	286	日平均
朝向		S	SW	W	NW	N	H	S	SW	W	NW	N	H	S	SW	W	NW	N	H	朝向

附录 D 夏季透过标准窗玻璃的太阳辐射照度

表 D-1 北纬 20°透过标准窗玻璃的太阳辐射照度（W/m²）

透明度等级		1						2						透明度等级
朝向		S	SE	E	NE	N	H	S	SE	E	NE	N	H	朝向
辐射照度		上行——直接辐射 下行——散射辐射						上行——直接辐射 下行——散射辐射						辐射照度
时刻（地方太阳时）	6	0 21	162 21	423 21	404 21	112 21	20 27	0 23	128 23	335 23	320 23	88 23	15 31	18	时刻（地方太阳时）
	7	0 52	286 52	552 52	576 52	109 52	192 47	0 52	254 52	568 52	509 52	97 52	170 51	17	
	8	0 76	315 76	654 76	550 76	65 76	428 52	0 80	288 80	598 80	502 80	59 80	391 66	16	
	9	0 97	274 97	552 97	430 97	130 97	628 57	0 99	256 99	514 99	401 99	122 99	585 69	15	
	10	0 110	180 110	364 110	258 110	8 110	784 56	0 119	170 119	342 119	243 119	8 119	737 77	14	
	11	0 120	60 120	133 120	85 120	1 120	878 57	0 123	57 123	126 123	79 123	1 123	826 72	13	
	12	0 122	0 122	0 122	0 122	1 122	911 56	0 128	0 128	0 128	0 128	1 128	863 73	12	
	13	0 120	0 120	0 120	0 120	1 120	878 57	0 123	0 123	0 123	0 123	1 123	826 72	11	
	14	0 110	0 110	0 110	0 110	8 110	784 56	0 119	0 119	0 119	0 119	8 119	737 77	10	
	15	0 97	0 97	0 97	0 97	130 97	628 57	0 99	0 99	0 99	0 99	122 99	585 69	9	
	16	0 76	0 76	0 76	0 76	65 76	428 52	0 80	0 80	0 80	0 80	59 80	391 66	8	
	17	0 52	0 52	0 52	0 52	109 52	192 47	0 52	0 52	0 52	0 52	97 52	170 51	7	
	18	0 21	0 21	0 21	0 21	112 21	20 27	0 23	0 23	0 23	0 23	88 23	15 31	6	
朝向		S	SW	W	NW	N	H	S	SW	W	NW	N	H	朝向

续表 D-1

透明度等级		3						4						透明度等级
朝向		S	SE	E	NE	N	H	S	SE	E	NE	N	H	朝向
辐射照度		上行——直接辐射 下行——散射辐射						上行——直接辐射 下行——散射辐射						辐射照度
时刻（地方太阳时）	6	0	101	263	251	70	12	0	73	191	183	50	9	18 时刻（地方太阳时）
		24	24	24	24	24	35	22	22	22	22	22	33	
	7	0	222	498	445	85	149	0	190	423	380	72	127	17
		58	58	58	58	58	65	60	60	60	60	60	76	
	8	0	262	543	456	53	355	0	231	479	402	48	313	16
		85	85	85	85	85	80	87	87	87	87	87	91	
	9	0	236	476	371	113	542	0	215	433	337	102	492	15
		107	107	107	107	107	90	113	113	113	113	113	107	
	10	0	158	319	227	7	686	0	145	292	208	7	629	14
		120	120	120	120	120	87	127	127	127	127	127	109	
	11	0	53	117	74	1	775	0	49	109	69	1	718	13
		128	128	128	128	128	88	138	138	138	138	138	115	
	12	0	0	0	0	1	811	0	0	0	0	1	751	12
		133	133	133	133	133	91	141	141	141	141	141	114	
	13	0	0	0	0	1	775	0	0	0	0	1	718	11
		128	128	128	128	128	88	138	138	138	138	138	115	
	14	0	0	0	0	7	686	0	0	0	0	7	629	10
		120	120	120	120	120	87	127	127	127	127	127	109	
	15	0	0	0	0	113	542	0	0	0	0	102	492	9
		107	107	107	107	107	90	113	113	113	113	113	107	
	16	0	0	0	0	53	355	0	0	0	0	48	313	8
		85	85	85	85	85	80	87	87	87	87	87	91	
	17	0	0	0	0	85	149	0	0	0	0	72	127	7
		58	58	58	58	58	65	60	60	60	60	60	76	
	18	0	0	0	0	70	12	0	0	0	0	50	9	6
		24	24	24	24	24	35	22	22	22	22	22	33	
朝向		S	SW	W	NW	N	H	S	SW	W	NW	N	H	朝向

透明度等级		5						6						透明度等级
朝向		S	SE	E	NE	N	H	S	SE	E	NE	N	H	朝向
辐射照度		上行——直接辐射 下行——散射辐射						上行——直接辐射 下行——散射辐射						辐射照度
时刻（地方太阳时）	6	0	52	136	130	36	6	0	36	93	88	24	5	18 时刻（地方太阳时）
		19	19	19	19	19	28	17	17	17	17	17	28	
	7	0	160	359	323	62	107	0	130	271	261	50	87	17
		63	63	63	63	63	81	62	62	62	62	62	85	
	8	0	206	426	358	42	278	0	172	257	300	36	234	16
		93	93	93	93	93	106	95	95	95	95	95	120	
	9	0	199	401	313	95	456	0	172	347	271	83	395	15
		120	120	120	120	120	126	129	129	129	129	129	150	
	10	0	135	273	194	6	587	0	120	242	172	6	521	14
		136	136	136	136	136	131	148	148	148	148	148	162	
	11	0	45	101	64	1	665	0	41	91	57	1	597	13
		147	147	147	147	147	136	156	156	156	156	156	163	
	12	0	0	0	0	0	692	0	0	0	0	0	627	12
		149	149	149	149	149	137	164	164	164	164	164	171	
	13	0	0	0	0	1	665	0	0	0	0	1	597	11
		147	147	147	147	147	136	156	156	156	156	156	163	
	14	0	0	0	0	6	587	0	0	0	0	6	521	10
		136	136	136	136	136	131	148	148	148	148	148	162	
	15	0	0	0	0	95	456	0	0	0	0	83	395	9
		120	120	120	120	120	126	129	129	129	129	129	150	
	16	0	0	0	0	42	278	0	0	0	0	36	234	8
		93	93	93	93	93	106	95	95	95	95	95	120	
	17	0	0	0	0	62	107	0	0	0	0	50	87	7
		63	63	63	63	63	81	62	62	62	62	62	85	
	18	0	0	0	0	36	6	0	0	0	0	24	5	6
		19	19	19	19	19	28	17	17	17	17	17	28	
朝向		S	SW	W	NW	N	H	S	SW	W	NW	N	H	朝向

表 D-2 北纬 25°透过标准窗玻璃的太阳辐射照度（W/m²）

透明度等级	1						2						透明度等级
朝向	S	SE	E	NE	N	H	S	SE	E	NE	N	H	朝向
辐射照度	上行——直接辐射 下行——散射辐射						上行——直接辐射 下行——散射辐射						辐射照度
6	0	183	462	437	115	31	0	150	379	359	94	27	18
	27	27	27	27	27	33	28	28	28	28	28	37	
7	0	312	654	570	88	212	0	276	579	505	78	187	17
	55	55	55	55	55	48	56	56	56	56	56	53	
8	0	352	657	522	36	440	0	323	602	478	33	402	16
	77	77	77	77	77	52	81	81	81	81	81	67	
9	0	322	554	383	5	636	0	300	515	356	4	593	15
	98	98	98	98	98	57	100	100	100	100	100	68	
10	1	236	364	204	0	785	1	222	342	191	0	739	14
	101	101	101	101	101	56	119	119	119	119	119	77	
11	10	108	133	42	0	876	10	102	126	40	0	825	13
	120	120	120	120	120	58	124	124	124	124	124	73	
12	15	8	0	0	0	906	15	7	0	0	0	857	12
	119	119	119	119	119	51	124	124	124	124	124	69	
13	10	0	0	0	0	876	10	0	0	0	0	825	11
	120	120	120	120	120	58	124	124	124	124	124	73	
14	1	0	0	0	0	785	1	0	0	0	0	739	10
	101	101	101	101	101	56	119	119	119	119	119	77	
15	0	8	0	0	5	636	0	0	0	0	4	593	9
	98	98	98	98	98	57	100	100	100	100	100	68	
16	0	0	0	0	36	440	0	0	0	0	33	402	8
	77	77	77	77	77	52	81	81	81	81	81	67	
17	0	0	0	0	88	212	0	0	0	0	78	187	7
	55	55	55	55	55	48	56	56	56	56	56	53	
18	0	0	0	0	115	31	0	0	0	0	94	27	6
	27	27	27	27	27	33	28	28	28	28	28	37	
朝向	S	SW	W	NW	N	H	S	SW	W	NW	N	H	朝向

(时刻（地方太阳时）为左右两侧纵列标注)

透明度等级	3						4						透明度等级
朝向	S	SE	E	NE	N	H	S	SE	E	NE	N	H	朝向
辐射照度	上行——直接辐射 下行——散射辐射						上行——直接辐射 下行——散射辐射						辐射照度
6	0	121	308	290	77	21	0	92	234	221	58	16	18
	36	30	30	30	30	42	29	29	29	29	29	42	
7	0	243	511	445	69	165	0	208	436	380	59	141	17
	60	60	60	60	60	66	64	64	64	64	64	77	
8	0	274	548	435	30	366	0	259	484	384	27	323	16
	87	87	87	87	87	81	88	88	88	88	88	92	
9	0	278	477	445	4	549	0	252	434	300	4	500	15
	109	108	108	108	108	90	114	114	114	114	114	107	
10	1	207	319	178	0	687	1	190	292	163	0	632	14
	120	120	120	120	120	87	127	127	127	127	127	109	
11	9	95	117	37	0	773	8	88	109	34	0	715	13
	128	128	128	128	128	88	138	138	138	138	138	115	
12	14	7	0	0	0	804	13	7	0	0	0	745	12
	129	129	129	129	129	86	138	138	138	138	138	110	
13	9	0	0	0	0	773	8	0	0	0	0	715	11
	128	128	128	128	128	88	138	138	138	138	138	115	
14	1	0	0	0	0	687	1	0	0	0	0	632	10
	120	120	120	120	120	87	127	127	127	127	127	109	
15	0	0	0	0	4	549	0	0	0	0	4	500	9
	108	108	108	108	108	90	114	114	114	114	114	107	
16	0	0	0	0	30	366	0	0	0	0	27	323	8
	87	87	87	87	87	81	88	88	88	88	88	92	
17	0	0	0	0	69	165	0	0	0	0	59	141	7
	60	60	60	60	60	66	64	64	64	64	64	77	
18	0	0	0	0	77	21	0	0	0	0	58	16	6
	30	30	30	30	30	42	29	29	29	29	29	42	
朝向	S	SW	W	NW	N	H	S	SW	W	NW	N	H	朝向

透明度等级		5						6						透明度等级
朝向		S	SE	E	NE	N	H	S	SE	E	NE	N	H	朝向
辐射照度		上行——直接辐射 下行——散射辐射						上行——直接辐射 下行——散射辐射						辐射照度
时刻（地方太阳时）	6	0	69	176	166	44	12	0	48	120	113	30	8	18
		27	27	27	27	27	40	24	24	24	24	24	37	
	7	0	177	372	324	50	120	0	144	302	264	41	98	17
		66	66	66	66	66	62	67	67	67	67	67	92	
	8	0	231	431	343	23	288	0	194	363	288	20	242	16
		94	94	94	94	94	108	98	98	98	98	98	121	
	9	0	235	402	278	4	463	0	204	349	241	2	402	15
		121	121	121	121	121	126	130	130	130	130	130	151	
	10	1	177	273	152	0	588	1	157	242	135	0	522	14
		136	136	136	136	136	131	148	148	148	148	148	162	
	11	8	83	101	31	0	664	7	73	91	28	0	595	13
		147	147	147	147	147	137	156	156	156	156	156	164	
	12	12	6	0	0	0	687	10	6	0	0	0	621	12
		147	147	147	147	147	133	159	159	159	159	159	165	
	13	8	0	0	0	0	664	7	0	0	0	0	595	11
		147	147	147	147	147	137	156	156	156	156	156	164	
	14	1	0	0	0	0	588	1	0	0	0	0	522	10
		136	136	136	136	136	131	148	148	148	148	148	162	
	15	0	0	0	0	4	463	0	0	0	0	2	402	9
		121	121	121	121	121	126	130	130	130	130	130	151	
	16	0	0	0	0	23	288	0	0	0	0	20	242	8
		94	94	94	94	94	108	98	98	98	98	98	121	
	17	0	0	0	0	50	120	0	0	0	0	41	98	7
		65	66	66	66	66	62	67	67	67	67	67	92	
	18	0	0	0	0	44	12	0	0	0	0	30	8	6
		27	27	27	27	27	40	24	24	24	24	24	37	
朝向		S	SW	W	NW	N	H	S	SW	W	NW	N	H	朝向

表 D-3　北纬 30°透过标准窗玻璃的太阳辐射照度（W/m²）

透明度等级		1						2						透明度等级
朝向		S	SE	E	NE	N	H	S	SE	E	NE	N	H	朝向
辐射照度		上行——直接辐射 下行——散射辐射						上行——直接辐射 下行——散射辐射						辐射照度
时刻（地方太阳时）	6	0	204	499	466	116	48	0	172	422	394	98	41	18
		31	31	31	31	31	37	31	31	31	31	31	40	
	7	0	338	664	559	67	229	0	300	590	497	59	204	17
		57	57	57	57	57	48	58	58	58	58	58	56	
	8	0	390	659	490	13	450	0	358	605	450	12	414	16
		78	78	78	78	78	52	83	83	83	83	83	67	
	9	1	371	554	332	0	637	1	345	515	311	0	593	15
		98	98	98	98	98	58	100	100	100	100	100	68	
	10	31	292	364	144	0	780	29	274	342	140	0	734	14
		110	110	110	110	110	57	119	119	119	119	119	78	
	11	53	164	133	13	0	866	50	155	126	12	0	815	13
		117	117	117	117	117	56	123	123	123	123	123	72	
	12	65	85	0	0	0	896	62	80	0	0	0	846	12
		117	117	117	117	117	51	123	123	123	123	123	67	
	13	53	0	0	0	0	866	50	0	0	0	0	815	11
		117	117	117	117	117	56	123	123	123	123	123	72	
	14	31	0	0	0	0	780	29	0	0	0	0	734	10
		110	110	110	110	110	57	119	119	119	119	119	78	
	15	1	0	0	0	0	637	1	0	0	0	0	593	9
		98	98	98	98	98	58	100	100	100	100	100	68	
	16	0	0	0	0	13	450	0	0	0	0	12	414	8
		78	78	78	78	78	52	83	83	83	83	83	67	
	17	0	0	0	0	67	229	0	0	0	0	59	204	7
		57	57	57	57	57	48	58	58	58	58	58	56	
	18	0	0	0	0	116	48	0	0	0	0	98	41	6
		31	31	31	31	31	37	31	31	31	31	31	40	
朝向		S	SW	W	NW	N	H	S	SW	W	NW	N	H	朝向

续表 D-3

透明度等级 3 / 4

透明度等级	3						4						透明度等级
朝向	S	SE	E	NE	N	H	S	SE	E	NE	N	H	朝向
辐射照度	上行——直接辐射 下行——散射辐射						上行——直接辐射 下行——散射辐射						辐射照度
6	0	143	350	328	81	34	0	112	273	256	64	27	18
	35	35	35	35	35	47	35	35	35	35	35	50	
7	0	265	520	438	52	180	0	227	445	376	45	155	17
	62	62	62	62	62	67	65	65	65	65	65	78	
8	0	326	551	409	10	377	0	288	487	362	9	333	16
	88	88	88	88	88	83	90	90	90	90	90	92	
9	1	320	477	287	0	549	1	292	435	262	0	500	15
	108	108	108	108	108	90	114	114	114	114	114	108	
10	28	256	319	130	0	683	26	235	292	120	0	626	14
	120	120	120	120	120	88	127	127	127	127	127	109	
11	47	145	117	10	0	764	43	134	108	10	0	706	13
	127	127	127	127	127	87	137	137	137	137	137	114	
12	58	76	0	0	0	793	53	70	0	0	0	734	12
	128	128	128	128	128	85	137	137	137	137	137	110	
13	47	0	0	0	0	764	43	0	0	0	0	706	11
	127	127	127	127	127	87	137	137	137	137	137	114	
14	28	0	0	0	0	683	26	0	0	0	0	626	10
	120	120	120	120	120	88	127	127	127	127	127	109	
15	1	0	0	0	0	549	1	0	0	0	0	500	9
	108	108	108	108	108	90	114	114	114	114	114	108	
16	0	0	0	0	10	377	0	0	0	0	9	333	8
	88	88	88	88	88	83	90	90	90	90	90	92	
17	0	0	0	0	52	180	0	0	0	0	45	155	7
	62	62	62	62	62	67	65	65	65	65	65	78	
18	0	0	0	0	81	34	0	0	0	0	64	27	6
	35	35	35	35	35	47	35	35	35	35	35	50	
朝向	S	SW	W	NW	N	H	S	SW	W	NW	N	H	朝向

（左侧时刻列标题：时刻（地方太阳时）；右侧时刻列标题：时刻（地方太阳时））

透明度等级 5 / 6

透明度等级	5						6						透明度等级
朝向	S	SE	E	NE	N	H	S	SE	E	NE	N	H	朝向
辐射照度	上行——直接辐射 下行——散射辐射						上行——直接辐射 下行——散射辐射						辐射照度
6	0	86	213	199	49	21	0	59	147	136	34	14	18
	34	34	34	34	34	49	29	29	29	29	29	44	
7	0	194	383	322	38	133	0	159	313	264	31	108	17
	69	69	69	69	69	87	71	71	71	71	71	97	
8	0	258	435	323	8	298	0	216	366	272	7	250	16
	96	96	96	96	96	109	99	99	99	99	99	122	
9	1	270	404	243	0	464	1	235	350	211	0	402	15
	121	121	121	121	121	126	130	130	130	130	130	151	
10	23	219	272	112	0	585	21	194	242	99	0	518	14
	136	136	136	136	136	131	148	148	148	148	148	162	
11	41	124	101	9	0	656	36	112	90	8	0	587	13
	145	145	145	145	145	135	155	155	155	155	155	163	
12	50	65	0	0	0	679	45	58	0	0	0	612	12
	145	145	145	145	145	133	157	157	157	157	157	163	
13	41	0	0	0	0	656	36	0	0	0	0	587	11
	145	145	145	145	145	135	155	155	155	155	155	163	
14	23	0	0	0	0	585	21	0	0	0	0	518	10
	136	136	136	136	136	131	148	148	148	148	148	162	
15	1	0	0	0	0	464	1	0	0	0	0	402	9
	121	121	121	121	121	126	130	130	130	130	130	151	
16	0	0	0	0	8	298	0	0	0	0	7	250	8
	96	96	96	96	96	109	99	99	99	99	99	122	
17	0	0	0	0	38	133	0	0	0	0	31	108	7
	69	69	69	69	69	87	71	71	71	71	71	97	
18	0	0	0	0	49	21	0	0	0	0	34	14	6
	34	34	34	34	34	49	29	29	29	29	29	44	
朝向	S	SW	W	NW	N	H	S	SW	W	NW	N	H	朝向

（左侧时刻列标题：时刻（地方太阳时）；右侧时刻列标题：时刻（地方太阳时））

表 D-4　北纬 35°透过标准窗玻璃的太阳辐射照度（W/m²）

透明度等级			1							2				透明度等级
朝向	S	SE	E	NE	N	H	S	SE	E	NE	N	H		朝向
辐射照度			上行——直接辐射 下行——散射辐射						上行——直接辐射 下行——散射辐射					辐射照度
6	0	223	529	488	113	62	0	191	450	415	95	53		18
	35	35	35	35	35	40	35	35	35	35	35	43		
7	0	365	672	547	47	245	0	324	598	486	40	219		17
	58	58	58	58	58	49	60	60	60	60	60	58		
8	0	427	659	456	1	453	0	392	607	419	1	418		16
	78	78	78	78	78	51	84	84	84	84	84	67		
9	44	420	552	285	0	632	37	392	515	265	0	588		15
	97	97	97	97	97	57	99	99	99	99	99	69		
10	74	350	363	99	0	768	70	329	342	93	0	722		14
	110	110	110	110	110	58	119	119	119	119	119	80		
11	121	224	133	0	0	847	114	211	124	0	0	797		13
	114	114	114	114	114	53	120	120	120	120	120	71		
12	138	74	0	0	0	877	130	71	0	0	0	825		12
	120	120	120	120	120	57	124	124	124	124	124	73		
13	121	0	0	0	0	847	114	0	0	0	0	797		11
	114	114	114	114	114	53	120	120	120	120	120	71		
14	74	0	0	0	0	768	70	0	0	0	0	722		10
	110	110	110	110	110	58	119	119	119	119	119	80		
15	40	0	0	0	0	632	37	0	0	0	0	588		9
	97	97	97	97	97	57	99	99	99	99	99	69		
16	0	0	0	0	1	453	0	0	0	0	1	418		8
	78	78	78	78	78	51	84	84	84	84	84	67		
17	0	0	0	0	47	245	0	0	0	0	40	219		7
	58	58	58	58	58	49	60	60	60	60	60	58		
18	0	0	0	0	113	62	0	0	0	0	95	53		6
	35	35	35	35	35	40	35	35	35	35	35	43		
朝向	S	SW	W	NW	N	H	S	SW	W	NW	N	H		朝向

（时刻 地方太阳时）

透明度等级			3							4				透明度等级
朝向	S	SE	E	NE	N	H	S	SE	E	NE	N	H		朝向
辐射照度			上行——直接辐射 下行——散射辐射						上行——直接辐射 下行——散射辐射					辐射照度
6	0	160	380	351	80	44	0	128	304	280	64	36		18
	40	40	40	40	40	52	40	40	40	40	40	55		
7	0	287	529	430	36	193	0	247	455	370	31	166		17
	64	64	64	64	64	67	67	67	67	67	67	79		
8	0	357	552	381	1	380	0	316	488	337	1	336		16
	88	88	88	88	88	83	91	91	91	91	91	93		
9	34	362	476	245	0	544	31	329	433	323	0	495		15
	107	107	107	107	107	90	113	113	113	113	113	107		
10	65	306	317	87	0	671	59	280	291	79	0	615		14
	120	120	120	120	120	90	127	127	127	127	127	110		
11	106	198	116	0	0	745	98	183	108	0	0	688		13
	123	123	123	123	123	85	134	134	134	134	134	110		
12	122	66	0	0	0	773	113	62	0	0	0	716		12
	128	128	128	128	128	85	138	138	138	138	138	115		
13	106	0	0	0	0	745	98	0	0	0	0	688		11
	123	123	123	123	123	85	134	134	134	134	134	110		
14	65	0	0	0	0	671	59	0	0	0	0	615		10
	120	120	120	120	120	90	127	127	127	127	127	110		
15	34	0	0	0	0	544	31	0	0	0	0	495		9
	107	107	107	107	107	90	113	113	113	113	113	107		
16	0	0	0	0	1	380	0	0	0	0	1	336		8
	88	88	88	88	88	83	91	91	91	91	91	93		
17	0	0	0	0	36	193	0	0	0	0	31	166		7
	64	64	64	64	64	67	67	67	67	67	67	79		
18	0	0	0	0	80	44	44	0	0	0	64	36		6
	40	40	40	40	40	52	52	40	40	40	40	55		
朝向	S	SW	W	NW	N	H	S	SW	W	NW	N	H		朝向

（时刻 地方太阳时）

透明度等级		5						6						透明度等级
朝向		S	SE	E	NE	N	H	S	SE	E	NE	N	H	朝向
辐射照度		上行——直接辐射 下行——散射辐射						上行——直接辐射 下行——散射辐射						辐射照度
时刻（地方太阳时）	6	0	102	241	222	51	28	0	72	171	158	36	20	18
		39	39	39	39	39	55	35	35	35	35	35	52	
	7	0	212	391	317	27	143	0	174	322	262	22	117	17
		69	69	69	69	69	90	74	74	74	74	74	100	
	8	0	283	437	302	1	301	0	238	369	254	1	254	16
		97	97	97	97	97	109	100	100	100	100	100	123	
	9	29	305	401	207	0	459	24	264	348	179	0	398	15
		121	121	121	121	121	126	129	129	129	129	129	150	
	10	56	262	272	77	0	575	49	231	241	66	0	508	14
		136	136	136	136	136	133	148	148	148	148	148	163	
	11	91	170	100	0	0	640	81	151	90	0	0	571	13
		142	142	142	142	142	133	152	152	152	152	152	160	
	12	105	57	0	0	0	664	94	51	0	0	0	595	12
		147	147	147	147	147	136	156	156	156	156	156	164	
	13	91	0	0	0	0	640	81	0	0	0	0	571	11
		142	142	142	142	142	133	152	152	152	152	152	160	
	14	56	0	0	0	0	575	49	0	0	0	0	508	10
		136	136	136	136	136	133	148	148	148	148	148	163	
	15	29	0	0	0	1	459	24	0	0	0	1	398	9
		121	121	121	121	121	126	129	129	129	129	129	150	
	16	0	0	0	0	1	301	0	0	0	0	1	254	8
		97	97	97	97	97	109	100	100	100	100	100	123	
	17	0	0	0	0	27	143	0	0	0	0	22	117	7
		69	69	69	69	69	90	74	74	74	74	74	100	
	18	0	0	0	0	51	28	0	0	0	0	36	20	6
		39	39	39	39	39	55	35	35	35	35	35	52	时刻（地方太阳时）
朝向		S	SW	W	NW	N	H	S	SW	W	NW	N	H	朝向

表 D-5　北纬 40°透过标准窗玻璃的太阳辐射照度（W/m²）

透明度等级		1						2						透明度等级
朝向		S	SE	E	NE	N	H	S	SE	E	NE	N	H	朝向
辐射照度		上行——直接辐射 下行——散射辐射						上行——直接辐射 下行——散射辐射						辐射照度
时刻（地方太阳时）	6	0	245	558	507	106	83	0	211	477	434	91	71	18
		37	37	37	37	37	41	38	38	38	38	38	45	
	7	0	392	679	530	72	259	0	349	605	472	64	231	17
		59	59	59	59	59	49	63	63	63	63	63	59	
	8	2	463	659	420	0	454	2	424	606	385	0	418	16
		78	78	78	78	78	51	84	84	84	84	84	67	
	9	57	466	551	238	0	620	53	434	513	222	0	577	15
		95	95	95	95	95	56	98	98	98	98	98	69	
	10	138	406	362	58	0	748	130	380	340	55	0	702	14
		108	108	108	108	108	57	115	115	115	115	115	77	
	11	200	283	133	0	0	822	188	266	124	0	0	773	13
		112	112	112	112	112	52	119	119	119	119	119	71	
	12	222	124	0	0	0	848	209	117	0	0	0	798	12
		114	114	114	114	114	53	120	120	120	120	120	71	
	13	200	7	0	0	0	822	188	6	0	0	0	773	11
		112	112	112	112	112	52	119	119	119	119	119	71	
	14	138	0	0	0	0	748	130	0	0	0	0	702	10
		108	108	108	108	108	57	115	115	115	115	115	77	
	15	57	0	0	0	0	620	53	0	0	0	0	577	9
		95	95	95	95	95	56	98	98	98	98	98	69	
	16	2	0	0	0	0	454	2	0	0	0	0	418	8
		78	78	78	78	78	51	84	84	84	84	84	67	
	17	0	0	0	0	72	259	0	0	0	0	64	231	7
		59	59	59	59	59	49	63	63	63	63	63	59	
	18	0	0	0	0	106	83	0	0	0	0	91	71	6
		37	37	37	37	37	41	38	38	38	38	38	45	时刻（地方太阳时）
朝向		S	SW	W	NW	N	H	S	SW	W	NW	N	H	朝向

续表 D-5

透明度等级			3						4				透明度等级
朝向	S	SE	E	NE	N	H	S	SE	E	NE	N	H	朝向
辐射照度		上行——直接辐射 下行——散射辐射						上行——直接辐射 下行——散射辐射					辐射照度
时刻（地方太阳时） 6	0	180	409	371	78	60	0	145	331	301	63	49	18 时刻（地方太阳时）
	43	43	43	43	43	56	43	43	43	43	43	58	
7	0	309	536	419	57	205	0	266	462	361	49	177	17
	65	65	65	65	65	69	67	67	67	67	67	79	
8	2	387	552	351	0	379	2	342	488	311	0	336	16
	88	88	88	88	88	83	90	90	90	90	90	93	
9	49	401	475	205	0	533	44	364	430	186	0	484	15
	106	106	106	106	106	88	112	112	112	112	112	106	
10	121	354	315	50	0	652	110	324	288	47	0	598	14
	117	117	117	117	117	90	124	124	124	124	124	109	
11	176	248	116	0	0	722	162	224	107	0	0	665	13
	121	121	121	121	121	84	130	130	130	130	130	108	
12	195	114	0	0	0	747	180	101	0	0	0	688	12
	123	123	123	123	123	85	134	134	134	134	134	110	
13	176	6	0	0	0	722	162	6	0	0	0	665	11
	121	121	121	121	121	84	130	130	130	130	130	108	
14	121	0	0	0	0	652	110	0	0	0	0	598	10
	117	117	117	117	117	90	124	124	124	124	124	109	
15	49	0	0	0	0	833	44	0	0	0	0	484	9
	106	106	106	106	106	88	112	112	112	112	112	106	
16	2	0	0	0	0	379	2	0	0	0	0	336	8
	88	88	88	88	88	83	90	90	90	90	90	93	
17	0	0	0	0	57	205	0	0	0	0	49	177	7
	65	65	65	65	65	69	67	67	67	67	67	79	
18	0	0	0	0	78	60	0	0	0	0	63	49	6
	43	43	43	43	43	56	43	43	43	43	43	58	
朝向	S	SW	W	NW	N	H	S	SW	W	NW	N	H	朝向

透明度等级			5						6				透明度等级
朝向	S	SE	E	NE	N	H	S	SE	E	NE	N	H	朝向
辐射照度		上行——直接辐射 下行——散射辐射						上行——直接辐射 下行——散射辐射					辐射照度
时刻（地方太阳时） 6	0	117	267	243	51	40	0	86	194	177	37	29	18 时刻（地方太阳时）
	42	42	42	42	42	58	40	40	40	40	40	58	
7	0	229	398	311	42	152	0	190	329	257	35	126	17
	72	72	72	72	72	91	77	77	77	77	77	104	
8	1	306	437	278	0	300	1	258	368	234	0	254	16
	96	96	96	96	96	109	100	100	100	100	100	123	
9	41	337	398	172	0	448	36	291	344	149	0	387	15
	119	119	119	119	119	124	128	128	128	128	128	149	
10	104	302	270	43	0	557	97	266	237	38	0	492	14
	133	133	133	133	133	131	144	144	144	144	144	160	
11	150	213	100	0	0	619	134	190	88	0	0	551	13
	138	138	138	138	138	130	149	149	149	149	146	159	
12	167	94	0	0	0	641	150	85	0	0	0	572	12
	142	142	142	142	142	133	152	152	152	152	152	160	
13	150	5	0	0	0	619	134	5	0	0	0	551	11
	138	138	138	138	138	130	149	149	149	149	149	159	
14	104	0	0	0	0	557	91	0	0	0	0	492	10
	133	133	133	133	133	131	144	144	144	144	144	160	
15	41	0	0	0	0	448	36	0	0	0	0	387	9
	119	119	119	119	119	124	128	128	128	128	128	149	
16	1	0	0	0	0	300	1	0	0	0	0	254	8
	96	96	96	96	96	109	100	100	100	100	100	123	
17	0	0	0	0	42	152	0	0	0	0	35	126	7
	72	72	72	72	72	91	77	77	77	77	77	104	
18	0	0	0	0	51	40	0	0	0	0	37	29	6
	42	42	42	42	42	58	40	40	40	40	40	58	
朝向	S	SW	W	NW	N	H	S	SW	W	NW	N	H	朝向

表 D-6　北纬 45°透过标准玻璃窗的太阳辐射照度（W/m²）

透明度等级		1						2						透明度等级
朝向		S	SE	E	NE	N	H	S	SE	E	NE	N	H	朝向
辐射照度		上行——直接辐射 下行——散射辐射						上行——直接辐射 下行——散射辐射						辐射照度
时刻（地方太阳时）	6	0	269	584	521	97	100	0	230	502	448	84	86	18
		40	40	40	40	40	41	41	41	41	41	41	45	
	7	0	418	685	514	14	266	0	373	611	458	13	238	17
		60	60	60	60	60	49	64	64	64	64	64	59	
	8	16	497	658	383	0	449	15	456	605	351	0	413	16
		78	78	78	78	78	83	83	83	83	83	83	67	
	9	105	511	548	193	0	599	98	475	511	180	0	558	15
		92	92	92	92	92	55	97	97	97	97	97	69	
	10	209	458	359	117	0	720	197	429	336	109	0	675	14
		105	105	105	105	105	57	110	110	110	110	110	73	
	11	280	341	131	0	0	790	264	321	123	0	0	743	13
		110	110	110	110	110	55	119	119	119	119	119	76	
	12	305	180	0	0	0	814	287	170	0	0	0	766	12
		110	110	110	110	110	53	119	119	119	119	119	72	
	13	280	137	0	0	0	790	264	129	0	0	0	743	11
		110	110	110	110	110	55	119	119	119	119	119	76	
	14	209	0	0	0	0	720	197	0	0	0	0	675	10
		104	104	104	104	104	57	110	110	110	110	110	73	
	15	105	0	0	0	0	599	98	0	0	0	0	558	9
		92	92	92	92	92	55	97	97	97	97	97	69	
	16	16	0	0	0	0	119	15	0	0	0	0	413	8
		78	78	78	78	78	52	83	83	83	83	83	67	
	17	0	0	0	0	14	266	0	0	0	0	13	138	7
		60	60	60	60	60	49	64	64	64	64	64	59	
	18	0	0	0	0	97	100	0	0	0	0	84	86	6
		40	40	40	40	40	41	41	41	41	41	41	45	时刻（地方太阳时）
朝向		S	SW	W	NW	N	H	S	SW	W	NW	N	H	朝向

透明度等级		3						4						透明度等级
朝向		S	SE	E	NE	N	H	S	SE	E	NE	N	H	朝向
辐射照度		上行——直接辐射 下行——散射辐射						上行——直接辐射 下行——散射辐射						辐射照度
时刻（地方太阳时）	6	0	200	435	388	72	77	0	165	358	320	59	62	18
		45	45	45	45	45	57	45	45	45	45	45	61	
	7	0	330	541	406	10	211	0	285	466	350	9	181	17
		65	65	65	65	65	69	69	69	69	69	69	79	
	8	14	415	550	320	0	376	12	366	486	283	0	331	16
		88	88	88	88	88	83	90	90	90	90	90	92	
	9	91	438	471	163	0	515	81	397	427	150	0	465	15
		105	105	105	105	105	88	108	108	108	108	108	104	
	10	183	399	312	101	0	626	166	365	286	93	0	572	14
		114	114	114	114	114	88	121	121	121	121	121	109	
	11	245	299	115	0	0	692	226	274	106	0	0	635	13
		120	120	120	120	120	87	127	127	127	127	127	108	
	12	267	158	0	0	0	714	247	145	0	0	0	657	12
		121	121	121	121	121	85	129	129	129	129	129	108	
	13	245	120	0	0	0	692	226	110	0	0	0	635	11
		120	120	120	120	120	87	127	127	127	127	127	108	
	14	183	0	0	0	0	626	166	0	0	0	0	572	10
		114	114	114	114	114	88	121	121	121	121	121	109	
	15	91	0	0	0	0	515	81	0	0	0	0	465	9
		105	105	105	105	105	88	108	108	108	108	108	104	
	16	14	0	0	0	0	376	12	0	0	0	0	331	8
		88	88	88	88	88	83	90	90	90	90	90	92	
	17	0	0	0	0	10	211	0	0	0	0	9	181	7
		65	65	65	65	65	69	69	69	69	69	69	79	
	18	0	0	0	0	72	77	0	0	0	0	59	62	6
		45	45	45	45	45	57	45	45	45	45	45	61	时刻（地方太阳时）
朝向		S	SW	W	NW	N	H	S	SW	W	NW	N	H	朝向

续表 D-6

透明度等级		5							6						透明度等级
朝向		S	SE	E	NE	N	H	S	SE	E	NE	N	H		朝向
辐射照度		上行——直接辐射 下行——散射辐射						上行——直接辐射 下行——散射辐射							辐射照度
时刻（地方太阳时）	6	0	135	293	262	49	50	0	100	216	193	36	37	18	时刻（地方太阳时）
		44	44	44	44	44	62	44	44	44	44	44	64		
	7	0	247	402	302	8	157	0	204	334	256	7	130	17	
		73	73	73	73	73	91	78	78	78	78	78	105		
	8	10	328	435	252	0	297	9	276	366	213	0	249	16	
		95	95	95	95	95	109	99	99	99	99	99	122		
	9	76	365	393	138	0	429	65	315	338	120	0	370	15	
		116	116	116	116	116	122	124	124	124	124	124	145		
	10	156	341	266	87	0	534	136	299	234	77	0	469	14	
		130	130	130	130	130	129	141	141	141	141	141	158		
	11	211	256	99	0	0	593	186	227	87	0	0	526	13	
		136	136	136	136	136	131	148	148	148	148	148	160		
	12	229	136	0	0	0	613	204	121	0	0	0	544	12	
		138	138	138	138	138	130	149	149	149	149	149	159		
	13	211	104	0	0	0	593	186	92	0	0	0	526	11	
		136	136	136	136	136	131	148	148	148	148	148	160		
	14	156	0	0	0	0	534	136	0	0	0	0	469	10	
		130	130	130	130	130	129	141	141	141	141	141	158		
	15	76	0	0	0	0	429	65	0	0	0	0	370	9	
		116	116	116	116	116	122	124	124	124	124	124	145		
	16	10	0	0	0	0	297	9	0	0	0	0	249	8	
		95	95	95	95	95	109	99	99	99	99	99	122		
	17	0	0	0	0	8	157	0	0	0	0	7	130	7	
		73	73	73	73	73	91	78	78	78	78	78	105		
	18	0	0	0	0	49	50	0	0	0	0	36	37	6	
		44	44	44	44	44	62	44	44	44	44	44	64		
朝向		S	SW	W	NW	N	H	S	SW	W	NW	N	H		朝向

表 D-7　北纬 50°透过标准窗玻璃的太阳辐射照度（W/m²）

透明度等级		1							2						透明度等级
朝向		S	SE	E	NE	N	H	S	SE	E	NE	N	H		朝向
辐射照度		上行——直接辐射 下行——散射辐射						上行——直接辐射 下行——散射辐射							辐射照度
时刻（地方太阳时）	6	0	291	605	528	85	116	0	251	522	457	73	100	18	时刻（地方太阳时）
		42	42	42	42	42	42	43	43	43	43	43	47		
	7	0	442	687	494	3	276	0	397	613	441	3	245	17	
		40	40	40	40	40	49	64	64	64	64	64	60		
	8	40	527	657	345	0	437	36	484	601	316	0	401	16	
		77	77	77	77	77	52	81	81	81	81	81	66		
	9	160	549	545	150	0	576	149	511	507	140	0	555	15	
		90	90	90	90	90	52	94	94	94	94	94	69		
	10	278	507	356	7	0	685	261	475	333	7	0	640	14	
		102	102	102	102	102	58	105	105	105	105	105	71		
	11	359	398	130	0	0	751	337	373	123	0	0	706	13	
		108	108	108	108	108	58	115	115	115	115	115	78		
	12	388	235	0	0	0	773	365	221	0	0	0	727	12	
		110	110	110	110	110	58	119	119	119	119	119	79		
	13	359	62	0	0	0	751	337	57	0	0	0	706	11	
		108	108	108	108	108	58	115	115	115	115	115	78		
	14	278	0	0	0	0	685	261	0	0	0	0	640	10	
		102	102	102	102	102	58	105	105	105	105	105	71		
	15	160	0	0	0	0	576	149	0	0	0	0	555	9	
		90	90	90	90	90	52	94	94	94	94	94	69		
	16	40	0	0	0	3	437	36	0	0	0	0	401	8	
		77	77	77	77	77	52	81	81	81	81	81	66		
	17	0	0	0	0	3	276	0	0	0	0	3	245	7	
		60	60	60	60	60	49	64	64	64	64	64	60		
	18	0	0	0	0	85	116	0	0	0	0	73	100	6	
		42	42	42	42	42	42	43	43	43	43	43	47		
朝向		S	SW	W	NW	N	H	S	SW	W	NW	N	H		朝向

续表 D-7

透明度等级			3							4				透明度等级
朝向		S	SE	E	NE	N	H	S	SE	E	NE	N	H	朝向
辐射照度				上行——直接辐射 下行——散射辐射						上行——直接辐射 下行——散射辐射				辐射照度
时刻（地方太阳时）	6	0	219	456	342	64	87	0	181	378	330	53	73	18
		49	49	49	49	49	59	49	49	49	49	49	64	
	7	0	351	544	391	3	217	0	304	470	337	2	188	17
		66	66	66	66	66	69	70	70	70	70	70	80	
	8	33	440	547	287	0	364	29	387	483	254	0	321	16
		87	87	87	87	87	81	88	88	88	88	88	92	
	9	137	470	468	129	0	493	123	423	421	116	0	444	15
		102	102	102	102	102	87	105	105	105	105	105	101	
	10	241	440	308	6	0	593	221	402	281	6	0	543	14
		112	112	112	112	112	90	119	119	119	119	119	109	
	11	314	347	114	0	0	656	287	317	105	0	0	601	13
		117	117	117	117	117	90	124	124	124	124	124	109	
	12	340	206	0	0	0	676	312	188	0	0	0	620	12
		120	120	120	120	120	90	127	127	127	127	127	109	
	13	314	53	0	0	0	656	287	49	0	0	0	601	11
		117	117	117	117	117	90	124	124	124	124	124	109	
	14	241	0	0	0	0	593	221	0	0	0	0	543	10
		112	112	112	112	112	90	119	119	119	119	119	109	
	15	137	0	0	0	0	493	123	0	0	0	0	444	9
		102	102	102	102	102	87	105	105	105	105	105	101	
	16	33	0	0	0	0	364	29	0	0	0	0	321	8
		87	87	87	87	87	81	88	88	88	88	88	92	
	17	0	0	0	0	3	217	0	0	0	0	2	188	7
		66	66	66	66	66	69	70	70	70	70	70	80	
	18	0	0	0	0	64	87	0	0	0	0	53	73	6
		49	49	49	49	49	59	49	49	49	49	49	64	
朝向		S	SW	W	NW	N	H	S	SW	W	NW	N	H	朝向

透明度等级			5							6				透明度等级
朝向		S	SE	E	NE	N	H	S	SE	E	NE	N	H	朝向
辐射照度				上行——直接辐射 下行——散射辐射						上行——直接辐射 下行——散射辐射				辐射照度
时刻（地方太阳时）	6	0	150	312	273	44	60	0	113	236	206	33	45	18
		48	48	48	48	48	65	48	48	48	48	48	69	
	7	0	262	406	291	2	163	0	217	336	242	2	135	17
		73	73	73	73	73	92	79	79	79	79	79	106	
	8	26	345	430	227	0	287	22	291	362	191	0	241	16
		94	94	94	94	94	108	98	98	98	98	98	1231	
	9	113	388	386	107	0	408	98	334	331	91	0	349	15
		113	113	113	113	113	121	120	120	120	120	120	141	
	10	206	374	263	6	0	506	179	337	229	5	0	442	14
		127	127	127	127	127	128	137	137	137	137	137	156	
	11	269	297	98	0	0	561	236	262	86	0	0	495	13
		134	134	134	134	134	131	145	145	145	145	145	162	
	12	291	177	0	0	0	579	257	156	0	0	0	513	12
		136	136	136	136	136	133	148	148	148	148	148	163	
	13	269	45	0	0	0	561	236	41	0	0	0	495	11
		134	134	134	134	134	131	145	145	145	145	145	162	
	14	206	0	0	0	0	506	179	0	0	0	0	442	10
		127	127	127	127	127	128	137	137	137	137	137	156	
	15	113	0	0	0	0	408	98	0	0	0	0	349	9
		113	113	113	113	113	121	120	120	120	120	120	141	
	16	26	0	0	0	0	287	22	0	0	0	0	241	8
		94	94	94	94	94	108	98	98	98	98	98	121	
	17	0	0	0	0	2	163	0	0	0	0	2	135	7
		73	73	73	73	73	92	79	79	79	79	79	106	
	18	0	0	0	0	44	60	0	0	0	0	33	45	6
		48	48	48	48	48	65	48	48	48	48	48	69	
朝向		S	SW	W	NW	N	H	S	SW	W	NW	N	H	朝向

附录 E 夏季空气调节大气透明度分布图

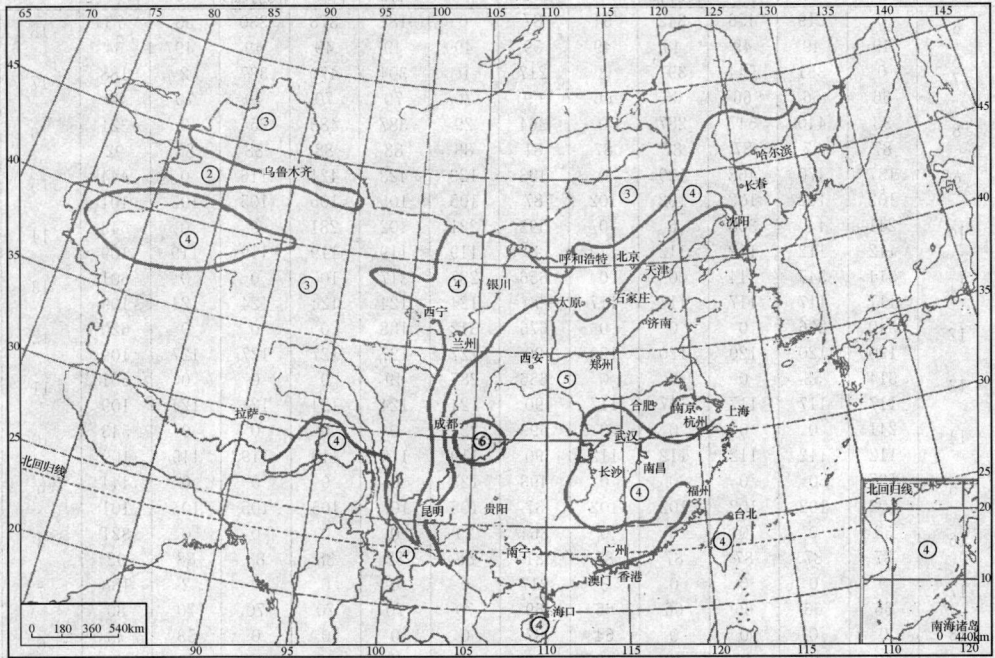

图 E 夏季空气调节大气透明度分布图

附录 F 加热由门窗缝隙渗入室内的冷空气的耗热量

F.0.1 多层和高层建筑，加热由门窗缝隙渗入室内的冷空气的耗热量，可按下式计算：

$$Q = 0.28c_p\rho_{wn}L(t_n - t_{wn}) \qquad (F.0.1)$$

式中：Q ——由门窗缝隙渗入室内的冷空气的耗热量（W）；

c_p ——空气的定压比热容 $c_p = 1.01$kJ/（kg·K）；

ρ_{wn} ——供暖室外计算温度下的空气密度（kg/m^3）；

L ——渗透冷空气量（m^3/h），按本规范第 F.0.2 条确定；

t_n ——供暖室内设计温度（℃），按本规范第 3.0.1 条确定；

t_{wn} ——供暖室外计算温度（℃），按本规范第 4.1.2 条确定。

F.0.2 渗透冷空气量可根据不同的朝向，按下列公式计算：

$$L = L_0 l_1 m^b \qquad (F.0.2\text{-}1)$$

$$L_0 = \alpha_1 \left(\frac{\rho_{wn}}{2}v_0^2\right)^b \qquad (F.0.2\text{-}2)$$

$$m = C_r \cdot \Delta C_f \cdot (n^{1/b} + C) \cdot C_h \qquad (F.0.2\text{-}3)$$

$$C_h = 0.3h^{0.4} \qquad (F.0.2\text{-}4)$$

$$C = 70 \cdot \frac{(h_z - h)}{\Delta C_f v_0^2 h^{0.4}} \cdot \frac{t'_n - t_{wn}}{273 + t'_n} \qquad (F.0.2\text{-}5)$$

式中：L_0 ——在单纯风压作用下，不考虑朝向修正和建筑物内部隔断情况时，通过每米门窗缝隙进入室内的理论渗透冷空气量 [m^3/（m·h）]；

l_1 ——外门窗缝隙的长度（m）；

m ——风压与热压共同作用下，考虑建筑体型、内部隔断和空气流通等因素后，不同朝向、不同高度的门窗冷风渗透压差综合修正系数；

b ——门窗缝隙渗风指数，当无实测数据时，可取 $b = 0.67$；

α_1 ——外门窗缝隙渗风系数 [m^3/（m·h·Pa^b）]，当无实测数据时，按本规范表 F.0.3-1 采用；

v_0 ——冬季室外最多风向的平均风速，m/s，按本规范第 4.1 节的有关规定确定；

C_r ——热压系数，当无法精确计算时，按表

F.0.3-2 采用；

ΔC_{f}——风压差系数，当无实测数据时，可取 0.7；

n——单纯风压作用下，渗透冷空气量的朝向修正系数，按本规范附录 G 采用；

C——作用于门窗上的有效热压差与有效风压差之比；

C_{h}——高度修正系数；

h——计算门窗的中心线标高（m）；

h_{z}——单纯热压作用下，建筑物中和面的标高（m），可取建筑物总高度的 1/2；

t'_{n}——建筑物内形成热压作用的竖井计算温度（℃）。

F.0.3 外门窗缝隙渗风系数、热压系数可按表

F.0.3-1、表 F.0.3-2 选取。

表 F.0.3-1　外门窗缝隙渗风系数

建筑外窗空气渗透性能分级	Ⅰ	Ⅱ	Ⅲ	Ⅳ	Ⅴ
$\alpha_1[\mathrm{m^3/(m \cdot h \cdot Pa^{0.67})}]$	0.1	0.3	0.5	0.8	1.2

表 F.0.3-2　热 压 系 数

内部隔断情况	开敞空间	有内门或房门		有前室门、楼梯间门或走廊两端设门	
		密闭性差	密闭性好	密闭性差	密闭性好
C_{r}	1.0	1.0~0.8	0.8~0.6	0.6~0.4	0.4~0.2

附录 G　渗透冷空气量的朝向修正系数 n 值

表 G　渗透冷空气量的朝向修正系数 n 值

地区及台站名称		朝　向							
		N	NE	E	SE	S	SW	W	NW
北京	北京	1.00	0.50	0.15	0.10	0.15	0.15	0.40	1.00
天津	天津	1.00	0.40	0.20	0.10	0.15	0.20	0.40	1.00
	塘沽	0.90	0.55	0.55	0.20	0.30	0.30	0.70	1.00
河北	承德	0.70	0.15	0.10	0.10	0.10	0.40	1.00	1.00
	张家口	1.00	0.40	0.10	0.10	0.10	0.10	0.35	1.00
	唐山	0.60	0.45	0.65	0.45	0.20	0.65	1.00	1.00
	保定	1.00	0.70	0.35	0.35	0.90	0.90	0.40	0.70
	石家庄	1.00	0.70	0.50	0.65	0.50	0.55	0.85	0.90
	邢台	1.00	0.70	0.35	0.50	0.70	0.50	0.30	0.70
山西	大同	1.00	0.55	0.10	0.10	0.10	0.10	0.40	1.00
	阳泉	0.70	0.10	0.10	0.10	0.10	0.35	0.85	1.00
	太原	0.90	0.40	0.15	0.10	0.10	0.10	0.70	1.00
	阳城	0.70	0.15	0.30	0.25	0.10	0.25	0.70	1.00
内蒙古	通辽	1.00	0.20	0.10	0.10	0.35	0.40	0.85	1.00
	呼和浩特	0.70	0.25	0.10	0.15	0.20	0.15	0.70	1.00
辽宁	抚顺	0.70	1.00	0.70	0.10	0.10	0.10	0.30	0.30
	沈阳	1.00	0.70	0.30	0.30	0.10	0.35	0.40	0.70
	锦州	1.00	1.00	0.40	0.20	0.20	0.25	0.20	0.70
	鞍山	1.00	1.00	0.40	0.25	0.50	0.50	0.25	0.55
	营口	1.00	1.00	0.60	0.45	0.45	0.20	0.20	0.40
	丹东	1.00	0.55	0.40	0.10	0.10	0.10	0.40	1.00
	大连	1.00	0.70	0.15	0.10	0.15	0.15	0.15	0.70

地区及台站名称		朝　向							
		N	NE	E	SE	S	SW	W	NW
吉林	通榆	0.60	0.40	0.15	0.35	0.50	0.50	1.00	1.00
	长春	0.35	0.35	0.15	0.25	0.70	1.00	0.90	0.40
	延吉	0.40	0.10	0.10	0.10	0.10	0.65	1.00	1.00
黑龙江	爱辉	0.70	0.10	0.10	0.10	0.10	0.10	0.70	1.00
	齐齐哈尔	0.95	0.70	0.25	0.25	0.40	0.40	0.70	1.00
	鹤岗	0.50	0.15	0.10	0.10	0.10	0.55	1.00	1.00
	哈尔滨	0.30	0.15	0.20	0.70	1.00	0.85	0.70	0.60
	绥芬河	0.20	0.10	0.10	0.10	0.10	0.70	1.00	0.70
上海	上海	0.70	0.50	0.35	0.20	0.10	0.30	0.80	1.00
江苏	连云港	1.00	1.00	0.40	0.15	0.15	0.15	0.20	0.40
	徐州	0.55	1.00	1.00	0.45	0.20	0.35	0.45	0.65
	淮阴	0.90	1.00	0.70	0.30	0.25	0.30	0.40	0.60
	南通	0.90	0.65	0.45	0.25	0.20	0.25	0.70	1.00
	南京	0.80	1.00	0.70	0.40	0.20	0.25	0.40	0.55
	武进	0.80	0.80	0.60	0.60	0.25	0.50	1.00	1.00
浙江	杭州	1.00	0.65	0.20	0.20	0.20	0.20	0.40	1.00
	宁波	1.00	0.40	0.10	0.10	0.10	0.20	0.60	1.00
	金华	0.20	1.00	1.00	0.60	0.10	0.15	0.25	0.25
	衢州	0.45	1.00	1.00	0.40	0.20	0.30	0.20	0.10
安徽	亳县	1.00	0.70	0.40	0.25	0.25	0.25	0.25	0.70
	蚌埠	0.70	1.00	1.00	0.40	0.30	0.35	0.45	0.45
	合肥	0.85	0.90	0.85	0.35	0.35	0.25	0.70	1.00
	六安	0.70	0.50	0.45	0.45	0.25	0.15	0.70	1.00
	芜湖	0.60	1.00	1.00	0.45	0.10	0.60	0.90	0.65
	安庆	0.70	1.00	0.70	0.15	0.10	0.10	0.10	0.25
	屯溪	0.70	1.00	0.70	0.20	0.20	0.15	0.15	0.15
福建	福州	0.75	0.60	0.25	0.25	0.20	0.15	0.70	1.00
江西	九江	0.70	1.00	0.70	0.10	0.10	0.25	0.35	0.30
	景德镇	1.00	1.00	0.40	0.20	0.20	0.35	0.35	0.70
	南昌	1.00	0.70	0.25	0.10	0.10	0.10	0.10	0.70
	赣州	1.00	0.70	0.10	0.10	0.10	0.10	0.10	0.70
山东	烟台	1.00	0.60	0.25	0.15	0.35	0.60	0.60	1.00
	莱阳	0.85	0.60	0.15	0.10	0.10	0.25	0.70	1.00
	潍坊	0.90	0.60	0.25	0.35	0.50	0.35	0.90	1.00
	济南	0.45	1.00	1.00	0.40	0.55	0.55	0.25	0.15
	青岛	1.00	0.70	0.10	0.10	0.20	0.20	0.40	1.00
	菏泽	1.00	0.90	0.40	0.25	0.35	0.35	0.20	0.70
	临沂	1.00	1.00	0.45	0.10	0.10	0.15	0.20	0.40

地区及台站名称		朝 向							
		N	NE	E	SE	S	SW	W	NW
河南	安阳	1.00	0.70	0.30	0.40	0.50	0.35	0.20	0.70
	新乡	0.70	1.00	0.70	0.25	0.15	0.30	0.30	0.15
	郑州	0.65	0.90	0.65	0.15	0.20	0.40	1.00	1.00
	洛阳	0.45	0.45	0.45	0.15	0.10	0.40	1.00	1.00
	许昌	1.00	1.00	0.40	0.10	0.20	0.25	0.35	0.50
	南阳	0.70	1.00	0.70	0.15	0.10	0.15	0.10	0.10
	驻马店	1.00	0.50	0.20	0.20	0.20	0.20	0.40	1.00
	信阳	1.00	0.70	0.20	0.10	0.15	0.15	0.10	0.70
湖北	光化	0.70	1.00	0.70	0.35	0.20	0.10	0.40	0.60
	武汉	1.00	1.00	0.45	0.10	0.10	0.10	0.10	0.45
	江陵	1.00	0.70	0.20	0.15	0.20	0.15	0.10	0.70
	恩施	1.00	0.70	0.35	0.35	0.50	0.35	0.20	0.70
湖南	长沙	0.85	0.35	0.10	0.10	0.10	0.10	0.70	1.00
	衡阳	0.70	1.00	0.70	0.10	0.10	0.10	0.15	0.30
广东	广州	1.00	0.70	0.10	0.10	0.10	0.10	0.15	0.70
广西	桂林	1.00	1.00	0.40	0.10	0.10	0.10	0.10	0.40
	南宁	0.40	1.00	1.00	0.60	0.30	0.55	0.10	0.30
四川	甘孜	0.75	0.50	0.30	0.25	0.30	0.70	1.00	0.70
	成都	1.00	1.00	0.45	0.10	0.10	0.10	0.10	0.40
重庆	重庆	1.00	0.60	0.55	0.20	0.15	0.15	0.40	1.00
贵州	威宁	1.00	0.70	0.40	0.50	0.40	0.20	0.15	0.45
	贵阳	0.70	1.00	0.70	0.15	0.25	0.15	0.10	0.25
云南	邵通	1.00	0.70	0.20	0.10	0.15	0.15	0.10	0.70
	昆明	0.10	0.10	0.10	0.15	0.70	1.00	0.70	0.20
西藏	那曲	0.50	0.50	0.20	0.10	0.35	0.90	1.00	1.00
	拉萨	0.15	0.45	1.00	1.00	0.40	0.40	0.40	0.25
	林芝	0.25	1.00	1.00	0.40	0.30	0.30	0.25	0.15
陕西	玉林	1.00	0.40	0.10	0.30	0.30	0.15	0.40	1.00
	宝鸡	0.10	0.70	1.00	0.70	0.10	0.15	0.15	0.15
	西安	0.70	1.00	0.70	0.25	0.40	0.50	0.35	0.25
甘肃	兰州	1.00	1.00	1.00	0.70	0.50	0.20	0.15	0.50
	平凉	0.80	0.40	0.85	0.85	0.35	0.70	1.00	1.00
	天水	0.20	0.70	1.00	0.70	0.10	0.15	0.20	0.15
青海	西宁	0.10	0.10	0.70	1.00	0.70	0.10	0.10	0.10
	共和	1.00	0.70	0.15	0.25	0.25	0.35	0.50	0.50
宁夏	石嘴山	1.00	0.95	0.40	0.20	0.20	0.20	0.40	1.00
	银川	1.00	1.00	0.40	0.30	0.25	0.20	0.65	0.95
	固原	0.80	0.50	0.65	0.45	0.20	0.40	0.70	1.00
新疆	阿勒泰	0.70	1.00	0.70	0.15	0.10	0.10	0.15	0.35
	克拉玛依	0.70	0.55	0.55	0.25	0.10	0.10	0.70	1.00
	乌鲁木齐	0.35	0.35	0.55	0.75	1.00	0.70	0.25	0.35
	吐鲁番	1.00	0.70	0.65	0.55	0.35	0.25	0.15	0.70
	哈密	0.70	1.00	1.00	0.40	0.10	0.10	0.10	0.10
	喀什	0.70	0.60	0.40	0.25	0.10	0.10	0.70	1.00

注：有根据时，表中所列数值，可按建设地区的实际情况，做适当调整。

附录 H 夏季空调冷负荷简化计算方法计算系数表

H.0.1 北京、西安、上海及广州等代表城市外墙、

屋面逐时冷负荷计算温度 t_{wlq}、t_{wlm}，可按表 H.0.1-1 ～表 H.0.1-4 采用。外墙、屋面类型及热工性能指标可按表 H.0.1-5、表 H.0.1-6 采用。

表 H.0.1-1　北京市外墙、屋面逐时冷负荷计算温度（℃）

类别	编号	朝向	1	2	3	4	5	6	7	8	9	10	11	12	13	14	15	16	17	18	19	20	21	22	23	24
墙体 t_{wlq}	1	东	36.0	35.6	35.1	34.7	34.4	34.0	33.7	33.6	33.7	34.2	34.8	35.4	36.0	36.5	36.8	37.0	37.2	37.3	37.4	37.3	37.3	37.1	36.9	36.5
		南	34.7	34.2	33.9	33.6	33.2	32.9	32.6	32.4	32.2	32.1	32.1	32.3	32.7	33.1	33.7	34.2	34.7	35.1	35.4	35.5	35.5	35.3	35.3	35.0
		西	37.4	36.9	36.5	36.1	35.7	35.3	34.9	34.6	34.3	34.1	33.9	33.9	33.9	34.1	34.3	34.7	35.3	36.1	36.9	37.6	38.0	38.2	38.1	37.8
		北	32.6	32.3	32.0	31.8	31.5	31.3	31.1	30.9	30.9	31.0	31.1	31.2	31.4	31.7	32.0	32.2	32.5	32.7	33.0	33.1	33.1	33.1	33.1	32.9
	2	东	36.1	35.7	35.2	34.9	34.4	34.0	33.9	33.8	34.0	34.6	35.2	36.2	36.6	36.9	37.1	37.3	37.4	37.4	37.4	37.4	37.3	37.1	36.9	36.6
		南	34.7	34.3	34.0	33.7	33.3	33.0	32.8	32.5	32.4	32.3	32.3	32.5	32.9	33.3	34.0	34.4	34.9	35.2	35.5	35.6	35.6	35.5	35.4	35.1
		西	37.4	37.0	36.6	36.2	35.8	35.4	35.0	34.7	34.4	34.2	34.1	34.1	34.1	34.2	34.4	34.9	35.6	36.3	37.1	37.7	38.1	38.2	38.1	37.9
		北	32.7	32.4	32.1	31.9	31.6	31.4	31.2	31.1	31.0	31.1	31.1	31.2	31.4	31.6	31.9	32.1	32.4	32.6	32.8	33.1	33.2	33.2	33.2	33.0
	3	东	36.5	35.4	34.4	33.5	32.7	32.0	31.5	31.1	31.1	31.7	32.7	34.1	35.5	36.7	37.8	38.5	39.2	39.3	39.3	39.2	39.0	38.7	38.2	37.5
		南	35.8	34.8	33.8	33.0	32.3	31.7	31.1	30.7	30.3	30.1	30.1	30.3	30.8	31.8	33.1	34.1	35.2	36.1	37.1	37.5	37.7	37.6	37.3	36.6
		西	39.6	38.6	37.6	36.4	35.0	33.7	33.0	32.5	32.0	31.8	31.7	31.8	32.1	32.4	33.0	33.9	34.7	37.2	38.8	40.2	41.0	41.2	41.0	40.7
		北	33.6	32.8	32.0	31.3	30.8	30.3	29.9	29.6	29.4	29.5	29.6	29.8	30.2	30.7	31.2	31.8	32.4	33.0	33.5	33.9	34.3	34.5	34.5	34.2
	4	东	35.5	33.7	32.6	31.7	31.0	30.4	29.9	29.8	30.0	30.4	31.8	33.3	35.8	37.7	39.1	40.1	40.5	40.6	40.4	40.0	39.4	38.7	37.9	36.7
		南	35.1	33.7	32.6	31.7	30.9	30.4	29.9	29.5	29.1	29.1	29.5	30.2	31.3	32.2	34.5	36.1	37.5	38.5	39.0	39.2	38.9	38.4	37.6	36.5
		西	39.8	37.9	36.4	35.0	33.8	32.9	32.0	31.3	30.8	30.6	30.6	30.8	31.3	31.9	32.8	34.1	35.8	37.8	40.0	41.9	43.1	43.3	42.8	41.5
		北	33.3	32.1	31.2	30.4	29.9	29.4	29.0	28.8	28.8	29.2	29.8	30.5	31.4	32.3	33.3	34.2	34.7	35.0	35.2	35.4	35.4	35.1	35.1	34.4
	5	东	35.8	35.5	35.5	35.5	35.6	35.5	35.3	35.2	35.0	34.8	34.6	34.5	34.4	34.4	34.4	34.7	34.9	35.0	35.2	35.4	35.5	35.6	35.6	35.7
		南	33.7	33.8	33.8	33.8	33.8	33.7	33.5	33.4	33.2	33.1	32.9	32.8	32.7	32.6	32.6	32.6	32.7	32.8	32.9	33.1	33.3	33.4	33.4	33.6
		西	35.5	35.5	35.5	35.6	35.8	35.8	35.7	35.6	35.4	35.1	34.9	34.8	34.6	34.5	34.4	34.4	34.4	34.5	34.6	34.8	35.0	35.0	35.3	35.3
		北	31.6	31.7	31.7	31.7	31.7	31.7	31.6	31.5	31.4	31.3	31.3	31.2	31.2	31.2	31.3	31.3	31.4	31.4	31.5	31.5	31.5	31.5	31.5	31.5
	6	东	33.9	32.4	31.3	30.5	29.9	29.4	29.1	29.4	30.7	32.9	35.5	37.9	39.8	40.9	41.4	41.4	41.0	40.5	39.9	39.1	38.1	37.1	36.4	35.6
		南	33.6	32.2	31.2	30.5	29.8	29.2	28.7	28.6	28.7	28.8	29.6	30.3	31.9	33.8	35.3	36.4	37.3	38.5	39.0	39.7	39.1	38.2	37.1	35.6
		西	38.5	36.4	34.7	33.5	32.4	31.6	30.8	30.3	30.0	30.0	30.3	30.8	31.5	32.4	34.5	37.5	40.0	42.4	44.2	44.8	44.2	42.9	41.0	40.8
		北	32.4	31.1	30.1	29.3	29.1	28.7	28.4	28.3	28.6	29.1	29.6	30.3	31.2	32.7	34.0	35.1	35.5	35.6	35.9	36.0	35.6	35.0	34.5	33.9
	7	东	36.1	35.4	34.9	34.4	33.8	33.4	32.9	32.7	33.0	33.4	34.2	35.1	35.9	36.6	37.1	37.6	37.8	37.9	37.8	37.7	37.5	37.2	36.9	36.7
		南	34.9	34.4	33.9	33.4	33.0	32.5	32.1	31.8	31.5	31.4	31.3	31.6	32.3	33.2	34.2	34.9	35.5	35.8	36.1	36.1	36.0	35.8	35.6	35.4
		西	38.0	37.4	36.8	36.2	35.6	35.1	34.5	34.0	33.6	33.4	33.2	33.1	33.3	33.6	34.1	34.9	35.9	37.0	38.0	38.7	39.0	39.0	38.8	38.6
		北	32.8	32.4	32.0	31.6	31.3	31.0	30.7	30.5	30.4	30.4	30.5	30.6	30.8	31.1	31.5	31.9	32.2	32.6	32.9	33.2	33.4	33.5	33.5	33.2
	8	东	34.2	33.2	32.3	31.6	31.0	30.5	30.3	30.5	31.0	32.5	34.6	36.6	38.2	39.3	39.9	39.9	39.7	39.5	39.2	38.7	38.0	37.2	36.4	35.4
		南	33.8	32.8	32.0	31.3	30.7	30.3	29.8	29.6	29.6	29.9	30.7	31.8	33.3	34.9	36.4	37.6	38.3	38.6	38.5	38.1	37.5	36.7	36.0	34.9
		西	37.5	36.1	34.9	33.9	33.1	32.4	31.7	31.3	31.1	31.3	31.9	33.2	34.4	36.1	38.1	40.2	42.0	42.9	42.6	41.7	41.0	40.5	39.8	39.0
		北	32.2	31.4	30.7	30.2	29.7	29.3	29.1	29.1	29.4	29.8	30.3	30.8	31.5	32.2	32.9	33.5	34.1	34.5	34.8	35.1	34.9	34.5	34.0	33.2

类别	编号	朝向	1	2	3	4	5	6	7	8	9	10	11	12	13	14	15	16	17	18	19	20	21	22	23	24
墙体 t_{wlq}	9	东	35.8	35.2	34.7	34.2	33.7	33.2	32.9	32.9	33.4	34.2	35.2	36.1	36.9	37.4	37.7	37.9	38.0	38.1	38.0	37.9	37.7	37.3	36.9	36.4
		南	34.7	34.2	33.7	33.3	32.8	32.4	32.1	31.7	31.5	31.5	31.7	32.1	32.7	33.5	34.3	35.1	35.7	36.1	36.3	36.3	36.2	36.0	35.7	35.2
		西	37.8	37.1	36.5	35.9	35.3	34.8	34.3	33.9	33.6	33.3	33.3	33.5	33.7	34.2	34.9	35.9	37.1	38.1	39.0	39.4	39.3	39.0	38.4	
		北	32.7	32.3	31.9	31.6	31.3	31.0	30.7	30.6	30.6	30.6	30.8	31.0	31.3	31.6	32.0	32.4	32.7	33.0	33.3	33.6	33.7	33.6	33.5	33.1
	10	东	36.7	36.3	35.9	35.5	35.1	34.7	34.3	34.0	33.6	33.5	33.5	33.8	34.2	34.7	35.2	35.7	36.1	36.4	36.7	36.9	37.0	37.1	37.1	36.9
		南	35.1	34.8	34.5	34.2	33.8	33.5	33.2	32.8	32.5	32.2	32.0	31.9	31.9	32.0	32.2	32.6	33.0	33.5	34.0	34.4	34.8	35.0	35.2	35.2
		西	37.6	37.5	37.2	36.9	36.5	36.1	35.7	35.3	34.9	34.6	34.2	34.0	33.8	33.7	33.7	33.9	34.3	34.8	35.4	36.1	36.7	37.2	37.5	
		北	32.7	32.6	32.4	32.1	31.9	31.6	31.4	31.2	31.0	30.8	30.6	30.6	30.6	30.6	30.8	31.0	31.3	31.6	32.0	32.3	32.5	32.7	32.8	
	11	东	36.5	36.2	35.9	35.5	35.1	34.7	34.4	34.0	33.7	33.4	33.4	33.5	33.7	34.1	34.6	35.0	35.4	35.8	36.1	36.4	36.6	36.6	36.7	36.7
		南	34.7	34.6	34.3	34.1	33.8	33.4	33.1	32.8	32.5	32.3	32.0	31.8	31.7	31.9	32.1	32.5	32.9	33.4	33.8	34.2	34.5	34.7	34.8	
		西	37.0	37.1	36.9	36.7	36.4	36.0	35.7	35.3	34.9	34.6	34.3	34.0	33.8	33.5	33.5	33.6	33.8	34.2	34.7	35.3	35.9	36.5	36.8	
		北	32.4	32.3	32.2	32.0	31.7	31.5	31.2	31.0	30.8	30.6	30.5	30.4	30.4	30.4	30.5	30.7	30.8	31.0	31.3	31.5	31.8	32.0	32.2	32.4
	12	东	36.6	36.0	35.6	34.9	34.4	34.0	33.5	34.0	34.0	34.5	35.0	35.7	36.3	36.8	37.2	37.4	37.5	37.6	37.7	37.5	37.4	37.0		
		南	35.2	34.8	34.3	33.9	33.4	33.0	32.6	32.3	31.9	31.7	31.6	31.6	31.8	32.1	32.7	34.0	34.7	35.2	35.6	35.8	35.9	35.8	35.6	
		西	38.2	37.8	37.2	36.7	36.1	35.6	35.1	34.6	34.2	33.9	33.6	33.4	33.5	33.8	34.3	35.0	35.9	36.8	37.7	38.2	38.6	38.5		
		北	33.0	32.7	32.3	32.0	31.6	31.3	31.1	30.8	30.6	30.5	30.5	30.6	30.7	30.9	31.2	31.5	31.8	32.1	32.5	32.8	33.1	33.3	33.3	33.2
	13	东	36.5	36.1	35.7	35.3	34.8	34.4	34.1	33.7	33.5	33.5	33.8	34.3	34.8	35.4	35.9	36.3	36.6	36.9	37.1	37.2	37.2	37.1	36.9	
		南	35.0	34.7	34.3	34.0	33.6	33.3	33.0	32.7	32.3	32.2	32.0	31.9	32.0	32.3	32.7	33.2	33.7	34.2	34.7	35.0	35.2	35.3	35.4	35.3
		西	37.7	37.4	37.1	36.7	36.3	35.9	35.5	35.0	34.6	34.3	34.1	33.9	33.7	33.8	34.0	34.3	34.8	35.3	36.3	37.0	37.5	37.8	37.9	
		北	32.8	32.6	32.3	32.0	31.8	31.5	31.3	31.0	30.9	30.4	30.7	30.8	30.9	31.1	31.4	31.6	31.9	32.2	32.4	32.7	32.9	33.0	33.0	
屋面 t_{wlm}	1		44.7	44.6	44.4	44.0	43.5	43.0	42.3	41.7	41.0	40.4	39.8	39.4	39.1	39.1	39.2	39.6	40.1	40.8	41.6	42.3	43.1	43.7	44.2	44.5
	2		44.5	43.5	42.4	41.4	40.5	39.5	38.6	37.9	37.3	37.0	37.1	37.6	38.4	39.6	40.9	42.3	43.7	44.5	45.8	46.5	46.7	46.6	46.2	45.5
	3		44.3	43.9	43.4	42.8	42.3	41.6	41.0	40.4	39.8	39.3	39.0	38.9	38.9	39.2	39.7	40.3	41.1	41.9	42.6	43.3	43.9	44.3	44.5	44.5
	4		43.0	42.1	41.3	40.5	39.7	38.9	38.5	37.8	37.6	37.9	38.5	39.4	40.6	41.9	43.2	44.4	45.4	46.1	46.5	46.4	46.1	45.6	44.9	44.0
	5		44.4	44.1	43.7	43.2	42.6	42.0	41.4	40.8	40.1	39.6	39.2	38.8	38.9	39.1	39.5	40.0	40.7	41.4	42.2	42.9	43.5	44.0	44.4	44.4
	6		45.4	44.7	43.9	43.2	42.0	41.1	40.2	39.2	38.4	37.9	37.4	37.3	37.1	38.9	40.0	41.2	42.5	43.7	44.7	45.5	45.9	46.0	46.1	45.9
	7		42.9	42.9	42.9	42.7	42.5	42.3	42.0	41.6	41.2	40.8	40.4	40.2	39.9	39.8	39.9	40.1	40.4	40.8	41.2	41.7	42.1	42.4	42.7	
	8		45.9	44.7	43.4	42.0	40.8	39.5	38.4	37.4	36.5	36.0	35.8	36.0	36.7	37.9	39.3	41.0	42.7	44.4	45.8	46.9	47.6	47.8	47.6	47.0

注：其他城市的地点修正值可按下表采用：

地点	石家庄、乌鲁木齐	天津	沈阳	哈尔滨、长春、呼和浩特、银川、太原、大连
修正值	+1	0	−2	−3

表 H.0.1-2　西安市外墙、屋面逐时冷负荷计算温度(℃)

类别	编号	朝向	1	2	3	4	5	6	7	8	9	10	11	12	13	14	15	16	17	18	19	20	21	22	23	24
墙体 t_{wlq}	1	东	36.9	36.4	35.9	35.6	35.2	34.8	34.5	34.3	34.3	34.7	35.2	35.8	36.4	36.9	37.2	37.5	37.7	37.9	38.0	38.1	38.0	37.9	37.7	37.3
		南	34.9	34.5	34.2	33.9	33.6	33.3	33.0	32.8	32.6	32.5	32.5	32.7	32.9	33.3	33.8	34.3	34.8	35.2	35.5	35.6	35.7	35.6	35.5	35.3
		西	38.0	37.5	37.1	36.7	36.3	35.9	35.5	35.2	34.9	34.7	34.6	34.6	34.6	34.8	35.0	35.5	36.1	36.8	37.6	38.2	38.6	38.8	38.7	38.4
		北	33.9	33.6	33.3	33.0	32.7	32.5	32.2	32.1	32.0	32.0	32.0	32.2	32.3	32.6	32.9	33.2	33.5	33.8	34.0	34.3	34.4	34.4	34.4	34.2
	2	东	36.9	36.5	36.1	35.7	35.3	34.9	34.6	34.5	34.6	34.9	35.4	36.1	36.7	37.0	37.4	37.6	37.9	38.0	38.1	38.1	37.9	37.7	37.4	37.1
		南	35.0	34.6	34.3	34.0	33.7	33.4	33.2	32.9	32.8	32.7	32.7	32.8	33.2	33.6	34.0	34.5	35.0	35.5	35.6	35.7	35.7	35.7	35.6	35.3
		西	38.0	37.6	37.2	36.8	36.4	36.0	35.7	35.3	35.1	34.9	34.8	34.8	34.8	35.0	35.2	35.7	36.3	37.0	37.8	38.4	38.7	38.8	38.7	38.4
		北	34.0	33.6	33.4	33.1	32.9	32.6	32.4	32.3	32.2	32.1	32.1	32.3	32.5	32.8	33.1	33.4	33.7	34.0	34.2	34.5	34.5	34.5	34.5	34.3
	3	东	37.5	36.4	35.4	34.4	33.7	33.0	32.4	31.9	31.8	32.1	32.9	34.1	35.5	36.9	38.0	38.8	39.3	39.7	39.9	40.0	39.9	39.6	39.2	38.5
		南	36.0	35.1	34.2	33.4	32.7	32.1	31.6	31.2	30.8	30.6	30.6	30.8	31.3	32.0	33.0	34.1	35.2	36.1	36.9	37.4	37.6	37.6	37.4	36.9
		西	40.3	39.1	38.0	36.9	35.9	35.1	34.3	33.6	33.0	32.6	32.4	32.4	32.5	32.9	33.4	34.1	35.1	36.5	38.0	39.5	40.8	41.5	41.7	41.2
		北	34.9	34.1	33.3	32.6	32.0	31.5	31.1	30.7	30.4	30.4	30.5	30.8	31.2	31.7	32.3	32.9	33.6	34.3	35.1	35.8	36.1	36.0	36.0	35.6
	4	东	36.4	35.0	33.7	32.8	32.0	31.3	30.7	30.5	30.8	31.9	33.6	35.6	37.5	39.1	40.1	40.8	41.1	41.3	41.2	41.0	40.5	39.8	39.0	37.8
		南	35.5	34.2	33.1	32.2	31.5	30.9	30.4	29.9	29.7	29.7	29.9	30.1	31.6	32.9	34.4	35.9	37.2	38.2	38.8	39.0	38.9	38.5	37.9	36.8
		西	40.2	38.4	36.9	35.5	34.4	33.5	32.6	31.9	31.5	31.3	31.2	31.6	32.1	32.8	33.7	35.0	36.7	38.7	40.8	42.5	43.6	43.7	43.2	41.9
		北	34.6	33.5	32.4	31.6	31.0	30.4	30.0	29.7	29.6	29.8	30.2	30.8	31.5	32.3	33.2	34.1	34.9	35.6	36.0	36.7	37.0	36.9	36.6	35.8
	5	东	36.4	36.5	36.4	36.4	36.3	36.2	36.0	35.9	35.7	35.5	35.3	35.2	35.1	35.1	35.1	35.2	35.3	35.4	35.6	35.8	35.9	36.1	36.2	36.3
		南	33.9	34.0	34.0	34.0	34.0	33.9	33.8	33.7	33.6	33.5	33.3	33.2	33.1	33.0	32.9	32.9	32.9	33.0	33.1	33.3	33.5	33.6	33.7	33.8
		西	36.1	36.3	36.4	36.4	36.5	36.4	36.4	36.3	36.2	36.0	35.7	35.5	35.4	35.2	35.1	35.1	35.1	35.0	35.1	35.3	35.5	35.7	35.9	35.9
		北	32.8	32.9	33.0	32.9	32.9	32.9	32.8	32.7	32.6	32.5	32.4	32.3	32.2	32.1	32.1	32.1	32.1	32.2	32.3	32.4	32.5	32.6	32.6	32.7
	6	东	35.0	33.5	32.3	31.5	30.7	30.3	29.9	29.9	30.8	32.6	35.0	37.5	39.6	41.0	41.7	42.0	42.0	41.9	41.5	41.0	40.3	39.4	38.3	36.8
		南	34.4	32.9	31.9	31.1	30.5	30.0	29.6	29.2	29.2	29.4	30.1	31.0	32.4	34.1	35.8	37.3	38.7	39.5	39.8	39.6	39.2	38.4	37.5	36.1
		西	39.0	36.9	35.3	34.0	33.0	32.2	31.5	30.9	30.6	30.7	31.0	31.6	32.4	33.4	34.6	36.3	38.4	40.9	43.1	44.7	45.2	44.6	43.3	41.2
		北	33.7	32.4	31.4	30.7	30.1	29.7	29.3	29.2	29.4	29.8	30.5	31.3	32.3	33.1	34.1	35.1	35.9	36.6	37.1	37.5	37.5	37.1	36.5	35.2
	7	东	37.0	36.3	35.8	35.2	34.7	34.2	33.8	33.4	33.5	33.8	34.5	35.3	36.2	36.9	37.5	37.8	38.1	38.4	38.5	38.6	38.5	38.3	38.0	37.5
		南	35.2	34.7	34.2	33.7	33.3	32.9	32.5	32.2	32.0	31.8	31.8	32.0	32.3	32.9	33.6	34.2	34.9	35.4	35.8	36.1	36.2	36.1	36.0	35.6
		西	38.6	38.0	37.3	36.7	36.2	35.6	35.1	34.6	34.2	34.0	33.8	33.8	33.9	34.1	34.4	34.9	35.7	36.7	37.8	38.7	39.3	39.6	39.5	39.1
		北	34.1	33.7	33.3	32.9	32.5	32.1	31.8	31.6	31.4	31.4	31.5	31.7	31.9	32.2	32.6	33.0	33.5	33.8	34.2	34.5	34.8	34.8	34.8	34.5
	8	东	35.2	34.2	33.3	32.6	32.0	31.4	31.1	31.4	32.7	34.5	36.4	38.2	39.4	40.1	40.3	40.5	40.5	40.4	40.1	39.7	39.1	38.3	37.5	36.4
		南	34.3	33.3	32.5	31.9	31.3	30.8	30.4	30.2	30.2	30.4	30.7	31.1	32.1	33.4	34.8	36.1	37.2	38.0	38.4	38.1	37.6	37.0	36.3	35.3
		西	37.9	36.6	35.4	34.5	33.7	33.0	32.4	31.9	31.9	31.9	32.2	32.7	33.4	34.2	35.0	37.1	39.0	41.0	42.5	43.2	43.0	42.0	40.9	39.5
		北	33.5	32.6	31.9	31.3	30.8	30.4	30.1	30.0	30.0	30.7	31.2	31.9	32.8	33.4	34.2	34.8	35.5	36.0	36.3	36.5	36.4	35.9	35.4	34.5

类别	编号	朝向	1	2	3	4	5	6	7	8	9	10	11	12	13	14	15	16	17	18	19	20	21	22	23	24
墙体 t_{wlq}	9	东	36.7	36.1	35.5	35.0	34.5	34.1	33.7	33.6	33.9	34.6	35.5	36.4	37.2	37.7	38.1	38.4	38.6	38.7	38.8	38.7	38.5	38.2	37.8	37.3
		南	35.0	34.5	34.0	33.6	33.2	32.9	32.5	32.2	32.0	32.0	32.1	32.4	33.0	33.7	34.4	35.1	35.7	36.1	36.3	36.4	36.3	36.2	35.9	35.5
		西	38.3	37.7	37.0	36.5	36.0	35.4	34.9	34.5	34.2	34.2	34.0	34.0	34.2	34.5	35.0	35.7	36.8	37.9	38.9	39.7	39.9	39.8	39.5	39.0
		北	34.0	33.6	33.2	32.8	32.5	32.1	31.8	31.7	31.6	31.7	31.8	32.1	32.4	32.8	33.2	33.6	34.0	34.4	34.7	35.0	35.1	35.0	34.8	34.5
	10	东	37.5	37.1	36.8	36.4	35.9	35.5	35.1	34.7	34.4	34.2	34.2	34.7	35.1	35.6	36.1	36.5	36.9	37.2	37.5	37.6	37.7	37.7	37.8	37.7
		南	35.2	35.0	34.7	34.4	34.1	33.8	33.5	33.2	32.9	32.6	32.4	32.3	32.2	32.3	32.5	32.8	33.2	33.7	34.1	34.5	34.9	35.1	35.3	35.3
		西	38.2	38.1	37.8	37.5	37.1	36.7	36.3	35.9	35.5	35.1	34.8	34.6	34.4	34.4	34.3	34.3	34.6	35.0	35.6	36.1	36.8	37.4	37.9	38.1
		北	34.0	33.9	33.7	33.4	33.1	32.9	32.6	32.3	32.1	31.9	31.8	31.7	31.7	31.8	31.9	32.1	32.4	32.6	33.0	33.3	33.6	33.7	34.0	34.1
	11	东	37.2	37.0	36.7	36.3	35.9	35.5	35.2	34.8	34.5	34.2	34.1	34.1	34.3	34.6	35.0	35.4	35.9	36.3	36.6	36.9	37.1	37.3	37.4	37.3
		南	34.9	34.7	34.5	34.3	34.0	33.7	33.4	33.1	32.9	32.6	32.4	32.2	32.1	32.1	32.2	32.4	32.7	33.1	33.5	33.9	34.3	34.5	34.8	34.9
		西	37.6	37.6	37.5	37.2	36.9	36.6	36.3	35.9	35.5	35.2	34.9	34.6	34.4	34.3	34.2	34.2	34.3	34.6	34.9	35.4	36.0	36.6	37.1	37.5
		北	33.7	33.6	33.4	33.2	33.0	32.7	32.5	32.2	32.0	31.8	31.6	31.6	31.5	31.5	31.6	31.8	32.0	32.2	32.5	32.7	33.0	33.3	33.5	33.6
	12	东	37.4	36.9	36.3	35.8	35.3	34.8	34.4	34.0	33.8	33.8	34.1	34.7	35.4	36.1	36.7	37.2	37.6	37.9	38.2	38.3	38.4	38.3	38.2	37.9
		南	35.4	35.0	34.6	34.1	33.7	33.4	33.0	32.7	32.4	32.1	32.0	32.0	32.2	32.5	33.0	33.5	34.1	34.7	35.2	35.6	35.8	36.0	35.9	35.8
		西	38.8	38.3	37.8	37.2	36.7	36.2	35.7	35.3	34.8	34.5	34.3	34.0	34.0	34.1	34.3	34.6	35.1	35.8	36.7	37.6	38.3	38.9	39.2	39.1
		北	34.3	33.9	33.6	33.2	32.9	32.5	32.2	31.9	31.7	31.6	31.5	31.6	31.8	32.0	32.3	32.6	33.0	33.4	33.7	34.1	34.4	34.6	34.7	34.6
	13	东	37.3	36.9	36.5	36.1	35.7	35.3	34.9	34.5	34.2	34.2	34.4	34.7	35.3	35.8	36.3	36.7	37.1	37.4	37.6	37.8	37.9	37.9	37.8	37.6
		南	35.2	34.9	34.6	34.3	33.9	33.6	33.3	33.0	32.7	32.5	32.4	32.3	32.4	32.6	32.9	33.4	33.8	34.3	34.7	35.1	35.3	35.5	35.5	35.4
		西	38.3	38.0	37.7	37.2	36.8	36.4	36.0	35.6	35.2	34.9	34.7	34.5	34.4	34.3	34.5	34.7	35.1	35.6	36.3	37.0	37.6	38.1	38.4	38.5
		北	34.1	33.9	33.6	33.3	33.0	32.7	32.5	32.2	32.0	31.9	31.8	31.8	31.9	32.1	32.3	32.6	32.8	33.1	33.4	33.7	34.0	34.2	34.3	34.2
屋面 t_{wlm}	1		45.4	45.3	45.1	44.8	44.3	43.7	43.1	42.5	41.8	41.1	40.5	40.1	39.8	39.7	39.8	40.1	40.6	41.3	42.1	42.9	43.7	44.3	44.8	45.2
	2		45.3	44.4	43.3	42.3	41.3	40.3	39.4	38.6	38.0	37.7	37.8	38.1	38.8	40.0	41.3	42.7	44.2	45.5	46.5	47.2	47.4	47.3	47.0	46.3
	3		45.0	44.6	44.2	43.6	43.0	42.4	41.8	41.2	40.6	40.1	39.7	39.5	39.5	39.7	40.2	40.8	41.6	42.4	43.2	43.9	44.6	45.0	45.2	45.2
	4		43.8	43.0	42.1	41.3	40.5	39.7	39.0	38.5	38.2	38.4	39.0	39.9	41.0	42.4	43.7	45.0	46.1	46.8	47.2	47.2	46.9	46.4	45.7	44.8
	5		45.1	44.8	44.4	44.0	43.4	42.8	42.2	41.6	40.9	40.3	39.9	39.6	39.5	39.6	40.0	40.5	41.2	42.0	42.8	43.5	44.2	44.7	45.0	45.2
	6		46.2	45.5	44.6	43.7	42.8	41.9	41.0	40.0	39.2	38.5	38.0	37.8	38.0	38.5	39.4	40.5	41.7	43.0	44.1	45.4	46.2	46.7	46.8	46.7
	7		43.5	43.6	43.6	43.4	43.3	43.1	43.0	42.7	42.4	42.0	41.6	41.2	40.9	40.6	40.4	40.5	40.7	41.0	41.4	41.8	42.3	42.7	43.1	43.4
	8		46.8	45.5	44.2	42.9	41.6	40.4	39.3	38.2	37.3	36.6	36.3	36.5	37.1	38.2	39.6	41.3	43.1	44.9	46.4	47.6	48.3	48.6	48.4	47.8

注：其他城市的地点修正值可按下表采用：

地点	济南	郑州	兰州、青岛	西宁
修正值	+1	-1	-3	-9

表 H.0.1-3　上海市外墙、屋面逐时冷负荷计算温度(℃)

类别	编号	朝向	1	2	3	4	5	6	7	8	9	10	11	12	13	14	15	16	17	18	19	20	21	22	23	24
墙体 t_{wlq}	1	东	36.8	36.4	36.0	35.6	35.2	34.9	34.6	34.5	34.6	35.0	35.6	36.2	36.8	37.2	37.5	37.8	37.9	38.1	38.1	38.1	38.0	37.9	37.7	37.3
		南	34.4	34.0	33.7	33.5	33.2	32.9	32.7	32.5	32.4	32.3	32.3	32.5	32.8	33.1	33.6	34.0	34.4	34.7	34.9	35.1	35.1	35.1	35.0	36.4
		西	38.0	37.6	37.2	36.8	36.4	36.0	35.7	35.4	35.1	34.9	34.8	34.8	34.8	35.0	35.3	35.7	36.3	37.1	37.8	38.4	38.8	38.9	38.8	35.4
		北	34.0	33.6	33.3	33.1	32.8	32.6	32.4	32.2	32.2	32.2	32.3	32.5	32.6	32.9	33.1	33.3	33.7	33.9	34.2	34.4	34.5	34.5	34.5	34.7
	2	东	36.9	36.5	36.1	35.7	35.4	35.0	34.8	34.7	34.9	35.3	35.8	36.4	37.0	37.4	37.7	37.9	38.1	38.2	38.2	38.2	38.1	37.9	37.7	37.4
		南	34.5	34.1	33.8	33.6	33.3	33.1	32.9	32.7	32.5	32.5	32.5	32.7	33.0	33.4	33.8	34.2	34.5	34.8	35.0	35.1	35.2	35.1	35.0	34.8
		西	38.1	37.7	37.3	36.9	36.5	36.1	35.8	35.5	35.3	35.1	35.0	35.0	35.2	35.4	35.9	36.5	37.3	38.0	38.5	38.8	38.9	38.8	38.5	
		北	34.0	33.7	33.5	33.2	32.9	32.7	32.5	32.4	32.4	32.4	32.5	32.7	33.0	33.3	33.5	34.0	34.3	34.5	34.6	34.6	34.5	34.3		
	3	东	37.3	36.2	35.2	34.4	33.6	33.0	32.5	32.1	32.1	32.3	33.5	34.8	36.2	37.5	38.5	39.2	39.6	39.9	40.0	40.0	39.8	39.5	39.0	38.3
		南	35.3	34.5	33.6	32.9	32.3	31.8	31.4	31.0	30.7	30.6	30.7	30.9	31.4	32.1	32.9	33.4	34.5	35.6	36.2	36.6	36.8	36.8	36.6	36.1
		西	40.2	39.1	37.9	36.8	35.9	35.1	34.4	33.8	33.2	32.9	32.7	32.7	32.8	33.1	33.6	34.4	35.4	36.8	38.3	39.8	40.9	41.6	41.7	41.2
		北	34.9	34.1	33.3	32.6	32.0	31.6	31.2	30.9	30.7	30.7	30.9	31.2	31.6	32.1	32.7	33.3	33.9	34.4	35.0	35.4	35.8	35.9	35.9	35.6
	4	东	36.1	34.8	33.6	32.7	32.0	31.4	31.0	30.7	31.4	32.6	34.5	36.5	38.3	39.7	40.6	41.1	41.3	41.3	41.1	40.8	40.2	39.5	38.7	37.5
		南	34.8	33.6	32.6	31.8	31.2	30.7	30.3	30.0	29.9	29.9	30.2	30.9	31.8	32.9	34.2	35.5	36.6	37.4	37.8	38.0	37.9	37.5	36.9	36.0
		西	40.0	38.3	36.8	35.5	34.4	33.5	32.8	32.2	31.7	31.6	31.6	31.9	32.4	33.1	34.0	35.4	37.1	39.1	41.1	42.7	43.6	43.6	43.0	41.7
		北	34.5	33.4	32.4	31.6	31.0	30.6	30.2	30.0	30.0	30.3	30.8	31.4	32.0	32.8	33.6	34.4	35.0	35.7	36.3	36.7	36.9	36.8	36.4	35.6
	5	东	36.6	36.6	36.6	36.5	36.4	36.3	36.1	36.0	35.8	35.6	35.5	35.5	35.2	35.2	35.5	35.5	35.7	35.8	36.0	36.1	36.3	36.4	36.5	
		南	33.5	33.5	33.6	33.6	33.5	33.5	33.4	33.3	33.3	33.0	32.9	32.8	32.7	32.6	32.6	32.6	32.6	32.7	32.8	33.0	33.1	33.3	33.4	
		西	36.3	36.5	36.6	36.6	36.6	36.6	36.5	36.4	36.3	36.2	36.0	35.8	35.7	35.5	35.4	35.2	35.2	35.2	35.3	35.5	35.7	35.9	36.1	
		北	33.0	33.1	33.1	33.1	33.0	33.0	32.9	32.8	32.7	32.6	32.5	32.5	32.4	32.3	32.3	32.4	32.5	32.5	32.7	32.8	32.9			
	6	东	34.8	33.3	32.2	31.5	30.9	30.5	30.2	30.5	31.6	34.0	36.0	38.4	40.3	41.5	42.0	42.1	42.0	41.7	41.3	40.7	39.9	39.0	37.9	36.5
		南	33.8	32.5	31.5	30.9	30.4	30.0	29.7	29.5	29.5	29.8	30.4	31.3	32.6	34.1	35.6	36.9	37.9	38.5	38.7	38.5	38.1	37.4	36.6	35.3
		西	38.8	36.7	35.2	34.0	33.1	32.3	31.7	31.2	31.0	31.1	31.4	32.0	32.8	33.7	34.9	36.6	38.8	41.2	43.4	44.8	45.1	44.3	43.0	41.0
		北	33.6	32.3	31.4	30.7	30.3	29.9	29.6	29.6	29.9	30.4	31.1	31.9	32.7	33.6	34.4	35.3	36.0	36.6	37.1	37.4	37.3	36.9	36.3	35.1
	7	东	36.9	36.3	35.7	35.2	34.7	34.3	33.9	33.6	33.7	34.2	34.9	35.5	36.6	37.3	37.8	38.1	38.4	38.5	38.6	38.6	38.5	38.3	38.0	37.7
		南	34.6	34.1	33.7	33.3	32.9	32.6	32.3	32.0	31.8	31.7	31.7	31.9	32.2	32.7	33.3	33.9	34.4	34.9	35.2	35.5	35.5	35.5	35.3	35.0
		西	38.6	38.0	37.4	36.8	36.3	35.8	35.2	34.8	34.4	34.2	34.0	34.1	34.3	34.6	35.2	36.0	37.0	38.0	38.9	39.4	39.7	39.6	39.2	
		北	34.2	33.7	33.3	32.9	32.6	32.3	32.0	31.8	31.7	31.7	31.8	32.0	32.2	32.5	32.9	33.3	33.6	34.0	34.3	34.6	34.8	34.9	34.8	34.5
	8	东	35.1	34.1	33.3	32.7	32.1	31.6	31.3	31.8	33.2	35.1	37.1	38.9	40.0	40.5	40.6	40.6	40.6	40.6	40.0	39.5	38.8	38.1	37.3	36.2
		南	33.7	32.8	32.2	31.6	31.1	30.7	30.4	30.3	30.3	30.6	31.2	32.1	33.2	34.5	35.7	36.6	37.2	37.5	37.5	37.2	36.8	36.2	35.6	34.7
		西	37.9	36.6	35.5	34.6	33.9	33.2	32.6	32.2	32.1	32.2	32.5	33.0	34.4	35.6	37.3	39.3	41.2	42.7	43.3	42.9	42.0	40.8	39.4	
		北	33.5	32.6	32.0	31.4	31.0	30.6	30.3	30.4	30.7	31.2	31.7	32.3	33.0	33.7	34.4	35.0	35.5	36.0	36.3	36.5	36.3	35.8	35.3	34.5

类别	编号	朝向	1	2	3	4	5	6	7	8	9	10	11	12	13	14	15	16	17	18	19	20	21	22	23	24
墙体 t_{wlq}	9	东	36.6	36.0	35.5	35.0	34.6	34.2	33.8	33.8	34.2	35.0	35.9	36.9	37.6	38.1	38.4	38.6	38.8	38.8	38.8	38.7	38.5	38.1	37.8	37.2
		南	34.5	34.0	33.6	33.3	32.9	32.6	32.3	32.0	31.9	31.9	32.0	32.4	32.8	33.4	34.1	34.7	35.2	35.5	35.8	35.8	35.7	35.6	35.3	34.9
		西	38.4	37.7	37.1	36.6	36.1	35.6	35.1	34.7	34.4	34.2	34.3	34.4	34.7	35.2	35.9	37.0	38.1	39.1	39.8	40.0	39.9	39.6	39.0	
		北	34.1	33.6	33.3	32.9	32.6	32.3	32.0	31.9	31.9	32.0	32.2	32.4	32.7	33.1	33.4	33.8	34.2	34.5	34.8	35.0	35.1	35.0	34.9	34.5
	10	东	37.5	37.1	36.8	36.3	35.9	35.5	35.2	34.8	34.5	34.4	34.4	34.6	35.0	35.5	36.0	36.4	36.8	37.2	37.4	37.6	37.8	37.8	37.8	37.7
		南	34.7	34.5	34.2	33.9	33.6	33.3	33.1	32.8	32.5	32.3	32.2	32.1	32.1	32.1	32.4	32.6	33.0	33.4	33.8	34.1	34.4	34.6	34.7	34.8
		西	38.3	38.0	37.6	37.5	37.1	36.8	36.4	36.0	35.6	35.3	35.0	34.8	34.6	34.6	34.5	34.6	34.9	35.2	35.7	36.4	37.0	37.6	38.0	38.3
		北	34.1	33.9	33.6	33.4	33.2	32.9	32.7	32.4	32.2	32.2	32.0	32.1	32.1	32.2	32.4	32.6	32.9	33.1	33.4	33.7	34.0	34.1	34.2	
	11	东	37.3	37.0	36.7	36.3	35.9	35.5	35.2	34.9	34.5	34.3	34.2	34.3	34.5	34.9	35.3	35.8	36.2	36.5	36.8	37.1	37.3	37.4	37.5	37.4
		南	34.3	34.2	34.0	33.7	33.5	33.2	33.0	32.7	32.5	32.2	32.1	31.9	31.9	31.9	32.0	32.2	32.5	32.8	33.2	33.5	33.8	34.1	34.3	34.4
		西	37.8	37.8	37.6	37.3	37.0	36.7	36.3	36.0	35.7	35.3	35.0	34.7	34.6	34.4	34.4	34.4	34.5	34.8	35.2	35.7	36.2	36.8	37.3	37.6
		北	33.8	33.7	33.5	33.3	33.0	32.8	32.6	32.3	32.1	31.9	31.8	31.7	31.7	31.8	31.9	32.0	32.2	32.4	32.7	32.9	33.2	33.4	33.6	33.7
	12	东	37.4	36.8	36.3	35.8	35.3	34.8	34.5	34.3	34.1	34.0	34.0	34.7	35.1	35.6	36.5	37.1	37.5	37.9	38.2	38.4	38.4	38.3	38.2	37.8
		南	34.8	34.5	34.0	33.7	33.3	33.0	32.7	32.4	32.1	32.0	31.9	31.9	32.1	32.4	32.8	33.3	33.8	34.1	34.3	35.1	35.2	35.3	35.3	35.1
		西	38.8	38.3	37.8	37.3	36.8	36.3	35.8	35.4	35.0	34.7	34.3	34.2	34.2	34.3	34.5	34.8	35.3	36.0	36.9	37.8	38.5	39.0	39.2	39.2
		北	34.3	34.0	33.6	33.3	32.9	32.6	32.3	32.1	31.9	31.8	31.8	31.9	32.1	32.2	32.6	32.9	33.3	33.6	33.9	34.2	34.5	34.7	34.7	34.6
	13	东	37.3	36.9	36.5	36.1	35.7	35.3	34.9	34.6	34.4	34.4	34.7	35.1	35.6	36.2	36.7	37.1	37.4	37.6	37.8	37.9	38.0	38.0	37.9	37.7
		南	34.7	34.4	34.1	33.8	33.5	33.2	32.9	32.7	32.5	32.3	32.2	32.2	32.4	32.7	33.1	33.5	33.9	34.1	34.4	34.6	34.8	34.9	35.0	34.9
		西	38.4	38.1	37.7	37.3	36.9	36.5	36.1	35.7	35.4	35.1	34.9	34.7	34.6	34.7	34.9	35.2	36.0	37.2	38.5	38.6	38.6	38.6	38.6	38.6
		北	34.2	33.9	33.6	33.4	33.1	32.8	32.6	32.5	32.3	32.2	32.1	32.0	32.1	32.3	32.5	32.8	33.0	33.3	33.6	33.9	34.1	34.3	34.4	34.3
屋面 t_{wlm}	1		45.7	45.6	45.3	44.9	44.4	43.9	43.3	42.6	42.0	41.3	40.8	40.4	40.1	40.1	40.2	40.6	41.2	41.9	42.7	43.4	44.1	44.8	45.3	45.6
	2		45.4	44.4	43.2	42.3	41.4	40.5	39.6	38.8	38.3	38.1	38.2	38.7	39.5	40.7	42.1	43.5	44.9	46.0	47.0	47.5	47.7	47.5	47.1	46.4
	3		45.2	44.8	44.3	43.8	43.2	42.6	42.0	41.4	40.8	40.3	40.0	39.9	39.9	40.3	40.7	41.4	42.2	43.0	43.7	44.4	44.9	45.3	45.5	45.4
	4		44.0	43.0	42.2	41.4	40.7	39.9	39.3	38.8	38.7	38.9	39.6	40.5	41.7	43.1	44.4	45.6	46.6	47.2	47.5	47.4	47.0	46.5	45.8	44.9
	5		45.3	45.1	44.6	44.1	43.5	42.9	42.3	41.7	41.1	40.6	40.3	40.0	39.9	40.1	40.5	41.1	41.8	42.5	43.3	44.0	44.6	45.0	45.3	45.4
	6		46.3	45.6	44.7	43.7	42.9	42.0	41.1	40.2	39.4	38.8	38.4	38.3	38.5	39.1	40.0	41.2	42.4	43.7	44.8	45.8	46.6	47.0	47.1	46.8
	7		43.8	43.9	43.8	43.7	43.5	43.2	42.9	42.6	42.2	41.8	41.5	41.1	41.0	40.9	40.8	40.8	41.1	41.4	41.8	42.3	42.7	43.1	43.4	43.7
	8		46.8	45.5	44.2	42.9	41.6	40.4	39.3	38.3	37.5	37.0	36.8	37.1	37.8	39.0	40.5	42.2	43.9	45.6	47.0	48.0	48.6	48.7	48.5	47.8

注：其他城市的地点修正值可按下表采用：

地点	重庆、武汉、长沙、南昌、合肥、杭州	南京、宁波	成都	拉萨
修正值	+1	0	−3	−11

表 H.0.1-4　广州市外墙、屋面逐时冷负荷计算温度(℃)

类别	编号	朝向	1	2	3	4	5	6	7	8	9	10	11	12	13	14	15	16	17	18	19	20	21	22	23	24
墙体 t_{wlq}	1	东	36.4	36.0	35.6	35.2	34.9	34.6	34.3	34.1	34.1	34.4	34.9	35.5	36.1	36.6	36.9	37.2	37.4	37.6	37.7	37.7	37.6	37.4	37.2	36.9
		南	33.2	32.9	32.6	32.4	32.2	31.9	31.7	31.6	31.5	31.4	31.5	31.6	31.8	32.1	32.4	32.7	33.0	33.3	33.5	33.7	33.7	33.8	33.7	33.5
		西	34.5	34.1	33.8	33.6	33.3	33.0	32.8	32.6	32.4	32.4	32.4	32.4	32.6	32.9	33.3	33.5	33.9	34.4	34.7	34.9	35.1	35.1	35.0	34.8
		北	36.5	36.1	35.7	35.4	35.0	34.7	34.4	34.2	33.9	33.8	33.8	33.8	33.9	34.1	34.3	34.7	35.2	35.8	36.5	36.9	37.2	37.3	37.2	36.9
	2	东	36.5	36.1	35.7	35.4	35.0	34.7	34.4	34.2	34.1	34.4	34.7	35.2	35.8	36.3	36.8	37.1	37.3	37.5	37.7	37.7	37.7	37.5	37.3	37.0
		南	33.3	33.0	32.7	32.5	32.3	32.1	31.9	31.7	31.6	31.6	31.6	31.8	32.0	32.2	32.6	32.9	33.2	33.4	33.6	33.8	33.8	33.8	33.8	33.6
		西	34.5	34.2	33.9	33.7	33.4	33.2	32.9	32.7	32.6	32.5	32.5	32.6	32.8	33.0	33.4	33.7	34.1	34.5	34.8	35.0	35.2	35.1	35.1	34.9
		北	36.6	36.2	35.8	35.4	35.1	34.8	34.6	34.3	34.1	34.0	33.9	34.0	34.1	34.3	34.5	34.9	35.4	36.0	36.6	37.1	37.3	37.3	37.2	37.0
	3	东	37.0	36.0	35.0	34.1	33.4	32.8	32.2	31.8	31.6	32.0	32.8	34.0	35.0	36.6	37.7	38.5	39.0	39.3	39.5	39.5	39.4	39.1	38.6	37.9
		南	34.0	33.3	32.5	31.9	31.4	31.0	30.6	30.3	30.1	30.0	30.0	30.2	30.6	31.2	31.8	32.5	33.3	34.0	34.5	34.9	35.1	35.2	35.1	34.7
		西	35.6	34.8	33.9	33.2	32.6	32.1	31.6	31.2	30.9	30.7	30.7	30.9	31.2	31.7	32.3	33.0	33.9	34.8	35.6	36.3	36.7	36.9	36.8	36.4
		北	38.3	37.2	36.2	35.3	34.5	33.8	33.3	32.7	32.3	32.0	31.9	32.0	32.3	32.6	33.1	33.8	34.7	35.8	37.0	38.2	39.1	39.6	39.6	39.2
	4	东	35.9	34.5	33.3	32.5	31.8	31.2	31.2	31.0	31.2	31.8	32.8	34.1	35.5	37.0	38.6	40.4	40.7	40.8	40.7	40.4	39.9	39.2	38.4	37.3
		南	33.7	32.6	31.7	31.0	30.5	30.1	29.8	29.5	29.4	29.7	30.2	31.0	31.8	32.8	33.8	34.6	35.3	35.8	36.1	36.1	35.9	35.5	34.7	34.0
		西	35.3	34.1	33.0	32.2	31.5	31.0	30.6	30.0	30.0	30.2	30.7	31.3	32.1	33.1	34.2	35.4	36.5	37.4	38.0	38.1	37.9	37.4	36.5	35.4
		北	38.1	36.5	35.2	34.1	33.2	32.4	31.8	31.3	31.0	30.9	31.1	31.5	32.1	32.8	33.7	34.7	36.1	37.7	39.3	40.6	41.3	41.3	40.7	39.6
	5	东	36.1	36.1	36.1	36.0	36.0	35.8	35.7	35.5	35.4	35.2	35.0	34.9	34.8	34.8	34.8	34.9	35.0	35.2	35.3	35.5	35.6	35.8	35.9	36.0
		南	32.3	32.3	32.4	32.4	32.3	32.2	32.2	32.1	32.0	31.9	31.8	31.7	31.6	31.5	31.5	31.6	31.7	31.8	31.8	32.0	32.0	32.1	32.1	32.2
		西	33.3	33.4	33.5	33.5	33.5	33.4	33.3	33.2	33.1	33.0	32.9	32.8	32.7	32.6	32.5	32.5	32.5	32.6	32.7	32.8	33.0	33.1	33.1	33.3
		北	35.0	35.2	35.3	35.3	35.3	35.2	35.1	35.0	34.8	34.7	34.5	34.4	34.3	34.2	34.1	34.1	34.1	34.1	34.1	34.2	34.3	34.5	34.7	34.9
	6	东	34.6	33.1	32.1	31.4	30.8	30.3	30.0	30.0	30.8	32.5	34.8	37.2	39.3	40.6	41.3	41.5	41.5	41.3	41.0	40.4	39.6	38.7	37.7	36.2
		南	32.8	31.6	30.8	30.2	29.8	29.5	29.2	29.0	29.1	29.3	29.9	30.7	31.6	32.7	33.8	34.8	35.7	36.3	36.6	36.7	36.4	35.9	35.3	34.2
		西	34.3	32.9	31.9	31.2	30.7	30.3	29.9	29.6	29.6	29.8	30.2	31.0	31.9	32.9	34.1	35.4	36.7	37.8	38.6	38.9	38.7	38.1	37.3	35.9
		北	36.9	35.1	33.8	32.8	32.0	31.4	30.8	30.5	30.4	30.6	31.1	31.8	32.7	33.5	34.5	35.9	37.6	39.5	41.2	42.3	42.4	41.8	40.7	38.9
	7	东	36.5	35.9	35.4	34.9	34.4	34.0	33.6	33.3	33.3	34.0	35.1	35.9	36.6	37.1	37.5	37.8	38.0	38.1	38.1	38.0	37.8	37.5	37.1	36.7
		南	33.4	33.0	32.6	32.3	32.0	31.7	31.4	31.2	31.0	30.9	31.1	31.4	31.7	32.0	32.6	33.0	33.4	33.8	34.0	34.1	34.1	34.0	33.8	33.6
		西	34.7	34.3	33.8	33.5	33.1	32.8	32.5	32.2	31.9	31.8	31.8	31.9	32.2	32.5	33.0	33.4	33.9	34.4	34.9	35.2	35.4	35.4	35.4	35.1
		北	37.0	36.4	35.9	35.4	34.9	34.4	34.0	33.6	33.3	33.1	33.0	33.1	33.2	33.5	33.8	34.3	35.0	35.8	36.7	37.4	37.9	38.0	37.9	37.5
	8	东	34.8	33.9	33.1	32.4	31.9	31.4	31.1	31.3	32.5	34.2	36.2	37.9	39.1	39.7	40.0	40.1	40.1	39.9	39.6	39.1	38.5	37.7	37.0	36.0
		南	32.8	32.0	31.4	30.9	30.5	30.1	29.8	29.7	29.8	30.0	30.6	31.3	32.3	33.4	34.4	35.2	35.6	35.7	35.7	35.6	35.3	34.9	34.4	33.7
		西	34.2	33.3	32.6	32.1	31.6	31.1	30.8	30.6	30.6	30.8	31.2	31.9	32.7	33.5	34.4	35.3	36.1	36.7	37.2	37.2	37.0	36.6	36.0	35.2
		北	36.2	35.0	34.1	33.3	32.6	32.0	31.6	31.2	31.2	31.4	31.8	32.4	33.1	33.9	35.0	36.5	38.2	39.8	41.0	41.3	40.8	39.9	38.8	37.6

续表 H.0.1-4

类别	编号	朝向	1	2	3	4	5	6	7	8	9	10	11	12	13	14	15	16	17	18	19	20	21	22	23	24
墙体 t_{wlq}	9	东	36.3	35.7	35.2	34.7	34.3	33.9	33.5	33.4	33.7	34.3	35.2	36.1	36.9	37.5	37.8	38.1	38.2	38.4	38.4	38.2	38.0	37.7	37.4	36.8
		南	33.3	32.9	32.6	32.3	32.0	31.7	31.5	31.2	31.1	31.1	31.3	31.5	31.9	32.3	32.8	33.2	33.6	33.9	34.2	34.3	34.3	34.2	34.0	33.7
		西	34.6	34.1	33.8	33.4	33.1	32.8	32.5	32.2	32.1	32.1	32.2	32.4	32.7	33.1	33.6	34.1	34.6	35.0	35.4	35.6	35.6	35.5	35.4	35.0
		北	36.8	36.2	35.7	35.2	34.7	34.3	33.9	33.5	33.3	33.2	33.3	33.4	33.6	33.9	34.3	35.0	35.9	36.8	37.7	38.2	38.4	38.2	37.9	37.4
	10	东	37.0	36.7	36.4	35.9	35.6	35.2	34.8	34.5	34.2	34.0	33.9	34.1	34.4	34.9	35.3	35.8	36.2	36.6	36.9	37.1	37.3	37.4	37.3	37.2
		南	33.4	33.2	33.0	32.7	32.5	32.2	32.0	31.8	31.6	31.4	31.2	31.2	31.2	31.4	31.6	31.9	32.2	32.5	32.8	33.0	33.3	33.4	33.4	33.4
		西	34.6	34.4	34.2	34.0	33.7	33.4	33.2	32.9	32.6	32.4	32.3	32.2	32.1	32.2	32.3	32.4	32.7	33.1	33.4	33.8	34.1	34.4	34.6	34.7
		北	36.8	36.6	36.4	36.0	35.7	35.3	35.0	34.7	34.3	34.0	33.8	33.6	33.5	33.5	33.5	33.7	33.9	34.2	34.6	35.2	35.7	36.2	36.6	36.8
	11	东	36.8	36.6	36.2	35.9	35.5	35.2	34.8	34.5	34.2	33.9	33.8	33.8	34.0	34.3	34.8	35.2	35.6	36.0	36.3	36.5	36.8	36.9	37.0	36.9
		南	33.0	32.9	32.7	32.5	32.3	32.1	31.9	31.6	31.4	31.3	31.1	31.0	31.0	31.1	31.2	31.5	31.7	32.0	32.2	32.3	32.5	32.7	32.9	33.0
		西	34.3	34.2	34.0	33.8	33.5	33.2	33.0	32.8	32.5	32.3	32.2	32.1	32.0	31.9	32.0	32.1	32.3	32.6	32.9	33.2	33.6	33.9	34.1	34.2
		北	36.3	36.3	36.1	35.8	35.6	35.2	34.9	34.6	34.3	34.1	33.9	33.6	33.6	33.5	33.3	33.4	33.8	34.1	34.5	35.0	35.5	35.9	36.2	36.2
	12	东	37.0	36.5	35.9	35.4	35.0	34.5	34.1	33.8	33.5	33.5	34.0	34.4	35.1	35.8	36.4	36.9	37.3	37.6	37.9	38.0	37.9	37.7	37.7	37.4
		南	33.6	33.2	32.9	32.5	32.3	32.0	31.7	31.5	31.3	31.1	31.0	31.1	31.2	31.4	31.8	32.1	32.5	32.9	33.3	33.6	33.8	33.9	33.9	33.8
		西	34.9	34.5	34.1	33.8	33.4	33.1	32.8	32.5	32.3	32.1	32.0	32.0	32.1	32.2	32.5	32.9	33.3	33.8	34.1	34.7	35.0	35.2	35.3	35.2
		北	37.2	36.8	36.3	35.8	35.4	34.9	34.5	34.1	33.8	33.5	33.3	33.3	33.4	33.6	33.9	34.4	35.0	35.7	36.5	37.1	37.5	37.6	37.5	37.5
	13	东	36.9	36.5	36.1	35.7	35.4	35.0	34.6	34.3	34.0	34.0	34.1	34.5	35.0	35.5	36.0	36.4	36.8	37.1	37.3	37.4	37.5	37.5	37.4	37.2
		南	33.4	33.2	32.9	32.6	32.4	32.1	31.9	31.7	31.5	31.3	31.3	31.3	31.3	31.5	31.7	32.0	32.3	32.6	32.9	33.2	33.3	33.6	33.6	33.5
		西	34.7	34.4	34.2	33.9	33.6	33.3	33.0	32.7	32.6	32.4	32.3	32.2	32.2	32.4	32.6	32.8	33.2	33.5	33.9	34.3	34.6	34.8	34.9	34.8
		北	36.9	36.6	36.2	35.8	35.5	35.1	34.8	34.4	34.1	33.9	33.7	33.6	33.6	33.7	34.0	34.3	34.8	35.3	35.9	36.5	36.9	37.0	37.1	37.1
屋面 t_{wlm}	1		45.1	45.0	44.8	44.4	44.0	43.4	42.8	42.1	41.5	40.8	40.3	39.8	39.5	39.6	40.0	40.5	41.2	42.0	42.8	43.5	44.2	44.6	44.9	45.0
	2		44.9	43.9	42.8	41.9	41.0	40.1	39.2	38.4	37.8	37.4	37.5	37.9	38.7	39.9	41.3	42.7	44.2	45.4	46.4	46.9	47.1	47.0	46.6	45.9
	3		44.7	44.3	43.8	43.2	42.7	42.1	41.5	40.9	40.3	39.8	39.5	39.3	39.3	39.6	40.0	40.7	41.5	42.3	43.1	43.8	44.4	44.7	44.9	44.9
	4		43.5	42.6	41.8	41.0	40.2	39.5	38.8	38.3	38.1	38.2	38.8	39.7	41.0	42.3	43.7	44.9	46.0	46.7	46.9	46.9	46.5	46.0	45.3	44.4
	5		44.8	44.5	44.1	43.6	43.1	42.5	41.9	41.2	40.6	40.1	39.6	39.4	39.3	39.5	39.8	40.4	41.1	41.9	42.7	43.4	44.0	44.5	44.8	44.9
	6		45.8	45.1	44.2	43.3	42.4	41.5	40.6	39.8	38.9	38.3	37.8	37.7	37.8	38.4	39.3	40.4	41.7	43.0	44.2	45.2	46.0	46.4	46.5	46.3
	7		43.3	43.3	43.3	43.2	42.9	42.7	42.4	42.1	41.7	41.3	40.9	40.6	40.4	40.2	40.3	40.5	40.8	41.2	41.6	42.1	42.5	42.9	43.1	43.3
	8		46.3	45.1	43.7	42.4	41.2	40.0	39.0	37.9	37.1	36.4	36.2	36.4	37.0	38.1	39.6	41.4	43.1	44.9	46.4	47.5	48.1	48.2	48.0	47.3

注：其他城市的地点修正值可按下表采用：

地点	福州、南宁、海口、深圳	贵阳	厦门	昆明
修正值	0	−3	−1	−7

表 H.0.1-5　外墙类型及热工性能指标(由外到内)

类型	材料名称	厚度 (mm)	密度 (kg/m³)	导热系数 [W/(m·K)]	热容 [J/(kg·K)]	传热系数 [W/(m²·K)]	衰减	延迟 (h)
1	水泥砂浆	20	1800	0.93	1050	0.83	0.17	8.4
	挤塑聚苯板	25	35	0.028	1380			
	水泥砂浆	20	1800	0.93	1050			
	钢筋混凝土	200	2500	1.74	1050			
2	EPS 外保温	40	30	0.042	1380	0.79	0.16	8.3
	水泥砂浆	25	1800	0.93	1050			
	钢筋混凝土	200	2500	1.74	1050			
3	水泥砂浆	20	1800	0.93	1050	0.56	0.34	9.1
	挤塑聚苯保温板	20	30	0.03	1380			
	加气混凝土砌块	200	700	0.22	837			
	水泥砂浆	20	1800	0.93	1050			
4	LOW-E	24	1800	3.0	1260	1.02	0.51	7.4
	加气混凝土砌块	200	700	0.25	1050			
5	页岩空心砖	200	1000	0.58	1253	0.61	0.06	15.2
	岩棉	50	70	0.05	1220			
	钢筋混凝土	200	2500	1.74	1050			
6	加气混凝土砌块	190	700	0.25	1050	1.05	0.56	6.8
	水泥砂浆	20	1800	0.93	1050			
7	涂料面层					0.43	0.19	8.8
	EPS 外保温	80	30	0.042	1380			
	混凝土小型空心砌块	190	1500	0.76	1050			
	水泥砂浆	20	1800	0.93	1050			
8	干挂石材面层					0.39	0.34	7.6
	岩棉	100	70	0.05	1220			
	粉煤灰小型空心砌块	190	800	0.500	1050			
9	EPS 外保温	80	30	0.042	1380	0.46	0.17	8.0
	混凝土墙	200	2500	1.74	1050			

类型	材料名称	厚度 (mm)	密度 (kg/m³)	导热系数 [W/(m·K)]	热容 [J/(kg·K)]	传热系数 [W/(m²·K)]	衰减	延迟 (h)
10	水泥砂浆	20	1800	0.93	1050	0.56	0.14	11.1
	EPS 外保温	50	30	0.042	1380			
	聚合物砂浆	13	1800	0.93	837			
	黏土空心砖	240	1500	0.64	879			
	水泥砂浆	20	1800	0.93	1050			
11	石材	20	2800	3.2	920	0.46	0.13	11.8
	岩棉板	80	70	0.05	1220			
	聚合物砂浆	13	1800	0.93	837			
	黏土空心砖	240	1500	0.64	879			
	水泥砂浆	20	1800	0.93	1050			
12	聚合物砂浆	15	1800	0.93	837	0.57	0.18	9.6
	EPS 外保温	50	30	0.042	1380			
	黏土空心砖	240	1500	0.64	879			
13	岩棉	65	70	0.05	1220	0.54	0.14	10.4
	多孔砖	240	1800	0.642	879			

表 H.0.1-6 屋面类型及热工性能指标（由外到内）

类型	材料名称	厚度 (mm)	密度 (kg/m³)	导热系数 [W/(m·K)]	热容 [J/(kg·K)]	传热系数 [W/(m²·K)]	衰减	延迟 (h)
1	细石混凝土	40	2300	1.51	920	0.49	0.16	12.3
	防水卷材	4	900	0.23	1620			
	水泥砂浆	20	1800	0.93	1050			
	挤塑聚苯板	35	30	0.042	1380			
	水泥砂浆	20	1800	0.93	1050			
	水泥炉渣	20	1000	0.023	920			
	钢筋混凝土	120	2500	1.74	920			
2	细石混凝土	40	2300	1.51	920	0.77	0.27	8.2
	挤塑聚苯板	40	30	0.042	1380			
	水泥砂浆	20	1800	0.93	1050			
	水泥陶粒混凝土	30	1300	0.52	980			
	钢筋混凝土	120	2500	1.74	920			

类型	材料名称	厚度 (mm)	密度 (kg/m³)	导热系数 [W/(m·K)]	热容 [J/(kg·K)]	传热系数 [W/(m²·K)]	衰减	延迟 (h)
3	水泥砂浆	30	1800	0.930	1050	0.73	0.16	10.5
	细石钢筋混凝土	40	2300	1.740	837			
	挤塑聚苯板	40	30	0.042	1380			
	防水卷材	4	900	0.23	1620			
	水泥砂浆	20	1800	0.930	1050			
	陶粒混凝土	30	1400	0.700	1050			
	钢筋混凝土	150	2500	1.740	837			
	水泥砂浆	20	1800	0.930	1050			
4	挤塑聚苯板	40	30	0.042	1380	0.81	0.23	7.1
	钢筋混凝土	200	2500	1.74	837			
5	细石混凝土	40	2300	1.51	920	0.88	0.16	11.6
	水泥砂浆	20	1800	0.93	1050			
	防水卷材	4	400	0.12	1050			
	水泥砂浆	20	1800	0.93	1050			
	粉煤灰陶粒混凝土	80	1700	0.95	1050			
	挤塑聚苯板	30	30	0.042	1380			
	钢筋混凝土	120	2500	1.74	920			
6	防水卷材	4	400	0.12	1050	0.23	0.21	10.5
	干炉渣	30	1000	0.023	920			
	挤塑聚苯板	120	30	0.042	1380			
	混凝土小型空心砌块	120	2500	1.74	1050			
7	水泥砂浆	25	1800	0.930	1050	0.34	0.08	13.4
	挤塑聚苯板	55	30	0.042	1380			
	水泥砂浆	25	1800	0.930	1050			
	水泥焦渣	30	1000	0.023	920			
	钢筋混凝土	120	2500	1.74	920			
	水泥砂浆	25	1800	0.930	1050			
8	细石混凝土	30	2300	1.51	920	0.38	0.32	9.2
	挤塑聚苯板	45	30	0.042	1380			
	水泥焦渣	30	1000	0.023	920			
	钢筋混凝土	100	2500	1.74	920			

H.0.2 外窗传热逐时冷负荷计算温度 t_{wlc}，可按表 H.0.2 采用。

表 H.0.2 典型城市外窗传热逐时冷负荷计算温度 t_{wlc}（℃）

地点	1	2	3	4	5	6	7	8	9	10	11	12	13	14	15	16	17	18	19	20	21	22	23	24
北京	27.8	27.5	27.2	26.9	26.8	27.1	27.7	28.5	29.3	30.0	30.8	31.5	32.1	32.4	32.4	32.3	32.0	31.5	30.8	30.1	29.6	29.1	28.7	28.3
天津	27.4	27.0	26.6	26.3	26.2	26.5	27.2	28.1	29.0	29.9	30.8	31.6	32.2	32.6	32.7	32.5	32.2	31.6	30.8	30.0	29.4	28.8	28.3	27.9
石家庄	27.7	27.2	26.8	26.5	26.4	26.7	27.5	28.5	29.6	30.6	31.6	32.5	33.2	33.6	33.7	33.5	33.2	32.5	31.6	30.7	30.0	29.3	28.8	28.3
太原	23.7	23.2	22.7	22.4	22.3	22.6	23.4	24.5	25.6	26.7	27.8	28.7	29.5	30.0	30.0	29.8	29.5	28.8	27.8	26.8	26.1	25.4	24.8	24.3
呼和浩特	23.8	23.4	23.0	22.7	22.5	22.9	23.6	24.5	25.5	26.4	27.3	28.2	28.9	29.3	29.3	29.1	28.7	27.4	26.6	25.9	25.3	24.8	24.3
沈阳	25.7	25.3	25.0	24.7	24.6	24.9	25.5	26.3	27.2	27.9	28.7	29.4	30.0	30.4	30.4	30.2	30.0	29.5	28.8	28.0	27.5	27.0	26.6	26.2
大连	25.4	25.2	24.9	24.8	24.7	24.9	25.3	25.8	26.3	26.8	27.3	27.7	28.1	28.3	28.3	28.2	28.0	27.7	27.3	26.8	26.5	26.2	25.9	25.7
长春	24.4	24.0	23.7	23.4	23.3	23.6	24.2	25.1	25.9	26.8	27.6	28.3	28.9	29.3	29.3	29.2	28.4	27.6	26.9	26.3	25.8	25.3	24.9
哈尔滨	24.3	23.9	23.6	23.3	23.3	23.0	24.1	25.0	25.9	26.8	27.6	28.3	28.9	29.2	29.3	29.1	28.6	27.7	26.9	26.3	25.7	25.3	24.8
上海	29.2	28.9	28.6	28.3	28.2	28.5	29.0	29.7	30.5	31.2	31.9	32.5	33.1	33.4	33.4	33.3	33.1	32.6	31.9	31.3	30.8	30.3	30.0	29.6
南京	29.6	29.3	29.0	28.7	28.6	28.9	29.4	30.1	30.9	31.6	32.3	32.9	33.5	33.8	33.7	33.5	33.0	32.3	31.7	31.2	30.7	30.4	30.0
杭州	29.8	29.4	29.1	28.8	28.7	29.0	29.6	30.4	31.3	32.0	32.8	33.5	34.1	34.5	34.5	34.3	34.1	33.6	32.9	32.1	31.6	31.1	30.7	30.3
宁波	28.6	28.2	27.8	27.5	27.4	27.7	28.4	29.3	30.2	31.1	32.0	32.8	33.4	33.8	33.9	33.7	33.4	32.8	32.0	31.2	30.6	30.0	29.5	29.1
合肥	30.2	29.9	29.6	29.4	29.3	29.6	30.1	30.7	31.4	32.0	32.7	33.3	34.1	34.1	33.8	33.3	32.7	32.1	31.7	31.2	30.9	30.6
福州	28.5	28.0	27.6	27.3	27.2	27.5	28.3	29.3	30.4	31.4	32.4	33.4	34.0	34.4	34.5	34.3	34.0	33.2	32.4	31.5	30.8	30.1	29.6	29.1
厦门	28.0	27.6	27.3	27.1	27.0	27.2	27.8	28.9	30.4	31.5	32.4	32.5	32.1	31.6	30.9	30.2	29.7	29.2	28.8	28.4
南昌	30.6	30.3	30.0	29.8	29.7	29.9	30.4	31.1	31.8	32.5	33.1	33.8	34.2	34.5	34.6	34.4	34.2	33.8	33.2	32.6	32.1	31.7	31.3	31.0
济南	29.8	29.5	29.2	29.0	28.9	29.1	29.6	30.2	31.0	31.7	32.3	33.0	33.4	33.7	33.6	33.4	33.0	32.4	31.8	31.3	30.9	30.5	30.2
青岛	26.3	26.2	26.0	25.8	25.8	25.9	26.3	26.7	27.1	27.5	27.9	28.3	28.6	28.8	28.9	28.7	28.6	28.0	27.6	27.3	27.0	26.8	26.6
郑州	28.1	27.7	27.3	27.0	26.8	27.2	27.9	28.8	29.8	30.7	31.6	32.5	33.2	33.6	33.6	33.4	33.1	32.5	31.7	30.9	30.2	29.6	29.1	28.6
武汉	30.6	30.3	30.0	29.8	29.7	29.9	30.4	31.1	31.7	32.4	33.1	33.8	34.3	34.2	34.0	33.6	33.0	32.4	32.0	31.6	31.2	30.9
长沙	29.7	29.3	29.0	28.7	28.6	28.9	29.5	30.4	31.2	32.1	32.9	33.6	34.2	34.6	34.6	34.5	34.2	33.7	32.9	32.2	31.6	31.1	30.6	30.2
广州	29.1	28.8	28.5	28.2	28.2	28.4	28.9	29.6	30.4	31.1	31.8	32.4	32.9	33.2	33.2	33.1	32.9	32.4	31.8	31.1	30.6	30.2	29.8	29.5
深圳	29.1	28.8	28.5	28.2	28.2	28.4	29.0	30.2	30.8	31.5	32.5	32.6	32.7	32.5	32.1	31.5	30.9	30.5	30.1	29.7	29.4
南宁	29.0	28.6	28.3	28.1	28.0	28.2	28.8	29.6	30.4	31.1	32.5	33.1	33.4	33.2	33.3	32.6	31.9	31.2	30.7	30.2	29.8	29.4
海口	28.4	28.0	27.6	27.3	27.2	27.5	28.2	29.2	30.1	31.0	31.9	32.7	33.4	33.8	33.4	33.0	32.2	31.5	30.9	29.4	29.0
重庆	30.9	30.6	30.3	30.1	30.0	30.2	30.7	31.4	32.0	32.6	33.3	33.9	34.3	34.6	34.6	34.5	34.3	33.9	33.3	32.7	32.3	31.9	31.5	31.2
成都	26.1	25.8	25.5	25.2	25.1	25.4	26.0	26.8	27.6	28.3	29.1	29.8	30.4	30.7	30.7	30.6	30.3	29.8	29.1	28.4	27.9	27.4	27.0	26.6
贵阳	24.9	24.6	24.3	24.0	23.9	24.2	24.7	25.4	26.2	26.9	27.6	28.2	28.8	29.1	29.0	28.8	28.3	27.6	27.0	26.5	26.0	25.7	25.3
昆明	20.7	20.3	20.0	19.8	19.7	19.9	20.5	21.3	22.1	22.8	23.6	24.2	24.8	25.1	25.2	25.0	24.8	24.3	23.6	22.9	22.4	21.9	21.5	21.1
拉萨	17.0	16.6	16.1	15.8	15.7	16.0	16.8	17.8	18.9	19.7	20.7	21.6	22.3	22.7	22.5	22.3	21.6	20.7	19.9	19.2	18.6	18.0	17.6
西安	28.8	28.4	28.0	27.7	27.6	27.9	28.6	29.4	30.3	31.2	32.0	32.8	33.4	33.8	33.8	33.6	33.4	32.8	32.0	31.3	30.7	30.1	29.7	29.3
兰州	23.6	23.2	22.8	22.4	22.3	22.6	23.4	24.5	25.6	26.6	27.6	28.5	29.2	29.7	29.8	29.5	29.3	28.6	27.6	26.7	26.0	25.3	24.8	24.3
西宁	18.2	17.7	17.2	16.9	16.7	17.1	18.0	19.1	20.3	21.4	22.5	23.6	24.4	24.9	24.9	24.7	24.1	23.6	22.6	21.6	20.8	20.1	19.5	18.9
银川	23.9	23.5	23.1	22.7	22.6	23.0	23.7	24.7	25.8	26.7	27.7	28.6	29.4	29.8	29.8	29.6	29.3	28.7	27.8	26.9	26.2	25.5	25.0	24.5
乌鲁木齐	25.9	25.5	25.1	24.7	24.6	24.9	25.7	26.8	27.8	28.9	29.9	30.8	31.6	32.0	32.1	31.8	31.6	30.9	29.9	29.0	28.3	27.6	27.1	26.6

H.0.3 透过无遮阳标准玻璃太阳辐射冷负荷系数值 C_{clC}，可按表 H.0.3 采用。

表 H.0.3　透过无遮阳标准玻璃太阳辐射冷负荷系数值 C_{clC}

地点	房间类型	朝向	1	2	3	4	5	6	7	8	9	10	11	12	13	14	15	16	17	18	19	20	21	22	23	24
北京	轻	东	0.03	0.02	0.02	0.01	0.01	0.13	0.30	0.43	0.55	0.58	0.56	0.17	0.18	0.19	0.19	0.17	0.15	0.13	0.09	0.07	0.06	0.04	0.04	0.03
		南	0.05	0.03	0.03	0.02	0.02	0.06	0.11	0.16	0.24	0.34	0.46	0.44	0.63	0.65	0.62	0.54	0.28	0.24	0.17	0.13	0.11	0.08	0.07	0.05
		西	0.03	0.02	0.02	0.01	0.01	0.03	0.06	0.09	0.12	0.14	0.16	0.17	0.22	0.31	0.42	0.52	0.59	0.60	0.48	0.07	0.06	0.04	0.04	0.03
		北	0.11	0.08	0.07	0.05	0.05	0.23	0.38	0.37	0.50	0.60	0.69	0.75	0.79	0.80	0.80	0.74	0.70	0.67	0.50	0.29	0.25	0.19	0.17	0.13
	重	东	0.07	0.06	0.05	0.05	0.06	0.18	0.32	0.41	0.48	0.49	0.45	0.21	0.21	0.21	0.21	0.20	0.18	0.16	0.13	0.11	0.10	0.09	0.08	0.07
		南	0.10	0.09	0.08	0.08	0.07	0.10	0.13	0.18	0.24	0.33	0.43	0.42	0.55	0.55	0.52	0.46	0.30	0.26	0.21	0.17	0.16	0.14	0.13	0.11
		西	0.08	0.07	0.07	0.06	0.06	0.07	0.09	0.10	0.13	0.14	0.16	0.17	0.22	0.30	0.40	0.48	0.52	0.52	0.40	0.13	0.12	0.11	0.10	0.09
		北	0.20	0.18	0.16	0.15	0.14	0.31	0.40	0.38	0.47	0.55	0.61	0.66	0.69	0.71	0.71	0.68	0.65	0.66	0.53	0.36	0.32	0.28	0.25	0.23
西安	轻	东	0.03	0.02	0.02	0.01	0.01	0.11	0.27	0.42	0.54	0.59	0.57	0.20	0.22	0.22	0.22	0.20	0.18	0.14	0.10	0.08	0.07	0.05	0.04	0.03
		南	0.06	0.05	0.04	0.03	0.03	0.07	0.14	0.21	0.30	0.40	0.51	0.53	0.67	0.68	0.65	0.44	0.39	0.32	0.22	0.17	0.14	0.11	0.09	0.07
		西	0.03	0.02	0.02	0.01	0.01	0.03	0.07	0.10	0.13	0.16	0.19	0.20	0.25	0.34	0.46	0.55	0.60	0.58	0.10	0.08	0.07	0.05	0.04	0.03
		北	0.10	0.08	0.07	0.05	0.04	0.18	0.34	0.43	0.48	0.59	0.68	0.74	0.79	0.80	0.79	0.75	0.69	0.63	0.37	0.29	0.24	0.19	0.16	0.12
	重	东	0.07	0.06	0.06	0.05	0.05	0.18	0.31	0.41	0.48	0.48	0.45	0.22	0.23	0.23	0.23	0.21	0.19	0.17	0.13	0.12	0.11	0.09	0.08	0.07
		南	0.12	0.11	0.10	0.09	0.08	0.12	0.17	0.22	0.30	0.39	0.47	0.48	0.58	0.57	0.54	0.41	0.37	0.32	0.25	0.21	0.19	0.17	0.15	0.13
		西	0.08	0.08	0.07	0.06	0.05	0.07	0.10	0.12	0.14	0.16	0.18	0.19	0.26	0.35	0.44	0.51	0.52	0.48	0.16	0.14	0.12	0.11	0.10	0.09
		北	0.19	0.17	0.15	0.14	0.13	0.27	0.36	0.41	0.46	0.54	0.61	0.65	0.69	0.70	0.70	0.67	0.65	0.61	0.40	0.34	0.30	0.27	0.24	0.21
上海	轻	东	0.03	0.02	0.02	0.01	0.01	0.11	0.27	0.42	0.53	0.58	0.56	0.19	0.21	0.20	0.20	0.19	0.17	0.13	0.09	0.07	0.06	0.05	0.04	0.03
		南	0.07	0.06	0.05	0.04	0.03	0.08	0.16	0.24	0.34	0.43	0.54	0.57	0.69	0.70	0.67	0.50	0.44	0.36	0.26	0.20	0.16	0.13	0.11	0.09
		西	0.03	0.02	0.02	0.01	0.01	0.03	0.06	0.09	0.12	0.15	0.18	0.19	0.24	0.33	0.44	0.54	0.60	0.58	0.09	0.07	0.06	0.05	0.04	0.03
		北	0.10	0.08	0.07	0.05	0.04	0.20	0.36	0.45	0.48	0.59	0.68	0.75	0.79	0.81	0.80	0.76	0.70	0.66	0.37	0.29	0.24	0.19	0.16	0.12
	重	东	0.06	0.06	0.05	0.05	0.09	0.20	0.32	0.41	0.47	0.46	0.44	0.21	0.22	0.22	0.21	0.20	0.18	0.15	0.12	0.11	0.10	0.09	0.08	0.07
		南	0.13	0.12	0.10	0.09	0.10	0.14	0.20	0.26	0.35	0.43	0.50	0.52	0.59	0.58	0.55	0.45	0.40	0.34	0.27	0.23	0.21	0.18	0.16	0.15
		西	0.08	0.07	0.06	0.06	0.06	0.07	0.10	0.12	0.14	0.16	0.17	0.20	0.28	0.36	0.44	0.49	0.49	0.43	0.15	0.13	0.11	0.10	0.09	0.08
		北	0.18	0.17	0.15	0.14	0.17	0.29	0.38	0.44	0.48	0.55	0.62	0.67	0.70	0.71	0.69	0.69	0.65	0.58	0.39	0.34	0.30	0.26	0.24	0.21

续表 H.0.3

地点	房间类型	朝向	1	2	3	4	5	6	7	8	9	10	11	12	13	14	15	16	17	18	19	20	21	22	23	24
广州	轻	东	0.03	0.02	0.02	0.01	0.01	0.08	0.23	0.39	0.52	0.58	0.57	0.21	0.22	0.23	0.22	0.20	0.18	0.14	0.10	0.08	0.06	0.05	0.04	0.03
		南	0.09	0.08	0.06	0.05	0.04	0.08	0.20	0.32	0.45	0.56	0.65	0.72	0.77	0.78	0.76	0.70	0.61	0.47	0.34	0.27	0.22	0.18	0.14	0.12
		西	0.03	0.02	0.02	0.01	0.01	0.02	0.06	0.09	0.13	0.16	0.19	0.21	0.26	0.35	0.47	0.56	0.60	0.55	0.10	0.08	0.06	0.05	0.04	0.03
		北	0.10	0.08	0.06	0.05	0.04	0.14	0.32	0.47	0.58	0.63	0.67	0.74	0.79	0.82	0.82	0.79	0.75	0.64	0.35	0.28	0.22	0.18	0.15	0.12
	重	东	0.07	0.06	0.05	0.05	0.05	0.15	0.28	0.39	0.46	0.47	0.44	0.22	0.23	0.23	0.22	0.21	0.19	0.16	0.13	0.11	0.10	0.09	0.08	0.07
		南	0.17	0.15	0.13	0.12	0.11	0.15	0.24	0.34	0.43	0.51	0.58	0.63	0.67	0.68	0.66	0.61	0.54	0.44	0.35	0.30	0.27	0.24	0.21	0.19
		西	0.08	0.07	0.06	0.06	0.05	0.06	0.09	0.11	0.14	0.16	0.18	0.20	0.27	0.36	0.45	0.50	0.51	0.42	0.15	0.13	0.12	0.11	0.10	0.09
		北	0.19	0.17	0.15	0.13	0.13	0.25	0.37	0.46	0.53	0.58	0.61	0.66	0.69	0.72	0.73	0.72	0.69	0.58	0.38	0.33	0.30	0.26	0.24	0.21

注：其他城市可按下表采用：

代表城市	适用城市
北京	哈尔滨、长春、乌鲁木齐、沈阳、呼和浩特、天津、银川、石家庄、太原、大连
西安	济南、西宁、兰州、郑州、青岛
上海	南京、合肥、成都、武汉、杭州、拉萨、重庆、南昌、长沙、宁波
广州	贵阳、福州、台北、昆明、南宁、海口、厦门、深圳

H.0.4 夏季透过标准玻璃窗的太阳总辐射照度最大 值 D_{Jmax}，可按表 H.0.4 采用。

表 H.0.4 夏季透过标准玻璃窗的太阳总辐射照度最大值 D_{Jmax}

城 市	北 京	天 津	上 海	福 州	长 沙	昆 明	长 春	贵 阳	武 汉	成 都	乌鲁木齐	大 连
东	579	534	529	574	575	572	577	574	577	480	639	534
南	312	299	210	158	174	149	362	161	198	208	372	297
西	579	534	529	574	575	572	577	574	577	480	639	534
北	133	143	145	139	138	138	130	139	137	157	121	143
城 市	太 原	石家庄	南 京	厦 门	广 州	拉 萨	沈 阳	合 肥	青 岛	海 口	西 宁	呼和浩特
东	579	579	533	525	524	736	533	533	534	521	691	641
南	287	290	216	156	152	186	330	215	265	149	254	331
西	579	579	533	525	524	736	533	533	534	521	691	641
北	136	136	136	146	147	147	140	146	146	150	127	123
城 市	大 连	哈尔滨	郑 州	重 庆	银 川	杭 州	南 昌	济 南	南 宁	兰 州	深 圳	西 安
东	534	575	534	480	579	532	576	534	523	640	525	534
南	297	384	248	202	295	198	177	272	151	251	159	243
西	534	575	534	480	579	532	576	534	523	640	525	534
北	143	128	146	157	135	145	138	145	148	128	147	146

H.0.5 人体、照明、设备冷负荷系数 $C_{cl_{rt}}$、$C_{cl_{zm}}$、 $C_{cl_{sb}}$，可按表 H.0.5采用。

表 H.0.5-1 人体冷负荷系数 $C_{cl_{rt}}$

工作小时数(h)	从开始工作时刻算起到计算时刻的持续时间																							
	1	2	3	4	5	6	7	8	9	10	11	12	13	14	15	16	17	18	19	20	21	22	23	24
1	0.44	0.32	0.05	0.03	0.02	0.02	0.02	0.01	0.01	0.01	0.01	0.01	0.01	0.01	0.01	0.00	0.00	0.00	0.00	0.00	0.00	0.00	0.00	0.00
2	0.44	0.77	0.38	0.08	0.05	0.04	0.03	0.03	0.03	0.02	0.02	0.02	0.01	0.01	0.01	0.01	0.01	0.01	0.01	0.01	0.01	0.00	0.00	0.00
3	0.44	0.77	0.82	0.41	0.10	0.07	0.06	0.05	0.04	0.03	0.03	0.03	0.02	0.02	0.02	0.01	0.01	0.01	0.01	0.01	0.01	0.01	0.01	0.01
4	0.45	0.77	0.82	0.85	0.43	0.12	0.08	0.07	0.06	0.05	0.04	0.04	0.03	0.03	0.03	0.02	0.02	0.02	0.02	0.01	0.01	0.01	0.01	0.01
5	0.45	0.77	0.82	0.85	0.87	0.45	0.14	0.10	0.08	0.07	0.06	0.05	0.04	0.04	0.03	0.03	0.03	0.02	0.02	0.02	0.02	0.01	0.01	0.01
6	0.45	0.77	0.83	0.85	0.87	0.89	0.46	0.15	0.11	0.09	0.08	0.07	0.06	0.05	0.04	0.04	0.03	0.03	0.03	0.02	0.02	0.02	0.02	0.01
7	0.46	0.78	0.83	0.85	0.87	0.89	0.90	0.48	0.16	0.12	0.10	0.09	0.07	0.06	0.06	0.05	0.04	0.04	0.03	0.03	0.02	0.02	0.02	0.02
8	0.46	0.78	0.83	0.86	0.88	0.89	0.91	0.92	0.49	0.17	0.13	0.11	0.09	0.08	0.07	0.06	0.05	0.05	0.04	0.04	0.03	0.03	0.02	0.02
9	0.46	0.78	0.83	0.86	0.88	0.89	0.91	0.92	0.93	0.50	0.18	0.14	0.11	0.10	0.09	0.07	0.06	0.06	0.05	0.04	0.04	0.03	0.03	0.03
10	0.47	0.79	0.84	0.86	0.88	0.90	0.91	0.92	0.93	0.94	0.51	0.19	0.14	0.12	0.10	0.09	0.08	0.07	0.06	0.05	0.05	0.04	0.04	0.03
11	0.47	0.79	0.84	0.87	0.88	0.90	0.91	0.92	0.93	0.94	0.95	0.51	0.20	0.15	0.12	0.11	0.09	0.08	0.07	0.06	0.05	0.05	0.04	0.04
12	0.48	0.80	0.85	0.87	0.89	0.90	0.92	0.93	0.93	0.94	0.95	0.96	0.52	0.20	0.15	0.13	0.11	0.10	0.08	0.07	0.07	0.06	0.05	0.04
13	0.49	0.80	0.85	0.88	0.89	0.91	0.92	0.93	0.94	0.95	0.95	0.96	0.96	0.53	0.21	0.16	0.13	0.12	0.10	0.09	0.08	0.07	0.06	0.05
14	0.49	0.81	0.86	0.88	0.90	0.91	0.92	0.93	0.94	0.95	0.95	0.96	0.96	0.97	0.53	0.21	0.16	0.14	0.12	0.10	0.09	0.08	0.07	0.06
15	0.50	0.82	0.86	0.89	0.90	0.91	0.93	0.94	0.94	0.95	0.96	0.96	0.97	0.97	0.97	0.54	0.22	0.17	0.14	0.12	0.11	0.09	0.08	0.07
16	0.51	0.83	0.87	0.89	0.91	0.92	0.93	0.94	0.95	0.95	0.96	0.96	0.97	0.97	0.98	0.98	0.54	0.22	0.17	0.14	0.12	0.11	0.09	0.08
17	0.52	0.84	0.88	0.90	0.91	0.93	0.94	0.94	0.95	0.96	0.96	0.97	0.97	0.97	0.98	0.98	0.98	0.54	0.22	0.17	0.15	0.13	0.11	0.10
18	0.54	0.85	0.89	0.91	0.92	0.93	0.94	0.95	0.96	0.96	0.97	0.97	0.97	0.98	0.98	0.98	0.98	0.99	0.55	0.23	0.17	0.15	0.13	0.11
19	0.55	0.86	0.90	0.92	0.93	0.94	0.95	0.96	0.96	0.97	0.97	0.97	0.98	0.98	0.98	0.98	0.99	0.99	0.99	0.55	0.23	0.18	0.15	0.13
20	0.57	0.88	0.92	0.93	0.94	0.95	0.96	0.96	0.97	0.97	0.97	0.98	0.98	0.98	0.98	0.99	0.99	0.99	0.99	0.99	0.55	0.23	0.18	0.15
21	0.59	0.90	0.93	0.94	0.95	0.96	0.96	0.97	0.97	0.98	0.98	0.98	0.99	0.99	0.99	0.99	0.99	0.99	0.99	0.99	0.99	0.56	0.23	0.18
22	0.62	0.92	0.95	0.96	0.97	0.97	0.97	0.98	0.98	0.98	0.99	0.99	0.99	0.99	0.99	0.99	0.99	0.99	0.99	1.00	1.00	1.00	0.56	0.23
23	0.68	0.95	0.97	0.98	0.98	0.98	0.99	0.99	0.99	0.99	0.99	0.99	0.99	0.99	1.00	1.00	1.00	1.00	1.00	1.00	1.00	1.00	1.00	0.56
24	1.00	1.00	1.00	1.00	1.00	1.00	1.00	1.00	1.00	1.00	1.00	1.00	1.00	1.00	1.00	1.00	1.00	1.00	1.00	1.00	1.00	1.00	1.00	1.00

表 H.0.5-2　照明冷负荷系数 $C_{cl_{zm}}$

工作小时数(h)	从开灯时刻算起到计算时刻的持续时间																							
	1	2	3	4	5	6	7	8	9	10	11	12	13	14	15	16	17	18	19	20	21	22	23	24
1	0.37	0.33	0.06	0.04	0.03	0.03	0.02	0.02	0.02	0.01	0.01	0.01	0.01	0.01	0.01	0.01	0.01	0.00	0.00	0.00	0.37	0.33	0.06	0.04
2	0.37	0.69	0.38	0.09	0.07	0.06	0.05	0.04	0.04	0.03	0.02	0.02	0.02	0.02	0.01	0.01	0.01	0.01	0.01	0.01	0.37	0.69	0.38	0.09
3	0.37	0.70	0.75	0.42	0.13	0.09	0.08	0.07	0.06	0.05	0.04	0.04	0.03	0.03	0.02	0.02	0.02	0.02	0.01	0.01	0.37	0.70	0.75	0.42
4	0.38	0.70	0.75	0.79	0.45	0.15	0.12	0.10	0.08	0.07	0.06	0.05	0.05	0.04	0.04	0.03	0.03	0.02	0.02	0.02	0.38	0.70	0.75	0.79
5	0.38	0.70	0.76	0.79	0.82	0.48	0.17	0.13	0.11	0.10	0.08	0.07	0.06	0.05	0.05	0.04	0.04	0.03	0.03	0.02	0.38	0.70	0.76	0.79
6	0.38	0.70	0.76	0.79	0.82	0.84	0.50	0.19	0.15	0.13	0.11	0.09	0.08	0.07	0.06	0.05	0.05	0.04	0.04	0.03	0.38	0.70	0.76	0.79
7	0.39	0.71	0.76	0.80	0.82	0.85	0.87	0.52	0.21	0.17	0.14	0.12	0.10	0.09	0.08	0.07	0.06	0.05	0.05	0.04	0.39	0.71	0.76	0.80
8	0.39	0.71	0.77	0.80	0.83	0.85	0.87	0.89	0.53	0.22	0.18	0.15	0.13	0.11	0.10	0.08	0.07	0.06	0.06	0.05	0.39	0.71	0.77	0.80
9	0.40	0.72	0.77	0.80	0.83	0.85	0.87	0.89	0.90	0.55	0.23	0.19	0.16	0.14	0.12	0.10	0.09	0.08	0.07	0.06	0.40	0.72	0.77	0.80
10	0.40	0.72	0.78	0.81	0.83	0.86	0.87	0.89	0.90	0.92	0.56	0.25	0.20	0.17	0.14	0.13	0.11	0.09	0.08	0.07	0.40	0.72	0.78	0.81
11	0.41	0.73	0.78	0.81	0.84	0.86	0.88	0.89	0.91	0.92	0.93	0.57	0.25	0.21	0.18	0.15	0.13	0.11	0.10	0.09	0.41	0.73	0.78	0.81
12	0.42	0.74	0.79	0.82	0.84	0.86	0.88	0.90	0.91	0.92	0.93	0.94	0.58	0.26	0.21	0.18	0.16	0.14	0.12	0.10	0.42	0.74	0.79	0.82
13	0.43	0.75	0.79	0.82	0.85	0.87	0.89	0.90	0.91	0.92	0.93	0.94	0.95	0.59	0.27	0.22	0.19	0.16	0.14	0.12	0.43	0.75	0.79	0.82
14	0.44	0.75	0.80	0.83	0.86	0.87	0.89	0.91	0.92	0.93	0.94	0.94	0.95	0.96	0.60	0.28	0.22	0.19	0.17	0.14	0.44	0.75	0.80	0.83
15	0.45	0.77	0.81	0.84	0.86	0.88	0.90	0.91	0.92	0.93	0.94	0.95	0.95	0.96	0.96	0.60	0.28	0.23	0.20	0.17	0.45	0.77	0.81	0.84
16	0.47	0.78	0.82	0.85	0.87	0.89	0.90	0.92	0.93	0.94	0.94	0.95	0.96	0.96	0.97	0.97	0.61	0.29	0.23	0.20	0.47	0.78	0.82	0.85
17	0.48	0.79	0.83	0.86	0.88	0.90	0.91	0.92	0.93	0.94	0.95	0.95	0.96	0.96	0.97	0.97	0.98	0.61	0.29	0.24	0.48	0.79	0.83	0.86
18	0.50	0.81	0.85	0.87	0.89	0.91	0.92	0.93	0.94	0.95	0.95	0.96	0.96	0.97	0.97	0.97	0.98	0.98	0.62	0.29	0.50	0.81	0.85	0.87
19	0.52	0.83	0.87	0.89	0.90	0.92	0.93	0.94	0.95	0.95	0.96	0.96	0.97	0.97	0.98	0.98	0.98	0.98	0.98	0.62	0.52	0.83	0.87	0.89
20	0.55	0.85	0.88	0.90	0.92	0.93	0.94	0.95	0.95	0.96	0.96	0.97	0.97	0.98	0.98	0.98	0.98	0.99	0.99	0.99	0.55	0.85	0.88	0.90
21	0.58	0.87	0.91	0.92	0.93	0.94	0.95	0.96	0.96	0.97	0.97	0.98	0.98	0.98	0.98	0.99	0.99	0.99	0.99	0.99	0.58	0.87	0.91	0.92
22	0.62	0.90	0.93	0.94	0.95	0.96	0.96	0.97	0.97	0.98	0.98	0.98	0.98	0.99	0.99	0.99	0.99	0.99	0.99	0.99	0.62	0.90	0.93	0.94
23	0.67	0.94	0.96	0.97	0.97	0.98	0.98	0.98	0.99	0.99	0.99	0.99	0.99	0.99	0.99	0.99	1.00	1.00	1.00	1.00	0.67	0.94	0.96	0.97
24	1.00	1.00	1.00	1.00	1.00	1.00	1.00	1.00	1.00	1.00	1.00	1.00	1.00	1.00	1.00	1.00	1.00	1.00	1.00	1.00	1.00	1.00	1.00	1.00

表 H.0.5-3　设备冷负荷系数 C_{clsb}

工作小时数 (h)	从开机时刻算起到计算时刻的持续时间																							
	1	2	3	4	5	6	7	8	9	10	11	12	13	14	15	16	17	18	19	20	21	22	23	24
1	0.77	0.14	0.02	0.01	0.01	0.01	0.01	0.01	0.00	0.00	0.00	0.00	0.00	0.00	0.00	0.00	0.00	0.00	0.00	0.00	0.00	0.00	0.00	0.00
2	0.77	0.90	0.16	0.03	0.02	0.02	0.01	0.01	0.01	0.01	0.01	0.01	0.01	0.01	0.00	0.00	0.00	0.00	0.00	0.00	0.00	0.00	0.00	0.00
3	0.77	0.90	0.93	0.17	0.04	0.03	0.02	0.02	0.02	0.01	0.01	0.01	0.01	0.01	0.01	0.01	0.01	0.01	0.00	0.00	0.00	0.00	0.00	0.00
4	0.77	0.90	0.93	0.94	0.18	0.05	0.03	0.03	0.02	0.02	0.02	0.02	0.01	0.01	0.01	0.01	0.01	0.01	0.01	0.01	0.01	0.01	0.00	0.00
5	0.77	0.90	0.93	0.94	0.95	0.19	0.06	0.04	0.03	0.03	0.02	0.02	0.02	0.02	0.01	0.01	0.01	0.01	0.01	0.01	0.01	0.01	0.01	0.00
6	0.77	0.91	0.93	0.94	0.95	0.95	0.19	0.06	0.05	0.04	0.03	0.03	0.03	0.02	0.02	0.02	0.02	0.01	0.01	0.01	0.01	0.01	0.01	0.01
7	0.77	0.91	0.93	0.94	0.95	0.95	0.96	0.20	0.07	0.05	0.04	0.04	0.03	0.03	0.02	0.02	0.02	0.02	0.01	0.01	0.01	0.01	0.01	0.01
8	0.77	0.91	0.93	0.94	0.95	0.96	0.96	0.97	0.20	0.07	0.05	0.04	0.04	0.03	0.03	0.03	0.02	0.02	0.02	0.01	0.01	0.01	0.01	0.01
9	0.78	0.91	0.93	0.94	0.95	0.96	0.96	0.97	0.97	0.21	0.08	0.06	0.05	0.04	0.04	0.03	0.03	0.02	0.02	0.02	0.02	0.01	0.01	0.01
10	0.78	0.91	0.93	0.94	0.95	0.96	0.96	0.97	0.97	0.97	0.21	0.08	0.06	0.05	0.04	0.04	0.03	0.03	0.02	0.02	0.02	0.02	0.01	0.01
11	0.78	0.91	0.93	0.94	0.95	0.96	0.96	0.97	0.97	0.98	0.98	0.21	0.08	0.06	0.05	0.04	0.04	0.03	0.03	0.03	0.02	0.02	0.02	0.02
12	0.78	0.92	0.94	0.95	0.95	0.96	0.96	0.97	0.97	0.98	0.98	0.98	0.22	0.08	0.06	0.05	0.05	0.04	0.04	0.03	0.03	0.02	0.02	0.02
13	0.79	0.92	0.94	0.95	0.96	0.96	0.97	0.97	0.97	0.98	0.98	0.98	0.98	0.22	0.09	0.07	0.06	0.05	0.04	0.04	0.03	0.03	0.02	0.02
14	0.79	0.92	0.94	0.95	0.96	0.96	0.97	0.97	0.98	0.98	0.98	0.98	0.99	0.99	0.22	0.09	0.07	0.06	0.05	0.04	0.04	0.03	0.03	0.03
15	0.79	0.92	0.94	0.95	0.96	0.96	0.97	0.97	0.98	0.98	0.98	0.98	0.99	0.99	0.99	0.22	0.09	0.07	0.06	0.05	0.04	0.04	0.03	0.03
16	0.80	0.93	0.95	0.96	0.96	0.97	0.97	0.97	0.98	0.98	0.98	0.99	0.99	0.99	0.99	0.99	0.23	0.09	0.07	0.06	0.05	0.04	0.04	0.03
17	0.80	0.93	0.95	0.96	0.96	0.97	0.97	0.98	0.98	0.98	0.99	0.99	0.99	0.99	0.99	0.99	0.99	0.23	0.09	0.07	0.06	0.05	0.05	0.04
18	0.81	0.94	0.95	0.96	0.97	0.97	0.98	0.98	0.98	0.98	0.99	0.99	0.99	0.99	0.99	0.99	0.99	0.99	0.23	0.09	0.07	0.06	0.05	0.05
19	0.81	0.94	0.96	0.97	0.97	0.98	0.98	0.98	0.98	0.99	0.99	0.99	0.99	0.99	0.99	0.99	0.99	0.99	1.00	0.23	0.09	0.07	0.06	0.05
20	0.82	0.95	0.97	0.97	0.98	0.98	0.98	0.98	0.99	0.99	0.99	0.99	0.99	0.99	0.99	0.99	0.99	1.00	1.00	1.00	0.23	0.10	0.07	0.06
21	0.83	0.96	0.97	0.98	0.98	0.98	0.99	0.99	0.99	0.99	0.99	0.99	0.99	0.99	1.00	1.00	1.00	1.00	1.00	1.00	1.00	0.23	0.10	0.07
22	0.84	0.97	0.98	0.98	0.99	0.99	0.99	0.99	0.99	0.99	0.99	0.99	1.00	1.00	1.00	1.00	1.00	1.00	1.00	1.00	1.00	1.00	0.23	0.10
23	0.86	0.98	0.99	0.99	0.99	0.99	0.99	1.00	1.00	1.00	1.00	1.00	1.00	1.00	1.00	1.00	1.00	1.00	1.00	1.00	1.00	1.00	1.00	0.23
24	1.00	1.00	1.00	1.00	1.00	1.00	1.00	1.00	1.00	1.00	1.00	1.00	1.00	1.00	1.00	1.00	1.00	1.00	1.00	1.00	1.00	1.00	1.00	1.00

附录 J 蓄冰装置容量与双工况制冷机的空调标准制冷量

J.0.1 全负荷蓄冰时，蓄冰装置有效容量、蓄冰装置名义容量、制冷机标定制冷量可按下列公式计算：

$$Q_S = \sum_{i=1}^{24} q_i = n_1 \cdot c_f \cdot q_C \quad \text{(J.0.1-1)}$$

$$Q_{SO} = \varepsilon \cdot Q_S \quad \text{(J.0.1-2)}$$

$$q_C = \frac{\sum_{i=1}^{24} q_i}{n_1 \cdot c_f} \quad \text{(J.0.1-3)}$$

式中：Q_S——蓄冰装置有效容量（kWh）；

Q_{SO}——蓄冰装置名义容量（kWh）；

q_i——建筑物逐时冷负荷（kW）；

n_1——夜间制冷机在制冰工况下运行的小时数（h）；

c_f——制冷机制冰时制冷能力的变化率，即实际制冷量与标定制冷量的比值。活塞式冷机可取 0.60～0.65，螺杆式冷机可取 0.64～0.70，离心式（中压）可取 0.62～0.66，离心式（三级）可取 0.72～0.80；

q_C——制冷机的标定制冷量（空调工况）（kWh）；

ε——蓄冰装置的实际放大系数（无因次）。

J.0.2 部分负荷蓄冰时，蓄冰装置有效容量、蓄冰装置名义容量、制冷机标定制冷量可按下列公式计算：

$$Q_S = n_1 \cdot c_f \cdot q_C \quad \text{(J.0.2-1)}$$

$$Q_{SO} = \varepsilon \cdot Q_S \quad \text{(J.0.2-2)}$$

$$q_C = \frac{\sum_{i=1}^{24} q_i}{n_2 + n_1 \cdot c_f} \quad \text{(J.0.2-3)}$$

式中：n_2——白天制冷机在空调工况下的运行小时数（h）。

J.0.3 若当地电力部门有其他限电政策时，所选蓄冰量的最大小时取冷量，应满足限电时段的最大小时冷负荷的要求，并符合下列规定：

　　1 蓄冰装置有效容量应符合下列规定：

$$Q_S \cdot \eta_{max} \geqslant q'_{imax} \quad \text{(J.0.3-1)}$$

　　2 为满足限电要求所需蓄冰槽的有效容量应符合下列规定：

$$Q'_S \geqslant \frac{q'_{imax}}{\eta_{max}} \quad \text{(J.0.3-2)}$$

　　3 为满足限电要求，修正后的制冷机标定制冷量应符合下列规定：

$$q'_C \geqslant \frac{Q'_S}{n_1 \cdot c_f} \quad \text{(J.0.3-3)}$$

式中：Q'_S——为满足限电要求所需的蓄冰槽容量（kWh）；

η_{max}——所选蓄冰设备的最大小时取冷率；

q'_{imax}——限电时段空调系统的最大小时冷负荷（kW）；

q'_C——修正后的制冷机标定制冷量（kWh）。

附录 K 设备与管道最小保温、保冷厚度及冷凝水管防结露厚度选用表

K.0.1 空调设备与管道保温厚度可按表 K.0.1-1～表 K.0.1-3 选用。

表 K.0.1-1　热管道柔性泡沫橡塑经济绝热厚度
（热价 85 元/GJ）

最高介质温度（℃）	绝热层厚度(mm)						
	25	28	32	36	40	45	50
60	≤DN20	DN25～DN40	DN50～DN125	DN150～DN400	≥DN450		
80	—	—	≤DN32	DN40～DN70	DN80～DN125	DN150～DN450	≥DN500

表 K.0.1-2　热管道离心玻璃棉经济绝热厚度
（热价 35 元/GJ）

最高介质温度（℃）		绝热层厚度(mm)						
		35	40	50	60	70	80	90
室内	95	≤DN40	DN50～DN100	DN125～DN1000	≥DN1100			
	140	—	≤DN25	DN32～DN80	DN100～DN300	≥DN350		
	190	—	—	≤DN32	DN40～DN80	DN100～DN200	DN250～DN900	≥DN1000
室外	95	≤DN25	DN32～DN50	DN70～DN250	≥DN300			
	140	—	≤DN20	DN25～DN70	DN80～DN200	DN250～DN1000	≥DN1100	
	190	—	≤DN25	DN32～DN70	DN80～DN150	DN200～DN500	≥DN600	

表 K.0.1-3 热管道离心玻璃棉经济绝热厚度
（热价 85 元/GJ）

最高介质温度（℃）	绝热层厚度(mm)							
	50	60	70	80	90	100	120	140
室内 95	≤DN40	DN50~DN100	DN125~DN300	DN350~DN2000	≥DN2500	—	—	—
室内 140	—	≤DN32	DN40~DN70	DN80~DN150	DN200~DN300	DN350~DN900	≥DN1000	—
室内 190	—	—	≤DN32	DN40~DN50	DN70~DN100	DN125~DN150	DN200~DN700	≥DN800
室外 95	≤DN25	DN32~DN70	DN80~DN150	DN200~DN400	DN450~DN2000	≥DN2500		
室外 140	—	≤DN25	DN32~DN50	DN70~DN100	DN125~DN200	DN250~DN450	≥DN500	
室外 190	—	—	≤DN25	DN32~DN50	DN70~DN80	DN100~DN150	DN200~DN450	≥DN500

注：管道与设备保温制表条件：

1　全部按经济厚度计算，还贷 6 年，利息 10%，使用期按 120 天，2880 小时。热价 35 元/GJ 相当于城市供热；热价 85 元/GJ 相当于天然气供热。

2　导热系数 λ：柔性泡沫橡塑 $\lambda=0.034+0.00013t_m$；离心玻璃 $\lambda=0.031+0.00017t_m$。

3　适用于室内环境温度 20℃，风速 0m/s；室外温度为 0℃，风速 3m/s。

4　设备保温厚度可按最大口径管道的保温厚度再增加 5mm。

5　一当室外温度非 0℃时，实际采用的厚度 $\delta'=[(T_o-T_w)/T_o]^{0.36}\cdot\delta$。其中 δ 为环境温度 0℃ 时的查表厚度，T_o 为管内介质温度（℃），T_w 为实际使用期平均环境温度（℃）。

K.0.2　室内机房内空调设备与管道保冷厚度可按表 K.0.2-1～表 K.0.2-2 中给出的厚度选用。

表 K.0.2-1　室内机房冷水管道最小绝热层厚度（mm）（介质温度≥5℃）

地区	柔性泡沫橡塑		玻璃棉管壳	
	管径	厚度	管径	厚度
Ⅰ	≤DN40	19	≤DN32	25
	DN50~DN150	22	DN40~DN100	30
	≥DN200	25	DN125~DN900	35
Ⅱ	≤DN25	25	≤DN25	25
	DN32~DN50	28	DN32~DN80	30
	DN70~DN150	32	DN100~DN400	35
	≥DN200	36	≥DN450	40

表 K.0.2-2　室内机房冷水管道最小绝热层厚度（mm）（介质温度≥-10℃）

地区	柔性泡沫橡塑		聚氨酯发泡	
	管径	厚度	管径	厚度
Ⅰ	≤DN32	28	≤DN32	25
	DN40~DN80	32	DN40~DN150	30
	DN100~DN200	36	≥DN200	35
	≥DN250	40	—	—
Ⅱ	≤DN50	40	≤DN50	35
	DN70~DN100	45	DN70~DN125	40
	DN125~DN250	50	DN150~DN500	45
	DN300~DN2000	55	≥DN600	50
	≥DN2100	60		

注：管道与设备保冷制表条件：

1　均采用经济厚度和防结露要求确定的绝热层厚度。冷价按 75 元/GJ；还贷 6 年，利息 10%；使用期按 120 天，2880 小时。

2　Ⅰ区系指较干燥地区，室内机房环境温度不高于 31℃、相对湿度不大于 75%；Ⅱ区系指较潮湿地区，室内机房环境温度不高于 33℃、相对湿度不大于 80%；各城市或地区可对照使用。

3　导热系数 λ：柔性泡沫橡塑 $\lambda=0.034+0.00013t_m$；离心玻璃 $\lambda=0.031+0.00017t_m$；聚氨酯发泡 $\lambda=0.0275+0.00009t_m$。

4　蓄冰设备保冷厚度应按最大口径管道的保冷厚度再增加 5mm～10mm。

K.0.3　室外空调设备管道发泡橡塑和硬质聚氨酯泡塑保冷层防结露厚度可按下述方法确定：

1　根据工程所在地的夏季空调室外计算干球温度、最热月平均相对湿度和管道内冷介质的温度，查表 K.0.3 得到对应的潮湿系数 θ；

2　查图 K.0.3-1 和图 K.0.3-2 得到绝热材料的最小防结露厚度；

3　对最小防结露厚度进行修正，一般情况下发泡橡塑修正系数可取 1.20，聚氨酯泡塑可取 1.30。

表 K.0.3　各主要城市的潮湿系数 θ 表

序号	省	城市	干球温度（℃）	相对湿度（%）	各种介质温度条件下的潮湿系数 θ						
					−10℃	−6℃	−2℃	2℃	6℃	10℃	14℃
1	北京	北京	33.5	74.7	8.03	7.20	6.37	5.54	4.71	3.88	3.05
2	天津	天津	33.9	76.3	8.83	7.93	7.04	6.14	5.25	4.35	3.46
3		塘沽	32.5	76.8	8.87	7.94	7.01	6.08	5.15	4.22	3.29
4	河北	石家庄	35.1	74.7	8.25	7.43	6.61	5.79	4.97	4.15	3.33
5		唐山	32.9	77.3	9.19	8.24	7.29	6.34	5.39	4.44	3.49
6		邢台	35.1	74.7	8.25	7.43	6.61	5.79	4.97	4.15	3.33
7		保定	34.8	74.6	8.17	7.35	6.53	5.71	4.89	4.07	3.26
8		张家口	32.1	64.4	4.79	4.24	3.69	3.14	2.59	2.04	1.49
9		承德	32.7	71.3	6.64	5.93	5.21	4.50	3.78	3.06	2.35
10	山西	太原	31.5	73.4	7.23	6.43	5.64	4.85	4.05	3.26	2.47
11		大同	30.9	64.6	4.71	4.15	3.59	3.04	2.48	1.92	1.36
12		阳泉	32.8	70.6	6.43	5.74	5.04	4.35	3.65	2.96	2.27
13		运城	35.8	67	5.74	5.15	4.57	3.98	3.39	2.80	2.21
14		晋城	32.7	74.8	7.96	7.12	6.28	5.44	4.60	3.76	2.92
15	内蒙古	呼和浩特	30.6	60.8	3.98	3.49	3.00	2.51	2.02	1.53	1.04
16		包头	31.7	56.7	3.45	3.03	2.60	2.17	1.74	1.32	0.89
17		赤峰	32.7	65.5	5.08	4.51	3.94	3.37	2.80	2.23	1.66
18		通辽	32.3	73.4	7.33	6.55	5.76	4.97	4.18	3.39	2.61
19		海拉尔	29	70.8	6.03	5.31	4.59	3.87	3.14	2.42	1.70
20		二连浩特	33.2	47.3	2.47	2.15	1.83	1.51	1.19	0.86	0.54
21	辽宁	沈阳	31.5	78.2	9.46	8.45	7.45	6.44	5.43	4.42	3.41
22		大连	29	80.8	10.67	9.48	8.28	7.08	5.88	4.69	3.49
23		鞍山	31.6	74	7.47	6.66	5.84	5.03	4.21	3.40	2.58
24		抚顺	31.5	81.1	11.41	10.22	9.02	7.82	6.63	5.43	4.23
25		本溪	31	75.8	8.15	7.26	6.36	5.47	4.58	3.69	2.79
26		丹东	29.6	85.7	15.80	14.11	12.41	10.71	9.01	7.32	5.62
27		锦州	31.4	78.9	9.86	8.81	7.76	6.71	5.66	4.61	3.57
28		营口	30.4	78.6	9.50	8.46	7.42	6.38	5.34	4.30	3.26
29		阜新	32.5	76	8.47	7.58	6.69	5.80	4.91	4.01	3.12
30		开原	31.1	80.3	10.74	9.59	8.45	7.31	6.17	5.02	3.88
31	吉林	长春	30.5	78.3	9.35	8.32	7.30	6.28	5.26	4.24	3.21
32		吉林	30.4	79.2	9.87	8.79	7.71	6.64	5.56	4.49	3.41
33		四平	30.7	78.5	9.50	8.47	7.43	6.40	5.37	4.34	3.31
34		通化	29.9	79.3	9.84	8.75	7.66	6.58	5.49	4.40	3.32
35		延吉	31.3	79.1	9.97	8.91	7.84	6.78	5.72	4.66	3.59

序号	省	城市	干球温度(℃)	相对湿度(%)	各种介质温度条件下的潮湿系数θ						
					−10℃	−6℃	−2℃	2℃	6℃	10℃	14℃
36	黑龙江	哈尔滨	30.7	76.7	8.53	7.59	6.66	5.72	4.78	3.85	2.91
37		齐齐哈尔	31.1	72.8	6.95	6.18	5.40	4.63	3.86	3.08	2.31
38		鸡西	30.5	76.4	8.35	7.43	6.50	5.58	4.66	3.73	2.81
39		鹤岗	29.9	75.8	7.98	7.08	6.18	5.28	4.38	3.48	2.58
40		伊春	29.8	78.4	9.28	8.25	7.21	6.18	5.15	4.11	3.08
41		绥化	30.1	77.8	9.00	8.00	7.00	6.01	5.01	4.01	3.01
42	上海	徐家汇	34.4	81.6	12.41	11.20	10.00	8.79	7.58	6.37	5.16
43	江苏	南京	34.8	81.5	12.41	11.21	10.01	8.82	7.62	6.42	5.22
44		徐州	34.3	79.8	10.98	9.90	8.82	7.73	6.65	5.57	4.49
45		南通	33.5	84.8	15.63	14.10	12.57	11.04	9.51	7.98	6.45
46		连云港	32.7	84.7	15.30	13.77	12.24	10.72	9.19	7.66	6.14
47		淮安	33.4	84.1	14.73	13.28	11.83	10.38	8.93	7.48	6.03
48	浙江	杭州	35.6	78.3	10.21	9.23	8.24	7.26	6.28	5.29	4.31
49		温州	33.8	84.1	14.83	13.38	11.94	10.49	9.05	7.60	6.15
50		金华	36.2	74.1	8.14	7.35	6.56	5.76	4.97	4.18	3.39
51		衢州	35.8	77.2	9.59	8.67	7.74	6.82	5.89	4.97	4.04
52		宁波	35.1	81.6	12.55	11.35	10.15	8.95	7.74	6.54	5.34
53		舟山	32.2	84.4	14.80	13.30	11.80	10.30	8.81	7.31	5.81
54	安徽	合肥	35	80.2	11.40	10.30	9.19	8.09	6.99	5.89	4.79
55		芜湖	35.3	80.4	11.61	10.49	9.38	8.27	7.15	6.04	4.93
56		蚌埠	35.4	79.2	10.76	9.72	8.69	7.65	6.61	5.58	4.54
57		安庆	35.3	78	9.98	9.01	8.04	7.07	6.10	5.13	4.16
58		六安	35.5	80.9	12.04	10.89	9.75	8.60	7.45	6.31	5.16
59		亳州	35	80.5	11.63	10.50	9.38	8.26	7.14	6.01	4.89
60	福建	福州	35.9	76.9	9.44	8.53	7.62	6.71	5.80	4.89	3.98
61		厦门	33.5	82	12.58	11.33	10.09	8.84	7.59	6.34	5.09
62		南平	36.1	75.3	8.66	7.82	6.99	6.15	5.31	4.47	3.63
63	江西	南昌	35.5	77.5	9.72	8.78	7.83	6.89	5.95	5.01	4.06
64		景德镇	36	77.6	9.85	8.91	7.97	7.02	6.08	5.13	4.19
65		九江	35.8	75.5	8.72	7.87	7.02	6.17	5.32	4.47	3.62
66		上饶	36.1	76.5	9.26	8.37	7.48	6.59	5.70	4.81	3.92
67		赣州	35.4	71.5	7.04	6.33	5.62	4.91	4.21	3.50	2.79
68		吉安	35.9	73.6	7.89	7.11	6.34	5.57	4.79	4.02	3.24

序号	省	城市	干球温度（℃）	相对湿度（%）	各种介质温度条件下的潮湿系数 θ						
					−10℃	−6℃	−2℃	2℃	6℃	10℃	14℃
69	山东	济南	34.7	72.3	7.24	6.50	5.76	5.03	4.29	3.55	2.81
70		青岛	29.4	82.3	11.96	10.64	9.33	8.01	6.70	5.38	4.07
71		淄博	34.6	76.3	8.94	8.04	7.15	6.26	5.37	4.48	3.59
72		烟台	31.1	80	10.52	9.40	8.28	7.16	6.04	4.92	3.79
73		潍坊	34.2	79.7	10.89	9.82	8.74	7.66	6.59	5.51	4.43
74		临沂	33.3	82.6	13.10	11.80	10.50	9.19	7.89	6.59	5.29
75		德州	34.2	77.2	9.35	8.41	7.47	6.54	5.60	4.66	3.73
76		菏泽	34.4	80.3	11.36	10.25	9.14	8.02	6.91	5.79	4.68
77	河南	郑州	34.9	78.1	9.97	9.00	8.02	7.04	6.06	5.09	4.11
78		开封	34.4	80.1	11.21	10.11	9.01	7.91	6.81	5.71	4.61
79		洛阳	35.4	76.2	9.00	8.12	7.24	6.36	5.48	4.60	3.72
80		新乡	34.4	79.4	10.72	9.66	8.61	7.55	6.50	5.44	4.38
81		安阳	34.7	77.2	9.42	8.49	7.56	6.63	5.69	4.76	3.83
82		三门峡	34.8	71.5	6.97	6.25	5.54	4.83	4.12	3.41	2.70
83		南阳	34.3	81.3	12.14	10.95	9.76	8.58	7.39	6.21	5.02
84		商丘	34.6	81.5	12.37	11.17	9.97	8.77	7.57	6.37	5.17
85		信阳	34.5	80.6	11.61	10.48	9.34	8.21	7.08	5.94	4.81
86		许昌	34.9	80.5	11.61	10.48	9.36	8.24	7.12	5.99	4.87
87		驻马店	35	80.5	11.63	10.50	9.38	8.26	7.14	6.01	4.89
88	湖北	武汉	35.2	79.1	10.66	9.63	8.59	7.56	6.53	5.50	4.47
89		黄石	35.8	78.1	10.12	9.15	8.18	7.21	6.23	5.26	4.29
90		宜昌	35.6	80.1	11.43	10.34	9.25	8.16	7.07	5.98	4.89
91		恩施州	34.3	76.4	8.94	8.04	7.15	6.25	5.35	4.45	3.56
92	湖南	长沙	35.8	77.1	9.54	8.62	7.70	6.78	5.86	4.94	4.02
93		常德	35.4	79.4	10.89	9.85	8.80	7.75	6.70	5.65	4.61
94		衡阳	36	72	7.29	6.57	5.85	5.12	4.40	3.68	2.96
95		邵阳	34.8	75.8	8.72	7.85	6.98	6.11	5.25	4.38	3.51
96		岳阳	34.1	76.4	8.91	8.01	7.11	6.21	5.31	4.42	3.52
97		郴州	35.6	69.5	6.42	5.77	5.11	4.46	3.81	3.16	2.51
98	广东	广州	34.2	81.7	12.46	11.24	10.02	8.81	7.59	6.37	5.15
99		湛江	33.9	81.4	12.14	10.94	9.75	8.55	7.35	6.15	4.96
100		汕头	33.2	83.2	13.68	12.32	10.96	9.60	8.25	6.89	5.53
101		韶关	35.4	75.8	8.80	7.94	7.08	6.21	5.35	4.49	3.62
102		阳江	33	84.6	15.25	13.73	12.22	10.71	9.20	7.69	6.18
103		深圳	33.7	80.6	11.46	10.32	9.18	8.04	6.90	5.76	4.62

序号	省	城市	干球温度（℃）	相对湿度（%）	各种介质温度条件下的潮湿系数 θ						
					−10℃	−6℃	−2℃	2℃	6℃	10℃	14℃
104	广西	南宁	34.5	81.7	12.52	11.31	10.09	8.88	7.66	6.44	5.23
105		柳州	34.8	76.6	9.12	8.22	7.31	6.41	5.51	4.60	3.70
106		桂林	34.2	79.4	10.68	9.63	8.57	7.51	6.45	5.40	4.34
107		梧州	34.8	80.9	11.91	10.75	9.60	8.45	7.30	6.14	4.99
108		北海	33.1	82.8	13.25	11.93	10.61	9.29	7.96	6.64	5.32
109		百色	36.1	79.7	11.23	10.17	9.11	8.05	6.98	5.92	4.86
110	海南	海口	35.1	82.2	13.10	11.85	10.60	9.35	8.10	6.85	5.60
111		三亚	32.8	82.4	12.80	11.51	10.22	8.93	7.64	6.35	5.06
112	重庆	重庆	35.5	71.8	7.15	6.44	5.72	5.00	4.29	3.57	2.85
113		万州	36.5	77	9.59	8.68	7.77	6.86	5.95	5.04	4.12
114		奉节	34.3	67.5	5.72	5.11	4.51	3.90	3.29	2.69	2.08
115	四川	成都	31.8	85.7	16.43	14.76	13.09	11.42	9.76	8.09	6.42
116		广元	33.3	76.8	8.99	8.07	7.15	6.22	5.30	4.38	3.45
117		甘孜州	22.8	80.6	9.19	7.95	6.71	5.46	4.22	2.98	1.73
118		宜宾	33.8	80.3	11.25	10.13	9.01	7.89	6.78	5.66	4.54
119		南充	35.3	75.5	8.65	7.79	6.94	6.09	5.24	4.39	3.54
120		凉山州	30.7	75.5	7.97	7.09	6.21	5.32	4.44	3.56	2.68
121	贵州	贵阳	30.1	76.7	8.43	7.49	6.55	5.61	4.67	3.73	2.79
122		遵义	31.8	76.6	8.66	7.73	6.81	5.88	4.96	4.04	3.11
123		毕节	29.2	79.4	9.77	8.67	7.57	6.47	5.37	4.27	3.17
124		安顺	27.7	81	10.54	9.32	8.09	6.87	5.64	4.42	3.20
125		铜仁	35.3	76.9	9.35	8.44	7.53	6.61	5.70	4.78	3.87
126	云南	昆明	26.2	78.2	8.51	7.46	6.41	5.36	4.31	3.26	2.20
127		昭通	27.3	78.4	8.82	7.77	6.72	5.66	4.61	3.56	2.50
128		丽江	25.6	72.6	6.12	5.32	4.52	3.72	2.92	2.12	1.32
129		普洱	29.7	83.8	13.49	12.03	10.57	9.11	7.65	6.19	4.73
130		红河州	30.7	74.6	7.58	6.74	5.90	5.05	4.21	3.37	2.52
131		景洪	34.7	81.8	12.65	11.43	10.21	8.99	7.76	6.54	5.32
132	西藏	拉萨	24.1	51.3	2.28	1.90	1.51	1.13	0.74	0.36	—
133		昌都	26.2	64.8	4.28	3.69	3.11	2.53	1.94	1.36	0.78
134		那曲	17.2	68.5	3.90	3.18	2.46	1.74	1.02	0.30	—
135		日喀则	22.6	54.7	2.51	2.08	1.65	1.22	0.79	0.36	—
136		林芝	22.9	76.4	7.06	6.08	5.10	4.12	3.14	2.16	1.18

序号	省	城市	干球温度（℃）	相对湿度（%）	各种介质温度条件下的潮湿系数 θ						
					−10℃	−6℃	−2℃	2℃	6℃	10℃	14℃
137	陕西	西安	35	70.8	6.76	6.07	5.38	4.69	4.00	3.31	2.62
138		延安	32.4	70.3	6.29	5.61	4.92	4.23	3.54	2.85	2.17
139		宝鸡	34.1	69.5	6.25	5.59	4.94	4.28	3.62	2.96	2.30
140		汉中	32.3	81.3	11.74	10.53	9.33	8.12	6.92	5.71	4.51
141		榆林	32.2	61.9	4.31	3.81	3.31	2.80	2.30	1.79	1.29
142		安康	35	77.5	9.64	8.69	7.75	6.80	5.86	4.91	3.96
143	甘肃	兰州	31.2	58.7	3.70	3.25	2.79	2.33	1.88	1.42	0.96
144		酒泉	30.5	53.1	2.91	2.53	2.14	1.75	1.37	0.98	0.59
145		平凉	29.8	71.8	6.44	5.69	4.94	4.20	3.45	2.70	1.95
146		天水	30.8	69.7	5.93	5.25	4.57	3.89	3.21	2.53	1.85
147		陇南	32.6	63.2	4.59	4.07	3.54	3.02	2.49	1.97	1.44
148	青海	西宁	26.5	64.9	4.33	3.74	3.16	2.58	1.99	1.41	0.82
149		玉树	21.8	68.2	4.45	3.77	3.08	2.39	1.71	1.02	0.34
150		格尔木	26.9	37	1.36	1.10	0.85	0.59	0.34	0.08	—
151		共和	24.6	61.1	3.49	2.97	2.45	1.93	1.41	0.89	0.38
152	宁夏	银川	31.2	63.6	4.54	4.00	3.46	2.93	2.39	1.85	1.31
153		石嘴山	31.8	56.5	3.43	3.01	2.58	2.16	1.74	1.31	0.89
154		吴忠	32.4	56.4	3.46	3.04	2.62	2.20	1.78	1.36	0.94
155		固原	27.7	70.2	5.69	4.98	4.27	3.56	2.85	2.14	1.43
156		中卫	31	64	4.60	4.05	3.51	2.96	2.41	1.87	1.32
157	新疆	乌鲁木齐	33.5	42.9	2.10	1.81	1.53	1.24	0.96	0.67	0.39
158		克拉玛依	36.4	30.5	1.34	1.14	0.94	0.74	0.53	0.33	0.13
159		吐鲁番	40.3	33.2	1.65	1.44	1.23	1.02	0.81	0.60	0.39
160		哈密	35.8	41.4	2.08	1.81	1.54	1.27	1.01	0.74	0.47
161		和田	34.5	42.9	2.14	1.86	1.58	1.30	1.01	0.73	0.45
162		阿勒泰	30.8	52.4	2.85	2.48	2.10	1.72	1.34	0.96	0.59

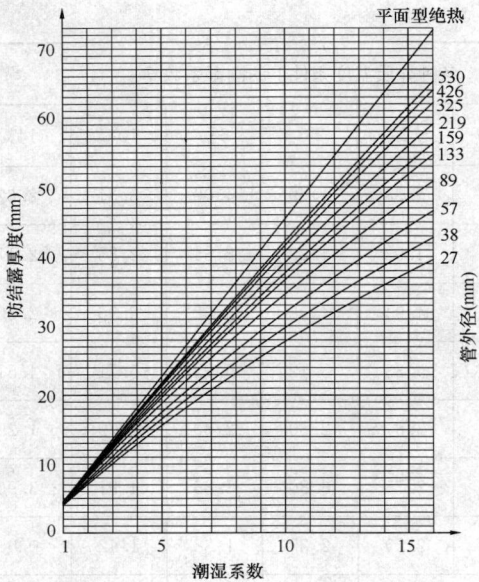

平面型绝热

图 K.0.3-1 发泡橡塑材料的最小防结露厚度

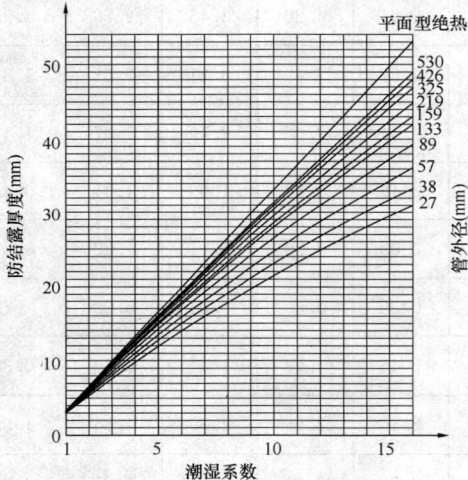

平面型绝热

图 K.0.3-2 硬质聚氨酯泡塑材料的
最小防结露厚度

注：图中绝热材料的 $t_m = 20℃$，发泡橡塑 $\lambda = 0.0366W/(m·K)$，聚氨酯泡塑 $\lambda = 0.0293W/(m·K)$。

K.0.4 空调风管绝热热阻与空调冷凝水管道保冷厚度可按表 K.0.4-1 和表 K.0.4-2 选用。

表 K.0.4-1 室内空气调节风管绝热层的最小热阻

风管类型	适用介质温度（℃）		最小热阻 $[m^2·K/W]$
	冷介质最低温度	热介质最高温度	
一般空调风管	15	30	0.81
低温风管	6	39	1.14

注：技术条件：
  1 建筑物内环境温度：冷风时 26℃，暖风时 20℃；
  2 以玻璃棉为代表材料，冷价为 75 元/GJ，热价为 85 元/GJ。

表 K.0.4-2 空调冷凝水管防结露
最小绝热层厚度（mm）

位 置	材 料			
	柔性泡沫橡塑管套		离心玻璃棉管壳	
	Ⅰ类地区	Ⅱ类地区	Ⅰ类地区	Ⅱ类地区
在空调房吊顶内	9		10	
在非空调房间内	9	13	10	15

注：Ⅰ区系指较干燥地区，室内机房环境温度不高于 31℃、相对湿度不大于 75%；
    Ⅱ区系指较潮湿地区，室内机房环境温度不高于 33℃、相对湿度不大于 80%。

本规范用词说明

1 为便于在执行本规范条文时区别对待，对要求严格程度不同的用词说明如下：
  1）表示很严格，非这样做不可的：
    正面词采用"必须"，反面词采用"严禁"；
  2）表示严格，在正常情况下均应这样做的：
    正面词采用"应"，反面词采用"不应"或"不得"；
  3）表示允许稍有选择，在条件许可时首先应这样做的：
    正面词采用"宜"，反面词采用"不宜"；
  4）表示有选择，在一定条件下可以这样做的采用"可"。

2 条文中指明应按其他有关标准执行的写法为："应符合……的规定"或"应按……执行"。

引用标准名录

1 《建筑设计防火规范》GB 50016
2 《城镇燃气设计规范》GB 50028
3 《锅炉房设计规范》GB 50041
4 《高层民用建筑设计防火规范》GB 50045
5 《工业设备及管道绝热工程施工规范》GB 50126
6 《公共建筑节能设计标准》GB 50189
7 《通风与空调工程施工质量验收规范》GB 50243
8 《设备及管道绝热设计导则》GB/T 8175
9 《中等热环境 PMV 和 PPD 指数的测定及热舒适条件的规定》GB/T 18049
10 《蓄冷空调工程技术规程》JGJ 158
11 《散热器恒温控制阀》JG/T 195

中华人民共和国国家标准

民用建筑供暖通风与空气调节设计规范

GB 50736—2012

条 文 说 明

制　订　说　明

《民用建筑供暖通风与空气调节设计规范》GB
50736-2012，经住房和城乡建设部 2012 年 1 月 21
日以第 1270 号公告批准、发布。

为便于广大设计、施工、科研、学校等单位有关
人员在使用本规范时能正确理解和执行条文规定，
《民用建筑供暖通风与空气调节设计规范》编制组按
章、节、条顺序编制了本规范的条文说明，对条文规
定的目的、依据以及执行中需要注意的有关事项进行
了说明。但是，本条文说明不具备与规范正文同等的
法律效力，仅供使用者作为理解和把握规范规定的
参考。

目 次

1 总则 ················· 9—168
2 术语 ················· 9—168
3 室内空气设计参数 ·········· 9—169
4 室外设计计算参数 ·········· 9—170
  4.1 室外空气计算参数 ········· 9—170
  4.2 夏季太阳辐射照度 ········· 9—172
5 供暖 ················· 9—173
  5.1 一般规定 ·············· 9—173
  5.2 热负荷 ··············· 9—173
  5.3 散热器供暖 ············· 9—175
  5.4 热水辐射供暖 ··········· 9—176
  5.5 电加热供暖 ············· 9—178
  5.6 燃气红外线辐射供暖 ······· 9—180
  5.7 户式燃气炉和户式空气源热泵
     供暖 ················ 9—180
  5.8 热空气幕 ·············· 9—181
  5.9 供暖管道设计及水力计算 ···· 9—181
  5.10 集中供暖系统热计量与室温
      调控 ················ 9—184
6 通风 ················· 9—186
  6.1 一般规定 ·············· 9—186
  6.2 自然通风 ·············· 9—187
  6.3 机械通风 ·············· 9—189
  6.4 复合通风 ·············· 9—193
  6.5 设备选择与布置 ········· 9—194
  6.6 风管设计 ·············· 9—196
7 空气调节 ··············· 9—197
  7.1 一般规定 ·············· 9—197
  7.2 空调负荷计算 ··········· 9—199
  7.3 空调系统 ·············· 9—201
  7.4 气流组织 ·············· 9—206
  7.5 空气处理 ·············· 9—210
8 冷源与热源 ············· 9—212
  8.1 一般规定 ·············· 9—212
  8.2 电动压缩式冷水机组 ······· 9—215
  8.3 热泵 ················ 9—216

  8.4 溴化锂吸收式机组 ········· 9—219
  8.5 空调冷热水及冷凝水系统 ···· 9—220
  8.6 冷却水系统 ············· 9—226
  8.7 蓄冷与蓄热 ············· 9—229
  8.8 区域供冷 ·············· 9—231
  8.9 燃气冷热电三联供 ········· 9—231
  8.10 制冷机房 ············· 9—232
  8.11 锅炉房及换热机房 ········ 9—232
9 检测与监控 ············· 9—235
  9.1 一般规定 ·············· 9—235
  9.2 传感器和执行器 ········· 9—236
  9.3 供暖通风系统的检测与监控 ··· 9—237
  9.4 空调系统的检测与监控 ····· 9—237
  9.5 空调冷热源及其水系统的检测与
     监控 ················ 9—239
10 消声与隔振 ············· 9—240
  10.1 一般规定 ············· 9—240
  10.2 消声与隔声 ············ 9—240
  10.3 隔振 ··············· 9—241
11 绝热与防腐 ············· 9—242
  11.1 绝热 ··············· 9—242
  11.2 防腐 ··············· 9—242
附录 A 室外空气计算参数 ······ 9—243
附录 C 夏季太阳总辐射照度 ····· 9—245
附录 D 夏季透过标准窗玻璃的
      太阳辐射照度 ········ 9—245
附录 E 夏季空气调节大气透明
      度分布图 ·········· 9—245
附录 F 加热由门窗缝隙渗入室内
      的冷空气的耗热量 ····· 9—245
附录 G 渗透冷空气量的朝向修正
      系数 n 值 ········· 9—246
附录 H 夏季空调冷负荷简化计算
      方法计算系数表 ······ 9—246

1 总　　则

1.0.1 规范宗旨。

供暖、通风与空调工程是基本建设领域中一个不可缺少的组成部分，对合理利用资源、节约能源、保护环境、保障工作条件、提高生活质量，有着十分重要的作用。暖通空调系统在建筑物使用过程中持续消耗能源，如何通过合理选择系统与优化设计使其能耗降低，对实现我国建筑节能目标和推动绿色建筑发展作用巨大。

1.0.2 规范适用范围。

本规范适用于各种类型的民用建筑，其中包括居住建筑、办公建筑、科教建筑、医疗卫生建筑、交通邮电建筑、文体集会建筑和其他公共建筑等。对于新建、改建和扩建的民用建筑，其供暖、通风与空调设计，均应符合本规范各相关规定。民用建筑空调系统包括舒适性空调系统和工艺性空调系统两种。舒适性空调系统指以室内人员为服务对象，目的是创造一个舒适的工作或生活环境，以利于提高工作效率或维持良好的健康水平的空调系统。工艺性空调系统指以满足工艺要求为主，室内人员舒适感为辅的空调系统。

本规范不适用于有特殊用途、特殊净化与防护要求的建筑物以及临时性建筑物的设计，是针对某些特殊要求、特殊作法或特殊防护而言的，并不意味着本规范的全部内容都不适用于这些建筑物的设计，一些通用性的条文，应参照执行。有特殊要求的设计，应执行国家相关的设计规范。

1.0.3 设计方案确定原则和技术、工艺、设备、材料的选择要求。

供暖、通风与空气调节工程，在工程投资中占有重要份额且运行能耗巨大，因此设计中应确定整体上技术先进、经济合理的设计方案。规范从安全、节能、环保、卫生等方面结合了近十年来国内外出现的新技术、新工艺、新设备、新材料与设计、科研新成果，对有关设计标准、技术要求、设计方法以及其他政策性较强的技术问题等都作了具体的规定。

1.0.6 地震区或湿陷性黄土地区设备和管道布置要求。

为了防止和减缓位于地震区或湿陷性黄土地区的建筑物由于地震或土壤下沉而造成的破坏和损失，除应在建筑结构等方面采取相应的预防措施外，布置供暖、通风和空调系统的设备和管道时，还应根据不同情况按照国家现行规范的规定分别采取防震或其他有效的防护措施。

1.0.7 同施工验收规范衔接。

为保证设计和施工质量，要求供暖通风与空调设计的施工图内容应与国家现行的《建筑给水排水及供暖工程施工质量验收规范》GB 50242、《通风与空调工程施工质量验收规范》GB 50243、《建筑节能工程施工质量验收规范》GB 50411 等保持一致。有特殊要求及现行施工质量验收规范中没有涉及的内容，在施工图文件中必须有详尽说明，以利施工、监理等工作的顺利进行。

1.0.8 同其他标准规范衔接。

本规范为专业性的全国通用规范。根据国家主管部门有关编制和修订工程建设标准规范的统一规定，为了精简规范内容，凡引用或参照其他全国通用的设计标准规范的内容，除必要的以外，本规范不再另设条文。本条强调在设计中除执行本规范外，还应执行与设计内容相关的安全、环保、节能、卫生等方面的国家现行的有关标准、规范等的规定。

2 术　　语

2.0.3 供暖

以前"供暖"习惯称为"采暖"。近年来随着社会和经济的发展，采暖设计的涉及范围不断扩大，已由最早的侧重室内需求侧的"采暖"设计扩展到同时包含管网及热源的"供暖"设计；同时，考虑到与现行政府法规文件及管理规定用词一致，所以本规范统称"供暖"。

2.0.4 集中供暖

除集中供暖外，其他供暖方式均为分散供暖。目前，分散供暖主要方式为电热供暖、户式燃气壁挂炉供暖、户式空气源热泵供暖、户用烟气供暖（火炉、火墙和火炕等）等。楼用燃气炉供暖和楼用热泵供暖也属于集中供暖。集中供暖指以热水或蒸汽作为热媒，由热源集中向一个城市或较大区域供应热能的方式。集中供热除供暖外，还包括生活热水和蒸汽的供应。

2.0.6 毛细管网辐射系统

毛细管网一般由 3.4mm×0.55mm 或 4.3mm×0.8mm 的 PPR 或 PERT 塑料毛细管组成，其间隔为 10mm～40mm。

2.0.14 温度湿度独立控制空调系统

温度湿度独立控制空调系统中，温度是由高于室内设计露点温度的冷水通过辐射或对流形式的末端吸收显热来控制；绝对湿度由经过除湿处理的干空气（一般是新风）送入室内，吸收室内余湿来控制。

2.0.22 定流量一级泵空调冷水系统

空调冷水系统末端设三通阀时，虽然用户侧流量改变，但对输配水系统而言，与末端无水路调节阀一样，仍处于定流量状态，故称定流量一级泵系统。

2.0.23 变流量一级泵空调冷水系统

空调冷水系统末端设两通阀调节，无论冷水机组定流量，还是变流量，对输配水系统而言，循环水量均处于变流量状态，故称为变流量一级泵系统。

3 室内空气设计参数

3.0.1 供暖室内设计温度。

考虑到不同地区居民生活习惯不同，分别对严寒和寒冷地区、夏热冬冷地区主要房间的供暖室内设计温度进行规定。

1 根据国内外有关研究结果，当人体衣着适宜、保暖量充分且处于安静状态时，室内温度20℃比较舒适，18℃无冷感，15℃是产生明显冷感的温度界限。冬季的热舒适（$-1 \leqslant PMV \leqslant +1$）对应的温度范围为：18℃～28.4℃。基于节能的原则，本着提高生活质量、满足室温可调的要求，在满足舒适的条件下尽量考虑节能，因此选择偏冷（$-1 \leqslant PMV \leqslant 0$）的环境，将冬季供暖设计温度范围定在18℃～24℃。从实际调查结果来看，大部分建筑供暖设计温度为18℃～20℃。

冬季空气集中加湿耗能较大，延续我国供暖系统设计习惯，供暖建筑不做湿度要求。从实际调查来看，我国供暖建筑中人员常采用各种手段实现局部加湿，供暖季房间相对湿度在15%～55%范围波动，这样基本满足舒适要求，同时又节约能耗。

2 考虑到夏热冬冷地区实际情况和当地居民生活习惯，其室内设计温度略低于寒冷和严寒地区。

夏热冬冷地区并非所有建筑物都供暖，人们衣着习惯还需要满足非供暖房间的保暖要求，服装热阻计算值略高。因此，综合考虑本地区的实际情况以及居民生活习惯，基于PMV舒适度计算，确定夏热冬冷地区主要房间供暖室内设计温度宜采用16℃～22℃。

3.0.2 舒适性空调室内设计参数。

考虑到人员对长期逗留区域和短期逗留区域二者舒适性要求不同，因此分别给出相应的室内设计参数。

1 考虑不同功能房间对室内热舒适的要求不同，分级给出室内设计参数。热舒适度等级由业主在确定建筑方案时选择。

出于建筑节能的考虑，要求供热工况室内环境在满足舒适的条件下偏冷，供冷工况在满足热舒适的条件下偏热，所以具体热舒适度等级划分如下表：

表1　不同热舒适度等级所对应的 *PMV* 值

热舒适度等级	供热工况	供冷工况
Ⅰ级	$-0.5 \leqslant PMV < 0$	$0 \leqslant PMV \leqslant 0.5$
Ⅱ级	$-1 \leqslant PMV < -0.5$	$0.5 < PMV \leqslant 1$

根据我国在2000年制定的《中等热环境　PMV和PPD指数的测定及热舒适条件的规定》GB/T 18049，相对湿度应该设定在30%～70%之间。从节能的角度考虑，供热工况室内设计相对湿度越大，能

耗越高。供热工况，相对湿度每提高10%，供热能耗约增加6%，因此不宜采用较高的相对湿度。调研结果显示，冬季空调建筑的室内设计湿度几乎都低于60%，还有部分建筑不考虑冬季湿度。对舒适要求较高的建筑区域，应对相对湿度下限做出规定，确定相对湿度不小于30%，而对上限则不作要求。因此对于Ⅰ级，室内相对湿度≥30%，PMV值在-0.5～0之间时，热舒适区确定空气温度范围为22℃～24℃。对于Ⅱ级，则不规定相对湿度范围，舒适温度范围为18℃～22℃。

对于空调供冷工况，相对湿度在40%～70%之间时，对应满足热舒适的温度范围是22℃～28℃。本着节能的原则，应在满足舒适条件前提下选择偏热环境。由此确定空调供冷工况室内设计参数为：温度24℃～28℃，相对湿度40%～70%。在此基础之上，对于Ⅰ级，当室内相对湿度在40%～70%之间时，PMV值在0～0.5之间时，基于热舒适区计算，舒适温度范围为24℃～26℃。同理对于Ⅱ级建筑，基于热舒适区计算，舒适温度范围为26℃～28℃。

对于风速，参照国际通用标准 ISO7730 和 ASHRAE Standard 55，并结合我国的实际国情和一般生活水平，取室内由于吹风感而造成的不满意度 DR 为不大于 20%。根据相关文献的研究结果，在 $DR \leqslant 20\%$ 时，空气温度、平均风速和空气紊流度之间的关系如图所示：

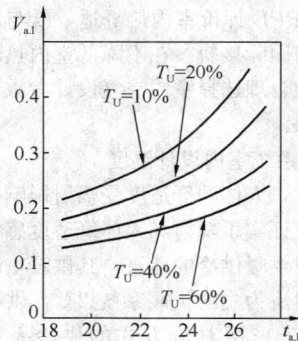

图1　空气温度、平均风速和空气紊流度关系图

根据实际情况，供冷工况室内紊流度较高，取为40%，空气温度取平均值26℃，得到空调供冷工况室内允许最大风速约为0.3m/s；供热工况室内空气紊流度一般较小，取为20%，空气温度取18℃，得到冬季室内允许最大风速约为0.2m/s。

对于游泳馆（游泳池区）、乒乓球馆、羽毛球馆等体育建筑，以及医院特护病房、广播电视等特殊建筑或区域的空调室内设计参数不在本条文规定之列，应根据相关建筑设计标准或业主要求确定。

温和地区夏季室内外温差较小，通常不设空调。设置空调的人员长期逗留区域，夏季空调室内设计参

数可在本规定基础上适当降低 1℃~2℃。

2 短期逗留区域指人员暂时逗留的区域，主要有商场、车站、机场、营业厅、展厅、门厅、书店等观览场所和商业设施。

对于人员短期逗留区域，人员停留时间较短，且服装热阻不同于长期逗留区域，热舒适更多受到动态环境变化影响，综合考虑建筑节能的需要，可在人员长期逗留区域基础上降低要求。

3.0.3 工艺性空调室内设计参数。

对于设置工艺性空调的民用建筑，其室内参数应根据工艺要求，并考虑必要的卫生条件确定。在可能的条件下，应尽量提高夏季室内设计温度，以节省建设投资和运行费用。另外，如设计室温过低（如 20℃），夏季室内外温差太大会导致工作人员感到不舒适，室内设计温度提高一些，对改善室内工作人员的卫生条件也是有好处的。

不同于舒适空调，工艺性空调以满足工艺要求为主，舒适性为辅。其次工艺性空调负荷一般也较大，房间换气次数也高，人员活动区风速大。此外人员多穿工作装，吹风感小，因此最大允许风速相比舒适性空调略高。

3.0.4 室内热舒适性评价指标参数。

《中等热环境 PMV 和 PPD 指数的测定及热舒适条件的规定》GB/T 18049 等同于国际标准 ISO 7730，本规范结合我国国情对舒适等级进行了划分。采用 PMV、PPD 评价室内热舒适，既与国家现行标准一致，又与国际接轨。在不降低室内热舒适标准的前提下，通过合理选择室内空气设计参数，可以收到明显节能效果。

3.0.5 辐射系统室内设计温度。

实践证实，人体的舒适度受辐射影响很大，欧洲的相关实验也证实了辐射和人体舒适度感觉的相互关系。对于辐射供暖供冷的建筑，其供暖室内设计温度取值低于以对流为主的供暖系统 2℃，供冷室内设计温度取值高于采用对流方式的供冷系统 0.5℃~1.5℃时，可达到同样舒适度。

3.0.6 设计最小新风量。部分强制性条文。

表 3.0.6-1～表 3.0.6-4 最小新风量指标综合考虑了人员污染和建筑污染对人体健康的影响。

1 表 3.0.6-1 中未做出规定的其他公共建筑人员所需最小新风量，可按照国家现行卫生标准中的容许浓度进行计算确定，并应满足国家现行相关标准的要求。

2 由于居住建筑和医院建筑的建筑污染部分比重一般要高于人员污染部分，按照现有人员新风量指标所确定的新风量没有体现建筑污染部分的差异，从而不能保证始终完全满足室内卫生要求；因此，综合考虑这两类建筑中的建筑污染与人员污染的影响，以换气次数的形式给出所需最小新风量。其中，

居住建筑的换气次数参照 ASHRAE Standard 62.1 确定，医院建筑的换气次数参照《日本医院设计和管理指南》HEAS-02 确定。医院中洁净手术部相关规定参照《医院洁净手术部建筑技术规范》GB 50333。

3 高密人群建筑即人员污染所需新风量比重高于建筑污染所需新风量比重的建筑类型。按照目前我国现有新风量指标，计算得到的高密人群建筑新风量所形成的新风负荷在空调负荷中的比重一般高达 20%～40%，对于人员密度超高建筑，新风能耗通常更高。一方面，人员污染和建筑污染的比例随人员密度的改变而变化；另一方面，高密人群建筑的人流量变化幅度大，出现高峰人流的持续时间短，受作息、节假日、季节、气候等因素影响明显。因此，该类建筑应该考虑不同人员密度条件下对新风量指标的具体要求；并且应重视室内人员的适应性等因素对新风量指标的影响。为了反映以上因素对新风量指标的具体要求，该类建筑新风量大小参考 ASHRAE Standard 62.1 的规定，对不同人员密度条件下的人均最小新风量做出规定。通常会议室在舒适度要求上要比大会厅高，但只从健康要求角度考虑，对新风要求二者没有明显差别。会议室包括中小型会议室和大型会议室，在具体设计中，中小型会议室的人均新风量要大于大型会议室。

对于置换送风系统，由于其新鲜空气与室内空气混合机理与其他空调系统不同，其新风量的确定可以根据本条得到的新风量再结合置换通风效率进行修正后得到。

4 室外设计计算参数

4.1 室外空气计算参数

4.1.1 室外空气计算参数。

室外空气计算参数是负荷计算的重要基础数据，本规范以全国地级单位划分为基础，结合中国气象局地面气象观测台站的观测数据经计算确定。我国国家级地面气象台站划分为一般站和基本基准站。部分一般站的资料序列较短，不具备整理条件，故本次计算采用的均为基本基准站气象观测资料。由于大部分县级地区的气象参数与其所属的地级单位相比变化不大，因此，没有选取地级市以下的单位进行数据统计。本规范共选取 294 个台站制作了室外空气计算参数表，详见附录 A。所选台站基本覆盖了全国范围内的地级市，由于气象台站的分布和行政区划并非一一对应，对于未列入城市，其计算参数可参考就近或地理环境相近的城市确定。

近年来受气候变化影响，室外空气计算参数随环境温度的变化也发生了改变。本次统计选取 1971 年 1 月 1 日至 2000 年 12 月 31 日 30 年的每日 4 次（2、

8、14、20 点）定时观测数据为基础进行计算，总体来说，夏季计算参数变化不大，冬季北方供暖城市计算参数有上升现象。

我国使用的室外空气计算参数确定方法与国外不同，一般是按平均或累年不保证日（时）数确定，而美国、日本及英国等国家一般采用不保证率的方法，计算参数并不唯一，选择空间较大。经过专题研究，虽然国外的方法更灵活，能够针对目标建筑做出不同的选择，但我国的观测设备条件有限，目前还不能够提供所有主要城市 30 年的逐时原始数据，用一日四次的定时数据计算不保证率的结果与逐时数据的结果是有偏差的；而且从我国第一本暖通规范《工业企业供暖通风和空气调节设计规范》TJ 19 出版以来一直沿用此种方法，广大的设计工作者已经习惯于这种传统的格式，综合考虑各种因素，本规范只更新数据，不改变方法。

随着我国经济发展，超高层建筑不断增多，高度不断增加，超高层建筑上部风速、温度等参数与地面相比有较大变化，应根据实际高度，对室外空气计算参数进行修正。

4.1.2 供暖室外计算温度。

供暖室外计算温度是将统计期内的历年日平均温度进行升序排列，按历年平均不保证 5 天时间的原则对数据进行筛选计算得到。

经过几十年的实践证明，在采取连续供暖时，这样的供暖室外计算温度一般不会影响民用建筑的供暖效果。本条及本章其他条文中的所谓"不保证"，是针对室外温度状况而言的。"历年"即为每年，"历年平均"，是指累年不保证总数的每年平均值。

4.1.3 冬季通风室外计算温度。

本条及本规范其他有关条文中的"累年最冷月"，系指累年月平均气温最低的月份。累年值是指历年气象观测要素的平均值或极值。累年月平均气温具体到本规范中是指指定时段内某月份历年月平均气温的平均值。累年月平均气温最低的月份是 12 个累年月平均气温中的最小值对应的月份。一般情况下累年最冷月为一月，但在少数地区也会存在为十二月或二月的情况。

本条的计算温度适用于机械送风系统补偿消除余热、余湿等全面排风的耗热量时使用；当选择机械送风系统的空气加热器时，室外计算参数宜采用供暖室外计算温度。

4.1.4 冬季空调室外计算温度。

将冬季的室外空气计算温度分为供暖和空调两种温度是我国与国际上相比比较特殊的一种情况。在美国及日本等一些国家，冬季的设计计算温度并不区分供暖或空调，只是给出不同的保证率形式供设计师在不同使用功能的建筑时选用。

空调房间的温湿度要求要高于供暖房间，因此不

保证的时间也应小于供暖温度所对应的时间。我国的冬季空调室外计算温度是以日平均温度为基础进行统计计算的，而国际上不保证率方法计算的基础是逐时平均温度，用二者进行比较，从严格意义上来说是不对等的。如果仅从数值上看，我国冬季空调室外计算温度的保证率还是比较高的，同美国等国家常用的标准在同一水平上。

4.1.5 冬季空调室外计算相对湿度。

累年最冷月平均相对湿度是指累年月平均气温最低月份的累年月平均相对湿度。

4.1.6 夏季空调室外计算干球温度。

由于我国全国范围内的自动气象观测站建设近年才开始，大多数地区逐时温度记录不够统计标准的 30 年。因此本规范中所指的不保证 50 小时，是以每天四次（2、8、14、20 时）的定时温度记录为基础，以每次记录代表 6 小时进行统计。

4.1.7 夏季空调室外计算湿球温度。

与 4.1.6 相同，湿球温度也是选取每日四次的定时观测湿球温度，以每次记录代表 6 小时进行统计。

4.1.8 夏季通风室外计算温度。

我国气象台站在观测时统一采用北京时间进行记录，14 时是一日四次定时记录中气温最高的一次。对于我国大部分地区来说，当地太阳时的 14 时与北京太阳时的 14 时相比会有 1～3 个小时的时差。尤其是对于西部地区来说，统一采用北京时间 14 时的温度记录，并不能真正反映当地最热月逐日逐时较高的 14 时气温。但考虑到需要进行时差修正的地区，夏季通风室外计算温度多在 30℃ 以下（有的还不到 20℃），把通风计算温度规定提高一些，对通风设计（主要是自然通风）效果影响不大，故本规范未规定对此进行修正。

如需修正，可按以下的时差订正简化方法进行修正：

1 对北京以东地区以及北京以西时差为 1 小时地区，可以不考虑以北京时间 14 时所确定的夏季通风室外计算温度的时差订正。

2 对北京以西时差为 2 小时的地区，可按以北京时间 14 时所确定的夏季通风室外计算温度加上 2℃ 来订正。

4.1.9 夏季通风室外计算相对湿度。

全国统一采用北京时间最热月 14 时的平均相对湿度确定这一参数，也存在时差影响问题，但是相对湿度的偏差不大，偏于安全，故未考虑修正问题。

4.1.10 夏季空调室外计算日平均温度。

关于夏季室外计算日平均温度的确定原则是考虑与空调室外计算干湿球温度相对应的，即不保证小时数应为 50 小时左右。统计结果表明，50 小时的不保证小时数大致分布在 15 天左右，而在这 15 天左右的时间内，分布也是不均等的，有些天仅有 1～2 小时，

出现较多的不保证小时数的天数一般在 5 天左右。因此，取不保证 5 天的日平均温度，大致与室外计算干湿球温度不保证 50 小时是相对应的。

4.1.11 为适应关于按不稳定传热计算空调冷负荷的需要，制定本条内容。

4.1.12 特殊情况下空调室外计算参数的确定。

本规范的室外空气计算参数是在不同保证率下统计计算的结果，虽然保证率比较高，完全能够满足一般民用建筑的热环境舒适度需求，但是在特殊气象条件下仍然会存在达不到室内温湿度要求的情况。因此，当建筑室内温湿度参数必须全年保持既定要求的时候，应另行确定适宜的室外计算参数。仅在部分时间（如夜间）工作的空调系统，可不完全遵守本规范第 4.1.6~4.1.11 条的规定。

4.1.14 室外风速、风向及频率。

本条及本规范其他有关条文中的"累年最冷 3 个月"，系指累年月平均气温最低的 3 个月；"累年最热 3 个月"，系指累年月平均气温最高的 3 个月。

"最多风向"即"主导风向"（Predominant Wind Direction）。

4.1.17 设计计算用供暖期天数。

本条中所谓"日平均温度稳定低于或等于供暖室外临界温度"，系指室外连续 5 天的滑动平均温度低于或等于供暖室外临界温度。

按本条规定统计和确定的设计计算用供暖期，是计算供暖建筑物的能量消耗，进行技术经济分析、比较等不可缺少的数据，是专供设计计算应用的，并不是指具体某一个地方的实际供暖期，各地的实际供暖期应由各地主管部门根据情况自行确定。随着生活水平提高，建筑物供暖临界温度也逐渐增长，为配合不同地区的不同要求，本规范附录给出了 5℃和 8℃两种临界温度的供暖期天数与起止日期。

4.1.18 室外计算参数的统计年份。

近年来，国际上对室外计算参数统计年份的选取有一些讨论：年份取得长，气象参数的稳定性好，数据更有代表性，但是由于全球变暖，环境温度的攀升，统计年份选取过长则不能完全切合实际设计需求；年份取的短，虽然在一定程度上更贴近实际气温变化趋势，但是会放大极端天气对设计参数的影响。为得出一个合理的结论，编制组室外空气计算参数专题小组对 1978~2007 年的气象参数进行了整理分析。结果表明 1978~2007 累年年平均气温与 1951~1980 年 30 年的累年年平均气温相比有了明显的上升，但是北方地区冬季的温度近十年又有回落的趋势，而夏季的温度整体变化不大。经过计算对比室外空气计算参数采用 10 年、15 年、20 年及 30 年不同统计期的数值，10 年与 30 年的数据与累年年平均气温变化的趋势最为相近。从气象学的角度出发，30 年是比较有代表性的观测统计期，所以本次规范室外空气计算

参数的统计年份为 30 年。为保证计算参数的科学合理，根据气象部门整编数据的规定，编制组选取了 1971~2000 年作为统计期，部分台站因为迁站等原因有数据缺失，除长沙、重庆和芜湖外，其余台站均保证统计期大于 20 年。

4.1.19 山区的室外气象参数。

山区的气温受海拔、地形等因素影响较大，在与邻近台站的气象资料进行比较时，应注意小气候的影响，注意气候条件的相似性。

4.2 夏季太阳辐射照度

4.2.1 确定太阳辐射照度的基本原则。

本规范所给出的太阳辐射照度值，是根据地理纬度和 7 月大气透明度，并按 7 月 21 日的太阳赤纬，应用有关太阳辐射的研究成果，通过计算确定的。

关于计算太阳辐射照度的基础数据及其确定方法。这里所说的基础数据，是指垂直于太阳光线的表面上的直接辐射照度 S 和水平面上的总辐射照度 Q。基础数据是基于观测记录用逐时的 S 和 Q 值，采用近 10 年中每年 6 月至 9 月内舍去 15~20 个高峰值的较大值的历年平均值。实践证明，这一统计方法虽然较为繁琐，但它所确定的基础数据的量值，已为大家所接受。本规范参照这一量值，根据我国有关太阳辐射的研究中给出的不同大气透明度和不同太阳高度角下的 S 和 Q 值，按照不同纬度、不同时刻（6~18）时的太阳高度角用内插法确定的。

4.2.2 垂直面和水平面的太阳总辐射照度。

建筑物各朝向垂直面与水平面的太阳总辐射照度，是按下列公式计算确定的：

$$J_{zz} = J_z + \frac{D + D_f}{2} \tag{1}$$

$$J_{zp} = J_p + D \tag{2}$$

式中：J_{zz}——各朝向垂直面上的太阳总辐射照度（W/m²）；

J_{zp}——水平面上的太阳总辐射照度（W/m²）；

J_z——各朝向垂直面的直接辐射照度（W/m²）；

J_p——水平面的直接辐射照度（W/m²）；

D——散射辐射照度（W/m²）；

D_f——地面反射辐射照度（W/m²）。

各纬度带和各大气透明度等级下的计算结果列于本规范附录 C。

4.2.3 透过标准窗玻璃的太阳辐射照度。

根据有关资料，将 3mm 厚的普通平板玻璃定义为标准玻璃。透过标准窗玻璃的太阳直接辐射照度和散射辐射照度，是按下列公式计算确定的：

$$J_{cz} = \mu_\theta J_z \tag{3}$$

$$J_{zp} = \mu_\theta J_p \tag{4}$$

$$D_{cz} = \mu_d \left(\frac{D + D_f}{2} \right) \tag{5}$$

$$D_{cp} = \mu_d D \qquad (6)$$

式中：J_{cz}——各朝向垂直面和水平面透过标准窗玻璃的直接辐射照度（W/m²）；

μ_θ——太阳直接辐射入射率；

D_{cz}——透过各朝向垂直面标准窗玻璃的散射辐射照度（W/m²）；

D_{cp}——透过水平面标准窗玻璃的散射辐射照度（W/m²）；

μ_d——太阳散射辐射入射率；

其他符号意义同前。

各纬度带和各大气透明度等级下的计算结果列于本规范附录D。

4.2.4 当地计算大气透明度等级的确定。

为了按本规范附录C和附录D查取当地的太阳辐射照度值，需要确定当地的计算大气透明度等级，为此，本条给出了根据当地大气压力确定大气透明度的等级，见表4.2.4，并在本规范附录E中给出了夏季空调用的计算大气透明度分布图。

5 供 暖

5.1 一 般 规 定

5.1.1 供暖方式选择原则。

目前实施供暖的各地区的气象条件，能源结构、价格、政策，供热、供气、供电情况及经济实力等都存在较大差异，并且供暖方式还要受到环保、卫生、安全等多方面的制约和生活习惯的影响，因此，应通过技术经济比较确定。

5.1.2 宜设置集中供暖的地区。

根据几十年的实践经验，累年日平均温度稳定低于或等于5℃的日数大于或等于90天的地区，在同样保障室内设计环境的情况下，采用集中供暖系统更为经济、合理。这类地区是北京、天津、河北、山西、内蒙古、辽宁、吉林、黑龙江、山东、西藏、青海、宁夏、新疆等13个省、直辖市、自治区的全部，河南（许昌以北）、陕西（西安以北）、甘肃（除陇南部分地区）等省的大部分，以及江苏（淮阴以北）、安徽（宿县以北）、四川（川西高原）等省的一小部分，此外还有某些省份的高寒山区。

近些年，随着我国经济发展和人民生活水平提高，累年日平均温度稳定低于或等于5℃的日数小于90天地区的建筑也开始逐渐设置供暖设施，具体方式可根据当地条件确定。

5.1.3 宜设置供暖设施的地区及宜采用集中供暖的建筑。

为了保障人民生活最基本要求、维护公众利益设置了本条文。具体采用什么供暖方式，应根据所在地区的具体情况，通过技术经济比较确定。

5.1.5 设置值班供暖的规定。

设置值班供暖，主要是为了防止公共建筑在非使用的时间内，其水管及其他用水设备发生冻结的现象。在严寒地区，还要考虑居住建筑的公共部分的防冻措施。

5.1.6 居住建筑集中供暖系统。

连续供暖指当室外温度达到供暖室外计算温度时，为了使室内达到设计温度，要求锅炉房（或换热机房）按照设计的供、回水温度昼夜连续运行。当室外温度高于供暖室外计算温度时，可以采用质调节或量调节以及间歇调节等运行方式减少供暖热量。需要指出，间歇调节运行与间歇供暖的概念是不同的，间歇调节运行只是在供暖过程中减少系统供热量的一种方法，而间歇供暖是指建筑物在使用时间内供暖，使室内温度达到设计要求，而在非使用时间允许室温自然降低。例如：办公楼、教学楼等公共建筑的使用时间基本是固定的时间段，可以采用间歇供暖。而居住建筑的使用时间依居住人行为习惯、年龄等的差异而不同，它可能是在每天的任何时间。在室内设计参数不变的条件下，连续供暖每小时的热负荷是均匀的，在设计条件下所选用的供暖设备可以满足使用要求。

5.1.7 围护结构传热系数的规定。

国家现行公共建筑和居住建筑节能设计标准对外墙、屋面、外窗、阳台门和天窗等围护结构的传热系数都有相关的具体要求和规定，本规范应符合其规定。

5.1.10 竖向分区设置规定。

设置竖向分区主要目的是：减小设备、管道及部件所承受的压力，保证系统安全运行，避免立管出现垂直失调等现象。通常，考虑散热器的承压能力，高层建筑内的散热器供暖系统宜按照50m进行分区设置。

5.1.11 系统分环设置规定。

为了平衡南北向房间的温差、解决"南热北冷"的问题，除了按本规范的规定对南北向房间分别采用不同的朝向修正系数外，对供暖系统，必要时采取南北向房间分环布置的方式，有利于系统调试，故在条文中推荐。

5.1.12 供暖系统的水质要求。

水质是保证供暖系统正常运行的前提，近些年发展的轻质散热器和相关末端设备在使用时都对水质有不同的要求。现行国家标准《工业锅炉水质》GB 1576对供暖系统水质有要求，但其针对性不强，目前国家标准《供暖空调系统水质标准》正在编制中，对供暖水质提出了更为具体、针对性更强的要求。

5.2 热 负 荷

5.2.1 集中供暖系统施工图设计。强制性条文。

集中供暖的建筑，供暖热负荷的正确计算对供暖设备选择、管道计算以及节能运行都起到关键作用，特设置此条，且与现行《严寒和寒冷地区居住建筑节能设计标准》JGJ 26 和《公共建筑节能设计标准》GB 50189 保持一致。

在实际工程中，供暖系统有时是按照"分区域"来设置的，在一个供暖区域中可能存在多个房间，如果按照区域来计算，对于每个房间的热负荷仍然没有明确的数据。为了防止设计人员对"区域"的误解，这里强调的是对每一个房间进行计算而不是按照供暖区域来计算。

5.2.2 供暖通风热负荷确定。

计算热负荷时不经常出现的散热量，可不计算；经常出现但不稳定的散热量，应采用小时平均值。当前居住建筑户型面积越来越大，单位建筑面积内得热量不一，且炊事、照明、家电等散热是间歇性的，这部分自由热可作为安全量，在确定热负荷时不予考虑。公共建筑内较大且放热较恒定的物体的散热量，在确定系统热负荷时应予以考虑。

5.2.4 围护结构基本耗热量的计算。

公式（5.2.4）是按稳定传热计算围护结构耗热量，不管围护结构的热惰性指标大小如何，室外计算温度均采用供暖室外计算温度，即历年平均不保证5天的日平均温度。

近些年北方地区的居住建筑大都采用封闭阳台，封闭阳台形式大致有两种：凸阳台和凹阳台。凸阳台是包含正面和左右侧面三个接触室外空气的外立面，而凹阳台是只有正面一个接触室外空气的外立面。在计算围护结构基本耗热量时，应考虑该围护结构的温差修正系数。现行行业标准《严寒和寒冷地区居住建筑节能设计标准》JGJ 26—2010 附录 E.0.4 给出了严寒寒冷地区 210 个城市和地区、不同朝向的凸阳台和凹阳台温差修正系数。

5.2.5 相邻房间的温差传热计算原则。

当相邻房间的温差小于 5℃ 时，为简化计算起见，通常可不计入通过隔墙和楼板等的传热量。但当隔墙或楼板的传热热阻太小，传热面积很大，或其传热量大于该房间热负荷的 10% 时，也应将其传热量计入该房间的热负荷内。

5.2.6 围护结构的附加耗热量。包括朝向修正率、风力附加率、外门附加率。

1 朝向修正率，是基于太阳辐射的有利作用和南北向房间的温度平衡要求，而在耗热量计算中采取的修正系数。本条第一款给出的一组朝向修正率是综合各方面的论述、意见和要求，在考虑某些地区、某些建筑物在太阳辐射得热方面存在的潜力的同时，考虑到我国幅员辽阔，各地实际情况比较复杂，影响因素很多，南北向房间耗热量客观存在一定的差异（10%～30%），以及北向房间由于接受不到太阳直射作用而使人们的实感温度低（约差 2℃），而且墙体

的干燥程度北向也比南向差，为使南北向房间在整个供暖期均能维持大体均衡的温度，规定了附加（减）的范围值。这样做适应性比较强，并为广大设计人员提供了可供选择的余地，具有一定的灵活性，有利于本规范的贯彻执行。

2 风力附加率，是指在供暖耗热量计算中，基于较大的室外风速会引起围护结构外表面换热系数增大，即大于 23W/（m² • K）而设的附加系数。由于我国大部分地区冬季平均风速不大，一般为 2m/s～3m/s，仅个别地区大于 5m/s，影响不大，为简化计算起见，一般建筑物不必考虑风力附加，仅对建筑在不避风的高地、河边、海岸、旷野上的建筑物，以及城镇内明显高出的建筑物的风力附加做了规定。"明显高出"通常指较大区域范围内，某栋建筑特别突出的情况。

3 外门附加率，是基于建筑物外门开启的频繁程度以及冲入建筑物中的冷空气导致耗热量增大而附加的系数。外门附加率，只适用于短时间开启的、无热空气幕的外门。阳台门不应计入外门附加。

关于第 3 款外门附加中"一道门附加 65%×n，两道门附加 80%×n"的有关规定，有人提出异议，但该项规定是正确的。因为一道门与两道门的传热系数是不同的：一道门的传热系数是 4.65W/（m² • K），两道门的传热系数是 2.33W/（m² • K）。

例如：设楼层数 n=6

一道门的附加 65%×n 为：4.65×65%×6 =18.135

两道门的附加 80%×n 为：2.33×80%×6 =11.184

显然一道门附加的多，而两道门附加的少。

另外，此处所指的外门是建筑物底层入口的门，而不是各层每户的外门。

此外，严寒地区设计人员也可根据经验对两面外墙和窗墙面积比过大进行修正。当房间有两面以上外墙时，可将外墙、窗、门的基本耗热量附加 5%。当窗墙（不含窗）面积比超过 1：1 时，可将窗的基本耗热量附加 10%。

5.2.7 高度附加率。

高度附加率应附加于围护结构的基本耗热量和其他附加耗热量之和的基础上。高度附加率，是基于房间高度大于 4m 时，由于竖向温度梯度的影响导致上部空间及围护结构的耗热量增大的附加系数。由于围护结构耗热作用等影响，房间竖向温度的分布并不总是逐步升高的，因此对高度附加率的上限值做了限制。

以前有关地面供暖的规定认为可不计算房间热负荷的高度附加。但实际工程中的高大空间，尤其是间歇供暖时，常存在房间升温时间过长甚至是供热量不足等问题。分析原因主要是：①同样面积时，高大空间外墙等外围护结构比一般房间多，"蓄冷量"较大，

供暖初期升温相对需热量较多；②地面供暖向房间散热有将近一半仍依靠对流形式，房间高度方向也存在一些温度梯度。因此本规范建议地面供暖时，也要考虑高度附加，其附加值约按一般散热器供暖计算值50%取值。

5.2.8 间歇供暖系统设计附加值选取。

对于夜间基本不使用的办公楼和教学楼等建筑，在夜间时允许室内温度自然降低一些，这时可按间歇供暖系统设计，这类建筑物的供暖热负荷应对围护结构耗热量进行间歇附加，间歇附加率可取 20%；对于不经常使用的体育馆和展览馆等建筑，围护结构耗热量的间歇附加率可取 30%。如建筑物预热时间长，如两小时，其间歇附加率可以适当减少。

5.2.9 门窗缝隙渗入室内的冷空气耗热量计算。

本条强调了门窗缝隙渗透冷空气耗热量计算的必要性，并明确计算时应考虑的主要因素。在各类建筑物的耗热量中，冷风渗透耗热量所占比是相当大的，有时高达 30% 左右，根据现有的资料，本规范附录 F 分别给出了用缝隙法计算民用建筑的冷风渗透耗热量，并在附录 G 中给出了全国主要城市的冷风渗透量的朝向修正系数 n 值。

5.2.10 分户热计量户间传热供暖负荷附加量。

户间传热对供暖负荷的附加量的大小不影响外网、热源的初投资，在实施室温可调和供热计量收费后也对运行能耗的影响较小，只影响到室内系统的初投资。附加量取得过大，初投资增加较多。依据模拟分析和运行经验，户间传热对供暖负荷的附加量不宜超过计算负荷的 50%。

5.2.11 辐射供暖负荷计算。

根据国内外资料和国内一些工程的实测，辐射供暖用于全面供暖时，在相同热舒适条件下的室内温度可比对流供暖时的室内温度低 2℃～3℃。故规定辐射供暖的耗热量计算可按本规范的有关规定进行，但室内设计温度取值可降低 2℃。当辐射供暖用于局部供暖时，热负荷计算还要乘以表 5.2.11 所规定的计算系数（局部供暖的面积与房间总面积的面积比大于75%时，按全面供暖耗热量计算）。

5.3 散热器供暖

5.3.1 散热器供暖系统的热媒选择及热媒温度。

采用热水作为热媒，不仅对供暖质量有明显的提高，而且便于进行调节。因此，明确规定散热器供暖系统应采用热水作为热媒。

以前的室内供暖系统设计，基本是按 95℃/70℃ 热媒参数进行设计，实际运行情况表明，合理降低建筑物内供暖系统的热媒参数，有利于提高散热器供暖的舒适程度和节能降耗。近年来，国内已开始提倡低温连续供热，出现降低热媒温度的趋势。研究表明：对采用散热器的集中供暖系统，综合考虑供暖系统的

初投资和年运行费用，当二次网设计参数取 75℃/50℃ 时，方案最优，其次是取 85℃/60℃ 时。

目前，欧洲很多国家正朝着降低供暖系统热媒温度的方向发展，开始采用 60℃ 以下低温热水供暖，这也值得我国参考。

5.3.2 供暖系统制式选择。

由于双管制系统可实现变流量调节，有利于节能，因此室内供暖系统推荐采用双管制系统。采用单管系统时，应在每组散热器的进出水支管之间设置跨越管，实现室温调节功能。公共建筑选择供暖系统制式的原则，是在保持散热器有较高散热效率的前提下，保证系统中除楼梯间以外的各个房间（供暖区），能独立进行温度调节。公共建筑供暖系统可采用上／下分式垂直双管、下分式水平双管、上分式带跨越管的垂直单管、下分式带跨越管的水平单管制式，由于公共建筑往往分区出售或出租，由不同单位使用，因此，在设计和划分系统时，应充分考虑实现分区热量计量的灵活性、方便性和可能性，确保实现按用热量多少进行收费。

5.3.3 既有建筑供暖系统改造制式选择。

在北方一些城市大面积推行的既有建筑供暖系统热计量改造，多数改为分户独立循环系统，室内管道需重新布置，实施困难，对居民影响较大。根据既有建筑改造应尽可能减少扰民和投入为原则，建议采用改为垂直双管或加跨越管的形式，实现分户计量要求。

5.3.4 单管跨越式系统适用层数和散热器连接组数的规定。

散热器流量和散热量的关系曲线与进出口温差有关，温差越大越接近线性。散热器串联组数过多，每组散热温差过小，不仅散热器面积增加较大，恒温阀调节性能也很难满足要求。

5.3.5 有冻结危险场所的散热器设置。强制性条文。

对于管道有冻结危险的场所，不应将其散热器同邻室连接，立管或支管应独立设置，以防散热器冻裂后影响邻室的供暖效果。

5.3.6 选择散热器的规定。

散热器产品标准中规定了不同种类散热器的工作压力，即便是同一种类的散热器也有因加工材质厚度不同，工作压力不同的情况，而不同系统要求散热器的压力也不同，因此，强调了本条第一款的内容。

供暖系统在非供暖季节应充水湿保养，不仅是使用钢制散热器供暖系统的基本运行条件，也是热水供暖系统的基本运行条件，在设计说明中应加以强调。

公共建筑内的高大空间，如大堂、候车（机）厅、展厅等处的供暖，如果采用常规的对流供暖方式供暖时，室内沿高度方向会产生很大的温度梯度，不但建筑热损耗增大，而且人员活动区的温度往往偏

低，很难保持设计温度。采用辐射供暖时，室内高度方向的温度梯度小；同时，由于有温度和辐射照度的综合作用，既可以创造比较理想的热舒适环境，又可以比对流供暖时减少能耗。

5.3.7 散热器的布置。

1 散热器布置在外墙的窗台下，从散热器上升的对流热气流能阻止从玻璃窗下降的冷气流，使流经生活区和工作区的空气比较暖和，给人以舒适的感觉，因此推荐把散热器布置在外墙的窗台下；为了便于户内管道的布置，散热器也可靠内墙安装。

2 为了防止把散热器冻裂，在两道外门之间的门斗内不应设置散热器。

3 把散热器布置在楼梯间的底层，可以利用热压作用，使加热了的空气自行上升到楼梯间的上部补偿其耗热量，因此规定楼梯间的散热器应尽量布置在底层或按一定比例分配在下部各层。

5.3.8 散热器组装片数。

本条规定主要是考虑散热器组片连接强度及施工安装的限制要求。

5.3.9 散热器安装。

散热器暗装在罩内时，不但散热器的散热量会大幅度减少；而且，由于罩内空气温度远远高于室内空气温度，从而使罩内墙体的温差传热损失大大增加，应避免这种错误做法。实验证明：散热器外表面涂刷非金属性涂料时，其散热量比涂刷金属性涂料时能增加 10 ％左右。"特殊功能要求的建筑"指精神病院、法院审查室等。

5.3.10 散热器安装。强制性条文。

规定本条的目的，是为了保护儿童、老年人、特殊人群的安全健康，避免烫伤和碰伤。

5.3.11 散热器数量修正。

散热器的散热量是在特定条件下通过实验测定给出的，在实际工程应用中该值往往与测试条件下给出的有一定差别，为此设计时除应按不同的传热温差（散热器表面温度与室温之差）选用合适的传热系数外，还应考虑其连接方式、安装形式、组装片数、热水流量以及表面涂料等对散热量的影响。

散热器散热数量 n（片）可由下式计算，公式中的修正系数可由设计手册查得。

$$n = (Q_l/Q_s)\beta_1\beta_2\beta_3\beta_4 \tag{7}$$

式中：Q_l——房间的供暖热负荷（W）；

Q_s——散热器的单位（每片或每米长）散热量〔（W/片）或（W/m）〕；

β_1——柱形散热器（如铸铁柱形，柱翼形，钢制柱形等）的组装片数修正系数及扁管形、板形散热器长度修正系数；

β_2——散热器支管连接方式修正系数；

β_3——散热器安装形式修正系数；

β_4——进入散热器流量修正系数。

5.3.12 非保温管道散热器数量修正。

管道明设时，非保温管道的散热量有提高室温的作用，可补偿一部分耗热量，其值应通过明装管道外表面与室内空气的传热计算确定。管道暗设于管井、吊顶等处时，均应保温，可不考虑管道中水的冷却温降；对于直接埋设于墙内的不保温立、支管，散入室内的热量、无效热损失、水温降等较难准确计算，设计人可根据暗设管道长度等因素，适当考虑对散热器数量的影响。

5.3.13 同一房间的两组散热器的连接方式。

条文中的散热器连接方式一般称为"分组串接"，如图 2 所示。由于供暖房间的温控要求，各房间散热器均需独立与供暖立管连接，因此只允许同一房间的两组散热器采用"分组串接"。对于水平单管跨越式和双管系统，完全有条件每组散热器与水平供暖管道独立连接并分别控制，因此"分组串接"仅限于垂直单管和垂直双管系统采用。

采用"分组串接"的原因一般是房间热负荷过大，散热器片数过多，或为了散热器布置均匀，需分成两组进行施工安装，而单独设置立管或每组散热器单独与立管连接又有困难或不经济。

采用上下接口同侧连接方式时，为了保证距立管较远的散热器的散热量，散热器之间的连接管管径应尽可能大，使其相当于一组散热器，即采用带外螺纹的支管直接与散热器内螺纹接口连接。

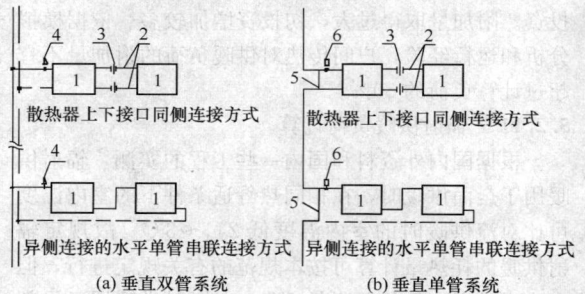

图 2 散热器连接方式示意图
1—散热器；2—连接管；3—活接头；4—高阻力温控阀；
5—跨越管；6—低阻力温控阀

5.4 热水辐射供暖

5.4.1 辐射供暖系统的供回水温度、温差及辐射体表面平均温度要求。

本条从对地面辐射供暖的安全、寿命和舒适考虑，规定供水温度不应超过 60℃。从舒适及节能考虑，地面供暖供水温度宜采用较低数值，国内外经验表明，35℃～45℃是比较合适的范围，故作此推荐。根据不同设置位置覆盖层热阻及遮挡因素，确定毛细管网供水温度。

根据国内外技术资料从人体舒适和安全角度考虑，对辐射供暖的辐射体表面平均温度作了具体规定。

对于人员经常停留的地面温度上限值规定，美国相关标准根据热舒适理论研究得出地面温度在21℃～24℃时，不满意度低于8%；欧洲相关设计标准规定地面温度上限为29℃，日本相关研究表明，地面温度上限为31℃时，从人体健康、舒适考虑，是可以接受。考虑到生活习惯，本规范将人员经常停留地面的温度上限值规定为29℃。

5.4.2 地表面平均温度校核。

地面的表面平均温度若高于表5.4.1-2的最高限值，会造成不舒适，此时应减少地面辐射供暖系统负担的热负荷，采取改善建筑热工性能或设置其他辅助供暖设备等措施，满足设计要求。《地面辐射供暖技术规程》JGJ 142-2004 的 3.4.5 条给出了校核地面的表面平均温度的近似公式。

5.4.3 绝热层、防潮层、隔离层。部分强制性条文。

为减少供暖地面的热损失，直接与室外空气接触的楼板、与不供暖房间相邻的地板，必须设置绝热层。与土壤接触的底层，应设置绝热层；当地面荷载特别大时，与土壤接触的底层的绝热层有可能承载力不够，考虑到土壤热阻相对楼板较大，散热量较小，可根据具体情况酌情处理。为保证绝热效果，规定绝热层与土壤间设置防潮层。对于潮湿房间，混凝土填充式供暖地面的填充层上，预制沟槽保温板或预制轻薄供暖板供暖地面的地面面层下设置隔离层，以防止水渗入。

5.4.4 毛细管网辐射系统方式选择。

毛细管网是近几年发展的新技术，根据工程实践经验和使用效果，确定了该系统不同情况的安装方式。

5.4.5 辐射供暖系统工作压力要求。

系统工作压力的高低，直接影响到塑料加热管的管壁厚度、使用寿命、耐热性能、价格等一系列因素，所以不宜定得太高。

5.4.6 热水地面辐射供暖所用的塑料加热管。强制性条文。

塑料管材的力学特性与钢管等金属管材有较大区别。钢管的使用寿命主要取决于腐蚀速度，使用温度对其影响不大。而塑料管材的使用寿命主要取决于不同使用温度和压力对管材的累计破坏作用。在不同的工作压力下，热作用使管壁承受环应力的能力逐渐下降，即发生管材的"蠕变"，以致不能满足使用压力要求而破坏。壁厚计算方法可参照现行国家有关塑料管的标准执行。

5.4.7 居住建筑热水辐射供暖系统划分。

居住建筑中按户划分系统，可以方便地实现按户热计量，各主要房间分环路布置加热管，则便于实现分室控制温度。

5.4.8 加热管敷设管间距。

地面散热量的计算，都是建立在加热管间距均匀布置的基础上的。实际上房间的热损失，主要发生在与室外空气邻接的部位，如外墙、外窗、外门等处。为了使室内温度分布尽可能均匀，在邻近这些部位的区域如靠近外窗、外墙处，管间距可以适当缩小，而在其他区域则可以将管间距适当放大。不过为了使地面温度分布不会有过大的差异，人员长期停留区域的最大间距不宜超过300mm。最小间距要满足弯管施工条件，防止弯管挤扁。

5.4.9 分水器、集水器。

分水器、集水器总进、出水管内径一般不小于25mm，当所带加热管为8个环路时，管内热媒流速可以保持不超过最大允许流速0.8m/s。分水器、集水器环路过多，将导致分水器、集水器处管道过于密集。

5.4.10 旁通管。

旁通管的连接位置，应在总进水管的始端（阀门之前）和总出水管的末端（阀门之后）之间，保证对供暖管路系统冲洗时水不流进加热管。

5.4.11 热水吊顶辐射板供暖使用场所。

热水吊顶辐射板为金属辐射板的一种，可用于层高3m～30m的建筑物的全面供暖和局部区域或局部工作地点供暖，其使用范围很广泛，包括大型船坞、船舶、飞机和汽车的维修大厅、建材市场、购物中心、展览会场、多功能体育馆和娱乐大厅等许多场合。

5.4.12 热水吊顶辐射板供水要求。

热水吊顶辐射板的供水温度，宜采用40℃～95℃的热水。既可用低温热水，也可用水温高达95℃的高温热水。热水水质应符合国家现行标准的要求。

5.4.13 热水吊顶辐射板供暖屋顶保温规定。

当屋顶耗热量大于房间总耗热量的30%时，应提高屋顶保温措施，目的是为了减少屋顶散热量，增加房间有效供热量。

5.4.14 热水吊顶辐射板有效散热量。

热水吊顶辐射板倾斜安装时，辐射板的有效散热量会随着安装角度的不同而变化。设计时，应根据不同的安装角度，按表5.4.14对总散热量进行修正。

由于热水吊顶辐射板的散热量是在管道内流体处于紊流状态下进行测试的，为保证辐射板达到设计散热量，管内流量不得低于保证紊流状态的最小流量。如流量达不到所要求的最小流量，应乘以1.18的安全系数。

5.4.15 热水吊顶辐射板安装高度。

热水吊顶辐射板属于平面辐射体，辐射的范围局限于它所面对的半个空间，辐射的热量正比于开尔文温度的四次方，因此辐射体的表面温度对局部的热量分配起决定作用，影响到房间内各部分的热量分布。而采用高温辐射会引起室内温度的不均匀分布，使人体产生不舒适感。当然辐射板的安装位置和高度也同样影响着室内温度的分布。因此在供暖设计中，应对辐射板的最低安装高度以及在不同安装高度下辐射板内热媒的最高平均温度加以限制。条文中给出了采用热水吊顶辐射板供暖时，人体感到舒适的允许最高平均水温。这个温度值是依据辐射板表面温度计算出来的。对于在通道或附属建筑物内，人们仅短暂停留的区域，温度可适当提高。

5.4.16 热水吊顶辐射板与供暖系统连接方式。

热水吊顶辐射板可以并联或串联，同侧或异侧等多种连接方式接入供暖系统，可根据建筑物的具体情况确定管道最优布置方式，以保证系统各环路阻力平衡和辐射板表面温度均匀。对于较长、高大空间的最佳管线布置，可采用沿长度方向平行的内部板和外部板串联连接，热水同侧进出的连接方式，同时采用流量调节阀来平衡每块板的热水流量，使辐射达到最优分布。这种连接方式所需费用低，辐射照度分布均匀，但设计时应注意能满足各个方向的热膨胀。在屋架或横梁隔断的情况下，也可采用沿外墙长度方向平行的两个或多个辐射板串联成一排，各辐射板排之间并联连接，热水异侧进出的方式。

5.4.17 热水吊顶辐射板装置布置要求。

热水吊顶辐射板的布置对于优化供暖系统设计，保证室内人员活动区辐射照度的均匀分布是很关键的。通常吊顶辐射板的布置应与最长的外墙平行设置，如必要，也可垂直于外墙设置。沿墙设置的辐射板排规格应大于室中部设置的辐射板规格，这是由于供暖系统热负荷主要是由围护结构传热耗热量以及通过外门、外窗侵入或渗入的冷空气耗热量来决定的。因此为保证室内作业区辐射照度分布均匀，应考虑室内空间不同区域的不同热需求，如设置大规格的辐射板在外墙处来补偿外墙处的热损失。房间建筑结构尺寸同样也影响着吊顶辐射板的布置方式。房间高度较低时，宜采用较窄的辐射板，以避免过大的辐射照度；沿外墙布置辐射板且板排较长时，应注意预留长度方向热膨胀的余地。

5.5 电加热供暖

5.5.1 电加热供暖使用条件。强制性条文。

合理利用能源、节约能源、提高能源利用率是我国的基本国策。直接将燃煤发电生产出的高品位电能转换为低品位的热能进行供暖，能源利用效率低，是不合适的。由于我国地域广阔、不同地区能源资源差距较大，能源形式与种类也有很大不同，考虑到各地区的具体情况，在只有符合本条所指的特殊情况时方可采用。

5.5.2 电供暖散热器形式和性能要求。

电供暖散热器是一种固定安装在建筑物内，以电为能源，将电能直接转化成热能，并通过温度控制器实现对散热器供热控制的供暖散热设备。电供暖散热器按放热方式可以分为直接作用式和蓄热式；按传热类型可分为对流式和辐射式，其中对流式包括自然对流和强制对流两种；按安装方式又可以分为吊装式、壁挂式和落地式。在工程设计中，无论选用哪一种电供暖散热器，其形式和性能都应满足具体工程的使用要求和有关规定。

电供暖散热器的性能包括电气安全性能和热工性能。

1 电气安全性能主要有泄漏电流、电气强度、接地电阻、防潮等级、防触电保护等。具体要求如下：

1）泄漏电流：在规定的试验额定电压下，测量电供暖散热器外露的金属部分与电源线之间的泄漏电流应不大于 0.75mA 或 0.75mA/kW。

2）电气强度：在带电部分和非带电金属部分之间施加额定频率和规定的试验电压，持续时间 1min，应无击穿或闪络。见表 2。

表 2　不同试验项目所用电压

不同电压下的 电供暖散热器	试验电压（V）	
	泄漏电流	电气强度
单相电供暖散热器	233	1250
三相电供暖散热器	233	1406

3）接地电阻：电供暖散热器外露金属部分与接地端之间的绝缘电阻不大于 0.1Ω。

4）防潮等级、防触电保护：不同的使用场所有不同的等级要求，最高在卫浴使用时要求达到 IP54 防护等级。

2 电供暖散热器热工性能指标主要有输入功率、表面温度和出风温度、升温时间、温度控制功能和蓄热性能等，其中蓄热性能是针对蓄热式电供暖散热器而言的。具体要求如下：

1）输入功率：电供暖散热器出厂时要求标注功率大小，这个功率称为标称输入功率，但是产品在正常运行时，也有一个运行时的功率，称为实际输入功率，这两个功率有可能不相等。有的厂家为了抬高产品售价，恶意提高产品标称输入功率的值，对消费者造成损失，因此输入功率是衡量电供暖散热器能力大小的一个重要指标。

2）表面温度和出风温度：是电供暖散热器使用过程中是否安全的指标，其最高温度要求对于人体可触及的安装状态，接触电供暖散热器表面或者出口格栅时对人体不产

生烫伤或者灼伤，同时对于建筑物内材料不造成损害。

3）升温时间：是评判电供暖散热器响应时间的指标，电供暖散热器主要是通过对流和辐射对建筑物进行供暖的，只有其表面温度或者出风温度达到一定温度时才会起到维持房间温度的效果。一般升温时间指从接通电源到稳定运行时所用时间，通常稳定运行的概念是：电供暖散热器外表面或出气口格栅温度的温度变化不大于 2℃，则可以认为已达到稳定运行。从节能和使用要求考虑，电供暖散热器升温时间越短，越有利。

4）温度控制功能：电供暖散热器要求具备温度控制功能，所安装的温度控制器对环境温度敏感，应能在一定范围内设定温度，用户可以根据需要进行温度的设定。通常规定温度设定范围是（5～30）℃。环境温度到达设定温度时，温度控制器应动作控制。要求有一定的控制精度。

5）蓄热性能：考察蓄热式电供暖散热器蓄热性能的基本指标是蓄热效率、蓄热量及蓄热和放热过程的控制问题。在进行电供暖工程设计时，应慎重选用蓄热式电供暖散热器。蓄热式电供暖散热器是利用低谷电价时蓄热，用电高峰时不消耗或者少消耗电能而实现对建筑物的供暖。蓄热式电供暖散热器是否真正有实际性的移峰填谷作用，应在三个方面落实：①蓄热、放热的控制要到位；②蓄热量的大小应能够保证散热器放热过程中所放出的热量满足建筑物的供暖需要；③蓄、放热时间满足峰谷电价时间的要求。只有控制好这三个方面的特性，蓄热式电供暖散热器才能真正发挥作用。

5.5.3 电热辐射供暖安装形式。

发热电缆供暖系统是由可加热电缆和传感器、温控器等构成，发热电缆具有接地体和工厂预制的电气接头，通常采用地板式，将电缆敷于混凝土中，有直接供热及存储供热等两种系统形式；低温电热膜辐射供暖方式是以电热膜为发热体，大部分热量以辐射方式传入供暖区域，它是一种通电后能发热的半透明聚酯薄膜，由可导电的特制油墨、金属载流条经印刷、热压在两层绝缘聚酯薄膜之间制成的。电热膜通常没有接地体，且须在施工现场进行电气接地连接，电热膜通常布置在顶棚上，并以吊顶龙骨作为系统接地体，同时配以独立的温控装置。没有安全接地不应铺设于地面，以免漏电伤人。

5.5.4 电热辐射供暖加热元件要求。

本条文要求发热电缆辐射供暖和低温电热膜辐射供暖的加热元件及其表面温度符合国家有关产品标准要求。普通发热电缆参见国家标准《额定电压 300/500V 生活设施加热和防结冰用加热电缆》GB/T 20841-2007/IEC 60800：1992，低温电热膜辐射供暖参见标准《低温辐射电热膜》JG/T 286。

5.5.5 电供暖系统温控装置要求。强制性条文。

从节能角度考虑，要求不同电供暖系统应设置相应的温控装置。

5.5.6 发热电缆的线功率要求。

普通发热电缆的线功率基本是恒定的，热量不能散出来就会导致局部温度上升，成为安全隐患。国家标准《额定电压 300/500V 生活设施加热和防结冰用加热电缆》GB/T 20841-2007/IEC60800：1992 规定，护套材料为聚氯乙烯的发热电缆，表面工作温度（电缆表面允许的最高连续温度）为 70℃；《美国 UL 认证》规定，发热电缆表面工作温度不超过 65℃。当面层采用塑料类材料（面层热阻 $R = 0.075m^2 \cdot K/W$）、混凝土填充层厚度 35mm、聚苯乙烯泡沫塑料绝热层厚度 20mm、发热电缆间距 50mm，发热电缆表面温度 70℃ 时，计算发热电缆的线功率为 16.3W/m。因此，本条文作出了对发热电缆的线功率不宜超过 17W/m 的规定，以控制发热电缆表面温度，保证其使用寿命，并有利于地面温度均匀且不超出最高温度限制。发热电缆的线功率的选择，与敷设间距、面层热阻等因素密切相关，敷设间距越大，面层热阻越小，允许的发热电缆线功率也可适当加大；而当面层采用地毯等高热阻材料时，应选用更低线功率的发热电缆，以确保安全。

需要说明的是，17W/m 的推荐限值，是在铺设间距 50mm 的情况下得出的。通常情况下，发热电缆铺设间距在 50mm 以上，但特殊情况下，受铺设面积的限制，实际工程中存在铺设间距为 50mm 的情况，故从确保安全的角度，作此规定。计算表明，上述同样条件下，如发热电缆间距控制在 100mm，即使采用热阻更大的厚地毯面层，发热电缆线功率的限值也可以达到 25W/m。因此，实际工程发热电缆的线功率的选择，应根据铺设间距、构造做法等综合考虑确定。

采用发热电缆地面辐射供暖时，尚应考虑到家具布置的影响，发热电缆的布置应尽可能避开家具特别是无腿家具的占压区域，以免因占压区域的热损失而影响供暖效果或因占压区域的局部温度过高而影响发热电缆的使用寿命。

在采用带龙骨的架空木板作为地面时，发热电缆裸敷在架空地板的龙骨之间，需要对发热电缆有更加严格的、安全的规定。借鉴国内外大量的工程实践经验，在龙骨之间宜敷设有利于发热电缆散热的金属板，且发热电缆的线功率不应大于 10W/m。

5.5.7 电热膜辐射供暖的安装功率及其在顶棚上布置时的安装要求。

为了保证其安装后能满足房间的温度要求，并避免与顶棚上的电气、消防、空调等装置的安装位置发生冲突，而影响其使用效果和安全性，做出本条要求。

5.5.8 对安装于距地面高度 180cm 以下电供暖元件的安全要求。强制性条文。

对电供暖装置的接地及漏电保护要求引自《民用电气设计规范》JGJ 16。安装于地面及距地面高度 180cm 以下的电供暖元件，存在误操作（如装修破坏、水浸等）导致的漏、触电事故的可能性，因此必须可靠接地并配置漏电保护装置。

5.6 燃气红外线辐射供暖

5.6.1 燃气红外线辐射供暖使用安全原则。强制性条文。

燃气红外线辐射供暖通常有炽热的表面，因此设置燃气红外线辐射供暖时，必须采取相应的防火和通风换气等安全措施。

燃烧器工作时，需对其供应一定比例的空气量，并放散二氧化碳和水蒸气等燃烧产物，当燃烧不完全时，还会生成一氧化碳。为保证燃烧所需的足够空气，避免水蒸气在围护结构内表面上凝结，必须具有一定的通风换气量。采用燃气红外线辐射供暖应符合国家现行有关燃气、防火规范的要求，以保证安全。相关规范包括《城镇燃气设计规范》GB 50028、《建筑设计防火规范》GB 50016、《高层民用建筑设计防火规范》GB 50045。

5.6.2 燃气红外线辐射供暖燃料要求。

制定此条为了防止因燃气成分改变、杂质超标和供气压力不足等引起供暖效果的降低。

5.6.3 燃气红外线辐射器的安装高度。

燃气红外线辐射器的表面温度较高，如其安装高度过低，人体所感受到的辐射照度将会超过人体舒适的要求。舒适度与很多因素有关，如供暖方式、环境温度及风速、空气含尘浓度及相对湿度、作业种类和辐射器的布置及安装方式等。当用于全面供暖时，既要保持一定的室温，又要求辐射照度均匀，保证人体的舒适度，为此，辐射器应安装得高一些；当用于局部区域供暖时，由于空气的对流，供暖区域的空气温度比全面供暖时要低，所要求的辐射照度比全面供暖大，为此辐射器应安装得低一些。由于影响舒适度的因素很多，安装高度仅是其中一个方面，因此本条只对安装高度作了不应低于 3m 的限制。

5.6.4 燃气红外线辐射器数量。

为了防止由于单侧辐射而引起人体部分受热、部分受凉的现象，造成不舒适感而规定。

5.6.5 全面辐射供暖系统布置散热量要求。

采用辐射供暖进行全面供暖时，不但要使人体感受到较理想的舒适度，而且要使整个房间的温度比较均匀。通常建筑四周外墙和外门的耗热量，一般不少于总热负荷的 60%，适当增加该处辐射器的数量，对保持室温均匀有较好的效果。

5.6.6 燃气红外线辐射供暖系统空气量要求。强制性条文。

燃气红外线辐射供暖系统的燃烧器工作时，需对其供应一定比例的空气量。当燃烧器每小时所需的空气量超过该房间 0.5 次/h 换气时，应由室外供应空气，以避免房间内缺氧和燃烧器供应空气量不足而产生故障。

5.6.7 燃气红外线辐射供暖系统进风口要求。

燃气红外线辐射供暖当采用室外供应空气时，可根据具体情况采取自然进风或机械进风。

5.6.8 燃气红外线辐射供暖尾气排放要求及排风口的要求。

燃气燃烧后的尾气为二氧化碳和水蒸气。在农作物、蔬菜、花卉温室等特殊场合，采用燃气红外线辐射供暖时，允许其尾气排至室内。

5.6.9 燃气红外线辐射供暖系统控制。

当工作区发出火灾报警信号时，应自动关闭供暖系统，同时还应连锁关闭燃气系统入口处的总阀门，以保证安全。当采用机械进风时，为了保证燃烧器所需的空气量，通风机应与供暖系统连锁工作，并确保通风机不工作时，供暖系统不能开启。

5.7 户式燃气炉和户式空气源热泵供暖

5.7.1 户式供暖。

户式供暖如户式燃气炉、户式空气源热泵供暖系统，在日本、韩国、美国普遍应用，在我国寒冷地区也有应用。户式与集中燃气供暖相比，具有灵活、高效的特点，也可免去集中供暖管网损失及输送能耗。户式燃气炉的选择应采用质量好、效率高、维护方便的产品。目前，欧美发达国家普遍采用冷凝式的户式燃气炉，但价格较高，国内应用较少。

户式空气源热泵能效受室外温湿度影响较大，同时还需要考虑系统的除霜要求。

5.7.2 供暖热负荷。

由于分户供暖运行的灵活性及该设备的特点，设计时宜考虑不同地区生活习惯、建筑特点、间歇运行等因素，在 5.2 节负荷计算基础上进行附加。

5.7.3 户式燃气炉基本要求。强制性条文。

户式燃气炉使用出现过安全问题，采用全封闭式燃烧和平衡式强制排烟的系统是确保安全运行的条件。

户式燃气炉包括户式壁挂燃气炉和户式落地燃气炉两类。

5.7.4 户式燃气炉供暖热媒温度要求。

户式燃气炉的排烟温度不宜过低。实践表明：户式燃气炉在低温热媒运行时烟气结露温度影响使用寿命和供暖效果。为了使燃气炉的出水温度不过低，宜通过混水的方式满足末端散热设备对供水温度调节的需求。

5.7.5 户式燃气炉排烟。

户式燃气炉运行会产生有害气体，因此，系统的排烟口应保持空气畅通加以稀释，并将排烟口远离人群和新风口，避免污染和影响室内空气质量。

5.7.6 户式空气源热泵系统供电及化霜水排放。

在供暖期间，为了保证热泵供暖系统的设备能够正常启动，压缩机应保持预热状态，因此热泵供暖系统必须持续供电。若与其他电气设备采用共用回路时，当关闭其他电气设备电源的同时，也将使得热泵供暖系统断电，从而无法保证压缩机的预热，故应将系统的供电回路与其他电气设备分开。

在供暖期间，当室外温度较低时，若热泵供暖系统长时间不使用，系统的水回路易发生冻裂现象，因此系统的水泵会不定期进行防冻保护运转，同样也需要持续供电。

热泵系统在供暖运行时会有除霜运转，产生化霜水，为了避免化霜水的无组织排放，对周边环境及邻里关系造成影响，应采取一定的措施，如在设备下方设置积水盘，收集化霜水后集中排放至地漏或建筑集中排水管。

5.7.7 末端散热设备。

户式燃气炉做热源时，末端设备可采用不同的供暖方式，散热器和地面供暖等末端设备都可以，设计人员可根据具体情况选择，但必须适应燃气炉的供回水温度及循环泵的扬程要求。

热泵供暖系统可根据供水温度分为低温型（出水温度≤55℃）及高温型（出水温度≤85℃）。需根据连接的具体末端形式的（如地面供暖、散热器等）供水温度要求，选择适宜的热泵供暖设备。

5.8 热 空 气 幕

5.8.3 公共建筑热空气幕送风方式。

对于公共建筑推荐由上向下送风，是由于公共建筑的外门开启频繁，而且往往向内外两个方向开启，不便采用侧面送风，如采用由下向上送风，卫生条件又难以保证。

5.8.4 热空气幕送风温度。

高大外门指可通过汽车的大门。

5.8.5 热空气幕出口风速。

热空气幕出口风速的要求，主要是根据人体的感受、噪声对环境的影响、阻隔冷空气效果的实践经验，并参考国内外有关资料制定的。

5.9 供暖管道设计及水力计算

5.9.1 供暖管道材质要求。

近几年来，随着供暖系统热计量技术的不断完善和强制性的应用，供暖方式出现了多样化，同时也带来了供暖管道材质的多样化。目前，在供暖工程中，除了可选用焊接钢管、镀锌钢管外，还可选用热镀锌钢管、塑料管、有色金属管、金属和塑料复合管等管道。

金属管道的使用寿命主要与其工作压力有关，与工作温度关系不大，但塑料管道的使用寿命却与其工作压力和工作温度都密切相关。在一定工作温度下，随着工作压力的增大，塑料管道的寿命将缩短；在一定的工作压力下，随着工作温度的升高，塑料管道的使用寿命也将缩短。所以，对于采用塑料管道的辐射供暖系统，其热媒温度和系统工作压力不应定得过高。另外，长时间的光照作用也会缩短塑料管道的寿命。根据上述情况等因素，本条文作出了对供暖管道种类应根据其工作温度、工作压力、使用寿命、施工与环保性能等因素，经综合考虑和技术经济比较后确定的原则性规定。通常，室内外供暖干管宜选用焊接钢管、镀锌钢管或热镀锌钢管，室内明装支、立管宜选用镀锌钢管、热镀锌钢管、外敷铝保护层的铝合金衬PB管等，散热器供暖系统的室内埋地暗装供暖管道宜选用耐温较高的聚丁烯（PB）管、交联聚乙烯（PE-X）管等塑料管道或铝塑复合管（XPAP），地面辐射供暖系统的室内埋地暗装供暖管道宜选用耐热聚乙烯（PE-RT）管等塑料管道。另外，铜管也是一种适用于低温热水地面辐射供暖系统的有色金属加热管道，具有导热系数高、阻氧性能好、易于弯曲且符合绿色环保要求的特点，正逐渐为人们所接受。

本条文还规定了各种管道的质量，应符合国家现行有关产品标准的规定。其中，PE-X管采用《冷热水用交联聚乙烯（PE-X）管道系统》GB/T 18992；PB管采用《冷热水用聚丁烯（PB）管道系统》GB/T 19473；铝合金衬PB管采用《铝合金衬塑复合管材与管件》CJ/T 321；PE-RT管采用《冷热水用耐热聚乙烯（PE-RT）管道系统》CJ/T 175；PP-R管采用《冷热水用聚丙烯管道系统》GB/T 18742；XPAP管采用《铝塑复合压力管》GB/T 18997；铜管采用《无缝铜水管和铜气管》GB/T 18033。

5.9.2 不同系统管道分开设置的规定。

条文中1～4款所列系统同散热器供暖系统比较，热媒参数、阻力特性、使用条件、使用时间等方面，不是完全一致的，需分开设置，通常宜在建筑物的热力入口处分开；当其他系统供热量需要单独计量时，也宜分开设置。

5.9.3 热水供暖系统热力入口装置的设置要求。

1 集中供暖系统应在热力入口处的供回水总管上分别设置关断阀、温度计、压力表，其目的主要是为了检修系统、调节温度及压力提供方便条件。

2 过滤器是保证管道配件及热量表等不堵塞、

不磨损的主要措施；旁通管是考虑系统运行维护需要设置的。热力入口设有热量表时，进入流量计前的回水管上应设置滤网规格不宜小于 60 目的过滤器，在供水管上一般应顺水流方向设两级过滤器，第一级为粗滤，滤网孔径不宜大于 3.0mm，第二级为精过滤器，滤网规格宜不小于 60 目。

3 静态水力平衡阀又叫水力平衡阀或平衡阀，具备开度显示、压差和流量测量、限定开度等功能。通过改变平衡阀的开度，使阀门的流动阻力发生相应变化来调节流量，能够实现设计要求的水力平衡，其调节性能一般包括接近线性线段和对数（等百分比）特性曲线线段。平衡阀除具有水力平衡功能外，还可取代一个热力入口处设置的用于检修系统的手动阀，起关断作用。

虽然通过安装静态水力平衡阀，能够较好地解决供热系统中各建筑物供暖系统间的静态水力失调问题，但是并非每个热力入口处都要安装，一定要根据水力平衡要求决定是否设置。

静态水力平衡阀既可安装在供水管上，也可安装在回水管上，但出于避免气蚀与噪声等的考虑，宜安装于回水管上。

除静态水力平衡阀外，也可根据水力平衡要求和建筑物内供暖系统的调节方式，选择自力式压差控制阀、自力式流量控制阀等装置。

4 为满足供热计量和收费的要求，促进供暖系统的节能和科学管理，除了多个热力入口设置一块共用的总热量表用于热量（费）结算的情况外，每个热力入口处均应单独设置一块热量结算表；考虑到回水管的水温较供水管低，有利于延长热量表的使用寿命，热量表宜设在回水管上。

为便于热计量和减少热力入口装置的投资，在满足供暖系统设计合理的前提下，应尽量减少单栋楼热力入口的数量。

5.9.4 供暖干管和立管等管道上阀门的设置。

在供暖管道上设置关闭和调节装置是为系统的调节和检修创造必要的条件。当有调节要求时，应设置调节阀，必要时还应同时设置关闭用的阀门；无调节要求时，只设置关闭用的阀门即可。

根据供暖系统的不同需要，应选择具备相应功能的阀门。用于维修时关闭的阀门，宜选用低阻力阀门，如闸阀、双偏心半球阀或蝶阀等；需承担调节及控制功能的阀门，应选用高阻力阀门，如截止阀、静态水力平衡阀、自力式压差控制阀等。

5.9.5 供暖管道热膨胀及补偿。强制性条文。

供暖系统的管道由于热媒温度变化而引起热膨胀，不但要考虑干管的热膨胀，也要考虑立管的热膨胀，这个问题必须重视。在可能的情况下，利用管道的自然弯曲补偿是简单易行的，如果自然补偿不能满足要求，则应根据不同情况通过计算选型设置补偿

器。对供暖管道进行热补偿与固定，一般应符合下列要求：

1 水平干管或总立管固定支架的布置，要保证分支干管接点处的最大位移量不大于 40mm；连接散热器的立管，要保证管道分支接点由管道伸缩引起的最大位移量不大于 20mm；无分支管接点的管段，间距要保证伸缩量不大于补偿器或自然补偿所能吸收的最大补偿率；

2 计算管道膨胀量时，管道的安装温度应按冬季环境温度考虑，一般可取 0℃～5℃；

3 供暖系统供回水管道应充分利用自然补偿的可能性；当利用管道的自然补偿不能满足要求时，应设置补偿器。采用自然补偿时，常用的有 L 形或 Z 形两种形式；采用补偿器时，要优先采用方形补偿器；

4 确定固定点的位置时，要考虑安装固定支架（与建筑物连接）的可行性；

5 垂直双管系统及跨越管与立管同轴的单管系统的散热器立管，当连接散热器立管的长度小于 20m 时，可在立管中间设固定卡；长度大于 20m 时，应采取补偿措施；

6 采用套筒补偿器或波纹管补偿器时，需设置导向支架；当管径大于等于 DN50 时，应进行固定支架的推力计算，验算支架的强度；

7 户内长度大于 10m 的供回水立管与水平干管相连接时，以及供回水支管与立管相连接处，应设置 2～3 个过渡弯头或弯管，避免采用 "T" 形直接连接。

5.9.6 供暖管道敷设坡度的规定。

本条文是考虑便于排除供暖管道中的空气，参考国外有关资料并结合具体情况制定的。当水流速度达到 0.25m/s 时，方能把管中空气裹挟走，使之不能浮升；因此，采用无坡敷设时，管内流速不得小于 0.25m/s。

5.9.7 关于供暖管道穿越建筑物的规定。

在布置供暖系统时，若必须穿过建筑物变形缝，应采取预防由于建筑物下沉而损坏管道的措施，如在管道穿过基础或墙体处埋设大口径套管内填以弹性材料等。

5.9.8 供暖管道穿越建筑物墙防火墙的规定。

根据《建筑设计防火规范》GB 50016 的要求做了原则性规定。具体要求，可参照有关规范的规定。

规定本条的目的，是为了保持防火墙墙体的完整性，以防发生火灾时，烟气或火焰等通过管道穿墙处波及其他房间；另外，要求对穿墙或楼板处的管道与套管之间空隙进行封堵，除了能防止烟气或火焰蔓延外，还能起到防止房间之间串音的作用。

5.9.9 供暖管道与其他管道敷设的要求。

规定本条的目的，是为了防止表面温度较高的供暖管道，触发其他管道中燃点低的可燃液体、可燃气

体引起燃烧和爆炸，或其他管道中的腐蚀性气体腐蚀供暖管道。

5.9.10 室内供暖管道保温条件。

本条是基于使热媒保持一定参数，节能和防冻等因素制定的。根据国家新的节能政策，对每米管道保温后的允许热耗、保温材料的导热系数及保温厚度相对以及保护壳做法等都必须在原有基础上加以改善和提高，设计中要给予重视。

5.9.11 室内供暖系统各并联环路的水力平衡。

关于室内热水供暖系统各并联环路之间的压力损失差额不大于15%的规定，是基于保证供暖系统的运行效果，并参考国内外资料而规定的。一般可通过下列措施达到各并联环路之间的水力平衡：

1 环路布置应力求均匀对称，环路半径不宜过大，负担的立管数不宜过多。

2 应首先通过调整管径，使并联环路之间压力损失相对差额的计算值达到最小，管道的流速应尽力控制在经济流速及经济比摩阻下。

3 当调整管径不能满足要求时，可采取增大末端设备的阻力特性，或者根据供暖系统的形式在立管或支环路上设置适用的水力平衡装置等措施，如安装静态或自力式控制阀。

5.9.12 室内供暖系统总压力要求。

规定供暖系统计算压力损失的附加值采用10%，是基于计算误差、施工误差及管道结垢等因素综合考虑的安全系数。

5.9.13 供暖管道中热媒最大允许流速规定。

关于供暖管道中的热媒最大允许流速，目前国内尚无专门的试验资料和统一规定，但设计中又很需要这方面的数据，因此，参考国外的有关资料并结合我国管材供应等的实际情况，作出了有关规定。

最大流速与推荐流速不同，它只在极少数公用管段中为消除剩余压力或为了计算平衡压力损失时使用，如果把最大允许流速规定的过小，则不易达到平衡要求，不但管径增大，还需要增加调压板等装置。前苏联在关于机械循环供暖系统中噪声的形成和水的极限流速的专门研究中得出的结论表明，适当提高热水供暖系统的热媒流速不致于产生明显的噪声，其他国家的研究结果也证实了这一点。

5.9.14 防止热水供暖系统竖向水力失调的规定。

规定本条是为了防止或减少热水在散热器和管道中冷却产生的重力水头而引起的系统竖向水力失调。当重力水头的作用高差大于10m时，并联环路之间的水力平衡，应按下式计算重力水头：

$$H = 2h(\rho_h - \rho_g)g/3 \qquad (8)$$

式中：H——重力水头（m）；

h——计算环路散热器中心之间的高差（m）；

ρ_g——设计供水温度下的密度（kg/m³）；

ρ_h——设计回水温度下的密度（kg/m³）；

g——重力加速度（m/s²），$g=9.81m/s^2$。

5.9.15 供暖系统末端和始端管径的规定。

供暖系统供水（汽）干管末端和回水干管始端的管径，应在水力平衡计算的基础上确定。当计算管径小于$DN20$时，为了避免管道堵塞等情况的发生，宜适当放大管径，一般不小于$DN20$。当热媒为低压蒸汽时，蒸汽干管末端管径为$DN20$偏小，参考有关资料规定低压蒸汽的供汽干管可适当放大。

5.9.18 高压蒸汽供暖系统的压力损失。

规定本条是为了保证系统各并联环路在设计流量下的压力平衡。过去，国内有的单位对蒸汽系统的计算不够仔细，供热干管单位摩阻选择偏大，供汽压力不稳定，严重影响供暖效果，常出现末端不热的现象，为此本条参考国内外有关资料规定，高压蒸汽供暖系统最不利环路的供汽管，其压力损失不应大于起始压力的25%。

5.9.19 蒸汽供暖系统的凝结水回收方式。

蒸汽供暖系统的凝结水回收方式，目前设计上经常采用的有三种，即利用二次蒸汽的闭式满管回水；开式水箱自流或机械回水；地沟或架空敷设的余压回水。这几种回水方式在理论上都是可以应用的，但具体使用有一定的条件和范围。从调查来看，在高压蒸汽系统供汽压力比较正常的情况下，有条件就地利用二次蒸汽时，以闭式满管回水为好；低压蒸汽或供汽压力波动较大的高压蒸汽系统，一般采用开式水箱自流回水，当自流回水有困难时，则采用机械回水；余压回水设备简单，凝结水热量可集中利用，故在一般作用半径不大、凝结水量不多、用户分散的中小型厂区，应用的比较广泛。但是，应当特别注意两个问题，一是高压蒸汽的凝结水在管道的输送过程中不断汽化，加上疏水器的漏汽，余压凝结水管中是汽水两相流动，因此极易产生水击，严重的水击能破坏管件及设备；二是余压凝结水系统中有来自供汽压力相差较大的凝结水合流，在设计与管理不当时会相互干扰，以致使凝结水回流不畅，不能正常工作。凝结水回收方式，尚应符合国家现行《锅炉房设计规范》GB 50041的要求。

5.9.20 对疏水器出入口凝结水管的要求。

在疏水器入口前的凝结水管中，由于汽水混流，如向上抬升，容易造成水击或因积水不易排除而导致供暖设备不热，故疏水器入口前的凝结水管不应向上抬升；疏水器出口端的凝结水管向上抬升的高度应根据剩余压力的大小经计算确定，但实践经验证明不宜大于5m。

5.9.21 凝结水管的计算原则。

在蒸汽凝结水管内，由于通过疏水器后有二次蒸汽及疏水器本身漏汽存在，故自疏水器至回水箱之间的凝结水管段，应按汽水乳状体进行计算。

5.9.22 供暖系统的排气、泄水、排污和疏水装置。

热水和蒸汽供暖系统，根据不同情况设置必要的排气、泄水、排污和疏水装置，是为了保证系统的正常运行并为维护管理创造必要的条件。

不论是热水供暖还是蒸汽供暖，都必须妥善解决系统内空气的排除问题。通常的做法是：对于热水供暖系统，在有可能积存空气的高点（高于前后管段）排气，机械循环热水干管尽量抬头走，使空气与水同向流动；下行上给式系统，在最上层散热器上装排气阀，或作排气管；水平单管串联系统在每组散热器上装排气阀，如为上进上出式系统，在最后的散热器上装排气阀。对于蒸汽供暖系统，采用干式回水时，由凝结水管的末端（疏水器入口之前）集中排气；采用湿式回水时，如各立管装有排气管时，集中在排气管的末端排气，如无排气管时，则在散热器和蒸汽干管的末端设排气装置。

5.10　集中供暖系统热计量与室温调控

5.10.1　集中供热热量计量要求。强制性条文。

根据《中华人民共和国节约能源法》的规定，新建建筑和既有建筑的节能改造应当按照规定安装热计量装置。计量的目的是促进用户自主节能，室温调控是节能的必要手段。

供热企业和终端用户间的热量结算，应以热量表作为结算依据。用于结算的热量表应符合相关国家产品标准，且计量检定证书应在检定的有效期内。

5.10.2　热量计量装置设置及热计量改造。

热源、换热机房热量计量装置的流量、传感器应安装在一次管网的回水管上。因为高温水温差大、流量小、管径较小，可以节省计量设备投资；考虑到回水温度较低，建议热量测量装置安装在回水管路上。如果计量结算有具体要求，应按照需要选择计量位置。

用户热量分摊计量方式是在楼栋热力入口处（或换热机房）安装热量表计量总热量，再通过设置在住宅户内的测量记录装置，确定每个独立核算用户的用热量占总热量的比例，进而计算出用户的分摊热量，实现分户热计量。近几年供热计量技术发展很快，用户热分摊的方法较多，有的尚在试验当中。本文仅依据目前相关的标准规范，即《供热计量技术规程》JGJ 173 和《严寒和寒冷地区居住建筑节能设计标准》JGJ 26，列出了他们所提到的用户热分摊方法。《供热计量技术规程》JGJ 173 正文和条文说明中以及在条文说明中提出的用户热分摊方法有：散热器热分配计法、流量温度法、通断时间面积法和户用热量表法。

1　散热器热分配计法：适用于新建和改造的各种散热器供暖系统，特别适合室内垂直单管顺流式系统改造为垂直单管跨越式系统，该方法不适用于地面辐射供暖系统。散热器热分配计法只是分摊计算用热量，室内温度调节需安装散热器恒温控制阀。

散热器热分配计法是利用散热器热分配计所测量的每组散热器的散热量比例关系，来对建筑的总供热量进行分摊。热分配计有蒸发式、电子式及电子远传式三种，后两者是今后的发展趋势。

散热器热分配计法适用于新建和改造的散热器供暖系统，特别是对于既有供暖系统的热计量改造比较方便、灵活性强，不必将原有垂直系统改成按户分环的水平系统。

采用该方法时必须具备散热器与热分配计的热耦合修正系数，我国散热器型号种类繁多，国内检测该修正系数经验不足，需要加强这方面的研究。

关于散热器罩对热分配量的影响，实际上不仅是散热器热分配计法面对的问题，其他热分配法如流量温度分摊法、通断时间面积分摊法也面临同样的问题。

2　流量温度法：适用于垂直单管跨越式供暖系统和具有水平单管跨越式的共用立管分户循环供暖系统。该方法只是分摊计算用热量，室内温度调节需另安装调节装置。

流量温度法是基于流量比例基本不变的原理，即：对于垂直单管跨越式供暖系统，各个垂直单管与总立管的流量比例基本不变；对于在入户处有跨越管的共用立管分户循环供暖系统，每个入户和跨越管流量之和与共用立管流量比例基本不变，然后结合现场预先测出的流量比例系数和各分支三通前后温差，分摊建筑的总供热量。

由于该方法基于流量比例基本不变的原理，因此现场预先测出的流量比例系数准确性就非常重要，除应使用小型超声波流量计外，更要注意超声波流量计的现场正确安装与使用。

3　通断时间面积法：适用于共用立管分户循环供暖系统，该方法同时具有热量分摊和分户室温调节的功能，即室温调节时对户内各个房间室温作为一个整体统一调而不实施对每个房间单独调节。

通断时间面积法是以每户的供暖系统通水时间为依据，分摊建筑的总供热量。

该方法适用于分户循环的水平串联式系统，也可用水平单管跨越式和地板辐射供暖系统。选用该分摊方法时，要注意散热设备选型与设计负荷要良好匹配，不能改变散热末端设备容量，户与户之间不能出现明显水力失调，不能在户内散热末端调节室温，以免改变户内环路阻力而影响热量的公平合理分摊。

4　户用热量表法：该系统由各户用热量表以及楼栋热量表组成。

户用热量表安装在每户供暖环路中，可以测量每个住户的供暖耗热量。热量表由流量传感器、温度传感器和计算器组成。根据流量传感器的形式，可将热量表分为：机械式热量表、超声波式热量表、电磁式热量表。机械式热量表的初投资相对较低，但流量传感器对轴承有严格要求，以防止长期运转由于磨损造成误差过大；对水质有一定要求，以防止流量计的转动部件被阻塞，影响仪表的正常工作。超声波热量表的初投资相对较高，流量测量精度高、压损小、不易堵塞，但流量计的管壁锈蚀程度、水中杂质含量、管道振动等因素将影响流量计的精度，有的超声波热量表需要直管段较长。电磁式热量表的初投资相对机械式热量表要高，但流量测量精度是热量表所用的流量传感器中最高的、压损小。电磁式热量表的流量计工作需要外部电源，而且必须水平安装，需要较长的直管段，这使得仪表的安装、拆卸和维护较为不便。

这种方法也需要对住户位置进行修正。它适用于分户独立式室内供暖系统及分户地面辐射供暖系统，但不适合用于采用传统垂直系统的既有建筑的改造。

在采用上述不同方法时，对于既有供暖系统，局部进行温室调控和热计量改造工作时，要注意系统改造时是否增加了阻力，是否会造成水力失调及系统压头不足，为此需要进行水力平衡及系统压头的校核，考虑增设加压泵或者重新进行平衡调试。

总之，随着技术进步和热计量工程的推广，还会有新的热计量方法出现，国家和行业鼓励这些技术创新，以在工程实践中进一步完善后，再加以补充和修订。

5.10.3 热量表选型及安装要求。

本条文规定对用于热量结算的热源、换热机房及楼栋热量表，以及用于户间热量分摊的户用热量表的选型，不能简单地按照管道直径直接选用，而应根据系统的设计流量的一定比例对应热量表的公称流量确定。

供暖回水管的水温较供水管的低，流量传感器安装在回水管上所处环境温度也较低，有利于延长电池寿命和改善仪表使用工况。曾经一度有观点提出热量表安装在供水上能够测量防止用户偷水，其实不然，热量表无论是装在供水管上还是回水管上都不能防止偷水现象。热量表装在供水管上既不能测出偷水量，也不能挽回多少偷水损失，还令热量表的工作环境变得恶劣。

5.10.4 供暖系统室温调控及恒温控制阀选用和设置要求。

当采用没有设置预设阻力功能的恒温控制阀时，双管系统如果超过5层将会有较大的垂直失调，因此，在这里提出对于超过5层的垂直双管系统，宜采用带有预设阻力功能的恒温控制阀。

5.10.5 低温热水地面辐射供暖系统室内温度控制方法。

室温可控是分户热计量，实现节能，保证室内热舒适要求的必要条件。也有将温度传感器设在总回水处感知回水温度间接控制室温的做法，控制系统比较简单；但地面被遮盖等情况也会使回水温度升高，同时回水温度为各支路回水混合后的总体反映，因此回水温度不能直接和正确反映室温，会形成室温较高的假象，控制相对不准确；因此推荐将室温控制器设在被控温的房间或区域内，以房间温度作为控制依据。对于不能感受到所在区域的空气温度，如一些开敞大堂中部，可采用地面温度作为控制依据。室温控制器应设在附近无散热体、周围无遮挡物、不受风直吹、不受阳光直晒、通风干燥、周围无热源体、能正确反映室内温度的位置，不宜设在外墙上，设置高度宜距地面1.2m～1.5m。地温传感器所在位置不应有家具、地毯等覆盖或遮挡，宜布置在人员经常停留的位置，且在两个管道之间。

热电式控制阀（以下简称热电阀）是依靠驱动器内被电加热的温包膨胀产生的推力推动阀杆关闭流道，信号来源于室内温控器。热电阀相对于空调系统风机盘管常采用的电动两通阀，其流通能力更适合于小流量的地面供暖系统使用，且具有噪声小、体积小、耗电量小、使用寿命长、设置较方便等优点，因此在以住宅为主的地面供暖系统中推荐使用，分环路控制和总体控制都可以使用。

分环路且拟采用内置温包型自力式恒温控制阀控制时，可将各环路加热管在房间内从地面引至墙面一定高度安装恒温阀，安装恒温阀的局部高点处应有排气装置。如直接安装在分水器进口总管上，内置温包的恒温阀头感受的是分水器处的较高温度，很难感知室温变化，一般不予采用。

对需要温度信号远传的调节阀，也可以采用远程调控式自力式温度控制阀，但由于分环路控制时需要的硬质远传管道较长难以实现，一般仅在区域总体控制时使用，将温控器设在分、集水器附近的室内墙面，但通常远程式自力式温度控制器关闭压差较小，需核定关闭压差的大小，必要时需采用自力式压差阀保证其正常动作。

5.10.6 热计量供暖系统相关要求。

变流量系统能够大量节省水泵耗电，目前应用越来越广泛。在变流量系统的末端（热力入口）采用自力式流量控制阀（定流量阀）是不妥的。当系统根据气候负荷改变循环流量时，我们要求所有末端按照设计要求分配流量，而彼此间的比例维持不变，这个要求需要通过静态水力平衡阀来实现；当用户室内恒温阀进行调节改变末端工况时，自力式流量控制阀具有定流量特性，对改变工况的用户作用相抵触；对未改变工况的用户能够起到保证流量不变的作用，但是未变工况用户的流量变化不是改变工况用户"排挤"过来的，而主要是受水泵扬程变化的影响，如果水泵扬程有控制，这个"排挤"影响是较小的，所以对于变流量系统，不应采用自力式流量控制阀。

水力平衡调节、压差控制和流量控制的目的都是为了控制室温不会过高，而且还可以调低，这些功能都由末端温控装置来实现。只要保证了恒温阀（或其他温控装置）不会产生噪声，压差波动一些也没有关系，因此应通过计算压差变化幅度选择自力式压差控制阀，计算的依据就是保证恒温阀的阀权以及在关闭过程中的压差不会产生噪声。

6 通 风

6.1 一般规定

6.1.1 设置通风的条件及原则。

建筑通风的目的，是为了防止大量热、蒸汽或有害物质向人员活动区散发，防止有害物质对环境及建筑物的污染和破坏。大量余热余湿及有害物质的控制，应以预防为主，需要各专业协调配合综合治理才能实现。当采用通风处理余热余湿可以满足要求时，应优先使用通风措施，可以极大降低空气处理的能耗。

6.1.2 对有害物质排放的要求。

某些建筑，如科研和教学试验用房、设备用房等在使用和存储过程中会放散大量的热、蒸汽、粉尘甚至有毒气体等，又如餐饮建筑的厨房，在排风中会含有大量油烟，如果不采取治理措施，会直接危害操作工作人员的身体健康，还会污染建筑周围的自然环境，影响周边居民或办公人员的健康。因此，必须采取综合有效的预防、治理和控制措施。对于餐饮建筑的油烟排除的标准及处理措施，应符合餐饮业的油烟排放的规定，参见本章第6.3.5条文说明。

6.1.3 通风方式的选择。

本条是考虑节能要求，自然通风主要通过合理适度地改变建筑形式，利用热压和风压作用形成有组织气流，满足室内要求、减少通风能耗。在设计时应充分考虑自然通风的利用。在夏季，应尽量采用自然通风；在冬季，当室外空气直接进入室内不致形成雾气和在围护结构内表面不致产生凝结水时，也应考虑采用自然通风。采用自然通风时，应考虑当地室外气象参数的限制条件。

《环境空气质量标准》GB 3095按不同环境空气质量功能区给出了对应的空气质量标准，《社会生活环境噪声排放标准》GB 22337也按建筑所处不同声环境功能区给出了噪声排放限值。对于空气污染和噪声污染比较严重的地区，即未达到《环境空气质量标准》GB 3095和《社会生活环境噪声排放标准》GB 22337的地区，直接的自然通风会将室外污浊的空气和噪声带入室内，不利于人体健康。因此，可以采用机械辅助式自然通风，通过一定空气处理手段机械送风，自然排风。

6.1.4 室内人员卫生及健康要求。

规定本条是为了使住宅、办公室、餐厅等建筑的房间能够达到室内空气质量的要求。无论是供暖房间还是分散式空调房间，都应具备通风条件，满足人员对新风的需求。

6.1.5 全面通风与局部排风的配合。

对于有散发热、蒸汽或有害物质的房间，为了不使产生的散发热、蒸汽或有害物质在室内扩散，在散发处设置自然或机械的局部排风，予以就地排除，是经济有效的措施。但是，有时由于受工艺布置及操作等条件限制，不能设置局部排风，或者采用了局部排风，仍然有部分有害物质扩散在室内，在有害物质的浓度有可能超过国家标准时，则应辅以自然的或机械的全面通风，或者采用自然的或机械的全面通风。

6.1.6 排风系统的划分原则。强制性条文。

1 防止不同种类和性质的有害物质混合后引起燃烧或爆炸事故。

2 避免形成毒性更大的混合物或化合物，对人体造成的危害或腐蚀设备及管道。

3 防止或减缓蒸汽在风管中凝结聚积粉尘，增加风管阻力甚至堵塞风管，影响通风系统的正常运行。

4 避免剧毒物质通过排风管道及风口窜入其他房间，如把散发铅蒸汽、汞蒸汽、氰化物和砷化氢等剧毒气体的排风与其他房间的排风划为同一系统，系统停止运行时，剧毒气体可能通过风管窜入其他房间。

5 根据《建筑设计防火规范》GB 50016和《高层民用建筑设计防火规范》GB 50045的规定，建筑中存有容易起火或爆炸危险物质的房间（如放映室、药品库等），所设置的排风装置应是独立的系统，以免使其中容易起火或爆炸的物质窜入其他房间，防止火灾蔓延，否则会招致严重后果。

6 避免病菌通过排风管道及风口窜入其他房间。

由于建筑物种类繁多，具体情况颇为繁杂，条文中难以做出明确的规定，设计时应根据不同情况妥善处理。

6.1.7 室内气流组织。

规定本条是为了避免或减轻大量余热、余湿或有害物质对卫生条件较好的人员活动区的影响，提高排污效率。

送风气流首先应送入污染较小的区域，再进入污染较大的区域。同时应该注意送风系统不应破坏排风系统的正常工作。当送风系统补偿供暖房间的机械排风时，送风可送至走廊或较清洁的邻室、工作部位，送风量应通过房间风平衡计算确定。当室内污染源的位置或特性发生变化时，有条件的通风系统可以设置不同形式的通风策略，根据工况变化切换到对应的高效气流组织形式，达到迅速排污的目的。

室内污染物的特性，如污染气体的密度、颗粒物的粒径等与气流组织的排污效率关系密切，如较轻的污染物有上浮的趋势，较重的污染物有下沉的趋势，根据污染物的特性有针对性地进行气流组织的设计才能保证有效排污。另一方面，在保证有效排除污染物的前提下，好的气流组织设计所需的通风量较少，能耗较低。

6.1.8 防疫相关的通风组织原则。

组织良好的通风对通过空气传播的疾病，具有很好的控制作用。为避免类似 SARS、H1N1 流感等病毒通过通风系统传播，在设计通风系统时，应使通风系统具备在疾病流行期间避免不同房间的空气掺混的功能，避免疾病通过通风系统从一个房间传播到其他房间；或使通风系统具备此功能的运行模式，在以空气传播为途径的疾病流行期间可切换到相应通风模式下运行。

6.1.9 全面通风量的确定方法。

各设计单位可参考不同类型建筑的设计标准、设计技术规定、技术措施等，确定不同类型建筑及房间的换气次数。

6.1.10 全面通风量的确定。

一般的建筑进行通风的目的是消除余热、余湿和污染物，所以要选取其中的最大值，并且要对使用人员的卫生标准是否满足进行校核。国家现行相关标准《工业企业设计卫生标准》GBZ 1 对多种有害物质同时放散于建筑物内时的全面通风量确定已有规定，可参照执行。

消除余热所需要的全面通风量：

$$G_1 = 3600 \frac{Q}{c(t_p - t_j)} \tag{9}$$

消除余湿所需要的全面通风量：

$$G_2 = \frac{G_{sh}}{d_p - d_j} \tag{10}$$

稀释有害物质所需要的全面通风量：

$$G_3 = \frac{\rho M}{c_y - c_j} \tag{11}$$

式中：G_1——消除余热所需要的全面通风量（kg/h）；

t_p——排出空气的温度（℃）；

t_j——进入空气的温度（℃）；

Q——总余热量（kW）；

c——空气的比热 [1.01kJ/（kg·K）]；

G_2——消除余湿所需要的全面通风量（kg/h）；

G_{sh}——余湿量（g/h）；

d_p——排出空气的含湿量（g/kg）；

d_j——进入空气的含湿量（g/kg）；

G_3——稀释有害污染物所需要的全面通风量（kg/h）；

ρ——空气密度（kg/m³）；

M——室内有害物质的散发强度（mg/h）；

c_y——室内空气中有害物质的最高允许浓度（mg/m³）；

c_j——进入的空气中有害物质的浓度（mg/m³）。

6.1.11 高层和多层建筑通风系统设计的防火要求。

近二十年来，在我国各大中城市及某些经济开发区的建设中，兴建了许多高层和多层建筑，其中包括居住、办公类建筑和大型公共建筑。在某些建筑中，由于执行标准规范不力和管理不妥等原因，仍缺乏必要的或有效的防烟、排烟系统，及其他相应的安全、消防设施。一旦发生火灾事故，就会影响楼内人员安全、迅速地进行疏散，也会给消防人员进入室内灭火造成困难。所以设计时必须予以充分重视。在国家现行《高层民用建筑设计防火规范》GB 50045 中，对防烟楼梯间及其前室、合用前室、消防电梯间前室以及中庭、走道、房间等的防烟、排烟设计，已作了具体规定。多年来，国内在这方面也逐渐积累了比较好的设计经验。鉴于各设计部门对防排烟系统的设计，大都安排本专业人员会同各有关专业配合进行，为此在本条中应予以提及，并指出设计中应执行国家现行《高层民用建筑设计防火规范》GB 50045 和《建筑设计防火规范》GB 50016 的有关规定。人防工程的防排烟按《人民防空工程设计防火规范》GB 50098 执行。

6.2 自然通风

6.2.1 建筑及其周围微环境优化设计要求。

利用自然通风的建筑，在设计时宜利用 CFD 数值模拟（另见 6.2.7 条文说明）方法，对建筑周围微环境进行预测，使建筑物的平面设计有利于自然通风。

1 建筑的朝向要求。在设计自然通风的建筑时，应考虑建筑周围微环境条件。某些地区室外通风计算温度较高，因为室温的限制，热压作用就会有所减小。为此，在确定该地区大空间高温建筑的朝向时，应考虑利用夏季最多风向来增加自然通风的风压作用以对建筑形成穿堂风。因此要求建筑的迎风面与最多风向成 60°～90°角。同时，因春秋季往往时间较长，应充分利用春秋季自然通风。

2 建筑平面布置要求。错列式、斜列式平面布置形式相比行列式、周边式平面布置形式等有利于自然通风。

6.2.2 自然通风进排风口或窗扇的选择。

为了提高自然通风的效果，应采用流量系数较大的进排风口或窗扇，如在工程设计中常采用的性能较好的门、洞、平开窗、上悬窗、中悬窗及隔板或垂直转动窗、板等。

供自然通风用的进排风口或窗扇，一般随季节的变换要进行调节。对于不便于人员开关或需要经常调节的进排风口或窗扇，应考虑设置机械开关装置，否则自然通风效果将不能达到设计要求。总之，设计或选用的机械开关装置，应便于维护管理并能防止锈蚀失灵，且有足够的构件强度。

严寒寒冷地区的自然通风进排风口，不使用期间应可有效关闭并具有良好的保温性能。

6.2.3 进风口的位置。

夏季由于室内外形成的热压小，为保证足够的进风量，消除余热、提高通风效率，应使室外新鲜空气直接进入人员活动区。自然进风口的位置应尽可能低。参考国内外有关资料，本条将夏季自然通风进风口的下缘距室内地坪的上限定为 1.2m。参考美国 ASHRAE 标准，自然通风口应远离已知的污染源，如烟囱、排风口、排风罩等3m以上。冬季为防止冷空气吹向人员活动区，进风口下缘不宜低于4m，冷空气经上部侧窗进入，当其下降至工作地点时，已经过了一段混合加热过程，这样就不致使工作区过冷。如进风口下缘低于 4m，则应采取防止冷风吹向人员活动区的措施。

6.2.4 自然通风房间通风开口的要求。

目前国内外标准中对此规定大体一致，但具体数值有所不同。国家标准《民用建筑设计通则》GB 50352-2005 第7.2.2条：生活、工作的房间的通风开口有效面积不应小于该房间地板面积的 1/20；厨房的通风开口有效面积不应小于该房间地板面积的 1/10，并不得小于 0.60m²。美国 ASHRAE 标准62.1 也有类似规定，即自然通风房间可开启外窗净面积不得小于房间地板面积的4%，建筑内区房间若通过邻接房间进行自然通风，其通风开口面积应大于该房间净面积的8%，且不应小于2.3m²。

6.2.5 自然通风策略确定。

在确定自然通风方案之前，必须收集目标地区的气象参数，进行气候潜力分析。自然通风潜力指仅依靠自然通风就可满足室内空气品质及热舒适要求的潜力。现有的自然通风潜力分析方法主要有经验分析法、多标准评估法、气候适应性评估法及有效压差分析法等。然后，根据潜力可定出相应的气候策略，即风压、热压的选择及相应的措施。

因为28℃以上的空气难以降温至舒适范围，室外风速3.0m/s会引起纸张飞扬，所以对于室内无大功率热源的建筑，"风压通风"的通风利用条件宜采取气温 20℃～28℃，风速 0.1m/s～3.0m/s，湿度40%～90％的范围。由于12℃以下室外气流难以直接利用，"热压通风"的通风条件宜设定为气温12℃～20℃，风速0～3.0m/s，湿度不设限。

根据我国气候区域特点，中纬度的温暖气候区、温和气候区、寒冷地区，更适合采用中庭、通风塔等热压通风设计，而热湿气候区、干热地区更适合采用穿堂风等风压通风设计。

6.2.6 风压与热压是形成自然通风的两种动力方式。

风压是空气流动受到阻挡时产生的静压，其作用效果与建筑物的形状等有关；热压是气温不同产生的压力差，它会使室内热空气上升逸散到室外；建筑物的通风效果往往是这两种方式综合作用的结果，均应考虑。若建筑层数较少，高度较低，考虑建筑周围风速通常较小且不稳定，可不考虑风压作用。

同时考虑热压及风压作用的自然通风量，宜按计算流体动力学（CFD）数值模拟（另见6.2.7条文说明）方法确定。

6.2.7 热压通风的计算。

热压通风的简化计算方法如下：

$$G = 3600 \frac{Q}{c(t_p - t_{wf})} \qquad (12)$$

式中：G——热压作用的通风量（kg/h）；
  Q——室内的全部余热（kW）；
  c——空气比热［1.01kJ/（kg·K）］；
  t_p——排风温度（℃）；
  t_{wf}——夏季通风室外计算温度（℃）。

以上计算方法是在下列简化条件下进行的：

1）空气在流动过程中是稳定的；
2）整个房间的空气温度等于房间的平均温度；
3）房间内空气流动的路途上，没有任何障碍物；
4）只考虑进风口进入的空气量。

多区域网络法是从宏观角度对建筑通风进行分析，把整个建筑物作为系统，其中每个房间作为一个区（或网络节点），认为各个区内空气具有恒定的温度、压力和污染物浓度，利用质量、能量守恒等方程计算风压和热压作用下通风量，常用软件有 COMIS、CONTAM、BREEZE、NatVent、PASSPORT Plus 及 AIOLOS 等。

相对于网络法，CFD 模拟是从微观角度，针对某一区域或房间，利用质量、能量及动量守恒等基本方程对流场模型求解，分析空气流动状况，常用软件有 FLUENT、AirPak、PHOENICS 及 STAR-CD 等。

6.2.8 风压作用的通风量确定原则。

建筑物周围的风压分布与该建筑的几何形状和室外风向有关。风向一定时，建筑物外围结构上某一点的风压值 p_f 也可根据下式计算：

$$p_f = k \frac{v_w^2}{2} \rho_w \qquad (13)$$

式中：p_f——风压（Pa）；
  k——空气动力系数；
  v_w——室外空气流速（m/s）；
  ρ_w——室外空气密度（kg/m³）。

此外，从地球表面到约500m～1000m高的空气层为大气边界层，其厚度主要取决于地表的粗糙度，不同地区因地形特征不同，使得地表的粗糙度不同，因此边界层厚度不同，在平原地区边界层薄，在城市和山区边界层厚。边界层内部风速沿垂直方向存在梯度，即梯度风，其形成的原因是下垫面对气流的摩擦作用。在摩擦力作用下，贴近地面处的风速接近零，沿高度方向因地面摩擦力的作用越来越小而风速递增，到达一定高度之后风速将达到最大值而不再增加，该高度成为边界层高度。由于大气边界层及梯度风作用对室外空气流场的影响非常显著，因而在进行计算流体动力学（CFD）数值模拟时，应充分考虑当地风环境的影响，以建立更合理的边界条件。

通常室外风速按基准高度室外最多风向的平均风速确定。所谓基准高度是指气象学中观测地面风向和风速的标准高度。该高度的确定，既要能反映本地区较大范围内的气象特点，避免局部地形和环境的影响，又要考虑到观测的可操作性。《地面气象观测规范 第7部分：风向和风速观测》QX/T 51-2007 中规定，该高度应距地面 10m。

6.2.9 自然通风强化措施。

1 捕风装置是一种自然风捕集装置，是利用对自然风的阻挡在捕风装置迎风面形成正压、背风面形成负压，与室内的压力形成一定的压力梯度，将新鲜空气引入室内，并将室内的浑浊空气抽吸出来，从而加强自然通风换气的能力。为保持捕风系统的通风效果，捕风装置内部用隔板将其分为两个或四个垂直风道，每个风道随外界风向改变轮流充当送风口或排风口。捕风装置可以适用于大部分的气候条件，即使在风速比较小的情况下也可以成功地将大部分经过捕风装置的自然风导入室内。捕风装置一般安装在建筑物的顶部，其通风口位于建筑上部 2m～20m 的位置，四个风道捕风装置的原理如图 3 所示。

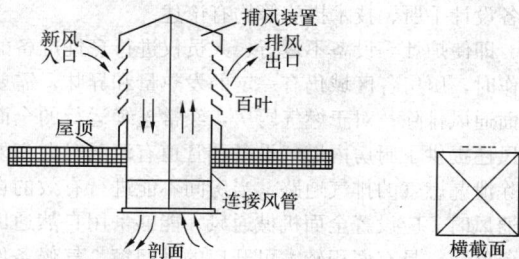

图 3 捕风装置的一般结构形式和通风原理图

2 无动力风帽是通过自身叶轮的旋转，将任何平行方向的空气流动，加速并转变为由下而上垂直的空气流动，从而将下方建筑物内的污浊气体吸上来并排出，以提高室内通风换气效果的一种装置。该装置不需要电力驱动，可长期运转且噪声较低，在国外已使用多年，在国内也开始大量使用。

3 太阳能诱导通风方式依靠太阳辐射给建筑结构的一部分加热，从而产生大的温差，比传统的由内

外温差引起流动的浮升力驱动的策略获得更大的风量，从而能够更有效地实现自然通风。典型的三类太阳能诱导方式为：特伦布（Trombe）墙、太阳能烟囱、太阳能屋顶。

6.3 机械通风

6.3.1 机械送风系统进风口的位置。

关于机械送风系统进风口位置的规定，是根据国内外有关资料，并结合国内的实践经验制定的。其基本点为：

1 为了使送入室内的空气免受外界环境的不良影响而保持清洁，因此规定把进风口布置在室外空气较清洁的地点。

2 为了防止排风（特别是散发有害物质的排风）对进风的污染，进、排风口的相对位置，应遵循避免短路的原则；进风口宜低于排风口 3m 以上，当进排风口在同一高度时，宜在不同方向设置，且水平距离一般不宜小于 10m。用于改善室内舒适度的通风系统可根据排风中污染物的特征、浓度，通过计算适当减少排风口与新风口距离。

3 为了防止送风系统把进风口附近的灰尘、碎屑等扬起并吸入，故规定进风口下缘距室外地坪不宜小于 2m，同时还规定当布置在绿化地带时，不宜小于 1m。

6.3.2 全面排风系统吸风口的布置要求。强制性条文。

规定建筑物全面排风系统吸风口的位置，在不同情况下应有不同的设计要求，目的是为了保证有效地排除室内余热、余湿及各种有害物质。对于由于建筑结构造成的有爆炸危险气体排出的死角，例如产生氢气的房间，会出现由于顶棚内无法设置吸风口而聚集一定浓度的氢气发生爆炸的情况。在结构允许的情况下，在结构梁上设置连通管进行导流排气，以避免事故发生。

6.3.4 住宅通风规定。

1 由于人们对住宅的空气品质的要求提高，而室外气候条件恶劣、噪声等因素限制了自然通风的应用，国内外逐渐增加了机械通风在住宅中的应用。但当前住宅机械通风系统的发展还存在如下局限：

1) 室内通风量的确定，国家标准中只对单人需要新风量提出要求，而对于人数不确定的房间如何确定其通风量没有提及，也缺乏相应的测试和模拟分析。

2) 系统形式的研究，国内对于住宅通风系统还没有明确分类，也缺乏相应的实际工程对不同系统形式进行比较。对于房间内排风和送风方式对室内污染物和空气流场的影响，缺乏相应的分析。

3) 对于不同系统在不同气候条件下的运行和

控制策略缺乏探讨。

4）住宅通风类产品还有待增加和改善。

住宅内的通风换气应首先考虑采用自然通风，但在无自然通风条件或自然通风不能满足卫生要求的情况下，应设机械通风或自然通风与机械通风结合的复合通风系统。"不能满足室内卫生条件"是指室内有害物浓度超标，影响人的舒适和健康。应使气流从较清洁的房间流向污染较严重的房间，因此使室外新鲜空气首先进入起居室、卧室等人员主要活动、休息场所，然后从厨房、卫生间排出到室外，是较为理想的通风路径。

2 住宅厨房及无外窗卫生间污染源较集中，应采用机械排风系统，设计时应预留机械排风系统开口。

3 为保证有效的排气，应有足够的进风通道，当厨房和卫生间的外窗关闭或暗卫生间无外窗时，需通过门进风，应在下部设置有效截面积不小于 $0.02m^2$ 的固定百叶，或距地面留出不小于 30mm 的缝隙。厨房排油烟机的排气量一般为 $300m^3/h \sim 500m^3/h$，有效进风截面不小于 $0.02m^2$，相当于进风风速 $4m/s \sim 7m/s$，由于排油烟机有较大压头，换气次数基本可以满足 3 次/h 要求。卫生间排风机的排气量一般为 $80m^3/h \sim 100m^3/h$，虽然压头较小，但换气次数也可以满足要求。

4 住宅建筑竖向排风道应具有防火、防倒灌的功能。顶部应设置防止室外风倒灌装置。排风道设置位置和安装应符合《住宅厨房排风道》JG/T 3044 要求，排风道设计宜采用简化设计计算方法或软件设计计算方法。不需重复加止回阀。排风道设计建议：

1）竖向集中排油烟系统宜采用简单的单孔烟道，在烟道上用户排油烟机软管接入口处安装可靠的逆止阀，逆止阀材料应防火。

2）排风道设计过程一般为：先假定一个烟道内截面尺寸，计算流动总阻力，再根据排油烟机性能曲线校核是否能满足要求；若不满足，则修正烟道内截面尺寸，直至满足要求为止。

3）排风道阻力计算可以采用简化计算方法，设计计算时可以采用总局部阻力等于总沿程阻力的方法，即总流动阻力两倍于总沿程阻力。其中沿程阻力计算公式为：

$$P_m = \alpha\left[(n-1)l \cdot \frac{R_{mp}}{2} + (N-n+1)l \cdot R_{mp} \right]$$
$$(14)$$

式中：P_m——排烟道总沿程阻力损失（Pa）；

α——修正系数，$\alpha = 0.84 \sim 0.88$；

n——同时开机的用户数；

l——建筑层高（m）；

R_{mp}——对应于系统总排风量的烟道比摩阻

（Pa/m）；

N——住宅总层数。

4）竖向烟道内截面尺寸选取依据：在一定的同时开机率、一定的用户排油烟机性能下，确定满足最不利用户（最底层）一定排风量时的最小烟道截面尺寸，或先假设烟道气体流速并采用下列计算公式计算排风道的尺寸。

排风道截面总风量计算公式为：

$$Q = \sum_{j=1}^{m} \left(c_j \sum_{i=1}^{n} q_i \right) \qquad (15)$$

式中：Q——总风量（m^3/s）；

c_j——同时使用系数，$c_j = 0.4 \sim 0.6$；

q_i——一户的排风量（m^3/s）；

n——1～6 层住户数；

m——同时使用系数的数量。

排风道截面积计算公式为：

$$F = \frac{Q}{V} \qquad (16)$$

式中：F——排风道截面积（m^2）；

V——为排风道内气体流速（m/s）。

6.3.5 公共厨房通风规定。

1 公共厨房通风的设置原则

发热量大且散发大量油烟和蒸汽的厨房设备指炉灶、洗碗机、蒸汽消毒设备等，设置局部机械排风设施的目的是有效地将热量、油烟、蒸汽等控制在炉灶等局部区域并直接排出室外、不对室内环境造成污染。局部排风风量的确定原则是保证炉灶等散发的有害物不外溢，使排气罩的外沿和距灶台的高度组成的面积，以及灶口水平面积都保持一定的风速，计算方法各设计手册、技术措施等均有论述。

即使炉灶等设备不运行、人员仅进行烹饪准备的操作时，厨房各区域仍有一定的发热量和异味，需要全面通风排除；对于燃气厨房，经常连续运行的全面通风还提供了厨房内燃气设备和管道有泄漏时向室外排除泄漏燃气的排气通路。当房间不能进行有效的自然通风时，应设置全面机械通风。能够采用自然通风的条件是，具有面积较大可开启的外门窗、气候条件和室外空气品质满足允许开窗自然通风。

厨房通风总排风量应能够排除厨房各区域内以设备发热量为主的总发热量。

在厨房工艺未确定前，如缺少排气罩尺寸、设备发热量等资料，可根据设计手册、技术措施等提供的经验数据，按换气次数等估算厨房内不同区域的排风量；待厨房工艺确定后，应经详细计算校核预留风道截面和确定通风设备规格。

2 公共厨房负压要求及补风

厨房采用机械排风时，房间内负压值不能过大，否则既有可能对厨房灶具的使用产生影响，也会因为来自周围房间的自然补风量不够而导致机械排风量不能达到设计要求。建议以厨房开门后的负压补风风速不超过 1.0m/s 作为判断基准，超过时应设置机械补风系统。同时，厨房气味影响周围室内环境，也是公共建筑经常发生的现象。为了解决这一问题，设计中应注意下列方面：①厨房设备及其局部排风设备不一定同时使用，因此补风量应能够根据排风设备运行情况与排风量相对应，以免发生补风量大于排风量，厨房出现正压的情况。②应确实保证厨房的负压。不仅要考整整个厨房与厨房外区域之间要保证相对负压，厨房内也要考虑热量和污染物较大的区域与较小区域之间的压差。根据目前的实际工程，一般情况下均可取补风量为排风量的 80%～90%，对于炉灶间等排风量较大房间，排风和补风量差值也较大，相对于厨房内通风量小的房间则会保证一定的负压值。

在北方严寒和寒冷地区，一般冬天不开窗自然通风，而常采用机械补风且补风量很大。为避免过低的送风温度导致室内温度过低，不满足人员劳动环境的卫生要求并有可能造成冬季厨房内水池及水管道出现冻结现象等，除仅在气温较高的白天工作且工作时间较短（不足 2 小时）的小型厨房外，送风均宜做加热处理。

3 排风口位置及排油烟处理

根据《饮食业油烟排放标准》GB 18483 的规定，油烟排放浓度不得超过 2.0mg/m³，净化设备的最低去除效率小型不宜低于 60%，中型不宜低于 75%，大型不宜低于 85%。因此副食灶等产生油烟的设备应设置油烟净化设施。排油烟风道的排放口宜设置在建筑物顶端并采用防雨风帽（一般是锥形风帽），目的是把这些有害物排入高空，以利于稀释。

4 排油烟风道不得与防火排烟风道合用

工程通风设计中常有合用排风和防火排烟管道的情况，但厨房排油烟风道内不可避免地有油垢聚集，因此不得与高温的防火排烟风道合用，以免发生次生火灾。

5 排油烟管道要求

厨房排风管的水平段应设不小于 0.02 的坡度，坡向排气罩。罩口下沿四周设集油集水沟槽，沟槽底应装排油污管。水平风道宜设置清洗检查孔，以利清洁人员定期清除风道中沉积的油污、油垢。为防止污浊空气或油烟处于正压渗入室内，宜在顶部设总排风机。

6.3.6 公共卫生间和浴室通风。

公共卫生间和浴室通风关系到公众健康和安全的问题，因此应保证其良好的通风。

浴室气窗是指室内直接与室外相连的能够进行自然通风的外窗，对于没有气窗的浴室，应设独立的通风系统，保证室内的空气质量。

浴室、卫生间处于负压区，以防止气味或热湿气从浴室、卫生间流入更衣室或其他公共区域。

表 3 公共卫生间、浴室及附属房间机械通风换气次数

名称	公共卫生间	淋浴	池浴	桑拿或蒸汽浴	洗浴单间或小于 5 个喷头的淋浴间	更衣室	走廊、门厅
每小时换气次数	5～10	5～6	6～8	6～8	10	2～3	1～2

表 3 中桑拿或蒸汽浴指浴室的建筑房间，而不是指房间内部的桑拿蒸汽隔间。当建筑未设置单独房间放置桑拿隔间时，如直接将桑拿隔间设在淋浴间或其他公共房间，则应提高该淋浴间等房间的通风换气次数。

6.3.7 设备机房通风规定。

1 机房设备会产生大量余热、余湿、泄露的制冷剂或可燃气体等，靠自然通风往往不能满足使用和安全要求，因此应设置机械通风系统，并尽量利用室外空气为自然冷源排除余热、余湿。不同的季节应采取不同的运行策略，实现系统节能。

2 制冷设备的可靠性不好会导致制冷剂的泄露带来安全隐患，制冷机房在工作过程中会产生余热，良好的自然通风设计能够较好地利用自然冷量消除余热，稀释室内泄露制冷剂，达到提高安全保障并且节能的目的。制冷机房采用自然通风时，机房通风所需要的自由开口面积可按下式计算：

$$F = 0.138G^{0.5} \tag{17}$$

式中：F——自由开口面积（m²）；

G——机房中最大制冷系统灌注的制冷工质量（kg）。

制冷机房可能存在制冷剂的泄漏，对于泄漏气体密度大于空气时，设置下部排风口更能有效排除泄漏气体。

氨是可燃气体，其爆炸极限为 16%～27%，当氨气大量泄漏而又得不到吹散稀释的情况下，如遇明火或电气火花，则将引起燃烧爆炸。因此应采取可靠的机械通风形式来保障安全。关于事故通风量的确定可参见《冷库设计规范》GB 50072 的相关条文解释。

连续通风量按每平方米机房面积 9m³/h 和消除余热（余热温升不大于 10℃）计算，取二者最大值。事故通风的通风量按排走机房内由于工质泄露或系统破坏散发的制冷工质确定，根据工程经验，可按下式计算：

$$L = 247.8G^{0.5} \tag{18}$$

式中：L——连续通风量（m³/h）；

G——机房最大制冷系统灌注的制冷工质量（kg）。

吸收式制冷机在运行中属真空设备，无爆炸可能性，但它是以天然气、液化石油气、人工煤气为热源燃料，它的火灾危险性主要来自这些有爆炸危险的易燃燃料以及因设备控制失灵，管道阀门泄漏以及机件损坏时的燃气泄漏，机房因液体蒸汽、可燃气体与空气形成爆炸混合物，遇明火或热源产生燃烧和爆炸，因此应保证良好的通风。

3 制冷机房、柴油发电机房及变配电室由于使用功能、季节等特殊性，设置独立的通风系统能有效保障系统运行效果和节能。对于大、中型建筑更为重要。柴油发电机的通风量和燃烧空气量一般可在其样本中查得。柴油发电机燃烧空气量，可按柴油发电机额定功率 $7m^3/(kW \cdot h)$ 计算。

4 变配电室通常由高、低压器配电室及变压器组成，其中的电器设备散发一定的热量，尤以变压器的发热量为大。若变配电器室内温度太高，会影响设备工作效率。

5 根据工程经验，表6.3.7中所列设备用房的通风换气量可以满足通风基本要求。

6.3.8 汽车库通风规定。

1 通过相关实验分析得出将汽车排出的CO稀释到容许浓度时，NO_x 和 C_mH_n 远远低于它们相应的允许浓度。也就是说，只要保证CO浓度排放达标，其他有害物即使有一些分布不均匀，也有足够的安全倍数保证将其通过排风带走；所以以CO为标准来考虑车库通风量是合理的。选用国家现行有关工业场所有害因素职业接触限值标准的规定，CO的短时间接触容许浓度为 $30mg/m^3$。

2 地下汽车库由于位置原因，容易造成自然通风不畅，宜设置独立的送风、排风系统；当地下汽车库设有开敞的车辆出、入口且自然进风满足所需进风条件时，可采用自然进风、机械排风的方式。

3 采用换气次数法计算车库通风量时，相关参数按以下规定选取：

1） 排风量按换气次数不小于6次/h计算，送风量按换气次数不小于5次/h计算。

2） 当层高<3m时，按实际高度计算换气体积；当层高≥3m时，按3m高度计算换气体积。

但采用换气次数法计算通风量时存在以下问题：

①车库通风量的确定，此时通风目的是稀释有害物以满足卫生要求的允许浓度。也就是说，通风风量的计算与有害物的散发量及散发时的浓度有关，而与房间容积（亦即房间换气次数）并无确定的数量关系。例如，两种有害物散发情况相同，且平面布置和大小也相同，只是层高不同的车库，按有害物稀释计算的排风量是相同的，但按换气次数计算，二者的排风量就不同了。

②换气次数法并没有考虑到实际中的（部分或全部）双层停车库或多层停车库情况，与单层车库采用相同的计算方法也是不尽合理的。

以上说明换气次数法有其固有弊端。正因为如此，提出对于全部或部分为双层或多层停车库情形，

排风量应按稀释浓度法计算；单层停车库的排风量宜按稀释浓度法计算，如无计算资料时，可参考换气次数估算。

当采用稀释浓度法计算排风量时，建议采用以下公式，送风量应按排风量的80%～90%选用。

$$L = \frac{G}{y_1 - y_0} \qquad (19)$$

式中：L——车库所需的排风量（m^3/h）；

G——车库内排放CO的量（mg/h）；

y_1——车库内CO的允许浓度，为 $30mg/m^3$；

y_0——室外大气中CO的浓度，一般取 $2mg/m^3$～$3mg/m^3$。

$$G = My \qquad (20)$$

式中：M——库内汽车排出气体的总量（m^3/h）；

y——典型汽车排放CO的平均浓度（mg/m^3），根据中国汽车尾气排放现状，通常情况下可取 $55000mg/m^3$。

$$M = \frac{T_1}{T_0} \cdot m \cdot t \cdot k \cdot n \qquad (21)$$

式中：n——车库中的设计车位数；

k——1小时内出入车数与设计车位数之比，也称车位利用系数，一般取 0.5～1.2；

t——车库内汽车的运行时间，一般取 $2min$～$6min$；

m——单台车单位时间的排气量（m^3/min）；

T_1——库内车的排气温度，$500+273=773K$；

T_0——库内以 $20℃$ 计的标准温度 $273+20=293K$。

地下汽车库内排放CO的多少与所停车的类型、产地、型号、排气温度及停车启动时间等有关，一般地下停车库大多数按停放小轿车设计。按照车库排风量计算式，应当按每种类型的车分别计算其排出的气体量，但地下车库在实际使用时车辆类型出入台数都难以估计。为简化计算，m 值可取 $0.02m^3/min$～$0.025m^3/min$台。

4 风管通风是指利用风管将新鲜气流送到工作区以稀释污染物，并通过风管将稀释后的污染气流收集排出室外的传统通风方式；诱导通风是指利用空气射流的引射作用进行通风的方式。当采用接风管的机械进、排风系统时，应注意气流分布的均匀性，减少通风死角。当车库层高较低，不易布置风管时，为了防止气流不畅，杜绝死角，可采用诱导式通风系统。

5 对于车流量变化较大的车库，由于其风机设计选型时是根据最大车流量选择的（最不利原则），而往往车库的高峰车流量持续时间很短，如果持续以最大通风量进行通风，会造成风机运行能耗的浪费。这种情况，当车流量变化有规律时，可按时间设定风机开启台数；无规律时宜采用CO浓度传感器联动控制多台并联风机或可调速风机的方式，会起到很好的节能效果。CO浓度传感器的布置方式：当采用传统

的风管机械进、排风系统时，传感器宜分散设置。当采用诱导式通风系统时，传感器应设在排风口附近。

6 热空气幕可有效防止冷空气的大量侵入。

7 本款提出共用是出于节省投资和节省空间的考虑。但基于安全需要，要首先满足消防要求。

6.3.9 事故通风规定。部分强制性条文。

1 事故通风是保证安全生产和保障人民生命安全的一项必要的措施。对在生活中可能突然放散有害气体的建筑，在设计中均应设置事故排风系统。有时虽然很少或没有使用，但并不等于可以不设，应以预防为主。这对防止设备、管道大量逸出有害气体（家用燃气、冷冻机房的冷冻剂泄漏等）而造成人身事故是至关重要的。需要指出的是，事故通风不包括火灾通风。关于事故通风的通风量，要保证事故发生时，控制不同种类的放散物浓度低于国家安全及卫生标准所规定的最高容许浓度，且换气次数不低于每小时12次。有特定要求的建筑可不受此条件限制，允许适当取大。

2 事故排风系统（包括兼作事故排风用的基本排风系统）应根据建筑物可能释放的放散物种类设置相应的检测报警及控制系统，以便及时发现事故，启动自动控制系统，减少损失。事故通风的手动控制装置应装在室内、外便于操作的地点，以便一旦发生紧急事故，使其立即投入运行。

3 放散物包含有爆炸危险的气体时，应采取防爆通风设备。

4 设置事故通风的场所（如氟利昂制冷机房）的机械通风量应按平常所要求的机械通风和事故通风分别计算。当事故通风量较大时，宜设置双风机或变频调速风机。但共用的前提是事故通风必须保证。

5 事故排风的室内吸风口，应设在有害气体或爆炸危险性物质放散量可能最大或聚集最多的地点。对事故排风的死角，应采取导流措施。当发生事故向室内放散密度比空气大的气体或蒸汽时，室内吸风口应设在地面以上 0.3m～1.0m 处；放散密度比空气小的气体或蒸汽时，室内吸风口应设在上部地带；放散密度比空气小的可燃气体或蒸汽，室内吸风口应尽量紧贴顶棚布置，其上缘距顶棚不得大于 0.4m。

为保证传感器能尽早发现事故，及时快速监测到所放散的有害气体或爆炸危险性物质，传感器应布置在建筑内有可能放散有害物质的发生源附近以及主要的人员活动区域，且应安装维护方便，不影响人员活动。当放散气体或蒸汽密度比空气大时，应设在下部地带；当放散气体或蒸汽密度比空气小时，应设在上部地带。

6 当风吹向和流经建筑物时，由于撞击作用，产生弯曲、跳跃和旋流现象，在屋顶、侧墙和背风侧形成的负压闭合循环气流区为动力阴影区；由于撞击作用而使其静压高于稳定气流区静压的区域为正压

区。为便于污染物排放，不产生倒流，应尽可能避免将排风口设在动力阴影区和正压区。

除规范中要求外，排风口的高度应高于周边 20m 范围内最高建筑屋面 3m 以上。

事故排风口的布置是从安全角度考虑的，为的是防止系统投入运行时排出的有毒及爆炸性气体危及人身安全和由于气流短路时对送风空气质量造成影响。

6.4 复合通风

6.4.1 复合通风的设计条件。

复合通风系统是指自然通风和机械通风在一天的不同时刻或一年的不同季节里，在满足热舒适和室内空气质量的前提下交替或联合运行的通风系统。复合通风系统设置的目的是，增加自然通风系统的可靠运行和保险系数，并提高机械通风系统的节能率。

复合通风适用场合包括净高大于 5m 且体积大于 1 万 m^3 的大空间建筑及住宅、办公室、教室等易在外墙上开窗并通过室内人员自行调节实现自然通风的房间。研究表明：复合通风系统通风效率高，通过自然通风与机械通风手段的结合，可节约风机和制冷能耗约 10%～50%，既带来较高的空气品质又有利于节能。复合通风在欧洲已经普遍采用，主要用于办公建筑、住宅、图书馆等建筑，目前在我国一些建筑中已有应用。复合通风系统应用时应注意协调好与消防系统的矛盾。

复合通风系统的主要形式包括三种：自然通风与机械通风交替运行、带辅助风机的自然通风和热压/风压强化的机械通风。三种系统简介如下：

1） 自然通风与机械通风交替运行

该系统是指自然通风系统与机械通风系统并存，由控制策略实现自然通风与机械通风之间的切换。比如：在过渡时间启用自然通风，冬夏季则启用机械通风；或者在白天开启机械通风而夜晚开启自然通风。

2） 带辅助风机的自然通风

该系统是指以自然通风为主，且带有辅助送风机或排风机的系统。比如，当自然通风驱动力较小或室内负荷增加时，开启辅助送排风机。

3） 热压/风压强化的机械通风

该系统是指以机械通风为主，并利用自然通风辅助机械通风系统。比如，可选择压差较小的风机，而由自然通风的热压/风压驱动来承担一部分压差。

6.4.2 复合通风的设计要求。

复合通风系统在机械通风和自然通风系统联合运行下，及在自然通风系统单独运行下的通风换气量，按常规方法难以计算，需要采用计算流体力学或多区域网络法进行数值模拟确定。自然通风和机械通风所占比重需要通过技术经济及节能综合分析确定，并由此制定对应的运行控制方案。为充分利用可再生能源，自然通风的通风量在复合通风系统中应占一定比

重，自然通风量宜不低于复合通风联合运行时风量的30%，并根据所需自然通风量确定建筑物的自然通风开口面积。

6.4.3 复合通风的运行控制设计。

复合通风系统应根据控制目标设置控制必要的监测传感器和相应的系统切换启闭执行机构。复合通风系统通常的控制目标包括消除室内余热余湿和满足卫生要求，所对应的监测传感器包括温湿度传感器及CO_2、CO等。自然通风、机械通风系统应设置切换启闭的执行机构，依据传感器监测值进行控制，可以作为楼宇自控系统（BAS）的一部分。复合通风应首先利用自然通风，根据传感器的监测结果判断是否开启机械通风系统。控制参数不能满足要求即室内污染物浓度超过卫生标准限值，或室内温湿度高于设定值。例如当室外温湿度适宜时，通过执行机构开启建筑外围护结构的通风开口，引入室外新风带走室内的余热余湿及有害污染物，当传感器监测到室内CO_2浓度超过$1000\mu g/g$，或室内温湿度超过舒适范围时，开启机械通风系统，此时系统处于自然通风和机械通风联合运行状态。当室外参数进一步恶化，如温湿度升高导致通过复合通风系统也不能满足消除室内余热余湿要求时，应关闭复合通风系统，开启空调系统。

6.4.4 复合通风考虑温度分层的条件。

按照国内外已有研究结果，除薄膜构造外，通常对于屋顶保温良好、高度在15m以内的大空间可以不考虑上下温度分布不均匀的问题。而对于高度大于15m的大空间，在设计建筑复合通风系统时，需要考虑不同运行工况的气流组织，避免建筑内不同区域之间的通风效果有较大差别，在分析气流组织的时候可以采用CFD技术。人员过渡区域及有固定座位的区域要重点核算。

6.5 设备选择与布置

6.5.1、6.5.2 选择通风设备时附加的规定。

在通风和空调系统运行过程中，由于风管和设备的漏风会导致送风口和排风口处的风量达不到设计值，甚至会导致室内参数（其中包括温度、相对湿度、风速和有害物浓度等）达不到设计和卫生标准的要求。为了弥补系统漏风可能产生的不利影响，选择通风机时，应根据系统的类别（低压、中压或高压系统）、风管内的工作压力、设备布置情况以及系统特点等因素，附加系统的漏风量。如：能量回收器（转轮式、板翅式、板式等）往往布置在系统的负压段，其本身存在漏风量。由于系统的漏风量有时需要通过加热器、冷却器或能量回收器等进行处理，因此，在选择此类设备时应附加风管的漏风量。

风管漏风量的大小取决于很多因素，如风管材料、加工及安装质量、阀门的设置情况和管内的正负压大小等。风管的漏风量（包括负压段渗入的风量和

正压段泄漏的风量），是上述诸因素综合作用的结果。由于具体条件不同，很难把漏风量标准制定得十分细致、确切。为了便于计算，条文中根据我国常用的金属和非金属材料风管的实际加工水平及运行条件，规定一般送排风系统附加5%～10%，排烟系统附加10%～20%。需要指出，这样的附加百分率适用于最长正压管段总长度不大于50m的送风系统和最长负压管段总长度不大于50m的排风系统。对于比这更大的系统，其漏风百分率可适当增加。有的全面排风系统直接布置在使用房间内，则不必考虑漏风的影响。

当系统的设计风量和计算阻力确定以后，选择通风机时，应考虑的主要问题之一是通风机的效率。在满足给定的风量和风压要求的条件下，通风机在最高效率点工作时，其轴功率最小。在具体选用中由于通风机的规格所限，不可能在任何情况下都能保证通风机在最高效率点工作，因此条文中规定通风机的设计工况效率不应低于最高效率的90%。一般认为在最高效率的90%以上范围内均属于通风机的高效率区。根据我国目前通风机的生产及供应情况来看，做到这一点是不难的。

常用的通风机，按其工作原理可分为离心式、轴流式和贯流式三种。近年来在工程中广泛使用的混流式风机以及斜流式风机等均可看成是上述风机派生而来的。从性能曲线看，离心式通风机可以在很宽的压力范围内有效地输送大风量或小风量，性能较为平缓、稳定，适应性较广。轴流式通风机不如离心式通风机那样的风压，但可以在低压下输送大风量，其流量较高，压力较低，在性能曲线最高压力点的左边有个低谷，这是由风机的喘振引起的，使用时应避免在此段曲线间运行。通常情况下轴流式通风机的噪声比离心式通风机高。混流式和斜流式通风机的风压高于同机号的轴流式风机，风量大于同机号的离心式风机，效率较高、高效区较宽、噪声较低、结构紧凑且安置方便，应用较为广泛。通常风机在最高效率点附近运行时的噪声最小，越远离最高效率点，噪声越大。

另外，需要提醒的是，通风机选择中的各种附加应明确特定设计条件合理确定，更要避免重复多次附加造成选型偏差。

6.5.3 输送非标准状态空气时选择通风机及电动机的有关规定。

当所输送的空气密度改变时，通风系统的通风机特性和风管特性曲线也将随之改变。非标准状态时通风机产生的实际风压也不是标准状态时通风机性能图表上所标定的风压。在通风空调系统中的通风机的风压等于系统的压力损失。在非标准状态下系统压力损失或大或小的变化，同通风机风压或大或小的变化不但趋势一致，而且大小相等。也就是说，在实际的容

积风量一定的情况下，按标准状态下的风管计算表算得的压力损失以及据此选择的通风机，也能够适应空气状态变化了的条件。由此，选择通风机时不必再对风管的计算压力损失和通风机的风压进行修正。但是，对电动机的轴功率应进行验算，核对所配用的电动机能否满足非标准状态下的功率要求，其式如下：

$$N_z = \frac{L \cdot P}{3600 \cdot 1000 \cdot \eta_1 \cdot \eta_2} \tag{22}$$

式中：N_z ——电动机的轴功率（kW）；

L ——通风机的风量（m^3/h）；

P ——非标准状态下，风机所产生的风压（全压）（Pa）；

η_1 ——通风机的内效率；

η_2 ——通风机的机械传动效率。

风机样本所提供的性能曲线和性能数据，通常是按标准状态下（大气压力 101.3kPa、温度 20℃、相对湿度 50%、密度 1.2kg/m^3）编制的。当输送的介质密度、转数等条件改变时，其性能应按风机相似工况参数各换算公式（省略）进行换算。当大气压力和空气温度为非标准状态时，可按下列公式计算，得出转数不变时，该风机在非标准状态下所产生的风压（全压）（Pa）。

$$P = P_0 \cdot \frac{p_b}{p_{b0}} \cdot \frac{273 + t_0}{273 + t} \tag{23}$$

式中：p_{b0} ——标准状态下的大气压力（Pa）；

p_b ——非标准条件下的大气压力（Pa）；

P_0 ——风机在标准状态或特性表状态下的风压（全压）（Pa）；

t_0 ——标准条件下的空气温（℃）；

t ——非标准条件下的空气温度（℃）。

鉴于多年来有的设计人员在选择通风机时存在着随意附加的现象，为此，条文中特加以规定。

6.5.4 通风机的并联与串联。

通风机的并联与串联安装，均属于通风机联合工作。采用通风机联合工作的场合主要有两种：一是系统的风量或阻力过大，无法选到合适的单台通风机；二是系统的风量或阻力变化较大，选用单台通风机无法适应系统工况的变化或运行不经济。并联工作的目的，是在同一风压下获得较大的风量；串联工作的目的，是在同一风量下获得较大的风压。在系统阻力即通风机风压一定的情况下，并联后的风量等于各台并联通风机的风量之和。当并联的通风机不同时运行时，系统阻力变小，每台运行的通风机之风量，比同时工作时的相应风量大；每台运行的通风机之风压，则比同时运行的相应风压小。通风机并联或串联工作时，布置是否得当是至关重要的。有时由于布置和使用不当，并联工作不但不能增加风量，而且适得其反，会比一台通风机的风量还小；串联工作也会出现类似的情况，不但不能增加风压，而且会比单台通风

机的风压小，这是必须避免的。

由于通风机并联或串联工作比较复杂，尤其是对具有峰值特性的不稳定区，在多台通风机并联工作时易受到扰动而恶化其工作性能；因此设计时必须慎重对待，否则不但达不到预期目的，还会无谓地增加能量消耗。为简化设计和便于运行管理，条文中规定，多台风机并联运行时，应选择相同特性曲线的通风机。多台风机串联运行时，应选择相同流量的通风机。并应根据风机性能曲线与所在管网阻力特性曲线的串/并联条件下的综合特性曲线判断其实际运行状态、使用效果及合理性。多台风机并联时，风压宜相同；多台风机串联时，流量宜相同。

6.5.5 双速或变速风机的采用。

随着工艺需求和气候等因素的变化，建筑对通风量的要求也随之改变。系统风量的变化会引起系统阻力更大的变化。对于运行时间较长且运行工况（风量、风压）有较大变化的系统，为节省系统运行费用，宜考虑采用双速或变速风机。通常对于要求不高的系统，为节省投资，可采用双速风机，但要对双速风机的工况与系统的工况变化进行校核。对于要求较高的系统，宜采用变速风机。采用变速风机的系统节能性更加显著。采用变速风机的通风系统应配备合理的控制。

6.5.6 排风风机的布置。

风管漏风是难以避免的，在 6.5.1 条和 6.5.2 条对此有说明。对于排风系统中处于风机正压段的排风管，其漏风将对建筑的室内环境造成一定的污染，此类情况时有发生。如厨房排油烟系统、厕所排风系统及洗衣机房排风系统等，由于排风正压段风管的漏风可能对建筑室内环境造成的再次污染。因此，尽可能减少排风正压段风管的长度可有效降低对室内环境的影响。

6.5.7 通风设备和风管的保温、防冻。

通风设备和风管的保温、防冻具有一定的技术经济意义，有时还是系统安全运行的必要条件。例如，某些降温用的局部送风系统和兼作热风供暖的送风系统，如果通风机和风管不保温，不仅冷热耗量大不经济，而且会因冷热损失使系统内所输送的空气温度显著升高或降低，从而达不到既定的室内参数要求。又如，锅炉烟气等可能被冷却而形成凝结物堵塞或腐蚀风管。位于严寒地区和寒冷地区的空气热回收装置，如果不采取保温、防冻措施，冬季就可能冻结而不能发挥应有的作用。此外，某些高温风管如不采取保温的办法加以防护，也有烫伤人体的危险。

6.5.8 通风机房的布置。

为了降低通风机对要求安静房间的噪声干扰，除了控制通风机沿通风管道传播的空气噪声和沿结构传播的固体振动外，还必须减低通风机透过机房围护结构传播的噪声。要求安静的房间如卧室、教室、录音

室、阅览室、报告厅、观众厅、手术室、病房等。

6.5.9 通风设备及管道的防静电接地等要求。

当静电积聚到一定程度时，就会产生静电放电，即产生静电火花，使可燃或爆炸危险物质有引起燃烧或爆炸的可能；管内沉积不易导电的物质和会妨碍静电导出接地，有在管内产生火花的可能。防止静电引起灾害的最有效办法是防止其积聚，采用导电性能良好（电阻率小于 $10^6 \Omega \cdot cm$）的材料接地。因此做了如条文中的有关规定。

法兰跨接系指风管法兰连接时，两法兰之间须用金属线搭接。

6.5.10 本条文是从保证安全的角度制定的。

空气中含有易燃易爆危险物质的房间中的送风、排风设备，当其布置在单独隔开的送风机室内时，由于所输送的空气比较清洁，如果在送风干管上设有止回阀门时，可避免有燃烧或爆炸危险性物质窜入送风机室，这种情况下，通风机可采用普通型。

6.6 风 管 设 计

6.6.1 通风、空调系统选用风管截面及规格的要求。

规定本条的目的，是为了使设计中选用的风管截面尺寸标准化，为施工、安装和维护管理提供方便，为风管及零部件加工工厂化创造条件。据了解，在《全国通用通风道计算表》中，圆形风管的统一规格，是根据 R20 系列的优先数制定的，相邻管径之间具有固定的公比（$\sqrt[20]{10} \approx 1.12$），在直径 100mm ～ 1000mm 范围内只推荐 20 种可供选择的规格，各种直径间隔的疏密程度均匀合理，比以前国内常采用的圆形风管规格减少了许多；矩形风管的统一规格，是根据标准长度 20 系列的数值确定的，把以前常用的 300 多种规格缩减到 50 种左右。经有关单位试算对比，按上述圆形和矩形风管系列进行设计，基本上能满足系统压力平衡计算的要求。金属风管的尺寸应按外径或外边长计；非金属风管按内径或内边长计。

6.6.2 风管材料。

规定本条的目的，是为了防止火灾蔓延。根据《建筑设计防火规范》GB 50016 的规定，体育馆、展览馆、候机（车、船）楼（厅）等大空间建筑、办公楼和丙、丁、戊类厂房内的通风、空调系统，当风管按防火分区设置且设置了防烟防火阀时，可采用燃烧产物毒性较小且烟密度等级小于等于 25 的难燃材料。

一些化学实验室、通风柜等排风系统所排出的气体具有一定的腐蚀性，需要用玻璃钢、聚乙烯、聚丙烯等材料制作风管、配件以及柔性接头等；当系统中有易腐蚀设备及配件时，应对设备和系统进行防腐处理。

6.6.3 通风、空调风管管内风速的采用。

本表给出的通风、空调系统风管风速的推荐风速和最大风速。其推荐风速是基于经济流速和防止气流

在风管中产生再噪声等因素，考虑到建筑通风、空调所服务房间的允许噪声级，参照国内外有关资料制定的。最大风速是基于气流噪声和风道强度等因素，参照国内外有关资料制定的。对于如地下车库这种对噪声要求低、层高有限的场所，干管风速可提高至 10m/s。另外，对于厨房排油烟系统的风管，则宜控制在 8m/s～10m/s。

6.6.6 系统中并联管路的阻力平衡。

把通风和空调系统各并联管段间的压力损失差额控制在一定范围内，是保障系统运行效果的重要条件之一。在设计计算时，应用调整管径的办法使系统各并联管段间的压力损失达到所要求的平衡状态，不仅能保证各并联支管的风量要求，而且可不装设调节阀门，对减少漏风量和降低系统造价也较为有利。根据国内的习惯做法，本条规定一般送排风系统各并联管段的压力损失相对差额不大于 15%，相当于风量相差不大于 5%。这样做既能保证通风效果，设计上也是能办到的，如在设计时难以利用调整管径达到平衡要求时，则以装设调节阀门为宜。

6.6.7 对通风设备接管的要求。

与通风机、空调器及其他振动设备连接的风管，其荷载应由风管的支吊架承担。一般情况下风管和振动设备间应装设柔性接头，目的是保证其荷载不传到通风机等设备上，使其呈非刚性连接。这样既便于通风机等振动设备安装隔振器，有利于风管伸缩，又防止因振动产生固体噪声，对通风机等的维护检修也有好处。防排烟专用风机不必设置柔性接头。

6.6.8 通风、空调设备调节阀的设置。

本条文是考虑实际运行中通风、空调系统在非设计工况下为调节通风机风量、风压所采取的措施。采用多叶式或花瓣式调节阀有利于风机稳定运行及降低能耗。对于需要防冻和非使用时不必要的空气侵入，调节阀应设置在设备进风端。如空调新风系统的调节阀应设置在新风入口端。

6.6.9 多台通风机并联止回装置的设置。

规定本条是为了防止多台通风机并联设置的系统，当部分通风机运行时输送气体的短路回流。

6.6.10 风管布置、防火阀、排烟阀等的设置要求。

在国家现行标准《建筑设计防火规范》GB 50016 及《高层民用建筑设计防火规范》GB 50045 中，对风管的布置、防火阀、排烟阀的设置要求均有详细的规定，本规范不再另行规定。

6.6.11 风管形状设计要求。

为降低风管系统的局部阻力，对于内外同心弧形弯管，应采取可能的最大曲率半径（R），当矩形风管的平面边长为（a）时，R/a 值不宜小于 1.5，当 $R/a < 1.5$ 时，弯管中宜设导流叶片；当平面边长大于 500mm 时，应加设弯管导流叶片。

6.6.12 风管的测定孔、检查孔和清洗孔。

通风与空调系统安装完毕，必须进行系统的调试，这是施工验收的前提条件。风管测定孔主要用于系统的调试，测定孔应设置在气流较均匀和稳定的管段上，与前、后局部配件间距离宜分别保持等于或大于 4D 和 1.5D（D 为圆风管的直径或矩形风管的当量直径）的距离；与通风机进口和出口间距离宜分别保持 1.5 倍通风机进口和 2 倍通风机出口当量直径的距离。

风管检查孔用于通风与空调系统中需要经常检修的地方，如风管内的电加热器、过滤器、加湿器等。

随着人们对通风与空调系统传播细菌的不断认识，特别是 2003 年"非典型肺炎"后，我国颁布了《空调通风系统清洗规范》GB 19210。对于较复杂的系统，考虑到一些区域直接清洗有困难，应开设清洗孔。开设的清洗孔应满足清洗和修复的需要。

检查孔和清洗孔的设置在保证满足检查和清洗的前提下数量尽量要少，在需要同处设置检查孔和清洗孔时尽量合二为一，以免增加风管的漏风量和减少风管保温工程的施工麻烦。

6.6.13 高温烟气管道的热补偿。强制性条文。

输送高温气体的排烟管道，如燃烧器、锅炉、直燃机等的烟气管道，由于气体温度的变化会引起风管的膨胀或收缩，导致管路损坏，造成严重后果，必须重视。一般金属风管设置软连接，风管与土建连接处设置伸缩缝。需要说明此处提到的高温烟气管道并非消防排烟及厨房排油烟风管。

6.6.14 风管敷设安全事宜。

本条规定是为了防止高温风管长期烘烤建筑物的可燃或难燃结构发生火灾事故。当输送温度高于 80℃ 的空气或气体混合物时，风管穿过建筑物的可燃或难燃烧体结构处，应设置不燃材料隔热层，保持隔热层外表面温度不高于 80℃；非保温的高温金属风管或烟道沿可燃或难燃烧体结构敷设时，应设遮热防护措施或保持必要的安全距离。

6.6.15 电加热器的安全要求。

规定本条是为了减少发生火灾的因素，防止或减缓火灾通过风管蔓延。

6.6.16 风管敷设安全事宜。强制性条文。

可燃气体（煤气等）、可燃液体（甲、乙、丙类液体）和电线等，易引起火灾事故。为防止火势通过风管蔓延，作此规定。

穿过风管（通风、空调机房）内可燃气体、可燃液体管道一旦泄漏会很容易发生和传播火灾，火势也容易通过风管蔓延。电线由于使用时间长、绝缘老化，会产生短路起火，并通过风管蔓延，因此，不得在风管内腔敷设或穿过。配电线路与风管的间距不应小于 0.1m，若采用金属套管保护的配电线路，可贴风管外壁敷设。

6.6.17 通风系统排除凝结水的措施。

排除潮湿气体或含水蒸气的通风系统，风管内表面有时会因其温度低于露点温度而产生凝结水。为了防止在系统内积水腐蚀设备及风管、影响通风机的正常运行，因此条文中规定水平敷设的风管应有一定的坡度并在风管的最低点和通风机的底部排除凝结水。

当排除比空气密度小的可燃气体混合物时，局部排风系统的风管沿气体流动方向具有上倾的坡度，有利于排气。

6.6.18 对排除有害气体排风口及屋面吸、排风（烟）口的要求。

对于排除有害气体的通风系统的排风口，宜设置在建筑物顶端并采用防雨风帽（一般是锥形风帽），目的是把这些有害物排入高空，以利于稀释。

严寒地区，冬季经常下雪，屋顶积雪很深，如风机安装基础过低或屋面吸、排风（烟）口位置过低，会很容易被积雪掩埋，影响正常使用。

7 空气调节

7.1 一般规定

7.1.1 设置空气调节（以下简称"空调"）的原则。

本条为设置空调的应用条件。对于民用建筑，设置空调设施的目的主要是达到舒适性和卫生要求，对于民用建筑的工艺性房间或区域还要满足工艺的环境要求。

1 本款中"采用供暖通风达不到人体舒适、设备等对室内环境的要求"，一般指夏季室外空气温度高于室内空气温度，无法通过通风降温的情况。

对于室内发热量较大的区域，例如机电设备备用房等，理论上讲，只要室外温度低于室内设计允许最高温度，均可采用通风降温。但在夏季室外温度较高的地区，采用通风降温所需的设计通风量很大，进排风口和风管占据的空间也很大，当土建条件不能满足设计要求，也不可能为此增加层高时，采用空调可省投资，更经济。因此采用供暖通风 "条件不允许、不经济"的情况，必要时也应设置空调。

2 本款的工艺要求指民用建筑中计算机房、博物馆文物、医院手术室、特殊实验室、计量室等对室内的特殊温度、湿度、洁净度等要求。

3 随着社会经济的不断发展，空调的应用也日益广泛。例如办公建筑设置空调后，有益于提高人员工作效率和社会经济效益，当医院建筑设置空调后，有益于病人的康复，都应设置空调。

7.1.2 空调区的布置原则。

空调区集中布置是为了减少空调区的外墙、与非空调区相邻的内墙和楼板的保温隔热处理，以达到减少空调冷热负荷、降低系统造价、便于维护管理等目的。

对于一般民用建筑，集中布置空调区域仅仅是建筑布局设计应考虑的因素之一，尤其是一般民用建筑，还有使用功能等其他重要因素。因此本条仅作为推荐的原则提出，在以工艺性空调为主的建筑或区域尤其应提请建筑设计注意。

7.1.3 工艺性空调区的要求。

此条仅限于民用建筑中的工艺性空调，如计算机中心、藏品库房、特殊实验室、计量室、手术室等空调。工艺性空调一般对温湿度波动范围、空气洁净度标准要求较高，其相应的投资及运行费用也较高。因此，在满足空调区环境要求的条件下，应合理地规划和布局，尽可能地减少空调区的面积和散热、散湿设备，以达到节约投资及运行费用的目的。同时，减少散热、散湿设备也有利于空调区的温湿度控制达到要求。

7.1.4 设置局部性空调和分层空调的要求。

对工艺性空调或舒适性空调而言，局部性空调较全室性空调有较明显的节能效果，如舒适性空调的岗位送风等。因此，在局部性空调能满足空调区的热湿环境或净化要求时，应采用局部性空调，以达到节能和节约投资的目的。

对于高大空间，当使用要求允许仅在下部区域进行空调时，可采用分层式送风或下部送风气流组织方式，以达到节能的目的，其空调负荷计算与气流组织设计需考虑空间的宽高比和具体送风形式，并参考本规范其他相关条文。

7.1.5 空调区的空气压力。

保持空调区（或空调房间）对室外的相对正压，是为了防止室外空气的侵入，有利于保证空调区的洁净度和室内热湿参数等少受外界的干扰。因此，有正压要求的空调区应根据空调区的围护结构严密程度来校核其新风量，如公共建筑的门厅等开敞式高大空间，当其新风量仅为满足人员所需最小新风量时，一般可不设机械排风系统，以免大量室外空气的侵入，影响室内热湿环境的控制。

建筑物内的房间功能不同时，其要求的空气压力也可不同。如空调建筑中，电梯厅和走道相对于办公房间和卫生间，餐厅相对于其他房间和厨房，应是空气压力为正压和负压房间的中间区。另外，医院传染病房和一些设置空调设备的附属房间等，根据需要还应保持负压。因此，条文仅对空调区的压差值提出5Pa～10Pa的推荐值，但不能超30Pa的最大限值，且该数值为房间门窗关闭时的数值。

工艺性空调由于其压差值有特殊要求，设计时应按工艺要求确定。如医院手术室及其附属用房，其压差值要求应符合《医院洁净手术部建筑技术规范》GB 50333的有关规定。

7.1.6 舒适性空调的建筑热工设计。

国家现行节能设计标准对舒适性空调的建筑热工设计提出了要求，同时，建筑热工设计包括以下各项：

1 建筑围护结构的各项热工指标（围护结构传热系数、透明屋顶和外窗（包括透明幕墙）的遮阳系数、外窗和透明幕墙的气密性能等）；

2 建筑窗墙面积比（包括透明幕墙）、屋顶透明部分与屋顶总面积之比；

3 外门的设置要求；

4 外部遮阳设施的设置要求；

5 围护结构热工性能的权衡判断等。

严寒和寒冷地区、夏热冬冷地区、夏热冬暖地区的居住建筑应分别符合《严寒和寒冷地区居住建筑节能设计标准》JGJ 26、《夏热冬冷地区居住建筑节能设计标准》JGJ 134、《夏热冬暖地区居住建筑节能设计标准》JGJ 75的有关规定。

公共建筑应符合《公共建筑节能设计标准》GB 50189的有关规定。

7.1.7 工艺性空调围护结构传热系数要求。

建筑物围护结构的传热系数 K 值的大小，是能否保证空调区正常使用、影响空调工程综合造价和维护费用的主要因素之一。K 值越小，则耗冷量越小，空调系统越经济。但 K 值又受建筑结构与材料等投资影响，不能过度减小。传热系数 K 值的选择与保温材料价格及导热系数、室内外计算温差、初投资费用系数、年维护费用系数以及保温材料的投资回收年限等各项因素有关；而不同地区的热价、电价、水价、保温材料价格及系统工作时间等也不是不变的，很难给出一个固定不变的经济 K 值；因此，对工艺性空调而言，围护结构的传热系数应通过技术经济比较确定合理的 K 值。表7.1.7中围护结构最大传热系数 K 值，是仅考虑围护结构传热对空调精度的影响确定的。目前国家现行节能设计标准，对不同的建筑、气候分区，都有不同的最大 K 值规定。因此，当表中数值与国家现行节能设计标准规定不同时，应取二者中较小的数值。

7.1.8 工艺性空调热惰性指标要求。

热惰性指标 D 值直接影响室内温度波动范围，其值大则室温波动范围就小，其值小则相反。

7.1.9 工艺性空调区的外墙、外墙朝向及其所在层次。

根据实测表明，对于空调区西向外墙，当其传热系数为 $0.34W/(m^2 \cdot \textcelsius) \sim 0.40W/(m^2 \cdot \textcelsius)$，室内外温差为 $10.5\textcelsius \sim 24.5\textcelsius$ 时，距墙面100mm以内的空气温度不稳定，变化在 $\pm 0.3\textcelsius$ 以内；距墙面100mm以外时，温度就比较稳定了。因此，对于室温允许波动范围大于或等于 $\pm 1.0\textcelsius$ 的空调区来说，有西向外墙，也是可以的，对人员活动区的温度波动不会有什么影响。但从减少室内冷负荷出发，则宜减少西向外墙以及其他朝向的外墙；如有外墙时，最好为北向，且应避免将空调区设置在顶层。

为了保持室温的稳定性和不减少人员活动区的范

围，对于室温允许波动范围为±0.5℃的空调区，不宜有外墙，如有外墙，应北向；对于室温允许波动范围为±0.1~0.2℃的空调区，不应有外墙。

屋顶受太阳辐射热的作用后，能使屋顶表面温度升高35℃~40℃，屋顶温度的波幅可达±28℃。为了减少太阳辐射热对室温波动要求小于或等于±0.5℃的空调区的影响，所以规定当其在单层建筑物内时，宜设通风屋顶。

在北纬23.5°及其以南的地区，北向与南向的太阳辐射照度相差不大，且均较其他朝向小，故可采用南向或北向外墙。

7.1.10 工艺性空调区的外窗朝向。

根据调查、实测和分析：当室温允许波动范围大于等于±1.0℃时，从技术上来看，可以不限制外窗朝向，但从降低空调系统造价考虑，应尽量采用北向外窗；室温允许波动范围小于±1.0℃的空调区，由于东、西向外窗的太阳辐射热可以直接进入人员活动区，故不应有东、西向外窗；据实测，室温允许波动范围小于±0.5℃的空调区，对于双层普通玻璃的北向外窗，室内外温差为9.4℃时，窗对室温波动的影响范围在200mm以内，故如有外窗，应北向。

7.1.11 工艺性空调区的门和门斗。

从调查来看，一般空调区的外门均设有门斗，内门（指空调区与非空调区或走廊相通的门）一般也设有门斗（走廊两边都是空调区的除外，在这种情况下，门斗设在走廊的两端）。与邻室温差较大的空调区，设计中也有未设门斗的，但在使用过程中，由于门的开启对室温波动影响较大，因此在后来也采取了一定的措施。按北京、上海、南京、广州等地空调区的实际使用情况，规定门两侧温差大于7℃时，应采用保温门；同时对工艺性（即对室内温度波动范围要求较严格的）空调区的内门和门斗，作了如条文中表7.1.11的有关规定。

对舒适性空调区开启频繁的外门，也提出了宜设门斗，必要时设置空气幕的要求。旋转门或弹簧门在建筑物中被广泛应用，它能有效地阻挡通过外门的冷、热空气侵入，因此也推荐使用。

7.1.12 空调系统全年能耗模拟计算。

空调系统全年能耗模拟计算是进行空调方案对比和经济分析的基础。随着计算机软件的发展，空调系统全年能耗模拟计算也逐渐普及，为空调系统的设计与分析创造了必要条件。目前常用的建筑物空调系统能耗模拟软件有：TRNSYS、DOE2、DeST、PK-PM、EnergyPlus等。

对空调系统采用热回收装置回收冷热量、利用室外新风作冷源调节室内热环境、冬季利用冷却塔提供空调冷水等节能措施时，或采用新的冷热源、末端设备形式以及考虑部分负荷运行下的季节性能系数时，一般需要空调系统的全年能耗模拟计算结果为依据，

以判定节能措施的合理性及季节性能系数的计算等。

7.2 空调负荷计算

7.2.1 空调热、冷负荷的要求。强制性条文。

工程设计过程中，为防止滥用热、冷负荷指标进行设计的现象发生，规定此条为强制要求。用热、冷负荷指标进行空调设计时，估算的结果总是偏大，由此造成主机、输配系统及末端设备容量等偏大，这不仅给国家和投资者带来巨大损失，而且给系统控制、节能和环保带来潜在问题。

当建筑物空调设计仅为预留空调设备的电气容量时，空调热、冷负荷的计算可采用热、冷负荷指标进行估算。

7.2.2 空调区的夏季得热量。

在计算得热量时，只计算空调区的自身产热量和由空调区外部传入的热量，如分层空调中的对流热转移和辐射热转移等，对处于空调区之外的得热量不应计算。此外，明确指出食品的散热量应予以考虑，是因为该项散热量对于某些民用建筑（如饭店、宴会厅等）的空调负荷影响较大。

考虑到目前建筑材料的快速发展，根据建筑材料太阳辐射透过率的大小，可将建筑围护结构划分为不透明围护结构和透明围护结构，其中：由太阳辐射透过率等于零的建筑材料（如金属、砖石、混凝土等）所构成的围护结构，称不透明围护结构；由太阳辐射透过率介于0~1之间的建筑材料（如玻璃、透光化学材料（ETFE膜）等）所构成的围护结构，称透明围护结构。照射在透明围护结构的太阳辐射有一部分被反射掉，另一部分透过透明围护结构直接进入室内，被围护结构内表面、家具等吸收。

7.2.3 空调区的夏季冷负荷。

本条从现代空调负荷计算方法的基本原理出发，规定了计算空调区夏季冷负荷所应考虑的基本因素，强调指出得热量与冷负荷是两个不同的概念。

以空调房间为例，通过围护结构传入房间的，以及房间内部散出的各种热量，称为房间得热量。为保持所要求的室内温度必须由空调系统从房间带走的热量称为房间冷负荷。两者在数值上不一定相等，这取决于得热中是否含有时变的辐射成分。当时变的得热量中含有辐射成分时或者虽然时变得热曲线相同但所含的辐射百分比不同时，由于进入房间的辐射成分不能被空调系统的送风消除，只能被房间内表面及室内各种陈设所吸收、反射、放热、再吸收、再反射、再放热⋯⋯在多次换热过程中，通过房间及陈设的蓄热、放热作用，使得热中的辐射成分逐渐转化为对流成分，即转化为冷负荷。显然，此时得热曲线与负荷曲线不再一致，比起前者，后者线型将产生峰值上的衰减和时间上的延迟，这对于削减空调设计负荷有重要意义。

7.2.4 按非稳态方法计算的得热量项目。

根据空调冷负荷计算方法的原理，明确规定了按非稳态方法进行空调冷负荷计算的各项得热量。

7.2.5 按稳态方法计算的得热量项目。

非轻型外墙是指传热衰减系数小于或等于 0.2 的外墙。由于非轻型外墙具有较大的惰性，对外界温度扰量反应迟钝，造成墙体的传热温差日变化减少，当室温允许波动范围较大时，其冷负荷计算可采用简化计算。

通过隔墙或楼板等传热形成的冷负荷，当相邻空调区的温差大于 3℃ 时，由于其占空调区的总冷负荷一定比例，在某些情况下是不应忽略的；当相邻空调区的温差小于或等于 3℃ 时，可以忽略不计。

人员密集空调区，如剧院、电影厅、会堂等，由于人体对围护结构和家具的辐射换热量减少，其冷负荷可按瞬时得热量计算。

7.2.6 空调区的夏季冷负荷计算。

地面传热形成的冷负荷：对于工艺性空调区，当有外墙时，距外墙 2m 范围内的地面，受室外气温和太阳辐射热的影响较大，测得地面的表面温度比室温高 1.2℃～1.26℃，即地面温度比西外墙的内表面温度还高。分析其原因，可能是混凝土地面的 K 值比西外墙的要大一些的缘故，所以规定距外墙 2m 范围内的地面须计算传热形成的冷负荷。对于舒适性空调区，夏季通过地面传热形成的冷负荷所占的比例很小，可以忽略不计。

人体、照明和设备等散热形成的冷负荷：非全天工作的照明、设备、器具以及人员等室内热源散热量，因具有时变性质，且包含辐射成分，所以这些散热曲线与它们所形成的负荷曲线是不一致的。根据散热的特点和空调区的热工状况，按照空调负荷计算理论，依据给出的散热曲线可计算出相应的负荷曲线。在进行具体的工程计算时可直接查计算表或使用计算机程序求解。

人员"群集系数"，是指根据人员的年龄、性别构成以及密集程度等情况不同而考虑的折减系数。人员的年龄和性别不同时，其散热量和散湿量就不同，如成年女子的散热量、散湿量约为成年男子散热量的 85%，儿童散热量、散湿量约为成年男子散热量的 75%。

设备的"功率系数"，是指设备小时平均实耗功率与其安装功率之比。

设备的"通风保温系数"，是指考虑设备有无局部排风设施以及设备热表面是否保温而采取的散热量折减系数。

公共建筑的高大空间一般采用分层空调，利用合理的气流组织，仅对下部空调区进行空调，而对上部较大的空间不空调，仅通风排热。由于分层空调具有较好的节能效果，因此，采用分层空调的高大空间，其空调区的冷负荷应小于高大空间的全室性空调冷负荷，计算时应进行折减。

7.2.7 空调冷负荷非稳态计算方法。

目前空调冷负荷计算中，主要有谐波法和传递函数法两种方法，二者计算方法虽不同，但均能满足空调冷负荷计算要求，其共同点是：将研究的传热过程视为非稳定过程，在原理上对得热量和冷负荷进行区分；将研究的传热过程视为常系数线性热力系统，其重要特性是可以应用叠加原理，同时系统特性不随时间变化。经研究比较，二者计算结果具有较好一致性。由于空调冷负荷计算是一个复杂的动态过程，计算过程繁琐，数据处理量大，因此，国内外的暖通空调设计中普遍采用专用空调冷负荷计算软件进行计算；为了使计算更加准确合理，编制组对目前国内常用空调负荷计算软件进行了比较研究，并对其计算模型做出适当规整更新，确保现有版本的计算结果具有较好的一致性。在此基础上，利用更新后的模型及数据，计算了代表城市典型房间、典型构造的空调冷负荷计算系数，并写入本规范附录 H，为简化计算时选用。考虑空调冷负荷的动态特性，空调冷负荷计算推荐采用计算软件进行计算；当条件不具备时，也可按附录 H 提供数据进行简化计算。

玻璃修正系数 C_s 为相对于 3mm 标准玻璃进行的修正。不同种类玻璃的光学性能不尽一致。在实际计算中，对每种玻璃都进行透过它的太阳总辐射照度的计算是不现实的。所以在实际计算中，按 3mm 标准玻璃进行计算夏季太阳总辐射照度，其他类型的玻璃的夏季太阳总辐射照度通过玻璃修正系数 C_s 进行修正计算获得见式（24）。

$$C_s = \frac{在实际工况下透过实际玻璃的太阳总辐射照度}{在标准工况下透过 3mm 单层标准玻璃的太阳总辐射照度}$$

$$(24)$$

注：标准工况是指室外空气对流换热系数 $\alpha_w = 18.6 W/(m^2 \cdot K)$，室内对流换热系数 $\alpha_n = 8.7 W/(m^2 \cdot K)$。

玻璃修正系数 C_s、遮阳修正系数、人员集群系数、照明修正系数和设备修正系数，可根据实际情况查有关空调冷负荷计算资料获得。

7.2.8 空调冷负荷稳态计算方法。

对于一般要求的空调区，由于室外扰动因素经历了围护结构和空调区的双重衰减作用，负荷曲线已相当平缓，为减少计算工作量，对非轻型外墙，室外计算温度可采用日平均综合温度代替冷负荷计算温度。

邻室计算平均温度与夏季空调室外计算日平均温度的差值 Δt_{ls}，可参考表 4 确定。

表 4　邻室计算平均温度与夏季空调室外计算日平均温度的差值（℃）

邻室散热量（W/m²）	Δt_{ls}
很少（如办公室和走廊等）	0～2
<23	3
23～116	5

7.2.9 空调区的散湿量计算。

散湿量直接关系到空气处理过程和空调系统的冷负荷大小。把散湿量各个项目——列出，单独形成一条，是为了把散湿量问题提得更加明确，并且与本规范 7.2.2 条相呼应，强调了与显热得热量性质不同的各类潜热得热量。

"通风系数"，是指考虑散湿设备有无排风设施而引起的散湿量折减系数。

7.2.10 空调区的夏季冷负荷确定。强制性条文。

空调区的夏季冷负荷，包括通过围护结构的传热、通过玻璃窗的太阳辐射得热、室内人员和照明设备等散热形成的冷负荷，其计算应分项逐时计算，逐时分项累加，按逐时分项累加的最大值确定。

7.2.11 空调系统的夏季冷负荷确定。部分强制性条文。

根据空调区的同时使用情况、空调系统类型以及控制方式等各种不同情况，在确定空调系统夏季冷负荷时，主要有两种不同算法：一个是取同时使用的各空调区逐时冷负荷的综合最大值，即从各空调区逐时冷负荷相加后所得数列中找出的最大值；一个是取同时使用的各空调区夏季冷负荷的累计值，即找出各空调区逐时冷负荷的最大值并将它们相加在一起，而不考虑它们是否同时发生。后一种方法的计算结果显然比前一种方法的结果要大。如当采用全空气变风量空调系统时，由于系统本身具有适应各空调区冷负荷变化的调节能力，此时系统冷负荷即应采用各空调区逐时冷负荷的综合最大值；当末端设备没有室温自动控制装置时，由于系统本身不能适应各空调区冷负荷的变化，为了保证最不利情况下达到空调区的温湿度要求，系统冷负荷即应采用各空调区夏季冷负荷的累计值。

新风冷负荷应按系统新风量和夏季室外空调计算干、湿球温度确定。再热负荷是指空气处理过程中产生冷热抵消所消耗的冷量，附加冷负荷是指与空调运行工况、输配系统有关的附加冷负荷。

同时使用系数可根据各空调区在使用时间上的不同确定。

7.2.12 夏季附加冷负荷的确定。

冷水箱温升引起的冷量损失计算，可根据水箱保温情况、水箱间的环境温度、水箱内冷水的平均温度，按稳态传热方法进行计算。

对空调间歇运行时所产生的附加冷负荷，设计中可根据工程实际情况酌情处理。

7.2.13 空调区的冬季热负荷确定。

空调区的冬季热负荷和供暖房间热负荷的计算方法是相同的，只是当空调区与室外空气的正压差值较大时，不必计算经由门窗缝隙渗入室内的冷空气耗热量。但是，考虑到空调区内热环境条件要求较高，区内温度的不保证时间应少于一般供暖房间，因此，在

选取室外计算温度时，规定采用历年平均不保证 1 天的日平均温度值，即应采用冬季空调室外计算温度。

对工艺性空调、大型公共建筑等，当室内热源（如计算机设备等）稳定放热时，此部分散热量应予以考虑并扣除。

7.2.14 空调系统的冬季热负荷确定。

冬季附加热负荷是指空调风管、热水管道等热损失所引起的附加热负荷。一般情况下，空调风管、热水管道均布置在空调区内，其附加热负荷可以忽略不计，但当空调风管局部布置在室外环境下时，应计入其附加热负荷。

7.3 空 调 系 统

7.3.1 选择空调系统的原则。

1 本条是选择空调系统的总原则，其目的是为了在满足使用要求的前提下，尽量做到一次投资少、运行费经济、能耗低等。

2 对规模较大、要求较高或功能复杂的建筑物，在确定空调方案时，原则上应对各种可行的方案及运行模式进行全年能耗分析，使系统的配置合理，以实现系统设计、运行模式及控制策略的最优。

3 气候是建筑热环境的外部条件，气候参数如太阳辐射、温度、湿度、风速等动态变化，不仅直接影响到人的舒适感受，而且影响到建筑设计。强调干热气候区的主要原因是：该气候区（如新疆等地区）深处内陆，大陆性气候明显，其主要气候特征是太阳辐射资源丰富、夏季温度高、日较差大、空气干燥等，与其他气候区的气候特征差异明显。因此，该气候区的空调系统选择，应充分考虑该地区的气象条件，合理有效地利用自然资源，进行系统对比选择。

7.3.2 空调风系统的划分。

将不同要求的空调区放置在一个空调风系统中时，会难以控制，影响使用，所以强调不同要求的空调区宜分别设置空调风系统。当个别局部空调区的标准高于其他主要空调区的标准要求时，从简化空调系统设置、降低系统造价等原则出发，二者可合用空调风系统；但此时应对标准要求高的空调区进行处理，如同一风系统中有空气的洁净度或噪声标准要求不同的空调区时，应对洁净度或噪声标准要求高的空调区采取增设符合要求的过滤器或消声器等处理措施。

需要同时供热和供冷的空调区，是指不同朝向、周边区与内区等。进深较大的开敞式办公用房、大型商场等，内外区负荷特性相差很大，尤其是冬季或过渡季，常常外区需供热时，内区因过热需全年供冷；过渡季节朝向不同的空调区也常常需要不同的送风参数，此时，可按不同区域划分空调区，分别设置空调风系统，以满足调节和使用要求；当需要合用空调风系统时，应根据空调区的负荷特性，采用不同类型的送风末端装置，以适应空调区的负荷变化。

7.3.3 易燃易爆等空调风系统的划分。

根据建筑消防规范、实验室设计规范等要求，强调了空调风系统中，对空气中含有易燃易爆或有毒有害物质空调区的要求，具体做法应遵循国家现行有关的防火、实验室设计规范等。

7.3.4 全空气定风量空调系统的选择。

全空气空调系统存在风管占用空间较大的缺点，但人员较多的空调区新风比例较大，与风机盘管加新风等空气—水系统相比，多占用空间不明显；人员较多的大空间空调负荷和风量较大，便于独立设置空调风系统，可避免出现多空调区共用一个全空气定风量系统难以分别控制的问题；全空气定风量系统易于改变新回风比例，可实现全新风送风，以获得较好的节能效果；全空气系统设备集中，便于维护管理；因此，推荐在剧院、体育馆等人员较多、运行时负荷和风量相对稳定的大空间建筑中采用。

全空气定风量空调系统，对空调区的温湿度控制、噪声处理、空气过滤和净化处理以及气流稳定等有利，因此，推荐应用于要求温湿度允许波动范围小、噪声或洁净度标准高的播音室、净化房间、医院手术室等场所。

7.3.5 全空气空调系统的基本设计原则。

1 一般情况下，在全空气空调系统（包括定风量和变风量系统）中，不应采用分别送冷热风的双风管系统，因该系统易存在冷热量互相抵消现象，不符合节能原则；同时，系统造价较高，不经济。

2 目前，空调系统控制送风温度常采用改变冷热水流量方式，而不常采用变动一、二次回风比的复杂控制系统；同时，由于变动一、二次回风比会影响室内相对湿度的稳定，不适用于散湿量大、湿度要求较严格的空调区；因此，在不使用再热的前提下，一般工程推荐采用系统简单、易于控制的一次回风式系统。

3 采用下送风方式或洁净室空调系统（按洁净要求确定的风量，往往大于用负荷和允许送风温差计算出的风量），其允许送风温差都较小，为避免系统采用再热方式所产生的冷热量抵消现象，可以使用二次回风式系统。

4 一般情况下，除温湿度波动范围要求严格的工艺性空调外，同一个空气处理系统不应同时有加热和冷却过程，因冷热量互相抵消，不符合节能原则。

7.3.6 全空气空调系统设置回风机的情况

单风机式空调系统具有系统简单、占地少、一次投资省、运行耗电量少等优点，因此常被采用。

当需要新风、回风和排风量变化时，尤其过渡季的排风措施，如开窗面积、排风系统等，无法满足系统最大新风量运行要求时，单风机式空调系统存在系统新、回风量调节困难等缺点；当回风系统阻力大时，单风机式空调系统存在送风机风压较高、耗电量

较大、噪声也较大等缺点。因此，在这些情况下全空气空调系统可设回风机。

7.3.7 全空气变风量空调系统的选择。

全空气变风量空调系统具有控制灵活、卫生、节约电能（相对定风量空调系统而言）等特点，近年来在我国应用有所发展，因此本规范对其适用条件和要求作出了规定。

全空气变风量空调系统按系统所服务空调区的数量，分为带末端装置的变风量空调系统和区域变风量空调系统。带末端装置的变风量空调系统是指系统服务于多个空调区的变风量系统，区域变风量空调系统是指系统服务于单个空调区的变风量系统。对区域变风量系统而言，当空调区负荷变化时，系统是通过改变风机转速来调节空调区的风量，以达到维持室内设计参数和节省风机能耗的目的。

空调区有内外分区的建筑物中，对常年需要供冷的内区，由于没有围护结构的影响，可以以相对恒定的送风温度送风，通过送风量的改变，基本上能满足内区的负荷变化；而外区较为复杂，受围护结构的影响较大。不同朝向的外区合用一个变风量空调系统时，过渡季节为满足不同空调区的要求，常需要送入较低温度的一次风。对需要供暖的空调区，则通过末端装置上的再热盘管加热一次风供暖。当一次风的空气处理冷源是采用制冷机时，需要供暖的空调区会产生冷热抵消现象。

变风量空调系统与其他空调系统相比投资大、控制复杂，同时，与风机盘管加新风系统相比，其占用空间也大，这是应用受到限制的主要原因。另外，与风机盘管加新风系统相比，变风量空调系统由于末端装置无冷却盘管，不会产生室内因冷凝水而滋生的微生物和病菌等，对室内空气质量有利。

变风量空调系统的风量变化有一定的范围，其湿度不易控制。因此，规定在温湿度允许波动范围要求高的工艺性空调区不宜采用。对带风机动力型末端装置的变风量系统，其末端装置的内置风机会产生较大噪声，因此，规定不宜应用于播音室等噪声要求严格的空调区。

7.3.8 全空气变风量空调系统的设计。

1、2 全空气变风量空调系统的空调区划分非常重要，其影响因素主要有建筑模数、空调负荷特性、使用时间等；空调区的划分不同，其空调系统形式也不相同。变风量空调系统用于空调区内外分区时，常有以下系统组合形式：当内区独立采用全年送冷的变风量空调系统时，外区可根据外区的空调负荷特性，设置风机盘管空调系统、定风量空调系统等；当内外区合用变风量空气处理机组时，内区可采用单风道型变风量末端装置，外区则根据外区的空调负荷特性，设置带再热盘管的变风量末端装置，用于外区的供暖；当内外区分别设置变风量空气处理机组时，内区

机组仅需要全年供冷，而外区机组需要按季节进行供冷或供热转换；同时，外区宜按朝向分别设置空气处理机组，以保证每个系统中各末端装置所服务区域的转换时间一致。

3 变风量空调系统的末端装置类型很多，根据是否补偿系统压力变化可分为压力无关型和压力有关型末端两种，其中，压力无关型是指当系统主风管内的压力发生变化时，其压力变化所引起的风量变化被检测并反馈到末端控制器中，控制器通过调节风阀的开度来补偿此风量的变化。目前，常用的变风量末端装置主要为压力无关型。

5 变风量空调系统，当一次风送风量减少时，其新风量也随之减少，有新风量不能满足最小新风量要求的潜在性。因此，强调应采取保证最小新风量的措施。对采用双风机式变风量系统而言，当需要维持最小新风量时，为使新风量恒定，回风量则往往不是随送风量的变化按比例变化，而是要求与送风量保持恒定的差值。因此，要求送、回风机按转速分别控制，以满足最小新风量的要求。

6 变风量空调系统的送风量改变应采用风机调速方法，以达到节能的目的，不宜采用恒速风机，通过改变送、回风阀的开度来实现变风量等简易方法。

7 变风量空调系统的送风口选择不当时，送风口风量的变化会影响到室内的气流组织，影响室内的热湿环境无法达到要求。对串联式风机动力型末端装置而言，因末端装置的送风量是恒定的，则不存在上述问题。

7.3.9 风机盘管加新风空调系统的选择。

风机盘管系统具有各空调区温度单独调节、使用灵活等特点，与全空气空调系统相比可节省建筑空间，与变风量空调系统相比造价较低等，因此，在宾馆客房、办公室等建筑中大量使用。"加新风"是指新风经过处理达到一定的参数要求后，有组织地送入室内。

普通风机盘管加新风空调系统，存在着不能严格控制室内温湿度的波动范围，同时，常年使用时，存在冷却盘管外部因冷凝水而滋生微生物和病菌等，恶化室内空气质量等缺点。因此，对温湿度波动范围和卫生等要求较严格的空调区，应限制使用。

由于风机盘管对空气进行循环处理，无特殊过滤装置，所以不宜安装在厨房等油烟较多的空调区，否则会增加盘管风阻力并影响其传热。

7.3.10 风机盘管加新风空调系统的设计。

1 当新风与风机盘管机组的进风口相接，或只送到风机盘管机组的回风吊顶处时，将会影响室内的通风；同时，当风机盘管机组的风机停止运行时，新风有可能从带有过滤器的回风口处吹出，不利于室内空气质量的保证。另外，新风和风机盘管的送风混合后再送入室内时，会造成送风和新风的压力难以平衡，有可能影响新风量的送入。因此，推荐新风直接送入人员活动区。

2 风机盘管加新风空调系统强调新风的处理，对空气质量标准要求较高的空调区，如医院等，可采用处理后的新风负担空调区的全部散湿量时，让风机盘管机组干工况运行，以有利于室内空气质量的保证；同时，由于处理后的新风送风温度较低，低于室内露点温度，因此，低温新风系统设计应满足低温送风空调系统的相关要求。

3 早期的风机盘管机组余压只有 0Pa 和 12Pa 两种形式，《风机盘管机组》GB/T 19232 对高余压机组没有漏风率的规定。为适应市场需求，部分风机盘管余压越来越高，达 50Pa 或以上，由于常规风机盘管机组的换热盘管位于送风机出风侧，会导致机组漏风严重以及噪声、能耗等增加，故不宜选择高出口余压的风机盘管机组。

7.3.11 多联机空调系统的选择与设计。

由于多联机空调系统的制冷剂直接进入空调区，当用于有振动、油污蒸汽、产生电磁波或高频波设备的场所时，易引起制冷剂泄漏、设备损坏、控制器失灵等事故，故这些场所不宜采用该系统。

1 多联机空调系统形式的选择，需要根据建筑物的负荷特征、所在气候区等多方面因素综合考虑：当仅用于建筑物供冷时，可选用单冷型；当建筑物按季节变化需要供冷、供热时，可选用热泵型；当同一多联机空调系统中需要同时供冷、供热时，可选用热回收型。

多联机空调系统的部分负荷特性主要取决于室内外温度、机组负荷率及室内机运行情况。当室内机组的负荷变化率较为一致时，系统在 50%～80% 负荷率范围内具有较高的制冷性能系数。因此，从节能角度考虑，推荐将负荷特性相差较大的空调区划为不同系统。

热回收型多联机空调系统是高效节能型系统，它通过高压气体管将高温高压蒸气引入用于供热的室内机，制冷剂蒸气在室内机内放热冷凝，流入高压液体管；制冷剂自高压液体管进入用于制冷的室内机中，蒸发吸热，通过低压气体管返回压缩机。室外热交换器视室内机运行模式起着冷凝器或蒸发器的作用，其功能取决于各室内机的工作模式和负荷大小。

2 室内、外机组之间以及室内机组之间的最大管长与最大高差，是多联机空调系统的重要性能参数。为保证系统安全、稳定、高效的运行，设计时，系统的最大管长与最大高差不应超过所选用产品的技术要求。

3 多联机空调系统是利用制冷剂输配能量，系统设计中必须考虑制冷剂连接管内制冷剂的重力与摩擦阻力等对系统性能的影响，因此，应根据系统制冷量的衰减来确定系统的服务区域，以提高系统的能效比。

4 室外机变频设备与其他变频设备保持合理距离，是为了防止设备间的互相干扰，影响系统的安全运行。

7.3.12 低温送风空调系统的选择。

低温送风空调系统，具有以下优点：

1 由于送风温差和冷水温升比常规系统大，系统的送风量和循环水量小，减小了空气处理设备、水泵、风道等的初投资，节省了机房面积和风管所占空间高度；

2 由于需要的冷水温度低，当冷源采用制冷机直接供冷时制冷能耗比常规系统高；当冷源采用蓄冷系统时，由于制冷能耗主要发生在非用电高峰期，可明显地减少了用电高峰期的电力需求和运行费用；

3 特别适用于空调负荷增加而又不允许加大风管、降低房间净高的改造工程；

4 由于送风除湿量的加大，造成了室内空气的含湿量降低，增强了室内的热舒适性。

低温冷媒可由蓄冷系统、制冷机等提供。由于蓄冷系统需要的初投资较高，当利用蓄冷设备提供低温冷水与低温送风系统相结合时，可减少空调系统的初投资和用电量，更能够发挥减小电力需求和运行费用等优点；其他能够提供低温冷媒的冷源设备，如采用直接膨胀式蒸发器的整体式空调机组或利用乙烯乙二醇水溶液做冷媒的制冷机，也可用于低温送风空调系统。

采用低温送风空调系统时，空调区内的空气含湿量较低，室内空气的相对湿度一般为 $30\% \sim 50\%$，同时，系统的送风量也较少。因此，应限制在空气相对湿度或送风量要求较大的空调区应用，如植物温室、手术室等。

7.3.13 低温送风空调系统的设计。

1 空气冷却器的出风温度：制约空气冷却器出风温度的条件是冷媒温度，当冷却盘管的出风温度与冷媒的进口温度之间的温差过小时，必然导致盘管传热面积过大而不经济，以致选择盘管困难；同时，对直接膨胀式蒸发器而言，送风温度过低还会带来盘管结霜和液态制冷剂进入压缩机问题。

2 送风温升：低温送风系统不能忽视送风机、风管及送风末端装置的温升，一般可达 $2℃ \sim 3℃$；同时应考虑风口的选型，最后确定室内送风温度及送风量。

3 空气处理机组选型：空气冷却器的迎风面风速低于常规系统，是为了减少风侧阻力和冷凝水吹出的可能性，并使出风温度接近冷媒的进口温度；为了获得较低出风温度，冷却器盘管的排数和翅片密度大于常规系统，但翅片过密或排数过多会增加风侧或水侧阻力，不便于清洗，凝水易被吹出盘管等，故应对翅片密度和盘管排数二者权衡取舍，进行设备费和运行费的经济比较后，确定其数值；为了取得风水之间更大的接近度和温升，解决部分负荷时流速过低的问题，应使冷媒流过盘管的路径较长，温升较高，并提高冷媒流速与扰动，以改善传热，因此冷却盘管的回路布置常采用管程数较多的分回路布置方式，但会增加了盘管阻力；基于上述诸因素，低温送风系统不能直接采用常规系统的空气处理机组，必须通过技术经济分析比较，严格计算，进行设计选型。

4 直接低温送风：采取低温冷风直接送入房间时，可采用低温风口。低温风口应具有高诱导比，在满足室内气流组织设计要求下，风口表面不应结露。因送风温度低，为防止低温空气直接进入人员活动区，尤其是采用全空气变风量空调系统时，当送风量较低时，应对低温风口的扩散性或空气混合性有更高的要求，具体详见本规范第 7.4.2 条的规定。

5 保冷：由于送风温度比常规系统低，为减少系统冷量损失和防止结露，应保证系统设备、风管、送风末端送风装置的正确保冷与密封，保冷层应比常规系统厚，见本规范 11.1.4 条的规定。

7.3.14 温湿度独立控制空调系统的选择。

空调区散湿量较小的情况，一般指空调区单位面积的散湿量不超过 $30g/(m^2 \cdot h)$。

空调系统承担着排除空调区余热、余湿等任务。温湿度独立控制空调系统由于采用了温度与湿度两套独立的空调系统，分别控制着空调区的温度与湿度，从而避免了常规空调系统中温度与湿度联合处理所带来的损失；温度控制系统处理显热时，冷水温度要求低于室内空气的干球温度即可，为天然冷源等的利用创造了条件，且末端设备处于干工况运行，避免了室内盘管等表面滋生霉菌等。同时，由于冷水供水温度高，系统可采用天然冷源或 COP 值较高的高温型冷水机组，对系统的节能有利。但此时末端装置的换热面积需要增加，对投资不利。

空调区的全部散湿量由湿度控制系统承担，因此，采取何种除湿方式是实现对新风湿度控制的关键。随着技术的不断发展，各种除湿技术的应用也日益广泛，因此，在技术经济合理的情况下，当空调区散湿量较小时，推荐采用温湿度独立控制空调系统。

7.3.15 温度湿度独立空调系统的设计要求。

1 温度控制系统，当室外空气设计露点温度较低时，应采用间接蒸发冷水机组制取冷水吸收显热，或其他高效制冷方式制取高温冷水。在条件允许情况下，推荐利用蒸发冷却、天然冷源等制备冷水，以达到节能的目的。温度控制系统的末端设备可以选择地面冷辐射、顶棚冷辐射或干式风机盘管，以及这几种方式的组合。

2 湿度控制系统中，经处理的新风负担空调区全部散湿量，与常规空调系统相比，能够更好地控制空调区湿度，避免新风处理过程中的再热损失，以满足室内热湿比的变化。常用的除湿方法有冷却除湿、溶液除湿、固体吸附除湿等。除湿方式的不同，确定了新风处理方式也不同。新风处理方式的选择应根据当地气象条件、新风送风的露点温度和含湿量，结合建筑物特性、使用要求等，经技术经济比较后确定。

当室外新风湿球温度对应的绝对含湿量低于要求的新风送风含湿量时，宜采用直接蒸发冷却方式处理新风；当室外新风露点温度低于要求的新风送风露点温度时，宜采用间接蒸发冷却方式处理新风；当室外新风露点高于要求的新风送风露点时，宜采用冷凝除湿、转轮除湿或溶液除湿等。

采用冷却除湿方式时，湿度控制系统要求的冷水温度应低于室内空气的露点温度，而温度控制系统要求的冷水温度应低于室内空气的干球温度，并高于室内空气的露点温度，二者对冷水的供水温度要求是不同的。

采用蒸发冷却除湿方式时，由于直接蒸发冷却空气处理过程是等焓加湿过程，干燥的新风经直接蒸发冷却被加湿，降低了系统的除湿能力，对湿度控制系统不利。因此，对蒸发冷却方式的确定，应经技术分析，合理应用。直接蒸发冷却处理新风时，其水质必须符合本规范第 7.5.2 条的强制规定。

3 采用冷却除湿方式时，由于除湿空气需被冷却到露点以下，才能除去冷凝水。为满足新风的送风要求，除湿后的新风需要进行再热处理后送入空调区，这会造成冷热量抵消现象的发生。因此，从节能角度考虑，应限制系统采取外部热源对新风进行再热处理，如锅炉提供的热水、电加热器等。

4 考虑到房间的具体使用情况，如开窗等，温湿度独立控制空调系统应采取自动控制等措施，以防止末端设备表面发生结露现象，影响系统正常运行。

7.3.16 蒸发冷却空调系统的选择。

蒸发冷却空调系统是指利用水的蒸发来冷却空气的空调系统。在室外气象条件满足要求的前提下，推荐在夏季空调室外设计露点温度较低的地区（通常在低于16℃的地区），如干热气候区的新疆、内蒙古、青海等，采用蒸发冷却空调系统，以有利于空调系统的节能。

7.3.17 蒸发冷却空调系统的设计要求。

蒸发冷却空调系统的形式，可分为全空气式和空气-水式蒸发冷却空调系统两种形式。当通过蒸发冷却处理后的空气，能承担空调区的全部显热负荷和散湿量时，系统应选全空气式系统；当通过蒸发冷却处理后的空气仅承担空调区的全部散湿量和部分显热负荷，而剩余部分显热负荷由冷水系统承担时，系统应选空气-水式系统。空气-水式系统中，水系统的末端设备可选用辐射板、干式风机盘管机组等。

全空气蒸发冷却空调系统，根据空气的处理方式，可采用直接蒸发冷却、间接蒸发冷却和组合式蒸发冷却（直接蒸发冷却与间接蒸发冷却混合的蒸发冷却方式）。室外设计湿球温度低于 16℃ 的地区，其空气处理可采用直接蒸发冷却方式；夏季室外计算湿球温度较高的地区，为强化冷却效果，进一步降低系统的送风温度、减小送风量和风管面积时，可采用组合式蒸发冷却方式。组合式蒸发冷却方式的二级蒸发冷却是指在一个间接蒸发冷却器后，再串联一个直接蒸发冷却器；三级蒸发冷却是指在两个间接蒸发冷却器串联后，再串联一个直接蒸发冷却器。

直接蒸发冷却空调系统，由于水与空气直接接触，其水质直接影响到室内空气质量，其水质必须符合本规范第 7.5.2 条的强制规定。

7.3.18 直流式（全新风）空调系统的选择。

直流式（全新风）空调系统是指不使用回风，采用全新风直流运行的全空气空调系统。考虑节能、卫生、安全的要求，一般全空气空调系统不应采用冬夏季能耗较大的直流式（全新风）空调系统，而应采用有回风的空调系统。

7.3.19 空调区、空调系统的新风量确定。

新风系统是指用于风机盘管加新风、多联机、水环热泵等空调系统的新风系统，以及集中加压新风系统。

有资料规定，空调系统的新风量占送风量的百分数不应低于 10%，但对温湿度波动范围要求很小或洁净度要求很高的空调区，其送风量都很大，即使要求最小新风量达到送风量的 10%，新风量也很大，不仅不节能，而且大量室外空气还影响了室内温湿度的稳定，增加了过滤器的负担。一般舒适性空调系统而言，按人员、空调区正压等要求确定的新风量达不到 10% 时，由于人员较少，室内 CO_2 浓度也较小（氧气含量相对较高），也没必要加大新风量；因此本规范没有规定新风量的最小比例（即最小新风比）。民用建筑物中，主要空调区的人员所需最小新风量具体数值，可参照本规范第 3.0.6 条规定。

当全空气空调系统服务于多个不同新风比的空调区时，其系统新风比应按下列公式确定：

$$Y = X/(1+X-Z) \tag{25}$$
$$Y = V_{ot}/V_{st} \tag{26}$$
$$X = V_{on}/V_{st} \tag{27}$$
$$Z = V_{oc}/V_{sc} \tag{28}$$

式中：Y ——修正后的系统新风量在送风量中的比例；

V_{ot} ——修正后的总新风量（m^3/h）；

V_{st} ——总送风量，即系统中所有房间送风量之和（m^3/h）；

X ——未修正的系统新风量在送风量中的比例；

V_{on} ——系统中所有房间的新风量之和（m^3/h）；

Z ——需求最大的房间的新风比；

V_{oc} ——需求最大的房间的新风量（m^3/h）；

V_{sc} ——需求最大的房间的送风量（m^3/h）。

7.3.20 新风作冷源。

1 规定此条的目的是为了节约能源。

2 除过渡季可使用全新风外，还有冬季不采用最小新风量的特例，如冬季发热量较大的内区，当采用最小新风量时，内区仍需要对空气进行冷却，此时可利用加大新风量作为冷源。

温湿度允许波动范围小的工艺性房间空调系统或洁净室内的空调系统，考虑到减少过滤器负担，不宜改变或增加新风量。

7.3.21 新风进风口的要求。

1 新风进风口的面积应适应最大新风量的需要，是指在过渡季大量使用新风时，为满足系统过渡季全新风运行，系统可设置最小新风口和最大新风口，或按最大新风量设置新风进风口，并设调节装置，以分别适应冬夏和过渡季节新风量变化的需要。

2 系统停止运行时，进风口如不能严密关闭，夏季热湿空气侵入，会造成金属表面和室内墙面结露；冬季冷空气侵入，将使室温降低，甚至使加热排管冻坏；所以规定进风口处应设有严密关闭的阀门，寒冷和严寒地区宜设保温阀门。

7.3.22 空调系统的风量平衡。

考虑空调系统的风量平衡（包括机械排风和自然排风）是为了使室内正压值不要过大，以造成新风无法正常送入。

机械排风设施可采用设回风机的双风机系统，或设置专用排风机；排风量还应随新风量的变化而变化，例如采取控制双风机系统各风阀的开度，或排风机与送风机连锁控制风量等自控措施。

7.3.23 设置空气-空气能量回收装置的原则。

空气能量回收，过去习惯称为空气热回收。规定此条的目的是为了节能。空调系统中处理新风所需的冷热负荷占建筑物总冷热负荷的比例很大，为有效地减少新风冷热负荷，除规定合理的新风量标准之外，还宜采用空气-空气能量回收装置回收空调排风中的热量和冷量，用来预热和预冷新风。

在进行空气能量回收系统的技术经济比较时，应充分考虑当地的气象条件、能量回收系统的使用时间等因素，在满足节能标准的前提下，如果系统的回收期过长，则不应采用能量回收系统。

7.3.24 空气能量回收系统的设计。

国家标准《空气-空气能量回收装置》GB/T 21087 将空气能量回收装置按换热类型分为全热回收型和显热回收型两类，同时规定了内部漏风率和外部漏风率指标。由于能量回收原理和结构特点的不同，空气能量回收装置的处理风量和排风泄漏量存在较大的差异。当排风中污染物浓度较大或污染物种类对人体有害时，在不能保证污染物不泄漏到新风送风中时，空气能量回收装置不应采用转轮式空气能量回收装置，同时也不宜采用板式或板翅式空气能量回收

装置。

新排风中显热和潜热能量的构成比例是选择显热或全热空气能量回收装置的关键因素。在严寒地区及夏季室外空气比焓低于室内空气设计比焓而室外空气温度又高于室内空气设计温度的温和地区，宜选用显热回收装置；在其他地区，尤其是夏热冬冷地区，宜选用全热回收装置。

从工程应用中发现，空气能量回收装置的空气积灰对热回收效率的影响较大，设计中应予以重视，并考虑能量回收装置的过滤器设置问题。对室外温度较低的地区（如严寒地区），应对热回收装置的排风侧是否出现结霜或结露现象进行核算，当出现结霜或结露时，应采取预热等措施。

常用的空气能量回收装置性能和适用对象参见下表：

表5 常用空气能量回收装置性能和适用对象

项目	能量回收装置形式					
	转轮式	液体循环式	板式	热管式	板翅式	溶液吸收式
能量回收形式	显热或全热	显热	显热	显热	全热	全热
能量回收效率	50%～85%	55%～65%	50%～80%	45%～65%	50%～70%	50%～85%
排风泄漏量	0.5%～10%	0	0～5%	0～1%	0～5%	0
适用对象	风量较大且允许排风与新风间有适量渗透的系统	新风与排风回收热点较分散的系统	仅需回收显热的系统	含有轻微灰尘或较高通风系统	需要回收全热且空气较清洁的系统	需回收全热并对空气有过滤的系统

7.4 气 流 组 织

7.4.1 空调区的气流组织设计原则。

空调系统末端装置的选择和布置时，应与建筑装修相协调，注意风口的选型与布置对内部装修美观的影响；同时应考虑室内空气质量、室内温度梯度等要求。

涉及气流组织设计的舒适性指标，主要由气流组织形式、室内热源分布及特性所决定。

空气分布特性指标（ADPI：Air Diffusion Performance Index），是满足风速和温度设计要求的测点数与总测点数之比。对舒适性空调而言，相对湿度在适当范围内对人体的舒适性影响较小，舒适度主要考虑空气温度与风速对人体的综合作用。根据实验结果，有效温度差与室内风速之间存在下列关系：

$$EDT = (t_i - t_n) - 7.66(u_i - 0.15) \qquad (29)$$

式中：t_i、t_n、u_i——工作区某点的空气温度、空气流速和给定的室内设计温度。

并且认为当 EDT 在 $-1.7 \sim +1.1$ 之间多数人感到舒适。因此，空气分布特性指标（ADPI）应为

$$ADPI = \frac{-1.7 < EDT < 1.1 \text{ 的测点数}}{\text{总测点数}} \times 100\%$$

(30)

一般情况下，空调区的气流组织设计应使空调区的 $ADPI \geqslant 80\%$。$ADPI$ 值越大，说明感到舒适的人群比例越大。

对于复杂空间的气流组织设计，采用常规计算方法已无法满足要求。随着计算机技术的不断发展与计算流体动力学（CFD）数值模拟技术的日益普及，对复杂空间等特殊气流组织设计推荐采用计算流体动力学（CFD）数值模拟计算。

7.4.2 空调区的送风方式及送风口的选型。

空调区内良好的气流组织，需要通过合理的送回风方式以及送回风口的正确选型和布置来实现。

1 侧送时宜使气流贴附以增加送风射程，改善室内气流分布。工程实践中发现风机盘管的送风不贴附时，室内温度分布则不均匀。目前，空气分布增加了置换通风及地板送风等方式，以有利于提高人员活动区的空气质量，优化室内能量分配，对高大空间建筑具有较明显的节能效果。

侧送是已有几种送风方式中比较简单经济的一种。在一般空调区中，大多可以采用侧送。当采用较大送风温差时，侧送贴附射流有助于增加气流射程，使气流混合均匀，既能保证舒适性要求，又能保证人员活动区温度波动小的要求。侧送气流宜贴附顶棚。

2 圆形、方形和条缝形散流器平送，均能形成贴附射流，对室内高度较低的空调区，既能满足使用要求，又比较美观，因此，当有吊顶可利用时，采用这种送风方式较为合适。对于室内高度较高的空调区（如影剧院等），以及室内散热量较大的空调区，当采用散流器时，应采用向下送风，但布置风口时，应考虑气流的均布性。

在一些室温允许波动范围小的工艺性空调区中，采用孔板送风较多。根据测定可知，在距孔板 100mm～250mm 的汇合段内，射流的温度、速度均已衰减，可达到 $\pm 0.1℃$ 的要求，且区域温差小，在较大的换气次数下（每小时达 32 次），人员活动区风速一般均在 $0.09m/s \sim 0.12m/s$ 范围内。所以，在单位面积送风量大，且人员活动区要求风速小或区域温差要求严格的情况下，应采用孔板向下送风。

3 对于高大空间，采用上述几种送风方式时，布置风管困难，难以达到均匀送风的目的。因此，建议采用喷口或旋流风口送风方式。由于喷口送风的喷口截面大，出口风速高，气流射程长，与室内空气强烈掺混，能在室内形成较大的回流区，达到布置少量风口即可满足气流均布的要求。同时，它还具有风管布置简单、便于安装、经济等特点。当空间高度较低时，采用旋流风口向下送风，亦可达到满意的效果。应用置换通风、地板送风的下部送风方式，使送入室内的空气先在地板上均匀分布，然后被热源（人员、设备等）加热，形成以热烟羽形式向上的对流气流，更有效地将热量和污染物排出人员活动区，在高大空间应用时，节能效果显著，同时有利于改善通风效率和室内空气质量。对于演播室等高大空间，为便于满足空间布置需要，可采用可伸缩的圆筒形风口向下送风的方式。

4 全空气变风量空调系统的送风参数是保持不变的，它是通过改变风量来平衡室内负荷变化。这就要求，在送风量变化时，所选用的送风末端装置或送风口应能满足室内空气温度及风速的要求。用于全空气变风量空调系统的送风末端装置，应具有与室内空气充分混合的性能，并在低送风量时，应能防止产生空气滞留，在整个空调区内具有均匀的温度和风速，而不能产生吹风感，尤其在组织热气流时，要保证气流能够进入人员活动区，而不滞留在上部区域。

5 风口表面温度低于室内露点温度时，为防止风口表面结露，风口应采用低温风口。低温风口与常规散流器相比，两者的主要差别是：低温风口所适用的温度和风量范围较常规散流器广。在这种较广的温度与风量范围下，必须解决好充分与空调区空气混合、贴附长度及噪声等问题。选择低温风口时，一般与常规方法相同，但应对低温送风射流的贴附长度予以重视。在考虑风口射程的同时，应使风口的贴附长度大于空调区的特征长度，以避免人员活动区吹冷风现象发生。

7.4.3 贴附侧送的要求。

贴附射流的贴附长度主要取决于侧送气流的阿基米德数。为了使射流在整个射程中都贴附在顶棚上而不致中途下落，就需要控制阿基米德数小于一定的数值。

侧送风口安装位置距顶棚愈近，愈容易贴附。如果送风口上缘离顶棚距离较大时，为了达到贴附目的，规定送风口处应设置向上倾斜 $10° \sim 20°$ 的导流片。

7.4.4 孔板送风的要求。

1 本条规定的稳压层净高不应小于 0.2m，主要是从满足施工安装的要求上考虑的。

2 在一般面积不大的空调区中，稳压层内可以不设送风分布支管。根据实测，在 6m×9m 的空调区内（室温允许波动范围为 $\pm 0.1℃$ 和 $\pm 0.5℃$），采用孔板送风，测试过程中将送风分布支管装上或拆下，在室内均未曾发现任何明显的影响。因此，除送风射程较长的以外，稳压层内可不设送风分布支管。

当稳压层高度较低时，向稳压层送风的送风口，

一般需要设置导流板或挡板以免送风气流直接吹向孔板。

7.4.5 喷口送风的要求。

1 将人员活动区置于气流回流区是从满足卫生标准的要求而制定的。

2 喷口送风的气流组织形式和侧送是相似的，都是受限射流。受限射流的气流分布与建筑物的几何形状、尺寸和送风口安装高度等因素有关。送风口安装高度太低，则射流易直接进入人员活动区；太高则使回流区厚度增加，回流速度过小，两者均影响舒适感。

3 对于兼作热风供暖的喷口，为防止热射流上翘，设计时应考虑使喷口具有改变射流角度的功能。

7.4.6 散流器送风的要求。

1 散流器布置应结合空间特征，按对称均匀或梅花形布置，以有利于送风气流对周围空气的诱导，避免气流交叉和气流死角。与侧墙的距离过小时，会影响气流的混合程度。散流器有时会安装在暴露的管道上，当送风口安装在顶棚以下300mm或者更低的地方时，就不会产生贴附效应，气流将以较大的速度到达工作区。

2 散流器平送时，平送方向的阻挡物会造成气流不能与室内空气充分混合，提前进入人员活动区，影响空调区的热舒适。

3 散流器安装高度较高时，为避免热气流上浮，保证热空气能到达人员活动区，需要通过改变风口的射流出口角度来加以实现。温控型散流器、条缝形（蟹爪形）散流器等能实现不同送风工况下射流出口角度的改变。

7.4.7 置换通风的要求。

置换通风是气流组织的一种形式。置换通风是将经处理或未处理的空气，以低风速、低紊流度、小温差的方式，直接送入室内人员活动区的下部。送入室内的空气先在地面上均匀分布，随后流向热源（人或设备）形成热气流以烟羽的形式向上流动，并在室内的上部空间形成滞留层。从滞留层将室内的余热和污染物排出。

置换通风的竖向气流流型是以浮力为基础，室内污染物在热浮力的作用下向上流动。在上升的过程中，热烟羽卷吸周围空气，流量不断增大。在热力作用下，室内空气出现分层现象。

置换通风在稳定状态时，室内空气在流态上分上下两个不同区域，即上部紊流混合区和下部单向流动区。下部区域内没有循环气流，接近置换气流，而上部区域内有循环气流。两个区域分层界面的高度取决于送风量、热源特性及其在室内分布情况。设计时，应控制分层界面的高度在人员活动区以上，以保证人员活动区的空气质量和热舒适性。

1~4 根据有关资料介绍，采用置换通风时，室内吊顶高度不宜过低，否则，会影响室内空气的分层。由于置换通风的送风温度较高，其所负担的冷负荷一般不宜太大，否则，需要加大送风量，增加送风口面积，这对风口的布置不利。根据置换通风的原理，污染气体靠热浮力作用向上排出，当污染源不是热源时，污染气体不能有效排出；污染气体的密度较大时，污染气体会滞留在下部空间，也无法保证污染气体的有效排出。

5 垂直温差是一个重要的局部热不舒适控制性指标，对置换通风等系统设计时更加重要。本条直接引自国际通用标准 ISO 7730 和美国 ASHRAE 55 的相关条款。根据美国相关研究，取室内人员的头部高度（1.1m）到脚部高度（0.1m）由于垂直温差引起的局部热不舒适的不满意度（PD）为≤5%，基于 PD 的计算公式确定。

$$PD = \frac{100}{1 + \exp(5.76 - 0.856 \cdot \Delta t_{a,v})} \tag{31}$$

6 设计中，要避免置换通风与其他气流组织形式应用于同一个空调区，因为其他气流组织形式会影响置换气流的流型，无法实现置换通风。

置换通风与辐射冷吊顶、冷梁等空调系统联合应用时，其上部区域的冷表面可能使污染物空气从上部区域再度进入下部区域，设计时应考虑。

7.4.8 地板送风的要求。

1 地板送风（UFAD）是指利用地板静压箱，将经热湿处理后的空气由地板送风口送到人员活动区内的气流组织形式。与置换通风形式相比，地板送风是以较高的风速从尺寸较小的地板送风口送出，形成相对较强的空气混合。因此，其送风温度较置换通风低，系统所负担的冷负荷也大于置换通风。地板送风的送风口附近区域不应有人长久停留。

2 地板送风在房间内产生垂直温度梯度和空气分层。典型的空气分层分为三个区，第一个区域为低区（混合区），此区域内送风空气与房间空气混合，射流末端速度为0.25m/s。第二个区域为中区（分层区），此区域内房间温度梯度呈线性分布。第三个区域为高区（混合区），此区域内房间热空气停止上升，风速很低。一旦房间内空气上升到分层区以上时，就不会再进入分层区以下的区。

热分层控制的目的，是在满足人员活动区的舒适度和空气质量要求下，减少空调区的送风量，降低系统输配能耗，以达到节能的目的。热分层主要受送风量和室内冷负荷之间的平衡关系影响，设计时应将热分层高度维持在室内人员活动区以上，一般为1.2m~1.8m。

3 地板静压箱分为有压静压箱和零压静压箱，有压静压箱应具有良好的密封性，当大量的不受控制的空气泄漏时，会影响空调区的气流流态。地板静压箱与非空调区之间建筑构件，如楼板、外墙等，应有良好的保温隔热处理，以减少送风温度的变化。

4 同置换通风形式一样，应避免与其他气流组织形式应用于同一空调区，因为其他气流组织形式会破坏房间内的空气分层。

7.4.9 分层空调的气流组织设计要求。

分层空调，是指利用合理的气流组织，仅对下部空调区进行空调，而对上部较大非空调区进行通风排热。分层空调具有较好的节能效果。

1 实践证明，对高度大于 10m、体积大于 10000m³ 的高大空间，采用双侧对送、下部回风的气流组织方式是合适的，是能够达到分层空调的要求。当空调区跨度较小时，采用单侧送风也可以满足要求。

2 分层空调必须实现分层，即能形成空调区和非空调区。为了保证这一重要原则，必须侧送多股平行气流应互相搭接，以便形成覆盖。双侧对送射流的末端不需要搭接，按相对喷口中点距离的 90% 计算射程即可。送风口的构造，应能满足改变射流出口角度的要求，可选用圆形喷口、扁形喷口和百叶风口等。

3 为保证空调区达到设计要求，应减少非空调区向空调区的热转移。为此，应设法消除非空调区的散热量。实验结果表明，当非空调区内的单位体积散热量大于 4.2W/m³ 时，在非空调区适当部位设置送排风装置，可以达到较好的效果。

7.4.10 上送风方式的夏季送风温差。

1 夏季送风温差，对室内温湿度效果有一定影响，是决定空调系统经济性的主要因素之一。在保证技术要求的前提下，加大送风温差有突出的经济意义。送风温差加大一倍时，空调系统的送风量会减少一半，系统的材料消耗和投资（不包括制冷系统）减少约 40%，动力消耗减少约 50%。送风温差在 4℃～8℃ 之间每增加 1℃ 时，风量会减少 10%～15%。因此，设计中正确地决定送风温差是一个相当重要的问题。

送风温差的大小与送风形式有很大关系，不同送风形式的送风温差不能规定一个数字。对混合式通风可加大送风温差，但对置换通风就不宜加大送风温差。

2 表 7.4.10-1 中所列的数值，是参照室温允许波动范围大于 ±1.0℃ 工艺性空调的送风温差，并考虑空调区高度等因素确定的。

3 表 7.4.10-2 中所列的数值，适用于贴附侧送、散流器平送和孔板送风等方式。多年的实践证明，对于采用上述送风方式的工艺性空调来说，应用这样较大的送风温差是能够满足室内温、湿度要求，也是比较经济的。当人员活动区处于下送气流的扩散区时，送风温差应通过计算确定。

7.4.11 送风口的出口风速。

送风口的出口风速，应根据不同情况通过计算确定。

侧送和散流器平送的出口风速，受两个因素的限制：一是回流区风速的上限，二是风口处的允许噪声。回流区风速的上限与射流的自由度 $\sqrt{F}/d_0$ 有关，根据实验，两者有以下关系：

$$v_{\text{h}} = \frac{0.65v_0}{\sqrt{F}/d_0} \quad (32)$$

式中：v_{h}——回流区的最大平均风速（m/s）；

v_0——送风口出口风速（m/s）；

d_0——送风口当量直径（m）；

F——每个送风口所担负的空调区断面面积（m²）。

当 $v_{\text{h}} = 0.25$m/s 时，根据上式得出的计算结果列于下表。

表 6　侧送和散流器平送的出口风速（m/s）

射流自由度 $\sqrt{F}/d_0$	最大允许出口风速（m/s）	采用的出口风速（m/s）	射流自由度 $\sqrt{F}/d_0$	最大允许出口风速（m/s）	采用的出口风速（m/s）
5	2.0	2.0	11	4.2	3.5
6	2.3		12	4.6	
7	2.7		13	5.0	
8	3.1	3.5	15	5.7	5.0
9	3.5		20	7.3	
10	3.9		25	9.6	

因此，侧送和散流器平送的出口风速采用 2m/s～5m/s 是合适的。

孔板下送风的出口风速，从理论上讲可以采用较高的数值。因为在一定条件下，出口风速较高时，要求稳压层内的静压也较高，这会使送风较均匀；同时，由于送风速度衰减快，对人员活动区的风速影响较小。但当稳压层内的静压过高时，会使漏风量增加，并产生一定的噪声。一般采用 3m/s～5m/s 为宜。

条缝形风口气流轴心速度衰减较快，对舒适性空调，其出口风速宜为 2m/s～4m/s。

喷口送风的出口风速是根据射流末端到达人员活动区的轴心风速与平均风速经计算确定。喷口侧向送风的风速宜取 4m/s～10m/s。

7.4.12 回风口的布置方式。

按照射流理论，送风射流引射着大量的室内空气与之混合，使射流流量随着射程的增加而不断增大。而回风量小于（最多等于）送风量，同时回风口的速度场图形呈半球状，其速度与作用半径的平方成反比，吸风气流速度的衰减很快。所以在空调区内的气流流型主要取决于送风射流，而回风口的位置对室内气流流型及温度、速度的均匀性影响均很小。设计时，应考虑尽量避免射流短路和产生"死区"等现象。采用侧送时，把回风口布置在送风口同侧，效果会更好些。

关于走廊回风，其横断面风速不宜过大，以免引起扬尘和造成不舒适感。

7.4.13 回风口的吸风速度。

确定回风口的吸风速度（即面风速）时，主要考虑三个因素：一是避免靠近回风口处的风速过大，防止对回风口附近经常停留的人员造成不舒适的感觉；二是不要因为风速过大而扬起灰尘及增加噪声；三是尽可能缩小风口断面，以节约投资。

回风口的面风速，一般按下式计算：

$$\frac{v}{v_x} = 0.75 \frac{10x^2 + F}{F} \qquad (33)$$

式中：v——回风口的面风速（m/s）；

v_x——距回风口 x 米处的气流中心速度（m/s）；

x——距回风口的距离（m）；

F——回风口有效截面面积（m²）。

当回风口处于空调区上部，人员活动区风速不超过 0.25m/s，在一般常用回风口面积的条件下，从上式中可以得出回风口面风速为 4m/s～5m/s；当回风口处于空调区下部时，用同样的方法可得出条文中所列的有关面风速。

实践经验表明，利用走廊回风时，为避免在走廊内扬起灰尘等，装在门或墙下部的回风口面风速宜采用 1m/s～1.5m/s。

7.5 空气处理

7.5.1 空气冷却方式。

干热气候区（如西北部地区等），夏季空气的干球温度高，含湿量低，其室外干燥空气不仅可直接利用来消除空调区的湿负荷，还可以通过间接蒸发冷却等来消除空调区的热负荷。在新疆、内蒙古、甘肃、宁夏、青海、西藏等地区，应用蒸发冷却技术可大量节约空调系统的能耗。

蒸发冷却分为直接蒸发冷却和间接蒸发冷却。直接蒸发冷却是指干燥空气和水直接接触的冷却过程，空气处理过程中空气和水之间的传热、传质同时发生且互相影响，空气处理过程为绝热降温加湿过程，其极限温度能达到空气的湿球温度。

在某些情况下，当对处理空气有进一步的要求，如要求较低含湿量或比焓时，就应采用间接蒸发冷却。间接蒸发冷却可避免传热、传质的相互影响，空气处理过程为等湿降温过程，其极限温度能达到空气的露点温度。

2 对于温度较低的江、河、湖水等，如西北部地区的某些河流、深水湖泊等，夏季水体温度在 10℃左右，完全可以作为空调的冷源。对于地下水资源丰富且有合适的水温、水质的地区，当采取可靠的回灌和防止污染措施时，可适当利用这一天然冷源，并应征得地区主管部门的同意。

3 当无法利用蒸发冷却，且又没有水温、水质符合要求的天然冷源可利用时，或利用天然冷源无法满足空气冷却要求时，空气冷却应采用人工冷源，并在条件许可的情况下，适当考虑利用天然冷源的可能性，以达到节能的目的。

7.5.2 冷源的使用限制条件。部分强制性条文。

空气冷却中，可采用人工或天然冷源来直接蒸发冷却空气，因此，其水质均应符合卫生要求。

采用天然冷源时，其水质影响到室内空气质量、空气处理设备的使用效果和使用寿命等。如当直接和空气接触的水有异味或不卫生时，会直接影响到室内的空气质量；同时，水的硬度过高时会加速换热盘管结垢等。

采用地表水作天然冷源时，强调再利用是对资源的保护。地下水的回灌可以防止地面沉降，全部回灌并不得造成污染是对水资源保护必须采取的措施。为保证地下水不被污染，地下水宜采用与空气间接接触的冷却方式。

7.5.3 空气冷却装置的选择。

1 直接蒸发冷却是绝热加湿过程，实现这一过程是直接蒸发式冷却装置的特有功能，是其他空气冷却处理装置所不能代替的。当采用地下水、江水、湖水等自然冷源作冷源时，由于其水温相对较高，采用间接蒸发式冷却装置处理空气时，一般不易满足要求，而采用直接蒸发式冷却装置则比较容易满足要求。

2 采用人工冷源时，原则上应选用空气冷却器。空气冷却器具有占地面积小，冷水系统简单，特别是冷水系统采用闭式水系统时，可减少冷水输配系统的能耗；另外，空气出口参数可调性好等，因此，它得到了较其他形式的冷却器更加广泛的应用。空气冷却器的缺点是消耗有色金属较多，价格也相应地较贵。

7.5.4 空气冷却器的选择

规定空气冷却器的冷媒进口温度应比空气的出口干球温度至少低 3.5℃，是从保证空气冷却器有一定的热质交换能力提出来的。在空气冷却器中，空气与冷媒的流动方向主要为逆交叉流。一般认为，冷却器的排数大于或等于 4 排时，可将逆交叉流看成逆流。按逆流理论推导，空气的终温是逐渐趋近冷媒初温。

冷媒温升宜为 5℃～10℃，是从减小流量、降低输配系统能耗的角度考虑确定的。

据实测，冷水流速在 2m/s 以上时，空气冷却器的传热系数 K 值几乎没有什么变化，但却增加了冷水系统的能耗。冷水流速只有在 1.5m/s 以下时，K 值才会随冷水流速的提高而增加，其主要原因是水侧热阻对冷却器换热的总热阻影响不大，加大水侧放热系数，K 值并不会得到多大提高。所以，从冷却器传热效果和水流阻力两者综合考虑，冷水流速以取

0.6m/s～1.5m/s 为宜。

空气冷却器迎风面的空气流速大小，会直接影响其外表面的放热系教。据测定，当风速在 1.5m/s～3.0m/s 范围内，风速每增加 0.5m/s，相应的放热系数递增率在 10% 左右。但是，考虑到提高风速不仅会使空气侧的阻力增加，而且会把凝结水吹走，增加带水量，所以，一般当质量流速大于 3.0kg/(m² · s) 时，应设挡水板。在采用带喷水装置的空气冷却器时，一般都应设挡水板。

7.5.5 制冷剂直接膨胀式空气冷却器的蒸发温度。

制冷剂蒸发温度与空气出口干球温度之差，和冷却器的单位负荷、冷却器结构形式、蒸发温度的高低、空气质量流速和制冷剂中的含油量大小等因素有关。根据国内空气冷却器产品设计中采用的单位负荷值、管内壁的制冷剂换热系数和冷却器肋化系数的大小，可以算出制冷剂蒸发温度应比空气的出口干球温度至少低 3.5℃，这一温差值也可以说是在技术上可能达到的最小值。随着今后蒸发器在结构设计上的改进，这一温差值必然会有所降低。

空气冷却器的设计供冷量很大时，若蒸发温度过低，会在低负荷运行的情况下，由于冷却器的供冷能力明显大于系统所需的供冷量，造成空气冷却器表面易于结霜，影响制冷机的正常运行。因此，在低负荷运行时，设计上应采取防止冷却器表面结霜的措施。

7.5.6 直接膨胀式空气冷却器的制冷剂选择。强制性条文。

为防止氨制冷剂的泄漏时，经送风机直接将氨送至空调区，危害人体或造成其他事故，所以采用制冷剂直接膨胀式空气冷却器时，不得用氨作制冷剂。

7.5.7 应用加热器的注意事项。

合理地选用空调系统的热媒，是为了满足空调控制精确度和稳定性要求。

对于室温要求波动范围等于或大于±1.0℃的空调区，采用热水热媒，是可以满足要求的；对于室温要求波动范围小于±1.0℃的空调区，为满足控制要求，送风末端可增设用于精度调节的加热器，该加热器可采用电加热器，以确保满足控制的要求。

7.5.8 两管制水系统的冷、热盘管选用。

许多两管制的空调水系统中，空气的加热和冷却处理均由一组盘管来实现。设计时，通常以供冷量来计算盘管的换热面积，当盘管的供冷量和供热量差异较大时，盘管的冷水和热水流量相差也较大，会造成电动控制阀在供热工况时的调节性能下降，对控制不利。另外，热水流量偏小时，在严寒或寒冷地区，也可能造成空调机组的盘管冻裂现象出现。

综合以上原因，对两管制的冷、热盘管选用作出了规定。

7.5.9 空气过滤器的设置。

根据《空气过滤器》GB/T 14295 的规定，空气过滤器按其性能可分为：粗效过滤器、中效过滤器、高中效过滤器及亚高效过滤器，其中，中效过滤器额定风量下的计数效率为：70%＞E≥20%（粒径≥0.5μm）。

1 舒适性空调，一般都有一定的洁净度要求，因此，送入室内的空气都应通过必要的过滤处理；同时，为防止盘管的表面积尘，严重影响其湿热交换性能，进入盘管的空气也需进行过滤处理。工程实践表明，设置一级粗效过滤器时，空调区的空气洁净度有时不易满足要求。

2 工艺性空调，尤其净化空调，其空气过滤器应按有关规范要求设置，如医院手术室，其空调过滤器的设置应符合《医院洁净手术部建筑技术规范》GB 50333 的规定。

3 过滤器的滤料应选用效率高、阻力低和容尘量大的材料。由于过滤器的阻力会随着积尘量的增加而增大，为防止系统阻力的增加而造成风量的减少，过滤器的阻力应按其终阻力计算。空气过滤器额定风量下的终阻力分别为：粗效过滤器 100Pa、中效过滤器 160Pa。

7.5.10 空气净化装置的选择。

人员密集及有较高空气质量要求的建筑，设置空气净化装置有利于提高室内空气质量，防止病菌交叉污染。近年来，空气净化装置在大型公共建筑中被广泛应用，如奥运场馆、世博园区、首都机场 T3 航站楼、北京、上海和广州等城市的地铁站等；此外大型既有建筑的空调系统改造时，也加装了空气净化装置。

国家质检部门近年来对上百种空气净化装置的检测结果表明，大部分产品能够起到改善环境净化空气的作用。在实际工程中，达不到理想效果的空气净化装置，其主要原因是：①系统设计风速超过空气净化装置的额定风速；②空气净化装置与管道和其他系统部件连接过程中缺乏基本的密封措施，造成污染物未经处理泄露；③空气净化装置没有完全按照设计进行安装、维护和清理。因此，在空气净化装置选择时其净化技术指标、电气安全和臭氧发生指标等应符合国家标准《空气过滤器》GB/T 14295 及相关的产品制造和检测标准要求。

目前，工程常用的空气净化装置有高压静电、光催化、吸附反应型等三大类空气净化装置。各类空气净化装置具有以下特点：

高压静电式空气净化装置，对颗粒物净化效率良好，对细菌有一定去除作用，对有机气体污染物效果不明显。因此在颗粒物污染严重的环境，宜采用此类净化装置，初投资虽然较高，但空气净化机组本身阻力低，系统能耗和运行费用较低。此类净化装置有可能产生臭氧，设计选型时需要特别注意查看产品有关臭氧指标的检测报告。

光催化型空气净化装置，对细菌等达到较好的净化效果，但此类净化装置易受到颗粒物污染造成失效，所以应加装中效空气过滤器进行保护，并定期检查清洗。此类净化装置有可能产生臭氧，设计选型时需要特别注意查看产品有关臭氧指标的检测报告。

吸附反应型净化装置，对有机气体污染物效果最好，对颗粒物等也有一定效果，无二次污染，但是净化设备阻力较高，需要定期更换滤网或吸附材料等。

另外，可靠的接地是用电安全的必要措施，高压静电空气净化装置有相应的用电安全要求。

7.5.11 空气净化装置设置。

1 高压静电空气净化装置的在净化空调中应用时稳定性差，同时容易产生二次扬尘，光催化型空气净化装置不具备颗粒物净化的功能，因此在洁净手术部、无菌病房等净化空调系统中不得将其作为末级净化设施。

2 空气热湿处理设备是指组合式空调、风机盘管机组、变风量末端等。

4 由于空气净化装置的净化工作过程受环境影响较大，所以应设置报警装置在设备的净化功能失效时，能及时通知进行维护。

5 高压静电空气净化装置为了防止在无空气流动时启动空气净化装置，造成空气处理设备内臭氧浓度过高而采取的技术措施，应设置与风机的联动。

7.5.12 加湿装置的选择。

目前，常用的加湿装置有干蒸汽加湿器、电加湿器、高压喷雾加湿器、湿膜加湿器等。

1 干蒸汽加湿器，具有加湿迅速、均匀、稳定，并不带水滴，有利于细菌的抑制等特点，因此，在有蒸汽源可利用时，宜优先考虑采用干蒸汽加湿器。干蒸汽加湿器所采用的蒸汽压力一般应小于0.1MPa。

2 常用的电加湿器有电极式、电热式蒸汽加湿器。该加湿器具有蒸汽加湿的各项优点，且控制方便灵活，可以满足空调区对相对湿度允许波动范围要求严格的要求，但该类加湿器耗电量大，运行、维护费用较高。

3 湿度要求不高是指相对湿度值不高或湿度控制精度要求不高的情况。

高压喷雾加湿器和湿膜加湿器等绝热加湿器具有耗电量低、初投资及运行费用低等优点，在普通民用建筑中得到广泛应用，但该类加湿易产生微生物污染，卫生要求较严格的空调区，如医院手术室等，不应采用。

4 由于加湿处理后的空气，会影响室内空气质量，因此，加湿器的供水水质应符合卫生标准要求，可采用生活饮用水等。

7.5.13 空调机房的设计。

空气处理机组安装在空调机房内，有利于日常维修和噪声控制。

空气处理机组安装在邻近所服务的空调区机房内，可减小空气输送能耗和风机压头，也可有效地减小机组噪声和水患的危害。新建筑设计时，应将空气处理机组安装在空调机房内，并留有必要的维修通道和检修空间；同时，宜避免由于机房面积的原因，机组的出风风管采用突然扩大的静压箱来改变气流方向，以导致机组风机压头损失较大，造成实际送风量小于设计风量的现象发生。

8 冷源与热源

8.1 一般规定

8.1.1 供暖空调冷源与热源选择基本原则。

冷源与热源包括冷热水机组、建筑物内的锅炉和换热设备、直接蒸发冷却机组、多联机、蓄能设备等。

建筑能耗占我国能源总消费的比例已达27.6%，在建筑能耗中，暖通空调系统和生活热水系统耗能比例接近60%。公共建筑中，冷热源的能耗占空调系统能耗40%以上。当前各种机组、设备类型繁多，电制冷机组、溴化锂吸收式机组及蓄冷蓄热设备等各具特色，地源热泵、蒸发冷却等利用可再生能源或天然冷源的技术应用广泛。由于使用这些机组和设备时会受到能源、环境、工程状况使用时间及要求等多种因素的影响和制约，因此应客观全面地对冷热源方案进行技术经济比较分析，以可持续发展的思路确定合理的冷热源方案。

1 热源应优先采用废热或工业余热，可变废为宝，节约资源和能耗。当废热或工业余热的温度较高、经技术经济论证合理时，冷源宜采用吸收式冷水机组，可以利用热源制冷。

2 面对全球气候变化，节能减排和发展低碳经济成为各国共识。温家宝总理出席于2009年12月在丹麦哥本哈根举行的《联合国气候变化框架公约》，提出2020年中国单位国内生产总值二氧化碳排放比2005年下降40%～45%。随着《中华人民共和国可再生能源法》、《中华人民共和国节约能源法》、《民用建筑节能条例》、《可再生能源中长期发展规划》等一系列法规的出台，政府一方面利用大量补贴、税收优惠政策来刺激清洁能源产业发展；另一方面也通过法规，帮助能源公司购买、使用可再生能源。因此地源热泵系统、太阳能热水器等可再生能源技术应用的市场发展迅猛，应用广泛。但是，由于可再生能源的利用与室外环境密切相关，从全年使用角度考虑，并不是任何时候都可以满足应用需求的，因此当不能保证时，应设置辅助冷、热源来满足建筑的需求。

3 北方地区，发展城镇集中热源是我国北方供热的基本政策，发展较快，较为普遍。具有城镇或区域集中热源时，集中式空调系统应优先采用。

4 电动压缩式机组具有能效高、技术成熟、系统简单灵活、占地面积小等特点，因此在城市电网夏季供电充足的区域，冷源宜采用电动压缩式机组。

5 对于既无城市热网，也没有较充足的城市供电的地区，采用电能制冷会受到较大的限制，如果其城市燃气供应充足的话，采用燃气锅炉、燃气热水机作为空调供热的热源和燃气吸收式冷（温）水机组作为空调冷源是比较合适的。

6 既无城市热网，也无燃气供应的地区，集中空调系统只能采用燃煤或者燃油来提供空调热源和冷源。采用燃油时，可以采用燃油吸收式冷（温）水机组。采用燃煤时，则只能通过设置吸收式冷水机组来提供空调冷源。这种方式应用时，需要综合考虑燃油的价格和当地环保要求。

7 在高温干燥地区，可通过蒸发冷却方式直接提供用于空调系统的冷水，减少了人工制冷的能耗，符合条件的地区应优先推广采用。通常来说，当室外空气的露点温度低于 14℃～15℃ 时，采用间接式蒸发冷却方式，可以得到接近 16℃ 的空调冷水来作为空调系统的冷源。直接水冷式系统包括水冷式蒸发冷却、冷却塔冷却、蒸发冷凝等。

8 从节能角度来说，能源应充分考虑梯级利用，例如采用热、电、冷联产的方式。《中华人民共和国节约能源法》明确提出："推广热电联产，集中供热，提高热电机组的利用率，发展热能梯级利用技术，热、电、冷联产技术和热、电、煤气三联供技术，提高热能综合利用率"。大型热电冷联产是利用热电系统发展供热、供电和供冷为一体的能源综合利用系统。冬季用热电厂的热源供热，夏季采用溴化锂吸收式制冷机供冷，使热电厂冬夏负荷平衡，高效经济运行。

9 用水环路将小型的水/空气热泵机组并联在一起，构成一个以回收建筑物内部余热为主要特点的热泵供暖、供冷的空调系统。需要长时间向建筑物同时供热和供冷时，可节省能源和减少向环境排热。水环热泵空调系统具有以下优点：①实现建筑物内部冷、热转移；②可独立计量；③运行调节比较方便等，在需要长时间向建筑物同时供热和供冷时，它能够减少建筑外提供的供热量而节能。但由于水环热泵系统的初投资相对较大，且因为分散设置后每个压缩机的安装容量较小，使得 COP 值相对较低，从而导致整个建筑空调系统的电气安装容量相对较大，因此，在设计选用时，需要进行较细的分析。从能耗上看，只有当冬季建筑物内存在明显可观的冷负荷时，才具有较好的节能效果。

10 蓄能系统的合理使用，能够明显提高城市或区域电网的供电效率，优化供电系统。同时，在分时电价较为合理的地区，也能为用户节省全年运行电费。为充分利用现有电力资源，鼓励夜间使用低谷电，国家和各地区电力部门制订了峰谷电价差政策。蓄冷空调系统对转移电力高峰，平衡电网负荷，有较大的作用。

11 热泵系统属于国家大力提倡的可再生能源的应用范围，有条件时应积极推广。但是，对于缺水、干旱地区，采用地表水或地下水存在一定的困难，因此中、小型建筑宜采用空气源或土壤源热泵系统为主（对于大型工程，由于规模等方面的原因，系统的应用可能会受到一些限制）；夏热冬冷地区，空气源热泵的全年能效比较好，因此推荐使用；而当采用土壤源热泵系统时，中、小型建筑空调冷、热负荷的比例比较容易实现土壤全年的热平衡，因此也推荐使用。对于水资源严重短缺的地区，不但地表水或地下水的使用受到限制，集中空调系统的冷却水全年运行过程中水量消耗较大的缺点也会凸现出来，因此，这些地区不应采用消耗水资源的空调系统形式和设备（例如冷却塔、蒸发冷却等），而宜采用风冷式机组。

12 当天然水可以有效利用或浅层地下水能够确保 100% 回灌时，也可以采用地下水或地表水源地源热泵系统。

13 由于可供空气调节的冷热源形式越来越多，节能减排的形势要求出现了多种能源形式向一个空调系统供能的状况，实现能源的梯级利用、综合利用、集成利用。当具有电、城市供热、天然气、城市煤气等多种人工能源以及多种可能利用的天然能源形式时，可采用几种能源合理搭配作为空调冷热源。如"电＋气"、"电＋蒸汽"等。实际上很多工程都通过技术经济比较后采用了复合能源方式，降低了投资和运行费用，取得了较好的经济效益。城市的能源结构若是几种共存，空调也可适应城市的多元化能源结构，用能源的峰谷季节差价进行设备选型，提高能源的一次能效，使用户得到实惠。

8.1.2 电能作为直接热源的限制条件。强制性条文。

常见的采用直接电能供热的情况有：电热锅炉、电热水器、电热空气加热器、电极（电热）式加湿器等。合理利用能源、提高能源利用率、节约能源是我国的基本国策。考虑到国内各地区的具体情况，在只有符合本条所指的特殊情况时方可采用。

1 夏热冬暖地区冬季供热时，如果没有区域或集中供热，那么热泵是一个较好的选择方案。但是，考虑到建筑的规模、性质以及空调系统的设置情况，某些特定的建筑，可能无法设置热泵系统。如果这些建筑冬季供热设计负荷很小（电热负荷不超过夏季供冷用电安装容量的 20% 且单位建筑面积的总电热安装容量不超过 20W/m²），允许采用夜间低谷电进行蓄热。同样，对于设置了集中供热的建筑，其个别局部区域（例如：目前在一些南方地区，采用内、外区合一的变风量系统且加热量非常低时——有时采用窗边风机及低容量的电热加热、建筑屋顶的局部水箱间为了防冻需求等）有时需要加热，如果为此单独设置空调热水系统可能难度较大或者条件受到限制或者投入非常高时，也允许局部采用。

2 对于一些具有历史保护意义的建筑，或者位于消防及环保有严格要求无法设置燃气、燃油或燃煤区域的建筑，由于这些建筑通常规模都比较小，在迫不得已的情况下，也允许适当地采用电进行供热，但应在征求消防、环保等部门的规定意见后才能进行设计。

3 如果该建筑内本身设置了可再生能源发电系统（例如利用太阳能光伏发电、生物质能发电等），且发电量能够满足建筑本身的电热供暖需求，不消耗市政电能时，为了充分利用其发电的能力，允许采用这部分电能直接用于供热。

4 在冬季无加湿用蒸汽源、但冬季室内相对湿度的要求较高且对加湿器的热惰性有工艺要求（例如有较高恒温恒湿要求的工艺性房间），或对空调加湿有一定的卫生要求（例如无菌病房等），不采用蒸汽无法实现湿度的精度要求或卫生要求时，才允许采用电极（或电热）式蒸汽加湿器。而对于一般的舒适型空调来说，不应采用电能作为空气加湿的能源。当房间因为工艺要求（例如高精度的珍品库房等）对相对湿度精度要求较高时，通常宜设置末端再热。为了提高系统的可靠性和可调性（同时这些房间可能也不允许末端带水），可以适当的采用电为再热的热源。

8.1.3 公共建筑群区域供冷系统应用条件。

本条文规定了公共建筑群区域供冷系统的应用条件。区域供冷系统供冷半径过长，必然导致输送能耗增加，其耗电输冷（热）比应符合第8.5.12条规定的限值。

1 通常，设备的容量越大，运行能效也越高，当系统较大时，"系统能源综合利用率"比较好。对于区域内各建筑的逐时冷热负荷曲线差异性较大、且各建筑同时使用率比较低的建筑群，采用区域供冷、供热系统，自动控制系统合理时，集中冷热共用系统的总装机容量小于各建筑的装机容量叠加值，可以节省设备投资和供冷、供热的设备房面积。而专业化的集中管理方式，也可以提高系统能效。因此具有整个建筑群的安装容量较低、综合能效较好的特点，但是区域系统较大时，同样也可能导致输送能耗增加。因此采用区域供冷时，需要协调好两者的关系。从定性来看，当需要集中空调的建筑容积率比较高时，集中供冷系统的缺点在一定程度上得到了缓解，而其优点得到了一定程度的体现。从目前公共建筑的经验指标来看，对于除严寒地区外的大部分公共建筑来说，当需要集中空调的建筑容积率达到2.0以上时，其区域的"冷负荷密度"与建筑容积率为5～6的采用集中空调的单栋建筑是相当的。但是，对于严寒地区和夏热冬冷地区，由于建筑的性质以及不同地点气候的差异，有些建筑可能容积率很高但负荷密度并不大，因此，这些气候区在是否决定采用区域供冷时，还需要采用所建设区域的"冷负荷密度（W/m²）"来评价，这样相当于同时设置了两个应用条件来限制。从目前的设计过程来看，是否采用区域供冷系统，通常都是在最初的方案论证阶段就需要决定的事。在方案阶段，区域的"冷负荷密度"还很难得到详细的数据，这时一般根据采用以前的一些经验指标来估算。因此也要求在此阶段对"冷负荷密度"的估算有比较高的准确性，设计人应在掌握充分的基础资料前提下来进行，而不能随意估算和确定。因此规定：使用区域供冷系统的建筑容积率在2.0以上，建筑设计综合冷负荷密度不低于60W/m²。

本条文提到的"设置集中空调系统的建筑的容积率"，其计算方法为：该区域所有设置集中空调系统的建筑的体积（地上部分）之和，与该区红线内的规划占地面积之比。

本条文提到的"设计综合冷负荷密度"，指的是：该区域设计状态下的综合冷负荷（即：区域供冷站的装机容量，包括考虑了同时使用系数等因素），与该区域总建筑面积之比。

2 实践表明：区域供冷的能效是否合理，在很大程度上还取决于该区域的建筑（用户）是否都能够接受区域供冷的方式。如果区域供冷系统建造完成后实际用户不多，那么很难发挥其优势，反而会体现出能耗较大等不足。因此在此提出了相关的用户要求。

3 当区域内的建筑全年有较长的供冷季节性需求，且各建筑的需求比较一致时，采用区域供冷能够提高设备和系统的使用率，有利于发挥区域供冷的优点。

4 由于区域供冷系统的供冷站和区域管网的建设工程量大，作为整个区域建设规划的一项重要工程，应在区域规划设计阶段予以考虑，因此，规划中需要具备规划建设区域供冷站及管网的条件。

8.1.4 空调装置或系统分散设置情况。

这里提到的分散设置的空调装置或系统，主要指的是分散独立设置的蒸发冷却方式或直接膨胀式空调系统（或机组）。直接膨胀式与蒸发冷却式空调系统（或机组），在功能上存在一定的区别：直接膨胀式采用的是冷媒通过制冷循环而得到需要的空调冷、热源或空调冷、热风；而蒸发冷却式则主要依靠天然的干燥冷空气或天然的低温冷水来得到需要的空调冷、热源或空调冷、热风，在这一过程中没有制冷循环的过程。直接膨胀式又包括了风冷式和水冷式两类（但不包括采用了集中冷却塔的水环热泵系统）。

当建筑全年供冷需求的运行时间较少时，如果采用设置冷水机组的集中供冷空调系统，会出现全年集中供冷系统设备闲置时间长的情况，导致系统的经济性较差；同理，如果建筑全年供暖需求的时间少，采用集中供暖系统也会出现类似情况。因此，如果集中供冷、供暖的经济性不好，宜采用分散式空调系统。从目前情况看：建议可以以全年供冷运行季节时间3个月（非累积小时）和年供暖运行季节时间2个月，来作为上述的时间分界线。当然，在有条件时，还可以采用全年负荷计算与分析方法，或者通过供冷与供暖的"度日数"等方法，通过经济分析来确定。

分散设置的空调系统，虽然设备安装容量下的能效比低于集中设置的冷（热）水机组或供热、换热设备，但其使用灵活多变，可适应多种用途、小范围的用户需求。同时，由于它具有容易实现分户计量的优点，能对行为节能起到促进作用。

对于既有建筑增设空调系统时，如果设置集中空调系统，在机房、管道设置方面存在较大的困难时，分散设置空调系统也是一个比较好的选择。

8.1.5 集中空调系统的冷水机组台数及单机制冷量要求。

在大中型公共建筑中，或者对于全年供冷负荷需求变化幅度较大的建筑，冷水（热泵）机组的台数和容量的选择，应根据冷（热）负荷大小及变化规律而定，单台机组制冷量的大小应合理搭配，当单机容量调节下限的制冷量大于建筑物的最小负荷时，可选1台适合最小负荷的冷水机组，在最小负荷时开启小型制冷系统满足使用要求，这已在许多工程中取得很好的节能效果。如果每台机组的装机容量相同，此时也可以采用一台变频调速机组的方式。

对于设计冷负荷大于528kW以上的公共建筑，机组设置不宜少于2台，除可提高安全可靠性外，也可达到经济运行的目的。因特殊原因仅能设置1台时，应采用可靠性高，部分负荷能效高的机组。

8.1.6 电动压缩式机组制冷剂要求。

大气臭氧层消耗和全球气候变暖是与空调制冷行业相关的两项重大环保问题。单独强调制冷剂的消耗臭氧层潜能值（ODP）或全球变暖潜能值（GWP）都是不全面与科学的。国标《制冷剂编号方法和安全性分类》GB/T 7778定义了制冷剂的环境指标。

8.1.7 冷水机组的冷（热）量修正。

由于实际工程中的水质与机组标准工况所规定的水质可能存在区别，而结垢对机组性能的影响很大。因此，当实际使用的水质与标准工况下所规定的水质条件不一致时，应进行修正。一般来说，机组运行保养较好时（例如采用在线清洁等方式），水质条件较好，修正系数可以忽略；当设计时预计到机组的运行保养可能不及时或水质较差等不利因素时，宜对污垢系数进行适当的修正。

溴化锂吸收式机组由于运行管理等方面原因，有可能出现真空度不够和腐蚀的情况，对产品的实际性能产生一定的影响，设计中需要予以考虑。

8.1.8 空调冷热水和冷却水系统防超压。强制性条文。

保证设备在实际运行时的工作压力不超过其额定工作压力，是系统安全运行的必须要求。

当由于建筑高度等原因，导致冷（热）系统的工作压力可能超过设备及管路附件的额定工作压力时，采取的防超压措施可能包括以下内容：当冷水机组进水口侧承受的压力大于所选冷水机组蒸发器的承压能力时，可将水泵安装在冷水机组蒸发器的出水口侧，降低冷水机组的工作压力；选择承压更高的设备和管路及部件；空调系统竖向分区。空调系统竖向分区也可采用分别设置高、低区冷热源，高区采用换热器间接连接的闭式循环水系统，超压部分另设置自带冷热源的风冷设备等。

当冷却塔高度有可能使冷凝器、水泵及管路部件的工作压力超过其承压能力时，应采取的防超压措施包括：降低冷却塔的设置位置，选择承压更高的设备和管路及部件等。当仅冷却塔集水盘或集水箱高度大于冷水机组进水口侧承受的压力大于所选冷水机组冷凝器的承压能力时，可将水泵安装在冷水机组的出水口侧，减少冷水机组的工作压力。当冷却塔安装位置较低时，冷却水泵宜设置在冷凝器的进口侧，以防止高差不足水泵负压进水。

8.2 电动压缩式冷水机组

8.2.1 水冷电动压缩式冷水机组制冷量范围划分。

本条对目前生产的水冷式冷水机组的单机制冷量做了大致的划分，提供选型时参考。

1 表中对几种机型制冷范围的划分，主要是推荐采用较高性能参数的机组，以实现节能。

2 螺杆式和离心式之间有制冷量相近的型号，可通过性能价格比，选择合适的机型。

3 往复式冷水机组因能效低已很少使用，故未列入本表。

8.2.2 冷水机组总装机容量确定要求。强制性条文。

从实际情况来看，目前几乎所有的舒适性集中空调建筑中，都不存在冷源的总供冷量不够的问题，大部分情况下，所有安装的冷水机组一年中同时满负荷运行的时间没有出现过，甚至一些工程所有机组同时运行的时间也很短或者没有出现过。这说明相当多的制冷站房的冷水机组总装机容量过大，实际上造成了投资浪费。同时，由于单台机组装机容量也同时增加，还导致了其在低负荷工况下运行，能效降低。因此，对设计的装机容量做出了本条规定。

目前大部分主流厂家的产品，都可以按照设计冷量的需求来提供冷水机组，但也有一些产品采用的是"系列化或规格化"生产。为了防止冷水机组的装机容量选择过大，本条对总容量进行了限制。

对于一般的舒适性建筑而言，本条规定能够满足使用要求。对于某些特定的建筑必须设置备用冷水机组时（例如某些工艺要求必须 24 小时保证供冷的建筑等），其备用冷水机组的容量不统计在本条规定的装机容量之中。

值得注意的是：本条提到的比值不超过 1.1，是一个限制值。设计人员不应理解为选择设备时的"安全系数"。

8.2.3 冷水机组制冷性能系数要求。

冷水机组名义工况制冷性能系数（COP）是指在下表温度条件下，机组以同一单位标准的制冷量除以总输入电功率的比值。

本条提出在机组选型时，除考虑满负荷运行时性能系数外，还应考虑部分负荷时的性能系数。实践证明，冷水机组满负荷运行率相对较少，大部分时间是在部分负荷下运行。由于绝大部分项目采用多台冷水机组，根据 ARI Standard 550/590 标准 D2 的叙述："在多台冷水机组系统中的各个单台冷水机组是要比单台冷水机组系统中的单台冷水机组更接近高负荷运行"，故机组的高负荷下的 COP 具有代表意义。

表 7　名义工况时的温度条件

	进水温度（℃）	出水温度（℃）	冷却水进水温度（℃）	空气干球温度（℃）
水冷式	12	7	30	—
风冷式	12	7	—	35

《公共建筑节能设计标准》GB 50189 - 2005 第 5.4.5 条和 5.4.6 条分别对 COP、IPLV 进行了规定，第 5.4.8 条对单元式空调机最低性能系数进行了规定，本规范应符合其规定。有条件时，鼓励使用《冷水机组能效限定值及能源效率等级》GB 19577 规定的 1、2 级能效的机组。推荐使用比最低性能系数（COP）提高 1 个能效等级的冷水机组。主要是考虑了国家的节能政策和我国产品现有水平，鼓励国产机组尽快提高技术水平。

IPLV 应用过程中需注意以下问题：

1 IPLV 重点在于产品性能的评价和比较，应用时不宜直接采用 IPLV 对某个实际工程的机组全年能耗进行评价。机组能耗与机组的运行时间、机组负荷、机组能效三要素相关。在单台机组承担空调系统负荷前提下，单台机组的 IPLV 高，其全年能耗不一定低。

2 实际工程中采用多台机组时，对于单台机组来说，其全年的低负荷率及低负荷运行的时间是不一样的。台数越多，且采用群控方式运行时，其单台的全年负荷率越高。故单台冷水机组在各种机组负荷下运行时间百分比，与 IPLV 中各种机组负荷下运行时间百分比会存在较大的差距。

3 各地区气象条件差异较大，因此对不同的工程，需要结合建筑负荷和室外气象条件进行分析。

8.2.4 冷水机组电动机供电方式要求。

1 大型项目需要大型或特大型冷水机组，因其电动机额定输入功率较大，故运行电流较大，导致电缆或母排因截面较大不利于其接头安装。采用高压电机，可以减小运行电流以及电缆和母排的铜损、铁损。由于减少低压变压器的装机容量，因此也减少了低压变压器的损耗和投资。但是高压冷水机组价格较高，高压电缆和母排的安全等级较高也会使相应投资的增加。

2 本条提到的高压，是指电压在 380V 至 10kV 的供电方式。目前电动压缩式冷水机组的电动机主要采用 10kV、6kV 和 380V 三种电压。由于 350kV 和 10kV 是常见的外网供电电压，若 10kV 外网供电，可直接采用 10kV 电机；若 350kV 外网供电，可采用两种变压器（350kV/10kV）和（350kV/6kV）。由于常见电压为 10kV，故采用 10kV 电机较多。由于绝大多数空调设备（水泵、风机、空调末端等）是 380V 供电，因此需要大量的低压变压设备（10kV/380V）或（6kV/380V），380V 的冷水机组的供电容量占空调系统的供电容量比例很小，可不设专用变压器。但是高压冷水机组价格高，高压电缆和母排的安全等级高造成相应的投资增加，且 380V 的冷水机组技术成熟、价格低、运行管理方便、维修成本低，因此广泛应用于运行电流较小的中、小型项目中。

3 考虑到目前国内高压冷水机组的电机型号少且存在多种压缩机型号配一个高压电机型号的现象，使得客观上出现了最佳性价比的机组少，高能效机组少的情况；并且高压冷水机组要求空调工操作管理高压电器设备，并且电机的防护等级提高，因此运行管理水平要求较高。因此本规定主要是依据电力部门和强电设计师的要求，并结合目前已有的产品情况，对不同电机容量作了不同程度的要求。

8.2.5 氨冷水机组要求。强制性条文。

由于在制冷空调用制冷剂中，碳氟化合物对大气臭氧层消耗或全球气候变暖有不利的影响，因此多国科研人员加紧对"天然"制冷剂的研究。随着氨制冷的工艺水平和研发技术不断提高，氨制冷的应用项目和范围将不断扩大。因此本规范仍然保留了关于氨制冷方面的内容。

由于氨本身为易燃易爆品，在民用建筑空调系统中应用时，需要引起高度的重视。因此本条文从应用的安全性方面提出了相关的要求。

8.3 热 泵

8.3.1 空气源热泵机组选择原则。

《公共建筑节能设计标准》GB 50189 - 2005 第 5.4.5 条对风冷热泵 COP 限值进行了规定，本规范应符合其规定。

本条提出选用空气源热泵冷（热）水机组时应注意的问题：

1　空气源热泵的单位制冷量的耗电量较水冷冷水机组大，价格也高，为降低投资成本和运行费用，应选用机组性能系数较高的产品，并应满足国家现行《公共建筑节能设计标准》GB 50189 的规定。此外，先进科学的融霜技术是机组冬季运行的可靠保证。机组在冬季制热运行时，室外空气侧换热盘管低于露点温度时，换热翅片上就会结霜，会大大降低机组运行效率，严重时无法运行，为此必须除霜。除霜的方法有很多，最佳的除霜控制应判断正确，除霜时间短，融霜修正系数高。近年来各厂家为此都进行了研究，对于不同气候条件采用不同的控制方法。设计选型时应对此进行了解，比较后确定。

2　空气源热泵机组比较适合于不具备集中热源的夏热冬冷地区。对于冬季寒冷、潮湿的地区使用时必须考虑机组的经济性和可靠性。室外温度过低会降低机组制热量；室外空气过于潮湿使得融霜时间过长，同样也会降低机组的有效制热量，因此我们必须计算冬季设计状态下机组的 COP，当热泵机组失去节能上的优势时就不宜采用。这里对于性能上相对较有优势的空气源热泵冷热水机组的 COP 限定为2.00；对于规格较小、直接膨胀的单元式空调机组限定为 1.80。

3　空气源热泵的平衡点温度是该机组的有效制热量与建筑物耗热量相等时的室外温度。当这个温度比建筑物的冬季室外计算温度高时，就必须设置辅助热源。

空气源热泵机组在融霜时机组的供热量就会受到影响，同时会影响到室内温度的稳定度，因此在稳定度要求高的场合，同样应设置辅助热源。设置辅助热源后，应注意防止冷凝温度和蒸发温度超出机组的使用范围。辅助加热装置的容量应根据在冬季室外计算温度情况下空气源热泵机组有效制热量和建筑物耗热量的差值确定。

4　带有热回收功能的空气源热泵机组可以把原来排放到大气中的热量加以回收利用，提高了能源利用效率，因此对于有同时供冷、供热要求的建筑应优先采用。

8.3.2　空气源热泵机组制热量计算。

空气源热泵机组的冬季制热量会受到室外空气温度、湿度和机组本身的融霜性能的影响，在设计工况下的制热量通常采用下式计算：

$$Q = qK_1K_2 \qquad (34)$$

式中：Q——机组设计工况下的制热量（kW）；

q——产品标准工况下的制热量（标准工况：室外空气干球温度 7℃、湿球温度 6℃）（kW）；

K_1——使用地区室外空调计算干球温度修正系

数，按产品样本选取；

K_2——机组融霜修正系数，应根据生产厂家提供的数据修正；当无数据时，可按每小时融霜一次取 0.9，两次取 0.8。

注：每小时融霜次数可按所选机组融霜控制方式、冬季室外计算温度、湿度选取，或向厂家咨询。对于多联机空调系统，还要考虑机长的修正。

8.3.3　空气源热泵室外机或风冷制冷机组设置要求。

本条提出的内容是空气源热泵或风冷制冷机组室外机设置时必须注意的几个问题：

1　空气源热泵机组的运行效率，很大程度上与室外机与大气的换热条件有关。考虑主导风向、风压对机组的影响，机组布置时避免产生热岛效应，保证室外机进、排风的通畅，防止进、排风短路是布置室外机时的基本要求。当受位置条件等限制时，应创造条件，避免发生明显的气流短路；如设置排风帽，改变排风方向等方法，必要时可以借助于数值模拟方法辅助气流组织设计。此外，控制进、排风的气流速度也是有效地避免短路的一种方法；通常机组进风气流速度宜控制在 1.5 m/s～2.0 m/s，排风口的排气速度不宜小于 7m/s。

2　室外机除了避免自身气流短路外，还应避免其他外部含有热量、腐蚀性物质及油污微粒等排放气体的影响，如厨房油烟排气和其他室外机的排风等。

3　室外机运行会对周围环境产生热污染和噪声影响，因此室外机应与周围建筑物保持一定的距离，以保证热量有效扩散和噪声自然衰减。对周围建筑物产生噪声干扰，应符合国家现行标准《声环境质量标准》GB 3096 的要求。

4　保持室外机换热器清洁可以保证其高效运行，很有必要为室外机创造清扫条件。

8.3.4　地埋管地源热泵系统设计基本要求。部分强制性条文。

1　采用地埋管地源热泵系统首先应根据工程场地条件、地质勘察结果，评估埋地管换热系统实施的可行性与经济性。

2　利用岩土热响应试验进行地埋管换热器设计，是将岩土综合热物性参数、岩土初始平均温度和空调冷热负荷输入专业软件，在夏季工况和冬季工况运行条件下进行动态耦合计算，通过控制地埋管换热器夏季运行期间出口最高温度和冬季运行期间进口最低温度，进行地埋管换热器设计。

3　采用地埋管地源热泵系统，埋管换热系统是成败的关键。这种系统的计算与设计较为复杂，地埋管的埋管形式、数量、规格等必须根据系统的换热量、埋管占地面积、岩土体的热物理特性、地下岩土分布情况、机组性能等多种因素确定。

4　地源热泵地埋管系统的全年总释热量和总吸热量（单位：kWh）应基本平衡。对于地下水径流流速较小的地埋管区域，在计算周期内，地源热泵系统总释热量和总吸热量应平衡。两者相差不大指两者的比值在 0.8～1.25 之间。对于地下水径流流速较大的地埋管区域，地源热泵系统总释热量和总吸热量可以通过地下水流动（带走或获取热量）取得平衡。地下水的径流流速的大小区分原则：1 个月内，地下水的流动距离超过沿流动方向的地埋管布置区域的长度为较大流速；反之为较小流速。

5 地埋管系统全年总释热量和总吸热量的平衡，是确保土壤全年热平衡的关键要求。地源热泵地埋管系统的设计，决定系统实时供冷量（或供热量）的关键技术之一在于地埋管与土壤的换热能力。因此，应分别计算夏季设计冷负荷与冬季设计热负荷情况下对地埋管长度的要求。

1）当地埋管系统的全年总释热量和总吸热量平衡（或基本平衡）时，就一般的设计原则而言，可以按照该系统作为建筑唯一的冷、热源来考虑，如果这时按照供冷和供热工况分别计算出的地埋管长度相同，说明系统夏季最大供冷量和冬季最大供热量刚好分别能够与建筑的夏季的设计冷负荷和冬季的设计热负荷相一致，则是最理想的；但由于不同的地区气候条件以及建筑的性质不同，大多数建筑无法做到这一点。因此，在此种情况下，应该按照供冷和供热工况分别计算出的两个地埋管长度中的较大者采用，才能保证系统作为唯一的冷、热源而满足全年的要求。

2）当地埋管系统的总释热量和总吸热量无法平衡时，不能将该系统作为建筑唯一的冷、热源（否则土壤年平均温度将发生变化），而应该设置相应的辅助冷源或热源。在这种情况下，如果还按照上述计算的地埋管长度的较大者来选择，显然是没有必要的，只是一种浪费。因此这时宜按照上述计算的地埋管长度的较小者来作为设计长度。举例说明：如果是供冷工况下的计算长度较小，则说明需要增加辅助热源来保证供热工况下的需求；反之则增加冷却塔等设备将一部分热量排至大气之中而减少对土壤的排热。当然，还可采用其他冷热源与地源热泵系统联合运行的方法解决，通过检测地下土壤温度，调整运行策略，保证整个冷热源系统全年高效率运行。地源热泵系统与其他常规能源系统联合运行，也可以减少系统造价和占地面积，其他系统主要用于调峰。

6 对于冬季有可能发生管道冻结的场所，需要采取合理的防冻措施，例如采用乙二醇溶液等。

8.3.5 地下水地源热泵系统设计要求。部分强制性条文。

本条针对采用地下水地源热泵系统时提出的基本要求：

1 地下水使用应征得当地水资源管理部门的同意。必须通过工程现场的水文地质勘察、试验资料，获取地下水资源详细数据，包括连续供水量、水温、地下水径流方向、分层水质、渗透系数等参数。有了这些资料才能判定地下水的可用性。

水源热泵机组的正常运行对地下水的水质有一定的要求。为满足水质要求可采用具有针对性的处理方法，如采用除砂器、除垢器、除铁处理等。正确的水处理手段是保证系统正常运行的前提，不容忽视。

2 采用变流量设计是为了尽量减少地下水的用量和减少输送动力消耗。但要注意的是：当地下水采用直接进入机组的方式时，应满足机组对最小水量的限制要求和最小水量变化速率的要求，这一点与冷水机组变流量系统的要求相同。

3 地下水直接进入机组还是通过换热器后间接进入机组，需要根据多种因素确定：水质、水温和维护的方便性。水质好的地下水宜直接进入机组，反之采用间接方法；维护简单工作量不大时采用直接方法；地下水直接进入机组有利于提高机组效率。因此设计人员可通过技术经济分析后确定。

4 强制性条款：为了保护宝贵的地下水资源，要求采用地下水全部回灌到同一含水层，并不得对地下水资源造成污染。为了保证不污染地下水，应采用封闭式地下水采集、回灌系统。在整个地下水的使用过程中，不得设置敞开式的水池、水箱等作为地下水的蓄存装置。

8.3.6 江河湖水源地源热泵系统设计基本要求。

1 水源热泵机组采用地表水作为热源时，应对地表水体资源进行环境影响评估，以防止水体的温度变化过大而破坏生态平衡。一般情况下，水体的温度变化应限制在周平均最大温升不大于 1℃，周平均最大温降不大于 2℃的范围内。此外，地表水是一种资源，水资源利用必须获得各有关部门的批准，如水务部门和航运主管部门等。

2 由于江河的丰水、枯水季节水位变化较大，过大的水位差除了造成取水困难外，输送动力的增加也是不可小视，所以要进行技术经济比较后确定是否采用。

3 热泵机组与地表水水体的换热方式有闭式与开式两种：

当地表水体环境保护要求高，或水质复杂且水体面积较大、水位较深，热泵机组分散布置且数量众多（例如采用单元式空调机组）时，宜通过沉于地表水下的换热器与地表水进行热交换，采用闭式地表水换热系统。当换热量较大，换热器的布置影响到水体的正常使用时不宜采用闭式地表水换热系统。

当地表水体水质较好，或水体深度、温度等条件不适宜于采用闭式地表水换热系统时，宜采用开式地表水换热系统。直接从水体抽水和排水。开式系统应注意过滤、清洗、灭藻等问题。

4 为了避免取水与排水短路，开式地表水换热系统的取水口应选择水位较深、水质较好的位置且远离排水口，同时根据具体情况确定取水口与排水口的距离。当采用具有较好流动性的江、河水时，取水口应位于排水口的上游；如果采用平时流动性较差甚至不流动的水库、湖水时，取水口与排水口的距离应较大。为了保证热泵机组和系统的高效运行，地表水进入机组之前应采取相应的水处理措施；但需要注意的是：为了防止对地表水的污染，水处理措施应采用"非化学"方式，并符合环境的要求（例如环评报告等）。

6 防冻措施与8.3.4条相同。

8.3.7 海水源地源热泵系统设计要求。

海水源地源热泵系统，本质上属于地表水的范畴，因此对其的设计要求可以参照8.3.6条及其条文说明。但因为海水的特殊性，本规范在此专门提出了要求：

1 海水有一定的腐蚀性，沿海区域一般不宜采用地下水地源热泵，以防止海水侵蚀陆地、地层沉降及建筑物地基下沉等；开式系统应控制使用后的海水温度指标和含氯浓度，以免影响海洋生态环境；此外还需要考虑到设备与管道的耐腐蚀问题。

3 海水由于潮汐的影响，会对系统产生一定的水流应力。

4 接触海水的管道和设备容易附着海洋生物，对海水的输送和利用有一定影响。

为了防止由于水处理造成对海水的污染，对海水进行过滤、杀菌等水处理措施时，应采用物理方法。

5 防冻措施与8.3.4条相同。

8.3.8 污水源地源热泵系统设计要求。

同海水源地源热泵系统或地表水地源热泵系统一样，污水源地源热泵系统的设计在满足相关规定的同时，还要注意其特殊性——对污水的性质和水质处理要求的不同，会导致系统设计上存在一定的区别。

8.3.9 水环热泵空调系统设计要求。

1 水环热泵的水温范围是根据目前的产品要求、冷却塔能力和系统设计中的相关情况来综合提出的。设计时，应注意采用合理的控制方式来保持水温。

2 水环热泵的循环水系统是构成整个系统的基础。由于热泵机组换热器对循环水的水质要求较高，适合采用闭式系统。如果采用开式冷却塔，最好也设置中间换热器使循环水系统构成闭式系统。需要注意的是：设置换热器之后会导致夏季冷却水温偏高，因此对冷却水系统（包括冷却塔）的能力，热泵的适应性以及实际运行工况，都应进行校核计算。当然，如果经过开式冷却塔后的冷却水水质能够得到保证，也可以直接将其送至水

环热泵机组之中，这样可以提高整个系统的运行效率——需要提醒注意的是：如果开式冷却塔的安装高度低于水环热泵机组的安装高度，则应设置中间换热器，否则高处的热泵机组会"倒空"。

3 当冬季的热负荷较大时，需要设置辅助热源。辅助热源的选择原则应符合本规范8.1.1条规定。在计算辅助热源的安装容量时，应考虑到系统内各种发热源（例如热泵机组的制冷电耗、空调内区冷负荷等等）。

4 从保护热泵机组的角度来说，机组的循环水流量不应实时改变。当建筑规模较小（设计冷负荷不超过527kW）时，循环水系统可直接采用定流量系统。对于建筑规模较大时，为了节省水泵的能耗，循环水系统宜采用变流量系统。为了保证变流量系统中机组定流量的要求，机组的循环水管道上应设置与机组启停连锁控制的开关式电动阀；电动阀应先于机组打开，后于机组关闭。

5 水环热泵机组目前有两种方式：整体式和分体式。在整体式中，由于压缩机随机组设置在室内，因此需要关注室内或使用地点的噪声问题。

8.4 溴化锂吸收式机组

8.4.1 吸收式冷水机组采用热能顺序要求。

本条规定了吸收式冷水机组采用热能作为制冷的能源时，采用热能的优先顺序。其中第1、2款与本章的8.1节一般规定是一致的。第1款包括的热源有：烟气、蒸汽、热水等热媒。

直接采用矿物质能源时，则应综合考虑当地的能源供应情况、能耗价格、使用的灵活性和方便性等情况。

8.4.2 溴化锂吸收式机组的机型选择要求。

1 根据吸收式冷水机组的性能，通常当热源温度比较高时，宜采用双效机组。由于废热、可再生能源及生物质能的能源品位相对较低；对于城市热网，在夏季制冷工况下，热网温度通常较低，有时无法采用双效机组。当采用锅炉燃烧供热时，为了提高冷水机组的性能，应提高供热热源的温度，因此不应采用单效式机组。

2 各类机组所对应的热源参数如下表所示：

表8 各类机组的加热热源参数

机型	加热热源种类和参数
直燃机组	天然气、人工煤气、液化石油气、燃油
蒸汽双效机组	蒸汽额定压力（表压）0.25、0.4、0.6、0.8MPa
热水双效机组	>140℃热水
蒸汽单效机组	废汽（0.1MPa）
热水单效机组	废热等（85℃～140℃热水）

8.4.3 直燃式机组选择要求。

1 直燃式机组的额定供热量一般为额定供冷量的70%～80%，这是一个标准配置，也是较经济合理的配置，在设计时尽可能按照标准型机组来选择。同时，设计时要分别按照供冷工况和供热工况来预选直燃机。从提高经济性和节能的角度来看，如果供冷、供热两种工况下选择的机型规格相差较大时，宜按照机型较小者来配置，并增加辅助的冷源或热源装置——见本条第2、3款。

2 对于我国北方地区的某些建筑，从数值上冬季供热负荷可能不小于夏季供冷负荷（或者是供热负荷与供冷负荷的比值大于0.8）。当按照夏季冷负荷选型时，如果采用加大机组的型号来满足供热的要求，在投资、机组效率等方面都受到一定的影响，因此现行的一些工程采用了机组型号不加大而直接加大高压发生器和燃烧器的方式。这种方式虽然可行，但仍然存在高、低压发生器的匹配一定程度上影响机组运行效率的问题，因此对此进行限制。当超过本条规定的限制时，北方地区应采用"直燃机组＋辅助锅炉房"的方案。

3 对于我国南方地区的某些建筑，情况可能与本条文说明中的第2条相反。从能源利用的合理性来看，宜采用"直燃机组＋辅助电制冷"的方案。

8.4.4 溴化锂吸收式三用直燃机选型要求。

《公共建筑节能设计标准》GB 50189－2005 表5.4.9对吸收式机组的性能参数限值进行了规定，本规范应符合其要求。

三用机可以有以下几种用途：

1 夏季：单供冷、供冷及供生活热水；

2 春秋季：供生活热水；

3 冬季：单供暖、供暖及供生活热水。

尽管三用机由于多种用途而受到业主欢迎，但由于在设计选型中存在的一些问题，致使在实际工程使用中出现不尽如人意之处。主要原因是：

1 对供冷（温）和生活热水未进行日负荷分析与平衡，由于机组能量不足，造成不能同时满足各方面的要求；

2 未进行各季节的使用分析，造成不经济、不合理运行、效率低、能耗大；

3 在供冷（温）及生活热水系统内未设必要的控制与调节装置，无法优化管理，系统无法运行成本提高。

直燃机价格昂贵，尤其是三用机，要搞好合理匹配，系统控制，提高能源利用率是设计选型的关键，因此不能随意和不加分析地采用。当难以满足生活热水供应要求又影响供冷（温）质量时，应另设专用热水机组提供生活热水。

8.4.5 四管制和分区两管制空调系统使用直燃式机组要求。

四管制和分区两管制空调系统主要适用于有同时供冷、供热需求的建筑物。由于建筑中冷、热负荷及其比例随时间变化较大，直燃式机组很难在任何时刻同时满足冷、热负荷的变化要求。因此，一般情况下不宜将它作为四管制和分区两管制空调系统唯一采用的冷、热源装置。

8.4.6 吸附式冷水机组制冷使用条件。

吸附式冷水机组的特点是能够利用低温热水进行制冷，因此其比较适合于具有低位热源的场所。由于其制冷COP比较低（大约为0.5），在有高温热源的场所不宜采用。同时，由于目前吸附式冷水机组的型号较少且单台机组的制冷量有限，因此不宜用于大、中型空调系统之中。

8.4.7 直燃型机组的储油、供油、燃气系统的设计要求。

直燃型溴化锂吸收式冷（温）水机组储油、供油、燃气供应及烟道的设计，应符合国家现行《锅炉房设计规范》GB 50041、《高层民用建筑设计防火规范》GB 50045、《建筑设计防火规范》GB 50016、《城镇燃气设计规范》GB 50028、《工业企业煤气安全规程》GB 6222 等规范和标准的要求。

8.5 空调冷热水及冷凝水系统

8.5.1 空调冷热水参数确定原则。

空调冷热水参数应保证技术可靠、经济合理，本条中数值适用于以水为冷热媒对空气进行冷却或加热处理的一般建筑的空调系统，有特殊工艺要求的情况除外。

1 冷水机组直接供冷系统的冷水供水温度低于5℃时，会导致冷水机组运行工况相对较差且稳定性不够。对于空调系统来说，大温差设计可减小水泵耗电量和管网管径，因此规定了空调冷水和热水系统温差不得小于一般末端设备名义工况要求的5℃。但当采用大温差，如果要求末端设备空调冷水的平均水温基本不变时，冷水机组的出水温度则需降低，使冷水机组性能系数有所下降；当空调冷水或热水采用大温差时，还应校核流量减少对采用定型盘管的末端设备（如风机盘管等）传热系数和传热量的影响，必要时需增大末端设备规格，就目前的风机盘管产品来看，其冷水供回水在5℃/13℃时的供冷能力，与7℃/12℃冷水的供冷能力基本相同。所以应综合考虑节能和投资因素确定温差数值。

2 采用蓄冷装置的供冷系统，供水温度和供回水温差与蓄冷介质和蓄冷、取冷方式等有关，应符合本规范第8.7.6条和第8.7.7条规定，供水温度范围可参考其条文说明。

3 温湿度独立控制系统，是近年来出现的系统形式。规定其供水温度不宜低于16℃是为了防止房间结露。同时，根据现有的末端设备和冷水机组的产品情况，采用 5℃ 的温差，在大多数情况下是可以做到的。

4 采用蒸发冷却或天然冷源制取空调冷水时，在一些地区做到 5℃ 的水温差存在一定的困难，因此，提出了比冷水机组略为小一些的温差（4℃）。根据对空调系统的综合能耗的研究，4℃ 的冷水温差对于供水温度 16℃～18℃ 的冷水系统并采用现有的末端产品，能够满足要求和得到能耗的均衡。当然，针对专门开发的一些干工况末端设备，以及某些露点温度较低而能够通过蒸发冷却得到更低水温（例如 12℃～14℃）的地区而言，设计人员可以将上述冷水温差进一步加大。

5 采用辐射供冷末端设备的系统既包括温湿度独立控制系统也包括蒸发冷却系统。研究表明：对于辐射供冷的末端设备来说，较大的温差不容易做到（否则单位面积的供冷量不够），因此对此部分末端设备所组成的系统，放宽了对冷水温差的要求。

6 市政热力或锅炉产生的热水温度一般较高（80℃ 以上），可以将二次空调热水加热到末端空气处理设备的名义工况水温 60℃，同时考虑到降低供水温度有利于降低对一次热源的要求，因此推荐供水温度为 50℃～60℃。但对于采用竖向分区且设置了中间换热器的超高层建筑，由于需要考虑换热后的水温要求，可以提高到 65℃，因此需要设计人根据具体情况来提出需求的供水温度。对于严寒地区的预热盘管，为了防止盘管冻结，要求供水温度应相应提高。由于目前大多数盘管采用的是铜管串铝片方式，因此水温过高时要注意盘管的热胀冷缩问题。

对于热水供回水温差的问题，尽管目前的一些设备（例如风机盘管）都是以 10℃ 温差来标注其标准供暖工况的，但通过理论分析和多年的实际工程运行情况表明：对于严寒和寒冷地区来说适当加大热水供回水温差，现有的末端设备是能够满足使用要求的（并不需要加大型号）；对于夏热冬冷地区而言，采用 10℃ 温差即使对于两管制水系统来说也不会导致末端设备的控制出现问题。而适当的加大温差有利于节省输送能耗。并考虑到与《公共建筑节能设计标准》GB 50189 的协调，因此对热水的供回水温差做出了相应的规定。

7 采用直燃式冷（温）水机组、空气源热泵、地源热泵等作为热源时，产水温度一般较低，供回水温差也不可能太大，因此不做规定，按设备能力确定。

8 区域供冷可根据不同供冷形式选择不同的供回水温差。

8.5.2 闭式与开式空调水系统的选择。

规定除特殊情况外，应采用闭式循环水系统（其中包括开式膨胀水箱定压的系统），是因为闭式系统水泵扬程只需克服管网阻力，相对节能和节省一次

投资。

间接和直接蒸发冷却器串联设置的蒸发冷却冷水机组，其空气－水直接接触的开式换热塔（直接蒸发冷却器），进塔水管和底盘之间的水提升高差很小，因此也不做限制。

采用水蓄冷（热）的系统当水池设计水位高于水系统的最高点时，可以采用直接供冷供热的系统（实际上也是闭式系统，不存在增加水泵能耗的问题）。当水池设计水位低于水系统的最高点时，应设置热交换设备，使空调水系统成为闭式系统。

8.5.3 空调水管路系统制式选择。

1 建筑物内存在需全年供冷的区域时（不仅限于内区），这些区域在非供冷季首先应该直接采用室外新风做冷源，例如全空气系统增大新风比、独立新风系统增大新风量。只有在新风冷源不能满足供冷量需求时，才需要在供热季设置为全年供冷区域单独供冷水的管路，即分区两管制系统。因此仅给出内外区集中送新风的风机盘管加新风的分区两管制水系统的系统形式，见图 4。

2 对于一般工程，如仅在理论上存在一些内区，但实际使用时发热量常比夏季采用的设计数值小且不长时间存在、或这些区域面积或总冷负荷很小、冷源设备无法为之单独开启，或这些区域冬季即使短时温度较高也不影响使用，如为之采用相对复杂投资较高的分区两管制系统，工程中常出现不能正常使用，甚至在冷负荷小于热负荷时房间温度过低而无供热手段的情况。因此工程中应考虑建筑物是否真正存在面积和冷负荷较大的需全年供应冷水的区域，确定最经济和满足要求的空调管路制式。

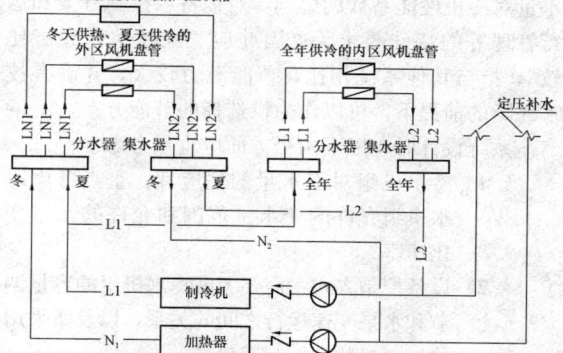

图 4 典型的风机盘管加新风分区两管制水系统

8.5.4 集中空调冷水系统选择原则。

1 定流量一级泵系统简单，不设置水路控制阀时一次投资最低。其特点是运行过程中各末端用户的总阻力系数不变，因而其通过的总流量不变（无论是末端不设置水路两通自动控制阀还是设置三通自动控制阀），使得整个水系统不具有实时变化设计流量的功能，当整个建筑处于低负荷时，只能通过冷水机组

的自身冷量调节来实现供冷量的改变，而无法根据不同的末端冷量需求来做到总流量的按需供应。当这样的系统设置有多台水泵时，如果空调末端装置不设水路电动阀或设置电动三通阀，仅运行一台水泵时，系统总流量减少很多，但仍按比例流过各末端设备（或三通阀的旁路），由于各末端设备负荷的减少与机组总负荷的减少并不是同步的，因而会造成供冷（热）需求较大的设备供冷（热）量不满足要求，而供冷（热）需求较小的设备供冷（热）量过大。同时由于水泵运行台数减少、尽管总水量减小，但无电动两通阀的系统其管网曲线基本不发生变化，运行的水泵还有可能发生单台超负荷情况（严重时甚至出现事故）。因此，该系统限制只能用于1台冷水机组和水泵的小型工程。

2 变流量一级泵系统包括冷水机组定流量、冷水机组变流量两种形式。冷水机组定流量、负荷侧变流量的一级泵系统，形式简单，通过末端用户设置的两通阀自动控制各末端的冷水量需求，同时，系统的运行水量也处于实时变化之中，在一般情况下均能较好地满足要求，是目前应用最广泛、最成熟的系统形式。当系统作用半径较大或水流阻力较高时，循环水泵的装机容量较大，由于水泵为定流量运行，使得冷水机组的进出水温差随着负荷的降低而减少，不利于在运行过程中水泵的运行节能，因此一般适用于最远环路总长度在500m之内的中小型工程。

随着冷水机组制冷效率的提高，循环水泵能耗所占比例上升，尤其是单台冷水机组所需流量较大时或系统阻力较大时，冷水机组变流量运行水泵的节能潜力较大。但该系统涉及冷水机组允许变化范围，减少水量对冷机性能系数的影响，对设备、控制方案和运行管理等的特殊要求等；因此应"经技术和经济比较"，指与其他系统相比，节能潜力较大，并确有技术保障的前提下，可以作为供选择的节能方案。

系统设计时，以下两个方面应重点考虑：

1) 冷水机组对变水量的适应性：重点考虑冷水机组允许的变水量范围和允许的水量变化速率；

2) 设备控制方式：需要考虑冷水机组的容量调节和水泵变速运行之间的关系，以及所采用的控制参数和控制逻辑。

3 二级泵系统的选择设计

1) 机房内冷源侧阻力变化不大，因此系统设计水流阻力较高的原因，大多是由于系统的作用半径造成的，因此系统阻力是推荐采用二级泵或多级泵系统的条件，且为充要条件。当空调系统负荷变化很大时，首先应通过合理设置冷水机组的台数和规格解决小负荷运行问题，仅用靠增加负荷侧的二级泵台数无法解决根本问题，因此

"负荷变化大"不列入采用二级泵或多级泵的条件。

2) 各区域水温一致且阻力接近时完全可以合用一组二级泵，多台水泵根据末端流量需要进行台数和变速调节，大大增加了流量调解范围和各水泵的互为备用性。且各区域末端的水路电动阀自动控制水量和通断，即使停止运行或关闭检修也不会影响其他区域。以往工程中，当各区域水温一致且阻力接近，仅使用时间等特性不同，也常按区域分别设置二级泵，带来如下问题：①水泵设置总台数多于合用系统，有的区域流量过小采用一台水泵还需设置备用泵，增加投资；②各区域水泵不能互为备用，安全性差；③各区域最小负荷小于系统总最小负荷，各区域水泵台数不可能过多，每个区域泵的流量调节范围减少，使某些区域在小负荷时流量过大、温差过小、不利于节能。

3) 当系统各环路阻力相差较大时，如果分区分环路按阻力大小设置和选择二级泵，有可能比设置一组二级泵更节能。阻力相差"较大"的界限推荐值可采用0.05MPa，通常这一差值会使得水泵所配电机容量规格变化一档。

4) 工程中常有空调冷热水的一些系统与冷热源供水温度的水温或温差要求不同，又不单独设置冷热源的情况。可以采用再设换热器的间接系统，也可以采用设置二级混水泵和混水阀旁通调节水温的直接串联系统。后者相对于前者有不增加换热器的投资和运行阻力，不需再设置一套补水定压膨胀设施的优点。因此增加了当各环路水温要求不一致时按系统分设二级泵的推荐条件。

4 对于冷水机组集中设置且各单体建筑用户分散的区域供冷等大规模空调冷水系统，当输送距离较远且各用户管路阻力相差非常悬殊的情况下，即使采用二级泵系统，也可能导致二级泵的扬程很高，运行能耗的节省受到限制。这种情况下，在冷源侧设置定流量运行的一级泵、为共用输配干管设置变流量运行的二级泵、各用户或用户内的各系统分别设置变流量运行的三级泵或四级泵的多级泵系统，可使得二级泵的设计扬程降低，也有利于单体建筑的运行调节。如用户所需水温或温差与冷源水温不同，还可通过三级（或四级）泵和混水阀满足要求。

8.5.5 采用换热器的空调水系统。

1 一般换热器不需要定流量运行，因此推荐在换热器二次水侧的二次循环泵采用变速调节的节能

措施。

2 按区域分别设置换热器和二次泵的系统规模界限和优缺点参见8.5.4条文说明。

8.5.6 空调水系统自控阀门的设置。

1 多台冷水机组和循环水泵之间宜采用一对一的管道连接方式，见8.5.13条及其条文说明。当冷水机组与冷水循环泵之间采取一对一连接有困难时，常采用共用集管的连接方式，当一些冷水机组和对应冷水泵停机，应自动隔断停止运行的冷水机组的冷水通路，以免流经运行的冷水机组流量不足。

2 空调末端装置应设置温度控制的电动两通阀（包括开关控制和连续调节阀门），才能使得系统实时改变流量，使水量按需供应。

8.5.7 定流量一级泵系统空调末端控制要求。

为了保证空调区域的冷量按需供应，宜对区域空气温度进行自动控制，以防止房间过冷和浪费能源。通常的控制方式包括：①末端设置分流式三通调节阀，由房间温度自动控制通过末端装置和旁流支路的流量比例来实现；②对于风机盘管等设备，采用房间温度自动控制风机启停（或者自动控制风机转速）的方式。对于一些特别小型且系统中只设置了一台冷水机组的工程，如果对自动控制方式的投资有较大限制的话，至少也应设置调节性能较好的手动阀（最低要求）。

8.5.8 变流量一级泵系统采用冷水机组定流量方式的空调水系统设计要求。

当冷水机组采用定流量方式时，为保证流经冷水机组蒸发器的流量恒定，设置电动旁通调节阀，是一个通常的成熟做法。电动旁通阀口径的选择应按照本规范9.2.5条的规定并通过计算阀门的流通能力（也称为流量系数）来确定，但由于在实际工程中经常发现旁通阀选择过大的情况（有的设计图甚至按照水泵或冷水机组的接管来选择阀门口径），这里对旁通阀的设计流量（即阀门全开时的最大流量）做出了规定。

对于设置多台相同容量冷水机组的系统而言，旁通阀的设计流量就是一台冷水机组的流量，这样可以保证多台冷水机组在减少运行台数之前，各台机组都能够定流量运行（本系统的设计思路）。

对于设置冷水机组大小搭配的系统来说，从目前的情况看，多台运行的时间段内，通常是大机组在联合运行（这时小机组停止运行的情况比较多），因此旁通阀的设计流量按照大机组的流量来确定与上述的原则是一致的。即使在大小搭配运行的过程中，按照大容量机组的流量来确定可能无法兼顾小容量机组的情况，但从冷水机组定流量运行的安全要求这一原则出发，这样的选择也是相对安全的。当然，如果要兼顾小容量机组的运行情况（无论是大小搭配还是小容量机组可能在低负荷时单独运行），也可以采用大小

口径搭配（并联连接）的"旁通阀组"来解决。但这一方法在控制方式上更为复杂一些。

8.5.9 变流量一级泵系统采用冷水机组变流量方式的空调水系统设计要求。

1 水泵采用变速控制模式，其被控参数应经过详细的分析后确定，包括：采用供回水压差、供回水温差、流量、冷量以及这些参数的组合等控制方式。

2 水泵采用变速调节时，已经能够在很长的运行时间段内稳定地控制相关的参数（如压差等）。但是，当系统用户所需的总流量低于单台最大冷水机组允许的最小流量时，水泵转数不能再降低，实际上已经与"机组定流量、负荷侧变流量"的系统原理相同。为了保证在冷水机组达到最小运行流量时还能够安全可靠的运行，供回水总管之间还应设置最大流量为单台冷水机组最小允许流量的旁通调节阀，此时系统的控制和运行方式与冷水机组定流量方式类似。流量下限一般不低于机组额定流量的50%，或根据设备的安全性能要求来确定。当机组大小搭配时，由于机组的规格不同（甚至类型不同，如：离心机与螺杆机搭配），也有可能出现小容量机组的最小允许流量大于大容量机组允许最小流量的情况，因此要求此时旁通阀的最大设计流量为各台冷水机组允许的最小流量中的"最大值"。

3 指出了确定变流量运行的冷水机组最大和最小流量的考虑因素。

4 对适应变流量运行的冷水机组应具有的性能提出了要求。允许水流量变化范围大的冷水机组的流量变化范围举例：离心式机组宜为额定流量的30%～130%，螺杆式机组宜为额定流量的40%～120%；从安全角度来讲，适应冷水流量快速变化的冷水机组能承受每分钟30%～50%的流量变化率，从对供水温度的影响角度来讲，机组允许的每分钟流量变化率不低于10%（具体产品有一定区别）；流量变化会影响到机组供水温度，因此机组还应有相应的控制功能。本处所提到的额定流量指的是供回水温差为5℃时的流量。

5 多台冷水机组并联时，如果各台机组的蒸发器水压降相差过大，由于系统的不平衡，流经阻力较大机组的实际流量将会比设计流量减少，对于采用冷水机组变流量方式的一级泵系统，有可能减少至机组允许的最小流量以下，因此强调应选择在设计流量下蒸发器水压降相同或接近的冷水机组。

8.5.10 二级泵和多级泵空调水系统的设计。

1 本条所提到的"平衡管"，有的资料中也称为"盈亏管"、"耦合管"。在一些中、小型工程中，也有的采用了"耦合罐"形式，其工作原理都是相同的，这里统称为"平衡管"。

一、二级泵之间的平衡管两侧接管端点，即为一级泵和二级泵负担管网阻力的分界点。在二级泵系统

设计中，平衡管两端之间的压力平衡是非常重要的。目前一些二级泵系统，存在运行不良的情况，特别是平衡管发生水"倒流"（即：空调系统的回水直接从平衡管旁通后进入了供水管）的情况比较普遍，导致冷水系统供水温度逐渐升高、末端无法满足要求而不断要求加大二级泵转速的"恶性循环"情况的发生，其原因就是二级泵选择扬程过大造成的。因此设计二级泵系统时，应进行详细的水力计算。

当分区域设置的二级泵采用分布式布置时（见本条第3款条文说明），如平衡管远离机房设在各区域内，定流量运行的一级泵则需负担外网阻力，并按最不利区域所需压力配置，功率很大，较近各区域平衡管前的一级泵多余资用压头需用阀门调节克服，或通过平衡管旁通，不符合节能原则。因此推荐平衡管位置应在冷源机房内。

一级泵和二级泵流量在设计工况完全匹配时，平衡管内无水量通过即接管点之间无压差。当一级泵和二级泵的流量调节不完全同步时，平衡管内有水通过，使一级泵和二级泵保持在设计工况流量以保证冷水机组蒸发器的流量恒定，同时二级泵根据负荷侧的需求运行。在旁通管内有水流过时，也应尽量减小旁通管阻力，因此管径应尽可能加大。

二级泵与三级泵之间也有流量调节可能不同步的问题，但没有保证蒸发器流量恒定问题。如二级泵与三级泵之间设置平衡管，当各三级泵用户远近不同、且二级泵按最不利用户配置时，近端用户需设置节流装置克服较大的剩余资用压头，或多于流量通过平衡管旁通。当系统控制精度要求不高时如不设置平衡管，近端用户三级泵可以利用二级泵提供的资用压头，对节能有利。因此，二级泵与三级泵之间没有规定必须设置平衡管。但当各级泵之间要求流量平衡控制较严格时，应设置平衡管；当末端用户需要不同水温或温差时，还应设置混水旁通管。

2 二级泵的设置位置，指集中设置在冷站内（集中式设置），还是设在服务的各区域内（分布式设置）。集中式设置便于设备的集中管理，但系统所分区域较多时，总供回水管数量增多、投资增大、外网占地面积大，且相同流速下小口径管道水阻力大、增大水泵能耗，可考虑分布式设置。

二级泵分布式设置在各区域靠近负荷端时，应校核系统压力：当系统定压点较低或外网阻力很大时，二级泵入口（系统最低点压力）低于水泵高度时系统容易进气，低于水泵允许最大负压值时水泵会产生气蚀；因此应校核从平衡管的分界点至二级泵入口的阻力不应大于定压点高度。

3 一般空调系统均能满足要求，外网很长阻力很大时可考虑三次泵或间接连接系统。

二级泵等负荷侧水泵采用变频调速泵，比仅采用台数调节更加节能，因此规定采用。

8.5.11 两管制空调水系统冷热水循环泵的设置。

由于冬夏季空调水系统流量及系统阻力相差很大，两管制系统如冬夏季合用循环水泵，一般按系统的供冷运行工况选择循环泵，供热时系统和水泵工况不吻合，往往水泵不在高效区运行，且系统为小温差大流量运行，浪费电能；即使冬季改变系统的压力设定值，水泵变速运行，水泵冬季在设计负荷下也可能长期低速运行，降低效率，因此不允许合用。

如冬夏季冷热负荷大致相同，冷热水温差也相同（例如采用直燃机、水源热泵等），流量和阻力基本吻合，或者冬夏不同的运行工况与水泵特性相吻合时，从减少投资和机房占用面积的角度出发，也可以合用循环泵。

值得注意的是：当空调热水和空调冷水系统的流量和管网阻力特性及水泵工作特性相吻合而采用冬、夏共用水泵的方案时，应对冬、夏两个工况情况下的水泵轴功率要求分别进行校核计算，并按照轴功率要求较大者配置水泵电机，以防止水泵电机过载。

8.5.12 空调冷热水系统循环水泵的耗电输冷（热）比。

耗电输冷（热）比反映了空调水系统中循环水泵的耗电与建筑冷热负荷的关系，对此值进行限制是为了保证水泵的选择在合理的范围，降低水泵能耗。

本条文的基本思路来自现行国家标准《公共建筑节能设计标准》GB 50189-2005第5.2.8条，根据实际情况对相关参数进行了一定的调整：

1 温差的确定。对于冷水系统，要求不低于5℃的温差是必需的，也是正常情况下能够实现的。对于空调热水系统来说，在这里将四个气候区分别作了最小温差的限制，也符合相应气候区的实际情况，同时考虑到了空调自动控制与调节能力的需要。

2 采用设计冷（热）负荷计算，避免了由于应用多级泵和混水泵造成的水温差和水流量难以确定的状况发生。

3 A值是反映水泵效率影响的参数，由于流量不同，水泵效率存在一定的差距，因此A值按流量取值，更符合实际情况。根据国家标准《清水离心泵能效限定值及节能评价值》GB 19762水泵的性能参数，并满足水泵工作在高效区的要求，当水泵水流量≤60m³/h时，水泵平均效率取63%；当60m³/h<水泵水流量≤200m³/h时，水泵平均效率取69%；当水泵水流量>200m³/h时，水泵平均效率取71%。

4 B值反映了系统内除管道之外的其他设备和附件的水流阻力，$a\Sigma L$则反映系统管道长度引起的阻力。在《公共建筑节能设计标准》GB 50189-2005第5.2.8条中，这两部分统一用水泵的扬程H来代替，但由于在目前，水系统的供冷半径变化较大，如果用一个规定的水泵扬程（标准规定限值为36m）并不能完全反映实际情况，也会给实际工程设计带来一些困难。因此，本条文在修改过程中的一个思路就是：系统半径越大，允许的限值也相应增大。故此把机房及用户的阻力和管道系统长度引起的阻力分别开来，这也与现行行业标准《严寒和寒冷地区居住建筑节能设计标准》JGJ 26-2010 第 5.2.16 条关于供热系统的耗电输热比 EHR 的立意和计算公式相类似。同时也解决了管道长度阻力 α 在不同长度时的连续性问题，使得条文的可操作性得以提高。

8.5.13 空调水循环泵台数要求。

1 为保证流经冷水机组蒸发器的水量恒定，并随冷水机组的运行台数向用户提供适应负荷变化的空调冷水流量，因此在设置数量上要求按与冷水机组"对应"设置一级循环泵，但不强调"一对一"设置，是考虑到多台压缩机、冷凝器、蒸发器等组成的模块式冷水机组等特殊情况，可以根据使用情况灵活设置水泵台数，但流量应与冷水机组对应。变流量一级泵系统采用冷水机组变流量方式时，水泵和冷水机组独立控制，不要求必须对应设置，因此与冷水机组对应设置的水泵强调为"定流量"运行泵（包括二级泵或多级泵系统中的"一级泵"和一级泵系统中的冷水循环泵）。同时，从投资和控制两方面来看，当水泵与冷水机组采用"一对一"连接时，可以取消冷水机组共用集管连接时所需要的支路电动开关阀（通常为电动蝶阀），以及某些工程设计中为了保证流量分配均匀而设置的定流量阀，减少了控制环节和系统阻力，提高了可靠性，降低了投资。即使设备台数较少时，考虑机组和水泵检修时的交叉组合互为备用，仍可采用设备一对一地连接管道，在机组和冷水泵连接管之间设置互为备用的手动转换阀，因此建议设计时尽可能采用水泵与冷水机组的管道一一对应的连接方式。

2 变流量运行的每个分区的各级水泵的流量调节，可通过台数调节和水泵变速调节实现，但即使流量较小的系统，也不宜少于 2 台水泵，是考虑到小流量运行时，水泵可轮流检修。但所有同级的水泵均采用变速方式时，如果台数过多，会造成控制上的一定困难。

3 空调冷水和水温较低的空调热水，负荷调节一般采用变流量调节（与相对高温的散热器供暖系统根据气候采用改变供水温度的质调节和质、量调节结合不同），因此多数时间在小于设计流量状态下运行，只要水泵不少于 2 台，即可做到轮流检修。但考虑到严寒及寒冷地区对供暖的可靠性要求较高，且设备管道等有冻结的危险，因此强调水泵设置台数不超过 3 台时，其中一台宜设置为备用泵，以免水泵故障检修时，流量减少过多；上述规定与《锅炉房设计规范》GB 50041 中"供热热水制备"章的有关规定相符。舒适性空调供冷的可靠性要求一般低于严寒及寒冷地区供暖，因此是否设置备用泵，可根据工程的性质、标准，水泵的台数，室外气候条件等因素确定，不做

硬性规定。

8.5.14 空调水系统水力平衡。

本条提到的水力平衡，都是指设计工况的平衡情况。

强调空调水系统设计时，首先应通过系统布置和选定管径减少压力损失的相对差额，但实际工程中常常较难通过管径选择计算取得管路平衡，因此只规定达不到 15% 的平衡要求时，可通过设置平衡装置达到空调水管道的水力平衡。

空调水系统的平衡措施除调整管路布置和管径外，还包括设置根据工程标准、系统特性正确选用并在适当位置正确设置可测量数据的平衡阀（包括静态平衡和动态平衡）、具有流量平衡功能的电动阀等装置；例如末端设置电动两通阀的变流量的空调水系统中，各支环路不应采用定流量阀。

8.5.15 空调冷水系统设计补水量。

系统补水量是确定补水管管径、补水泵流量的依据，系统补水量除与系统本身的设计情况有关外（例如热膨胀等），还与系统的运行管理相关密切，在无法确定运行管理可能带来的补水量时，可按照系统水容量大小来计算确定。

工程中系统水容量可参照下表估算，室外管线较长时取较大值：

表 9　空调水系统的单位建筑面积水容量（L/m²）

空调方式	全空气系统	水/空气系统
供冷和采用换热器供热	0.40～0.55	0.70～1.30

8.5.16 空调冷水补水点及补水泵选择及设置。

补水点设在循环水泵吸入口，是为了减小补水点处压力及补水泵扬程。采用高位膨胀水箱时，可以通过膨胀管直接向系统补水。

1 补水泵扬程是根据补水点压力确定的，但还应注意计算水泵至补水点的管道阻力。

2 补水泵流量规定不宜小于系统水容量的 5%（即空调系统的 5 倍计算小时补水量），是考虑事故补水量较大，以及初期上水时补水时间不要太长（小于20 小时），且膨胀水箱等调节容积可使较大流量的补水泵间歇运行。推荐补水泵流量的上限值，是为了防止水泵流量过大而导致膨胀水箱等的调节容积过大等问题。推荐设置 2 台补水泵，可在初期上水或事故补水时同时使用，平时使用 1 台，可减小膨胀水箱的调节容积，又可互为备用。

3 补水泵间歇运行有检修时间，即使仅设置 1台，也不强行规定设置备用泵；但考虑到严寒及寒冷地区冬季运行应有更高的可靠性，当因水泵过小等原因只能选择 1 台泵时宜再设 1 台备用泵。

8.5.17 空调系统补水箱的设置和调节容积。

空调冷水直接从城市管网补水时，不允许补水泵直接抽取；当空调热水需补充软化水时，离子交换软

化设备供水与补水泵补水不同步，且软化设备常间断运行，因此需设置水箱储存一部分调节水量。一般可取 30min～60min 补水泵流量，系统较小时取大值。

8.5.18 空调系统膨胀水箱的设置要求。

1 定压点宜设在循环水泵的吸入口处，是为了使系统运行时各点压力均高于静止时压力，定压点压力或膨胀水箱高度可以低一些；由于空调水温度较供暖系统水温低，要求高度也比供暖系统的 1m 低，定为 0.5m (5kPa)。当定压点远离循环水泵吸入口时，应按水压图校核，最高点不应出现负压。

2 高位膨胀水箱具有定压简单、可靠、稳定、省电等优点，是目前最常用的定压方式，因此推荐优先采用。

3 随着技术发展，建筑物内空调、供暖等水系统类型逐渐增多，如均分别设置定压设施则投资较大，但合用时膨胀管上不设置阀门则各系统不能完全关闭泄水检修，因此仅在水系统设置独立的定压设施时，规定膨胀管上不应设置阀门；当各系统合用定压设施且需要分别检修时，规定膨胀管上的检修阀应采用电信号阀进行误操作警示，并在各空调系统设置安全阀，一旦阀门未开启且警示失灵，可防止事故发生。

4 从节能节水的目的出发，膨胀水量应回收，例如膨胀水箱应预留出膨胀容积，或采用其他定压方式时，将系统的膨胀水量引至补水箱回收等。

8.5.19 空调冷热水水质要求。

水质是保证空调系统正常运行的前提，国家标准《采暖空调系统水质标准》对空调水质提出了具体要求。

空调热水的供水平均温度一般为 60℃ 左右，已经达到结垢水温，且直接与高温一次热源接触的换热器表面附近的水温更高，结垢危险更大，例如吸收式制冷的冷热水机组则要求补水硬度在 $50mgCaCO_3/L$ 以下。因此空调热水的水质硬度要求应等同于供暖系统，当给水硬度较高时，为不影响系统传热、延长设备的检修时间和使用寿命，宜对补水进行化学软化处理，或采用对循环水进行阻垢处理。

对于空调冷水而言，尽管结垢的情况可能好于热水系统，但由于冷水长期在系统内留存，也会存在一定的累积结垢问题。因此当给水硬度较高时，也宜进行软化处理。

8.5.20 空调热水管补偿器和坡度要求。部分强制性条文。

在可能的情况下，空调热水管道利用管道的自然弯曲补偿是简单易行的，如果利用自然补偿不能满足要求时，应设置补偿器。

8.5.21 空调水系统排气和泄水要求。

无论是闭式还是开式系统均应设置在系统最高处排除空气和管道上下拐弯及立管的底部排除存水的排气和泄水装置。

8.5.22 设备入口除污要求。

设备入口需除污，应根据系统大小和设备的需要确定除污装置的位置。例如系统较大、产生污垢的管道较长时，除系统冷热源、水泵等设备的入口外，各分环路或末端设备、自控阀前也应根据需要设置除污装置，但距离较近的设备可不重复串联设置除污装置。

8.5.23 冷凝水管道设置要求。

1 处于正压段和负压段的冷凝水积水盘出水口处设水封，是为了防止漏风及负压段的冷凝水排不出去。在正压段和负压段设置水封的方向应相反。

2 规定了风机盘管等末端设备凝结水盘泄水管坡度和冷凝水干管的坡度要求，当有困难时，可适当放大管径减小坡度，或中途加设提升泵。

3 为便于定期冲洗、检修，干管始端应设扫除口。

4 冷凝水管处于非满流状态，内壁接触水和空气，不应采用无防锈功能的焊接钢管；冷凝水为无压自流排放，当软塑料管中间下垂时，影响排放；因此推荐强度较大和不易生锈的塑料管或热镀锌钢管。热镀锌钢管防结露保温可参照本规范 11.1 节。

5 冷凝水管不应与污水系统直接连接，民用建筑室内雨水系统均为密闭系统也不应与之直接连接，以防臭味和雨水从空气处理机组凝水盘外溢。

6 一般空调环境 1kW 冷负荷每小时约产生 0.4kg～0.8kg 的冷凝水，此范围内的冷凝水管管径可按表 10 进行估算：

表 10　冷凝水管管径选择表

管道最小坡度		冷负荷(kW)								
0.001	≤7	7.1～17.6	17.7～100	101～176	177～598	599～1055	1056～1512	1513～12462	＞12462	
0.003	≤17	17～42	43～230	231～400	401～1100	1101～2000	2001～3500	3501～15000	＞15000	
管道公称直径(mm)	DN20	DN25	DN32	DN40	DN50	DN80	DN100	DN125	DN150	

8.6　冷却水系统

8.6.1 冷却水循环使用和冷却塔供冷。

由于节水和节能要求，除采用地表水作为冷却水的方式外，冷却水系统不允许直流。

利用冷却水供冷和热回收也需增加一些投资，且并不是没有能耗。例如采用冷却水供冷的工程所在地，冬季或过渡季应有较长时间室外湿球温度能满足冷却塔制备空调冷水，增设换热器、转换阀等冷却塔供冷设备才经济合理。同时，北方地区在冬季使用冷却塔供冷方式时，还需要结合使用要求，采取对应的防冻措施。

利用冷却塔冷却功能进行制冷需具备的条件还有，工程采用了能单独提供空调冷水的分区两管制或四管空调水系统。但供冷季消除室内余热首先应直接采用室外新风做冷源，只有在新风冷源不能满足冷量需求时，才需要在供冷季设置为全年供冷区域单独供冷水的分区两管制等较复杂的系统。

8.6.2 冷凝热回收。

在供冷同时会产生大量"低品位"冷凝热，对于兼有供热需求的建筑物，采取适当的冷凝热回收措施，可以在一定程度上减少全年供热量需求。但要明确：热回收措施应在技术可靠、经济合理的前提下采用，不能舍本求末。通常来说，热回收机组的冷却水温不宜过高（离心机低于 45℃、螺杆机低于 55℃），否则将导致机组运行不稳定，机组能效衰减，供热量衰减等问题，反而有可能在整体上多耗费能源。

在采用上述热回收措施时，应考虑冷、热负荷的匹配问题。例如：当生活热水热负荷的需求不连续时，必须同时考虑设置冷却塔散热的措施，以保证冷水机组的供冷工况。

8.6.3 冷却水水温。

1 有关标准对冷却水温度的正常使用范围进行了推荐（见表11），是根据压缩式冷水机组冷凝器的允许工作压力和溴化锂吸收式冷（温）水机组的运行效率等因素，并考虑湿球温度较高的炎热地区冷却塔的处理能力，经技术经济比较确定的。本规范参考有关标准提供的数值，规定不宜高于 33℃。

2 冷却水水温不稳定或过低，会造成压缩式制冷系统高低压差不够、运行不稳定、润滑系统不良运行等问题，造成吸收式冷（温）水机组出现结晶事故等；所以增加了对一般冷水机组冷却水最低水温的限制（不包括水源热泵等特殊系统的冷却水），本规范参照了上述标准中提供的数值（见表12）。随着冷水机组技术配置的提高，对冷却水进口最低水温的要求也会有所降低，必要时可参考生产厂具体要求。水温调节可采用控制冷却塔风机的方法；冬季或过渡季使用的系统在气温较低的地区，如采用上述方法仍不能满足制冷机最低水温要求时，应在系统供回水管之间设置旁通管和电动旁通调节阀；见本规范第 9.5.8 条的具体规定。

表 11 国家标准推荐的冷却水参数

冷却水机组类型	冷却水进口最低温度（℃）	冷却水进口最高温度（℃）	冷却水流量范围（%）	名义工况冷却水进出口温差（℃）	标准号
电动压缩式	15.5	33	—	5	GB/T 18430.2
直燃型吸收式	—	—	—	5～5.5	GB/T 18362
蒸汽单效型吸收式	24	34	60～120	5～8	GB/T 18431

3 电动压缩式冷水机组的冷却水进出口温差，是综合考虑了设备投资和运行费用、大部分地区的室外气候条件等因素，推荐了我国工程和产品的常用数据。吸收式冷（温）水机组的冷却水因经过吸收器和冷凝器两次温升，进出口温差比压缩式冷水机组大，如果仍然采用 5℃，可能导致冷却水泵流量过大。我国目前常用吸收式冷水机组产品大多数能够做到 5℃～7℃，但需要注意的是，目前我国的冷却塔水温差标准为 5℃，因此当设计的冷却水温差大于 5℃时，必须对冷却塔的能力进行核算或选择满足要求的非标产品来实现相应的水冷却温差。

8.6.4 冷却水系统设计。

1 由于补水的水质和系统内的机械杂质等因素，不能保证冷却水系统水质符合要求，尤其是开式冷却水系统与空气大量接触，造成水质不稳定，产生和积累大量水垢、污垢、微生物等，使冷却塔和冷凝器的传热效率降低，水流阻力增加，卫生环境恶化，对设备造成腐蚀。因此，为保证水质，规定应采取相应措施，包括传统的化学加药处理，以及其他物理方式。

2 为了避免安装过程的焊渣、焊条、金属碎屑、砂石、有机织物以及运行过程产生的冷却塔填料等异物进入冷凝器和蒸发器，宜在冷水机组冷却水和冷冻水入水口前设置过滤孔径不大于 3mm 的过滤器。对于循环水泵设置在冷凝器和蒸发器入口处的设计方式，该过滤器可以设置在循环水泵进水口。

3 冷水机组循环冷却水系统，除做好日常的水质处理工作基础上，设置水冷管壳式冷凝器自动在线清洗装置，可以有效降低冷凝器的污垢热阻，保持冷凝器换热管内壁较高的洁净度，从而降低冷凝端温差（制冷剂冷凝温度与冷却水的离开温度差）和冷凝温度。从运行费用来说，冷凝温度越低，冷水机组的制冷系数越大，可减少压缩机的耗电量。例如，当蒸发温度一定时，冷凝温度每增加 1℃，压缩机单位制冷量的耗功率约增加 3%～4%。目前的在线清洗装置主要是清洁球和清洁毛刷两大类产品，在应用中各有特点，设计人员宜根据冷水机组产品的特点合理选用。

4 某些设备的换热器要求冷却水洁净，一般不能将开式系统的冷却水直接送入机组。设计时可采用闭式冷却塔，或设置中间换热器。

8.6.5 冷却水循环泵选择。

为保证流经冷水机组冷凝器的水量恒定，要求与冷水机组"一对一"设置冷却水循环泵，但小型分散的水冷柜式空调器、小型户式冷水机组等可以合用冷却水系统；对于仅夏季使用的冷水机组不作备用泵设置要求，对于全年要求冷水机组连续运行工程，可根据工程的重要程度和设计标准确定是否设置备用泵。

冷却水泵的扬程包括系统阻力、系统所需扬水高差、有布水器的冷却塔和喷射式冷却塔等要求的压力。一般在冷却塔产品样本中提出了"进塔水压"的要求，即包括了冷却塔水位差以及布水器等冷却塔的全部水流阻力，此部分可直接采用。

对于冷却水水质，之前无相关规范进行规定，目前，国家标准《供暖空调系统水质标准》正在编制，对冷却水水质提出了相关要求。

8.6.6 冷却塔设置要求。

1 同一型号的冷却塔，在不同的室外湿球温度条件和冷水机组进出口温差要求的情况下，散热量和冷却水量也不同，因此，选用时需按照工程实际，对冷却塔的标准气温和标准水温降下的名义工况冷却水量进行修正，使其满足冷水机组的要求，一般无备用要求。

2 有旋转式布水器或喷射式等对进口水压有要求的冷却塔需保证其进水量，所以应和循环水泵相对应设置。当冷却塔本身不需保证水量和水压时，可以合用冷却塔，但其接管和控制也宜与水泵对应，详见本规范8.6.9的条文说明。

3 供暖室外计算温度在0℃以下的地区，为防止冷却塔间断运行时结冰，应选用防冻性能好的冷却塔，并采用在冷却塔底盘和室外管道设电加热设施等防冻措施。本款同时提出了冬季不使用的冷却塔室外管道泄空的防冻要求，包括补水管道在低于室外的室内设置关断阀和泄水阀等。

4 冷却塔的设置位置不当将直接影响冷却塔散热，且对周围环境产生影响；另外由冷却塔产生火灾也是工程中经常发生的事故，因此做出相应规定。

8.6.7 冷却水系统存水量。

空调系统即使全天开启，随负荷变化冷源设备和水泵台数，绝大部分都为间歇运行（工艺需要保证时除外）。在水泵停机后，冷却塔填料的淋水表面附着的水滴下落，一些管道内的水容量由于重力作用，也从系统开口部位下落，系统内如果没有足够的容纳这些水量的容积（集水盘或集水箱），就会造成大量溢水浪费；当水泵重新启动时，首先需要一定的存水量，以湿润冷却塔干燥的填料表面和充满停机时流空的管道空间，否则会造成水泵缺水进气空蚀，不能稳定运行。

湿润冷却塔填料等部件所需水量应由冷却塔生产厂提供，逆流塔约为冷却塔标称循环水量的1.2%，横流塔约为1.5%。

8.6.8 集水箱位置。

在冷却塔下部设置集水箱作用如下：

1 冷却塔水靠重力流入集水箱，无补水、溢水不平衡问题；

2 可方便地增加系统间歇运行时所需存水容积，使冷却水循环泵能稳定工作；

3 为多台冷却塔统一补水、排污、加药等提供了方便操作的条件。

因此，必要时可紧贴冷却塔下部设置各台冷却塔共用的冷却水集水箱。

冬季使用的系统，为防止停止运行时冷却塔底部存水冻结，可在室内设置集水箱，节省冷却塔底部存水的电加热量，但在室内设置水箱存在占据室内面积、水箱和冷却塔的高差增加水泵电能等缺点。因此，是否设置集水箱应根据工程具体情况确定，且应尽量减少冷却塔和集水箱的高差。

8.6.9 冷水机组、冷却水泵、冷却塔或集水箱之间的位置和连接。

1 冷却水泵自灌吸水和高差应大于管道、管件、设备的阻力的规定，都是为防止水泵负压进水产生气蚀。

2 多台冷水机组和冷却水泵之间通过共用集管连接时，每台冷水机组设置电动阀（隔断阀）是为了保证运行的机组冷凝器水量恒定。

3 冷却塔的旋转式布水器靠出水的反作用力推动运转，因此需要足够的水量和约0.1MPa水压，才能够正常布水；喷射式冷却塔的喷嘴也要求约0.1MPa～0.2MPa的压力。当冷却水系统中一部分冷水机组和冷却水泵停机时，系统总循环水量减少，如果平均进入所有冷却塔，每台冷却塔进水量过少，会使布水器或喷嘴不能正常运转，影响散热；冷却塔一般远离冷却水泵，如采用手动阀门控制十分不便；因此，要求共用集管连接的系统应设置能够随冷却水泵频繁动作的自控隔断阀，在水泵停机时关断对应冷却塔的进水管，保证正在工作的冷却塔的进水量。

一般横流式冷却塔只要回水进入布水槽就可靠重力均匀下流，进水所需水压很小（≤0.05MPa），且常常以冷却塔的多单元组合成一台大塔，共用布水槽和集水盘，因此冷却塔没有水量控制的要求；但存在水泵运行台数减少时，因管网阻力减少使运行水泵流量增加超负荷的问题，因此也宜设置隔断阀。

为防止无用的补水和溢水或冷却塔底抽空，设置自控隔断阀的冷却塔出水管上也应对应设电动阀。即使各集水盘之间用管道联通，由于管道之间存在流动阻力，仍然存在上述问题；因此仅设置集水箱或冷却塔底部为共用集水盘（不包括各集水盘之间用管道联通）时除外。

8.6.10 冷却塔管路流量平衡。

冷却塔进出水管道设计时，应注意管道阻力平衡，以保证各台冷却塔的设计水量。在开式冷却塔之间设置平衡管或共用集水盘，是为了避免各台冷却塔补水和溢水不均衡造成浪费，同时这也是防止个别冷却塔抽空的措施之一。

8.6.11 冷却水补水量和补水点。

计算开式系统冷却水补水量是为了确定补水管管径、补水泵、补水箱等设施。开式系统冷却水损失量占系统循环水量的比例估算值：蒸发损失为每摄氏度水温降 0.16%；飘逸损失可按生产厂提供数据确定，无资料时可取 0.2%～0.3%；排污损失（包括泄漏损失）与补水水质、冷却水浓缩倍数的要求、飘逸损失量等因素有关，应经计算确定，一般可按 0.3% 估算。

8.7 蓄冷与蓄热

8.7.1 蓄冷（热）系统选择。

蓄冷、蓄热系统能够对电网起到"削峰填谷"的作用，对于电力系统来说，具有较好的节能效果，在设计中可以适当的推荐采用。本节主要介绍系统设计时的原则性要求，蓄冷空调系统的具体要求应符合《蓄冷空调工程技术规程》JGJ 158 的规定。

1 对于执行分时电价且峰谷电价差较大的地区来说，采用蓄冷、蓄热系统能够提高用户的经济效益，减少运行费用。

2 空调负荷的高峰与电力负荷的峰值时段比较接近时，如果采用蓄冷、蓄热系统，可以使得冷、热源设备的电气安装容量下降，在非峰值时段可以运行较多的设备进行蓄热蓄冷。

3 在空调负荷峰谷差悬殊的情况下，如果按照峰值设置冷、热源的容量并直接供应空调冷、热水，可能造成在一天甚至全年绝大部分时间段冷水机组都处于较低负荷运行的情况，既不利于节能，也使得设备的投入没有得到充分的利用。因此经济分析合理时，也宜采用蓄冷、蓄热系统。

4 当电力安装容量受到限制时，通过设置蓄冷、蓄热系统，可以使得在负荷高峰时段用冷、热源设备与蓄冷、蓄热系统联合运行的方式而达到要求的峰值负荷。

5 对于改造或扩建工程，由于需要的设备机房面积或者电力增容受到限制时，采用蓄冷（热）是一种有效提高峰值冷热供应需求的措施。

6 一般来说，采用常规的冷水温度（7℃/12℃）且空调机组合理的盘管配置（原则上最多在 10～12 排，排数过多的既不经济，也增加了对风机风压的要求）合理时，最低能达到的送风温度大约在 11℃～12℃。对于要求更低送风温度的空调系统，需要较低的冷水温度，因此宜采用冰蓄冷系统。

7 区域供冷系统，应采用较大的冷水供回水温差以节省输送能耗。由于冰蓄冷系统具有出水温度较低的特点，因此满足于大温差供回水的需求。

8 对于某些特定的建筑（例如数据中心等），城市电网的停电可能会对空调系统产生严重的影响时，需要设置应急的冷源（或热源），这时可采用蓄冷（热）系统作为应急的措施来实现。

8.7.2 蓄冷空调系统负荷计算和蓄冷方式选择。

1 对于一般的酒店、办公等建筑来说，典型设计蓄冷时段通常为一个典型设计日。对于全年非每天使用（或即使每天使用但使用人数并不总是满员的建筑，例如展览馆、博物馆以及具有季节性度假性质的酒店等），其满负荷使用的情况具有阶段性，这时应根据实际满员使用的阶段性周期作为典型设计蓄冷时段来进行。

由于蓄冷系统存在间歇运行的特点，空调系统不运行的时段内，建筑构件（主要包括楼板、内墙及家具）仍然有传热而形成了一定的蓄热量，这些蓄热量需要整个空调系统来带走。因此在计算整个空调蓄冷系统典型设计日的总冷量（kWh）时，除计算空调系统运行时段的冷负荷外，还应考虑上述蓄热量。蓄冷空调系统非运行时段的各建筑构件单位楼板面积、单位昼夜温差（由自然温升引起的）附加负荷可参考表 12。

2 对于用冷时间短，并且在用电高峰时段需冷量相对较大的系统，可采用全负荷蓄冷；一般工程建议采用部分负荷蓄冷。在设计蓄冷-释冷周期内采用部分负荷的蓄冷空调系统，应考虑其在负荷较小时能够以全负荷蓄冷方式运行。

表 12 蓄冷空调系统间歇运行附加冷负荷 [W/(m²·K)]

建筑构件	开空调后的小时数							
	1 小时	2 小时	3 小时	4 小时	5 小时	6 小时	7 小时	8 小时
楼板	13.61	10.31	8.13	6.43	5.09	4.05	3.23	2.59
内墙 ($a=0.2$)	1.17	0.71	0.50	0.35	0.25	0.18	0.13	0.10
内墙 ($a=0.4$)	2.33	1.43	0.99	0.70	0.50	0.36	0.26	0.20
内墙 ($a=0.6$)	3.50	2.14	1.49	1.05	0.75	0.54	0.40	0.29
内墙 ($a=0.8$)	4.67	2.85	1.99	1.40	1.00	0.72	0.53	0.39
家具 ($b=0.2$)	1.72	0.49	0.16	0.05	0.02	0.01		
家具 ($b=0.4$)	3.44	0.98	0.32	0.11	0.04	0.01		
家具 ($b=0.6$)	5.16	1.47	0.48	0.16	0.06	0.02	0.01	
家具 ($b=0.8$)	6.88	1.96	0.64	0.22	0.08	0.03	0.01	

注：1 此表适用于轻型外墙的情况；
    2 此表适用于楼板和内墙厚度在 10～15cm 之间的情况；
    3 表中 a 为内墙面积与楼板面积的比值，b 为家具面积与楼板面积的比值，根据建筑实际情况估算。

在有条件的情况下，还宜进行全年（供冷季）的逐时空调冷负荷计算或供热季节的全年负荷计算，这样才能更好地确定系统的全年运行策略。

在确定全年运行策略时，充分利用低谷电价，一方面能够节省运行费用，另一方面，也为城市电网"削峰填谷"取得较好效果。

8.7.3 冰蓄冷装置蓄冷和释冷特性要求。

1 冰蓄冷装置的蓄冷特性要求如下：

1) 在电网的低谷时间段内（通常为 7 小时~9 小时），完成全部设计冷量的蓄存。因此应能提供出的两个必要条件是：①确定制冷机在制冷工况下的最低运行温度（一般为 −4℃~−8℃）；②根据最低运行温度及保证制冷机安全运行的原则，确定载冷剂的浓度（体积浓度一般为 25%~30%）。

2) 结冰厚度与结冰速度应均匀。

2 冰蓄冷装置的释冷特性要求如下：

对于用户及设计单位来说，冰蓄冷装置的释冷特性是非常重要的，保持冷水温度恒定和确保逐时释冷量符合建筑空调的需求是空调系统运行的前提。所以，冰蓄冷装置的完整释冷特性曲线中，应能明确给出装置的逐时可释出的冷量（常用释冷速率来表示和计算）及其相应的溶液浓度。

对于释冷速率，通常有两种定义法：

1) 单位时间可释出的冷量与冰蓄冷装置的名义总蓄冷量的比值，以百分比表示（一般冰盘管式装置，均按此种方法给出）。

2) 某单位时间释出的冷量与该时刻冰蓄冷装置内实际蓄存的冷量的比值，以百分比表示（一般封装式装置，均按此种方法给出）。

全负荷蓄冰系统初投资最大，占地面积大，但运行费最节省。部分负荷蓄冰系统则既减少了装机容量，又有一定蓄能效果，相应减少了运行费用。附录 J 中所指一般空调系统运行周期为一天 24 小时，实际工程（如教堂），使用周期可能是一周或其他。

一般产品规格和工程说明书中，常用蓄冷量量纲为（RT·h）冷吨时，它与标准量纲的关系为：1RT·h＝3.517kWh。

8.7.4 基载机组配置条件。

基载冷负荷如果比较大或者基载负荷下的总冷量比较大时，为了满足制冰蓄冷运行时段的空调要求，并确保制冰蓄冷系统的正常运行，通常宜设置单独的基载机组。比较典型的建筑是酒店类建筑。

基载冷负荷如果不大，或者基载负荷下的总冷量不大，单独设置基载机组，可能导致系统复杂和投资增加，因此这种情况下，也可不设置基载冷水机组，而是根据系统供冷的要求设置单独的取冷水泵（在蓄冷的同时进行部分取冷）。需要注意的是：在这种情况下，同样应保证在蓄冷时段的蓄冷量满足 8.7.3 条的要求。

8.7.5 载冷剂选择及管路设计要求。

蓄冰系统中常用的载冷剂是乙烯乙二醇水溶液，其浓度愈大凝固点愈低（见表 13）。一般制冰出液温度为 −6℃~−7℃，蓄冰需要其蒸发温度为 −10℃~−11℃，故希望乙烯乙二醇水溶液的凝固温度在 −11℃~−14℃之间。所以常选用乙烯乙二醇水溶液体积浓度为 25% 左右。

表 13 乙烯乙二醇水溶液浓度与相应凝固点及沸点

乙二醇	质量(%)	0	5	10	15	20	25	30	35	40	45	50	55	60
	体积(%)	0	4.4	8.9	13.6	18.1	22.9	27.7	32.6	37.5	42.5	47.5	52.7	57.8
沸点(100.7kPa)(℃)		100	100.6	101.1	101.7	102.2	103.3	104.4	105.0	105.6				
凝固点(℃)		0	−1.4	−3.2	−5.4	−7.8	−10.7	−14.1	−17.9	−22.3	−27.5	−33.8	−41.1	−48.3

8.7.6 冰蓄冷系统的冷水供回水温度和温差要求。

采用蓄冰空调系统时，由于能够提供比较低的供水温度，应加大冷水供回水温差，节省冷水输送能耗。

从空调系统的末端情况来看，在末端一定的条件下，供回水温差的大小主要取决于供水温度的高低。在蓄冰空调系统中，由于系统形式、蓄冰装置等的不同，供水温度也会存在一定的区别，因此设计中要根据不同情况来确定。

当空调系统的冷水设计温差超过本条第 1、2 款的规定时，宜采用串联式蓄冰系统。

因此设计中要根据不同情况来确定空调冷水供水温度。除了本条文中提到的冰盘管外，目前还有其他一些蓄冷或取冷的方式，如：动态冰片滑落式、封装式以及共晶盐等，各种方式常用冷水温度范围可参考表 14（为了方便，表中也列出了采用水蓄冷时的供水温度）。

表 14 不同蓄冷介质和蓄冷取冷方式的空调冷水供水温度范围

蓄冷介质和蓄冷取冷方式	水	冰				
		动态冰片滑落式	冰盘管式		封装式（冰球或冰板）	共晶盐
			内融冰式	外融冰式		
空调供水温度(℃)	4~9	2~4	3~6	2~5	3~6	7~10

8.7.7 水蓄冷（热）系统设计。部分强制性条文。

1 为防止蒸发器内水的冻结，一般制冷机出水温度不宜低于 4℃，而且 4℃ 水相对密度最大，便于利用温度分层蓄存。适当加大供回水温差还可以减少蓄冷水池容量，通常可利用温差为 6℃~7℃，特殊情况利用温差可达 8℃~10℃。考虑到水力分层时需要一定的水池深度，提出相应要求。在确定深度时，还应考虑水池中冷热掺混热损失，条件允许应尽可能深。开式蓄热的水池，蓄热温度应低于 95℃，以免汽化。

2 采用板式换热器间接供冷，无论系统运行与否，整个管道系统都处于充水状态，管道使用寿命长，且无倒灌危险。当采用直接供冷方式时，管路设计一定要配合自动控制，防止水倒灌和管内出现真空（尤其对蓄热水系统）。当系统高度超过水池设计水面10m时，采用水池直接向末端设备供冷、热水会导致水泵扬程增加过多使输送能耗加大，因此这时应采用设置热交换器的闭式系统。

3 使用专用消防水池需要得到消防部门的认可。

4 热水不能用于消防，故禁止与消防水池合用。

8.8 区 域 供 冷

8.8.1 冷源选择。

能源的梯级利用是区域供冷系统中最合理的方式之一，应优先考虑。

8.8.2 空调冷水供回水温差。

由于区域供冷的管网距离长，水泵扬程高，因此加大供回水温差，可减少水流量，减少水泵的能耗。由于受到不同类型机组冷水供回水温差限制，不同供冷方式宜采用不同的冷水供回水温差。

经研究表明：在空调末端不变的情况下，冷水采用5℃/13℃和7℃/12℃的供回水温度，末端设备对空气的处理能力基本上相同。由于区域供冷系统中宜采用用户间接连接的接入方式，当一次水采用9℃温差时，供水温度要求在3℃～4℃，这样可以使得二次水的供水温度达到6℃～7℃，通常情况下能够满足用户的水温要求。

8.8.3 区域供冷站设计要求。

1 设计采用区域供冷方式时，应进行各建筑和区域的逐时冷负荷分析计算。制冷机组的总装机容量应按照整个区域的最大逐时冷负荷需求，并考虑各建筑或区域的同时使用系数后确定。这一点与建筑内确定冷水机组装机容量的理由是相同的，做出此规定的目的是防止装机容量过大。

2 由于区域供冷系统涉及的建筑或区域较大，一次建设全部完成和投入运行的情况不多。因此在站房设计中，需要考虑分期建设问题。通常是一些固定部分，如机房土建、管网等需要一次建设到位，但冷水机组、水泵等设备可以采用位置预留的方式。

3 对站房位置的要求与对建筑内部的制冷站位置的要求在原则上是一致的。主要目的是希望减少冷水输送距离，降低输送能耗。一般情况供冷半径不宜大于1500m。

4 区域供冷站房设备容量大、数量多，依靠传统的人工管理难以实现满足用户空调要求的同时，运行又节能的目标。因此这里强调了采用自动控制系统及能源管理优化系统的要求。

8.8.4 区域供冷管网设计要求。

1 各管段最大设计流量值的确定原则，与冷水机组的装机容量的确定原则是一致的。这样要求的目

的是为了降低管道尺寸、减少管道投资。在这一原则的基础上，必然要求整个管网系统按照变流量系统的要求来设计。

2 由于区域供冷系统规模大、存水量多、影响面大，因此从使用安全可靠的角度来看，区域供冷系统与各建筑的水系统一般采用间接连接的方式，这样可以消除由于局部出现问题而对整个系统共同影响。如果系统比较小，且膨胀水箱位置高于所有管道和末端（或者系统的定压装置可以满足要求）时，也可以采用空调冷水直供系统，这样可以减少由于换热器带来的温度损失和水泵扬程损失，对节能有一定的好处。

3 由于系统大、水泵的装机容量大，因此确定合理的管道流速并保证各环路之间的水力平衡，是区域供冷能否做到节能运行的关键环节之一，必须引起设计人员的高度重视。通常来说，管网内的水流速超过3m/s之后，会对管道和附件的使用寿命产生一定的影响；同时考虑到区域供冷系统中，最大流量出现的时间是非常短的，因此本条规定最大设计流速不宜超过2.9m/s。当然，这主要是针对较大的管径而言的，还需要管径和比摩阻的问题，综合确定。

4 由于管网比较长，会导致管道的传热损失增加，因此对管道的保温要求也做了整体性的性能规定。

5 为了提倡用户的行为节能，本条文规定了冷量计量的要求。

8.9 燃气冷热电三联供

8.9.1 使用原则。

本规范提到的燃气冷热电三联供是指适用于楼宇或小区级的分布式冷热电三联供系统，不包括城市级大型燃气冷热电三联供系统。系统配置形式与特点见下表。

表15 系统配置形式与特点

发电机	余热形式	中间热回收	余热利用设备	用 途
涡轮发电机	烟气	无	烟气双效吸收式制冷机 烟气补燃双效吸收式制冷机	空调、供暖、生活热水
内燃发电机	烟气 高温冷却水	无	烟气热水吸收式制冷机 烟气热水补燃吸收式制冷机	空调、供暖、生活热水
大型燃气轮机热电厂	烟气、蒸汽	余热锅炉 蒸汽轮机	蒸汽双效吸收式制冷机 烟气双效吸收式制冷机	空调、供暖、生活热水
微型燃气轮机	低温烟气	—	烟气双效吸收式制冷机 烟气单效吸收式制冷机	空调、供暖

8.9.2 设备配置及系统设计原则。

1 采用以冷、热负荷来确定发电容量（以热定电）的方式，对于整个建筑来说具有很好的经济效

益。这里提到的冷、热负荷不是指设计冷、热负荷，而应根据经济技术比较后，选取相对稳定的基础冷、热负荷。

2 采用本建筑用电优先的原则，是为了充分利用发电机组的能力。由于在此过程中能量得到了梯级利用，因此也具有较好的节能效益和经济效益。

8.9.3 余热利用设备和容量选择。

1 余热的利用可分为直接利用和间接利用两种。由于间接利用通常都需要设置中间换热器，存在能源品位的损失。因此推荐采用余热直接利用的方式。

2 为了使得在发电过程中产生的余热得到充分利用，规定了余热利用设备的最小制冷量要求。

8.10 制冷机房

8.10.1 制冷机房设计要求。

1 制冷机房的位置应根据工程项目的实际情况确定，尽可能设置在空调负荷的中心的目的有两个，一是避免输送管路长短不一，难以平衡而造成的供冷（热）质量不良；二是避免过长的输送管路而造成输送能耗过大。

2 大型机房内设备运行噪声较大，按照办公环境的要求设置值班室或控制室除了保护操作人员的健康外，也是机房自动化控制设备运行环境的需要。机房内的噪声不应影响附近房间使用。

3 根据其所选用的不同制冷剂，采用不同的检漏报警装置，并与机房内的通风系统连锁。测头应安装在制冷剂最易泄漏的部位。对于设置了事故通风的冷冻机房，在冷冻机房两个出口门外侧，宜设置紧急手动启动事故通风的按钮。

4 由于机房内设备的尺寸都比较大，因此需要在设计初始详细考虑大型设备的位置及运输通道，防止建筑结构完成后设备的就位困难。

5 制冷机组所携带的冷剂较多，当制冷机的安全爆破片破裂时，大量的制冷剂会迅速涌入机房内，由于制冷剂气体的相对密度一般都比空气大，很容易在机房下部人员活动区积聚，排挤空气，使工作人员受缺氧窒息的危害。因此美国《制冷系统安全设计标准》ANSI/ASHRAE-15 第 8.11.2.1 款要求，不论属于哪个安全分组的制冷剂，在制冷机房内均需设置与安装和所使用制冷剂相对应的泄漏检测传感器和报警装置。尤其是地下机房，危险性更大。所以制冷剂安全阀泄压管一定要求接至室外安全处。

8.10.2 机房设备布置要求。

按当前常用机型作了机房布置最小间距的规定。在设计布置时还应尽量紧凑、宽窄适当而不应浪费面积。根据实践经验、设计图面上因重叠的管道摊平绘制，管道甚多，看似机房很挤，完工后却太宽松，因此，设计时不应超出本条规定的间距过多。

随着设备清洁技术的提高，一些在线清洁方式（如 8.6.4 条第 3 款）也开始使用。当冷水或冷却水系统采用在线清洁装置时，可以不考虑本条第 3 款的规定。

8.10.3 氨制冷机房设计要求。部分强制性条文。

尽管氨制冷在目前具有一定的节能减排的应用前景，但由于氨本身的易燃易爆特点，对于民用建筑，在使用氨制冷时需要非常重视安全问题。氨溶液溶于水时，氨与水的比例不高于每 1kg 氨/17L 水。

8.10.4 直燃吸收机组机房设计要求。

本条主要是针对直燃吸收式机组机房的安全要求提出的。直燃吸收式机组通常采用燃气或燃油为燃料，这两种燃料的使用都涉及防火、防爆、泄爆、安全疏散等安全问题；对于燃气机组的机房还有燃气泄漏报警、紧急切断燃气供应的安全措施。相关规范包括《城镇燃气设计规范》GB 50028、《建筑设计防火规范》GB 50016、《高层民用建筑设计防火规范》GB 50045 等。

直燃机组的烟道设计也是一个重要的内容之一。设计时应符合机组的相关设计参数要求，并按照锅炉房烟道设计的相关要求来进行。

8.11 锅炉房及换热机房

8.11.1 换热机房设置及计量。

通过换热器间接供热的优点在于：①使区域热源系统独立于末端空调系统，利于其运营管理、不受末端空调系统运行状态干扰；②利于区域冷热源管网系统的水力平衡与水力稳定；③降低运行成本，如：系统补水量可以显著下降，即节约了水费也减少了水处理费用；④提高了系统的安全性与可靠性，因为末端系统的内部故障不影响区域系统的正常运行。

本条同时提出了关于锅炉房和换热机房应设置计量表具的要求。锅炉房、换热机房应设供热量、燃料消耗量、补水量、耗电量的计量表具，有条件时，循环水泵电量宜单独计量。

8.11.2 换热器选择要求。

1 对于"寸土寸金"的商业楼宇必须强调高效、紧凑，减少换热装置的占地面积。换热介质理化特性对换热器类型、构造、材质的确定至关重要，例如，高参数汽/水换热就不适合采用板式换热器，因为胶垫寿命短，二次费用高。地表水水源热泵系统的低温热源水往往 Cl^- 含量较高，而不锈钢对 Cl^- 敏感，此时换热器材质就不宜采用不锈钢。又如，当换热介质含有较大粒径杂质时，就应选择高通过性的流道形式与尺寸。

2 采用低温热源的热泵空调系统，只有小温差取热才能使热泵机组有相对较高的性能系数，选型数据分析表明，蒸发温度范围 3℃～10℃时，平均 1℃变化对性能系数的影响达 3%～5%。

尽管理论上所有类型换热器均能实现低温差换

热，但若采用壳管类换热器必然体积庞大，所以此种情况下应尽量考虑采用结构紧凑且易于实现小温差换热的板式换热器；设计师不能单从初投资的角度考虑换热器选型，而应兼顾运行管理成本及其对系统能效的影响。

8.11.3 换热器配置要求。

1 设计选型经验表明，几乎不会出现一个换热系统需要四台换热器的情况，所以规定了最多台数。过多的台数会增加初投资与运行成本，并对水系统的水力工况稳定带来不利影响。尽管换热器不大容易出故障，但并非万无一失，同时考虑到日常管理，所以规定了最少台数要求。

2 由于换热器实际工况条件与其选型工况有所偏离，如水质不佳造成实际污垢热阻大于换热器选型采用的污垢热阻；热泵系统水源水温度变化等都可能造成实际换热能力不足，所以应考虑安全余量。考虑到换热器实际工况与选型工况的偏离程度与系统类型有关，故给出了不同系统类型的换热器选型热负荷安全附加建议。其中对空调供冷，由于工况偏离程度往往较小，加之小温差换热时换热器投资高，故安全附加建议值较低。而对于水源热泵机组，因水质与水温往往具有不确定性，一旦换热能力不足还会影响热泵机组的正常运行，所以建议的安全附加值高些。当换热器的换热能力相对过盈时，有利于提升空调系统能效，特别是对从品位较低的热源取热的水源热泵系统更明显，尽管这会增加一些投资，但回收期通常不会多于 5 年～6 年。

几大主要国外（或合资）品牌板式换热器选型计算的污垢热阻取值均参考美国 TEMP 标准，见下表。由于我国的许多实际工程的冷却水质与美国标准并不一致，如果直接采用，实际上会使得机组的性能无法达到要求，设计人员在具体工程中，应该充分注意此点。

表 16　美国 TEMP 规定的不同水质污垢热阻
$[\,(m^2 \cdot K)\,/kW\,]$

水质分类	软水或蒸馏水	城市用软水	大洋的海水	处理过的冷却水	城市用硬水、沿海海水或港湾水、河水或运河水
数值	0.009	0.017	0.026	0.034	0.043

由于迄今我们对诸如海水、中水以及城市污水等在换热表面产生的"软垢"的污垢热阻尚缺乏研究，此处建议取为 $0.129(m^2 \cdot K)/kW$，此数值等于国家标准规定的开式冷却水系统污垢热阻 $0.086(m^2 \cdot K)/kW$ 的 1.5 倍，当然也有学者建议取教科书中河水污垢热阻 $0.6(m^2 \cdot K)/kW$。

3 不同物业对热供应保障程度的要求不一，如：高档酒店，管理集团往往要求任何情况下热供应 100%保障。而高保障，意味着高投资，所以强调与物业管理方沟通，确定合理的保障量。《锅炉房设计规范》GB 50041 - 2008 第 10.2.1 条规定：当其中一台停止运行时，其余换热器的容量宜满足 75%总计算热负荷的需求。该规范同时考虑了生产用热的保障性问题。对于民用建筑而言，计算分析表明：冷热供应量连续 5 小时低于设计冷热负荷的 40%时，造成的室温下降，对于供暖：≤2℃；所以对于供冷：≤3℃。但考虑到严寒和寒冷地区当供暖严重不足时有可能导致人员的身体健康受到影响或者室内出现冻结的情况，因此依据气象条件分别规定了不同的保证率。以室外温度达到冬季设计温度、室内供暖设计温度18℃计算：在北京，如果保证 65%的供热量，室内的平均温度约为 8℃～9℃；在哈尔滨，如果保证 70%的供热量，则室内平均温度为 6℃左右。

对于供冷系统来说，由于供冷通常不涉及到安全性的问题（工艺特定要求除外），因此不用按照本条第 3 款的要求执行。对于供热来说，按照本条第 3 款选择计算出的换热器的单台能力如果大于按照第 2 款计算值的要求，表明换热器已经具备了一定的余额，因此就不用再乘附加系数。

8.11.4 换热器污垢清洗。

1 保证换热器清洁对提高系统能效作用明显。对于一、二次侧介质均为清水的换热器，常规的水处理与运行管理能保证换热器较长时间的高效运行。但是对水源水质不佳的热泵机组并非如此，如城市污水处理厂二级水。

2 以各类地表水为水源的水源热泵机组，常规的水处理与运行管理很难保证换热器较长时间的高效运行，或虽能实现，但代价极大，其主要原因是非循环水系统，水量大，水质差。而对水进行的化学处理，还存在"污染"水源水的风险。

3 实践表明，各类在线运行或非在线运行的免拆卸清洗系统，能保证水质"恶劣"时换热器较长时间的高效运行，此类清洗装置包括：用于壳管式换热器的胶球和毛刷清洗系统，能在不中断换热器运行情况下，实现对换热表面的连续清洁；用于板式换热器的免拆卸清洗系统，无需拆卸换热器，只需很少时间，就能实现换热器清洗。

8.11.5 非清水换热介质的换热器要求。

非清水介质主要指：城市污水及江河湖海等地表水。此类水源不可避免地会在换热器表面形成"软垢"，而且"软垢"还可能具有生物活性，因此需要定期打开清洗。为便于换热器清洗并降低清洗操作对站房环境的影响，要求将换热器设在独立房间内。

由于清洁工作相对频繁，给排水清洗设施的设置是为了系统清洁的方便；通风措施的设置主要为了保证室内的空气环境。

8.11.6 汽水换热器蒸汽凝结水回收利用。

蒸汽凝结水仍然具有较高的温度和应用价值。在一些地区（尤其是建设有区域蒸汽管网），由于凝结水回收的系统较大，一些工程常常将凝结水直接放掉，这一方面浪费了宝贵的高品质水资源（软化水），另一方面也浪费了热量，并且将凝结水直接排到下水道还存在其他方面的问题。因此本条文提出了回收利用的规定。

回收利用有两层含义：①回到锅炉房的凝结水箱；②作为某些系统（例如生活热水系统）的预热在换热机房就地换热后再回到锅炉房。后者不但可以降低凝结水的温度，而且充分利用了热量。

8.11.7 锅炉房设置其他要求。

本规范有关锅炉房的设计规定仅适用于设在单体建筑内的非燃煤整装式锅炉。因此必须指出的是：本规范关于锅炉房的规定仅涉及锅炉类型的选择、容量配置等关于热源方案的要求，而有关锅炉房具体设计要求必须符合相关规范和政府主管部门的管理要求。

8.11.8 锅炉房及单台锅炉的设计容量与锅炉台数要求。

1 这里提出的综合最大热负荷与《锅炉房设计规范》GB 50041-2008第3.0.7条的概念相似，综合最大热负荷确定时应考虑各种性质的负荷峰值所出现的时间，或考虑同时使用系数。强调以其作为确定锅炉房容量的热负荷，是因为设计实践中往往将围护结构热负荷、新风热负荷与生活热负荷的最大值之和作为确定锅炉房容量的热负荷，与综合最大热负荷相比通常会高20％～40％，造成锅炉房容量过大，既加大了投资又可能增加运行能耗。

2 供暖及空调热负荷计算中，通常不计入灯光设备等得热，而将其作为热负荷的安全余量。但灯光设备等得热远大于管道热损失，所以确定锅炉房容量时无需计入管道热损失。

3 锅炉低负荷运行时，热效率会有所下降，如果能使锅炉的额定容量与长期运行的实际负荷输出接近，会得到较高的季节热效率。作为综合建筑的热源往往会长时间在很低的负荷率下运行，由此基于长期热效率原则确定单台锅炉容量很重要，不能简单的等容量选型。但保证长期热效率的前提下，又以等容量选型最佳，因为这样投资节约、系统简洁、互备性好。

4 关于一台锅炉故障时剩余供热量的规定，理由同8.11.3条第2款的说明。

8.11.9 锅炉介质要求。

与蒸汽相比热水作为供热介质的优点早已被实践证明，所以强调尽量以水为锅炉供热介质的理念。但当蒸汽热负荷比例大，而总热负荷又不很大时，分设蒸汽供热与热水供热系统，往往系统复杂，投资偏高，锅炉选型困难，而且节能效果有限，所以此时统一供热介质，技术经济上往往更合理。

8.11.10 锅炉额定热效率要求。

1 条文中的锅炉热效率为燃料低位发热量热效率。

2 20世纪70年代以来，西欧和美国等相继研制了冷凝式锅炉，即在传统锅炉的基础上加设冷凝式热交换受热面，将排烟温度降到40℃～50℃，使烟气中的水蒸气冷凝下来并释放潜热，可以使热效率提高到100％以上（以低位发热量计算），通常比非冷凝式锅炉的热效率至少提高10％～12％。燃料为天然气时，烟气的露点温度一般在55℃左右，所以当系统回水温度低于50℃，采用冷凝式锅炉可实现节能。

8.11.11 真空热水锅炉使用要求。

真空热水锅炉近年来应用的越来越广泛，而且因其极佳的安全性、承压供热的特点非常适合作为建筑物热源。真空热水锅炉的主要优点为：负压运行无爆炸危险；由于热容量小，升温时间短，所以启停热损失较低，实际热效率高；本体换热，既实现了供热系统的承压运行，又避免了换热器散热损失与水泵功耗；与"锅炉＋换热器"的间接供热系统相比，投资与占地面积均有较大节省；闭式运行，锅炉本体寿命长。

强调最高用热温度≤85℃，是因为真空锅炉安全稳定的最高供热温度为85℃。

8.11.12 变流量系统控制。

对于变流量系统，采用变速调节，能够更多的节省输送能耗，水泵变频调速技术是目前比较成熟可靠的节能方式，容易实现且节能潜力大，调速水泵的性能曲线宜为陡降型。

8.11.13 供热系统耗电输热比。

公式（8.11.13）根据《严寒和寒冷地区居住建筑节能设计标准》JGJ 26-2010第5.2.16条的计算公式 $EHR = \dfrac{N}{Q \cdot \eta} \leqslant \dfrac{A \times (20.4 + \alpha \cdot \sum L)}{\Delta t}$ 整理得出。式中，电机和传动部分效率取平均值 $\eta = 0.88$；水泵在设计工况点的轴功率为 $N = 0.002725 G \cdot H / \eta_b$；计算系数 A 和 B 的意义见本规范第8.5.12条条文说明。

循环水泵的耗电输热比的计算方法考虑到了不同管道长度、不同供回水温差因素对系统阻力的影响，计算出的 EHR 限值也不同，即同样系统的评价标准一致。

8.11.14 锅炉房及换热机房供热量控制。强制性条文。

本条文对锅炉房及换热机房的节能控制提出了明确的要求。供热量控制装置的主要目的是对供热系统进行总体调节，使供水水温或流量等参数在保持室内温度的前提下，随室外空气温度的变化随时进行调整，始终保持锅炉房或换热机房的供热量与建筑物的需热量基本一致，实现按需供热；达到最佳的运行效率和最稳定的供热质量。

气候补偿器是供暖热源常用的供热量控制装置，设置气候补偿器后，还可以通过在时间控制器上设定不同时间段的不同室温，节省供热量；合理地匹配供水流量和供水温度，节省水泵电耗，保证散热器恒温阀等调节设备正常工作；还能够控制一次水回水温度，防止回水温度过低减少锅炉寿命。

由于不同企业生产的气候补偿器的功能和控制方法不完全相同，但必须具有能根据室外空气温度变化自动改变用户侧供（回）水温度、对热媒进行质调节的基本功能。

9 检测与监控

9.1 一般规定

9.1.1 应设置检测与监控的内容及条件。

1 关于检测与监控的内容。

参数检测：包括参数的就地检测及遥测两类。就地参数检测是现场运行人员管理运行设备或系统的依据；参数的遥测是监控或就地控制系统制定监控或控制策略的依据；

参数和设备状态显示：通过集中监控主机系统的显示或打印单元以及就地控制系统的光、声响等器件显示某一参数是否达到规定值或超差；或显示某一设备运行状态；

自动调节：使某些运行参数自动地保持规定值或按预定的规律变动；

自动控制：使系统中的设备及元件按规定的程序启停；

工况自动转换：指在多工况运行的系统中，根据节能及参数运行要求实时从某一运行工况转到另一运行工况；

设备连锁：使相关设备按某一指定程序顺序启停；

自动保护：指设备运行状况异常或某些参数超过允许值时，发出报警信号或使系统中某些设备及元件自动停止工作；

能量计量：包括计量系统的冷热量、水流量、能源消耗量及其累计值等，它是实现系统以优化方式运行，更好地进行能量管理的重要条件；

中央监控与管理：是指以微型计算机为基础的中央监控与管理系统，是在满足使用要求的前提下，按既考虑局部，更着重总体的节能原则，使各类设备在耗能低效率高状态下运行。中央监控与管理系统是一个包括管理功能、监视功能和实现总体运行优化的多功能系统。

检测与监控系统可采用就地仪表手动控制、就地仪表自动控制和计算机远程控制等多种方式。设计时究竟采用哪些检测与监控内容和方式，应根据系统节能目标、建筑物的功能和标准、系统的类型、运行时间和工艺对管理的要求等因素，经技术经济比较确定。

2 本规范所涉及的集中监控系统主要指集散型控制系统及全分散控制系统等。

所谓集散型控制系统是一种基于计算机的分布式控制系统，其特征是"集中管理，分散控制"。即以分布在现场所控设备或系统附近的多台计算机控制器（又称下位机）完成对设备或系统的实时检测、保护和控制任务，克服了计算机集中控制带来的危险性高度集中和常规仪表控制功能单一的局限性；由于采用了安装于中央监控室的具有通信、显示、打印及其丰富的管理软件的计算机系统，实行集中优化管理与控制，避免了常规仪表控制分散所造成的人机联系困难及无法统一管理的缺点。全分散控制系统是系统的末端，例如包括传感器、执行器等部件具有通信及智能功能，真正实现了点到点的连接，比集散型控制系统控制的灵活性更大，就中央主机部分设置、功能而言，全分散控制系统与集散型控制系统所要求的是完全相同的。

采用集中监控系统具有以下优势：

1） 由于集中监控系统管理具有统一监控与管理功能的中央主机及其功能性强的管理软件，因而可减少运行维护工作量，提高管理水平；

2） 由于集中监控系统能方便地实现下位机间或点到点通信连接，因而对于规模大、设备多、距离远的系统比常规控制更容易实现工况转换和调节；

3） 由于集中监控系统所关心的不仅是设备的正常运行和维护，更着重于总体的运行状况和效率，因而更有利于合理利用能量实现系统的节能运行；

4） 由于集中监控系统具有管理软件并实现与现场设备的通信，因而系统之间的连锁保护控制更便于实现，有利于防止事故，保证设备和系统运行安全可靠。

3 对于不适合采用集中监控系统的小型供暖、通风和空调系统，采用就地控制系统具有以下优势：

1） 工艺或使用条件有一定要求的供暖、通风和空调系统，采用手动控制尽管可以满足运行要求，但维护管理困难，而采用就地控制不仅可提高了运行质量，也给维护管理带来了很大方便，因此本条文规定应设就地控制；

2） 防止事故保证安全的自动控制，主要是指系统和设备的各类保护控制，如通风和空调系统中电加热器与通风机的连锁和无风断电保护等；

3）采用就地控制系统能根据室内外条件实时投入节能控制方式，因而有利于节能。

9.1.2 参数检测及仪表的设置原则。

参数检测的目的，是随时向操作人员提供设备和系统的运行状况和室内控制参数的情况以便进行必要的操作。反映设备和管道系统的安全和经济运行即节能的参数，应设置仪表进行检测。用于设备和系统主要性能计算和经济分析所需要的参数，有条件时也要设置仪表进行检测。

采用就地还是遥测仪表，应根据监控系统的内容和范围确定，宜综合考虑精简配置，减少不必要的重复设置。就地式仪表应设在便于观察的位置；若集中监控或就地控制系统基于实现监控目的所设置的遥测仪表具有就地显示环节且该测量值不参与就地控制时，则可不必再设就地检测仪表。

9.1.3 就地手动控制装置的设置。

为使动力设备安全运行及便于维修，采用集中监控系统时，应在动力设备附近的动力柜上设置就地手动控制装置及远程/就地转换开关，并要求能监视远程/就地转换开关状态。为保障检修人员安全，在开关状态为就地手动控制时，不能进行设备的远程启停控制。

9.1.4 连锁、联动等保护措施的设置。

1 采用集中监控系统时，设备联动、连锁等保护措施应直接通过监控系统的下位机的控制程序或点到点的连接实现，尤其联动、连锁分布在不同控制区域时优越性更大。

2 采用就地控制系统时，设备联动、连锁等保护措施应为就地控制系统的一部分或分开设置成两个独立的系统。

3 对于不采用集中监控与就地控制的系统，出于安全目的时，联动、连锁应独立设置。

9.1.5 锅炉房、换热机房和制冷机房应计量的项目。部分强制性条文。

一次能源/资源的消耗量均应计量。此外，在冷、热源进行耗电量计量有助于分析能耗构成，寻找节能途径，选择和采取节能措施。循环水泵耗电量不仅是冷热源系统能耗的一部分，而且也反映出输送系统的用能效率，对于额定功率较大的设备宜单独设置电计量。

9.1.6 中央级监控管理系统的设置要求。

指出了中央级监控管理系统应具有的基本操作功能。包括监视功能、显示功能、操作功能、控制功能、数据管理辅助功能、安全保障管理功能等。它是由监控系统的软件包实现的，各厂家的软件包虽然各有特点，但是软件包功能类似。实际工程中，由于没有按照条文中的要求去做，致使所安装的集中监控系统管理不善的例子屡见不鲜。例如，不设立安全机制，任何人都可进入修改程序的级别，就会造成系统

运行故障；不定期统计系统的能量消耗并加以改进，就达不到节能的目标；不记录系统运行参数并保存，就缺少改进系统运行性能的依据等。

随着智能建筑技术的发展，主要以管理暖通空调系统为主的集中监控系统只是大厦弱电子系统之一。为了实现大厦各弱电子系统数据共享，就要求各子系统间（例如消防子系统、安全防范子系统等）有统一的通信平台，因而应考虑预留与统一的通信平台相连接的接口。

9.1.7 防排烟系统的检测与监控。

制定本条是为了暖通空调设计能够符合防火规范以及向消防监控设计提出正确的监控要求，使系统能正常运行。相关规范包括《建筑设计防火规范》GB 50016、《高层民用建筑设计防火规范》GB 50045。

与防排烟合用的空调通风系统（例如送风机兼作排烟补风机用，利用平时风道作为排烟风道时阀门的转换，火灾时气体灭火房间通风管道的隔绝等），平时风机运行一般由楼宇自控监控，火灾时设备、风阀等应立即转入火灾控制状态，由消防控制室监控。

要求风道上防火阀带位置反馈可用来监视防火阀工作状态，防止防火阀平时运行的非正常关闭及了解火灾时的阀位情况，以便及时准确地复位，以免影响空调通风系统的正常工作。通风系统干管上的防火阀如处于关闭状态，对通风系统影响较大且不易判断部位，因此宜监控防火阀的工作状态；当支管上的防火阀只影响个别房间时，例如宾馆客房的竖井排风或新风管道，垂直立管与水平支管交接处的防火阀只影响一个房间，是否设防火阀工作状态监视，则不作强行规定。防火阀工作状态首先在消防控制室显示，如有必要也可在楼宇中控室显示。

9.1.8 有特殊要求场所或系统的监控要求。

例如，锅炉房的检测与监控应遵守《锅炉房设计规范》GB 50041 的规定，医院洁净手术部空调系统的监控应遵守《医院洁净手术部建筑技术规范》GB 50333 的规定。

9.2 传感器和执行器

9.2.1 选择传感器的基本条件。

9.2.2 温度、湿度传感器设置的条件。

9.2.3 压力（压差）传感器设置的条件。

本条中第 2 款，当不处于同一标高时需对测量数值进行高度修正。

9.2.4 流量传感器设置的条件。

本条第 2 款中考虑到弯管流量计等不同要求，增加了"或其他安装条件"。推荐选用低阻产品，有利于水系统输送节能。

9.2.5 自动调节阀的选择。

1 为了调节系统正常工作，保证在负荷全部变化范围内的调节质量和稳定性，提高设备的利用率和

经济性，正确选择调节阀的特性十分重要。

调节阀的选择原则，应以调节阀的工作流量特性即调节阀的放大系数来补偿对象放大系数的变化，以保证系统总开环放大系数不变，进而使系统达到较好的控制效果。但实际上由于影响对象特性的因素很多，用分析法难以求解，多数是通过经验法粗定，并以此来选用不同特性的调节阀。

此外，在系统中由于配管阻力的存在，阀权度 S 值的不同，调节阀的工作流量特性并不同于理想的流量特性。如理想线性流量特性，当 $S < 0.3$ 时，工作流量特性近似为快开特性，等百分比特性也畸变为接近线性特性，可调比显著减小，因此通常是不希望 $S < 0.3$ 的。而 S 值过高则可能导致通过阀门的水流速过高和/或水泵输送能耗增大，不利于设备安全和运行节能，因此管路设计时选取的 S 值一般不大于 0.7。

2 关于水路两通阀流量特性的选择，由试验可知，空气加热器和空气冷却器的放大系数是随流量的增大而变小，而等百分比特性阀门的放大系数是随开度的加大而增大，同时由于水系统管道压力损失往往较大，$S < 0.6$ 的情况居多，因而选用等百分比特性阀门具有较强的适应性。

关于三通阀的选择，总的原则是要求通过三通阀的总流量保持不变，抛物线特性的三通阀当 $S = 0.3$ ~ 0.5 时，其总流量变化较小，在设计上一般常使三通阀的压力损失与热交换器和管道的总压力损失相同，即 $S = 0.5$，此时无论从总流量变化角度，还是从三通阀的工作流量特性补偿热交换器的静态特性考虑，均以抛物线特性的三通阀为宜，当系统压力损失较小，通过三通阀的压力损失较大时，亦可选用线性三通阀。

关于蒸汽两通阀的选择，如果蒸汽加热中的蒸汽作自由冷凝，那么加热器每小时所放出的热量等于蒸汽冷凝潜热和进入加热器蒸汽量的乘积。当通过加热器的空气量一定时，经推导可以证明，蒸汽加热器的静态特性是一条直线，但实际上蒸汽在加热器中不能实现自由冷凝，一部分蒸汽冷凝后再冷却使加热器的实际特性有微量的弯曲，但这种弯曲可以忽略不计。从对象特性考虑可以选用线性调节阀，但根据配管状态当 $S < 0.6$ 时工作流量特性发生畸变，此时宜选用等百分比特性的阀。

3 调节阀的口径应根据使用对象要求的流通能力来定。口径选用过大或过小会导致满足不了调节质量或不经济。

9.2.6 三通阀和两通阀的应用。

由于三通混合阀和分流阀的内部结构不同，为了使流体沿流动方向使阀芯处于流开状态，阀的运行稳定，两者不能互为代用。但对于公称直径小于 80mm 的阀，由于不平衡力小，混合阀亦可用作分流。如果

配套执行器能够提供上下双向驱动力，其他口径的混合阀亦可用作分流。

双座阀不易保证上下两阀芯同时关闭，因而泄漏量大。尤其用在高温场合，阀芯和阀座两种材料的膨胀系数不同，泄漏会更大。故规定蒸汽的流量控制用单座阀。

9.2.7 水路切换应选用通断阀。

在关断状态下，通断阀比调节阀的泄漏量小，更有利于设备运行安全和节能。

9.3 供暖通风系统的检测与监控

9.3.1 供暖系统的参数检测点。

本条给出了供暖系统应设置的参数检测点，为最低要求。设计时应根据系统设置加以确定。

9.3.3 通风系统的参数检测点。

本条给出了应设置的通风系统检测点，为最低要求。设计时应根据系统设置加以确定。

9.3.4 事故通风的通风机电器开关的设置。

本规范 6.3.9 第 2 款强制性规定，事故排风系统（包括兼做事故排风用的基本排风系统）的通风机，其手动开关位置应设在室内、外便于操作的地点，以便一旦发生紧急事故时，使其立即投入运行。

本规定要求通风机与事故探测器进行连锁，一旦发生紧急事故可自动进行通风机开启，同时在工作地点发出警示和风机状态显示。

9.3.5 通风系统的控制设置。

9.4 空调系统的检测与监控

9.4.1 空调系统检测点。

本条给出了应设置的空调系统检测点，为最低要求。设计时应根据系统设置加以确定。

9.4.2 多工况运行方式。

多工况运行方式是指在不同的工况时，其调节系统（调节对象和执行机构等）的组成是变化的。以适应室内外热湿条件变化大的特点，达到节能的目的。工况的划分也要因系统的组成及处理方式的不同来改变，但总的原则是节能，尽量避免空气处理过程中的冷热抵消，充分利用新风和回风，缩短制冷机、加热器及加湿器的运行时间等，并根据各工况在一年中运行的累计小时数简化设计，以减少投资。多工况同常规系统运行区别，在于不仅要进行参数的控制，还要进行工况的转换。多工况的控制、转换可采用就地的逻辑控制系统或集中监控系统等方式实现，工况少时可采用手动转换实现。

利用执行机构的极限位置，空气参数的超限信号以及分程控制方式等自动转换方式，在运行多工况控制及转换程序时交替使用，可达到实时转换的目的。

9.4.3 优先控制和分程控制。

水冷式空气冷却器采用室内温度、湿度的高

（低）值选择器控制冷水量，在国外是较常用的控制方案，国内也有工程采用。

所谓高（低）值选择控制，就是在水冷式空气冷却器工作的季节，根据室内温、湿度的超差情况，将温度、湿度调节器的输出信号分别输入到信号选择器内进行比较，选择器将根据比较后的高（低）值信号（只接受偏差大的为高值或只接受偏差小的为低值），自动控制调节阀改变进入水冷式空气冷却器的冷水量。

高（低）值选择器在以最不利的参数为基准，采用较大水量调节的时候，对另一个超差较小的参数，就会出现不是过冷就是过于干燥，也就是说如果冷水量是以温度为基准进行调节的，对于相对湿度调节来讲必然是调节过量，即相对湿度比给定值小；如果冷水量是以相对湿度为基准进行调节的，则温度就会出现比给定值低，要保证温湿度参数都满足要求，还需要对加热器或加湿器进行分程控制。

所谓对加热器或加湿器进行分程控制，以电动温湿度调节器为例，就是将其输出信号分为 $0\sim5mA$ 和 $6mA\sim10mA$ 两段，当采用高值选择时，其中 $6mA\sim10mA$ 的信号控制空气冷却器的冷水量，而 $0\sim5mA$ 一段信号去控制加热器和加湿器阀门，也就是说用一个调节器通过对两个执行器的零位调整进行分段控制，即温度调节器既可控制空气冷却器的阀门也可控制加热器的阀门，湿度调节器既可控制冷却器的阀门也可控制加湿器的阀门。

这里选择控制和分程控制是同时进行的，互为补充的，如果只进行高（低）值选择而不进行分程控制，其结果必然出现一个参数满足要求，另一个参数存在偏差。

9.4.4 全空气空调系统的控制。

1 根据设计原理，空调房间室温的控制应由送风温度和送风量的控制和调节来实现。定风量系统通过控制送风温度、变风量系统主要通过送风量的调节来保证。送风温度调节的通常手段是空气冷却器/加热器的水阀调节，对于二次回风系统和一次回风系统在过渡期也可通过调节新风和回风的比例来控制送风温度。变风量采用风机变速是最节能的方式。尽管风机变速的做法投资有一定增加，但对于采用变风量系统的工程而言，这点投资应该是有保证的，其节能所带来的效益能够较快地回收投资。

2 送风温度是空调系统中重要的设计参数，应采取必要措施保证其达到目标，有条件时进行优化调节。控制室温是空调系统需要实现的目标，根据室温实测值与目标值的偏差对送风温度设定值不断进行修正，对于调节对象纯滞后大、时间常数大或热、湿扰量大的场合更有利于控制系统反应快速、效果稳定。

4 当空调系统采用加湿处理时，也应进行加湿量控制。空调房间热湿负荷变化较小时，用恒定机器

露点温度的方法可以使室内相对湿度稳定在某一范围内，如室内热湿负荷稳定，可达到相当高的控制精度。但对于室内热湿负荷或相对湿度变化大的场合，宜采用不恒定机器露点温度或不达到机器露点温度的方式，即用直接装在室内工作区、回风口或总回风管中的湿度敏感元件来测量和调节系统中的相应的执行调节机构达到控制室内相对湿度的目的。系统在运行中不恒定机器露点温度或不达到机器露点温度的程度是随室内热湿负荷的变化而变化的，对室内相对湿度是直接控制的，因此，室内散湿量变化较大时，其控制精度较高。然而对于多区系统这一方法仍不能满足各房间的不同条件，因此，在具体设计中应根据不同的实际要求，确定是否应按各房间的不同要求单独控制。

5 在条件合适的地区应充分利用全空气空调系统的优势，尽可能利用室外自然冷源，最大限度地利用新风降温，提高室内空气品质和人员的舒适度，降低能耗。利用新风免费供冷（增大新风比）工况的判别方法可采用固定温度法、温差法、固定焓法、电子焓法、焓差法等，根据建筑的气候分区进行选取，具体可参考 ASHRAE 标准 90.1。从理论分析，采用焓差法的节能性最好，然而该方法需要同时检测温度和湿度，且湿度传感器误差大、故障率高，需要经常维护，数年来在国内、外的实施效果不够理想。而固定温度和温差法，在工程中实施最为简单方便。因此，对变新风比控制方法不做限定。

9.4.5 新风机组的控制。

应根据空调系统的设计需要进行控制。新风机组根据设计工况下承担室内湿负荷的多少，有不同的送风温度设计值：①一般情况下，配合风机盘管等空调房间内末端设备使用的新风系统，新风不负担室内主要冷热负荷时，各房间的室温控制主要由风机盘管满足，新风机组控制送风温度恒定即可。②当新风负担房间主要或全部冷负荷时，机组送风温度设定值应根据室内温度进行调节。③当新风负担室内潜热冷负荷即湿负荷时，送风温度应根据室内湿度设计值进行确定。

9.4.6 风机盘管的控制。

风机盘管的自动控制方式主要有两种：①带风机三速选择开关、可冬夏转换的室温控制器连动水路两通电动阀的自动控制配置；②带风机三速选择开关、可冬夏转换的室温控制器连动风机开停的自动控制配置。第一种方式，能够实现整个水系统的变水量调节。第二种方式，采用风机开停对室内温度进行控制，对于提高房间的舒适度和实现节能是不完善的，也不利于水系统运行的稳定性。因此从节能、水系统稳定性和舒适度出发，应按 8.5.6 条的要求采用第一种配置。采用常闭式水阀更有利于水系统的运行节能。

9.4.7 新风机组或空调机组的防冻保护控制。

位于冬季有冻结可能地区的新风机组或空调机组，应防止因某种原因热水盘管或其局部水流断流而造成冰冻的可能。通常的做法是在机组盘管的背风侧加设感温测头（通常为毛细管或其他类型测头），当其检测到盘管的背风侧温度低于某一设定值时，与该测头相连的防冻开关发出信号，机组即通过集中监控系统的控制器程序或电气设备的联动、连锁等方式运行防冻保护程序，例如：关新风门、停风机、开大热水阀，防止热水盘管冰冻面积进一步扩大。

9.4.8 冷热转换装置的设置。

变风量末端装置和风机盘管等实现各自服务区域的独立温度控制，当冬季、夏季分别运行加热和冷却工况时，要求改变末端装置的动作方向。例如，在冷却工况下，当房间温度降低时，变风量末端装置的风阀应向关小的位置调节；当房间温度升高时，再向开大的位置调节。在加热工况下，风阀的调节过程则相反。

为保证室内气流组织，送风口（包括散流器和喷口）也需根据冬夏季设置改变送风方向和风量的转换装置。

9.4.9 电加热器的连锁与保护。强制性条文。

要求电加热器与送风机连锁，是一种保护控制，可避免系统中因无风电加热器单独工作导致的火灾。为了进一步提高安全可靠性，还要求设无风断电、超温断电保护措施，例如，用监视风机运行的风压差开关信号及在电加热器后面设超温断电信号与风机启停连锁等方式，来保证电加热器的安全运行。

电加热器采取接地及剩余电流保护，可避免因漏电造成触电类的事故。

9.5 空调冷热源及其水系统的检测与监控

9.5.1 空调冷热源和空调水系统的检测点。

冷热源和空调水系统应设置的检测点，为最低要求。设计时应根据系统设置加以确定。

9.5.2 蓄冷、蓄热系统的检测点。

蓄冷（热）系统设置检测点的最低要求。设计时应根据系统设置加以确定。

9.5.3 冷水机组水系统的控制方式及连锁。

许多工程采用的是总回水温度来控制，但由于冷水机组的最高效率点通常位于该机组的某一部分负荷区域，因此采用冷量控制的方式比采用温度控制的方式更有利于冷水机组在高效率区域运行而节能，是目前最合理和节能的控制方式。但是，由于计量冷量的元器件和设备价格较高，因此推荐在有条件时（如采用了DDC控制系统时），优先采用此方式。同时，台数控制的基本原则是：①让设备尽可能处于高效运行；②让相同型号的设备的运行时间尽量接近以保持其同样的运行寿命（通常优先启动累计运行小时数最

少的设备）；③满足用户侧低负荷运行的需求。

由于制冷机运行时，一定要保证它的蒸发器和凝器有足够的水量流过。为达到这一目的，制冷机水系统中其他设备，包括电动水阀冷冻水泵、冷却水泵、冷却塔风机等应先于制冷机开机运行，停机则应按相反顺序进行。通常通过水流开关检测与制冷机相连锁的水泵状态，即确认水流开关接通后才允许制冷机启动。

9.5.4 冰蓄冷系统二次冷媒侧换热器的防冻保护。

一般空调系统夜间负荷往往很小，甚至处在停运状态，而冰蓄冷系统主要在夜间电网低谷期进行蓄冰。因此，在二者进行换热的板换处，由于空调系统的水侧冷水基本不流动，如果乙二醇侧的制冰低温传递过来，易引起另一侧水的冻结，造成板换的冻裂破坏。因此，必须随时观察板换处乙二醇侧的溶液温度，调节好有关电动调节阀的开度，防止事故发生。

9.5.6 水泵运行台数及变速控制。

二级泵和多级泵空调水系统中二级泵等负荷侧各级水泵运行台数宜采用流量控制方式；水泵变速宜根据系统压差变化控制，系统压差测点宜设在最不利环路干管靠近末端处；负荷侧多级泵变速宜根据用户侧压差变化控制，压差测点宜设在用户侧支管靠近末端处。

9.5.7 变流量一级泵系统水泵变流量运行时，空调水系统的控制。

精确控制流量和降低水流量变化速率的控制措施包括：

1）应采用高精度的流量或压差测定装置；

2）冷水机组的电动隔断阀应选择"慢开"型；

3）旁通阀的流量特性应选择线性；

4）负荷侧多台设备的启停时间宜错开，设备盘管的水阀应选择"慢开"型。

9.5.8 空调冷却水系统基本的控制要求。

从节能的观点来看，较低的冷却水进水温度有利于提高冷水机组的能效比，因此尽可能降低冷却水温对于节能是有利的。但为了保证冷水机组能够正常运行，提高系统运行的可靠性，通常冷却水进水温度有最低水温限制的要求。为此，必须采取一定的冷却水水温控制措施。通常有三种做法：①调节冷却塔风机运行台数；②调节冷却塔风机转速；③当室外气温很低，即使停开风机也不能满足最低水温要求时，可在供、回水总管上设置旁通电动阀，通过调节旁通流量保证进入冷水机组的冷却水温高于最低限值。在①、②两种方式中，冷却塔风机的运行总能耗也得以降低。而③方式可控制进入冷水机组的冷却水温度在设定范围内，是冷水机组的一种保护措施。

冷却水系统在使用时，由于水分的不断蒸发，水中的离子浓度会越来越大。为了防止由于高离子浓度带来的结垢等种种弊病，必须及时排污。排污方法通

常有定期排污和控制离子浓度排污。这两种方法都可以采用自动控制方法，其中控制离子浓度排污方法在使用效果与节能方面具有明显优点。

9.5.9 集中监控系统与冷水机组控制器之间的通信要求。

冷水机组控制器通信接口的设立，可使集中监控系统的中央主机系统能够监控冷水机组的运行参数以及使冷水系统能量管理更加合理。

10　消声与隔振

10.1　一般规定

10.1.1　消声与隔振的设计原则。

供暖、通风与空调系统产生的噪声与振动，只是建筑中噪声和振动源的一部分。当系统产生的噪声和振动影响到工艺和使用的要求时，就应根据工艺和使用要求，也就是各自的允许噪声标准及对振动的限制，系统的噪声和振动的频率特性及其传播方式（空气传播或固体传播）等进行消声与隔振设计，并应做到技术经济合理。

10.1.2　室内及环境噪声标准。

室内和环境噪声标准是消声设计的重要依据。因此本条规定由供暖、通风和空调系统产生的噪声传播至使用房间和周围环境的噪声级，应满足国家现行《工业企业噪声控制设计规范》GBJ 87、《民用建筑隔声设计规范》GB 50118、《声环境质量标准》GB 3096 和《工业企业厂界噪声标准》GB 12348 等标准的要求。

10.1.3　振动控制设计标准。

振动对人体健康的危害是很严重的，在暖通空调系统中振动问题也是相当严重的。因此本条规定了振动控制设计应满足国家现行《城市区域环境振动标准》GB 10070 等标准的要求。

10.1.4　降低风系统噪声的措施。

本条规定了降低风系统噪声应注意的事项。系统设计安装了消声器，其消声效果也很好，但经消声处理后的风管又穿过高噪声房间，再次被污染，又回复到了原来的噪声水平，最终不能起到消声作用，这个问题，过去往往被人们忽视。同样道理，噪声高的风管穿过要求噪声低的房间时，它也会污染低噪声房间，使其达不到要求。因此，对这两种情况必须引起重视。当然，必须穿过时还是允许的，但应对风管进行良好的隔声处理，以避免上述两种情况发生。

10.1.5　风管内的风速。

通风机与消声装置之间的风管，其风道无特殊要求时，可按经济流速采用即可。根据国内外有关资料介绍，经济流速 6m/s～13m/s，本条推荐采用的 8m/s～10m/s 在经济流速的范围内。

消声装置与房间之间的风管，其空气流速不宜过大，因为风速增大，会引起系统内气流噪声和管壁振动加大，风速增加到一定值后，产生的气流再生噪声甚至会超过消声装置后的计算声压级；风管内的风速也不宜过小，否则会使风管的截面积增大，既耗费材料又占用较大的建筑空间，这也是不合理的。因此，本条给出了适应四种室内允许噪声级的主管和支管的风速范围。

10.1.6　机房位置及噪声源的控制。

通风、空调与制冷机房是产生噪声和振动的地方，是噪声和振动的发源处，其位置应尽量不靠近有较高防振和消声要求的房间，否则对周围环境影响颇大。

通风、空调与制冷系统运行时，机房内会产生相当高的噪声，一般为80dB（A）～100dB（A），甚至更高，远远超过环境噪声标准的要求。为了防止对相邻房间和周围环境的干扰，本条规定了噪声源位置在靠近有较高隔振和消声要求的房间时，必须采取有效措施。这些措施是在噪声和振动传播的途径上对其加以控制。为了防止机房内噪声源通过空气传声和固体传声对周围环境的影响，设计中应首先考虑采取把声源和振源控制在局部范围内的隔声与隔振措施，如采用实心墙体、密封门窗、堵塞空洞和设置隔振器等，这样做仍达不到要求时，再辅以降低声源噪声的吸声措施。大量实践证明，这样做是简单易行、经济合理的。

10.1.7　室外设备噪声控制。

对露天布置的通风、空调和制冷设备及其附属设备如冷却塔、空气源冷（热）水机组等，其噪声达不到环境噪声标准要求时，亦应采取有效的降噪措施，如在其进、排风口设置消声设备，或在其周围设置隔声屏障等。

10.2　消声与隔声

10.2.1　噪声源声功率级的确定。

进行暖通空调系统消声与隔声设计时，首先必须知道其设备如通风机、空调机组、制冷压缩机和水泵等声功率级，再与室内外允许的噪声标准相比较，通过计算最终确定是否需要设置消声装置。

10.2.2　再生噪声与自然衰减量的确定。

当气流以一定速度通过直风管、弯头、三通、变径管、阀门和送、回风口等部件时，由于部件受气流的冲击湍振或因气流发生偏斜和涡流，从而产生气流再生噪声。随着气流速度的增加，再生噪声的影响也随之加大，以至成为系统中的一个新噪声源。所以，应通过计算确定所产生的再生噪声级，以便采取适当措施来降低或消除。

本条规定了在噪声要求不高，风速较低的情况下，对于直风管可不计算气流再生噪声和噪声自然衰减量。气流再生噪声和噪声自然衰减量是风速的函数。

10.2.3 设置消声装置的条件及消声量的确定。

通风与空调系统产生的噪声量，应尽量用风管、弯头和三通等部件以及房间的自然衰减降低或消除。当这样做不能满足消声要求时，则应设置消声装置或采取其他消声措施，如采用消声弯头等。消声装置所需的消声量，应根据室内所允许的噪声标准和系统的噪声功率级分频带通过计算确定。

10.2.4 选择消声设备的原则。

选择消声设备时，首先应了解消声设备的声学特性，使其在各频带的消声能力与噪声源的频率特性及各频带所需消声量相适应。如对中、高频噪声源，宜采用阻性或阻抗复合式消声设备；对于低、中频噪声源，宜采用共振式或其他抗性消声设备；对于脉动低频噪声源，宜采用抗性或微穿孔板阻抗复合式消声设备；对于变频带噪声源，宜采用阻抗复合式或微穿孔板消声设备。其次，还应兼顾消声设备的空气动力特性，消声设备的阻力不宜过大。

10.2.5 消声设备的布置原则。

为了减少和防止机房噪声源对其他房间的影响，并尽量发挥消声设备应有的消声作用，消声设备一般应布置在靠近机房的气流稳定的管段上。当消声器直接布置在机房内时，消声器、检查门及消声器后至机房隔墙的那段风管必须有良好的隔声措施；当消声器布置在机房外时，其位置应尽量临近机房隔墙，而且消声器前至隔墙的那段风管（包括拐弯静压箱或弯头）也应有良好的隔声措施，以免机房内的噪声通过消声设备本体、检查门及风管的不严密处再次传入系统中，使消声设备输出端的噪声增高。

在有些情况下，如系统所需的消声量较大或不同房间的允许噪声标准不同时，可在总管和支管上分段设置消声设备。在支管或风口上设置消声设备，还可适当提高风管风速，相应减小风管尺寸。

10.2.6 管道穿过围护结构的处理。

管道本身会由于液体或气体的流动而产生振动，当与墙壁硬接触时，会产生固体传声，因此应使之与弹性材料接触，同时也为防止噪声通过孔洞缝隙泄露出去而影响相邻房间及周围环境。

10.3 隔 振

10.3.1 设置隔振的条件。

通风、空调和制冷装置运行过程中产生的强烈振动，如不予以妥善处理，将会对工艺设备、精密仪器等的工作造成影响，并且有害于人体健康，严重时，还会危及建筑物的安全。因此，本条规定当通风、空调和制冷装置的振动靠自然衰减不能达到允许程度时，应设置隔振器或采取其他隔振措施，这样做还能起到降低固体传声的作用。

10.3.2～10.3.4 选择隔振器的原则。

1 从隔振器的一般原理可知，工作区的固有频率，或者说包括振动设备、支座和隔振器在内的整个隔振体系的固有频率，与隔振体系的质量成反比，与隔振器的刚度成正比，也可以借助于隔振器的静态压缩量用下式计算：

$$f_0 = \frac{1}{2\pi}\sqrt{\frac{k}{m}} \approx \frac{5}{\sqrt{x}} \tag{35}$$

式中：f_0——隔振器的固有频率（Hz）；

k——隔振器的刚度（kg/cm^2）；

m——隔振体系的质量（kg）；

x——隔振器的静态压缩量（cm）；

π——圆周率。

振动设备的扰动频率取决于振动设备本身的转速，即

$$f = \frac{n}{60} \tag{36}$$

式中：f——振动设备的扰动频率（Hz）；

n——振动设备的转速（r/min）。

隔振器的隔振效果一般以传递率表示，它主要取决于振动设备的扰动频率与隔振器的固有频率之比，如忽略系统的阻尼作用，其关系式为：

$$T = \left| \frac{1}{1 - \left(\dfrac{f}{f_0}\right)^2} \right| \tag{37}$$

式中：T——振动传递率。

其他符号意义同前。

由式（37）可以看出，当 f/f_0 趋近于 0 时，振动传递率接近于 1，此时隔振器不起隔振作用；当 $f = f_0$ 时，传递率趋于无穷大，表示系统发生共振，这时不仅没有隔振作用，反而使系统的振动急剧增加，这是隔振设计必须避免的；只有当 $f/f_0 > \sqrt{2}$ 时，亦即振动传递率小于 1，隔振器才能起作用，其比值愈大，隔振效果愈好。虽然在理论上，f/f_0 愈大愈好，但因设计很低的 f_0，不但有困难、造价高，而且当 $f/f_0 > 5$ 时，隔振效果提高得也很缓慢，通常在工程设计上选用 $f/f_0 = 2.5 \sim 5$，因此规定设备运转频率（即扰动频率或驱动频率）与隔振器的固有频率之比，应大于或等于 2.5。

弹簧隔振器的固有频率较低（一般为 2Hz～5Hz），橡胶隔振器的固有频率较高（一般为 5Hz～10Hz），为了发挥其应有的隔振作用，使 $f/f_0 = 2.5 \sim 5$，因此，本规范规定当设备转速小于或等于 1500r/min 时，宜选用弹簧隔振器；设备转速大于 1500r/min 时，宜选用橡胶等弹性材料垫块或橡胶隔振器。对弹簧隔振器适用范围的限制，并不意味着它不能用于高转速的振动设备，而是因为采用橡胶等弹

性材料已能满足隔振要求，而且做法简单，比较经济。

各类建筑由于允许噪声的标准不同，因而对隔振的要求也不尽相同。由设备隔振而使与机房毗邻房间内的噪声降低量 NR 可由经验公式（38）得出：

$$NR = 12.5 \lg (1/T) \tag{38}$$

允许振动传递率（T）随着建筑和设备的不同而不同，具体建议值见表17：

表 17　不同建筑类别允许的振动传递率 T 的建议值

建筑类别	振动传递率 T
音乐厅、歌剧院	0.01～0.05
办公室、会议室、医院、住宅、学校、图书馆	0.05～0.2
多功能体育馆、餐厅	0.2～0.4
工厂、车库、仓库	0.8～1.5

2　为了保证隔振器的隔振效果并考虑某些安全因素，橡胶隔振器的计算压缩变形量，一般按制造厂提供的极限压缩的 1/3～1/2 采用；橡胶隔振器和弹簧隔振器所承受的荷载，均不应超过允许工作荷载；由于弹簧隔振器的压缩变形量大，阻尼作用小，其振幅也较大，当设备启动与停止运行通过共振区其共振振幅达到最大时，有可能使设备及基础起破坏作用。因此，条文中规定，当共振振幅较大时，弹簧隔振器宜与阻尼大的材料联合使用。

3　当设备的运转频率与弹簧隔振器或橡胶隔振器垂直方向的固有频率之比为 2.5 时，隔振效率约为 80%，自振频率之比为 4～5 时，隔振效率大于 93%，此时的隔振效果才比较明显。在保证稳定性的条件下，应尽量增大这个比值。根据固体声的特性，低频声域的隔声设计应遵循隔振设计的原则，即仍遵循单自由度系统的强迫振动理论，高频声域的隔声设计不再遵循单自由度系统的强迫振动理论，此时必须考虑到声波沿着不同介质传播所发生的现象，这种现象的原理是十分复杂的，它既包括在不同介质中介面上的能量反射，也包括在介质中被吸收的声波能量。根据上述现象及工程实践，在隔振器与基础之间再设置一定厚度的弹性隔振垫，能够减弱固体声的传播。

10.3.5　对隔振台座的要求。

加大隔振台座的质量及尺寸等，是为了加强隔振基础的稳定性和降低隔振器的固有频率，提高隔振效果。设计安装时，要使设备的重心尽量落在各隔振器的几何中心上，整个振动体系的重心要尽量低，以保证其稳定性。同时应使隔振器的自由高度尽量一致，基础底面也应平整，使各隔振器在平面上均匀对称，

受压均匀。

10.3.6、10.3.7　减缓固体传振和传声的措施。

为了减缓通风机和水泵设备运行时，通过刚性连接的管道产生的固体传振和传声，同时防止这些设备设置隔振器后，由于振动加剧而导致管道破裂或设备损坏，其进出口宜采用软管与管道连接。这样做还能加大隔振体系的阻尼作用，降低通过共振时的振幅。同样道理，为了防止管道将振动设备的振动和噪声传播出去，支吊架与管道间应设弹性材料垫层。管道穿过机房围护结构处，其与孔洞之间的缝隙，应使用具备隔声能力的弹性材料填充密实。

10.3.8　使用浮筑双隔振台座来减少振动。

11　绝热与防腐

11.1　绝　热

11.1.1　需要进行保温的条件。

为减少设备与管道的散热损失、节约能源、保持生产及输送能力，改善工作环境、防止烫伤，应对设备、管道（包括管件、阀门等）应进行保温。由于空调系统需要保温的设备和管道种类较多，本条仅原则性地提出应该保温的部位和要求。

11.1.2　需要进行保冷的条件。

为减少设备与管道的冷损失、节约能源、保持和发挥生产能力、防止表面结露、改善工作环境，设备、管道（包括阀门、管附件等）应进行保冷。由于空调系统需要保冷的设备和管道种类较多，本条仅原则性地提出应该保冷的部位和要求。特别需要指出的是，水源热泵系统的水源环路应根据当地气象参数做好保温、保冷或防凝露措施。

11.1.3　对设备与管道绝热材料的选择要求。

近年来，随着我国高层和超高层建筑物数量的增多以及由于绝热材料的燃烧而产生火灾事故的惨痛教训，对绝热材料的燃烧性能要求会越来越高，规范建筑中使用的绝热材料燃烧性能要求很有必要，设计采用的绝热材料燃烧性能必须满足相应的防火设计规范的要求。相关防火规范包括《建筑设计防火规范》GB 50016、《高层民用建筑设计防火规范》GB 50045。

11.1.4　对设备与管道绝热材料保温层厚度的计算原则。

11.1.5　对设备与管道绝热材料保冷层厚度的计算原则。

11.1.6　对复合型风管绝热性能的要求。

11.1.7　对设计设备与管道绝热设计的要求。

11.2　防　腐

11.2.1　设备、管道及其配套的部、配件的材料

选择。

设备、管道以及它们配套的部件、配件等所接触的介质是包括了内部输送的介质与外部环境接触的物质。民用建筑中的设备、管道的使用条件通常较为良好，但也有一些使用条件比较恶劣的场合。空调机组的冷凝水盘，由于经常性有凝结水存在，一般常用不锈钢底盘；厨房灶台排风罩与风管输运空气中也存在大量水蒸气，常用不锈钢板制作；游泳馆的空调设备与风道除了会与水汽接触外，还会与氯离子接触，因此常采用带有耐腐蚀涂膜的散热翅片、无机玻璃钢风管或耐腐蚀能力较好的彩钢板制作的风管；同样，用于海边附近的空调室外机，通常也选用带有耐腐蚀涂膜的散热翅片；对于设置在室外设备与管道的外表面材料也应具有抗日射高温及紫外线老化的能力。如此，设计必须根据这些条件正确选择使用材料。

11.2.2 金属设备与管道外表面防腐。

一般情况下，有色金属、不锈钢管、不锈钢板、镀锌钢管、镀锌钢板和用作保护层的铝板都具有很好的耐腐蚀能力，不需要涂漆。但这些金属材料与一些特定的物质接触时也会产生腐蚀，如：铝、锌材料不耐碱性介质，不耐氯、氯化氢和氟化氢，也不宜用于铜、汞、铅等金属化合物粉末作用的部位；奥氏体铬镍不锈钢不耐盐酸、氯气等含氯离子的物质。因此这类金属在非正常使用环境条件下，也应注意防腐蚀工作。

防腐蚀涂料有很多类型，适用于不同的环境大气条件。用于酸性介质环境时，宜选用氯化橡胶、聚氨酯、环氧、聚氯乙烯萤丹、丙烯酸聚氨酯、丙烯酸环氧、环氧沥青、聚氨酯沥青等涂料；用于弱酸性介质环境时，可选用醇酸涂料等；用于碱性介质环境时，宜选用环氧涂料等；用于室外环境时，可选用氯化橡胶、脂肪族聚氨酯、高氯化聚乙烯、丙烯酸聚氨酯、醇酸等；用于对涂层有耐磨、耐久要求时，宜选用树脂玻璃鳞片涂料。

11.2.3 涂层的底漆与面漆。

为保证涂层的使用效果和寿命，涂层的底层涂料、中间涂料与面层涂料应选用相互间结合良好的涂层配套。

11.2.4 涂漆前管道外表面的处理应符合涂层产品的相应要求。

为保证涂层质量，涂漆前管道与设备的外表面应平整，把焊渣、毛刺、铁锈、油污等清除干净。一般情况下在在防腐工程施工验收规范中都有规定。但对于有特殊要求时，如需要喷射或抛射除锈、火焰除锈、化学除锈等，应在设计文件中规定。

11.2.5 对用于与奥氏体不锈钢表面接触的绝热材料的相关要求。

国家标准《工业设备及管道绝热工程施工规范》GB 50126 中规定：用于奥氏体不锈钢设备或管道上的绝热材料，其氯化物、氟化物、硅酸盐、钠离子含量的规定如下：

$$\lg(y \times 10^4) \leqslant 0.188 + 0.655\lg(x \times 10^4) \quad (39)$$

式中：y——测得的($Cl^- + F^-$)离子含量$<0.060\%$；

x——测得的($Na^+ + SiO_3^{-2}$)离子含量$>0.005\%$。

离子含量的对应关系对照表如下表：

表 18　离子含量的对应关系对照表

$Cl^- + F^-$（y）		$Na^+ + SiO_3{}^{2-}$（x）	
%	μg/g	%	μg/g
0.002	20	0.005	50
0.003	30	0.010	100
0.004	40	0.015	150
0.005	50	0.020	200
0.006	60	0.026	260
0.007	70	0.034	340
0.008	80	0.042	420
0.009	90	0.050	500
0.010	100	0.060	600
0.020	200	0.180	1800
0.030	300	0.300	3000
0.040	400	0.500	5000
0.050	500	0.700	7000
0.060	600	0.900	9000

附录 A　室外空气计算参数

本附录提供了我国除香港、澳门特别行政区、台湾外 28 个省级行政区、4 个直辖市所属 294 个台站的室外空气计算参数。由于台站迁移，观测条件不足等因素，个别台站的基础数据缺失，统计年限不足 30 年。统计年限不足 30 年的计算结果在使用时应参照邻近台站数据进行比较、修正。咸阳、黔南州及新疆塔城地区等个别台站的湿球温度无记录，可参考表 19 的数值选取。

本附录绝大部分台站基础数据的统计年限为 1971 年 1 月 1 日至 2000 年 12 月 31 日。在标准编制过程中，编制组与国家气象信息中心合作，投入了很大的精力整理计算室外空气计算参数，为了确保方法的准确性，编制组提取 1951～1980 年的数据进行整理与《工业企业供暖通风和空气调节设计规范》TJ19 进行比对，最终确定了各个参数的确定方法。本标准编制初期是 2009 年，还没有 2010 年的基础数据，由于气象部门的整编数据是以 1 为起始年份，每十年进行一次整编，因此编制组选用 1971 年至 2000 年的数据整理计算形成了附录 A。2010 年底，标准编制进入末期，为了能使设计参数更具时效性，编制组又联合气象部门计算整理了以 1981 年至 2010 年为基础数据的室外空气计算参数。经过对比，1981 年至 2010 年的供暖计算温度、冬季通风室外计算温度及冬季空气调节室外计算温度上升较为明显，夏季空气调节室外计算温度等夏季计算参数也有小幅上升。以北京为例，供暖计算温度为 −6.9℃，已经突破了 −7℃。不同统计年份下，北京、西安、乌鲁木齐、哈尔滨、广州、上海的室外空气计算参数比对情况见表 20。

据气象学人士的研究：自 20 世纪 60 年代起，乌鲁木齐、青岛、广州等台站的年平均气温均表现为显著的升温趋势，21 世纪前几年，极端最高气温的年际值都比多年平均值偏高。同时，20 世纪 60 年代中后期和 70 年代中期是极端低温事件发生的高频时段，70 年代初和 80 年代初是极端高温事件发生的低频时段，90 年代后期是极端高温事件发生的高频时期。因此，室外空气计算参数的结果也随之发生变化。表 20 可以看出 1951～1980 年的室外空气计算参数最低，这是由于 1951～1980 年是极端最低气温发生频率较高的时期；1971～2000 年由于气温逐渐升高，室外空气气象参数也随之升高，1981～2010 年则更高。考虑到近两年来冬季气温较往年同期有所下降，如果选用 1981～2010 年的计算数据，对工程设计，尤其是供暖系统的设计影响较大，为使数据具有一定的连贯性，编制组在广泛征求行业内部专家学者意见的基础上，最终决定选用 1971～2000 年作为本规范室外空气计算参数的统计期，形成附录 A。

表 19　部分台站夏季空调室外计算湿球温度参考值

市/区/自治州	咸　阳	黔南州	博尔塔拉蒙古自治州	阿克苏地区	塔城地区	克孜勒苏柯尔克孜自治州
台站名称	武功	罗甸	精河	阿克苏	塔城	乌恰
	57034	57916	51334	51628	51133	51705
统计期	1981～2010	1981～2010	1981～2010	1981～2010	1981～2010	1981～2010
夏季空气调节室外计算湿球温度（℃）	27.0	27.8	26.2	25.7	22.9	19.4

表 20　室外空气计算参数对比

台站名称及编号	北京			西安			乌鲁木齐		
	54511			57036			51463		
统计年份	1981～2010	1971～2000	1951～1980	1981～2005注1	1971～2000	1951～1980	1981～2010	1971～2000	1951～1980
年平均温度（℃）	12.9	12.3	11.4	14.2	13.7	13.3	7.3	7.0	5.7
采暖室外计算温度（℃）	−6.9	−7.6	−9	−3.0	−3.4	−5	−18.6	−19.7	−22
冬季通风室外计算温度（℃）	−3.1	−3.6	−5	0.3	−0.1	−1	−12.1	−12.7	−15
冬季空气调节室外计算温度（℃）	−9.4	−9.9	−12	−5.5	−5.7	−8	−23.1	−23.7	−27
冬季空气调节室外计算相对湿度（%）	43	44	45	64	66	67	78	78	80
夏季空气调节室外计算干球温度（℃）	34.1	33.5	33.2	35.2	35.0	35.2	33.0	33.5	34.1
夏季空气调节室外计算湿球温度（℃）	27.3	26.6	26.4	26.0	25.8	26	23.0	18.2	18.5
夏季通风室外计算温度（℃）	30.3	29.7	30	30.5	30.6	31	27.1	27.5	29
夏季通风室外计算相对湿度（%）	57	57	64	57	58	55	35	34	31
夏季空气调节室外计算日平均温度（℃）	29.7	29.6	28.6	31.0	30.7	30.7	28.1	28.3	29
极端最高气温（℃）	41.9	41.9	37.1	41.8	41.8	39.4	40.6	42.1	38.4
极端最低气温（℃）	−17.0	−18.3	−17.1	−14.7	−12.8	−11.8	−30	−32.8	−29.7

台站名称及编号	哈尔滨			广州			徐汇	上海[注2]
	50953			59287			58367	
统计年份	1981～2010	1971～2000	1951～1980	1981～2010	1971～2000	1951～1980	1971～1998	1951～1980
年平均温度（℃）	4.9	4.2	3.6	22.4	22.0	21.8	16.1	15.7
采暖室外计算温度（℃）	－23.4	－24.2	－26	8.2	8.0	7	－0.3	－2
冬季通风室外计算温度（℃）	－17.6	－18.4	－20	13.9	13.6	13	4.2	3
冬季空气调节室外计算温度（℃）	－26.6	－27.1	－29	6.0	5.2	5	－2.2	－4
冬季空气调节室外计算相对湿度（%）	71	73	74	70	72	70	75	75
夏季空气调节室外计算干球温度（℃）	30.9	30.7	30.3	34.8	34.2	33.5	34.4	34
夏季空气调节室外计算湿球温度（℃）	24.6	23.9	23.4	28.5	27.8	27.7	27.9	28.2
夏季通风室外计算温度（℃）	26.9	26.8	27	32.2	31.8	31	31.2	32
夏季通风室外计算相对湿度（%）	62	62	61	66	68	67	69	67
夏季空气调节室外计算日平均温度（℃）	26.6	26.3	26	31.1	30.7	30.1	30.8	30.4
极端最高气温（℃）	39.2	36.7	34.2	39.1	38.1	36.3	39.4	36.6
极端最低气温（℃）	－37.7	－37.7	－33.4	0.0	0.0	1.9	－10.1	－6.7

注 1：西安站由于迁站或者台站号改变造成数据不完整，2006～2010 年数据缺失。

注 2：上海市气象台站由于迁站等原因，数据十分不连续，基本基准站里仅徐汇站数据较为完整，且只有截止至 1998 年的数据。由于 1951～1980 年的数据没有徐汇站（或站名改变），台站编号不确定，故分开表示。

附录 C　夏季太阳总辐射照度

附录 D　夏季透过标准窗玻璃的太阳辐射照度

本规范附录 C 和附录 D 分 7 个纬度（北纬 20°、25°、30°、35°、40°、45°、50°），6 种大气透明度等级给出了太阳辐射照度值，表达形式比较简捷，而且概括了全国情况，便于设计应用。在附录 D 中，分别给出了直接辐射和散射辐射值（直接辐射与散射辐射值之和，即为相应时刻透过标准窗玻璃进入室内的太阳总辐射照度），为空气调节负荷计算方法的应用和研究提供了条件。根据当地的地理纬度和计算大气透明度等级，即可直接从附录 C、附录 D 中查到当地的太阳辐射照度值，从设计应用的角度看，还是比较方便的。

附录 E　夏季空气调节大气透明度分布图

夏季空气调节用的计算大气透明度等级分布图，

其制定条件是在标准大气压力下，大气质量 $M=2$，（$M=\dfrac{1}{\sin\beta}$，β—高度角，这里取 $\beta=30°$）。

根据附录 E 所标定的计算大气透明度等级，再按本规范第 4.2.4 条表 4.2.4 进行大气压力订正，即可确定出当地的计算大气透明度等级。这一附录是根据我国气象部门有关科研成果中给出的我国七月大气透明度分布图，并参照全国日照率等值线图改制的。

附录 F　加热由门窗缝隙渗入室内的冷空气的耗热量

本附录根据近年来冷风渗透的研究成果及其工程应用情况，给出了采用缝隙法确定多层和高层民用建筑渗透冷空气量的计算方法。

1　在确定 L_0 时，应用通用性公式（F.0.2-2）进行计算。原因是规范难以涵盖目前出现的多种门窗类型，且同一类型门窗的渗风特性也有不同。式（F.0.2-2）中的外门窗缝隙渗风系数 a_1 值可由供货方提供或根据现行国家标准《建筑外窗空气渗透性能分级及其检测方法》，按表 F.0.3-1 采用。

2　根据朝向修正系数 n 的定义和统计方法，

v_0 应当与 $n=1$ 的朝向对应，而该朝向往往是冬季室外最多风向；若 n 值以一月平均风速为基准进行统计，v_0 应当取为一月室外最多风向的平均风速。考虑一月室外最多风向的平均风速与冬季室外最多风向的平均风速相差不大，且后者可较为方便地获得，故本附录式（F.0.2-2）中的 v_0 取为冬季室外最多风向的平均风速。

3　本附录采用冷风渗透压差综合修正系数 m，式（F.0.2-3）引入热压系数 C_r 和风压差系数 ΔC_f，使其成为反映综合压差的物理量。当 $m>0$ 时，冷空气渗入。

4　当渗透冷空气流通路径确定时，热压系数 C_r 仅与建筑内部隔断情况及缝隙渗风特性有关。因建筑日趋多样化，且确定 C_r 的解析值需求解非线性方程，获取 C_r 的理论值非常困难。本附录根据典型建筑门窗设置情况及其缝隙特性，通过对有关参数的数量级分析，提供了热压系数 C_r 的推荐值。一般认为，渗透冷空气经外窗、内（房）门、前室门和楼梯间（电梯间）门进入气流竖井。本规范表 F.0.3-2 中，若前室门或楼梯间（电梯间）设门，则 $0.2 \leqslant C_r \leqslant 0.6$；否则，$C_r \geqslant 0.6$。对于内（房）门也是如此。所谓密闭性好与差是相对于外窗气密性而言的。C_r 的幅值范围应为 $0 \sim 1.0$，但为便于计算且偏安全，可取下限为 0.2。有条件时，应进行理论分析与实测。

5　风压差系数 ΔC_f 不仅与建筑表面风压系数 C_f 有关，而且与建筑内部隔断情况及缝隙渗风特性有关。当建筑迎风面与背风面内部隔断等情况相同时，ΔC_f 仅与 C_f 有关；当迎风面与背风面 C_f 分别取绝对值最大，既 1.0 和 -0.4 时，$\Delta C_f = 0.7$，可见该值偏安全。有条件时，应进行理论分析与实测。

6　因热压系数 C_r 对热压差均有作用，本附录中有效热压差与有效风压差之比 C 值的计算式（F.0.2-5）中不包括 C_r。

7　竖井计算温度 t'_n，应根据楼梯间等竖井是否采暖等情况经分析确定。

附录 G　渗透冷空气量的朝向修正系数 n 值

本附录给出的全国 104 个城市的渗透冷空气量的朝向修正系数 n 值，是参照国内有关资料提出的方法，通过具体地统计气象资料得出的。所谓渗透冷空气量的朝向修正系数，是 1971～1980 年累年一月份各朝向的平均风速、风向频率和室内外温差三者的乘

积与其最大值的比值，即以渗透冷空气量最大的某一朝向 $n=1$，其他朝向分别采取 $n<1$ 的修正系数。在附录中所列的 104 个城市中，有一小部分城市 $n=1$ 的朝向不是采暖问题比较突出的北、东北或西北，而是南、西南或东南等。如乌鲁木齐南向 $n=1$，北向 $n=0.35$；哈尔滨南向 $n=1$，北向 $n=0.30$。有的单位反映这样规定不尽合理，有待进一步研究解决。考虑到各地区的实际情况及小气候因素的影响，为了给设计人员留有选择的余地，在附录的表述中给予一定灵活性。

附录 H　夏季空调冷负荷简化计算方法计算系数表

本附录依据典型房间计算得出，该典型房间是在广泛征集目前国内通常采用的公共建筑房间类型基础上确定的，具有较好的代表性。计算系数是利用本规范附录 A 的气象参数，参照国内外有关资料，对国内外主流空调冷负荷商业计算软件比对、分析、协调、统一、改进后，用多种软件共同计算获得的。计算结果考虑了不同软件的综合影响。

本附录依据典型房间确定各种类型辐射分配比例，设计人员可根据建筑的具体情况以及个人经验选择使用。

轻型房间典型内围护结构和重型房间典型内围护结构见表 21 和表 22。

表 21　轻型房间典型内围护结构

	材料名称	厚度（mm）	密度（kg/m³）	导热系数 [W/(m·K)]	热容 [J/(kg·K)]
内墙	加气混凝土	200	500	0.19	1050
楼板	钢筋混凝土	120	2500	1.74	920

表 22　重型房间典型内围护结构

	材料名称	厚度（mm）	密度（kg/m³）	导热系数 [W/(m·K)]	热容 [J/(kg·K)]
内墙	石膏板	200	1050	0.33	1050
楼板	钢筋混凝土	150	2500	1.74	920
	水泥砂浆	20	1800	0.93	1050

注：有空调吊顶的办公建筑，因吊顶的存在使房间的热惰性变大，计算时宜选重型房间的数据。

中华人民共和国国家标准

民用建筑太阳能空调工程技术规范

Technical code for solar air conditioning system of civil buildings

GB 50787—2012

主编部门：中华人民共和国住房和城乡建设部
批准部门：中华人民共和国住房和城乡建设部
施行日期：２０１２年１０月１日

中华人民共和国住房和城乡建设部
公　告

第 1412 号

关于发布国家标准《民用建筑
太阳能空调工程技术规范》的公告

　　现批准《民用建筑太阳能空调工程技术规范》为国家标准，编号为 GB 50787-2012，自 2012 年 10 月 1 日起实施。其中，第 1.0.4、3.0.6、5.3.3、5.4.2、5.6.2、6.1.1 条为强制性条文，必须严格执行。

　　本规范由我部标准定额研究所组织中国建筑工业出版社出版发行。

中华人民共和国住房和城乡建设部

2012 年 5 月 28 日

前　　言

　　根据住房和城乡建设部《关于印发〈2008 年工程建设标准规范制订、修订计划（第一批）〉的通知》（建标〔2008〕102 号）的要求，规范编制组经广泛调查研究，认真总结实践经验，参考有关国际标准和国外先进标准，并在广泛征求意见的基础上，编制本规范。

　　本规范的主要技术内容是：1　总则；2　术语；3　基本规定；4　太阳能空调系统设计；5　规划和建筑设计；6　太阳能空调系统安装；7　太阳能空调系统验收；8　太阳能空调系统运行管理。

　　本规范中以黑体字标志的条文为强制性条文，必须严格执行。

　　本规范由住房和城乡建设部负责管理和对强制性条文的解释，由中国建筑设计研究院负责具体技术内容的解释。执行过程中如有意见或建议，请寄送中国建筑设计研究院国家住宅工程中心（地址：北京市西城区车公庄大街 19 号，邮编：100044）。

　　本 规 范 主 编 单 位：中国建筑设计研究院
　　　　　　　　　　　　中国可再生能源学会太阳

能建筑专业委员会

本 规 范 参 编 单 位：上海交通大学
　　　　　　　　　　国家太阳能热水器质量监督检验中心（北京）
　　　　　　　　　　北京市太阳能研究所有限公司
　　　　　　　　　　青岛经济技术开发区海尔热水器有限公司
　　　　　　　　　　深圳华森建筑与工程设计顾问有限公司

本规范主要起草人员：仲继寿　王如竹　王　岩
　　　　　　　　　　张　昕　翟晓强　朱敦智
　　　　　　　　　　张　磊　何　涛　王红朝
　　　　　　　　　　孙京岩　郭延隆　张兰英
　　　　　　　　　　林建平　曾　雁

本规范主要审查人员：郑瑞澄　何梓年　冯　雅
　　　　　　　　　　罗振涛　王志峰　由世俊
　　　　　　　　　　郑小梅　寿炜炜　陈　滨

目 次

1 总则 …………………………… 10—5
2 术语 …………………………… 10—5
3 基本规定 ……………………… 10—5
4 太阳能空调系统设计 ………… 10—6
　4.1 一般规定 ………………… 10—6
　4.2 太阳能集热系统设计 …… 10—6
　4.3 热力制冷系统设计 ……… 10—6
　4.4 蓄能系统、空调末端系统、辅助
　　　能源与控制系统设计 …… 10—7
5 规划和建筑设计 ……………… 10—7
　5.1 一般规定 ………………… 10—7
　5.2 规划设计 ………………… 10—7
　5.3 建筑设计 ………………… 10—8
　5.4 结构设计 ………………… 10—8
　5.5 暖通和给水排水设计 …… 10—8
　5.6 电气设计 ………………… 10—8
6 太阳能空调系统安装 ………… 10—8
　6.1 一般规定 ………………… 10—8

　6.2 太阳能集热系统安装 …… 10—9
　6.3 制冷系统安装 …………… 10—9
　6.4 蓄能和辅助能源系统安装 … 10—9
　6.5 电气与自动控制系统安装 … 10—9
　6.6 压力试验与冲洗 ………… 10—9
　6.7 系统调试 ………………… 10—10
7 太阳能空调系统验收 ………… 10—10
　7.1 一般规定 ………………… 10—10
　7.2 分项工程验收 …………… 10—10
　7.3 竣工验收 ………………… 10—11
8 太阳能空调系统运行管理……… 10—11
　8.1 一般规定 ………………… 10—11
　8.2 安全检查 ………………… 10—11
　8.3 系统维护 ………………… 10—11
本规范用词说明 ………………… 10—11
引用标准名录 …………………… 10—11
附：条文说明 …………………… 10—13

Contents

1　General Provisions ·················· 10—5
2　Terms ······························ 10—5
3　Basic Requirements ·············· 10—5
4　Design of Solar Air Conditioning
　　System ·························· 10—6
　　4.1　General Requirements ·············· 10—6
　　4.2　Design of Solar Collector
　　　　System ·························· 10—6
　　4.3　Design of Refrigeration System ········ 10—6
　　4.4　Design of Energy Storage, Terminal
　　　　Device of Air Conditioning,
　　　　Auxiliary Energy
　　　　Source and Control System ·········· 10—7
5　Planning and Building Design ········ 10—7
　　5.1　General Requirements ·············· 10—7
　　5.2　Planning Design ·················· 10—7
　　5.3　Building Design ·················· 10—8
　　5.4　Structure Design ·················· 10—8
　　5.5　HVAC, Water Supply and
　　　　Drainage Design ·················· 10—8
　　5.6　Electric Design ·················· 10—8
6　Installation of Solar Air Conditioning
　　System ·························· 10—8
　　6.1　General Requirements ·············· 10—8
　　6.2　Installation of Solar
　　　　Collector System ·················· 10—9

6.3　Installation of Refrigeration
　　System ·························· 10—9
6.4　Installation of Energy Storage and
　　Auxiliary Energy System ·············· 10—9
6.5　Installation of Electric and
　　Automation System ·············· 10—9
6.6　Pressure Test and Flush ·············· 10—9
6.7　System Adjusting ·················· 10—10
7　Inspection and Acceptance of Solar
　　Air Conditioning System ·············· 10—10
　　7.1　General Requirements ·············· 10—10
　　7.2　Subentry Inspection and
　　　　Acceptance ·················· 10—10
　　7.3　System Completion Inspection and
　　　　Acceptance ·················· 10—11
8　Operational Management of Solar
　　Air Conditioning System ·············· 10—11
　　8.1　General Requirements ·············· 10—11
　　8.2　Safty Inspection ·················· 10—11
　　8.3　System Maintenance ·············· 10—11
Explanation of Wording
　　in This Code ·················· 10—11
List of Quoted Standards ·············· 10—11
Addition: Explanation of
　　　　Provisions ·················· 10—13

1 总　则

1.0.1 为规范太阳能空调系统的设计、施工、验收及运行管理，做到安全适用、经济合理、技术先进，保证工程质量，制定本规范。

1.0.2 本规范适用于在新建、扩建和改建民用建筑中使用以热力制冷为主的太阳能空调系统工程，以及在既有建筑上改造或增设的以热力制冷为主的太阳能空调系统工程。

1.0.3 太阳能空调系统设计应纳入建筑工程设计，统一规划、同步设计、同步施工，与建筑工程同时投入使用。

1.0.4 在既有建筑上增设或改造太阳能空调系统，必须经过建筑结构安全复核，满足建筑结构及其他相应的安全性要求，并通过施工图设计文件审查合格后，方可实施。

1.0.5 民用建筑太阳能空调系统的设计、施工、验收及运行管理，除应符合本规范外，尚应符合国家现行有关标准的规定。

2 术　语

2.0.1 太阳辐射照度　solar irradiance

照射到表面一点处的面元上的太阳辐射能量除以该面元的面积，单位为瓦特每平方米（W/m²）。

2.0.2 太阳能空调系统　solar air conditioning system

一种主要通过太阳能集热器加热热媒，驱动热力制冷系统的空调系统，由太阳能集热系统、热力制冷系统、蓄能系统、空调末端系统、辅助能源系统以及控制系统六部分组成。

2.0.3 热力制冷　heat-operated refrigeration

直接以热能为动力，通过吸收式或吸附式制冷循环达到制冷目的的制冷方式。

2.0.4 吸收式制冷　absorption refrigeration

一种以热能为动力，利用某些具有特殊性质的工质对，通过一种物质对另一种物质的吸收和释放，产生物质的状态变化，从而伴随吸热和放热过程的制冷方式。

2.0.5 单效吸收　single-effect absorption

具有一级发生器，驱动热源在机组内被直接利用一次的制冷循环。

2.0.6 双效吸收　double-effect absorption

具有高低压两级发生器，驱动热源在机组内被直接和间接利用两次的制冷循环。

2.0.7 吸附式制冷　adsorption refrigeration

一种以热能为动力，利用吸附剂对制冷剂的吸附作用而使制冷剂液体蒸发，从而实现制冷的方式。

2.0.8 太阳能集热系统　solar collector system

用于收集太阳能并将其转化为热能的系统，包括太阳能集热器、管路、泵、换热器及相关附件。

2.0.9 直接式太阳能集热系统　solar direct system

在太阳能集热器中直接加热水供给用户的太阳能集热系统。

2.0.10 间接式太阳能集热系统　solar indirect system

在太阳能集热器中加热液体传热工质，再通过换热器由该种传热工质加热水供给用户的太阳能集热系统。

2.0.11 设计太阳能空调负荷率　design load ration of solar air conditioning

在太阳能空调系统服务区域中，太阳能空调系统所提供的制冷量与该区域空调冷负荷之比。

2.0.12 辅助能源　auxiliary energy source

太阳能加热系统中，为了补充太阳能系统的热输出所用的常规能源。

2.0.13 热力制冷性能系数　coefficient of performance（COP）

在指定工况下，热力制冷机组的制冷量除以加热源耗热量与消耗电功率之和所得的比值。

2.0.14 集热器总面积　gross collector area

整个集热器的最大投影面积，不包括那些固定和连接传热工质管道的组成部分，单位为平方米（m²）。

3 基本规定

3.0.1 太阳能空调系统应做到全年综合利用。

3.0.2 太阳能热力制冷系统主要分为吸收式与吸附式两类。

3.0.3 太阳能空调工程应充分考虑土建施工、设备运输与安装、用户使用和日常维护等要求。

3.0.4 太阳能空调系统类型的选择应根据所处地区太阳能资源、气候特点、建筑物类型及使用功能、冷热负荷需求、投资规模和安装条件等因素综合确定。

3.0.5 设置太阳能空调系统的新建、改建和扩建的民用建筑，其建筑热工与节能设计应满足所在气候区现行国家建筑节能设计标准的有关规定。

3.0.6 太阳能集热系统应根据不同地区和使用条件采取防过热、防冻、防结垢、防雷、防雹、抗风、抗震和保证电气安全等技术措施。

3.0.7 热力制冷机组、辅助燃油锅炉和燃气锅炉等设备应符合国家现行标准有关安全防护措施的规定。

3.0.8 太阳能空调系统应因地制宜配置辅助能源装置。

3.0.9 太阳能空调系统选用的部件产品应符合国家相关产品标准的规定。

3.0.10 安装太阳能空调系统建筑的主体结构，应符合现行国家标准《建筑工程施工质量验收统一标准》GB 50300 的有关规定。

3.0.11 太阳能空调系统应设计并安装用于测试系统主要性能参数的监测计量装置。

4 太阳能空调系统设计

4.1 一般规定

4.1.1 太阳能空调系统设计应纳入建筑暖通空调系统设计中，明确各部件的技术要求。

4.1.2 太阳能空调系统的设计方案应根据建筑物的用途、规模、使用特点、负荷变化情况与参数要求、所在地区气象条件与能源状况等，通过技术与经济比较确定。

4.1.3 太阳能空调系统应与太阳能采暖系统以及太阳能热水系统集成设计，提高系统的利用率。

4.1.4 太阳能空调系统应根据制冷机组对驱动热源的温度区间要求选择太阳能集热器，集热器总面积应根据设计太阳能空调负荷率、建筑允许的安装条件和安装面积、当地气象条件等因素综合确定。

4.1.5 太阳能空调系统性能应根据热水温度、制冷机组的制冷量、制冷性能系数等参数进行分析计算后确定。

4.1.6 蓄能水箱的容积应根据太阳能集热系统的蓄能要求和制冷机组稳定运行的热量调节要求确定。

4.1.7 太阳能空调系统应设置安全、可靠的控制系统。

4.1.8 热力制冷机组对冷水和热水的水质要求，应符合现行国家标准《蒸汽和热水型溴化锂吸收式冷水机组》GB/T 18431 的有关规定。

4.2 太阳能集热系统设计

4.2.1 太阳能集热系统的集热器总面积计算应符合下列规定：

1 直接式太阳能集热系统集热器总面积应按下式计算：

$$Q_{YR} = \frac{Q \cdot r}{COP} \qquad (4.2.1-1)$$

$$A_c = \frac{Q_{YR}}{J\eta_{cd}(1-\eta_L)} \qquad (4.2.1-2)$$

式中：Q_{YR} ——太阳能集热系统提供的有效热量（W）；

Q ——太阳能空调系统服务区域的空调冷负荷（W）；

COP ——热力制冷机组性能系数；

r ——设计太阳能空调负荷率，取 40%～100%；

A_c ——直接式太阳能集热系统集热器总面积

（m²）；

J ——空调设计日集热器采光面上的最大总太阳辐射照度（W/m²）；

η_{cd} ——集热器平均集热效率，取 30%～45%；

η_L ——蓄能水箱以及管路热损失率，取 0.1～0.2。

2 间接式太阳能集热系统集热器总面积应按下式计算：

$$A_{IN} = A_c \cdot \left(1 + \frac{U_L \cdot A_c}{U_{hx} \cdot A_{hx}}\right) \qquad (4.2.1-3)$$

式中：A_{IN} ——间接式太阳能集热系统集热器总面积（m²）；

A_c ——直接式太阳能集热系统集热器总面积（m²）；

U_L ——集热器总热损系数[W/(m²·℃)]，经测试得出；

U_{hx} ——换热器传热系数[W/(m²·℃)]；

A_{hx} ——换热器换热面积（m²）。

4.2.2 太阳能集热系统的设计流量计算应符合下列规定：

1 太阳能集热系统的设计流量应按下式计算：

$$G_S = gA \qquad (4.2.2)$$

式中：G_S ——太阳能集热系统设计流量（m³/h）；

g ——太阳能集热系统单位面积流量[m³/(h·m²)]；

A ——直接式太阳能集热系统集热器总面积，A_c（m²），或间接式太阳能集热系统集热器总面积，A_{IN}（m²）。

2 太阳能集热系统的单位面积流量应根据集热器的相关技术参数确定，也可根据系统大小的不同，按表 4.2.2 确定。

表 4.2.2 太阳能集热器的单位面积流量

系统类型		单位面积流量 m³/(h·m²)
小型太阳能集热系统	真空管型太阳能集热器	0.032～0.072
	平板型太阳能集热器	0.065～0.080
大型太阳能集热系统（集热器总面积大于100m²）		0.020～0.060

4.2.3 太阳能集热系统的循环管道以及蓄能水箱的保温设计应符合现行国家标准《设备及管道保温设计导则》GB/T 8175 的有关规定。

4.2.4 太阳能集热器的主要朝向宜为南向。全年使用的太阳能集热器倾角宜与当地纬度一致。如果系统主要用来实现夏季空调制冷，其集热器倾角宜为当地纬度减10°。

4.3 热力制冷系统设计

4.3.1 热力制冷系统应根据建筑功能和使用要求，

选择连续供冷或间歇供冷方式，并应符合现行国家标准《采暖通风与空气调节设计规范》GB 50019 的有关规定。

4.3.2 太阳能空调系统中选用热水型溴化锂吸收式制冷机组时，应符合下列规定：

1 机组在名义工况下的性能参数，应符合现行国家标准《蒸汽和热水型溴化锂吸收式冷水机组》GB/T 18431 的有关规定；

2 机组的供冷量应根据机组供水侧污垢及腐蚀等因素进行修正；

3 机组的低温保护以及检修空间等要求应符合现行国家标准《蒸汽和热水型溴化锂吸收式冷水机组》GB/T 18431 的有关规定。

4.3.3 太阳能空调系统中选用热水型吸附式制冷机组时，应符合下列规定：

1 机组在名义工况下的性能参数，应符合现行相关标准的规定；

2 宜选用两台机组；

3 工况切换的电动执行机构应安全可靠。

4.3.4 热力制冷系统的热水流量、冷却水流量以及冷冻水流量应按照机组的相关性能参数确定。

4.4 蓄能系统、空调末端系统、辅助能源与控制系统设计

4.4.1 太阳能空调系统蓄能水箱的设置应符合下列规定：

1 蓄能水箱可设置在地下室或顶层的设备间、技术夹层中的设备间或为其单独设计的设备间内，其位置应满足安全运转以及便于操作、检修的要求；

2 蓄能水箱容积较大且在室内安装时，应在设计中考虑水箱整体进入安装地点的运输通道；

3 设置蓄能水箱的位置应具有相应的排水、防水措施；

4 蓄能水箱上方及周围应留有符合规范要求的安装、检修空间，不应小于 600mm；

5 蓄能水箱应靠近太阳能集热系统以及制冷机组，减少管路热损；

6 蓄能水箱应采取良好的保温措施。

4.4.2 太阳能空调系统蓄能水箱的工作温度应根据制冷机组高效运行所对应的热水温度区间确定。

4.4.3 太阳能空调系统蓄能水箱的容积宜按每平方米集热器（20～80）L 确定。

4.4.4 空调末端系统应根据太阳能空调的冷冻水工作温度进行设计，并应符合现行国家标准《采暖通风与空气调节设计规范》GB 50019 的有关规定。

4.4.5 辅助能源装置的容量宜按最不利条件进行设计。

4.4.6 辅助能源装置的设计应符合现行相关规范的规定。

4.4.7 太阳能空调系统的控制及监测应符合下列规定：

1 热力制冷系统宜采用集中监控系统，不具备采用集中监控系统的热力制冷系统，宜采用就近设置自动控制系统；

2 辅助能源系统与太阳能空调系统之间应能实现灵活切换，并应通过合理的控制策略，避免辅助能源装置的频繁启停；

3 太阳能空调系统的主要监测参数可按表 4.4.7 确定。

表 4.4.7 太阳能空调系统的主要监测参数

序号	监测内容	监测参数
1	室内外环境	太阳辐射照度、室内外温度与相对湿度
2	太阳能空调系统	集热器进出口温度与流量、热力制冷机组热水进出口温度与流量、热力制冷机组冷却水进出口温度与流量、热力制冷机组冷冻水进出口温度与流量、蓄能水箱温度、热力制冷机组耗电量、辅助能源消耗量

5 规划和建筑设计

5.1 一般规定

5.1.1 应用太阳能空调系统的民用建筑规划设计，应根据建设地点、地理、气候和场地条件、建筑功能及其周围环境等因素，确定建筑布局、朝向、间距、群体组合和空间环境，满足太阳能空调系统设计和安装的技术要求。

5.1.2 太阳能集热器在建筑屋面、阳台、墙面或建筑其他部位的安装，除不得影响该部位的建筑功能外，还应符合现行国家标准《民用建筑太阳能热水系统应用技术规范》GB 50364 的相关要求。

5.1.3 屋面太阳能集热器的布置应预留出检修通道以及与冷却塔和制冷机房连通的竖向管道井。

5.2 规划设计

5.2.1 建筑体形和空间组合应充分考虑太阳能的利用要求，为接收更多的太阳能创造条件。

5.2.2 规划设计应进行建筑日照分析和计算。安装在屋面的集热器和冷却塔等设施不应降低建筑本身或相邻建筑的建筑日照要求。

5.2.3 建筑群体和环境设计应避免建筑及其周围环境设施遮挡太阳能集热器，应满足太阳能集热器在夏季制冷工况时全天不少于 6h 日照时数的要求。

5.3 建 筑 设 计

5.3.1 太阳能空调系统的制冷机房宜与辅助能源装置或常规空调系统机房统一布置。机房应靠近建筑冷负荷中心，蓄能水箱应靠近集热器和制冷机组。

5.3.2 应合理确定太阳能空调系统各组成部分在建筑中的位置。安装太阳能空调系统的建筑部位除应满足建筑防水、排水等功能要求外，还应满足便于系统的检修、更新和维护的要求。

5.3.3 安装太阳能集热器的建筑部位，应设置防止太阳能集热器损坏后部件坠落伤人的安全防护设施。

5.3.4 直接构成围护结构的太阳能集热器应满足所在部位的结构和消防安全以及建筑防护功能的要求。

5.3.5 太阳能集热器不应跨越建筑变形缝设置。

5.3.6 应合理设计辅助能源装置的位置和安装空间，满足辅助能源装置安全运行、便于操作及维护的要求。

5.4 结 构 设 计

5.4.1 建筑的主体结构或结构构件，应能够承受太阳能空调系统相关设备传递的荷载要求。

5.4.2 结构设计应为太阳能空调系统安装埋设预埋件或其他连接件。连接件与主体结构的锚固承载力设计值应大于连接件本身的承载力设计值。

5.4.3 安装在屋面、阳台或墙面的太阳能集热器与建筑主体结构通过预埋件连接，预埋件应在主体结构施工时埋入，且位置应准确；当没有条件采用预埋件连接时，应采用其他可靠的连接措施。

5.4.4 热力制冷机组、冷却塔、蓄能水箱等较重的设备和部件应安装在具有相应承载能力的结构构件上，并进行构件的强度与变形验算。

5.4.5 支架、支撑金属件及其连接节点，应具有承受系统自重荷载、风荷载、雪荷载、检修动荷载和地震作用的能力。

5.4.6 设备与主体结构采用后加锚栓连接时，应符合现行行业标准《混凝土结构后锚固技术规程》JGJ 145 的有关规定，并应符合下列规定：

    1 锚栓产品应有出厂合格证；

    2 碳素钢锚栓应经过防腐处理；

    3 锚栓应进行承载力现场试验，必要时应进行极限拉拔试验；

    4 每个连接节点不应少于2个锚栓；

    5 锚栓直径应通过承载力计算确定，并不应小于10mm；

    6 不宜在与化学锚栓接触的连接件上进行焊接操作；

    7 锚栓承载力设计值不应大于其选用材料极限承载力的50%。

5.4.7 太阳能空调系统结构设计应计算下列作用效应：

    1 非抗震设计时，应计算重力荷载和风荷载效应；

    2 抗震设计时，应计算重力荷载、风荷载和地震作用效应。

5.5 暖通和给水排水设计

5.5.1 太阳能空调系统的机房应保持良好的通风，并应满足现行国家标准《采暖通风与空气调节设计规范》GB 50019 中对机房的要求。

5.5.2 太阳能空调系统中机房的给水排水设计应符合现行国家标准《建筑给水排水设计规范》GB 50015 中的相关规定，其消防设计应按相关国家标准执行。

5.5.3 太阳能集热器附近宜设置用于清洁集热器的给水点并预留相应的排水设施。

5.6 电 气 设 计

5.6.1 电气设计应满足太阳能空调系统用电负荷和运行安全的要求，并应符合现行行业标准《民用建筑电气设计规范》JGJ 16 的有关规定。

5.6.2 太阳能空调系统中所使用的电气设备应设置剩余电流保护、接地和断电等安全措施。

5.6.3 太阳能空调系统电气控制线路应穿管暗敷或在管道井中敷设。

6 太阳能空调系统安装

6.1 一 般 规 定

6.1.1 太阳能空调系统的施工安装不得破坏建筑物的结构、屋面防水层和附属设施，不得削弱建筑物在寿命期内承受荷载的能力。

6.1.2 太阳能空调系统的安装应单独编制施工组织设计，并应包括与主体结构施工、设备安装、装饰装修的协调配合方案及安全措施等内容。

6.1.3 太阳能空调系统安装前应具备下列条件：

    1 设计文件齐备，且已审查通过；

    2 施工组织设计及施工方案已经批准；

    3 施工场地符合施工组织设计要求；

    4 现场水、电、场地、道路等条件能满足正常施工需要；

    5 预留基座、孔洞、预埋件和设施符合设计要求，并已验收合格；

    6 既有建筑具有建筑结构安全复核通过的相关文件。

6.1.4 进场安装的太阳能空调系统产品、配件、管线的性能和外观应符合现行国家及行业相关产品标准的要求，选用的材料应能耐受系统可达到的最高工作温度。

6.1.5 太阳能空调系统安装应对已完成的土建工程、安装的产品及部件采取保护措施。

6.1.6 太阳能空调系统安装应由专业队伍或经过培训并考核合格的人员完成。

6.1.7 辅助能源装置为燃油或燃气锅炉时，其安装单位、人员应具有特种设备安装资质并按省级质量技术监督局要求进行安装报批、检验和验收。

6.2 太阳能集热系统安装

6.2.1 支承集热器的支架应按设计要求可靠固定在基座上或基座的预埋件上，位置准确，角度一致。

6.2.2 在屋面结构层上现场施工的基座完工后，应作防水处理并应符合现行国家标准《屋面工程质量验收规范》GB 50207 的相关规定。

6.2.3 钢结构支架及预埋件应作防腐处理。防腐施工应符合现行国家标准《建筑防腐蚀工程施工及验收规范》GB 50212 和《建筑防腐蚀工程质量检验评定标准》GB 50224 的相关规定。

6.2.4 集热器安装倾角和定位应符合设计要求，安装倾角误差不应大于±3°。

6.2.5 集热器与集热器之间的连接宜采用柔性连接方式，且密封可靠、无泄漏、无扭曲变形。

6.2.6 太阳能集热系统的管路安装应符合现行国家标准《建筑给水排水及采暖工程施工质量验收规范》GB 50242 的相关规定。

6.2.7 集热器和管道连接完毕，应进行检漏试验，检漏试验应符合设计要求与本规范第 6.7 节的规定。

6.2.8 集热器支架和金属管路系统应与建筑物防雷接地系统可靠连接。

6.2.9 太阳能集热系统管路的保温应在检漏试验合格后进行。保温材料应符合现行国家标准《工业设备及管道绝热工程质量检验评定标准》GB 50185 的有关规定。

6.3 制冷系统安装

6.3.1 吸收式和吸附式制冷机组安装时必须严格按随机所附的产品说明书中的相关要求进行搬运、拆卸包装、安装就位。严禁对设备进行敲打、碰撞或对机组的连接件、焊接处施以外力。吊装时，荷载点必须在规定的吊点处。

6.3.2 制冷机组宜布置在建筑物内。若选用室外型机组，其制冷装置的电气和控制设备应布置在室内。

6.3.3 制冷机组及系统设备的施工安装应符合现行国家标准《制冷设备、空气分离设备安装工程施工及验收规范》GB 50274 及《通风与空调工程施工质量验收规范》GB 50243 的相关规定。

6.3.4 空调末端的施工安装应符合现行国家标准《建筑给水排水及采暖工程施工质量验收规范》GB 50242 和《通风与空调工程施工质量验收规范》GB 50243 的相关规定。

6.4 蓄能和辅助能源系统安装

6.4.1 用于制作蓄能水箱的材质、规格应符合设计要求；钢板焊接的水箱内外壁均应按设计要求进行防腐处理，内壁防腐材料应卫生、无毒，且应能承受所贮存热水的最高温度。

6.4.2 蓄能水箱和支架间应有隔热垫，不宜直接采用刚性连接。

6.4.3 地下蓄能水池应严密、无渗漏，满足系统承压要求。水池施工时应有防止土压力引起的滑移变形的措施。

6.4.4 蓄能水箱应进行检漏试验，试验方法应符合设计要求和本规范第 6.7 节的规定。

6.4.5 蓄能水箱的保温应在检漏试验合格后进行。保温材料应能长期耐受所贮存热水的最高温度；保温构造和保温厚度应符合现行国家标准《工业设备及管道绝热工程质量检验评定标准》GB 50185 的有关规定。

6.4.6 蒸汽和热水锅炉及配套设备的安装应符合现行国家标准《建筑给水排水及采暖工程施工质量验收规范》GB 50242 的相关规定。

6.5 电气与自动控制系统安装

6.5.1 太阳能空调系统的电缆线路施工和电气设施的安装应符合现行国家标准《电气装置安装工程 电缆线路施工及验收规范》GB 50168 和《建筑电气工程施工质量验收规范》GB 50303 的相关规定。

6.5.2 所有电气设备和与电气设备相连接的金属部件应作接地处理。电气接地装置的施工应符合现行国家标准《电气装置安装工程接地装置施工及验收规范》GB 50169 的相关规定。

6.5.3 传感器的接线应牢固可靠，接触良好。接线盒与套管之间的传感器屏蔽线应作二次防护处理，两端应作防水处理。

6.6 压力试验与冲洗

6.6.1 太阳能空调系统安装完毕后，在管道保温之前，应对压力管道、设备及阀门进行水压试验。

6.6.2 太阳能空调系统压力管道的水压试验压力应为工作压力的 1.5 倍。非承压管路系统和设备应做灌水试验。当设计未注明时，水压试验和灌水试验应按现行国家标准《建筑给水排水及采暖工程施工质量验收规范》GB 50242 的相关要求进行。

6.6.3 当环境温度低于 0℃ 进行水压试验时，应采取可靠的防冻措施。

6.6.4 吸收式和吸附式制冷机组安装完毕后应进行水压试验。系统水压试验合格后，应对系统进行冲洗直至排出的水不浑浊为止。

6.7 系统调试

6.7.1 系统安装完毕投入使用前，应进行系统调试，系统调试应在设备、管道、保温、配套电气等施工全部完成后进行。

6.7.2 系统调试应包括设备单机或部件调试和系统联动调试。系统联动调试宜在与设计室外参数相近的条件下进行，联动调试完成后，系统应连续3d试运行。

6.7.3 设备单机、部件调试应包括下列内容：

    1 检查水泵安装方向；

    2 检查电磁阀安装方向；

    3 温度、温差、水位、流量等仪表显示正常；

    4 电气控制系统应达到设计要求功能，动作准确；

    5 剩余电流保护装置动作准确可靠；

    6 防冻、防过热保护装置工作正常；

    7 各种阀门开启灵活，密封严密；

    8 制冷设备正常运转。

6.7.4 设备单机或部件调试完成后，应进行系统联动调试。系统联动调试应包括下列内容：

    1 调整系统各个分支回路的调节阀门，各回路流量应平衡，并达到设计流量；

    2 根据季节切换太阳能空调系统工作模式，达到制冷、采暖或热水供应的设计要求；

    3 调试辅助源装置，并与太阳能加热系统相匹配，达到系统设计要求；

    4 调整电磁阀控制阀门，电磁阀的阀前阀后压力应处在设计要求的压力范围内；

    5 调试监控系统，计量检测设备和执行机构应工作正常，对控制参数的反馈及动作应正确、及时。

6.7.5 系统联动调试的运行参数应符合下列规定：

    1 额定工况下空调系统的工质流量、温度应满足设计要求，调试结果与设计值偏差不应大于现行国家标准《通风与空调工程施工质量验收规范》GB 50243的相关规定；

    2 额定工况下太阳能集热系统流量与设计值的偏差不应大于10%；

    3 系统在蓄能和释能过程中应运行正常、平稳，水泵压力及电流不应出现大幅波动，供制冷机组的热源温度波动符合机组正常运行的要求；

    4 溴化锂吸收式制冷机组的运行参数应符合现行国家标准《蒸汽和热水型溴化锂吸收式冷水机组》GB/T 18431的相关规定。

7 太阳能空调系统验收

7.1 一般规定

7.1.1 太阳能空调系统验收应根据其施工安装特点进行分项工程验收和竣工验收。

7.1.2 太阳能空调系统验收前，应在安装施工过程中完成下列隐蔽工程的现场验收：

    1 预埋件或后置锚栓连接件；

    2 基座、支架、集热器四周与主体结构的连接节点；

    3 基座、支架、集热器四周与主体结构之间的封堵；

    4 系统的防雷、接地连接节点。

7.1.3 太阳能空调系统验收前，应将工程现场清理干净。

7.1.4 分项工程验收应由监理或建设单位组织施工单位进行验收。

7.1.5 太阳能空调系统完工后，施工单位应自行组织有关人员进行检验评定，并向建设单位提交竣工验收申请报告。

7.1.6 建设单位收到工程竣工验收申请报告后，应由建设单位组织设计、施工、监理等单位联合进行竣工验收。

7.1.7 所有验收应做好记录，签署文件，立卷归档。

7.2 分项工程验收

7.2.1 分项工程验收应根据工程施工特点分期进行，分部、分项工程可按表7.2.1划分。

表 7.2.1 太阳能空调系统工程的分部、分项工程划分表

序号	分部工程	分项工程
1	太阳能集热系统	太阳能集热器安装、其他辅助能源/换热设备安装、管道及配件安装、系统水压试验及调试、防腐、绝热等
2	热力制冷系统	机组安装、管道及配件安装、水处理设备安装、辅助设备安装、系统水压试验及调试、防腐、绝热等
3	蓄能系统	蓄能水箱及配件安装、管道及配件安装、辅助设备安装、防腐、绝热等
4	空调末端系统	新风机组、组合式空调机组、风机盘管系统与末端管线系统的施工安装、低温热水地板辐射采暖系统施工安装等
5	控制系统	传感器及安全附件安装、计量仪表安装、电缆线路施工安装等

7.2.2 对影响工程安全和系统性能的工序，应在该工序验收合格后进入下一道工序的施工，且应符合下列规定：

    1 在屋面太阳能空调系统施工前，应进行屋面防水工程的验收；

2 在蓄能水箱就位前，应进行蓄能水箱支撑构件和固定基座的验收；

3 在太阳能集热器支架就位前，应进行支架固定基座的验收；

4 在建筑管道井封口前，应进行预留管路的验收；

5 太阳能空调系统电气预留管线的验收；

6 在蓄能水箱进行保温前，应进行蓄能水箱检漏的验收；

7 在系统管路保温前，应进行管路水压试验；

8 在隐蔽工程隐蔽前，应进行施工质量验收。

7.2.3 太阳能空调系统调试合格后，应按照设计要求对性能进行检验，检验的主要内容应包括：

1 压力管道、系统、设备及阀门的水压试验；

2 系统的冲洗及水质检验；

3 系统的热性能检验。

7.3 竣 工 验 收

7.3.1 工程移交用户前，应进行竣工验收。竣工验收应在分项工程验收和性能检验合格后进行。

7.3.2 竣工验收应提交下列资料：

1 设计变更证明文件和竣工图；

2 主要材料、设备、成品、半成品、仪表的出厂合格证明或检验资料；

3 屋面防水检漏记录；

4 隐蔽工程验收记录和中间验收记录；

5 系统水压试验记录；

6 系统水质检验记录；

7 系统调试和试运行记录；

8 系统热性能评估报告；

9 工程使用维护说明书。

8 太阳能空调系统运行管理

8.1 一 般 规 定

8.1.1 太阳能空调系统交付使用前，系统提供单位应对使用单位进行操作培训，并帮助使用单位建立太阳能空调系统的管理制度，提交使用手册。

8.1.2 太阳能空调系统的运行和管理应由专人负责。

8.1.3 当太阳能空调系统运行发生异常时，应及时处理。

8.1.4 使用单位应对太阳能空调系统进行定期检查，检查周期不应大于1年。

8.2 安 全 检 查

8.2.1 使用单位应对太阳能集热系统的运行和安全性进行定期检查。

8.2.2 使用单位应对安装在墙面处的太阳能集热器

定期进行其防护设施的维护和检修。

8.2.3 使用单位应在进入冬季之前检查系统防冻性能的安全性。

8.2.4 使用单位应定期检查太阳能集热系统的防雷设施。

8.2.5 使用单位应定期检查辅助能源装置以及相应管路系统的安全性。

8.3 系 统 维 护

8.3.1 使用单位应对系统中的传感器进行年检，发现问题应及时更换。

8.3.2 太阳能集热器应每年进行全面检查，定期清洗集热器表面。

8.3.3 使用单位应定期检查水泵、管路以及阀门等附件。

8.3.4 夏季空调系统停止运行时，应采取有效措施防止太阳能集热系统过热。

8.3.5 热力制冷机组的维护应按照生产企业的相关要求进行。

本规范用词说明

1 为便于在执行本规范条文时区别对待，对要求严格程度不同的用词说明如下：

　1）表示很严格，非这样做不可的：

　　正面词采用"必须"，反面词采用"严禁"；

　2）表示严格，在正常情况下均应这样做的：

　　正面词采用" 应 "，反面词采用"不应"或"不得"；

　3）表示允许稍有选择，在条件许可时首先应这样做的：

　　正面词采用"宜"，反面词采用"不宜"；

　4）表示有选择，在 一定条件下可以这样做的：

　　采用"可"。

2 条文中指明应按其他有关标准执行的写法为："应符合……的规定"或"应按……执行"。

引用标准名录

1 《建筑给水排水设计规范》GB 50015

2 《采暖通风与空气调节设计规范》GB 50019

3 《电气装置安装工程　电缆线路施工及验收规范》GB 50168

4 《电气装置安装工程接地装置施工及验收规范》GB 50169

5 《工业设备及管道绝热工程质量检验评定标准》GB 50185

6 《屋面工程质量验收规范》GB 50207

7 《建筑防腐蚀工程施工及验收规范》

GB 50212

8 《建筑防腐蚀工程质量检验评定标准》 GB 50224

9 《建筑给水排水及采暖工程施工质量验收规范》 GB 50242

10 《通风与空调工程施工质量验收规范》 GB 50243

11 《制冷设备、空气分离设备安装工程施工及验收规范》 GB 50274

12 《建筑工程施工质量验收统一标准》 GB 50300

13 《建筑电气工程施工质量验收规范》 GB 50303

14 《民用建筑太阳能热水系统应用技术规范》 GB 50364

15 《设备及管道保温设计导则》GB/T 8175

16 《蒸汽和热水型溴化锂吸收式冷水机组》 GB/T 18431

17 《民用建筑电气设计规范》JGJ 16

18 《混凝土结构后锚固技术规程》JGJ 145

中华人民共和国国家标准

民用建筑太阳能空调工程技术规范

GB 50787—2012

条 文 说 明

制 订 说 明

《民用建筑太阳能空调工程技术规范》GB 50787-2012，经住房和城乡建设部 2012 年 5 月 28 日以第 1412 号公告批准、发布。

为便于广大设计、施工、科研、学校等单位有关人员在使用本规范时能正确理解和执行条文规定，

《民用建筑太阳能空调工程技术规范》编制组按章、节、条顺序编制了本规范的条文说明，对条文规定的目的、依据以及执行中需注意的有关事项进行了说明。但是，本条文说明不具备与规范正文同等的法律效力，仅供使用者作为理解和把握规范规定的参考。

目　次

1　总则 ……………………………… 10—16
2　术语 ……………………………… 10—16
3　基本规定 ………………………… 10—17
4　太阳能空调系统设计 …………… 10—19
　4.1　一般规定………………………… 10—19
　4.2　太阳能集热系统设计…………… 10—20
　4.3　热力制冷系统设计……………… 10—21
　4.4　蓄能系统、空调末端系统、辅助
　　　能源与控制系统设计…………… 10—21
5　规划和建筑设计 ………………… 10—23
　5.1　一般规定………………………… 10—23
　5.2　规划设计………………………… 10—23
　5.3　建筑设计………………………… 10—23
　5.4　结构设计………………………… 10—23
　5.5　暖通和给水排水设计…………… 10—24
　5.6　电气设计………………………… 10—24

6　太阳能空调系统安装 …………… 10—25
　6.1　一般规定………………………… 10—25
　6.2　太阳能集热系统安装…………… 10—25
　6.3　制冷系统安装…………………… 10—25
　6.4　蓄能和辅助能源系统安装……… 10—25
　6.5　电气与自动控制系统安装……… 10—25
　6.6　压力试验与冲洗………………… 10—26
　6.7　系统调试………………………… 10—26
7　太阳能空调系统验收 …………… 10—26
　7.1　一般规定………………………… 10—26
　7.2　分项工程验收…………………… 10—26
　7.3　竣工验收………………………… 10—26
8　太阳能空调系统运行管理……… 10—26
　8.1　一般规定………………………… 10—26
　8.2　安全检查………………………… 10—26
　8.3　系统维护………………………… 10—27

1 总　则

1.0.1　本条明确了制定本规范的目的和宗旨。近年来，我国经济持续发展、稳步增长，虽经历了全球性的金融危机，但发展的态势一直呈上升趋势，能源的消耗不断攀升，尤其以化石燃料为主的能源大量使用，带来能源紧缺、环境恶化等一系列的问题。在我国，每年建筑运行所消耗的能源占全国商品能源的21%～24%，这其中很大部分被用来为建筑提供夏季空调及冬季采暖。面对如此严峻的用能环境，只有有效地开发和利用可再生能源才是解决问题的出路。

太阳能空调把低品位的能源转变为高品位的舒适性空调制冷，对节省常规能源、减少环境污染具有重要意义，符合可持续发展战略的要求。太阳能空调系统的制冷功率、太阳辐射照度及空调制冷用能在季节上的分布规律高度匹配，即太阳辐射越强，天气越热，需要的制冷负荷越大时，系统的制冷功率也相应越大。目前，利用太阳能光热转换的吸收式制冷技术较为成熟，国际上一般采用溴化锂吸收式制冷机，同时，吸附式制冷技术也在逐步发展并日趋完善。我国太阳能空调工程的建设起步于20世纪80年代，经过30年的研究、试验和工程示范，太阳能空调在国内已有较好的应用基础，但仍需要进一步推广。

太阳能空调工程大部分是由太阳能生产企业和太阳能研究机构等自行设计、施工并加以运行管理，过程中存在几个问题：第一，太阳能空调系统设计与国家现行的民用建筑设计规范衔接不到位，导致与传统设计有隔阂甚至矛盾，阻碍了太阳能空调的发展；第二，各生产企业的系统设计立足本单位产品，设计的各种系统良莠不齐，系统优化难于实现，更谈不上规模化和标准化；第三，太阳能空调系统中集热系统与民用建筑的整合设计得不到体现；第四，系统的安装和验收没有统一标准，通常各自为政，也缺乏技术部门的监管，容易产生安全隐患；第五，系统的运行、维护和管理缺乏科学的指导。因此，本规范的制定有重要的现实意义。

1.0.2　本条规定了本规范的适用范围。从理论上讲，太阳能空调的实现有两种方式：一是太阳能光电转换，利用电力制冷；二是太阳能光热转换，利用热能制冷。对于前者，由于大功率太阳能发电技术的高额成本，目前实用性较差。因此，本规范只适用于以太阳能热力制冷为主的太阳能空调系统工程。本规范从技术的角度解决新建、扩建和改建的民用建筑中太阳能空调系统与建筑一体化的设计问题以及相关设备和部件在建筑上应用的问题。这些技术内容同样也适用于既有建筑中增设太阳能空调系统及对既有建筑中已安装的太阳能空调系统进行更换和改造。

1.0.3　太阳能空调系统采用可再生能源——太阳能，并以燃油、燃气、电等为辅助能源，为民用建筑提供满足要求的良好的室内环境。作为系统，它包含了较多的设备、管路等，需要工程建设中各专业的配合和保证，例如太阳能空调系统中太阳能集热器与建筑的整合设计等，因此必须在建设规划阶段就由设计单位纳入工程设计，通盘考虑，总体把握，并按照设计、施工和验收的流程一步步进行，这样才可以做到科学、合理、系统、安全和美观的统一。

1.0.4　本条为强制性条文，主要出发点是保证既有建筑的结构安全性。由于太阳能空调发展滞后，随着今后太阳能空调的推广和未来规模化发展，势必会存在大量既有建筑改装太阳能空调系统的现象，而根据民用建筑太阳能热水系统的发展经验，在改造过程中既有建筑的结构安全与否必须率先确定，然后才可以进行太阳能集热系统的安装。

结构的安全性复核应由建筑的原建筑设计单位、有资质的设计单位或权威检测机构进行，复核安全后进行施工图设计，并指导施工。

1.0.5　太阳能空调系统由太阳能集热系统、热力制冷系统、蓄能系统、空调末端系统、辅助能源系统以及控制系统组成，包含的设备及部件在材料、技术要求以及设计、安装、验收方面，均有相应的国家标准，因此，太阳能空调系统产品应符合这些标准要求。太阳能空调系统在民用建筑上的应用是综合技术，其设计、施工安装、验收与运行管理涉及太阳能和建筑两个行业，与之密切相关的还有许多其他国家标准，其相关的规定也应遵守，尤其是强制性条文。

2 术　语

2.0.3　热力制冷是一种基于热驱动吸收式或吸附式制冷机组产生冷水的技术。已应用的太阳能热力制冷技术包括：溴化锂-水吸收式制冷、氨-水吸收式制冷、硅胶-水吸附式制冷等。其中，太阳能驱动的溴化锂-水吸收式制冷是目前国内外最为成熟、应用最为广泛的技术。

2.0.7　吸附式制冷是太阳能热力制冷的一种类型，该种热力制冷方式在国内应用较少，但在国外发展较为完善。

2.0.11　设计太阳能空调负荷率用于计算太阳能集热器总面积。由于太阳能集热器安装面积的限制，太阳能空调系统一般可用来满足建筑的部分区域，在设计工况下，太阳能空调系统可以全部或部分满足该区域的空调冷负荷。因此，设计太阳能空调负荷率是指设计工况下太阳能空调系统所能提供的制冷量占太阳能空调系统服务区域空调冷负荷的份额。

2.0.13　热力制冷性能系数（COP）是热力制冷系统的一项重要技术经济指标，该数值越大，表示制冷系统能源利用率越高。由于这一参数是用相同单位的输入和输出的比值表示，因此为无量纲数。

3 基 本 规 定

3.0.1 随着我国国民经济的快速发展，普通民众对办公与居住条件的改善需求日益增长，建筑能耗尤其是夏季制冷能耗随之逐年升高。因此，太阳能在夏季制冷中也会发挥重要作用。但是由于不同气候区的夏季制冷工况需匹配的集热器总面积与冬季采暖工况需匹配的集热器总面积不一样，尤其是夏热冬冷地区夏季炎热且漫长，冬季寒冷但短暂。所以在设计与应用太阳能空调系统时，应同时考虑太阳能热水在夏季以外季节的应用，例如生活热水与采暖，避免浪费，做到全年综合利用。

太阳能集热系统在同时考虑热水及采暖应用时，其设计应符合现行国家标准《建筑给水排水设计规范》GB 50015、《民用建筑太阳能热水系统应用技术规范》GB 50364 与《太阳能供热采暖工程技术规范》GB 50495 的有关规定。

3.0.2 太阳能制冷系统可按照图 1 进行分类。

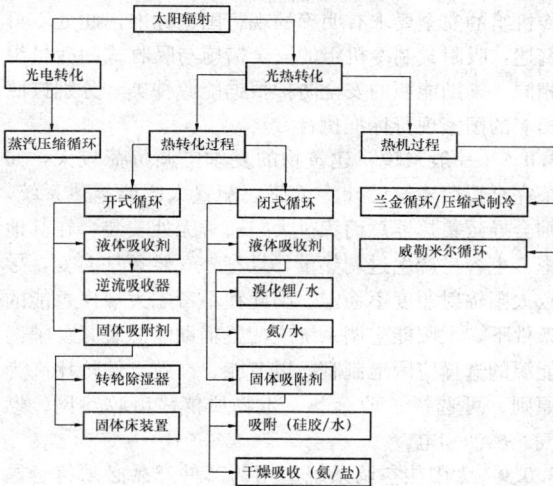

图 1 太阳能制冷系统分类

从热力制冷角度出发，本规范只适用于吸收式与吸附式制冷。

从太阳能热力制冷机组和制冷热源工作温度的高低来分，目前国内外太阳能热力制冷系统可以分为三类（表 1）。

表 1 太阳能热力制冷系统分类

序号	制冷热源温度（℃）	制冷机 COP	制冷机型	适配集热器类型
1	130～160	1.0～1.2	蒸汽双效吸收式	聚光型、真空管型
2	85～95	0.6～0.7	热水型吸收式	真空管型、平板型
3	65～85	0.4～0.6	吸附式	真空管型、平板型

根据表 1 可知，热力制冷系统可以分为高温型、

中温型和低温型三种类型。国外实用性系统多为中温型，也有高温型的实验装置，但国内目前只有后两种，且制冷机组热媒为水。因此，本规范只适用于后两种制冷方式，且不考虑集热效率较低的空气集热器。

吸收式制冷技术从所使用的工质对角度看，应用广泛的有溴化锂-水和氨-水，其中溴化锂-水由于 COP 高、对热源温度要求低、没有毒性和对环境友好等特点，占据了当今研究与应用的主流地位。按照驱动热源分类，溴化锂吸收式制冷机组可分为蒸汽型、直燃型和热水型三种。

太阳能吸附式制冷具有以下特点：

1 系统结构及运行控制简单，不需要溶液泵或精馏装置。因此，系统运行费用低，也不存在制冷剂的污染、结晶或腐蚀等问题。

2 可采用不同的吸附工质对以适应不同的热源及蒸发温度。如采用硅胶-水吸附工质对的太阳能吸附式制冷系统可由（65～85）℃的热水驱动，用于制取（7～20）℃的冷冻水；采用活性炭-甲醇工质对的太阳能吸附制冷系统，可直接由平板集热器驱动。

3 与吸收式及压缩式制冷系统相比，吸附式系统的制冷功率相对较小。受机器本身传热传质特性以及工质对制冷性能的影响，增加制冷量时，就势必增加吸附剂并使换热设备的质量大幅度增加，因而增加了初投资，机器也会变得庞大而笨重。此外，由于地面上太阳辐射照度较低，收集一定量的加热功率通常需较大的集热面积。受以上两方面因素的限制，目前研制成功的太阳能吸附式制冷系统的制冷功率一般均较小。

4 由于太阳辐射在时间分布上的周期性、不连续性及易受气候影响等特点，太阳能吸附式制冷系统应用于空调或冷藏等场合时通常需配置辅助能源。

3.0.3 太阳能空调系统包含各种设备、管路系统和调控装置等，系统涉及内容庞杂，因此在设计时除考虑系统的功能性，还要考虑以下几个方面：

1 土建施工：即建筑主体在土建施工时与设备、管道和其他部件的协调，如对各部件的保护、施工预留基础、孔洞和预埋受力部件，以及考虑施工的先后次序等；

2 设备运输和安装：设计时要充分考虑设备的运输路线、通道和预留吊装孔等，并为设备安装预留足够的空间；

3 用户使用和日常维护：系统设计时要考虑用户使用是否简便、易行，日常维护要简单、易操作，使用与维护的便利有助于太阳能空调系统的推广。

3.0.4 太阳能作为可再生能源的一种，具有不稳定的特点，太阳能资源由于所处地区地理位置、气象特点等不同更存在很大的差异，加之太阳能集热系统的运行效率不同，选择太阳能空调系统时应有针对性。

另一方面，建筑物类型如低层、多层或高层，和使用功能如公共建筑或居住建筑，以及冷热负荷需求（各个气候区冷热负荷侧重不同），会影响太阳能集热系统的大小、安装条件及系统设计，而同时业主对投资规模和产品也有相应的要求，导致设计条件较为复杂。因此，为适应这些条件，需要设计人员对系统类型的选择全面考虑、整合设计，做到系统优化、降低投资。

3.0.5 "十一五"国家科技支撑计划开展以来，我国政府大力提倡建筑节能降耗，各气候区所在城市和农村纷纷出台具有当地特色的建筑节能设计标准和实施细则，并要求在新建、改建和扩建的民用建筑的建筑设计过程中严格执行相关标准，所以，太阳能空调系统的设计前提是建筑的热工与节能设计必须满足相关节能设计标准的规定。建筑的热工性能是影响制冷机组容量的最主要因素，有条件的工程应适当提高围护结构的设计标准，尤其是隔热性能，才能降低建筑的制冷负荷，从而提高太阳能利用率，降低投资成本。同样的道理也适用于既有建筑的节能改造，只有改造后的既有建筑热工性能满足节能设计标准，才能设置太阳能空调系统，否则根本达不到预期的节能效果。

3.0.6 本条为强制性条文，目的是确保太阳能集热系统在实际使用中的安全性。第一，集热系统因位于室外，首先要做好保护措施，如采取避雷针、与建筑物避雷系统连接等防雷措施。第二，在非采暖和制冷季节，系统用热量和散热量低于太阳能集热系统得热量时，蓄能水箱温度会逐步升高，如系统未设置防过热措施，水箱温度会远高于设计温度，甚至沸腾过热。解决的措施包括：（1）遮盖一部分集热器，减少集热系统得热量；（2）采用回流技术使传热介质液体离开集热器，保证集热器中的热量不再传递到蓄能水箱；（3）采用散热措施将过剩的热量传送到周围环境中去；（4）及时排出部分蓄能水箱（池）中热水以降低水箱水温；（5）传热介质液体从集热器迅速排放到膨胀罐，集热回路中达到高温的部分总是局限在集热器本身。第三，在冬季最低温度低于0℃的地区，安装太阳能集热系统需要考虑防冻问题。当系统集热器和管道温度低于0℃后，水结冰体积膨胀，如果管材允许变形量小于水结冰的膨胀量，管道会胀裂损坏。目前常用的防冻措施见表2。

表2 太阳能系统防冻措施的选用

防冻措施	严寒地区	寒冷地区	夏热冬冷
防冻液为工质的间接系统	●	●	●
排空系统	—	—	●
排回系统	○[1]	●	●

续表2

防冻措施	严寒地区	寒冷地区	夏热冬冷
蓄能水箱热水再循环	○[2]	○[2]	●
在集热器联箱和管道敷设电热带	—	○[2]	●

注：1 室外系统排空时间较长时（系统较大，回流管线较长或管道坡度较小）不宜使用；

2 方案技术可行，但由于夜晚散热较大，影响系统经济效益；

3 表中"●"为可选用；"○"为有条件选用；"—"为不宜选用。

最后，还应防止因水质问题带来的结垢问题。一般合格的集热器均能满足防雷要求，采取合适的防冻液或排空措施均可实现集热系统的防冻。用电设备的用电安全在设计时也要考虑。

3.0.7 本条强调了热力制冷机组、辅助燃油锅炉和燃气锅炉等设备安全防护的重要性。热力制冷机组主要是指吸收式制冷机组和吸附式制冷机组，吸收式制冷机组的安全要求有明确的现行国家标准，此处不再赘述，吸附式制冷机组的安全措施与吸收式制冷机组相同。辅助能源的安全防护根据能源种类，分别按照相应的国家现行标准执行。

3.0.8 一般来说，建筑物的夏季空调负荷较大，如果完全按照建筑设计冷负荷去配置太阳能集热系统，则会导致集热器总面积过大，通常无处安装，在其他季节也容易产生过剩热量。且室外气候条件多变，导致太阳辐射照度不稳定。因此在不考虑大规模蓄能的条件下，太阳能空调系统应配置辅助能源装置。辅助能源的选择应因地制宜，以节能、高效、性价比高为原则，可选择工业余热、生物质能、市政热网、燃气、燃油和电。

3.0.9 太阳能空调系统选用的部件产品必须符合国家相关产品标准的规定，应有产品合格证和安装使用说明书。在设计时，宜优先采用通过产品认证的太阳能制冷系统及部件产品。太阳能空调系统中的太阳能集热器应符合《平板型太阳能集热器》GB/T 6424和《真空管型太阳能集热器》GB/T 17581中规定的性能要求。溴化锂制冷机组应满足《蒸汽和热水型溴化锂吸收式冷水机组》GB/T 18431中的要求。

其他设备和部件的质量应符合国家相关产品标准规定的要求。系统配备的输水管和电器、电缆线应与建筑物其他管线统筹安排、同步设计、同步施工，安全、隐蔽、集中布置，便于安装维护。太阳能空调系统所选用的集热器应在制冷机组热源温度范围内进行性能测试，保证集热器热性能与制冷机组的匹配性。生产企业应提供详细的制冷机组工作性能报告，包括制冷机组随热源温度变化的性能特性曲线，并应出示相关的检测报告。

3.0.10 太阳能空调系统是建筑的一部分，建筑主体结构符合现行国家标准《建筑工程施工质量验收统一标准》GB 50300 是保证太阳能空调系统达到设计效果的前提条件，更是整个工程的必要工序。

3.0.11 在当前国家大力发展建筑节能减排的背景下，各种能源消耗设备都会成为"能源审计"的对象，太阳能空调系统也不例外。如何既保障系统设备安全运行，又能同时衡量太阳能空调系统的集热系统效率和制冷性能系数等指标，离不开系统的监测计量装置。因此，应设计并安装用于测试系统主要性能参数的监测计量装置，包括热量、温度、湿度、压力、电量等参数。

4 太阳能空调系统设计

4.1 一般规定

4.1.1 本条明确太阳能空调系统应由暖通空调专业工程师进行设计，并应符合现行国家标准《采暖通风与空气调节设计规范》GB 50019 的相关要求。在具体设计中，针对太阳能空调系统的特点，首先，设计师需要考虑太阳能集热器的高效利用问题，为此，从产品方面，需要选用高温下仍然具有较高集热效率的太阳能集热器；从安装方面，需要保证合理的安装角度，并要求实现太阳能集热器与建筑的集成设计。其次，设计师需要综合考虑太阳能集热器、蓄能水箱、制冷机组以及辅助能源装置之间的合理连接问题，既要保证设备布局紧凑，又要优化管路系统，减少热损。

4.1.2 本条从太阳能空调系统与建筑相结合的基本要求出发，规定了太阳能空调系统的设计必须根据建筑的功能、使用规律、空调负荷特点以及当地气候特点综合考虑。太阳能空调系统应优先选用市场上成熟度较高的太阳能集热器以及热力制冷机组。国内高效平板以及高效真空管太阳能集热器成熟度已较高，可应用在太阳能空调系统中。热力制冷机组方面，溴化锂吸收式（单效）制冷机组属于成熟产品，制冷量为 15kW 的硅胶-水吸附式制冷机组已经有小批量生产。

从目前的应用情况来看，太阳能空调系统规模均较小，国内应用的制冷量一般为 100kW 左右。在具体方案确定中，100kW 以上的太阳能空调系统可优先采用太阳能溴化锂吸收式（单效）空调系统；而对于一些小型太阳能空调系统，可采用太阳能吸附式空调系统。

4.1.3 本条主要强调太阳能空调系统所用太阳能集热装置的全年利用问题。民用建筑的用能需求是多样的，例如在寒冷地区和夏热冬冷地区既包括夏季制冷，同时也包括冬季采暖以及全年热水供应，因此，

太阳能空调系统所用太阳能集热装置应得到充分利用。集成设计的基本原则是要保证太阳能集热系统产生的热水在过渡季节得到充分利用，所以在设计空调系统时，应考虑合理的切换措施，使得太阳能集热装置为采暖以及热水供应提供部分热量，从而实现太阳能的年综合热利用。目前太阳能空调系统的投资成本中，太阳能集热装置的成本约占 40%～60%，这也是影响太阳能空调系统经济性的主要因素，本条所强调的太阳能综合热利用可在很大程度上提高太阳能系统的经济性。

4.1.4 本条规定了太阳能空调系统集热器的确定原则。太阳能空调系统集热器的选择有别于太阳能热水系统以及太阳能采暖系统，其中的关键问题是太阳能空调系统的集热器通常在高温工况下运行，而太阳能热水和太阳能采暖系统中，集热器的运行温度通常较低。因此，太阳能空调系统设计中，应对太阳能集热器进行性能测试，或由生产商提供相关部门的性能测试报告，着重分析太阳能空调驱动热源在不同温度区间的不同集热效率，在可能的情况下，尽量多选择几种集热器，进行性能比较，优选出其中最适合的集热器作为太阳能空调系统的驱动热源，保证集热器热性能与制冷机组的匹配。

确定太阳能空调系统集热器总面积时，根据设计太阳能空调负荷率以及制冷机组设计耗热量得到太阳能集热系统在设计工况下所应提供的热量。在此计算结果的基础上，根据空调冷负荷所对应时刻的太阳能辐射强度即可得到太阳能集热器的面积。但是，建筑实际可以安装集热器的面积往往是有限的，因此，集热器总面积计算值还应根据建筑实际可供的安装面积进行修正。

4.1.5 作为热力制冷机组，其工作性能随热源温度的变化而变化。因此，在太阳能空调系统设计时，必须首先考察制冷机组随热源温度的变化规律，生产企业应提供详细的制冷机组工作性能报告，其中，必须包括制冷性能随热源温度的变化曲线，并应出示相关的检测报告。

热水型（单效）溴化锂吸收式制冷机组热力 COP 随热水温度的变化如图 2 所示。

在一般的太阳能吸收式制冷系统中，吸收式制冷机组（单效）在设计工况下所要求的热源温度为（88～90）℃，太阳能集热器可以满足系统的工作要求。对应于该设计工况，制冷机组的热力 COP 约为 0.7。

吸附式制冷机组 COP 随热水温度的变化如图 3 所示。

吸附式制冷机组在设计工况下所要求的热源温度为（80～85）℃，对应的热力 COP 约为 0.4。太阳能集热器可以满足系统的工作要求。

4.1.6 在太阳能空调系统中，蓄能水箱是非常必要的，它连接太阳能集热系统以及制冷机组的热驱动系

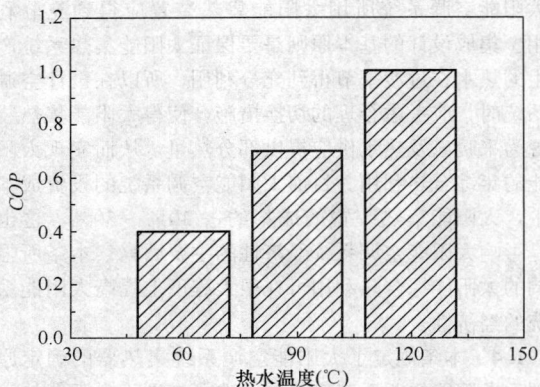

图 2 溴化锂（单效）吸收式制冷机组
COP 随热水温度的变化

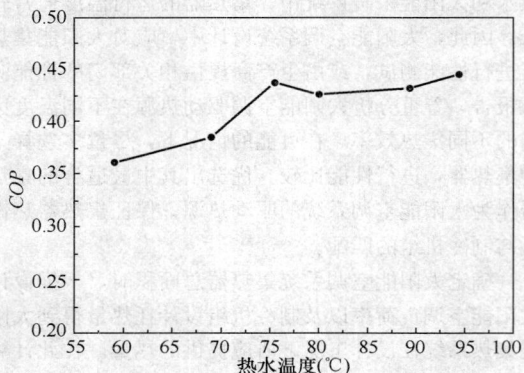

图 3 吸附式制冷机组 COP 随热水温度的变化

统，可以起到缓冲作用，使热量输出尽可能均匀。

4.1.7 太阳能空调系统在实际运行过程中，应根据室外环境参数以及蓄能水箱温度进行太阳能集热系统与辅助能源之间的切换，或者进行太阳能空调系统与常规空调系统之间的切换。因此，为了保证系统稳定可靠运行，宜设计自动控制系统，以实现热源之间以及系统之间的灵活切换，并便于进行能量调节。

4.1.8 本条规定吸收式制冷机组或吸附式制冷机组的冷却水、补充水的水质应符合国家现行有关标准的规定。

4.2 太阳能集热系统设计

4.2.1 本条介绍了太阳能空调集热系统集热器总面积的计算方法。按照太阳能集热系统传热类型，集热器总面积分为直接式和间接式两种计算方法。

计算公式中，热力制冷机组性能系数（COP）的选取方法为：对于太阳能单效溴化锂吸收式空调系统，对应于热源温度为（88～90）℃，制冷机组的性能系数约为 0.7；对于太阳能硅胶-水吸附式空调系统，对应于相同的设计工况，制冷机组的性能系数约为 0.4。

公式中 Q 为太阳能空调系统服务区域的空调冷

负荷，与建筑空调冷负荷有所不同，目前太阳能空调系统可以提供的设计工况下制冷量还较小，而多数公共建筑空调冷负荷相对较大，因此在大部分案例中，太阳能空调系统仅能保证单体建筑中部分区域的温湿度达到设计要求。而当单体建筑体量较小时，且经计算空调冷负荷可以完全由太阳能空调系统供应，此时太阳能空调系统服务区域的空调冷负荷与建筑空调冷负荷相等。

设计太阳能空调负荷率 r 由设计人员根据不同资源区、建筑具体情况以及投资规模进行确定，通常宜控制在 50%～80%。设计计算中，对于资源丰富区（Ⅰ区）、资源较丰富区（Ⅱ区）以及资源一般区（Ⅲ区），当预期初投资较大时，建议设计太阳能空调负荷率取 70%～80%，当预期初投资较小时，建议设计太阳能空调负荷率取 60%～70%；对于资源贫乏区（Ⅳ区），建议设计太阳能空调负荷率取 50%～60%。

当太阳能集热器的朝向为水平面或不同朝向的立面时，空调设计日集热器采光面上的最大总太阳辐射照度 J 为水平面或不同朝向立面的太阳辐射照度，可根据现行国家标准《采暖通风与空气调节设计规范》GB 50019 的附录 A（夏季太阳总辐射照度）查表求得。当集热器的朝向为倾斜面时，最大总太阳辐射照度 $J = J_\theta$。

倾斜面太阳辐射照度：$J_\theta = J_{D.\theta} + J_{d.\theta} + J_{R.\theta}$

式中，J_θ 为倾斜面太阳总辐射照度（W/m²）；$J_{D.\theta}$ 为倾斜面太阳直射辐射照度（W/m²）；$J_{d.\theta}$ 为倾斜面太阳散射辐射照度（W/m²）；$J_{R.\theta}$ 为地面反射辐射照度（W/m²）。

倾斜面太阳直射辐射照度：
$$J_{D.\theta} = J_D[\cos(\Phi - \theta)\cos\delta\cos\omega + \sin(\Phi - \theta)\sin\delta]/(\cos\Phi\cos\delta\cos\omega + \sin\Phi\sin\delta)$$

式中，J_D 为水平面太阳直射辐射照度（W/m²），根据现行国家标准《采暖通风与空气调节设计规范》GB 50019 的附录 A 查取；Φ 为当地地理纬度；θ 为倾斜面与水平面之间的夹角；δ 为赤纬角；ω 为时角。

赤纬角 $\delta = 23.45\sin[360 \times (284 + n)/365]$

式中，n 为一年中的日期序号。

时角 ω 的计算方法为：一天中每小时对应的时角为 15°，从正午算起，正午为零，上午为负，下午为正，数值等于离正午的小时数乘以 15。

倾斜面太阳散射辐射照度：
$$J_{d.\theta} = J_d(1 + \cos\delta)/2$$

式中，J_d 为水平面太阳散射辐射照度（W/m²），根据现行国家标准《采暖通风与空气调节设计规范》GB 50019 的附录 A 查取。

地面反射辐射照度：
$$J_{R.\theta} = \rho_G(J_D + J_d)(1 - \cos\delta)/2$$

式中，ρ_G 为地面反射率，工程计算中可取 0.2。

集热器平均集热效率 η_{cd} 应参考所选集热器的性能曲线确定，此处需要注意，集热效率应按照热力制冷机组热源的有效工作温度区间进行确定，一般在 30%～45% 之间。

蓄能水箱以及管路热损失率 η_L 可取 0.1～0.2。

集热器总面积还应按照建筑可以提供的安装集热器的面积来校核。当集热器总面积大于可安装集热器的建筑外表面积时，需要按照实际情况确定集热器的面积，然后采用公式 (4.2.1-1) 和 (4.2.1-2) 反算出太阳能空调系统的服务区域空调冷负荷，从而确定热力制冷机组的容量。

4.2.2 本条规定了太阳能集热系统设计流量与单位面积流量的确定方法，太阳能集热系统的单位面积流量与太阳能集热器的特性有关，一般由太阳能集热器生产厂家给出。在没有相关技术参数的情况下，按照条文中表 4.2.2 确定。

4.2.3 太阳能集热系统循环管道以及蓄能水箱的保温十分重要，已有相关标准作出了详细规定，应遵照执行。

4.2.4 南向设置太阳能集热器可接收最多的太阳辐射照度。太阳能空调系统除了在夏季制冷工况中应用外，应做到全年综合利用，避免非夏季季节集热器产生的热水浪费。太阳能集热器安装倾角等于当地纬度时，系统侧重全年使用；其安装倾角等于当地纬度减 10° 时，系统侧重在夏季使用。建筑师可根据建筑设计与制冷负荷需求，综合确定集热器安装屋面的坡度。

4.3 热力制冷系统设计

4.3.1 本条规定了热力制冷系统的设计应同时符合现行国家标准《采暖通风与空气调节设计规范》GB 50019 的相关技术要求。系统的运行模式可根据建筑的实际使用功能以及空调系统运行时间分为连续供冷系统和间歇供冷系统。

4.3.2 本条规定了对吸收式制冷机组的具体要求。热水型溴化锂吸收式制冷机组是以热水的显热为驱动热源，通常是用工业余废热、地热和太阳能热水为热源。根据热水温度范围分为单效和双效两种类型。目前应用最为普遍的是太阳能驱动的单效溴化锂吸收式制冷系统。

吸收式制冷机组需要在一端留出相当于热交换管长度的空间，以便清洗和更换管束，另一端留出有装卸端盖的空间。机组应具备冷冻水或冷剂水的低温保护、冷却水温度过低保护、冷剂水的液位保护、屏蔽泵过载和防汽蚀保护、冷却水断水或流量过低保护、蒸发器中冷剂水温度过高保护和发生器出口浓溶液高温保护和停机时防结晶保护。

4.3.3 本条规定了对吸附式制冷机组的具体要求。

太阳能固体吸附式制冷是利用吸附制冷原理，以太阳能为热源，采用的工质对通常为活性炭-甲醇、分子筛-水、硅胶-水及氯化钙-氨等。利用太阳能集热器将吸附床加热用于脱附制冷剂，通过加热脱附-冷凝-吸附-蒸发等几个环节实现制冷。目前已研制出的太阳能吸附式制冷系统种类繁多，结构也不尽相同，可以在太阳能空调系统中使用的一般为硅胶—水吸附式制冷机组。

由于吸附式制冷机组的工作过程具有周期性，因此，在实际工程设计中，建议至少选用两台机组，并实现错峰运行。机组的循环周期应通过优化计算确定，目前国内市场上的小型硅胶—水吸附式制冷机组的优化循环周期一般为 15min 的加热时间，15min 的冷却时间。

4.3.4 本条规定了热力制冷系统的流量（包括热水流量、冷却水流量以及冷冻水流量）应按照制冷机组产品样本选取，一般由生产厂家给出。

4.4 蓄能系统、空调末端系统、辅助能源与控制系统设计

4.4.1 在太阳能空调系统中，蓄能水箱是非常必要的，它同时连接太阳能集热系统以及制冷机组的热驱动系统，可以起到缓冲作用，使热量输出尽可能均匀。本条规定了蓄能水箱在建筑中安装的位置、需要预留的空间、运输条件及对其他专业如结构、给水排水的要求。其中，蓄能水箱必须做好保温措施，否则会严重影响太阳能空调系统的性能。保温材料选取、保温层厚度计算和保温做法等在现行国家标准《采暖通风与空气调节设计规范》GB 50019 中的"设备和管道的保冷和保温"一节中已作详细规定，应遵照执行。

4.4.2 太阳能空调系统的蓄能水箱工作温度应控制在一定范围内。例如，对于最常见的单效溴化锂吸收式太阳能空调系统，在设计工况下所要求的热源温度为（88～90）℃，因此，蓄能水箱的工作温度可设定为（88～90）℃。对于吸附式太阳能空调系统，在设计工况下所要求的热源温度为（80～85）℃，因此，蓄能水箱的工作温度可设定为（80～85）℃。

4.4.3 太阳能空调系统通常与太阳能热水系统集成设计，因此，蓄能水箱的容积同时要考虑热水系统的要求，在对国内外已有的太阳能空调项目进行总结的基础上，得到蓄能水箱容积的设计可按照每平方米集热器（20～80）L 进行。如没有热水供应的需求，蓄能水箱容积可适当减小。同时，系统应考虑非制冷工况下太阳能热水的利用问题。此外，受建筑使用功能的限制，当太阳能空调系统的运行时间与空调使用时间不一致时，蓄能水箱应满足蓄热要求。

在确定蓄能水箱的容量时，按照目前国内的应用案例，可参考的方案包括：

1 设置一个不做分层结构的普通蓄能水箱。如上海生态建筑太阳能空调系统，由于建筑的热水需求很小，因此，150m² 集热器对应的蓄能水箱设计容量仅为 2.5m³，其主要作用是稳定系统的运行。在非空调工况，太阳能热水被用作冬季采暖以及过渡季节自然通风的加强措施。再如北苑太阳能空调系统，制冷量 360kW，集热面积 850m²，蓄能水箱 40m³。

2 设置一个分层蓄能水箱。如香港大学的太阳能空调示范系统，38m² 太阳能集热器，采用了 2.75m³ 的分层蓄能水箱。

3 设置大小两个蓄能水箱（小水箱用于系统快速启动，大水箱用于系统正常工作后进一步蓄存热能）。如我国"九五"期间实施的乳山太阳能空调系统，540m² 太阳能集热器，采用了两个蓄能水箱，小水箱 4m³ 用于系统快速启动，大水箱 8m³ 用于蓄存多余热量。

4 设置具有跨季蓄能作用的蓄能水池。如我国"十五"期间建设的天普太阳能空调系统，812m² 太阳能集热器，采用了 1200m³ 的跨季蓄能水池。

对于不做分层结构的普通蓄能水箱，为了很好地利用水箱内水的分层效应，在加工工艺允许的前提下，蓄能水箱宜采用较大的高径比。此外，在水箱管路布置方面，热驱动系统的供水管以及太阳能集热系统的回水管宜布置在水箱上部；热驱动系统的回水管以及太阳能集热系统的供水管宜布置在水箱下部。

根据现有的太阳能空调工程案例可知，一般情况下不需要设置蓄冷水箱。部分工程对蓄冷水箱有所考虑，但中小型系统的蓄冷水箱容积一般不超过 1m³。仅当系统考虑跨季蓄能时，蓄热或蓄冷水箱才设置得比较大，如北苑太阳能空调系统，除设置 40m³ 的蓄热水箱外，还设置了 30m³ 的蓄冷水箱。

4.4.4 空调末端系统设计应结合制冷机组的冷冻水设定温度。吸收式制冷机组一般可提供冷冻水的设计温度为 (7/12)℃，此时，空调末端宜采用风机盘管或组合式空调机组。而吸附式制冷机组的冷冻水进出口温度通常为 (15/10)℃，此时空调末端处于非标准工况，因此需要对末端产品的制冷量进行温度修正，相应地，空调末端宜采用干式风机盘管或毛细管辐射末端。设计时应按照现行国家标准《采暖通风与空气调节设计规范》GB 50019 的有关规定执行。

4.4.5 本条规定了太阳能空调系统辅助能源装置的容量配置原则。由于太阳能自身的波动性，为了保证室内制冷效果，辅助能源装置宜按照太阳辐射照度为零时的最不利条件进行配置，以确保建筑室内舒适的热环境。

4.4.6 从技术可行性以及目前的应用现状来看，太阳能空调系统的辅助能源装置涉及燃气锅炉、燃油锅炉以及常规空调系统等。在结合建筑特点以及当地能源供应现状确定好辅助能源装置后，各类辅助能源装

置的设计均应符合现行的设计规范，例如：

1 辅助燃气锅炉的设计应符合现行国家标准《锅炉房设计规范》GB 50041 和《城镇燃气设计规范》GB 50028 的相关要求；

2 辅助燃油锅炉的设计应符合现行国家标准《锅炉房设计规范》GB 50041 的相关要求；

3 辅助常规空调系统的设计应符合现行国家标准《采暖通风与空气调节设计规范》GB 50019 的相关要求。

4.4.7 太阳能空调系统的控制主要包括太阳能集热系统的自动启停控制、安全控制以及制冷机组的自动启停控制和安全控制。系统的控制应将制冷机组以及辅助能源装置自身所配的控制设备与系统的总控有机联合起来。除通过温控实现主要设备的自动启停外，其他有关设备的安全保护控制应按照产品供应商的要求执行。宜选用全自动控制系统，条件有限时，可部分选用手动。其中，太阳能集热系统应自动控制，其中应包括自动启停、防冻、防过热等控制措施。

太阳能空调系统的热力制冷机组宜采用自动控制，一般通过监测蓄能水箱水温来控制制冷机组以及辅助能源装置的启停。在实现自动控制的过程中，还要综合考虑建筑空调使用时间以及制冷机组、辅助能源装置的安全性和可靠性。

1 当达到开机设定时间（结合建筑物实际使用功能确定），同时蓄能水箱温度达到设定值时，开启制冷机组。例如：在设计工况下，单效吸收式制冷机组的开机温度可设定为 88℃；而吸附式制冷机组的开机温度可设定为 85℃。然而，在实际应用中，开机设定温度可适当降低，例如：单效吸收式制冷机组的开机温度可设定为 80℃左右；而吸附式制冷机组的开机温度可设定为 75℃左右。这种情况下，虽然制冷机组 COP 有所降低，但是，空调冷负荷也相对较低。随着太阳辐射照度不断升高，蓄能水箱的水温会逐渐升高，制冷机组 COP 相应逐渐升高，这与空调冷负荷的变化趋势相似。

2 在太阳能空调系统运行过程中，如果受环境影响，蓄能水箱水温太低不足以有效驱动制冷机组时，应开启辅助能源装置。为了避免辅助能源装置的频繁启停，辅助能源装置的开机温度设定值可适当降低，例如：对于单效吸收式制冷机组，可将开机温度设定为 75℃左右；对于吸附式制冷机组，可将开机温度设定为 70℃左右。辅助能源装置的停机温度设定值可按照制冷机组设计工况确定。

3 如果达到开机设定时间，蓄能水箱温度尚未达到设定值时，应及时开启辅助能源装置。

4 当达到停机设定时间（结合建筑物实际使用功能确定），除太阳能集热系统保持自动运行外，系统其他部件均应停机。

太阳能空调系统的监测参数主要包括两部分：室

内外环境参数和太阳能空调系统参数。其中，与常规空调系统有所区别的主要是太阳辐射照度的监测、太阳能集热器进出口温度与流量、蓄热水箱温度和辅助能源消耗量的监测。

5 规划和建筑设计

5.1 一般规定

5.1.1 太阳能空调系统设计与建筑物所处建筑气候分区、规划用地范围内的现状条件及当地社会经济发展水平密切相关。在规划和建筑设计中应充分考虑、利用和强化已有特点和条件，为充分利用太阳能创造条件。

太阳能空调系统设计应由建筑设计单位和太阳能空调系统产品供应商相互配合共同完成。首先，建筑师要根据建筑类型、使用功能确定安装太阳能空调系统的机房位置和屋面设备的安装位置，向暖通工程师提出对空调系统的使用要求；暖通工程师进行太阳能热力制冷机组选型、空调系统设计及末端管线设计；结构工程师在建筑结构设计时，应考虑屋面太阳能集热器和室内制冷机组的荷载，以保证结构的安全性，并埋设预埋件，为太阳能集热器的锚固、安装提供安全牢靠的条件；电气工程师满足系统用电负荷和运行安全要求，进行防雷设计。

其次，太阳能空调系统产品供应商需向建筑设计单位提供热力制冷机组和太阳能集热器的规格、尺寸、荷载，预埋件的规格、尺寸、安装位置及安装要求；提供热力制冷机组和集热器的技术指标及其检测报告；保证产品质量和使用性能。

5.1.2 本条引用了《民用建筑太阳能热水系统应用技术规范》GB 50364 中的相关规定。

5.1.3 本条对屋顶太阳能集热器设备和管道的布置提出要求，目的是集中管理、维修方便和美化环境。检修通道和管道井的设计应遵守相关的国家现行的规范和标准。

5.2 规划设计

5.2.1 建筑的体形设计和空间组合设计应充分考虑太阳能的利用，包括建筑的布局、高度和间距等，目的是为使集热器接收更多的太阳辐射照度。

5.2.2 太阳能空调系统在屋面增加的集热器等组件有可能降低相邻建筑底层房间的日照时间，不能满足建筑日照的要求。在阳台或墙面上安装有一定倾角的集热器时，也有可能会降低下层房间的日照时间。所以在设计太阳能空调之前必须对日照进行分析和计算。

5.2.3 太阳能集热器安装在建筑屋面、阳台、墙面或其他部位，不应被其他物体遮挡阳光。太阳能集热

器总面积根据热力制冷机组热水用量、建筑上允许的安装面积等因素确定。考虑到热力制冷机组需要匹配较大的集热器总面积和较长时间的辐照时间，本条规定集热器要满足全天有不少于 6h 日照时数的要求。

5.3 建筑设计

5.3.1 太阳能空调系统的制冷机房应由建筑师根据建筑功能布局进行统一设置，因机房功能与常规空调系统一致，所以宜与常规空调系统的机房统一布置。制冷机房应靠近建筑冷负荷中心与太阳能集热器，及制冷机组应靠近蓄能水箱等要求，都是为了尽量减少由于管道过长而产生的冷热损耗。

5.3.2 太阳能空调系统中的太阳能集热器、热力制冷系统和空调末端系统应由建筑师配合暖通工程师和太阳能空调系统产品供应商确定合理的安装位置，并重点满足集热器、蓄热水箱和冷却塔等设备的补水、排水等功能要求。而热力制冷机组、辅助能源装置等大型设备在运行期间需要不同程度的检修、更新和维护，建筑设计要考虑到这些因素。

建筑设计应为太阳能空调系统的安装、维护提供安全的操作条件。如平屋面设有屋面出口或上人孔，便于集热器和冷却塔等屋面设备安装、检修人员的出入；坡屋面屋脊的适当位置可预留金属钢架或挂钩，方便固定安装检修人员系在身上的安全带，确保人员安全。集热器支架下部的水平杆件不应影响屋面雨水的排放。

5.3.3 本条为强制性条文。建筑设计时应考虑设置必要的安全防护措施，以防止安装有太阳能集热器的墙面、阳台或挑檐等部位的集热器损坏后部件坠落伤人，如设置挑檐、入口处设雨篷或进行绿化种植隔离等，使人不易靠近。集热器下部的杆件和顶部的高度也应满足相应的要求。

5.3.4 作为太阳能建筑一体化设计要素的太阳能集热器可以直接作为屋面板、阳台栏板或墙板等围护结构部件，但除了满足系统功能要求外，首先要满足屋面板、阳台栏板、墙板的结构安全性能、消防功能和安全防护功能等要求。除此之外，太阳能集热器应与建筑整体有机结合，并与建筑周围环境相协调。

5.3.5 建筑的主体结构在伸缩缝、沉降缝、抗震缝的变形缝两侧会发生相对位移，太阳能集热器跨越变形缝时容易被破坏，所以太阳能集热器不应跨越主体结构的变形缝。

5.3.6 辅助能源装置的位置和安装空间应由建筑师与暖通工程师共同确定，该装置能否安全运行、操作及维护方便是太阳能空调系统安全运行的重要因素之一。

5.4 结构设计

5.4.1 太阳能空调系统中的太阳能集热器、热力制

冷机组和蓄能水箱与主体结构的连接和锚固必须牢固可靠，主体结构的承载力必须经过计算或实物试验予以确认，并要留有余地，防止偶然因素产生突然破坏。真空管集热器每平方米的重量约（15～20）kg，平板集热器每平方米的重量约（20～25）kg。

安装太阳能空调系统的主体结构必须具备承受太阳能集热器、热力制冷机组和蓄能水箱等传递的各种作用的能力（包括检修荷载），主体结构设计时应充分加以考虑。例如，主体结构为混凝土结构时，为了保证与主体结构的连接可靠性，连接部位主体结构混凝土强度等级不应低于C20。

5.4.2 本条为强制性条文。连接件与主体结构的锚固承载力应大于连接件本身的承载力，任何情况不允许发生锚固破坏。采用锚栓连接时，应有可靠的防松动、防滑移措施；采用挂接或插接时，应有可靠的防脱落、防滑移措施。

为防止主体结构与支架的温度变形不一致导致太阳能集热器、热力制冷机组或蓄能水箱损坏，连接件必须有一定的适应位移的能力。

5.4.3 安装在屋面、阳台或墙面的太阳能集热器与建筑主体结构的连接，应优先采用预埋件来实现。因为预埋件的连接能较好地满足设计要求，且耐久性能良好，与主体连接较为可靠。施工时注意混凝土振捣密实，使预埋件锚入混凝土内部分与混凝土充分接触，具有很好的握裹力。同时采取有效的措施使预埋件位置准确。为了保证预埋件与主体结构连接的可靠性，应确保在主体施工前设计并在施工时按设计要求的位置和方法进行预埋。如果没有设置预埋件的条件，也可采用其他可靠的方法进行连接。

5.4.4 由于制冷机组、冷却塔等设备自重或满载重量较大，在太阳能空调系统设计时，必须事先考虑将其设置在具有相应承载能力的结构构件上。在新建建筑中，应在结构设计时充分考虑这些设备的荷载，避免错、漏；在既有建筑中应进行强度与变形的验算，以保证结构构件在增加荷载后的安全性，如强度或变形不满足要求，则要对结构构件进行加固处理或改变设备位置。

5.4.5 进行结构设计时，不但要计算安装部位主体结构构件的强度和变形，而且要计算支架、支撑金属件及其连接节点的承载能力，以确保连接和锚固的可靠性，并留有余量。

5.4.6 当土建施工中未设置预埋件、预埋件漏放、预埋件偏离设计位置太远、设计变更，或既有建筑增设太阳能空调系统时，往往要使用后锚固螺栓进行连接。采用后锚固螺栓（机械膨胀螺栓或化学锚栓）时，应采取多种措施，保证连接的可靠性及安全性。

5.4.7 太阳能空调系统结构设计应区分是否抗震。对非抗震设防的地区，只需考虑风荷载、重力荷载和雪荷载（冬天下雪夜晚平板集热器可能会出现积雪现象）；对抗震设防的地区，还应考虑地震作用。

经验表明，对于安装在建筑屋面、阳台、墙面或其他部位的太阳能集热器主要受风荷载作用，抗风设计是主要考虑因素。但是地震是动力作用，对连接节点会产生较大影响，使连接处发生破坏甚至使太阳能集热器脱落，所以除计算地震作用外，还必须加强构造措施。

5.5 暖通和给水排水设计

5.5.1 太阳能空调系统机房是指热力制冷机组及相关系统设备的机房，应保持其良好的通风。有条件时可利用自然通风，但应防止噪声对周围建筑环境的影响；无条件时则应独立设置机械通风系统。当辅助燃油、燃气锅炉不设置在机房时，机房的最小通风量，可根据生产厂家的要求，并结合机房内余热排除的需求综合确定，机房的换气次数通常可取（4～6）次/h；当辅助燃油、燃气锅炉设置在机房内时，机房的通风系统设计应满足现行国家标准《锅炉房设计规范》GB 50041中对燃油和燃气锅炉房通风系统设计的要求。机房位置、机房内设备与建筑的相对空间及消防等要求在《采暖通风与空气调节设计规范》GB 50019中已作详细规定，应遵照执行。

5.5.2 太阳能空调系统的机房存在用水点，例如一些设备运行或维修时需要排水、泄压、冲洗等，因此机房需要给水排水专业配合设计。太阳能集热系统要进行良好的介质循环，也涉及给水排水设计。更重要的是，辅助能源装置如采用燃油、燃气、电热锅炉等，则还需要设置特殊的水喷雾或气体灭火消防系统。一般的给水排水相关设计应遵守现行国家标准《建筑给水排水设计规范》GB 50015的要求，给水排水消防设计应按照现行国家标准《高层民用建筑设计防火规范》GB 50045及《建筑设计防火规范》GB 50016中的规定执行。

5.5.3 太阳能集热器置于室外屋顶或建筑立面，集热管表面日久会积累灰尘，如不及时清洗将影响透光率，降低集热能力。本条要求在集热器附近设置用于清洁的给水点，就是为了定期打扫预留条件。给水点预留要注意防冻。因为污水要排走，排水设施也需要同时设计。

5.6 电 气 设 计

5.6.1、5.6.2 这两条是对太阳能空调系统中使用电气设备的安全要求，其中5.6.2条为强制性条文。如果系统中含有电气设备，其电气安全应符合现行国家标准《家用和类似用途电器的安全》（第一部分通用要求）GB 4706.1的要求。

5.6.3 太阳能空调系统的电气管线应与建筑物的电气管线统一布置，集中隐蔽。

6 太阳能空调系统安装

6.1 一 般 规 定

6.1.1 本条为强制性条文。太阳能空调系统的施工安装，保证建筑物的结构和功能设施安全是第一位的，特别在既有建筑上安装系统时，如果不能严格按照相关规范进行土建、防水、管道等部位的施工安装，很容易造成对建筑物的结构、屋面防水层和附属设施的破坏，削弱建筑物在寿命期内承受荷载的能力，所以，该条文应予以充分重视。

6.1.2 目前，国内太阳能空调系统的施工安装通常由专门的太阳能工程公司承担，作为一个独立工程实施完成，而太阳能系统的安装与土建、装修等相关施工作业有很强的关联性，所以，必须强调施工组织设计，以避免差错、提高施工效率。

6.1.3 本条的提出是由于目前太阳能系统施工安装人员的技术水平参差不齐，不进行规范施工的现象时有发生。所以，着重强调必要的施工条件，严禁不满足条件的盲目施工。

6.1.4 由于太阳能空调系统在非使用季节会在较恶劣的工况下运行，以此规定了连接管线、部件、阀门等配件选用的材料应能耐受高温，以防止系统破坏，提高系统部件的耐久性和系统工作寿命。

6.1.5 太阳能空调系统的安装一般在土建工程完工后进行，而土建部位的施工通常由其他施工单位完成，本条强调了对土建相关部位的保护。

6.1.6 本条对太阳能空调系统安装人员应具备的条件进行规定。

6.1.7 根据《特种设备安全监察条例》（国务院令第 549 号），燃油、燃气锅炉属于特种设备，其安装单位、人员应具有特种设备安装资质，并需要进行安装报批、检验和验收。

6.2 太阳能集热系统安装

6.2.1 支架安装关系到太阳能集热器的稳定和安全，应与基座连接牢固。

6.2.2 一般情况下，太阳能空调系统的承重基座都是在屋面结构层上现场砌（浇）筑，需要刨开屋面面层做基座，因此将破坏原有的防水结构。基座完工后，被破坏的部位需重做防水。

6.2.3 实际施工中，钢结构支架及预埋件的防腐多被忽视，会影响系统寿命，本条对此加以强调。

6.2.4 集热器的安装方位和倾角影响太阳能集热系统的得热量，因此在安装时应给予重视。

6.2.5 太阳能空调系统由于工作温度高，并可能存在较严重的过热问题，因此集热器的连接不当会造成漏水等问题，本条对此加以强调。

6.2.6 现行国家标准《建筑给水排水及采暖工程施工质量验收规范》GB 50242 规范了各种管路施工要求，太阳能集热系统的管路施工应遵照执行。

6.2.7 为防止集热器漏水，本条对此加以强调。

6.2.8 本条规定了太阳能集热系统钢结构支架应有可靠的防雷措施。

6.2.9 本条强调应先检漏，后保温，且应保证保温质量。

6.3 制冷系统安装

6.3.1 本条强调安装时应对制冷机组进行保护。

6.3.2 本条是根据电气和控制设备的安装要求对制冷机组的安装位置作出规定。

6.3.3 现行国家标准《制冷设备、空气分离设备安装工程施工及验收规范》GB 50274 及《通风与空调工程施工质量验收规范》GB 50243 规范了空调设备及系统的施工要求，应遵照执行。

6.3.4 空调末端系统的施工安装在现行国家标准《建筑给水排水及采暖工程施工质量验收规范》GB 50242 和《通风与空调工程施工质量验收规范》GB 50243 中均有规定，应遵照执行。

6.4 蓄能和辅助能源系统安装

6.4.1 为提高水箱寿命和满足卫生要求，采用钢板焊接的蓄能水箱要对其内壁作防腐处理，并确保材料承受热水温度。

6.4.2 本条规定是为减少蓄能水箱的热损失。

6.4.3 本条规定了蓄能地下水池现场施工制作时的要求，以保证水池质量和施工安全。

6.4.4 为防止水箱漏水，本条对检漏和实验方法给予规定。

6.4.5 本条规定是为减少蓄能水箱的热损失。

6.4.6 现行国家标准《建筑给水排水及采暖工程施工质量验收规范》GB 50242 规范了额定工作压力不大于 1.25MPa、热水温度不超过 130℃ 的整装蒸汽和热水锅炉及配套设备的安装，规范了直接加热和热交换器及辅助设备的安装，应遵照执行。

6.5 电气与自动控制系统安装

6.5.1 太阳能空调系统的电缆线路施工和电气设施的安装在现行国家标准《电气装置安装工程电缆线路施工及验收规范》GB 50168 和《建筑电气工程施工质量验收规范》GB 50303 中有详细规定，应遵照执行。

6.5.2 为保证系统运行的电气安全，系统中的全部电气设备和与电气设备相连接的金属部件应作接地处理。而电气接地装置的施工在现行国家标准《电气装置安装工程接地装置施工及验收规范》GB 50169 中均有规定，应遵照执行。

6.5.3 本条强调了传感器安装的质量和注意事项。

6.6 压力试验与冲洗

6.6.1 为防止系统漏水，本条对此加以强调。

6.6.2 本条规定了管路和设备的检漏试验。对于各种管路和承压设备，试验压力应符合设计要求。当设计未注明时，应按现行国家标准《建筑给水排水及采暖工程施工质量验收规范》GB 50242 的相关要求进行。非承压设备做满水灌水试验，满水灌水检验方法：满水试验静置 24h，观察不漏不渗。

6.6.3 本条规定是为防止低温水压试验结冰造成管路和集热器损坏。

6.6.4 本条强调了制冷机组安装完毕后应进行水压试验和冲洗，并规定了冲洗方法。

6.7 系 统 调 试

6.7.1 太阳能空调系统是一个比较专业的工程，需由专业人员才能完成系统调试。系统调试是使系统功能正常发挥的调整过程，也是对工程质量进行检验的过程。

6.7.2 本条规定了系统调试需要包括的项目和连续试运行的天数，以使工程能达到预期效果。

6.7.3 本条规定了设备单机、部件调试应包括的主要内容，以防遗漏。

6.7.4 系统联动调试主要指按照实际运行工况进行系统调试。本条解释了系统联动调试内容，以防遗漏。

6.7.5 本条规定了系统联动调试的运行参数应符合的要求。

7 太阳能空调系统验收

7.1 一 般 规 定

7.1.1 本条规定了太阳能空调系统的验收步骤。

7.1.2 本条强调了在验收太阳能空调系统前必须先完成相关的隐蔽工程验收，并对其工程验收文件进行认真的审核与验收。

7.1.3 太阳能空调系统较复杂，在安装热力制冷机组等设备及空调系统管线的过程中产生的废料和各种辅助安装设备应及时清除以保证验收现场的干净整洁。

7.1.4 本条强调了现行国家标准《建筑工程施工质量验收统一标准》GB 50300 中的规定要求。

7.1.5 本条强调了施工单位应先进行自检，自检合格后再申请竣工验收。

7.1.6 本条强调了现行国家标准《建筑工程施工质量验收统一标准》GB 50300 中的规定要求。

7.1.7 本条强调了太阳能空调系统验收记录、资料立卷归档的重要性。

7.2 分项工程验收

7.2.1 本条划分了太阳能空调系统工程的分部与分项工程，以及分项工程所包括的基本施工安装工序和项目，分项工程验收应能涵盖这些基本施工安装工序和项目。

7.2.2 太阳能空调系统某些工序的施工必须在前一道工序完成且质量合格后才能进行本道工序，否则将较难返工。

7.2.3 本条强调了太阳能空调系统的性能应在调试合格后进行检验，其中热性能的检验内容应包括太阳能集热器的进出口温度、流量和压力，热力制冷机组的热水和冷水的进出口温度、流量和压力。

7.3 竣 工 验 收

7.3.1 本条强调了竣工验收的时机。

7.3.2 本条强调了竣工验收应提交的资料。实际应用中，一些施工单位对施工资料不够重视，这会对今后的设备运行埋下隐患，应予以注意。

8 太阳能空调系统运行管理

8.1 一 般 规 定

8.1.1～8.1.3 规定在太阳能空调系统交付使用后，系统提供单位应对使用单位进行工作原理交底和相关的操作培训，并制定详细的使用说明。使用单位应建立太阳能空调系统管理制度，其中包括太阳能空调系统的运行、维护和维修等。太阳能空调系统开始使用后，使用单位应根据建筑使用特点以及空调运行时间等因素，建立由专人负责运行维护的管理制度，设专人负责系统的管理和运行。系统操作和管理人员应严格按照使用说明对系统进行管理，发现仪表显示出现故障及系统运行失常，应及时组织检修。但太阳能集热器、制冷机组、控制系统等关键设备发生故障时，应及时通知相关产品供应商进行专业维修。

8.1.4 本条规定了应对太阳能空调系统的主要设备、部件以及数据采集装置、控制元件等进行定期检查。

8.2 安 全 检 查

8.2.1 本条规定应对太阳能集热器进行定期安全检查，包括定期检查太阳能集热器与基座和支架的连接，更换损坏的集热器，检查设备及管路的漏水情况。定期检查基座和支架的强度、锈蚀情况和损坏程度。

8.2.2 本条强调建筑立面安装太阳能集热器的安全防护措施。应对墙面等建筑立面处安装太阳能集热器的防护网或其他防护设施定期检修，避免集热器损坏造成对人身的伤害。

8.2.3 本条强调进入冬季之前应进行防冻系统的检

查，保证系统安全运行。此处需要强调的是，防冻检查既包括太阳能集热系统的防冻设施（具体见现行国家标准《民用建筑太阳能热水系统应用技术规范》GB 50364），也包括太阳能空调系统的其他部件以及管路。

8.2.4 本条强调了应对太阳能集热系统防雷设施进行定期检查，并进行接地电阻测试。

8.2.5 从现有的太阳能空调系统工程案例来看，许多项目采用了燃气锅炉或燃油锅炉等作为辅助能源装置，此类工程项目中，应按照国家现行的安检以及管理制度对燃油和燃气锅炉、燃油和燃气输送管道以及其他相关的消防报警设施进行定期检查。

8.3 系 统 维 护

8.3.1 温度、流量等传感器对太阳能空调系统的全自动运行起着重要作用，本条规定每年应对传感器进行检查，发现问题应及时更换。

8.3.2 考虑到空气污染等问题影响太阳能集热器的高效运行，应每年检查集热器表面，定期进行清洗。

8.3.3 本条规定每年对管路、阀门以及电气元件进行检查，包括管路是否渗漏、管路保温是否受损以及阀门是否启闭正常、有无渗漏等。

8.3.4 本条规定了太阳能空调系统停止运行时，应采取适当措施将太阳能集热系统的得热量加以利用或释放，避免集热系统过热。

8.3.5 对于目前太阳能空调系统所采用的热驱动吸收式或吸附式制冷机组，建议其维护由产品供应商进行。

中华人民共和国国家标准

可再生能源建筑应用工程评价标准

Evaluation standard for application of
renewable energy in buildings

GB/T 50801—2013

主编部门：中华人民共和国住房和城乡建设部
批准部门：中华人民共和国住房和城乡建设部
施行日期：２０１３年５月１日

中华人民共和国住房和城乡建设部
公　告

第 1606 号

住房城乡建设部关于发布国家标准
《可再生能源建筑应用工程评价标准》的公告

现批准《可再生能源建筑应用工程评价标准》为国家标准，编号为 GB/T 50801－2013，自 2013 年 5 月 1 日起实施。

本标准由我部标准定额研究所组织中国建筑工业出版社出版发行。

中华人民共和国住房和城乡建设部
2012 年 12 月 25 日

前　言

根据住房和城乡建设部《关于印发〈2009 年工程建设标准规范制订、修订计划〉的通知》（建标［2009］88 号）的要求，标准编制组经广泛调查研究，认真总结实践经验，参考有关国际标准和国外先进标准，并在广泛征求意见的基础上，制定本标准。

本标准的主要技术内容是：总则，术语，基本规定，太阳能热利用系统，太阳能光伏系统和地源热泵系统。

本标准由住房和城乡建设部负责管理，由中国建筑科学研究院负责具体技术内容的解释。执行过程中如有意见或建议，请寄送至中国建筑科学研究院（地址：北京北三环东路 30 号，邮政编码：100013）。

本 标 准 主 编 单 位：中国建筑科学研究院
　　　　　　　　　　住房和城乡建设部科技发展促进中心
本 标 准 参 编 单 位：上海市建筑科学研究院（集团）有限公司
　　　　　　　　　　深圳市建筑科学研究院有限公司
　　　　　　　　　　河南省建筑科学研究院
　　　　　　　　　　四川省建筑科学研究院
　　　　　　　　　　甘肃省建筑科学研究院
　　　　　　　　　　辽宁省建设科学研究院
　　　　　　　　　　山东省建筑科学研究院
　　　　　　　　　　国家住宅与居住环境工程技术研究中心
　　　　　　　　　　中国科学技术大学
　　　　　　　　　　山东力诺瑞特新能源有限公司
　　　　　　　　　　皇明太阳能集团有限公司
　　　　　　　　　　山东桑乐太阳能有限公司
　　　　　　　　　　北京清华阳光能源开发有限责任公司
　　　　　　　　　　北京四季沐歌太阳能技术集团有限公司
　　　　　　　　　　北京科诺伟业科技有限公司
　　　　　　　　　　深圳市拓日新能源科技股份有限公司
　　　　　　　　　　威海中玻光电有限公司
　　　　　　　　　　沈阳金都新能源科技有限公司
　　　　　　　　　　无锡尚德太阳能电力有限公司
　　　　　　　　　　南京丰盛新能源股份有限公司
　　　　　　　　　　北京易度恒星科技发展有限公司
　　　　　　　　　　山东宏力空调设备有限公司
　　　　　　　　　　山东宜美科节能服务有限公司
　　　　　　　　　　山东亚特尔集团股份有限公司
　　　　　　　　　　昆山台佳机电有限公司
　　　　　　　　　　山东富尔达空调设备有限公司
　　　　　　　　　　国际铜业协会（中国）

本标准主要起草人员：徐　伟　何　涛　郝　斌
宋业辉　孙峙峰　杨建荣
刘俊跃　栾景阳　李现辉
姚春妮　徐斌斌　刘吉林
王庆辉　王守宪　张　磊
季　杰　薛梦华　徐志斌
马　兵　刘　铭　焦青太
许兰刚　刘　强　吴　军
朱利达　陈文华　郁松涛

党亚峰　于奎明　马　宁
刘一民　南远新　刘世俊
徐少山　黄俊鹏　张昕宇
牛利敏　黄祝连　王　敏
本标准主要审查人员：郎四维　罗振涛　冯　雅
何梓年　董路影　张晓黎
张　旭　徐宏庆　赵立华
端木琳　贾铁鹰　李　军

目　次

1　总则 ……………………… 11—6

2　术语 ……………………… 11—6

3　基本规定 ………………… 11—6

　3.1　一般规定 ……………… 11—6

　3.2　形式检查 ……………… 11—6

　3.3　评价报告 ……………… 11—7

4　太阳能热利用系统 ……… 11—7

　4.1　评价指标 ……………… 11—7

　4.2　测试方法 ……………… 11—8

　4.3　评价方法 …………… 11—10

　4.4　判定和分级 ………… 11—12

5　太阳能光伏系统 ………… 11—13

　5.1　评价指标 …………… 11—13

　5.2　测试方法 …………… 11—13

　5.3　评价方法 …………… 11—14

　5.4　判定和分级 ………… 11—15

6　地源热泵系统 …………… 11—15

　6.1　评价指标 …………… 11—15

　6.2　测试方法 …………… 11—15

　6.3　评价方法 …………… 11—16

　6.4　判定和分级 ………… 11—18

附录A　评价报告格式 …… 11—18

附录B　太阳能资源区划 … 11—21

附录C　我国主要城市日太阳辐照量
　　　　分段统计 ………… 11—22

附录D　倾斜表面上太阳辐照度的
　　　　计算方法 ………… 11—24

本标准用词说明 …………… 11—25

引用标准名录 ……………… 11—25

附：条文说明 ……………… 11—26

Contents

1 General Provisions ················· 11—6

2 Terms ························· 11—6

3 Basic Requirements ··············· 11—6

  3.1 General Requirements ··········· 11—6

  3.2 Format Inspection ············· 11—6

  3.3 Evaluation Report ············· 11—7

4 Solar Thermal System ············· 11—7

  4.1 Evaluation Indexes ············· 11—7

  4.2 Testing Method ··············· 11—8

  4.3 Evaluation Method ············· 11—10

  4.4 Conformity Assessment and Grade
Determination ················· 11—12

5 Solar Photovoltaic System ·········· 11—13

  5.1 Evaluation Indexes ············· 11—13

  5.2 Testing Method ··············· 11—13

  5.3 Evaluation Method ············· 11—14

  5.4 Conformity Assessment and Grade
Determination ················· 11—15

6 Ground-source Heat Pump
System ····················· 11—15

  6.1 Evaluation Indexes ············· 11—15

  6.2 Testing Method ··············· 11—15

  6.3 Evaluation Method ············· 11—16

  6.4 Conformity Assessment and Grade
Determination ················· 11—18

Appendix A Evaluation Report
Format ················ 11—18

Appendix B Solar Source
Regionalization ·········· 11—21

Appendix C Piecewise Statistics Data
of Solar Irradiation in
Representative Cities ··· 11—22

Appendix D Calculation Method of
Solar Irradiance on
Tilted Surface ·········· 11—24

Explanation of Wording in
This Standard ················· 11—25

List of Quoted Standards ··········· 11—25

Addition: Explanation of
Provisions ··················· 11—26

1 总 则

1.0.1 为了贯彻落实国家在建筑中应用可再生能源、保护环境的有关法规政策，增强社会应用可再生能源的意识，促进我国可再生能源建筑应用事业的健康发展，指导可再生能源建筑应用工程的测试与评价，制定本标准。

1.0.2 本标准适用于应用太阳能热利用系统、太阳能光伏系统、地源热泵系统的新建、扩建和改建工程的节能效益、环境效益、经济效益的测试与评价。

1.0.3 在进行可再生能源建筑应用工程测试与评价时，除应符合本标准要求外，尚应符合国家现行有关标准的规定。

2 术 语

2.0.1 可再生能源建筑应用 application of renewable energy in buildings

在建筑供热水、采暖、空调和供电等系统中，采用太阳能、地热能等可再生能源系统提供全部或部分建筑用能的应用形式。

2.0.2 太阳能热利用系统 solar thermal system

将太阳能转换成热能，进行供热、制冷等应用的系统，在建筑中主要包括太阳能供热水、采暖和空调系统。

2.0.3 太阳能供热水采暖系统 solar hot water and space heating system

将太阳能转换成热能，为建筑物进行供热水和采暖的系统，系统主要部件包括太阳能集热器、换热蓄热装置、控制系统、其他能源辅助加热/换热设备、泵或风机、连接管道和末端热水采暖系统等。

2.0.4 太阳能空调系统 solar air-conditioning system

一种利用太阳能集热器加热热媒，驱动热力制冷系统的空调系统，由太阳能集热系统、热力制冷系统、蓄能系统、空调末端系统、辅助能源以及控制系统六部分组成。

2.0.5 太阳能光伏系统 solar photovoltaic system

利用光生伏打效应，将太阳能转变成电能，包含逆变器、平衡系统部件及太阳能电池方阵在内的系统。

2.0.6 地源热泵系统 ground-source heat pump system

以岩土体、地下水或地表水为低温热源，由水源热泵机组、地热能交换系统、建筑物内系统组成的供热空调系统。根据地热能交换系统形式的不同，地源热泵系统分为地埋管地源热泵系统、地下水地源热泵系统和地表水地源热泵系统。其中地表水源热泵又分

为江、河、湖、海水源热泵系统。

2.0.7 太阳能保证率 solar fraction

太阳能供热水、采暖或空调系统中由太阳能供给的能量占系统总消耗能量的百分率。

2.0.8 系统费效比 cost-benefit ratio of the system

可再生能源系统的增量投资与系统在正常使用寿命期内的总节能量的比值，表示利用可再生能源节省每千瓦小时常规能源的投资成本。

2.0.9 地源热泵系统制冷能效比 energy efficiency ratio of ground-source heat pump system (EER_{sys})

地源热泵系统制冷量与热泵系统总耗电量的比值，热泵系统总耗电量包括热泵主机、各级循环水泵的耗电量。

2.0.10 地源热泵系统制热性能系数 coefficient of performance of ground-source heat pump system (COP_{sys})

地源热泵系统总制热量与热泵系统总耗电量的比值，热泵系统总耗电量包括热泵主机、各级循环水泵的耗电量。

2.0.11 负荷率 load ratio

系统的运行负荷与设计负荷之比。

3 基 本 规 定

3.1 一 般 规 定

3.1.1 可再生能源建筑应用工程的评价应包括指标评价、性能合格判定和性能分级评价。评价应先进行单项指标评价，根据单项指标的评价结果进行性能合格判定。判定结果合格宜进行分级评价，判定结果不合格不进行分级评价。

3.1.2 可再生能源建筑应用工程评价应以实际测试参数为基础进行。条件具备时应优先选用长期测试，否则应选用短期测试。长期测试结果和短期测试结果不一致时，应以长期测试结果为准。

3.1.3 可再生能源建筑应用工程评价应包括该工程的全部系统，测试数量应根据系统形式和规模抽样确定，抽样方法应符合本标准第 4.2.2、5.2.2 和 6.2.2 条的规定。

3.1.4 可再生能源建筑应用工程的测试、评价应首先通过可再生能源建筑应用所属专业的分部工程验收、建筑节能分部验收以及本标准第 3.2 节规定的形式检查。

3.2 形 式 检 查

3.2.1 可再生能源建筑应用工程评价前应做到手续齐全，资料完整，检查的资料应包括但不限于下列内容：

1 项目立项、审批文件；

2 项目施工设计文件审查报告及其意见；

3 项目施工图纸；

4 与可再生能源建筑应用相关的主要材料、设备和构件的质量证明文件、进场检验记录、进场核查记录、进场复验报告和见证试验报告；

5 可再生能源建筑应用相关的隐蔽工程验收记录和资料；

6 可再生能源建筑应用工程中各分项工程质量验收记录，并核查部分检验批次验收记录；

7 太阳能建筑应用对相关建筑日照、承重和安全的影响分析；

8 地源热泵系统对水文、地质、生态和相关物理化学指标的影响分析，地下水地源热泵系统回灌试验记录；

9 测试和评价人员认为应具备的其他文件和资料。

3.2.2 太阳能热利用系统的太阳能集热器、辅助热源、空调制冷机组、冷却塔、贮水箱、系统管路、系统保温和电气装置等关键部件应有质检合格证书，性能参数应符合设计和国家现行相关标准的要求。太阳能集热器、空调制冷机组应有符合要求的检测报告。

3.2.3 太阳能光伏系统的太阳能电池方阵、蓄电池（或者蓄电池箱体）、充放电控制器和直流/交流逆变器等关键部件应有质检合格证书，性能参数应符合设计和国家现行相关标准的要求。太阳能光伏组件应有符合要求的检测报告。

3.2.4 地源热泵系统的热泵机组、末端设备（风机盘管、空气调节机组和散热设备）、辅助设备材料（水泵、冷却塔、阀门、仪表、温度调控装置、计量装置和绝热保温材料）、监测与控制设备以及风系统和水系统管路等关键部件应有质检合格证书和符合要求的检测报告，性能参数应符合设计和国家现行相关标准的要求。

3.2.5 可再生能源建筑应用工程的外观应干净整洁，无明显污损、变形等现象。

3.2.6 太阳能热利用系统的系统类型、集热器类型、集热器总面积、储水箱容量、辅助热源类型、辅助热源容量、制冷机组制冷量、循环管路类型、控制系统和辅助材料（保温材料、阀门以及仪器仪表）等内容应符合设计文件的规定。

3.2.7 太阳能光伏系统的太阳能电池组件类型、太阳能电池阵列面积、装机容量、蓄电方式、并网方式和主要部件的类型和技术参数、控制系统、辅助材料以及负载类型等内容应符合设计文件的规定。

3.2.8 地源热泵系统的系统类型、供热量、供冷量、地源换热器、热泵机组、控制系统、辅助材料和建筑物内系统的类型、规模大小、技术参数和数量等内容应符合设计文件的规定。

3.3 评价报告

3.3.1 可再生能源建筑应用工程评价完成后，应由测试评价机构出具评价报告，评价报告应包括但不限于下列内容：

1 形式检查结果；

2 各项评价指标的评价结果；

3 性能合格判定结果；

4 性能分级评价结果；

5 采用的仪器设备清单；

6 测试与评价方案。

3.3.2 可再生能源建筑应用工程评价报告应按本标准附录 A 编制。

4 太阳能热利用系统

4.1 评价指标

4.1.1 太阳能热利用系统的评价指标及其要求应符合下列规定：

1 太阳能热利用系统的太阳能保证率应符合设计文件的规定，当设计无明确规定时，应符合表 4.1.1-1 的规定。太阳能资源区划按年日照时数和水平面上年太阳辐照量进行划分，应符合本标准附录 B 的规定。

**表 4.1.1-1 不同地区太阳能热利用
系统的太阳能保证率 f（%）**

太阳能资源区划	太阳能热水系统	太阳能采暖系统	太阳能空调系统
资源极富区	$f \geqslant 60$	$f \geqslant 50$	$f \geqslant 40$
资源丰富区	$f \geqslant 50$	$f \geqslant 40$	$f \geqslant 30$
资源较富区	$f \geqslant 40$	$f \geqslant 30$	$f \geqslant 20$
资源一般区	$f \geqslant 30$	$f \geqslant 20$	$f \geqslant 10$

2 太阳能热利用系统的集热系统效率应符合设计文件的规定，当设计文件无明确规定时，应符合表 4.1.1-2 的规定。

表 4.1.1-2 太阳能热利用系统的集热效率 η（%）

太阳能热水系统	太阳能采暖系统	太阳能空调系统
$\eta \geqslant 42$	$\eta \geqslant 35$	$\eta \geqslant 30$

3 太阳能集热系统的贮热水箱热损因数 U_{sl} 不应大于 30 W/(m³·K)。

4 太阳能供热水系统的供热水温度 t_r 应符合设计文件的规定，当设计文件无明确规定时 t_r 应大于等于 45℃且小于等于 60℃。

5 太阳能采暖或空调系统的室内温度 t_n 应符合设计文件的规定，当设计文件无明确规定时应符合国家现行相关标准的规定。

6 太阳能空调系统的太阳能制冷性能系数应符合设计文件的规定，当设计文件无明确规定时，应在评价报告给出。

7 太阳能热利用系统的常规能源替代量和费效比应符合项目立项可行性报告等相关文件的规定，当无文件明确规定时，应在评价报告中给出。

8 太阳能热利用系统的静态投资回收期应符合项目立项可行性报告等相关文件的规定。当无文件明确规定时，太阳能供热水系统的静态投资回收期不应大于 5 年，太阳能采暖系统的静态投资回收期不应大于 10 年，太阳能空调系统的静态投资回收期应在评价报告中给出。

9 太阳能热利用系统的二氧化碳减排量、二氧化硫减排量及粉尘减排量应符合项目立项可行性报告等相关文件的规定，当无文件明确规定时，应在评价报告中给出。

4.2 测 试 方 法

4.2.1 太阳能热利用系统测试应包括下列内容：

1 集热系统效率；

2 系统总能耗；

3 集热系统得热量；

4 制冷机组制冷量；

5 制冷机组耗热量；

6 贮热水箱热损因数；

7 供热水温度；

8 室内温度。

注：制冷机组制冷量、制冷机组耗热量仅适用于太阳能空调系统，供热水温度仅适用太阳能供热水系统，室内温度仅适用于太阳能采暖或太阳能空调系统。

4.2.2 太阳能热利用系统的测试抽样方法应符合下列规定：

1 当太阳能供热水系统的集热器结构类型、集热与供热水范围、系统运行方式、集热器内传热工质、辅助能源安装位置以及辅助能源启动方式相同，且集热器总面积、贮热水箱容积的偏差均在10%以内时，应视为同一类型太阳能供热水系统。同一类型太阳能供热水系统被测试数量应为该类型系统总数量的2%，且不得少于 1 套。

2 当太阳能采暖空调系统的集热器结构类型、集热系统运行方式、系统蓄热（冷）能力、制冷机组形式、末端采暖空调系统相同，且集热器总面积、所有制冷机组额定制冷量、所供暖建筑面积的偏差在10%以内时，应视为同一种太阳能采暖空调系统。同一种太阳能采暖空调系统被测试数量应为该种系统总数量的 5%，且不得少于 1 套。

4.2.3 太阳能热利用系统的测试条件应符合下列规定：

1 太阳能热水系统长期测试的周期不应少于120d，且应连续完成，长期测试开始的时间应在每年春分（或秋分）前至少 60d 开始，结束时间应在每年春分（或秋分）后至少 60d 结束；太阳能采暖系统长期测试的周期应与采暖期同步；太阳能空调系统长期测试的周期应与空调期同步。长期测试周期内的平均负荷率不应小于 30%。

2 太阳能热利用系统短期测试的时间不应少于4d。短期测试期间的运行工况应尽量接近系统的设计工况，且应在连续运行的状态下完成。短期测试期间的系统平均负荷率不应小于 50%，短期测试期间室内温度的检测应在建筑物达到热稳定后进行。

3 短期测试期间的室外环境平均温度 t_a 应符合下列规定：

　1）太阳能热水系统测试的室外环境平均温度 t_a 的允许范围应为年平均环境温度±10℃；

　2）太阳能采暖系统测试的室外环境的平均温度 t_a 应大于等于采暖室外计算温度且小于等于 12℃；

　3）太阳能空调系统测试的室外环境平均温度 t_a 应大于等于 25℃且小于等于夏季空气调节室外计算干球温度。

4 太阳辐照量短期测试不应少于 4d，每一太阳辐照量区间测试天数不应少于 1d，太阳辐照量区间划分应符合下列规定：

　1）太阳辐照量小于 8MJ/(㎡ • d)；

　2）太阳辐照量大于等于 8MJ/(㎡ • d)且小于 12MJ/(㎡ • d)；

　3）太阳辐照量大于等于 12MJ/(㎡ • d)且小于 16MJ/(㎡ • d)；

　4）太阳辐照量大于等于 16MJ/(㎡ • d)。

5 短期测试的太阳辐照量实测值与本标准第4.2.3 条第 4 款规定的 4 个区间太阳辐照量平均值的偏差宜控制在±0.5MJ/(㎡ • d) 以内，对于全年使用的太阳能热水系统，不同区间太阳辐照量的平均值可按本标准附录 C 确定。

6 对于因集热器安装角度、局部气象条件等原因导致太阳辐照量难以达到 16MJ/㎡ 的工程，可由检测机构、委托单位等有关各方根据实际情况对太阳辐照量的测试条件进行适当调整，但测试天数不得少于 4d，测试期间的太阳辐照量应均匀分布。

4.2.4 测试太阳能热利用系统的设备仪器应符合下列规定：

1 太阳总辐照度应采用总辐射表测量，总辐射表应符合现行国家标准《总辐射表》GB/T 19565 的要求。

2 测量空气温度时应确保温度传感器置于遮阳且通风的环境中，高于地面约 1m，距离集热系统的距离在 1.5m～10.0m 之间，环境温度传感器的附近不应有烟囱、冷却塔或热气排风扇等热源。测量水温时应保证所测水流完全包围温度传感器。温度测量仪器以及与它们相关的读取仪表的精度和准确度不应大于表 4.2.4 的限值，响应时间应小于 5s。

表 4.2.4　温度测量仪器的准确度和精度

参　数	仪器准确度	仪器精度
环境空气温度	±0.5℃	±0.2℃
水温度	±0.2℃	±0.1℃

3　液体流量的测量准确度应为 ±1.0%。

4　质量测量的准确度应为 ±1.0%。

5　计时测量的准确度应为 ±0.2%。

6　模拟或数字记录仪的准确度应等于或优于满量程的 ±0.5%，其时间常数不应大于 1s。信号的峰值指示应在满量程的 50%～100% 之间。使用的数字技术和电子积分器的准确度应等于或优于测量值的 ±1.0%。记录仪的输入阻抗应大于传感器阻抗的 1000 倍或 10MΩ，且二者取其高值。仪器或仪表系统的最小分度不应超过规定精度的 2 倍。

7　长度测量的准确度应为 ±1.0%。

8　热量表的准确度应达到现行行业标准《热量表》CJ 128 规定的 2 级。

4.2.5　集热系统效率的测试应符合下列规定：

1　长期测试的时间应符合本标准第 4.2.3 条的规定。

2　短期测试时，每日测试的时间从上午 8 时开始至达到所需要的太阳辐射量为止。达到所需要的太阳辐射量后，应采取停止集热系统循环泵等措施，确保系统不再获取太阳得热。

3　测试参数应包括集热系统得热量、太阳总辐照量和集热系统集热器总面积等。

4　太阳能热利用系统的集热系统效率 η 应按下式计算得出：

$$\eta = Q_j / (A \times H) \times 100 \quad (4.2.5)$$

式中：η——太阳能热利用系统的集热系统效率（%）；

Q_j——太阳能热利用系统的集热系统得热量（MJ），测试方法应符合本标准第 4.2.7 条的规定；

A——集热系统的集热器总面积（m²）；

H——太阳总辐照量（MJ/m²）。

4.2.6　系统总能耗的测试应符合下列规定：

1　长期测试的时间应符合本标准第 4.2.3 条的规定。

2　每日测试持续的时间应从上午 8 时开始到次日 8 时结束。

3　对于热水系统，应测试系统的供热量或冷水、热水温度、供热水的流量等参数；对于采暖空调系统应测试系统的供热量或系统的供、回水温度和热水流量等参数，采样时间间隔不得大于 10 s。

4　系统总能耗 Q_z 可采用热量表直接测量，也可通过分别测量温度、流量等参数后按下式计算：

$$Q_z = \sum_{i=1}^{n} m_{zi} \times \rho_w \times c_{pw} \times (t_{dzi} - t_{bzi}) \times \Delta T_{zi} \times 10^{-6}$$

$$(4.2.6)$$

式中：Q_z——系统总能耗（MJ）；

n——总记录数；

m_{zi}——第 i 次记录的系统总流量（m³/s）；

ρ_w——水的密度（kg/m³）；

c_{pw}——水的比热容[J/(kg·℃)]；

t_{dzi}——对于太阳能热水系统，t_{dzi} 为第 i 次记录的热水温度（℃）；对于太阳能采暖、空调系统，t_{dzi} 为第 i 次记录的供水温度（℃）；

t_{bzi}——对于太阳能热水系统，t_{bzi} 为第 i 次记录的冷水温度（℃）；对于太阳能采暖、空调系统，t_{bzi} 为第 i 次记录的回水温度（℃）；

ΔT_{zi}——第 i 次记录的时间间隔（s），ΔT_{zi} 不应大于 600s。

4.2.7　集热系统得热量的测试应符合下列规定：

1　长期测试的时间应符合本标准第 4.2.3 条的规定。

2　短期测试时，每日测试的时间从上午 8 时开始至达到所需要的太阳辐射量为止。

3　测试参数应包括集热系统进、出口温度、流量、环境温度和风速，采样时间间隔不得大于 10s。

4　太阳能集热系统得热量 Q_j 可以用热量表直接测量，也可通过分别测量温度、流量等参数后按下式计算：

$$Q_j = \sum_{i=1}^{n} m_{ji} \rho_w c_{pw} (t_{dji} - t_{bji}) \Delta T_{ji} \times 10^{-6}$$

$$(4.2.7)$$

式中：Q_j——太阳能集热系统得热量（MJ）；

n——总记录数；

m_{ji}——第 i 次记录的集热系统平均流量（m³/s）；

ρ_w——集热工质的密度（kg/m³）；

c_{pw}——集热工质的比热容[J/(kg·℃)]；

t_{dji}——第 i 次记录的集热系统的出口温度（℃）；

t_{bji}——第 i 次记录的集热系统的进口温度（℃）；

ΔT_{ji}——第 i 次记录的时间间隔（s），ΔT_{ji} 不应大于 600s。

4.2.8　制冷机组制冷量的测试应符合下列规定：

1　长期测试的时间应符合本标准第 4.2.3 条的

规定。

2 短期测试宜在制冷机组运行工况稳定后 1h 开始测试，测试时间 ΔT_t 应从上午 8 时开始至次日 8 时结束。

3 应测试系统的制冷量或冷冻水供回水温度和流量等参数，采样时间间隔不得大于 10s，记录时间间隔不得大于 600s。

4 制冷量 Q_l 可以用热量表直接测量，也可通过分别测量温度、流量等参数后按下式计算：

$$Q_l = \frac{\sum_{i=1}^{n} m_{li} \times \rho_w \times c_{pw} \times (t_{dli} - t_{bli}) \times \Delta T_{li} \times 10^{-3}}{\Delta T_t}$$

$$(4.2.8)$$

式中：Q_l ——制冷量（kW）；

n ——总记录数；

m_{li} ——第 i 次记录系统总流量（m^3/s）；

ρ_w ——水的密度（kg/m^3）；

c_{pw} ——水的比热容 [J/（kg·℃）]；

t_{dli} ——第 i 次记录的冷冻水回水温度（℃）；

t_{bli} ——第 i 次记录的冷冻水供水温度（℃）；

ΔT_{li} ——第 i 次记录的时间间隔（s），ΔT_{li} 不应大于 600s；

ΔT_t ——测试时间（s）。

4.2.9 制冷机组耗热量的测试应符合下列规定：

1 长期测试的时间应符合本标准第 4.2.3 条的规定。

2 短期测试宜在制冷机组运行工况稳定后 1h 开始测试，测试时间 ΔT_t 应从上午 8 时开始至次日 8 时结束。

3 应测试系统供给制冷机组的供热量或热源水的供回水温度和流量等参数，采样时间间隔不得大于 10s，记录时间间隔不得大于 600s。

4 制冷机组耗热量 Q_r 可以用热量表直接测量，也可通过分别测量温度、流量等参数后按下式计算：

$$Q_r = \frac{\sum_{i=1}^{n} m_{ri} \times \rho_w \times c_{pw} \times (t_{dri} - t_{bri}) \times \Delta T_{ri} \times 10^{-3}}{\Delta T_t}$$

$$(4.2.9)$$

式中：Q_r ——制冷机组耗热量（kW）；

n ——总记录数；

m_{ri} ——第 i 次记录的系统总流量（m^3/s）；

ρ_w ——水的密度（kg/m^3）；

c_{pw} ——水的比热容 [J/（kg·℃）]；

t_{dri} ——第 i 次记录的热源水供水温度（℃）；

t_{bri} ——第 i 次记录的热源水回水温度（℃）；

ΔT_{ri} ——第 i 次记录的时间间隔（s），ΔT_{ri} 不应大于 600s；

ΔT_t ——测试时间（s）。

4.2.10 贮热水箱热损因数的测试应符合下列规定：

1 测试时间应从晚上 8 时开始至次日 6 时结束。测试开始时贮热水箱水温不得低于 50℃，与水箱所处环境温度差不应小于 20℃。测试期间应确保贮热水箱的水位处于正常水位，且无冷热水出入水箱。

2 测试参数应包括贮热水箱内水的初始温度、结束温度、贮热水箱容水量、环境温度等。

3 贮热水箱热损因数应根据下式计算得出：

$$U_{SL} = \frac{\rho_w c_{pw}}{\Delta \tau} \ln \left[\frac{t_i - t_{as(av)}}{t_f - t_{as(av)}} \right] \quad (4.2.10)$$

式中：U_{SL} ——贮热水箱热损因数 [W/（m^3·K）]；

ρ_w ——水的密度（kg/m^3）；

c_{pw} ——水的比热容 [J/（kg·℃）]；

$\Delta \tau$ ——降温时间（s）；

t_i ——开始时贮热水箱内水温度（℃）；

t_f ——结束时贮热水箱内水温度（℃）；

$t_{as(av)}$ ——降温期间平均环境温度（℃）。

4.2.11 供热水温度的测试应符合下列规定：

1 长期测试的时间应符合本标准第 4.2.3 条的规定。

2 短期测试应从上午 8 时开始至次日 8 时结束。

3 应测试并记录系统的供热水温度 t_{ri}，记录时间间隔不得大于 600s，采样时间间隔不得大于 10s。

4 供热水温度应取测试结果的算术平均值 t_r。

4.2.12 室内温度的测试应符合下列规定：

1 长期测试的时间应符合本标准第 4.2.3 条的规定。

2 短期测试应从上午 8 时开始至次日 8 时结束。

3 应测试并记录系统的室内温度 t_{ni}，记录时间间隔不得大于 600s，采样时间间隔不得大于 10s。

4 室内温度应取测试结果的算术平均值 t_n。

4.3 评价方法

4.3.1 太阳能保证率的评价应按下列规定进行：

1 短期测试单日或长期测试期间的太阳能保证率应按下式计算：

$$f = Q_j / Q_z \times 100 \quad (4.3.1-1)$$

式中：f ——太阳能保证率（%）；

Q_j ——太阳能集热系统得热量（MJ）；

Q_z ——系统能耗（MJ）。

2 采用长期测试时，设计使用期内的太阳能保证率应取长期测试期间的太阳能保证率。

3 对于短期测试，设计使用期内的太阳能热利用系统的太阳能保证率应按下式计算：

$$f = \frac{x_1 f_1 + x_2 f_2 + x_3 f_3 + x_4 f_4}{x_1 + x_2 + x_3 + x_4} \quad (4.3.1-2)$$

式中：f ——太阳能保证率（%）；

f_1、f_2、f_3、f_4 ——由本标准第 4.2.3 条第 4 款确定的各太阳辐照量下的单日太阳能保证率（%），根据式

4.3.1-1 计算；

x_1、x_2、x_3、x_4——由本标准第 4.2.3 条第 4 款确定的各太阳辐照量在当地气象条件下按供热水、采暖或空调的时期统计得出的天数。没有气象数据时，对于全年使用的太阳能热水系统，x_1、x_2、x_3、x_4 可按本标准附录 C 取值。

4.3.2 集热系统效率的评价应按下列规定进行：

1 短期测试单日或长期测试期间集热系统的效率应按本标准第 4.2.5 条的规定确定。

2 采用长期测试时，设计使用期内的集热系统效率应取长期测试期间的集热系统效率。

3 对于短期测试，设计使用期内的集热系统效率应按下式计算：

$$\eta = \frac{x_1\eta_1 + x_2\eta_2 + x_3\eta_3 + x_4\eta_4}{x_1 + x_2 + x_3 + x_4} \quad (4.3.2\text{-}1)$$

式中：η——集热系统效率（%）；

η_1、η_2、η_3、η_4——由本标准第 4.2.3 条第 4 款确定的各太阳辐照量下的单日集热系统效率（%），根据第 4.2.5 条得出；

x_1、x_2、x_3、x_4——由本标准第 4.2.3 条第 4 款确定的各太阳辐照量在当地气象条件下按供热水、采暖或空调的时期统计得出的天数。没有气象数据时，对于全年使用的太阳能热水系统，x_1、x_2、x_3、x_4 可按本标准附录 C 取值。

4.3.3 贮热水箱热损因数、供热水温度和室内温度应分别按本标准第 4.2.10、4.2.11、4.2.12 条规定的测试结果进行评价。

4.3.4 太阳能制冷性能系数的 COP_r 应根据下式计算得出：

$$COP_r = \eta \times (Q_l / Q_r) \quad (4.3.4)$$

式中：COP_r——太阳能制冷性能系数；

η——太阳能热利用系统的集热系统效率；

Q_l——制冷机组制冷量（kW），按本标准第 4.2.8 条测试得出；

Q_r——制冷机组耗热量（kW），按本标准第 4.2.9 条测试得出。

4.3.5 常规能源替代量的评价应按下列规定进行：

1 对于长期测试，全年的太阳能集热系统得热量 Q_{nj} 应选取本标准第 4.2.7 确定的 Q_j 值。

2 对于短期测试，Q_{nj} 应按下式计算：

$$Q_{nj} = x_1Q_{j1} + x_2Q_{j2} + x_3Q_{j3} + x_4Q_{j4}$$
$$(4.3.5\text{-}1)$$

式中：Q_{nj}——全年太阳能集热系统得热量（MJ）；

Q_{j1}、Q_{j2}、Q_{j3}、Q_{j4}——由本标准第 4.2.3 条第 4 款确定的各太阳辐照量下的单日集热系统得热量（MJ），根据本标准第 4.2.7 条得出；

x_1、x_2、x_3、x_4——由本标准第 4.2.3 条第 4 款确定的各太阳辐照量在当地气象条件下按供热水、采暖或空调的时期统计得出的天数。没有气象数据时，对于全年使用的太阳能热水系统，x_1、x_2、x_3、x_4 可按本标准附录 C 取值。

3 太阳能热利用系统的常规能源替代量 Q_{tr} 应按下式计算：

$$Q_{tr} = \frac{Q_{nj}}{\eta_t} \quad (4.3.5\text{-}2)$$

式中：Q_{tr}——太阳能热利用系统的常规能源替代量（kgce）；

Q_{nj}——全年太阳能集热系统得热量（MJ）；

q——标准煤热值（MJ/kgce），本标准取 $q = 29.307$ MJ/kgce；

η_t——以传统能源为热源时的运行效率，按项目立项文件选取，当无文件明确规定时，根据项目适用的常规能源，应按本标准表 4.3.5 确定。

表 4.3.5 以传统能源为热源时的运行效率 η_t

常规能源类型	热水系统	采暖系统	热力制冷空调系统
电	0.31[注]	—	—
煤	—	0.70	0.70
天然气	0.84	0.80	0.80

注：综合考虑火电系统的煤的发电效率和电热水器的加热效率。

4.3.6 太阳能热利用系统的费效比 CBR_r 应按下式计算得出：

$$CBR_r = \frac{3.6 \times C_{zr}}{Q_{tr} \times q \times N} \quad (4.3.6)$$

式中：CBR_r——太阳能热利用系统的费效比（元/kWh）；

C_{zr}——太阳能热利用系统的增量成本（元），增量成本依据项目单位提供的项目决算书进行核算，项目决算书中应对可再生能源的增量成本有明确的计算和说明；

Q_{tr}——太阳能热利用系统的常规能源替代量（kgce）；

q——标准煤热值[MJ/(kg 标准煤)]，本标准取 $q = 29.307$MJ/kgce；

N——系统寿命期，根据项目立项文件等资料确定，当无明确规定，N 取 15 年。

4.3.7 静态投资回收期的评价应按下列规定进行：

1 太阳能热利用系统的年节约费用 C_{sr} 应按下式计算：

$$C_{sr} = P \times \frac{Q_{tr} \times q}{3.6} - M_r \qquad (4.3.7-1)$$

式中：C_{sr} ——太阳能热利用系统的年节约费用（元）；

Q_{tr} ——太阳能热利用系统的常规能源替代量（kgce）；

q ——标准煤热值［MJ/（kg 标准煤）］，本标准取 $q = 29.307$ MJ/kgce；

P ——常规能源的价格（元/kWh），常规能源的价格 P 应根据项目立项文件所对比的常规能源类型进行比较，当无明确规定时，由测评单位和项目建设单位根据当地实际用能状况确定常规能源类型选取；

M_r ——太阳能热利用系统每年运行维护增加的费用（元），由建设单位委托有关部门测算得出。

2 太阳能热利用系统的静态投资回收年限 N 应按下式计算：

$$N_h = \frac{C_{zr}}{C_{sr}} \qquad (4.3.7-2)$$

式中：N_h ——太阳能热利用系统的静态投资回收年限；

C_{zr} ——太阳能热利用系统的增量成本（元），增量成本依据项目单位提供的项目决算书进行核算，项目决算书中应对可再生能源的增量成本有明确的计算和说明；

C_{sr} ——太阳能热利用系统的年节约费用（元）。

4.3.8 太阳能热利用系统的二氧化碳减排量 Q_{rco_2} 应按下式计算：

$$Q_{rco_2} = Q_{tr} \times V_{co_2} \qquad (4.3.8)$$

式中：Q_{rco_2} ——太阳能热利用系统的二氧化碳减排量（kg）；

Q_{tr} ——太阳能热利用系统的常规能源替代量（kgce）；

V_{co_2} ——标准煤的二氧化碳排放因子（kg/kgce），本标准取 $V_{co_2} = 2.47$ kg/kgce。

4.3.9 太阳能热利用系统的二氧化硫减排量 Q_{rso_2} 应按下式计算：

$$Q_{rso_2} = Q_{tr} \times V_{so_2} \qquad (4.3.9)$$

式中：Q_{rso_2} ——太阳能热利用系统的二氧化硫减排量

（kg）；

Q_{tr} ——太阳能热利用系统的常规能源替代量（kgce）；

V_{so_2} ——标准煤的二氧化硫排放因子（kg/kg 标准煤），本标准取 $V_{so_2} = 0.02$ kg/kgce。

4.3.10 太阳能热利用系统的粉尘减排量 Q_{rfc} 应按下式计算：

$$Q_{rfc} = Q_{tr} \times V_{fc} \qquad (4.3.10)$$

式中：Q_{rfc} ——太阳能热利用系统的粉尘减排量（kg）；

Q_{tr} ——太阳能热利用系统的常规能源替代量（kgce）；

V_{fc} ——标准煤的粉尘排放因子（kg/kgce），本标准取 $V_{fc} = 0.01$ kg/kgce。

4.4 判定和分级

4.4.1 太阳能热利用系统的单项评价指标应全部符合本标准第 4.1.1 条规定，方可判定为性能合格；有 1 个单项评价指标不符合规定，则判定为性能不合格。

4.4.2 太阳能热利用系统应采用太阳能保证率和集热系统效率进行性能分级评价。若系统太阳能保证率和集热系统效率的设计值不小于本标准表 4.1.1-1、表 4.1.1-2 的规定，且太阳能热利用系统性能判定为合格后，可进行性能分级评价。

4.4.3 太阳能热利用系统的太阳能保证率应分为 3 级，1 级最高。太阳能保证率应按表 4.4.3-1～表 4.4.3-3 的规定进行划分。

表 4.4.3-1 不同地区太阳能热水系统的太阳能保证率 f（%）级别划分

太阳能资源区划	1 级	2 级	3 级
资源极富区	$f \geqslant 80$	$80 > f \geqslant 70$	$70 > f \geqslant 60$
资源丰富区	$f \geqslant 70$	$70 > f \geqslant 60$	$60 > f \geqslant 50$
资源较富区	$f \geqslant 60$	$60 > f \geqslant 50$	$50 > f \geqslant 40$
资源一般区	$f \geqslant 50$	$50 > f \geqslant 40$	$40 > f \geqslant 30$

注：太阳能资源区划应按年日照时数和水平面上年太阳辐照量进行划分，划分应符合本标准附录 B 的规定。

表 4.4.3-2 不同地区太阳能采暖系统的太阳能保证率 f（%）级别划分

太阳能资源区划	1 级	2 级	3 级
资源极富区	$f \geqslant 70$	$70 > f \geqslant 60$	$60 > f \geqslant 50$
资源丰富区	$f \geqslant 60$	$60 > f \geqslant 50$	$50 > f \geqslant 40$
资源较富区	$f \geqslant 50$	$50 > f \geqslant 40$	$40 > f \geqslant 30$
资源一般区	$f \geqslant 40$	$40 > f \geqslant 30$	$30 > f \geqslant 20$

注：太阳能资源区划应按年日照时数和水平面上年太阳辐照量进行划分，划分应符合本标准附录 B 的规定。

**表 4.4.3-3　不同地区太阳能空调系统的
太阳能保证率 f（%）级别划分**

太阳能资源区划	1 级	2 级	3 级
资源极富区	$f \geqslant 60$	$60 > f \geqslant 50$	$50 > f \geqslant 40$
资源丰富区	$f \geqslant 50$	$50 > f \geqslant 40$	$40 > f \geqslant 30$
资源较富区	$f \geqslant 40$	$40 > f \geqslant 30$	$30 > f \geqslant 20$
资源一般区	$f \geqslant 30$	$30 > f \geqslant 20$	$20 > f \geqslant 10$

注：太阳能资源区划应按年日照时数和水平面上年太阳辐
照量进行划分，划分应符合本标准附录 B 的规定。

4.4.4 太阳能热利用系统的集热系统效率应分为 3
级，1 级最高。太阳能集热系统效率的级别应按表
4.4.4 划分。

**表 4.4.4　太阳能热利用系统的
集热效率 η（%）的级别划分**

级别	太阳能热水系统	太阳能采暖系统	太阳能空调系统
1 级	$\eta \geqslant 65$	$\eta \geqslant 60$	$\eta \geqslant 55$
2 级	$65 > \eta \geqslant 50$	$60 > \eta \geqslant 45$	$55 > \eta \geqslant 40$
3 级	$50 > \eta \geqslant 42$	$45 > \eta \geqslant 35$	$40 > \eta \geqslant 30$

4.4.5 太阳能热利用系统的性能分级评价应符合下
列规定：

1 太阳能保证率和集热系统效率级别相同时，
性能级别应与此级别相同；

2 太阳能保证率和集热系统效率级别不同时，
性能级别应与其中较低级别相同。

5　太阳能光伏系统

5.1　评价指标

5.1.1 太阳能光伏系统的评价指标及其要求应符合
下列规定：

1 太阳能光伏系统的光电转换效率应符合设计
文件的规定，当设计文件无明确规定时应符合表
5.1.1 的规定。

**表 5.1.1　不同类型太阳能光伏系统的
光电转换效率 η_d（%）**

晶体硅电池	薄膜电池
$\eta_d \geqslant 8$	$\eta_d \geqslant 4$

2 太阳能光伏系统的费效比应符合项目立项可
行性报告等相关文件的要求。当无文件明确规定时，
应小于项目所在地当年商业用电价格的 3 倍。

3 太阳能光伏系统的年发电量、常规能源替代

量、二氧化碳减排量、二氧化硫减排量及粉尘减排量
应符合项目立项可行性报告等相关文件的规定，当无
文件明确规定时，应在测试评价报告中给出。

5.2　测　试　方　法

5.2.1 太阳能光伏系统应测试系统的光电转换
效率。

5.2.2 当太阳能光伏系统的太阳能电池组件类型、
系统与公共电网的关系相同，且系统装机容量偏差在
10% 以内时，应视为同一类型太阳能光伏系统。同一
类型太阳能光伏系统被测试数量应为该类型系统总数
量的 5%，且不得少于 1 套。

5.2.3 太阳能光伏系统的测试条件应符合下列规定：

1 在测试前，应确保系统在正常负载条件下连
续运行 3d，测试期内的负载变化规律应与设计文件
一致。

2 长期测试的周期不应少于 120d，且应连续完
成，长期测试开始的时间应在每年春分（或秋分）前
至少 60d 开始，结束时间应在每年春分（或秋分）后
至少 60d 结束。

3 短期测试需重复进行 3 次，每次短期测试时
间应为当地太阳正午时前 1h 到太阳正午时后 1h，共
计 2h。

4 短期测试期间，室外环境平均温度 t_a 的允许
范围应为年平均环境温度 ±10℃。

5 短期测试期间，环境空气的平均流动速率不
应大于 4m/s。

6 短期测试期间，太阳总辐照度不应小于
700W/m²，太阳总辐照度的不稳定度不应大
于 ±50W。

5.2.4 测试太阳能光伏系统的设备仪器应符合下列
规定：

1 总太阳辐照量、长度、周围空气的速率、模
拟或数字记录的仪器设备应符合本标准第 4.2.4 条的
规定。

2 测量电功率所用的电功率表的测量误差不应
大于 5%。

5.2.5 光电转换效率的测试应符合下列规定：

1 应测试系统每日的发电量、光伏电池表面上
的总太阳辐照量、光伏电池板的面积、光伏电池背板
表面温度、环境温度和风速等参数，采样时间间隔不
得大于 10s。

2 对于独立太阳能光伏系统，电功率表应接在
蓄电池组的输入端，对于并网太阳能光伏系统，电功
率表应接在逆变器的输出端。

3 测试开始前，应切断所有外接辅助电源，安
装调试好太阳辐射表、电功率表/温度自记仪和风速
计，并测量太阳能电池方阵面积。

4 测试期间数据记录时间间隔不应大于 600s，

采样时间间隔不应大于 10s。

5 太阳能光伏系统光电转换效率应按下式计算：

$$\eta_d = \frac{3.6 \times \sum\limits_{i=1}^{n} E_i}{\sum\limits_{i=1}^{n} H_i A_{ci}} \times 100 \qquad (5.2.5)$$

式中：η_d——太阳能光伏系统光电转换效率（%）；

n——不同朝向和倾角采光平面上的太阳能电池方阵个数；

H_i——第 i 个朝向和倾角采光平面上单位面积的太阳辐射量（MJ/m^2）；

A_{ci}——第 i 个朝向和倾角平面上的太阳能电池采光面积（m^2），在测量太阳能光伏系统电池面积时，应扣除电池的间隙距离，将电池的有效面积逐个累加，得到总有效采光面积；

E_i——第 i 个朝向和倾角采光平面上的太阳能光伏系统的发电量（kWh）。

5.3 评 价 方 法

5.3.1 太阳能光伏系统的光电转换效率应按本标准第 5.2.5 条的测试结果进行评价。

5.3.2 年发电量的评价应符合下列规定：

1 长期测试的年发电量应按下式计算：

$$E_n = \frac{365 \cdot \sum\limits_{i=1}^{n} E_{di}}{N} \qquad (5.3.2-1)$$

式中：E_n——太阳能光伏系统年发电量（kWh）；

E_{di}——长期测试期间第 i 日的发电量（kWh）；

N——长期测试持续的天数。

2 短期测试的年发电量应按下式计算：

$$E_n = \frac{3.6 \times \eta_d \cdot \sum\limits_{i=1}^{n} H_{ai} \cdot A_{ci}}{100} \qquad (5.3.2-2)$$

式中：E_n——太阳能光伏系统年发电量（kWh）；

η_d——太阳能光伏系统光电转换效率（%）；

n——不同朝向和倾角采光平面上的太阳能电池方阵个数；

H_{ai}——第 i 个朝向和倾角采光平面上全年单位面积的总太阳辐射量（MJ/m^2），可按本标准附录 D 的方法计算；

A_{ci}——第 i 个朝向和倾角采光平面上的太阳能电池面积（m^2）。

5.3.3 太阳能光伏系统的常规能源替代量 Q_{td} 应按下式计算：

$$Q_{td} = D \cdot E_n \qquad (5.3.3)$$

式中：Q_{td}——太阳能光伏系统的常规能源替代量（kgce）；

D——每度电折合所耗标准煤量（kgce/kWh），根据国家统计局最近 2 年内公布的火力发电标准耗煤水平确定，并在折标煤量结果中注明该折标系数的公布时间及折标量；

E_n——太阳能光伏系统年发电量（kWh）。

5.3.4 太阳能光伏系统的费效比 CBR_d 应按下式计算：

$$CBR_d = C_{zd}/(N \times E_n) \qquad (5.3.4)$$

式中：CBR_d——太阳能光伏系统系统的费效比（元/kWh）；

C_{zd}——太阳能光伏系统的增量成本（元），增量成本依据项目单位提供的项目决算书进行核算，项目决算书中应对可再生能源的增量成本有明确的计算和说明；

N——系统寿命期，根据项目立项文件等资料确定，当无文件明确规定，N 取 20 年；

E_n——太阳能光伏系统年发电量（kWh）。

5.3.5 太阳能光伏系统的二氧化碳减排量 Q_{dco_2} 应按下式计算：

$$Q_{dco_2} = Q_{td} \times V_{co_2} \qquad (5.3.5)$$

式中：Q_{dco_2}——太阳能光伏系统的二氧化碳减排量（kg）；

Q_{td}——太阳能光伏系统的常规能源替代量（kg 标准煤）；

V_{co_2}——标准煤的二氧化碳排放因子（kg/kgce），本标准取 $V_{co_2} = 2.47kg/kgce$。

5.3.6 太阳能光伏系统的二氧化硫减排量 Q_{dso_2} 应按下式计算：

$$Q_{dso_2} = Q_{td} \times V_{so_2} \qquad (5.3.6)$$

式中：Q_{dso_2}——太阳能光伏系统的二氧化硫减排量（kg）；

Q_{td}——太阳能光伏系统的常规能源替代量（kgce）；

V_{so_2}——标准煤的二氧化硫排放因子（kg/kgce），本标准取 $V_{so_2} = 0.02kg/kgce$。

5.3.7 太阳能光伏系统的粉尘减排量 Q_{dfc} 应按下式计算：

$$Q_{dfc} = Q_{td} \times V_{fc} \qquad (5.3.7)$$

式中：Q_{dfc}——太阳能光伏系统的粉尘减排量（kg）；

Q_{td}——太阳能光伏系统的常规能源替代量（kgce）；

V_{fc}——标准煤的粉尘排放因子（kg/kgce），本标准取 $V_{fc} = 0.01kg/kgce$。

5.4 判定和分级

5.4.1 太阳能光伏系统的单项评价指标应全部符合本标准第 5.1.1 条规定，方可判定为性能合格；有 1 个单项评价指标不符合规定，则判定为性能不合格。

5.4.2 太阳能光伏系统应采用光电转换效率和费效比进行性能分级评价。若系统光电转换效率和费效比的设计值不小于本标准第 5.1.1 条的规定，且太阳能光伏系统性能判定为合格后，可进行性能分级评价。

5.4.3 太阳能光伏系统的光电转换效率应分 3 级，1 级最高，光电转换效率的级别应按表 5.4.3 的规定划分。

表 5.4.3 不同类型太阳能光伏系统的光电转换效率 η_d（%）级别划分

系统类型	1 级	2 级	3 级
晶硅电池	$\eta_d \geq 12$	$12 > \eta_d \geq 10$	$10 > \eta_d \geq 8$
薄膜电池	$\eta_d \geq 8$	$8 > \eta_d \geq 6$	$6 > \eta_d \geq 4$

5.4.4 太阳能光伏系统的费效比应分 3 级，1 级最高，费效比的级别 CBR_d 应按表 5.4.4 的规定划分。

表 5.4.4 太阳能光伏系统的费效比 CBR_d 的级别划分

1 级	2 级	3 级
$CBR_d \leq 1.5 \times P_t$	$1.5 \times P_t < CBR_d \leq 2.0 \times P_t$	$2.0 \times P_t < CBR_d \leq 3.0 \times P_t$

注：P_t 为项目所在地当年商业用电价格（元/kWh）。

5.4.5 太阳能光伏系统的性能分级评价应符合下列规定：

1 太阳能光电转换效率和费效比级别相同时，性能级别应与此级别相同；

2 太阳能光电转换效率和费效比级别不同时，性能级别应与其中较低级别相同。

6 地源热泵系统

6.1 评价指标

6.1.1 地源热泵系统的评价指标及其要求应符合下列规定：

1 地源热泵系统制冷能效比、制热性能系数应符合设计文件的规定，当设计文件无明确规定时应符合表 6.1.1 的规定。

表 6.1.1 地源热泵系统制冷能效比、制热性能系数限值

	系统制冷能效比 EER_{sys}	系统制热性能系数 COP_{sys}
限值	≥ 3.0	≥ 2.6

2 热泵机组的实测制冷能效比、制热性能系数应符合设计文件的规定，当设计文件无明确规定时应在评价报告中应给出。

3 室内温湿度应符合设计文件的规定，当设计文件无明确规定时应符合国家现行相关标准的规定。

4 地源热泵系统常规能源替代量、二氧化碳减排量、二氧化硫减排量、粉尘减排量应符合项目立项可行性报告等相关文件的要求，当无文件明确规定时，应在评价报告中给出。

5 地源热泵系统的静态投资回收期应符合项目立项可行性报告等相关文件的要求。当无文件明确规定时，地源热泵系统的静态回收期不应大于 10 年。

6.2 测 试 方 法

6.2.1 地源热泵系统测试应包括下列内容：

1 室内温湿度；

2 热泵机组制热性能系数（COP）、制冷能效比（EER）；

3 热泵系统制热性能系数（COP_{sys}）、制冷能效比（EER_{sys}）。

6.2.2 当地源热泵系统的热源形式相同且系统装机容量偏差在 10% 以内时，应视为同一类型地源热泵系统。同一类型地源热泵系统测试数量应为该类型系统总数量的 5%，且不得少于 1 套。

6.2.3 地源热泵系统的测试分为长期测试和短期测试，测试应符合下列规定：

1 长期测试应符合下列规定：

1）对于已安装测试系统的地源热泵系统，其系统性能测试宜采用长期测试；

2）对于采暖和空调工况，应分别进行测试，长期测试的周期与采暖季或空调季应同步；

3）长期测试前应对测试系统主要传感器的准确度进行校核和确认。

2 短期测试应符合下列规定：

1）对于未安装测试系统的地源热泵系统，其系统性能测试宜采用短期测试；

2）短期测试应在系统开始供冷（供热）15d 以后进行测试，测试时间不应小于 4d；

3）系统性能测试宜在系统负荷率达到 60% 以

上进行；

4) 热泵机组的性能测试宜在机组的负荷达到机组额定值的80%以上进行；

5) 室内温湿度的测试应在建筑物达到热稳定后进行，测试期间的室外温度测试应与室内温湿度的测试同时进行；

6) 短期测试应以24h为周期，每个测试周期具体测试时间应根据热泵系统运行时间确定，但每个测试周期测试时间不宜低于8h。

6.2.4 测试地源热泵系统的设备仪器应符合下列规定：

1 地源热泵系统的流量、质量、模拟或数字记录的仪器设备应符合本标准第4.2.4条的规定。

2 热泵机组及辅助设备的电功率测试所用仪表及精度符合本标准第5.2.4条的规定。

6.2.5 室内温湿度测试应符合下列规定：

1 长期测试的时间应符合本标准第6.2.3条的规定。

2 室内温湿度应选取典型区域进行测试，抽样测试的面积不低于空调区域的10%。

3 应测试并记录系统的室内温度 t_{ni}，记录时间间隔不得大于600s。

4 室内温湿度应取测试结果的算术平均值。

6.2.6 热泵机组制冷能效比、制热性能系数测试应按下列规定进行：

1 测试宜在热泵机组运行工况稳定后1h进行，测试时间不得低于2h。

2 应测试系统的热源侧流量、机组用户侧流量、机组热源侧进出口水温、机组用户侧进出口水温和机组输入功率等参数。

3 机组的各项参数记录应同步进行，记录时间间隔不得大于600s。

4 热泵机组制冷能效比、制热性能系数应按下列公式计算：

$$EER = \frac{Q}{N_i} \quad (6.2.6-1)$$

$$COP = \frac{Q}{N_i} \quad (6.2.6-2)$$

$$Q = \frac{V \rho c \Delta t_w}{3600} \quad (6.2.6-3)$$

式中：EER——热泵机组的制冷能效比；

COP——热泵机组的制热性能系数；

Q——测试期间机组的平均制冷（热）量（kW）；

N_i——测试期间机组的平均输入功率（kW）。

V——热泵机组用户侧平均流量（m³/h）；

Δt_w——热泵机组用户侧进出口介质平均温差（℃）；

ρ——冷（热）介质平均密度（kg/m³）；

c——冷（热）介质平均定压比热[kJ/(kg·℃)]。

6.2.7 系统能效比的测试应符合下列规定：

1 长期测试的时间应符合本标准第6.2.3条的规定。

2 应测试系统的热源侧流量、系统用户侧流量、系统热源侧进出口水温、系统用户侧进出口水温、机组消耗的电量、水泵消耗的电量等参数。

3 热泵系统制冷能效比和制热性能系数应根据测试结果按下列公式计算：

$$EER_{sys} = \frac{Q_S}{\sum N_i + \sum N_j} \quad (6.2.7-1)$$

$$COP_{sys} = \frac{Q_{SH}}{\sum N_i + \sum N_j} \quad (6.2.7-2)$$

$$Q_{SC} = \sum_{i=1}^{n} q_{ci} \Delta T_i \quad (6.2.7-3)$$

$$Q_{SH} = \sum_{i=1}^{n} q_{hi} \Delta T_i \quad (6.2.7-4)$$

$$q_{c(h)i} = V_i \rho_i c_i \Delta t_i / 3600 \quad (6.2.7-5)$$

式中：EER_{sys}——热泵系统的制冷能效比；

COP_{sys}——热泵系统的制热性能系数；

Q_{SC}——系统测试期间的累计制冷量（kWh）；

Q_{SH}——系统测试期间的累计制热量（kWh）；

$\sum N_i$——系统测试期间，所有热泵机组累计消耗电量（kWh）；

$\sum N_j$——系统测试期间，所有水泵累计消耗电量（kWh）；

$q_{c(h)i}$——热泵系统的第 i 时段制冷（热）量（kW）；

V_i——系统第 i 时段用户侧的平均流量（m³/h）；

Δt_i——热泵系统第 i 时段用户侧进出口介质的温差（℃）；

ρ_i——第 i 时段冷媒介质平均密度（kg/m³）；

c_i——第 i 时段冷媒介质平均定压比热[(kJ/kg·℃)]；

ΔT_i——第 i 时段持续时间（h）；

n——热泵系统测试期间采集数据组数。

6.3 评价方法

6.3.1 常规能源替代量应按下列规定进行评价：

1 地源热泵系统的常规能源替代量 Q_s 应按下式

计算：

$$Q_s = Q_t - Q_r \qquad (6.3.1-1)$$

式中：Q_s——常规能源替代量（kgce）；
　　　Q_t——传统系统的总能耗（kgce）；
　　　Q_r——地源热泵系统的总能耗（kgce）。

2　对于采暖系统，传统系统的总能耗 Q_t 应按下式计算：

$$Q_t = \frac{Q_H}{\eta_t q} \qquad (6.3.1-2)$$

式中：Q_t——传统系统的总能耗（kgce）；
　　　q——标准煤热值（MJ/kgce），本标准取 $q=$ 29.307 MJ/kgce；
　　　Q_H——长期测试时为系统记录的总制热量，短期测试时，根据测试期间系统的实测制热量和室外气象参数，采用度日法计算供暖季累计热负荷（MJ）；
　　　η_t——以传统能源为热源时的运行效率，按项目立项文件选取，当无文件规定时，根据项目适用的常规能源，其效率应按本标准表4.3.5确定。

3　对于空调系统，传统系统的总能耗 Q_t 应按下式计算：

$$Q_t = \frac{DQ_C}{3.6EER_t} \qquad (6.3.1-3)$$

式中：Q_t——传统系统的总能耗（kgce）；
　　　Q_C——长期测试时为系统记录的总制冷量，短期测试时，根据测试期间系统的实测制冷量和室外气象参数，采用温频法计算供冷季累计冷负荷（MJ）；
　　　D——每度电折合所耗标准煤量（kgce/kWh）；
　　　EER_t——传统制冷空调方式的系统能效比，按项目立项文件确定，当无文件明确规定时，以常规水冷冷水机组作为比较对象，其系统能效比按表6.3.1确定。

表 6.3.1　常规制冷空调系统能效比 *EER*

机组容量（kW）	系统能效比 *EER*
<528	2.3
528～1163	2.6
>1163	2.8

4　整个供暖季（制冷季）地源热泵系统的年耗能量应根据实测的系统能效比和建筑全年累计冷热负荷按下列公式计算：

$$Q_{rc} = \frac{DQ_C}{3.6EER_{sys}} \qquad (6.3.1-4)$$

$$Q_{rh} = \frac{DQ_H}{3.6COP_{sys}} \qquad (6.3.1-5)$$

式中：Q_{rc}——地源热泵系统年制冷总能耗（kgce）；
　　　Q_{rh}——地源热泵系统年制热总能耗（kgce）；
　　　D——每度电折合所耗标准煤量（kgce/kWh）；
　　　Q_H——建筑全年累计热负荷（MJ）；
　　　Q_C——建筑全年累计冷负荷（MJ）；
　　EER_{sys}——热泵系统的制冷能效比；
　　COP_{sys}——热泵系统的制热性能系数。

5　当地源热泵系统既用于冬季供暖又用于夏季制冷时，常规能源替代量应为冬季和夏季替代量之和。

6.3.2　环境效益应按下列规定进行评价：

1　地源热泵系统的二氧化碳减排量 Q_{co_2} 应按下式计算：

$$Q_{co_2} = Q_s \times V_{co_2} \qquad (6.3.2-1)$$

式中：Q_{co_2}——二氧化碳减排量（kg/年）；
　　　Q_s——常规能源替代量（kgce）；
　　　V_{co_2}——标准煤的二氧化碳排放因子，本标准取 $V_{co_2} = 2.47$。

2　地源热泵系统的二氧化硫减排量 Q_{so_2} 应按下式计算：

$$Q_{so_2} = Q_s \times V_{so_2} \qquad (6.3.2-2)$$

式中：Q_{so_2}——二氧化硫减排量（kg/年）；
　　　Q_s——常规能源替代量（kgce）；
　　　V_{so_2}——标准煤的二氧化硫排放因子，本标准取 $V_{so_2} = 0.02$。

3　地源热泵系统的粉尘减排量 Q_{fc} 应按下式计算：

$$Q_{fc} = Q_s \times V_{fc} \qquad (6.3.2-3)$$

式中：Q_{fc}——粉尘减排量（kg/年）；
　　　Q_s——常规能源替代量（kgce）；
　　　V_{fc}——标准煤的粉尘排放因子，本标准取 $V_{fc} = 0.01$。

6.3.3　经济效益应按下列规定进行评价：

1　地源热泵系统的年节约费用 C_s 应按下式计算：

$$C_s = P \times \frac{Q_s \times q}{3.6} - M \qquad (6.3.3-1)$$

式中：C_s——地源热泵系统的年节约费用（元/年）；
　　　Q_s——常规能源替代量（kgce）；
　　　q——标准煤热值（MJ/kgce），本标准取 $q=$ 29.307 MJ/kgce；
　　　P——常规能源的价格（元/kWh）；
　　　M——每年运行维护增加费用（元），由建设单位委托运行维护部门测算得出。

2　常规能源的价格 P 应根据项目立项文件所对

比的常规能源类型进行比较，当无文件明确规定时，由测评单位和项目建设单位根据当地实际用能状况确定常规能源类型，应按下列规定选取：

    1）常规能源为电时，对于热水系统 P 为当地家庭用电价格，采暖和空调系统不应考虑常规能源为电的情况；

    2）常规能源为天然气或煤时，P 应按下式计算：

$$P = P_r / R \qquad (6.3.3-2)$$

式中：P——常规能源的价格（元/kWh）；

      P_r——当地天然气或煤的价格（元/Nm³ 或元/kg）；

      R——天然气或煤的热值，天然气的 R 值取 11kWh/Nm³，煤的 R 值取 8.14kWh/kg。

    3 地源热泵系统增量成本静态投资回收年限 N 应按下式计算：

$$N = C / C_s \qquad (6.3.3-3)$$

式中：N——地源热泵系统的静态投资回收年限；

      C——地源热泵系统的增量成本（元），增量成本依据项目单位提供的项目决算书进行核算，项目决算书中应对可再生能源的增量成本有明确的计算和说明；

      C_s——地源热泵系统的年节约费用（元）。

6.4 判定和分级

6.4.1 地源热泵系统的单项评价指标应全部符合本标准第 6.1.1 条规定，方可判定为性能合格，有 1 个单项评价指标不符合规定，则判定为性能不合格。

6.4.2 地源热泵系统应采用系统制冷能效比、制热性能系数进行性能级别评价。若系统制冷能效比、制热性能系数的设计值不小于本标准第 6.1.1 条的规定，且地源热泵系统性能判定为合格后，可进行性能级别评定。

6.4.3 地源热泵系统性能共分 3 级，1 级最高，级别应按表 6.4.3 进行划分。

表 6.4.3 地源热泵系统性能级别划分

工 况	1级	2级	3级
制热性能系数	$COP_{sys} \geqslant 3.5$	$3.5 > COP_{sys} \geqslant 3.0$	$3.0 > COP_{sys} \geqslant 2.6$
制冷能效比	$EER_{sys} \geqslant 3.9$	$3.9 > EER_{sys} \geqslant 3.4$	$3.4 > EER_{sys} \geqslant 3.0$

6.4.4 地源热泵系统性能分级评价应符合下列规定：

    1 当地源热泵系统仅单季使用，即只用于供热（或只用于制冷）时，其性能级别评判应依据本标准表 6.4.3 中对应季节性能值进行分级。

    2 当地源热泵系统双季使用时，应分别依据本标准表 6.4.3 中对应季节性能分别进行分级，当两个季节级别相同时，性能级别应与此级别相同；当两个季节级别不同时，性能级别应与其中较低级别相同。

附录 A 评价报告格式

A.0.1 可再生能源建筑应用工程评价报告内容应按本标准第 A.0.3 条的规定编制。

A.0.2 当可再生能源建筑应用工程评价仅有一种或两种系统时，本标准第 A.0.3 条中仅保留与被评价系统相对应的评价内容。

A.0.3 可再生能源建筑应用工程评价报告内容及格式如下所示：

可再生能源建筑应用工程评价报告
Evaluation Report

No：

项目名称：＿＿＿＿＿

委托单位：＿＿＿＿＿

检验类别：＿＿＿＿＿

测试评价机构
年 月 日

＿＿＿＿＿＿＿＿＿＿＿＿＿＿＿＿＿＿＿＿＿

测试评价机构地址：   邮政编码：

测试评价机构

评价报告

报告编号   第 页 共 页

委托单位				
地址			电话	
工程名称				
工程地址			测评日期	
测评项目				
测评依据				
测试仪表				

形式检查结果			
序号		项目	结论
资料检查	1	项目立项、审批文件	
	2	项目施工设计文件审查报告及其意见	
	3	竣工验收图纸	
	4	项目关键设备检测报告	
	5	隐蔽工程验收记录和资料	
	6	分项工程质量验收记录	
	7[①]	太阳能建筑应用对相关建筑日照、承重和安全的影响分析资料	
	8[②]	地源热泵系统对水文、地质、生态、相关物理化学指标的影响分析资料	
	9	关键部件质检合格证书和相应的检测报告	
	10	单机试运转记录、系统调试记录	
实施量检查	1	实施规模	
	2	系统配置（系统类型、主要设备参数、装机容量、主要部件类型和技术参数、控制系统等）	

注：① 当可再生能源建筑应用工程评价不包括太阳能建筑应用系统时，本条可以删去。

    ② 当可再生能源建筑应用工程评价不包括地源热泵系统时，本条可以删去。

测试评价机构

评价报告

报告编号   第 页 共 页

评价指标（太阳能热利用系统）		
序号	项目	评价结果
1	太阳能保证率（%）	
2	集热系统效率（%）	
3	贮热水箱热损因数[$W/(m^3 \cdot K)$]	
4	供热水温度（℃）	
5	室内温度（℃）	
6	太阳能制冷性能系数	
7	常规能源替代量（kgce）	
8	费效比（元/kWh）	
9	静态投资回收期（年）	
10	二氧化碳减排量（t/年）	
11	二氧化硫减排量（t/年）	
12	粉尘减排量（t/年）	

判定和分级		
1	合格判定	□合格 □不合格
2	分级评价	□1级 □2级 □3级
测试评价机构（盖章） 报告日期： 年 月 日		
批准： 审核： 主检：		

说明：此表为检查、测试及判定结果汇总表，在报告正文中要求给出具体的结果，正文至少包括下列几部分内容：1）概况；2）依据；3）形式检查结果；4）测评内容；5）仪器仪表清单；6）测试结果；7）判定结果；8）测评方案。

测试评价机构

评价报告

评价指标（太阳能光伏系统）		
序号	项　　目	评价结果
1	光电转换效率（％）	
2	费效比（元/kWh）	
3	年发电量（kWh）	
4	常规能源替代量（t/年）	
5	二氧化碳减排量（t/年）	
6	二氧化硫减排量（t/年）	
7	粉尘减排量（t/年）	
判定和分级		
1	合格判定	□合格　　□不合格
2	分级评价	□1级　□2级　□3级
测试评价机构（盖章）　　　　　　报告日期：　年　月　日		
批准：　　　　　　审核：　　　　　　主检：		
说明：此表为检查、测试及判定结果汇总表，在报告正文中要求给出具体的结果，正文至少包括下列几部分内容：1）概况；2）依据；3）形式检查结果；4）测评内容；5）仪器仪表清单；6）测试结果；7）判定结果；8）测评方案。		

测试评价机构

评价报告

报告编号　　　　　　　　　　　　　　　　　　　　　　　　第　页　共　页

评价指标（地源热泵）		
序号	项　　目	评价结果
1	地源热泵系统制冷能效比、制热性能系数 COP_{sys}/EER_{sys}	
2	热泵机组制热性能系数、制冷能效比 COP/EER	
3	室内温湿度	
4	常规能源替代量（t标煤/年）	
5	二氧化碳减排量（t/年）	
6	二氧化硫减排量（t/年）	
7	粉尘减排量（t/年）	
8	静态投资回收期（年）	
判定和分级		
1	合格判定	□合格　　□不合格
2	分级评价	□1级　□2级　□3级
测试评价机构（盖章）　　　　　　报告日期：　年　月　日		
批准：　　　　　　审核：　　　　　　主检：		
说明：此表为检查、测试及判定结果汇总表，在报告正文中要求给出具体的结果，正文至少包括下列几部分内容：1）概况；2）依据；3）形式检查结果；4）测评内容；5）仪器仪表清单；6）测试结果；7）判定结果；8）测评方案。		

1 工程概况

2 测试和评价依据

3 形式检查结果

4 测试和评价内容

5 仪器仪表清单

6 测试和评价方案

包括仪器设备安装方案、测试周期、运行方案和计算方法等内容。

7 测试结果

包括第 4.2、5.2、6.2 节中各项目的测试数据结果。

8 评价结果

包括各项指标的评价结果和具体数据，判定和分级的评价过程等。

附录 B 太阳能资源区划

表 B 太阳能资源区划

分区	太阳辐照量 ［MJ/(m² · a)]	主 要 地 区	月平均气温 ≥10℃、日照 时数≥6h 的天数
资源极富区 （Ⅰ）	≥6700	新疆南部、甘肃西北一角	275 左右
		新疆南部、西藏北部、青海西部	275～325
		甘肃西部、内蒙古巴彦淖尔盟西部、青海一部分	275～325
		青海南部	250～300
		青海西南部	250～275
		西藏大部分	250～300
		内蒙古乌兰察布盟、巴彦淖尔盟及鄂尔多斯市一部分	＞300
资源丰富区 （Ⅱ）	5400～6700	新疆北部	275 左右
		内蒙古呼伦贝尔盟	225～275
		内蒙古锡林郭勒盟、乌兰察布、河北北部一隅	＞275
		山西北部、河北北部、辽宁部分	250～275
		北京、天津、山东西北部	250～275
		内蒙古鄂尔多斯市大部分	275～300
		陕北及甘肃东部一部分	225～275
		青海东部、甘肃南部、四川西部	200～300
		四川南部、云南北部一部分	200～250
		西藏东部、四川西部和云南北部一部分	＜250
		福建、广东沿海一带	175～200
		海南	225 左右

分区	太阳辐照量 [MJ/(m²·a)]	主 要 地 区	月平均气温 ≥10℃、日照 时数≥6h的天数
资源较富区（Ⅲ）	4200~5400	山西南部、河南大部分及安徽、山东、江苏部分	200~250
		黑龙江、吉林大部	225~275
		吉林、辽宁、长白山地区	<225
		湖南、安徽、江苏南部、浙江、江西、福建、广东北部、湖南东部和广西大部	150~200
		湖南西部、广西北部一部分	125~150
		陕西南部	125~175
		湖北、河南西部	150~175
		四川西部	125~175
		云南西南一部分	175~200
		云南东南一部分	175 左右
		贵州西部、云南东南一隅	150~175
		广西西部	150~175
资源一般区（Ⅳ）	<4200	四川、贵州大部分	<125
		成都平原	<100

附录C 我国主要城市日太阳辐照量分段统计

表C 我国主要城市日太阳辐照量分段统计表

序号	城市名称	天数/日平均太阳辐照量				资源区
		x_1/H_1 (MJ/m²)	x_2/H_2 (MJ/m²)	x_3/H_3 (MJ/m²)	x_4/H_4 (MJ/m²)	
1	格尔木	8/6.5	47/10.9	93/13.6	217/24.1	Ⅰ
2	林 芝	8/6.8	35/10.6	104/14.4	218/20.4	Ⅰ
3	拉 萨	1/7.7	13/10.2	70/14.7	281/21.9	Ⅰ
4	阿勒泰	104/4.5	49/10.0	52/14.3	160/22.7	Ⅱ
5	昌 都	18/6.7	48/10.3	109/14.1	190/20.7	Ⅱ
6	大 同	79/6.2	76/9.8	62/14.2	148/21.4	Ⅱ
7	敦 煌	21/6.1	92/10.0	50/14.0	202/23.0	Ⅱ
8	额济纳旗	27/6.6	86/9.7	47/13.8	205/23.9	Ⅱ
9	二连浩特	39/6.3	92/9.9	47/14.4	187/23.6	Ⅱ
10	哈 密	36/6.3	77/9.7	56/13.7	196/23.4	Ⅱ
11	和 田	36/6.0	91/10.2	66/13.7	172/22.2	Ⅱ
12	乌鲁木齐	129/4.4	40/9.8	56/14.2	140/22.7	Ⅱ
13	喀 什	70/5.4	83/9.9	52/13.8	160/22.6	Ⅱ
14	库 车	58/6.8	71/9.8	63/14.0	173/21.3	Ⅱ
15	民 勤	29/5.9	84/10.2	67/13.8	185/22.7	Ⅱ

续表 C

序号	城市名称	天数/日平均太阳辐照量				资源区
		x_1/H_1 (MJ/m²)	x_2/H_2 (MJ/m²)	x_3/H_3 (MJ/m²)	x_4/H_4 (MJ/m²)	
16	吐鲁番	88/6.0	64/9.9	55/14.0	158/22.9	Ⅱ
17	鄂托克旗	22/6.5	106/10.0	68/14.0	169/21.9	Ⅱ
18	东 胜	42/5.2	59/9.9	64/14.1	170/22.7	Ⅱ
19	琼 海	88/5.6	71/10.5	93/14.0	113/19.1	Ⅱ
20	腾 冲	40/5.4	60/10.1	85/14.4	173/20.0	Ⅱ
21	吐鲁番	88/6.0	64/9.9	55/14.0	158/22.9	Ⅱ
22	西 宁	49/5.6	95/10.0	73/13.9	148/22.7	Ⅱ
23	伊 宁	88/4.7	58/9.8	58/13.9	161/23.0	Ⅱ
24	承 德	72/6.0	89/9.9	66/14.4	138/20.3	Ⅱ
25	银 川	32/5.6	87/10.0	68/13.9	178/23.0	Ⅱ
26	玉 树	8/6.6	94/10.5	96/13.9	167/21.7	Ⅱ
27	北 京	68/5.2	93/9.9	71/14.2	133/20.7	Ⅲ
28	长 春	93/5.4	74/9.8	64/13.9	134/21.7	Ⅲ
29	邢 台	72/5.4	90/9.8	80/14.0	123/19.6	Ⅲ
30	齐齐哈尔	72/6.3	95/10.0	67/14.0	131/19.0	Ⅲ
31	福 州	131/3.4	48/10.3	71/13.8	115/20.7	Ⅲ
32	赣 州	115/4.0	70/9.9	67/13.8	113/21.0	Ⅲ
33	哈尔滨	121/5.4	73/9.8	51/13.8	120/21.0	Ⅲ
34	海 口	98/4.0	57/10.1	65/14.0	145/20.5	Ⅲ
35	蚌 埠	110/4.7	74/9.9	82/14.0	99/20.1	Ⅲ
36	侯 马	103/5.0	68/10.1	69/14.3	125/20.9	Ⅲ
37	济 南	89/4.3	91/9.8	63/14.0	122/20.7	Ⅲ
38	佳木斯	143/5.3	67/9.8	51/13.8	104/21.3	Ⅲ
39	昆 明	63/3.9	48/10.3	92/14.1	162/21.4	Ⅲ
40	兰 州	100/5.4	82/10.1	51/14.0	132/22.4	Ⅲ
41	蒙 自	44/5.1	41/10.2	106/14.4	174/19.4	Ⅲ
42	漠 河	132/4.8	66/10.1	63/13.8	104/21.5	Ⅲ
43	南 昌	128/3.4	65/10.0	59/13.8	113/22.0	Ⅲ
44	南 京	114/4.2	79/10.1	64/14.0	108/20.3	Ⅲ
45	南 宁	119/4.2	57/10.1	81/14.0	108/20.0	Ⅲ
46	汕 头	88/4.9	55/9.9	85/14.1	137/20.4	Ⅲ
47	上 海	98/3.6	92/10.2	55/14.3	120/20.8	Ⅲ
48	韶 关	104/4.7	67/10.2	119/13.9	75/18.5	Ⅲ
49	沈 阳	113/5.3	64/10.1	71/14.1	117/21.4	Ⅲ
50	太 原	64/5.8	101/9.8	61/13.9	139/20.9	Ⅲ
51	天 津	97/5.2	82/10.1	54/13.9	132/21.1	Ⅲ
52	威 宁	106/4.8	86/9.7	94/14.0	79/19.3	Ⅲ

序号	城市名称	天数/日平均太阳辐照量				资源区
		x_1/H_1 (MJ/m²)	x_2/H_2 (MJ/m²)	x_3/H_3 (MJ/m²)	x_4/H_4 (MJ/m²)	
53	牡丹江	98/5.5	88/9.8	67/14.1	112/19.9	Ⅲ
54	西 安	141/4.3	67/10.1	49/13.7	108/21.4	Ⅲ
55	龙 口	97/5.9	72/9.7	48/13.9	148/22.3	Ⅲ
56	郑 州	102/4.5	71/9.9	69/14.1	123/21.1	Ⅲ
57	老河口	111/5.6	95/9.8	70/14.0	89/19.6	Ⅲ
58	杭 州	118/3.3	70/10.1	72/13.9	105/21.2	Ⅲ
59	松 潘	55/6.9	163/9.6	70/14.0	77/18.9	Ⅳ
60	长 沙	157/3.5	63/9.8	43/13.8	102/20.9	Ⅳ
61	成 都	195/3.9	64/10.0	52/14.1	54/20.5	Ⅳ
62	广 州	114/4.6	72/10.1	110/13.8	69/19.1	Ⅳ
63	贵 阳	170/3.9	58/10.1	54/14.0	83/20.0	Ⅳ
64	桂 林	144/3.9	50/10.1	79/14.1	92/21.1	Ⅳ
65	合 肥	128/3.4	69/10.0	64/14.0	104/20.5	Ⅳ
66	乐 山	222/5.0	48/9.9	41/14.0	54/20.2	Ⅳ
67	泸 州	187/3.0	50/10.0	50/13.9	78/20.6	Ⅳ
68	绵 阳	168/4.2	81/10.0	51/14.0	65/19.7	Ⅳ
69	南 充	218/4.9	43/9.8	46/14.0	58/20.4	Ⅳ
70	武 汉	121/3.0	77/10.0	60/14.0	107/20.8	Ⅳ
71	重 庆	209/3.2	45/10.0	40/14.1	71/19.2	Ⅳ
72	桐 梓	222/4.8	49/10.0	56/14.1	38/19.6	Ⅳ

注：x_1：全年日太阳辐照 $H_1 < 8MJ/m^2$ 的天数；

x_2：全年日太阳辐照 $8MJ/m^2 \leqslant H_2 < 12MJ/m^2$ 的天数；

x_3：全年日太阳辐照 $12MJ/m^2 \leqslant H_3 < 16MJ/m^2$ 的天数；

x_4：全年日太阳辐照 $H_4 \geqslant 16MJ/m^2$ 的天数；

H_1：全年中当地日太阳辐照量小于 $8MJ/m^2$ 期间的日平均太阳辐照量；

H_2：全年中当地日太阳辐照量小于 $12MJ/m^2$ 且大于等于 $8MJ/m^2$ 期间的日平均太阳辐照量；

H_3：全年中当地日太阳辐照量小于 $16MJ/m^2$ 且大于等于 $12MJ/m^2$ 期间的日平均太阳辐照量；

H_4：全年中当地日太阳辐照量大于等于 $16MJ/m^2$ 期间的日平均太阳辐照量。

附录 D 倾斜表面上太阳辐照度的计算方法

D.0.1 倾斜表面上的太阳总辐照度应按下列公式计算：

$$I_\theta = I_{D\cdot\theta} + I_{d\cdot\theta} + I_{R\cdot\theta} \quad (D.0.1-1)$$

$$I_{D\cdot\theta} = I_n\cos\theta \quad (D.0.1-2)$$

$$\cos\theta = \sin\delta\sin\Phi\cos S - \sin\delta\cos\Phi\sin S\cos\gamma_f$$
$$+ \cos\delta\cos\Phi\cos S\cos\omega + \cos\delta\sin\Phi\sin S\cos\gamma_f\cos\omega$$
$$+ \cos\delta\sin S\sin\gamma_f\sin\omega \quad (D.0.1-3)$$

$$\delta = 23.45\sin[360\times(284+n)/365] \quad (D.0.1-4)$$

$$I_{d\cdot\theta} = I_{dH}(1+\cos S)/2 \quad (D.0.1-5)$$

$$I_{R\cdot\theta} = \rho_G(I_{DH}+I_{dH})(1-\cos S)/2 \quad (D.0.1-6)$$

$$I_{DH} = I_n\sin a_s \quad (D.0.1-7)$$

$$\sin a_s = \sin\Phi\sin\delta + \cos\Phi\cos\delta\cos\omega \quad (D.0.1-8)$$

$$R_b = \frac{I_{D\cdot\theta}}{I_{DH}} = \frac{\cos\theta}{\sin a_s} \quad (D.0.1-9)$$

式中：I_θ——倾斜表面上的太阳总辐照度（W/m²）；

$I_{D\cdot\theta}$——倾斜表面上的直射太阳辐照度（W/m²）；

$I_{d\cdot\theta}$——倾斜表面上的散射太阳辐照度（W/m²）；

$I_{R\cdot\theta}$——地面反射的太阳辐照度（W/m²）；

I_n——垂直于太阳光线表面上的太阳直射辐照

度（W/m²）；

θ —— 太阳直射辐射的入射角，太阳入射光线与接收表面法线之间的夹角（°）；

δ —— 赤纬角（°）；

Φ —— 当地地理纬度（°）；

S —— 表面倾角，指表面与水平面之间的夹角（°）；

γ_f —— 表面方位角（°），对于朝向正南的倾斜表面，$\gamma_f = 0$；

ω —— 时角（°），每小时对应的时角为 15°，从正午算起，上午为负，下午为正，数值等于离正午的时间（h）乘以 15；日出、日落时的时角最大，正午时为 0；

n —— 一年中的日期序号（无量纲）；

I_{dH} —— 水平面上的散射辐照度（W/m²）；

ρ_G —— 地面反射率，工程计算中，取平均值 0.2，有雪覆盖地面时取 0.7；

I_{DH} —— 水平面上的直射辐照度（W/m²）；

a_s —— 高度角（°）；

R_b —— 倾斜表面上的直射太阳辐照度与水平面上的直射太阳辐照度的比值。

D.0.2 倾斜表面上的太阳总辐照量应按下列公式计算：

$$H_a = \sum_{j=1}^{n} H_{hj} \qquad (D.0.2\text{-}1)$$

$$H_h = I_\theta \cdot t \times 10^{-6} \qquad (D.0.2\text{-}2)$$

式中：H_a —— 倾角采光平面上单位面积的全年总太阳辐射量，（MJ/m²）；

H_h —— 倾角采光平面上单位面积的小时太阳辐射量，（MJ/m²）；

n —— 总时数，计算全年总太阳辐射量时，取 8760h；

t —— 倾斜表面上太阳辐照量的小时计算时间，取 3600s。

本标准用词说明

1 为便于在执行本规范条文时区别对待，对要求严格程度不同的用词说明如下：

1）表示很严格，非这样做不可的：
正面词采用"必须"，反面词采用"严禁"；

2）表示严格，在正常情况下均应这样做的：
正面词采用"应"，反面词采用"不应"或"不得"；

3）表示允许稍有选择，在条件许可时首先应这样做的：
正面词采用"宜"，反面词采用"不宜"；

4）表示有选择，在一定条件下可以这样做的，采用"可"。

2 条文中指明应按其他有关标准执行的写法为："应符合……的规定"或"应按……执行"。

引用标准名录

1 《总辐射表》GB/T 19565

2 《热量表》CJ 128

可再生能源建筑应用工程评价标准

GB/T 50801—2013

条 文 说 明

制 订 说 明

《可再生能源建筑应用工程评价标准》GB/T 50801-2013 经住房和城乡建设部 2012 年 12 月 25 日第 1606 号公告批准、发布。

本标准编制过程中，编制组进行了认真细致的调查研究，总结了我国可再生能源建筑应用工程评价的实践经验，同时参考了国外先进技术标准。

为便于广大设计、施工、科研、学校等单位有关人员在使用本标准时能正确理解和执行条文规定，《可再生能源建筑应用工程评价标准》编制组按章、节、条顺序编制了本标准的条文说明，对条文规定的目的、依据以及执行中需注意的有关事项进行了说明。但是，本条文说明不具备与标准正文同等的法律效力，仅供使用者作为理解和把握标准规定的参考。

目　　次

1　总则 …………………………………… 11—29

2　术语 …………………………………… 11—29

3　基本规定 ……………………………… 11—29

　　3.1　一般规定 ………………………… 11—29

　　3.2　形式检查 ………………………… 11—30

4　太阳能热利用系统 …………………… 11—30

　　4.1　评价指标 ………………………… 11—30

　　4.2　测试方法 ………………………… 11—31

　　4.3　评价方法 ………………………… 11—32

　　4.4　判定和分级 ……………………… 11—33

5　太阳能光伏系统 ……………………… 11—34

　　5.1　评价指标 ………………………… 11—34

　　5.2　测试方法 ………………………… 11—34

　　5.3　评价方法 ………………………… 11—35

　　5.4　判定和分级 ……………………… 11—35

6　地源热泵系统 ………………………… 11—35

　　6.1　评价指标 ………………………… 11—35

　　6.2　测试方法 ………………………… 11—35

　　6.3　评价方法 ………………………… 11—36

附录D　倾斜表面上太阳辐照度的
　　　　计算方法 ………………………… 11—36

1 总 则

1.0.1 制定本标准的宗旨。随着我国国民经济的持续发展，城乡人民居住条件的改善和生活水平的不断提高，建筑能耗快速增长，建筑用能占全社会能源消费量的比例已接近30%，从而加剧了能源供应的紧张形势。为降低建筑能耗，既要节约，又要发展，所以，近年来可再生能源的建筑应用在我国迅速发展。

与常规能源应用相比，民用建筑可再生能源系统到底能够替代多少常规化石能源，其节能、环境以及经济效益究竟如何，是建设单位、政府以及全社会最为关心的问题，也是"十一五"期间可再生能源建筑应用的核心问题。当前可再生能源建筑应用系统还没有统一的测试评价标准，采用不同测评方法所得的结果差异较大，这对于国家推广可再生能源系统、制定相关的产业政策非常不利，急需制定科学、统一的测试评价标准。

为此，住房和城乡建设部在《关于印发〈2009年工程建设标准规范制订、修订计划〉的通知》（建标〔2009〕88号）中，将国家标准《可再生能源建筑应用工程评价标准》列入国家标准编制计划，由中国建筑科学研究院、住房和城乡建设部科技发展促进中心等单位编制。本标准制订并实施后可指导有关单位对可再生能源建筑应用系统的节能、环保效益进行科学的测试与评价，得出量化指标，为国家制定更为详细的支持可再生能源建筑应用的政策提供重要的技术数据，为可再生能源建筑应用产业的健康发展提供技术保障，提升行业增长率，社会经济效益明显。

1.0.2 规定了本标准的适用范围。根据《中华人民共和国可再生能源法》第二条规定，可再生能源是指风能、太阳能、水能、生物质能、地热能、海洋能等非化石能源。结合我国建筑可再生能源应用的实际和各种能源形势的特点，现阶段我国建筑可再生能源应用主要集中在太阳能和地热能方面。因此本标准以太阳能热利用系统、太阳能光伏系统、地源热泵系统的测试与评价为主要内容。我国已有的可再生能源建筑应用工程并不只限于城市，在广大乡镇、农村的民用建筑上也有广泛应用。除了民用建筑，很多有较大的屋顶面积、容积率较低的工厂车间也已经开始应用太阳能、地源热泵供热采暖空调和太阳能光伏发电系统。因此，凡是使用可再生能源系统的民用和部分工业建筑物，无论新建、扩建、改建或既有建筑，无论位于城市、乡镇还是农村，本规范均适用。另外，本标准适用于可再生能源建筑应用工程节能、环保和经济效益的测试与评价，可再生能源建筑应用工程的设计、施工等环节应遵守有关的国家标准和规范。

1.0.3 可再生能源建筑应用是建筑和可再生能源应用领域多项技术的综合利用，在建筑领域，涉及建筑学、结构、暖通空调、给水排水、电气等多个专业。每个专业都有相应的设计、施工验收等规范，本标准仅针对可再生能源建筑应用工程节能环保等效益的测试与评价进行规定和要求。所以，在执行工程的测试评价与验收时，除符合本标准的要求外，也应同时遵守与工程应用相关的其他标准、规范，尤其是其中的强制性条文。

2 术 语

2.0.1 本条术语规定了可再生能源建筑应用的专业领域，可再生能源建筑应用的能源种类。可再生能源可以用来发电、供热、空调，因此它几乎可以应用在建筑用能的各个专业领域。可再生能源不仅包括太阳能和地热能，还包括风能、水能、生物质能、海洋能等非化石能源。结合我国建筑可再生能源应用的实际和各种能源形式的特点，现阶段我国建筑可再生能源应用主要集中在太阳能和地热能方面。

2.0.8 该参数是评价系统经济性的重要参数；为能够更直观地反映其实际含义，通俗易懂，将其中文名称定为系统费效比，该定义名称已在评价国内实施的示范工程中使用。其中所指的常规能源是指具体工程项目中辅助能源加热设备所使用的能源种类（天然气、标准煤或电）。

3 基 本 规 定

3.1 一 般 规 定

3.1.1 本条说明了"指标评价"、"性能合格判定"和"性能分级评价"之间的关系和评价的程序。可再生能源建筑应用工程的效果受设计、施工和运行的影响较大。影响可再生能源建筑应用工程性能的指标有多项，应分别对这些单项指标进行评价。在单项指标评价完成后，还应对整体性能是否达到设计相关标准的基本要求进行合格判定。由于建筑上应用可再生能源的面积或空间等资源有限，为提高资源利用水平，可再生能源建筑应用除了应首先满足基本合格要求外，还宜对其应用效果的优劣程度进行性能分级评价，以引导产业提高能效，节约资源。

3.1.2 本标准的评价以测试的数据为基础，评价的结果也以具体的数值进行描述，因此必须进行实际测试。由于可再生能源全年分布密度变化很大，负荷也很难统一不变，因此通过长期的测试更能反映系统的真实性能，但是限于时间和经济因素，有时不具备长期测试的条件，需要选择一些典型的工况通过短期测试，计算出工程的性能。当前可再生能源系统的测试参数及其测试方法有一定差别，急需统一的方法进行规范，使得测试结果具有可比性。

3.1.3 为了提高测试工作的效率，节约测试成本，在科学合理的前提下尽量减少系统测试数量。

3.1.4 可再生能源建筑应用可能分属于给水排水、暖通、电气等专业，在进行节能、环保和经济性评价前，应首先通过各专业工程的分部工程验收及形式审查。可再生能源建筑应用工程实施的前提往往是建筑应达到相应的节能标准，否则即便是可再生能源系统的能源供应量能够达到设计要求，也无法达到设计要求的室内温湿度、太阳能保证率等节能效果。

3.2 形式检查

3.2.2~3.2.5 规定了对可再生能源系统所采用的关键部件、系统外观、安全可靠性、环保措施等进行检查的主要内容。检查以文件审查和目视为主，文件审查主要查阅产品的检测报告和合格证等。太阳能集热器、太阳能电池和地源热泵机组分别是太阳能热利用系统、太阳能光伏发电系统的关键设备，其能量转换和提升的效率直接关系到系统的节能效果，因此必须仔细检查其相应的第三方检测报告，确保其性能指标符合设计和国家有关标准的要求。安全是系统的首要性能，在利用本标准进行性能评价测试之前，要对系统安全性进行检查和确认。可以从立项、相关设计文件中分析太阳能建筑应用对建筑日照、承重和安全的影响，以及地源热泵系统对水文、地质、生态、相关物理化学指标的影响。

3.2.6~3.2.8 系统的节能效果与系统的性能以及安装的实施量密切相关。由于太阳能受屋顶墙面安装位置限制，地热能受建筑用地等的限制较大，在应用过程中往往会出现实施面积等参数的数量不够，不能满足设计要求的情况。

4 太阳能热利用系统

4.1 评价指标

4.1.1 本条规定了太阳能热利用系统的单项评价指标。

1 太阳能保证率 f 是衡量太阳能在供热空调系统所能提供能量比例的一个关键性参数，也是影响太阳能供热采暖系统经济性能的重要指标。实际选用的太阳能保证率 f 与系统使用期内的太阳辐照、气候条件、产品与系统的热性能、供热采暖负荷、末端设备特点、系统成本和开发商的预期投资规模等因素有关。太阳能保证率不同，常规能源替代量就不同，造价、节能、环保和社会效益也就不同。本条规定的保证率取值参考了《民用建筑太阳能热水系统评价标准》GB/T 50604 中关于热水系统推荐的 f 取值 30%~80% 的取值范围，《太阳能供热采暖工程技术规范》GB 50495 关于本标准附录 B 中的 f 取值表，同时也

参考了主编单位所检测的数十项实际工程的检测结果。

2 集热系统效率是衡量集热器环路将太阳能转化为热能的重要指标。效率过低无法充分发挥集热器的性能，浪费宝贵的安装空间，因此必须对集热效率提出要求。本条规定的热水系统集热器效率参照了《太阳热水系统性能评定规范》GB/T 20095 中关于热水工程的性能指标，采暖系统则根据采暖季期间的室外平均温度、太阳辐照度、低温采暖系统的工作温度，参照集热器国家标准《平板型太阳能集热器》GB/T 6424、《真空管型太阳能集热器》GB/T 17581 的集热器性能参数而确定的，同时也参考了主编单位检测的数十项实际工程的检测结果。

3 贮热水箱热损因数较低可以有效降低系统热损失，充分利用太阳能。此处的规定主要参照《家用太阳热水系统技术条件》GB/T 19141 和 GB/T 20095 中要求。根据 GB/T 19141 规定，家用太阳能热水系统的贮热水箱热损因数 $U_{sl} \leqslant 22\mathrm{W/(m^3 \cdot K)}$，而根据 GB/T 20095 标准对贮热水箱保温性能的要求规定，贮热水箱容量 $V \leqslant 2\mathrm{m^3}$ 时，贮热水箱热损因数 $U_{sl} \leqslant 27.7 \mathrm{W/(m^3 \cdot K)}$；贮热水箱容量 $2\mathrm{m^3} < V \leqslant 4\mathrm{m^3}$ 时，贮热水箱热损因数 $U_{sl} \leqslant 26.0\mathrm{W/(m^3 \cdot K)}$；贮热水箱容量 $V > 4\mathrm{m^3}$ 时，贮热水箱热损因数 $U_{sl} \leqslant 17.3 \mathrm{W/(m^3 \cdot K)}$，综上所述，贮热水箱热损因数取值为 $U_{sl} \leqslant 30\mathrm{W/(m^3 \cdot K)}$。

4 规定了太阳能热利用系统供热水温度的测量要求。供热水温度是保证太阳能热利用系统效果的重要参数，供热水温度不合格，系统的功能性不达标，节能的意义也就无从谈起。

5 规定了供暖（制冷）房间室内温度的测量要求。供暖的初衷是为了营造舒适的室内环境，任何节能措施都是以保证室内舒适度为前提的。我国有关国家标准对采暖（制冷）室内温度提出了明确的要求，因此在对太阳能热利用系统进行评价时应保证室内温度达到相关标准的要求。

6 太阳能制冷性能系数是衡量整个太阳能集热系统和制冷系统整体的工作性能。利用太阳能集热器为制冷机提供热媒水。热媒水的温度越高，则制冷机的性能系数（亦称机组 COP）越高，这样制冷系统的制冷效率也越高，但是同时太阳能集热器的集热系统效率就越低。因此，需要了解整个系统的太阳能制冷性能系数。

7 常规能源替代量是评价太阳能热利用系统节约常规能源能力的重要参数。确定了太阳能热利用系统的常规能源替代量，则可分析其项目费效比、环境效益及经济效益。

项目费效比是考核工程经济性的评价指标。该指标是评价工程在整个寿命周期内的经济性，即该工程的投入与产出的比例是否在合适的范围之内。例如：

某个以电为常规能源的热水工程，通过增加太阳能集热系统改造成为了以电为辅助能源的太阳能热水系统，当地电费为 0.50 元/(kW·h)。若经过计算，该工程在太阳能系统的整个寿命周期内（一般为 15 年）的费效比为 0.50 元/(kW·h)，则说明该工程从经济角度讲"不赔不赚"，没有获得经济效益；若计算得到的费效比为 0.20 元/(kW·h)，则说明每使用太阳能提供的 1kW·h 热量，就可以得到 0.30 元的经济效益；若计算得到的费效比为 0.70 元/(kW·h)，则说明每使用太阳能提供的 1kW·h 热量，比使用常规电能多 0.20 元，则该项目应用太阳能不但不节省费用，还在时时亏损。

8 对于太阳能热利用系统，经济效益主要体现在项目实施后每年节约的费用，即节约的常规能源量与该能源价格的乘积。静态投资回收期是衡量经济效益的重要指标之一。是指以投资项目经营净现金流量抵偿原始总投资所需要的全部时间，是不考虑资金的时间价值时收回初始投资所需要的时间。

9 太阳能热利用系统的最大优势在于替代常规能源，并带来较好的环境效益。在当前常规能源日益紧张的今天，发展可再生能源是促使社会不断进步、经济持续发展、环境日益改善的具体措施。目前我国主要使用的环境效益评价的量化指标是二氧化碳年减排量、二氧化硫年减排量和粉尘年减排量。

4.2 测 试 方 法

4.2.1 可再生能源建筑应用工程的评价以测试的数据为基础，评价的结果也以具体的数值进行描述，因此必须进行实际测试。太阳能热利用系统包括热水、采暖和空调系统，所需测试的项目不尽相同。

4.2.2 制定本条的目的是为了提高测试工作的效率，节约测试成本，在科学合理的前提下尽量减少系统测试数量。集热器结构类型、集热器总面积见 GB/T 6424 和 GB/T 17581 的规定；太阳能热水系统的集热与供热水范围、系统运行方式、集热器内传热工质、辅助能源安装位置、辅助能源启动方式等规定见 GB 50364 的规定。太阳能采暖空调系统的集热系统运行方式、系统蓄热（冷）能力、末端采暖空调系统的规定见 GB 50495 的规定。

4.2.3 规定了太阳能热利用系统的测试条件。

1 规定了系统测试的时间。对于太阳能热水系统，每年春分或秋分前后的天气象条件可以基本反映全年的平均水平。测试时间过短，将不能反映系统的真实性能，因此测试时间应尽量长。

2 规定了系统测试的负荷率。对于太阳能热利用系统，负荷率过低，将不能反映系统的真实性能，因此应尽量接近系统的设计负荷。

3 规定了太阳能热利用系统测试时的环境平均温度。环境温度对太阳能热利用系统的测评有一定的

影响，应给出一定的限制。太阳能热水系统的环境温度规定参考《太阳热水系统性能评定规范》GB/T 20095 给出；太阳能采暖系统和太阳能空调系统规定参考《采暖通风与空气调节设计规范》GB 50019 给出。

4 太阳辐照量指接收到太阳辐射能的面密度。在我国大部分地区，阴雨天气的太阳辐照量 $H<8MJ/(m^2 \cdot d)$；阴间多云时的太阳辐照量 $8MJ/(m^2 \cdot d) \leq H<12MJ/(m^2 \cdot d)$；晴间多云时的太阳辐照量 $12MJ/(m^2 \cdot d) \leq H<16MJ/(m^2 \cdot d)$；天气晴朗时的太阳辐照量 $H \geq 16MJ/(m^2 \cdot d)$。而太阳辐照不同，太阳能集热器的转换效率也会有所不同。本标准附录 C 给出的是全年使用的太阳能热水系统，不同区间太阳辐照量的平均值，而对于太阳能采暖空调系统则需要从气象部门获取采暖或空调期内相应的不同区间太阳辐照量的平均值。每个区间太阳辐照量的平均值并非这个区间边界值的算术平均，而是应根据当地气象参数按供热水、采暖或空调的时期统计得出。

4.2.4 规定了测试太阳能热利用系统设备仪器的要求。

1 总辐射表也称总日射表或天空辐射表，是测量平面接收器上半球向日射辐照度的辐射表。《总辐射表》GB/T 19565 规定的主要性能指标规定如下：

  1）热电堆与仪器基座之间的绝缘电阻 $\geq 1M\Omega$。

  2）内阻 $\leq 800\Omega$。

  3）灵敏度允许范围 $7\mu V \cdot W^{-1} \cdot m^2 \sim 14\mu V \cdot W^{-1} \cdot m^2$。

  4）响应时间（99％响应）$\leq 60s$。

  5）非线性误差 $\leq 3\%$。

  6）余弦响应误差

    a）太阳高度角 10°时 $\leq 10\%$；

    b）太阳高度角 30°时 $\leq 5\%$。

  7）方位响应误差（太阳高度角 10°时）$\leq 7\%$。

  8）温度误差（$-40℃ \sim +40℃$ 范围内）$\leq 5\%$。

  9）倾斜（180°）响应误差 $\leq 3\%$。

  10）年稳定性 $\leq 5\%$。

3 由于测量对象的差异，对于测量空气和液体工质（水或防冻液）温度传感器的要求不同。液体工质温度对太阳能热利用系统性能有着决定性的影响，因此对所使用的温度传感器的准确度和精度都有较高的要求；环境空气温度对太阳能热利用系统性能的影响相对较小，对温度传感器的要求也相对较低。另外，温度传感器距离太阳集热器和系统组件太近或太远，传感器周围有影响环境湿度的冷、热源，都将会影响测量的准确性。所以，对温度传感器放置的位置也有相应的要求。

5 质量和时间测量属于常规基础量的测量。使用常规满足精度要求的质量计和计时器即可。

6 本款规定了选择数据记录仪应达到的要求。为了达到所记录参数的精度，在任何情况下，仪器或仪表系统的最小分度都不应超过规定精度的两倍。例如，如果规定的精度是±0.1℃，则最小分度不应超过0.2℃。

7 长度测量应选择常见且满足精度要求的仪器即可，测试应简单易行。

8 根据《热量表》CJ 128的规定，热量表的计量准确度分为三级。采用相对误差限表示，并按下列公式计算：

$$E = (V_d - V_e)/V_e \times 100\%$$

式中：E——相对误差限（%）；
  　　V_d——显示的测量值；
  　　V_e——常规真实值。

其中2级表：$E = \pm(3 + 4 \times \Delta t_{min}/\Delta t + 0.01 \times q_p/q)$

式中：Δt_{min}——最小温差，单位K；
  　　Δt——使用范围内的温差，单位K；
  　　q_p——常用流量，单位 m³/h；
  　　q——使用范围内的流量，单位 m³/h。

4.2.6 系统总能耗是太阳能热利用系统的参数，是确定太阳能热利用系统保证率的重要参数。测试时间需涵盖整个测试过程，在集热器停止工作后，系统常规热源包括电锅炉、燃气炉、燃煤炉、热力站等还在工作。同集热系统得热量一样，应针对不同用途进行集热系统相应测量。

4.2.7 集热系统得热量是指由太阳能系统中太阳能集热器提供的有用能量，是太阳能热利用系统的关键性指标。

一般情况下，当太阳能集热器采光面正南放置时，试验起止时间应为当地太阳正午时前4h到太阳正午时后4h，共计8h。我国地域广阔，各地天气情况复杂多变，太阳能辐射量会受到有云、阴天及雨雪天气的影响。由于天气的不确定性，在一天中规定的时间内满足本标准第4.2.3条规定的太阳辐照量H要求，可能需要很长的一段测试时间。如在一次福州的实际测试中，在一个月内太阳辐照量的值没有一天是小于8MJ/(m²·d)的，这给实际的测量工作带来了很大的困难。因此，为了使测试能够正常进行，可采取截取太阳辐照量方法，以部分时间的测试数据进行代替。例如：在某工程的测试中，若需要8MJ/(m²·d)≤H<12MJ/(m²·d)的测试数据。从当地太阳正午时前4h实验开始，在当地正午时后2h时，H的值为10.7MJ/(m²·d)，则在此时记录完毕其他参数数值，当天实验即可结束。当天当地太阳正午时前4h到太阳正午时后2h的测试数据即为8MJ/(m²·d)≤H<12MJ/(m²·d)的测试数据。

供应生活热水和供应采暖、制冷热负荷差别较大，并且生活热水属于常年供应项目，采暖与制冷属于季节性供应项目，应针对系统不同用途进行相应测量，测出不同工况下的得热量。

4.2.9 制冷机组制冷量和耗热量的测量是为了确定太阳能制冷系统中制冷机组的COP，采用热量表可以方便获得这些冷量或热量的积分值，但是为了研究方便，有很多系统单独设置温度和流量测试系统，其采样和记录的间隔可以调整，但是不能过大以保证测量精度。

4.2.10 本条规定了贮热水箱热损因数的测试和计算方法。贮热水箱热损因数的测试和计算方法主要参照《家用太阳热水系统技术条件》GB/T 19141中贮热水箱热损因数的检测方法。根据GB/T 20095标准对贮热水箱保温性能的要求规定，贮热水箱容量$V \leqslant 2m^3$时，贮热水箱热损因数$U_{sl} \leqslant 27.7W/(m^3 \cdot K)$；贮热水箱容量$2m^3 < V \leqslant 4m^3$时，贮热水箱热损因数$U_{sl} \leqslant 26.0W/(m^3 \cdot K)$；贮热水箱容量$V > 4m^3$时，贮热水箱热损因数$U_{sl} \leqslant 17.3W/(m^3 \cdot K)$，综上所述，贮热水箱热损因数取值为$U_{sl} \leqslant 30W/(m^3 \cdot K)$。在测量时应注意，由于工程中贮热水箱体积一般较大，水箱中水温会产生分层现象。因此，在测量开始时贮热水箱内水温度和开始时贮热水箱内水温度时，应使水箱内上下层的水充分混合，使上下层水温温差小于1.0K。

4.2.12 本条规定了热水温度和采暖（制冷）房间室内温度的测量要求，有关国家标准对热水温度和采暖（制冷）室内温度有相应要求，对太阳能热利用系统的评价应按相关国家标准进行评价。

4.3 评价方法

4.3.1 本条给出了测量计算太阳能保证率的方法。对于太阳能供热水、供暖系统《民用建筑太阳能热水系统应用技术规范》GB 50364、《太阳能供热采暖工程技术规范》GB 50495给出了不同地区太阳能供热采暖系统的太阳能保证率的推荐值。实际工程中，应根据系统使用期内的太阳辐照、系统经济性及用户要求等因素综合考虑后确定。一般情况下，测试结果在《民用建筑太阳能热水系统应用技术规范》GB 50364、《太阳能供热采暖工程技术规范》GB 50495推荐的范围内应是比较合理的。由于各地、各工程的供热水、采暖、空调设计使用期不尽相同，应根据设计使用期统计得出不同太阳辐照量发生的天数。

4.3.2 本条给出了计算集热系统效率的方法。对于长期系统，虽然长期测试的时间可能会比设计使用期短，但是由于长期测试时间较长，认为长期测试的数值设计使用期的系统效率。在以短期测试为基础进行评价时，由于各地、各工程的供热水、采暖、空调设计使用期不尽相同，应根据设计使用期统计得出不同太阳辐照量发生的天数。

4.3.4 太阳能制冷性能系数指制冷机提供有效冷量

与太阳能集热器上太阳能总辐照量的比值。

常规的空调系统主要包括制冷机、空调箱（或风机盘管）、锅炉等几部分，而太阳能空调系统是在此基础上又增加太阳能集热器、储水箱等部分。太阳能制冷性能系数 COP_r 是衡量整个太阳能集热系统和制冷系统整体的工作性能。利用太阳能集热器为制冷机提供其发生器所需要的热媒水。热媒水的温度越高，则制冷机的性能系数（亦称机组 COP_r）越高，这样制冷系统的制冷效率也越高，但是同时太阳能集热器的集热系统效率就越低。因此，应存在着一个最佳的太阳能制冷性能系数 COP_r 值，此时空调系统制冷效率与太阳能集热系统效率为最佳匹配。

4.3.5 常规能源替代量是评价太阳能热利用系统节约常规能源能力的重要参数。确定了太阳能热利用系统的常规能源替代量，则可分析其项目费效比、环境效益及经济效益。短期测试的年常规能源替代量与实际的年常规能源替代量有一定误差，但该方法在实际工程应用中，更加高效可行。在条件允许的情况下，应对太阳能热利用系统进行长期的跟踪测量，以获得更加准确的年常规能源替代量。常规能源的替代一定是太阳能和某一种能源比较计算得出的。

对于热水系统，目前常规能源多以电热和燃气热水器为主，根据《储水式电热水器》GB/T 20289，电热水器加热效率最低为 0.9，我国火力发电的水平大致为 0.36kgce/kWh，根据国家标准《综合能耗计算通则》GB/T 2589－2008，标准煤的发热量为 29.307MJ/kg，以此计算，综合考虑火电系统的煤的发电效率和电热水器的加热效率的运行效率为 0.31。以煤作为热源的热水加热方式目前已不多见，也不是国家鼓励的方向。根据《家用燃气快速热水器和燃气采暖热水炉能效限定值及能效等级》GB 20665，燃气热水器的最低效率为 0.84。

对于采暖系统，以电作为热源的方式不是国家鼓励的方向。目前常规能源多以燃煤和燃气热水器为主，根据《严寒和寒冷地区居住建筑节能设计标准》JGJ 26－2010，燃煤锅炉运行效率最低为 0.7，燃气锅炉运行效率最低为 0.8。

本标准所规定的是热力制冷空调系统，为热力制冷机组提供热源时，其加热方式也多以燃煤和燃气热水器为主，最低效率同采暖情况。

4.3.6 项目费效比是考核工程经济性的评价指标。从目前测评的实际工程来看，正常的太阳能热水系统的费效比在 0.10 元/kWh～0.30 元/kWh 之间。若是某个项目的费效比超出这个范围，可能是初投资太大，工程费用太高；或者是系统设计不合理，系统的常规能源替代量太少。当设计文件没有明确规定费效比的设计值时，太阳能热水系统的费效比可按小于项目所在地当年的家庭用电价格进行评价，太阳能采暖的费效比可按小于项目所在地当年的商业用电价格进行评价，太阳能空调系统的费效比可按小于项目所在地当年商业用电价格的 2 倍进行评价。

4.3.7 对于太阳能热利用系统，经济效益主要体现在项目实施后每年节约的费用，即节约的常规能源量与该能源价格的乘积。

静态投资回收年限（静态投资回收期）也是衡量经济效益的指标之一。是指以投资项目经营净现金流量抵偿原始总投资所需要的全部时间，是不考虑资金的时间价值时收回初始投资所需要的时间。它有"包括建设期的投资回收期"和"不包括建设期的投资回收期"两种形式。其单位通常用"年"表示。投资回收期一般从建设开始年算起，也可以从投资年开始算起，计算时应具体注明。

常规能源的价格 P 应根据项目立项文件所对比的常规能源类型进行比较，当无明确规定时，由测评单位和项目建设单位根据当地实际用能状况确定常规能源类型，按如下规定选取：

1) 常规能源为电时，对于太阳能热水系统 P 为当地家庭用电价格，采暖和空调系统不考虑常规能源为电的情况；

2) 常规能源为天然气或煤时，P 按下式计算：

$$P = P_r/R$$

式中：P——常规能源的价格（元/kWh）；

P_r——当地天然气或煤的价格（元/Nm³ 或元/kg）；

R——天然气或煤的热值，按当地有关部门提供的数据选取；没有数据时，天然气的 R 值取 11kWh/Nm³，煤的 R 值取 8.14kWh/kg。

静态投资回收期可以在一定程度上反映出项目方案的资金回收能力，其计算方便，有助于对技术上更新较快的项目进行评价。但它不能考虑资金的时间价值，也没有对投资回收期以后的收益进行分析，从中无法确定项目在整个寿命期的总收益和获利能力。

4.3.8～4.3.10 太阳能热利用系统的最大优势在于节约和替代常规能源，并带来较好的环境效益。从根本上来说，环境效益是经济效益和社会效益的基础，经济效益、社会效益是环境效益的结果。在当前常规能源日益紧张的今天，发展可再生能源是促使社会不断进步、经济持续发展、环境日益改善的具体措施。因此，本标准对太阳能热利用系统环境效益的评价提出了具体的量化指标。

4.4 判定和分级

4.4.2 在本标准第 4.1.1 条中，太阳能保证率和集热系统效率首先满足设计要求，在设计没有要求时才应符合表 4.1.1-1、表 4.1.1-2 的规定。因此在满足设计要求时，有可能不满足表 4.1.1-1、表 4.1.1-2

的规定，而第4.4.3条的3级低限是按表4.1.1-1、表4.1.1-2的要求规定的，此时就不宜按第4.4.3条的要求进行分级评价了。

4.4.3 太阳能保证率与太阳能资源密切相关。集热面积相同的系统，在资源丰富地区获得热量可能是资源贫乏地区的一倍，因此为体现"公平"，应针对不同的资源区提出太阳能保证率的范围。太阳能热水、采暖、空调对集热系统工作温度与环境温度的温差要求呈逐渐增高的趋势，而工作温度升高，集热效率下降，太阳能保证率也有可能下降，因此也有必要对不同应用给出太阳能保证率的范围。本条给出的太阳能保证率的范围参考了主编单位2006年～2011年数十项工程测试结果以及国内外相关的文献资料。

4.4.4 与太阳能保证率类似，太阳能集热系统效率与太阳能资源，尤其是太阳能系统的工作温度密切相关，太阳能热水、采暖、空调对集热系统工作温度与环境温度的温差要求提逐渐增高的趋势，而工作温度升高，集热效率下降，因此有必要对不同应用给出太阳能集热效率的范围。本条给出的太阳能集热效率的范围参考了主编单位对2006年～2011年数十项工程测试结果以及国内外相关的文献资料。

4.4.5 判定系统级别有多个指标，只有所有指标都到所要求的判定级别或以上，系统才可以判定为此级别。

5 太阳能光伏系统

5.1 评价指标

5.1.1 本条规定了太阳能光伏系统的单项评价指标。

1 太阳能光伏系统的光电转换效率表示系统将太阳能转化为电能的能力。当前太阳能光伏系统的转换效率不断提升，但是与光热应用相比，效率仍然偏低，同时由于光伏电池组件等关键部件的价格较高，因此光伏发电系统的经济性不够理想，提高转换效率，降低成本是普及推广太阳能光伏发电系统的首要任务，为此十分有必要对光伏系统的转换效率进行规定，鼓励提高效率。本条提出的几种类型系统的效率参照了国内外示范工程的数据，尤其是主编单位测试的数据，能够反映这几种系统的基本水平。

2 项目费效比是考核工程经济性的评价指标。该指标是评价工程在整个寿命周期内的经济性。从目前太阳能光伏系统实测情况看，光伏发电的费效比较高，这主要是光伏电池的成本太高，比常规火电、水电，甚至风电的发电成本高出很多造成的。当无文件明确规定时太阳能光伏系统的费效比可以按小于项目所在地当年商业用电价格的3倍进行评价。实践证明如果费效比过高会严重制约系统的推广，当前光伏系统的费效比控制在2元/kWh以内是比较合理的，这个价

格大致相当于我国大部分地区商业用电价格的3倍左右。

3 太阳能光伏系统年发电量是衡量太阳能光伏系统发电能力的一个非常重要的直观指标。考虑到当前很多工程文件中没有给出该项指标，为此要求当无文件明确规定时，应在测试评价报告中给出系统的年发电量。

4 常规能源替代量是评价太阳能光伏系统节约常规能源能力的重要参数。本款确定了常规能源替代量，则可分析其项目费效比、环境效益及经济效益。

5.2 测 试 方 法

5.2.2 制定本条的目的是为了提高测试工作的效率，节约测试成本，在科学合理的前提下尽量减少系统测试数量。现阶段，太阳能电池组件类型主要包括晶硅和薄膜电池两类，系统与公共电网的关系主要分并网和离网两类。

5.2.3 规定了太阳能光伏系统的测试条件。

1 测试前应确保系统已经可以正常运行，如果负载不正常，系统可能工作的效率比较低，不能正确反映系统的性能指标。

2 本条规定了长期测试的时间。对于太阳能光伏系统，每年春分或秋分前后的至少60d的气象条件可以基本反映全年的平均水平。负载过低，将不能反映系统的真实性能，因此应尽量接近系统的设计负载。

3 本条规定了太阳能光伏系统的测试时间。当地太阳正午时前1h到太阳正午时后1h的2h内是一天内太阳能辐照条件最好的时间段，在此时间测出的数据，基本可以代表该系统最佳的工作状态。

4 在对太阳能光伏系统的测试中，环境温度并不是参与计算的参数，但对太阳能光伏组件的效率影响较大，在可能条件下，环境温度波动应该尽量小。

6 对太阳能光伏系统的测试应在太阳能辐照充足的条件下进行。本款规定测试时的太阳总辐照度不应小于$700W/m^2$，是考虑到我国太阳能资源分布在Ⅲ类以上地区在天气晴朗的条件下，基本上都可以达到。而我国的绝大部分国土的太阳能资源都在Ⅲ类地区以上。

5.2.4 电功率测量应选择常见且满足精度要求的仪器，测试应简单易行。

5.2.5 规定了光电转换效率的测试要求。

2 对于独立的太阳能发电系统。负荷端一般从蓄电池后接入，而且蓄电池也有电量损耗，应在蓄电池组的输入端测量系统的发电量；对于并网的太阳能光伏系统，一般是在逆变器后接入负荷端和上网，而且逆变器也有电量损耗，应在逆变器的输出端测量系统的发电量。

3 为防止外接辅助电源对测试的干扰，应在测

试前，切断所有外接辅助电源。

4 本条规定了测试期间所应记录的数据数量及采样和记录间隔。

5 评价太阳能光伏系统最重要的参数就是该系统的光电转换效率，它与系统所采用的光伏电池类型及系统的设计方案有着直接的关系。测试期间不同朝向和倾角采光平面上的太阳辐照量是不同的，应分别计算不同朝向和倾角平面上的太阳辐照量后相加得到整个太阳光伏系统中的太阳辐照量。

5.3 评价方法

5.3.2 本条给出了太阳能光伏系统年发电量的计算方法。当地全年的太阳能电池板单位面积的太阳辐射量 H_{ai} 可用下列方法得到：查本标准附录 B 典型地区水平面年总辐射，通过计算可得。若工程地点所在地区没有在本标准附录 B 中给出，可参考与之地理和太阳能资源条件相接近地区的值。

5.3.3 本条给出了太阳能光伏系统全年常规能源替代量的计算方法，以标准煤为计算单位。

5.3.4 从目前太阳能光伏系统实测情况看，项目的费效比较高，这主要是光伏电池的成本太高，比常规火电、水电，甚至风电的发电成本高出很多。可喜的是，随着对太阳能发电行业的科技水平的提高和规模化应用的推广应用，近年来太阳能光伏电池的成本已经大幅下降。将来有希望太阳能光伏系统的费效比降低到 1 元/kWh 以下。

5.4 判定和分级

5.4.3 太阳能光伏系统的光电转换效率与光伏组件的转换效率密切相关，晶硅电池组件比薄膜电池的光电转换效率高，但是价格也相对较高，二者各有优势，因此需要对其转换效率进行分别规定；本条给出的太阳能光伏系统的光电转换效率范围参考了主编单位对 2006 年～2011 年工程测试结果以及国内外相关的文献资料。

5.4.4 太阳能光伏系统的费效比，是系统节能效果和经济性的综合体现，无论哪种系统其综合效益都应满足本条的规定。本条给出的太阳能光伏系统的光电转换效率范围参考了主编单位对 2006 年～2011 年工程测试结果以及国内外相关的文献资料。

6 地源热泵系统

6.1 评价指标

6.1.1 本条规定了地源热泵系统的单项评价指标。

1 地源热泵系统制冷能效比、制热性能系数，是反映系统节能效果的重要指标，能效比过低，系统可能还不如常规能源系统节能，因此十分有必要对其做出规定。地源热泵系统按热源形式分为土壤源、地下水源、地表水源、污水源等，不同热源形式的地源热泵系统能效由于热源品质的不同而有一定的差别，但工程所在气候区域、资源条件、工程规模等因素同样也会影响系统能效比的高低，所以，不容易区分哪种热源形式系统能效比高、哪种热源形式的系统能效比低。本标准主要评价可再生能源应用相对于常规系统的优势，因此工程项目应综合考虑气候区域、资源条件、工程规模等因素选择适合的地源热泵系统并进行合理设计，无论选择何种热源形式，其系统性能应优于常规空调系统。另外，对于不具备条件采用常规冷热源、只能选择地源热泵系统的项目，而效率又较差的情况较少，本标准暂不考虑对其评价。综上，能效限值不宜按热源形式、资源条件、地域等方面因素细分。表 6.1.1 给出地源热泵系统不同工况能效的基准值，表中能效比的取值参考了主编单位检测的几十项工程的检测结果，并参照了常规空调系统的能效比。

2 地源热泵机组实际运行制热性能系数（COP）、制冷能效比（EER），反映机组的能效的高低和水平，热泵机组是热泵系统最核心的设备，机组能效是系统能效的主要影响因素，因此，有必要对机组的实际运行性能进行测试和评价。

3 调节室内温湿度是空气调节的最重要的目标之一，如果室内温度不满足要求，节能环保也就无从谈起。因此室内效果是评价的基础。

6.2 测试方法

6.2.3 本条规定了长期测试与短期测试的条件。

2 地源热泵系统的运行性能受环境影响较大，土壤的温度、污水的温度、地表水温度，与测试时间段有关系，为了保证相对准确，测试应在供冷（供热）15d 之后进行。本款规定了系统性能测试时机。

大部分工程不具备长期监测条件，因此实际评价过程中主要采用短期测试，短期测试期间系统应在合理的负荷下运行，如果负荷率过低，系统运行工况与设计工况相差较大，其系统性能不具备代表性。经过对不同项目的设计资料和实际工程项目运行参数分析，对系统性能进行测试时系统负荷率在 60% 以上运行比较合理，系统能效能保持在相对较高范围，对机组性能进行测试时，机组负荷率宜在 80% 以上。系统的运行性能与设计的合理性、设备的选型、机组与水泵的匹配及运行策略都有关系，对于项目由于某些原因系统运行负荷率达不到该条款规定时，建议在系统运行最大负荷时段测试。

6.2.4 规定了测试地源热泵系统设备仪器的要求。

1 为方便测试和运行管理，厉行节约，对于相同的参数，本标准对仪器设备的要求基本相同。

2 规定了电功率测量仪表的精度等级。

6.2.5　调节室内温湿度是空气调节的最重要的目标之一，因此室内温湿度必须符合设计要求，当没有明确规定时，应符合相关规范的要求。本条规定了室内温湿度的测量时机及测量结果评定标准。

6.2.6　对于热泵机组制冷能效比、制热性能系数，选取典型的一天进行测试即可，所谓典型主要是指制热工况和制冷工况应在典型的负荷条件下，尤其是地源热泵需要满足冬季供热、夏季制冷需求时，应分别对不同工况下的地源热泵系统性能参数进行测评。本条规定了为获得热泵机组制冷能效比、制热性能系数需要测量的参数、测试时间要求、测试结果处理方法。

6.2.7　本条规定了为获得系统能效比，需要测量的参数、测试时间要求、测试结果处理方法。系统水泵耗电量包括热源侧和用户侧的所有水泵的耗电量。

6.3　评价方法

6.3.1　本条规定了常规能源替代量的评价方法。其中常规空调系统的能效比计算值参照《公共建筑节能检测标准》JGJ/T 177-2009 中关于冷源系统能效的计算方法和取值原则。地源热泵系统节能效益评价方法规定了建筑全年累计冷热负荷的计算方法，并规定常规供暖、供冷方式的年耗能量的计算采用测试结果和计算相结合的方法。地源热泵系统的供暖节能量是以常规供暖系统为比较对象，供冷系统的节能量是以常规水冷冷水机组为比较对象，本条对常规能源供暖系统、不同容量常规冷水机组的能效比进行了规定，计算将最终的节能量转换为一次能源，以标准煤计。

　　地源热泵系统常规能源替代量的计算中，每度电折合所耗标准煤量（kgce/kWh），根据国家统计局最近 2 年内公布的火力发电标准耗煤水平确定，并在折标煤量结果中注明该折标系数的公布时间及折标量。

6.3.2　本条规定了地源热泵系统环保效益评价方法。利用转换为一次能源的节能量计算结果，进行环保效益评估，主要包括二氧化碳、二氧化硫及粉尘。

6.3.3　本条规定了地源热泵系统经济效益评估方法。规定了系统增量成本和节能量的获取方法，对系统的静态回收期进行了计算。

附录 D　倾斜表面上太阳辐照度的计算方法

D.0.1、D.0.2　以北京为例，计算北京 1 月 1 日北京时间11 点～12 点的平均太阳辐照度可按下例计算：

　　　　纬度 Φ：$39°48'$；

　　　　方位角 γ_f：正南朝向，$\gamma_f=0$；

　　　　表面倾角 S：$40°$；

北京时间 11 点～12 点水平面上平均直射辐照度：15 W/m²；

北京时间 11 点～12 点水平面上平均散射辐照度：218W/m²。

1　赤纬角 δ、时角 ω、入射角 θ、高度角 a_s 计算

1） 赤纬角 δ 计算

1 月 1 日的赤纬角 δ 按下式计算：

$$\delta = 23.45\sin[360\times(284+n)/365]$$
$$= 23.45\sin[360\times(284+1)/365]$$
$$= -23.01$$

2） 时角 ω

按本标准附录 D 时角 ω 计算方法，北京 1 月 1 日北京时间 12 点为正午，则时角 $\omega=0$。

3） 入射角 θ

1 月 1 日北京时间 11 点～12 点的入射角 θ 按下式计算：

$$\cos\theta = \sin\delta\sin\Phi\cos S - \sin\delta\cos\Phi\sin S\cos\gamma_f$$
$$+ \cos\delta\cos\Phi\cos S\cos\omega$$
$$+ \cos\delta\sin\Phi\sin S\cos\gamma_f\cos\omega + \cos\delta\sin S\sin\gamma_f\sin\omega$$
$$= (\sin-23.01°\sin39.8°\cos40°)$$
$$-(\sin-23.01°\cos39.8°\sin40°\cos0°)$$
$$+(\cos-23.01°\cos39.8°\cos40°\cos0°)$$
$$+(\cos-23.01°\sin39.8°\sin40°\cos0°)$$
$$+(\cos-23.01°\sin40°\sin0°\sin0°)$$
$$= 0.92$$

4） 高度角 a_s

1 月 1 日北京时间 11 点～12 点的高度角 a_s 按下式计算：

$$\sin a_s = \sin\Phi\sin\delta + \cos\Phi\cos\delta\cos\omega$$
$$= (\sin39.8°\sin-23.01°)$$
$$+(\cos39.8°\cos-23.01°\cos0°)$$
$$= 0.46$$

5） 倾斜表面上的直射辐照度 $I_{D\cdot\theta}$

R_b 按下式计算：

$$R_b = \frac{I_{d\cdot\theta}}{I_{DH}} = \frac{\cos\theta_T}{\sin a_s}$$
$$= 0.92/0.46$$
$$= 2.00$$

倾斜表面上的直射辐照度 $I_{D\cdot\theta}$ 按下式计算：

$$I_{D\cdot\theta} = R_b\times I_{DH}$$
$$= 2.00\times15$$
$$= 30.0\text{W/m}^2$$

6） 倾斜表面上的散射辐照度 $I_{d\cdot\theta}$

倾斜表面上的散射辐照度 $I_{d\cdot\theta}$ 按下式计算：

$$I_{d\cdot\theta} = I_{dH}(1+\cos S)/2$$
$$= 218\times(1+\cos40°)/2$$
$$= 192.5\text{W/m}^2$$

7） 地面上的反射的辐照度 $I_{R\cdot\theta}$

地面上的反射的辐照度 $I_{R\cdot\theta}$ 按下式计算：

$$I_{R\cdot\theta} = \rho_G(I_{DH} + I_{dH})(1 - \cos S)/2$$
$$= 0.2 \times (15 + 218) \times (1 - \cos 40°)/2$$
$$= 5.2 \text{W/m}^2$$

则北京 1 月 1 日，北京时间为 11 点～12 点，表面倾角为 40°的倾斜面上平均太阳总辐照度按下式计算：

$$I_\theta = I_{D\cdot\theta} + I_{d\cdot\theta} + I_{R\cdot\theta}$$
$$= 30.0 + 192.5 + 5.2$$
$$= 227.2 \text{W/m}^2$$

则北京 1 月 1 日，北京时间为 11 点～12 点的累积太阳辐照量 H_h 为：

$$H_h = 227.2 \times 3600 \div 1000000 = 0.82 \text{MJ/m}^2$$

中华人民共和国国家标准

农村居住建筑节能设计标准

Design standard for energy efficiency of rural residential buildings

GB/T 50824—2013

主编部门：中华人民共和国住房和城乡建设部
批准部门：中华人民共和国住房和城乡建设部
施行日期：２０１３年５月１日

中华人民共和国住房和城乡建设部
公 告

第 1608 号

住房城乡建设部关于发布国家标准
《农村居住建筑节能设计标准》的公告

现批准《农村居住建筑节能设计标准》为国家标准，编号为 GB/T 50824-2013，自 2013 年 5 月 1 日起实施。

本标准由我部标准定额研究所组织中国建筑工业

出版社出版发行。

中华人民共和国住房和城乡建设部

2012 年 12 月 25 日

前　言

本标准是根据住房和城乡建设部《关于印发〈2010 年工程建设标准规范制订、修订计划〉的通知》（建标［2010］43 号）的要求，由中国建筑科学研究院、中国建筑设计研究院会同有关单位共同编制完成。

本标准在编制过程中，标准编制组进行了广泛调查研究，认真总结实践经验，结合农村建筑的实际情况，吸收我国现行建筑节能设计标准的经验，并在广泛征求意见的基础上，最后经审查定稿。

本标准共分 8 章和 1 个附录。主要技术内容是：总则，术语，基本规定，建筑布局与节能设计，围护结构保温隔热，供暖通风系统，照明，可再生能源利用等。

本标准由住房和城乡建设部负责管理，由中国建筑科学研究院负责具体技术内容的解释。执行过程中，如有意见或建议，请寄送中国建筑科学研究院（地址：北京市北三环东路 30 号，邮政编码 100013），以供今后修订时参考。

本标准主编单位：中国建筑科学研究院
　　　　　　　　中国建筑设计研究院

本标准参编单位：哈尔滨工业大学
　　　　　　　　中国建筑西南设计研究院有限公司
　　　　　　　　清华大学
　　　　　　　　大连理工大学
　　　　　　　　天津大学
　　　　　　　　国家太阳能热水器质量监督检验中心
　　　　　　　　同济大学

河南省建筑科学研究院有限公司
陕西省建筑科学研究院
国家建筑工程质量监督检验中心
宁夏大学
江西省建筑科学研究院
吉林科龙建筑节能科技股份有限公司
深圳海川公司
北京城建技术开发中心
北京怀柔京北新型建材厂
北京金隅加气混凝土有限责任公司

本标准主要起草人：邹　瑜　宋　波　刘　晶
　　　　　　　　　林建平　焦　燕　金　虹
　　　　　　　　　冯　雅　杨旭东　端木琳
　　　　　　　　　王立雄　李　忠　李　骥
　　　　　　　　　谭洪卫　栾景阳　高宗祺
　　　　　　　　　冯爱荣　潘　振　李卫东
　　　　　　　　　郭　良　凌　薇　南艳丽
　　　　　　　　　王宗山　任普亮　张海文
　　　　　　　　　黄永衡　赵丰东　徐金生
　　　　　　　　　张瑞海　彭　梅

本标准主要审查人：许文发　郎四维　万水娥
　　　　　　　　　杨仕超　何梓年　董重成
　　　　　　　　　杜　雷　刁乃仁　张国强
　　　　　　　　　王绍瑞　胡伦坚

目 次

1 总则 ················· 12—5
2 术语 ················· 12—5
3 基本规定 ··············· 12—5
4 建筑布局与节能设计 ········· 12—6
  4.1 一般规定 ············· 12—6
  4.2 选址与布局 ··········· 12—6
  4.3 平立面设计 ··········· 12—7
  4.4 被动式太阳房设计 ······· 12—7
5 围护结构保温隔热 ·········· 12—8
  5.1 一般规定 ············· 12—8
  5.2 围护结构热工性能 ······· 12—8
  5.3 外墙 ··············· 12—9
  5.4 门窗 ··············· 12—9
  5.5 屋面 ··············· 12—9
  5.6 地面 ··············· 12—9
6 供暖通风系统 ············ 12—9

  6.1 一般规定 ············· 12—9
  6.2 火炕与火墙 ··········· 12—9
  6.3 重力循环热水供暖系统 ····· 12—10
  6.4 通风与降温 ··········· 12—11
7 照明 ················· 12—11
8 可再生能源利用 ··········· 12—11
  8.1 一般规定 ············· 12—11
  8.2 太阳能热利用 ·········· 12—11
  8.3 生物质能利用 ·········· 12—12
  8.4 地热能利用 ··········· 12—12
附录 A 围护结构保温隔热构造
     选用 ············· 12—12
本标准用词说明 ············· 12—21
引用标准名录 ·············· 12—21
附：条文说明 ·············· 12—22

Contents

1 General Provisions ⋯⋯⋯⋯⋯ 12—5

2 Terms ⋯⋯⋯⋯⋯ 12—5

3 Basic Requirement ⋯⋯⋯⋯ 12—5

4 Architectural Layout and Energy
Efficiency Design ⋯⋯⋯⋯⋯ 12—6
  4. 1 General Requirement ⋯⋯⋯⋯⋯ 12—6
  4. 2 Site Selection and Layout ⋯⋯⋯⋯ 12—6
  4. 3 Building Flat and Facade Design ⋯⋯ 12—7
  4. 4 Passive Solar House Design ⋯⋯⋯ 12—7

5 Building Envelope Insulation ⋯⋯⋯ 12—8
  5. 1 General Requirement ⋯⋯⋯⋯⋯ 12—8
  5. 2 Building Envelope Thermal
    Performance ⋯⋯⋯⋯⋯ 12—8
  5. 3 External Wall ⋯⋯⋯⋯⋯ 12—9
  5. 4 Door and Window ⋯⋯⋯⋯⋯ 12—9
  5. 5 Roofing ⋯⋯⋯⋯⋯ 12—9
  5. 6 Ground ⋯⋯⋯⋯⋯ 12—9

6 Heating and Ventilation
System ⋯⋯⋯⋯⋯ 12—9
  6. 1 General Requirement ⋯⋯⋯⋯⋯ 12—9

  6. 2 Kang and Hot Wall ⋯⋯⋯⋯⋯ 12—9
  6. 3 Gravity Circulation Hot Water
    Heating System ⋯⋯⋯⋯⋯ 12—10
  6. 4 Ventilation and Cooling ⋯⋯⋯⋯ 12—11

7 Illumination ⋯⋯⋯⋯⋯ 12—11

8 Renewable Energy Utilization ⋯⋯ 12—11
  8. 1 General Requirement ⋯⋯⋯⋯⋯ 12—11
  8. 2 Solar thermal Utilization ⋯⋯⋯⋯ 12—11
  8. 3 Biomass Energy Utilization ⋯⋯⋯ 12—12
  8. 4 Geothermal Energy Utilization ⋯⋯ 12—12

Appendix A Building Envelope
    Insulation Structural
    Selection ⋯⋯⋯⋯⋯ 12—12

Explanation of Wording in This
  standard ⋯⋯⋯⋯⋯ 12—21

List of Quoted Standards ⋯⋯⋯⋯ 12—21

Addition: Explanation of
    Provisions ⋯⋯⋯⋯⋯ 12—22

1 总 则

1.0.1 为贯彻国家有关节约能源、保护环境的法规和政策，改善农村居住建筑室内热环境，提高能源利用效率，制定本标准。

1.0.2 本标准适用于农村新建、改建和扩建的居住建筑节能设计。

1.0.3 农村居住建筑的节能设计应结合气候条件、农村地区特有的生活模式、经济条件，采用适宜的建筑形式、节能技术措施以及能源利用方式，有效改善室内居住环境，降低常规能源消耗及温室气体的排放。

1.0.4 农村居住建筑的节能设计，除应符合本标准外，尚应符合国家现行有关标准的规定。

2 术 语

2.0.1 围护结构 building envelope

指建筑各面的围挡物，包括墙体、屋顶、门窗、地面等。

2.0.2 室内热环境 indoor thermal environment

影响人体冷热感觉的环境因素，包括室内空气温度、空气湿度、气流速度以及人体与周围环境之间的辐射换热。

2.0.3 导热系数(λ) thermal conductivity coefficient

在稳态条件和单位温差作用下，通过单位厚度、单位面积的匀质材料的热流量，也称热导率，单位为 $W/(m \cdot K)$。

2.0.4 传热系数(K) coefficient of heat transfer

在稳态条件和物体两侧的冷热流体之间单位温差作用下，单位面积通过的热流量，单位为 $W/(m^2 \cdot K)$。

2.0.5 热阻(R) heat resistance

表征围护结构本身或其中某层材料阻抗传热能力的物理量，单位为 $(m^2 \cdot K)/W$。

2.0.6 热惰性指标(D) index of thermal inertia

表征围护结构对温度波衰减快慢程度的无量纲指标，其值等于材料层热阻与蓄热系数的乘积。

2.0.7 窗墙面积比 area ratio of window to wall

窗户洞口面积与建筑层高和开间定位线围成的房间立面单元面积的比值。无因次。

2.0.8 遮阳系数 shading coefficient

在给定条件下，透过窗玻璃的太阳辐射得热量，与相同条件下透过相同面积的 3mm 厚透明玻璃的太阳辐射得热量的比值。无因次。

2.0.9 种植屋面 planted roof

在屋面防水层上铺以种植介质，并种植植物，起到隔热作用的屋面。

2.0.10 被动式太阳房 passive solar house

不需要专门的太阳能供暖系统部件，而通过建筑的朝向布局及建筑材料与构造等的设计，使建筑在冬季充分获得太阳辐射热，维持一定室内温度的建筑。

2.0.11 自保温墙体 self-insulated wall

墙体主体两侧不需附加保温系统，主体材料自身除具有结构材料必要的强度外，还具有较好的保温隔热性能的外墙保温形式。

2.0.12 外墙外保温 external thermal insulation on walls

由保温层、保护层和胶粘剂、锚固件等固定材料构成，安装在外墙外表面的保温形式。

2.0.13 外墙内保温 internal thermal insulation on walls

由保温层、饰面层和胶粘剂、锚固件等固定材料构成，安装在外墙内表面的保温形式。

2.0.14 外墙夹心保温 sandwich thermal insulation on walls

在墙体中的连续空腔内填充保温材料，并在内叶墙和外叶墙之间用防锈的拉结件固定的保温形式。

2.0.15 火炕 Kang

能吸收、蓄存烟气余热，持续保持其表面温度并缓慢散热，以满足人们生活起居、采暖等需要，而搭建的一种类似于床的室内设施。包括落地炕、架空炕、火墙式火炕及地炕。

2.0.16 火墙 Hot Wall

一种内设烟气流动通道的空心墙体，可吸收烟气余热并通过其垂直壁面向室内散热的采暖设施。

2.0.17 太阳能集热器 solar collector

吸收太阳辐射并将采集的热能传递到传热工质的装置。

2.0.18 沼气池 biogas generating pit

有机物质在其中经微生物分解发酵而生成一种可燃性气体的各种材质制成的池子，有玻璃钢、红泥塑料、钢筋混凝土等。

2.0.19 秸秆气化 straw gasification

在不完全燃烧条件下，将生物质原料加热，使较高分子量的有机碳氢化合物链裂解，变成较低分子量的一氧化碳(CO)、氢气(H_2)、甲烷(CH_4)等可燃气体的过程。

3 基 本 规 定

3.0.1 农村居住建筑节能设计应与地区气候相适应，农村地区建筑节能设计气候分区应符合表 3.0.1 的规定。

3.0.2 严寒和寒冷地区农村居住建筑的卧室、起居室等主要功能房间，节能计算冬季室内热环境参数的选取应符合下列规定：

表 3.0.1　农村地区建筑节能设计气候分区

分区名称	热工分区名称	气候区划主要指标	代 表 性 地 区
I	严寒地区	1月平均气温≤－11℃，7月平均气温≤25℃	漠河、图里河、黑河、嫩江、海拉尔、博克图、新巴尔虎右旗、呼玛、伊春、阿尔山、狮泉河、改则、班戈、那曲、申扎、刚察、玛多、曲麻莱、杂多、达日、托托河、东乌珠穆沁旗、哈尔滨、通河、尚志、牡丹江、泰来、安达、宝清、富锦、海伦、敦化、齐齐哈尔、虎林、双城、桦甸、锡林浩特、二连浩特、多伦、富蕴、阿勒泰、丁青、索县、冷湖、都兰、同德、玉树、大柴旦、若尔盖、蔚县、长春、四平、沈阳、呼和浩特、赤峰、达尔罕联合旗、集安、临江、长岭、前郭尔罗斯、延吉、大同、额济纳旗、张掖、乌鲁木齐、塔城、德令哈、格尔木、西宁、克拉玛依、日喀则、隆子、稻城、甘孜、德钦
II	寒冷地区	1月平均气温－11～0℃，7月平均气温18℃～28℃	承德、张家口、乐亭、太原、锦州、朝阳、营口、丹东、大连、青岛、潍坊、海阳、日照、菏泽、临沂、离石、卢氏、榆林、延安、兰州、天水、银川、中宁、喀什、和田、马尔康、拉萨、昌都、林芝、北京、天津、石家庄、保定、邢台、沧州、济南、德州、定陶、郑州、安阳、徐州、亳州、西安、哈密、库尔勒、吐鲁番、铁干里克、若羌
III	夏热冬冷地区	1月平均气温0～10℃，7月平均气温25℃～30℃	上海、南京、盐城、泰州、杭州、温州、丽水、舟山、合肥、铜陵、宁德、蚌埠、南昌、赣州、景德镇、吉安、广昌、邵武、三明、驻马店、固始、平顶山、上饶、武汉、沙市、老河口、随州、远安、恩施、长沙、永州、张家界、涟源、韶关、汉中、略阳、山阳、安康、成都、平武、达州、内江、重庆、桐仁、凯里、桂林、西昌*、酉阳*、贵阳*、遵义*、桐梓*、大理*

续表 3.0.1

分区名称	热工分区名称	气候区划主要指标	代 表 性 地 区
IV	夏热冬暖地区	1月平均气温＞10℃，7月平均气温25℃～29℃	福州、泉州、漳州、广州、梅州、汕头、茂名、南宁、梧州、河池、百色、北海、萍乡、元江、景洪、海口、琼中、三亚、台北

注：带＊号地区在建筑热工分区中属温和 A 区，围护结构限值按夏热冬冷地区的相关参数执行。

　　1　室内计算温度应取 14℃；

　　2　计算换气次数应取 0.5h⁻¹。

3.0.3　夏热冬冷地区农村居住建筑的卧室、起居室等主要功能房间，节能计算室内热环境参数的选取应符合下列规定：

　　1　在无任何供暖和空气调节措施下，冬季室内计算温度应取 8℃，夏季室内计算温度应取 30℃；

　　2　冬季房间计算换气次数应取 1h⁻¹，夏季房间计算换气次数应取 5h⁻¹。

3.0.4　夏热冬暖地区农村居住建筑的卧室、起居室等主要功能房间，在无任何空气调节措施下，节能计算夏季室内计算温度应取 30℃。

3.0.5　农村居住建筑应充分利用建筑外部环境因素创造适宜的室内环境。

3.0.6　农村居住建筑节能设计宜采用可再生能源利用技术，也可采用常规能源和可再生能源集成利用技术。

3.0.7　农村居住建筑节能设计应总结并采用当地有效的保暖降温经验和措施，并应与当地民居建筑设计风格相协调。

4　建筑布局与节能设计

4.1　一 般 规 定

4.1.1　农村居住建筑的选址与布置应根据不同的气候区进行选择。严寒和寒冷地区应有利于冬季日照和冬季防风，并应有利于夏季通风；夏热冬冷地区应有利于夏季通风，并应兼顾冬季防风；夏热冬暖地区应有利于自然通风和夏季遮阳。

4.1.2　农村居住建筑的平面布局和立面设计应有利于冬季日照和夏季通风。门窗洞口的开启位置应有利于自然采光和自然通风。

4.1.3　农村居住建筑宜采用被动式太阳房满足冬季供暖需求。

4.2　选 址 与 布 局

4.2.1　严寒和寒冷地区农村居住建筑宜建在冬季避

风的地段，不宜建在洼地、沟底等易形成"霜洞"的凹地处。

4.2.2 农村居住建筑的间距应满足日照、采光、通风、防灾、视觉卫生等要求。

4.2.3 农村居住建筑的南立面不宜受到过多遮挡。建筑与庭院里植物的距离应满足采光与日照的要求。

4.2.4 农村居住建筑建造在山坡上时，应根据地形依山势而建，不宜进行过多的挖土填方。

4.2.5 严寒和寒冷地区、夏热冬冷地区的农村居住建筑，宜采用双拼式、联排式或叠拼式集中布置。

4.3 平立面设计

4.3.1 严寒和寒冷地区农村居住建筑的体形宜简单、规整，平立面不宜出现过多的局部凸出或凹进的部位。开口部位设计应避开当地冬季的主导风向。

4.3.2 夏热冬冷和夏热冬暖地区农村居住建筑的体形宜错落、丰富，并宜有利于夏季遮阳及自然通风。开口部位设计应利用当地夏季主导风向，并宜有利于自然通风。

4.3.3 农村居住建筑的主朝向宜采用南北朝向或接近南北朝向，主要房间宜避开冬季主导风向。

4.3.4 农村居住建筑的开间不宜大于6m，单面采光房间的进深不宜大于6m。严寒和寒冷地区农村居住建筑室内净高不宜大于3m。

4.3.5 农村居住建筑的房间功能布局应合理、紧凑、互不干扰，并应方便生活起居与节能。卧室、起居室等主要房间宜布置在南侧或内墙侧，厨房、卫生间、储藏室等辅助房间宜布置在北侧或外墙侧。夏热冬暖地区农村居住建筑的卧室宜设在通风好、不潮湿的房间。

4.3.6 严寒和寒冷地区农村居住建筑的外窗面积不应过大，南向宜采用大窗，北向宜采用小窗，窗墙面积比限值宜符合表4.3.6的规定。

表 4.3.6　严寒和寒冷地区农村居住建筑的窗墙面积比限值

朝　　向	窗墙面积比	
	严寒地区	寒冷地区
北	≤0.25	≤0.30
东　、西	≤0.30	≤0.35
南	≤0.40	≤0.45

4.3.7 严寒和寒冷地区农村居住建筑应采用传热系数较小、气密性良好的外门窗，不宜采用落地窗和凸窗。

4.3.8 夏热冬冷和夏热冬暖地区农村居住建筑的外墙，宜采用外反射、外遮阳及垂直绿化等外隔热措施，并应避免对窗口通风产生不利影响。

4.3.9 农村居住建筑外窗的可开启面积应有利于室内通风换气。严寒和寒冷地区农村居住建筑外窗的可开启面积不应小于外窗面积的25%；夏热冬冷和夏热冬暖地区农村居住建筑外窗的可开启面积不应小于外窗面积的30%。

4.4 被动式太阳房设计

4.4.1 被动式太阳房应朝南向布置，当正南向布置有困难时，不宜偏离正南向±30°以上。主要供暖房间宜布置在南向。

4.4.2 建筑间距应满足冬季供暖期间，在9时～15时对集热面的遮挡不超过15%的要求。

4.4.3 被动式太阳房的净高不宜低于2.8m，房屋进深不宜超过层高的2倍。

4.4.4 被动式太阳房的出入口应采取防冷风侵入的措施。

4.4.5 被动式太阳房应采用吸热和蓄热性能高的围护结构及保温措施。

4.4.6 透光材料应表面平整、厚度均匀，太阳透射比应大于0.76。

4.4.7 被动式太阳房应设置防止夏季室内过热的通风窗口和遮阳措施。

4.4.8 被动式太阳房的南向玻璃透光面应设夜间保温装置。

4.4.9 被动式太阳房应根据房间的使用性质选择适宜的集热方式。以白天使用为主的房间，宜采用直接受益式或附加阳光间式[图4.4.9(a)和图4.4.9(b)]；以夜间使用为主的房间，宜采用具有较大蓄热能力的集热蓄热墙式[图4.4.9(c)]。

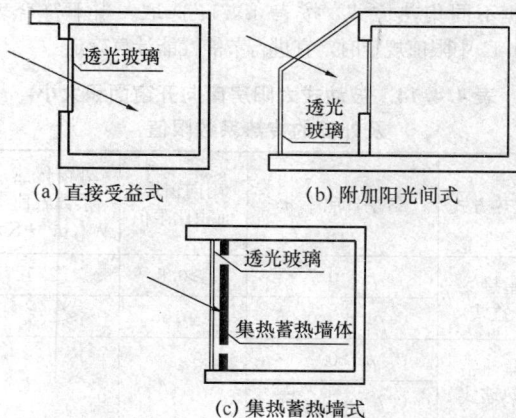

(a) 直接受益式　　　　　　(b) 附加阳光间式

(c) 集热蓄热墙式

图 4.4.9　被动式太阳房示意

4.4.10 直接受益式太阳房的设计应符合下列规定：

　　1 宜采用双层玻璃；

　　2 屋面集热窗应采取屋面防风、雨、雪措施。

4.4.11 附加阳光间式太阳房的设计应符合下列规定：

　　1 应组织好阳光间内热空气与室内的循环，阳光间与供暖房间之间的公共墙上宜开设上下通风口；

2 阳光间进深不宜过大，单纯作为集热部件的阳光间进深不宜大于 0.6m；兼做使用空间时，进深不宜大于 1.5m；

3 阳光间的玻璃不宜直接落地，宜高出室内地面0.3m～0.5m。

4.4.12 集热蓄热墙式太阳房的设计应符合下列规定：

1 集热蓄热墙应采用吸收率高、耐久性强的吸热外饰材料。透光罩的透光材料与保温装置、边框构造应便于清洗和维修。

2 集热蓄热墙宜设置通风口。通风口的位置应保证气流通畅，并应便于日常维修与管理；通风口处宜设置止回风阀并采取保温措施。

3 集热蓄热墙体应有较大的热容量和导热系数。

4 严寒地区宜选用双层玻璃，寒冷地区可选用单层玻璃。

4.4.13 被动式太阳房蓄热体面积应为集热面积的 3 倍以上，蓄热体的设计应符合下列规定：

1 宜利用建筑结构构件设置蓄热体；蓄热体宜直接接收阳光照射；

2 应采用成本低、比热容大、性能稳定、无毒、无害，吸热放热快的蓄热材料；

3 蓄热地面、墙面不宜铺设地毯、挂毯等隔热材料；

4 有条件时宜设置专用的水墙或相变材料蓄热。

4.4.14 被动式太阳房南向玻璃窗的开窗面积，应保证在冬季通过窗户的太阳得热量大于通过窗户向外散发的热损失。南向窗墙面积比及对应的外窗传热系数限值宜根据不同集热方式，按表 4.4.14 选取。当不符合表 4.4.14 中限值规定时，宜进行节能性能计算确定。

表 4.4.14 被动式太阳房南向开窗面积大小及外窗的传热系数限值

集热方式	冬季日照率 ρ_s	南向窗墙面积比限值	外窗传热系数限值 W/(m²·K)
直接受益式	$\rho_s \geq 0.7$	≥ 0.5	≤ 2.5
	$0.7 > \rho_s \geq 0.55$	≥ 0.55	≤ 2.5
集热蓄热墙式	$\rho_s \geq 0.7$	—	≤ 6.0
	$0.7 > \rho_s \geq 0.55$		
附加阳光间式	$\rho_s \geq 0.7$	≥ 0.6	≤ 4.7
	$0.7 > \rho_s \geq 0.55$	≥ 0.7	≤ 4.7

5 围护结构保温隔热

5.1 一般规定

5.1.1 严寒和寒冷地区农村居住建筑宜采用保温性

能好的围护结构构造形式；夏热冬冷和夏热冬暖地区农村居住建筑宜采用隔热性能好的重质围护结构构造形式。

5.1.2 农村居住建筑围护结构保温材料宜就地取材，宜采用适于农村应用条件的当地产品。

5.1.3 严寒和寒冷地区农村居住建筑的围护结构，应采取下列节能技术措施：

1 应采用有附加保温层的外墙或自保温外墙；

2 屋面应设置保温层；

3 应选择保温性能和密封性能好的门窗；

4 地面宜设置保温层。

5.1.4 夏热冬冷和夏热冬暖地区农村居住建筑的围护结构，宜采取下列节能技术措施：

1 浅色饰面；

2 隔热通风屋面或被动蒸发屋面；

3 屋顶和东向、西向外墙采用花格构件或爬藤植物遮阳；

4 外窗遮阳。

5.2 围护结构热工性能

5.2.1 严寒和寒冷地区农村居住建筑围护结构的传热系数，不应大于表 5.2.1 中的规定限值。

5.2.2 夏热冬冷和夏热冬暖地区农村居住建筑围护结构的传热系数、热惰性指标及遮阳系数，宜符合表 5.2.2 的规定。

表 5.2.1 严寒和寒冷地区农村居住建筑围护结构传热系数限值

建筑气候区	围护结构部位的传热系数 K[W/(m²·K)]					
	外墙	屋面	吊顶	外窗		外门
				南向	其他向	
严寒地区	0.50	0.40	—	2.2	2.0	2.0
		—	0.45			
寒冷地区	0.65	0.50	—	2.8	2.5	2.5

表 5.2.2 夏热冬冷和夏热冬暖地区围护结构传热系数、热惰性指标及遮阳系数的限值

建筑气候分区	围护结构部位的传热系数 K[W/(m²·K)]、热惰性指标 D 及遮阳系数 SC				
	外墙	屋面	户门	外窗	
				卧室、起居室	厨房、卫生间、储藏间
夏热冬冷地区	$K \leq 1.8$, $D \geq 2.5$ $K \leq 1.5$, $D < 2.5$	$K \leq 1.0$, $D \geq 2.5$ $K \leq 0.8$, $D < 2.5$	$K \leq 3.0$	$K \leq 3.2$	$K \leq 4.7$
夏热冬暖地区	$K \leq 2.0$, $D \geq 2.5$ $K \leq 1.2$, $D < 2.5$	$K \leq 1.0$, $D \geq 2.5$ $K \leq 0.8$, $D < 2.5$		$K \leq 4.0$ $SC \leq 0.5$	

5.3 外　墙

5.3.1 严寒和寒冷地区农村居住建筑的墙体应采用保温节能材料，不应使用黏土实心砖。

5.3.2 严寒和寒冷地区农村居住建筑宜根据气候条件和资源状况选择适宜的外墙保温构造形式和保温材料，保温层厚度应经过计算确定。具体外墙保温构造形式和保温层厚度可按本标准附录 A 表 A.0.1 选用。

5.3.3 夹心保温构造外墙不应在地震烈度高于 8 度的地区使用，夹心保温构造的内外叶墙体之间应设置钢筋拉结措施。

5.3.4 外墙夹心保温构造中的保温材料吸水性大时，应设置空气层，保温层和内叶墙体之间应设置连续的隔汽层。

5.3.5 围护结构的热桥部分应采取保温或"断桥"措施，并应符合下列规定：

　　1 外墙出挑构件及附墙部件与外墙或屋面的热桥部位均应采取保温措施；

　　2 外窗（门）洞口室外部分的侧墙面应进行保温处理；

　　3 伸出屋顶的构件及砌体（烟道、通风道等）应进行防结露的保温处理。

5.3.6 夏热冬冷和夏热冬暖地区农村居住建筑根据当地的资源状况，外墙宜采用自保温墙体，也可采用外保温或内保温构造形式。自保温墙体、外保温和内保温构造形式及保温材料厚度可按本标准附录 A 表 A.0.2～表 A.0.4 选用。

5.4 门　窗

5.4.1 农村居住建筑应选用保温性能和密闭性能好的门窗，不宜采用推拉窗，外门、外窗的气密性等级不应低于现行国家标准《建筑外门窗气密、水密、抗风压性能分级及检测方法》GB/T 7106 规定的 4 级。

5.4.2 严寒和寒冷地区农村居住建筑的外窗宜增加夜间保温措施。

5.4.3 夏热冬冷和夏热冬暖地区农村居住建筑向阳面的外窗及透明玻璃门，应采取遮阳措施。外窗设置外遮阳时，除应遮挡太阳辐射外，还应避免对窗口通风特性产生不利影响。外遮阳形式及遮阳系数可按本标准附录 A 表 A.0.5 选用。

5.4.4 严寒和寒冷地区农村居住建筑出入口应采取必要的保温措施，宜设置门斗、双层门、保温门帘等。

5.5 屋　面

5.5.1 严寒和寒冷地区农村居住建筑的屋面应设置保温层，屋架承重的坡屋面保温层宜设置在吊顶内，钢筋混凝土屋面的保温层应设在钢筋混凝土结构层上。

5.5.2 严寒和寒冷地区农村居住建筑的屋面保温构造形式和保温材料厚度，可按本标准附录 A 表 A.0.6 选用。

5.5.3 夏热冬冷和夏热冬暖地区农村居住建筑的屋面保温构造形式和保温材料厚度，可按本标准附录 A 表 A.0.7 选用。

5.5.4 夏热冬冷和夏热冬暖地区农村居住建筑的屋面可采用种植屋面，种植屋面应符合现行行业标准《种植屋面工程技术规程》JGJ 155 的有关规定。

5.6 地　面

5.6.1 严寒地区农村居住建筑的地面宜设保温层，外墙在室内地坪以下的垂直墙面应增设保温层。地面保温层下方应设置防潮层。

5.6.2 夏热冬冷和夏热冬暖地区地面宜做防潮处理，也可采取地表面采用蓄热系数小的材料或采用带有微孔的面层材料等防潮措施。

6　供暖通风系统

6.1 一般规定

6.1.1 农村居住建筑供暖设计应与建筑设计同步进行，应结合建筑平面和结构，对灶、烟道、烟囱、供暖设施等进行综合布置。

6.1.2 严寒和寒冷地区农村居住建筑应根据房间耗热量、供暖需求特点、居民生活习惯以及当地资源条件，合理选用火炕、火墙、火炉、热水供暖系统等一种或多种供暖方式，并宜利用生物质燃料。夏热冬冷地区农村居住建筑宜采用局部供暖设施。

6.1.3 农村居住建筑夏季宜采用自然通风方式进行降温和除湿。

6.1.4 供暖用燃烧器具应符合国家现行相关产品标准的规定，烟气流通设施应进行气密性设计处理。

6.2 火炕与火墙

6.2.1 农村居住建筑有供暖需求的房间宜设置灶连炕。

6.2.2 火炕的炕体形式应结合房间需热量、布局、居民生活习惯等确定。房间面积较小、耗热量低、生火间歇较短时，宜选用散热性能好的架空炕；房间面积较大、耗热量高、生火间歇较长时，宜选用火墙式火炕、地炕或蓄热能力强的落地炕，辅以其他即热性好的供暖方式，应用时应符合下列规定：

　　1 架空炕的底部空间应保证空气流通良好，宜至少有两面炕墙距离其他墙体不低于 0.5m；炕面板宜采用大块钢筋混凝土板；

　　2 落地炕应在炕洞底部和靠外墙侧设置保温层，炕洞底部宜铺设 200mm～300mm 厚的干土，外墙侧可选用炉渣等材料进行保温处理。

6.2.3 火炕炕体设计应符合下列规定：

1 火炕内部烟道应遵循"前引后导"的布置原则。热源强度大、持续时间长的炕体宜采用花洞式烟道；热源强度小、持续时间短的炕体宜采用设后分烟板的简单直洞烟道。

2 烟气入口的喉眼处宜设置火舌，不宜设置落灰膛。

3 烟道高度宜为 180mm～400mm，且坡度不应小于 5‰；进烟口上檐宜低于炕面板下表面 50mm～100mm。

4 炕面应平整，抹面层炕头宜比炕梢厚，中部宜比里外厚。

5 炕体应进行气密性处理。

6.2.4 烟囱的建造和节能设计应符合下列规定：

1 烟囱宜与内墙结合或设置在室内角落；当设置在外墙时，应进行保温和防潮处理；

2 烟囱内径宜上面小、下面大，且内壁面应光滑、严密；烟囱底部应设回风洞；

3 烟囱口高度宜高于屋脊。

6.2.5 与火炕连通的炉灶间歇使用时，其灶门等进风口应设置挡板，烟道出口处宜设置可启闭阀门。

6.2.6 灶连炕的构造和节能设计应符合下列规定：

1 烟囱与灶相邻布置时，灶宜设置双喉眼；

2 灶的结构尺寸应与锅的尺寸、使用的主要燃料相适应，并应减少拦火程度；

3 炕体烟道宜选用倒卷帘式；

4 灶台高度宜低于室内炕面 100mm～200mm。

6.2.7 火墙式火炕的构造和节能设计应符合下列规定：

1 火墙燃烧室净高宜为 300mm～400mm，燃烧室与炕面中间应设 50mm～100mm 空气夹层。燃烧室与炕体间侧壁上宜设通气孔。

2 火墙和火炕宜共用烟囱排烟。

6.2.8 火墙的构造和节能设计应符合下列规定：

1 火墙的长度宜为 1.0m～2.0m，高度宜为 1.0m～1.8m；

2 火墙应有一定的蓄热能力，砌筑材料宜采用实心黏土砖或其他蓄热材料，砌体的有效容积不宜小于 0.2m³；

3 火墙应靠近外窗、外门设置；火墙砌体的散热面宜设置在下部；

4 两侧面同时散热的火墙靠近外墙布置时，与外墙间距不应小于 150mm。

6.2.9 地炕的构造和节能设计应符合下列规定：

1 燃烧室的进风口应设调节阀门，炉门和清灰口应设关断阀门；烟囱顶部应设可关闭风帽；

2 燃烧室后应设除灰室、隔尘壁；

3 应根据各房间所需热量和烟气温度布置烟道；

4 燃烧室的池壁距离墙体不应小于 1.0m；

5 水位较高或潮湿地区，燃烧室的池底应进行防水处理；

6 燃烧室盖板宜采用现场浇筑的施工方式，并应进行气密性处理。

6.3 重力循环热水供暖系统

6.3.1 农村居住建筑宜采用重力循环散热器热水供暖系统。

6.3.2 重力循环热水供暖系统的管路布置宜采用异程式，并应采取保证各环路水力平衡的措施。单层农村居住建筑的热水供暖系统宜采用水平双管式，二层及以上农村居住建筑的热水供暖系统宜采用垂直单管顺流式。

6.3.3 重力循环热水供暖系统的作用半径，应根据供暖炉加热中心与散热器散热中心高度差确定。

6.3.4 供暖炉的选择与布置应符合下列规定：

1 应采用正规厂家生产的热效率高、环保型铁制炉具；

2 应根据燃料的类型选择适用的供暖炉类型；

3 供暖炉的炉体应有良好保温；

4 宜选择带排烟热回收装置的燃煤供暖炉，排烟温度高时，宜在烟囱下部设置水烟囱等回收排烟余热；

5 供暖炉宜布置在专门锅炉间内，不得布置在卧室或与其相通的房间内；供暖炉设置位置宜低于室内地坪 0.2m～0.5m；供暖炉应设置烟道。

6.3.5 散热器的选择和布置应符合下列规定：

1 散热器宜布置在外窗窗台下，当受安装高度限制或布置管道有困难时，也可靠内墙安装；

2 散热器宜明装，暗装时装饰罩应有合理的气流通道、足够的通道面积，并应方便维修。

6.3.6 重力循环热水供暖系统的管路布置，应符合下列规定：

1 管路布置宜短、直，弯头、阀门等部件宜少；

2 供水、回水干管的直径应相同；

3 供水、回水干管敷设时，应有坡向供暖炉 0.5%～1.0% 的坡度；

4 供水干管宜高出散热器中心 1.0m～1.5m，回水干管宜沿地面敷设，当回水干管过门时，应设置过门地沟；

5 敷设在室外、不供暖房间、地沟或顶棚内的管道应进行保温，保温材料宜采用岩棉、玻璃棉或聚氨酯硬质泡沫塑料，保温层厚度不宜小于 30mm。

6.3.7 阀门与附件的选择和布置应符合下列规定：

1 散热器的进、出水支管上应安装关断阀门，关断阀门宜选用阻力较小的闸板阀或球阀；

2 膨胀水箱的膨胀管上严禁安装阀门；

3 单层农村居住建筑热水供暖系统的膨胀水箱宜安装在室内靠近供暖炉的回水总干管上，其底端安装高度宜高出供水干管 30mm～50mm；二层以上农村居住建筑热水供暖系统的膨胀水箱宜安装在上层系统供水干管的末端，且膨胀水箱的安装位置应高出供水干管 50mm～100mm；

　　4　供水干管末端及中间上弯处应安装排气装置。

6.4　通风与降温

6.4.1　农村居住建筑的起居室、卧室等房间宜利用穿堂风增强自然通风。风口开口位置及面积应符合下列规定：

　　1　进风口和出风口宜分别设置在相对的立面上；

　　2　进风口应大于出风口；开口宽度宜为开间宽度的 1/3～2/3，开口面积宜为房间地板面积的 15%～25%；

　　3　门窗、挑檐、通风屋脊、挡风板等构造的设置，应利于导风、排风和调节风向、风速。

6.4.2　采用单侧通风时，通风窗所在外墙与夏季主导风向间的夹角宜为 40°～65°。

6.4.3　厨房宜利用热压进行自然通风或设置机械排风装置。

6.4.4　夏热冬冷和夏热冬暖地区农村居住建筑宜采用植被绿化屋面、隔热通风屋面或多孔材料蓄水蒸发屋面等被动冷却降温技术。

6.4.5　当被动冷却降温方式不能满足室内热环境需求时，可采用电风扇或分体式空调降温。分体式空调设备宜选用高能效产品。

6.4.6　分体式空调安装应符合下列规定：

　　1　室内机应靠近室外机的位置安装，并应减少室内明管的长度；

　　2　室外机安放搁板时，其位置应有利于空调器夏季排放热量，并应防止对室内产生热污染及噪声污染。

6.4.7　夏季空调室外空气计算湿球温度较低、干球温度日差大且地表水资源相对丰富的地区，夏季宜采用直接蒸发冷却空调方式。

7　照　　明

7.0.1　农村居住建筑每户照明功率密度值不宜大于表 7.0.1 的规定。当房间的照度值高于或低于表 7.0.1 规定的照度时，其照明功率密度值应按比例提高或折减。

表 7.0.1　每户照明功率密度值

房　间	照明功率密度（W/m²）	对应照度值（lx）
起居室		100
卧　室		75
餐　厅	7	150
厨　房		100
卫生间		100

7.0.2　农村居住建筑应选用节能高效光源、高效灯具及其电器附件。

7.0.3　农村居住建筑的楼梯间、走道等部位宜采用双控或多控开关。

7.0.4　农村居住建筑应按户设置生活电能计量装置，电能计量装置的选取应根据家庭生活用电负荷确定。

7.0.5　农村居住建筑采用三相供电时，配电系统三相负荷宜平衡。

7.0.6　无功功率补偿装置宜根据供配电系统的要求设置。

7.0.7　房间的采光系数或采光窗地面积比，应符合现行国家标准《建筑采光设计标准》GB 50033 的有关规定。

7.0.8　无电网供电地区的农村居住建筑，有条件时，宜采用太阳能、风能等可再生能源作为照明能源。

8　可再生能源利用

8.1　一　般　规　定

8.1.1　农村居住建筑利用可再生能源时，应遵循因地制宜、多能互补、综合利用、安全可靠、讲求效益的原则，选择适宜当地经济和资源条件的技术实施。有条件时，农村居住建筑中应采用可再生能源作为供暖、炊事和生活热水用能。

8.1.2　太阳能利用方式的选择，应根据所在地区气候、太阳能资源条件、建筑物类型、使用功能、农户要求，以及经济承受能力、投资规模、安装条件等因素综合确定。

8.1.3　生物质能利用方式的选择，应根据所在地区生物质资源条件、气候条件、投资规模等因素综合确定。

8.1.4　地热能利用方式的选择，应根据当地气候、资源条件、水资源和环境保护政策、系统能效以及农户对设备投资运行费用的承担能力等因素综合确定。

8.2　太阳能热利用

8.2.1　农村居住建筑中使用的太阳能热水系统，宜按人均日用水量 30L～60L 选取。

8.2.2　家用太阳能热水系统应符合现行国家标准《家用太阳能热水系统技术条件》GB/T 19141 的有关规定，并应符合下列规定：

　　1　宜选用紧凑式直接加热自然循环的家用太阳能热水系统；

　　2　当选用分离式或间接式家用太阳能热水系统时，应减少集热器与贮热水箱之间的管路，并应采取保温措施；

　　3　当用户无连续供热水要求时，可不设辅助热源；

4 辅助热源宜与供暖或炊事系统相结合。

8.2.3 在太阳能资源较丰富地区，宜采用太阳能热水供热供暖技术或主被动结合的空气供暖技术。

8.2.4 太阳能供热供暖系统应做到全年综合利用。太阳能供热供暖系统的设计应符合现行国家标准《太阳能供热采暖工程技术规范》GB 50495 的有关规定。

8.2.5 太阳能集热器的性能应符合现行国家标准《平板型太阳能集热器》GB/T 6424、《真空管型太阳能集热器》GB/T 17581 和《太阳能空气集热器技术条件》GB/T 26976 的有关规定。

8.2.6 利用太阳能供热供暖时，宜设置其他能源辅助加热设备。

8.3 生物质能利用

8.3.1 在具备生物质转换技术条件的地区，宜采用生物质转换技术将生物质资源转化为清洁、便利的燃料后加以使用。

8.3.2 沼气利用应符合下列规定：

1 应确保整套系统的气密性；

2 应选取沼气专用灶具，沼气灶具及零部件质量应符合国家现行有关沼气灶具及零部件标准的规定；

3 沼气管道施工安装、试压、验收应符合现行国家标准《农村家用沼气管路施工安装操作规程》GB 7637 的有关规定；

4 沼气管道上的开关阀应选用气密性能可靠、经久耐用，并通过鉴定的合格产品，且阀孔孔径不应小于 5mm；

5 户用沼气池应做好寒冷季节池体的保温增温

措施，发酵温度不应低于 8℃；

6 规模化沼气工程应对沼气池体进行保温，保温厚度应经过技术经济比较分析后确定；沼气池应采取加热方式维持所需池温。

8.3.3 秸秆气化供气系统应符合现行行业标准《秸秆气化供气系统技术条件及验收规范》NY/T 443 及《秸秆气化炉质量评价技术规范》NY/T 1417 的有关规定。气化机组的气化效率和能量转换率均应大于 70%，灶具热效率应大于 55%。

8.3.4 以生物质固体成型燃料方式进行生物质能利用时，应根据燃料规格、燃烧方式及用途等，选用合适的生物质固体成型燃料炉。

8.4 地热能利用

8.4.1 有条件时，寒冷地区或夏热冬冷地区农村居住建筑可采用地源热泵系统进行供暖空调或地热直接供暖。

8.4.2 采用较大规模的地源热泵系统时，应符合现行国家标准《地源热泵系统工程技术规范》GB 50366 的相关规定。

8.4.3 采用地埋管地源热泵系统时，冬季地埋管换热器进口水温宜高于 4℃；地埋管宜采用聚乙烯管（PE80 或 PE40）或聚丁烯管（PB）。

附录 A 围护结构保温隔热构造选用

A.0.1 严寒和寒冷地区农村居住建筑外墙保温构造形式和保温材料厚度，可按表 A.0.1 选用。

表 A.0.1 严寒和寒冷地区农村居住建筑外墙保温构造形式和保温材料厚度

序号	名称	构造简图	构造层次	保温材料厚度（mm）	
				严寒地区	寒冷地区
1	多孔砖墙 EPS 板外保温		1—20 厚混合砂浆 2—240 厚多孔砖墙 3—水泥砂浆找平层 4—胶粘剂 5—EPS 板 6—5 厚抗裂砂浆耐碱玻纤网格布 7—外饰面	70～80	50～60
2	混凝土空心砌块 EPS 板外保温		1—20 厚混合砂浆 2—190 厚混凝土空心砌块 3—水泥砂浆找平层 4—胶粘剂 5—EPS 板 6—5 厚抗裂砂浆耐碱玻纤网格布 7—外饰面	80～90	60～70

序号	名称	构造简图	构造层次	保温材料厚度（mm）	
				严寒地区	寒冷地区
3	混凝土空心砌块 EPS 板夹心保温		1—20 厚混合砂浆 2—190 厚混凝土空心砌块 3—EPS 板 4—90 厚混凝土空心砌块 5—外饰面	80~90	60~70
4	非黏土实心砖（烧结普通页岩、煤矸石砖）	EPS 板外保温	1—20 厚混合砂浆 2—240 厚非黏土实心砖墙 3—水泥砂浆找平层 4—胶粘剂 5—EPS 板 6—5 厚抗裂胶浆耐碱玻纤网格布 7—外饰面	80~90	60~70
		EPS 板夹心保温	1—20 厚混合砂浆 2—120 厚非黏土实心砖墙 3—EPS 板 4—240 厚非黏土实心砖墙 5—外饰面	70~80	50~60
5	草砖墙		1—内饰面（抹灰两道） 2—金属网 3—草砖 4—金属网 5—外饰面（抹灰两道）	300	—
6	草板夹心墙		1—内饰面（混合砂浆） 2—120 厚非黏土实心砖墙 3—隔汽层（塑料薄膜） 4—草板保温层 5—40 空气层 6—240 厚非黏土实心砖墙 7—外饰面	210	140
7	草板墙	钢框架	1—内饰面（混合砂浆） 2—58 厚纸面草板 3—60 厚岩棉 4—58 厚纸面草板 5—外饰面	两层58mm草板；中间60mm岩棉	—

A. 0. 2 夏热冬冷和夏热冬暖地区农村居住建筑自保　温墙体构造形式和材料厚度，可按表 A.0.2 选用。

表 A.0.2　夏热冬冷和夏热冬暖地区农村居住建筑自保温墙体构造形式和材料厚度

序号	名称	构造简图	构造层次	墙体材料厚度（mm）	
				夏热冬冷地区	夏热冬暖地区
1	非黏土实心砖墙体		1—20 厚混合砂浆 2—非黏土实心砖墙 3—外饰面	370	370
2	加气混凝土墙体		1—20 厚混合砂浆 2—加气混凝土砌块 3—外饰面	200	200
3	多孔砖墙体		1—20 厚混合砂浆 2—多孔砖 3—外饰面	370	240

A. 0. 3　夏热冬冷和夏热冬暖地区农村居住建筑外墙　选用。外保温构造形式和保温材料厚度，可按表 A.0.3

表 A.0.3　夏热冬冷和夏热冬暖地区农村居住建筑外墙外保温构造形式和保温材料厚度

序号	名称	构造简图	构造层次	保温材料厚度参考值（mm）	
				夏热冬冷地区	夏热冬暖地区
1	非黏土实心砖墙玻化微珠保温砂浆外保温		1—20 厚混合砂浆 2—240 厚非黏土实心砖墙 3—水泥砂浆找平层 4—界面砂浆 5—玻化微珠保温浆料 6—5 厚抗裂砂浆耐碱玻纤网格布 7—外饰面	20～30	15～20

序号	名称	构造简图	构造层次	保温材料厚度参考值（mm）	
				夏热冬冷地区	夏热冬暖地区
2	多孔砖墙玻化微珠保温砂浆外保温		1—20厚混合砂浆 2—200厚多孔砖墙 3—水泥砂浆找平层 4—界面砂浆 5—玻化微珠保温浆料 6—5厚抗裂砂浆耐碱玻纤网格布 7—外饰面	15～20	10～20
3	混凝土空心砌块玻化微珠保温浆料外保温		1—20厚混合砂浆 2—190厚混凝土空心砌块 3—水泥砂浆找平层 4—界面砂浆 5—玻化微珠保温浆料 6—5厚抗裂砂浆耐碱玻纤网格布 7—外饰面	30～40	25～30
4	非黏土实心砖墙胶粉聚苯颗粒外保温		1—20厚混合砂浆 2—240厚非黏土实心砖墙 3—水泥砂浆找平层 4—界面砂浆 5—胶粉聚苯颗粒 6—5厚抗裂砂浆耐碱玻纤网格布 7—外饰面	20～30	15～20
5	多孔砖墙胶粉聚苯颗粒外保温		1—20厚混合砂浆 2—200厚多孔砖墙 3—水泥砂浆找平层 4—界面砂浆 5—胶粉聚苯颗粒 6—5厚抗裂砂浆耐碱玻纤网格布 7—外饰面	20～30	15～20
6	混凝土空心砌块胶粉聚苯颗粒外保温		1—20厚混合砂浆 2—190厚混凝土空心砌块 3—水泥砂浆找平层 4—界面砂浆 5—胶粉聚苯颗粒 6—5厚抗裂砂浆耐碱玻纤网格布 7—外饰面	30～40	20～30

续表 A.0.3

序号	名称	构造简图	构造层次	保温材料厚度参考值（mm） 夏热冬冷地区	夏热冬暖地区
7	非黏土实心砖墙 EPS 板外保温		1—20 厚混合砂浆 2—240 厚非黏土实心砖墙 3—水泥砂浆找平层 4—胶粘剂 5—EPS 板 6—5 厚抗裂砂浆耐碱玻纤网格布 7—外饰面	20~30	15~20
8	多孔砖墙 EPS 板外保温		1—20 厚混合砂浆 2—200 厚多孔砖 3—水泥砂浆找平层 4—胶粘剂 5—EPS 板 6—5 厚抗裂砂浆耐碱玻纤网格布 7—外饰面	20~25	15~20
9	混凝土空心砌块 EPS 板外保温		1—20 厚混合砂浆 2—190 厚混凝土空心砌块 3—水泥砂浆找平层 4—胶粘剂 5—EPS 板 6—5 厚抗裂砂浆耐碱玻纤网格布 7—外饰面	20~30	15~20

A.0.4 夏热冬冷和夏热冬暖地区农村居住建筑外墙内保温构造形式和保温材料厚度，可按表 A.0.4 选用。

表 A.0.4 夏热冬冷和夏热冬暖地区农村居住建筑外墙内保温构造形式和保温材料厚度

序号	名称	构造简图	构造层次	保温材料厚度（mm） 夏热冬冷地区	夏热冬暖地区
1	非黏土实心砖墙玻化微珠保温砂浆内保温		1—外饰面 2—240 厚非黏土实心砖墙 3—水泥砂浆找平层 4—界面剂 5—玻化微珠保温浆料 6—5 厚抗裂砂浆 7—内饰面	30~40	20~30
2	多孔砖墙玻化微珠保温砂浆内保温		1—外饰面 2—200 厚多孔砖 3—水泥砂浆找平层 4—界面剂 5—玻化微珠保温浆料 6—5 厚抗裂砂浆 7—内饰面	30~40	20~30

序号	名称	构造简图	构造层次	保温材料厚度（mm）	
				夏热冬冷地区	夏热冬暖地区
3	非黏土实心砖墙胶粉聚苯颗粒内保温	内　外	1—外饰面 2—240 厚非黏土实心砖墙 3—水泥砂浆找平层 4—界面剂 5—胶粉聚苯颗粒 6—5 厚抗裂砂浆 7—内饰面	25～35	20～30
4	多孔砖墙胶粉聚苯颗粒内保温	内　外	1—外饰面 2—200 厚多孔砖 3—水泥砂浆找平层 4—界面剂 5—胶粉聚苯颗粒 6—5 厚抗裂砂浆 7—内饰面	25～35	25～30
5	非黏土实心砖墙石膏复合保温板内保温	内　外	1—外饰面 2—240 厚非黏土实心砖墙 3—水泥砂浆找平层 4—界面剂 5—挤塑聚苯板 XPS 6—10 厚石膏板	20～30	20～30
6	多孔砖墙石膏复合保温板内保温	内　外	1—外饰面 2—200 厚多孔砖 3—水泥砂浆找平层 4—界面剂 5—挤塑聚苯板 XPS 6—10 厚石膏板	20～30	20～30
7	混凝土空心砌块石膏复合保温板内保温	内　外	1—外饰面 2—190 厚混凝土空心砌块 3—水泥砂浆找平层 4—界面剂 5—挤塑聚苯板 XPS 6—10 厚石膏板	/	25～30

注："/"表示该构造热惰性指标偏低，围护结构热稳定性差，不建议采用。

A.0.5 夏热冬冷和夏热冬暖地区外遮阳形式及遮阳　　系数，可按表 A.0.5 选用。

表 A.0.5　外遮阳形式及遮阳系数

外遮阳形式	性能特点	外遮阳遮阳系数	适用范围
水平式外遮阳		0.85～0.90	接近南向的外窗
垂直式外遮阳		0.85～0.90	东北、西北及北向附近的外窗
挡板式外遮阳		0.65～0.75	东、西向附近的外窗
横百叶挡板式外遮阳		0.35～0.45	东、西向附近的外窗
竖百叶挡板式外遮阳		0.35～0.45	东、西向附近的外窗

注：1　有外遮阳时，遮阳系数为玻璃的遮阳系数与外遮阳的遮阳系数的乘积；

2　无外遮阳时，遮阳系数为玻璃的遮阳系数。

A.0.6 严寒和寒冷地区农村居住建筑屋面保温构造　　形式和保温材料厚度，可按表 A.0.6 选用。

表 A.0.6　严寒和寒冷地区农村居住建筑屋面保温构造形式和保温材料厚度

序号	名称	构造简图	构造层次		保温材料厚度（mm）	
					严寒地区	寒冷地区
1	木屋架坡屋面		1—面层（彩钢板/瓦等） 2—防水层 3—望板 4—木屋架层		—	
			5—保温层	锯末、稻壳	250	200
				EPS 板	110	90
			6—隔汽层（塑料薄膜） 7—棚板（木/苇板/草板） 8—吊顶		—	

序号	名称	构造简图	构造层次		保温材料厚度（mm）	
					严寒地区	寒冷地区
2	钢筋混凝土坡屋面 EPS/XPS 板外保温		1—保护层 2—防水层 3—找平层		—	
			4—保温层	EPS 板	110	90
				XPS 板	80	60
			5—隔汽层 6—找平层 7—钢筋混凝土屋面板		—	
3	钢筋混凝土平屋面 EPS/XPS 板外保温		1—保护层 2—防水层 3—找平层 4—找坡层		—	
			5—保温层	EPS 板	110	90
				XPS 板	80	60
			6—隔汽层 7—找平层 8—钢筋混凝土屋面板		—	

A.0.7 夏热冬冷和夏热冬暖地区农村居住建筑屋面 保温构造形式和保温材料厚度，可按表 A.0.7 选用。

表 A.0.7 夏热冬冷和夏热冬暖地区农村居住建筑屋面保温构造形式和保温材料厚度

序号	名称	构造简图	构造层次		保温材料厚度（mm）	
					夏热冬冷地区	夏热冬暖地区
1	木屋架坡屋面		1—屋面板或屋面瓦 2—木屋架结构		—	
			3—保温层	锯末、稻壳等	80	80
				EPS 板	60	60
				XPS 板	40	40
			4—棚板 5—吊顶层		—	

序号	名称	构造简图	构造层次		保温材料厚度（mm）	
					夏热冬冷地区	夏热冬暖地区
2	钢筋混凝土坡屋面		1—屋面瓦 2—防水层 3—20厚1：2.5水泥砂浆找平层		—	—
			4—保温层	憎水珍珠岩板	110	110
				EPS板	50	50
				XPS板	35	35
			5—20厚1：3.0水泥砂浆 6—钢筋混凝土屋面板		—	—
3	通风隔热屋面		1—40厚钢筋混凝土板 2—180厚通风空气间层 3—防水层 4—20厚1：2.5水泥砂浆找平层 5—水泥炉渣找坡		—	—
			6—保温层	憎水珍珠岩板	60	60
				XPS板	20	20
			7—20厚1：3.0水泥砂浆 8—钢筋混凝土屋面板		—	—
4	正铺法钢筋混凝土平屋面		1—饰面层（或覆土层） 2—细石混凝土保护层 3—防水层 4—找坡层			
			5—保温层	憎水珍珠岩板	80	80
				XPS板	25	25
			6—20厚1：3.0水泥砂浆 7—钢筋混凝土屋面板		—	—

序号	名称	构造简图	构造层次	保温材料厚度（mm）	
				夏热冬冷地区	夏热冬暖地区
5	倒铺法钢筋混凝土平屋面		1—饰面层（或覆土层） 2—细石混凝土保护层	—	—
			3—XPS板保温层	25	25
			4—防水层 5—20厚1：3.0水泥砂浆找平层 6—找坡层 7—钢筋混凝土屋面板	—	—

本标准用词说明

　　1　为了便于在执行本标准条文时区别对待，对要求严格程度不同的用词说明如下：

　　1）表示很严格，非这样做不可的用词：

　　正面词采用"必须"，反面词采用"严禁"；

　　2）表示严格，在正常情况下均应这样做的用词：

　　正面词采用"应"，反面词采用"不应"或"不得"；

　　3）表示允许稍有选择，在条件许可时首先应这样做的用词：

　　正面词采用"宜"，反面词采用"不宜"；

　　4）表示有选择，在一定条件下可以这样做的，采用"可"。

　　2　条文中指明应按其他有关标准执行的写法为："应符合……的规定"或"应按……执行"。

引用标准名录

　　1　《建筑采光设计标准》GB 50033

　　2　《地源热泵系统工程技术规范》GB 50366

　　3　《太阳能供热采暖工程技术规范》GB 50495

　　4　《平板型太阳能集热器》GB/T 6424

　　5　《建筑外门窗气密、水密、抗风压性能分级及检测方法》GB/T 7106

　　6　《农村家用沼气管路施工安装操作规程》G3 7637

　　7　《真空管型太阳能集热器》GB/T 17581

　　8　《家用太阳能热水系统技术条件》GB/T 19141

　　9　《太阳能空气集热器技术条件》GB/T 26976

　　10　《种植屋面工程技术规程》JGJ 155

　　11　《秸秆气化供气系统技术条件及验收规范》NY/T 443

　　12　《秸秆气化炉质量评价技术规范》NY/T 1417

中华人民共和国国家标准

农村居住建筑节能设计标准

GB/T 50824—2013

条 文 说 明

制 订 说 明

《农村居住建筑节能设计标准》GB/T 50824 - 2013，经住房和城乡建设部 2012 年 12 月 25 日以第 1608 号公告批准、发布。

为便于各单位和有关人员在使用本标准时能正确理解和执行条文规定，《农村居住建筑节能设计标准》编制组按章、节、条顺序编制了本标准的条文说明，对条文规定的目的、依据及执行中需注意的有关事项进行了说明。但是，本条文说明不具备与标准正文同等的法律效力，仅供使用者作为理解和把握标准规定的参考。

目　次

1　总则 ………………………………… 12—25

3　基本规定 …………………………… 12—25

4　建筑布局与节能设计 ……………… 12—26

　4.1　一般规定 …………………… 12—26

　4.2　选址与布局 ………………… 12—26

　4.3　平立面设计 ………………… 12—27

　4.4　被动式太阳房设计 ………… 12—27

5　围护结构保温隔热 ………………… 12—29

　5.1　一般规定 …………………… 12—29

　5.2　围护结构热工性能 ………… 12—30

　5.3　外墙 ………………………… 12—30

　5.4　门窗 ………………………… 12—32

　5.5　屋面 ………………………… 12—33

　5.6　地面 ………………………… 12—33

6　供暖通风系统 ……………………… 12—34

　6.1　一般规定 …………………… 12—34

　6.2　火炕与火墙 ………………… 12—34

　6.3　重力循环热水供暖系统 …… 12—36

　6.4　通风与降温 ………………… 12—38

7　照明 ………………………………… 12—39

8　可再生能源利用 …………………… 12—40

　8.1　一般规定 …………………… 12—40

　8.2　太阳能热利用 ……………… 12—41

　8.3　生物质能利用 ……………… 12—42

　8.4　地热能利用 ………………… 12—43

1 总　则

1.0.1 目前我国农村地区人口近 8 亿，占全国人口总数的 60% 左右。农村地区共有房屋建筑面积约 278 亿 m^2，其中 90% 以上是居住建筑，约占全国房屋建筑面积的 65%。我国农村居住建筑建设一直属于农民的个人行为，农村居住建筑的基础标准不完善，设计、建造施工水平较低。近年来，随着我国农村经济的发展和农民生活水平的提高，农村的生活用能急剧增加，农村能源商品化倾向特征明显。北方地区农村居住建筑绝大部分未进行保温处理，建筑外门窗热工性能和气密性较差；供暖设备简陋、热效率低，室内热环境恶劣，造成大量的能源浪费，冬季供暖能耗约占生活能耗的 80%。南方地区农村居住建筑一般没有隔热降温措施，夏季室温普遍高于 30℃ 以上，居住舒适性差。综上所述，农村居住建筑节能工作亟待加强，推进农村居住建筑节能已成为当前村镇建设的重要内容之一。

　　目前我国建筑节能技术的研究主要集中在城市，颁布的节能目标和强制性标准主要针对城市建筑。农村居住建筑的特点、农民的生活作息习惯及技术经济条件等决定了其在室温标准、节能率及设计原则上都不同于城市居住建筑。随着新农村建设的开展，农村地区大量建设新型节能建筑或对既有居住建筑进行节能改造，但农村居住建筑应达到什么样的节能标准，目前只是照搬城市居住建筑标准，具有很大盲目性。因此，应结合农村居住建筑的特点及技术经济条件，合理确定节能率，引导农民采用新型节能舒适的围护结构和高效供暖、通风、照明节能设施，并合理利用可再生能源。

　　为了推进我国农村居住建筑节能工程的建设，规范我国农村居住建筑的平立面节能设计和围护结构的保温隔热技术，提高农村居住建筑室内供暖、通风、照明等用能设施的能效，改善室内热舒适性，促进适合农村居住建筑的节能新技术、新工艺、新材料和新设备在全国范围内推广应用，制定本标准。

1.0.2 本标准所指的农村居住建筑为农村集体土地上建造的用于农民居住的分散独立式、集中分户独立式（包括双拼式和联排式）低层建筑，不包括多层单元式住宅和窑洞等特殊居住建筑。对于严寒和寒冷地区，本标准所指的农村居住建筑为二层及以下的建筑。

3　基本规定

3.0.1　气候是影响我国各地区建筑的重要因素。不同地区的建筑形式、建筑能耗特点均受到气候影响。北方地区建筑以保温为主，而南方地区建筑以夏季隔热降温为主。总体而言，我国建筑气候区划主要有五大气候区（图 1），即严寒地区、寒冷地区、夏热冬冷地区、夏热冬暖地区和温和地区。

图 1　中国建筑气候区划图

　　在现行标准《严寒和寒冷地区居住建筑节能设计标准》JGJ 26 中，采用供暖度日数 HDD18 和空调度日数 CDD26 作为气候分区指标。我国农村地区幅员辽阔，为便于农村地区应用，本标准以最冷月和最热月的平均温度作为分区标准。分区时，考虑了与国家现行标准《严寒和寒冷地区居住建筑节能设计标准》JGJ 26、《夏热冬冷地区居住建筑节能设计标准》JGJ 134 的一致性。

3.0.2　本参数为建筑节能计算参数，而非供暖和空调设计室内计算参数。

　　严寒和寒冷地区的冬季室内计算温度对围护结构的热工性能指标的确定有重要影响，该参数的确定是基于农村居住建筑的供暖特点，通过大量的实际调研获得的。严寒和寒冷地区农村居住建筑冬季室内温度偏低，普遍低于城市居住建筑的室内温度，并且不同用户的室内温度差距大。根据调查与测试结果，严寒和寒冷地区农村冬季大部分住户的卧室和起居室温度范围为 5℃～13℃，超过 80% 的农户认为冬季较舒适的供暖室内温度为 13℃～16℃。由于农民经常进出室内外，这种与城镇居民不同的生活习惯，导致了不同穿衣习惯，因此农民对热舒适认同的标准与城市居民也不同。

　　门窗的密封性能直接影响冬季冷风渗透量，进而影响冬季室内热环境。根据实测结果发现，如果门窗密封性能满足现行国家标准《建筑外门窗气密、水密、抗风压性能分级及检测方法》GB/T 7106 规定的 4 级，门窗关闭时，房间换气次数基本维持在 0.5h^{-1} 左右。由于农民有经常进出室内外的习惯，导致外门时常开启，因此其冬季换气次数一般为 0.5h^{-1}～1.0h^{-1}。如果室内没有过多污染源（如室内直接燃烧生物质燃料等），此换气次数范围能够同时满足室内空气品质的基本要求，满足人员卫生需求。

3.0.3　夏热冬冷地区的冬季虽没有北方地区寒冷，

但由于湿度较大，常给人阴冷的感觉，而夏季天气炎热。该气候区建筑既要考虑冬季保温，又要考虑夏季隔热。室内热环境指标需要基于当地农民的经济水平、生活习惯、对室内环境期望值以及能源合理利用等方面来确定，既要与经济水平、生活模式相适应，又不能给当地能源带来压力。

根据调查和测试结果，该气候区冬季室内平均温度一般为 4℃～5℃，有时甚至低于 0℃，大多数农民对室内热环境并不满意，超过半数的农民认为冬季白天过冷，超过 97% 的农民认为冬季夜间过冷。在无任何室内供暖措施下，如果将室内最低温度提高至 8℃，则能够满足该气候区农民的心理预期和日常生活需要。通过围护结构热工性能的改善和当地农民合理的行为模式，能够基本达到上述目标。

夏季室内热环境满意程度要好于冬季，虽然有超过半数的农民对夏季室内热环境不满意，但多数认为只要室内温度不高于 30℃，就比较舒适。该目标通过围护结构热工性能的改善也是能够实现的。

房间换气次数同样是室内热环境的重要指标之一，这是保证室内卫生条件的重要措施。由于农民有在室内直接燃烧生物质的习惯，为了保证室内空气品质，又不能严重影响冬季室内热环境，换气次数宜取 $1h^{-1}$。夏季自然通风是农村居住建筑降温的重要措施，开启门窗后，房间换气次数可达到 $5.0h^{-1}$ 以上。

3.0.4 根据调查与测试结果，夏热冬暖地区冬季室外温暖，绝大部分时间房间自然室温高于 10℃，能基本满足当地居民可接受的热舒适条件。夏季由于当地气候炎热潮湿，造成室内高温（自然室温高于 30℃）时段持续时间长。考虑到农民的经济水平、可接受的热舒适条件，仍把自然室温 30℃ 作为室内热环境设计指标，认为自然室温低于 30℃ 则相对舒适。

3.0.5 农村居住建筑的外部环境因素如地表、地势、植被、水体、土壤、方位及朝向等，将直接影响到建筑的日照得热、采光和通风，并进而左右建筑室内环境的质量，因此在选址与建设时，要尽量利用外部环境因素因地制宜地满足建筑日照、采光、通风、供暖、降温、给水、排水等的需求，创造具有良好调节能力的室内环境，减少对供暖设施、空调等人工调节设备的依赖。

3.0.7 各地民居特色的形成，除了有地域文化因素外，很大程度是由当地气候、地理因素所致，一些传统的保温经验及措施，不但有效，又有很好的地区适宜性，因此建筑节能设计时，应吸收和借鉴，同时应注重对当地民居特色的传承。

4 建筑布局与节能设计

4.1 一般规定

4.1.1 日照、天然采光和自然通风是农村居住建筑

重要的室内环境调节手段。充足的日照是提升严寒和寒冷地区、夏热冬冷地区农村居住建筑冬季室内温度的有效手段，而夏季遮阳则是降低夏热冬冷和夏热冬暖地区农村居住建筑室内温度的必要举措。

强调农村居住建筑良好的自然通风主要有两个目的，一是为了改善室内热环境，增加热舒适感；二是为了提高通风空调设备的效率，因为建筑群良好的通风可以提高空调设备的冷凝器工作效率，有利于节省设备的运行能耗。

在严寒和寒冷地区，重点考虑防止冬季冷风渗透而增加供暖能耗，同时兼顾夏季自然通风的有效利用。在夏热冬冷和夏热冬暖地区，则重点考虑利用自然通风改善室内的热舒适度，减少夏季空调能耗。

4.1.2 日照直接影响居室的热环境和建筑能耗，同时也是影响住户心理感受和身体健康的重要因素，在农村居住建筑设计中是一个不可缺少的环节。

房间有良好的自然通风，一是可以显著地降低房间自然室温，为居住者提供更多时间生活在自然室温环境的可能性；二是能够有效地缩短房间空调器开启的时间，节能效果明显。房间的自然进风设计要使窗口开启朝向和窗扇的开启方式有利于向房间导入室外风，房间的自然排风设计要能保证利用常开的房门、户门、外窗、专用通风口等，直接或间接（通过与室外连通的走道、楼梯间、天井等）向室外顺畅地排风。

4.1.3 被动式太阳房是一种最简单、最有效的冬季供暖形式。在冬季太阳能丰富的地区，只要建筑围护结构进行一定的保温节能改造，被动式太阳房就有可能达到室内热环境所要求的基本标准。由于农村的经济技术水平相对落后，应在经济可行的条件下，进行被动式太阳房设计，并兼顾造型美观。

4.2 选址与布局

4.2.1 在严寒和寒冷地区，为防止冬季冷风渗透增加供暖能耗，农村居住建筑宜建在冬季避风的地段，不要建在不避风的高地、河谷、河岸、山梁及崖边等地段。为防止"霜洞"效应，一般也不宜布置在注地、沟底等凹地处，因为冬季冷气流容易在此处集，形成"霜洞"，从而使位于凹地的底层或半地下层的供暖能耗增多。

4.2.2 农村居住建筑前后之间要留有足够的间距，以保证冬季阳光不被遮挡，同时还要考虑满足采光、通风、防火、视觉卫生等条件。

4.2.3 从采光与日照的角度考虑，农村居住建筑的南立面不宜受到过多遮挡。农村居住建筑庭院里常常种有各种植物，容易对建筑造成一定遮挡，在进行庭院规划时，要注意树木种植位置与建筑之间保持适当距离，避免对建筑的日照与采光条件造成过多不利影响。

4.2.4 农村居住建筑建设本着节地和节约造价的原则，建造在山坡上时，应根据地形依山势而建，避免过多的土方量，造成不必要的浪费。

4.2.5 本条体现了农村居住建筑建设集约用地、集中建设、集聚发展的原则，积极倡导双拼式、联排式或叠拼式（图2）等节省占地面积，减少外围护结构耗热量的布局方式，限制独立式建筑的建设。

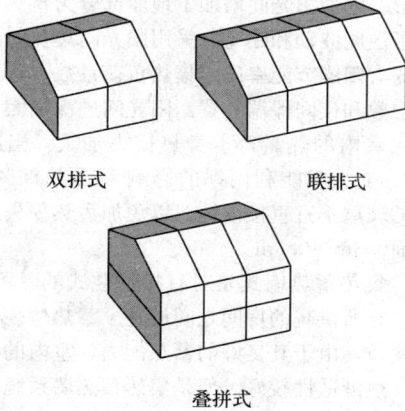

图 2 农村居住建筑组合布置形式示意

4.3 平立面设计

4.3.1 对于严寒和寒冷地区的农村居住建筑，采用平整、简洁的建筑形式，体形系数较小，有利于减少建筑热损失，降低供暖能耗。

4.3.2 对于夏热冬冷和夏热冬暖地区的农村居住建筑，采用错落、丰富的建筑形式，体形系数较大，有利于建筑散热，改善室内热环境。

4.3.3 朝向是指建筑物主立面（或正面）的方位角，一般由建筑与周围环境、道路之间的关系确定。朝向选择的原则是冬季能获得充足的日照，主要房间宜避开冬季主导风向。建筑的朝向，方位以及整体规划应考虑多方面的因素，要想找到一个朝向满足夏季防热，冬季保温等各方面的理想要求是困难的，因此，我们只能权衡各个因素之间的得失轻重，选择出这一地区建筑的最佳朝向或较好的朝向。由于南方地区多山，平地较少，建筑受地形、地貌影响很大，要做到完全南北朝向是很困难的，因此，要求宜采用南北朝向。

经计算证明：建筑物的主体朝向，如果由南北向改为东西向，耗热量指标约增大5%，空调能耗或外遮阳成本将增大更多。

4.3.4 本条从节能和有利于创造舒适的室内环境的角度出发，规定了农村居住建筑功能空间的适宜尺寸。

4.3.5 农村居住建筑的卧室、起居室等主要房间是农民日常生活使用频率较高、使用时段较长的居住空间，本着节能和舒适的原则，宜布置在日照、采光条

件好的南侧；厨房、卫生间、储藏室等辅助房间由于使用频率较低，使用时段较短，可布置在日照、采光条件稍差的北侧或东西侧。夏热冬暖地区的气候温暖潮湿，考虑到居住者的身体健康，卧室宜设在通风好、不潮湿的房间。

4.3.6 窗墙面积比既是影响建筑能耗的重要因素，也受建筑日照、采光、自然通风等室内环境要求的制约。不同朝向的开窗面积，对上述因素的影响有较大差别。综合利弊，本标准按照不同朝向，提出了窗墙面积比的推荐性指标。

4.3.7 门窗是建筑外围护结构保温隔热的薄弱环节，严寒和寒冷地区需要重点加以注意，应采用传热系数较小、气密性良好的节能型外门窗。凸窗比平窗增加了玻璃面积和外围护结构面积，对节能十分不利，尤其是北向更不利，而且窗户凸出较多时有安全隐患，且开关窗操作困难，使用不便，要尽量少用。

4.3.8 建筑外围护结构的隔热有外隔热、结构隔热和内隔热三种方式。外隔热有外反射隔热、外遮阳隔热、外通风、外蒸发隔热和外阻热等；结构隔热就是靠外墙自身的蓄热能力蓄热，减少进入的热量传入室内；内隔热有表面低辐射隔热、通风隔热和内阻热等。三种隔热方式比较，以外隔热的效果为最好。垂直绿化是兼外遮阳、外蒸发和外阻热为一体的最佳外墙外隔热措施，应优先采用。

对于外墙与屋面的隔热性能要求，目前的热工性能控制指标只是从外墙和屋面的热惰性指标来控制，尚不能全面反映外围护结构在夏季热作用下的受热与传热特征以及影响外围护结构隔热质量的综合因素。轻质结构的外墙与屋面，热惰性指标都低，很难达到隔热指标限值的要求。对夏热冬冷和夏热冬暖地区居住建筑的外墙，提出宜采用外反射、外遮阳及垂直绿化等外阻热措施以提高其隔热性能，理论计算及实测结果都表明是一条可行而有效的隔热途径，也是提高轻质外围护结构隔热性能的一条最有效的途径。

4.3.9 目前的农村居住建筑设计中，存在着外窗面积越来越大，而同时可开启面积比例相对缩小的趋势，有的建筑根本达不到可开启面积占外窗面积25%或30%的要求，严重影响了室内自然通风效果。为保证室内在非供暖季节有较好的自然通风环境，提出本条规定是非常必要和现实的。

4.4 被动式太阳房设计

4.4.1 太阳房的最好朝向是正南，条件不许可时，应将朝向限制在南偏东或偏西30°以内，偏角再大会影响集热。太阳房和相邻建筑间要留有足够的间距，以保证在冬季阳光不被遮挡，也不应有其他阻挡阳光的障碍物。

4.4.2 本条摘自现行国家标准《被动式太阳房热工

技术条件和测试方法》GB/T 15405 - 2006 第 4.1.4 条，对被动式太阳房的建筑间距提出了限定。

4.4.3 从节能的角度考虑，太阳房的形体宜为东西轴为长轴的长方体，平面短边和长边之比取 1：1.5 ～1：4。房屋净高不宜低于 2.8m，进深在满足使用的条件下不要太大，不超过层高 2 倍时可获得比较满意的节能率。

4.4.4 被动式太阳房的出入口应采取防冷风侵入的措施，如设置双层门、两道门或门斗。门斗应避免直通室温要求较高的主要房间，最好通向室温要求不高的辅助房间或过道。

4.4.5 被动式太阳房的基本设计原则是一个多，一个少。也就是说，冬季要吸收尽可能多的阳光热量进入建筑物，而从建筑内部向外部环境散失的热量要尽可能少。被动式太阳房应有两个特点：一是南向立面有大面积的玻璃透光集热面；二是房屋围护结构有极好的保温和蓄热性能。目前应用最普遍的蓄热建筑材料包括密度较大的砖、石、混凝土和土坯等。在炎热的夏季，有良好保温性能的热惰性围护结构也能在白天阻滞热量传到室内，并通过合理的组织通风，使夜间的室外冷空气流进室内，冷却围护结构内表面，延缓室内温度的上升。

4.4.6 本条摘自现行国家标准《被动式太阳房热工技术条件和测试方法》GB/T 15405 - 2006 第 4.3.5 条，对用于集热的透光材料特性进行了规定。

4.4.7 夏季太阳辐射量加大，为防止夏季过热，可利用挑檐作为遮阳措施。挑檐伸出宽度应考虑满足冬、夏季的需要，原则上，严寒和寒冷地区首先满足冬季南向集热面不被遮挡，夏季较热地区应重视遮阳。在庭院里搭设季节性藤类植物或种植落叶树木是最好的遮阳方式，夏季可遮阳，冬季落叶后又不会遮挡阳光。

4.4.8 被动式太阳房随着窗户面积的增大，夜间通过窗户散失的热量也会增大，因此要采用夜间保温措施。目前有在外窗内侧设置双扇木板的做法，也可采用保温窗帘，如由一层或多层镀铝聚酯薄膜和其他织物一起组成的复合保温窗帘。

4.4.9 被动式太阳房的三种基本集热方式具有各自的特点和适用性。直接受益式太阳房是利用建筑南向透光面直接供暖，即阳光透过南窗直接投入房间内，由室内墙面和地面吸收转换成热能后，通过热辐射对室内空气进行加热。附加阳光间式太阳房是将阳光间附在建筑的朝南方向，房屋南墙作为间墙（公共墙）将阳光间与室内空间分隔开来，利用附加阳光间收集太阳热辐射进行供暖。集热蓄热墙式太阳房是在南墙外侧加设透光玻璃组成集热蓄热墙，透光玻璃与墙体之间留有 60mm～100mm 厚的空气层，并设有上下风口及活门，利用集热蓄热墙收集、吸收太阳热辐射进行供暖。直接受益式或附加阳光间式太阳房白天升温

快，昼夜温差大，因而适用于在白天使用的房间，如起居室。集热蓄热墙白天升温慢，夜间降温也慢，昼夜温差小，因而适用于主要在夜间使用的房间。

4.4.10 气候寒冷的地区由于夜间通过外窗的热损失占很大比例，因此宜采用双层玻璃，经济条件好的可选用低辐射LOW - E玻璃。

4.4.11 附加阳光间是实体墙与直接受益式太阳房的混合变形。附加阳光间增加了地面部分为蓄热体，同时减少了温度波动和眩光。采用阳光间集热时，要根据设定的太阳能节能率确定集热负荷系数，选取合理的玻璃层数和夜间保温装置。阳光间进深加大，将会减少进入室内的热量，本身热损失加大。当进深为 1.2m 时，对太阳能利用率的影响系数为 85% 左右。阳光间的玻璃不宜直接落地，以免加大热损失，建议高出地面0.3m～0.5m。

4.4.12 集热蓄热墙式是对直接受益式的一种改进，在玻璃与它所供暖的房间之间设置了蓄热体。与直接受益式比较，由于其良好的蓄热能力，室内的温度波动较小，热舒适性较好。但是集热蓄热墙系统构造较复杂，系统效率取决于集热蓄热墙体的蓄热能力、是否设置通风口以及外表面玻璃的热工性能。经过分析计算，在总辐射强度 $\bar{I}_0 >$ 300W/m² 时，有通风孔的实体墙式太阳房效率最高，其效率较无通风孔的实体墙式太阳房高出一倍以上。集热效率的大小随风口面积与空气间层断面面积的比值的增大略有增加，适宜比值为 0.8 左右。集热表面的玻璃以透光系数和保温性能同时俱佳为最优选择，因此，单层低辐射玻璃是最佳选择，其次是单框双玻窗。集热墙体的蓄热量取决于面积与厚度，一般居室墙体面积变化不大，因此，对厚度做以下推荐：当采用砖墙时，可取 240mm 或 370mm，混凝土墙可取 300mm，土坯墙可取 200mm～300mm。

4.4.13 在利用太阳能被动供暖的房间中，为了营造良好的室内热环境，需要注意两点：一是设置足够的蓄热体，防止室内温度过大波动；二是蓄热体应尽量布置在能受阳光直接照射的地方。参考国外经验，单位集热窗面积，宜设置 3 倍以上面积的蓄热体。

4.4.14 被动式太阳房获取太阳热能主要靠南向集热窗，而它既是得热部件，又是失热部件，要通过计算分析来确定开窗面积和窗的热工性能，使其在冬季进入室内的热量大于其向外散失的热量。

南向窗的选取需要同时考虑太阳透光系数及保温热阻。确定建筑围护结构传热系数的限值时，不仅要考虑节能率，也要从工程实际的角度考虑可行性及合理性。建筑围护结构的热工性能直接影响到居住建筑供暖和空调降温的负荷与能耗，应予以严格控制。当不能满足本条规定限值要求时，需要进行节能性能计算，确定开窗面积和窗的热工性能，使其在冬季进入室内的热量大于其向外散失的热量。

5 围护结构保温隔热

5.1 一般规定

5.1.2 农村居住建筑常用的保温材料可参考表 1 选用。材料保温性能会受到环境湿度和使用方式的影响，具体影响程度参见现行国家标准《民用建筑热工设计规范》GB 50176-93 中附表 4.2。

草砖导热系数与自身的湿度和密度有直接的关系。草砖含湿量应小于 17%，密度应大于 112kg/m³。根据美国材料试验协会（ASTM）标准检测，当草砖的密度在 83.2kg/m³～132.8kg/m³ 之间时，其导热系数为 0.057W/(m·K)～0.072 W/(m·K)。

表 1 中普通草板不同于现行国家标准《民用建筑热工设计规范》GB 50176-93 附表 4.1 中的稻草板，本表中普通草板密度为大于 112kg/m³，其热工性能与草砖基本一致。

表 1 常用的保温材料性能

保温材料名称	性能特点	应用部位	主要技术参数	
			密度 ρ_0 (kg/m³)	导热系数 λ [W/(m·K)]
模塑聚苯乙烯泡沫塑料板（EPS 板）	质轻、导热系数小、吸水率低、耐水、耐老化、耐低温	外墙、屋面、地面保温	18～22	≤0.041
挤塑聚苯乙烯泡沫塑料板（XPS 板）	保温效果较 EPS 好，价格较 EPS 贵，施工工艺要求复杂	屋面、地面保温	25～32	≤0.030
草砖	利用稻草和麦草秸秆制成，干燥时质轻，保温性能好，但耐潮、耐火性差，易受虫蛀，价格便宜	框架结构填充外墙体	≥112	≤0.072
膨胀玻化微珠	具有保温性、抗老化、耐候性、防火性、不空鼓、不开裂、强度高、粘结性能好，施工性好等特点	外墙	260～300	0.07～0.85
胶粉聚苯颗粒	保温性优于膨胀玻化微珠，抗压强度高，粘结力、附着力强，耐冻融，不易空鼓、开裂	外墙	180～250	0.06

续表 1

保温材料名称	性能特点	应用部位	主要技术参数	
			密度 ρ_0 (kg/m³)	导热系数 λ [W/(m·K)]
草板 纸面草板	利用稻草和麦草秸秆制成，导热系数小，强度大	可直接用作非承重墙板	单位面积重量 ≤26kg/m² （板厚 58mm）	热阻＞0.537 m²·K/W
普通草板	价格便宜，需较大厚度才能达到保温效果，需作特别的防潮处理	多用作复合墙体夹心材料；屋面保温	≥112	≤0.072
憎水珍珠岩板	重量轻、强度适中、保温性能好、憎水性能优良、施工方法简便快捷	屋面保温	200	0.07
复合硅酸盐	粘结强度好，密度小，防火性能好	屋面保温	210	0.064
稻壳、木屑、干草	非常廉价，有效利用农作物废弃料，需较大厚度才能达到保温效果，可燃，受潮后保温效果降低	屋面保温	100～250	0.047～0.093
炉渣	价格便宜、耐腐蚀、耐老化、质量重	地面保温	1000	0.29

5.1.4 本条节能措施非常适合我国夏热冬冷和夏热冬暖地区的气候特点，充分考虑了利用气候资源达到改善室内热环境和建筑节能的目的。

浅色饰面，如浅色粉刷、涂层和面砖等，包括外墙和屋面。夏季采用浅色饰面材料的建筑外表面可以反射较多的太阳能辐射热量，从而减少进入室内的太阳能辐射热量，降低围护结构的表面温度。由于空气的导热系数很小，采用屋顶内设置空气层的方式可以起到一定保温与隔热作用（图 3）；用含水多孔材料做屋面层可以利用水的蒸发带走潜热，降低屋面温度，具有一定的隔热作用。屋顶以及在东、西外墙采用花格构件或爬藤植物遮阳都是利用植物作为遮阳和隔热的措施。外窗、屋顶、外墙的遮阳设计要与建筑设计同步考虑，避免遮阳措施不利于建筑通风与冬季太阳能利用。

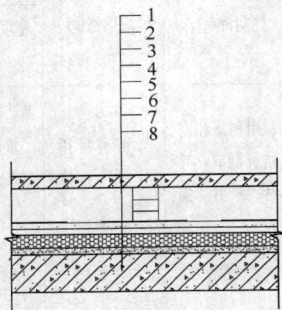

图 3 隔热通风屋面示意
1—40厚钢筋混凝土板；2—180厚通风空气间层；3—防水层；4—20厚水泥砂浆找平层；5—找坡层；6—保温层；7—20厚水泥砂浆；8—钢筋混凝土屋面板

5.2 围护结构热工性能

5.2.1 目前农村建筑围护结构热工性能普遍较差，提高围护结构热工性能是严寒和寒冷地区农村居住建筑节能，改善室内热环境的关键技术措施。表5.2.1中所列出的严寒和寒冷地区农村居住建筑的围护结构传热系数限值是根据严寒和寒冷地区农村居住建筑调研结果，选取严寒和寒冷地区典型农村居住建筑，经计算得到。以典型农村居住建筑为例，以表5.2.1中数据计算得到的建筑能耗，与按目前农村居住建筑典型围护结构做法计算得到的建筑能耗值比较，节能率约为50%左右，增量成本控制在建筑造价的20%以内。

严寒和寒冷地区农村居住建筑多为单层或二层建筑，体形系数较大，规定限值下计算的节能率虽然为50%，但热工性能指标仍远低于现行国家标准《严寒和寒冷地区居住建筑节能设计标准》JGJ26－2010中规定的小于或等于3层的居住建筑的相应指标。主要原因是节能措施实施以前，城市的建筑围护结构热工性能比农村好得多。

5.2.2 表5.2.2列出的围护结构传热系数限值是根据夏热冬冷地区(成都浦江)、夏热冬暖地区(中山三乡)示范建筑数值模拟计算及现场测试数据确定的，当围护结构热工性能满足表5.2.2要求时，基本能够保证在无任何供暖和空气调节措施下，室内温度冬季不低于8℃，夏季室内温度不高于30℃。同时，考虑到农村的实际情况，本着易于施工、经济合理的原则，整体热工性能要求比城市建筑偏低。

建筑围护结构采用重质型材料时，对建筑室内热稳定性起到良好的效果，因此本标准根据热惰性指标 D 值是否大于2.5，对外墙、屋面提出不同的传热系数限值要求。夏热冬冷地区建筑外窗形式的选择根据房间使用功能的不同分别确定，即卧室、起居室等功能房间作为人员主要活动区域，外窗传热系数应小于或等于3.2W/(m²·K)，外窗可采用普通塑钢中空玻璃窗或断热铝合金中空玻璃窗；厨房、卫生间、储藏间等功能房间人员活动频率低，外窗传热系数小于或等于4.7W/(m²·K)，外窗采用塑钢单层玻璃窗即满足要求。根据房间使用功能确定外窗形式便于农户操作，是一种经济有效、适宜的节能方式。夏热冬暖地区重点考虑夏季隔热，因此仅对卧室、起居室的外窗提出要求，其传热系数不高于4.0W/(m²·K)，同时对外窗遮阳系数 SC 进行限制，即 $SC \leqslant 0.5$，可通过有效的外遮阳措施或采用吸热玻璃达到相应要求。

5.3 外　墙

5.3.1 农村居住建筑应选择适合当地经济技术及资源条件的建筑材料，常用的保温节能墙体砌体材料可按表2选用。表A.0.1中给出的外墙保温构造形式主要来自各地示范工程的实际做法，可参考选用。其他保温构造形式如能满足不同气候区外墙的传热系数限值要求，也可选用。

表 2　保温节能墙体砌体材料性能

砌体材料名称	性能特点	用途	主规格尺寸 (mm)	主要技术参数	
				干密度 ρ_0 (kg/m³)	当量导热系数 λ [W/(m·K)]
烧结非黏土多孔砖	以页岩、煤矸石、粉煤灰等为主要原料，经焙烧而成的砖，空洞率≥15%，孔尺寸小而数量多，相对于实心砖，减少了原料消耗，减轻建筑墙体自重，增强了保温隔热性能及抗震性能	可做承重墙，砌筑时以竖孔方向使用	240×115×90	1100~1300	0.51~0.682

砌体材料 名称	性能特点	用途	主规格 尺寸 （mm）	主要技术参数	
				干密度 ρ_0 （kg/m³）	当量导热系数 λ [W/(m·K)]
烧结非黏土 空心砖	以页岩、煤矸石、粉煤灰等为主要原料，经焙烧而成的砖，空洞率≥35%，孔尺寸大而数量少，孔洞采用矩形条孔或其他孔型，且平行于大面和条面	可做非承重的填充墙体	240×115 ×90	800～1100	0.51～0.682
普通混凝土小型空心砌块	以水泥为胶结料，以砂石、碎石或卵石、重矿渣等为粗骨料，掺加适量的掺合料、外加剂等，用水搅拌而成	承重墙或非承重墙及围护墙	390×190 ×190	2100	1.12 （单排孔）； 0.86～0.91 （双排孔）； 0.62～0.65 （三排孔）
加气混凝土砌块	与一般混凝土砌块比较，具有大量的微孔结构，质量轻，强度高。保温性能好，本身可以做保温材料，并且可加工性好	可做非承重墙及围护墙	600×200 ×200	500～700	0.14～0.31

5.3.3 夹心保温构造中内叶墙与外叶墙之间的钢筋拉结措施可采用经过防腐处理的拉结钢筋网片或拉结件，配筋尺寸应满足拉结强度要求。7～8 度抗震设防地区夹心墙体应设置通长钢筋拉结网片，沿墙身高度每隔 400mm 设一道。6 度抗震设防地区的夹心墙体可采用拉结件和拉结钢筋网片配合的拉结方式。拉结件的竖向间距不宜大于 400mm，水平间距不宜小于 800mm，且应梅花形布置。具体设计要求详见《夹心保温墙结构构造》07SG617。

5.3.4 防潮材料可选择塑料薄膜。夹心墙体的保温层与外侧墙体之间宜设置 40mm 厚空气层，并在外墙上设透气孔，透气孔水平和竖向间距不大于 1000mm，梅花形布置，孔口罩细钢丝网，如图 4 所示。

5.3.5 在窗过梁、外墙与屋面、外墙与地面的交接部位易形成"热桥"。为保证热桥部位的内表面温度在室内外空气设计温、湿度条件下高于露点温度（露点温度根据现行国家标准《民用建筑热工设计规范》GB 50176 的规定计算），需要采用额外的保温措施或选取截断热桥的构造形式。外墙出挑构件及附墙部件主要有阳台、雨篷、挑檐、凸窗等。

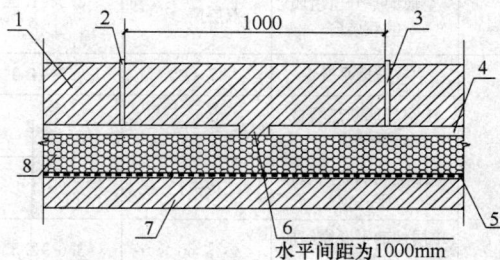

图 4 夹心墙体通气孔设置示意

1—240mm 砖墙；2—细钢丝网；3—直径 20mmPVC 透气口；
4—40mm 空气层；5—塑料薄膜防潮层；6—挑砖；
7—120mm 砖墙；8—草板保温层

5.3.6 表 A.0.2～表 A.0.4 中给出的外墙保温构造形式主要来自各地示范工程的实际做法，可参考选用。根据夏热冬冷和夏热冬暖地区的气候特点以及不同保温形式的特性，外墙宜选择自保温墙体，墙体材料可选用 240mm 厚烧结非黏土多孔砖（空心砖）、加气混凝土等节能型砌体材料，有条件的地区可采用 370mm 厚自保温外墙。选择时，宜优先选用重质墙体。结合当地的资源状况、施工情况及经济水平等也可选用外墙外保温、外墙内保温。除表 A.0.2～表

A.0.4 给出的保温构造做法外，其他保温构造形式如能满足不同气候区外墙的传热系数限值要求，也可选用。

5.4 门　窗

5.4.1 农村居住建筑的外门和外窗可按表 3 和表 4 选用。

表 3　农村居住建筑外门

门框材料	门类型	传热系数 K [W/(m²·K)]
木	单层木门	≤2.5
	双层木门	≤2.0
塑料	上部为玻璃，下部为塑料	≤2.5
金属保温门	单层	≤2.0

表 4　农村居住建筑外窗

窗框型材	外窗类型	玻璃之间空气层厚度 (mm)	传热系数 K [W/(m²·K)]
塑料	单层玻璃平开窗	—	4.7
	中空玻璃平开窗	6~12	3.0~2.5
		24~30	≤2.5
	双中空玻璃平开窗	12+12	≤2.0
	单层玻璃平开窗组成的双层窗	≥60	≤2.3
	单层玻璃平开窗＋中空玻璃平开窗组成的双层窗	中空玻璃 6~12 双层窗≥60	2.0~1.5
铝合金	中空玻璃平开窗	6~12	5.3~4.0
	中空玻璃断热型材平开窗	6~12	≤3.2
	双中空玻璃断热型材平开窗	12+12	2.2~1.8
	单层玻璃平开窗组成的双层窗	≥60	3.0~2.5
	单层玻璃平开窗＋中空玻璃平开窗组成的双层窗	中空玻璃 6~12 双层窗≥60	≤2.5

推拉窗的封闭性比较差，平开窗的窗扇和窗框间一般采用良好的橡胶密封压条，在窗扇关闭后，密封橡胶压条压得很紧，几乎没有空隙，很难形成对流。这种窗型的热量流失主要是玻璃、窗扇和窗框型材的热传导和辐射散热，这种散热远比对流热损失少，因此农村居住建筑外窗宜选择平开窗。

为了保证农村居住建筑室内热环境需求和建筑节能要求，外门窗必须具有良好的气密性，避免房间与外界过大的换气量。在严寒和寒冷地区，换气量大会造成供暖能耗过高。在夏热冬暖地区，多有热带风暴

和台风袭击，因此对门窗的密封性能也有一定的要求。根据农村居住建筑的特点及对门窗气密性的要求，选取现行国家标准《建筑外门窗气密、水密、抗风压性能分级及检测方法》GB/T 7106 中的 4 级。即单位缝长分级指标值 q_1/[m³/(m·h)]满足：$2.0 < q_1 \leqslant 2.5$ 或单位面积分级指标值 q_2/[m³/(m²·h)]满足：$6.0 < q_1 \leqslant 7.5$。

5.4.2 建筑外窗是围护结构保温的薄弱环节，在夜间需要增加保温措施，阻止热量从外窗流失，可选措施如下：

1 安装保温板：保温板通常安装在窗的室外一侧，可以选用固定式或拆卸式。白天打开保温板进行采光、通风换气，夜间关闭以利于保温。

2 安装保温窗帘：保温窗帘常用在室内。它是将保温材料（如玻璃纤维等）用塑料布或厚布包起来，挡在窗户的内侧。为了节约造价，平常使用的窗帘也可以起到防风、保温的作用，但要选择质地厚重的材质。

5.4.3 通过外遮阳系数的简化计算，表 A.0.5 中给出了外窗采用不同外遮阳形式时，遮阳系数取值的区间范围，便于用户直接查找应用。向阳面的门若为透明玻璃材质时，亦应做遮阳处理。

5.4.4 由于外门频繁开启而导致农村居住建筑入口处热量流失严重，因此严寒和寒冷地区的农村居住建筑入口处应设置保温措施。当墙体厚度足够时，可设置双层门（图 5），两道门之间宜留有一人站立的空间，以避免两道门同时开启，减少冷风侵入。当入口处设置门斗时（图 6），两道门之间距离大于 1000mm 才不影响门的开启，住户可以根据需要选择门的开启方向。双层门与门斗室外一侧门的传热系数应满足表5.2.1 的要求，室内一侧的门不作要求。

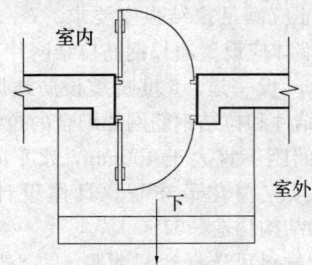

图 5　双层门

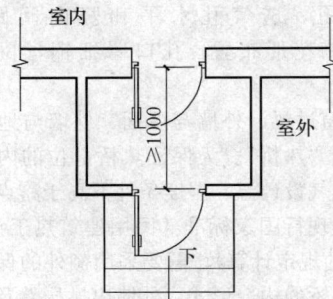

图 6　门斗

5.5 屋 面

5.5.1 农村居住建筑的屋面按形式可分为平屋面和坡屋面。平屋面通常采用钢筋混凝土作为结构层，保温层通常铺设在钢筋混凝土板的上方（图7），可以保护结构层免受自然界的侵袭。坡屋面是木屋架或钢屋架承重，该做法在农村居住建筑中较为常见，坡屋面的保温层宜设置在吊顶上（图8），不仅可以避免屋顶产生热桥，而且方便施工。

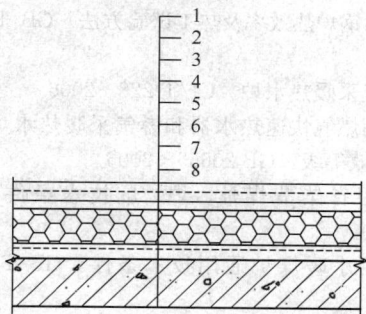

图 7　钢筋混凝土平屋面保温构造示意
1—保护层；2—防水层；3—找平层；
4—找坡层；5—保温层；6—隔汽层；
7—找平层；8—钢筋混凝土屋面板

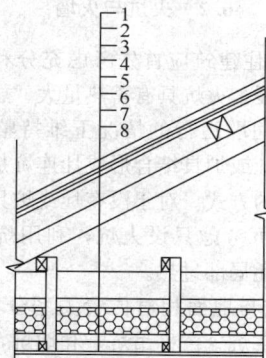

图 8　木屋架坡屋面
保温构造示意
1—面层；2—防水层；3—望
板；4—屋架；5—保温层；6—
隔汽层；7—棚板；8—吊顶

屋面保温材料宜选择憎水性保温材料，如模塑聚苯乙烯泡沫塑料板或挤塑聚苯乙烯泡沫塑料板。坡屋面吊顶内的保温材料也可采用草木灰、稻壳、锯末以及生物质材料制成的板材。当选用草板以及草木灰、稻壳、锯末等保温材料时，一定要做好保温材料的防潮措施。对于散材类保温材料要每年进行一次维护，及时填补保温材料缺失的部位，如屋顶四角处。

5.5.2、5.5.3 表 A.0.6 和表 A.0.7 中给出的屋面保温构造形式主要来自各地示范工程的实际做法，可参考选用。其他保温构造形式如能满足不同气候区屋

面的传热系数限值要求，也可选用。

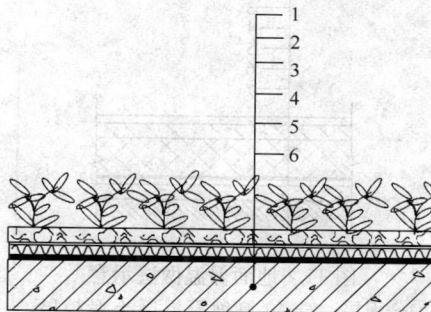

图 9　种植屋面构造示意
1—植被层；2—基质层；3—隔热过滤层；4—排
（蓄）水层；5—防水层；6—钢筋混凝土结构层

5.5.4 屋面的热工性能和内表面温度是影响房间夏季热舒适的主要因素之一，采用种植屋面（图9），由于植物的蒸腾和对太阳辐射的遮挡作用可显著降低屋面内表面温度，改善室内热环境，降低夏季空调能耗。为确保种植屋面的结构安全性及保温隔热效果，设计施工应符合现行行业标准《种植屋面工程技术规程》JGJ 155 的相关规定。

5.6 地 面

5.6.1 严寒地区建筑外墙内侧 0.5m～1.0m 范围内，由于冬季受室外空气及建筑周围低温土壤的影响，将有大量的热量从该部分传递出去，这部分地面温度往往很低，甚至低于露点温度。不但增加供暖能耗，而且有碍卫生，影响使用和耐久性，因此这部分地面应做保温处理。考虑到施工方便及使用的可靠性，建议地面全部保温，这样有利于提高用户的地面温度，并避免分区设置保温层造成的地面开裂问题，具体做法如图 10 和图 11 所示。

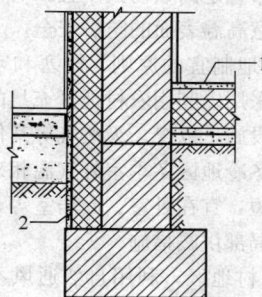

图 10　室内地坪以下墙面
保温做法示意
1—室内地坪；2—保温层延至基础

保温材料宜选用挤塑型聚苯乙烯泡沫塑料板，应分层错缝铺贴，板缝隙间应用同类材料嵌填密实。

地面防潮层可选择聚乙烯塑料薄膜。在铺设前，应对基层表面进行处理，要求基层表面平整、洁净和

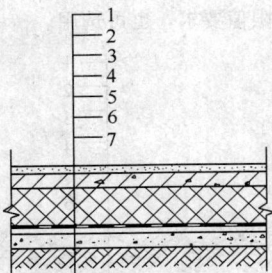

图 11　地面保温做法示意
1—面层；2—40 厚细石混凝土保护层；
3—保温层；4—防潮层；5—20 厚 1∶3 水
泥碳找平层；6—垫层；7—素土夯实层
（以上各层具体做法参照当地标准图）

干燥，并不得有空鼓、裂缝、起砂现象。防潮层应连续搭接不间断，防潮层上方的板材应紧密交接、无缺口，浇注混凝土时，将保温层周边的聚乙烯塑料薄膜拉起，以保证良好的防潮性。

5.6.2　在南方地区，由于潮湿气候的影响，在梅雨季节常产生地面泛潮现象。地面泛潮属于夏季冷凝。夏热冬冷和夏热冬暖地区的农村居住建筑地面面层通常采用防潮砖、大阶砖、素混凝土、三合土、木地板等对水分具有一定吸收作用的饰面层，防止和控制潮霉期地面泛潮。

6　供暖通风系统

6.1　一般规定

6.1.1　根据住户需求及生活特点，对灶、烟道、烟囱等这些与建筑结合紧密的设施预留好孔洞和摆放位置。合理摆放供暖设施位置及其散热面，烟囱、烟道、散热器的布置走向顺畅，不宜影响家具布置和室内美观，并注意高温表面的防护安全。

6.1.2　本着因地制宜的原则，严寒和寒冷地区农村居住建筑内宜采用以利用农村地区充足的生物质资源为燃料的供暖设施，以煤、天然气等其他形式能源作为补充。夏热冬冷地区冬季室外气温相对较高，且低温持续时间较短，宜在卧室、起居室等人员活动密集的房间内采用局部供暖措施。

6.1.3　对于农村地区，利用自然通风不仅远比电风扇和空调降温节能，而且可以有效改善室内热环境和空气品质，是夏季室内降温的最佳选择。自然通风主要通过合理的建筑布局、良好的建筑朝向以及开窗形式等，利用风压和热压原理达到排出室内热空气的目的。

6.1.4　进行气密性处理，既是为了防止烟气泄露造成室内空气污染、CO 中毒等事件发生，同时为了有效地提高生物质燃料的燃烧效率和热利用率。对于设置有火炕、火墙、燃烧器具的房间，其换气次数不应低于 $0.5h^{-1}$。

关于供暖用燃烧器具，现行标准有：

《民用柴炉、柴灶热性能测试方法》NY/T 8 - 2006

《民用火炕性能试验方法》NY/T 58 - 2009

《家庭用煤及炉具试验方法》GB/T 6412 - 2009

《民用水暖煤炉热性能试验方法》GB/T 16155 - 2005

《生活锅炉热效率及热工试验方法》GB/T 10820 - 2011

《燃气采暖热水炉》CJ/T 228 - 2006

《家用燃气快速热水器和燃气采暖热水炉能效限定值及能效等级》GB 20665 - 2006

《民用省柴节煤灶、炉、炕技术条件》NY/T 1001 - 2006

《民用水暖煤炉通用技术条件》GB/T 16154 - 2005

《小型锅炉和常压热水锅炉技术条件》JB/T 7985 - 2002

《家用燃气燃烧器具安全管理规则》GB 17905 - 2008

6.2　火炕与火墙

6.2.1　农村居住建筑应首先考虑充分利用炊事产生的烟气余热供暖。火炕具有蓄热量大、放热缓慢等特点，有利于在间歇运行的情况下维持整个房间的温度。将火炕和灶或炉具结合形成灶连炕是一种有效的充分利用能源的方式。对于没有灶或炉具等产生高温余热的设施，可考虑只设火炕，利用炕腔作为燃烧室，但注意避免局部过热。

6.2.2　炕体按与地面相对位置关系分为三种形式，即落地炕、架空炕（俗称吊炕）和地炕，其主要的构造原理如图 12 所示。

架空炕上下两个表面可以同时散热，散热强度大，但蓄热量低，供热持续能力较弱，热得快，凉得也快，比较适合热负荷较低，能够配合供暖炉等运行间歇较短、运行时间比较灵活的热源。当选用架空炕时，其下部空间应保持良好的空气流通，使下表面散热能有效地进入人员活动区，因此，架空炕的布置不宜三面靠墙。炕面板采用整体型钢筋混凝土板，可减少炕内支座数量。

对于运行间歇较长的柴灶等热源形式，适合使用具有更强蓄热能力的落地炕、地炕。落地炕应在炕洞底部和靠外墙侧设置隔热层，炕洞底部宜铺设 200mm～300mm 厚的干土，提高蓄热保温性能。地炕（俗称地龙）是室内地面以下为燃烧空间，地面之上设置火炕炕体的一种将燃烧空间与火炕结合起来的采暖设施。

(a) 落地炕　　(b) 架空炕

(c) 地炕(地火龙)

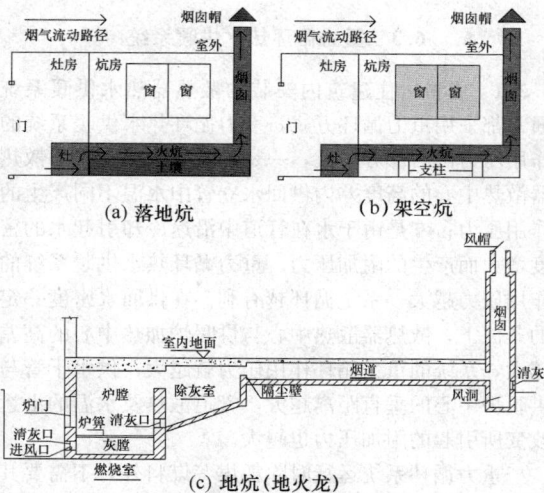

图 12　火炕的构造示意

单纯依赖火炕难以满足房间供暖需求时，可以选择火墙式火炕，或者辅以热水供暖系统、火炉等较灵活的供暖方式。火墙式火炕（也称炕火墙）是将传统落地炕靠近炕沿的内部设置燃烧室和烟道，使炕前墙的垂直壁面变成火墙的一种改进火炕形式。该采暖形式使火炕和火墙互相取长补短，提高了炕面温度的均匀性，解决炕下区域较凉的问题，同时提高了散热强度，可以迅速提高室温，灵活地满足室内采暖需求。

6.2.3　靠近喉眼的烟气入口处烟气温度过高，如不能迅速扩散，将对其附近炕面的加热强度过大，造成局部过热，为此宜取消落灰膛和前分烟板，正对喉眼的附近不要设置支柱，这样可以避免各种阻挡形成的烟气涡流，热量扩散快。为防止高温烟气甚至火焰直接穿过喉眼，冲击炕面板，造成局部温度过高，可以在喉眼后方加设一向下倾斜的火舌，将高温烟气导向前方，降低此处热强度，从而有效解决局部过热问题。另外为了前方有一定的扩散量，引洞的砖可以适当排开一些。

热源强度小、持续时间短的火炕，在烟气入口处尽量减少阻碍，可将热烟带大量引向炕的中部，使烟气迅速流到炕梢部分。在炕梢部分增设后阻烟墙能使烟气尽量充分扩散，并与炕板换热，可减少排烟口的气流收缩效应，保证了烟气扩散至整个炕腔内部，使炕面温度更均匀；并可降低烟气流速，使烟气与火炕进行充分换热，这样炕的后部温度就可以明显提高，炕面温度均匀性也随之提高。热源强度大、持续时间长的火炕，宜采用复杂的花洞式烟道，延长烟气与火炕的换热流程和充分发挥炕体蓄热性能，从而提高能量利用效率，但要避免炕头过热。

火炕进烟口低于排烟口，并且在铺设炕面板时保证一定坡度，炕头低炕梢高，通过抹面层找平。一方面保证烟气流动顺畅，同时保证烟气与炕体的流动换热效果，另一方面也避免炕头炕梢温差过大。炕体进

行气密性处理时，可采用炕面抹草泥，将碎稻草与泥土混合，防止表面干裂，抹完一层后，待火烤半干后再抹一层，并将裂缝腻死，然后慢火烘干，最后用稀泥将细小裂缝抹平。

6.2.4　整个系统烟气流动受烟囱内烟气形成的热压动力和室外风压共同作用影响。为此，烟囱需要进行保温防潮处理，避免烟囱内温度过低，造成烟气流动缓慢，炉膛或灶膛内没有充分的空气参与燃烧，发生点火难、不好烧的问题。

当室外风力变化时，烟囱出口若处于正压区，将阻碍烟气正常流动，甚至有可能发生空气倒灌进入烟囱内，产生返风倒烟现象。民间流传的烟囱"上口小、下口大、南风北风都不怕"之说，烟囱口高于屋脊，以及烟囱底部设置回风洞，形成负压缓冲区，都是避免产生此问题的有效措施。烟囱砌筑时，下部可用实心砖砌筑成 200mm×200mm 方形烟道（或采用 ϕ200mm 缸瓦管），出房顶后采用 ϕ150mm 缸瓦管。

6.2.5　灶门设置挡板，停火后关闭灶门挡板和烟道出口阀，使整个炕体形成了一个封闭的热力系统，使热量只能通过炕体表面向室内散发，减少热气流失，提高其持续供热能力。烟道的出口阀需要待灶膛内火全部燃烬后，方可关闭，避免不完全燃烧烟气进入室内，造成煤气中毒或烟气污染。

6.2.6　灶的位置会直接影响燃烧效果、使用效果和厨房美观，应根据锅的尺寸、间墙进烟口的位置以及厨房的布局要求综合考虑确定。

灶可分别砌出两个喉眼烟道。一个喉眼烟道通往炕，另一个可直接通往烟囱，两个喉眼烟道分别用插板控制（图 13）。冬季烟气通往火炕的喉眼烟道，室内炕热屋暖；夏季烟气可直接通往烟囱的喉眼烟道，不用加热炕。春秋两季可交替使用两个喉眼烟道。

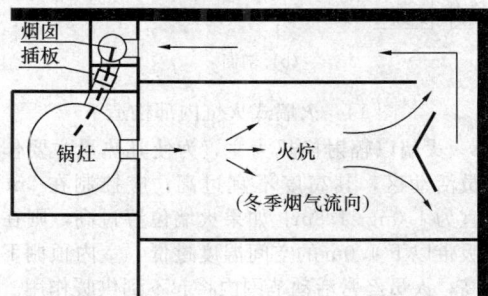

图 13　倒卷帘式烟道

灶膛要利于形成最佳的燃烧空间，空间太大，耗柴量增加，灶膛温度低；空间太小，添柴次数增加，且影响燃烧放热。其形状大小应根据农户日常所烧燃料种类确定。例如烧煤、木柴类就可以小一些，烧秸秆类的就适当增大一些。在灶内距离排烟口近的一侧多抹一层泥，相反的另一侧少抹一层；锅沿处留出一

定空间使灶膛上口稍微收敛成缸形。内壁光滑、无裂痕。

灶内拦火强度大，虽然灶的热效率上去了，但由于灶拦截热量过多，不仅灶不好烧，同时使炕内不能获得足够热量造成炕不热。炉算平面到锅脐之间的距离为吊火高度。吊火过高利于燃烧，但耗柴量增加，过低添柴勤，不利于燃烧。

6.2.7 火墙式火炕是一种将普通落地炕进行了结构优化，与火墙相结合的新型复合供暖方式，如图14所示。火墙拥有独立的燃烧室，其一侧散热面为火炕前墙。此种供暖方式，充分利用了火炕蓄热性和火墙的即热性、灵活性，互相取长补短，适合严寒和寒冷地区，热负荷大且需要持续供暖的房间。如果将火墙燃烧室上方设置集热器还可作为重力循环热水供暖系统的热源，供其他房间供暖使用。

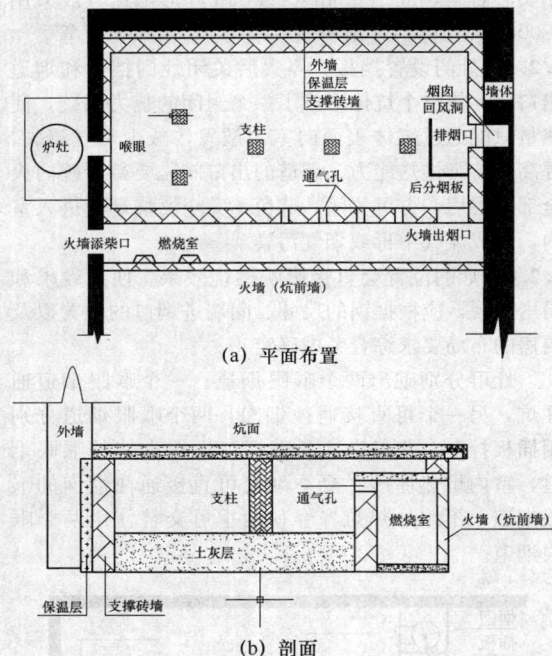

（a）平面布置

（b）剖面

图 14 火墙式火炕内部构造

6.2.8 火墙以辐射换热为主，为使其热量主要作用在人员活动区，其高度不宜过高，应控制在 2m 以下，宜为 1.0m～1.8m。如果火墙位置过高，则在人员呼吸带以下 1.0m 的空间温度过低，室内顶棚下温度过高，人员经常活动范围内将起不到供暖作用。火墙长度根据房间合理设置，为了保证烟气流动的充分换热，长度宜控制在 1.0m～2.0m 之间。火墙的长度过长，在受到不均匀加热时引起热胀冷缩，易产生裂缝，甚至喷出火花引起火灾。

火道截面积的大小依据应用场所而定，如用砖砌，一般可选用 120mm×120mm～240mm×240mm；烟道数根据火墙长度而定，一般为 3～5 个洞，各烟道间的隔墙采用 1/4 砖厚。

6.3 重力循环热水供暖系统

6.3.1 农村居住建筑内安装的散热器热水供暖系统通常都采用重力循环方式，重力循环热水供暖系统的作用压力由两部分构成，一是供暖炉加热中心和散热器散热中心的高度差内供回水立管中水温不同产生的作用压力；二是由于水在管道中沿途冷却引起水的密度增大而产生的附加压力。重力循环热水供暖系统的作用压力越大，系统循环越有利。在供回水密度一定的条件下，散热器散热中心与供暖炉加热中心的高差越大，系统的重力循环作用压力就越大；供水干管与供暖炉中心的垂直距离越大，管道散热及水温的沿途改变所引起的附加压力也越大。

重力循环系统运行时除耗煤等燃料外，不需要其他的运行费用，节能、安全、运行可靠。考虑到以上因素，农村居住建筑中设置的热水供暖系统应尽可能利用重力循环方式。

在一些大户型的单层农村居住建筑中，供暖面积大，散热器数量多，管路长，系统阻力大。由于供暖炉和散热器的安装位置和高差受限，重力循环作用压力无法克服系统循环阻力时，可考虑增加循环水泵，提供系统循环动力。但水泵应经过设计计算后选择。

6.3.2 考虑到农村居住建筑重力循环热水供暖系统的作用压力小，管路越短，阻力损失越小，对循环有利，因此宜选择异程式管路系统形式，即离供暖炉近的房间散热器的循环环路短，离供暖炉远的房间散热器的循环环路长。农村居住建筑内供暖房间较少，系统循环环路较少，可通过提高远处散热器组的安装高度来增大远处立管环路的重力循环作用压力，适当增加远处立管环路的管径来减少远处立管环路的阻力，并在近处立管的散热器支管上安装阀门，增加近处立管环路的阻力损失等措施使异程式系统造成的水平失调降低到最小。

对于单层农村居住建筑，由于安装条件所限，散热器和供暖炉中心高度差较小，作用压力有限，如采用水平单管式系统，整个供暖系统只有一个环路，热水流过管路和散热器的阻力较大，系统循环不利；采用水平双管式系统时，距离供暖炉近的环路短，阻力损失小，有利于循环，只是远端散热器环路阻力大，可以通过提高末端散热器的高度来增大作用压力；采用水平双管式系统，供水干管位置可以设置很高，以提高系统循环的附加作用压力。农村居住建筑的建筑面积越来越大，多个房间内安装散热器，而实际上不能每个房间都住人，冬季为了节煤，不住人房间的散热器可以关闭，或者将阀门关小，减少进入该房间散热器的流量，其向房间的散热量只需保持房间较低温度，避免水管等冻裂即可。因此，对于单层农村居住建筑的热水供暖系统形式宜采用水平双管式。

对于二层及以上的农村居住建筑，上层房间的散热器安装高度与供暖炉高度差加大，上层散热器系统的循环作用压力远大于底层散热器系统的作用压力，如果采用垂直双管式或水平式系统就会造成上层和底层的系统流量不均，出现严重的垂直失调现象，即同一竖向房间冷热不均。垂直单管顺流式系统的作用压力是由同一立管上各层散热器组的安装高度共同确定的，整个环路的循环作用压力介于采用垂直双管系统中底层散热器环路的作用压力和顶层散热器环路的作用压力之间，可有效提高底层系统的作用压力，也缓解了上层作用压力过大的缺点。因此，二层及以上农村居住建筑的热水供暖系统形式宜采用垂直单管顺流式。

6.3.3 重力循环热水供暖系统的作用半径是指供暖炉出水总立管与最远端散热器立管之间水平管道长度。在考虑重力循环热水供暖系统供回水密度差产生的作用压力和水在管道中沿途冷却产生的附加压力共同作用的条件下，建立系统作用压力与阻力损失平衡关系，通过实际测试获得重力循环热水供暖系统中主干管的热水实际流速范围，最后计算得到系统的作用半径与供暖炉加热中心和散热器散热中心高度差的对应数值关系，见表5。

表5 重力循环热水供暖系统的作用半径（m）

供暖炉加热中心和散热器散热中心高度差		作用半径
单层住房	0.2	3.0
	0.3	5.5
	0.4	8.0
	0.5	11.0
	0.6	13.5
	0.7	16.0
	0.8	18.5
	0.9	21.5
	1.0	24.0
二层住房	1.5	33.5
	2.0	46.5
	2.5	59.5

表5中的作用半径数值是在供水干管高于供暖炉加热中心1.5m的垂直高度下计算得到的。

6.3.4 本条文说明如下：

1 铁制炉具外形美观，体积小，由专业厂家成批制造，性能指标上都经过严格的标定验收，有一定的质量保障，一般是比较先进的；内部构造复杂，换热面积大，热效率高；炉体普遍采用蛭石粉、岩棉进行保温，散热损失小，炉胆内壁可挂耐火炉衬或烧制耐火材料；搬家移动拆装方便。

2 供暖炉有多种类型，用户应根据采用的燃料选择相应的供暖炉类型。采用蜂窝煤时，应根据使用要求选择单眼、双眼或多眼的蜂窝煤供暖炉；燃烧散煤时，由于煤的化学成分不同，燃烧特点各异，为适应不同煤种的需要，炉具尺寸，如炉膛深度和吊火高度，也要适当变化。一般来说，烟煤大烟大火，炉膛要浅，以利通风，炉膛深多在100mm～150mm之间。烟火室要大，吊火高度要高，以利于烟气形成涡流，在烟火室多停留一段时间，有利于烧火做饭；燃烧秸秆压块的用户，可选用生物质气化炉。

3 供暖炉通常设置在厨房或单独的锅炉间内，这些房间往往不需供暖或需热量很少，如果炉体的散热损失过大，有效送入供暖房间的热量就会减少，因此用户在选择供暖炉时，应选择保温好的炉子，提高供暖炉的实际输热效率。

4 烟煤大烟大火，烟气带走的热量较多，为了便于回收烟气余热，提高供暖系统的供热效率，燃烧烟煤的用户宜选择带排烟热回收装置的供暖炉或在供暖炉排烟道上设水烟囱或水烟脖等热回收装置。

5 供暖炉尽量布置在专门锅炉间内，供暖炉不能设置在卧室或与其相通的房间内，以免发生煤气中毒事件；供暖炉间宜设置在房屋的中间部位，避免系统的作用半径过大；为增加系统的重力循环作用压力，应尽可能加大散热器和供暖炉加热中心的高度差，即提升散热器和降低供暖炉的安装高度。散热器在室内的安装高度受到增强对流散热、美观等方面的要求限制，位置不能设置太高，通常散热器的底端距地面0.2m～0.5m，应尽可能降低供暖炉的安装高度，最好能低于室内地坪0.2m～0.5m；供暖炉尽可能靠近房屋的烟道，减少排烟长度和排烟阻力，利于燃烧。

6.3.5 在农村居住建筑中，常能见到因房间外窗距供暖炉太远或因外窗台较低而造成散热器中心低等原因，使系统的总压力难以克服循环的阻力而使水循环不能顺利进行，同时回水主干管也无法直接以向下的坡度连至供暖炉，即出现所谓回水"回不来"情况。在这种场合下，散热器不适合安装在外窗台下，可将散热器布置在内墙面上，距供暖炉近一些，管路短些，利于循环，同时因不受窗台高低的限制，可以适当抬高散热器中心，从而室内温度也得以提高。现在农村新建居住建筑的外窗基本都采用双玻中空玻璃窗，其保温性和严密性好，冷空气的相对渗透量少。散热器安装在内墙上所引起的室内温度不均匀的问题就不会很突出。

6.3.6 重力循环热水供暖系统的供水干管距供暖炉中心的垂直距离越大，附加压力也越大，越有利于循环。所以供水干管应设在室内顶棚下面尽量高的位置上，但系统中需要设置膨胀水箱和排气装置，供水干管的安装位置也会受到膨胀水箱和排气装置的限制，设计时，必须充分考虑三者的位置关系后，再确定供水干管的安装高度。

单层农村居住建筑的重力循环热水供暖系统中，膨胀水箱通常安装在供暖炉附近的回水总干管上，便于加水，而自动排气阀通常安装在供水干管末端。为了保证系统高点不出现负压，考虑压力波动，膨胀水箱底部的安装高度应高出供水总干管 30mm～50mm。为了便于供水干管末端集气和排气，自动排气装置应高出系统的最高点，考虑到压力波动，供水干管末端的自动排气装置的安装点应高出膨胀水箱上端 50mm～80mm，如图 15 所示。在供水干管、膨胀水箱和自动排气装置三者的安装高度关系中，应先确定自动排气装置的安装高度，再反推出膨胀水箱和供水干管的安装位置高度。

单层农村居住建筑室内吊顶后的净高约为 2.7m，考虑膨胀水箱的安装高度，供水干管的安装标高宜为 2.0m 左右，散热器中心通常的安装高度为 0.5m～0.7m，因次，提出供水干管宜高出散热器中心 1.0m～1.5m 安装。

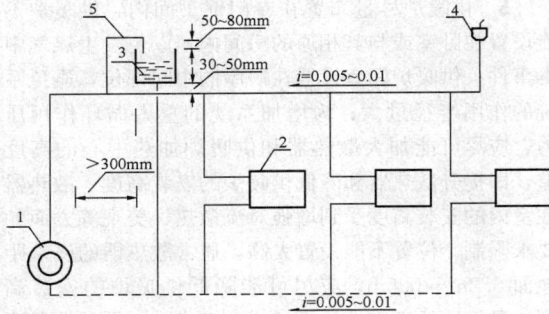

图 15 单层农村居住建筑供水干管的
安装位置高度关系示意
1—供暖炉；2—散热器；3—膨胀水箱；
4—自动排气阀；5—排气管

6.3.7 单层农村居住建筑的膨胀水箱宜连接到靠近供暖炉的总回水干管上。由于膨胀水箱需要经常加水，因此膨胀水箱与回水总干管的连接点宜靠近供暖炉，但膨胀水箱应与供暖炉保持一定的水平间距，防止膨胀水箱溢水时，水溅到供暖炉上，两者间水平距离应大于 0.3m。系统不循环时，膨胀水箱中的水位即为系统水位高度，为了避免系统缺水，特别是供水干管空管，膨胀水箱的安装高度（即下端）应高出供水干管 30mm～50mm，膨胀水箱中如果有一定的水位，供水干管就不会出现空管现象。

对于二层以上农村居住建筑，膨胀水箱不宜安装在设置于一层的供暖炉附近的回水干管上，宜安装在上层系统供水干管的末端，为了便于加水，膨胀水箱应设置在卫生间或其他辅助用房内，且膨胀水箱的安装位置应高出供水干管 50mm～100mm，如图 16 所示。为便于系统排气，上层散热器上宜安装手动排气阀。

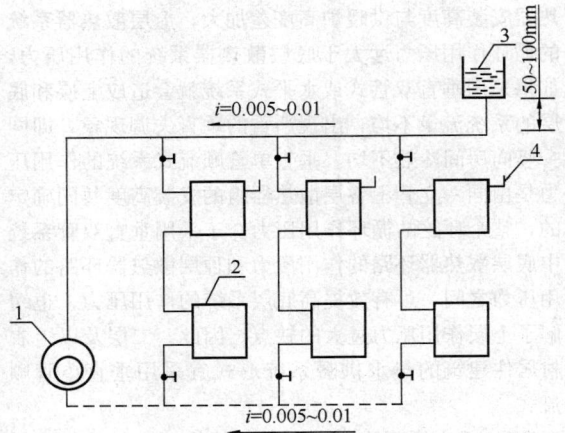

图 16 二层以上农村居住建筑膨胀
水箱的安装位置
1—供暖炉；2—散热器；3—膨胀水箱；
4—散热器手动排气阀

6.4 通风与降温

6.4.1 穿堂风是我国南方地区传统建筑解决潮湿闷热和通风换气的主要方法，不论是在建筑群体的布局上，或是在单个建筑的平面与空间构成上，都非常注重穿堂风的形成。

建筑与房间所需要的穿堂风应满足两个要求，即气流路线应流过人的活动范围和建筑群与房间的风速应达到 0.3m/s 以上。要满足这两个要求，必须正确选择建筑的朝向、间距，合理地布置建筑群，选择合理的建筑平、剖面形式，合理地确定建筑开口部分的面积与位置、门窗的装置与开启方式和通风的构造措施等。

6.4.2 受到各种不可避免的因素限制，必须采取单侧通风时，通风窗所在外墙与主导风向间的夹角宜为 40°～65°，使进风气流深入房间。

6.4.3 厨房内热源较大，比较适宜利用热压来加强自然通风，可通过设置烟囱或屋顶上设置天窗达到通风降温的目的。当采用自然通风无法达到降温要求及室内环境品质要求时，应设置机械排风装置。

6.4.4 生态植被绿化屋面是利用植物叶面的光合作用，吸收太阳的热辐射，达到隔热降温的目的。不仅具有优良的保温隔热性能，而且也是集环境生态效益、节能效益和热环境舒适效益为一体的、最佳的建筑屋顶形式，最适宜于夏热冬冷和夏热冬暖地区应用。测试数据表明，在室内空调状态下，无绿化屋顶内表面温度与室内气温相差 3.9℃，而绿化屋顶内表面温度与室内气温相差 1℃；在室内自然状态下，有绿化屋顶的房间空气温度和内表面温度比无绿化屋顶平均低 3.2℃和 3.8℃。

隔热通风屋顶在我国夏热冬冷地区和夏热冬暖地区广泛采用，尤其是在气候炎热多雨的夏季，这种屋面构造形式更显示出它的优越性。由于屋盖由实体结构变为带有封闭或通风的空气间层结构，大大地提高了屋盖的隔热能力。通过测试表明，通风屋面和实砌屋面相比，虽然两者的热阻相等，但它们的热工性能有很大的不同，以重庆市荣昌节能试验建筑为例，在自然通风条件下，实砌屋顶内表面温度平均值为35.1℃，最高温度达38.7℃；通风屋顶内表面温度平均值为33.3℃，最高温度为36.4℃；在连续空调状态下，通风屋顶内表面温度比实砌屋面平均低2.2℃。而且，通风屋面内表面温度波的最高值比实砌屋面要延后3h～4h，显然通风屋顶具有隔热好、散热快的特点。

屋面多孔材料被动蒸发冷却降温技术是利用水分蒸发消耗大量的太阳能，以减少传入建筑物的热量，在我国南方实际工程应用有非常好的隔热降温效果。据测试，多孔材料蓄水蒸发冷却是在屋顶铺设多孔含湿材料，其效果可使建筑屋面降温约2.5℃，屋顶内表面温度约降5℃；优于现行的传统蓄水屋面。

6.4.5 在一些极端天气条件下，被动式降温无法满足室内热环境的要求，如果经济水平允许，农户可以选择空调降温。目前，市场上有多种空调系统，如分体空调、户式中央空调、多联机等。由于农村居住建筑一般只在卧室、起居室等主要功能房间使用空调，且各房间同时使用空调的情况较少，因此建议使用分体式空调，灵活调节空调使用的时间，达到节能目的。

能效比是衡量空调器的重要经济性指标，能效比高，说明该种系统具有节能、省电的先决条件。用户选设备时，可以根据产品上的能效标识来辨别能效比。能效标识分为1、2、3共3个等级，等级1表示产品达到国际先进水平，最节电，即耗能最低，能效比3.6以上；等级2表示比较节电，能效比3.4～3.6；等级3是市场准入指标，低于该等级要求的产品不允许生产和销售，能效比3.2～3.4。

6.4.6 在我国气候比较干燥的西部和北部地区，宜采用直接蒸发冷却式空调方式。直接蒸发冷却式空调方式是将地表水过滤后直接通入风机盘管或者其他空调机组中，直接利用蒸发冷却来降低室内空气温湿度。需要注意的是风机盘管要尽量选择负荷偏大、高风量的干式风盘机组。

7 照 明

7.0.1 照明功率密度的规定就是要求在照明设计中，满足作业面照明标准值的同时，通过选择高效节能的光源、灯具与照明电器，使房间的照明功率密度不超过限值，以达到节能目的。本条中照明功率密度值引自现行国家标准《建筑照明设计标准》GB 50034。农村居住建筑的照明功率密度值是按每户来计算的。

现行国家标准《建筑照明设计标准》GB 50034中规定我国建筑室内照度标准值分级为：0.5、1、3、5、10、15、20、30、50、75、100、150、200、300、500、750、1000、1500、2000、3000、5000lx。根据农村居住建筑的实际使用情况，当使用者视觉能力低于正常能力或建筑等级和功能要求高时，可按照度标准值分级提高一级。当建筑等级和功能要求较低时，可按照度标准值分级降低一级。相应的照明功率密度值应按比例提高或折减。

7.0.2 为了在保障照明条件的前提下，降低照明耗电量，达到节能目的，在照明光源选择上应避免使用光效低的白炽灯。细管径荧光灯（T5型等）、紧凑型荧光灯、LED光源等具有光效高、光色好、寿命较长等优点，是目前比较适合农村居住建筑室内照明的高效光源。

灯具的效率会直接影响照明质量和耗能。在满足眩光限制要求下，照明设计中宜多注意选择直接型灯具。室内灯具效率不宜低于70%。同时应选用利用系数高的灯具。

7.0.3 当采用普通开关时，农村居住建筑公共部位的灯常因开关不便而变成"长明灯"，造成电能浪费和光源损坏。采用双控或多控开关方便人工开闭，以达到节能目的。

7.0.4 为了能够使农村居民了解自身用电情况，规范用电行为，达到行为节能目的，每户应安装电能计量装置。计量装置的选取应根据家庭电器数量及用电功率大致估算后，选用与之匹配的电能计量装置。

7.0.5 使三相负荷保持平衡，可减少电能损耗。

7.0.6 农村居住建筑应根据电网对功率因数的要求，合理设置无功功率补偿装置。一般在低压母线上设置集中电容补偿装置；对功率因数低，容量较大的用电设备或用电设备组，且离变电所较远时，应采取就地无功功率补偿方式。同时，为提高供电系统的自然功率因数，应优先选用功率因数高的电气设备和照明灯具。

7.0.7 农村居住建筑应充分利用天然采光营造室内适宜的光环境，充足的天然采光有利于居住者的生理和心理健康，同时也利于降低人工照明能耗。本条指明房间的天然采光应符合现行国家标准《建筑采光设计标准》GB 50033的规定。

7.0.8 农村地区相比城市具有太阳能、风能利用的优势，采用太阳能光伏发电或风力发电能有效地减少矿物质能源的消耗，符合节能原则。但这些能源系统中都含有蓄能装置，根据我国目前的情况，当蓄能装置寿命终结后，其处理方式会对自然环境带来一定的负面影响。本条文倡导在无电网供电的农村地区利用太阳能、风能等可再生能源作为照明能源，旨在节能的同时注重环境保护。

8 可再生能源利用

8.1 一般规定

8.1.1 根据 2008 中国能源统计年鉴，2007 年底，我国商品能源消费总量为 26.5583 亿吨标准煤，生活消费商品用能 2.6790 亿吨标准煤。其中，农村地区生活消费商品用能约为 1 亿吨标准煤，沼气、秸秆、薪柴等非商品用能约为 2.6 亿吨标准煤，如果全部转化为商品能源，则农村地区生活消费用能将达 3.6 亿吨标准煤，占全国商品能源消费总量的 13.6%。

我国广大农村地区存在丰富多样的能源资源，并且具有地域性、多能源互补性等特点。全国 2/3 地区太阳能资源高于Ⅱ类，具有理想的开发利用潜力。农村是生物质能的最主要产地，在经济发达地区，农村的秸秆、薪柴、粪便等生物质能源丰富，规模开发的潜力极大。我国农村地域广泛，地热能资源丰富。

为降低建筑能耗，减少生活用能，提高农民生活水平，既要节流，又要开源，所以，应努力增加可再生能源在建筑中的应用范围。在技术、经济和资源等条件允许的情况下，应充分利用太阳能、生物质能和地热能等可再生能源来替代煤、石油、电力等常规能源，从而节约农村居住建筑供热供暖和生活用能，减轻环境污染。

可再生能源技术多样，各项技术均有其适用性，需要不同的资源条件和技术经济条件。因此，可再生能源利用时，应做到因地制宜，多能源互补和综合利用，选择适宜当地经济和资源条件的技术来实施。如在西部太阳辐照条件好的地方，以太阳能利用为主，其他可再生能源为辅；而在四川、贵州等太阳能资源贫乏地区，生物质能丰富的地区，可以生物质能为主；而在经济发达地区，可以尝试利用地热能作为农村居住建筑供热空调的能源。

8.1.2 太阳能利用技术包括太阳能光热利用和太阳能光电利用。限于经济条件和生活水平的制约，太阳能光伏发电投资高，运行维护费用大，因此，除市政电网未覆盖的地区外，太阳能光伏发电不适宜在农村地区利用，而太阳能热水在农村已经普遍应用，尤其是家用太阳能热水系统。太阳能供暖在农村已经实施多项示范工程，是改善农村居住建筑冬季供暖室内热环境的有力措施之一。因此，在农村居住建筑中，太阳能利用应以热利用为主，选择的系统类型应与当地的太阳能资源和气候条件，建筑物类型和投资规模等相适应，在保证系统使用功能的前提下，使系统的性价比最优。

8.1.3 本标准所指的生物质资源主要包括农作物秸秆和畜禽粪便，不包括专为生产液体燃料而种植的能源作物。生物质资源条件决定了本地区可利用的生物质能种类，气候条件和经济水平制约了生物质能的利用方式。结合我国各地区的气候条件、生物质资源和经济发展情况，适宜采用的生物质能利用方式见表 6。

表 6 各地区适宜采用的生物质能利用方式

地 区	推荐的生物质能利用方式
东北地区	生物质固体成型燃料
华北地区	户用沼气、规模化沼气工程、生物质固体成型燃料
黄土高原区、青藏高原区	节能柴灶
长江中下游地区	户用沼气、规模化沼气工程、生物质气化技术
华南地区	户用沼气、规模化沼气工程
西南地区	户用沼气、生物质固体成型燃料、生物质气化技术
蒙新区	生物质固体成型燃料、生物质气化技术

8.1.4 地源热泵系统是浅层地热能应用的主要方式。地源热泵系统是以岩土体、地下水或地表水为低温热源，利用热泵将蓄存在浅层岩土体内的低温热能加以利用，对建筑物进行供暖空调的系统。由水源热泵机组、地热能交换系统、建筑物内系统组成。根据地热能交换系统形式的不同，地源热泵系统分为地埋管地源热泵系统（又称土壤源热泵系统）、地下水地源热泵系统和地表水地源热泵系统。

地埋管地源热泵系统（图 17）包括一个土壤地热交换器，它是以 U 形管状垂直安装在竖井之中，或是水平地安装在地沟中。不同的管沟或竖井中的热交换器成并联连接，再通过不同的集管进入建筑中与建筑物内的水环路相连接。北方地区应用时应特别注意防冻问题。

地下水地源热泵系统（图 18）分为两种，一种通常被称为开式系统，另一种则为闭式系统。开式地下水地源热泵系统是将地下水直接供应到每台热泵机组，之后将井水回灌地下。闭式地下水地源热泵系统是将地下水和建筑内循环水之间用板式换热器分开的。深井水的水温一般约比当地气温高 1℃~2℃。我国东北北部地区深井水水温约为 4℃，中部地区约为 12℃，南部地区约为 12℃~14℃；华北地区深井水水温约为 15℃~19℃；华东地区深井水的水温约为 19℃~20℃；西北地区浅井水水温约为 16℃~18℃，深井水水温约为 18℃~20℃；中南地区浅井水水温约为 20℃~21℃。地下水地源热泵系统应用时，应确保地下水全部回灌到同一含水层。

地表水地源热泵系统（图 19）分为开式和闭式

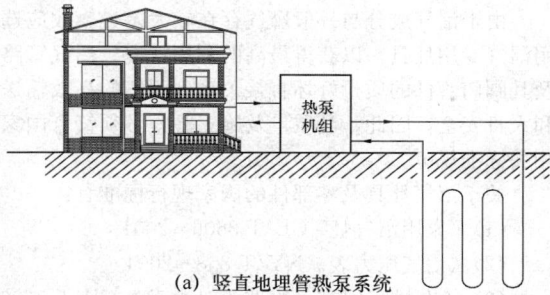

(a) 竖直地埋管热泵系统

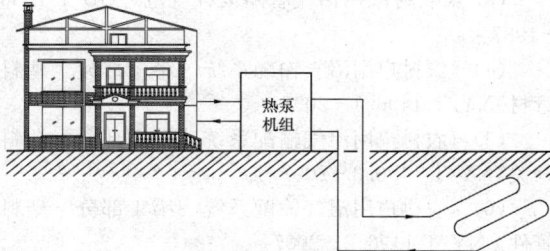

(b) 水平地埋管热泵系统

图 17　地埋管地源热泵系统示意

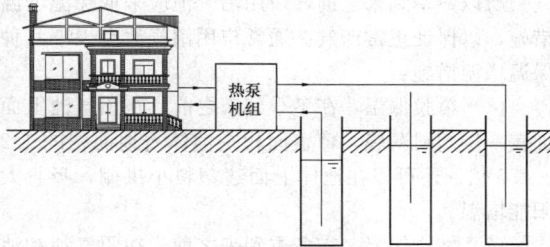

图 18　地下水地源热泵系统示意

两种形式。开式系统指地表水在循环泵的驱动下，经处理直接流经水源热泵机组或通过中间换热器进行热交换的系统；闭式系统指将封闭的换热盘管按照特定的排列方法放入具有一定深度的地表水体中，传热介质通过换热管管壁与地表水进行热交换的系统。地表水地源热泵系统应用时，应综合考虑水体条件，合理设置取水口和排水口，避免水系统短路。

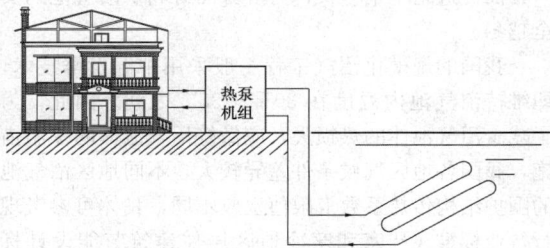

图 19　地表水地源热泵系统示意

8.2　太阳能热利用

8.2.1　选用太阳能热水系统时，宜按照家庭中常住人口数量来确定水容量的大小，考虑到农民的生活习惯和经济承受能力，设定人均用水量为 30L～60L。

8.2.2　在农村居住建筑中，普遍使用家用太阳能热水系统提供生活热水。至 2007 年，农村中太阳能热水器保有量达 4300 万 m² （约为 2150 万户）。随着家电下乡的热潮，其在农村的使用更加广泛，但是由于产品良莠不齐，造成的产品纠纷以及安全隐患也在增加，所以，应选择符合现行国家标准《家用太阳热水系统技术条件》GB/T 19141 的产品。

紧凑式直接加热自然循环的家用太阳能热水系统是最节能的，集热管（板）直接与贮热水箱连接的紧凑式，无需管路或管路很短，从而减少集热部分损失；集热管（板）中水与贮热水箱中水连通的直接加热，换热效率高；自然循环系统无需水泵等加压装置，减少造价和运行费用，较适宜农村居住建筑使用。

在分散的农村居住建筑中，采用生物质能或燃煤作为供暖或炊事用热时，太阳能热水系统与其结合使用，保证连续的热水供应。当太阳能家用热水系统仅供洗浴需求时，不必再设置一套燃烧系统增加系统造价。

8.2.3　由于建筑物的供暖负荷远大于热水负荷，为了得到更大的节能效益，在太阳能资源较丰富的地区，宜采用太阳能热水供热供暖技术或主被动结合的空气供暖技术。

太阳能热水供热供暖技术采用水或其他液体作为传热介质，输送和蓄热所需空间小，与水箱等蓄热装置的结合较容易，与锅炉辅助热源的配合也较成熟，不但可以直接供应生活热水，还可与目前成熟的供暖系统如散热器供暖、风机盘管供暖和地面辐射供暖等配套应用，在辅助热源的帮助下可以保证建筑全天候都具备舒适的热环境。但是，采用水或其他液体作为传热介质也为系统带来了一些弊端，首先，系统如果因为保养不善或冻结等原因发生漏水时，不但会影响系统正常运行，还会给居民的财产和生活带来损失；其次，系统在非供暖季往往会出现过热现象，需要采取措施防止过热发生；系统传热介质工作温度较高，集热器效率较低，系统造价较高。

与热水供热供暖系统相比，空气供暖系统的优点是系统不会出现漏水、冻结、过热等隐患，太阳得热可直接用于热风供暖，省去了利用水作为热媒必需的散热装置；系统控制使用方便，可与建筑围护结构和被动式太阳能建筑技术很好结合，基本不需要维护保养，系统即使出现故障也不会带来太大的危害。在非供暖季，需要时通过改变进出风方式，可以强化建筑物室内通风，起到辅助降温的作用。此外，由于采用空气供暖，热媒温度不要求太高，对集热装置的要求也可以降低，可以对建筑围护结构进行相关改造使其成为集热部件，降低系统造价。

8.2.4　建筑物的供暖负荷远大于热水负荷，如果以满足建筑物的供暖需求为主，太阳能供热供暖系统的集热器面积较大,在非供暖季热水过剩、过热,从而浪费投资、浪费资源以及因系统过热而产生安全隐患,所以,太阳能供热供暖系统必须注意全年的综合利用,供暖期提供供热供暖,非供暖期提供生活热水、其他用热或强化通风。此外,太阳能供热供暖技术一般可与被动式太阳能建筑技术结合使用,降低成本。

现行国家标准《太阳能供热采暖工程技术规范》GB 50495 基本解决了以上技术问题,目前已取得了良好效果。该标准在设计部分对供热供暖系统的选型、负荷计算、集热系统设计、蓄热系统设计、控制系统设计、末端供暖系统设计、热水系统设计以及其他能源辅助加热/换热设备选型都作出了相应的规定,农村居住建筑太阳能供热供暖系统设计应执行该标准。

8.2.5 太阳能集热器是太阳能供热供暖系统最关键的部件,其性能应符合现行国家标准《平板型太阳能集热器》GB/T 6424、《真空管型太阳能集热器》GB/T 17581 和《太阳能空气集热器技术条件》GB/T 26976 的规定。液态工质集热器的类型包括全玻璃真空管型、平板型、热管真空管型和 U 型管真空管型太阳能集热器,其中全玻璃真空管型太阳能集热器效率较高、造价低、安装维护简单,在我国广泛应用。空气集热器是近期发展起来的产品,目前主要用于工业干燥,在以空气为介质的太阳能空气供暖系统中也逐渐得到采用。

8.2.6 太阳能是间歇性能源,在系统中设置其他能源辅助加热/换热设备,既要保证太阳能供热供暖系统稳定可靠运行,又可降低系统的规模和投资,否则将造成过大的集热、蓄热设备和过高的初投资,在经济性上是不合理的。辅助热源应根据当地条件,优先选择生物质燃料,也可利用电、燃气、燃油、燃煤等。加热/换热设备选择生物质炉、各类锅炉、换热器和热泵等,做到因地制宜、经济适用。

8.3 生物质能利用

8.3.1 传统的生物质直接燃烧方式热效率低,同时伴随着大量烟尘和余灰,造成了生物质能源的浪费和居住环境质量的下降。因此,在具备生物质转换条件(生物质资源条件、经济条件及气候条件)的情况下,宜通过各种先进高效的生物质转换技术(如生物质气化技术、生物质固化成型技术等),将生物质资源转化成各种清洁能源(如沼气、生物质气、生物质固化燃料等)后加以使用。

8.3.2 沼气发酵是厌氧发酵,发酵工艺要求沼气池必须严格密封,水压式沼气池池内压强远大于池外大气压强。密封性不好的沼气池不但会漏气,而且会使水压式沼气池的水压功能丧失殆尽,所以必须做好沼气池的密封。

由于沼气成分与一般燃气存在较大差异,故应选用沼气专用灶具,以获得最高的利用效率。沼气管路及其阀门管件的质量好坏直接关系到沼气的高效输送和人身安全,因此,其质量及施工验收必须符合国家相关标准规范。

关于沼气灶具及零部件的国家现行标准有:

(1)《家用沼气灶》GB/T 3606－2001

(2)《沼气压力表》NY/T 858－2004

(3)《农村家用沼气管路设计规范》GB/T 7636－1987

(4)《农村户用沼气输配系统 第 1 部分 塑料管材》NY/T 1496.1－2007

(5)《农村户用沼气输配系统 第 2 部分 塑料开关》NY/T 1496.3－2007

(6)《农村户用沼气输配系统 第 1 部分 塑料管件》NY/T 1496.2－2007

在沼气发酵过程中,温度是影响沼气发酵速度的关键,当发酵温度在 8℃以下时,仅能产生微量的沼气。所以冬季到来之前,户用沼气池应采取保温增温措施,以保证正常产气。通常户用沼气池有以下几种保温增温措施:

(1)覆膜保温,在冬季到来之前,在沼气池上面加盖一层塑料薄膜,覆盖面积是池体占地面积的 1.2～1.5 倍。还可以在池体上面建塑料小拱棚,吸收太阳能增温。

(2)堆物保温,在冬季到来之前,在沼气池和池盖上面,堆集或堆沤热性作物秸秆(稻草、糜草等)和热性粪便(马、驴、羊粪等),堆沤的粪便要加湿覆膜,这样既有利于沼气池保温,又强化堆沤,为明年及时装料创造了条件。

(3)建太阳能暖圈,在沼气池顶部建一猪舍(牛、羊舍),一角处建一厕所,前墙高 1.0m,后墙高 1.8m～2.0m,侧墙形成弧形状,一般建筑面积 16m² ～20m²,冬季上覆塑料薄膜,形成太阳能暖圈,一方面促进猪牛羊生长,另一方面有利于沼气池的安全越冬。

我国的规模化沼气工程一般采用中温发酵技术,即维持沼气池内温度在 30℃～35℃之间。因此,为了减少沼气池体的热损失,应做好沼气池体的保温措施,我国各地区气候条件差异较大,不同地区沼气池的围护结构传热系数上限值也应不同,具体可参考现行行业标准《严寒和寒冷地区居住建筑节能设计标准》JGJ 26－2010 中第 4.2.2 条的相关规定。为维持沼气池的中温发酵要求,除了保温外,还需配备一套加热系统。应根据规模化沼气工程的特点,选取高效节能的加热方式,如利用沼气发电的冷热电三联供系统的余热、热泵加热和太阳能集热等加热方式,降低沼气设施本身的能耗和提高能源利用效率。

8.3.3 气化机组是指由上料装置、气化炉、净化装置及配套辅机组成的单元。气化效率是指单位重量秸秆原料转化成气体燃料完全燃烧时放出的热量与该单位重量秸秆原料的热量之比。能量转换率是指生物质（秸秆）气化或热解后生成的可用产物中能量与原料总能量的百分比。

8.3.4 生物质固体成型燃料炉的种类众多，根据使用燃料规格的不同，可分为颗粒炉和棒状炉；根据燃烧方式的不同，可分为燃烧炉、半气化炉和气化炉；根据用途不同，可分为炊事炉、供暖炉和炊事供暖两用炉。在选取生物质固体成型燃料炉时，应综合考虑以上各因素，确保生物质固体成型燃料的高效利用。

8.4 地热能利用

8.4.1 地源热泵系统可以将蓄存在浅层岩土体中的低品位热能加以利用，有利于节能和改善大气环境。有条件时，寒冷地区可将其作为一种供暖方式供选择。

8.4.2 较大规模指地源热泵系统供暖建筑面积在3000m² 以上。地源热泵系统大规模应用时，应符合现行国家标准《地源热泵系统工程技术规范》GB 50366 的规定。

8.4.3 地埋管换热器进口水温限值，是为了保证冬季在不加防冻剂的情况下，系统可以正常运行；同时水温过低，也会导致运行效率低下。地埋管应采用化学稳定性好、耐腐蚀、热导率大、流动阻力小的塑料管材及管件。由于聚氯乙烯管处理热膨胀和土壤位移的压力能力弱，所以不推荐在地埋管换热器中使用PVC管。

中华人民共和国国家标准

供热系统节能改造技术规范

Technical code for retrofitting of heating system
on energy efficiency

GB/T 50893—2013

主编部门：中华人民共和国住房和城乡建设部
批准部门：中华人民共和国住房和城乡建设部
施行日期：２０１４年３月１日

中华人民共和国住房和城乡建设部
公 告

第 111 号

住房城乡建设部关于发布国家标准
《供热系统节能改造技术规范》的公告

现批准《供热系统节能改造技术规范》为国家标准，编号为 GB/T 50893－2013，自 2014 年 3 月 1 日起实施。

本规范由我部标准定额研究所组织中国建筑工业出版社出版发行。

中华人民共和国住房和城乡建设部

2013 年 8 月 8 日

前 言

根据住房和城乡建设部《关于印发〈2012 年工程建设标准规范制订、修订计划〉的通知》（建标［2012］5 号）的要求，规范编制组经广泛调查研究，认真总结实践经验，参考有关国外的先进标准，并在广泛征求意见的基础上，编制本规范。

本规范的主要内容：1. 总则；2. 术语；3. 节能查勘；4. 节能评估；5. 节能改造；6. 施工及验收；7. 节能改造效果评价。

本规范由住房和城乡建设部负责管理，由北京城建科技促进会负责具体技术内容的解释。请各单位在执行本规范过程中，注意总结经验，积累资料，随时将有关意见和建议寄交北京城建科技促进会（地址：北京市西城区广莲路甲 5 号北京建设大厦 1001A 室，邮政编码：100055）。

本 规 范 主 编 单 位：北京城建科技促进会
泛华建设集团有限公司

本 规 范 参 编 单 位：北京硕人时代科技有限公司
北京市热力集团有限责任公司
北京建筑技术发展有限责任公司
石家庄工大科雅能源技术有限公司
辽宁直连高层供暖技术有限公司
北京华远意通供热科技发展有限公司
北京晟龙世纪科技发展有限责任公司
沈阳佳德联益能源科技有限公司
北京中通诚益科技发展有限责任公司
北京金房暖通节能技术股份有限公司
中国人民解放军总后建筑工程研究所
哈尔滨市住房保障和房产管理局供热科技处
沈阳市供热管理办公室

本规范主要起草人：鲁丽萍　刘慧敏　史登峰
刘兰斌　谭利华　郭维祈
赫迎秋　孙作亮　刘　荣
黄　维　齐承英　赵长春
蔡　波　刘梦真　王魁林
董景俊　林秀麟　丁　琦
赵廷伟　邹　志　侯　冰
张森栋　尹　强　葛斌斌

本规范主要审查人：许文发　廖荣平　张建伟
李先瑞　陈鸿恩　于黎明
李德英　郭　华　李春林
冯继蓓　王　军

目　次

1　总则 ……………………… 13—5

2　术语 ……………………… 13—5

3　节能查勘 ………………… 13—5

  3.1　一般规定 ……………… 13—5

  3.2　热电厂首站 …………… 13—5

  3.3　区域锅炉房 …………… 13—6

  3.4　热力站 ………………… 13—7

  3.5　供热管网 ……………… 13—8

  3.6　建筑物供暖 …………… 13—9

4　节能评估 ………………… 13—9

  4.1　一般规定 ……………… 13—9

  4.2　主要能耗 ……………… 13—9

  4.3　主要设备能效 ………… 13—10

  4.4　主要参数控制 ………… 13—12

  4.5　节能评估报告 ………… 13—12

5　节能改造 ………………… 13—12

  5.1　一般规定 ……………… 13—12

  5.2　热电厂首站 …………… 13—13

  5.3　区域锅炉房 …………… 13—13

  5.4　热力站 ………………… 13—14

  5.5　供热管网 ……………… 13—14

  5.6　建筑物供暖系统 ……… 13—14

6　施工及验收 ……………… 13—14

  6.1　一般规定 ……………… 13—14

  6.2　自动化仪表安装调试 … 13—14

  6.3　烟气冷凝回收装置安装调试 … 13—14

  6.4　水力平衡装置安装调试 … 13—15

  6.5　热计量装置安装调试 … 13—15

  6.6　竣工验收 ……………… 13—15

7　节能改造效果评价 ……… 13—15

附录A　供热集中监控系统 … 13—16

附录B　锅炉房集中监控系统 … 13—18

附录C　气候补偿系统 ……… 13—19

附录D　烟气冷凝回收装置 … 13—20

附录E　分时分区控制系统 … 13—20

附录F　管网水力平衡优化 … 13—21

本规范用词说明 …………… 13—21

引用标准名录 ……………… 13—21

附：条文说明 ……………… 13—23

Contents

1 General Provisions .... 13—5

2 Terms .... 13—5

3 Heating System Survey
   on Energy Efficiency .... 13—5
   3.1 General Requirements .... 13—5
   3.2 First Station in Cogeneration
        Power Plant .... 13—5
   3.3 District Boiler Plant .... 13—6
   3.4 Heating Station .... 13—7
   3.5 Heating Network .... 13—8
   3.6 Heating System in Building .... 13—9

4 Heating System Assessment
   on Energy Efficiency .... 13—9
   4.1 General Requirements .... 13—9
   4.2 Main Consumption in
        Heating System .... 13—9
   4.3 Energy Efficiency of
        Main Equipments .... 13—10
   4.4 Main Operating Parameters
        Control in Heating System .... 13—12
   4.5 Report of Evaluation on
        Energy Efficiency in Heating
        System .... 13—12

5 Heating System Retrofitting
   on Energy Efficiency .... 13—12
   5.1 General Requirements .... 13—12
   5.2 First Station in Cogeneration
        Power Plant .... 13—13
   5.3 District Boiler Plant .... 13—13
   5.4 Heating Station .... 13—14
   5.5 Heating Network .... 13—14
   5.6 Heating System in Building .... 13—14

6 Installation and Acceptance .... 13—14
   6.1 General Requirements .... 13—14

6.2 Installation and Regulation of
     Automatic Control Device .... 13—14
6.3 Installation and Regulation
     of Heat Recovery by Flue Gas
     Condensation .... 13—14
6.4 Installation and Regulation
     of Hydraulic Balancing Device .... 13—15
6.5 Installation and Regulation of
     Heat Metering Device .... 13—15
6.6 Acceptance .... 13—15

7 Energy Efficiency
   Evaluation after Retrofitting .... 13—15

Appendix A Heating Centralized
            Monitor and Control
            System .... 13—16

Appendix B Boiler Plant Centralized
            Monitor and Control
            System .... 13—18

Appendix C Outdoor Reset
            Control System .... 13—19

Appendix D Heat Recovery by
            Flue Gas
            Condensation .... 13—20

Appendix E Zone Control System .... 13—20

Appendix F Hydraulic Balancing
            Optimization .... 13—21

Explanation of Wording in
   This Code .... 13—21

List of Quoted Standards .... 13—21

Addition: Explanation of
          Provisions .... 13—23

1 总　则

1.0.1 为贯彻国家节约能源和保护环境的法规和政策，规范既有供热系统的节能改造工作，实现节能减排，制定本规范。

1.0.2 本规范适用于既有供热系统的节能改造工程。

1.0.3 供热系统包括供热热源、热力站、供热管网及建筑物内供暖系统。供热系统的热源包括热电厂首站、区域锅炉房或其他热源形式。

1.0.4 供热系统的节能改造工作应包括供热系统节能查勘、供热系统节能评估、供热系统节能改造及节能改造后的效果评价。

1.0.5 供热系统节能改造工程宜以一个热源或热力站的供热系统进行实施。

1.0.6 供热系统节能改造工程除应符合本规范外，尚应符合国家现行有关标准的规定。

2 术　语

2.0.1 供热集中监控系统　heating centralized monitor and control system

由监控中心、现场控制器、传感器、执行器和通信系统组成，具有实现对供热系统的热源、管网、热力站及用户的供热参数自动采集、远程监测和自动调节功能，以保障供热系统节能、安全运行为目的的系统。

2.0.2 锅炉房集中监控系统　boiler plant centralized monitor and control system

在锅炉本体的控制系统基础上，实现锅炉全自动优化运行的系统。

2.0.3 气候补偿系统　outdoor reset control system

根据室外气象条件和室内温度，自动调节供热量的系统。

2.0.4 分时分区控制系统　zone control system

根据建筑物的供暖需求和用热规律，分区域、分时段对建筑物供热参数进行自动独立管理的控制系统。

2.0.5 烟气冷凝回收装置　heat recovery by flue gas condensation

在锅炉烟道中回收烟气中的显热和汽化潜热的冷凝热的装置。

2.0.6 锅炉负荷率　load rate of boiler

锅炉实际运行热功率与额定热功率的比值。

2.0.7 节能率　energy saving ratio

节能改造后的单位供暖建筑面积减少的能耗与节能改造前单位供暖建筑面积能耗的比值。

2.0.8 供热管网输送效率　heat transfer efficiency of heating network

供热管网输出总热量与供热管网输入总热量的比值。

2.0.9 多热源系统　multi-source heating system

具有两个或两个以上热源的集中供热系统。

2.0.10 一级供热管网　primary heating network

在设置热力站的供热系统中，由热源至热力站的供热管网。

2.0.11 二级供热管网　secondary heating network

在设置热力站的供热系统中，由热力站至建筑物的供热管网。

2.0.12 热电厂首站　the first station in cogeneration power plant

由基本加热器、尖峰加热器及一级供热管网循环水泵等设备组成，以热电厂为供热热源，利用供热机组抽（排）汽换热的供热换热站。

2.0.13 补水比　ratio of make-up water

供暖期日补水量占供暖系统水容量的百分比。

2.0.14 隔压站　pressure insulation station

多级供热管网中，由水-水换热器、循环水泵等设备组成，起隔绝和降低供热介质压力作用、将换热设备两侧供热管网的水力工况完全隔开的热力站。

3 节能查勘

3.1 一般规定

3.1.1 供热系统在进行节能改造前，应对供热系统进行节能查勘和评估。节能查勘工作应包括收集、查阅相关技术资料，并应实地查勘供热系统的配置、运行情况及节能检测等。

3.1.2 供热系统各项参数的节能检测应在供热系统稳定运行后，且单台热源设备负荷率大于 50% 的条件下进行。各项指标的检测应在同一时间内进行，检测持续时间不应小于 48h。

3.1.3 供热系统节能检测方法应符合国家现行标准《工业锅炉热工性能试验规程》GB/T 10180、《采暖通风与空气调节工程检测技术规程》JGJ/T 260、《居住建筑节能检测标准》JGJ/T 132、《公共建筑节能检测标准》JGJ/T 177 的有关规定。

3.1.4 供热系统节能检测使用的仪表应具有法定计量部门出具的检定合格证或校准证书，且应在有效期内。

3.1.5 节能查勘所收集的供热运行资料应是近 1 年～2 年的实际运行资料。

3.2 热电厂首站

3.2.1 热电厂首站节能查勘应收集、查阅下列资料：

1 竣工图纸、设计图纸及相关设备技术资料、产品样本；

2　供热范围、供热面积、设计供热参数、区域设计供热负荷、首站设计供热负荷；

3　与其连接的热力站的名称、用热单位类型、投入运行的时间及供热天数；

4　多热源系统运行调节模式及调度情况；

5　供热期供热量、供电量、耗汽量、耗水量、耗电量及余热利用量；

6　运行记录：

　　1）温度、压力、流量、热负荷等参数；

　　2）供热量、耗汽量、耗水量、耗电量及系统充水量、补水量、凝结水回收量；

7　维修改造记录；

8　电价、水价、热价等运行费用基价。

3.2.2　热电厂首站节能现场查勘应记录下列内容：

1　供热机组型号、台数、背压、抽汽压力、抽汽量；

2　基本加热器型号、台数、额定供水、回水温度、压力；

3　尖峰加热器型号、台数、额定供水、回水温度、压力；

4　凝结水回收方式、凝结水回收设备型号、台数、额定参数、疏水器类型；

5　一级供热管网补水水源，补水、循环水水处理设备型号、台数；

6　一级供热管网定压方式、定压点；补水泵型号、台数、额定参数；

7　一级供热管网循环泵型号、台数、额定参数；

8　一级供热管网供热量调节方式：

　　1）供、回水温度调节方式；

　　2）循环水泵定流量或变流量运行调节方式；

　　3）供热机组蒸汽量自动调节方式；冬、夏季热、电负荷平衡调节方式；

　　4）供热集中监控系统采用情况；

　　5）其他耗能设备调节方式；

9　蒸汽流量、供热量、水量计量仪表类型：

　　1）基本加热器、尖峰加热器蒸汽流量计量仪表；

　　2）一级供热管网供热量计量仪表；

　　3）一级供热管网循环水量计量仪表；

　　4）补水量、凝结水量计量仪表；

10　供配电系统：

　　1）供电来源、电压等级、负荷等级；

　　2）电气系统容量及结构；

　　3）无功补偿装置；

　　4）配电回路设置、用电设备的额定功率；

　　5）首站总用电量计量方式；

　　6）主回路计量、各支回路分项计量方式；

11　一级供热管网系统：

　　1）各支路名称；

　　2）管径；

　　3）调节阀门设置；

12　加热器、管道的保温状况、凝结水回收利用情况及已采取的节能措施等。

3.2.3　热电厂首站节能改造节能检测应包括下列内容：

1　基本加热器、尖峰加热器：

　　1）热源侧的蒸汽压力、温度、流量、热负荷；

　　2）负荷侧的一级供热管网供水、回水压力、温度、循环水量、热负荷、供热量；

　　3）加热器凝结水压力、温度、流量；

　　4）加热器、热力管道表面温度；

　　5）当有多个供热回路时，应检测每个回路的供水、回水压力、温度、流量、热负荷、供热量；

2　一级供热管网循环水泵：

　　1）水泵进口、出口压力；

　　2）水泵流量；

3　水质、补水量：

　　1）加热器凝结水水质；

　　2）供热管网循环水、补水水质；

　　3）供热管网补水量；

4　供配电系统：

　　1）变压器负载率、电动机及仪表运行状况；

　　2）三相电压不平衡度、功率因数、谐波电压及谐波电流含量、电压偏差；

5　循环水泵、补水泵、凝结水泵等用电设备的输入功率。

3.3　区域锅炉房

3.3.1　区域锅炉房节能改造应收集、查阅下列资料：

1　竣工图纸、设计图纸及相关设备技术资料、产品样本；

2　维修改造记录；

3　运行记录：

　　1）温度、压力、流量、热负荷、产汽量等参数；

　　2）燃料消耗量、供热量、供汽量、耗水量、耗电量及系统充水量、补水量、凝结水回收量等；

4　供热范围、供热面积、设计供热参数、锅炉房设计供热负荷、与锅炉房连接的热力站名称、热用户类型、负荷特性、投入运行的时间、供热天数；

5　多热源系统运行调节方式及调度情况；

6　供暖期供热量、耗汽量、耗水量、耗电量、燃料消耗量；

7　燃料价、电价、水价、热价等运行费用基价；

8　设计燃料种类、实际燃用燃料种类，燃煤的工业分析、入炉煤的粒度、入场和入炉燃料低位热值等。

3.3.2 区域锅炉房节能改造现场查勘应记录下列内容：

1 热水锅炉的型号、台数、额定供水、回水温度、压力、额定热负荷、额定循环水量；蒸汽锅炉的型号、台数、额定供汽压力、温度、额定供汽量；

2 锅炉配套辅机的炉排、鼓风机、引风机、除尘、脱硫、脱硝设备的型号、台数、额定参数；

3 锅炉运煤、除灰、除渣：

1）皮带运输机、碎煤机、磨煤机、除渣机、灰渣泵等型号、台数；

2）额定参数；

4 蒸汽锅炉给水泵、凝结水泵型号、台数、额定参数；连续排污、定期排污设备型号、台数、额定参数；凝结水回收方式、疏水器类型；

5 锅炉给水水处理设备、除氧设备型号、容量，炉水处理方式；一级供热管网补水水源，补水、循环水水处理设备型号、台数、额定功率；

6 一级供热管网定压方式、定压点；补水泵型号、台数、额定参数；

7 一级供热管网循环泵型号、台数、额定参数；

8 一级供热管网供热量调节方式：

1）供、回水温度调节方式；

2）循环水泵流量调节方式；

3）燃烧系统调节方式，鼓、引风机及炉排转速调节方式；

4）供热集中监控系统采用情况；

5）各台锅炉运行时间段调节方式；

6）其他耗能设备调节方式；

9 蒸汽流量、供热量、水量计量仪表及燃料耗量计量设备类型：

1）蒸汽流量计量仪表；

2）供热量计量仪表；

3）供热管网循环水量计量仪表；

4）补水量、凝结水量、排污水量计量仪表；

5）燃料计量方式及计量设备；

10 供配电系统：

1）供电来源、电压等级、负荷等级；电气系统容量及结构、无功补偿方式；

2）变压器型号、台数、额定参数；配电回路设置、用电设备的额定功率；

3）锅炉房总用电量计量方式；主回路计量、各支回路分项计量方式；

11 一级供热管网系统划分情况：各支路名称、管径、调节阀门设置；

12 热回收设备及已采取的节能措施等。

3.3.3 区域锅炉房节能改造节能检测应包括下列内容：

1 锅炉：

1）燃料消耗量、炉排转速；

2）热水锅炉的供水、回水压力、温度、循环水量、热负荷、供热量；蒸汽锅炉的蒸汽压力、温度、流量、热负荷；给水压力、温度、流量；

3）凝结水压力、温度、流量；锅炉排污量；

4）锅炉、热力管道表面温度；

5）多个供热回路的每个回路的供水、回水压力、温度、流量、热负荷、供热量；

6）炉膛温度、过量空气系数（含氧量）、炉膛负压、排烟温度、灰渣可燃物含量等；

2 一级供热管网循环水泵：

1）水泵进口、出口压力；

2）水泵流量；

3 水质、补水量：

1）锅炉炉水、给水、凝结水水质；

2）供热管网循环水、补水水质；

3）供热管网补水量等；

4 供配电系统：

1）变压器负载率、电动机及仪表运行状况；

2）三相电压不平衡度、功率因数、谐波电压及谐波电流含量、电压偏差；

5 用电设备的输入功率：

1）循环水泵、补水泵、蒸汽锅炉给水泵、凝结水泵；

2）锅炉配套辅机包括炉排、鼓风机、引风机、除尘、脱硫设备；

3）锅炉运煤除渣包括磨煤机、皮带运输机、提升机、除渣机等。

3.4 热力站

3.4.1 热力站节能改造应收集、查阅下列资料：

1 竣工图纸、设计图纸及相关设备技术资料、产品样本；

2 维修改造记录；

3 运行记录：

1）温度、压力、流量、热负荷等运行参数；

2）供热量、耗汽量、耗电量及系统充水量、补水量等；

4 供热范围、供热面积、设计供热参数、热力站设计供热负荷、与其连接的用户名称、用热单位类型、负荷特性、投入运行的时间及供暖期供热天数；

5 一级供热管网供热参数、热力站与一级供热管网连接方式；

6 供暖期供热量、耗汽量、耗热量、补水量、耗电量；

7 电价、水价、热价等运行费用基价。

3.4.2 热力站节能改造现场查勘应记录下列内容：

1 换热设备类型、台数、换热面积、水容量、额定参数、额定工况传热系数、供热参数；

2 一级供热管网分布式循环水泵型号、台数、额定参数；

3 混水泵型号、台数、额定参数；

4 凝结水回收方式、凝结水回收设备型号、台数、额定参数；疏水器类型；

5 二级供热管网补水水源，水处理设备型号、台数，补水方式和水处理方式；

6 二级供热管网定压方式、定压点，补水泵型号、台数、额定参数；

7 二级供热管网循环泵型号、台数、额定参数等；

8 二级供热管网供热量调节方式：

  1）供、回水温度调节方式；

  2）循环水泵定流量或变流量运行调节方式；

  3）一级供热管网供热量、蒸汽量调节方式；

  4）热力站供热系统自动监控技术采用情况；

  5）其他耗能设备调节方式等；

9 蒸汽流量、供热量、水量计量仪表类型：

  1）汽-水换热设备蒸汽流量计量仪表；

  2）水-水换热设备、混水设备供热量计量仪表；

  3）二级供热管网循环水量计量仪表；

  4）补水量、凝结水量计量仪表等；

10 供配电系统应包括：

  1）供电来源、电压等级、负荷等级；

  2）电气系统容量及结构；

  3）无功补偿装置；

  4）配电回路设置、用电设备的额定功率；

  5）热力站总用电量计量方式、主回路计量、各支回路分项计量方式；

11 二级供热管网系统各支路名称、管径、调节阀门设置划分情况；

12 热回收设备及已采取的节能措施等。

3.4.3 热力站节能改造节能检测应包括下列内容：

1 换热设备、混水设备：

  1）热源侧包括一级供热管网供、回水压力、温度、循环水量、供热量、热负荷，蒸汽压力、温度、流量、热负荷；

  2）负荷侧包括二级供热管网供水、回水压力、温度、流量、热负荷、供热量；

  3）汽水换热设备凝结水压力、温度、流量、凝结水回收量，凝结水回收方式；

  4）换热设备、混水设备、热力管道表面温度；

  5）当有多个供热回路时，应检测每个回路的供水、回水压力、温度、流量、热负荷、供热量等；

2 一级供热管网分布式水泵、二级供热管网循环水泵、混水泵：

  1）水泵进口、出口压力；

  2）水泵流量；

3 水质、补水量：

  1）换热设备凝结水水质；

  2）供热管网循环水、补水水质；

  3）供热管网补水量等；

4 供配电系统：

  1）变压器负载率、电动机及仪表运行状况；

  2）三相电压不平衡度、功率因数、谐波电压及谐波电流含量、电压偏差；

5 循环水泵、补水泵、凝结水泵等用电设备的输入功率。

3.4.4 隔压站的节能查勘内容按本节执行。

3.4.5 热水供热管网中设置的中继泵站的节能检测内容应按本规范第 3.4.3 条第 2 款执行。

3.5 供热管网

3.5.1 供热管网节能改造应收集、查阅下列资料：

1 竣工图纸、设计图纸及相关设备技术资料、产品样本；

2 维修改造记录；

3 温度、压力、系统充水、补水量等运行记录；

4 供热范围、供热面积、供热半径、供热管网类型、介质类型、负荷类型、设计供热参数、设计供热负荷、投入运行的时间、供暖期供热天数；

5 供热管网沿途设置：

  1）热源或多热源名称、位置；

  2）热力站、隔压站名称、位置；中继泵站名称、位置；

  3）检查室名称、位置；

  4）与供热管网连接的用户名称、位置等；

6 一级供热管网与热力站的连接方式、二级供热管网与用户的连接方式等。

3.5.2 供热管网节能改造现场查勘应记录下列内容：

1 管道敷设方式、敷设距离；

2 检查室、管沟工作环境，管道的保温结构及工作状况；

3 管道材质、主干管管径；

4 调控阀门、泄水阀门、放气阀门、疏水器位置、开启状态；补偿器、支座类型、位置、工作状况；

5 已采取的节能措施等。

3.5.3 供热管网节能检测应包括下列内容：

1 检查室、管沟内热力管道的外表面温度；

2 热力站内一级供热管网供水、回水压力、温度、循环水量，蒸汽压力、温度、流量；

3 用户热力入口供水、回水压力、温度、循环水量；

4 供热管网管道沿途温降等。

3.6 建筑物供暖

3.6.1 建筑物供暖节能改造应收集、查阅下列资料：

1 竣工图纸、设计图纸及相关设备技术资料、产品样本；

2 维修改造记录；

3 温度、压力、供热量等运行记录；

4 供暖建筑面积、层数、建筑类型、建筑物设计年限、投入运行的时间、负荷特性、供暖时间、供暖期供热天数；

5 设计供热负荷、循环水量、阻力、供回水设计温度、室内设计温度等。

3.6.2 建筑物供暖节能改造现场查勘应包括下列内容：

1 建筑物围护结构保温状况、门窗类型；

2 热力入口位置、环境、保温状况；

3 热力入口与供热管网的连接方式；

4 热力入口阀门、仪表、计量设施；

5 供暖系统形式；

6 室内供暖设备类型；

7 用户热分摊方式、室内温控装置；

8 已采取的节能措施等。

3.6.3 建筑物供暖节能改造检测应包括下列内容：

1 典型房间室内温度；

2 供暖系统水力失调情况；

3 用户热分摊仪表计量数据；

4 热力入口供、回水温度、循环水量，供水、回水压力；

5 热力入口热计量数据；

6 必要时对围护结构的传热系数进行检测等。

4 节能评估

4.1 一般规定

4.1.1 供热系统节能评估工作应包括现有供热系统主要运行指标的合格判定和总体评价、不合格指标的原因分析和节能改造建议，并应编写供热系统节能评估报告。

4.1.2 供热系统主要运行指标应包括主要能耗、主要设备能效、主要参数控制水平。

4.2 主要能耗

4.2.1 锅炉房单位供热量燃料消耗量的检测持续时间不宜小于48h，检测结果锅炉房单位供热量燃料消耗量应符合表4.2.1的规定，否则应判定检测结果不合格。锅炉房单位供热量燃料消耗量应按下式计算：

$$B_Q = \frac{G}{Q} \qquad (4.2.1)$$

式中：B_Q——锅炉房单位供热量燃料消耗量（燃煤：kgce/GJ；燃气：Nm^3/GJ；燃油：kg/GJ）；

G——检测期间燃料消耗量（燃煤：kgce；燃气：Nm^3；燃油：kg）；

Q——检测期间供热量（GJ）。

表 4.2.1 锅炉房单位供热量燃料消耗量

燃煤锅炉 (kgce/GJ)	燃气锅炉 (Nm^3/GJ)	燃油锅炉 (kg/GJ)
<48.7	<31.2	<26.5

4.2.2 锅炉房、热力站供暖建筑单位面积燃料消耗量、耗电量应符合下列规定：

1 供暖建筑单位面积燃料消耗量应符合表4.2.2-1的规定，否则应判定检测结果不合格。供暖建筑单位面积燃料消耗量应按下式计算：

$$B_A = \frac{G_0}{A} \qquad (4.2.2-1)$$

式中：B_A——供暖建筑单位面积燃料消耗量（燃煤：kgce/m²；燃气：Nm^3/m²；燃油：kg/m²）；

G_0——供暖期燃料消耗量（燃煤：kgce；燃气：Nm^3；燃油：kg）；

A——供暖建筑面积（m²）。

表 4.2.2-1 供暖建筑单位面积燃料消耗量

地　区	供暖建筑单位面积燃料消耗量			
	热电厂 (GJ/m²)	燃煤锅炉 (kgce/m²)	燃气锅炉 (Nm^3/m²)	燃油锅炉 (kg/m²)
寒冷地区（居住建筑）	0.25～0.38	12～18	8～12	7～10
严寒地区（居住建筑）	0.40～0.55	19～26	12～17	10～15

2 供暖建筑单位面积耗电量应符合表4.2.2-2的规定，否则应判定检测结果为不合格。供暖建筑单位面积耗电量应按下式计算：

$$E_A = \frac{E_0}{A} \qquad (4.2.2-2)$$

式中：E_A——供暖建筑单位面积耗电量（kWh/m²）；

E_0——供暖期耗电量（kWh）；

A——供暖建筑面积（m²）。

表 4.2.2-2 供暖建筑单位面积耗电量

地　区	供暖建筑单位面积耗电量 (kWh/m²)		
	燃煤锅炉房	燃气、燃油锅炉房	热力站
寒冷地区（居住建筑）	2.0～3.0	1.5～2.0	0.8～1.2
严寒地区（居住建筑）	2.5～3.7	1.8～2.5	1.0～1.5

4.2.3 供暖建筑单位面积耗热量应符合表4.2.3的

规定，否则应判定检测结果不合格。供暖建筑单位面积耗热量应按下式计算：

$$Q_{yA} = \frac{Q_{y0}}{A_y} \qquad (4.2.3)$$

式中：Q_{yA}——供暖建筑单位面积耗热量（GJ /m²）；
Q_{y0}——供暖期建筑物热力入口供热量（GJ）；
A_y——建筑物供暖建筑面积（m²）。

表 4.2.3　供暖建筑单位面积耗热量

地　　区	建筑物单位供暖建筑面积供暖期耗热量（GJ /m²）
寒冷地区（居住建筑）	0.23～0.35
严寒地区（居住建筑）	0.37～0.50

4.2.4 供热系统补水比、供暖建筑单位面积补水量应符合下列规定：

1 补水比的检测期持续时间不应小于 24h，补水比应符合表 4.2.4 的规定，否则应判定检测结果不合格。补水比应按下式计算：

$$W_V = \frac{W_d}{V} \qquad (4.2.4-1)$$

式中：W_V——补水比（%）；
W_d——检测期间日补水量（m³）；
V——供热系统水容量（m³）。

2 供暖期供暖建筑单位面积补水量应符合表 4.2.4 的规定，否则应判定检测结果不合格。供暖建筑单位面积补水量应按下式计算：

$$W_A = \frac{1000W_0}{A} \qquad (4.2.4-2)$$

式中：W_A——供暖建筑单位面积补水量（L/m² 或 kg/m²）；

W_0——供暖期供暖系统补水量（m³）；
A——供暖建筑面积（m²）。

表 4.2.4　补水比、供暖建筑单位面积补水量

地　区	补水比（%）		供暖期供暖建筑单位面积补水量 W_A（L/m² 或 kg/m²）	
	一级供热管网	二级供热管网	一级供热管网	二级供热管网
寒冷地区（居住建筑）	<1	<3	<15	<30
严寒地区（居住建筑）			<18	<35

4.3　主要设备能效

4.3.1 锅炉运行热效率、灰渣可燃物含量、排烟温度、过量空气系数应符合下列规定：

1 锅炉运行热效率应符合表 4.3.1-1 的规定，否则应判定检测结果不合格。锅炉运行热效率按下式计算：

$$\eta_g = \frac{Q_g}{q_{gc} \times G_g} \qquad (4.3.1)$$

式中：η_g——锅炉运行热效率（%）；
Q_g——检测期间锅炉供热量（GJ）；
q_{gc}——燃料低位发热量（燃煤：GJ/kgce；燃气：GJ/Nm³；燃油：GJ/kg）；
G_g——检测期间锅炉燃料输入量（燃煤：kgce；燃气：Nm³；燃油：kg）。

2 锅炉运行灰渣可燃物含量、排烟温度、过量空气系数应符合表 4.3.1-2 规定，否则应判定检测结果不合格。

表 4.3.1-1　锅炉运行热效率

额定蒸发量（t/h）或热功率（MW）	额定运行热效率（%）															
	燃煤层状燃烧								燃煤流化床燃烧					抛煤机链条炉		燃气、燃油锅炉
	烟煤			贫煤	无烟煤			褐煤	低质煤	烟煤			贫煤	褐煤	烟煤	贫煤	重油
																	燃气轻油
	Ⅰ	Ⅱ	Ⅲ		Ⅰ	Ⅱ	Ⅲ			Ⅰ	Ⅱ	Ⅲ			Ⅱ	Ⅲ	
1～2 或 0.7～1.4	73	76	78	75	70	68	72	74	—	73	76	78	75	76	—	—	87	89
2.1～8 或 1.5～5.6	75	78	80	76	71	70	75	76	74	78	81	82	80	81	80	82	79	88	90
8.1～20 或 5.7～14	76	79	82	78	74	73	77	78	76	79	82	83	81	82	80	82	79	89	91
21～40 或 15～29	78	81	83	80	77	75	80	81	78	80	83	84	82	83	81	83	80	90	92
>40 或 >29	80	82	84	81	78	76	81	82			83	85	83	84					
64MW～70MW 热水锅炉	—	83																	
116MW 热水锅炉	—	—	—	—	—	—	—	—		88									

注：燃气冷凝式热水锅炉的运行热效率应大于或等于 97%；燃气冷凝式蒸汽锅炉的运行热效率应大于或等于 95%。

表 4.3.1-2　锅炉运行灰渣可燃物含量、排烟温度、过量空气系数

额定蒸发量（t/h）或热功率（MW）	灰渣可燃物含量（%）									排烟温度（℃）						过量空气系数			
	低质煤	烟煤			贫煤	无烟煤			褐煤	无尾部受热				有尾部受热面蒸汽、热水锅炉		燃煤层燃		燃煤流化床	燃气燃油锅炉
		I	II	III		I	II	III		蒸汽锅炉		热水锅炉		煤	油、气	无尾部受热面	有尾部受热面		
										煤	油、气	煤	油、气						
1～2 或 0.7～1.4	20	18	18	16	18	18	21	18	18	<250	<230	<220	<200						
2.1～8 或 1.5～5.6	18	15	16	14	16	15	18	15	16					<180	<160	<1.65	<1.75	<1.50	<1.20
≥8.1 或 ≥5.7	14	12	13	11	13	12	15	12	14										
64MW～70MW 热水锅炉	—	—	9	—	—	—	—	—	—					<150					
116MW 热水锅炉	—	—	—	8	—	—	—	—	—					<130					

4.3.2　水泵运行效率小于额定工况效率的 90% 时，应判定检测结果不合格。水泵运行效率应按下式计算：

$$\eta_b = \frac{G_b \times H_b}{3.6 N_b} \times 100\% \tag{4.3.2-1}$$

$$H_b = H_2 - H_1 \tag{4.3.2-2}$$

式中：η_b——水泵运行效率（%）；

G_b——检测期间水泵循环流量（m³/h）；

H_b——检测期间水泵扬程（MPa）；

N_b——检测期间水泵输入轴功率（kW）；

H_2——水泵出口压力（MPa）；

H_1——水泵进口压力（MPa）。

4.3.3　换热设备换热性能、运行阻力应符合下列规定：

1　当换热性能小于额定工况的 90% 时，应判定检测结果不合格。换热性能应按下式计算：

$$kF = \frac{Q_1}{\Delta t_p \times \tau} \tag{4.3.3-1}$$

$$\Delta t_p = \frac{\Delta t_d - \Delta t_x}{\ln(\Delta t_d / \Delta t_x)} \tag{4.3.3-2}$$

式中：kF——换热设备换热性能（GJ/℃·h）；

Q_1——检测期间热力站输入热量（GJ）；

Δt_p——检测期间换热设备对数平均换热温差（℃）；

Δt_x——检测期间换热设备温差较小一端的介质温差（℃）；

Δt_d——检测期间换热设备温差较大一端的介质温差（℃）；

τ——检测持续时间（h）。

2　当换热设备热源侧、负荷侧运行阻力大于 0.1MPa 时，应判定检测结果不合格。运行阻力应按下式计算：

$$\Delta h = h_1 - h_2 \tag{4.3.3-3}$$

式中：Δh——换热设备热源侧、负荷侧阻力（MPa）；

h_2——检测期间换热设备出水压力（MPa）；

h_1——检测期间换热设备进水压力（MPa）。

4.3.4　供热管网输送效率应符合下列规定：

1　当一级供热管网输送效率小于 95% 时，应判定检测结果不合格。一级供热管网输送效率应按下式计算：

$$\eta_1 = \frac{\Sigma Q_1}{Q} \times 100\% \tag{4.3.4-1}$$

式中：η_1——一级供热管网输送效率（%）；

ΣQ_1——检测期间各热力站输入热量之和（GJ）；

Q——检测期间热电厂首站或区域锅炉房输出热量（GJ）。

2　当二级供热管网输送效率小于 92% 时，应判定检测结果不合格。二级供热管网输送效率应按下式计算：

$$\eta_2 = \frac{\Sigma Q_y}{Q_2} \times 100\% \tag{4.3.4-2}$$

式中：η_2——二级供热管网输送效率（%）；

ΣQ_y——检测期间各用户供热量之和（GJ）；

Q_2——检测期间热力站输出热量（GJ）。

4.3.5　当供热管网沿程温降不满足表 4.3.5 的规定时，应判定检测结果不合格。供热管网沿程温降应按下式计算：

$$\Delta t_L = \frac{t_{L1} - t_{L2}}{L} \tag{4.3.5}$$

式中：Δt_L——供热管网沿程温降（℃/km）；

t_{L1}——供热管网检测段首端供热介质温度（℃）；

t_{L2}——供热管网检测段末端供热介质温度（℃）；

L——供热管网检测段长度（km）。

表 4.3.5　供热管网沿程温降

敷设方式	供热管网沿程温降（℃/km）	
	热水管道	蒸汽管道
地下敷设	≤0.1	≤1.0
地上敷设	≤0.2	

4.4 主要参数控制

4.4.1 供热管网的供水温度及供水、回水温差应符合下列规定：

1 当一级供热管网的供水温度高于供热调节曲线设定的温度或供水、回水温差小于设计温差的80%时，应判定检测结果不合格。供水、回水温差应按下式计算：

$$\Delta T = T_1 - T_2 \qquad (4.4.1-1)$$

式中：ΔT——一级供热管网供水、回水温差（℃）；

T_1——一级供热管网供水温度（℃）；

T_2——一级供热管网回水温度（℃）。

2 当二级供热管网的供水温度高于供热调节曲线设定的温度或供水、回水温差不在10℃～15℃的范围内，应判定检测结果不合格。供水、回水温差应按下式计算：

$$\Delta t = t_1 - t_2 \qquad (4.4.1-2)$$

式中：Δt——二级供热管网供水、回水温差（℃）；

t_1——二级供热管网供水温度（℃）；

t_2——二级供热管网回水温度（℃）。

4.4.2 供热管网的流量比、水力平衡度应符合下列规定：

1 当流量比小于0.9或大于1.2时，应判定检测结果不合格。流量比应按下式计算：

$$n = \frac{g_y}{g_{yj}} \qquad (4.4.2-1)$$

式中：n——建筑物热力入口处检测循环水量与设计循环水量的比值；

g_y——建筑物热力入口处检测循环水量（m³/h）；

g_{yj}——建筑物热力入口处设计循环水量（m³/h）。

2 水力平衡度大于1.33时，应判定检测结果不合格。水力平衡度应按下式计算：

$$n_0 = \frac{n_{max}}{n_{min}} \qquad (4.4.2-2)$$

式中：n_0——水力平衡度；

n_{max}——各建筑物热力入口流量比的最大值；

n_{min}——各建筑物热力入口流量比的最小值。

4.4.3 供暖建筑室内温度、围护结构内表面温度应符合下列规定：

1 室内温度应满足下列公式：

$$t_{ymin} \geq t_j - 2 \qquad (4.4.3-1)$$

$$t_{ymax} \leq t_j + 1 \qquad (4.4.3-2)$$

式中：t_{ymin}——建筑物室内最低温度（℃）；

t_{ymax}——建筑物室内最高温度（℃）；

t_j——建筑物室内设计温度（℃）。

2 围护结构内表面温度应满足下式：

$$t_n \geq t_1 \qquad (4.4.3-3)$$

式中：t_n——建筑物围护结构内表面温度（℃）；

t_1——建筑物室内温度的露点温度（℃）。

4.5 节能评估报告

4.5.1 供热系统节能评估报告应包括下列主要内容：

1 现有供热系统概述；

2 现有供热系统主要能耗、主要设备能效、主要参数控制水平指标的评估及结论；

3 不合格指标的原因分析；

4 现有供热系统总体评价；

5 节能改造可行性分析及建议；

6 预期节能改造效果。

4.5.2 现有供热系统概述应根据收集、查阅的有关技术资料及到现场查勘的情况编写。

4.5.3 现有供热系统主要能耗、主要设备能效、主要参数控制水平的评估应根据本规范第3章检测所获得的数据，按本规范第4.2～4.4节的规定进行定性评估。

4.5.4 对现有供热系统主要能耗、主要设备能效、主要参数控制水平的不合格指标应进行综合分析，并应提出造成指标不合格的主要因素。

4.5.5 现有供热系统总体评价应提出存在的问题及产生原因，并应拟定节能改造的项目。

4.5.6 节能改造可行性分析及建议应包括下列主要内容：

1 可行性分析应按拟定的节能改造的项目，根据现有供热系统的实际情况、节能改造的投资及节能收益等因素，逐一进行经济技术分析，提出需要进行节能改造的项目。

2 对需要进行节能改造的项目，应提出节能改造建议，并应符合下列规定：

　1) 节能改造建议应明确改造的主要内容、参数控制指标、节能潜力分析；

　2) 各节能改造项目的实施顺序，验收合格要求等。

4.5.7 预期节能改造效果应计算节能率及投资回收期。

5 节 能 改 造

5.1 一 般 规 定

5.1.1 供热系统节能改造内容应包括供热热源、热力站、供热管网及建筑物内供暖系统。

5.1.2 供热系统节能改造方案应根据节能评估报告制定，并应符合国家现行标准《严寒和寒冷地区居住建筑节能设计标准》JGJ 26、《城镇供热系统节能技术规范》CJJ/T 185、《锅炉房设计规范》GB 50041、《城镇供热管网设计规范》CJJ 34及《供热计量技术规程》JGJ 173 的规定。节能改造方案应包括下列内容：

1 技术方案文件，并应包括项目概述、节能评估报告简述、方案论证及设备选型、节能效果预测、经济效益分析等；

2 设计图；

3 设计计算书。

5.1.3 供热系统节能改造工程不得使用国家明令禁止或限制使用的设备、材料。

5.1.4 供热面积大于 100 万 m^2 或热力站数量大于 10 个的供热系统，宜设置供热集中监控系统，并应符合本规范附录 A 的规定。

5.1.5 热电厂首站、锅炉房总出口、热力站一次侧应安装热计量装置。

5.1.6 建筑物热力入口应设置楼前热量表。

5.1.7 项目改造单位应组织专家对节能改造方案进行评审。

5.2 热电厂首站

5.2.1 热电厂首站应具备供热量自动调节功能。

5.2.2 热电厂首站出口的循环水泵应设置调速装置。

5.2.3 一个供热区域有多个热源时，宜将多个热源联网运行。

5.2.4 以供暖负荷为主的蒸汽供热系统，宜改造为高温水供热系统。

5.2.5 小型热电机组供热可采用热电厂低真空循环水供热。

5.2.6 大型热电机组供热可采用基于吸收式换热技术的热电联产。

5.2.7 热电联产供热系统宜全年为用户提供生活热水。

5.3 区域锅炉房

5.3.1 锅炉房应设置燃料计量装置。燃煤锅炉应实现整车过磅计量，同时宜设置皮带计量、分炉计量，应满足场前、带前、炉前三级计量；燃气（油）锅炉的燃气（油）量应安装连续计量装置，并应实现分炉计量。

5.3.2 燃煤锅炉房有三台以上锅炉或单台锅炉容量大于或等于 7MW（或 10t/h）、燃气（油）锅炉房有两台以上锅炉同时运行时，应设置锅炉房集中监控系统，宜由不间断电源供电，并应符合本规范附录 B 的规定。

5.3.3 链条炉排的燃煤锅炉宜采用分层、分行给煤燃烧技术。

5.3.4 燃气（油）锅炉房应根据供热系统的调节模式、锅炉燃烧控制方式采用气候补偿系统，气候补偿系统应符合本规范附录 C 的规定。

5.3.5 炉排给煤系统宜设调速装置，锅炉鼓风机、引风机应设调速装置。鼓风机、引风机的运行效率应符合现行国家标准《通风机能效限定值及能效等级》GB 19761 的有关规定。

5.3.6 当 1.4MW 以上燃气（油）锅炉燃烧机为单级火调节时，宜改造为多级分段式或比例式燃烧机。

5.3.7 燃气（油）锅炉排烟温度和运行热效率不符合本规范表 4.3.1-1、表 4.3.1-2 的规定时，宜设置烟气冷凝回收装置。烟气冷凝回收装置应满足耐腐蚀和锅炉系统寿命要求，并应使锅炉系统在原动力下安全运行。烟气冷凝回收装置的设置及选型应符合本规范附录 D 的规定。

5.3.8 当供热锅炉的运行效率不符合本规范表 4.3.1-1 的规定，且锅炉改造或更换的静态投资回收期小于或等于 8 年时，宜进行相应的改造或更换。

5.3.9 同一锅炉房向不同热需求用户供热时应采用分时分区控制系统，分时分区控制系统应符合本规范附录 E 的规定。

5.3.10 当供热系统由一个区域锅炉房和多个热力站组成，且供热负荷比较稳定时，宜采取分布式变频水泵系统。

5.3.11 锅炉房直供系统应按下列要求进行节能改造：

1 当各主要支路阻力差异较大时，宜改造成二级泵系统；

2 当锅炉出口温度与室内供暖系统末端设计参数不一致时，应改成混水供热系统或局部间接供热系统；

3 当供热范围较大，水力失调严重时，应改造成锅炉房间接或直供间供混合供热系统。

5.3.12 循环水泵的选用应符合下列规定：

1 变流量和热计量的系统其循环水泵应设置变频调速装置；循环水泵进行变频改造时，应在工频工况下检测循环水泵的效率；

2 循环水泵改造为大小泵配置时，大、小循环水泵的流量宜根据初期、严寒期、末期负荷变化的规律确定；

3 当锅炉房的循环水泵并联运行台数大于 3 台时，宜减少水泵台数。

5.3.13 换热器、分集水器等大型设备应进行外壳保温。

5.3.14 锅炉房内的水系统应进行阻力平衡优化。

5.3.15 当锅炉房的供配电系统功率因数低于 0.9 或动力设备无用电分项计量回路时，应进行节能改造。

5.3.16 当锅炉房的锅水、给水不符合现行国家标准《工业锅炉水质》GB/T 1576 的规定时，应对设施进行改造。

5.3.17 开式凝结水回收系统应改造为闭式凝结水回收系统。

5.4 热 力 站

5.4.1 热力站循环水泵应设置变频调速装置。

5.4.2 热力站应采用气候补偿系统或设置其他供热量自动控制装置。

5.4.3 热力站水系统应进行阻力平衡优化。

5.4.4 热力站应对热量、循环水量、补水量、供回水温度、室外温度、供回水压力、电量及水泵的运行状态进行实时监测。

5.4.5 当二次侧的循环水、补水水质不符合现行行业标准《城镇供热管网设计规范》CJJ 34 的规定时，应对水处理设施进行改造。

5.4.6 热力站换热器宜选用板式换热器。

5.4.7 开式凝结水回收系统应改造为闭式凝结水回收系统。

5.5 供 热 管 网

5.5.1 当供热管网输送效率不符合本规范第4.3.4条的规定时，应根据管网保温效果、非正常失水控制及水力平衡度三方面的查勘结果进行节能改造。

5.5.2 当系统补水量不符合本规范表4.2.4的规定时，应根据查勘结果分析失水原因，并进行节能改造。

5.5.3 当供热管网的水力平衡度不符合本规范第4.4.2条的规定时，应进行管网水力平衡调节和管网水力平衡优化，管网水力平衡优化应符合本规范附录F的规定。

5.5.4 当供热管网进行更新改造时，应按现行行业标准《城镇供热系统节能技术规范》CJJ/T 185 和《城镇供热管网设计规范》CJJ 34 的规定执行。

5.5.5 供热系统的中继泵站水泵的节能改造应符合本规范第5.3.12条的规定。

5.5.6 根据检测结果，在一级供热管网、热力站、二级供热管网、热力入口处应安装水力平衡装置。

5.5.7 供热管网宜采用直埋敷设方式。

5.6 建筑物供暖系统

5.6.1 室内供暖系统应设置用户分室（户）温度调节、控制装置及分户热计量的装置或设施。

5.6.2 住宅室内供暖系统热计量改造应符合现行行业标准《供热计量技术规程》JGJ 173 的有关规定。

5.6.3 室内供暖系统应在建筑物内安装供热计量数据采集和远传系统，楼栋热量表、分户计量装置、室温监测装置等的数据采集应在本地存储，并应定期远传至热计量集控平台。

5.6.4 室内垂直单管顺流式供暖系统应改为垂直单管跨越式或垂直双管式系统。

5.6.5 室内供暖系统进行节能改造时，应对散热器配置、水力平衡进行复核验算。

5.6.6 楼栋内由多个环路组成的供暖系统中，应根据水力平衡的要求，安装水力平衡装置。

5.6.7 楼栋热力入口可采用混水技术进行节能改造。

5.6.8 供暖系统宜安装用户室温监测系统。

6 施工及验收

6.1 一 般 规 定

6.1.1 供热系统节能改造施工应由具有相应资质的单位承担。

6.1.2 工程施工应按设计文件进行，修改设计或更换材料应经原设计部门同意，并应有设计变更手续。

6.1.3 供热系统节能改造施工及验收应符合国家现行标准《锅炉安装工程施工及验收规范》GB 50273、《城镇供热管网工程施工及验收规范》CJJ 28 及《建筑节能工程施工质量验收规范》GB 50411 的有关规定。

6.1.4 供热系统节能改造安装调试不应降低原系统及设备的安全性能。

6.2 自动化仪表安装调试

6.2.1 供热系统自动化仪表工程施工及验收应符合现行国家标准《自动化仪表工程施工及质量验收规范》GB 50093 及本规范附录 A 的规定。

6.2.2 供热系统自动化仪表工程安装完毕后，应进行单机试运行、调试及联合试运行、调试。

6.2.3 自动化仪表工程的调试应按产品的技术文件和节能改造设计文件进行。

6.2.4 供热系统调节控制装置的节能测试应在室内温控调节装置验收合格、系统水力平衡调节符合要求后进行。

6.3 烟气冷凝回收装置安装调试

6.3.1 烟气冷凝回收装置的安装应符合下列规定：

　　1 烟气冷凝回收装置及被加热水系统应进行保温；

　　2 烟气流向、被加热水流向应有标识；

　　3 烟气进出口均应设置温度、压力测量装置；

　　4 被加热水进出口均应设置温度及压力测量装置，并宜设置热计量装置或热水流量计。

6.3.2 烟气冷凝回收装置调试应按下列步骤进行：

　　1 烟气侧应进行吹扫，水侧应进行冲洗，水、气管道应畅通；

　　2 被加热水系统充水后应进行冷态循环，每台烟气冷凝回收装置的被加热水量应达到最低安全值；

　　3 应进行热态调试，锅炉和被加热水系统的连锁控制应运行正常；启炉时，应先开启被加热水系统，后启动锅炉；停炉时，应先停炉，待烟温降低后，再停止被加热水系统；

4 进行单机调试时，应校核烟道阻力和背压、调节燃烧器、控制燃气和空气的比例、测试烟气成分。烟气余热回收装置对锅炉燃烧系统、烟风系统影响应降到最小；

5 单机试运行及调试后，应进行联合试运行及调试，并应达到设计要求。

6.3.3 烟气冷凝回收装置的节能测试应分别在供热系统正常运行后的供暖初期、供暖末期及严寒期进行。测试时锅炉实际运行负荷率不应小于85%，每期测试次数不应少于2次，每次连续测试时间不应少于2h，取2次测试值平均值，节能测试数据按表D.0.5填写。对于设有辅机动力的烟气冷凝回收装置，计算节能率时应将辅机能耗计入输入值。

6.4 水力平衡装置安装调试

6.4.1 水力平衡装置的安装位置、预留空间应符合产品说明书要求。

6.4.2 与水力平衡装置配套的过滤器、压力表等辅助元件的安装应符合设计要求。

6.4.3 供热系统水力平衡调试的结果应符合本规范第4.4.2条的规定。

6.5 热计量装置安装调试

6.5.1 热计量装置应在系统清洗完成后安装。

6.5.2 热量表的安装应符合下列规定：

1 热量表的前后直管段长度应符合热量表产品说明书的要求；

2 热量表应根据设计要求水平或垂直安装，热量表流向标识应与介质的流动方向一致；

3 热量表与两端连接管应同轴，且不得强行组对；

4 热量表的流量传感器应安装在供水管或回水管上，高低温传感器应安装在对应的管道上；

5 当温度传感器插入护套时，探头应处于管道中心位置；

6 热量表时钟应设定准确；

7 热量表数据储存应能满足当地供暖期供暖天数的日供热量的储存要求，宜具备功能扩展的能力及数据远传功能；

8 热量表安装后应对影响计量性能的可拆卸部件进行封印保护。

6.5.3 热计量装置的工作环境应与其性能相互适应，当环境不能满足要求时，应采取保护措施。

6.5.4 热计量装置采用外接电源或连网通信时，应按照产品说明书的要求进行外部接线，并应采用屏蔽电缆线和接地等保护措施，对雷击多发区，应有防雷击措施。

6.6 竣 工 验 收

6.6.1 节能改造后，系统应实现供热系统自动调节和节能运行，并应符合下列规定：

1 锅炉房、热力站应能按用户负荷变化自动调节供热量；

2 热用户应能根据需求调节用热量，室温应能主动调节和自动控制。

6.6.2 节能改造后，系统应能实现供热计量，并应符合下列规定：

1 锅炉房、热力站应能实现供热量计量；

2 楼栋、热力入口应能实现热量计量；

3 居住建筑应能实现分户计量；

4 热量计量、分户计量宜具备数据远传功能。

6.6.3 工程竣工后，应对技术资料进行归档，并应包括下列文件：

1 方案的论证文件及有关批复文件；

2 设计文件；

3 所采用的设备材料的合格证明文件、性能检测报告；

4 工程验收检测报告等；

5 竣工验收文件。

7 节能改造效果评价

7.0.1 节能改造工程完成后应对实际达到的节能效果进行跟踪分析和进行能效评价，并应出具节能改造效果评价报告。

7.0.2 节能改造效果评价报告应包括下列内容：

1 节能改造设备运行情况及设备维修保养制度；

2 供热质量和调节控制水平；

3 供热系统的运行效率和能耗指标及其与改造前的对比分析等。

7.0.3 供热系统的供热质量、运行效率、调控水平应达到节能评估报告和节能改造方案的要求。

7.0.4 供热系统的能耗测试应包括供热锅炉效率、循环水泵运行效率、补水比、单位面积补水量、供热管网的输送效率、水力平衡度、建筑物室内温度等。

7.0.5 能耗评价应包括下列主要指标：

1 供暖期年燃料（标准煤、燃气、燃油）、热量、水量、电量总消耗量；

2 单位供热量的燃料（标准煤、燃气、燃油）、水量、电量消耗量；

3 单位供暖建筑面积的燃料（标准煤、燃气、燃油）、热量、水量、电量消耗量。

7.0.6 节能改造后应通过对热源能耗进行计量和对系统测试分析核算节能率，并应进行总体改造效果分析，与改造方案进行比较。

7.0.7 供热系统节能改造工程完成后，应在资金回收周期内每年对节能率进行复核，当不能达到预期的节能效果或存在其他问题时，应及时采取补救措施。

附录 A　供热集中监控系统

A.1　系统结构及控制参数

A.1.1　供热集中监控系统应包括锅炉房集中控制系统、热力站控制系统、热电厂首站控制系统和中继泵站控制系统（图 A.1.1）。

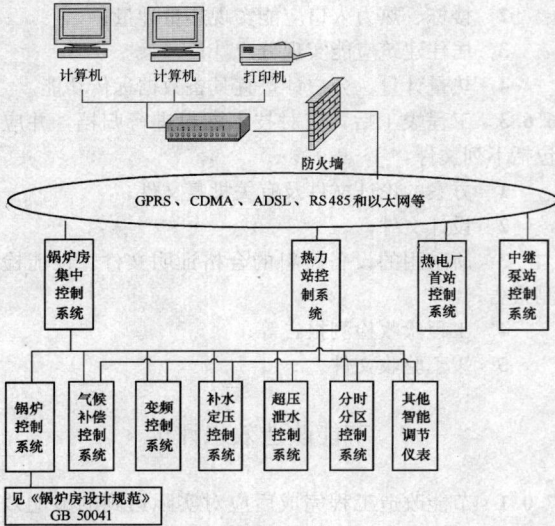

图 A.1.1　供热集中监控系统结构示意

A.1.2　锅炉系统控制参数应包括下列内容：

1　锅炉进、出口水温和水压；

2　锅炉循环水流量；

3　风、烟系统各段压力、温度和排烟污染物浓度；具体监控参数包括排烟温度、排烟含氧量、炉膛出口烟气温度、对流受热面进、出口烟气温度、省煤器出口烟气温度、湿式除尘器出口烟气温度、空气预热器出口热风温度、炉膛烟气压力、对流受热面进、出口烟气压力、省煤器出口烟气压力、空气预热器出口烟气压力、除尘器出口烟气压力、一次风压及风室风压、二次风压、给水调节阀开度、给煤（粉）机转速、鼓、引风进出口挡板开度或调速风机转速等；

4　耗煤量计量、耗油量计量或耗气量计量；

5　锅炉水循环系统总进出口温度、压力；

6　循环水泵变频频率反馈与控制；

7　自动补水变频频率反馈与控制和补水箱水位；

8　自动电磁泄压阀状态与控制；

9　各支路供水、回水温度和压力；

10　鼓、引风进出口挡板开度或调速风机转速；

11　炉膛温度、压力、含氧量及锅炉启停状态；

12　超温、超压或低温、低压、低水位报警。

A.1.3　热力站系统控制参数应包括下列内容：

1　一、二级网供水、回水温度、压力；

2　一、二级网的热量（流量）以及室内外温度；

3　循环泵的启停状态与控制、频率反馈与控制；

4　自动补水变频，频率的反馈与控制；

5　热量监测与控制，一级网电动阀门的开度反馈与控制；

6　自动泄压保护；

7　超温、超压或低温、低压、低水位报警等。

A.1.4　分时分区系统控制参数应包括下列内容：

1　楼前供水、回水温度、室内温度；

2　电动调节阀或变速泵的状态与控制。

A.2　系统功能

A.2.1　集中监控系统应具备下列主要功能：

1　实时检测供热系统运行参数功能；

2　自动调节水力工况功能；

3　调控热源供热量功能；

4　诊断系统故障功能；

5　建立运行档案功能。

A.2.2　监控中心软件应具备下列主要功能：

1　监测显示功能；

2　控制功能；

3　报警功能；

4　数据库管理及报表功能；

5　统计分析功能；

6　远程传输和访问功能；

7　数据交换功能。

A.2.3　现场控制系统应具备下列主要功能：

1　参数测量功能；

2　数据存储功能；

3　自我诊断、自恢复功能；

4　日历、时钟和密码保护功能；

5　现场显示、人机界面操作功能；

6　气候补偿、分时分区、水泵变频调节等控制功能；

7　在主动或被动方式下与监控中心进行数据通信功能，通信系统可以根据现场实际情况进行选择，对于有远程监控内容的系统宜选择已有的 GPRS、CDMA 或 ADSL 等公共通信网络；

8　故障报警、故障停机功能。

A.2.4　现场控制系统的报警功能应符合下列规定：

1　控制器应支持数据报警和故障报警；

2　故障和报警记录应自动保存，掉电不应丢失；

3　发生报警时，控制器显示屏上应有报警显示，并应在控制柜内有声、光报警。

A.3　硬件设备配置

A.3.1　监控中心设备配置应符合下列规定：

1 监控中心应包括服务器、操作员站、工程师站、不间断电源、交换机、路由器等;

2 系统应配置不少于 30min 的不间断电源。

A.3.2 现场控制器配置应符合下列规定:

1 应具有数据采集、控制调节和参数设置功能;

2 应具有人机界面、系统组态、图形显示功能;

3 应具有串口、RJ45 接口,并应具有能与监控中心数据双向通信功能,通信方式可采用以太网、ADSL 宽带以及无线通信等;

4 应具有日历时钟的功能;

5 应具有自动诊断、故障报警功能;

6 应具有掉电自动恢复,且不丢失数据功能;

7 应具有数据存储、数据运算和数据过滤功能;

8 控制器的输入输出应采用光电隔离或继电器隔离,隔离电压应大于或等于 1000V;

9 控制器宜为模块化结构,输入输出模块应备可扩展功能;

10 控制器可通过相关的通信方式向上位机报警直至收到确认信息,内容应包括超温、超压、液位高低以及停电等信息;

11 宜具备 Web 访问远程维护功能,可授权用户在任何地方通过有线或无线等方式了解控制器运行情况;

12 控制器环境应符合下列规定:

1) 防护等级不应低于 IP20;

2) 存储温度范围应为 −10℃～70℃;

3) 运行温度范围应为 0℃～40℃;

4) 相对湿度范围应为 5%～90%(无结露)。

A.3.3 温度传感器/变送器应符合下列规定:

1 测量误差应为 ±1℃,准确度等级不应低于 B 级;

2 管道内温度传感器热响应时间不应大于 25s,室外或室内安装热响应时间不应大于 150s;

3 防护等级不应低于 IP65;

4 温度传感器应能在线拆装。

A.3.4 压力变送器应符合下列规定:

1 压力测量范围应满足被测参数设计要求;传感器测量误差范围应为 ±0.5%;

2 过载能力不应低于标准量程的 2.5 倍;

3 稳定性应满足 12 个月漂移量范围为 URL 的 ±0.1%;

4 防护等级不应低于 IP54。

A.3.5 热量表及流量计应符合下列规定:

1 热量表应符合现行行业标准《热量表》CJ 128 的有关规定;

2 流量计准确度不应低于 2 级;

3 流量计和热量表应具有标准信号输出或具有标准通信接口并采用标准通信协议。

A.3.6 温度计及压力表应符合下列规定:

1 温度计准确度等级不应低于 1.5 级,压力表准确度等级不应低于 2 级;

2 温度计及压力表应按被测参数的误差要求和量程范围选用,最高测量值不应超过仪表上限量程值的 70%。

A.3.7 电动调节阀及执行器配置应符合下列规定:

1 调节阀应具有对数流量特性或线性流量特性,电压等级宜为交流或直流 24V;

2 电动调节阀应具有手动调节装置;

3 电动调节阀应按系统的介质类型、温度和压力等级选定阀体材料;

4 阀门可调比率不应低于 30%,当不能满足要求时应采用多阀并联;

5 电动调节阀在调节过程中的阀权度不应低于 0.3,且不得发生汽蚀现象;

6 蒸汽系统中使用的电动调节阀应具有断电自动复位关闭的功能;

7 外壳防护等级不应低于 IP54;

8 电动调节阀应具有阀位反馈功能。

A.3.8 变频器配置应符合下列规定:

1 变频器应符合现行国家标准《调速电气传动系统 第 2 部分:一般要求低压交流变频电气传动系统额定值的规定》GB/T 12668.2 的有关规定;

2 变频器应满足电机容量和负载特性的要求;

3 变频器宜配置进线谐波滤波器,谐波电压畸变率应符合现行国家标准《电能质量 公用电网谐波》GB/T 14549 的有关规定;

4 变频器的额定值应符合下列要求:

1) 功率因数 cosφ 应大于 0.95;

2) 频率控制范围应为 0 Hz～50Hz;

3) 频率精度应为 0.5%;

4) 过载能力应为 110%、最小 60s;

5) 防护等级不应低于 IP20;

5 变频器应有下列保护功能:

1) 过载保护;

2) 过压保护;

3) 瞬间停电保护;

4) 输出短路保护;

5) 欠电压保护;

6) 接地故障保护;

7) 过电流保护;

8) 内部温升保护;

9) 缺相保护;

6 变频器应具有模拟量及数字量的输入输出(I/O)信号,所有模拟量信号应为国际标准信号;

7 操作面板应有下列功能:

1) 变频器的启动、停止;

2) 变频器参数的设定控制;

3) 显示设定点和参数;

4) 显示故障并报警；

5) 变频器前的操作面板上应设有文字说明。

A.3.9 现场控制柜体配置应符合下列规定：

1 控制柜应符合现行国家标准《低压成套开关设备和控制设备 第 1 部分：型式试验和部分型式试验成套设备》GB 7251.1～《低压成套开关设备和控制设备 第 4 部分：对建筑工地用成套设备（ACS）的特殊要求》GB 7251.4 和《外壳防护等级（IP 代码）》GB 4208 的有关规定；

2 柜体防护等级不得低于 IP41；

3 绝缘电压不应小于 1000V；

4 防尘应采用正压风扇和过滤层；

5 对于装有变频的现场控制柜，柜门上应设置可调节各种参数变频调速用旋钮，并应安装有电压表、电流表、电机启停/急停控制按钮、信号灯、故障报警灯、电源工作指示灯等；

6 根据工艺要求应具备本柜控制、机旁就地控制、计算机控制多地控制选择功能，并应具备无源开关量外传监控信号；电源、电机启停/急停、故障报警信号触头容量不应小于 5A；

7 柜内宜设置散热与检修照明、门控照明灯、联控排风扇等；

8 在环境温度 0℃～30℃，相对湿度 90% 的条件下应能正常工作。

A.4 供热系统自动化仪表工程安装

A.4.1 现场控制柜安装应符合下列规定：

1 应符合现行国家标准《低压成套开关设备和控制设备 第 1 部分：型式试验和部分型式试验成套设备》GB 7251.1 和《低压成套开关设备和控制设备 第 4 部分：对建筑工地用成套设备（ACS）的特殊要求》GB 7251.4 的有关规定；

2 控制柜应远离高温热源、远离强电柜和强电电缆；

3 控制柜应远离易燃易爆物品，当受条件限制安装在易燃易爆环境中时，控制元件应加装防爆隔离装置；

4 安装位置应通风良好；

5 现场控制柜内强电弱电系统应独立设置，并且应有良好的接地。

A.4.2 电缆安装应符合下列规定：

1 电缆应符合现行国家标准《额定电压 1kV（Um＝1.2kV）到 35kV（Um＝40.5kV）挤包绝缘电力电缆及附件 第 1 部分：额定电压 1kV（Um＝1.2kV）和 3kV（Um＝3.6kV）电缆》GB/T 12706.1 和《额定电压 1kV（Um＝1.2kV）到 35kV（Um＝40.5kV）挤包绝缘电力电缆及附件 第 3 部分：额定电压 35kV（Um＝40.5kV）电缆》GB/T 12706.3 的有关规定；

2 信号线应采用屏蔽电缆；

3 强电线和弱电线应安装在不同的线槽内；

4 信号线应采用屏蔽线，单独穿管或布于走线槽内；

5 电缆接线应符合现行国家标准《电力电缆导体用压接型铜、铝接线端子和连接管》GB/T 14315 的有关规定；控制电缆端子板应设置防松件，并应采用格栅分开不同电压等级的端子；电缆端子部应有明显的相序标记、接线编号，电线和电缆线应进行分色，控制柜内部元器件的接线应采用双回头线压接，控制柜内塑铜线不得有裸露部分。

A.4.3 仪表设备安装应符合下列规定：

1 温度传感器/变送器：

1) 室外温度传感器应安装于室外靠北侧、远离热源、通风良好，防雨、没有阳光照射到的位置；

2) 温度传感器准确度等级不应低于 0.5 级；

3) 管道内安装的温度传感器热响应时间不应大于 25s，室外或室内安装的温度传感器热响应时间不应大于 150s；

4) 防护等级不应低于 IP65；

5) 除产品本身配置不允许拆装外，温度传感器应能在线拆装；

6) 室内温度传感器应安装于通风情况好、远离热源、没有阳光直射的位置。

2 当热计量装置和流量计的安装没有特别说明时，上游侧直管段长度应大于或等于 5 倍管径，下游侧直管段长度应大于或等于 2 倍管径；

3 压力变送器：

1) 压力测量范围应满足被测参数设计要求，最高测量值不应大于设计量程的 70%，传感器测量准确度等级不应低于 0.5 级；

2) 过载能力不应低于标准量程的 2.5 倍；

3) 12 个月漂移量应为 URL 的 ±0.1%；

4) 防护等级不应低于 IP65。

附录 B 锅炉房集中监控系统

B.1 系统结构及功能

B.1.1 燃煤锅炉房监控系统包括燃烧控制、上煤除渣控制等（图 B.1.1）。

B.1.2 锅炉房集中监控系统包括多台锅炉群控、水系统监控等（图 B.1.2）。

B.1.3 锅炉房集中监控应具有下列功能：

1 燃煤锅炉鼓风机、引风机、炉排应设置变频装置，应实现电气连锁，并应能按供热量自动调节风煤比；

2 当间接连接的供热系统多台锅炉并联运行时，

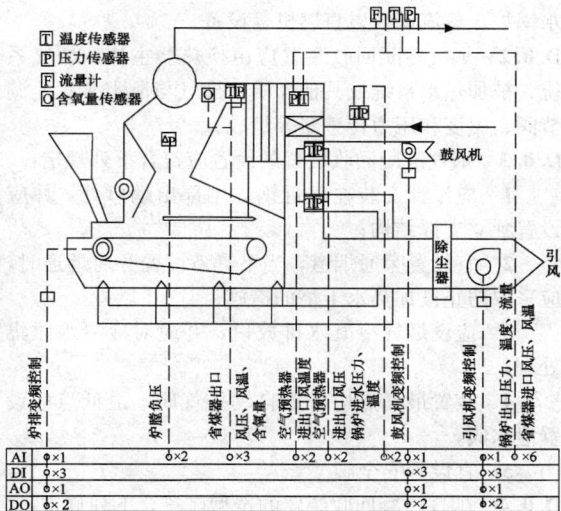

图 B.1.1　燃煤锅炉本体监控系统流程示意图

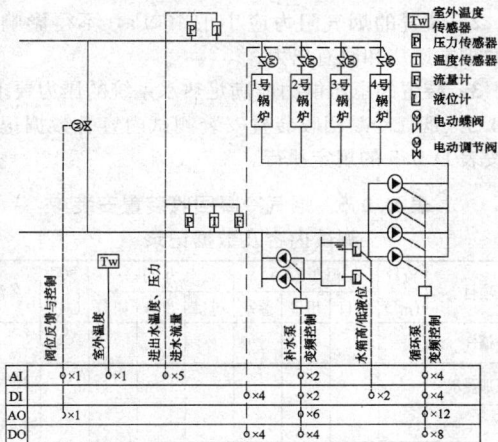

图 B.1.2　锅炉房集中监控系统流程示意图

应能自动关闭不运行的锅炉水系统；

　　3　应能对系统的供水温度实现室外气候补偿控制；

　　4　应能提供不同的供水温度，实现分时分区控制；

　　5　燃气（油）锅炉控制宜具有分档调节或比例调节功能；

　　6　应能实现系统定压补水功能；

　　7　应能实现适合供热系统特点的循环水流量调节。

B.2　硬件设备配置

B.2.1　监控中心设备配置应包括服务器、操作员站、工程师站、不间断电源、交换机、路由器等。

B.2.2　现场设备配置应包括控制柜、通信设备、各种传感器和变送器、执行器和变频器、电动阀、电磁阀等。

附录C　气候补偿系统

C.0.1　气候补偿系统可用于锅炉房、热力站、楼栋热力入口等。

C.0.2　锅炉房气候补偿系统可用于混水系统（图C.0.2-1）和燃烧机控制（图C.0.2-2）。

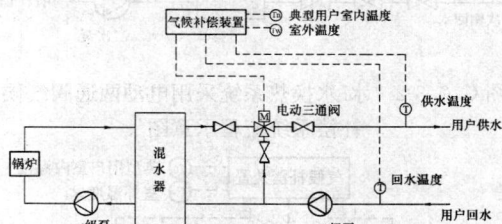

图 C.0.2-1　锅炉房混水器气候补偿系统流程示意图

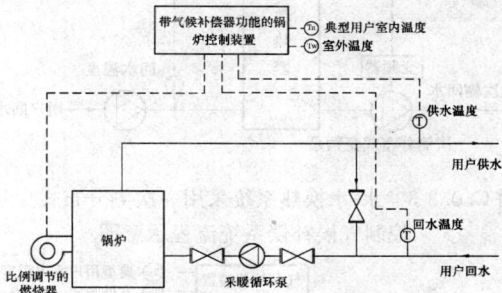

图 C.0.2-2　锅炉房燃烧机控制气候补偿系统流程示意图

C.0.3　热力站气候补偿系统可用于水-水换热系统三通阀门方式（图C.0.3-1）、水-水换热系统两通阀门控制方式（图C.0.3-2）、水-水换热系统一次侧分布式变频方式（图C.0.3-3）和汽-水换热方式（图C.0.3-4）。

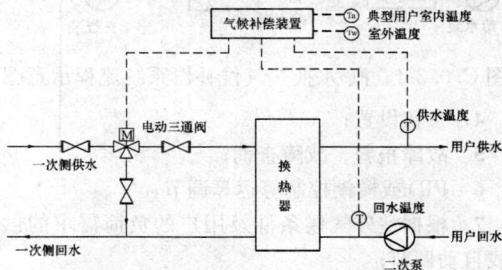

图 C.0.3-1　水-水换热系统采用电动三通分流阀气候补偿系统流程示意图

C.0.4　气候补偿系统应具有下列功能：

　　1　人机对话、图文显示；

　　2　室外温度、供水温度、回水温度等数据采集；

　　3　手动和自动切换；

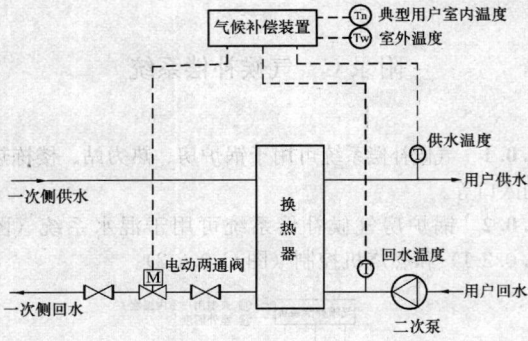

图 C.0.3-2 水-水换热系统采用电动两通阀气候
补偿系统流程示意图

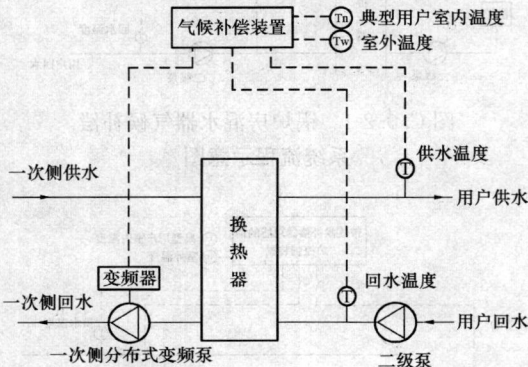

图 C.0.3-3 水-水换热系统采用一次侧分布式变频
控制气候补偿系统流程示意图

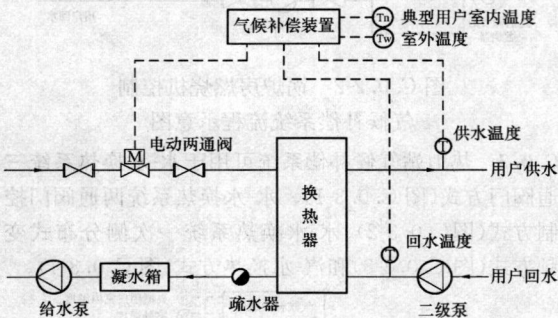

图 C.0.3-4 汽-水换热气候补偿系统流程示意图

4 参数设置；

5 故障报警、故障查询；

6 PID 或模糊控制等运算调节；

7 根据室外气候条件及用户的负荷需求的供热曲线自动调节；

8 数据存储；

9 控制器自检。

附录 D 烟气冷凝回收装置

D.0.1 烟气冷凝回收装置可用于工业与民用燃气热

水锅炉、蒸汽锅炉、直燃机等设备。

D.0.2 烟气冷凝回收装置应由换热器主体、烟气系统、被加热水系统或其他介质、排气与泄水装置、调节阀、温度和压力传感器等组成。

D.0.3 烟气冷凝回收装置的设置应符合下列规定：

　　1 应设计安装在靠近锅炉尾部出烟口处，并应设置独立支撑结构；

　　2 宜设置旁通烟道，当不具备设置旁通烟道时，应采取防止被加热水干烧的措施；

　　3 应设烟气冷凝水排放口，并应对冷凝水收集处理；

　　4 装置最高点应设置自动排气阀，最低点应设置泄水阀；

　　5 宜设置安全阀。

D.0.4 烟气冷凝回收装置的选型应符合下列规定：

　　1 应选用耐腐蚀材料，并应满足锅炉设备使用寿命和承压要求；

　　2 装置的烟气阻力应小于 100Pa，不得影响锅炉的正常燃烧和原有出力；

　　3 装置的承压能力应满足热水系统的压力要求。

D.0.5 烟气冷凝回收装置安装测试内容及数据记录应按表 D.0.5 的规定执行。

表 D.0.5 烟气冷凝回收装置安装
测试内容及数据记录

项目	流量 (m^3)	温度（℃）			压力（Pa）			热量 （MJ）	备注
		进口	出口	温差	进口	出口	阻力		
烟气	—							—	
被加热水									回收热量
燃气（油）		—	—	—	—	—	—		输入热量
锅炉供热量									输出热量

D.0.6 烟气冷凝回收装置安装测试使用的测试仪表应符合下列规定：

　　1 被加热水流量测试应采用超声波流量计；

　　2 水温测试应采用铂电阻温度计，烟气温度测试应采用热电偶；

　　3 烟气压力测试应采用 U 型压力计，被加热水测试应采用压力表；

　　4 被加热水热量和锅炉供热量测试应采用超声波热量表。

附录 E 分时分区控制系统

E.0.1 分时分区控制系统可用于不同供暖需求、不同用热规律的建筑物（图 E.0.1）。

E.0.2 分时分区控制系统应具备自动分时分区按需供热功能、防冻保护功能、全自动调节功能、手动调节功能、多时段功能、故障保护功能和通信功能。

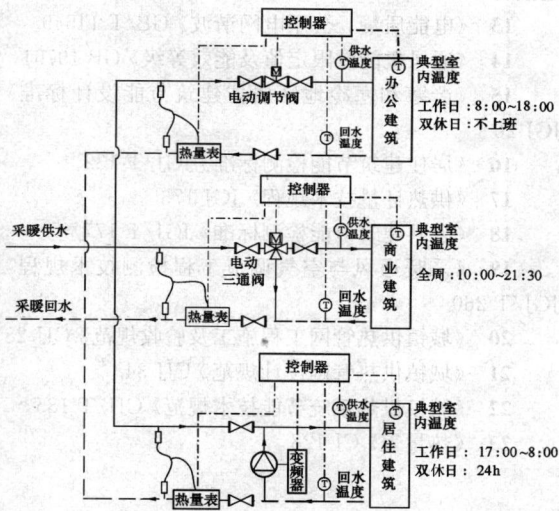

图 E.0.1　分时分区控制系统流程示意图

附录 F　管网水力平衡优化

F.0.1　水力平衡优化应符合下列规定:

1　优化管网布局及调整管径应使并联环路之间压力损失相对差额的计算值达到最小;

2　在干、支管道或换热末端处应设置水力平衡及调节阀门;

3　在经济技术比较合理前提下,一次管网可采用分布式变频泵方式;

4　在经济技术比较合理前提下,二次管网可采用末端混水方式。

F.0.2　水力平衡装置及调控阀门的选用应根据下列条件确定:

1　供热管网形式;

2　供热管网运行调节模式;

3　热计量及温控形式;

4　设计流量、压差;

5　产品的相关技术参数。

F.0.3　水力平衡调节阀门的应用应符合下列原则:

1　水力平衡阀应用于定流量系统、部分负荷时压差和流量变化较小的变流量系统,不应用于部分负荷时压差和流量变化较大的变流量系统;

2　自力式流量控制阀应用于特定位置流量恒定的定流量系统,不应用于变流量系统;

3　自力式压差控制阀应用于部分负荷时压差和流量变化较大的变流量系统、被改造为变流量系统的定流量系统,或其他需要维持系统内某环路资用压差相对恒定的场合;

4　动态压差平衡型电动调节阀可用于变流量系统的末端温控,或其他需兼顾水力平衡与控制的

场合。

F.0.4　对于下列情况,可通过增加楼前混水装置(图 F.0.4)进行调节:

1　建筑供暖系统供水温度、供回水温差及资用压差参数与供热管网不符,且条件受限,无法实现建筑内采暖系统与供热管网间接连接时;

2　实现供热管网大温差小流量、楼内供暖系统小温差大流量用热时;

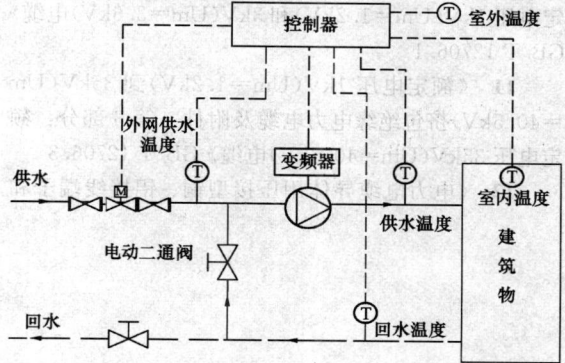

图 F.0.4　楼前混水系统示意图

3　供热系统水力失衡。

本规范用词说明

1　为便于在执行本规范条文时区别对待,对要求严格程度不同的用词说明如下:

　　1)　表示很严格,非这样做不可的用词:

　　　　正面词采用"必须",反面词采用"严禁";

　　2)　表示严格,在正常情况下均应这样做的用词:

　　　　正面词采用"应",反面词采用"不应"或"不得";

　　3)　表示允许稍有选择,在条件许可时首先应这样做的用词:

　　　　正面词采用"宜",反面词采用"不宜";

　　4)　表示有选择,在一定条件下可以这样做的用词,采用"可"。

2　条文中指明应按其他有关标准执行的写法为:"应符合……的规定"或"应按……执行"。

引用标准名录

1　《锅炉房设计规范》GB 50041

2　《自动化仪表工程施工及质量验收规范》GB 50093

3　《锅炉安装工程施工及验收规范》GB 50273

4　《建筑节能工程施工质量验收规范》GB 50411

5　《工业锅炉水质》GB/T 1576

6　《外壳防护等级(IP 代码)》GB 4208

7 《低压成套开关设备和控制设备》GB 7251.1～7251.4

8 《工业锅炉热工性能试验规程》GB/T 10180

9 《调速电气传动系统 第2部分：一般要求低压交流变频电气传动系统额定值的规定》GB/T 12668.2

10 《额定电压 1kV（Um＝1.2kV）到 35kV（Um＝40.5kV）挤包绝缘电力电缆及附件 第1部分：额定电压 1kV（Um＝1.2kV）和 3kV（Um＝3.6kV）电缆》GB/T 12706.1

11 《额定电压 1kV（Um＝1.2kV）到 35kV（Um＝40.5kV）挤包绝缘电力电缆及附件 第3部分：额定电压 35kV（Um＝40.5kV）电缆》GB/T 12706.3

12 《电力电缆导体用压接型铜、铝接线端子和连接管》GB/T 14315

13 《电能质量 公用电网谐波》GB/T 14549

14 《通风机能效限定值及能效等级》GB 19761

15 《严寒和寒冷地区居住建筑节能设计标准》JGJ 26

16 《居住建筑节能检测标准》JGJ/T 132

17 《供热计量技术规程》JGJ 173

18 《公共建筑节能检测标准》JGJ/T 177

19 《采暖通风与空气调节工程检测技术规程》JGJ/T 260

20 《城镇供热管网工程施工及验收规范》CJJ 28

21 《城镇供热管网设计规范》CJJ 34

22 《城镇供热系统节能技术规范》CJJ/T 185

23 《热量表》CJ 128

中华人民共和国国家标准

供热系统节能改造技术规范

GB/T 50893—2013

条 文 说 明

制　订　说　明

《供热系统节能改造技术规范》GB/T 50893－2013 经住房和城乡建设部 2013 年 8 月 8 日以住房和城乡建设部第 111 号公告批准、发布。

为便于广大设计、施工、科研、院校等单位有关人员在使用本规范时能正确理解和执行条文规定，

《供热系统节能改造技术规范》编制组按章、节、条顺序编制了本规范的条文说明，对条文规定的目的、依据以及执行中需注意的有关事项进行了说明。但是，本条文说明不具备与规范正文同等的法律效力，仅供使用者作为理解和把握规范规定的参考。

目　次

1　总则 ····················· 13—26
2　术语 ····················· 13—26
3　节能查勘 ················· 13—26
　3.1　一般规定 ············· 13—26
　3.2　热电厂首站 ··········· 13—26
　3.3　区域锅炉房 ··········· 13—27
　3.4　热力站 ··············· 13—27
　3.5　供热管网 ············· 13—28
　3.6　建筑物供暖 ··········· 13—28
4　节能评估 ················· 13—28
　4.1　一般规定 ············· 13—28
　4.2　主要能耗 ············· 13—28
　4.3　主要设备能效 ········· 13—29
　4.4　主要参数控制 ········· 13—30
　4.5　节能评估报告 ········· 13—30
5　节能改造 ················· 13—30

　5.1　一般规定 ············· 13—30
　5.2　热电厂首站 ··········· 13—31
　5.3　区域锅炉房 ··········· 13—31
　5.4　热力站 ··············· 13—32
　5.5　供热管网 ············· 13—32
　5.6　建筑物供暖系统 ······· 13—33
6　施工及验收 ··············· 13—33
　6.1　一般规定 ············· 13—33
　6.2　自动化仪表安装调试 ··· 13—33
　6.3　烟气冷凝回收装置安装调试 ·· 13—34
　6.4　水力平衡装置安装调试 · 13—34
　6.5　热计量装置安装调试 ··· 13—34
　6.6　竣工验收 ············· 13—34
7　节能改造效果评价 ········· 13—34
附录F　管网水力平衡优化 ····· 13—34

1 总 则

1.0.1 《中华人民共和国节约能源法》规定，节约资源是我国的基本国策。国家实施节约与开发并举、把节约放在首位的能源发展战略。根据《关于进一步深入开展北方采暖地区既有居住建筑供热计量及节能改造工作的通知》（财建［2011］12号）的精神，对实行集中供热的建筑分步骤实行供热分户计量、按照用热量收费的制度。新建建筑或者对既有建筑进行节能改造，应当按照规定安装用热计量装置、室内温度调控装置和供热系统调控装置。需要制定相应的技术标准来规范和监督供热系统节能改造工作。

1.0.3 以热电厂为热源的集中供热系统一般包括：热电厂首站、一级供热管网、热力站、二级供热管网及建筑物内供暖系统；以区域锅炉房为热源的集中供热系统一般包括：锅炉房、一级供热管网、热力站、二级供热管网及建筑物内供暖系统。锅炉房包括：燃煤锅炉房、燃气（油）锅炉房；锅炉介质包括：蒸汽、热水。

1.0.4 供热系统节能查勘工作包括：收集、查阅相关技术资料；到现场查勘供热系统的配置、运行情况及进行必要的节能检测工作等。

1.0.5 供热系统节能改造是一个系统工程，必须全面统筹进行，应以供热系统为单元开展工作。

2 术 语

2.0.1 供热集中监控系统是对供热系统运行参数实现集中监测，根据负荷变化自动调节供热量，具有气候补偿、分时分区控制和锅炉房集中监控等功能中的一种或多种，可实现按需供热。对系统故障及时报警，确保安全运行；健全运行档案，达到量化管理，全面实现节能目标。

2.0.2 锅炉房集中监控系统具有监测锅炉或热源厂运行的所有参数及控制功能，例如燃煤锅炉鼓风机、引风机、炉排的变频控制、单台或多台锅炉安全经济、联合运行的控制等。

2.0.3 气候补偿系统是根据室外气候条件及用户负荷需求的变化，通过自动控制技术实现按需供热的一种供热量调节技术。气候补偿系统是独立的或集成在供热自动控制系统软件中一个功能模块的技术，根据室外温度的变化及用户不同时段的室温需求，按照设定的"供水温度-室外温度"的供热曲线，自动调节供水温度符合设定值，然后按照规定的控制算法，通过电动调节阀或风机、水泵频率器等执行机构来调节供水温度，实现按需供热的一种节能技术。该技术能否起到节能作用的关键是应具备合理的调节策略，这也是气候补偿系统应用需特别注意的问题。

2.0.4 分时分区控制系统是通过可编程控制器、传感器和相应的执行机构，自动控制不同供暖需求、不同用热规律建筑物的供热量。在集中供热系统中存在居住建筑、办公楼、学校、大礼堂、体育场、工厂、商场等用热规律、用热需求不一致的供暖用户，或在同一建筑物内存在用热需求不一致的区域，在保证连续供暖用户正常供热的同时，采用分时分区控制系统，按不同地区、时段和用热需求进行供热量调节，实现按需供热，节约能源。

2.0.5 烟气冷凝回收技术是通过在燃气（油）锅炉尾部增设烟气冷凝换热装置，降低排烟温度，回收利用排烟显热和烟气中水蒸气凝结时放出的汽化潜热的节能技术。

2.0.6 保持一定的锅炉负荷率是经济运行的基本保证，尤其是燃煤锅炉。

2.0.7 节能率是考核进行节能改造后的节能效果的计算方法，当实际的供暖期度日数与设计的度日数出入较大时，可对节能率进行修正。度日数是在供暖期内，室内温度18℃与当年供暖期室外平均温度的差值，乘以当年供暖期天数。

2.0.13 补水比用于日常监测，是控制供热系统每日的补水量，让运行人员知道正常运行时，每日的补水量不应超过某个数。

3 节 能 查 勘

3.1 一 般 规 定

3.1.1 由于供热系统的设计年限不同，热源设备、系统的能效不同及供热企业管理的水平不同，影响各供热系统能耗高的关键问题可能有所不同。在进行节能改造时首先查阅设计图纸，了解维修改造记录、运行记录等技术文件；到现场查勘供热系统配置，了解运行情况；对供热系统热源、供热管网、热力站及建筑物内供暖系统进行必要的节能检测，找出影响能耗高的关键问题，是节能改造的先导工作。本章列出需要收集、查阅近1年～2年的资料。

3.1.2 热源设备主要指锅炉，规定单台设备负荷率大于50%时检测。这是因为当单台设备负荷率大于50%、燃煤锅炉的日平均运行负荷率达60%以上，燃气（油）锅炉的瞬时运行负荷率达30%以上，锅炉日累计运行小时数在10h以上时，各项参数趋于稳定，检测数据比较接近设计工况。

3.1.3 所列相关国家现行标准对供热系统各项参数的检测方法有具体规定，本规范不再重复。

3.2 热电厂首站

3.2.1 热电联产是发展集中供热的根本途径。供热机组有"背压式供热机组"、"抽汽式供热机组"；也有采用"凝汽式机组"循环水供热方式。热电厂在"首站"设置专为供热系统用的加热器、循环水泵等设备。节能查勘工作主要针对"首站"内的设备。

3.2.2 热电厂首站节能现场查勘记录。

1 对于严寒、寒冷地区，当采用单台背压式或抽汽式供热机组供热时，了解是否有备用汽源；当采用凝汽式机组冷凝器循环水供热时，了解凝汽式机组型号、台数及凝汽器真空度等；

4 凝结水回收方式指开式或闭式。

3.2.3 热电厂首站节能改造节能检测内容。

3 补水水质：当由热电厂水处理设备供给时，认为合格，可不检测；

4 当由热电厂厂用电供给时，认为合格，可不检测。

3.3 区域锅炉房

3.3.1 投入供热时间较长的供热系统，由于运行中用户热负荷的增减，与最初设计院图纸会有很大变化，需要进行现场调查，才能确定比较准确的供热范围、供热面积等。热用户类型指：居民小区、政府机关、科研单位、学校、医院、宾馆、饭店、商场、体育场馆、工业企业等。负荷特性指：用户在供暖期内、一日内的负荷变化规律。

3.3.2 锅炉房配置燃煤、燃气（油）不同类型锅炉及热媒介质为热水或蒸汽时，应分别进行查勘。

1 当锅炉房配备电热水锅炉时，查勘还包括：电热水锅炉的蓄热水箱容积及蓄热水温度；电热水锅炉的运行时间段；电锅炉在谷电阶段蓄热量能否满足平峰用电时间段用热需求。其中谷用电时间段：22：00～次日5：00；峰电时段：7：30～11：30和17：00～21：00；其余时段为平时段，共9h；

6 补水定压方式包括：高位膨胀水箱、常压密闭式膨胀水箱、隔膜式压力膨胀水罐、补水泵和气压罐等；

8 一级供热管网供热量调节方式：

2）、3） 循环水泵、鼓、引风机及炉排是否有变频调速装置；

4） 供热系统采用了哪些自动控制技术；锅炉控制方式指单台锅炉控制、多台锅炉计算机集中控制等方式；供热量调节方式包括锅炉出力的调节及对热用户分区、分温、分时段的供热量调节方式等；

5） 指供暖期连续运行或调峰；

6） 其他耗能设备调节方式包括：锅炉运煤、除灰、除渣；皮带运输机、碎煤机、磨煤机、除渣机、灰渣泵等的调节方式；

9 供热量计量仪表的查勘为本规范第5章的节能改造提供依据；

11 一级供热管网系统划分包括：各支路及高低

区划分等；

12 热回收设备包括：空气预热器、省煤器、排污余热利用装置等；已采取的节能措施包括：烟气冷凝回收装置、变频装置、分层燃烧、凝结水回收利用等。

3.3.3 对供暖系统主要耗能设备的节能检测是为本规范第4章衡量主要耗能设备耗能情况提供依据。

1 锅炉：

1） 对于燃煤锅炉，燃料输入计量应包括"整车过秤、皮带、炉前"计量；

6） 炉膛温度、过量空气系数（烟气含氧量）、炉膛负压、排烟温度、灰渣可燃物含量可按锅炉房监测数据或按《工业锅炉热工性能试验规程》GB/T 10180检测；如有锅炉烟气环境监测报告，可作为参考；

2 如循环水泵已进行了变频改造，在工频工况下进行检测；

4 供配电系统为用电设备提供动力，用电设备的耗电量可以反映运行是否合理、节能；变压器负载率在60%～70%的范围时，为合理节能运行状况；功率因数补偿应符合设计和当地供电部门的要求；用电设备周期性负荷变化较大时，是否有可靠的无功补偿调节方式；大量的谐波将威胁供配电系统的安全运行，尤其是有多台变频设备存在的系统应特别注意；

5 如循环水泵、鼓、引风机等转动设备已进行了变频改造，在工频工况下进行检测。

3.4 热 力 站

3.4.1 投入供热时间较长的供热系统，由于运行中用户热负荷的增减，与最初设计院图纸会有很大变化，需要进行现场调查，才能确定比较准确的供热范围、供热面积等。用热单位类型指：居民小区、政府机关、科研单位、学校、医院、宾馆、饭店、商场、体育场馆、工业企业等。

5 热力站连接形式包括间接连接、混水连接和直接连接。

3.4.2 热力站节能改造现场查勘记录内容。

1 换热设备类型注明：板式、壳管式、浮动盘管式等；额定参数包括：一次水设计供回水温度、压力，二次水设计供回水温度、压力，额定供热量及传热系数等；

2、3 热力站内水泵包括：一级供热管网分布式加压循环水泵等；

5、6 补水定压方式包括：高位膨胀水箱、常压密闭式膨胀水箱、隔膜式压力膨胀水罐、补水泵和气压罐等；

8 二级供热管网供热量调节方式包括：热力站是否装有气候补偿、分时分区控制系统；

10 供配电系统：

5）一级分布式加压循环水泵、二级循环水泵是否分项计量；分项计量循环水泵及补水泵耗电、照明等用电，有利于加强热力站的管理，降低电耗；

11　二级供热管网系统划分指：环路划分、高低区划分等情况；

12　如循环水泵变频、气候补偿、分时分区控制系统等。

3.4.3　热力站节能改造节能检测内容。

2　二级供热管网循环水泵流量检测：应注明供、回水之间有无混水流量控制。

3.5　供热管网

3.5.1　供热管网节能改造收集、查阅资料。

4　供热管网类型指：一级供热管网、二级供热管网；枝状供热管网、环状供热管网或多热源供热管网；介质类型指：蒸汽或热水；负荷类型指：供暖、生活热水、生活用汽或工艺用汽等；

6　一级供热管网与热力站的连接方式、二级供热管网与用户的连接方式指：直接连接，间接连接，混水连接。

3.5.2　供热管网节能改造现场查勘记录内容。

1　管道敷设方式包括：地沟、直埋、架空敷设；

2　检查室、管沟工作环境包括：管沟内是否存水、支架是否牢固、沟壁有无坍塌；供热管网主保温材料、保温层状况：有无脱落、是否潮湿；

4　调控阀门工作状况：开启是否灵活、有无漏水；

5　已采取的节能措施包括：加强保温、增加平衡阀等。

3.5.3　供热管网节能检测内容。

1　管道外表面温度：可以反映供热管网保温层的有效程度；

2　热力站内一级供热管网供水温度、流量：用于计算一级供热管网的水力平衡度；

3　用户热力入口供水温度、流量：用于计算二级供热管网的水力平衡度。

3.6　建筑物供暖

3.6.2　建筑物供暖节能改造现场查勘内容。

1　建筑物围护结构保温状况、门窗类型：是影响建筑能耗的主要因素；

2　热力入口位置、环境、保温状况：安装在地下室、首层楼梯间或管沟内，有无积水、保温层是否完好，直接影响计量器具的正常工作；

3　热力入口与供热管网的连接方式包括：直接连接、间接连接、混水连接；

5　供暖系统形式包括：共用立管一户一环、传统单管串联、上行下给双管；

6　室内供暖设备类型包括：散热器的材质、地面辐射采暖管道的材质及热风采暖、大空间辐射采暖设备的类型；

7　用户热分摊方式包括：热量表法、通断时间面积法、散热器分配计法、流温法、温度面积法等；室内温控包括：分户控温、分室控温。

3.6.3　建筑物供暖节能改造检测内容。

1　检测室内温度是为了判断热用户是属于多供还是欠供、判断末端水力平衡情况、室内采暖系统是否需要改造的主要依据。

4　节　能　评　估

4.1　一　般　规　定

4.1.1　明确"供热系统节能评估"工作的内容。供热系统节能评估工作不仅要对现有运行指标进行合格判定和评价，更重要的是要对不合格指标进行原因分析，并针对性地提出改造建议，做到对症下药。

4.1.2　供热系统的主要能耗，主要设备能效和主要参数控制水平三个方面的指标基本涵盖了供热系统节能挖潜的各个方面，其指标的大小也基本反映了供热系统的能耗水平和节能潜力。如单位供热面积的燃料消耗（热、煤、气、油）、水耗和电耗是评估供热系统能耗水平的关键指标。锅炉运行热效率、循环水泵实际运行效率、换热设备换热性能是评估供热系统关键设备的运行能效的关键指标。

4.2　主　要　能　耗

4.2.1　本章所提到的"不合格"项，不一定进行节能改造，是否进行节能改造应进行经济技术分析，确定需要改造时应提出相应的节能改造建议。

单位供热量燃料消耗量可按锅炉房整体计算。

表4.2.1：锅炉平均效率是影响该指标的主要因素。一般来说，对于燃煤锅炉，容量大小对效率影响很大，但是调研表明对于14MW及以上锅炉来说，70%是一个较为容易实现的数值，对于14MW以下的小锅炉，其平均效率可能达不到70%，因此，燃煤锅炉平均效率统一按70%核算。对于燃气（油）锅炉来说，锅炉容量对效率几乎没有影响，因此统一按90%核算，其中燃气热值按8500kcal/Nm³，燃油热值按10000kcal/kg核算。为防止检测时间过短，一些偶然因素造成较大的误差或不能充分反映锅炉实际运行状况，保证检测时间连续且持续时间不小于48h（2d）。

4.2.2　锅炉房供热：供暖期供暖建筑单位面积燃料消耗量、耗电量可按锅炉房整体计算。

1　供暖建筑单位面积燃料消耗量合格指标：按寒冷地区、严寒地区节能居住建筑分别给出；表

4.2.2-1：合格指标是对热源处计量能耗的统计，其影响因素很多，包括不同纬度地区、不同围护结构状况、不同供暖天数等，表内数值是结合不同地区的调研数据给出的，其中以节能居住建筑为主、供暖期相对较短的供热系统取下限值，以非节能建筑为主、供暖期长的取上限值；同样，燃煤锅炉平均效率按70%，燃气（油）锅炉平均效率按90%核算，燃气热值按 35565kJ/Nm³ （8500kcal/Nm³），燃油热值按 41841kJ/kg（10000kcal/kg）核算；

 2 供暖建筑单位面积耗电量合格指标：按寒冷地区、严寒地区节能居住建筑分别给出；表 4.2.2-2：燃煤锅炉配备鼓、引风机，输煤等辅机，耗电量相比燃气（油）锅炉房高，不同热源的合格指标是根据调研数据统计给出。寒冷地区和严寒地区由于供热运行天数不同，合格指标有所不同。

4.2.3 供暖建筑单位面积耗热量合格指标：按寒冷地区、严寒地区节能建筑分别给出。《中国建筑节能年度发展研究报告 2011》给出了我国北方省份供暖需热量的一个状况分布，如表 1 所示，可供参考。

表 1 北方地区供暖需热量状况分布

地区	需热量范围 (GJ/m²·a)	平均需热量 (GJ/m²·a)	分布范围 (GJ/m²·a)			
北京	0.18~0.45	0.30	0.3~0.45	0.25~0.3	0.2~0.25	<0.2
			5%	70%	13%	12%
天津	0.18~0.45	0.29	0.3~0.45	0.25~0.3	0.2~0.25	<0.2
			8%	74%	9%	9%
河北	0.15~0.5	0.32	0.4~0.5	0.3~0.4	0.2~0.3	0.15~0.2
			5%	75%	13%	7%
山西	0.2~0.5	0.32	0.4~0.5	0.3~0.4	0.2~0.3	—
			4%	87%	9%	
内蒙古	0.3~0.7	0.48	0.5~0.7	0.4~0.5	0.3~0.4	—
			3%	87%	10%	
辽宁	0.2~0.55	0.36	0.45~0.55	0.35~0.45	0.25~0.35	0.2~0.25
			6%	76%	9%	9%
吉林	0.23~0.6	0.42	0.5~0.6	0.4~0.5	0.3~0.4	0.23~0.3
			4%	80%	10%	6%
黑龙江	0.25~0.7	0.48	0.55~0.7	0.4~0.55	0.3~0.4	0.25~0.3
			7%	83%	9%	1%
山东	0.2~0.4	0.27	0.3~0.4	0.25~0.3	0.2~0.25	—
			3%	76%	21%	
河南	0.13~0.35	0.24	0.3~0.35	0.25~0.3	0.2~0.25	0.13~0.2
			3%	76%	15%	6%
西藏	0.3~0.8	0.44	0.5~0.8	0.4~0.5	0.3~0.4	—
			4%	77%	19%	

续表 1

地区	需热量范围 (GJ/m²·a)	平均需热量 (GJ/m²·a)	分布范围 (GJ/m²·a)			
陕西	0.2~0.5	0.30	0.3~0.5	0.25~0.3	0.2~0.25	—
			3%	84%	13%	
甘肃	0.2~0.55	0.36	0.4~0.55	0.35~0.4	0.25~0.35	—
			5%	84%	11%	
青海	0.25~0.9	0.47	0.55~0.9	0.4~0.5	0.3~0.4	0.25~0.3
			2%	64%	23%	11%
宁夏	0.25~0.55	0.37	0.45~0.55	0.35~0.45	0.25~0.35	—
			3%	88%	9%	
新疆	0.22~0.9	0.36	0.55~0.9	0.35~0.45	0.22~0.35	—
			4%	87%	9%	

4.2.4 对本条说明如下：

 1 补水比用于日常监测；

 2 供暖建筑单位面积补水量用于供暖期考核。

《供热术语》CJJ/T 55 第 7.1.27 条"补水率"：热水供热系统单位时间的补水量与总循环水量的百分比。《锅炉房设计规范》GB 50041、《城镇供热管网设计规范》CJJ 34、《建筑节能工程施工质量验收规范》GB 50411、《城镇供热系统评价标准》GB/T 50627 沿用这个概念。

《采暖通风与空气调节工程检测技术规程》JGJ/T 260 第 3.6.8 条"补水率"：检测持续时间内，采暖系统单位建筑面积单位时间内的补水量与该系统单位建筑面积单位时间设计循环水量的比值。《居住建筑节能检测标准》JGJ/T 132 沿用这个概念。

《民用建筑供暖通风与空气调节设计规范》GB 50736 第 8.11.15 条：锅炉房、换热机房的设计补水量（小时流量）可按系统水容量的 1% 计算；《高效燃煤锅炉房设计规程》CECS 150 和《供热采暖系统水质及防腐技术规程》DBJ01-619 沿用这个概念。

由于供热系统供回水温差相差很大，即使承担相同的供热负荷，循环水量相差也很大，且有的供热系统采用变流量运行方式，以"循环流量"为基数考核补水量，有一定难度，也不是很科学；而"系统水容量"是固定值，且表征管网的规模，以此为基数考核补水量，操作性较强。本标准按"系统水容量"为基数考核供热系统补水量，由于不同标准对"补水率"的定义并不相同，容易造成混淆，为区别"补水率"的概念，用"补水比"表示。"补水比"W_V 控制供热系统每日的补水量，让运行人员知道正常运行时，每日的补水量不应超过某个数；W_A 是考核整个供暖期的"补水量"。

4.3 主要设备能效

4.3.1 锅炉运行热效率、灰渣可燃物含量、排烟温度、过量空气系数设备能效。

1 锅炉运行热效率：锅炉运行时，一般达不到额定负荷，可将表 4.3.1-1 给出的额定效率按负荷率修正后，再与之比较；如已进行了分层燃烧、烟气冷凝回收等节能改造的，取改造后的热效率；

2 如已进行了分层燃烧、烟气冷凝回收等节能改造，锅炉运行灰渣可燃物含量、排烟温度、过量空气系数等为改造后的；本表参考《工业锅炉经济运行》GB/T 17954、《锅炉节能技术监督管理规程》TSG G0002 编制。

4.3.2 水泵实际运行效率一直不太被设计和运行人员重视，大量工程测试表明，额定效率为 70% 的水泵，由于选型不当，实际运行效率仅在 50% 左右，甚至更低，因此保证水泵在高效点工作是水泵节电的重要措施之一。第 3 章"收集、查阅有关技术资料"部分要求收集"相关设备技术资料、产品样本"，水泵额定工况的效率可按设计工况从水泵产品样本获得。公式（4.3.2-1）、式（4.3.2-2）为简化计算公式，未计水泵进出口高差，g 按 $10m/s^2$ 取值，ρ 按 $1000kg/m^3$ 取值。

4.3.3 换热设备换热性能、运行阻力的规定。

1 额定工况的 kF 值为换热设备在设计工况的传热系数和换热面积的乘积，设计工况的传热系数及换热面积可从设计文件或产品样本得到。换热设备在运行过程中，由于污物堵塞、换热面结垢以及偏离设计工况运行，导致传热系数降低，换热效果变差。实际运行的 kF 值可通过检测换热设备热源侧、负荷侧进出水温度、热力站输入热量计算得到。实际的 kF 值与额定工况的 kF 值比较，可判断换热设备换热性能的变化，如堵塞、换热面结垢的程度。

2 换热设备热源侧、负荷侧运行阻力参照《城镇供热用换热机组》GB/T 28185 的规定：换热机组管路及设备压力降在设计条件下，一、二次侧均不应大于 0.1MPa。

4.3.4 供热管网输送效率的规定。

1 一级供热管网输送效率：一般管理较好，所以要求较高；

2 二级供热管网输送效率：因与用户直接连接、布置分散，要求略低于一级供热管网。

4.3.5 按《城镇供热系统节能技术规范》CJJ/T 185 第 6.0.9 条文说明：保温层满足经济厚度和技术厚度的同时，应控制管道散热损失，检测沿程温度降比计算管网输送热效率更容易操作。按《设备及管道绝热技术通则》GB/T 4272 给出的季节运行工况允许最大散热损失值，计算 DN200～DN1200 直埋管道在介质温度 130℃、流速 2m/s 时的最大沿程温降为 0.07℃/km～0.1℃/km。综合考虑各种管径的保温层厚度，地下敷设热水管道的温降定为 0.1℃/km。

4.4 主要参数控制

4.4.1 供水、回水温度及供水、回水温差是保证供

热质量的重要参数，是节能检测必须获得的数据。锅炉房、热力站供回水温度一般可以代表供热系统的供热质量。

4.4.2 供热管网的流量比、水力平衡度的规定。

1 流量比：用户流量在合理的范围内，是保证供热质量的基本要求；

2 水力平衡度：各用户流量比在合理的范围内，是保证"均衡"供热和节能运行的基本要求。

4.4.3 供暖建筑室内温度、围护结构内表面温度的规定。

1 室内检测温度与室内设计温度的偏差应在合理的范围内，室内温度可以直接代表供热质量，是保证节能运行的基本要求；

2 围护结构内表面温度是衡量建筑物围护结构热工性能的数据，如不符合要求，必要时应对建筑物围护结构的热工性能进行检测。

4.5 节能评估报告

4.5.1 "供热系统节能评估报告"是对"供热系统节能查勘"、"供热系统节能评估"工作的书面总结，也是节能改造工作的基础，因此应涵盖查勘、评估工作的所有内容。

4.5.2 第 3 章的第 3.2.1、3.2.2、3.3.1、3.3.2、3.4.1、3.4.2、3.5.1、3.5.2、3.6.1、3.6.2 条对收集、查阅有关技术资料及到现场查勘提出了具体要求，可作为编写供热系统概述的依据。

4.5.4 节能改造工作能否做到事半功倍，关键是诊断出造成指标不合格的主要原因，从而在节能改造方案制定时做到对症下药。

4.5.6 "节能改造可行性分析及建议"是供热系统节能评估完成后，对下一步工作的指导性意见，也是节能改造是否实施，如何实施的决策依据，应综合节能需求、经济效益综合考虑，做到科学、详细、可实施。

4.5.7 预期节能改造效果是节能改造工作的最终目标，应有明确的量化指标。

5 节能改造

5.1 一般规定

5.1.1 供热热源主要包括热电厂首站和区域锅炉房。

5.1.2 改造项目的实施难度大，方案中应说明改造部位、改造内容、系统配合、实施顺序、施工标准、调试检测、运行要求。经济效益分析应说明投资回收年限。

5.1.4 目前直供系统的供热面积一般不超过 100 万 m^2，超过这个面积的供热系统一般都采用了间接连接，热力站供热面积一般为 10 万 m^2 左右，热力站小

型化已成为趋势。所以为了说明供热系统大小，采用 100 万 m^2 或 10 个热力站为分界线。

规模较大的供热系统，容易出现水力失调、冷热不均、管理困难等问题，采用供热集中监控系统能缓解冷热不均、保证按需供热、确保安全运行、达到量化管理、健全供热档案，全面实现节能运行。

5.1.5、5.1.6 本条规定是根据《严寒和寒冷地区居住建筑节能设计标准》JGJ 26 的第 5.2.9 强条做出的。楼前设置热量表是作为该建筑物采暖耗热量的热量结算点。

5.1.7 目前节能技术有很多种，改造方案也就多样化。节能改造方案应由项目改造单位组织专家进行评审，改造方案是否可行，选择的节能技术是否成熟可靠，节能效果是否最佳，技术经济比较是否合理，以及实施中应该注意的事项等。

5.2 热电厂首站

5.2.1 热电厂首站供热量自动调节功能，一般可通过在蒸汽侧设置蒸汽电动阀自动调节进入换热器的蒸汽量实现。供热量自动调节功能对热网的节能运行来说非常重要，建筑物的供暖负荷是波动的，如果供大于求，会造成热量浪费。

5.2.2 当热网的运行调节采用分阶段变流量的质调节、量调节或质量并调，首站的循环水泵设置调速装置，以降低电耗，方便热网的运行调节。调速装置有变频、液力耦合、内馈等多种形式。

5.2.3 一个供热区域有多个供热系统，每个系统单独一个热源时，如果地势高差在管网压力允许范围内，这几个系统改造成联网运行的一个系统。形成多热源联网运行不仅节能，也可以提高系统的安全性。

5.2.4 改造为高温水系统可以避免蒸汽供热系统热损失大、供热半径小、调节不便、蓄热能力小、热稳定性差等问题。

5.2.5 热电厂低真空循环水供热是指在机组安全运行的前提下，将凝汽机组或抽凝机组的凝汽器真空度降低，利用排汽加热循环冷却水直接供热或作为一级加热器热源的一种供热方式。2001 年，原国家经贸委、国家发展计划委、建设部发布的《热电联产项目可行性研究科技规定》第 1.6.7 条规定："在有条件的地区，在采暖期间可考虑抽凝机组低真空运行，循环水供热采暖的方案，在非采暖期恢复常规运行"。由于采用循环水供热可以提高汽轮机组的热效率，能够得到较好的节能效果。自 20 世纪 70 年代开始，我国北方一些电厂陆续将部分装机容量小于或等于 50MW 的汽轮机采用此方式，实践表明，该技术可靠，机组运行稳定，节能效果明显。

5.2.6 通过在城市集中供热系统的用户热力站设置新型吸收式换热机组，将一次网供回水温度由传统的 130/70℃ 变为 130/20℃，这样一次网供回水温差就

由 60℃ 升高到 110℃，相同的管网输送能力可提高 80%；同时，20℃ 的一次网回水返厂后，由于水温较低，辅以电厂设置的余热回收专用热泵机组，就可以完全回收凝汽器内 30℃ 左右的低温汽轮机排汽余热。已经有案例表明：当应用于目前国内主流的燃煤热电联产机组（200MW～300MW 机组），可以在不增加总的燃煤量和不减少发电量的前提下，使目前的热电联产热源增加产热量 30%～50%，城市热力管网主干管的输送能力提高 70%～80%。

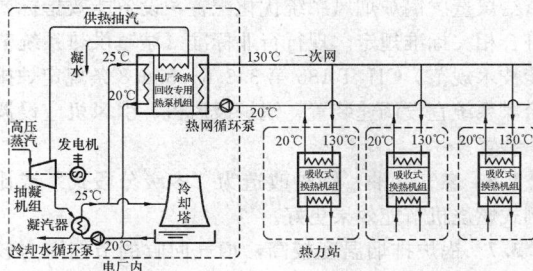

图 1 基于吸收式换热的热电联产集中供热技术流程

5.2.7 为提高热电联产的能源综合利用效率，在有条件的地区，可根据实际情况，由传统的"供热、发电、供蒸汽"改造为"供热、发电、供蒸汽、供生活热水"四联供系统。对于全年提供生活热水的供热系统，需为供热管理维护部门留出检修时间。

5.3 区域锅炉房

5.3.1 锅炉对燃料计量，是为了核算改造后单位面积燃料消耗量，判断是否达到节能效果的重要指标。

5.3.2 锅炉房集中监控系统是通过计算机对多台锅炉实行集中控制，根据热负荷的需求自动投入或停运锅炉的台数，达到按需供热，均衡并延长锅炉的使用寿命，充分发挥每台锅炉的能力，保证每台锅炉处于较高负荷率下运行。《锅炉房设计规范》GB 50041 规定：单台蒸汽锅炉额定蒸发量大于等于 10t/h 或单台热水锅炉额定热功率大于等于 7MW 的锅炉房，宜设置集中控制系统。对于供热系统的节能改造而言，上述规定比较合理。技术要求见附录 B。

5.3.3 目前城市集中供热锅炉房多采用链条炉排，燃煤多为煤炭公司供应的混煤，着火条件差，炉膛温度低，燃烧不完全，炉渣含碳量高，锅炉热效率普遍偏低。采用分层、分行燃烧技术对减少炉渣含碳量、提高锅炉热效率，有明显的效果。

对于粉末含量高的燃煤，可以采用分层燃烧及型煤技术。该技术是将原煤在入料口先通过分层装置进行筛分，使大颗粒煤直接落至炉排上，小颗粒及粉末送入炉前型煤装置压制成核桃大小形状的煤块，然后送入炉排，以提高煤层的透气性，从而强化燃烧，提高锅炉热效率和减少环境污染。

5.3.4 气候补偿系统是供热量自动控制技术的一种。

目前尚无"气候补偿系统"行业标准，本规范编制组提出了气候补偿系统在锅炉房的应用，气候补偿系统能够根据室外气候条件及用户负荷需求的变化，通过自动控制技术实现按需供热的一种供热量调节，实现节能目的。具体使用方法及控制参数见附录C。

5.3.5 锅炉厂家配置的鼓、引风机及炉排给煤机容量按额定工况配置，有较大的节能空间。通过鼓、引风机变频及炉排给煤机调节满足系统实际工况的需要，并实现节约电能；炉排给煤机要随负荷的变化调节给煤量。锅炉鼓风系统优化配置，设备能效指标要符合相关标准规定。现行行业标准《城镇供热系统节能技术规范》CJJ/T 185第3.3.6～3.6.8条规定炉排给煤系统宜设调速装置，锅炉鼓风机、引风机应设调速装置。

5.3.6 燃气（油）锅炉改造为"多级分段式"或比例式燃烧机节能效果更好。

5.3.7 锅炉排烟温度较高，烟气回收的节能潜力较大，在有条件情况下，安装烟气冷凝回收装置；烟气冷凝回收装置的使用条件见附录D。

5.3.9 分时分区控制是供热量自动控制装置的一种。办公楼、学校、大礼堂、体育场馆等非全日使用的建筑，可改造为自动分时分区供暖系统，在锅炉房、热力站或建筑物热力入口处设自动控制阀门，由设置在锅炉房和热力站的分时分区控制器控制电动阀，实现按需供热，达到节能的效果。分时分区控制系统的应用要求见附录E。

5.3.10 一次水一级泵设在区域锅炉房，一级泵只负责锅炉房内一次水的循环阻力，定流量运行；各热力站设的一次水二级泵应能克服一次水从区域锅炉房至本热力站的循环阻力。分布式二级泵应为变频泵，并由供热量自动控制装置控制。分布式二级泵可降低一次水管网总的耗电量，同时可以兼顾解决一次水管网平衡的问题，在经济技术比较合理的前提下，可进行选用。

5.3.11 锅炉房的二级泵变频泵系统一般可在锅炉房进出口总管处设旁通管，旁通管将系统分为锅炉房和外网两部分，锅炉房与外网分别设置循环水泵，锅炉房的循环水泵成为一级泵，外网循环水泵成为二级泵，第二级泵应设调速装置。二级泵系统的设置有利于降低供热系统总的循环水泵的电耗。供热范围较大的锅炉房直供系统，改造成锅炉房间接供热系统或混水供热后，系统变小了，有利于各项节能技术的实施，有利于达到节能效果。

5.3.12 锅炉房内设计为二级泵系统时一级泵为定流量水泵，其他变流量系统水泵应设置变频调速装置。多台循环水泵并联运行，影响每台循环水泵的效率，一般不能达到耗电输热比的要求。循环水泵的台数和运行参数的选择应根据热网运行调节的方式来确定。

5.3.14 目前很多集中供热系统由于阀门、过滤器设置不合理或水泵选型太大，为防止电机超载关小总阀门的做法造成了过大的压降，这种不合理的压降可以占水泵有效扬程的30%甚至更多，因此应通过对整个系统的阻力进行优化，减少不必要的阀门、过滤器等造成过大的压降。

5.3.15 分项计量：热力站可分为循环水泵、补水泵、照明等耗电，对各项用电分项计量有利于加强热力站的管理，降低电耗。当锅炉房采用多项变频措施进行节能改造时：如循环水泵、炉排给煤机、鼓、引风机及燃烧机等应注意谐波含量对供配电支路的影响。

5.4 热 力 站

5.4.2 "气候补偿系统"是一种供热量自动调节技术，可在整个供暖期间根据室外气象条件的变化调节供热系统的供热量，保持热力站的供热量与建筑物的需热量一致，达到最佳的运行效率和稳定的供热质量。热力站的热力系统控制方式是指热力站热源侧的调节方式和用户侧负荷的调节方式。"气候补偿系统"应具备的功能，见附录C。

5.4.4 热力站对热量、循环水量、补水量、供回水温度、室外温度、供回水压力、电量及水泵的运行状态进行实时监测，方便进行供热量调节。

5.4.6 板式换热器相比其他方式换热器具有传热系数高、换热效果好、结构紧凑、体积小等优点，便于供热系统的运行调节。

5.5 供 热 管 网

5.5.1 供热管网输送效率受管网保温效果、非正常失水控制及水力平衡度的影响，当供热管网输送效率低于90%时，要通过查勘结果，从以上三方面分析耗能因素进行节能改造。

5.5.2 供热管网补水有两个原因：正常失水和非正常失水。供热设备、水泵等运行中的排污、临时维修和少量阀门不严的滴漏属于正常失水；用户私自放水属于非正常失水。本规程供热管网补水量按第4.2.4条两个指标考核。

5.5.3 水力失衡现象是造成供热系统能耗过高的主要原因之一。水力失衡造成近端用户过热开窗散热、远端用户温度过低投诉。热计量、变流量、气候补偿系统、锅炉房集中监控技术、室温调控、水泵变频控制等节能技术的实施及高效运行都离不开水力平衡技术，水力平衡是保证其他节能措施可靠实施的前提。当供热系统的循环水泵集中在锅炉房或热力站时，设计要求各并联环路之间的压力损失差值不应大于15%。现场可采用检测热力站或楼栋的流量与设计流量的比值或供回水平均温度来判断平衡度，当水力平衡度不满足要求时应首先通过无成本的水力平衡调节来解决，只有当仅通过调节仍无法解决问题时，才需要进一步采取其他管网水力平衡措施。

5.5.4 供热管网使用多年，由于原设计缺陷、负荷变化等原因，管网一般都存在水力不平衡现象。可借供热管网更新改造的机会，优化管网布局及调整管径，最大可能消除水力不平衡现象。现行行业标准《城镇供热系统节能技术规范》CJJ/T 185 第3.6.4规定：新建管网和既有管网改造时应进行水力计算，当各并联环路的计算压力损失差值大于15％时，应在热力入口处设自力式压差控制阀。

5.5.6 一个锅炉房与多个热力站组成的一次水供热系统中，各热力站可能相距较远、阻力相差悬殊，为稳定各热力站的一次水的供水压差，宜在各环路干、支管道及热力站的一次水入口设性能可靠的水力平衡阀门，最不利的热力站无必要设。

一个热力站与多个环路组成的二次水供热系统中，可在各环路干、支管道及楼栋二次水入口总供水管上设水力平衡阀门；为尽量减少供热系统的水流阻力，热源出口总管上、热力站出口总管上不应再串联设置自力式流量控制阀，最不利的楼栋无必要设。

5.6 建筑物供暖系统

5.6.1 本条是根据《严寒和寒冷地区居住建筑节能设计标准》JGJ 26 中第5.3.3条的规定。热计量装置包括热量表、热分摊装置。

5.6.3 在建筑物内安装供热计量数据采集和远传系统的优点非常明显：不仅能实时了解热量分配情况，还可以帮助供热管理部门实时了解供热效果，同时它还是供热计量得到实施的关键步骤。因此建议有条件的场合争取安装供热计量数据集控中心。

5.6.4 垂直单管顺流式供暖系统改为垂直单管跨越式或垂直双管式系统，由于干管、立管、支管及散热器配置的变化，需要进行水力平衡复核验算，以保证节能改造后的室温并避免垂直和水平失调。

5.6.6 实行热计量后，户内或室内设有温控设施，用户流量可自行调节，水力平衡阀门的类型要适应所采用的热计量分摊、温控的方式。水力平衡阀门的选用按"附录F"规定。

5.6.7 目前混水技术得到了灵活应用，该技术对缓解水力、热力失调，匹配同一系统不同供暖末端等有很大作用。

5.6.8 检验供热效果就是保证用户室温达到要求，即使是实行热计量后，用户室温也需要实时了解。用户室温监测是一个实时系统，可以对典型用户进行连续监测。

6 施工及验收

6.1 一般规定

6.1.1 要求具有相应资质的单位承担，是为了保证工程质量和预期的节能效果。

6.1.2 施工中如需要修改原设计方案，应有设计变更或工程洽商的正规手续。

6.1.3 供热系统节能改造施工验收除应符合国家现行标准《锅炉安装工程施工及验收规范》GB 50273、《城镇供热管网工程施工及验收规范》CJJ 28 及《建筑节能工程施工质量验收规范》GB 50411外，还应符合《自动化仪表工程施工及质量验收规范》GB 50093、《风机、压缩机、泵安装工程施工及验收规范》GB 50275、《机械设备安装工程施工及验收通用规范》GB 50231、《通风与空调工程施工质量验收规范》GB 50243、《建筑给水排水及采暖工程施工质量验收规范》GB 50242 的要求。当所采用的设备有特殊要求时，应符合相应的企业标准。

6.1.4 如为防止锅炉和换热器安装调试期间发生汽化，应有安全流量的保障措施。

6.2 自动化仪表安装调试

6.2.1 供热系统自动化仪表工程施工及验收包括"供热系统集中自动控制"、"锅炉房集中监控"、"气候补偿系统"、"分时分区控制系统"、"烟气冷凝回收装置"、"水泵风机变频装置"及"热计量装置"等各项节能技术的自动化仪表安装调试。

6.2.2 "单机试运行及调试"和"联合试运行及调试"是《建筑节能工程施工质量验收规范》GB 50411的要求。"联合试运行及调试"是指在供热系统的热源、管网及室内采暖系统带负荷试运转情况下，进行调试。

6.2.3 自动化仪表工程的调试应按产品的技术文件和节能改造设计文件进行，一般按下列要求进行：

1 电气设备检查：

1) 电气回路和控制回路的接线是否正确、牢固；

2) 电气系统是否可靠接地；

3) 在通电状态下，电气元件动作是否正常；

2 现场控制系统性能试验：

1) 控制系统整机试验；

2) 在控制器人机界面上读温度、压力等参数，并直接在控制器人机界面上按手动方式启停补水泵、循环水泵、电磁阀等，增加或减少变频器的频率，增加或减少电动调节阀的开度，应符合工艺要求；

3) 直接在控制器人机界面上设定温度、压力等参数的上下限，超压、超温及停电等相关参数，应符合工艺要求；

3 监控中心的功能测试：

1) 监控中心功能试验包括：显示、处理、操作、控制、报警、诊断、通信、打印、拷贝等基本功能检查试验；

2）控制方案、控制和连锁程序的检查；

4 带负荷热态试验：

1）控制系统应在带负荷热态运行过程中，满足 168h 无故障运行要求；

2）控制系统节能效果试验应符合《建筑节能工程施工质量验收规范》GB 50411 - 2007 的要求。

6.3 烟气冷凝回收装置安装调试

6.3.1 烟气冷凝回收装置安装调试及运行时，要特别注意及时排除冷凝水，防止冷凝水进入锅炉。目前尚无"烟气冷凝回收装置"行业标准，"烟气冷凝回收装置"的安装要符合企业标准的要求。

6.3.2 "单机试运行及调试"和"联合试运行及调试"是《建筑节能工程施工质量验收规范》GB 50411 的要求。被加热水量的安全值要求、锅炉与被加热水系统的连锁控制的主要目的是防止干烧，保护设备。烟风系统的调节要求是由于安装烟气余热回收装置后烟风系统阻力会有所增加，可能会影响到燃烧器的燃烧。

6.3.3 烟气冷凝回收装置的节能测试数据包括：燃气耗量、燃气低位热值、烟气进出口温度、烟气进出口压力、烟气冷凝水量、烟气冷凝水温度；被加热水流量、被加热水进出口温度、被加热水进出口压力等。

6.4 水力平衡装置安装调试

6.4.1 不同的水力平衡装置产品对于安装位置、阀门前后直管段、阀门方向、操作空间等方面均有不同要求，应根据产品说明书要求进行安装。

6.4.2 水力平衡装置根据产品及应用的不同，需要配套安装相应的过滤器、压力表等辅助元件以方便调试、故障诊断或保护水力平衡装置，安装时应符合设计要求。

6.5 热计量装置安装调试

6.5.3 工作环境包括：温度、湿度、电磁环境、介质温度、介媒质压力等，热量表的工作环境一般要符合《热量表》CJ 128 的规定。

6.5.4 当节能改造的建筑无防雷击措施时，注意要综合考虑有效的防雷击措施。

6.6 竣 工 验 收

6.6.3 供热系统节能改造工程的技术资料要正式归档，以便日后运行时对照参考。

7 节能改造效果评价

7.0.1 对节能改造工程投入运行后的实际节能效果进行分析和评价，目的是验证节能技术方案的合理性，并为节能改造工程的技术经济性分析提供依据。也为同类节能改造技术方案在其他供热系统中实施提供参考依据。

7.0.2 节能改造效果评价应包括供热质量的评价内容，是因为一般来说，供热系统的节能改造有助于改善供热质量，在节能评价时，包括供热质量的分析，有利于评价的全面性和客观性。

7.0.4 本条提出了供热系统能耗测试的主要内容，在实际节能改造工程节能效果评价时，应根据所采用的节能改造技术方案，选择相应的测试内容。

7.0.5 本条提出了供热系统能耗评价的主要指标，在实际节能改造工程能效评价时，应根据所采用的节能改造技术方案，合理选择具体指标进行评价分析。

7.0.6 节能率按本规程第 2.0.7 条计算：（改造前的单位供暖建筑面积能耗－改造后的单位供暖建筑面积能耗）/改造前的单位供暖面积能耗，必要时考虑修正。

7.0.7 前期的节能检测评估工作不准确、不到位或节能改造方案制定不合理时，会导致达不到预期的节能效果。对于这种情况，必要时重新做节能检测评估、重新制定节能改造方案，完善节能改造措施。

附录 F 管网水力平衡优化

F.0.2 供热管网形式分为变流量系统及定流量系统。变流量系统指管网内流量随负荷变化而变化；与之相对应的定流量系统运行时，管网内流量基本保持不变，不随负荷变化而变化。变流量系统由于系统在部分负荷工作时，流量和系统内压力分布发生改变，其所产生的水力平衡问题有异于定流量系统，在选择水力平衡及调节阀门时，应予区分。

管网运行调节模式主要有质调节、量调节、质量并调、分时分区控制，对不同使用功能的建筑进行分时分区温度和流量控制、分阶段变流量（系统为定流量系统时，随气候变化进行水泵运行台数或频率调节）等调节模式，水力平衡及调节阀门的选取应与系统形式及运行调节模式相适应。

热计量改革在得到大面积推广后，配合室内温控措施，随着终端用户、热网运行管理单位用热及管理运营思路的改变，供热管网的整体运行模式将产生较大改变。因此针对不同的热计量及温控方式的特点，应采取不同的水力平衡及调节阀门。

不同厂家对于水力平衡及调节阀门的选型、安装均有不同要求，应根据系统要求，进行选用及安装。

F.0.3 水力平衡阀，又称手动平衡阀、数字锁定平衡阀。其工作原理为：通过阀门节流，消耗阀门所在回路富裕压降，使回路流量等于设计值；其特殊调试方式需逐级安装，即各级支、干管分支处均应安装。

自力式流量控制阀，又称动态流量平衡阀、流量限制器、自力式流量平衡阀。其工作原理为：通过自力式机构，在系统压力变化时，维持系统中某回路流量恒定。

自力式压差控制阀，又称压差控制器、动态压差平衡阀。其工作原理为：通过自力式机构，在系统压力变化时，维持系统中某回路或两点间压差恒定。除与静态平衡阀联用实现流量限制及测量外，一般不需与其他形式水力平衡阀门联用。

动态压差平衡型电动调节阀，又称恒压差电动调节阀。其工作原理为：此阀门由自力式压差平衡阀与电动调节阀复合而成，由自力式压差平衡阀控制电动

调节阀两端压降恒定，以实现在系统压力波动时，通过阀门的流量不受影响。其具有水力平衡与控制两项，一般仅在需要温度控制的末端安装即可，不需与其他形式水力平衡阀门联用。

F.0.4 末端楼前混水装置只需较小的占地空间以及相对较少的投资和设备安装量就可解决个别楼宇的特殊用热参数需求，如新老建筑或地板辐射低温末端与散热器末端共存同一供热系统中时所需要的供热参数不一致，与此同时还可兼顾解决局部水力失衡现象。

采用末端楼前混水装置可实现供热管网大温差小流量供热，楼内供热系统小温差大流量用热，有利于削弱建筑内热力失调，节约水泵输送能耗，同时兼顾解决系统水力失衡问题。

中华人民共和国国家标准

建筑节能基本术语标准

Standard for basic terminology of building energy-saving

GB/T 51140—2015

主编部门：中华人民共和国住房和城乡建设部
批准部门：中华人民共和国住房和城乡建设部
施行日期：２０１６年８月１日

中华人民共和国住房和城乡建设部
公　告

第 999 号

住房城乡建设部关于发布国家标准
《建筑节能基本术语标准》的公告

现批准《建筑节能基本术语标准》为国家标准，编号为 GB/T 51140－2015，自 2016 年 8 月 1 日起实施。

本标准由我部标准定额研究所组织中国建筑工业出版社出版发行。

2015 年 12 月 3 日

前　　言

根据住房和城乡建设部《关于印发〈2009 年工程建设标准规范制订、修订计划〉的通知》（建标〔2009〕88 号）的要求，编制组经广泛调查研究，认真总结实践经验，参考有关国际标准和国外先进标准，并在广泛征求意见的基础上，编制了本标准。

本标准的主要技术内容是：1　总则；2　通用术语；3　建筑节能技术；4　建筑节能管理。

本标准由住房和城乡建设部负责管理，由住房和城乡建设部科技发展促进中心负责具体技术内容的解释。执行过程中如有意见或建议，请寄送住房和城乡建设部科技发展促进中心（北京市海淀区三里河路 9 号，邮政编码：100835）。

本 标 准 主 编 单 位：住房和城乡建设部科技发展促进中心

本 标 准 参 编 单 位：中国建筑科学研究院
中国建筑设计研究院
中国建筑西南设计研究院
上海市建筑科学研究院
深圳市建筑科学研究院
河南省建筑科学研究院
清华大学
西安建筑科技大学
珠海兴业绿色建筑科技有限公司
山东力诺瑞特新能源有限公司
广东万和新电气股份有限公司
上海朗诗建筑科技有限公司

本标准主要起草人员：杨　榕　郝　斌　刘　珊
林海燕　董　宏　刘俊跃
李德荣　任　俊　栾景阳
郝　军　陈晓春　冯　雅
林波荣　刘加平　王　怡

本标准主要审查人员：吴德绳　徐　伟　袁　镔
潘云钢　张　旭　李德英
曾　捷　王占友　朱敦智
丁力行

目　次

1　总则 ………………………………… 14—5

2　通用术语 …………………………… 14—5

3　建筑节能技术 ……………………… 14—5

 3.1　建筑 ………………………… 14—5

 3.2　供暖、通风与空气调节 ……… 14—6

 3.3　可再生能源建筑应用 ………… 14—7

3.4　电气、设备与材料 ……………… 14—7

4　建筑节能管理 ……………………… 14—7

附录 A　中文索引 …………………… 14—8

附录 B　英文索引 …………………… 14—10

附：条文说明 ………………………… 14—12

Contents

1 General Provisions ·················· 14—5

2 General Terms ·················· 14—5

3 Building Energy-saving
  Technology ·················· 14—5

  3.1 Architecture ·················· 14—5

  3.2 Heating, Ventilation & Air
      Conditioning ·················· 14—6

  3.3 Renewable Energy in Buildings ·········· 14—7

  3.4 Electrical Installation, Facilities
      and Materials ·················· 14—7

4 Building Energy-saving
  Management ·················· 14—7

Appendix A Index in Chinese ·········· 14—8

Appendix B Index in English ········· 14—10

Addition: Explanation of
          Provisions ·················· 14—12

1 总　　则

1.0.1 为统一规范建筑节能基本术语，实现建筑节能术语的标准化，制定本标准。

1.0.2 本标准适用于建筑节能及相关领域的设计、施工、验收、运行维护及科研、教学等。

1.0.3 建筑节能基本术语除应符合本标准的规定外，尚应符合国家现行有关标准的规定。

2　通用术语

2.0.1 建筑节能　building energy-saving

建筑规划、设计、施工和使用维护过程中，在满足规定的建筑功能要求和室内环境质量的前提下，通过采取技术措施和管理手段，实现提高能源利用效率、降低运行能耗的活动。

2.0.2 建筑能耗　building energy consumption

建筑在使用过程中由外部输入的能源总量。

2.0.3 建筑节能率　building energy-saving ratio

基准建筑年能耗与设计建筑年能耗的差占基准建筑年能耗的百分比。

2.0.4 绿色建筑　green building

在全寿命期内，最大限度地节约资源（节能、节地、节水、节材）、保护环境、减少污染，为人们提供健康、适用和高效的使用空间，与自然和谐共生的建筑。

2.0.5 建筑热工设计气候分区　climatic zoning for building thermal design

为使建筑热工设计与气候条件相适应而做出的气候区划。

2.0.6 室内环境质量　indoor environment quality

建筑室内的热湿环境、光环境、声环境和室内空气品质的总体水平。

2.0.7 城市热岛效应　urban heat island effect

同一时期内，城市区域空气温度值大于郊区的现象。

2.0.8 建筑用能规划　building energy planning

以城市规划为依据，对建设区域内的建筑用能需求进行预测并对能源供应方式进行优化配置的活动。

2.0.9 可再生能源建筑应用　renewable energy in buildings

在建筑物中合理利用太阳能、浅层地热能等非化石能源，改善用能结构，降低常规能源消耗量的活动。

2.0.10 建筑合同能源管理　building energy management contracting

通过为用户提供节能诊断、融资、改造等服务，减少建筑运行中的能源费用，分享节能效益以实现回收投资和获得合理利润的一种市场化服务方式。

2.0.11 建筑节能工程　building energy-saving measures

在建筑的规划、设计、施工和使用过程中，各种节能措施的总称。

2.0.12 行为节能　energy-saving of occupant behavior

通过人为设定或采用一定技术手段或做法，使供电、供暖、供水等能耗系统按每天每个家庭的起居规律适时调整运行、以人为本、按需分配的一种节能方式。

3　建筑节能技术

3.1　建　　筑

3.1.1 被动式建筑节能技术　passive technology for building energy-saving

充分利用自然条件和建筑设计手段实现降低建筑物能耗的节能措施。

3.1.2 建筑热工设计　building thermal design

从建筑物室内外热湿作用对围护结构和室内热环境的影响出发，通过改善建筑物室内热环境，满足人们工作和生活的需要或降低供暖、通风、空气调节等负荷而进行的专项设计。

3.1.3 建筑节能热工计算　building thermal calculation for energy-saving

按建筑节能相关标准规定的方法对建筑围护结构的规定性指标或性能性指标进行计算的活动。

3.1.4 外保温系统　external thermal insulation system

由保温层、防护层和固定材料构成，位于建筑围护结构外表面的非承重保温构造总称。

3.1.5 内保温系统　internal thermal insulation system

由保温层、防护层和固定材料构成，位于建筑围护结构内表面的非承重保温构造总称。

3.1.6 自保温系统　self thermal insulation system

以墙体材料自身的热工性能来满足建筑围护结构节能设计要求的构造系统。

3.1.7 保温结构一体化　integration of thermal insulation and building structure

保温层与建筑结构同步施工完成的构造技术。

3.1.8 保温隔热屋面　thermal insulation roof

采用保温、隔热措施，能够在冬季防止热量散失、夏季防止热量流入的屋面。

3.1.9 体形系数　shape factor

建筑物与室外大气接触的外表面积与其所包围的体积之比，外表面积不包括地面和不供暖楼梯间内墙的面积。

3.1.10　窗墙面积比　area ratio of window to wall

窗户洞口面积与房间立面单元面积之比。

3.1.11　遮阳　shading

为减少太阳辐射对建筑的热作用而采取的遮挡措施。

3.1.12　围护结构　building envelope

建筑物及房间各面的围挡物的总称。

3.1.13　建筑保温　envelope insulation

为减少冬季室内外温差传热，在建筑围护结构上采取的技术措施。

3.1.14　建筑隔热　envelope solar isolation

为减少夏季太阳辐射热量向室内传递，在建筑外围护结构上采取的技术措施。

3.1.15　垂直绿化　vertical greening

沿建筑物高度方向布置植物的绿化方式。

3.1.16　屋顶绿化　roof greening

在建筑物屋顶布置植物的绿化方式。

3.1.17　围护结构热工参数　thermal parameter of building envelope

用于描述围护结构热工性能的物理量，主要包括导热系数、蓄热系数、热阻、传热系数、热惰性指标等。

3.1.18　遮阳系数　shading coefficient

在给定条件下，太阳辐射透过玻璃、门窗或玻璃幕墙构件所形成的室内得热量，与相同条件下透过标准玻璃（3mm 厚透明玻璃）所形成的太阳辐射得热量之比。

3.1.19　太阳得热系数　solar heat gain coefficient

通过玻璃、门窗或透光幕墙成为室内得热量的太阳辐射部分与投射到玻璃、门窗或透光幕墙构件上的太阳辐射照度的比值。成为室内得热量的太阳辐射部分包括太阳辐射通过辐射透射的得热量和太阳辐射被构件吸收再传入室内的得热量两部分。也称太阳光总透射比，简称 $SHGC$。

3.1.20　热桥　thermal bridge

围护结构中局部的传热系数明显大于主体传热系数的部位。

3.1.21　建筑物耗能量指标　index of building energy consumption

为满足室内环境设计条件，单位时间内单位建筑面积消耗的需由能源设备供给的能量。

3.1.22　度日数　degree day

某一时段内，日平均温度低于或高于某一基准温度时，日平均温度与基准温度之差的代数和。

3.1.23　天然采光　day lighting

利用自然光进行建筑采光的方法。

3.1.24　自然通风　natural ventilation

依靠室外风力造成的风压和室内外空气温差造成的热压，促使室内外空气流动与交换的通风方式。

3.2　供暖、通风与空气调节

3.2.1　供暖　heating

用人工方法通过消耗一定能源向室内供给热量，使室内保持生活或工作所需温度的技术、装备、服务的总称。供暖系统由热媒制备（热源）、热媒输送和热媒利用（散热设备）三个主要部分组成。

3.2.2　集中供暖　district heating

热源和散热设备分别设置，用热媒管道相连接，由热源向多个热用户供给热量的供暖系统，又称为集中供暖系统。

3.2.3　热电联产　co-generation of heat and power

热电厂同时生产电能和可用热能的联合生产方式。

3.2.4　冷热电三联供　combined cooling, heating and power

以一次能源用于发电，并利用发电余热制冷和供热，向用户输出电能、热（冷）的分布式能源供应方式。

3.2.5　热计量　heat metering

对供热系统的热源供热量、热用户的用热量进行的计量。

3.2.6　分户热计量　heat metering in consumers

以用户为单位，采用直接计量或分摊计量方式计量用户的供热量。

3.2.7　锅炉运行效率　operating efficiency of boiler

锅炉实际运行中产生的有效利用的热量与其燃烧的燃料所含热量的比值。

3.2.8　室外管网输送效率　efficiency of network

管网输出总热量与输入管网的总热量的比值。

3.2.9　空调冷（热）水系统耗电输冷（热）比　electricity consumption to transferred cooling（heat）quantity ratio of air conditioning system

设计工况下，空调冷（热）水系统循环水泵总功耗与设计冷（热）负荷的比值。

3.2.10　集中供暖系统耗电输热比　electricity consumption to transferred heat quantity ratio of central heating system

设计工况下，集中采暖系统循环水泵总功耗与设计热负荷的比值。

3.2.11　空气调节　air conditioning

使服务空间内的空气温度、湿度、清洁度、气流速度和空气压力梯度等参数达到给定要求的技术。

3.2.12 空调系统能效比　integrated energy efficiency of air conditioning system

以建筑整个空调系统为对象，空调系统的制冷量或制热量与系统总输入能量之比。

3.2.13 通风　ventilation

采用自然或机械方法对建筑空间进行换气，以使室内空气环境满足卫生和安全等要求的技术。

3.3 可再生能源建筑应用

3.3.1 可再生能源替代率　alternative to conventional energy

建筑中使用可再生能源所形成的常规能源替代量或节约量在建筑总能源消费中所占的比率。

3.3.2 太阳能建筑一体化　building integrated solar energy system

太阳能系统与建筑功能、建筑结构和建筑用能需求有机结合，与建筑外观相协调，并与建筑工程同步设计、施工和验收。

3.3.3 太阳能光热系统　solar heating system

将太阳能辐射能转换成热能，并在必要时与辅助热源配合使用以提供热需求的系统。

3.3.4 太阳能光热保证率　solar fraction

太阳能光热系统中由太阳能提供的能量占该系统一定时间段内总需能量的百分率。

3.3.5 太阳能光伏系统　solar photovoltaic system

利用太阳能电池的光伏效应将太阳辐射能直接转换成电能的系统。

3.3.6 太阳能光伏系统效率　solar photovoltaic system efficiency

太阳能光伏系统输出功率占入射到电池板受光平面几何面积上的全部光功率的百分比。

3.3.7 被动式太阳房　passive solar houses

通过建筑朝向和周围环境的合理布置、内部空间和外部形体的处理以及建筑材料和结构的匹配选择，使其在冬季能集取、蓄存和分配太阳热能的一种建筑物。

3.3.8 热泵　heat pump

以消耗能量为代价，使热能从低温热源向高温热源传递的一种装置。

3.3.9 热泵系统能效比　coefficient of performance of heat pump system

热泵系统制热量（或制冷量）与系统总耗能量的比值，系统总耗能量包括热泵主机、各级循环泵的耗能量。

3.4 电气、设备与材料

3.4.1 绿色照明　green lighting

在满足建筑功能要求的前提下，采用能耗低、效率高、安全稳定的照明方式。

3.4.2 照明节能　lighting energy-saving

在满足建筑室内视觉舒适度要求的前提下，通过采用节能灯具、智能控制等措施有效降低照明能耗的活动。

3.4.3 电梯节能　elevator energy-saving

通过改进机械传动和电力拖动系统、照明系统和控制系统等技术有效降低电梯能耗的活动。

3.4.4 遮阳装置　shading device

安装在建筑围护结构上，用于遮挡或调节进入室内太阳辐射热或自然光透过量的装置。

3.4.5 热回收装置　heat recovery device

在空调、供暖、通风设备或系统上所加装的，并将运行时所排出的热量进行回收利用的装置。

3.4.6 蓄能设备和装置　energy storage device

充分利用某些物质的物理化学性能，对冷、热、电等能量进行存储、释放的设备和装置。

3.4.7 冷/热量计量装置　cooling/heat metering device

冷/热量表以及对冷/热量表的计量值进行分摊的、用以计量用户消耗能量的仪表。

3.4.8 给水排水节能技术　water supply and drainage energy-saving technology

在充分满足建筑用水和排水要求的基础上，能够有效降低建筑给水和排水日常运行能耗的技术。

3.4.9 变频调速技术　variable-frequency energy-saving device

通过改变电动机工作电源频率从而改变电机转速，以达到节能效果的技术。

3.4.10 建筑保温材料　building thermal insulation material

导热系数小于 $0.3W/(m \cdot K)$、用于建筑围护结构对热流具有显著阻抗性的材料或材料复合体。

3.4.11 建筑隔热材料　building solar isolation material

表面太阳辐射反射率较高、用于建筑围护结构外表面减少太阳辐射热量进入室内的材料。

3.4.12 绿色建材　green building material

采用清洁生产技术，不用或少用天然资源和能源，大量使用工农业或城市固态废弃物生产的无毒害、无污染、无放射性，且使用周期后可回收利用，有利于环境保护和人体健康的建筑材料。

4　建筑节能管理

4.0.1 建筑节能设计　building energy-saving design

在保证建筑功能和室内环境质量的前提下，通过采取技术措施，降低机电系统和设备的能耗所开展的活动。

4.0.2 建筑节能设计专项审查 building energy-saving special investigation

对建筑工程施工图设计文件是否满足相关建筑节能法规政策和标准规范要求所进行的审查活动。

4.0.3 建筑节能工程施工 building energy-saving projects construction

按建筑工程施工图设计文件和施工方案要求，针对建筑节能措施所开展的建造活动。

4.0.4 建筑节能工程检验 building energy-saving projects inspection

对建筑节能工程中的材料、产品、设备、施工质量及效果等进行检查和测试，并将结果与设计文件和标准进行比较和判定的活动。

4.0.5 建筑节能工程验收 building energy-saving projects acceptance

在施工单位自行质量检查评定的基础上，由参与建设活动的有关单位共同对建筑节能工程的检验批、分项工程、分部工程的质量进行抽样复验，并根据相关标准以书面形式对工程质量是否合格进行确认的活动。

4.0.6 建筑能耗统计 buildings energy consumption statistics

按统一的规定和标准，对民用建筑使用过程中的能源消耗数据进行采集、处理分析和报送的活动。

4.0.7 建筑能源审计 building energy auditing

依据国家有关节能法规和标准对建筑能源利用效率、能源消耗水平、能源经济和环境效果进行检测、核查、分析和评价的活动。

4.0.8 建筑节能诊断 building energy-saving diagnosis

通过现场调查、检测以及对能源消费账单和设备历史运行记录的统计分析等，发掘再节能的空间，为建筑物的节能优化运行和节能改造提供依据的过程。

4.0.9 建筑能耗监测 building energy consumption monitoring

通过能耗计量装置实时采集建筑能耗数据，并对采集数据进行在线监测、查看和动态分析等的活动。

4.0.10 建筑能耗分类分项计量 itemized metering of building energy consumption

针对建筑物使用能源的种类和建筑物用能系统类型实施的能源消费计量方式。

4.0.11 用能系统调适 commissioning of energy consumption system

通过设计、施工、验收和运行维护阶段的全过程监督和管理，保证建筑物能够按设计和用户要求，实现安全、高效地运行和控制的工作程序和方法。

4.0.12 建筑能效测评 building energy efficiency evaluation

对反映建筑物能源消耗量及建筑物用能系统效率等性能指标进行检测、计算，并给出其所处水平的活动。

4.0.13 建筑节能量评估 building energy-saving assessment

对建筑采取节能措施而减少能源消耗量进行评价的活动。

4.0.14 建筑能效标识 building energy efficiency labeling

依据建筑能效标识技术标准，对反映建筑物能源消耗量及建筑物用能系统等性能指标以信息标识的形式进行明示的活动。

4.0.15 绿色建筑标识 green building labeling

依据绿色建筑评价标准，对建筑物达标等级进行评定，并以信息标识的形式进行明示的活动。

4.0.16 建筑能耗基准线 building energy consumption baseline

为评价建筑物用能水平，以建筑能耗实测值或模拟值为基础，而设置的一种情景能耗水平。

4.0.17 建筑能耗限额 building energy consumption quota

在所规定的时期内（通常为一年或一个月），依据同类型建筑能源消耗的社会水平所确定的、实现使用功能所允许消耗的建筑能源数量的限值。

附录 A 中文索引

B

保温隔热屋面 ·························· 14—5
保温结构一体化 ······················ 14—5
被动式建筑节能技术 ················· 14—5
被动式太阳房 ························· 14—7
变频调速技术 ························· 14—7

C

窗墙面积比 ·························· 14—6
垂直绿化 ···························· 14—6
城市热岛效应 ························ 14—5

D

电梯节能 ···························· 14—7
度日数 ······························ 14—6

F

分户热计量 ·························· 14—6

G

给水排水节能技术 ······················ 14—7
供暖 ······································· 14—6
锅炉运行效率 ···························· 14—6

H

耗电输冷（热）比 ······················ 14—6
耗电输热比 ······························ 14—6

J

集中供暖 ································· 14—6
建筑保温 ································· 14—6
建筑保温材料 ···························· 14—7
建筑隔热 ································· 14—6
建筑隔热材料 ···························· 14—7
建筑合同能源管理 ······················ 14—5
建筑节能 ································· 14—5
建筑节能工程 ···························· 14—5
建筑节能工程检验 ······················ 14—8
建筑节能工程施工 ······················ 14—8
建筑节能工程验收 ······················ 14—8
建筑节能量评估 ························· 14—8
建筑节能率 ······························ 14—5
建筑节能热工计算 ······················ 14—5
建筑节能设计 ···························· 14—7
建筑节能设计专项审查 ·················· 14—8
建筑节能诊断 ···························· 14—8
建筑能耗 ································· 14—5
建筑能耗限额 ···························· 14—8
建筑能耗分类分项计量 ·················· 14—8
建筑能耗基准线 ························· 14—8
建筑能耗监测 ···························· 14—8
建筑能耗统计 ···························· 14—8
建筑能效标识 ···························· 14—8
建筑能效测评 ···························· 14—8
建筑能源审计 ···························· 14—8
建筑热工设计 ···························· 14—5
建筑热工设计气候分区 ·················· 14—5
建筑物耗能量指标 ······················ 14—6
建筑用能规划 ···························· 14—5

K

可再生能源建筑应用 ···················· 14—5
可再生能源替代率 ······················ 14—7
空调系统能效比 ························· 14—7
空气调节 ································· 14—6

L

冷/热量计量装置 ························ 14—7

冷热电三联供 ···························· 14—6
绿色建材 ································· 14—7
绿色建筑 ································· 14—5
绿色建筑标识 ···························· 14—8
绿色照明 ································· 14—7

N

内保温系统 ······························ 14—5

R

热泵 ······································· 14—7
热泵系统能效比 ························· 14—7
热电联产 ································· 14—6
热计量 ···································· 14—6
热桥 ······································· 14—6
热回收装置 ······························ 14—7

S

室内环境质量 ···························· 14—5
室外管网输送效率 ······················ 14—6

T

太阳能光伏系统 ························· 14—7
太阳能光伏系统效率 ···················· 14—7
太阳能光热保证率 ······················ 14—7
太阳能光热系统 ························· 14—7
太阳能建筑一体化 ······················ 14—7
太阳得热系数 ···························· 14—6
体形系数 ································· 14—5
天然采光 ································· 14—6
通风 ······································· 14—6

W

外保温系统 ······························ 14—5
围护结构 ································· 14—6
围护结构热工参数 ······················ 14—6
屋顶绿化 ································· 14—6

X

蓄能设备和装置 ························· 14—7
行为节能 ································· 14—5

Y

用能系统调适 ···························· 14—8

Z

照明节能 ································· 14—7
遮阳 ······································· 14—6
遮阳系数 ································· 14—6

遮阳装置 ································· 14—7

自保温系统 ···························· 14—5

自然通风 ······························· 14—6

附录 B 英 文 索 引

A

air conditioning ······················· 14—6

alternative to conventional energy ·········· 14—7

area ratio of window to wall ·············· 14—6

B

building energy auditing ················ 14—8

building energy consumption baseline ········ 14—8

building energy consumption monitoring ······ 14—8

building energy consumption quota ·········· 14—8

building energy efficiency evaluation ········· 14—8

building energy efficiency labeling ·········· 14—8

building energy management contracting ······ 14—5

building energy planning ················ 14—5

building energy consumption ·············· 14—5

building energy-saving ·················· 14—5

building energy-saving assessment ·········· 14—8

building energy-saving design ············· 14—7

building energy-saving diagnosis ··········· 14—8

building energy-saving measures ··········· 14—5

building energy-saving projects

  construction ························ 14—8

building energy-saving projects inspection ····· 14—8

building energy-saving projects acceptance ····· 14—8

building energy-saving ratio ·············· 14—5

building energy-saving special investigation ··· 14—8

building envelope ····················· 14—6

building integrated solar energy system ········ 14—7

building solar isolation material ············ 14—7

building thermal calculation for energy-

  saving ···························· 14—5

building thermal design ················· 14—5

building thermal insulation material ········· 14—7

buildings energy consumption statistics ······· 14—8

C

climatic zoning for building thermal design ··· 14—5

coefficient of performance of heat pump

  system ···························· 14—7

co-generation of heat and power ··········· 14—6

combined cooling, heating and power ········ 14—6

commissioning of energy consumption

  system ···························· 14—8

cooling/heat metering device ············· 14—7

D

day lighting ························· 14—6

degree day ·························· 14—6

district heating ······················ 14—6

E

electricity consumption to transferred

cooling (heat) quantity ratio air conditioning

  system ···························· 14—6

electricity consumption to transferred heat

  quantity ratio of central heating system ····· 14—6

elevator energy-saving ················· 14—7

energy storage device ················· 14—7

envelope insulation ··················· 14—6

envelope solar isolation ················ 14—6

external thermal insulation system ·········· 14—5

energy-saving of occupant behavior ········· 14—5

efficiency of network ·················· 14—6

G

green building ······················· 14—5

green building labeling ················· 14—8

green building material ················· 14—7

green lighting ······················· 14—7

H

heat metering ······················· 14—6

heat metering in consumers ·············· 14—6

heat pump ·························· 14—7

heat recovery device ·················· 14—7

heating ···························· 14—6

I

index of building energy consumption ········ 14—6

indoor environment quality ·············· 14—5

integrated energy efficiency of air conditioning

  system ···························· 14—7

integration of thermal insulation and building

  structure ·························· 14—5

internal thermal insulation system ·········· 14—5

itemized metering of building energy

  consumption ······················· 14—8

L

lighting energy-saving ················· 14—7

N

natural ventilation ································· 14—6

O

operating efficiency of boiler ·············· 14—6

P

passive solar houses ························· 14—7
passive technology for building energy-
    saving ···································· 14—5

R

renewable energy in buildings ············· 14—5
roof greening ································· 14—6

S

self thermal insulation system ············· 14—5
shading ······································ 14—6
shading coefficient ·························· 14—6
shape factor ································· 14—5
shading device ······························ 14—7

solar fraction ······························· 14—7
solar heating system ························ 14—7
solar photovoltaic system ··················· 14—7
solar photovoltaic system efficiency ········· 14—7
solar heat gain coefficient ················· 14—6

T

thermal bridge ······························ 14—6
thermal insulation roof ····················· 14—5
thermal parameter of building envelope ······· 14—6

U

urban heat island effect ···················· 14—5

V

variable-frequency energy-saving device ········ 14—7
ventilation ································· 14—7
vertical greening ··························· 14—6

W

water supply and drainage energy -saving
    technology ································ 14—7

中华人民共和国国家标准

建筑节能基本术语标准

GB/T 51140—2015

条 文 说 明

制 订 说 明

《建筑节能基本术语标准》GB/T 51140－2015，经住房和城乡建设部 2015 年 12 月 3 日以第 999 号公告批准、发布。

本标准编制过程中，编制组进行了广泛的征集，依据关注度高、通用性强以及具有前瞻性三个原则，最终遴选了建筑节能领域中最为基础的 87 个词条，并参考现行建筑节能相关标准中的术语内容，深入研究了词条的背景资料，编写了词条的定义。

为了便于广大设计、施工、科研、学校等单位有关人员在使用本标准时能正确理解和执行条文规定，《建筑节能基本术语标准》编制组按章、节、条顺序编制了本标准的条文说明，对条文规定的目的、依据以及执行中需注意的有关事项进行了说明。但是，本条文说明不具备与标准正文同等的法律效力，仅供使用者作为理解和把握标准规定的参考。

目　次

1　总则 ·························· 14—15

2　通用术语 ·················· 14—15

3　建筑节能技术 ············· 14—16

　　3.1　建筑 ················· 14—16

3.2　供暖、通风与空气调节 ·········· 14—17

3.3　可再生能源建筑应用 ············ 14—18

3.4　电气、设备与材料 ············· 14—19

4　建筑节能管理 ················ 14—19

1 总　则

1.0.1 为加强建筑节能等相关工作，国家相关部门出台了一系列的法律法规、政策文件以及标准规范。由于建筑节能知识的快速更新，我国地域差异和历史原因，译者对国外资料翻译资料的理解不同等原因，出现了建筑节能专业术语差异化的现象。在一定程度上妨碍了我国建筑节能的发展，也妨碍了我国建筑节能的信息交流、成果推广、文献检索等工作。因此，建筑节能术语的规范化，对于我国建筑节能发展是一项重要的基础性工作，是一项支撑性的系统工程。为了规范建筑节能用语，统一各标准规范、文件中建筑节能相关术语及其定义，并为今后出台的标准规范，搭建起统一的平台，促进国内外建筑节能技术、政策的交流，促进建筑节能行业的发展，实现专业术语的标准化，编制本标准。

1.0.2 本标准包含了建筑节能技术与建筑管理相关最基本的术语，重点对建筑节能领域较为基础的术语进行了详细阐述。

1.0.3 建筑节能涉及的专业较多，相关专业均制定了相应标准，因此除符合本标准相关规定外，尚应符合国家现行有关标准的规定。

2 通用术语

2.0.1 建筑节能，包含两方面的含义：①节约建筑使用过程中的能耗，其中包括供暖、通风、空气调节、热水供给、照明、动力等能耗。实现节约的方式可以包含：在建筑的规划、设计、施工采取节能材料，应用先进的技术手段，采用可再生能源利用技术，在运行管理和使用维护过程中提高管理水平以及应用计算机信息化技术等。②提高能源使用效率。但是实践发现，建筑能效的提高并不一定能够降低能耗水平，这与建筑运行管理水平有一定关系，因此应在建筑能耗总量控制的前提下进一步提高建筑能效。

2.0.2 由外部输入的能源不包含建筑自身通过可再生能源利用技术和设备获取的能源，例如与建筑一体化结合的太阳能光伏发电技术产生的电能不计入建筑能耗。

2.0.3 规定基准建筑在我国是以（1980～1981）年当地通用设计建造的建筑作为比较能耗的基础。

对于居住建筑：

一步节能：1986年在（1980～1981）年当地通用设计能耗水平基础上普遍降低30%；

二步节能：1996年起在达到第一阶段要求的基础上节能30%；

三步节能：2005年在达到第二阶段要求的基础上再节能30%。

对于公共建筑：

自2005年起进行设计时，在保证相同的室内环境参数条件下，与未采取节能措施前相比，全年供暖、通风、空气调节和照明的总能耗应减少50%。

2.0.5 建筑热工设计气候区是根据建筑热工设计的实际需要，以及与现行有关标准规范相协调，分区名称要直观贴切等要求制定的。由于目前建筑热工设计涉及冬季保温和夏季隔热，主要与冬季和夏季的温度状况有关，因此，用累年最冷月（即一月）和最热月（即七月）平均温度作为分区主要指标，累年日平均温度≤5℃和≥25℃的天数作为辅助指标，将全国划分成五个气候区，即严寒、寒冷、夏热冬冷、夏热冬暖和温和地区，并提出相应的设计要求。

2.0.7 受人类活动的影响，城市中存在大量工业余热和生活余热，在城市下垫面的综合作用下，城市的温度高于郊区，且市内各区的温度分布也不相同。

2.0.8 建筑用能规划包括设定建筑能耗目标、评估可利用能源资源量、预测建筑能源（冷、热、电等）负荷需求，以及选择合适的能源系统或技术路线，实现建筑用能的优化配置和利用。

2.0.9 可再生能源建筑应用的目的是改善建筑用能结构，降低常规能源消耗量。可再生能源可以代替常规能源直接为建筑物提供能源需求，如太阳能天然采光、风能自然通风等。可再生能源也可以通过设备或系统转换为建筑的常规能源使用，如太阳能光热、太阳能光伏发电、地源热泵、空气源热泵、生物质能提供沼气等。

2.0.10 自20世纪90年代引入合同能源管理以来，我国在建筑领域开展了一些节能服务项目的试点，取得了明显成效。通过引入合同能源管理机制，培育了一批节能服务公司，逐步开展了一些针对既有建筑的节能服务项目试点和推广工作，我国的节能服务产业已经初步形成。从我国的发展情况来说，建筑合同能源管理仍处在起步和探索阶段，具有建筑存量巨大、建筑类型多样、单个项目投资少等不同于工业项目的特点，建筑的安全运行和节能效果需要专业公司的服务和保证，这就需要建筑节能服务公司不仅具有系统集成的技术能力，还要有资本实力和新项目不断投融资的资本运营能力。然而很多节能服务公司是由节能设备提供商、设计施工单位等转型而来的，没有受过节能服务的专业培训，导致服务水平低，竞争混乱，规范建筑节能服务企业，把好建筑节能服务企业质量关，已成为整个建筑合同能源管理市场建设的关键。

2.0.11 主要包括新建、扩建和改建的民用建筑工程中墙体、幕墙、门窗、屋面、地面、采暖、通风与空调、空调与采暖系统的冷热源及管网、配电与照明、监测与控制等。

3 建筑节能技术

3.1 建 筑

3.1.1 被动式建筑节能技术是在建筑运行阶段，对室内环境的调节不消耗商品能源。常见被动式建筑节能技术包括：自然通风、天然采光、遮阳、隔热、太阳房等。

3.1.3 建筑节能热工计算包括规定性指标和性能性指标。规定性指标指用数值明确给定的直接影响建筑物供暖、通风、空气调节、照明、动力等负荷或能耗的各项参数的限值，全部符合这些限值的建筑可以直接认定符合节能设计标准的要求；性能性指标指用于判断建筑整体综合能耗是否满足节能设计标准要求的判别参数，如建筑物耗热量指标、采暖空调耗电量等。

3.1.4～3.1.6 保温系统按照保温材料与围护结构之间的关系可以分为外保温系统、内保温系统、自保温系统等。各种系统之间并无绝对的优劣之分，只有适合与否。使用中，应当考虑项目所在的气候区、使用功能、采暖空调形式和运行模式等进行选用，以确保保温系统形式与建筑节能需求相适应。

3.1.7 保温结构一体化体系具有工序简单、施工方便、安全性能好、与建筑物同寿命等优点。保温结构一体化体系主要包括自保温结构体系（包括非承重和承重砌块墙体）、夹芯复合墙保温结构体系、现浇钢筋混凝土结构复合保温体系（如 CL 结构体系、保温砌模现浇混凝土剪力墙承重技术、模网技术）等。保温结构一体化建筑材料主要包括加气混凝土砌块、炉（矿）渣混凝土砌块（实心或空心）、陶粒混凝土砌块（实心或空心）、普通混凝土空心砌块、页岩空心砖、黏土空心砖等。部分地区采取两层保温能力差的墙体材料夹一层或多层绝热能力好的保温材料（或空气层）构成的复合墙体，也属于保温结构一体化体系的范畴，填充的保温材料种类包括 EPS 板、XPS 板、PU 板、岩棉、玻璃棉等。

3.1.8 根据不同的气候区和建筑物不同的屋面形式可采取不同的保温隔热技术，如正置式保温屋面、倒置式保温屋面、种植屋面和太阳光反射屋面等，以提高屋面的保温隔热性能。

3.1.10 房间立面单元面积是指房间层高与开间定位线围成的面积之比。

3.1.11 遮阳既可以通过建筑物自身的遮挡，或相邻建筑物之间的遮挡实现，如建筑平面的凹凸、前后排建筑之间的相对位置和间距等；也可以通过在透明围护结构处设置固定或活动遮阳构件实现，如与建筑主体结构同时施工完成的水平、垂直遮阳构件，安装在建筑透明围护结构外部、内部、中部的遮阳产品（卷帘、百叶、栅格等）；还可以通过降低透明围护结构本身的遮阳系数来实现，如采用低辐射透过率的玻璃、玻璃上复合功能性膜材料等。

3.1.12 围护结构分为透明和不透明两部分。不透明围护结构有墙、屋顶和楼板等，透明围护结构有窗户、天窗和阳台门等。按是否同室外空气直接接触，又可以分为外围护结构和内围护结构。外围护结构是指同室外空气直接接触的围护结构，如外墙、屋顶、外门和外窗等。内围护结构是指不同室外空气直接接触的围护结构，如隔墙、楼板、内门和内窗等。

3.1.13 建筑保温一般在建筑围护结构表面采用保温材料提高其热阻，减少室内外温差传热。根据建筑围护结构不同部位可以分为外墙保温、屋面保温、地面保温和门窗保温等。

3.1.14 建筑隔热一般在建筑围护结构表面采用隔热材料提高其抵抗太阳辐射热量的能力，减少太阳辐射热量向室内传递。根据建筑围护结构不同部位可以分为外墙隔热、屋面隔热、门窗隔热等。

3.1.15 垂直绿化可以通过充分利用空间，在墙壁、阳台、窗台、屋顶、棚架等处栽种植物，以增加绿化覆盖率，改善居住环境。

3.1.17 围护结构的热工性能是影响建筑能耗的主要因素之一。用于描述围护结构热工性能的物理量很多，可以将其统称为"围护结构热工参数"。主要包括以下参数：

1）导热系数：在稳态条件和单位温差作用下，通过单位厚度、单位面积匀质材料的热流量，符号：λ，单位：$W/(m \cdot K)$。

2）蓄热系数：当某一足够厚度的匀质材料层一侧受到谐波热作用时，通过表面的热流波幅与表面温度波幅的比值，符号：S，单位：$W/(m^2 \cdot K)$。

3）热阻：表征围护结构本身或其中某层材料阻抗传热能力的物理量，符号：R，单位：$m^2 \cdot K/W$。

4）传热系数：在稳态条件下，围护结构两侧空气为单位温差时，单位时间内通过单位面积传递的热量，符号：K，单位：$W/(m^2 \cdot K)$。

5）平均传热系数：在某个表面上，考虑了其中包含的热桥影响后得到的传热系数值，符号：K_m，单位：$W/(m^2 \cdot K)$。

6）热惰性指标：表征围护结构抵御温度波动和热流波动能力的无量纲指标，其值等于各构造层材料热阻与蓄热系数的乘积之和，符号：D，无量纲。

3.1.18 遮阳系数用于描述建筑构件对太阳辐射的遮挡作用。

3.1.19 太阳得热系数用来描述太阳辐射通过透光围

护结构的特性，太阳得热系数表征的得热量既包括直接透过透光围护结构进入室内的太阳辐射热，也包括透光围护结构吸收太阳辐射热后，再向室内二次传递的热量。"太阳得热系数"一词所描述的透光围护结构既包括玻璃等透光部分，也包括窗框等非透光部分。与遮阳系数相比，太阳得热系数考虑了透光围护结构吸热再放热的传热过程，分子增加了透光围护结构二次传递的热量。

需要特别说明的是：太阳得热系数、遮阳系数中提到的"太阳辐射量"均是指太阳辐射全波段（280nm～2500nm）的能量，且包括直射辐射和散射辐射两部分。

3.1.20 热桥在建筑围护结构中广泛存在。围护结构中由于局部材料或构造异于主体部位，在热传导的某个方向上，局部的热阻低于主体部位。与主体部位相比，在冬季，通过此处的热流密度更大，内表面温度更低，形成热传导的"桥"。热桥的存在增大了透过围护结构的传热量，增加了建筑能耗。更重要的是过低的内表面易于出现结露现象，不但影响室内美观和正常使用，更会滋生霉菌、损害人的身体健康。因此，建筑设计时，应当重视热桥部位的构造设计，特别是在严寒、寒冷地区必须保证热桥部位不出现结露问题。

3.1.21 建筑物耗能量指标主要针对建筑节能设计阶段而言。对于居住建筑，建筑物耗能量指标包括建筑物耗热量指标和空调采暖年耗电量。根据现行行业标准《严寒和寒冷地区居住建筑节能设计标准》JGJ 26，建筑物耗热量指标是指在计算采暖期室外平均温度条件下，为保持室内设计计算温度，单位建筑面积在单位时间内消耗的需由室内采暖设备供给的热量；根据现行行业标准《夏热冬冷地区居住建筑节能设计标准》JGJ 134 和《夏热冬暖地区居住建筑节能设计标准》JGJ 75，空调采暖年耗电量是按照设定的计算条件，计算出的单位建筑面积空调和采暖设备每年所要消耗的电能。对于公共建筑，建筑物耗能量指标为供暖和空气调节总耗电量，根据现行国家标准《公共建筑节能设计标准》GB 50189，供暖和空气调节总耗电量是建筑围护结构热工性能权衡判断时参照建筑与所设计建筑对比和判断依据。

3.1.22 度日数分为采暖度日数（HDD）和空调度日数（CDD）。采暖度日数为：一年中，当某天室外日平均温度低于18℃时，将该日平均温度与18℃的差值乘以1天，并将此乘积累加，得到一年的供暖度日数。空调度日数为：一年中，当某天室外日平均温度高于26℃时，将该日平均温度与26℃的差值乘以1天，并将此乘积累加，得到一年的空调度日数。

3.2 供暖、通风与空气调节

3.2.1 根据国家标准《民用建筑供暖通风与空气调节设计规范》GB 50736 - 2012 第2.0.3条的条文说明：以前"供暖"习惯称为"采暖"，近年来随着社会和经济的发展，采暖设计的涉及范围不断扩大，已由最早的侧重室内需求侧的"采暖"设计扩展到同时包含管网及热源的"供暖"设计；同时，考虑到与现行政府法规文件及管理规定用词一致，所以本规范统称"供暖"。

3.2.2 集中供暖是相对于分散供暖而言的，是指具有一定规模的供暖系统。但是多大规模属于集中供暖对不同的国家、不同的时期都会有差别，作为一个术语没有给出其数量的概念，只指出其基本特征。除集中供暖外，其他供暖方式均为分散供暖。目前，分散供暖主要方式为电热供暖、户式燃气壁挂炉供暖、户式空气源热泵供暖、户用燃气供暖（火炉、火墙和火炕等）等。楼用燃气炉供暖和楼用热泵供暖也属于集中供暖。集中供热指以热水或蒸汽作为热媒，由热源集中向一个城市或较大区域供应热能的方式。集中供热除供暖外，还包括生活热水和蒸汽的供应。

3.2.5 供暖系统计量一般分为两部分内容：①热计量：包括热计量装置及热计费方法，如各种热量表及计量仪表等。②热控制：包括各种阀门、仪表等，如温控阀、自力式压差调节阀、自力式流量调节阀、静态水力平衡阀等。

3.2.6 热量直接计量方式是采用户用热量表直接结算的方法，对各独立核算用户计量热量。热量分摊计量方式是在楼栋热力入口处（或热力站）安装热量表计量总热量，再通过设置在住宅户内的测量记录装置，确定每个独立核算用户的用热量占总热量的比例，进而计算出用户的分摊热量，实现分户热计量。用户热分摊方法主要有散热器热分配法、流量温度法、通断时间面积法和户用热量表法。

3.2.10 全日理论水泵输送耗电量和全日系统供热量取相同单位，无因次。该值是反映热水供暖系统的节能指标。

3.2.11 空气调节系统是指以空气调节为目的而对空气进行处理、输送、分配，并控制其参数的所有设备、管道及附件、仪器仪表的统称。按空气处理设备（AHU）集中程度通常可分为：集中式空气调节系统、半集中式空气调节系统和分散式空气调节系统等；按运行控制方式可以分为：定风量空气调节系统、变风量空气调节系统和低温送风空气调节系统等。

3.2.12 空调系统制冷量是指空调制冷机组相应工况下制冷量，系统总输入能量包括：相应工况下制冷机组、水泵、冷却塔、风机盘管、空调箱等的输入能量之和。

3.2.13 按通风动力的不同，可以分为自然通风和机械通风；按服务区域的不同，可以分为全面通风和局部通风。自然通风指依靠室外风力造成的风压和室内外空气温差造成的热压，促使空气流动与交换的通风方式；机械通风指利用通风机械实现室内换气的通风方式。全面通风指自然或机械方法对整个房间进行换气的通风方式；局部通风指为改善室内局部空间的空气环境，向该空间送入或从该空间排出空气的通风方式。

3.3 可再生能源建筑应用

3.3.1 由于建筑中存在多种可再生能源应用技术，因此存在针对某种单一可再生能源替代率和多种可再生能源利用总替代率之分。在可再生能源替代率计算中，建筑总能源消费是指在建筑物使用过程中所消耗的能源量，即一定时间内（一般为一年）某个目标建筑运行所需要的各种能源的总量，主要包括电力、燃料油、燃气、燃煤、市政热水（或蒸汽）等。在计算建筑中使用可再生能源所形成的常规能源替代量或节约量时，由于各种可再生能源技术输出的能量形式不同，算法上存在差异，如对于太阳能光伏发电技术，以系统所发电量作为常规能源替代量；而对于太阳能光热技术或地源热泵等技术，则是与某种以消耗常规能源实现相同功能或目的的技术进行比较，计算出相对常规能源节约量。

3.3.2 太阳能建筑一体化包括太阳能光热系统和太阳能光电系统的建筑一体化。

太阳能光热建筑一体化主要包括：①在外观上，实现太阳能热水系统与建筑有机结合，合理布置太阳能集热器。无论在屋顶、阳台或在墙面都要使太阳能集热器成为建筑的一部分，实现两者的协调和统一；②在结构上，妥善解决太阳能热水系统的安装问题，确保建筑物的承重、防水等功能不受影响，还应充分考虑太阳能集热器抵御强风、暴雪、冰雹等的能力；③在管路布置上，合理布置太阳能循环管路以及冷热水供应管路，尽量减少热水管路的长度，建筑上事先留出所有管路的接口、通道；④在系统运行上，要求系统可靠、稳定、安全，易于安装、检修、维护，合理解决太阳能与辅助能源加热设备的匹配，尽可能实现系统的智能化和自动控制；⑤在系统效率上，考虑到太阳能保证率与建筑一体化程度存在一定的矛盾，需要通过整体考虑、合理设计兼顾二者。以上五方面均需要将太阳能热水系统纳入建筑设计中，统一规划、同步设计、合理布局。

太阳能光电建筑一体化主要包括：①在外观上，在综合考虑发电效率、发电量、电气和结构安全、适用、美观的前提下，实现太阳能光电系统与建筑有机结合，合理布置太阳能电池（或组件），使之与建筑材料（或构件）有机结合，构成复合型建筑材料或建筑构件；②在功能实现上，集成后的光伏建材或构件具备同等建筑材料或构件功能，能够满足相应的性能要求并替代相应建筑材料或构件。以上两方面均需要

将太阳能光电系统纳入建筑设计中，统一规划、同步设计、合理布局。

3.3.3 民用建筑中，太阳能光热系统主要包括太阳能供热水、采暖和空调系统。其中空气集热器太阳能采暖系统，是用太阳能集热器收集太阳辐射能并转换成热能，以空气作为集热器回路中循环的传热介质，以岩石堆积床或相变材料作为蓄热介质，热空气经由风道送至室内进行采暖，具有较好的应用前景。

3.3.4 太阳能光热保证率是表示太阳能热利用系统性能的一个参数，其值需结合系统使用期内的太阳能辐照条件、系统的性能及用户具体要求等因素后综合确定。

3.3.5 太阳能光伏系统可按不同的分类方法进行分类：按接入公共电网的方式分为：并网光伏系统和独立光伏系统；按储能装置的形式可分为：带有储能装置系统和不带储能装置系统；按负荷形式可分为：直流系统、交流系统和交直流混合系统；按系统装机容量的大小可分为：装机容量不大于 20kW 的小型系统、装机容量在 20kW 至 100kW（含 100kW）之间的中型系统和装机容量大于 100kW 的大型系统；按允许通过上级变压器向主电网馈电的方式可分为：逆流光伏系统和非逆流光伏系统；按其在电网中的并网位置可分为：集中并网系统和分散并网系统。

3.3.6 太阳能光伏发电系统总效率由电池组件的 PV 转换率、控制器效率、蓄电池效率、逆变器效率及负载的效率等组成。

3.3.7 被动式太阳房主要包括下列三种类型：①直接受益式，太阳光穿过被动式太阳房的透光材料直接进入室内的采暖形式；②集热（蓄热）墙式，太阳光穿过被动式太阳房的透光材料照射集热（蓄热）墙吸热面，加热间层空气（墙体）后，通过空气对流（传导、辐射）向室内传递热量的采暖方式；③附加阳光间式，在被动式太阳房的房屋主体南面附加一个玻璃温室的采暖形式。

3.3.8 热泵实质是借助降低一定量的功的品位，提供品位较低但数量更多的能量。由于热泵能将低温热能转换为高温热能，提高能源的有效利用率，因此是回收低温余热、利用环境介质中储存的能量的重要途径。热泵按热源来源的种类可分为：地源热泵、空气源热泵、污水源热泵等。空气源热泵以空气为低位热源的热泵。地源热泵以岩土体、地下水、地表水为低位热源的热泵。城市污水源热泵是与城市污水进行热交换的热泵。

3.3.9 热泵系统能效比即系统综合能效比，指在某一工作条件下整个热泵系统输出能量与输入能量的比值，它反映了整个系统中包括所有设备的综合性能，是全面考察热泵系统在实际运行下能效水平的重要指标。热泵系统制冷能效比是指地源热泵系统制冷量与热泵系统总耗电量的比值，其中热泵系统总耗电量包

括热泵主机、各级循环水泵的耗电量。热泵系统制热性能系数是热泵系统总制热量与热泵系统总耗电量的比值。对于空气源热泵来说，总耗电量包含主机和风机的耗电量。

3.4 电气、设备与材料

3.4.1 绿色照明是指通过科学的照明设计，采用效率高、寿命长、安全和稳定的照明电器产品（电光源、灯用电器附件、灯具、配线器材，以及调光控制调和控光器件），改善和提高人们工作、学习、生活的条件和质量，从而营造一个高效、舒适、安全的照明方式。

3.4.2 通过精心照明设计，选用优质节能的照明产品，采取智能控制等科学运行管理方法以实现有效地降低照明能耗。

3.4.4 为防止阳光过分照射和提高建筑围护结构表面温度，降低室内温度和空调能耗、营造室内舒适的热环境和光环境，采用建筑构件或安置设施避免阳光直射、防止建筑物局部过热和眩光的产生以及保护物品而采取的一种措施。专门设置的遮阳包括水平遮阳、垂直遮阳、综合遮阳、挡板遮阳、百叶内遮阳、活动百叶外遮阳等。

3.4.5 热回收装置应用广泛，可装配在组合式空调机组等空调设备或系统内对排风热量（冷量）进行回收，也可装配在天然气锅炉系统中实现对烟气的冷凝回收。

3.4.7 冷/热量计量装置统称热量表，又称热能表、热能积算仪，既能测量供热系统的供热量又能测量供冷系统的供冷量，一般由流量传感器、积算器和配对温度传感器等部件组成。

热量表通常由流体温度测量装置及流量测量装置组成，将一对温度传感器分别安装在通过载热流体的上行管和下行管上，流量计安装在流体入口或回流管上（流量计安装的位置不同，最终的测量结果也不同），流量计发出与流量成正比的脉冲信号，一对温度传感器给出表示温差的模拟信号，热量表采集来自三路传感器的信号，利用积算公式算出热交换系统获得的热量。

3.4.8 建筑给水排水的节能主要体现在节电方面，包括给水加压节能技术、热水制备节能技术和其他建筑给水排水节能技术三大部分。给水加压节能技术包括变频供水技术、管网叠压或无负压供水技术、给水系统优化等。热水制备节能技术包括太阳能热水技术、热泵热水技术、多热源组合技术、废水热回收等。其他建筑给排水节能技术包括建筑中水回用、雨水收集利用、节水型节能、管径减小、管道简化等其他技术。

3.4.9 在工程实际中，设备选型都是以额定负荷为依据。计算流量和扬程时还要加一个富余量；所选

设备的流量和扬程不会与计算值恰好都吻合，而都略高于计算值。由于实际运行的负荷变化导致设备处于变负荷运行，而过去调节的方法，都是改变其进、出口节流阀或挡板的开度来改变负荷，此时电机的输出功率一部分用来克服节流的阻力而损失。变频调速则是频率改变而使电机转速改变、流量得以调节，而电机输出功率随转速大小而改变，达到节能的效果。

3.4.10 国家标准《绝热材料及相关术语》GB/T 4132-1996 规定了绝热材料的定义：用于减少结构物与环境热交换的一种功能材料，通常称为保温材料。建筑节能标准实施后，对围护结构提出传热系数要求，因此材料的导热系数成为围护结构节能验收的主要指标。

3.4.11 建筑隔热材料以往常和保温材料混淆，建筑隔热材料通常指表面反射率大的热反射材料，包括热反射涂料、热反射玻璃等，通常称热反射材料。

4 建筑节能管理

4.0.2 2000 年原建设部以《建设工程质量管理条例》（国务院 279 号令）和《建设工程勘察设计管理条例》（国务院 293 号令）的法律形式，强制规定了我国所有建筑工程的施工图必须经过审图后方可用于施工。2013 年 4 月 27 日住房和城乡建设部以第 13 号部令颁发的《房屋建筑和市政基础设施工程施工图设计文件审查管理办法》明确规定国家实施施工图设计文件审查制度。施工图审查机构按照有关法律、法规，对施工图涉及公共利益、公众安全和工程建设强制性标准的内容进行审查。施工图审查应当坚持先勘察、后设计的原则。建筑节能工程作为单位工程的分部工程，其施工图设计文件应由具备资质的施工图审查机构进行建筑节能专项审查。

4.0.3～4.0.5 建筑节能工程施工是单位工程施工的重要组成部分，涉及建筑围护结构、供暖、通风、空气调节、热水供给、照明、动力等方面 10 个分项工程。施工过程则是针对节能措施，采取合适的施工技术，将节能措施付诸实施。建筑节能工程检验是建筑节能工程验收的重要内容，不仅涉及建筑节能工程施工过程中的材料、产品、设备的进场检验，还包括建筑节能工程现场实体检验（围护结构现场实体检验、系统节能性能检测）。建筑节能工程验收是单位工程竣工验收的必要条件，应在检验批、分项工程全部验收合格的基础上，进行建筑节能工程现场检验和系统联合运转调试，确认建筑节能工程质量达到验收条件后方可进行，包括了建筑节能工程各分项工程施工质量的验收。

4.0.6 与建筑相关的能源消耗包括建筑材料生产用能、建筑材料运输用能、房屋建造和维修过程中的用

能以及建筑使用过程中的建筑运行能耗。在建筑的全生命周期中，建筑材料和建造过程所消耗的能源一般只占其总能源消耗的20%左右。建筑运行的能耗，即建筑物照明、采暖、空调和各类建筑内使用电器的能耗，将一直伴随建筑物的使用过程而发生，大部分能源消耗发生在建筑物运行过程中。因此，建筑运行能耗是建筑节能任务中最主要的关注点。

本标准所指的建筑能耗是指建筑运行能耗，即在建筑使用过程中所产生的建筑能源消耗量，是指一定时间段内（一般为一年）运行某个目标建筑物所需要的各种能源的总量。能源主要包括电、燃料（煤、气、油等）、集中供热（冷）、建筑直接使用的可再生能源等，也包括低热值燃料、生物质能等的利用。

另外，建筑可分为工业建筑和民用建筑。由于工业建筑的能耗在很大程度上与生产要求有关，并且一般都统计在生产用能中，因此，本标准所指的建筑能耗均为民用建筑的运行能耗。

4.0.7 建筑能源审计是一种建筑节能的科学管理和服务方法，其主要内容是对用能单位建筑能源使用的效率、能源消耗水平和能源利用的经济效果进行客观考察，对用能单位的用能管理和能源利用状况进行分析判断，从而发现建筑节能所存在的问题和节能潜力。它的主要依据是，建筑能量平衡和能源梯级利用原理、能源成本分析原理、工程经济与环境分析原理以及能源利用系统优化配置原理等。

建筑能源审计的内容分为三级：第一级，基础项；第二级，规定项；第三级，选择项。基础项由被审计建筑的所有权人或业主自己或由其委派的责任人完成，包括：提供被审计建筑的基本信息；提供能源审计所需要的各种资料数据；配合能源审计工作的开展。规定项由各地建设主管部门委托的审计组完成，由被审计建筑的所有权人或业主自己或委托人配合完成。与建筑物所有权人或业主指定的责任人和联络人，以及主要运行管理人员举行工作会议，了解大楼运营情况及建筑能耗存在的问题，逐项核实基本信息表。审阅并记录一至三年（以自然年为单位）的能源费用账单。包括：用电量及电费、燃气消耗量及燃气费、水耗及水费、排污费、燃油耗量及费用、燃煤耗量及费用、热网蒸汽（热水）耗量及费用、其他为建筑所用的能源消耗量及费用。分析能源费用账单，计算出能源实耗值。选择项由经建设主管部门资质认定的第三方专业机构或按合同能源管理模式运作的能源服务公司完成。选择项可以包括：室内环境品质检测、空调制冷机房能效检测、供热锅炉房能效检测、通风系统能效检测等，以及双方商定的其他详细检测项目。

4.0.8 现场调查、检测的主要对象和内容包括建筑物围护结构的热工性能，暖通空调、生活热水供应系统、照明系统等的能源利用效率，供配电系统的功率因数、负荷率、三相平衡、谐波以及监控系统的有效

性等。现场调查、检测工作后，对获得的数据进行处理，与相关的建筑节能标准进行对比分析。有条件或需要的情况下可进行进一步的模拟分析。建筑节能诊断的目的是为建筑节能优化运行和节能改造提供依据和针对性的措施。

4.0.9 能耗数据包括分类能耗［按能源种类划分的能耗，包括电、水、燃气（天然气、液化石油气和人工煤气）、集中供热量、集中供冷量、煤、汽油、煤油、柴油、建筑直接使用的可再生能源及其他能源消耗等］和分项能耗（按用途划分的用电能耗，包括照明插座用电能耗、采暖空调用电能耗、动力用电能耗和特殊用电等）。

能耗监测系统：通过在建筑物中安装分类和分项能耗计量装置，采用远程传输等手段实时采集能耗数据，实现公共建筑能耗在线监测和动态分析功能的硬件和软件系统的统称。系统一般由能耗数据采集子系统、传输和处理子系统组成。

4.0.10 分类能耗是指按能源种类划分的能耗，包括电、水、燃气（天然气、液化石油气和人工煤气）、集中供热量、集中供冷量、煤、汽油、煤油、柴油、建筑直接使用的可再生能源及其他能源消耗等。分项能耗是指按用途划分的用电能耗，包括照明插座用电能耗、采暖空调用电能耗、动力用电能耗和特殊用电等。

4.0.11 建筑调适的概念主要包含了两个含义，首先是建筑"调试"，指建筑用能设备或系统安装完毕，在投入正式运行前进行的调试工作。其次是建筑"调适"，指建筑用能系统的优化，与用能需求相匹配，使之实现高效运行的过程。建筑调适一般可以分为以下两种：

（1）新建建筑调适。建筑的某些特定系统（如常见的机电系统）通过调适过程，记录设备及其所有子系统和配件的方案、设计、安装、测试、执行以及维护是否能达到业主项目需求。

（2）既有建筑调适。对建筑目前各个系统进行详细的诊断、改进和完善，解决其存在的问题，降低建筑能耗，提高整个建筑运行性能。

4.0.12 建筑能效测评以单栋建筑为对象，且包括与该建筑相连的管网和冷热源设备。在对相关文件资料、部品和构件性能检测报告审查以及现场抽查检验的基础上，结合建筑能耗计算分析及实测结果，综合进行测评。

建筑能效的测评内容包括基础项、规定项与选择项。基础项：按照国家现行建筑节能标准的要求和方法，计算或实测得到的建筑物单位面积采暖空调耗能量。规定项：除基础项外，按照国家现行建筑节能标准要求，围护结构及采暖空调系统必须满足的项目。选择项：对高于国家现行建筑节能标准的用能系统和工艺技术加分的项目。

4.0.13 节能量评估方法参见现行行业标准《公共建筑节能改造技术规范》JGJ 176。居住和公共建筑被改造系统或设备的检测方法参见现行行业标准《公共建筑节能检测标准》JGJ/T 177 和《居住建筑节能检测标准》JGJ/T 132。

4.0.14 本条文参考现行行业标准《建筑能效标识技术标准》JGJ/T 288。建筑能效标识应以建筑能效测评和实测评估结果为依据进行标识，居住建筑和公共建筑应分别进行标识，建筑能效标识应以单栋建筑为对象。对居住小区中的同类型建筑进行建筑能效标识时，可抽取有代表性的建筑单体进行测评，作为同类型建筑能效标识依据。抽检数量不得少于 10%，并不得少于 1 栋。同类型建筑能效标识的等级应按抽测单体建筑能效标识的最低级别确定。

建筑能效标识等级划分应符合表 1 和表 2 的规定。

表 1　居住建筑能效标识等级

标识等级	基础项（η）	规定项	选择项
☆	$0 \leqslant \eta < 15\%$	均满足国家现行有关建筑节能设计标准的要求	若得分超过 60 分（满分 130 分）则再加一星
☆☆	$15\% \leqslant \eta < 30\%$		
☆☆☆	$\eta \geqslant 30\%$		—

表 2　公共建筑能效标识等级

标识等级	基础项（η）	规定项	选择项
☆	$0 \leqslant \eta < 15\%$	均满足国家现行有关建筑节能设计标准的要求	若得分超过 60 分（满分 150 分）则再加一星
☆☆	$15\% \leqslant \eta < 30\%$		
☆☆☆	$\eta \geqslant 30\%$		—

注：基础项 η，即相对节能率。

4.0.15 绿色建筑评价标识分为"绿色建筑评价标识"和"绿色建筑设计评价标识"。

"绿色建筑评价标识"包括证书和标志（挂牌），"绿色建筑设计评价标识"仅有证书。绿色建筑评价指标体系由节地与室外环境、节能与能源利用、节水与水资源利用、节材与材料资源利用、室内环境质量和运营管理六类指标组成。绿色建筑评价标识分为一、二、三星级，三星级绿色建筑评价标识证书和标志（挂牌）由住房和城乡建设部颁发并监督使用；一、二星级绿色建筑评价标识证书和标志（挂牌）由受委托的地方住房和城乡建设管理部门颁发并监督使用。标识包括证书和标志。

4.0.16 在实际应用中，根据不同的目的，基准线的含义与确定方法有一定不同，总的来说可以分为以下几种：

（1）国家层面基准线：指依据国家或地方建筑相关能源规范和设计标准，提供的方便的、清楚定义的和具有一致性的基准。

（2）城市或区域层面基准线：指项目所在城市或区域范围内有近年来较为详尽的建筑用能相关数据统计情况，便于取得较为公认的建筑平均用能水平。这种方法在数据的收集和统计分析均存在一定的难度。

（3）单类建筑基准线方法：选取一定范围内，在使用功能、建造年代、结构类型以及施工技法等方面相同或相近，且有完整历史用能记录或能耗账单的多栋建筑，在某种相同的指标形式下，获取平均用能水平作为确定依据。

（4）技术行业基准线方法：比较不同节能水平下设备的性能，取当前社会平均水平，作为基准水平，结合相应设备运转方式和时间，即可简单地评价出基准能耗。该方法适合于负荷输出较恒定、种类较单一的场合，例如照明灯具的更换，对于负荷变化大的设备亦有参考价值。这种方法一般适用于采用单一技术的项目。

（5）具体项目基准线方法：一种采用历史用能记录或能耗账单的方法，是选择具有一定代表性的在边界内完整周期（如至少 1 年）能耗账单或者第三方出具的历年能源审计报告等能够如实反映历史用能记录的相关资料作为确定依据，这种方法一般适用于既有建筑节能改造的项目；另一种采用经校正的模拟分析法，是建立改造前建筑能耗水平计算机模拟仿真模型，分析能源消费量，并结合其他途径相关数据校正计算结果。

4.0.17 制定建筑能耗限额的根本目的是保障建筑合理的用能需求，抑制不合理的建筑用能，从而达到提高建筑能源利用效率，实现建筑节能的目的。

中华人民共和国行业标准

严寒和寒冷地区居住建筑节能设计标准

Design standard for energy efficiency of residential
buildings in severe cold and cold zones

JGJ 26—2010

批准部门：中华人民共和国住房和城乡建设部
施行日期：２０１０年８月１日

中华人民共和国住房和城乡建设部
公 告

第 522 号

关于发布行业标准
《严寒和寒冷地区居住建筑节能设计标准》的公告

现批准《严寒和寒冷地区居住建筑节能设计标准》为行业标准，编号为 JGJ 26-2010，自 2010 年 8 月 1 日起实施。其中，第 4.1.3、4.1.4、4.2.2、4.2.6、5.1.1、5.1.6、5.2.4、5.2.9、5.2.13、5.2.19、5.2.20、5.3.3、5.4.3、5.4.8 条为强制性条文，必须严格执行。原《民用建筑节能设计标准（采暖居住建筑部分）》JGJ 26-95 同时废止。

本标准由我部标准定额研究所组织中国建筑工业出版社出版发行。

中华人民共和国住房和城乡建设部

2010 年 3 月 18 日

前 言

根据原建设部《关于印发〈2005 年度工程建设国家标准制订、修订计划〉的通知》（建标函［2005］84 号）的要求，标准编制组经广泛调查研究，认真总结实践经验，参考有关国际标准和国外先进标准，并在广泛征求意见的基础上，对《民用建筑节能设计标准（采暖居住建筑部分）》JGJ 26-95 进行了修订，并更名为《严寒和寒冷地区居住建筑节能设计标准》。

本标准的主要技术内容是：总则，术语和符号，严寒和寒冷地区气候子区与室内热环境计算参数，建筑与围护结构热工设计，采暖、通风和空气调节节能设计等。

本标准修订的主要技术内容是：根据建筑节能的需要，确定了标准的适用范围和新的节能目标；采用度日数作为气候子区的分区指标，确定了建筑围护结构规定性指标的限值要求，并注意与原有标准的衔接；提出了针对不同保温构造的热桥影响的新评价指标，明确了使用适应供热体制改革需求的供热节能措施；鼓励使用可再生能源。

本标准中以黑体字标志的条文为强制性条文，必须严格执行。

本标准由住房与城乡建设部负责管理和对强制性条文的解释，由中国建筑科学研究院负责具体技术内容的解释。执行过程中如有意见或建议，请寄送中国建筑科学研究院（地址：北京市北三环东路 30 号，邮政编码 100013）。

本标准主编单位：中国建筑科学研究院

本标准参编单位：中国建筑业协会建筑节能专业委员会
哈尔滨工业大学
中国建筑西北设计研究院
中国建筑设计研究院
中国建筑东北设计研究院有限责任公司
吉林省建筑设计院有限责任公司
北京市建筑设计研究院
西安建筑科技大学
哈尔滨天硕建材工业有限公司
北京振利高新技术有限公司
BASF（中国）有限公司
欧文斯科宁（中国）投资有限公司
中国南玻集团股份有限公司
秦皇岛耀华玻璃股份有限公司
乐意涂料（上海）有限公司

本标准主要起草人员：林海燕　郎四维　涂逢祥
方修睦　陆耀庆　潘云钢
金丽娜　吴雪岭　卜一秋
闫增峰　周　辉　董　宏
朱清宇　康玉范　林燕成
王　稚　许武毅　李西平
邓　威

本标准主要审查人员：吴德绳　许文发　徐金泉
杨善勤　李娥飞　屈兆焕
陶乐然　栾景阳　刘振河

目　次

1　总则 ……………………………… 15—5

2　术语和符号 …………………… 15—5

　2.1　术语 ………………………… 15—5

　2.2　符号 ………………………… 15—5

3　严寒和寒冷地区气候子区与室内
　　热环境计算参数 ……………… 15—5

4　建筑与围护结构热工设计 ……… 15—6

　4.1　一般规定 …………………… 15—6

　4.2　围护结构热工设计 ………… 15—6

　4.3　围护结构热工性能的权衡判断 … 15—8

5　采暖、通风和空气调节节能
　　设计 …………………………… 15—9

　5.1　一般规定 …………………… 15—9

　5.2　热源、热力站及热力网 …… 15—10

　5.3　采暖系统 …………………… 15—12

　5.4　通风和空气调节系统 ……… 15—12

附录 A　主要城市的气候区属、
　　　　气象参数、耗热量指标 …… 15—13

附录 B　平均传热系数和热桥线
　　　　传热系数计算 …………… 15—23

附录 C　地面传热系数计算 ……… 15—24

附录 D　外遮阳系数的简化计算 … 15—25

附录 E　围护结构传热系数的修正
　　　　系数 ε 和封闭阳台温差修
　　　　正系数 ζ ………………… 15—27

附录 F　关于面积和体积的计算 … 15—36

附录 G　采暖管道最小保温层
　　　　厚度（δ_{min}） …………… 15—36

本标准用词说明 …………………… 15—38

引用标准名录 ……………………… 15—38

附：条文说明 ……………………… 15—39

Contents

1　General Srovisions ················ 15—5
2　Terms And Symbols ·············· 15—5
　2.1　Terms ·························· 15—5
　2.2　Symbols ······················ 15—5
3　Climate Sub-Zone and Calculation
　　Parameter of Indoor Thermal
　　Envir-onment ···················· 15—5
4　Building and Envelope Thermal
　　Design ··························· 15—6
　4.1　General Requirement ··········· 15—6
　4.2　Building Envelope Thermal
　　　　Design ······················ 15—6
　4.3　Building Envelope Thermal
　　　　Performance Trade-off ········· 15—8
5　Energy Efficiency Design on
　　Hvac System ···················· 15—9
　5.1　General Requirement ··········· 15—9
　5.2　Heat Source，Heating Plant and
　　　　Heat Supply Network ········ 15—10
　5.3　Heating System ············· 15—12
　5.4　Ventilation and Air-conditioning
　　　　System ···················· 15—12
Appendix A　Climate Zone Criteria、
　　　　　　Weather Data、Heat Loss
　　　　　　Index Requirements of
　　　　　　Building for Cities ······ 15—13
Appendix B　Methodology for Mean
　　　　　　Heat Transfer Coefficient

and Linear Heat Transfer
Coefficient of Thermal
Bridge ······················· 15—23
Appendix C　Calculation of Heat
　　　　　　Transfer Coefficient
　　　　　　of Ground of
　　　　　　Building ················ 15—24
Appendix D　Simplification on
　　　　　　Building Shading
　　　　　　Coefficient ············· 15—25
Appendix E　Correction Fator of
　　　　　　Building Envelope
　　　　　　(ε) and Tempeture
　　　　　　Difference Correction
　　　　　　Fator of Enclosing
　　　　　　Balcony (ζ) ················· 15—27
Appendix F　Building Area and
　　　　　　Volume ················ 15—36
Appendix G　Minimum Thickness of
　　　　　　Heating Pipe's Insu-
　　　　　　lation Layer (δ_{min}) ······ 15—36
Explanation of Wording in This
　　Code ··························· 15—38
List of Quoted Standards ············ 15—38
Addition：Explanation of Provisions ······ 15—39

1 总　　则

1.0.1 为贯彻国家有关节约能源、保护环境的法律、法规和政策，改善严寒和寒冷地区居住建筑热环境，提高采暖的能源利用效率，制定本标准。

1.0.2 本标准适用于严寒和寒冷地区新建、改建和扩建居住建筑的节能设计。

1.0.3 严寒和寒冷地区居住建筑必须采取节能设计，在保证室内热环境质量的前提下，建筑热工和暖通设计应将采暖能耗控制在规定的范围内。

1.0.4 严寒和寒冷地区居住建筑的节能设计，除应符合本标准的规定外，尚应符合国家现行有关标准的规定。

2　术语和符号

2.1　术　　语

2.1.1 采暖度日数　heating degree day based on 18℃

一年中，当某天室外日平均温度低于 18℃ 时，将该日平均温度与 18℃ 的差值乘以 1d，并将此乘积累加，得到一年的采暖度日数。

2.1.2 空调度日数　cooling degree day based on 26℃

一年中，当某天室外日平均温度高于 26℃ 时，将该日平均温度与 26℃ 的差值乘以 1d，并将此乘积累加，得到一年的空调度日数。

2.1.3 计算采暖期天数　heating period for calculation

采用滑动平均法计算出的累年日平均温度低于或等于 5℃ 的天数。计算采暖期天数仅供建筑节能设计计算时使用，与当地法定的采暖天数不一定相等。

2.1.4 计算采暖期室外平均温度　mean outdoor temperature during heating period

计算采暖期室外日平均温度的算术平均值。

2.1.5 建筑体形系数　shape factor

建筑物与室外大气接触的外表面积与其所包围的体积的比值。外表面积中，不包括地面和不采暖楼梯间内墙及户门的面积。

2.1.6 建筑物耗热量指标　index of heat loss of building

在计算采暖期室外平均温度条件下，为保持室内设计计算温度，单位建筑面积在单位时间内消耗的需由室内采暖设备供给的热量。

2.1.7 围护结构传热系数　heat transfer coefficient of building envelope

在稳态条件下，围护结构两侧空气温差为 1℃，在单位时间内通过单位面积围护结构的传

热量。

2.1.8 外墙平均传热系数　mean heat transfer coefficient of external wall

考虑了墙上存在的热桥影响后得到的外墙传热系数。

2.1.9 围护结构传热系数的修正系数　modification coefficient of building envelope

考虑太阳辐射对围护结构传热的影响而引进的修正系数。

2.1.10 窗墙面积比　window to wall ratio

窗户洞口面积与房间立面单元面积（即建筑层高与开间定位线围成的面积）之比。

2.1.11 锅炉运行效率　efficiency of boiler

采暖期内锅炉实际运行工况下的效率。

2.1.12 室外管网热输送效率　efficiency of network

管网输出总热量与输入管网的总热量的比值。

2.1.13 耗电输热比　ratio of electricity consumption to transferied heat quantity

在采暖室内外计算温度下，全日理论水泵输送耗电量与全日系统供热量比值。

2.2　符　　号

2.2.1 气象参数

$HDD18$——采暖度日数，单位：℃ · d；

$CDD26$——空调度日数，单位：℃ · d；

Z——计算采暖期天数，单位：d；

t_e——计算采暖期室外平均温度，单位：℃。

2.2.2 建筑物

S——建筑体形系数，单位：1/m；

q_H——建筑物耗热量指标，单位：W/m²；

K——围护结构传热系数，单位：W/(m² · K)；

K_m——外墙平均传热系数，单位：W/(m² · K)；

ε_i——围护结构传热系数的修正系数，无因次。

2.2.3 采暖系统

η_1——室外管网热输送效率，无因次；

η_2——锅炉运行效率，无因次；

EHR——耗电输热比，无因次。

3　严寒和寒冷地区气候子区与室内热环境计算参数

3.0.1 依据不同的采暖度日数（$HDD18$）和空调度日数（$CDD26$）范围，可将严寒和寒冷地区进一步划分成为表 3.0.1 所示的 5 个气候子区。

表 3.0.1 严寒和寒冷地区居住建筑
节能设计气候子区

气候子区		分区依据
严寒地区 （Ⅰ区）	严寒(A)区	$6000 \leqslant HDD18$
	严寒(B)区	$5000 \leqslant HDD18 < 6000$
	严寒(C)区	$3800 \leqslant HDD18 < 5000$
寒冷地区 （Ⅱ区）	寒冷(A)区	$2000 \leqslant HDD18 < 3800, CDD26 \leqslant 90$
	寒冷(B)区	$2000 \leqslant HDD18 < 3800, CDD26 > 90$

3.0.2 室内热环境计算参数的选取应符合下列规定：

1 冬季采暖室内计算温度应取 18℃；

2 冬季采暖计算换气次数应取 $0.5h^{-1}$。

4 建筑与围护结构热工设计

4.1 一般规定

4.1.1 建筑群的总体布置，单体建筑的平面、立面设计和门窗的设置，应考虑冬季利用日照并避开冬季主导风向。

4.1.2 建筑物宜朝向南北或接近朝向南北。建筑物不宜设有三面外墙的房间，一个房间不宜在不同方向的墙面上设置两个或更多的窗。

4.1.3 严寒和寒冷地区居住建筑的体形系数不应大于表 4.1.3 规定的限值。当体形系数大于表 4.1.3 规定的限值时，必须按照本标准第 4.3 节的要求进行围护结构热工性能的权衡判断。

表 4.1.3 严寒和寒冷地区居住建筑的体形系数限值

	建筑层数			
	≤3层	(4～8)层	(9～13)层	≥14层
严寒地区	0.50	0.30	0.28	0.25
寒冷地区	0.52	0.33	0.30	0.26

4.1.4 严寒和寒冷地区居住建筑的窗墙面积比不应大于表 4.1.4 规定的限值。当窗墙面积比大于表 4.1.4 规定的限值时，必须按照本标准第 4.3 节的要求进行围护结构热工性能的权衡判断，并且在进行权衡判断时，各朝向的窗墙面积比最大也只能比表 4.1.4 中的对应值大 0.1。

表 4.1.4 严寒和寒冷地区居住建筑的窗墙面积比限值

朝 向	窗墙面积比	
	严寒地区	寒冷地区
北	0.25	0.30
东、西	0.30	0.35
南	0.45	0.50

注：1 敞开式阳台的阳台门上部透明部分应计入窗户面积，下部不透明部分不应计入窗户面积。

2 表中的窗墙面积比应按开间计算。表中的"北"代表从北偏东小于 60°至北偏西小于 60°的范围；"东、西"代表从东或西偏北小于等于 30°至偏南小于 60°的范围；"南"代表从南偏东小于等于 30°至偏西小于等于 30°的范围。

4.1.5 楼梯间及外走廊与室外连接的开口处应设置窗或门，且该窗和门应能密闭。严寒（A）区和严寒（B）区的楼梯间宜采暖，设置采暖的楼梯间的外墙和外窗应采取保温措施。

4.2 围护结构热工设计

4.2.1 我国严寒和寒冷地区主要城市气候分区区属以及采暖度日数（HDD18）和空调度日数（CDD26）应按本标准附录 A 的规定确定。

4.2.2 根据建筑物所处城市的气候分区区属不同，建筑围护结构的传热系数不应大于表 4.2.2-1～表 4.2.2-5 规定的限值，周边地面和地下室外墙的保温材料层热阻不应小于表 4.2.2-1～表 4.2.2-5 规定的限值，寒冷（B）区外窗综合遮阳系数不应大于表 4.2.2-6 规定的限值。当建筑围护结构的热工性能参数不满足上述规定时，必须按照本标准第 4.3 节的规定进行围护结构热工性能的权衡判断。

表 4.2.2-1 严寒（A）区围护结构热工性能参数限值

围护结构部位		传热系数 $K[W/(m^2 \cdot K)]$		
		≤3层建筑	(4～8)层的建筑	≥9层建筑
屋 面		0.20	0.25	0.25
外 墙		0.25	0.40	0.50
架空或外挑楼板		0.30	0.40	0.40
非采暖地下室顶板		0.35	0.45	0.45
分隔采暖与非采暖空间的隔墙		1.2	1.2	1.2
分隔采暖与非采暖空间的户门		1.5	1.5	1.5
阳台门下部门芯板		1.2	1.2	1.2
外窗	窗墙面积比≤0.2	2.0	2.5	2.5
	0.2<窗墙面积比≤0.3	1.8	2.0	2.2
	0.3<窗墙面积比≤0.4	1.6	1.8	2.0
	0.4<窗墙面积比≤0.45	1.5	1.6	1.8
围护结构部位		保温材料层热阻 $R[(m^2 \cdot K)/W]$		
周边地面		1.70	1.40	1.10
地下室外墙（与土壤接触的外墙）		1.80	1.50	1.20

表 4.2.2-2 严寒（B）区围护结构热工性能参数限值

围护结构部位		传热系数 $K[W/(m^2 \cdot K)]$		
		≤3层建筑	(4～8)层的建筑	≥9层建筑
屋 面		0.25	0.30	0.30
外 墙		0.30	0.45	0.55
架空或外挑楼板		0.30	0.45	0.45
非采暖地下室顶板		0.35	0.50	0.50
分隔采暖与非采暖空间的隔墙		1.2	1.2	1.2
分隔采暖与非采暖空间的户门		1.5	1.5	1.5
阳台门下部门芯板		1.2	1.2	1.2
外窗	窗墙面积比≤0.2	2.0	2.5	2.5
	0.2<窗墙面积比≤0.3	1.8	2.2	2.2
	0.3<窗墙面积比≤0.4	1.6	1.9	2.0
	0.4<窗墙面积比≤0.45	1.5	1.7	1.8
围护结构部位		保温材料层热阻 $R[(m^2 \cdot K)/W]$		
周边地面		1.40	1.10	0.83
地下室外墙（与土壤接触的外墙）		1.50	1.20	0.91

表 4.2.2-3　严寒(C)区围护结构热工性能参数限值

围护结构部位		传热系数 $K[W/(m^2 \cdot K)]$		
		≤3 层建筑	(4~8)层的建筑	≥9 层建筑
屋　面		0.30	0.40	0.40
外　墙		0.35	0.50	0.60
架空或外挑楼板		0.35	0.50	0.50
非采暖地下室顶板		0.50	0.60	0.60
分隔采暖与非采暖空间的隔墙		1.5	1.5	1.5
分隔采暖与非采暖空间的户门		1.5	1.5	1.5
阳台门下部门芯板		1.2	1.2	1.2
外窗	窗墙面积比≤0.2	2.0	2.0	2.0
	0.2<窗墙面积比≤0.3	1.8	2.2	2.2
	0.3<窗墙面积比≤0.4	1.6	2.0	2.0
	0.4<窗墙面积比≤0.45	1.5	1.8	1.8
围护结构部位		保温材料层热阻 $R[(m^2 \cdot K)/W]$		
周边地面		1.10	0.83	0.56
地下室外墙（与土壤接触的外墙）		1.20	0.91	0.61

表 4.2.2-4　寒冷(A)区围护结构热工性能参数限值

围护结构部位		传热系数 $K[W/(m^2 \cdot K)]$		
		≤3 层建筑	(4~8)层的建筑	≥9 层建筑
屋　面		0.35	0.45	0.45
外　墙		0.45	0.60	0.70
架空或外挑楼板		0.45	0.60	0.60
非采暖地下室顶板		0.50	0.65	0.65
分隔采暖与非采暖空间的隔墙		1.5	1.5	1.5
分隔采暖与非采暖空间的户门		2.0	2.0	2.0
阳台门下部门芯板		1.7	1.7	1.7
外窗	窗墙面积比≤0.2	2.8	3.1	3.1
	0.2<窗墙面积比≤0.3	2.5	2.8	2.8
	0.3<窗墙面积比≤0.4	2.0	2.5	2.5
	0.4<窗墙面积比≤0.5	1.8	2.0	2.3
围护结构部位		保温材料层热阻 $R[(m^2 \cdot K)/W]$		
周边地面		0.83	0.56	—
地下室外墙（与土壤接触的外墙）		0.91	0.61	—

表 4.2.2-5　寒冷(B)区围护结构热工性能参数限值

围护结构部位		传热系数 $K[W/(m^2 \cdot K)]$		
		≤3 层建筑	(4~8)层的建筑	≥9 层建筑
屋　面		0.35	0.45	0.45
外　墙		0.45	0.60	0.70
架空或外挑楼板		0.45	0.60	0.60
非采暖地下室顶板		0.50	0.65	0.65
分隔采暖与非采暖空间的隔墙		1.5	1.5	1.5
分隔采暖与非采暖空间的户门		2.0	2.0	2.0
阳台门下部门芯板		1.7	1.7	1.7

续表 4.2.2-5

围护结构部位		传热系数 $K[W/(m^2 \cdot K)]$		
		≤3 层建筑	(4~8)层的建筑	≥9 层建筑
外窗	窗墙面积比≤0.2	2.8	3.1	3.1
	0.2<窗墙面积比≤0.3	2.5	2.8	2.8
	0.3<窗墙面积比≤0.4	2.0	2.5	2.5
	0.4<窗墙面积比≤0.5	1.8	2.0	2.3
围护结构部位		保温材料层热阻 $R[(m^2 \cdot K)/W]$		
周边地面		0.83	0.56	—
地下室外墙（与土壤接触的外墙）		0.91	0.61	—

注：周边地面和地下室外墙的保温材料层不包括土壤和混凝土地面。

表 4.2.2-6　寒冷(B)区外窗综合遮阳系数限值

围护结构部位		遮阳系数 SC(东、西向/南、北向)		
		≤3 层建筑	(4~8)层的建筑	≥9 层建筑
外窗	窗墙面积比≤0.2	—/—	—/—	—/—
	0.2<窗墙面积比≤0.3	—/—	—/—	—/—
	0.3<窗墙面积比≤0.4	0.45/—	0.45/—	0.45/—
	0.4<窗墙面积比≤0.5	0.35/—	0.35/—	0.35/—

4.2.3　围护结构热工性能参数计算应符合下列规定：

1　外墙的传热系数系指考虑了热桥影响后计算得到的平均传热系数，平均传热系数应按本标准附录 B 的规定计算。

2　窗墙面积比应按建筑开间计算。

3　周边地面是指室内距外墙内表面 2m 以内的地面，周边地面的传热系数应按本标准附录 C 的规定计算。

4　窗的综合遮阳系数应按下式计算：

$$SC = SC_C \times SD = SC_B \times (1 - F_K/F_C) \times SD$$
$$(4.2.3)$$

式中：SC——窗的综合遮阳系数；

SC_C——窗本身的遮阳系数；

SC_B——玻璃的遮阳系数；

F_K——窗框的面积；

F_C——窗的面积，F_K/F_C 为窗框面积比，PVC 塑钢窗或木窗窗框面积比可取 0.30，铝合金窗窗框面积比可取 0.20；

SD——外遮阳的遮阳系数，应按本标准附录 D 的规定计算。

4.2.4　寒冷(B)区建筑的南向外窗（包括阳台的透明部分）宜设置水平遮阳或活动遮阳。东、西向的外窗宜设置活动遮阳。外遮阳的遮阳系数应按本标准附录 D 确定。当设置了展开或关闭后可以全部遮蔽窗户的活动式外遮阳时，应认定满足本标准第 4.2.2 条对外窗的遮阳系数的要求。

4.2.5　居住建筑不宜设置凸窗。严寒地区除南向外不应设置凸窗，寒冷地区北向的卧室、起居室不得设置凸窗。

当设置凸窗时，凸窗凸出（从外墙面至凸窗外表面）不应大于 400mm；凸窗的传热系数限值应比普通窗降低 15%，且其不透明的顶部、底部、侧面的传热系数应小于或等于外墙的传热系数。当计算窗墙面积比时，凸窗的窗面积和凸窗所占的墙面积应按窗洞口面积计算。

4.2.6 外窗及敞开式阳台门应具有良好的密闭性能。严寒地区外窗及敞开式阳台门的气密性等级不应低于国家标准《建筑外门窗气密、水密、抗风压性能分级及检测方法》GB/T 7106－2008 中规定的 6 级。寒冷地区 1~6 层的外窗及敞开式阳台门的气密性等级不应低于国家标准《建筑外门窗气密、水密、抗风压性能分级及检测方法》GB/T 7106－2008 中规定的 4 级，7 层及 7 层以上不应低于 6 级。

4.2.7 封闭式阳台的保温应符合下列规定：

1 阳台和直接连通的房间之间应设置隔墙和门、窗。

2 当阳台和直接连通的房间之间不设置隔墙和门、窗时，应将阳台作为所连通房间的一部分。阳台与室外空气接触的墙板、顶板、地板的传热系数必须符合本标准第 4.2.2 条的规定，阳台的窗墙面积比必须符合本标准第 4.1.4 条的规定。

3 当阳台和直接连通的房间之间设置隔墙和门、窗，且所设隔墙、门、窗的传热系数不大于本标准第 4.2.2 条表中所列限值，窗墙面积比不超过本标准表 4.1.4 的限值时，可不对阳台外表面作特殊热工要求。

4 当阳台和直接连通的房间之间设置隔墙和门、窗，且所设隔墙、门、窗的传热系数大于本标准第 4.2.2 条表中所列限值时，阳台与室外空气接触的墙板、顶板、地板的传热系数不应大于本标准第 4.2.2 条表中所列限值的 120%，严寒地区阳台窗的传热系数不应大于 $2.5\text{W}/(\text{m}^2 \cdot \text{K})$，寒冷地区阳台窗的传热系数不应大于 $3.1\text{W}/(\text{m}^2 \cdot \text{K})$，阳台外表面的窗墙面积比不应大于 60%，阳台和直接连通房间隔墙的窗墙面积比不应超过本标准表 4.1.4 的限值。当阳台的面宽小于直接连通房间的开间宽度时，可按房间的开间计算隔墙的窗墙面积比。

4.2.8 外窗（门）框与墙体之间的缝隙，应采用高效保温材料填堵，不得采用普通水泥砂浆补缝。

4.2.9 外窗（门）洞口室外部分的侧墙面应做保温处理，并应保证窗（门）洞口室内部分的侧墙面的内表面温度不低于室内空气设计温、湿度条件下的露点温度，减小附加热损失。

4.2.10 外墙与屋面的热桥部位均应进行保温处理，并应保证热桥部位的内表面温度不低于室内空气设计温、湿度条件下的露点温度，减小附加热损失。

4.2.11 变形缝采取保温措施，并应保证变形缝两侧墙的内表面温度在室内空气设计温、湿度条件下不低于露点温度。

4.2.12 地下室外墙应根据地下室不同用途，采取合理的保温措施。

4.3 围护结构热工性能的权衡判断

4.3.1 建筑围护结构热工性能的权衡判断应以建筑物耗热量指标为判据。

4.3.2 计算得到的所设计居住建筑的建筑物耗热量指标应小于或等于本标准附录 A 中表 A.0.1-2 的限值。

4.3.3 所设计建筑的建筑物耗热量指标应按下式计算：

$$q_{\text{H}} = q_{\text{HT}} + q_{\text{INF}} - q_{\text{IH}} \qquad (4.3.3)$$

式中：q_{H}——建筑物耗热量指标（W/m^2）；

q_{HT}——折合到单位建筑面积上单位时间内通过建筑围护结构的传热量（W/m^2）；

q_{INF}——折合到单位建筑面积上单位时间内建筑物空气渗透耗热量（W/m^2）；

q_{IH}——折合到单位建筑面积上单位时间内建筑物内部得热量，取 $3.8\text{W}/\text{m}^2$。

4.3.4 折合到单位建筑面积上单位时间内通过建筑围护结构的传热量应按下式计算：

$$q_{\text{HT}} = q_{\text{Hq}} + q_{\text{Hw}} + q_{\text{Hd}} + q_{\text{Hmc}} + q_{\text{Hy}} \quad (4.3.4)$$

式中：q_{Hq}——折合到单位建筑面积上单位时间内通过墙的传热量（W/m^2）；

q_{Hw}——折合到单位建筑面积上单位时间内通过屋面的传热量（W/m^2）；

q_{Hd}——折合到单位建筑面积上单位时间内通过地面的传热量（W/m^2）；

q_{Hmc}——折合到单位建筑面积上单位时间内通过门、窗的传热量（W/m^2）；

q_{Hy}——折合到单位建筑面积上单位时间内非采暖封闭阳台的传热量（W/m^2）。

4.3.5 折合到单位建筑面积上单位时间内通过外墙的传热量应按下式计算：

$$q_{\text{Hq}} = \frac{\sum q_{\text{Hq}i}}{A_0} = \frac{\sum \varepsilon_{\text{q}i} K_{\text{mq}i} F_{\text{q}i}(t_\text{n} - t_\text{e})}{A_0} \quad (4.3.5)$$

式中：q_{Hq}——折合到单位建筑面积上单位时间内通过外墙的传热量（W/m^2）；

t_n——室内计算温度，取 18℃；当外墙内侧是楼梯间时，则取 12℃；

t_e——采暖期室外平均温度（℃），应根据本标准附录 A 中的表 A.0.1-1 确定；

$\varepsilon_{\text{q}i}$——外墙传热系数的修正系数，应根据本标准附录 E 中的表 E.0.2 确定；

$K_{\text{mq}i}$——外墙平均传热系数［$\text{W}/(\text{m}^2 \cdot \text{K})$］，应根据本标准附录 B 计算确定；

$F_{\text{q}i}$——外墙的面积（m^2），可根据本标准附录 F 的规定计算确定；

A_0——建筑面积（m^2），可根据本标准附录 F 的规定计算确定。

4.3.6 折合到单位建筑面积上单位时间内通过屋面

的传热量应按下式计算：

$$q_{Hw} = \frac{\Sigma q_{Hwi}}{A_0} = \frac{\Sigma \varepsilon_{wi} K_{wi} F_{wi} (t_n - t_e)}{A_0} \quad (4.3.6)$$

式中：q_{Hw}——折合到单位建筑面积上单位时间内通过屋面的传热量（W/m^2）；

ε_{wi}——屋面传热系数的修正系数，应根据本标准附录 E 中的表 E.0.2 确定；

K_{wi}——屋面传热系数 $[W/(m^2 \cdot K)]$；

F_{wi}——屋面的面积（m^2），可根据本标准附录 F 的规定计算确定。

4.3.7 折合到单位建筑面积上单位时间内通过地面的传热量应按下式计算：

$$q_{Hd} = \frac{\Sigma q_{Hdi}}{A_0} = \frac{\Sigma K_{di} F_{di} (t_n - t_e)}{A_0} \quad (4.3.7)$$

式中：q_{Hd}——折合到单位建筑面积上单位时间内通过地面的传热量（W/m^2）；

K_{di}——地面的传热系数 $[W/(m^2 \cdot K)]$，应根据本标准附录 C 的规定计算确定；

F_{di}——地面的面积（m^2），应根据本标准附录 F 的规定计算确定。

4.3.8 折合到单位建筑面积上单位时间内通过外窗（门）的传热量应按下式计算：

$$q_{Hmc} = \frac{\Sigma q_{Hmci}}{A_0} = \frac{\Sigma [K_{mci} F_{mci} (t_n - t_e) - I_{tyi} C_{mci} F_{mci}]}{A_0}$$

$$(4.3.8-1)$$

$$C_{mci} = 0.87 \times 0.70 \times SC \quad (4.3.8-2)$$

式中：q_{Hmc}——折合到单位建筑面积上单位时间内通过外窗（门）的传热量（W/m^2）；

K_{mci}——窗（门）的传热系数 $[W/(m^2 \cdot K)]$；

F_{mci}——窗（门）的面积（m^2）；

I_{tyi}——窗（门）外表面采暖期平均太阳辐射热（W/m^2），应根据本标准附录 A 中的表 A.0.1-1 确定；

C_{mci}——窗（门）的太阳辐射修正系数；

SC——窗的综合遮阳系数，按本标准式（4.2.3）计算；

0.87——3mm 普通玻璃的太阳辐射透过率；

0.70——折减系数。

4.3.9 折合到单位建筑面积上单位时间内通过非采暖封闭阳台的传热量应按下式计算：

$$q_{Hy} = \frac{\Sigma q_{Hyi}}{A_0} = \frac{\Sigma [K_{qmci} F_{qmci} \zeta_i (t_n - t_e) - I_{tyi} C'_{mci} F_{mci}]}{A_0}$$

$$(4.3.9-1)$$

$$C'_{mci} = (0.87 \times SC_w) \times (0.87 \times 0.70 \times SC_N)$$

$$(4.3.9-2)$$

式中：q_{Hy}——折合到单位建筑面积上单位时间内通过非采暖封闭阳台的传热量（W/m^2）；

K_{qmci}——分隔封闭阳台和室内的墙、窗（门）的平均传热系数 $[W/(m^2 \cdot K)]$；

F_{qmci}——分隔封闭阳台和室内的墙、窗（门）的面积（m^2）；

ζ_i——阳台的温差修正系数，应根据本标准附录 E 中的表 E.0.4 确定；

I_{tyi}——封闭阳台外表面采暖期平均太阳辐射热（W/m^2），应根据本标准附录 A 中的表 A.0.1-1 确定；

F_{mci}——分隔封闭阳台和室内的窗（门）的面积（m^2）；

C'_{mci}——分隔封闭阳台和室内的窗（门）的太阳辐射修正系数；

SC_w——外侧窗的综合遮阳系数，按本标准式（4.2.3）计算；

SC_N——内侧窗的综合遮阳系数，按本标准式（4.2.3）计算。

4.3.10 折合到单位建筑面积上单位时间内建筑物空气换气耗热量应按下式计算：

$$q_{INF} = \frac{(t_n - t_e)(C_p \rho N V)}{A_0} \quad (4.3.10)$$

式中：q_{INF}——折合到单位建筑面积上单位时间内建筑物空气换气耗热量（W/m^2）；

C_p——空气的比热容，取 $0.28Wh/(kg \cdot K)$；

ρ——空气的密度（kg/m^3），取采暖期室外平均温度 t_e 下的值；

N——换气次数，取 $0.5h^{-1}$；

V——换气体积（m^3），可根据本标准附录 F 的规定计算确定。

5 采暖、通风和空气调节节能设计

5.1 一 般 规 定

5.1.1 集中采暖和集中空气调节系统的施工图设计，必须对每一个房间进行热负荷和逐项逐时的冷负荷计算。

5.1.2 位于严寒和寒冷地区的居住建筑，应设置采暖设施；位于寒冷（B）区的居住建筑，还宜设置或预留设置空调设施的位置和条件。

5.1.3 居住建筑集中采暖、空调系统的热、冷源方式及设备的选择，应根据节能要求，考虑当地资源情况、环境保护、能源效率及用户对采暖运行费可承受的能力等综合因素，经技术经济分析比较确定。

5.1.4 居住建筑集中供热热源形式的选择，应符合下列规定：

1 以热电厂和区域锅炉房为主要热源；在城市集中供热范围内时，应优先采用城市热网提供的热源。

2 技术经济合理情况下，宜采用冷、热、电联供系统。

3 集中锅炉房的供热规模应根据燃料确定，当采用燃气时，供热规模不宜过大，采用燃煤时供热规模不宜过小。

4 在工厂区附近时，应优先利用工业余热和废热。

5 有条件时应积极利用可再生能源。

5.1.5 居住建筑的集中采暖系统，应按热水连续采暖进行设计。居住区内的商业、文化及其他公共建筑的采暖形式，可根据其使用性质、供热要求经技术经济比较确定。公共建筑的采暖系统应与居住建筑分开，并应具备分别计量的条件。

5.1.6 除当地电力充足和供电政策支持，或者建筑所在地无法利用其他形式的能源外，严寒和寒冷地区的居住建筑内，不应设计直接电热采暖。

5.2 热源、热力站及热力网

5.2.1 当地没有热电联产、工业余热和废热可资利用的严寒、寒冷地区，应建设以集中锅炉房为热源的供热系统。

5.2.2 新建锅炉房时，应考虑与城市热网连接的可能性。锅炉房宜建在靠近热负荷密度大的地区，并应满足该地区环保部门对锅炉房的选址要求。

5.2.3 独立建设的燃煤集中锅炉房中，单台锅炉的容量不宜小于 7.0MW；对于规模较小的居住区，锅炉的单台容量可适当降低，但不宜小于 4.2MW。

5.2.4 锅炉的选型，应与当地长期供应的燃料种类相适应。锅炉的设计效率不应低于表 5.2.4 中规定的数值。

表 5.2.4　锅炉的最低设计效率（%）

锅炉类型、燃料种类及发热值		在下列锅炉容量(MW)下的设计效率（%）						
		0.7	1.4	2.8	4.2	7.0	14.0	>28.0
燃煤	II 烟煤	—	—	73	74	78	79	80
	III	—	—	74	76	78	80	82
燃油、燃气		86	87	87	88	89	90	90

5.2.5 锅炉房的总装机容量应按下式确定：

$$Q_B = \frac{Q_0}{\eta} \qquad (5.2.5)$$

式中：Q_B——锅炉房的总装机容量（W）；

　　　Q_0——锅炉负担的采暖设计热负荷（W）；

　　　η——室外管网输送效率，可取 0.92。

5.2.6 燃煤锅炉房的锅炉台数，宜采用（2～3）台，不应多于 5 台。当在低于设计运行负荷条件下多台锅炉联合运行时，单台锅炉的运行负荷不应低于额定负荷的 60%。

5.2.7 燃气锅炉房的设计，应符合下列规定：

1 锅炉房的供热半径应根据区域的情况、供热

规模、供热方式及参数等条件来合理地确定。当受条件限制供热面积较大时，应经技术经济比较确定，采用分区设置热力站的间接供热系统。

2 模块式组合锅炉房，宜以楼栋为单位设置；数量宜为(4～8)台，不应多于 10 台；每个锅炉房的供热量宜在 1.4MW 以下。当总供热面积较大，且不能以楼栋为单位设置时，锅炉房应分散设置。

3 当燃气锅炉直接供热系统的锅炉的供、回水温度和流量限定值，与负荷侧在整个运行期对供、回水温度和流量的要求不一致时，应按热源侧和用户侧配置二次泵水系统。

5.2.8 锅炉房设计时应充分利用锅炉产生的各种余热，并应符合下列规定：

1 热媒供水温度不高于 60℃ 的低温供热系统，应设烟气余热回收装置。

2 散热器采暖系统宜设烟气余热回收装置。

3 有条件时，应选用冷凝式燃气锅炉；当选用普通锅炉时，应另设烟气余热回收装置。

5.2.9 锅炉房和热力站的总管上，应设置计量总供热量的热量表（热量计量装置）。集中采暖系统中建筑物的热力入口处，必须设置楼前热量表，作为该建筑物采暖耗热量的热量结算点。

5.2.10 在有条件采用集中供热或在楼内集中设置燃气热水机组（锅炉）的高层建筑中，不宜采用户式燃气供暖炉（热水器）作为采暖热源。当必须采用户式燃气炉作为热源时，应设置专用的进气及排烟通道，并应符合下列规定：

1 燃气炉自身必须配置有完善且可靠的自动安全保护装置。

2 应具有同时自动调节燃气量和燃烧空气量的功能，并应配置有室温控制器。

3 配套供应的循环水泵的工况参数，应与采暖系统的要求相匹配。

5.2.11 当系统的规模较大时，宜采用间接连接的一、二次水系统；热力站规模不宜大于 100000m²；一次水设计供水温度宜取 115℃～130℃，回水温度应取 50℃～80℃。

5.2.12 当采暖系统采用变流量水系统时，循环水泵宜采用变速调节方式；水泵台数宜采用 2 台（一用一备）。当系统较大时，可通过技术经济分析后合理增加台数。

5.2.13 室外管网应进行严格的水力平衡计算。当室外管网通过阀门截流来进行阻力平衡时，各并联环路之间的压力损失差值，不应大于 15%。当室外管网水力平衡计算达不到上述要求时，应在热力站和建筑物热力入口处设置静态水力平衡阀。

5.2.14 建筑物的每个热力入口，应设计安装水过滤器，并应根据室外管网的水力平衡要求和建筑物内供暖系统所采用的调节方式，决定是否还要设置自力式

流量控制阀、自力式压差控制阀或其他装置。

5.2.15 水力平衡阀的设置和选择，应符合下列规定：

1 阀门两端的压差范围，应符合其产品标准的要求。

2 热力站出口总管上，不应串联设置自力式流量控制阀；当有多个分环路时，各分环路总管上可根据水力平衡的要求设置静态水力平衡阀。

3 定流量水系统的各热力入口，可按照本标准第 5.2.13、5.2.14 条的规定设置静态水力平衡阀，或自力式流量控制阀。

4 变流量水系统的各热力入口，应根据水力平衡的要求和系统总体控制设置的情况，设置压差控制阀，但不应设置自力式定流量阀。

5 当采用静态水力平衡阀时，应根据阀门流通能力及两端压差，选择确定平衡阀的直径与开度。

6 当采用自力式流量控制阀时，应根据设计流量进行选型。

7 当采用自力式压差控制阀时，应根据所需控制压差选择与管路同尺寸的阀门，同时应确保其流量不小于设计最大值。

8 当选择自力式流量控制阀、自力式压差控制阀、电动平衡两通阀或动态平衡电动调节阀时，应保持阀权度 $S=0.3\sim0.5$。

5.2.16 在选配供热系统的热水循环泵时，应计算循环水泵的耗电输热比（*EHR*），并应标注在施工图的设计说明中。循环水泵的耗电输热比应符合下式要求：

$$EHR = \frac{N}{Q \cdot \eta} \leqslant \frac{A \times (20.4 + a\Sigma L)}{\Delta t}$$

$$(5.2.16)$$

式中：*EHR*——循环水泵的耗电输热比；

N——水泵在设计工况点的轴功率（kW）；

Q——建筑供热负荷（kW）；

η——电机和传动部分的效率，应按表 5.2.16 选取；

Δt——设计供回水温度差（℃），应按照设计要求选取；

A——与热负荷有关的计算系数，应按表 5.2.16 选取；

ΣL——室外主干线（包括供回水管）总长度（m）；

a——与 ΣL 有关的计算系数，应按如下选取或计算：

当 $\Sigma L \leqslant 400m$ 时，$a=0.0115$；

当 $400 < \Sigma L < 1000m$ 时，$a = 0.003833+3.067/\Sigma L$；

当 $\Sigma L \geqslant 1000m$ 时，$a=0.0069$。

表 5.2.16 电机和传动部分的效率及循环水泵的耗电输热比计算系数

热负荷 Q(kW)		<2000	≥2000
电机和传动部分的效率 η	直联方式	0.87	0.89
	联轴器连接方式	0.85	0.87
计算系数 A		0.0062	0.0054

5.2.17 设计一、二次热水管网时，应采用经济合理的敷设方式。对于庭院管网和二次网，宜采用直埋管敷设。对于一次管网，当管径较大且地下水位不高时，或者采取了可靠的地沟防水措施时，可采用地沟敷设。

5.2.18 供热管道保温厚度不应小于本标准附录 G 的规定值，当选用其他保温材料或其导热系数与附录 G 的规定值差异较大时，最小保温厚度应按下式修正：

$$\delta'_{min} = \frac{\lambda'_m \cdot \delta_{min}}{\lambda_m}$$

$$(5.2.18)$$

式中：δ'_{min}——修正后的最小保温层厚度（mm）；

δ_{min}——本标准附录 G 规定的最小保温层厚度（mm）；

λ'_m——实际选用的保温材料在其平均使用温度下的导热系数 [W/(m·K)]；

λ_m——本标准附录 G 规定的保温材料在其平均使用温度下的导热系数 [W/(m·K)]。

5.2.19 当区域供热锅炉房设计采用自动监测与控制的运行方式时，应满足下列规定：

1 应通过计算机自动监测系统，全面、及时地了解锅炉的运行状况。

2 应随时测量室外的温度和整个热网的需求，按照预先设定的程序，通过调节投入燃料量实现锅炉供热量调节，满足整个热网的热量需求，保证供暖质量。

3 应通过锅炉系统热特性识别和工况优化分析程序，根据前几天的运行参数、室外温度，预测该时段的最佳工况。

4 应通过对锅炉运行参数的分析，作出及时判断。

5 应建立各种信息数据库，对运行过程中的各种信息数据进行分析，并应能够根据需要打印各类运行记录，储存历史数据。

6 锅炉房、热力站的动力用电、水泵用电和照明用电应分别计量。

5.2.20 对于未采用计算机进行自动监测与控制的锅炉房和换热站，应设置供热量控制装置。

5.3 采暖系统

5.3.1 室内的采暖系统，应以热水为热媒。

5.3.2 室内的采暖系统的制式，宜采用双管系统。当采用单管系统时，应在每组散热器的进出水支管之间设置跨越管，散热器应采用低阻力两通或三通调节阀。

5.3.3 集中采暖（集中空调）系统，必须设置住户分室（户）温度调节、控制装置及分户热计量（分户热分摊）的装置或设施。

5.3.4 当室内采用散热器供暖时，每组散热器的进水支管上应安装散热器恒温控制阀。

5.3.5 散热器宜明装，散热器的外表面应刷非金属性涂料。

5.3.6 采用散热器集中采暖系统的供水温度（t）、供回水温差（Δt）与工作压力（P），宜符合下列规定：

　　1　当采用金属管道时，$t \leqslant 95℃$、$\Delta t \geqslant 25℃$。

　　2　当采用热塑性塑料管时，$t \leqslant 85℃$；$\Delta t \geqslant 25℃$，且工作压力不宜大于 1.0MPa。

　　3　当采用铝塑复合管-非热熔连接时，$t \leqslant 90℃$、$\Delta t \geqslant 25℃$。

　　4　当采用铝塑复合管-热熔连接时，应按热塑性塑料管的条件应用。

　　5　当采用铝塑复合管时，系统的工作压力可按表5.3.6确定。

表 5.3.6　不同工作温度时铝塑复合管的允许工作压力

管材类型	代　号	长期工作温度（℃）	允许工作压力（MPa）
搭接焊式	PAP	60	1.00
		75※	0.82
		82※	0.69
	XPAP	75	1.00
		82	0.86
对接焊式	PAP3、PAP4	60	1.00
	XPAP1、XPAP2	75	1.50
	XPAP1、XPAP2	95	1.25

　　注：※指采用中密度聚乙烯（乙烯与辛烯共聚物）材料生产的复合管。

5.3.7 对室内具有足够的无家具覆盖的地面可供布置加热管的居住建筑，宜采用低温地面辐射供暖方式进行采暖。低温地面辐射供暖系统户（楼）内的供水温度不应超过60℃，供回水温差宜等于或小于10℃；系统的工作压力不应大于0.8MPa。

5.3.8 采用低温地面辐射供暖的集中供热小区，锅炉或换热站不宜直接提供温度低于60℃的热媒。当外网提供的热媒温度高于60℃时，宜在各户的分集水器前设置混水泵，抽取室内回水混入供水，保持其温度不高于设定值，并加大户内循环水量；混水装置也可以设置在楼栋的采暖热力入口处。

5.3.9 当设计低温地面辐射供暖系统时，宜按主要房间划分供暖环路，并应配置室温自动调控装置。在每户分水器的进水管上，应设置水过滤器，并应按户设置热量分摊装置。

5.3.10 施工图设计时，应严格进行室内供暖管道的水力平衡计算，确保各并联环路间（不包括公共段）的压力损失差额不大于15%；在水力平衡计算时，要计算水冷却产生的附加压力，其值可取设计供、回水温度条件下附加压力值的2/3。

5.3.11 在寒冷地区，当冬季设计状态下的采暖空调设备能效比（COP）小于1.8时，不宜采用空气源热泵机组供热；当有集中热源或气源时，不宜采用空气源热泵。

5.4 通风和空气调节系统

5.4.1 通风和空气调节系统设计应结合建筑设计，首先确定全年各季节的自然通风措施，并应做好室内气流组织，提高自然通风效率，减少机械通风和空调的使用时间。当在大部分时间内自然通风不能满足降温要求时，宜设置机械通风或空气调节系统，设置的机械通风或空气调节系统不应妨碍建筑的自然通风。

5.4.2 当采用分散式房间空调器进行空调和（或）采暖时，宜选择符合国家标准《房间空气调节器能效限定值及能源效率等级》GB 12021.3 和《转速可控型房间空气调节器能效限定值及能源效率等级》GB 21455 中规定的节能型产品（即能效等级2级）。

5.4.3 当采用电机驱动压缩机的蒸气压缩循环冷水（热泵）机组或采用名义制冷量大于7100W的电机驱动压缩机单元式空气调节机作为住宅小区或整栋楼的冷热源机组时，所选用机组的能效比（性能系数）不应低于现行国家标准《公共建筑节能设计标准》GB 50189 中的规定值；当设计采用多联式空调（热泵）机组作为户式集中空调（采暖）机组时，所选用机组的制冷综合性能系数不应低于国家标准《多联式空调（热泵）机组能效限定值及能源效率等级》GB 21454－2008 中规定的第3级。

5.4.4 安装分体式空气调节器（含风管机、多联机）时，室外机的安装位置必须符合下列规定：

　　1　应能通畅地向室外排放空气和自室外吸入空气。

　　2　在排出空气与吸入空气之间不应发生明显的气流短路。

　　3　可方便地对室外机的换热器进行清扫。

　　4　对周围环境不得造成热污染和噪声污染。

5.4.5 设有集中新风供应的居住建筑，当新风系统的送风量大于或等于3000m³/h时，应设置排风热回收装置。无集中新风供应的居住建筑，宜分户（或分室）设置带热回收功能的双向换气装置。

5.4.6 当采用风机盘管机组时，应配置风速开关，宜配置自动调节和控制冷、热量的温控器。

5.4.7 当采用全空气直接膨胀风管式空调机时，宜按房间设计配置风量调控装置。

5.4.8 当选择土壤源热泵系统、浅层地下水源热泵系统、地表水（淡水、海水）源热泵系统、污水水源热泵系统作为居住区或户用空调（热泵）机组的冷热源时，严禁破坏、污染地下资源。

5.4.9 空气调节系统的冷热水管的绝热厚度，应按现行国家标准《设备及管道绝热设计导则》GB/T 8175中的经济厚度和防止表面凝露的保冷层厚度的方法计算。建筑物内空气调节系统冷热水管的经济绝热厚度可按表5.4.9的规定选用。

表5.4.9 建筑物内空气调节系统冷热水管的经济绝热厚度

管道类型	绝热材料			
	离心玻璃棉		柔性泡沫橡塑	
	公称管径(mm)	厚度(mm)	公称管径(mm)	厚度(mm)
单冷管道（管内介质温度7℃~常温）	≤DN32	25	按防结露要求计算	
	DN40~DN100	30		
	≥DN125	35		
热或冷热合用管道（管内介质温度5℃~60℃）	≤DN40	35	≤DN50	25
	DN50~DN100	40	DN70~DN150	28
	DN125~DN250	45	≥DN200	32
	≥DN300	50		
热或冷热合用管道（管内介质温度0℃~95℃）	≤DN50	50	不适宜使用	
	DN70~DN150	60		
	≥DN200	70		

注：1 绝热材料的导热系数 λ 应按下列公式计算：
离心玻璃棉：$\lambda=(0.033+0.00023t_m)$[W/(m·K)]
柔性泡沫橡塑：$\lambda=(0.03375+0.0001375t_m)$[W/(m·K)]
其中 t_m——绝热层的平均温度(℃)。

2 单冷管道和柔性泡沫橡塑保冷的管道均应进行防结露要求验算。

5.4.10 空气调节风管绝热层的最小热阻应符合表5.4.10的规定。

表5.4.10 空气调节风管绝热层的最小热阻

风管类型	最小热阻（m²·K/W）
一般空调风管	0.74
低温空调风管	1.08

附录A 主要城市的气候区属、气象参数、耗热量指标

A.0.1 根据采暖度日数和空调度日数，可将严寒和寒冷地区细分为五个气候子区，其中主要城市的建筑节能计算用气象参数和建筑物耗热量指标应按表A.0.1-1和表A.0.1-2的规定确定。

A.0.2 严寒地区的分区指标是 $HDD18 \geqslant 3800$，气候特征是冬季严寒，根据冬季严寒的不同程度，又可细分成严寒（A）、严寒（B）、严寒（C）三个子区：

1 严寒（A）区的分区指标是 $6000 \leqslant HDD18$，气候特征是冬季异常寒冷，夏季凉爽；

2 严寒（B）区的分区指标是 $5000 \leqslant HDD18 < 6000$，气候特征是冬季非常寒冷，夏季凉爽；

3 严寒（C）区的分区指标是 $3800 \leqslant HDD18 < 5000$，气候特征是冬季很寒冷，夏季凉爽。

A.0.3 寒冷地区的分区指标是 $2000 \leqslant HDD18 < 3800$，$0 < CDD26$，气候特征是冬季寒冷，根据夏季热的不同程度，又可细分成寒冷（A）、寒冷（B）两个子区：

1 寒冷（A）区的分区指标是 $2000 \leqslant HDD18 < 3800$，$0 < CDD26 \leqslant 90$，气候特征是冬季寒冷，夏季凉爽；

2 寒冷（B）区的分区指标是 $2000 \leqslant HDD18 < 3800$，$90 < CDD26$，气候特征是冬季寒冷，夏季热。

表A.0.1-1 严寒和寒冷地区主要城市的建筑节能计算用气象参数

城市	气候区属	气象站			HDD18(℃·d)	CDD26(℃·d)	计算采暖期					
		北纬度	东经度	海拔(m)			天数(d)	室外平均温度(℃)	太阳总辐射平均强度(W/m²)				
									水平	南向	北向	东向	西向
直辖市													
北京	Ⅱ(B)	39.93	116.28	55	2699	94	114	0.1	102	120	33	59	59
天津	Ⅱ(B)	39.10	117.17	5	2743	92	118	−0.2	99	106	34	56	57
河北省													
石家庄	Ⅱ(B)	38.03	114.42	81	2388	147	97	0.9	95	102	33	54	54
围场	Ⅰ(C)	41.93	117.75	844	4602	3	172	−5.1	118	121	38	66	66

城 市	气候区属	气 象 站			HDD18 (℃·d)	CDD26 (℃·d)	计算采暖期						
		北纬度	东经度	海拔 (m)			天数 (d)	室外平均温度 (℃)	太阳总辐射平均强度（W/m²）				
									水平	南向	北向	东向	西向
丰宁	I(C)	41.22	116.63	661	4167	5	161	−4.2	120	126	39	67	67
承德	II(A)	40.98	117.95	386	3783	20	150	−3.4	107	112	35	60	60
张家口	II(A)	40.78	114.88	726	3637	24	145	−2.7	106	118	36	62	60
怀来	II(A)	40.40	115.50	538	3388	32	143	−1.8	105	117	36	61	59
青龙	II(A)	40.40	118.95	228	3532	23	146	−2.5	107	112	35	61	59
蔚县	I(C)	39.83	114.57	910	3955	9	151	−3.9	110	115	36	62	61
唐山	II(A)	39.67	118.15	29	2853	72	120	−0.6	100	108	34	58	56
乐亭	II(A)	39.43	118.90	12	3080	37	124	−1.3	104	111	35	60	57
保定	II(B)	38.85	115.57	19	2564	129	108	0.4	94	100	32	55	52
沧州	II(B)	38.33	116.83	11	2653	92	115	0.3	102	107	35	58	58
泊头	II(B)	38.08	116.55	13	2593	126	119	0.4	101	106	34	58	56
邢台	II(B)	37.07	114.50	78	2268	155	93	1.4	96	102	33	56	53
山西省													
太原	II(A)	37.78	112.55	779	3160	11	127	−1.1	108	118	36	62	60
大同	I(C)	40.10	113.33	1069	4120	8	158	−4.0	119	124	39	67	66
河曲	I(C)	39.38	111.15	861	3913	18	150	−4.0	120	126	38	64	67
原平	II(A)	38.75	112.70	838	3399	14	141	−1.7	108	118	36	61	61
离石	II(A)	37.50	111.10	951	3424	16	140	−1.8	108	108	34	56	57
榆社	II(A)	37.07	112.98	1042	3529	1	143	−1.7	111	118	37	62	62
介休	II(A)	37.03	111.92	745	2978	24	121	−0.3	109	114	36	60	61
阳城	II(A)	35.48	112.40	659	2698	21	112	0.7	104	109	34	57	57
运城	II(B)	35.05	111.05	365	2267	185	84	1.3	91	97	30	50	49
内蒙古自治区													
呼和浩特	I(C)	40.82	111.68	1065	4186	11	158	−4.4	116	122	37	65	64
图里河	I(A)	50.45	121.70	733	8023	0	225	−14.38	105	101	33	58	57
海拉尔	I(A)	49.22	119.75	611	6713	3	206	−12.0	77	82	27	47	46
博克图	I(A)	48.77	121.92	739	6622	0	208	−10.3	75	81	26	46	44
新巴尔虎右旗	I(A)	48.67	116.82	556	6157	13	195	−10.6	83	90	29	51	49
阿尔山	I(A)	47.17	119.93	997	7364	0	218	−12.1	119	103	37	68	67
东乌珠穆沁旗	I(B)	45.52	116.97	840	5940	11	189	−10.1	104	106	34	59	58
那仁宝拉格	I(A)	44.62	114.15	1183	6153	4	200	−9.1	108	112	35	62	60
西乌珠穆沁旗	I(B)	44.58	117.60	997	5812	4	198	−8.4	102	107	34	59	57
扎鲁特旗	I(C)	44.57	120.90	266	4398	32	164	−5.6	105	112	36	63	60
阿巴嘎旗	I(B)	44.02	114.95	1128	5892	7	188	−9.9	109	111	36	62	61
巴林左旗	I(C)	43.98	119.40	485	4704	10	167	−6.4	110	116	37	65	62
锡林浩特	I(B)	43.95	116.12	1004	5545	12	186	−8.6	107	109	35	61	60
二连浩特	I(B)	43.65	112.00	966	5131	36	176	−8.0	113	112	39	64	63
林西	I(C)	43.60	118.07	800	4858	7	174	−6.3	118	124	39	69	65
通辽	I(C)	43.60	122.27	180	4376	22	164	−5.7	105	111	35	62	60

城 市	气候区属	气 象 站			HDD18 (℃·d)	CDD26 (℃·d)	计算采暖期						
		北纬度	东经度	海拔 (m)			天数 (d)	室外平均温度 (℃)	太阳总辐射平均强度（W/m²）				
									水平	南向	北向	东向	西向
满都拉	Ⅰ(C)	42.53	110.13	1223	4746	20	175	−5.8	133	139	43	73	76
朱日和	Ⅰ(C)	42.40	112.90	1152	4810	16	174	−6.1	122	125	39	71	68
赤峰	Ⅰ(C)	42.27	118.97	572	4196	20	161	−4.5	116	123	38	66	64
多伦	Ⅰ(B)	42.18	116.47	1247	5466	0	186	−7.4	121	123	39	69	67
额济纳旗	Ⅰ(C)	41.95	101.07	941	3884	130	150	−4.3	128	140	42	75	71
化德	Ⅰ(B)	41.90	114.00	1484	5366	0	187	−6.8	124	125	40	71	68
达尔罕联合旗	Ⅰ(C)	41.70	110.43	1377	4969	5	176	−6.4	134	139	43	73	76
乌拉特后旗	Ⅰ(C)	41.57	108.52	1290	4675	10	173	−5.6	139	146	44	77	78
海力素	Ⅰ(C)	41.45	106.38	1510	4780	14	176	−5.8	136	140	43	76	75
集宁	Ⅰ(C)	41.03	113.07	1416	4873	0	177	−5.4	128	129	41	73	70
临河	Ⅱ(A)	40.77	107.40	1041	3777	30	151	−3.1	122	130	40	69	68
巴音毛道	Ⅰ(C)	40.75	104.50	1329	4208	30	158	−4.7	137	149	44	75	78
东胜	Ⅰ(C)	39.83	109.98	1459	4226	3	160	−3.8	128	133	41	70	73
吉兰太	Ⅱ(A)	39.78	105.75	1032	3746	68	153	−3.4	132	140	43	71	76
鄂托克旗	Ⅰ(C)	39.10	107.98	1381	4045	9	156	−3.6	130	136	42	70	73
辽宁省													
沈阳	Ⅰ(C)	41.77	123.43	43	3929	25	150	−4.5	94	97	32	54	53
彰武	Ⅰ(C)	42.42	122.53	84	4134	13	158	−4.9	104	109	35	60	59
清原	Ⅰ(C)	42.10	124.95	235	4598	8	165	−6.3	86	86	29	49	48
朝阳	Ⅱ(A)	41.55	120.45	176	3559	53	143	−3.1	96	103	35	56	55
本溪	Ⅰ(C)	41.32	123.78	185	4046	16	157	−4.4	90	91	30	52	50
锦州	Ⅱ(A)	41.13	121.12	70	3458	26	141	−2.5	91	100	35	55	52
宽甸	Ⅰ(C)	40.72	124.78	261	4095	4	158	−4.1	92	93	31	52	52
营口	Ⅱ(A)	40.67	122.20	4	3526	29	142	−2.9	89	95	31	51	51
丹东	Ⅱ(A)	40.05	124.33	14	3566	6	145	−2.2	91	100	32	51	55
大连	Ⅱ(A)	38.90	121.63	97	2924	16	125	0.1	104	108	35	57	60
吉林省													
长春	Ⅰ(C)	43.90	125.22	238	4642	12	165	−6.7	90	93	30	53	51
前郭尔罗斯	Ⅰ(C)	45.08	124.87	136	4800	17	165	−7.6	93	98	32	55	54
长岭	Ⅰ(C)	44.25	123.97	190	4718	15	165	−7.2	96	100	32	56	55
敦化	Ⅰ(B)	43.37	128.20	525	5221	1	183	−7.0	94	93	31	55	53
四平	Ⅰ(C)	43.18	124.33	167	4308	15	162	−5.5	94	97	32	55	53
桦甸	Ⅰ(B)	42.98	126.75	264	5007	4	168	−7.9	86	87	29	49	48
延吉	Ⅰ(C)	42.88	129.47	257	4687	5	166	−6.1	91	92	31	53	51
临江	Ⅰ(C)	41.72	126.92	333	4736	4	165	−6.7	84	84	28	47	47
长白	Ⅰ(B)	41.35	128.17	775	5542	0	186	−7.8	96	96	31	54	53
集安	Ⅰ(C)	41.10	126.15	179	4142	9	159	−4.5	85	85	28	48	47

续表 A.0.1-1

城 市	气候区属	气象站			HDD18 (℃·d)	CDD26 (℃·d)	计算采暖期						
		北纬度	东经度	海拔 (m)			天数 (d)	室外平均温度 (℃)	太阳总辐射平均强度(W/m²)				
									水平	南向	北向	东向	西向
黑龙江省													
哈尔滨	Ⅰ(B)	45.75	126.77	143	5032	14	167	−8.5	83	86	28	49	48
漠河	Ⅰ(A)	52.13	122.52	433	7994	0	225	−14.7	100	91	33	57	58
呼玛	Ⅰ(A)	51.72	126.65	179	6805	4	202	−12.9	84	90	31	49	49
黑河	Ⅰ(A)	50.25	127.45	166	6310	4	193	−11.6	80	83	27	47	47
孙吴	Ⅰ(A)	49.43	127.35	235	6517	2	201	−11.5	69	74	24	40	41
嫩江	Ⅰ(A)	49.17	125.23	243	6352	5	193	−11.9	83	84	28	49	48
克山	Ⅰ(B)	48.05	125.88	237	5888	7	186	−10.6	83	85	28	49	48
伊春	Ⅰ(A)	47.72	128.90	232	6100	1	188	−10.8	77	78	27	46	45
海伦	Ⅰ(A)	47.43	126.97	240	5798	5	185	−10.3	82	84	28	49	48
齐齐哈尔	Ⅰ(B)	47.38	123.92	148	5259	23	177	−8.7	90	94	31	54	53
富锦	Ⅰ(B)	47.23	131.98	65	5594	6	184	−9.5	84	85	29	49	50
泰来	Ⅰ(B)	46.40	123.42	150	5005	26	168	−8.3	89	94	31	54	52
安达	Ⅰ(B)	46.38	125.32	150	5291	15	174	−9.1	90	93	30	53	52
宝清	Ⅰ(B)	46.32	132.18	83	5190	8	174	−8.2	86	90	29	49	50
通河	Ⅰ(B)	45.97	128.73	110	5675	3	185	−9.7	84	85	29	50	48
虎林	Ⅰ(B)	45.77	132.97	103	5351	2	177	−8.8	88	90	30	51	51
鸡西	Ⅰ(B)	45.28	130.95	281	5105	7	175	−7.7	91	92	31	53	53
尚志	Ⅰ(B)	45.22	127.97	191	5467	3	184	−8.8	90	90	30	53	52
牡丹江	Ⅰ(B)	44.57	129.60	242	5066	7	168	−8.2	93	97	32	56	54
绥芬河	Ⅰ(B)	44.38	131.15	568	5422	1	184	−7.6	94	94	32	56	54
江苏省													
赣榆	Ⅱ(A)	34.83	119.13	10	2226	83	87	2.1	93	100	32	52	51
徐州	Ⅱ(B)	34.28	117.15	42	2090	137	84	2.5	88	94	30	50	49
射阳	Ⅱ(B)	33.77	120.25	7	2083	92	83	3.0	95	102	32	52	52
安徽省													
亳州	Ⅱ(B)	33.88	115.77	42	2030	154	74	2.5	83	88	28	47	45
山东省													
济南	Ⅱ(B)	36.60	117.05	169	2211	160	92	1.8	97	104	33	56	53
长岛	Ⅱ(A)	37.93	120.72	40	2570	20	106	1.4	105	110	35	59	60
龙口	Ⅱ(A)	37.62	120.32	5	2551	60	108	1.1	104	108	35	57	59
惠民	Ⅱ(B)	37.50	117.53	12	2622	96	111	0.4	101	108	34	56	55
德州	Ⅱ(B)	37.43	116.32	22	2527	97	115	1.0	113	119	37	65	62
成山头	Ⅱ(A)	37.40	122.68	47	2672	2	115	2.0	109	116	37	62	63
陵县	Ⅱ(B)	37.33	116.57	19	2613	103	111	0.5	102	110	34	58	57
潍坊	Ⅱ(A)	36.77	119.18	22	2735	63	117	0.3	106	111	35	58	57
海阳	Ⅱ(A)	36.77	121.17	41	2631	20	109	1.1	109	113	36	61	59
莘县	Ⅱ(A)	36.23	115.67	38	2521	90	104	0.8	98	105	33	54	54
沂源	Ⅱ(A)	36.18	118.15	302	2660	45	116	0.7	102	106	34	56	56

城 市	气候区属	气 象 站			HDD18 (℃·d)	CDD26 (℃·d)	计算采暖期					
		北纬度	东经度	海拔(m)			天数(d)	室外平均温度(℃)	太阳总辐射平均强度(W/m²)			
									水平	南向	北向	东向	西向

城 市	气候区属	北纬度	东经度	海拔(m)	HDD18 (℃·d)	CDD26 (℃·d)	天数(d)	室外平均温度(℃)	水平	南向	北向	东向	西向
青岛	Ⅱ(A)	36.07	120.33	77	2401	22	99	2.1	118	114	37	65	63
兖州	Ⅱ(B)	35.57	116.85	53	2390	97	103	1.5	101	107	33	56	55
日照	Ⅱ(A)	35.43	119.53	37	2361	39	98	2.1	125	119	41	70	66
菏泽	Ⅱ(A)	35.25	115.43	51	2396	89	111	2.0	104	107	34	58	57
费县	Ⅱ(A)	35.25	117.95	120	2296	83	94	1.7	103	108	34	57	58
定陶	Ⅱ(B)	35.07	115.57	49	2319	107	93	1.5	100	106	33	56	55
临沂	Ⅱ(A)	35.05	118.35	86	2375	70	100	1.7	102	104	33	56	56
河南省													
安阳	Ⅱ(B)	36.05	114.40	64	2309	131	93	1.3	99	105	33	57	54
孟津	Ⅱ(A)	34.82	112.43	333	2221	89	92	2.3	97	102	32	54	52
郑州	Ⅱ(B)	34.72	113.65	111	2106	125	88	2.5	99	106	33	56	56
卢氏	Ⅱ(A)	34.05	111.03	570	2516	30	103	1.5	99	104	32	53	53
西华	Ⅱ(B)	33.78	114.52	53	2096	110	77	2.4	93	97	31	53	50
四川省													
若尔盖	Ⅰ(B)	33.58	102.97	3441	5972	0	227	−2.9	161	142	47	83	82
松潘	Ⅰ(C)	32.65	103.57	2852	4218	0	156	−0.1	136	132	41	71	70
色达	Ⅰ(A)	32.28	100.33	3896	6274	0	228	−3.8	166	154	53	97	94
马尔康	Ⅱ(A)	31.90	102.23	2666	3390	0	115	1.3	137	139	43	72	73
德格	Ⅰ(C)	31.80	98.57	3185	4088	0	156	0.8	125	119	37	64	63
甘孜	Ⅰ(C)	31.62	100.00	3394	4414	0	173	−0.2	162	163	52	93	93
康定	Ⅰ(C)	30.05	101.97	2617	3873	0	141	0.6	119	117	37	61	62
理塘	Ⅰ(B)	30.00	100.27	3950	5173	0	188	−1.2	167	154	50	86	90
巴塘	Ⅱ(A)	30.00	99.10	2589	2100	0	50	3.8	149	156	49	79	81
稻城	Ⅰ(C)	29.05	100.30	3729	4762	0	177	−0.7	173	175	60	104	109
贵州省													
毕节	Ⅱ(A)	27.30	105.23	1511	2125	0	70	3.7	102	101	33	54	54
威宁	Ⅱ(A)	26.87	104.28	2236	2636	0	75	3.0	109	108	34	57	57
云南省													
德钦	Ⅰ(C)	28.45	98.88	3320	4266	0	171	0.9	143	126	41	73	72
昭通	Ⅱ(A)	27.33	103.75	1950	2394	0	73	3.1	135	136	42	69	74
西藏自治区													
拉萨	Ⅱ(A)	29.67	91.13	3650	3425	0	126	1.6	148	147	46	80	79
狮泉河	Ⅰ(A)	32.50	80.08	4280	6048	0	224	−5.0	209	191	62	118	114
改则	Ⅰ(A)	32.30	84.05	4420	6577	0	232	−5.7	255	148	74	136	130
索县	Ⅰ(B)	31.88	93.78	4024	5775	0	215	−3.1	182	141	52	96	93
那曲	Ⅰ(A)	31.48	92.07	4508	6722	0	242	−4.8	147	127	43	80	75
丁青	Ⅰ(B)	31.42	95.60	3874	5197	0	194	−1.8	152	132	45	81	78
班戈	Ⅰ(A)	31.37	90.02	4701	6699	0	245	−4.2	183	152	53	97	94
昌都	Ⅱ(A)	31.15	97.17	3307	3764	0	140	0.6	120	115	37	64	64

城 市	气候区属	气象站			HDD18 (℃·d)	CDD26 (℃·d)	计算采暖期						
		北纬度	东经度	海拔 (m)			天数 (d)	室外平均温度 (℃)	太阳总辐射平均强度(W/m²)				
									水平	南向	北向	东向	西向
申扎	Ⅰ(A)	30.95	88.63	4670	6402	0	231	−4.1	189	158	55	101	98
林芝	Ⅱ(A)	29.57	94.47	3001	3191	0	100	2.2	170	169	51	94	90
日喀则	Ⅰ(C)	29.25	88.88	3837	4047	0	157	0.3	168	153	51	91	87
隆子	Ⅰ(C)	28.42	92.47	3861	4473	0	173	−0.3	161	139	47	86	81
帕里	Ⅰ(A)	27.73	89.08	4300	6435	0	242	−3.1	178	141	50	94	89
陕西省													
西安	Ⅱ(B)	34.30	108.93	398	2178	153	82	2.1	87	91	29	48	47
榆林	Ⅱ(A)	38.23	109.70	1157	3672	19	143	−2.9	108	118	36	61	59
延安	Ⅱ(A)	36.60	109.50	959	3127	15	127	−0.9	103	111	34	55	57
宝鸡	Ⅱ(A)	34.35	107.13	610	2301	86	91	2.1	93	97	31	51	50
甘肃省													
兰州	Ⅱ(A)	36.05	103.88	1518	3094	10	126	−0.6	116	125	38	64	64
敦煌	Ⅱ(A)	40.15	94.68	1140	3518	25	139	−2.8	121	140	40	67	70
酒泉	Ⅰ(C)	39.77	98.48	1478	3971	3	152	−3.4	135	146	43	77	74
张掖	Ⅰ(C)	38.93	100.43	1483	4001	6	155	−3.6	136	146	43	75	75
民勤	Ⅱ(A)	38.63	103.08	1367	3715	12	150	−2.6	135	143	43	73	75
乌鞘岭	Ⅰ(A)	37.20	102.87	3044	6329	0	245	−4.0	157	139	47	84	81
西峰镇	Ⅱ(A)	35.73	107.63	1423	3364	1	141	−0.3	106	111	35	59	57
平凉	Ⅱ(A)	35.55	106.67	1348	3334	1	139	−0.3	107	112	35	57	58
合作	Ⅰ(B)	35.00	102.90	2910	5432	0	192	−3.4	144	139	44	75	77
岷县	Ⅰ(C)	34.72	104.88	2315	4409	0	170	−1.5	134	132	41	73	70
天水	Ⅱ(A)	34.58	105.75	1143	2729	10	110	1.0	98	99	33	54	53
成县	Ⅱ(A)	33.75	105.75	1128	2215	13	94	3.6	145	154	45	81	79
青海省													
西宁	Ⅰ(C)	36.62	101.77	2296	4478	0	161	−3.0	138	140	43	77	75
冷湖	Ⅰ(B)	38.83	93.38	2771	5395	0	193	−5.6	145	154	45	80	81
大柴旦	Ⅰ(B)	37.85	95.37	3174	5616	0	196	−5.8	148	155	46	82	83
德令哈	Ⅰ(C)	37.37	97.37	2982	4874	0	186	−3.7	144	142	44	78	79
刚察	Ⅰ(A)	37.33	100.13	3302	6471	0	226	−5.2	161	149	48	87	84
格尔木	Ⅰ(C)	36.42	94.90	2809	4436	0	170	−3.1	157	162	49	88	87
都兰	Ⅰ(B)	36.30	98.10	3192	5161	0	191	−3.6	154	152	47	84	82
同德	Ⅰ(B)	35.27	100.65	3290	5066	0	218	−5.5	161	160	49	88	85
玛多	Ⅰ(A)	34.92	98.22	4273	7683	0	277	−6.4	180	162	53	96	94
河南	Ⅰ(A)	34.73	101.60	3501	6591	0	246	−4.5	168	155	50	89	88

城　市	气候区属	气　象　站			HDD18 (℃·d)	CDD26 (℃·d)	计算采暖期						
		北纬度	东经度	海拔(m)			天数(d)	室外平均温度(℃)	太阳总辐射平均强度(W/m²)				
									水平	南向	北向	东向	西向
托托河	Ⅰ(A)	34.22	92.43	4535	7878	0	276	−7.2	178	156	52	98	93
曲麻莱	Ⅰ(A)	34.13	95.78	4176	7148	0	256	−5.8	175	156	52	94	92
达日	Ⅰ(A)	33.75	99.65	3968	6721	0	251	−4.5	170	148	49	88	89
玉树	Ⅰ(B)	33.02	97.02	3682	5154	0	191	−2.2	162	149	48	84	86
杂多	Ⅰ(A)	32.90	95.30	4068	6153	0	229	−3.8	155	132	45	83	80
宁夏回族自治区													
银川	Ⅱ(A)	38.47	106.20	1112	3472	11	140	−2.1	117	124	40	64	67
盐池	Ⅱ(A)	37.80	107.38	1356	3700	10	149	−2.3	130	134	42	70	73
中宁	Ⅱ(A)	37.48	105.68	1193	3349	22	137	−1.6	119	127	41	67	66
新疆维吾尔自治区													
乌鲁木齐	Ⅰ(C)	43.80	87.65	935	4329	36	149	−6.5	101	113	34	59	58
哈巴河	Ⅰ(C)	48.05	86.35	534	4867	10	172	−6.9	105	116	35	60	62
阿勒泰	Ⅰ(B)	47.73	88.08	737	5081	11	174	−7.9	109	123	36	63	64
富蕴	Ⅰ(B)	46.98	89.52	827	5458	22	174	−10.1	118	135	39	67	70
和布克赛尔	Ⅰ(B)	46.78	85.72	1294	5066	1	186	−5.6	119	131	39	69	68
塔城	Ⅰ(C)	46.73	83.00	535	4143	20	148	−5.1	90	111	32	52	54
克拉玛依	Ⅰ(C)	45.60	84.85	450	4234	196	144	−7.9	95	116	33	56	57
北塔山	Ⅰ(B)	45.37	90.53	1651	5434	2	192	−6.2	113	123	37	65	64
精河	Ⅰ(C)	44.62	82.90	321	4236	70	148	−6.9	98	108	34	58	57
奇台	Ⅰ(C)	44.02	89.57	794	4989	10	161	−9.2	120	136	39	68	68
伊宁	Ⅱ(A)	43.95	81.33	664	3501	9	137	−2.8	97	117	34	55	57
吐鲁番	Ⅱ(B)	42.93	89.20	37	2758	579	234	−2.5	102	121	35	58	60
哈密	Ⅱ(B)	42.82	93.52	739	3682	104	143	−4.1	120	136	40	68	69
巴伦台	Ⅰ(C)	42.67	86.33	1739	3992	0	146	−3.2	90	101	32	52	52
库尔勒	Ⅱ(B)	41.75	86.13	933	3115	123	121	−2.5	127	138	41	71	73
库车	Ⅱ(A)	41.72	82.95	1100	3162	42	109	−2.7	127	138	41	71	72
阿合奇	Ⅰ(C)	40.93	78.45	1986	4118	0	109	−3.6	131	144	42	72	73
铁干里克	Ⅱ(B)	40.63	87.70	847	3353	133	128	−3.5	125	148	41	69	72
阿拉尔	Ⅱ(A)	40.50	81.05	1013	3296	22	129	−3.0	125	148	41	69	71
巴楚	Ⅱ(A)	39.80	78.57	1117	2892	77	115	−2.1	133	155	43	72	75
喀什	Ⅱ(A)	39.47	75.98	1291	2767	46	121	−1.3	130	150	42	72	72
若羌	Ⅱ(B)	39.03	88.17	889	3149	152	122	−2.9	141	150	45	77	80
莎车	Ⅱ(A)	38.43	77.27	1232	2858	27	113	−1.5	134	152	43	73	76
安德河	Ⅱ(A)	37.93	83.65	1264	2673	60	129	−3.3	141	160	45	76	79
皮山	Ⅱ(A)	37.62	78.28	1376	2761	70	110	−1.3	134	150	43	73	74
和田	Ⅱ(A)	37.13	79.93	1375	2595	71	107	−0.6	128	142	42	70	72

注：表格中气候区属Ⅰ(A)为严寒(A)区、Ⅰ(B)为严寒(B)区、Ⅰ(C)为严寒(C)区；Ⅱ(A)为寒冷(A)区、Ⅱ(B)为寒冷(B)区。

表 A.0.1-2　严寒和寒冷地区主要城市的建筑物耗热量指标

城市	气候区属	建筑物耗热量指标（W/m²）			
		≤3层	(4～8)层	(9～13)层	≥14层
直辖市					
北京	Ⅱ(B)	16.1	15.0	13.4	12.1
天津	Ⅱ(B)	17.1	16.0	14.3	12.7
河北省					
石家庄	Ⅱ(B)	15.7	14.6	13.1	11.6
围场	Ⅰ(C)	19.3	16.7	15.4	13.5
丰宁	Ⅰ(C)	17.8	15.4	14.2	12.4
承德	Ⅱ(A)	21.6	18.9	17.4	15.5
张家口	Ⅱ(A)	20.2	17.7	16.2	14.5
怀来	Ⅱ(A)	18.9	16.5	15.1	13.5
青龙	Ⅱ(A)	20.1	17.6	16.2	14.4
蔚县	Ⅰ(C)	18.1	15.6	14.4	12.6
唐山	Ⅱ(A)	17.6	15.3	14.0	12.4
乐亭	Ⅱ(A)	18.4	16.1	14.7	13.1
保定	Ⅱ(B)	16.5	15.4	13.8	12.2
沧州	Ⅱ(B)	16.2	15.1	13.5	12.0
泊头	Ⅱ(B)	16.1	15.0	13.4	11.9
邢台	Ⅱ(B)	14.9	13.9	12.3	11.0
山西省					
太原	Ⅱ(A)	17.7	15.4	14.1	12.5
大同	Ⅰ(C)	17.6	15.2	14.0	12.2
河曲	Ⅰ(C)	17.6	15.2	14.0	12.3
原平	Ⅱ(A)	18.6	16.2	14.9	13.3
离石	Ⅱ(A)	19.4	17.0	15.6	13.8
榆社	Ⅱ(A)	18.6	16.2	14.8	13.2
介休	Ⅱ(A)	16.7	14.5	13.3	11.8
阳城	Ⅱ(A)	15.5	13.5	12.2	10.9
运城	Ⅱ(B)	15.5	14.4	12.9	11.4
内蒙古自治区					
呼和浩特	Ⅰ(C)	18.4	15.9	14.7	12.9
图里河	Ⅰ(A)	24.3	22.5	20.3	20.1
海拉尔	Ⅰ(A)	22.9	20.9	18.9	18.8
博克图	Ⅰ(A)	21.1	19.2	17.4	17.3
新巴尔虎右旗	Ⅰ(A)	20.9	19.3	17.3	17.2
阿尔山	Ⅰ(A)	21.5	20.1	18.0	17.7
东乌珠穆沁旗	Ⅰ(B)	23.6	20.8	19.0	17.6
那仁宝拉格	Ⅰ(A)	19.7	17.8	16.3	15.7
西乌珠穆沁旗	Ⅰ(B)	21.4	18.9	17.2	16.0
扎鲁特旗	Ⅰ(C)	20.6	17.7	16.4	14.4

续表 A.0.1-2

城市	气候区属	建筑物耗热量指标（W/m²）			
		≤3层	(4～8)层	(9～13)层	≥14层
阿巴嘎旗	Ⅰ(B)	23.1	20.4	18.6	17.2
巴林左旗	Ⅰ(C)	21.4	18.4	17.1	15.0
锡林浩特	Ⅰ(B)	21.6	19.1	17.4	16.1
二连浩特	Ⅰ(B)	17.1	15.9	14.0	13.8
林西	Ⅰ(B)	20.8	17.9	16.6	14.6
通辽	Ⅰ(C)	20.8	17.8	16.5	14.5
满都拉	Ⅰ(C)	19.2	16.6	15.3	13.4
朱日和	Ⅰ(C)	20.5	17.6	16.3	14.3
赤峰	Ⅰ(C)	18.5	15.9	14.7	12.9
多伦	Ⅰ(C)	19.2	17.1	15.5	14.3
额济纳旗	Ⅰ(C)	17.2	14.9	13.7	12.0
化德	Ⅰ(B)	18.4	16.3	14.8	13.6
达尔罕联合旗	Ⅰ(C)	20.0	17.3	16.0	14.0
乌拉特后旗	Ⅰ(C)	18.5	16.1	14.8	13.0
海力素	Ⅰ(C)	19.1	16.6	15.3	13.4
集宁	Ⅰ(C)	19.3	16.6	15.4	13.4
临河	Ⅱ(A)	20.0	17.5	16.0	14.3
巴音毛道	Ⅰ(C)	17.1	14.9	13.7	12.0
东胜	Ⅰ(C)	16.8	14.5	13.4	11.7
吉兰太	Ⅱ(A)	19.8	17.3	15.8	14.2
鄂托克旗	Ⅰ(C)	16.4	14.2	13.1	11.4
辽宁省					
沈阳	Ⅰ(C)	20.1	17.2	15.9	13.9
彰武	Ⅰ(C)	19.9	17.1	15.8	13.9
清原	Ⅰ(C)	23.1	19.7	18.4	16.1
朝阳	Ⅱ(A)	21.7	18.9	17.4	15.5
本溪	Ⅰ(C)	20.2	17.3	16.0	14.0
锦州	Ⅱ(A)	21.0	18.3	16.9	15.0
宽甸	Ⅰ(C)	19.7	16.8	15.6	13.7
营口	Ⅱ(A)	21.8	19.1	17.6	15.6
丹东	Ⅱ(A)	20.6	18.0	16.6	14.7
大连	Ⅱ(A)	16.5	14.3	13.0	11.5
吉林省					
长春	Ⅰ(C)	23.3	19.9	18.6	16.3
前郭尔罗斯	Ⅰ(C)	24.2	20.7	19.4	17.0
长岭	Ⅰ(C)	23.5	20.1	18.8	16.5
敦化	Ⅰ(C)	20.6	18.0	16.5	15.2
四平	Ⅰ(C)	21.3	18.2	17.0	14.9
桦甸	Ⅰ(B)	22.1	19.3	17.7	16.3
延吉	Ⅰ(C)	22.5	19.2	17.9	15.7
临江	Ⅰ(C)	23.8	20.3	19.0	16.7
长白	Ⅰ(B)	21.5	18.9	17.2	15.9
集安	Ⅰ(C)	20.8	17.7	16.5	14.4

城 市	气候区属	建筑物耗热量指标（W/m²）			
		≤3 层	(4～8)层	(9～13)层	≥14层
黑龙江省					
哈尔滨	Ⅰ(B)	22.9	20.0	18.3	16.9
漠河	Ⅰ(A)	25.2	23.1	20.9	20.6
呼玛	Ⅰ(A)	23.3	21.4	19.3	19.2
黑河	Ⅰ(A)	22.4	20.5	18.5	18.4
孙吴	Ⅰ(A)	22.8	20.8	18.8	18.7
嫩江	Ⅰ(A)	22.5	20.7	18.6	18.5
克山	Ⅰ(B)	25.6	22.4	20.6	19.0
伊春	Ⅰ(A)	21.7	19.9	17.9	17.7
海伦	Ⅰ(A)	25.2	22.0	20.2	18.7
齐齐哈尔	Ⅰ(B)	22.6	19.8	18.1	16.7
富锦	Ⅰ(B)	24.1	21.1	19.3	17.8
泰来	Ⅰ(B)	22.1	19.4	17.7	16.4
安达	Ⅰ(B)	23.2	20.4	18.6	17.2
宝清	Ⅰ(B)	22.2	19.5	17.8	16.5
通河	Ⅰ(B)	24.4	21.3	19.5	18.0
虎林	Ⅰ(B)	23.0	20.1	18.5	17.0
鸡西	Ⅰ(B)	21.4	18.8	17.1	15.8
尚志	Ⅰ(B)	23.0	20.1	18.4	17.0
牡丹江	Ⅰ(B)	21.9	19.2	17.5	16.2
绥芬河	Ⅰ(B)	21.2	18.6	17.0	15.6
江苏省					
赣榆	Ⅱ(A)	14.0	12.1	11.0	9.7
徐州	Ⅱ(B)	13.8	12.8	11.4	10.1
射阳	Ⅱ(B)	12.6	11.6	10.3	9.2
安徽省					
亳州	Ⅱ(B)	14.2	13.2	11.8	10.4
山东省					
济南	Ⅱ(B)	14.2	13.2	11.7	10.5
长岛	Ⅱ(A)	14.4	12.4	11.2	9.9
龙口	Ⅱ(A)	15.0	12.9	11.7	10.4
惠民	Ⅱ(B)	16.1	15.0	13.4	12.0
德州	Ⅱ(B)	14.4	13.4	11.9	10.7
成山头	Ⅱ(A)	13.1	11.3	10.1	9.0
陵县	Ⅱ(B)	15.9	14.8	13.2	11.8
海阳	Ⅱ(A)	14.7	12.7	11.5	10.2
潍坊	Ⅱ(A)	16.1	13.9	12.7	11.3
莘县	Ⅱ(B)	15.6	13.6	12.3	11.0
沂源	Ⅱ(A)	15.7	13.6	12.4	11.0
青岛	Ⅱ(A)	13.0	11.1	10.0	8.8

城 市	气候区属	建筑物耗热量指标（W/m²）			
		≤3 层	(4～8)层	(9～13)层	≥14层
兖州	Ⅱ(B)	14.6	13.6	12.0	10.8
日照	Ⅱ(A)	12.7	10.8	9.7	8.5
费县	Ⅱ(A)	14.0	12.1	10.9	9.7
菏泽	Ⅱ(A)	13.7	11.8	10.7	9.5
定陶	Ⅱ(A)	14.7	13.6	12.1	10.8
临沂	Ⅱ(A)	14.2	12.3	11.1	9.8
河南省					
郑州	Ⅱ(A)	13.0	12.1	10.7	9.6
安阳	Ⅱ(B)	15.0	13.9	12.4	11.0
孟津	Ⅱ(A)	13.7	11.8	10.7	9.4
卢氏	Ⅱ(A)	14.7	12.7	11.5	10.2
西华	Ⅱ(B)	13.7	12.7	11.3	10.0
四川省					
若尔盖	Ⅰ(B)	12.4	11.2	9.9	9.1
松潘	Ⅰ(C)	11.9	10.3	9.3	8.0
色达	Ⅰ(C)	12.1	10.5	8.5	8.1
马尔康	Ⅱ(A)	12.7	10.9	9.7	8.8
德格	Ⅰ(C)	11.6	10.0	9.0	7.8
甘孜	Ⅰ(C)	10.1	8.9	7.9	6.6
康定	Ⅰ(C)	11.9	10.3	9.3	8.0
巴塘	Ⅱ(A)	7.8	6.6	5.5	5.1
理塘	Ⅰ(B)	9.6	8.9	7.7	7.0
稻城	Ⅰ(C)	9.9	8.7	7.7	6.3
贵州省					
毕节	Ⅱ(A)	11.5	9.8	8.8	7.7
威宁	Ⅱ(A)	12.0	10.3	9.2	8.2
云南省					
德钦	Ⅰ(C)	10.9	9.4	8.5	7.2
昭通	Ⅱ(A)	10.2	8.7	7.6	6.8
西藏自治区					
拉萨	Ⅱ(A)	11.7	10.0	8.9	7.9
狮泉河	Ⅰ(A)	11.8	10.1	8.2	7.8
改则	Ⅰ(A)	13.3	11.4	9.6	8.5
索县	Ⅰ(B)	12.4	11.2	9.9	8.9
那曲	Ⅰ(A)	13.7	12.3	10.5	10.3
丁青	Ⅰ(B)	11.7	10.5	9.2	8.4
班戈	Ⅰ(A)	12.5	10.7	8.9	8.6
昌都	Ⅱ(A)	15.2	13.1	11.9	10.5
申扎	Ⅰ(A)	12.0	10.4	8.6	8.2
林芝	Ⅱ(A)	9.4	8.0	6.9	6.2

续表 A.0.1-2

城 市	气候区属	建筑物耗热量指标（W/m²）			
		≤3层	(4~8)层	(9~13)层	≥14层
日喀则	Ⅰ(C)	9.9	8.7	7.7	6.4
隆子	Ⅰ(C)	11.5	10.0	9.0	7.6
帕里	Ⅰ(A)	11.6	10.1	8.4	8.0
陕西省					
西安	Ⅱ(B)	14.7	13.6	12.2	10.7
榆林	Ⅱ(A)	20.5	17.9	16.5	14.7
延安	Ⅱ(A)	17.9	15.6	14.3	12.7
宝鸡	Ⅱ(A)	14.1	12.2	11.1	9.8
甘肃省					
兰州	Ⅱ(A)	16.5	14.4	13.1	11.7
敦煌	Ⅱ(A)	19.1	16.7	15.3	13.8
酒泉	Ⅰ(C)	15.7	13.6	12.5	10.9
张掖	Ⅰ(C)	15.8	13.8	12.6	11.0
民勤	Ⅱ(A)	18.4	16.1	14.7	13.2
乌鞘岭	Ⅰ(A)	12.6	11.1	9.3	9.1
西峰镇	Ⅱ(A)	16.9	14.7	13.4	11.9
平凉	Ⅱ(A)	16.9	14.7	13.4	11.9
合作	Ⅰ(B)	13.3	12.0	10.7	9.9
岷县	Ⅰ(C)	13.8	12.0	10.9	9.4
天水	Ⅱ(A)	15.7	13.5	12.3	10.9
成县	Ⅱ(A)	8.3	7.1	6.0	5.5
青海省					
西宁	Ⅰ(C)	15.3	13.3	12.1	10.5
冷湖	Ⅰ(B)	15.2	13.8	12.3	11.4
大柴旦	Ⅰ(B)	15.3	13.9	12.4	11.5
德令哈	Ⅰ(C)	16.2	14.0	12.9	11.2
刚察	Ⅰ(A)	14.1	11.9	10.1	9.9
格尔木	Ⅰ(C)	14.0	12.3	11.2	9.7
都兰	Ⅰ(B)	12.8	11.6	10.3	9.5
同德	Ⅰ(B)	14.6	13.3	11.8	11.0
玛多	Ⅰ(A)	13.9	12.5	10.6	10.3
河南	Ⅰ(A)	13.1	11.0	9.2	9.0
托托河	Ⅰ(A)	15.4	13.4	11.4	11.1
曲麻莱	Ⅰ(A)	13.8	12.1	10.2	9.9
达日	Ⅰ(A)	13.2	11.2	9.4	9.1

城 市	气候区属	建筑物耗热量指标（W/m²）			
		≤3层	(4~8)层	(9~13)层	≥14层
玉树	Ⅰ(B)	11.2	10.2	8.9	8.2
杂多	Ⅰ(A)	12.7	11.1	9.4	9.1
宁夏回族自治区					
银川	Ⅱ(A)	18.8	16.4	15.0	13.4
盐池	Ⅱ(A)	18.6	16.2	14.8	13.2
中宁	Ⅱ(A)	17.8	15.5	14.2	12.6
新疆维吾尔自治区					
乌鲁木齐	Ⅰ(C)	21.8	18.7	17.4	15.4
哈巴河	Ⅰ(C)	22.2	19.1	17.8	15.6
阿勒泰	Ⅰ(C)	19.9	17.7	16.1	14.9
富蕴	Ⅰ(B)	21.9	19.5	17.8	16.6
和布克赛尔	Ⅰ(B)	16.6	14.9	13.4	12.4
塔城	Ⅰ(C)	20.2	17.4	16.1	14.3
克拉玛依	Ⅰ(C)	23.6	20.3	18.9	16.8
北塔山	Ⅰ(B)	17.8	15.8	14.3	13.3
精河	Ⅰ(C)	22.7	19.4	18.1	15.9
奇台	Ⅰ(C)	24.1	20.9	19.4	17.2
伊宁	Ⅱ(A)	20.5	18.0	16.5	14.8
吐鲁番	Ⅱ(B)	19.9	18.0	16.8	15.0
哈密	Ⅱ(B)	21.3	20.0	18.0	16.2
巴伦台	Ⅰ(C)	18.1	15.5	14.3	12.6
库尔勒	Ⅱ(B)	18.6	17.5	15.6	14.1
库车	Ⅱ(A)	18.8	16.5	15.0	13.5
阿合奇	Ⅰ(C)	16.0	14.0	12.8	11.2
铁干里克	Ⅱ(B)	19.9	18.6	16.7	15.2
阿拉尔	Ⅱ(A)	18.9	16.6	15.1	13.7
巴楚	Ⅱ(A)	17.0	14.9	13.5	12.3
喀什	Ⅱ(A)	16.2	14.1	12.8	11.6
若羌	Ⅱ(B)	18.6	17.4	15.5	14.1
莎车	Ⅱ(A)	16.3	14.2	12.9	11.7
安德河	Ⅱ(A)	18.5	16.2	14.8	13.4
皮山	Ⅱ(A)	16.1	14.1	12.7	11.5
和田	Ⅱ(A)	15.5	13.5	12.2	11.0

注：表格中气候区属Ⅰ(A)为严寒(A)区、Ⅰ(B)为严寒
(B)区、Ⅰ(C)为严寒(C)区；Ⅱ(A)为寒冷(A)区、
Ⅱ(B)为寒冷(B)区。

附录 B　平均传热系数和热桥线传热系数计算

B.0.1　一个单元墙体的平均传热系数可按下式计算：

$$K_m = K + \frac{\Sigma \psi_j l_j}{A} \qquad (B.0.1)$$

式中：K_m——单元墙体的平均传热系数 [W/(m² · K)]；

K——单元墙体的主断面传热系数 [W/(m² · K)]；

ψ_j——单元墙体上的第 j 个结构性热桥的线传热系数 [W/(m·K)]；

l_j——单元墙体第 j 个结构性热桥的计算长度（m）；

A——单元墙体的面积（m²）。

B.0.2　在建筑外围护结构中，墙角、窗间墙、凸窗、阳台、屋顶、楼板、地板等处形成的热桥称为结构性热桥（图 B.0.2）。结构性热桥对墙体、屋面传热的影响可利用线传热系数 ψ 描述。

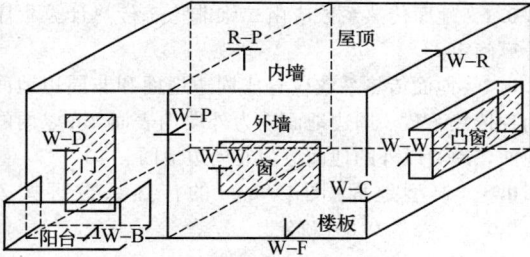

图 B.0.2　建筑外围护结构的结构性热桥示意图

W—D 外墙—门；W—B 外墙—阳台板；W—P 外墙—内墙；
W—W 外墙—窗；W—F 外墙—楼板；W—C 外墙角；
W—R 外墙—屋顶；R—P 屋顶—内墙

B.0.3　墙面典型的热桥（图 B.0.3）的平均传热系数（K_m）应按下式计算：

$K_m = K +$

$$\frac{\psi_{W-P}H + \psi_{W-F}B + \psi_{W-C}H + \psi_{W-R}B + \psi_{W-W_L}h + \psi_{W-W_B}b + \psi_{W-W_R}h + \psi_{W-W_U}b}{A}$$

$$(B.0.3)$$

式中：ψ_{W-P}——外墙和内墙交接形成的热桥的线传热系数 [W/(m·K)]；

ψ_{W-F}——外墙和楼板交接形成的热桥的线传热系数 [W/(m·K)]；

ψ_{W-C}——外墙墙角形成的热桥的线传热系数 [W/(m·K)]；

ψ_{W-R}——外墙和屋顶交接形成的热桥的线传热系数 [W/(m·K)]；

ψ_{W-W_L}——外墙和左侧窗框交接形成的热桥的线传热系数 [W/(m·K)]；

ψ_{W-W_B}——外墙和下边窗框交接形成的热桥的线传热系数 [W/(m·K)]；

ψ_{W-W_R}——外墙和右侧窗框交接形成的热桥的线传热系数 [W/(m·K)]；

ψ_{W-W_U}——外墙和上边窗框交接形成的热桥的线传热系数 [W/(m·K)]。

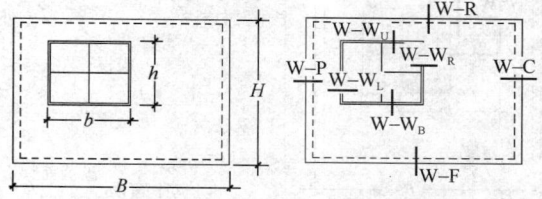

图 B.0.3　墙面典型结构性热桥示意图

B.0.4　热桥线传热系数应按下式计算：

$$\psi = \frac{Q^{2D} - KA(t_n - t_e)}{l(t_n - t_e)} = \frac{Q^{2D}}{l(t_n - t_e)} - KC$$

$$(B.0.4)$$

式中：ψ——热桥线传热系数 [W/(m·K)]。

Q^{2D}——二维传热计算得出的流过一块包含热桥的墙体的热流（W）。该块墙体的构造沿着热桥的长度方向必须是均匀的，热流可以根据其横截面（对纵向热桥）或纵截面（对横向热桥）通过二维传热计算得到。

K——墙体主断面的传热系数 [W/(m² · K)]。

A——计算 Q^{2D} 的那块矩形墙体的面积（m²）。

t_n——墙体室内侧的空气温度（℃）。

t_e——墙体室外侧的空气温度（℃）。

l——计算 Q^{2D} 的那块矩形的一条边的长度，热桥沿这个长度均匀分布。计算 ψ 时，l 宜取 1m。

C——计算 Q^{2D} 的那块矩形的另一条边的长度，即 $A = l \cdot C$，可取 $C \geqslant 1m$。

B.0.5　当计算通过包含热桥部位的墙体传热量（Q^{2D}）时，墙面典型结构性热桥的截面示意见图 B.0.5。

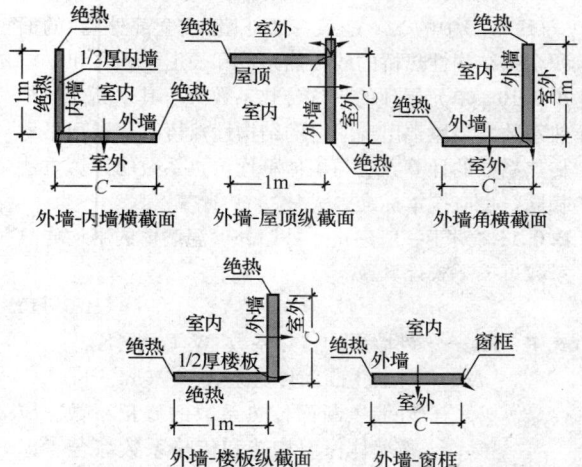

图 B.0.5　墙面典型结构性热桥截面示意图

B.0.6 当墙面上存在平行热桥且平行热桥之间的距离很小时，应一次同时计算平行热桥的线传热系数之和（图 B.0.6）。

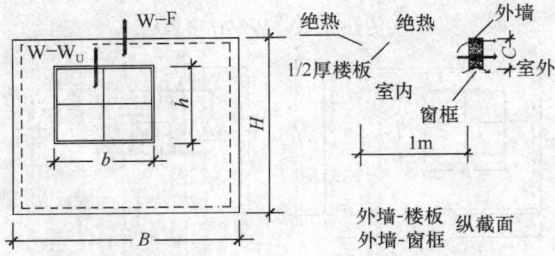

图 B.0.6 墙面平行热桥示意图

"外墙-楼板"和"外墙-窗框"热桥线传热系数之和应按下式计算：

$$\psi_{W-F} + \psi_{W-W_U} = \frac{Q^{2D} - KA(t_n - t_e)}{l(t_n - t_e)}$$

$$= \frac{Q^{2D}}{l(t_n - t_e)} - KC \qquad (B.0.6)$$

B.0.7 线传热系数 ψ 可利用本标准提供的二维稳态传热计算软件计算。

B.0.8 外保温墙体外墙和内墙交接形成的热桥的线传热系数 ψ_{W-P}、外墙和楼板交接形成的热桥的线传热系数 ψ_{W-F}、外墙墙角形成的热桥的线传热系数 ψ_{W-C} 可近似取 0。

B.0.9 建筑的某一面外墙（或全部外墙）的平均传热系数，可先计算各个不同单元墙的平均传热系数，然后再依据面积加权的原则，计算某一面外墙（或全部外墙）的平均传热系数。

当某一面外墙（或全部外墙）的主断面传热系数 K 均一致时，也可直接按本标准中式（B.0.1）计算某一面外墙（或全部外墙）的平均传热系数，这时式（B.0.1）中的 A 是某一面外墙（或全部外墙）的面积，式（B.0.1）中的 $\sum \psi l$ 是某一面外墙（或全部外墙）的面积全部结构性热桥的线传热系数和长度乘积之和。

B.0.10 单元屋顶的平均传热系数等于其主断面的传热系数。当屋顶出现明显的结构性热桥时，屋顶平均传热系数的计算方法与墙体平均传热系数的计算方法相同，也应按本标准中式（B.0.1）计算。

B.0.11 对于一般建筑，外墙外保温墙体的平均传热系数可按下式计算：

$$K_m = \varphi \cdot K \qquad (B.0.11)$$

式中：K_m——外墙平均传热系数[W/(m²·K)]。

K——外墙主断面传热系数[W/(m²·K)]。

φ——外墙主断面传热系数的修正系数。应按墙体保温构造和传热系数综合考虑取值，其数值可按表 B.0.11 选取。

表 B.0.11 外墙主断面传热系数的修正系数 φ

外墙传热系数限值 K_m [W/(m²·K)]	外 保 温	
	普 通 窗	凸 窗
0.70	1.1	1.2
0.65	1.1	1.2
0.60	1.1	1.3
0.55	1.2	1.3
0.50	1.2	1.3
0.45	1.2	1.3
0.40	1.2	1.3
0.35	1.3	1.4
0.30	1.3	1.4
0.25	1.4	1.5

附录 C 地面传热系数计算

C.0.1 地面传热系数应由二维非稳态传热计算程序计算确定。

C.0.2 地面传热系数应分成周边地面和非周边地面两种传热系数，周边地面应为外墙内表面 2m 以内的地面，周边以外的地面应为非周边地面。

C.0.3 典型地面（图 C.0.3）的传热系数可按表 C.0.3-1～表 C.0.3-4 确定。

表 C.0.3-1 地面构造 1 中周边地面当量
传热系数（K_d）[W/(m²·K)]

保温层热阻 (m²·K)/W	西安采暖期室外平均温度 2.1℃	北京采暖期室外平均温度 0.1℃	长春采暖期室外平均温度 −6.7℃	哈尔滨采暖期室外平均温度 −8.5℃	海拉尔采暖期室外平均温度 −12.0℃
3.00	0.05	0.06	0.08	0.08	0.08
2.75	0.05	0.07	0.09	0.08	0.09
2.50	0.06	0.07	0.10	0.09	0.11
2.25	0.08	0.07	0.11	0.10	0.11
2.00	0.09	0.08	0.12	0.11	0.12
1.75	0.10	0.09	0.13	0.13	0.14
1.50	0.11	0.11	0.15	0.14	0.15
1.25	0.12	0.12	0.16	0.15	0.17
1.00	0.14	0.14	0.19	0.17	0.20
0.75	0.17	0.17	0.22	0.20	0.22
0.50	0.20	0.20	0.26	0.24	0.26
0.25	0.27	0.26	0.30	0.29	0.31
0.00	0.34	0.38	0.38	0.40	0.41

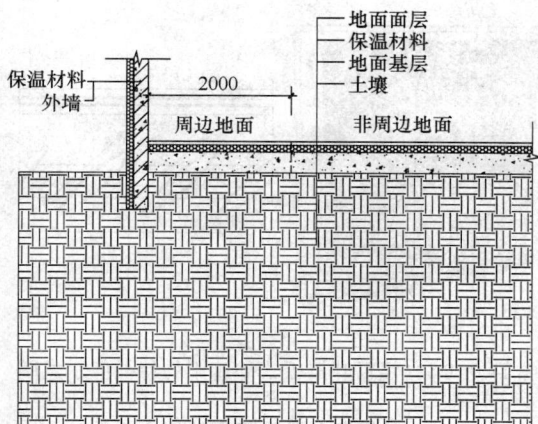

地面构造1

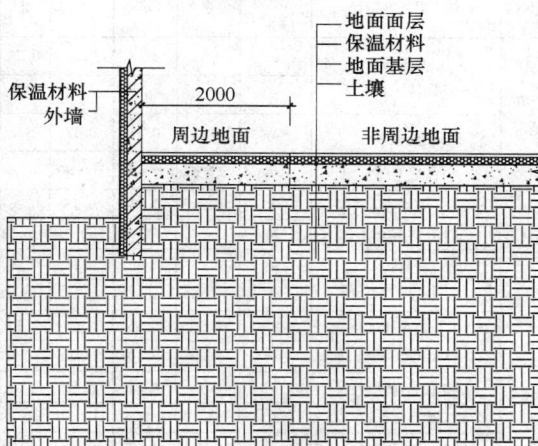

地面构造2

图 C.0.3 典型地面构造示意图

表 C.0.3-2 地面构造 2 中周边地面当量
传热系数(K_d)[W/(m² · K)]

保温层热阻(m² · K)/W	西安采暖期室外平均1温度 2.1℃	北京采暖期室外平均温度 0.1℃	长春采暖期室外平均温度 −6.7℃	哈尔滨采暖期室外平均温度 −8.5℃	海拉尔采暖期室外平均温度 −12.0℃
3.00	0.05	0.06	0.08	0.08	0.08
2.75	0.05	0.07	0.09	0.08	0.09
2.50	0.06	0.07	0.10	0.09	0.11
2.25	0.08	0.07	0.11	0.10	0.11
2.00	0.08	0.07	0.11	0.11	0.12
1.75	0.09	0.08	0.12	0.11	0.12
1.50	0.10	0.09	0.14	0.13	0.14
1.25	0.11	0.11	0.15	0.14	0.15
1.00	0.12	0.12	0.16	0.15	0.17
0.75	0.14	0.14	0.19	0.17	0.20
0.50	0.17	0.17	0.22	0.20	0.22
0.25	0.24	0.23	0.29	0.25	0.27
0.00	0.31	0.34	0.34	0.36	0.37

表 C.0.3-3 地面构造 1 中非周边地面当量
传热系数(K_d)[W/(m² · K)]

保温层热阻(m² · K)/W	西安采暖期室外平均温度 2.1℃	北京采暖期室外平均温度 0.1℃	长春采暖期室外平均温度 −6.7℃	哈尔滨采暖期室外平均温度 −8.5℃	海拉尔采暖期室外平均温度 −12.0℃
3.00	0.02	0.03	0.08	0.06	0.07
2.75	0.02	0.03	0.08	0.06	0.07
2.50	0.03	0.03	0.09	0.06	0.08
2.25	0.03	0.04	0.09	0.07	0.07
2.00	0.03	0.04	0.10	0.07	0.08
1.75	0.03	0.04	0.10	0.07	0.08
1.50	0.03	0.04	0.11	0.07	0.09
1.25	0.04	0.05	0.11	0.08	0.09
1.00	0.04	0.05	0.12	0.08	0.10
0.75	0.04	0.06	0.13	0.09	0.10
0.50	0.05	0.06	0.14	0.09	0.11
0.25	0.06	0.07	0.15	0.10	0.11
0.00	0.08	0.10	0.17	0.19	0.21

表 C.0.3-4 地面构造 2 中非周边地面当量
传热系数(K_d)[W/(m² · K)]

保温层热阻(m² · K)/W	西安采暖期室外平均温度 2.1℃	北京采暖期室外平均温度 0.1℃	长春采暖期室外平均温度 −6.7℃	哈尔滨采暖期室外平均温度 −8.5℃	海拉尔采暖期室外平均温度 −12.0℃
3.00	0.02	0.03	0.08	0.06	0.07
2.75	0.02	0.03	0.08	0.06	0.07
2.50	0.03	0.03	0.09	0.06	0.08
2.25	0.03	0.04	0.09	0.07	0.07
2.00	0.03	0.04	0.10	0.07	0.08
1.75	0.03	0.04	0.10	0.07	0.08
1.50	0.03	0.04	0.11	0.07	0.09
1.25	0.04	0.05	0.11	0.08	0.09
1.00	0.04	0.05	0.12	0.08	0.10
0.75	0.04	0.06	0.13	0.09	0.10
0.50	0.05	0.06	0.14	0.09	0.11
0.25	0.06	0.07	0.15	0.10	0.11
0.00	0.08	0.10	0.17	0.19	0.21

附录 D 外遮阳系数的简化计算

D.0.1 外遮阳系数应按下列公式计算：
$$SD = ax^2 + bx + 1 \quad (D.0.1-1)$$
$$x = A/B \quad (D.0.1-2)$$
式中：SD——外遮阳系数；

x——外遮阳特征值，当 $x>1$ 时，取 $x=1$；

a、b——拟合系数，宜按表 D.0.1 选取；

A，B——外遮阳的构造定性尺寸，宜按图 D.0.1-1～图 D.0.1-5 确定。

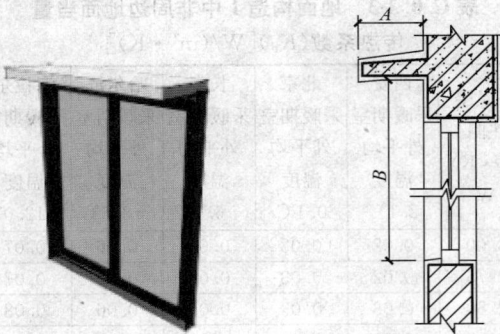

图 D.0.1-1　水平式外遮阳的特征值示意图

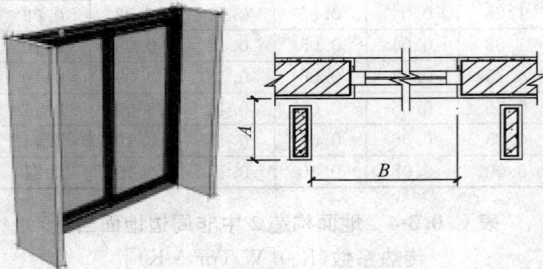

图 D.0.1-2　垂直式外遮阳的特征值示意图

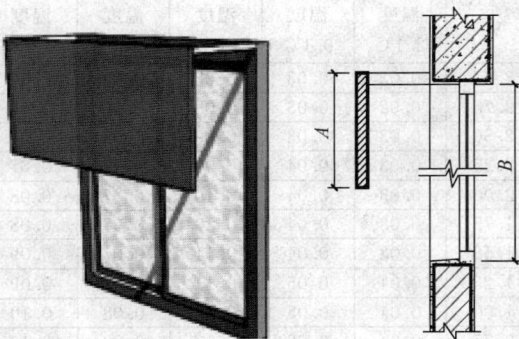

图 D.0.1-3　挡板式外遮阳的特征值示意图

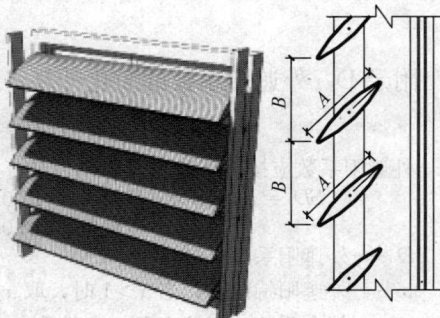

图 D.0.1-4　横百叶挡板式外
遮阳的特征值示意图

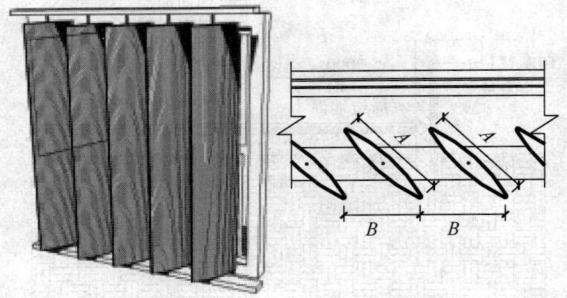

图 D.0.1-5　竖百叶挡板式外遮阳的特征值示意图

表 D.0.1　外遮阳系数计算用的拟合系数 a, b

气候区	外遮阳基本类型	拟合系数		东	南	西	北
严寒地区	水平式 (图 D.0.1-1)	a		0.31	0.28	0.33	0.25
		b		−0.62	−0.71	−0.65	−0.48
	垂直式 (图 D.0.1-2)	a		0.42	0.31	0.47	0.42
		b		−0.83	−0.65	−0.90	−0.83
寒冷地区	水平式 (图 D.0.1-1)	a		0.34	0.65	0.35	0.26
		b		−0.78	−1.00	−0.81	−0.54
	垂直式 (图 D.0.1-2)	a		0.25	0.40	0.25	0.50
		b		−0.55	−0.76	0.54	−0.93
	挡板式 (图 D.0.1-3)	a		0.00	0.35	0.00	0.13
		b		−0.96	−1.00	−0.96	−0.93
	固定横百叶挡板式 (图 D.0.1-4)	a		0.45	0.54	0.48	0.34
		b		−1.20	−1.20	−1.20	−0.88
	固定竖百叶挡板式 (图 D.0.1-5)	a		0.00	0.19	0.22	0.57
		b		−0.70	−0.91	−0.72	−1.18
	活动横百叶挡板式 (图 D.0.1-4)	冬	a	0.21	0.04	0.19	0.20
			b	−0.65	−0.39	−0.61	−0.62
		夏	a	0.50	1.00	0.54	0.50
			b	−1.20	−1.70	−1.30	−1.20
	活动竖百叶挡板式 (图 D.0.1-5)	冬	a	0.40	0.09	0.38	0.20
			b	−0.99	−0.54	−0.95	−0.62
		夏	a	0.06	0.38	0.13	0.85
			b	−0.70	−1.10	−0.69	−1.49

注：拟合系数应按本标准第 4.2.2 条有关朝向的规定在本表中选取。

D.0.2　各种组合形式的外遮阳系数，可由参加组合的各种形式遮阳的外遮阳系数的乘积来确定，单一形式的外遮阳系数应按本标准式(D.0.1-1)、式(D.0.1-2)计算。

D.0.3　当外遮阳的遮阳板采用有透光能力的材料制作时，应按下式进行修正：

$$SD = 1 - (1 - SD^*)(1 - \eta^*) \qquad (D.0.3)$$

式中：SD^*——外遮阳的遮阳板采用非透明材料制作时的外遮阳系数，应按本标准式(D.0.1-1)、式(D.0.1-2)计算；

　　　η^*——遮阳板的透射比，宜按表 D.0.3 选取。

表 D.0.3　遮阳板的透射比

遮阳板使用的材料	规　格	η^*
织物面料、玻璃钢类板	—	0.40
玻璃、有机玻璃类板	深色：$0<Se\leqslant0.6$	0.60
玻璃、有机玻璃类板	浅色：$0.6<Se\leqslant0.8$	0.80
金属穿孔板	穿孔率：$0<\varphi\leqslant0.2$	0.10
金属穿孔板	穿孔率：$0.2<\varphi\leqslant0.4$	0.30
金属穿孔板	穿孔率：$0.4<\varphi\leqslant0.6$	0.50
金属穿孔板	穿孔率：$0.6<\varphi\leqslant0.8$	0.70
铝合金百叶板	—	0.20
木质百叶板	—	0.25
混凝土花格	—	0.50
木质花格	—	0.45

附录 E　围护结构传热系数的修正系数 ε 和封闭阳台温差修正系数 ζ

E.0.1 太阳辐射对外墙、屋面传热系数的影响可采用传热系数的修正系数 ε 计算。

E.0.2 外墙、屋面传热系数的修正系数 ε 可按表 E.0.2 确定。

表 E.0.2　外墙、屋面传热系数修正系数 ε

城　市	气候区属	外墙、屋面传热系数修正值				
		屋面	南墙	北墙	东墙	西墙
直辖市						
北　京	Ⅱ(B)	0.98	0.83	0.95	0.91	0.91
天　津	Ⅱ(B)	0.98	0.85	0.95	0.92	0.92
河北省						
石家庄	Ⅱ(B)	0.99	0.84	0.95	0.92	0.92
围　场	Ⅰ(C)	0.96	0.86	0.96	0.93	0.93
丰　宁	Ⅰ(C)	0.96	0.85	0.95	0.92	0.92
承　德	Ⅱ(A)	0.98	0.86	0.96	0.93	0.93
张家口	Ⅱ(A)	0.98	0.85	0.95	0.92	0.92
怀　来	Ⅱ(A)	0.98	0.85	0.95	0.92	0.92
青　龙	Ⅱ(A)	0.97	0.86	0.95	0.92	0.92
蔚　县	Ⅰ(C)	0.97	0.86	0.96	0.93	0.93
唐　山	Ⅱ(A)	0.98	0.85	0.95	0.92	0.92
乐　亭	Ⅱ(A)	0.98	0.85	0.95	0.92	0.92
保　定	Ⅱ(B)	0.99	0.85	0.95	0.92	0.92
沧　州	Ⅱ(B)	0.98	0.84	0.95	0.91	0.92
泊　头	Ⅱ(B)	0.98	0.84	0.95	0.91	0.92
邢　台	Ⅱ(B)	0.99	0.84	0.95	0.91	0.92

续表 E.0.2

城　市	气候区属	外墙、屋面传热系数修正值				
		屋面	南墙	北墙	东墙	西墙
山西省						
太　原	Ⅱ(A)	0.97	0.84	0.95	0.91	0.92
大　同	Ⅰ(C)	0.96	0.85	0.95	0.92	0.92
河　曲	Ⅰ(C)	0.96	0.85	0.95	0.92	0.92
原　平	Ⅱ(A)	0.97	0.84	0.95	0.92	0.92
离　石	Ⅱ(A)	0.98	0.86	0.95	0.92	0.93
榆　社	Ⅱ(A)	0.97	0.84	0.95	0.92	0.92
介　休	Ⅱ(A)	0.97	0.84	0.95	0.91	0.91
阳　城	Ⅱ(A)	0.97	0.84	0.95	0.91	0.91
运　城	Ⅱ(B)	1.00	0.85	0.95	0.92	0.92
内蒙古自治区						
呼和浩特	Ⅰ(C)	0.97	0.86	0.96	0.92	0.93
图里河	Ⅰ(A)	0.99	0.92	0.97	0.95	0.95
海拉尔	Ⅰ(A)	1.00	0.93	0.98	0.96	0.96
博克图	Ⅰ(A)	1.00	0.93	0.98	0.96	0.96
新巴尔虎右旗	Ⅰ(A)	1.00	0.92	0.97	0.95	0.96
阿尔山	Ⅰ(A)	0.97	0.91	0.97	0.94	0.94
东乌珠穆沁旗	Ⅰ(B)	0.98	0.91	0.97	0.95	0.95
那仁宝拉格	Ⅰ(A)	0.98	0.91	0.97	0.94	0.94
西乌珠穆沁旗	Ⅰ(B)	0.98	0.91	0.97	0.94	0.94
扎鲁特旗	Ⅰ(C)	0.98	0.86	0.96	0.93	0.93
阿巴嘎旗	Ⅰ(B)	0.98	0.90	0.97	0.94	0.94
巴林左旗	Ⅰ(C)	0.97	0.88	0.96	0.93	0.93
锡林浩特	Ⅰ(B)	0.98	0.90	0.97	0.94	0.94
二连浩特	Ⅰ(A)	0.97	0.89	0.96	0.94	0.94
林　西	Ⅰ(C)	0.97	0.87	0.96	0.93	0.93
通　辽	Ⅰ(C)	0.97	0.86	0.96	0.93	0.93
满都拉	Ⅰ(C)	0.95	0.85	0.95	0.92	0.92
朱日和	Ⅰ(C)	0.96	0.86	0.96	0.92	0.92
赤　峰	Ⅰ(C)	0.97	0.86	0.96	0.93	0.93
多　伦	Ⅰ(B)	0.96	0.87	0.96	0.92	0.92
额济纳旗	Ⅰ(C)	0.95	0.84	0.95	0.91	0.92
化　德	Ⅰ(C)	0.96	0.87	0.96	0.93	0.93
达尔罕联合旗	Ⅰ(C)	0.95	0.85	0.95	0.92	0.92
乌拉特后旗	Ⅰ(C)	0.94	0.84	0.95	0.91	0.91
海力素	Ⅰ(C)	0.94	0.85	0.95	0.91	0.92
集　宁	Ⅰ(C)	0.95	0.86	0.95	0.92	0.92
临　河	Ⅱ(A)	0.95	0.85	0.95	0.92	0.92
巴音毛道	Ⅰ(C)	0.94	0.83	0.95	0.91	0.91

城　市	气候区属	外墙、屋面传热系数修正值				
		屋面	南墙	北墙	东墙	西墙
东　胜	Ⅰ(C)	0.95	0.84	0.95	0.92	0.91
吉兰太	Ⅱ(A)	0.94	0.83	0.95	0.91	0.91
鄂托克旗	Ⅰ(C)	0.95	0.84	0.95	0.91	0.91
辽宁省						
沈　阳	Ⅰ(C)	0.99	0.89	0.96	0.94	0.94
彰　武	Ⅰ(C)	0.98	0.88	0.96	0.93	0.93
清　原	Ⅰ(C)	1.00	0.91	0.97	0.95	0.95
朝　阳	Ⅱ(A)	0.99	0.87	0.96	0.93	0.93
本　溪	Ⅰ(C)	1.00	0.89	0.96	0.94	0.94
锦　州	Ⅱ(A)	1.00	0.87	0.96	0.93	0.93
宽　甸	Ⅰ(C)	1.00	0.89	0.96	0.94	0.94
营　口	Ⅱ(A)	1.00	0.88	0.96	0.94	0.94
丹　东	Ⅱ(A)	1.00	0.87	0.96	0.93	0.93
大　连	Ⅱ(A)	0.98	0.84	0.95	0.92	0.91
吉林省						
长　春	Ⅰ(C)	1.00	0.90	0.97	0.94	0.95
前郭尔罗斯	Ⅰ(C)	1.00	0.90	0.97	0.94	0.95
长　岭	Ⅰ(C)	0.99	0.90	0.97	0.94	0.94
敦　化	Ⅰ(B)	0.99	0.90	0.97	0.94	0.95
四　平	Ⅰ(C)	0.99	0.89	0.96	0.94	0.94
桦　甸	Ⅰ(B)	1.00	0.91	0.97	0.95	0.95
延　吉	Ⅰ(C)	1.00	0.90	0.97	0.94	0.94
临　江	Ⅰ(C)	1.00	0.91	0.97	0.95	0.95
长　白	Ⅰ(B)	0.99	0.91	0.97	0.94	0.95
集　安	Ⅰ(C)	1.00	0.90	0.97	0.94	0.95
黑龙江省						
哈尔滨	Ⅰ(B)	1.00	0.92	0.97	0.95	0.95
漠　河	Ⅰ(A)	0.99	0.93	0.97	0.95	0.95
呼　玛	Ⅰ(A)	1.00	0.92	0.97	0.96	0.96
黑　河	Ⅰ(A)	1.00	0.93	0.98	0.96	0.96
孙　吴	Ⅰ(A)	1.00	0.93	0.98	0.96	0.96
嫩　江	Ⅰ(A)	1.00	0.92	0.98	0.96	0.96
克　山	Ⅰ(B)	1.00	0.92	0.97	0.96	0.96
伊　春	Ⅰ(B)	1.00	0.92	0.97	0.96	0.96
海　伦	Ⅰ(B)	1.00	0.92	0.97	0.96	0.96
齐齐哈尔	Ⅰ(B)	1.00	0.91	0.97	0.95	0.95
富　锦	Ⅰ(B)	1.00	0.92	0.97	0.95	0.95
泰　来	Ⅰ(B)	1.00	0.91	0.97	0.95	0.95
安　达	Ⅰ(B)	1.00	0.91	0.97	0.95	0.95

城　市	气候区属	外墙、屋面传热系数修正值				
		屋面	南墙	北墙	东墙	西墙
宝　清	Ⅰ(B)	1.00	0.91	0.97	0.95	0.95
通　河	Ⅰ(B)	1.00	0.92	0.97	0.95	0.95
虎　林	Ⅰ(B)	1.00	0.91	0.97	0.95	0.95
鸡　西	Ⅰ(B)	1.00	0.91	0.97	0.95	0.95
尚　志	Ⅰ(B)	1.00	0.91	0.97	0.95	0.95
牡丹江	Ⅰ(B)	0.99	0.90	0.97	0.94	0.94
绥芬河	Ⅰ(B)	0.99	0.90	0.97	0.94	0.95
江苏省						
赣　榆	Ⅱ(A)	0.99	0.84	0.95	0.91	0.92
徐　州	Ⅱ(B)	1.00	0.84	0.95	0.92	0.92
射　阳	Ⅱ(B)	0.99	0.82	0.94	0.91	0.91
安徽省						
亳　州	Ⅱ(B)	1.01	0.85	0.95	0.92	0.92
山东省						
济　南	Ⅱ(B)	0.99	0.83	0.95	0.91	0.91
长　岛	Ⅱ(A)	0.97	0.83	0.94	0.91	0.91
龙　口	Ⅱ(A)	0.97	0.83	0.95	0.91	0.91
惠民县	Ⅱ(B)	0.98	0.84	0.95	0.92	0.92
德　州	Ⅱ(B)	0.96	0.82	0.94	0.90	0.90
成山头	Ⅱ(A)	0.96	0.81	0.94	0.90	0.90
陵　县	Ⅱ(B)	0.98	0.84	0.95	0.91	0.92
海　阳	Ⅱ(A)	0.97	0.83	0.95	0.91	0.91
潍　坊	Ⅱ(A)	0.98	0.84	0.95	0.91	0.91
莘　县	Ⅱ(A)	0.98	0.84	0.95	0.92	0.92
沂　源	Ⅱ(A)	0.98	0.84	0.95	0.92	0.92
青　岛	Ⅱ(A)	0.95	0.81	0.94	0.89	0.90
兖　州	Ⅱ(B)	0.98	0.83	0.95	0.91	0.91
日　照	Ⅱ(A)	0.94	0.81	0.93	0.88	0.89
费　县	Ⅱ(B)	0.98	0.83	0.95	0.91	0.91
菏　泽	Ⅱ(A)	0.97	0.83	0.94	0.91	0.91
定　陶	Ⅱ(B)	0.98	0.83	0.95	0.91	0.91
临　沂	Ⅱ(A)	0.98	0.83	0.95	0.91	0.91
河南省						
郑　州	Ⅱ(B)	0.98	0.82	0.94	0.90	0.91
安　阳	Ⅱ(B)	0.98	0.84	0.95	0.91	0.92
孟　津	Ⅱ(A)	0.99	0.83	0.95	0.91	0.91
卢　氏	Ⅱ(A)	1.00	0.84	0.95	0.92	0.92
西　华	Ⅱ(B)	0.99	0.84	0.95	0.91	0.92

城　市	气候区属	外墙、屋面传热系数修正值				
		屋面	南墙	北墙	东墙	西墙
四川省						
若尔盖	Ⅰ(B)	0.90	0.82	0.94	0.90	0.90
松　潘	Ⅰ(C)	0.93	0.81	0.94	0.90	0.90
色　达	Ⅰ(A)	0.90	0.82	0.94	0.88	0.89
马尔康	Ⅱ(A)	0.92	0.78	0.93	0.89	0.89
德　格	Ⅰ(C)	0.94	0.82	0.96	0.90	0.90
甘　孜	Ⅰ(C)	0.89	0.77	0.93	0.87	0.87
康　定	Ⅰ(C)	0.95	0.82	0.95	0.91	0.91
巴　塘	Ⅱ(A)	0.88	0.71	0.91	0.85	0.85
理　塘	Ⅰ(A)	0.88	0.79	0.93	0.88	0.88
稻　城	Ⅰ(C)	0.87	0.76	0.92	0.85	0.85
贵州省						
毕　节	Ⅱ(A)	0.97	0.82	0.94	0.90	0.90
威　宁	Ⅱ(A)	0.96	0.81	0.94	0.90	0.90
云南省						
德　钦	Ⅰ(C)	0.91	0.81	0.94	0.89	0.89
昭　通	Ⅱ(A)	0.91	0.76	0.93	0.88	0.87
西藏自治区						
拉　萨	Ⅱ(A)	0.90	0.77	0.93	0.87	0.88
狮泉河	Ⅰ(C)	0.85	0.78	0.93	0.87	0.87
改　则	Ⅰ(C)	0.80	0.84	0.92	0.85	0.86
索　县	Ⅰ(B)	0.88	0.83	0.94	0.88	0.88
那　曲	Ⅰ(A)	0.93	0.86	0.95	0.91	0.91
丁　青	Ⅰ(B)	0.91	0.83	0.94	0.89	0.90
班　戈	Ⅰ(A)	0.88	0.82	0.94	0.89	0.89
昌　都	Ⅱ(A)	0.95	0.82	0.94	0.90	0.90
申　扎	Ⅰ(A)	0.87	0.81	0.94	0.88	0.88
林　芝	Ⅱ(A)	0.85	0.72	0.92	0.85	0.85
日喀则	Ⅰ(C)	0.87	0.77	0.92	0.86	0.87
隆　子	Ⅰ(A)	0.89	0.80	0.93	0.88	0.88
帕　里	Ⅰ(A)	0.88	0.83	0.94	0.88	0.89
陕西省						
西　安	Ⅱ(B)	1.00	0.85	0.95	0.92	0.92
榆　林	Ⅱ(A)	0.97	0.85	0.96	0.92	0.93
延　安	Ⅱ(A)	0.98	0.85	0.95	0.92	0.92
宝　鸡	Ⅱ(A)	0.99	0.84	0.95	0.92	0.92
甘肃省						
兰　州	Ⅱ(A)	0.96	0.83	0.95	0.91	0.91
敦　煌	Ⅱ(A)	0.96	0.82	0.95	0.92	0.91

城　市	气候区属	外墙、屋面传热系数修正值				
		屋面	南墙	北墙	东墙	西墙
酒　泉	Ⅰ(C)	0.94	0.82	0.95	0.91	0.91
张　掖	Ⅰ(C)	0.94	0.82	0.95	0.91	0.91
民　勤	Ⅱ(A)	0.94	0.82	0.95	0.91	0.90
乌鞘岭	Ⅰ(A)	0.91	0.84	0.94	0.90	0.90
西峰镇	Ⅱ(A)	0.97	0.84	0.95	0.92	0.92
平　凉	Ⅱ(A)	0.97	0.84	0.95	0.92	0.92
合　作	Ⅰ(B)	0.93	0.83	0.95	0.91	0.91
岷　县	Ⅰ(C)	0.93	0.82	0.94	0.90	0.91
天　水	Ⅱ(A)	0.98	0.85	0.95	0.92	0.92
成　县	Ⅱ(A)	0.89	0.72	0.92	0.85	0.86
青海省						
西　宁	Ⅰ(C)	0.93	0.83	0.95	0.90	0.91
冷　湖	Ⅰ(B)	0.93	0.83	0.95	0.91	0.91
大柴旦	Ⅰ(B)	0.93	0.83	0.95	0.91	0.91
德令哈	Ⅰ(C)	0.93	0.83	0.95	0.91	0.90
刚　察	Ⅰ(A)	0.91	0.83	0.95	0.90	0.91
格尔木	Ⅰ(C)	0.91	0.80	0.94	0.89	0.89
都　兰	Ⅰ(B)	0.91	0.82	0.94	0.90	0.90
同　德	Ⅰ(B)	0.91	0.82	0.95	0.90	0.91
玛　多	Ⅰ(A)	0.89	0.83	0.94	0.90	0.90
河　南	Ⅰ(A)	0.90	0.82	0.94	0.90	0.90
托托河	Ⅰ(A)	0.90	0.84	0.95	0.90	0.90
曲麻莱	Ⅰ(A)	0.90	0.83	0.95	0.90	0.90
达　日	Ⅰ(A)	0.90	0.83	0.94	0.90	0.90
玉　树	Ⅰ(B)	0.90	0.81	0.94	0.89	0.89
杂　多	Ⅰ(A)	0.91	0.84	0.95	0.90	0.90
宁夏回族自治区						
银　川	Ⅱ(A)	0.96	0.84	0.95	0.92	0.91
盐　池	Ⅱ(A)	0.94	0.83	0.95	0.91	0.91
中　宁	Ⅱ(A)	0.96	0.83	0.95	0.91	0.91
新疆维吾尔自治区						
乌鲁木齐	Ⅰ(C)	0.98	0.88	0.96	0.94	0.94
哈巴河	Ⅰ(C)	0.98	0.88	0.96	0.94	0.93
阿勒泰	Ⅰ(B)	0.98	0.88	0.96	0.94	0.94
富　蕴	Ⅰ(B)	0.97	0.87	0.96	0.94	0.94
和布克赛尔	Ⅰ(B)	0.96	0.86	0.96	0.92	0.93
塔　城	Ⅰ(C)	1.00	0.88	0.96	0.94	0.94
克拉玛依	Ⅰ(C)	0.99	0.88	0.97	0.94	0.94
北塔山	Ⅰ(B)	0.97	0.87	0.96	0.93	0.93

城 市	气候区属	外墙、屋面传热系数修正值				
		屋面	南墙	北墙	东墙	西墙
精 河	Ⅰ(C)	0.99	0.89	0.96	0.94	0.94
奇 台	Ⅰ(C)	0.97	0.87	0.96	0.93	0.93
伊 宁	Ⅱ(A)	0.99	0.85	0.96	0.93	0.93
吐鲁番	Ⅱ(B)	0.98	0.85	0.96	0.92	0.92
哈 密	Ⅱ(B)	0.96	0.84	0.95	0.92	0.92
巴伦台	Ⅰ(C)	1.00	0.88	0.96	0.94	0.94
库尔勒	Ⅱ(B)	0.95	0.82	0.91	0.91	0.91
库 车	Ⅱ(A)	0.95	0.83	0.95	0.91	0.91
阿合奇	Ⅰ(C)	0.94	0.83	0.95	0.91	0.91
铁干里克	Ⅱ(B)	0.95	0.82	0.95	0.92	0.91
阿拉尔	Ⅱ(A)	0.95	0.82	0.95	0.91	0.91
巴 楚	Ⅱ(A)	0.95	0.80	0.94	0.91	0.90
喀 什	Ⅱ(A)	0.94	0.80	0.94	0.90	0.90
若 羌	Ⅱ(B)	0.93	0.81	0.94	0.90	0.90
莎 车	Ⅱ(B)	0.93	0.80	0.94	0.90	0.90
安德河	Ⅱ(A)	0.93	0.80	0.95	0.91	0.90
皮 山	Ⅱ(A)	0.93	0.80	0.94	0.90	0.90
和 田	Ⅱ(A)	0.94	0.80	0.94	0.90	0.90

注：表格中气候区属Ⅰ(A)为严寒(A)区、Ⅰ(B)为严寒(B)区、Ⅰ(C)为严寒(C)区；Ⅱ(A)为寒冷(A)区、Ⅱ(B)为寒冷(B)区。

E.0.3 封闭阳台对外墙传热的影响可采用阳台温差修正系数 ξ 来计算。

E.0.4 不同朝向的阳台温差修正系数 ξ 可按表 E.0.4 确定。

表 E.0.4 不同朝向的阳台温差修正系数 ξ

城 市	气候区属	阳台类型	阳台温差修正系数			
			南向	北向	东向	西向
直辖市						
北 京	Ⅱ(B)	凸阳台	0.44	0.62	0.56	0.56
		凹阳台	0.32	0.47	0.43	0.43
天 津	Ⅱ(B)	凸阳台	0.47	0.61	0.57	0.57
		凹阳台	0.35	0.47	0.43	0.43
河北省						
石家庄	Ⅱ(B)	凸阳台	0.46	0.61	0.57	0.57
		凹阳台	0.34	0.47	0.43	0.43
围 场	Ⅰ(C)	凸阳台	0.49	0.62	0.58	0.58
		凹阳台	0.37	0.48	0.44	0.44

城 市	气候区属	阳台类型	阳台温差修正系数			
			南向	北向	东向	西向
丰 宁	Ⅰ(C)	凸阳台	0.47	0.62	0.57	0.57
		凹阳台	0.35	0.47	0.43	0.44
承 德	Ⅱ(A)	凸阳台	0.49	0.62	0.58	0.58
		凹阳台	0.37	0.48	0.44	0.44
张家口	Ⅱ(A)	凸阳台	0.47	0.62	0.57	0.58
		凹阳台	0.35	0.47	0.44	0.44
怀 来	Ⅱ(A)	凸阳台	0.46	0.62	0.57	0.57
		凹阳台	0.35	0.47	0.43	0.44
青 龙	Ⅱ(A)	凸阳台	0.48	0.62	0.57	0.58
		凹阳台	0.36	0.47	0.44	0.44
蔚 县	Ⅰ(C)	凸阳台	0.49	0.62	0.58	0.58
		凹阳台	0.37	0.48	0.44	0.44
唐 山	Ⅱ(A)	凸阳台	0.47	0.62	0.57	0.57
		凹阳台	0.35	0.47	0.43	0.44
乐 亭	Ⅱ(A)	凸阳台	0.47	0.62	0.57	0.57
		凹阳台	0.35	0.47	0.43	0.44
保 定	Ⅱ(B)	凸阳台	0.47	0.62	0.57	0.57
		凹阳台	0.35	0.47	0.43	0.44
沧 州	Ⅱ(B)	凸阳台	0.46	0.61	0.56	0.56
		凹阳台	0.34	0.47	0.43	0.43
泊 头	Ⅱ(B)	凸阳台	0.46	0.61	0.56	0.57
		凹阳台	0.34	0.47	0.43	0.43
邢 台	Ⅱ(B)	凸阳台	0.45	0.61	0.56	0.56
		凹阳台	0.34	0.47	0.42	0.43
山西省						
太 原	Ⅱ(A)	凸阳台	0.45	0.61	0.56	0.57
		凹阳台	0.34	0.47	0.43	0.43
大 同	Ⅰ(C)	凸阳台	0.47	0.62	0.57	0.57
		凹阳台	0.35	0.47	0.43	0.44
河 曲	Ⅰ(C)	凸阳台	0.47	0.62	0.58	0.57
		凹阳台	0.35	0.47	0.44	0.43
原 平	Ⅱ(A)	凸阳台	0.46	0.62	0.57	0.57
		凹阳台	0.34	0.47	0.43	0.43
离 石	Ⅱ(A)	凸阳台	0.48	0.62	0.58	0.58
		凹阳台	0.36	0.47	0.44	0.44
榆 社	Ⅱ(A)	凸阳台	0.46	0.61	0.57	0.57
		凹阳台	0.34	0.47	0.43	0.43

城　市	气候区属	阳台类型	阳台温差修正系数			
			南向	北向	东向	西向
介　休	Ⅱ(A)	凸阳台	0.45	0.61	0.56	0.56
		凹阳台	0.34	0.47	0.43	0.43
阳　城	Ⅱ(A)	凸阳台	0.45	0.61	0.56	0.56
		凹阳台	0.33	0.47	0.43	0.43
运　城	Ⅱ(B)	凸阳台	0.47	0.62	0.57	0.57
		凹阳台	0.35	0.47	0.44	0.44
内蒙古自治区						
呼和浩特	Ⅰ(C)	凸阳台	0.48	0.62	0.58	0.58
		凹阳台	0.36	0.48	0.44	0.44
图里河	Ⅰ(A)	凸阳台	0.57	0.65	0.62	0.62
		凹阳台	0.43	0.50	0.47	0.47
海拉尔	Ⅰ(A)	凸阳台	0.58	0.65	0.63	0.63
		凹阳台	0.44	0.50	0.48	0.48
博克图	Ⅰ(A)	凸阳台	0.58	0.65	0.62	0.63
		凹阳台	0.44	0.50	0.48	0.48
新巴尔虎右旗	Ⅰ(A)	凸阳台	0.57	0.65	0.62	0.62
		凹阳台	0.43	0.50	0.47	0.47
阿尔山	Ⅰ(A)	凸阳台	0.56	0.64	0.60	0.60
		凹阳台	0.42	0.49	0.46	0.46
东乌珠穆沁旗	Ⅰ(B)	凸阳台	0.54	0.64	0.61	0.61
		凹阳台	0.41	0.49	0.46	0.46
那仁宝拉格	Ⅰ(A)	凸阳台	0.53	0.64	0.60	0.60
		凹阳台	0.40	0.49	0.46	0.46
西乌珠穆沁旗	Ⅰ(B)	凸阳台	0.53	0.64	0.60	0.60
		凹阳台	0.40	0.49	0.46	0.46
扎鲁特旗	Ⅰ(C)	凸阳台	0.51	0.63	0.58	0.59
		凹阳台	0.38	0.48	0.45	0.45
阿巴嘎旗	Ⅰ(B)	凸阳台	0.54	0.64	0.60	0.60
		凹阳台	0.41	0.49	0.46	0.46
巴林左旗	Ⅰ(C)	凸阳台	0.51	0.63	0.58	0.59
		凹阳台	0.38	0.48	0.45	0.45
锡林浩特	Ⅰ(B)	凸阳台	0.53	0.64	0.60	0.60
		凹阳台	0.40	0.49	0.46	0.46
二连浩特	Ⅰ(A)	凸阳台	0.52	0.63	0.59	0.59
		凹阳台	0.40	0.48	0.45	0.45
林　西	Ⅰ(C)	凸阳台	0.49	0.62	0.58	0.58
		凹阳台	0.37	0.48	0.44	0.44

城　市	气候区属	阳台类型	阳台温差修正系数			
			南向	北向	东向	西向
哲里木盟	Ⅰ(C)	凸阳台	0.51	0.63	0.59	0.59
		凹阳台	0.38	0.48	0.45	0.45
满都拉	Ⅰ(C)	凸阳台	0.47	0.62	0.57	0.56
		凹阳台	0.35	0.47	0.43	0.43
朱日和	Ⅰ(C)	凸阳台	0.49	0.62	0.57	0.58
		凹阳台	0.37	0.48	0.44	0.44
赤　峰	Ⅰ(C)	凸阳台	0.48	0.62	0.58	0.58
		凹阳台	0.36	0.48	0.44	0.44
多　伦	Ⅰ(B)	凸阳台	0.50	0.63	0.58	0.59
		凹阳台	0.38	0.48	0.44	0.45
额济纳旗	Ⅰ(C)	凸阳台	0.45	0.61	0.56	0.57
		凹阳台	0.34	0.47	0.42	0.43
化　德	Ⅰ(B)	凸阳台	0.50	0.62	0.58	0.58
		凹阳台	0.37	0.48	0.44	0.44
达尔罕联合旗	Ⅰ(C)	凸阳台	0.47	0.62	0.57	0.57
		凹阳台	0.35	0.47	0.44	0.43
乌拉特后旗	Ⅰ(C)	凸阳台	0.45	0.61	0.56	0.56
		凹阳台	0.34	0.47	0.43	0.43
海力素	Ⅰ(C)	凸阳台	0.47	0.62	0.57	0.57
		凹阳台	0.35	0.47	0.43	0.43
集　宁	Ⅰ(C)	凸阳台	0.48	0.62	0.57	0.57
		凹阳台	0.36	0.47	0.43	0.44
临　河	Ⅱ(A)	凸阳台	0.45	0.61	0.56	0.56
		凹阳台	0.34	0.47	0.43	0.43
巴音毛道	Ⅰ(C)	凸阳台	0.44	0.61	0.56	0.56
		凹阳台	0.33	0.47	0.43	0.42
东　胜	Ⅰ(C)	凸阳台	0.46	0.61	0.56	0.56
		凹阳台	0.34	0.47	0.43	0.42
吉兰太	Ⅱ(A)	凸阳台	0.44	0.61	0.56	0.55
		凹阳台	0.33	0.47	0.43	0.42
鄂托克旗	Ⅰ(C)	凸阳台	0.45	0.61	0.56	0.56
		凹阳台	0.33	0.47	0.43	0.42
辽宁省						
沈　阳	Ⅰ(C)	凸阳台	0.52	0.63	0.59	0.60
		凹阳台	0.39	0.48	0.45	0.46
彰　武	Ⅰ(C)	凸阳台	0.51	0.63	0.59	0.59
		凹阳台	0.38	0.48	0.45	0.45

城　市	气候区属	阳台类型	阳台温差修正系数			
			南向	北向	东向	西向
清　原	Ⅰ(C)	凸阳台	0.55	0.64	0.61	0.61
		凹阳台	0.42	0.49	0.47	0.47
朝　阳	Ⅱ(A)	凸阳台	0.50	0.62	0.59	0.59
		凹阳台	0.38	0.48	0.45	0.45
本　溪	Ⅰ(C)	凸阳台	0.53	0.63	0.60	0.60
		凹阳台	0.40	0.49	0.46	0.46
锦　州	Ⅱ(A)	凸阳台	0.50	0.63	0.58	0.59
		凹阳台	0.38	0.48	0.45	0.45
宽　甸	Ⅰ(C)	凸阳台	0.53	0.63	0.60	0.60
		凹阳台	0.40	0.48	0.46	0.46
营　口	Ⅱ(A)	凸阳台	0.51	0.63	0.59	0.59
		凹阳台	0.39	0.48	0.45	0.45
丹　东	Ⅱ(A)	凸阳台	0.50	0.63	0.59	0.58
		凹阳台	0.38	0.48	0.45	0.44
大　连	Ⅱ(A)	凸阳台	0.46	0.61	0.56	0.56
		凹阳台	0.34	0.47	0.43	0.42
吉林省						
长　春	Ⅰ(C)	凸阳台	0.54	0.64	0.60	0.61
		凹阳台	0.41	0.49	0.46	0.46
前郭尔罗斯	Ⅰ(C)	凸阳台	0.54	0.64	0.60	0.61
		凹阳台	0.41	0.49	0.46	0.46
长　岭	Ⅰ(C)	凸阳台	0.54	0.64	0.60	0.60
		凹阳台	0.41	0.49	0.46	0.46
敦　化	Ⅰ(B)	凸阳台	0.55	0.64	0.60	0.61
		凹阳台	0.41	0.49	0.46	0.46
四　平	Ⅰ(C)	凸阳台	0.53	0.63	0.60	0.60
		凹阳台	0.40	0.49	0.46	0.46
桦　甸	Ⅰ(B)	凸阳台	0.56	0.64	0.61	0.61
		凹阳台	0.42	0.49	0.47	0.47
延　吉	Ⅰ(C)	凸阳台	0.54	0.64	0.60	0.60
		凹阳台	0.41	0.49	0.46	0.46
临　江	Ⅰ(C)	凸阳台	0.56	0.64	0.61	0.61
		凹阳台	0.42	0.49	0.47	0.47
长　白	Ⅰ(B)	凸阳台	0.55	0.64	0.61	0.61
		凹阳台	0.42	0.49	0.46	0.46
集　安	Ⅰ(C)	凸阳台	0.54	0.64	0.60	0.61
		凹阳台	0.41	0.49	0.46	0.46

城　市	气候区属	阳台类型	阳台温差修正系数			
			南向	北向	东向	西向
黑龙江省						
哈尔滨	Ⅰ(B)	凸阳台	0.56	0.64	0.62	0.62
		凹阳台	0.43	0.49	0.47	0.47
漠　河	Ⅰ(A)	凸阳台	0.58	0.65	0.62	0.62
		凹阳台	0.44	0.50	0.47	0.47
呼　玛	Ⅰ(A)	凸阳台	0.58	0.65	0.62	0.62
		凹阳台	0.44	0.50	0.48	0.48
黑　河	Ⅰ(A)	凸阳台	0.58	0.65	0.62	0.63
		凹阳台	0.44	0.50	0.48	0.48
孙　吴	Ⅰ(A)	凸阳台	0.59	0.65	0.63	0.63
		凹阳台	0.45	0.50	0.49	0.48
嫩　江	Ⅰ(A)	凸阳台	0.58	0.65	0.62	0.62
		凹阳台	0.44	0.50	0.48	0.48
克　山	Ⅰ(B)	凸阳台	0.57	0.65	0.62	0.62
		凹阳台	0.44	0.50	0.47	0.48
伊　春	Ⅰ(A)	凸阳台	0.58	0.65	0.62	0.63
		凹阳台	0.44	0.50	0.48	0.48
海　伦	Ⅰ(B)	凸阳台	0.57	0.65	0.62	0.62
		凹阳台	0.44	0.50	0.47	0.48
齐齐哈尔	Ⅰ(B)	凸阳台	0.55	0.64	0.61	0.61
		凹阳台	0.42	0.49	0.46	0.47
富　锦	Ⅰ(B)	凸阳台	0.57	0.64	0.62	0.62
		凹阳台	0.43	0.49	0.47	0.47
泰　来	Ⅰ(B)	凸阳台	0.55	0.64	0.61	0.61
		凹阳台	0.42	0.49	0.46	0.47
安　达	Ⅰ(B)	凸阳台	0.56	0.64	0.61	0.61
		凹阳台	0.42	0.49	0.47	0.47
宝　清	Ⅰ(B)	凸阳台	0.56	0.64	0.61	0.61
		凹阳台	0.42	0.49	0.47	0.47
通　河	Ⅰ(B)	凸阳台	0.57	0.65	0.62	0.62
		凹阳台	0.43	0.50	0.47	0.47
虎　林	Ⅰ(B)	凸阳台	0.56	0.64	0.61	0.61
		凹阳台	0.43	0.49	0.47	0.47
鸡　西	Ⅰ(B)	凸阳台	0.55	0.64	0.61	0.61
		凹阳台	0.42	0.49	0.46	0.46
尚　志	Ⅰ(B)	凸阳台	0.56	0.64	0.61	0.61
		凹阳台	0.42	0.49	0.47	0.47

城　市	气候区属	阳台类型	阳台温差修正系数			
			南向	北向	东向	西向
牡丹江	Ⅰ(B)	凸阳台	0.55	0.64	0.61	0.61
		凹阳台	0.41	0.49	0.46	0.46
绥芬河	Ⅰ(B)	凸阳台	0.55	0.64	0.60	0.61
		凹阳台	0.41	0.49	0.46	0.46
江苏省						
赣榆	Ⅱ(A)	凸阳台	0.45	0.61	0.56	0.56
		凹阳台	0.33	0.47	0.43	0.43
徐州	Ⅱ(B)	凸阳台	0.46	0.61	0.57	0.57
		凹阳台	0.34	0.47	0.43	0.43
射阳	Ⅱ(B)	凸阳台	0.43	0.60	0.55	0.55
		凹阳台	0.32	0.46	0.42	0.42
安徽省						
亳州	Ⅱ(B)	凸阳台	0.47	0.62	0.57	0.58
		凹阳台	0.35	0.47	0.44	0.44
山东省						
济南	Ⅱ(B)	凸阳台	0.45	0.61	0.56	0.56
		凹阳台	0.33	0.46	0.42	0.43
长岛	Ⅱ(A)	凸阳台	0.44	0.60	0.55	0.55
		凹阳台	0.32	0.46	0.42	0.42
龙口	Ⅱ(A)	凸阳台	0.45	0.61	0.56	0.55
		凹阳台	0.33	0.46	0.42	0.42
惠民县	Ⅱ(B)	凸阳台	0.46	0.61	0.56	0.57
		凹阳台	0.34	0.47	0.43	0.43
德州	Ⅱ(B)	凸阳台	0.42	0.60	0.54	0.55
		凹阳台	0.31	0.46	0.41	0.41
成山头	Ⅱ(A)	凸阳台	0.41	0.60	0.54	0.54
		凹阳台	0.30	0.46	0.41	0.41
陵县	Ⅱ(B)	凸阳台	0.45	0.61	0.56	0.56
		凹阳台	0.33	0.47	0.43	0.43
海阳	Ⅱ(A)	凸阳台	0.44	0.61	0.55	0.55
		凹阳台	0.32	0.46	0.42	0.42
潍坊	Ⅱ(A)	凸阳台	0.45	0.61	0.56	0.56
		凹阳台	0.34	0.47	0.43	0.43
莘县	Ⅱ(A)	凸阳台	0.46	0.61	0.57	0.57
		凹阳台	0.34	0.47	0.43	0.43
沂源	Ⅱ(A)	凸阳台	0.46	0.61	0.56	0.56
		凹阳台	0.34	0.47	0.43	0.43

城　市	气候区属	阳台类型	阳台温差修正系数			
			南向	北向	东向	西向
青岛	Ⅱ(A)	凸阳台	0.42	0.60	0.53	0.54
		凹阳台	0.31	0.46	0.40	0.41
兖州	Ⅱ(B)	凸阳台	0.44	0.61	0.56	0.56
		凹阳台	0.33	0.47	0.42	0.43
日照	Ⅱ(A)	凸阳台	0.41	0.59	0.52	0.53
		凹阳台	0.0	0.45	0.39	0.40
费县	Ⅱ(A)	凸阳台	0.44	0.61	0.55	0.55
		凹阳台	0.32	0.46	0.42	0.42
菏泽	Ⅱ(A)	凸阳台	0.44	0.61	0.55	0.55
		凹阳台	0.32	0.46	0.42	0.42
定陶	Ⅱ(B)	凸阳台	0.45	0.61	0.56	0.56
		凹阳台	0.33	0.47	0.42	0.43
临沂	Ⅱ(A)	凸阳台	0.44	0.61	0.55	0.56
		凹阳台	0.33	0.46	0.42	0.42
河南省						
郑州	Ⅱ(B)	凸阳台	0.43	0.60	0.55	0.55
		凹阳台	0.32	0.46	0.42	0.42
安阳	Ⅱ(B)	凸阳台	0.45	0.61	0.56	0.56
		凹阳台	0.33	0.47	0.42	0.43
孟津	Ⅱ(A)	凸阳台	0.44	0.61	0.56	0.56
		凹阳台	0.33	0.46	0.42	0.43
卢氏	Ⅱ(A)	凸阳台	0.45	0.61	0.57	0.56
		凹阳台	0.33	0.47	0.43	0.43
西华	Ⅱ(B)	凸阳台	0.45	0.61	0.56	0.56
		凹阳台	0.34	0.47	0.42	0.43
四川省						
若尔盖	Ⅰ(B)	凸阳台	0.43	0.60	0.54	0.54
		凹阳台	0.32	0.46	0.41	0.41
松潘	Ⅰ(C)	凸阳台	0.41	0.60	0.54	0.54
		凹阳台	0.30	0.46	0.41	0.41
色达	Ⅰ(A)	凸阳台	0.42	0.59	0.52	0.52
		凹阳台	0.31	0.45	0.39	0.39
马尔康	Ⅱ(A)	凸阳台	0.37	0.59	0.52	0.52
		凹阳台	0.27	0.45	0.39	0.39
德格	Ⅰ(C)	凸阳台	0.43	0.60	0.55	0.55
		凹阳台	0.32	0.46	0.41	0.42
甘孜	Ⅰ(C)	凸阳台	0.35	0.58	0.49	0.49
		凹阳台	0.25	0.44	0.37	0.37

城　市	气候区属	阳台类型	阳台温差修正系数			
			南向	北向	东向	西向
康　定	Ⅰ(C)	凸阳台	0.43	0.61	0.55	0.55
		凹阳台	0.32	0.46	0.42	0.42
巴　塘	Ⅱ(A)	凸阳台	0.28	0.56	0.48	0.47
		凹阳台	0.19	0.42	0.36	0.35
理　塘	Ⅰ(B)	凸阳台	0.39	0.59	0.52	0.51
		凹阳台	0.28	0.45	0.39	0.38
稻　城	Ⅰ(C)	凸阳台	0.34	0.56	0.48	0.47
		凹阳台	0.24	0.43	0.36	0.35
贵州省						
毕　节	Ⅱ(A)	凸阳台	0.42	0.60	0.54	0.54
		凹阳台	0.31	0.46	0.41	0.41
威　宁	Ⅱ(A)	凸阳台	0.42	0.60	0.54	0.54
		凹阳台	0.31	0.46	0.41	0.41
云南省						
德　钦	Ⅰ(C)	凸阳台	0.41	0.59	0.53	0.53
		凹阳台	0.30	0.45	0.40	0.40
昭　通	Ⅱ(A)	凸阳台	0.34	0.58	0.51	0.50
		凹阳台	0.25	0.44	0.39	0.37
西藏自治区						
拉　萨	Ⅱ(A)	凸阳台	0.35	0.58	0.50	0.51
		凹阳台	0.25	0.44	0.38	0.38
狮泉河	Ⅰ(A)	凸阳台	0.38	0.58	0.49	0.50
		凹阳台	0.27	0.44	0.37	0.38
改　则	Ⅰ(A)	凸阳台	0.45	0.57	0.47	0.48
		凹阳台	0.34	0.43	0.35	0.36
索　县	Ⅰ(B)	凸阳台	0.44	0.59	0.51	0.52
		凹阳台	0.32	0.45	0.39	0.39
那　曲	Ⅰ(A)	凸阳台	0.48	0.61	0.55	0.56
		凹阳台	0.36	0.47	0.42	0.43
丁　青	Ⅰ(B)	凸阳台	0.44	0.60	0.53	0.54
		凹阳台	0.32	0.46	0.40	0.41
班　戈	Ⅰ(A)	凸阳台	0.43	0.60	0.52	0.53
		凹阳台	0.32	0.45	0.39	0.40
昌　都	Ⅱ(A)	凸阳台	0.44	0.60	0.55	0.55
		凹阳台	0.32	0.46	0.41	0.41
申　扎	Ⅰ(A)	凸阳台	0.42	0.59	0.51	0.52
		凹阳台	0.31	0.45	0.39	0.39

城　市	气候区属	阳台类型	阳台温差修正系数			
			南向	北向	东向	西向
林　芝	Ⅱ(A)	凸阳台	0.29	0.56	0.46	0.47
		凹阳台	0.20	0.43	0.35	0.35
日喀则	Ⅰ(C)	凸阳台	0.36	0.58	0.49	0.50
		凹阳台	0.26	0.44	0.37	0.38
隆　子	Ⅰ(C)	凸阳台	0.40	0.59	0.51	0.52
		凹阳台	0.29	0.45	0.38	0.39
帕　里	Ⅰ(A)	凸阳台	0.44	0.60	0.52	0.53
		凹阳台	0.32	0.45	0.39	0.40
陕西省						
西　安	Ⅱ(B)	凸阳台	0.47	0.62	0.57	0.57
		凹阳台	0.35	0.47	0.43	0.44
榆　林	Ⅱ(A)	凸阳台	0.47	0.62	0.58	0.58
		凹阳台	0.35	0.47	0.44	0.44
延　安	Ⅱ(A)	凸阳台	0.47	0.62	0.57	0.57
		凹阳台	0.35	0.47	0.44	0.43
宝　鸡	Ⅱ(A)	凸阳台	0.46	0.61	0.56	0.57
		凹阳台	0.34	0.47	0.43	0.43
甘肃省						
兰　州	Ⅱ(A)	凸阳台	0.43	0.61	0.56	0.56
		凹阳台	0.32	0.46	0.42	0.42
敦　煌	Ⅱ(A)	凸阳台	0.43	0.61	0.56	0.56
		凹阳台	0.32	0.47	0.43	0.42
酒　泉	Ⅰ(C)	凸阳台	0.43	0.61	0.55	0.56
		凹阳台	0.32	0.47	0.42	0.42
张　掖	Ⅰ(C)	凸阳台	0.43	0.61	0.55	0.56
		凹阳台	0.32	0.47	0.42	0.42
民　勤	Ⅱ(A)	凸阳台	0.43	0.61	0.55	0.55
		凹阳台	0.31	0.46	0.42	0.42
乌鞘岭	Ⅰ(A)	凸阳台	0.45	0.60	0.54	0.55
		凹阳台	0.33	0.46	0.41	0.41
西峰镇	Ⅱ(A)	凸阳台	0.46	0.61	0.56	0.57
		凹阳台	0.34	0.47	0.43	0.43
平　凉	Ⅱ(A)	凸阳台	0.46	0.61	0.57	0.57
		凹阳台	0.34	0.47	0.43	0.43
合　作	Ⅰ(B)	凸阳台	0.44	0.61	0.55	0.55
		凹阳台	0.33	0.46	0.42	0.42
岷　县	Ⅰ(C)	凸阳台	0.43	0.61	0.54	0.55
		凹阳台	0.32	0.46	0.41	0.42

城　市	气候区属	阳台类型	阳台温差修正系数			
			南向	北向	东向	西向
天　水	Ⅱ(A)	凸阳台	0.47	0.61	0.57	0.57
		凹阳台	0.35	0.47	0.43	0.43
成　县	Ⅱ(A)	凸阳台	0.29	0.57	0.47	0.48
		凹阳台	0.20	0.43	0.35	0.36
青海省						
西　宁	Ⅰ(C)	凸阳台	0.44	0.61	0.55	0.55
		凹阳台	0.32	0.46	0.41	0.42
冷　湖	Ⅰ(B)	凸阳台	0.44	0.61	0.56	0.56
		凹阳台	0.33	0.47	0.42	0.42
大柴旦	Ⅰ(B)	凸阳台	0.44	0.61	0.56	0.55
		凹阳台	0.33	0.47	0.42	0.42
德令哈	Ⅰ(C)	凸阳台	0.44	0.61	0.55	0.55
		凹阳台	0.33	0.46	0.42	0.42
刚　察	Ⅰ(A)	凸阳台	0.44	0.61	0.54	0.55
		凹阳台	0.33	0.46	0.41	0.42
格尔木	Ⅰ(C)	凸阳台	0.40	0.60	0.53	0.53
		凹阳台	0.29	0.46	0.40	0.40
都　兰	Ⅰ(B)	凸阳台	0.42	0.60	0.54	0.54
		凹阳台	0.31	0.46	0.41	0.41
同　德	Ⅰ(B)	凸阳台	0.43	0.61	0.54	0.55
		凹阳台	0.32	0.46	0.41	0.42
玛　多	Ⅰ(A)	凸阳台	0.44	0.60	0.54	0.54
		凹阳台	0.32	0.46	0.41	0.41
河　南	Ⅰ(A)	凸阳台	0.43	0.60	0.54	0.54
		凹阳台	0.32	0.46	0.41	0.41
托托河	Ⅰ(A)	凸阳台	0.45	0.61	0.54	0.55
		凹阳台	0.34	0.46	0.41	0.41
曲麻莱	Ⅰ(A)	凸阳台	0.44	0.60	0.54	0.54
		凹阳台	0.33	0.46	0.41	0.41
达　日	Ⅰ(A)	凸阳台	0.44	0.60	0.54	0.54
		凹阳台	0.33	0.46	0.41	0.41
玉　树	Ⅰ(B)	凸阳台	0.41	0.60	0.53	0.53
		凹阳台	0.30	0.45	0.40	0.40
杂　多	Ⅰ(A)	凸阳台	0.46	0.61	0.54	0.55
		凹阳台	0.34	0.46	0.41	0.41
宁夏回族自治区						
银　川	Ⅱ(A)	凸阳台	0.45	0.61	0.57	0.56
		凹阳台	0.34	0.47	0.43	0.42

城　市	气候区属	阳台类型	阳台温差修正系数			
			南向	北向	东向	西向
盐　池	Ⅱ(A)	凸阳台	0.44	0.61	0.56	0.55
		凹阳台	0.33	0.46	0.42	0.42
中　宁	Ⅱ(A)	凸阳台	0.44	0.61	0.56	0.56
		凹阳台	0.33	0.46	0.42	0.42
新疆维吾尔自治区						
乌鲁木齐	Ⅰ(C)	凸阳台	0.51	0.63	0.59	0.60
		凹阳台	0.39	0.48	0.45	0.45
哈巴河	Ⅰ(C)	凸阳台	0.51	0.63	0.59	0.59
		凹阳台	0.38	0.48	0.45	0.45
阿勒泰	Ⅰ(B)	凸阳台	0.51	0.63	0.59	0.59
		凹阳台	0.38	0.48	0.45	0.45
富　蕴	Ⅰ(B)	凸阳台	0.50	0.63	0.60	0.59
		凹阳台	0.38	0.48	0.45	0.45
和布克赛尔	Ⅰ(B)	凸阳台	0.48	0.62	0.58	0.58
		凹阳台	0.36	0.48	0.44	0.44
塔　城	Ⅰ(C)	凸阳台	0.51	0.63	0.60	0.60
		凹阳台	0.38	0.49	0.46	0.46
克拉玛依	Ⅰ(C)	凸阳台	0.52	0.64	0.60	0.60
		凹阳台	0.39	0.49	0.46	0.46
北塔山	Ⅰ(B)	凸阳台	0.49	0.63	0.58	0.58
		凹阳台	0.37	0.48	0.44	0.45
精　河	Ⅰ(C)	凸阳台	0.52	0.63	0.60	0.60
		凹阳台	0.39	0.49	0.46	0.46
奇　台	Ⅰ(C)	凸阳台	0.50	0.63	0.59	0.59
		凹阳台	0.37	0.48	0.45	0.45
伊　宁	Ⅱ(A)	凸阳台	0.47	0.62	0.59	0.58
		凹阳台	0.35	0.48	0.45	0.44
吐鲁番	Ⅱ(B)	凸阳台	0.46	0.62	0.58	0.58
		凹阳台	0.35	0.47	0.44	0.44
哈　密	Ⅱ(B)	凸阳台	0.45	0.62	0.57	0.57
		凹阳台	0.34	0.47	0.43	0.43
巴伦台	Ⅰ(C)	凸阳台	0.51	0.63	0.59	0.59
		凹阳台	0.38	0.48	0.45	0.45
库尔勒	Ⅱ(B)	凸阳台	0.43	0.61	0.56	0.55
		凹阳台	0.32	0.47	0.42	0.42
库　车	Ⅱ(A)	凸阳台	0.44	0.61	0.56	0.55
		凹阳台	0.32	0.47	0.42	0.42

续表 E.0.4

城　市	气候区属	阳台类型	阳台温差修正系数			
			南向	北向	东向	西向
阿合奇	Ⅰ(C)	凸阳台	0.44	0.61	0.56	0.56
		凹阳台	0.32	0.47	0.43	0.42
铁干里克	Ⅱ(B)	凸阳台	0.43	0.61	0.56	0.56
		凹阳台	0.32	0.47	0.43	0.42
阿拉尔	Ⅱ(A)	凸阳台	0.42	0.61	0.56	0.56
		凹阳台	0.31	0.47	0.43	0.42
巴　楚	Ⅱ(A)	凸阳台	0.40	0.60	0.55	0.55
		凹阳台	0.29	0.46	0.42	0.41
喀　什	Ⅱ(A)	凸阳台	0.40	0.60	0.55	0.54
		凹阳台	0.29	0.46	0.41	0.41
若　羌	Ⅱ(B)	凸阳台	0.42	0.60	0.55	0.55
		凹阳台	0.31	0.46	0.41	0.41
莎　车	Ⅱ(A)	凸阳台	0.39	0.60	0.55	0.54
		凹阳台	0.29	0.46	0.41	0.41
安德河	Ⅱ(A)	凸阳台	0.40	0.61	0.55	0.55
		凹阳台	0.30	0.46	0.42	0.41
皮　山	Ⅱ(A)	凸阳台	0.40	0.60	0.54	0.54
		凹阳台	0.29	0.46	0.41	0.41
和　田	Ⅱ(A)	凸阳台	0.40	0.60	0.54	0.54
		凹阳台	0.29	0.46	0.41	0.41

注：1 表中凸阳台包含正面和左右侧面三个接触室外空气的外立面，而凹阳台则只有正面一个接触室外空气的外立面。

2 表格中气候区属Ⅰ(A)为严寒(A)区、Ⅰ(B)为严寒(B)区、Ⅰ(C)为严寒(C)区；Ⅱ(A)为寒冷(A)区、Ⅱ(B)为寒冷(B)区。

附录F　关于面积和体积的计算

F.0.1 建筑面积（A_0），应按各层外墙外包线围成的平面面积的总和计算，包括半地下室的面积，不包括地下室的面积。

F.0.2 建筑体积（V_0），应按与计算建筑面积所对应的建筑物外表面和底层地面所围成的体积计算。

F.0.3 换气体积（V），当楼梯间及外廊不采暖时，应按 $V=0.60V_0$ 计算；当楼梯间及外廊采暖时，应按 $V=0.65V_0$ 计算。

F.0.4 屋面或顶棚面积，应按支承屋顶的外墙外包线围成的面积计算。

F.0.5 外墙面积，应按不同朝向分别计算。某一朝向的外墙面积，应由该朝向的外表面积减去外窗面积

构成。

F.0.6 外窗（包括阳台门上部透明部分）面积，应按不同朝向和有无阳台分别计算，取洞口面积。

F.0.7 外门面积，应按不同朝向分别计算，取洞口面积。

F.0.8 阳台门下部不透明部分面积，应按不同朝向分别计算，取洞口面积。

F.0.9 地面面积，应按外墙内侧围成的面积计算。

F.0.10 地板面积，应按外墙内侧围成的面积计算，并应区分为接触室外空气的地板和不采暖地下室上部的地板。

F.0.11 凹凸墙面的朝向归属应符合下列规定：

　　1 当某朝向有外凸部分时，应符合下列规定：

　　　　1）当凸出部分的长度（垂直于该朝向的尺寸）小于或等于1.5m时，该凸出部分的全部外墙面积应计入该朝向的外墙总面积；

　　　　2）当凸出部分的长度大于1.5m时，该凸出部分应按各自实际朝向计入各自朝向的外墙总面积。

　　2 当某朝向有内凹部分时，应符合下列规定：

　　　　1）当凹入部分的宽度（平行于该朝向的尺寸）小于5m，且凹入部分的长度小于或等于凹入部分的宽度时，该凹入部分的全部外墙面积应计入该朝向的外墙总面积；

　　　　2）当凹入部分的宽度（平行于该朝向的尺寸）小于5m，且凹入部分的长度大于凹入部分的宽度时，该凹入部分的两个侧面外墙面积应计入北向的外墙总面积，该凹入部分的正面外墙面积应计入该朝向的外墙总面积；

　　　　3）当凹入部分的宽度大于或等于5m时，该凹入部分应按各实际朝向计入各自朝向的外墙总面积。

F.0.12 内天井墙面的朝向归属应符合下列规定：

　　1 当内天井的高度大于等于内天井最宽边长的2倍时，内天井的全部外墙面积应计入北向的外墙总面积。

　　2 当内天井的高度小于内天井最宽边长的2倍时，内天井的外墙应按各实际朝向计入各自朝向的外墙总面积。

附录G　采暖管道最小保温层厚度（$\delta_{\min}$）

G.0.1 当管道保温材料采用玻璃棉时，其最小保温层厚度应按表 G.0.1-1、表 G.0.1-2 选用。玻璃棉材料的导热系数应按下式计算：

$$\lambda_{m} = 0.024 + 0.00018 t_{m} \qquad (G.0.1)$$

式中：λ_{m}——玻璃棉的导热系数［W/(m·K)］。

表 G.0.1-1　玻璃棉保温材料的管道最小保温层厚度（mm）

气候分区	严寒(A)区 $t_{mw}=40.9℃$					严寒(B)区 $t_{mw}=43.6℃$				
公称直径	热价20元/GJ	热价30元/GJ	热价40元/GJ	热价50元/GJ	热价60元/GJ	热价20元/GJ	热价30元/GJ	热价40元/GJ	热价50元/GJ	热价60元/GJ
DN25	23	28	31	34	37	22	27	30	33	36
DN32	24	29	33	36	38	23	28	31	34	37
DN40	25	30	34	37	40	24	29	32	36	38
DN50	26	31	35	39	42	25	30	34	37	40
DN70	27	33	37	41	44	26	31	36	39	43
DN80	28	34	38	42	46	27	32	37	40	44
DN100	29	35	40	44	47	28	33	38	42	45
DN125	30	36	41	45	49	28	34	39	43	47
DN150	30	37	42	46	50	29	35	40	44	48
DN200	31	38	44	48	53	30	36	42	46	50
DN250	32	39	45	50	54	31	37	43	47	52
DN300	32	40	46	51	55	31	38	44	48	53
DN350	33	40	46	51	56	31	38	44	49	53
DN400	33	41	48	52	57	31	39	44	50	54
DN450	33	41	47	52	57	32	39	45	50	55

注：保温材料层的平均使用温度 $t_{mw}=\dfrac{t_{ge}+t_{he}}{2}-20$；$t_{ge}$、$t_{he}$分别为采暖期室外平均温度下，热网供回水平均温度（℃）。

表 G.0.1-2　玻璃棉保温材料的管道最小保温层厚度（mm）

气候分区	严寒(C)区 $t_{mw}=43.8℃$					寒冷(A)区或寒冷(B)区 $t_{mw}=48.4℃$				
公称直径	热价20元/GJ	热价30元/GJ	热价40元/GJ	热价50元/GJ	热价60元/GJ	热价20元/GJ	热价30元/GJ	热价40元/GJ	热价50元/GJ	热价60元/GJ
DN25	21	25	28	31	34	20	24	28	30	33
DN32	22	26	29	32	35	21	25	29	31	34
DN40	23	27	30	33	36	22	26	29	32	35
DN50	23	28	32	35	38	23	27	31	34	37
DN70	25	30	34	37	40	24	29	32	36	39
DN80	25	30	34	38	41	24	29	33	37	40
DN100	26	32	36	40	43	25	30	34	38	41
DN125	27	32	37	41	44	26	31	35	39	43
DN150	27	33	38	42	45	26	31	36	40	44
DN200	28	34	39	43	47	27	33	38	42	46
DN250	28	35	40	44	48	27	34	39	43	47
DN300	29	35	41	45	48	28	34	40	44	48
DN350	29	36	41	46	50	28	34	40	45	49
DN400	29	36	42	46	51	28	35	40	45	49
DN450	29	36	42	47	51	28	34	40	45	49

注：保温材料层的平均使用温度 $t_{mw}=\dfrac{t_{ge}+t_{he}}{2}-20$；$t_{ge}$、$t_{he}$分别为采暖期室外平均温度下，热网供回水平均温度（℃）。

G.0.2 当管道保温采用聚氨酯硬质泡沫材料时，其最小保温层厚度应按表 G.0.2-1、表 G.0.2-2 选用。聚氨酯硬质泡沫材料的导热系数应按下式计算。

$$\lambda_{m} = 0.02 + 0.00014 t_{m} \qquad (G.0.2)$$

式中：λ_{m}——聚氨酯硬质泡沫的导热系数［W/(m·K)］。

表 G.0.2-1　聚氨酯硬质泡沫保温材料的管道最小保温层厚度（mm）

气候分区	严寒(A)区 $t_{mw}=40.9℃$					严寒(B)区 $t_{mw}=43.6℃$				
公称直径	热价20元/GJ	热价30元/GJ	热价40元/GJ	热价50元/GJ	热价60元/GJ	热价20元/GJ	热价30元/GJ	热价40元/GJ	热价50元/GJ	热价60元/GJ
DN25	17	21	23	26	27	16	20	22	25	26
DN32	18	21	24	26	27	17	20	23	25	27
DN40	18	22	25	27	29	17	21	24	26	28
DN50	19	23	26	28	30	18	22	25	27	30
DN70	20	24	27	30	31	19	23	26	29	31
DN80	20	24	28	31	32	19	23	27	29	32
DN100	21	25	29	32	34	20	24	27	30	33
DN125	21	26	29	33	35	20	25	28	31	34
DN150	21	26	30	33	36	20	25	29	32	35
DN200	22	27	31	34	36	21	26	30	33	36
DN250	22	27	31	35	37	21	26	30	34	37
DN300	22	27	31	35	37	21	26	31	34	37
DN350	23	28	32	35	38	20	26	31	34	38
DN400	23	28	32	36	38	21	26	31	35	38
DN450	23	28	32	36	38	21	26	31	35	38

注：保温材料层的平均使用温度 $t_{mw}=\dfrac{t_{ge}+t_{he}}{2}-20$；$t_{ge}$、$t_{he}$分别为采暖期室外平均温度下，热网供回水平均温度（℃）。

表 G.0.2-2　聚氨酯硬质泡沫保温材料的管道最小保温层厚度（mm）

气候分区	严寒(C)区 $t_{mw}=43.8℃$					寒冷(A)区或寒冷(B)区 $t_{mw}=48.4℃$				
公称直径	热价20元/GJ	热价30元/GJ	热价40元/GJ	热价50元/GJ	热价60元/GJ	热价20元/GJ	热价30元/GJ	热价40元/GJ	热价50元/GJ	热价60元/GJ
DN25	15	19	21	23	25	15	18	20	22	24
DN32	16	19	22	24	25	15	18	21	23	25
DN40	16	20	23	25	27	16	19	22	24	26
DN50	17	20	23	26	28	16	20	23	25	27
DN70	18	21	24	27	29	17	21	24	26	28
DN80	18	22	25	28	29	17	21	24	27	29
DN100	18	22	26	29	31	18	22	25	27	30
DN125	19	23	26	29	31	18	22	25	28	31
DN150	19	23	27	30	32	18	22	26	29	31
DN200	20	24	28	30	34	18	23	27	30	32
DN250	20	24	28	31	34	19	23	27	30	33
DN300	20	24	28	32	34	19	24	27	31	34
DN350	20	25	28	32	34	19	24	28	31	34
DN400	20	25	29	32	34	19	24	28	31	34
DN450	20	25	29	33	34	19	24	28	31	34

注：保温材料层的平均使用温度 $t_{mw}=\dfrac{t_{ge}+t_{he}}{2}-20$；$t_{ge}$、$t_{he}$分别为采暖期室外平均温度下，热网供回水平均温度（℃）。

本标准用词说明

1 为便于在执行本标准条文时区别对待，对要求严格程度不同的用词说明如下：

1）表示很严格，非这样做不可的：

正面词采用"必须"，反面词采用"严禁"；

2）表示严格，在正常情况下均应这样做的：

正面词采用"应"，反面词采用"不应"或"不得"；

3）表示允许稍有选择，在条件许可时首先应这样做的：

正面词采用"宜"，反面词采用"不宜"；

4）表示有选择，在一定条件下可以这样做的，采用"可"。

2 条文中指明应按其他有关标准执行的写法为："应符合……的规定"或"应按……执行"。

引用标准名录

1 《公共建筑节能设计标准》GB 50189

2 《建筑外门窗气密、水密、抗风压性能分级及检测方法》GB/T 7106

3 《设备及管道绝热设计导则》GB/T 8175

4 《房间空气调节器能效限定值及能源效率等级》GB 12021.3

5 《多联式空调（热泵）机组能效限定值及能源效率等级》GB 21454

6 《转速可控型房间空气调节器能效限定值及能源效率等级》GB 21455

中华人民共和国行业标准

严寒和寒冷地区居住建筑节能设计标准

JGJ 26—2010

条 文 说 明

修 订 说 明

《严寒和寒冷地区居住建筑节能设计标准》JGJ 26-2010 经住房和城乡建设部2010年3月18日以第522号公告批准发布。

本标准是在《民用建筑节能设计标准（采暖居住建筑部分）》JGJ 26-95 的基础上修订而成，上一版的主编单位是中国建筑科学研究院，参编单位是中国建筑技术研究院、北京市建筑设计研究院、哈尔滨建筑大学、辽宁省建筑材料科学研究所，主要起草人员是杨善勤、郎四维、李惠茹、朱文鹏、许文发、朱盈豹、欧阳坤泽、黄鑫、谢守穆。本次修订的主要技术内容是：1."严寒和寒冷地区气候子区及室内热环境计算参数"按采暖度日数细分了我国北方地区的气候子区，规定了冬季采暖计算温度和计算换气次数。2."建筑与围护结构热工设计"规定了体形系数和窗墙面积比限值，并按新分的气候子区规定了围护结构热工参数限值；规定了围护结构热工性能的权衡判断的方法和要求；采用稳态计算方法，给出该地区居住建筑的采暖耗热量指标。3."采暖、通风和空气调节节能设计"提出对热源、热力站及热力网、采暖系统、通风与空气调节系统设计的基本规定，并与当前我国北方城市的供热改革相结合，提供相应的指导原则和技术措施。

为便于广大设计、施工、科研、学校等单位有关人员在使用本标准时能正确理解和执行条文规定，《严寒和寒冷地区居住建筑节能设计标准》编制组按章、节、条顺序编制了本标准的条文说明，对条文规定的目的、依据以及执行中需注意的有关事项进行了说明，还着重对强制性条文的强制性理由作了解释。但是，本条文说明不具备与标准正文同等的法律效力，仅供使用者作为理解和把握标准规定的参考。

目　　次

1　总则 ················· 15—42
2　术语和符号 ················· 15—43
　2.1　术语 ··········· 15—43
3　严寒和寒冷地区气候子区与室内
　　热环境计算参数 ········· 15—43
4　建筑与围护结构热工设计 ······· 15—44
　4.1　一般规定 ··········· 15—44
　4.2　围护结构热工设计 ······· 15—45
　4.3　围护结构热工性能的权衡判断 ······ 15—48

5　采暖、通风和空气调节
　　节能设计 ············· 15—49
　5.1　一般规定 ··········· 15—49
　5.2　热源、热力站及热力网 ····· 15—50
　5.3　采暖系统 ··········· 15—55
　5.4　通风和空气调节系统 ····· 15—58
附录 B　平均传热系数和热桥线
　　　　传热系数计算 ········ 15—60
附录 D　外遮阳系数的简化计算 ······ 15—61

1 总 则

1.0.1 节约能源是我国的基本国策,是建设节约型社会的根本要求。我国国民经济和社会发展第十一个五年规划规定,2010 年单位国内生产总值能源消耗要比 2005 年降低 20% 左右,这是一个约束性的、必须实现的指标,任务相当艰巨。我国建筑用能已达到全国能源消费总量的 1/4 左右,并将随着人民生活水平的提高逐步增加。居住建筑用能数量巨大,并且具有很大的节能潜力。因此,抓紧居住建筑节能已是当务之急。根据形势发展的迫切需要,将 1995 年发布的行业标准《民用建筑节能设计标准(采暖居住建筑部分)》JGJ 26 - 95 进行修订补充,提高节能目标,并更名为《严寒和寒冷地区居住建筑节能设计标准》。认真实施修改补充后的标准,必将有利于改善我国北方严寒和寒冷地区居住建筑的室内热环境,进一步提高采暖系统的能源利用效率,降低居住建筑的能源消耗,为实现国家节约能源和保护环境的战略,贯彻有关政策和法规作出重要贡献。

1.0.2 2007 年末,我国严寒和寒冷地区城市实有住宅建筑面积共 51.2 亿 m²,规模十分巨大,而且每年新增的住宅建筑数量仍相当可观。现在我国人均国内生产总值已超过 2000 美元,正是人民生活消费加快升级的阶段,广大居民对居住热环境的要求日益提高,采暖和空调的使用越来越普遍。因此新建的居住建筑必须严格执行建筑节能设计标准,这样才能在满足人民生活水平提高的同时,减轻建筑耗能对国家的能源供应的压力。

当其他类型的既有建筑改建为居住建筑时,以及原有的居住建筑进行扩建时,都应该按照本标准的要求采取节能措施,必须符合本标准的各项规定。

本标准适用于各类居住建筑,其中包括住宅、集体宿舍、住宅式公寓、商住楼的住宅部分、托儿所、幼儿园等;采暖能源种类包括煤、电、油、气或可再生能源,系统则包括集中或分散方式供热。

近年来,为了落实既定的建筑节能目标,很多地方都开始了成规模的既有居住建筑节能改造。由于既有居住建筑的节能改造在经济和技术两个方面与新建居住建筑有很大的不同,因此,本标准并不涵盖既有居住建筑的节能改造。

1.0.3 各类居住建筑的节能设计,必须根据当地具体的气候条件,首先要降低建筑围护结构的传热损失,提高采暖、通风和照明系统的能源利用效率,达到节约能源的目的,同时也要考虑到不同地区的经济、技术和建筑结构与构造的实际情况。

居住建筑的能耗系指建筑使用过程中的能耗,主要包括采暖、空调、通风、热水供应、照明、炊事、家用电器、电梯等的能耗。对于地处严寒和寒冷地区的居住建筑,采暖能耗是建筑能耗的主体,尽管寒冷地区一些城市夏季也有空调降温需求,但是,对于有三四个月连续采暖的需求来说,仍然是采暖能耗占主导地位。因此,围护结构的热工性能主要从保温出发考虑。本条文只指出将建筑物耗热量指标控制在规定的范围内,至于空调节能内容,在第 5 章有所反映。

此外,在居住建筑的能源消耗中,照明能耗也占一定比例。对于照明节能,在《建筑照明设计标准》GB 50034 - 2004 中已另有规定。

我国北方城市建筑供热在二三十年前还是以烧火炉采暖为主,一些城市的集中供热也是以小型锅炉供热为主,而现在已逐步转变为以集中供热为主,区域供热已经有了很大的发展。1996 年全国各城市集中供热面积共计只有 7.3 亿 m²,到 2005 年各地区城市集中供热面积已达 25.2 亿 m²,采用不同燃料的分散锅炉供热也迅速增加。1997 年城镇居民家庭平均每百户空调器拥有量北京为 27.20 台,到 2005 年已迅速增加到 146.47 台。由此可以看出,采暖和空调的日益普及,更要求建筑节能工作必须迅速跟上。由于居住建筑的照明往往由住户自行安排,难以由设计标准控制,只能通过宣传引导使居住者自觉采用节能灯具,因此,本标准未包括照明节能内容。

为了合理设定节能目标的基准值,并便于衔接与对比,本标准提出的节能目标的基准仍基本上沿用《民用建筑节能设计标准(采暖居住建筑部分)》JGJ 26 - 95 的规定。即严寒地区和寒冷地区的建筑,以各地 1980—1981 年住宅通用设计、4 个单元 6 层楼、体形系数为 0.30 左右的建筑物的耗热量指标计算值,经线性处理后的数据作为基准能耗。在此能耗值的基础上,本标准将居住建筑的采暖能耗降低 65% 左右作为节能目标,再按此目标对建筑、热工、采暖设计提出节能措施要求。

当然,这种全年采暖能耗计算,只可能采用典型建筑按典型模式运算,而实际建筑是多种多样、十分复杂的,运行情况也是千差万别。因此,在做节能设计时按照本标准的规定去做就可以满足要求,没有必要再花时间去计算分析所设计建筑物的节能率。

本标准的实施,既可节约采暖用能,又有利于提高建筑热舒适性,改善人们的居住环境。

1.0.4 本标准对居住建筑的建筑、围护结构以及采暖、通风设计中应该控制的、与能耗有关的指标和应采取的节能措施作出了规定。但居住建筑节能涉及的专业较多,相关专业均制定有相应的标准。因此,在进行居住建筑节能设计时,除应符合本标准外,尚应符合国家现行有关标准的规定。

2 术语和符号

2.1 术　语

2.1.1　本标准的采暖度日数以 18℃ 为基准，用符号 $HDD18$ 表示。某地采暖度日数的大小反映了该地寒冷的程度。

2.1.2　本标准的空调度日数以 26℃ 为基准，用符号 $CDD26$ 表示。某地空调度日数的大小反映了该地热的程度。

2.1.3　计算采暖期天数是根据当地多年的平均气象条件计算出来的，仅供建筑节能设计计算时使用。当地的法定采暖日期是根据当地的气象条件从行政的角度确定的。两者有一定的联系，但计算采暖期天数和当地法定的采暖天数不一定相等。

2.1.9　建筑围护结构的传热主要是由室内外温差引起的，但同时还受到太阳辐射、天空辐射以及地面和其他建筑反射辐射的影响，其中太阳辐射的影响最大。天空辐射、地面和其他建筑的反射辐射在此未予考虑。围护结构传热量因受太阳辐射影响而改变，改变后的传热量与未受太阳辐射影响原有传热量的比值，定义为围护结构传热系数的修正系数（ε_i）。

3 严寒和寒冷地区气候子区与室内热环境计算参数

3.0.1　将严寒和寒冷地区进一步细分成 5 个子区，目的是使得依此而提出的建筑围护结构热工性能要求更合理一些。我国地域辽阔，一个气候区的面积就可能相当于欧洲几个国家，区内的冷暖程度相差也比较大，客观上有必要进一步细分。

　　衡量一个地方的寒冷的程度可以用不同的指标。从人的主观感觉出发，一年中最冷月的平均温度比较直接地反映了当地的寒冷的程度，以前的几本相关标准用的基本上都是温度指标。但是本标准的着眼点在于控制采暖的能耗，而采暖的需求除了温度的高低这个因素外，还与低温持续的时间长短有着密切的关系。比如说，甲地最冷月平均温度比乙地低，但乙地冷的时间比甲地长，这样两地采暖需求的热量可能相同。划分气候分区的最主要目的是针对各个分区提出不同的建筑围护结构热工性能要求。由于上述甲乙两地采暖需求的热量相同，将两地划入一个分区比较合理。采暖度日数指标包含了冷的程度和持续冷的时间长度两个因素，用它作为分区指标可能更反映采暖需求的大小。对上述甲乙两地的情况，如用最冷月的平均温度作为分区指标容易将两地分入不同的分区，而用采暖度日数作为分区指标则更可能分入同一个分区。因此，本标准用采暖度日数（$HDD18$）结合空调度日数（$CCD26$）作为气候分区的指标更为科学。

　　欧洲和北美大部分国家的建筑节能规范都是依据采暖度日数作为分区指标的。

　　本标准寒冷地区的（$HDD18$）取值范围是 2000～3800，严寒地区（$HDD18$）取值范围分三段，C 区 3800～5000，B 区 5000～6000，A 区大于 6000。从上述这 4 段分区范围看，严寒 C 区和 B 区分得比较细，这其中的原因主要有两个：一是严寒地区居住建筑的采暖能耗比较大，需要严格地控制；二是处于严寒 C 区和 B 区的城市比较多。至于严寒 A 区的（$HDD18$）跨度大，是因为处于严寒 A 区的城市比较少，而且最大的（$HDD18$）也不超过 8000，没必要再细分了。

　　采用新的气候分区指标并进一步细分气候子区在使用上不会给设计者新增任何麻烦。因为一栋具体的建筑总是坐落在一个地方，这个地方一定只属于一个气候子区，本标准对一个气候子区提供一张建筑围护结构热工性能表格，换言之每一栋具体的建筑，在设计或审查过程中，只要查一张表格即可。

　　如何确定表 3.0.1 中各气候子区（$HDD18$）的取值范围，只能是相对合理。无论如何取值，总有一些城市靠近相邻分区的边界，如将分界的（$HDD18$）值一调整，这些城市就会被划入另一个分区，这种现象也是不可避免的。有时候这种情况的存在会带来一些行政管理上的麻烦，例如有一些省份由于一两个这样的城市的存在，建筑节能工作的管理中就多出了一个气候区，对这样的情况可以在地方性的技术和管理文件中作一些特殊的规定。

　　本标准采暖度日数（$HDD18$）计算步骤如下：

　　1　计算近 10 年每年 365 天的日平均温度。日平均温度取气象台站每天 4 次的实测值的平均值。

　　2　逐年计算采暖度日数。当某天的日平均温度低于 18℃ 时，用该日平均温度与 18℃ 的差值乘以 1 天，并将此乘积累加，得到一年的采暖度日数（$HDD18$）。

　　3　以上述 10 年采暖度日数（$HDD18$）的平均值为基础，计算得到该城市的采暖度日数（$HDD18$）值。

　　本标准空调度日数（$CDD26$）计算步骤如下：

　　1　计算近 10 年每年 365 天的日平均温度。日平均温度取气象台站每天 4 次的实测值的平均值。

　　2　逐年计算空调度日数。当某天的日平均温度高于 26℃ 时，用该日平均温度与 26℃ 的差值乘以 1 天，并将此乘积累加，得到一年的空调度日数（$CDD26$）。

　　3　以上述 10 年空调度日数（$CDD26$）的平均值为基础，计算得到该城市的空调度日数（$CDD26$）值。

　　目前，我国大部分气象台站提供每日 4 次的温度实测值，少量气象台站逐时记录温度变化。本标准作过比对，气象台站每天 4 次的实测值的平均值与每天 24 次的实测值的平均值之间差异不大，因此采用每天 4 次的实测值的平均值作为日平均气温。

3.0.2 室内热环境质量的指标体系包括温度、湿度、风速、壁面温度等多项指标。本标准只提了温度指标和换气次数指标，原因是考虑到一般住宅极少配备集中空调系统，湿度、风速等参数实际上无法控制。另一方面，在室内热环境的诸多指标中，对人体的舒适以及对采暖能耗影响最大的也是温度指标，换气指标则是从人体卫生角度考虑的一项必不可少的指标。

冬季室温控制在 18℃，基本达到了热舒适的水平。

本条文规定的 18℃ 只是一个计算能耗时所采用的室内温度，并不等于实际的室温。在严寒和寒冷地区，对一栋特定的居住建筑，实际的室温主要受室外温度的变化和采暖系统的运行状况的影响。

换气次数是室内热环境的另外一个重要的设计指标。冬季室外的新鲜空气进入室内，一方面有利于确保室内的卫生条件，另一方面又要消耗大量的能量，因此要确定一个合理的换气次数。

本条文规定的换气次数也只是一个计算能耗时所采用的换气次数数值，并不等于实际的换气次数。实际的换气量是由住户自己控制的。在北方地区，由于冬季室内外温差很大，居民很注意窗户的密闭性，很少长时间开窗通风。

4 建筑与围护结构热工设计

4.1 一般规定

4.1.1 建筑群的布置和建筑物的平面设计合理与否与建筑节能关系密切。建筑节能设计首先应从总体布置及单体设计开始，应考虑如何在冬季最大限度地利用自然能来取暖，多获得热量和减少热损失，以达到节能的目的。具体来说，就是要在冬季充分利用日照，朝向上应尽量避开当地冬季主导风向。

4.1.2 太阳辐射得热对建筑能耗的影响很大，冬季太阳辐射得热可降低采暖负荷。由于太阳高度角和方位角的变化规律，南北朝向的建筑冬季可以增加太阳辐射得热。计算证明，建筑物的主体朝向如果由南北改为东西向，耗热量指标明显增大。从本标准表 E.0.2 围护结构传热系数的修正系数 ε 值可见，南向外墙的 ε 值，远低于其他朝向。根据严寒和寒冷各地区夏季的最多频率风向，建筑物的主体朝向为南北向，也有利于自然通风。因此南北朝向是最有利的建筑朝向。但由于建筑物的朝向还要受到许多其他因素的制约，不可能都做到南北朝向，所以本条用了"宜"字。

各地区特别是严寒地区，外墙的传热耗热量占围护结构耗热量的 28% 以上，外墙面越多则耗热量越大，越容易产生结露、长毛的现象。如果一个房间有三面外墙，其散热面过多，能耗过大，对建筑节能极为不利。当一个房间有两面外墙时，例如靠山墙拐角的房间，不宜在两面外墙上均开设外窗，以避免增强冷空气的渗透，增大采暖耗热量。

4.1.3 本条文是强制性条文。

建筑物体形系数是指建筑物的外表面积和外表面积所包围的体积之比。

建筑物的平、立面不应出现过多的凹凸，体形系数的大小对建筑能耗的影响非常显著。体形系数越小，单位建筑面积对应的外表面积越小，外围护结构的传热损失越小。从降低建筑能耗的角度出发，应该将体形系数控制在一个较小的水平上。

但是，体形系数不只是影响外围护结构的传热损失，它还与建筑造型、平面布局、采光通风等紧密相关。体形系数过小，将制约建筑师的创造性，造成建筑造型呆板，平面布局困难，甚至损害建筑功能。因此，如何合理确定建筑形状，必须考虑本地区气候条件、冬、夏季太阳辐射强度、风环境、围护结构构造等各方面因素。应权衡利弊，兼顾不同类型的建筑造型，尽可能地减少房间的外围护面积，使体形不要太复杂，凹凸面不要过多，以达到节能的目的。

表 4.1.3 中的建筑层数分为四类，是根据目前大量新建居住建筑的种类来划分的。如（1～3）层多为别墅、托幼、疗养院，（4～8）层的多为大量建造的住宅，其中 6 层板式楼最常见，（9～13）层多为高层板楼，14 层以上多为高层塔楼。考虑到这四类建筑本身固有的特点，即低层建筑的体形系数较大，高层建筑的体形系数较小，因此，在体形系数的限值上有所区别。这样的分层方法与现行《民用建筑设计通则》GB 50352 - 2005 有所不同。在《民用建筑设计通则》中，（1～3）为低层，（4～6）为多层，（7～9）为中高层，10 层及 10 层以上为高层。之所以不同是由于两者考虑如何分层的依据不同，节能标准主要考虑体形系数的变化，《民用建筑设计通则》则主要考虑建筑使用的要求和防火的要求，例如 6 层以上的建筑需要配置电梯，高层建筑的防火要求更严等。从使用的角度讲，本标准的分层与《民用建筑设计通则》的分层不同并不会给设计人员带来任何新增的麻烦。

体形系数对建筑能耗影响较大，依据严寒地区的气象条件，在 0.3 的基础上每增加 0.01，能耗约增加 2.4%～2.8%；每减少 0.01，能耗约减少 2.3%～3%。严寒地区如果将体形系数放宽，为了控制建筑物耗热量指标，围护结构传热系数限值将会变得很小，使得围护结构传热系数限值在现有的技术条件下实现有难度，同时投入的成本太大。本标准适当地将低层建筑的体形系数放大到 0.50 左右，将大量建造的 6（4～8）层建筑的体形系数控制在 0.30 左右，有利于控制居住建筑的总体能耗。同时经测算，建筑设计也能够做到。高层建筑的体形系数一般在 0.23 左右。为了给建筑师更大的设计灵活空间，将严寒地区体形系数限值控制在 0.25（≥14 层）。寒冷地区体形系数控制适当放宽。

本条文是强制性条文，一般情况下对体形系数的要求是必须满足的。一旦所设计的建筑超过规定的体形系数时，则要求提高建筑围护结构的保温性能，并按照本章第 4.3 节的规定进行围护结构热工性能的权衡判断，审查建筑物的采暖能耗是否能控制在规定的范围内。

4.1.4 本条文是强制性条文。

窗墙面积比既是影响建筑能耗的重要因素，也受建筑日照、采光、自然通风等满足室内环境要求的制约。一般普通窗户（包括阳台的透明部分）的保温性能比外墙差很多，而且窗的四周与墙相交之处也容易出现热桥，窗越大，温差传热量也越大。因此，从降低建筑能耗的角度出发，必须合理地限制窗墙面积比。

不同朝向的开窗面积，对于上述因素的影响有较大差别。综合利弊，本标准按照不同朝向，提出了窗墙面积比的指标。北向取值较小，主要是考虑居室设在北向时减小其采暖热负荷的需要。东、西向的取值，主要考虑夏季防晒和冬季防冷风渗透的影响。在严寒和寒冷地区，当外窗 K 值降低到一定程度时，冬季可以获得从南向外窗进入的太阳辐射热，有利于节能，因此南向窗墙面积比较大。由于目前住宅客厅的窗有越开越大的趋势，为减少窗的耗热量，保证节能效果，应降低窗的传热系数，目前的窗框和玻璃技术也能够实现。因此，将南向窗墙面积比严寒地区放大至 0.45，寒冷地区放大至 0.5。

在严寒地区，南偏东 30°～南偏西 30°为最佳朝向，因此建筑各朝向偏差在 30°以内时，按相应朝向处理；超过 30°时，按不利朝向处理。比如：南偏东 20°时，则认为是南向；南偏东 30°时，则认为是东向。

本标准中的窗墙面积比按开间计算。之所以这样做主要有两个理由：一是窗的传热损失总是比较大的，需要严格控制；二是建筑节能施工图审查比较方便，只需要审查最可能超标的开间即可。

本条文是强制性条文，一般情况下对窗墙面积比的要求是必须满足的。一旦所设计的建筑超过规定的窗墙面积比时，则要求提高建筑围护结构的保温隔热性能（如选择保温性能好的窗框和玻璃，以降低窗的传热系数，加厚外墙的保温层厚度以降低外墙的传热系数等），并按照本章第 4.3 节的规定进行围护结构热工性能的权衡判断，审查建筑物耗热量指标是否能控制在规定的范围内。

一般而言，窗户越大可开启的窗缝越长，窗缝通常都是容易热散失的部位，而且窗户的使用时间越长，缝隙的渗漏也越厉害。再者，夏天透过玻璃进入室内的太阳辐射热是造成房间过热的一个重要原因。这两个因素在本章第 4.3 节规定的围护结构热工性能的权衡判断中都不能反映。因此，即使是采用权衡判断，窗墙面积比也应该有所限制。从节能和室内环境舒适的双重角度考虑，居住建筑都不应该过分地追求所谓的通透。

4.1.5 严寒和寒冷地区冬季室内外温差大，楼梯间、外走廊如果敞开肯定会增强楼梯间、外走廊隔墙和户门的散热，造成不必要的能耗，因此需要封闭。

从理论上讲，如果楼梯间的外表面（包括墙、窗、门）的保温性能和密闭性能与居室的外表面一样好，那么楼梯间不需要采暖，这是最节能的。

但是，严寒地区（A）区冬季气候异常寒冷，该地区的居住建筑楼梯间习惯上是设置采暖的。严寒地区（B）区冬季气候也非常寒冷，该地区的有些城市的居住建筑楼梯间习惯上设置采暖，有些城市的居住建筑楼梯间习惯上不设置采暖。本标准尊重各地的习惯。设置采暖的楼梯间采暖设计温度应该低一些，楼梯间的外墙和外窗的保温性能对保持楼梯间的温度和降低楼梯间采暖能耗很重要，考虑到设计和施工上的方便，一般就按居室的外墙和外窗同样处理。

4.2 围护结构热工设计

4.2.1 采用采暖度日数（$HDD18$）作为我国严寒和寒冷地区气候分区指标的理由已经在第 3.0.1 条的条文说明中陈述，空调度日数（$CDD26$）只是作为寒冷地区细分子区的辅助指标。附录 A 中一共列出了 211 个城市，尚不够全，各地在编制地方标准中，可以依据当地的气象数据，用本标准规定的方法计算统计出当地一些城市的采暖度日数和空调度日数，并根据这些度日数确定这些城市的气候分区区属。

4.2.2 本条文是强制性条文。

建筑围护结构热工性能直接影响居住建筑采暖和空调的负荷与能耗，必须予以严格控制。由于我国幅员辽阔，各地气候差异很大。为了使建筑物适应各地不同的气候条件，满足节能要求，应根据建筑物所处的建筑气候分区，确定建筑围护结构合理的热工性能参数。本标准按照 5 个子气候区，分别提出了建筑围护结构的传热系数限值以及外窗玻璃遮阳系数的限值。

确定建筑围护结构传热系数的限值时不仅应考虑节能率，而且也从工程实际的角度考虑了可行性、合理性。

严寒地区和寒冷地区的围护结构传热系数限值，是通过对气候子区的能耗分析和考虑现阶段技术成熟程度而确定的。根据各个气候区节能的难易程度，确定了不同的传热系数限值。我国严寒地区，在第二步节能时围护结构保温层厚度已经达到（6～10）cm厚，再单纯靠通过加厚保温层厚度，获得的节能收益已经很小。因此需通过提高采暖管网输送热效率和提高锅炉运行效率来减轻对围护结构的压力。理论分析表明，达到同样的节能效果，锅炉效率每增加1%，则建筑物的耗热量指标可降低要求1.5%左右，室外管网输送热效率每增加1%，则建筑物的耗热量指标可降低要求1.0%左右，并且当锅炉效率和室外管网输送热效率都提高时，总能耗的降低和锅炉效率、室外管网输送热效率的提高呈线性关系。考虑到各地节能建筑的节能潜力和我国的围护结构保温技术的成熟程度，为避免各地采用统一的节能比例的做法，而采取同一气候子区，采用相同的围护结构限值的做法。对处于严寒和寒冷气候区的 50 个城市的多层建筑的建筑物耗热量指标的分析结果表明，采用的管网输送热效率为 92%，锅炉平均运行效率为 70% 时，平均节能率约为 65% 左右。此时，最冷的海拉尔的节能率为 58%，伊春的节能率为 61%。这对于经济不发达且到目前建筑节能刚刚起步的这些地区来讲，该指标是合适的。

为解决以往节能标准中高层和中高层居住建筑容易达到节能标准要求，而低层居住建筑难于达到节能标准要求的状况，分析中将建筑物分别按照≤3层建筑、（4～8）层的建筑、（9～13）层的建筑和≥14层建筑进行建筑物耗热量指标计算，分析中所采用的典型建筑条件见表 1 及表 2。由于本标准室内计算温度与原标准 JGJ 26-95 有所不同，在本标准分析中，已经将原标准规定的 1980～1981 年通用建筑的耗热量指标按照下式进行了折算。

$$q'_{H1} = (q_{H1} + 3.8) \frac{t'_i - t_e}{t_i - t_e} - 3.8 \qquad (1)$$

表 1 体 形 系 数

地区类别	建 筑 层 数			
	3层	6层	11层	14层
严寒地区	0.41	0.32	0.28	0.23
寒冷地区	0.41	0.32	0.28	0.23

表 2 窗 墙 面 积 比

地区类别		建 筑 层 数			
		3层	6层	11层	14层
严寒地区	南	0.40	0.30～0.40	0.35～0.40	0.35～0.40
	东西	0.03	0.05	0.05	0.25
	北	0.15	0.20～0.25	0.20～0.25	0.25～0.30
寒冷地区	南	0.40	0.45	0.45	0.40
	东西	0.03	0.05	0.06	0.30
	北	0.15	0.30～0.40	0.30～0.40	0.35

严寒和寒冷地区冬季室内外温差大，采暖期长，提高围护结构的保温性能对降低采暖能耗作用明显。

各个朝向窗墙面积比是指不同朝向外墙面上的窗、阳台门的透明部分的总面积与所在朝向外墙面的总面积（包括该朝向上的窗、阳台门的透明部分的总面积）之比。

窗墙面积比的确定要综合考虑多方面的因素，其中最主要的是不同地区冬、夏季日照情况（日照时间长短、太阳总辐射强度、阳光入射角大小）、季风影响、室外空气温度、室内采光设计标准以及外窗开窗面积与建筑能耗等因素。一般普通窗户（包括阳台门的透明部分）的保温隔热性能比外墙差很多，而且窗和墙连接的周边又是保温的薄弱环节，窗墙面积比越大，采暖和空调能耗也越大。因此，从降低建筑能耗的角度出发，必须限制窗墙面积比。本条文规定的围护结构传热系数和遮阳系数限值表中，窗墙面积比越大，对窗的热工性能要求越高。

窗（包括阳台门的透明部分）对建筑能耗高低的影响主要有两个方面：一是窗的传热系数影响冬季采暖、夏季空调时的室内外温差传热；另外就是窗受太阳辐射影响而造成室内得热。冬季，通过窗户进入室内的太阳辐射有利于建筑节能，因此，减小窗的传热系数抑制温差传热是降低窗热损失的主要途径之一；而夏季，通过窗口进入室内的太阳辐射热成为空调降温的负荷，因此，减少进入室内的太阳辐射热以及减少窗或透明幕墙的温差传热都是降低空调能耗的途径。

在严寒和寒冷地区，采暖期室内外温差传热的热量损失占主要地位。因此，对窗的传热系数的要求较高。

本标准对窗的传热系数要求与窗墙面积比的大小联系在一起，由于窗墙面积比是按开间计算的，一栋建筑肯定会出现若干个窗墙面积比，因此就会出现一栋建筑要求使用多种不同传热系数窗的情况。这种情况的出现在实际工程中处理起来并没有大的困难。为简单起见可以按最严的要求选用窗户产品，当然也可以按不同要求选用不同的窗产品。事实上，同样的玻璃，同样的框型材，由于窗框比的不同，整窗的传热系数本身就是不同的。另外，现在的玻璃选择也非常多，外观完全相同的窗，由于玻璃的不同，传热系数差别也可以很大。

与土壤接触的地面的内表面，由于受二维、三维传热的影响，冬季时比较容易出现温度较低的情况，一方面造成大量的热量损失，另一方面也不利于底层居民的健康，甚至发生地面结露现象，尤其是靠近外墙的周边地面更是如此。因此要特别注意这一部分围护结构的保温、防潮。

在严寒地区周边地面一定要增设保温材料层。在寒冷地区周边地面也应该增设保温材料层。

地下室虽然不作为正常的居住空间，但也常会有人的活动，也需要维持一定的温度。另外增强地下室的墙体保温，也有利于减小地面房间和地下室之间的传热，特别是提高一层地面与墙角交接部位的表面温度，避免墙角结露。因此本条文也规定了地下室与土壤接触的墙体要设置保温层。

本标准中表 4.2.2-1～表 4.2.2-5 中周边地面和地下室墙面的保温层热阻要求，大致相当于（2～6）cm 厚的挤压聚苯板的热阻。挤压聚苯板不吸水，抗压强度高，用在地下比较适宜。

4.2.4 居住建筑的南向房间大都是起居室、主卧室，常常开设比较大的窗户，夏季透过窗户进入室内的太阳辐射热构成了空调负荷的主要部分。在南窗的上部设置水平外遮阳，夏季可减少太阳辐射热进入室内，冬季由于太阳高度角比较小，对进入室内的太阳辐射影响不大。有条件最好在南窗设置卷帘式或百叶窗式的外遮阳。

东西窗也需要遮阳，但由于当太阳东升西落时其高度角比较低，设置在窗口上沿的水平遮阳几乎不起遮挡作用，宜设置展开或关闭后可以全部遮蔽窗户的活动式外遮阳。

冬夏两季透过窗户进入室内的太阳辐射对降低建筑能耗和保证室内环境的舒适性所起的作用是截然相反的。活动式外遮阳容易兼顾建筑冬夏两季对阳光的不同需求，所以设置活动式的外遮阳更加合理。窗外侧的卷帘、百叶窗等就属于"展开或关闭后可以全部遮蔽窗户的活动式外遮阳"，虽然造价比一般固定外遮阳（如窗口上部的外挑板等）高，但遮阳效果好，且能兼顾冬夏，应当鼓励使用。

4.2.5 从节能的角度出发，居住建筑不应设置凸窗，但节能并不是居住建筑设计所要考虑的唯一因素，因此本条文提"不宜设置凸窗"。设置凸窗时，凸窗的保温性能必须予以保证，否则不仅造成能源浪费，而且容易出现结露、淌水、长霉等问题，影响房间的正常使用。

严寒地区冬季室内外温差大，凸窗更加容易发生结露现象，寒冷地区北向的房间冬季凸窗也容易发生结露现象，因此本条文提"不应设置凸窗"。

4.2.6 本条文是强制性条文。

为了保证建筑节能，要求外窗具有良好的气密性能，以避免冬季室外空气过多地向室内渗漏。《建筑外门窗气密、水密、抗风压性能分级及检测方法》GB/T 7106—2008 中规定在 10Pa 压差下，每小时每米缝隙的空气渗透量 q_1 和每小时每平方米面积的空气渗透量 q_2 作为外门窗的气密性分级指标。6 级对应的性能指标是：$0.5m^3/(m \cdot h) < q_1 \leqslant 1.5m^3/(m \cdot h)$，$1.5m^3/(m^2 \cdot h) < q_2 \leqslant 4.5m^3/(m^2 \cdot h)$。4 级对应的性能指标是：$2.0m^3/(m^2 \cdot h) < q_1 \leqslant 2.5m^3/(m^2 \cdot h)$，$6.0m^3/(m^2 \cdot h) < q_2 \leqslant 7.5m^3/(m^2 \cdot h)$。

4.2.7 由于气候寒冷的原因，在北方地区大部分阳台都是封闭式的。封闭式阳台和直接联通的房间之间理应有隔墙和门、窗。有些开发商为了增大房间的面积吸引购买者，常常省去了阳台和房间之间的隔断，这种做法不可取。一方面容易造成过大的采暖能耗，另一方面如若处理不当，房间可能达不到设计温度，阳台的顶板、窗台下部的栏板还可能结露。因此，本条文第 1 款规定，阳台和房间之间的隔墙不应省去。本条文第 2 款则规定，如果省去了阳台和房间之间的隔墙，则阳台的外表面就必须当作房间的外围护结构来对待。

北方地区，也常常有些封闭式阳台作为冬天的储物空间，本条文的第 3 款就是针对这种情况提出的要求。

朝南的封闭式阳台，冬季常常像一个阳光间，本条文的第 4 款就是针对这种情况提出的要求。在阳台的外表面保温，白天有阳光时，即使打开隔墙上的门窗，房间也不会多散失热量。晚间关上隔墙上的门窗，阳台上也不会发生结露。阳台外表面的窗墙面积比放宽到 0.60，相当于考虑 3m 层高、1.8m 窗高的情况。

4.2.8 随着外窗（门）本身保温性能的不断提高，窗（门）框与墙体之间的缝隙成了保温的一个薄弱环节，如果为图省事，在安装过程中就采用水泥砂浆填缝，这道缝隙很容易形成热桥，不仅大大抵消了窗（门）的良好保温性能，而且容易引起室内侧窗（门）周边结露，在严寒地区尤其要注意。

4.2.9 通常窗、门都安装在墙上洞口的中间位置，这样墙上洞口的侧面就被分成了室内和室外两部分，室外部分的侧墙面应进行保温处理，否则洞口侧面很容易形成热桥，不仅大大抵消门窗和外墙的良好保温性能，而且容易引起周边结露，在严寒地区尤其要注意。

4.2.10 居住建筑室内表面发生结露会给室内环境带来负面影响，给居住者的生活带来不便。如果长时间的结露则还会滋生霉菌，对居住者的健康造成有害的影响，是不允许的。

室内表面出现结露最直接的原因是表面温度低于室内空气的露点温度。

一般说来，居住建筑外围护结构的内表面大面积结露的可能性不大，结露大都出现在金属窗框、窗玻璃表面、墙角、墙面、屋面上可能出现热桥的位置附近。本条文规定在居住建筑节能设计过程中，应注意外墙与屋面可能出现热桥的部位的特殊保温措施，核算在设计条件下可能结露部位的内表面温度是否高于露点温度，防止在室内温、湿度设计条件下产生结露现象。

外墙的热桥主要出现在梁、柱、窗口周边、楼板和外墙的连接等处，屋顶的热桥主要出现在檐口、女儿墙和屋顶的连接等处，设计时要注意这些细节。

另一方面，热桥是出现高密度热流的部位，加强热桥部位的保温，可以减小采暖负荷。

值得指出的是，要彻底杜绝内表面的结露现象有时也是非常困难的。例如由于某种特殊的原因，房间内的相对湿度非常高，在这种情况下就很容易结露。本条文规定的是在"室内空气设计温、湿度条件下"不应出现结露。"室内空气温、湿度设计条件下"就是一般的正常情况，不包括室内特别潮湿的情况。

4.2.11 变形缝是保温的薄弱环节，加强对变形缝部位的保温处理，避免变形缝两侧墙出现结露问题，也减少通过变形缝的热损失。

变形缝的保温处理方式多种多样。例如在寒冷地区的某些城市，采取沿着变形缝填充一定深度的保温材料的措施，使变形缝形成一个与外部空气隔绝的密闭空腔。在严寒地区的某些城市，除了沿着变形缝填充一定深度的保温材料外，还采取将缝两侧的墙做内保温的措施。显然，后一种做法保温性能更好。

4.2.12 地下室或半地下室的外墙，虽然外侧有土壤的保护，不直接接触室外空气，但土壤不能完全代替保温层的作用，即使地下室或半地下室少有人活动，墙体也应采取良好的保温措施，使冬季地下室的温度不至于过低，同时也减少通过地下室顶板的传热。

在严寒和寒冷地区，即使没有地下室，如果能将外墙外侧的保温延伸到地坪以下，也会有利于减少周边地面以及地面以上几十厘米高的周边外墙（特别是墙角）热损失，提高内表面温度，避免结露。

4.3 围护结构热工性能的权衡判断

4.3.1 第4.1.3条和第4.1.4条对严寒和寒冷地区各子气候区的建筑的体形系数和窗墙面积比提出了明确的限值要求，第4.2.2条对建筑围护结构提出了明确的热工性能要求，如果这些要求全部得到满足，则可认定设计的建筑满足本标准的节能设计要求。但是，随着住宅的商品化，开发商和建筑师越来越关注居住建筑的个性化，有时会出现所设计建筑不能全部满足第4.1.3条、第4.1.4条和第4.2.2条要求的情况。在这种情况下，不能简单地判定该建筑不满足本标准的节能设计要求。因为第4.2.2条是对每一个部分分别提出热工性能要求，而实际上对建筑物采暖负荷的影响是所有建筑围护结构热工性能的综合结果。某一部分的热工性能差一些可以通过提高另一部分的热工性能弥补回来。例如某建筑的体形系数超过了第4.1.3条提出的限值，通过提高该建筑墙体和外窗的保温性能，完全有可能使传热损失仍旧得到很好的控制。为了尊重建筑师的创造性工作，同时又使所设计的建筑能够符合节能设计标准的要求，故引入建筑围护结构总体热工性能是否达到要求的权衡判断法。权衡判断法不拘泥于建筑围护结构各局部的热工性能，

而是着眼于总体热工性能是否满足节能标准的要求。

严寒和寒冷地区夏季空调降温的需求相对很小，因此建筑围护结构的总体热工性能权衡判断以建筑物耗热量指标为判据。

4.3.2 附录A中表A.0.1-2的严寒和寒冷地区各城市的建筑物耗热量指标限值，是根据低层、多层、高层一些比较典型的建筑计算出来的，这些建筑的体形系数满足表4.1.3的要求，窗墙面积比满足表4.1.4的要求，围护结构热工性能参数满足第4.2.2条对应表中提出的要求，因此作为建筑围护结构的总体热工性能权衡判断的基准。

4.3.3 建筑物耗热量指标相当于一个"功率"，即为维持室内温度，单位建筑面积在单位时间内所需消耗的热量，将其乘上采暖的时间，就得到单位建筑面积需要供热系统提供的热量。严寒和寒冷地区的建筑物耗热量指标采用稳态传热的方法来计算。

4.3.4 在设计阶段，要控制建筑物耗热量指标，最主要的就是控制折合到单位建筑面积上单位时间内通过建筑围护结构的传热量。

4.3.5 外墙传热系数的修正系数主要是考虑太阳辐射对外墙传热的影响。

外墙设置了保温层之后，其主断面上的保温性能一般都很好，通过主断面流到室外的热量比较小，与此同时通过梁、柱、窗口周边的热桥流到室外的热量在总热量中的比例越来越大，因此一定要用外墙平均传热系数来计算通过墙的传热量。由于外墙上可能出现的热桥情况非常复杂，沿用以前标准的面积加权法不能准确地计算，因此在附录B中引入了一种基于二维传热的计算方法，这与现行ISO标准是一致的。

附录B中引入的基于二维传热的计算方法比以前标准规定的面积加权计算方法复杂得多，但这是为了提高居住建筑的节能设计水平不得不付出的一个代价。

对于严寒和寒冷地区居住建筑大量使用的外保温墙体，如果窗口等节点处理得比较合理，其热桥的影响可以控制在一个相对较小的范围。为了简化计算方便设计，针对外保温墙体附录B中也规定了修正系数，墙体的平均传热系数可以用主断面传热系数乘以修正系数来计算，避免复杂的线传热系数计算。

遇到楼梯间时，计算楼梯间的外墙传热，不再计算房间与楼梯间的隔墙传热。计算楼梯间外墙传热，从理论上讲室内温度应取采暖设计温度（采暖楼梯间）或楼梯间自然热平衡温度（非采暖楼梯间），比较复杂。为简化计算起见，统一规定为直接取12℃。封闭外走廊也按此处理。

4.3.6 屋顶传热系数的修正系数主要是考虑太阳辐射对屋顶传热的影响。

与外墙相比，屋顶上出现热桥的可能性要小得多。因此，计算中屋顶的传热系数就采用屋顶主断面

的传热系数。如果屋顶确实存在大量明显的热桥，应该用屋顶的平均传热系数代替屋顶的传热系数参与计算。附录 B 中的计算方法同样可以用于计算屋顶的平均传热系数。

4.3.7 由于土壤的巨大蓄热作用，地面的传热是一个很复杂的非稳态传热过程，而且具有很强的二维或三维（墙角部分）特性。式（4.3.7）中的地面传热系数实际上是一个当量传热系数，无法简单地通过地面的材料层构造计算确定，只能通过非稳态二维或三维传热计算程序确定。式（4.3.7）中的温差项 $(t_n - t_e)$ 也是为了计算方便取的，并没有很强的物理意义。

在本标准中，地面当量传热系数是按如下方式计算确定的：按地面实际构造建立一个二维的计算模型，然后由一个二维非稳态程序计算若干年，直到地下温度分布呈现出以年为周期的变化，然后统计整个采暖期的地面传热量，这个传热量除以采暖期时间、地面面积和采暖期计算温差就得出地面当量传热系数。

附录 C 给出了几种常见地面构造的当量传热系数供设计人员选用。

对于楼层数大于 3 层的住宅，地面传热只占整个外围护结构传热的一小部分，计算可以不求那么准确。如果实际的地面构造在附录 C 中没有给出，可以选用附录 C 中某一个相接近构造的当量传热系数。

低层建筑地面传热占整个外围护结构传热的比重大一些，应计算准确。

4.3.8 外窗、外门的传热分成两部分来计算，前一部分是室内外温差引起的传热，后一部分是透过外窗、外门的透明部分进入室内的太阳辐射得热。

式（4.3.8）与以前标准的引进太阳辐射修正系数计算外门、窗的传热有很大的不同，比以前的计算要复杂很多。之所以引入复杂的计算，是因为这些年来玻璃工业取得了长足的发展，玻璃的种类非常多。透过玻璃的太阳辐射得热不一定与玻璃的传热系数密切相关，因此用传热系数乘以一个系数修正太阳辐射得热的影响误差比较大。引入分开计算室内外温差传热和透明部分的太阳辐射得热这种复杂的方法也是为了提高居住建筑的节能设计水平不得不付出的一个代价。

太阳辐射具有很强的昼夜和阴晴特性，晴天的白天透过南向窗户的太阳辐射的热量很大，阴天的白天这部分热量又很小，夜间则完全没有这部分热量。稳态计算是一种昼夜平均、阴晴平均的计算。当窗的传热系数比较小时，稳态计算就容易地得出南向窗是净得热构件的结论，就是说南向窗越大对节能越有利。但仔细分析，这个结论站不住脚。当晴天的白天透过南向窗户的太阳辐射的热量很大时，直接的结果是造成室温超过设计温度（采暖系统没有那么灵敏，迅速减少暖气片的热水流量），热量"浪费"了，并不能

蓄存下来补充阴天和夜晚的采暖需求。正是基于这个原因，在计算式（4.3.8-2）中引入了一个综合考虑阴晴以及玻璃污垢的折减系数。

对于标准尺寸（1500mm×1500mm 左右）的 PVC 塑钢窗或木窗，窗框比可取 0.30，太阳辐射修正系数 $C_{mci}=0.87×0.7×0.7×$玻璃的遮阳系数×外遮阳系数 $=0.43×$玻璃的遮阳系数×外遮阳系数。

对于标准尺寸（1500mm×1500mm 左右）的无外遮阳的铝合金窗，窗框比可取 0.20，太阳辐射修正系数 $C_{mci}=0.87×0.7×0.8×$玻璃的遮阳系数×外遮阳系数 $=0.49×$玻璃的遮阳系数×外遮阳系数。

3mm 普通玻璃的遮阳系数为 1.00，6 mm 普通玻璃的遮阳系数为 0.93，3+6A+3 普通中空玻璃的遮阳系数为 0.90，6+6A+6 普通中空玻璃的遮阳系数为 0.83，各种镀膜玻璃的遮阳系数可从产品说明书上获取。

外遮阳的遮阳系数按附录 D 确定。

无透明部分的外门太阳辐射修正系数 C_{mci} 取值 0。

凸窗的上下、左右边窗或边板的传热量也在此处计算，为简便起见，可以忽略太阳辐射的影响，即对边窗忽略太阳透射得热，对边板不再考虑太阳辐射的修正，仅计算温差传热。

4.3.9 通过非采暖封闭阳台的传热分成两部分来计算，前一部分是室内外温差引起的传热，后一部分是透过两层外窗（门）的透明部分进入室内的太阳辐射得热。

温差传热部分的计算引入了一个温差修正系数，这是因为非采暖封闭阳台实际上起到了室内外温差缓冲的作用。

太阳辐射得热要考虑两层窗的衰减，其中内侧窗（即分隔封闭阳台和室内的那层窗或玻璃门）的衰减还必须考虑封闭阳台顶板的作用。封闭阳台顶板可以看作水平遮阳板，其遮阳作用可以依据附录 D 计算。

4.3.10 式（4.3.10）计算室内外空气交换引起的热损失。空气密度可以按照下式计算：

$$\rho = \frac{1.293 \times 273}{t_e + 273} = \frac{353}{t_e + 273} (\text{kg/m}^3) \qquad (2)$$

5 采暖、通风和空气调节节能设计

5.1 一般规定

5.1.1 本条文是强制性条文。

根据《采暖通风与空气调节设计规范》GB 50019 - 2003 第 6.2.1 条（强制性条文）："除方案设计或初步设计阶段可使用冷负荷指标进行必要的估算之外，应对空气调节区进行逐项逐时的冷负荷计算"；和《公共建筑节能设计标准》GB 50189 - 2005 第 5.1.1 条（强制性条文）："施工图设计阶段，必须进行热负荷和逐项

逐时的冷负荷计算。"

在实际工程中，采暖或空调系统有时是按照"分区域"来设置的，在一个采暖或空调区域中可能存在多个房间，如果按照区域来计算，对于每个房间的热负荷或冷负荷仍然没有明确的数据。为了防止设计人员对"区域"的误解，这里强调的是对每一个房间进行计算而不是按照采暖或空调区域来计算。

5.1.2 严寒和寒冷地区的居住建筑，采暖设施是生活必须设施。寒冷（B）区的居住建筑夏天还需要空调降温，最常见的就是设置分体式房间空调器，因此设计时宜设置或预留设置空气调节设施的位置和条件。在我国西北地区，夏季干热，适合应用蒸发冷却降温方式，当然，条文中提及的空调设置和设施也包含这种方式。

5.1.3 随着经济发展，人民生活水平的不断提高，对空调、采暖的需求逐年上升。对于居住建筑设计时选择集中空调、采暖系统方式，还是分户空调、采暖方式，应根据当地能源、环保等因素，通过技术经济分析来确定。同时，还要考虑用户对设备及运行费用的承担能力。

5.1.4 居住建筑的供热采暖能耗占我国建筑能耗的主要部分，热源形式的选择会受到能源、环境、工程状况、使用时间及要求等多种因素影响和制约，为此必须客观全面地对热源方案进行分析比较后合理确定。有条件时，应积极利用太阳能、地热能等可再生能源。

5.1.5 居住建筑采用连续采暖能够提供一个较好的供热品质。同时，在采用了相关的控制措施（如散热器恒温阀、热力入口控制、供热量控制装置如气候补偿控制等）的条件下，连续采暖可以使得供热系统的热源参数、热媒流量等实现按需供应和分配，不需要采用间歇式供暖的热负荷附加，并可降低热源的装机容量，提高了热源效率，减少了能源的浪费。

对于居住区内的公共建筑，如果允许较长时间的间歇使用，在保证房间防冻的情况下，采用间歇采暖对于整个采暖季来说相当于降低了房间的平均采暖温度，有利于节能。但宜根据使用要求进行具体的分析确定。将公共建筑的系统与居住建筑分开，可便于系统的调节、管理及收费。

热水采暖系统对于热源设备具有良好的节能效益，在我国已经提倡了三十多年。因此，集中采暖系统，应优先发展和采用热水作为热媒，而不应以蒸汽等介质作为热媒。

5.1.6 本条文是强制性条文。

根据《住宅建筑规范》GB 50368 - 2005 第 8.3.5 条（强制性条文）："除电力充足和供电政策支持外，严寒地区和寒冷地区的居住建筑内不应采用直接电热采暖。"

建设节约型社会已成为全社会的责任和行动，用

高品位的电能直接转换为低品位的热能进行采暖，热效率低，是不合适的。同时，必须指出，"火电"并非清洁能源。在发电过程中，不仅对大气环境造成严重污染；而且，还产生大量温室气体（CO_2），对保护地球、抑制全球气候变暖非常不利。

严寒、寒冷地区全年有（4~6）个月采暖期，时间长，采暖能耗占有较高比例。近些年来由于采暖用电所占比例逐年上升，致使一些省市冬季尖峰负荷也迅速增长，电网运行困难，出现冬季电力紧缺。盲目推广没有蓄热配置的电锅炉，直接电热采暖，将进一步劣化电力负荷特性，影响民众日常用电。因此，应严格限制应用直接电热进行集中采暖的方式。

当然，作为自行配置采暖设施的居住建筑来说，并不限制居住者选择直接电热方式自行进行分散形式的采暖。

5.2 热源、热力站及热力网

5.2.1 建设部、国家发改委、财政部、人事部、民政部、劳动和社会保障部、国家税务总局、国家环境保护总局颁布的《关于进一步推进城镇供热体制改革的意见》（建城〔2005〕220号）中，在优化配置城镇供热资源方面提出"要坚持集中供热为主，多种方式互为补充，鼓励开发和利用地热、太阳能等可再生能源及清洁能源供热"的方针。集中采暖系统应采用热水作为热媒。当然，该条也包含当地没有设计直接电热采暖条件。

5.2.2 目前有些地区的很多城市都已做了集中供热规划设计，但限于经济条件，大部分规模较小，有不少小区暂时无网可入，只能先搞过渡性的锅炉房，因此提出该条文。

5.2.3 根据《民用建筑节能设计标准（采暖居住建筑部分）》JGJ 26 - 95 中第 5.1.2 条：

1 根据燃煤锅炉单台容量越大效率越高的特点，为了提高热源效率，应尽量采用较大容量的锅炉；

2 考虑住宅采暖的安全性和可靠性，锅炉的设置台数应不少于 2 台，因此对于规模较小的居住区（设计供热负荷低于 14MW），单台锅炉的容量可以适当降低。

5.2.4 本条文是强制性条文。

锅炉运行效率是以长期监测和记录的数据为基础，统计时期内全部瞬时效率的平均值。本标准中规定的锅炉运行效率是以整个采暖季作为统计时间的，它是反映各单位锅炉运行管理水平的重要指标。它既和锅炉及其辅机的状况有关，也和运行制度等因素有关。在《民用建筑节能设计标准》JGJ 26 - 95 中规定锅炉运行效率为68%，实际上早在20世纪90年代我国有些单位锅炉房的锅炉运行效率就已经超过了73%。本标准在分析锅炉设计效率时，将运行效率取为70%。近些年我国锅炉设计制造水平有了很大的

提高，锅炉房的设备配置也发生了很大的变化，已经为运行单位的管理水平的提高提供了基本条件，只要选择设计效率较高的锅炉，合理组织锅炉的运行，就可以使运行效率达到70%。本标准制定时，通过我国供暖负荷的变化规律及锅炉的特性分析，提出了锅炉设计效率达到70%时设计者所选用的锅炉的最低设计效率，最后根据目前国内企业生产的锅炉的设计效率确定表5.2.4的数据。

5.2.5 本条公式根据《民用建筑节能设计标准》JGJ 26-95第5.2.6条。热水管网热媒输送到各热用户的过程中需要减少下述损失：（1）管网向外散热造成散热损失；（2）管网上附件及设备漏水和用户放水而导致的补水耗热损失；（3）通过管网送到各热用户的热量由于网路失调而导致的各处室温不等造成的多余热损失。管网的输送效率是反映上述各个部分效率的综合指标。提高管网的输送效率，应从减少上述三方面损失入手。通过对多个供热小区的分析表明，采用本标准给出的保温层厚度，无论是地沟敷设还是直埋敷设，管网的保温效率是可以达到99%以上的。考虑到施工等因素，分析中将管网的保温效率取为98%。系统的补水，由两部分组成，一部分是设备的正常漏水，另一部分为系统失水。如果供暖系统中的阀门、水泵盘根、补偿器等，经常维修，且保证工作状态良好的话，测试结果证明，正常补水量可以控制在循环水量的0.5%。通过对北方6个代表城市的分析表明，正常补水耗热损失占输送热量的比例小于2%；各城市的供暖系统平衡效率达到95.3%～96%时，则管网的输送效率可以达到93%。考虑各地技术及管理上的差异，所以在计算锅炉房的总装机容量时，将室外管网的输送效率取为92%。

5.2.6 目前的锅炉产品和热源装置在控制方面已经有了较大的提高，对于低负荷的满足性能得到了改善，因此在有条件时尽量采用较大容量的锅炉有利于提高能效，同时，过多的锅炉台数会导致锅炉房面积加大、控制相对复杂和投资增加等问题，因此宜对设置台数进行一定的限制。

当多台锅炉联合运行时，为了提高单台锅炉的运行效率，其负荷率应有所限制，避免出现多台锅炉同时运行但负荷率都很低而导致效率较低的现象。因此，设计时应采取一定的控制措施，通过运行台数和容量的组合，在提高单台锅炉负荷率的原则下，确定合理的运行台数。

锅炉的经济运行负荷区通常为70%～100%；允许运行负荷区则为60%～70%和100%～105%。因此，本条根据习惯，规定单台锅炉的最低负荷为60%。对于燃煤锅炉来说，不论是多台锅炉联合运行还是只有单台锅炉运行，其负荷都不应低于额定负荷的60%。对于燃气锅炉，由于燃烧调节反应迅速，一般可以适当放宽。

5.2.7 燃气锅炉的效率与容量的关系不太大。关键是锅炉的配置、自动调节负荷的能力等。有时，性能好的小容量锅炉会比性能差的大容量锅炉效率更高。燃气锅炉房供热规模不宜太大，是为了在保持锅炉效率不降低的情况下，减少供热用户，缩短供热半径，有利于室外供热管道的水力平衡，减少由于水力失调形成的无效热损失，同时降低管道散热损失和水泵的输送能耗。

锅炉的台数不宜过多，只要具备较好满足整个冬季的变负荷调节能力即可。由于燃气锅炉在负荷率30%以上时，锅炉效率可接近额定效率，负荷调节能力较强，不需要采用很多台数来满足调节要求。锅炉台数过多，必然造成占用建筑面积过多，一次投资增大等问题。

首先，模块式组合锅炉燃烧器的调节方式均采用一段式启停控制，冬季变负荷调节只能依靠台数进行，为了尽量符合负荷变化曲线应采用合适的台数。台数过少易偏离负荷曲线，调节性能不好，8台模块式锅炉已可满足调节的需要。其次，模块式锅炉的燃烧器一般采用大气式燃烧，燃烧效率较低，比非模块式燃气锅炉效率低不少，对节能和环保均不利。另外，以楼栋为单位来设置模块式锅炉房时，因为没有室外供热管道，弥补了燃烧效率低的不足，从总体上提高了供热效率。反之则两种不利条件同时存在，对节能环保非常不利。因此模块式组合锅炉只适合小面积供热，供热面积很大时不应采用模块式组合锅炉，应采用其他高效锅炉。

5.2.8 低温供热时，如地面辐射采暖系统，回水温度低，热回收效率较高，技术经济很合理。散热器采暖系统回水温度虽然比地面辐射采暖系统高，但仍有热回收价值。

冷凝式锅炉价格高，对一次投资影响较大，但因热回收效果好，锅炉效率很高，有条件时应选用。

5.2.9 本条文是强制性条文。

2005年12月6日由建设部、发改委、财政部、人事部、民政部、劳动和社会保障部、国家税务总局、国家环境保护总局八部委发文《关于进一步推进城镇供热体制改革的意见》（建城〔2005〕220号），文件明确提出，"新建住宅和公共建筑必须安装楼前热计量表和散热器恒温控制阀，新建住宅同时还要具备分户热计量条件"。文件中楼前热表可以理解为是与供热单位进行热费结算的依据，楼内住户可以依据不同的方法（设备）进行室内参数（比如热量、温度）测量，然后，结合楼前热表的测量值对全楼的用热量进行住户间分摊。

行业标准《供热计量技术规程》JGJ 173-2009中第3.0.1条（强制性条文）："集中供热的新建建筑和既有建筑的节能改造必须安装热量计量装置"；第3.0.2条（强制性条文）："集中供热系统的热量结算

点必须安装热量表"。明确表明供热企业和终端用户间的热量结算，应以热量表作为结算依据。用于结算的热量表应符合相关国家产品标准，且计量检定证书应在检定的有效期内。

由于楼前热表为该楼所用热量的结算表，要求有较高的精度及可靠性，价格相应较高，可以按楼栋设置热量表，即每栋楼作为一个计量单元。对于建筑用途相同，建设年代相近，建筑形式、平面、构造等相同或相似，建筑物耗热量指标相近，户间热费分摊方式一致的小区（组团），也可以若干栋建筑，统一安装一个热量表。

有时，在管路走向设计时一栋楼会有2个以上入口，此时宜按2个以上热表的读数相加以代表整栋楼的耗热量。

对于既有居住建筑改造时，在不具备住户热费条件而只根据住户的面积进行整栋楼耗热量按户分摊时，每栋楼应设置各自的热量表。

5.2.10 户式燃气采暖炉包括热风炉和热水炉，已经在一定范围内应用于多层住宅和低层住宅采暖，在建筑围护结构热工性能较好（至少达到节能标准规定）和产品选用得当的条件下，也是一种可供选择的采暖方式。本条根据实际使用过程中的得失，从节能角度提出了对户式燃气采暖炉选用的原则要求。

对于户式供暖炉，在采暖负荷计算中，应该包括户间传热量，在此基础上可以再适当留有余量。但是若设备容量选择过大，会因为经常在部分负荷条件下运行而大幅度地降低热效率，并影响采暖舒适度。

另外，因燃气采暖炉大部分时间在部分负荷运行，如果单纯进行燃气量调节而不相应改变燃烧空气量，会由于过剩空气系数增大使热效率下降。因此宜采用具有自动同时调节燃气量和燃烧空气量功能的产品。

为保证锅炉运行安全，要求户式供暖炉设置专用的进气及排气通道。

在目前的一些实际工程中，有些采用每户直接向大气排放废气的方式，不利于对建筑周围的环境保护；另外有一些建筑由于房间密闭，没有考虑专有进风通道，可能会导致由于进风不良引起的燃烧效率低下的问题；还有一些将户式燃气炉的排气直接排进厨房等的排风道中，不但存在一定的安全隐患，也直接影响到锅炉的效率。因此本条文提出对此要设置专有的进、排风道。但对于采用平衡式燃烧的户式锅炉，由于其方式的特殊性，只能采用分散就地进排风的方式。

5.2.11 根据《民用建筑节能设计标准（采暖居住建筑部分）》JGJ 26-95第5.2.1条。本条强调，在设计采暖供热系统时，应详细进行热负荷的调查和计算，合理确定系统规模和供热半径，主要目的是避免出现"大马拉小车"的现象。有些设计人员从安全考虑，片面加大设备容量和散热器面积，使得每吨锅炉的供热面积仅在（5000～6000）m² 左右，最低仅2000m²，造成投资浪费，锅炉运行效率很低。考虑到集中供热的要求和我国锅炉的生产状况，锅炉房的单台容量宜控制在（7.0～28.0）MW 范围内。系统规模较大时，建议采用间接连接，并将一次水设计供水温度取为（115～130）℃，设计回水温度取为（50～80）℃，主要是为了提高热源的运行效率，减少输配能耗，便于运行管理和控制。

5.2.12 水泵采用变频调速是目前比较成熟可靠的节能方式。

1 从水泵变速调节的特点来看，水泵的额定容量越大，则总体效率越高，变频调速的节能潜力越大。同时，随着变频调速的台数增加，投资和控制的难度加大。因此，在水泵参数能够满足使用要求的前提下，宜尽量减少水泵的台数。

2 当系统较大时，如果水泵的台数过少，有时可能出现选择的单台水泵容量过大甚至无法选择的问题；同时，变频水泵通常设有最低转速限制，单台设计容量过大后，由于低转速运行时的效率降低使得有可能反而不利于节能。因此这时应通过合理的经济技术分析后适当增加水泵的台数。至于是采用全部变频水泵，还是采用"变频泵＋定速泵"的设计和运行方案，则需要设计人员根据系统的具体情况，如设计参数、控制措施等，进行分析后合理确定。

3 目前关于变频调速水泵的控制方法很多，如供回水压差控制、供水压力控制、温度控制（甚至供热量控制）等，需要设计人根据工程的实际情况，采用合理、成熟、可靠的控制方案。其中最常见的是供回水压差控制方案。

5.2.13 本条文是强制性条文。

供热系统水力不平衡的现象现在依然很严重，而水力不平衡是造成供热能耗浪费的主要原因之一，同时，水力平衡又是保证其他节能措施能够可靠实施的前提，因此对系统节能而言，首先应该做到水力平衡，而且必须强制要求系统达到水力平衡。

当热网采用多级泵系统（由热源循环泵和用户泵组成）时，支路的比摩阻与干线比摩阻相同，有利于系统节能。当热源（热力站）循环水泵按照整个管网的损失选择时，就应考虑环路的平衡问题。

环路压力损失差意味着环路的流量与设计流量有差异，也就是说，会导致各环路房间的室温有差异。《采暖居住建筑节能检验标准》JGJ 132-2009中第11.2.1条规定，热力入口处的水力平衡度应达到0.9～1.2。该标准的条文说明指出：这是结合北京地区的实际情况，通过模拟计算，当实际水量在90%～120%时，室温在17.6℃～18.7℃范围内，可以满足实际需要。但是，由于设计计算时，与计算各并联环路水力平衡度相比，计算各并联环路间压力损失比较方便，并与教科书、手册一致。所以，这里采取规定并联环路压力损失差值，要求应在 15% 之内。

除规模较小的供热系统经过计算可以满足水力平衡外，一般室外供热管线较长，计算不易达到水力平衡。对于通过计算不易达到环路压力损失差要求的，为了避免水力不平衡，应设置静态水力平衡阀，否则出现不平衡问题时将无法调节。而且，静态平衡阀还可以起到测量仪表的作用。静态水力平衡阀应在每个入口（包括系统中的公共建筑在内）均设置。

5.2.14 静态水力平衡阀是最基本的平衡元件，实践证明，系统第一次调试平衡后，在设置了供热量自动控制装置进行质调节的情况下，室内散热器恒温阀的动作引起系统压差的变化不会太大，因此，只在某些条件下需要设置自力式流量控制阀或自力式压差控制阀。

关于静态水力平衡阀，流量控制阀，压差控制阀，目前说法不一，例如：静态水力平衡阀也有称为"手动水力平衡阀"、"静态平衡阀"；流量控制阀也有称为"动态（自动）平衡阀"、"定流量阀"等。为了尽可能地规范名称，并根据城镇建设行业标准《自力式流量控制阀》CJ/T 179 - 2003 中对"自力式流量控制阀"的定义："工作时不依靠外部动力，在压差控制范围内，保持流量恒定的阀门"。因此，称流量控制阀为"自力式流量控制阀"；尽管目前还没有颁布压差控制阀行业标准，同样，称压差控制阀为"自力式压差控制阀"。至于手动或静态平衡阀，则统一称为静态水力平衡阀。

5.2.15 每种阀门都有其特定的使用压差范围要求，设计时，阀两端的压差不能超过产品的规定。

阀权度 S 的定义是："调节阀全开时的压力损失 ΔP_{min} 与调节阀所在串联支路的总压力损失 ΔP_0 的比值"。它与阀门的理想特性一起对阀门的实际工作特性起着决定性作用。当 $S=1$ 时，ΔP_0 全部降落在调节阀上，调节阀的工作特性与理想特性是一致的；在实际应用场所中，随着 S 值的减小，理想的直线特性趋向于快开特性，理想的等百分比特性趋向于直线特性。

对于自动控制的阀门（无论是自力式还是其他执行机构驱动方式），由于运行过程中开度不断的变化，为了保持阀门的调节特性，确保其调品质，自动控制阀的阀权度宜在 0.3~0.5 之间。

对于静态水力平衡阀，在系统初调试完成后，阀门开度就已固定，运行过程中，其开度并不发生变化；因此，对阀权度没有严格要求。

对于以小区供热为主的热力站而言，由于管网作用距离较长，系统阻力较大，如果采用动态自力式控制阀串联在总管上，由于阀权度的要求，需要该阀门的全开阻力较大，这样会较大地增加水泵能耗。因为设计的重点是考虑建筑内末端设备的可调性，如果需

要自动控制，我们可以将自动控制阀设置于每个热力入口（建筑内的水阻力比整个管网小得多，这样在保证同样的阀开度情况下阀门的水流阻力可以大为降低），同样可以达到基本相同的使用效果和控制品质。因此，本条第二款规定在热力站出口总管上不宜串联设置自动控制阀。考虑到出口可能为多个环路的情况，为了初调试，可以根据各环路的水力平衡情况合理设置静态水力平衡阀。静态水力平衡阀选型原则：静态水力平衡阀是用于消除环路剩余压头、限定环路水流量用的，为了合理地选择平衡阀的型号，在设计水系统时，一定仍要进行管网水力计算及环网平衡计算，选取平衡阀。对于旧系统改造时，由于资料不全并为方便施工安装，可按管径尺寸配用同样口径的平衡阀，直接以平衡阀取代原有的截止阀或闸阀。但需要作压降校核计算，以避免原有管径过于富余使流经平衡阀时产生的压降过小，引起调试时由于压降过小而造成仪表较大的误差。校核步骤如下：按该平衡阀管辖的供热面积估算出设计流量，按管径求出设计流量时管内的流速 v（m/s），由该型号平衡阀全开时的 ζ 值，按公式 $\Delta P = \zeta\ (v^2 \cdot \rho/2)$ （Pa），求得压降值 ΔP（式中 $\rho = 1000\text{kg/m}^3$），如果 ΔP 小于（2~3）kPa，可改选用小口径型号平衡阀，重新计算 v 及 ΔP，直到所选平衡阀在流经设计水量时的压降 $\Delta P \geqslant$ （2~3）kPa 时为止。

尽管自力式恒流量控制阀具有在一定范围内自动稳定环路流量的特点，但是其水流阻力也比较大，因此即使是针对定流量系统，对设计人员的要求也首先是通过管路和系统设计来实现各环路的水力平衡（即"设计平衡"）；当由于管径、流速等原因的确无法做到"设计平衡"时，才应考虑采用静态水力平衡阀通过初调试来实现水力平衡的方式；只有当设计认为系统可能出现由于运行管理原因（例如水泵运行台数的变化等）有可能导致的水量较大波动时，才宜采用阀权度要求较高、阻力较大的自力式恒流量控制阀。但是，对于变流量系统来说，除了某些需要特定定流量的场所（例如为了保护特定设备的正常运行或特殊要求）外，不应在系统中设置自力式流量控制阀。

5.2.16 规定耗电输热比（EHR）的目的是为了防止采用过大的水泵以使得水泵的选择在合理的范围。

本条文的基本思路来自《公共建筑节能设计标准》GB 50189 - 2005 第 5.2.8 条。但根据实际情况对相关的参数进行了一定的调整：

1 目前的国产电机在效率上已经有了较大的提高，根据国家标准《中小型三项异步电动机能效限定值及节能评价值》GB 18613 - 2002 的规定，7.5kW 以上的节能电机产品的效率都在 89% 以上。但是，考虑到供热规模的大小对所配置水泵的容量（即由此引起的效率）会产生一定的影响，从目前的水泵和电机来看，当 $\Delta t = 20℃$ 时，针对 2000kW 以下的热负荷

所配置的采暖循环水泵通常不超过 7.5kW，因此水泵和电机的效率都会有所下降，因此将原条文中的固定计算系数 0.0056 改为一个与热负荷有关的计算系数 A 表示（表 5.2.16）。这样一方面对于较大规模的供热系统，本条文提高了对电机的效率要求；另一方面，对于较小规模的供热系统，也更符合实际情况，便于操作和执行。

2 考虑到采暖系统实行计量和分户供热后，水系统内增加了相应的一些阀件，其系统实际阻力比原来的规定会偏大，因此将原来的 14 改为 20.4。

3 原条文在不同的管道长度下选取的 $a\Sigma L$ 值不连续，在执行过程中容易产生一些困难，也不完全符合编制的思路（管道较长时，允许 EHR 值加大）。因此，本条文将 a 值的选取或计算方式变成了一个连续线段，有利于条文的执行。按照条文规定的 $a\Sigma L$ 值计算结果比原条文的要求略为有所提高。

4 由于采暖形式的多样化，以规定某个供回水温差来确定 EHR 值可能对某些采暖形式产生不利的影响。例如当采用地板辐射供暖时，通常的设计温差为 10℃，这时如果还采用 20℃ 或 25℃ 来计算 EHR，显然是不容易达到标准规定的。因此，本条文采用的是"相对法"，即同样系统的评价标准一致，所以对温差的选择不作规定，而是"按照设计要求选取"。

5.2.17 引自原《民用建筑节能设计标准（采暖居住建筑部分）》JGJ 26-95 第 5.3.1 条。一、二次热水管网的敷设方式，直接影响供热系统的总投资及运行费用，应合理选取。对于庭院管网和二次网，管径一般较小，采用直埋管敷设，投资较小，运行管理也比较方便。对于一次管网，可根据管径大小经过经济比较确定采用直埋或地沟敷设。

5.2.18 管网输送效率达到 92% 时，要求管道保温效率应达到 98%。根据《设备及管道绝热设计导则》中规定的管道经济保温层厚度的计算方法，对玻璃棉管壳和聚氨酯保温管分析表明，无论是直埋敷设还是地沟敷设，管道的保温效率均能达到 98%。严寒地区保温材料厚度有较大的差别，寒冷地区保温材料厚度差别不大。为此严寒地区每个气候子区分别给出了最小保温层厚度，而寒冷地区统一给出最小保温层厚度。如果选用其他保温材料或其导热系数与附录 G 中值差异较大时，可以按照式（5.2.18）对最小保温层厚度进行修正。

5.2.19 本条文是强制性条文。

锅炉房采用计算机自动监测与控制不仅可以提高系统的安全性，确保系统能够正常运行；而且，还可以取得以下效果：

1 全面监测并记录各运行参数，降低运行人员工作量，提高管理水平。

2 对燃烧过程和热水循环过程能进行有效的控制调节，提高并使锅炉在高效率下运行，大幅度地节省运行能耗，并减少大气污染。

3 能根据室外气候条件和用户需求变化及时改变供热量，提高并保证供暖质量，降低供暖能耗和运行成本。

因此，在锅炉房设计时，除小型固定炉排的燃煤锅炉外，应采用计算机自动监测与控制。

条文中提出的五项要求，是确保安全、实现高效、节能与经济运行的必要条件。它们的具体监控内容分别为：

1 实时检测：通过计算机自动检测系统，全面、及时地了解锅炉的运行状况，如运行的温度、压力、流量等参数，避免凭经验调节和调节滞后。全面了解锅炉运行工况，是实施科学调控的基础。

2 自动控制：在运行过程中，随室外气候条件和用户需求的变化，调节锅炉房供热量（如改变出水温度，或改变循环水量，或改变供汽量）是必不可少的，手动调节无法保证精度。

计算机自动监测与控制系统，可随时测量室外的温度和整个热网的需求，按照预先设定的程序，通过调节投入燃料量（如炉排转速）等手段实现锅炉供热量调节，满足整个热网的热量需求，保证供暖质量。

3 按需供热：计算机自动监测与控制系统可通过软件开发，配置锅炉系统热特性识别和工况优化分析程序，根据前几天的运行参数、室外温度，预测该时段的最佳工况，进而实现对系统的运行指导，达到节能的目的。

4 安全保障：计算机自动监测与控制系统的故障分析软件，可通过对锅炉运行参数的分析，作出及时判断，并采取相应的保护措施，以便及时抢修，防止事故进一步扩大，设备损坏严重，保证安全供热。

5 健全档案：计算机自动监测与控制系统可以建立各种信息数据库，能够对运行过程中的各种信息数据进行分析，并根据需要打印各类运行记录，储存历史数据，为量化管理提供了物质基础。

5.2.20 本条文是强制性条文。

本条文对锅炉房及热力站的节能控制提出了明确的要求。设置供热量控制装置（比如气候补偿器）的主要目的是对供热系统进行总体调节，使锅炉运行参数在保持室内温度的前提下，随室外空气温度的变化随时进行调整，始终保持锅炉房的供热量与建筑物的需热量基本一致，实现按需供热；达到最佳的运行效率和最稳定的供热质量。

设置供热量控制装置后，还可以通过在时间控制器上设定不同时间段的不同室温，节省供热量；合理地匹配供水流量和供水温度，节省水泵电耗，保证恒温阀等调节设备正常工作；还能够控制一次水回水温度，防止回水温度过低减少锅炉寿命。

由于不同企业生产的气候补偿器的功能和控制方法不完全相同，但必须具有能根据室外空气温度变化自动改变用户侧供（回）水温度、对热媒进行质调节的基本功能。

气候补偿器正常工作的前提，是供热系统已达到水力平衡要求，各房间散热器均装置了恒温阀，否则，即使采用了供热量控制装置也很难保持均衡供热。

5.3 采 暖 系 统

5.3.1 引自《公共建筑节能设计标准》GB 50189-2005 中第 5.2.1 条。

5.3.2 要实现室温调节和控制，必须在末端设备前设置调节和控制的装置，这是室内环境的要求，也是"供热体制改革"的必要措施，双管系统可以设置室温调控装置。如果采用顺流式垂直单管系统，必须设置跨越管，采用顺流式水平单管系统时，散热器采用低阻力两通或三通调节阀，以便调控室温。

5.3.3 本条文是强制性条文。

楼前热量表是该栋楼与供热（冷）单位进行用热（冷）量结算的依据，而楼内住户则进行按户热（冷）量分摊，所以，每户应该有相应的装置作为对整栋楼的耗热（冷）量进行户间分摊的依据。

由于严寒地区和寒冷地区的"供热体制改革"已经开展，近年来已开发应用了一些户间采暖"热量分摊"的方法，并且有较大规模的应用。下面对目前在国内已经有一定规模应用的采暖系统"热量分摊"方法的原理和应用时需要注意的事项加以介绍，供选用时参考。

1 散热器热分配计方法

该方法是利用散热器热量分配计所测量的每组散热器的散热量比例关系，来对建筑的总供热量进行分摊。散热器热量分配计分为蒸发式热量分配计与电子式热量分配计两种基本类型。蒸发式热量分配计初投资较低，但需要入户读表。电子式热量分配计初投资相对较高，但该表具有入户读表与遥控读表两种方式可供选择。热分配计方法需要在建筑物热力入口设置楼栋热量表，在每台散热器的散热面上安装一台散热器热量分配计。在采暖开始前和采暖结束后，分别读取分配计的读数，并根据楼前热量表计量得出的供热量，进行每户住户耗热量计算。应用散热器热量分配计时，同一栋建筑物内应采用相同形式的散热器；在不同类型散热器上应用散热器热量分配表时，首先要进行刻度标定。由于每户居民在整幢建筑中所处位置不同，即便同样住户面积，保持同样室温，散热器热量分配计上显示的数字却是不相同的。所以，收费时，要将散热器热量分配计获得的热量进行住户位置的修正。

该方法适用于以散热器为散热设备的室内采暖系统，尤其适用于采用垂直采暖系统的既有建筑的热计量收费改造，比如将原有垂直单管顺流系统，加装跨越管，但这种方法不适用于地面辐射供暖系统。

建设部已批准《蒸发式热分配表》CJ/T 271-2007 为城镇建设行业产品标准。

欧洲标准 EN 834、835 中分配表的原文为 heat cost allocators，直译应为"热费分配器"，所以也可以理解为散热器热费分配计方法。

2 温度面积方法

该方法是利用所测量的每户室内温度，结合建筑面积来对建筑的总供热量进行分摊。其具体做法是，在每户主要房间安装一个温度传感器，用来对室内温度进行测量，通过采集器采集的室内温度经通信线路送到热量采集显示器；热量采集显示器接收来自采集器的信号，并将采集器送来的用户室温送至热量采集显示器；热量采集显示器接收采集显示器、楼前热量表送来的信号后，按照规定的程序将热量进行分摊。

这种方法的出发点是按照住户的平均温度来分摊热费。如果某住户在供暖期间的室温维持较高，那么该住户分摊的热费也较多。它与住户在楼内的位置没有关系，收费时不必进行住户位置的修正。应用比较简单，结果比较直观，它也与建筑内采暖系统没有直接关系。所以，这种方法适用于新建建筑各种采暖系统的热计量收费，也适合于既有建筑的热计量收费改造。

住房和城乡建设部已将《温度法热计量分配装置》列入"2008 年住房和城乡建设部归口工业产品行业标准制订、修订计划"。

3 流量温度方法

这种方法适用于共用立管的独立分户系统和单管跨越管采暖系统。该户间热量分摊系统由流量热能分配器、温度采集器处理器、单元热能仪表、三通测温调节阀、无线接收器、三通阀、计算机远程监控设备以及建筑物热力入口设置的楼栋热量表等组成。通过流量热能分配器、温度采集器处理器测量出的各个热用户的流量比例系数和温度系数，测算出各个热用户的用热比例，按此比例对楼栋热量表测量出的建筑物总供热量进行户间热量分摊。但是这种方法不适合在垂直单管顺流式的既有建筑改造中应用，此时温度测量误差难以消除。

该方法也需对住户位置进行修正。

4 通断时间面积方法

该方法是以每户的采暖系统通水时间为依据，分摊总供热量的方法。具体做法是，对于分户水平连接的室内采暖系统，在各户的分支支路上安装室温通断控制阀，用于对该用户的循环水进行通断控制来实现该户室温控制。同时在各户的代表房间里放置室内控制器，用于测量室内温度和供用户设定温度，并将这两个温度值传递给室温通断控制阀。室温通断控制阀根据实测室温与设定值之差，确定在一个控制周期内通断阀的开停比，并按照这一开停比控制通断调节阀的通断，以此调节送入室内热量，同时记录和统计各户通断控制阀的接通时间，按照各户的累计接通时间结合采暖面积分摊整栋建筑的热量。

这种方法适用于水平单管串联的分户独立室内采暖系统，但不适合于采用传统垂直采暖系统的既有建筑的改造。可以分户实现温控，但是不能分室温控。

5 户用热量表方法

该分摊系统由各户用热量表以及楼栋热量表组成。

户用热量表安装在每户采暖环路中，可以测量每个住户的采暖耗热量。热量表由流量传感器、温度传感器和计算器组成。根据流量传感器的形式，可将热量表分为：机械式热量表、电磁式热量表、超声波式热量表。机械式热量表的初投资相对较低，但流量传感器对轴承有严格要求，以防止长期运转由于磨损造成误差较大；对水质有一定要求，以防止流量计的转动部件被阻塞，影响仪表的正常工作。电磁式热量表的初投资相对机械式热量表要高，但流量测量精度是热量表所用的流量传感器中最高的、压损小。电磁式热量表的流量计工作需要外部电源，而且必须水平安装，需要较长的直管段，这使得仪表的安装、拆卸和维护较为不便。超声波热量表的初投资相对较高，流量测量精度高、压损小、不易堵塞，但流量计的管壁锈蚀程度、水中杂质含量、管道振动等因素将影响流量计的精度，有的超声波热量表需要直管段较长。

这种方法也需要对住户位置进行修正。它适用于分户独立式室内采暖系统及分户地面辐射供暖系统，但不适合于采用传统垂直系统的既有建筑的改造。

建设部已批准《热量表》CJ/128-2007为城镇建设行业产品标准。

6 户用热水表方法

这种方法以每户的热水循环量为依据，进行分摊总供热量。

该方法的必要条件是每户必须为一个独立的水平系统，也需要对住户位置进行修正。由于这种方法忽略了每户供暖供回水温差的不同，在散热器系统中应用误差较大。所以，通常适用于温差较小的分户地面辐射供暖系统，已在西安市有应用实例。

5.3.4 散热器恒温控制阀（又称温控阀、恒温器等）安装在每组散热器的进水管上，它是一种自力式调节控制阀，用户可根据对室温高低的要求，调节并设定室温。这样恒温控制阀就确保了各房间的室温，避免了立管水量不平衡，以及单管系统上层及下层室温不匀问题。同时，更重要的是当室内获得"自由热"（free heat，又称"免费热"，如阳光照射，室内热源——炊事、照明、电器及居民等散发的热量）而使室温有升高趋势时，恒温控制阀会及时减少流经散热器的水量，不仅保持室温合适，同时达到节能目的。目前北京、天津等地方节能设计标准已将安装散热器恒温阀作为强制性条文，根据实施情况来看，有较好的效果。

对于安装在装饰罩内的恒温阀，则必须采用外置传感器，传感器应设在能正确反映房间温度的位置。

散热器恒温控制阀的特性及其选用，应遵循行业标准《散热器恒温控制阀》JG/T 195-2006的规定。

安装了散热器恒温阀后，要使它真正发挥调温、节能功能，特别在运行中，必须有一些相应的技术措施，才能使采暖系统正常运行。首先是对系统的水质要求，必须满足本标准5.2.13条的规定。因为散热器恒温阀是一个阻力部件，水中悬浮物会堵塞其流道，使得恒温阀调节能力下降，甚至不能正常工作。北京市地方标准《居住建筑节能设计标准》DBJ 11-602-2006（2007年2月1日实施）第6.4.9条规定，防堵塞措施应符合以下规定：1. 供热采暖系统水质要求应执行北京市地方标准《供热采暖系统水质及防腐技术规程》DBJ 01-619-2004的有关规定。2. 热力站换热器的一次水和二次水入口应设过滤器。3. 过滤器具体设置要求详见《供热采暖系统水质及防腐技术规程》DBJ 01-619-2004的有关规定。同时，不应该在采暖期后将采暖水系统的水卸去，要保持"湿式保养"。另外，对于在原有供热系统热网中并入了安装有散热器恒温阀的新建造的建筑后，必须对该热网重新进行水力平衡调节。因为，一般情况下，安装有恒温阀的新建筑水力阻力会大于原来建筑，导致新建建筑的热水量减少，甚至降低供热品质。

5.3.5 引自《公共建筑节能设计标准》GB 50189-2005第5.2.4条。

5.3.6 对于不同材料管道，提出不同的设计供水温度。对于以热水锅炉作为直接供暖的热源设备来说，降低供水温度对于降低锅炉排烟温度、提高传热温差具有较好的影响，使得锅炉的热效率得以提高。采用换热器作为采暖热源时，降低换热器二次水供水温度可以在保证同样的换热量情况下减少换热面积，节省投资。由于目前的一些建筑存在大流量、小温差运行的情况，因此本标准规定采暖供回水温差不应小于25℃。在可能的条件下，设计时应尽量提高设计温差。

热塑性塑料管的使用条件等级按5级考虑，即正常操作温度80℃时的使用时间为10年；60℃时为25年；20℃（非采暖期）为14年。

以北京为例：采暖期不足半年，通常，采暖供水温度随室外气温进行调节，在50年使用期内，各种水温下的采暖时间为25年，非采暖期的水温取20℃，累积也为25年。当散热器采暖系统的设计供回水温度为85℃/60℃时，正常操作温度下的使用年限为：85℃时为6年；80℃时为3年；60℃时为7年。相当于80℃时为9.6年；60℃时为25年；20℃时为14.4年。这时，若选择工作压力为1.0MPa，相应的管系列为：PB管-S4；PEX管-S3.2。

对于非热熔连接的铝塑复合管，由于它是由聚乙烯和铝合金两种杨氏模量相差很大的材料组成的多层管，在承受内压时，厚度方向的管环应力分布是不等值的，无法考虑各种使用温度的累积作用，所以，不能用它来选择管材或确定管壁厚度，只能根据长期工作温度和允许工作压力进行选择。

对于热熔连接的铝塑复合管，在接头处，由于铝合金管已断开，并不连续，因此，真正起连接作用的实际上只是热塑性塑料；所以，应该按照热塑性塑料管的规定来确定供水温度与工作压力。

铝塑复合管的代号说明：

PAP——由聚乙烯/铝合金/聚乙烯复合而成；

XPAP——由交联聚乙烯/铝合金/交联聚乙烯复合而成；

XPAP1（一型铝塑管）——由聚乙烯/铝合金/交联聚乙烯复合而成；

XPAP2（二型铝塑管）——由交联聚乙烯/铝合金/交联聚乙烯复合而成；

PAP3（三型铝塑管）——由聚乙烯/铝合金/聚乙烯复合而成；

PAP4（四型铝塑管）——由聚乙烯/铝合金/聚乙烯复合而成；

RPAP5（新型的铝塑复合管）——由耐热聚乙烯/铝合金/耐热聚乙烯复合而成。

5.3.7 低温地板辐射采暖是国内近20年以来发展较快的新型供暖方式，埋管式地面辐射采暖具有温度梯度小、室内温度均匀、脚感温度高等特点，在热辐射的作用下，围护结构内表面和室内其他物体表面的温度，都比对流供暖时高，人体的辐射散热相应减少，人的实际感觉上相同室内温度对流供暖时舒适得多。在同样的热舒适条件下，辐射供暖房间的设计温度可以比对流供暖房间低（2～3）℃，因此房间的热负荷随之减小。

室内家具、设备等对地面的遮蔽，对地面散热量的影响很大。因此，要求室内必须具有足够的裸露面积（无家具覆盖）供布置加热管的要求，作为采用低温地板辐射供暖系统的必要条件。

保持较低的供水温度和供回水温差，有利于延长塑料加热管的使用寿命；有利于提高室内的热舒适感；有利于保持较大的热媒流速，方便排除管内空气；有利于保证地面温度的均匀。

有关地面辐射供暖工程设计方面规定，应遵循行业标准《地面辐射供暖技术规程》JGJ 142 - 2004执行。

5.3.8 热网供水温度过低，供回水温差过小，必然会导致室外热网的循环水量、输送管道直径、输送能耗及初投资都大幅度增加，从而削弱了地面辐射供暖系统的节能优势。为了充分保持地面辐射供暖系统的节能优势，设计中应尽可能提高室外热网的供水温度，加大供回水的温差。

由于地面辐射供暖系统的供水温度不宜超过60℃，因此，供暖入口处必须设置带温度自动控制及循环水泵的混水装置，让室内采暖系统的回水根据需要与热网提供的水混合至设定的供水温度，再流入室内采暖系统。当外网提供的热媒温度高于60℃时（一般允许最高为90℃），宜在各户的分集水器前设置混水泵，抽取室内回水混入供水，以降低供水温度，保持其温度不高于设定值。

5.3.9 分室控温，是按户计量的基础；为了实现这个要求，应对各个主要房间的室内温度进行自动控制。室温控制可选择采用以下任何一种模式：

模式Ⅰ："房间温度控制器（有线）＋电热（热敏）执行机构＋带内置阀芯的分水器"

通过房间温度控制器设定和监测室内温度，将监测到的实际室温与设定值进行比较，根据比较结果输出信号，控制电热（热敏）执行机构的动作，带动内置阀芯开启与关闭，从而改变被控（房间）环路的供水流量，保持房间的设定温度。

模式Ⅱ："房间温度控制器（有线）＋分配器＋电热（热敏）执行机构＋带内置阀芯的分水器"

与模式Ⅰ基本类似，差异在于房间温度控制器同时控制多个回路，其输出信号不是直接至电热（热敏）执行机构，而是到分配器，通过分配器再控制各回路的电热（热敏）执行机构，带动内置阀芯动作，从而同时改变各回路的水流量，保持房间的设定温度。

模式Ⅲ："带无线电发射器的房间温度控制器＋无线电接收器＋电热（热敏）执行机构＋带内置阀芯的分水器"

利用带无线电发射器的房间温度控制器对室内温度进行设定和监测，将监测到的实际值与设定值进行比较，然后将比较后得出的偏差信息发送给无线电接收器（每间隔10min发送一次信息），无线电接收器将发送器的信息转化为电热（热敏）式执行机构的控制信号，使分水器上的内置阀芯开启或关闭，对各个环路的流量进行调控，从而保持房间的设定温度。

模式Ⅳ："自力式温度控制阀组"

在需要控温房间的加热盘管上，装置直接作用式恒温控制阀，通过恒温控制阀的温度控制器的作用，直接改变控制阀的开度，保持设定的室内温度。

为了测得比较有代表性的室内温度，作为温控阀的动作信号，温控阀或温度传感器应安装在室内离地面1.5m处。因此，加热管必须嵌墙抬升至该高度处。由于此处极易积累空气，所以要求直接作用恒温控制阀必须具有排气功能。

模式Ⅴ："房间温度控制器（有线）＋电热（热敏）执行机构＋带内置阀芯的分水器"

选择在有代表性的部位（如起居室），设置房间温度控制器，通过该控制器设定和监测室内温度；在分水器前的进水支管上，安装电热（热敏）执行器和二通阀。房间温度控制器将监测到的实际室内温度与设定值比较后，将偏差信号发送至电热（热敏）执行机构，从而改变二通阀的阀芯位置，改变总的供水流量，保证房间所需的温度。

本系统的特点是投资较少、感受室温灵敏、安装方便。缺点是不能精确地控制每个房间的温度，且需要外接电源。一般适用于房间控制温度要求不高的场所，特别适用于大面积房间需要统一控制温度的场所。

5.3.10 引自《采暖通风与空气调节设计规范》GB 50019-2003 第 4.8.6 条；在采暖季平均水温下，重力循环作用压力约为设计工况下的最大值的 2/3。

5.3.11 引自《公共建筑节能设计标准》GB 50189-2005 第 5.4.10 条第 3 款。

5.4 通风和空气调节系统

5.4.1 一般说来，居住建筑通风设计包括主动式通风和被动式通风。主动式通风指的是利用机械设备动力组织室内通风的方法，它一般要与空调、机械通风系统进行配合。被动式通风（自然通风）指的是采用"天然"的风压、热压作为驱动对房间降温。在我国多数地区，住宅进行自然通风是降低能耗和改善室内热舒适的有效手段，在过渡季室外气温低于 26℃高于 18℃时，由于住宅室内发热量小，这段时间完全可以通过自然通风来消除热负荷，改善室内热舒适状况。即使是室外气温高于 26℃，但只要低于（30～31）℃时，人在自然通风条件下仍然会感觉到舒适。许多建筑设置的机械通风或空气调节系统，都破坏了建筑的自然通风性能。因此强调设置的机械通风或空气调节系统不应妨碍建筑的自然通风。

5.4.2 采用分散式房间空调器进行空调和采暖时，这类设备一般由用户自行采购，该条文的目的是要推荐用户购买能效比高的产品。国家标准《房间空气调节器能效限定值及能效等级》GB 12021.3 和《转速可控型房间空气调节器能效限定值及能源效率等级》GB 21455，规定节能型产品的能源效率为 2 级。

目前，《房间空气调节器能效限定值及能效等级》GB 12021.3-2010 于 2010 年 6 月 1 日颁布实施。与 2004 年版标准相比，2010 年版标准将能效等级分为三级，同时对能效限定值与能效等级指标已有提高。2004 版中的节能评价值（即能效等级第 2 级）在 2010 年版标准仅列为第 3 级。

鉴于当前是房间空调器标准新老交替的阶段，市场上可供选择的产品仍然执行的是老标准。本标准规定，鼓励用户选购节能型房间空调器，其意在于从用户需求端角度逐步提高我国房间空调器的能效水平，适应我国建筑节能形势的需要。

为了方便应用，表 3 列出了 GB 12021.3-2004、GB 12021.3-2010、GB 21455-2008 标准中列出的房间空气调节器能效等级为第 2 级的指标和转速可控型房间空气调节器能源效率等级为第 2 级的指标，表 4 列出了 GB 12021.3-2010 中空调器能效等级指标。

表 3　房间空调器能效等级指标节能评价值

类型	额定制冷量 CC (W)	能效比 EER (W/W)		制冷季节能源消耗效率 SEER [W·h/(W·h)]
		GB 12021.3-2004 标准中节能评价值（能效等级 2 级）	GB 12021.3-2010 标准中节能评价值（能效等级 2 级）	GB 21455-2008 标准中节能评价值（能效等级 2 级）
整体式		2.90	3.10	—
分体式	CC≤4500	3.20	3.40	4.50
	4500<CC≤7100	3.10	3.30	4.10
	7100<CC≤14000	3.00	3.20	3.70

表 4　房间空调器能效等级指标

类型	额定制冷量 CC (W)	GB 12021.3-2010 标准中能效等级		
		3	2	1
整体式	—	2.90	3.10	3.30
分体式	CC≤4500	3.20	3.40	3.60
	4500<CC≤7100	3.10	3.30	3.50
	7100<CC≤14000	3.00	3.20	3.40

5.4.3 本条文是强制性条文。

居住建筑可以采取多种空调采暖方式，如集中方式或者分散方式。如果采用集中式空调采暖系统，比如本条文所指的采用电力驱动、由空调冷热源站向多套住宅、多栋住宅楼甚至住宅小区提供空调采暖冷热源（往往采用冷、热水）；或者应用户式集中空调机组（户式中央空调机组）向一套住宅提供空调冷热源（冷热水、冷热风）进行空调采暖。

集中空调采暖系统中，冷热源的能耗是空调采暖系统能耗的主体。因此，冷热源的能源效率对节省能源至关重要。性能系数、能效比是反映冷热源能源效率的主要指标之一，为此，将冷热源的性能系数、能效比作为必须达标的项目。对于设计阶段已完成集中空调采暖系统的居民小区，或者按户式中央空调系统设计的住宅，其冷源能效的要求应该等同于公共建筑的规定。

国家质量监督检验检疫总局已发布实施的空调机组能效限定值及能源效率等级的标准有：《冷水机组能效限定值及能源效率等级》GB 19577-2004，《单元式空气调节机能效限定值及能源效率等级》GB 19576-2004，《多联式空调（热泵）机组能效限定值及能源效率等级》GB 21454－2008。产品的强制性国家能效标准，将产品根据机组的能源效率划分为 5 个等级，目的是配合我国能效标识制度的实施。能效等级的含义：1 等级是企业努力的目标；2 等级代表节能型产品的门槛（按最小寿命周期成本确定）；3、4 等级代表我国的平均水平；5 等级产品是未来淘汰的产品。

为了方便应用，以表 5 为规定的冷水（热泵）机组制冷性能系数（COP）值和表 6 规定的单元式空气调节机能效比（EER）值，这是根据国家标准《公共建筑节能设计标准》GB 50189－2005 中第 5.4.5、5.4.8 条强制性条文规定的能效限值。而表 7 为多联式空调（热泵）机组制冷综合性能系数 [IPLV（C）] 值，是根据《多联式空调（热泵）机组能效限定值及能源效率等级》GB 21454－2008 标准中规定的能效等级第 3 级。

表 5 冷水（热泵）机组制冷性能系数（COP）

类　　型		额定制冷量 CC（kW）	性能系数 COP（W/W）
水　冷	活塞式/涡旋式	CC<528	3.80
		528<CC≤1163	4.00
		CC>1163	4.20
	螺杆式	CC<528	4.10
		528<CC≤1163	4.30
		CC>1163	4.60
	离心式	CC<528	4.40
		528<CC≤1163	4.70
		CC>1163	5.10
风冷或蒸发冷却	活塞式/涡旋式	CC≤50	2.40
		CC>50	2.60
	螺杆式	CC≤50	2.60
		CC>50	2.80

表 6 单元式空气调节机组能效比（EER）

类　　型		能效比 EER（W/W）
风冷式	不接风管	2.60
	接风管	2.30
水冷式	不接风管	3.00
	接风管	2.70

表 7 多联式空调（热泵）机组制冷综合性能系数 [IPLV（C）]

名义制冷量 CC（W）	综合性能系数 [IPLV（C）]（能效等级第 3 级）
CC≤28000	3.20
28000<CC≤84000	3.15
84000<CC	3.10

5.4.4　寒冷地区尽管夏季时间不长，但在大城市中，安装分体式空调器的居住建筑还为数不少。分体式空调器的能效除与空调器的性能有关外，同时也与室外机合理的布置有很大关系。为了保证空调器室外机功能和能力的发挥，应将它设置在通风良好的地方，不应设置在通风不良的建筑竖井或封闭的或接近封闭的空间内，如内走廊等地方。如果室外机设置在阳光直射的地方，或有墙壁等障碍物使进、排风不畅和短路，都会影响室外机功能和能力的发挥，而使空调器能效降低。实际工程中，因清洗不便，室外机换热器被灰尘堵塞，造成能效下降甚至不能运行的情况很多。因此，在确定安装位置时，要保证室外机有清洗的条件。

5.4.5　引自《公共建筑节能设计标准》GB 50189－2005 中第 5.3.14、5.3.15 条。对于采暖期较长的地区，比如 HDD 大于 2000 的地区，回收排风热，能效和经济效益都很明显。

5.4.6　本条对居住建筑中的风机盘管机组的设置作出规定：

1　要求风机盘管具有一定的冷、热量调控能力，既有利于室内的正常使用，也有利于节能。三速开关是常见的风机盘管的调节方式，由使用人员根据自身的体感需求进行手动的高、中、低速控制。对于大多数居住建筑来说，这是一种比较经济可行的方式，可以在一定程度上节省冷、热消耗。但此方式的单独使用只针对定流量系统，这是设计中需要注意的。

2　采用人工手动的方式，无法做到实时控制。因此，在投资条件相对较好的建筑中，推荐采用利用温控器对房间温度进行自动控制的方式。（1）温控器直接控制风机的转速——适用于定流量系统；（2）温控器和电动阀联合控制房间的温度——适用于变流量系统。

5.4.7　按房间设计配置风量调控装置的目的是使得各房间的温度可调，在满足使用要求的基础上，避免部分房间的过冷或过热而带来的能源浪费。当投资允许时，可以考虑变风量系统的方式（末端采用变风量装置，风机采用变频调速控制）；当经济条件不允许时，各房间可配置方便人工使用的手动（或电动）装置，风机是否调速则需要根据风机的性能分析来确定。

5.4.8　本条文是强制性条文。

国家标准《地源热泵系统工程技术规范》GB 50366 中对于"地源热泵系统"的定义为"以岩土体、地下水或地表水为低温热源，由水源热泵机组、地热能交换系统、建筑物内系统组成的供热空调系统。根据地热能交换系统形式的不同，地源热泵系统分为地埋管地源热泵系统、地下水地源热泵系统和地表水地源热泵系统。"2006 年 9 月 4 日由财政部、建设部共同发文"关于印发《可再生能源建筑应用专项型、构造均与表 B.0.11 计算时的选定一致或近似时，可以直接采用表中给出的 φ 值计算墙体的平均传热系数；当两者差异较大时，需要另行计算。

下面给出表 B.0.11 计算时选定的结构性热桥的类型及构造。

资金管理暂行办法》的通知"（财建〔2006〕460 号）中第四条"专项资金支持的重点领域"中包含以下六方面：（1）与建筑一体化的太阳能供应生活热水、供热制冷、光电转换、照明；（2）利用土壤源热泵和浅层地下水源热泵技术供热制冷；（3）地表水丰富地区利用淡水源热泵技术供热制冷；（4）沿海地区利用海水源热泵技术供热制冷；（5）利用污水水源热泵技术供热制冷；（6）其他经批准的支持领域。地源热泵系统占其中两项。

要说明的是在应用地源热泵系统，不能破坏地下水资源。这里引用《地源热泵系统工程技术规范》GB 50366－2005 的强制性条文：即"3.1.1 条：地源热泵系统方案设计前，应进行工程场地状况调查，并对浅层地热能资源进行勘察"，"5.1.1 条：地下水换热系统应根据水文地质勘察资料进行设计，并必须采取可靠回灌措施，确保置换冷量或热量后的地下水全部回灌到同一含水层，不得对地下水资源造成浪费及污染。系统投入运行后，应对抽水量、回灌量及其水质进行监测"。

如果地源热泵系统采用地下埋管式换热器，要进行土壤温度平衡模拟计算，应注意并进行长期应用后土壤温度变化趋势的预测，以避免长期应用后土壤温度发生变化，出现机组效率降低甚至不能制冷或供热。

5.4.9 引自《公共建筑节能设计标准》GB 50189－2005 第 5.3.28 条。

5.4.10 引自《公共建筑节能设计标准》GB 50189－2005 第 5.3.29 条。

附录 B　平均传热系数和热桥线传热系数计算

B.0.11 外墙主断面传热系数的修正系数值 φ 受到保温类型、墙主断面传热系数以及结构性热桥节点构造等因素的影响。表 B.0.11 中给出的外保温常用的保温做法中，对应不同的外墙平均传热系数值时，墙体主断面传热系数的 φ 值。

做法选用表中均列出了采用普通窗或凸窗时，不同保温层厚度所能够达到的墙体平均传热系数值。设计中，若凸窗所占外窗总面积的比例达到 30%，墙体平均传热系数值则应按照凸窗一栏选用。

需要特别指出的是：相同的保温类型、墙主断面传热系数，当选用的结构性热桥节点构造不同时，φ 值的变化非常大。由于结构性热桥节点的构造做法多种多样，墙体中又包含多个结构性热桥，组合后的类型更是数量巨大，难以一一列举。表 B.0.11 的主要目的是方便计算，表中给出的只能是针对一般性的建筑，在选定的节点构造下计算出的 φ 值。

实际工程中，当需要修正的单元墙体的热桥类

结构性热桥类型及构造图（W-C、W-P、W-F、W-WR、W-WU、W-WB、W-SU、W-SB、W-B、W-B）

附录 D 外遮阳系数的简化计算

D.0.2 各种组合形式的外遮阳系数，可由参加组合的各种形式遮阳的外遮阳系数的乘积来近似确定。

例如：水平式＋垂直式组合的外遮阳系数＝水平式遮阳系数×垂直式遮阳系数

水平式＋挡板式组合的外遮阳系数＝水平式遮阳系数×挡板式遮阳系数

中华人民共和国行业标准

中华人民共和国行业标准

夏热冬暖地区居住建筑节能设计标准

Design standard for energy efficiency of residential buildings
in hot summer and warm winter zone

JGJ 75—2012

批准部门：中华人民共和国住房和城乡建设部
施行日期：2 0 1 3 年 4 月 1 日

中华人民共和国住房和城乡建设部
公　告

第 1533 号

住房城乡建设部关于发布行业标准
《夏热冬暖地区居住建筑节能设计标准》的公告

现批准《夏热冬暖地区居住建筑节能设计标准》为行业标准，编号为 JGJ 75 - 2012，自 2013 年 4 月 1 日起实施。其中，第 4.0.4、4.0.5、4.0.6、4.0.7、4.0.8、4.0.10、4.0.13、6.0.2、6.0.4、6.0.5、6.0.8、6.0.13 条为强制性条文，必须严格执行。原《夏热冬暖地区居住建筑节能设计标准》JGJ 75 - 2003 同时废止。

本标准由我部标准定额研究所组织中国建筑工业出版社出版发行。

中华人民共和国住房和城乡建设部

2012 年 11 月 2 日

前　言

根据原建设部《关于印发〈2007 年工程建设标准规范制订、修订计划（第一批）〉的通知》（建标〔2007〕125 号）的要求，标准编制组经广泛调查研究，认真总结实践经验，参考有关国际标准和国外先进标准，并在广泛征求意见的基础上，修订了本标准。

本标准的主要技术内容是：1. 总则；2. 术语；3. 建筑节能设计计算指标；4. 建筑和建筑热工节能设计；5. 建筑节能设计的综合评价；6. 暖通空调和照明节能设计。

本次修订的主要技术内容包括：将窗地面积比作为评价建筑节能指标的控制参数；规定了建筑外遮阳、自然通风的量化要求；增加了自然采光、空调和照明等系统的节能设计要求等。

本标准中以黑体字标志的条文为强制性条文，必须严格执行。

本标准由住房和城乡建设部负责管理和对强制性条文的解释，由中国建筑科学研究院负责具体技术内容的解释。执行过程中如有意见或建议，请寄送至中国建筑科学研究院（地址：北京市北三环东路 30 号，邮政编码：100013）。

本 标 准 主 编 单 位：中国建筑科学研究院
　　　　　　　　　　　广东省建筑科学研究院
本 标 准 参 编 单 位：福建省建筑科学研究院

华南理工大学建筑学院
广西建筑科学研究设计院
深圳市建筑科学研究院有限公司
广州大学土木工程学院
广州市建筑科学研究院有限公司
厦门市建筑科学研究院
广东省建筑设计研究院
福建省建筑设计研究院
海南华磊建筑设计咨询有限公司
厦门合道工程设计集团有限公司

本标准主要起草人员：杨仕超　林海燕　赵士怀
　　　　　　　　　　孟庆林　彭红圃　刘俊跃
　　　　　　　　　　冀兆良　任　俊　周　荃
　　　　　　　　　　朱惠英　黄夏东　赖卫中
　　　　　　　　　　王云新　江　刚　梁章旋
　　　　　　　　　　于　瑞　卓晋勉
本标准主要审查人员：屈国伦　张道正　汪志舞
　　　　　　　　　　黄晓忠　李泽武　吴　薇
　　　　　　　　　　李　申　董瑞霞　李　红

目　次

1 总则 ·············· 16—5

2 术语 ·············· 16—5

3 建筑节能设计计算指标 ·········· 16—5

4 建筑和建筑热工节能设计 ········· 16—6

5 建筑节能设计的综合评价 ········· 16—8

6 暖通空调和照明节能设计 ········· 16—8

附录 A　建筑外遮阳系数的计算

方法 ·············· 16—9

附录 B　反射隔热饰面太阳辐射吸收

系数的修正系数 ········· 16—10

附录 C　建筑物空调采暖年耗电指数

的简化计算方法 ········· 16—10

本标准用词说明 ············ 16—12

引用标准名录 ············· 16—12

附：条文说明 ············· 16—13

Contents

1 General Provisions ·················· 16—5

2 Terms ·················· 16—5

3 Calculation Index for Building
Energy Efficiency
Design ·················· 16—5

4 Building and Building Thermal
Design ·················· 16—6

5 Comprehensive Evaluation for
Building Energy Efficiency
Design ·················· 16—8

6 Energy Efficiency Design on HVAC
System and Illumination ·············· 16—8

Appendix A Calculation Method for
Outside Shading
Coefficient ·············· 16—9

Appendix B Correction Factor of Solar
Energy Absorptance for
Reflective Surface ········· 16—10

Appendix C Simplified Calculation
method of Building
Annual cooling and
Heating Electricity
Consumption
Factor ····················· 16—10

Explanation of Wording in This
Code ·················· 16—12

List of Quoted Standards ·················· 16—12

Addition: Explanation of
Provisions ·················· 16—13

1 总　则

1.0.1 为贯彻国家有关节约能源、保护环境的法律、法规和政策，改善夏热冬暖地区居住建筑室内热环境，降低建筑能耗，制定本标准。

1.0.2 本标准适用于夏热冬暖地区新建、扩建和改建居住建筑的节能设计。

1.0.3 夏热冬暖地区居住建筑的建筑热工、暖通空调和照明设计，必须采取节能措施，在保证室内热环境舒适的前提下，将建筑能耗控制在规定的范围内。

1.0.4 建筑节能设计应符合安全可靠、经济合理和保护环境的要求，按照因地制宜的原则，使用适宜技术。

1.0.5 夏热冬暖地区居住建筑的节能设计，除应符合本标准的规定外，尚应符合国家现行有关标准的规定。

2 术　语

2.0.1 外窗综合遮阳系数　overall shading coefficient of window

用以评价窗本身和窗口的建筑外遮阳装置综合遮阳效果的系数，其值为窗本身的遮阳系数 SC 与窗口的建筑外遮阳系数 SD 的乘积。

2.0.2 建筑外遮阳系数　outside shading coefficient of window

在相同太阳辐射条件下，有建筑外遮阳的窗口（洞口）所受到的太阳辐射照度的平均值与该窗口（洞口）没有建筑外遮阳时受到的太阳辐射照度的平均值之比。

2.0.3 挑出系数　outstretch coefficient

建筑外遮阳构件的挑出长度与窗高（宽）之比，挑出长度系指窗外表面距水平（垂直）建筑外遮阳构件端部的距离。

2.0.4 单一朝向窗墙面积比　window to wall ratio

窗（含阳台门）洞口面积与房间立面单元面积（即房间层高与开间定位线围成的面积）的比值。

2.0.5 平均窗墙面积比　mean of window to wall ratio

建筑物地上居住部分外墙面上的窗及阳台门（含露台、晒台等出入口）的洞口总面积与建筑物地上居住部分外墙立面的总面积之比。

2.0.6 房间窗地面积比　window to floor ratio

所在房间外墙面上的门窗洞口的总面积与房间地面面积之比。

2.0.7 平均窗地面积比　mean of window to floor ratio

建筑物地上居住部分外墙面上的门窗洞口的总面积与地上居住部分总建筑面积之比。

2.0.8 对比评定法　custom budget method

将所设计建筑物的空调采暖能耗和相应参照建筑物的空调采暖能耗作对比，根据对比的结果来判定所设计的建筑物是否符合节能要求。

2.0.9 参照建筑　reference building

采用对比评定法时作为比较对象的一栋符合节能标准要求的假想建筑。

2.0.10 空调采暖年耗电量　annual cooling and heating electricity consumption

按照设定的计算条件，计算出的单位建筑面积空调和采暖设备每年所要消耗的电能。

2.0.11 空调采暖年耗电指数　annual cooling and heating electricity consumption factor

实施对比评定法时需要计算的一个空调采暖能耗无量纲指数，其值与空调采暖年耗电量相对应。

2.0.12 通风开口面积　ventilation area

外围护结构上自然风气流通过开口的面积。用于进风者为进风开口面积，用于出风者为出风开口面积。

2.0.13 通风路径　ventilation path

自然通风气流经房间的进风开口进入，穿越房门、户内（外）公用空间及其出风开口至室外时可能经过的路线。

3 建筑节能设计计算指标

3.0.1 本标准将夏热冬暖地区划分为南北两个气候区（图3.0.1）。北区内建筑节能设计应主要考虑夏季空调，兼顾冬季采暖。南区内建筑节能设计应考虑夏季空调，可不考虑冬季采暖。

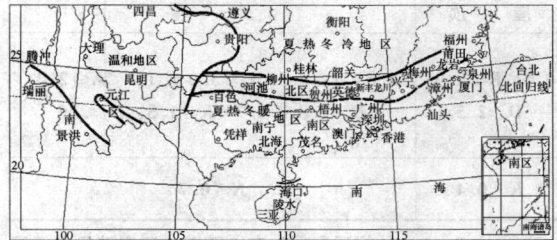

图 3.0.1　夏热冬暖地区气候分区图

3.0.2 夏季空调室内设计计算指标应按下列规定取值：

1 居住空间室内设计计算温度：26℃；

2 计算换气次数：1.0 次/h。

3.0.3 北区冬季采暖室内设计计算指标应按下列规定取值：

1 居住空间室内设计计算温度：16℃；

2 计算换气次数：1.0 次/h。

4 建筑和建筑热工节能设计

4.0.1 建筑群的总体规划应有利于自然通风和减轻热岛效应。建筑的平面、立面设计应有利于自然通风。

4.0.2 居住建筑的朝向宜采用南北向或接近南北向。

4.0.3 北区内，单元式、通廊式住宅的体形系数不宜大于 0.35，塔式住宅的体形系数不宜大于 0.40。

4.0.4 各朝向的单一朝向窗墙面积比，南、北向不应大于 0.40；东、西向不应大于 0.30。当设计建筑的外窗不符合上述规定时，其空调采暖年耗电指数（或耗电量）不应超过参照建筑的空调采暖年耗电指数（或耗电量）。

4.0.5 建筑的卧室、书房、起居室等主要房间的房间窗地面积比不应小于 1/7。当房间窗地面积比小于 1/5 时，外窗玻璃的可见光透射比不应小于 0.40。

4.0.6 居住建筑的天窗面积不应大于屋顶总面积的 4%，传热系数不应大于 $4.0W/(m^2 \cdot K)$，遮阳系数不应大于 0.40。当设计建筑的天窗不符合上述规定时，其空调采暖年耗电指数（或耗电量）不应超过参照建筑的空调采暖年耗电指数（或耗电量）。

4.0.7 居住建筑屋顶和外墙的传热系数和热惰性指标应符合表 4.0.7 的规定。当设计建筑的南、北外墙不符合表 4.0.7 的规定时，其空调采暖年耗电指数（或耗电量）不应超过参照建筑的空调采暖年耗电指数（或耗电量）。

表 4.0.7　屋顶和外墙的传热系数 $K[W/(m^2 \cdot K)]$、热惰性指标 D

屋　顶	外　墙
$0.4<K\leqslant0.9$, $D\geqslant2.5$	$2.0<K\leqslant2.5$, $D\geqslant3.0$ 或 $1.5<K\leqslant2.0$, $D\geqslant2.8$ 或 $0.7<K\leqslant1.5$, $D\geqslant2.5$
$K\leqslant0.4$	$K\leqslant0.7$

注：1　$D<2.5$ 的轻质屋顶和东、西墙，还应满足现行国家标准《民用建筑热工设计规范》GB 50176 所规定的隔热要求。

2　外墙传热系数 K 和热惰性指标 D 要求中，$2.0<K\leqslant2.5$，$D\geqslant3.0$ 这一档仅适用于南区。

4.0.8 居住建筑外窗的平均传热系数和平均综合遮阳系数应符合表 4.0.8-1 和表 4.0.8-2 的规定。当设计建筑的外窗不符合表 4.0.8-1 和表 4.0.8-2 的规定时，建筑的空调采暖年耗电指数（或耗电量）不应超过参照建筑的空调采暖年耗电指数（或耗电量）。

表 4.0.8-1　北区居住建筑建筑物外窗平均传热系数和平均综合遮阳系数限值

外墙平均指标	外窗平均传热系数 K [W/(m²·K)]	外窗加权平均综合遮阳系数 S_W			
		平均窗地面积比 $C_{MF}\leqslant0.25$ 或平均窗墙面积比 $C_{MW}\leqslant0.25$	平均窗地面积比 $0.25<C_{MF}\leqslant0.30$ 或平均窗墙面积比 $0.25<C_{MW}\leqslant0.30$	平均窗地面积比 $0.30<C_{MF}\leqslant0.35$ 或平均窗墙面积比 $0.30<C_{MW}\leqslant0.35$	平均窗地面积比 $0.35<C_{MF}\leqslant0.40$ 或平均窗墙面积比 $0.35<C_{MW}\leqslant0.40$
$K\leqslant2.0$ $D\geqslant2.8$	4.0	≤0.3	≤0.2	—	—
	3.5	≤0.5	≤0.3	≤0.2	—
	3.0	≤0.7	≤0.5	≤0.3	≤0.3
	2.5	≤0.8	≤0.6	≤0.6	≤0.4
$K\leqslant1.5$ $D\geqslant2.5$	6.0	≤0.6	≤0.3	—	—
	5.5	≤0.8	≤0.4	—	—
	5.0	≤0.9	≤0.6	≤0.3	—
	4.5	≤0.9	≤0.7	≤0.5	≤0.2
$K\leqslant1.5$ $D\geqslant2.5$	4.0	≤0.9	≤0.9	≤0.6	≤0.4
	3.5	≤0.9	≤0.9	≤0.7	≤0.5
	3.0	≤0.9	≤0.9	≤0.8	≤0.6
	2.5	≤0.9	≤0.9	≤0.9	≤0.7
$K\leqslant1.0$ $D\geqslant2.5$ 或 $K\leqslant0.7$	6.0	≤0.9	≤0.6	—	—
	5.5	≤0.9	≤0.7	≤0.4	—
	5.0	≤0.9	≤0.9	≤0.6	—
	4.5	≤0.9	≤0.9	≤0.8	≤0.7
	4.0	≤0.9	≤0.9	≤0.9	≤0.7
	3.5	≤0.9	≤0.9	≤0.9	≤0.8

表 4.0.8-2　南区居住建筑建筑物外窗平均综合遮阳系数限值

外墙平均指标 ($\rho\leqslant0.8$)	外窗的加权平均综合遮阳系数 S_W				
	平均窗地面积比 $C_{MF}\leqslant0.25$ 或平均窗墙面积比 $C_{MW}\leqslant0.25$	平均窗地面积比 $0.25<C_{MF}\leqslant0.30$ 或平均窗墙面积比 $0.25<C_{MW}\leqslant0.30$	平均窗地面积比 $0.30<C_{MF}\leqslant0.35$ 或平均窗墙面积比 $0.30<C_{MW}\leqslant0.35$	平均窗地面积比 $0.35<C_{MF}\leqslant0.40$ 或平均窗墙面积比 $0.35<C_{MW}\leqslant0.40$	平均窗地面积比 $0.40<C_{MF}\leqslant0.45$ 或平均窗墙面积比 $0.40<C_{MW}\leqslant0.45$
$K\leqslant2.5$ $D\geqslant3.0$	≤0.5	≤0.4	≤0.3	≤0.2	—

外墙平均指标 ($\rho \leq 0.8$)	外窗的加权平均综合遮阳系数 S_W				
	平均窗地面积比 $C_{MF} \leq 0.25$ 或平均窗墙面积比 $C_{MW} \leq 0.25$	平均窗地面积比 $0.25 < C_{MF} \leq 0.30$ 或平均窗墙面积比 $0.25 < C_{MW} \leq 0.30$	平均窗地面积比 $0.30 < C_{MF} \leq 0.35$ 或平均窗墙面积比 $0.30 < C_{MW} \leq 0.35$	平均窗地面积比 $0.35 < C_{MF} \leq 0.40$ 或平均窗墙面积比 $0.35 < C_{MW} \leq 0.40$	平均窗地面积比 $0.40 < C_{MF} \leq 0.45$ 或平均窗墙面积比 $0.40 < C_{MW} \leq 0.45$
$K \leq 2.0$ $D \geq 2.8$	≤ 0.6	≤ 0.5	≤ 0.4	≤ 0.3	≤ 0.2
$K \leq 1.5$ $D \geq 2.5$	≤ 0.8	≤ 0.7	≤ 0.6	≤ 0.5	≤ 0.4
$K \leq 1.0$ $D \geq 2.5$ 或 $K \leq 0.7$	≤ 0.9	≤ 0.8	≤ 0.7	≤ 0.6	≤ 0.5

注: 1 外窗包括阳台门。

    2 ρ 为外墙外表面的太阳辐射吸收系数。

4.0.9 外窗平均综合遮阳系数, 应为建筑各个朝向平均综合遮阳系数按各朝向窗面积和朝向的权重系数加权平均的数值, 并应按下式计算:

$$S_W = \frac{A_E \cdot S_{W,E} + A_S \cdot S_{W,S} + 1.25 A_W \cdot S_{W,W} + 0.8 A_N \cdot S_{W,N}}{A_E + A_S + A_W + A_N}$$

$$(4.0.9)$$

式中: A_E、A_S、A_W、A_N——东、南、西、北朝向的窗面积;

$S_{W,E}$、$S_{W,S}$、$S_{W,W}$、$S_{W,N}$——东、南、西、北朝向窗的平均综合遮阳系数。

注: 各个朝向的权重系数分别为: 东、南朝向取1.0, 西朝向取1.25, 北朝向取0.8。

4.0.10 居住建筑的东、西向外窗必须采取建筑外遮阳措施, 建筑外遮阳系数 SD 不应大于 0.8。

4.0.11 居住建筑南、北向外窗应采取建筑外遮阳措施, 建筑外遮阳系数 SD 不应大于 0.9。当采用水平、垂直或综合建筑外遮阳构造时, 外遮阳构造的挑出长度不应小于表 4.0.11 规定。

表 4.0.11　建筑外遮阳构造的挑出长度限值 (m)

朝 向	南			北		
遮阳形式	水平	垂直	综合	水平	垂直	综合
北区	0.25	0.20	0.15	0.40	0.25	0.15
南区	0.30	0.25	0.15	0.45	0.30	0.20

4.0.12 窗口的建筑外遮阳系数 SD 可采用本标准附录 A 的简化方法计算, 且北区建筑外遮阳系数应取冬季和夏季的建筑外遮阳系数的平均值, 南区应取夏

季的建筑外遮阳系数。窗口上方的上一楼层阳台或外廊应作为水平遮阳计算; 同一立面对相邻立面上的多个窗口形成自遮挡时应逐一窗口计算。典型形式的建筑外遮阳系数可按表 4.0.12 取值。

表 4.0.12　典型形式的建筑外遮阳系数 SD

遮 阳 形 式	建筑外遮阳系数 SD
可完全遮挡直射阳光的固定百叶、固定挡板遮阳板等	0.5
可基本遮挡直射阳光的固定百叶、固定挡板、遮阳板	0.7
较密的花格	0.7
可完全覆盖窗的不透明活动百叶、金属卷帘	0.5
可完全覆盖窗的织物卷帘	0.7

注: 位于窗口上方的上一楼层的阳台也作为遮阳板考虑。

4.0.13 外窗 (包含阳台门) 的通风开口面积不应小于房间地面面积的 10% 或外窗面积的 45%。

4.0.14 居住建筑应能自然通风, 每户至少应有一个居住房间通风开口和通风路径的设计满足自然通风要求。

4.0.15 居住建筑 1～9 层外窗的气密性能不应低于国家标准《建筑外门窗气密、水密、抗风压性能分级及检测方法》GB/T 7106 - 2008 中规定的 4 级水平; 10 层及 10 层以上外窗的气密性能不应低于国家标准《建筑外门窗气密、水密、抗风压性能分级及检测方法》GB/T 7106 - 2008 中规定的 6 级水平。

4.0.16 居住建筑的屋顶和外墙宜采用下列隔热措施:

　1 反射隔热外饰面;

　2 屋顶内设置贴铝箔的封闭空气间层;

　3 用含水多孔材料做屋面或外墙面的面层;

　4 屋面蓄水;

　5 屋面遮阳;

　6 屋面种植;

　7 东、西外墙采用花格构件或植物遮阳。

4.0.17 当按规定性指标设计, 计算屋顶和外墙总热阻时, 本标准第 4.0.16 条采用的各项节能措施的当量热阻附加值, 应按表 4.0.17 取值。反射隔热外饰面的修正方法应符合本标准附录 B 的规定。

表 4.0.17　隔热措施的当量附加热阻

采取节能措施的屋顶或外墙		当量热阻附加值 (m² · K/W)
反射隔热外饰面	$(0.4 \leq \rho < 0.6)$	0.15
	$(\rho < 0.4)$	0.20

续表 4.0.17

采取节能措施的屋顶或外墙			当量热阻附加值 ($m^2 \cdot K/W$)
屋顶内部带有铝箔的封闭空气间层	单面铝箔空气间层 (mm)	20	0.43
		40	0.57
		60 及以上	0.64
	双面铝箔空气间层 (mm)	20	0.56
		40	0.84
		60 及以上	1.01
用含水多孔材料做面层的屋顶面层			0.45
用含水多孔材料做面层的外墙面			0.35
屋面蓄水层			0.40
屋面遮阳构造			0.30
屋面种植层			0.90
东、西外墙体遮阳构造			0.30

注：ρ 为修正后的屋顶或外墙面外表面的太阳辐射吸收系数。

5 建筑节能设计的综合评价

5.0.1 居住建筑的节能设计可采用"对比评定法"进行综合评价。当所设计的建筑不能完全符合本标准第 4.0.4 条、第 4.0.6 条、第 4.0.7 条和第 4.0.8 条的规定时，必须采用"对比评定法"对其进行综合评价。综合评价的指标可采用空调采暖年耗电指数，也可直接采用空调采暖年耗电量，并应符合下列规定：

1 当采用空调采暖年耗电指数作为综合评定指标时，所设计建筑的空调采暖年耗电指数不得超过参照建筑的空调采暖年耗电指数，即应符合下式的规定：

$$ECF \leqslant ECF_{ref} \qquad (5.0.1\text{-}1)$$

式中：ECF——所设计建筑的空调采暖年耗电指数；

ECF_{ref}——参照建筑的空调采暖年耗电指数。

2 当采用空调采暖年耗电量指标作为综合评定指标时，在相同的计算条件下，用相同的计算方法，所设计建筑的空调采暖年耗电量不得超过参照建筑的空调采暖年耗电量，即应符合下式的规定：

$$EC \leqslant EC_{ref} \qquad (5.0.1\text{-}2)$$

式中：EC——所设计建筑的空调采暖年耗电量；

EC_{ref}——参照建筑的空调采暖年耗电量。

3 对节能设计进行综合评价的建筑，其天窗的遮阳系数和传热系数应符合本标准第 4.0.6 条的规定，屋顶、东西墙的传热系数和热惰性指标应符合本标准第 4.0.7 条的规定。

5.0.2 参照建筑应按下列原则确定：

1 参照建筑的建筑形状、大小和朝向均应与所设计建筑完全相同；

2 参照建筑各朝向和屋顶的开窗洞口面积应与所设计建筑相同，但当所设计建筑某个朝向的窗（包括屋顶的天窗）洞面积超过本标准第 4.0.4 条、第 4.0.6 条的规定时，参照建筑该朝向（或屋顶）的窗洞口面积应减小到符合本标准第 4.0.4 条、第 4.0.6 条的规定。

3 参照建筑外墙、外窗和屋顶的各项性能指标应为本标准第 4.0.7 条和第 4.0.8 条规定的最低限值。其中墙体、屋顶外表面的太阳辐射吸收系数应取 0.7；当所设计建筑的墙体热惰性指标大于 2.5 时，参照建筑的墙体传热系数应取 $1.5W/(m^2 \cdot K)$，屋顶的传热系数应取 $0.9W/(m^2 \cdot K)$，北区窗的传热系数应取 $4.0W/(m^2 \cdot K)$；当所设计建筑的墙体热惰性指标小于 2.5 时，参照建筑的墙体传热系数应取 $0.7W/(m^2 \cdot K)$，屋顶的传热系数应取 $0.4W/(m^2 \cdot K)$，北区窗的传热系数应取 $4.0W/(m^2 \cdot K)$。

5.0.3 建筑节能设计综合评价指标的计算条件应符合下列规定：

1 室内计算温度，冬季应取 16℃，夏季应取 26℃。

2 室外计算气象参数应采用当地典型气象年。

3 空调和采暖时，换气次数应取 1.0 次/h。

4 空调额定能效比应取 3.0，采暖额定能效比应取 1.7。

5 室内不应考虑照明得热和其他内部得热。

6 建筑面积应按墙体中轴线计算；计算体积时，墙仍按中轴线计算，楼层高度应按楼板面至楼板面计算；外表面积的计算应按墙体中轴线和楼板面计算。

7 当建筑屋顶和外墙采用反射隔热外饰面（$\rho <$ 0.6）时，其计算用的太阳辐射吸收系数应取按本标准附录 B 修正之值，且不得重复计算其当量附加热阻。

5.0.4 建筑的空调采暖年耗电量应采用动态逐时模拟的方法计算。空调采暖年耗电量应为计算所得到的单位建筑面积空调年耗电量与采暖年耗电量之和。南区内的建筑物可忽略采暖年耗电量。

5.0.5 建筑的空调采暖年耗电指数应采用本标准附录 C 的方法计算。

6 暖通空调和照明节能设计

6.0.1 居住建筑空调与采暖方式及设备的选择，应根据当地资源情况，充分考虑节能、环保因素，并经技术经济分析后确定。

6.0.2 采用集中式空调（采暖）方式或户式（单元式）中央空调的住宅应进行逐时逐项冷负荷计算；采用集中式空调（采暖）方式的居住建筑，应设置分室（户）温度控制及分户冷（热）量计量设施。

6.0.3 居住建筑进行夏季空调、冬季采暖时，宜采用电驱动的热泵型空调器（机组）、燃气、蒸汽或热水驱动的吸收式冷（热）水机组，或有利于节能的其他形式的冷（热）源。

6.0.4 设计采用电机驱动压缩机的蒸汽压缩循环冷水（热泵）机组，或采用名义制冷量大于 7100W 的电机驱动压缩机单元式空气调节机，或采用蒸汽、热水型溴化锂吸收式冷水机组及直燃型溴化锂吸收式冷（温）水机组作为住宅小区或整栋楼的冷（热）源机组时，所选用机组的能效比（性能系数）应符合现行国家标准《公共建筑节能设计标准》GB 50189 中的规定值。

6.0.5 采用多联式空调（热泵）机组作为户式集中空调（采暖）机组时，所选用机组的制冷综合性能系数〔IPLV（C）〕不应低于现行国家标准《多联式空调（热泵）机组能效限定值及能源效率等级》GB 21454 中规定的第 3 级。

6.0.6 居住建筑设计时采暖方式不宜设计采用直接电热设备。

6.0.7 采用分散式房间空调器进行空调和（或）采暖时，宜选择符合现行国家标准《房间空气调节器能效限定值及能效等级》GB 12021.3 和《转速可控型房间空气调节器能效限定值及能源效率等级》GB 21455 中规定的能效等级 2 级以上的节能型产品。

6.0.8 当选择土壤源热泵系统、浅层地下水源热泵系统、地表水（淡水、海水）源热泵系统、污水水源热泵系统作为居住区或户用空调（采暖）系统的冷热源时，应进行适宜性分析。

6.0.9 空调室外机的安装位置应避免多台相邻室外机吹出气流相互干扰，并应考虑凝结水的排放和减少对相邻住户的热污染和噪声污染；设计搁板（架）构造时应有利于室外机的吸入和排出气流通畅和缩短室内、外机的连接管路，提高空调器效率；设计安装整体式（窗式）房间空调器的建筑应预留其安放位置。

6.0.10 居住建筑通风宜采用自然通风使室内满足热舒适及空气质量要求；当自然通风不能满足要求时，可辅以机械通风。

6.0.11 在进行居住建筑通风设计时，通风机械设备宜选用符合国家现行标准规定的节能型设备及产品。

6.0.12 居住建筑通风设计应处理好室内气流组织，提高通风效率。厨房、卫生间应安装机械排风装置。

6.0.13 居住建筑公共部位的照明应采用高效光源、灯具并应采取节能控制措施。

附录 A 建筑外遮阳系数的计算方法

A.0.1 建筑外遮阳系数应按下列公式计算：

$$SD = ax^2 + bx + 1 \quad (A.0.1-1)$$

$$x = A/B \quad (A.0.1-2)$$

式中：SD——建筑外遮阳系数；

x——挑出系数，采用水平和垂直遮阳时，分别为遮阳板自窗面外挑长度 A 与遮阳板端部到窗对边距离 B 之比；采用挡板遮阳时，为正对窗口的挡板高度 A 与窗高 B 之比。当 $x \geqslant 1$ 时，取 $x = 1$；

a、b——系数，按表 A.0.1 选取；

A、B——按图 A.0.1-1～图 A.0.1-3 规定确定。

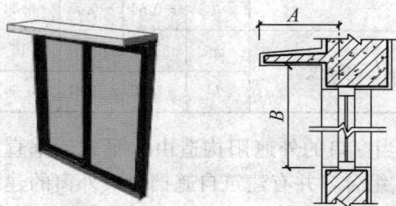

图 A.0.1-1 水平式遮阳

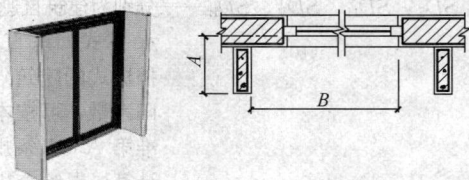

图 A.0.1-2 垂直式遮阳

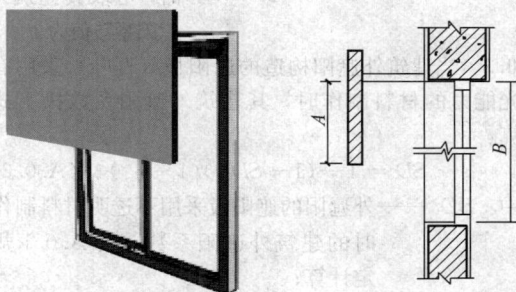

图 A.0.1-3 挡板式遮阳

表 A.0.1 建筑外遮阳系数计算公式的系数

气候区	建筑外遮阳类型		系数	东	南	西	北
夏热冬暖地区北区	水平式	冬季	a	0.30	0.10	0.20	0.00
			b	-0.75	-0.45	-0.45	0.00
		夏季	a	0.35	0.35	0.20	0.20
			b	-0.65	-0.65	-0.40	-0.40
	垂直式	冬季	a	0.30	0.25	0.25	0.05
			b	-0.75	-0.60	-0.60	-0.15
		夏季	a	0.25	0.40	0.30	0.30
			b	-0.60	-0.75	-0.60	-0.60
	挡板式	冬季	a	0.24	0.25	0.24	0.16
			b	-1.01	-1.01	-1.01	-0.95
		夏季	a	0.18	0.41	0.18	0.09
			b	-0.63	-0.86	-0.63	-0.92

气候区	建筑外遮阳类型	系数	东	南	西	北
夏热冬暖地区南区	水平式	a	0.35	0.35	0.20	0.20
		b	−0.65	−0.65	−0.40	−0.40
	垂直式	a	0.25	0.40	0.30	0.30
		b	−0.60	−0.75	−0.60	−0.60
	挡板式	a	0.16	0.35	0.16	0.17
		b	−0.60	−1.01	−0.60	−0.97

A.0.2 当窗口的外遮阳构造由水平式、垂直式、挡板式形式组合，并有建筑自遮挡时，外窗的建筑外遮阳系数应按下式计算：

$$SD = SD_S \cdot SD_H \cdot SD_V \cdot SD_B \quad (A.0.2)$$

式中：SD_S、SD_H、SD_V、SD_B——分别为建筑自遮挡、水平式、垂直式、挡板式的建筑外遮阳系数，可按本标准第 A.0.1 条规定计算；当组合中某种遮阳形式不存在时，可取其建筑外遮阳系数值为 1。

A.0.3 当建筑外遮阳构造的遮阳板（百叶）采用有透光能力的材料制作时，其建筑外遮阳系数按下式计算：

$$SD = 1 - (1 - SD^*)(1 - \eta^*) \quad (A.0.3)$$

式中：SD^*——外遮阳的遮阳板采用不透明材料制作时的建筑外遮阳系数，按 A.0.1 规定计算；

η^*——遮阳板（构造）材料的透射比，按表 A.0.3 选取。

表 A.0.3 遮阳板（构造）材料的透射比

遮阳板使用的材料	规 格	η^*
织物面料	—	0.5 或按实测太阳光透射比
玻璃钢板	—	0.5 或按实测太阳光透射比
玻璃、有机玻璃类板	0<太阳光透射比≤0.6	0.5
	0.6<太阳光透射比≤0.9	0.8
金属穿孔板	穿孔率：0<φ≤0.2	0.15
	穿孔率：0.2<φ≤0.4	0.3
	穿孔率：0.4<φ≤0.6	0.5
	穿孔率：0.6<φ≤0.8	0.7
混凝土、陶土釉彩窗外花格	—	0.6 或按实际镂空比例及厚度
木质、金属窗外花格	—	0.7 或按实际镂空比例及厚度
木质、竹质窗外帘		0.4 或按实际镂空比例

附录 B 反射隔热饰面太阳辐射吸收系数的修正系数

B.0.1 节能、隔热设计计算时，反射隔热外饰面的太阳辐射吸收系数取值应采用污染修正系数进行修正，污染修正后的太阳辐射吸收系数应按式（B.0.1-1）计算。

$$\rho' = \rho \cdot a \quad (B.0.1-1)$$

$$a = 11.384(\rho \times 100)^{-0.6241} \quad (B.0.1-2)$$

式中：ρ——修正前的太阳辐射吸收系数；

ρ'——修正后的太阳辐射吸收系数，用于节能、隔热设计计算；

a——污染修正系数，当 $\rho < 0.5$ 时修正系数按式（B.0.1-2）计算，当 $\rho \geq 0.5$ 时，取 a 为 1.0。

附录 C 建筑物空调采暖年耗电指数的简化计算方法

C.0.1 建筑物的空调采暖年耗电指数应按下式计算：

$$ECF = ECF_C + ECF_H \quad (C.0.1)$$

式中：ECF_C——空调年耗电指数；

ECF_H——采暖年耗电指数。

C.0.2 建筑物空调年耗电指数应按下列公式计算：

$$ECF_C = \left[\frac{(ECF_{C.R} + ECF_{C.WL} + ECF_{C.WD})}{A} \right. $$
$$\left. + C_{C.N} \cdot h \cdot N + C_{C.0} \right] \cdot C_C \quad (C.0.2-1)$$

$$C_C = C_{qc} \cdot C_{FA}^{-0.147} \quad (C.0.2-2)$$

$$ECF_{C.R} = C_{C.R} \sum_i K_i F_i \rho_i \quad (C.0.2-3)$$

$$ECF_{C.WL} = C_{C.WL.E} \sum_{i=1} K_i F_i \rho_i + C_{C.WL.S} \sum_i K_i F_i \rho_i$$
$$+ C_{C.WL.W} \sum_i K_i F_i \rho_i + C_{C.WL.N} \sum_i K_i F_i \rho_i$$
$$(C.0.2-4)$$

$$ECF_{C.WD} = C_{C.WD.E} \sum_i F_i SC_i SD_{C.i} + C_{C.WD.S}$$
$$\sum_i F_i SC_i SD_{C.i} + C_{C.WD.W}$$
$$\sum_i F_i SC_i SD_{C.i} + C_{C.WD.N} \sum_i F_i SC_i SD_{C.i}$$
$$+ C_{C.SK} \sum_i F_i SC_i \quad (C.0.2-5)$$

式中：A——总建筑面积（m^2）；

N——换气次数（次/h）；

h——按建筑面积进行加权平均的楼层高度（m）；

$C_{C.N}$——空调年耗电指数与换气次数有关的系数，$C_{C.N}$取 4.16；

$C_{C.0}$，C_C——空调年耗电指数的有关系数，$C_{C.0}$取 —4.47；

$ECF_{C.R}$——空调年耗电指数与屋面有关的参数；

$ECF_{C.WL}$——空调年耗电指数与墙体有关的参数；

$ECF_{C.WD}$——空调年耗电指数与外门窗有关的参数；

F_i——各个围护结构的面积（m^2）；

K_i——各个围护结构的传热系数[W/(m^2·K)]；

ρ_i——各个墙面的太阳辐射吸收系数；

SC_i——各个外门窗的遮阳系数；

$SD_{C.i}$——各个窗的夏季建筑外遮阳系数，外遮阳系数按本标准附录A计算；

C_{FA}——外围护结构的总面积（不包括室内地面）与总建筑面积之比；

C_{qc}——空调年耗电指数与地区有关的系数，南区取 1.13，北区取 0.64。

公式（C.0.2-3）、公式（C.0.2-4）、公式（C.0.2-5）中的其他有关系数应符合表 C.0.2 的规定。

表 C.0.2　空调耗电指数计算的有关系数

系　数	所在墙面的朝向			
	东	南	西	北
$C_{C.WL}$（重质）	18.6	16.6	20.4	12.0
$C_{C.WL}$（轻质）	29.2	33.2	40.8	24.0
$C_{C.WD}$	137	173	215	131
$C_{C.R}$（重质）	35.2			
$C_{C.R}$（轻质）	70.4			
$C_{C.SK}$	363			

注：重质是指热惰性指标大于等于 2.5 的墙体和屋顶；轻质是指热惰性指标小于 2.5 的墙体和屋顶。

C.0.3 建筑物采暖的年耗电指数应按下列公式进行计算：

$$ECF_H = \left[\frac{ECF_{H.R} + ECF_{H.WL} + ECF_{H.WD}}{A} + C_{H.N} \cdot h \cdot N + C_{H.0} \right] \cdot C_H$$
$$(C.0.3-1)$$

$$C_H = C_{qh} \cdot C_{FA}^{0.370} \qquad (C.0.3-2)$$

$$ECF_{H.R} = C_{H.R.K} \sum_i K_i F_i + C_{H.R} \sum_i K_i F_i \rho_i$$
$$(C.0.3-3)$$

$$ECF_{H.WL} = C_{H.WL.E} \sum_i K_i F_i \rho_i + C_{H.WL.S} \sum_i K_i F_i \rho_i$$
$$+ C_{H.WL.W} \sum_i K_i F_i \rho_i + C_{H.WL.N} \sum_i K_i F_i \rho_i$$
$$+ C_{H.WL.K.E} \sum_i K_i F_i + C_{H.WL.K.S} \sum_i K_i F_i$$
$$+ C_{H.WL.K.W} \sum_i K_i F_i + C_{H.WL.K.N} \sum_i K_i F_i$$
$$(C.0.3-4)$$

$$ECF_{H.WD} = C_{H.WD.E} \sum_i F_i SC_i SD_{H.i} + C_{H.WD.S}$$

$$\sum_i F_i SC_i SD_{H.i} + C_{H.WD.W}$$
$$\sum_i F_i SC_i SD_{H.i} + C_{H.WD.N} \sum_i F_i SC_i SD_{H.i}$$
$$+ C_{H.WD.K.E} \sum_i F_i K_i + C_{H.WD.K.S} \sum_i F_i K_i$$
$$+ C_{H.WD.K.W} \sum_i F_i K_i + C_{H.WD.K.N} \sum_i F_i K_i$$
$$+ C_{H.SK} \sum_i F_i SC_i SD_{H.i} + C_{H.SK.K} \sum_i F_i K_i$$
$$(C.0.3-5)$$

式中：A——总建筑面积（m^2）；

h——按建筑面积进行加权平均的楼层高度（m）；

N——换气次数（次/h）；

$C_{H.N}$——采暖年耗电指数与换气次数有关的系数，$C_{H.N}$取 4.61；

$C_{H.0}$，C_H——采暖的年耗电指数的有关系数，$C_{H.0}$取 2.60；

$ECF_{H.R}$——采暖年耗电指数与屋面有关的参数；

$ECF_{H.WL}$——采暖年耗电指数与墙体有关的参数；

$ECF_{H.WD}$——采暖年耗电指数与外门窗有关的参数；

F_i——各个围护结构的面积（m^2）；

K_i——各个围护结构的传热系数[W/(m^2·K)]；

ρ_i——各个墙面的太阳辐射吸收系数；

SC_i——各个窗的遮阳系数；

$SD_{H.i}$——各个窗的冬季建筑外遮阳系数，外遮阳系数应按本标准附录A计算；

C_{FA}——外围护结构的总面积（不包括室内地面）与总建筑面积之比；

C_{qh}——采暖年耗电指数与地区有关的系数，南区取 0，北区取 0.7。

公式（C.0.3-3）、公式（C.0.3-4）、公式（C.0.3-5）中的其他有关系数见表 C.0.3。

表 C.0.3　采暖能耗指数计算的有关系数

系　数	东	南	西	北
$C_{H.WL}$（重质）	—3.6	—9.0	—10.8	—3.6
$C_{H.WL}$（轻质）	—7.2	—18.0	—21.6	—7.2
$C_{H.WL.K}$（重质）	14.4	15.1	23.4	14.6
$C_{H.WL.K}$（轻质）	28.8	30.2	46.8	29.2
$C_{H.WD}$	—32.5	—103.2	—141.1	—32.7
$C_{H.WD.K}$	8.3	8.5	14.5	8.5
$C_{H.R}$（重质）	—7.4			
$C_{H.R}$（轻质）	—14.8			
$C_{H.R.K}$（重质）	21.4			
$C_{H.R.K}$（轻质）	42.8			
$C_{H.SK}$	—97.3			
$C_{H.SK.K}$	13.3			

注：重质是指热惰性指标大于等于 2.5 的墙体和屋顶；轻质是指热惰性指标小于 2.5 的墙体和屋顶。

本标准用词说明

1 为便于在执行本标准条文时区别对待，对要求严格程度不同的用词说明如下：

　　1)表示很严格，非这样做不可的：
　　　正面词采用"必须"，反面词采用"严禁"；

　　2)表示严格，在正常情况下均应这样做的：
　　　正面词采用"应"，反面词采用"不应"或"不得"；

　　3)表示允许稍有选择，在条件许可时首先应这样做的：
　　　正面词采用"宜"，反面词采用"不宜"；

　　4)表示有选择，在一定条件下可以这样做的：
　　　采用"可"。

2 标准中指明应按其他有关标准执行的写法为："应符合……的规定(或要求)"或"应按……执行"。

引用标准名录

1 《民用建筑热工设计规范》GB 50176

2 《公共建筑节能设计标准》GB 50189

3 《建筑外门窗气密、水密、抗风压性能分级及检测方法》GB/T 7106—2008

4 《房间空气调节器能效限定值及能效等级》GB 12021.3

5 《多联式空调(热泵)机组能效限定值及能源效率等级》GB 21454

6 《转速可控型房间空气调节器能效限定值及能源效率等级》GB 21455

中华人民共和国行业标准

夏热冬暖地区居住建筑节能设计标准

JGJ 75—2012

条 文 说 明

修 订 说 明

《夏热冬暖地区居住建筑节能设计标准》
JGJ 75-2012，经住房和城乡建设部 2012 年 11 月 2
日以第 1533 号公告批准、发布。

本标准是在《夏热冬暖地区居住建筑节能设计标准》JGJ 75-2003 的基础上修订而成的。上一版的主编单位是中国建筑科学研究院，主要起草人是郎四维、杨仕超、林海燕、涂逢祥、赵士怀、彭红圃、孟庆林、任俊、刘俊跃、冀兆良、石民祥、黄夏东、李劲鹏、赖卫中、梁章旋、陆琦、张黎明、王云新。

本次修订的主要技术内容：1. 引入窗地面积比，作为与窗墙面积比并行的确定门窗节能指标的控制参数；2. 将东、西朝向窗户的建筑外遮阳作为强制性条文；3. 建筑通风的要求更具体；4. 规定了多联式空调（热泵）机组的能效级别；5. 对采用集中式空调住宅的设计，强制要求计算逐时逐项冷负荷。

本标准修订过程中，编制组进行了广泛深入的调查研究，总结了我国夏热冬暖地区近些年来开展建筑节能工作的实践经验，使修订后的标准针对性更强，更加合理，也便于实施。

为便于广大设计、施工、科研、学校等单位有关人员在使用本标准时能正确理解和执行条文规定，《夏热冬暖地区居住建筑节能设计标准》编制组按章、节、条顺序编制了条文说明，对条文规定的目的、依据以及执行中需注意的有关事项进行了说明，还着重对强制性条文的强制性理由作了解释。但是，本条文说明不具备与标准正文同等的法律效力，仅供使用者作为理解和把握标准规定的参考。

目　次

1　总则 ………………………… 16—16

2　术语 ………………………… 16—16

3　建筑节能设计计算指标 ……… 16—17

4　建筑和建筑热工节能设计 …… 16—18

5　建筑节能设计的综合评价 …… 16—25

6　暖通空调和照明节能设计 …… 16—27

附录 A　建筑外遮阳系数的计算
　　　　方法 ……………………… 16—29

1 总　则

1.0.1　《中华人民共和国节约能源法》第十四条规定"建筑节能的国家标准、行业标准由国务院建设主管部门组织制定，并依照法定程序发布。省、自治区、直辖市人民政府建设主管部门可以根据本地实际情况，制定严于国家标准或者行业标准的地方建筑节能标准，并报国务院标准化主管部门和国务院建设主管部门备案。"第三十五条规定"建筑工程的建设、设计、施工和监理单位应当遵守建筑节能标准。不符合建筑节能标准的建筑工程，建设主管部门不得批准开工建设；已经开工建设的，应当责令停止施工、限期改正；已经建成的，不得销售或者使用。建设主管部门应当加强对在建建筑工程执行建筑节能标准情况的监督检查。"第四十条规定"国家鼓励在新建建筑和既有建筑节能改造中使用新型墙体材料等节能建筑材料和节能设备，安装和使用太阳能等可再生能源利用系统。"《民用建筑节能条例》第十五条规定"设计单位、施工单位、工程监理单位及其注册执业人员，应当按照民用建筑节能强制性标准进行设计、施工、监理。"第十四条规定"建设单位不得明示或者暗示设计单位、施工单位违反民用建筑节能强制性标准进行设计、施工，不得明示或者暗示施工单位使用不符合施工图设计文件要求的墙体材料、保温材料、门窗、采暖制冷系统和照明设备。"本标准规定夏热冬暖地区居住建筑的节能设计要求，并给出了强制性的条文，就是为了执行《中华人民共和国节约能源法》和国务院发布的《民用建筑节能条例》。

夏热冬暖地区位于我国南部，在北纬 27°以南，东经 97°以东，包括海南全境，广东大部，广西大部，福建南部，云南小部分，以及香港、澳门与台湾。其确切范围由现行《民用建筑热工设计规范》GB 50176-93 规定。

该地区处于我国改革开放的最前沿。改革开放以来，经济快速发展，人民生活水平显著提高。该地区经济的发展，以沿海一带中心城市及其周边地区最为迅速，其中特别以珠江三角洲地区更为发达。

该地区为亚热带湿润季风气候（湿热型气候），其特征表现为夏季漫长，冬季寒冷时间很短，甚至几乎没有冬季，长年气温高而且湿度大，气温的年较差和日较差都小。太阳辐射强烈，雨量充沛。

近十几年来，该地区建筑空调发展极为迅速，其中经济发达城市如广州市，空调器早已超过户均 2 台，而且一户 3 台以上的非常普遍。冬季比较寒冷的福州等地区，已有越来越多的家庭用电采暖。在空调及采暖使用快速增加、建筑规模宏大的情况下，虽然执行节能设计标准已有 8 年，但新建建筑围护结构热工性能仍然不尽如人意，节能标准在执行中打折扣，

从而空调采暖设备的电能浪费严重，室内热舒适状况依然不好，导致温室气体 CO_2 排放量的进一步增加。

该地区正在大规模建造居住建筑，有必要通过居住建筑节能设计标准的执行，改善居住建筑的热舒适程度，提高空调和采暖设备的能源利用效率，以节约能源，保护环境，贯彻国家建筑节能的方针政策。

由此可见，在夏热冬暖地区开展建筑节能工作形势依然不乐观，节能标准需要进行必要的修订，使得相关规定更加明确，更加方便执行。

1.0.2　本标准适用于夏热冬暖地区的各类新建、扩建和改建的居住建筑。居住建筑主要包括住宅建筑（约占 90%）和集体宿舍、招待所、旅馆以及托幼建筑等。在夏热冬暖地区居住建筑的节能设计中，应按本标准的规定控制建筑能耗，并采取相应的建筑、热工和空调、采暖节能措施。

1.0.3　夏热冬暖地区居住建筑的设计，应考虑空调、采暖的要求，建筑围护结构的热工性能应满足要求，使得炎夏和寒冬室内热环境更加舒适，空调、采暖设备使用的时间短，能源利用效率高。

本标准首先要保证建筑室内热环境质量，提高人民居住舒适水平，以此作为前提条件；与此同时，还要提高空调、采暖的能源利用效率，以实现节能的基本目标。

1.0.5　本标准对夏热冬暖地区居住建筑的建筑、热工、空调、采暖和通风设计中所采取的节能措施和应该控制的建筑能耗做出了规定，但建筑节能所涉及的专业较多，相关的专业还制定有相应的标准。因此，夏热冬暖地区居住建筑的节能设计，除应执行本标准外，还应符合国家现行的有关标准、规范的规定。

2 术　语

2.0.1　窗口外各种形式的建筑外遮阳在南方的建筑中很常见。建筑外遮阳对建筑能耗，尤其是对建筑的空调能耗有很大的影响，因此在考虑外窗的遮阳时，将窗本身的遮阳效果和窗外遮阳设施的遮阳效果结合起来一起考虑。

窗本身的遮阳系数 SC 可近似地取为窗玻璃的遮蔽系数乘以窗玻璃面积除以整窗面积。

当窗口外面没有任何形式的建筑外遮阳时，外窗的遮阳系数 S_w 就是窗本身的遮阳系数 SC。

2.0.4　参照《民用建筑热工设计规范》GB 50176，增加了该术语。这样修改，对于体形系数较大的建筑的外窗要求较高，而对于体形系数小的建筑的外窗要求与原标准一样。

2.0.6　本术语用于外窗采光面积确定时用。

2.0.7　本术语用于外窗性能指标确定时用。在第 4 章中查表 4.0.8-1、表 4.0.8-2，可以采用"平均窗墙面积比"，也可以采用"平均窗地面积比"，在制定地

方标准时，可根据各地情况选用其中一个。

夏热冬暖地区，在体形系数没有限制的前提下，采用"窗墙面积比"在实际使用中被发现存在问题：对于外墙面积较大的建筑，即使窗很大，对窗的遮阳系数要求不严。用"窗墙面积比"作为参数时，体形系数越大，单位建筑面积对应的外墙面积越大，窗墙面积比就越小。建筑开窗面积决定了建筑室内的太阳辐射得热，而太阳辐射得热是夏热冬暖地区引起空调能耗的主要因素。因此，按照现有标准，体形系数越大，标准允许的单位建筑能耗就越大，节能率要求就"相对"越低。对于一些体形系数特别大的建筑，用窗墙面积比作为参数，在采用同样的遮阳系数时，将允许开较大面积的外窗，这种结果显然是不合理的。

在夏热冬暖地区，如果限制体形系数将大大束缚建筑设计，不符合本地区的建筑特点。南方地区，经济较发达，建筑形式呈现多样。同时，住宅设计中应充分考虑自然通风设计，通常要求建筑有较高的"通透性"，此时建筑平面设计较为复杂，体形系数比较大。若限制体形系数，将会大大束缚建筑设计，不符合地方特色。

因此，在本地区采用"窗地面积比"可以避免以上问题。采用"窗地面积比"，使建筑节能设计与建筑自然采光设计与建筑自然通风设计保持一致。建筑自然采光设计与自然通风设计不仅保证建筑室内环境，也是建筑被动式节能的重要手段。"窗地面积比"是控制这两个方面的重要参数。同时，设计人员对"窗地面积比"很熟悉，因为在人们提出建筑节能需求之前，窗地面积比已经被用来作建筑自然采光的评价指标。《住宅设计规范》GB 50096 规定：为保证住宅侧面采光，窗地面积比值不得小于 1/7。南方居住建筑对自然通风的需求也给"窗地面积比"的应用带来了可能性。为了保证住宅室内的自然通风，通常控制外窗的可开启面积与地面面积的比值来实现。《夏热冬暖地区居住建筑节能设计标准》JGJ 75 - 2003 中为了保证建筑室内的自然通风效果，要求外窗可开启面积不应小于地面面积的 8%。

相对"窗墙面积比"，"窗地面积比"很容易计算，简化了建筑节能设计的工作，减少了设计人员和审图人员的工作量，也降低了节能计算出现矛盾或错误的可能性。在修编过程中，编制组还对采用"窗地面积比"作为节能参数的使用进行了意向调查。针对广州市、东莞市、深圳市等 20 多家单位（其中包括设计院、节能办、审图等单位），关于窗地面积比使用意向等问题，进行了问卷调查，共收回问卷 62 份。调查结果显示，76% 的人认为合适，仅有 14% 的人认为不合适，还有 10% 的人持有其他观点，部分认为"窗地比"与"窗墙比"均可作为夏热冬暖地区建筑节能设计的参数。

2.0.8 建筑物的大小、形状、围护结构的热工性能等情况是复杂多变的，判断所设计的建筑是否符合节能要求常常不太容易。对比评定法是一种很灵活的方法，它将所设计的实际建筑物与一个作为能耗基准的节能参照建筑物作比较，当实际建筑物的能耗不超过参照建筑物时，就判定实际建筑物符合节能要求。

2.0.9 参照建筑的概念是对比评定法的一个非常重要的概念。参照建筑是一个符合节能要求的假想建筑，该建筑与所设计的实际建筑在大小、形状等方面完全一致，它的围护结构完全满足本标准第 4 章的节能指标要求，因此它是符合节能要求的建筑，并为所设计的实际建筑定下了空调采暖能耗的限值。

2.0.10 建筑物实际消耗的空调采暖能耗除了与建筑设计有关外，还与许多其他的因素有密切关系。这里的空调采暖年耗电量并非建筑物的实际空调采暖耗电量，而是在统一规定的标准条件下计算出来的理论值。从设计的角度出发，可以用这个理论值来评判建筑物能耗性能的优劣。

2.0.11 实施对比评定法时可以用来进行对比评定的一个无量纲指数，也是所设计的建筑物是否符合节能要求的一个判断依据，其值与空调采暖年耗电量基本成正比。

2.0.12 通风开口面积一般包括外窗（阳台门）、天窗的有效可开启部分面积、敞开的洞口面积等。

2.0.13 通风路径是指从外窗进入居住房间的自然风气流通过房间流到室外所经过的路线。通风路径是确保房间自然通风的必要条件，通风路径具备的设计要件包括：通风入口（外窗可开启部分）、通风空间（居室、客厅、走廊、天井等）、通风出口（外窗可开启部分、洞口、天窗可开启部分等）。

3 建筑节能设计计算指标

3.0.1 本标准以一月份的平均温度 11.5℃ 为分界线，将夏热冬暖地区进一步细分为两个区，等温线的北部为北区，区内建筑要兼顾冬季采暖。南部为南区，区内建筑可不考虑冬季采暖。在标准编制过程中，对整个区内的若干个城市进行了全年能耗模拟计算，模拟时设定的室内温度是 16℃～26℃。从模拟结果中发现，处在南区的建筑采暖能耗占全年采暖空调总能耗的 20% 以下，考虑到模拟计算时内热源取为 0（即没有考虑室内人员、电气、炊事的发热量），同时考虑到当地居民的生活习惯，所以规定南区内的建筑设计时可不考虑冬季采暖。处在北区的建筑的采暖能耗占全年采暖空调总能耗的 20% 以上，福州市更是占到 45% 左右，可见北区内的建筑冬季确有采暖的需求。图 3.0.1 中的虚线为南北区的分界线，表 1 列出了夏热冬暖地区中划入北区的主要城市。

表 1　夏热冬暖地区中划入北区的主要城市

省　份	划入北区的主要城市
福建	福州市、莆田市、龙岩市
广东	梅州市、兴宁市、龙川县、新丰县、英德市、怀集县
广西	河池市、柳州市、贺州市

3.0.2～3.0.3 居住建筑要实现节能，必须在保持室内热舒适环境的前提下进行。本标准提出了两项室内设计计算指标，即室内空气（干球）温度和换气次数，其根据是经济的发展，以及居住者在舒适、卫生方面的要求；从另一个角度来看，这两项设计计算指标也是空调采暖能耗计算必不可少的参数，是作为进行围护结构隔热、保温性能限值计算时的依据。

室内热环境质量的指标体系包括温度、湿度、风速、壁面温度等多项指标。标准中只规定了温度指标和换气次数指标，这是由于当前一般住宅较少配备户式中央空调系统，室内空气湿度、风速等参数实际上难以控制。另一方面，在室内热环境的诸多指标中，温度指标是一个最重要的指标，而换气次数指标则是从人体卫生角度考虑必不可少的指标，所以只提出空气温度指标和换气次数指标。

居住空间夏季设计计算温度规定为 26℃，北区冬季居住空间设计计算温度规定为 16℃，这和该地区原来恶劣的室内热环境相比，提高幅度比较大，基本上达到了热舒适的水平。要说明的是北区室内采暖设计计算温度规定为 16℃，而现行国家标准《住宅设计规范》GB 50096 规定室内采暖计算温度为：卧室、起居室（厅）和卫生间为 18℃，厨房为 15℃。本标准在讨论北区采暖设计计算温度时，当地居民反映冬季室内保持 16℃ 比较舒适。因此，根据当前现实情况，规定设计计算温度为 16℃，当然，这并不影响居民冬季保持室内温度 18℃，或其他适宜的温度。

换气次数是室内热环境的另外一个重要的设计指标，冬、夏季室外的新鲜空气进入建筑内，一方面有利于确保室内的卫生条件，另一方面又要消耗大量的能源，因此要确定一个合理的计算换气次数。由于人均住房面积增加，1 小时换气 1 次，人均占有新风量应能达到卫生标准要求。比如，当前居住建筑的净高一般大于 2.5m，按人均居住面积 15m² 计算，1 小时换气 1 次，相当于人均占有新风会超过 37.5m³/h。表 2 为民用建筑主要房间人员所需最小新风量参考数值，是根据国家现行的相关公共场所卫生标准（GB 9663～GB 9673）、《室内空气质量标准》GB/T 18883 等标准摘录的，可供比较、参考。应该说，每小时换气 1 次已达到卫生要求。

表 2　部分民用建筑主要房间人员所需的最小新风量参考值[m³/(h·人)]

房间类型		新风量	参考依据
旅游旅馆、饭店	客房（3～5 星级）	≥30	GB 9663-1996
	客房（2 星级以下）	≥20	GB 9663-1996
	餐厅、宴会厅、多功能厅（3～5 星级）	≥30	GB 9663-1996
	餐厅、宴会厅、多功能厅（2 星级以下）	≥20	GB 9663-1996
	会议室、办公室、接待室（3～5 星级）	≥50	GB 9663-1996
	会议室、办公室、接待室（2 星级以下）	≥30	GB 9663-1996
中、小学	教室（小学）	≥11	GB/T 17226-1998
	教室（初中）	≥14	GB/T 17226-1998
	教室（高中）	≥17	GB/T 17226-1998

潮湿是夏热冬暖地区气候的一大特点。在室内热环境主要设计指标中虽然没有明确提出相对湿度设计指标，但并非完全没有考虑潮湿问题。实际上，在空调设备运行的状态下，室内同时在进行除湿。因此在大部分时间内，室内的潮湿问题也已经得到了解决。

4　建筑和建筑热工节能设计

4.0.1 夏热冬暖地区的主要气候特征之一表现在夏热季节的（4～9）月盛行东南风和西南风，该地区内陆地区的地面平均风速为 1.1m/s～3.0m/s，沿海及岛屿风速更大。充分地利用这一风力资源自然降温，就可以相对地缩短居住建筑使用空调降温的时间，达到节能目的。

强调居住区良好的自然通风主要有两个目的，一是为了改善居住区热环境，增加热舒适感，体现以人为本的设计思想；二是为了提高空调设备的效率，因为居住区良好的通风和热岛强度的下降可以提高空调设备的冷凝器的工作效率，有利于节省设备的运行能耗。为此居住区建筑物的平面布局应优先考虑采用错列式或斜列式布置，对于连排式建筑应注意主导风向的投射角不宜大于 45°。

房间有良好的自然通风，一是可以显著地降低房间自然室温，为居住者提供有更多时间生活在自然室温环境的可能性，从而体现健康建筑的设计理念；二是能够有效地缩短房间空调器开启的时间，节能效果明显。为此，房间的自然进风设计应使窗口开启朝向和窗扇的开启方式有利于向房间导入室外风，房间的自然排风设计应能保证利用常开的房门、户门、外窗、专用通风口等，直接或间接地通过和室外连通的走道、楼梯间、天井等向室外顺畅地排风。本地区以夏季防热为主，一般不考虑冬季保温，因此每户住宅均应尽量通风良好，通风良好的标志应该是能够形成穿堂风。房间内部与可开启窗口相对应位置应有可以用来形成穿堂风的通道，如通过房门、门亮子、内墙可开启窗、走廊、楼梯间可开启外窗、卫生间可开启外窗、厨房可开启外窗等形成房间穿堂风的通道，通风通道上的最小通风面积不宜过小。单朝向的住宅通风不利，应采取特别通风措施。

另外，自然通风的每套住宅均应考虑主导风向，将卧室、起居室等尽量布置在上风位置，避免厨房、卫生间的污浊空气污染室内。

4.0.2 夏热冬暖地区地处沿海，（4～9）月大多盛行东南风和西南风，居住建筑物南北向和接近南北向布局，有利于自然通风，增加居住舒适度。太阳辐射得热对建筑能耗的影响很大，夏季太阳辐射得热增加空调制冷能耗，冬季太阳辐射得热降低采暖能耗。南北朝向的建筑物夏季可以减少太阳辐射得热，对本地区全年只考虑制冷降温的南区是十分有利的；对冬季要考虑采暖的北区，冬季可以增加太阳辐射得热，减少采暖消耗，也是十分有利的。因此南北朝向是最有利的建筑朝向。但随着社会经济的发展，建筑物风格也多样化，不可能都做到南北朝向，所以本条文严格程度用词采用"宜"。

执行本条文时应该注意的是，建筑平面布置时，尽量不要将主要卧室、客厅设置在正西、西北方向，不要在建筑的正东、正西和西偏北、东偏北方向设置大面积的门窗或玻璃幕墙。

4.0.3 建筑物体形系数是指建筑物的外表面积和外表面积所包围的体积之比。体形系数的大小影响建筑能耗，体形系数越大，单位建筑面积对应的外表面积越大，外围护结构的传热损失也越大。因此从降低建筑能耗的角度出发，应该要考虑体形系数这个因素。

但是，体形系数不只是影响外围护结构的传热损失，它也影响建筑造型，平面布局，采光通风等。体形系数过小，将制约建筑师的创作思维，造成建筑造型呆板，甚至损害建筑功能。在夏热冬暖地区，北区和南区气候仍有所差异，南区纬度比北区低，冬季南区建筑室内外温差比北区小，而夏季南区和北区建筑室内外温差相差不大，因此，南区体形系数大小引起的外围护结构传热损失影响小于北区。本条文只对北区建筑物体形系数作出规定，而对经济相对发达，建筑形式多样的南区建筑体形系数不作具体要求。

4.0.4 普通窗户的保温隔热性能比外墙差很多，而且夏季白天太阳辐射还可以通过窗户直接进入室内。一般说来，窗墙面积比越大，建筑物的能耗也越大。

通过计算机模拟分析表明，通过窗户进入室内的热量（包括温差传热和辐射得热），占室内总得热量的相当大部分，成为影响夏季空调负荷的主要因素。以广州市为例，无外窗常规居住建筑物采暖空调年耗电量为 30.6kWh/m²，当装上铝合金窗，平均窗墙面积比 $C_{MW}=0.3$ 时，年耗电量是 53.02kWh/m²，当 $C_{MW}=0.47$ 时，年耗电量为 67.19kWh/m²，能耗分别增加

了 73.3％和 119.6％。说明在夏热冬暖地区，外窗成为建筑节能很关键的因素。参考国家有关标准，兼顾到建筑师创作和住宅住户的愿望，从节能角度出发，对本地区居住建筑各朝向窗墙面积比作了限制。

本条文是强制性条文，对保证居住建筑达到节能的目标是非常关键的。如果所设计建筑的窗墙比不能完全符合本条的规定，则必须采用第 5 章的对比评定法来判定该建筑是否满足节能要求。采用对比评定法时，参照建筑的各朝向窗墙比必须符合本条文的规定。

本次修订，窗墙面积比采用了《民用建筑热工设计规范》GB 50176 的规定，各个朝向的墙面积应为各个朝向的立面面积。立面面积应为层高乘以开间定位轴线的距离。当墙面有凹凸时应忽略凹凸；当墙面整体的方向有变化时应根据轴线的变化分段处理。对于朝向的判定，各个省在执行时可以制订更详细的规定来解决朝向划分问题。

4.0.5 本条规定取自《住宅建筑规范》GB 50368-2005 第 7.2.2 条。该规范是全文强制的规范，要求卧室、起居室（厅）、厨房应设置外窗，窗地面积比不应小于 1/7。本标准要求卧室、书房、起居室等主要房间达到该要求，而考虑到本地区的厨房、卫生间常设在内凹部位，朝外的窗主要用于通风，采光系数很低，所以不对厨房、卫生间提出要求。

当主要房间窗地面积比较小时，外窗玻璃的遮阳系数要求也不高。而这时因为窗户较小，玻璃的可见光透射比不能太小，否则采光很差，所以提出可见光透射比不小于 0.4 的要求。

另外，在原《夏热冬暖地区居住建筑节能设计标准》JGJ 75-2003 的使用过程中，一些住宅由于外窗面积大，为了达到节能要求，选用了透光性能差遮阳系数小的玻璃。虽然达到了节能标准的要求，却牺牲了建筑的采光性能，降低了室内环境品质。对玻璃的遮阳系数有要求的同时，可见光透射比必须达到一定的要求，因此本条文在此方面做出强制性规定。

4.0.6 天窗面积越大，或天窗热工性能越差，建筑物能耗也越大，对节能是不利的。随着居住建筑形式多样化和居住者需求的提高，在平屋面和斜屋面上开天窗的建筑越来越多。采用 DOE-2 软件，对建筑物开天窗时的能耗做了计算，当天窗面积占整个屋顶面积 4％，天窗传热系数 $K=4.0W/（m^2 \cdot K）$，遮阳系数 $SC=0.5$ 时，其能耗只比不开天窗建筑物能耗多 1.6％左右，对节能总体效果影响不大，但对开天窗的房间热环境影响较大。根据工程调研结果，原标准的遮阳系数 SC 不大于 0.5 要求较低，本次提高要求，要求应不大于 0.4。

本条文是强制性条文，对保证居住建筑达到节能目标是非常关键的。对于那些需要增加视觉效果而加大天窗面积，或采用性能差的天窗的建筑，本条文的限制很可能被突破。如果所设计建筑的天窗不能完全符合本条

的规定，则必须采用第 5 章的对比评定法来判定该建筑是否满足节能要求。采用对比评定法时，参照建筑的天窗面积和天窗热工性能必须符合本条文的规定。

4.0.7 本条文为强制性条文，对保证居住建筑的节能舒适是非常关键的。如果所设计建筑的外墙不能完全符合本条的规定，在屋顶和东、西面外墙满足本条规定的前提下，可采用第 5 章的对比评定法来判定该建筑是否满足节能要求。

围护结构的 K、D 值直接影响建筑采暖空调房间冷热负荷的大小，也直接影响到建筑能耗。在夏热冬暖地区，一般情况下居住建筑南、北面窗墙比较大，建筑东、西面外墙开窗较少。这样，在东、西朝向上，墙体的 K、D 值对建筑保温隔热的影响较大。并且，东、西外墙和屋顶在夏季均是建筑物受太阳辐射量较大的部位，顶层及紧挨东、西外墙的房间较其他房间得热更多。用对比评定法来计算建筑能耗是以整个建筑为单位对全楼进行综合评价。当建筑屋顶及东、西外墙不满足表 4.0.7 中的要求，而使用对比评定法对其进行综合评价且满足要求时，虽然整个建筑节能设计满足本标准节能的要求，但顶层及靠近东、西外墙房间的能耗及热舒适度势必大大不如其他房间。这不论从技术角度保证每个房间获得基本一致的热舒适度，还是从保证每个住户获得基本一致的节能效果这一社会公正性方面来看都是不合适的。因此，有必要对顶层及东、西外墙规定一个最低限制要求。

夏热冬暖地区，外围护结构的自保温隔热体系逐渐成为一大趋势。如加气混凝土、页岩多孔砖、陶粒混凝土空心砌块、自隔热砌块等材料的应用越来越广泛。这类砌块本身就能满足本条文要求，同时也符合国家墙改政策。本条文根据各地特点和经济发展不同程度，提出使用重质外墙时，按三个级别予以控制。即：$2.0 < K \le 2.5$，$D \ge 3.0$ 或 $1.5 < K \le 2.0$，$D \ge 2.8$ 或 $0.7 < K \le 1.5$，$D \ge 2.5$。

本条文对使用重质材料的屋顶传热系数 K 值作了调整。目前，夏热冬暖地区屋顶隔热性能已获得极大改善，普遍采用了高效绝热材料。但是，对顶层住户而言，室内热环境及能耗水平相对其他住户仍显得较差。适当提高屋顶 K 值的要求，不仅在技术上容易实现，同时还能进一步改善屋顶住户的室内热环境，提高节能水平。因此，本条文将使用重质材料屋顶的传热系数 K 值调整为 $0.4 < K \le 0.9$。

外墙采用轻质材料或非轻质自隔热节能墙材时，对达到标准所要求的 K 值比较容易，要达到较大的 D 值就比较困难。如果围护结构要达到较大的 D 值，只有采用自重较大的材料。围护结构 D 值和相关热容量的大小，主要影响其热稳定性。因此，过度以 D 值和相关热容量的大小来评定围护结构的节能性是不全面的，不仅会阻碍轻质保温材料的使用，还限制了非轻质自隔热节能墙材的使用和发展，不利于这一地

区围护结构的节能政策导向和墙体材料的发展趋势。实践证明，按一般规定选择 K 值的情况下，D 值小一些，对于一般舒适度的空调房间也能满足要求。本条文对轻质围护结构只限制传热系数的 K 值，而不对 D 值做相应限定，并对非轻质围护结构的 D 值做了调整，就是基于上述原因。

4.0.8 本条文对保证居住建筑达到现行节能目标是非常关键的，对于那些不能满足本条文规定的建筑，必须采用第 5 章的对比评定法来计算是否满足节能要求。

窗户的传热系数越小，通过窗户的温差传热就越小，对降低采暖负荷和空调负荷都是有利的。窗的遮阳系数越小，透过窗户进入室内的太阳辐射热就越小，对降低空调负荷有利，但对降低采暖负荷却是不利的。

本条文表 4.0.8-1 和表 4.0.8-2 对建筑外窗传热系数和平均综合遮阳系数的规定，是基于使用 DOE-2 软件对建筑能耗和节能率做了大量计算分析提出的。

1 屋顶、外墙热工性能和设备性能的提高及室内换气次数的降低，达到的节能率，北区约为 35%，南区约为 30%。因此对于节能目标 50% 来说，外窗的节能将占相当大的比例，北区约 15%，南区约 20%。在夏热冬暖地区，居住建筑所处的纬度越低，对外窗的节能要求也越高。

2 本条文引入居住建筑平均窗地面积比 C_{MF}（或平均窗墙面积比 C_{MW}）参数，使其与外窗 K、S_w 及外墙 K、D 等参数形成对应关系，使建筑节能设计简单化，给建筑师选择窗型带来方便。

（1）为了简化节能设计计算、方便节能审查等工作，本条文引入了平均窗地面积比 C_{MF} 参数。考虑到夏热冬暖地区各省份的建筑节能设计习惯，且与这些地区现行节能技术规范不发生矛盾，本条文允许沿用平均窗墙面积比 C_{MW} 进行节能设计及计算。在进行建筑节能设计时，设计人员可根据对 C_{MF} 和 C_{MW} 熟练程度及设计习惯，自行选择使用。

（2）经过编制组对南方大量的居住建筑的平均窗地面积比 C_{MF} 和平均窗墙面积比 C_{MW} 的计算表明，现在的居住建筑塔楼类的比较多，表面凹凸的比较多，所以 C_{MF} 和 C_{MW} 很接近。因此，窗墙面积比和窗地面积比均可作为判定指标，各省根据需要选择其一使用。

（3）计算建筑物的 C_{MF} 和 C_{MW} 时，应只计算建筑物的地上居住部分，而不应包含建筑中的非居住部分，如商住楼的商业、办公部分。具体计算如下：

建筑平均窗地面积比 C_{MF} 计算公式为：

$$C_{MF} = \frac{\text{外墙上的窗洞口及门洞口总面积}}{\text{地上居住部分总建筑面积}} \quad (1)$$

建筑平均窗墙面积比 C_{MW} 计算公式为：

$$C_{MW} = \frac{\text{外墙上的窗洞口及门洞口总面积}}{\text{地上居住部分外立面总面积}} \quad (2)$$

3 外窗平均传热系数 K，是建筑各个朝向平均传热系数按各朝向窗面积加权平均的数值，按照以下

公式计算:

$$K = \frac{A_E \cdot K_E + A_S \cdot K_S + A_W \cdot K_W + A_N \cdot K_N}{A_E + A_S + A_W + A_N}$$

$$(3)$$

式中: A_E、A_S、A_W、A_N ——东、南、西、北朝向的窗面积;

K_E、K_S、K_W、K_N ——东、南、西、北朝向窗的平均传热系数,按照下式计算:

$$K_X = \frac{\sum\limits_i A_i \cdot K_i}{\sum\limits_i A_i}$$

$$(4)$$

式中: K_X ——建筑某朝向窗的平均传热系数,即 K_E、K_S、K_W、K_N;

A_i ——建筑某朝向单个窗的面积;

K_i ——建筑某朝向单个窗的传热系数。

4 表4.0.8-1和表4.0.8-2使用了"虚拟"窗替代具体的窗户。所谓"虚拟"窗即不代表具体形式的外窗(如我们常用的铝合金窗和PVC窗等),它是由任意 K 值和 S_W 值组合的抽象窗户。进行节能设计时,拟选用的具体窗户能满足表4.0.8-1和表4.0.8-2中 K 值和 S_W 值的要求即可。

5 表4.0.8-1和表4.0.8-2主要差别在于:用于北区的表4.0.8-1对外窗的传热系数 K 值有具体规定,而用于南区的表4.0.8-2对外窗 K 值没有具体规定。南区全年建筑总能耗以夏季空调能耗为主,夏季空调能耗中太阳辐射得热引起的空调能耗又占相当大的比例,而窗的温差传热引起的空调能耗只占小部分,因此南区建筑节能外窗遮阳系数起了主要作用,而与外窗传热性能关系甚小,而北区建筑节能率与外窗传热性能和遮阳性能均有关系。

6 建筑外墙面色泽,决定了外墙面太阳辐射吸收系数 ρ 的大小。外墙采用浅色表面,ρ 值小,夏季能反射较多的太阳辐射热,从而降低房间的得热量和外墙内表面温度,但在冬季会使采暖耗电量增大。编制组在用DOE-2软件作建筑物能耗和节能分析时,基础建筑物和节能方案分析设定的外墙面太阳辐射吸收系数 $\rho=0.7$。经进一步计算分析,北区建筑外墙表面太阳辐射吸收系数 ρ 的改变,对建筑全年总能耗影响不大,而南区 $\rho=0.6$ 和 0.8 时,与 $\rho=0.7$ 的建筑总能耗差别不大,而 $\rho<0.6$ 和 $\rho>0.8$ 时,建筑能耗总差别较大。当 $\rho<0.6$ 时,建筑总能耗平均降低5.4%;当 $\rho>0.8$ 时,建筑总能耗平均增加4.7%。因此表4.0.8-1对 ρ 使用范围不作限制,而表4.0.8-2规定 ρ 取值$\leqslant0.8$。当 $\rho>0.8$ 时,则应采用第5章对比评定法来判定建筑物是否满足节能要求。建筑外表面的太阳辐射吸收系数 ρ 值参见《民用建筑热工设计规范》GB 50176-93附录二附表2.6。

4.0.9 外窗平均综合遮阳系数 S_W,是建筑各个朝向平均综合遮阳系数按各朝向窗面积和朝向的权重系数加权平均的数值。

(1) 在北区和南区,窗口的建筑外遮阳措施对建筑能耗和节能影响是不同的。在北区采用窗口建筑固定外遮阳措施,冬季会产生负影响,总体对建筑节能影响比较小,因此在北区采用窗口建筑活动外遮阳措施比采用固定外遮阳措施要好;在南区采用窗口建筑固定外遮阳措施,对建筑节能是有利的,应积极提倡。

(2) 计算外窗平均综合遮阳系数 S_W 时,根据不同朝向遮阳系数对建筑能耗的影响程度,各个朝向的权重系数分别为:东、南朝向取1.0,西朝向取1.25,北朝向取0.8。S_W 计算公式如下:

$$S_W = \frac{A_E \cdot S_{w,E} + A_S \cdot S_{w,S} + 1.25 A_W \cdot S_{w,W} + 0.8 A_N \cdot S_{w,N}}{A_E + A_S + A_W + A_N}$$

$$(5)$$

式中: A_E、A_S、A_W、A_N ——东、南、西、北朝向的窗面积;

$S_{w,E}$、$S_{w,S}$、$S_{w,W}$、$S_{w,N}$ ——东、南、西、北朝向窗的平均综合遮阳系数,按照下式计算:

$$S_{w,X} = \frac{\sum\limits_i A_i \cdot S_{w,i}}{\sum\limits_i A_i}$$

$$(6)$$

式中: $S_{w,X}$ ——建筑某朝向窗的平均综合遮阳系数,即 $S_{w,E}$、$S_{w,S}$、$S_{w,W}$、$S_{w,N}$;

A_i ——建筑某朝向单个窗的面积;

$S_{w,i}$ ——建筑某朝向单个窗的综合遮阳系数。

4.0.10 本条文为新增强制性条文。规定居住建筑东西向必须采取外遮阳措施,规定建筑外遮阳系数不应大于0.8。目前居住建筑外窗遮阳设计中,出现了过分提高和依赖窗自身的遮阳能力轻视窗口建筑构造遮阳的设计势头,导致大量的外窗普遍缺少窗口应有的防护作用,特别是住宅开窗通风时窗口既不能遮阳也不能防雨,偏离了原标准对建筑外遮阳技术规定的初衷,行业负面反响很大,同时,在南方地区如上海、厦门、深圳等地近年来因住宅外窗形式引发的技术争议问题增多,有必要在本标准中进一步基于节能要求明确相关规定。窗口设计时应优先采用建筑构造遮阳,其次应考虑窗口采用安装构件的遮阳,两者都不能达到要求时再考虑提高窗自身的遮阳能力,原因在于单纯依靠窗自身的遮阳能力不能适应开窗通风时的遮阳需要,对自然通风状态来说窗自身遮阳是一种相对不可靠做法。

窗口设计时,可以通过设计窗眉(套)、窗口遮阳板等建筑构造,或在设计的凸窗洞口缩进窗的安装位置留出足够的遮阳挑出长度等一系列经济技术合理可行的做法满足本规定,即本条文在执行上普遍不存在技术难度,只有对当前流行的凸窗(飘窗)形式产生一定影响。由于凸窗可少许增大室内空间且按当前各地行业规定其不计入建筑面积，于是这种窗型流行很广，但因其相对增大了外窗面积或外围护结构的面积，导致了房间热环境的恶化和空调能耗增高以及窗边热胀开裂、漏雨等一系列问题也引起了行业的广泛关注。如在广州地区因安装凸窗，房间在夏季关窗时的自然室温最高可增加 2℃，房间的空调能耗增加最高可达 87.4%，在夏热冬暖地区设计简单的凸窗于节能不利已是行业共识。另外，为确保凸窗的遮阳性能和侧板保温能力符合现行节能标准要求所投入的技术成本也较大，大量凸窗必须采用 Low-E 玻璃甚至还要断桥铝合金的中空 Low-E 玻璃，并且凸窗板还要做保温处理才能达标，代价高昂。综合考虑，本标准针对窗口的建筑外遮阳设计，规定了遮阳构造的设计限值。

4.0.11 本条文规定建筑外遮阳挑出长度的最低限值和规定建筑外遮阳系数的最高限值是等效的，当不具备执行前者条件时才执行后者。规定的限值，兼顾了遮阳效果和构造实现的难易。计算表明，当外遮阳系数为 0.9 时，采用单层透明玻璃的普通铝合金窗，综合遮阳系数 S_w 可下降到 0.81～0.72，接近中空玻璃铝合金窗的自身遮阳能力，此时对 1.5m×1.5m 的外窗采用综合式（窗套）外遮阳时，挑出长度不超过 0.2m，这一尺度恰好与南方地区 200mm 厚墙体居中安装外窗，窗口做 0.1m 的挑出窗套时的尺寸相吻合 [图 1（a）]。

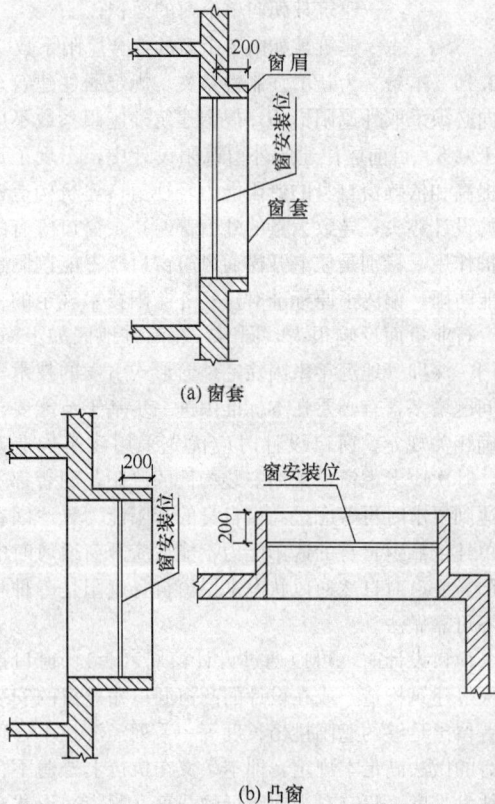

如表 3 所示，在规定建筑外遮阳系数限值为 0.9 时，单独采用水平遮阳或单独采用垂直遮阳，所需的挑出长度均较大，对于 1.5m×1.5m 的外窗一般需要挑出长度在 0.20m～0.45m 范围，而采用综合遮阳形式（窗套、凸窗外窗口）时所需的挑出长度最小，南、北朝向均需挑出 0.15m～0.20m 即可，这一尺度也适合凸窗形式的改良 [图 1（b）]。

条文中建筑外遮阳系数不应大于 0.9 的规定，是针对当建筑外窗不具备遮阳挑出条件时，可以按照本要求，在窗口范围内设计其他外遮阳设施。如对于在单边外廊的外墙上设置的外窗不宜设置挑出长度较大的外遮阳板时，设计采用在窗口的窗外侧嵌入固定式的百叶窗、花格窗等固定式遮阳设施也可以符合本条文要求。

(a) 窗套

(b) 凸窗

图 1 窗口的综合式外遮阳

表 3 外窗的建筑外遮阳系数

季节	挑出长度(m) A	南			北		
		水平	垂直	综合	水平	垂直	综合
夏季	0.10	0.958	0.952	0.912	0.974	0.961	0.937
	0.15	0.939	0.929	0.872	0.962	0.943	0.907
	0.20	0.920	0.907	0.834	0.950	0.925	0.879
	0.25	0.901	0.886	0.799	0.939	0.908	0.853
	0.30	0.884	0.866	0.766	0.928	0.892	0.828
	0.35	0.867	0.847	0.734	0.918	0.876	0.804
	0.40	0.852	0.828	0.705	0.908	0.861	0.782
	0.45	0.837	0.811	0.678	0.898	0.847	0.761
	0.50	0.822	0.794	0.653	0.889	0.833	0.741
	0.55	0.809	0.779	0.630	0.880	0.820	0.722
	0.60	0.796	0.764	0.608	0.872	0.808	0.705
	0.65	0.784	0.750	0.588	0.864	0.796	0.688
	0.70	0.773	0.737	0.570	0.857	0.785	0.673
	0.75	0.763	0.725	0.553	0.850	0.775	0.659
	0.80	0.753	0.714	0.537	0.844	0.765	0.646
	0.85	0.744	0.703	0.523	0.838	0.756	0.633
	0.90	0.736	0.694	0.511	0.832	0.748	0.622
	0.95	0.729	0.685	0.499	0.827	0.740	0.612
	1.00	0.722	0.678	0.490	0.822	0.733	0.603
冬季	0.10	0.970	0.961	0.933	1.000	0.990	0.990
	0.15	0.956	0.943	0.901	1.000	0.986	0.986
	0.20	0.942	0.924	0.871	1.000	0.981	0.981
	0.25	0.928	0.907	0.841	1.000	0.976	0.976
	0.30	0.914	0.890	0.813	1.000	0.972	0.972
	0.35	0.900	0.874	0.787	1.000	0.968	0.968
	0.40	0.887	0.858	0.761	1.000	0.964	0.964
	0.45	0.874	0.843	0.736	1.000	0.960	0.960
	0.50	0.861	0.828	0.713	1.000	0.956	0.956
	0.55	0.848	0.814	0.690	1.000	0.952	0.952

季节	挑出长度（m） A	南			北		
		水平	垂直	综合	水平	垂直	综合
冬季	0.60	0.836	0.800	0.669	1.000	0.948	0.948
	0.65	0.824	0.787	0.648	1.000	0.944	0.944
	0.70	0.812	0.774	0.629	1.000	0.941	0.941
	0.75	0.800	0.763	0.610	1.000	0.938	0.938
	0.80	0.788	0.751	0.592	1.000	0.934	0.934
	0.85	0.777	0.740	0.575	1.000	0.931	0.931
	0.90	0.766	0.730	0.559	1.000	0.928	0.928
	0.95	0.755	0.720	0.544	1.000	0.925	0.925

注：1 窗的高、宽均为 1.5m；
　　2 综合式遮阳的水平板和垂直板挑出长度相等。

4.0.12 建筑外遮阳系数的计算是比较复杂的问题，本标准附录 A 给出了较为简化的计算方法。根据附录 A 计算的外遮阳系数，冬季和夏季有着不同的值，而本章中北区应用的外遮阳系数为同一数值，为此，将冬季和夏季的外遮阳系数进行平均，从而得到单一的建筑外遮阳系数。这样取值是保守的，因为对于许多外遮阳设施而言，夏季的遮阳比冬季的好，冬季的遮阳系数比夏季的大，而遮阳系数大，总体上讲能耗是增加的。

窗口上一层的阳台或外廊属于水平遮阳形式。窗口两翼如有建筑立面的折转时会对窗口起到遮阳的作用，此类遮阳属于建筑自遮挡形式，按其原理也可以归纳为建筑外遮阳，计算方法见附录 A。规定建筑自遮挡形式的建筑外遮阳系数计算方法，是因为对单元立面上受到立面折转遮挡的窗口，特别是对位于立面凹槽内的外窗遮阳作用非常大，实践证明应计入其遮阳贡献，以避免此类窗口的外遮阳设计得过于保守反而影响采光。

本条还列出了一些常用遮阳设施的遮阳系数。这些遮阳系数的给出，主要是为了设计人员可以更加方便地得到遮阳系数而不必进行计算。采用规定性指标进行节能设计计算时，可以直接采用这些数值，但进行对比评定计算时，如果计算软件中有关于遮阳板的计算，则不要采用本条表格中的数值，从而使得节能计算更加精确。如果采用了本条表格中的数值，遮阳板等遮阳设施就由遮阳系数代替了，不可再重复构建遮阳设施的几何模型。

4.0.13 本条文为强制性条文，是原标准 4.0.10 条的修改和扩充条文。本条文强调南方地区居住建筑应能依靠自然通风改善房间热环境，缩短房间空调设备使用时间，发挥节能作用。房间实现自然通风的必要条件是外门窗有足够的通风开口。因此本条文从通风开口方面规定了设计做法。

房间外门窗有足够的通风开口面积非常重要。《住宅建筑规范》GB 50368-2005 也规定了每套住宅的通风开口面积不应小于地面面积的 5%。原标准条文要求房间外门窗的可开启面积不应小于房间地面面积的 8%，深圳地区还在地方节能标准中把这一指标提高到了 10%，并且随着用户节能意识的提高，使用需求已经逐渐从盲目追求大玻璃窗小开启扇，向追求门窗大开启加强自然通风效果转变，因此，为了逐步强化门窗通风的降温和节能作用，本条文提高了外门窗可开启比例的最低限值，深圳经验也表明，这一指标由原来的 8% 提高到 10% 实践上不会困难。另外，根据原标准使用中反映出的情况来看，门窗的开启方式决定着"可开启面积"，而"可开启面积"一般不等于门窗的可通风面积，特别是对于目前的各式悬窗甚至平开窗等，当窗扇的开启角度小于 45° 时可开启窗口面积上的实际通风能力会下降 1/2 左右，因此，修改条文中使用了"通风开口面积"代替"可开启面积"，这样既强调了门窗应重视可用于通风的开启功能，对通风不良的门窗开启方式加以制约，也可以把通风路径上涉及的建筑洞口包括进来，还可以和《住宅建筑规范》GB 50368-2005 的用词统一便于执行。

因此，当平开门窗、悬窗、翻转窗的最大开启角度小于 45° 时，通风开口面积应按外窗可开启面积的 1/2 计算。

另外，达到本标准 4.0.5 条要求的主要房间（卧室、书房、起居室等）外窗，其外窗的面积相对较大，通风开口面积应按不小于该房间地面面积的 10% 要求设计，而考虑到本地区的厨房、卫生间、户外公共走道外窗等，通常窗面积较小，满足不小于房间（公共区域）地面面积 10% 的要求很难做到，因此，对于厨房、卫生间、户外公共区域的外窗，其通风开口面积应按不小于外窗面积 45% 设计。

4.0.14 本条文对房间的通风路径进行了规定，房间可满足自然通风的设计条件为：1. 当房间由可开启外窗进风时，能够从户内（厅、厨房、卫生间等）或户外公用空间（走道、楼梯间等）的通风开口或洞口出风，形成房间通风路径；2. 房间通风路径上的进风开口和出风开口不应在同一朝向；3. 当户门设有常闭式防火门时，户门不应作为出风开口。

模拟分析和实测表明，房间通风路径的形成受平面和空间布局、开口设置等建筑因素影响，也受自然风来流风向等环境因素影响，实际的通风路径是十分复杂和多样的，但当建筑单元内的户型平面及对外开口（门窗洞口）形式确定后，对于任何一个可以满足自然通风设计条件的房间，都必然具备一条合理的通风路径，如图 2（a）所示，当房 1 的外窗 C1 受到来流风正面吹入时，显然可形成 C1→（C2＋C5＋C6）通风路径，表明该房间具备了可以形成穿堂风的必要条件。同理可以判断房 2、房 3 所对应的通风路径分别为 C4→（C3＋C7）、C1→（C6）。

一般住宅房间均是通过房门开启与厅堂、过道等公用空间形成通风路径的，在使用者本人私密性允许的情况下利用开启房门形成通风路径是可行的，但对于房与房之间需要通过各自的房门都要开启才能形成通风路径的情况，因受限于他人私密性要求通风路径反而不能得到保证。同样，对于同一单元内的两户而言，都要依靠开启各自的户门才能形成通风路径也不能得到保证。因此，套内的每个居住房间只能独立和户内的公用空间组成通风路径，不应以居室和居室之间组成通风路径；单元内的各户只能通过户门独立地和单元公用空间组成通风路径，不应以户与户之间通过户门组成通风路径。

当单元内的公用空间出于防火需要设为封闭或部分的空间，已无对外开口或对外开口很小时，也不能作为各户的出风路径考虑。

要求每户至少有一个房间具备有效的通风路径，是对居住建筑自然通风设计的最低要求。

设计房间通风路径时不需要考虑房间窗口朝向和当地风向的关系，只要求以房间外窗作为进风口判断该房间是否具备合理的通风路径，目的是为了确保房间自然通风的必要条件。事实上，夏热冬暖地区属于季风气候，受季风、海洋与山地形成的局地风以及城市居住区形态等影响，居住建筑任何朝向的外窗均有迎风的可能，因此，按窗口进风设计房间通风路径，符合南方地区居住区风环境的特点。

套内房间通风路径上对外的进风开口和对外的出风开口如果在同一个朝向时，这条通风路径显然属于无效的，因此规定进风口所在的外立面朝向和出风口所在外立面朝向的夹角不应小于90°，如图2（a）所示。一般，对于只有一个朝向的套房，多在片面追求容积率、单元套数较多的情况下产生的，一旦单元内的公用空间对外无有效开口，这类单一朝向套房往往因为通风不良室内过热，且室内空气质量也得不到保证，正是本条文规定重点限制的单元平面类型，如图2（b）的D、E、F户。但是，通过设计一处单元内的公用空间的对外开口，这类单一朝向的户型也能够组织形成有效的通风路径，如图2（b）的C户。对于利用单元公用空间的对外开口形成的房间通风路径，出于鼓励通风设计考虑，暂时不对房间门窗进风口和设在单元公共空间出风口进行朝向规定，如图2（b）的A、B户。

4.0.15 为了保证居住建筑的节能，要求外窗及阳台门具有良好的气密性能，以保证夏季在开空调时室外热空气不要过多地渗漏到室内，抵御冬季室外冷空气过多的向室内渗漏。夏热冬暖地区，地处沿海，雨量充沛，多热带风暴和台风袭击，多有大风、暴雨天气，因此对外窗和阳台门气密性能要有较高的要求。

现行国家标准《建筑外门窗气密、水密、抗风压性能分级及检测方法》GB/T 7106 - 2008 规定的 4 级

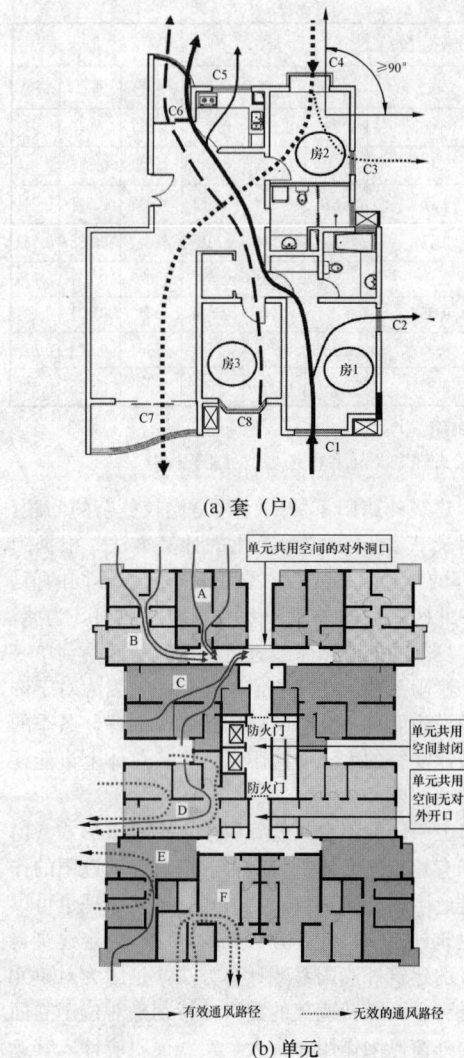

(a) 套（户）

(b) 单元

图 2　套内房间通风路径示意图

对应的空气渗透数据是：在 10Pa 压差下，每小时每米缝隙的空气渗透量在 2.0m³ ～2.5m³ 之间和每小时每平方米面积的空气渗透量在 6.0m³ ～7.5 m³ 之间；6 级对应的空气渗透数据是：在 10Pa 压差下，每小时每米缝隙的空气渗透量在 1.0m³ ～1.5 m³ 之间和每小时每平方米面积的空气渗透量在 3.0m³ ～4.5 m³ 之间。因此本条文的规定相当于 1～9 层的外窗的气密性等级不低于 4 级，10 层及 10 层以上的外窗的气密性等级不低于 6 级。

4.0.16 采用本条文所提出的这几种屋顶和外墙的节能措施，是基于华南地区的气候特点，考虑充分利用气候资源达到节能目的而提出的，同时也是为了鼓励推行绿色建筑的设计思想。这些措施经测试、模拟和实际应用证明是行之有效的，其中有些措施的节能效果显著。

采用浅色饰面材料（如浅色粉刷，涂层和面砖等）的屋顶外表面和外墙面，在夏季能反射较多的太

阳辐射热，从而能降低室内的太阳辐射得热量和围护结构内表面温度。当白天无太阳时和在夜晚，浅色围护结构外表面又能把围护结构的热量向外界辐射，从而降低室内温度。但浅色饰面的耐久性问题需要解决，目前的许多饰面材料并没有很好地解决这一问题，时间长了仍然会使得太阳辐射吸收系数增加。所以本次修订把附加热阻减小了，而且把太阳辐射吸收系数小于 0.4 的材料一律按照 0.4 的材料对待，从而不致过分夸大浅色饰面的作用。

仍有些地区习惯采用带有空气间层的屋顶和外墙。考虑到夏热冬暖地区居住建筑屋顶设计形式的普遍性，架空大阶砖通风屋顶受女儿墙遮挡影响效果较差，且习惯上也逐渐被成品的带脚隔热砖所取代，故本条文未对其做特别推荐，其隔热效果也可以近似为封闭空气间层。研究表明封闭空气间层的传热量中辐射换热比例约占 70%。本条文提出采用带铝箔的空气间层目的在于提高其热阻，贴敷单面铝箔的封闭空气间层热阻值提高 3.6 倍，节能效果显著。值得注意的是，当采用单面铝箔空气间层时，铝箔应设置在室外侧的一面。

蓄水、含水屋面是适应本气候区多雨气候特点的节能措施，国外如日本、印度、马来西亚等和我国长江流域省份及台湾省都有普遍应用，也有一些地区如四川省等颁布了相关的地方标准。这类屋顶是依靠水分的蒸发消耗屋顶接收到的太阳辐射热量，水的主要来源是蓄存的天然降水，补充以自来水。实测表明，夏季采用上述措施屋顶内表面温度下降 3℃～5℃，其中蓄水屋面下降 3.3℃，含水屋面下降 3.6℃。含水屋面由于含水材料在含水状态下也具有一定的热阻，故表现为这种屋面的隔热作用优于蓄水屋面。当采用蓄水屋面时，储水深度应大于等于 200mm，水面宜有浮生植物或浅色漂浮物；含水屋面的含水层宜采用加气混凝土块、陶粒混凝土块等具有一定抗压强度的固体多孔建筑材料，其质量吸水率应大于 10%，厚度应大于等于 100mm。墙体外表面的含水层宜采用高吸水率的多孔面砖，厚度应大于 10mm，质量吸水率应大于 10%，通常采用符合国家标准《陶瓷砖》GB/T 4100 吸水率要求为Ⅲ类的陶质砖。

遮阳屋面是现代建筑设计中利用屋面作为活动空间所采取的一项有效的防热措施，也是一项建筑围护结构的节能措施。本标准建议两种做法：采用百叶板遮阳棚的屋面和采用爬藤植物遮阳棚的屋面。测试表明，夏季顶层空调房间屋面做有效的遮阳构架，屋顶热流强度可以降低约 50%，如果热流强度相同时，做有效遮阳的屋顶热阻值可以减少 60%。同时屋面活动空间的热环境会得到改善。强调屋面遮阳百叶板的坡向在于，夏热冬暖地区位于北回归线两侧，夏季太阳高度角大，坡向正北向的遮阳百叶片可以有效地遮挡太阳辐射，而在冬季由于太阳高度角较低时太阳

辐射也能够通过百叶片间隙照到屋面，从而达到夏季防热冬季得热的热工设计效果，屋面采用植物遮阳棚遮阳时，选择冬季落叶类爬藤植物的目的也是如此。屋面采用百叶遮阳棚的百叶片宜坡向北向 45°；植物遮阳棚宜选择冬季落叶类爬藤植物。

种植屋面是隔热效果最好的屋面。本次标准修订对其增加了附加热阻，这符合实际测试的结果。通常，采用种植屋面，种植层下方的温度变化很小，表明太阳辐射基本被种植层隔绝。本次增加种植屋面的附加热阻，使得种植屋面不需要采取其他措施，就能够满足节能标准的要求，这有利于种植屋面的推广。

5 建筑节能设计的综合评价

5.0.1 本标准第 4 章"建筑和建筑热工节能设计"和本章"建筑节能设计的综合评价"是并列的关系。如果所设计的建筑已经符合第 4 章的规定，则不必再依据第 5 章对它进行节能设计的综合评价。反之，也可以依据第 5 章对所设计的建筑直接进行节能设计的综合评价，但必须满足第 4.0.5 条、第 4.0.10 条和第 4.0.13 条的规定。

必须指出的是，如果所设计的建筑不能完全满足本标准的第 4.0.4 条、第 4.0.6 条、第 4.0.7 条和第 4.0.8 条的规定，则必须通过综合评价来证明它能够达到节能目标。

本标准的节能设计综合评价采用"对比评定法"。采用这一方法的理由是：既然达到第 4 章的最低要求，建筑就可以满足节能设计标准，那么将所设计的建筑与满足第 4 章要求的参照建筑进行能耗对比计算，若所设计建筑物的能耗并不高出按第 4 章的要求设计的节能参照建筑，则同样应该判定所设计建筑满足节能设计标准。这种方法在美国的一些建筑节能标准中已经被广泛采用。

"对比评定法"是先按所设计的建筑物的大小和形状设计一个节能建筑（即满足第 4 章的要求的建筑），称之为"参照建筑"。将所设计建筑物与"参照建筑"进行对比计算，若所设计建筑的能耗不比"参照建筑"高，则认为它满足本节能设计标准的要求。若所设计建筑的能耗高于对比的"参照建筑"，则必须对所设计建筑物的有关参数进行调整，再进行计算，直到满足要求为止。

采用对比评定法与采用单位建筑面积的能耗指标的方法相比有明显的优点。采用单位建筑面积的能耗指标，对不同形式的建筑物有着不同的节能要求；为了达到相同的单位建筑面积能耗指标，对于高层建筑、多层建筑和低层建筑所要采取的节能措施显然有非常大的差别。实际上，第 4 章的有关要求是采用本地区的一个"基准"的多层建筑，按其达到节能 50% 而计算得到的。将这一"基准"建筑物节能

50%后的单位建筑面积能耗作为标准用于所有种类的居住建筑节能设计,是不妥当的。因为高层建筑和多层建筑比较容易达到,而低层建筑和别墅建筑则较难达到。采用"对比评定法"则是采用了一个相对标准,不同的建筑有着不同的单位建筑面积能耗,但有着基本相同的节能率。

本标准引入"空调采暖年耗电指数"作为对比计算的参数。这一指数为无量纲数,它与本标准规定的计算条件下计算的空调采暖年耗电量基本成正比。

本标准的"对比评定法"既可以直接采用空调采暖年耗电量进行对比,也可以采用空调采暖年耗电指数进行对比。采用空调采暖年耗电指数进行计算对比,计算上更加简单一些。本标准也可使用空调采暖年耗电指数或空调采暖年耗电量作为节能综合评价的判据。在采用空调采暖年耗电量进行对比计算时由于有多种计算方法可以采用,因而规定在进行对比计算时必须采用相同的计算方法。同样的理由需采用相同的计算条件。本条也为"对比评定法"专门列出了判定的公式。

本条特别规定天窗、屋面和轻质墙体必须满足第4章的规定,这是因为天窗、屋面的节能措施虽然对整栋建筑的节能贡献不大,但对顶层房间的室内热环境而言却是非常重要的。在自然通风的条件下,轻质墙体的内表面最高温度是控制值,这与节能计算的关系虽然不大,但对人体的舒适度有很大的关系。人不舒适时会采取降低空调温度的办法,或者在本不需要开空调的天气多开空调。因而规定轻质墙体必须满足第4章的要求,而且轻质墙体也较容易达到要求。

5.0.2 "参照建筑"是用来进行对比评定的节能建筑。首先,参照建筑必须在大小、形状、朝向等各个方面与所设计的实际建筑物相同,才可以作为对比之用。由于参照建筑是节能建筑,因而它必须满足第4章几条重要条款的最低要求。当所设计的建筑在某些方面不能满足节能要求时,参照建筑必须在这些方面进行调整。本条规定参照建筑各个朝向的窗墙比应符合第4章的规定。

非常重要的是,参照建筑围护结构的各项性能指标应为第4章规定性指标的限值。这样参照建筑是一个刚好满足节能要求的建筑。把所设计的建筑与之相比,即是要求所设计的建筑可以满足节能设计的最低要求。与参照建筑所不同的是,所设计的建筑会在某些围护结构的参数方面不满足第4章规定性指标的要求。

5.0.3 本标准第5章的目的是审查那些不完全符合第4章规定的居住建筑是否也能满足节能要求。为了在不同的建筑之间建立起一个公平合理的可比性,并简化审查工作量,本条特意规定了计算的标准条件。

计算时取卧室和起居室室内温度,冬季全天为不低于16℃,夏季全天为不高于26℃,换气次数为1.0

次/h。本标准在进行对比计算时之所以取冬季室内不低于16℃,主要是因为本地区的居民生活中已经习惯了在冬天多穿衣服而不采暖。而且,由于本地区的冬季不太冷,因而只要冬季关好门窗,室内空气的温度已经足够高,所以大多数人在冬季不采暖。

采暖设备的额定能效比取1.7,主要是考虑冬季采暖设备部分使用家用冷暖型(风冷热泵)空调器,部分仍使用电热型采暖器;空调设备额定能效比取3.0,主要是考虑家用空调器国家标准规定的最低能效比已有所提高,目前已经完全可以满足这一水平。本标准附录中的空调采暖年耗电指数简化计算公式中已经包括了空调、采暖能效比参数。

在计算中取比较低的设备额定能效比,有利于突出建筑围护结构在建筑节能中的作用。由于本地区室内采暖、空调设备的配置是居民个人的行为,本标准实际上能控制的主要是建筑围护结构,所以在计算中适当降低设备的额定能效比对居住建筑实际达到节能50%的目标是有利的。

居住建筑的内部得热比较复杂,在冬季可以减小采暖负荷,在夏季则增大空调负荷。在计算时不考虑室内得热可以简化计算。

对于南区,由于采暖可以不考虑,因而本标准规定可不进行采暖部分的计算。这样规定与夏热冬暖地区的划定原则是一致的。对于北区,由于其靠近夏热冬冷地区,还会有一定的采暖,因而采暖部分不可忽略。

采用浅色饰面材料的屋顶外表面和外墙面,一方面能有效地降低夏季空调能耗,是一项有效的隔热措施,但对冬季采暖不利;另一方面,由于目前很多浅色饰面的耐久性问题没有得到解决,同时随着外界粉尘等污染物的作用,其太阳辐射吸收系数会有所增加。目前,不少地方出现了在使用"对比评定法"时取用低 ρ 值(有的甚至低于0.2)来通过节能计算的做法,片面夸大了浅色饰面材料的作用。所以本次修订在第4.0.16条中把附加热阻减小了,热反射饰面计算用的太阳辐射吸收系数应取按附录B修正之值,且不得重复计算其当量附加热阻。考虑了浅色饰面的隔热效果随时间和环境因素引起的衰减,比较符合实际情况,从而不致过分夸大浅色饰面的作用。

5.0.4 本标准规定,计算空调采暖年耗电量采用动态的能耗模拟计算软件。夏热冬暖地区室内外温差比较小,一天之内温度波动对围护结构传热的影响比较大。尤其是夏季,白天室外气温很高,又有很强的太阳辐射,热量通过围护结构从室外传入室内;夜里室外温度下降比室内温度快,热量有可能通过围护结构从室内传向室外。由于这个原因,为了比较准确地计算采暖、空调负荷,并与现行国家标准《采暖通风与空气调节设计规范》GB 50019保持一致,需要采用动态计算方法。

动态的计算方法有很多，暖通空调设计手册里冷负荷计算法就是一种常用的动态计算方法。本标准采用了反应系数计算方法，并采用美国劳伦斯伯克利国家实验室开发的 DOE-2 软件作为计算工具。

DOE-2 用反应系数法来计算建筑围护结构的传热量。反应系数法是先计算围护结构内外表面温度和热流对一个单位三角波温度扰量的反应，计算出围护结构的吸热、放热和传热反应系数，然后将任意变化的室外温度分解成一个个可叠加的三角波，利用导热微分方程可叠加的性质，将围护结构对每一个温度三角波的反应叠加起来，得到任意一个时期围护结构表面的温度和热流。

DOE-2 软件可以模拟建筑物采暖、空调的热过程。用户可以输入建筑物的几何形状和尺寸，可以输入室内人员、电器、炊事、照明等的作息时间，可以输入一年 8760 个小时的气象数据，可以选择空调系统的类型和容量等等参数。DOE-2 根据用户输入的数据进行计算，计算结果以各种各样的报告形式来提供。目前，国内一些软件开发企业开发了多款基于 DOE-2 的节能计算软件。这些软件为方便建筑节能计算做出了很大贡献。

另外，清华大学开发的 DeST 动态模拟能耗计算软件也可以用于能耗分析。该软件也给出了全国许多城市的逐时气象数据，有着较好的输入输出界面，采用该软件进行能耗分析计算也是比较合适的。

5.0.5 尽管动态模拟软件均有了很好的输入输出界面，计算也不算太复杂，但对于一般的建筑设计人员来说，采用这些软件计算还有不少困难。为了使得节能的对比计算更加方便，本标准给出了根据 DOE-2 软件拟合的简化计算公式，以使建筑节能工作推广起来更加方便和迅速。建筑的空调采暖年耗电指数应采用本标准附录 C 的方法计算。

6 暖通空调和照明节能设计

6.0.1 夏热冬暖地区夏季酷热，北区冬季也比较湿冷。随着经济发展，人民生活水平的不断提高，对空调、采暖的需求逐年上升。对于居住建筑选择设计集中空调（采暖）系统方式，还是分户空调（采暖）方式，应根据当地能源、环保等因素，通过仔细的技术经济分析来确定。同时，该地区居民空调（采暖）所需设备及运行费用全部由居民自行支付，因此，还要考虑用户对设备及运行费用的承担能力。

6.0.2 2008 年 10 月 1 日起施行的《民用建筑节能条例》第十八条规定"实行集中供热的建筑应当安装供热系统调控装置、用热计量装置和室内温度调控装置。"对于夏热冬暖地区采取集中式空调（采暖）方式时，也应计量收费，增强居民节能意识。在涉及具体空调（采暖）节能设计时，可以参考执行现行国家

标准《公共建筑节能设计标准》GB 50189 - 2005 中的有关规定。

6.0.3～6.0.4 当居住区采用集中供冷（热）方式时，冷（热）源的选择，对于合理使用能源及节约能源是至关重要的。从目前的情况来看，不外乎采用电驱动的冷水机组制冷，电驱动的热泵机组制冷及采暖；直燃型溴化锂吸收式冷（温）水机组制冷及采暖，蒸汽（热水）溴化锂吸收式冷热水机组制冷及采暖；热、电、冷联产方式，以及城市热网供热；燃气、燃油、电热水机（炉）供热等。当然，选择哪种方式为好，要经过技术经济分析比较后确定。《公共建筑节能设计标准》GB 50189 - 2005 给出了相应机组的能效比（性能系数）。这些参数的要求在该标准中是强制性条款，是必须达到的。

6.0.5 为了方便应用，表 4 为多联式空调（热泵）机组制冷综合性能系数［IPLV（C）］值，是根据《多联式空调（热泵）机组能效限定值及能源效率等级》GB 21454 - 2008 标准中规定的能效等级第 3 级。

表 4 多联式空调（热泵）机组制冷综合性能系数［IPLV（C）］

名义制冷量（CC） W	综合性能系数［IPLV（C）］ （能效等级第 3 级）
CC≤28000	3.20
28000＜CC≤84000	3.15
84000＜CC	3.10

6.0.6 部分夏热冬暖地区冬季比较温和，需要采暖的时间很短，而且热负荷也很低。这些地区如果采暖，往往可能是直接用电来进行采暖。比如电散热器采暖、电红外线辐射器采暖、低温电热膜辐射采暖、低温加热电缆辐射采暖，甚至电锅炉热水采暖等等。要说明的是，采用这类方式时，特别是电红外线辐射器采暖、低温电热膜辐射采暖、低温加热电缆辐射采暖时，一定要符合有关标准中建筑防火要求，也要分析用电量的供应保证及用户运行费用承担的能力。但毕竟火力发电厂的发电效率约为 30%，用高品位的电能直接转换为低品位的热能进行采暖，在能源利用上并不合理。此条只是要求如果设计阶段将采暖方式、设备也在图纸上作了规定，那么，这种较大规模的应用从能源合理利用角度并不合理，不宜鼓励和认同。

6.0.7 采用分散式房间空调器进行空调和（或）采暖时，这类设备一般由用户自行采购，该条文的目的是要推荐用户购买能效比高的产品。目前已发布实施国家标准《房间空气调节器能效限定值及能效等级》GB 12021.3 - 2010 和《转速可控型房间空气调节器能效限定值及能源效率等级》GB 21455 - 2008，建议用户选购节能型产品（即能源效率第 2 级）。

而新修订的《房间空气调节器能效限定值及能效等级》GB 12021.3-2010对于能效限定值与能源效率等级指标已有提高，能效等级分为三级，而GB 12021.3-2004版中的节能评价值（即能效等级第2级）仅列为最低级（即第3级）。

为了方便应用，表5列出了GB 12021.3-2010房间空气调节器能源效率等级第3级指标，表6列出了GB 12021.3-2010中空调器能源效率等级指标；表7列出了转速可控型房间空气调节器能源效率等级第2级指标。

表5 房间空调器能源效率等级指标

类型	额定制冷量（CC）W	节能评价值（能效等级3级）
整体式	—	2.90
分体式	CC≤4500	3.20
	4500<CC≤7100	3.10
	7100<CC≤14000	3.00

表6 房间空调器能源效率等级指标

类型	额定制冷量（CC）W	能效等级		
		3	2	1
整体式	—	2.90	3.10	3.30
分体式	CC≤4500	3.20	3.40	3.60
	4500<CC≤7100	3.10	3.30	3.50
	7100<CC≤14000	3.00	3.20	3.40

表7 能源效率2级对应的制冷季节能源消耗效率（SEER）指标（Wh/Wh）

类型	额定制冷量（CC）W	节能评价值（能效等级2级）
分体式	CC≤4500	4.50
	4500<CC≤7100	4.10
	7100<CC≤14000	3.70

6.0.8 本条文是强制性条文。

现行国家标准《地源热泵系统工程技术规范》GB 50366-2005中对于"地源热泵系统"的定义为："以岩土体、地下水或地表水为低温热源，由水源热泵机组、地热能交换系统、建筑物内系统组成的供热空调系统。根据地热能交换形式的不同，地源热泵系统分为地埋管地源热泵系统、地下水地源热泵系统和地表水地源热泵系统"。地表水包括河流、湖泊、海水、中水或达到国家排放标准的污水、废水等。地源热泵系统可利用浅层地热能资源进行供热与空调，具有良好的节能与环境效益，近年来在国内得到了日益广泛的应用。但在夏热冬暖地区应用地源热泵系统时不能一概而论，

应针对项目冷热需求特点、项目所处的资源状况选择合适的系统形式，并对选用的地源热泵系统类型进行适宜性分析，包括技术可行性和经济合理性的分析，只有在技术经济合理的情况下才能选用。

这里引用《地源热泵系统工程技术规范》GB 50366-2005的部分条文进行说明，第3.1.1条："地源热泵系统方案设计前，应进行工程场地状况调查，并应对浅层地热能资源进行勘察"；第4.3.2条："地埋管换热系统设计应进行全年动态负荷计算，最小计算周期宜为1年。计算周期内，地源热泵系统总释热量宜与其总吸热量相平衡"；第5.1.2条："地下水的持续出水量应满足地源热泵系统最大吸热量或释热量的要求"；第6.1.1条："地表水换热系统设计前，应对地表水地源热泵系统运行对水环境的影响进行评估"。

特别地，全年冷热负荷基本平衡是土壤源热泵开发利用的基本前提，当计划采用地埋管换热系统形式时，要进行土壤温度平衡的模拟计算，保证全年向土壤的供冷量和取冷量相当，保持地温的稳定。

6.0.9 在空调设计阶段，应重视两方面内容：（1）布置室外机时，应保证相邻的室外机吹出的气流射程互不干扰，避免空调器效率下降；对于居住建筑开放式天井来说，天井内两个相对的主要立面一般不小于6m，这对于一般的房间空调器的室外机吹出气流射程不至于相互干扰，但在天井两个立面距离小于6m时，应考虑室外机偏转一定的角度，使其吹出射流方向朝向天井开口方向；对于封闭内天井来说，当天井底部无架空且顶部不开敞时，天井内侧不宜布置空调室外机；（2）对室内机和室外机进行隐蔽装饰设计有两个主要目的，一是提高建筑立面的艺术效果，二是对室外机有一定的遮阳和防护作用。有的商住楼用百叶窗将室外机封起来，这样会不利于夏季排放热量，大大降低能效比。装饰的构造形式不应对空调器室内机和室外机的进气和排气通道形成明显阻碍，从而避免室内气流组织不良和设备效率下降。

6.0.10～6.0.12 居住建筑应用空调设备保持室内舒适的热环境条件要耗费能量。此外，应用空调设备还会有一定的噪声。而自然通风无能耗、无噪声，当室外空气品质好的情况下，人体舒适感好（空气新鲜、风速风向随机变化、风力柔和），因此，应重视采用自然通风。欧洲国家在建筑节能和改善室内空气品质方面极为重视研究和应用自然通风，我国国家住宅与居住环境工程中心编制的《健康住宅建设技术要点》中规定："住宅的居住空间应能自然通风，无通风死角"。当然，自然通风在应用上存在不易控制、受气象条件制约、要求室外空气无污染等局限，例如据气象资料统计，广州地区标准年室外干球温度分布在18.5℃～26.5℃的时数为3991小时，近半年的时间里可利用自然通风。对于某些居住建筑，由于客观原因使在气象条件符合利用自然通风的时间里而单纯靠

自然通风又不能满足室内热环境要求时，应设计机械通风（一般是机械排风），作为自然通风的辅助技术措施。只有各种通风技术措施都不能满足室内热舒适环境要求时，才开启空调设备或系统。

目前，居住建筑的机械排风有分散式无管道系统，集中式排风竖井和有管道系统。随着经济的发展和人们生活水平的提高，集中式机械排风竖井或集中式有管道机械排风系统会得到较多的应用。

居住建筑中由于人（及宠物）的新陈代谢和人的活动会产生污染物，室内装修材料及家具设备也会散发污染物，因此，居住建筑的通风换气是创造舒适、健康、安全、环保的室内环境，提高室内环境质量水平的技术措施之一。通风分为自然通风和机械通风，传统的居住建筑自然通风方法是打开门窗，靠风压作用和热压作用形成"穿堂风"或"烟囱风"；机械通风则需要应用风机为动力。有效的技术措施是居住建筑通风设计采用机械排风、自然进风。机械排风的排风口一般设在厨房和卫生间，排风量应满足室内环境质量要求，排风机应选用符合标准的产品，并应优先选用高效节能低噪声风机。《中国节能技术政策大纲》提出节能型通用风机的效率平均达到84%；选用风机的噪声应满足居住建筑环境质量标准的要求。

近年来，建筑室内空气品质问题已经越来越引起人们的关注，建筑材料，建筑装饰材料及胶粘剂会散发出各种污染物如挥发性有机化合物（VOC），对人体健康造成很大的威胁。VOC中对室内空气污染影响最大的是甲醛。它们能够对人体的呼吸系统、心血管系统及神经系统产生较大的影响，甚至有些还会致癌，VOC还是造成病态建筑综合症（Sick Building Syndrome）的主要原因。当然，最根本的解决是从源头上采用绿色建材，并加强自然通风。机械通风装置可以有组织地进行通风，大大降低污染物的浓度，使之符合卫生标准。

然而，考虑到我国目前居住建筑实际情况，还没有条件在标准中规定居住建筑要普遍采用有组织的全面机械通风系统。本标准要求在居住建筑的通风设计中要处理好室内气流组织，即应该在厨房、无外窗卫生间安装局部机械排风装置，以防止厨房、卫生间的污浊空气进入居室。如果当地夏季白天与晚上的气温相差较大，应充分利用夜间通风，既达到换气通风、改善室内空气品质的目的，又可以被动降温，从而减少空调运行时间，降低能源消耗。

6.0.13 本条文引自全文强制的《住宅建筑规范》GB 50368。

附录 A 建筑外遮阳系数的计算方法

A. 0. 1～A. 0. 3 建筑外遮阳系数 SD 的计算方法

国内外均习惯把建筑窗口的遮阳形式按水平遮阳、垂直遮阳、综合遮阳和挡板遮阳进行分类，《中国土木建筑百科辞典》中载入了关于这几种遮阳形式的准确定义。随着国内建筑遮阳产业的发展，近年来出现了几种用于住宅建筑的外遮阳形式，主要有横百叶遮阳、竖百叶遮阳，而这两种遮阳类型因其特征仍然属于窗口前设置的有一定透光能力的挡板，也因其有百叶可调和不可调之分，分别称其为固定横（竖）百叶挡板式遮阳、活动横（竖）百叶挡板式遮阳。考虑到传统的综合遮阳是指由水平遮阳和垂直遮阳组合而成的一种形式，现代建筑遮阳设计中还出现了与挡板遮阳的组合，如南京万科莫愁湖小区住宅设计的阳台飘板＋推拉式活动百叶窗就是典型的案例，因此本计算方法中给出了多种组合式遮阳的 SD 计算方法，其中包括了传统的综合遮阳。

本计算方法 A.0.1 中按国内外建筑设计行业和建筑热工领域的习惯分类，依窗口的水平遮阳、垂直遮阳、挡板遮阳、固定横（竖）百叶挡板式遮阳、活动横（竖）百叶挡板式遮阳的顺序，给出了各自的外遮阳系数的定量计算方法；A.0.2 给出了多种遮阳形式组合的计算方法；A.0.3 规定了透光性材料制作遮阳构件时，建筑外遮阳系数的计算方法，实际上本条规定相当于是对上述遮阳形式的计算结果进行一个材料透光性的修正。

1 窗口水平遮阳和垂直遮阳的外遮阳系数

水平和垂直外遮阳系数的计算是依据外遮阳系数 SD 的定义，建立一个简单的建筑模型，通过全年空调能耗动态模拟计算，按诸朝向外窗遮阳与不遮阳能耗计算结果反算得来建筑外遮阳系数，其计算式为：

$$SD = \frac{q_2 - q_3}{q_1 - q_3} \qquad (7)$$

式中：q_1 ——无外遮阳时，模拟得到的全年空调能耗指标（kWh/m²）；

q_2 ——某朝向所有外窗设外遮阳，模拟得到的全年空调指标（kWh/m²）；

q_3 ——上述朝向所有外窗假设窗的遮阳系数 SC＝0，该朝向所有外窗不设遮阳措施，其他参数不变的情况下，模拟得到的全年累计冷负荷指标（kWh/m²）；

$q_1 - q_3$ ——某朝向上的所有外窗无外遮阳时由太阳辐射引起的全年累计冷负荷（kWh/m²）；

$q_2 - q_3$ ——某朝向上的所有外窗有外遮阳时由太阳辐射引起的全年累计冷负荷（kWh/m²）。

有无遮阳的模型建筑的能耗是通过 DOE-2 的计算拟合得到的。在进行遮阳板的计算过程中，本标准采用了一个比较简单的建筑进行拟合计算。其外窗为单层透明玻璃铝合金窗，传热系数 5.61，遮阳系数 0.9，单窗面积为 4m²。为了使计算的遮阳系数有较广的适应性，故将窗定为正方形。采用这一建筑进行各个朝向的拟合计算。方法是在不同的朝向加遮阳板，变化遮阳板的挑出长度，逐一模拟公式 A.0.1-1 中空调能耗值并计算出 SD，再与遮阳板构造的挑出系数 $x=A/B$ 关联，拟合出一个二次多项式的系数 a、b。

2 挡板遮阳的遮阳系数

挡板的外遮阳系数按下式计算：

$$SD = 1 - (1 - SD^*)(1 - \eta^*) \qquad (8)$$

式中：SD^*——采用不透明材料制作的挡板的建筑外遮阳系数；

η^*——挡板的材料透射比，按条文中表 A.0.3 确定。

其他非透明挡板各朝向的建筑外遮阳系数 SD^* 可按该朝向上的 4 组典型太阳光线入射角，采用平行光投射方法分别计算或实验测定，其轮廓透光比应取 4 个透光比的平均值。典型太阳入射角可按表 8 选取。

表8　典型的太阳光线入射角　(°)

窗口朝向		南				东、西				北			
		1组	2组	3组	4组	1组	2组	3组	4组	1组	2组	3组	4组
夏季	高度角	0	0	60	60	0	0	45	45	0	30	30	30
	方位角	0	45	0	45	75	90	75	90	180	180	135	−135
冬季	高度角	0	0	45	45	0	45	0	45	0	0	0	45
	方位角	0	45	0	45	45	90	45	90	180	135	−135	180

挡板遮阳分析的关键问题是挡板的材料和构造形式对外遮阳系数的影响。因当前现代建筑材料类型和构造技术的多样化，挡板的材料和构造形式变化万千，如果均要求建筑设计时按太阳位置角度逐时计算挡板的能量比例显然是不现实的。但作为挡板构造形式之一的建筑花格、漏花、百叶等遮阳构件，在原理上存在统一性，都可以看做是窗口外的一块竖板，通过这块板则有两个性能影响光线到达窗面，一个是挡板的轮廓形状和与窗面的相对位置，另一个是挡板本身构造的透光性能。两者综合在一起才能判断挡板的遮阳效果。因此本标准采用两个参数确定挡板的遮阳系数，一个是挡板的建筑外遮阳系数 SD^*，另一个是挡板构造透光比 η^*。

根据上述原理计算各个朝向的建筑外遮阳系数 SD 值，再将 SD 值与挡板的构造的特征值（挡板高与窗高之比）$x=A/B$ 关联，拟合出二次多项式的系数 a、b 载入表 A.0.1。计算中挡板设定为不透光的材料（如钢筋混凝土板材、金属板或复合装饰扣板等），但考虑这类材料本身的吸热后的二次辐射，取 $\eta^*=0.1$。挡板与外窗之间选取了一个典型的间距值为 0.6m，当这一间距增大时挡板的遮阳系数会增大遮阳效果会下降，但对于阳台和走廊设置挡板时距离一般在 1.2m，和挑出楼板组合后，在这一范围内仍然选用设定间距为 0.6m 时的回归系数是可行的。这样确定也是为了鼓励设计多采用挡板式这类相对最为有效的做法。

中华人民共和国行业标准

既有居住建筑节能改造技术规程

Technical specification for energy efficiency retrofitting of
existing residential buildings

JGJ/T 129—2012

批准部门：中华人民共和国住房和城乡建设部
施行日期：2 0 1 3 年 3 月 1 日

中华人民共和国住房和城乡建设部
公　告

第 1504 号

住房城乡建设部关于发布行业标准
《既有居住建筑节能改造技术规程》的公告

现批准《既有居住建筑节能改造技术规程》为行业标准，编号为 JGJ/T 129-2012，自 2013 年 3 月 1 日起实施。原行业标准《既有采暖居住建筑节能改造技术规程》JGJ 129-2000 同时废止。

本规程由我部标准定额研究所组织中国建筑工业出版社出版发行。

中华人民共和国住房和城乡建设部

2012 年 10 月 29 日

前　言

根据原建设部《关于印发〈2006 年工程建设标准规范制订、修订计划（第一批）〉的通知》（建标［2006］77 号）的要求，规程编制组经广泛调查研究，认真总结实践经验，并在广泛征求意见的基础上，对原行业标准《既有采暖居住建筑节能改造技术规程》JGJ 129-2000 进行了修订。

本规程的主要技术内容有：1. 总则；2. 基本规定；3. 节能诊断；4. 节能改造方案；5. 建筑围护结构节能改造；6. 严寒和寒冷地区集中供暖系统节能与计量改造；7. 施工质量验收。

本规程主要修订的技术内容是：1. 将规程的适用范围扩大到夏热冬冷地区和夏热冬暖地区；2. 规定了在制定节能改造方案前对供暖空调能耗、室内热环境、围护结构、供暖系统进行现状调查和诊断；3. 规定了不同气候区的既有建筑节能改造方案应包括的内容；4. 规定了不同气候区的既有建筑围护结构改造内容、重点以及技术要求；5. 规定了热源、室外管网、室内系统以及热计量的改造要求。

本规程由住房和城乡建设部负责管理，由中国建筑科学研究院负责具体技术内容的解释。执行过程中如有意见或建议，请寄送至中国建筑科学研究院（地址：北京市北三环东路 30 号，邮政编码：100013）。

本规程主编单位：中国建筑科学研究院

本规程参编单位：哈尔滨工业大学市政环境工程学院
中国建筑设计研究院
中国建筑西北设计研究院有限公司
中国建筑东北设计研究院有限公司
吉林省建苑设计集团有限公司
福建省建筑科学研究院
广东省建筑科学研究院
中国建筑西南设计研究院有限公司
重庆大学城市规划学院
上海市建筑科学研究院（集团）有限公司
北京市建筑设计研究院有限公司
西安建筑科技大学建筑学院
住房和城乡建设部科技发展促进中心
深圳市建筑科学研究院有限公司

本规程主要起草人员：林海燕　郎四维　方修睦
潘云钢　陆耀庆　金丽娜

吴雪岭　赵士怀　冯　雅　　　　　　　　　　潘　振

付祥钊　杨仕超　夏祖宏　　本规程主要审查人员：吴德绳　罗继杰　杨善勤

刘明明　刘月莉　宋　波　　　　　　　　　　韦延年　陶乐然　张恒业

闫增峰　郝　斌　刘俊跃　　　　　　　　　　栾景阳　朱惠英　刘士清

目　次

1　总则 ……………………………… 17—6

2　基本规定 ……………………… 17—6

3　节能诊断 ……………………… 17—6

　3.1　一般规定 ……………………… 17—6

　3.2　能耗现状调查 ………………… 17—6

　3.3　室内热环境诊断 ……………… 17—7

　3.4　围护结构节能诊断 …………… 17—7

　3.5　严寒和寒冷地区集中

　　　供暖系统节能诊断 …………… 17—7

4　节能改造方案 ………………… 17—8

　4.1　一般规定 ……………………… 17—8

　4.2　严寒和寒冷地区节能改造方案 … 17—8

　4.3　夏热冬冷地区节能改造方案 … 17—8

　4.4　夏热冬暖地区节能改造方案 … 17—8

5　建筑围护结构节能改造 ……… 17—9

　5.1　一般规定 ……………………… 17—9

　5.2　严寒和寒冷地区围护结构 …… 17—9

　5.3　夏热冬冷地区围护结构 ……… 17—9

　5.4　夏热冬暖地区围护结构 ……… 17—10

　5.5　围护结构节能改造技术要求 … 17—10

6　严寒和寒冷地区集中供暖系统

　节能与计量改造 ……………… 17—11

　6.1　一般规定 ……………………… 17—11

　6.2　热源及热力站节能改造 ……… 17—12

　6.3　室外管网节能改造 …………… 17—12

　6.4　室内系统节能与计量改造 …… 17—13

7　施工质量验收 ………………… 17—13

　7.1　一般规定 ……………………… 17—13

　7.2　围护结构节能改造工程 ……… 17—13

　7.3　集中供暖系统节能改造工程 … 17—13

本规程用词说明 …………………… 17—14

引用标准名录 ……………………… 17—14

附：条文说明 ……………………… 17—15

Contents

1 General Provisions ·················· 17—6

2 Basic Requirement ·················· 17—6

3 Energy Saving Diagnosis ·············· 17—6

  3.1 General Requirement ·············· 17—6

  3.2 Energy Consumption
     Investigation ·················· 17—6

  3.3 Indoor Thermal Environment
     Diagnosis ···················· 17—7

  3.4 Building Envelope Energy Saving
     Diagnosis ···················· 17—7

  3.5 Energy Saving Diagnosis of Centralized
     Heating System in the Severe
     Cold and Cold Zones ·········· 17—7

4 Energy Saving Retrofit Plan ········· 17—8

  4.1 General Requirement ·············· 17—8

  4.2 Energy Saving Retrofit Plan in the
     Severe Cold and Cold Zones ·········· 17—8

  4.3 Energy Saving Retrofit Plan
     in the Hot Summer and
     Cold Winter Zone ·············· 17—8

  4.4 Energy Saving Retrofit Plan in
     the Hot Summer and
     Warm Winter Zones ·············· 17—8

5 Building Envelope Energy
  Saving Retrofit ·················· 17—9

  5.1 General Requirement ·············· 17—9

  5.2 Building Envelope in Severe

     Cold and Cold Zones ·············· 17—9

  5.3 Building Envelope in Hot Summer and
     Cold Winter Zones ·············· 17—9

  5.4 Building Envelope in Hot Summer and
     Warm Winter Zones ·············· 17—10

  5.5 Technical Requirements of Building
     Envelope Energy Saving
     Retrofit ···················· 17—10

6 Energy Saving and Measurement Retrofit of
  Centralized Heating System in Severe
  Cold and Cold Zones ·············· 17—11

  6.1 General Requirement ·············· 17—11

  6.2 Heat Source and Supply Station
     Energy Saving Retrofit ·········· 17—12

  6.3 Outdoor Pipe Network Energy
     Saving Retrofit ·············· 17—12

  6.4 Indoor System Energy Saving and
     Measurement Retrofit ·············· 17—13

7 Construction Acceptance ·············· 17—13

  7.1 General Requirement ·············· 17—13

  7.2 Building Envelope ·············· 17—13

  7.3 Central Heating System ·········· 17—13

Explanation of Wording in
  This Specification ·············· 17—14

List of Quoted Standards ·············· 17—14

Addition: Explanation of
       Provisions ·············· 17—15

1 总　　则

1.0.1 为贯彻国家有关建筑节能的法律、法规和方针政策，通过采取有效的节能技术措施，改变既有居住建筑室内热环境质量差、供暖空调能耗高的现状，提高既有居住建筑围护结构的保温隔热能力，改善既有居住建筑供暖空调系统能源利用效率，改善居住热环境，制定本规程。

1.0.2 本规程适用于各气候区既有居住建筑进行下列范围的节能改造：

　　1　改善围护结构保温、隔热性能；

　　2　提高供暖空调设备（系统）能效，降低供暖空调设备的运行能耗。

1.0.3 既有居住建筑节能改造应根据节能诊断结果，制定节能改造方案，从技术可靠性、可操作性和经济实用等方面进行综合分析，选取合理可行的节能改造方案和技术措施。

1.0.4 既有居住建筑节能改造，除应符合本规程外，尚应符合国家现行有关标准的规定。

2　基 本 规 定

2.0.1 既有居住建筑节能改造应根据国家节能政策和国家现行有关居住建筑节能设计标准的要求，结合当地的地理气候条件、经济技术水平，因地制宜地开展全面的节能改造或部分的节能改造。

2.0.2 实施全面节能改造后的建筑，其室内热环境和建筑能耗应符合国家现行有关居住建筑节能设计标准的规定。实施部分节能改造后的建筑，其改造部分的性能或效果应符合国家现行有关居住建筑节能设计标准的规定。

2.0.3 既有居住建筑在实施全面节能改造前，应先进行抗震、结构、防火等性能的评估，其主体结构的后续使用年限不应少于 20 年。有条件时，宜结合提高建筑的抗震、结构、防火等性能实施综合性改造。

2.0.4 实施部分节能改造的建筑，宜根据改造项目的具体情况，进行抗震、结构、防火等性能的评估以及改造后的使用年限进行判定。

2.0.5 既有居住建筑实施节能改造前，应先进行节能诊断，并根据节能诊断的结果，制定全面的或部分的节能改造方案。

2.0.6 建筑节能改造的诊断、设计和施工，应由具有相应的建筑检测、设计、施工资质的单位和专业技术人员承担。

2.0.7 严寒和寒冷地区的既有居住建筑节能改造，宜以一个集中供热小区为单位，同步实施对建筑围护结构的改造和供暖系统的全面改造。全面节能改造

后，在保证同一室内热舒适水平的前提下，热源端的节能量不应低于 20%。当不具备对建筑围护结构和供暖系统实施全面改造的条件时，应优先选择对室内热环境影响大、节能效果显著的环节实施部分改造。

2.0.8 严寒和寒冷地区既有居住建筑实施全面节能改造后，集中供暖系统应具有室温调节和热量计量的基本功能。

2.0.9 夏热冬冷地区与夏热冬暖地区的既有居住建筑节能改造，应优先提高外窗的保温和遮阳性能、屋顶和西墙的保温隔热性能，并宜同时改善自然通风条件。

2.0.10 既有居住建筑外墙节能改造工程的设计应兼顾建筑外立面的装饰效果，并应满足墙体保温、隔热、防火、防水等的要求。

2.0.11 既有居住建筑外墙节能改造工程应优先选用安全、对居民干扰小、工期短、对环境污染小、施工工艺便捷的墙体保温技术，并宜减少湿作业施工。

2.0.12 既有居住建筑节能改造应制定和实行严格的施工防火安全管理制度。外墙改造采用的保温材料和系统应符合国家现行有关防火标准的规定。

2.0.13 既有居住建筑节能改造不得采用国家明令禁止和淘汰的设备、产品和材料。

3　节 能 诊 断

3.1　一 般 规 定

3.1.1 既有居住建筑节能改造前应进行节能诊断。并应包括下列内容：

　　1　供暖、空调能耗现状的调查；

　　2　室内热环境的现状诊断；

　　3　建筑围护结构的现状诊断；

　　4　集中供暖系统的现状诊断（仅对集中供暖居住建筑）。

3.1.2 既有居住建筑节能诊断后，应出具节能诊断报告，并应包括供暖空调能耗、室内热环境、建筑围护结构、集中供暖系统现状调查和诊断的结果，初步的节能改造建议和节能改造潜力分析。

3.1.3 承担节能诊断的单位应由建设单位委托。节能诊断涉及的检测方法应按现行行业标准《居住建筑节能检测标准》JGJ/T 132 执行。

3.2　能耗现状调查

3.2.1 既有居住建筑节能改造前，应先进行供暖、空调能耗现状的调查统计。调查统计应符合现行行业标准《民用建筑能耗数据采集标准》JGJ/T 154 的有关规定。

3.2.2 既有居住建筑应根据其供暖和空调能耗现状调查统计结果，为节能诊断报告提供下列内容：

1 既有居住建筑供暖能耗；

2 既有居住建筑空调能耗。

3.3 室内热环境诊断

3.3.1 既有居住建筑室内热环境诊断时，应按国家现行标准《民用建筑热工设计规范》GB 50176、《严寒和寒冷地区居住建筑节能设计标准》JGJ 26、《夏热冬冷地区居住建筑节能设计标准》JGJ 134、《夏热冬暖地区居住建筑节能设计标准》JGJ 75 以及《居住建筑节能检测标准》JGJ/T 132 执行。

3.3.2 既有居住建筑室内热环境诊断，应采用现场调查和检测室内热环境状况为主、住户问卷调查为辅的方法。

3.3.3 既有居住建筑室内热环境诊断应主要针对供暖、空调季节进行，夏热冬冷和夏热冬暖地区的诊断还宜包括过渡季节。针对过渡季节的室内热环境诊断，应在自然通风状态下进行。

3.3.4 既有居住建筑室内热环境诊断应调查、检测下列内容并将结果提供给节能诊断报告：

1 室内空气温度；

2 室内空气相对湿度；

3 外围护结构内表面温度，在严寒和寒冷地区还应包括热桥等易结露部位的内表面温度，在夏热冬冷和夏热冬暖地区还应包括屋面和西墙的内表面温度；

4 在夏热冬暖和夏热冬冷地区，建筑室内的通风状况；

5 住户对室内温度、湿度的主观感受等。

3.4 围护结构节能诊断

3.4.1 围护结构节能诊断前，应收集下列资料：

1 建筑的设计施工图、计算书及竣工图；

2 建筑装修和改造资料；

3 历年修缮资料；

4 所在地城市建设规划和市容要求。

3.4.2 围护结构进行节能诊断时，应对下列内容进行现场检查：

1 墙体、屋顶、地面以及门窗的裂缝、渗漏、破损状况；

2 屋顶结构构造：结构形式、遮阳板、防水构造、保温隔热构造及厚度；

3 外墙结构构造：墙体结构形式、厚度、保温隔热构造及厚度；

4 外窗：窗户型材种类、开启方式、玻璃结构、密封形式；

5 遮阳：遮阳形式、构造和材料；

6 户门：构造、材料、密闭形式；

7 其他：分户墙、楼板、外挑楼板、底层楼板等的材料、厚度。

3.4.3 围护结构节能诊断时，应按现行国家标准《民用建筑热工设计规范》GB 50176 的规定计算其热工性能，必要时应对部分构件进行抽样检测其热工性能。围护结构热工性能检测应符合现行行业标准《居住建筑节能检测标准》JGJ/T 132 的有关规定。围护结构热工计算和检测应包括下列内容：

1 屋顶的保温性能、隔热性能；

2 外墙的保温性能、隔热性能；

3 房间的气密性；

4 外窗的气密性；

5 围护结构热工缺陷。

3.4.4 外窗的传热系数应按现行行业标准《建筑门窗玻璃幕墙热工计算规程》JGJ/T 151 的规定进行计算；外窗的综合遮阳系数应按现行行业标准《夏热冬暖地区居住建筑节能设计标准》JGJ 75 和《建筑门窗玻璃幕墙热工计算规程》JGJ/T 151 的有关规定进行计算。

3.4.5 围护结构节能诊断应根据建筑物现状、围护结构现场检查和热工性能计算与检测的结果等对其热工性能进行判定，并为节能诊断报告提供下列内容：

1 建筑围护结构各组成部分的传热系数；

2 建筑围护结构可能存在的热工缺陷状况；

3 建筑物耗热量指标（严寒、寒冷地区集中供暖建筑）。

3.5 严寒和寒冷地区集中供暖系统节能诊断

3.5.1 供暖系统节能诊断前，应收集下列资料：

1 供暖系统设计施工图、计算书和竣工图纸；

2 历年维修改造资料；

3 供暖系统运行记录及 3 年以上能源消耗量。

3.5.2 供暖系统诊断时，应对下列内容进行现场检查、检测、计算并将结果提供给节能诊断报告：

1 锅炉效率、单位锅炉容量的供暖面积；

2 单位建筑面积的供暖耗煤量（折合成标准煤）、耗电量和水量；

3 根据建筑耗热量、耗煤量指标和实际供暖天数推算系统的运行效率；

4 供暖系统补水率；

5 室外管网输送效率；

6 室外管网水力平衡度、调控能力；

7 室内供暖系统形式、水力失调状况和调控能力。

3.5.3 对锅炉效率、系统补水率、室外管网水力平衡度、室外管网热损失率、耗电输热比等指标参数的检测应按现行行业标准《居住建筑节能检测标准》JGJ/T 132 执行。

4 节能改造方案

4.1 一般规定

4.1.1 对居住建筑实施节能改造前，应根据节能诊断结果和预定的节能目标制定节能改造方案，并应对节能改造方案的效果进行评估。

4.1.2 严寒和寒冷地区应按现行行业标准《严寒和寒冷地区居住建筑节能设计标准》JGJ 26 中的静态计算方法，对建筑实施改造后的供暖耗热量指标进行计算。计划实施全面节能改造的建筑，其改造后的供暖耗热量指标应符合现行行业标准《严寒和寒冷地区居住建筑节能设计标准》JGJ 26 的规定，室内系统应满足计量要求。

4.1.3 夏热冬冷地区应按现行行业标准《夏热冬冷地区居住建筑节能设计标准》JGJ 134 中的动态计算方法，对建筑实施改造后的供暖和空调能耗进行计算。

4.1.4 夏热冬暖地区应按现行行业标准《夏热冬暖地区居住建筑节能设计标准》JGJ 75 中的动态计算方法，对建筑实施改造后的空调能耗进行计算。

4.1.5 夏热冬冷地区和夏热冬暖地区宜对改造后建筑顶层房间的夏季室内热环境进行评估。

4.2 严寒和寒冷地区节能改造方案

4.2.1 严寒和寒冷地区既有居住建筑的全面节能改造方案应包括建筑围护结构节能改造方案和供暖系统节能改造方案。

4.2.2 围护结构节能改造方案应确定外墙、屋面等保温层的厚度并计算外墙平均传热系数和屋面传热系数，确定外窗、单元门、户门传热系数。对外墙、屋面、窗洞口等可能形成冷桥的构造节点，应进行热工校核计算，避免室内表面结露。

4.2.3 建筑围护结构节能改造方案应评估下列内容：

   1 建筑物耗热量指标；

   2 围护结构传热系数；

   3 节能潜力；

   4 建筑热工缺陷；

   5 改造的技术方案和措施，以及相应的材料和产品；

   6 改造的资金投入和资金回收期。

4.2.4 严寒和寒冷地区供暖系统节能改造方案应符合下列规定：

   1 改造后的燃煤锅炉年均运行效率不应低于68%，燃气及燃油锅炉年均运行效率不应低于80%；

   2 对于改造后的室外供热管网，管网保温效率应大于97%，补水率不应大于总循环流量的0.5%，系统总流量应为设计值的100%～110%，水力平衡度应在0.9～1.2范围之内，耗电输热比应符合现行行业标准《严寒和寒冷地区居住建筑节能设计标准》JGJ 26 的有关规定。

4.2.5 供暖系统节能改造方案应评估下列内容：

   1 供暖期间单位建筑面积耗标煤量（耗气量）指标；

   2 锅炉运行效率；

   3 室外管网输送效率；

   4 热源（热力站）变流量运行条件；

   5 室内系统热计量仪表状况及系统调节手段；

   6 供热效果；

   7 节能潜力；

   8 改造的技术方案和措施，以及相应的材料和产品；

   9 改造的资金投入和资金回收期。

4.3 夏热冬冷地区节能改造方案

4.3.1 夏热冬冷地区既有居住建筑节能改造方案应主要针对建筑围护结构。

4.3.2 夏热冬冷地区既有居住建筑节能改造方案应确定外墙、屋面等保温层的厚度，计算外墙平均传热系数和屋面传热系数，确定外窗的传热系数和遮阳系数。必要时，应对外墙、屋面、窗洞口等可能形成热桥的构造节点进行结露验算。

4.3.3 夏热冬冷地区既有建筑节能改造方案的效果评估应包括能效评估和室内热环境评估，并应符合下列规定：

   1 当节能方案满足现行行业标准《夏热冬冷地区居住建筑节能设计标准》JGJ 134 全部规定性指标的要求时，可认定节能方案达到该标准的节能水平；

   2 当节能方案不完全满足现行行业标准《夏热冬冷地区居住建筑节能设计标准》JGJ 134 全部规定性指标的要求时，应按该标准规定的方法，计算节能改造方案的节能综合评价指标。

4.3.4 评估室内热环境时，应先按节能改造方案建立该建筑的计算模型，计算当地典型气象年条件下建筑室内的全年自然室温（t_n），再按表 4.3.4 的规定进行评估。

表 4.3.4 夏热冬冷地区节能改造方案的室内热环境评估

室内热环境评估等级	评估指标	
	冬 季	夏 季
良好	$12℃ \leqslant t_{n,min}$	$t_{n,max} \leqslant 30℃$
可接受	$8℃ \leqslant t_{n,min} < 12℃$	$30℃ < t_{n,max} \leqslant 32℃$
恶劣	$t_{n,min} < 8℃$	$t_{n,max} > 32℃$

4.4 夏热冬暖地区节能改造方案

4.4.1 夏热冬暖地区既有居住建筑节能改造方案应

主要针对建筑围护结构。

4.4.2 夏热冬暖地区既有居住建筑节能改造方案应确定外墙、屋面等保温层的厚度，计算外墙传热系数和屋面传热系数，确定外窗的传热系数和遮阳系数等。

4.4.3 夏热冬暖地区既有建筑节能改造方案的效果评估应包括能效评估和室内热环境评估，并应符合下列规定：

　　1 当节能改造方案满足现行行业标准《夏热冬暖地区居住建筑节能设计标准》JGJ 75 全部规定性指标的要求时，可认定该改造方案达到该标准的节能水平；

　　2 当节能改造方案不完全满足现行行业标准《夏热冬暖地区居住建筑节能设计标准》JGJ 75 全部规定性指标的要求时，应按现行行业标准《夏热冬暖地区居住建筑节能设计标准》JGJ 75 规定的对比评定法，计算改造方案的节能综合评价指标。

4.4.4 室内热环境评价应符合下列规定：

　　1 应按现行国家标准《民用建筑热工设计规范》GB 50176 计算改造方案中建筑屋顶、西外墙的保温隔热性能；

　　2 应按现行行业标准《建筑门窗玻璃幕墙热工计算规程》JGJ/T 151 计算改造方案中外窗隔热性能和保温性能；

　　3 应按现行行业标准《夏热冬暖地区居住建筑节能设计标准》JGJ 75 计算改造方案中外窗的可开启面积或采用流体力学计算软件模拟节能改造实施方案中建筑内部预期的自然通风效果；

　　4 室内热环境评价结论的判定应符合下列规定：

　　　1）当围护结构节能设计符合现行行业标准《夏热冬暖地区居住建筑节能设计标准》JGJ 75 的有关规定时，应判定节能方案的夏季室内热环境为良好；

　　　2）当围护结构节能设计不完全符合现行行业标准《夏热冬暖地区居住建筑节能设计标准》JGJ 75 的有关规定，但屋顶、外墙的隔热性能符合现行国家标准《民用建筑热工设计规范》GB 50176 的有关规定时，应判定节能方案的夏季室内热环境为可接受；

　　　3）当围护结构节能设计不完全符合现行行业标准《夏热冬暖地区居住建筑节能设计标准》JGJ 75 的有关规定，且屋顶、外墙的隔热性能也不符合现行国家标准《民用建筑热工设计规范》GB 50176 的有关规定时，应判定节能方案的夏季室内热环境为恶劣。

5 建筑围护结构节能改造

5.1 一般规定

5.1.1 围护结构节能改造应按制定的节能改造方案进行设计，设计内容应包括外墙、外窗、户门、不封闭阳台门和单元入口门、屋面、直接接触室外空气的楼地面、供暖房间与非供暖房间（包括不供暖楼梯间）的隔墙及楼板等。

5.1.2 围护结构节能改造时，不得随意更改既有建筑结构构造。

5.1.3 外墙和屋面节能改造前，应对相关的构造措施和节点做法等进行设计。

5.1.4 对严寒和寒冷地区围护结构的节能改造，应同时考虑供暖系统的节能改造，为供暖系统改造预留条件。

5.1.5 围护结构改造应遵循经济、适用、少扰民的原则。

5.1.6 围护结构节能改造所使用的材料、技术应符合设计要求和国家现行有关标准的规定。

5.2 严寒和寒冷地区围护结构

5.2.1 严寒和寒冷地区既有居住建筑围护结构改造后，其传热系数应符合现行行业标准《严寒和寒冷地区居住建筑节能设计标准》JGJ 26 的有关规定。

5.2.2 严寒和寒冷地区，在进行外墙节能改造时，应优先选用外保温技术，并应与建筑的立面改造相结合。

5.2.3 外墙节能改造时，严寒和寒冷地区不宜采用内保温技术。当严寒和寒冷地区外保温无法施工或需保持既有建筑外貌时，可采用内保温技术。

5.2.4 外墙节能改造采用内保温技术时，应进行内保温设计，并对混凝土梁、柱等热桥部位进行结露验算，施工前制定施工方案。

5.2.5 严寒和寒冷地区外窗改造时，可根据既有建筑具体情况，采取更换原户或在保留原窗户基础上再增加一层新窗户的措施。

5.2.6 严寒和寒冷地区居住建筑的楼梯间及外廊应封闭；楼梯间不供暖时，楼梯间隔墙和户门应采取保温措施。

5.2.7 严寒、寒冷地区的单元门应加设门斗；与非供暖走道、门厅相邻的户门应采用保温门；单元门宜安装闭门器。

5.3 夏热冬冷地区围护结构

5.3.1 夏热冬冷地区既有居住建筑围护结构改造后，所改造部位的热工性能应符合现行行业标准《夏热冬冷地区居住建筑节能设计标准》JGJ 134 的规定性指标的有关规定。

5.3.2 既有居住建筑外墙进行节能改造设计时，应根据建筑的历史和文化背景、建筑的类型和使用功能、建筑现有的立面形式和建筑外装饰材料等，确定采用外保温隔热或内保温隔热技术，并应符合下列规定：

    1 混凝土剪力墙应进行外墙保温改造；

    2 南北向板式（条式）建筑，应对东西山墙进行保温改造；

    3 宜采取外保温技术。

5.3.3 既有居住建筑的平屋面宜改造成坡屋面或种植屋面。当保持平屋面时，宜设置保温层和通风架空层。

5.3.4 外窗改造应在满足传热系数要求的同时，满足外窗的气密性、可开启面积和遮阳系数等要求。外窗改造可选择下列方法：

    1 用中空玻璃替代原单层玻璃；

    2 用中空玻璃新窗扇替代原窗扇；

    3 用符合节能标准的窗户替代原窗户；

    4 加一层新窗户或贴遮阳膜；

    5 东、西、南方向主要房间加设活动外遮阳装置。

5.3.5 外窗和阳台透明部分的遮阳，应优先采用活动外遮阳设施，且活动外遮阳设施不应对窗口通风特性产生不利影响。

5.3.6 更换外窗时，外窗的开启方式应有利于建筑的自然通风，可开启面积应符合现行行业标准《夏热冬冷地区居住建筑节能设计标准》JGJ 134 的有关规定。

5.3.7 阳台门不透明部分应进行保温处理。

5.3.8 户门改造时，可采取保温门替代旧钢制不保温门。

5.3.9 保温性能较差的分户墙宜采用各类保温砂浆粉刷。

5.4 夏热冬暖地区围护结构

5.4.1 夏热冬暖地区既有居住建筑围护结构改造后，所改造部位的热工性能应符合现行行业标准《夏热冬暖地区居住建筑节能设计标准》JGJ 75 的规定性指标的有关规定。

5.4.2 既有居住建筑外墙改造时，应优先采取反射隔热涂料、浅色饰面等，不宜采取单纯增加保温层的做法。

5.4.3 既有居住建筑的平屋面宜改造成坡屋面或种植屋面；当保持平屋面时，宜采取涂刷反射隔热涂料、设置通风架空层或遮阳等措施。

5.4.4 既有居住建筑的外窗改造时，可采取下列方法：

    1 外窗玻璃贴遮阳膜；

    2 东、西、南方向主要房间加设外遮阳装置；

    3 外窗玻璃更换为节能玻璃；

    4 增加开启窗扇；

    5 用符合节能标准的窗户替代原窗户。

5.4.5 节能改造更换外窗时，外窗的开启方式应有利于建筑的自然通风，可开启面积应符合现行行业标准《夏热冬暖地区居住建筑节能设计标准》JGJ 75 的有关规定。

5.5 围护结构节能改造技术要求

5.5.1 采用外保温技术对外墙进行改造时，材料的性能、构造措施、施工要求应符合现行行业标准《外墙外保温工程技术规程》JGJ 144 的有关规定。外墙外保温系统应包覆门窗框外侧洞口、女儿墙、封闭阳台栏板及外挑出部分等热桥部位，并应与防水、装饰相结合，做好保温层密封和防水。

5.5.2 采用外保温技术对外墙进行改造时，外保温施工前应做好相关准备工作，并应符合下列规定：

    1 外墙侧管道、线路应拆除，施工后需要恢复的设施应妥善保管；

    2 施工脚手架宜采用与墙面分离的双排脚手架；

    3 应修复原围护结构裂缝、渗漏，填补密实墙面的缺损、孔洞，更换损坏的砖或砌块，修复冻害、析盐、侵蚀所产生的损坏；

    4 应清理原围护结构表面油迹、酥松的砂浆，修复不平的表面；

    5 当采用预制外墙外保温系统时，应完成立面规格分块及安装设计构造详图设计。

5.5.3 外墙内保温的施工和保温材料的燃烧性能等级应符合现行行业标准《外墙内保温工程技术规程》JGJ/T 261 的有关规定。

5.5.4 采用内保温技术对外墙进行改造时，施工前应做好相关准备，并应符合下列规定：

    1 对原围护结构表面涂层、积灰油污及杂物、粉刷空鼓，应刮掉并清理干净；

    2 对原围护结构表面脱落、虫蛀、霉烂、受潮所产生的损坏，应进行修复；

    3 对原围护结构裂缝、渗漏，应进行修复，墙面的缺损、孔洞应填补密实；

    4 对原围护结构表面不平整处，应予以修复；

    5 室内各类管线应安装完成并经试验检测合格。

5.5.5 外门窗的节能改造应符合下列规定：

    1 严寒与寒冷地区的外窗节能改造应符合下列规定：

    1）当在原有单玻窗基础上再加装一层窗时，两层窗户的间距不应小于 100mm；

    2）更新外窗时，可采用塑料窗、隔热铝合金窗、玻璃钢窗以及钢塑复合窗、木塑复合窗等，并应将单玻窗换成中空双玻或三玻窗；

3) 更换新窗时，窗框与墙之间应设置保温密封构造，并宜采用高效保温气密材料和弹性密封胶封堵；

4) 阳台门的门芯板应为保温型，也可对原有阳台进行封闭处理；阳台门的玻璃宜采用节能玻璃；

5) 严寒、寒冷地区的居住建筑外窗框宜与基层墙体外侧平齐，且外保温系统宜压住窗框 20mm～25mm。

2 夏热冬冷地区的外窗节能改造应符合下列规定：

1) 当在原有单玻窗的基础上再加装一层窗时，两层窗户的间距不应小于 100mm；

2) 更新外窗时，应优先采用塑料窗，并应将单玻窗换成中空双玻窗；有条件时，宜采用隔热铝合金窗框；

3) 外窗进行遮阳改造时，应优先采用活动外遮阳，并应保证遮阳装置的抗风性能和耐久性能。

3 夏热冬暖地区的外窗节能改造应符合下列规定：

1) 整窗更换为节能窗时，应符合国家现行标准《民用建筑设计通则》GB 50352 和《夏热冬暖地区居住建筑节能设计标准》JGJ 75 的有关规定；

2) 增加开启窗扇改造后，可开启面积应符合现行行业标准《夏热冬暖地区居住建筑节能设计标准》JGJ 75 的有关规定；

3) 更换外窗玻璃为节能玻璃改造时，宜采用遮阳型 Low-e 玻璃；

4) 外窗玻璃贴遮阳膜时，应综合考虑膜的寿命、伸缩性、可维护性；

5) 东、西、南方向主要房间加设外遮阳装置时，应综合考虑遮阳装置对建筑立面外观、通风及采光的影响，同时还应考虑遮阳装置的抗风性能和耐久性能。

5.5.6 屋面节能改造施工准备工作应符合下列规定：

1 在对屋面状况进行诊断的基础上，应对原屋面上的损害的部品予以修复；

2 屋面的缺损应填补找平；

3 屋面上的设备、管道等应提前安装完毕，并应预留出外保温层的厚度；

4 防护设施应安装到位。

5.5.7 屋面节能改造应根据既有建筑屋面形式，选择下列改造措施：

1 原屋面防水可靠的，可直接做倒置式保温屋面；

2 原屋面防水有渗漏的，应铲除原防水层，重新做保温层和防水层；

3 平屋面改坡屋面时，宜在原有平屋面上铺设耐久性、防火性能好的保温层；

4 坡屋面改造时，宜在原屋顶吊顶上铺放轻质保温材料，其厚度应根据热工计算确定；无吊顶时，可在坡屋面下增加或加厚保温层或增设吊顶，并在吊顶上铺设保温材料，吊顶层应采用耐久性、防火性能好，并能承受铺设保温层荷载的构造和材料；

5 屋面改造时，宜同时安装太阳能热水器，且增设太阳能热水系统应符合现行国家标准《民用建筑太阳能热水系统应用技术规范》GB 50364 的有关规定；

6 平屋面改造成坡屋面或种植屋面应核算屋面的允许荷载。

5.5.8 屋面进行节能改造时，应保证防水的质量，必要时应重新做防水，防水工程应符合现行国家标准《屋面工程技术规范》GB 50345 的有关规定。

5.5.9 严寒和寒冷地区楼地面节能改造时，可在楼板底部设置保温层。

5.5.10 对外窗进行遮阳节能改造时，应优先采用外遮阳措施。增设外遮阳时，应确保增设结构的安全性。

5.5.11 遮阳设施的安装位置应满足设计要求。遮阳设施的安装应牢固、安全，可调节性能应满足使用功能要求。遮阳膜的安装方向、位置应正确。

5.5.12 节能改造施工过程中不得任意变更建筑节能改造施工图设计。当确实需要变更时，应与设计单位洽商，办理设计变更手续。

5.5.13 对围护结构进行改造时，施工单位应先编制建筑节能改造工程施工技术方案并经监理单位或建设单位确认。施工现场应对从事建筑节能工程施工作业的专业人员进行技术交底和必要的实际操作培训。

6 严寒和寒冷地区集中供暖系统节能与计量改造

6.1 一般规定

6.1.1 供暖系统的热力站输出的热量不能满足热用户需求的，应改造、更换或增设热源设备。

6.1.2 供暖系统的锅炉房辅助设备无气候补偿装置、烟气余热回收装置、锅炉集中控制系统和风机变频装置等时，应根据需要加装其中的一种或多种装置。

6.1.3 燃煤锅炉不能采用连续供热辅以间歇调节的运行方式，不能实现根据室外温度变化的质调节或质、量并调方式时，应改造或增设调控装置。

6.1.4 燃煤锅炉房无燃煤计量装置时，应加装计量装置。

6.1.5 供暖系统的室外管网的输送效率低于 90%，正常补水率大于总循环流量的 0.5% 时，应针对降低漏损、加强保温等对管网进行改造。

6.1.6 室外供热管网循环水泵出口总流量低于设计值时，应根据现场测试数据校核，并在原有基础上进行调节或改造。

6.1.7 锅炉房循环水泵没有采用变频调速装置时，宜加装变频调速装置。

6.1.8 供热管网的水力平衡度超出 0.9～1.2 的范围时，应予以改造，并应在供热管网上安装具有调节功能的水力平衡装置。

6.1.9 当室外供暖系统热力入口没有加装平衡调节设备，导致建筑物室内供热系统水力不平衡，并造成室温达不到要求时，应改造或增设调控装置。

6.1.10 室内供暖系统无排气装置时，应加装自动排气阀。

6.1.11 室内供暖系统散热设备的散热量不能满足要求的，应增加或更换散热设备。

6.1.12 供暖系统安装质量不满足现行国家标准《建筑给水排水及采暖工程施工质量验收规范》GB 50242 的有关规定时，应进行改造。

6.1.13 供暖系统热力站的一次侧和二次侧无热计量装置时，应加装热计量装置。

6.1.14 居住建筑的室内系统不能实现室温调节和热量分摊计量时，应改造或增设调控和计量装置。

6.2 热源及热力站节能改造

6.2.1 热源及热力站的节能改造可与城市热源的改造同步进行，也可单独进行。热源及热力站的节能改造应技术上合理，经济上可行，并应符合本规程第 4 章的相关规定。

6.2.2 更换锅炉时，应按系统实际负荷需求和运行负荷规律，合理确定锅炉的台数和容量。在低于设计运行负荷条件下，单台锅炉运行负荷不应低于额定负荷的 60%。

6.2.3 热力站供热系统宜设置供热量自动控制装置，根据室外气温和室温设定等变化，调节热源侧的出力。

6.2.4 采用 2 台以上燃油、燃气锅炉时，锅炉房宜设置群控装置。

6.2.5 既有集中供暖系统进行节能改造时，应根据系统节能改造后的运行工况，对原循环水泵进行校核计算，满足建筑热力入口所需资用压头。需要更换水泵时，锅炉房及管网的循环水泵，应选用高效节能低噪声水泵。设计条件下输送单位热量的耗电量应满足现行行业标准《严寒和寒冷地区居住建筑节能设计标准》JGJ 26 的规定。

6.2.6 当热源为热水锅炉房时，其热力系统应满足锅炉本体循环水量控制要求和回水温度限值的要求。当锅炉对供回水温度和流量的限定与外网在整个运行期对供回水温度和流量的要求不一致时，锅炉房直供

系统宜按热源侧和外网配置两级泵系统，且二级水泵应设置调速装置，一、二级泵供回水管之间应设置连通管。

6.2.7 供热系统的阀门设置应符合下列规定：

1 在一个热源站房负担多个热力站（热交换站）的系统中，除阻力最大的热力站以外，各热力站的一次水入口宜配置性能可靠的自力式压差调节阀。热源出口总管上不应串联设置自力式流量控制阀。

2 一个热力站有多个分环路时，各分环路总管上可根据水力平衡的要求设置手动平衡阀。热力站出口总管上不应串联设置自力式流量控制阀。

6.2.8 热力站二次网调节方式应与其所服务的户内系统形式相适应。当户内系统形式全部或大多数为双管系统时，宜采用变流量调节方式；当户内系统形式仅少数为双管系统时，宜采用定流量调节方式。

6.2.9 改造后的系统应进行冲洗和过滤，水质应达到现行行业标准《严寒和寒冷地区居住建筑节能设计标准》JGJ 26 的有关规定。系统停运时，锅炉、热网及室内系统宜充水保养。

6.2.10 热电联产热源厂、集中供热热源厂和热力站应在热力出口安装热量计量装置。改建、扩建或改造的供暖系统中，应确定供热企业和终端用户之间的热费结算位置，并在该位置上安装计量有效的热量表。

6.2.11 锅炉房、热力站应设置运行参数检测装置，并应对供热量、补水量、耗电量进行计量，宜对锅炉房消耗的燃料数量进行计量监测。锅炉房、热力站各种设备的动力用电和照明用电应分项计量。

6.3 室外管网节能改造

6.3.1 室外供热管网改造前，应对管道及其保温质量进行检查和检修，及时更换损坏的管道阀门及部件。室外管网应杜绝漏水点，供热系统正常补水率不应大于总循环流量的 0.5%。室外管网上的阀门、补偿器等部位，应进行保温；管道上保温损坏部位，应采用高效保温材料进行修补或更换。维修或改造后的管网保温效率应大于 97%。

6.3.2 室外管网改造时，应进行水力平衡计算。当热网的循环水泵集中设置在热源或二级网系统的循环水泵集中设置在热力站时，各并联环路之间的压力损失差值不应大于 15%。当室外管网水力平衡计算达不到要求时，应根据热网的特点设置水力平衡阀。热力入口水力平衡度应达到 0.9～1.2。

6.3.3 一级网采用多级循环泵系统时，管网零压差点之前的热用户应设置水力平衡阀。

6.3.4 既有供热系统与新建管网系统连接时，宜采用热交换站的方式进行间接连接；当直接连接时，应对新、旧系统的水力工况进行平衡校核。当热力入口资用压头不能满足既有供暖系统要求时，应采取提高管网循环泵扬程或增设局部加压泵等补偿措施。

6.3.5 每栋建筑物热力入口处应安装热量表。对于用途相同、建设年代相近、建筑物耗热量指标相近、户间热费分摊方式一致的若干栋建筑，可统一安装一块热量表。

6.3.6 建筑物热量表的流量传感器应安装在建筑物热力入口处计量小室内的供水管上。热量表积算仪应设在易于读数的位置，不宜安装在地下管沟之中。热量表的安装应符合现行相关规范、标准的要求。

6.3.7 建筑物热力入口的装置设置应符合下列规定：

1 同一供热系统的建筑物内均为定流量系统时，宜设置静态平衡阀；

2 同一供热系统的建筑物内均为变流量系统时，供暖入口宜设自力式压差控制阀；

3 当供热管网为变流量调节，个别建筑物内为定流量系统时，除应在该建筑供暖入口设自力式流量控制阀外，其余建筑供暖入口仍应采用自力式压差控制阀；

4 当供热管网为定流量运行，只有个别建筑物内为变流量系统时，若该建筑物的供暖热负荷在系统中只占很小比例时，该建筑供暖入口可不设调控阀；若该建筑物的供暖热负荷所占比例较大会影响全系统运行时，应在该供暖入口设自力式压差旁通阀；

5 建筑物热力入口可采用小型热交换站系统或混水站系统，且对这类独立水泵循环的系统，可根据室内供暖系统形式在热力入口处安装自力式流量控制阀或自力式压差控制阀；

6 当系统压差变化量大于额定值的15%时，室外管网应通过设置变频措施或自力式压差控制阀实现变流量方式运行，各建筑物热力入口可不再设自力式流量控制阀或自力式压差控制阀，改为设置静态平衡阀；

7 建筑物热力入口的供水干管上宜设两级过滤器，初级宜为滤径 3mm 的过滤器；二级宜为滤径 0.65mm～0.75mm 的过滤器，二级过滤器应设在热能表的上游位置；供、回水管应设置必要的压力表或压力表管口。

6.4 室内系统节能与计量改造

6.4.1 当室内供暖系统需节能改造，且原供暖系统为垂直单管顺流式时，应改为垂直单管跨越式或垂直双管系统，不宜改造为分户水平循环系统。

6.4.2 室内供暖系统改造时，应进行散热器片数复核计算和水力平衡验算，并应采取措施解决室内供暖系统垂直及水平方向的失调。

6.4.3 室内供暖系统改造应设性能可靠的室温控置装置，每组散热器的供水支管宜设散热器恒温控制阀。采用单管跨越式系统时，散热器恒温控制阀应采用低阻力两通或三通阀，产品性能应满足现行行业标准《散热器恒温控制阀》JG/T 195 的规定。

6.4.4 当建筑物热力入口处设热计量装置时，室内供暖系统应同时安装分户热计量装置，计量装置的选择应符合现行行业标准《供热计量技术规程》JGJ 173 的有关规定。

7 施工质量验收

7.1 一般规定

7.1.1 既有居住建筑节能改造后，应进行节能改造工程施工质量验收，并应符合现行国家标准《建筑节能工程施工质量验收规范》GB 50411 的有关规定。

7.1.2 既有居住建筑节能改造施工质量验收应有业主方、设计单位、施工单位以及建设主管部门的代表参加。

7.1.3 既有居住建筑节能改造施工质量验收应在工程全部完成后进行，并应按照验收项目、验收内容进行分项工程和检验批划分。

7.2 围护结构节能改造工程

7.2.1 围护结构节能改造工程施工质量验收应提交有关文件和记录，并应符合下列规定：

1 围护结构节能改造方案、设计图纸、设计说明、计算复核资料等应完整齐全；

2 材料和构件的品种、规格、质量应符合设计要求和国家现行有关标准的规定，并应提交相应的产品合格证；

3 材料和构件的技术性能应符合设计要求，并应提交相应的性能检验报告和进场验收记录、复验报告；

4 施工质量应符合设计要求，并应提交相应的施工纪录、各分项工程施工质量验收记录；

5 隐蔽工程验收记录应完整，且符合设计要求；

6 外墙和屋顶节能改造后，应提供节能构造现场实体检测报告；

7 严寒、寒冷和夏热冬冷地区更换外窗时，应提供外窗的气密性现场检测报告。

7.3 集中供暖系统节能改造工程

7.3.1 建筑设备施工质量验收应提交有关文件和记录，并应符合下列规定：

1 供暖系统节能改造方案、设计图纸、设计说明、计算复核资料等应完整齐全；

2 供暖系统设备、材料、配件的质量应符合国家标准的要求，并应提交相应的产品合格证；

3 设备、配件的规格、数量应符合设计要求；

4 设备、材料、配件的技术性能应符合要求，并应提交相应的性能检验报告和进场验收记录、复验报告；

5 施工质量应符合设计要求，并应提交相应的施工记录、各分项工程施工质量验收记录；

6 建筑设备的安装应符合设计要求和国家现行有关标准的规定。

7 隐蔽工程验收记录应完整，且符合设计要求；

8 供暖系统的设备单机及系统联合试运转和调试记录应完整，且供暖系统的效果应符合设计要求。

本规程用词说明

1 为便于在执行本规程条文时区别对待，对要求严格程度不同的用词说明如下：

1) 表示很严格，非这样做不可的：
   正面词采用"必须"，反面词采用"严禁"；

2) 表示严格，在正常情况下均应这样做的：
   正面词采用"应"，反面词采用"不应"或"不得"；

3) 表示允许稍有选择，在条件许可时首先应这样做的：
   正面词采用"宜"，反面词采用"不宜"；

4) 表示有选择，在一定条件下可以这样做的：
   采用"可"。

2 条文中指明应按其他有关标准执行的写法为："应符合……的规定"或"应按……执行"。

引用标准名录

1 《民用建筑热工设计规范》GB 50176

2 《建筑给水排水及采暖工程施工质量验收规范》GB 50242

3 《屋面工程技术规范》GB 50345

4 《民用建筑设计通则》GB 50352

5 《民用建筑太阳能热水系统应用技术规范》GB 50364

6 《建筑节能工程施工质量验收规范》GB 50411

7 《严寒和寒冷地区居住建筑节能设计标准》JGJ 26

8 《夏热冬暖地区居住建筑节能设计标准》JGJ 75

9 《居住建筑节能检测标准》JGJ/T 132

10 《夏热冬冷地区居住建筑节能设计标准》JGJ 134

11 《外墙外保温工程技术规程》JGJ 144

12 《建筑门窗玻璃幕墙热工计算规程》JGJ/T 151

13 《民用建筑能耗数据采集标准》JGJ/T 154

14 《供热计量技术规程》JGJ 173

15 《外墙内保温工程技术规程》JGJ/T 261

16 《散热器恒温控制阀》JG/T 195

中华人民共和国行业标准

既有居住建筑节能改造技术规程

JGJ/T 129—2012

条 文 说 明

修　订　说　明

《既有居住建筑节能改造技术规程》JGJ/T 129 - 2012，经住房和城乡建设部2012年10月29日以第1504号公告批准、发布。

本规程是在《既有采暖居住建筑节能改造技术规程》JGJ 129 - 2000的基础上修订而成，上一版主编单位是北京中建建筑设计院，参编单位是中国建筑科学研究院、中国建筑一局（集团）有限公司技术部。主要起草人员有：陈圣奎、李爱新、周景德、沈韫元、董增福、魏大福、刘春雁。本次修订将规程的适用范围从原来的严寒和寒冷地区的既有供暖居住建筑扩展到各个气候区的既有居住建筑。本次修订的主要技术内容是：1. "节能诊断"，规定在制定节能改造方案前对供暖空调能耗、室内热环境、围护结构、供暖系统进行现状调查和诊断；2. "节能改造方案"，规定不同气候区的既有建筑节能改造方案应包括的内容；3. "建筑围护结构节能改造"，规定不同气候区的既有建筑围护结构改造内容、重点以及技术要求；4. "供暖系统节能与计量改造"，分别对热源、室外管网、室内系统以及热计量改造作出了规定。

本规程修订过程中，编制组进行了广泛深入的调查研究，总结了我国近些年来开展建筑节能和既有建筑节能改造的实践经验，同时也参考了国外相应的技术法规。

为便于广大设计、施工、科研、学校等单位有关人员在使用本规程时能正确理解和执行条文规定，《既有居住建筑节能改造技术规程》编制组按章、节、条顺序编制了本规程的条文说明，对条文规定的目的、依据以及执行中需注意的有关事项进行了说明。但是，本条文说明不具备与标准正文同等的法律效力，仅供使用者作为理解和把握标准规定的参考。

目　次

1　总则 ……………………………… 17—18
2　基本规定 ………………………… 17—18
3　节能诊断 ………………………… 17—19
　3.1　一般规定 …………………… 17—19
　3.2　能耗现状调查 ……………… 17—19
　3.3　室内热环境诊断 …………… 17—19
　3.4　围护结构节能诊断 ………… 17—20
　3.5　严寒和寒冷地区集中供暖
　　　系统节能诊断 ……………… 17—20
4　节能改造方案 …………………… 17—20
　4.1　一般规定 …………………… 17—20
　4.2　严寒和寒冷地区节能改造方案 … 17—20
　4.3　夏热冬冷地区节能改造方案 … 17—20

4.4　夏热冬暖地区节能改造方案 ……… 17—21
5　建筑围护结构节能改造 ………… 17—21
　5.1　一般规定 …………………… 17—21
　5.2　严寒和寒冷地区围护结构 … 17—22
　5.3　夏热冬冷地区围护结构 …… 17—22
　5.4　夏热冬暖地区围护结构 …… 17—23
　5.5　围护结构节能改造技术要求 … 17—24
6　严寒和寒冷地区集中供暖系统
　　节能与计量改造 ……………… 17—26
　6.2　热源及热力站节能改造 …… 17—26
　6.3　室外管网节能改造 ………… 17—26
　6.4　室内系统节能与计量改造 … 17—27

1 总　　则

1.0.1 至 2005 年年末全国城镇房屋建筑面积达 164.88 亿 m²，其中城镇民用建筑面积 147.44 亿 m²（居住建筑面积 107.69 亿 m²，公共建筑面积 39.75 亿 m²）。我国从 20 世纪 80 年代开始颁布实施居住建筑节能设计标准，首先在北方集中供暖地区，即严寒和寒冷地区于 1986 年试行新建居住建筑供暖节能率 30% 的设计标准，1996 年实施供暖节能率 50% 的设计标准，并于 2010 年实施供暖节能率 65% 的设计标准。我国中部夏热冬冷地区居住建筑节能设计标准从 2001 年实施，节能率 50%；而南方夏热冬暖地区居住建筑节能设计标准是 2003 年实施，节能率 50%。由于种种原因，前些年建筑节能设计标准的实施并不尽人意。近年来，为贯彻落实党中央、国务院关于建设节约型社会、开展资源节约工作的精神，以及《国务院关于做好建设节约型社会近期重点工作的通知》要求，进一步推进建筑节能工作，住房和城乡建设部每年组织开展了全国城镇建筑节能专项检查。通过专项检查发现，全国对建筑（包括居住建筑和公共建筑）节能标准的重要性认识不断提高，标准的执行率也越来越高。2005 年第一次检查的时候，在设计阶段执行建筑节能强制性标准的只有 57%，而在施工阶段执行强制性标准的不到 24%。2006 年，设计阶段达到 65%，施工阶段达到 54%。2007 年全国城镇（1～10）月份新建建筑在设计阶段执行节能标准的比例为 97%，施工阶段执行节能标准的比例为 71%。2008 年新建建筑在设计阶段执行节能标准的比例为 98%，施工阶段执行节能标准的比例为 82%。2009 年新建建筑在设计阶段执行节能标准的比例为 99%，施工阶段执行节能标准的比例为 90%。但是，我国仍然还有大量既有建筑没有按照节能设计标准建成，或者，有相当数量的、位于严寒和寒冷地区的居住建筑是按照节能率 30% 和 50% 建造的，需要进行节能改造。

经济发展和人们生活水平的提高，居民必然会对室内热环境有所需求，冬季供暖和夏季空调在逐步普及，有些气候区已成为生存和生活的必需。要达到一定的室内热环境指标，能耗是必不可少的。建筑围护结构良好的保温隔热性能，以及供暖空调设备系统的高效运行，是节能减排和改善居住热环境的基本途径。为了规范地对于既有居住建筑进行节能改造，特制订本规程。

1.0.2 本规程适用于我国各气候区的既有居住建筑节能改造。气候区是指严寒地区、寒冷地区、夏热冬冷地区、夏热冬暖地区。由于温和地区的居住建筑目前实际的供暖和空调设备应用较少，所以没有单独列出章节。如果根据实际情况，温和地区有些居住建筑供暖空调能耗比较高，需要进行节能改造，则可以参照气候条件相近的相邻寒冷地区，夏热冬冷地区和夏热冬暖地区的规定实施。

"既有居住建筑"包括住宅、集体宿舍、住宅式公寓、商住楼的住宅部分、托儿所、幼儿园等。

节能改造的目的是为了满足室内热环境要求和降低供暖、空调的能耗。采取两条途径实现节能，首先，改善围护结构的保温（降低供暖热负荷）隔热（降低空调冷负荷）热工性能；其二则是提高供暖空调设备（系统）的能效。

1.0.3 既有居住建筑由于建造年代不同，围护结构各部件热工性能和供暖空调设备、系统的能效不同，在制订节能改造方案前，首先要进行节能改造的诊断，从技术经济比较和分析得出合理可行的围护结构改造方案，并最大限度地挖掘现有设备和系统的节能潜力。

1.0.4 既有居住建筑节能改造的设计、施工验收涉及建筑领域内的专业较多，因此，在进行居住建筑节能改造时，除应符合本规程的规定外，尚应符合国家现行有关标准的规定。

2　基 本 规 定

2.0.1 我国地域辽阔，气候条件和经济技术发展水平差别较大，既有居住建筑节能改造需要根据实际情况，对建筑围护结构、供暖系统进行全面或部分的节能改造。围护结构的全面节能改造包括外墙、屋面和外窗等各部分均进行改造，部分节能改造指根据技术经济条件只改造围护结构中的一项或几项。供暖系统的全面节能改造包括热源、室外管网、室内供暖系统、热计量等各部分均进行改造，部分节能改造指只改造其中的一项或几项。有条件的地方，可以选择全面改造，因为全面改造节能效果好，效费比高。

2.0.3、2.0.4 抗震、结构、防火关系到居住建筑安全和使用寿命，既有居住建筑节能改造当涉及这些问题时，应当根据国家现行的抗震、结构和防火规范进行评估，并根据评估结论确定是否开展单独的节能改造或同步实施安全和节能改造。既有居住建筑节能改造需要投入大量的人力物力，尤其是全面的改造成本较大，应该考虑投资回收期。因此，提出了实施节能改造后的建筑还要保证 20 年以上的使用寿命。实施部分节能改造的建筑，则应根据具体情况决定是否要进行全面的安全性能评估和改造后使用寿命的判定。例如，仅进行供暖系统的部分改造，可能不会影响建筑原有的安全性能。又如，在南方地区仅更换窗户和增添遮阳，显然也不会影响建筑主体结构原有的安全性能。

2.0.5 既有居住建筑量大面广，由于它们所处的气候区不同，建造年代不同，使用情况不同，情况很复杂。因此在对它们实施节能改造前，应先开展节能诊断，然后根据节能诊断的结果确定改造方案。节能改造的合理投资回收期是个很难回答的问题。一方面按目前的能源价格计算，投资回收期都比较长。另一方面节能改造后室内热环境的改善，建筑外观对市容街貌的影响，都无法量化成经济指标。因此，本条文未明确提投资回收期，而是要求节能改造投资成本合理、效果明显。

2.0.7 在严寒和寒冷地区，以一个集中供热小区为单位，对既有居住建筑的供暖系统和建筑围护结构同步实施全面节能改造，改造完成后可以在热源端得到直接的节能效果。但由于各种原因使供暖系统和建筑围护结构不具备同步改造的条件时，应优先选择供暖系统或建筑围护结构中节能效果明显的项目进行改造，如根据具体条件，供暖系统设置供热量自动控制装置，围护结构更换性能差的外窗、增强墙体的保温等。

2.0.8 为满足供热计量的要求，本条文规定严寒地区和寒冷地区的既有居住建筑集中供暖系统改造应设置室温调节和热量计量设施。

2.0.9 在夏热冬冷地区和夏热冬暖地区，一般说来老旧的居住建筑，外窗的保温隔热性能都很差，是建筑围护结构中的薄弱之处，因此应该优先改造。另外，屋顶和西墙的隔热通常也是个问题，所以改造时也要优先给予关注。

2.0.12 既有居住建筑实施节能改造时，由于建筑内有大量居民，所以防火安全尤为重要。稍有不慎引发火灾，不仅造成财产损失，而且很可能造成大量的人员伤亡。因此，本条文规定，不仅外墙保温系统的设计和所采用的材料必须符合相关防火要求，而且必须制定和实行严格的施工防火安全管理制度。

3 节 能 诊 断

3.1 一 般 规 定

3.1.1 实地调查室内热环境、围护结构的热工性能、供暖或空调系统的能耗及运行情况等，是为了科学、准确地了解要进行节能改造的建筑的现状。如果调查还不能达到这个目的，应该辅之以一些测试。然后通过计算分析，对拟改造建筑的能耗状况及节能潜力作出分析，作为制定节能改造方案的重要依据。

3.1.3 为确保节能诊断结果科学、准确、公正，要求从事建筑节能诊断的测评机构应具备相应资质。

3.2 能耗现状调查

3.2.1、3.2.2 居住建筑能耗主要包括供暖空调能耗、照明及家电能耗、炊事和热水能耗等，由于居住建筑使用情况复杂，全面获得分项能耗比较困难。本

规程主要针对围护结构热工及空调供暖系统能效，因此调查供暖和空调能耗。针对不同的供暖空调形式，能耗调查统计内容有所不同：

　　1 集中供暖的既有居住建筑，测量或统计供暖能耗；

　　2 集中供冷的既有居住建筑，测量或统计空调能耗；

　　3 非集中供热、供冷的既有居住建筑，测量或调查住户空调供暖设备容量、使用情况和能耗（耗电、耗煤、耗气等）；

　　4 如不能直接获得供暖空调能耗，可调查统计既有居住建筑总耗电量及其他类型能源的总耗量等，间接估算供暖空调能耗。

3.3 室内热环境诊断

3.3.1 改善居住建筑室内热环境是我国建筑节能的基本目标之一。居住建筑热环境状况也是其节能性能的综合表现，是其是否需要节能改造的主要判据之一。既有居住建筑室内热环境诊断是其节能改造必需的先导工作，它不仅判断是否需要改造，而且还要对怎样改造提出指导性意见，因此诊断内容、诊断方法和诊断过程必须符合建筑节能标准体系的相关规定。本条列出了应作为既有居住建筑室内热环境诊断根据的相关标准。

　　我国幅员辽阔，不同地区气候差异很大，居住建筑室内热环境诊断时，应根据建筑所处气候区，对诊断内容进行选择性检测。检测方法依据《居住建筑节能检验标准》JGJ/T 132 的有关规定。

3.3.4 室内热环境要素包括室内空气温度、室内空气相对湿度、室内气流速度和室内壁面温度等。住户的热环境感受又与住户的衣着、活动等物理量有关。因此，室内热环境诊断（现状评估）应通过实地现场调查室内热环境状况，同时，对住户进行问卷调查，了解住户的主观感受。

　　室内热环境有一定的基本要求，例如，室内的温度、湿度、气流和环境辐射温度应在允许范围之内。冬季，严寒和寒冷地区外围护结构内表面温度不应低于室内空气露点温度。夏季，夏热冬冷和夏热冬暖地区自然通风房间围护结构内表面最高温度不应高于当地夏季室外计算温度最高值。

　　既有居住建筑的实况与其图纸往往相差很大，只能通过现场调查进行评估。夏热冬冷和夏热冬暖地区过渡季节的居住建筑室内热环境状况是其热工性能的综合表现，对建筑能耗有重大影响，是该建筑是否应进行节能改造的重要判据。建筑的通风性能也是影响建筑热舒适、健康和能耗的重要因素。因此诊断评估报告应包括通风状况。

　　严寒和寒冷地区的居住建筑节能设计标准对室内相对湿度没有要求，但在对既有居住建筑进行现场调

查时，测一下相对湿度也有好处，有时可以帮助判断外围护结构内表面结露发霉的原因。

3.4 围护结构节能诊断

3.4.1 节能诊断时，应将建筑地形图、总图、节能计算书及竣工图、建筑装修改造资料、历年修缮资料、所在地城市建设规划和市容要求等收集齐全，对分析既有建筑存在的问题及进行节能改造设计是十分必要的。当然，并非所有的建筑都保留有这么完整的图纸和资料，实际工作中只能尽量收集查阅。

3.4.2 围护结构的节能诊断应依据各地区现行的节能标准或相关规范，重点对围护结构中与节能相关的构造形式和使用材料进行调查，取得第一手资料，找出建筑高能耗的原因和导致室内热环境较差的各种可能因素。

3.4.3 围护结构热工性能可以经过计算获得，但有相当一部分建筑年代长远，相关的图纸资料不全，无法得到围护结构热工性能，在这种情况下必要时应委托有资质的检测机构对围护结构热工性能进行现场检测，作为节能评估的依据。

3.4.4 外窗外遮阳系数的计算方法可参照《夏热冬暖地区居住建筑节能设计标准》JGJ 75；外窗本身的遮阳和传热系数计算方法可参照《建筑门窗玻璃幕墙热工计算规程》JGJ/T 151进行，也可借助专业的门窗模拟计算软件进行模拟计算。对于部分建筑年代长远，相关外窗的图纸无法得到的建筑，由于无法根据外窗图纸确认外窗的构造及进行相关的建模计算，此类外窗可参照《建筑外门窗保温性能分级及检测方法》GB/T 8484规定的方法进行试验室检测。

3.4.5 对建筑围护结构节能性能进行判定，可以找出其薄弱环节，提出有针对性的节能改造建议，并对其节能潜力进行分析。

3.5 严寒和寒冷地区集中供暖系统节能诊断

3.5.1~3.5.3 提出了供暖系统节能改造前诊断的要求：如资料、重点诊断的内容等。

4 节能改造方案

4.1 一般规定

4.1.3 夏热冬冷地区居住建筑普遍是间歇式地使用供暖和空调。建筑热状况、建筑传热过程、供暖空调系统运行都是非稳态的。只有采用动态计算和分析方法，才能比较准确地评估各种改造方案的节能效果。

4.1.4 夏热冬暖地区居住建筑普遍是间歇式地使用供暖和空调。建筑热状况、建筑传热过程和供暖空调系统运行都是非稳态的。只有采用动态计算和分析方法，才能比较准确地评估各种改造方案的效果。

4.1.5 夏热冬冷和夏热冬暖地区的老旧居住建筑，顶层房间夏季的室内热环境一般都很差，因此节能改造方案应予以关注。

4.2 严寒和寒冷地区节能改造方案

4.2.2 在严寒和寒冷地区，对外墙、屋面、窗洞口等可能形成冷桥的构造节点进行热工校核计算非常重要，若计算得到的内表面温度低于露点温度，必须调整节点设计或增强局部保温，避免室内表面结露。

4.2.3 建筑物耗热量指标的高低直接反映了既有建筑围护结构节能改造的效果，是评估的主要指标；围护结构各部分的平均传热系数是考核建筑物耗热量指标能否实现的关键参数，也是需要在施工验收环节中进行监管的参数。严寒和寒冷地区，由于气候寒冷，如果改造措施不合理，将导致热桥部位出现结露等问题。对室内热缺陷进行评估，有利于杜绝此类现象发生。

4.2.5 供暖期间单位面积耗标煤量（耗气量）指标高低直接反映了建筑围护结构节能改造效果和供热系统节能改造效果，是评估既有建筑节能效果的关键指标；锅炉运行效率和热网输送效率高低直接反映了供热系统节能效果的高低。根据室外气象参数和热用户的用热需求，确定合理的运行调节方式，以实现按需供热和降低输送能耗。既有建筑节能改造是在满足热用户热舒适性的前提下降低能耗，按户热计量收费可调动热用户节能的积极性，减少用热需求。因此在节能改造方案评估中要对热源及热力站计划实施的调节方法（如等温差调节、质量综合调节、分阶段改变流量质调节等）、是否具备进行运行调节的手段（如供热量调节装置、变速水泵等）进行评估，要对室内系统是否安装了热计量设施及是否配备了必要的调节设备进行评估。

在保证热用户热舒适前提下，进行了节能改造后的建筑物及供热系统的节能效果，用节能率来表示。即节能率=（改造前的耗煤量指标－改造后的耗煤量指标）/改造前的耗煤量指标。

4.3 夏热冬冷地区节能改造方案

4.3.2 夏热冬冷地区幅员辽阔，区内各地区之间的气候差异也不小，例如北部地区冬天的温度就很低，不良的构造节点有可能导致室内表面结露。因此有必要对外墙、屋面、窗洞口等可能形成冷桥的构造节点进行热工校核计算，避免室内表面结露。

4.3.3 节能改造方案的能效评价，参照建筑节能设计标准，推荐优先采用简便易行的规定性评价方法。当规定性评价方法不能评价时，才采用性能性指标评价方案的能效水平。

4.3.4 在夏热冬冷地区，由于建筑功能、建筑现有状况不一样，采用不同的节能改造实施方案会有不同的热环境效果，通常按照人体热舒适标准的要求，在自然通风条件下给出计算当地典型气象年条件下不同的居室内的全年自然室温 t_{b}，来作为人体在自然通风条件下的热舒适不同标准值。建筑热环境的参数很多，但室内空气温度是主导性参数，对相对湿度有制约作用，对室内辐射温度有很大的相关性。为了简化工程实践，以温度作为热环境评价的基本参数。参照建筑节能设计标准以及卫生学、心理学等，分别以 8℃、12℃、30℃、32℃作为热环境质量的分界。

4.4 夏热冬暖地区节能改造方案

4.4.3 本条文规定了夏热冬暖地区既有建筑节能改造实施方案的预期节能效果评价方法及要求。该地区节能改造实施方案节能评价应优先采用"规定性指标法"，当满足"规定性指标法"要求时，可认为其节能率达标；当不满足"规定性指标法"要求时，应采用"对比评定法"，并计算出节能率。经节能效果评价得出的节能率可作为节能改造实施方案经济性评估的依据。

4.4.4 本条文规定了夏热冬暖地区既有建筑节能改造实施方案的预期热环境评价方法及要求。该地区热环境评价应包括围护结构保温隔热性能、建筑室内自然通风效果。

节能改造实施方案中屋顶、外墙的保温隔热性能对室内热环境的影响十分显著。架空屋面、剪力墙等是该地区既有居住建筑中常见的围护结构形式，建筑顶层及临东、西外墙的居住者在夏季会有明显的烘烤感，热舒适性较差。节能改造在针对此类围护结构进行改造设计时，应验算其传热系数和内表面最高温度，确保方案能有效改善室内热环境质量。

与屋顶、外墙相比，外窗的热稳定性较差。通过窗户进入室内的得热量有瞬变传热得热和日射得热量两部分，其中日射得热量是造成该地区夏季室内过热的主要原因之一。因此节能改造应重点考虑对外窗的遮阳性能进行改善，外窗外遮阳系数的计算方法可参照《夏热冬暖地区居住建筑节能设计标准》JGJ 75，外窗本身的遮阳和传热系数计算方法可参照《建筑门窗玻璃幕墙热工计算规程》JGJ/T 151。

良好的自然通风不仅有利于改善室内热环境，而且可以减少空调使用时间。节能改造可通过增大外窗可开启面积、调整窗扇的开启方式等措施来改善自然通风。室内通风的预期效果应采用 CFD 软件进行模拟计算，依据模拟计算结果分析比对建筑改造前、后的通风效果，并对其进行评价。

在夏热冬暖地区，屋面、外墙的隔热性能是影响室内热环境的决定性因素，所以用其作为室内热环境是否恶劣的区分依据。由于节能设计标准充分考虑了热舒适性要求，所以采用围护结构是否满足节能标准来判定热环境是否良好，其中涉及屋面及外墙保温隔热性能、外窗保温隔热性能、外窗开启面积（或自然通风效果）等参数，可以采用"规定性指标法"和"对比评定法"进行判断。

5 建筑围护结构节能改造

5.1 一般规定

5.1.1 本条明确了围护结构节能改造设计的内容，设计的依据是节能改造判定的结论。在既有建筑节能改造中，提高围护结构的保温和隔热性能对降低供暖、空调能耗作用明显。在围护结构改造中，屋面、外墙和外窗应是改造的重点，架空或外挑楼板、分隔供暖与非供暖空间的隔墙和楼板是保温处理的薄弱环节，应给予重视。在施工图设计中，应依据节能改造判定的结论所确定的围护结构传热系数来选择屋面、外墙、架空或外挑楼板的保温构造和保温材料及保温层厚度，选择门窗种类，选择分隔供暖与非供暖空间的隔墙和楼板的保温构造，对不封闭阳台门和单元入口门也应采取相应的保温措施。

5.1.2 既有居住建筑由于建造年代不同，结构设计和抗震设计标准不同，施工质量也不同，在对围护结构进行节能改造时，可能会增加外墙和屋面的荷载，为保证结构安全，应对原建筑结构进行复核、验算；当结构安全不能满足节能改造要求时，应采取结构加固措施，以保证结构安全。

由于更换门窗和屋面结构层以上的保温及防水材料，不会影响结构安全，设计可根据需要进行更换；其他如梁、板、柱和基层墙体等对结构安全影响较大的构件，其构造和组成材料不得随意更改。

5.1.3 在对外墙和屋面进行节能改造前，对相关的构造措施和节点做法必须进行设计，使其构造合理、安全可靠并容易实施。

5.1.4 对严寒和寒冷地区围护结构保温性能的节能改造，如能同时考虑供暖系统的节能改造可使围护结构的保温性能与供暖系统相协调，以达到节能、经济的目的，同时进行还可节省工时。当同时进行有困难时，可先进行围护结构改造，但在设计上应为供暖系统改造预留条件。

5.1.5 既有居住建筑的节能改造，量大面广，尤其是对围护结构的节能改造如改换门窗、做屋面和墙体保温及外立面的改造，一般投资都比较大，同时会影响居民的日常生活。为了能实现对既有居住建筑的节能改造，达到节能减排的目的，节省投资、方便施工、减少对居民生活的影响，应是节能改造的基本原则。

5.1.6 目前市场上各种保温材料、网格布、胶粘剂等用于对围护结构进行节能改造所使用的材料、技术种类繁多，其质量和技术性能良莠不齐。为保证围护结构节能改造的质量，施工图设计应提供所选用材料技术性能指标，且其指标应符合有关标准要求；施工应按施工图设计的要求及国家有关标准的规定进行。严禁使用国家明令禁止和淘汰使用的材料、技术。

5.2 严寒和寒冷地区围护结构

5.2.1 现行行业标准《严寒和寒冷地区居住建筑节能设计标准》JGJ 26-2010 对围护结构各部位的传热系数限值均作了规定。为了使既有建筑在改造后与新建建筑一样成为节能建筑，其围护结构改造后的传热系数应符合该标准的要求。

5.2.2 外保温技术有许多优点，特别是在既有建筑围护结构节能改造时因其在施工时不需要居民搬迁，对居民的生活干扰最小而更具优势，同时与建筑立面改造相结合，可使建筑焕然一新。因此应优先采用外保温技术进行外墙的节能改造。

目前常用的外保温技术有 EPS、XPS 板薄抹灰外保温技术、硬泡聚氨酯外保温技术、EPS 板与混凝土同时浇注外保温技术、聚苯颗粒保温浆料外保温技术等，这些保温技术已日趋成熟，国家已颁布行业标准——《外墙外保温工程技术规程》JGJ 144，各地区也有相关技术标准。为保证外保温的工程质量，其设计与施工都应满足标准的要求。另外还应满足公安部公通字〔2009〕46 号文件对外保温系统的防火要求。

5.2.3 由于内保温技术很难解决热桥问题，且施工扰民，占用室内使用面积等，在严寒地区不宜采用。在寒冷地区当要维持建筑外貌而不能采用外保温技术时，如重要的历史建筑或重要的纪念性建筑等，可以采用内保温技术。

5.2.4 采用内保温技术的难点就是如何避免热桥部位内表面结露，设计应对混凝土梁、柱、板等热桥部位进行热工计算，特别是对梁板、梁柱交界部位应采取有效的保温技术措施，施工也要有合理的施工方案，以保证整体的保温效果并避免内表面结露。

5.2.5 外窗的传热耗热量和空气渗透耗热量占整个围护结构耗热量的 50% 以上，因此外窗的节能改造是非常重要的，也是最容易做到并易见到实效的。改造时可根据具体情况，如原有窗已无保留价值，则应更换新窗，新窗应选用符合标准传热系数的双玻窗或三玻窗。如原窗可以保留，可再增加一层新的单层窗或双玻窗，形成双层窗，可以起到很好的保温节能效果。窗框应采用保温性能好的材料，如塑料窗或采用断桥技术的金属窗等。应注意窗户不得任意加宽，若要调整原窗洞口的尺寸和位置，首先要与结构设计人员协商，以不影响结构安全为前提条件。

5.2.6、5.2.7 严寒和寒冷地区将居住建筑的楼梯间和外廊封闭，是很有效的节能改造措施。由于不封闭的楼梯间和外廊，其分户门是直对室外的，也就是说一栋住宅楼中有多少户就有多少个外门。在冬季外门

的开启会造成室外大量冷空气进入室内，导致供暖能耗的增加，因此外门越多对保温节能越不利。另外不封闭的楼梯间隔墙是外墙，外墙面大对保温节能不利，将楼梯间封闭，其隔墙变为内墙，减少了外墙，将大大提高保温和节能的效果。

楼梯间不供暖时，对楼梯间隔墙采取保温措施，户门采用保温门可减少户内热量的散失，提高室内热环境质量。

2000 年以前，在沈阳以南地区，许多住宅建筑的楼梯间一般都不供暖，入口处也不设门斗。在大连、北京以南地区，住宅建筑的楼梯间有些没有单元门，有些甚至是开敞的，有些居住建筑的外廊也不设门窗，这样能耗是很大的。因此，从有利于节能并从实际情况出发，作出了本条规定。

严寒和寒冷地区，在冬季外门的开启会造成室外大量冷空气进入室内，导致供暖能耗的增加。设置门斗可以避免冷风直接进入室内，在节能的同时，也提高了居住建筑门厅或楼梯间的热舒适性，还可避免敷设在住宅楼梯间内的管道受冻。加设门斗是一个很好的节能改造措施。

分隔供暖房间与非供暖走道的户门，也是供暖房间散热的通道，应采取保温措施。一般住宅的户门都采用钢制防盗门，如果在门板内嵌入岩棉，既满足防火、防盗的要求，也可提高保温性能。

单元门宜安装闭门器，以避免单元门常开不关，而造成大量冷空气进入室内，热量散失过大，增加供暖能耗。造成室内温度降低，管道受冻。利用节能改造的时机，将单元门更换为防盗对讲门，可起到防盗、保温节能一举两得的效果。

5.3 夏热冬冷地区围护结构

5.3.1 在夏热冬冷地区，外窗、屋面是影响热环境和能耗最重要的因素，进行既有居住建筑节能改造时，节能投资回报率最高，因此，围护结构改造后的外窗传热系数、遮阳系数、屋面传热系数必须符合行业标准《夏热冬冷地区居住建筑节能设计标准》JGJ 134 的要求。外墙虽然也是影响热环境和能耗很重要的因素，但综合投资成本、工程难易程度和节能的贡献率来看，对外墙适当放宽要求，可能节能效果和经济性会最优，但改造后的传热系数应符合行业标准《夏热冬冷地区居住建筑节能设计标准》JGJ 134 的要求。

5.3.2 夏热冬冷地区外墙虽然也是影响热环境和能耗很重要的因素，但根据建筑的历史、文化背景、建筑的类型、使用功能，建筑现有的立面形式、工程难易程等考虑，所采用的技术措施是不同的。在夏热冬冷地区，居住建筑的外墙根据建筑结构不同，在城区高层为主的发展形势下，外墙多为钢筋混凝土剪力墙，此类墙保温隔热性极差，故必须改造。而从改造

难易和费用研究，南北向的居住建筑，东西山墙应放在外墙改造的首位。在夏热冬冷地区外保温隔热或内保温隔热技术之间节能效果差不多，内保温隔热技术所形成的热桥也不像严寒和寒冷地区热损失那么大和发生结露问题，所以，可根据建筑的具体情况采用外保温隔热或内保温隔热技术。但从改造应少扰民的角度考虑，外墙外保温具有明显的优越性。

5.3.3 在夏热冬冷地区，居住建筑的屋顶根据建筑结构不同，20世纪70、80及90年代多层很多为平屋顶，有的有架空层，有的没有，直接暴露在太阳的辐射下。夏季室内屋顶表面温度大于人体表面温度，顶层居民苦不堪言，空调降温能耗极高。本条文提出的几种方法都非常有效，可根据不同情况采用。

5.3.4 建筑外窗对室内热环境和房间供暖空调负荷的影响最大，夏季太阳辐射如果未受任何控制地射入房间，将导致房间环境过热和空调能耗的增加。相反冬季太阳辐射有利于提高房间温度，降低供暖能耗。

窗对建筑能耗的损失主要有两个原因，一是窗的热工性能太差所造成夏季空调、冬季供暖室内外温差的热量损失的增加；另外就是窗因受太阳辐射影响而造成的建筑室内空调供暖能耗的增减。从冬季来看通过窗口进入室内的太阳辐射有利于建筑的节能，因此，减少窗的温差传热是建筑节能中窗口热损失的主要因素，而夏季由于这一地区窗对建筑能耗损失中，太阳辐射是其主要因素，应采取适当遮阳措施，以防止直射阳光的不利影响。活动外遮阳装置可根据季节及天气状况调节遮阳状况，同时某些外遮阳装置如卷帘放下时还能提高外窗的热阻，减低传热耗能。

外窗的空气渗透对建筑空调供暖能耗影响也较大，为了保证建筑的节能，因而要求外窗具有良好的气密性能。所以，本条文对外窗的传热系数、气密性、可开启面积和遮阳系数作出了规定。

外窗改造所推荐采取的方法是根据夏热冬冷地区近年来节能改造的工程经验和目前的节能改造的技术经济水平而确定的。

5.3.5 建筑外窗对室内热环境和房间空调负荷的影响最大，夏季太阳辐射如果未受任何控制地射入房间，将导致室内过热和空调能耗增加。因此，采取有效的遮阳措施对改善室内热环境和降低空调负荷效果明显，是实现居住建筑节能的有效方法。

由于冬夏两季透过窗户进入室内的太阳辐射对降低建筑能耗和保证室内环境的舒适性所起的作用是截然相反的。所以设置活动式的外遮阳能兼顾冬夏二季，更加合理，应当鼓励使用。

夏季外遮阳在遮挡阳光直接进入室内的同时，可能也会阻碍窗口的通风，因此设计时要加以注意。同时要注意不遮挡从窗口向外眺望的视野以及它与建筑立面造型之间的协调，并且力求遮阳系统构造简单、经济耐用。

5.3.6 夏热冬冷地区居民无论是在冬、夏季还是在过渡季节普遍有开窗通风的习惯，通风还是夏热冬冷地区传统解决建筑潮湿闷热和通风换气的主要方法，对节约能源有很重要作用，适当的可开启面积，有利于改善建筑室内热环境和空气质量，尤其在夏季夜间或气候凉爽宜人时，开窗通风能带走室内余热。所以规定窗口面积不应过小，因此，条文对它也作出了规定。

5.3.8 夏热冬冷地区门的保温性一般很少考虑，改造时也应考虑。

5.3.9 夏热冬冷地区的分户墙节能要求不高，但混凝土结构传热能耗巨大，故也应考虑改造。

5.4 夏热冬暖地区围护结构

5.4.1 与新建居住建筑不同，既有居住建筑往往已有众多住户居住，围护结构节能改造协调工作、施工组织难度较大，造价也较高。因此围护结构节能改造宜一步到位，改造后改造部位热工性能应符合现行节能设计标准要求。

5.4.2 夏热冬暖地区墙体热工性能主要影响室内热舒适性，对节能的贡献不大。外墙改造采用保温层保温造价较高、协调工作和施工难度较大，因此应尽量避免采用保温层保温。此外，一般黏土砖墙或加气混凝土砌块墙的隔热性能已基本满足现行国家标准《民用建筑热工设计规范》GB 50176要求，即使不满足，通过浅色饰面或其他墙面隔热措施进行改善一般均可达到规范要求。

5.4.3 夏热冬暖地区夏季漫长，且太阳辐射强烈。对于该地区建筑的屋顶而言，由于日照时间长，若屋顶不具备良好的隔热性能，在炎热的夏季，炽热的屋顶将给人以强烈的烘烤感，难以保障良好的室内舒适环境，需要开空调降温，这也就相应地引起建筑能耗的增加。因此做好屋顶的隔热对于建筑的节能、建筑室内的热环境的改善就显得尤为重要。

目前，夏热冬暖地区大多数居住建筑仍采用平屋顶，在夏天太阳高度角高、太阳辐射强的正午时间，由于太阳光线对平屋面是正射的，造成平屋面得热量大，而对于坡屋面，太阳光线刚好是斜射的，可以大大降低屋面的太阳得热量。同时，坡屋面可以大大增加顶层的使用空间（相对于平屋面顶层面积可增加60%），由于斜屋面不易积水，还可以有效地将雨水引导至地面。目前，坡屋面的坡瓦材料形式多，色彩选择广，可以改变目前建筑千篇一律的平屋面单调风格，有利于丰富建筑艺术造型。

对于某些居住建筑，由于某些原因仍需保留平屋面，可采取其他措施改善其隔热性能，如：

① 屋顶采取浅色饰面，太阳光反射率远大于深色屋顶，在夏季漫长的夏热冬暖地区，采用浅色屋面可以增加屋面对太阳光线的反射程度，降低屋面的太

阳得热。所以，对于夏热冬暖地区，居住建筑屋顶采用浅色饰面将大大降低居住建筑屋面内、外表面温度与顶层房间的热负荷，提高人们居住空间的舒适度。

②屋顶设置通风架空层，一方面利用通风间层的外层遮挡阳光，使屋顶变成两次传热，避免太阳辐射热直接作用在围护结构上；另一方面利用风压和热压的作用，尤其是自然通风，带走进入夹层中的热量，从而减少室外热作用对内表面的影响。

③采用屋面遮阳措施，通过直接遮挡太阳辐射，达到降低屋面太阳辐射得热的目的，是夏热冬暖地区有效的改善屋面隔热性能的节能措施之一。设置屋面遮阳措施时，宜通过合理设计，实现夏季遮挡太阳辐射，冬季透过适量太阳辐射的目的。

④绿化屋面，可以大大增加屋面的隔热性能，降低屋面的传热量。植物叶片对太阳辐射的吸收与遮挡可以有效降低屋面附近的温度，改变室内外湿环境，同时，绿化屋面还可以增加屋面防水作用。此外，绿化屋面可以增加小区和城市的绿化面积，改善居住小区和城市生态环境。但采用绿化屋面，成本相对也较高，可重点考虑采用轻型绿化屋面。轻型绿化屋面是利用草坪、地被、小型灌木和攀援植物进行屋顶覆盖绿化，具有重量轻、建造和维护简单、成本低等优点，因此近年来轻型绿化屋面得到了越来越多的推广与应用。

5.4.4 夏热冬暖地区主要考虑窗户的遮阳性能、气密性能和可开启性能。改造时应根据具体情况，选择合适的改造方法。

5.4.5 在夏热冬暖地区，居住建筑的自然通风对改善室内热环境和缩短空调设备的实际运行时间都非常重要，因此作出本条的规定。

5.5 围护结构节能改造技术要求

5.5.1 采用外保温技术对外墙进行改造时，其外保温工程的质量是非常重要的，如果工程质量不好，会出现裂缝、空鼓甚至脱落，不仅影响建筑外观效果，还会影响保温效果，甚至会有安全隐患。外墙外保温是一个系统工程，其质量涉及外墙外保温系统构造是否合理、系统所用材料的性能是否符合要求，以及施工质量是否满足标准要求等等，每一个环节都很重要。

外墙外保温的做法很多，所用材料和施工方法也有多种。《外墙外保温工程技术规程》JGJ 144 是为了规范外墙外保温工程技术要求，保证工程质量而制定的行业标准。因此，采用外保温技术对外墙进行改造时，材料的性能、施工应符合现行行业标准《外墙外保温工程技术规程》JGJ 144 的规定。

5.5.2 为保证外墙外保温工程质量，使其不产生裂缝、空鼓、有害变形、脱落等质量问题，在施工前应做好准备工作。应拆除妨碍施工的管道、线路、空调

室外机等，其中施工后要恢复的设施（如空调室外机）要妥善处置和保管。合理布置施工脚手架。对原围护结构破损和污染处进行修复和清理。为了避免产生热桥问题，应预先对热桥部位进行保温处理。

保温层的防水处理很重要，如处理不当，使保温层受潮，会直接影响保温效果，甚至会导致外墙内表面结露。因此，外保温设计应与防水、装饰相结合，做好保温层密封和防水设计。

目前预制保温装饰一体的外保温系统已在推广使用，为保证其工程质量和建筑立面装饰效果，设计上应根据建筑立面装饰效果和保温装饰材料的规格划分立面分格尺寸，并提供安装设计构造详图，特别是细部节点的安装构造。

近年来外墙外保温火灾事故多有发生，教训很大。究其原因，绝大多数都是由于管理混乱，缺乏施工防火安全管理造成的。公安部与住房和城乡建设部于 2009 年联合发布了公通字〔2009〕46 号文《民用建筑外保温系统及外墙装饰防火暂行规定》，对外墙外保温的材料、构造、施工及使用提出了防火要求。因此，在采用外墙外保温技术时，应满足该文件的要求。同时，必须根据工程的实际情况制定针对性强、切实可行的工地防火安全管理制度。

5.5.3 内保温系统所用的材料也涉及防火方面的问题，如聚苯板和挤塑板等大量用于外保温的材料，即使采用阻燃型的聚苯板和挤塑板，在火灾中仍会因高温而产生有毒气体使人窒息。采用外墙内保温技术时，保温材料的选取等应符合墙体内保温技术规程的规定。

5.5.4 夏热冬冷和夏热冬暖地区外墙内保温隔热技术同样是一种很好的节能技术措施，但采用内保温隔热技术对室内装修影响很大。为保证外墙内保温工程质量，在施工前也应做好准备工作，对原围护结构内表面破损和污染处进行修复和清理。与外保温不同，在内保温施工前，室内各类主要管线应先安装完成并经试验检测合格，然后再进行内保温施工，以免造成对内保温层的破坏及不必要的返工和浪费。

5.5.5 外门窗的传热耗热量加上空气渗透耗热量占建筑总耗热量的 50% 以上，所以外门窗的节能改造是既有建筑节能改造的重点，在构造上和材料上应严格要求。目前外门窗的框料和玻璃的种类很多，如塑料、断桥铝合金、玻璃钢以及钢塑复合、木塑复合窗等，玻璃有中空玻璃和 Low-e 玻璃，构造上可以是单框双玻和单框三玻等，在选用时应满足热工性能指标。在保温性能上，塑料、木塑复合的窗料比较好，在造价上塑料和钢塑复合的窗料价格较低。

严寒、寒冷地区当在原有单玻窗加装一层窗时，最好在原窗的内层加设，因新窗的气密性要比原窗好，可避免层间结露。

窗框与墙之间的保温密封很重要，常常因密封做

得不好而产生开裂、结露、长毛的现象。对窗框与墙体之间的缝隙，宜采用高效保温气密材料如发泡聚氨酯等加弹性密封胶封堵。

严寒和寒冷地区的阳台最好做封闭阳台，封闭阳台的栏板及一层底板和顶层顶板应做保温处理。非封闭阳台的门如有门芯板应做保温型门芯板，即门板芯为保温材料，可提高门的保温性能。

本条文主要是想说明，综合外窗的热工性能，综合投资成本、工程难易程度和节能的贡献率来考虑，应采取不同的、最有效的外窗节能技术。

近年来，外窗玻璃贴膜改造是夏热冬暖地区采用相对较多的节能改造方式。随着使用的增多，不少问题暴露出来，主要有二：一是随着时间的推移，膜会缩小；二是因为膜可被硬质的清洁工具破坏，造成清洁维护较难。

在夏热冬暖地区采用外遮阳装置，除了考虑立面外观、通风采光及耐久性之外，还应考虑抗风性能，因为该气候区有不少地区处于台风区。

5.5.6 在对屋面进行节能改造施工前，为保证施工质量，应做好准备工作，修复损坏部位、安装好设备和管道及各种设施，预留出外保温层的厚度等，之后再进行屋面保温和防水的施工。

5.5.7 既有居住建筑的屋面形式有平屋面和坡屋面，现浇混凝土屋面和预制混凝土屋面等多种，破损情况也不相同，对不同的屋面形式和不同的破损情况，应采取不同的改造措施。

所谓倒置式屋面就是将保温层设于防水层的上面，在保温层上再作保护层。这种做法对于既有建筑的屋面改造，其施工简便，且比较经济，也就是在原有屋面的防水层上直接做保温层，再做保护层。保温层的材料应选择吸水率较低的材料，如挤塑板、硬泡聚氨酯等。施工时应注意不能破坏原有的防水层。

平屋面改坡屋面，许多地方为了降低荷载和造价，采用在平屋面上设轻钢屋架，其上铺设复合保温层的压型钢板，这种做法应注意轻钢屋架和压型钢板的耐久性及保温材料的防火性能。

坡屋面改造时，如原屋顶吊顶可以利用，最好在原吊顶上重新铺设轻质保温材料，既施工简便又可以节省投资，其厚度应根据热工计算而定。无吊顶时在坡屋面上增加或加厚保温层，其保温效果最好，但需要重新做屋面防水和屋面瓦，其工程量和投资量较大。如增设吊顶，应考虑吊顶的构造和保温材料、吊顶板材的耐久性和防火性，以及周边热桥部位的保温处理。

既有居住建筑的节能改造，鼓励太阳能等可再生能源的利用，当安装太阳能热水器时，最好与屋面的节能改造同时进行，以保证屋面防水、保温的工程质量。其太阳能热水系统应符合《民用建筑太阳能热水系统应用技术规范》GB 50364 的规定。

平屋面改造成坡屋面或种植屋面势必会增加屋面的荷载，特别是改为种植屋面，还应考虑种植土的荷载。因此，为了保证结构安全，应核算屋面的允许荷载。种植屋面的防水材料应采用防根刺的防水材料，其设计与施工还应符合《种植屋面工程技术规程》JGJ 155 的规定。

5.5.8 在进行屋面节能改造时，如果需要重新做防水，其防水工程的设计和施工应与新建建筑一样，执行《屋面工程技术规范》GB 50345 的规定。

5.5.9 如果既有建筑楼板下为室外，如过街廊和外挑楼板；或底层下部为非供暖空间，如下部为非供暖地下室；或与下部房间的温差≥10℃，如下部房间为车库虽然供暖，但室内温度很低。在这些情况下，如不作保温处理，供暖房间内的热量会通过楼板向外大量散失，不仅会降低室内温度，增加供暖能耗，而且还会产生地面结露的问题，因此，应对其楼板加设保温层。与外墙一样，对楼板的保温处理也应采用外保温技术，其保温效果比较好。对有防火要求的下层空间如地下室，其保温材料应选择燃烧性能为A级即不燃性材料，如无机保温浆料、岩棉、加气混凝土等。

5.5.10 建筑遮阳的目的在于防止直射阳光透过玻璃进入室内，减少阳光过分照射和加热建筑围护结构，减少直射阳光造成的强烈眩光。建筑外遮阳能最有效地控制太阳辐射进入室内，施工也较方便，是夏热冬冷和夏热冬暖地区的建筑优先采用的遮阳技术。

冬夏两季透过窗户进入室内的太阳辐射对降低建筑能耗和保证室内环境的舒适性所起的作用是截然相反的。活动式外遮阳容易兼顾建筑冬夏两季对阳光的不同需求，所以设置活动式的外遮阳更加合理。窗外侧的卷帘、百叶窗等就属于"展开或关闭后可以全部遮蔽窗户的活动式外遮阳"，虽然造价比一般固定外遮阳（如窗口上部的外挑板等）高，但遮阳效果好，最能兼顾冬夏，应当鼓励使用。

对于寒冷地区，居住建筑的南向房间大都是起居室、主卧室，常常开设比较大的窗户，夏季透过窗户进入室内的太阳辐射热构成了空调负荷的主要部分。在对外窗进行遮阳改造时，有条件最好在南窗设置卷帘式或百叶窗式的活动外遮阳。

东西窗也需要遮阳，但由于当太阳东升西落时其高度角比较低，设置在窗口上沿的水平遮阳几乎不起遮挡作用，宜设置展开或关闭后可以全部遮蔽窗户的活动式外遮阳。

外遮阳除了保证遮阳效果和外观效果外，还必须满足建筑在使用过程中的安全性能，所以，对原围护结构结构安全进行复核、验算，必须综合考虑构件承载能力、结构的整体牢固性、结构的耐久安全性等。

当结构安全不能满足节能改造要求时，采取玻璃（贴）膜等技术是成本低、效果较好的遮阳方式。

5.5.11 建筑遮阳构件直接影响建筑的安全，遮阳装置需考虑与结构可靠连接，且设计应符合相关标准的要求。

5.5.12 由于材料供应、工艺改变等原因，建筑节能改造工程施工中可能需要变更设计。为了避免这些改变影响节能效果，本条对设计变更严加以限制。

本条规定有两层含义：第一，不得任意变更建筑节能改造施工图设计；第二，对于建筑节能改造的设计变更，均须事前办理变更手续。

5.5.13 考虑到建筑节能改造施工中涉及的新材料、新技术较多，在对围护结构进行改造时，施工前应对采用的施工工艺进行评价，施工企业应编制专门的施工技术方案，并经监理单位和建设单位审批，以保证节能改造的效果。

从事建筑节能工程施工作业人员的操作技能对于节能改造施工效果的影响较大，且许多节能材料和工艺对于某些施工人员可能并不熟悉，故应在施工前对相关人员进行技术交底和必要的实际操作培训，技术交底和培训均应留有记录。

6 严寒和寒冷地区集中供暖系统节能与计量改造

6.2 热源及热力站节能改造

6.2.1 随着城市供热规模的扩大，城市热源需要进行改造。热源及热力站的节能改造与城市热源的改造同步进行，有利于统筹安排、降低改造费用。当热源及热力站的节能改造与城市热源改造不同步时，可单独进行。单独进行改造时，既要注意满足节能要求，还要注意与整个系统的协调。

6.2.2 锅炉是能源转换设备，锅炉转换效率的高低直接影响到燃料消耗量，影响到供热企业的运行成本。锅炉实际供热负荷与额定负荷之比，称为锅炉的负荷率 g。一般情况下，70%≤g≤100% 为锅炉的高效率区；60%≤g<70%、100%<g≤105% 为锅炉的允许运行负荷区。在选择锅炉和制定锅炉运行方案时，需要根据系统实际负荷需求，合理确定锅炉的台数和容量。此处规定的锅炉房改造后的锅炉年均运行效率与《严寒和寒冷地区居住建筑节能设计标准》JGJ 26 中的规定是一致的。

6.2.3 供热量自动控制装置可在整个供暖期间，根据供暖室外气象条件的变化调节供热系统的供热量，始终保持锅炉房的供热量与建筑物的需热量基本一致，实现按需供热；达到最佳的运行效率和最稳定的供热质量。

6.2.4 锅炉房设置群控装置或措施，主要是为了使得每台锅炉的能力得到充分的发挥和保证每台锅炉都处于较高的效率下运行。

6.2.5 供热系统的节能改造，可能遇到下述两种问题：（1）原供热系统存在大流量小温差的现象，

水泵流量及扬程比实际需要大得多；（2）由于水力平衡设备及恒温阀的设置，导致原供热系统的水泵流量及扬程满足不了实际需要。因此需要通过管网的水力计算来校核原循环水泵的流量及扬程，使设计条件下输送单位热量的耗电量满足现行居住建筑节能设计标准的要求。

6.2.6 热水锅炉房所设置的锅炉的额定流量往往与热网的循环流量不一致，当热网循环流量大于锅炉的额定流量时，将导致锅炉房内阻力损失过大。常规的处理方法是在锅炉房供回水管之间设置连通管或在每台锅炉的省煤器处设置旁通管。当外网流量与锅炉需要流量差别较大时，锅炉及热网分别设置循环泵（两级泵）有利于降低总的循环水泵电耗。

6.2.7 本条规定了供热管路系统调节阀门的设置要求。

一个热源站房负担有多个热交换站的情况，与一个换热站负担多个环路的情况，从原理上是类似的。从设计上看，尽可能减少供热系统的水流阻力是节能的一个重要环节。因此在一个供热水系统中，总管上都不应串联流量控制阀。

（1）对于热源站房系统，考虑到各热交换站的距离比较远，管路水流阻力相对存在较大的差别。为了稳定各热交换站的一次水供水压差，宜在各热力站的一次水入口，配置性能可靠的自力式恒压差调节阀。但是，其最远的热交换站如果也设置该调节阀，则相当于总的系统上额外地增加了阀门的阻力。

（2）对于一个换热站所负担的各环路，为了实现阻力平衡，可以考虑设置手动平衡阀的方式。

6.2.11 为满足锅炉房、热力站运行管理需求，锅炉房、热力站需要设置运行参数监测装置，对供热量、循环流量、补水量、供水温度、回水温度、耗煤量、耗电量、锅炉排烟温度、炉膛温度、室外温度、供水压力、回水压力等参数进行监测。热源及热力站用电可分为锅炉辅机（炉排机、上煤除渣机、鼓引风机等）耗电、循环水泵及补水泵耗电和照明等用电。对各项用电分项计量，有利于加强对锅炉房及热力站的管理，降低电耗。

6.3 室外管网节能改造

6.3.1 热水管网热媒输送到各热用户的过程中需要减少下述损失：（1）管网向外散热造成散热损失；（2）管网上附件及设备漏水和用户放水而导致的补水耗热损失；（3）通过管网送到各热用户的热量由于网路失调而导致的各处失调而导致的各处失温不等造成的多余热损失。管网的输送效率是反映上述各个部分效率的综合指标。提高管网的输送效率，应从减少上述三方面损失入手。新建管网无论是地沟敷设还是直埋敷设，管网的保温效率是可以达到99%以上的，考虑到既有管网的现状及改造的难度，因此将管网的保温效率下限取

为 97%。系统的补水由两部分组成，一部分是设备的正常漏水，另一部分为系统失水。如果供暖系统中的阀门、水泵盘根、补偿器等，经常维修，且保证工作状态良好的话，测试结果证明，正常补水量可以控制在循环水量的 0.5%。管网的平衡问题，需要根据本规程第 6.3.2 条的要求进行改造。

6.3.2 供热系统水力不平衡是造成供热能耗浪费的主要原因之一，同时，水力平衡又是保证其他节能措施能够可靠实施的前提，因此对系统节能而言，首先应该做到水力平衡。现行行业标准《居住建筑节能检测标准》JGJ/T 132—2009 中第 5.2.6 条规定，热力入口处的水力平衡度应达到 0.9～1.2。该标准的条文说明指出：这是结合北京地区的实际情况，通过模拟计算，当实际水量在 90%～120% 时，室温在 17.6℃～18.7℃ 范围内，可以满足实际需要。但是，由于设计计算时，与计算各并联环路水力平衡度相比，计算各并联环路间压力损失比较方便，并与教科书、手册一致。因此现行行业标准《严寒和寒冷地区居住建筑节能设计标准》JGJ 26 规定并联环路压力损失差值，要求控制在 15% 之内。对于通过计算不易达到环路压力损失差要求的，为了避免水力不平衡，应设置水力平衡阀。

6.3.3 传统的设计方法是将热网总阻力损失由集中设置在热源的循环水泵来承担，将二级网系统的总阻力损失由集中设置在热力站的循环水泵来承担，通过在用户入口处设置平衡阀来消除管网的剩余压头的方法来解决管网的平衡问题。如果将热网总阻力损失由集中设置在热源（热力站）的循环水泵和用户入口处设置的循环泵（也称加压泵）来承担（图 1），则可以将阀门所消耗的剩余压头节约下来。节约能量的多少，与热网中零压差点（供回水压差为零的点）的位置有关。热源（热力站）与零压差点之间的热用户，应通过设置水力平衡阀来解决管网水力平衡。管网零压差点之后的热用户要通过选择合适的用户循环泵来解决水力平衡问题。

6.3.5 现行行业标准《严寒和寒冷地区居住建筑节能设计标准》JGJ 26 根据我国住宅的特点，规定集中供暖系统中建筑物的热力入口处，必须设置楼前热量表，作为该建筑物供暖耗热量的热量结算点。由于现有供热系统与建筑物的连接形式五花八门，有时无法在一栋建筑物的热力入口处设置一块热量表，此时对于建筑用途相同、建设年代相近、建筑形式、平面、构造等相同或相似、建筑物耗热量指标相近、户间热费分摊方式一致的若干栋建筑，可以统一安装一块热量表，依据该热量表计量的热量进行热费结算。

6.3.6 热量表设置在热网的供水管上还是回水管上，主要受热量表的流量传感器的工作温度制约。当外网供水温度低于热量表的工作温度时，热量表的流量传感器安装在供水管上，有利于减少用户的失水量。要

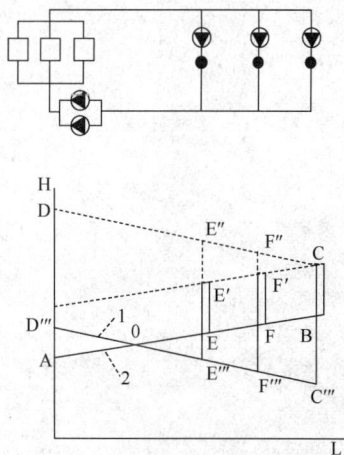

图 1　二级循环泵系统
1—供水压力线；2—回水压力线；
B、C—用户损失；0—零压差点

使热量表正常工作，就要提供热量表所要求的工作条件，在建筑物热力入口处设置计量小室。有地下室的建筑，宜将计量小室设置在地下室的专用空间内；无地下室的建筑，宜在室外管沟入口或楼梯间下部设置计量小室。设置在室外计量小室要有防水、防潮措施。

6.4 室内系统节能与计量改造

6.4.1 当室内供暖系统需节能改造，且原供暖系统为垂直单管顺流式时，应充分考虑技术经济和施工方便等因素，宜采用新双管系统或带跨越管的单管系统。当确实需要采用共用立管的分户供暖系统时，应充分考虑用户室内系统的美观性、方便性，并且尽量减少对用户已有室内设施的损坏。

6.4.2 为了使室内供暖系统中通过各并联环路达到水力平衡，其主要手段是在干管、立管和支管的管径设计中进行较详细的阻力计算，而不是依靠阀门的手动调节来达到水力平衡。

6.4.3 室内供暖系统温控装置是计量收费的前提条件，为供暖用户提供主动控制、调节室温的手段。既有居住建筑改造时，宜将原有散热器罩拆除，确实拆除困难的，应采用温包外置式散热器恒温控制阀。改造后的室内系统应保证散热器恒温控制阀的正常工作条件，防止出现堵塞等故障，同时恒温控制阀应具有带水带压清堵或更换阀芯的功能。

6.4.4 楼栋热力入口安装热计量装置，可以确定室外管网的热输送效率，并可以确定用户的总耗热量，作为热计量收费的基础数据。楼栋热量计量装置的安装数量与位置应根据室外管网、室内计量装置等情况统筹考虑，在保证计量分摊的前提下，适度减少楼栋热量计量装置的数量。选择室内供暖系统计量方式应以达到热量合理分配为原则。

中华人民共和国行业标准

居住建筑节能检测标准

Standard for energy efficiency test of residential buildings

JGJ/T 132—2009

批准部门：中华人民共和国住房和城乡建设部
施行日期：２０１０年７月１日

中华人民共和国住房和城乡建设部
公　告

第 461 号

关于发布行业标准
《居住建筑节能检测标准》的公告

　　现批准《居住建筑节能检测标准》为行业标准，编号为 JGJ/T 132 - 2009，自 2010 年 7 月 1 日起实施。原《采暖居住建筑节能检验标准》JGJ 132 - 2001 同时废止。

　　本标准由我部标准定额研究所组织中国建筑工业出版社出版发行。

中华人民共和国住房和城乡建设部

2009 年 12 月 10 日

前　言

　　根据原建设部《关于印发〈二○○四年度工程建设城建、建工行业标准制订、修订计划〉通知》（建标〔2004〕66 号）的要求，标准编制组经广泛调查研究，认真总结实践经验，参考有关国际标准和国外先进标准，并在广泛征求意见的基础上，修订了本标准。

　　本标准的主要技术内容是：1. 总则；2. 术语和符号；3. 基本规定；4. 室内平均温度；5. 外围护结构热工缺陷；6. 外围护结构热桥部位内表面温度；7. 围护结构主体部位传热系数；8. 外窗窗口气密性能；9. 外围护结构隔热性能；10. 外窗外遮阳设施；11. 室外管网水力平衡度；12. 补水率；13. 室外管网热损失率；14. 锅炉运行效率；15. 耗电输热比。

　　本标准修订的主要技术内容是：增加了检测项目 5 项（外窗窗口气密性能、外围护结构隔热性能、外窗外遮阳设施、锅炉运行效率和耗电输热比），删除检测项目 2 项（即原标准中"建筑物单位采暖耗热量"和"小区单位采暖耗煤量"），并对原标准其他各章进行了全面修订，重新调整了章节构成。

　　本标准由住房和城乡建设部负责管理，由中国建筑科学研究院负责具体技术内容的解释。执行过程中如有意见或建议，请寄送中国建筑科学研究院（地址：北京市北三环东路 30 号，邮政编码：100013）。

　　本标准主编单位：中国建筑科学研究院

　　本标准参编单位：哈尔滨工业大学
　　　　　　　　　　北京市建筑设计研究院
　　　　　　　　　　广东省建筑科学研究院
　　　　　　　　　　上海市建筑科学研究院
　　　　　　　　　　华南理工大学
　　　　　　　　　　河南省建筑科学研究院

陕西省建筑科学研究院
成都市建设工程质量监督站
成都市墙材革新建筑节能办公室
江苏省建筑科学研究院有限公司
住房和城乡建设部科技发展促进中心
北京振利节能环保科技股份有限公司
乐意涂料（上海）有限公司
苏州罗普斯金铝业股份有限公司
哈尔滨天硕建材工业有限公司
南京臣功节能材料有限责任公司
北京爱康环境节能技术公司

　　本标准主要起草人：徐选才　冯金秋　方修睦
　　　　　　　　　　　梁　晶　杨仕超　刘明明
　　　　　　　　　　　杨玉忠　赵立华　栾景阳
　　　　　　　　　　　孙西京　李晓岑　陈顺治
　　　　　　　　　　　许锦峰　刘幼农　黄振利
　　　　　　　　　　　邓　威　蔡炳基　康玉范
　　　　　　　　　　　张定干　卜维平　杨西伟

　　本标准主要审查人：吴元炜　许文发　狄洪发
　　　　　　　　　　　杨　淳　姜　红　冯　雅
　　　　　　　　　　　任　俊　张　旭　罗　英
　　　　　　　　　　　段　恺　林海燕　宋　波

目次

1 总则 …………………………………… 18—5

2 术语和符号 …………………………… 18—5

  2.1 术语 ………………………………… 18—5

  2.2 符号 ………………………………… 18—6

3 基本规定 ……………………………… 18—6

4 室内平均温度 ………………………… 18—6

  4.1 检测方法 …………………………… 18—6

  4.2 合格指标与判定方法 ……………… 18—6

5 外围护结构热工缺陷 ………………… 18—7

  5.1 检测方法 …………………………… 18—7

  5.2 合格指标与判定方法 ……………… 18—8

6 外围护结构热桥部位内表面温度 …… 18—8

  6.1 检测方法 …………………………… 18—8

  6.2 合格指标与判定方法 ……………… 18—8

7 围护结构主体部位传热系数 ………… 18—8

  7.1 检测方法 …………………………… 18—8

  7.2 合格指标与判定方法 ……………… 18—9

8 外窗窗口气密性能 …………………… 18—9

  8.1 检测方法 …………………………… 18—9

  8.2 合格指标与判定方法 ……………… 18—10

9 外围护结构隔热性能 ………………… 18—10

  9.1 检测方法 …………………………… 18—10

  9.2 合格指标与判定方法 ……………… 18—10

10 外窗外遮阳设施 …………………… 18—10

  10.1 检测方法 ………………………… 18—10

  10.2 合格指标与判定方法 …………… 18—10

11 室外管网水力平衡度 ……………… 18—10

  11.1 检测方法 ………………………… 18—10

  11.2 合格指标与判定方法 …………… 18—11

12 补水率 ……………………………… 18—11

  12.1 检测方法 ………………………… 18—11

  12.2 合格指标与判定方法 …………… 18—11

13 室外管网热损失率 ………………… 18—11

  13.1 检测方法 ………………………… 18—11

  13.2 合格指标与判定方法 …………… 18—11

14 锅炉运行效率 ……………………… 18—12

  14.1 检测方法 ………………………… 18—12

  14.2 合格指标与判定方法 …………… 18—12

15 耗电输热比 ………………………… 18—12

  15.1 检测方法 ………………………… 18—12

  15.2 合格指标与判定方法 …………… 18—13

附录 A 仪器仪表的性能要求 ………… 18—13

附录 B 单位采暖耗热量检测方法 …… 18—14

附录 C 年采暖耗热量指标 …………… 18—14

附录 D 年空调耗冷量指标 …………… 18—14

附录 E 外围护结构热工缺陷

      检测流程 ……………………… 18—15

附录 F 室外气象参数检测方法 ……… 18—15

附录 G 外窗窗口气密性能检测

      操作程序 ……………………… 18—16

本标准用词说明 ………………………… 18—16

引用标准名录 …………………………… 18—16

附：条文说明 …………………………… 18—17

Contents

1 General Provisions ······················ 18—5

2 Terms and Symbols ···················· 18—5

  2.1 Terms ································ 18—5

  2.2 Symbols ···························· 18—6

3 Basic Requirements ···················· 18—6

4 Average Room Air Temperature ··· 18—6

  4.1 Testing Method ···················· 18—6

  4.2 Criteria and Evaluating Method ········· 18—6

5 Thermal Irregularities in Exterior
  Envelopes ······························ 18—7

  5.1 Detecting Method ···················· 18—7

  5.2 Criteria and Evaluating Method ········· 18—8

6 Inside Surface Temperature of
  Thermal Bridge of
  Exterior Building Envelopes ········· 18—8

  6.1 Testing Method ···················· 18—8

  6.2 Criteria and Evaluating Method ········· 18—8

7 Overall Heat Transfer Coefficients
  of Building Envelopes ···················· 18—8

  7.1 Testing Method ···················· 18—8

  7.2 Criteria and Evaluating Method ········· 18—9

8 Airtightness of Exterior
  Windows ······························ 18—9

  8.1 Testing Method ···················· 18—9

  8.2 Criteria and Evaluating Method ······ 18—10

9 Insulation Performance of
  Exterior Building Envelopes ········· 18—10

  9.1 Testing Method ···················· 18—10

  9.2 Criteria and Evaluating Method ······ 18—10

10 Outside Shading Fixtures of
  Exterior Windows ···················· 18—10

  10.1 Testing Method ···················· 18—10

  10.2 Criteria and Evaluating Method ······ 18—10

11 Level of Hydraulic Balance in
  Outdoor Heating Network ········· 18—10

  11.1 Testing Method ···················· 18—10

  11.2 Criteria and Evaluating Method ······ 18—11

12 Makeup Ratio ························ 18—11

12.1 Testing Method ···················· 18—11

12.2 Criteria and Evaluating Method ······ 18—11

13 Heat Loss Ratio of Outdoor
  Heating Network ···················· 18—11

  13.1 Testing Method ···················· 18—11

  13.2 Criteria and Evaluating
  Method ···························· 18—11

14 Operation Efficiency of Boilers ··· 18—12

  14.1 Testing Method ···················· 18—12

  14.2 Criteria and Evaluating Method ······ 18—12

15 Ratio of Electricity Consumption
  to Transferred Heat Quantity ··· 18—12

  15.1 Testing Method ···················· 18—12

  15.2 Criteria and Evaluating Method ······ 18—13

Appendix A Requirement to Testing
  Meters ························ 18—13

Appendix B Method of Testing Unit
  Heat Consumption for
  Space Heating ················ 18—14

Appendix C Index of Annal Heat
  Consumption for
  Space Heating ················ 18—14

Appendix D Index of Annal Energy
  Consumption for
  Space Cooling ················ 18—14

Appendix E Flow Chart for Detecting
  Thermal Irregularities in
  Exterior Envelopes ······ 18—15

Appendix F Method of Testing
  Weather Data ················ 18—15

Appendix G Flow Chart for Testing
  Airtightness of Exterior
  Windows ···················· 18—16

Explanation of Wording in
  This standard ····················· 18—16

Normative Standards ···················· 18—16

Explanation of Provisions ················ 18—17

1 总　　则

1.0.1 为了规范居住建筑节能检测方法，推进我国建筑节能的发展，制定本标准。

1.0.2 本标准适用于新建、扩建、改建居住建筑的节能检测。

1.0.3 从事节能检测的机构应具备相应资质，从事节能检测的人员应经过专门培训。

1.0.4 本标准规定了居住建筑节能检测的基本技术要求。当本标准与国家法律、行政法规的规定相抵触时，应按国家法律、行政法规的规定执行。

1.0.5 进行居住建筑节能检测时，除应符合本标准外，尚应符合国家现行有关标准的规定。

2　术语和符号

2.1　术　　语

2.1.1 水力平衡度　level of hydraulic balance

在集中热水采暖系统中，整个系统的循环水量满足设计条件时，建筑物热力入口处循环水量检测值与设计值之比。

2.1.2 补水率　makeup ratio

集中热水采暖系统在正常运行工况下，检测持续时间内，该系统单位建筑面积单位时间内的补水量与该系统单位建筑面积单位时间设计循环水量的比值。

2.1.3 室内活动区域　occupied zone

在室内居住空间内，由距地面或楼板面 100mm 和 1800mm，距内墙内表面 300mm，距外墙内表面或固定的采暖空调设备 600mm 的所有平面所围成的区域。

2.1.4 室内平均温度　average room air temperature

在某房间室内活动区域内一个或多个代表性位置测得的，不少于 24h 检测持续时间内室内空气温度逐时值的算术平均值。

2.1.5 外窗窗口单位空气渗透量　air leakage rate of opening for exterior window

在标准空气状态下，当受检外窗所有可开启窗扇均已正常关闭且窗内外压差为 10Pa 时，单位窗口面积单位时间内由室外渗入的空气量。

2.1.6 附加渗透量　extraneous air leakage rate

当受检外窗内外压差为 10Pa 时，单位时间内通过检测装置及其密封装置与窗口四周的接合部渗入的空气量。

2.1.7 红外热像仪　Infrared camera

基于表面辐射温度原理，能产生热像的红外成像系统。

2.1.8 热像图　thermogram

用红外热像仪拍摄的表示物体表面表观辐射温度的图片。

2.1.9 噪声当量温度差　noise equivalent temperature difference

在热成像系统或扫描器的信噪比为 1 时，黑体目标与背景之间的目标-背景温度差，也称温度分辨率。

2.1.10 参照温度　reference temperature

在被测物体表面测得的用来标定红外热像仪的物体表面温度。

2.1.11 环境参照体　ambient reference object

用来采集环境温度的物体，它并不一定具有当时的真实环境温度，但具有与受检物相似的物理属性，并与受检物处于相似的环境之中。

2.1.12 正常运行工况　normal operation condition

处于热态运行中的集中热水采暖系统同时满足以下条件时，则称该系统处于正常运行工况。

1 所有采暖管道和设备均处于热状态；

2 某时间段中，任意两个 24h 内，后一个 24h 内系统补水量的变化值不超过前一个 24h 内系统补水量的 10%；

3 采用定流量方式运行时，系统的循环水量为设计值的 100%～110%；采用变流量方式运行时，系统的循环水量和扬程在设计规定的运行范围内。

2.1.13 静态水力平衡阀　hand-regulated hydraulic-balancing-valve

阀体上具有测压孔、开启刻度和最大开度锁定装置，且借助专用二次仪表，能手动定量调节系统水流量的调节阀。

2.1.14 热桥　thermal bridge

建筑物外围护结构中具有以下热工特征的部位，称为热桥。在室内采暖条件下，该部位内表面温度比主体部位低；在室内空调降温条件下，该部位内表面温度又比主体部位高。

2.1.15 热工缺陷　thermal irregularities

当围护结构中保温材料缺失、分布不均、受潮或其中混入灰浆时或当围护结构存在空气渗透的部位时，则称该围护结构在此部位存在热工缺陷。

2.1.16 采暖设计热负荷指标　index of design heat load for space heating of residential building

在采暖室外计算温度条件下，为保持室内计算温度，单位建筑面积在单位时间内需由室内散热设备供给的热量。

2.1.17 供热设计热负荷指标　index of design heat load for space heating of residential quarter

在采暖室外计算温度条件下，为保持室内计算温度，单位建筑面积在单位时间内需由锅炉房或其他采暖设施通过室外管网集中供给的热量。

2.1.18 年采暖耗热量指标　index of annual heat consumption for space heating

按照设定的计算条件，计算出的单位建筑面积在一个采暖期内所消耗的、需由室内采暖设备供给的热量。

2.1.19 年空调耗冷量指标 index of annual energy consumption for space cooling

按照设定的计算条件，计算出的单位建筑面积在夏季某段规定的时期内所消耗的、需由室内空调设备供给的冷量。

2.1.20 室外管网热损失率 heat loss ratio of outdoor heating network

集中热水采暖系统室外管网的热损失与管网输入总热量（即采暖热源出口处输出的总热量）的比值。

2.2 符 号

ACC ——年空调耗冷量指标；
AHC ——年采暖耗热量指标；
HB ——水力平衡度；
R_{mp} ——补水率；
q_a ——外窗窗口单位空气渗透量；
q_b ——采暖设计热负荷指标；
q_q ——供热设计热负荷指标；
$NETD$ ——噪声当量温度差；
t_{rm} ——室内平均温度；
α_{ht} ——室外管网热损失率；
β ——能耗增加比；
ψ ——相对面积；
θ_I ——热桥部位内表面温度。

3 基 本 规 定

3.0.1 当居住建筑进行节能检测时，检测方法、合格指标和判定方法应符合本标准的有关规定。

3.0.2 节能检测宜在下列有关技术文件准备齐全的基础上进行：

1 施工图设计文件审查机构审查合格的工程施工图节能设计文件；

2 工程竣工图纸和相关技术文件；

3 具有相关资质的检测机构出具的对施工现场随机抽取的外门（含阳台门）、户门、外窗及保温材料所作的性能复验报告，包括门窗传热系数、外窗气密性能等级、玻璃及外窗遮阳系数、保温材料密度、保温材料导热系数、保温材料比热容和保温材料强度报告；

4 热源设备、循环水泵的产品合格证或性能检测报告；

5 外墙墙体、屋面、热桥部位和采暖管道的保温施工做法或施工方案；

6 与本条第5款有关的隐蔽工程施工质量的中间验收报告。

3.0.3 检测中使用的仪器仪表应具有法定计量部门出具的有效期内的检定合格证或校准证书。除本标准其他章节另有规定外，仪器仪表的性能指标应符合本标准附录A的有关规定。

3.0.4 居住建筑单位采暖耗热量的现场检测应符合本标准附录B的规定。

3.0.5 当竣工图中居住建筑物外围护结构的做法和施工图存在差异时，应根据气候区的不同分别对建筑物年采暖耗热量指标和（或）年空调耗冷量指标进行验算，且验算方法应分别符合本标准附录C和附录D的规定。

4 室内平均温度

4.1 检 测 方 法

4.1.1 室内平均温度的检测持续时间宜为整个采暖期。当该项检测是为配合其他物理量的检测而进行时，检测的起止时间应符合相应检测项目检测方法中的有关规定。

4.1.2 当受检房间使用面积大于或等于 $30m^2$ 时，应设置两个测点。测点应设于室内活动区域，且距地面或楼面（$700\sim1800$）mm 范围内有代表性的位置；温度传感器不应受到太阳辐射或室内热源的直接影响。

4.1.3 室内平均温度应采用温度自动检测仪进行连续检测，检测数据记录时间间隔不宜超过 30min。

4.1.4 室内温度逐时值和室内平均温度应分别按下列公式计算：

$$t_{rm,i} = \frac{\sum_{j=1}^{p} t_{i,j}}{p} \qquad (4.1.4-1)$$

$$t_{rm} = \frac{\sum_{i=1}^{n} t_{rm,i}}{n} \qquad (4.1.4-2)$$

式中：t_{rm} ——受检房间的室内平均温度（℃）；

$t_{rm,i}$ ——受检房间第 i 个室内温度逐时值（℃）；

$t_{i,j}$ ——受检房间第 j 个测点的第 i 个室内温度逐时值（℃）；

n ——受检房间的室内温度逐时值的个数；

p ——受检房间布置的温度测点的点数。

4.2 合格指标与判定方法

4.2.1 集中热水采暖居住建筑的采暖期室内平均温度应在设计范围内；当设计无规定时，应符合现行国家标准《采暖通风与空气调节设计规范》GB 50019 中的相应规定。

4.2.2 集中热水采暖居住建筑的采暖期室内温度逐时值不应低于室内设计温度的下限；当设计无规定

时，该下限温度应符合现行国家标准《采暖通风与空气调节设计规范》GB 50019 中的相应规定。

4.2.3 对于已实施按热量计量且室内散热设备具有可调节的温控装置的采暖系统，当住户人为调低室内温度设定值时，采暖期室内温度逐时值可不作判定。

4.2.4 当受检房间的室内平均温度和室内温度逐时值分别满足本标准第 4.2.1 条和第 4.2.2 条的规定时，应判为合格，否则应判为不合格。

5 外围护结构热工缺陷

5.1 检 测 方 法

5.1.1 外围护结构热工缺陷检测应包括外表面热工缺陷检测、内表面热工缺陷检测。

5.1.2 外围护结构热工缺陷宜采用红外热像仪进行检测，检测流程宜符合本标准附录 E 的规定。

5.1.3 红外热像仪及其温度测量范围应符合现场检测要求。红外热像仪设计适用波长范围应为 $(8.0 \sim 14.0)\mu m$，传感器温度分辨率（NETD）不应大于 $0.08℃$，温差检测不确定度不应大于 $0.5℃$，红外热像仪的像素不应少于 76800 点。

5.1.4 检测前及检测期间，环境条件应符合下列规定：

　　1 检测前至少 24h 内室外空气温度的逐时值与开始检测时的室外空气温度相比，其变化不应大于 $10℃$；

　　2 检测前至少 24h 内和检测期间，建筑物外围护结构内外平均空气温度差不宜小于 $10℃$；

　　3 检测期间与开始检测时的空气温度相比，室外空气温度逐时值变化不应大于 $5℃$，室内空气温度逐时值变化不应大于 $2℃$；

　　4 1h 内室外风速（采样时间间隔为 30min）变化不应大于 2 级（含 2 级）；

　　5 检测开始前至少 12h 内受检的外表面不应受到太阳直接照射，受检的内表面不应受到灯光的直接照射；

　　6 室外空气相对湿度不应大于 75%，空气中粉尘含量不应异常。

5.1.5 检测前宜采用表面式温度计在受检表面上测出参照温度，调整红外热像仪的发射率，使红外热像仪的测定结果等于该参照温度；宜在与目标距离相等的不同方位扫描同一个部位，并评估临近物体对受检外围护结构表面造成的影响；必要时可采取遮挡措施或关闭室内辐射源，或在合适的时间段进行检测。

5.1.6 受检表面同一个部位的红外热像图不应少于 2 张。当拍摄的红外热像图中，主体区域过小时，应单独拍摄 1 张以上（含 1 张）主体部位红外热像图。应用图说明受检部位的红外热像图在建筑中的位置，

并应附上可见光照片。红外热像图上应标明参照温度的位置，并应随红外热像图一起提供参照温度的数据。

5.1.7 受检外表面的热工缺陷应采用相对面积（Ψ）评价，受检内表面的热工缺陷应采用能耗增加比（β）评价。二者应分别根据下列公式计算：

$$\Psi = \frac{\sum_{i=1}^{n} A_{2,i}}{\sum_{i=1}^{n} A_{1,i}} \tag{5.1.7-1}$$

$$\beta = \Psi \left| \frac{T_1 - T_2}{T_1 - T_0} \right| \times 100\% \tag{5.1.7-2}$$

$$T_1 = \frac{\sum_{i=1}^{n} (T_{1,i} \cdot A_{1,i})}{\sum_{i=1}^{n} A_{1,i}} \tag{5.1.7-3}$$

$$T_2 = \frac{\sum_{i=1}^{n} (T_{2,i} \cdot A_{2,i})}{\sum_{i=1}^{n} A_{2,i}} \tag{5.1.7-4}$$

$$T_{1,i} = \frac{\sum_{j=1}^{m} (A_{1,i,j} \cdot T_{1,i,j})}{\sum_{j=1}^{m} A_{1,i,j}} \tag{5.1.7-5}$$

$$T_{2,i} = \frac{\sum_{j=1}^{m} (A_{2,i,j} \cdot T_{2,i,j})}{\sum_{j=1}^{m} A_{2,i,j}} \tag{5.1.7-6}$$

$$A_{1,i} = \frac{\sum_{j=1}^{m} A_{1,i,j}}{m} \tag{5.1.7-7}$$

$$A_{2,i} = \frac{\sum_{j=1}^{m} A_{2,i,j}}{m} \tag{5.1.7-8}$$

式中：Ψ——受检表面缺陷区域面积与主体区域面积的比值；

　　β——受检内表面由于热工缺陷所带来的能耗增加比；

　　T_1——受检表面主体区域（不包括缺陷区域）的平均温度（℃）；

　　T_2——受检表面缺陷区域的平均温度（℃）；

　　$T_{1,i}$——第 i 幅热像图主体区域的平均温度（℃）；

　　$T_{2,i}$——第 i 幅热像图缺陷区域的平均温度（℃）；

　　$A_{1,i}$——第 i 幅热像图主体区域的面积（m^2）；

　　$A_{2,i}$——第 i 幅热像图缺陷区域的面积，指与 T_1 的温度差大于或等于 $1℃$ 的点所组成的

面积（m²）；

T_0——环境温度（℃）；

i——热像图的幅数，$i = 1 \sim n$；

j——每一幅热像图的张数，$j = 1 \sim m$。

5.2 合格指标与判定方法

5.2.1 受检外表面缺陷区域与主体区域面积的比值应小于 20%，且单块缺陷面积应小于 0.5m²。

5.2.2 受检内表面因缺陷区域导致的能耗增加比值应小于 5%，且单块缺陷面积应小于 0.5m²。

5.2.3 热像图中的异常部位，宜通过将实测热像图与受检部分的预期温度分布进行比较确定。必要时可采用内窥镜、取样等方法进行确定。

5.2.4 当受检外表面的检测结果满足本标准第 5.2.1 条规定时，应判为合格，否则应判为不合格。

5.2.5 当受检内表面的检测结果满足本标准第 5.2.2 条规定时，应判为合格，否则应判为不合格。

6 外围护结构热桥部位内表面温度

6.1 检 测 方 法

6.1.1 热桥部位内表面温度宜采用热电偶等温度传感器进行检测，检测仪表应符合本标准第 7.1.4 条的规定。

6.1.2 检测热桥部位内表面温度时，内表面温度测点应选在热桥部位温度最低处，具体位置可采用红外热像仪确定。室内空气温度测点布置应符合本标准第 4.1.2 条的规定。室外空气温度测点布置应符合本标准附录 F 的规定。

6.1.3 内表面温度传感器连同 0.1m 长引线应与受检表面紧密接触，传感器表面的辐射系数应与受检表面基本相同。

6.1.4 热桥部位内表面温度检测应在采暖系统正常运行后进行，检测时间宜选在最冷月，且应避开气温剧烈变化的天气。检测持续时间不应少于 72h，检测数据应及时记录。

6.1.5 室内外计算温度条件下热桥部位内表面温度应按下式计算：

$$\theta_{\mathrm{I}} = t_{\mathrm{di}} - \frac{t_{\mathrm{rm}} - \theta_{\mathrm{Im}}}{t_{\mathrm{rm}} - t_{\mathrm{em}}} (t_{\mathrm{di}} - t_{\mathrm{de}}) \qquad (6.1.5)$$

式中：θ_{I}——室内外计算温度条件下热桥部位内表面温度（℃）；

t_{rm}——受检房间的室内平均温度（℃）；

θ_{Im}——检测持续时间内热桥部位内表面温度逐时值的算术平均值（℃）；

t_{em}——检测持续时间内室外空气温度逐时值的算术平均值（℃）；

t_{di}——冬季室内计算温度（℃），应根据具体

设计图纸确定或按国家标准《民用建筑热工设计规范》GB 50176 - 93 中第 4.1.1 条的规定采用；

t_{de}——围护结构冬季室外计算温度（℃），应根据具体设计图纸确定或按国家标准《民用建筑热工设计规范》GB 50176 - 93 中第 2.0.1 条的规定采用。

6.2 合格指标与判定方法

6.2.1 在室内外计算温度条件下，围护结构热桥部位的内表面温度不应低于室内空气露点温度，且在确定室内空气露点温度时，室内空气相对湿度应按 60% 计算。

6.2.2 当受检部位的检测结果满足本标准第 6.2.1 条的规定时，应判为合格，否则应判为不合格。

7 围护结构主体部位传热系数

7.1 检 测 方 法

7.1.1 围护结构主体部位传热系数的检测宜在受检围护结构施工完成至少 12 个月后进行。

7.1.2 围护结构主体部位传热系数的现场检测宜采用热流计法。

7.1.3 热流计及其标定应符合现行行业标准《建筑用热流计》JG/T 3016 的规定。

7.1.4 热流和温度应采用自动检测仪检测，数据存储方式应适用于计算机分析。温度测量不确定度不应大于 0.5℃。

7.1.5 测点位置不应靠近热桥、裂缝和有空气渗漏的部位，不应受加热、制冷装置和风扇的直接影响，且应避免阳光直射。

7.1.6 热流计和温度传感器的安装应符合下列规定：

1 热流计应直接安装在受检围护结构的内表面上，且应与表面完全接触。

2 温度传感器应在受检围护结构两侧表面安装。内表面温度传感器应靠近热流计安装，外表面温度传感器宜在与热流计相对应的位置安装。温度传感器连同 0.1m 长引线应与受检表面紧密接触，传感器表面的辐射系数应与受检表面基本相同。

7.1.7 检测时间宜选在最冷月，且应避开气温剧烈变化的天气。对设置采暖系统的地区，冬季检测应在采暖系统正常运行后进行；对未设置采暖系统的地区，应在人为适当地提高室内温度后进行检测。在其他季节，可采用人工加热或制冷的方式建立室内外温差。围护结构高温侧表面温度应高于低温侧 10℃ 以上，且在检测过程中的任何时刻均不得等于或低于低温侧表面温度。当传热系数小于 1W/(m²·K) 时，高

温侧表面温度宜高于低温侧 $10/U$℃以上。检测持续时间不应少于 96h。检测期间，室内空气温度应保持稳定，受检区域外表面宜避免雨雪侵袭和阳光直射。

注：U 为围护结构主体部位传热系数，单位为 $[\text{W}/(\text{m}^2 \cdot \text{K})]$。

7.1.8 检测期间，应定时记录热流密度和内、外表面温度，记录时间间隔不应大于 60min。可记录多次采样数据的平均值，采样间隔宜短于传感器最小时间常数的 1/2。

7.1.9 数据分析宜采用动态分析法。当满足下列条件时，可采用算术平均法：

1　围护结构主体部位热阻的末次计算值与 24h 之前的计算值相差不大于 5%；

2　检测期间内第一个 $\text{INT}(2 \times \text{DT}/3)$ 天内与最后一个同样长的天数内围护结构主体部位热阻的计算值相差不大于 5%。

注：DT 为检测持续天数，INT 表示取整数部分。

7.1.10 当采用算术平均法进行数据分析时，应按下式计算围护结构主体部位的热阻，并应使用全天数据（24h 的整数倍）进行计算：

$$R = \frac{\sum\limits_{j=1}^{n}(\theta_{Ij} - \theta_{Ej})}{\sum\limits_{j=1}^{n} q_j} \qquad (7.1.10)$$

式中：R ——围护结构主体部位的热阻（$\text{m}^2 \cdot \text{K}/\text{W}$）；

θ_{Ij} ——围护结构主体部位内表面温度的第 j 次测量值（℃）；

θ_{Ej} ——围护结构主体部位外表面温度的第 j 次测量值（℃）；

q_j ——围护结构主体部位热流密度的第 j 次测量值（W/m^2）。

7.1.11 当采用动态分析方法时，宜使用与本标准配套的数据处理软件进行计算。

7.1.12 围护结构主体部位传热系数应按下式计算：

$$U = 1/(R_i + R + R_e) \qquad (7.1.12)$$

式中：U ——围护结构主体部位传热系数 $[\text{W}/(\text{m}^2 \cdot \text{K})]$；

R_i ——内表面换热阻，应按国家标准《民用建筑热工设计规范》GB 50176-93 中附录二附表 2.2 的规定采用；

R_e ——外表面换热阻，应按国家标准《民用建筑热工设计规范》GB 50176-93 中附录二附表 2.3 的规定采用。

7.2　合格指标与判定方法

7.2.1 受检围护结构主体部位传热系数应满足设计图纸的规定；当设计图纸未作具体规定时，应符合国家现行有关标准的规定。

7.2.2 当受检围护结构主体部位传热系数的检测结果满足本标准第 7.2.1 条规定时，应判为合格，否则应判为不合格。

8　外窗窗口气密性能

8.1　检　测　方　法

8.1.1 外窗窗口气密性能的检测应在受检外窗几何中心高度处的室外瞬时风速不大于 3.3m/s 的条件下进行。

8.1.2 外窗窗口气密性能检测操作程序应符合本标准附录 G 的规定。

8.1.3 对室内外空气温度、室外风速和大气压力等环境参数应进行同步检测。

8.1.4 在开始正式检测前，应对检测系统的附加渗透量进行一次现场标定。标定用外窗应为受检外窗或与受检外窗相同的外窗。附加渗透量不应大于受检外窗窗口空气渗透量的 20%。

8.1.5 在检测装置、人员和操作程序完全相同的情况下，在检测装置的标定有效期内，当检测其他相同外窗时，检测系统本身的附加渗透量不宜再次标定。

8.1.6 每樘受检外窗的检测结果应取连续三次检测值的平均值。

8.1.7 差压表、大气压力表、环境温度检测仪、室外风速计和长度尺的不确定度分别不应大于 2.5Pa、200Pa、1℃、0.25m/s 和 3mm。空气流量测量装置的不确定度不应大于测量值的 13%。

8.1.8 现场检测条件下且受检外窗内外压差为 10Pa 时，检测系统的附加渗透量（Q_{fa}）和总空气渗透量（Q_{za}）应根据回归方程计算，回归方程应采用下列形式：

$$Q = a(\Delta P)^c \qquad (8.1.8)$$

式中：Q ——现场检测条件下检测系统的附加渗透量或总空气渗透量（m^3/h）；

ΔP ——受检外窗的内外压差（Pa）；

a、c ——拟合系数。

8.1.9 外窗窗口单位空气渗透量应按下列公式计算：

$$q_a = \frac{Q_{st}}{A_w} \qquad (8.1.9\text{-}1)$$

$$Q_{st} = Q_z - Q_f \qquad (8.1.9\text{-}2)$$

$$Q_z = \frac{293}{101.3} \times \frac{B}{(t+273)} \times Q_{za} \qquad (8.1.9\text{-}3)$$

$$Q_f = \frac{293}{101.3} \times \frac{B}{(t+273)} \times Q_{fa} \qquad (8.1.9\text{-}4)$$

式中：q_a ——外窗窗口单位空气渗透量 $[\text{m}^3/(\text{m}^2 \cdot \text{h})]$；

Q_{fa}、Q_f ——分别为现场检测条件和标准空气状态下，受检外窗内外压差为 10Pa 时，检测系统的附加渗透量（m^3/h）；

Q_{za}、Q_z ——分别为现场检测条件和标准空气状态

下，受检外窗内外压差为10Pa时，受
检外窗窗口（包括检测系统在内）的总空
气渗透量（m³/h）；

Q_{st}——标准空气状态下，受检外窗内外压差为
10Pa时，受检外窗窗口本身的空气渗透
量（m³/h）；

B——检测现场的大气压力（kPa）；

t——检测装置附近的室内空气温度（℃）；

A_w——受检外窗窗口的面积（m²），当外窗形状
不规则时应计算其展开面积。

8.2 合格指标与判定方法

8.2.1 外窗窗口墙与外窗本体的结合部应严密，外
窗窗口单位空气渗透量不应大于外窗本体的相应
指标。

8.2.2 当受检外窗窗口单位空气渗透量的检测结果
满足本标准第8.2.1条的规定时，应判为合格，否则
应判为不合格。

9 外围护结构隔热性能

9.1 检测方法

9.1.1 居住建筑的东（西）外墙和屋面应进行隔热
性能现场检测。

9.1.2 隔热性能检测应在围护结构施工完成12个月
后进行，检测持续时间不应少于24h。

9.1.3 检测期间室外气候条件应符合下列规定：

1 检测开始前2天应为晴天或少云天气；

2 检测日应为晴天或少云天气，水平面的太阳
辐射照度最高值不宜小于国家标准《民用建筑热工设
计规范》GB 50176-93中附录三附表3.3给出的当
地夏季太阳辐射照度最高值的90%；

3 检测日室外最高逐时空气温度不宜小于国家
标准《民用建筑热工设计规范》GB 50176-93中附
录三附表3.2给出的当地夏季室外计算温度最高
值2.0℃；

4 检测日工作高度处的室外风速不应超过
5.4m/s。

9.1.4 受检外围护结构内表面所在房间应有良好的
自然通风环境，直射到围护结构外表面的阳光在白天
不应被其他物体遮挡，检测时房间的窗户全部开启。

9.1.5 检测时应同时检测室内外空气温度、受检外
围护结构内外表面温度、室外风速、室外水平面太阳
辐射照度。室内空气温度、内外表面温度和室外气象
参数的检测应分别符合本标准第4.1节、第7.1节和
附录F的规定。白天太阳辐射照度的数据记录时间间
隔不应大于15min，夜间可不记录。

9.1.6 内外表面温度传感器应对称布置在受检外围

护结构主体部位的两侧，与热桥部位的距离应大于墙
体（屋面）厚度的3倍以上。每侧温度测点应至少各
布置3点，其中一点应布置在接近检测面中央的
位置。

9.1.7 内表面逐时温度应取内表面所有测点相应时
刻检测结果的平均值。

9.2 合格指标与判定方法

9.2.1 夏季建筑东（西）外墙和屋面的内表面逐时
最高温度均不应高于室外逐时空气温度最高值。

9.2.2 当受检部位的检测结果满足本标准第9.2.1
条的规定时，应判为合格，否则应判为不合格。

10 外窗外遮阳设施

10.1 检测方法

10.1.1 对固定外遮阳设施，检测的内容应包括结构
尺寸、安装位置和安装角度。对活动外遮阳设施，还
应包括遮阳设施的转动或活动范围以及柔性遮阳材料
的光学性能。

10.1.2 用于检测外遮阳设施结构尺寸、安装位置、
安装角度、转动或活动范围的量具的不确定度应符合
下列规定：

1 长度尺：应小于2mm；

2 角度尺：应小于2°。

10.1.3 活动外遮阳设施转动或活动范围的检测应在
完成5次以上的全程调整后进行。

10.1.4 遮阳材料的光学性能检测应包括太阳光反射
比和太阳光直接透射比。太阳光反射比和太阳光直接
透射比的检测应按现行国家标准《建筑玻璃 可见光
透射比、太阳光直接透射比、太阳能总透射比、紫外
线透射比及有关窗玻璃参数的测定》GB/T 2680的规
定执行。

10.2 合格指标与判定方法

10.2.1 受检外窗外遮阳设施的结构尺寸、安装位
置、安装角度、转动或活动范围以及遮阳材料的光学
性能应满足设计要求。

10.2.2 受检外窗外遮阳设施的检测结果均满足本标
准第10.2.1条的规定时，应判为合格，否则应判为
不合格。

11 室外管网水力平衡度

11.1 检测方法

11.1.1 水力平衡度的检测应在采暖系统正常运行后
进行。

11.1.2 室外采暖系统水力平衡度的检测宜以建筑物热力入口为限。

11.1.3 受检热力入口位置和数量的确定应符合下列规定：

1 当热力入口总数不超过 6 个时，应全数检测；

2 当热力入口总数超过 6 个时，应根据各个热力入口距热源距离的远近，按近端 2 处、远端 2 处、中间区域 2 处的原则确定受检热力入口；

3 受检热力入口的管径不应小于 $DN40$。

11.1.4 水力平衡度检测期间，采暖系统总循环水量应保持恒定，且应为设计值的 $100\% \sim 110\%$。

11.1.5 流量计量装置宜安装在建筑物相应的热力入口处，且宜符合产品的使用要求。

11.1.6 循环水量的检测值应以相同检测持续时间内各热力入口处测得的结果为依据进行计算。检测持续时间宜取 10min。

11.1.7 水力平衡度应按下式计算：

$$HB_j = \frac{G_{wm,j}}{G_{wd,j}} \qquad (11.1.7)$$

式中：HB_j —— 第 j 个热力入口的水力平衡度；

$G_{wm,j}$ —— 第 j 个热力入口循环水量检测值(m^3/s)；

$G_{wd,j}$ —— 第 j 个热力入口的设计循环水量(m^3/s)。

11.2 合格指标与判定方法

11.2.1 采暖系统室外管网热力入口处的水力平衡度应为 $0.9 \sim 1.2$。

11.2.2 在所有受检的热力入口中，各热力入口水力平衡度均满足本标准第 11.2.1 条的规定时，应判为合格，否则应判为不合格。

12 补 水 率

12.1 检 测 方 法

12.1.1 补水率的检测应在采暖系统正常运行后进行。

12.1.2 检测持续时间宜为整个采暖期。

12.1.3 总补水量应采用具有累计流量显示功能的流量计量装置检测。流量计量装置应安装在系统补水管上适宜的位置，且应符合产品的使用要求。当采暖系统中固有的流量计量装置在检定有效期内时，可直接利用该装置进行检测。

12.1.4 采暖系统补水率应按下列公式计算：

$$R_{mp} = \frac{g_a}{g_d} \times 100\% \qquad (12.1.4-1)$$

$$g_d = 0.861 \times \frac{q_q}{t_s - t_r} \qquad (12.1.4-2)$$

$$g_a = \frac{G_a}{A_0} \qquad (12.1.4-3)$$

式中：R_{mp} —— 采暖系统补水率；

g_d —— 采暖系统单位设计循环水量[kg/(m^2·h)]；

g_a —— 检测持续时间内采暖系统单位补水量[kg/(m^2·h)]；

G_a —— 检测持续时间内采暖系统平均单位时间内的补水量(kg/h)；

A_0 —— 居住小区内所有采暖建筑物的总建筑面积（m^2），应按本标准附录 B 第 B.0.3 条的规定计算；

q_q —— 供热设计热负荷指标（W/m^2）；

t_s、t_r —— 采暖热源设计供水、回水温度（℃）。

12.2 合格指标与判定方法

12.2.1 采暖系统补水率不应大于 0.5%。

12.2.2 当采暖系统补水率满足本标准第 12.2.1 条规定时，应判为合格，否则应判为不合格。

13 室外管网热损失率

13.1 检 测 方 法

13.1.1 采暖系统室外管网热损失率的检测应在采暖系统正常运行 120h 后进行，检测持续时间不应少于 72h。

13.1.2 检测期间，采暖系统应处于正常运行工况，热源供水温度的逐时值不应低于 35℃。

13.1.3 热计量装置的安装应符合本标准附录 B 第 B.0.2 条的规定。

13.1.4 采暖系统室外管网供水温降应采用温度自动检测仪进行同步检测，温度传感器的安装应符合本标准附录 B 第 B.0.2 条的规定，数据记录时间间隔不应大于 60min。

13.1.5 室外管网热损失率应按下式计算：

$$\alpha_{ht} = \left(1 - \sum_{j=1}^{n} Q_{a,j} / Q_{a,t}\right) \times 100\% \quad (13.1.5)$$

式中：α_{ht} —— 采暖系统室外管网热损失率；

$Q_{a,j}$ —— 检测持续时间内第 j 个热力入口处的供热量（MJ）；

$Q_{a,t}$ —— 检测持续时间内热源的输出热量（MJ）。

13.2 合格指标与判定方法

13.2.1 采暖系统室外管网热损失率不应大于 10%。

13.2.2 当采暖系统室外管网热损失率满足本标准第 13.2.1 条的规定时，应判为合格，否则应判为不合格。

14 锅炉运行效率

14.1 检测方法

14.1.1 采暖锅炉日平均运行效率的检测应在采暖系统正常运行 120h 后进行，检测持续时间不应少于 24h。

14.1.2 检测期间，采暖系统应处于正常运行工况，燃煤锅炉的日平均运行负荷率应不小于 60%，燃油和燃气锅炉瞬时运行负荷率不应小于 30%，锅炉日累计运行时数不应少于 10h。

14.1.3 燃煤采暖锅炉的耗煤量应按批计量。燃油和燃气采暖锅炉的耗油量和耗气量应连续累计计量。

14.1.4 在检测持续时间内，煤样应用基低位发热值的化验批数应与采暖锅炉房进煤批次一致，且煤样的制备方法应符合现行国家标准《工业锅炉热工性能试验规范》GB/T 10180 的有关规定。燃油和燃气的低位发热值应根据油品种类和气源变化进行化验。

14.1.5 采暖锅炉的输出热量应采用热计量装置连续累计计量。

14.1.6 热计量装置中供回水温度传感器应靠近锅炉本体安装。

14.1.7 采暖锅炉日平均运行效率应按下列公式计算：

$$\eta_{2,a} = \frac{Q_{a,t}}{Q_i} \times 100\% \qquad (14.1.7-1)$$

$$Q_i = G_c \cdot Q_c^y \cdot 10^{-3} \qquad (14.1.7-2)$$

式中：$\eta_{2,a}$——检测持续时间内采暖锅炉日平均运行效率；

Q_i——检测持续时间内采暖锅炉的输入热量（MJ）；

G_c——检测持续时间内采暖锅炉的燃煤量（kg）或燃油量（kg）或燃气量（Nm³）；

Q_c^y——检测持续时间内燃用煤的平均应用基低位发热值（kJ/kg）或燃用油的平均低位发热值（kJ/kg）或燃用气的平均低位发热值（kJ/Nm³）。

14.2 合格指标与判定方法

14.2.1 采暖锅炉日平均运行效率不应小于表14.2.1的规定。

表 14.2.1 采暖锅炉最低日平均运行效率（%）

锅炉类型、燃料种类		锅炉额定容量（MW）						
		0.7	1.4	2.8	4.2	7.0	14.0	≥28.0
燃煤	烟煤 Ⅱ	—	—	65	66	70	70	71
	Ⅲ	—	—	66	68	70	71	73
燃油、燃气		77	78	78	79	80	81	81

14.2.2 当采暖锅炉日平均运行效率满足本标准第14.2.1条的规定时，应判为合格，否则应判为不合格。

15 耗电输热比

15.1 检测方法

15.1.1 耗电输热比的检测应在采暖系统正常运行120h后进行，且应满足下列条件：

　　1 采暖热源和循环水泵的铭牌参数应满足设计要求；

　　2 系统瞬时供热负荷不应小于设计值的50%；

　　3 循环水泵运行方式应满足下列条件：

　　　1） 对变频泵系统，应按工频运行且启泵台数满足设计工况要求；

　　　2） 对多台工频泵并联系统，启泵台数应满足设计工况要求；

　　　3） 对大小泵制系统，应启动大泵运行；

　　　4） 对一用一备制系统，应保证有一台泵正常运行。

15.1.2 耗电输热比的检测持续时间不应少于24h。

15.1.3 采暖热源的输出热量应在热源机房内采用热计量装置进行累计计量，热计量装置的安装应符合本标准附录B第B.0.2条的规定。循环水泵的用电量应分别计量。

15.1.4 采暖系统耗电输热比应按下列公式计算：

$$EHR_{a,e} = \frac{3.6 \times \varepsilon_a \times \eta_m}{\Sigma Q_{a,e}} \qquad (15.1.4-1)$$

当 $\Sigma Q_a < \Sigma Q$ 时，

$$\Sigma Q_{a,e} = \min\{\Sigma Q_p, \Sigma Q\} \qquad (15.1.4-2)$$

当 $\Sigma Q_a \geq \Sigma Q$ 时，

$$\Sigma Q_{a,e} = \Sigma Q_a \qquad (15.1.4-3)$$

$$\Sigma Q_p = 0.3612 \times 10^6 \times G_a \times \Delta t \quad (15.1.4-4)$$

$$\Sigma Q = 0.0864 \times q_q \times A_0 \qquad (15.1.4-5)$$

式中：$EHR_{a,e}$——采暖系统耗电输热比（无因次）；

ε_a——检测持续时间内采暖系统循环水泵的日耗电量（kWh）；

η_m——电机效率与传动效率之和，直联取0.85，联轴器传动取0.83；

$\Sigma Q_{a,e}$——检测持续时间内采暖系统日最大有效供热能力（MJ）；

ΣQ_a——检测持续时间内采暖系统的实际日供热量（MJ）；

ΣQ_p——在循环水量不变的情况下，检测持续时间内采暖系统可能的日最大供热能力（MJ）；

ΣQ——采暖热源的设计日供热量（MJ）；

G_a——检测持续时间内采暖系统的平均

循环水量（m^3/s）；

Δt —— 采暖热源的设计供回水温差（℃）。

15.2 合格指标与判定方法

15.2.1 采暖系统耗电输热比（$EHR_{a,e}$）应满足下式的要求：

$$EHR_{a,e} \leqslant \frac{0.0062(14+a \cdot L)}{\Delta t} \quad (15.2.1)$$

式中：$EHR_{a,e}$ —— 采暖系统耗电输热比；

L —— 室外管网主干线（从采暖管道进出热源机房外墙处算起，至最不利环路末端热用户热力入口止）包括供回水管道的总长度（m）；

a —— 系数，其取值为：当 $L \leqslant 500m$ 时，$a=0.0115$；当 $500m < L < 1000m$ 时，$a=0.0092$；当 $L \geqslant 1000m$ 时，$a=0.0069$。

15.2.2 当采暖系统耗电输热比满足本标准第 15.2.1 条的规定时，应判为合格，否则应判为不合格。

附录 A 仪器仪表的性能要求

表 A 仪器仪表的性能要求

序号	检测参数	功能	扩展不确定度（$k=2$）
1	空气温度	应具有自动采集和存储数据功能，并可以和计算机接口	$\leqslant 0.5$℃
2	空气温差	应具有自动采集和存储数据功能，并可以和计算机接口	$\leqslant 0.4$℃
3	相对湿度	应具有自动采集和存储数据功能，并可以和计算机接口	$\leqslant 10\%\{[0\sim10]\%RH@25℃\}$ $\leqslant 5\%\{[10\sim30]\%RH@25℃\}$ $\leqslant 3\%\{[30\sim70]\%RH@25℃\}$ $\leqslant 5\%\{[70\sim90]\%RH@25℃\}$ $\leqslant 10\%\{[90\sim100]\%RH@25℃\}$
4	供回水温度	应具有自动采集和存储数据功能，并可以和计算机接口	$\leqslant 0.5$℃（低温水系统） $\leqslant 1.5$℃（高温水系统）
5	供回水温差	应具有自动采集和存储数据功能，并可以和计算机接口	$\leqslant 0.5$℃（低温水系统） $\leqslant 1.5$℃（高温水系统）
6	循环水量	应能显示瞬时流量或累计流量、或能自动存储、打印数据、或可以和计算机接口	$\leqslant 5\%[Q_{min}\sim0.2Q_{max})$ $\leqslant 2\%[0.2Q_{max}\sim Q_{max}]$
7	补水量	应能显示瞬时流量或累计流量、或能自动存储、打印数据、或可以和计算机接口	$\leqslant 5\%[Q_{min}\sim0.2Q_{max})$ $\leqslant 2\%[0.2Q_{max}\sim Q_{max}]$
8	热量	宜具有自动采集和存储数据功能，并可和计算机接口	$\leqslant 10\%$（测试值）
9	耗电量	应能显示累计电量或能自动存储、打印数据、或可以和计算机接口	$\leqslant 2\%FS$
10	耗油量	应能显示累计油量或能自动存储、打印数据、或可以和计算机接口	$\leqslant 5\%[Q_{min}\sim0.2Q_{max})$ $\leqslant 2\%[0.2Q_{max}\sim Q_{max}]$
11	耗气量	应能显示累计气量或能自动存储、打印数据、或可以和计算机接口	$\leqslant 3\%[Q_{min}\sim0.2Q_{max})$ $\leqslant 1.5\%[0.2Q_{max}\sim Q_{max}]$
12	耗煤量	—	$\leqslant 2\%FS$
13	风速	宜具有自动采集和存储数据功能，并可以和计算机接口	$\leqslant 0.5m/s$
14	太阳辐射照度	宜具有自动采集和存储数据功能，并可以和计算机接口	$\leqslant 5\%FS$

附录B 单位采暖耗热量检测方法

B.0.1 单位采暖耗热量的检测应在采暖系统正常运行120h后进行，检测持续时间不应少于24h。

B.0.2 建筑物采暖供热量应采用热计量装置在建筑物热力入口处检测，供回水温度和流量传感器的安装宜满足相关产品的使用要求，温度传感器宜安装于受检建筑物外墙外侧且距外墙外表面2.5m以内的地方。采暖系统总采暖供热量宜在采暖热源出口处检测，供回水温度和流量传感器宜安装在采暖热源机房内，当温度传感器安装在室外时，距采暖热源机房外墙外表面的垂直距离不应大于2.5m。

B.0.3 单位采暖耗热量应按下式计算：

$$q_{ha} = \frac{Q_{ha}}{A_0} \cdot \frac{278}{H_r} \qquad (B.0.3)$$

式中：q_{ha}——建筑物或居住小区单位采暖耗热量（W/m²）；

Q_{ha}——检测持续时间内在建筑物热力入口处或采暖热源出口处测得的累计供热量（MJ）；

A_0——建筑物（含采暖地下室）或居住小区（含小区内配套公共建筑）的总建筑面积（该建筑面积应按各层外墙轴线围成面积的总和计算）（m²）；

H_r——检测持续时间（h）。

附录C 年采暖耗热量指标

C.1 验 算 方 法

C.1.1 受检建筑物外围护结构尺寸应以建筑竣工图为准。

C.1.2 受检建筑物外墙和屋面主体部位的传热系数应采用现场检测数据；当现场不具备检测条件时，可根据围护结构的实际做法经计算确定。外窗、外门的传热系数应以施工期间的复检结果为依据。其他参数均应以现场实际做法经计算确定。

C.1.3 当受检建筑物有地下室时，应按无地下室处理。受检建筑物首层设置的店铺应按居住建筑处理。

C.1.4 室内计算条件应符合下列规定：

1 计算温度：16℃；

2 换气次数：0.5次/h；

3 不考虑照明得热或其他内部得热。

C.1.5 室外计算气象资料宜采用国家现行标准规定的当地典型气象年的逐时数据。

C.1.6 年采暖耗热量指标宜采用动态模拟软件计算，当条件不具备时，可采用简易方法计算。

C.1.7 年采暖耗热量指标计算的起止日期应符合国家现行有关标准的规定。

C.1.8 参照建筑物应按下列原则确定：

1 参照建筑物的形状、大小、朝向均应与受检建筑物完全相同；

2 参照建筑物各朝向和屋顶的开窗面积应与受检建筑物相同，但当受检建筑物某个朝向的窗（包括屋面的天窗）面积超过我国现行节能设计标准的规定时，参照建筑物该朝向（或屋面）的窗面积应减少到符合我国现行有关节能设计标准的规定；

3 参照建筑物外墙、屋面、地面、外窗、外门的各项性能指标均应符合我国现行节能设计标准的规定。对于我国现行节能设计标准中未作规定的部分，应按受检建筑物的性能指标计入。

C.2 合格指标与判定方法

C.2.1 受检建筑物年采暖耗热量指标不应大于参照建筑物的相应值。

C.2.2 受检建筑物年采暖耗热量指标的验算结果满足本附录第C.2.1条规定时，应判为合格，否则应判为不合格。

附录D 年空调耗冷量指标

D.1 验 算 方 法

D.1.1 受检建筑物外围护结构尺寸应以建筑竣工图为准。

D.1.2 受检建筑物外墙和屋面主体部位传热系数应采用现场检测数据；当现场不具备检测条件时，可根据围护结构的实际做法经计算确定。外窗、外门的传热系数应以施工期间的复检结果为依据。其他参数均应以现场实际做法经计算确定。

D.1.3 当受检建筑物有地下室时，应按无地下室处理。受检建筑物首层设置的店铺应按居住建筑处理。

D.1.4 室内计算条件应符合下列规定：

1 计算温度：26℃；

2 换气次数：1.0次/h；

3 不考虑照明得热或其他内部得热。

D.1.5 室外计算气象资料宜采用国家现行标准规定的当地典型气象年的逐时数据。

D.1.6 年空调耗冷量指标宜采用动态模拟软件计算，当条件不具备时，可采用简易方法计算。

D.1.7 年空调耗冷量指标计算的起止日期应符合当地空调季节惯例。

D.1.8 参照建筑物应按下列原则确定：

1 参照建筑物的形状、大小、朝向均应与受检建筑物完全相同；

2 参照建筑物各朝向和屋顶的开窗面积应与受检建筑物相同，但当受检建筑物某个朝向的窗（包括屋面的天窗）面积超过我国现行节能设计标准的规定时，参照建筑物该朝向（或屋面）的窗面积应减少到符合我国现行有关节能设计标准的规定；

3 参照建筑物外墙、屋面、地面、外窗、外门的各项性能指标均应符合我国现行节能设计标准的规定。对于我国现行节能设计标准中未作规定的部分，应按受检建筑物的性能指标计入。

D.2 合格指标与判定方法

D.2.1 受检建筑物年空调耗冷量指标不应大于参照建筑物的相应值。

D.2.2 受检建筑物年空调耗冷量指标的验算结果满足本附录第 D.2.1 条规定时，应判为合格，否则应判为不合格。

附录 E 外围护结构热工缺陷检测流程

E.0.1 外围护结构热工缺陷检测流程应符合图 E.0.1 的规定。

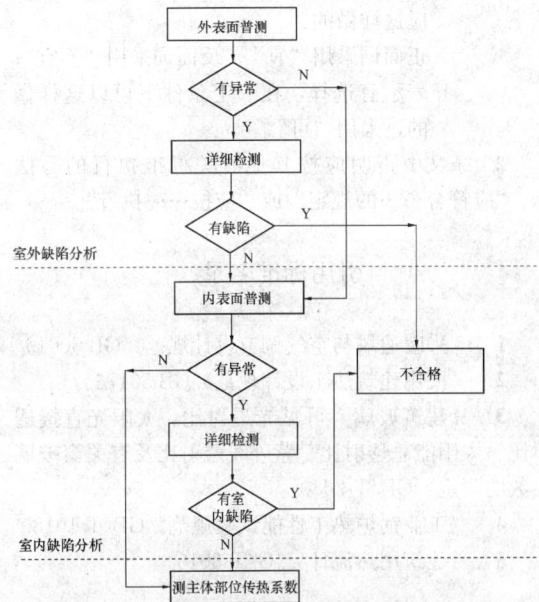

图 E.0.1 建筑物外围护结构热工缺陷检测流程

附录 F 室外气象参数检测方法

F.1 一般规定

F.1.1 室外气象参数测点的布置位置、数量、数据记录时间间隔应满足本附录的规定，检测起止时间应满足室内有关参数的检测需要。

F.1.2 需要同时检测室外空气温度、室外风速、太阳辐射照度等参数时，宜采用自动气象站。

F.1.3 室外气象参数检测仪的测量范围应满足测量

地点气象条件的要求。

F.2 室外空气温度

F.2.1 室外空气温度的检测，宜采用温度自动检测仪逐时检测和记录。

F.2.2 室外空气温度传感器应设置在外表面为白色的百叶箱内，百叶箱应放置在距离建筑物（5～10）m 范围内；当无百叶箱时，室外空气温度传感器应设置防辐射罩，安装位置距外墙外表面宜大于 200mm，且宜在建筑物 2 个不同方向同时设置测点。超过 10 层的建筑宜在屋顶加设（1～2）个测点。温度传感器距地面的高度宜在（1500～2000）mm 的范围内，且应避免阳光直接照射和室外固有冷热源的影响。温度传感器的环境适应时间不应少于 30min。

F.2.3 室外空气温度逐时值应取所有测点相应时刻检测结果的平均值。

F.3 室外风速

F.3.1 室外风速宜采用旋杯式风速计或其他风速计逐时检测和记录。

F.3.2 室外风速测点应布置在距离建筑物（5～10）m、距地面（1500～2000）mm 的范围内。当工作高度和室外风速测点位置的高度不一致时，应按下式进行修正：

$$V = V_0 \left[0.85 + 0.0653 \left(\frac{H}{H_0} \right) - 0.0007 \left(\frac{H}{H_0} \right)^2 \right]$$

(F.3.2)

式中：V ——工作高度（H）处的室外风速(m/s)；

V_0 ——室外风速测点布置高度（H_0）处的室外风速(m/s)；

H ——工作高度(m)；

H_0 ——室外风速测点布置的高度(m)。

F.3.3 当使用热电风速仪检测时，测头上的小红点应迎风向。

F.4 太阳辐射照度

F.4.1 水平面太阳辐射照度应采用天空辐射表逐时检测和记录。在日照时间内，应根据需要在当地太阳时正点进行检测。

F.4.2 水平面太阳辐射照度的检测场地应选择在没有显著倾斜的平坦地方，东、南、西三面及北回归线以南的检测地点的北面离开障碍物的距离，宜为障碍物高度的 10 倍以上。在检测场地范围内，应避免有吸收或反射能力较强的材料存在。

F.4.3 天空辐射表的时间常数应小于 5s，分辨率和非线性误差应小于 1%。

F.4.4 天空辐射表的玻璃罩壳应保持清洁及干燥，引线柱应避免太阳光的直接照射。天空辐射表的环境适应时间不应少于 30min。

附录 G 外窗窗口气密性能检测操作程序

G.0.1 对受检外窗的观感质量应进行目检，当存在明显缺陷时，应停止该项检测。检测开始时应对室内外空气温度、室外风速和大气压力进行检测。

G.0.2 连续开启和关闭受检外窗 5 次，受检外窗应能工作正常。

G.0.3 检测装置应在受检外窗已完全关闭的情况下安装在外窗洞口处；当受检外窗洞口尺寸过大或形状特殊时，宜安装在受检外窗所在房间的房门洞口处。安装程序和质量应满足相关产品的使用要求。

G.0.4 正式检测前，应向密闭腔（室）中充气加压，使其内外压差达到 150Pa，稳定时间不应少于 10min，其间应采用手感法对密封处进行检查，不得有漏风的感觉。

G.0.5 检测装置的附加渗透量应进行标定，标定时外窗本身的缝隙应采用胶带从室外侧进行密封处理，密封质量的检查程序和方法应符合本附录第 G.0.4 条的规定。

G.0.6 应按照图 G.0.6 中减压顺序进行逐级减压，每级压差稳定作用时间不应少于 3min，记录逐级作用压差下系统的空气渗透量，利用该组检测数据通过回归方程求得在减压工况下，压差为 10Pa 时，检测装置本身的附加空气渗透量。

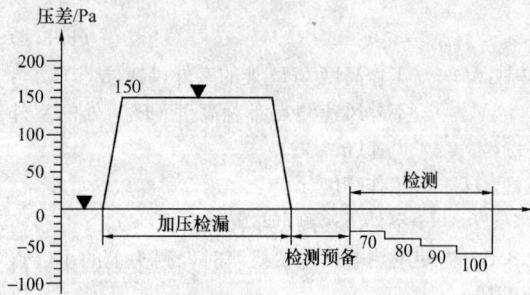

图 G.0.6 外窗窗口气密性能检测操作顺序图
注：▼表示检查密封处的密封质量。

G.0.7 将外窗室外侧胶带揭去，然后重复本附录第 G.0.6 条的操作，并计算压差为 10Pa 时外窗窗口总空气渗透量。

G.0.8 检测结束时应对室内外空气温度、室外风速和大气压力进行检测并记录，取检测开始和结束时两次检测结果的算术平均值作为环境参数的最终检测结果。

本标准用词说明

1 为便于在执行本标准条文时区别对待，对于要求严格程度不同的用词说明如下：

　1) 表示很严格，非这样做不可的：
　　正面词采用"必须"；反面词采用"严禁"；

　2) 表示严格，在正常情况下均应这样做的：
　　正面词采用"应"；反面词采用"不应"或"不得"；

　3) 表示允许稍有选择，在条件许可时首先应这样做的：
　　正面词采用"宜"；反面词采用"不宜"；

　4) 表示有选择，在一定条件下可以这样做的，采用"可"。

2 条文中指明应按其他有关标准执行的写法为："应符合……的规定"或"应按……执行"。

引用标准名录

1 《采暖通风与空气调节设计规范》GB 50019

2 《民用建筑热工设计规范》GB 50176

3 《建筑玻璃 可见光透射比、太阳光直接透射比、太阳能总透射比、紫外线透射比及有关窗玻璃参数的测定》GB/T 2680

4 《工业锅炉热工性能试验规范》GB/T 10180

5 《建筑用热流计》JG/T 3016

中华人民共和国行业标准

居住建筑节能检测标准

JGJ/T 132—2009

条 文 说 明

制 订 说 明

《居住建筑节能检测标准》JGJ/T 132-2009，经住房和城乡建设部 2009 年 12 月 10 日以第 461 号文公告批准、发布。

本标准是在《采暖居住建筑节能检验标准》JGJ 132-2001 的基础上修订而成，上一版的主编单位是中国建筑科学研究院，参编单位是哈尔滨工业大学土木工程学院和北京市建筑设计研究院，主要起草人是徐选才、冯金秋、赵立华、梁晶。本次修订的主要技术内容是：1 在检测项目上，考虑了新增适用地域的气候特点和实际需求，选取易于操作且对居住建筑节能有较大影响的项目；2 增加了技术条件成熟、先进的检测技术；3 将居住建筑和集中采暖系统的固有热工性能作为检测重点；4 居住建筑能耗指标的检测采用与参考建筑比对验证的方法。

本标准修订过程中，编制组对我国居住建筑节能检测的现状进行了调查研究，总结了《采暖居住建筑节能检验标准》JGJ 132-2001 实施以来的实践经验、出现的问题，同时参考了国外先进技术法规、技术标准，结合我国居住建筑节能发展新形势的需求，扩大了适用地域。

为便于广大工程设计、施工、科研、学校等单位有关人员在使用本标准时能正确理解和执行条文规定，《居住建筑节能检测标准》编制组按章、节、条顺序编制了本标准的条文说明。对条文规定的目的、依据以及执行中需注意的有关事项进行了说明。但是，本条文说明不具备与标准正文同等的法律效力，仅供使用者作为理解和把握标准规定的参考。在使用过程中如果发现本条文说明有不妥之处，请将意见函寄中国建筑科学研究院。

目 次

1 总则 ································· 18—20

2 术语和符号 ····················· 18—21

  2.1 术语 ························· 18—21

3 基本规定 ························· 18—21

4 室内平均温度 ················· 18—22

  4.1 检测方法 ················· 18—22

  4.2 合格指标与判定方法 ····· 18—23

5 外围护结构热工缺陷 ········· 18—23

  5.1 检测方法 ················· 18—23

  5.2 合格指标与判定方法 ····· 18—24

6 外围护结构热桥部位内表面温度 ··· 18—25

  6.1 检测方法 ················· 18—25

7 围护结构主体部位传热系数 ····· 18—25

  7.1 检测方法 ················· 18—25

  7.2 合格指标与判定方法 ····· 18—28

8 外窗窗口气密性能 ············· 18—28

  8.1 检测方法 ················· 18—28

  8.2 合格指标与判定方法 ····· 18—29

9 外围护结构隔热性能 ········· 18—29

  9.1 检测方法 ················· 18—29

  9.2 合格指标与判定方法 ····· 18—29

10 外窗外遮阳设施 ·············· 18—30

  10.1 检测方法 ················ 18—30

11 室外管网水力平衡度 ········· 18—30

  11.1 检测方法 ················ 18—30

12 补水率 ··························· 18—31

  12.1 检测方法 ················ 18—31

  12.2 合格指标与判定方法 ··· 18—31

13 室外管网热损失率 ··········· 18—31

  13.1 检测方法 ················ 18—31

  13.2 合格指标与判定方法 ··· 18—32

14 锅炉运行效率 ················· 18—32

  14.1 检测方法 ················ 18—32

  14.2 合格指标与判定方法 ··· 18—33

15 耗电输热比 ···················· 18—33

  15.1 检测方法 ················ 18—33

  15.2 合格指标与判定方法 ··· 18—34

附录 A 仪器仪表的性能要求 ········· 18—34

附录 B 单位采暖耗热量检测方法 ····· 18—34

附录 C 年采暖耗热量指标 ········· 18—35

附录 D 年空调耗冷量指标 ········· 18—36

附录 F 室外气象参数检测方法 ····· 18—36

附录 G 外窗窗口气密性能检测

      操作程序 ················· 18—37

1 总 则

1.0.1 本条为对原标准第 1.0.1 条的修改。

随着我国经济总量的持续稳步增长，能源供需矛盾日益凸现，现已演变成为制约我国经济持续健康发展的瓶颈。1978 年伊始，建筑业尤其是居住建筑业，便迅速发展成为我国经济发展的支柱产业之一。截止 2004 年底，我国城市实有住宅建筑面积共计 96.2 亿平方米，仅 2004 年我国城镇住宅竣工面积就达 5.7 亿平方米。另据 2005 年 1 月至 11 月的统计，全国当年共完成土地开发面积 14372 万平方米（即 143.72 平方公里），完成房屋施工面积 14.9 亿平方米，其中住宅施工面积 11.6 亿平方米，约占年度总房屋施工面积的 77.8%。居住建筑竣工面积的增加，也带来了建筑能耗的加大。目前我国建筑用能已经超过全国能源消费总量的 1/4，并将随着人民生活水平的提高逐步增加到 1/3，这将势必严重影响我国经济和社会发展战略目标的实现。

为了实施"可持续发展"战略，早在 1998 年我国就颁布实施了《中华人民共和国节约能源法》，2006 年我国政府又提出了建设节约型社会的发展目标。我国国民经济和社会发展第十一个五年计划也明确规定：2010 年单位国内生产总值能源消耗要比 2005 年降低 20%。2006 年 1 月 1 日，建设部又以第 143 号令颁布了《民用建筑节能管理规定》。截至目前，我国已颁布实施了 3 部民用建筑节能设计标准。所有这些法律、条例、规定和标准规范的颁布实施，均有力地推动了我国建筑节能事业的向前发展。

为了配合《民用建筑节能设计标准（采暖居住建筑部分）》JGJ 26-95 的实施，2001 年 6 月 1 日，我国颁布实施了《采暖居住建筑节能检验标准》JGJ 132-2001。该节能检验标准的实施，改变了各地墙体改革及建筑节能办公室在执法工作中无法可依的被动局面，引导我国建筑业界初步走上了建筑节能性能量化检测的轨道。但我国的建筑节能事业任重而道远，仅 1996 至 1998 年 3 年间，全国城市新建住宅 11.1 亿平方米，但节能建筑仅为 4530 万平方米（占 4.08%）。从 1996 年 7 月实施《民用建筑节能设计标准（采暖居住建筑部分）》JGJ 26-95 至 2005 年底，我国三北地区新建节能居住建筑仅为竣工面积的 32%；从 2001 年 7 月至 2005 年底，我国南方新建节能居住建筑则仅为 12%。

另外从民众对建筑节能的理解水平来看，也不容乐观。据 2006 年原建设部就建筑节能所作的问卷调查结果显示，有 81.4% 的群众对建筑节能不甚了解，在夏热冬暖地区这一比例甚至超过了 90%。这充分说明，真正意义上的建筑节能在我国尚处于起步阶段。事实是只有民众提高了节能意识，广大业主也积极参与，才可以从市场的角度敦促房屋建设者增强节能意识，并在房屋的设计、施工中不折不扣地实施建筑节能的标准和规范，我国的建筑节能才能真正有希望。

为了保证建筑工程节能性能满足我国相关标准的规定，我国已于 2007 年 10 月 1 日颁布实施了《建筑节能工程施工质量验收规范》GB 50411-2007，该规范采用了"过程控制"和"现场检测"相结合的方法。为了科学地实施现场检测，急需"节能检测标准"的技术支持。纵观我国建筑工程质量管理的成效，不难发现，即使通过验收的工程还会出现这样那样的质量问题，更何况建筑节能验收？为了应对此类"问题工程"的节能诊断和技术责任判定，也急需尽快出台节能检测标准。正是基于节能检测在我国建筑节能事业中的必要性和重要性，根据建设部建标〔2004〕66 号文的要求，对《采暖居住建筑节能检验标准》JGJ 132-2001 进行了修订。修订该标准的目的，就是为了通过规范居住建筑节能检测方法，实施对居住建筑热工性能和能耗的检测和验算，进一步促进《民用建筑节能设计标准（采暖居住建筑部分）》JGJ 26-95、《夏热冬冷地区居住建筑节能设计标准》JGJ 134-2001、《夏热冬暖地区居住建筑节能设计标准》JGJ 75-2003 和《建筑节能工程施工质量验收规范》GB 50411-2007 的有效实施，增强大众的节能意识和维权力度，合理维护建筑业各方的合法权益，促进我国建筑节能事业健康有序的发展。

1.0.2 本条为对原标准第 1.0.2 条的修改。

原标准仅适用于我国严寒和寒冷地区，但此次修订后本标准涵盖了我国所有五个气候区，即严寒地区、寒冷地区、夏热冬冷地区、夏热冬暖地区和温和地区。由于本标准是为了更好地贯彻落实我国居住建筑节能设计标准的精神而编制的，所以，本标准的适用范围涵盖了节能设计标准所适用的范围。因为既有居住建筑的节能检测工作与新建居住建筑的节能检测并无本质上的区别，所以，本标准也同样适用于改建的居住建筑和改建的集中热水采暖系统的节能检测。

1.0.3 本条为新增条文。

因为节能检测主要是现场检测和理论计算，所以它有两个特点：其一是每个工程均有其特殊性，现场条件各不相同，因而具有一定的复杂性；其二是节能检测涉及建筑热工、采暖空调、检测技术、误差理论等多方面的专业知识，并不是简单地丈量尺寸，见证有无，操作仪表，抄表记数，所以，要求现场检测人员具有一定理论分析和解决问题的能力，因此，本标准从技术的角度对从事节能检测的人员素质提出了基本要求。当然，检测机构也应该具有相应的检测资质要求，否则，便会出现检测市场鱼目混珠的局面，使建筑节能检测工作陷入一片混乱无序之中。基于上述理由，本标准作了上述规定。

1.0.5 本条为对原标准第 1.0.3 条的修改。

建筑热工性能和能耗指标仅仅是建筑产品众多质量特征的一个方面，因此，在按本标准进行节能检测时，尚应符合国家现行有关标准、规范的规定。

2 术语和符号

2.1 术　语

2.1.3 本条为新增术语。

本条术语是参考美国采暖制冷空调工程师协会标准《可接受空气质量的通风》（Ventilation for acceptable indoor air quality）ASHRAE Standard 62—1989 提出的。该标准规定：室内活动区域是由距地面或楼面分别为 75mm 和 1800mm，距墙面或固定的空调设备 600mm 的所有平面所围成的区域。在本标准有关"室内活动区域"定义中，有两点有别于该标准。其一，是距地面或楼面的距离，本标准规定为 100mm，这样规定主要是便于应用；其二，本标准将距内墙内表面和距外墙内表面或固定的采暖空调设备的距离予以了区分。本标准规定距内墙内表面 300mm，距外墙内表面或固定的采暖空调设备 600mm。这样规定主要出于两方面的考虑：第一，一般来说，室内人员常常位于距内表面大于 300mm 的室内活动空间内；第二，检测室温时，尤其是在室内有人居住的情况下，要将温度传感器放置在距内墙内表面 600mm 以外的区域，操作起来较困难，所以，作了如是定义。

2.1.4 本条为新增术语。

本条术语是根据《采暖居住建筑节能检验标准》JGJ 132 - 2001 实施过程中碰到的实际问题而增补的。早在 2003 年 6 月，中国建筑科学研究院建筑环境与节能研究院有关技术人员就曾向标准编制组提出过室内平均温度该如何定义的问题。因为随着大众维权意识日益增强，商品房的工程质量逐渐发展成为社会投诉的热点，业主和房屋开发商之间的维权纠纷呈上升趋势，为了便于本标准的操作和执行，在本次修订中特别增补了室内平均温度的定义。

2.1.6 本条为新增术语。

附加渗透量是指由非受检外窗窗口的缝隙处渗入系统的风量，这些缝隙包括风机吸入管段的连接处、吸气管与薄膜的结合部、薄膜与外窗（或房门）洞口墙面的结合部以及其他裂缝处。

2.1.20 本条为新增术语。

室外管网热损失率是本标准根据实际需要首次定义的，它综合反映了室外管网的保温和严密性能，但不包括室外管网的平衡损失。按照工程界的惯例，室外管网是指从距采暖热源机房外墙外表面垂直距离 2.5m 处的采暖管网出口位置起，算至采暖建筑物楼前热力入口且距建筑物外墙外表面垂直距离 2.5m 处的所有采暖管道。建筑物楼前热力入口是采暖系统内外划界的标志，距建筑物外墙外表面垂直距离 2.5m 以内算作室内系统，以外算作室外系统。为了便于操作且更好地贯彻执行本标准中的有关规定，所以，特别定义了室外管网热损失率。

3 基 本 规 定

3.0.1 本条为新增条文。

本条对居住建筑进行节能检测中所应遵循的原则进行规定。本标准并未规定居住建筑是否必须进行节能检测，也不规定具体的检测项目、检测数量、抽样规则和总体节能评判方法。它只规定当居住建筑进行节能检测时所应遵循的检测方法、合格指标和单项判定方法。

我国现已颁布实施的《建筑节能工程施工质量验收规范》GB 50411 - 2007 采用"过程控制"和"现场检测"相结合的方法进行建筑工程的节能验收，该规范对检测项目、抽样规则、检测数量和总体节能验收评定方法进行规定，所以，在实施《建筑节能工程施工质量验收规范》GB 50411 - 2007 现场检测部分的有关内容时，应按照本标准的规定执行。

在人们对节能验收的结论提出质疑的情况下，为维护居住建筑有关方的合法权益，有必要实施节能检测，所以，本标准为居住建筑工程的节能诊断、能源审计、司法鉴定提供了依据。

3.0.2 本条为对原标准第 3.0.5 条的修改。

本条主要规定了六方面的文件。第 1 款是为了把住节能建筑的设计关。在我国现阶段的基建程序中，设计院将设计蓝图提交给开发商后，按规定开发商要将该图纸送一家施工图审查机构进行节能设计的专项审查。审查机构的主要作用是检查我国现行的强制性标准中所规定的强制性条款是否在设计中得到了有效的执行。这里所说的审图机构对工程施工图节能设计的审查文件便是指这类文件；第 2 款涉及工程竣工图纸和技术文件。只有研读了工程竣工图纸和文件才能对工程有一个全面的了解，也才能着手下一步节能检测的方案设计工作；第 3、4 款是为了控制住用于建筑建造过程中的材料、设备的质量；第 5 款是为了协助对随后检测结果的分析而提出的；第 6 款是为了防止与节能有关的隐蔽工程出现施工质量问题。为了给小业主委托节能检测提供方便，切实维护大众的合法权益，本条使用了节能检测"宜"在有关技术文件准备齐全的基础上进行的提法。现实中发现，当小业主发现自身的房屋节能性能存在问题，委托有关部门实施节能检测时，常常在技术资料的提供上受到有关部门人为的阻碍，为了合理避免这种现象的出现，本条特使用了"宜"的措词。

3.0.3 本条为对原标准第 3.0.6 条的修改。

节能检测涉及检测数据；而数据又关联到仪器仪表的不确定度，不确定度的确定有待于仪器设备的标定或校准，只有这样，节能检测中所得到的数据的不确定度才能溯源，否则，检测所得到的数据将是毫无意义的。法定计量部门出具的证书有两种，即标定证书和校准证书。当国家对所要校准的仪器仪表颁布了相应的检定规程时，计量部门出具的是标定证书，而对于有些新型测试仪器，国家尚未制定出相应的检定规程，此时，计量部门只能出具校准证书。本标准附录 A 的有关仪器仪表的性能要求的规定是最低要求，不能突破。

3.0.4 本条为新增条文。

在原标准中曾规定了"建筑物单位采暖耗热量"的检测方法，但通过 6 年来的实施实践来看，操作难度太大，所以，本标准对此项予以了修订，将原标准中"建筑物单位采暖耗热量"的现场检测修改为本标准附录 C "年采暖耗热量指标"。但考虑到我国节能检测工作的需要，对原标准中关于"建筑物单位采暖耗热量"的检测方法进行了修订，特将检测方法单独列出，安排在本标准的附录 B 中，以备有关人员需要时使用。

3.0.5 本条为新增条文，并删除原标准第 3.0.7 条～第 3.0.10 条。

本标准在附录 C 和附录 D 中分别规定了建筑物年采暖耗热量指标和年空调耗冷量指标的验算方法。为什么还要验算？主要是考虑竣工图纸常常与施工设计图纸存在差异，而这些差异又常常会对建筑能耗产生影响。在这种情况下，就有必要对业已竣工的居住建筑的能耗进行验算，以明确竣工的居住建筑是否满足节能设计标准的要求。

对于严寒和寒冷地区而言，居住建筑的采暖能耗占主要部分，所以，建筑物年采暖耗热量指标显得突出，所以，可以仅对年采暖耗热量指标进行验算。对于夏热冬暖地区则可以仅对建筑物年空调耗冷量指标进行验算。但是对于夏热冬冷地区，宜分别对前述的两个指标分别进行验算。

4 室内平均温度

4.1 检 测 方 法

4.1.1 本条为对原标准第 4.3.1 条的修改。

建筑节能是在不牺牲室内热舒适度的情况下开展的，实际上具体操作过程中，靠牺牲居住建筑室内热舒适度来实现"省能"的供热管理部门尚有一定的比例。为了使我国建筑节能事业不偏离既定的轨道，切实保护房屋使用者的合法权益，室内平均温度的检测不可缺失。本条对室内平均温度的检测持续时间进行了规定。室内平均温度检测主要应用在如下两类情

况：其一，由于我国严寒和寒冷地区居住建筑的采暖收费仍采用按面积收费的制度，也即热用户所负担的采暖费不与室内采暖供热品质的优劣挂钩。正因如此，少数供热部门一般对采暖系统的平衡问题不是特别关心，只要热用户不投诉就姑且认为采暖系统运行"合理"。但是，随着我国私有化进程的加快和人们思想的逐步解放，百姓的维权意识和维权信心日益增强，在北方地区因为冬季室内温度不达标而引发的司法纠纷会时有发生。这种局面的出现将会促使供热部门变粗放型管理为精细化服务，于建筑节能这一大局有利。为了解决供热部门和热用户之间采暖质量纠纷，要求对建筑物室内平均温度进行检测。在这种情况下，为了便于法院的经济赔偿裁定，室内平均温度的检测持续时间宜为整个采暖期。这样规定在技术上也是可行的。因为带计算机芯片的温度自动检测仪不仅价格合理，而且对住户的日常生活也没有影响，所以，实施起来较容易。其二，在检测围护结构热桥内表面温度和隔热性能等过程中，都要求对室内温度进行检测，在这种情况下检测时间应和这些物理量的检测起止时间一致。

4.1.2 本条为对原标准第 4.3.2 条的修改。

本标准规定，受检房间使用面积大于或等于 $30m^2$ 时应设置两个测点。因为不论对于散热器采暖还是地板辐射采暖而言，随着室内面积的增大，室内出现区域温差是正常的。此外，在现有新建的住宅建筑中，有的起居室建筑面积在（30～50）m^2，所以，为了增强室内平均温度的代表性，应设置两个测点。

本条文同时也规定了温度测头布置的区域。这里主要强调了三点，其一，测点应布置在室内活动区域内，本标准已在第二章术语部分定义了室内活动区域。其二，距地面或楼面的距离应为（700～1800）mm。因为在室内有人居住的情况下，室内测点的布置常常要受到诸如室内装饰风格、家具式样、居住者习惯和素养等因素的制约，理想的测点位置往往是可望而不可及的，所以，从可操作性出发，本标准提出 700mm 的下限规定值，700mm 这个数据是根据室内主要家具的高度确定的，1800mm 是按照人的一般身高来确定的。所以，在室内活动区域内距地面（700～1800）mm 范围内布置测点对室内温度的检测既有一定的代表性又具有可操作性。其三，不应受到太阳辐射或室内热源的直接影响，例如，温度传感器不能放在易被阳光直接照射的地方，不能靠近照明灯管、灯泡、散热器、采暖立管等处，为避免阳光的照射，应加装防护罩。

4.1.3 本条为新增条文。

计算机技术的发展也带动了检测仪器和仪表的革新和进步，现在温度自动检测仪的应用已变得十分普及，所以，本条要求室内平均温度应采用温度自动检测仪进行连续检测。检测数据记录时间间隔，推荐不

宜超过 30min 的规定主要是考虑到室内逐时温度的代表性问题。原因之一是居民素有冬季开窗换气的习惯。根据 1997 年 1 月对哈尔滨地区 120 户居住建筑的入户调查结果来看，一般每天的通风换气时间为 (15～20) min。在室外气温很低的情况下，如果室内通风换气，室温会骤降。原因之二是现在市场上供应的温度自动检测仪均是按照采样和记录同步的模式设计的，也就是说该类仪表的采样间隔和记录间隔是不加区分的。这样设计的好处是成本低，但缺点是记录的数据均是瞬时值而不是时段平均值，也就是说如果检测周期设定为 60min，则自动检测仪将会在某个数据储存 60min 后才打开采样器检测一次，并以本次检测的结果作为该 60min 的时段平均值记录在案。显然，在这种工作模式下，如果规定的记录间隔为 60min，那么，很有可能将室内通风换气期间室温骤降时的瞬时值误记为逐时平均温度。为了防止此类问题的发生，本标准作了如是规定。当然，如果使用的仪器仪表具有采样时间间隔和记录时间间隔分设功能的话，检测数据记录时间间隔超过 30min 也是可以的。

4.2 合格指标与判定方法

4.2.1 本条为对原标准第 5.2.2 条的修改。

本条是对设有集中热水采暖系统的居住建筑而言的，而对于采暖热源因户或室独立或根本就未设采暖设施的居住建筑物，本条不具约束力。本条要求采暖期室内平均温度应在设计范围内，这实际上对设计和运行均提出了要求。对于住宅小区集中热水采暖系统，如果采暖系统的末端不具备调控手段，或采暖系统投入运行前不进行水力平衡调试，或热源中心不能根据室外温度的变化而相应的调节水温或循环水量，常常会造成严重的冷热不均，从而会导致室内平均温度过低和过高二者并存的现象出现。一方面出于建筑节能的宏观考虑，另一方面又出于保护使用者权益的微观考虑，本标准作了如是规定。

4.2.2、4.2.3 为对原标准第 5.2.2 条的修改。

原标准首次提出了建筑物室内逐时温度的概念，本次修订继续支持这一提法。仅仅以室内平均温度进行约束，尚未充分体现"以人为本"的时代特征，不能着实保护房屋使用者的合法权益。尽管室内温度超出正常范围都是不舒适的，但若仅仅按照"室内平均温度"这一指标去评判，可能又是合格的。为了促使采暖系统进入精细化管理，节约能源，同时又提高采暖房间的热舒适度，所以，本标准规定采暖期"室内温度逐时值"最低值不应低于某一限值。设计图纸是本标准进行合格判定的第一依据，然后才是国家相应的标准规范。由于设计图纸本身采标是否正确的问题不属于本标准的管辖范围，所以，本标准作了如是规定。为防止在实际操作中产生歧义，本标准通过规定

检测数据记录时间间隔来说明"室内逐时温度"属于时段平均值的内涵。本次修订维持了原标准第 5.2.2 条的精神，但对于室内散热设施装有恒温阀的采暖居住建筑物，当住户人为地调低室内温度设定值，使室内逐时温度低于某个下限标准的，应另当别论。

4.2.4 本条为新增条文。

本条文规定以受检房间的室内平均温度和室内逐时温度作为判定的对象，而且采用一次判定的原则。这样规定的理由有两个：其一，室内温度的检测均采用温度自动检测仪，所以，检测数据的可靠度高，一致性强，检测误差可以得到有效控制；其二，室内温度的检测一般均在冬季进行，受季节的限制，一般不允许来回反复。基于此，本标准作了如是规定。

5 外围护结构热工缺陷

5.1 检 测 方 法

5.1.1、5.1.2 为对原标准第 4.6.1 条的修改。

建筑物外围护结构热工缺陷是影响建筑物节能效果和热舒适性的关键因素之一。建筑物外围护结构热工缺陷，主要分外围护结构外表面和内表面热工缺陷。通过热工缺陷的检测，剔出存在严重热工缺陷的建筑，以减小节能检测的工作量。由于采用红外热像仪进行热工缺陷的检测，具有纵览全局的效果，所以，在对建筑物外围护结构进行深入检测之前，宜优先进行热工缺陷的检测。

5.1.3 本条为对原标准第 4.6.2 条的修改。

本条参照英国标准《保温-建筑围护结构中热工性能异常的定性检测-红外方法》（Thermal performance of buildings——Qualitative detection of thermal irregularities in buildings envelopes——Infrared method）BS EN 13187：1999，结合我国的检测实践编写。红外热像仪及其温度测量范围应符合现场测量要求。红外热像仪传感器的适用波长应处在 (8.0～14.0) μm 之内。由于建筑领域检测时温差都很小，温度分辨率要求很高，才有好的效果。考虑到国内目前红外热像仪的现状和使用特点，在进行与建筑节能有关的温度场测试时，分辨率不应大于 0.08℃，对于室内外温差较小的地区，建议选用分辨率小于或等于 0.05℃ 的红外热像仪。本处所指的温差测量是指对同一目标重复测量的平均温差。

5.1.4 本条为新增条文。

红外检测结果准确与否，与发射率的选择、建筑物周边是否有障碍物或遮挡、距离系数的大小、气候因素、环境等因素有关。在气温或风力变化较明显时，都会对户外检测结果造成影响。环境中的粉尘、烟雾、水蒸气和二氧化碳会吸收红外辐射能量，影响测量结果，在户外检测应采取措施避开粉尘、烟雾、

力求测距短，宜在无雨、无雾、空气湿度低于 75％ 的情况下进行检测。

一般情况下，太阳直射对检测结果是有影响的，所以本标准对太阳辐射的影响提出了要求。

对检测时间及检测时室内外空气温度的规定，是参照英国标准《保温-建筑围护结构中热工性能异常的定性检测-红外方法》（Thermal performance of buildings——Qualitative detection of thermal irregularities in building envelopes——Infrared method）BS EN 13187：1999 的附件中，关于斯堪的纳维亚的特定气候条件和建筑技术提出的检测条件和我国的检测实践编写的。关于建筑围护结构的两侧空气温差的规定，在 1999 年的版本中，已经将其改为 5℃，考虑到我国重型结构建筑较多，红外诊断经验不足，温差大一些有利于热谱图的分析，因此定为"两侧空气温差不宜低于 10℃"。对于重型结构的建筑，为消除蓄热的影响，外部空气温度的检测时间可适当加长。检测期间温度变化的影响，可以通过对同一对象检测结束时的图像与开始的图像的分析来检查，如果变化在 (1～2)℃ 以内，那么就可以认为测试满足要求。

5.1.5、5.1.6 为新增条文。

用红外热像仪对围护结构进行检测时，为了消除发射率设置误差，需要对实际发射率进行现场测定。测定发射率的方法很多，现场诊断过程中主要采用涂料法和接触温度法。本标准推荐采用接触温度法，即采用表面式温度计在所检测的围护结构表面上测出参照温度，依此温度来调整红外热像仪的发射率。在实际检测中，也可以采用涂料法。在热谱图分析时，通过软件调整发射率，使红外热像仪的测定结果等于参照温度。为了便于检查数据，防止数据处理出现错误，本标准要求在红外热谱图上应标明参照温度的位置，并随热谱图一起提供参照温度的数据。红外检测时，临近物体对被测围护结构产生显著影响的情况有两种，一种是被测围护结构表面的粗糙度很低，它的发射率也很低，而反射率高；另一种情况是临近物体相对于被测围护结构表面的温差很大（如散热器或空调设备）。这两种情况都会在被测的围护结构表面上产生一个较强的发射辐射能量。从不同方位拍摄的目的是为了消除邻近辐射体的影响。遇有被测围护结构表面的粗糙度很低及临近物体相对于被测的围护结构表面的温差很大时，要注意选择仪器的测试位置和角度，必要时，采取遮挡措施或者关闭室内辐射源。

5.1.7 本条为新增条文。

在本标准中，将所检围护结构热工缺陷以外的面积称为主体区域。围护结构外表面缺陷在本标准中，是采用主体区域平均温度与缺陷区域平均温度之差 ΔT 来判定的，其原因在于，外表面红外检测受到气候因素及环境因素影响较大，要消除这些因素的影响，往往给检测带来很多限制，影响检测的效率。如果不采用温度，而采用温差来作为评价的依据，则可以消除气候因素及环境因素的影响。另外，围护结构外表面缺陷主要是相对主体区域而言的，采用红外热像仪，主体区域平均温度很容易确定，因此采用主体区域平均温度作为比较的基础，而将与主体区域平均温度（T_1）的温度差 ≥1℃ 的点所组成的区域定义为缺陷区域。

尽管 ΔT 可以反映缺陷的严重程度，但并不能说明由此缺陷造成的危害大小。相对面积 ψ 反映了缺陷的影响区域。A_1 是指受检部位所在房间外墙面（不包括门窗）或者屋面主体区域的面积。房间的高度从本层地面算到上层的地面（无地下室的建筑底层从室内地面垫层算起，有地下室的建筑从本层地面算起），最顶层房间高度，从最顶层地面算到平屋顶的外表面，有闷顶的斜屋面算到闷顶内保温层表面，无闷顶的斜屋面算到屋面的外表面。房间的平面尺寸，按照建筑的外廓尺寸计算，两相邻房间以内墙外边线计算，这样计算，可以使得每一个房间包括两个构造柱（如果有的话）。平屋顶面积按照房间外廓尺寸计算，两相邻房间以内墙外边线计算；斜屋顶按照建筑物外墙以内的实际面积计算。$\Sigma A_{2,i,j}$ 是指受检部位所在外墙面（不包括门窗）或者屋面上所有缺陷区域的面积。

围护结构内表面热工缺陷检测是围护结构热工缺陷检测的最后一个环节，围护结构内表面热工缺陷检测是在室内进行，采用能耗增加比作为热工缺陷检测的判据，有利于消除气候及环境条件的影响，提高检测精度。

5.2 合格指标与判定方法

5.2.1 本条对原标准第 5.2.5 条的修改。

围护结构外表面热工缺陷检测是建筑热工缺陷检测第一个环节，主要是为了查出严重影响建筑能耗和使用的缺陷建筑，因此将 ψ 定的范围较宽。由于圈梁、过梁、构造柱等容易形成热工缺陷的部位所占的相对面积一般在 20％～26％，所以，将外表面热工缺陷区域与受检表面面积的比例限值定为 20％。为了防止单块热工缺陷面积过大而对用户舒适性造成影响，特对单块缺陷面积进行限制。对于开间（3～6）m 的建筑来说，热桥面积小于 5.4m²。如果将单块缺陷面积取为热桥面积的 1/10，则为 0.54m²，所以以 0.5m² 作为限值。

5.2.2 本条为对原标准第 5.2.5 条的修改。

尽管围护结构内表面热工缺陷部位所占面积较小，但对热舒适影响较大。所以，规定因缺陷区域导致的能耗增加值应小于 5％；为了防止单块缺陷面积过大对用户舒适性造成影响，与外表面一样，取单块缺陷面积 0.5m² 作为限值。

5.2.3 本条为新增条文。

热像图中所显示的异常通常代表了建筑围护结构的热工缺陷。但围护结构的构造差异、结构中设置的由通风空气层或埋设在围护结构中的热水（冷水）管道、热源等都会影响热像图。已知围护结构的预期温度分布，有利于建筑热工缺陷的判断。预期温度分布可通过所检测的建筑外围护结构和设备的相关图纸及其他结构文献，通过计算、经验、实验室试验、现场测试获得，也可以通过无缺陷的建筑围护热像图来获得。

5.2.4、5.2.5 为新增条文。

此两条规定了对检测结果的判断方法。

6 外围护结构热桥部位内表面温度

6.1 检 测 方 法

6.1.1 本条为对原标准第 4.5.1 条的修改。

由于热电偶反应灵敏、成本低、易制作和适用性强，在表面温度的测量中应用最广，所以，本标准优先推荐使用热电偶。

6.1.2 本条为对原标准第 4.5.2 条的修改。

红外热像仪具有测温功能，且属于非接触测量，使用十分方便。尽管红外热像仪在用于温度测量时常因受环境条件和操作人员技术水平的影响，存在±2℃左右的误差，不过，利用红外热像仪协助确定热桥部位温度最低处是十分恰当的，因为测量表面相对温度分布状况恰恰是红外热像仪得以广泛应用的优势所在。

6.1.5 本条为原标准第 4.5.5 条。

《民用建筑节能设计标准（采暖居住建筑部分）》JGJ 26-95 中规定热桥部位内表面温度不应低于室内空气露点温度，这是相对于室内外冬季计算温度条件而言的。因此将实际室内外温度条件下的测量值换算成室内外计算温度下的表面温度值。

7 围护结构主体部位传热系数

7.1 检 测 方 法

7.1.1 本条为新增条文

本条对受检墙体的干燥状态从时间上进行了定量规定。在围护结构主体刚施工完成时，无论是混凝土围护结构还是空心黏土砖墙体，都会因潮湿而影响最终的检测结果。为减少水分对检测结果的影响，根据我国 20 多年来在围护结构传热系数检测中积累的实践经验确定了 12 个月这个推荐期限。

7.1.2 本条为对原标准第 4.4.1 条的修改。

热流计法是目前国内外常用的现场测试方法。国际标准《建筑构件热阻和传热系数的现场测量》（Thermal insulation——Building elements——In-situ measurement of thermal resistance and thermal trans-mittance）ISO 9869，美国 ASTM 标准《建筑围护结构构件热流和温度的现场测量》（Standard practice for in-site measurement of heat flux and temperature on building envelope components）ASTM C1046—95 和《由现场数据确定建筑围护结构构件热阻》（Standard pactice for determining thermal resistance of building envelope components from the in-site data）ASTM C1155—95 都对热流计法做了详细规定。另外，国内外也有关于用热箱法现场测试围护结构热阻和传热系数的研究报告或资料，但尚未发现现场测试使用热箱法的国际标准或国外先进国家或权威机构的标准，国内关于热箱现场检测法的相关研究尚在进行。为了适应我国建筑节能检测工作的迫切需要，同时又为了给层出不穷的新型检测技术和方法提供应用的平台，所以，本标准作了"宜采用热流计法"的规定。

本节主要依据国际标准《建筑构件热阻和传热系数的现场测量》（Thermal insulation——Building elements——In-situ measurement of thermal resistance and thermal transmittance）ISO 9869，编写而成，因篇幅关系做了若干删减。个别条款参考了国家标准《绝热 稳态传热性质的测定 标定和防护热箱法》GB/T 13475-2008。

7.1.4 本条为对原标准第 4.4.3 条和第 4.4.4 条的修改。

原标准对传感器测量误差和测量仪表的附加误差是分别规定的。考虑到目前大多数测量仪表都未给出附加误差，此次修订时改为规定温度测量的不确定度。

7.1.5～7.1.8 为对原标准第 4.4.5 条、第 4.4.6 条、第 4.4.7 条和第 4.4.8 条的修改。

这四条规定的目的在于缩短测量时间和减小测量误差。测量误差取决于下列因素：

1 热流计和温度传感器的标定误差。如果标定得好，该项误差约为 5%。

2 数据采集系统的误差。

3 由传感器与被测表面间热接触的轻微差别引起的随机误差。如果细心安装传感器，这种误差约为平均值的 5%。该项误差可通过多使用几个热流计来减小。

4 热流计的存在引起的附加误差。热流计的存在改变了原来的等温线分布。如果用适当的方法（例如有限元法）对该项误差进行估计并对测量数据进行修正，则误差可降为 2%～3%。

5 温度和热流随时间变化引起的误差，这种误差可能很大。减小室内温度波动，采用动态分析方法，保证测量持续时间足够长，可使该项误差小于 10%。

如果以上条件得到满足，则总的误差估计可控制在 14% 的均方差和 28% 的算术误差之间。

下列情况可能使误差增大：

1) 在测量之前或测量期间，与构件内外表面温差相比，温度（尤其是室内温度）波动较大；

2) 构件厚重而检测持续时间又过短；

3) 构件受到太阳辐射或其他强烈的热影响；

4) 对热流计的存在引起的附加误差未做估算（在某些情况下可高达 30%）。

进一步的误差分析可参见国际标准《建筑构件热阻和传热系数的现场测量》（Thermal insulation——Building elements——In-situ measurement of thermal resistance and thermal transmittance）ISO 9869 的正文和附录。

原标准的规定具有一定的局限性，不能适应建筑节能工程施工验收的要求。建筑节能工程施工验收要求一年四季都能检测，为此，本标准修订时采取了以下措施：

1 数据分析方法由算术平均法改为动态分析方法；

2 人为创造一定的室内外温差，可分为以下几种情况：①冬季室内用电加热器加热。为了减小室内温度波动，建议采用电散热器，不宜使用暖风机。②夏季室内用房间空调器降温。建议采用变频空调器，以减小室内温度波动。③春秋季在外墙、屋顶外表面覆盖电加热装置（例如电热毯），增大外墙、屋顶内外表面温差。由于动态分析方法计算程序的要求，在任何时刻都不得出现负温差。

7.1.11 本条为新增条文。

在温度和热流变化较大的情况下，采用动态分析方法可从对热流计测量数据的分析，求得建筑物围护结构的稳态热性能。动态分析方法是利用热平衡方程对热性能的变化进行分析计算的。在数学模型中围护结构的热工性能是用热阻 R 和一系列时间常数 τ 表示的。未知参数（$R, \tau_1, \tau_2, \tau_3 \cdots$）是通过一种识别技术利用所测得的热流密度和温度求得的。

动态分析方法基本步骤如下：

测量给出在时刻 t_i（i 从 1 至 N）测得的 N 组数据，其中包括热流密度（q_i），内表面温度（θ_{Ii}）和外表面温度（θ_E）。

两次测量的时间间隔为 Δt，定义为：

$$\Delta t = t_{i+1} - t_i \tag{1}$$

在 t_i 时的热流密度是在该时刻以及此前所有时刻下温度的函数：

$$q_i = \frac{1}{R}(\theta_{Ii} - \theta_{Ei}) + K_1 \dot{\theta}_{Ii} - K_2 \dot{\theta}_{Ei}$$

$$+ \sum_n P_n \sum_{j=i-p}^{i-1} \dot{\theta}_{Ij}(1 - \beta_n)\beta_n(i-j)$$

$$+ \sum_n Q_n \sum_{j=i-p}^{i-1} \dot{\theta}_{Ej}(1 - \beta_n)\beta_n(i-j) \tag{2}$$

其中内表面温度的导数为：

$$\dot{\theta}_{Ii} = (\theta_{Ii} - \theta_{I,i-1})/\Delta t \tag{3}$$

外表面温度的导数 $\dot{\theta}_{Ei}$ 与上式类似。

K_1, K_2 以及 P_n 和 Q_n 是围护结构的特性参数，没有任何特定意义。它们与时间常数 τ_n 有关。变量 β_n 是时间常数 τ_n 的指数函数。

$$\beta_n = \exp(-\Delta t/\tau_n) \tag{4}$$

公式（2）中的 n 项求和是对所有时间常数的，理论上是一个无限数。然而，这些时间常数（τ_n）和 β_n 一样，随着 n 的增加而迅速减小。因而只需几个时间常数（实际上有 1 至 3 个就够了）就足以正确地表示 q、θ_E 和 θ_I 之间的关系。

假定选取的时间常数为 m 个（$\tau_1, \tau_2, \cdots, \tau_m$），式（2）将包含 $2m+3$ 个未知参数，它们是：

$$R, K_1, K_2, P_1, Q_1, P_2, Q_2, \cdots, P_m, Q_m \tag{5}$$

对于 $2m+3$ 个不同时刻下的（$2m+3$）组数据将公式（2）写 $2m+3$ 次就得到一个线性方程组。对该方程组求解，就可确定这些参数，特别是热阻 R。然而为了完成公式（2）中的 j 项求和，尚需附加 p 组数据（图 1）。最后，为了估计随机变化，还需要更多组测量数据。这样就形成了一个超定的线性方程组，该方程组可采用经典的最小二乘拟合法求解。

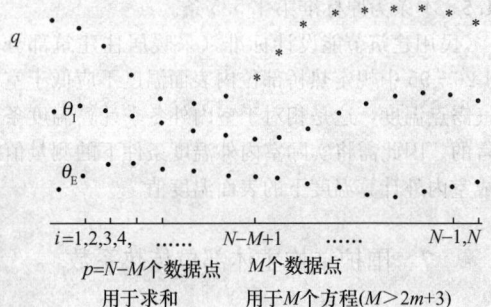

图 1 动态分析方法中的数据利用

这个多于 $2m+3$ 个方程的方程组可以写成矩阵形式：

$$\vec{q} = (X)\vec{Z} \tag{6}$$

式中：$\vec{q}$——向量，其 M 个分量是最后的 M 个热流密度数据 q_i。这样，M 的值大于 $2m+3$，并且 i 取 $N-M+1$ 至 N；

$\vec{Z}$——向量，它的 $2m+3$ 个分量是公式（5）中所列的未知参数；

(X)——一个 M 行（$i = N-M+1$ 至 N），$2m+3$

列（1 至 $2m+3$）的矩形矩阵。矩阵的元素是

$$X_{i1} = \theta_{1i} - \theta_{Ei}$$

$$X_{i2} = \dot{\theta}_1 = (\theta_{1i} - \theta_{1,i-1})/\Delta t$$

$$X_{i3} = \dot{\theta}_E = (\theta_{Ei} - \theta_{E,i-1})/\Delta t$$

$$X_{i4} = \sum_{j=i-p}^{i-1} \dot{\theta}_{1j}(1-\beta_1)\beta_1(i-j)$$

$$X_{i5} = \sum_{j=i-p}^{i-1} \dot{\theta}_{Ej}(1-\beta_1)\beta_1(i-j) \qquad (7)$$

$$X_{i6} = \sum_{j=i-p}^{i-1} \dot{\theta}_{1j}(1-\beta_2)\beta_2(i-j)$$

$$X_{i7} = \sum_{j=i-p}^{i-1} \dot{\theta}_{Ej}(1-\beta_2)\beta_2(i-j)$$

$$\vdots$$

$$X_{i,2m+2} = \sum_{j=i-p}^{i-1} \dot{\theta}_{1j}(1-\beta_m)\beta_m(i-j)$$

$$X_{i,2m+3} = \sum_{j=i-p}^{i-1} \dot{\theta}_{Ej}(1-\beta_m)\beta_m(i-j)$$

在 j 项求和中，p 足够大，使缺省项之和可以忽略不计。于是数据组的数目 N 必须大于 $M+p$，实际上 $p=N-M$，式中 N 足够大。

方程组给出向量 $\vec{Z}$ 的估计值 $\vec{Z}^*$：

$$\vec{Z}^* = [(X)'(X)]^{-1}(X)'\vec{q} \qquad (8)$$

式中，$(X)'$ 是矩阵 (X) 的转置矩阵。

事实上，时间常数 τ_n 是未知的。它们可通过改变时间常数来寻找 $\vec{Z}$ 的最佳估计值的方法来确定。这可按以下方式进行：

1 选取时间常数的个数（m），通常不大于 3。

2 选取时间常数间的不变比率 r（通常在 $3\sim 10$ 之间），使满足：

$$\tau_1 = r\tau_2 = r^2\tau_3 \qquad (9)$$

3 选取方程组（7）的方程个数 M。该值必须大于 $2m+3$，但要小于数据组的个数。通常 15 至 40 个方程就足够了。这就意味着至少需要 30 至 100 个数据点。

4 选取时间常数的最小值和最大值。因为计算机的精度是有限的，所以处理比 $\Delta t/10$ 还小的时间常数是没有意义的。另外，求和需要 $p=N-M$ 个点。如果时间常数大于 $p\Delta t$，求和将不会终止。最大时间常数最好在以下范围内选取：

$$\Delta t/10 < \tau_1 < p\Delta t/2 \qquad (10)$$

5 在该区间内利用公式（8）用若干个时间常数值计算向量 $\vec{Z}$ 的估计值 $\vec{Z}^*$。对于 $\vec{Z}^*$ 的每一个值，热流向量的估计值 $\vec{q}$，将通过下式计算出来：

$$\vec{q}^* = (X)\vec{Z}^* \qquad (11)$$

6 这些估计值与测量值间的总方差按下式计算：

$$S^2 = (\vec{q} - \vec{q}^*)^2 = \sum(q_i - q_i^*)^2 \qquad (12)$$

7 能给出最小方差的时间常数组就是最佳时间常数组，这可由重复上述步骤 5 和 6 获得。

8 用此方法就可求得向量 $\vec{Z}$ 的最佳估计值 $\vec{Z}^*$。

它的第一个分量 Z_1 就是热阻的倒数（$1/R$）的最佳估计值。如果最佳估计值所对应的最大时间常数等于或大于其最大值（即 $p\Delta t/2$）的话，则说明方程个数太少或检测持续时间不足。同时说明利用该组数据和该时间常数比率是无法得到可靠的结果的。这一问题可以通过改变方程组中方程的个数或使时间常数不变比率值（r）变大或变小来加以解决。

当用单个测量值来估算热阻 R 值时，我们希望能有一个能给出其结果置信度的判定标准。即对于某个给定的单一测量值，当其满足该标准时，便存在某个好的置信度（比如说概率 90%），结果将逼近实际值（比如说在 $\pm 10\%$ 之内）。

在经典分析方法的情况下，唯一的判定标准就是要求有足够长的检测时间。但如果所记录的数据表明该传热过程处于准稳态，则测量结果的可靠度高。然而，如果在测量开始之前，与热流相关的温度变化显著，在这种情况下，如果测量时间太短以至于不能消除这一温度变化所带来的影响的话，那么最终的检测结果是不可信的。

在动态分析方法的情况下也存在这样一个判定标准。对于上述热阻的估计值，置信区间为：

$$I = \sqrt{\frac{S^2 Y(1,1)}{M-2m-4}} F(P, M-2m-5) \qquad (13)$$

$$(Y) = [(X)'(X)]^{-1} \qquad (14)$$

式中：S^2——由公式（12）得出的总方差；

$Y(1,1)$——由公式（14）转换的矩阵的第一个元素；

M——方程组（6）中方程的个数，而 m 是时间常数的个数；

F——t 分布的显著限，式中 P 是概率，而 $M-2m-5$ 是自由度。

如果对于 $P=0.9$，该置信区间小于热阻的 5%。则该热阻计算值通常是与实际值很接近的。在良好的测量条件（例如，对于轻型围护结构在夜间稳定状态下进行检测；而对于重型围护结构经过长时间的检测）下会出现这样的结果。对于一个给定的检测持续时间，置信区间越小，则若干次测量结果的分布就越窄。然而当检测持续时间较短时，测量结果的分布范围大且平均值可能不正确（一般是偏低）。因此，该判定标准是不充分的。

第二个要满足的条件是，检测持续时间不应少于 96h。

本条文是根据国际标准《建筑构件热阻和传热系数的现场测量》（Thermal insulation——Building elements——In-situ measurement of thermal resistance and thermal transmittance）ISO 9869 附录 B 编写成的。

7.1.12 本条为对原标准第 4.4.11 条的修改。

在《民用建筑节能设计标准（采暖居住建筑部分）》JGJ 26‐95 中；传热系数是由热阻按国家标准《民用

建筑热工设计规范》GB 50176-93（以下简称《规范》）中有关规定计算出来的。《规范》中规定了内表面换热阻和外表面换热阻的取值。为了和《民用建筑节能设计标准（采暖居住建筑部分）》JGJ 26-95中传热系数的计算方法相统一，增加数据的可比性，所以，本条对围护结构内外表面换热阻的取值依据进行了规定。

7.2 合格指标与判定方法

7.2.1 本条为对原标准第5.2.3条的修改。

本条规定了合格指标的选取次序。本标准规定应优先采用设计图纸中的设计值作为合格指标，当设计图纸中未具体规定时，才采用现行有关标准的规定值。这样规定的理由在于设计图纸是施工的第一依据。我国《建筑工程质量管理条例》第二十八条也明确规定："施工单位必须按照工程设计图纸和施工技术标准施工，不得擅自修改工程设计。"此外，我国建筑工程质量司法鉴定实践也表明：对于施工企业而言，设计图纸具有第一优先权。当设计图纸给出的是墙体平均传热系数而不是墙体主体部位传热系数时，可以通过建筑设计图纸得知墙体主体部位的材料构成和各种材料的厚度，然后通过计算获得主体部位传热系数的设计值，材料导热系数应按《民用建筑热工设计规范》GB 50176-93附录四附表4.1的规定采用。

8 外窗窗口气密性能

8.1 检 测 方 法

8.1.1 本条为新增条文。

为了保证检测过程中受检外窗内外压差的稳定，对室外风速提出了规定。当室外风速为3.3m/s时，在窗外表面产生的最大压强为6.5Pa，相当于检测期间平均压差（85Pa）的7.6%，所以，对室外风速作了如是规定。由于2级风以下的天数占全年的大多数，且风速范围为（1.6～3.3）m/s，所以，将3.3m/s定为室外风速的允许限值。

8.1.2 本条为新增条文。

本条规定在于增加现场检测的可操作性，当窗户的形状不规则时，可以将整个房间作为一个整体来检测，前提是要将外墙和内墙上的其他孔洞，例如电线管、采暖管、生活水管、空调冷媒管、通风管等形成的孔洞，采用各种方式进行严密封堵，以保证除受检外窗外，其他任何地方不漏风。

8.1.3 本条为新增条文。

环境参数要求进行同步检测的原因主要考虑有两点：其一，对室外风速环境状态进行检测，以确定检测数据的有效性；其二，环境数据要参与检测结果的计算。

8.1.4 本条为新增条文。

本条的规定主要是为了将检测数据的误差控制在一定范围内。如果在正式检测开始前，不对附加渗透量进行标定，所得的检测结果就缺乏一定的可比性。在本标准的编制过程中，编制组在中国建筑科学研究院空调所内选取一扇窗，进行了对比检测。该窗为1730mm×2000mm×80mm（宽×高×厚）的单框单玻塑钢窗，分别委托两个具有检测资质的检测单位对该窗窗口气密性能进行了现场检测。检测仪器、操作程序、检测时的室外风环境均相同，但出乎意料的是判定结果不同。一份报告称3级窗，另一份报告称4级窗。一扇窗具有两个结果，显然是不可能的。为此，本标准规定在正式检测开始前，应在首层或方便的位置选择一樘受检外窗或与受检外窗相同的外窗进行检测系统附加渗透量的现场标定。这种标定，实际上是对检测人员、操作步骤和检测仪器的综合标定。附加渗透量不超过外窗窗口空气渗透量的20%，实践表明是可以达到的。

8.1.5 本条为新增条文。

从理论上讲，对每一樘外窗进行检测前，均应该进行附加渗透量的标定，以保证所有检测数据均能真正地控制在允许的误差范围内。但客观现实是做不到的。一层以上的外窗要想从外侧进行密封，这本身就是不可操作的，因为不可能为了检测外窗的窗口气密性而专门架设脚手架，所以，在理论和实际的权衡下，本标准作了如是规定。这里应该注意"检测系统本身的附加渗透量不宜再次标定"的条件。首先，检测装置应该在其检定有效期内。检测装置按照规定每隔一年或两年都要进行标定，以保证检测数据的误差能控制在有效范围内。本条的含义是指某外窗附加渗透量的数据不能跨检测装置的检定有效期使用。其二，只能是在检测装置、人员和操作程序完全相同的情况下，相同外窗的附加渗透量才能引用。其三，所谓"相同外窗"是指5同的外窗，即同厂家、同材料、同系列、同规格和同分格。

8.1.7 本条为新增条文。

本条是根据误差综合分析计算的结果并结合我国质检部门现有检测手段提出的。

8.1.8、8.1.9 为新增条文。

本两条规定了计算受检外窗窗口空气渗透量的方法，为了比对的方便，本标准参考了《建筑外门窗气密、水密、抗风压性能分级及检测方法》GB/T 7106-2008，该标准采用压差值为10Pa时外窗单位缝长和单位面积的渗透量来对外窗进行分级。考虑到现场准确测量外窗的缝长较麻烦，所以，本标准仅采用面积指标。该面积即受检外窗窗洞口的面积，或当外窗的形状不规则时为该外窗的展开表面积。为了减少误差，便于操作，检测时受检外窗内外的起始压差定为70Pa，而不是10Pa，为了得到外窗在10Pa压差下的值，则需要通过回归方程来间接计算。

8.2 合格指标与判定方法

8.2.1 本条为新增条文。

建筑工程质量鉴定实践表明：由于我国工程施工质量监管机制有待完善，所以，外窗的安装质量堪忧，主要表现在外窗洞口和外窗边框的结合部的处理上，施工不规范、偷工减料、密封不实导致窗洞墙与外窗本体外框的结合部透气漏风，严重影响外围护结构的热工性能。随着我国第二步节能工作的全面推进，建筑物整体保温性能的加强，建筑物外窗窗口气密性能已成为降低采暖居住建筑冬季采暖能耗的关键因素之一。对于其他非采暖地区，作为建筑工程的基本质量，建筑物窗洞墙与外窗本体的结合部也不应漏风。

9 外围护结构隔热性能

9.1 检 测 方 法

9.1.1 本条为新增条文。

由于《民用建筑热工设计规范》GB 50176-93对自然通风条件下围护结构的隔热要求仅限于建筑物屋面和东、西外墙，所以本标准作了如是规定。

9.1.2 本条为新增条文。

检测实践表明：在建筑物土建工程施工完成一年后，围护结构已基本干透，其含湿量已基本稳定，检测结果具有代表性，所以本标准作了如是规定。

9.1.3 本条为新增条文。

本条对天气条件的规定，目的是为了使实际检测条件接近或满足《民用建筑热工设计规范》GB 50176-93中规定的计算条件。

1 如果检测开始前连续两天与检测当天具有基本相同的天气条件，会更加符合周期传热计算的条件，与《民用建筑热工设计规范》GB 50176-93的计算结果将比较接近。

2 因为内表面最高计算温度是对夏季室内自然通风条件而言的，所以如果天气不晴朗的话，则检测结果将毫无意义，故本标准对检测期间的天气条件进行了规定。又因为即使室外温度相同，但若太阳辐射照度不同时，仍然会导致外围护结构外表面的温度差异，内表面温度也会因此而变化。水平面的太阳辐射照度比较容易测量，用其最高值评价天气条件是否满足《民用建筑热工设计规范》GB 50176-93给出的当地夏季太阳辐射照度最高值的要求比较合适。在夏季，如果天气晴朗，能见度高，太阳辐射照度的最高值达到《民用建筑热工设计规范》GB 50176-93所给数值的90%以上是可以实现的。

3 本标准对检测当天室外最高空气温度的规定

也是为了满足《民用建筑热工设计规范》GB 50176-93给出的当地夏季室外计算温度最高值的要求。如果室外空气温度太低，不利于进行隔热性能检测。然而在实际检测时，室外空气最高温度不可能正好为当地计算最高温度，总会有些偏差，但是若偏差太大，将会影响理论计算值，为了减小这种变化所带来的影响，又兼顾可操作性，本标准给出了2℃的允许偏差范围值。

4 如果检测当天的室外风速高，自然通风条件好，有利于室内内表面最高温度的降低，但现实生活表明：当室外风速超过5.4m/s（即3级）时，住户往往会关窗防风，所以，在室外风速超过5.4m/s时所检测到的结果已无实际意义，因此，本标准作了如是规定。

9.1.4 本条为新增条文。

《民用建筑热工设计规范》GB 50176-93对围护结构隔热性能的规定是在自然通风条件下提出的，所以现场检测理应在房间具有良好的自然通风条件下进行。此外，围护结构外表面的直射阳光在白天也不应被其他物体遮挡，否则会影响内表面温度检测，因为围护结构内表面的温升主要来自太阳辐射。

9.1.6 本条为新增条文。

由于测点的布置常常受到现场条件的限制，所以要因现场条件而定。隔热性能的检测应该以围护结构的主体部位为限，存在热桥的部位不能客观地反映整体的情况。此外，从舒适度的角度来看，也应着眼于围护结构的主体部位。为了寻找到适宜的测点位置，建议采用红外热像仪，因为这是红外热像仪的优势所在。

9.1.7 本条为新增条文。

因为围护结构各测点的温度不可避免地会存在差异，采用平均值来评估更为客观合理。但是，温度的现场测试中，不同的测点有时会因为个别测点安装不正确或围护结构局部的严重不均匀，有可能出现离散，这样，在整理数据时有必要剔除异常测点。

9.2 合格指标与判定方法

9.2.1 本条为新增条文。

本条对夏季建筑物屋顶和东（西）外墙内表面温度提出了限制，这种限制的目的是要保证围护结构应有的隔热性能。在我国夏热冬冷和夏热冬暖地区，建筑物的隔热性能对于建筑节能而言，既是前提又是目标。隔热性能差的建筑物内表面盛夏烘烤感强，不利于提高室内舒适度，为了满足人们基本舒适要求，必然会增加夏季空调运行时间，不利于节能。所以，本标准根据《民用建筑热工设计标准》GB 50176-93作了如是规定。

10 外窗外遮阳设施

10.1 检测方法

10.1.1 本条文为新增条文。

外窗外遮阳设施的位置和构件尺寸、角度以及遮阳材料光学特性等都对遮阳系数有直接的影响，而且在建筑遮阳设计图中，这些参数都已给出，所以对这些参数的检测是可行的。对于活动外遮阳装置，因为遮阳设施的转动或活动的范围均影响着遮阳设施的效果，所以，亦有必要进行现场检测。

10.1.2 本条为新增条文。

对量具不确定度的具体规定有利于增强数据的可比性。2mm 的不确定度对于工程检测中的常用量具（卷尺、钢直尺、游标尺）而言，是具有可操作性的。一般角度尺的不确定度亦能满足 2° 的要求。

10.1.3 本条为新增条文。

本条规定目的在于检测前必须确认受检外遮阳设施的工作状态，只有能正常工作的外遮阳设施才能进入下一步的检测。

10.1.4 本条为新增条文。

《建筑玻璃 可见光透射比、太阳光直接透射比、太阳能总透射比、紫外线透射比及有关窗玻璃参数的测定》GB/T 2680-94 可以用于测试材料的反射率和透明材料的透射比。

11 室外管网水力平衡度

11.1 检测方法

11.1.1 本条为对原标准第 4.7.1 条的修改。

在实施水力平衡度的检测时，采暖系统必须处于正常运行状态，这样，才有利于增加检测结果的可信度，否则，当系统中存在管堵、存气、泄水现象时，检测结果就很难反映系统的真实状态。

11.1.2 本条为新增条文。

本条规定了室外采暖管网用户侧分支循环流量的检测位置。由于本标准仅涉及室外采暖管网水力平衡度的检测，而室内采暖系统的水力平衡与否不在本标准的范围之内，所以，宜以建筑物热力入口为限。

11.1.3 本条为对原标准第 5.2.6 条的部分修改。

原标准要求采暖系统的每个热力入口都要进行水力平衡度的检测，但这样推行起来难度大，所以，本次修订中对需要检测的热力入口数量进行了调整。本标准根据各个热力入口距热源中心距离的远近，采用近、中、远端热力入口抽样检测的方法。这样一方面可以将检测工作量控制在适度的水平，又可以对该室外采暖管网的水力平衡度进行基本评估，所以，具有

可操作性。此外对受检热力入口的管径进行了限制，一方面因为当管径小于 DN40 时，即使由于资用压差过剩，管中流速增高，然而管中流量的增加量对整个系统的流量影响有限；另一方面采用小于 DN40 的管径作为热力入口引入管的案例不多。

11.1.4 本条为对原标准第 4.7.2 条的修改。

水力平衡度检测期间，采暖系统总循环水量应维持恒定且为设计值的 100%～110%。这样规定的目的在于力求遏制"大马拉小车"运行模式的继续存在。中国建筑科学研究院从 1991 年开始，一直致力于平衡供暖的实践工作。在实践中发现：在采暖系统中，"大马拉小车"的现象十分普遍。如北京市宣武区某住宅小区采暖系统实测总循环水量为设计值 1.36 倍；北京市朝阳区某住宅小区二次管网实测循环水量为设计值的 1.57 倍；保定市某小区单位采暖建筑面积的循环水量为设计值的 2.3 倍，达到了 5.5kg/(m²·h)。尽管采用"大马拉小车"的运行模式能解决让运行人员头痛的由于"末端用户不热"而带来的居民投诉问题，然而，这是以浪费能源为前提的。为了全面推广平衡采暖，提高我国采暖系统的运行管理水平，本条作了如是规定。

11.1.5 本条为对原标准第 4.7.3 条的修改。

原标准规定"流量计量装置应安装在建筑物相应的热力入口处，且应符合相应产品的使用要求。"将两处"应"改为"宜"是出于以下的考虑。就一般而言，将流量计量装置安装在热力入口处是最理想的，首先它是室外作业，不影响室内居住者的正常生活和工作，其次是没有分支管，只需检测一处便可以得出该热力入口的总流量。当热力入口处未因热计量事先安装固定流量装置的话，均采用便携式超声波流量计进行流量检测。在实际操作中，常常会碰到一些问题。例如，有的热力入口的有效直管段太短，不便于流量传感器的安装；有的热力入口井内积水很深，淤泥堆积，无法开展工作；有的热力入口处的管道锈蚀严重。这些均会影响流量计量装置在热力入口处的安装，所以，本标准采用了"宜"的措词。实际上，当热力入口没有条件时，可以根据采暖系统图在室内寻找其他位置。为了保证流量计量装置检测数据的准确，产品说明书中对直管段的长度作了具体规定，但对便携式超声波流量计而言，只要现场的条件基本满足要求，流量计通过自检后能正常工作即可，不必过分拘泥，所以，本标准作了如是修订。

11.1.6 本条为对原标准第 4.7.4 条的修改。

检测持续时间规定 10min，主要是考虑采用便携式超声波流量计进行检测的情况。因为在 10min 钟检测时间内，可以采用打印时间间隔为 1min，可得到共计 10 个连续数据，以此作为计算的基础。当然，如果因为热计量的缘故，在每个热力入口均安装有固定热表的话，可通过该热量表来读取某相同时间段

的累计流量，进而将这些数据应用于各个热力入口水力平衡度的计算中。我国热计量的工作正在积极地酝酿之中，热计量工作的全面展开将会使各个热力入口水力平衡度的检测工作更加方便。

12 补 水 率

12.1 检 测 方 法

12.1.1 本条为对原标准第 4.8.1 条的修改。

当采暖系统尚处于试运行时，由于整个系统内部的空气尚未全部排尽，所以会出现人为排气泄水的现象，然而这部分非正常泄水不属于正常运行补水量，所以，本标准规定应在采暖系统正常运行的基础上进行补水率的检测。

12.1.2 本条为对原标准第 4.8.2 条的修改。

原标准规定检测持续时间不应少于 24h，在本次修订过程中，特将检测持续时间修订为"宜为整个采暖期"。这是因为延长检测持续时间，有利于较全面地评价采暖系统补水率的大小，此外，时间的延长从实际操作上也是可行的，不会给检测人员带来额外的工作负担，所以，本标准作了如是规定。

12.1.3 本条为对原标准第 4.8.3 条的修改。

在建筑节能实际检测过程中，不必要也不可能所有的检测仪表均属检测单位所有。为了保证检测数据的正确和有效，专业检测人员只要保证使用仪器仪表的方法正确且仪器仪表的不确定度满足本标准的规定即可。在对补水量进行检测时，完全可以使用系统中固有的水表进行检测，但若该水表没有符合本标准要求的有效标定证书的话，则在使用前必须进行标定。

12.2 合格指标与判定方法

12.2.1 本条与原标准第 5.2.7 条相同。

我国是一个缺水的国家，到 1989 年我国不同程度缺水的城市竟达 300 个，2000 年我国各流域的缺水率见表 1。随着我国工农业的迅速发展和城市化进程的加快以及工业污染的持续影响，水资源问题必将愈发突出，仅北京市从 2001～2005 年全市地下水储量累计减少就近 30 亿 m^3，如果按 2006 年北京市区供水能力（268 万 m^3/d）计算，可供北京市区供水 1119 天。正因为如此，我国政府提出了"节能、节水、节地、节材"的口号。2004 年 11 月 30 日至 2005 年 3 月 16 日，中国建筑科学研究院建筑环境与节能研究院的科研人员对首都机场 No.1 换热站高温水供热管网的补水率进行了连续检测，检测发现系统平均补水率为实际循环水量的 3.2%，若按系统设计循环水量计算这个比率还要高。所以，本标准认为继续实行对采暖供热系统补水率的检测不仅是大势所趋，而且从我国目前采暖供热系统运行管理水平来看

既是十分必要的，也是可行的。原标准实施过程中有关实践证明：只要采暖供热系统施工质量和运行管理水平切实得到提高，将补水率控制在 0.5% 的范围内是可行的。

表 1 2000 年我国各流域缺水率

序 号	地域名称	缺水率（%）
1	东北诸河	7.4
2	海河	23.6
3	淮河	9.5
4	黄河	5.2
5	长江	3.1
6	华南诸河	4.0
7	东南诸河	0.2
8	西南诸河	4.2
9	内陆河	2.7
10	全国	5.9

13 室外管网热损失率

13.1 检 测 方 法

13.1.1 本条为对原标准第 4.9.1 条的修改。

一般来说，在采暖系统初始运行时，因为采暖系统以及土壤本身均有一个吸热蓄热的过程，所以，若在此期间实施室外管网热损失率的检测，便会给出不真实的结果，因此，本标准给出了在采暖系统正常运行 120h 后的规定。检测持续时间在原标准"24h"的基础上修订为"不应少于 72h"，当然可以延长检测持续时间至整个采暖期。这样修订的目的是为了较为全面地了解采暖系统室外管网的热损失率，而且，随着我国热计量制度的逐步贯彻执行，采暖系统各热力入口安装热表将会变成现实，所以，各个热力入口的热量检测不再是一件困难的事，所以，适当地增加检测持续时间不会给检测人员造成额外的工作负担。

13.1.2 本条为对原标准第 4.9.2 条的修改。

现在所有采暖系统均是实行连续采暖，系统循环泵全天连续运行，热源的出口温度随着室外温度的变化而相应进行调整。对于燃煤锅炉，一般中午采用压火的方式控制供水温度，而对于燃油和燃气锅炉，由于油价和气价的昂贵，再加上燃油和燃气炉点火容易，所以，常采用调节燃料量或间歇停炉的方式调温。经过对有关锅炉运行的水温监测，发现无论是哪种燃料的采暖锅炉在实际运行中，在采暖期大多数情况下一般在 8：00～15：00 期间处于几乎停止加热状态，而仅保持循环水泵的运行，其他时段靠保证回水

温度在某个范围内的方法来调节燃料量。2003 年 2 月 20 日至 3 月 1 日，国家建筑工程质量监督检验中心对北京某采暖系统中有关热力入口的供回水温度进行了连续监测，结果发现供水温度为（56～22）℃，变化幅度为 34℃；该中心 2005 年 12 月 25 日至 2006 年 1 月 15 日对保定市某采暖系统有关热力入口的供水温度亦进行了连续监测，检测得到的供水温度为（60～34）℃，变化幅度为 26℃。尽管监测的采暖系统的数量有限，但落叶知秋，由此可以推知我国其他采暖锅炉的大致运行情况。为了兼顾采暖锅炉和热泵系统的运行实际，所以，本标准作出了检测期间热源供水温度的逐时值不应低于 35℃ 的规定。

13.1.4 本条为新增条文。

采暖系统室外管网供水温降一直是业界关心的课题。由于缺乏必要的科学研究，尚提不出关于室外管网供水温降的合格指标。但为了通过我国建筑节能工作的开展积累有关数据，所以，本标准特别列出了本条。

13.1.5 本条为对原标准第 4.9.4 条的修改。

原标准采用了《民用建筑节能设计标准（采暖居住建筑部分）》JGJ 26 - 95 中"室外管网输送效率"的概念，但仔细分析后发现，采用室外管网热损失率的概念更加妥帖，遂进行了如是修订。

13.2 合格指标与判定方法

13.2.1 本条为对原标准第 5.2.8 条的修改。

《民用建筑节能设计标准（采暖居住建筑部分）》JGJ 26 - 95 中规定，室外管网输送效率一般取 90%。实际运行中室外管网输送热损失、漏损损失、不平衡损失究竟分别有多大？到目前为止，尚未看到有关的报道，也没有权威性的结论。由于这项工作涉及的工作量大，成本高，周期长，开展起来难度极大，所以尽管从我国首次颁布实施《民用建筑节能设计标准（采暖居住建筑部分）》JGJ 26 的 1986 年至今已有 20 多年的历史，其间三北地区完成的试点建筑和试点小区也为数不少，可是并没有开展针对室外管网输送效率的检测工作，主要原因也在于资金问题。所幸的是，近年来，受国家宏观政策的驱动，中国建筑科学研究院建筑环境与节能研究院受北京市市政管理委员会供热管理办公室委托，于 2003～2005 年进行了"北京市居住建筑供热系统热计量与节能技术研究之试点测试"，其间，科研人员分别对两个采暖供热系统的室外管网热输送效率进行了检测，结果发现一个系统为 70%，而另一个系统为 90%。后经对热输送效率 70% 的管网调查发现，该室外管网中有部分采暖管道已被沟内积水淹没。与此同步，2004～2005 年采暖期，中国建筑科学研究院建筑环境与节能研究院的另一科研小组对首都机场地区供热系统的热源、热力站、热力管网以及 23 栋公共建筑进行了为期一

个采暖期的热计量测试（该项目属于国务院机关事务管理局供热体制改革试点项目），即 2004 年 11 月 30 日至 2005 年 3 月 16 日对首都机场 No.1 换热站所负担的高温水供热管网（80/130℃）用户侧所有热力入口的热量进行了连续检测（该供热管网用户侧共有 7 个热用户），测得平均管网热损失率为 12.8%（即管网热输送效率为 87.2%）。鉴于北京地区在三北地区中尚属于供热管理水平上乘的地区之一，其管网热损失率尚不能完全满足国家有关节能标准的规定，更何况我国其他地区。针对我国运行管理水平的现状和我国节能形势的迫切要求，本标准仍然维持原标准规定的限值不变，即室外管网热输送效率不得小于 90%，也即室外管网热损失率不应大于 10%。

14 锅炉运行效率

14.1 检 测 方 法

14.1.1 本条为新增条文。

采暖锅炉运行效率的检测持续时间规定为不应少于 24h，主要是考虑可操作性问题。如果规定检测持续时间过长，则完成一个项目的检测所费时间太多，执行起来困难，特别是对于燃煤锅炉，需要燃煤称重，需要投入的人力太多，所以，本标准作了如是规定。

14.1.2 本条为新增条文。

如果检测期间，整个采暖系统运行不正常，得出的数据便会失去意义。燃煤锅炉的负荷率对锅炉的运行效率影响较大，所以，根据《民用建筑节能设计标准（采暖居住建筑部分）》JGJ 26 - 95 的有关规定，本标准规定燃煤锅炉的日平均运行负荷应不小于 60%。这里特别提出日平均运行负荷率的概念主要是便于操作。由于燃油和燃气锅炉的负荷特性好，当负荷率在 30% 以上时，锅炉效率可接近额定效率，所以，本标准规定燃油和燃气锅炉的瞬时运行负荷率应不小于 30%。关于锅炉日累计运行时数的规定，也是出于控制锅炉运行效率的考虑。因为锅炉运行效率不仅和负荷率有关，而且还和连续运行时数有关。当日供热量相同的条件下，运行时数长的锅炉，其日平均运行效率高于运行时数短的锅炉，所以，为统一检测条件，本标准规定锅炉日累计运行时数不应少于 10h。

14.1.3 本条为新增条文。

因为采暖锅炉房的给煤系统随锅炉房的规模大小而异，且在一个采暖期煤场的进煤批数往往不止一次，所以在本条的规定中，仅规定"耗煤量应按批计量"，而对采用的计量方式和计量仪表的种类并未作具体规定。"按批"的意思是要求每批煤的燃用量应分开计量和统计，不能混计在一起。这样规定是为了

更准确地计算燃用煤的热值。耗煤量计量的总不确定度必须满足本标准附录A的要求。燃油和燃气锅炉的耗油量和耗气量可以通过专用的计量仪表进行计量，仪表的不确定度必须满足本标准附录A的要求。

14.1.4 本条为新增条文。

为了防止在检测期间，当每批煤煤质之间存在较大差异时而可能导致的粗大误差，所以本标准规定煤样应用基低位发热值的化验批数应与采暖锅炉房进煤批次相一致。燃油和燃气的低位发热值也应根据需要进行取样化验，以保证取得准确的数据。

14.2 合格指标与判定方法

14.2.1 本条为新增条文。

采暖锅炉日平均运行效率直接涉及采暖煤耗的节省，由于长期以来，对采暖锅炉运行管理工作重视不够，所以，导致技术投入和资金投入严重不足，司炉工"看天烧火"现象仍然存在，气候补偿技术尚未得到充分的重视。为了提高采暖锅炉的运行管理水平，本标准规定对采暖锅炉运行效率进行检测。

采暖锅炉运行效率采用日平均运行效率进行判定，这样规定的目的主要是使本标准具有较强的可操作性。

本标准按不同锅炉类型、燃料种类、额定出力和燃料发热值分别给出了锅炉最低日平均运行效率。

在燃料确定之后，锅炉的日平均运行效率与运行时数、平均负荷率等因素有关。早在编制行业标准《民用建筑节能设计标准（采暖居住建筑部分）》JGJ 26 的 1983～1984 年采暖期，编制组就曾对中国建筑科学研究院小区锅炉房内一台额定出力为 3.5MW 的热水锅炉的日平均运行效率针对不同的运行时数工况（即 7h、10h、14.5h、14.67h、21.5h 和 24h）分 22 天进行了一系列的测试，测试结果显示：在锅炉运行时数为 10h，日平均负荷率大于 60％时，其锅炉的日平均运行效率能达到 51.7％～55.5％，而且发现在满足日平均负荷率大于 60％的条件下，锅炉的日运行时数越长锅炉日平均效率越高，当锅炉 24h 连续运行时，其日平均运行效率可达 73.6％。20 多年后的今天，无论是采暖锅炉的运行管理水平还是锅炉的制造技术均取得了进步，从《民用建筑节能设计标准（采暖居住部分）》JGJ 26 的修订演变过程中，也可以看到这一点。在 1986 年 8 月 1 日前，锅炉最低采暖期平均运行效率设计值规定为 55％，1986 年 8 月 1 日～1996 年 6 月 30 日规定为 60％，1996 年 7 月 1 日～2009 年规定为 68％。从 1986～2009 的 20 余年间，我国标准对锅炉最低采暖期平均运行效率设计值的规定提高了 13％，由 55％提高到 68％。平均运行效率的提高也标志着采暖初寒期、末寒期内运行效率的提高。根据 1983～1984 年的测试结果和我国节能设计标准的要求，本标准规定容量为 4.2MW 且燃烧Ⅱ等

烟煤的锅炉，采暖期间锅炉最低日平均运行效率不应小于 66％，而目前国内企业生产的锅炉的最低设计效率如表 2 所示。在该表中，容量为 4.2MW 且燃烧Ⅱ等烟煤的锅炉的最低设计效率为 74％，将 0.89（＝66/74）这一比率推而广之便得到不同容量的燃煤锅炉的最低日平均运行效率如本标准第 14.2.1 条表 14.2.1 所示。对于燃油燃气锅炉，由于其负荷调节能力较强，在负荷率 30％以上时，锅炉效率可接近额定效率，所以，本标准取燃油燃气锅炉最低设计效率的 90％作为其最低日平均运行效率的限定值。

表 2 锅炉最低设计效率（％）

锅炉类型、燃料种类		锅炉容量（MW）						
		0.7	1.4	2.8	4.2	7	14	≥28.0
燃煤	烟煤 Ⅱ			73	74	78	79	80
	烟煤 Ⅲ			74	76	78	80	82
燃油、燃气		86	87	87	88	89	90	90

14.2.2 本条为新增条文。

锅炉运行效率对建筑能耗的影响至关重要，而且，20 余年建筑节能工作的实践表明：采暖系统运行管理是薄弱环节之一，为了尽快提高采暖锅炉的运行管理水平，本标准规定当检测结果不满足本标准第 14.2.1 条规定时，即判为不合格。

15 耗电输热比

15.1 检测方法

15.1.1 本条为新增条文。

1 这个规定的外延即采暖热源的铭牌参数应能满足设计要求，循环水泵要具备原设计所要求的流量和扬程。由于水泵出力仅仅满足部分供热负荷的条件时，按照本标准的规定计算所得到的耗电输热比仍然有合格的可能，所以，为了杜绝此类情况的发生，本标准要求检测前对水泵的铭牌参数进行校核。

2 从理论上讲，在采暖系统供热负荷率为 100％时进行耗电输热比的检测最能体现采暖系统在设计工况下的性能，但如果那样的话，检测标准因可操作性差将会失去存在的意义。但如果检测时负荷率太低，又会给系统的正常运行带来一定的调节上的影响。那么，检测时采暖系统的供热负荷率应为多少较合适呢？通过分析我国三北地区 14 个代表城市的气象资料可知，在采暖期室外空气温度为 5℃时，我国严寒和寒冷地区采暖系统的供热负荷率就达到了 30％～60％，夏热冬冷地区入冬时采暖系统的供热负

荷率均能达到 50％或更高，也就是说如果按照 50％ 的规定值执行的话，有的地区刚一入冬便可以实施检测，例如北京、甘孜、济南、西安、徐州等。对于最寒冷的地区，例如伊春地区，采暖起始负荷率虽然仅 30％，但其全采暖期的平均负荷率为 64.8％，至少有 100 天的时间是可以实施本项目的检测的。另一方面，当热源的供热负荷率达到 50％时，系统的流量调节量和温差调整量均偏离设计值不大，所以，选定 50％的负荷率作为耗电输热比检测的条件之一。

3 本标准对四种循环水泵的配备形式进行了规定。在采暖系统循环水泵的配备上，一般有本标准列举的四种方式，即变频制、多泵并联制、大小泵制和一用一备制。变频制水泵通过调节水泵电机的输入频率来跟踪系统阻力的变化，为采暖供热系统提供恒定的资用压头。这种系统由于采用了变频技术，使得耗电输热比较低。多泵并联制系统根据室外气温的变化，依次增加或减少水泵的台数，例如，严寒期启动两台泵，初寒期和末寒期启动一台泵，这样可以实现阶段量调节，再结合质调节便可以适应全采暖期负荷的变化。但这种运行方式下，当并联的水泵台数超过三台时，并联的效率降低显著。大小泵制也是一种行之有效的方式，严寒期使用大泵，初寒和末寒期使用小泵，小泵的流量为大泵的 75％左右，扬程为大泵的 60％左右，轴功率为大泵的 45％左右。这种方式将负荷调节和设备的安全备用合二为一考虑，不失为一种智慧之举。一用一备制系统节能效果最差，但仍然有不少的系统在使用之中，因为它的安全余量大。但不管何种系统，本标准建议水泵能在设计运行状态下进行检测，这样，系统的耗电输热比最大，也只有在这种状态下，才能鉴别系统的优劣。

15.1.2 本条为新增条文。

因为 24 小时属于一个完整的时间周期，所以，规定不应少于 24 小时。

15.1.4 本条为新增条文。

在本条中，需要注意的是 ΣQ，它是采暖热源的设计日供热量，它等于建筑物的设计日热负荷和室外管网的设计日热损失之和，而不是指热源的额定出力。

15.2　合格指标与判定方法

15.2.1 本条为新增条文。

采暖系统的耗电输热比在 1986 年 8 月 1 日我国颁布实施的第一部采暖居住建筑节能设计标准中便已提及，当时是采用水力输送系数的术语，但由于缺乏有效的监管机制，实际执行情况并不理想。在本标准的第 11 章"室外管网水力平衡度"的条文说明中曾提及"大马拉小车"的现象。《采暖居住建筑节能检验标准》JGJ 132 - 2001 对这个问题关注不够，不曾在标准中列入，但这个问题仍然具有相当的普遍性，

所以，在本次修订中，加入了此章。

耗电输热比是对采暖系统的设计、施工和水泵产品质量的综合检测，它和采暖系统设计耗电输热比形式一致，但内容上有区别。设计耗电输热比是以水泵的样本数据为依据，而本标准中的耗电输热比则是以水泵的实际耗电量和系统的实际可能的供热能力为依据。耗电输热比限值是根据 1983～1984 年《民用建筑节能设计标准（采暖居住建筑部分）》JGJ 26 原编制组对北京四个试验小区的能耗检测数据，并充分考虑 20 多年来我国采暖系统用水泵开发生产业绩的基础上提出来的。本标准中提出的限值和《民用建筑节能设计标准（采暖居住建筑部分）》JGJ 26 - 95 提出的有关设计耗电输热比的限值均出自 1983～1984 年《民用建筑节能设计标准（采暖居住建筑部分）》JGJ 26 原编制组的试验数据。

耗电输热比和瞬时耗电输热比是不同的。瞬时耗电输热比是系统在运行过程中的瞬时值，对于某采暖系统中某种水泵运行制度而言，瞬时耗电输热比是不断变化的，也就是说它的值是随供热负荷率的变化而变化的。为了使该评价指标不因检测时间的变化而改变，所以，本标准规定了"耗电输热比"的计算方法。

附录 A　仪器仪表的性能要求

本附录确定原则：其一是仪器仪表的档次以满足节能检测需要为前提；其二是积极采用新技术，努力提高检测仪表的自动化程度；其三是主张在满足本标准不确定度要求的前提下，仪器仪表因地制宜。所以本附录中要求的仪器仪表档次均为我国目前工程中普遍使用而市场上又易得的。

由于热量既是节能检测的终极目标之一，而且其检测手段又因价位不同而有别，为了因地制宜，便于本标准的推广实施，所以，对于该项参数检测用仪器仪表的扩展不确定度规定得较灵活，只要不大于检测值的 10％即可。

本附录表 A 中还规定了覆盖因子（k）的取值，本标准取 k 等于 2，即相当于置信水平约为 95％。

附录 B　单位采暖耗热量检测方法

B.0.2 本条为对原标准第 4.1.2 条的修改。

本条规定的热计量装置既包括由温度传感器、流量计和相应的二次仪表集约而成的一体化热表和非一体化的热表，也包括流量和温度分别测量，最后人工计算热量的测量方式。本条规定供回水温度计宜安装在外墙外侧且距建筑物外墙外表面 2.5m 以内的位置

是根据工程惯例确定的。按规定：建筑物外墙轴线外2.5m以内属于室内系统，而2.5m以外属于室外管网系统。但考虑到使用"外墙轴线"不如使用"外墙外表面"更方便，所以，本次修订采用了"外墙外表面"的提法。

B.0.3 本条为对原标准第4.1.5条的修改。

原标准第4.1.5条给出了计算"建筑物单位采暖耗热量"的计算公式，在原标准实施的6年里，发现了该计算公式的局限性。当检测期间，天空云量的量以及变化规律、包括炊事、照明、家电和人体散热在内的建筑物内部得热、室内通风换气次数都满足设计条件时，采用原标准第4.1.5条的公式进行折算出的数据才有比较的意义。更何况准确的建筑物平均室温的检测本身就是不易之事。在这种情况下，本次修订删掉了原标准式（4.1.5-1）和式（4.1.5-2）。本标准不主张通过对建筑物耗热量的检测结果进行温度修正来折算采暖期平均实际耗热量指标。考虑到在建筑节能检测过程中，常常会遇到有关单位采暖耗热量的检测问题，所以，为了方便使用和统一起见，本标准以附录的形式规定了检测要求和计算公式。

附录 C 年采暖耗热量指标

C.1 验 算 方 法

C.1.1 本条为新增条文。

在采用软件计算之前，要准备大量的有关数据，其中受检建筑物外围护结构的尺寸便是不可或缺的数据，一般来说建筑竣工图能提供全部数据，所以，本标准作了如是规定。

C.1.2 本条为新增条文。

一般情况下，要求对外墙和屋面主体部位的传热系数先进行检测，而后代入软件计算，但有时现场不具备传热系数的检测条件，例如对于未干透的墙体和屋面就很难实施检测，在诸如此类情况下，本标准规定可以根据实际做法经计算确定传热系数。这里的"实际做法"可能和设计图纸不相同，因为这种情况在我国时有发生。外门和外窗在安装之前，一般要经过抽样复检，所以，应该以复检的结果为依据。其他参数如地面的传热系数、节点的传热系数、外窗的遮阳系数等均应以实际为准。

C.1.3 本条为新增条文。

本条对实际建筑的建模条件进行了规定。居住建筑中地下室一般是作为辅助用房来设计的，即使有的地方将地下室改作旅馆、办公使用，但因不属于居住建筑的主流，所以，在计算时对地下室不用考虑。随着我国市场经济的发展，临街的居住建筑首层按店铺设计使用的比比皆是，为了统一起见，本标准规定对

于首层的店铺一律按居住建筑对待。

C.1.4 本条为新增条文。

为了统一室内计算条件，本条作了如是规定。由于建筑物内部得热很难得出一个准确的数据，所以，这里取内部得热为零。因为本标准仅关心建筑物的年采暖耗热量指标的相对值，而并不关心建筑物年采暖耗热量绝对值的大小，所以，内部得热取零不会影响评判结果。

C.1.5 本条为新增条文。

中国建筑科学研究院会同全国各有关单位正在编制全国建筑能耗模拟用气象数据库的国家标准。与此同时，国家气象局信息中心和清华大学已经联合编制了一套供建筑能耗分析计算用的全年的逐时气象数据，共涉及270个城市，现已出版发行。这就是说各地开展建筑能耗模拟计算所必需的逐时气象数据已经具备。但为了统一起见，本标准要求采用国家现行标准规定的当地典型气象年的逐时数据，对于暂无逐时气象数据的地区可以采用邻近地区的数据进行计算。

C.1.6 本条为新增条文。

本标准推荐采用动态计算软件，这是因为动态计算软件考虑的影响因素多，计算方法更贴近实际，所以计算结果的可信度较高。在国内的软件市场上，既有中国建筑科学研究院自主开发的PKPM系列软件、清华大学研制的DeST，也有DOE-2，EngerPlus，Transys，HASP等。但由于此类软件大都价格不菲，为推广使用带来了一定的障碍。软件的推广使用环境尚不能适应我国建筑节能工作的需要。鉴于我国目前的软件应用现状，为了推进建筑节能工作向前发展，对于条件尚不具备的用户，本标准规定可采用简易方法进行计算。

C.1.8 本条为新增条文。

本条对参照建筑物的确定原则进行了规定。

C.2 合格指标与判定方法

C.2.1 本条为新增条文。

原标准主张通过检测各个热力入口的供热量来折算标准规定状态下的耗热量指标，以此结果来评判该居住建筑的采暖耗热量是否满足设计标准的要求。实践证明：采用这种方法得到的结果和设计标准很难吻合；其次，在采暖系统供热计量尚未在全国实施的情况下，采用实测耗热量法做起来难度大，可操作性差。

设计标准中规定的计算条件是一种假定条件，在现实生活中未必能碰上。检测过程中，不能保证室内散热量正好是$3.8W/m^2$，也很难测准某时的室内散热量的准确值，况且，测量室内散热量也没有太大的实际意义；同时，也很难测准室内的通风换气次数。由于建筑物的采暖耗热量不仅受太阳辐射强度、天空云

量、室外风速、风向、室外空气温度的影响，而且还受室内内部散热量和居住者生活习惯的影响。由于室内外设计条件往往和检测时实际条件相去甚远，所以，给检测数据的折算和修正带来巨大的挑战。

为了解决这一对矛盾，最好的办法是当工程竣工图和施工图出现差异时，如同设计人员一样采用软件进行验算。只要通过软件计算，证明业已竣工的居住建筑物与其参照建筑相比，其年采暖耗热量不大于参照建筑即可。

附录 D 年空调耗冷量指标

D.1 验 算 方 法

D.1.1～D.1.3 为新增条文。

该3条的说明请参见本标准附录C第C.1.1条～第C.1.3条的条文说明。

D.1.4 本条为新增条文。

为了统一室内计算条件，本条作了如是规定。首先，很难得出一个准确的建筑物内部得热值；其次，因为本标准仅关心建筑物的年空调耗冷量指标的相对值，并不关心建筑物年空调耗冷量指标绝对值的大小，所以，内部得热取零不会影响评判结果。为简化起见，取内部得热为零。

D.1.5 本条为新增条文。

请参见本标准附录C第C.1.5条的条文说明。

D.1.6 本条为新增条文。

本条说明可参照本标准附录C第C.1.6条的条文说明。

D.1.7 本条为新增条文。

对各地年空调耗冷量指标计算的起止日期，我国尚无标准规定，也无需标准规定。因为何时投入空调系统的运行完全取决于室外气候状况、业主的经济水平和对室内环境的适应能力，所以，本标准未进行具体规定，而只要求符合当地空调季节惯例即可。

D.1.8 本条为新增条文。

本条说明参见本标准附录C第C.1.8条的条文说明。

D.2 合格指标与判定方法

D.2.1 本条为新增条文。

对于居住建筑物年空调耗冷量指标，本标准主张通过验算来进行对比，而不主张采用实测居住建筑物耗冷量的方法。原因很简单。实测耗冷量的方法既需要花费大量的人力、物力，而得到的数据又受检测时气象条件的影响较大，可比性较差。本标准采用年空调耗冷量指标而没有采用年空调耗电量指标，主要是因为年耗冷量是空调期间内建筑物逐时冷负荷的累计

值，所以，该指标仅反映建筑物热工性能的优劣，而不考虑空调系统的性能系数和使用者的使用习惯。事实上，对于一定的居住建筑物，在某种特定的室内外条件下，它的年耗冷量是一个常数。而居住建筑物的年空调耗电量指标却是随运行方式的不同而变化的，由于有人的因素在其中，所以，使得得出的数据不具备可比性。本标准只关心受检验建筑物的年空调耗冷量指标与参照建筑物的对比关系，而不关心其年空调耗冷量指标绝对值的大小。一栋建筑物通过节能检测，仅表明房屋开发商提供给用户的房屋产品满足我国节能设计标准的规定，但并不能说明该建筑物在使用过程中一定节能，因为，用户如何使用建筑物以及附属的空调系统，与最终是否节能关系密切。因为本标准关心的对象是房屋开发商交付的房屋产品本身的节能性能，而不是使用中所发生的实际能耗大小，所以，本标准作了如是规定。

附录 F 室外气象参数检测方法

F.1 一 般 规 定

F.1.1 本条为新增条文。

在实施建筑物围护结构热桥部位内表面温度、建筑物围护结构热工缺陷、建筑物围护结构隔热性能的检测时，均涉及室外气象参数的检测。检测项目不同时，需要检测的室外参数的检测起止时间均有所不同，所以，本标准作了如是规定。

F.1.2 本条为新增条文。

目前国内外已有很多自动气象站产品，武汉惠普的GPRS自动气象站，中国气象局的ZQZ-CII型气象站，英国的Minimet自动气象站，美国HOBO小型气象站，澳大利亚的Monitor自动气象站，InteliMet自动气象站等。自动气象站具有风速、风向、雨量、温度、湿度等气象数据的采集、存储、显示、远距离数据传输通讯和计算机气象数据处理功能。因此自动气象站被目前国内建筑行业的一些检测单位广泛使用。本条文建议在测试室外气象参数时，优先采用自动气象站。但对于北方地区，需要检测的气象参数仅为室外空气温度，可不必采用自动气象站。

F.1.3 本条为新增条文。

我国幅员辽阔，各地区气象参数差异较大，极端最高温度和极端最低温度变化的幅度比较大（详见表3）。仪表的测量范围与测试不确定度及仪表价格有很大关系。在全国范围内仅规定一个气象参数范围，不仅没有必要，而且仪表的价格会较高，因此本标准仅要求检测仪表满足测量当地的气象条件即可。

表3　我国典型地区极端最高（低）温度一览表

地　　名	极端最高温度（℃）	极端最低温度（℃）
漠河	36.8	-52.3
齐齐哈尔	40.1	-39.5
北京	40.6	-27.4
郑州	43.0	-17.9
上海	38.9	-10.1
广州	38.7	0.0
康定	28.9	-14.7

F.2　室外空气温度

F.2.1　本条为新增条文。

随着计算机技术的进步，智能型的检测仪得到了快速的发展，在国外，自动检测技术已用于空气温度、湿度、风速、太阳辐射照度、CO_2 气体浓度等参数的检测中，在国内，中国建筑科学研究院、哈尔滨工业大学、清华大学也在生产功能类似的产品，而且体积越来越小，一个单点的温度自动检测仪的体积仅如火柴盒大小。对室外空气温度的测量，由于受到测试温度范围和测试现场条件的限制，以前采用温度自动检测仪的不多，过去经常采用的方法是采用温度传感器，如铂电阻、铜电阻、热敏电阻和热电偶和相应的二次仪表进行组合工作。该类二次仪表具有自动采集和存储数据的功能，并可以和计算机接口。但新型温度自动检测仪的问世，基本解决了以往的困难。

F.2.2　本条为新增条文。

百叶箱是安装温、湿度传感器用的防护装置，它的内外表面应为白色。百叶箱的作用是防止太阳辐射对传感器的直接辐射和地面对传感器的反射辐射，保护仪表免受强风、雨、雪等的影响，并使传感器有适当的通风，能真实地感应外界空气温度和湿度的变化。百叶箱应水平固定在一个特制的支架上。支架应牢固地固定在地面或埋入地下，顶端约高出地面1250mm；百叶箱要保持洁白，木质百叶箱视具体情况每一至三年重新油漆一次；内外箱壁每月至少定期擦洗一次。

F.3　室外风速

F.3.1　本条为新增条文。

气象部门测量风速的仪器主要有 EL 型电接风向风速计、EN 型系列测风数据处理仪、海岛自动测风站、轻便风向风速表、单翼风向传感器和风杯风速传感器等。20 世纪 60 年代后期起，EL 型电接风向风速计一直被国家气象局指定为气象台站使用的测风仪器；自 1991 年起，EN 型系列测风数据处理仪被国家气象局正式规定列为气象仪器。

杯形叶轮风速仪的叶轮结构牢固，机械强度大，测量范围为（1～20）m/s，叶轮风速仪测量的准确性和操作者的熟练程度有很大关系。使用前应检查风速仪的指针是否在零位，开关是否灵活可靠。测定时，必须使气流方向垂直于叶轮的平面，当气流推动叶轮转动（20～30）s 后再启动开关开始测量，测定完毕后应将指针回零，读得风速值后还应在仪器所附的校正曲线上查得实际风速值。

F.3.2　本条为新增条文。

本条对风速测点的位置进行了规定。由于检测作业点常常不在距地面（1500～2000）mm 的范围内，而室外风速随高度的变化又不容忽视，所以，本标准提供了风速随高度变化的修正公式。本修正公式适合于高度在 100m 以下的应用场合，拟合公式 R^2 为 0.9813。

F.3.3　本条为新增条文。

建筑热工现场检测中所涉及的室外气流速度不大，所以常采用热电风速仪。热电风速仪由测头和指示仪表组成，操作简便，灵敏度高，反应速度快。测速范围有（0.05～5）m/s、（0.05～10）m/s、（0.05～20）m/s、（0.05～30）m/s 等几种。正常使用条件的环境温度为（-10～40）℃，相对湿度小于 85%。检测时，应将标记红色小点一面迎向气流，因为测头在风洞中标定时即为该位置。

F.4　太阳辐射照度

F.4.1　本条为新增条文。

因为检测水平面太阳辐射照度的最终结果与《民用建筑热工设计规范》GB 50176-93 给出的当地夏季太阳辐射照度最高值对比，不参与计算，因此其检测时间不需要与室内检测时间同步。

F.4.2　本条为新增条文。

本条规定水平面太阳辐射照度检测场地选择的原则，要避免周围障碍物的影响，和周围吸收、反射能力强的材料和物体的影响。对于北回归线以南的地区，夏季太阳会出现在北面，因此测试时，应同时注意避免北面障碍物的影响。

F.4.4　本条为新增条文。

本条规定天空辐射表的使用注意事项，避免误操作引起检测误差。

附录 G　外窗窗口气密性能检测操作程序

本节是结合《建筑外门窗气密、水密、抗风压性能分级及检测方法》GB/T 7106-2008 和美国标准《建筑外门窗空气渗透现场检测方法》（Standard test method for field measurement of air leakage through installed exterior windows and doors) ASTM E783-91，并结合工程检测实践编写的，旨在统一建筑物外窗气密性能现场检测操作程序，使检测数据具有可比性。

G.0.1 本条为新增条文。

本条主要是强调受检外窗的观感质量要满足使用要求。如果发现受检外窗的外观存在明显的缺陷，诸如关闭不严、存在明显的缝隙、密封条缺失等，则应该停止检测工作或另选其他的外窗。

G.0.2 本条为新增条文。

连续开启和关闭受检外窗 5 次的提法是参照《建筑外门窗气密、水密、抗风压性能分级及检测方法》GB/T 7106 - 2008 提出来的，旨在检测该受检外窗是否能正常的工作。

G.0.3 本条为新增条文。

本标准规定了两种安装气密性能检测装置的方法，一种是外窗安装法，另一种是房门安装法。实际上第二种方法是将整个房间当作一个静压箱来处理，是第一种安装方法的拓展，所以说两种方法的原理都是一样的。现场检测中究竟采用何种安装方法，则要因现场制宜。当房间内除受检外窗外还有其他开口部位时，必须先对其他的开口部位进行封堵，并且对这些封堵的质量进行目测之后，才能决定是否采用房门安装方法。实践表明，这种方法常常会造成较大的附加空气渗透量。当然，处理得好，也是可以应用的。从安装方法上，它是一个补充。

G.0.4 本条为新增条文。

本条主要是对密闭腔（室）的周边密封质量进行带压检查，以期将明显的透风问题解决在正式检测之前，所以，规定内外压差达到 150Pa。150Pa 这个数据是根据近年来全国各检测部门实际检测中的惯例而确定的。10min 钟的稳定时间是本标准编制组根据 2006 年 7 月和 8 月组织的外窗整体气密性能检测实践中总结出来的，因为倘若时间过短，便不可能完成整个粘接处的检查工作，所以，规定检漏时间至少要 10min。

G.0.5 本条为新增条文。

对检测装置的附加渗透量进行标定时，密封质量检查的方法和本附录 G.0.4 条的规定相同。由于涉及附加渗透量的标定，所以，密封的质量要求更高。

G.0.6 本条为新增条文。

本条对检测时减压程序和稳定时间进行了规定，目的是通过数据回归求得压差为 10Pa 时检测装置本身的附加空气渗透量。这个附加空气渗透量将要和同一受检外窗揭去室外侧密封带后的外窗整体空气渗透量进行比较，所以，附加空气渗透量的检测至关重要。

中华人民共和国行业标准

夏热冬冷地区居住建筑节能设计标准

Design standard for energy efficiency of residential buildings
in hot summer and cold winter zone

JGJ 134—2010

批准部门：中华人民共和国住房和城乡建设部
施行日期：２０１０年８月１日

中华人民共和国住房和城乡建设部

公　告

第 523 号

关于发布行业标准《夏热冬冷地区
居住建筑节能设计标准》的公告

　　现批准《夏热冬冷地区居住建筑节能设计标准》为行业标准，编号为 JGJ 134 - 2010，自 2010 年 8 月 1 日 起 实 施。其 中，第 4.0.3、4.0.4、4.0.5、4.0.9、6.0.2、6.0.3、6.0.5、6.0.6、6.0.7 条 为强制性条文，必须严格执行。原《夏热冬冷地区居住建筑节能设计标准》JGJ 134 - 2001 同时废止。

　　本标准由我部标准定额研究所组织中国建筑工业出版社出版发行。

中华人民共和国住房和城乡建设部
2010 年 3 月 18 日

前　　言

　　根据原建设部《关于印发〈2005 年工程建设标准规范制订、修订计划（第一批）〉的通知》（建标〔2005〕84 号）的要求，标准编制组经广泛调查研究，认真总结实践经验，参考有关国际标准和国外先进标准，并在广泛征求意见的基础上，修订本标准。

　　本标准的主要技术内容是：1. 总则；2. 术语；3. 室内热环境设计计算指标；4. 建筑和围护结构热工设计；5. 建筑围护结构热工性能的综合判断；6. 采暖、空调和通风节能设计等。

　　本次修订的主要技术内容是：重新确定住宅的围护结构热工性能要求和控制采暖空调能耗指标的技术措施；建立新的建筑围护结构热工性能综合判断方法；规定采暖空调的控制和计量措施。

　　本标准中以黑体字标志的条文为强制性条文，必须严格执行。

　　本标准由住房和城乡建设部负责管理和对强制性条文的解释，由中国建筑科学研究院负责具体技术内容的解释。执行过程中如有意见或建议，请寄送中国建筑科学研究院（地址：北京市北三环东路 30 号，邮政编码：100013）。

　　本 标 准 主 编 单 位：中国建筑科学研究院
　　本 标 准 参 编 单 位：重庆大学
　　　　　　　　　　　　中国建筑西南设计研究院有限公司
　　　　　　　　　　　　中国建筑业协会建筑节能专业委员会

上海市建筑科学研究院（集团）有限公司
江苏省建筑科学研究院有限公司
福建省建筑科学研究院
中南建筑设计研究院
重庆市建设技术发展中心
北京振利高新技术有限公司
巴斯夫（中国）有限公司
欧文斯科宁（中国）投资有限公司
哈尔滨天硕建材工业有限公司
中国南玻集团股份有限公司
秦皇岛耀华玻璃钢股份公司
乐意涂料（上海）有限公司

本标准主要起草人员：郎四维　林海燕　付祥钊
　　　　　　　　　　冯　雅　涂逢祥　刘明明
　　　　　　　　　　许锦峰　赵士怀　刘安平
　　　　　　　　　　周　辉　董　宏　姜　涵
　　　　　　　　　　林燕成　王　稚　康玉范
　　　　　　　　　　许武毅　李西平　邓　威
本标准主要审查人员：李百战　陆善后　寿炜炜
　　　　　　　　　　杨善勤　徐金泉　胡吉士
　　　　　　　　　　储兆佛　张瀛洲　郭和平

目　次

1　总则 ……………………………… 19—5
2　术语 ……………………………… 19—5
3　室内热环境设计计算指标 ………… 19—5
4　建筑和围护结构热工设计 ………… 19—5
5　建筑围护结构热工性能的综合
　　判断 ……………………………… 19—6
6　采暖、空调和通风节能设计 ……… 19—7

附录 A　面积和体积的计算 …………… 19—7
附录 B　外墙平均传热系数的
　　　　计算 ……………………… 19—8
附录 C　外遮阳系数的简化计算 ……… 19—8
本标准用词说明 ……………………… 19—9
引用标准名录 ………………………… 19—9
附：条文说明 ………………………… 19—10

Contents

1 General Provisions ·························· 19—5

2 Terms ································· 19—5

3 Calculation Index for Indoor Thermal
Environmental Design ···················· 19—5

4 Building and Building Envelope
Thermal Design ························· 19—5

5 Building Envelop Thermal
Performance Trade-off ················· 19—6

6 Energy Efficiency Design on
HVAC System ························ 19—7

Appendix A   Building Area and Volume
Calculation ···················· 19—7

Appendix B   Calculation for the
Mean Heat Transfer
Coefficient of
External Walls ··············· 19—8

Appendix C   Simplification on Building
Shading Coefficient ········· 19—8

Explanation of Wording in This
Code ······································· 19—9

List of Quoted Standards ···················· 19—9

Addition: Explanation of
Provisions ··············· 19—10

1 总　　则

1.0.1 为贯彻国家有关节约能源、保护环境的法律、法规和政策，改善夏热冬冷地区居住建筑热环境，提高采暖和空调的能源利用效率，制定本标准。

1.0.2 本标准适用于夏热冬冷地区新建、改建和扩建居住建筑的建筑节能设计。

1.0.3 夏热冬冷地区居住建筑必须采取节能设计，在保证室内热环境的前提下，建筑热工和暖通空调设计应将采暖和空调能耗控制在规定的范围内。

1.0.4 夏热冬冷地区居住建筑的节能设计，除应符合本标准的规定外，尚应符合国家现行有关标准的规定。

2 术　　语

2.0.1 热惰性指标(D)　index of thermal inertia

表征围护结构抵御温度波动和热流波动能力的无量纲指标，其值等于各构造层材料热阻与蓄热系数的乘积之和。

2.0.2 典型气象年(TMY)　typical meteorological year

以近10年的月平均值为依据，从近10年的资料中选取一年各月接近10年的平均值作为典型气象年。由于选取的月平均值在不同的年份，资料不连续，还需要进行月间平滑处理。

2.0.3 参照建筑　reference building

参照建筑是一栋符合节能标准要求的假想建筑。作为围护结构热工性能综合判断时，与设计建筑相对应的，计算全年采暖和空气调节能耗的比较对象。

3 室内热环境设计计算指标

3.0.1 冬季采暖室内热环境设计计算指标应符合下列规定：

1 卧室、起居室室内设计温度应取18℃；

2 换气次数应取1.0次/h。

3.0.2 夏季空调室内热环境设计计算指标应符合下列规定：

1 卧室、起居室室内设计温度应取26℃；

2 换气次数应取1.0次/h。

4 建筑和围护结构热工设计

4.0.1 建筑群的总体布置、单体建筑的平面、立面设计和门窗的设置应有利于自然通风。

4.0.2 建筑物宜朝向南北或接近朝向南北。

4.0.3 夏热冬冷地区居住建筑的体形系数不应大于

表4.0.3规定的限值。当体形系数大于表4.0.3规定的限值时，必须按照本标准第5章的要求进行建筑围护结构热工性能的综合判断。

表4.0.3　夏热冬冷地区居住建筑的体形系数限值

建筑层数	≤3层	(4~11)层	≥12层
建筑的体形系数	0.55	0.40	0.35

4.0.4 建筑围护结构各部分的传热系数和热惰性指标不应大于表4.0.4规定的限值。当设计建筑的围护结构中的屋面、外墙、架空或外挑楼板、外窗不符合表4.0.4的规定时，必须按照本标准第5章的规定进行建筑围护结构热工性能的综合判断。

表4.0.4　建筑围护结构各部分的传热系数(K)和热惰性指标(D)的限值

围护结构部位		传热系数 K[W/(m²·K)]	
		热惰性指标 $D \leq 2.5$	热惰性指标 $D > 2.5$
体形系数 ≤0.40	屋面	0.8	1.0
	外墙	1.0	1.5
	底面接触室外空气的架空或外挑楼板	1.5	
	分户墙、楼板、楼梯间隔墙、外走廊隔墙	2.0	
	户门	3.0(通往封闭空间) 2.0(通往非封闭空间或户外)	
	外窗(含阳台门透明部分)	应符合本标准表4.0.5-1、表4.0.5-2的规定	
体形系数 >0.40	屋面	0.5	0.6
	外墙	0.80	1.0
	底面接触室外空气的架空或外挑楼板	1.0	
	分户墙、楼板、楼梯间隔墙、外走廊隔墙	2.0	
	户门	3.0(通往封闭空间) 2.0(通往非封闭空间或户外)	
	外窗(含阳台门透明部分)	应符合本标准表4.0.5-1、表4.0.5-2的规定	

4.0.5 不同朝向外窗（包括阳台门的透明部分）的窗墙面积比不应大于表4.0.5-1规定的限值。不同朝向、不同窗墙面积比的外窗传热系数不应大于表

4.0.5-2 规定的限值；综合遮阳系数应符合表 4.0.5-2 的规定。当外窗为凸窗时，凸窗的传热系数限值应比表 4.0.5-2 规定的限值小 10%；计算窗墙面积比时，凸窗的面积应按洞口面积计算。当设计建筑的窗墙面积比或传热系数、遮阳系数不符合表 4.0.5-1 和表 4.0.5-2 的规定时，必须按照本标准第 5 章的规定进行建筑围护结构热工性能的综合判断。

表 4.0.5-1　不同朝向外窗的窗墙面积比限值

朝　　向	窗墙面积比
北	0.40
东、西	0.35
南	0.45
每套房间允许一个房间（不分朝向）	0.60

表 4.0.5-2　不同朝向、不同窗墙面积比的外窗传热系数和综合遮阳系数限值

建筑	窗墙面积比	传热系数 K [W/(m²·K)]	外窗综合遮阳系数 SC_W （东、西向/南向）
体形系数 ≤0.40	窗墙面积比≤0.20	4.7	—/—
	0.20<窗墙面积比≤0.30	4.0	—/—
	0.30<窗墙面积比≤0.40	3.2	夏季≤0.40/夏季≤0.45
	0.40<窗墙面积比≤0.45	2.8	夏季≤0.35/夏季≤0.40
	0.45<窗墙面积比≤0.60	2.5	东、西、南向设置外遮阳 夏季≤0.25　冬季≥0.60
体形系数 >0.40	窗墙面积比≤0.20	4.0	—/—
	0.20<窗墙面积比≤0.30	3.2	—/—
	0.30<窗墙面积比≤0.40	2.8	夏季≤0.40/夏季≤0.45
	0.40<窗墙面积比≤0.45	2.5	夏季≤0.35/夏季≤0.40
	0.45<窗墙面积比≤0.60	2.3	东、西、南向设置外遮阳 夏季≤0.25　冬季≥0.60

注：1　表中的"东、西"代表从东或西偏北 30°（含 30°）至偏南 60°（含 60°）的范围；"南"代表从南偏东 30°至偏西 30°的范围。
　　2　楼梯间、外走廊的窗不按本表规定执行。

4.0.6　围护结构热工性能参数计算应符合下列规定：

　　1　建筑物面积和体积应按本标准附录 A 的规定计算确定。

　　2　外墙的传热系数应考虑结构性冷桥的影响，取平均传热系数，其计算方法应符合本标准附录 B 的规定。

　　3　当屋顶和外墙的传热系数满足本标准表 4.0.4 的限值要求，但热惰性指标 D≤2.0 时，应按照《民用建筑热工设计规范》GB 50176-93 第 5.1.1 条来验算屋顶和东、西向外墙的隔热设计要求。

　　4　当砖、混凝土等重质材料构成的墙、屋面的面密度 ρ≥200kg/m² 时，可不计算热惰性指标，直接认定外墙、屋面的热惰性指标满足要求。

　　5　楼板的传热系数可按装修后的情况计算。

6　窗墙面积比应按建筑开间（轴距离）计算。

7　窗的综合遮阳系数应按下式计算：
$$SC = SC_C \times SD = SC_B \times (1 - F_K/F_C) \times SD \quad (4.0.6)$$
式中：SC——窗的综合遮阳系数；
　　　SC_C——窗本身的遮阳系数；
　　　SC_B——玻璃的遮阳系数；
　　　F_K——窗框的面积；
　　　F_C——窗的面积，F_K/F_C 为窗框面积比，PVC 塑钢窗或木窗窗框比可取 0.30，铝合金窗窗框比可取 0.20，其他框材的窗按相近原则取值；
　　　SD——外遮阳的遮阳系数，应按本标准附录 C 的规定计算。

4.0.7　东偏北 30°至东偏南 60°、西偏北 30°至西偏南 60°范围内的外窗应设置挡板式遮阳或可以遮住窗户正面的活动外遮阳，南向的外窗宜设置水平遮阳或可以遮住窗户正面的活动外遮阳。各朝向的窗户，当设置了可以完全遮住正面的活动外遮阳时，应认定满足本标准表 4.0.5-2 对外窗遮阳的要求。

4.0.8　外窗可开启面积（含阳台门面积）不应小于外窗所在房间地面面积的 5%。多层住宅外窗宜采用平开窗。

4.0.9　建筑物 1～6 层的外窗及敞开式阳台门的气密性等级，不应低于国家标准《建筑外门窗气密、水密、抗风压性能分级及检测方法》GB/T 7106-2008 中规定的 4 级；7 层及 7 层以上的外窗及敞开式阳台门的气密性等级，不应低于该标准规定的 6 级。

4.0.10　当外窗采用凸窗时，应符合下列规定：

　　1　窗的传热系数限值应比本标准表 4.0.5-2 中的相应值小 10%；

　　2　计算窗墙面积比时，凸窗的面积按窗洞口面积计算；

　　3　对凸窗不透明的上顶板、下底板和侧板，应进行保温处理，且板的传热系数不应低于外墙的传热系数的限值要求。

4.0.11　围护结构的外表面宜采用浅色饰面材料。平屋顶宜采取绿化、涂刷隔热涂料等隔热措施。

4.0.12　当采用分体式空气调节器（含风管机、多联机）时，室外机的安装位置应符合下列规定：

　　1　应稳定牢固，不应存在安全隐患；

　　2　室外机的换热器应通风良好，排出空气与吸入空气之间应避免气流短路；

　　3　应便于室外机的维护；

　　4　应尽量减小对周围环境的热影响和噪声影响。

5　建筑围护结构热工性能的综合判断

5.0.1　当设计建筑不符合本标准第 4.0.3、第

4.0.4和第4.0.5条中的各项规定时，应按本章的规定对设计建筑进行围护结构热工性能的综合判断。

5.0.2 建筑围护结构热工性能的综合判断应以建筑物在本标准第5.0.6条规定的条件下计算得出的采暖和空调耗电量之和为判据。

5.0.3 设计建筑在规定条件下计算得出的采暖耗电量和空调耗电量之和，不应超过参照建筑在同样条件下计算得出的采暖耗电量和空调耗电量之和。

5.0.4 参照建筑的构成应符合下列规定：

　1　参照建筑的建筑形状、大小、朝向以及平面划分均应与设计建筑完全相同；

　2　当设计建筑的体形系数超过本标准表4.0.3的规定时，应按同一比例将参照建筑每个开间外墙和屋面的面积分为传热面积和绝热面积两部分，并应使得参照建筑外围护的所有传热面积之和除以参照建筑的体积等于本标准表4.0.3中对应的体形系数限值；

　3　参照建筑外墙的开窗位置应与设计建筑相同，当某个开间的窗面积与该开间的传热面积之比大于本标准表4.0.5-1的规定时，应缩小该开间的窗面积，并应使得窗面积与该开间的传热面积之比符合本标准表4.0.5-1的规定；当某个开间的窗面积与该开间的传热面积之比小于本标准表4.0.5-1的规定时，该开间的窗面积不应作调整；

　4　参照建筑屋面、外墙、架空或外挑楼板的传热系数应取本标准表4.0.4中对应的限值，外窗的传热系数应取本标准表4.0.5中对应的限值。

5.0.5 设计建筑和参照建筑在规定条件下的采暖和空调年耗电量应采用动态方法计算，并应采用同一版本计算软件。

5.0.6 设计建筑和参照建筑的采暖和空调年耗电量的计算应符合下列规定：

　1　整栋建筑每套住宅室内计算温度，冬季应全天为18℃，夏季应全天为26℃；

　2　采暖计算期应为当年12月1日至次年2月28日，空调计算期应为当年6月15日至8月31日；

　3　室外气象计算参数应采用典型气象年；

　4　采暖和空调时，换气次数应为1.0次/h；

　5　采暖、空调设备为家用空气源热泵空调器，制冷时额定能效比应取2.3，采暖时额定能效比应取1.9；

　6　室内得热平均强度应取4.3W/m²。

6　采暖、空调和通风节能设计

6.0.1 居住建筑采暖、空调方式及其设备的选择，应根据当地能源情况，经技术经济分析，及用户对设备运行费用的承担能力综合考虑确定。

6.0.2 当居住建筑采用集中采暖、空调系统时，必须设置分室（户）温度调节、控制装置及分户热（冷）量计量或分摊设施。

6.0.3 除当地电力充足和供电政策支持、或者建筑所在地无法利用其他形式的能源外，夏热冬冷地区居住建筑不应设计直接电热采暖。

6.0.4 居住建筑进行夏季空调、冬季采暖，宜采用下列方式：

　1　电驱动的热泵型空调器（机组）；

　2　燃气、蒸汽或热水驱动的吸收式冷（热）水机组；

　3　低温地板辐射采暖方式；

　4　燃气（油、其他燃料）的采暖炉采暖等。

6.0.5 当设计采用户式燃气采暖热水炉作为采暖热源时，其热效率应达到国家标准《家用燃气快速热水器和燃气采暖热水炉能效限定值及能效等级》GB 20665-2006中的第2级。

6.0.6 当设计采用电机驱动压缩机的蒸气压缩循环冷水（热泵）机组，或采用名义制冷量大于7100W的电机驱动压缩机单元式空气调节机，或采用蒸气、热水型溴化锂吸收式冷水机组或直燃型溴化锂吸收式冷（温）水机组作为住宅小区或整栋楼的冷热源机组时，所选用机组的能效比（性能系数）应符合现行国家标准《公共建筑节能设计标准》GB 50189中的规定值；当设计采用多联式空调（热泵）机组作为户式集中空调（采暖）机组时，所选用机组的制冷综合性能系数（IPLV（C））不应低于国家标准《多联式空调（热泵）机组能效限定值及能源效率等级》GB 21454-2008中规定的第3级。

6.0.7 当选择土壤源热泵系统、浅层地下水源热泵系统、地表水（淡水、海水）源热泵系统、污水水源热泵系统作为居住区或户用空调的冷热源时，严禁破坏、污染地下资源。

6.0.8 当采用分散式房间空调器进行空调和（或）采暖时，宜选择符合国家标准《房间空气调节器能效限定值及能效等级》GB 12021.3和《转速可控型房间空气调节器能效限定值及能源效率等级》GB 21455中规定的节能型产品（即能效等级2级）。

6.0.9 当技术经济合理时，应鼓励居住建筑中采用太阳能、地热能等可再生能源，以及在居住建筑小区采用热、电、冷联产技术。

6.0.10 居住建筑通风设计应处理好室内气流组织、提高通风效率。厨房、卫生间应安装局部机械排风装置。对采用采暖、空调设备的居住建筑，宜采用带热回收的机械换气装置。

附录A　面积和体积的计算

A.0.1 建筑面积应按各层外墙外包线围成面积的总和计算。

A.0.2 建筑体积应按建筑物外表面和底层地面围成的体积计算。

A.0.3 建筑物外表面积应按墙面面积、屋顶面积和下表面直接接触室外空气的楼板面积的总和计算。

附录 B 外墙平均传热系数的计算

B.0.1 外墙受周边热桥的影响（图 B.0.1），其平均传热系数应按下式计算：

$$K_m = \frac{K_P \cdot F_P + K_{B1} \cdot F_{B1} + K_{B2} \cdot F_{B2} + K_{B3} \cdot F_{B3}}{F_P + F_{B1} + F_{B2} + F_{B3}}$$

(B.0.1)

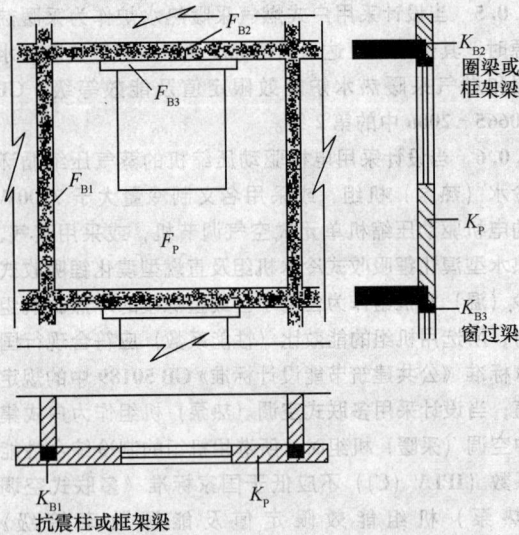

图 B.0.1 外墙主体部位与周边热桥部位示意

式中：　　K_m——外墙的平均传热系数 [W/(m²·K)]；

　　　　　K_P——外墙主体部位的传热系数 [W/(m²·K)]，应按国家标准《民用建筑热工设计规范》GB 50176-93 的规定计算；

K_{B1}、K_{B2}、K_{B3}——外墙周边热桥部位的传热系数 [W/(m²·K)]；

　　　　　F_P——外墙主体部位的面积（m²）；

F_{B1}、F_{B2}、F_{B3}——外墙周边热桥部位的面积（m²）。

附录 C 外遮阳系数的简化计算

C.0.1 外遮阳系数应按下式计算：

$$SD = ax^2 + bx + 1$$ (C.0.1-1)

$$x = A/B$$ (C.0.1-2)

式中：SD——外遮阳系数；

　　　x——外遮阳特征值，$x>1$ 时，取 $x=1$；

　　　a、b——拟合系数，宜按表 C.0.1 选取；

　　　A、B——外遮阳的构造定性尺寸，宜按图 C.0.1-1～图 C.0.1-5 确定。

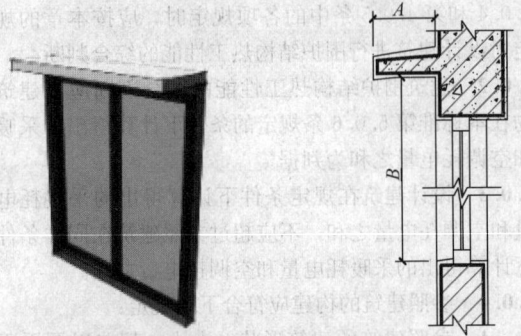

图 C.0.1-1　水平式外遮阳的特征值

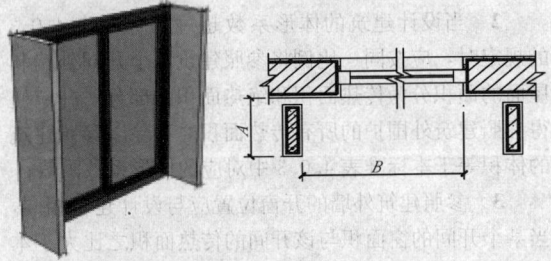

图 C.0.1-2　垂直式外遮阳的特征值

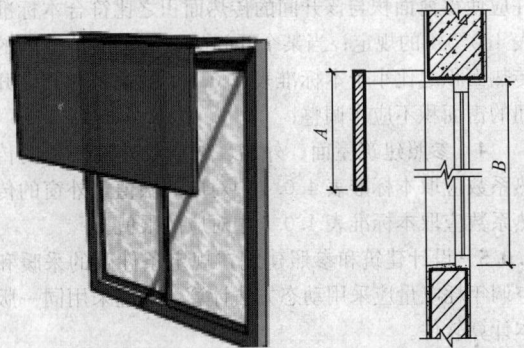

图 C.0.1-3　挡板式外遮阳的特征值

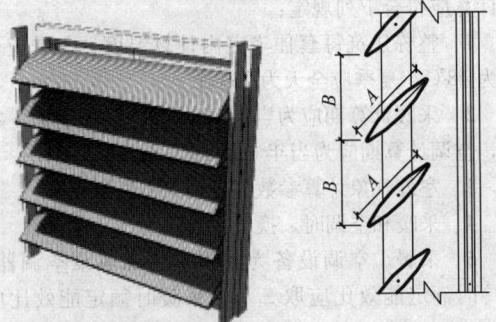

图 C.0.1-4　横百叶挡板式外遮阳的特征值

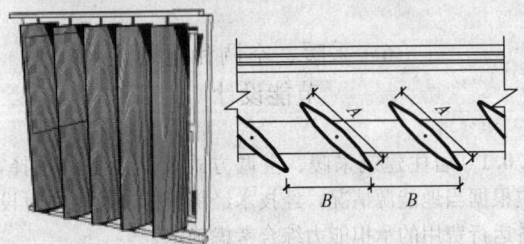

图 C.0.1-5　竖百叶挡板式外遮阳的特征值

表 C.0.1 外遮阳系数计算用的拟合系数 a、b

气候区	外遮阳基本类型	拟合系数	东	南	西	北
夏热冬冷地区	水平式 (图 C.0.1-1)	a	0.36	0.50	0.38	0.28
		b	−0.80	−0.80	−0.81	−0.54
	垂直式 (图 C.0.1-2)	a	0.24	0.33	0.24	0.48
		b	−0.54	−0.72	−0.53	−0.89
	挡板式 (图 C.0.1-3)	a	0.00	0.35	0.00	0.13
		b	−0.96	−1.00	−0.96	−0.93
	固定横百叶挡板式 (图 C.0.1-4)	a	0.50	0.50	0.52	0.37
		b	−1.20	−1.20	−1.30	−0.92
	固定竖百叶挡板式 (图 C.0.1-5)	a	0.00	0.16	0.19	0.56
		b	−0.66	−0.92	−0.71	−1.16
	活动横百叶挡板式 (图 C.0.1-4)	冬 a	0.23	0.03	0.23	0.20
		冬 b	−0.66	−0.47	−0.69	−0.62
		夏 a	0.56	0.79	0.57	0.60
		夏 b	−1.30	−1.40	−1.30	−1.30
	活动竖百叶挡板式 (图 C.0.1-5)	冬 a	0.29	0.14	0.31	0.20
		冬 b	−0.87	−0.64	−0.86	−0.62
		夏 a	0.14	0.42	0.12	0.84
		夏 b	−0.75	−1.11	−0.73	−1.47

C.0.2 组合形式的外遮阳系数,可由参加组合的各种形式遮阳的外遮阳系数的乘积来确定,单一形式的外遮阳系数应按本标准式(C.0.1-1)、式(C.0.1-2)计算。

C.0.3 当外遮阳的遮阳板采用有透光能力的材料制作时,应按下式进行修正:

$$SD = 1 - (1 - SD^*)(1 - \eta^*) \quad (C.0.3)$$

式中:SD^*——外遮阳的遮阳板采用非透明材料制作时的外遮阳系数,按本标准式(C.0.1-1)、式(C.0.1-2)计算。

η^*——遮阳板的透射比,按表 C.0.3 选取。

表 C.0.3 遮阳板的透射比

遮阳板使用的材料	规　格	η^*
织物面料、玻璃钢类板	—	0.40
玻璃、有机玻璃类板	深色:$0 < S_e \leq 0.6$	0.60
	浅色:$0.6 < S_e \leq 0.8$	0.80
金属穿孔板	穿孔率:$0 < \varphi \leq 0.2$	0.10
	穿孔率:$0.2 < \varphi \leq 0.4$	0.30
	穿孔率:$0.4 < \varphi \leq 0.6$	0.50
	穿孔率:$0.6 < \varphi \leq 0.8$	0.70
铝合金百叶板	—	0.20

续表 C.0.3

遮阳板使用的材料	规　格	η^*
木质白叶板	—	0.25
混凝土花格	—	0.50
木质花格		0.45

本标准用词说明

1 为便于在执行本标准条文时区别对待,对要求严格程度不同的用词说明如下:

1) 表示很严格,非这样做不可的:
正面词采用"必须",反面词采用"严禁";

2) 表示严格,在正常情况下均应这样做的:
正面词采用"应",反面词采用"不应"或"不得";

3) 表示允许稍有选择,在条件许可时首先应这样做的:
正面词采用"宜",反面词采用"不宜";

4) 表示有选择,在一定条件下可以这样做的,采用"可"。

2 条文中指明应按其他有关标准执行的写法为:"应符合……的规定"或"应按……执行"。

引用标准名录

1 《民用建筑热工设计规范》GB 50176 - 93

2 《公共建筑节能设计标准》GB 50189

3 《建筑外门窗气密、水密、抗风压性能分级及检测方法》GB/T 7106 - 2008

4 《房间空气调节器能效限定值及能效等级》GB 12021.3

5 《家用燃气快速热水器和燃气采暖热水炉能效限定值及能效等级》GB 20665 - 2006

6 《多联式空调(热泵)机组能效限定值及能源效率等级》GB 21454 - 2008

7 《转速可控型房间空气调节器能效限定值及能源效率等级》GB 21455

中华人民共和国行业标准

夏热冬冷地区居住建筑节能设计标准

JGJ 134—2010

条 文 说 明

修 订 说 明

《夏热冬冷地区居住建筑节能设计标准》JGJ 134 - 2010 经住房和城乡建设部 2010 年 3 月 18 日以第 523 号公告批准、发布。

本标准是在《夏热冬冷地区居住建筑节能设计标准》JGJ 131 - 2001的基础上修订而成，上一版的主编单位是中国建筑科学研究院、重庆大学，参编单位是中国建筑业协会建筑节能专业委员会、上海市建筑科学研究院、同济大学、江苏省建筑科学研究院、东南大学、中国西南建筑设计研究院、成都市墙体改革和建筑节能办公室、武汉市建工科研设计院、武汉市建筑节能办公室、重庆市建筑技术发展中心、北京中建建筑科学技术研究院、欧文斯科宁公司上海科技中心、北京振利高新技术公司、爱迪士（上海）室内空气技术有限公司，主要起草人员是：郎四维、付祥钊、林海燕、涂逢祥、刘明明、蒋太珍、冯雅、许锦峰、林成高、杨维菊、徐吉浣、彭家惠、鲁向东、段恺、孙克光、黄振利、王一丁。

本次修订的主要技术内容是：1. "建筑与围护结构热工设计"规定了体形系数限值、窗墙面积比限值和围护结构热工参数限值；并且规定体形系数、窗墙面积比或围护结构热工参数超过限值时，应进行围护结构热工性能的综合判断。2. "建筑围护结构热工性能的综合判断"规定了围护结构热工性能的综合判断的方法，细化和固定了计算条件。3. "采暖、空调和通风节能设计"在满足节能要求的条件下，提出冷源、热源、通风与空气调节系统设计的基本规定，提供相应的指导原则和技术措施。

为便于广大设计、施工、科研、学校等单位有关人员在使用本标准时能正确理解和执行条文规定，《夏热冬冷地区居住建筑节能设计标准》编制组按章、节、条顺序编制了本标准的条文说明，对条文规定的目的、依据以及执行中需注意的有关事项进行了说明，还着重对强制性条文的强制性理由作了解释。但是，本条文说明不具备与标准正文同等的法律效力，仅供使用者作为理解和把握标准规定的参考。在使用中如果发现本条文说明有不妥之处，请将意见函寄中国建筑科学研究院。

目　次

1　总则 ……………………… 19—13

3　室内热环境设计计算指标……… 19—13

4　建筑和围护结构热工设计……… 19—14

5　建筑围护结构热工性能的综合

判断 ……………………… 19—17

6　采暖、空调和通风节能设计 ……… 19—18

附录C　外遮阳系数的简化计算 ……… 19—21

1 总　则

1.0.1 新修订通过的《中华人民共和国节约能源法》已于 2008 年 4 月 1 日起施行。其中第三十五条规定"建筑工程的建设、设计、施工和监理单位应当遵守建筑节能标准"。国务院制定的《民用建筑节能条例》也自 2008 年 10 月 1 日起施行。该条例要求在保证民用建筑使用功能和室内热环境质量的前提下，降低其使用过程中能源消耗。原建设部《建筑节能"九五"计划和 2010 年规划》、《建筑节能技术政策》规定"夏热冬冷地区新建民用建筑 2000 年起开始执行建筑热环境及节能标准"。

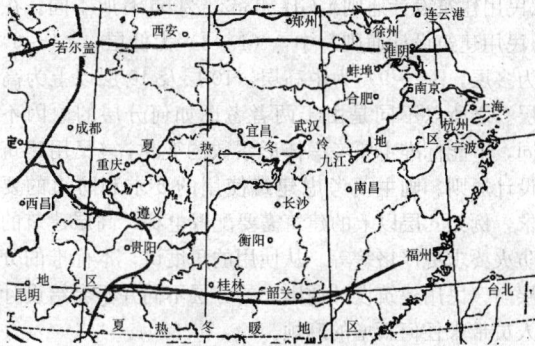

图 1　夏热冬冷地区区域范围

　　夏热冬冷地区是指长江中下游及其周围地区（其确切范围由现行国家标准《民用建筑热工设计规范》GB 50176 确定，图 1 是该规范的附录八'全国建筑热工设计分区图'中的夏热冬冷地区部分）。该地区的范围大致为陇海线以南，南岭以北，四川盆地以东，包括上海、重庆二直辖市，湖北、湖南、江西、安徽、浙江五省全部，四川、贵州二省东半部，江苏、河南二省南半部，福建省北半部，陕西、甘肃二省南端，广东、广西二省区北端，涉及 16 个省、市、自治区。该地区面积约 180 万平方公里，人口 5.5 亿左右，国内生产总值约占全国的 48%，是一个人口密集、经济发达的地区。

　　该地区夏季炎热，冬季寒冷。改革开放以来，随着我国经济的高速增长，该地区的城镇居民越来越多地采取措施，自行解决住宅冬夏季的室内热环境问题，夏季空调冬季采暖日益普及。由于该地区过去一般不用采暖和空调，居住建筑的设计对保温隔热问题不够重视，围护结构的热工性能普遍很差。主要采暖设备也只是电暖器和暖风机，能效比很低，电能浪费很大。这种状况如不改变，该地区的采暖、空调能源消耗必然急剧上升，将会阻碍社会经济的发展，不利于环境保护。因此，推进该地区建筑节能、势在必行。该地区正在大规模建设居住建筑，有必要制定更加有效的居住建筑节能设计标准，更好地贯彻执行国家有

关建筑节能的方针、政策和法规制度，节约能源，保护环境，改善居住建筑热环境，提高采暖和空调的能源利用效率。

1.0.2 本标准的内容主要是对夏热冬冷地区居住建筑从建筑、围护结构和暖通空调设计方面提出节能措施，对采暖和空调能耗规定控制指标。

　　当其他类型的既有建筑改建为居住建筑时，以及原有的居住建筑进行扩建时，都应该按照本标准的要求采取节能措施，必须符合本标准的各项规定。

　　本标准适用于各类居住建筑，其中包括住宅、集体宿舍、住宅式公寓、商住楼的住宅部分、托儿所、幼儿园等。

　　近年来，为了落实既定的建筑节能目标，很多地方都开始了成规模的既有居住建筑节能改造。由于既有居住建筑的节能改造在经济和技术两个方面与新建居住建筑有很大的不同，因此，本标准并不涵盖既有居住建筑的节能改造。

1.0.3 夏热冬冷地区过去是个非采暖地区，建筑设计不考虑采暖的要求，也谈不上夏季空调降温。建筑围护结构的热工性能差，室内热环境质量恶劣，即使采用采暖、空调，其能源利用效率也往往较低。本标准的要求，首先是要保证室内热环境质量，提高人民的居住水平；同时要提高采暖、空调能源利用效率，贯彻执行国家可持续发展战略。

1.0.4 本标准对居住建筑的有关建筑、热工、采暖、通风和空调设计中所采取的节能措施作出了规定，但建筑节能涉及的专业较多，相关专业均制定了相应的标准，也规定了节能规定。所以，该地区居住建筑节能设计，除符合本标准外，尚应符合国家现行的有关强制性标准、规范的规定。

3　室内热环境设计计算指标

3.0.1 室内热环境质量的指标体系包括温度、湿度、风速、壁面温度等多项指标。本标准只提了温度指标和换气指标，原因是考虑到一般住宅极少配备集中空调系统，湿度、风速等参数实际上无法控制。另一方面，在室内热环境的诸多指标中，对人体的舒适以及对采暖能耗影响最大的是温度指标，换气指标则是从人体卫生角度考虑必不可少的指标。所以只提了空气温度指标和换气指标。

　　本条文规定的 18℃ 只是一个计算参数，在进行围护结构热工性能综合判断时用来计算采暖能耗，并不等于实际的室温。实际的室温是由住户自己控制的。

　　换气次数是室内热环境的另外一个重要的设计指标。冬季，室外的新鲜空气进入室内，一方面有利于确保室内的卫生条件，另一方面又要消耗大量的能量，因此要确定一个合理的换气次数。一般情况，住

宅建筑的净高在 2.5m 以上，按人均居住面积 20m² 计算，1 小时换气 1 次，人均占有新风 50m³。

本条文规定的换气次数也只是一个计算参数，同样是在进行围护结构热工性能综合判断时用来计算采暖能耗，并不等于实际的新风量。实际的通风换气是由住户自己控制的。

3.0.2 本条文规定的 26℃ 只是一个计算参数，在进行围护结构热工性能综合判断时用来计算空调能耗，并不等于实际的室温。实际的室温是由住户自己控制的。

本条文规定的换气次数也只是一个计算参数，同样是在进行围护结构热工性能综合判断时用来计算空调能耗，并不等于实际的新风量。实际的通风换气是由住户自己控制的。

潮湿是夏热冬冷地区气候的一大特点。在本节室内热环境主要设计计算指标中虽然没有明确提出相对湿度设计指标，但并非完全没有考虑潮湿问题。实际上，空调机在制冷工况下运行时，会去湿功能而改善室内舒适程度。

4 建筑和围护结构热工设计

4.0.1 夏热冬冷地区的居住建筑，在春秋季和夏季凉爽时段，组织好室内外的自然通风，不仅有利于改善室内的热舒适程度，而且可减少空调运行的时间，降低建筑物的实际使用能耗。因此在建筑群的总体布置和单体建筑的设计时，考虑自然通风是十分必要的。

4.0.2 太阳辐射得热对建筑能耗的影响很大，夏季太阳辐射得热增加制冷负荷，冬季太阳辐射得热降低采暖负荷。由于太阳高度角和方位角的变化规律，南北朝向的建筑夏季可以减少太阳辐射得热，冬季可以增加太阳辐射得热，是最有利的建筑朝向。但由于建筑物的朝向还受到其他许多因素的制约，不可能都为南北朝向，所以本条用了"宜"字。

4.0.3 本条为强制性条文。

建筑物体形系数是指建筑物的外表面积与外表面积所包的体积之比。体形系数是表征建筑热工特性的一个重要指标，与建筑物的层数、体量、形状等因素有关。体形系数越大，则表现出建筑的外围护结构面积大，体形系数越小则表现出建筑外围护结构面积小。

体形系数的大小对建筑能耗的影响非常显著。体形系数越小，单位建筑面积对应的外表面积越小，外围护结构的传热损失越小。从降低建筑能耗的角度出发，应该将体形系数控制在一个较低的水平上。

但是，体形系数不只是影响外围护结构的传热损失，它还与建筑造型、平面布局、采光通风等紧密相关。体形系数过小，将制约建筑师的创造性，造成建

筑造型呆板，平面布局困难，甚至损害建筑功能。因此应权衡利弊，兼顾不同类型的建筑造型，来确定体形系数。当体形系数超过规定时，则要求提高建筑围护结构的保温隔热性能，并按照本标准第 5 章的规定通过建筑围护结构热工性能综合判断，确保实现节能目标。

表 4.0.3 中的建筑层数分为三类，是根据目前本地区大量新建居住建筑的种类来划分的。如（1～3）层多为别墅，（4～11）层多为板式结构楼，其中 6 层板式楼最常见，12 层以上多为高层塔楼。考虑到这三类建筑本身固有的特点，即低层建筑的体形系数较大，高层建筑的体形系数较小，因此，在体形系数的限值上有所区别。这样的分层方法与现行国家标准《民用建筑设计通则》GB 50352-2005 有所不同。在《民用建筑设计通则》中，（1～3）为低层，（4～6）为多层，（7～9）为中高层，10 层及 10 层以上为高层。之所以不同是由于两者考虑如何分层的原因不同，节能标准主要考虑体形系数的变化，《民用建筑设计通则》则主要考虑建筑使用的要求和防火的要求，例如 6 层以上的建筑需要配置电梯，高层建筑的防火要求更严格等等。从使用的角度讲，本标准的分层与《民用建筑设计通则》的分层不同并不会给设计人员带来任何新增的麻烦。

4.0.4 本条为强制性条文。

本条文规定了墙体、屋面、楼地面及户门的传热系数和热惰性指标限值，其中分户墙、楼板、楼梯间隔墙、外走廊隔墙、户门的传热系数限值一定不能突破，外围护结构的传热系数如果超过限值，则必须按本标准第 5 章的规定进行围护结构热工性能的综合判断。

之所以作出这样的规定是基于如下的考虑：按第 5 章的规定进行的围护结构热工性能的综合判断只涉及屋面、外墙、外窗等与室外空气直接接触的外围护结构，与分户墙、楼板、楼梯间隔墙等无关。

在夏热冬冷地区冬夏两季的采暖和空调降温是居民的个体行为，基本上是部分时间、部分空间的采暖和空调，因此要减小房间和楼内公共空间之间的传热，减小户间的传热。

夏热冬冷地区是一个相当大的地区，区内各地的气候差异仍然很大。在进行节能建筑围护结构热工设计时，既要满足冬季保温，又要满足夏季隔热的要求。采用平均传热系数，是考虑了围护结构周边混凝土梁、柱、剪力墙等"热桥"的影响，以保证建筑在夏季空调和冬季采暖时通过围护结构的传热量小于标准的要求，不至于造成由于忽略了热桥影响而建筑耗热量或耗冷量的计算值偏小，使设计的建筑物达不到预期的节能效果。

将这一地区高于等于 6 层的建筑屋面和外墙的传热系数值统一定为 1.0（或 0.8）W/(m²·K) 和 1.5（或

1.0)W/(m² · K)，并不是没有考虑这一地区的气候差异。重庆、成都、湖北(武汉)、江苏(南京)、上海等的地方节能标准反映了这一地区的气候差异，这些标准对屋面和外墙的传热系数的规定与本标准基本上是一致的。

根据无锡、重庆、成都等地节能居住建筑几个试点工程的实际测试数据和DOE—2程序能耗分析的结果都表明，在这一地区改变围护结构传热系数时，随着K值的减小，能耗指标的降低并非按线性规律变化，当屋面K值降为1.0W/(m² · K)，外墙平均K值降为1.5W/(m² · K)时，再减小K值对降低建筑能耗的作用已不明显。因此，本标准考虑以上因素和降低围护结构的K值所增加的建筑造价，认为屋面K值定为1.0(或0.8)W/(m² · K)，外墙K值为1.5(或1.0)W/(m² · K)，在目前情况下对整个地区都是比较适合的。

本标准对墙体和屋顶传热系数的要求并不太高的。主要原因是要考虑整个地区的经济发展的不平衡性。某些经济不太发达的省区，节能墙体主要靠使用空心砖和保温砂浆等材料。使用这类材料去进一步降低K值就要显著增加墙体的厚度，造价会随之大幅度增长，节能投资的回收期延长。但对于某些经济发达的省区，可能会使用高效保温材料来提高墙体的保温性能，例如采取聚苯乙烯泡沫塑料做墙体外保温。采用这样的技术，进一步降低墙体的K值，只要增加保温层的厚度即可，造价不会成比例增加，所以进一步降低K值是可行的，也是经济的。屋顶的情况也是如此。如果采用聚苯乙烯泡沫塑料做屋顶的保温层，保温层适当增厚，不会大幅度增加屋面的总造价，而屋面的K值则会明显降低，也是经济合理的。

建筑物的使用寿命比较长，从长远来看，应鼓励围护结构采用较高档的节能技术和产品，热工性能指标突破本标准的规定。经济发达的地区，建筑节能工作开展得比较早的地区，应该往这个方向努力。

本标准对D值作出规定是考虑了夏热冬冷地区的特点。这一地区夏季外围护结构严重地受到不稳定温度波作用，例如夏季实测屋面外表面最高温度南京可达62℃，武汉64℃，重庆61℃以上，西墙外表面温度南京可达51℃，武汉55℃，重庆56℃以上，夜间围护结构外表面温度可降至25℃以下，对处于这种温度波幅很大的非稳态传热条件下的建筑围护结构来说，只采用传热系数这个指标不能全面地评价围护结构的热工性能。传热系数只是描述围护结构传热能力的一个性能参数，是在稳态传热条件下建筑围护结构的评价指标。在非稳态传热的条件下，围护结构的热工性能除了用传热系数这个参数之外，还应该用抵抗温度波和热流波在建筑围护结构中传播能力的热惰性指标D来评价。

目前围护结构采用轻质材料越来越普遍。当采用轻质材料时，虽然其传热系数满足标准的规定值，但热惰性指标D可能达不到标准的要求，从而导致围护结构内表面温度波幅过大。武汉、成都、重庆荣昌、上海径南小区等节能建筑试点工程建筑围护结构热工性能实测数据表明，夏季无论是自然通风、连续空调还是间歇空调，砖混等厚重结构与加气混凝土砌块、混凝土空心砌块等中型结构以及金属夹芯板等轻型结构相比，外围护结构内表面温度波幅差别很大。在满足传热系数规定的条件下，连续空调时，空心砖加保温材料的厚重结构外墙内表面温度波幅值为(1.0~1.5)℃，加气混凝土外墙内表面温度波幅为(1.5~2.2)℃，空心混凝土砌块加保温材料外墙内表面温度波幅为(1.5~2.5)℃，金属夹芯板外墙内表面温度波幅为(2.0~3.0)℃。在间歇空调时，内表面温度波幅比连续空调要增加1℃。自然通风时，轻型结构外墙和屋顶的内表面使人明显地感到一种烘烤感。例如在重庆荣昌节能试点工程中，采用加气混凝土175mm作为屋面隔热层，屋面总热阻达到1.07m² · kW，但因屋面的热稳定性差，其内表面温度达37.3℃，空调时内表面温度最高达31℃，波幅大于3℃。因此，对屋面和外墙的D值作出规定，是为了防止因采用轻型结构D值减小后，室内温度波幅过大以及在自然通风条件下，夏季屋面和东西外墙内表面温度可能高于夏季室外计算温度最高值，不能满足《民用建筑热工设计规范》GB 50176-93的规定。

将夏热冬冷地区外墙的平均传热系数K_m及热惰性指标分两个标准对应控制，这样更能切合目前外墙材料及结构构造的实际情况。

围护结构按体形系数的不同，分两档确定传热系数K限值和热惰性指标D值。建筑体形系数越大，则接受的室外热作用越大，热、冷失失也越大。因此，体形系数大者则理应保温隔热性能要求高一些，即传热系数K限值应小一些。

根据夏热冬冷地区实际的使用情况和楼地面传热系数便于计算考虑，对不属于同一户的层间楼地面和分户墙、楼底面接触室外空气的架空楼地面作了传热系数限值规定；底层为使用性质不确定的临街商铺的上层楼地面传热系数限值，可参照楼地面接触室外空气的架空楼地面执行。

由于采暖、空调房间的门对能耗也有一定的影响，因此，明确规定了采暖、空调房间通往室外的门(如户门、通往户外花园的门、阳台门)和通往封闭式空间(如封闭式楼梯间、封闭阳台等)或非封闭式空间(如非封闭式楼梯间、开敞阳台等)的门的传热系数K的不同限值。

4.0.5 本条为强制性条文。

窗墙面积比是指窗户洞口面积与房间立面单元面积(即建筑层高与开间定位线围成的面积)之比。

普通窗户(包括阳台门的透明部分)的保温性能

比外墙差很多，尤其是夏季白天通过窗户进入室内的太阳辐射热也比外墙多得多。一般而言，窗墙面积比越大，则采暖和空调的能耗也越大。因此，从节约的角度出发，必须限制窗墙面积比。在一般情况下，应以满足室内采光要求作为窗墙面积比的确定原则，表4.0.5-1中规定的数值能满足较大进深房间的采光要求。

在夏热冬冷地区，人们无论是过渡季节还是冬、夏两季普遍有开窗加强房间通风的习惯。一是自然通风改善了室内空气品质；二是夏季在两个连晴高温期间的阴雨降温过程或降雨后连晴高温开始升温过程的夜间，室外气候凉爽宜人，加强房间通风能带走室内余热和积蓄冷量，可以减少空调运行时的能耗。因此需要较大的开窗面积。此外，南窗大有利于冬季日照，可以通过窗口直接获得太阳辐射热。近年来居住建筑的窗墙面积比有越来越大的趋势，这是因为商品住宅的购买者大都希望自己的住宅更加通透明亮，尤其是客厅比较流行落地门窗。因此，规定每套房间允许一个房间窗墙面积比可以小于等于0.60。但当窗墙面积比增加时，应首先考虑减小窗户（含阳台透明部分）的传热系数和遮阳系数。夏热冬冷地区的外窗设置活动外遮阳的作用非常明显。提高窗的保温性能和灵活控制遮阳是夏季防热、冬季保温、降低夏季空调冬季采暖负荷的重要措施。

条文中对东、西向窗墙面积比限制较严，因为夏季太阳辐射在东、西向最大。不同朝向墙面太阳辐射强度的峰值，以东、西向墙面为最大，西南（东南）向墙面次之，西北（东北）向又次之，南向墙更次之，北向墙为最小。因此，严格控制东、西向窗墙面积比限值是合理的，对南向窗墙面积比限值放得比较松，也符合这一地区居住建筑的实际情况和人们的生活习惯。

对外窗的传热系数和窗户的遮阳系数作严格的限制，是夏热冬冷地区建筑节能设计的特点之一。在放宽窗墙面积比限值的情况下，必须提高对外窗热工性能的要求，才能真正做到住宅的节能。技术经济分析也表明，提高外窗热工性能，比提高外墙热工性能的资金效益高3倍以上。同时，适当放宽每套房间允许一个房间有很大的窗墙面积比，采用提高外窗热工性能来控制能耗，给建筑师和开发商提供了更大的灵活性，以满足这一地区人们提高居住建筑水平和国家对建筑节能的要求。

4.0.7 透过窗户进入室内的太阳辐射热，夏季构成了空调降温的主要负荷，冬季可以减小采暖负荷，所以在夏热冬暖地区设置活动式外遮阳是最合理的。夏季太阳辐射在东、西向最大，在东、西向设置外遮阳是减少太阳辐射热进入室内的一个有效措施。近年来，我国的遮阳产业有了很大发展，能够提供各种满足不同需要的产品。同时，随着全社会

节能意识的提高，越来越多的居民也认识到夏季遮阳的重要性。因此，在夏热冬冷地区的居住建筑上应大力提倡使用卷帘、百叶窗之类的外遮阳。

4.0.8 对外窗的开启面积作规定，避免"大开窗，小开启"现象，有利于房间的自然通风。平开窗的开启面积大，气密性比推拉窗好，可以保证采暖、空调时住宅的换气次数得到控制。

4.0.9 本条为强制性条文。

为了保证建筑的节能，要求外窗具有良好的气密性能，以避免夏季和冬季室外空气过多地向室内渗漏。在《建筑外门窗气密、水密、抗风压性能分级及检测方法》GB/T 7106-2008中规定用10Pa压差下，每小时每米缝隙的空气渗透量q_1和每小时每平方米面积的空气渗透量q_2作为外门窗的气密性分级指标。6级对应的性能指标是：$0.5m^3/(m \cdot h) < q_1 \leqslant 1.5m^3/(m \cdot h)$，$1.5m^3/(m^2 \cdot h) < q_2 \leqslant 4.5m^3/(m^2 \cdot h)$。4级对应的性能指标是：$2.0m^3/(m \cdot h) < q_1 \leqslant 2.5m^3/(m \cdot h)$，$6.0m^3/(m^2 \cdot h) < q_2 \leqslant 7.5m^3/(m^2 \cdot h)$。

本条文对位于不同层上的外窗及阳台门的要求分成两档，在建筑的低层，室外风速比较小，对外窗及阳台门的气密性要求低一些。而在建筑的高层，室外风速相对比较大，对外窗及阳台门的气密性要求则严一些。

4.0.10 目前居住建筑设计的外窗面积越来越大，凸窗、弧形窗及转角窗越来越多，可是对其上下、左右不透明的顶板、底板和侧板的保温隔热处理又不够重视，这些部位基本上是钢筋混凝土出挑构件，是外墙上热工性能最薄弱的部位。凸窗上下不透明顶板、底板及左右侧板同样按本标准附录B的计算方法得出的外墙平均传热系数，并应达到外墙平均传热系数的限值要求。当弧形窗及转角窗为凸窗时，也应按本条的规定进行热工节能设计。

凸窗的使用增加了窗户传热面积，为了平衡这部分增加的传热量，也为了方便计算，规定了凸窗的设计指标与方法。

4.0.11 采用浅色饰面材料的围护结构外墙面，在夏季有太阳直射时，能反射较多的太阳辐射热，从而能降低空调时的得热量和自然通风时的内表面温度，当无太阳直射时，它又能把围护结构内部在白天所积蓄的太阳辐射热较快地向外天空辐射出去，因此，无论是对降低空调耗电量还是对改善无空调时的室内热环境都有重要意义。采用浅色饰面外表面建筑物的采暖耗电量虽然会有所增大，但夏热冬冷地区冬季的日照率普遍较低，两者综合比较，突出矛盾仍是夏季。

水平屋顶的日照时间最长，太阳辐射照度最大，由屋顶传给顶层房间的热量很大，是建筑物夏季隔热的一个重点。绿化屋顶是解决屋顶隔热问题非常有效的方法，它的内表面温度低且昼夜稳定。当然，绿化屋顶在结构设计上要采取一些特别的措施。在屋顶上

涂刷隔热涂料是解决屋顶隔热问题另一个非常有效的方法，隔热涂料可以反射大量的太阳辐射，从而降低屋顶表面的温度。当然，涂刷了隔热涂料的屋顶在冬季也会放射一部分太阳辐射，所以越是南方越适宜应用这种技术。

4.0.12 分体式空调器的能效除与空调器的性能有关外，同时也与室外机的合理布置有很大关系。室外机安装环境不合理，如设置在通风不良的建筑竖井内，设置在封闭或接近封闭的空间内，过密的百叶遮挡、过大的百叶倾角、小尺寸箱体内的嵌入式安装，多台室外机安装间距过小等安装方式使进、排风不畅和短路，都会造成分体式房间空调器在实际使用中的能效大幅降低，甚至造成保护性停机。

5 建筑围护结构热工性能的综合判断

5.0.1 第四章的第4.0.3、第4.0.4和第4.0.5条列出的是居住建筑节能设计的规定性指标。对大量的居住建筑，它们的体形系数、窗墙面积比以及围护结构的热工性能等都能符合第四章的有关规定，这样的居住建筑属于所谓的"典型"居住建筑，它们的采暖、空调能耗已经在编制本标准的过程中经过了大量的计算，节能的目标是有保证的，不必再进行本章所规定的热工性能综合判断。

但是由于实际情况的复杂性，总会有一些建筑不能全部满足本标准第4.0.3、第4.0.4和第4.0.5条中的各项规定，对于这样的建筑本标准提供了另外一种具有一定灵活性的办法，判断该建筑是否满足本标准规定的节能要求。这种方法称为"建筑围护结构热工性能的综合判断"。

"建筑围护结构热工性能的综合判断"就是综合地考虑体形系数、窗墙面积比、围护结构热工性能对能耗的影响。例如一栋建筑的体形系数超过了第4章的规定，但是它还是有可能采取提高围护结构热工性能的方法，减少通过墙、屋顶、窗户的传热损失，使建筑整体仍然达到节能50%的目标。因此对这一类建筑就必须经过严格的围护结构热工性能的综合判断，只有通过综合判断，才能判定其能否满足本标准规定的节能要求。

5.0.2 节能的目标最终体现在建筑物的采暖和空调能耗上，建筑围护结构热工性能的优劣对采暖和空调能耗有直接的影响，因此本标准以采暖和空调能耗作为建筑围护结构热工性能综合判断的依据。

除了建筑围护结构热工性能之外，采暖和空调能耗的高低还受许多其他因素的影响，例如受采暖、空调设备能效的影响，受气候条件的影响，受居住者行为的影响等。如果这些条件不一样，计算得到的能耗也肯定不一样，就失去了可以比较的基准，因此本条规定计算采暖和空调耗电量时，必须在"规定的条件下"进行。

在"规定条件下"计算得到的采暖和空调耗电量并不是建筑实际的采暖空调能耗，仅仅是一个比较建筑围护结构热工性能优劣的基础能耗。

5.0.3 "参照建筑"是一个与设计建筑相对应的假想建筑。"参照建筑"满足第4章第4.0.3、第4.0.4和第4.0.5列出的规定性指标，是一栋满足本标准节能要求的节能建筑。因此，"参照建筑"在规定条件下计算得出的采暖年耗电量和空调年耗电量之和可以作为一个评判所设计建筑的建筑围护结构热工性能优劣的基础。

当在规定条件下，计算得出的设计建筑的采暖年耗电量和空调年耗电量之和不大于参照建筑的采暖年耗电量和空调年耗电量之和时，说明所设计建筑的建筑围护结构的总体性能满足本标准的节能要求。

5.0.4 "参照建筑"是一个用来与设计建筑进行能耗比对的假想建筑，两者必须在形状、大小、朝向以及平面划分等方面完全相同。

当设计建筑的体形系数超标时，与其形状、大小一样的参照建筑的体形系数一定也超标。由于控制体形系数的实际意义在于控制相对的传热面积，所以可通过将参照建筑的一部分表面积定义为绝热面积达到与控制体形系数相同的目的。

窗户的大小对采暖空调能耗的影响比较大，当设计建筑的窗墙面积比超标时，通过缩小参照建筑窗户面积的办法，达到控制窗墙面积比的目的。

从参照建筑的构建规则可以看出，所谓"建筑围护结构热工性能的综合判断"实际上就是允许设计建筑在体形系数、窗墙面积比、围护结构热工性能三者之间进行强弱之间的调整和弥补。

5.0.5 由于夏热冬冷地区的气候特性，室内外温差比较小，一天之内温度波动对围护结构传热的影响比较大，尤其是夏季，白天室外气温很高，又有很强的太阳辐射，热量通过围护结构从室外传入室内；夜间室外温度比室内温度下降快，热量有可能通过围护结构从室内传向室外。由于这个原因，为了比较准确地计算采暖、空调负荷，并与现行国标《采暖通风与空气调节设计规范》GB 50019保持一致，需要采用动态计算方法。

动态计算方法有很多，暖通空调设计手册里的冷负荷计算法就是一种常用的动态计算方法。

本标准在编制过程中采用了反应系数计算方法，并采用美国劳伦斯伯克利国家实验室开发的DOE-2软件作为计算工具。

DOE-2用反应系数法来计算建筑围护结构的传热量。反应系数法是先计算围护结构内外表面温度和热流对一个单位三角波温度扰量的反应，计算出围护结构的吸热、放热和传热反应系数，然后将任意变化的室外温度分解成一个个可叠加的三角波，利用导热微分方程可叠加的性质，将围护结构对每一个温度三角波的反应叠加起来，得到任意一个时刻围护结构表面的温度和热流。

DOE-2 用反应系数法来计算建筑围护结构的传热量。反应系数的基本原理如下：

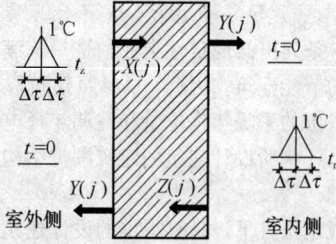

图 2　板壁的反应系数

参照图 2，当室内温度恒为零，室外侧有一个单位等腰三角波形温度扰量作用时，从作用时刻算起，单位面积壁体外表面逐时所吸收的热量，称为壁体外表面的吸热反应系数，用符号 $X(j)$ 表示；通过单位面积壁体逐时传入室内的热量，称为壁体传热反应系数，用符号 $Y(j)$ 表示；与上述情况相反，当室外温度恒为零，室内侧有一个单位等腰三角波形温度扰量作用时，从作用时刻算起，单位面积壁体内表面逐时所吸收的热量，称为壁体内表面的吸热反应系数，用符号 $Z(j)$ 表示；通过单位面积壁体逐时传至室外的热量，仍称为壁体传热反应系数，数值与前一种情况相等，固仍用符号 $Y(j)$ 表示；

传热反应系数和内外壁面的吸热反应系数的单位均为W/($m^2 \cdot °C$)，符号括号中的 $j = 0, 1, 2\cdots\cdots$，表示单位扰量作用时刻以后 $j\Delta\tau$ 小时。一般情况 $\Delta\tau$ 取 1 小时，所以 $X(5)$ 就表示单位扰量作用时刻以后 5 小时的外壁面吸热反应系数。

反应系数的计算可以参考专门的资料或使用专门的计算机程序，有了反应系数后就可以利用下式计算第 n 个时刻，室内从室外通过板壁围护结构的传热得热量 $HG(n)$。

$$HG(n) = \sum_{j=0}^{\infty} Y(j)t_z(n-j) - \sum_{j=0}^{\infty} Z(j)t_r(n-j)$$

式中：$t_z(n-j)$ 是第 $n-j$ 时刻室外综合温度；

$t_r(n-j)$ 是第 $n-j$ 时刻室内温度。

特别地当室内温度 t_r 不变时，此式还可以简化成：

$$HG(n) = \sum_{j=0}^{\infty} Y(j)t_z(n-j) - K \cdot t_r$$

式中的 K 就是板壁的传热系数。

DOE-2 软件可以模拟建筑物采暖、空调的热过程。用户可以输入建筑物的几何形状和尺寸，可以输入建筑围护结构的细节，可以输入一年 8760 个小时

的气象数据，可以选择空调系统的类型和容量等参数。DOE-2 根据用户输入的数据进行计算，计算结果以各种各样的报告形式来提供。

5.0.6　本条规定了计算采暖和空调年耗电量时的几条简单的基本条件，规定这些基本条件的目的是为了规范和统一软件的计算，避免出现混乱。

需要强调指出的是，这里计算的目的是对建筑围护结构热工性能是否符合本标准的节能要求进行综合判断，计算规定的条件不是住宅实际的采暖空调情况，因此计算得到的采暖和空调耗电量并非建筑实际的采暖和空调能耗。

在夏热冬冷地区，住宅冬夏两季的采暖和空调降温是居民的个体行为，个体之间的差异非常大。目前，绝大部分居民还是采取部分空间、部分时间采暖和空调的模式，与北方住宅全部空间连续采暖的模式有很大的不同。部分空间、部分时间采暖和空调的模式是一种节能的模式，应予以鼓励和提倡。

6　采暖、空调和通风节能设计

6.0.1　夏热冬冷地区冬季湿冷夏季酷热，随着经济发展，人民生活水平的不断提高，对采暖、空调的需求逐年上升。对于居住建筑选择设计集中采暖、空调系统方式，还是分户采暖、空调方式，应根据当地能源、环保等因素，通过仔细的技术经济分析来确定。同时，该地区的居民采暖空调所需设备及运行费用全部由居民自行支付，因此，还应考虑用户对设备及运行费用的承担能力。对于一些特殊的居住建筑，如幼儿园、养老院等，可根据具体情况设置集中采暖、空调设施。

6.0.2　本条为强制性条文。

当居住建筑设计采用集中采暖、空调系统时，用户应该根据使用的情况缴纳费用。目前，严寒、寒冷地区的集中采暖系统用户正在进行供热体制改革，用户需根据其使用热量的情况按户缴纳采暖费用。严寒、寒冷地区采暖计量收费的原则是，在住宅楼前安装热量表，作为楼内用户与供热单位的结算依据。而楼内住户则进行按户热量分摊，当然，每户应该有相应的设施作为对整栋楼的耗热量进行户间分摊的依据。要按照用户使用热量情况进行分摊收费，用户应该能够自主进行室温的调节与控制。在夏热冬冷地区则可以根据同样的原则和适当的方法，进行用户使用热（冷）量的计量和收费。

6.0.3　本条为强制性条文。

合理利用能源、提高能源利用率、节约能源是我国的基本国策。用高品位的电能直接用于转换为低品位的热能进行采暖，热效率低，运行费用高，是不合适的。近些年来由于采暖用电所占比例逐年上升，致使一些省市冬季尖峰负荷也迅速增长，电网运行困

难，出现冬季电力紧缺。盲目推广没有蓄热装置的电锅炉，直接电热采暖，将进一步恶化电力负荷特性，影响民众日常用电。因此，应严格限制设计直接电热进行集中采暖的方式。

当然，作为居住建筑来说，本标准并不限制居住者自行、分散地选择直接电热采暖的方式。

6.0.4 要积极推行应用能效比高的电动热泵型空调器，或燃气、蒸汽或热水驱动的吸收式冷（热）水机组进行冬季采暖、夏季空调。当地有余热、废热或区域性热源可利用时，可用热水驱动的吸收式冷（热）水机组为冷（热）源。此外，低温地板辐射采暖也是一种效率较高和舒适的采暖方式。至于选用何种方式采暖、空调，应由建筑条件、能源情况（比如，当燃气供应充足、价格合适时，应用溴化锂机组；在热电厂余热蒸汽可利用的情况下，推荐使用蒸汽溴化锂机组等）、环保要求等进行技术经济分析，以及用户对设备及运行费用的承担能力等因素确定。

6.0.5 本条为强制性条文。

当以燃气为能源提供采暖热源时，可以直接向房间送热风，或经由风管系统送入；也可以产生热水，通过散热器、风机盘管进行采暖，或通过地下埋管进行低温地板辐射采暖。所应用的燃气机组的热效率应符合现行有关标准《家用燃气快速热水器和燃气采暖热水炉能效限定值及能效等级》GB 20665 - 2006 中的第 2 级。为了方便应用，表 1 列出了能效等级值。

表 1　热水器和采暖炉能效等级

类　型	热负荷	最低热效率值（%）		
		能效等级		
		1	2	3
热水器	额定热负荷	96	88	84
	≤50%额定热负荷	94	84	—
采暖炉（单采暖）	额定热负荷	94	88	84
	≤50%额定热负荷	92	84	—
热采暖炉（两用型）供暖	额定热负荷	94	88	84
	≤50%额定热负荷	92	84	—
热水	额定热负荷	96	88	84
	≤50%额定热负荷	94	84	—

注：此表引自《家用燃气快速热水器和燃气采暖热水炉能效限定值及能效等级》GB 20665 - 2006。

6.0.6 本条为强制性条文。

居住建筑可以采取多种空调采暖方式，一般为集中方式或者分散方式。如果采用集中式空调采暖系统，比如，本条文所指的由冷热源站向多套住宅、多栋住宅楼、甚至住宅小区提供空调采暖冷热源（往往采用冷、热水）；或者，应用户式集中空调机组（户式中央空调机组）向一套住宅提供空调冷热源（冷热水、冷热风）进行空调采暖。分散式方式，则多以分体空调（热泵）等机组进行空调及采暖。

集中空调采暖系统中，冷热源的能耗是空调采暖系统能耗的主体。因此，冷热源的能源效率对节省能源至关重要。性能系数、能效比是反映冷热源能源效率的主要指标之一，为此，将冷热源的性能系数、能效比作为必须达标的项目。对于设计阶段已完成集中空调采暖系统的居民小区，或者按户式中央空调系统设计的住宅，其冷源能效的要求应该等同于公共建筑的规定。

国家质量监督检验检疫总局和国家标准化管理委员会已发布实施的空调机组能效限定值及能源效率等级的标准有：《冷水机组能效限定值及能源效率等级》GB 19577 - 2004，《单元式空气调节机能效限定值及能源效率等级》GB 19576 - 2004，《多联式空调（热泵）机组能效限定值及能源效率等级》GB 21454 - 2008。产品的强制性国家能效标准，将产品根据机组的能源效率划分为 5 个等级，目的是配合我国能效标识制度的实施。能效等级的含义：1 等级是企业努力的目标；2 等级代表节能型产品的门槛（按最小寿命周期成本确定）；3、4 等级代表我国的平均水平；5 等级产品是未来淘汰的产品。目的是能够为消费者提供明确的信息，帮助其购买时选择，促进高效产品的市场。

为了方便应用，以下表 2 为规定的冷水（热泵）机组制冷性能系数（COP）值；表 3 为规定的单元式空气调节机能效比（EER）值；表 4 为规定的溴化锂吸收式机组性能参数，这是根据国家标准《公共建筑节能设计标准》GB 50189 - 2005 中第 5.4.5 和第 5.4.8 条强制性条文规定的能效限值。而表 5 为多联式空调（热泵）机组制冷综合性能系数（IPLV（C））值，是《多联式空调（热泵）机组能效限定值及能源效率等级》GB 21454 - 2008 标准中规定的能效等级第 3 级。

表 2　冷水（热泵）机组制冷性能系数

类　型		额定制冷量（kW）	性能系数（W/W）
水冷	活塞式/涡旋式	<528	3.80
		528～1163	4.00
		>1163	4.20
	螺杆式	<528	4.10
		528～1163	4.30
		>1163	4.60
	离心式	<528	4.40
		528～1163	4.70
		>1163	5.10

类 型	额定制冷量 (kW)	性能系数（W/W）	
风冷或蒸发冷却	活塞式/涡旋式	≤50	2.40
		>50	2.60
	螺杆式	≤50	2.60
		>50	2.80

注：此表引自《公共建筑节能设计标准》GB 50189－2005。

表 3　单元式机组能效比

类　　型		能效比（W/W）
风冷式	不接风管	2.60
	接风管	2.30
水冷式	不接风管	3.00
	接风管	2.70

注：此表引自《公共建筑节能设计标准》GB 50189－2005。

表 4　溴化锂吸收式机组性能参数

机型	名义工况			性能参数		
	冷(温)水进/出口温度(℃)	冷却水进/出口温度(℃)	蒸汽压力 MPa	单位制冷量蒸汽耗量 kg/(kW·h)	性能系数(W/W)	
					制冷	供热
蒸汽双效	18/13	30/35	0.25	≤1.40		
	12/7		0.4			
			0.6	≤1.31		
			0.8	≤1.28		
直燃	供冷 12/7	30/35		≥1.10		
	供热出口 60					≥0.90

注：直燃机的性能系数为：制冷量(供热量)/[加热源消耗量(以低位热值计)＋电力消耗量(折算成一次能)]。此表引自《公共建筑节能设计标准》GB 50189－2005。

表 5　能源效率等级指标——制冷综合性能系数（IPLV(C)）

名义建冷量 CC (W)	能效等级第 3 级
CC≤28000	3.20
28000<CC≤84000	3.15
84000<CC	3.10

注：此表引自《多联式空调（热泵）机组能效限定值及能源效率等级》GB 21454－2008。

6.0.7　本条为强制性条文。

现行国家标准《地源热泵系统工程技术规范》GB 50366－2005 中对于"地源热泵系统"的定义为"以岩土体、地下水或地表水为低温热源，由水源热泵机组、地热能交换系统、建筑物内系统组成的供热空调系统。根据地热能交换系统形式的不同，地源热泵系统分为地埋管地源热泵系统、地下水地源热泵系统和地表水地源热泵系统"。2006 年 9 月 4 日由财政部、建设部共同发布的《关于印发〈可再生能源建筑应用专项资金管理暂行办法〉的通知》（财建［2006］460 号）中第四条规定可再生能源建筑应用专项资金支持以下 6 个重点领域：①与建筑一体化的太阳能供应生活热水、供热制冷、光电转换、照明；②利用土壤源热泵和浅层地下水源热泵技术供热制冷；③地表水丰富地区利用淡水源热泵技术供热制冷；④沿海地区利用海水源热泵技术供热制冷；⑤利用污水水源热泵技术供热制冷；⑥其他经批准的支持领域。其中，地源热泵系统占了两项。

要说明的是在应用地源热泵系统，不能破坏地下水资源。这里引用《地源热泵系统工程技术规范》GB 50366 的强制性条文，即第 3.1.1 条："地源热泵系统方案设计前，应进行工程场地状况调查，并对浅层地热能资源进行勘察"；第 5.1.1 条："地下水换热系统应根据水文地质勘察资料进行设计，并必须采取可靠回灌措施，确保置换冷量或热量后的地下水全部回灌到同一含水层，不得对地下水资源造成浪费及污染。系统投入运行后，应对抽水量、回灌量及其水质进行监测"。另外，如果地源热泵系统采用地下埋管式换热器的话，要进行土壤温度平衡模拟计算，应注意并进行长期应用后土壤温度变化趋势的预测，以避免长期应用后土壤温度发生变化，出现机组效率降低甚至不能制冷或供热。

6.0.8　采用分散式房间空调器进行空调和采暖时，这类设备一般由用户自行采购，该条文的目的是要推荐用户购买能效比高的产品。国家标准《房间空气调节器能效限定值及能源效率等级》GB 12021.3 和《转速可控型房间空气调节器能效限定值及能源效率等级》GB 21455 规定节能型产品的能源效率为 2 级。

目前，《房间空气调节器能效限定值及能效等级》GB 12021.3－2010 于 2010 年 6 月 1 日颁布实施。与 2004 年版相比，2010 年版将能效等级分为三级，同时对能效限定值与能源效率等级指标已有提高。2004 版中的节能评价值（即能效等级第 2 级）在 2010 年版中仅列为第 3 级。

鉴于当前是房间空调器标准新老交替的阶段，市场上可供选择的产品仍然执行的是老标准。本标准规定，鼓励用户选购节能型房间空调器，其意在于从用户需求端角度逐步提高我国房间空调器的能效水平，适应我国建筑节能形势的需要。

为了方便应用，表6列出了《房间空气调节器能效限定值及能源效率等级》GB 12021.3 - 2004、《房间空气调节器能效限定值及能效等级》GB 12021.3 - 2010 和《转速可控型房间空气调节器能效限定值及能源效率等级》GB 21455 - 2008 中列出的房间空气调节器能源效率等级为第 2 级的指标和转速可控型房间空气调节器能源效率等级为第 2 级的指标，表7列出了《房间空气调节器能效限定值及能效等级》GB 12021.3 - 2010 中空调器能源效率等级指标。

表 6　房间空调器能源效率等级指标节能评价值

类型	额定制冷量 CC (W)	能效比 EER (W/W)		制冷季节能源消耗效率 SEER [W·h/(W·h)]
		GB 12021.3 - 2004 中节能评价值（能效等级 2 级）	GB 12021.3 - 2010 中节能评价值（能效等级 2 级）	GB 21455 - 2008 中节能评价值（能效等级 2 级）
整体式	—	2.90	3.10	—
分体式	$CC \leqslant 4500$	3.20	3.40	4.50
	$4500 < CC \leqslant 7100$	3.10	3.30	4.10
	$7100 < CC \leqslant 14000$	3.00	3.20	3.70

表 7　房间空调器能源效率等级指标

类　型	额定制冷量 CC (W)	GB 12021.3 - 2010 中能效等级		
		3	2	1
整体式	—	2.90	3.10	3.30
分体式	$CC \leqslant 4500$	3.20	3.40	3.60
	$4500 < CC \leqslant 7100$	3.10	3.30	3.50
	$7100 < CC \leqslant 14000$	3.00	3.20	3.40

6.0.9　中华人民共和国国务院于 2008 年 8 月 1 日发布、10 月 1 日实施的《民用建筑节能条例》第四条指出："国家鼓励和扶持在新建建筑和既有建筑节能改造中采用太阳能、地热能等可再生能源"。所以在有条件时应鼓励采用。

关于《国民经济和社会发展第十一个五年规划纲要》中指出的十大节能重点工程中，提出"发展采用热电联产和热电冷联产，将分散式供热小锅炉改造为集中供热"。

6.0.10　目前居住建筑还没有条件普遍采用有组织的全面机械通风系统，但为了防止厨房、卫生间的污浊空气进入居室，应当在厨房、卫生间安装局部机械排风装置。如果当地夏季白天与晚上的气温相差较大，应充分利用夜间通风，达到被动降温目的。在安设采暖空调设备的居住建筑中，往往围护结构密闭性较好，为了改善室内空气质量需要引入室外新鲜空气（换气）。如果直接引入，将会带来很高的冷热负荷，大大增加能源消耗。经技术经济分析，如果当地采用热回收装置在经济上合理，建议采用质量好、效率高的机械换气装置（热量回收装置），使得同时达到热量回收、节约能源的目的。

附录 C　外遮阳系数的简化计算

C.0.2　各种组合形式的外遮阳系数，可由参加组合的各种形式遮阳的外遮阳系数的乘积来近似确定。

例如：水平式＋垂直式组合的外遮阳系数＝水平式遮阳系数×垂直式遮阳系数

水平式＋挡板式组合的外遮阳系数＝水平式遮阳系数×挡板式遮阳系数

中华人民共和国行业标准

辐射供暖供冷技术规程

Technical specification for radiant heating and cooling

JGJ 142—2012

批准部门：中华人民共和国住房和城乡建设部
施行日期：2 0 1 3 年 6 月 1 日

中华人民共和国住房和城乡建设部

公 告

第 1450 号

住房城乡建设部关于发布行业标准
《辐射供暖供冷技术规程》的公告

现批准《辐射供暖供冷技术规程》为行业标准，编号为 JGJ 142 - 2012，自 2013 年 6 月 1 日起实施。其中，第 3.2.2、3.8.1、3.9.3、4.5.1、4.5.2、5.1.6、5.1.9、5.5.2、5.5.7、6.1.1 条为强制性条文，必须严格执行。原行业标准《地面辐射供暖技术规程》JGJ 142 - 2004 同时废止。

本规范由我部标准定额研究所组织中国建筑工业出版社出版发行。

中华人民共和国住房和城乡建设部
2012 年 8 月 23 日

前 言

根据住房和城乡建设部《关于印发〈2010 年工程建设标准规范制订、修订计划〉的通知》（建标 [2010] 43 号）的要求，规程编制组经广泛调查研究，认真总结实践经验，参考有关国际标准和国外先进标准，在行业标准《地面辐射供暖技术规程》JGJ 142 - 2004 和广泛征求意见的基础上，修订本规程。

本规程主要内容是：1 总则；2 术语；3 设计；4 材料；5 施工；6 试运行、调试及竣工验收；7 运行与维护。

本次修订的主要技术内容是：1. 增加了辐射供冷有关规定，并将标准名称改为《辐射供暖供冷技术规程》；2. 增加了绝热层采用发泡水泥、预制沟槽保温板的地面供暖、预制轻薄供暖板地面供暖、毛细管网供暖供冷的有关规定；3. 增加了辐射面传热量的测试方法；4. 对各章节技术内容进行了全面修订。

本规程中用黑体字标志的条文为强制性条文，必须严格执行。

本规程由住房和城乡建设部负责管理和对强制性条文的解释，由中国建筑科学研究院负责具体技术内容的解释。执行过程中如有意见或建议，请寄送中国建筑科学研究院（地址：北京市北三环东路 30 号，邮政编码：100013）。

本 规 程 主 编 单 位：中国建筑科学研究院
本 规 程 参 编 单 位：北京市建筑设计研究院
哈尔滨工业大学
中国恩菲工程技术有限公司

中国建筑西北设计研究院有限公司
北京瑞迪北方暖通设备工程技术有限公司
丹佛斯自动控制管理（上海）有限公司
佛山市日丰企业有限公司
北京温适宝科技有限公司
安徽安泽电工有限公司
中房集团新技术中心有限公司
上海乔治费歇尔管路系统有限公司
清华大学
重庆大学
南京师范大学
北京化工大学
天津商业大学
曼瑞德自控系统（乐清）有限公司
沃茨（上海）管理有限公司
欧博诺贸易（北京）有限公司
佛山塑料集团股份有限公司经纬分公司
北京瑞贝姆辐射供热制冷

系统技术有限公司

新疆宏迪节能技术有限公司

佛山威文管道系统有限公司

巴赛尔亚太咨询（上海）有限公司

陶氏化学（中国）有限公司

北京亚特伟达冷暖节能工程技术有限公司

北京新宇阳科技有限公司

北京恩斯慕天科贸有限公司

汉堡阁电热系统（上海）有限公司

宏岳塑胶集团有限公司

际高建业有限公司

浙江盛世博扬阀门工业有限公司

爱康企业集团（上海）有限公司

武汉鸿图节能技术有限公司

辽宁华源暖通工程有限公司

上海碧元采暖技术有限公司

威海嘉中进出口有限公司

本规程主要起草人员： 徐 伟　邹 瑜　万水娥
董重成　宋 波　邓有源
路 宾　季 伟　张 毅
李晓鹏　张保红　黄 维
柳 松　周 磊　于东明
程乃亮　齐政新　刘 勇
狄洪发　卢 军　王子介
冯爱荣　杜国付　徐绍宏
金梧凤　陈立楠　刘 敬
浦 堃　李永鸿　郑鸿宇
王凤林　吴 燕　薛 勤
郝 磊　宋伟军　王安生
邵力君　钟思奕　郭晓玲
陈风君　孔祥智　郑立克
桂正茂　王 芳　王东青
李光宇　刘爱国

本规程主要审查人员： 徐华东　李娥飞　金丽娜
朱 能　于晓明　史新华
张先群　张 旭　赵欣虹

目　次

1　总则 ……………………………… 20—6
2　术语 ……………………………… 20—6
3　设计 ……………………………… 20—7
　3.1　一般规定 …………………… 20—7
　3.2　地面构造 …………………… 20—8
　3.3　房间热负荷与冷负荷计算 … 20—9
　3.4　辐射面传热量的计算 ……… 20—10
　3.5　水系统设计 ………………… 20—10
　3.6　管道水力计算 ……………… 20—11
　3.7　加热电缆系统的设计 ……… 20—12
　3.8　温控与热计量 ……………… 20—12
　3.9　电气设计 …………………… 20—13
4　材料 ……………………………… 20—13
　4.1　一般规定 …………………… 20—13
　4.2　绝热层材料 ………………… 20—13
　4.3　填充层材料 ………………… 20—14
　4.4　水系统材料 ………………… 20—14
　4.5　加热电缆辐射供暖系统材料和
　　　温控设备 …………………… 20—14
5　施工 ……………………………… 20—15
　5.1　一般规定 …………………… 20—15
　5.2　施工方案及材料、设备检查 … 20—15
　5.3　绝热层的铺设 ……………… 20—16
　5.4　加热供冷管系统的安装 …… 20—16
　5.5　加热电缆系统的安装 ……… 20—17

　5.6　水压试验 …………………… 20—17
　5.7　填充层施工 ………………… 20—18
　5.8　面层施工 …………………… 20—18
　5.9　卫生间施工 ………………… 20—18
　5.10　质量验收 ………………… 20—18
6　试运行、调试及竣工验收 ……… 20—20
　6.1　试运行与调试 ……………… 20—20
　6.2　竣工验收 …………………… 20—20
7　运行与维护 ……………………… 20—20
附录A　辐射供暖地面构造图示 … 20—20
附录B　混凝土填充式热水辐射供暖
　　　　地面单位面积散热量 …… 20—22
附录C　管材的选择 ……………… 20—43
附录D　管道水力计算 …………… 20—45
附录E　加热供冷管管材物理力学
　　　　性能 ……………………… 20—47
附录F　加热电缆的电气和机械性能
　　　　要求 ……………………… 20—48
附录G　辐射面传热量的测试 …… 20—48
附录H　工程质量检验表 ………… 20—49
本规程用词说明 …………………… 20—50
引用标准名录 ……………………… 20—50
附：条文说明 ……………………… 20—51

Contents

1 General Provisions .... 20—6

2 Terms .... 20—6

3 Design .... 20—7

  3.1 General Requirements .... 20—7

  3.2 Floor Structure .... 20—8

  3.3 Room Heating Load and Cooling
     Load Calculation .... 20—9

  3.4 Heating and Cooling Capability of
     Radiating Surface Calculation ...... 20—10

  3.5 Hydronic System Design .... 20—10

  3.6 Pipeline Hydraulic Calculation ..... 20—11

  3.7 Heating Cable System Design ...... 20—12

  3.8 Temperature Control and Heat
     Metering .... 20—12

  3.9 Electrical Design .... 20—13

4 Materials .... 20—13

  4.1 General Requirements .... 20—13

  4.2 Materials of Insulating Layer ...... 20—13

  4.3 Materials of Filler Layer .... 20—14

  4.4 Materials and Devices of Pipe
     Systems .... 20—14

  4.5 Materials and Devices of Heating
     Cable System .... 20—14

5 Construction .... 20—15

  5.1 General Requirements .... 20—15

  5.2 Construction Programs and Materials,
     Equipment Inspection .... 20—15

  5.3 Insulating Layer Installation .... 20—16

  5.4 Heating and Cooling Pipeline
     Installation .... 20—16

  5.5 Heating Cable Installation .... 20—17

  5.6 Pressure Test .... 20—17

  5.7 Construction of Filler Layer .... 20—18

  5.8 Construction of Surface Layer ..... 20—18

  5.9 Construction of Bathroom .... 20—18

  5.10 Quality Acceptance .... 20—18

6 Pre-operation, Commissioning and
  Construction Acceptance .... 20—20

  6.1 Pre-operation and Commissioning ... 20—20

  6.2 Construction Acceptance .... 20—20

7 Operation and Maintain .... 20—20

Appendix A   Schematic Diagram of
               Heating and Cooling
               Floor Structure .... 20—20

Appendix B   Heating Capacity of
               Floating Screed Floor
               Heating .... 20—22

Appendix C   Choice of Heating and
               Cooling Pipe Materials
               .... 20—43

Appendix D   Hydraulic Calculation of
               Heating and Cooling
               Pipe System .... 20—45

Appendix E   Physical Properties of
               Heating and Cooling
               Pipe .... 20—47

Appendix F   Electric and Mechanical
               Properties of Heating
               Cable .... 20—48

Appendix G   Test Methods of Heating
               and Cooling Capacity
               of Radiating Surface ... 20—48

Appendix H   Checklist of Construction
               Quality .... 20—49

Explanation of Wording in This
  Standard .... 20—50

List of Quoted Standards .... 20—50

Addition: Explanation of
  Provisions .... 20—51

1 总　则

1.0.1　为规范辐射供暖供冷工程的设计、施工和验收，做到技术先进、经济合理、安全适用和保证工程质量，制定本规程。

1.0.2　本规程适用于以低温热水为热媒或以加热电缆为加热元件的辐射供暖工程，及以高温冷水为冷媒的辐射供冷工程的设计、施工及验收。

1.0.3　辐射供暖供冷工程的设计、施工和验收除应执行本规程外，尚应符合国家现行有关标准的规定。

2 术　语

2.0.1　辐射供暖供冷　radiant heating and cooling

提升或降低围护结构内表面中的一个或多个表面的温度，形成热或冷辐射面，通过辐射面以辐射和对流的传热方式向室内供暖供冷的方式。

2.0.2　毛细管网辐射系统　capillary mat radiant system

末端采用细小管道，加工成网状，敷设于地面、顶棚或墙面的一种以水为媒介的辐射供暖供冷系统。

2.0.3　混水装置　water mixing device

将热源的一部分高温供水和低温回水进行混合，获得户内所需供水温度的装置。

2.0.4　加热供冷管　heating and cooling pipe

用于进行热水或冷水循环并加热或冷却辐射表面的管道。

2.0.5　预制轻薄供暖板　precast light heating board

由保温基板、支撑木龙骨、塑料加热管、粘接胶、铝箔、配水和集水等装置组成，并在工厂制作的一种一体化地面供暖部件，简称供暖板。

2.0.6　加热电缆　heating cable

以供暖为目的、通电后能够发热的电缆。

2.0.7　预制沟槽保温板　pre-grooved insulation board

在工厂预制的、用于现场拼装敷设加热供冷管或加热电缆的、带有固定间距和尺寸沟槽的聚苯乙烯类泡沫塑料或其他保温材料制成的板块。

2.0.8　加热供冷部件　heating and cooling component

敷设在辐射面填充层内或预制沟槽保温板沟槽中的加热供冷管、加热电缆，以及供暖板、毛细管网等的统称。

2.0.9　混凝土或水泥砂浆填充式地面辐射供暖供冷　floating screed floor radiant heating or cooling

加热供冷部件敷设在绝热层之上，需填充混凝土或水泥砂浆后再铺设地面面层的地面辐射供暖供冷形

式。简称混凝土填充式地面辐射供暖供冷。

2.0.10　预制沟槽保温板地面辐射供暖　pre-grooved insulation board floor radiant heating

将加热管或加热电缆敷设在预制沟槽保温板的沟槽中，加热管或加热电缆与保温板沟槽尺寸吻合且上皮持平，不需要填充混凝土即可直接铺设面层的地面辐射供暖形式。

2.0.11　均热层　heat distribution plates

采用预制沟槽保温板供暖地面时，铺设在加热部件之下或之上、或上下均铺设的可使加热部件产生的热量均匀散开的金属板或金属箔。

2.0.12　供暖板地面辐射供暖　precast light heating board floor radiant heating

以热水为热媒，采用预制轻薄供暖板加热地面的辐射供暖形式。

2.0.13　分水器　primary supply water manifold

用于连接集中供暖供冷系统的供水管和各加热供冷管分支环路的配水装置。

2.0.14　集水器　primary return water manifold

用于连接集中供暖供冷系统的回水管和各加热供冷管分支环路的汇水装置。

2.0.15　输配管　distribution pipe

供暖板地面辐射供暖系统中，在分水器、集水器和供暖板分水、集水装置之间，起中间输配作用的管道。

2.0.16　面层　surface course

建筑地面与室内空气直接接触的构造层，包括装饰面层及其找平层。

2.0.17　找平层　toweling course

在垫层或楼板面上进行抹平找坡的构造层。

2.0.18　隔离层　isolating course

防止建筑地面上各种液体透过地面的构造层。

2.0.19　填充层　filler course

在混凝土填充式辐射供暖供冷地面绝热层上设置加热供冷部件用的构造层，起到保护加热供冷部件并使地面温度均匀的作用。

2.0.20　绝热层　insulating course

辐射供暖供冷中，用于阻挡冷热量传递，减少无效冷热损失，在现场单独铺设的构造层（不包括预制沟槽保温板和供暖板的保温基板）。绝热层分辐射面绝热层和侧面绝热层。

2.0.21　防潮层　moisture proofing course

防止建筑地基或楼层地面下潮气透过地面的构造层。

2.0.22　伸缩缝　expansion joint

补偿混凝土填充层和面层等膨胀或收缩用的构造缝。分为填充层伸缩缝、面层伸缩缝。

2.0.23　发泡水泥　porous cement

将发泡剂、水泥、水等按配比要求制成泡沫浆

料，浇筑于地面，经自然养护形成具有规定密度等级、强度等级和较低导热系数的泡沫水泥。

2.0.24 填充板 blind board

供暖板地面供暖系统中，与供暖板的保温基板的材质和厚度相同、上面粘贴铝箔的半硬质泡沫塑料板，用于敷设输配管和填充房间内未铺设供暖板的部位。

2.0.25 铝塑复合管 polyethylene-aluminum compound pipes

内层和外层为交联聚乙烯、耐热聚乙烯或聚乙烯，中间层为增强铝管，层间采用专用热熔胶，通过挤出成型方法复合成一体的管材。

2.0.26 聚丁烯-1管 polybutylene pipe-1

由聚丁烯-1树脂添加适量助剂，经挤出成型的热塑性塑料加热管，通常以PB标记。

2.0.27 无规共聚聚丁烯管 Polybutylene random copolymer pipe

以质量分数不少于85%的丁烯-1与其他烯烃单体共聚聚合而成的无规共聚物，添加适量助剂，经挤出成型的热塑性塑料加热管，通常以PB-R标记。

2.0.28 交联聚乙烯管 cross linked polyethylene pipe

以密度大于或等于0.94g/cm³的聚乙烯或乙烯共聚物，添加适量助剂，通过化学的或物理的方法，使其线型的大分子交联成三维网状的大分子结构的加热管，通常以PE-X标记。

2.0.29 耐热聚乙烯管 polyethylene of raised temperature resistance pipe

以乙烯和α烯烃共聚制成的特殊的线型高密度或中密度乙烯共聚物，添加适量助剂，经挤出成型的热塑性塑料加热管。依据其长期静液压强度曲线的不同分为PE-RT Ⅰ型和PE-RT Ⅱ型。

2.0.30 无规共聚聚丙烯管 polypropylene random copolymer pipes

以丙烯和适量乙烯的无规共聚物，添加适量助剂，经挤出成型的热塑性管材。通常以PP-R标记。

2.0.31 电热式控制阀 electrical thermal actuating valve

依靠阀门驱动器内被加热的温包膨胀产生的推力推动阀杆，关闭或开启阀门流道的自动控制阀，简称热电阀。

2.0.32 自力式温控阀 thermostat valve

可人为设定温度，通过温包感应温度产生自力式动作，无需外界动力调节热水（冷水）流量，从而控制室温恒定的阀门，又称恒温控制阀。

2.0.33 温度控制器 thermostat

能够测量温度并发出控制调节信号的温度自控设备，简称温控器。

3 设　计

3.1 一般规定

3.1.1 热水地面辐射供暖系统的供、回水温度应由计算确定，供水温度不应大于60℃，供回水温差不宜大于10℃且不宜小于5℃。民用建筑供水温度宜采用35℃～45℃。

3.1.2 毛细管网辐射系统供暖时，供水温度宜符合表3.1.2的规定，供回水温差宜采用3℃～6℃。

表3.1.2 毛细管网供水温度（℃）

设置位置	宜采用温度
顶棚	25～35
墙面	25～35
地面	30～40

3.1.3 辐射供暖表面平均温度宜符合表3.1.3的规定。

表3.1.3 辐射供暖表面平均温度（℃）

设置位置		宜采用的平均温度	平均温度上限值
地面	人员经常停留	25～27	29
	人员短期停留	28～30	32
	无人停留	35～40	42
顶棚	房间高度2.5m～3.0m	28～30	—
	房间高度3.1m～4.0m	33～36	—
墙面	距地面1m以下	35	
	距地面1m以上3.5m以下	45	

3.1.4 辐射供冷系统供水温度应保证供冷表面温度高于室内空气露点温度1℃～2℃。供回水温差不宜大于5℃且不应小于2℃。辐射供冷表面平均温度宜符合表3.1.4的规定。

表3.1.4 辐射供冷表面平均温度（℃）

设置位置		平均温度下限值
地面	人员经常停留	19
	人员短期停留	19
墙面		17
顶棚		17

3.1.5 辐射供冷系统应结合除湿系统或新风系统进行设计。

3.1.6 辐射供暖供冷水系统冷媒或热媒的温度、流量和资用压差等参数，应同冷热源系统相匹配。冷热源系统应设置相应的控制装置。

3.1.7 采用辐射供暖的集中供暖小区，当外网的热媒温度高于60℃时，宜在楼栋的采暖热力入口处设置混水装置或换热装置。

3.1.8 对于冬季供暖夏季供冷的辐射供暖供冷系统，冷热源设备宜选用热泵机组或热回收装置。

3.1.9 辐射供暖供冷水系统应按设备、管道及其附件所能承受的最低工作压力和水力平衡要求进行竖向分区设置，并应符合下列规定：

1 现场敷设的加热供冷管及其附件应满足系统工作压力要求；

2 采用供暖板地面辐射供暖时，应根据辐射供暖系统压力选择相应承压能力的产品。供暖板的承压能力应根据产品样本确定。

3.1.10 地面上的固定设备或卫生器具下方，不应布置加热供冷部件。

3.1.11 采用地面辐射供暖供冷时，生活给水管道、电气系统管线等不得与地面加热供冷部件敷设在同一构造层内。

3.1.12 采用加热电缆地面辐射供暖时，应符合下列规定：

1 当敷设间距等于50mm，且加热电缆连续供暖时，加热电缆的线功率不宜大于17W/m；当敷设间距大于50mm时，加热电缆线功率不宜大于20W/m。

2 当面层采用带龙骨的架空木地板时，应采取散热措施；加热电缆的线功率不应大于10W/m，且功率密度不宜大于80W/m²。

3 加热电缆布置时应考虑家具位置的影响。

3.1.13 辐射供暖供冷工程应提供下列施工图设计文件：

1 设计说明；

2 楼栋内供暖供冷系统和加热供冷部件平面布置图；

3 供暖供冷系统图和局部详图；

4 温控装置及相关管线布置图，当采用集中控制系统时，应提供相关控制系统布线图；

5 水系统分水器、集水器及其配件的接管示意图；

6 地面构造及伸缩缝设置示意图；

7 供电系统图及相关管线平面图。

3.1.14 施工图设计说明中应包括下列内容：

1 室内外计算温度；

2 采用的辐射供暖供冷系统类型；

3 房间总热负荷或冷负荷、热媒总供热量或冷媒供冷量、加热电缆总供电功率；

4 热源或楼栋集中供暖供冷系统形式和热媒或冷媒参数；

5 热水或冷水系统选用的管材或供暖板、毛细管网及其工作压力，塑料管材的管系列（S）、公称外

径及壁厚；铝塑复合管和铜管的公称外径及壁厚；

6 加热电缆配电方案、类型、线功率、总长度、工作电压、工作温度等技术数据和条件；

7 绝热材料的类型、导热系数、表观密度、规格及厚度等；

8 采用的温控措施和温控器形式，及其电控系统的工作电压、工作电流等技术数据和条件；当采用集中控制系统时，应说明控制要求和原理；

9 分户热计量或电能计量方式；

10 填充层、面层伸缩缝的设置要求。

3.1.15 楼栋内供暖供冷系统和加热供冷部件平面布置图应绘制下列内容：

1 采用水系统时，应绘制分水器、集水器位置及与其连接的供暖供冷管道；

2 采用现场敷设加热供冷部件时，应绘出各房间加热供冷部件的具体布置形式，标明敷设长度、间距、加热供冷部件管径或规格（线功率）、各加热供冷部件环路或回路的敷设长度；配电线路布置平面图（包括电气安全保护）；

3 采用供暖板、毛细管网地面供暖时，应绘出铺设位置及输配管走向；

4 伸缩缝敷设平面图。

3.2 地面构造

3.2.1 辐射地面的构造做法应根据其设置位置和加热供冷部件的类型确定，不同类型辐射供暖地面构造做法可按本规程附录A选用。辐射地面的构造应由下列全部或部分组成：

1 楼板或与土壤相邻的地面；

2 防潮层（对与土壤相邻地面）；

3 绝热层；

4 加热供冷部件；

5 填充层；

6 隔离层（对潮湿房间）；

7 面层。

3.2.2 直接与室外空气接触的楼板或与不供暖供冷房间相邻的地板作为供暖供冷辐射地面时，必须设置绝热层。

3.2.3 供暖供冷辐射地面构造应符合下列规定：

1 当与土壤接触的底层地面作为辐射地面时，应设置绝热层。设置绝热层时，绝热层与土壤之间应设置防潮层；

2 潮湿房间的混凝土填充式供暖地面的填充层上、预制沟槽保温板或预制轻薄供暖板供暖地面的面层下，应设置隔离层。

3.2.4 地面辐射供暖面层宜采用热阻小于0.05m²·K/W的材料。

3.2.5 混凝土填充式地面辐射供暖系统绝热层热阻应符合下列规定：

1 采用泡沫塑料绝热板时，绝热层热阻不应小于表3.2.5-1的数值；

表 3.2.5-1　混凝土填充式供暖地面泡沫塑料绝热层热阻

绝热层位置	绝热层热阻（m²·K/W）
楼层之间地板上	0.488
与土壤或不供暖房间相邻的地板上	0.732
与室外空气相邻的地板上	0.976

2 当采用发泡水泥绝热时，绝热层厚度不应小于表3.2.5-2的数值。

表 3.2.5-2　混凝土填充式供暖地面发泡水泥绝热层厚度（mm）

绝热层位置	干体积密度（kg/m³）		
	350	400	450
楼层之间地板上	35	40	45
与土壤或不供暖房间相邻的地板上	40	45	50
与室外空气相邻的地板上	50	55	60

3.2.6 采用预制沟槽保温板或供暖板时，与供暖房间相邻的楼板，可不设置绝热层。其他部位绝热层的设置应符合下列规定：

1 土壤上部的绝热层宜采用发泡水泥；

2 直接与室外空气或不供暖房间相邻的地板，绝热层宜设在楼板下，绝热材料宜采用泡沫塑料绝热板；

3 绝热层厚度不应小于表3.2.6的数值。

表 3.2.6　预制沟槽保温板和供暖板供暖地面的绝热层厚度

绝热层位置	绝热材料		厚度（mm）
	发泡水泥	干体积密度（kg/m³）	
与土壤接触的底层地板上		350	35
		400	40
		450	45
与室外空气相邻的地板下	模塑聚苯乙烯泡沫塑料		40
与不供暖房间相邻的地板下	模塑聚苯乙烯泡沫塑料		30

3.2.7 混凝土填充式辐射供暖地面的加热部件，其填充层和面层构造应符合下列规定：

1 填充层材料及其厚度宜按表3.2.7选择确定；

2 加热电缆应敷设于填充层中间，不应与绝热层直接接触；

3 豆石混凝土填充层上部应根据面层的需要铺设找平层；

4 没有防水要求的房间，水泥砂浆填充层可同时作为面层找平层。

表 3.2.7　混凝土填充式辐射供暖地面填充层材料和厚度

绝热层材料	填充层材料	最小填充层厚度（mm）
泡沫塑料板	加热管	50
	豆石混凝土	
	加热电缆	40
发泡水泥	加热管	40
	水泥砂浆	
	加热电缆	35

3.2.8 预制沟槽保温板辐射供暖地面均热层设置应符合下列规定：

1 加热部件为加热电缆时，应采用铺设有均热层的保温板，加热电缆不应与绝热层直接接触；加热部件为加热管时，宜采用铺设有均热层的保温板；

2 直接铺设木地板面层时，应采用铺设有均热层的保温板，且在保温板和加热管或加热电缆之上宜再铺设一层均热层。

3.2.9 采用供暖板时，房间内未铺设供暖板的部位和敷设输配管的部位应铺设填充板。采用预制沟槽保温板时，分水器、集水器与加热区域之间的连接管，应敷设在预制沟槽保温板中。

3.2.10 当地面荷载大于供暖地面的承载能力时，应会同土建设计人员采取加固措施。

3.3 房间热负荷与冷负荷计算

3.3.1 辐射供暖供冷房间热负荷与冷负荷应按现行国家标准《民用建筑供暖通风及空气调节设计规范》GB 50736的有关规定进行计算。

3.3.2 全面辐射供暖室内设计温度可降低2℃。全面辐射供冷室内设计温度可提高0.5℃～1.5℃。

3.3.3 局部辐射供暖系统的热负荷应按全面辐射供暖的热负荷乘以表3.3.3的计算系数的方法确定。

表 3.3.3　局部辐射供热负荷计算系数

供暖区面积与房间总面积的比值K	$K \geqslant 0.75$	$K=0.55$	$K=0.40$	$K=0.25$	$K \leqslant 0.20$
计算系数	1	0.72	0.54	0.38	0.30

3.3.4 进深大于6m的房间，宜以距外墙6m为界分区，分别计算热负荷和冷负荷，并进行管线布置。

3.3.5 对敷设加热供冷部件的建筑地面和墙面，不应计算其传热损失。

3.3.6 当采用地面辐射供暖的房间（不含楼梯间）高度大于4m时，应在基本耗热量和朝向、风力、外门附加耗热量之和的基础上，计算高度附加率。每高出1m应附加1%，但最大附加率不应大于8%。

3.3.7 采用分户热计量或分户独立热源的辐射供暖系统，应考虑间歇运行和户间传热等因素。

3.4 辐射面传热量的计算

3.4.1 辐射面传热量应满足房间所需供热量或供冷量的需求。辐射面传热量应按下列公式计算：

$$q = q_f + q_d \tag{3.4.1-1}$$

$$q_f = 5 \times 10^{-8}[(t_{pj} + 273)^4 - (t_{fj} + 273)^4] \tag{3.4.1-2}$$

全部顶棚供暖时：

$$q_d = 0.134(t_{pj} - t_n)^{1.25} \tag{3.4.1-3}$$

地面供暖、顶棚供冷时：

$$q_d = 2.13 \mid t_{pj} - t_n \mid^{0.31}(t_{pj} - t_n) \tag{3.4.1-4}$$

墙面供暖或供冷时：

$$q_d = 1.78 \mid t_{pj} - t_n \mid^{0.32}(t_{pj} - t_n) \tag{3.4.1-5}$$

地面供冷时：

$$q_d = 0.87(t_{pj} - t_n)^{1.25} \tag{3.4.1-6}$$

式中：q——辐射面单位面积传热量（W/m²）；

q_f——辐射面单位面积辐射传热量（W/m²）；

q_d——辐射面单位面积对流传热量（W/m²）；

t_{pj}——辐射面表面平均温度（℃）；

t_{fj}——室内非加热表面的面积加权平均温度（℃）；

t_n——室内空气温度（℃）。

3.4.2 混凝土填充式热水辐射供暖地面向上供热量和向下传热量应通过计算确定。当辐射供暖地面与供暖房间相邻时，其单位地面面积向上供热量和向下传热量可按本规程附录B确定。

3.4.3 辐射供冷地面向上供冷量应根据地面构造、供冷管敷设间距、供回水温度、室内空气温度等通过计算确定。

3.4.4 预制沟槽保温板、供暖板及毛细管网辐射表面向上供热量或供冷量，以及向下传热量应按产品检测数据确定。

3.4.5 房间所需单位地面面积向上供热量或供冷量应按下列公式计算：

$$q_1 = \beta \frac{Q_1}{F_r} \tag{3.4.5-1}$$

$$Q_1 = Q - Q_2 \tag{3.4.5-2}$$

式中：q_1——房间所需单位地面面积向上供热量或供冷量（W/m²）；

Q_1——房间所需地面向上的供热量或供冷量（W）；

F_r——房间内敷设供热供冷部件的地面面积（m²）；

β——考虑家具等遮挡的安全系数；

Q——房间热负荷或冷负荷（W）；

Q_2——自上层房间地面向下传热量（W）。

3.4.6 确定供暖地面向上供热量时，应校核地表面平均温度，确保其不高于本规程第3.1.3条规定的限值。地表面平均温度宜按下式计算：

$$t_{pj} = t_n + 9.82 \times \left(\frac{q}{100}\right)^{0.969} \tag{3.4.6}$$

式中：t_{pj}——地表面平均温度（℃）；

t_n——室内空气温度（℃）；

q——单位地面面积向上的供热量（W/m²）。

3.4.7 确定辐射面向上供冷量时，应校核辐射表面平均温度，确保其不低于本规程第3.1.4条规定的限值。顶棚辐射供冷表面平均温度可按式（3.4.7-1）计算，地面辐射供冷表面平均温度可按式（3.4.7-2）计算：

$$t_{pj} = t_n - 0.175q^{0.976} \tag{3.4.7-1}$$

$$t_{pj} = t_n - 0.171q^{0.989} \tag{3.4.7-2}$$

式中：t_{pj}——辐射表面平均温度（℃）；

t_n——室内空气温度（℃）；

q——单位辐射面积向上供冷量（W/m²）。

3.4.8 辐射供暖供冷房间热媒供热量或冷媒供冷量，应包括辐射面向上供热量或供冷量和向下传热量或向土壤的传热损失。

3.4.9 当辐射系统为冬季供暖和夏季供冷共用时，为了同时满足夏季供冷与冬季供暖的需要，应综合考虑房间冷热负荷和辐射面的供冷量与供热量。

3.5 水系统设计

3.5.1 集中供暖空调系统的水质及其保证措施应符合国家现行有关标准的要求。供暖板地面辐射供暖系统应设置脱气除污器。毛细管网辐射系统应独立设置系统，并设置脱气除污器。

3.5.2 户内系统的热媒温度、压力或资用压差等参数与热源不匹配时，应根据需要采取设置换热器或混水装置等措施。换热器或混水装置宜接近终端用户。

3.5.3 采用集中热源或冷源的住宅建筑，楼内供暖供冷系统设计应符合下列规定：

1 应采用共用立管的分户独立系统形式；

2 同一对立管宜连接负荷相近的户内系统；

3 一对共用立管在每层连接的户数不宜超过3户；

4 共用立管接向户内系统的供、回水管应分别设置关断阀，其中一个关断阀应具有调节功能；

5 共用立管和分户关断调节阀门，应设置在户外公共空间的管道井或小室内；

6 每户的分水器、集水器，以及必要时设置的热交换器或混水装置等入户装置宜设置在户内，并应远离卧室等主要功能房间；

7 采用分户热计量的系统应安装相应的热计量

或热量分摊装置。

3.5.4 对设置独立冷热源的户内系统，循环水泵的流量、扬程应符合户内供暖供冷系统的要求，系统定压值应符合加热供冷部件的承压要求。

3.5.5 分支环路的设置应符合下列规定：

1 连接在同一分水器、集水器的相同管径的各环路长度宜接近；现场敷设加热供冷管时，各环路管长度不宜超过120m；当各环路长度差距较大时，宜采用不同管径的加热供冷管，或在每个分支环路上设置平衡装置；

2 每个主要房间应独立设置环路，面积小的附属房间内的加热供冷管、输配管可串联；

3 进深和面积较大的房间，当分区域计算热负荷或冷负荷时，各区域应独立设置环路；

4 不同标高的房间地面，不宜共用一个环路。

3.5.6 对于冬季供暖夏季供冷的地面辐射系统，卫生间等地面温度不宜过低的房间，应独立设置环路。

3.5.7 加热供冷管的敷设间距和供暖板的铺设面积，应根据房间所需供热量或供冷量、室内计算温度、平均水温、地面传热热阻等确定。

3.5.8 加热供冷管距离外墙内表面不得小于100mm，与内墙距离宜为200mm～300mm。距卫生间墙体内表面宜为100mm～150mm。

3.5.9 现场敷设的加热供冷管应根据房间的热工特性和保证地面温度均匀的原则，并考虑管材允许的最小弯曲半径，采用回折型或平行型等布管方式。热负荷或冷负荷明显不均匀的房间，宜将高温管段或低温管段优先布置于房间热负荷或冷负荷较大的外窗或外墙侧。

3.5.10 加热供冷管应按系统实际工作条件确定，并应符合本规程附录C的规定。

3.5.11 加热供冷管和输配管流速不宜小于0.25m/s。

3.5.12 输配管宜采用与供暖板内加热管相同的管材。

3.5.13 每个环路进、出水口，应分别与分水器、集水器相连接。分水器、集水器最大断面流速不宜大于0.8m/s。每个分水器、集水器分支环路不宜多于8路。每个分支环路供回水管上均应设置可关断阀门。

3.5.14 分水器前应设置过滤器；分水器的总进水管与集水器的总出水管之间宜设置清洗供暖系统时使用的旁通管，旁通管上应设置阀门。设置混水泵的混水系统，当外网为定流量时，应设置平衡管并兼作旁通管使用，平衡管上不应设置阀门。旁通管和平衡管的管径不应小于连接分水器和集水器的进出口总管管径。

3.5.15 分水器、集水器上均应设置手动或自动排气阀。

3.5.16 加热供冷管出地面与分水器、集水器连接时，其外露部分应加黑色柔性塑料套管。

3.5.17 辐射供冷用分水器、集水器表面应做防结露处理。

3.5.18 每个分支环路埋设部分不应设置连接件。

3.6 管道水力计算

3.6.1 管道的压力损失可按下列公式计算：

$$\Delta P = \Delta P_m + \Delta P_j \qquad (3.6.1-1)$$

$$\Delta P_m = \lambda \frac{l}{d} \frac{\rho v^2}{2} \qquad (3.6.1-2)$$

$$\Delta P_j = \zeta \frac{\rho v^2}{2} \qquad (3.6.1-3)$$

式中：ΔP ——加热管的压力损失（Pa）；

ΔP_m ——摩擦压力损失（Pa）；

ΔP_j ——局部压力损失（Pa）；

λ ——摩擦阻力系数；

d ——管道内径（m）；

l ——管道长度（m）；

ρ ——水的密度（kg/m³）；

v ——水的流速（m/s）；

ζ ——局部阻力系数。

3.6.2 铝塑复合管及塑料管的摩擦阻力系数，可按下列公式计算：

$$\lambda = \left\{ \frac{0.5 \left[\frac{b}{2} + \frac{1.312(2-b)\lg 3.7 \frac{d_n}{k_d}}{\lg Re_s - 1} \right]}{\lg \frac{3.7 d_n}{k_d}} \right\}^2$$

$$(3.6.2-1)$$

$$b = 1 + \frac{\lg Re_s}{\lg Re_z} \qquad (3.6.2-2)$$

$$Re_s = \frac{d_n v}{\mu_t} \qquad (3.6.2-3)$$

$$Re_z = \frac{500 d_n}{k_d} \qquad (3.6.2-4)$$

$$d_n = 0.5(2 d_w + \Delta d_w - 4\delta - 2\Delta\delta)$$

$$(3.6.2-5)$$

式中：λ ——摩擦阻力系数；

b ——水的流动相似系数；

Re_s ——实际雷诺数；

v ——水的流速（m/s）；

μ_t ——与温度有关的运动黏度（m²/s）；

Re_z ——阻力平方区的临界雷诺数；

k_d ——管子的当量粗糙度（m），对铝塑复合管及塑料管，$k_d = 1 \times 10^{-5}$（m）；

d_n ——管子的计算内径（m）；

d_w ——管外径（m）；

Δd_w ——管外径允许误差（m）；

δ——管壁厚（m）；

$\Delta\delta$——管壁厚允许误差（m）。

3.6.3 铜管的摩擦系数可按下式计算：

$$\frac{1}{\sqrt{\lambda}} = -2\lg\left(\frac{2.51}{Re\sqrt{\lambda}} + \frac{K/d_n}{3.72}\right) \quad (3.6.3-1)$$

$$Re = \frac{d_n v}{\mu_t} \quad (3.6.3-2)$$

式中：λ——摩擦阻力系数；

Re——雷诺数；

d_n——管子的计算内径（m）；

K——管子的当量粗糙度（m），对铜管，$K=1\times10^{-5}$（m）；

v——水的流速（m/s）；

μ_t——与温度有关的运动黏度（m^2/s）。

3.6.4 塑料管及铝塑复合管单位长度摩擦压力损失可按本规程附录 D 选用。

3.6.5 供暖板、毛细管网的压力损失应根据产品检测报告确定。

3.6.6 加热供冷管和供暖板输配管的局部压力损失应通过计算确定，其局部阻力系数可按本规程附录 D 选用。

3.6.7 热水地面辐射供暖系统分水器、集水器环路的总压力损失不宜大于 30kPa。

3.6.8 对于冬季供暖夏季供冷的辐射供暖供冷系统，水系统设计时，应以夏季供冷工况确定的水流量进行水力计算。

3.7 加热电缆系统的设计

3.7.1 加热电缆热线间距不宜小于 100mm。加热电缆热线与外墙内表面距离不得小于 100mm，与内墙表面距离宜为 200mm～300mm。

3.7.2 加热电缆长度和布线间距应按下列公式计算：

$$L \geqslant \frac{(1+\delta)\beta \cdot Q_1}{P_x} \quad (3.7.2-1)$$

$$S \approx 1000\frac{F_r}{L} \quad (3.7.2-2)$$

式中：L——按加热电缆产品规格选定的电缆总长度（m）；

δ——向下传热量占加热电缆供热功率的比例，根据地面构造按表 3.7.2 取值；

β——考虑家具等遮挡的安全系数；

Q_1——房间所需地面向上的散热量（W），按本规程第 3.4.5 条计算确定；

P_x——加热电缆额定电阻时的线功率（W/m），根据加热电缆产品规格选取；

S——加热电缆布线间距（mm）；

F_r——敷设加热电缆的地面面积（m^2）。

表 3.7.2 加热电缆供暖地面向下传热量占加热电缆供热功率的比例

绝热层材料	面层类型			
	瓷砖	塑料面层	木地板	地毯
聚苯乙烯泡沫塑料板	0.16	0.21	0.23	0.27
发泡水泥	0.15	0.21	0.23	0.26

注：计算条件为：加热电缆外表面温度为 45℃、敷设间距为 200mm；采用聚苯乙烯泡沫塑料板时，绝热层厚度为 20mm，填充层厚度为 40mm；采用发泡水泥时，绝热层厚度为 40mm，填充层厚度为 35mm。

3.7.3 每个房间宜独立设置加热电缆回路。当房间所需供热功率和加热电缆总长度超过产品规格中单根加热电缆的最大总功率或总长度时，应将电缆分设成 2 个或多个独立回路。每个回路加热电缆的最大总功率或总长度确定时，还应符合下列规定：

1 不宜超过所选温控器的额定工作电流；

2 不应超过产品规格限制。

3.7.4 加热电缆宜采用平行型布置。

3.8 温控与热计量

3.8.1 新建住宅热水辐射供暖系统应设置分户热计量和室温调控装置。

3.8.2 辐射供暖系统应能实现气候补偿，自动控制供水温度。辐射供冷系统宜能实现气候补偿，自动控制供水温度。

3.8.3 地面辐射供暖供冷水系统室温控制可采用分环路控制和总体控制两种方式，自动控制阀宜采用电热式控制阀，也可采用自力式温控阀和电动阀，并应符合下列规定：

1 当采用分环路控制时，应在分水器或集水器处的各个分支管上分别设置自动控制阀，控制各房间或区域的室内空气温度；

2 当采用总体控制时，应在分水器或集水器总管上设置自动控制阀，控制整个用户或区域的室内空气温度。

3.8.4 当采用加热电缆辐射供暖时，每个独立加热电缆辐射供暖环路对应的房间或区域应设置温控器。

3.8.5 温控器设置及选型应符合下列规定：

1 室温型温控器应设置在附近无散热体、周围无遮挡物、不受风直吹、不受阳光直晒、通风干燥、周围无热源体、能正确反映室内温度的位置，且不宜设在外墙上；

2 在需要同时控制室温和限制地表面温度的场合，应采用双温型温控器；

3 当加热电缆辐射供暖系统仅负担一部分供暖负荷或作为值班供暖时，可采用地温型温控器；

4 对开放大空间场所，室温型温控器应布置在所对应回路的附近，当无法布置在所对应的回路附近时，可采用地温型温控器；

　　5　地温型温控器的传感器不应被家具、地毯等覆盖或遮挡，宜布置在人员经常停留的位置且在加热部件之间；

　　6　对浴室、带沐浴设备的卫生间、游泳池等潮湿区域，室温型温控器的防护等级和设置位置应符合国家现行相关标准的要求；当不能满足要求时，应采用地温型温控器；

　　7　温控器的控制器设置高度宜距地面 1.4m，或与照明开关在同一水平线上。

3.8.6　辐射供冷系统应设置防止辐射面结露的控制装置，并应符合下列规定：

　　1　住宅建筑宜采用分室多点控制，在温湿度最不利的房间及变化最大的房间应分别设置；公共建筑宜选用分区控制方式；

　　2　防结露控制可采用露点传感器直接探测露点的方法，也可采用温湿度传感器探测并计算出露点的方法；

　　3　采用露点探测方法时，埋设点应靠近最易结露的位置，传感器可固定在冷水管表面，也可埋设在辐射体表面；

　　4　采用温湿度探测方法时，安装位置不宜靠近门窗等结露风险较大的区域。

3.8.7　壁挂炉辐射供暖系统宜采用混水装置，并宜采用室内温控、循环水泵及壁挂炉联动的整体控制方式。

3.9　电气设计

3.9.1　配电设计应符合下列规定：

　　1　电度表的设置应符合当地供电部门规定并满足节能管理的要求；

　　2　当加热电缆辐射供暖系统用电需要单独计费时，该系统的供电回路应单独设置，并独立设置配电箱和电度表；

　　3　当加热电缆辐射供暖系统与其他用电设备合用配电箱时，应分别设置回路；

　　4　加热电缆辐射供暖系统配电回路应装设过载、短路及剩余电流保护器。剩余电流保护器脱扣电流应为 30mA。

3.9.2　加热电缆辐射供暖系统应采用电压等级为 220V/380V 的交流供电方式。

3.9.3　**加热电缆辐射供暖系统应做等电位连接，且等电位连接线应与配电系统的地线连接。**

3.9.4　当加热电缆辐射供暖系统配电导线设计时，应合理布置温控器、接线盒等位置，减少连接管线，并应符合下列规定：

　　1　导线应采用铜芯导线；导体截面应按敷设方式、环境条件确定，且导体载流量不应小于预期负荷的最大计算电流和按保护条件所确定的电流；

　　2　固定敷设的电源线的最小芯线截面不应小于 2.5mm²；

　　3　电气线路的敷设方式应符合安全要求，导线穿管应满足国家现行相关标准的要求，与加热电缆系统的设备或元件连接的部分宜采用柔性金属导管敷设，其长度应满足国家现行相关标准的要求。

3.9.5　温控器的工作电流不得超过其额定工作电流；当所控制回路的工作电流大于温控器的额定工作电流时，可采用温控器与接触器等其他控制设备相结合的形式实现控制功能。

3.9.6　热水系统电驱动式自动调节阀和户内混水泵等用电设备的电气设计应符合下列规定：

　　1　电源回路应设置过载、短路及剩余电流保护器；

　　2　当采用 220V 或 380V 交流电压为热水系统用电设备供电时，不得将相关电气线路、接线端子等部分外露；用电设备外壳等外露可导电的部分，均应进行保护接地；

　　3　当采用 24V 交流电压为热水供暖系统用电设备供电时，其电气元件、线路应与 220V 交流电压等级的电器元件、线路相互隔离。

3.9.7　地温传感器穿线管、自动调节阀电源穿线管等均应选用硬质套管。

4　材　料

4.1　一般规定

4.1.1　辐射供暖供冷系统中所使用的材料，应根据系统工作温度、系统工作压力、建筑荷载、建筑设计寿命、现场防水、防火以及施工性能等要求，经综合比较后确定。

4.1.2　辐射供暖供冷系统中所使用的材料均应符合国家现行相关标准的规定。

4.2　绝热层材料

4.2.1　绝热层材料应采用导热系数小、难燃或不燃，具有足够承载能力的材料，且不应含有殖菌源，不得有散发异味及可能危害健康的挥发物。

4.2.2　辐射供暖供冷工程中采用的聚苯乙烯泡沫塑料板材主要技术指标应符合表 4.2.2 的规定。

表 4.2.2　聚苯乙烯泡沫塑料板材主要技术指标

项　目	性能指标			
	模塑		挤塑	
	供暖地面绝热层	预制沟槽保温板	供暖地面绝热层	预制沟槽保温板
类别	Ⅱ[1]	Ⅲ[1]	W200[2]	X150/W200[2]
表观密度（kg/m³）	≥20.0	≥30.0	≥20.0	≥30.0

续表 4.2.2

项　目	性能指标			
	模塑		挤塑	
	供暖地面绝热层	预制沟槽保温板	供暖地面绝热层	预制沟槽保温板
压缩强度3)(kPa)	≥100	≥150	≥200	≥150/≥200
导热系数4)(W/m·K)	≤0.041	≤0.039	≤0.035	≤0.030/≤0.035
尺寸稳定性(%)	≤3	≤2	≤2	≤2
水蒸气透过系数(ng/(Pa·m·s))	≤4.5	≤4.5	≤3.5	≤3.5
吸水率(体积分数)(%)	≤4.0	≤2.0	≤2.0	≤1.5/≤2.0
熔结性5) 断裂弯曲负荷	25	35		
熔结性5) 弯曲变形	≥20	≥20		
燃烧性能 氧指数	≥30	≥30		
燃烧性能 燃烧分级	达到 B2 级			

注: 1) 模塑Ⅱ型密度范围在 20kg/m³~30kg/m³ 之间，Ⅲ型密度范围在 30kg/m³~40kg/m³ 之间；
2) W200 为不带表皮挤塑材料，X150 为带表皮挤塑材料；
3) 压缩强度是按现行国家标准《硬质泡沫塑料压缩性能的测定》GB/T 8813 要求的试件尺寸和试验条件下相对形变为 10% 的数值；
4) 导热系数为 25℃时的数值；
5) 模塑断裂弯曲负荷或弯曲变形有一项能符合指标要求，熔结性即为合格。

4.2.3 预制沟槽保温板及其金属均热层的沟槽尺寸应与敷设的加热部件外径吻合，且应符合下列规定：

　　1 保温板总厚度不应小于表 4.2.3 的要求；

　　2 均热层最小厚度宜满足表 4.2.3 的要求，并应符合下列规定：

　　　　1）均热层材料的导热系数不应小于 237W/(m·K)；

　　　　2）加热电缆铺设地砖、石材等面层时，均热层应采用喷涂有机聚合物的，具有耐砂浆性的防腐材料。

表 4.2.3 预制沟槽保温板总厚度及均热层最小厚度

加热部件类型		保温板总厚度(mm)	均热层最小厚度（mm）			
			地砖等面层	木地板面层		
				管间距<200mm		管间距≥200mm
				单层	双层	单层	双层
加热电缆		15	0.1				
加热管外径(mm)	12	20	0.2	0.1	0.4	0.2
	16	25				
	20	30				

注: 1 地砖等面层，指在敷设有加热管或加热电缆的保温板上铺设水泥砂浆找平层后与地砖、石材等粘接的做法；木地板面层，指不需铺设找平层，直接铺设木地板的做法。
2 单层均热层，指仅采用带均热层的保温板，加热管或加热电缆上不再铺设均热层时的最小厚度；双层均热层，指采用带均热层的保温板，加热管或加热电缆上再铺设一层均热层时每层的最小厚度。

4.2.4 发泡水泥绝热层材料应符合下列规定：

　　1 水泥宜用硅酸盐水泥、普通硅酸盐水泥、复合硅酸盐水泥；当条件受限制时，可采用矿渣硅酸盐水泥；水泥抗压强度等级不应低于 32.5；

　　2 发泡水泥绝热层材料的技术指标应符合表 4.2.4 的规定。

表 4.2.4 发泡水泥绝热层技术指标

干体积密度(kg/m³)	抗压强度（MPa）		导热系数[W/(m·K)]
	7 天	28 天	
350	≥0.4	≥0.5	≤0.07
400	≥0.5	≥0.6	≤0.08
450	≥0.6	≥0.7	≤0.09

4.2.5 当采用其他绝热材料时，其技术指标应按本规程表 4.2.2 的规定选用同等效果的绝热材料。

4.3　填充层材料

4.3.1 豆石混凝土填充层材料强度等级宜为 C15，豆石粒径宜为 5mm~12mm。

4.3.2 水泥砂浆填充层材料应符合下列规定

　　1 应选用中粗砂水泥，且含泥量不应大于 5%；

　　2 宜选用硅酸盐水泥或矿渣硅酸盐水泥；

　　3 水泥砂浆体积比不应小于 1：3；

　　4 强度等级不应低于 M10。

4.4　水系统材料

4.4.1 加热供冷管应满足设计使用寿命、施工和环保性能要求，并应符合下列规定：

　　1 加热供冷管的使用条件应满足现行国家标准《冷热水系统用热塑性塑料管材和管件》GB/T 18991 中的 4 级；

　　2 加热供冷管的工作压力不应小于 0.4MPa；

　　3 管道质量必须符合国家现行相关标准的规定；加热供冷管的物理力学性能应符合本规程附录 E 的规定；

　　4 加热管宜使用带阻氧层的管材。

4.4.2 供暖板应符合产品标准的规定，其输配管应符合加热管的相关规定。

4.4.3 分水器、集水器应符合产品标准的规定。

4.5　加热电缆辐射供暖系统材料和温控设备

4.5.1 辐射供暖用加热电缆产品必须有接地屏蔽层。

4.5.2 加热电缆冷、热线的接头应采用专用设备和工艺连接，不应在现场简单连接；接头应可靠、密封，并保持接地的连续性。

4.5.3 加热电缆外径不宜小于 5mm。

4.5.4 加热电缆的型号和商标应有清晰标志，冷、热线接头位置应有明显标志。

4.5.5 加热电缆应经国家质量监督检验部门检验合格。产品的电气安全性能、机械性能应符合本规程附录 F 的规定。

4.5.6 温控器应符合国家相关标准，外观不应有划痕，应标记清晰、面板扣合开启自如、温度调节部件使用正常。

4.5.7 热水地面供暖温度控制用自动调节阀应符合相关产品标准的规定。

5 施 工

5.1 一般规定

5.1.1 施工单位应具有相应的施工资质，工程质量验收人员应具备相应的专业技术资格。

5.1.2 施工图深化设计单位应具有相应的设计资质，修改设计应有设计单位出具的设计变更文件，并经原工程设计单位批准后方可施工。

5.1.3 施工安装前所具备条件应符合下列规定：

1 施工组织设计或施工方案应已批准，采用的技术标准和质量控制措施文件应齐全并已完成技术交底；

2 材料进场检验应已合格并满足安装要求；

3 施工现场应具有供水或供电条件，应有储放材料的临时设施；

4 土建专业应已完成墙面粉刷（不含面层）、外窗、外门应已安装完毕，地面应已清理干净，卫生间应做完闭水试验并经过验收；

5 相关电气预埋等工程应已完成。

5.1.4 加热供冷部件的运输、存储应符合下列规定：

1 应进行遮光包装后运输，不得裸露散装；

2 运输、装卸和搬运时，应小心轻放，不得抛、摔、滚、拖；

3 不得曝晒雨淋，宜储存在温度不超过 40℃ 且通风良好和干净的库房内；

4 应避免因环境温度和物理压力受到损害，并应远离热源。

5.1.5 施工过程中应防止油漆、沥青或其他化学溶剂接触污染加热供冷部件的表面。

5.1.6 **施工过程中，加热电缆间有搭接时，严禁电缆通电。**

5.1.7 施工时不宜与其他工种交叉施工作业，所有地面留洞应在填充层施工前完成。

5.1.8 辐射面应平整、干燥、无杂物、无积灰。

5.1.9 **施工过程中，加热供冷部件敷设区域，严禁穿凿、穿孔或进行射钉作业。**

5.1.10 施工的环境温度不宜低于 5℃；在低于 0℃ 的环境下施工时，现场应采取升温措施。

5.1.11 施工结束后应绘制竣工图，并应准确标注

加热供冷部件敷设位置及地温传感器埋设地点。

5.2 施工方案及材料、设备检查

5.2.1 施工单位应编制施工组织设计或施工方案，方案经批准后方可施工。

5.2.2 施工组织设计或施工方案应包括下列内容：

1 工程概况；

2 施工节点图、原始工作面至面层的剖面图、伸缩缝的位置等；

3 主要材料、设备的性能技术指标、规格、型号及保管存放措施；

4 施工工艺流程及各专业施工时间计划；

5 施工质量控制措施及验收标准，包括绝热层铺设、加热供冷部件安装、填充层铺设、面层铺设、分水器和集水器施工质量，水压试验（电阻测试和绝缘测试），隐蔽前、后综合检查，环路、系统试运行调试和竣工验收等；

6 施工进度计划、劳动力计划；

7 安全、环保、节能技术措施。

5.2.3 辐射供暖供冷系统所使用的主要材料、设备组件、配件、绝热材料必须具有质量合格证明文件，其性能技术指标及规格、型号应符合国家现行有关标准和设计文件的规定，并具有国家授权机构提供的有效期内的检验报告。进场时应做检查验收并经监理工程师核查确认。

5.2.4 管材及管件、分水器和集水器及其连接件进场前应对其外观损坏等进行现场复验。

5.2.5 加热供冷管应符合下列规定：

1 管道内外表面应光滑、平整、干净，不应有可能影响产品性能的明显划痕、凹陷、气泡等缺陷；

2 管径及壁厚应符合国家现行有关标准和设计文件的规定。

5.2.6 分水器、集水器及其连接件应符合下列规定：

1 分水器、集水器材料宜为铜质，应包括分、集水干管、主管关断阀或调节阀、泄水阀、排气阀、支路关断阀或调节阀和连接配件等；

2 内外表面应光洁，不得有裂纹、砂眼、冷隔、夹渣、凹凸不平及其他缺陷。表面电镀的连接件色泽应均匀，镀层应牢固，不得有脱镀的缺陷；

3 金属连接件间的连接和过渡管件与金属连接件间的连接密封应符合现行国家标准《55°密封管螺纹》GB/T 7306 的规定；永久性的螺纹连接可使用厌氧胶密封粘接；可拆卸的螺纹连接可使用厚度不超过 0.25mm 的密封材料密封连接；

4 铜制金属连接件与管材之间的连接结构形式宜采用卡套式、卡压式或滑紧卡套冷扩式夹紧结构。

5.2.7 预制沟槽保温板、供暖板和毛细管网进场后，应对辐射面向上供热量或供冷量及向下传热量进行复验；加热电缆进场后，应对辐射面向上供热量及向下

传热量进行复验。复验应为见证取样送检。每个规格抽检数量不应少于一个。检验方法应符合本规程附录G的规定。

5.2.8 阀门、分水器、集水器组件安装前应做强度和严密性试验，并应符合下列规定：

1 试验应在每批数量中抽查 10%，且不得少于 1 个；对安装在分水器进口、集水器出口及旁通管上的旁通阀门应逐个作强度和严密性试验，试验合格后方可使用。

2 强度试验压力应为工作压力的 1.5 倍，严密性试验压力应为工作压力的 1.1 倍；强度和严密性试验持续时间应为 15s，其间压力应保持不变，且壳体、填料及阀瓣密封面应无渗漏。

5.3 绝热层的铺设

5.3.1 铺设绝热层的原始工作面应平整、干燥、无杂物，边角交接面根部应平直且无积灰现象。

5.3.2 泡沫塑料类绝热层、预制沟槽保温板、供暖板的铺设应平整，板间的相互接合应严密，接头应用塑料胶带粘接平顺。直接与土壤接触或有潮湿气体侵入的地面应在铺设绝热层之前铺设一层防潮层。

5.3.3 在铺设辐射面绝热层的同时或在填充层施工前，应由供暖供冷系统安装单位在与辐射面垂直构件交接处设置不间断的侧面绝热层，侧面绝热层的设置应符合下列规定：

1 绝热层材料宜采用高发泡聚乙烯泡沫塑料，且厚度不宜小于 10mm；应采用搭接方式连接，搭接宽度不应小于 10mm；

2 绝热层材料也可采用密度不小于 20kg/m³ 的模塑聚苯乙烯泡沫塑料板，其厚度应为 20mm，聚苯乙烯泡沫塑料板接头处应采用搭接方式连接；

3 侧面绝热层应从辐射面绝热层的上边缘做到填充层的上边缘；交接部位应有可靠的固定措施，侧面绝热层与辐射面绝热层应连接严密。

5.3.4 发泡水泥绝热层的施工现场应具备下列设备：

1 平整发泡水泥绝热层和水泥砂浆填充层表面的装置；

2 适应不同工艺特点的专用搅拌机；

3 活塞泵或挤压式泵，或其他可满足要求的发泡水泥或水泥砂浆输送泵。

5.3.5 浇注发泡水泥绝热层之前的施工准备应符合下列规定：

1 对设备、输送泵及输送管道进行安全性检查；

2 根据现场使用的水泥品种进行发泡剂类型配方设计后方可进行现场制浆；

3 在房间墙上标记出发泡水泥绝热层浇筑厚度的水平线。

5.3.6 发泡水泥绝热层现场浇筑宜采用物理发泡工艺，并应符合下列规定：

1 施工浇筑中应随时观察检查浆料的流动性、发泡稳定性，并应控制浇筑厚度及地面平整度；发泡水泥绝热层自流平后，应采用刮板刮平；

2 发泡水泥绝热层内部的孔隙应均匀分布，不应有水泥与气泡明显的分离层；

3 当施工环境风力大于 5 级时，应停止施工或采取挡风等安全措施；

4 发泡水泥绝热层在养护过程中不得振动，且不应上人作业。

5.3.7 发泡水泥绝热层应在浇筑过程中进行取样检验；宜按连续施工每 50000m² 作为一个检验批，不足 50000m² 时应按一个检验批计。

5.3.8 预制沟槽保温板铺设应符合下列规定：

1 可直接将相同规格的标准板块拼接铺设在楼板基层或发泡水泥绝热层上；

2 当标准板块的尺寸不能满足要求时，可用工具刀裁下所需尺寸的保温板对齐铺设；

3 相邻板块上的沟槽应互相对应、紧密依靠。

5.3.9 供暖板及填充板铺设应符合下列规定：

1 带木龙骨的供暖板可用水泥钉钉在地面上进行局部固定，也可平铺在基层地面上；填充板应在现场加龙骨，龙骨间距不应大于 300mm，填充板的铺设方法与供暖板相同；

2 不带龙骨的供暖板和填充板可采用工程胶点粘在地面上，并在面层施工时一起固定；

3 填充板内的输配管安装后，填充板上应采用带胶铝箔覆盖输配管。

5.4 加热供冷管系统的安装

5.4.1 加热供冷管应按设计图纸标定的管间距和走向敷设，加热供冷管应保持平直，管间距的安装误差不应大于 10mm。加热供冷管敷设前，应对照施工图纸核定加热供冷管的选型、管径、壁厚，并应检查加热供冷管外观质量，管内部不得有杂质。加热供冷管安装间断或完毕时，敞口处应随时封堵。

5.4.2 加热供冷管及输配管切割应采用专用工具，切口应平整，断口面应垂直管道轴线。

5.4.3 加热供冷管及输配管弯曲敷设时应符合下列规定：

1 圆弧的顶部应用管卡进行固定；

2 塑料管弯曲半径不应小于管道外径的 8 倍，铝塑复合管的弯曲半径不应小于管道外径的 6 倍，铜管的弯曲半径不应小于管道外径的 5 倍；

3 最大弯曲半径不得大于管道外径的 11 倍；

4 管道安装时应防止管道扭曲；铜管应采用专用机械弯管。

5.4.4 混凝土填充式供暖地面距墙面最近的加热管与墙面间距宜为 100mm；每个环路加热管总长度与设计图纸误差不应大于 8%。

5.4.5 埋设于填充层内的加热供冷管及输配管不应有接头。在铺设过程中管材出现损坏、渗漏等现象时，应当整根更换，不应拼接使用。

5.4.6 施工验收后，发现加热供冷管或输配管损坏，需要增设接头时，应符合下列规定：

1 应报建设单位或监理工程师，提出书面补救方案，经批准后方可实施；

2 塑料管和铝塑复合管增设接头时，应根据管材，采用热熔或电熔插接式连接，或卡套式、卡压式铜制管接头连接；采用卡套式、卡压式铜制管接头连接后，应在铜制管接头外表面做防腐处理，并应采用橡胶软管套，且两端做好密封；装饰层表面应有检修标识；

3 铜管宜采用机械连接或焊接连接；

4 应在竣工图上清晰表示接头位置，并记录归档。

5.4.7 加热供冷管应设固定装置。加热供冷管弯头两端宜设固定卡；加热供冷管直管段固定点间距宜为500mm～700mm，弯曲管段固定点间距宜为200mm～300mm。

5.4.8 加热供冷管或输配管穿墙时应设硬质套管。

5.4.9 在分水器、集水器附近以及其他局部加热供冷管排列比较密集的部位，当管间距小于100mm时，加热供冷管外部应设置柔性套管。

5.4.10 加热供冷管或输配管出地面至分水器、集水器连接处，弯管部分不宜露出面层。加热供冷管或供暖板输配管出地面至分水器、集水器下部阀门接口之间的明装管段，外部应加装塑料套管或波纹管套管，套管应高出面层150mm～200mm。

5.4.11 加热供冷管或输配管与分水器、集水器连接应采用卡套式、卡压式挤压夹紧连接，连接件材料宜为铜质。铜质连接件直接与PP-R塑料管接触的表面必须镀镍。

5.4.12 加热供冷管的环路布置不宜穿越填充层内的伸缩缝，必须穿越时，伸缩缝处应设长度不小于200mm的柔性套管。

5.4.13 分水器、集水器宜在加热供冷管敷设之前进行安装。水平安装时，宜将分水器安装在上，集水器安装在下，中心距宜为200mm，集水器中心距地面不应小于300mm。

5.4.14 填充层伸缩缝设置应与加热供冷管的安装同步或在填充层施工前进行，并应符合下列规定：

1 当地面面积超过30m² 或边长超过6m时，应按不大于6m间距设置伸缩缝，伸缩缝宽度不应小于8mm；伸缩缝宜采用高发泡聚乙烯泡沫塑料板，或预设木板条待填充层施工完毕后取出，缝槽内满填弹性膨胀膏；

2 伸缩缝宜从绝热层的上边缘做到填充层的上边缘；

3 伸缩缝应有效固定，泡沫塑料板也可在铺设辐射面绝热层时挤入绝热层中。

5.4.15 输配管与其配水、集水装置的接头连接时，应采用专用工具将管道套到接头根部，再用专用固定卡子卡住，使其紧密连接。

5.4.16 供暖板的配水、集水装置可采用暗装方式，也可采用明装方式。采用暗装方式时，宜与供暖板一起埋在面层下；采用明装方式时，配水、集水装置宜单独安装在外窗下的墙面上。

5.5 加热电缆系统的安装

5.5.1 加热电缆应按照施工图纸标定的电缆间距和走向敷设。加热电缆应保持平直，电缆间距的安装误差不应大于10mm。敷设前应对照施工图纸核定型号，并应检查外观质量。

5.5.2 加热电缆出厂后严禁剪裁和拼接，有外伤或破损的加热电缆严禁敷设。

5.5.3 加热电缆安装前后应测量加热电缆的标称电阻和绝缘电阻，并做自检记录。

5.5.4 加热电缆施工前，应确认加热电缆冷线预留管、温控器接线盒、地温传感器预留管、供暖配电箱等预留、预埋工作已完毕。

5.5.5 加热电缆的弯曲半径不应小于生产企业规定的限值，且不得小于6倍电缆直径。

5.5.6 采用混凝土填充式地面供暖时，加热电缆下应铺设金属网，并应符合下列规定：

1 金属网应铺设在填充层中间；

2 除填充层在铺设金属网和加热电缆的前后分层施工外，金属网网眼不应大于100mm×100mm，金属直径不应小于1.0mm；

3 应每隔300mm将加热电缆固定在金属网上。

5.5.7 加热电缆的热线部分严禁进入冷线预留管。

5.5.8 加热电缆的冷线与热线接头应暗装在填充层或预制沟槽保温板内，接头处150mm之内不应弯曲。

5.5.9 伸缩缝的设置应符合本规程第5.4.14条的规定。

5.5.10 加热电缆供暖系统和温控系统的电气施工应符合现行国家标准《电气装置安装工程1kV及以下配线工程施工及验收规范》GB 50254 和《建筑电气工程施工质量验收规范》GB 50303 的规定。

5.6 水 压 试 验

5.6.1 管道敷设完成，经检查符合设计要求后应进行水压试验，水压试验应符合下列规定：

1 水压试验应在系统冲洗之后进行，系统冲洗应对分水器、集水器以外主供、回水管道进行冲洗，冲洗合格后再进行室内供暖系统的冲洗；

2 水压试验之前，应对试压管道和构件采取安全有效的固定和保护措施；

3 水压试验应以每组分水器、集水器为单位，逐回路进行；

4 混凝土填充式地面辐射供暖户内系统试压应进行两次，分别在浇筑混凝土填充层之前和填充层养护期满后进行；预制沟槽保温板、供暖板和毛细管网户内系统试压应进行两次，分别在铺设面层之前和之后进行；

5 冬季进行水压试验时，在有冻结可能的情况下，应采取可靠的防冻措施，试压完成后应及时将管内的水吹净、吹干。

5.6.2 水压试验压力应为工作压力的 1.5 倍，且不应小于 0.6MPa。在试验压力下，稳压 1h，其压力降不应大于 0.05MPa，且不渗不漏。

5.7 填充层施工

5.7.1 填充层施工前应具备下列条件：

1 加热电缆经电阻检测和绝缘性能检测合格；

2 侧面绝热层和填充层伸缩缝已安装完毕；

3 加热供冷管安装完毕且水压试验合格、加热供冷管处于有压状态；

4 温控器的安装盒、加热电缆冷线穿管已经布置完毕；

5 通过隐蔽工程验收。

5.7.2 混凝土填充层施工，应由有资质的土建施工方承担，供暖供冷系统安装单位应密切配合。填充层施工过程中不得拆除和移动伸缩缝。

5.7.3 地面辐射供暖供冷工程施工过程中，埋管区域应设施工通道或采取加盖等保护措施，严禁人员踩踏加热供冷部件。

5.7.4 水泥砂浆填充层应与发泡水泥绝热层结合牢固，单处空鼓面积不应大于 0.04cm²，且每个自然房间不应多于 2 处。

5.7.5 水泥砂浆填充层表层的抹平工作应在水泥砂浆初凝前完成，压光或拉毛工作应在水泥砂浆终凝前完成。

5.7.6 混凝土填充层施工中，加热供冷管内的水压不应低于 0.6MPa；填充层养护过程中，系统水压不应低于 0.4MPa。

5.7.7 填充层施工中，严禁使用机械振捣设备；施工人员应穿软底鞋，使用平头铁锹。

5.7.8 系统初始供暖、供冷前，水泥砂浆填充层养护时间不应少于 7d，或抗压强度应达到 5MPa 后，方可上人行走；豆石混凝土填充层的养护周期不应少于 21d。养护期间及期满后，应对地面采取保护措施，不得在地面加以重载、高温烘烤、直接放置高温物体和高温设备。

5.7.9 填充层应在铺设过程中进行取样检验；宜按连续施工每 10000m² 作为一个检验批，不足 10000m² 时按一个检验批计。

5.7.10 填充层施工完毕后，应进行加热电缆的标称

电阻和绝缘电阻检测验收并做好记录。

5.8 面层施工

5.8.1 面层施工前，填充层应达到面层需要的干燥度和强度。面层施工除应符合土建施工设计图纸的各项要求外，尚应符合下列规定：

1 施工面层时，不得剔、凿、割、钻和钉填充层，不得向填充层内楔入任何物件；

2 石材、瓷砖在与内外墙、柱等垂直构件交接处，应留 10mm 宽伸缩缝；木地板铺设时，应留不小于 14mm 的伸缩缝；伸缩缝应从填充层的上边缘做到高出面层上表面 10mm～20mm，面层敷设完毕后，应裁去伸缩缝多余部分；伸缩缝填充材料宜采用高发泡聚乙烯泡沫塑料；

3 面积较大的面层应由建筑专业计算伸缩量，设置必要的面层伸缩缝。

5.8.2 以木地板作为面层时，木材应经过干燥处理，且应在填充层和找平层完全干燥后进行木地板施工。

5.8.3 以瓷砖、大理石、花岗岩作为面层时，填充层伸缩缝处宜采用干贴施工。

5.8.4 采用预制沟槽保温板或供暖板时，面层可按下列方法施工：

1 木地板面层可直接铺设在预制沟槽保温板或供暖板上，可发性聚乙烯（EPE）垫层应铺设在保温板或供暖板下，不得铺设在加热部件上；

2 采用带木龙骨的供暖板时，木地板应与木龙骨垂直铺设；

3 铺设石材或瓷砖时，预制沟槽保温板及其加热部件上，应铺设厚度不小于 30mm 的水泥砂浆找平层和粘接层；水泥砂浆找平层应加金属网，网格间距不应大于 100mm，金属直径不应小于 1.0mm。

5.8.5 采用发泡水泥绝热层和水泥砂浆填充层时，当面层为瓷砖或石材地面时，填充层和面层应同时施工。

5.9 卫生间施工

5.9.1 卫生间应做两层隔离层。

5.9.2 卫生间过门处应设置止水墙，在止水墙内侧应配合土建专业做防水。加热供冷管穿止水墙处应采取隔离措施。

5.10 质量验收

5.10.1 加热供冷管、加热电缆、供暖板安装完毕，混凝土填充式的填充层或预制沟槽保温板、供暖板的面层施工前，应按隐蔽工程要求，由工程承包方提出书面报告，由监理工程师组织各有关人员进行中间验收。工程质量检验表可按本规程附录 H 进行填写。

5.10.2 辐射供暖供冷水系统检查和验收应包括下列内容：

1 加热供冷管、预制沟槽保温板或供暖板、输

配管、分水器、集水器、阀门、附件、绝热材料、温控及计量设备等的质量；

2 原始工作面、填充层、面层、隔离层、绝热层、防潮层、均热层、伸缩缝等施工质量；

3 管道、分水器、集水器、阀门、温控及计量设备等安装质量；

4 管路冲洗；

5 隐蔽前、后水压试验。

5.10.3 加热电缆系统检查和验收应包括下列内容：

1 加热电缆、温控及计量设备、绝热材料等的质量；

2 原始工作面、填充层、面层、隔离层、绝热层、防潮层、均热层和伸缩缝等施工质量；

3 隐蔽前、后加热电缆标称电阻和绝缘电阻检测；

4 加热电缆、温控及计量设备安装质量。

5.10.4 发泡水泥绝热层验收应符合下列规定：

1 发泡水泥绝热层施工完毕后，在填充层施工前，应按隐蔽工程要求，由施工方会同监理单位进行分项中间验收；

2 干体积密度验收应符合现行国家标准《蒸压加气混凝土性能试验方法》GB/T 11969 的规定；

3 7d、28d 抗压强度应符合现行国家标准《蒸压加气混凝土性能试验方法》GB/T 11969 的规定；

4 导热系数应符合现行国家标准《绝热材料稳态热阻及有关特性的测定 防护热板法》GB 10294 的规定。

5.10.5 辐射供暖供冷系统中间验收应符合下列规定：

1 供暖供冷地面施工前，地面的平整、清洁状况符合施工要求；

2 绝热层的厚度、材料的物理性能及铺设应符合设计要求；

3 伸缩缝应按设计要求敷设完毕；

4 供暖板表面应平整，接缝处应严密。

5 加热供冷管、输配管、加热电缆的材料、规格及敷设间距，弯曲半径及固定措施等应符合设计要求；

6 填充层内加热供冷管、输配管不应有接头，弯曲部分不得出现硬折弯现象；

7 隐蔽敷设的加热电缆的发热区域不应裁剪和破损；加热电缆之间不应在任何地方有相互接触，交叉或者重叠的现象；

8 加热供冷管、输配管、分水器、集水器及其连接处在试验压力下无渗漏；

9 加热电缆系统每个环路应无短路和断路现象，电阻及绝缘电阻测试符合要求；

10 阀门启闭灵活，关闭严密；

11 温控及计量装置、分水器、集水器及其连接件等安装后应有成品保护措施；

12 供暖地面按要求铺设防潮层、隔离层、均热层、钢丝网等；

13 填充层、找平层、面层平整，表面无明显裂缝。

5.10.6 绝热层、预制沟槽保温板、加热供冷管、加热电缆、供暖板及分水器和集水器施工技术要求及允许偏差应符合表 5.10.6-1 的规定；原始工作面、填充层、面层施工技术要求及允许偏差应符合表 5.10.6-2 的规定。

表 5.10.6-1 绝热层、保温板、填充板、管道部件施工技术要求及允许偏差

序号	项目		条件	技术要求	允许偏差(mm)
1	绝热层	泡沫塑料类	结合	无缝隙	—
			厚度	按设计要求	+10
		发泡水泥	厚度	按设计要求	±5
2	预制沟槽保温板	保温板	结合	无缝隙	—
		均热层(如有)	厚度	采用地砖等面层的加热电缆时，不小于0.1mm；采用木地板时，总厚度不应小于0.2mm	—
3	加热供冷管	弯曲半径	塑料管	不小于8倍管外径，不应大于11倍管外径	−5
			铝塑复合管	不小于6倍管外径，不应大于11倍管外径	−5
			铜管	不小于5倍管外径，不应大于11倍管外径	−5
		固定点间距	直管	宜为0.5m~0.7m	+10
			弯管	宜为0.2m~0.3m	
4	加热电缆	间距		按设计要求	+10
		弯曲半径		不应小于生产企业规定限值，且不得小于6倍管外径	−5
5	预制轻薄供暖板	供暖板和填充板	连接	无缝隙	—
		输配管	间距	按设计要求	−10
			弯曲半径	要求同加热供冷管	−5
6	分水器、集水器安装		垂直距离	宜为200mm	±10

表 5.10.6-2 原始工作面、填充层、面层施工技术要求及允许偏差

序号	项目	条件	技术要求	允许偏差(mm)
1	原始工作面	铺设绝热层或保温板、供暖板前	平整	—

续表 5.10.6-2

序号	项目	条件		技术要求	允许偏差 (mm)
2	填充层	豆石混凝土	加热供冷管	标号 C15，宜 50mm	平整度 ±5
			加热电缆	最小厚度 C15，宜 40mm	
		水泥砂浆	加热供冷管	标号 M10，宜 40mm	平整度 ±5
			加热电缆	最小厚度 M10，宜 35mm	
		面积大于 30m² 或长度大于 6m		留 8mm 伸缩缝	+2
		与内外墙、柱等垂直部件		留 10mm 侧面绝热层	+2
3	面层	与内外墙、柱等垂直部件	瓷砖、石材地面	留 10mm 伸缩缝	+2
			木地板地面	留大于或等于 14mm 伸缩缝	+2

注：原始工作面允许偏差应满足相应土建施工标准。

6 试运行、调试及竣工验收

6.1 试运行与调试

6.1.1 辐射供暖供冷系统未经调试，严禁运行使用。

6.1.2 辐射供暖供冷系统的试运行调试，应在施工完毕且养护期满后，且具备正常供暖供冷和供电的条件下，由施工单位在建设单位配合下进行。

6.1.3 初始供暖时，水温变化应平缓。供暖系统的供水温度应控制在高于室内空气温度 10℃左右，且不应高于 32℃，并应连续运行 48h；以后每隔 24h 水温升高 3℃，直至达到设计供水温度，并保持该温度运行不少于 24h；在设计供水温度下应对每组分水器、集水器连接的加热管路逐路进行调节，直至达到设计要求。

6.1.4 初始供冷调试应在新风系统调试后进行，水温变化应平缓。供冷系统的供水温度应控制在高于室内空气露点温度 2℃以上，逐渐降低直至达到设计供水温度，并保持该温度运行不少于 24h。在设计供水温度下应对每组分水器、集水器连接的供冷管逐路进行调节，直至达到设计要求。

6.1.5 加热电缆辐射供暖系统初始通电加热时，应控制室温平缓上升，直至达到设计要求。

6.1.6 辐射供暖供冷系统调试完成后，宜对下列性能参数进行检测，并应符合下列规定：

1 辐射体表面平均温度满足本规程第 3.1.3 条和第 3.1.4 条的规定；

2 室内空气温度满足设计要求；

3 辐射供暖供冷系统进出口水温度及温差满足设计要求。

6.1.7 辐射体表面平均温度测定应符合下列规定：

1 温度计应与辐射体表面紧密粘贴；

2 温度测点数量不应少于 5 对，其中一半测点应沿热媒流程均匀设置在加热供冷管上，另一半测点应设在加热供冷管之间且沿热媒流程均匀布置；

3 辐射体表面平均温度应取各测点温度的算术平均值；

4 温度测量系统准确度应为 ±0.2℃。

6.1.8 辐射供暖供冷系统室内空气温度检测应符合下列规定：

1 辐射供暖时，宜以房间中央离地 0.75m 高处的空气温度作为评价依据；

2 辐射供冷时，宜以房间中央离地 1.1m 高处空气温度作为评价依据；

3 温度测量系统准确度应为 ±0.2℃。

6.1.9 辐射供暖供冷系统进出口水温测点宜布置在分水器、集水器上，温度测量系统准确度应为 ±0.1℃。

6.2 竣工验收

6.2.1 竣工验收应在辐射供暖供冷系统性能检测合格后进行。

6.2.2 竣工验收时，应提供下列文件：

1 施工图、竣工图和设计变更文件；

2 主要设备和管材、配件等主要材料的出厂合格证及检验报告；

3 辐射供暖供冷系统性能检测报告；

4 中间验收记录；

5 冲洗和试压记录；

6 工程质量检验评定记录；

7 系统试运行和调试记录；

8 材料和产品的现场复验报告；

9 工程使用维护说明书。

7 运行与维护

7.0.1 辐射供暖供冷系统首次运行注水前应充分排气。系统每年首次运行时，需确保户外户内阀门开启到位，过滤器无堵塞，立管进回水放气通畅，加热供冷管内无气堵。

7.0.2 辐射供暖供冷系统加热供冷管在非供暖或非供冷季应进行满水保护。在有冻结可能的地区应排水、泄压。

7.0.3 加热电缆辐射供暖系统每年供暖期使用前，应检查温控器及电路系统是否正常。

7.0.4 辐射供暖供冷系统的表面上应有明显的标识，不得进行打洞、钉凿、撞击、高温作业等工作。

附录 A 辐射供暖地面构造图示

A.0.1 混凝土填充式供暖地面构造可按图 A.0.1-1

和图 A.0.1-2 设置：

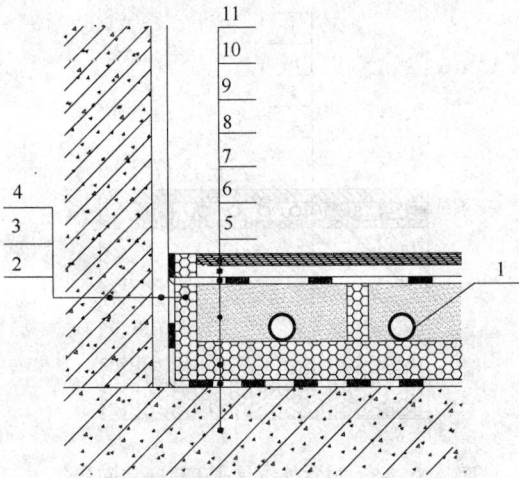

图 A.0.1-1　采用塑料绝热层（发泡水泥
绝热层）的混凝土填充式热水
供暖地面构造

1—加热管；2—侧面绝热层；3—抹灰层；
4—外墙；5—楼板或与土壤相邻地面；
6—防潮层（对与土壤相邻地面）；7—泡
沫塑料绝热层（发泡水泥绝热层）；8—豆
石混凝土填充层（水泥砂浆填充找平层）；
9—隔离层（对潮湿房间）；10—找平层；
11—装饰面层

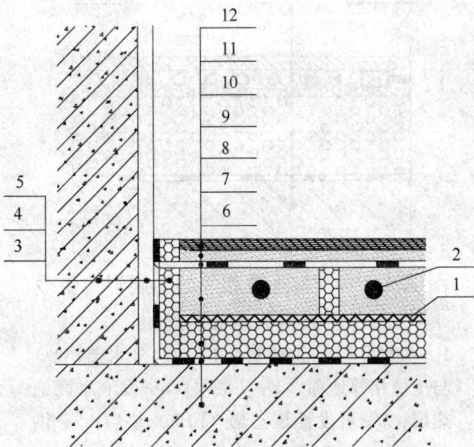

图 A.0.1-2　采用泡沫塑料绝热层（发泡水泥
绝热层）的混凝土填充式加热电缆
供暖地面构造

1—金属网；2—加热电缆；3—侧面绝热
层；4—抹灰层；5—外墙；6—楼板或与土
壤相邻地面；7—防潮层（对与土壤相邻地
面）；8—泡沫塑料绝热层（发泡水泥绝热
层）；9—豆石混凝土填充层（水泥砂浆填充找平
层）；10—隔离层（对潮湿房间）；11—找平层；12—装
饰面层

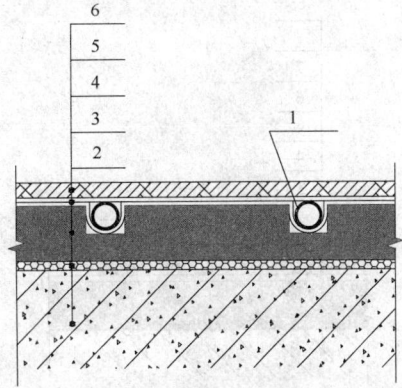

A.0.2　预制沟槽保温板式供暖地面构造可按图
A.0.2-1～图 A.0.2-4 设置：

图 A.0.2-1　与供暖房间相邻的预制沟槽
保温板供暖地面构造

1—加热管或加热电缆；2—楼板；3—可发性
聚乙烯（EPE）垫层；4—预制沟槽保温板；
5—均热层；6—木地板面层

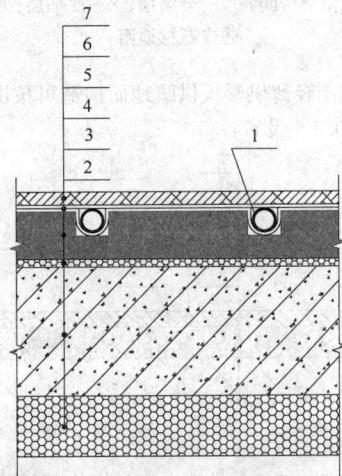

图 A.0.2-2　与室外空气或不供暖房间
相邻的预制沟槽保温板供暖地面构造

1—加热管或加热电缆；2—泡沫塑料绝热层；
3—楼板；4—可发性聚乙烯（EPE）垫层；
5—预制沟槽保温板；6—均热层；7—木地板面层

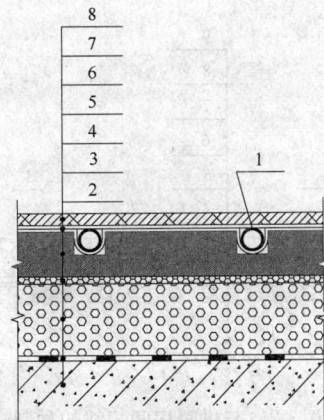

图 A.0.2-3　与土壤相邻的预制沟槽
保温板供暖地面构造

1—加热管或加热电缆；2—与土壤相邻地面；3—防潮层；
4—发泡水泥绝热层；5—可发性聚乙烯（EPE）垫层；6—
预制沟槽保温板；7—均热层；8—木地板面层

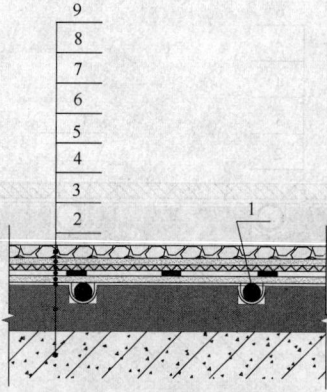

图 A.0.2-4 与供暖房间相邻的预制沟槽保温板
加热电缆供暖地面构造

1—加热电缆；2—楼板；3—预制沟槽保温板；
4—均热层；5—找平层（对潮湿间）；6—隔离
层（对潮湿房间）；7—金属层；8—找平层；9—地
砖或石材地面

A.0.3 预制轻薄供暖板供暖地面构造可按图 A.0.3-
1～ 图 A.0.3-4 设置：

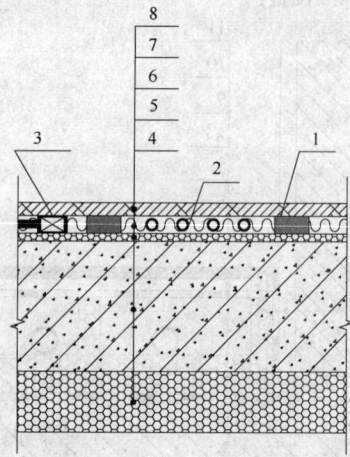

图 A.0.3-1 与供暖房间相邻的预制轻薄
供暖板供暖地面构造（一）

1—木龙骨；2—加热管；3—二次分水器；4—楼
板；5—可发性聚乙烯（EPE）垫层；6—供暖
板；7—木地板面层

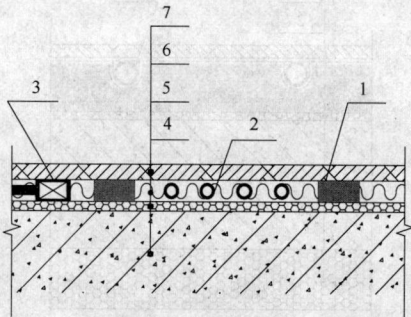

图 A.0.3-2 与供暖房间相邻的预制轻薄
供暖板供暖地面构造（二）

1—木龙骨；2—加热管；3—二次分水器；4—楼板；
5—供暖板；6—隔离层（对潮湿房间）；7—金属
层；8—找平层；9—地砖或石材面层

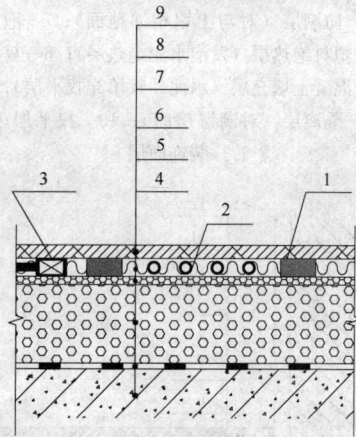

图 A.0.3-3 与室外空气或不供暖房间相邻
的预制轻薄供暖板供暖地面构造

1—木龙骨；2—加热管；3—二次分水器；
4—泡沫绝热材料；5—楼板；6—可发性聚乙
烯（EPE）垫层；7—供暖板；8—木地板面层

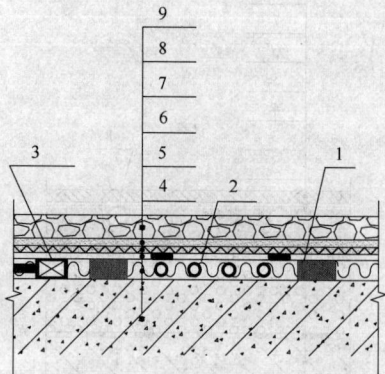

图 A.0.3-4 与土壤相邻的预制轻薄供暖
板供暖地面构造

1—木龙骨；2—加热管；3—二次分水器；4—
与土壤相邻地面；5—防潮层；6—发泡水泥绝
热层；7—可发性聚乙烯（EPE）垫层；8—供
暖板；9—木地板面层

附录 B 混凝土填充式热水辐射
供暖地面单位面积散热量

**B.1 采用聚苯乙烯塑料板绝热层的混凝土填充式
热水辐射供暖地面单位面积散热量**

B.1.1 当采用导热系数为 0.38W/(m·K) 的 PE-X
管时，单位地面面积的向上供热量和向下传热量可按
表 B.1.1-1～表 B.1.1-4 取值。

表 B.1.1-1 水泥、石材或陶瓷面层单位地面面积的向上供热量和向下传热量（W/m²）

平均水温（℃）	室内空气温度（℃）	加热管间距（mm）									
		500		400		300		200		100	
		向上供热量	向下传热量	向上供热量	向下传热量	向上供热量	向下传热量	向上供热量	向下传热量	向上供热量	向下传热量
35	16	64.4	18.4	72.6	18.8	81.8	19.4	91.4	20.0	100.7	21.0
	18	57.7	16.7	65.0	17.0	73.2	17.4	81.7	18.1	89.9	19.0
	20	51.0	14.9	57.4	15.2	64.6	15.6	72.1	16.1	79.3	16.9
	22	44.3	13.1	49.9	13.3	56.0	13.7	62.5	14.2	68.7	14.9
	24	37.7	11.3	42.4	11.5	47.6	11.9	53.0	12.2	58.2	12.8
40	16	82.3	23.1	93.0	23.6	105.0	24.2	117.6	25.2	129.8	26.5
	18	75.5	21.4	85.3	21.8	96.2	22.4	107.7	23.3	118.8	24.4
	20	69.7	19.6	77.6	20.0	87.5	20.6	97.9	21.4	107.9	22.4
	22	62.0	17.9	69.9	18.2	78.8	18.7	88.1	19.4	97.1	20.4
	24	55.2	16.1	62.3	16.4	70.1	16.8	78.3	17.5	86.3	18.3
45	16	100.6	27.9	113.8	28.4	128.6	29.4	144.3	30.4	159.6	32.0
	18	93.7	26.1	106.0	26.7	119.7	27.5	134.3	28.5	148.5	30.0
	20	86.9	24.4	98.2	24.9	110.9	25.6	124.4	26.6	137.4	27.9
	22	80.0	22.6	90.4	23.1	102.1	23.7	114.4	24.7	126.4	25.9
	24	73.2	20.9	82.7	21.3	93.3	21.8	104.5	22.7	115.7	23.9
50	16	119.1	32.6	134.9	33.3	152.7	34.2	171.6	35.7	190.1	37.5
	18	112.2	30.9	127.0	31.5	143.8	32.4	161.5	33.8	178.9	35.5
	20	105.3	29.2	119.2	29.8	134.8	30.6	151.5	31.9	167.7	33.5
	22	98.3	27.4	111.3	28.0	125.9	28.8	141.4	29.9	156.5	31.5
	24	91.4	25.7	103.5	26.2	117.0	26.9	131.3	28.0	145.3	29.4
55	16	137.8	37.4	156.3	38.2	177.1	39.5	199.4	41.0	221.2	43.1
	18	130.9	35.7	148.4	36.7	168.1	37.5	189.2	39.1	209.9	41.1
	20	123.9	34.0	140.5	34.7	159.1	35.7	179.0	37.2	198.5	39.1
	22	117.0	32.2	132.6	32.9	150.1	33.8	168.9	35.2	187.2	37.1
	24	110.0	30.5	124.7	31.1	141.1	32.0	158.7	33.3	175.9	35.1

注：1 计算条件为加热管公称外径20mm，填充层厚度50mm，聚苯乙烯泡沫塑料绝热层导热系数0.041W/(m·K)、厚度20mm，供回水温差10℃；

2 水泥、石材或陶瓷面层热阻为0.02m²·K/W。

表 B.1.1-2　塑料类材料面层单位地面面积的向上供热量和向下传热量（W/m²）

平均水温（℃）	室内空气温度（℃）	加热管间距（mm）									
		500		400		300		200		100	
		向上供热量	向下传热量	向上供热量	向下传热量	向上供热量	向下传热量	向上供热量	向下传热量	向上供热量	向下传热量
35	16	54.4	19.3	59.7	19.8	65.2	20.3	70.8	21.1	76.1	22.0
	18	48.7	17.4	53.5	17.9	58.4	18.4	63.4	19.1	68.1	19.9
	20	43.1	15.6	47.3	16.0	51.6	16.4	56.0	17.0	60.1	17.7
	22	37.5	13.7	41.1	14.0	44.9	14.4	48.7	15.0	52.2	15.6
	24	31.9	11.8	35.0	12.1	38.2	12.5	41.4	12.9	44.3	13.4
40	16	69.3	24.3	76.2	24.9	83.4	25.6	90.6	26.6	97.4	27.8
	18	63.6	22.4	69.9	23.0	76.5	23.7	83.1	24.6	89.3	25.6
	20	57.9	20.6	63.6	21.1	69.6	21.7	75.6	22.5	81.3	23.5
	22	52.3	18.7	57.4	19.2	62.7	19.7	68.1	20.5	73.2	21.4
	24	46.6	16.8	51.1	17.2	55.9	17.8	60.7	18.4	65.2	19.2
45	16	84.5	29.3	92.9	30.0	101.8	31.0	110.8	32.1	119.2	33.5
	18	78.8	27.4	86.6	28.1	94.8	29.1	103.2	30.1	111.0	31.4
	20	73.0	25.6	80.3	26.2	87.9	27.1	95.6	28.1	102.9	29.3
	22	67.3	23.7	73.9	24.3	81.0	25.2	88.1	26.1	94.7	27.2
	24	61.6	21.9	67.6	22.4	74.0	23.1	80.5	24.0	86.6	25.0
50	16	99.8	34.3	109.9	35.1	120.4	36.4	131.2	37.7	141.3	39.4
	18	94.1	32.5	103.5	33.3	113.5	34.3	123.6	35.7	133.1	37.3
	20	88.3	30.6	97.1	31.4	106.5	32.4	115.9	33.7	124.8	35.2
	22	82.5	28.8	90.8	29.5	99.5	30.4	108.3	31.6	116.6	33.0
	24	76.8	26.9	84.4	27.6	92.5	28.5	100.7	29.6	108.4	30.9
55	16	115.3	39.3	127.0	40.3	139.3	41.8	151.9	43.3	163.8	45.2
	18	109.5	37.5	120.6	38.5	132.3	39.8	144.2	41.3	155.5	43.1
	20	103.7	35.7	114.2	36.6	125.3	37.9	136.6	39.3	147.2	41.0
	22	97.9	33.9	107.8	34.7	118.3	35.8	128.9	37.2	138.9	38.9
	24	92.1	32.0	101.4	32.8	111.2	33.9	121.2	35.2	130.6	36.8

注：1　计算条件为加热管公称外径 20mm、填充层厚度 50mm，聚苯乙烯泡沫塑料绝热层导热系数 0.041W/(m·K)、厚度 20mm，供回水温差 10℃；

2　塑料类材料面层热阻为 0.075m²·K/W。

表 B. 1. 1-3　木地板材料面层单位地面面积的向上供热量和向下传热量（W/m²）

平均水温（℃）	室内空气温度（℃）	加热管间距（mm）									
		500		400		300		200		100	
		向上供热量	向下传热量	向上供热量	向下传热量	向上供热量	向下传热量	向上供热量	向下传热量	向上供热量	向下传热量
35	16	51.1	19.6	55.4	20.1	59.9	20.7	64.4	21.4	68.6	22.3
	18	45.8	17.7	49.7	18.2	53.7	18.7	57.7	19.4	61.4	20.2
	20	40.5	15.8	43.9	16.2	47.5	16.7	51.0	17.3	54.3	18.0
	22	35.3	13.9	38.2	14.3	41.3	14.7	44.3	15.2	47.1	15.8
	24	30.0	12.0	32.5	12.3	35.1	12.7	37.7	13.1	40.1	13.6
40	16	65.1	24.6	70.7	25.3	76.5	26.2	82.2	27.1	87.7	28.2
	18	59.7	22.8	64.9	23.4	70.2	24.2	75.5	25.0	80.4	26.0
	20	54.4	20.9	59.1	21.4	63.9	22.1	68.7	22.9	73.2	23.8
	22	49.1	19.0	53.3	19.5	57.6	20.1	61.9	20.8	66.0	21.7
	24	43.8	17.1	47.5	17.5	51.3	18.1	55.2	18.7	58.8	19.5
45	16	79.2	29.7	86.1	30.5	93.3	31.6	100.4	32.6	107.1	34.0
	18	73.9	27.9	80.3	28.6	86.9	29.5	93.5	30.6	99.8	31.9
	20	68.5	26.0	74.4	26.7	80.6	27.5	86.7	28.6	92.5	29.7
	22	63.1	24.1	68.6	24.7	74.2	25.5	79.9	26.5	85.2	27.6
	24	57.8	22.2	62.7	22.8	67.9	23.5	73.0	24.4	77.9	25.4
50	16	93.6	34.8	101.8	35.7	110.3	37.0	118.8	38.3	126.8	39.9
	18	88.2	33.0	95.9	33.9	103.9	35.1	111.9	36.3	119.4	37.8
	20	82.8	31.1	90.0	31.9	97.5	33.1	105.0	34.2	112.1	35.7
	22	77.4	29.2	84.1	30.0	91.1	31.0	98.1	32.2	104.7	33.5
	24	72.0	27.4	78.2	28.1	84.7	29.0	91.2	30.1	97.3	31.3
55	16	108.0	39.9	117.6	41.0	127.5	42.3	137.4	44.0	146.7	45.9
	18	102.6	38.1	111.6	39.1	121.2	40.5	130.4	42.0	139.3	43.8
	20	97.2	36.3	105.7	37.2	114.6	38.4	123.5	39.5	131.9	41.6
	22	91.7	34.4	99.8	35.3	108.2	36.5	116.6	37.9	124.5	39.5
	24	86.3	32.5	93.9	33.4	101.8	34.5	109.7	35.8	117.1	37.3

注：1　计算条件为加热管公称外径 20mm，填充层厚度 50mm，聚苯乙烯泡沫塑料绝热层导热系数 0.041W/(m·K)、厚度 20mm，供回水温差 10℃；

　　2　木地板材料面层热阻为 0.1m²·K/W。

表 B.1.1-4 铺厚地毯面层单位地面面积的向上供热量和向下传热量（W/m²）

平均水温（℃）	室内空气温度（℃）	加热管间距（mm）									
		500		400		300		200		100	
		向上供热量	向下传热量	向上供热量	向下传热量	向上供热量	向下传热量	向上供热量	向下传热量	向上供热量	向下传热量
35	16	45.2	20.1	48.3	20.6	51.4	21.3	54.4	22.0	57.3	22.8
	18	40.5	18.2	43.3	18.7	46.1	19.3	48.8	19.9	51.4	20.6
	20	35.9	16.2	38.3	16.7	40.8	17.2	43.2	17.8	45.4	18.4
	22	31.2	14.3	33.3	14.7	35.5	15.1	37.6	15.6	39.5	16.2
	24	26.6	12.3	28.4	12.6	30.2	13.0	32.0	13.5	33.6	13.9
40	16	57.5	25.3	61.4	26.0	65.4	26.9	69.4	27.7	73.1	28.7
	18	52.8	23.4	56.4	24.0	60.1	24.8	63.7	25.6	67.1	26.6
	20	48.1	21.5	51.4	22.0	54.7	22.7	58.0	23.5	61.1	24.4
	22	43.4	19.5	46.3	20.0	49.4	20.6	52.3	21.3	55.1	22.1
	24	38.7	17.6	41.3	18.1	44.0	18.6	46.7	19.2	49.1	19.9
45	16	69.9	30.5	74.7	31.4	79.7	32.5	84.5	33.5	89.1	34.7
	18	65.2	28.6	69.7	29.4	74.3	30.3	78.8	31.4	83.0	32.6
	20	60.4	26.7	64.6	27.4	68.9	28.3	73.1	29.3	77.0	30.4
	22	55.7	24.8	59.6	25.4	63.5	26.2	67.3	27.2	71.0	28.2
	24	51.0	22.8	54.5	23.4	58.1	24.2	61.6	25.0	64.9	25.9
50	16	82.4	35.8	88.2	36.8	94.1	37.9	99.8	39.3	105.3	40.8
	18	77.7	33.9	83.1	34.8	88.6	35.9	94.1	37.2	99.2	38.6
	20	72.9	32.0	78.0	32.9	83.2	33.9	88.3	35.1	93.1	36.4
	22	68.2	30.1	72.9	30.9	77.8	31.8	82.5	33.0	87.0	34.2
	24	63.4	28.1	67.8	28.9	72.3	29.8	76.8	30.8	80.9	32.0
55	16	95.1	41.0	101.8	42.2	108.6	43.5	115.3	45.1	121.6	46.8
	18	90.3	39.2	96.7	40.3	103.1	41.5	109.5	43.0	115.5	44.7
	20	85.5	37.3	91.5	38.3	97.7	39.5	103.7	41.0	109.4	42.5
	22	80.8	35.4	86.4	36.3	92.2	37.5	97.9	38.8	103.3	40.3
	24	76.0	33.4	81.3	34.4	86.8	35.4	92.1	36.7	97.2	38.1

注：1 计算条件为加热管公称外径 20mm，填充层厚度 50mm，聚苯乙烯泡沫塑料绝热层导热系数 0.041W/(m·K)、厚度 20mm，供回水温差 10℃；

2 铺厚地毯面层热阻为 0.15m²·K/W。

B.1.2 当采用导热系数为 0.23W/（m·K）的 PB 管时，单位地面面积的向上供热量和向下传热量可按表 B.1.2-1～表 B.1.2-4 取值。

表 B.1.2-1　水泥、石材或陶瓷面层单位地面面积的向上供热量和向下传热量（W/m²）

平均水温（℃）	室内空气温度（℃）	加热管间距（mm）									
		500		400		300		200		100	
		向上供热量	向下传热量	向上供热量	向下传热量	向上供热量	向下传热量	向上供热量	向下传热量	向上供热量	向下传热量
35	16	54.7	16.5	63.1	17.0	72.9	17.8	84.3	18.8	96.4	20.2
	18	49.0	15.0	56.5	15.4	65.3	16.1	75.4	17.0	86.2	18.3
	20	43.4	13.4	49.9	13.8	57.7	14.4	66.5	15.2	76.0	16.3
	22	37.7	11.8	43.4	12.1	50.1	12.7	57.7	13.3	65.8	14.4
	24	32.1	10.2	36.9	10.5	42.5	10.9	48.9	11.5	55.8	12.4
40	16	69.8	20.7	80.6	21.4	93.5	22.2	108.2	23.6	124.2	25.5
	18	64.1	19.2	74.0	19.7	85.7	20.6	99.2	21.8	113.7	23.5
	20	58.4	17.6	67.3	18.1	77.9	18.9	90.1	20.0	103.3	21.6
	22	52.6	16.0	60.7	16.5	70.2	17.2	81.2	18.2	93.0	19.6
	24	46.9	14.4	54.1	14.9	62.5	15.5	72.2	16.4	82.6	17.6
45	16	85.2	25.0	98.5	25.7	114.3	26.8	132.6	28.4	152.6	30.8
	18	79.4	23.4	91.7	24.1	106.5	25.1	123.5	26.7	142.0	28.8
	20	73.6	21.9	85.0	22.5	98.7	23.4	114.4	24.9	131.5	26.9
	22	67.8	20.3	78.3	20.9	90.8	21.7	105.2	23.1	120.9	24.9
	24	62.0	18.7	71.6	19.2	83.0	20.0	96.1	21.3	110.4	23.0
50	16	100.7	29.2	116.5	30.1	135.5	31.3	157.5	33.3	181.7	36.1
	18	94.9	27.7	109.8	28.5	127.6	29.7	148.3	31.5	171.0	34.1
	20	89.0	26.1	103.0	26.9	119.7	28.1	139.1	29.7	160.3	32.2
	22	83.2	24.5	96.2	25.3	111.8	26.3	129.9	27.9	149.6	30.3
	24	77.4	23.0	89.5	23.6	103.9	24.6	120.7	26.1	138.9	28.3
55	16	116.4	33.4	134.8	34.4	157.0	35.9	182.8	38.2	211.2	41.4
	18	110.5	31.9	128.0	32.9	149.0	34.3	173.5	36.4	200.4	39.5
	20	104.7	30.4	121.2	31.3	141.1	32.6	164.2	34.7	189.6	37.6
	22	98.8	28.8	114.4	29.7	133.1	30.9	154.9	32.9	178.8	35.6
	24	92.9	27.2	107.6	28.1	125.2	29.3	145.6	31.0	168.0	33.7

注：1　计算条件为加热管公称外径 20mm，填充层厚度 50mm，聚苯乙烯泡沫塑料绝热层导热系数 0.041W/（m·K）、厚度 20mm，供回水温差 10℃；

　　2　水泥、石材或陶瓷面层热阻为 0.02m²·K/W。

表 B. 1. 2-2　塑料类材料面层单位地面面积的向上供热量和向下传热量（W/m²）

平均水温（℃）	室内空气温度（℃）	加热管间距（mm）									
		500		400		300		200		100	
		向上供热量	向下传热量	向上供热量	向下传热量	向上供热量	向下传热量	向上供热量	向下传热量	向上供热量	向下传热量
35	16	48.4	17.3	53.9	18.1	60.1	18.8	66.7	20.0	73.6	21.3
	18	43.4	15.7	48.3	16.4	53.8	17.0	59.7	18.0	65.9	19.3
	20	38.4	14.0	42.8	14.5	47.6	15.2	52.8	16.1	58.2	17.2
	22	33.4	12.3	37.2	12.8	41.4	13.4	45.9	14.2	50.6	15.1
	24	28.5	10.6	31.7	11.0	35.2	11.6	39.0	12.2	42.9	13.0
40	16	61.7	21.7	68.8	22.6	76.7	23.7	85.3	25.1	94.2	26.9
	18	56.6	20.1	63.1	20.9	70.4	21.9	78.2	23.2	86.4	24.9
	20	51.6	18.4	57.5	19.2	64.0	20.1	71.2	21.3	78.6	22.8
	22	46.5	16.8	51.8	17.4	57.7	18.3	64.2	19.4	70.8	20.7
	24	41.5	15.1	46.2	15.8	51.4	16.4	57.1	17.4	63.1	18.6
45	16	75.1	26.2	83.8	27.2	93.5	28.7	104.1	30.3	115.3	32.5
	18	70.0	24.6	78.1	25.5	87.2	26.8	97.0	28.4	107.4	30.5
	20	64.9	22.9	72.4	23.8	80.8	25.0	89.9	26.5	99.5	28.4
	22	59.8	21.3	66.7	22.1	74.4	23.2	82.8	24.6	91.6	26.3
	24	54.7	19.6	61.0	20.4	68.1	21.4	75.7	22.6	83.7	24.3
50	16	88.7	30.6	99.0	31.9	110.6	33.4	123.3	35.5	136.6	38.1
	18	83.5	29.0	93.3	30.2	104.2	31.7	116.1	33.7	128.6	36.1
	20	78.4	27.4	87.6	28.5	97.8	29.9	108.9	31.8	120.7	34.1
	22	73.3	25.7	81.8	26.8	91.4	28.1	101.8	29.8	112.7	32.0
	24	68.2	24.1	76.1	25.0	85.0	26.3	94.6	27.9	104.8	29.9
55	16	102.3	35.1	114.4	36.5	127.8	38.5	142.6	40.8	158.2	43.8
	18	97.2	33.5	108.6	34.8	121.4	36.6	135.4	38.9	150.2	41.8
	20	92.1	31.9	102.8	33.2	115.0	34.8	128.2	37.0	142.2	39.7
	22	86.9	30.2	97.1	31.5	108.5	33.0	121.0	35.1	134.2	37.7
	24	81.8	28.6	91.3	29.8	102.1	31.2	113.8	33.2	126.2	35.6

注：1　计算条件为加热管公称外径 20mm，填充层厚度 50mm，聚苯乙烯泡沫塑料绝热层导热系数 0.041W/(m·K)、厚度为 20mm，供回水温差 10℃；

　　2　塑料类材料面层热阻为 0.075m²·K/W。

表 B.1.2-3　木地板面层单位地面面积的向上供热量和向下传热量（W/m²）

平均水温（℃）	室内空气温度（℃）	加热管间距（mm）									
		500		400		300		200		100	
		向上供热量	向下传热量	向上供热量	向下传热量	向上供热量	向下传热量	向上供热量	向下传热量	向上供热量	向下传热量
35	16	45.7	17.6	50.4	18.4	55.5	19.2	60.9	20.4	66.5	21.7
	18	41.0	16.0	45.2	16.6	49.7	17.4	54.5	18.4	59.6	19.6
	20	36.3	14.3	39.9	14.8	43.9	15.5	48.2	16.4	52.7	17.5
	22	31.6	12.6	34.8	13.1	38.2	13.7	41.9	14.4	45.8	15.4
	24	26.9	10.8	29.6	11.3	32.5	11.8	35.7	12.5	38.9	13.3
40	16	58.2	22.2	64.2	23.1	70.7	24.2	77.7	25.6	85.0	27.4
	18	53.4	20.5	58.9	21.3	64.9	22.4	71.3	23.7	78.0	25.3
	20	48.7	18.8	53.6	19.6	59.1	20.5	64.9	21.7	71.0	23.2
	22	43.9	17.1	48.4	17.8	53.3	18.7	58.5	19.7	64.0	21.1
	24	39.2	15.4	43.1	16.0	47.5	16.8	52.2	17.8	57.0	18.9
45	16	70.8	26.7	78.1	27.8	86.2	29.2	94.8	30.9	103.8	33.0
	18	66.0	25.0	72.8	26.1	80.3	27.4	88.3	29.0	96.7	31.0
	20	61.2	23.4	67.5	24.3	74.4	25.5	81.9	27.1	89.7	28.9
	22	56.4	21.7	62.2	22.6	68.6	23.7	75.4	25.1	82.6	26.8
	24	51.6	20.0	56.9	20.8	62.8	21.8	69.0	23.1	75.5	24.7
50	16	83.5	31.2	92.0	32.6	101.8	34.3	112.1	36.3	122.9	38.8
	18	78.7	29.6	86.9	30.8	95.9	32.4	105.6	34.4	115.7	36.7
	20	73.9	27.9	81.6	29.1	90.0	30.6	99.1	32.4	108.6	34.6
	22	69.1	26.3	76.2	27.4	84.1	28.7	92.6	30.5	101.5	32.5
	24	64.3	24.6	70.9	25.6	78.2	26.9	86.1	28.5	94.4	30.4
55	16	96.4	35.8	106.5	37.3	117.6	39.4	129.6	41.6	142.2	44.5
	18	91.5	34.2	101.1	35.6	111.7	37.4	123.1	39.7	135.0	42.5
	20	86.7	32.5	95.8	33.9	105.8	35.6	116.5	37.8	127.8	40.4
	22	81.8	30.9	90.4	32.2	99.8	33.8	110.0	35.8	120.6	38.3
	24	77.0	29.2	85.1	30.4	93.9	31.9	103.5	33.9	113.5	36.2

注：1　计算条件为加热管公称外径 20mm，填充层厚度 50mm，聚苯乙烯泡沫塑料绝热层导热系数 0.041W/(m·K)、厚度为 20mm，供回水温差 10℃；
　　2　木地板材料面层热阻为 0.1m²·K/W。

表 B.1.2-4　铺厚地毯面层单位地面面积的向上供热量和向下传热量（W/m²）

平均水温（℃）	室内空气温度（℃）	加热管间距（mm）									
		500		400		300		200		100	
		向上供热量	向下传热量	向上供热量	向下传热量	向上供热量	向下传热量	向上供热量	向下传热量	向上供热量	向下传热量
35	16	40.8	18.3	44.2	19.0	47.9	20.0	51.8	21.0	55.8	22.2
	18	36.6	16.5	39.7	17.2	43.0	18.0	46.4	19.0	50.0	20.1
	20	32.4	14.8	35.1	15.4	38.0	16.1	41.1	17.0	44.3	17.9
	22	28.2	13.0	30.6	13.5	33.1	14.2	35.8	14.9	38.5	15.8
	24	24.0	11.2	26.0	11.7	28.2	12.2	30.4	12.9	32.8	13.6
40	16	51.8	22.9	56.3	23.9	61.0	25.0	66.0	26.4	71.2	28.0
	18	47.6	21.2	51.7	22.1	56.0	23.2	60.6	24.4	65.3	25.9
	20	43.4	19.5	47.1	20.3	51.0	21.3	55.2	22.4	59.5	23.8
	22	39.1	17.7	42.5	18.4	46.0	19.3	49.8	20.4	53.7	21.6
	24	34.9	15.9	37.9	16.7	41.0	17.4	44.4	18.3	47.8	19.4
45	16	63.0	27.6	68.4	28.8	74.2	30.2	80.4	31.9	86.7	33.9
	18	58.7	25.9	63.8	27.0	69.2	28.3	74.9	29.9	80.8	31.7
	20	54.5	24.2	59.1	25.2	64.2	26.4	69.5	27.9	75.0	29.6
	22	50.2	22.4	54.5	23.4	59.1	24.5	64.0	25.9	69.1	27.4
	24	46.0	20.7	49.9	21.6	54.1	22.6	58.6	23.8	63.2	25.3
50	16	74.3	32.4	80.7	33.7	87.6	35.4	94.9	37.4	102.5	39.7
	18	70.0	30.7	76.0	32.0	82.5	33.5	89.4	35.4	96.5	37.6
	20	65.7	28.9	71.4	30.2	77.5	31.6	83.9	33.4	90.6	35.5
	22	61.4	27.2	66.7	28.4	72.4	29.8	78.4	31.4	84.7	33.3
	24	57.1	25.4	62.1	26.5	67.4	27.8	73.0	29.4	78.8	31.2
55	16	85.6	37.1	93.0	38.7	101.0	40.8	109.5	43.0	118.4	45.6
	18	81.3	35.4	88.4	36.9	96.0	38.7	104.0	41.0	112.4	43.5
	20	77.0	33.7	83.7	35.1	90.9	36.9	98.5	39.0	106.5	41.4
	22	72.7	32.0	79.0	33.3	85.8	35.0	93.0	37.0	100.5	39.3
	24	68.4	30.2	74.4	31.5	80.7	33.1	87.5	35.0	94.6	37.1

注：1　计算条件为加热管公称外径 20mm，填充层厚度 50mm，聚苯乙烯泡沫塑料绝热层导热系数 0.041W/(m·K)、厚度为 20mm，供回水温差 10℃；

2　铺厚地毯面层热阻为 0.15m²·K/W。

B. 1. 3 当采用导热系数为 386W/(m·K)的铜管时， B. 1. 3-1～表 B. 1. 3-4 取值。
单位地面面积的向上供热量和向下传热量可按表

表 B. 1. 3-1　水泥、石材或陶瓷面层单位地面面积的向上供热量和向下传热量（W/m²）

平均水温（℃）	室内空气温度（℃）	加热管间距（mm）							
		500		400		300		200	
		向上供热量	向下传热量	向上供热量	向下传热量	向上供热量	向下传热量	向上供热量	向下传热量
35	16	81.0	22.8	89.0	22.5	96.8	22.2	103.5	22.2
	18	72.5	20.6	79.6	20.4	86.5	20.2	92.5	20.0
	20	64.0	18.4	70.2	18.2	76.3	18.0	81.5	17.9
	22	55.6	16.1	60.9	16.0	66.1	15.8	70.6	15.7
	24	47.2	13.7	51.7	13.6	56.0	13.6	59.8	13.5
40	16	104.0	28.8	114.4	28.4	124.6	28.2	133.5	28.0
	18	95.4	26.6	104.8	26.2	114.2	26.0	122.3	25.8
	20	86.7	24.3	95.3	23.9	103.7	23.9	111.0	23.7
	22	78.1	22.1	85.8	21.9	93.3	21.7	99.8	21.5
	24	69.5	19.9	76.3	19.5	83.0	19.5	88.7	19.4
45	16	127.5	34.4	140.4	34.1	153.2	34.0	164.3	33.9
	18	118.8	32.2	130.7	32.0	142.6	31.8	152.9	31.7
	20	110.0	30.0	121.1	29.8	132.0	29.8	141.5	29.6
	22	101.2	28.1	111.4	27.8	121.4	27.5	130.1	27.4
	24	92.6	25.6	101.8	25.5	110.8	25.4	118.7	25.3
50	16	151.4	40.3	167.0	40.1	182.4	39.9	195.8	39.8
	18	142.6	38.6	157.2	37.9	171.6	37.7	184.3	37.6
	20	133.8	36.0	147.4	35.8	160.9	35.6	172.7	35.5
	22	124.9	34.2	137.6	33.6	150.2	33.6	161.2	33.3
	24	116.1	31.6	127.8	31.4	139.5	31.4	149.6	31.2
55	16	175.7	46.9	193.9	46.1	212.1	45.9	228.0	45.7
	18	166.8	44.2	184.0	44.0	201.2	43.7	216.3	43.6
	20	157.9	42.1	174.2	41.8	190.4	41.6	204.6	41.5
	22	148.8	40.4	164.3	39.6	179.6	39.4	192.9	39.3
	24	140.1	37.7	154.4	37.7	168.7	37.3	181.2	37.2

注：1　计算条件为加热管公称外径/内径 22/19mm，填充层厚度 50mm，聚苯乙烯泡沫塑料绝热层导热系数 0.041W/(m·K)、厚度为 20mm，供回水温差 10℃；

2　水泥、石材或陶瓷面层热阻为 0.02m²·K/W。

表 B. 1. 3-2　塑料面层单位地面面积的向上供热量和向下传热量（W/m²）

平均水温（℃）	室内空气温度（℃）	加热管间距（mm）							
		500		400		300		200	
		向上供热量	向下传热量	向上供热量	向下传热量	向上供热量	向下传热量	向上供热量	向下传热量
35	16	66.4	23.0	70.8	23.1	74.8	23.0	78.2	23.0
	18	59.4	21.0	63.4	20.9	67.0	20.8	70.0	20.8
	20	52.5	18.8	56.0	18.7	59.2	18.6	61.8	18.5
	22	45.7	16.3	48.7	16.3	51.4	16.3	53.6	16.3
	24	38.9	14.1	41.4	14.0	43.7	14.0	45.6	14.0
40	16	84.9	29.1	90.6	29.2	95.8	29.1	100.2	29.0
	18	77.8	27.1	83.1	26.8	87.9	26.7	91.9	26.8
	20	70.8	24.9	75.6	24.7	80.0	24.6	83.5	24.6
	22	63.9	22.4	68.1	22.3	72.1	22.3	75.3	22.3
	24	56.9	20.1	60.7	20.1	64.2	20.0	67.0	20.0
45	16	103.6	35.5	110.7	35.3	117.3	35.0	122.6	35.0
	18	96.6	33.3	103.2	32.9	109.2	32.9	114.2	32.9
	20	89.5	30.7	95.6	30.9	101.2	30.7	105.8	30.6
	22	82.5	28.5	88.0	28.6	93.2	28.5	97.4	28.4
	24	75.4	26.2	80.5	26.2	85.2	26.1	89.0	26.1
50	16	122.7	41.2	131.2	41.2	139.0	41.1	145.4	41.1
	18	115.6	39.0	123.5	39.2	130.9	38.9	136.9	38.9
	20	108.5	36.8	115.9	37.0	122.8	36.9	128.5	36.8
	22	101.3	35.0	108.3	34.5	114.7	34.6	120.0	34.6
	24	94.3	32.4	100.7	32.3	106.7	32.3	111.5	32.3
55	16	142.0	47.4	151.9	47.3	161.0	47.3	168.6	47.3
	18	134.8	45.7	144.2	45.1	152.9	45.1	160.0	45.2
	20	127.7	43.5	136.5	42.9	144.7	42.9	151.5	43.0
	22	120.6	40.8	128.9	40.7	136.6	40.7	142.9	40.7
	24	113.4	38.6	121.2	38.5	128.5	38.4	134.4	38.5

注：1　计算条件为加热管公称外径/内径 22/19mm，填充层厚度 50mm，聚苯乙烯泡沫塑料绝热层导热系数 0.041W/(m·K)、厚度为 20mm，供回水温差 10℃；

　　2　塑料类材料面层热阻为 0.075m²·K/W。

表 B.1.3-3 木地板面层单位地面面积的向上供热量和向下传热量（W/m²）

平均水温（℃）	室内空气温度（℃）	加热管间距（mm）							
		500		400		300		200	
		向上供热量	向下传热量	向上供热量	向下传热量	向上供热量	向下传热量	向上供热量	向下传热量
35	16	61.7	23.4	65.1	23.3	68.1	23.3	70.5	23.2
	18	55.3	21.2	58.3	21.1	61.0	21.0	63.1	21.0
	20	48.9	18.9	51.6	18.7	53.9	18.8	55.8	18.7
	22	42.5	16.4	44.8	16.5	46.9	16.5	48.5	16.5
	24	36.2	14.2	38.1	14.1	39.8	14.1	41.2	14.1
40	16	78.8	29.6	83.2	29.4	87.1	29.4	90.2	29.3
	18	72.3	27.0	76.3	27.2	79.9	27.0	82.7	27.1
	20	65.8	25.1	69.5	24.8	72.7	24.9	75.3	24.8
	22	59.4	22.5	62.2	22.5	65.5	22.5	67.8	22.5
	24	52.9	20.3	55.8	20.2	58.4	20.3	60.4	20.2
45	16	96.1	35.8	101.5	35.4	106.4	35.3	110.2	35.4
	18	89.6	33.2	94.6	33.4	99.1	33.3	102.7	33.2
	20	83.1	30.9	87.7	31.1	91.8	31.0	95.2	31.0
	22	76.6	28.7	80.8	28.6	84.6	28.6	87.6	28.7
	24	70.0	26.4	73.9	26.4	77.4	26.4	80.1	26.4
50	16	113.8	41.5	120.2	41.5	125.9	41.5	130.5	41.6
	18	107.1	39.7	113.2	39.6	118.6	39.3	122.9	39.4
	20	100.6	37.1	106.2	37.3	111.3	37.2	115.4	37.2
	22	94.0	35.2	99.2	35.1	104.0	34.9	107.8	34.9
	24	87.4	32.6	92.3	32.6	96.7	32.7	100.2	32.6
55	16	131.5	47.7	139.0	47.7	145.7	47.7	151.1	47.8
	18	124.9	45.5	132.0	45.5	138.4	45.5	143.5	45.6
	20	118.3	43.8	125.0	43.6	131.0	43.4	135.8	43.4
	22	111.6	41.5	118.0	41.3	123.6	41.2	128.2	41.2
	24	105.1	38.8	111.0	38.8	116.3	38.9	120.6	38.9

注：1 计算条件为加热管公称外径/内径 22/19mm，填充层厚度 50mm，聚苯乙烯泡沫塑料绝热层导热系数 0.041W/（m·K）、厚度为 20mm，供回水温差 10℃；

2 木地板材料面层热阻为 0.1m²·K/W。

表 B.1.3-4　铺厚地毯面层单位地面面积的向上供热量和向下传热量（W/m²）

平均水温（℃）	室内空气温度（℃）	加热管间距（mm）							
		500		400		300		200	
		向上供热量	向下传热量	向上供热量	向下传热量	向上供热量	向下传热量	向上供热量	向下传热量
35	16	53.6	23.7	55.7	23.7	57.5	23.6	58.9	23.6
	18	48.1	21.5	49.9	21.4	51.6	21.3	52.8	21.3
	20	42.5	19.0	44.2	19.0	45.6	19.0	46.7	19.0
	22	37.0	16.7	38.4	16.8	39.7	16.7	40.6	16.7
	24	31.5	14.4	32.7	14.4	33.8	14.4	34.6	14.4
40	16	68.3	29.6	71.0	29.9	73.4	29.8	75.2	29.8
	18	62.7	27.7	65.2	27.6	67.3	27.5	69.0	27.5
	20	57.1	25.1	59.4	25.3	61.3	25.2	62.8	25.2
	22	51.5	23.0	53.5	23.0	55.3	22.9	56.7	22.9
	24	46.0	20.5	47.8	20.5	49.3	20.5	50.7	20.6
45	16	83.2	36.2	86.5	36.1	89.4	36.0	91.7	36.0
	18	77.6	33.9	80.7	33.6	83.3	33.6	85.4	33.7
	20	72.0	31.3	74.8	31.5	77.3	31.5	79.2	31.5
	22	66.3	29.0	68.9	29.0	71.2	29.2	73.0	29.2
	24	60.7	26.7	63.1	26.9	65.1	26.9	66.8	26.9
50	16	98.3	42.0	102.2	42.1	105.7	42.1	108.3	42.3
	18	92.6	39.8	96.3	40.1	99.6	39.9	102.1	40.0
	20	87.0	37.5	90.4	37.6	93.4	37.6	95.8	37.7
	22	81.3	35.5	84.5	35.3	87.3	35.3	89.5	35.4
	24	75.6	33.0	78.6	33.0	81.2	33.1	83.3	33.2
55	16	113.5	48.3	118.1	48.3	122.1	48.4	125.2	48.6
	18	107.8	46.1	112.2	46.1	115.9	46.2	118.9	46.3
	20	102.1	44.3	106.2	43.9	109.8	44.1	112.6	44.1
	22	96.4	42.0	100.3	41.8	103.7	41.8	106.3	41.8
	24	90.7	39.3	94.4	39.3	97.5	39.5	100.0	39.5

注：1　计算条件为加热管公称外径/内径 22/19mm，填充层厚度 50mm，聚苯乙烯泡沫塑料绝热层导热系数 0.041W/（m·K）、厚度为 20mm，供回水温差 10℃；

2　铺厚地毯面层热阻为 0.15m²·K/W。

B.2 采用发泡水泥绝热层的混凝土填充式热水辐射供暖地面单位面积散热量

B.2.1 当采用导热系数为 0.38W/(m·K) 的 PE-X 管时，单位地面面积的向上供热量和向下传热量可按表 B.2.1-1～表 B.2.1-4 取值。

表 B.2.1-1　水泥、石材或陶瓷面层单位地面面积的向上供热量和向下传热量（W/m²）

平均水温（℃）	室内空气温度（℃）	加热管间距（mm）									
		500		400		300		200		100	
		向上供热量	向下传热量	向上供热量	向下传热量	向上供热量	向下传热量	向上供热量	向下传热量	向上供热量	向下传热量
35	16	48.6	19.5	59.5	19.5	74.4	19.5	94.1	19.6	115.6	20.1
	18	43.7	17.6	53.4	17.6	66.7	17.6	84.1	17.7	103.2	18.1
	20	38.7	15.7	47.2	15.7	58.9	15.7	74.2	15.8	90.8	16.2
	22	33.7	13.8	41.1	13.8	51.1	13.8	64.3	13.9	78.6	14.2
	24	28.8	11.9	35.0	11.9	43.5	11.9	54.5	12.0	66.4	12.3
40	16	62.1	24.5	76.1	24.5	95.5	24.5	121.2	24.6	149.7	25.3
	18	57.1	22.7	69.9	22.6	87.6	22.6	111.0	22.7	136.9	23.4
	20	52.0	20.8	63.6	20.8	79.7	20.7	100.9	20.8	124.3	21.4
	22	47.0	18.9	57.4	18.9	71.8	18.8	90.8	18.9	111.6	19.5
	24	42.0	17.0	51.2	17.0	63.9	17.0	80.7	17.0	99.1	17.5
45	16	75.8	29.6	93.0	29.5	117.0	29.5	148.9	29.7	184.8	30.5
	18	70.7	27.7	86.7	27.7	108.9	27.6	138.6	27.9	171.8	28.6
	20	65.6	25.8	80.4	25.8	100.9	25.8	128.3	26.0	158.9	26.7
	22	60.5	24.0	74.1	23.9	93.0	23.9	118.0	24.1	146.0	24.7
	24	55.4	22.1	67.8	22.1	85.0	22.0	107.8	22.2	133.1	22.8
50	16	89.7	34.6	110.2	34.6	138.8	34.6	177.2	34.8	220.7	35.8
	18	84.5	32.8	103.9	32.7	130.7	32.7	166.6	32.9	207.6	33.9
	20	79.4	30.9	97.5	30.9	122.6	30.9	156.4	31.1	194.5	32.0
	22	74.3	29.1	91.1	29.0	114.6	29.0	146.0	29.2	181.3	30.0
	24	69.2	27.2	84.8	27.2	106.5	27.1	135.6	27.3	168.3	28.1
55	16	103.7	39.7	127.0	39.7	161.0	39.7	206.1	39.9	257.5	41.2
	18	98.6	37.9	121.2	37.8	152.8	37.8	195.5	38.1	244.2	39.2
	20	93.4	36.0	114.8	36.0	144.7	36.0	185.0	36.2	230.9	37.3
	22	88.3	34.2	108.4	34.1	136.6	34.1	174.5	34.3	217.6	35.4
	24	83.1	32.3	102.0	32.3	128.4	32.3	164.0	32.5	204.4	33.4

注：1　计算条件为加热管公称外径 20mm，填充层厚度 40mm，发泡水泥绝热层导热系数 0.08W/(m·K)、厚度 40mm，供回水温差 10℃；
　　2　水泥、石材或陶瓷面层热阻为 0.02m²·K/W。

表 B.2.1-2　塑料面层单位地面面积的向上供热量和向下传热量（W/m²）

平均水温（℃）	室内空气温度（℃）	加热管间距（mm）									
		500		400		300		200		100	
		向上供热量	向下传热量	向上供热量	向下传热量	向上供热量	向下传热量	向上供热量	向下传热量	向上供热量	向下传热量
35	16	45.1	19.8	53.0	20.0	62.7	20.3	73.9	20.6	84.5	21.3
	18	40.5	17.9	47.5	18.2	56.2	18.3	66.1	18.6	75.6	19.3
	20	35.9	16.0	42.1	16.1	49.7	16.4	58.4	16.6	66.7	17.2
	22	31.3	14.1	36.6	14.2	43.2	14.4	50.7	14.6	57.9	15.1
	24	26.7	12.1	31.2	12.2	36.7	12.4	43.1	12.6	49.1	13.0
40	16	57.5	24.9	67.6	25.3	80.1	25.5	94.6	26.0	108.4	26.9
	18	52.8	23.0	62.1	23.2	73.5	23.5	86.7	24.0	99.4	24.8
	20	48.1	21.1	56.5	21.4	66.9	21.6	78.9	22.0	90.4	22.8
	22	43.5	19.2	51.0	19.4	60.4	19.6	71.1	20.0	81.4	20.7
	24	38.8	17.3	45.5	17.4	53.8	17.6	63.3	18.0	72.4	18.6
45	16	70.0	30.1	82.4	30.3	97.8	30.8	115.7	31.4	132.9	32.5
	18	65.3	28.2	76.9	28.4	91.2	28.9	107.8	29.4	123.8	30.4
	20	60.6	26.3	71.3	26.5	84.5	26.8	99.8	27.4	114.6	28.4
	22	55.9	24.4	65.7	24.6	77.9	24.9	91.9	25.4	105.5	26.3
	24	51.2	22.5	60.1	22.6	71.2	23.0	84.1	23.4	96.4	24.2
50	16	82.7	35.3	97.5	35.5	115.8	36.0	137.1	36.8	157.8	38.1
	18	77.9	33.2	91.8	33.6	109.1	34.1	129.2	34.8	148.6	36.1
	20	73.2	31.5	86.2	31.7	102.4	32.1	121.2	32.8	139.3	34.0
	22	68.5	29.6	80.6	29.8	95.7	30.2	113.2	30.8	130.1	32.0
	24	63.8	27.7	75.0	27.9	89.0	28.2	105.2	28.8	120.9	29.9
55	16	95.5	40.4	112.6	40.7	134.0	41.3	158.9	42.2	183.1	43.8
	18	90.7	38.5	107.0	38.9	127.3	39.4	150.8	40.2	173.8	41.8
	20	86.0	36.7	101.4	37.0	120.5	37.5	142.8	38.3	164.5	39.7
	22	81.2	34.8	95.7	35.1	113.8	35.5	134.8	36.3	155.2	37.7
	24	76.5	32.9	90.1	33.2	107.0	33.6	126.7	34.3	145.9	35.6

注：1　计算条件为加热管公称外径20mm，填充层厚度40mm，发泡水泥绝热层导热系数0.08W/(m·K)、厚度40mm，供回水温差10℃；

　　2　塑料类材料面层热阻为0.075m²·K/W。

表 B. 2. 1-3 木地板面层单位地面面积的向上供热量和向下传热量（W/m²）

平均水温（℃）	室内空气温度（℃）	加热管间距（mm）									
		500		400		300		200		100	
		向上供热量	向下传热量	向上供热量	向下传热量	向上供热量	向下传热量	向上供热量	向下传热量	向上供热量	向下传热量
35	16	44.1	19.9	50.9	20.1	58.8	20.5	67.5	21.0	75.4	21.7
	18	39.5	18.0	45.6	18.2	52.7	18.5	60.4	18.9	67.5	19.6
	20	35.0	16.1	40.4	16.3	46.6	16.6	53.4	16.9	59.6	17.5
	22	30.5	14.1	35.1	14.3	40.6	14.5	46.4	14.9	51.8	15.4
	24	26.1	12.2	29.9	12.3	34.5	12.6	39.5	12.8	44.0	13.2
40	16	56.1	25.0	64.8	25.3	75.1	25.7	86.3	26.4	96.6	27.3
	18	51.5	23.1	59.5	23.6	68.9	23.9	79.2	24.4	88.6	25.3
	20	47.0	21.2	54.2	21.5	62.7	21.8	72.0	22.4	80.6	23.2
	22	42.4	19.3	48.9	19.5	56.6	19.9	64.9	20.3	72.6	21.0
	24	37.9	17.4	43.6	17.6	50.4	17.9	57.8	18.3	64.6	18.9
45	16	68.3	30.2	79.0	30.6	91.6	31.2	105.4	31.9	118.2	33.0
	18	63.7	28.3	73.6	28.7	85.4	29.1	98.2	29.9	110.1	31.0
	20	59.1	26.4	68.3	26.7	79.1	27.2	91.0	27.8	102.0	28.9
	22	54.5	24.5	62.9	24.8	72.9	25.2	83.8	25.9	93.9	26.8
	24	49.9	22.6	57.6	22.8	66.7	23.2	76.7	23.8	85.8	24.7
50	16	80.6	35.4	93.3	35.8	108.3	36.6	124.8	37.4	140.1	38.8
	18	76.0	33.5	87.9	33.9	102.0	34.5	117.5	35.4	131.9	36.7
	20	71.4	31.6	82.5	32.0	95.8	32.5	110.3	33.4	123.8	34.6
	22	66.8	29.7	77.2	30.1	89.5	30.6	103.0	31.4	115.6	32.5
	24	62.1	27.8	71.8	28.1	83.3	28.6	95.8	29.3	107.5	30.4
55	16	93.1	40.6	107.8	41.1	125.2	41.8	144.4	42.9	162.3	44.6
	18	88.4	38.7	102.4	39.2	118.9	39.9	137.1	40.9	154.1	42.5
	20	83.8	36.8	97.0	37.3	112.6	37.9	129.8	38.9	145.9	40.4
	22	79.2	34.9	91.6	35.4	106.3	36.0	122.5	36.9	137.6	38.3
	24	74.5	33.0	86.2	33.5	100.0	34.0	115.3	34.9	129.4	36.2

注：1 计算条件为加热管公称外径20mm，填充层厚度40mm，发泡水泥绝热层导热系数0.08W/(m·K)、厚度40mm，
供回水温差10℃；

2 木地板材料面层热阻为0.1m²·K/W。

表 B. 2. 1-4　铺厚地毯面层单位地面面积的向上供热量和向下传热量（W/m²）

平均水温（℃）	室内空气温度（℃）	加热管间距（mm）									
		500		400		300		200		100	
		向上供热量	向下传热量	向上供热量	向下传热量	向上供热量	向下传热量	向上供热量	向下传热量	向上供热量	向下传热量
35	16	40.9	20.2	45.9	20.5	51.5	20.9	57.1	21.5	62.1	22.2
	18	36.7	18.3	41.2	18.5	46.1	19.0	51.2	19.5	55.7	20.1
	20	32.5	16.5	36.5	16.6	40.8	16.9	45.3	17.4	49.2	17.9
	22	28.3	14.3	31.7	14.6	35.5	14.9	39.4	15.3	42.8	15.8
	24	24.2	12.4	27.1	12.6	30.3	12.8	33.5	13.1	36.4	13.6
40	16	51.9	25.4	58.4	25.8	65.5	26.5	72.9	27.1	79.3	28.0
	18	47.7	23.5	53.6	23.9	60.2	24.4	66.9	25.1	72.8	25.9
	20	43.5	21.5	48.9	21.9	54.8	22.3	60.9	22.9	66.2	23.8
	22	39.3	19.6	44.1	19.9	49.5	20.3	54.9	20.9	59.7	21.6
	24	35.1	17.6	39.4	17.9	44.1	18.3	49.0	18.8	53.2	19.4
45	16	63.2	30.6	71.1	31.2	79.8	31.8	88.8	32.8	96.7	33.9
	18	58.9	28.7	66.3	29.2	74.4	29.8	82.8	30.7	90.2	31.8
	20	54.7	26.8	61.5	27.2	69.0	27.8	76.7	28.6	83.6	29.6
	22	50.4	24.9	56.7	25.3	63.6	25.9	70.7	26.5	77.0	27.5
	24	46.2	22.9	51.9	23.3	58.2	23.8	64.7	24.5	70.4	25.3
50	16	74.5	35.9	83.9	36.5	94.3	37.3	104.9	38.4	114.4	39.7
	18	70.2	34.0	79.0	34.6	88.8	35.5	98.9	36.3	107.8	37.6
	20	65.9	32.1	74.2	32.6	83.4	33.3	92.8	34.3	101.2	35.5
	22	61.7	30.2	69.4	30.7	77.9	31.3	86.7	32.2	94.5	33.4
	24	57.4	28.2	64.6	28.7	72.5	29.3	80.7	30.2	87.9	31.2
55	16	85.9	41.2	96.8	41.9	108.8	42.8	121.2	44.1	132.3	45.7
	18	81.6	39.3	91.9	40.0	103.4	40.8	115.1	42.1	125.6	43.6
	20	77.4	37.4	87.1	38.0	97.9	38.9	109.0	40.0	118.9	41.4
	22	73.1	35.5	82.2	36.1	92.4	37.0	102.9	38.0	112.3	39.3
	24	68.8	33.5	77.4	34.1	87.0	34.9	96.8	35.8	105.6	37.2

注：1　计算条件为加热管公称外径 20mm，填充层厚度 40mm，发泡水泥绝热层导热系数 0.08W/(m·K)、厚度 40mm，供回水温差 10℃；

2　铺厚地毯面层热阻为 0.15m²·K/W。

B.2.2 当采用导热系数为 0.23W/(m·K)的 PB 管时，单位地面面积的向上供热量和向下传热量可按表 B.2.2-1～表 B.2.2-4 取值。

表 B.2.2-1　水泥、石材或陶瓷面层单位地面面积的向上供热量和向下传热量（W/m²）

平均水温（℃）	室内空气温度（℃）	加热管间距（mm）									
		500		400		300		200		100	
		向上供热量	向下传热量	向上供热量	向下传热量	向上供热量	向下传热量	向上供热量	向下传热量	向上供热量	向下传热量
35	16	43.6	17.8	53.8	17.7	68.0	17.9	87.3	18.3	110.4	19.2
	18	39.2	16.0	48.2	16.0	60.8	16.2	78.0	16.5	98.5	17.4
	20	34.8	14.2	42.7	14.3	53.8	14.5	68.8	14.8	86.8	15.5
	22	30.3	12.5	37.2	12.6	46.7	12.8	59.7	13.0	75.1	13.7
	24	25.9	10.8	31.7	10.9	39.7	11.0	50.6	11.2	63.5	11.8
40	16	55.7	22.2	68.7	22.4	87.0	22.4	112.2	23.0	142.7	24.2
	18	51.2	20.5	63.1	20.6	79.8	20.8	102.8	21.2	130.6	22.4
	20	46.7	18.8	57.5	18.9	72.6	19.0	93.4	19.5	118.5	20.5
	22	42.2	17.1	51.9	17.2	65.4	17.4	84.1	17.7	106.5	18.7
	24	37.7	15.4	46.3	15.5	58.3	15.6	74.8	15.9	94.6	16.8
45	16	67.9	26.7	83.9	26.8	106.4	27.0	137.7	27.7	175.9	29.2
	18	63.3	25.1	78.2	25.1	99.2	25.3	128.1	25.9	163.6	27.4
	20	58.8	23.3	72.5	23.5	91.9	23.6	118.7	24.2	151.3	25.5
	22	54.2	21.7	66.9	21.7	84.6	21.9	109.2	22.4	139.1	23.7
	24	49.7	19.9	61.2	20.0	77.4	20.2	99.7	20.7	126.9	21.8
50	16	80.2	31.2	99.3	31.4	126.1	31.8	163.6	32.4	209.9	34.3
	18	75.6	29.5	93.5	29.7	118.8	30.0	154.0	30.7	197.5	32.4
	20	71.1	27.9	87.8	28.2	111.5	28.3	144.4	28.9	185.0	30.6
	22	66.5	26.2	82.1	26.3	104.1	26.7	134.9	27.2	172.6	28.7
	24	61.9	24.5	76.4	24.6	96.9	24.9	125.3	25.4	160.2	26.9
55	16	92.7	35.7	114.8	35.9	146.2	36.2	190.0	37.1	244.7	39.3
	18	88.1	34.3	109.1	34.3	138.8	34.6	180.4	35.4	232.1	37.5
	20	83.5	32.4	103.3	32.6	131.4	32.9	170.7	33.6	219.5	35.6
	22	78.9	30.8	97.6	30.9	124.0	31.2	161.0	31.9	206.9	33.8
	24	74.3	29.1	91.8	29.2	116.7	29.5	151.3	30.2	194.3	32.0

注：1　计算条件为加热管公称外径 20mm，填充层厚度 40mm，发泡水泥绝热层导热系数 0.08W/(m·K)、厚度 40mm，供回水温差 10℃；

　　2　水泥、石材或陶瓷面层热阻为 0.02m²·K/W。

表 B. 2. 2-2　塑料类材料面层单位地面面积的向上供热量和向下传热量（W/m²）

平均水温（℃）	室内空气温度（℃）	加热管间距（mm）									
		500		400		300		200		100	
		向上供热量	向下传热量	向上供热量	向下传热量	向上供热量	向下传热量	向上供热量	向下传热量	向上供热量	向下传热量
35	16	40.7	18.0	48.3	18.3	57.9	18.7	69.4	19.5	81.5	20.6
	18	36.6	16.3	43.3	16.5	51.9	17.0	62.2	17.6	72.9	18.6
	20	32.4	14.5	38.4	14.8	45.9	15.1	54.9	15.7	64.4	16.6
	22	28.3	12.8	33.4	13.0	39.9	13.3	47.7	13.8	55.9	14.6
	24	24.1	11.0	28.5	11.2	34.0	11.5	40.6	11.9	47.4	12.6
40	16	51.8	22.6	61.6	23.0	73.9	23.6	88.8	24.5	104.6	26.0
	18	47.6	20.9	56.5	21.3	67.8	21.8	81.5	22.6	95.9	24.0
	20	43.4	19.2	51.4	19.5	61.7	20.1	74.1	20.7	87.2	22.0
	22	39.2	17.4	46.5	17.7	55.7	18.2	66.8	18.9	78.5	20.0
	24	35.0	15.7	41.5	16.0	49.6	16.3	59.5	17.0	69.9	18.0
45	16	63.0	27.3	75.0	27.7	90.2	28.4	108.5	29.6	128.1	31.4
	18	58.8	25.6	69.9	26.1	84.0	26.6	101.1	27.7	119.3	29.4
	20	54.6	23.8	64.8	24.2	77.9	24.8	93.7	25.8	110.5	27.4
	22	50.4	22.1	59.8	22.5	71.8	23.0	86.3	24.0	101.7	25.4
	24	46.1	20.4	54.7	20.7	65.7	21.2	78.9	22.1	92.9	23.4
50	16	74.4	31.9	88.6	32.4	106.6	33.3	128.6	34.6	152.0	36.8
	18	70.1	30.5	83.5	30.7	100.4	31.5	121.1	32.7	143.2	34.9
	20	65.9	28.5	78.4	29.0	94.3	29.7	113.6	30.9	134.3	32.9
	22	61.7	26.8	73.3	27.2	88.1	27.9	106.1	29.1	125.4	30.9
	24	57.4	25.1	68.2	25.5	81.9	26.1	98.7	27.2	116.5	28.9
55	16	85.9	36.5	102.3	37.2	123.2	38.1	148.8	39.7	176.3	42.3
	18	81.6	34.8	97.2	35.5	117.0	36.4	141.3	37.9	167.4	40.3
	20	77.4	33.2	92.1	33.8	110.8	34.6	133.8	36.1	158.4	38.4
	22	73.1	31.5	86.9	32.0	104.6	32.8	126.3	34.2	149.5	36.4
	24	68.8	29.7	81.8	30.3	98.4	31.1	118.8	32.3	140.5	34.4

注：1　计算条件为加热管公称外径20mm，填充层厚度40mm，发泡水泥绝热层导热系数0.08W/(m·K)、厚度40mm，供回水温差10℃；

2　塑料类材料面层热阻为0.075m²·K/W。

表 B. 2. 2-3　木地板面层单位地面面积的向上供热量和向下传热量（W/m²）

平均水温（℃）	室内空气温度（℃）	加热管间距（mm）									
		500		400		300		200		100	
		向上供热量	向下传热量	向上供热量	向下传热量	向上供热量	向下传热量	向上供热量	向下传热量	向上供热量	向下传热量
35	16	39.9	18.1	46.5	18.5	54.5	19.1	63.7	19.8	73.0	21.0
	18	35.8	16.4	41.7	16.7	48.9	17.2	57.1	17.9	65.4	19.0
	20	31.7	14.6	36.9	14.9	43.2	15.4	50.4	16.0	57.7	17.0
	22	27.6	12.9	32.1	13.1	37.6	13.5	43.8	14.1	50.2	14.9
	24	23.6	11.1	27.4	11.3	32.0	11.7	37.3	12.1	42.6	12.9
40	16	50.7	22.7	59.2	23.2	69.5	23.9	81.4	25.0	93.5	26.5
	18	46.6	21.0	54.3	21.5	63.8	22.1	74.7	23.1	85.7	24.5
	20	42.5	19.3	49.5	19.7	58.1	20.3	68.0	21.2	78.0	22.5
	22	38.3	17.5	44.7	17.9	52.4	18.5	61.3	19.2	70.3	20.4
	24	34.2	15.8	39.9	16.1	46.7	16.6	54.6	17.3	62.6	18.4
45	16	61.7	27.4	72.0	28.0	84.7	28.9	99.3	30.1	114.3	32.0
	18	57.5	25.7	67.2	26.3	79.0	27.1	92.6	28.2	106.5	30.0
	20	53.4	24.0	62.3	24.5	73.2	25.2	85.8	26.4	98.7	28.0
	22	49.2	22.2	57.4	22.7	67.5	23.4	79.0	24.4	90.8	26.0
	24	45.1	20.5	52.6	20.9	61.7	21.6	72.3	22.5	83.0	23.9
50	16	72.7	32.1	85.0	32.8	100.1	33.8	117.5	35.3	135.4	37.6
	18	68.6	30.4	80.1	31.1	94.3	32.0	110.7	33.4	127.6	35.6
	20	64.4	28.7	75.3	29.3	88.5	30.2	103.9	31.5	119.7	33.5
	22	60.2	26.9	70.4	27.5	82.7	28.4	97.1	29.7	111.8	31.5
	24	56.1	25.2	65.5	25.8	77.0	26.6	90.3	27.7	103.9	29.5
55	16	83.9	36.8	98.2	37.6	115.6	38.8	135.9	40.5	156.8	43.1
	18	79.7	35.1	93.3	35.9	109.8	37.0	129.1	38.6	148.9	41.2
	20	75.5	33.4	88.3	34.1	104.0	35.2	122.2	36.8	141.0	39.1
	22	71.4	31.7	83.4	32.4	98.2	33.4	115.4	34.9	133.0	37.1
	24	67.2	29.9	78.5	30.6	92.4	31.6	108.5	33.0	125.1	35.1

注：1　计算条件为加热管公称外径20mm，填充层厚度40mm，发泡水泥绝热层导热系数0.08W/(m·K)、厚度40mm，供回水温差10℃；

　　2　木地板材料面层热阻为0.1m²·K/W。

表 B.2.2-4　铺厚地毯面层单位地面面积的向上供热量和向下传热量（W/m²）

平均水温（℃）	室内空气温度（℃）	加热管间距（mm）									
		500		400		300		200		100	
		向上供热量	向下传热量	向上供热量	向下传热量	向上供热量	向下传热量	向上供热量	向下传热量	向上供热量	向下传热量
35	16	37.1	18.4	42.2	18.9	48.0	19.6	54.3	20.5	60.4	21.7
	18	33.3	16.7	37.9	17.1	43.1	17.7	48.7	18.5	54.1	19.6
	20	29.5	14.9	33.5	15.3	38.1	15.8	43.0	16.5	47.9	17.5
	22	25.7	13.1	29.2	13.5	33.2	13.9	37.5	14.5	41.6	15.4
	24	22.0	11.3	24.9	11.6	28.3	12.0	31.9	12.5	35.4	13.2
40	16	47.2	23.2	53.7	23.8	61.1	24.7	69.2	25.8	77.1	27.3
	18	43.3	21.4	49.3	22.0	56.1	22.8	63.5	23.8	70.7	25.2
	20	39.5	19.6	44.9	20.2	51.1	20.9	57.8	21.9	64.4	23.1
	22	35.7	17.9	40.5	18.4	46.1	19.0	52.2	19.9	58.1	21.0
	24	31.9	16.1	36.2	16.5	41.1	17.1	46.5	17.9	51.8	18.9
45	16	57.3	27.9	65.3	28.7	74.4	29.7	84.3	31.1	94.0	33.0
	18	53.5	26.2	60.8	26.9	69.3	27.9	78.6	29.2	87.6	30.9
	20	49.6	24.4	56.4	25.1	64.3	26.0	72.8	27.2	81.2	28.8
	22	45.7	22.7	52.0	23.3	59.3	24.1	67.1	25.2	74.8	26.7
	24	41.9	20.9	47.6	21.5	54.2	22.2	61.4	23.2	68.5	24.6
50	16	67.6	32.7	77.0	33.6	87.8	34.8	99.6	36.5	111.2	38.7
	18	63.7	31.0	72.5	31.8	82.7	33.0	93.8	34.5	104.7	36.6
	20	59.8	29.2	68.1	30.0	77.6	31.1	88.1	32.6	98.3	34.5
	22	55.9	27.5	63.7	28.2	72.6	29.3	82.3	30.6	91.9	32.5
	24	52.1	25.7	59.3	26.4	67.5	27.4	76.6	28.7	85.4	30.4
55	16	77.9	37.5	88.7	38.6	101.3	40.0	115.0	41.9	128.5	44.4
	18	74.0	35.8	84.3	36.8	96.2	38.1	109.2	39.9	122.0	42.4
	20	70.1	34.0	79.9	35.0	91.1	36.3	103.4	38.0	115.6	40.3
	22	66.2	32.3	75.4	33.2	86.0	34.4	97.6	36.0	109.1	38.2
	24	62.3	30.5	71.0	31.4	81.0	32.5	91.9	34.1	102.6	36.1

注：1　计算条件为加热管公称外径 20mm，填充层厚度 40mm，发泡水泥绝热层导热系数 0.08W/(m·K)、厚度 40mm，供回水温差 10℃；

　　2　铺厚地毯面层热阻为 0.15m²·K/W。

附录 C 管材的选择

C.1 塑料管的选择

C.1.1 塑料管材质和连接方法的选择应以保证工程

长期运行的安全可靠为原则，根据塑料管的抗蠕变能力的强弱、许用环应力的大小、工程环境等因素，经综合比较后确定。

C.1.2 塑料管管系列应按表 C.1.2-1 中使用条件 4 级以及设计压力选择；管系列值可按表 C.1.2-2 确定。

表 C.1.2-1 塑料管使用条件级别

使用条件级别	工作温度 T_D （℃）	在 T_D 下的使用时间 （年）	最高工作温度 T_{max} （℃）	在 T_{max} 下的使用时间 （年）	故障温度 T_{mal} （℃）	在 T_{mal} 下的使用时间 （h）	典型的应用范围
1	60	49	80	1	95	100	供应热水（60℃）
2	70	49	80	1	95	100	供应热水（70℃）
3*	30 40	20 25	50	4.5	65	100	低温地面采暖
4	20 40 60	2.5 20 25	70	2.5	100	100	地面采暖和低温散热器采暖
5**	20 60 80	14 25 10	90	1	100	100	较高温散热器采暖

注：* 仅当 T_{mal} 不超过 65℃ 时才可使用；

** 当 T_D、T_{max} 和 T_{mal} 超出本表所给出的值时，不能用本表。

1 表中所列各使用条件级别的管道系统均应同时满足在 20℃ 和 1.0MPa 条件下输送冷水，达到 50 年使用寿命；

2 所有加热系统的介质只能是水或者经处理的水。

表 C.1.2-2 管系列 (S) 值

设计压力 P_D （MPa）	管系列 （S） 值					
	PB 管 σ_D＝5.46MPa	PB-R 管 σ_D＝4.34MPa	PE-X 管 σ_D＝4.00MPa	PE-RT Ⅱ型 σ_D＝3.60MPa	PE-RT Ⅰ型 σ_D＝3.25MPa	PP-R 管 σ_D＝3.30MPa
0.4	10	6.3 (10)	6.3	5	5	5
0.6	8	6.3	6.3	5	5	5
0.8	6.3	5	5	4	4	4
1.0	5	4	4	3.2	3.2	3.2

注：1 σ_D 指设计应力；

2 括号内为理论值，实际选型时考虑到管材实际可行的壁厚因素，进行了圆整。

C.1.3 塑料管公称壁厚应根据本规程第 C.1.2 条选择的管系列及施工和使用中的不利因素综合确定。管材公称壁厚应符合表 C.1.3 的要求，并应同时符合下列规定：

1 对管径大于或等于 15mm 的管材，壁厚不应小于 2.0mm；

2 需要进行热熔焊接的管材，其壁厚不得小于 1.9mm。

表 C.1.3 管材公称壁厚（mm）

公称外径（mm）	系统工作压力 P_D＝0.4MPa					
	PB 管	PB-R 管	PE-X 管	PE-RT Ⅱ型	PE-RT Ⅰ型	PP-R 管
16	1.3	1.5	1.8	1.8	1.8	1.5
20	1.3	1.5	1.9	2.0	2.0	2.0
25	1.3	1.9	1.9	2.3	2.3	2.3

续表C.1.3

系统工作压力 P_D=0.6MPa						
公称外径 （mm）	PB管	PB-R管	PE-X管	PE-RTⅡ型	PE-RTⅠ型	PP-R管
16	1.3	1.5	1.8	1.8	1.8	1.5
20	1.3	1.5	1.9	2.0	2.0	2.0
25	1.5	1.9	1.9	2.3	2.3	2.3

系统工作压力 P_D=0.8MPa						
公称外径 （mm）	PB管	PB-R管	PE-X管	PE-RTⅡ型	PE-RTⅠ型	PP-R管
16	1.3	1.5	1.8	2.0	2.0	2.0
20	1.5	1.9	1.9	2.3	2.3	2.3
25	1.9	2.3	2.3	2.8	2.8	2.8

系统工作压力 P_D=1.0MPa						
公称外径 （mm）	PB管	PB-R管	PE-X管	PE-RTⅡ型	PE-RTⅠ型	PP-R管
16	1.5	1.8	1.8	2.2	2.2	2.2
20	1.9	2.3	2.3	2.8	2.8	2.8
25	2.3	2.8	2.8	3.5	3.5	3.5

C.1.4 塑料管的公称外径、最小与最大平均外径，应符合表C.1.4的规定。

表 C.1.4 塑料管公称外径、最小与最大平均外径（mm）

塑料管材	公称外径	最小平均外径	最大平均外径
PB、PB-R、PE-X、 PE-RT、PP-R管	16	16.0	16.3
	20	20.0	20.3
	25	25.0	25.3

C.2 铝塑复合管的选择

C.2.1 铝塑复合管可采用搭接焊和对接焊两种形式。

C.2.2 铝塑复合管长期工作温度和允许工作压力应符合下列规定：

　　1 搭接焊式铝塑复合管长期工作温度和允许工作压力应符合表C.2.2-1的规定。

表 C.2.2-1 搭接焊式铝塑复合管长期工作温度和允许工作压力

流体类别	铝塑管代号	长期工作温度 T_o（℃）	允许工作压力 P_o（MPa）
冷热水	PAP	60	1.00
		75A	0.82
		82A	0.69
	XPAP	75	1.00
		82	0.86

注：1 A系指采用中密度聚乙烯（乙烯与辛烯特殊共聚物）材料生产的复合管；
　　2 PAP为聚乙烯/铝合金/聚乙烯，XPAP为交联聚乙烯/铝合金/交联聚乙烯。

　　2 对接焊式铝塑复合管长期工作温度和允许工作压力应符合表C.2.2-2的规定。

表 C.2.2-2 对接焊式铝塑复合管长期工作温度和允许工作压力

流体类别	铝塑管代号	长期工作温度 T_o（℃）	允许工作压力 P_o（MPa）
冷热水	XPAP1、XPAP2、RPAP5	40	2.00
	PAP3、PAP4	60	1.00
	XPAP1、XPAP2、RPAP5	75	1.50
	XPAP1、XPAP2、RPAP5	95	1.25

注：1 XPAP1：一型铝塑管 聚乙烯/铝合金/交联聚乙烯；
　　2 XPAP2：二型铝塑管 交联聚乙烯/铝合金/交联聚乙烯；
　　3 PAP3：三型铝塑管 聚乙烯/铝/聚乙烯；
　　4 PAP4：四型铝塑管 聚乙烯/铝合金/聚乙烯；
　　5 RPAP5：五型铝塑管 耐热聚乙烯/铝合金/耐热聚乙烯。

C.2.3 铝塑复合管的公称外径、壁厚与偏差，应符合表C.2.3的规定。

表 C.2.3 铝塑复合管公称外径、壁厚与偏差（mm）

铝塑复合管	公称外径	公称外径公差	参考内径	管壁厚最小值	管壁厚公差
搭接焊	16	+0.3	12.1	1.7	+0.5
	20		15.7	1.9	
	25		19.9	2.3	
对接焊	16	+0.3	10.9	2.3	+0.5
	20		14.5	2.5	
	25（26）		18.5（19.5）	3.0	

C.3 无缝铜管的选择

C.3.1 无缝铜管状态和类型的选择应满足系统工作压力。管径小于22mm时，宜选用软态铜管；管径为22mm或28mm时，应选用半硬态铜管。

C.3.2 无缝铜管的公称外径、壁厚与偏差，应符合表C.3.2的规定。

表 C.3.2 无缝铜管公称外径、壁厚与偏差（mm）

公称外径	壁厚			平均外径公差	
	A	B	C	普通级	高精级
15	1.2	1.0	0.7	±0.06	±0.03
18	1.2	1.0	0.8	±0.06	±0.03
22	1.5	1.2	0.9	±0.08	±0.04
28	1.5	1.2	0.9	±0.08	±0.04

C.3.3 无缝铜管的最大工作压力应符合表C.3.3的规定。

表 C.3.3 无缝铜管的最大工作压力（MPa）

管材状态和类型		公称外径（mm）			
		15	18	22	28
硬态（Y）	A	10.79	8.87	9.08	7.05
	B	8.87	7.31	7.19	5.59
	C	6.11	5.81	5.92	4.62
半硬态（Y₂）	A	8.56	7.04	7.21	5.60
	B	7.04	5.81	5.70	4.44
	C	4.85	4.61	4.23	3.30
软态（M）	A	7.04	5.80	5.94	4.61
	B	5.80	4.79	4.70	3.66
	C	3.99	3.80	3.48	2.72

附录 D 管道水力计算

D.0.1 塑料管及铝塑复合管单位长度摩擦压力损失（比摩阻，可按表 D.0.1 计算。

表 D.0.1 塑料管及铝塑复合管水力计算表

流速 v (m/s)	管内径 d_i/管外径 d_o (mm/mm)		管内径 d_i/管外径 d_o (mm/mm)		管内径 d_i/管外径 d_o (mm/mm)	
	12.1/16		15.7/20		19.9/25	
	比摩阻 R (Pa/m)	流量 G (kg/h)	比摩阻 R (Pa/m)	流量 G (kg/h)	比摩阻 R (Pa/m)	流量 G (kg/h)
0.01	0.60	4.14	0.39	6.97	0.27	11.19
0.02	1.60	8.28	1.09	13.93	0.77	22.38
0.03	2.97	12.41	2.04	20.90	1.45	33.57
0.04	4.66	16.55	3.22	27.86	2.31	44.76
0.05	6.65	20.69	4.62	34.83	3.32	55.96
0.06	8.93	24.83	6.22	41.79	4.49	67.15
0.07	11.49	28.96	8.02	48.76	5.81	78.34
0.08	14.31	33.10	10.02	55.73	7.27	89.53
0.09	17.39	37.24	12.20	62.69	8.87	100.72
0.10	20.73	41.38	14.57	69.66	10.60	111.91
0.11	24.32	45.51	17.11	76.62	12.47	123.10
0.12	28.15	49.65	19.84	83.59	14.47	134.29
0.13	32.22	53.79	22.73	90.56	16.60	145.49
0.14	36.54	57.93	25.80	97.52	18.85	156.68
0.15	41.08	62.06	29.04	104.49	21.24	167.87
0.16	45.86	66.20	32.44	111.45	23.74	179.06
0.17	50.87	70.34	36.01	118.42	26.37	190.25
0.18	56.11	74.48	39.75	125.38	29.13	201.44

续表 D.0.1

流速 v (m/s)	管内径 d_i/管外径 d_o (mm/mm)		管内径 d_i/管外径 d_o (mm/mm)		管内径 d_i/管外径 d_o (mm/mm)	
	12.1/16		15.7/20		19.9/25	
	比摩阻 R (Pa/m)	流量 G (kg/h)	比摩阻 R (Pa/m)	流量 G (kg/h)	比摩阻 R (Pa/m)	流量 G (kg/h)
0.19	61.57	78.61	43.64	132.35	32.00	212.63
0.20	67.25	82.75	47.70	139.32	34.99	223.82
0.21	73.16	86.89	51.92	146.28	38.10	235.02
0.22	79.28	91.03	56.29	153.25	41.33	246.21
0.23	85.62	95.16	60.83	160.21	44.68	257.40
0.24	92.18	99.30	65.52	167.18	48.14	268.59
0.25	98.95	103.44	70.36	174.15	51.72	279.78
0.26	105.94	107.58	75.36	181.11	55.41	290.97
0.27	113.13	111.71	80.51	188.08	59.22	302.16
0.28	120.54	115.85	85.81	195.04	63.14	313.35
0.29	128.16	119.99	91.27	202.01	67.18	324.55
0.30	135.98	124.13	96.87	208.97	71.32	335.74
0.31	144.02	128.26	102.63	215.94	75.58	346.93
0.32	152.26	132.40	108.53	222.91	79.95	358.12
0.33	160.70	136.54	114.59	229.87	84.43	369.31
0.34	169.35	140.68	120.79	236.84	89.02	380.50
0.35	178.21	144.81	127.14	243.80	93.72	391.69
0.36	187.26	148.95	133.63	250.77	98.53	402.88
0.37	196.52	153.09	140.27	257.73	103.45	414.08
0.38	205.98	157.23	147.06	264.70	108.47	425.27
0.39	215.64	161.36	153.99	271.67	113.61	436.46
0.40	225.50	165.50	161.07	278.63	118.85	447.65
0.41	235.56	169.64	168.29	285.60	124.20	458.84
0.42	245.81	173.78	175.65	292.56	129.66	470.03
0.43	256.27	177.91	183.16	299.53	135.22	481.22
0.44	266.92	182.05	190.81	306.50	140.89	492.41
0.45	277.76	186.19	198.60	313.46	146.67	503.61
0.46	288.81	190.33	206.53	320.43	152.55	514.80
0.47	300.04	194.46	214.61	327.39	158.53	525.99
0.48	311.48	198.60	222.82	334.36	164.63	537.18
0.49	323.10	202.74	231.18	341.32	170.82	548.37
0.50	334.92	206.88	239.67	348.29	177.12	559.56
0.51	346.94	211.01	248.30	355.26	183.53	570.75
0.52	359.14	215.15	257.08	362.22	190.04	581.94
0.53	371.54	219.29	265.99	369.19	196.65	593.14

流速 v (m/s)	管内径 d_i/管外径 d_o (mm/mm) 12.1/16		管内径 d_i/管外径 d_o (mm/mm) 15.7/20		管内径 d_i/管外径 d_o (mm/mm) 19.9/25	
	比摩阻 R (Pa/m)	流量 G (kg/h)	比摩阻 R (Pa/m)	流量 G (kg/h)	比摩阻 R (Pa/m)	流量 G (kg/h)
0.54	384.13	223.43	275.04	376.15	203.37	604.33
0.55	396.91	227.57	284.23	383.12	210.19	615.52
0.56	409.88	231.70	293.56	390.09	217.11	626.71
0.57	423.04	235.84	303.03	397.05	224.14	637.90
0.58	436.39	239.98	312.63	404.02	231.27	649.09
0.59	449.93	244.12	322.37	410.98	238.50	660.28
0.60	463.65	248.25	332.25	417.95	245.83	671.47
0.61	477.57	252.39	342.26	424.91	253.26	682.67
0.62	491.67	256.53	352.41	431.88	260.80	693.86
0.63	505.97	260.67	362.69	438.85	268.44	705.05
0.64	520.44	264.80	373.11	445.81	276.18	716.24
0.65	535.11	268.94	383.67	452.78	284.02	727.43
0.66	549.96	273.08	394.36	459.74	291.96	738.62
0.67	565.00	277.22	405.19	466.71	300.00	749.81
0.68	580.23	281.35	416.15	473.67	308.14	761.00
0.69	595.64	285.49	427.24	480.64	316.38	772.20
0.70	611.23	289.63	438.47	487.61	324.72	783.39
0.71	627.01	293.77	449.83	494.57	333.17	794.58
0.72	642.97	297.90	461.33	501.54	341.71	805.77
0.73	659.12	302.04	472.96	508.50	350.35	816.96
0.74	675.45	306.18	484.72	515.47	359.09	828.15
0.75	691.97	310.32	496.62	522.44	367.93	839.34
0.76	708.67	314.45	508.65	529.40	376.87	850.53
0.77	725.55	318.59	520.81	536.37	385.91	861.73
0.78	742.62	322.73	533.10	543.33	395.05	872.92
0.79	759.86	326.87	545.53	550.30	404.28	884.11
0.80	777.29	331.00	558.08	557.26	413.62	895.30
0.81	794.90	335.14	570.77	564.23	423.05	906.49
0.82	812.70	339.28	583.60	571.20	432.58	917.68
0.83	830.67	343.42	596.55	578.16	442.21	928.87
0.84	848.82	347.55	609.63	585.13	451.94	940.06
0.85	867.16	351.69	622.85	592.09	461.76	951.26
0.86	885.68	355.83	636.19	599.06	471.69	962.45
0.87	904.37	359.97	649.67	606.03	481.71	973.64
0.88	923.25	364.10	663.27	612.99	491.82	984.83
0.89	942.30	368.24	677.01	619.96	502.04	996.02
0.90	961.54	372.38	690.88	626.92	512.35	1007.21
0.91	980.95	376.52	704.87	633.89	522.76	1018.40
0.92	1000.55	380.65	719.00	640.85	533.27	1029.59
0.93	1020.32	384.79	733.26	647.82	543.87	1040.79
0.94	1040.27	388.93	747.64	654.79	554.57	1051.98
0.95	1060.40	393.07	762.16	661.75	565.37	1063.17
0.96	1080.72	397.20	776.80	668.72	576.26	1074.36
0.97	1101.20	401.34	791.57	675.68	587.25	1085.55
0.98	1121.86	405.48	806.48	682.65	598.34	1096.74
0.99	1142.70	409.62	821.51	689.61	609.52	1107.93
1.00	1163.72	413.75	836.67	696.58	620.80	1119.12
1.01	1184.92	417.89	851.95	703.55	632.17	1130.32
1.02	1206.29	422.03	867.37	710.51	643.64	1141.51
1.03	1227.84	426.17	882.91	717.48	655.21	1152.70
1.04	1249.57	430.30	898.59	724.44	666.87	1163.89
1.05	1271.47	434.44	914.39	731.41	678.63	1175.08
1.06	1293.55	438.58	930.32	738.38	690.48	1186.27
1.07	1315.81	442.72	946.37	745.34	702.43	1197.46
1.08	1338.24	446.86	962.55	752.31	714.47	1208.65
1.09	1360.85	450.99	978.86	759.27	726.61	1219.85
1.10	1383.63	455.13	995.30	766.24	738.84	1231.04
1.11	1406.59	459.27	1011.87	773.20	751.17	1242.23
1.12	1429.72	463.41	1028.56	780.17	763.60	1253.42
1.13	1453.03	467.54	1045.38	787.14	776.11	1264.61
1.14	1476.51	471.68	1062.32	794.10	788.73	1275.80
1.15	1500.17	475.82	1079.39	801.07	801.43	1286.99
1.16	1524.00	479.96	1096.59	808.03	814.24	1298.18
1.17	1548.00	484.09	1113.92	815.00	827.13	1309.38
1.18	1572.18	488.23	1131.37	821.97	840.12	1320.57
1.19	1596.54	492.37	1148.94	828.93	853.21	1331.76
1.20	1621.07	496.51	1166.65	835.90	866.39	1342.95

注: 此表为热媒平均温度为 55℃ 的水力计算表。

D. 0. 2 当热媒平均温度不等于 55℃ 时，可由表 D. 0. 2 查出比摩阻修正系数，并按下式进行修正。

$$R_t = R \times a \qquad (D.0.2)$$

式中：R_t——热媒在设计温度和设计流量下的比摩阻（Pa/m）；

R——查表 D.0.1 得到的比摩阻（Pa/m）；

a——比摩阻修正系数。

表 D.0.2　比摩阻修正系数

热媒平均温度（℃）	55	50	45	40	35
修正系数 a	1	1.02	1.04	1.06	1.08

D.0.3　塑料管及铝塑复合管局部阻力系数（ζ）值可按表 D.0.3 选用。

表 D.0.3　局部阻力系数（ζ）值

管路附件	曲率半径 ≥$5d_0$ 的 90°弯头	直流三通	旁流三通	合流三通	分流三通	直流四通
ζ值	0.3～0.5	0.5	1.5	1.5	3.0	2.0
管路附件	分流四通	乙字弯	括弯	突然扩大	突然缩小	压紧螺母连接件
ζ值	3.0	0.5	1.0	1.0	0.5	1.5

附录 E　加热供冷管管材物理力学性能

E.0.1　塑料管的物理力学性能应符合表 E.0.1 的规定。

表 E.0.1　塑料管的物理力学性能

项目	PB	PB-R	PE-X	PE-RT II型	PE-RT I 型	PP-R
20℃，1h 液压试验环应力（MPa）	15.50	15.40	12.00	11.2	9.9	16.00
95℃，1h 液压试验环应力（MPa）	—	—	4.80	—	—	—
95℃，22h 液压试验环应力（MPa）	6.50	5.40	4.70	4.1	3.8	4.20
95℃，165h 液压试验环应力（MPa）	6.20	5.10	4.60	4.0	3.6	3.80
95℃，1000h 液压试验环应力（MPa）	6.00	4.90	4.40	3.8	3.4	3.50
110℃，8760h 热稳定性试验环应力（MPa）	2.40	1.80	2.50	2.4	1.9	1.90
纵向尺寸收缩率（%）	≤2	≤2	≤3	≤2	≤2	≤2

续表 E.0.1

项目	PB	PB-R	PE-X	PE-RT II型	PE-RT I 型	PP-R
交联度（%）	—	—	见注	—	—	—
0℃耐冲击（%）	—	—	—	—	—	破损率<试样的10%
管材与混配料熔体流动速率之差	≤0.3g/10min（190℃、5kg条件下）	变化率≤原料的20%（190℃、2.16kg条件下）	—	与对原料测定值之差，不应超过±0.3g/10min且不超过±20%（190℃、5kg条件下）	与对原料测定值之差，不应超过±0.3g/10min且不超过±20%（190℃、5kg条件下）	变化率≤原料的30%（190℃、2.16kg条件下）

注：过氧化物交联（PE-Xa）交联度大于或等于70%；硅烷交联（PE-Xb）交联度大于或等于65%；辐照交联（PE-Xc）交联度大于或等于60%。

E.0.2　铝塑复合管的物理力学性能应符合表 E.0.2 的规定。

表 E.0.2　铝塑复合管的物理力学性能

公称直径（mm）	管环径向拉伸力（N）（HDPE、PEX）		静液压强度（MPa）		爆破压力（MPa）	
	搭接焊	对接焊	搭接焊（82℃，10h）	对接焊（95℃，10h）	搭接焊	对接焊
12	2100		2.72		7.0	
16	2300	2400	2.72	2.42	6.0	8.0
20	2500	2600	2.72	2.42	5.0	7.0

注：1　交联度要求：硅烷交联大于或等于65%；辐照交联大于或等于60%；

2　热熔胶熔点大于或等于120℃；

3　搭接焊铝层拉伸强度大于或等于100MPa，断裂伸长率大于或等于20%；对接焊铝层拉伸强度大于或等于80MPa，断裂伸长率应不小于22%；

4　铝塑复合管层间粘合强度，按规定方法试验，层间不得出现分离和缝隙。

E.0.3　铜管机械性能应符合表 E.0.3 的规定。

表 E.0.3　铜管机械性能要求

状态	公称外径（mm）	抗拉强度，σ_b（MPa）	伸长率	
			δ_5（%）	δ_{10}（%）
硬态（Y）	≤100	≥315	—	—
	>100	≥295	—	—
半硬态（Y_2）	≤54	≥250	≥30	≥25
软态（M）	≤35	≥205	≥40	≥35

附录 F 加热电缆的电气和机械性能要求

表 F 加热电缆的主要电气和机械性能要求

类别	检验项目	标准要求
标志	成品电缆表面标志	字迹清楚、容易辨认、耐擦
	标志间距离（标志在护套上）	最大 500mm
电压试验 绝缘电阻	室温成品电缆电压试验（2.0kV/5min）	不击穿
	高温成品电缆电压试验（导体额定温度 +20℃，1.5kV/15min）	不击穿
	绝缘电阻（导体额定温度+20℃）	最小 0.03MΩ·km
加热 导体	导体电阻（20±1）℃ *	在标定值（Ω/m）的+10% 和−5%之间
	电阻温度系数	不为负数
成品性能 试验	变形试验（A类电缆 300N，B类电缆 600N，C类 电缆 2000N，均耐受 1.5kV 30s）	不击穿
	拉力试验（最小拉力 120N）	不断裂
	正反卷绕试验	不击穿
	低温冲击试验（−15±2）℃	不开裂
	屏蔽的耐穿透性	试针推入绝缘需触及屏蔽
绝缘层	绝缘厚度 平均厚度 最薄处厚度与平均厚度差值	最小 0.80mm 不大于平均厚度的10%+0.1mm
	交货状态原始性能 老化前抗张强度最小中间值 老化前断裂伸长率最小中间值 空气烘箱老化后的性能(7×24h,135℃±2℃) 抗张强度最大变化率 断裂伸长率最大变化率 空气弹老化试验（40h，127℃±1℃） 抗张强度最大变化率 断裂伸长率最大变化率	4.2N/mm² 200% ±30% ±30% ±30% ±30%
	非污染试验（7×24h，90℃±2℃） 抗张强度最大变化率 断裂伸长率最大变化率	±30% ±30%
	热延伸试验（载荷时间 15min、机械压力 0.2N/mm²、250℃±3℃） 伸长率最大中间值 永久伸长率最大中间值	175% 15%
	耐臭氧试验（臭氧浓度 0.025%～ 0.030%，24h）	不开裂

续表 F

类别	检验项目	标准要求
外护套	外护套厚度 厚度平均值 最薄处厚度与平均厚度差值不大于	最小 0.8mm 厚度平均值的15%+0.1mm
	交货状态原始性能老化前抗张强度最小中间值 老化前断裂伸长率最小中间值 空气烘箱老化后的性能（10×24h， 135℃±2℃） 抗张强度最小中间值 断裂伸长率最小中间值 抗张强度最大变化率 断裂伸长率最大变化率	15.0N/mm² 15.0N/mm² 150% ±25% ±25%
	非污染试验（7×24h，80℃±2℃） 抗张强度最小中间值 断裂伸长率最小中间值 抗张强度最大变化率 断裂伸长率最大变化率	15.0N/mm² 150% ±25% ±25%
	失重试验（10×24h，115℃±2℃） 失重最大值	2.0mg/cm²
	热冲击试验（1h，150℃±2℃）	不开裂
	高温压力试验（90℃±2℃） 压痕深度最大中间值	50%
	低温弯曲试验（−15℃±2℃）	不开裂
	热稳定性试验（200℃±0.5℃） 最小中间值	180min

附录 G 辐射面传热量的测试

G.0.1 以水为媒介的辐射供暖供冷系统供热量或供冷量的测试系统及测试方法可按现行国家标准《采暖散热器散热量测定方法》GB/T 13754 的规定确定。

G.0.2 测试小室内空气温度测点布置应符合本规程第 6.1.8 条的规定。

G.0.3 测试样品规格及其安装应符合下列规定：

1 测试样品边长宜为 3m±0.1m，在闭式小室内居中对称铺设；

2 测试时应按样品使用状态将其安装在模拟楼板上，样品的周边应设置绝热材料，样品安装宜按图 G.0.3 进行。

G.0.4 以水为媒介的辐射系统辐射供热量或供冷量标准特征公式应按下式计算：

$$Q = K_M \cdot \Delta T^n \tag{G.0.4}$$

式中：Q——测试样品的辐射供热量或供冷量（W）；

ΔT——过余温度（K）；

K_M, n——针对测试样品的常数,通过最小二乘法求得。

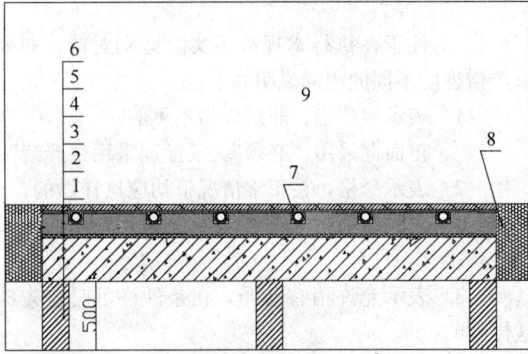

G.0.3 测试样品安装示意图

1—支架;2—模拟楼板;3—可发性聚乙烯(EPE)垫层;4—预制沟槽保温板;5—均热层;6—面层;7—加热管或加热电缆;8—绝热材料;9—闭式小室

G.0.5 热水辐射供暖系统辐射供热量标准特征公式至少应在过余温度分别为 $15K\pm3K$、$24K\pm3K$ 和 $33.5K\pm1K$ 三个测试工况的基础上确定。标准测试工况应符合下列规定:

1 过余温度为 $33.5K\pm1K$;

2 基准点空气温度为 $18℃$;

3 装置进口水温为 $55℃$,出口水温为 $48℃$;

4 小室大气压力为标准大气压力。

G.0.6 冷水辐射供冷系统辐射供冷量的标准特征公式至少应在过余温度分别为 $10.5K\pm1K$、$8.5K\pm2K$ 和 $6.5K\pm2K$ 三个测试工况的基础上确定。标准测试工况应符合下列规定:

1 过余温度为 $10.5K\pm1K$;

2 基准点空气温度为 $26℃$;

3 装置进口水温为 $14℃$,出口水温为 $17℃$;

4 小室大气压力为标准大气压力。

G.0.7 加热电缆辐射供暖系统功率应采用不低于 1.0 级的电功率计测量。

G.0.8 辐射面向下传热量可通过测定模拟楼板上表面和下表面平均温度,并经计算获得。模拟楼板上表面和下表面平均温度测定方法应符合本规程第 6.1.7 条的规定。辐射面向下传热量可按下式计算:

$$Q_1 = \frac{|t_u - t_d|}{R} S \qquad (G.0.8)$$

式中:Q_1——辐射面向下传热量(W);

t_u——模拟楼板上表面平均温度(℃);

t_d——模拟楼板下表面平均温度(℃);

R——模拟楼板热阻((m²·℃)/W);

S——测试样品的面积(m²)。

G.0.9 辐射面向上供热量或供冷量可按下式计算:

$$Q_2 = Q - Q_1 \qquad (G.0.9)$$

式中:Q_2——辐射面向上供热量或供冷量(W);

Q——测试样品的辐射供热量或供冷量或电功率(W)。

附录 H 工程质量检验表

表 H-1 以水为媒介的辐射供暖供冷系统安装工程质量检验表

工程名称					
分部(子分部)工程名称			验收单位		
施工单位			项目经理		
分包单位			分包项目经理		
专业工长(施工员)			施工班组长		
施工执行标准名称及编号			《辐射供暖供冷技术规程》JGJ 142—2012		
项目	序号	内容	检验依据	施工单位评定检查记录	监理(建设)单位验收记录
主控项目	1	外径及壁厚	设计要求及附录C		
	2	加热(输配)管理地接头	5.4.5、5.4.6		
	3	加热(输配)管水压试验	5.6.2		
	4	加热管(输配)弯曲半径	5.4.3		
一般项目	1	分、集水器安装	设计要求		
	2	加热(输配)管安装	5.4.1~5.4.12		
	3	防潮层、隔离层铺设	设计要求		
	4	泡沫塑料绝热、保温、供暖板铺设	5.3.2		
	5	发泡水泥绝热层强度	4.2.4		
	6	侧面绝热层、伸缩缝设置	5.3.3、5.4.14		
	7	填充层强度	4.3.1、4.3.2		
施工单位检查评定结果			项目专业质量检查员:		年 月 日
监理(建设)单位验收结论			监理工程师: (建设单位项目专业技术负责人)		年 月 日

表 H-2　加热电缆地面辐射供暖系统安装工程质量检验表

工程名称					
分部(子分部)工程名称			验收单位		
施工单位			项目经理		
分包单位			分包项目经理		
专业工长 (施工员)			施工班组长		
施工执行标准名称及编号			《辐射供暖供冷技术规程》JGJ 142—2012		
项目	序号	内容	检验依据	施工单位评定检查记录	监理 (建设) 单位验收记录
主控项目	1	加热电缆拼接	5.1.6、5.5.2、5.5.7		
	2	加热电缆弯曲半径	5.5.5		
	3	加热电缆冷热线接头	5.5.8、5.10.3		
	4	加热电缆电阻	不短路、断路		
	5	加热电缆绝缘电阻	附录F		
一般项目	1	加热电缆安装	5.5.1、5.5.6		
	2	加热电缆与绝热层的隔离	3.2.6、5.2.6		
	3	防潮层、隔离层铺设	设计要求		
	4	泡沫塑料绝热(保温)板铺设	5.3.2		
	5	发泡水泥绝热层强度	4.2.4		
	6	侧面绝热层、伸缩缝设置	5.3.3、5.4.14		
	7	填充层强度	4.3.1、4.3.2		
施工单位检查评定结果			项目专业质量检查员： 　　　　年　月　日		
监理 (建设) 单位验收结论			监理工程师： (建设单位项目专业技术负责人) 　　　　年　月　日		

本规程用词说明

1　为便于在执行本规程条文时区别对待，对要求严格程度不同的用词说明如下：

　　1) 表示很严格，非这样做不可的：
　　　　正面词采用"必须"，反面词采用"严禁"；
　　2) 表示严格，在正常情况下均应这样做的：
　　　　正面词采用"应"，反面词采用"不应"或"不得"；
　　3) 表示允许稍有选择，在条件许可时首先应这样做的：
　　　　正面词采用"宜"，反面词采用"不宜"；
　　4) 表示有选择，在一定条件下可以这样做的采用"可"。

2　条文中指明应按其他有关标准执行的，写法为："应符合……的规定"或"应按……执行"。

引用标准名录

1　《电气装置安装工程 1kV 及以下配线工程施工及验收规范》GB 50254
2　《建筑电气工程施工质量验收规范》GB 50303
3　《民用建筑供暖通风及空气调节设计规范》GB 50736
4　《55°密封管螺纹》GB/T 7306
5　《硬质泡沫塑料压缩性能的测定》GB/T 8813
6　《绝热材料稳态热阻及有关特性的测定　防护热板法》GB 10294
7　《蒸压加气混凝土性能试验方法》GB/T 11969
8　《采暖散热器散热量测定方法》GB/T 13754
9　《冷热水系统用热塑性塑料管材和管件》GB/T 18991

中华人民共和国行业标准

辐射供暖供冷技术规程

JGJ 142—2012

条 文 说 明

修　订　说　明

《辐射供暖供冷技术规程》JGJ 142－2012，经住房和城乡建设部 2012 年 8 月 23 日以第 1450 号公告批准、发布。

本规程是在《地面辐射供暖技术规程》JGJ 142－2004 的基础上修订而成，上一版的主编单位是中国建筑科学研究院，参编单位是中国建筑西北设计研究院、北京市建筑设计研究院、北京有色工程设计研究总院、沈阳市华新国际工程设计顾问有限公司、哈尔滨工业大学、北京瑞迪北方暖通设备工程技术有限公司、北京中房耐克森科技发展有限公司、北京特希达科技有限公司、中房集团新技术中心有限公司、北京华源亚太化学建材有限责任公司、丹佛斯（天津）有限公司、上海乔治·费歇尔管路系统有限公司、北京华宇通阳光智能供暖设备有限公司、国际铜业协会（中国）、北京狄诺瓦科技发展有限公司、北京德欧环保设备有限公司、北京润和科技投资有限公司、北京华世通实业有限公司、佛山市日丰企业有限公司、合肥安泽电工有限公司、上海东理科技发展有限公司、泰科热控（湖州）有限公司、锦州奈特新型材料有限责任公司、国家化学建筑材料测试中心建工测试部。主要起草人员是徐伟、邹瑜、陆耀庆、曹越、黄维、万水娥、邓有源、赵先智、宋波、董重成、于东明、白金国、蒋剑彪、齐政新、周磊、浦堃、李岩、杨宏伟、黄艳珊、田巍然、史凤贤、王俊、胡晶薇、钟惠林、张力平、张国强、濮焕忠、罗才谟。

近年来辐射供暖供冷技术发展很快，已不再局限于地面辐射供暖形式，顶棚、墙面辐射供暖供冷系统及新型的辐射供暖供冷方式已得到应用。为此，除对原技术条款进行修改完善外，还补充了新的内容。本次修订的主要技术内容是：1. 增加了辐射供冷有关规定，并将标准名称改为"辐射供暖供冷技术规程"；2. 增加了绝热层采用发泡水泥、预制沟槽保温板的地面供暖、预制轻薄供暖板地面供暖、毛细管网供暖供冷的有关规定；3. 增加了辐射面向上供热（冷）量及向下传热量的测试方法；4. 对各章节技术内容进行了全面修订。

本规程在修订过程中，编制组对辐射供暖供冷系统应用进行了广泛调查研究，认真总结了国内的实践经验，吸收了近年来有关科研成果，借鉴了相关国际标准和国外先进标准，提出了适合我国应用条件的技术参数。

为便于广大设计、施工、科研、学校等单位有关人员在使用本标准时能正确理解和执行条文规定，《辐射供暖供冷技术规程》编制组按章、节、条顺序编制了本标准的条文说明，对条文规定的目的、依据以及执行中需注意的有关事项进行了说明。但是，本条文说明不具备与标准正文同等的法律效力，仅供适用者理解和把握标准规定的参考。

目　次

1　总则 ……………………………… 20—54
2　术语 ……………………………… 20—54
3　设计 ……………………………… 20—55
　3.1　一般规定 …………………… 20—55
　3.2　地面构造 …………………… 20—56
　3.3　房间热负荷与冷负荷计算 … 20—57
　3.4　辐射面传热量的计算 ……… 20—58
　3.5　水系统设计 ………………… 20—59
　3.6　管道水力计算 ……………… 20—60
　3.7　加热电缆系统的设计 ……… 20—60
　3.8　温控与热计量 ……………… 20—61
　3.9　电气设计 …………………… 20—62
4　材料 ……………………………… 20—62
　4.1　一般规定 …………………… 20—62
　4.2　绝热层材料 ………………… 20—62
　4.4　水系统材料 ………………… 20—63
　4.5　加热电缆辐射供暖系统材料
　　　和温控设备 ………………… 20—63

5　施工 ……………………………… 20—63
　5.1　一般规定 …………………… 20—63
　5.2　施工方案及材料、设备检查 … 20—63
　5.3　绝热层的铺设 ……………… 20—63
　5.4　加热供冷管系统的安装 …… 20—64
　5.5　加热电缆系统的安装 ……… 20—65
　5.6　水压试验 …………………… 20—66
　5.7　填充层施工 ………………… 20—66
　5.8　面层施工 …………………… 20—66
　5.9　卫生间施工 ………………… 20—66
　5.10　质量验收 ………………… 20—66
6　试运行、调试及竣工验收 ……… 20—67
　6.1　试运行与调试 ……………… 20—67
7　运行与维护 ……………………… 20—67
附录C　管材的选择 ……………… 20—67
附录G　辐射面传热量的测试 …… 20—68

1 总　则

1.0.2 本规程适用范围。本规程以供暖技术内容为主，适用于一般民用与工业建筑。

本规程中，以低温热水为热媒的辐射供暖系统包括以下形式：

1 现场敷设加热管地面供暖：①混凝土填充式；②预制沟槽保温板。

2 预制轻薄供暖板地面供暖（供暖板成品厚度小于或等于13mm，保温基板内镶嵌的加热管外径小于或等于8mm）。

3 毛细管网地面、顶棚及墙面辐射供暖（毛细管网管径通常在3mm～4mm，如3.4mm×0.55mm或4.3mm×0.8mm的PP-R管或PE-RT管）。

加热电缆地面辐射供暖包括以下形式：

1 混凝土填充式；

2 预制沟槽保温板。

以高温冷水为冷媒的辐射供冷系统包括以下形式：

1 现场敷设混凝土填充式地面辐射供冷（管外径大于16mm）。

2 毛细管网地面、顶棚及墙面辐射供冷。

近年来一些新型辐射供暖供冷方式，如结构供冷（TABS）、吊顶辐射板、冷梁等在国内已有应用，因目前积累的数据及资料尚不充分，未能包含在本规程之内。另外本规程不包含室外融雪系统。

1.0.3 本规程为辐射供暖供冷工程的专业性全国通用技术规程。根据国家主管部门有关编制和修订工程建设标准、规范等的统一规定，为了精简规程内容，凡其他全国性标准、规范等已有明确规定的内容，除确有必要者以外，本规程均不再另设条文。本条文的目的是强调在执行本规程的同时，还应注意贯彻执行相关标准、规范等的有关规定。

2 术　语

2.0.1 辐射面可以是地面、顶棚或墙面；工作媒介可以是热水或冷水、热空气或冷空气或电热；单独供暖时，称为辐射供暖；单独供冷时，称为辐射供冷。

2.0.4 本条规定的加热供冷管指不包含毛细管网的所有其他应用于地面辐射供暖供冷的室内水管道，包括铝塑复合管、聚丁烯-1管、交联聚乙烯管、耐热聚乙烯管、铜管等。

2.0.5 供暖板成品厚度小于或等于13mm，保温基板内镶嵌的加热管外径小于或等于8mm。

2.0.6 加热电缆由冷线、热线和冷、热线接头组成，其中热线由发热线芯、绝缘层、接地屏蔽层和外护套等部分组成。发热线芯为加热电缆中将电能转换为热能的金属线芯。绝缘层为加热电缆内导体质检的绝缘材料层。接地屏蔽层是包裹在发热线芯外并与发热线芯绝缘的金属层，其材质可为编织成网的金属丝，也可是沿加热电缆纵向围合的金属带。接地屏蔽层具有电磁屏蔽作用，尤其是出现意外金属穿刺时，穿刺物首先通过了地线，确保了人身安全。接地屏蔽层必须要求是密实型的，螺旋缠绕时，螺旋间距不能大于5mm，否则防穿刺触电危险的功能锐减；外护套为保护加热电缆内部不受外界环境影响（如腐蚀、受潮等）的电缆外围结构层。

2.0.8 预制沟槽保温板分为不带金属均热层和带金属均热层两种，前者用于地砖、石材面层的热水地面供暖系统，后者保温板上铺设有与加热部件外径尺寸相同沟槽的金属均热层，用于需均热的木地板面层供暖地面，或用于加热电缆供暖地面，使加热电缆与绝热层不直接接触。保温板厚度一般不超过35mm。

2.0.17 找平层的作用是为铺设装饰面层抹平地面或与面砖石材等粘接；当粘接面砖时找平层包括约20mm厚水泥砂浆和约5mm厚胶粘剂；当采用水泥地面时，找平层即为面层。

2.0.20 侧面绝热层设于辐射区与非辐射区、建筑物墙体、柱、过门等结构交接处，用于防止地板冷热量渗出。墙面供暖供冷中，侧面绝热层设于辐射区与非辐射区、其他墙体、地面、顶棚、门窗口等结构交接处，用于防止墙面冷热量渗出。顶棚供暖供冷中，侧面绝热层设于辐射区与非辐射区、建筑物墙体、梁等围护结构交接处，防止顶棚冷热量渗出。辐射面绝热层一般采用聚苯乙烯等泡沫塑料板，辐射面绝热层也可用发泡水泥，侧面绝热层也可采用PE板条。侧面绝热层在填充层主要起到隔热的作用，在面层结构主要起到伸缩的作用。

2.0.22 伸缩缝如图1所示。

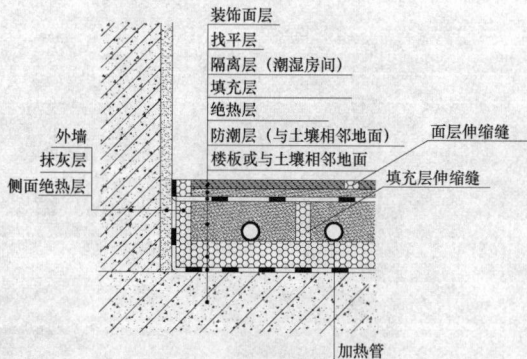

图1　伸缩缝示意图

2.0.23 用于地面供暖时，称为发泡水泥绝热层；水泥中掺加骨料时，称为发泡混凝土。

2.0.28 按照交联方式的不同，可分为过氧化物交联聚乙烯（PE-Xa）、硅烷交联聚乙烯（PE-Xb）、辐照交联聚乙烯（PE-Xc）。

2.0.32 自力式温控阀由恒温阀头和恒温阀体组成，恒温阀头分为内置温包式、外置温包式、远程调控式。

2.0.33 温控器按照控制调节对象的不同，分为控制水路阀门开关的温控器和对加热电缆进行通断控制的温控器。温控器根据控制方式的不同主要分为室温型、地温型和双温型温控器。室温型温控器传感器和控制器为一体（传感器内置），设置在房间内反映室温的位置。地温型温控器的传感器为外置型，埋设在辐射地面或墙面或顶棚中，控制器设在房间便于操作的位置。双温型温控器兼有室温型和地温型温控器的构造和功能。采用水路自力式温控阀时，温控器即为感温原件内置、外置或远程调控的自力式恒温阀头。

3 设 计

3.1 一般规定

3.1.1 本条从地面辐射供暖的安全、寿命和舒适考虑，规定供水温度不应超过60℃。从舒适及节能考虑，地面供暖供水温度宜采用较低数值，国内外经验表明，35℃～45℃是比较合适的范围。保持较低的供水温度，有利于延长化学管材的使用寿命，有利于提高室内的热舒适感；控制供回水温差，有利于保持较大的热媒流速，方便排除管内空气，也有利于保证地面温度的均匀。故作此推荐。严寒和寒冷地区应在保证室内温度的基础上选择设计供水温度，严寒地区回水温度推荐不低于30℃。

3.1.2 根据不同设置位置覆盖层的热阻及遮挡因素，确定毛细管网辐射系统的供水温度。

3.1.3 辐射供暖时，辐射体表面平均温度要求。

对于人员经常停留的地面，美国相关标准根据热舒适理论研究得出地面温度在21℃～24℃时，不满意度低于8%；EN 15377-1：2005中推荐，经常停留地面温度上限为29℃，非经常停留地面温度上限为35℃。日本相关资料研究表明，地面温度上限为31℃时，从人体健康、舒适考虑，是可以接受。考虑到我国生活习惯，本规程将人员经常停留地面的温度上限值规定为29℃。

EN15377-1：2005中推荐墙面温度上限范围为35℃～50℃，上限温度取决于墙面供暖系统的设置情况如：身体是否易于接触墙面，人员是否是儿童或老人等。同时还要综合考虑热损失及对邻室影响等因素。

3.1.4 辐射供冷系统的供水温度确定时，要考虑防结露、舒适性及控制方式等方面因素。当采用水温控制时，供水温度一般为14℃～18℃，空调负荷越大，选用水温要越低；当采用辐射面温度直接控制时，供

水温度可在保证不结露的前提下，进一步降低。由于防结露的要求，辐射供冷系统供水温度通常高于常规冷冻水供水温度，所以适合采用地下水、蒸发冷却装置和高温冷水机组作为冷源，以提高能源使用效率。

辐射供冷量的大小主要取决于辐射供冷表面的温度与其他表面的温度之差，因此，减小供回水温差，降低供回水平均温度有利于提高供冷量，但供回水温差过低对节能不利。所以规定供、回水温差不宜大于5℃，且不应小于2℃。

辐射体表面温度限值参照欧洲标准 EN15377-1确定。EN15377-1：2005 中规定：人员长时间坐卧的房间地面温度下限为20℃，人员活动频繁的房间地面的温度下限为18℃。

3.1.5 辐射供冷建筑需增强围护结构保温、隔热、气密程度，以尽量减小冷负荷。辐射供冷系统只能除去室内的显热负荷，无法除去室内的潜热负荷。为了防止辐射面结露和增加舒适度，需要设置除湿通风系统。室内部分显热负荷由辐射供冷系统承担，送风系统承担室内的全部潜热负荷和剩余的显热负荷。

风系统不仅要满足负荷、除湿和卫生要求，还要使工作区有一定风速以满足舒适要求。要合理选用风系统形式，以便在保证卫生要求条件下，尽量多使用室内回风，增加除湿能力和节约能耗。例如，有条件的建筑物，鼓励采用分散式新（回）风系统。风系统的送风形式，可以是地面、下送、中送、上送等多种形式，要结合建筑特点和使用要求灵活掌握。可能的情况下，尽量使经干燥处理的空气贴附冷辐射面，以进一步减少冷表面结露的可能，如采用地面置换通风、顶送或上侧送的顶棚贴附送风等。风系统的末端装置，适宜采用带室内回风的空气处理装置，如采用室内（或阳台、窗外、楼梯间）安装的高静压风机盘管（或户式新回风机组），通过风管送风至各房间。

当采用温湿度独立控制时，需要单独设计。

3.1.6 供暖时，供水温度适宜采用35℃～45℃，低于常规散热器采暖系统；而供冷时，冷水温度又高于常规供冷水温度。冷热源选择时，建议优先选用热泵、余热、废热等低温热源，冷源选用高于7℃供水温度的冷水机组，条件允许的地区，也可直接使用深井水、有一定深度的地表水等自然冷源或采用蒸发冷却装置，但冷水温度一般需低于18℃，利于提高系统的能源利用效率。

3.1.7 辐射供暖时供回水温差较小，流量较大。如在较大的集中供暖小区直接采用低温热水循环则输送半径较大，水泵的功耗也较大，不利于节能。此条规定在集中供暖小区，适宜采用楼栋混水装置或换热装置，实现外网大温差小流量、楼内辐射供暖系统大流量小温差的运行模式。

3.1.9 竖向分区设置规定。设置竖向分区主要目的

是减小设备、管道及部件所承受的压力，保证系统安全运行，避免立管出现垂直失调等现象。

3.1.10 在地面有遮挡覆盖的情况下，地面供暖系统的热量难以通过地表面充分散热，就会造成局部升温。对低温热水系统，回水温度就会升高，尽管减少了室内供暖热量，尚不至于有安全隐患；而对加热电缆系统，加热电缆仍然持续加热，可能会产生安全隐患。因此，应考虑尽量避免覆盖遮挡，在固定设备或卫生器具下方不应布置加热电缆、加热管，同时应尽量选用有腿的家具，以减少局部热阻。

3.1.12 加热电缆的线功率要求。普通加热电缆的线功率是基本恒定的，热量不能散出来就会导致局部温度上升，成为安全的隐患。国家标准《额定电压300/500V生活设施加热和防结冰用加热电缆》GB/T 20841-2007/IEC 60800：1992规定，护套材料为聚氯乙烯的加热电缆，表面工作温度（电缆表面允许的最高连续温度）为70℃；《美国UL认证》规定，加热电缆表面工作温度不超过65℃。当面层采用塑料类材料（面层热阻 $R=0.075m^2 \cdot K/W$）、混凝土填充层厚度35mm、聚苯乙烯泡沫塑料绝热层厚度20mm，加热电缆间距50mm，加热电缆表面温度70℃时，计算加热电缆的线功率为16.3W/m。因此，本条文作出了对加热电缆的线功率不宜超过17W/m的规定，以控制加热电缆表面温度，保证其使用寿命，并有利于地面温度均匀且不超出最高温度限制。加热电缆的线功率的选择，与敷设间距、面层热阻等因素密切相关，敷设间距越大，面层热阻越小，允许的加热电缆线功率也可适当加大；而当面层采用地毯等高热阻材料时，要选用更低线功率的加热电缆，以确保安全。

需要说明的是，17W/m的推荐限值，是在电压220V，敷设间距50mm的情况下得出的。通常情况下，加热电缆敷设间距在50mm以上，但特殊情况下，受敷设面积的限制，实际工程中存在敷设间距为50mm的情况，故从确保安全的角度，作此规定。计算表明，上述同样条件下，如加热电缆间距控制在100mm，即使采用热阻更大的厚地毯面层，加热电缆线功率的限值也可以达到20W/m以上。因此，实际工程加热电缆的线功率的选择，需要根据敷设间距、构造做法等综合考虑确定。

在采用带龙骨的架空木板作为地面时，加热电缆裸敷在架空地板的龙骨之间，需要对加热电缆有更加严格的、安全的规定。借鉴国内外大量的工程实践经验，在龙骨之间适宜敷设有利于加热电缆散热的金属均热层，且加热电缆的线功率不要大于10W/m，功率密度不宜大于80W/m²。

采用加热电缆地面辐射供暖时，尚应考虑到家具布置的影响，加热电缆的布置要尽可能避开家具特别是无腿家具的占压区域，以免因占压区域的热损失而影响供暖效果或因占压区域的局部温度过高而影响加热电缆的使用寿命。

3.1.13～3.1.15 为了规范设计图纸，本条对辐射供暖供冷工程施工图的设计深度、图面表达内容与要求等，作出了具体的规定，以保证最终的效果，职责分明。

3.2 地 面 构 造

3.2.2 强制性条文。为减少辐射地面的热损失，直接与室外空气接触的楼板、与不供暖房间相邻的地板，必须设置绝热层。

3.2.3 设置绝热层、防潮层、隔离层的要求。

当地面荷载特别大时，与土壤接触的底层的绝热层有可能承载能力不够，考虑到土壤热阻相对楼板较大，散热量较小，一般情况下均应设置绝热层。

为保证绝热效果，规定绝热层与土壤间设置防潮层。对于潮湿房间，混凝土填充式供暖地面的填充层上，预制沟槽保温板或预制轻薄供暖板供暖地面的地面面层下设置隔离层，以防止水渗入。

3.2.4 面层热阻的大小，直接影响到地面的散热量。实测证明，在相同供热条件和地板构造的情况下，在同一个房间里，以热阻为 $0.02m^2 \cdot K/W$ 左右的花岗石、大理石、陶瓷砖等作面层的地面散热量，比以热阻为 $0.10m^2 \cdot K/W$ 左右的木地板为面层时要高30%～60%；比以热阻为 $0.15m^2 \cdot K/W$ 左右的地毯为面层时要高60%～90%。由此可见，面层材料对地面散热量的巨大影响。为了节省能耗和运行费用，采用地面辐射供暖供冷方式时，要尽量选用热阻小于 $0.05m^2 \cdot K/W$ 的材料做面层。

混凝土填充式供暖地面适宜采用瓷砖或石材等热阻较小的面层，不适宜采用架空木地板面层。采用加热电缆地面供暖时，地面上不适宜铺设地毯，避免面层热阻过大，导致电缆温度过高，不仅影响电缆寿命，还易形成安全隐患。

预制沟槽保温板和供暖板供暖地面的特点是较轻薄、占据室内空间少，可直接铺设木地板，保温板或供暖板以及木地板面层均为干法施工，方便快捷，如采用瓷砖或石材面层为湿法施工，还需增加水泥砂浆找平层等厚度，且水泥砂浆均热层有腐蚀作用。因此除住宅厨房、卫生间等不适宜使用木地板的场合外，预制沟槽保温板和供暖板供暖地面均建议采用木地板面层，以避免湿作业。

3.2.5 为了减少无效热损失和相邻用户之间的传热量，本条给出了绝热层的最低要求。当绝热层采用模塑聚苯乙烯泡沫塑料板时，其对应厚度见表1。当工程条件允许时，适宜在此基础上再增加10mm。采用其他泡沫塑料类绝热材料时，可根据其导热系数，按热阻相当的原则确定厚度。聚苯乙烯泡沫塑料板主要技术指标见本规程第4.2节。

表 1 模塑聚苯乙烯泡沫塑料板绝热层厚度（mm）

绝热层位置	绝热层厚度
楼层之间楼板上的绝热层	20
与土壤或不采暖房间相邻的地板上的绝热层	30
与室外空气相邻的地板上的绝热层	40

考虑发泡水泥和聚苯乙烯泡沫塑料绝热材料供暖地面构造的不同特点，不要求两种类型的绝热层热阻相当。

3.2.6 预制沟槽保温板或供暖板本身由泡沫塑料绝热材料构成，由于不需设填充层，加热部件上部热阻相对较小，向上的有效散热量比例与混凝土填充式供暖地面相比差距不大，因此如下层为供暖房间，不需另外设置绝热层；如铺设在与土壤接触的底层地板上，发泡水泥绝热层厚度可比混凝土填充式地面供暖时少5mm，以免占据室内高度过多。

采用预制沟槽保温板或供暖板时，在土壤或楼板上部不宜采用泡沫塑料板作绝热层，是为了避免保温板或供暖板与聚苯乙烯泡沫塑料板铺设在一起易产生相对位移，并为了保护面层不开裂。土壤上部采用发泡水泥容易与保温板或供暖板牢固结合；直接与室外空气接触的楼板在下面做外保温可与外墙外保温连为一体；与不供暖间相邻的地板也宜在地板下表面贴泡沫塑料绝热板。

表中绝热层厚度为最小厚度。当工程条件允许时，模塑聚苯乙烯泡沫塑料板厚度适宜再增加10mm。

3.2.7 填充层的作用主要有二：一是保护加热管或加热电缆；二是使热量能比较均衡地传至地面，从而使地面的表面温度趋于均匀。为了达到以上目的，要求填充层有一定的厚度。由于填充层的厚度，直接影响到室内的净高、结构的荷载和建筑的初投资，所以不宜太厚。

填充层材料及其厚度应根据采用的绝热层材料和加热部件类型确定。采用发泡水泥绝热层时，因绝热层相对较厚，宜减少上部填充层厚度，因此推荐采用能够做得较薄的水泥砂浆。发泡水泥绝热层和水泥砂浆填充层之间有较好的结合性，即使填充层厚度较薄，也不会产生开裂。

规定加热电缆设在填充层中间，保证加热电缆与绝热材料之间有一定的填充层材料，是为了加强电缆向四周散热，避免供暖地面上部被地毯等遮挡不能向上散热，紧贴电缆的绝热层又阻挡向下散热时，产生加热电缆局部过热现象，影响加热电缆的寿命。为此将加热电缆的豆石混凝土填充层最小厚度由原规程的35mm增至40mm。

无论采用何种填充层，如填充层施工平整度符合

铺设木地板的要求，可直接铺设木地板，否则需找平后再铺木地板。豆石混凝土的豆石粒径较大，结合性不好，一般面层为地砖或石材时还需另设与面层粘接的找平层（厚度约25mm，其中最上为约5mm的粘接层）。

没有防水要求的非潮湿房间，水泥砂浆填充层可同时作为面层找平层，以减少地面上部厚度和热阻，因此水泥砂浆填充层施工要求平整度高，采用地砖或石材面层时，可直接用约5mm厚的粘接层与地砖等粘接，且水泥砂浆填充（找平）层应与面层施工同时进行。

3.2.8 预制沟槽保温板均热层材料常用铝箔和铝板，均热层材料的导热系数一般要大于237W/（m·K）。均热层可使加热部件产生的热量均匀地散开，形成均匀热辐射面而不会使发热体本身温度过高，尤其是电发热体；铺设在加热电缆之下时，使加热电缆不直接接触保温板，保证热量均匀地散开。铝箔厚度的选取可参考表2。

表 2 铝箔厚度对地表面温度分布的影响

	铝箔厚度0.1mm			
	供水温度35℃		供水温度55℃	
	最大值（℃）	最小值（℃）	最大值（℃）	最小值（℃）
地板上表面	25.19	21.15	33.04	24.44
地板下表面	20.11	20.04	22.79	22.63
	铝箔厚度0.2mm			
	供水温度35℃		供水温度55℃	
	最大值（℃）	最小值（℃）	最大值（℃）	最小值（℃）
地板上表面	25.23	22.51	32.99	27.19
地板下表面	20.48	20.42	23.55	23.41
	铝箔厚度0.3mm			
	供水温度35℃		供水温度55℃	
	最大值（℃）	最小值（℃）	最大值（℃）	最小值（℃）
地板上表面	25.26	23.2	33.01	28.63
地板下表面	20.67	20.61	23.92	23.81

3.3 房间热负荷与冷负荷计算

3.3.2 辐射供暖供冷系统室内设计温度。实践证实，人体的舒适度受辐射影响很大，欧洲的相关实验也证实了辐射和人体舒适度感觉的相互关系。根据国内外资料和国内一些工程的实测，辐射供暖用于全面供暖时，在相同热舒适条件下的室内温度可比对流供暖时的室内温度低2℃。供冷时，室内温度高于采用对流

方式的供冷系统（0.5~1.5）℃，可达到同样舒适度。

3.3.3 当辐射供暖用于局部供暖时，热负荷计算还要乘以表 3.3.3 所规定的计算系数（局部供暖的面积与房间总面积的面积比大于 75% 时，按全面供暖耗热量计算）。

3.3.4 为适应外区较大热负荷的需求，确保室温均匀，对进深较大房间作此规定。例如：住宅内通户门的大起居室，距外墙 6m 以内无围护结构传热负荷，但有户门开启负荷，需分别加以计算。

3.3.5 敷设加热供冷部件的地面或墙面，不存在通过地面或墙面向外的传热负荷，因此房间外围护结构热负荷不包括敷设加热供冷部件辐射面的传热负荷。辐射面向外的传热负荷应计算在辐射供暖供冷房间热（冷）媒的供热（冷）量中，见本规程第 3.4.8 条。

3.3.6 原规程中规定地面供暖房间热负荷计算时，可不考虑高度附加。但实际工程的高大空间，尤其是间歇供暖时，常存在房间升温时间过长甚至供热量不足问题。原因之一与不计算高度附加有关：一是地面供暖向房间散热有将近一半仍依靠对流形式，房间高度方向也存在一些温度梯度；二是同样面积时，高大空间外墙等外围护结构比一般房间多，"蓄冷量"较大，供暖初期升温相对需热量较多。因此本次修订要求考虑高度附加率，高度附加率按散热器供暖计算值的 50% 取值。

3.3.7 对于采用加热电缆的住宅辐射供暖系统、集中热源分户热计量或采用分户独立热源的热水辐射供暖系统，其热负荷计算时需考虑间歇供暖附加值和户间传热负荷，考虑附加后房间热负荷可参考下式计算。

$$Q = \alpha \cdot Q_j + q_h \cdot M \tag{1}$$

式中：Q——考虑附加后房间热负荷（W）；

Q_j——房间热负荷（W）；

α——考虑间歇供暖的修正系数，应根据热源和供暖方式、分户计量收费方式、供暖地面的热容量等因素确定，无资料时可参考考 3 取值。

q_h——房间单位面积平均户间传热量（W/m^2），可取 $q_h = 7W/m^2$；

M——房间使用面积（m^2）。

表 3　住宅间歇供暖热负荷修正系数

热源形式	供暖地面类型	间歇供暖修正系数 α
集中热水供热	混凝土填充式	1.1
	预制沟槽保温板	1.2~1.3
	供暖板	1.2~1.3
分户独立燃油燃气供暖炉供热	混凝土填充式	1.3
	预制沟槽保温板	1.4~1.5
	供暖板	1.4~1.5

续表 3

热源形式	供暖地面类型	间歇供暖修正系数 α
加热电缆	混凝土填充式	1.3
	预制沟槽保温板	1.4~1.5

注：校核地面平均温度时，取 $\alpha = 1.0$。

计算集中供暖系统的供暖立干管和建筑物总热负荷，以及供电干线和建筑物的总用电负荷时，不考虑户间传热量 $q_h \cdot M$，则房间热负荷可按下式计算：

$$Q = \alpha \cdot Q_j \tag{2}$$

式中：α——考虑间歇供暖的修正系数，取 $\alpha = 1.1$。

公共建筑如采用间歇供暖形式，可参考表 3，对房间基本热负荷考虑一定的间歇供暖负荷修正。

3.4　辐射面传热量的计算

3.4.1 美国供暖制冷空调工程师协会 ASHRAE 在大量研究工作基础上提出了辐射传热量计算方法，计算原理清晰易懂，国内设计院多已采用，并已经过实际工程检验，认为可行，故本规程推荐采用此方法。条文中计算公式引自 ASHRAE 手册（2008 年版）。辐射面向上传热量即辐射面向上的供热量或供冷量。

3.4.2 附录 B 为按本规程第 3.4.1 条规定的方法计算得出的。由于篇幅所限，附录 B 列出了采用混凝土填充式热水供暖地面时，聚苯乙烯塑料板绝热层和发泡水泥绝热层上敷设 PE-X 管、PB 管，以及铜管采用聚苯乙烯塑料板绝热层时的计算数据。其他管材可根据其实际导热系数参照选用。若绝热层采用其他绝热材料，可根据其热阻值参照选用。附录 B 给出的数据均为供暖地面与供暖房间相邻时的计算结果，不包括与土壤接触、与不采暖房间或与室外空气相邻的情况。

3.4.3 辐射供冷地面向上供冷量应根据地面构造、供冷管敷设间距、供回水温度、室内空气温度等不同，按本规程第 3.4.1 条给出的公式计算确定。表 4 为采用混凝土填充式辐射供冷地面时，某工况下计算得到的单位地面面积向上供冷量。

表 4　单位地面面积向上供冷量（W/m^2）

供冷管间距（mm）	地板面层			
	瓷砖	塑料	木地板	地毯
500	25.3	22.5	21.3	19.2
400	28.2	24.4	22.9	20.3
300	31.3	26.3	24.5	21.5
200	34.3	28.2	26.1	22.7
100	37.1	30.0	27.6	23.8

注：供冷量计算条件：填充层为 50mm 厚混凝土；绝热层为 20mm 厚聚苯乙烯塑料板；管材为 PEX，管径 φ20×2mm；平均水温 17℃；室内空气温度 26℃。

3.4.4 预制沟槽保温板、供暖板及毛细管网辐射供暖供冷表面与混凝土填充式供暖地面的构造不同，辐射表面内部传热规律也不尽相同。各生产企业因采用的材料、厚度及其铺设的均热层厚度不同等各种因素，传热量也不相同。因此应按各产品样本提供的测试数据确定辐射表面向上供热量或供冷量，以及向下传热量。

3.4.6 校核供暖地面地表面平均温度的近似公式是由 ASHRAE 手册提供的计算方法，经回归得到的。如果表面平均温度高于本规程第 3.1.3 条规定的限值，应改善建筑热工性能或设置其他辅助供暖设备，减少地面辐射供暖系统负担的热负荷，满足限值要求。

3.4.7 校核辐射表面平均温度的近似公式是根据 ASHRAE 手册提供的计算方法，经回归得到的。其中，地面辐射供冷多工况计算条件为：管材为 PE-X，管径 $\phi 20 \times 2mm$；管间距分别为 100mm、200mm、300mm、400mm、500mm；面层分别为瓷砖、塑料面层、木地板、地毯；聚苯乙烯塑料板绝热层厚度 20mm；填充层为 50mm 厚混凝土；室内空气温度 26℃；平均水温 15℃～19℃。顶棚辐射供冷多工况计算条件为：填充层为 20mm 厚砂浆；管材为 PE-X，管径 $\phi 14 \times 1.5mm$；管间距分别为 100mm、200mm、300mm、400mm、500mm；聚苯乙烯塑料板绝热层厚度 20mm；室内空气温度为 26℃；平均水温 15℃～19℃。

3.5 水系统设计

3.5.1 供暖板管径小易堵塞，设置脱气除污器以防止堵塞。毛细管网地面供暖系统管径则更小，为防止堵塞，规定毛细管网系统应与常规系统分开，独立设置，并设置脱气除污器。

3.5.3 住宅建筑中按户划分系统，可以方便地实现按户热计量；同一对立管连接负荷相近的户内系统，利于水力平衡；限制共用立管每层连接的户内系统数量，是为了管井内分户阀门、计量（分摊）设备等的设置和管理。接向户内系统的供、回管上设置具有关断功能的阀门，是物业管理和检修的需要。当难以实现"同一对立管连接负荷相近的户内系统"时，面积较小套型的分户热表和户内系统的阻力会较小，阀门的调节功能可适应水力平衡的要求，因此要求其中一个关断阀具有调节功能，可根据户内系统的控制方式采用相对应的平衡控制装置，满足水力平衡要求。

共用立管和可关断和调节的阀门设置在户外，符合《住宅设计规范》关于公共功能管道的设置要求和物业管理需要。

每户分水器、集水器等入口装置仅为本户使用，维修时可以入户，且可方便居民自己设定户内水系统水温和室内温度。

3.5.6 卫生间等地面温度不宜过低的房间单独布置

回路，使其能在供冷时关闭。

3.5.7 混凝土填充式地面供暖系统可参照附录 B 确定；预制沟槽保温板、供暖板及毛细管网辐射系统应按产品测试数据确定。

3.5.9 布管方式如图 2 至图 4 所示。

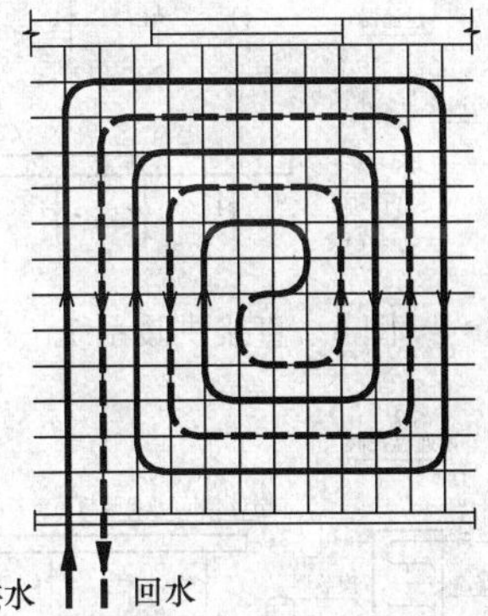

图 2　回折型布置

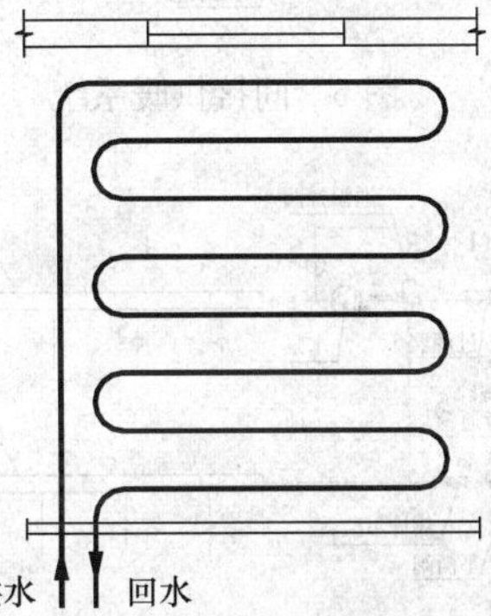

图 3　平行型布置

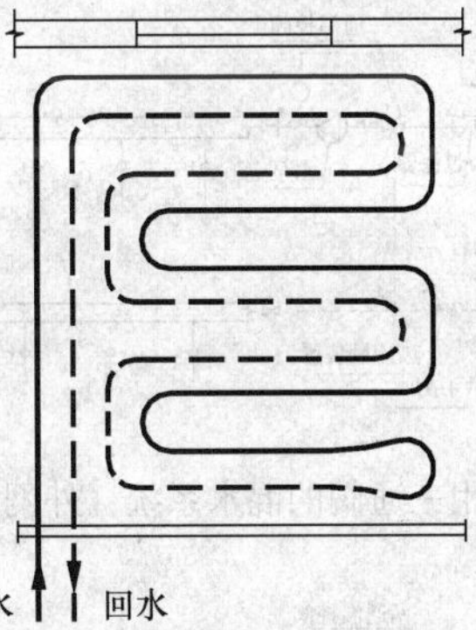

图 4　双平行布置

3.5.11 加热管和输配管的敷设是无坡度的，因此管内流速不宜小于 0.25m/s，以保证空气能够被水流带走并在集水器处排除。住宅卫生间等一些流量较小的支环路，如不满足流速要求，可将 2 个房间串联以加大流量，或选择较小直径的管道。常用的水流速为 (0.25～0.5) m/s。

3.5.14、3.5.15 旁通管、平衡管及阀门等设置，可参考图5～图10所示。分水器、集水器上下位置，热计量装置设置在供水管或回水管，均可根据工程情况确定。

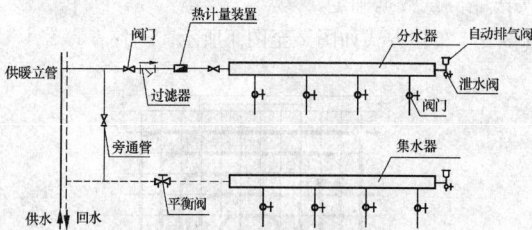

图5　直接供暖系统

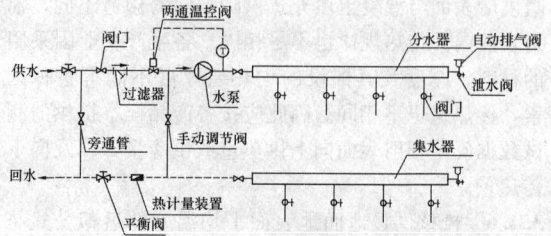

图6　间接供暖系统

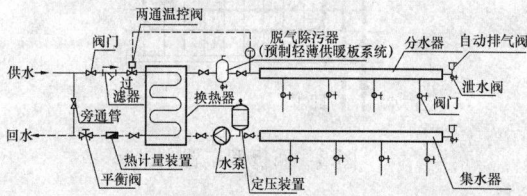

图7　采用三通阀的混水系统（外网为定流量时）

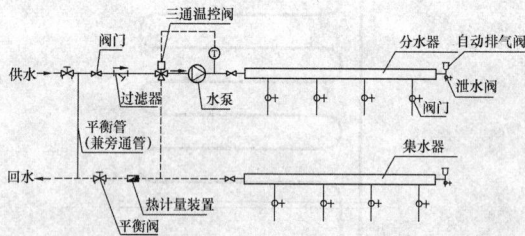

图8　采用三通阀的混水系统（外网为变流量时）

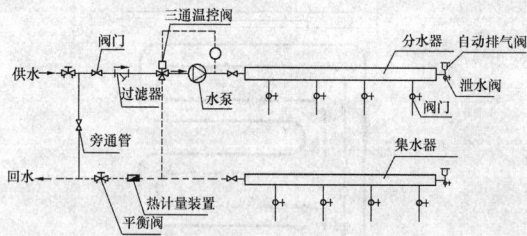

图9　采用两通阀的混水系统（外网为定流量时）

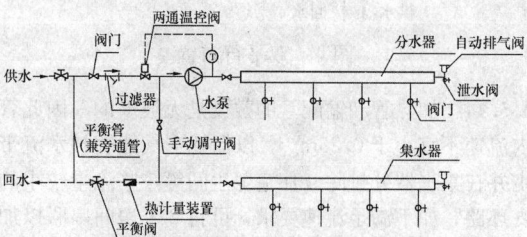

图10　采用两通阀的混水系统（外网为变流量时）

3.6　管道水力计算

3.6.2　该计算方法引自俄罗斯1999年出版的设计与施工规范《采用铝塑复合管供暖系统的设计与安装》。该方法是专门针对铝塑复合管制定的，其他塑料管材可参照计算。计算公式中引入了水的流动相似系数，使比摩阻公式适合于整个湍流区，同时管道内径计算公式考虑了管径与壁厚的制造公差，因此水力计算结果更加符合实际。

该方法还给出了铝塑复合管常用的局部阻力系数，为局部阻力的计算提供了条件。

3.6.5　预制轻薄供暖板的压力损失包括供暖板内配水、集水装置和加热管两部分之和。

3.6.7　系统阻力的限制，是为了集中供暖系统的水力平衡，也与分户独立热源设备相匹配。每套分水器、集水器环路的总压力损失指自分水器总进水管阀门前起，至集水器总出水管阀门后止，这一区间的总压力损失，其中不包括热量表过滤器和自动调节阀的局部阻力。

3.7　加热电缆系统的设计

3.7.1　下限建议值是出于安全需要，避免间距过小，出现搭接现象。

3.7.4　加热电缆的布置局限性较低温热水系统小，低温热水系统由于水温随行程而变化，需要尽可能将高温段设在热负荷较大的区域，而加热电缆由于线功率比较恒定，不必考虑温度差别的影响；同时加热电缆有单导线和双导线形式，单导线安装时加热电缆必须形成回路，两端与电源连接，双导线产品本身自成回路，只需一端连接电源，布置更加灵活。加热电缆布置方式如图11～图13所示。

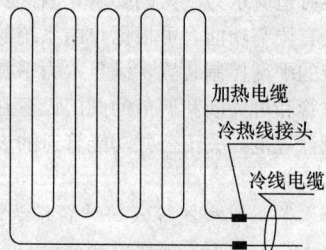

图11　单导加热电缆单路平行布置

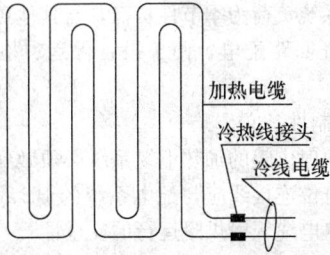

图 12　单导加热电缆双路平行布置

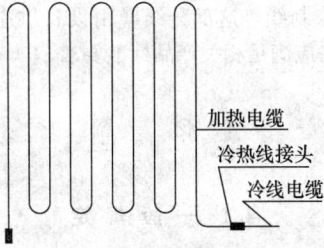

图 13　双导加热电缆平行布置

3.8　温控与热计量

3.8.1　强制性条文。采用热水辐射供暖系统的住宅，应设分户热计量装置，并应符合《供热计量技术规程》JGJ 173 的规定。现有的辐射供暖工程出现了大量过热的现象，既不舒适又浪费了能源；为避免出现过热，需要温度调控装置进行调节，以满足使用要求。因此本规程要求设置室内温度调控装置。对于不能采用室温传感器时，如大堂中部等，可采用自动地面温度优先控制。

3.8.2　国家现行标准《严寒和寒冷地区居住建筑节能设计标准》JGJ 26 及《供热计量技术规程》JGJ 173 都强制规定热源和热力站应设置供热量控制装置。气候补偿器是供热量自动控制装置的一种形式，比较简单和经济，主要用在热力站。它能够在保持室内温度的前提下，根据室外气候变化自动调节供热出力，从而实现按需供热，节能效果明显。气候补偿器还可以根据需要设成分时控制模式，如针对办公建筑，可以设定不同时间段的不同室温需求，在上班时间设定正常供暖，在下班时间设定值班供暖。结合气候补偿器的系统调节作法比较多，也比较灵活，监测的对象除了用户侧供水温度之外，还可能包含回水温度和代表房间室内温度，控制的对象可以是热源侧的电动调节阀，也可以是水泵的变频器。

对于辐射供冷系统，采用气候补偿联合控制，也会起到更好节能效果。

3.8.3　也有将温度传感器设在总回水管上，通过感知回水温度间接控制室温的做法，控制系统比较简单，但地面被遮盖等情况会使回水温度升高，同时回水温度为各支路回水混合后的总体反映，因此回水温度不能直接和正确反映室温，会形成室温较高的假

象，控制相对不准确。因此推荐将温度控制器设在被控温的房间或区域内，以房间温度作为控制依据。对于不能感受到所在区域的空气温度，如一些开敞大堂中部，可采用地面温度作为控制依据。

分环路控制是指对每个房间或功能区域分别进行温度控制，达到对每个房间或功能区域温度控制的目的。

分环路控制主要以电动控制方式为主，在每个房间或功能区域分别安装房间温控器，并与分集水器各个环路上的热电执行器相连，对每个环路水量进行开关控制。控制阀可内置于集水器中（见图14），也可外接于集水器各环路上（见图15）。

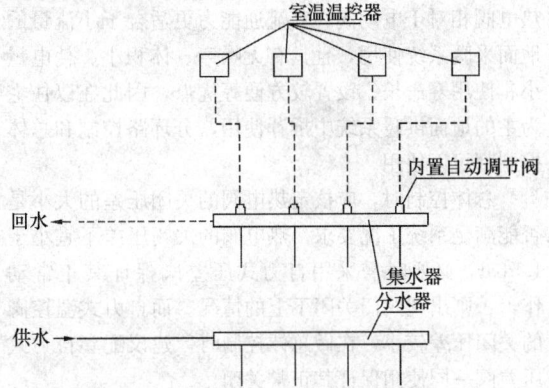

图 14　分环路控制（控制阀内置于集水器中）

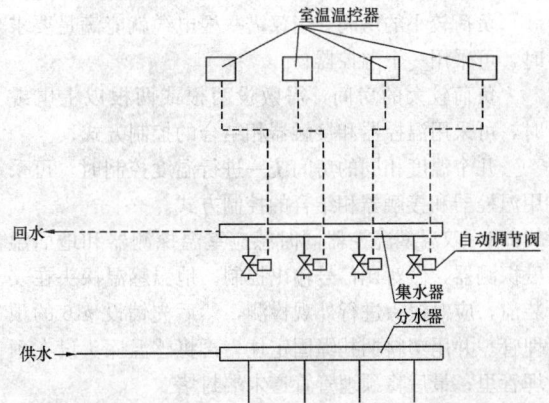

图 15　分环路控制（控制阀外置于集水器）

分环路控制采用自力式温控阀时，可将各环路加热管在房间内从地面引高至墙面一定高度，安装控制阀，控制阀的局部高点处应有排气装置。

总体控制是指在典型房间或典型区域安装房间温控器，与分水器前端控制阀相连，通过设定和调节典型房间或区域的温度，来达到控制整个户内温度基本均衡的目的。总体控制主要以电动控制方式为主。总体控制示意图见图16。

总体控制也可采用远程设定式自力式温控阀，但不可采用内置温包型自力式温控阀。因为控制阀直接安装在分水器进口的总管上，恒温阀头感受的是分水

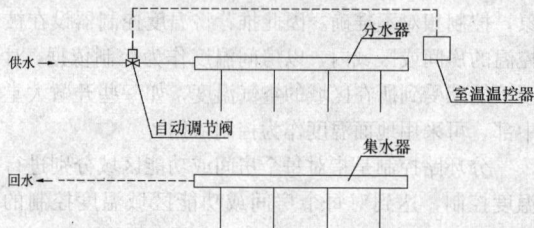

图 16 总体控制示意图

器处的较高温度，很难感知室温，因此一般不予采用。

热电阀是依靠驱动器内被电加热的温包膨胀产生的推力推动阀杆关闭流道，信号来源于室内温控器。热电阀相对于电动阀，其流通能力更适合于小流量的地面采暖系统使用，且具有无噪声、体积小、耗电量小、使用寿命长、设置较方便等优点，因此在以住宅为主的地面供暖系统中推荐使用，分环路控制和总体控制都可以使用。

总体控制时，应核定热电阀的关闭压差的大小是否能满足系统工况要求。热电阀的关闭压差不宜小于1.5bar，必要时需采用自力式压差阀保证其正常动作，否则出现阀门关闭不上的情况。而自力式温控阀的关闭压差较小，在做总体控制时，建议配套自力式压差阀一同使用保证其正常关闭。

3.8.4 有特殊要求的房间，温控器可以与定时时钟区域编程器串联连接，实现智能化控制；

负荷较小的房间，当仅需一根电缆就能满足要求时，可采用一个温控器；

负荷较大的房间，需敷设两根或两根以上电缆时，可采用温控器和接触器相结合的控制方式；

几个温度相同的房间统一进行温度控制时，可采用温控器和接触器相结合的控制方式。

3.8.5 双温型温控器同时感应室温探测器和地面温度探测器，做对比信号输出控制。地温感温探头在安装前，应对探头进行外观检测，然后先铺设 φ16 的预埋管，并用塑料捆扎绳固定住，再将感温探头设在预埋管里；最后将预埋管管道末端封堵。

3.8.6 采用露点探测方法时，要考虑探测露点和真实露点间存在一定的滞后性，经修正计算后，确定供水温度或采取通断水措施。

采用温湿度探测方法时，安装保存运输调试运行过程中，注意保护不应使温湿度器结露，而引起的传感器失调。

3.8.7 实现室内温控、超温保护、系统节能为一体的整体控制。

3.9 电气设计

3.9.1 有一些地区实行峰谷电价，有些地区对冬季供暖电耗有优惠政策，在这些情况下，电热供暖系统回路需单独设置和计费，以适应优惠政策。

电热系统负荷为季节性负荷，与其他照明、电力等负荷分开回路配电，便于设备停运、检修和独立控制。

3.9.3 强制性条文。

用于辐射供暖的加热电缆系统必须做到等电位连接，且等电位连接线应与配电系统的 PE 线连接，才能保障加热电缆辐射供暖运行的安全性。

3.9.4 对配电导线的要求不包括温控开关或接触器出线端配至每组加热电缆系统设备的导线，以及温度传感器的控制线，这部分线缆由设备供应商配套提供，其规格应满足相关产品标准要求。

4 材 料

4.1 一 般 规 定

4.1.1 施工性能不仅指安装施工的难易，主要应考虑在安装时或安装后材料可能产生的变化及对工程可能产生的潜在影响等。如加热管受到弯曲，在弯曲部位会产生较大内应力，对其使用寿命产生影响。

4.1.2 辐射供暖供冷系统中所用材料相关产品标准包括：

绝热层和填充层材料：《绝热用模塑聚苯乙烯泡沫塑料》GB/T 10801.1、《绝热用挤塑聚苯乙烯泡沫塑料》GB/T 10801.2、《通用硅酸盐水泥》GB 175；

管材：《冷热水系统用热塑性塑料管材和管件》GB/T 18991、《热塑性塑料管材通用壁厚表》GB/T 10798、《冷热水用交联聚乙烯（PE-X）管道系统》GB/T 18992、《冷热水用聚丁烯（PB）管道系统》GB/T 19473、《冷热水用无规共聚聚丁烯管材及管件》CJ/T 372、《冷热水用耐热聚乙烯（PE-RT）管道系统》GB/T 28799、《冷热水用聚丙烯管道系统》GB/T 18742、《铝塑复合压力管》GB/T 18997、《无缝铜水管和铜气管》GB/T 18033 等；

加热电缆：《额定电压 300/500V 生活设施加热和防结冰用加热电缆》GB/T 20841-2007/IEC 60800：1992 等；

温控器：《温度指示控制仪》JJG 874、《家用和类似用途电自动控制器 第十部分：温度敏感控制器的特殊要求》GB 14536.10 等；

水路自动调节阀：《家用和类似用途电自动控制器 第一部分：通用要求》GB 14536.1、《家用和类似用途电自动控制器：电动水阀的特殊要求及机械要求》GB 14536.9、《家用和类似用途电自动控制器 电起动器的特殊要求》GB 14536.16、《散热器恒温控制阀》JG/T195 等。

4.2 绝热层材料

4.2.2 表中数据摘自《绝热用模塑聚苯乙烯泡沫塑

料》GB/T 10801.1-2002和《绝热用挤塑聚苯乙烯泡沫塑料》GB/T 10801.2-2002。国家标准《建筑材料及制品燃烧性能分级》GB 8624-2006已经对材料的燃烧性能进行了新的分级，但由于对应聚苯乙烯泡沫塑料的标准还未进行修改，仍引用其燃烧性能的数据。

从表4.2.2可看出，挤塑材料绝热性等指标均好于模塑材料，宜优先选用，但价格较高。采用预制沟槽保温板的供暖地面上部无填充层均衡地面压力，因此规定采用密度和压缩强度较高的材料。

4.2.3 为尽量增加加热管或加热电缆向上的有效散热量，且不影响木地板的直接铺设，规定预制沟槽保温板及其均热层的沟槽尺寸应与敷设的加热管或加热电缆外径吻合。

限定保温板总厚度是为了限定最薄处最小厚度，以控制向下的传热损失。

限定均热层最小厚度为0.1mm，主要是为了保证均热层的牢固性。

均热层要求其导热效果好，一般采用薄铝板或铝箔，因此采用其导热系数作为金属材料的最小限值。

水泥砂浆找平层对均热层有腐蚀作用，参照预制轻薄供暖板的产品标准，要求采用防腐均热层。

4.4 水系统材料

4.4.2、4.4.3 预制轻薄供暖板及采暖空调用冷、热水分集水器装置相关产品标准正在编制中。

4.5 加热电缆辐射供暖系统材料和温控设备

4.5.1 强制性条文。屏蔽接地是为了保证人身安全，防止人体触电和受到较强的电磁辐射。

4.5.2 加热电缆的冷线和热线接头为其薄弱环节，为满足至少50年的非连续正常使用寿命，加热电缆接头应做到安全可靠。为此，要求冷、热线的接头应由专用设备和工艺方法加工，不允许在现场简单连接，以保证其连接的安全性能、机械性能和使用寿命达到要求。连接方法除保证牢固可靠外，还应做好密封，避免接头处渗水漏电；此外，连接时还必须保持接地的连续性，确保用电安全。

4.5.3 加热电缆作为系统的重要组成部分，是决定该系统安全、舒适和使用寿命的关键，从系统舒适和安全角度考虑，应采用低温加热电缆作为加热元件。通常的电缆外表面温度限定低于65℃，发热量的大小就取决于电缆外径（决定了外表面积大小）了，而电缆的线功率限定低于20W/m，其外径就应近似为6mm；此外，电缆外径还与产品材料、性能和工艺相关。从目前的应用情况看，国产加热电缆外径均不小于6mm，国外线径5mm的加热电缆也有应用。近十几年已经推出线功率较小，线径更细的高品质热缆，线径仅2.5mm。因此本规程对电缆外径建议不小于5mm。

4.5.4 加热电缆的检测应为冷热线以及接头为一体检测，还应对接头位置设明显标志，予以特别注意。加热电缆的标志包括商标和电缆型号。

4.5.5 目前国内还没有针对地面辐射供暖系统中使用的加热电缆生产的标准，市场上的加热电缆多数为国外进口产品，也有引进技术国产化的电缆，均以《额定电压300/500V生活设施加热和防结冰用加热电缆》GB/T 20841-2007/IEC 60800：1992作为检验标准，具体内容见附录F，附录F中列出的内容和技术指标比较IEC 60800原文已经简化。检测电缆的机构必须具有国家认可的检验资质。

4.5.6、4.5.7 温控器、自动调节阀产品标准见本规程第4.1.2条的条文说明。

5 施 工

5.1 一 般 规 定

5.1.3 本条规定了施工前应具备的必要条件，如不具备这些条件，不能进行施工。

5.1.4 本条主要对加热供冷部件的运输、装卸和储存的条件作了原则性的规定，目的是防止在这些过程中损坏材料。

5.1.5 作为加热供冷管，无论PE-X、PB或PE-RT，它们虽然都具有较强的耐酸碱腐蚀的能力，但是，油漆、沥青和化学溶剂对它们有较强的破坏作用，这种情况对于加热电缆同样存在，因此必须严格防止接触这类物质。

5.1.6 强制性条文。目的在于保护加热电缆，以免搭接时温度过高损坏电缆。

5.1.9 强制性条文。目的在于保护加热供冷管、加热电缆等加热供冷部件，免遭损坏。

5.1.10 塑料管和加热电缆的普遍特性是随着环境温度的降低，其韧性变差，抗弯曲性能变坏，因此很难施工。同时，当环境温度低于5℃时，混凝土填充层的施工和养护质量也较难保证。当然，这也可以通过采取某些技术措施来确保混凝土的施工质量，但工程造价将相应增加，非万不得已不宜这么做。

5.2 施工方案及材料、设备检查

5.2.2 施工组织设计或施工方案中应包括基本信息和涉及安全、环保及其他信息，工程概况需包括工程名称、地点、层数、面积、工程量、工期及现场施工条件等。

5.2.6 分水器、集水器为管道系统的分路装置，设有排气阀、泄水阀及关断阀等，属重要部件，应按设计要求进行检查。

5.3 绝热层的铺设

5.3.1 地面平整与否，会影响到绝热层的铺设质量

和加热供冷部件的安装质量。如不平整度较大，应由建筑公司用适当办法找平，不能用松散的砂粒找平。

5.3.2 本条规定了绝热层的铺设要求。绝热层接合应严密，多层绝热层要错缝铺放。

5.3.3 采用地面供暖时，与地面相接处的墙内表面温度会升高，为了减少无效热损失和相邻用户之间的传热量，同时考虑施工方便，规定与内外墙、柱及过门等交接处伸缩缝宽度不宜小于 10mm。

5.3.6 发泡水泥现场浇筑有物理发泡和化学发泡两种工艺流程：

1 物理发泡工艺流程

```
水
水泥 ──搅拌──→浆料
水 ──────────────→输送泵──→输送管──→现场浇筑──→找平──→自然养护
发泡机──发泡
```

2 化学发泡工艺流程

```
水
水泥 ──搅拌──→输送泵──→输送管──→现场浇筑──→找平──→自然养护
发泡剂
```

5.3.9 供暖板采用聚苯乙烯类泡沫塑料材质时，均设置龙骨，采用硬度很大的其他泡沫塑料材质时，一般不配龙骨。用钉子固定比较结实牢靠，有条件时宜采用，但需保证板的伸缩需求。地面下垫层内有其他管道时，应避开管道的位置以防钉坏管道。

填充板安装输配管后采用带胶铝箔覆盖，是为了使地面传热均匀。

5.4 加热供冷管系统的安装

5.4.1 本条贯彻了必须按照设计图纸施工的基本要求，旨在确保热水地面辐射供暖系统的供暖效果。管间距误差不大于 10mm，实践证明是可以做到的。为了避免安装好后，一旦发现问题而引起返工，要求安装前作详细检查。

5.4.2 管道切割不好，断口不平整，与管轴线不垂直，都会影响管道的连接质量，造成渗漏或通过截面减小，为此，提出了规范化的操作要求和质量标准。

5.4.3 加热供冷管、输配管应做到自然释放，不允许出现扭曲现象，以免管道处于非正常受力状态，影响加热供冷管的使用寿命。管道允许最小弯曲半径与安装的环境温度有关，且弯曲半径过小，会造成机械损伤，以及弯处出现"死折"，使水流不通畅。平行型布置的管间距决定了加热供冷管所需的最大弯曲半径，当不满足最小弯曲半径限制时可采用回折型布置，在中心区较小范围内，因弯曲半径的限制可能减少了一点布管长度，但对环路总长影响不大。弯曲半径也不能过大，以免造成实际敷设长度小于设计值过多。在弯曲过程中，若对圆弧顶部不加力予以限制，则极易出现"死折"，即无弧度的折弯。

5.4.4 工程实践证明，仅要求按设计间距施工，仍然会出现加热管总长度与设计严重不符、使房间供热

量不足的现象。因此保证加热管长度的其他措施除按第 5.4.3 条控制最大弯曲半径，选择适宜的布置方式之外，还应注意靠墙面旁边的加热管不得距离墙面过远，宜保持在 100mm。最后应核对每个环路加热管长度与设计图纸的最大误差不应大于 8%。

5.4.5 根据我国现状，即使热熔连接也会因质量问题而漏水，为了消除隐患，规定埋于填充层内的加热供冷管和输配管不应有接头（不包括输配管与供暖板配、集水装置之间的接头）。同时与《建筑给水排水及采暖工程施工质量验收规范》GB 50242 相一致。

5.4.6 本条提出施工验收后发现加热供冷管损坏需要增设接头时，为确保各种接头与加热供冷管具有相同的使用寿命应采取的补救措施，为防止接头再一次渗漏，规定在装饰层表面留出检修标识。

5.4.7 加热供冷管固定的目的是使其定位，防止在铺设填充层或面层时产生位移。加热供冷管固定装置有多种方法，目前国内外比较典型的常采用的几种通常做法如下：

1 混凝土填充式辐射供暖供冷地面的加热供冷管：

1) 用固定卡将加热供冷管直接固定在发泡水泥绝热层或泡沫塑料类绝热层（包括设有复合面层的绝热板）上；

2) 用扎带将加热供冷管固定在泡沫塑料类绝热层上的钢丝网格上；

3) 直接将加热供冷管卡在泡沫塑料类绝热层表面的专用管架或管卡上。

2 采用预制沟槽保温板辐射供暖地面时，用铝箔板将敷设在保温板沟槽内的加热供冷管表面与保温板粘接固定。

3 采用供暖板辐射供暖地面，填充板需现场开槽时，应采用开槽器；敷设在填充板的凹槽内的输配管，在其上方局部用铝箔胶带与填充板粘接固定。

预制轻薄供暖板供暖地面，固定输配管的填充板可预开槽或在现场开槽，当现场开槽时使用开槽器，可使尺寸准确、槽内光滑，便于输配管安装。输配管用带胶铝箔与填充板固定，是为了避免拐弯处等起鼓。

本条对固定点间距作了规定。固定点间距过大，加热供冷管反弹较大；不易定形的管材，其固定点的间距根据需要加密。

5.4.9 在分水器、集水器附近往往汇集较多的管道，其他如门洞、走道等部位，有时也会有较多加热管通过，由于管道过多，容易形成局部地面温度过高，设置套管后，随着热阻的增大，地面温度将相应降低。一般采用聚氯乙烯或高密度聚乙烯波纹套管。

5.4.10 为了保护加热供冷管，露明部分管道通常应加套聚氯乙烯（PVC）塑料管。

5.4.11 用于一般采暖或生活热水埋地管材的 PP-R

管中的 PP 数值对铜离子非常敏感，铜离子会使 PP 的降解（老化）速度成百倍的增加，温度越高，越为严重，因此规定铜质连接件直接与 PP-R 接触的表面必须镀镍。

5.4.12 本条提出加热供冷管穿越伸缩缝时，必须设置一定长度的柔性套管。这项措施是确保加热管在填充层内发生热胀冷缩变化时的自由度。

5.4.13 分水器、集水器在开始铺设加热供冷管之前安装的目的是保证柔性加热供冷管精确转向和通入分水器、集水器内。分水器、集水器安装示意图如图 17 所示。

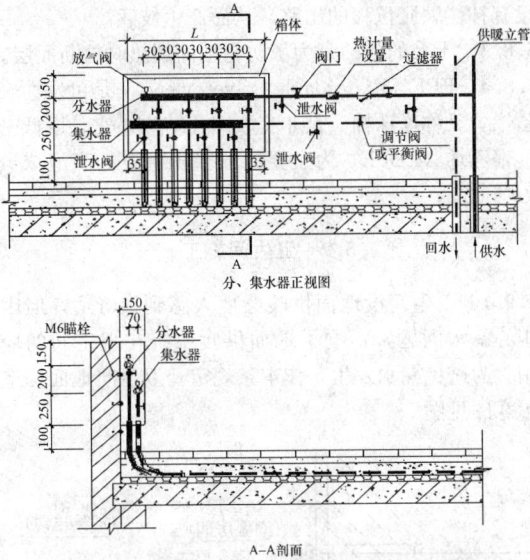

图 17　分水器、集水器安装示意图

5.4.14 混凝土填充层设置伸缩缝，是为了防止地面热胀冷缩而被破坏，是热水地面供暖工程设计中非常重要的部分。

混凝土的线膨胀系数约为 10×10^{-6} m/（m·℃），间距为 6m 时，其膨胀量约为 2.7mm；考虑施工方便，规定伸缩缝宽度不宜小于 8mm。

采用聚乙烯泡沫塑料板时应采用压缩强度较小的材料，例如可采用密度不大于 20kg/m³ 的模塑聚苯乙烯泡沫塑料。

伸缩缝填充材料的设置方法举例：

　　1　采用高发泡聚乙烯泡沫塑料或满填弹性膨胀膏时，可用 8mm×80mm（高）木板先做伸缩缝，填充层终凝后取出，再填充高发泡聚乙烯泡沫塑料或内满填弹性膨胀膏。

　　2　采用聚乙烯泡沫塑料板时，可在铺设泡沫塑料类绝热层时留出伸缩缝位置，将聚乙烯泡沫塑料板插入其内，泡沫塑料类绝热层起到固定伸缩缝填充材料的作用。

5.4.15 供暖板配水、集水装置的接头为倒锥锯齿形，与加热管和输配管的连接只能采用专用工具才能

将管道套到接头根部，再用专用固定卡子卡住，使连接非常紧密；连接后可承受极高的水压而不发生泄漏，采用明装或暗装都没有问题。施工单位应严格按此规定操作，否则会存在漏水隐患，给用户造成损失，检修处理也很困难。

5.4.16 暗装的供暖板配水、集水装置出厂前与供暖板内的加热管已连接固定，位于供暖板内，施工时只需与输配管相连接，最后与供暖板一起埋在地面面层下。

明装供暖板配水、集水装置结构简单，价格相对便宜。采用明装方式时，一般将配水、集水装置单独安装在外窗下的墙面上，并将其接头分别与供暖板内留出的足够长的小加热管以及输配管相连接，最后用装饰物加以遮盖。

5.5　加热电缆系统的安装

5.5.2 强制性条文。一般在加热电缆出厂时，冷线热线及其接头应该已加工完成，每根电缆的长度和功率都应是确定的，电缆内可能是双导线自成回路，也可能是单导线需要在施工中连接成回路；冷线与热线也是在制造中连接好的，按照设计选型现场安装，不允许现场裁减和拼接，现场裁减或拼接不但不能调节发热功率，而且会造成电缆损坏，通电后会造成严重后果。如在竣工验收后，意外情况下出现电缆破损，必须由电缆厂家用专业设备和特殊方法来处理，以减少接头处存在的安全隐患。

5.5.3 测试检查每根电缆的电阻和绝缘电阻，是为了确定加热电缆无断路、短路现象。电阻和绝缘电阻测试在施工和验收过程中应进行 3 次：加热电缆安装前及安装后隐蔽前（见本条），填充层施工后（见本规程第 5.7.10 条）。

5.5.6 加热电缆不同于热水加热管，热水在加热管中处于流动状态，如果局部热阻较大，只能导致该处不能充分散热，导致该处热水的温差较小；而加热电缆线功率基本恒定，表面均匀散热，如果被压入绝热材料中，热阻很大，仍然恒定发热就会导致局部升温过高，影响电缆的寿命。要求金属网设在加热电缆下填充层中间，是为了使加热电缆与绝热层不直接接触，又有防裂和均热的作用。当在填充层铺设前铺设金属网和加热管时（填充层不分层施工），需要在铺设填充层时将金属网抬起，使填充层漏到金属网之下，加热电缆与绝热层不直接接触，金属网应具有一定强度，因此对其网眼尺寸和金属直径作出规定。

5.5.7 强制性条文。目的是防止热线在套管内发热，影响寿命和安全性能。

5.5.8 加热电缆的冷热线接头在地面下暗装的目的，是防止热线在地面上发热，形成安全隐患。同时，电缆出地面后就难以保证间距。接头处避免弯曲是为了确保接头通电时产生的应力能充分释放。

5.6 水压试验

5.6.1 辐射供暖供冷系统水压试验是检验其应具备的承压能力和严密性，以确保系统的正常运行。系统水压试验程序是为了确保水压试验得以正确地进行。为了保证除去管道中杂物，使用安全，强调水压试验前冲洗。先冲洗分水器、集水器以外主供、回水管道，以保证较大管道中的杂物不进入室内的加热供冷管系统。

由于加热供冷管是在填充层及壁面内隐蔽敷设，一旦发生渗漏，将难以处理，因此要求系统隐蔽前和隐蔽后各试压一次。

冬季在有冻结的地区应采取可靠的防冻措施，以免系统冻损。

5.6.2 辐射供暖供冷系统试验压力和检验方法，引自《建筑给水排水及采暖工程施工质量验收规范》GB 50242。

5.7 填充层施工

5.7.1 对填充层施工的时机作了明确规定，即未通过隐蔽工程验收之前，不得施工。

5.7.2 为了保证工程质量，从分工上明确规定了填充层应由土建承包单位负责施工，同时对安装单位的配合也作了具体规定。尤其是供暖系统安装单位设置伸缩缝并验收合格后，工程中常有土建做下道工序（填充层）施工时不注意保护上道工序的成品，出现拆除和移动伸缩缝的现象，因此特别强调应予以避免。

5.7.3 目的在于保护加热管、加热电缆等加热供冷部件，免遭损坏。

5.7.6 管内保持一定压力，既可以防止加热供冷管因挤压而变形，又可以及时发现管道的损坏。

5.7.8 对水泥砂浆填充层的要求引自现行国家标准《建筑地面工程施工质量验收规范》GB 50209 的有关规定：豆石混凝土填充层不受干扰的凝固和硬化时间：一般不加特殊掺合料的混凝土填充层为21d。最早48h以后才能踩踏。在此时间内，不得对加热供冷部件进行加热供冷及放置任何形式的荷载，以免造成填充层开裂。由于塑料管的熔点较低，多数都在(150～180)℃左右，很容易被电炉、喷灯等烤化，因此，施工中应对地面妥加保护。本条的这些要求，都是实践中教训的总结，必须引起足够的重视并严格遵守。

5.8 面层施工

5.8.1 在实际工程中，出现过很多在施工面层时损坏加热供冷部件的事故，而这些事故本来是完全可以避免的，因此在本条中对面层施工提出了一些具体的注意事项。

5.8.2 木地板出现翘裂的现象较多，究其原因，大致有以下三种情况：第一种情况是地板本身质量不好，未经严格干燥处理（含水率应低于20％），致使含水率过高，经过使用后，随着含水率的降低，木材收缩，产生裂纹。其实，这种地板，即使用在不是地暖供暖的室内，也同样会开裂。第二种情况是在填充层尚未完全干燥的情况下，过早的铺贴木地板。由于木地板铺贴后，混凝土中的水分仍在不断蒸发，使本来比较干燥的木地板的含水率升高，从而膨胀鼓翘。第三种情况是在铺贴木地板时，在地板与墙、柱等交接处未留伸缩缝，所以在地板受热产生膨胀时，由于没有补偿膨胀位移的出路，从而产生鼓翘。

5.8.3 干贴的目的是为了防止地面加热时拉断面层。

5.8.4 EPE（Expandable Polyethylene），是可发性聚乙烯，又称珍珠棉。是非交联闭孔结构，它是以低密度聚乙烯（LDPE）为主要原料挤压生成的高泡沫聚乙烯制品。

5.9 卫生间施工

5.9.1 卫生间设地面供暖会使人感到很舒适，但因担心漏水问题，影响了地面供暖系统在卫生间的应用。为避免漏水发生，作本条规定。卫生间地面构造示意图见图18。

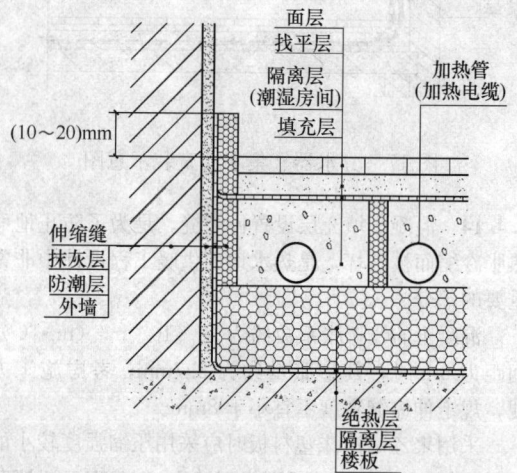

图 18 卫生间地面构造示意图

5.9.2 设止水墙目的是防止卫生间积水渗入绝热层，并沿绝热层渗入其他区域。

5.10 质量验收

5.10.1 加热电缆、加热供冷管、供暖板均隐蔽埋置在填充层或面层内，因此应按隐蔽工程要求进行质量检验及验收，只有经检验合格后才允许隐蔽。

5.10.5 本条具体规定了中间验收应检验的项目。需根据各项工序完成后逐项验收，并有完整的检验及验收记录。

对加热电缆裁剪和破损可导致产品自身屏蔽接地

层失效，影响用电安全。搭接时会导致局部温度过高，损坏加热电缆，造成安全隐患。需对加热电缆安装的各环节进行检验，并测试每 一环路的电阻，确保系统无断路、短路现象。检验标准为测试每一回路的直流电阻及冷态绝缘电阻，并应符合产品规定和国家现行标准《民用建筑电气设计规范》JGJ 16、《建筑电气工程施工质量验收规范》GB 50303 中的相关规定。

6 试运行、调试及竣工验收

6.1 试运行与调试

6.1.1 强制性条文。为了避免对系统造成损坏，在未经调试与试运行过程之前，应严格限制随意启动运行。

6.1.2 调试与试运行的目的，是使系统的水力工况和热力工况达到设计要求，为此，具备正常供暖供冷和供电条件是进行调试的必要条件。若暂时不具备正常供暖供冷和供电条件时，调试工作应推迟进行。

6.1.3、6.1.4 初始供热或供冷调试，是确保并进一步考核和检验工程设计与施工质量的一个重要环节，必须认真进行。试运行时，初次加热或供冷的水温应严格控制；同时，升温或降温过程一定要保持平稳和缓慢，确保建筑构件对温度变化有一个逐步变化的适应过程。

6.1.5 加热电缆的功率控制基本上都是开关调节控制方式，即只要是在通电状态下，电缆的发热功率就基本恒定，实现全功率加热，实际发热功率的调节是靠通电断电的时间周期比例关系来实现的。因此，在实际应用中，加热电缆表面的温度无法加以具体的控制；而且，比较热水形式的辐射供暖系统形式，加热电缆加热时的应力变化和对填充层的影响较小。因此，本条对升温速度不作具体规定，在初始通电加热时应保持室温尽量平缓地升高。

6.1.7 辐射供暖供冷表面平均温度不易测定，尤其是预制沟槽保温板和预制轻薄供暖板。所以测试辐射供暖供冷表面的平均温度时，应尽量多布置温度计测点，取其平均值；另外，由于温度是沿热媒流动方向逐渐变化，且加热管上和两管道之间温度差别比较大，因此，本条规定出温度计的设置数量和布置方式。图 19 是辐射供暖供冷表面平均温度测试时温度计布置示意图。

6.1.8 辐射供暖供冷时，由于有辐射传热和对流传热同时作用，效果评价应以反映辐射和对流综合作用的黑球温度作为评价和考核的依据。但考虑目前工程检测技术条件，同时由于设计工况是以室内空气的干球温度作为设计的依据，缺乏黑球温度评价标准。为此，考虑实际工程的可操作性，本条规定以室内空气

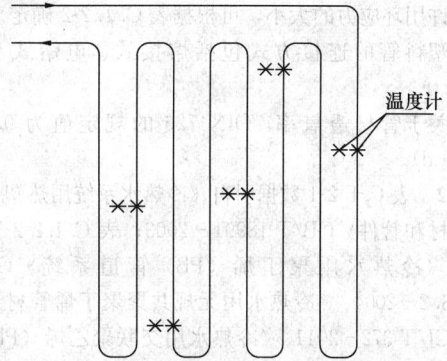

图 19 温度计布置示意图

的干球温度作为评价的依据。欧洲标准 EN14037《水温低于 120℃的吊顶安装辐射板》在进行供暖测试时，以离地 0.75m 处温度作为参考温度，EN14240《建筑通风—冷却吊顶—测试及评定》在进行供冷测试时，以离地 1.1m 处温度作为参考温度。本规程在参考以上标准的同时，也考虑到头冷脚热的人体热舒适性要求，所以对于供暖和供冷的室内温度测点高度的规定是不同的。

7 运行与维护

7.0.1 充分排气可防止因积气导致循环不畅。检查过滤器以防止杂物对流动的影响。

7.0.2 充水保护是为了防止管材干裂，缩短系统使用寿命。排水、泄压是防止低温造成加热供冷管冻结，造成破坏或缩短使用寿命。

7.0.3 非采暖季由于保护不当或积灰等原因，可能会造成采暖季初次运行不安全，因此应对温控器和电路系统进行检查。

7.0.4 本条规定是为了保证使用安全。

附录 C 管材的选择

C.1 塑料管的选择

C.1.1 管材选择时，除考虑许用环应力指标外，还应考虑管材的抗划痕能力、透氧率、蠕变特性和价格等因素，经综合比较后确定。目前，常用塑料管材有 PE-X、PE-RT Ⅱ 型、PE-RT Ⅰ 型、PB、PB-R。PP-R 管由于所需管壁较厚不易弯曲，地面供暖的加热管不宜采用，常用于生活热水和一般供暖埋地管道。

管材的蠕变特性对保证管材长期安全可靠的运行至关重要，蠕变数据是材料研发和工程选材的重要依据，蠕变性能好的管材，其在数十年的运行过程中承压能力变化不大。反之，运行时间越长，管材承压能力下降也越严重。塑料管的抗蠕变能力的强弱，可根据塑料管材国家标准中的预测强度参照曲线选择；塑

料管许用环应力的大小，可根据表 C.1.2-2 确定。

塑料管的连接方式包括熔接式、电熔式和机械式。

关于管材透氧率，DIN4726 的规定值为 0.1g/(m^3·d)。

C.1.2 表 C.1.2-1 数据引自《冷热水系统用热塑性塑料管材和管件》GB/T 18991－2003；表 C.1.2-2 数据根据《冷热水用聚丁烯（PB）管道系统》GB/T 19473.2－2004、《冷热水用无规共聚聚丁烯管材及管件》CJ/T 372－2011、《冷热水用交联聚乙烯（PE-X）管道系统》GB/T 18992.2－2003 及《冷热水用耐热聚乙烯（PE-RT）管道系统》GB/T 28799—2012 确定。

管材的最大允许工作压力可用下面的公式进行计算：

$$PPMS = \sigma_D \times 2en / (dn - en)$$

其中：$PPMS$：最大允许工作压力，MPa；

σ_D：对应使用条件级别下的设计应力，MPa；

dn：公称外径，mm；

en：公称壁厚，mm

示例 1：$dn\ 20 \times en\ 2.0$ 的 PB 型管材，应用于使用条件级别 4 的低温辐射地面采暖领域，最大允许工作压力计算如下：

$$PPMS = \sigma_D \times 2en / (dn - en)$$
$$= 5.46 \times 2 \times 2.0/(20 - 2.0)$$
$$= 1.21\text{MPa}$$

示例 2：$dn\ 20 \times en\ 2.0$ 的 PB-R 型管材，应用于使用条件级别 4 的低温辐射地面采暖领域，最大允许工作压力计算如下：

$$PPMS = \sigma_D \times 2en / (dn - en)$$
$$= 4.34 \times 2 \times 2.0/(20 - 2.0)$$
$$= 0.96\text{MPa}$$

示例 3：$dn 20 \times en 2.0$ 的 PE-X 型管材，应用于使用条件级别 4 的低温辐射地面采暖领域，最大允许工作压力计算如下：

$$PPMS = \sigma_D \times 2en / (dn - en)$$
$$= 4.0 \times 2 \times 2.0/(20 - 2.0)$$
$$= 0.89\text{MPa}$$

示例 4：$dn\ 20 \times en\ 2.0$ 的 PE-RTⅡ型管材，应用于使用条件级别 4 的低温辐射地面采暖领域，最大允许工作压力计算如下：

$$PPMS = \sigma_D \times 2en / (dn - en)$$
$$= 3.6 \times 2 \times 2.0/(20 - 2.0)$$
$$= 0.8\text{MPa}$$

示例 5：$dn\ 20 \times en\ 2.0$ 的 PE-RTⅠ型管材，应用于使用条件级别 4 的低温辐射地面采暖领域，最大允许工作压力计算如下：

$$PPMS = \sigma_D \times 2en / (dn - en)$$
$$= 3.25 \times 2 \times 2.0/(20 - 2.0)$$

$$= 0.72\text{MPa}$$

C.1.3 考虑目前国内地暖系统施工现状，保证应用的安全性，对管径大于或等于 15mm 的管材，仍保留了原规程中对于塑料管材壁厚再行加厚的要求。

表中数值根据《冷热水用聚丁烯（PB）管道系统》GB/T 19473.2－2004、《冷热水用无规共聚聚丁烯管材及管件》CJ/T 372－2011、《冷热水用交联聚乙烯（PE-X）管道系统》GB/T 18992.2－2003 及《冷热水用耐热聚乙烯（PE-RT）管道系统》GB/T 28799—2012 确定。

C.1.4 数据取自《冷热水用聚丁烯（PB）管道系统》GB/T 19473、《冷热水用交联聚乙烯（PE-X）管道系统》GB/T 18992、《冷热水用耐热聚乙烯（PE-RT）管道系统》GB/T 28799、《冷热水用无规共聚聚丁烯管材及管件》CJ/T 372、《冷热水用聚丙烯管道系统》GB/T 18742。

C.2 铝塑复合管的选择

C.2.1 铝塑复合管是由聚乙烯材料和铝材两种杨氏模量相差很大的材料组成的多层管，在承受内压时，厚度方向的管环应力分布是不等值的，因此不能用 S 值来选用管材或确定管材的壁厚。内外塑料层和铝管层的最小壁厚取决于管径，壁厚和管径为固定尺寸关系，只能根据长期工作温度和允许工作压力选择不同类别的铝塑管，无法考虑各种使用温度的累计作用。铝塑复合管根据铝管焊接方法不同，分为搭接焊和对接焊两种形式。

C.2.2 表 C.2.2-1 引自《铝塑复合压力管》GB/T 18997.1；C.2.2-2 引自《铝塑复合压力管》GB/T 18997.2 和《铝塑复合压力管（对接焊）》CJ/T 159。

C.2.3 表中数据引自现行国家标准《铝塑复合压力管》GB/T 18997。

C.3 无缝铜管的选择

C.3.2 表中数据引自现行国家标准《无缝铜水管和铜气管》GB/T 18033。

C.3.3 表中数据引自现行国家标准《无缝铜水管和铜气管》GB/T 18033。

附录 G 辐射面传热量的测试

G.0.1 由于混凝土填充式系统向上供热量和向下传热量可通过计算确定，而预制沟槽保温辐射面、预制轻薄供暖辐射板、毛细管网辐射面的供热或供冷量尚无法通过计算确定，只能进行实际测试，目前国家标准《辐射供冷及供暖装置热性能测试方法》正在编制过程中，供热量或供冷量的测试系统、测试参数和测试方法等还未曾形成正式标准，因此，本标准中选择参照《采暖散热器散热量测定方法》

GB/T 13754 中相关要求执行。测试辐射供热量或供冷量需要检测的参数已经确定，即室内空气温度、供回水温度和水流量，通过计算得出相应产品的辐射供热或供冷量。

G.0.4 用特征公式表示辐射装置的供热供冷量的意义在于，特征公式表征了装置在一定流量下不同过余温度的供热供冷量，设计人员在设计过程中可在不同过余温度下按照特征公式进行设计选型，也无需按照不同设计温度进行多次测试。

G.0.5 辐射供暖装置依据设计以及工程应用过程中辐射供暖供冷的供回水和室内温度参数来确定，设计中要求"热水地面辐射供暖系统的供、回水温度应由计算确定，供水温度不应大于60℃，供回水温差不宜大于10℃，且不宜小于5℃。民用建筑供水温度宜采用35℃～45℃。"工程中常采用的比较高的供水温度55℃，回水温度48℃，所以，本规程将供回水温度55℃/48℃定为高温工况（标准工况），在《采暖散热器散热量测定方法》GB/T 13754 中规定室内基准温度为18℃，本规程仍沿用此温度，则过余温度为33.5K；而按照设计中"民用建筑供水温度宜采用35℃～45℃。"，则第二工况供水温度定为45℃，一般回水温度会在39℃左右，过余温度为24K；第三工况供水温度定为35℃，回水一般会在31℃左右，过余温度为15K。

G.0.6 德国斯图加特大学 IKE/LHR 研究所测试毛细管网天花板制冷的参数，标准工况为进水温度13.5℃，出水温度15.5℃，基准点温度为26℃，其过余温度为11.5K。

在此参考其标准测试工况，同时考虑我国不同地区温湿度差异比较大的实际情况，为了减少结露的情况发生，将标准测试工况定为进水温度14℃，出水温度17℃，基准点温度为26℃，则过余温度为10.5K±1K。

本规程中要求"辐射供冷系统的供水温度应高于室内空气露点温度0.5℃以上，并小于20℃；供回水温差宜为2℃～4℃，不应小于2℃"。

在此将第三工况供水温度设定为19℃，一般回水温度会升高1.5℃左右，则过余温度取为6.5K，偏差为±2K。

第二工况取第一和第三工况供水温度的中间值，则供水温度16.5℃，回水温度升高约2.5℃左右，过余温度为8.5K，偏差为±2K。

G.0.8、G.0.9 目前，国内外测试辐射供暖供冷系统向上传热量普遍采用热流计的方法，如日本标准《住宅部件性能试验方法——供热供冷系统的地板采暖辐射装置》BLT HS/B-b-8：2007，中提出测试地面辐射板向上的散热量，试验方法是地面辐射装置正面上部全部安装热流计（如果可以认为与全面设置的效果等同时，可以不受此限）。在美国标准《辐射吊顶显热显冷量的测试方法》ASHRAE138-2009 中向上及向下传热量也是采用热流计测试。国内实验室常用的方法也是采用热流计进行测试。

但是，当辐射表面温度均匀性较差的系统，由加热供冷部件上到加热供冷部件之间的热流密度变化梯度较大，且变化是非线性的，尤其是预制沟槽保温板和预制轻薄供暖板系统，利用热流计测量向上供热量时，除非在辐射面上部全部安装热流计，测试结果才能相对准确，但是从技术和经济上此方法很难实现。通过对多种方法进行比对，最终选定利用测量楼板上下表面温差，计算楼板向下传热量，再从热媒供热量减去向下传热量，得出辐射面向上供热量或供冷量的方法。

中华人民共和国行业标准

外墙外保温工程技术规程

Technical specification for
external thermal insulation on walls

JGJ 144—2004

J 408—2005

批准部门：中华人民共和国建设部

施行日期：2005年3月1日

中华人民共和国建设部
公 告

第 305 号

建设部关于发布行业标准
《外墙外保温工程技术规程》的公告

现批准《外墙外保温工程技术规程》为行业标准，编号为 JGJ 144—2004，自 2005 年 3 月 1 日起实施。其中，第 4.0.2、4.0.5、4.0.8、4.0.10、5.0.11、6.2.7、6.3.2、6.4.3、6.5.6、6.5.9 条为强制性条文，必须严格执行。

本规程由建设部标准定额研究所组织中国建筑工业出版社出版发行。

中华人民共和国建设部

2005 年 1 月 13 日

前　言

根据建设部建标[1999]309 号文的要求，标准编制组经广泛调查研究，认真总结实践经验，参考有关国际标准和国外先进标准，并在广泛征求意见基础上，制定了本规程。

本规程的主要技术内容是：

1 总则
2 术语
3 基本规定
4 性能要求
5 设计与施工
6 外墙外保温系统构造和技术要求
7 工程验收
附录 A 外墙外保温系统及其组成材料性能试验方法
附录 B 现场试验方法

本规程由建设部负责管理和对强制性条文的解释，由主编单位负责具体技术内容的解释。

本规程主编单位：建设部科技发展促进中心

（地址：北京市三里河路 9 号
邮政编码：100835）

本规程参编单位：中国建筑科学研究院
中国建筑标准设计研究所
北京中建建筑科学技术研究院
北京振利高新技术公司
山东龙新建材股份有限公司
北京亿丰豪斯沃尔公司
广州市建筑科学研究院
北京润适达建筑化学品有限公司
冀东水泥集团唐山盾石干粉建材有限责任公司
上海永成建筑创艺有限公司
江苏九鼎集团新型建材公司
（德国）上海申得欧有限公司
北京市建兴新建材开发中心

本规程主要起草人员：张庆风　杨西伟　冯金秋
李晓明　张树君　黄振利
邸占英　张仁常　耿大纯
王庆生　任　俊　于承安
李　冰

目　次

1　总则 ·························· 21—4

2　术语 ·························· 21—4

3　基本规定 ······················ 21—4

4　性能要求 ······················ 21—4

5　设计与施工 ···················· 21—6

6　外墙外保温系统构造和技术要求 ····· 21—6

 6.1　EPS板薄抹灰外墙外保温系统 ······· 21—6

 6.2　胶粉EPS颗粒保温浆料外墙外
  保温系统 ···················· 21—7

 6.3　EPS板现浇混凝土外墙外保温系统 ··· 21—7

6.4　EPS钢丝网架板现浇混凝土外墙外
 保温系统 ···················· 21—8

6.5　机械固定EPS钢丝网架板外墙外
 保温系统 ···················· 21—8

7　工程验收 ······················ 21—9

附录A　外墙外保温系统及其组成材料
  性能试验方法 ·············· 21—10

附录B　现场试验方法 ·············· 21—14

本规程用词说明 ·················· 21—14

条文说明 ························ 21—15

1 总　则

1.0.1 为规范外墙外保温工程技术要求，保证工程质量，做到技术先进、安全可靠、经济合理，制定本规程。

1.0.2 本规程适用于新建居住建筑的混凝土和砌体结构外墙外保温工程。

1.0.3 外墙外保温工程除应符合本规程外，尚应符合国家现行有关强制性标准的规定。

2 术　语

2.0.1 外墙外保温系统　external thermal insulation system

由保温层、保护层和固定材料（胶粘剂、锚固件等）构成并且适用于安装在外墙外表面的非承重保温构造总称。

2.0.2 外墙外保温工程　external thermal insulation on walls

将外墙外保温系统通过组合、组装、施工或安装固定在外墙外表面上所形成的建筑物实体。

2.0.3 外保温复合墙体　wall composed with external thermal insulation

由基层和外保温系统组合而成的墙体。

2.0.4 基层　substrate

外保温系统所依附的外墙。

2.0.5 保温层　thermal insulation layer

由保温材料组成，在外保温系统中起保温作用的构造层。

2.0.6 抹面层　rendering coat

抹在保温层上，中间夹有增强网，保护保温层，并起防裂、防水和抗冲击作用的构造层。抹面层可分为薄抹面层和厚抹面层。用于 EPS 板和胶粉 EPS 颗粒保温浆料时为薄抹面层，用于 EPS 钢丝网架板时为厚抹面层。

2.0.7 饰面层　finish coat

外保温系统外装饰层。

2.0.8 保护层　protecting coat

抹面层和饰面层的总称。

2.0.9 EPS 板　expanded polystyrene board

由可发性聚苯乙烯珠粒经加热预发泡后在模具中加热成型而制得的具有闭孔结构的聚苯乙烯泡沫塑料板材。

2.0.10 胶粉 EPS 颗粒保温浆料　insulating mortar consisting of gelatinous powder and expanded polystyrene pellets

由胶粉料和 EPS 颗粒集料组成，并且 EPS 颗粒体积比不小于 80% 的保温灰浆。

2.0.11 EPS 钢丝网架板　EPS board with metal network

由 EPS 板内插腹丝，外侧焊接钢丝网构成的三维空间网架芯板。

2.0.12 胶粘剂　adhesive

用于 EPS 板与基层以及 EPS 板之间粘结的材料。

2.0.13 抹面胶浆　rendering coat mortar

在 EPS 板薄抹灰外墙外保温系统中用于做薄抹面层的材料。

2.0.14 抗裂砂浆　anti-crack mortar

以由聚合物乳液和外加剂制成的抗裂剂、水泥和砂按一定比例制成的能满足一定变形而保持不开裂的砂浆。

2.0.15 界面砂浆　interface treating mortar

用以改善基层或保温层表面粘结性能的聚合物砂浆。

2.0.16 机械固定件　mechanical fastener

用于将系统固定于基层上的专用固定件。

3 基本规定

3.0.1 外墙外保温工程应能适应基层的正常变形而不产生裂缝或空鼓。

3.0.2 外墙外保温工程应能长期承受自重而不产生有害的变形。

3.0.3 外墙外保温工程应能承受风荷载的作用而不产生破坏。

3.0.4 外墙外保温工程应能耐受室外气候的长期反复作用而不产生破坏。

3.0.5 外墙外保温工程在罕遇地震发生时不应从基层上脱落。

3.0.6 高层建筑外墙外保温工程应采取防火构造措施。

3.0.7 外墙外保温工程应具有防水渗透性能。

3.0.8 外保温复合墙体的保温、隔热和防潮性能应符合国家现行标准《民用建筑热工设计规范》GB 50176、《民用建筑节能设计标准（采暖居住建筑部分）》JGJ 26、《夏热冬冷地区居住建筑节能设计标准》JGJ 134 和《夏热冬暖地区居住建筑节能设计标准》JGJ 75 的有关规定。

3.0.9 外墙外保温工程各组成部分应具有物理-化学稳定性。所有组成材料应彼此相容并具有防腐性。在可能受到生物侵害（鼠害、虫害等）时，外墙外保温工程还应具有防生物侵害性能。

3.0.10 在正确使用和正常维护的条件下，外墙外保温工程的使用年限不应少于 25 年。

4 性能要求

4.0.1 应按本规程附录 A 第 A.2 节规定对外墙外保

温系统进行耐候性检验。

4.0.2 外墙外保温系统经耐候性试验后，不得出现饰面层起泡或剥落、保护层空鼓或脱落等破坏，不得产生渗水裂缝。具有薄抹面层的外保温系统，抹面层与保温层的拉伸粘结强度不得小于 0.1MPa，并且破坏部位应位于保温层内。

4.0.3 应按本规程附录 A 第 A.7 节规定对胶粉 EPS 颗粒保温浆料外墙外保温系统进行抗拉强度检验，抗拉强度不得小于 0.1MPa，并且破坏部位不得位于各层界面。

4.0.4 EPS 板现浇混凝土外墙外保温系统应按本规程附录 B 第 B.2 节规定做现场粘结强度检验。

4.0.5 EPS 板现浇混凝土外墙外保温系统现场粘结强度不得小于 0.1MPa，并且破坏部位应位于 EPS 板内。

4.0.6 外墙外保温系统其他性能应符合表 4.0.6 规定。

4.0.7 应按本规程附录 A 第 A.8 节规定对胶粘剂进行拉伸粘结强度检验。

4.0.8 胶粘剂与水泥砂浆的拉伸粘结强度在干燥状态下不得小于 0.6MPa，浸水 48h 后不得小于 0.4MPa；与 EPS 板的拉伸粘结强度在干燥状态和浸水 48h 后均不得小于 0.1MPa，并且破坏部位应位于 EPS 板内。

4.0.9 应按本规程附录 A 第 A12.2 条规定对玻纤网进行耐碱拉伸断裂强力检验。

4.0.10 玻纤网经向和纬向耐碱拉伸断裂强力均不得小于 750N/50mm，耐碱拉伸断裂强力保留率均不得小于 50%。

4.0.11 外保温系统其他主要组成材料性能应符合表 4.0.11 规定。

表 4.0.6 外墙外保温系统性能要求

检验项目	性 能 要 求	试验方法
抗风荷载性能	系统抗风压值 R_d 不小于风荷载设计值。 EPS 板薄抹灰外墙外保温系统、胶粉 EPS 颗粒保温浆料外墙外保温系统、EPS 板现浇混凝土外墙外保温系统和 EPS 钢丝网架板现浇混凝土外墙外保温系统安全系数 K 应不小于 1.5，机械固定 EPS 钢丝网架板外墙外保温系统安全系数 K 应不小于 2	附录 A 第 A.3 节；由设计要求值降低 1kPa 作为试验起始点
抗冲击性	建筑物首层墙面以及门窗口等易受碰撞部位：10J 级；建筑物二层以上墙面等不易受碰撞部位：3J 级	附录 A 第 A.5 节
吸水量	水中浸泡 1h，只带有抹面层和带有全部保护层的系统的吸水量均不得大于或等于 1.0kg/m²	附录 A 第 A.6 节
耐冻融性能	30 次冻融循环后 保护层无空鼓、脱落，无渗水裂缝；保护层与保温层的拉伸粘结强度不小于 0.1MPa，破坏部位应位于保温层	附录 A 第 A.4 节
热 阻	复合墙体热阻符合设计要求	附录 A 第 A.9 节
抹面层不透水性	2h 不透水	附录 A 第 A.10 节
保护层水蒸气渗透阻	符合设计要求	附录 A 第 A.11 节

注：水中浸泡 24h，只带有抹面层和带有全部保护层的系统的吸水量均小于 0.5kg/m² 时，不检验耐冻融性能。

表 4.0.11 外墙外保温系统组成材料性能要求

检验项目		性 能 要 求		试验方法
		EPS 板	胶粉 EPS 颗粒保温浆料	
保温材料	密度（kg/m³）	18～22	—	GB/T 6343—1995
	干密度（kg/m³）	—	180～250	GB/T 6343—1995（70℃恒重）
保温材料	导热系数[W/(m·K)]	≤0.041	≤0.060	GB 10294—88
	水蒸气渗透系数[ng/(Pa·m·s)]	符合设计要求	符合设计要求	附录 A 第 A.11 节
	压缩性能（MPa）（形变 10%）	≥0.10	≥0.25（养护 28d）	GB 8813—88
	抗拉强度（MPa）干燥状态	≥0.10	≥0.10	附录 A 第 A.7 节
	抗拉强度（MPa）浸水 48h，取出后干燥 7d	—		
	线性收缩率（%）	—	≤0.3	GBJ 82—85
	尺寸稳定性（%）	≤0.3	—	GB 8811—88
	软化系数	—	≥0.5（养护 28d）	JGJ 51—2002
	燃烧性能	阻燃型	—	GB/T 10801.1—2002
	燃烧性能级别	—	B₁	GB 8624—1997
EPS 钢丝网架板	热阻（m²·K/W）腹丝穿透型	≥0.73(50mm 厚 EPS 板) ≥1.5(100mm 厚 EPS 板)		附录 A 第 A.9 节
	热阻（m²·K/W）腹丝非穿透型	≥1.0（50mm 厚 EPS 板） ≥1.6（80mm 厚 EPS 板）		
	腹丝镀锌层	符合 QB/T 3897—1999 规定		

检验项目	性能要求		试验方法
	EPS 板	胶粉 EPS 颗粒保温浆料	
抹面胶浆、抗裂砂浆、界面砂浆	与 EPS 板或胶粉 EPS 颗粒保温浆料拉伸粘结强度（MPa）	干燥状态和浸水48h后≥0.10，破坏界面应位于 EPS 板或胶粉 EPS 颗粒保温浆料	附录 A 第 A.8 节
饰面材料	必须与其他系统组成材料相容，应符合设计要求和相关标准规定		
锚栓	符合设计要求和相关标准规定		

4.0.12 本章所规定的检验项目应为型式检验项目，型式检验报告有效期为 2 年。

5 设 计 与 施 工

5.0.1 设计选用外保温系统时，不得更改系统构造和组成材料。

5.0.2 外保温复合墙体的热工和节能设计应符合下列规定：

1 保温层内表面温度应高于 0℃；

2 外保温系统应包覆门窗框外侧洞口、女儿墙以及封闭阳台等热桥部位；

3 对于机械固定 EPS 钢丝网架板外墙外保温系统，应考虑固定件、承托件的热桥影响。

5.0.3 对于具有薄抹面层的系统，保护层厚度应不小于 3mm 并且不宜大于 6mm。对于具有厚抹面层的系统，厚抹面层厚度应为 25～30mm。

5.0.4 应做好外保温工程的密封和防水构造设计，确保水不会渗入保温层及基层，重要部位应有详图。水平或倾斜的出挑部位以及延伸至地面以下的部位应做防水处理。在外墙外保温系统上安装的设备或管道应固定于基层上，并应做密封和防水设计。

5.0.5 除采用现浇混凝土外墙外保温系统外，外保温工程的施工应在基层施工质量验收合格后进行。

5.0.6 除采用现浇混凝土外墙外保温系统外，外保温工程施工前，外门窗洞口应通过验收，洞口尺寸、位置应符合设计要求和质量要求，门窗框或辅框应安装完毕。伸出墙面的消防梯、水落管、各种进户管线和空调器等的预埋件、连接件应安装完毕，并按外保温系统厚度留出间隙。

5.0.7 外保温工程的施工应具备施工方案，施工人员应经过培训并经考核合格。

5.0.8 基层应坚实、平整。保温层施工前，应进行基层处理。

5.0.9 EPS 板表面不得长期裸露，EPS 板安装上墙后应及时做抹面层。

5.0.10 薄抹面层施工时，玻纤网不得直接铺在保温层表面，不得干搭接，不得外露。

5.0.11 外保温工程施工期间以及完工后 **24h** 内，基层及环境空气温度不应低于 **5℃**。夏季应避免阳光暴晒。在 5 级以上大风天气和雨天不得施工。

5.0.12 外保温施工各分项工程和子分部工程完工后应做好成品保护。

6 外墙外保温系统构造和技术要求

6.1 EPS 板薄抹灰外墙外保温系统

6.1.1 EPS 板薄抹灰外墙外保温系统（以下简称 EPS 板薄抹灰系统）由 EPS 板保温层、薄抹面层和饰面涂层构成，EPS 板用胶粘剂固定在基层上，薄抹面层中满铺玻纤网（图 6.1.1）。

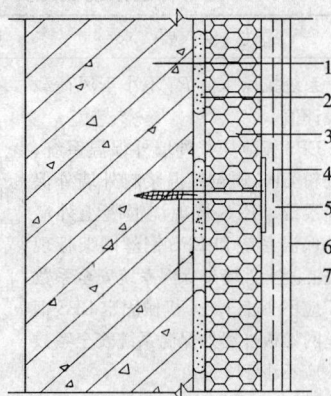

图 6.1.1 EPS 板薄抹灰系统
1—基层；2—胶粘剂；3—EPS 板；4—玻纤网；
5—薄抹面层；6—饰面涂层；7—锚栓

6.1.2 建筑物高度在 20m 以上时，在受负风压作用较大的部位宜使用锚栓辅助固定。

6.1.3 EPS 板宽度不宜大于 1200mm，高度不宜大于 600mm。

6.1.4 必要时应设置抗裂分隔缝。

6.1.5 EPS 板薄抹灰系统的基层表面应清洁，无油污、脱模剂等妨碍粘结的附着物。凸起、空鼓和疏松部位应剔除并找平。找平层应与墙体粘结牢固，不得有脱层、空鼓、裂缝，面层不得有粉化、起皮、爆灰等现象。

6.1.6 应按本规程附录 B 第 B.1 节规定做基层与胶粘剂的拉伸粘结强度检验，粘结强度不应低于 0.3MPa，并且粘结界面脱开面积不应大于 50%。

6.1.7 粘贴 EPS 板时，应将胶粘剂涂在 EPS 板背面，涂胶粘剂面积不得小于 EPS 板面积的 40%。

6.1.8 EPS 板应按顺砌方式粘贴，竖缝应逐行错缝。EPS 板应粘贴牢固，不得有松动和空鼓。

6.1.9 墙角处 EPS 板应交错互锁（图 6.1.9a）。门窗洞口四角处 EPS 板不得拼接，应采用整块 EPS 板切割成形，EPS 板接缝应离开角部至少 200mm（图 6.1.9b）。

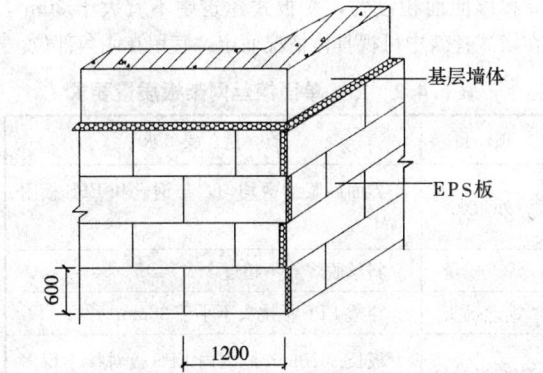

图 6.1.9（a） EPS 板排板图

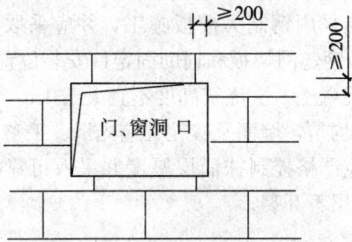

图 6.1.9（b） 门窗洞口 EPS 板排列

6.1.10 应做好系统在檐口、勒脚处的包边处理。装饰缝、门窗四角和阴阳角等处做好局部加强网施工。变形缝处应做好防水和保温构造处理。

6.2 胶粉 EPS 颗粒保温浆料外墙外保温系统

6.2.1 胶粉 EPS 颗粒保温浆料外墙外保温系统（以下简称保温浆料系统）应由界面层、胶粉 EPS 颗粒保温浆料保温层、抗裂砂浆薄抹面层和饰面层组成（图 6.2.1）。胶粉 EPS 颗粒保温浆料经现场拌合后喷涂或抹在基层上形成保温层。薄抹面层中应满铺玻纤网。

6.2.2 胶粉 EPS 颗粒保温浆料保温层设计厚度不宜超过 100mm。

6.2.3 必要时应设置抗裂分隔缝。

6.2.4 基层表面应清洁，无油污和脱模剂等妨碍粘结的附着物，空鼓、疏松部位应剔除。

6.2.5 胶粉 EPS 颗粒保温浆料宜分遍抹灰，每遍间隔时间应在 24h 以上，每遍厚度不宜超过 20mm。第一遍抹灰应压实，最后一遍应找平，并用大杠搓平。

6.2.6 保温层硬化后，应现场检验保温层厚度并现场取样检验胶粉 EPS 颗粒保温浆料干密度。

6.2.7 现场取样胶粉 EPS 颗粒保温浆料干密度不应大于250 kg/m³，并且不应小于 180kg/m³。现场检验保温层厚度应符合设计要求，不得有负偏差。

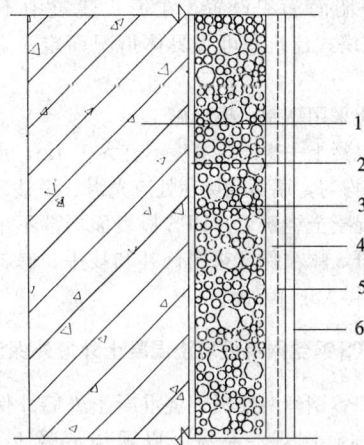

图 6.2.1 保温浆料系统
1—基层；2—界面砂浆；3—胶粉 EPS 颗粒保温浆料；4—抗裂砂浆薄抹面层；5—玻纤网；6—饰面层

6.3 EPS 板现浇混凝土外墙外保温系统

6.3.1 EPS 板现浇混凝土外墙外保温系统（以下简称无网现浇系统）以现浇混凝土外墙作为基层，EPS 板为保温层。EPS 板内表面（与现浇混凝土接触的表面）沿水平方向开有矩形齿槽，内、外表面均满涂界面砂浆。在施工时将 EPS 板置于外模板内侧，并安装锚栓作为辅助固定件。浇灌混凝土后，墙体与 EPS 板以及锚栓结合为一体。EPS 板表面抹抗裂砂浆薄抹面层，外表以涂料为饰面层（图 6.3.1），薄抹面层中满铺玻纤网。

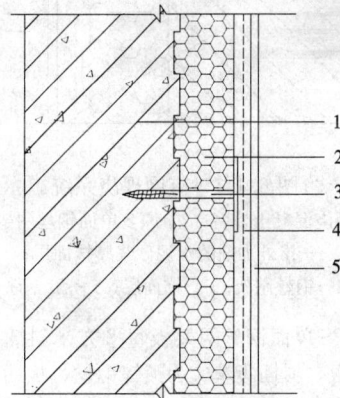

图 6.3.1 无网现浇系统
1—现浇混凝土外墙；2—EPS 板；3—锚栓；4—抗裂砂浆薄抹面层；5—饰面层

6.3.2 无网现浇系统 EPS 板两面必须预喷刷界面砂浆。

6.3.3 EPS 板宽度宜为 1.2m，高度宜为建筑物层高。

6.3.4 锚栓每平方米宜设 2～3 个。

6.3.5 水平抗裂分隔缝宜按楼层设置。垂直抗裂分隔缝宜按墙面面积设置，在板式建筑中不宜大于30m²，在塔式建筑中可视具体情况而定，宜留在阴角部位。

6.3.6 应采用钢制大模板施工。

6.3.7 混凝土一次浇筑高度不宜大于1m，混凝土需振捣密实均匀，墙面及接茬处应光滑、平整。

6.3.8 混凝土浇筑后，EPS板表面局部不平整处宜抹胶粉EPS颗粒保温浆料修补和找平，修补和找平处厚度不得大于10mm。

6.4 EPS钢丝网架板现浇混凝土外墙外保温系统

6.4.1 EPS钢丝网架板现浇混凝土外墙外保温系统（以下简称有网现浇系统）以现浇混凝土为基层，EPS单面钢丝网架板置于外墙外模板内侧，并安装φ6钢筋作为辅助固定件。浇灌混凝土后，EPS单面钢丝网架板挑头钢丝和φ6钢筋与混凝土结合为一体，EPS单面钢丝网架板表面抹掺外加剂的水泥砂浆形成厚抹面层，外表做饰面层（图6.4.1）。以涂料做饰面层时，应加抹玻纤网抗裂砂浆薄抹面层。

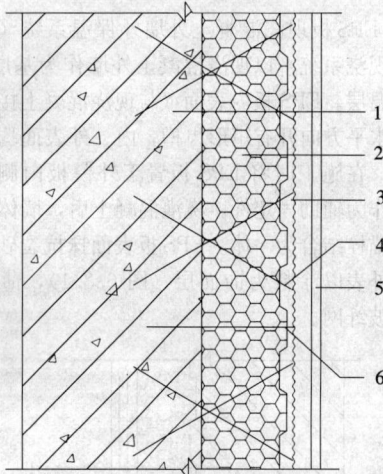

图 6.4.1 有网现浇系统
1—现浇混凝土外墙；2—EPS单面钢丝网架板；
3—掺外加剂的水泥砂浆厚抹面层；
4—钢丝网架；5—饰面层；6—φ6钢筋

6.4.2 EPS单面钢丝网架板每平方米斜插腹丝不得超过200根，斜插腹丝应为镀锌钢丝，板两面应预喷刷界面砂浆。加工质量除应符合表6.4.2规定外，尚应符合现行行业标准《钢丝网架水泥聚苯乙烯夹心板》JC 623有关规定。

6.4.3 有网现浇系统EPS钢丝网架板厚度、每平方米腹丝数量和表面荷载值应通过试验确定。EPS钢丝网架板构造设计和施工安装应考虑现浇混凝土侧压力影响，抹面层厚度应均匀，钢丝网应完全包覆于抹面层中。

6.4.4 φ6钢筋每平方米宜设4根，锚固深度不得小于100mm。

6.4.5 在每层层间宜留水平抗裂分隔缝，层间保温板外钢丝网应断开，抹灰时嵌入层间塑料分隔条或泡沫塑料棒，外表面建筑密封膏嵌缝。垂直抗裂分隔缝宜按墙面面积设置，在板式建筑中不宜大于30m²，在塔式建筑中可视具体情况而定，宜留在阴角部位。

表 6.4.2 EPS单面钢丝网架板质量要求

项　目	质　量　要　求
外　观	界面砂浆涂敷均匀，与钢丝和EPS板附着牢固
焊点质量	斜丝脱焊点不超过3%
钢丝挑头	穿透EPS板挑头不小于30mm
EPS板对接	板长3000mm范围内EPS板对接不得多于两处，且对接处需用胶粘剂粘牢

6.4.6 应采用钢制大模板施工，并应采取可靠措施保证EPS钢丝网架板和辅助固定件安装位置准确。

6.4.7 混凝土一次浇筑高度不宜大于1m，混凝土需振捣密实均匀，墙面及接茬处应光滑、平整。

6.4.8 应严格控制抹面层厚度并采取可靠抗裂措施确保抹面层不开裂。

6.5 机械固定EPS钢丝网架板外墙外保温系统

6.5.1 机械固定EPS钢丝网架板外墙外保温系统（以下简称机械固定系统）由机械固定装置、腹丝非穿透型EPS钢丝网架板、掺外加剂的水泥砂浆厚抹面层和饰面层构成（图6.5.1）。以涂料做饰面层时，应加抹玻纤网抗裂砂浆薄抹面层。

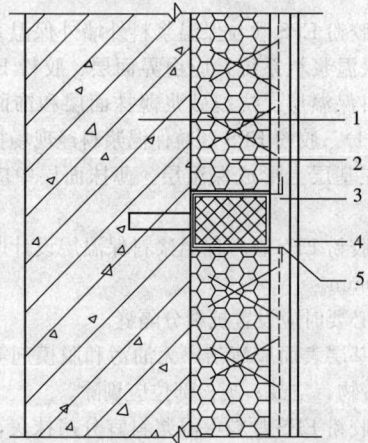

图 6.5.1 机械固定系统
1—基层；2—EPS钢丝网架板；3—掺外加剂的水泥砂浆厚抹面层；4—饰面层；5—机械固定装置

6.5.2 机械固定系统不适用于加气混凝土和轻集料混凝土基层。

6.5.3 腹丝非穿透型EPS钢丝网架板腹丝插入EPS

板中深度不应小于 35mm，未穿透厚度不应小于 15mm。腹丝插入角度应保持一致，误差不应大于 3°。板两面应预喷刷界面砂浆。钢丝网与 EPS 板表面净距不应小于 10mm。

6.5.4 腹丝非穿透型 EPS 钢丝网架板除应符合本节规定外，尚应符合现行行业标准《钢丝网架水泥聚苯乙烯夹芯板》JC 623 有关规定。

6.5.5 应根据保温要求，通过计算或试验确定 EPS 钢丝网架板厚度。

6.5.6 机械固定系统锚栓、预埋金属固定件数量应通过试验确定，并且每平方米不应小于 7 个。单个锚栓拔出力和基层力学性能应符合设计要求。

6.5.7 用于砌体外墙时，宜采用预埋钢筋网片固定 EPS 钢丝网架板。

6.5.8 机械固定系统固定 EPS 钢丝网架板时应逐层设置承托件，承托件应固定在结构构件上。

6.5.9 机械固定系统金属固定件、钢筋网片、金属锚栓和承托件应做防锈处理。

6.5.10 应按设计要求设置抗裂分隔缝。

6.5.11 应严格控制抹灰层厚度并采取可靠措施确保抹灰层不开裂。

7 工程验收

7.0.1 外墙外保温工程应按现行国家标准《建筑工程施工质量验收统一标准》GB 50300 规定进行施工质量验收。

7.0.2 外保温工程分部工程、子分部工程和分项工程应按表 7.0.2 进行划分。

表 7.0.2 外保温工程分部工程、子分部工程和分项工程划分

分部工程	子分部工程	分项工程
外保温	EPS 板薄抹灰系统	基层处理，粘贴 EPS 板，抹面层，变形缝，饰面层
	保温浆料系统	基层处理，抹胶粉 EPS 颗粒保温浆料，抹面层，变形缝，饰面层
	无网现浇系统	固定 EPS 板，现浇混凝土，EPS 局部找平，抹面层，变形缝，饰面层
	有网现浇系统	固定 EPS 钢丝网架板，现浇混凝土，抹面层，变形缝，饰面层
	机械固定系统	基层处理，安装固件，固定 EPS 钢丝网架板，抹面层，变形缝，饰面层

7.0.3 分项工程应以每 500～1000m² 划分为一个检验批，不足 500m² 也应划分为一个检验批；每个检验批每 100m² 应至少抽查一处，每处不得小于 10m²。

7.0.4 主控项目的验收应符合下列规定：

1 外保温系统及主要组成材料性能应符合本规程要求。

检查方法：检查型式检验报告和进场复检报告。

2 保温层厚度应符合设计要求。

检查方法：插针法检查。

3 EPS 板薄抹灰系统 EPS 板粘结面积应符合本规程要求。

检查方法：现场测量。

4 无网现浇系统粘结强度应符合本规程要求。

检查方法：本规程附录 B 第 B.2 节。

7.0.5 一般项目的验收应符合下列规定：

1 EPS 板薄抹灰系统和保温浆料系统保温层垂直度和尺寸允许偏差应符合现行国家标准《建筑装饰装修工程质量验收规范》GB 50210 规定。

2 现浇混凝土分项工程施工质量应符合现行国家标准《混凝土结构工程施工质量验收规范》GB 50204 规定。

3 无网现浇系统 EPS 板表面局部不平整处的修补和找平应符合本规程要求。找平后保温层垂直度和尺寸允许偏差应符合现行国家标准《建筑装饰装修工程质量验收规范》GB 50210 规定。

厚度检查方法：插针法检查。

4 有网现浇系统和机械固定系统抹面层厚度应符合本规程要求。

检查方法：插针法检查。

5 抹面层和饰面层分项工程施工质量应符合现行国家标准《建筑装饰装修工程质量验收规范》GB 50210 规定。

6 系统抗冲击性应符合本规程要求

检查方法：本规程附录 B 第 B.3 节。

7.0.6 外墙外保温工程竣工验收应提交下列文件：

1 外保温系统的设计文件、图纸会审、设计变更和洽商记录；

2 施工方案和施工工艺；

3 外保温系统的型式检验报告及其主要组成材料的产品合格证、出厂检验报告、进场复检报告和现场验收记录；

4 施工技术交底；

5 施工工艺记录及施工质量检验记录；

6 其他必须提供的资料。

7.0.7 外保温系统主要组成材料复检项目应符合表 7.0.7 规定。

表 7.0.7 外保温系统主要组成材料复检项目

组成材料	复检项目
EPS 板	密度，抗拉强度，尺寸稳定性。用于无网现浇系统时，加验界面砂浆喷刷质量

续表 7.0.7

组 成 材 料	复 检 项 目
胶粉 EPS 颗粒保温浆料	湿密度，干密度，压缩性能
EPS 钢丝网架板	EPS 板密度，EPS 钢丝网架板外观质量
胶粘剂、抹面胶浆、抗裂砂浆、界面砂浆	干燥状态和浸水 48h 拉伸粘结强度
玻纤网	耐碱拉伸断裂强力，耐碱拉伸断裂强力保留率
腹 丝	镀锌层厚度

注：1. 胶粘剂、抹面胶浆、抗裂砂浆、界面砂浆制样后养护 7d 进行拉伸粘结强度检验。发生争议时，以养护 28d 为准。
2. 玻纤网按附录 A 第 A.12.3 条检验。发生争议时，以第 A.12.2 条方法为准。

附录 A 外墙外保温系统及其组成材料性能试验方法

A.1 试样制备、养护和状态调节

A.1.1 外保温系统试样应按照生产厂家说明书规定的系统构造和施工方法进行制备。材料试样应按产品说明书规定进行配制。

A.1.2 试样养护和状态调节环境条件应为：温度 10～25℃，相对湿度不应低于 50%。

A.1.3 试样养护时间应为 28d。

A.2 系统耐候性试验方法

A.2.1 试样由混凝土墙和被测外保温系统构成，混凝土墙用作基层墙体。试样宽度不应小于 2.5m，高度不应小于 2.0m，面积不应小于 6m²。混凝土墙上角处应预留一个宽 0.4m、高 0.6m 的洞口，洞口距离边缘 0.4m(图 A.2.1)。外保温系统应包住混凝土墙的侧边。侧边保温板最大厚度为 20mm。预留洞口处应安装窗框。如有必要，可对洞口四角做特殊加强处理。

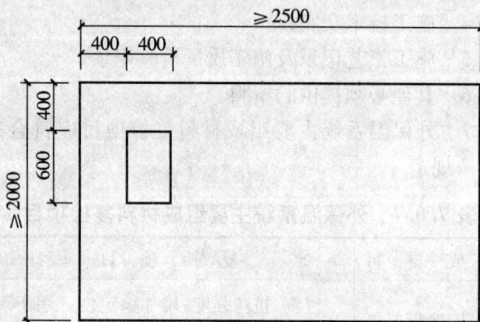

图 A.2.1 试样

A.2.2 试验步骤应符合以下规定：

1 EPS 板薄抹灰系统和无网现浇系统试验步骤如下：

　1) 高温—淋水循环 80 次，每次 6h。

　①升温 3h

　使试样表面升温至 70℃，并恒温在（70±5）℃（其中升温时间为 1h）。

　②淋水 1h

　向试样表面淋水，水温为（15±5）℃，水量为 1.0～1.5L /（m² · min）。

　③静置 2h

　2) 状态调节至少 48h。

　3) 加热—冷冻循环 5 次，每次 24h。

　①升温 8h

　使试样表面升温至 50℃，并恒温在（50±5）℃（其中升温时间为 1h）。

　②降温 16h

　使试样表面降温至 −20℃，并恒温在（−20±5）℃（其中降温时间为 2h）。

2 保温浆料系统、有网现浇系统和机械固定系统试验步骤如下：

　1) 高温—淋水循环 80 次，每次 6h。

　①升温 3h

　使试样表面升温至 70℃，并恒温在（70±5）℃，恒温时间不应小于 1h。

　②淋水 1h

　向试样表面淋水，水温为（15±5）℃，水量为 1.0～1.5 L /（m² · min）。

　③静置 2h

　2) 状态调节至少 48h。

　3) 加热—冷冻循环 5 次，每次 24h。

　①升温 8h

　使试样表面升温至 50℃，并恒温在（50±5）℃，恒温时间不应小于 5h。

　②降温 16h

　使试样表面降温至 −20℃，并恒温在（−20±5）℃，恒温时间不应小于 12h。

A.2.3 观察、记录和检验时，应符合下列规定：

1 每 4 次高温—淋水循环和每次加热—冷冻循环后观察试样是否出现裂缝、空鼓、脱落等情况并做记录。

2 试验结束后，状态调节 7d，按现行行业标准《建筑工程饰面砖粘结强度检验标准》JGJ 110 规定检验抹面层与保温层的拉伸粘结强度，断缝应切割至保温层表面。并按本规程附录 B 第 B.3 节规定检验系统抗冲击性。

A.3 系统抗风荷载性能试验方法

A.3.1 试样应由基层墙体和被测外保温系统组成，

试样尺寸应不小于 2.0m×2.5m。

基层墙体可为混凝土墙或砖墙。为了模拟空气渗漏，在基层墙体上每平方米应预留一个直径 15mm 的孔洞，并应位于保温板接缝处。

A.3.2 试验设备是一个负压箱。负压箱应有足够的深度，以保证在外保温系统可能的变形范围内能使施加在系统上的压力保持恒定。试样安装在负压箱开口中并沿基层墙体周边进行固定和密封。

A.3.3 试验步骤中的加压程序及压力脉冲图形见图 A.3.3。

每级试验包含 1415 个负风压脉冲，加压图形以试验风荷载 Q 的百分数表示。试验以 1kPa 的级差由低向高逐级进行，直至试样破坏。

有下列现象之一时，可视为试样破坏：

1 保温板断裂；

2 保温板中或保温板与其保护层之间出现分层；

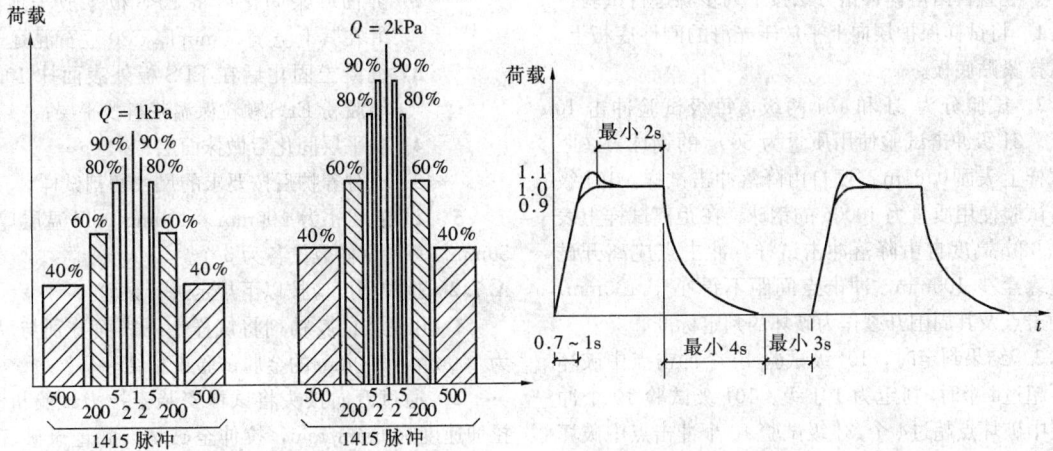

图 A.3.3 加压步骤及压力脉冲图形

3 保护层本身脱开；

4 保温板被从固定件上拉出；

5 机械固定件从基底上拔出；

6 保温板从支撑结构上脱离。

A.3.4 系统抗风压值 R_d 应按下式进行计算：

$$R_d = \frac{Q_1 C_s C_a}{K} \quad (A.3.4)$$

式中 R_d——系统抗风压值，kPa；

Q_1——试样破坏前一级的试验风荷载值，kPa；

K——安全系数，按本规程第 4.0.6 条表 4.0.6 选取；

C_a——几何因数，$C_a=1$；

C_s——统计修正因数，按表 A.3.4 选取。

表 A.3.4 保温板为粘接固定时的 C_s 值

粘接面积 B（%）	C_s
50≤B≤100	1
10<B<50	0.9
B≤10	0.8

A.4 系统耐冻融性能试验方法

A.4.1 当采用以纯聚合物为粘结基料的材料做饰面涂层时，应对以下两种试样进行试验：

1 由保温层和抹面层构成（不包含饰面层）的试样；

2 由保温层和保护层构成（包含饰面层）的试样。

当饰面层材料不是以纯聚合物为粘结基料的材料时，试样应包含饰面层。如果不只使用一种饰面材料，应按不同种类的饰面材料分别制样。如果仅颗粒大小不同，可视为同种类材料。

试样尺寸为 500mm×500mm，试样数量为 3 件。试样周边涂密封材料密封。

A.4.2 试验步骤应符合下列规定：

1 冻融循环 30 次，每次 24h。

1）在（20±2）℃自来水中浸泡 8h。试样浸入水中时，应使抹面层或保护层朝下，使抹面层浸入水中，并排除试样表面气泡。

2）在（−20±2）℃冰箱中冷冻 16h。

试验期间如需中断试验，试样应置于冰箱中在（−20±2）℃下存放。

2 每 3 次循环后观察试样是否出现裂缝、空鼓、脱落等情况，并做记录。

3 试验结束后，状态调节 7d，按本规程第 A.8.2 条规定检验拉伸粘结强度。

A.5 系统抗冲击性试验方法

A.5.1 试样由保温层和保护层构成。

试样尺寸不应小于 1200mm×600mm，保温层厚度不应小于 50mm，玻纤网不得有搭接缝。试样分为单层网试样和双层网试样。单层网试样抹面层中应铺一层玻纤网，双层网试样抹面层中应铺一层玻纤网和一层加强网。

试样数量：

1 单层网试样：2 件，每件分别用于 3J 级和 10J 级冲击试验。

2 双层网试样：2 件，每件分别用于 3J 级和 10J 级冲击试验。

A.5.2 试验可采用摆动冲击或竖直自由落体冲击方法。摆动冲击方法可直接冲击经过耐候性试验的试验墙体。竖直自由落体冲击方法按下列步骤进行试验：

1 将试样保护层向上平放于光滑的刚性底板上，使试样紧贴底板。

2 试验分为 3J 和 10J 两级，每级试验冲击 10 个点。3J 级冲击试验使用质量为 500g 的钢球，在距离试样上表面 0.61m 高度自由降落冲击试样。10J 级冲击试验使用质量为 1000g 的钢球，在距离试样上表面 1.02m 高度自由降落冲击试样。冲击点应离开试样边缘至少 100mm，冲击点间距不得小于 100mm。以冲击点及其周围开裂作为破坏的判定标准。

A.5.3 结果判定时，10J 级试验 10 个冲击点中破坏点不超过 4 个时，判定为 10J 级。10J 级试验 10 个冲击点中破坏点超过 4 个，3J 级试验 10 个冲击点中破坏点不超过 4 个时，判定为 3J 级。

A.6 系统吸水量试验方法

A.6.1 试样制备应符合下列规定：

试样分为两种，一种由保温层和抹面层构成，另一种由保温层和保护层构成。

试样尺寸为 200mm×200mm，保温层厚度为 50mm，抹面层和饰面层厚度应符合受检外保温系统构造规定。每种试样数量各为 3 件。

试样周边涂密封材料密封。

A.6.2 试验步骤应符合下列规定：

1 测量试样面积 A。

2 称量试样初始重量 m_0。

3 使试样抹面层或保护层朝下浸入水中并使表面完全湿润。分别浸泡 1h 和 24h 后取出，在 1min 内擦去表面水分，称量吸水后的重量 m。

A.6.3 系统吸水量应按下式进行计算：

$$M = \frac{m - m_0}{A} \qquad (A.6.3)$$

式中 M——系统吸水量，kg/m²；

m——试样吸水后的重量，kg；

m_0——试样初始重量，kg；

A——试样面积，m²。

试验结果以 3 个试验数据的算术平均值表示。

A.7 抗拉强度试验方法

A.7.1 试样制备应符合下列规定：

1 EPS 板试样在 EPS 板上切割而成。

2 胶粉 EPS 颗粒保温浆料试样在预制成型的胶粉 EPS 颗粒保温浆料板上切割而成。

3 胶粉 EPS 颗粒保温浆料外保温系统试样由混凝土底板（作为基层墙体）、界面砂浆层、保温层和抹面层组成并切割成要求的尺寸。

4 EPS 板现浇混凝土外保温系统试样应按以下方法制备：

1）在 EPS 板两表面喷刷界面砂浆；

2）界面砂浆固化后将 EPS 板平放于地面，并在其上浇筑 30mm 厚 C20 豆石混凝土；

3）混凝土固化后在 EPS 板外表面抹 10mm 厚胶粉 EPS 颗粒保温浆料找平层；

4）找平层固化后做抹面层；

5）充分养护后按要求的尺寸切割试样。

5 试样尺寸为 100mm×100mm，保温层厚度 50mm。每种试样数量各为 5 个。

A.7.2 抗拉强度应按以下规定进行试验：

1 用适当的胶粘剂将试样上下表面分别与尺寸为 100mm×100mm 的金属试验板粘结。

2 通过万向接头将试样安装于拉力试验机上，拉伸速度为 5mm/min，拉伸至破坏，并记录破坏时的拉力及破坏部位。破坏部位在试验板粘结界面时试验数据无效。

3 试验应在以下两种试样状态下进行：

1）干燥状态；

2）水中浸泡 48h，取出后干燥 7d。

注：EPS 板只做干燥状态试验。

A.7.3 抗拉强度应按下式进行计算：

$$\sigma_t = \frac{P_t}{A} \qquad (A.7.3)$$

式中 σ_t——抗拉强度，MPa；

P_t——破坏荷载，N；

A——试样面积，mm²。

试验结果以 5 个试验数据的算术平均值表示。

A.8 拉伸粘结强度试验方法

A.8.1 胶粘剂拉伸粘结强度应按以下方法进行试验：

1 水泥砂浆底板尺寸为 80mm×40mm×40mm。底板的抗拉强度应不小于 1.5MPa。

2 EPS 板密度应为 18～22kg/m³，抗拉强度应不小于 0.1MPa。

3 与水泥砂浆粘结的试样数量为 5 个，制备方法如下：

在水泥砂浆底板中部涂胶粘剂，尺寸为 40mm×40mm，厚度为（3±1）mm。经过养护后，用适当的胶粘剂（如环氧树脂）按十字搭接方式在胶粘剂上粘结砂浆底板。

4 与 EPS 板粘结的试样数量为 5 个，制备方法如下：

将 EPS 板切割成 100mm×100mm×50mm，在 EPS 板一个表面上涂胶粘剂，厚度为（3±1）mm。经过养护后，两面用适当的胶粘剂（如环氧树脂）粘结尺寸为 100mm×100mm 的钢底板。

5 试验应在以下两种试样状态下进行：

1）干燥状态；

2）水中浸泡 48h，取出后 2h。

6 将试样安装于拉力试验机上，拉伸速度为 5mm/min，拉伸至破坏，并记录破坏时的拉力及破坏部位。

A.8.2 抹面材料与保温材料拉伸粘结强度应按以下方法进行试验：

1 试样尺寸为 100mm×100mm，保温板厚度为 50mm。试样数量为 5 件。

2 保温材料为 EPS 保温板时，将抹面材料抹在 EPS 板一个表面上，厚度为（3±1）mm。经过养护后，两面用适当的胶粘剂（如环氧树脂）粘结尺寸为 100mm×100mm 的钢底板。

3 保温材料为胶粉 EPS 颗粒保温浆料板时，将抗裂砂浆抹在胶粉 EPS 颗粒保温浆料板一个表面上，厚度为（3±1）mm。经过养护后，两面用适当的胶粘剂（如环氧树脂）粘结尺寸为 100mm×100mm 的钢底板。

4 试验应在以下 3 种试样状态下进行：

1）干燥状态；

2）经过耐候性试验后；

3）经过冻融试验后。

5 将试样安装于拉力试验机上，拉伸速度为 5mm/min，拉伸至破坏并记录破坏时的拉力及破坏部位。

A.8.3 拉伸粘结强度应按下式进行计算：

$$\sigma_b = \frac{P_b}{A} \qquad (A.8.3)$$

式中 σ_b——拉伸粘结强度，MPa；

P_b——破坏荷载，N；

A——试样面积，mm^2。

试验结果以 5 个试验数据的算术平均值表示。

A.9 系统热阻试验方法

A.9.1 系统热阻应按现行国家标准《建筑构件稳态热传递性质的测定 标定和防护热箱法》GB/T 13475 规定进行试验。制样时 EPS 板拼缝缝隙宽度、单位面积内锚栓和金属固定件的数量应符合受检外保温系统构造规定。

A.10 抹面层不透水性试验方法

A.10.1 试样制备应符合下列规定：

试样由 EPS 板和抹面层组成，试样尺寸为

200mm×200mm，EPS 板厚度 60mm，试样数量 2 个。将试样中心部位的 EPS 板除去并刮干净，一直刮到抹面层的背面，刮除部分的尺寸为 100mm×100mm。将试样周边密封，抹面层朝下浸入水槽中，使试样浮在水槽中，底面所受压强为 500Pa。浸水时间达到 2h 时，观察是否有水透过抹面层（为便于观察，可在水中添加颜色指示剂）。

A.10.2 2 个试样浸水 2h 时均不透水时，判定为不透水。

A.11 水蒸气渗透性能试验方法

A.11.1 试样制备应符合下列规定：

1 EPS 板试样在 EPS 板上切割而成。

2 胶粉 EPS 颗粒保温浆料试样在预制成型的胶粉 EPS 颗粒保温浆料板上切割而成。

3 保护层试样是将保护层做在保温板上，经过养护后除去保温材料，并切割成规定的尺寸。

当采用以纯聚合物为粘结基料的材料作饰面涂层时，应按不同种类的饰面材料分别制样。如果仅颗粒大小不同，可视为同类材料。当采用其他材料作饰面涂层时，应对具有最厚饰面涂层的保护层进行试验。

A.11.2 保护层和保温材料的水蒸气渗透性能应按现行国家标准《建筑材料水蒸气透过性能试验方法》GB/T 17146 中的干燥剂法规定进行试验。试验箱内温度应为（23±2）℃，相对湿度可为 50%±2%（23℃ 下含有大量未溶解重铬酸钠或磷酸氢铵（$NH_4H_2PO_4$）的过饱和溶液）或 85%±2%（23℃ 下含有大量未溶解硝酸钾的过饱和溶液）。

A.12 玻纤网耐碱拉伸断裂强力试验方法

A.12.1 试样制备应符合下列规定：

1 试样尺寸：试样宽度为 50mm，长度为 300mm。

2 试样数量：纬向、经向各 20 片。

A.12.2 标准方法应符合下列规定：

1 首先对 10 片纬向试样和 10 片经向试样测定初始拉伸断裂强力。其余试样放入（23±2）℃、浓度为 5% 的 NaOH 水溶液中浸泡（10 片纬向和 10 片经向试样，浸入 4L 溶液中）。

2 浸泡 28d 后，取出试样，放入水中漂洗 5min，接着用流动水冲洗 5min，然后在（60±5）℃ 烘箱中烘 1h 后取出，在 10~25℃ 环境条件下放置至少 24h 后测定耐碱拉伸断裂强力，并计算耐碱拉伸断裂强力保留率。

拉伸试验机夹具应夹住试样整个宽度。卡头间距为 200mm。加载速度为（100±5）mm/min，拉伸至断裂并记录断裂时的拉力。试样在卡头中有移动或在卡头处断裂时，其试验值应被剔除。

A.12.3 应用快速法时，使用混合碱溶液。碱溶液配比如下：0.88g NaOH，3.45g KOH，0.48g Ca(OH)$_2$，

1L 蒸馏水（PH 值 12.5）。

80℃下浸泡 6h。其他步骤同 A.12.2。

A.12.4 耐碱拉伸断裂强力保留率应按下式进行计算：

$$B = \frac{F_1}{F_0} \times 100\% \qquad (A.12.4)$$

式中 B——耐碱拉伸断裂强力保留率，%；

F_1——耐碱拉伸断裂强力，N/50mm；

F_0——初始拉伸断裂强力，N/50mm。

试验结果分别以经向和纬向 5 个试样测定值的算术平均值表示。

附录 B 现场试验方法

B.1 基层与胶粘剂的拉伸粘结强度检验方法

B.1.1 在每种类型的基层墙体表面上取 5 处有代表性的部位分别涂胶粘剂或界面砂浆，面积为 3～4dm²，厚度为 5～8mm。干燥后应按现行行业标准《建筑工程饰面砖粘结强度检验标准》JGJ 110 规定进行试验，断缝应从胶粘剂或界面砂浆表面切割至基层表面。

B.2 无网现浇系统粘结强度试验方法

B.2.1 混凝土浇筑后应养护 28d。

B.2.2 测点选取如图 B.2.1 所示，共测 9 点。

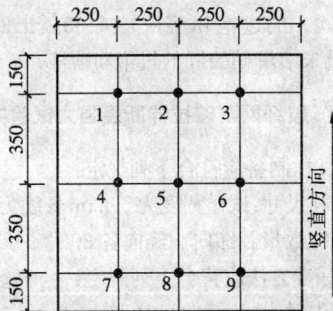

图 B.2.1 测点位置

B.2.3 试验方法应按现行行业标准《建筑工程饰面砖粘结强度检验标准》JGJ 110 规定进行试验，试样尺寸为 100mm×100mm，断缝应从 EPS 板表面切割至基层表面。

B.3 系统抗冲击性检验方法

B.3.1 系统抗冲击性检验应在保护层施工完成 28d 后进行。应根据抹面层和饰面层性能的不同而选取冲击点，且不要选在局部增强区域和玻纤网搭接部位。

B.3.2 采用摆动冲击，摆动中心固定在冲击点的垂线上，摆长至少为 1.50m。取钢球从静止开始下落的位置与冲击点之间的高差等于规定的落差。10J 级钢球质量为 1000g（直径 6.25cm），落差为 1.02m。3J级钢球质量为 500g，落差为 0.61m。

B.3.3 应按本规程第 A.5.3 条规定对试验结果进行判定。

本规程用词说明

1 为便于在执行本规程条文时区别对待，对要求严格程度不同的用词说明如下：

1）表示很严格，非这样做不可的：

正面词采用"必须"，反面词采用"严禁"。

2）表示严格，在正常情况下均应这样做的：

正面词采用"应"，反面词采用"不应"或"不得"。

3）表示允许稍有选择，在条件许可时首先应这样做的：

正面词采用"宜"，反面词采用"不宜"。

表示允许有选择，在一定条件下可以这样做的，采用"可"。

2 条文中指明应按其他有关标准的规定执行时，写法为"应符合……规定"或"应符合……要求"。

中华人民共和国行业标准

外墙外保温工程技术规程

JGJ 144—2004

条 文 说 明

前　　言

《外墙外保温工程技术规程》JGJ 144—2004，经建设部 2005 年 1 月 13 日以第 305 号公告批准，业已发布。

为便于广大设计、施工、科研、学校等单位的有关人员在使用本规程时能正确理解和执行条文规定，《外墙外保温工程技术规程》编制组按章、节、条顺序编制了本规程的条文说明，供国内使用者参考。在使用中如发现本条文说明有不妥之处，请将意见函寄建设部科技发展促进中心（地址：北京市三里河路 9 号邮政编码：100835）。

目　次

1　总则 ················· 21—18

2　术语 ················· 21—18

3　基本规定 ············· 21—18

4　性能要求 ············· 21—20

5　设计与施工 ··········· 21—21

6　外墙外保温系统构造和技术要求 ··· 21—22

　6.1　EPS板薄抹灰外墙外保温系统········ 21—22

　6.2　胶粉EPS颗粒保温浆料外墙外
　　　保温系统 ··········· 21—23

　6.3　EPS板现浇混凝土外墙外保温

　　　系统 ··············· 21—23

　6.4　EPS钢丝网架板现浇混凝土外墙外
　　　保温系统 ··········· 21—23

　6.5　机械固定EPS钢丝网架板外墙外
　　　保温系统 ··········· 21—23

7　工程验收 ············· 21—23

附录A　外墙外保温系统及其组成
　　　材料性能试验方法 ······· 21—24

附录B　现场试验方法 ········· 21—24

1 总　　则

1.0.1 外保温工程在欧洲已有35年以上的历史，使用最多的是EPS板薄抹面外保温系统。欧洲是世界上最早开展技术认定的地区，早在1979年，欧洲建筑技术鉴定联合会（UEAtc）就已发布了EPS板薄抹面外保温系统鉴定指南，并于1988年发布了新版。1992年又发布了具有无机抹面层的外保温系统鉴定指南。在1988年和1992年指南的基础上，欧洲技术认定组织（EOTA）于2000年发布了《有抹面复合外保温系统欧洲技术认定指南》EOTA ETAG 004。该指南对外保温系统的技术性能、试验方法以及技术认定要求做了全面规定，是对外保温系统进行技术认定的依据。欧洲是把外保温系统作为一个整体进行认定的，其中包括外保温系统的构造和设计、施工要点，系统和组成材料性能及生产过程质量控制等诸多方面。我国20世纪80年代中期开始进行外保温工程试点，首先用于工程的也是EPS板薄抹面外保温系统。随着北美、欧洲和韩国公司的进入，尤其是第一套外墙外保温国家标准图的出版发行，对外保温的发展起了很大的促进作用。由于外保温在建筑节能和室内环境舒适等方面的诸多优点，建设部已把外保温作为重点发展项目。目前，我国外保温工程虽然工程量不大，竣工年限不长，但质量问题不少。主要问题是保护层开裂和瓷砖空鼓脱落，也有个别工程出现被大风刮掉，雨水通过裂缝渗至外墙内表面等严重问题。这些问题若不及时加以控制，将会对我国刚刚起步的外保温市场造成不良影响，并给外保温工程留下安全隐患。

制定本规程的目的，一是借鉴先进国家的成熟经验指导我国外保温技术的开发；二是控制外保温工程质量，促进外保温行业健康发展。

本规程给出了对外墙外保温系统的性能要求，用于检查各项性能的检验方法以及对于设计和施工的相应规定。

本规程收入了5种外保温系统。岩棉外保温系统和其他系统待工程应用成熟后再行增补。

1.0.2 本条规定包含2项内容。一是适用于新建居住建筑，二是适用于混凝土和砌体结构基层。

新建工业建筑、公共建筑和既有建筑可参照执行，执行中需注意以下几点：

1　本规程关于建筑节能设计方面的要求是针对新建居住建筑的，建筑热工设计方面的要求是针对民用建筑的。

2　本规程第6.3节和第6.4节所涉及的系统构造只能用于新建建筑。

3　既有建筑节能改造情况比较复杂，技术上主要涉及构造设计和基层处理等方面。既有建筑基层处理主要应注意墙体是否坚实，墙面抹灰层是否空鼓以及饰面砖、涂料饰面层处理等问题。

1.0.3 国家现行强制性标准包括建筑防火、建筑工程抗震等方面的标准和规范。

2 术　　语

2.0.1 从设计观点来看，外保温系统可按固定方法划分如下：

1　单纯粘结系统　系统可采用满粘（铺满整个表面）、条式粘结或点式粘结。

2　附加以机械固定的粘结系统　荷载完全由粘结层承受。机械固定在胶粘剂干燥之前起稳定作用，并作为临时连接以防止脱开。它们在火灾情况下也可起稳定作用。

3　以粘结为辅助的机械固定系统　荷载完全由机械固定装置承受。粘结是用于保证系统安装时的平整度。

4　单纯机械固定系统　系统仅用机械固定装置固定于墙上。

2.0.4　适合于外保温系统的外墙一般由砖石（砖、砌块、石材……）或混凝土（现浇或预制板）构成。外保温系统是非承重建筑构件，不用于保证主体结构的气密性。外墙本身应符合必要的结构性能要求（抵抗静荷载和动荷载）和气密性要求。

2.0.6～2.0.8　一般来说，保护层包括以下几层：

1　抹面层　直接抹在保温材料上的涂层。增强网埋在其中，保护层的大部分力学性能都由它提供。

2　增强层　埋在抹面层中用于提高其机械强度的玻纤网、金属网或塑料网增强层。

3　界面层　非常薄的涂层。有可能涂在抹面层上，作为涂饰面层的准备层。

4　饰面层　最外层。其作用是保护系统免受气候破坏并起装饰作用。它是涂在抹面层上，可以涂界面层，也可不涂界面层。

2.0.11　本规程中涉及的EPS钢丝网架板包括以下两种：

腹丝穿透型钢丝网架板　用于有网现浇系统。
腹丝非穿透型钢丝网架板　用于机械固定系统。

3　基 本 规 定

3.0.1～3.0.8　这几条涉及对于外保温工程或工程各部分的基本规定，编制时主要参考了欧洲技术认定组织（EOTA）《有抹面复合外保温系统欧洲技术认定指南》EOTA ETAG 004，同时考虑了我国的实际情况。

在EOTA ETAG 004中，依据建筑产品条令（CPD），将外保温工程理解为"组合、组装、施用或安装于工程中的"产品，并应"具有能保证工程符合基本要求的特性"。因此，在得到正常维护的情况下，在一个经济上合理的使用寿命期内，外保温工程必须满足以下6项基本要求：

1 基本要求1：耐力学作用和稳定性

工程非承重部分的耐力学作用和稳定性不在基本要求之内。但在基本要求——使用安全性中将涉及此问题。

2 基本要求2：火灾情况下的安全性

对复合外保温系统的防火要求将依据法律、法规和适用于建筑物整体的行政规定而定，并将由CEN分级文件（prEN 13501—1）作出规定。

3 基本要求3：卫生、健康和环境

1）室内环境，潮湿

因外墙与潮湿有关，以下两点要求应该加以考虑。对此，复合外保温系统有着有利的影响。

——防止室外水分进入。

外墙不会被雨、雪所损坏，还应防止雨、雪渗入建筑物内部，并且不应将水分迁移至任何可能造成损坏的部位。

——防止内表面和间层结露。表面结露问题通常会因附加复合外保温系统而得到缓解。

在正常使用条件下，有害的间层结露不会出现在系统中。在室内水蒸气产生率高的情况下，必须采取适当措施防止系统受潮，如适当的产品设计和材料选取等。

要保证上述第一点要求得到满足，应考虑正常使用条件下的耐机械应力性能。即：

——系统应设计成在由交通往来和正常使用造成的冲击作用下仍能保持其特性。系统在一般事故或故意造成的意外冲击的作用下应不会导致任何损坏。

——系统应能允许标准维修设备在其上支靠而不致造成抹面层的任何破裂或穿孔。

这就是说，对于基本要求3，对系统及其部件来说应评估下列产品特性：

——吸水性；

——不透水性；

——抗冲击性；

——水蒸气渗透性；

——热工性能（包含于基本要求6）。

2）室外环境

施工和工程建设中不得向周围环境（空气、土壤和水）释放污染物。

用于外墙的建筑材料向室外空气、土壤和水中释放的污染物比率应符合法律、法规和该地区行政管理条款的规定。

4 基本要求4：使用安全性

虽然复合外保温系统不作为承重结构使用，但对其力学性能和稳定性仍然提出了要求。

复合外保温系统在由正常荷载，如自重、温度、湿度和收缩以及主体结构位移和风力（吸力）等引起的联合应力的作用下应能保持稳定。

这就是说，对于基本要求4，对系统及其部件来说应评估下列产品特性：

——自重的作用

系统应能承受自重而不产生有害变形。

——抵抗主体结构变形的能力

主体结构的正常变形应不致造成系统中裂缝的形成或脱胶。复合外保温系统应能抵抗由于温度和应力变化而产生的变形（结构连接处除外，此处应采取专门措施）。

——负风压吸力的作用

系统应具有足够的力学性能，使其能够抵抗风力造成的压力、吸力和振动。而且应有足够的安全系数。

5 基本要求5：隔声

隔声要求并未提出，因为这些要求应由包括复合外保温系统在内的整个墙体以及窗和其他孔洞来满足。

6 基本要求6：节能和保温

整个墙体应满足此项要求。复合外保温系统改善了保温性能并使减少采暖（冬季）和空调（夏季）能耗成为可能。因此，应评估由复合外保温系统而附加的热阻，使其可被引入国家能耗规范所要求的热工计算中。

机械固定钉或锚栓可造成局部温差。必须保证这种影响足够小，小到不致影响保温性能。

为了确定复合外保温系统对于墙体的保温效能，应对有关部件的以下特性作出规定：

——导热系数/热阻；

——水蒸气渗透性能（包含于基本要求3）；

——吸水性（包含于基本要求3）。

3.0.9 本条涉及工程的预期耐久性和使用性能。在EOTA ETAG 004中，除提出6项基本要求外，还对外保温工程耐久性和使用性能作了以下规定：

系统在所经受的各种作用下，在系统寿命期内，以上6项基本要求均应满足。

1 系统耐久性

复合外保温系统在温度、湿度和收缩的作用下应是稳定的。

无论高温还是低温都将产生一种破坏性的或不可逆的变形作用。表面温度的变化，例如在经受长时间太阳照射之后突然降雨所造成的温度急剧下降或阳光照射部位与阴影部位之间的温差，不应引起任何破坏。

此外，应采取措施防止在结构变形缝和立面构件由不同材料构成的部位（例如与窗的连接处）有裂缝形成。

2 部件耐久性

在正常使用条件和为保持系统质量而进行的正常维修下，所有部件在系统整个使用寿命期内均应保持其特性。这就要求符合以下几点：

——所有部件都应表现出化学-物理稳定性。如果并不是完全知道，至少也应是有理由可预见的。在相互接触的材料之间出现反应的情况下，这些反应应该是缓慢进行的。

——所有材料应是天然耐腐蚀或者是被处理成耐腐蚀的。这涉及玻纤网耐碱性、金属网、金属固定件镀锌或涂防锈漆等防锈处理。

——所有材料应是彼此相容的。

彼此相容是要求外保温系统中任何一种组成材料应与其他所有组成材料相容。这就是说，胶粘剂、抹面材料、饰面材料、密封材料和附件等应与 EPS 板、胶粉 EPS 颗粒保温浆料等保温材料相容并且各种材料之间都应相容。

鼠类、昆虫（如白蚁），甚至菜园中的肉虫都会咬食 EPS 板。在有白蚁等虫害的地区，应做好防虫害构造设计。

3.0.10 使用年限的含义是，当预期使用年限到期后，外保温工程性能仍能符合本规程规定。

正常维护包括局部修补和饰面层维修两部分。对局部破坏应及时修补。对于不可触及的墙面，饰面层正常维修周期应不小于 5 年。

使用年限不少于 25 年的规定是依据 EOTA ETAG 004 作出的。EOTA ETAG 004 中所涉及的规定是建立在当前技术状况及现有知识和经验的基础之上的，是在试验室试验以及与试验性建筑对比分析的基础上提出的。欧洲使用最久的 EPS 板薄抹面外保温系统实际工程将近 40 年。大量工程实践证实，EPS 板薄抹面外保温系统使用年限可超过 25 年。

保温浆料系统在欧洲也早有应用，在德国也有相应的产品标准。在我国已进行了大量的多种试验研究并有大量的工程应用。

4 性能要求

4.0.1、4.0.2 本章涉及为满足第 3 章对外保温工程的基本规定而需要对外保温系统及其组成材料进行检验的项目及性能要求，编制时主要参考了 EOTA ETAG 004。

EOTA ETAG 004 中所涉及的规定、试验和评审方法是在假定复合外保温系统的使用寿命至少为 25 年的基础上制定出的。这些规定是建立在当前技术状况及现有知识和经验的基础之上的。这些规定不能被看作为生产者或批准机构对 25 年使用寿命给予的担保。

这些表述只能被看作一种方法，使规定者按预期

的、经济合理的工程使用寿命来为复合外保温系统选择适当的技术指标。

外保温工程在实际使用中会受到相当大的热应力作用，这种热应力主要表现在保护层上。由于聚苯板的隔热性能特别好，其保护层温度在夏季可高达 80℃。夏季持续晴天后突降暴雨所引起的表面温度变化可达 50℃之多。夏季的高温还会加速保护层的老化。保护层中的某些有机粘结材料会由于紫外线辐射、空气中的氧气和水分的作用而遭到破坏。

外保温工程至少应在 25 年内保持完好，这就要求它能够经受住周期性热湿和热冷气候条件的长期作用。耐候性试验模拟夏季墙面经高温日晒后突降暴雨和冬季昼夜温度的反复作用，是对大尺寸的外保温墙体进行的加速气候老化试验，是检验和评价外保温系统质量的最重要的试验项目。耐候性试验与实际工程有着很好的相关性，能很好地反映实际外保温工程的耐候性能。根据法国 CSTB 的试验，从在严酷气候条件下经过了几年考验的外保温系统的实际性能变化与试验室耐候性试验的对比来看，为了确保外保温系统在规定使用年限内的可靠性，耐候性试验是十分必要的。

耐候性试验条件的组合是十分严格的。通过该试验，不仅可检验外保温系统的长期耐候性能，而且还可对设计、施工和材料性能进行综合检验。如果材料质量不符合要求，设计不合理或施工质量不好，都不可能经受住这样的考验。

以前，对于一种新材料或新构造系统，往往是通过搞试点建筑的方法进行考验。一般认为经过一个冬季和夏季不出现问题，即可通过鉴定。外保温系统至少应在 25 年使用期内保持完好。这就要求系统能够经受住周期性热湿和热冷气候条件的长期作用。通过搞试点建筑的方法难以在短期内判断外保温系统是否满足长期使用要求。

4.0.3～4.0.5 通过检验保温浆料系统和无网现浇系统的抗拉强度，可检验系统各构造层之间的粘结强度以及保温层的抗拉强度，这样就不必单独对每层材料进行检验。

4.0.6 对于性能要求，根据不同情况分别以数值、特性等形式进行规定。有些性能如复合墙体热阻、保护层水蒸气渗透阻和保温材料水蒸气渗透系数等，外保温系统供应商应提供检测数据，由设计人员分别按照《民用建筑节能设计标准（采暖居住建筑部分）》JGJ 26—95、《夏热冬冷地区居住建筑节能设计标准》JGJ 134—2001、《夏热冬暖地区居住建筑节能设计标准》JGJ 75—2003 和《民用建筑热工设计规范》GB 50176—93 等相关标准计算确定是否符合设计要求。

外保温系统抗风荷载性能　　EOTA ETAG 004 规定以 1.0kPa 为试验起始点，并按 0.5kPa 的级差逐

级升压，直至系统破坏。考虑到我国地域辽阔，有的地区风荷载设计值很高，而且高层建筑较多，为了简化试验，规定由设计要求值降低 1kPa 作为试验起始点，并按 1kPa 的级差逐级升压。

外保温复合墙体热阻　　规定用《建筑构件稳态热传递性质的测定 标定和防护热箱法》GB/T 13475—92 检验外保温系统热阻，可以检验系统包括热桥在内的平均热阻。EPS 板薄抹灰系统和无网现浇系统热桥影响主要来自 EPS 板拼缝，对于螺钉为镀锌碳素钢或不锈钢，螺钉直径不大于 6mm，套筒为塑料的锚栓，当每平方米数量不超过 10 个时可不计热桥影响。保温浆料系统、有网现浇系统和机械固定系统热桥影响主要来自金属拉结件、金属网和钢丝网架。无网现浇系统若预埋金属锚栓或钢筋拉结件时，热桥影响也很明显。

外保温系统抗冲击性、外保温系统吸水量、抹面层不透水性和保护层水蒸气渗透阻几项性能都与抹面层有关。厚的抹面层抗冲击性和不透水性好，薄的抹面层水蒸气渗透阻小，但抹面层过薄又会导致不透水性差。

门窗洞口周边和四角增铺加强网可提高抗冲击性。门窗洞口四角为应力集中部位，增铺加强网还可提高抗裂性。为达到 10J 抗冲击要求，建筑物首层以及门窗口等易受撞击部位一般需增铺加强网。

外保温系统耐冻融性能　　耐冻融性能与系统吸水量有关。不是以纯聚合物为粘结基料的饰面层有一定的吸水量。因此规定当饰面层材料不是以纯聚合物为粘结基料的材料时，试样应包含饰面层。当采用以纯聚合物为粘结基料的材料做饰面涂层时，应对含饰面层和不含饰面层的两种试样分别进行试验。一些外保温厂家在做饰面涂层前，先在抹面层上刮腻子。耐冻融试验表明，饰面涂层起鼓、脱落，大都由腻子层破坏而引起。

4.0.7、4.0.8　胶粘剂的性能关键是与 EPS 板的附着力，因此规定破坏部位应位于 EPS 板内。胶粘剂的粘结强度并不是越高越好，指标过高只会造成浪费。许多厂家同时用胶粘剂作为抹面胶浆使用，粘结强度指标过高还会增大抹面层的水蒸气渗透阻，不利于墙体中水分的排出。

4.0.10　本条只规定了玻纤网耐碱拉伸断裂强力和断裂强力保留率，对玻纤网的材料成分未作规定。本条规定主要参考了欧洲、德国和美国的相关标准。

4.0.11　本条规定了外保温系统其他主要组成材料的性能要求。

5　设 计 与 施 工

5.0.1　本规程中将外保温系统作为一个整体来考虑。外保温系统的设计和安装是遵照系统供应商的设计和安装说明进行的。整套组成材料都由系统供应商提供，系统供应商最终对整套材料负责。系统供应商应对外保温系统的所有组成部分作出规定。

本规程规定的 5 种外保温构造系统，保温材料均为 EPS，保护层均为现场抹面做法，饰面层均未涉及面砖饰面。每种构造系统都是一个完整的整体，都有其特定的组成材料和系统构造。目前，建筑市场上有各种各样的外保温做法，有使用挤塑板（XPS）的，有贴饰面砖的，有装配式的。以后还会有更多的构造形式出现。这些做法大多处在试验阶段，都存在需要解决的独特问题，而且需要进一步的试验检验和工程实践检验。

5.0.2　要求基层外表面温度高于 0℃，目的是保证基层和胶粘剂不受冻融破坏。

用三维温度场分析程序（STDA）计算表明，门窗框外侧洞口不做保温与做保温相比，外保温墙体平均传热系数增加最多可达 70% 以上。空调器托板、女儿墙以及阳台等热桥部位的传热损失也是相当大的。

本规程第 4.0.11 条表 4.0.11 中规定的 EPS 钢丝网架板热阻为不含机械固定件情况下的热阻，机械固定系统存在金属固定件和承托件的热桥影响，需做修正。

5.0.3　薄抹面层主要起防水和抗冲击作用，同时又应具有较小的水蒸气渗透阻。厚度过薄则不能达到足够的防水和抗冲击性能，过厚则会因横向拉应力超过玻纤网抗拉强度而导致抹面层开裂，过厚还会使水蒸气渗透阻超过设计要求。有的厂家薄抹面层厚度不足 2mm，但采用类似于干拌砂浆的厚饰面层，保护层厚度大都在 3～6mm 之内。保护层厚度还与系统防火性能有关，就防火性能而言，保护层也应有一定厚度。

厚抹面层过薄会导致金属网锈蚀，过厚会增加裂缝可能性，还会使重量超过抗震荷载限值。

5.0.4　密封和防水构造设计包括变形缝的设置、变形缝的构造设计以及系统的起端和终端的包边等。

1　需设置变形缝的部位有：

　1）基层结构设有伸缩缝、沉降缝和防震缝处；

　2）预制墙板相接处；

　3）外保温系统与不同材料相接处；

　4）基层材料改变处；

　5）结构可能产生较大位移的部位，例如建筑体形突变或结构体系变化处；

　6）经计算需设置变形缝处。

2　系统的起端和终端包括以下部位：

　1）门窗周边；

　2）穿墙管线洞口；

　3）檐口、女儿墙、勒脚、阳台、雨篷等尽端；

　4）变形缝及基层不同构造、不同材料结合处；

5）EPS板装饰造型。

外墙外保温系统构造做法是针对竖直墙面和不受雨淋的水平或倾斜的表面的。对于水平或倾斜的出挑部位，表面应增设防水层。水平或倾斜的出挑部位包括窗台、女儿墙、阳台、雨篷等，这些部位有可能出现积水、积雪情况。

5.0.5 外保温工程（尤其对于薄抹面层外保温系统）抹面层和饰面层尺寸偏差很大程度上取决于基层。因此，基层的尺寸偏差必须合格。

5.0.7 《建筑工程施工质量验收统一标准》GB 50300—2001第3.0.1条规定，施工现场质量管理应有相应的施工技术标准。第3.0.2条规定，各工序应按施工技术标准进行质量控制，每道工序完成后，应进行检查。

施工方案中一般包含以下内容：

1 施工工序及施工间隔时间；

为使材料有时间充分硬化，需规定保温层、抹面层和饰面层各层施工的间隔时间。

2 施工机具；

3 基层处理；

4 环境温度和养护条件要求；

5 施工方法；

6 材料用量；

7 各工序施工质量要求；

8 成品保护。

5.0.9 EPS板在表面裸露的情况下极易因直射阳光和风化作用而损坏。

5.0.10 EPS板外墙外保温系统抹面层可按以下步骤施工：

1 EPS板粘结牢固后（至少24h）方可进行抹面层施工。

2 抹抹面层前应检查EPS板是否粘结牢固，松动的EPS板应取下重贴，并应待粘结牢固后再进行下面的施工。应将大于2mm的板间缝隙用EPS板条填实，不得用胶粘剂填塞缝隙。填缝板条不得涂胶粘剂。有表皮的板面应磨去表皮。应将板间高差大于1mm的部位打磨平整。阳角应弹墨线并打磨至与墨线齐平。

3 抹面胶浆应随用随拌，已搅拌好的抹面胶浆应在2h内用完。

4 抹面层宜采用两道抹灰法施工。用不锈钢抹子在EPS板表面均匀涂抹一层面积略大于一块玻纤网的抹面胶浆，厚度约为2mm。立即将网格布压入湿的抹面胶浆中，待抹面胶浆稍干至可以碰触时抹第二道，使网格布被全部覆盖。

5.0.11 在高湿度和低温天气下，保护层和保温浆料干燥过程可能需要几天的时间。新抹涂层表面看似硬化和干燥，但往往仍需要采取保护措施使其在整个厚度内充分养护，特别是在冻结温度、雨、雪或其他有害气候条件很有可能出现的情况下。

5℃以下的温度可能由于减缓或停止丙烯酸聚合物成膜而妨碍涂层的适当养护。由寒冷气候造成的伤害短期内往往不易被发现，但是长久以后就会出现涂层开裂、破碎或分离。

像过分寒冷一样，突然降温可影响涂层的养护，其影响很快就会表现出来。突然降雨可将未经养护的新抹涂料直接从墙上冲掉。在情况允许时，可采取遮阳、防雨和防风措施。例如搭帐篷和用防雨帆布遮盖。为保持适当的养护温度，可能不得不采取辅助采暖措施。

5.0.12 外保温施工各分项工程和子分部工程完工后的成品保护包含以下内容：

1 防晒、防风雨、防冻；

2 防止施工污染；

3 吊运物品或拆脚手架时防止撞击墙面；

4 防止踩踏窗口；

5 对碰撞坏的墙面及时修补。

6 外墙外保温系统构造和技术要求

6.1 EPS板薄抹灰外墙外保温系统

6.1.1 本条规定了EPS板薄抹灰系统的构造。本条中规定保温层为EPS板，固定方式为粘结固定，饰面层为涂层。欧洲使用最久的EPS板薄抹面外保温系统实际工程将近40年，并且在试验室试验与试验性建筑对比分析的基础上制定了标准和规定了成套的检验方法。大量工程实践证实，EPS板薄抹面外保温系统使用年限可超过25年。

目前，工程上有在EPS板表面加镀锌钢丝网贴面砖的，有使用挤塑板（XPS）做保温层并做面砖饰面的，而且由于担心挤塑板粘贴不牢而采用粘钉结合方式固定。这些构造方式都不在本条规定的范围之内，其耐久性尚需通过长期工程实践的检验。

6.1.2 锚栓主要用于在不可预见的情况下对确保系统的安全性起一定的辅助作用。因此胶粘剂应承受系统全部荷载，不能因使用锚栓就放宽对粘结固定性能的要求。

本规程编制过程中，注意到部分供应商的外保温系统构造中不使用锚栓的情况。在供应商能够自行担保系统安全性的情况下，也可不使用锚栓。

6.1.3 EPS板尺寸过大时，可能因基层和板材的不平整而导致虚粘以及表面平整度不易调整等施工问题。

6.1.4 是否需要设分隔缝与外保温系统所使用的材料性能、基层墙体构造以及外保温系统设计等因素有关，一般由系统供应商根据所提供产品的性能来确定是否设分隔缝。

6.1.7 胶粘剂涂在 EPS 板表面可保证可靠粘结。规定涂胶粘剂面积不得小于 40%，主要考虑了风荷载、安全系数以及现场施工的不确定性。

6.1.9 门窗四角是应力集中部位，规定门窗洞口四角处 EPS 板不得拼接，应采用整块 EPS 板切割成形，是为了避免因板缝而产生裂缝。

6.2 胶粉 EPS 颗粒保温浆料外墙外保温系统

6.2.1 胶粉 EPS 颗粒保温浆料外墙外保温系统以涂料做饰面层时由界面层、胶粉 EPS 颗粒保温浆料保温层、抗裂砂浆薄抹面层和涂料饰面层组成。

界面层由界面砂浆构成，可增强胶粉 EPS 颗粒保温浆料与基层墙体的粘结力。

胶粉 EPS 颗粒保温浆料由胶粉料和 EPS 颗粒组成，胶粉料由无机胶凝材料与各种外加剂在工厂采用预混合干拌技术制成。施工时加水搅拌均匀，抹或喷在基层墙面上形成保温层。

抗裂砂浆薄抹面层由抗裂砂浆和玻纤网构成，用以提高保护层的机械强度和抗裂性。

涂料饰面层能够满足一定变形而保持不开裂。

6.2.3 同 6.1.4 条文说明。

6.2.6、6.2.7 胶粉 EPS 颗粒保温浆料的保温性能和力学性能都与干密度密切相关，只要控制了干密度和厚度，就可基本上控制住它的保温性能和力学性能。使用保温浆料做保温层与使用 EPS 板的重要区别在于，保温浆料保温层的厚度掌握在施工工人的手中。工程现场检验保温层厚度达不到设计要求的情况并不鲜见，现场检验保温层厚度十分必要。

6.3 EPS 板现浇混凝土外墙外保温系统

6.3.2 要求 EPS 板两面必须预涂界面砂浆，是为了确保 EPS 板与现浇混凝土和面层局部修补、找平材料能够牢固地粘结以及保护 EPS 板不受阳光和风化作用破坏。

6.3.3、6.3.4 EPS 板和锚栓可按以下方法安装：

1 绑扎完墙体钢筋后在外墙钢筋外侧绑扎水泥垫块（不能使用塑料卡）。每块 EPS 板不少于 6 块。

2 安装 EPS 板时，先安装阴阳角，然后顺两侧进行安装。如施工段较大可在两处或两处以上同时安装。首先在安装上墙的板高低槽口立面及高低槽口平面处均匀涂刷一层胶粘剂，接着将待安装的 EPS 板在对应部位涂刷胶粘剂，然后进行拼装，使相邻 EPS 板相互紧密粘结。

3 在拼装好的 EPS 板表面上按设计尺寸弹线，标出锚栓位置。使锚栓呈梅花状分布。每块 EPS 板上锚栓数量不少于 5 个。

4 EPS 板拼缝处需布置锚栓，门窗洞口过梁上设一个或多个锚栓。

5 安装锚栓前，在 EPS 板上预先穿孔，然后用火烧丝将锚栓绑扎在墙体钢筋上。

6.3.6 该条是为了保证混凝土浇筑后 EPS 板的表面平整和接茬高差等符合规定。

6.3.8 规定使用胶粉 EPS 颗粒保温浆料进行修补和找平，主要考虑防裂和减轻自重，这种做法已经在工程中使用。

6.4 EPS 钢丝网架板现浇混凝土外墙外保温系统

6.4.2 限制每平方米腹丝数量是基于保温要求。在保证力学性能要求的前提下减少腹丝密度可减小腹丝热桥影响。

6.4.8 厚抹面层水泥砂浆可掺 3%～5% 抗裂剂。抗裂砂浆薄抹面层做法与其他薄抹灰系统相同。

6.5 机械固定 EPS 钢丝网架板外墙外保温系统

6.5.7 混凝土空心砌块墙体采用预埋钢筋网片作为固定件时，钢筋网片在墙体高度方向上的间距宜为 600mm。钢筋网片分布筋宜为 φ6 钢筋，间距 500mm，伸出墙面长度宜超出 EPS 钢丝网架板外表面 100mm。安装 EPS 钢丝网架板时，使钢筋穿过网架板并向上弯转 90°压紧网架板。

6.5.11 EPS 钢丝网架板安装完毕后进行检查、校正、补强，然后进行面层抹灰。网架板抹灰可采用 1：4 水泥砂浆，内掺 3%～5% 抗裂剂。完成水泥砂浆抹面层后，在外表抹 2～3mm 的抗裂砂浆薄抹面层并嵌埋玻纤网。

7 工程验收

7.0.5 薄抹面层外保温系统抹面层和饰面层尺寸偏差取决于基层和 EPS 板粘贴的尺寸偏差。由于薄抹面层和饰面层厚度很薄，只有当保温层尺寸偏差符合《建筑装饰装修工程质量验收规范》GB 50210—2001 规定时，才能做到抹面层和饰面层尺寸偏差符合规定。保温层的尺寸偏差又与基层有关，本规程第 5.0.5 条已规定，除采用现浇混凝土外墙外保温系统外，外保温工程的施工应在基层施工质量验收合格后进行。

7.0.7 保温材料的导热系数和力学性能与密度密切相关，EPS 板抗拉强度与熔合质量有关。控制了保温材料的密度范围，基本上就可控制其导热系数和力学性能。

EPS 板的尺寸变化可分为热效应和后收缩两种变化。温度变化引起的变形是可逆的。EPS 板在加热成型后会产生收缩，这就是后收缩。后收缩的收缩率起初较快，以后逐渐变慢。收缩到某一极限值就不再收缩。EPS 板成形后需要进行养护或陈化，以保证 EPS 板的尺寸稳定。检验 EPS 板的尺寸稳定性可保证 EPS 板上墙后不会产生大的后收缩。

附录 A　外墙外保温系统及其组成材料性能试验方法

A.1　试样制备、养护和状态调节

A.1.1　试样性能与试样制备以及试样尺寸有一定关系。例如，不同生产厂家对抹面层厚度有不同的规定，而抹面层不透水性、保护层水蒸气渗透阻、系统吸水量和抗冲击性等又与抹面层厚度有关。因此，不宜做统一规定。

A.1.2　考虑到外保温系统对环境条件有很强的适应能力，试样养护和状态调节环境条件不必作严格规定。本条规定的条件，一般试验室均不难做到。在EOTA ETAG 004《有抹面复合外保温系统欧洲技术认定指南》中，对于耐候性试验的养护条件也是这样规定的。

A.1.3　在没有特殊规定的情况下，试样养护时间为28d。

A.2　系统耐候性试验方法

A.2.2　EPS板薄抹灰系统、无网现浇系统与保温浆料系统、有网现浇系统、机械固定系统由于蓄热性能不同，升温、降温性能也有所不同。本条根据验证试验结果，对不同的系统分别作了规定。

A.3　系统抗风荷载性能试验方法

A.3.3　试验起始风荷载 Q_1 可按下式选取：

$$Q_1 = \frac{mW_d}{C_sC_a} - 2$$

分析计算举例：

风荷载设计值 $W_d = 3.2\text{kPa}$，安全系数 $m=1.5$，$C_a=1$，对于EPS板外保温系统，EPS板粘结面积为40%，$C_s=0.9$。

计算得 $Q_1 = 1.5 \times 3.2 / (0.9 \times 1) - 2 = 3.3\text{kPa}$，

取整数后 $Q_1 = 3\text{kPa}$。

试验应从 $Q_1 = 3\text{kPa}$ 级做起，并按 $Q_1 = 3\text{kPa}$，4kPa，5kPa，6kPa，7kPa，……逐级进行。假如在6kPa级试验中试样破坏，则应取 $Q_1 = 5\text{kPa}$。按式（A.3.4）计算，$R_d = 3.0\text{kPa}$，小于设风荷载设计值3.2kPa，该系统不合格。

A.4　系统耐冻融性能试验方法

A.4.1　试样

不同材料的饰面层具有不同的吸水性能，这对耐冻融性能影响很大。本条规定是考虑到应在最不利的条件下进行检验。

A.12　玻纤网耐碱拉伸断裂强力试验方法

A.12.2　欧洲《UEAtc 聚苯板复合外墙外保温认定指南》中以5%的NaOH水溶液作为碱溶液，《有抹面复合外保温系统欧洲技术认定指南》EOTA ETAG 004中改用混合碱作为碱溶液。美国外保温相关标准中也以5%的NaOH水溶液作为碱溶液。国内以5%的NaOH水溶液作为碱溶液做了大量试验验证，并积累了大量试验数据。因此，本规程规定以5%的NaOH水溶液作为碱溶液。

A.12.3　为了适应材料进场复检的需要，本条规定了快速法。本条规定的方法来源于《UEAtc 面层为无机涂层的外墙外保温系统认定指南》。

附录 B　现场试验方法

B.2　无网现浇系统粘结强度试验方法

B.2.2　关于测点布置的规定是考虑到现浇混凝土侧压力对粘结性能的影响。按一次浇筑高度为1m考虑，分别测量不同高度处的粘结性能。

中华人民共和国行业标准

建筑门窗玻璃幕墙热工计算规程

Calculation specification for thermal performance of windows，doors
and glass curtain-walls

JGJ/T 151—2008
J 828—2008

批准部门：中华人民共和国住房和城乡建设部
施行日期：２００９年５月１日

中华人民共和国住房和城乡建设部
公 告

第 143 号

关于发布行业标准《建筑门窗玻璃幕墙热工计算规程》的公告

现批准《建筑门窗玻璃幕墙热工计算规程》为行业标准，编号为 JGJ/T 151 - 2008，自 2009 年 5 月 1 日起实施。

本规程由我部标准定额研究所组织中国建筑工业出版社出版发行。

中华人民共和国住房和城乡建设部

2008 年 11 月 13 日

前 言

根据建设部《关于印发〈二〇〇四年度工程建设城建、建工行业标准制订、修订计划〉的通知》（建标［2004］66 号）的要求，规程编制组经广泛调查研究，认真总结实践经验，参考有关国际标准和国外先进标准，并在广泛征求意见的基础上，制定了本规程。

本规程的主要技术内容：1. 总则；2. 术语、符号；3. 整樘窗热工性能计算；4. 玻璃幕墙热工计算；5. 结露性能评价；6. 玻璃光学热工性能计算；7. 框的传热计算；8. 遮阳系统计算；9. 通风空气间层的传热计算；10. 计算边界条件；以及相关附录。

本规程由住房和城乡建设部负责管理，由主编单位负责具体技术内容的解释。

本规程主编单位：广东省建筑科学研究院
（地址：广州市先烈东路 121 号；邮政编码：510500）
广东省建筑工程集团有限公司

本规程参加单位：中国建筑科学研究院
华南理工大学
广州市建筑科学研究院
深圳市建筑科学研究院
清华大学建筑学院
福建省建筑科学研究院
深圳南玻工程玻璃有限公司
秦皇岛耀华玻璃股份有限公司
美国创奇公司北京代表处

本规程主要起草人员：杨仕超　林海燕　孟庆林
任　俊　刘俊跃　王　馨
刘忠伟　黄夏东　许武毅
鲁大学　刘　军　刘月莉
马　扬

目　次

1　总则 ……………………………… 22—4
2　术语、符号 ………………………… 22—4
　　2.1　术语 …………………………… 22—4
　　2.2　符号 …………………………… 22—4
3　整樘窗热工性能计算 ……………… 22—5
　　3.1　一般规定 ……………………… 22—5
　　3.2　整樘窗几何描述 ……………… 22—5
　　3.3　整樘窗传热系数 ……………… 22—6
　　3.4　整樘窗遮阳系数 ……………… 22—6
　　3.5　整樘窗可见光透射比 ………… 22—6
4　玻璃幕墙热工计算 ………………… 22—6
　　4.1　一般规定 ……………………… 22—6
　　4.2　幕墙几何描述 ………………… 22—6
　　4.3　幕墙传热系数 ………………… 22—8
　　4.4　幕墙遮阳系数 ………………… 22—9
　　4.5　幕墙可见光透射比 …………… 22—9
5　结露性能评价 ……………………… 22—9
　　5.1　一般规定 ……………………… 22—9
　　5.2　露点温度的计算 ……………… 22—9
　　5.3　结露的计算与评价 …………… 22—9
6　玻璃光学热工性能计算 …………… 22—10
　　6.1　单片玻璃的光学热工性能 …… 22—10
　　6.2　多层玻璃的光学热工性能 …… 22—10
　　6.3　玻璃气体间层的热传递 ……… 22—11
　　6.4　玻璃系统的热工参数 ………… 22—13
7　框的传热计算 ……………………… 22—14
　　7.1　框的传热系数及框与面板接缝的
　　　　线传热系数 …………………… 22—14
　　7.2　传热控制方程 ………………… 22—14
　　7.3　玻璃气体间层的传热 ………… 22—15
　　7.4　封闭空腔的传热 ……………… 22—15

7.5　敞口空腔、槽的传热 ………… 22—17
7.6　框的太阳光总透射比 ………… 22—17
8　遮阳系统计算 ……………………… 22—17
　　8.1　一般规定 ……………………… 22—17
　　8.2　光学性能 ……………………… 22—18
　　8.3　遮阳百叶的光学性能 ………… 22—18
　　8.4　遮阳帘与门窗或幕墙组合系统的
　　　　简化计算 ……………………… 22—19
　　8.5　遮阳帘与门窗或幕墙组合系统的
　　　　详细计算 ……………………… 22—20
9　通风空气间层的传热计算 ………… 22—20
　　9.1　热平衡方程 …………………… 22—20
　　9.2　通风空气间层的温度分布 …… 22—21
　　9.3　通风空气间层的气流速度 …… 22—21
10　计算边界条件 …………………… 22—22
　　10.1　计算环境边界条件 ………… 22—22
　　10.2　对流换热 …………………… 22—22
　　10.3　长波辐射换热 ……………… 22—23
　　10.4　综合对流和辐射换热 ……… 22—24
附录A　典型窗的传热系数 ………… 22—24
附录B　典型窗框的传热系数 ……… 22—25
附录C　典型玻璃系统的光学热工
　　　　参数 ……………………… 22—27
附录D　太阳光谱、人眼视见函数、
　　　　标准光源 ………………… 22—27
附录E　常用气体热物理性能 ……… 22—28
附录F　常用材料的热工计算
　　　　参数 ……………………… 22—29
附录G　表面发射率的确定 ………… 22—30
本规程用词说明 ……………………… 22—30
附：条文说明 ………………………… 22—31

1 总则

1.0.1 为贯彻执行国家的建筑节能政策，促进建筑门窗、玻璃幕墙工程的节能设计和产品设计，规范门窗、玻璃幕墙产品的节能性能评价，制定本规程。

1.0.2 本规程适用于建筑外围护结构中使用的门窗和玻璃幕墙的传热系数、遮阳系数、可见光透射比以及结露性能评价的计算。

1.0.3 本规程规定的计算是在建筑门窗、玻璃幕墙空气渗透量为零，且采用稳态传热计算方法进行的计算。

1.0.4 实际工程所用建筑门窗、玻璃幕墙的室内外热工计算边界条件应符合相应的建筑热工设计标准和建筑节能设计标准的要求。

1.0.5 建筑门窗、玻璃幕墙所用材料的热工计算参数除可使用本规程给出的参数外，尚应符合国家现行有关标准的规定。

2 术语、符号

2.1 术语

2.1.1 夏季标准计算环境条件 standard summer environmental condition

用于门窗或玻璃幕墙产品设计、性能评价的夏季热工计算环境条件。

2.1.2 冬季标准计算环境条件 standard winter environmental condition

用于门窗或玻璃幕墙产品设计、性能评价的冬季热工计算环境条件。

2.1.3 传热系数 thermal transmittance

两侧环境温度差为 1K（℃）时，在单位时间内通过单位面积门窗或玻璃幕墙的热量。

2.1.4 面板传热系数 thermal transmittance of panel

指面板中部区域的传热系数，不考虑边缘的影响。如玻璃传热系数，是指玻璃面板中部区域的传热系数。

2.1.5 线传热系数 linear thermal transmittance

表示门窗或幕墙玻璃（或者其他镶嵌板）边缘与框的组合传热效应所产生附加传热量的参数，简称"线传热系数"。

2.1.6 太阳光总透射比 total solar energy transmittance，solar factor

通过玻璃、门窗或玻璃幕墙成为室内得热量的太阳辐射部分与投射到玻璃、门窗或玻璃幕墙构件上的太阳辐射照度的比值。成为室内得热量的太阳辐射部分包括太阳辐射通过辐射透射的得热量和太阳辐射被构件吸收再传入室内的得热量两部分。

2.1.7 遮阳系数 shading coefficient

在给定条件下，玻璃、门窗或玻璃幕墙的太阳光总透射比，与相同条件下相同面积的标准玻璃（3mm厚透明玻璃）的太阳光总透射比的比值。

2.1.8 可见光透射比 visible transmittance

采用人眼视见函数进行加权，标准光源透过玻璃、门窗或玻璃幕墙成为室内的可见光通量与投射到玻璃、门窗或玻璃幕墙上的可见光通量的比值。

2.1.9 露点温度 dew point temperature

在一定压力和水蒸气含量的条件下，空气达到饱和水蒸气状态时（相对湿度等于 100%）的温度。

2.2 符号

2.2.1 本规程采用如下符号：

A——面积；

A_i——第 i 层玻璃的太阳辐射吸收比；

c_p——常压下的比热容；

d——厚度；

D_λ——标准光源（CIE D65，ISO 10526）光谱函数；

E——空气的饱和水蒸气压力；

f——空气的相对湿度；

g——太阳光总透射比；

G——重力加速度；

h——表面换热系数；

H——气体间层高度；

$I_i^+(\lambda)$——在第 i 层和第 $i+1$ 层玻璃层之间向室外侧方向的辐射照度；

$I_i^-(\lambda)$——在第 i 层和第 $i+1$ 层玻璃层之间向室内侧方向的辐射照度；

I——太阳辐射照度；

J——辐射强度；

l——长度；

L——气体间层长度；

L^{2D}——二维传热计算的截面线传热系数；

$\hat{M}$——气体的摩尔质量；

N——玻璃层数加 2；

Nu——努谢尔特数（Nusselt number）；

p——压力；

q——热流密度；

Q——热流量；

$\mathcal{R}$——气体常数；

R——热阻；

Ra——瑞利数（Rayleigh number）；

SC——遮阳系数；

S_i——第 i 层玻璃吸收的太阳辐射热流密度；

S_λ——标准太阳辐射光谱函数；

t——厚度，温度；

t_{perp}——框内空腔垂直于热流的最大尺寸；

T——温度；

T_{10}——结露性能评价指标；

u——邻近表面的气流速度；

U——传热系数；

V——窗或幕墙附近自由气流流速，或某个部位的平均气流速度；

$V(\lambda)$——视见函数（ISO/CIE 10527）；

α——材料表面太阳辐射吸收系数；

β——填充气体热膨胀系数；

γ——气体密度；

λ——导热系数；

μ——流体运动黏度；

ε——远红外线半球发射率，方位角度；

ρ——反射比；

σ——斯蒂芬-玻尔兹曼常数，5.67×10^{-8} W/($m^2 \cdot K^4$)；

ψ——附加线传热系数；

τ——透射比。

2.2.2 本规程的符号采用表 2.2.2 所列举的注脚。

表 2.2.2　注　脚

注脚	名　　称
ave	平均
air	空气
bot	底部
b	背面
B	遮阳帘（百叶、织物帘）
c	对流
cg	玻璃中心
cold	冷侧条件
crit	临界
CW	幕墙
dif	散射
dir	直射
eff	有效的，当量的
eq	相等的
f	前面或框
g	玻璃或透明部分
h	水平
hot	热侧条件
i	室内
in	室内，或空气间层的入口
m	平均值
mix	混合物
n	环境
ne	室外环境
ni	室内环境
out	室外，或空气间层的出口
p	平板
r	辐射或发射
red	长波（远红外）辐射
s	太阳、源头或表面
std	标准的
surf	表面
t	全部
top	顶部
V	垂直
v	可见光
x	距离

3　整樘窗热工性能计算

3.1　一　般　规　定

3.1.1 整樘窗（或门，下同）的传热系数、遮阳系数、可见光透射比应采用各部分的相应数值按面积进行加权平均计算。典型窗的传热系数可按本规程附录 A 确定。

3.1.2 窗的线传热系数应按照本规程第 7 章的规定进行计算。

3.1.3 窗框的传热系数、太阳光总透射比应按照本规程第 7 章的规定进行计算。典型窗框的传热系数可按本规程附录 B 进行简化计算。

3.1.4 窗玻璃（或其他透明板材）的传热系数、太阳光总透射比、可见光透射比应按照本规程第 6 章的规定进行计算。典型玻璃系统的光学热工参数可按本规程附录 C 确定。

3.1.5 计算窗产品的热工性能时，框与墙相接的边界应作为绝热边界处理。

3.2　整樘窗几何描述

3.2.1 整樘窗应根据框截面的不同对窗框进行分类，每个不同类型窗框截面均应计算框传热系数、线传热系数。

不同类型窗框相交部分的传热系数宜采用邻近框中较高的传热系数代替。

3.2.2 窗在进行热工计算时应按下列规定进行面积划分（图 3.2.2）：

1 窗框投影面积 A_f：指从室内、外两侧分别投影，得到的可视框投影面积中的较大值，简称"窗框面积"；

2 玻璃投影面积 A_g（或其他镶嵌板的投影面积 A_p）：指从室内、外侧可见玻璃（或其他镶嵌板）边缘围合面积的较小值，简称"玻璃面积"（或"镶嵌

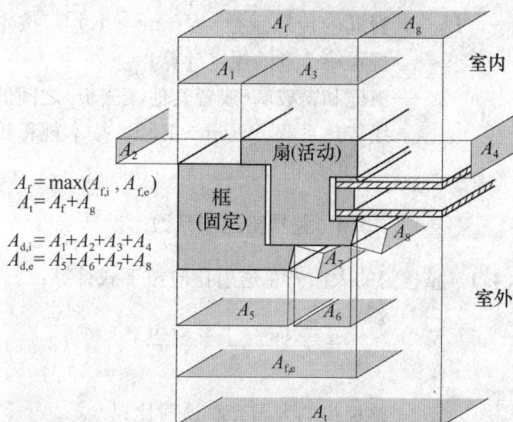

$A_f = \max(A_{f,i}, A_{f,e})$
$A_t = A_f + A_g$

$A_{d,i} = A_1 + A_2 + A_3 + A_4$
$A_{d,e} = A_5 + A_6 + A_7 + A_8$

图 3.2.2　窗各部件面积划分示意

板面积");

3 整樘窗总投影面积 A_t：指窗框面积 A_f 与窗玻璃面积 A_g（或其他镶嵌板的面积 A_p）之和，简称"窗面积"。

3.2.3 玻璃和框结合处的线传热系数对应的边缘长度 l_ψ 应为框与玻璃接缝长度，并应取室内、室外值中的较大值（图 3.2.3）。

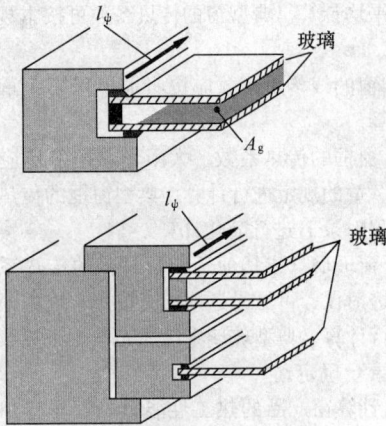

图 3.2.3 窗玻璃区域周长示意

3.3 整樘窗传热系数

3.3.1 整樘窗的传热系数应按下式计算：

$$U_t = \frac{\sum A_g U_g + \sum A_f U_f + \sum l_\psi \psi}{A_t} \quad (3.3.1)$$

式中 U_t——整樘窗的传热系数[W/(m²·K)]；

A_g——窗玻璃(或者其他镶嵌板)面积(m²)；

A_f——窗框面积(m²)；

A_t——窗面积(m²)；

l_ψ——玻璃区域(或者其他镶嵌板区域)的边缘长度(m)；

U_g——窗玻璃(或者其他镶嵌板)的传热系数[W/(m²·K)]，按本规程第 6 章的规定计算；

U_f——窗框的传热系数[W/(m²·K)]，按本规程第 7 章的规定计算；

ψ——窗框和窗玻璃(或者其他镶嵌板)之间的线传热系数[W/(m·K)]，按本规程第 7 章的规定计算。

3.4 整樘窗遮阳系数

3.4.1 整樘窗的太阳光总透射比应按下式计算：

$$g_t = \frac{\sum g_g A_g + \sum g_f A_f}{A_t} \quad (3.4.1)$$

式中 g_t——整樘窗的太阳光总透射比；

A_g——窗玻璃(或其他镶嵌板)面积(m²)；

A_f——窗框面积(m²)；

g_g——窗玻璃(或其他镶嵌板)区域太阳光总透射比，按本规程第 6 章的规定计算；

g_f——窗框太阳光总透射比；

A_t——窗面积(m²)。

3.4.2 整樘窗的遮阳系数应按下式计算：

$$SC = \frac{g_t}{0.87} \quad (3.4.2)$$

式中 SC——整樘窗的遮阳系数；

g_t——整樘窗的太阳光总透射比。

3.5 整樘窗可见光透射比

3.5.1 整樘窗的可见光透射比应按下式计算：

$$\tau_t = \frac{\sum \tau_v A_g}{A_t} \quad (3.5.1)$$

式中 τ_t——整樘窗的可见光透射比；

τ_v——窗玻璃(或其他镶嵌板)的可见光透射比，按本规程第 6 章的规定计算；

A_g——窗玻璃(或其他镶嵌板)面积(m²)；

A_t——窗面积(m²)。

4 玻璃幕墙热工计算

4.1 一般规定

4.1.1 玻璃幕墙整体的传热系数、遮阳系数、可见光透射比应采用各部件的相应数值按面积进行加权平均计算。

4.1.2 玻璃幕墙的线传热系数应按本规程第 7 章的规定进行计算。

4.1.3 幕墙框的传热系数、太阳光总透射比应按本规程第 7 章的规定进行计算。

4.1.4 幕墙玻璃(或其他透明面板)的传热系数、太阳光总透射比、可见光透射比应按本规程第 6 章的规定进行计算。典型玻璃系统的光学热工参数可按本规程附录 C 确定。

4.1.5 非透明多层面板的传热系数应按照各个材料层热阻相加的方法进行计算。

4.1.6 计算幕墙水平和垂直转角部位的传热时，可将幕墙展开，将转角框简化为传热等效的框进行计算。

4.2 幕墙几何描述

4.2.1 应根据框截面、镶嵌面板类型的不同将幕墙框节点进行分类，不同种类的框截面节点均应计算其传热系数及对应框和镶嵌面板接缝的线传热系数。

4.2.2 在进行幕墙热工计算时应按下列规定进行面积划分（图 4.2.2）：

1 框投影面积 A_f：指从室内、外两侧分别投影，得到的可视框投影面积中的较大值，简称"框面积"；

2 玻璃投影面积 A_g（或其他镶嵌板的投影面积 A_p）：指室内、外侧可见玻璃（或其他镶嵌板）边缘围合面积的较小值，简称"玻璃面积"（或"镶嵌板面积"）；

3 幕墙总投影面积 A_t：指框面积 A_f 与玻璃面积 A_g（和其他面板面积 A_p）之和，简称"幕墙面积"。

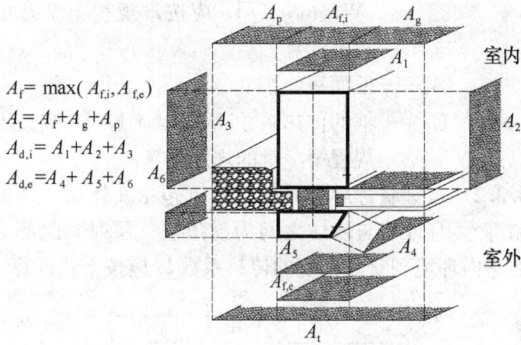

$$A_f = \max(A_{f,i}, A_{f,e})$$
$$A_t = A_f + A_g + A_p$$
$$A_{d,i} = A_1 + A_2 + A_3$$
$$A_{d,e} = A_4 + A_5 + A_6$$

图 4.2.2 各部件面积划分示意

4.2.3 幕墙玻璃（或其他镶嵌板）和框结合的线传热系数对应的边缘长度 l_ψ 应为框与面板的接缝长度，并应取室内、室外接缝长度的较大值（图 4.2.3）。

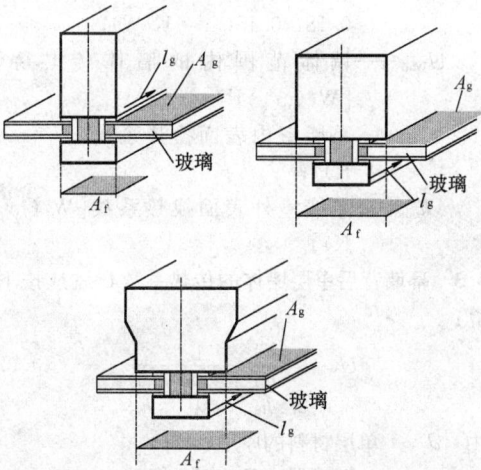

图 4.2.3 框与面板结合的几种情况示意

4.2.4 幕墙计算的边界和单元的划分应根据幕墙形式的不同而采用不同的方式。幕墙计算单元的划分应符合下列规定：

1 构件式幕墙计算单元可从型材中线剖分（图 4.2.4-1）；

2 单元式幕墙计算单元可从单元间的拼缝处剖分（图 4.2.4-2）。

4.2.5 幕墙计算的节点应包括幕墙所有典型的节点，对于复杂的节点可拆分计算（图 4.2.5）。

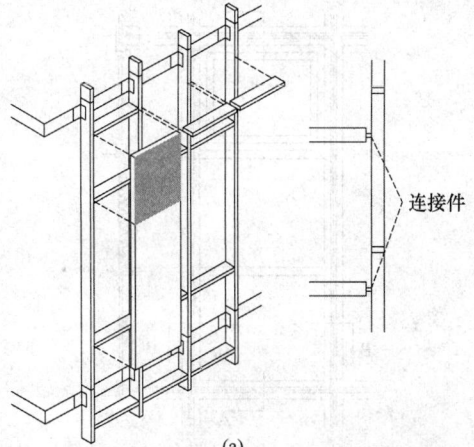

(a)

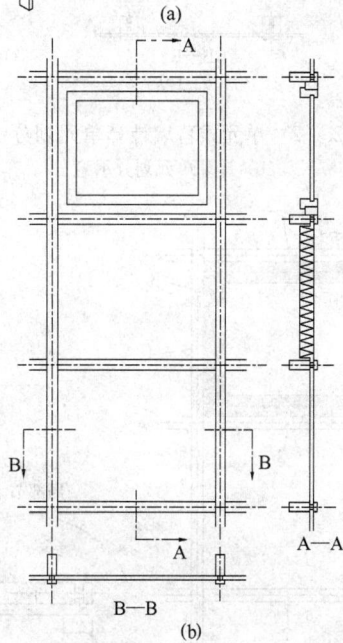

图 4.2.4-1 构件式幕墙计算单元划分
（a）构造原理；（b）计算单元划分示意

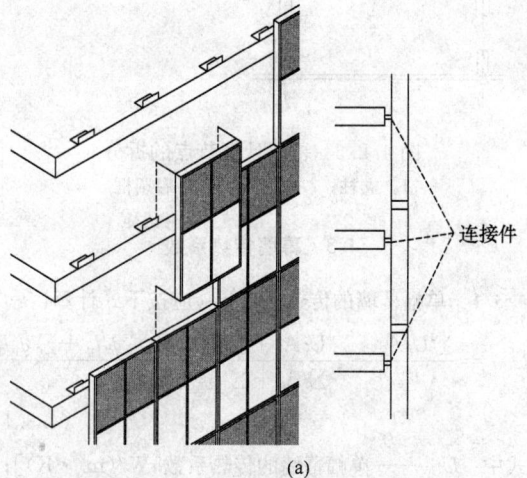

(a)

图 4.2.4-2 单元式幕墙计算单元划分（一）
（a）构造原理

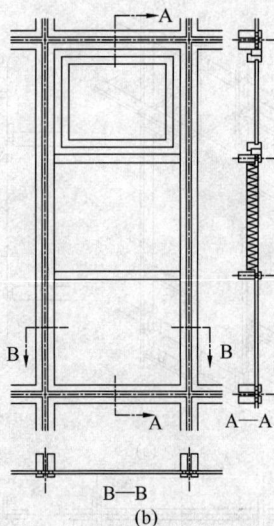

图 4.2.4-2 单元式幕墙计算单元划分（二）

（b）计算单元划分示意

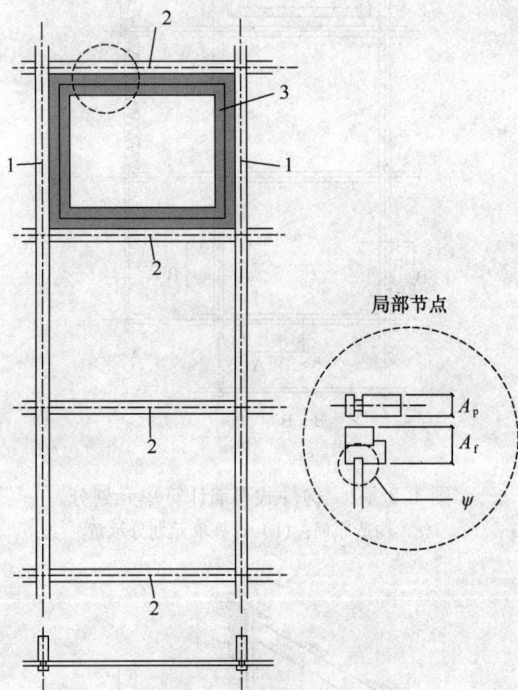

图 4.2.5 幕墙计算节点的拆分

1—立柱；2—横梁；3—开启扇框

4.3 幕墙传热系数

4.3.1 单幅幕墙的传热系数 U_{CW} 应按下式计算：

$$U_{CW} = \frac{\sum U_g A_g + \sum U_p A_p + \sum U_f A_f + \sum \psi_g l_g + \sum \psi_p l_p}{\sum A_g + \sum A_p + \sum A_f}$$

(4.3.1)

式中　U_{CW}——单幅幕墙的传热系数[W/(m² · K)]；

A_g——玻璃或透明面板面积(m²)；

l_g——玻璃或透明面板边缘长度(m)；

U_g——玻璃或透明面板传热系数[W/(m² · K)]，应按本规程第 6 章的规定计算；

ψ_g——玻璃或透明面板边缘的线传热系数[W/(m · K)]，应按本规程第 7 章的规定计算；

A_p——非透明面板面积(m²)；

l_p——非透明面板边缘长度(m)；

U_p——非透明面板传热系数[W/(m² · K)]；

ψ_p——非透明面板边缘的线传热系数[W/(m · K)]，应按本规程第 7 章的规定计算；

A_f——框面积(m²)；

U_f——框的传热系数[W/(m² · K)]，应按本规程第 7 章的规定计算。

4.3.2 当幕墙背后有其他墙体（包括实体墙、装饰墙等），且幕墙与墙体之间为封闭空气层时，此部分的室内环境到室外环境的传热系数 U 应按下式计算：

$$U = \frac{1}{\dfrac{1}{U_{CW}} - \dfrac{1}{h_{in}} + \dfrac{1}{U_{Wall}} - \dfrac{1}{h_{out}} + R_{air}}$$

(4.3.2)

式中　U_{CW}——在墙体范围内外层幕墙的传热系数[W/(m² · K)]；

R_{air}——幕墙与墙体间封闭空气间层的热阻，30、40、50mm 及以上厚度封闭空气层的热阻取值一般可分别取为 0.17、0.18、0.18(m² · K/W)；

U_{Wall}——墙体范围内的墙体传热系数[W/(m² · K)]；

h_{in}——幕墙室内表面换热系数[W/(m² · K)]；

h_{out}——幕墙室外表面换热系数[W/(m² · K)]。

4.3.3 幕墙背后单层墙体的传热系数 U_{Wall} 应按下式计算：

$$U_{Wall} = \frac{1}{\dfrac{1}{h_{out}} + \dfrac{d}{\lambda} + \dfrac{1}{h_{in}}}$$

(4.3.3)

式中　d——单层材料的厚度(m)；

λ——单层材料的导热系数[W/(m · K)]。

4.3.4 幕墙背后多层墙体的传热系数 U_{Wall} 应按下式计算：

$$U_{Wall} = \frac{1}{\dfrac{1}{h_{out}} + \sum_i \dfrac{d_i}{\lambda_i} + \dfrac{1}{h_{in}}}$$

(4.3.4)

式中　d_i——各单层材料的厚度(m)；

λ_i——各单层材料的导热系数[W/(m · K)]。

4.3.5 若幕墙与墙体之间存在热桥，当热桥的总面积不大于墙体部分面积 1% 时，热桥的影响可忽略；当热桥的总面积大于实体墙部分面积 1% 时，应计算热桥的影响。

计算热桥的影响，可采用当量热阻 R_{eff} 代替本规程公式(4.3.2)中的空气间层热阻 R_{air}。当量热阻 R_{eff} 应按下式计算：

$$R_{eff} = \frac{A}{\dfrac{A - A_b}{R_{air}} + \dfrac{A_b \lambda_b}{d}} \quad (4.3.5)$$

式中　A_b——热桥元件的总面积；

　　　A——计算墙体范围内幕墙的面积；

　　　λ_b——热桥材料的导热系数[W/(m·K)]；

　　　R_{air}——空气间层的热阻(m^2·K/W)；

　　　d——空气间层的厚度(m)。

4.4　幕墙遮阳系数

4.4.1　单幅幕墙的太阳光总透射比 g_{CW} 应按下式计算：

$$g_{CW} = \frac{\sum g_g A_g + \sum g_p A_p + \sum g_f A_f}{A} \quad (4.4.1)$$

式中　g_{CW}——单幅幕墙的太阳光总透射比；

　　　A_g——玻璃或透明面板面积(m^2)；

　　　g_g——玻璃或透明面板的太阳光总透射比；

　　　A_p——非透明面板面积(m^2)；

　　　g_p——非透明面板的太阳光总透射比；

　　　A_f——框面积(m^2)；

　　　g_f——框的太阳光总透射比；

　　　A——幕墙单元面积(m^2)。

4.4.2　单幅幕墙的遮阳系数 SC_{CW} 应按下式计算：

$$SC_{CW} = \frac{g_{CW}}{0.87} \quad (4.4.2)$$

式中　SC_{CW}——单幅幕墙的遮阳系数；

　　　g_{CW}——单幅幕墙的太阳光总透射比。

4.5　幕墙可见光透射比

4.5.1　幕墙单元的可见光透射比 τ_{CW} 应按下式计算：

$$\tau_{CW} = \frac{\sum \tau_v A_g}{A} \quad (4.5.1)$$

式中　τ_{CW}——幕墙单元的可见光透射比；

　　　τ_v——透光面板的可见光透射比；

　　　A——幕墙单元面积(m^2)；

　　　A_g——透光面板面积(m^2)。

5　结露性能评价

5.1　一般规定

5.1.1　评价实际工程中建筑门窗、玻璃幕墙的结露性能时，所采用的计算条件应符合相应的建筑设计标准，并满足工程设计要求；评价门窗、玻璃幕墙产品的结露性能时应采用本规程第 10 章规定的结露性能评价计算标准条件，并应在给出计算结果时注明计算条件。

5.1.2　室外和室内的对流换热系数应根据所选定的计算条件，按本规程第 10 章的规定计算确定。

5.1.3　门窗、玻璃幕墙的结露性能评价指标，应采用各个部件内表面温度最低的 10% 面积所对应的最高温度值(T_{10})。

5.1.4　应按本规程第 7 章的规定，采用二维稳态传热计算程序进行典型节点的内表面温度计算。门窗、玻璃幕墙所有典型节点均应进行计算。

5.1.5　对于每一个二维截面，室内表面的展开边界应细分为若干分段，其尺寸不应大于计算软件中使用的网格尺寸，且应给出所有分段的温度计算值。

5.2　露点温度的计算

5.2.1　水表面(高于 0℃)的饱和水蒸气压应按下式计算：

$$E_s = E_0 \times 10^{\frac{a \cdot t}{b + t}} \quad (5.2.1)$$

式中　E_s——空气的饱和水蒸气压(hPa)；

　　　E_0——空气温度为 0℃ 时的饱和水蒸气压，取 $E_0 = 6.11$hPa；

　　　t——空气温度(℃)；

　　　a、b——参数，$a = 7.5$，$b = 237.3$。

5.2.2　在一定空气相对湿度 f 下，空气的水蒸气压 e 可按下式计算：

$$e = f \cdot E_s \quad (5.2.2)$$

式中　e——空气的水蒸气压(hPa)；

　　　f——空气的相对湿度(%)；

　　　E_s——空气的饱和水蒸气压(hPa)。

5.2.3　空气的露点温度可按下式计算：

$$T_d = \frac{b}{\dfrac{a}{\lg\left(\dfrac{e}{6.11}\right)} - 1} \quad (5.2.3)$$

式中　T_d——空气的露点温度(℃)；

　　　e——空气的水蒸气压(hPa)；

　　　a、b——参数，$a = 7.5$，$b = 237.3$。

5.3　结露的计算与评价

5.3.1　在进行门窗、玻璃幕墙结露计算时，计算节点应包括所有的框、面板边缘以及面板中部。

5.3.2　面板中部的结露性能评价指标 T_{10} 应为采用二维稳态传热计算得到的面板中部区域室内表面的温度值；玻璃面板中部的结露性能评价指标 T_{10} 可采用按本规程第 6 章计算得到的室内表面温度值。

5.3.3　框、面板边缘区域各自结露性能评价指标 T_{10} 应按照下列方法确定：

　　1　采用二维稳态传热计算程序，计算框、面板边缘区域的二维截面室内表面各分段的温度；

　　2　对于每个部件，按照截面室内表面各分段温度的高低进行排序；

3 由最低温度开始，将分段长度进行累加，直至统计长度达到该截面室内表面对应长度的 10%；

4 所统计分段的最高温度即为该部件截面的结露性能评价指标值 T_{10}。

5.3.4 在进行工程设计或工程应用产品性能评价时，应以门窗、幕墙各个截面中每个部件的结露性能评价指标 T_{10} 均不低于露点温度为满足要求。

5.3.5 进行产品性能分级或评价时，应按各个部件最低的结露性能评价指标 $T_{10,\min}$ 进行分级或评价。

5.3.6 采用产品的结露性能评价指标 $T_{10,\min}$ 确定门窗、玻璃幕墙在实际工程中是否结露，应以内表面最低温度不低于室内露点温度为满足要求，可按下式计算判定：

$$(T_{10,\min} - T_{\text{out,std}}) \cdot \frac{T_{\text{in}} - T_{\text{out}}}{T_{\text{in,std}} - T_{\text{out,std}}} + T_{\text{out}} \geqslant T_{\text{d}}$$

$$(5.3.6)$$

式中 $T_{10,\min}$——产品的结露性能评价指标(℃)；

$T_{\text{in,std}}$——结露性能计算时对应的室内标准温度(℃)；

$T_{\text{out,std}}$——结露性能计算时对应的室外标准温度(℃)；

T_{in}——实际工程对应的室内计算温度(℃)；

T_{out}——实际工程对应的室外计算温度(℃)；

T_{d}——室内设计环境条件对应的露点温度(℃)。

6 玻璃光学热工性能计算

6.1 单片玻璃的光学热工性能

6.1.1 单片玻璃(包括其他透明材料，下同)的光学、热工性能应根据测定的单片玻璃光谱数据进行计算。

测定的单片玻璃光谱数据应包括其各个光谱段的透射比、前反射比和后反射比，光谱范围应至少覆盖 300～2500nm 波长范围，不同波长范围的数据间隔应满足下列要求：

1 波长为 300～400nm 时，数据点间隔不应超过 5nm；

2 波长为 400～1000nm 时，数据点间隔不应超过 10nm；

3 波长为 1000～2500nm 时，数据点间隔不应超过 50nm。

6.1.2 单片玻璃的可见光透射比 τ_{v} 应按下式计算：

$$\tau_{\text{v}} = \frac{\int_{380}^{780} D_{\lambda}\tau(\lambda)V(\lambda)\mathrm{d}\lambda}{\int_{380}^{780} D_{\lambda}V(\lambda)\mathrm{d}\lambda} \approx \frac{\sum_{\lambda=380}^{780} D_{\lambda}\tau(\lambda)V(\lambda)\Delta\lambda}{\sum_{\lambda=380}^{780} D_{\lambda}V(\lambda)\Delta\lambda}$$

$$(6.1.2)$$

式中 D_{λ}——D65 标准光源的相对光谱功率分布，

见本规程附录 D；

$\tau(\lambda)$——玻璃透射比的光谱数据；

$V(\lambda)$——人眼的视见函数，见本规程附录 D。

6.1.3 单片玻璃的可见光反射比 ρ_{v} 应按下式计算：

$$\rho_{\text{v}} = \frac{\int_{380}^{780} D_{\lambda}\rho(\lambda)V(\lambda)\mathrm{d}\lambda}{\int_{380}^{780} D_{\lambda}V(\lambda)\mathrm{d}\lambda} \approx \frac{\sum_{\lambda=380}^{780} D_{\lambda}\rho(\lambda)V(\lambda)\Delta\lambda}{\sum_{\lambda=380}^{780} D_{\lambda}V(\lambda)\Delta\lambda}$$

$$(6.1.3)$$

式中 $\rho(\lambda)$——玻璃反射比的光谱数据。

6.1.4 单片玻璃的太阳光直接透射比 τ_{s} 应按下式计算：

$$\tau_{\text{s}} = \frac{\int_{300}^{2500} \tau(\lambda)S_{\lambda}\mathrm{d}\lambda}{\int_{300}^{2500} S_{\lambda}\mathrm{d}\lambda} \approx \frac{\sum_{\lambda=300}^{2500} \tau(\lambda)S_{\lambda}\Delta\lambda}{\sum_{\lambda=300}^{2500} S_{\lambda}\Delta\lambda}$$

$$(6.1.4)$$

式中 $\tau(\lambda)$——玻璃透射比的光谱；

S_{λ}——标准太阳光谱，见本规程附录 D。

6.1.5 单片玻璃的太阳光直接反射比 ρ_{s} 应按下式计算：

$$\rho_{\text{s}} = \frac{\int_{300}^{2500} \rho(\lambda)S_{\lambda}\mathrm{d}\lambda}{\int_{300}^{2500} S_{\lambda}\mathrm{d}\lambda} \approx \frac{\sum_{\lambda=300}^{2500} \rho(\lambda)S_{\lambda}\Delta\lambda}{\sum_{\lambda=300}^{2500} S_{\lambda}\Delta\lambda} \quad (6.1.5)$$

式中 $\rho(\lambda)$——玻璃反射比的光谱。

6.1.6 单片玻璃的太阳光总透射比 g 应按下式计算：

$$g = \tau_{\text{s}} + \frac{A_{\text{s}} \cdot h_{\text{in}}}{h_{\text{in}} + h_{\text{out}}} \quad (6.1.6)$$

式中 h_{in}——玻璃室内表面换热系数[W/(m² · K)]；

h_{out}——玻璃室外表面换热系数[W/(m² · K)]；

A_{s}——玻璃的太阳光直接吸收比。

6.1.7 单片玻璃的太阳光直接吸收比 A_{s} 应按下式计算：

$$A_{\text{s}} = 1 - \tau_{\text{s}} - \rho_{\text{s}} \quad (6.1.7)$$

式中 τ_{s}——单片玻璃的太阳光直接透射比；

ρ_{s}——单片玻璃的太阳光直接反射比。

6.1.8 单片玻璃的遮阳系数 SC_{cg} 应按下式计算：

$$SC_{\text{cg}} = \frac{g}{0.87} \quad (6.1.8)$$

式中 g——单片玻璃的太阳光总透射比。

6.2 多层玻璃的光学热工性能

6.2.1 太阳光透过多层玻璃系统的计算应采用如下计算模型(图 6.2.1-1)：

一个具有 n 层玻璃的系统，系统分为 $n+1$ 个气体间层，最外层为室外环境($i = 1$)，最内层为室内环境($i = n+1$)。对于波长 λ 的太阳光，系统的光学分析应以第 $i-1$ 层和第 i 层玻璃之间辐射能量 $I_i^+(\lambda)$ 和 $I_i^-(\lambda)$ 建立能量平衡方程，其中角标"+"和"-"分别表

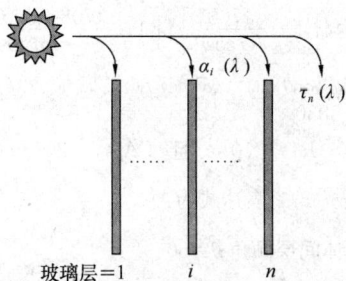

图 6.2.1-1 玻璃层的吸收率和太阳光透射比

示辐射流向室外和流向室内（图 6.2.1-2）。

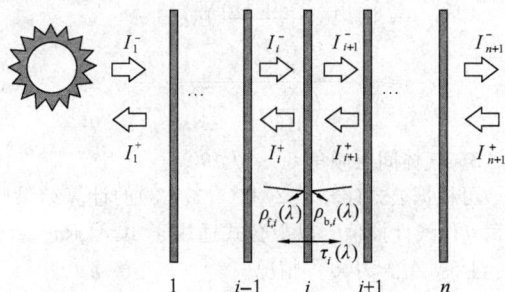

图 6.2.1-2 多层玻璃体系中太阳辐射热的分析

可设定室外只有太阳辐射，室外和室内环境的反射比为零。

当 $i=1$ 时：

$$I_1^+(\lambda) = \tau_1(\lambda)I_2^+(\lambda) + \rho_{f,1}(\lambda)I_s(\lambda) \quad (6.2.1-1)$$

$$I_1^-(\lambda) = I_s(\lambda) \quad (6.2.1-2)$$

当 $i=n+1$ 时：

$$I_{n+1}^-(\lambda) = \tau_n(\lambda)I_n^-(\lambda) \quad (6.2.1-3)$$

$$I_{n+1}^+(\lambda) = 0 \quad (6.2.1-4)$$

当 $i=2 \sim n$ 时：

$$I_i^+(\lambda) = \tau_i(\lambda)I_{i+1}^+(\lambda) + \rho_{f,i}(\lambda)I_i^-(\lambda) \quad (6.2.1-5)$$

$$I_i^-(\lambda) = \tau_{i-1}(\lambda)I_{i-1}^-(\lambda) + \rho_{b,i-1}(\lambda)I_i^+(\lambda)$$

$$(6.2.1-6)$$

利用线性方程组计算各个气体层的 $I_i^-(\lambda)$ 和 $I_i^+(\lambda)$ 值。传向室内的直接透射比应按下式计算：

$$\tau(\lambda) \cdot I_s(\lambda) = I_{n+1}^-(\lambda) \quad (6.2.1-7)$$

反射到室外的直接反射比应按下式计算：

$$\rho(\lambda) \cdot I_s(\lambda) = I_1^+(\lambda) \quad (6.2.1-8)$$

第 i 层玻璃的太阳辐射吸收比 $A_i(\lambda)$ 应按下式计算：

$$A_i(\lambda) = \frac{I_i^-(\lambda) - I_i^+(\lambda) + I_{i+1}^+(\lambda) - I_{i+1}^-(\lambda)}{I_s(\lambda)}$$

$$(6.2.1-9)$$

6.2.2 对整个太阳光谱进行数值积分，应按下列公式计算得到第 i 层玻璃吸收的太阳辐射热流密度 S_i：

$$S_i = A_i \cdot I_s \quad (6.2.2-1)$$

$$A_i = \frac{\int_{300}^{2500} A_i(\lambda)S_\lambda \mathrm{d}\lambda}{\int_{300}^{2500} S_\lambda \mathrm{d}\lambda} \approx \frac{\sum_{\lambda=300}^{2500} A_i(\lambda)S_\lambda \Delta\lambda}{\sum_{\lambda=300}^{2500} S_\lambda \Delta\lambda} \quad (6.2.2-2)$$

式中 A_i——太阳辐射照射到玻璃系统时，第 i 层玻璃的太阳辐射吸收比。

6.2.3 多层玻璃的可见光透射比应按本规程公式（6.1.2）计算，可见光反射比应按本规程公式（6.1.3）计算。

6.2.4 多层玻璃的太阳光直接透射比应按本规程公式（6.1.4）计算，太阳光直接反射比应按本规程公式（6.1.5）计算。

6.3 玻璃气体间层的热传递

6.3.1 玻璃间气体间层的能量平衡可用如下基本关系式表达（图 6.3.1）：

$$q_i = h_{c,i}(T_{f,i} - T_{b,i-1}) + J_{f,i} - J_{b,i-1}$$

$$(6.3.1-1)$$

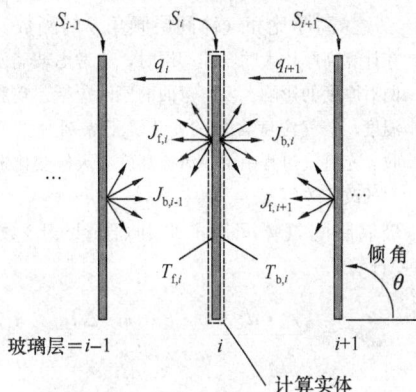

图 6.3.1 第 i 层玻璃的能量平衡

式中 $T_{f,i}$——第 i 层玻璃前表面温度（K）；

$T_{b,i-1}$——第 $i-1$ 层玻璃后表面温度（K）；

$J_{f,i}$——第 i 层玻璃前表面辐射热（W/m²）；

$J_{b,i-1}$——第 $i-1$ 层玻璃后表面辐射热（W/m²）。

1 在每一层气体间层中，应按下列公式计算：

$$q_i = S_i + q_{i+1} \quad (6.3.1-2)$$

$$J_{f,i} = \varepsilon_{f,i}\sigma T_{f,i}^4 + \tau_i J_{f,i+1} + \rho_{f,i} J_{b,i-1}$$

$$(6.3.1-3)$$

$$J_{b,i} = \varepsilon_{b,i}\sigma T_{b,i}^4 + \tau_i J_{b,i-1} + \rho_{b,i} J_{f,i+1}$$

$$(6.3.1-4)$$

$$T_{b,i} - T_{f,i} = \frac{t_{g,i}}{2\lambda_{g,i}}(2q_{i+1} + S_i) \quad (6.3.1-5)$$

式中 $t_{g,i}$——第 i 层玻璃的厚度（m）；

S_i——第 i 层玻璃吸收的太阳辐射热（W/m²）；

τ_i——第 i 层玻璃的远红外透射比；

$\rho_{f,i}$——第 i 层前玻璃的远红外反射比；

$\rho_{b,i}$——第 i 层后玻璃的远红外反射比；

$\varepsilon_{b,i}$——第 i 层后表面半球发射率；

$\varepsilon_{f,i}$——第 i 层前表面半球发射率；

$\lambda_{g,i}$——第 i 层玻璃的导热系数[W/(m·K)]。

2 在计算传热系数时，应设定太阳辐射 $I_s = 0$。在每层材料均为玻璃（或远红外透射比为零的材料）的系统中，可按如下热平衡方程计算气体间层的传热：

$$q_i = h_{c,i}(T_{f,i} - T_{b,i-1}) + h_{r,i}(T_{f,i} - T_{b,i-1})$$
$$(6.3.1-6)$$

式中　$h_{r,i}$——第 i 层气体层的辐射换热系数，按本规程公式 (6.3.7) 计算；

　　　$h_{c,i}$——第 i 层气体层的对流换热系数，按本规程公式 (6.3.2) 计算。

6.3.2 玻璃层间气体间层的对流换热系数可按下式由无量纲的努谢尔特数 Nu_i 确定：

$$h_{c,i} = Nu_i \left(\frac{\lambda_{g,i}}{d_{g,i}} \right) \qquad (6.3.2)$$

式中　$d_{g,i}$——气体间层 i 的厚度 (m)；

　　　$\lambda_{g,i}$——所充气体的导热系数 [W/(m·K)]；

　　　Nu_i——努谢尔特数，是瑞利数 Ra_j、气体间层高厚比和气体间层倾角 θ 的函数。

　　注：在计算高厚比大的气体间层时，应考虑玻璃发生弯曲对厚度的影响。发生弯曲的原因包括：空腔平均温度、空气湿度含量的变化、干燥剂对氮气的吸收、充氮气过程中由于海拔高度和天气变化造成压力的改变等因素。

6.3.3 玻璃层间气体间层的瑞利 (Rayleigh) 数可按下列公式计算：

$$Ra = \frac{\gamma^2 \cdot d^3 \cdot G \cdot \beta \cdot c_p \cdot \Delta T}{\mu \cdot \lambda} \qquad (6.3.3-1)$$

$$\beta = \frac{1}{T_m} \qquad (6.3.3-2)$$

$$A_{g,i} = \frac{H}{d_{g,i}} \qquad (6.3.3-3)$$

式中　Ra——瑞利 (Rayleigh) 数；

　　　γ——气体密度 (kg/m³)；

　　　G——重力加速度 (m/s²)，可取 9.80 (m/s²)；

　　　c_p——常压下气体的比热容 [J/(kg·K)]；

　　　μ——常压下气体的黏度 [kg/(m·s)]；

　　　λ——常压下气体的导热系数 [W/(m·K)]；

　　　d——气体间层的厚度 (m)；

　　　ΔT——气体间层前后玻璃表面的温度差 (K)；

　　　β——将填充气体作理想气体处理时的气体热膨胀系数；

　　　T_m——填充气体的平均温度 (K)；

　　　$A_{g,i}$——第 i 层气体间层的高厚比；

　　　H——气体间层顶部到底部的距离 (m)，通常应和窗的透光区域高度相同。

6.3.4 应对应于不同的倾角 θ 值或范围，定量计算通过玻璃气体间层的对流热传递。以下计算假设空腔从室内加热（即 $T_{f,i} > T_{b,i-1}$），若实际上室外温度高于室内（$T_{f,i} < T_{b,i-1}$），则要将 $(180° - \theta)$ 代替 θ。

空腔的努谢尔特数 Nu_i 应按下列公式计算：

1　气体间层倾角 $0 \leqslant \theta < 60°$

$$Nu_i = 1 + 1.44\left[1 - \frac{1708}{Ra\cos\theta}\right]^* \left[1 - \frac{1708\sin^{1.6}(1.8\theta)}{Ra\cos\theta}\right]$$
$$+ \left[\left(\frac{Ra\cos\theta}{5830}\right)^{\frac{1}{3}} - 1\right]^*$$
$$Ra < 10^5 \quad 且 \quad A_{g,i} > 20 \quad (6.3.4-1)$$

式中　函数 $[x]^*$ 表达式为：$[x]^* = \dfrac{x + |x|}{2}$。

2　气体间层倾角 $\theta = 60°$

$$Nu = (Nu_1, Nu_2)_{\max} \qquad (6.3.4-2)$$

式中　$Nu_1 = \left[1 + \left(\dfrac{0.0936Ra^{0.314}}{1 + G_N}\right)^7\right]^{\frac{1}{7}}$

　　　$Nu_2 = \left(0.104 + \dfrac{0.175}{A_{g,i}}\right)Ra^{0.283}$

　　　$G_N = \dfrac{0.5}{\left[1 + \left(\dfrac{Ra}{3160}\right)^{20.6}\right]^{0.1}}$

3　气体间层倾角 $60° < \theta < 90°$

可根据公式 (6.3.4-2) 和 (6.3.4-3) 的计算结果按倾角 θ 作线性插值。以上公式适用于 $10^2 < Ra < 2 \times 10^7$ 且 $5 < A_{g,i} < 100$ 的情况。

4　垂直气体间层 ($\theta = 90°$)

$$Nu = (Nu_1, Nu_2)_{\max} \qquad (6.3.4-3)$$

$$Nu_1 = 0.0673838Ra^{\frac{1}{3}} \quad Ra > 5 \times 10^4$$
$$Nu_1 = 0.028154Ra^{0.4134} \quad 10^4 < Ra \leqslant 5 \times 10^4$$
$$Nu_1 = 1 + 1.7596678 \times 10^{-10}Ra^{2.2984755} \quad Ra \leqslant 10^4$$

$$Nu_2 = 0.242\left(\frac{Ra}{A_{g,i}}\right)^{0.272}$$

5　气体间层倾角 $90° < \theta < 180°$

$$Nu = 1 + (Nu_v - 1)\sin\theta \qquad (6.3.4-4)$$

式中　Nu_v——按公式 (6.3.4-3) 计算的垂直气体间层的努谢尔特数。

6.3.5 填充气体的密度应按理想气体定律计算：

$$\gamma = \frac{p \cdot \hat{M}}{\mathscr{R} \cdot T_m} \qquad (6.3.5)$$

式中　p——气体压力，标准状态下 $p = 101300\text{Pa}$；

　　　γ——气体密度 (kg/m³)；

　　　T_m——气体的温度，标准状态下 $T_m = 293\text{K}$；

　　　$\mathscr{R}$——气体常数 [J/(kmol·K)]；

　　　$\hat{M}$——气体的摩尔质量 (kg/mol)。

气体的定压比热容 c_p、运动黏度 μ、导热系数 λ 是温度的线性函数，典型气体的参数应按本规程附录 E 给出的公式和相关参数计算。

6.3.6 混合气体的密度、导热系数、运动黏度和比热容是各气体相应比例的函数，应按下列公式和规定计算：

1　摩尔质量

$$\hat{M}_{mix} = \sum_{i=1}^{v} x_i \cdot \hat{M}_i \qquad (6.3.6-1)$$

式中　x_i——混合气体中某一气体的摩尔数。

2　密度

$$\gamma_{\mathrm{mix}} = \frac{p \cdot \hat{M}_{\mathrm{mix}}}{\mathscr{R} \cdot T_{\mathrm{m}}} \qquad (6.3.6\text{-}2)$$

3　比热容

$$c_{\mathrm{p,mix}} = \frac{\hat{c}_{\mathrm{p,mix}}}{\hat{M}_{\mathrm{mix}}} \qquad (6.3.6\text{-}3)$$

$$\hat{c}_{\mathrm{p,mix}} = \sum_{i=1}^{v} x_i \cdot \hat{c}_{\mathrm{p},i} \qquad (6.3.6\text{-}4)$$

$$\hat{c}_{\mathrm{p},i} = c_{\mathrm{p},i}\hat{M}_i \qquad (6.3.6\text{-}5)$$

4　运动黏度

$$\mu_{\mathrm{mix}} = \sum_{i=1}^{v} \frac{\mu_i}{\left[1 + \sum_{\substack{j=1 \\ j \neq i}}^{v}\left(\phi_{i,j}' \cdot \dfrac{x_j}{x_i}\right)\right]} \qquad (6.3.6\text{-}6)$$

$$\phi_{i,j}' = \frac{\left[1 + \left(\dfrac{\mu_i}{\mu_j}\right)^{\frac{1}{2}}\left(\dfrac{\hat{M}_j}{\hat{M}_i}\right)^{\frac{1}{4}}\right]^2}{2\sqrt{2}\left[1 + \left(\dfrac{\hat{M}_i}{\hat{M}_j}\right)\right]^{\frac{1}{2}}} \qquad (6.3.6\text{-}7)$$

5　导热系数

$$\lambda_{\mathrm{mix}} = \lambda_{\mathrm{mix}}' + \lambda_{\mathrm{mix}}'' \qquad (6.3.6\text{-}8)$$

$$\lambda_{\mathrm{mix}}' = \sum_{i=1}^{v} \frac{\lambda_i'}{1 + \sum_{\substack{j=1 \\ j \neq i}}^{v}\left(\psi_{i,j}\dfrac{x_j}{x_i}\right)} \qquad (6.3.6\text{-}9)$$

$$\psi_{i,j} = \frac{\left[1 + \left(\dfrac{\lambda_i'}{\lambda_j'}\right)^{\frac{1}{2}}\left(\dfrac{\hat{M}_i}{\hat{M}_j}\right)^{\frac{1}{4}}\right]^2}{2\sqrt{2}\left[1 + \left(\dfrac{\hat{M}_i}{\hat{M}_j}\right)\right]^{\frac{1}{2}}}$$
$$\left[1 + 2.41\frac{(\hat{M}_i - \hat{M}_j)(\hat{M}_i - 0.142\hat{M}_j)}{(\hat{M}_i + \hat{M}_j)^2}\right] \qquad (6.3.6\text{-}10)$$

$$\lambda_{\mathrm{mix}}'' = \sum_{i=1}^{v} \frac{\lambda_i''}{\left[1 + \sum_{\substack{j=1 \\ j \neq i}}^{v}\left(\phi_{i,j}'\dfrac{x_j}{x_i}\right)\right]} \qquad (6.3.6\text{-}11)$$

$$\phi_{i,j}' = \frac{\left[1 + \left(\dfrac{\lambda_i'}{\lambda_j'}\right)^{\frac{1}{2}}\left(\dfrac{\hat{M}_j}{\hat{M}_j}\right)^{\frac{1}{4}}\right]^2}{2\sqrt{2}\left[1 + \left(\dfrac{\hat{M}_i}{\hat{M}_j}\right)\right]^{\frac{1}{2}}} \qquad (6.3.6\text{-}12)$$

式中　λ_i'——单原子气体的导热系数[W/(m·K)]；
　　　λ_i''——多原子气体由于内能的散发所产生运动的附加导热系数[W/(m·K)]。

应按以下步骤求取 λ_{mix}：

　1）计算 λ_i'

$$\lambda_i' = \frac{15}{4} \cdot \frac{\mathscr{R}}{\hat{M}_i}\mu_i \qquad (6.3.6\text{-}13)$$

　2）计算 λ_i''

$$\lambda_i'' = \lambda_i - \lambda_i' \qquad (6.3.6\text{-}14)$$

式中　λ_i——第 i 种填充气体的导热系数[W/(m·K)]。

　3）用 λ_i' 计算 λ_{mix}'
　4）用 λ_i'' 计算 λ_{mix}''
　5）取 $\lambda_{\mathrm{mix}} = \lambda_{\mathrm{mix}}' + \lambda_{\mathrm{mix}}''$

6.3.7　玻璃（或其他远红外辐射透射比为零的板材），气体间层两侧玻璃的辐射换热系数 h_r 应按下式计算：

$$h_r = 4\sigma\left(\frac{1}{\varepsilon_1} + \frac{1}{\varepsilon_2} - 1\right)^{-1} \times T_{\mathrm{m}}^3 \qquad (6.3.7)$$

式中　σ——斯蒂芬-玻尔兹曼常数；
　　　T_{m}——气体间层中两个表面的平均绝对温度（K）；
　　ε_1、ε_2——气体间层中的两个玻璃表面在平均绝对温度 T_{m} 下的半球发射率。

6.4　玻璃系统的热工参数

6.4.1　计算玻璃系统的传热系数时，应采用简单的模拟环境条件，仅考虑室内外温差，没有太阳辐射，应按下式计算：

$$U_g = \frac{q_{\mathrm{in}}(I_s = 0)}{T_{\mathrm{ni}} - T_{\mathrm{ne}}} \qquad (6.4.1\text{-}1)$$

$$U_g = \frac{1}{R_t} \qquad (6.4.1\text{-}2)$$

式中　$q_{\mathrm{in}}(I_s = 0)$——没有太阳辐射热时，通过玻璃系统传向室内的净热流（W/m²）；
　　　T_{ne}——室外环境温度（K），按公式（6.4.1-6）计算；
　　　T_{ni}——室内环境温度（K），按公式（6.4.1-6）计算。

1　玻璃系统的传热阻 R_t 应为各层玻璃、气体间层、内外表面换热阻之和，应按下列公式计算：

$$R_t = \frac{1}{h_{\mathrm{out}}} + \sum_{i=2}^{n} R_i + \sum_{i=1}^{n} R_{g,i} + \frac{1}{h_{\mathrm{in}}} \qquad (6.4.1\text{-}3)$$

$$R_{g,i} = \frac{t_{g,i}}{\lambda_{g,i}} \qquad (6.4.1\text{-}4)$$

$$R_i = \frac{T_{f,i} - T_{b,i-1}}{q_i} \quad i = 2 \sim n \qquad (6.4.1\text{-}5)$$

式中　$R_{g,i}$——第 i 层玻璃的固体热阻（m²·K/W）；
　　　R_i——第 i 层气体间层的热阻（m²·K/W）；
　　$T_{f,i}$、$T_{b,i-1}$——第 i 层气体间层的外表面和内表面温度（K）；
　　　q_i——第 i 层气体间层的热流密度，应按本规程第6.3.1条的规定计算。

其中，第1层气体间层为室外，最后一层气体间层(n+1)为室内。

2 环境温度应是周围空气温度 T_{air} 和平均辐射温度 T_{rm} 的加权平均值，应按下式计算：

$$T_n = \frac{h_c T_{air} + h_r T_{rm}}{h_c + h_r} \qquad (6.4.1\text{-}6)$$

式中　h_c、h_r ——应按本规程第10章的规定计算。

6.4.2 玻璃系统的遮阳系数的计算应符合下列规定：

1 各层玻璃室外侧方向的热阻应按下式计算：

$$R_{out,i} = \frac{1}{h_{out}} + \sum_{k=2}^{i} R_k + \sum_{k=1}^{i-1} R_{g,k} + \frac{1}{2} R_{g,i}$$

$$(6.4.2\text{-}1)$$

式中　$R_{g,i}$ ——第 i 层玻璃的固体热阻(m²·K/W)；

　　　$R_{g,k}$ ——第 k 层玻璃的固体热阻(m²·K/W)；

　　　R_k ——第 k 层气体间层的热阻(m²·K/W)。

2 各层玻璃向室内的二次传热应按下式计算：

$$q_{in,i} = \frac{A_{s,i} \cdot R_{out,i}}{R_t} \qquad (6.4.2\text{-}2)$$

3 玻璃系统的太阳光总透射比应按下式计算：

$$g = \tau_s + \sum_{i=1}^{n} q_{in,i} \qquad (6.4.2\text{-}3)$$

4 玻璃系统的遮阳系数应按本规程公式(6.1.8)计算。

7 框的传热计算

7.1 框的传热系数及框与面板接缝的线传热系数

7.1.1 应采用二维稳态热传导计算软件进行框的传热计算。软件中的计算程序应包括本规程所规定的复杂灰色体漫反射模型和玻璃气体间层内、框空腔内的对流换热计算模型。

7.1.2 计算框的传热系数 U_f 时应符合下列规定：

1 框的传热系数 U_f 应在计算窗或幕墙的某一框截面的二维热传导的基础上获得；

2 在框的计算截面中，应用一块导热系数 $\lambda=0.03$ W/(m·K)的板材替代实际的玻璃(或其他镶嵌板)，板材的厚度等于所替代面板的厚度，嵌入框的深度按照面板嵌入的实际尺寸，可见部分的板材宽度 b_p 不应小于200mm(图7.1.2)；

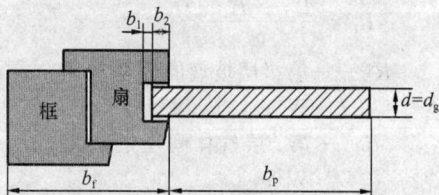

图 7.1.2 框传热系数计算模型示意

3 在室内外标准条件下，用二维热传导计算程

序计算流过图示截面的热流 q_w，并应按下式整理：

$$q_w = \frac{(U_f \cdot b_f + U_p \cdot b_p) \cdot (T_{n,in} - T_{n,out})}{b_f + b_p}$$

$$(7.1.2\text{-}1)$$

$$U_f = \frac{L_f^{2D} - U_p \cdot b_p}{b_f} \qquad (7.1.2\text{-}2)$$

$$L_f^{2D} = \frac{q_w (b_f + b_p)}{T_{n,in} - T_{n,out}} \qquad (7.1.2\text{-}3)$$

式中　U_f ——框的传热系数[W/(m²·K)]；

　　　L_f^{2D} ——框截面整体的线传热系数[W/(m·K)]；

　　　U_p ——板材的传热系数[W/(m²·K)]；

　　　b_f ——框的投影宽度(m)；

　　　b_p ——板材可见部分的宽度(m)；

　　　$T_{n,in}$ ——室内环境温度(K)；

　　　$T_{n,out}$ ——室外环境温度(K)。

7.1.3 计算框与玻璃系统(或其他镶嵌板)接缝的线传热系数 ψ 时应符合下列规定：

1 用实际的玻璃系统(或其他镶嵌板)替代导热系数 $\lambda=0.03$ W/(m·K)的板材，其他尺寸不改变(图7.1.3)；

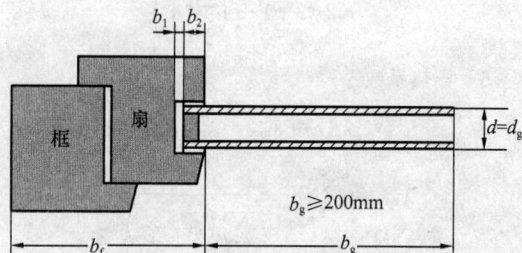

图 7.1.3 框与面板接缝线传热系数
计算模型示意

2 用二维热传导计算程序，计算在室内外标准条件下流过图示截面的热流 q_ψ，并应按下式整理：

$$q_\psi = \frac{(U_f \cdot b_f + U_g \cdot b_g + \psi) \cdot (T_{n,in} - T_{n,out})}{b_f + b_g}$$

$$(7.1.3\text{-}1)$$

$$\psi = L_\psi^{2D} - U_f \cdot b_f - U_g \cdot b_g \qquad (7.1.3\text{-}2)$$

$$L_\psi^{2D} = \frac{q_\psi (b_f + b_g)}{T_{n,in} - T_{n,out}} \qquad (7.1.3\text{-}3)$$

式中　ψ ——框与玻璃(或其他镶嵌板)接缝的线传热系数[W/(m·K)]；

　　　L_ψ^{2D} ——框截面整体线传热系数[W/(m·K)]；

　　　U_g ——玻璃的传热系数[W/(m²·K)]；

　　　b_g ——玻璃可见部分的宽度(m)；

　　　$T_{n,in}$ ——室内环境温度(K)；

　　　$T_{n,out}$ ——室外环境温度(K)。

7.2 传热控制方程

7.2.1 框(包括固体材料、空腔和缝隙)的二维稳态热传导计算程序应采用如下基本方程：

$$\frac{\partial^2 T}{\partial x^2} + \frac{\partial^2 T}{\partial y^2} = 0 \qquad (7.2.1-1)$$

1 窗框内部任意两种材料相接表面的热流密度 q 应按下式计算：

$$q = -\lambda \left(\frac{\partial T}{\partial x} e_x + \frac{\partial T}{\partial y} e_y \right) \qquad (7.2.1-2)$$

式中 λ——材料的导热系数；

e_x、e_y——两种材料交界面单位法向量在 x 和 y 方向的分量。

2 在窗框的外表面，热流密度 q 应按下式计算：

$$q = q_c + q_r \qquad (7.2.1-3)$$

式中 q_c——热流密度的对流换热部分；

q_r——热流密度的辐射换热部分。

7.2.2 采用二维稳态热传导方程求解框截面的温度和热流分布时，截面的网格划分原则应符合下列规定：

1 任何一个网格内部只能含有一种材料；

2 网格的疏密程度应根据温度分布变化的剧烈程度而定，应根据经验判断，温度变化剧烈的地方网格应密些，温度变化平缓的地方网格可稀疏一些；

3 当进一步细分网格，流经窗框横截面边界的热流不再发生明显变化时，该网格的疏密程度可认为是适当的；

4 可用若干段折线近似代替实际的曲线。

7.2.3 固体材料的导热系数可选用本规程附录 F 的数值，也可直接采用检测的结果。在求解二维稳态传热方程时，应假定所有材料导热系数均不随温度变化。

固体材料的表面发射率数值应按照本规程附录 G 确定；若表面发射率为固定值，也可直接采用表 F.0.1 中的数值。

7.2.4 当有热桥存在时，应按下列公式计算热桥部位（例如螺栓、螺钉等部位）固体的当量导热系数：

$$\lambda_{eff} = F_b \cdot \lambda_b + (1 - F_b)\lambda_n \qquad (7.2.4-1)$$

$$F_b = \frac{S}{A_d} \qquad (7.2.4-2)$$

式中 S——热桥元件的面积（例如螺栓的面积）（m^2）；

A_d——热桥元件的间距范围内材料的总面积（m^2）；

λ_b——热桥材料导热系数 [W/(m·K)]；

λ_n——无热桥材料时材料的导热系数 [W/(m·K)]。

7.2.5 判断是否需要考虑热桥影响的原则应符合下列规定：

1 当 $F_b \leqslant 1\%$ 时，忽略热桥影响；

2 当 $1\% < F_b \leqslant 5\%$，且 $\lambda_b > 10\lambda_n$ 时，应按本规程第 7.2.4 条的规定计算；

3 当 $F_b > 5\%$ 时，必须按本规程第 7.2.4 条的规定计算。

7.3 玻璃气体间层的传热

7.3.1 计算框与玻璃系统（或其他镶嵌板）接缝处的线传热系数 ψ 时，应计算玻璃空气间层的传热。可将玻璃的空气间层当作一种不透明的固体材料，导热系数可采用当量导热系数代替，第 i 个气体间层的当量导热系数应按下式计算：

$$\lambda_{eff,i} = q_i \left(\frac{d_{g,i}}{T_{f,i} - T_{b,i-1}} \right) \qquad (7.3.1)$$

式中 $d_{g,i}$——第 i 个气体间层的厚度（m）；

q_i、$T_{f,i}$、$T_{b,i-1}$——按本规程第 6 章第 6.3 节的规定计算确定。

7.4 封闭空腔的传热

7.4.1 计算框内封闭空腔的传热时，应将封闭空腔当作一种不透明的固体材料，其当量导热系数应考虑空腔内的辐射和对流换热，应按下列公式计算：

$$\lambda_{eff} = (h_c + h_r) \cdot d \qquad (7.4.1-1)$$

$$h_c = Nu \frac{\lambda_{air}}{d} \qquad (7.4.1-2)$$

式中 λ_{eff}——封闭空腔的当量导热系数 [W/(m·K)]；

h_c——封闭空腔内空气对流换热系数 [W/(m²·K)]，应根据努谢尔特数来计算，并应依据热流方向是朝上、朝下或水平分别考虑三种不同情况的努谢尔特数；

h_r——封闭空腔内辐射换热系数 [W/(m²·K)]，应按本规程第 7.4.10 条的规定计算；

d——封闭空腔在热流方向的厚度（m）；

Nu——努谢尔特数；

λ_{air}——空气的导热系数 [W/(m·K)]。

7.4.2 热流朝下的矩形封闭空腔（图 7.4.2）的努谢尔特数应为：

$$Nu = 1.0 \qquad (7.4.2)$$

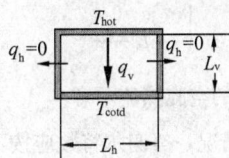

图 7.4.2 热流朝下的空腔热流示意 　图 7.4.3 热流朝上的空腔热流示意

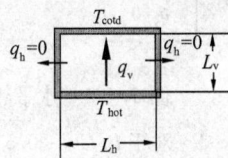

7.4.3 热流朝上的矩形封闭空腔（图 7.4.3）的努谢尔特数取决于空腔的高宽比 L_v/L_h，其中 L_v 和 L_h 为空腔垂直和水平方向的尺寸。

1 当 $L_v/L_h \leqslant 1$ 时，其努谢尔特数应为：

$$Nu = 1.0 \qquad (7.4.3-1)$$

2 当 $1 < L_v/L_h \leqslant 5$ 时，其努谢尔特数应按下列

公式计算：

$$Nu = 1 + \left(1 - \frac{Ra_{\text{crit}}}{Ra}\right)^{*}(k_1 + 2k_2^{1-\ln k_2})$$

$$+ \left[\left(\frac{Ra}{5380}\right)^{\frac{1}{3}} - 1\right]^{*}\left\{1 - e^{-0.95\left[\left(\frac{Ra_{\text{crit}}}{Ra}\right)^{\frac{1}{3}} - 1\right]^{*}}\right\}$$

$$(7.4.3-2)$$

$$k_1 = 1.40 \qquad\qquad (7.4.3-3)$$

$$k_2 = \frac{Ra^{\frac{1}{3}}}{450.5} \qquad\qquad (7.4.3-4)$$

$$Ra_{\text{crit}} = e^{\left(0.721\frac{L_h}{L_v}\right)+7.46} \qquad (7.4.3-5)$$

$$Ra = \frac{\gamma_{\text{air}}^2 \cdot L_v^3 \cdot G \cdot \beta \cdot c_{\text{p,air}}(T_{\text{hot}} - T_{\text{cold}})}{\mu_{\text{air}} \cdot \lambda_{\text{air}}}$$

$$(7.4.3-6)$$

式中 γ_{air}——空气密度（kg/m³）；

$\quad L_v$——空腔的高宽比；

$\quad G$——重力加速度（m/s²），可取 9.80（m/s²）；

$\quad \beta$——气体热胀膨系数，按本规程公式（6.3.3-2）计算；

$\quad c_{\text{p,air}}$——常压下空气比热容[J/(kg·K)]；

$\quad \mu_{\text{air}}$——常压下空气运动黏度[kg/(m·s)]；

$\quad \lambda_{\text{air}}$——常压下空气导热系数[W/(m·K)]；

$\quad T_{\text{hot}}$——空腔热侧温度（K）；

$\quad T_{\text{cold}}$——空腔冷侧温度（K）；

$\quad Ra_{\text{crit}}$——临界瑞利数；

$\quad Ra$——空腔的瑞利数；

函数 $[x]^{*}$ 的表达式为 $[x]^{*} = \frac{x + |x|}{2}$。

3 当 $L_v/L_h > 5$ 时，努谢尔特数应按下式计算：

$$Nu = 1 + 1.44\left(1 - \frac{1708}{Ra}\right)^{*} + \left[\left(\frac{Ra}{5830}\right)^{\frac{1}{3}} - 1\right]^{*}$$

$$(7.4.3-7)$$

7.4.4 水平热流的矩形封闭空腔（图 7.4.4）的努谢尔特数应按下列规定计算：

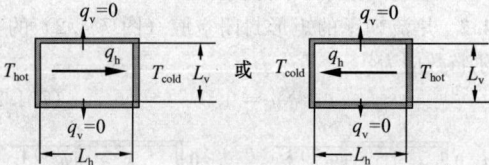

图 7.4.4 水平热流的空腔热流示意

1 对于 $L_v/L_h \leqslant 0.5$ 的情况，努谢尔特数应按下列公式计算：

$$Nu = 1 + \left\{\left[2.756 \times 10^{-6} Ra^2\left(\frac{L_v}{L_h}\right)^8\right]^{-0.386}\right.$$

$$\left. + \left[0.623 Ra^{\frac{1}{5}}\left(\frac{L_h}{L_v}\right)^{\frac{2}{5}}\right]^{-0.386}\right\}^{-2.59} \quad (7.4.4-1)$$

$$Ra = \frac{\gamma_{\text{air}}^2 \cdot L_h^3 \cdot G \cdot \beta \cdot c_{\text{p,air}}(T_{\text{hot}} - T_{\text{cold}})}{\mu_{\text{air}} \cdot \lambda_{\text{air}}}$$

$$(7.4.4-2)$$

式中 γ_{air}、L、G、β、$c_{\text{p,air}}$、μ_{air}、λ_{air}、T_{hot}、T_{cold} 按本章第 7.4.3 条定义及计算。

2 当 $L_v/L_h \geqslant 5$ 时，其努谢尔特数应取下列三式计算结果的最大值：

$$Nu_{\text{ct}} = \left\{1 + \left[\frac{0.104 Ra^{0.293}}{1 + \left(\frac{6310}{Ra}\right)^{1.36}}\right]^3\right\}^{\frac{1}{3}}$$

$$(7.4.4-3)$$

$$Nu_i = 0.242\left(Ra\frac{L_h}{L_v}\right)^{0.273} \qquad (7.4.4-4)$$

$$Nu_t = 0.0605 Ra^{\frac{1}{3}} \qquad (7.4.4-5)$$

3 当 $0.5 < L_v/L_h < 5$ 时，应先取 $L_v/L_h = 0.5$ 按本条第 1 款计算，再取 $L_v/L_h = 5$ 按本条第 2 款计算，分别得到努谢尔特数，然后按 L_v/L_h 作线性插值计算。

7.4.5 当框的空腔是垂直方向时，可假定其热流为水平方向且 $L_v/L_h \geqslant 5$，应按本规程第 7.4.4 条第 2 款计算努谢尔特数。

7.4.6 开始计算努谢尔特数时，温度 T_{hot} 和 T_{cold} 应预先估算，可先采用 $T_{\text{hot}} = 10℃$、$T_{\text{cold}} = 0℃$ 开始进行迭代计算。每次计算后，应根据已得温度分布对其进行修正，并按此重复，直到两次连续计算得到的温度差值在 1℃ 以内。

每次计算都应检查计算初始时假定的热流方向，如果与计算初始时假定的热流方向不同，则应在下次计算中予以修正。

7.4.7 对于形状不规则的封闭空腔，可将其转换为相当的矩形空腔来计算其当量导热系数。转换应使用下列方法来将实际空腔的表面转换成相应矩形空腔的垂直表面或水平表面（图 7.4.7-1、图 7.4.7-2）：

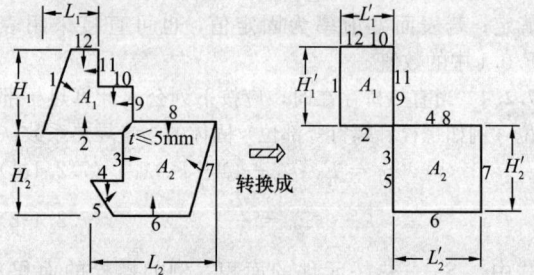

转换后要保持宽高比不变 $\dfrac{L_1}{H_1} = \dfrac{L_1'}{H_1'}$ 和 $\dfrac{L_2}{H_2} = \dfrac{L_2'}{H_2'}$

图 7.4.7-1 形状不规则的封闭空腔转换成相应的矩形空腔示意

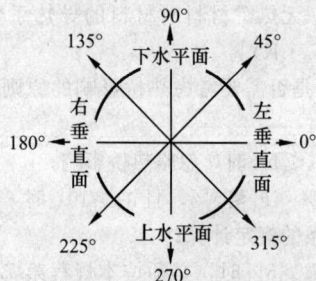

图 7.4.7-2 内法线与表面位置示意

1 内法线在 315°和 45°之间的任何表面应转换为向左的垂直表面；

2 内法线在 45°和 135°之间的任何表面应转换为向上的水平表面；

3 内法线在 135°和 225°之间的任何表面应转换为向右的垂直表面；

4 内法线在 225°和 315°之间的任何表面应转换为向下的水平表面；

5 如果两个相对立表面的最短距离小于 5mm，则应在此处分割框内空腔。

7.4.8 转换后空腔的垂直和水平表面的温度应取该表面的平均温度。

7.4.9 转换后空腔的热流方向应由空腔的垂直和水平表面之间温差来确定，并应符合下列规定：

1 如果空腔垂直表面之间温度差的绝对值大于水平表面之间的温度差的绝对值，则热流是水平的；

2 如果空腔水平表面之间温度差的绝对值大于垂直表面之间温度差的绝对值，则热流方向由上下表面的温度确定。

7.4.10 当热流为水平方向时，封闭空腔的辐射传热系数 h_r 应按下列公式计算：

$$h_r = \frac{4\sigma T_{ave}^3}{\frac{1}{\varepsilon_{cold}} + \frac{1}{\varepsilon_{hot}} - 2 + \frac{1}{\frac{1}{2}\left\{\left[1+\left(\frac{L_h}{L_v}\right)^2\right]^{\frac{1}{2}} - \frac{L_h}{L_v} + 1\right\}}}$$

(7.4.10-1)

$$T_{ave} = \frac{T_{cold} + T_{hot}}{2}$$ (7.4.10-2)

式中 T_{ave}——冷、热两个表面的平均温度(K)；

ε_{cold}——冷表面的发射率；

ε_{hot}——热表面的发射率。

当热流是垂直方向时，应将式(7.4.10-1)中的宽高比 L_h/L_v 改为高宽比 L_v/L_h。

7.5 敞口空腔、槽的传热

7.5.1 小面积的沟槽或由一条宽度大于 2mm 但小于 10mm 的缝隙连通到室外或室内环境的空腔可作为轻微通风空腔来处理(图 7.5.1)。轻微通风空腔应作为固体处理，其当量导热系数应取相同截面封闭空腔的等效导热系数的 2 倍，表面发射率可取空腔内表面的发射率。

当轻微通风空腔的开口宽度小于或等于 2mm 时，可作为封闭空腔来处理。

7.5.2 大面积的沟槽或连通到室外或室内环境的缝隙宽度大于 10mm 的空腔应作为通风良好的空腔来处理(图 7.5.2)。通风良好的空腔应将其整个表面视为暴露于外界环境中，表面换热系数 h_{in} 和 h_{out} 应按本规程第 10 章的规定计算。

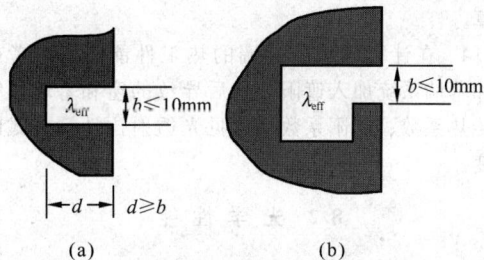

图 7.5.1 轻微通风的沟槽和空腔
(a) 小开口沟槽；(b) 小开口空腔

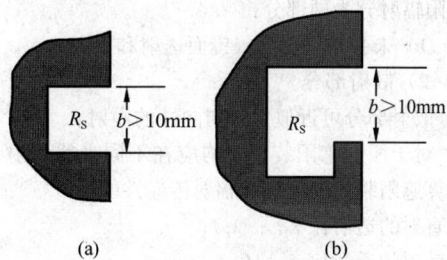

图 7.5.2 通风良好的沟槽和空腔
(a) 大开口沟槽；(b) 大开口空腔

7.6 框的太阳光总透射比

7.6.1 框的太阳光总透射比应按下式计算：

$$g_f = \alpha_f \cdot \frac{U_f}{\frac{A_{surf}}{A_f} h_{out}}$$ (7.6.1)

式中 h_{out}——室外表面换热系数，应按本规程第 10 章的规定计算；

α_f——框表面太阳辐射吸收系数；

U_f——框的传热系数[W/(m²·K)]；

A_{surf}——框的外表面面积(m²)；

A_f——框投影面积(m²)。

8 遮阳系统计算

8.1 一般规定

8.1.1 本规程所规定的遮阳系统计算仅适用于平行或近似平行于玻璃表面的平板型遮阳装置。

8.1.2 遮阳可分为三种基本形式：

1 内遮阳：平行于玻璃面，位于玻璃系统的室内侧，与窗玻璃有紧密的光、热接触；

2 外遮阳：平行于玻璃面，位于玻璃系统的室外侧，与窗玻璃有紧密的光、热接触；

3 中间遮阳：平行于玻璃面，位于玻璃系统的内部或两层平行或接近平行的门窗、玻璃幕墙之间。

8.1.3 遮阳装置在计算处理时，可简化为一维模型，计算时应确定遮阳装置的光学性能、传热系数，并应依据遮阳装置材料的光学性能、几何形状和部位进行计算。

8.1.4 在计算门窗、幕墙的热工性能时，应考虑窗和幕墙系统加入遮阳装置后导致的窗和幕墙系统的传热系数、遮阳系数、可见光透射比计算公式的改变。

8.2 光学性能

8.2.1 在计算遮阳装置的光学性能时，可做下列近似：

1 将被遮阳装置反射的或通过遮阳装置传入室内的太阳辐射分为两部分：

1）未受干扰部分（镜面透射和反射）；

2）散射部分。

2 散射部分可近似为各向同性的漫射。

8.2.2 对于任一遮阳装置，均应在不同光线入射角时，计算遮阳装置的下列光辐射传递性能：

直射—直射的透射比 $\tau_{\text{dir,dir}}(\lambda_j)$；

直射—散射的透射比 $\tau_{\text{dir,dif}}(\lambda_j)$；

散射—散射的透射比 $\tau_{\text{dif,dif}}(\lambda_j)$；

直射—直射的反射比 $\rho_{\text{dir,dir}}(\lambda_j)$；

直射—散射的反射比 $\rho_{\text{dir,dif}}(\lambda_j)$；

散射—散射的反射比 $\rho_{\text{dif,dif}}(\lambda_j)$。

8.2.3 遮阳装置对光辐射的吸收比应按下列公式计算：

1 对直射辐射的吸收比

$$\alpha_{\text{dir}}(\lambda_j) = 1 - \tau_{\text{dir,dir}}(\lambda_j) - \rho_{\text{dir,dir}}(\lambda_j) - \tau_{\text{dir,dif}}(\lambda_j) - \rho_{\text{dir,dif}}(\lambda_j)$$
(8.2.3-1)

2 对散射辐射的吸收比

$$\alpha_{\text{dif}}(\lambda_j) = 1 - \tau_{\text{dif,dif}}(\lambda_j) - \rho_{\text{dif,dif}}(\lambda_j)$$
(8.2.3-2)

8.3 遮阳百叶的光学性能

8.3.1 光在遮阳装置上透射或反射时可分解为直射和散射部分，直射、散射部分继续通过前面或后面的门窗（或玻璃幕墙），应通过测试或计算得到所有玻璃、薄膜和遮阳装置的相关光学参数值。

8.3.2 计算由平行板条构成的遮阳百叶的光学性能时，应考虑板条的光学性能、几何形状和位置等因素（图 8.3.2）。

8.3.3 计算遮阳百叶光学性能时可采用以下模型和假设：

1 板条为漫反射表面，并可忽略窗户边缘的作用；

2 模型考虑两个邻近的板条，每条可划分为 5 个相等部分（图 8.3.3）；

3 可忽略板条长度方向的轻微挠曲。

8.3.4 对确定后的模型应按下列公式进行计算。对于每层 f, i 和 b, i, i 由 0 到 n（这里 $n = 6$），对每一光谱间隔 λ_j（$\lambda \rightarrow \lambda + \Delta\lambda$）：

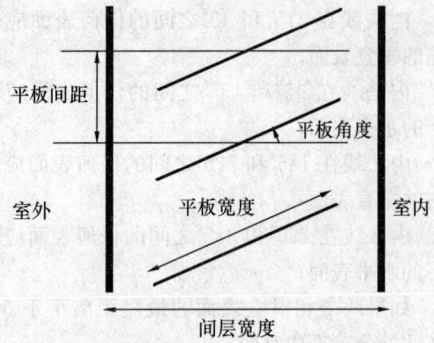

图 8.3.2 板条的几何形状示意

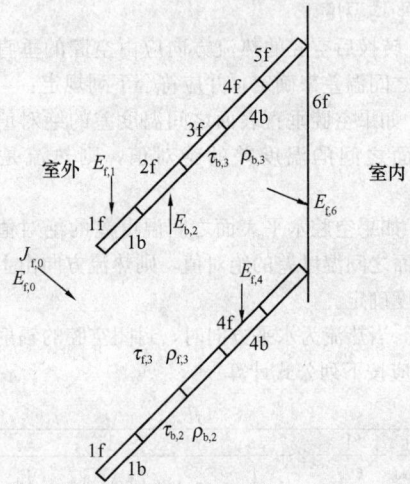

图 8.3.3 模型中分割示意

$$E_{\text{f},i} = \sum_k \left[\rho_{\text{f},k} + \tau_{\text{b},k} \right) E_{\text{f},k} F_{\text{f},k \rightarrow \text{f},i} + (\rho_{\text{b},k} + \tau_{\text{f},k}) E_{\text{b},k} F_{\text{b},k \rightarrow \text{f},i} \right]$$
(8.3.4-1)

$$E_{\text{b},i} = \sum_k \left[(\rho_{\text{b},k} + \tau_{\text{f},k}) E_{\text{b},k} F_{\text{b},k \rightarrow \text{b},i} + (\rho_{\text{f},k} + \tau_{\text{b},k}) E_{\text{f},k} F_{\text{f},k \rightarrow \text{b},i} \right]$$
(8.3.4-2)

$$E_{\text{f},0} = J_0(\lambda_j)$$
(8.3.4-3)

$$E_{\text{b},n} = J_n(\lambda_j) = 0$$
(8.3.4-4)

式中　$F_{p \rightarrow q}$——由表面 p 到表面 q 的角系数；

k——百叶板被划分的块序号；

$E_{\text{f},0}$——入射到遮阳百叶的光辐射；

$E_{\text{b},n}$——从遮阳百叶反射出来的光辐射；

$E_{\text{f},i}$——百叶板第 i 段上表面接收到的光辐射；

$E_{\text{b},i}$——百叶板第 i 段下表面接收到的光辐射；

$E_{\text{f},6}$——通过遮阳百叶的太阳辐射；

$\rho_{\text{f},i}$、$\rho_{\text{b},i}$——百叶板第 i 段上、下表面的反射比，与百叶板材料特性有关；

$\tau_{\text{f},i}$、$\tau_{\text{b},i}$——百叶板第 i 段上、下表面的透射比，与百叶板材料特性有关；

J_0——外部环境来的光辐射；

J_n——室内环境来的反射。

8.3.5 散射—散射透射比应按下式计算：

$$\tau_{\text{dif,dif}}(\lambda_j) = E_{f,n}(\lambda_j)/J_0(\lambda_j) \quad (8.3.5)$$

8.3.6 散射—散射反射比应按下式计算：

$$\rho_{\text{dif,dif}}(\lambda_j) = E_{b,0}(\lambda_j)/J_0(\lambda_j) \quad (8.3.6)$$

8.3.7 直射—直射的透射比和反射比应依据百叶的角度和高厚比，按投射的几何计算方法，可计算给定入射角 ϕ 时穿过百叶未被遮挡光束的照度（图8.3.7）。

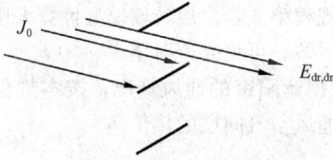

图8.3.7 直射—直射
透射比示意

1 对于任何波长 λ_j，倾角 ϕ 的直射—直射的透射比应按下式计算：

$$\tau_{\text{dir,dir}}(\phi) = E_{\text{dir,dir}}(\lambda_j,\phi)/J_0(\lambda_j,\phi)$$

$$(8.3.7\text{-}1)$$

2 可假设遮阳百叶透空的部分没有反射，即：

$$\rho_{\text{dir,dir}}(\phi) = 0 \quad (8.3.7\text{-}2)$$

8.3.8 直射—散射的透射比和反射比应按下列规定计算：

对给定入射角 ϕ，计算遮阳装置中直接为 $J_{f,0}$ 所辐射的部分 k（图8.3.8）。

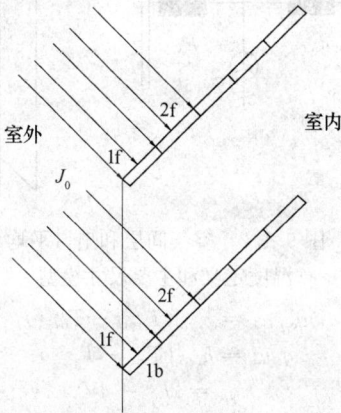

图8.3.8 遮阳装置中受到
直射辐射的部分

在入射辐射 J_0 和直接受到辐射部分 k 之间的角系数为1，即：

$$F_{f,0\to f,k} = 1 \text{ 和 } F_{f,0\to b,k} = 1$$

内、外环境之间散射（除直射外）角系数为0，即：

$$F_{f,0\to b,n} = 0 \text{ 和 } F_{b,0\to f,n} = 0$$

直射—散射的透射比和反射比应按下式计算：

$$\tau_{\text{dir,dif}}(\lambda_j,\phi) = E_{f,n}(\lambda_j,\phi)/J_0(\lambda_j,\phi)$$

$$(8.3.8\text{-}1)$$

$$\rho_{\text{dir,dif}}(\lambda_j,\phi) = E_{b,n}(\lambda_j,\phi)/J_0(\lambda_j,\phi) \quad (8.3.8\text{-}2)$$

散射的吸收比应按本规程第8.2.3条的规定计算。

8.3.9 在精确计算传热系数时，应详细计算遮阳百叶远红外的透射特性。计算给定条件下遮阳百叶的透射比和反射比应与计算散射—散射透射比和反射比的模型相同，可将遮阳百叶的光学性能替换为远红外辐射特性进行计算。

遮阳百叶表面的标准发射率数值应按附录G的规定确定，若表面发射率为固定值，也可直接采用表F.0.1中的数值。

8.4 遮阳帘与门窗或幕墙组合系统的简化计算

8.4.1 遮阳帘类的遮阳装置按类型可分为匀质遮阳帘和百叶遮阳帘。遮阳帘的光学性能可用下列参数表示：

1 遮阳帘太阳辐射透射比 $\tau_{e,B}$，包括直射—直射透射和直射—散射透射；

2 遮阳帘室外侧太阳光反射比 $\rho_{e,B}$，即直射—散射反射；

3 遮阳帘室内侧太阳光反射比 $\rho'_{e,B}$，即散射—散射反射；

4 遮阳帘可见光透射比 $\tau_{v,B}$，包括直射—直射透射和直射—散射透射；

5 遮阳帘室外侧可见光反射比 $\rho_{v,B}$，即直射—散射反射；

6 遮阳帘室内侧可见光反射比 $\rho'_{v,B}$，即散射—散射反射。

这些参数应采用适当的方法在垂直入射辐射下计算或测试，其中百叶遮阳帘可在辐射以某一入射角入射的条件下按本规程第8.2、8.3节的规定计算。

8.4.2 遮阳帘置于门窗（或玻璃幕墙）室外侧时，太阳光总透射比 g_{total} 应按下列公式计算：

$$g_{\text{total}} = \tau_{e,B} \cdot g + \alpha_{e,B}\frac{\Lambda}{\Lambda_2} + \tau_{e,B}(1-g)\frac{\Lambda}{\Lambda_1}$$

$$(8.4.2\text{-}1)$$

$$\alpha_{e,B} = 1 - \tau_{e,B} - \rho_{e,B} \quad (8.4.2\text{-}2)$$

$$\Lambda = \frac{1}{1/U + 1/\Lambda_1 + 1/\Lambda_2} \quad (8.4.2\text{-}3)$$

式中 Λ_1——遮阳帘的传热系数[W/(m²·K)]，可取6W/(m²·K)；

Λ_2——遮阳帘与门窗（或玻璃幕墙）之间空气间层的传热系数[W/(m²·K)]，可取18W/(m²·K)；

U——门窗（或玻璃幕墙）的传热系数[W/(m²·K)]；

g——门窗（或玻璃幕墙）的太阳光总透射比。

8.4.3 遮阳帘置于门窗（或玻璃幕墙）室内侧时，太阳光总透射比 g_{total} 应按下列公式计算：

$$g_{total} = g \cdot \left(1 - g \cdot \rho_{e,B} - \alpha_{e,B} \frac{\Lambda}{\Lambda_2}\right)$$

$$(8.4.3-1)$$

$$\alpha_{e,B} = 1 - \tau_{e,B} - \rho_{e,B} \quad (8.4.3-2)$$

$$\Lambda = \frac{1}{1/U + 1/\Lambda_2} \quad (8.4.3-3)$$

式中 Λ_2 ——遮阳帘与门窗（或玻璃幕墙）之间空气间层的传热系数[W/(m² · K)]，可取 18W/(m² · K)；

U ——门窗（或玻璃幕墙）的传热系数[W/(m² · K)]。

8.4.4 遮阳帘置于两片玻璃或封闭的两层门窗（或玻璃幕墙）之间时，太阳光总透射比 g_{total} 应按下列公式计算：

$$g_{total} = g \cdot \tau_{e,B} + g[\alpha_{e,B} + (1-g) \cdot \rho_{e,B}] \cdot \frac{\Lambda}{\Lambda_3}$$

$$(8.4.4-1)$$

$$\alpha_{e,B} = 1 - \tau_{e,B} - \rho_{e,B} \quad (8.4.4-2)$$

$$\Lambda = \frac{1}{1/U + 1/\Lambda_3} \quad (8.4.4-3)$$

式中 Λ_3 ——封闭间层内遮阳帘的传热系数[W/(m² · K)]，可取 3W/(m² · K)；

U ——门窗（或玻璃幕墙）的传热系数[W/(m² · K)]。

8.4.5 对内遮阳帘和外遮阳帘，遮阳帘与门窗或幕墙组合系统的可见光总透射比应按下式计算：

$$\tau_{v,total} = \frac{\tau_v \cdot \tau_{v,B}}{1 - \rho_v \cdot \rho_{v,B}} \quad (8.4.5)$$

式中 τ_v ——玻璃可见光透射比；

ρ_v ——玻璃面向遮阳侧的可见光反射比；

$\tau_{v,B}$ ——遮阳帘可见光透射比；

$\rho_{v,B}$ ——遮阳帘面向玻璃侧的可见光反射比。

8.4.6 对内遮阳帘和外遮阳帘，遮阳帘与门窗或幕墙组合系统的太阳光直接透射比应按下式计算：

$$\tau_{e,total} = \frac{\tau_e \cdot \tau_{e,B}}{1 - \rho_e \cdot \rho_{e,B}} \quad (8.4.6)$$

式中 τ_e ——玻璃太阳光透射比；

ρ_e ——玻璃面向遮阳侧的太阳光反射比；

$\tau_{e,B}$ ——遮阳帘太阳光透射比；

$\rho_{e,B}$ ——遮阳帘面向玻璃侧的太阳光反射比。

8.5 遮阳帘与门窗或幕墙组合系统的详细计算

8.5.1 遮阳帘与门窗或幕墙组合系统的详细计算，应按本规程第6章和第9章的规定进行。

8.5.2 当按本规程第6章多层玻璃模型进行计算时，应对给出的公式进行下列补充：

1 本规程第6.2节中的辐射应分解为三类，即将相应的透射比 τ、反射比 ρ 和吸收比 α 分别分为：

"直射—直射"、"直射—散射"、"散射—散射"的值；

2 透射比应分解为向前和向后两个值。

8.5.3 当遮阳帘置于室外侧或室内侧，可将门窗（或玻璃幕墙）与遮阳帘分别等效为一层玻璃，应按本规程第6章多层玻璃模型计算太阳光总透射比、传热系数、可见光透射比。

8.5.4 遮阳帘置于两层门窗（或玻璃幕墙）中间时，可将门窗（或玻璃幕墙）与遮阳帘分别等效为一层玻璃，应按本规程第6章多层玻璃模型计算太阳光总透射比、传热系数、可见光透射比。

8.5.5 应根据遮阳帘的通风情况，按本规程第9章的方法计算通风空气间层的热传递。

9 通风空气间层的传热计算

9.1 热平衡方程

9.1.1 空气间层可分为封闭空气间层和通风空气间层。封闭空气间层的传热应按本规程第6章的规定进行计算。

9.1.2 通风空气间层中由空气的流动而产生的对流换热（图9.1.2）应按下列公式计算：

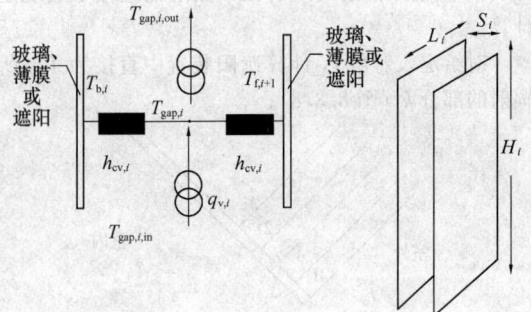

图 9.1.2 空气间层和出口平均温度定义和主要尺寸模型

$$q_{c,f,i+1} = h_{cv,i}(T_{gap,i} - T_{f,i+1}) \quad (9.1.2-1)$$

$$q_{c,b,i} = h_{cv,i}(T_{b,i} - T_{gap,i}) \quad (9.1.2-2)$$

$$h_{cv,i} = 2h_{c,i} + 4V_i \quad (9.1.2-3)$$

式中 $h_{cv,i}$ ——通风空气间层的壁面对流换热系数[W/m² · K]；

$q_{c,f,i+1}$ ——从间层空气到 $i+1$ 表面的对流换热热流量(W/m²)；

$q_{c,b,i}$ ——从 i 表面到间层空气的对流换热热流量(W/m²)；

$h_{c,i}$ ——不通风间层表面到表面的对流换热系数[W/(m² · K)]，应按本规程第6.3节的规定计算；

V_i ——间层的平均气流速度(m/s)；

$T_{gap,i}$ ——间层 i 中空气当量平均温度(℃)；

$T_{f,i+1}$ ——层面 $i+1$（玻璃、薄膜或遮阳装置）面

向间层的温度(℃);

  $T_{b,i}$——层面 i(玻璃、薄膜或遮阳装置)面向间层的温度(℃)。

9.1.3 空气间层的远红外辐射换热应按本规程第 6.3 节的规定计算。

9.1.4 通风产生的通风热流密度应按下式计算:

$$q_{v,i} = \gamma_i c_p \varphi_{v,i} (T_{gap,i,in} - T_{gap,i,out})/(H_i \times L_i)$$
(9.1.4-1)

  式(9.1.4-1)应满足下列能量平衡方程:

$$q_{v,i} = q_{c,f,i+1} - q_{c,b,i}$$ (9.1.4-2)

式中 $q_{v,i}$——通风传到间层的热流密度(W/m²);

  γ_i——在温度为 $T_{gap,i}$ 的条件下通风间层的空气密度(kg/m³);

  c_p——空气的比热容[J/(kg·K)];

  $\varphi_{v,i}$——通风间层的空气流量(m³/s);

  $T_{gap,i,out}$——通风间层出口处温度(℃);

  $T_{gap,i,in}$——通风间层入口处的温度(℃);

  L_i——通风间层 i 的长度(m),见图 9.1.2;

  H_i——通风间层 i 的高度(m),见图 9.1.2。

9.1.5 通风空气间层可按气流流动的方向分为若干个计算子单元,前一个通风间层的出口温度可作为后一个通风间层的入口温度。

  进口处空气温度 $T_{gap,i,in}$ 可按空气来源(室内、室外,或是与间层 i 交换空气的间层 k 出口温度 $T_{gap,k,out}$ 取值。

9.1.6 通风空气间层与室内环境的热传递可按本规程第 6 章多层玻璃模型的设定,$i=n+1$ 为室内环境,对于所有间层 i,随空气流进室内环境 $n+1$ 的通风热流密度可按下式计算:

$$q_{v,n} = \sum_i \gamma_i c_p \varphi_{v,i} (T_{gap,i,out} - T_{air,in})/(H_i \times L_i)$$
(9.1.6)

式中 γ_i——温度为 $T_{gap,i}$ 的条件下间层的空气密度(kg/m³);

  c_p——空气的比热容[J/(kg·K)];

  $\varphi_{v,i}$——间层的空气流量(m³/s);

  $T_{gap,i,out}$——间层出口处的空气温度(℃);

  $T_{air,in}$——室内空气温度(℃);

  L_i——间层 i 的长度(m);

  H_i——间层 i 的高度(m)。

9.2 通风空气间层的温度分布

9.2.1 在已知间层空气的平均气流速度时,可根据本规程的简易模型计算温度分布和热流密度。

9.2.2 气流通过间层,在间层 i 中的温度分布(图 9.2.2)应按下式计算:

$$T_{gap,i}(h) = T_{av,i} - (T_{av,i} - T_{gap,i,in})e^{-\frac{h}{H_{0,i}}}$$
(9.2.2-1)

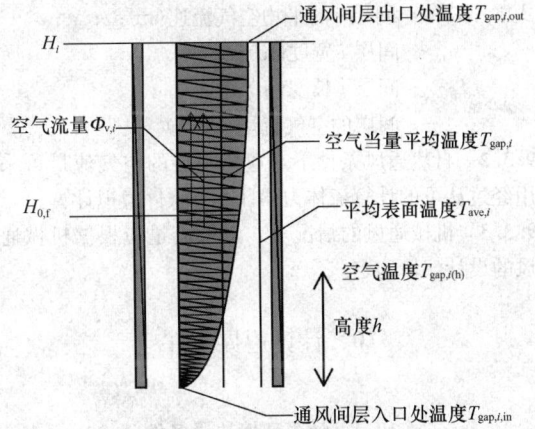

图 9.2.2 窗户间层的空气流

式中 $T_{gap,i}(h)$——间层 i 高度 h 处的空气温度(℃);

  $H_{0,i}$——特征高度(间层平均温度对应的高度)(m);

  $T_{gap,i,in}$——进入间层 i 的空气温度(℃);

  $T_{av,i}$——表面 i 和 $i+1$ 的平均温度(℃)。

1 平均温度 $T_{av,i}$ 应按下式计算:

$$T_{av,i} = (T_{b,i} + T_{f,i+1})/2$$ (9.2.2-2)

式中 $T_{b,i}$——层面 i(玻璃、薄膜或遮阳装置)面向间层 i 表面的温度(℃);

  $T_{f,i+1}$——层面 $i+1$(玻璃、薄膜或遮阳装置)面向间层 i 表面的温度(℃)。

2 空间温度特征高度 $H_{0,i}$ 应按下式计算:

$$H_{0,i} = \frac{\gamma_i \cdot c_p \cdot s_i}{2 \cdot h_{cv,i}} \cdot V_i$$
(9.2.2-3)

式中 γ_i——温度为 $T_{gap,i}$ 的条件下的空气密度(kg/m³);

  c_p——空气的比热容[J/(kg·K)];

  s_i——间层 i 的宽度(m);

  V_i——间层 i 的平均气流速度(m/s);

  $h_{cv,i}$——通风间层 i 的换热系数[W/(m²·K)]。

3 离开间层的空气温度 $T_{gap,i,out}$ 应按下式计算:

$$T_{gap,i,out} = T_{av,i} - (T_{av,i} - T_{gap,i,in}) \cdot e^{-\frac{H_i}{H_{0,i}}}$$
(9.2.2-4)

4 间层 i 空气的等效平均温度 $T_{gap,i}$ 应按下式计算:

$$T_{gap,i} = \frac{1}{H_i}\int_0^H T_{gap,i}(h)dh$$

$$= T_{av,i} - \frac{H_{0,i}}{H_i}(T_{gap,i,out} - T_{gap,i,in})$$
(9.2.2-5)

9.3 通风空气间层的气流速度

9.3.1 已知空气流量时,通风空气间层的气流速度应按下式计算:

$$V_i = \frac{\varphi_{v,i}}{s_i L_i}$$
(9.3.1)

式中 V_i——间层 i 的平均空气流速(m/s);

  s_i——间层 i 宽度(m);

  L_i——间层 i 长度(m);

  $\varphi_{v,i}$——间层的空气流量(m³/s)。

9.3.2 自然通风条件下,通风间层的空气流量可采用经过认可的计算流体力学(CFD)软件模拟计算。

9.3.3 机械通风的情况下,空气流量应根据机械通风的设计流量确定。

10 计算边界条件

10.1 计算环境边界条件

10.1.1 设计或评价建筑门窗、玻璃幕墙定型产品的热工性能时,应统一采用本规程规定的标准计算条件进行计算。

10.1.2 在进行实际工程设计时,门窗、玻璃幕墙热工性能计算所采用的边界条件应符合相应的建筑设计或节能设计标准的规定。

10.1.3 冬季标准计算条件应为:

  室内空气温度 $T_{in}=20℃$

  室外空气温度 $T_{out}=-20℃$

  室内对流换热系数 $h_{c,in}=3.6W/(m^2 \cdot K)$

  室外对流换热系数 $h_{c,out}=16W/(m^2 \cdot K)$

  室内平均辐射温度 $T_{rm,in}=T_{in}$

  室外平均辐射温度 $T_{rm,out}=T_{out}$

  太阳辐射照度 $I_s=300W/m^2$

10.1.4 夏季标准计算条件应为:

  室内空气温度 $T_{in}=25℃$

  室外空气温度 $T_{out}=30℃$

  室内对流换热系数 $h_{c,in}=2.5W/(m^2 \cdot K)$

  室外对流换热系数 $h_{c,out}=16W/(m^2 \cdot K)$

  室内平均辐射温度 $T_{rm,in}=T_{in}$

  室外平均辐射温度 $T_{rm,out}=T_{out}$

  太阳辐射照度 $I_s=500W/m^2$

10.1.5 传热系数计算应采用冬季标准计算条件,并取 $I_s=0W/m^2$。计算门窗的传热系数时,门窗周边框的室外对流换热系数 $h_{c,out}$ 应取 $8W/(m^2 \cdot K)$,周边框附近玻璃边缘(65mm 内)的室外对流换热系数 $h_{c,out}$ 应取 $12W/(m^2 \cdot K)$。

10.1.6 遮阳系数、太阳光总透射比计算应采用夏季标准计算条件。

10.1.7 结露性能评价与计算的标准计算条件应为:

  室内环境温度:20℃;

  室内环境湿度:30%,60%;

  室外环境温度:0℃,-10℃,-20℃;

  室外对流换热系数:20W/(m² · K)。

10.1.8 框的太阳光总透射比 g_f 计算应采用下列边界条件:

$$q_{in} = \alpha \cdot I_s \qquad (10.1.8)$$

式中 α——框表面太阳辐射吸收系数;

  I_s——太阳辐射照度(W/m²);

  q_{in}——框吸收的太阳辐射热(W/m²)。

10.2 对流换热

10.2.1 当室内气流速度足够小(小于 0.3m/s)时,内表面的对流换热应按自然对流换热计算;当气流速度大于 0.3m/s 时,应按强迫对流和混合对流计算。

  设计或评价门窗、玻璃幕墙定型产品的热工性能时,室内表面的对流换热系数应符合本规程第 10.1 节的规定。

10.2.2 内表面的对流换热按自然对流计算时应符合下列规定:

  1 自然对流换热系数 $h_{c,in}$ 应按下式计算:

$$h_{c,in} = Nu\left(\frac{\lambda}{H}\right) \qquad (10.2.2-1)$$

式中 λ——空气导热系数[W/(m · K)];

  H——自然对流特征高度,也可近似为窗高(m)。

  2 努谢尔特数 Nu 是基于门窗(或玻璃幕墙)高 H 的瑞利数 Ra_H 的函数,瑞利数 Ra_H 应按下列公式计算:

$$Ra_H = \frac{\gamma^2 \cdot H^3 \cdot G \cdot c_p |T_{b,n} - T_{in}|}{T_{m,f} \cdot \mu \cdot \lambda}$$

$$(10.2.2-2)$$

$$T_{m,f} = T_{in} + \frac{1}{4}(T_{b,n} - T_{in}) \quad (10.2.2-3)$$

式中 $T_{b,n}$——门窗(或玻璃幕墙)内表面温度;

  T_{in}——室内空气温度(℃);

  γ——空气密度(kg/m³);

  c_p——空气的比热容[J/(kg · K)];

  G——重力加速度(m/s²),可取 9.80m/s²;

  μ——空气运动黏度[kg/(m · s)];

  $T_{m,f}$——内表面平均气流温度。

  3 努谢尔特数 Nu 是表面倾斜角度 θ 的函数,当室内空气温度高于门窗(或玻璃幕墙)内表面温度(即 $T_{in} > T_{b,n}$)时,内表面的努谢尔特数 Nu_{in} 应按下列公式计算:

  1)表面倾角 $0° \leqslant \theta < 15°$:

$$Nu_{in} = 0.13Ra_H^{\frac{1}{3}} \qquad (10.2.2-4)$$

  2)表面倾角 $15° \leqslant \theta \leqslant 90°$:

$$Ra_c = 2.5 \times 10^5 \left(\frac{e^{0.72\theta}}{\sin\theta}\right)^{\frac{1}{5}} \quad \theta \text{ 的单位采用度(°)}$$

$$(10.2.2-5)$$

$$Nu_{in} = 0.56(Ra_H\sin\theta)^{\frac{1}{4}} \qquad Ra_H \leqslant Ra_c$$

$$(10.2.2-6)$$

$$Nu_{in} = 0.13(Ra_H^{\frac{1}{3}} - Ra_c^{\frac{1}{3}}) + 0.56(Ra_c\sin\theta)^{\frac{1}{4}}$$

$$Ra_H > Ra_c$$

$$(10.2.2-7)$$

3) 表面倾角 $90°<\theta\leqslant179°$：

$$Nu_{in} = 0.56 (Ra_H \sin\theta)^{\frac{1}{4}} \qquad 10^5 \leqslant Ra_H \sin\theta < 10^{11}$$

$$(10.2.2-8)$$

4) 表面倾角 $179°<\theta\leqslant180°$：

$$Nu_{in} = 0.58 Ra_H^{\frac{1}{4}} \qquad Ra_H \leqslant 10^{11}$$

$$(10.2.2-9)$$

当室内空气温度低于门窗（或玻璃幕墙）内表面温度（$T_{in}<T_{b,n}$）时，应以（$180°-\theta$）代替θ，按以上公式进行计算。

10.2.3 在实际工程中，当内表面有较高速度气流时，室内对流换热应按强制对流计算。门窗（或玻璃幕墙）内表面对流换热系数应按下式计算：

$$h_{c,in} = 4 + 4V_s \qquad (10.2.3)$$

式中 V_s——门窗（或玻璃幕墙）内表面附近的气流速度（m/s）。

10.2.4 外表面对流换热应按强制对流换热计算。设计或评价建筑门窗、玻璃幕墙定型产品的热工性能时，室外表面的对流换热系数应符合本规程第10.1节的规定。

10.2.5 当进行工程设计或评价实际工程用建筑门窗、玻璃幕墙产品性能计算时，外表面对流换热系数应按下式计算：

$$h_{c,out} = 4 + 4V_s \qquad (10.2.5)$$

式中 V_s——门窗（或玻璃幕墙）外表面附近的气流速度（m/s）。

10.2.6 当进行建筑的全年能耗计算时，门窗或幕墙构件外表面对流换热系数应按下列公式计算：

$$h_{c,out} = 4.7 + 7.6V_s \qquad (10.2.6-1)$$

门窗（或玻璃幕墙）附近的风速应按门窗（或玻璃幕墙）的朝向和吹向建筑的风向和风速确定。

1 当门窗（或玻璃幕墙）外表面迎风时，V_s 应按下式计算：

$$V_s = 0.25V \qquad V > 2 \qquad (10.2.6-2)$$
$$V_s = 0.5 \qquad V \leqslant 2 \qquad (10.2.6-3)$$

式中 V——在开阔地上测出的风速（m/s）。

2 当门窗（或玻璃幕墙）外表面为背风时，V_s 应按下式计算：

$$V_s = 0.3 + 0.05V \qquad (10.2.6-4)$$

3 确定表面是迎风还是背风，应按下式计算相对于门窗（或玻璃幕墙）外表面的风向 γ（图 10.2.6）：

$$\gamma = \varepsilon + 180° - \theta \qquad (10.2.6-5)$$

当 $|\gamma|>180°$ 时，$\gamma=360°-|\gamma|$；

当 $-45°\leqslant|\gamma|\leqslant45°$ 时，表面为迎风向，否则表面为背风向。

式中 θ——风向（由北朝顺时针测量的角度，见图10.2.6）；

ε——墙的方位（由南向西为正，反之为负，

见图10.2.6）。

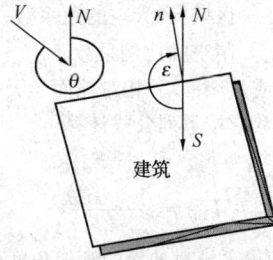

图 10.2.6 确定风向和墙的方位示意

n—墙的法向方向；N—北向；S—南向

10.2.7 当外表面风速较低时，外表面自然对流换热系数 $h_{c,out}$ 应按下式计算：

$$h_{c,out} = Nu\left(\frac{\lambda}{H}\right) \qquad (10.2.7-1)$$

式中 λ——空气的导热系数[W/(m·K)]；

H——表面的特征高度（m）。

努谢尔特数 Nu 是瑞利数 Ra_H 和特征高度 H 的函数，瑞利数 Ra_H 应按下式计算：

$$Ra_H = \frac{\gamma^2 \cdot H^3 \cdot G \cdot c_p \mid T_{s,out} - T_{out}\mid}{T_{m,f} \cdot \mu \cdot \lambda}$$

$$(10.2.7-2)$$

式中 γ——空气密度（kg/m³）；

c_p——空气的比热容[J/(kg·K)]；

G——重力加速度（m/s²），可取 9.80m/s²；

μ——空气运动黏度[kg/(m·s)]；

T_{out}——室外空气温度（℃）；

$T_{s,out}$——幕墙、门窗外表面温度（℃）；

$T_{m,f}$——外表面平均气流温度（℃），应按下式计算：

$$T_{m,f} = T_{out} + \frac{1}{4}(T_{s,out} - T_{out})$$

$$(10.2.7-3)$$

努谢尔特数的计算应与本规程第10.2.2条内表面计算相同，其中倾角 θ 应以（$180°-\theta$）代替。

10.3 长波辐射换热

10.3.1 室外平均辐射温度的取值应分为下列两种应用条件：

1 实际工程条件；

2 用于定型产品性能设计或评价的计算标准条件。

10.3.2 对于实际工程计算条件，室外辐射照度 G_{out} 应按下列公式计算：

$$G_{out} = \sigma T_{rm,out}^4 \qquad (10.3.2-1)$$

$$T_{rm,out} = \left\{\frac{[F_{grd} + (1-f_{clr})F_{sky}]\sigma T_{out}^4 + f_{clr}F_{sky}J_{sky}}{\sigma}\right\}^{\frac{1}{4}}$$

$$(10.3.2-2)$$

式中 $T_{rm,out}$——室外平均辐射温度（K）；

F_{grd}、F_{sky}——门窗系统相对地面（即水平线以下区域）和天空的角系数；

f_{clr}——晴空的比例系数。

1 门窗（或玻璃幕墙）相对地面、天空的角系数、晴空的比例系数应按下列公式计算：

$$F_{grd} = 1 - F_{sky} \qquad (10.3.2\text{-}3)$$

$$F_{sky} = \frac{1 + \cos\theta}{2} \qquad (10.3.2\text{-}4)$$

式中 θ——门窗系统对地面的倾斜角度。

2 当已知晴空辐射照度 J_{sky} 时，应直接按下列公式计算：

$$J_{sky} = \varepsilon_{sky}\sigma T_{out}^4 \qquad (10.3.2\text{-}5)$$

$$\varepsilon_{sky} = \frac{R_{sky}}{\sigma T_{out}^4} \qquad (10.3.2\text{-}6)$$

$$R_{sky} = 5.31 \times 10^{-13} T^6 \qquad (10.3.2\text{-}7)$$

10.3.3 室内辐射照度应为：

$$G_{in} = \sigma T_{rm,in}^4 \qquad (10.3.3)$$

门窗（或玻璃幕墙）内表面可认为仅受到室内建筑表面的辐射，墙壁和楼板可作为在室内温度中的大平面。

10.3.4 内表面计算时，应按下列公式简化计算玻璃部分和框部分表面辐射热传递：

$$q_{r,in} = h_{r,in}(T_{s,in} - T_{rm,in}) \qquad (10.3.4\text{-}1)$$

$$h_{r,in} = \frac{\varepsilon_s\sigma(T_{s,in}^4 - T_{rm,in}^4)}{T_{s,in} - T_{rm,in}} \qquad (10.3.4\text{-}2)$$

$$\varepsilon_s = \frac{1}{\frac{1}{\varepsilon_{surf}} + \frac{1}{\varepsilon_{in}} - 1} \qquad (10.3.4\text{-}3)$$

式中 $T_{rm,in}$——室内辐射温度（K）；

$T_{s,in}$——室内玻璃面或框表面温度（K）；

ε_{surf}——玻璃面或框材料室内表面发射率；

ε_{in}——室内环境材料的平均发射率，一般可取 0.9。

设计或评价建筑门窗、玻璃幕墙定型产品的热工性能时，门窗或幕墙室内表面的辐射换热系数应按下式计算：

$$h_{r,in} = \frac{4.4\varepsilon_s}{0.837} \qquad (10.3.4\text{-}4)$$

10.3.5 进行外表面计算时，应按下列公式简化玻璃面上和框表面上的辐射传热计算：

$$q_{r,out} = h_{r,out}(T_{s,out} - T_{rm,out}) \quad (10.3.5\text{-}1)$$

$$h_{r,out} = \frac{\varepsilon_{s,out}\sigma(T_{s,out}^4 - T_{rm,out}^4)}{T_{s,out} - T_{rm,out}}$$
$$(10.3.5\text{-}2)$$

式中 $T_{rm,out}$——室外平均辐射温度（K）；

$T_{s,out}$——室外玻璃面或框表面温度（K）；

$\varepsilon_{s,out}$——玻璃面或框材料室外表面半球发射率。

设计或评价建筑门窗、玻璃幕墙定型产品的热工性能时，门窗或幕墙室外表面的辐射换热系数应按下式计算：

$$h_{r,out} = \frac{3.9\varepsilon_{s,out}}{0.837} \qquad (10.3.5\text{-}3)$$

10.4 综合对流和辐射换热

10.4.1 外表面或内表面的换热应按下式计算：

$$q = h(T_s - T_n) \qquad (10.4.1\text{-}1)$$

$$h = h_r + h_c \qquad (10.4.1\text{-}2)$$

$$T_n = \frac{T_{air}h_c + T_{rm}h_r}{h_c + h_r} \qquad (10.4.1\text{-}3)$$

式中 h_r——辐射换热系数；

h_c——对流换热系数；

T_s——表面温度（K）；

T_n——环境温度（K）。

10.4.2 对于在计算中进行了近似简化的表面，其表面换热系数应根据面积按下式修正：

$$h_{adjusted} = \frac{A_{real}}{A_{approximated}}h \qquad (10.4.2)$$

式中 $h_{adjusted}$——修正后的表面换热系数；

A_{real}——实际的表面积；

$A_{approximated}$——近似后的表面积。

附录 A 典型窗的传热系数

A.0.1 在没有精确计算的情况下，典型窗的传热系数可采用表 A.0.1-1 和表 A.0.1-2 近似计算。

表 A.0.1-1 窗框面积占整樘窗面积 30% 的窗户传热系数

玻璃传热系数 U_g [W/(m²·K)]	U_f [W/(m²·K)] 窗框面积占整樘窗面积 30%								
	1.0	1.4	1.8	2.2	2.6	3.0	3.4	3.8	7.0
5.7	4.3	4.4	4.5	4.6	4.8	4.9	5.0	5.1	6.1
3.3	2.7	2.8	2.9	3.1	3.2	3.3	3.5	3.6	4.4
3.1	2.6	2.7	2.8	2.9	3.1	3.2	3.3	3.5	4.3
2.9	2.4	2.5	2.7	2.8	3.0	3.1	3.2	3.3	4.1
2.7	2.3	2.4	2.5	2.6	2.8	2.9	3.1	3.2	4.0
2.5	2.2	2.3	2.4	2.6	2.7	2.8	3.0	3.1	3.9
2.3	2.1	2.2	2.3	2.4	2.6	2.7	2.8	2.9	3.8
2.1	1.9	2.0	2.2	2.3	2.4	2.5	2.7	2.8	3.6
1.9	1.8	1.9	2.0	2.2	2.3	2.4	2.5	2.7	3.5
1.7	1.6	1.8	1.9	2.0	2.2	2.3	2.4	2.5	3.3
1.5	1.5	1.6	1.7	1.9	2.0	2.1	2.3	2.4	3.2
1.3	1.4	1.5	1.6	1.7	1.9	2.0	2.1	2.2	3.1

续表 A.0.1-1

玻璃传热系数 U_g [W/(m²·K)]	U_f[W/(m²·K)] 窗框面积占整樘窗面积30%								
	1.0	1.4	1.8	2.2	2.6	3.0	3.4	3.8	7.0
1.1	1.2	1.3	1.5	1.6	1.7	1.9	2.0	2.1	2.9
2.3	2.0	2.1	2.2	2.4	2.5	2.7	2.8	2.9	3.7
2.1	1.9	2.0	2.1	2.2	2.4	2.5	2.6	2.8	3.6
1.9	1.7	1.8	2.0	2.1	2.3	2.4	2.5	2.6	3.4
1.7	1.6	1.7	1.8	1.9	2.1	2.2	2.4	2.5	3.3
1.5	1.5	1.6	1.7	1.8	2.0	2.1	2.3	2.4	3.2
1.3	1.4	1.5	1.6	1.7	1.9	2.0	2.1	2.2	3.1
1.1	1.2	1.3	1.5	1.6	1.7	1.9	2.0	2.1	2.9
0.9	1.1	1.2	1.3	1.4	1.6	1.7	1.8	2.0	2.8
0.7	0.9	1.1	1.2	1.3	1.5	1.6	1.7	1.8	2.6
0.5	0.8	0.9	1.0	1.2	1.3	1.4	1.6	1.7	2.5

表 A.0.1-2　窗框面积占整樘窗面积 20%的窗户传热系数

玻璃传热系数 U_g [W/(m²·K)]	U_f[W/(m²·K)] 窗框面积占整樘窗面积20%								
	1.0	1.4	1.8	2.2	2.6	3.0	3.4	3.8	7.0
5.7	4.8	4.8	4.9	5.0	5.1	5.2	5.2	5.3	5.9
3.3	2.9	3.0	3.1	3.2	3.3	3.4	3.4	3.5	4.0
3.1	2.8	2.8	2.9	3.0	3.1	3.2	3.3	3.4	3.9
2.9	2.6	2.7	2.8	2.8	3.0	3.0	3.1	3.2	3.7
2.7	2.4	2.5	2.6	2.7	2.8	2.9	3.0	3.0	3.6
2.5	2.3	2.4	2.5	2.6	2.7	2.7	2.8	2.9	3.4
2.3	2.1	2.2	2.3	2.4	2.5	2.6	2.7	2.7	3.3
2.1	2.0	2.1	2.2	2.3	2.4	2.4	2.5	2.6	3.1
1.9	1.8	1.9	2.0	2.1	2.2	2.3	2.3	2.4	3.0
1.7	1.7	1.8	1.8	1.9	2.0	2.1	2.2	2.3	2.8
1.5	1.5	1.6	1.7	1.8	1.9	1.9	2.0	2.1	2.6
1.3	1.4	1.4	1.5	1.6	1.7	1.8	1.9	2.0	2.5
1.1	1.2	1.3	1.4	1.4	1.5	1.6	1.7	1.8	2.3
2.3	2.1	2.2	2.3	2.4	2.5	2.6	2.7	2.7	3.3
2.1	2.0	2.0	2.1	2.2	2.3	2.4	2.5	2.6	3.1
1.9	1.8	1.9	2.0	2.1	2.2	2.3	2.3	2.4	3.0
1.7	1.6	1.7	1.8	1.9	2.0	2.1	2.1	2.2	2.8
1.5	1.5	1.6	1.7	1.8	1.9	2.0	2.0	2.1	2.6
1.3	1.4	1.4	1.5	1.6	1.7	1.8	1.9	2.0	2.5
1.1	1.2	1.3	1.4	1.4	1.5	1.6	1.7	1.8	2.3
0.9	1.0	1.1	1.2	1.3	1.4	1.5	1.6	1.6	2.2
0.7	0.9	1.0	1.1	1.2	1.3	1.4	1.4	1.5	2.0
0.5	0.7	0.8	0.9	1.0	1.1	1.2	1.2	1.3	1.8

附录 B　典型窗框的传热系数

B.0.1　根据本规程第 7 章，可以输入图形及相关参数，用二维有限单元法进行数字计算得到窗框的传热系数。在没有详细的计算结果可以应用时，可以应用本附录的计算方法近似得到窗框的传热系数。

B.0.2　本附录中给出的数值都是对应窗垂直安装的情况。传热系数的数值包括了外框面积的影响。计算传热系数的数值时取 $h_{in}=8.0$W/(m²·K) 和 $h_{out}=23$W/(m²·K)。

1　塑料窗框

表 B.0.2　带有金属钢衬的塑料窗框的传热系数

窗框材料	窗框种类	U_f[W/(m²·K)]
聚氨酯	带有金属加强筋，型材壁厚的净厚度≥5mm	2.8
PVC 腔体截面	从室内到室外为两腔结构，无金属加强筋	2.2
	从室内到室外为两腔结构，带金属加强筋	2.7
	从室内到室外为三腔结构，无金属加强筋	2.0

2　木窗框

木窗框的 U_f 值是在含水率为 12%的情况下获得，窗框厚度应根据框扇的不同构造，采用平均的厚度（图 B.0.2-1、图 B.0.2-2）。

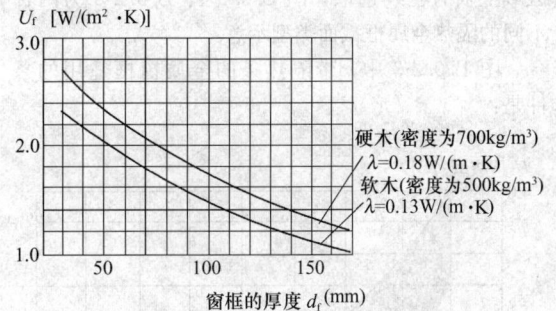

图 B.0.2-1　木窗框以及金属-木窗框的
热传递与窗框厚度 d_f 的关系

3　金属窗框

框的传热系数 U_f 的数值可通过下列步骤计算获得：

1） 金属窗框的传热系数 U_f 应按下式计算：

$$U_f = \frac{1}{\frac{A_{f,i}}{h_i A_{d,i}} + R_f + \frac{A_{f,e}}{h_e A_{d,e}}} \qquad (B.0.2-1)$$

式中　$A_{d,i},A_{d,e},A_{f,i},A_{f,e}$——本规程第 3 章中定义的面

积（m²）；

h_i——窗框的内表面换热系数[W/(m²·K)]；

h_e——窗框的外表面换热系数[W/(m²·K)]；

R_f——窗框截面的热阻[当隔热条的导热系数为 $0.2\sim0.3$W/(m·K)时](m²·K/W)。

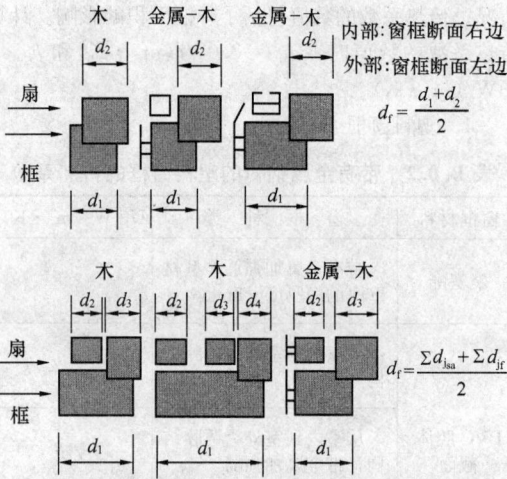

图 B.0.2-2 不同窗户系统窗框厚度 d_f 的定义

2）金属窗框截面的热阻 R_f 按下式计算：

$$R_f = \frac{1}{U_{f0}} - 0.17 \qquad (B.0.2-2)$$

没有隔热的金属框，$U_{f0} = 5.9$W/(m²·K)；具有隔热的金属窗框，U_{f0} 的数值按图 B.0.2-3 中阴影区域上限的粗线选取，图 B.0.2-4、B.0.2-5 为两种不同的隔热金属框截面类型示意。

图 B.0.2-3 中，带隔热条的金属窗框适用的条件是：

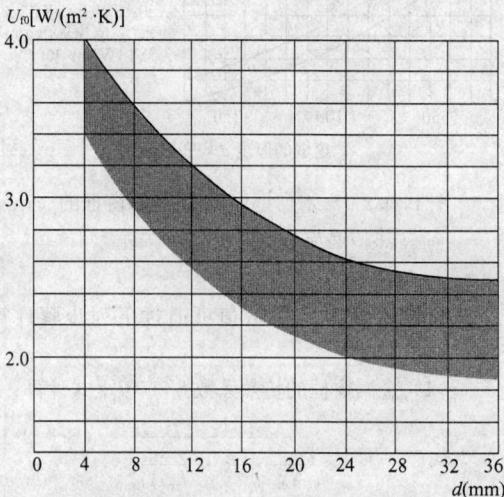

图 B.0.2-3 带隔热的金属窗框的传热系数值

$$\sum_j b_j \leqslant 0.2 b_f \qquad (B.0.2-3)$$

式中 d——热断桥对应的铝合金截面之间的最小距离（mm）；

b_j——热断桥 j 的宽度（mm）；

b_f——窗框的宽度（mm）。

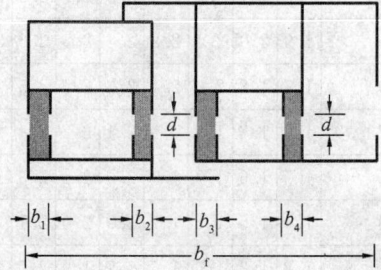

图 B.0.2-4 隔热金属框截面类型 1
[采用导热系数低于 0.30W/(m·K)的隔热条]

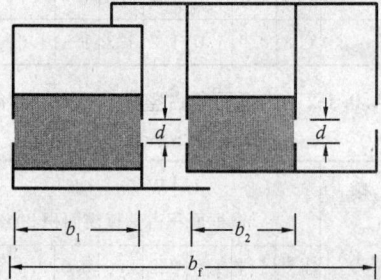

图 B.0.2-5 隔热金属框截面类型 2
[采用导热系数低于 0.20W/(m·K)的泡沫材料]

图 B.0.2-3 中，采用泡沫材料隔热金属框的适用条件是：

$$\sum_j b_j \leqslant 0.3 b_f \qquad (B.0.2-4)$$

式中 d——热断桥对应的铝合金截面之间的最小距离(mm)；

b_j——热断桥 j 的宽度(mm)；

b_f——窗框的宽度(mm)。

B.0.3 窗框与玻璃结合处的线传热系数 ψ，在没有精确计算的情况下，可采用表 B.0.3 中的估算值。

表 B.0.3 铝合金、钢(不包括不锈钢)与中空玻璃结合的线传热系数 ψ

窗框材料	双层或三层未镀膜中空玻璃 ψ[W/(m·K)]	双层 Low-E 镀膜或三层(其中两片 Low-E 镀膜)中空玻璃 ψ[W/(m·K)]
木窗框和塑料窗框	0.04	0.06
带热断桥的金属窗框	0.06	0.08
没有断桥的金属窗框	0	0.02

附录 C 典型玻璃系统的光学热工参数

C.0.1 在没有精确计算的情况下，以下数值可作为玻璃系统光学热工参数的近似值。

表 C.0.1 典型玻璃系统的光学热工参数

玻璃品种		可见光透射比 τ_v	太阳光总透射比 g_g	遮阳系数 SC	传热系数 U_g[W/(m²·K)]
透明玻璃	3mm 透明玻璃	0.83	0.87	1.00	5.8
	6mm 透明玻璃	0.77	0.82	0.93	5.7
	12mm 透明玻璃	0.65	0.74	0.84	5.5
吸热玻璃	5mm 绿色吸热玻璃	0.77	0.64	0.76	5.7
	6mm 蓝色吸热玻璃	0.54	0.62	0.72	5.7
	5mm 茶色吸热玻璃	0.50	0.62	0.72	5.7
	5mm 灰色吸热玻璃	0.42	0.60	0.69	5.7
热反射玻璃	6mm 高透光热反射玻璃	0.56	0.56	0.64	5.7
	6mm 中等透光热反射玻璃	0.40	0.43	0.49	5.4
	6mm 低透光热反射玻璃	0.15	0.26	0.30	4.6
	6mm 特低透光热反射玻璃	0.11	0.25	0.29	4.6
单片 Low-E 玻璃	6mm 高透光 Low-E 玻璃	0.61	0.51	0.58	3.6
	6mm 中等透光型 Low-E 玻璃	0.55	0.44	0.51	3.5
中空玻璃	6 透明＋12 空气＋6 透明	0.71	0.75	0.86	2.8
	6 绿色吸热＋12 空气＋6 透明	0.66	0.47	0.54	2.8
	6 灰色吸热＋12 空气＋6 透明	0.38	0.45	0.51	2.8
	6 中等透光热反射＋12 空气＋6 透明	0.28	0.29	0.34	2.4
	6 低透光热反射＋12 空气＋6 透明	0.16	0.16	0.18	2.3
	6 高透光 Low-E＋12 空气＋6 透明	0.72	0.47	0.62	1.9
	6 中透光 Low-E＋12 空气＋6 透明	0.62	0.37	0.50	1.8
	6 较低透光 Low-E＋12 空气＋6 透明	0.48	0.28	0.38	1.8

续表 C.0.1

玻璃品种		可见光透射比 τ_v	太阳光总透射比 g_g	遮阳系数 SC	传热系数 U_g[W/(m²·K)]
中空玻璃	6 低透光 Low-E＋12 空气＋6 透明	0.35	0.20	0.30	1.8
	6 高透光 Low-E＋12 氩气＋6 透明	0.72	0.47	0.62	1.5
	6 中透光 Low-E＋12 氩气＋6 透明	0.62	0.37	0.50	1.4

附录 D 太阳光谱、人眼视见函数、标准光源

D.0.1 表 D.0.1 按波长给出了 D65 标准光源、视见函数、光谱间隔三者的乘积，可用于材料的有关可见光反射、透射、吸收等性能的计算。

表 D.0.1 D65 标准光源、视见函数、光谱间隔乘积

λ (nm)	$D_\lambda V(\lambda)\Delta\lambda \times 10^2$	λ (nm)	$D_\lambda V(\lambda)\Delta\lambda \times 10^2$
380	0.0000	600	5.3542
390	0.0005	610	4.2491
400	0.0030	620	3.1502
410	0.0103	630	2.0812
420	0.0352	640	1.3810
430	0.0948	650	0.8070
440	0.2274	660	0.4612
450	0.4192	670	0.2485
460	0.6663	680	0.1255
470	0.9850	690	0.0536
480	1.5189	700	0.0276
490	2.1336	710	0.0146
500	3.3491	720	0.0057
510	5.1393	730	0.0035
520	7.0523	740	0.0021
530	8.7990	750	0.0008
540	9.4457	760	0.0001
550	9.8077	770	0.0000
560	9.4306	780	0.0000
570	8.6891		
580	7.8994		
590	6.3306		

注：表中的数据为 D65 光源标准的相对光谱分布 D_λ 乘以视见函数 $V(\lambda)$ 以及波长间隔 $\Delta\lambda$。

D.0.2 表 D.0.2 按波长给出了太阳辐射、光谱间隔的乘积，可用于材料的有关太阳光反射、透射、吸收等性能的计算。

表 D.0.2　地面上标准的太阳光相对光谱分布

λ (nm)	$S_\lambda \Delta \lambda$	λ (nm)	$S_\lambda \Delta \lambda$
300	0	560	0.015590
305	0.000057	570	0.015256
310	0.000236	580	0.014745
315	0.000554	590	0.014330
320	0.000916	600	0.014663
325	0.001309	610	0.015030
330	0.001914	620	0.014859
335	0.002018	630	0.014622
340	0.002189	640	0.014526
345	0.002260	650	0.014445
350	0.002445	660	0.014313
355	0.002555	670	0.014023
360	0.002683	680	0.012838
365	0.003020	690	0.011788
370	0.003359	700	0.012453
375	0.003509	710	0.012798
380	0.003600	720	0.010589
385	0.003529	730	0.011233
390	0.003551	740	0.012175
395	0.004294	750	0.012181
400	0.007812	760	0.009515
410	0.011638	770	0.010479
420	0.011877	780	0.011381
430	0.011347	790	0.011262
440	0.013246	800	0.028718
450	0.015343	850	0.048240
460	0.016166	900	0.040297
470	0.016178	950	0.021384
480	0.016402	1000	0.036097
490	0.015794	1050	0.034110
500	0.015801	1100	0.018861
510	0.015973	1150	0.013228
520	0.015357	1200	0.022551
530	0.015867	1250	0.023376
540	0.015827	1300	0.017756
550	0.015844	1350	0.003743

续表 D.0.2

λ (nm)	$S_\lambda \Delta \lambda$	λ (nm)	$S_\lambda \Delta \lambda$
1400	0.000741	2000	0.003024
1450	0.003792	2050	0.003988
1500	0.009693	2100	0.004229
1550	0.013693	2150	0.004142
1600	0.012203	2200	0.003690
1650	0.010615	2250	0.003592
1700	0.007256	2300	0.003436
1750	0.007183	2350	0.003163
1800	0.002157	2400	0.002233
1850	0.000398	2450	0.001202
1900	0.000082	2500	0.000475
1950	0.001087		

注：空气质量为 1.5 时地面上标准的太阳光（直射＋散射）相对光谱分布出自 ISO 9845-1：1992。表中数据为标准的相对光谱乘以波长间隔。

D.0.3 表 D.0.3 按波长给出了太阳光紫外线辐射、光谱间隔的乘积，可用于材料的有关太阳光紫外线的反射、透射、吸收等性能的计算。

**表 D.0.3　地面上太阳光紫外线
部分的标准相对光谱分布**

λ (nm)	$S_\lambda \Delta \lambda$	λ (nm)	$S_\lambda \Delta \lambda$
300	0	345	0.073326
305	0.001859	350	0.079330
310	0.007665	355	0.082894
315	0.017961	360	0.087039
320	0.029732	365	0.097963
325	0.042466	370	0.108987
330	0.0262108	375	0.113837
335	0.065462	380	0.058351
340	0.071020		

注：空气质量为 1.5 时地面上太阳光紫外线部分（直射＋散射）的标准相对光谱分布出自 ISO 9845-1：1992。表中数据为标准的相对光谱乘以波长间隔。

附录 E　常用气体热物理性能

E.0.1 表 E.0.1 给出的线性公式及系数可以用于计算填充空气、氩气、氪气、氙气四种气体空气层的导热系数、运动黏度和常压比热容。传热计算时，假设所充气体是不发射辐射或吸收辐射的气体。

表 E.0.1-1　气体的导热系数

气体	系数 a	系数 b	λ(273K 时) [W/(m·K)]	λ(283K 时) [W/(m·K)]
空气	2.873×10^{-3}	7.760×10^{-5}	0.0241	0.0249
氩气	2.285×10^{-3}	5.149×10^{-5}	0.0163	0.0168
氪气	9.443×10^{-4}	2.826×10^{-5}	0.0087	0.0090
氙气	4.538×10^{-4}	1.723×10^{-5}	0.0052	0.0053
其中：$\lambda=a+b\cdot T[W/(m\cdot K)]$

表 E.0.1-2　气体的运动黏度

气体	系数 a	系数 b	μ(273K 时) [kg/(m·s)]	μ(283K 时) [kg/(m·s)]
空气	3.723×10^{-6}	4.940×10^{-8}	1.722×10^{-5}	1.771×10^{-5}
氩气	3.379×10^{-6}	6.451×10^{-8}	2.100×10^{-5}	2.165×10^{-5}
氪气	2.213×10^{-6}	7.777×10^{-8}	2.346×10^{-5}	2.423×10^{-5}
氙气	1.069×10^{-6}	7.414×10^{-8}	2.132×10^{-5}	2.206×10^{-5}
其中：$\mu=a+b[kg/(m\cdot s)]$

表 E.0.1-3　气体的常压比热容

气体	系数 a	系数 b	c_p(273K 时) [J/(kg·K)]	c_p(283K 时) [J/(kg·K)]
空气	1002.7370	1.2324×10^{-2}	1006.1034	1006.2266
氩气	521.9285	0	521.9285	521.9285
氪气	248.0907	0	248.0917	248.0917
氙气	158.3397	0	158.3397	158.3397
其中：$c_p=a+b\cdot T[J/(kg\cdot K)]$

表 E.0.1-4　气体的摩尔质量

气　体	摩尔质量(kg/kmol)
空气	28.97
氩气	39.948
氪气	83.80
氙气	131.30

附录 F　常用材料的热工计算参数

F.0.1　门窗、玻璃幕墙常用材料的热工计算参数可采用表 F.0.1 中的数值。

表 F.0.1　常用材料的热工计算参数

用途	材料	密度 (kg/m³)	导热系数 [W/(m·K)]	表面发射率	
框	铝	2700	237.00	涂漆	0.90
				阳极氧化	0.20~0.80
	铝合金	2800	160.00	涂漆	0.90
				阳极氧化	0.20~0.80
	铁	7800	50.00	镀锌	0.20
				氧化	0.80
	不锈钢	7900	17.00	浅黄	0.20
				氧化	0.80
	建筑钢材	7850	58.20	镀锌	0.20
				氧化	0.80
				涂漆	0.90
	PVC	1390	0.17	0.90	
	硬木	700	0.18	0.90	
	软木(常用于建筑构件中)	500	0.13	0.90	
	玻璃钢(UP 树脂)	1900	0.40	0.90	
透明材料	建筑玻璃	2500	1.00	玻璃面	0.84
				镀膜面	0.03~0.80
	丙烯酸(树脂玻璃)	1050	0.20	0.90	
	PMMA(有机玻璃)	1180	0.18	0.90	
	聚碳酸酯	1200	0.20	0.90	
隔热	聚酰氨(尼龙)	1150	0.25	0.90	
	尼龙 66+25%玻璃纤维	1450	0.30	0.90	
	高密度聚乙烯 HD	980	0.52	0.90	
	低密度聚乙烯 LD	920	0.33	0.90	
	固体聚丙烯	910	0.22	0.90	
	带有 25%玻璃纤维的聚丙烯	1200	0.25	0.90	
	PU(聚亚氨酯树脂)	1200	0.25	0.90	
	刚性 PVC	1390	0.17	0.90	

用途	材料	密度 (kg/m³)	导热系数 [W/(m·K)]	表面发射率
防水密封条	氯丁橡胶(PCP)	1240	0.23	0.90
	EPDM(三元乙丙)	1150	0.25	0.90
	纯硅胶	1200	0.35	0.90
	柔性 PVC	1200	0.14	0.90
	聚酯马海毛	—	0.14	0.90
	柔性人造橡胶泡沫	60~80	0.05	0.90
密封剂	PU(刚性聚氨酯)	1200	0.25	0.90
	固体/热熔异丁烯	1200	0.24	0.90
	聚硫胶	1700	0.40	0.90
	纯硅胶	1200	0.35	0.90
	聚异丁烯	930	0.20	0.90
	聚酯树脂	1400	0.19	0.90
	硅胶(干燥剂)	720	0.13	0.90
	分子筛	650~750	0.10	0.90
	低密度硅胶泡沫	750	0.12	0.90
	中密度硅胶泡沫	820	0.17	0.90

附录 G 表面发射率的确定

G.0.1 对远红外线不透明镀膜表面的标准发射率 ε_n 的计算,应在接近正入射状况下利用红外谱仪测出其谱线的反射系数曲线,并应按下列步骤计算:

1 按照表 G.0.1 给出的 30 个波长值,测定相应的反射系数 $R_n(\lambda_i)$ 曲线,取其数学平均值,得到 283K 温度下的常规反射系数。

$$R_n = \frac{1}{30} \sum_{i=1}^{30} R_n(\lambda_i) \qquad (G.0.1-1)$$

2 在 283K 温度下的标准发射率按下式计算:

$$\varepsilon_n = 1 - R_n \qquad (G.0.1-2)$$

表 G.0.1 用于测定 283K 下标准反射系数 R_n 的波长(μm)

序 号	波 长	序 号	波 长
1	5.5	9	10.7
2	6.7	10	11.3
3	7.4	11	11.8
4	8.1	12	12.4
5	8.6	13	12.9
6	9.2	14	13.5
7	9.7	15	14.2
8	10.2	16	14.8

序 号	波 长	序 号	波 长
17	15.6	24	23.3
18	16.3	25	25.2
19	17.2	26	27.7
20	18.1	27	30.9
21	19.2	28	35.7
22	20.3	29	43.9
23	21.7	30	50.0

注:当测试的波长仅达到 25μm 时,25μm 以上波长的反射系数可用 25μm 波长的发射系数替代。

G.0.2 校正发射率 ε 的确定:

用表 G.0.2 给出的系数乘以标准发射率 ε_n 即得出校正发射率 ε。

表 G.0.2 校正发射率与标准发射率之间的关系

标准发射率 ε_n	系数 $\varepsilon/\varepsilon_n$
0.03	1.22
0.05	1.18
0.1	1.14
0.2	1.10
0.3	1.06
0.4	1.03
0.5	1.00
0.6	0.98
0.7	0.96
0.8	0.95
0.89	0.94

注:其他值可以通过线性插值或外推获得。

本规程用词说明

1 为便于在执行本规程条文时区别对待,对要求严格程度不同的用词说明如下:

　1)表示很严格,非这样做不可的用词:
　　正面词采用"必须",反面词采用"严禁";

　2)表示严格,在正常情况下均应这样做的用词:
　　正面词采用"应",反面词采用"不应"或"不得";

　3)表示允许稍有选择,在条件许可时首先应这样做的用词:
　　正面词采用"宜",反面词采用"不宜";
　　表示有选择,在一定条件下可以这样做的用词,采用"可"。

2 本规程中指明应按其他有关标准执行的写法为"应按……执行"或"应符合……要求(规定)"。

中华人民共和国行业标准

建筑门窗玻璃幕墙热工计算规程

JGJ/T 151—2008

条 文 说 明

前　言

《建筑门窗玻璃幕墙热工计算规程》JGJ/T 151－2008，经住房和城乡建设部 2008 年 11 月 13 日以第 143 号公告批准、发布。

为便于广大勘察、设计、施工、管理和科研院校等单位的有关人员在使用本规程时能正确理解和执行条文规定，《建筑门窗玻璃幕墙热工计算规程》编制组按章、节、条顺序编制了本规程的条文说明，供使用者参考。在使用中如发现有不妥之处，请将意见函寄广东省建筑科学研究院（地址：广州市先烈东路 121 号；邮政编码：510500）。

目　次

1 总则 ·················· 22—34

2 术语、符号 ················ 22—34
  2.1 术语 ··············· 22—34
  2.2 符号 ··············· 22—35

3 整樘窗热工性能计算 ·········· 22—35
  3.1 一般规定 ············· 22—35
  3.2 整樘窗几何描述 ·········· 22—35
  3.3 整樘窗传热系数 ·········· 22—36
  3.4 整樘窗遮阳系数 ·········· 22—36
  3.5 整樘窗可见光透射比 ········ 22—36

4 玻璃幕墙热工计算 ··········· 22—37
  4.1 一般规定 ············· 22—37
  4.2 幕墙几何描述 ··········· 22—37
  4.3 幕墙传热系数 ··········· 22—37
  4.4 幕墙遮阳系数 ··········· 22—37
  4.5 幕墙可见光透射比 ········· 22—37

5 结露性能评价 ············· 22—40
  5.1 一般规定 ············· 22—40
  5.2 露点温度的计算 ·········· 22—40
  5.3 结露的计算与评价 ········· 22—41

6 玻璃光学热工性能计算 ········ 22—41
  6.1 单片玻璃的光学热工性能 ····· 22—41
  6.2 多层玻璃的光学热工性能 ····· 22—41
  6.3 玻璃气体间层的热传递 ······ 22—41
  6.4 玻璃系统的热工参数 ········ 22—42

7 框的传热计算 ············· 22—42
  7.1 框的传热系数及框与面板接缝的
     线传热系数 ············ 22—42
  7.2 传热控制方程 ··········· 22—42
  7.3 玻璃气体间层的传热 ········ 22—42
  7.4 封闭空腔的传热 ·········· 22—42
  7.5 敞口空腔、槽的传热 ········ 22—42
  7.6 框的太阳光总透射比 ········ 22—42

8 遮阳系统计算 ············· 22—42
  8.1 一般规定 ············· 22—42
  8.2 光学性能 ············· 22—42
  8.3 遮阳百叶的光学性能 ········ 22—42
  8.4 遮阳帘与门窗或幕墙组合系统的
     简化计算 ············· 22—43
  8.5 遮阳帘与门窗或幕墙组合系统的
     详细计算 ············· 22—43

9 通风空气间层的传热计算 ······· 22—43
  9.1 热平衡方程 ············ 22—43
  9.2 通风空气间层的温度分布 ····· 22—43
  9.3 通风空气间层的气流速度 ····· 22—43

10 计算边界条件 ············ 22—43
  10.1 计算环境边界条件 ········ 22—43
  10.2 对流换热 ············ 22—43
  10.3 长波辐射换热 ·········· 22—43
  10.4 综合对流和辐射换热 ······· 22—43

1 总　则

1.0.1　在建筑围护结构的节能中，建筑门窗、玻璃幕墙的能耗均比较大，是节能的重点之一。已经颁布的《公共建筑节能设计标准》GB 50189－2005、《民用建筑节能设计标准（采暖居住建筑部分）》JGJ 26－95、《夏热冬冷地区居住建筑节能设计标准》JGJ 134－2001、《夏热冬暖地区居住建筑节能设计标准》JGJ 75－2003均对门窗的热工性能提出了明确的要求。

由于我国一直没有门窗的热工计算规程，所以在实际工程中，门窗的传热系数都是由实验室测试得到的。即使这样，由于测试的条件并不是实际工程所在的环境条件，测试的数据用于实际工程也不完全正确。而且，由于实际工程的窗的大小、分格往往与测试样品不一致，所以传热系数与测试值也不一样，无法对测试数据进行修正。

要在建筑门窗和幕墙工程中贯彻执行国家的建筑节能标准，只有测试方法是不够的。而且，随着南方建筑节能标准的出台，遮阳系数成为非常重要的指标，而遮阳系数很难在实验室进行测试，这样，实验室的测试更加无法满足广大建筑工程的节能设计需要。

本规程的编制，规定了门窗和玻璃幕墙的传热系数、遮阳系数、可见光透射比等热工参数的有关计算方法，并给出了详细的计算公式，这对于门窗、幕墙工程的节能设计非常方便。因为产品设计过程中不需要实际产品生产出来，也不需要进行大量的物理测试，仅仅由计算机模拟计算就可以预知产品的性能，这将大大加快产品设计的速度。对于建筑节能工程设计，选择、设计门窗或者幕墙都很方便。设计人员可以预先进行玻璃、型材、配件的选择，选择的范围可以很宽，速度也可以大大加快。

本规程还规定了门窗的结露性能的评价方法，这对于满足《公共建筑节能设计标准》GB 50189－2005的要求和《民用建筑节能设计标准（采暖居住建筑部分）》JGJ 26－95的要求都是非常重要的。

1.0.2　本规程主要以规则的玻璃门窗和玻璃幕墙为计算对象，适当地考虑非透明的面板采用本规程的方法计算的可能性。对于复杂的建筑幕墙、门窗，本规程不完全适用。而且，本规程也只能适用于门窗和玻璃幕墙自身的计算，并不适用于门窗、玻璃幕墙与周边墙体复杂连接边界的计算。

本规程参照国际标准 ISO 15099、ISO 10077、ISO 9050 等系列标准，结合我国现行的相关标准制定。本规程以下列标准为参照标准：

ISO 15099：Thermal performance of windows, doors and shading devices-Detailed calculations；

ISO 10077-1：Thermal performance of windows, doors and shutters-Calculation of thermal transmittance-Part 1：Simplified method；

ISO 10077-2：Thermal performance of windows, doors and shutters-Calculation of thermal transmittance-Part 2：Numerical method for frames；

ISO 10292：Glass in building-Calculation of steady state U-values（thermal transmittance）of multiple glazing；

ISO 9050：Glass in building-Determination of light transmittance, solar direct transmittance, total solar energy transmittance, ultraviolet transmittance and related glazing factors.

1.0.3　门窗的热惰性不大，因而采用稳态的方法进行有关计算。在 ISO 系列标准和各个发达国家的相关标准中均是如此。例如 ISO 10077-1、ISO 10077-2、ISO 15099 等。

空气渗透会影响门窗和幕墙的传热和结露的性能。由于空气渗透与门窗的质量有关，一般在计算中很难知道渗漏的部位，因而传热的计算不考虑空气渗透的影响。实际使用时应考虑空气渗透对热工性能和节能计算的影响。

1.0.4　为了各种产品之间的性能对比，条件相同才有可比性，本规程规定了计算门窗和玻璃幕墙热工性能参数的标准计算条件。但标准计算条件并不能反映工程的实际情况，虽然计算条件的一般变化对热工性能参数的影响不太大，但若需要详细计算，计算条件仍应该按照实际工程所使用的计算条件，因而实际工程并不能使用标准计算条件。

实际的工程节能设计标准中都会规定室内计算条件，室外计算条件可以通过当地的建筑气象数据来确定。

1.0.5　本规程给出了部分建筑门窗、玻璃幕墙计算所用的材料热工参数，但这些参数还应符合其他国家现行有关标准的规定要求。实际工程中所使用的材料热工参数如果与本规程没有冲突，可以使用本规程的数据。

对于本规程没有列入的材料，应该进行测试，按照测试结果选取。

2　术语、符号

2.1　术　语

本规程所列出的术语是本规程所特有的。给出的术语尽可能考虑了与其他标准的一致性和协调性，但可能与其他标准不一致，有本规程特殊的涵义，应用时应该注意。

每个术语均给出了英文翻译，但该翻译不一定与国际上的标准术语一致，仅供参考。

2.2　符　号

本规程的符号采用 ISO 系列标准的符号，与我国的标准所采用的符号可能不一样，采用时应根据其物理意义进行对应。

3　整樘窗热工性能计算

3.1　一　般　规　定

3.1.1　本节的有关规定主要参照 ISO 10077 的相应规定。窗由多个部分组成，窗框、玻璃（或其他面板）等部分的光学性能和传热特性各不一样，在计算整窗的传热系数、遮阳系数以及可见光透射比时采用各部分按面积加权平均的方式，可以简化计算，而且物理概念清晰。这种方法也都是 ISO 系列标准所普遍采用的。

3.1.2　关于玻璃（或其他面板）边缘与窗框组合产生的传热效应，采用附加传热系数的方式表示。这样的做法与 ISO 10077 相同。

窗框与玻璃结合处的线传热系数 ψ 主要描述了在窗框、玻璃和间隔层之间相互作用下附加的热传递，附加线传热系数 ψ 主要受玻璃间隔层材料导热系数的影响。在没有精确计算的情况下，可采用附录 B 中线传热系数 ψ 的参考值。

3.1.3　关于窗框的传热系数、太阳能总透射比的计算，在第 7 章有详细的规定。

3.1.4　关于窗户玻璃的传热系数、太阳光总透射比、可见光透射比的计算方法，在第 6 章有详细的规定。

3.2　整樘窗几何描述

3.2.1　本节的有关规定采用 ISO 10077 的相应规定。

每条窗框的传热系数按第 7 章规定进行计算。为了简化计算，在两条框相交处的传热不作三维传热现象考虑，简化为其中的一条框来处理，且忽略建筑与窗框之间的热桥效应，即窗框与墙相接边界作绝热处理。

如图 1 所示的窗，应计算 1-1、2-2、3-3、4-4、5-5、6-6 六个框段的框传热系数及对应的框和玻璃接缝线传热系数。两条框相交部分简化为其中的一条框来处理。

计算 1-1、2-2、4-4 截面的二维传热时，与墙面相接的边界作为绝热边界处理。

计算 3-3、5-5、6-6 截面的二维传热时，与相邻框相接的边界作为绝热边界处理。

如图 2 所示的推拉窗，应计算 1-1、2-2、3-3、4-4、5-5 五个框的框传热系数和对应的框和玻璃接缝线传热系数。两扇窗框叠加部分 5-5 作为一个截面进行计算。

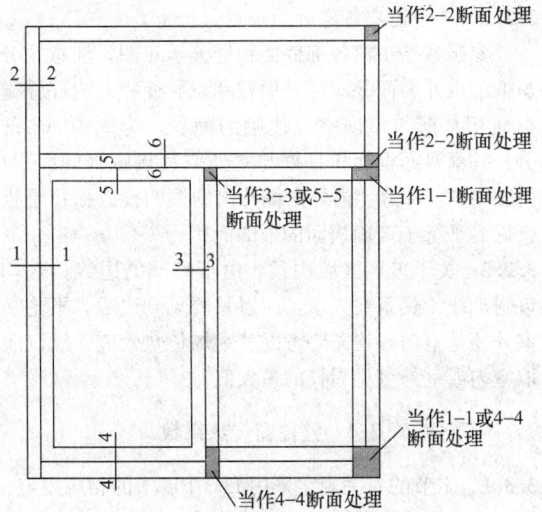

图 1　窗的几何分段

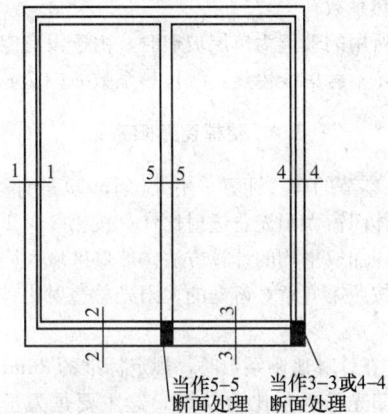

图 2　推拉窗几何分段

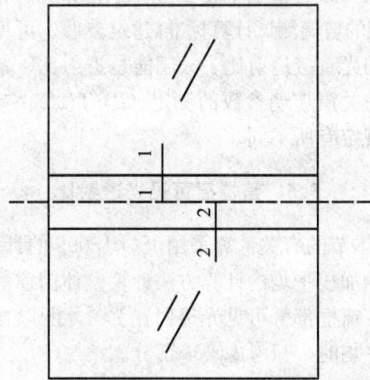

图 3　窗横隔几何分段

一个框两边均有玻璃的情况，可以分别附加框两边的附加线传热系数。如图 3 所示窗框两边均有玻璃，框的传热系数为框两侧均镶嵌保温材料时的传热系数，框 1-1 和 2-2 的宽度可以分别是框宽度的 1/2。框 1-1 和 2-2 的附加线传热系数可分别将其换成玻璃进行计算。如果对称，则两边的附加线传热系数应该是相同的。

3.2.2 关于窗户各部分面积划分规定。

参照本条中窗各部件面积划分示意图，注意区分窗框的内外表面暴露部分面积和投影面积。内部暴露框面积是框与室内空气接触的面积，为图中 $A_{d,i}$ 部分；外部暴露框面积是框与室外空气接触框的面积，为图中 $A_{d,e}$ 部分。内外两侧凸出的框的投影面积是指投影到平行于玻璃板面的框的面积。

3.2.3 关于玻璃区域周长，由于玻璃的边缘传热均以附加线传热系数表示，所以只要见到边缘，不论是室外还是室内，均需要考虑其附加传热效应，所以应取室内或室外可见周长的最大值。

3.3 整樘窗传热系数

3.3.1 本节的有关规定采用 ISO 10077 的相应规定。

该计算式为单层窗整窗传热系数计算公式。按第 3.1.1 条规定，采用面积加权平均的计算方法计算整窗的传热系数。

当所用的玻璃为单层玻璃时，由于没有空气间层的影响，不考虑线传热，线传热系数 $\psi = 0$。

3.4 整樘窗遮阳系数

3.4.1 本节的有关计算采用 ISO 15099 的计算方法。

整体门窗太阳光总透射比计算按第 3.1.1 条规定采用面积加权平均的计算方法。玻璃区域太阳光透射比计算按照第 6 章，窗框的太阳光总透射比计算方法按照第 7 章。

3.4.2 在计算遮阳系数时，规定标准的 3mm 透明玻璃的太阳光总透射比为 0.87，这主要是为了与国际方法接轨，使得我国的玻璃遮阳系数与国际上惯用的遮阳系数一致，不至于在工程中引起混淆。但这样规定与我国的玻璃测试计算标准《建筑玻璃 可见光透射比、太阳光直接透射比、太阳能总透射比、紫外线透射比及有关窗玻璃参数的测定》GB/T 2680 有关遮蔽系数的规定有所不同。

3.5 整樘窗可见光透射比

3.5.1 本节的有关计算采用 ISO 15099 的计算方法。采用面积加权平均的计算方法计算整体门窗的可见光透射比。窗框部分可见光透射比为 0，所以在进行面积加权平均时，只考虑玻璃部分。

整樘窗热工性能计算实例

整窗热工性能可按照以下参考步骤计算。以 PVC 窗为例：

1 窗的有关参数

尺寸：1500mm×1800mm，如图 4 所示；

框型材：PVC 两腔体构造；

玻璃：Low-E 中空玻璃，玻璃厚度 4mm，空气层厚度 12mm；

图 4 窗户示意

玻璃面积：2.22m^2；

窗框面积：0.48m^2；

玻璃区域周长：12m。

2 窗框传热系数

根据附录 B 查得，窗框的传热系数 U_f 为 $2.2\text{W}/(\text{m}^2 \cdot \text{K})$，线传热系数 ψ 为 $0.06\text{W}/(\text{m} \cdot \text{K})$。

3 玻璃参数

计算玻璃的传热系数 U_g 为 $1.896\text{W}/(\text{m}^2 \cdot \text{K})$，太阳光总透射比 g_g 为 0.758，可见光透射比 τ_v 为 0.755。

4 整窗传热系数计算

由第 3 章公式计算窗传热系数 U_t：

$$U_t = \frac{\sum A_g U_g + \sum A_f U_f + \sum l_\psi \psi}{A_t}$$

$$= \frac{2.22 \times 1.896 + 0.48 \times 2.2 + 12 \times 0.06}{2.7}$$

$$= 2.217 [\text{W}/(\text{m}^2 \cdot \text{K})]$$

5 太阳光透射比及遮阳系数计算

按第 7.6 节计算框的太阳光总透射比，窗框表面太阳辐射吸收系数 α_f 取 0.4：

$$g_f = \alpha_f \cdot \frac{U_f}{\dfrac{A_{surf}}{A_f} h_{out}}$$

$$= 0.4 \times \frac{2.2}{\dfrac{0.57}{0.48} \times 19} = 0.039$$

由公式（3.4.1）计算整窗太阳能总透过比：

$$g_t = \frac{\sum g_g A_g + \sum g_f A_f}{A_t}$$

$$= \frac{0.758 \times 2.22 + 0.039 \times 0.48}{2.7} = 0.63$$

由公式（3.4.2）计算整窗遮阳系数 SC：

$$SC = \frac{g_t}{0.87}$$

$$= \frac{0.63}{0.87} = 0.72$$

6 可见光透射比计算

由公式（3.5.1）计算整窗可见光透射比

$$\tau_t = \frac{\sum \tau_v A_g}{A_t}$$

$$= \frac{0.755 \times 2.2}{2.7} = 0.62$$

4 玻璃幕墙热工计算

4.1 一般规定

4.1.1 本节的有关规定与整窗的计算一样，也主要参照 ISO 10077 的有关规定进行相应的规定。采用按面积加权平均的方法计算幕墙的传热系数、遮阳系数以及可见光透射比。

4.1.2 关于玻璃（或其他面板）边缘与窗框组合产生的传热效应，采用附加线传热系数的方式表示。这样的做法与 ISO 10077 相同。

4.1.3 关于框的传热系数、太阳光总透射比的计算，在第 7 章有详细的规定。

4.1.4 关于玻璃传热系数、太阳光总透射比、可见光透射比的计算方法，在第 6 章有详细的规定。

4.1.6 对于幕墙水平和垂直转角部位的传热，其简化方法可见图 5 所示。

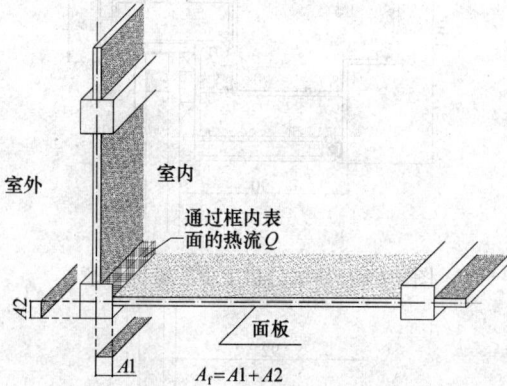

图 5 幕墙转角部位简化处理示意

框的投影面积可近似为 $A_f = A1 + A2$；

框的传热系数可近似为 $U_f = \dfrac{Q}{A_f}$。

4.2 幕墙几何描述

4.2.1 本节的有关规定主要参考了欧洲标准 prEN 13947。根据幕墙框截面的不同将幕墙框进行分段，对不同的框截面均应计算其传热系数及对应框和玻璃接缝的线传热系数，这样才能保证幕墙的各光学热工性能可按面积加权平均的方式简化计算。

4.2.2 幕墙在进行热工计算时面积的划分与整窗的计算基本相同，采用了相同的原则。

4.2.4 幕墙计算的边界和单元的划分应根据幕墙形式的不同而采用不同的方式。单元式幕墙和构件式幕墙的立柱和横梁的结构是不同的。单元式幕墙是由一个一个的单元拼接而成，所以单元边缘的立柱和横梁是拼接的。而构件式幕墙的立柱和横梁则是一个完整的。

由于幕墙是连续的，单元边缘的立柱和横梁一般是两边对称的，所以边缘的立柱和横梁需要进行对称划分，面积只能计算一半。

4.2.5 为了保证幕墙的各光学热工性能可按面积加权平均的方式简化计算，幕墙计算的节点应该包括幕墙所有典型的节点。复杂的节点可能由多个型材拼接而成，所以应拆分计算。

4.3 幕墙传热系数

4.3.1 本节的有关计算主要采用 ISO 10077 的计算方法。

计算式（4.3.1）根据规定，采用面积加权平均的计算方法计算幕墙的传热系数。

4.3.2 当幕墙背后有实体墙时，幕墙的计算比较复杂。这里只针对幕墙与实体墙之间为封闭空气层的情况，这样可以简化计算。实际上，由于幕墙金属热桥的存在，当幕墙背后有实体墙时，幕墙的计算比较复杂。为了计算有实体墙的情况，简化是有必要的。

简化的方法是将实体墙部分和幕墙部分看成是两层幕墙，中间隔一个空气间层。由于幕墙的空气层一般超过 30mm，所以根据《民用建筑热工设计规范》GB 50176-93 的计算数据表，30mm，40mm，50mm 及以上厚度封闭空气间层的热阻分别取 $0.17 m^2 \cdot K/W$，$0.18 m^2 \cdot K/W$，$0.18 m^2 \cdot K/W$。

4.3.5 若幕墙与实体墙之间存在明显的冷桥（热桥），应计算冷桥（热桥）的影响。具体的计算方法是采用加权平均的办法。

4.4 幕墙遮阳系数

4.4.1 本节的有关计算采用 ISO 15099 的计算方法。

幕墙太阳光总透射比计算按第 4.1.1 条规定采用面积加权平均的计算方法。

玻璃的太阳光透射比计算按照第 6 章，窗框的太阳光透射比计算方法按照第 7 章。

4.4.2 在计算遮阳系数时，也规定标准的 3mm 透明玻璃的太阳光总透射比为 0.87。

4.5 幕墙可见光透射比

4.5.1 本节的有关计算采用 ISO 15099 的计算方法。幕墙可见光透射比计算采用按面积加权平均的计算方法。

幕墙热工性能计算实例

幕墙热工性能计算可按照以下参考步骤计算。以一个单元式横明竖隐框玻璃幕墙为例：

幕墙热工性能计算需先确定计算单元，计算每种计算单元的热工性能参数，然后按照每种计算单元所占面积比例，进行加权平均计算整幅幕墙的热工性能参数。此处只做示范，故假设一个尺寸宽 4768mm×

高 2856mm 的幕墙，如图 6 所示。

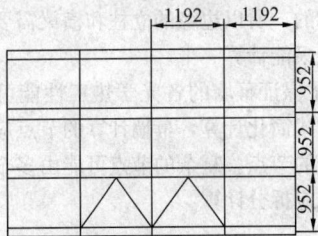

图 6 幕墙示意

1 幕墙的有关参数

尺寸：固定玻璃分格宽 1192mm×高 952mm，开启扇分格宽 1192mm×高 952mm；

框型材：立柱为普通铝合金构造，横梁为断热铝合金构造，截面尺寸见图 7～图 11；

只采用玻璃面板：厚度为（6+12A+6）mm 的 Low-E 中空玻璃，外片为 Low-E 玻璃，内片为普通透明玻璃。

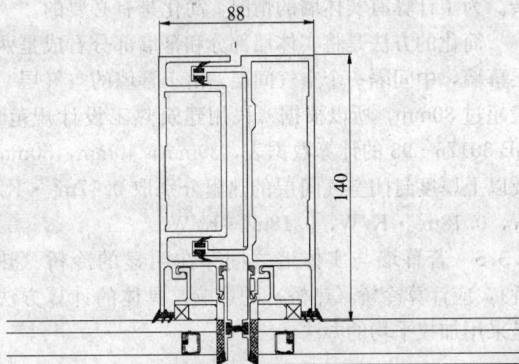

图 7 固定分格立柱截面示意

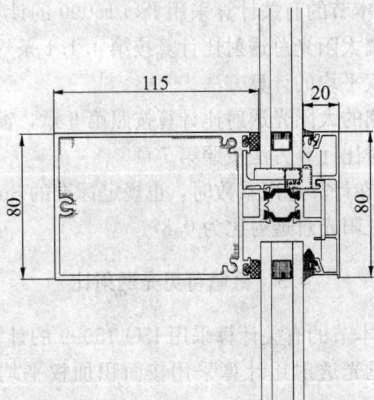

图 8 固定分格横梁截面示意

根据幕墙分格图，可以选择 2 个幕墙计算单元：竖向 3 块固定分格作为计算单元 D1，竖向 2 块固定分格+1 块开启扇分格作为计算单元 D2。

2 幕墙单元 D1（竖向 3 块固定分格）

1）单元几何参数：

计算单元：宽 1192mm×高 2856mm；

立柱面积：0.250m²；横梁面积：0.265m²；

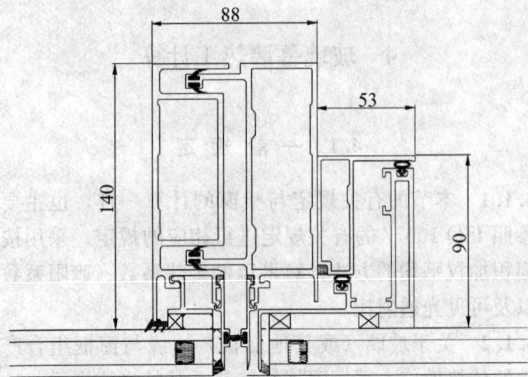

图 9 开启扇分格立柱截面示意

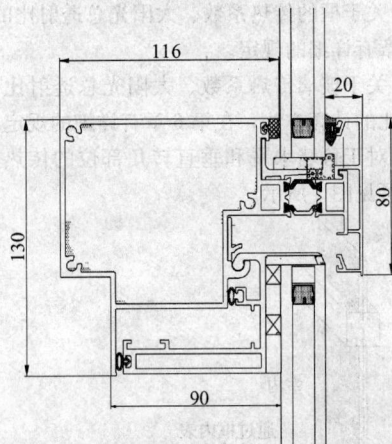

图 10 开启扇分格上横梁截面示意

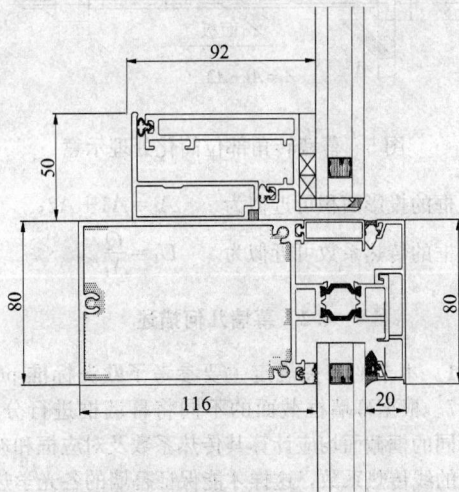

图 11 开启扇分格下横梁截面示意

玻璃面积：2.889m²；

玻璃区域周长：5.232m（竖直方向），6.624m（水平方向）。

2）计算框传热系数 U_f：

按照第 7.1.2 条，用一块导热系数 $\lambda = 0.03\text{W}/(\text{m} \cdot \text{K})$ 的板材替代实际的玻璃，板材的厚度等于替代面板的厚度，嵌入框的深度按照实际尺寸，可见板宽应超过190mm。采用二维稳态热传导计算软件进行框的传热计算，分别对立柱节点（图7）、横梁节点（图8）进行计算，计算结果为：

立柱节点：$U_f = 10.07W/(m^2 \cdot K)$；

横梁节点：$U_f = 3.97W/(m^2 \cdot K)$。

3）计算附加线传热系数 ψ：

按照第7.1.3条，在 U_f 计算模型中，用实际的玻璃系统替代导热系数 $\lambda = 0.03W/(m \cdot K)$ 的板材，采用二维稳态热传导计算软件进行框的传热计算，分别对立柱节点（图7）、横梁节点（图8）进行计算，计算结果为：

立柱节点：$\psi = 0.017W/(m \cdot K)$；

横梁节点：$\psi = 0.072W/(m \cdot K)$。

4）计算玻璃光学热工参数：

按照第6章，采用多层玻璃的光学热工计算模型进行玻璃的光学热工计算，计算结果为：

玻璃传热系数：$U_g = 1.896W/(m^2 \cdot K)$；

太阳光总透射比：$g_g = 0.758$；

可见光透射比：$\tau_v = 0.755$。

5）计算幕墙单元传热系数 U_{cw}：

由第4章公式计算幕墙单元传热系数，计算结果为：

$$
\begin{aligned}
U_{cw} &= \frac{\sum A_g U_g + \sum A_f U_f + \sum l_\psi \psi}{A_t} \\
&= \frac{\begin{array}{c} 2.889 \times 1.896 + (0.250 \times 10.07 \\ + 0.265 \times 3.97) \\ + (5.232 \times 0.017 + 6.624 \times 0.072) \end{array}}{1.192 \times 2.856} \\
&= 2.824[W/(m^2 \cdot K)]
\end{aligned}
$$

6）计算幕墙单元太阳光总透射比 g_f：

按7.6节计算框的太阳光总透射比，窗框表面太阳辐射吸收系数 α_f 取0.6。

$$
\begin{aligned}
g_f &= \alpha_f \cdot \frac{U_f}{\dfrac{A_{surf}}{A_f} h_{out}} \\
&= 0.6 \times \frac{5.9}{\dfrac{0.397}{0.515} \times 19} = 0.241
\end{aligned}
$$

7）计算太阳光总透过比 g_{cw}：

由公式（4.4.1）计算太阳光总透过比，计算结果为：

$$
\begin{aligned}
g_{cw} &= \frac{\sum g_g A_g + \sum g_f A_f}{A_t} \\
&= \frac{0.758 \times 2.889 + 0.241 \times 0.515}{3.4} = 0.681
\end{aligned}
$$

8）计算可见光透射比 τ_{cw}：

由公式（4.5.1）计算幕墙单元的可见光透射比 τ_{cw}，计算结果为：

$$
\begin{aligned}
\tau_{cw} &= \frac{\sum \tau_v A_g}{A_t} \\
&= \frac{0.755 \times 2.889}{3.4} = 0.642
\end{aligned}
$$

3 幕墙单元 D2（竖向2块固定分格＋1块开启扇分格）

1）单元几何参数：

计算单元：宽1192mm×高2856mm；

固定立柱面积：0.152m²；固定横梁面积：0.133m²；

开启扇竖框面积：0.127m²；开启扇上横框面积：0.069m²；开启扇下横框面积：0.069m²；

玻璃面积：2.810m²；

玻璃区域周长：3.438m（固定分格竖直方向），3.336m（固定分格水平方向）；1.644m（开启扇分格竖直方向），1.059m（开启扇分格上水平方向），1.059m（开启扇分格上水平方向）。

2）计算框传热系数 U_f：

按照第7.1.2条，用一块导热系数 $\lambda = 0.03W/(m \cdot K)$ 的板材替代实际的玻璃，板材的厚度等于替代面板的厚度，嵌入框的深度按照实际尺寸，可见板宽应超过190mm。采用二维稳态热传导计算软件进行框的传热计算，分别对开启扇竖框节点（图9）、开启扇上横框节点（图10）、开启扇下横框节点（图11）进行计算，固定分格立柱节点、横梁节点可采用计算单元 D2 的计算结果，计算结果为：

固定分格立柱节点：$U_f = 10.07W/(m^2 \cdot K)$；

固定分格横梁节点：$U_f = 3.97W/(m^2 \cdot K)$；

开启扇竖框节点：$U_f = 10.72W/(m^2 \cdot K)$；

开启扇上横框节点：$U_f = 5.90W/(m^2 \cdot K)$；

开启扇下横框节点：$U_f = 5.59W/(m^2 \cdot K)$。

3）计算附加线传热系数 ψ：

按照第7.1.3条，在 U_f 计算模型中，用实际的玻璃系统替代导热系数 $\lambda = 0.03W/(m \cdot K)$ 的板材，采用二维稳态热传导计算软件进行框的传热计算，分别对开启扇竖框节点（图9）、开启扇上横框节点（图10）、开启扇下横框节点（图11）进行计算，固定分格立柱节点、横梁节点可采用计算单元 D2 的计算结果，计算结果为：

固定分格立柱节点：$\psi = 0.017W/(m \cdot K)$；

固定分格横梁节点：$\psi = 0.072W/(m \cdot K)$；

开启扇竖框节点：$\psi = 0.016W/(m \cdot K)$；

开启扇上横框节点：$\psi = 0.055W/(m \cdot K)$；

开启扇下横框节点：$\psi = 0.067W/(m \cdot K)$。

4）计算玻璃光学热工参数：

玻璃的光学热工参数可采用计算单元 D2 的计算结果：

玻璃传热系数：$U_g = 1.896W/(m^2 \cdot K)$；

太阳光总透射比：$g_g = 0.758$；

可见光透射比：$\tau_v = 0.755$。

5）计算幕墙单元传热系数 U_{cw}：

由第4章公式计算幕墙单元传热系数，计算结果为：

$$\sum A_g U_g = 2.810 \times 1.896 = 5.328$$

$$\begin{aligned}\sum A_f U_f &= 0.152 \times 10.07 + 0.133 \times 3.97 \\ &\quad + 0.127 \times 10.72 + 0.069 \\ &\quad \times 5.90 + 0.069 \times 5.59 \\ &= 4.213\end{aligned}$$

$$\begin{aligned}\sum l_\psi \psi &= 3.438 \times 0.017 + 3.336 \times 0.072 \\ &\quad + 1.644 \times 0.016 + 1.059 \times 0.055 \\ &\quad + 1.059 \times 0.067 \\ &= 0.454\end{aligned}$$

$$\begin{aligned}U_{CW} &= \frac{\sum A_g U_g + \sum A_f U_f + \sum l_\psi \psi}{A_t} \\ &= \frac{5.328 + 4.213 + 0.454}{1.192 \times 2.856} \\ &= 2.936 [W/(m^2 \cdot K)]\end{aligned}$$

6）计算幕墙单元太阳光总透射比 g_f：

按 7.6 节计算框的太阳光总透射比，窗框表面太阳辐射吸收系数 α_f 取 0.6。

$$\begin{aligned}g_f &= \alpha_f \cdot \frac{U_f}{\dfrac{A_{surf}}{A_f} h_{out}} \\ &= 0.6 \times \frac{5.9}{\dfrac{0.397}{0.55} \times 19} = 0.258\end{aligned}$$

7）计算太阳光总透过比 g_{CW}：

由公式（4.4.1）计算太阳光总透过比，计算结果为：

$$\begin{aligned}g_{CW} &= \frac{\sum g_g A_g + \sum g_f A_f}{A_t} \\ &= \frac{0.758 \times 2.889 + 0.241 \times 0.55}{3.4} = 0.683\end{aligned}$$

8）计算可见光透射比 τ_{CW}：

由公式（4.5.1）计算幕墙单元的可见光透射比 τ_{CW}，计算结果为：

$$\begin{aligned}\tau_{CW} &= \frac{\sum \tau_v A_g}{A_t} \\ &= \frac{0.755 \times 2.810}{3.4} = 0.624\end{aligned}$$

4 整幅幕墙

根据计算单元 D1、D2 的计算结果，按照面积加权平均，可计算整幅幕墙的传热系数、遮阳系数及可见光透射比。

1）计算传热系数：

$$\begin{aligned}U &= \frac{\sum A_{CW} U_{CW}}{A} \\ &= \frac{(3.4 + 3.4) \times 2.824 + (3.4 + 3.4) \times 2.936}{3.4 + 3.4 + 3.4 + 3.4} \\ &= 2.88 [W/(m^2 \cdot K)]\end{aligned}$$

2）计算遮阳系数：

$$SC = \frac{\sum A_{CW} g_{CW}}{A}$$

$$\begin{aligned}&= \frac{(3.4 + 3.4) \times 0.681 + (3.4 + 3.4) \times 0.683}{3.4 + 3.4 + 3.4 + 3.4} \\ &= 0.682\end{aligned}$$

3）计算可见光透射比：

$$\tau = \frac{\sum A_{CW} \tau_{CW}}{A}$$

$$\begin{aligned}&= \frac{(3.4 + 3.4) \times 0.642 + (3.4 + 3.4) \times 0.624}{3.4 + 3.4 + 3.4 + 3.4} \\ &= 0.633\end{aligned}$$

5 结露性能评价

5.1 一般规定

5.1.1、5.1.2 计算实际工程的建筑门窗、玻璃幕墙的结露时，所采用的计算条件应按照工程设计的要求取值。

评价产品的结露性能时，为了统一条件，便于应用，应采用第 10 章规定的计算标准条件。由于结露性能计算的标准条件包括了多个室外温度，所以在给出产品性能时，应该注明计算的条件。

5.1.3 空气渗透和其他热源等均会影响结露，实际应用时应予以考虑。空气渗透会降低门窗或幕墙内表面的温度，可能使得结露更加严重。但对于多层构造而言，外层构造的空气渗透有可能降低内部结露的风险。

热源可能会造成较高的温度和较大的绝对湿度，使得结露加剧。当门窗或幕墙附近有热源时，抗结露性能要求更高。

另外，湿热的风也会使得结露加剧。如果室内有湿热的风吹到门窗或幕墙上，应考虑换热系数的变化、湿度的变化等问题对结露的影响。

5.1.4、5.1.5 结露性能与每个节点均有关系，所以每个节点均需要计算。

由于结露是个比较长时间的效果，所以典型节点的温度场仍可以按照第 7 章的稳态方法进行计算。由于门窗、幕墙的面板相对比较大，所以典型节点的计算可以采用二维传热计算程序进行计算。

为了评价每一个二维截面的结露性能，统计结露的面积，在二维计算的情况下，将室内表面的展开边界细分为许多尺寸不大的小段，来计算截面各个分段长度的温度，这些分段的长度不大于计算软件程序中使用的网格尺寸。

5.2 露点温度的计算

5.2.1 水（冰）表面的饱和水蒸气压采用国际上通用的计算公式。

5.2.2 饱和水蒸气压的计算采用 Magnus 公式。

相对湿度的定义：

$$f = \left(\frac{e}{e_{sw}}\right)_{P,T} \times 100\%$$

式中 e ——水蒸气压，hPa；

  e_{sw} ——水面饱和水蒸气压，hPa。

露点温度，即对于一定质量、温度 T、相对湿度为 f 的湿空气，维持水蒸气压 P 不变，冷却降温达到水面饱和时的温度。

参考文献：[1] 刘树华. 环境物理学. 北京：化学工业出版社，2004.

5.2.3 空气的露点温度即是达到 100% 相对湿度时的温度，如果门窗、幕墙的内表面温度低于这一温度，内表面就会结露。

5.3 结露的计算与评价

5.3.1～5.3.3 为了评价产品性能和便于进行结露验算，定义了结露性能评价指标 T_{10}。T_{10} 的物理意义是指在规定的条件下门窗或幕墙的各个部件（如框、面板中部及面板边缘区域）有且只有 10% 的面积出现低于某个温度的温度值。

门窗、幕墙的各个部件划分示意见图 12。

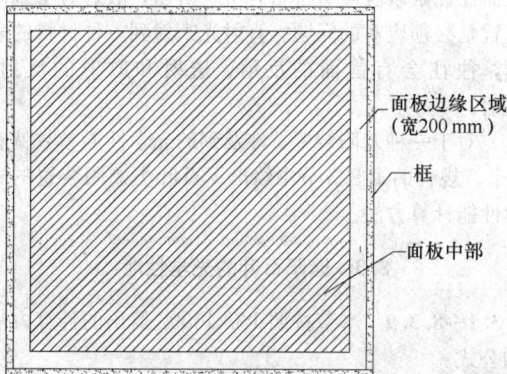

面板边缘区域
（宽200 mm）

框

面板中部

图 12 门窗、幕墙各部件划分示意

可采用二维稳态传热程序计算门窗或幕墙各个框、面板及面板边缘区域各自对应的 T_{10}。在规定的条件下计算出门窗、幕墙内表面的温度场，再按照由低到高对每个分段排序，刚好达到 10% 面积时，所对应分段的温度就是该部件所对应的 T_{10}。

为了评价产品的结露性能，所有的部件均应进行计算。计算的部件包括所有的框、面板边缘以及面板中部。

5.3.4 在工程设计或评价时，门窗、幕墙某个部件出现 10% 低于露点温度的情况，说明门窗、幕墙的结露性能不满足要求，反之为满足要求。

5.3.5、5.3.6 进行产品性能分级或评价时，按各个部分最低的评价指标 $T_{10,min}$ 进行分级或评价。在实际工程中，按公式（5.3.6）进行计算，来保证内表面所有的温度均不低于 $T_{10,min}$。

在已知产品的结露性能评价指标 $T_{10,min}$ 的情况下，按照标准计算条件对应的室内外温差进行计算，计算出实际条件下的室内表面和室外的温差，则可以得到实际条件下的内表面最低的温度（只有某个部件的 10% 可能低于这一温度）。只要计算出来的温度高于实际条件下室内的露点温度，则可以判断产品的结露性能满足实际的要求。

6 玻璃光学热工性能计算

6.1 单片玻璃的光学热工性能

6.1.1～6.1.7 单片玻璃的光学、热工性能是按照 ISO 9050 的有关规定进行计算的。单层玻璃（包括其他透明材料）的光学性能根据单片玻璃的测定光谱数据进行计算。

在我国的标准《建筑玻璃 可见光透射比、太阳光直接透射比、太阳能总透射比、紫外线透射比及有关窗玻璃参数的测定》GB/T 2680 - 1994 中虽然也给出了玻璃的光学性能计算，其方法与 ISO 9050 一致，但其光谱范围略有不同。为了与国际 ISO 系列标准一致，所以本规程采用 ISO 9050 进行计算。

6.1.8 "遮阳系数"是本规程在 ISO 9050 基础上的增加条款，这主要是因为遮阳系数是我国空调规范已经习用的参数。

在计算遮阳系数时，规定标准的 3mm 透明玻璃的太阳光总透射比为 0.87，而没有采用《建筑玻璃 可见光透射比、太阳光直接透射比、太阳能总透射比、紫外线透射比及有关窗玻璃参数的测定》GB/T 2680 - 1994 中的 0.889，这主要是为了与国际上通用的数据接轨，使得我国的玻璃遮阳系数与国际上惯用的遮阳系数一致，不至于在工程使用中引起混淆。

6.2 多层玻璃的光学热工性能

6.2.1～6.2.4 多层玻璃的光学热工性能是按照 ISO 15099 的通用方法进行计算的。本规程将这一方法进行了归纳，将 ISO 15099 的多层玻璃计算方法进行了整合，计算公式更加明确。

这一方法也可以适用于多层窗、多层幕墙等的光学性能计算。只是计算时将窗、幕墙、遮阳装置按照玻璃来处理。

6.3 玻璃气体间层的热传递

6.3.1～6.3.6 玻璃气体间层的热传递计算按照 ISO 15099 的计算方法进行。本节规定了气体间层的热平衡方程，给出了对流换热和辐射换热两方面的计算，并且给出了混合气体的气体间层对流换热计算。

6.3.7 当气体间层两侧全部为玻璃时，由于普通玻璃的红外透射比为零，所以可以将透过玻璃的红外热辐射忽略，这样就可视为无限大板之间的热辐射。

6.4 玻璃系统的热工参数

6.4.1 本条给出了玻璃系统的总热阻和传热系数的计算方法。在玻璃气体间层的传热和内外层换热计算完成之后，玻璃系统传热就可以采用本条的公式直接进行计算了。

6.4.2 本条给出太阳光总透射比和遮阳系数的计算方法。

7 框的传热计算

7.1 框的传热系数及框与面板接缝的线传热系数

7.1.1～7.1.3 框的传热系数及框与面板接缝的线传热系数采用了 ISO 10077 给出的计算方法。

7.2 传热控制方程

7.2.1～7.2.3 本节采用了 ISO 15099 的有关规定。

7.2.4 热桥的计算采用了平均的等效传热系数，这对于计算传热系数是合适的。如果计算结露性能，尤其是对于木窗、塑料窗等，可能会有些不同，但一般也允许有 10% 的面积结露，所以影响也不大。

7.3 玻璃气体间层的传热

7.3.1 玻璃空气层采用当量导热系数来代替空气层导热系数，这主要是为了统一计算，方便编程。

7.4 封闭空腔的传热

7.4.1～7.4.10 本节按照 ISO 15099 给出的计算方法和公式。为了简化框内部封闭空腔传热的计算，也采用当量传热系数的处理办法。

7.5 敞口空腔、槽的传热

7.5.1、7.5.2 本节按照 ISO 15099 给出的计算方法和公式。

7.6 框的太阳光总透射比

7.6.1 本条按照 ISO 15099 给出的计算公式。

8 遮阳系统计算

8.1 一般规定

8.1.1～8.1.3 遮阳装置有很多种，其计算也是非常复杂的。但仅仅给出平行或近似平行于玻璃面的平板型遮阳装置，已经能够解决很多门窗和幕墙的遮阳计算问题。而且，这类遮阳装置可以简化为一维计算，计算方法可以统一。

遮阳可分为 3 种基本形式：内遮阳、外遮阳和中间遮阳。这三类遮阳有共同的特点：平行于玻璃面，与玻璃有紧密的热光接触。这样，遮阳装置可以简化为一层玻璃来计算，从而大大简化计算过程。这样的遮阳装置如幕帘、软百页帘等。

正是以上的遮阳装置，在计算时才能将二维或三维的特性简化为一维模型处理。这样，计算时只要确定了遮阳装置的光学性能、传热系数，即可以把遮阳装置作为一层玻璃参与到门窗或幕墙的热工计算中。

8.1.4 如果窗和幕墙系统加入了遮阳装置，系统的传热系数、遮阳系数、可见光透射比都会改变。在把遮阳装置作为一层玻璃来进行处理时，许多的计算公式会发生相应的改变。第 8.4 节给出了加入遮阳装置后的简化计算方法，第 8.5 节则说明了详细的计算所采用的方法。

8.2 光学性能

8.2.1～8.2.3 要将遮阳装置作为一层玻璃处理，则需要给出这层玻璃的有关性能。由于遮阳设施的材料表面往往是以漫反射材料为主，所以，散射对于遮阳装置是必须应对的问题。直射光入射到一种材料的表面，往往会有镜面的反射、透射和散射的反射、透射。

对于一种遮阳装置，涉及到的光学性能参数就有 6 个。规程的第 8.3 节中给出了百叶类遮阳装置的光学性能计算方法。

8.3 遮阳百叶的光学性能

8.3.1～8.3.9 本节按照 ISO 15099 给出的计算方法和公式。

计算光在遮阳装置上透射或反射是一个比较复杂的过程。光在通过百叶后分解为直射和散射部分，直射是直接透射的或是镜面的反射，而散射则比较复杂。

为了将问题简单化，在计算时将采用以下模型和假设：

1）将板条假设为全部的非镜面反射，并忽略窗户边缘的作用；

2）将板条视为无限重复，所以模型可以只考虑两个邻近的板条，而且采用二维光学计算；

3）为了进一步简化计算，将每条分为 5 个相等部分，而且忽略板条的轻微挠曲影响。

由于计算的结果与板条的光学性能、几何形状和位置等因素均有关系，所以计算平行板条构成的百叶遮阳装置的光学性能时均应予以考虑。板条的远红外反射率的透射特性对传热系数的精确计算有很大影响，所以应详细计算。

8.4 遮阳帘与门窗或幕墙组合系统的简化计算

8.4.1~8.4.6 遮阳装置与门窗、幕墙组合系统的简化计算主要按照 prEN 13363 - 1：1998 给出的计算方法。

计算遮阳帘一类的遮阳装置统一用太阳辐射透射比和反射比，以及可见光透射比和反射比表示。这些值都可以采用适当的方法在垂直入射辐射下计算或测定。百叶类遮阳窗帘可以在辐射以某一入射角入射的条件下，依据本规程第 8.2、8.3 节的方法计算。

8.5 遮阳帘与门窗或幕墙组合系统的详细计算

8.5.1~8.5.5 详细计算遮阳装置是比较繁琐的。为了简化，可以将遮阳装置简化为一层玻璃，门窗或幕墙则是另一层玻璃。这样，就可以采用第 6 章多层玻璃和第 9 章通风空气间层的计算方法，对门窗、幕墙与遮阳装置的相互光热作用进行计算。

当遮阳装置是透空的装置时，如百叶、挡板、窗帘等，遮阳装置有不同的通风情况，可以采用第 9 章的方法计算通风空气间层的热传递。

9 通风空气间层的传热计算

9.1 热平衡方程

本节按照 ISO 15099 给出的计算方法和公式。

9.2 通风空气间层的温度分布

本节按照 ISO 15099 给出的计算方法和公式。

9.3 通风空气间层的气流速度

本节规定的气流量和速度的关系，给出的是一个平均效果。这样处理对于传热计算也是一个平均的效果，应用于第 6.3 节是比较合适的，符合第 6.3 节的计算模型条件。

空气间层的空气流量计算是一个复杂的问题。强制通风可以比较准确地预知空气的流量，但自然条件下的对流、烟囱效应对流等均比较复杂。在各种情况下，进、出口的阻力和通风间层的阻力都是未知数，很难估计。对于这些复杂的情况，采用数字流体模拟计算软件进行分析是一个可行的途径。

10 计算边界条件

10.1 计算环境边界条件

10.1.1、10.1.2 本规程规定了计算门窗和玻璃幕墙

节能指标的标准计算条件，但这些条件并不能在实际工程使用，仅用于建筑门窗、玻璃幕墙产品的设计、评价。

实际的工程节能设计标准中都会规定室内计算条件，室外计算条件可以通过当地的建筑气象数据来确定。

10.1.3~10.1.6 规定了用于建筑门窗、玻璃幕墙产品的设计、评价的标准计算条件。这些条件是参照 ISO 15099 确定的。其中，为与门窗保温性能检测标准一致，冬季的室外气温改为 -20℃；为与我国现行的《民用建筑热工设计规范》GB 50176 - 93 相一致，夏季室外的外表面换热系数适当增大，取为 $16W/(m^2 \cdot K)$。

计算传热系数之所以采用冬季计算标准条件，并取 $I_s = 0W/m^2$，主要是因为传热系数对于冬季节能计算很重要。夏季传热系数虽然与冬季不同，但传热系数随计算条件的变化不是很大，对夏季的节能和负荷计算所带来的影响也不大。

计算遮阳系数、太阳能总透射比采用夏季计算标准条件，这样规定是因为遮阳系数对于夏季节能和空调负荷的计算是非常重要的。冬季的遮阳系数的不同对采暖负荷所带来的变化不大。

以上这样规定与美国 NFRC 的规定是类似的，也与欧洲标准的规定接近。

10.1.7 结露性能计算的条件参照了美国 NFRC 的计算标准。

10.2 对流换热

本节等同于 ISO 15099 的计算方法，所采用的公式均与 ISO 15099 相同。在写法和格式方面符合工程建设标准的规定。

本节主要规定了窗和幕墙室内和室外表面对流换热计算的有关方法和具体公式。这些公式主要用于实际工程的设计、计算。设计或评价建筑门窗、玻璃幕墙定型产品的热工参数时，门窗或幕墙室内、外表面的对流换热系数应符合第 10.1 节的规定。

10.3 长波辐射换热

本节参照采用 ISO 15099 的计算方法。产品的辐射换热系数参考了欧洲标准和 ISO 10292。

10.4 综合对流和辐射换热

本节等同于 ISO 15099 的计算方法，所采用的公式均与 ISO 15099 相同。

中华人民共和国行业标准

民用建筑能耗数据采集标准

Standard for energy consumption survey of civil buildings

JGJ/T 154—2007
J 685—2007

批准部门：中华人民共和国建设部
施行日期：2008年1月1日

中华人民共和国建设部
公　　告

第 676 号

建设部关于发布行业标准
《民用建筑能耗数据采集标准》的公告

现批准《民用建筑能耗数据采集标准》为行业标准，编号为 JGJ/T 154‑2007，自 2008 年 1 月 1 日起实施。

本标准由建设部标准定额研究所组织中国建筑工业出版社出版发行。

中华人民共和国建设部

2007 年 7 月 23 日

前　　言

根据建设部建标〔2005〕84 号文件的要求，标准编制组经广泛调查研究，认真总结实践经验，参考发达国家建筑能耗数据采集的最新成果，并在广泛征求意见的基础上，制定本标准。

本标准的主要技术内容是：1. 总则；2. 术语；3. 民用建筑能耗数据采集对象与指标；4. 民用建筑能耗数据采集样本量和样本的确定方法；5. 样本建筑的能耗数据采集方法；6. 民用建筑能耗数据报表生成与报送方法；7. 民用建筑能耗数据发布。

本标准由建设部负责管理，由主编单位负责具体技术内容的解释。

本标准主编单位：深圳市建筑科学研究院（深圳市福田区振华路 8 号设计大厦 5 楼，邮政编码：518031）

本标准参编单位：重庆大学城市建设与环境工程学院
清华大学建筑学院

湖南大学土木工程学院
大连理工大学土木水利学院
广州市建筑科学研究院
中国建筑科学研究院
西安建筑科技大学建筑学院
上海市建筑科学研究院
中科院数学与系统科学研究院
福建省建筑科学研究院
湖南省建筑设计研究院

本标准主要起草人：

刘俊跃	付祥钊	魏庆芃
马晓雯	李念平	端木琳
任　俊	周　辉	闫增峰
张蓓红	熊世峰	王云新
龙恩深	李劲鹏	夏向群
刘　勇		

目　次

1　总则 ……………………………… 23—4

2　术语 ……………………………… 23—4

3　民用建筑能耗数据采集
　　对象与指标 ……………………… 23—4
　3.1　民用建筑能耗数据采集对象
　　　　与分类 ……………………… 23—4
　3.2　民用建筑能耗数据采集指标 …… 23—4

4　民用建筑能耗数据采集样本量和
　　样本的确定方法 ………………… 23—4
　4.1　一般规定 …………………… 23—4
　4.2　居住建筑能耗数据采集样本量和
　　　　样本的确定方法 …………… 23—5
　4.3　公共建筑能耗数据采集样本量和
　　　　样本的确定方法 …………… 23—5

5　样本建筑的能耗数据采集方法 …… 23—5
　5.1　一般规定 …………………… 23—5
　5.2　居住建筑的样本建筑能耗
　　　　数据采集方法 ……………… 23—5

5.3　公共建筑的样本建筑能耗
　　　数据采集方法 ……………… 23—6

6　民用建筑能耗数据报表生成
　　与报送方法 ……………………… 23—6
　6.1　民用建筑能耗数据报表生成方法 … 23—6
　6.2　民用建筑能耗数据报表报送方法 … 23—6

7　民用建筑能耗数据发布 …………… 23—6

附录A　城镇民用建筑基本信息表 …… 23—7

附录B　样本建筑能耗数据采集表 …… 23—8

附录C　建筑能耗数据处理方法 ……… 23—9

附录D　城镇民用建筑能耗
　　　　数据报表 ………………… 23—12

附录E　城镇民用建筑能耗数据
　　　　发布表 …………………… 23—16

本标准用词说明 …………………… 23—17

附：条文说明 ……………………… 23—18

1 总　则

1.0.1 为加强我国能源领域的宏观管理和科学决策，指导和规范我的建筑能耗数据采集工作，促进我国建筑节能工作的发展，制定本标准。

1.0.2 本标准适用于我国城镇民用建筑使用过程中各类能源消耗量数据的采集和报送。

1.0.3 民用建筑的能耗数据采集，除应符合本标准的规定外，尚应符合国家现行有关标准的规定。

2 术　语

2.0.1 民用建筑能耗数据采集　energy consumption survey of civil buildings

居住建筑和公共建筑在使用过程中所消耗的各类能源量数据的采集。

2.0.2 居住建筑能耗数据采集　energy consumption survey of residential buildings

居住建筑在使用过程中所消耗的各类能源量数据的采集。

2.0.3 公共建筑能耗数据采集　energy consumption survey of public buildings

公共建筑在使用过程中所消耗的各类能源量数据的采集，公共建筑分为中小型公共建筑和大型公共建筑。

2.0.4 中小型公共建筑　non-large-scale public buildings

单栋建筑面积小于或等于 2 万 m² 的公共建筑。

2.0.5 大型公共建筑　large-scale public buildings

单栋建筑面积大于 2 万 m² 的公共建筑。

2.0.6 建筑直接使用的可再生能源　renewable energy independently provided

由建筑或建筑群独立配备的设备和系统所利用的太阳能、风能、地热能等可再生能源，不包括建筑物使用的电网中的水力发电、太阳能发电、风能发电等可再生能源。

2.0.7 分类随机抽样　random sample in classification

先将总体按规定的特征分类，然后在各类中按随机抽样原则抽选一定个体组成样本的一种抽样形式。

2.0.8 集中供热　centralizedheat-supply

从一个或多个热源通过热网向城市、镇或其中某些区域热用户供热。

2.0.9 集中供冷　district cooling

使用集中冷源，通过供冷输配管道，为一个或几个区域的建筑提供冷量的供冷形式。

3 民用建筑能耗数据采集对象与指标

3.1 民用建筑能耗数据采集对象与分类

3.1.1 民用建筑能耗数据采集应分为居住建筑能耗数据采集和公共建筑能耗数据采集。对于综合楼或商住楼，居住建筑部分应纳入居住建筑的能耗数据采集体系，公共建筑部分应纳入公共建筑的能耗数据采集体系。

3.1.2 公共建筑能耗数据采集应分为中小型公共建筑能耗数据采集和大型公共建筑能耗数据采集。

3.1.3 居住建筑应按以下建筑层数划分，并分 3 类进行建筑能耗数据采集：

1 低层居住建筑（1 层至 3 层）；

2 多层居住建筑（4 层至 6 层）；

3 中高层和高层居住建筑（7 层及以上）。

3.1.4 中小型公共建筑和大型公共建筑应分别按以下建筑功能划分，并分 4 类进行建筑能耗数据采集：

1 办公建筑；

2 商场建筑；

3 宾馆饭店建筑；

4 其他建筑。

3.2 民用建筑能耗数据采集指标

3.2.1 民用建筑能耗应按以下 4 类分别进行数据采集：

电、燃料（煤、气、油等）、集中供热（冷）、建筑直接使用的可再生能源。

3.2.2 民用建筑基本信息采集指标应包括各类民用建筑的总栋数和总建筑面积。

3.2.3 民用建筑能耗数据采集指标应为各类民用建筑的全年单位建筑面积能耗量和全年总能耗量。

4 民用建筑能耗数据采集样本量和样本的确定方法

4.1 一般规定

4.1.1 民用建筑能耗数据采集应按中国行政分区进行。

4.1.2 采集的民用建筑能耗数据应按国家级、省级（省、自治区、直辖市）和市级（地级市、地级区、州、盟）三级进行能耗数据汇总。

4.1.3 民用建筑能耗数据采集应以县级行政区域（县、县级市、县级区、旗）为基层单位。

4.1.4 基层单位的民用建筑能耗数据采集样本量和样本应按本标准规定的方法确定。

4.1.5 居住建筑和中小型公共建筑的能耗数据采集样本量和样本应采用分类随机抽样的方法确定。

4.1.6 大型公共建筑应采用逐一调查的方式进行建筑能耗数据采集。

4.1.7 基层单位应按本标准附录 A 中表 A.0.1 的格式，建立辖区内的城镇民用建筑基本信息总表。上一次数据采集后竣工的所有新建城镇民用建筑应补充到上一次建立的城镇民用建筑基本信息总表中，上一次数据采集后拆除的城镇民用建筑应从上一次建立的城镇民用建筑基本信息总表中去除。

4.2 居住建筑能耗数据采集样本量和样本的确定方法

4.2.1 基层单位应按本标准附录 A 中表 A.0.2 的格式，对辖区内的城镇民用建筑基本信息总表中的居住建筑按本标准第 3.1.3 条的规定进行分类，并建立以下 3 种居住建筑分类基本信息表：

1 低层居住建筑基本信息表；

2 多层居住建筑基本信息表；

3 中高层和高层居住建筑基本信息表。

4.2.2 基层单位应对 3 种居住建筑分类基本信息表中居住建筑按以下方法确定样本量：

1 按 1% 的抽样率确定样本量；

2 当按 1% 的抽样率确定的建筑栋数少于 10 栋时，确定样本量为 10 栋；

3 当某类居住建筑的总栋数少于 10 栋时，样本量应为该类居住建筑的总栋数。

4.2.3 基层单位应按照确定的样本量，分别在对应的居住建筑分类基本信息表中进行随机抽样，构成居住建筑能耗数据采集样本。

4.2.4 首次采集后的各次居住建筑能耗数据采集，除了应保留上一次能耗数据采集的样本量和样本外，还应增加上一次能耗数据采集后竣工的各类新建居住建筑的抽样样本。抽样方法应先按 1% 的抽样率确定各类新建居住建筑的样本量，当按 1% 的抽样率确定的各类新建居住建筑栋数少于 1 栋时，应确定各类新建居住建筑的样本量为 1 栋；然后根据确定的各类新建居住建筑样本量，在上一次能耗数据采集后竣工的各类新建居住建筑中进行随机抽样，被抽中的新建居住建筑应补充到上一次的居住建筑能耗数据采集样本中。上一次能耗数据采集后拆除的居住建筑如果是样本建筑，应从样本建筑中去除。

4.3 公共建筑能耗数据采集样本量和样本的确定方法

4.3.1 基层单位应按本标准附录 A 中表 A.0.2 的格式，将辖区内的城镇民用建筑基本信息总表中的中小型公共建筑按本标准第 3.1.4 条的规定进行分类，并建立以下 4 种中小型公共建筑分类基本信息表：

1 中小型办公建筑基本信息表；

2 中小型商场建筑基本信息表；

3 中小型宾馆饭店建筑基本信息表；

4 其他中小型公共建筑基本信息表。

4.3.2 基层单位应对 4 种基本信息表中的中小型公共建筑按以下方法确定样本量：

1 按 10% 的抽样率确定样本量；

2 当按 10% 的抽样率确定的建筑栋数少于 3 栋时，确定样本量为 3 栋；

3 当某类中小型公共建筑的总栋数少于 3 栋时，样本量应为该类中小型公共建筑的总栋数。

4.3.3 基层单位应按照确定的样本量，分别在对应的中小型公共建筑分类基本信息表中进行随机抽样，构成中小型公共建筑能耗数据采集样本。

4.3.4 首次采集后的各次中小型公共建筑能耗数据采集，除应保留上一次能耗数据采集的样本量和样本外，还应增加上一次能耗数据采集后竣工的各类新建中小型公共建筑的抽样样本。抽样方法应先按 10% 的抽样率确定各类新建中小型公共建筑的样本量，当按 10% 的抽样率确定的各类新建中小型公共建筑栋数少于 1 栋时，应确定各类新建中小型公共建筑的样本量为 1 栋；然后根据确定的各类新建中小型公共建筑样本量，在上一次能耗数据采集后竣工的各类新建中小型公共建筑中进行随机抽样，被抽中的新建中小型公共建筑应补充到上一次的中小型公共建筑能耗数据采集样本中。上一次能耗数据采集后拆除的中小型公共建筑如果是样本建筑，应从样本建筑中去除。

4.3.5 基层单位应按本标准附录 A 中表 A.0.2 的格式，将辖区内的城镇民用建筑基本信息总表中的大型公共建筑按本标准第 3.1.4 条的规定进行分类，并建立以下 4 种大型公共建筑分类基本信息表：

1 大型办公建筑基本信息表；

2 大型商场建筑基本信息表；

3 大型宾馆饭店建筑基本信息表；

4 其他大型公共建筑基本信息表。

4.3.6 基层单位应对 4 种基本信息表中的所有大型公共建筑进行能耗数据采集。

4.3.7 首次采集后的各次大型公共建筑能耗数据采集，除应对上一次能耗数据采集后未拆除的大型公共建筑逐一进行能耗数据采集外，还应对上一次能耗数据采集后竣工的所有新建大型公共建筑进行能耗数据采集。

5 样本建筑的能耗数据采集方法

5.1 一般规定

5.1.1 基层单位应负责辖区内样本建筑能耗数据的采集。

5.1.2 基层单位应逐月采集样本建筑的能耗数据，并应按照本标准附录 B 中表 B 的格式填写样本建筑的能耗数据。

5.2 居住建筑的样本建筑能耗数据采集方法

5.2.1 居住建筑的样本建筑的集中供热(冷)量应按以

下方法采集：

    1 设有楼栋热（冷）量计量总表的样本建筑，应从楼栋热（冷）量计量总表中采集；

    2 没有设楼栋热（冷）量计量总表的样本建筑，宜采集热力站或锅炉房（供冷站）的供热（冷）量，按面积均摊方法获得样本建筑的集中供热（冷）量。

5.2.2 居住建筑的样本建筑除集中供热（冷）量以外的能耗数据应按以下方法采集：

    1 宜从能源供应端获得；

    2 不能从能源供应端获得能耗数据的样本建筑，宜设置样本建筑楼栋能耗计量总表（电度表、燃气表等），并采集楼栋能耗计量总表的能耗数据；

    3 既不能从能源供应端、又不能从楼栋能耗计量总表获得能耗数据的样本建筑，应采取逐户调查的方法，采集样本建筑中每一户的能耗数据，同时采集样本建筑的公用能耗数据，累计各户能耗数据和公用能耗数据，获得样本建筑能耗数据。

5.3 公共建筑的样本建筑能耗数据采集方法

5.3.1 中小型公共建筑的样本建筑能耗数据应按以下方法采集：

    1 宜从样本建筑的楼栋能耗计量总表中采集；

    2 不能从楼栋能耗计量总表获得能耗数据的样本建筑，应采取逐户调查的方法，采集样本建筑中各用户的能耗数据，同时采集样本建筑的公用能耗数据，累计各用户能耗数据和公用能耗数据，获得样本建筑能耗数据。

5.3.2 大型公共建筑的能耗数据应按以下方法采集：

    1 宜从建筑的楼栋能耗计量总表中采集；

    2 不能从楼栋能耗计量总表获得能耗数据的，应采取逐户调查的方法，采集建筑中各用户能耗数据，同时采集建筑的公用能耗数据，累计各用户能耗数据和公用能耗数据，获得样本建筑的能耗数据。

6 民用建筑能耗数据报表生成与报送方法

6.1 民用建筑能耗数据报表生成方法

6.1.1 基层单位应按本标准附录 C 规定的数据处理方法，对采集的建筑能耗数据进行处理，生成辖区内的建筑能耗数据报表。

6.1.2 国家、省、市三级建筑能耗数据采集部门，应按本标准附录 C 规定的数据处理方法，对下一级的建筑能耗报表数据进行处理，生成本级建筑能耗数据报表。

6.1.3 建筑能耗数据报表应按规定的格式生成，并应按本标准附录 D 的格式填报。

6.2 民用建筑能耗数据报表报送方法

6.2.1 基层单位应向市级建筑能耗数据采集部门报送以下材料：

    1 基层单位城镇民用建筑能耗数据报表；

    2 基层单位城镇民用建筑基本信息总表；

    3 基层单位辖区内所有的样本建筑能耗数据采集表。

6.2.2 市级和省级建筑能耗数据采集部门除应向上一级建筑能耗数据采集部门报送本级建筑能耗数据报表外，还应同时报送下级上报的所有材料。

7 民用建筑能耗数据发布

7.0.1 民用建筑能耗数据宜分为国家级、省级、市级和基层单位四级发布。

7.0.2 民用建筑能耗数据应按本标准附录 E 中表 E 的格式进行发布。

附录 A 城镇民用建筑基本信息表

A.0.1 基层单位应按表 A.0.1 的格式建立辖区内城　镇民用建筑基本信息总表。

表 A.0.1 ＿＿＿＿＿＿＿（县、县级市、县级区、旗）城镇民用建筑基本信息总表

所属地级市、地级区、州、盟名称：　　　　基层单位名称：　　　　基层单位负责人：

所属地级市、地级区、州、盟代码：　　　　基层单位代码：　　　　联系电话：　　　　完成时间：

1	2	3	4	5	6	7	8	9	10	11	12	13	14
序号	建筑代码	建筑详细名称	建筑详细地址	竣工时间	建筑类型	建筑功能	建筑层数（层）	建筑面积（m²）	资料来源	联系人	联系电话	调查时间	备注

（可续表）

注：1 地级市、地级区、州、盟代码应为现行国家标准《中华人民共和国行政区划代码》GB/T 2260 规定的数字代码，下同；

2 基层单位代码应为现行国家标准《中华人民共和国行政区划代码》GB/T 2260 对各县、县级市、县级区、旗规定的数字代码，下同；

3 第 2 列——建筑代码应为至少 15 位的数字，对本表中的每栋建筑，其建筑代码在以后的各表中应保持不变，建筑代码应按下列规定确定：

1）前 6 位为现行国家标准《中华人民共和国行政区划代码》GB/T 2260 对各县、县级市、县级区、旗规定的数字代码；

2）第 7 位为数字代码 1 或 2，"1"表示居住建筑，"2"表示公共建筑；

3）第 8 位对居住建筑为数字代码 0；对公共建筑为数字代码 1 或 2，"1"表示中小型公共建筑，"2"表示大型公共建筑；

4）第 9 位对居住建筑为数字代码 1~3，"1"表示低层居住建筑，"2"表示多层居住建筑，"3"表示中高层和高层居住建筑；对中小型公共建筑和大型公共建筑为数字代码 1~4，"1"表示办公建筑，"2"表示商场建筑，"3"表示宾馆饭店建筑，"4"表示其他建筑；

5）后 6 位为本表第 1 列的序号，当序号不足 6 位时，序号前补 0 至 6 位；当序号超出 6 位时建筑代码的序号区域就是序号，该区域可以超出 6 位。

4 第 6 列——应填写数字代码 1 或 2，"1"表示居住建筑，"2"表示公共建筑；

5 第 7 列——对居住建筑此格不填写；对公共建筑应填写 1~4 的数字代码，"1"表示办公建筑，"2"表示商场建筑，"3"表示宾馆饭店建筑，"4"表示其他建筑；

6 第 9 列——建筑面积的取值应按照现行国家标准《建筑工程建筑面积计算规范》GB/T 50353 的规定确定。

A.0.2 基层单位应根据表 A.0.1，按表 A.0.2 的格　式生成辖区内城镇各类民用建筑的分类基本信息表。

表 A.0.2 ＿＿＿＿＿＿＿（县、县级市、县级区、旗）城镇民用建筑分类基本信息表

所属地级市、地级区、州、盟名称：　　　　基层单位名称：　　　　基层单位负责人：

所属地级市、地级区、州、盟代码：　　　　基层单位代码：　　　　联系电话：　　　　完成时间：

建筑类型：居住建筑〔低层（ ）多层（ ）中高层和高层（ ）〕

中小型公共建筑〔办公（ ）商场（ ）宾馆饭店（ ）其他（ ）〕

大型公共建筑〔办公（ ）商场（ ）宾馆饭店（ ）其他（ ）〕

1	2	3	4	5	6	7	8	9	10	11
序号	建筑代码	建筑详细名称	建筑详细地址	竣工时间	建筑面积（m²）	资料来源	联系人	联系电话	调查时间	备注

（可续表）

附录 B 样本建筑能耗数据采集表

表 B 样本建筑能耗数据采集表

建筑代码：
建筑详细名称：　　　　　　　　　　基层单位代码：
建筑详细地址：　　　　　　　　　　填表人：　　　　　　　能耗采集年份：
建筑空置率(%)：　　　　　　　　　联系电话：　　　　　　　报出日期：　年　月　日

建筑类型：居住建筑［低层(　) 多层(　) 中高层和高层(　)］
　　　　　中小型公共建筑［办公(　) 商场(　) 宾馆饭店(　)其他(　)］
　　　　　大型公共建筑［办公(　) 商场(　) 宾馆饭店(　)其他(　)］

（一）样本建筑总能耗

能耗种类	1月	2月	3月	4月	5月	6月	7月	8月	9月	10月	11月	12月	年累计消耗量	数据来源			备注
														单位名称	联系人	联系电话	
电(kWh)																	
煤(kg)																	
天然气(m³)																	
液化石油气(kg)																	
人工煤气(m³)																	
汽油(kg)																	
煤油(kg)																	
柴油(kg)																	
集中供热耗热量(kJ)																	
集中供冷耗冷量(kJ)																	
建筑直接使用的可再生能源(　)																	
其他能源(　)																	

（二）用户能耗调查

1. 公用能耗调查表

能耗种类	1月	2月	3月	4月	5月	6月	7月	8月	9月	10月	11月	12月	年累计消耗量	数据来源			备注
														单位名称	联系人	联系电话	
电(kWh)																	
其他能源(　)																	

2. 各用户能耗调查表

能耗种类	1月	2月	3月	4月	5月	6月	7月	8月	9月	10月	11月	12月	年累计消耗量	数据来源			备注
														用户编号	联系人	联系电话	
电(kWh)																	
煤(kg)																	
天然气(m³)																	
液化石油气(kg)																	
人工煤气(m³)																	
汽油(kg)																	
煤油(kg)																	
柴油(kg)																	
其他能源(　)																	

注：1　表中"建筑直接使用的可再生能源"括号中应填写可再生能源的类型(如太阳能、风能、地热能等)和对应的能耗计量单位(如 kWh、kJ 等)，下同；
　　2　表中"其他能源"括号中应填写样本建筑采用本表没有列出的其他能源的类型和对应的能耗计量单位，下同。

附录 C 建筑能耗数据处理方法

C.1 基层单位建筑能耗数据处理方法

C.1.1 样本建筑各类能源的年累计消耗量应按下式计算：

$$E_i^* = \sum_{j=1}^{12} E_{ij}^* \qquad (C.1.1)$$

式中　E_i^*——样本建筑第 i 类能源的年累计消耗量；

E_{ij}^*——样本建筑第 i 类能源第 j 月的消耗量；

i——能源种类，包括：电、燃料（煤、气、油等）、集中供热（冷）、建筑直接使用的可再生能源等；

j——月份，$j=1,2,\cdots,12$；

*——对居住建筑和中小型公共建筑表示样本建筑，对大型公共建筑表示每栋建筑。

C.1.2 居住建筑和中小型公共建筑的各分类建筑各类能源的全年单位建筑面积能耗量和方差应按下列公式计算：

1 全年单位建筑面积能耗量

$$e_{i,\text{b-type-sub}} = \overline{e}_{i,\text{b-type-sub}}^* \qquad (C.1.2\text{-}1)$$

$$\overline{e}_{i,\text{b-type-sub}}^* = \frac{\sum\limits_{k=1}^{n_{\text{b-type-sub}}} E_{i,\text{b-type-sub},k}^*}{F_{\text{b-type-sub}}^*} \qquad (C.1.2\text{-}2)$$

$$F_{\text{b-type-sub}}^* = \sum_{k=1}^{n_{\text{b-type-sub}}} F_{\text{b-type-sub},k}^* \qquad (C.1.2\text{-}3)$$

式中　$e_{i,\text{b-type-sub}}$——基层单位居住建筑或中小型公共建筑的各分类建筑第 i 类能源的全年单位建筑面积消耗量；

$\overline{e}_{i,\text{b-type-sub}}^*$——基层单位居住建筑或中小型公共建筑的各分类建筑的样本建筑第 i 类能源的平均全年单位建筑面积消耗量；

$E_{i,\text{b-type-sub},k}^*$——基层单位居住建筑或中小型公共建筑的各分类建筑中第 k 个样本建筑第 i 类能源的年累计消耗量；

$F_{\text{b-type-sub}}^*$——基层单位居住建筑或中小型公共建筑的各分类建筑的样本建筑总建筑面积；

$F_{\text{b-type-sub},k}^*$——基层单位居住建筑或中小型公共建筑的各分类建筑中第 k 个样本建筑的建筑面积；

$n_{\text{b-type-sub}}$——基层单位居住建筑或中小型公共建筑的各分类建筑的样本量；

b——基层单位；

type——民用建筑类型，type 为 rb 时表示居住建筑，为 gb 时表示中小型公共建筑，为 lb 时表示大型公共建筑；

sub——各分类建筑类型，sub 为 low 时表示低层居住建筑，为 multi 时表示多层居住建筑，为 high 时表示中高层和高层居住建筑，为 office 时表示办公建筑，为 shop 时表示商场建筑，为 hotel 时表示宾馆饭店建筑，为 other 时表示其他公共建筑。

2 方差

$$\sigma_{i,\text{b-type-sub}}^2 = \frac{N_{\text{b-type-sub}}^2}{F_{\text{b-type-sub}}^2} \cdot \frac{1 - f_{\text{b-type-sub}}}{n_{\text{b-type-sub}}(n_{\text{b-type-sub}} - 1)}$$

$$\cdot \sum_{k=1}^{n_{\text{b-type-sub}}} (E_{i,\text{b-type-sub},k}^* - \overline{e}_{i,\text{b-type-sub}}^*$$

$$\cdot F_{\text{b-type-sub},k}^*)^2 \qquad (C.1.2\text{-}4)$$

$$f_{\text{b-type-sub}} = \frac{n_{\text{b-type-sub}}}{N_{\text{b-type-sub}}} \qquad (C.1.2\text{-}5)$$

式中　$\sigma_{i,\text{b-type-sub}}^2$——基层单位居住建筑或中小型公共建筑的各分类建筑第 i 类能源的全年单位建筑面积能耗量方差；

$N_{\text{b-type-sub}}$——基层单位居住建筑或中小型公共建筑的各分类建筑的总栋数；

$F_{\text{b-type-sub}}$——基层单位居住建筑或中小型公共建筑的各分类建筑的总建筑面积。

C.1.3 居住建筑和中小型公共建筑的各分类建筑各类能源的全年总能耗量和方差应按下列公式计算：

1 全年总能耗量

$$E_{i,\text{b-type-sub}} = e_{i,\text{b-type-sub}} \cdot F_{\text{b-type-sub}} \qquad (C.1.3\text{-}1)$$

式中　$E_{i,\text{b-type-sub}}$——基层单位居住建筑或中小型公共建筑的各分类建筑第 i 类能源的全年总能耗量。

2 方差

$$\widetilde{\sigma}_{i,\text{b-type-sub}}^2 = \frac{F_{\text{b-type-sub}}^2}{N_{\text{b-type-sub}}^2} \cdot \sigma_{i,\text{b-type-sub}}^2 \qquad (C.1.3\text{-}2)$$

式中　$\widetilde{\sigma}_{i,\text{b-type-sub}}^2$——基层单位居住建筑或中小型公共建筑的各分类建筑第 i 类能源的全年总能耗量方差。

C.1.4 大型公共建筑的各分类建筑各类能源的全年总能耗量和方差应按下列公式计算：

1 全年总能耗量

$$E_{i,\text{b-lb-sub}} = \sum_{k=1}^{n_{\text{b-lb-sub}}} E_{i,\text{b-lb-sub},k} \qquad (C.1.4\text{-}1)$$

式中　$E_{i,\text{b-lb-sub}}$——基层单位大型公共建筑的各分类建筑第 i 类能源的全年总能耗量；

$E_{i,\text{b-lb-sub},k}$——基层单位大型公共建筑的各分类建筑中第 k 个建筑第 i 类能源的年累计消耗量；

$n_{\text{b-lb-sub}}$——基层单位大型公共建筑的各分类建筑的总栋数。

2　方差

$$\tilde{\sigma}_{i,\text{b-lb-sub}}^2 = 0 \qquad (\text{C}.1.4\text{-}2)$$

式中　$\tilde{\sigma}_{i,\text{b-lb-sub}}^2$——基层单位大型公共建筑的各分类建筑第 i 类能源的全年总能耗量方差。

C.1.5　大型公共建筑的各分类建筑各类能源的全年单位建筑面积能耗量和方差应按下列公式计算：

1　全年单位建筑面积能耗量

$$e_{i,\text{b-lb-sub}} = \frac{E_{i,\text{b-lb-sub}}}{F_{\text{b-lb-sub}}} \qquad (\text{C}.1.5\text{-}1)$$

式中　$e_{i,\text{b-lb-sub}}$——基层单位大型公共建筑的各分类建筑第 i 类能源的全年单位建筑面积能耗量；

$F_{\text{b-lb-sub}}$——基层单位大型公共建筑的各分类建筑的总建筑面积。

2　方差

$$\sigma_{i,\text{b-lb-sub}}^2 = 0 \qquad (\text{C}.1.5\text{-}2)$$

式中　$\sigma_{i,\text{b-lb-sub}}^2$——基层单位大型公共建筑的各分类建筑第 i 类能源的全年单位建筑面积能耗量方差。

C.1.6　基层单位辖区内居住建筑、中小型公共建筑和大型公共建筑各类能源的全年总能耗量和方差应按下列公式计算：

1　全年总能耗量

$$E_{i,\text{b-rb}} = E_{i,\text{b-rb-low}} + E_{i,\text{b-rb-multi}} + E_{i,\text{b-rb-high}}$$
$$(\text{C}.1.6\text{-}1)$$

$$E_{i,\text{b-gb}} = E_{i,\text{b-gb-office}} + E_{i,\text{b-gb-shop}}$$
$$+ E_{i,\text{b-gb-hotel}} + E_{i,\text{b-gb-other}} \quad (\text{C}.1.6\text{-}2)$$

$$E_{i,\text{b-lb}} = E_{i,\text{b-lb-office}} + E_{i,\text{b-lb-shop}}$$
$$+ E_{i,\text{b-lb-hotel}} + E_{i,\text{b-lb-other}} \quad (\text{C}.1.6\text{-}3)$$

式中　$E_{i,\text{b-rb}}$——基层单位居住建筑第 i 类能源的全年总能耗量；

$E_{i,\text{b-gb}}$——基层单位中小型公共建筑第 i 类能源的全年总能耗量；

$E_{i,\text{b-lb}}$——基层单位大型公共建筑第 i 类能源的全年总能耗量。

2　方差

$$\tilde{\sigma}_{i,\text{b-rb}}^2 = \sum_{\text{sub=low+multi+high}} \frac{N_{\text{b-rb-sub}}^2 (1 - f_{\text{b-rb-sub}})}{n_{\text{b-rb-sub}}(n_{\text{b-rb-sub}} - 1)}$$
$$\times \Big[\sum_{k=1}^{n_{\text{b-rb-sub}}} (E_{i,\text{b-rb-sub},k}^*)^2 - 2\bar{e}_{i,\text{b-rb-sub}}^*$$
$$\times \sum_{k=1}^{n_{\text{b-rb-sub}}} (F_{\text{b-rb-sub},k}^* \cdot E_{i,\text{b-rb-sub},k}^*) + (\bar{e}_{i,\text{b-rb-sub}}^*)^2$$
$$\times \sum_{k=1}^{n_{\text{b-rb-sub}}} (F_{\text{b-rb-sub},k}^*)^2 \Big] \qquad (\text{C}.1.6\text{-}4)$$

$$\tilde{\sigma}_{i,\text{b-gb}}^2 = \sum_{\text{sub=office+shop+hotel+other}} \frac{N_{\text{b-gb-sub}}^2 (1 - f_{\text{b-gb-sub}})}{n_{\text{b-gb-sub}}(n_{\text{b-gb-sub}} - 1)}$$
$$\times \Big[\sum_{k=1}^{n_{\text{b-gb-sub}}} (E_{i,\text{b-gb-sub},k}^*)^2 - 2\bar{e}_{i,\text{b-gb-sub}}^*$$
$$\times \sum_{k=1}^{n_{\text{b-gb-sub}}} (F_{\text{b-gb-sub},k}^* \cdot E_{i,\text{b-gb-sub},k}^*)$$
$$+ (\bar{e}_{i,\text{b-gb-sub}}^*)^2 \sum_{k=1}^{n_{\text{b-gb-sub}}} (F_{\text{b-gb-sub},k}^*)^2 \Big] \quad (\text{C}.1.6\text{-}5)$$

$$\tilde{\sigma}_{i,\text{b-lb}}^2 = 0 \qquad (\text{C}.1.6\text{-}6)$$

式中　$\tilde{\sigma}_{i,\text{b-rb}}^2$——基层单位居住建筑第 i 类能源的全年总能耗量方差；

$\tilde{\sigma}_{i,\text{b-gb}}^2$——基层单位中小型公共建筑第 i 类能源的全年总能耗量方差；

$\tilde{\sigma}_{i,\text{b-lb}}^2$——基层单位大型公共建筑第 i 类能源的全年总能耗量方差。

C.1.7　基层单位辖区内居住建筑、中小型公共建筑和大型公共建筑各类能源的全年单位建筑面积能耗量和方差应按下列公式计算：

1　全年单位建筑面积能耗量

$$e_{i,\text{b-rb}} = \frac{E_{i,\text{b-rb}}}{F_{\text{b-rb}}} \qquad (\text{C}.1.7\text{-}1)$$

$$e_{i,\text{b-gb}} = \frac{E_{i,\text{b-gb}}}{F_{\text{b-gb}}} \qquad (\text{C}.1.7\text{-}2)$$

$$e_{i,\text{b-lb}} = \frac{E_{i,\text{b-lb}}}{F_{\text{b-lb}}} \qquad (\text{C}.1.7\text{-}3)$$

$$F_{\text{b-rb}} = F_{\text{b-rb-low}} + F_{\text{b-rb-multi}} + F_{\text{b-rb-high}}$$
$$(\text{C}.1.7\text{-}4)$$

$$F_{\text{b-gb}} = F_{\text{b-gb-office}} + F_{\text{b-gb-shop}}$$
$$+ F_{\text{b-gb-hotel}} + F_{\text{b-gb-other}} \quad (\text{C}.1.7\text{-}5)$$

$$F_{\text{b-lb}} = F_{\text{b-lb-office}} + F_{\text{b-lb-shop}}$$
$$+ F_{\text{b-lb-hotel}} + F_{\text{b-lb-other}} \quad (\text{C}.1.7\text{-}6)$$

式中　$e_{i,\text{b-rb}}$——基层单位居住建筑第 i 类能源的全年单位建筑面积能耗量；

$e_{i,\text{b-gb}}$——基层单位中小型公共建筑第 i 类能源的全年单位建筑面积能耗量；

$e_{i,\text{b-lb}}$——基层单位大型公共建筑第 i 类能源的全年单位建筑面积能耗量；

$F_{\text{b-rb}}$——基层单位居住建筑的总建筑面积；

$F_{\text{b-gb}}$——基层单位中小型公共建筑的总建筑面积；

$F_{\text{b-lb}}$——基层单位大型公共建筑的总建筑面积。

2　方差

$$\sigma_{i,\text{b-rb}}^2 = \frac{\tilde{\sigma}_{i,\text{b-rb}}^2}{F_{\text{b-rb}}^2} \qquad (\text{C}.1.7\text{-}7)$$

$$\sigma_{i,\text{b-gb}}^2 = \frac{\tilde{\sigma}_{i,\text{b-gb}}^2}{F_{\text{b-gb}}^2} \qquad (\text{C}.1.7\text{-}8)$$

$$\sigma_{i,\text{b-lb}}^2 = 0 \qquad (C.1.7\text{-}9)$$

式中 $\sigma_{i,\text{b-rb}}^2$——基层单位居住建筑第 i 类能源的全年单位建筑面积能耗量方差;

　　　$\sigma_{i,\text{b-gb}}^2$——基层单位中小型公共建筑第 i 类能源的全年单位建筑面积能耗量方差;

　　　$\sigma_{i,\text{b-lb}}^2$——基层单位大型公共建筑第 i 类能源的全年单位建筑面积能耗量方差。

C.1.8 基层单位辖区内民用建筑各类能源的全年总能耗量和方差应按下列公式计算:

　　1 全年总能耗量

$$E_{i,\text{b-cb}} = E_{i,\text{b-rb}} + E_{i,\text{b-gb}} + E_{i,\text{b-lb}}$$
$$(C.1.8\text{-}1)$$

式中 $E_{i,\text{b-cb}}$——基层单位民用建筑第 i 类能源的全年总能耗量。

　　2 方差

$$\tilde{\sigma}_{i,\text{b-cb}}^2 = \tilde{\sigma}_{i,\text{b-rb}}^2 + \tilde{\sigma}_{i,\text{b-gb}}^2 + \tilde{\sigma}_{i,\text{b-lb}}^2 \quad (C.1.8\text{-}2)$$

式中 $\tilde{\sigma}_{i,\text{b-cb}}^2$——基层单位民用建筑第 i 类能源的全年总能耗量方差。

C.1.9 基层单位辖区内民用建筑各类能源的全年单位建筑面积能耗量和方差应按下列公式计算:

　　1 全年单位建筑面积能耗量

$$e_{i,\text{b-cb}} = \frac{E_{i,\text{b-cb}}}{F_{\text{b-cb}}} \qquad (C.1.9\text{-}1)$$

$$F_{\text{b-cb}} = F_{\text{b-rb}} + F_{\text{b-gb}} + F_{\text{b-lb}} \qquad (C.1.9\text{-}2)$$

式中 $e_{i,\text{b-cb}}$——基层单位民用建筑第 i 类能源的全年单位建筑面积能耗量;

　　　$F_{\text{b-cb}}$——基层单位民用建筑的总建筑面积。

　　2 方差

$$\sigma_{i,\text{b-cb}}^2 = \frac{F_{\text{b-rb}}^2 \cdot \sigma_{i,\text{b-rb}}^2 + F_{\text{b-gb}}^2 \cdot \sigma_{i,\text{b-gb}}^2 + F_{\text{b-lb}}^2 \cdot \sigma_{i,\text{b-lb}}^2}{F_{\text{b-cb}}^2}$$
$$(C.1.9\text{-}3)$$

式中 $\sigma_{i,\text{b-cb}}^2$——基层单位民用建筑第 i 类能源的全年单位建筑面积能耗量方差。

C.2　市级、省级和国家级建筑能耗数据处理方法

C.2.1 市级、省级和国家级居住建筑、中小型公共建筑和大型公共建筑各类能源的全年总能耗量和方差应按下列公式计算:

　　1 全年总能耗量

$$E_{i,\text{d-type}} = \sum_{m=1}^{N_{\text{sd}}} E_{i,\text{sd-type},m} \qquad (C.2.1\text{-}1)$$

式中 $E_{i,\text{d-type}}$——市级或省级或国家级居住建筑或中小型公共建筑或大型公共建筑第 i 类能源的全年总能耗量;

　　　$E_{i,\text{sd-type},m}$——第 m 个下一级建筑能耗数据采集部门汇总的居住建筑或中小型公共建筑或大型公共建筑第 i 类能源的全年总能耗量;

　　　N_{sd}——下一级建筑能耗数据采集部门数量;

　　　d——建筑能耗数据采集部门级别,d 为 c 时表示市级建筑能耗数据采集部门,为 p 时表示省级建筑能耗数据采集部门,为 t 时表示国家级建筑能耗数据采集部门。

　　2 方差

$$\tilde{\sigma}_{i,\text{d-type}}^2 = \sum_{m=1}^{N_{\text{sd}}} \tilde{\sigma}_{i,\text{sd-type},m}^2 \qquad (C.2.1\text{-}2)$$

式中 $\tilde{\sigma}_{i,\text{d-type}}^2$——市级或省级或国家级居住建筑或中小型公共建筑第 i 类能源的全年总能耗量方差,大型公共建筑的方差 $\tilde{\sigma}_{i,\text{d-lb}}^2$ 为 0;

　　　$\tilde{\sigma}_{i,\text{sd-type},m}^2$——第 m 个下一级建筑能耗数据采集部门计算的居住建筑或中小型公共建筑或大型公共建筑第 i 类能源的全年总能耗量方差。

C.2.2 市级、省级和国家级居住建筑、中小型公共建筑和大型公共建筑各类能源的全年单位建筑面积能耗量和方差应按下列公式计算:

　　1 全年单位建筑面积能耗量

$$e_{i,\text{d-type}} = \frac{E_{i,\text{d-type}}}{F_{\text{d-type}}} \qquad (C.2.2\text{-}1)$$

$$F_{\text{d-type}} = \sum_{m=1}^{N_{\text{sd}}} F_{\text{sd-type},m} \qquad (C.2.2\text{-}2)$$

式中 $e_{i,\text{d-type}}$——市级或省级或国家级居住建筑或中小型公共建筑或大型公共建筑第 i 类能源的全年单位建筑面积能耗量;

　　　$F_{\text{d-type}}$——市级或省级或国家级居住建筑或中小型公共建筑或大型公共建筑的总建筑面积;

　　　$F_{\text{sd-type},m}$——第 m 个下一级建筑能耗数据采集部门汇总的居住建筑或中小型公共建筑或大型公共建筑的总建筑面积。

　　2 方差

$$\sigma_{i,\text{d-type}}^2 = \frac{\sum_{m=1}^{N_{\text{sd}}} (F_{\text{sd-type},m}^2 \cdot \sigma_{i,\text{sd-type},m}^2)}{F_{\text{d-type}}^2}$$
$$(C.2.2\text{-}3)$$

式中 $\sigma_{i,\text{d-type}}^2$——市级或省级或国家级居住建筑或中小型公共建筑第 i 类能源的全年单位建筑面积能耗量方差,大型公共建筑的方差 $\sigma_{i,\text{d-lb}}^2$ 为 0;

　　　$\sigma_{i,\text{sd-type},m}^2$——第 m 个下一级建筑能耗数据采集部门计算的居住建筑或中小型公共建筑或大型公共建筑第 i 类能源的全年单位建筑面积能耗量方差。

C.2.3 市级、省级和国家级民用建筑各类能源的全年总能耗量和方差应按下列公式计算：

1 全年总能耗量

$$E_{i,\text{d-cb}} = E_{i,\text{d-rb}} + E_{i,\text{d-gb}} + E_{i,\text{d-lb}}$$

$$\text{(C.2.3-1)}$$

式中 $E_{i,\text{d-cb}}$——市级或省级或国家级民用建筑第 i 类能源的全年总能耗量。

2 方差

$$\tilde{\sigma}_{i,\text{d-cb}}^2 = \tilde{\sigma}_{i,\text{d-rb}}^2 + \tilde{\sigma}_{i,\text{d-gb}}^2 + \tilde{\sigma}_{i,\text{d-lb}}^2 \quad \text{(C.2.3-2)}$$

式中 $\tilde{\sigma}_{i,\text{d-cb}}^2$——市级或省级或国家级民用建筑第 i 类能源的全年总能耗量方差。

C.2.4 市级、省级和国家级民用建筑各类能源的全年单位建筑面积能耗量和方差应按下列公式计算：

1 全年单位建筑面积能耗量

$$e_{i,\text{d-cb}} = \frac{E_{i,\text{d-cb}}}{F_{\text{d-cb}}} \quad \text{(C.2.4-1)}$$

$$F_{\text{d-cb}} = F_{\text{d-rb}} + F_{\text{d-gb}} + F_{\text{d-lb}} \quad \text{(C.2.4-2)}$$

式中 $e_{i,\text{d-cb}}$——市级或省级或国家级民用建筑第 i 类能源的全年单位建筑面积能耗量；

$F_{\text{d-cb}}$——市级或省级或国家级民用建筑的总建筑面积。

2 方差

$$\sigma_{i,\text{d-cb}}^2 = \frac{F_{\text{d-rb}}^2 \cdot \sigma_{i,\text{d-rb}}^2 + F_{\text{d-gb}}^2 \cdot \sigma_{i,\text{d-gb}}^2 + F_{\text{d-lb}}^2 \cdot \sigma_{i,\text{d-lb}}^2}{F_{\text{d-cb}}^2}$$

$$\text{(C.2.4-3)}$$

式中 $\sigma_{i,\text{d-cb}}^2$——市级或省级或国家级民用建筑第 i 类能源的全年单位建筑面积能耗量方差。

附录 D　城镇民用建筑能耗数据报表

D.0.1 基层单位应按表 D.0.1 的格式生成基层单位建筑能耗数据报表。

表 D.0.1　基层单位城镇民用建筑能耗数据报表

基层单位名称：　　　　　　　　所属地级市、地级区、州、盟名称：

基层单位代码：　　　　　　　　所属地级市、地级区、州、盟代码：

基层单位负责人：　　　　　　　能耗采集年份：

联系电话：　　　　　　　　　　报出日期：　　年　　月　　日

（一）总报表

			居住建筑	公共建筑		合计	备注
				中小型公共建筑	大型公共建筑		
总栋数（栋）							
总建筑面积（万 m²）							
全年单位建筑面积能耗量	电（kWh/m²）	采集值					
		方差			0		
	煤（kg/m²）	采集值					
		方差			0		
	天然气（m³/m²）	采集值					
		方差			0		
	液化石油气（kg/m²）	采集值					
		方差			0		
	人工煤气（kg/m²）	采集值					
		方差			0		
	汽油（kg/m²）	采集值					
		方差			0		
	煤油（kg/m²）	采集值					
		方差			0		

			居住建筑	公共建筑		合计	备注
				中小型公共建筑	大型公共建筑		
全年单位建筑面积能耗量	柴油（kg/m²）	采集值					
		方差			0		
	集中供热耗热量（kJ/m²）	采集值					
		方差			0		
	集中供冷耗冷量（kJ/m²）	采集值					
		方差			0		
	建筑直接使用的可再生能源（　）	采集值					
		方差			0		
	其他能源（　）	采集值					
		方差			0		
全年总能耗量	电（万 kWh）	采集值					
		方差			0		
	煤（t）	采集值					
		方差			0		
	天然气（万 m³）	采集值					
		方差			0		
	液化石油气（t）	采集值					
		方差			0		
	人工煤气（t）	采集值					
		方差			0		
	汽油（t）	采集值					
		方差			0		
	煤油（t）	采集值					
		方差			0		
	柴油（t）	采集值					
		方差			0		
	集中供热耗热量（万 kJ）	采集值					
		方差			0		
	集中供冷耗冷量（万 kJ）	采集值					
		方差			0		
	建筑直接使用的可再生能源（　）	采集值					
		方差			0		
	其他能源（　）	采集值					
		方差			0		

（二）分类建筑能耗数据报表

			居住建筑			公共建筑								备注
						中小型公共建筑				大型公共建筑				
			低层	多层	中高层和高层	办公	商场	宾馆饭店	其他	办公	商场	宾馆饭店	其他	
总栋数（栋）														
总建筑面积（万 m²）														
全年单位建筑面积能耗量	电（kWh/m²）	采集值												
		方差								0	0	0	0	
	煤（kg/m²）	采集值												
		方差								0	0	0	0	
	天然气（m³/m²）	采集值												
		方差								0	0	0	0	
	液化石油气（kg/m²）	采集值												
		方差								0	0	0	0	
	人工煤气（kg/m²）	采集值												
		方差								0	0	0	0	
	汽油（kg/m²）	采集值												
		方差								0	0	0	0	
	煤油（kg/m²）	采集值												
		方差								0	0	0	0	
	柴油（kg/m²）	采集值												
		方差								0	0	0	0	
	集中供热耗热量（kJ/m²）	采集值												
		方差								0	0	0	0	
	集中供冷耗冷量（kJ/m²）	采集值												
		方差								0	0	0	0	
	建筑直接使用的可再生能源（ ）	采集值												
		方差								0	0	0	0	
	其他能源（ ）	采集值												
		方差								0	0	0	0	
全年总能耗量	电（万 kWh）	采集值												
		方差								0	0	0	0	
	煤（t）	采集值												
		方差								0	0	0	0	
	天然气（万 m³）	采集值												
		方差								0	0	0	0	
	液化石油气（t）	采集值												
		方差								0	0	0	0	

全年总能耗量			居住建筑			公共建筑								备注
						中小型公共建筑				大型公共建筑				
			低层	多层	中高层和高层	办公	商场	宾馆饭店	其他	办公	商场	宾馆饭店	其他	
	人工煤气(t)	采集值												
		方差								0	0	0	0	
	汽油(t)	采集值												
		方差								0	0	0	0	
	煤油(t)	采集值												
		方差								0	0	0	0	
	柴油(t)	采集值												
		方差								0	0	0	0	
	集中供热耗热量（万kJ）	采集值												
		方差												
	集中供冷耗冷量（万kJ）	采集值												
		方差												
	建筑直接使用的可再生能源（ ）	采集值												
		方差								0	0	0	0	
	其他能源（ ）	采集值												
		方差								0	0	0	0	

注：1　合计栏中总栋数和总建筑面积应为居住建筑、中小型公共建筑、大型公共建筑的总栋数和总建筑面积之和，下同；
　　2　合计栏中全年总能耗量应为居住建筑、中小型公共建筑、大型公共建筑的全年总能耗量之和，下同；
　　3　合计栏中全年单位建筑面积能耗量应为合计栏中全年总能耗量与总建筑面积之比，下同。

D.0.2　市级、省级和国家级建筑能耗数据采集部门应依据下一级的建筑能耗数据报表，按表 D.0.2 的格式生成本级建筑能耗数据表。

表 D.0.2　市级（或省级，或国家级）城镇民用建筑能耗数据报表

数据采集部门所属级别：□市级　□省级　□国家级

数据采集部门名称：
数据采集部门所属行政区域名称：
数据采集部门所属行政区域代码：
数据采集部门负责人：
联系电话：
数据采集部门所属上一级行政区域名称：
数据采集部门所属上一级行政区域代码：
能耗采集年份：
报出日期：　　年　月　日

			居住建筑	公共建筑		合计	备注
				中小型公共建筑	大型公共建筑		
总栋数（栋）							
总建筑面积（万 m²）							
全年单位建筑面积能耗量	电（kWh/m²）	采集值					
		方差			0		
	煤（kg/m²）	采集值					
		方差			0		

			居住建筑	公共建筑		合计	备注
				中小型公共建筑	大型公共建筑		
全年单位建筑面积能耗量	天然气（m³/m²）	采集值					
		方差			0		
	液化石油气（kg/m²）	采集值					
		方差			0		
	人工煤气（kg/m²）	采集值					
		方差			0		
	汽油（kg/m²）	采集值					
		方差			0		
	煤油（kg/m²）	采集值					
		方差			0		
	柴油（kg/m²）	采集值					
		方差			0		
	集中供热耗热量（kJ/m²）	采集值					
		方差			0		
	集中供冷耗冷量（kJ/m²）	采集值					
		方差			0		
	建筑直接使用的可再生能源（ ）	采集值					
		方差			0		
	其他能源（ ）	采集值					
		方差			0		

全年总能耗量			居住建筑	公共建筑		合计	备注
				中小型公共建筑	大型公共建筑		
	电(万 kWh)	采集值					
		方差			0		
	煤(t)	采集值					
		方差			0		
	天然气(万 m³)	采集值					
		方差			0		
	液化石油气(t)	采集值					
		方差			0		
	人工煤气(t)	采集值					
		方差			0		
	汽油(t)	采集值					
		方差			0		
	煤油(t)	采集值					
		方差			0		
	柴油(t)	采集值					
		方差			0		
	集中供热耗热量(万 kJ)	采集值					
		方差			0		
	集中供冷耗冷量(万 kJ)	采集值					
		方差			0		
	建筑直接使用的可再生能源( )	采集值					
		方差			0		
	其他能源( )	采集值					
		方差			0		

注：1 "数据采集部门所属行政区域名称"应按下列规定填写：
　　1)对市级数据采集部门应填写地级市、地级区、州、盟的名称；
　　2)对省级数据采集部门应填写省、自治区、直辖市的名称；
　　3)对国家级数据采集部门此栏不填写。
　　2 "数据采集部门所属行政区域代码"对市级和省级数据采集部门应为现行国家标准《中华人民共和国行政区划代码》GB/T 2260 分别对地级市、地级区、州、盟和省、自治区、直辖市所规定的数字代码；对国家级数据采集部门此栏不填写。
　　3 "数据采集部门所属上一级行政区域名称"和"数据采集部门所属上一级行政区域代码"对市级数据采集部门应填写本级数据采集部门所属的省、自治区、直辖市的名称和现行国家标准《中华人民共和国行政区划代码》GB/T 2260 对省、自治区、直辖市所规定的数字代码，对省级和国家级数据采集部门此两栏不填写。

附录 E　城镇民用建筑能耗数据发布表

表 E　国家级（或省级，或市级，或基层单位）城镇民用建筑能耗数据发布表（＿＿年）

		居住建筑	公共建筑		合计
			中小型公共建筑	大型公共建筑	
总栋数(栋)					
总建筑面积(万 m²)					
全年单位建筑面积能耗量	电(kWh/m²)				
	煤(kg/m²)				
	天然气(m³/m²)				
	液化石油气(kg/m²)				
	人工煤气(kg/m²)				
	汽油(kg/m²)				
	煤油(kg/m²)				
	柴油(kg/m²)				
	集中供热耗热量(kJ/m²)				
	集中供冷耗冷量(kJ/m²)				
	建筑直接使用的可再生能源( )				
	其他能源( )				
全年总能耗量	电(万 kWh)				
	煤(t)				
	天然气(万 m³)				
	液化石油气(t)				
	人工煤气(t)				
	汽油(t)				
	煤油(t)				
	柴油(t)				
	集中供热耗热量(万 kJ)				
	集中供冷耗冷量(万 kJ)				
	建筑直接使用的可再生能源( )				
	其他能源( )				

注：表头中的"国家级（或省级，或市级，或基层单位）"应按以下格式表述：
　　1 国家级：全国；
　　2 省级：＿＿＿＿（省、自治区、直辖市名称）；
　　3 市级：＿＿＿＿（省、自治区、直辖市名称）＿＿＿＿（地级市、地级区、州、盟名称）；
　　4 基层单位：＿＿＿＿（省、自治区、直辖市名称）＿＿＿＿（地级市、地级区、州、盟名称）＿＿＿＿（县、县级市、县级区、旗名称）。

本标准用词说明

1　为便于在执行本标准条文时区别对待，对要求严格程度不同的用词说明如下：

　　1）表示很严格，非这样做不可的：

　　　　正面词采用"必须"，反面词采用"严禁"；

　　2）表示严格，在正常情况下均应这样做的：

　　　　正面词采用"应"，反面词采用"不应"或"不得"；

　　3）表示允许稍有选择，在条件许可时首先应这样做的：

　　　　正面词采用"宜"，反面词采用"不宜"；

　　　　表示有选择，在一定条件下可以这样做的：采用"可"。

2　标准中指明应按其他有关标准执行的，写法为："应符合……的规定（或要求）"或"应按……执行"。

中华人民共和国行业标准

民用建筑能耗数据采集标准

JGJ/T 154—2007

条 文 说 明

前　言

《民用建筑能耗数据采集标准》JGJ/T 154-2007 经建设部 2007 年 7 月 23 日以第 676 号公告批准发布。

为便于广大设计、施工、科研、学校等单位有关人员在使用本标准时能正确理解和执行条文规定，《民用建筑能耗数据采集标准》编制组按章、节、条顺序编写了本标准的条文说明，供使用者参考。在使用中如发现本条文说明有不妥之处，请将意见函寄深圳市建筑科学研究院（地址：深圳市福田区振华路 8 号设计大厦 5 楼；邮政编码：518031）。

目　次

1　总则 ·················· 23—21

2　术语 ················· 23—21

3　民用建筑能耗数据采集
　对象与指标················ 23—21

　3.1　民用建筑能耗数据采集对象
　　　与分类··············· 23—21

　3.2　民用建筑能耗数据采集指标········· 23—22

4　民用建筑能耗数据采集样本量和
　样本的确定方法 ············· 23—22

　4.1　一般规定 ·············· 23—22

　4.2　居住建筑能耗数据采集样本量和
　　　样本的确定方法············ 23—23

　4.3　公共建筑能耗数据采集样本量和
　　　样本的确定方法············· 23—23

5　样本建筑的能耗数据采集方法 ······ 23—23

　5.1　一般规定············· 23—23

　5.2　居住建筑的样本建筑能耗
　　　数据采集方法 ··········· 23—24

　5.3　公共建筑的样本建筑能耗
　　　数据采集方法 ··········· 23—24

6　民用建筑能耗数据报表生
　成与报送方法 ············· 23—24

　6.1　民用建筑能耗数据报表生成
　　　方法················ 23—24

　6.2　民用建筑能耗数据报表报送
　　　方法················ 23—25

7　民用建筑能耗数据发布 ········· 23—25

1 总　则

1.0.1 《中华人民共和国节约能源法》规定：用能单位应当加强能源计量管理，健全能源消费统计和能源利用状况分析制度；重点用能单位应当按照国家有关规定定期报送能源利用状况报告。能源利用状况包括能源消费情况、用能效率和节能效益分析、节能措施等内容。

　　在我国建国初期，工业统计中就建立了原煤、原油、电力、天然气的产量统计；随后，又在物资统计里建立了以反映各种能源在生产、销售平衡和能源收入、拨出、消费为主要内容的以实物为主的单项能源统计。20 世纪 80 年代以来，由于能源在国民经济建设中的战略地位日益突出，在工业统计和物资统计的基础上分离出能源统计。但目前我国的能源统计主要是工业能源的统计，建筑能耗长期被分割混杂在能源消耗的各个领域，比如住宅的能耗归入城乡人民生活能源消费，而其他各类建筑能耗归入非物质生产部门的能源消费。

　　我国目前建筑能耗数据采集体系尚不完善，尚未形成一套成熟的建筑能耗数据采集、处理与分析方法。因此，建立建筑能耗数据采集制度，有利于全面了解我国的建筑能耗水平、建筑终端商品能耗结构和建筑用能模式，积累建筑能耗基础数据，为国家制定节能降耗政策提供数据支持。

1.0.2 本标准规定的建筑能耗数据采集范围是城镇民用建筑，数据采集对象是建筑在使用过程中所消耗的各类能源。工业建筑的能耗主要取决于工业建筑内部生产过程中设备的能耗，因此工业建筑的能耗应计入能源消费端的工业能耗统计；由于在农村秸秆、薪柴的用量比较大，煤炭、电力等常规商品能源使用量较小，因此本标准暂不采集农村建筑能耗。

1.0.3 本标准旨在掌握我国城镇民用建筑能耗的具体数据，对与建筑节能相关的内容，如建筑围护结构的性能、建筑内部设备的使用情况和耗能特点等没有作详细的信息采集，如果国家有这方面的标准，尚应符合有关标准的规定。

2 术　语

2.0.1～2.0.5　建筑划分为民用建筑和工业建筑。民用建筑又分为居住建筑和公共建筑。本标准将公共建筑又进一步分为中小型公共建筑和大型公共建筑（单栋建筑面积大于 2 万 ㎡ 的公共建筑）。对这两类公共建筑分开进行能耗数据采集，是因为：据统计，我国目前有 5 亿 ㎡ 左右的大型公共建筑，这些大型公共建筑的用能设备包括空调、照明、办公设备、电梯等多个系统，其每年单位建筑面积耗电量为 70～300kWh/

㎡，是住宅的 10～20 倍。大型公共建筑成为建筑能源消耗的高密度领域，具有巨大的节能潜力。

2.0.6　本标准在采集建筑能耗数据时，是以整栋建筑为对象，采集进入整栋建筑的各类能源，并入电网中的可再生能源由于无法拆分，因此把并入电网中的水力发电、太阳能发电等可再生能源称为建筑间接使用的可再生能源，对这部分可再生能源直接并入电的采集；而将由建筑或建筑群独立产生并使用的可再生能源称为建筑直接使用的可再生能源，本标准把这部分可再生能源单独作为一种能源形式进行能耗数据采集。

2.0.7　统计学术语。本标准对居住建筑和中小型公共建筑采用了分类随机抽样。

2.0.8　本标准是采集进入建筑的各类能源，因此对以供热输配管道为建筑提供热量的供热形式单独进行能耗数据采集，并把这种能源形式称为集中供热。集中供热包括：区域集中供热（为整个城市或城区进行供热）和局部集中供热（为小区或几栋建筑供热）。

2.0.9　以供冷输配管道为建筑提供冷量的供冷形式称为集中供冷，对这种能源形式也单独进行能耗数据采集。冷源设于建筑内部，并为建筑提供冷量的供冷形式不属于本标准所规定的集中供冷形式。

3 民用建筑能耗数据采集对象与指标

3.1 民用建筑能耗数据采集对象与分类

3.1.1　居住建筑主要包括住宅、集体宿舍、公寓、招待所、养老院、托幼建筑等。公共建筑主要包括办公建筑（包括写字楼、政府部门办公楼等）、商场建筑、宾馆饭店建筑、文化场馆（包括展览馆、博物馆、图书馆等）、影剧院建筑、科研教育建筑、医疗卫生建筑、体育建筑、通信建筑（如邮电、通信、广播用房等）以及交通建筑（如机场、车站建筑等）。本标准对居住建筑和公共建筑分别进行能耗数据采集，而对于综合性的建筑，如商住楼，即建筑的下部为商场或办公区域，上部为商品房的建筑，由于其具有不同的能源消费特点，应将它们分开进行能耗数据采集，居住建筑部分应纳入居住建筑的能耗数据采集体系，公共建筑部分应纳入公共建筑的能耗数据采集体系。

3.1.2　与发达国家相比，我国大型公共建筑的平均能耗值高于欧洲水平，与美国、日本的平均值大体接近。由于不同气候条件和经济发展水平的差异，我国不同城市和地区的建筑能耗特点各不相同，但存在相同的规律，即在能耗水平上，大型公共建筑、中小型公共建筑和居住建筑之间存在相对清晰的分界线，并且大型公共建筑的能耗都远高于中小型公共建筑和居住建筑。虽然大型公共建筑的数量不多，但由于电耗指标高，大型公共建筑在民用建筑总能耗中占有很大比重。由于能耗指标高，改造 1m² 的大型公共建筑所能取得的节能效果相当于改造 10～15m² 的居住建筑，同时对大型公共建筑进行节能改造远比对涉及居民在内的居住建筑进行节能改造要容易得多。特别是实施政府机构办公建筑节能改造，不仅可以减少公共财政支出，同时可通过政府机构率先垂范，起到示范作用。本标准分别对中小型公共建筑和大型公共建筑进行能耗数据采集，确定建筑节能工作的重点，指导我国建筑节能工作的深入开展。

3.1.3 低层、多层、中高层和高层居住建筑的建筑能耗及使用人群等差异性较大，为了更准确地估算整个社会居住建筑的能耗，本标准将居住建筑分为低层、多层、中高层和高层 3 类进行能耗数据采集。这里将中高层居住建筑和高层居住建筑合为一类，是考虑到 7 层至 9 层的中高层居住建筑和 10 层及以上的高层居住建筑的能耗差异不是很明显。居住建筑的层数分类划分方法是参考《住宅设计规范》GB 50096 - 1999 中对住宅按层数的划分方法。

3.1.4 在公共建筑中，办公楼、商场和宾馆饭店所占的数量比例大，同时能耗差异也较大。据有关单位的初步统计，办公建筑的能耗约为 80～150kWh/(m²·年)，而高档商场建筑能耗则高达 300～400kWh/(m²·年)，因此本标准选择了这三类公共建筑作为主要的能耗数据采集对象，并将其余的公共建筑类型都归入"其他建筑"，共分 4 类进行能耗数据采集，既能减少工作量，又能较准确地估算全社会公共建筑的能耗。

3.2 民用建筑能耗数据采集指标

3.2.1 民用建筑使用的能源包括：电、煤、气、油、集中供热、集中供冷、建筑独立产生并使用的可再生能源等各种能源形式，归纳为四类：电、燃料（煤、气、油等）、集中供热（冷）、建筑直接使用的可再生能源。本标准对各种能源形式单独进行能耗数据采集。对建筑自备热源（建筑自备小型电炉，燃气/油炉）和分户独立采暖的情况，以及对单栋建筑自备冷源（制冷机、热泵机组）和每户独立制冷（窗式空调器、分体空调器、户式中央空调等）的情况，由于是直接采集进入建筑的电量或燃料消耗量，因此集中供热（冷）量中不再重复采集这部分能耗。集中供热（冷）量的采集仅是指针对依靠供热管道（或供冷管道）为建筑提供热量（或冷量）的采集。

3.2.2 在采集城镇民用建筑能耗的同时，可以掌握我国各地城镇民用建筑的具体栋数和建筑面积，为政府部门制定能源领域的政策提供依据，比如既有建筑节能改造的范围和节能潜力分析等。

3.2.3 能耗数据采集除了得到城镇民用建筑的能源消耗总量外，还需要得到单位建筑面积的能耗量，从而既可以与我国的建筑节能设计标准能耗指标进行对

比，也可以与其他国家的建筑能耗指标进行对比。

4 民用建筑能耗数据采集样本量和样本的确定方法

4.1 一般规定

4.1.1 在我国现有的行政分区范围内进行民用建筑能耗数据采集，可以利用现有的行政职能进行监督和管理，从而规范与有效地实施民用建筑能耗数据采集工作。

4.1.3 民用建筑能耗数据是在我国现有的行政分区范围内进行逐级上报的，因此基层单位在整个能耗数据采集体系中占据着非常重要的地位，关系到数据的可靠性与准确性，本标准规定县级行政区域（县、县级市、县级区、旗）为民用建筑能耗数据采集的基层单位。

4.1.5 统计调查方法有统计报表、普查、抽样调查、重点调查、典型调查等几种形式。

统计报表是由国家统一颁发表格，由企事业单位根据一定的原始记录和核算资料，按规定的时间和程序，定期提供统计资料的一种调查方式。

普查是为了某一特定目的而专门组织的一次性全面调查。其特点是：调查单位多、内容全面、工作量大、所需费用高，主要在全国范围内进行。

抽样调查是按随机原则，从总体调查对象中抽取一部分单位作为样本来进行观察，并根据其观察结果，从局部判断总体的一种非全面调查。抽样调查与其他调查方式比较，既能节省人力、物力、财力，提高资料的时效性，又能推断出比较准确的全面资料，还因其原理和方法以数学理论为依据，有较高的科学性，所以这种调查方式在产品质量检验、产品质量控制以及市场调查等方面应用非常广泛。

重点调查是在总体调查对象中选取一部分对全局具有决定性作用的重点单位进行调查的一种调查方法。一般情况下，重点调查的目的主要是为了掌握调查对象的基本情况，不需要利用重点调查的综合指标来推断总体的数量，但在某些情况下，也可以利用重点调查所得的数据资料，对总体的数据做出大致的估算。

典型调查是根据调查的目的和要求，在对被研究对象进行全面分析的基础上，有意识地选取若干具有典型意义的或有代表性的单位进行调查。由于典型单位的选择是有意识的，不是随机抽样，所以对总体推断无法计算误差，而且推断的结果是较粗略的估计。

鉴于以上几种调查方式的特点，本标准对城镇民用建筑的基本情况（建筑面积、建筑层数、建筑功能等）进行普查，即逐一调查；但对于居住建筑和中小

型公共建筑的建筑能耗，由于其数量巨大，如果进行全面调查，要消耗很大的人力和物力，因此采用抽样调查的方法进行能耗数据采集；而对于大型公共建筑的建筑能耗，由于其数量较少、但单位建筑面积耗能量巨大的特点，对这类建筑的能耗数据采集采用逐栋建筑调查的方式，深入了解每栋建筑物内的能源消耗情况。

抽样法是在抽样调查的基础上，利用样本的实际资料计算样本指标并据以推算总体相应数量特征的一种统计分析方法。抽样法是建立在随机抽样的基础上的。

随机抽样法：设要调查的总体有 N 个个体，从这 N 个个体中机会均等地抽取第一个样，然后在剩下的 $(N-1)$ 个个体中机会均等地抽取第二个样，……，最后，在所剩 $N-(n-1)$ 个个体中机会均等地抽取第 n 个样，调查得到每个样的指标，这种抽样法称为随机抽样法。

分类抽样法：将有 N 个个体的总体先分成 K 个互不重叠的子总体，设第 j 个子总体有 N_j（$j=1$，…，K）个个体，则 $\sum_{j=1}^{K} N_j = N$，这些子总体就称为类。从每类中独立进行随机抽样，这 K 组样本合成为总体的分类样本。分类抽样具有如下优点：

第一能提高样本的代表性。因为在抽样前经过分类，可以把总体中标志值比较接近的单位归为一类，将差异较大的分开，使各类的分布比较均匀，而且各类都有中选的机会，使样本更接近于总体的分布，从而提高样本的代表性。

第二能降低总体方差对抽样误差的影响。由于分类抽样是针对各类中抽选的样本单位，因而影响抽样误差的只是各类的类内方差，排除了各类间方差的影响，所以，在总体各单位标志值大小悬殊的情况下，运用分类抽样比纯随机抽样可以得到更准确的结果。

因此，本标准对居住建筑和中小型公共建筑采用了分类随机抽样的方法进行建筑能耗数据采集。

4.1.6 由于大型公共建筑的数量占建筑总量的比例小，但单位建筑面积耗能量巨大，因此采用逐一调查的方法进行能耗数据采集。

4.1.7 建筑基本信息可以从以下途径获取：

1 建设行业主管部门，如地区建设系统主管部门、房地产管理部门等；

2 到城市建设档案馆进行资料文案统计；

3 组织专人进行现场调查和统计；

4 物业管理部门配合填写。

具体操作的时候可以几种途径相结合，由建设行政主管部门牵头，联合房地产管理、物业管理、档案管理等多方面的力量完成数据与信息采集工作。

4.2 居住建筑能耗数据采集样本量和样本的确定方法

4.2.1 由于居住建筑数量庞大，为了减轻统计工作量，需要对居住建筑进行分类随机抽样统计，而分类随机抽样的前提是建立各类居住建筑的基本信息表。

4.2.2 在居住建筑的各分类基本信息表中，按相同的比例确定样本量，可以保证建筑栋数多的组样本量多，建筑栋数少的组样本量少。

4.2.3 在各类居住建筑基本信息表中进行随机抽样是从分类总体 N 中随机抽取一个容量为 n 的样本，每次从总体中抽取一个样，连续进行 n 次抽选，但每次抽选的那一栋楼不再参与下一次的抽选。因此，每随机抽选一次，总体的数量就少一个，因而每栋建筑的中选机会在各次随机抽样中是不相同的。

4.2.4 每次建筑能耗数据采集样本是在保留上一次样本（上一次统计后拆除的样本建筑需去除）的基础上，同时增加上一次数据采集后新建建筑的样本；一方面是考虑对既有的样本建筑进行持续的能耗数据采集，由于建筑的采集途径、采集人员及采集方法等相对固定，可减少能耗数据采集工作的难度，同时通过持续的能耗数据对比，可以找出影响能耗变化的关键因素，为节能改造和节能运行创造条件；另一方面，对上一次数据采集后竣工的新建建筑独立进行分类随机抽样，并将抽选的样本增加到既有的对应分类样本组中，这样可以确保样本建筑具有广泛的代表性。

4.3 公共建筑能耗数据采集样本量和样本的确定方法

4.3.1 由于中小型公共建筑数量庞大，为了减轻数据采集的工作量，需要对中小型公共建筑进行分类随机抽样调查，而分类随机抽样的前提是建立各类中小型公共建筑的基本信息表。

4.3.5 虽然本标准对大型公共建筑是采用逐一调查的方法进行建筑能耗数据采集，但也需要了解不同类型大型公共建筑能耗的差异情况，为制定不同类型大型公共建筑的节能策略提供参考。因此，在进行大型公共建筑能耗数据采集前，应先建立各类大型公共建筑的基本信息表，然后分类逐一进行能耗数据采集。

5 样本建筑的能耗数据采集方法

5.1 一般规定

5.1.1 样本建筑的能耗数据是否可靠直接关系到整体能耗数据的可靠性，而基层单位是最有途径也是最能准确获得辖区内样本建筑的基本信息及能耗数据的，因此对样本建筑能耗数据的采集应由基层单位负责进行。

5.1.2 目前我国的电、天然气等能源消费基本上是逐月进行计量和收费的，同时，建筑能耗的大小与气候特征关系较大，为了确保数据的准确性，并为初步估算建筑中空调和采暖能耗的大小，需要进行逐月能耗数据采集。

5.2 居住建筑的样本建筑能耗数据采集方法

5.2.1 本条主要是基于采暖计量现状情况考虑的。对于设有楼栋热表的部分居住建筑样本，应直接从热表中获取样本建筑供热量。但由于大量的既有居住建筑在建筑引入口处没有安装热表，因此对这类居住建筑样本的集中供热量数据的采集宜在样本建筑所处的管网中有热量（或流量）计量的地点（换热站或锅炉房等热源处）进行，根据供热面积做近似比例换算，即调查热源（换热站或锅炉房）处的计量数据计算其能耗值，根据所调查样本建筑的建筑面积占热源所负担的总建筑面积的比例折算得到样本建筑的采暖耗能。一般蒸汽管网在建筑引入口处可直接读取流量数据，如果蒸汽在单幢建筑引入口处无计量装置，也可采取类似热水管网计量调查的处理办法。对集中供冷的情况与集中供热类似。

5.2.2 除集中供热、供冷量外的居住建筑能耗数据的采集方法有 3 种：

1 从能源供应端获得整栋楼的能耗数据。能源供应端主要是指电力和燃气等供应部门。

2 为样本建筑设置楼栋能耗计量总表，从楼栋能耗计量总表获得整栋楼的能耗数据。

3 逐户调查每户能耗和公用能耗，然后累加获得整栋楼的能耗数据。

三种方法可以结合在一起使用，比如电力和管道燃气等的消耗量可以从电力和燃气供应部门获得，而对分户购买的能源种类，如罐装煤气、煤等能源则要进行逐户调查。

5.3 公共建筑的样本建筑能耗数据采集方法

5.3.1、5.3.2 中小型公共建筑的样本建筑和每栋大型公共建筑的能耗数据采集方法有两种：

1 从楼栋能耗计量总表采集整栋楼的能耗数据；

2 逐户调查各用户的能耗和公用能耗，然后累加获得整栋楼的能耗数据。

公共建筑一般均设置了楼栋能耗计量总表，因此宜直接从楼栋能耗计量总表中获得能耗数据，对没有设置楼栋能耗计量总表的公共建筑，为了减少每次数据采集时的工作量，宜设置楼栋能耗计量总表。

以上两种方法可以结合在一起使用，主要是以能方便地获得准确的能耗数据为原则。

各用户能耗和公用能耗之和等于该栋公共建筑的总能耗，对于政府机构办公楼、文卫体育建筑等公共设施类的建筑，能直接进行总能耗数据采集的，就不必分别采集用户能耗数据和公用能耗数据。

6 民用建筑能耗数据报表生成与报送方法

6.1 民用建筑能耗数据报表生成方法

6.1.1、6.1.2 由于本标准规定的民用建筑能耗数据采集方法对居住建筑和中小型公共建筑是按照分类随机抽样的方法进行，因此，需要通过样本建筑的能耗数据来估算总体建筑的能耗数据。基层单位，市级、省级和国家级建筑能耗数据采集部门都要对数据进行处理。

对居住建筑和中小型公共建筑进行建筑能耗数据处理时，除了计算得出全年单位建筑面积能耗和全年总能耗外，还应计算这些能耗值所对应的方差。随机变量的方差反映了随机变量取值的分散程度这一特征。随机变量 X 的方差为：

$$\sigma^2 = E\left[X - E(X)\right]^2 \qquad (1)$$

并称 σ 为随机变量 X 的标准差。

由样本估算总体，两者之间总是要出现差距的，这种由样本得到的估计值与被估计的总体未知真实值之差，就是误差。由于造成误差的原因不同，所以，误差又分为登记性误差和代表性误差两种。

1 登记性误差，是指在调查过程中，由于各种主、客观原因的影响而引起的诸如测量错误、记录错误、计算错误、抄录错误，以及被调查者所报不实、指标涵义不清、口径不一致、遗漏或重复调查等原因而造成的误差。登记性误差也称为调查误差或工作误差。登记性误差可以通过提高调查人员的思想和业务水平，改进调查方法和组织工作，建立严格的工作责任制加以避免，使这类误差降到最低的限度。

2 代表性误差，是指用部分代表总体，推算全面时所产生的误差。只有在抽取部分样本单位来代表总体推算全面时，才有这种误差。代表性误差有两种，即系统偏差和随机误差。

系统偏差是指没有严格遵守随机原则而产生的系统性误差。例如，在抽取样本单位时，调查者有意识地挑选较好的或较差的作为样本单位进行调查，据此计算的抽样指标数值，必然要比全及指标数值偏高或偏低，从而影响了调查的质量。因此，在抽样调查中应尽可能避免系统偏差。

随机误差是指遵守了随机原则，可能抽到各种不同的样本，只要样本单位的构成比例与总体有出入，就会出现或大或小的误差，这种随机误差是不可避免的，是偶然的代表性误差。

抽样误差属于随机性误差范畴，也就是按随机原则抽样时，在没有登记性误差和系统偏差情况下，单纯由于不同的随机样本得出不同的估计量而产生的误差。抽样误差越小，表示样本的代表性越高；反之，样本的代表性越低。同样，抽样误差还说明样本指标与总体指标的相差范围，因此它也是推算总体的依据。

抽样误差是抽样调查自身所固有的不可避免的误差,虽然不能消除这种误差,但可以用数理统计方法进行计算,确定其数量界限并加以控制,把它控制在所允许的范围以内。

按本标准附录C规定的方差计算公式求出各类建筑能耗数据值的方差后,应用下式就可以求出各类建筑能耗数据值的置信区间:

$$(e-t\sigma,e+t\sigma) \tag{2}$$

式中 e——能耗数据值;

t——概率度,表1给出了概率度与置信度的关系。

σ——能耗数据值的标准差,其值等于$\sqrt{\sigma^2}$。

表1 概率度与置信度分布表

概率度 (t)	1	1.28	1.5	1.64	1.96	2	2.58	3	4
置信度 F (t)	68.27%	80%	86.64%	90%	95%	95.45%	99%	99.73%	99.99%

因此,对各类建筑能耗数据值,只要求出了数据值的方差 σ^2,然后根据想要的置信度,应用式(2)就可以计算出建筑能耗统计值的置信区间。

6.1.3 由于上一级数据报表的数据来源于下一级的数据报表,因此,本标准规定必须按照统一的报表格式进行数据的填写和报送。

6.2 民用建筑能耗数据报表报送方法

6.2.1 本条规定了基层单位向市级建筑能耗数据采集部门报送的材料种类。由于数据报表中仅是计算结果,为了上一级建筑能耗数据采集部门核验数据计算是否正确、统计过程是否合理,基层单位除了向市级建筑能耗数据采集部门报送数据报表外,还应同时报送城镇民用建筑基本信息总表和所有的样本建筑能耗数据采集表,这样也有利于数据的存档,供以后分析使用。

6.2.2 本条规定了市级建筑能耗数据采集部门和省级建筑能耗数据采集部门向上一级建筑能耗数据采集部门报送的材料种类。同样,除了报送本级建筑能耗数据报表外,还应同时报送下一级上报的所有材料。必要时,可以对全国城镇民用建筑能耗数据进行重新计算,也可以进行更详细的研究与分析。

7 民用建筑能耗数据发布

7.0.1 国家建筑能耗数据采集部门可以根据需要确定发布哪一级的建筑能耗数据,因此本条采用"宜"。

7.0.2 为了使发布的民用建筑能耗数据具有可比较性,本条规定了民用建筑能耗数据发布表的统一格式。

中华人民共和国行业标准

蓄冷空调工程技术规程

Technical specification for cool storage
air-conditioning system

JGJ 158—2008
J 812—2008

批准部门：中华人民共和国住房和城乡建设部
施行日期：２００８年１２月１日

中华人民共和国住房和城乡建设部
公　告

第 74 号

关于发布行业标准
《蓄冷空调工程技术规程》的公告

现批准《蓄冷空调工程技术规程》为行业标准，编号为 JGJ 158—2008，自 2008 年 12 月 1 日起实施。其中，第 3.3.12、3.3.25 条为强制性条文，必须严格执行。

本规程由我部标准定额研究所组织中国建筑工业出版社出版发行。

中华人民共和国住房和城乡建设部
2008 年 8 月 5 日

前　言

根据建设部《关于印发〈二〇〇四年度工程建设城建、建工行业标准制订、修订计划〉的通知》（建标〔2004〕66 号）的要求，标准编制组经广泛调查研究，认真总结实践经验，参考有关国际标准和国外先进标准，并在广泛征求意见的基础上，制定了本规程。

本规程的主要技术内容是：1　总则；2　术语；3　设计；4　施工安装；5　调试、检测及验收；6　蓄冷空调系统的运行管理。

本规程中以黑体字标志的条文为强制性条文，必须严格执行。

本规程由住房和城乡建设部负责管理和对强制性条文的解释，由中国建筑科学研究院负责具体技术内容的解释。

本规程主编单位：中国建筑科学研究院（地址：北京市北三环东路 30 号；邮政编码 100013）

本规程参编单位：际高建业有限公司
北京市建筑设计研究院
中国建筑设计研究院
清华大学
同济大学
华东建筑设计研究院有限公司
中国建筑西北设计研究院
中南建筑设计院
广东省建筑设计研究院
国家电网公司电力需求侧管理指导中心
美国巴尔的摩空气盘管有限公司（BAC）
特灵空调系统（江苏）有限公司
约克（无锡）空调冷冻科技有限公司

本规程主要起草人员：徐　伟　丛旭日　邹　瑜
朱清宇　陈凤君　孙宗宇
徐宏庆　宋孝春　赵庆珠
吴喜平　杨　光　周　敏
马友才　王业纲　王智超
袁东立　宋宏坤　徐　飞
施敏琪　施　雯

目　次

1　总则 ················ 24—4

2　术语 ················ 24—4

3　设计 ················ 24—4

　　3.1　一般规定 ············ 24—4

　　3.2　负荷计算 ············ 24—5

　　3.3　冷源系统设计 ·········· 24—5

　　3.4　末端空调系统 ·········· 24—7

　　3.5　系统监测与控制 ········· 24—7

4　施工安装 ·············· 24—7

　　4.1　一般规定 ············ 24—7

　　4.2　设备安装 ············ 24—8

　　4.3　控制系统的安装 ········· 24—8

5　调试、检测及验收 ·········· 24—8

　　5.1　一般规定 ············ 24—8

　　5.2　设备调试 ············ 24—8

　　5.3　控制系统的调试 ········· 24—8

　　5.4　系统调试和验收 ········· 24—9

6　蓄冷空调系统的运行管理 ······ 24—9

本规程用词说明 ············ 24—10

附：条文说明 ············· 24—11

1 总 则

1.0.1 为使蓄冷空调工程的设计、施工、调试、验收及运行管理做到技术先进、经济适用、安全可靠，确保工程质量，制定本规程。

1.0.2 本规程适用于新建、改建、扩建的工业与民用建筑的蓄冷空调工程的设计、施工、调试、验收及运行管理。本规程不适用于共晶盐蓄冷空调系统及季节性蓄冷空调系统。

1.0.3 蓄冷空调工程的设计、施工、调试、验收及运行管理，除应执行本规程外，尚应符合国家现行有关标准的规定。

2 术 语

2.0.1 蓄冷空调系统 cool storage air-conditioning system

将冷量以显热、潜热的形式蓄存在某种介质中，并能够在需要时释放出冷量的空调系统。

2.0.2 冰蓄冷系统 ice thermal storage system

通过制冰方式，以冰的相变潜热为主蓄存冷量的蓄冷系统。

2.0.3 载冷剂 coolant

在蓄冷系统中，用以传递制冷、蓄冷装置冷量的中间介质。

2.0.4 蓄冷介质 cool storage medium

在蓄冷系统中，以显热、潜热形式储存制冷机所产生的冷量的介质。常用的蓄冷介质有水、冰等。

2.0.5 蓄冷方式 manner of cool storage

蓄存冷量的方式。包括水蓄冷、盘管式蓄冰（内融冰、外融冰）、封装式（冰球、冰板式）蓄冰、冰片滑落式蓄冰、冰晶式蓄冰等。

2.0.6 蓄冷装置 cool storage device

由蓄冷设备及附属阀门、配管、传感器等相关附件组成的蓄存冷量的装置。

2.0.7 水蓄冷系统 chilled-water storage system

利用水的显热蓄存冷量的蓄冷系统。

2.0.8 盘管式蓄冰系统（内融冰、外融冰） ice-on-coil system(internal and external melt)

由浸没在充满水的蓄冰槽内的金属或塑料盘管作为蓄冷介质与载冷剂的换热面，通过载冷剂在盘管内的流动使盘管外表面结冰，以蓄存冷量的蓄冷系统。因融冰方式不同分为外融冰和内融冰。

2.0.9 封装式（冰球、冰板式）蓄冰系统 encapsulated ice system

将封装蓄冷介质的蓄冷容器密集地放置在蓄冰装置中，由低温载冷剂流经蓄冰装置，使蓄冷容器内的蓄冷介质结冰来蓄存冷量的蓄冷系统。

2.0.10 冰片滑落式蓄冰系统 ice harvesting system

在制冷机的板式蒸发器表面上不断冻结薄冰片，然后滑落至蓄冰槽内蓄存冷量的蓄冷系统，又称收冰式或片冰式蓄冰系统。

2.0.11 冰晶式蓄冰系统 slurry system

将低浓度载冷剂冷却至 0℃ 以下，产生细小而均匀的冰晶，与载冷剂形成冰浆状的物质蓄存在蓄冷槽内的蓄冷系统。

2.0.12 蓄冷—释冷周期 period of charge and discharge

蓄冷空调系统经一个蓄冷—释冷循环所运行的时间。

2.0.13 全负荷蓄冷 full cool storage

蓄冷装置承担设计周期内平、峰段的全部空调负荷。

2.0.14 部分负荷蓄冷 partial cool storage

蓄冷装置只承担设计周期内平、峰段的部分空调负荷。

2.0.15 双工况制冷机 refrigerating unit with dual duty

能在制冷工况和制冰工况下稳定运行，并均能达到较高能效比的制冷机。

2.0.16 基载负荷 base load

在蓄冷—释冷周期内冷负荷中较为恒定的部分。

2.0.17 基载制冷机 refrigerating unit for base load

用于满足基载负荷需求而设置的制冷机。

2.0.18 蓄冷温度 charge temperature

蓄冷工况时，载冷剂进入蓄冷装置中的温度。

2.0.19 释冷温度 discharge temperature

释冷工况时，载冷剂流出蓄冷装置的温度。

2.0.20 蓄冷速率 instantaneous storage capacity

蓄冷工况时，蓄冷装置瞬时的单位时间蓄冷量的大小。

2.0.21 释冷速率 instantaneous discharge capacity

释冷工况时，蓄冷装置瞬时的单位时间释冷量的大小。

2.0.22 低温送风 cold air distribution

送风温度不高于 10℃ 的空调送风方式。

2.0.23 运行模式 operating mode

蓄冷空调系统本身所能实现的各种运行工况。

2.0.24 控制策略 control strategy

根据控制指令和监控参数的变化，采用一定的控制逻辑和算法，设置制冷机、蓄冷装置、水泵、阀门等设备的运行状态，以达到某种控制目标的方法。

3 设 计

3.1 一般规定

3.1.1 蓄冷空调系统设计前，应对建筑物的冷负荷、空调系统的运行时间和运行特点，以及当地电力供应相关政策和分时电价情况进行调查。

3.1.2 以电力制冷的空调工程，当符合下列条件之一且经技术经济分析合理时，宜设置蓄冷空调系统：

1 执行峰谷电价，且差价较大的地区；

2 空调冷负荷高峰与电网高峰时段重合，且在电网低谷时段空调负荷较小的空调工程；

3 逐时负荷的峰谷悬殊，使用常规空调系统会导致装机容量过大，且大部分时间处于部分负荷下运行的空调工程；

4 电力容量或电力供应受到限制的空调工程；

5 要求部分时段备用制冷量的空调工程；

6 要求提供低温冷水，或要求采用低温送风的空调工程；

7 区域性集中供冷的空调工程。

3.1.3 蓄冷空调系统的设计应包括下列内容：

1 空调冷负荷计算；

2 确定蓄冷方式和蓄冷介质；

3 确定系统流程、运行模式和控制策略；

4 计算制冷设备、蓄冷装置的容量；

5 确定其他辅助设备的形式和容量；

6 编制蓄冷—释冷负荷逐时分配表；

7 计算蓄冷—释冷周期内的移峰电量、减少的电力负荷以及总能效比。

3.1.4 应根据蓄冷—释冷周期内冷负荷曲线、电网峰谷时段及电价、建筑物能够提供的设置蓄冷设备的空间等因素，经综合比较后确定采用全负荷蓄冷或部分负荷蓄冷。

3.1.5 根据工程需要经技术经济比较后，蓄冷装置可采用下列类型：

1 水蓄冷装置；

2 盘管式蓄冰（内融冰、外融冰）装置；

3 封装式蓄冰装置；

4 冰片滑落式蓄冰装置；

5 冰晶式蓄冰装置。

3.1.6 蓄冷空调系统设计宜进行全年动态负荷计算和能耗分析。

3.1.7 对于改、扩建的蓄冷空调系统，应根据设备重量对放置部位的结构进行校核。

3.2 负 荷 计 算

3.2.1 应对蓄冷空调系统一个蓄冷—释冷周期的冷负荷进行逐时计算。蓄冷—释冷周期应根据空调系统冷负荷的特点、电网峰谷时段等因素经技术经济比较确定。

3.2.2 负荷计算方法应符合现行国家标准《采暖通风与空气调节设计规范》GB 50019 的有关规定；并应提供蓄冷—释冷周期内逐时负荷和总负荷。

3.2.3 蓄冷—释冷周期内逐时负荷中，应计入水泵的发热量以及蓄冷槽和冷水管路的得热量。当采用低温送风空调系统时，应根据室内外参数计算是否产生附加的潜热冷负荷。

3.2.4 间歇运行的蓄冷空调系统负荷计算时，应计算初始降温冷负荷。

3.2.5 对于改建、扩建工程，蓄冷空调负荷宜采用实测和计算相结合的方法得出。

3.2.6 在方案设计和初步设计阶段，可采用冷负荷系数法或平均法对逐时冷负荷进行估算。

3.3 冷源系统设计

3.3.1 在设计阶段，应根据经济技术分析和冷负荷曲线，确定蓄冷—释冷周期内系统的逐时运行模式，以及对应的制冷机和蓄冷装置的状态。

3.3.2 全部负荷蓄冷时的总蓄冷量，应按在设计工况下平、峰段的逐时空调冷负荷的叠加值确定。

3.3.3 部分负荷蓄冷时的总蓄冷量，应根据工程的冷负荷曲线、电力峰谷时段划分、用电初装费、设备初投资费及其回收周期和设备占地面积等因素，通过经济技术分析确定。

3.3.4 蓄冷时段仍需供冷时，宜设置直接向空调系统供冷的基载制冷机；蓄冷时段所需冷量较少时，也可不设基载制冷机，由蓄冷系统同时蓄冷和供冷。

3.3.5 制冷机、蓄冷装置的容量应按下列原则确定：

1 制冷机、蓄冷装置的容量应保证在设计蓄冷时段内完成全部预定蓄冷量的储存；

2 蓄冰空调系统的制冷机应能适应制冷和制冰两种工况，其制冷量应根据生产厂商提供的性能资料，对不同工况分别计算；

3 基载制冷机容量应保证蓄冷时段空调系统需要的供冷量。

3.3.6 冷源系统设计时，制冷机应根据蓄冷方式和蓄冷温度合理选择。对于双工况制冷机，应按制冰工况的制冷量选型，同时应满足按制冷工况运行时的要求。

3.3.7 当地电力部门有其他限电政策时，所选蓄冷装置的最大小时释冷量应满足限电时段的最大小时冷负荷的要求。

3.3.8 冷源系统设计时，应对不同运行模式下蓄冷装置与制冷机的进、出介质温度进行校核。蓄冷时，应保证在蓄冷时段内储存充足的冷量；释冷时，应保证能取出足够的冷量，且释冷速率应能满足蓄冷空调系统的用冷需求。

3.3.9 制冷机的逐时制冷量宜根据白天和夜间的室外温、湿度，选用不同的冷凝器入口温度进行计算。

3.3.10 蓄冷空调系统的蓄冷方式应根据建筑物蓄冷周期和负荷曲线、蓄冷系统规模、蓄冷装置的蓄冷和释冷特性以及现场条件等因素，经技术、经济比较后确定；蓄冷装置的蓄冷和释冷特性应满足蓄冷空调系统的需求。

3.3.11 水蓄冷系统设计应符合下列规定：

　　1 建筑物中具有可利用的消防水池时，应尽可能考虑其兼做蓄冷水池；

　　2 蓄冷混凝土水池不宜小于 100m³；

　　3 确定蓄冷混凝土水池深度时，应考虑到水池中冷热掺混热损失，在条件允许时宜尽可能加深；

　　4 供回水温差不宜小于7℃，蓄冷容积不宜大于 0.048m³/kWh；

　　5 水蓄冷蓄水温度在4～7℃时，宜采用常规制冷机组；

　　6 蓄冷水槽宜采用温度分层法，也可采用多水槽法、隔膜法或迷宫与折流法；

　　7 采用分层法的蓄冷水槽，应合理设计水流分配器，使供回水于蓄冷和释冷循环中在槽内形成重力流，并保持一个合理稳定的斜温层；

　　8 蓄冷时，蓄冷水槽的进水温度应保持恒定；

　　9 水路设计时，应采用防止系统中水倒灌的措施；

　　10 蓄冷水槽宜远离振动设备，当与振源较近时，应对振源采取相应的减、隔振措施。

3.3.12 水蓄冷系统的蓄冷、蓄热共用水池不应与消防水池合用。

3.3.13 盘管式蓄冰系统设计应符合下列规定：

　　1 应对各蓄冰单元内的冰层厚度或蓄冰量进行监控；

　　2 外融冰蓄冰槽应采用合理的蓄冷温度和控制措施，防止管簇间形成冰桥；对内融冰蓄冰槽，应防止膨胀容积部分形成冰帽；

　　3 当设置空气泵时，应设置除油过滤器，以避免压缩空气中的油液进入冰槽；空气泵的发热量应计入蓄冰槽的冷量损失；并应对钢制蓄冰槽和钢制盘管采取必要的防腐保护措施；

　　4 外融冰蓄冰槽的数量大于2个时，水侧宜采用并联连接。

3.3.14 封装式蓄冰系统设计应符合下列规定：

　　1 宜采用闭式蓄冰装置，膨胀水箱应能容纳冰水相变及载冷剂温度变化引起的体积膨胀量；当采用开式蓄冰装置时，应采取防止载冷剂溢流的措施；

　　2 封装冰容器配置应保证其膨胀和收缩不产生短路循环；

　　3 当配置矩形封装冰容器时，宜在槽内中间高度加装折流板。加装折流板的蓄冰槽，其进出口压差不应过大；

　　4 当配置球形封装冰容器时，可采用冰球隔网保护措施；其蓄冰槽的进出口应设集管或分配器；

　　5 蓄冷槽宜采用外保温；

　　6 出水温度控制宜采用旁通法，应设置三通阀门或联动的两通阀门进行控制。

3.3.15 冰片滑落式蓄冰系统设计应符合下列规定：

　　1 应合理设置制冰与脱冰循环周期；

　　2 蓄冰槽宜采用外保温；

　　3 应采取措施减少蓄冰槽内空穴的形成；

　　4 出水集管宜在槽底贴外壁设置，当其立管位于槽体内部时，应采取防止冰片划伤管道的遮护措施；

　　5 冷却塔应满足蒸发温度较高时制冷机的排热量。

3.3.16 蓄冷装置保冷层的表面温度不应低于空气的露点温度，保冷设计应符合现行国家标准《采暖通风与空气调节设计规范》GB 50019、《设备及管道保冷设计导则》GB/T 15586 及《设备及管道保温设计导则》GB/T 8175 的规定。

3.3.17 现场制作开式蓄冷槽时，材料可采用钢板、混凝土或玻璃钢，并应符合下列规定：

　　1 蓄冷槽必须满足系统承压要求，埋地蓄冷槽还应能承受土壤等荷载；

　　2 蓄冷槽应严密、无渗漏；

　　3 蓄冷槽及内部部件应做耐腐蚀处理；

　　4 蓄冷槽应进行槽体结构和保温结构的设计。

3.3.18 当开式系统的最高点高于蓄冷槽水位时，应采取措施以防止水泵停止时管路中发生倒空。

3.3.19 空调水系统规模较小、工作压力较低时，可采用载冷剂作为冷媒直接进入空调系统供冷；否则宜采用间接连接的蓄冷空调系统。

3.3.20 采用间接连接的冰蓄冷系统中，换热器二次水侧应采取以下防冻保护措施：

　　1 载冷剂侧应设置关断阀和旁通阀；

　　2 当载冷剂侧温度低于2℃时，应开启二次侧水泵。

3.3.21 冰蓄冷系统设计中，应明确所使用的载冷剂种类及浓度。载冷剂的选择应符合下列规定：

　　1 载冷剂的凝固点应低于制冷机制冰时的蒸发温度，沸点应高于系统最高温度；

　　2 载冷剂的物理化学性能应稳定；

　　3 载冷剂应比热大、密度小、黏度低、导热好；

　　4 载冷剂应无公害；

　　5 载冷剂中应添加防腐剂和防泡沫剂。

3.3.22 当采用乙烯乙二醇水溶液作为冰蓄冷系统的载冷剂时，应选用专门配方的工业级缓蚀性乙烯乙二醇水溶液，其配比浓度应根据蓄冰系统工作温度范围确定。

3.3.23 载冷剂管路系统的水力计算应根据选用的载冷剂物理特性进行；双工况制冷机的制冷量和换热器的传热量应根据选用的载冷剂的传热特性进行修正。

3.3.24 载冷剂管路系统应设置存液箱、补液泵、膨胀箱等设备。膨胀箱宜采用闭式，溢流管应与溶液收集箱连接。

3.3.25 乙烯乙二醇的载冷剂管路系统不应选用内壁镀锌的管材及配件。

3.3.26 载冷剂管路循环泵宜采用机械密封型。

3.3.27 载冷剂系统设计时，应使循环泵的性能参数与不同工况对应的需求相适应。

3.3.28 应根据运行模式、控制策略合理设计系统配置和流程，蓄冷空调系统的基本流程应包括：

    1 蓄冷装置与制冷机并联布置；

    2 蓄冷装置与制冷机串联布置，制冷机位于上游；

    3 蓄冷装置与制冷机串联布置，制冷机位于下游。

3.3.29 多台蓄冰装置并联时，宜采用同程式配管；当采用异程式配管时，每个蓄冰槽进液管宜设平衡阀。

3.4 末端空调系统

3.4.1 蓄冷空调系统宜使用大温差供水及低温送风空调系统。

3.4.2 蓄冷空调系统的末端表冷器出风干球温度与冷媒进口温度之间的温差不宜小于3℃，出风温度宜采用4～10℃。

3.4.3 采用大温差低温供水的风机盘管机组，应符合现行国家标准《风机盘管机组》GB/T 19232的规定，并应满足设计低温运行工况下的性能要求。

3.4.4 低温送风空调系统的空气处理机组，应符合现行国家标准《组合式空调机组》GB/T 14294的规定，并应满足设计低温运行工况下的性能要求。

3.4.5 低温送风空调系统送风管道的保冷构造应有可靠的隔汽措施，送风管道的法兰、阀门及其他连接附件也应采取保冷措施，并应符合现行国家标准《采暖通风与空气调节设计规范》GB 50019的相关规定。

3.4.6 低温送风空调系统采用的风管，其漏风量应符合国家现行标准《通风管道技术规程》JGJ 141的相关规定。

3.4.7 低温送风空调系统在空调房间送冷风的初期，应采取逐渐降低送风温度的控制策略。

3.4.8 低温送风空调系统应使送风口表面温度高于室内露点温度1～2℃。

3.5 系统监测与控制

3.5.1 蓄冷空调系统应配置自动控制系统，并宜实现下列控制内容：

    1 参数监测与设备状态显示；

    2 载冷剂及空调供回水温度的控制；

    3 空调负荷的预测、记忆；

    4 各运行模式的控制和转换；

    5 用电量、冷量的计量与管理；

    6 自动保护与报警。

3.5.2 蓄冷空调系统中，宜对下列参数和设备状态进行监测：

    1 制冷机的进、出口温度和流量；

    2 蓄冷装置的进、出口温度和流量，蓄冷量和释冷量；

    3 空调系统供、回水温度和流量；

    4 各电动阀门的阀位；

    5 变频泵的频率；

    6 其他必须监测的设备状态参数；

    7 室外空气温湿度。

3.5.3 运行模式为制冷机蓄冷时，蓄冷工况的结束宜按下列方式确定：

    1 依据设定的制冷机进口或出口温度或温度差，当低于该设定值时蓄冷工况结束；

    2 依据监测的蓄冷装置蓄冷量；

    3 依据设定的时间。

3.5.4 运行模式为制冷机蓄冷同时供冷时，可通过控制载冷剂侧三通调节阀或两个联动的两通调节阀，调节进入板式换热器载冷剂的流量，来保证空调水侧供水温度的恒定。

3.5.5 运行模式为制冷机单独供冷时，可根据设定的制冷机出口水温调整单台制冷机的制冷量，同时根据负荷变化进行制冷机启停台数控制。

3.5.6 运行模式为蓄冷装置单独供冷时，应根据空调水侧供水温度，控制载冷剂侧三通调节阀或两个联动的两通调节阀，调节蓄冷装置的释冷量。

3.5.7 运行模式为制冷机与蓄冷装置联合供冷时，宜根据系统效率、运行费用及系统流程，采用下列控制方式：

    1 制冷机优先：设定制冷机出口温度，使其满负荷运行或限定制冷量运行；当空调系统的负荷超出制冷机的制冷量时，调节蓄冷装置的流量，以实现供水温度的恒定。

    2 蓄冷装置优先：设定蓄冷装置的进、出水流量，使其满负荷运行或限定释冷量运行；当空调系统的负荷超出释冷量时，按设定的出口温度开启并运行制冷机，以实现供水温度的恒定。

    3 比例控制：根据蓄冷装置的剩余冷量和融冰率，按单位时段调节制冷机与蓄冷装置的投入比例，投入比例可以通过调节限定制冷机制冷量，或调节限定的蓄冷装置释冷量。

3.5.8 蓄冷一释冷周期内运行策略应根据周期内空调负荷与电价制定；全年运行策略应根据全年负荷、电价及运行费用变化情况进行相应调整。

4 施 工 安 装

4.1 一 般 规 定

4.1.1 蓄冷空调工程施工前应有完备的设计施工图

纸和有关技术文件，以及较完善的施工方案、施工组织设计，并已完成技术交底。

4.1.2 所有进场材料、产品的技术文件应齐全，产品合格证标志应清晰，外观检查应合格，并应按有关要求进行抽样检测。

4.1.3 设备及管道系统安装应符合现行国家标准《制冷设备、空气分离设备安装工程施工及验收规范》GB 50274、《通风与空调工程施工质量验收规范》GB 50243 以及《建筑给水排水及采暖工程施工质量验收规范》GB 50242 的规定。

4.2 设 备 安 装

4.2.1 重大设备运输及吊装时，应制定安装方案并采取防护措施，保证施工安全。

4.2.2 制冷机、蓄冷设备及其他设备安装前的准备工作应符合下列规定：

    1 机组安装前应进行设备基础验收；

    2 设备到场后，建设单位、监理单位、施工单位及生产厂家应联合进行设备开箱验收，并做好验收记录；

    3 设备如暂时不能安装需临时存放时，应做好防潮、防磕碰等措施；制冷机组还应避免在高温、低温环境下存放时间过长；

    4 设备安装应符合说明书及安装手册要求。

4.2.3 蓄冷装置的安装应符合下列规定：

    1 盘管式蓄冷设备在运输及安装时，应保持水平；

    2 封装式蓄冷设备安装时，冰球装罐时应防止冰球与钢铁、混凝土等物体相碰击或冰球之间的互相撞击，安装时严禁杂物进入罐内；

    3 整装蓄冷设备在临时存放及运输过程中，与设备底面的接触面应平整；

    4 整装蓄冷设备的基础应平整，倾斜度不应大于 0.001；

    5 设备安装应采用加垫片的方式进行找平；

    6 整装蓄冷设备底部与基础之间应加设绝热保温措施；

    7 系统冲洗时，不应经过蓄冷设备；

    8 蓄冷装置安装完毕后做水压试验和气密性试验。

4.2.4 现场制作开式蓄冷装置时应符合下列规定：

    1 顶部应预留检修口；

    2 槽内宜做集水坑；

    3 排水泵可采用固定安装或移动安装方式；

    4 应安装注水管，最低处应设置排污管，并在排污管上加设阀门。

4.2.5 闭式蓄冰槽应符合现行国家标准《钢制压力容器》GB 150 的规定。

4.2.6 冰片滑落式蓄冷系统的散装机组现场安装时，布水器水平度误差不应大于 0.001，蒸发板垂直误差不应大于 0.001，各管道应按设备说明书连接。

4.2.7 大温差低温供水的风机盘管，应按照现行国家标准《风机盘管机组》GB/T 19232 在相应低温工况下逐项检验合格。

4.2.8 安装于低温送风系统的风管和风口，均应具有可以证明在设计送风温度下表面不会发生结露的检验报告。

4.3 控制系统的安装

4.3.1 承担蓄冷控制系统安装的承包方应根据设计单位提供的设计文件进行控制系统的深化设计，并应在系统安装前提供深化设计图纸。

4.3.2 蓄冷系统低温液体管路控制设备安装时，应防止传感器使用时结露，并做好测量电路和外部的隔离保温措施。

5 调试、检测及验收

5.1 一 般 规 定

5.1.1 蓄冷空调系统调试及检测应在设备、管道、保温、配套电气等施工全部完成后进行。

5.1.2 蓄冷空调系统调试及检测宜在夏季进行，联合调试宜在最热月或与设计室外参数相近的条件下进行。

5.1.3 施工单位应负责系统调试，并提供书面报告。

5.1.4 蓄冷空调系统的调试、检测及验收除按本规程执行外，还应符合国家现行有关标准的规定及设计文件的要求。

5.1.5 检测、调试所采用的测试仪器仪表，应经国家技术质量监督部门标定，并提供相应测量范围、精度的标定证明。

5.2 设 备 调 试

5.2.1 蓄冷空调系统调试前，应进行制冷机、水泵、蓄冷装置、换热器、末端空调系统等单体设备的试运行和调试。

5.2.2 首次启动制冰循环前，应符合下列规定：

    1 蓄冷空调系统使用载冷剂的性质及浓度应符合设计要求；

    2 所有循环水泵试运行完毕；

    3 所有操作和安全控制器的接线正确；

    4 有足够的负荷消耗冰槽内所蓄的冰；

    5 混凝土蓄冷槽在初次使用时，应使槽内水温逐渐降到设计工况。

5.3 控制系统的调试

5.3.1 控制系统的调试应在满足下列条件后进行：

    1 蓄冷系统的设备全部安装完毕，线路敷设和接线均应符合设计图纸要求；

2 蓄冷系统的受控设备、子系统单体及自身系统的调试结束，设备或子系统的测试数据应符合设计和工艺要求；

3 系统的调试环境和工业卫生条件（温度、湿度、防静电、电磁干扰等）应符合设备的要求。

5.3.2 控制系统设备的单体调试应符合下列规定：

1 设备的外观和安装状况应符合要求；

2 按照控制器的要求应已进行过运行可靠性测试；

3 控制器、输入输出组件和监控点元件的硬件、接线的位置与软件的地址、型号、状态等应完全一致；

4 应使用计算机或现场测试仪器，对控制器和现场控制设备以手动控制方式，按照设计要求对模拟量、数字量输入输出进行测试，并作记录。

5.3.3 蓄冷控制系统通过调试宜具备下列功能：

1 应具备与其他子系统进行通信的能力；

2 对蓄冷系统内各类设备的控制应安全、可靠；

3 应具备实时采集、记录和保存设备、关键点的运行数据的能力。

5.4 系统调试和验收

5.4.1 载冷剂兑制时，水的总硬度值应低于 100mg/L，氯化物和硫酸盐的含量宜分别小于 25mg/L。

5.4.2 载冷剂的充灌应在系统冲洗和试压完毕后进行，充灌前应保证管路及设备中的水及冲洗液排净，泄水阀应关闭，排气阀应开启。

5.4.3 载冷剂的浓度检测及调整时，应开启载冷剂循环泵，从不同的泄水点取液进行相对密度检测，并应根据浓度进行补液调整，系统中载冷剂的浓度应达到设计要求。

5.4.4 盘管式蓄冰槽应保证其蓄冰量为零时的水量，应检查液位量符合设备要求。

5.4.5 蓄冷空调系统联合调试前，应对设计文件要求的各运行模式进行试运转。试运转一个蓄冷—释冷周期结束后，应做不少于两个蓄冷—释冷周期的工况测试。

5.4.6 蓄冷—释冷周期的工况检测和验收应包括以下内容：

1 系统的运行模式；

2 制冷机、蓄冷装置、水泵、阀门等各设备的运行状态；

3 载冷剂及空调供、回水温度；

4 制冷机、水泵等设备的耗电量。

5.4.7 制冷机单独供冷工况调试和验收应符合下列规定：

1 系统连续运行应正常、平稳，水泵压力及电流不应出现大幅波动，系统运行噪声应符合设计要求；

2 冷冻水及冷却水系统压力、温度、流量应满足设计要求；

3 多台制冷机及冷却塔并联运行时，各制冷机及冷却塔的水流量与设计流量的偏差不应大于 10%。

5.4.8 制冷机蓄冷及蓄冷装置单独供冷运行模式的调试和验收应符合下列规定：

1 系统载冷剂的流量、压力、温度应与设计参数相符；

2 系统实际蓄冷量和释冷量应达到设计要求；

3 系统的蓄冷速率和释冷速率应满足设计要求；

4 系统在蓄冷、释冷过程中应运行正常、平稳，水泵压力及电流不应出现大幅波动，系统运行噪声应符合设计要求。

5.4.9 蓄冷空调系统联合调试和验收应符合下列规定：

1 单体设备及主要部件联动应符合设计要求，动作协调、正确，无异常；

2 各运行模式下系统运行应正常、平稳，所有运行参数应满足设计要求；各运行模式转换时应动作灵敏、正确；

3 系统运行过程中管路不应有泄漏以及产生凝结水等现象；

4 系统各项保护措施应反应灵敏、动作可靠；

5 各自控计量检测元件及执行机构应工作正常，对系统各项参数的反馈及动作应正确、及时。

6 蓄冷空调系统的运行管理

6.0.1 蓄冷空调系统应经调试验收后方可正式投入运行。

6.0.2 运行人员应经培训、考核合格，并应按规定取得相应级别的操作证后方可上岗操作。运行操作应按照安装单位和产品制造厂家提供的使用说明、操作规程以及设计文件的规定进行。

6.0.3 使用单位应根据冷负荷特点、系统特性及电力供应状况等因素经技术经济比较后，制定合理的全年运行策略，并应制定相应的操作规程。在日常运行中，应根据日冷负荷变化的特点选择合理的运行模式。

6.0.4 蓄冷空调系统应优先利用电网的低谷时段电力蓄冷，优化平价时段的运行方式。

6.0.5 在设有基载制冷机的蓄冷空调系统中，在用电低谷段时应优先利用基载制冷机直接供冷。在用电高峰时段，宜少开或停止制冷机的直接供冷。

6.0.6 应定期检修、保养制冷机，提高其制冷性能系数（COP）。

6.0.7 应定期检查和维修水、空气输送系统。

6.0.8 蓄冷装置的维护应符合下列规定：

1 应定期检查蓄冷装置内外紧固件是否牢固，

槽体构架和支撑架是否腐蚀；

    2 应定期检查蓄冷装置内部管束是否结垢和腐蚀，是否有微生物滋生等；

    3 应定期对设置的高低液位报警装置进行检查、维护；

    4 每个供冷季前应对蓄冷装置水位进行校准。

6.0.9 表冷器、板式换热器、风机盘管机组、冷却塔、水过滤器及空气过滤器等应定期检查、清洗。

6.0.10 蓄冷空调系统的载冷剂应每年进行一次抽样测试分析，其浓度和碱度应满足要求。

6.0.11 盘管式蓄冰槽应保证无冰时的水量，液位应符合产品要求。检查液位量时，应将冰槽中的冰完全融化，检查视管中的液位，根据需要对冰槽进行加水或放水。

6.0.12 应定期检查和改善蓄冷装置等其他设备及各类输送管道的保温性能，并应按现行国家标准《设备及管道保温效果的测试与评价》GB/T 8174 执行。

6.0.13 冷冻水和冷却水应定期进行处理，并应按现行国家标准《工业循环冷却水处理设计规范》GB 50050 执行。

6.0.14 自动控制设备及监测计量仪表应定期维修、校核。

6.0.15 应建立运行管理、维修等规章制度，以及运行日志和设备的技术档案。

本规程用词说明

    1 为便于在执行本规程条文时区别对待，对要求严格程度不同的用词说明如下：

      1) 表示很严格，非这样做不可的：

        正面词采用"必须"，反面词采用"严禁"；

      2) 表示严格，在正常情况下均应这样做的：

        正面词采用"应"，反面词采用"不应"或"不得"；

      3) 表示允许稍有选择，在条件许可时首先应这样做的：

        正面词采用"宜"，反面词采用"不宜"；

        表示有选择，在一定条件下可以这样做的，采用"可"。

    2 条文中指明应按其他有关标准执行的写法为："应符合……的规定"或"应按……执行"。

中华人民共和国行业标准

蓄冷空调工程技术规程

JGJ 158—2008

条 文 说 明

前　言

《蓄冷空调工程技术规程》JGJ 158—2008 经住房和城乡建设部 2008 年 8 月 5 日以第 74 号公告批准、发布。

为便于广大设计、施工、科研、学校等单位有关人员在使用本规程时能正确理解和执行条文规定，《蓄冷空调工程技术规程》编制组按章、节、条顺序编制了本规程的条文说明，供使用者参考。在使用中如发现本条文说明有不妥之处，请将意见函寄中国建筑科学研究院空气调节研究所标准规范室（地址：北京北三环东路 30 号；邮编：100013；E-mail：kts@cabr.com.cn）。

目　次

1　总则 ……………………………… 24—14
2　术语 ……………………………… 24—14
3　设计 ……………………………… 24—14
　3.1　一般规定 …………………… 24—14
　3.2　负荷计算 …………………… 24—15
　3.3　冷源系统设计 ……………… 24—16
　3.4　末端空调系统 ……………… 24—18
　3.5　系统监测与控制 …………… 24—18
4　施工安装 ………………………… 24—19

4.2　设备安装 …………………… 24—19
4.3　控制系统的安装 …………… 24—19
5　调试、检测及验收 ……………… 24—19
　5.1　一般规定 …………………… 24—19
　5.2　设备调试 …………………… 24—19
　5.3　控制系统的调试 …………… 24—19
　5.4　系统调试和验收 …………… 24—19
6　蓄冷空调系统的运行管理 ……… 24—20

1 总　则

1.0.1 近年来，虽然电力工业有了较大的发展，但我国电力紧张的局面仍未得到根本的缓和，其中主要的原因是电网负荷率低，高峰电力严重不足，低谷电力不能充分利用。与此同时，我国的城市用电结构也不断发生变化，建筑物空调系统的负荷比例日益增加。为充分利用现有电力资源，鼓励夜间使用低谷电，国家和各地区电力部门制定了峰谷电价差政策。蓄冷空调系统对转移电力高峰、平衡电网负荷，有积极作用，因此，近年在国内得到了日益广泛的应用。但是由于缺乏相应标准规范的约束，蓄冷空调系统的推广呈现出很大的盲目性。为了规范蓄冷空调系统的设计、施工、调试、验收和运行管理，确保系统安全可靠的运行，特制定本规程。

1.0.2 共晶盐蓄冷是利用相变温度为 $5\sim8℃$ 的无机盐溶液作为载冷剂的一种蓄冷方式。季节性蓄冷是指利用冬季时蓄存的冰、雪等天然冷源作为夏季冷源的空调方式。这两种方法目前在国内应用较少，所以暂不含在本规程范围内。

1.0.3 根据国家主管部门有关编制和修订工程建设标准、规范等的统一规定，为了精简规程内容，已有的相关国家和行业标准、规范等明确规定的内容，除确有必要明确说明的部分外，本规程均不再另设条文。本条文的目的是强调在执行本规程的同时，还应注意贯彻执行相关标准、规范等的有关规定。

2 术　语

2.0.3 冰蓄冷系统中，一般是指按一定比例配制的防冻剂溶液。

2.0.8 外融冰方式是由温度较高的空调回水直接进入盘管外的蓄冰槽内流动，由外向内融化盘管外表面的冰层。内融冰方式是由温度较高的载冷剂在盘管内流动，由内向外融化盘管外表面的冰层。

2.0.15 各种双工况制冷机 COP 值参见表 2。

2.0.22 本规程定义送风温度不高于 $10℃$ 是低温送风。

2.0.23 蓄冷空调系统的运行模式主要包括：
1　制冷机蓄冷；
2　制冷机单独供冷；
3　蓄冷装置单独供冷；
4　制冷机同时蓄冷和供冷；
5　制冷机与蓄冷装置联合供冷。

2.0.24 包括以下两个层次的控制内容：
1　在某种运行模式下，定义各控制回路如何作用，各被控变量的设定值如何根据负荷和系统状态变化，以满足该运行模式的系统要求。
2　定义蓄冷空调系统的总体控制方法，包括在不同时期不同时段选择何种运行模式，以及选择何种控制手段实现各运行模式的控制，以使蓄冷空调系统能够经济、安全地运行。

3 设　计

3.1 一般规定

3.1.1 本条所列内容是蓄冷空调系统设计的依据，也是蓄冷空调系统技术经济性比较的依据。

3.1.2 当空调系统的一次能源为除电以外的其他能源时，由于不存在电力需求与电量的费用，一般不宜采用蓄冷系统。除非制冷机等设备的容量能够有效地减小，达到合理的初投资和运行费用，如采用大温差的低温水区域供冷时。

在对蓄冷空调系统进行技术经济分析时，需要考虑以下因素对空调系统初投资的影响：

1　增加蓄冷装置、相应自动控制系统及其他设备（蓄冰空调系统主要有换热器和载冷剂）所增加的一次投资；

2　制冷机、水泵等设备及输配系统容量变化所带来的投资变化；

3　采用低温送风系统时所节省的空调送风系统的一次投资；

4　空调系统电力容量减小对一次投资的影响；

5　考虑当地蓄冷空调电力优惠政策对一次投资的影响。

还需要考虑以下因素对运行费用的影响：

1　峰谷电价差对运行费用的影响；

2　夜间蓄冷时制冷机的冷凝温度降低，制冷机 COP 提高对运行费用的影响；

3　夜间蓄冷和间接系统制冷机供冷时的蒸发温度降低，制冷机 COP 降低对运行费用的影响；

4　蓄冷空调系统的冷量损失增加对运行费用的影响；

5　水系统和风系统输配能耗减小对运行费用的影响；

6　蓄冷系统额外的维护。

3.1.3 本条列出了蓄冷空调系统不同于其他空调系统的一些设计内容。由于每一个具体的工程设计都有其各自的特点，工程设计所包括的内容也必将各有差异。本条列出的只是蓄冷空调系统设计中通常包括的内容。第 7 款的"移峰电量"是指蓄冷—释冷周期内转移的电力高峰时段电量，单位为 $kW·h$；"减少的电力负荷"即指与采用非蓄冷空调系统相比较，制冷机功率减少的数量，单位为 kW；"总能效比"是指一个蓄冷—释冷周期内，蓄冷空调系统的总供冷量与总耗电量的比值。

3.1.4 对于用冷时间短，并且在用电高峰时段需冷量相对较大的系统，可以采用全负荷蓄冷；一般工程建议采用部分负荷蓄冷。在设计蓄冷—释冷周期内采用部分负荷的蓄冷空调系统，应考虑其在负荷较小时能够以全负荷蓄冷方式运行。

3.1.6 对蓄冷空调系统，本规程推荐进行全年动态负荷计算和能耗分析。以全年动态负荷逐时计算为基础，进行全年能耗计算和运行费用评估，可以为蓄冷空调系统的设计和决策提供可靠的依据。但鉴于目前我国动态负荷计算软件还没有完全普及，因此本条未做硬性规定。

3.2 负 荷 计 算

3.2.1 一般选择以一个设计日为空调系统的蓄冷—释冷周期；根据空调负荷的周期性变化规律，也有以更长的时间作为一个蓄冷—释冷周期的。

3.2.2 对于蓄冷—释冷周期大于一个设计日的蓄冷空调系统，在进行蓄冷—释冷周期内逐时负荷计算时，其室外气象参数以当地标准年气象数据为准，并选择平均温度最高的时间段，以该时间段内的室外逐时温度作为蓄冷—释冷周期内各天的室外计算逐时温度。

3.2.3 在常规空调制冷系统中被忽视的相对较小的得热量，其在最大小时负荷中有可能只占很小的比例，但在蓄冷空调系统的累计负荷中却可能占有很大的量。所以蓄冷空调的冷负荷应充分考虑各种附加得热。

当空调末端采用低温送风方式时，室内湿度一般较常规空调系统低，当室内设计干球温度不变时，将产生附加的渗透潜热冷负荷，要将这部分计算到空调冷负荷。同时也有研究表明，当室内湿度降低时，适当提高室内设计干球温度不会改变室内的舒适度，这时空调负荷可相应减少。

在方案设计或初步设计阶段，无法对附加得热进行详细计算时，可以按设计蓄冷—释冷周期内总负荷的 5%～10% 估算总的附加得热。

3.2.4 在空调系统运行开始后的 1～2h 内，它一般还要满足房间不使用时的得热量所形成的冷负荷。这样的负荷一般不会影响非蓄冷空调系统的负荷大小，但在蓄冷空调系统中应该予以考虑。推荐采用动态能耗计算软件对间歇期和空调运行期进行模拟计算，或将开启空调系统前 0.5～1.5h 的负荷计入蓄冷系统负荷。

3.2.5 对于已建成的原有建筑物改造工程，原有负荷数据的主要来源包括：

1 原空调系统控制系统的历史记录；

2 原空调系统冷水机组运行记录；

3 在与设计气象数据相近的条件下进行测试得到的数据；

4 根据非设计气象条件下的测试数据建立数学模型，计算设计气象条件下的负荷。

3.2.6 在蓄冷空调的方案设计阶段和初步设计阶段，蓄冷空调的负荷计算可采用系数法和平均法估算出设计周期内的逐时冷负荷。而在蓄冷空调系统的施工图设计阶段，负荷计算不应再采用估算得出。现阶段空调冷负荷的计算软件，应用极其普及和简便、快捷。对于常用的蓄冷—释冷周期为 24h 的蓄冷空调负荷的计算，采用计算机软件对逐时负荷进行计算既快又准确，建议在蓄冷空调的方案设计阶段和初步设计阶段均可采用逐时冷负荷计算法。

1 系数法

$$q_i = K \cdot q_{max} \qquad (1)$$

式中 q_i ——i 时刻空调冷负荷（kW）；

K ——逐时冷负荷系数，可参考表 1 取值；

q_{max} ——高峰小时冷负荷（kW）。

表 1 逐时冷负荷系数 K 取值表

时间	写字楼	宾馆	商场	餐厅	咖啡厅	夜总会	保龄球
1：00	0	0.16	0	0	0	0	0
2：00	0	0.16	0	0	0	0	0
3：00	0	0.25	0	0	0	0	0
4：00	0	0.25	0	0	0	0	0
5：00	0	0.25	0	0	0	0	0
6：00	0	0.50	0	0	0	0	0
7：00	0.31	0.59	0	0	0	0	0
8：00	0.43	0.67	0.40	0.34	0.32	0	0
9：00	0.70	0.67	0.50	0.40	0.37	0	0
10：00	0.89	0.75	0.76	0.54	0.48	0	0.30
11：00	0.91	0.84	0.80	0.72	0.70	0	0.38
12：00	0.86	0.90	0.88	0.91	0.86	0.40	0.48
13：00	0.86	1.00	0.94	1.00	0.97	0.40	0.62
14：00	0.89	1.00	0.96	0.98	1.00	0.40	0.76
15：00	1.00	0.92	0.94	0.86	1.00	0.41	0.80
16：00	1.00	0.84	0.96	0.72	0.96	0.47	0.84
17：00	0.90	0.87	0.85	0.62	0.87	0.76	0.84
18：00	0.57	0.74	0.80	0.61	0.81	0.76	0.86
19：00	0.31	0.74	0.64	0.65	0.75	0.89	0.93
20：00	0.22	0.50	0.50	0.69	0.65	1.00	1.00
21：00	0.18	0.50	0.40	0.61	0.48	0.92	0.98
22：00	0	0.33	0	0	0	0.87	0.85
23：00	0	0.16	0	0	0	0.78	0.48
24：00	0	0.16	0	0	0	0.71	0.30

2 平均法：

设计日总冷量可以按下式计算：

$$Q = \sum_{i=1}^{n} q_i = n \cdot m \cdot q_{max} = n \cdot q_p \qquad (2)$$

式中 q_i ——i 时刻空调冷负荷（kW）；

q_{max} ——峰值小时冷负荷（kW）；

q_p ——日平均冷负荷（kW）；

n ——典型设计日空调运行小时数；

m ——平均负荷系数，等于日平均冷负荷与峰值小时冷负荷的比值，一般取 $0.75\sim0.85$。

3.3 冷源系统设计

3.3.2～3.3.5 全负荷蓄冷时：

1 蓄冷装置有效容量：

$$Q_s = \sum_{i=1}^{24} q_i = n_1 \times c_f \times q_c \quad (3)$$

2 蓄冷装置名义容量： $Q_{so} = \varepsilon \times Q_s \quad (4)$

3 制冷机标定制冷量： $q_c = \dfrac{\sum\limits_{i=1}^{24} q_i}{n_1 \times c_f} \quad (5)$

式中 Q_s ——蓄冷装置有效容量（kW·h）；

Q_{so} ——蓄冷装置名义容量（kW·h）；

q_i ——建筑物逐时冷负荷（kW）；

n_1 ——夜间制冷机在蓄冷工况下运行的小时数（h）；

c_f ——制冷机蓄冷时制冷能力的变化率，即实际制冷量与标定制冷量的比值；

q_c ——制冷机的标定制冷量（空调工况）（kW）；

ε ——蓄冷装置的实际放大系数（无因次）。

部分负荷蓄冷时：

1 蓄冷装置有效容量： $Q_s = n_1 \times c_f \times q_c \quad (6)$

2 蓄冷装置名义容量： $Q_{so} = \varepsilon \times Q_s \quad (7)$

3 制冷机名义制冷量： $q_c = \dfrac{\sum\limits_{i=1}^{24} q_i}{n_2 + n_1 \times c_f} \quad (8)$

式中 n_2 ——白天制冷机在空调工况下运行的小时数（h）。

当白天制冷机在空调工况下运行时，如果计算得到的制冷机名义制冷量 q_c 大于该时段内的 n 个小时制冷机承担的逐时冷负荷 q_j、q_k、…则需对白天制冷机在空调工况下运行的小时数 n_2 进行实际修正变为 n_2'，并将其代入以上公式。n_2 的实际修正值 n_2' 可以按以下公式计算：

$$n_2' = (n_2 - n) + \frac{q_j + q_k + \cdots}{q_c} \quad (9)$$

3.3.6 蓄冷系统的双工况制冷机是在空调工况和制冰工况下运行，要兼顾这两种工况都能达到较高的能效比（COP）。

制冷机在制冰工况的产冷量小于空调工况制冷量，一般蒸发温度每降低 1℃，产生冷量会减少 2%～3%。另外，冷凝温度每降低 1℃，产冷量可提

高 1.5%。

设计时要确定制冷机组蒸发温度和冷凝温度的范围，并由设备厂商提供该范围内的设备性能参数。常用的冷水机组特性参见表 2。

表 2 蓄冷制冷机特性

制冷机	最低供冷温度（℃）	制冷机效率（COP 值）		典型选用容量范围（空调工况下）	
		制冷工况	制冰工况	（kW）	（RT）
往复式	$-12\sim-10$	$4.1\sim5.4$	$2.9\sim3.9$	$90\sim530$	$25\sim150$
螺杆式	$-12\sim-7$	$4.1\sim5.4$	$2.9\sim3.9$	$180\sim1900$	$50\sim550$
离心式	$-15\sim-6$	$5.0\sim5.9$	$3.5\sim4.5$	$700\sim7000$	$200\sim2000$
蜗旋式	-9.0	$3.8\sim4.5$	$1.2\sim1.3$	$70\sim210$	$20\sim60$
吸收式	4.4	$0.65\sim1.23$	—	$700\sim5600$	$200\sim1600$

3.3.7 为满足限电要求时，蓄冷装置有效容量：

$$Q_s' \geq \frac{q_{imax}'}{\eta_{max}} \quad (10)$$

为满足限电要求，修正后的制冷机标定制冷量：

$$q_c' \geq \frac{Q_s'}{n_1 \cdot c_f} \quad (11)$$

式中 Q_s' ——为满足限电要求所需的蓄冷装置容量（kWh）；

η_{max} ——所选蓄冰设备的最大小时取冷率；

q_{imax}' ——限电时段空气调节系统的最大小时冷负荷（kW）；

q_c' ——修正后的制冷机标定制冷量（kW）。

3.3.8 在选定制冷机和蓄冷装置后，根据其设备性能参数，需要对制冷机和蓄冷装置逐时状态及对应进出口温度进行校核。

3.3.9 对于双工况制冷机，一般来说，冷凝温度每降低 1℃，产冷量可提高 1.5%。用于蓄冷空调系统的冷水机组，多数夜间用于蓄冷工况的运行。由于夜间室外干球和湿球温度均较白天有所下降，因此根据冷水机组夜间蓄冷运行时间长的实际情况，可将冷水机的冷凝器入口温度分别取值。

对于水冷式冷水机，选择冷水机冷量时白天建议按进水温度 32℃ 考虑，夜间蓄冷工况可以按进水温度 30℃ 选择冷水机组冷量，或根据当地的晚间实际气象统计参数确定。

3.3.10 目前国内应用较多，比较成熟的蓄冷方式有水蓄冷、盘管式蓄冰、封装式（冰球、冰板式）蓄冰。动态制冰（又称冰片滑落式或收冰式）蓄冰、冰晶式蓄冰以及优态盐蓄冰方式目前应用较少。各种常见蓄冷方式的特性及特点参见表 3。

表3 各种常见蓄冷方式的特性及特点

对比内容	水蓄冷系统	冰片滑落式系统	外融冰系统	内融冰系统	封装冰系统
制冷(冰)方式	静态	动态	静态	静态	静态
制冷机	标准单工况制冷机	分装式或组装式制冷机	直接蒸发式或双工况制冷机	双工况制冷机	双工况制冷机
蓄冷容积 (m³/kWh)	0.048~0.169	0.024~0.027	0.03	0.019~0.023	0.019~0.023
蓄冷温度 (℃)	4~6	−9~−4	−9~−4	−6~−3	−6~−3
释冷温度 (℃)	4~7	1~2	1~3	2~6	2~6
释冷速率	中	快	快	慢	慢
释冷液体	水	水	水	载冷剂	载冷剂
蓄冷工况下制冷机能效比(COP值)	5.0~5.9	2.7~3.7	2.5~4.1	2.9~4.1	2.9~4.1
蓄冷结构形式	开式	开式	开式	闭式	开式或闭式
特点	可选用标准制冷机并可兼用消防水池	瞬时释冷速率高	瞬时释冷速率高	模块式槽形,适用于各种规模	槽体外形设置灵活
适用范围	空调	空调、食品加工	空调、工艺制冷	空调	空调

不同的蓄冷装置其蓄冷、释冷特性不同。同一蓄冷装置,随着蓄冷百分比的增加,蓄冷速率一般会有所下降,所需要的蓄冷温度也随之降低;释冷时,随着释冷百分比的增加,释冷速率下降,释冷温度随之上升。设计时需要由制造厂商提供详细的蓄冷、释冷特性曲线图表。

3.3.11 水蓄冷槽容积可以按下式计算:

$$L = \frac{3600Q}{K \cdot \rho \cdot c \cdot \Delta t} \quad (12)$$

式中　L——水槽的设计容积(m³);

　　　Q——水槽的设计蓄冷量(kWh);

　　　K——水槽的性能指数,指在一个蓄冷放冷周期内水槽的输出与输入能量之比,可以取 0.85~0.9;

　　　ρ——水的密度(kg/m³);

　　　c——水的比热容[kJ/(kg·K)];

　　　Δt——水槽的供回水温差(K)。

采用分层式蓄冷水槽时,在条件允许时要尽可能加高,以减少冷热掺混。水流分配器一般为八角形或

H形,分配器进口雷诺数(Re)在 240~850 之间,流速要均匀并小于 0.3m/s,分支流量分配均匀。

3.3.13 外融冰蓄冷系统可提供 1~2℃ 的供水温度,冰层厚度应根据供水温度要求和制冷系统工作温度合理配置。冰桥的产生会导致释冷周期内部分冰不能融化,造成效率损失,因此需采取合理措施和控制策略加以避免。设置搅拌装置,并采用合理的蓄冷温度和控制措施,以防止管簇间形成冰桥;当一个蓄冰槽内置有多个蓄冰单元时,要安装折流板,使冷水蜿蜒均匀地流过盘管。当采用制冷剂直接制冰的外融冰蓄冷系统时,需要对制冷剂管路进行合理的设计,并要符合《冷库设计规范》GB 50072 中制冷部分的规定。

3.3.14 封装冰容器一般包括表面带凹凸波纹的软质容器,或由高密度聚氯乙烯制成的硬质容器。当采用软质容器时,需考虑冰-水相变体积膨胀挤占载冷剂容积。加装折流板的蓄冰槽,当进出口压差过大时,可能使折流板受损。由于封装冰容器的移动可能磨损内保温,因此当采用内保温时,要确保内表面有足够的硬度。在槽内中间高度加装折流板,可改善传热效果。蓄冰槽的进出口要设集管或分配器,使流体能均匀流通。

3.3.15 采用冰片滑落式蓄冰装置时,由于冰片是靠自重落入蓄冷槽内的,冰片堆积形成冰锥形,建议其静角在 20°~40° 的范围内。蓄冷槽内的起止水位对槽内冰的分布也有影响,需选择合适的起止水位,过高的水位能使冰浮起,在蓄冷槽底部形成空白区,而过低的水位会增加冰锥的静止角。可以增加槽体高度、采用多个落冰口、降低初次充水水位或采用机械手段,以减少蓄冰槽内空穴的形成。当槽体采用内保温时,要确保内表面有足够的硬度。根据蓄冷—释冷周期,合理设置制冰与融霜周期,使融霜能够及时剥落,并保证效率。

3.3.16 保冷设计要保证冷量损失最大不超过每日蓄冷量的 5%。蓄冷槽的冷量损失取决于表面积、槽壁导热系数、槽周围物质温度和槽体内蓄冷介质温度。保冷需采用闭孔型材料。设置在室外的蓄冷槽要在外表面做防水处理。暴露于阳光下的蓄冷槽,表面需为浅色或反射面,以减少辐射得热。

在进行保冷设计时要考虑蓄冷槽底部、槽壁的绝热。对于水蓄冷槽如果由底部传入的热量大于从侧壁导入的热量,则可能形成水温分布的逆转从而诱发对流,破坏分层效果,因此要特别注意。

3.3.17 蓄冷槽一般用钢板、混凝土、玻璃纤维或塑料制作。为确保建筑物的安全,当采用建筑物的外围护结构作蓄冷槽池壁时,需要事先与土建工程师进行商榷,对于湿陷性黄土地上的建筑物尤为重要。

3.3.18 在外融冰系统和水蓄冷系统中,采用开式系统或闭式系统需根据系统供水温度、水泵能耗等因素

确定；如果采用开式系统直接连接蓄冷槽与空调末端时，当水泵停止运转时要保证系统管路与设备不发生倒空。

3.3.19 对于以全空气为主的空调系统，推荐采用直接连接，通常采用此连接方式可降低设备的初投资和系统今后运行的费用。当空调系统最大冷负荷大于700kW时，一般要采用间接连接。

3.3.20 在蓄冷期如有空调负荷时，不能全部旁通。

3.3.22 冰蓄冷空调系统中最常用的载冷剂为乙烯乙二醇水溶液。非缓蚀性乙烯乙二醇溶液一般腐蚀性较强，因此不要采用。冰蓄冷系统经常采用的乙烯乙二醇水溶液浓度为25%～30%（质量比）。

3.3.23 不同浓度的乙烯乙二醇水溶液，其密度、黏度、比热、传热系数等特性参数也不同。对管路系统的水力计算影响较大，不可以按常规的水管路进行水力计算。对制冷机的制冷量和板式换热器的传热系数也有影响。一般双工况主机制冷量下降约2%，板式换热器传热系数下降约10%，所以在满足蓄冰温度的前提下，要尽可能降低溶液的浓度。

载冷剂系统管道阻力和流量的水力计算，也可以按常规系统的计算方法进行，但其流量和管道阻力要按表4提供的系数进行修正。

表4 乙烯乙二醇水溶液管道的流量和阻力修正系数

重量百分比浓度（%）	相变温度（℃）	流量修正系数	管道阻力修正系数	
			5℃	-5℃
25	-10.7	1.08	1.22	1.36
30	-14.1	1.1	1.257	1.386

3.3.27 蓄冷空调系统在不同的运行模式和运行工况下，其载冷剂管路系统可能需要不同的流量和扬程，此时需采取变频、双级泵或其他措施，使循环泵的参数与不同工况对应的环路阻力损失和流量相适应。

3.4 末端空调系统

3.4.1 蓄冷空调系统采用低温送风有利于节省风机和水泵的输送能耗，但是低温送风后，会造成室内相对湿度偏低，因此对于有特殊要求的工艺性空调不建议使用低温送风系统。

3.4.2 为了减少水泵和风机的输送能耗，因此设定这几个系统温度。

3.4.3 低温送风系统采用的风机盘管，进水温度和出风温度偏低。因此，其设计指标不同于普通风机盘管。其表冷盘管迎风面风速一般采用1.5～2.3m/s的处理风速，低于普通用风机盘管。另外，其凝露条件更为恶劣。因此，低温送风系统推荐选用专门为低温送风设计的低温送风风机盘管，并满足《风机盘管机组》GB/T 19232在相应低温工况下的性能要求。

3.4.5 风道中的送风温度更低，风管及其配件的保

温要求相应要提高。

3.4.6 风管漏风会造成大量的能量损失，而且在泄漏点会造成凝露。

3.4.7 当房间内初始温、湿度较高时，较低的送风温度可能导致风口等部位发生结露，因此需要采取措施加以避免。可以通过逐渐调节末端空气处理设备的旁通水量或风量的方法。

3.4.8 普通风口会造成吹风感，而且送风温度偏低也易在风口造成凝露和吹雾现象，所以应该采用相应的技术措施避免这一问题发生，例如采用高扩散诱导风口。但无论采用任何技术措施，其根本目的是防止凝露的发生。

3.5 系统监测与控制

3.5.1 监测及自动控制系统需要根据蓄冷—释冷周期内系统状态、负荷状况和时段切换运行模式，采取相应的控制策略。

3.5.2 对于水蓄冷系统，一般在蓄冷水槽内垂直方向设置温度传感器，检测垂直方向的水温分布，并由此得到蓄冷量，传感器间距建议不小于200mm。

对于盘管式蓄冰装置，一般设置水位传感器、冰量传感器或冰层厚度传感器，当蓄冰槽内配置有空气泵时，要考虑其对水位传感器的影响。

对于封装式蓄冰设备一般根据蓄冰槽是开式或闭式、封装冰容器是硬质或软质、有无波纹等情况，分别采用监测静压水位，监测膨胀蓄液槽的水位，或监测蓄冰槽的流量与温度的方法，对蓄冰量进行监测。

3.5.3 一般在电力低谷时段且无空调负荷，或设有基载制冷机承担非峰负荷的情况下，切换到"制冷机蓄冷"模式。蓄冷结束的控制由蓄冷装置的特性确定。在过渡季空调负荷较小，只需要部分的蓄冷量时，可以采取限定制冷机制冷量，或调整台数的方法蓄冷。

3.5.4 一般在电力非峰时段有空调负荷，且无基载制冷机的情况下，切换到"制冷机蓄冷同时供冷"模式。一般通过控制换热器的旁通流量控制空调供水温度，蓄冷控制方法与第3.5.3条类似。

3.5.5 一般在基载制冷机供冷，或电力平段，或蓄冷装置检修时，启动"制冷机组单独供冷"模式。

3.5.6 运行策略为全负荷蓄冷的电力高峰时段，启动"蓄冷装置单独供冷"模式。

3.5.7 运行策略为部分负荷蓄冷的电力高峰时段，启动"制冷机与蓄冷装置联合供冷"模式。

制冷机优先的控制策略和控制方法简单，但建议采取有效方法充分地利用蓄冷装置的蓄冷量，如在负荷预测的基础上限定制冷机的制冷量。

采用蓄冷装置优先的控制策略时，要防止蓄冷量过早地释放，以致空调负荷高峰时供水温度失控和供冷量失控，因此需要采取在负荷预测基础上限定制冷

机制冷量的优化控制方法。

比例控制方法是根据对系统的负荷预测和实际监测到的蓄冷装置的剩余冷量和融冰率，控制制冷机或蓄冷装置的限定值，调整制冷机与蓄冷装置的投入比例，特别是大温差低温供水蓄冷系统比例的分配尤为重要。

4 施工安装

4.2 设备安装

4.2.2 设备开箱验收主要包括：设备型号及参数是否与设计相符、机组外观是否完好、机组有无漏油情况、机组锈蚀情况等。

基础验收要求：基础定位位置、外形尺寸、标高、预留孔洞尺寸及深度需满足设计及厂家技术文件要求，同时要求基础面坡度不大于 0.2%，并不能有坑洼等情况。基础干燥程度达到 75% 以上，方可进行机组的就位安装。

蓄冷设备的检验项目主要包括：

1 外观应无磕碰、变形等缺陷；

2 各管路接口无变形，封堵严密；

3 随机配件无缺失；

4 设备气压试验按照现行国家标准《钢制压力容器》GB 150进行。

4.2.3 蓄冷装置的水压试验和气密性试验要符合现行国家标准《制冷设备、空气分离设备安装工程施工及验收规范》GB 50274 的相关要求。

4.2.4 蓄冰槽顶部的检修口可根据不同蓄冰装置的安装要求，预留不同形式的检修口。排水泵可以固定安装在集水坑内，排水管从蓄冰槽上引出至排放位置；排水泵也可以在其应用时将其放入蓄冰槽的集水坑内，用排水软管将水引至最近的排水位置。采用后者时，要在集水坑对应的蓄冰槽顶部预留检修口。

4.3 控制系统的安装

4.3.1 根据现行建设部编制的《建筑工程设计文件编制深度规定》（2003 年 6 月实施）要求，承担控制系统安装的承包方，需要提供控制系统的深化设计图纸，设计单位负责审查与此相关的深化设计图。控制系统的安装还要满足现行控制系统主要技术标准与规范。

4.3.2 对于双工况制冷机的控制以及运行参数的监测通常有以下两种连接方式：

1 直接通过机组上控制柜预留的远程接点（启停、状态、故障、温度等），单点连接到现场控制器上。

2 通过各制冷机生产厂商提供的通信接口直接连接到管理计算机，监测制冷机各工况下的运行参数。但必须符合自控系统的通讯标准和协议，能够作为系统数据点统一监控编程。

5 调试、检测及验收

5.1 一般规定

5.1.2 系统调试需要有足够的负荷以消耗调试过程的制冷量，保证调试的正常进行，建议调试不要安排在冬季进行。如果冬季进行调试，要有可靠的防冻措施和足够的冷负荷消耗。

5.1.3 系统调试由施工单位负责进行，监理单位组织各相关专业进行并做好记录，建设单位负责验收。

5.2 设备调试

5.2.1 制冷机的调试一般以设备生产厂家技术人员为主，建设单位、监理单位、设计单位及施工单位共同参与，做好调试记录并进行最终验收。蓄冰装置是冰蓄冷系统中的主要设备，调试的重点是保证蓄冰装置的制冰及融冰能力满足设计要求。

5.2.2 第 5 款是为了避免槽内水的温度骤变引起槽体开裂产生渗漏水。

5.3 控制系统的调试

5.3.1 主控设备要设置在防静电的场所内，现场控制设备和线路敷设要避开电磁干扰源，与干扰源线路垂直交叉或采取防干扰措施。环境湿度：10%～85%（相对湿度），并无结露现象；环境温度：0～40℃。

控制系统的调试一般在水系统和风系统静态调试后进行。

5.3.2 系统设备的单体调试包括以下内容：

1 控制器单体设备点对点测试；

2 数字量输入测试；

3 数字量输出测试；

4 模拟量输入测试；

5 模拟量输出测试；

6 控制器功能测试。

5.4 系统调试和验收

5.4.1 乙烯乙二醇水溶液建议采用蒸馏水兑制，现场不具备条件的要满足本条规定的水质要求。乙烯乙二醇水溶液兑制一般在乙烯乙二醇补水箱中进行，采用比重计进行相对密度检测。载冷剂的性能参数是保证冰蓄冷系统正常运行的重要环节，要严格地按照设计文件及厂家技术文件的要求进行载冷剂的配制及充注。盘管式蓄冰槽中的水需采用洁净自来水，并要求不做或尽量少做水处理，以保证水具有一定的抗腐蚀性和氧化性。不建议使用化学物质处理蓄冰槽中的水，否则会改变水的冰点温度，影响系统的蓄冰效果。蓄冰槽中的水要求保证水的正常冰点温度，以洁净的自来水为宜。如蓄冰槽中杂质较多，在水充灌前需进行冲洗，以保证水的洁净度。如蓄冰槽长时间不运行，要定期检查水质、水量，根据需要对蓄冰槽进行加水或放水，如有必要，更换蓄冰槽内的水，防止水变质或氧化。

5.4.2 采用乙烯乙二醇补水泵进行乙烯乙二醇水溶液的充注，要使系统充满并达到设计工作压力。载冷剂的充灌前管路系统需进行多次清洗，并检查过滤器

无脏物为止。

6 蓄冷空调系统的运行管理

6.0.5 当需要开启蓄冷空调系统中的蓄冷制冷机或基载制冷机供冷时，因基载制冷机较蓄冷制冷机在相同供冷量时的制冷性能系数（COP）高，所以在需要制冷机供冷时要尽可能先开启基载制冷机，而尽量少开启蓄冷制冷机进行供冷。

中华人民共和国行业标准

供热计量技术规程

Technical specification for heat metering of
district heating system

JGJ 173—2009

批准部门：中华人民共和国住房和城乡建设部
施行日期：２００９年７月１日

中华人民共和国住房和城乡建设部
公　　告

第 237 号

关于发布行业标准
《供热计量技术规程》的公告

现批准《供热计量技术规程》为行业标准，编号为 JGJ 173 - 2009，自 2009 年 7 月 1 日起实施。其中，第 3.0.1、3.0.2、4.2.1、5.2.1、7.2.1 条为强制性条文，必须严格执行。

本规程由我部标准定额研究所组织中国建筑工业出版社出版发行。

中华人民共和国住房和城乡建设部

2009 年 3 月 15 日

前　　言

根据原建设部《关于印发〈二〇〇四年度工程建设城建、建工行业标准制订、修订计划〉的通知》（建标〔2004〕66 号）的要求，由中国建筑科学研究院为主编单位，会同有关单位共同编制本规程。

编制组经广泛调查研究，认真总结实践经验，参考国内外相关先进标准，在广泛征求意见的基础上，制定了本规程。

本规程共分 7 章，主要技术内容是：总则、术语、基本规定、热源和热力站热计量、楼栋热计量、分户热计量及室内供暖系统等。

本规程中以黑体字标志的条文为强制性条文，必须严格执行。

本规程由住房和城乡建设部负责管理和对强制性条文的解释，由中国建筑科学研究院负责具体技术内容的解释。

本规程在执行过程中，请各单位注意总结经验，积累资料，随时将有关意见和建议反馈给中国建筑科学研究院（地址：北京市北三环东路 30 号，邮政编码：100013），以供今后修订时参考。

本规程主编单位：中国建筑科学研究院

本规程参编单位：北京市建筑设计研究院
　　　　　　　　清华大学
　　　　　　　　哈尔滨工业大学
　　　　　　　　山东省建筑设计研究院
　　　　　　　　贵州省建筑设计研究院
　　　　　　　　中国建筑西北设计研究院
　　　　　　　　天津市建筑设计院
　　　　　　　　北京市热力集团有限责任公司
　　　　　　　　北京市计量检测科学研究院
　　　　　　　　北京华仪乐业节能服务有限公司
　　　　　　　　欧文托普阀门系统（北京）有限公司
　　　　　　　　北京金房暖通节能技术有限公司
　　　　　　　　丹佛斯（上海）自动控制有限公司
　　　　　　　　德国费特拉公司北京代表处
　　　　　　　　埃迈贸易（上海）有限公司
　　　　　　　　北京众力德邦智能机电科技有限公司
　　　　　　　　丹麦贝娜塔公司天津代表处
　　　　　　　　兰吉尔仪表系统（珠海）有限公司
　　　　　　　　伦敦弋阳联合有限公司
　　　　　　　　德国泰西姆能源服务（大连）有限公司

本规程主要起草人员：徐　伟　邹　瑜　黄　维
　　　　　　　　　　曹　越　狄洪发　方修睦
　　　　　　　　　　于晓明　孙延勋　宋　波
　　　　　　　　　　陆耀庆　伍小亭　董重成
　　　　　　　　　　俞英鹤　陈　明　张立谦
　　　　　　　　　　马学东　丁　琦　李晓鹏
　　　　　　　　　　王兆立　冯铁栓　俞　光
　　　　　　　　　　瓢　林　段晓军　李宝军
　　　　　　　　　　周品偌　李迎建

本规程主要审查人员：吴德绳　许文发　郎四维
　　　　　　　　　　陈贻谅　温　丽　金丽娜
　　　　　　　　　　刘伟亮　李德英　高明亮

目 次

1 总则 ·············· 25—5

2 术语 ·············· 25—5

3 基本规定 ·············· 25—5

4 热源和热力站热计量 ·············· 25—6

   4.1 计量方法 ·············· 25—6

   4.2 调节与控制 ·············· 25—6

5 楼栋热计量 ·············· 25—6

   5.1 计量方法 ·············· 25—6

   5.2 调节与控制 ·············· 25—6

6 分户热计量 ·············· 25—6

6.1 一般规定 ·············· 25—6

6.2 散热器热分配计法 ·············· 25—6

6.3 户用热量表法 ·············· 25—7

7 室内供暖系统 ·············· 25—7

   7.1 系统配置 ·············· 25—7

   7.2 系统调控 ·············· 25—7

本规程用词说明 ·············· 25—7

引用标准名录 ·············· 25—7

附：条文说明 ·············· 25—8

Contents

1　General Provisions ···················· 25—5

2　Terms ································ 25—5

3　Basic Requirements ················· 25—5

4　Heat Metering for the Heat
　　Source and Heat Exchange
　　Substation ························· 25—6
　　4.1　Metering Mode ················ 25—6
　　4.2　Regulating and Controlling ········ 25—6

5　Heat Metering for the
　　Buildings ·························· 25—6
　　5.1　Metering Mode ················ 25—6
　　5.2　Regulating and Controlling ········ 25—6

6　Heat Metering in Consumers ········ 25—6

6.1　General Requirements ················ 25—6

6.2　Heat Allocation by Radiator
　　　Allocators ························ 25—6

6.3　Heat Metering by Household
　　　Heat Meters ····················· 25—7

7　Indoor Heating System ············ 25—7
　　7.1　System Configuring ·············· 25—7
　　7.2　Regulating and Controlling ········ 25—7

Explanation of Wording in This
　　Specification ······················ 25—7

Normative Standards ················· 25—7

Explanation of Provisions ·············· 25—8

1 总　则

1.0.1 为了对集中供热系统热计量及其相应调控技术的应用加以规范，做到技术先进、经济合理、安全适用和保证工程质量，制定本规程。

1.0.2 本规程适用于民用建筑集中供热计量系统的设计、施工、验收和节能改造。

1.0.3 各地应根据气候条件、经济发展、技术水平和工作基础等情况统筹考虑、科学论证，确定本地区的技术措施。

1.0.4 集中供热计量系统的设计、施工和验收，除应符合本规程外，尚应符合国家现行有关标准的规定。

2 术　语

2.0.1 热计量　heat metering

对集中供热系统的热源供热量、热用户的用热量进行的计量。

2.0.2 集中供热计量系统　heat metering and controlling system for central heating system

集中供热系统的热量计量仪表及其相应的调节控制系统。

2.0.3 热量结算点　heat settlement site

供热方和用热方之间通过热量表计量的热量值直接进行贸易结算的位置。

2.0.4 热量计量装置　heat metering device

热量表以及对热量表的计量值进行分摊的、用以计量用户消费热量的仪表。

2.0.5 热量测量装置　heat testing device

一般由流量传感器、计算器和配对温度传感器等部件组成，用于计量热源、热力站以及建筑物的供热量或用热量的仪表。

2.0.6 分户热计量　heat metering in consumers

以住宅的户(套)为单位，以热量直接计量或热量分摊计量方式计量每户的供热量。热量直接计量方式是采用用户用热量表直接结算的方法，对各独立核算用户计量热量。热量分摊计量方式是在楼栋热力入口处(或热力站)安装热量表计量总热量，再通过设置在住宅户内的测量记录装置，确定每个独立核算用户的用热量占总热量的比例，进而计算出用户的分摊热量，实现分户热计量。用户热分摊方法主要有散热器热分配法、流量温度法、通断时间面积法和户用热量表法。

2.0.7 室温调控　indoor temperature controlling

通过设在供暖系统末端的调节装置，实现对室温的自动调节控制。

2.0.8 静态水力平衡阀　static hydraulic balancing valve

具有良好流量调节特性、开度显示和开度限定功能，可以在现场通过和阀体连接的专用仪表测量流经阀门流量的手动调节阀门，简称水力平衡阀或平衡阀。

2.0.9 自力式压差控制阀　self-operate differential pressure control valve

通过自力式动作，无需外界动力驱动，在某个压差范围内自动控制压差保持恒定的调节阀。

2.0.10 自力式流量控制阀　self-operate flow limiter

通过自力式动作，无需外界动力驱动，在某个压差范围内自动控制流量保持恒定的调节阀。又叫流量限制阀（flow limiter）。

2.0.11 户间传热　heat transfer between apartments

同一栋建筑内相邻的不同供暖住户之间，因室温差异而引起的热量传递现象。

2.0.12 供热量自动控制装置　automatic control device of heating load

安装在热源或热力站位置，能够根据室外气候的变化，结合供热参数的反馈，通过相关设备的执行动作，实现对供热量自动调节控制的装置。

3 基本规定

3.0.1 集中供热的新建建筑和既有建筑的节能改造必须安装热量计量装置。

3.0.2 集中供热系统的热量结算点必须安装热量表。

3.0.3 设在热量结算点的热量表应按《中华人民共和国计量法》的规定检定。

3.0.4 既有民用建筑供热系统的热计量及节能技术改造应保证室内热舒适要求。

3.0.5 既有集中供热系统的节能改造应优先实行室外管网的水力平衡、热源的气候补偿和优化运行等系统节能技术，并通过热量表对节能改造效果加以考核和跟踪。

3.0.6 热量表的设计、安装及调试应符合以下要求：

1 热量表应根据公称流量选型，并校核在设计流量下的压降。公称流量可按照设计流量的80%确定。

2 热量表的流量传感器的安装位置应符合仪表安装要求，且宜安装在回水管上。

3 热量表安装位置应保证仪表正常工作要求，不应安装在有碍检修、易受机械损伤、有腐蚀和振动的位置。仪表安装前应将管道内部清扫干净。

4 热量表数据储存宜能够满足当地供暖季供暖天数的日供热量的储存要求，且宜具备功能扩展的能力及数据远传功能。

5 热量表调试时，应设置存储参数和周期，内部时钟应校准一致。

3.0.7 散热器恒温控制阀、静态水力平衡阀、自力式流量控制阀、自力式压差控制阀和自力式温度调节阀等应具备产品合格证、使用说明书和技术监督部门出具的性能检测报告；其调节特性等指标应符合产品标准的要求。

3.0.8 管网循环水应根据热量测量装置和散热器恒温控制阀的要求，采用相应的水处理方式，在非供暖期间，应对集中供热系统进行满水保养。

4 热源和热力站热计量

4.1 计量方法

4.1.1 热源和热力站的供热量应采用热量测量装置加以计量监测。

4.1.2 水—水热力站的热量测量装置的流量传感器应安装在一次管网的回水管上。

4.1.3 热量测量装置应采用不间断电源供电。

4.1.4 热源或热力站的燃料消耗量、补水量、耗电量均应计量。循环水泵耗电量宜单独计量。

4.2 调节与控制

4.2.1 热源或热力站必须安装供热量自动控制装置。

4.2.2 供热量自动控制装置的室外温度传感器应放置于通风、遮阳、不受热源干扰的位置。

4.2.3 变水量系统的一、二次循环水泵，应采用调速水泵。调速水泵的性能曲线宜为陡降型。循环水泵调速控制方式宜根据系统的规模和特性确定。

4.2.4 对用热规律不同的热用户，在供热系统中宜实行分时分区调节控制。

4.2.5 新建热力站宜采用小型的热力站或者混水站。

4.2.6 地面辐射供暖系统宜在热力入口设置混水站或组装式热交换机组。

4.2.7 热力站宜采用分级水泵调控技术。

5 楼栋热计量

5.1 计量方法

5.1.1 居住建筑应以楼栋为对象设置热量表。对建筑类型相同、建设年代相近、围护结构做法相同、用户热分摊方式一致的若干栋建筑，也可确定一个共用的位置设置热量表。

5.1.2 公共建筑应在热力入口或热力站设置热量表，并以此作为热量结算点。

5.1.3 新建建筑的热量表应设置在专用表计小室中；既有建筑的热量表计算器宜就近安装在建筑物内。

5.1.4 专用表计小室的设置，应符合下列要求：

　　1 有地下室的建筑，宜设置在地下室的专用空间内，空间净高不应低于 2.0m，前操作面净距离不应小于 0.8m。

　　2 无地下室的建筑，宜于楼梯间下部设置小室，操作面净高不应低于 1.4m，前操作面净距离不应小于 1.0m。

5.1.5 楼栋热计量的热量表宜选用超声波或电磁式热量表。

5.2 调节与控制

5.2.1 集中供热工程设计必须进行水力平衡计算，工程竣工验收必须进行水力平衡检测。

5.2.2 集中供热系统中，建筑物热力入口应安装静态水力平衡阀，并应对系统进行水力平衡调试。

5.2.3 当室内供暖系统为变流量系统时，不应设自力式流量控制阀，是否设置自力式压差控制阀应通过计算热力入口的压差变化幅度确定。

5.2.4 静态水力平衡阀或自力式控制阀的规格应按热媒设计流量、工作压力及阀门允许压降等参数经计算确定；其安装位置应保证阀门前后有足够的直管段，没有特别说明的情况下，阀门前直管段长度不应小于 5 倍管径，阀门后直管段长度不应小于 2 倍管径。

5.2.5 供热系统进行热计量改造时，应对系统的水力工况进行校核。当热力入口资用压差不能满足既有供暖系统要求时，应采取提高管网循环泵扬程或增设局部加压泵等补偿措施，以满足室内系统资用压差的需要。

6 分户热计量

6.1 一般规定

6.1.1 在楼栋或者热力站安装热量表作为热量结算点时，分户热计量应采取用户热分摊的方法确定；在每户安装户用热量表作为热量结算点时，可直接进行分户热计量。

6.1.2 应根据建筑类别、室内供暖系统形式、经济发展水平，结合当地实践经验及供热管理方式，合理地选择计量方法，实施分户热计量。分户热计量可采用楼栋计量用户热分摊的方法，对按户分环的室内供暖系统也可采用户用热量表直接计量的方法。

6.1.3 同一个热量结算点计量范围内，用户热分摊方式应统一，仪表的种类和型号应一致。

6.2 散热器热分配计法

6.2.1 散热器热分配计法可用于采暖散热器供暖系统。

6.2.2 散热器热分配计的质量和使用方法应符合国家相关产品标准要求，选用的热分配计应与用户的散热器相匹配，其修正系数应在实验室测算得出。

6.2.3 散热器热分配计水平安装位置应选在散热器水平方向的中心，或最接近中心的位置；其安装高度应根据散热器的种类形式，按照产品标准要求确定。

6.2.4 散热器热分配计法宜选用双传感器电子式热

分配计。当散热器平均热媒设计温度低于 55℃时，不应采用蒸发式热分配计或单传感器电子式热分配计。

6.2.5 散热器热分配计法的操作应由专业公司统一管理和服务，用户热计量计算过程中的各项参数应有据可查，计算方法应清楚明了。

6.2.6 入户安装或更换散热器热分配计及读取数据时，服务人员应尽量减少对用户的干扰，对可能出现的无法入户读表或者用户恶意破坏热分配计的情况，应提前准备应对措施并告知用户。

6.3 户用热量表法

6.3.1 户用热量表法可用于共用立管的分户独立室内供暖系统和地面辐射供暖系统。

6.3.2 户用热量表应符合《热量表》CJ 128 的规定，户用热量表宜采用电池供电方式。

6.3.3 户内系统入口装置应由供水管调节阀、置于户用热量表前的过滤器、户用热量表及回水截止阀组成。

6.3.4 安装户用热量表时，应保证户用热量表前后有足够的直管段，没有特别说明的情况下，户用热量表前直管段长度不应小于 5 倍管径，户用热量表后直管段长度不应小于 2 倍管径。

6.3.5 户用热量表法应考虑仪表堵塞或损坏的问题，并提前制定处理方案。

7 室内供暖系统

7.1 系 统 配 置

7.1.1 新建居住建筑的室内供暖系统宜采用垂直双管系统、共用立管的分户独立循环系统，也可采用垂直单管跨越式系统。

7.1.2 既有居住建筑的室内垂直单管顺流式系统应改成垂直双管系统或垂直单管跨越式系统，不宜改造为分户独立循环系统。

7.1.3 新建公共建筑的室内散热器供暖系统可采用垂直双管或单管跨越式系统；既有公共建筑的室内垂直单管顺流式散热器系统应改成垂直单管跨越式系统或垂直双管系统。

7.1.4 垂直单管跨越式系统的垂直层数不宜超过 6 层。

7.1.5 新建建筑散热器选型时，应考虑户间传热对供暖负荷的影响，计算负荷可附加不超过 50%的系数，其建筑供暖总负荷不应附加。

7.1.6 新建建筑户间楼板和隔墙，不应为减少户间传热而作保温处理。

7.2 系 统 调 控

7.2.1 新建和改扩建的居住建筑或以散热器为主的

公共建筑的室内供暖系统应安装自动温度控制阀进行室温调控。

7.2.2 散热器恒温控制阀的选用和设置应符合下列要求：

　　1 当室内供暖系统为垂直或水平双管系统时，应在每组散热器的供水支管上安装恒温控制阀。

　　2 垂直双管系统宜采用有预设阻力功能的恒温控制阀。

　　3 恒温控制阀应具备产品合格证、使用说明书和质量检测部门出具的性能检测报告；其调节特性等指标应符合产品标准《散热器恒温控制阀》JG/T 195 的要求。

　　4 恒温控制阀应具有带水带压清堵或更换阀芯的功能，施工运行人员应掌握专用工具和方法并及时清堵。

　　5 恒温控制阀的阀头和温包不得被破坏或遮挡，应能够正常感应室温并便于调节。温包内置式恒温控制阀应水平安装，暗装散热器应匹配温包外置式恒温控制阀。

　　6 工程竣工之前，恒温控制阀应按照设计要求完成阻力预设定和温度限定工作。

7.2.3 散热器系统不宜安装散热器罩，一定要安装散热器罩时应采用温包外置式散热器恒温控制阀。

7.2.4 设有恒温控制阀的散热器系统，选用铸铁散热器时，应选用内腔无砂的合格产品。

本规程用词说明

　　1 为便于在执行本规程条文时区别对待，对要求严格程度不同的用词说明如下：

　　　　1）表示很严格，非这样做不可的用词：
　　　　　　正面词采用"必须"，反面词采用"严禁"；

　　　　2）表示严格，在正常情况下均应这样做的用词：
　　　　　　正面词采用"应"，反面词采用"不应"或"不得"；

　　　　3）表示允许稍有选择，在条件许可时首先应这样做的用词：
　　　　　　正面词采用"宜"，反面词采用"不宜"；
　　　　　　表示有选择，在一定条件下可以这样做的，采用"可"。

　　2 条文中指明应按其他有关标准执行的写法为："应符合……的规定"或"应按……执行"。

引用标准名录

　　1 《散热器恒温控制阀》JG/T 195；

　　2 《热量表》CJ 128。

中华人民共和国行业标准

供热计量技术规程

JGJ 173—2009

条 文 说 明

制 订 说 明

《供热计量技术规程》JGJ 173 - 2009 经住房和城乡建设部 2009 年 3 月 15 日以住房和城乡建设部第 237 号公告批准、发布。

为便于广大设计、施工、科研、学校等单位有关人员在使用本规程时能正确理解和执行条文的规定，《供热计量技术规程》编制组按章、节、条顺序编制了本规程的条文说明，供使用者参考。在使用中如发现本条文说明有不妥之处，请将意见函寄中国建筑科学研究院环境与节能研究院标准规范室（地址：北京市北三环东路 30 号；邮政编码：100013；电子信箱：kts@cabr.com.cn）。

目　次

1　总则 ……………………………… 25—11

2　术语 ……………………………… 25—11

3　基本规定 ………………………… 25—11

4　热源和热力站热计量 …………… 25—12

　4.1　计量方法 …………………… 25—12

　4.2　调节与控制 ………………… 25—12

5　楼栋热计量 ……………………… 25—13

　5.1　计量方法 …………………… 25—13

　5.2　调节与控制 ………………… 25—14

6　分户热计量 ……………………… 25—14

　6.1　一般规定 …………………… 25—14

　6.2　散热器热分配计法 ………… 25—16

7　室内供暖系统 …………………… 25—16

　7.1　系统配置 …………………… 25—16

　7.2　系统调控 …………………… 25—17

1 总　　则

1.0.1 供热计量的目的在于推进城镇供热体制改革，在保证供热质量、改革收费制度的同时，实现节能降耗。室温调控等节能控制技术是热计量的重要前提条件，也是体现热计量节能效果的基本手段。《中华人民共和国节约能源法》第三十八条规定：国家采取措施，对实行集中供热的建筑分步骤实行供热分户计量、按照用热量收费的制度。新建建筑或者对既有建筑进行节能改造，应当按照规定安装用热计量装置、室内温度调控装置和供热系统调控装置。因此，本规程以实现分户热计量为出发点，在规定热计量方式、计量器具和施工要求的同时，也规定了相应的节能控制技术。

1.0.2 本规程对于新建、改扩建的民用建筑，以及既有民用建筑的改造都适用。

1.0.3 本规程在紧紧围绕热计量和节能目标的前提下，留有较大技术空间和余地，没有强制规定热计量的方式、方法和器具，供各地根据自身具体情况自主选择。特别是分户热计量的若干方法都有各自的缺点，没有十全十美的方法，需要根据具体情况具体分析，选择比较适用的计量方法。

2 术　　语

2.0.4 热量计量装置包括用于热量结算的热量表，还有针对若干不同的用户热分摊方法所采用的仪器仪表。

2.0.5 热量测量装置包括符合《热量表》CJ 128 产品标准的热量表，也包括其他的用户自身管理使用的不作结算用的测量热量的仪表。

2.0.6 分户热计量从计量结算的角度看，分为两种方法，一种是采用楼栋热量表进行楼栋计量再按户分摊；另一种是采用户用热量表按户计量直接结算。其中，按户分摊的方法又有若干种。本术语条文列出了当前应用的四种分摊方法，排名不分先后，其工作原理分别如下：

散热器热分配计法是通过安装在每组散热器上的散热器热分配计（简称热分配计）进行用户热分摊的方式。

流量温度法是通过连续测量散热器或共用立管的分户独立系统的进出口温差，结合测算的每个立管或分户独立系统与热力入口的流量比例关系进行用户热分摊的方式。

通断时间面积法是通过控制安装在每户供暖系统入口支管上的电动通断阀门，根据阀门的接通时间与每户的建筑面积进行用户热分摊的方式。

户用热量表法是通过安装在每户的户用热量表进

行用户热分摊的方式，采用户表作为分摊依据时，楼栋或者热力站需要确定一个热量结算点，由户表分摊总热量值。该方式与户用热量表直接计量结算的做法是不同的。采用户表直接结算的方式时，结算点确定在每户供暖系统上，设在楼栋或者热力站的热量表不可再作结算之用；如果公共区域有独立供暖系统，应要考虑这部分热量由谁承担的问题。

2.0.7 室温调控包括两个调节控制功能，一是自动的室温恒温控制，二是人为主动的调节设定温度。

3 基 本 规 定

3.0.1 本条是强制性条文。根据《中华人民共和国节约能源法》的规定，新建建筑和既有建筑的节能改造应当按照规定安装用热计量装置。目前很多项目只是预留了计量表的安装位置，没有真正具备热计量的条件，所以本条文强调必须安装热量计量仪表，以推动热计量工作的实现。

3.0.2 本条是强制性条文。供热企业和终端用户间的热量结算，应以热量表作为结算依据。用于结算的热量表应符合相关国家产品标准，且计量检定证书应在检定的有效期内。

3.0.3 《中华人民共和国计量法》第九条规定：县级以上人民政府计量行政部门对社会公用计量标准器具，部门和企业、事业单位使用的最高计量标准器具，以及用于贸易结算、安全防护、医疗卫生、环境监测方面的列入强制检定目录的工作计量器具，实行强制检定。未按照规定申请检定或者检定不合格的，不得使用。实行强制检定的工作计量器具的目录和管理办法，由国务院制定。其他计量标准器具和工作计量器具，使用单位应当自行定期检定或者送其他计量检定机构检定，县级以上人民政府计量行政部门应当进行监督检查。

依据《计量法》规定，用于热量结算点的热量表应该实行首检和周期性强制检定，不设置于热量结算点的热量表和热量分摊仪表如散热器热分配计应按照产品标准，具备合格证书和型式检验证书。

3.0.4 热计量和节能改造工作应采用技术和管理手段，不能一味为了供热节能，而牺牲了室内热舒适度，甚至造成室温不达标。当然，室内温度过高是不合理的，在改造中没有必要保持原来过高的室温。

3.0.5 只有在水力平衡条件具备的前提下，气候补偿和室内温控计量才能起到节能作用，在热源处真正体现出节能效果；这些节能技术之中，水力平衡技术是其他技术的前提；同时，既有住宅的室内温控改造工作量较大，对居民的生活干扰也比较大，应在供热系统外网节能和建筑围护结构保温节能达标的前提下开展进行。

本条文提倡在改造工程中热计量先行，是为了对于改造效果加以量化考核，避免虚假宣传等行为，鼓励节能市场公平，为能源服务创造良好的市场条件。同时，在关注热量计量的同时，还应该关注热源的耗水、耗电的分项计量工作。

3.0.6 热量表的选型，不可按照管道直径直接选用，应按照流量和压降选用。理论上讲，设计流量是最大流量，在供热负荷没达到设计值时流量不应达到设计流量。因此，热量测量装置在多数工作时间里在低于设计流量的条件下工作，由此根据经验本条文建议按照80%设计流量选用热量表。目前热量表选型时，忽视热量表的流量范围、设计压力、设计温度等与设计工况相适应，不是根据仪表的流量范围来选择热量表，而是根据管径来选择热量表，从而导致热量表工作在高误差区。一般表示热量表的流量特性的指标主要有起始流量 qV_m（有的资料称为最小流量）；最小流量 qV_t，即最大误差区域向最小误差区域过渡的流量（有的资料称为分界流量）；最大流量 qV_{max}，额定流量或常用流量 qV_n。选择热流量表，应保证其流量经常工作在 qV_t 与 qV_n 之间。机械式热量表流量特性如图1所示。

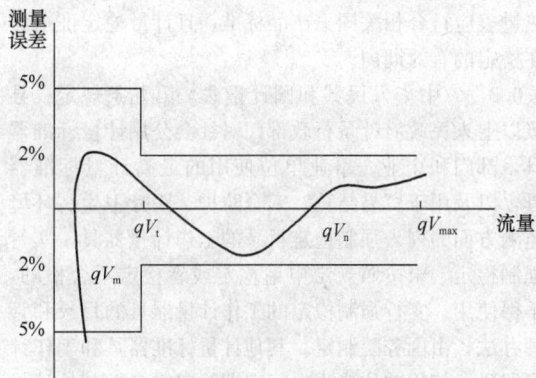

图1 机械式热量表流量特性

流量传感器安装在回水管上，有利于降低仪表所处环境温度，延长电池寿命和改善仪表使用工况。曾经一度有观点提出热量表安装在供水上能够防止用户偷水，实际上仅供水装表既不能测出偷水量，也不能挽回多少偷水损失，还令热量表的工作环境变得恶劣。

本条文规定热量表存储当地供暖季供暖天数的日供热量的要求，是为了对供暖季运行管理水平的考核和追溯。在住户和供热企业对供暖效果有争议的情况下，通过热量表可以进行追溯和判定，这种做法在北京已经有了成功的案例；通过室外实测日平均温度记录和日供热量记录的对照，可以考核供热企业的实际运行是否按照气象变化主动调节控制。本条文建议热量表具有数据远传扩展功能，也是为了监控、管理和读表方便的需要。

通常情况下，为了满足仪表测量精度的要求，需要有对直管段的要求。有些地方安装热量表虽然提供

了直管段，但是把变径段设在直管段和仪表之间，这种做法是错误的。目前有些热量表的安装不需要直管段也能保证测量精度，这种方式也是可行的，而且对于供热系统改造工程非常有用。在仪表生产厂家没有特别说明的情况下，热量表上游侧直管段长度不应小于5倍管径，下游侧直管段长度不应小于2倍管径。

在试点测试过程中出现过这种情况，由于热量表的时钟没有校准一致，致使统计处理数据时出现误差，影响了工作，因此在此作出提醒。

3.0.7 目前伪劣的恒温控制阀和平衡阀在市场上占有很高比例，很多手动阀门冒充是恒温控制阀，很多没有测压孔和测量仪表的阀门也冒充是平衡阀，这些伪劣产品既不能实现调节控制的功能，又浪费了大量能量，本条文提出的目的是要求对此加以严格管理。

3.0.8 当前集中供热水质问题比较突出，致使散热器腐蚀漏水和调控设备阻塞等问题频频出现，迫切需要制定一个合理可行的标准并加以严格贯彻，有关系统水质要求的国家标准正在制定之中。

4 热源和热力站热计量

4.1 计 量 方 法

4.1.1 热源包括热电厂、热电联产锅炉房和集中锅炉房；热力站包括换热站和混水站。在热源处计量仪表分为两类，一类为贸易结算用表，用于产热方与购热方贸易结算的热量计量，如热力站供应某个公共建筑并按表结算热费，此处必须采用热量表；另一类为企业管理用表，用于计算锅炉燃烧效率、统计输出能耗，结合楼栋计量计算管网损失等，此处的测量装置不用作热量结算，计量精度可以放宽，例如采用孔板流量计或者弯管流量计等测量流量，结合温度传感器计算热量。

4.1.2 本条文建议安装热量测量装置于一次管网的回水管上，是因为高温水温差大、流量小，管径较小，可以节省计量设备投资；考虑到回水温度较低，建议热量测量装置安装在回水管路上。如果计量结算有具体要求，应按照需要选取计量位置。

4.1.3 在热源或热力站，连接电源比较方便，建议采用有断电保护的市电供电。

4.1.4 在热源进行耗电量分项计量有助于分析能耗构成，寻找节能途径，选择和采取节能措施。

4.2 调节与控制

4.2.1 本条是强制性条文，为了有效地降低能源的浪费。过去，锅炉房操作人员凭经验"看天烧火"，但是效果并不很好。近年来的试点实践发现，供热能耗浪费并不是主要浪费在严寒期，而是在初寒、末寒期，由于没有根据气候变化调节供热量，造成能耗大

量浪费。供热量自动控制装置能够根据负荷变化自动调节供水温度和流量，实现优化运行和按需供热。

热源处应设置供热量自动控制装置，通过锅炉系统热特性识别和工况优化程序，根据当前的室外温度和前几天的运行参数等，预测该时段的最佳工况，实现对系统用户侧的运行指导和调节。

气候补偿器是供热量自动控制装置的一种，比较简单和经济，主要用在热力站。它能够根据室外气候变化自动调节供热出力，从而实现按需供热，大量节能。气候补偿器还可以根据需要设成分时控制模式，如针对办公建筑，可以设定不同时间段的不同室温需求，在上班时间设定正常供暖，在下班时间设定值班供暖。结合气候补偿器的系统调节做法比较多，也比较灵活，监测的对象除了用户侧供水温度之外，还可能包含回水温度和代表房间的室内温度，控制的对象可以是热源侧的电动调节阀，也可以是水泵的变频器。

4.2.3 水泵变频调速控制的要求是为了强调量调节的重要性，以往的供热系统多年来一直采用质调节的方式，这种调节方式不能很好地节省水泵电能，因此，量调节正日益受到重视。同时，随着散热器恒温控制阀等室内流量控制手段的应用，水泵变频调速控制成为不可或缺的控制手段。水泵变频调速控制是系统动态控制的重要环节，也是水泵节电的重要手段。

水泵变频调速技术目前普及很快，但是水泵变频调速技术并不能解决水泵设计选型不合理的问题，对水泵的设计选型不能因为有了变频调速控制而予以忽视。

调速水泵的性能曲线采用陡降型有利于调速节能。

目前，变频调速控制方式主要有以下三种：

1 控制热力站进出口压差恒定：该方式简便易行，但流量调节幅度相对较小，节能潜力有限。

2 控制管网最不利环路压差恒定：该方式流量调节幅度相对较大，节能效果明显；但需要在每个热力入口都设置压力传感器，随时检测、比较、控制，投资相对较高。

3 控制回水温度：这种方式响应较慢，滞后较长，节能效果相对较差。

4.2.4 本条文的目的是将住宅和公建等不同用热规律的建筑在管网系统分开，实现独立分时分区调节控制，以节省能量。对于系统管网能够分开的系统，可以在管网源头分开调节控制，对于无法分开的管网系统，可以在热用户热力入口通过调节阀分别调节。

4.2.5 过去由于热力站的人工值守要求和投资成本的增加限制了热力站的小型化，如今随着自动化程度的提高，热力站已经能够实现无人值守，同时，组装式热力站的普及也使得小型站的投资和占地大幅度下降，开始具备了推广普及的基础。随着建筑节能设计

指标的不断提高，特别是在居住建筑实行三步节能之后，小型站和分级泵将成为一个重要的发展方向。

本条文推荐使用小型热力站技术的原因如下：

1 热力站的供热面积越小，调控设备的节能效果就越显著。

2 采用小型热力站之后，外网采用大温差、小流量的运行模式，有利于水泵节电；这种成功的案例非常多，节电效果也明显。

3 由于温差较小、流量较大，地面辐射供暖系统的输配电耗比散热器系统高出很多，造成了节热不节电的现状；通过采用楼宇热力站，在热源侧实现大温差供热，在建筑内实现小温差供暖，就可以大幅度降低外网的输配电耗。所以在此重点强调地暖系统。其中，混水站的优势更加明显。

4 采用小型热力站技术，水力平衡比较容易，特别是具备了分级泵的条件。

4.2.6 地面辐射供暖系统供回水温差较小，循环水量相应较大，长距离输送能耗较高。推荐在热力入口设置混水站或组配式热交换机组，可以降低地面辐射供暖系统长距离输送能耗。

4.2.7 分级水泵技术是在混水站或热力站的一次管网上应用二级泵，实现"以泵代阀"，不但比较容易消除水力失调，还能够节省很多水泵电耗，也便于调节控制。调速的多级循环水泵选择陡降型水泵有利于节能。

5 楼栋热计量

5.1 计量方法

5.1.1 建筑物围护结构保温水平是决定供暖能耗的重要因素，供热系统水平和运行水平也是重要因素。当前的供热系统中，热源、管网对能耗所占的影响比重远大于室内行为作用。设在居住建筑热力入口处的楼栋热量表可以判断围护结构保温质量、判断管网损失和运行调节水平以及水力失调情况等，是判定能耗症结的重要依据。

从我国建筑的特点来看，建筑物的耗热量是楼内所有用户共同消耗的，只有将建筑物作为贸易结算的基本单位，才能够将复杂的热计量问题简单化，准确、合理地计量整栋建筑消耗的热量。在瑞典、挪威、芬兰等多数发达国家，实行的就是楼栋计量面积收费的办法。同时，楼栋计量结算还是户间分摊方法的前提条件，是供热计量收费的重要步骤，是近年来国内试点研究的重要成果和结论，符合原建设部等八部委颁布的《关于进一步推行热计量工作的指导意见》的要求。

由于入口总表为所耗热量的结算表，精度及可靠性要求高，如果在每个入口设置热量表，投资相对比

较高昂。为了降低计量投资，应在一栋楼设置一个热力入口，以每栋楼作为一个计量单元。对于建筑结构相近的小区（组团），从降低热表投资角度，可以若干栋建筑物设置一个热力入口，以一块热表进行结算。

共用热量表的做法，既是为了节省热量表投资，还有一个考虑在其中，就是在同一小区之中，同样年代、做法的建筑，由于位置不同、楼层高度不同，能耗差距也较大，例如塔楼和板楼之间的差距较大，如果按照分栋计量结算的话，还会出现热费较大差异而引起的纠纷。因此，可以将这些建筑合并结算，再来分摊热费。

5.1.2 公建的情况不尽相同，作为热量结算终端对象，有可能一个建筑物是一个对象，也有可能一个建筑群是一个结算对象，还有可能一个建筑物中有若干结算对象，因此本条文只是推荐在建筑物或建筑群的热力入口处设立结算点进行计量，具体采取什么做法应该由结算双方进行协商和比较来确定。

5.1.3 一些地下管沟中的环境非常恶劣，潮湿闷热甚至管路被污水浸泡，因此建议采取措施保护热量表。若安装环境恶劣，不符合热量表要求时，应加装保护箱，计算器的防护等级应满足安装环境要求。有些地区将热量表计算器放置在建筑物热力入口的室外地平，并外加保护箱，起到防盗、防水和防冻的作用。

5.1.5 通常的机械式热量表表阻力较大、容易阻塞，易损件较多，检定维修的工作量也较大；超声波和电磁式热量表故障较少，计量精确度高，不容易堵塞，水阻力较小。而且作为楼栋热量表不像户用热量表那样数量较多，投资大一些对总成本增加不大。

5.2 调节与控制

5.2.1 本条是强制性条文。近年来的试点验证，供热系统能耗浪费主要原因还是水力失调。水力失调造成的近端用户开窗散热、远端用户室温偏低造成投诉现象在我国依然严重。变流量、气候补偿、室温调控等供热系统节能技术的实施，也离不开水力平衡技术。水力平衡技术推广了20多年，取得了显著的效果，但还是有很多系统依然没有做到平衡，造成了供热质量差和能源的浪费。水力平衡有利于提高管网输送效率，降低系统能耗，满足住户室温要求。

5.2.2 按照产品标准术语和体系，水力调控的阀门主要有静态水力平衡阀、自力式流量控制阀和自力式压差控制阀，三种产品调控反馈的对象分别是阻力、流量和压差，而不是互相取代的关系。

静态水力平衡阀又叫水力平衡阀或平衡阀，具备开度显示、压差和流量测量、调节线性和限定开度等功能，通过操作平衡阀对系统调试，能够实现设计要求的水力平衡，当水泵处于设计流量或者变流量运行时，各个用户能够按照设计要求，基本上能够按比例地得到分配流量。

静态水力平衡阀需要系统调试，没有调试的平衡阀和普通截止阀没有差别。

静态水力平衡阀的调试是一项比较复杂，且具有一定技术含量的工作。实际上，对一个管网水力系统而言，由于工程设计和施工中存在种种不确定因素，不可能完全达到设计要求，必须通过人工的调试，辅以必要的调试设备和手段，才能达到设计的要求。很多系统存在的问题都是由于调试工作不到位甚至没有调试而造成的。通过"自动"设备可以免去调试工作的说法，实际上是一种概念的混淆和对工作的不负责任。

通过安装静态水力平衡阀解决水力失调是供热系统节能的重点工作和基础工作，平衡阀与普通调节阀相比价格提高不多，且安装平衡阀可以取代一个截止阀，整体投资增加不多。因此无论规模大小，一并要求安装使用。

5.2.3 变流量系统能够大幅度节省水泵电耗，目前应用越来越广泛。在变流量系统的末端（热力入口）采用自力式流量控制阀（定流量阀）是不妥的。当系统根据气候负荷改变循环流量时，我们要求所有末端按照设计要求分配流量，而彼此间的比例维持不变，这个要求需要通过静态水力平衡阀来实现；当用户室内恒温阀进行调节改变末端工况时，自力式流量控制阀具有定流量特性，对改变工况的用户作用相抵触；对未改变工况的用户能够起到保证流量不变的作用，但是未变工况用户的流量变化不是改变工况用户"排挤"过来的，而主要是受水泵扬程变化的影响，如果水泵扬程有控制，这个"排挤"影响是较小的，所以对于变流量系统，不应采用自力式流量控制阀。

水力平衡调节、压差控制和流量控制的目的都是为了控制室温不会过高，而且还可以调低，这些功能都由末端温控装置来实现。只要保证了恒温阀（或其他温控装置）不会产生噪声，压差波动一些也没有关系，因此应通过计算压差变化幅度选择自力式压差控制阀，计算的依据就是保证恒温阀的阀权以及在关闭过程中的压差不会产生噪声。

5.2.5 对于既有供热系统，局部进行室温调控和热计量改造工作时，由于改造增加了阻力，会造成水力失调及系统压头不足，因此需要进行水力平衡及系统压头的校核，考虑增设加压泵或者重新进行平衡调试。

6 分户热计量

6.1 一般规定

6.1.1 以楼栋或者热力站为热量结算点时，该位置的热量表是供热量的热量结算依据，而楼内住户应理解为热量分摊，当然每户应设置相应的测量装置对整栋楼的耗热量进行户间分摊。当以户用热量表直接作为结算点时，则不必再度进行分摊。

6.1.2 用户热量分摊计量的方法主要有散热器热分配计法、流量温度法、通断时间面积法和户用热量表法。该四种方法及户用热量表直接计量的方法，各有不同特点和适用性，单一方法难以适应各种情况。分户热计量方法的选择基本原则为用户能够接受且鼓励用户主动节能，以及技术可行、经济合理、维护简便等。各种方法都有其特点、适用条件和优缺点，没有一种方法完全合理、尽善尽美，在不同的地区和条件下，不同方法的适应性和接受程度也会不同，因此分户热计量方法的选择，应从多方面综合考虑确定。

分户热计量方法中散热器热分配计法及户用热量表法，在国内外应用时间较长，应用面积较多，相关的产品标准已出台，人们对其方法的优缺点认识也较清。其他两种方法在国内都有项目应用，也经过了原建设部组织的技术鉴定，相关的产品标准尚未出台，有待于进一步扩大应用规模，总结经验。需要指出的是，每种方法都有其特点，有自己的适用范围和应用条件，工程应用中要因地制宜、综合考虑。四种分摊方法中有些需要专业公司统一管理和服务，这一点应在推广使用之中加以注意。

近几年供热计量技术发展很快，随着技术进步和热计量工程的推广，除了本文提及的方法，还有新的热计量分摊方法正在实验和试点，国家和行业也非常鼓励这些技术创新，各种方法都需要工程实践的检验，加以补充和完善。

以下对各种方法逐一阐述。

1 散热器热分配计法

散热器热分配计法是利用散热器热分配计所测量的每组散热器的散热量比例关系，来对建筑的总供热量进行分摊的。其具体做法是，在每组散热器上安装一个散热器热分配计，通过读取热分配计的读数，得出各组散热器的散热量比例关系，对总热量表的读数进行分摊计算，得出每个住户的供热量。

该方法安装简单，有蒸发式、电子式及电子远传式三种，在德国和丹麦大量应用。

散热器热分配计法适用于新建和改造的散热器供暖系统，特别是对于既有供暖系统的热计量改造比较方便、灵活性强，不必将原有垂直系统改成按户分环的水平系统。该方法不适用于地面辐射供暖系统。

采用该方法的前提是热分配计和散热器需要在实验室进行匹配试验，得出散热量的对应数据才可应用，而我国散热器型号种类繁多，试验检测工作量较大；居民用户还可能私自更换散热器，给分配计的检定工作带来了不利因素。该方法的另一个缺点是需要入户安装和每年抄表换表（电子远传式分配计无需入户读表，但是投资较大）；用户是否容易作弊的问题，例如遮挡散热器是否能够有效作弊，目前还存在着争议和怀疑，老旧建筑小区的居民很多安装了散热器罩，也会影响分配计的安装、读表和计量效果。

2 户用热量表法

热量表的主要类型有机械式热量表、电磁式热量表、超声波式热量表。机械式热量表的初投资相对较低，但流量测量精度相对不高，表阻力较大、容易阻塞，易损件较多，因此对水质有一定要求。电磁式热量表、超声波式热量表的初投资相对机械式热量表要高很多，但流量测量精度高、压损小、不易堵塞，使用寿命长。

户用热量表法适用于按户分环的室内供暖系统。该方法计量的是系统供热量，比较直观，容易理解。使用时应考虑仪表堵塞或损坏的问题，并提前制定处理方案，做到及时修理或者更换仪表，并处理缺失数据。

无论是采用户用热量表直接计量结算还是再行分摊总热量，户表的投资高或者故障率高都是主要的问题。户用热表的故障主要有两个方面，一是由于水质处理不好容易堵塞，二是仪表运动部件难以满足供热系统水温高、工作时间长的使用环境，目前在工程实践中，户用热量表的故障率较高，这是近年来推行热计量的一个重要棘手问题。同时，采用户用热量表需要室内系统为按户分环独立系统，目前普遍采用的是化学管材埋地布管的做法，化学管材漏水事故时有发生，而且为了将化学管材埋在地下，需要大量混凝土材料，增加了投资、减少了层高、增加了建筑承重负荷，综合成本比较高。

3 流量温度法

流量温度法是利用每个立管或分户独立系统与热力入口流量之比相对不变的原理，结合现场测出的流量比例和各分支三通前后温差，分摊建筑的总供热量。流量比例是每个立管或分户独立系统占热力入口流量的比例。

该方法非常适合既有建筑垂直单管顺流式系统的热计量改造，还可用于共用立管的按户分环供暖系统，也适用于新建建筑散热器供暖系统。

采用流量温度法时，应注意以下问题：

1) 采用的设备和部件的产品质量和使用方法应符合其产品标准要求。

2) 测量入水温度的传感器应安装在散热器或分户独立系统的分流三通的入水端，距供水立管距离宜大于200mm；测量回水温度的传感器应安装在合流三通的出水端，距合流三通距离宜大于100mm，同时距回水立管的距离宜大于200mm。

3) 测温仪表、计算处理设备和热量结算点的热量表之间，应实现数据的网络通信传输。

4）流量温度分摊法的系统供货、安装、调试和后期服务应由专业公司统一实施，用户热计量计算过程中的各项参数应有据可查、计算方法应清楚明了。

该方法计量的是系统供热量，比较容易为业内人士接受，计量系统安装的同时可以实现室内系统水力平衡的初调节及室温调控功能。缺点是前期计量准备工作量较大。

4 通断时间面积法

通断时间面积法是以每户的供暖系统通水时间为依据，分摊建筑的总供热量。其具体做法是，对于接户分环的水平式供暖系统，在各户的分支支路上安装室温通断控制阀，对该用户的循环水进行通断控制来实现该户的室温调节。同时在各户的代表房间里放置室温控制器，用于测量室内温度和供用户设定温度，并将这两个温度值传输给室温通断控制阀。室温通断控制阀根据实测室温与设定值之差，确定在一个控制周期内通断阀的开停比，并按照这一开停比控制通断调节阀的通断，以此调节送入室内热量，同时记录和统计各个通断控制阀的接通时间，按照各户的累计接通时间结合供暖面积分摊整栋建筑的热量。

该方法应用的前提是住宅每户须为一个独立的水平串联系统，设备选型和设计负荷要良好匹配，不能改变散热末端设备容量，户与户之间不能出现明显水力失调，户内散热末端不能分室或分区控温，以免改变户内环路的阻力。该方法能够分摊热量、分户控温，但是不能实现分室的温控。

采用通断时间面积法时，应注意以下问题：

1）采用的温度控制器和通断执行器等产品的质量和使用方法应符合国家相关产品标准的要求。

2）通断执行器应安装在每户的入户管道上，温度控制器宜放置在住户房间内不受日照和其他热源影响的位置。

3）通断执行器和中央处理器之间应实现网络连接控制。

4）通断时间面积法的系统供货、安装、调试和后期服务应由专业公司统一实施，用户热计量计算过程中的各项参数应有据可查、计算方法应清楚明了。

5）通断时间面积法在操作实施前，应进行户间的水力平衡调节，消除系统的垂直失调和水平失调；在实施过程中，用户的散热器不可自行改动更换。

通断时间面积法应用较直观，可同时实现室温控制功能，适用按分环、室内阻力不变的供暖系统。

通断法的不足在于，首先它测量的不是供热系统给予房间的供热量，而是根据供暖的通断时间再分摊

总热量，二者存在着差异，如散热器大小匹配不合理，或者散热器堵塞，都会对测量结果产生影响，造成计量误差。

需要指出的是，室内温控是住户按照量计费的必要前提条件，否则，在没有提供用户节能手段的时候就按照计量的热量收费，既令用户难以接受，又不能起到促进节能的作用，因此对于不具备室温调控手段的既有住宅，只能采用按面积分摊的过渡方式。按面积分摊也需要有热量结算点的计量热量。

6.2 散热器热分配计法

6.2.1～6.2.6 散热器热分配计法是利用散热器热分配计所测量的每组散热器的散热量比例关系，来对建筑的总供热量进行分摊的。

其具体做法是，在每组散热器上安装一个散热器热分配计，通过读取分配表分配计的读数，得出各组散热器的散热量比例关系，对总热量表的读数进行分摊计算，得出每个住户的供热量。

热分配计法安装简单，有蒸发式、电子式及电子远传式三种。

散热器热分配计法适用于新建和改造的散热器供暖的系统，特别是对于既有供暖系统的热计量改造比较方便，不必将原有垂直系统改成按户分环的水平系统。不适用于地面辐射供暖系统。

散热器热分配计的产品国家标准正在组织制定中，将等同采用欧洲标准 EN834 和 EN835。

7 室内供暖系统

7.1 系 统 配 置

7.1.2 既有建筑的分户改造曾经在北方一些城市大面积推行，多数室内管路为明装，其投入较大且扰民较多，本规程不建议这种做法继续推行，应采取其他计费的办法，而不应强行推行分户热表。

7.1.3 本条文所指的散热器系统，都是冬季以散热器为主要供暖方式的系统。

7.1.4 安装恒温阀时，从图2可以看出，散热器流量和散热量的关系曲线是与进出口温差有关的，温差

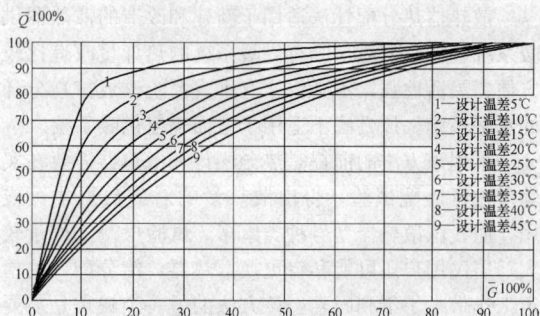

图2 散热器流量和散热量的关系曲线

越大越接近线性。双管系统 25℃ 温差时，比较接近线性，5 层楼的单管，每组温差为 5℃，已经是快开特性。为了使调节性能较好，增加跨越管，并在散热器支管上放恒温阀，使散热器的流量减少，增大温差。因此恒温阀用在双管中比较好，尤其像丹麦等国家采用 40～45℃ 温差的双管系统，调节性能最好，几乎是线性了。在空调系统中，加热器的温差也比较小，一般采用调节性能为等百分比的电动阀加以配合，综合后形成线性特性。由于散热器恒温阀是接近线性的调节性能，因此只能采用加大散热器温差的办法。当系统温差为 25℃ 时，对于 6 层以下的建筑，单管系统每层散热器的温差在 4℃ 以上，流经散热器的流量减少到 30% 时，散热器的温差约为 13℃ 以上，在图中曲线 2 与曲线 3 之间，性能并不够好。如果 12 层的单管，每层的温差只有 2℃，要达到 13℃ 的目标，散热器的流量只能是 15% 左右，如果达到 25℃ 的目标，则流量减少到 7.5% 左右才行。而跨越管采用减小一号的做法，流经散热器的流量一般为 30% 左右。

减少流量后，散热器的平均温度将降低，其散热面积必须增加。对 6 层的单管系统计算表明，散热器面积约增加 10%。层数越多，散热器需要增加的面积也越大，因此，垂直单管加跨越管的系统，比较适合 6 层以下多层建筑的改造。

7.1.5 我国开展供热计量试点工作近十余年，这期间积累了很多经验，针对供热计量所涉及的户间传热问题，目前尚存在不同的户间传热负荷设计计算方法。本条文提供以下户间传热负荷计算方法供参考：

1 计算通过户间楼板和隔墙的传热量时，与邻户的温差，宜取 5～6℃。

2 以户内各房间传热量取适当比例的总和，作为户间总传热负荷。该比例应根据住宅入住率情况、建筑围护结构状况及其具体采暖方式等综合考虑。

3 按上述计算得出的户间传热量，小宜大于按《采暖通风与空气调节设计规范》GB 50019－2003 第 4.2 节的有关规定计算出的设计采暖负荷的 50%。

7.1.6 在邻户内墙做保温隔热处理的做法，既增加了投资，又减少了室内空间，不如将投资用作建筑外保温上。提高整个建筑的保温水平，真正实现建筑节能的目的。

7.2 系 统 调 控

7.2.1 本条是强制性条文。供热体制改革以"多用热，多交费"为原则，实现供暖用热的商品化、货币化。因此，用户能够根据自身的用热需求，利用供暖系统中的调节阀主动调节室温、有效控制室温是实施供热计量收费的重要前提条件。按照《中华人民共和国节约能源法》第三十七条规定：使用空调采暖、制冷的公共建筑应当实行室内温度控制制度。

以往传统的室内供暖系统中安装使用的手动调节阀，对室内供暖系统的供热量能够起到一定的调节作用，但因其缺乏感温元件及自力式动作元件，无法对系统的供热量进行自动调节，从而无法有效利用室内的自由热，节能效果大打折扣。

散热器系统应在每组散热器安装散热器恒温阀或者其他自动阀门（如电动调温阀门）来实现室内温控；通断面积法可采用通断阀控制户内室温。散热器恒温控制阀具有感受室内温度变化并根据设定的室内温度对系统流量进行自力式调节的特性。正确使用散热器恒温控制阀可实现对室温的主动调节以及不同室温的恒定控制。散热器恒温控制阀对室内温度进行恒温控制时，可有效利用室内自由热、消除供暖系统的垂直失调从而达到节省室内供热量的目的。

低温热水地面辐射供暖系统分室温控的作用不明显，且技术和投资上较难实现，因此，低温热水地面辐射供暖系统应在户内系统入口处设置自动控温的调节阀，实现分户自动控温，其户内分集水器上每支环路上应安装手动流量调节阀；有条件的情况下宜实现分室自动温控。自动控温可采用自力式的温度控制阀、恒温阀或者温控器加热电阀等。

7.2.2 《散热器恒温控制阀》JG/T 195－2007 行业标准已于 2007 年 4 月 1 日起实施，因我国行标与欧标中的要求有所不同（例如：规定的恒温控制阀调温上限不同，还增加了阀杆密封试验和感温包密闭试验，等等），所以应按照国内标准控制产品质量。

目前市场上比较关注恒温控制阀的调节性能，而忽视其机械性能，如恒温控制阀的阀杆密封性能和供热工况下的抗弯抗扭性能。因为恒温控制阀的阀杆经常动作，如果密封性能不好，就会造成在住户室内漏水，所以恒温控制阀的阀杆密封性能非常重要；在供热高温工况下，有些恒温控制阀的阀头会变软脱落。一些地区应用的散热器恒温控制阀已经出现机械性能方面的问题，这对恒温控制阀的推广使用产生了一定影响。

所谓记忆合金原理的恒温控制阀，均为不合格产品。因为记忆合金的动作原理和感温包相去甚远（只有开关动作，不能实现调节要求；只能在剧烈温度变化下动作，不能感应供暖室温变化而相应动作；开启温度和关闭温度误差 6℃ 左右，不能实现恒温控制，等等），目前还没有记忆合金的阀门达到恒温控制阀标准的检测要求。

恒温控制阀一定是自动控温的产品，不能用手动阀门替代。因为室温调控节能分为自动恒温控制的利用自由热节能和人为主动调温的行为节能两部分，行为节能的节能潜力还有待商榷和验证，自动恒温的节能潜力比较重要和突出，而手动阀门达不到这样的节能效果。如果建设工程中要求使用恒温控制阀，那么一定要用自动温控的合格产品。

无论国内标准还是欧洲标准，都要求恒温控制阀能够带水带压清堵或更换阀芯。这一功能非常重要，能够避免恒温控制阀堵塞造成大面积泄水检修，而目前有很多产品没有这一功能，没有该功能的恒温控制阀均为不合格产品。

7.2.3 散热器罩影响散热器的散热量以及散热器恒温阀对室内温度的调节。基于以下原因，对既有采暖系统进行热计量改造时宜将原有的散热器罩拆除。

1 原有垂直单管顺流系统改造为设跨越管的垂直单管系统后，上部散热器特别是第一、二组散热器的平均温度有所下降。

2 单双管系统改造为设跨越管的垂直单管系统后，散热器水流量减小。

3 散热器罩影响感温元件内置式的恒温阀和热分配表分配计的正常工作。当散热器罩不能拆除时，应采用感温元件外置式的恒温阀。

4 计算表明散热器罩拆除后，所增加的散热量足以补偿由于系统变化对散热器散热量的不利影响。

7.2.4 要求选用内腔无砂的铸铁散热器，是为了避免恒温阀等堵塞。

中华人民共和国行业标准

多联机空调系统工程技术规程

Technical specification for multi-connected
split air conditioning system

JGJ 174—2010

批准部门：中华人民共和国住房和城乡建设部
施行日期：２０１０年９月１日

中华人民共和国住房和城乡建设部
公　告

第 533 号

关于发布行业标准《多联机空调系统
工程技术规程》的公告

现批准《多联机空调系统工程技术规程》为行业标准，编号为 JGJ 174-2010，自 2010 年 9 月 1 日起实施。其中，第 5.4.6、5.5.3 条为强制性条文，必须严格执行。

本规范由我部标准定额研究所组织中国建筑工业出版社出版发行。

中华人民共和国住房和城乡建设部

2010 年 3 月 31 日

前　　言

根据原建设部《关于印发〈二〇〇四年度工程建设城建、建工行业标准制订、修订计划〉的通知》（建标［2004］66 号文）的要求，规程编制组经广泛调查研究，认真总结实践经验，参考有关国际标准和国外先进标准，并在广泛征求意见的基础上，制定了本规程。

本规程主要技术内容是：多联机空调系统工程中的设计、材料、施工、检验、调试与验收等方面技术要求。

本规程中以黑体字标志的条文为强制性条文，必须严格执行。

本规程由住房和城乡建设部负责管理和对强制性条文的解释，由中国建筑科学研究院负责具体技术内容的解释。执行过程中如有意见或建议，请寄送中国建筑科学研究院（地址：北京市北三环东路 30 号，邮政编码 100013）。

本 规 程 主 编 单 位：中国建筑科学研究院

本 规 程 参 编 单 位：北京市建筑设计研究院
上海建筑设计研究院有限公司
武汉市建筑设计院
广州大学
中国制冷空调工业协会制冷空调工程工作委员会
广东美的商用空调设备有限公司
珠海格力电器股份有限公司
大金（中国）投资有限公司
上海三菱电机上菱空调机电气公司
青岛海信日立空调系统有限公司
艾默生环境优化技术（苏州）有限公司
苏州三星电子有限公司
青岛海尔空调电子有限公司

本规程主要起草人员：徐　伟　曹　阳　徐宏庆
寿炜炜　黄　维　陈焰华
裴清清　姚国琦　许永峰
余　凯　山村新治郎
童杏生　徐秋生　翟松林
吴哲兴　国德防

本规程主要审查人员：郎四维　罗　英　邵宗义
石文星　成建宏　夏卓平
吴大农　马友才　何广钊

目 次

1 总则 ················· 26—5
2 术语 ················· 26—5
3 设计 ················· 26—5
　3.1 一般规定 ·········· 26—5
　3.2 室内外设计参数 ······ 26—5
　3.3 负荷计算 ·········· 26—6
　3.4 系统设计 ·········· 26—6
　3.5 绝热 ············· 26—7
　3.6 消声与隔振 ········· 26—7
　3.7 监测和控制 ········· 26—7
4 设备与材料 ············ 26—7
　4.1 一般规定 ·········· 26—7
　4.2 材料要求 ·········· 26—7
5 施工与安装 ············ 26—8
　5.1 一般规定 ·········· 26—8
　5.2 室内机安装 ········· 26—8

　5.3 室外机安装 ········· 26—8
　5.4 制冷剂管道的施工 ····· 26—8
　5.5 制冷剂的充注与回收 ···· 26—9
　5.6 空调水系统管道与设备的安装 ······ 26—9
　5.7 风管的安装 ········· 26—9
　5.8 绝热 ············· 26—10
　5.9 电气系统安装 ········ 26—10
6 调试运转、检验及验收 ····· 26—10
　6.1 一般规定 ·········· 26—10
　6.2 调试运转 ·········· 26—10
　6.3 检验 ············· 26—10
　6.4 验收 ············· 26—10
附录 A 工程质量检查表 ····· 26—11
本规程用词说明 ·········· 26—15
引用标准名录 ············ 26—15
附：条文说明 ············ 26—16

Contents

1 General Provisions ···················· 26—5

2 Terms ································· 26—5

3 Design ······························· 26—5

  3. 1 General Requirement ··········· 26—5

  3. 2 Indoor and Outdoor Design
    Conditions ···················· 26—5

  3. 3 Load Calculation ·············· 26—6

  3. 4 System Design ················· 26—6

  3. 5 Heat Insulation ··············· 26—7

  3. 6 Noise Reduction and Vibration
    Insulation ···················· 26—7

  3. 7 Monitoring and Control ········· 26—7

4 Equipment and Material ··········· 26—7

  4. 1 General Requirement ··········· 26—7

  4. 2 Material Requirements ·········· 26—7

5 Construction and Installation ······· 26—8

  5. 1 General Requirement ··········· 26—8

  5. 2 Install Air Conditioner Inside ····· 26—8

  5. 3 Install Air Conditioner Outside ···· 26—8

  5. 4 Refrigerant Pipeline
    Construction ·················· 26—8

  5. 5 Refrigerant Filled and
    Recovery ····················· 26—9

  5. 6 Pipeline of Air Conditioning Water
    System and Install Equipment ····· 26—9

  5. 7 Install Air Duct ··············· 26—9

  5. 8 Heat Insulation ··············· 26—10

  5. 9 Install Electric System ·········· 26—10

6 Debugging, Operation, Inspection
  and Acceptance ···················· 26—10

  6. 1 General Requirement ··········· 26—10

  6. 2 Debugging ···················· 26—10

  6. 3 Inspection ···················· 26—10

  6. 4 Acceptance ··················· 26—10

Appendix A Quality Checklist ········· 26—11

Explanation of Wording in This
  Specification ······················ 26—15

List of Quoted Standards ············· 26—15

Addition: Explanation of
       Provisions ······················ 26—16

1 总　则

1.0.1 为规范多联机空调系统工程的设计、施工及验收，做到技术先进、经济合理、安全适用和保证工程质量，制定本规程。

1.0.2 本规程适用于在新建、改建、扩建的工业与民用建筑中，以变制冷剂流量多联分体式空调机组为主要冷热源的空调工程的设计、施工及验收。

1.0.3 多联机空调系统工程的设计、施工及验收，除应符合本规程外，尚应符合国家现行有关标准的规定。

2 术　语

2.0.1 多联机空调系统　multi-connected split air conditioning system

一台（组）空气（水）源制冷或热泵机组配置多台室内机，通过改变制冷剂流量适应各房间负荷变化的直接膨胀式空气调节系统。

2.0.2 多联式空调（热泵）机组能效限定值　the minimum allow able values of IPLV (C)

多联式空调（热泵）机组在规定制冷能力试验条件下，制冷综合部分性能系数［IPLV（C）］的最小允许值。

2.0.3 空气-空气能量回收装置　air-to-air energy recovery equipment

对空调区域通风换气的同时，对排风实现能量回收的设备组合。

2.0.4 等效长度　equivalence length

冷媒配管的管道长度与弯头、分歧等配件的当量长度之和。

3 设　计

3.1 一般规定

3.1.1 根据建筑的规模、类型、负荷特点、参数要求及其所在的气候区等，经技术、经济、安全比较确认合理时，可采用多联机空调系统。

3.1.2 下列地区或场所，不宜采用多联机空调系统：

1 当采用空气源多联机空调系统供热时，冬季运行性能系数低于1.8；

2 振动较大、油污蒸汽较多等场所；

3 产生电磁波或高频波等场所。

注：冬季运行性能系数=冬季室外空调计算温度时的总供热量（W）/总输入功率（W）

3.1.3 多联机空调系统的各设备性能指标应符合国家现行有关标准的规定。

3.1.4 采用多联机空调系统的建筑宜设有机械通风系统；当设有机械排风系统时，宜设置热回收装置。

3.1.5 采用多联机空调系统的居住建筑应设置分户计量装置，公共建筑宜分楼层或分用户设置计量装置。

3.1.6 多联机空调系统工程施工图设计文件应符合下列规定：

1 施工图设计文件应以施工图纸为主，并应包括图纸目录、设计施工说明、主要设备表、空调系统图、平面图及详图等内容；

2 设计深度应符合国家现行有关规定的要求。

3.2 室内外设计参数

3.2.1 室外空气计算参数应符合现行国家标准《采暖通风与空气调节设计规范》GB 50019 的有关要求。

3.2.2 舒适性空调室内计算参数应符合表3.2.2的规定。

表3.2.2　舒适性空调室内计算参数

室内计算参数	冬　季	夏　季
温度（℃）	18~24	22~28
人员活动范围内风速（m/s）	≤0.2	≤0.3
相对湿度（%）	≥30	40~65

注：1　人员活动范围内风速指通过设计可加以控制的空气流动速度；

2　表中冬季相对湿度的限定仅适用于有加湿要求的房间。

3.2.3 室内空气应符合国家现行标准中对室内空气质量、污染物浓度控制等的有关规定。

3.2.4 设有机械通风系统的公共建筑的主要房间，其设计新风量应符合表3.2.4的规定。

表3.2.4　公共建筑主要房间的设计新风量

建筑类型与房间名称		设计新风量[m³/(h·p)]
旅游旅馆	客房	
	5星级	50
	4星级	40
	3星级	30
	餐厅、宴会厅、多功能厅	
	5星级	30
	4星级	25
	3星级	20
	2星级	15
	大堂、四季厅	
	4~5星级	10
	商业、服务	
	4~5星级	20
	2~3星级	10
	美容、理发、康乐设施	30

建筑类型与房间名称		设计新风量 [m³/(h·p)]
旅店	客房 一~三级	30
	客房 四级	20
文化娱乐	影剧院、音乐厅、录像厅	20
	游艺厅、舞厅（包括卡拉 OK 歌厅）	30
	酒吧、茶座、咖啡厅	10
体育馆		20
商场（店）、书店		20
饭馆（餐厅）		20
办公		30
学校	教室 小学	11
	教室 初中	14
	教室 高中	17

3.3 负 荷 计 算

3.3.1 空调负荷计算应符合现行国家标准《采暖通风与空气调节设计规范》GB 50019 的有关规定。

3.3.2 间歇空调的房间，负荷计算时应考虑建筑物蓄热特性所形成的负荷；不同时使用的房间，负荷计算时应考虑邻室空调不运行时所形成的围护结构传热负荷。

3.4 系 统 设 计

3.4.1 应根据建筑的负荷特点、所在的气候区等，通过技术、经济比较后，确定选用多联机空调系统的类型。

3.4.2 多联机空调系统的系统划分，应符合下列规定：

　　1 应按使用房间的朝向、使用时间和频率、室内设计条件等，合理划分系统分区；

　　2 室外机组允许连接的室内机数量不应超过产品技术要求；

　　3 室内、外机组之间以及室内机组之间的最大管长与最大高差，均不应超过产品技术要求；

　　4 通过产品技术资料核算，系统冷媒管等效长度应满足对应制冷工况下满负荷的性能系数不低于2.80，当产品技术资料无法满足核算要求时，系统冷媒管等效长度不宜超过 70m。

3.4.3 负荷特性相差较大的房间或区域，宜分别设置多联机空调系统；需同时分别供冷与供热的房间或区域，宜设置热回收型多联机空调系统。

3.4.4 多联机空调系统室外机容量的确定，可按下列步骤进行：

　　1 根据室内冷热负荷，初步确定满足要求的室内机形式和额定制冷（热）量；

　　2 根据同一系统室内机额定制冷（热）量总和，选择相应的室外机及其额定制冷（热）量；

　　3 按照设计工况，对室外机的制冷（热）能力进行室内外温度、室内外机负荷比、冷媒管长和高差、融霜等修正；

　　4 利用室外机的修正结果，对室内机实际制冷（热）能力进行校核计算；

　　5 根据校核结果确认室外机容量。

3.4.5 室外机布置宜美观、整齐，并应符合下列规定：

　　1 应设置在通风良好、安全可靠的地方，且应避免其噪声、气流等对周围环境的影响；

　　2 应远离高温或含腐蚀性、油雾等有害气体的排风；

　　3 侧排风的室外机排风不应与当地空调使用季节的主导风向相对，必要时可增加挡风板。

3.4.6 室外机变频设备应与其他调频设备保持合理的距离，不得互相干扰。

3.4.7 多联机空调系统室内机的布置、室内气流组织，应符合下列规定：

　　1 应根据室内温湿度参数、允许风速、噪声标准和空气质量等要求，结合房间特点、内部装修及设备散热等因素确定室内空气分布方式，并应防止送回风（排风）短路。

　　2 当室内机形式采用风管式时，空调房间的送风方式宜采用侧送下回或上送上回，送风气流宜贴附；当有吊顶可利用时，可采用散流器上送；房间确定送风方式和送风口时，应注意冬夏季温度梯度的影响。

　　3 空调房间的换气次数不宜少于 5 次/h。

　　4 送风口的出口风速应根据送风方式、送风口类型、安装高度、送风风量、送风射程、室内允许风速和噪声标准等因素确定。

　　5 回风口不应设在射流区或人员长时间停留的地点；当采用侧送风时，回风口宜设在送风口的同侧下方。

　　6 回风口的吸风速度应符合现行国家标准《采暖通风与空气调节设计规范》GB 50019 的要求。

3.4.8 当管道必需穿越防火墙时，应符合现行国家标准《高层民用建筑设计防火规范》GB 50045 和《建筑设计防火规范》GB 50016 的有关规定。

3.4.9 多联机空调系统的新风系统，应符合下列规定：

　　1 系统的划分宜与多联机系统相对应，并应符合国家现行标准中对消防的有关规定。

　　2 当设置能量回收装置时，其新、回风入口处应设过滤器，且严寒或寒冷地区的新风入口、排风出口处应设密闭性好的风阀。

3.4.10 多联机空调系统的冷媒管道，应符合下列规定：

1 应合理选用线式、集中式等冷媒管道布置方式，并应进行冷媒管道布置优化；

2 冷媒管道的最大长度及设备间的最大高差等，不应超过产品技术要求；

3 冷媒管道的管径、管材和管道配件等应按产品技术要求选用，且其主要配件应由生产厂配套供应。

3.4.11 多联机空调系统的冷凝水应有组织地排放，并应符合现行国家标准《采暖通风与空气调节设计规范》GB 50019 的有关规定。

3.4.12 空调水系统的设计应符合现行国家标准《采暖通风与空气调节设计规范》GB 50019 的有关规定。

3.5 绝 热

3.5.1 下列设备、管道及其附件等均应采取绝热措施：

1 可能导致冷热量损失的部位；

2 有防止外壁、外表面产生冷凝水要求的部位。

3.5.2 设备和管道的绝热，应符合下列规定：

1 保冷层的外表面不得产生凝结水。

2 管道和支架之间，管道穿墙、穿楼板处均应采取防止"冷桥"、"热桥"的措施。

3 当采用非闭孔材料保冷时，外表面应设隔汽层和保护层；保温时，外表面应设保护层。

4 室外管道的保温层外应设硬质保护层。

3.5.3 设备和管道绝热材料的主要技术性能应按现行国家标准《设备及管道绝热技术通则》GB/T 4272 和《设备及管道绝热设计导则》GB/T 8175 的要求确定，并应优先采用导热系数小、湿阻因子大、吸水率低、密度小、综合经济效益高的材料；绝热材料应采用不燃或难燃材料。

3.5.4 设备和管道的保冷层、保温层厚度，应按现行国家标准《设备及管道绝热技术通则》GB/T 4272 和《设备及管道绝热设计导则》GB/T 8175 的要求确定，凝结水管应防止表面凝露。

3.5.5 电加热器前后 0.8m 范围内的绝热材料，应采用不燃材料。

3.6 消声与隔振

3.6.1 多联机空调系统产生的噪声、振动，传播至使用房间、周围环境的噪声级和振动级，均应符合国家现行有关标准的规定。

3.6.2 住宅、学校、医院和旅馆的室内允许噪声级，应符合现行国家标准《民用建筑隔声设计规范》GBJ 118 的规定。

3.6.3 多联机空调系统室外机的安装位置不宜靠近对声环境、振动要求较高的房间。当其噪声及振动不能满足国家现行有关标准的规定时，应采取降噪及减振措施。

3.6.4 多联机空调系统室内机及配件产生的噪声，当自然衰减不能达到允许噪声标准时，应设置消声设备或采取隔声隔振等措施。

3.6.5 多联机空调系统其他设备的振动，当自然衰减不能达到国家现行有关标准的规定时，应设置隔振器或采取其他隔振措施。

3.6.6 当多联机空调系统室内机为风管式空气处理末端时，其风管内的风速宜按表 3.6.6 选用。

表 3.6.6 风管的风速

室内允许噪声级 dB（A）	风管风速（m/s）
<35	≤2
35~50	2~3
50~65	3~5

3.6.7 消声设备及隔振装置的选择应符合现行国家标准《采暖通风与空气调节设计规范》GB 50019 的有关规定。

3.7 监测和控制

3.7.1 根据建筑所属类型，多联机空调系统的电气设计应符合国家现行有关标准的规定。

3.7.2 多联机空调系统应设置自动控制与监测系统，并应根据产品制造商提供的产品说明书进行设计。

3.7.3 当建筑物内设有消防控制室时，集中新、排风风道上的防火阀宜选用带有电信号输出装置的防火阀。

3.7.4 集中新风与排风系统宜具有新风空气过滤器进出口静压差超限报警和新风机与排风机启停状态监控功能。

3.7.5 多联机空调系统的电加热器应与送风机联锁，并应设置无风断电、超温断电保护装置；连接电加热器的金属风管应接地。

4 设备与材料

4.1 一般规定

4.1.1 多联机空调系统工程中采用的多联式空调（热泵）机组以及新风处理设备等均应符合国家现行相关产品标准的规定。

4.1.2 多联机空调系统工程中使用的设备与材料应经进场检查确认合格后，方可使用。

4.2 材料要求

4.2.1 多联机空调系统管道、管件的材质、规格、型号以及焊接材料的选用，必须根据设计文件确定；多联机空调系统的制冷剂管材还应符合下列规定：

1 管材内外表面应光滑、清洁，不得有分层、砂眼、粗划痕、绿锈等缺陷；

2 管材截面圆度和同心度应良好；

3 管材应经过脱油脂处理；

4 管材应保持干燥、密封。

4.2.2 冷凝排水配管材料宜采用排水塑料管或热镀锌钢管，管道应采取防凝露措施。

4.2.3 空调系统的风管材料应满足国家现行标准《建筑设计防火规范》GB 50016 和《通风管道技术规程》JGJ 141 的有关要求。

4.2.4 所有保温材料应有制造厂的质量合格证书或国家认定资质的质检部门的检验报告，且其种类、规格、性能均应符合设计文件的规定。

4.2.5 设备和管道的保冷、保温材料均应符合设计文件和现行国家标准《设备及管道绝热技术通则》GB/T 4272 的有关要求。

5 施工与安装

5.1 一般规定

5.1.1 多联机空调系统工程的安装应与建筑、结构、电气、给水排水、装饰等专业相互协调，合理布置。

5.1.2 多联机空调系统中室内机、室外机、管道、管件的型号、规格、性能及技术参数等必须符合设计文件要求，设备外表面应无损伤、密封应良好，随机文件和配件应齐全。

5.1.3 空调用设备的搬运和吊装，应符合产品技术文件的有关规定，并应做好设备的保护工作，不得因搬运或吊装而造成设备损伤。

5.2 室内机安装

5.2.1 安装机组时，应留有足够的检修保养空间，同时应满足整体美观要求。

5.2.2 吊装的室内机吊环下侧应采用双螺母进行固定。

5.2.3 现场安装的室内机应进行防尘保护。

5.2.4 风管式室内机与管道之间宜采用软连接。

5.3 室外机安装

5.3.1 室外机安装时，应确保室外机的四周按照要求留有足够的进排风和维修空间，进排风应通畅，必要时室外机应安装风帽及气流导向格栅。

5.3.2 室外机应安装在水平和经过设计有足够强度的基础和减振部件上，且必须与基础进行固定。

5.3.3 室外机安装时，基础周围应做排水沟。

5.3.4 当室外机安装在屋顶上时，应检查屋顶的强度并应采取防水措施。

5.4 制冷剂管道的施工

5.4.1 制冷剂配管的切割应符合下列规定：

1 铜管切割必须使用专用割刀；

2 切割后的铜管开口应使用毛边绞刀去除多余的毛边，应用锉刀磨平开口并把黏附在铜管内壁的切屑全部清除干净。

5.4.2 铜管喇叭口的制作应符合下列规定：

1 应使用专用夹具，末端露出夹具表面的尺寸应符合夹具安装要求；

2 扩好的喇叭口连接前，内外侧表面均应涂抹与设备相同的冷冻机油；

3 喇叭口与设备的螺栓连接应采用两把扳手进行螺母的紧固作业，其中一把扳手为力矩扳手，且力矩应符合表 5.4.2 的要求。

表 5.4.2 喇叭口拧紧力矩

配管尺寸 D_o（mm）	拧紧力矩（kN·cm）
6.4	1.42～1.72
9.5	3.27～3.99
12.7	4.95～6.03
15.9	6.18～7.54
19.0	9.27～11.86

5.4.3 铜管弯曲应使用弯管器。

5.4.4 切割后的铜管开口应使用专用工具胀管。

5.4.5 钎焊人员应持有焊工操作证。铜管束接的最小插入尺寸和与铜管之间的距离应满足表 5.4.5 的要求，焊接应采用充氮焊接，焊接的部位应清洁、脱脂。

表 5.4.5 铜管束接的最小插入尺寸和
与铜管之间的距离（mm）

铜管外径 X	最小插入深度	间隙尺寸
5＜X＜8	6	0.05～0.21
8≤X＜12	7	
12≤X＜16	8	0.05～0.27
16≤X＜25	10	
25≤X＜35	12	0.05～0.35
35≤X≤45	14	

5.4.6 严禁在管道内有压力的情况下进行焊接。

5.4.7 制冷剂配管的吊装应符合下列要求：

1 应对水平安装的制冷剂配管进行支吊，横管的支吊间距应符合表 5.4.7 的要求。

表 5.4.7 横管的支吊间距要求

铜管外径（mm）	6.4～9.5	12.7 以上
支吊间距（m）	1.2	≤1.5

2 应对垂直安装的制冷剂配管进行卡固；当对立管进行卡固时，应把液管和气管分开进行固定，卡箍距离宜为（1～2）m。

3 当液管和气管共同吊装，应以液管的尺寸为准；铜管系统和水管系统应分开吊装。

5.4.8 当管道穿越墙或楼板时，应使用套管，套管材料应符合国家现行相关标准的规定。

5.4.9 多联机空调系统制冷剂管道的吹扫排污应符合下列规定：

1 应采用压力为（0.5～0.6）MPa（表压）的干燥压缩空气或氮气按系统顺序反复、多次吹扫，并应在排污口处设白色标识靶检查，直至无污物为止；

2 系统吹扫洁净后，应拆卸可能积存污物的管道部件，并应清洗洁净后重新安装。

5.4.10 多联机空调系统制冷剂管道的气密性试验应符合下列规定：

1 气密性试验应采用干燥压缩空气或氮气进行；当设计和设备技术文件无规定时，高压系统的试验压力应符合表 5.4.10 的要求。

表 5.4.10 高压系统试验压力

制冷剂种类	试验压力（MPa）
R22	3.0
R407C	3.3
R410A	4.0

2 试验前应检查系统各控制阀门的开启状况，保证系统的手动阀和电磁阀全部开启，并应拆除或隔离系统中易被高压损坏的器件。

3 系统检漏时，应在规定的试验压力下，用肥皂水或其他发泡剂刷抹在焊缝、喇叭口扩口连接处等处检查，不得泄漏。

4 系统保压时，应充气至规定的试验压力，并记录压力表读数，经 24h 以后再检查压力表读数，其压力降应按下式计算，且压力降不应大于试验压力的 1%。当压力降超过以上规定时，应查明原因消除泄漏，并应重新试验，直至合格。

$$\Delta p = p_1 - \frac{273 + t_1}{273 + t_2} p_2 \qquad (5.4.10)$$

式中：Δp——压力降（MPa）；

p_1——开始时系统中的气体压力（MPa，绝对压力）；

p_2——结束时系统中的气体压力（MPa，绝对压力）；

t_1——开始时环境的温度（℃）；

t_2——结束时环境的温度（℃）。

5.4.11 多联机空调系统的抽真空试验应符合设备技术文件的规定，同时还应符合下列规定：

1 抽真空前，应首先确认气、液管截止阀处在关闭状态；

2 应用充注导管把调节阀和真空泵连接到气阀和液阀的检测接头上；

3 抽真空应达到真空度 5.3kPa 以上，并保持 24h，系统绝对压力应无回升。

5.5 制冷剂的充注与回收

5.5.1 多联机空调系统应根据产品制造商的技术资料中提供的方法充注相应量的制冷剂。

5.5.2 充注制冷剂，应符合下列规定：

1 制冷剂应符合设计要求。

2 应先将系统抽真空，其真空度应符合设备技术文件的规定，然后将装制冷剂的钢瓶与系统的注液阀接通；当制冷剂的含水率不能满足要求时，制冷剂系统的注液阀前应加干燥过滤器，使制冷剂注入系统。

3 当系统内的压力升至（0.1～0.2）MPa（表压）时，应进行全面检查并应确认无泄漏、无异常情况后，再继续充注制冷剂。

4 当系统压力与钢瓶压力相同时，可开动压缩机，加快制冷剂的充注速度。

5 制冷剂充注的总量应符合设计或设备技术文件的规定。

6 制冷剂的充注宜在系统的低压侧进行。制冷剂 R22 可采用气态充注或者液态充注，制冷剂 R410A 和 R407C 必须采用液态充注。

5.5.3 当多联机空调系统需要排空制冷剂进行维修时，应使用专用回收机对系统内剩余的制冷剂回收。

5.5.4 当发现有泄漏需要补焊修复时，必须将修复段的氟利昂排空。

5.6 空调水系统管道与设备的安装

5.6.1 多联机空调系统工程水系统管道与设备的安装应包括冷热源侧为水环的水系统、凝结水系统、管道及附件、冷却塔和水泵的安装。

5.6.2 空调水系统管道与设备的安装应符合现行国家标准《通风与空调工程施工质量验收规范》GB 50243 和《建筑给水排水及采暖工程施工质量验收规范》GB 502 42 的有关规定。

5.7 风管的安装

5.7.1 多联机空调系统工程风管安装应包括新排风系统的安装和风机连接风管的安装。

5.7.2 风管系统的安装应符合国家现行标准《通风管道技术规程》JGJ 141 的有关规定。风管穿越防火墙处应设防火阀，防火阀两侧 2m 范围内的风管及保温材料应采用非燃烧材料，穿过处的空隙应采用非燃烧材料填塞。

5.8 绝　热

5.8.1　应对多联机空调系统工程的制冷剂管道、水管道和风管道采取绝热措施。

5.8.2　当保温管道穿过墙体或楼板时，应对穿越部分的管道采取绝热措施，并应设保护套。

5.8.3　绝热作业应在管道验收合格后进行。

5.9　电气系统安装

5.9.1　空调电源配线应由具有电工操作证的人员，按设计图施工安装。

5.9.2　电气设备安装使用的专用设备必须符合现行国家相关标准的规定，用于电源测试的仪表应经过国家相关计量或校准部门检测合格。

5.9.3　电气系统的安装应符合现行国家标准《建筑电气工程施工质量验收规程》GB 50303 的有关规定。

5.9.4　各类电气附件的安装，应严格按照产品的安装说明书进行。

6　调试运转、检验及验收

6.1　一般规定

6.1.1　多联机空调系统安装完成后，应进行系统调试。

6.1.2　多联机空调系统工程验收前，应进行系统运行效果检验。

6.1.3　多联机空调系统工程验收应由建设单位组织安装、设计、监理等单位共同进行，合格后应办理竣工验收手续。

6.1.4　进行系统试运转与调试的工作人员，必须持有国家职业资格制冷工中级以上证书，并应持证上岗。

6.1.5　多联机空调系统工程空调水系统的调试运转、检验及验收应符合现行国家标准《建筑给水排水及采暖工程施工质量验收规范》GB 50242 的有关规定。

6.1.6　多联机空调系统工程质保期不应少于两个采暖期和两个制冷期，并应保证空调房间的温度满足设计要求。

6.2　调试运转

6.2.1　多联机空调系统安装完毕后，对出厂未充注制冷剂的多联式空调（热泵）机组，应按设备技术文件的规定充注制冷剂；当无规定时，应按本规程第 5.5 节的要求充注制冷剂。

6.2.2　系统调试所使用的测量仪器和仪表，性能应稳定可靠，其精度等级及最小分度值应满足测试要求，并应符合国家现行有关计量法规及检定标准的规定。

6.2.3　多联机空调系统带负荷调试运转应按设备安装手册规定的流程进行，试运转工作前的准备工作应符合下列规定：

　　1　系统中各安全保护继电器、安全装置应经整定，其整定值应符合设备技术文件的规定，其动作应灵敏可靠；

　　2　应按设备技术文件的规定开启或关闭系统中相应的阀门；

　　3　应按产品技术文件的要求进行压缩机预热。

6.2.4　冷凝水管安装完毕后，应按下列步骤对冷凝水系统进行调试：

　　1　室内机单机排水运转；

　　2　冷凝水管满水试验；

　　3　冷凝水管排水通水试验。

6.2.5　试运转中应按要求检查下列项目，并应做好记录：

　　1　吸、排气的压力和温度；

　　2　载冷剂的温度（适用时）；

　　3　各运动部件有无异常声响，各连接和密封部位有无松动、漏气、漏油等现象；

　　4　电动机的电流、电压和温升；

　　5　能量调节装置的动作是否灵敏、准确；

　　6　各安全保护继电器的动作是否灵敏、准确；

　　7　机器的噪声和振动。

6.3　检　验

6.3.1　多联机空调系统工程在验收前，应进行系统带负荷效果检验。

6.3.2　多联机空调系统工程带负荷效果检验应在满足多联式空调（热泵）机组技术文件中规定的使用温度范围条件下进行。

6.3.3　综合效果检验可包括下列项目：

　　1　送、回风口空气温度、湿度和风量的测定；

　　2　多联式空调（热泵）机组吸、排气的压力和温度，电动机的电流、电压和温升的测定；

　　3　室内空气温、湿度的测定；

　　4　室内噪声的测定；

　　5　室外空气温、湿度的测定；

　　6　新风系统新、排风量的测定；

　　7　各设备耗电功率的测定。

6.4　验　收

6.4.1　多联机空调系统工程验收时，应检查验收资料，并应包括下列文件及记录：

　　1　图纸会审记录、设计变更通知书和竣工图；

　　2　主要材料、设备、成品、半成品和仪表的出厂合格证明及进场检（试）验报告，其格式可按本规程附录 A 表 A-1；

  3 隐蔽工程检查验收记录，其格式可按本规程附录 A 表 A-2；

  4 制冷系统气密性试验记录，其格式可按本规程附录 A 表 A-3；

  5 设备单机试运转记录，其格式可按本规程附录 A 表 A-4、表 A-5、表 A-6；

  6 系统联合试运转记录，其格式可按本规程附录 A 表 A-7；

  7 综合效果检验验收记录，其格式可按本规程附录 A 表 A-8；

  8 风管系统、制冷剂管道系统安装及检验记录，其格式可按本规程附录 A 表 A-1。

附录 A 工程质量检查表

表 A-1 设备、材料进场检查记录

工程名称		分部（或单位）工程	
设备名称		型号、规格	
系统编号		装箱单号	
设备检查	1. 包装 2. 设备外观 3. 设备零部件 4. 其他		
技术文件检查	1. 装箱单　份　张 2. 合格证　份　张 3. 说明书　份　张 4. 设备图　份　张 5. 其他		
存在问题及处理意见			
（盖章） 监理（建设）单位： 签名：		（盖章） 安装单位： 签名：	
年　月　日		年　月　日	

表 A-2 隐蔽工程验收记录

工程名称			工程地点		
隐蔽工程内容	序号	名　称	安装部位/检查结果	安装质量检查结果	备　注
	1				
	2				
	3				
	4				
	5				
	6				
	7				
	8				
	9				
	10				
	11				
	12				
验收意见				验收人员（签名）：	
（盖章） 监理（建设）单位： 签名：			（盖章） 安装单位： 签名：		
年　月　日			年　月　日		

表 A-3 制冷系统气密性试验记录

工程名称		分部（或单位）工程		
试验部位		试验日期		
气密性试验				
管道编号	试验介质	试验压力（MPa）	定压时间（h）	试验结果
真空试验				
管道编号	设计真空度（MPa）	试验真空度（MPa）	定压时间（h）	试验结果
验收意见				
（盖章）			（盖章）	
监理（建设）单位： 签名：			安装单位： 签名：	
年 月 日			年 月 日	

表 A-4 室外机组试运转测试数据

项目名称：						
地　址：			电话：			
供货商：			出货日期：　年 月 日			
安装单位：			负责人：			
调试单位：			负责人：			
系统追加制冷剂量：　kg　制冷剂名称：（R22、R407C、R410A）						
调试状态：　□制冷　　　　　　　□制热						
室外机组型号： 安装位置和编号：	单位	开机前	30min	60min	90min	备注
室外环境温度	℃					
排气温度（定频/数码/变频）	℃					
油温度（定频/数码/变频）	℃					
高压	Pa					
低压	Pa					
风速	档位					
气管温度	℃					
液管温度	℃					
运转电流	A					
电压	V					
验收意见						
（盖章）			（盖章）			
监理（建设）单位： 签名：			安装单位： 签名：			
年 月 日			年 月 日			

表 A-5　室内机组试运转测试数据　　　　　　　表 A-6　压缩机调试数据

调试状态：　□制冷　　□制热						
室内机型号：	单位	开机前	30min	60min	90min	备注
安装位置和编号：						
蒸发器进管/出管温度	℃					
室内出/回风温度	℃					
室内环境温度/室内设定温度	℃					
出风口风速	m/s					
回风口风速	m/s					

验收意见

　　　　　　　　　　　　　　　　　（盖章）　　　　　　　　　　　（盖章）

监理（建设）单位：　　　　　安装单位：
签名：　　　　　　　　　　　签名：

　　　　　年　月　日　　　　　　　　　年　月　日

调试状态：　□制冷　　□制热							
压缩机报告：		单位	开机前	30min	60min	90min	备注
压缩机编号：	定容量压缩机	T1/T2/T3 电流	A				
		V1/V2/V3 电压	V				
	变容量压缩机	T1/T2/T3 电流	A				
		V1/V2/V3 电压	V				

验收意见

　　　　　　　　　　　　　　　　（盖章）　　　　　　　　　（盖章）

监理（建设）单位：　　　　　安装单位：
签名：　　　　　　　　　　　签名：

　　　　　年　月　日　　　　　　　　　年　月　日

表 A-7　系统联合试运转记录

工程名称		分部（或单位）名称	
设备名称		试运转日期	年 月 日
试运转内容			
试运转结果			
评定意见			
试运转人员			
	（盖章）		（盖章）
监理（建设）单位： 签名：		安装单位： 签名：	
	年 月 日		年 月 日

表 A-8　综合效果检验验收记录

工程名称		分部（或单位）工程	
工程地点		开工日期	年 月 日
竣工日期		交验日期	年 月 日
工程内容			
验收资料	环境温度　℃，室内机出风口温度　℃，室内机回风口温度　℃， □室外机安装牢固　　　　　□铜管连接无泄漏 □室外机和室内机通电运转正常无杂声　□温度控制器操作有效 □各送风口尺寸符合设计要求　□回风箱安装到位 □回风管道安装到位　　　□各回风尺寸符合设计要求 □　　　　　　　　　　□		
验收评定意见			
	（盖章）		（盖章）
监理（建设）单位： 签名：		安装单位： 签名：	
	年 月 日		年 月 日

本规程用词说明

1 为便于在执行本规程条文时区别对待,对要求严格程度不同的用词说明如下:

1）表示很严格,非这样做不可的:

正面词采用"必须",反面词采用"严禁";

2）表示严格,在正常情况下均应这样做的:

正面词采用"应",反面词采用"不应"或"不得";

3）表示允许稍有选择,在条件许可时首先应这样做的:

正面词采用"宜",反面词采用"不宜";

4）表示有选择,在一定条件下可以这样做的,采用"可"。

2 条文中指明应按其他有关标准执行的写法为:"应符合……的规定"或"应按……执行"。

引用标准名录

1 《建筑设计防火规范》GB 50016

2 《采暖通风与空气调节设计规范》GB 50019

3 《高层民用建筑设计防火规范》GB 50045

4 《建筑给水排水及采暖工程施工质量验收规范》GB 50242

5 《通风与空调工程施工质量验收规范》GB 50243

6 《建筑电气工程施工质量验收规范》GB 50303

7 《民用建筑隔声设计规范》GBJ 118

8 《设备及管道绝热技术通则》GB/T 4272

9 《设备及管道绝热设计导则》GB/T 8175

10 《通风管道技术规程》JGJ 141

中华人民共和国行业标准

多联机空调系统工程技术规程

JGJ 174—2010

条 文 说 明

制 订 说 明

《多联机空调系统工程技术规程》JGJ 174 - 2010，经住房和城乡建设部 2010 年 3 月 31 日以第 533 号公告批准、发布。

本规程制订过程中，编制组对我国多联机空调系统的发展及现状进行了调查研究，总结了我国多联机空调系统工程的实践经验，从设计、施工、检验、调试、验收等环节和安全、节能、环保等方面对多联机空调系统的工程应用作出了规定。

为便于广大设计、施工、科研、学校等单位有关人员在使用本规程时能正确理解和执行条文规定，《多联机空调系统工程技术规程》编制组按章、节、条顺序编制了本规程的条文说明，对条文规定的目的、依据以及执行中需注意的有关事项进行了说明，还着重对强制性条文的强制性理由作了解释。但是，本条文说明不具备与标准正文同等的法律效力，仅供使用者作为理解和把握标准规定的参考。

目　次

1　总则 ……………………………… 26—19
2　术语 ……………………………… 26—19
3　设计 ……………………………… 26—19
　3.1　一般规定 ……………………… 26—19
　3.2　室内外设计参数 ……………… 26—20
　3.3　负荷计算 ……………………… 26—21
　3.4　系统设计 ……………………… 26—21
　3.6　消声与隔振 …………………… 26—22
　3.7　监测和控制 …………………… 26—22
4　设备与材料 ……………………… 26—23
　4.1　一般规定 ……………………… 26—23
　4.2　材料要求 ……………………… 26—23
5　施工与安装 ……………………… 26—23

5.1　一般规定 ……………………… 26—23
5.2　室内机安装 …………………… 26—23
5.3　室外机安装 …………………… 26—23
5.4　制冷剂管道的施工 …………… 26—23
5.5　制冷剂的充注与回收 ………… 26—24
5.6　空调水系统管道与设备的安装 … 26—24
5.7　风管的安装 …………………… 26—24
5.8　绝热 …………………………… 26—24
5.9　电气系统安装 ………………… 26—24
6　调试运转、检验及验收 ………… 26—24
6.2　调试运转 ……………………… 26—24
6.3　检验 …………………………… 26—25
6.4　验收 …………………………… 26—25

1 总 则

1.0.1 近些年开始广泛应用的多联分体空调系统，已逐渐从家用空调范畴向传统的集中空调延伸，其采用 R22、R410A、R407C 等为制冷剂的多联式空调（热泵）机组，通过变制冷剂流量控制技术，把单台或一组室外机的冷/热量通过制冷剂分配到多台室内机末端，对空调房间进行冷热调节。与传统中央空调相比，多联机既可单机独立控制，又可群组控制，克服了传统集中空调只能整机运行、调节范围有限、低负荷时运行效率不高的弊端；与水系统中央空调相比，没有水管漏水隐患；同时与传统中央空调相比，操作简单。

因此，多联式分体空调系统开始在有多个房间独立空调控制，且冷热负荷不一、运行要求多样的场合使用，经过多年的发展和提高，多联机空调系统已成为一种相对独立的空调系统，广泛应用于办公、公寓住宅、商场、酒店、医院、学校、工厂车间、机房、实验室等各种新建和改扩建民用和工业用建筑中。

多联机空调系统与传统的集中式全空气系统相比，在有内区的建筑中，不能充分利用过渡季自然风降温，风冷多联机空调系统冬季室外机结霜，制热不稳定以及制冷剂管长、室内外机高差等对系统能效比降低等影响。在选择多联式分体空调系统时，应充分考虑这些影响，同时，作为一种相对独立的空调系统，其已不仅仅使用在家庭住宅中，需要通过制定统一的标准，规范多联机空调系统工程的设计、施工及验收，做到技术先进、经济合理、安全适用和保证工程质量。

1.0.2 本条说明了多联机空调系统工程技术规程适用的建筑类型。

1.0.3 根据工程建设标准制修订的统一规定，为了精简规程内容，凡其他全国性标准、规范等已有明确规定的内容，除确有必要者以外，本规程均不再设具体条文。本条文的目的是在强调执行本规程的同时，还应贯彻执行相关标准、规范等的有关规定。

2 术 语

2.0.1 多联分体空调系统发展迅速，形式多样，针对不同的需求、不同的场合可以有不同的种类对应。如针对寒冷地区高效制热用途的二级压缩多联分体空调系统，针对有周边区和内区之分及冬季同时有供热和供冷要求的场合，通过装置切换制冷和制热量，可实现同一空调系统同时制冷和制热的热回收多联分体空调系统，有采用水作为热源，水经由冷却塔、锅炉输送至室外机，可实现水侧热回收功、制热能力不受室外气温影响的水源多联分体空调系统，适应峰谷电

价政策的冰蓄冷机组多联分体空调系统等，本条针对《采暖通风与空气调节设计规范》GB 50019-2003，对系统的描述增加了水源多联分体空调的规定。

2.0.2 多联式空调（热泵）机组是由一台（组）空气源室外机连接数台不同或相同形式、容量的直接蒸发式室内机构成单一制冷、制热循环系统，它可以向一个或数个区域直接提供处理后的空气。为符合国家节能政策，工程系统采用的机组能效应满足能源效率等级要求，具体规定见《多联式空调（热泵）机组能效限定值及能源效率等级》GB 21454-2008。

2.0.3 为满足空调室内卫生和空气品质的要求，多联机空调系统，宜配置空气—空气能量回收节能装置，其应满足《空气—空气能量回收装置》GB 21087-2007 的要求。

3 设 计

3.1 一般规定

3.1.1 多联机空调系统是目前民用建筑中最为活跃的中央空调系统形式之一，被广泛应用于学校、办公楼、商业及住宅等建筑。依据《采暖通风与空气调节设计规范》GB 50019-2003 中第 6.3.10 条"经技术经济比较合理时，中小型空调系统可采用变制冷剂流量分体式空气调节系统"，及第 7.1.1 条"夏热冬冷地区、干旱缺水地区的中小型建筑可采用空气源热泵"，结合目前多联机空调系统的应用现状，对该系统的适用范围进行了适当调整。多联机空调系统一般适用于中小型建筑，对大型建筑（尤其高层建筑），由于多联机空调系统的室外机一般要安装在不同的楼层处，需要处理好安装位置与建筑之间的关系，并兼顾室外机处的空气温度场；另外，系统冷媒的泄漏所引起的安全隐患，也应引起重视。如当空调机安装在较小的房间时，要采取必要措施，以避免冷媒泄漏时浓度超过极限安全浓度。大型建筑的空调系统选择，应进行技术经济比较，如制冷季节能源消耗效率 SEER、制热季节能源消耗效率 HSPF 的比较等，在满足使用要求的前提下，尽量做到节省投资、降低运行费和减少能耗的目的。

3.1.2 根据《公共建筑节能设计标准》GB 50189-2005 中第 5.4.10 条和《采暖通风与空气调节设计规范》GB 50019-2003 中第 6.3.10 条，对多联机空调系统的适应地区、应用场所进行限制。需要说明的是对严寒、寒冷地区，当建筑物设有集中供热，如散热器采暖、热水辐射采暖时，多联机空调系统要按夏季冷负荷选型，此时，系统的供热可作为建筑物集中供热的补充，不在该条文限制范围之内。

3.1.3 《多联式空调（热泵）机组能效限定值及能源效率等级》GB 21454-2008 规定了多联机的能效限定值

及能源效率等级，具体如下：

多联机的能效限定值：制冷综合性能系数［IPLV（C）］应大于或等于表1的规定值；2011年实施的能效限定值见表2。

表1　多联机能效限定值

名义制冷量 CC （W）	制冷综合性能系数 ［IPLV（C）］（W/W）
CC≤28000	2.80
28000＜CC≤84000	2.75
CC＞84000	2.70

表2　2011年多联机能效限定值

名义制冷量 CC （W）	制冷综合性能系数 ［IPLV（C）］（W/W）
CC≤28000	3.20
28000＜CC≤84000	3.15
CC＞84000	3.10

注：测试方法按照《多联式空调（热泵）机组》GB/T 18837的相关规定，其中，室内、外机连接管道上冷媒分配器前、后的连接管长度为5m或按制造厂规定。

多联机的能效等级分为5级（见表3），其中节能评价值为表3中能效等级的2级所对应的制冷综合性能系数［IPLV（C）］指标。

表3　能效等级对应的制冷综合性能系数指标

名义制冷量 CC （W）	能　效　等　级				
	5	4	3	2	1
CC≤28000	2.80	3.00	3.20	3.40	3.60
28000＜CC≤84000	2.75	2.95	3.15	3.35	3.55
CC＞84000	2.70	2.90	3.10	3.30	3.50

注：测试方法按照 GB/T 18837 的相关规定，其中，室内、外机连接管道上冷媒分配器前、后的连接管长度为5m或按制造厂规定。

《空气—空气能量回收装置》GB 21087-2007规定了空气—空气能量回收装置的热交换效率限定值（见表4）。

表4　空气—空气能量回收装置热交换效率限定值

类　型	热交换效率（%）	
	制　冷	制　热
焓效率	50	55
温度效率	60	65

注：测试标准见 GB 21087-2007，其中，新、排风量相等。

3.1.4　根据《采暖通风与空气调节设计规范》GB 50019-2003 中第6.3.18条，空调区域排风中所含的

能量十分可观，加以利用可以取得很好的节能效益和环境效益。

3.1.5　根据《公共建筑节能设计标准》GB 50189-2005中第5.5.12条及居住建筑节能设计有关规定，对多联机空调系统的计量进行了规定。

3.1.6　为规范多联机空调系统工程的施工图设计，根据《建筑工程设计文件编制深度规定》（2008版）的有关要求，多联机空调系统工程的施工图设计可分为两个阶段完成：第一阶段，设计深度除制冷剂管道预留走向、不标注管道管径及标高等外，其他按《建筑工程设计文件编制深度规定》的要求执行；第二阶段，由设备供应方配合设计人员完成多联机空调系统工程图纸的深化设计。

3.2　室内外设计参数

3.2.1　《采暖通风与空气调节设计规范》GB 50019规定：

1　冬季空调室外计算温度，应采用历年平均不保证1天的日平均温度。

2　冬季空调室外计算相对湿度，应采用累年最冷月平均相对湿度。

3　夏季空调室外计算干球温度，应采用历年平均不保证50h的干球温度。

4　夏季空调室外计算湿球温度，应采用历年平均不保证50h的湿球温度。

5　夏季空调室外计算日平均温度，应采用历年平均不保证5天的日平均温度。

6　冬季室外平均风速，应采用累年最冷3个月各月平均风速的平均值。

7　夏季室外平均风速，应采用累年最热3个月各月平均风速的平均值。

8　夏季太阳辐射照度，应根据当地的地理纬度、大气透明度和大气压力，按7月21日的太阳赤纬计算确定。

3.2.2　室内计算参数根据《采暖通风与空气调节设计规范》GB 50019-2003中第3.1.3条，适用于不同种类型的民用建筑，包括居住建筑、办公建筑、科教建筑、医疗卫生建筑、交通邮电建筑、文娱集会建筑和其他公共建筑等。

本规程以满足舒适性空调为主，不包含有工艺性要求的空调系统（净化、恒温恒湿等要求），为保证规程之间的衔接，直接引用室内设计参数要求；同时，考虑到多联机空调系统冬季集中加湿的困难，以及目前的实际应用情况，本条文仅对有加湿要求的建筑提出限定，而其他无加湿要求的建筑，如住宅、普通商店等，可以不考虑冬季相对湿度的要求。

3.2.3　随着我国经济的高速发展和人民生活水平不断提高，民用建筑室内空气品质被广泛关注。近年来，国家相关部门对建筑物室内空气质量提出了要求。

由于不同类型的建筑和场所对室内的要求不同,国家各部门从不同角度对室内环境质量的要求有区别。依据人体健康的基本要求和目前国内空气环境质量的实际状况,一般建筑室内空气污染物限值按《室内空气质量标准》GB/T 18883 - 2002确定,公共场所室内空气污染物限值按相应场所卫生标准 GB 9663～9672 - 1996 及 GB 16153 - 1996 确定。

3.2.4 根据《公共建筑节能设计标准》GB 50189 - 2005 中第 3.0.2 条,结合多联机空调系统的实际应用现状,本条文对设有机械通风系统的建筑提出限定。未设机械通风系统的建筑,如住宅,可以考虑通过适当开启外窗的方式来满足有关空气质量的要求。

3.3 负荷计算

3.3.2 考虑到多联机空调系统的特点,对间歇使用空调的房间,在选择空调室内机时,要充分考虑建筑物蓄热特性形成的负荷;对能单独使用空调的房间,在选择空调室内机时,要考虑邻室不使用空调时形成的相邻房间围护结构传热负荷。

3.4 系 统 设 计

3.4.1 多联机空调系统有多种不同类型,按多联机所提供的功能,可分为单冷型、热泵型和热回收型三大类;按压缩机的变容调节方式,可分为变频多联机和变容多联机,其中,变频多联机分直流调速和交流变频两种形式,而变容多联机以采用数码涡旋压缩机为主;按多联机是否具有蓄能能力,可分为蓄能型(蓄热、蓄冷型)和非蓄能型。

1 单冷和热泵型多联机空调系统

在典型的单冷或热泵型多联机空调系统中,压缩机通常采用一台变频或数码涡旋压缩机,在大系统中,由一台变频压缩机或多极压缩机与多台定速压缩机构成压缩机组;在各室内机和室外机上,设置有供节流和流量调节的电子膨胀阀;在系统的典型部位安放有温度传感器和压力传感器。在制冷工况下,室外机电子膨胀阀全开,通过室内机电子膨胀阀节流降压,控制室内温度和各室内机热交换器出口制冷剂的过热度,由压缩机旋转频率调节吸气压力;在制热工况下,室外机电子膨胀阀,控制室外机热交换出口制冷剂的过热度,室内机电子膨胀阀控制室温和室内热交换器出口的制冷剂过冷度,通过改变压缩机频率或PWM 阀的周期时间,调节压缩机排气压力。

2 热回收型多联机空调系统

热回收型多联机空调系统分 3 管式和 2 管式两种形式。3 管式多联机空调系统原理如下:室外机由压缩机、室外热交换器和气液分离器等构成;室内机由热交换器、电磁三通阀及电子膨胀阀构成。室外机与室内机之间由高压气体管、高压液体管、低压气体管3 根管道相连,故称"3 管式"系统。空调系统通过

高压气体管将高温高压蒸气引入用于供热的室内机,制冷剂蒸气在室内机内放热凝结,流入高压液体管;制冷剂从高压液体管进入制冷运行的室内机中,蒸发吸热,通过低压气体管返回压缩机。室外热交换器用于平衡各室内机的冷热负荷的缓冲设备,视室内运行模式起着冷凝器或蒸发器的作用,其功能取决于各室内机的工作模式和负荷大小。

多联机空调系统类型的选择需要根据建筑物的负荷特点、所在的气候区、初投资、运行经济性、使用效果等多方面因素综合考虑。当仅用于建筑物供冷时,多联分体式空调系统可选用单冷类型;当建筑物按季节需要供冷、供热时,可选用热泵类型;当同一多联分体式空调系统中同时需要供冷、供热时,可选用热回收类型。

3.4.2 室内、外机组之间以及室内机组之间的最大管长与最大高差,是多联机空调系统的重要性能参数。为保证系统安全、稳定、高效的运行,设计时,系统的最大管长与最大高差不应超过所选用产品的技术要求。表 5 列出国内主要几个品牌的参数:

表 5　国内主要品牌多联机配置参数

参　数	品牌 A	品牌 B	品牌 C	品牌 D	品牌 E	品牌 F
最大配管长度(m)	150	150	100	125	125	125
室内机之间的最大高差(m)	50	15	15	30	30	30
室外机与室内机之间的最大高差(m)	50	50	50	50	50	50

多联机空调系统是利用制冷剂输配能量,系统设计中必须考虑制冷剂连接管内制冷剂的重力与摩擦阻力对系统性能的影响,可以采用高性能的多联式空调(热泵)机组,或适当控制多联式空调(热泵)机组单机服务区域来保证实际安装的多联机空调系统具有较高的能效比。《多联式空调(热泵)机组》GB/T 18837 - 2002 将机组按照气候类型分为 T1、T2、T3三类,分别有对应的名义制冷工况。本规程规定实际工程系统在对应名义制冷工况满负荷时性能系数不低于 2.80,该值与《冷水机组能效限定值及能源效率等级》GB 19577 - 2004 中规定的满足风冷冷水机组 3级能效要求所需的最小能效比相当,经过近几年的发展,我国多联式空调(热泵)机组的能效性能有了大幅提高,国内生产的大多数产品能提供齐全的技术资料,能效水平已能满足本规程规定的性能指标要求。实际工程中,对于没有技术资料可进行能效设计核算时,即使在室内外机高差为最大允许高差下,选定的系统等效长度不超过 70m,也能基本满足本规程规定的能效指标要求。

当室内温度一定时，多联机空调系统的部分负荷特性取决于室外温度、机组负荷率及其运行工况。当室内机组运行工况一致，且负荷变化较为均匀时，多联机空调系统在 40%～80% 负荷率范围内，具有较高的制冷性能系数。因此，为提高系统的季节性能指标，系统划分应考虑多联机空调系统的特性，按各空调区的负荷特性，经技术比较后确定。

3.4.4 由于对多联机空调系统按照设计工况对室外机的制冷（热）能力进行温度、室内外机负荷比、制冷剂管长、融霜修正后，室内机的实际制冷（热）量可能变化，对每一个室内机应进行校核计算，如果室外机修正后实际制冷（热）量×对应室内机的额定容量/室内机的总计额定容量小于房间负荷，需按照本条的步骤对室外机重新选择。一般系统配置室内机总能力控制在室外机能力的 50%～130% 之间。

3.4.5 如有风速为 5m/s 以上的强风吹向室外机排气侧，室外机因风量降低，排风重新吸入（短路）等原因会出现下列现象：

1 系统工作能力降低；

2 制热时结霜增加；

3 因高压压力升高而停止运转；

4 室外机排气侧的正面遭过大的强风连续吹拂，风扇会高速反转，从而破损。

3.4.6 空调强电与弱电的控制线、信号线之间通常要保持 50mm 以上的距离，防止干扰。

3.4.7 本条对气流组织提出了具体要求，多联机空调系统广泛应用在各种空调场合，室内机的布置与室内气流组织对舒适度有较大影响。《采暖通风与空气调节设计规范》GB 50019 对回风口吸风速度作了具体规定，详见表6。

表6 回风口的吸风速度

回风口的位置		最大吸风速度（m/s）
房间上部		≤4.0
房间下部	不靠近人经常停留的地点	≤3.0
	靠近人经常停留的地点	≤1.5

3.4.9 新风系统的划分及穿防火墙的处理措施，应符合《高层民用建筑设计防火规范》GB 50045-95 及《建筑设计防火规范》GB 50016-2006 的有关条文规定。

3.4.11 冷凝水管设计应符合《采暖通风与空气调节设计规范》GB 50019-2003 中第 6.4.18 条的要求。

3.6 消声与隔振

3.6.1 多联机空调系统产生的噪声传播至使用房间、周围环境，应满足国家现行标准《工业企业噪声控制设计规范》GBJ 87、《民用建筑隔声设计规范》GBJ 118、《声环境质量标准》GB 3096、《工业企业厂界环境噪声排放标准》GB 12348 等的要求。

3.6.2 《民用建筑隔声设计规范》GBJ 118-88 对室内允许噪声等级的相关规定详见表7～表11。

表7 建筑物标准等级划分

特 级	一级	二级	三级
特殊要求（根据特殊要求确定）	较高标准	一般标准	最低限

表8 住宅室内允许噪声级

房间名称	允许噪声级 dB（A）		
	一级	二级	三级
卧室、书房	≤40	≤45	≤50
起居室	≤45	≤50	≤50

表9 学校室内允许噪声级

房间名称	允许噪声级 dB（A）		
	一级	二级	三级
有特殊安静要求的房间	≤40	—	—
一般教室		≤50	—
无特殊安静要求的房间			≤55

表10 医院室内允许噪声级

房间名称	允许噪声级 dB（A）		
	一级	二级	三级
病房、医护人员休息室	≤40	≤45	≤50
门诊室	≤55	≤55	≤60

表11 旅馆室内允许噪声级

房间名称	允许噪声级 dB（A）			
	特级	一级	二级	三级
客房	≤35	≤40	≤45	≤55
会议室	≤40	≤45	≤50	≤50
多用途大厅	≤40	≤45	≤50	—
办公室	≤45	≤50	≤55	≤55
餐厅	≤50	≤55	≤60	—

3.7 监测和控制

3.7.2 多联机空调系统的监测和控制系统，一般包括参数与设备状态显示、自动调节与控制、工况自动转换、自动保护等。

4 设备与材料

4.1 一般规定

4.1.1 多联机空调系统工程中采用的多联式空调（热泵）机组及新风处理设备应按《多联式空调（热泵）机组》GB/T 18837-2002 和《空气—空气能量回收装置》GB 21087-2007 生产，并达到《多联式空调（热泵）机组能效限定值及能源效率等级》GB 21454-2008 的要求。

4.1.2 多联机空调系统工程使用的设备、管道、绝热材料等是否完好、合格，与设计要求是否一致，是决定工程合格的重要因素，应对使用的设备与材料进场检查确认。

4.2 材料要求

4.2.1 制冷剂配管在弯管时，铜管的外壁壁厚会随着管道的弯曲而变薄，同时弯曲部位由于阻力增大，管内的摩擦系数也会增加，对弯管处的壁厚必须严格规定，必须严格遵守设计文件的要求。

4.2.4 保温材料质量的好坏直接影响系统的能效，对材料质量需核查和控制。

5 施工与安装

5.1 一般规定

5.1.1 多联机空调系统工程实施过程中，其室内、外机组及管线与其他专业有交叉，应考虑与其他专业相互协调。

5.1.2 多联机空调系统工程需按设计要求施工，是保证系统使用效果的必要条件，设备和部件要与设计一致。

5.1.3 多联机空调机组的过度倾斜、振动等都会造成设备的损坏和不能正常工作，因此，设备的搬运和吊装应符合产品技术文件的要求。

5.2 室内机安装

5.2.1 机组送风口前的空间内不能受障碍物阻挡，设备配管和电气盒侧应留有维修空间，以保证正常的送风效果和检修空间。

5.2.2 室内机在运转中会产生振动，如固定不牢会使室内机倾斜，发生漏水或产生振动噪声，因此，要采用双螺母进行固定，防止螺母由于振动造成松脱。

5.2.3 由于施工现场环境较差，设备直接暴露于现场容易污染室内机翅片及过滤网，造成不必要的损失。因此室内机安装完成后要及时进行防尘保护，防止其他工序污染设备。

5.2.4 采用软连接可以保证风管的荷载不传到室内机上，同时有利于风管的伸缩和防止因振动产生的固体噪声。

5.3 室外机安装

5.3.1 没有风帽或气流导向格栅会导致气流短路时，室外机要安装风帽及气流导向格栅，风帽不利于拆卸时，应考虑风扇马达等的维修口。

5.3.2 多联机空调系统室外机安装基础不稳定，会产生附加的噪声和振动，因此要在足够强度的基础上安装。

5.4 制冷剂管道的施工

5.4.1 铜管在切割完成后，由于割刀刀刃有向下的压力，会在铜管内壁产生向内侧的毛边，会对今后的扩口或胀管加工造成一定的影响，必须去除多余的毛边，使用专用的毛边绞刀进行操作。将管口向下放置，把绞口贴紧铜管内壁，沿相同方向旋转绞刀，完成后需进行确认观察毛边是否去除彻底，铜管内壁是否有划痕。切屑如果不清除干净，将会磨损压缩机构件。

5.4.2

1 末端露出夹具表面的尺寸要符合夹具安装要求，表12和表13列出目前国内设备的安装要求。

表 12 铜管露出夹具水平面的距离

铜管的露出尺寸	Φ6.4 (1/4″)	Φ9.5 (3/8″)	Φ12.7 (1/2″)	Φ15.9 (5/8″)	Φ19.1 (3/4″)
A(R22)	0.5mm				1.0mm
A(R410A)	1.0mm				1.5mm
B(R410A)	0mm				采用焊接

注：A 表示使用 R22 专用扩口器时的尺寸；B 表示使用 R410A 新制冷剂专用扩口器时的尺寸。

表 13 喇叭口开口尺寸的对照表

铜管尺寸	管外径(mm) D。	开口尺寸(mm) R410A	开口尺寸(mm) R22
1/4(2分)	6.4	9.1	9
3/8(3分)	9.4	13.2	13
1/2(4分)	12.7	16.6	16.2
5/8(5分)	15.9	19.7	19.4
3/4(6分)	19.0	焊接连接	23.3

2 涂抹与设备同类的冷冻机油，对螺母的紧固起润滑作用，防止在铜管表面产生划痕，螺母在旋紧的过程中，冷冻机油会被挤压到螺纹中，起到密封作用。

5.4.3 弯曲半径过小，会造成铜管由圆形变成扁形，内侧形成褶皱而形成节流现象或内侧由于变形严重形成裂痕。

5.4.5 充氮焊接的目的是为了防止焊接时铜管内部产生氧化膜，用于充氮焊接的氮气纯度一般不低于99.99%；在进行钎焊过程中，为了让管道内的空气完全排出，需把管道系统的另一端封口打开；充氮焊接的压力不宜太大；钎焊完成后，一直到铜管冷却为止都要保持吹氮气。

5.4.6 由于制冷剂配管内保持压力时，尤其是气密性试验后管道内部压力较高，带压焊接容易出现安全隐患，因此作出了本条规定。

5.4.7 由于制冷剂配管在空调机每次启动和停机时都会反复伸缩，该伸缩量在温度差为80℃，每10m可以达到13.84mm，因此必须按照规定的尺寸对制冷剂配管进行支吊。

卡固是防止铜管的晃动和由于自重向下造成铜管变形。对铜管立管贯穿部采用防火泥进行固定和防振，对铜管的底部安装支撑托架，防止铜管向下下垂，要注意对制冷剂配管分歧管处、室内机接口处、穿过墙体前后的配管进行固定。

5.4.8 带保温的制冷剂配管、冷凝水配管、风管穿越内外墙时要加装套管，以防墙体划破保温层造成保温性能下降。配管用套管尺寸的选择要考虑保温层的厚度，在穿越墙体时套管的长度与墙体厚度相等，外墙的贯穿套管，要使用带防水翅片的套管，在穿越楼板时套管伸出楼板1cm。

5.4.9 多联机空调系统制冷剂管道安装过程会残留焊渣、金属屑、氧化皮等污物，如不从系统中排除，会影响系统正常运行，因此在气密性试验前必须对系统进行排污。

5.4.10 本条针对采用不同种类制冷剂的多联分体空调系统的气密性试验压力作出了具体规定，规定了系统气密性检验的要求和标准。

5.4.11 多联机空调系统的制冷剂管道中的水分会导致制冷系统的冰堵，不凝性气体会导致系统运行不正常等。需要对多联分体空调系统进行抽真空试验，本条规定了抽真空试验的要求和标准。

5.5 制冷剂的充注与回收

5.5.1 多联机空调机组出厂时，会在室外机组内充注制冷剂，由于系统的安装管长不同，实际安装时还需要追加充注相应量的制冷剂。追加的制冷剂量应根据产品制造商技术资料提供的方法进行计算。

5.5.2 R410A和R407C制冷剂属于混合型制冷剂，如采用气态充注的方式，充注到系统中的制冷剂成分容易发生变化，不能保证制冷剂的热力性质，影响系统的效能。因此本条对充注状态作出了规定。

5.5.3 氢氯氟烃、氢氟烃及其混合制冷剂在排放时形成温室气体，对地球大气层产生污染，为了保护人类的生存环境，减少大气中的排放，在制冷剂需要排空时，要使用回收机回收。

5.6 空调水系统管道与设备的安装

5.6.1 该条说明了多联机空调系统工程水系统管道与设备的安装范围。

5.6.2 空调水系统管道与设备的安装在《通风与空调工程施工质量验收规程》GB 50243－2002中第9章有详细的规定。

5.7 风管的安装

5.7.2 风管的安装在《通风管道技术规程》JGJ 141－2004中有详细的规定。

5.8 绝　　热

5.8.1 该条说明了多联机空调系统工程保温的范围。

5.9 电气系统安装

5.9.1 本条强调多联机空调系统电气系统安装的人员应具备专业资格，按图施工。

5.9.2 本条对安装工程使用的专用仪表设备（如钳形电流表、兆欧表等）提出必须符合国家电气标准要求规定。

5.9.4 多联机空调系统的控制系统应根据产品制造商提供的产品说明书进行安装。

6 调试运转、检验及验收

6.2 调 试 运 转

6.2.1 多联式空调机组出厂时，由于系统的安装管长不同，实际安装时需追加充注制冷剂。

6.2.2 多联机空调系统制冷剂运转压力高，压力表等应符合国家计量法规及检定规程的规定。

6.2.3 本条说明了多联机空调系统带负荷调试运转工作前的准备工作要求。

6.2.4 冷凝水管满水试验方法：把冷凝水排水管道的末端用塞子或其他物品堵住；从管道的排气孔或专用的注水口向管道内注入足够量的水，直到管道内注满为止；检查整个管道特别是有连接的部分是否有漏水或渗水现象，完成后去除末端的闷头，排空管道内的水；如果无漏水发生，对未进行保温处理的地方进行保温的修补处理，防止在使用过程中排水管产生结露现象。

冷凝水管排水通水试验方法：准备一定量的水（可以进行计量的）和一个可以用来盛装相同水量的空容器；在排水管的末端把空的容器安放好；把准备好的水从水管的最高点慢慢注入排水管道内，直到全部注入为止；确认空容器内盛装的水的量，一般情况占入水量的 70%以上为合格；注意必须保证盛水容器内的水完全注入管道内；确认空容器内排除水量的量是否太少，如果过少表示主管道有积水现象，这不利于今后的排水。

6.2.5 本条说明了多联机空调系统带负荷调试运转要求检查的项目。

6.3 检 验

6.3.2 本条说明了多联机空调系统工程系统带负荷效果检验的运行要求条件。

6.3.3 本条说明了多联机空调系统带负荷效果检验要求的项目。

6.4 验 收

6.4.1 本条说明了多联机空调系统工程验收时，应检查验收资料的内容。

中华人民共和国行业标准

公共建筑节能改造技术规范

Technical code for the retrofitting of public building on energy efficiency

JGJ 176—2009

批准部门：中华人民共和国住房和城乡建设部
施行日期：２００９年１２月１日

中华人民共和国住房和城乡建设部
公　　告

第 313 号

关于发布行业标准《公共建筑
节能改造技术规范》的公告

现批准《公共建筑节能改造技术规范》为行业标准，编号为 JGJ 176 - 2009，自 2009 年 12 月 1 日起实施。其中，第 5.1.1、6.1.6 条为强制性条文，必须严格执行。

本规范由我部标准定额研究所组织中国建筑工业

出版社出版发行。

中华人民共和国住房和城乡建设部
2009 年 5 月 19 日

前　　言

根据原建设部《关于印发〈2006 年工程建设标准规范制订、修订计划（第一批）〉的通知》（建标 [2006] 77 号）的要求，规范编制组经广泛调查研究，认真总结实践经验，参考国内外相关标准，并在广泛征求意见的基础上制定了本规范。

本规范主要技术内容是：1. 总则；2. 术语；3. 节能诊断；4. 节能改造判定原则与方法；5. 外围护结构热工性能改造；6. 采暖通风空调及生活热水供应系统改造；7. 供配电与照明系统改造；8. 监测与控制系统改造；9. 可再生能源利用；10. 节能改造综合评估。

本规范中用黑体字标志的条文为强制性条文，必须严格执行。

本规范由住房和城乡建设部负责管理和对强制性条文的解释，由中国建筑科学研究院负责具体技术内容的解释。

本规范主编单位：中国建筑科学研究院
（北京市北三环东路 30 号，邮政编码：100013）

本规范参编单位：同济大学
　　　　　　　　重庆大学
　　　　　　　　上海市建筑科学研究院（集团）有限公司
　　　　　　　　深圳市建筑科学研究院
　　　　　　　　中国建筑西南设计研究院
　　　　　　　　中国建筑业协会智能建筑专业委员会
　　　　　　　　北京市建筑设计研究院
　　　　　　　　浙江省建筑科学设计研究院

合肥工业大学建筑设计研究院
开利空调销售服务（上海）有限公司
远大空调有限公司
清华同方人工环境有限公司
达尔凯国际股份有限公司
贵州汇通华城楼宇科技有限公司
深圳市鹏瑞能源技术有限公司
南京丰盛能源环境有限公司
北京天正工程软件有限公司
北京振利高新技术有限公司
北京江河幕墙装饰工程有限公司
威固国际有限公司
欧文斯科宁（中国）投资有限公司
北京泰豪智能工程有限公司
上海大智科技发展有限公司
西门子楼宇科技（天津）有限公司

本规范主要起草人：徐　伟　邹　瑜　龙惟定
　　　　　　　　　　付祥钊　冯晓梅　朱伟峰
　　　　　　　　　　宋业辉　王　虹　卜增文
　　　　　　　　　　周　辉　冯　雅　毛剑瑛
　　　　　　　　　　万水娥　宋　波　潘金炎
　　　　　　　　　　万　力　张　勇　姜　仁
　　　　　　　　　　黄振利　袁莉莉　俞　菁

目　录

目　次

1　总则 ……………………… 27—6
2　术语 ……………………… 27—6
3　节能诊断 ………………… 27—6
　3.1　一般规定 …………… 27—6
　3.2　外围护结构热工性能 … 27—6
　3.3　采暖通风空调及生活热水供
　　　　应系统 ……………… 27—6
　3.4　供配电系统 ………… 27—7
　3.5　照明系统 …………… 27—7
　3.6　监测与控制系统 …… 27—7
　3.7　综合诊断 …………… 27—7
4　节能改造判定原则与方法 … 27—7
　4.1　一般规定 …………… 27—7
　4.2　外围护结构单项判定 … 27—8
　4.3　采暖通风空调及生活热水供应系
　　　　统单项判定 ………… 27—8
　4.4　供配电系统单项判定 … 27—9
　4.5　照明系统单项判定 … 27—10
　4.6　监测与控制系统单项判定 … 27—10
　4.7　分项判定 …………… 27—10
　4.8　综合判定 …………… 27—10
5　外围护结构热工性能改造 … 27—10
　5.1　一般规定 …………… 27—10
　5.2　外墙、屋面及非透明幕墙 … 27—10
　5.3　门窗、透明幕墙及采光顶 … 27—11
6　采暖通风空调及生活热水供应
　　系统改造 ……………… 27—12

6.1　一般规定 ……………… 27—12
6.2　冷热源系统 …………… 27—12
6.3　输配系统 ……………… 27—12
6.4　末端系统 ……………… 27—13
7　供配电与照明系统改造 …… 27—13
　7.1　一般规定 …………… 27—13
　7.2　供配电系统 ………… 27—13
　7.3　照明系统 …………… 27—13
8　监测与控制系统改造 ……… 27—14
　8.1　一般规定 …………… 27—14
　8.2　采暖通风空调及生活热水供应
　　　　系统的监测与控制 … 27—14
　8.3　供配电与照明系统的监测
　　　　与控制 …………… 27—14
9　可再生能源利用 ………… 27—14
　9.1　一般规定 …………… 27—14
　9.2　地源热泵系统 ……… 27—14
　9.3　太阳能利用 ………… 27—15
10　节能改造综合评估 ……… 27—15
　10.1　一般规定 ………… 27—15
　10.2　节能改造效果检测与评估 … 27—15
附录A　冷热源设备性能
　　　　参数选择 …………… 27—16
本规范用词说明 …………… 27—17
引用标准名录 ……………… 27—17
附：条文说明 ……………… 27—18

Contents

1 General Provisions ·············· 27—6

2 Terms ························ 27—6

3 Energy System Diagnose ········· 27—6

  3.1 General Requirements ·········· 27—6

  3.2 Thermal Performance of Building Envelope ·················· 27—6

  3.3 HVAC and Domestic Hot Water Supply Systems ·············· 27—6

  3.4 Power Supply and Distribution Systems ·················· 27—7

  3.5 Lighting ·················· 27—7

  3.6 Monitoring and Control Systems ·················· 27—7

  3.7 Compositive Diagnose ·········· 27—7

4 Benchmark on Retrofitting of Energy Efficiency ·············· 27—7

  4.1 General Requirements ·········· 27—7

  4.2 External Envelope Benchmark ········ 27—8

  4.3 HVAC and Domestic Hot Water Supply Systems Benchmark ·········· 27—8

  4.4 Power Supply and Distribution Systems Benchmark ·············· 27—9

  4.5 Lighting Benchmark ·········· 27—10

  4.6 Monitoring and Control Systems Benchmark ·················· 27—10

  4.7 System Benchmark ·············· 27—10

  4.8 Compositive Benchmark ·········· 27—10

5 Retrofitting on Thermal Performance of External Envelope ·················· 27—10

  5.1 General Requirements ·············· 27—10

  5.2 External Wall, Roof and Opaque Curtain Wall ·················· 27—10

  5.3 Door, Window, Transparent Curtain Wall and Skylight ·············· 27—11

6 Retrofitting on HVAC and Domestic Hot Supply

Systems ···················· 27—12

  6.1 General Requirements ·············· 27—12

  6.2 Heating and Cooling Source ·········· 27—12

  6.3 Supply and Distribution Systems ·················· 27—12

  6.4 Terminal Systems ·············· 27—13

7 Retrofitting on Power Supply and Distribution Systems and Lighting ·················· 27—13

  7.1 General Requirements ·············· 27—13

  7.2 Power supply and Distribution ········· 27—13

  7.3 Lighting ·················· 27—13

8 Retrofitting on Monitoring and Control Systems ·················· 27—14

  8.1 General Requirements ·············· 27—14

  8.2 HVAC and Domestic Hot Water Supply Systems ·············· 27—14

  8.3 Power Supply, Distribution and Lighting ·················· 27—14

9 Renewable Energy system ·········· 27—14

  9.1 General Requirements ·············· 27—14

  9.2 Ground-Source Heat Pump Systems ·················· 27—14

  9.3 Solar Energy Using ·········· 27—15

10 Measurements and Verification on Energy Savings ·············· 27—15

  10.1 General Requirements ·············· 27—15

  10.2 Measurements and Verification on Energy Savings ·············· 27—15

Appendix A: The Performance of Heating and Cooling Equipments ·············· 27—16

Explanation of Wording in This Code ·················· 27—17

Normative Standards ·············· 27—17

Addition: Explanation of Provisions ····· 27—18

1 总　　则

1.0.1 为贯彻国家有关建筑节能的法律法规和方针政策，推进建筑节能工作，提高既有公共建筑的能源利用效率，减少温室气体排放，改善室内热环境，制定本规范。

1.0.2 本规范适用于各类公共建筑的外围护结构、用能设备及系统等方面的节能改造。

1.0.3 公共建筑节能改造应在保证室内热舒适环境的基础上，提高建筑的能源利用效率，降低能源消耗。

1.0.4 公共建筑的节能改造应根据节能诊断结果，结合节能改造判定原则，从技术可靠性、可操作性和经济性等方面进行综合分析，选取合理可行的节能改造方案和技术措施。

1.0.5 公共建筑的节能改造，除应符合本规范的规定外，尚应符合国家现行有关标准的规定。

2 术　　语

2.0.1 节能诊断　energy diagnosis

通过现场调查、检测以及对能源消费账单和设备历史运行记录的统计分析等，找到建筑物能源浪费的环节，为建筑物的节能改造提供依据的过程。

2.0.2 能源消费账单　energy expenditure bill

建筑物使用者用于能源消费结算的凭证或依据。

2.0.3 能源利用效率　energy utilization efficiency

广义上是指能源在形式转换过程中终端能源形式蕴含能量与始端能源形式蕴含能量的比值。本规范中是指公共建筑用能系统的能源利用效率。

2.0.4 冷源系统能效系数　energy efficiency ratio of cooling source system

冷源系统单位时间供冷量与冷水机组、冷水泵、冷却水泵和冷却塔风机单位时间耗能的比值。

3 节能诊断

3.1 一般规定

3.1.1 公共建筑节能改造前应对建筑物外围护结构热工性能、采暖通风空调及生活热水供应系统、供配电与照明系统、监测与控制系统进行节能诊断。

3.1.2 公共建筑节能诊断前，宜提供下列资料：

1　工程竣工图和技术文件；

2　历年房屋修缮及设备改造记录；

3　相关设备技术参数和近1~2年的运行记录；

4　室内温湿度状况；

5　近1~2年的燃气、油、电、水、蒸汽等能源消费账单。

3.1.3 公共建筑节能改造前应制定详细的节能诊断方案，节能诊断后应编写节能诊断报告。节能诊断报告应包括系统概况、检测结果、节能诊断与节能分析、改造方案建议等内容。对于综合诊断项目，应在完成各子系统节能诊断报告的基础上再编写项目节能诊断报告。

3.1.4 公共建筑节能诊断项目的检测方法应符合现行行业标准《公共建筑节能检验标准》JGJ 177 的有关规定。

3.1.5 承担公共建筑节能检测的机构应具备相应资质。

3.2 外围护结构热工性能

3.2.1 对于建筑外围护结构热工性能，应根据气候区和外围护结构的类型，对下列内容进行选择性节能诊断：

1　传热系数；

2　热工缺陷及热桥部位内表面温度；

3　遮阳设施的综合遮阳系数；

4　外围护结构的隔热性能；

5　玻璃或其他透明材料的可见光透射比、遮阳系数；

6　外窗、透明幕墙的气密性；

7　房间气密性或建筑物整体气密性。

3.2.2 外围护结构热工性能节能诊断应按下列步骤进行：

1　查阅竣工图，了解建筑外围护结构的构造做法和材料，建筑遮阳设施的种类和规格，以及设计变更等信息；

2　对外围护结构状况进行现场检查，调查了解外围护结构保温系统的完好程度，实际施工做法与竣工图纸的一致性，遮阳设施的实际使用情况和完好程度；

3　对确定的节能诊断项目进行外围护结构热工性能的计算和检测；

依据诊断结果和本规范第4章的规定，确定外围护结构的节能环节和节能潜力，编写外围护结构热工性能节能诊断报告。

3.3 采暖通风空调及生活热水供应系统

3.3.1 对于采暖通风空调及生活热水供应系统，应根据系统设置情况，对下列内容进行选择性节能诊断：

1　建筑物室内的平均温度、湿度；

2　冷水机组、热泵机组的实际性能系数；

3　锅炉运行效率；

4　水系统回水温度一致性；

5　水系统供回水温差；

6 水泵效率；

7 水系统补水率；

8 冷却塔冷却性能；

9 冷源系统能效系数；

10 风机单位风量耗功率；

11 系统新风量；

12 风系统平衡度；

13 能量回收装置的性能；

14 空气过滤器的积尘情况；

15 管道保温性能。

3.3.2 采暖通风空调及生活热水供应系统节能诊断应按下列步骤进行：

1 通过查阅竣工图和现场调查，了解采暖通风空调及生活热水供应系统的冷热源形式、系统划分形式、设备配置及系统调节控制方法等信息；

2 查阅运行记录，了解采暖通风空调及生活热水供应系统运行状况及运行控制策略等信息；

3 对确定的节能诊断项目进行现场检测；

4 依据诊断结果和本规范第4章的规定，确定采暖通风空调及生活热水供应系统的节能环节和节能潜力，编写节能诊断报告。

3.4 供配电系统

3.4.1 供配电系统节能诊断应包括下列内容：

1 系统中仪表、电动机、电器、变压器等设备状况；

2 供配电系统容量及结构；

3 用电分项计量；

4 无功补偿；

5 供用电电能质量。

3.4.2 对供配电系统中仪表、电动机、电器、变压器等设备状况进行节能诊断时，应核查是否使用淘汰产品、各电器元件是否运行正常以及变压器负载率状况。

3.4.3 对供配电系统容量及结构进行节能诊断时，应核查现有的用电设备功率及配电电气参数。

3.4.4 对供配电系统用电分项计量进行节能诊断时，应核查常用供主回路是否设置电能表对电能数据进行采集与保存，并应对分项计量电能回路用电量进行校核检验。

3.4.5 对无功补偿进行节能诊断时，应核查是否采用提高用电设备功率因数的措施以及无功补偿设备的调节方式是否符合供配电系统的运行要求。

3.4.6 供用电电能质量节能诊断应采用电能质量监测仪在公共建筑物内出现或可能出现电能质量问题的部位进行测试。供用电电能质量节能诊断宜包括下列内容：

1 三相电压不平衡度；

2 功率因数；

3 各次谐波电压和电流及谐波电压和电流总畸变率；

4 电压偏差。

3.5 照 明 系 统

3.5.1 照明系统节能诊断应包括下列项目：

1 灯具类型；

2 照明灯具效率和照度值；

3 照明功率密度值；

4 照明控制方式；

5 有效利用自然光情况；

6 照明系统节电率。

3.5.2 照明系统节能诊断应提供照明系统节电率。

3.6 监 测 与 控 制 系 统

3.6.1 监测与控制系统节能诊断应包括下列内容：

1 集中采暖与空气调节系统监测与控制的基本要求；

2 生活热水监测与控制的基本要求；

3 照明、动力设备监测与控制的基本要求；

4 现场控制设备及元件状况。

3.6.2 现场控制设备及元件节能诊断应包括下列内容：

1 控制阀门及执行器选型与安装；

2 变频器型号和参数；

3 温度、流量、压力仪表的选型及安装；

4 与仪表配套的阀门安装；

5 传感器的准确性；

6 控制阀门、执行器及变频器的工作状态。

3.7 综 合 诊 断

3.7.1 公共建筑应在外围护结构热工性能、采暖通风空调及生活热水供应系统、供配电与照明系统、监测与控制系统的分项诊断基础上进行综合诊断。

3.7.2 公共建筑综合诊断应包括下列内容：

1 公共建筑的年能耗量及其变化规律；

2 能耗构成及各分项所占比例；

3 针对公共建筑的能源利用情况，分析存在的问题和关键因素，提出节能改造方案；

4 进行节能改造的技术经济分析；

5 编制节能诊断总报告。

4 节能改造判定原则与方法

4.1 一 般 规 定

4.1.1 公共建筑进行节能改造前，应首先根据节能诊断结果，并结合公共建筑节能改造判定原则与方法，确定是否需要进行节能改造及节能改造内容。

4.1.2 公共建筑节能改造应根据需要采用下列一种或多种判定方法：

1 单项判定；

2 分项判定；

3 综合判定。

4.2 外围护结构单项判定

4.2.1 当公共建筑因结构或防火等方面存在安全隐患而需进行改造时，宜同步进行外围护结构方面的节能改造。

4.2.2 当公共建筑外墙、屋面的热工性能存在下列情况时，宜对外围护结构进行节能改造：

1 严寒、寒冷地区，公共建筑外墙、屋面保温性能不满足现行国家标准《民用建筑热工设计规范》GB 50176 的内表面温度不结露要求；

2 夏热冬冷、夏热冬暖地区，公共建筑外墙、屋面隔热性能不满足现行国家标准《民用建筑热工设计规范》GB 50176 的内表面温度要求。

4.2.3 公共建筑外窗、透明幕墙的传热系数及综合遮阳系数存在下列情况时，宜对外窗、透明幕墙进行节能改造：

1 严寒地区，外窗或透明幕墙的传热系数大于 3.8W/(m² · K)；

2 严寒、寒冷地区，外窗的气密性低于现行国家标准《建筑外窗气密、水密、抗风压性能分级及检测方法》GB/T 7106 中规定的 2 级，透明幕墙的气密性低于现行国家标准《建筑幕墙》GB/T 21086 中规定的 1 级；

3 非严寒地区，除北向外，外窗或透明幕墙的综合遮阳系数大于 0.60；

4 非严寒地区，除超高层及特别设计的透明幕墙外，外窗或透明幕墙的可开启面积低于外墙总面积的 12%。

4.2.4 公共建筑屋面透明部分的传热系数、综合遮阳系数存在下列情况时，宜对屋面透明部分进行节能改造。

1 严寒地区，屋面透明部分的传热系数大于 3.5W/(m² · K)；

2 非严寒地区，屋面透明部分的综合遮阳系数大于 0.60。

4.3 采暖通风空调及生活热水供应系统单项判定

4.3.1 当公共建筑的冷源或热源设备满足下列条件之一时，宜进行相应的节能改造或更换：

1 运行时间接近或超过其正常使用年限；

2 所使用的燃料或工质不满足环保要求。

4.3.2 当公共建筑采用燃煤、燃油、燃气的蒸汽或热水锅炉作为热源，其运行效率低于表 4.3.2 的规定，且锅炉改造或更换的静态投资回收期小于或等于

8 年时，宜进行相应的改造或更换。

表 4.3.2 锅炉的运行效率

锅炉类型、燃料种类		在下列锅炉容量(MW)下的最低运行效率(%)						
		0.7	1.4	2.8	4.2	7.0	14.0	>28.0
燃煤	烟煤Ⅱ	—	—	60	61	64	65	67
	烟煤Ⅲ	—	—	61	63	64	67	68
燃油、燃气		76	76	76	78	78	80	80

4.3.3 当电机驱动压缩机的蒸气压缩循环冷水机组或热泵机组实际性能系数（COP）低于表 4.3.3 的规定，且机组改造或更换的静态投资回收期小于或等于 8 年时，宜进行相应的改造或更换。

表 4.3.3 冷水机组或热泵机组制冷性能系数

类型		额定制冷量(CC) kW	性能系数(COP) W/W
水冷	活塞式/涡旋式	<528	3.40
		528～1163	3.60
		>1163	3.80
	螺杆式	<528	3.80
		528～1163	4.00
		>1163	4.20
	离心式	<528	3.80
		528～1163	4.00
		>1163	4.20
风冷或蒸发冷却	活塞式/涡旋式	≤50	2.20
		>50	2.40
	螺杆式	≤50	2.40
		>50	2.60

4.3.4 对于名义制冷量大于 7100W、采用电机驱动压缩机的单元式空气调节机、风管送风式和屋顶式空调机组，在名义制冷工况和规定条件下，当其能效比低于表 4.3.4 的规定，且机组改造或更换的静态投资回收期小于或等于 5 年时，宜进行相应的改造或更换。

表 4.3.4 机组能效比

类 型		能效比（W/W）
风冷式	不接风管	2.40
	接风管	2.10
水冷式	不接风管	2.80
	接风管	2.50

4.3.5 当溴化锂吸收式冷水机组实际性能系数（COP）不符合表 4.3.5 的规定，且机组改造或更换的静态投资回收期小于或等于 8 年时，宜进行相应的

改造或更换。

表 4.3.5 溴化锂吸收式机组性能参数

机型	运行工况	性能参数		
	蒸汽压力 (MPa)	单位制冷量蒸汽耗量 [kg/ (kW·h)]	性能系数 (W/W)	
			制冷	供热
蒸汽双效	0.25	≤1.56	—	—
	0.4		—	—
	0.6	≤1.46	—	—
	0.8	≤1.42	—	—
直燃	—	—	≥1.0	—
	—	—	—	≥0.80

注：直燃机的性能系数为：制冷量（供热量）/［加热源消耗量（以低位热值计）＋电力消耗量（折算成一次能）］。

4.3.6 对于采用电热锅炉、电热水器作为直接采暖和空调系统的热源，当符合下列情况之一，且当静态投资回收期小于或等于 8 年时，应改造为其他热源方式：

1 以供冷为主，采暖负荷小且无法利用热泵提供热源的建筑；

2 无集中供热与燃气源，煤、油等燃料的使用受到环保或消防严格限制的建筑；

3 夜间可利用低谷电进行蓄热，且蓄热式电锅炉不在昼间用电高峰时段启用的建筑；

4 采用可再生能源发电地区的建筑；

5 采暖和空调系统中需要对局部外区进行加热的建筑。

4.3.7 当公共建筑采暖空调系统的热源设备无随室外气温变化进行供热量调节的自动控制装置时，应进行相应的改造。

4.3.8 当公共建筑冷源系统的能效系数低于表4.3.8 的规定，且冷源系统节能改造的静态投资回收期小于或等于 5 年时，宜对冷源系统进行相应的改造。

表 4.3.8 冷源系统能效系数

类　型	单台额定制冷量 （kW）	冷源系统能效系数 （W/W）
水冷冷水机组	＜528	1.8
	528～1163	2.1
	＞1163	2.5
风冷或蒸发冷却	≤50	1.4
	＞50	1.6

4.3.9 当采暖空调系统循环水泵的实际水量超过原设计值的 20％，或循环水泵的实际运行效率低于铭牌值的 80％时，应对水泵进行相应的调节或改造。

4.3.10 当空调水系统实际供回水温差小于设计值

40％的时间超过总运行时间的 15％时，宜对空调水系统进行相应的调节或改造。

4.3.11 采用二次泵的空调冷水系统，当二次泵未采用变速变流量调节方式时，宜对二次泵进行变速变流量调节方式的改造。

4.3.12 当空调风系统风机的单位风量耗功率大于表4.3.12 的规定时，宜对风机进行相应的调节或改造。

表 4.3.12 风机的单位风量耗功率限值[W/(m³/h)]

系统形式	办公建筑		商业、旅馆建筑	
	粗效过滤	粗、中效过滤	粗效过滤	粗、中效过滤
两管制定风量系统	0.46	0.53	0.51	0.57
四管制定风量系统	0.52	0.58	0.56	0.64
两管制变风量系统	0.64	0.70	0.68	0.75
四管制变风量系统	0.69	0.76	0.47	0.81
普通机械通风系统	0.32			

注：1 普通机械通风系统中不包括厨房等需要特定过滤装置的房间的通风系统；

2 严寒地区增设预热盘管时，单位风量耗功率可以再增加 0.035W/(m³/h)；

3 当空调机组内采用湿膜加湿方法时，单位风量耗功率可以再增加 0.053W/(m³/h)。

4.3.13 当公共建筑存在较大的冬季需要制冷的内区，且原有空调系统未利用天然冷源时，宜进行相应的改造。

4.3.14 在过渡季，公共建筑的外窗开启面积和通风系统均不能直接利用新风实现降温需求时，宜进行相应的改造。

4.3.15 当设有新风的空调系统的新风量不满足现行国家标准《公共建筑节能设计标准》GB 50189 规定时，宜对原有新风系统进行改造。

4.3.16 当冷水系统各主支管路回水温度最大差值大于 2℃，热水系统各主支管路回水温度最大差值大于4℃时，宜进行相应的水力平衡改造。

4.3.17 当空调系统冷水管的保温存在结露情况时，应进行相应的改造。

4.3.18 当冷却塔的实际运行效率低于铭牌值的80％时，宜对冷却塔进行相应的清洗或改造。

4.3.19 当公共建筑中的采暖空调系统不具备室温调控手段时，应进行相应改造。

4.3.20 对于采用区域性冷源或热源的公共建筑，当冷源或热源入口处没有设置冷量或热量计量装置时，宜进行相应的改造。

4.4 供配电系统单项判定

4.4.1 当供配电系统不能满足更换的用电设备功率、配电电气参数要求时，或主要电器为淘汰产品时，应对配电柜(箱)和配电回路进行改造。

4.4.2 当变压器平均负载率长期低于 20％且今后不再增加用电负荷时,宜对变压器进行改造。

4.4.3 当供配电系统未根据配电回路合理设置用电分项计量或分项计量电能回路用电量校核不合格时,应进行改造。

4.4.4 当无功补偿不能满足要求时,应论证改造方法合理性并进行投资效益分析,当投资静态回收期小于 5 年时,宜进行改造。

4.4.5 当供用电电能质量不能满足要求时,应论证改造方法合理性并进行投资效益分析,当投资静态回收期小于 5 年时,宜进行改造。

4.5 照明系统单项判定

4.5.1 当公共建筑的照明功率密度值超过现行国家标准《建筑照明设计标准》GB 50034 规定的限值时,宜进行相应的改造。

4.5.2 当公共建筑公共区域的照明未合理设置自动控制时,宜进行相应的改造。

4.5.3 对于未合理利用自然光的照明系统,宜进行相应改造。

4.6 监测与控制系统单项判定

4.6.1 未设置监测与控制系统的公共建筑,应根据监控对象特性合理增设监测与控制系统。

4.6.2 当集中采暖与空气调节等用能系统进行节能改造时,应对与之配套的监测与控制系统进行改造。

4.6.3 当监测与控制系统不能正常运行或不能满足节能管理要求时,应进行改造。

4.6.4 当监测与控制系统配置的传感器、阀门及配套执行器、变频器等的选型及安装不符合设计、产品说明书及现行国家标准《自动化仪表工程施工及验收规范》GB 50093 中有关规定时,或准确性及工作状态不能满足要求时,应进行改造。

4.6.5 当监测与控制系统无用电分项计量或不能满足改造前后节能效果对比时,应进行改造。

4.7 分项判定

4.7.1 公共建筑经外围护结构节能改造,采暖通风空调能耗降低 10％以上,且静态投资回收期小于或等于 8 年时,宜对外围护结构进行节能改造。

4.7.2 公共建筑的采暖通风空调及生活热水供应系统经节能改造,系统的能耗降低 20％以上且静态投资回收期小于或等于 5 年时,或者静态投资回收期小于或等于 3 年时,宜进行节能改造。

4.7.3 公共建筑未采用节能灯具或采用的灯具效率及光源等不符合国家现行有关标准的规定,且改造静态投资回收期小于或等于 2 年或节能率达到 20％以上时,宜进行相应的改造。

4.8 综合判定

4.8.1 通过改善公共建筑外围护结构的热工性能,提高采暖通风空调及生活热水供应系统、照明系统的效率,在保证相同的室内热环境参数前提下,与未采取节能改造措施前相比,采暖通风空调及生活热水供应系统、照明系统的全年能耗降低 30％以上,且静态投资回收期小于或等于 6 年时,应进行节能改造。

5 外围护结构热工性能改造

5.1 一般规定

5.1.1 公共建筑外围护结构进行节能改造后,所改造部位的热工性能应符合现行国家标准《公共建筑节能设计标准》GB 50189 的规定性指标限值的要求。

5.1.2 对外围护结构进行节能改造时,应对原结构的安全性进行复核、验算;当结构安全不能满足节能改造要求时,应采取结构加固措施。

5.1.3 外围护结构进行节能改造所采用的保温材料和建筑构造的防火性能应符合现行国家标准《建筑内部装修设计防火规范》GB 50222、《建筑设计防火规范》GB 50016 和《高层民用建筑设计防火规范》GB 50045 的规定。

5.1.4 公共建筑的外围护结构节能改造应根据建筑自身特点,确定采用的构造形式以及相应的改造技术。保温、隔热、防水、装饰改造应同时进行。对原有外立面的建筑造型、凸窗应有相应的保温改造技术措施。

5.1.5 外围护结构节能改造过程中,应通过传热计算分析,对热桥部位采取合理措施并提交相应的设计施工图纸。

5.1.6 外围护结构节能改造施工前应编制施工组织设计文件,改造施工及验收应符合现行国家标准《建筑节能工程施工质量验收规范》GB 50411 的规定。

5.2 外墙、屋面及非透明幕墙

5.2.1 外墙采用可粘结工艺的外保温改造方案时,应检查基墙墙面的性能,并应满足表 5.2.1 的要求。

表 5.2.1 基墙墙面性能指标要求

基墙墙面性能指标	要　求
外表面的风化程度	无风化、酥松、开裂、脱落等
外表面的平整度偏差	±4mm 以内
外表面的污染度	无积灰、泥土、油污、霉斑等附着物,钢筋无锈蚀
外表面的裂缝	无结构性和非结构性裂缝
饰面砖的空鼓率	≤10％
饰面砖的破损率	≤30％
饰面砖的粘结强度	≥0.1MPa

5.2.2 当基墙墙面性能指标不满足本规范表 5.2.1 的要求时，应对基墙墙面进行处理，并可采用下列处理措施：

　　1 对裂缝、渗漏、冻害、析盐、侵蚀所产生的损坏进行修复；

　　2 对墙面缺损、孔洞应填补密实，损坏的砖或砌块应进行更换；

　　3 对表面油迹、疏松的砂浆进行清理；

　　4 外墙饰面砖应根据实际情况全部或部分剔除，也可采用界面剂处理。

5.2.3 外墙采用内保温改造方案时，应对外墙内表面进行下列处理：

　　1 对内表面涂层、积灰油污及杂物、粉刷空鼓应刮掉并清理干净；

　　2 对内表面脱落、虫蛀、霉烂、受潮所产生的损坏进行修复；

　　3 对裂缝、渗漏进行修复，墙面的缺损、孔洞应填补密实；

　　4 对原不平整的外围护结构表面加以修复；

　　5 室内各类主要管线安装完成并经试验检测合格后方可进行。

5.2.4 外墙外保温系统与基层应有可靠的结合，保温系统与墙身的连接、粘结强度应符合现行行业标准《外墙外保温工程技术规程》JGJ 144 的要求。对于室内散湿量大的场所，还应进行围护结构内部冷凝受潮验算，并应按照现行国家标准《民用建筑热工设计规范》GB 50176 的规定采取防潮措施。

5.2.5 非透明幕墙改造时，保温系统安装应牢固、不松脱。幕墙支承结构的抗震和抗风压性能等应符合现行行业标准《金属与石材幕墙工程技术规范》JGJ 133 的规定。

5.2.6 非透明幕墙构造缝、沉降缝以及幕墙周边与墙体接缝处等热桥部位应进行保温处理。

5.2.7 非透明围护结构节能改造采用石材、人造板材幕墙和金属板幕墙时，除应满足现行国家标准《建筑幕墙》GB/T 21086 和现行行业标准《金属与石材幕墙工程技术规范》JGJ 133 的规定外，尚应满足下列规定：

　　1 面板材料应满足国家有关产品标准的规定，石材面板宜选用花岗石，可选用大理石、洞石和砂岩等，当石材弯曲强度标准值小于 8.0MPa 时，应采取附加构造措施保证面板的可靠性；

　　2 在严寒和寒冷地区，石材面板的抗冻系数不应小于 0.8；

　　3 当幕墙为开放式结构形式时，保温层与主体结构间不宜留有空气层，且宜在保温层和石材面板间进行防水隔汽处理；

　　4 后置埋件应满足承载力设计要求，并应符合现行行业标准《混凝土结构后锚固技术规程》JGJ

145 的规定。

5.2.8 公共建筑屋面节能改造时，应根据工程的实际情况选择适当的改造措施，并应符合现行国家标准《屋面工程技术规范》GB 50345 和《屋面工程质量验收规范》GB 50207 的规定。

5.3　门窗、透明幕墙及采光顶

5.3.1 公共建筑的外窗改造可根据具体情况确定，并可选用下列措施：

　　1 采用只换窗扇、换整窗或加窗的方法，满足外窗的热工性能要求；加窗时，应避免层间结露；

　　2 采用更换低辐射中空玻璃，或在原有玻璃表面贴膜的措施，也可增设可调节百叶遮阳或遮阳卷帘；

　　3 外窗改造更换外框时，应优先选择隔热效果好的型材；

　　4 窗框与墙体之间应采取合理的保温密封构造，不应采用普通水泥砂浆补缝；

　　5 外窗改造时所选外窗的气密性等级应不低于现行国家标准《建筑外门窗气密、水密、抗风压性能分级及检测方法》GB/T 7106 中规定的 6 级；

　　6 更换外窗时，宜优先选择可开启面积大的外窗。除超高层外，外窗的可开启面积不得低于外墙总面积的 12%。

5.3.2 对外窗或透明幕墙的遮阳设施进行改造时，宜采用外遮阳措施。外遮阳的遮阳系数应按现行国家标准《公共建筑节能设计标准》GB 50189 的规定进行确定。加装外遮阳时，应对原结构的安全性进行复核、验算。当结构安全不能满足要求时，应对其进行结构加固或采取其他遮阳措施。

5.3.3 外门、非采暖楼梯间门节能改造时，可选用下列措施：

　　1 严寒、寒冷地区建筑的外门口应设门斗或热空气幕；

　　2 非采暖楼梯间门宜为保温、隔热、防火、防盗一体的单元门；

　　3 外门、楼梯间门应在缝隙部位设置耐久性和弹性好的密封条；

　　4 外门应设置闭门装置，或设置旋转门、电子感应式自动门等。

5.3.4 透明幕墙、采光顶节能改造应提高幕墙玻璃和外框型材的保温隔热性能，并应保证幕墙的安全性能。根据实际情况，可选用下列措施：

　　1 透明幕墙玻璃可增加中空玻璃的中空层数，或更换保温性能好的玻璃；

　　2 可采用低辐射中空玻璃，或采用在原有玻璃的表面贴膜或涂膜的工艺；

　　3 更换幕墙外框时，直接参与传热过程的型材应选择隔热效果好的型材；

4 在保证安全的前提下，可增加透明幕墙的可开启扇。除超高层及特别设计的透明幕墙外，透明幕墙的可开启面积不宜低于外墙总面积的12%。

6 采暖通风空调及生活热水供应系统改造

6.1 一般规定

6.1.1 公共建筑采暖通风空调及生活热水供应系统的节能改造宜结合系统主要设备的更新换代和建筑物的功能升级进行。

6.1.2 确定公共建筑采暖通风空调及生活热水供应系统的节能改造方案时，应充分考虑改造施工过程中对未改造区域使用功能的影响。

6.1.3 对公共建筑的冷热源系统、输配系统、末端系统进行改造时，各系统的配置应互相匹配。

6.1.4 公共建筑采暖通风空调系统综合节能改造后应能实现供冷、供热量的计量和主要用电设备的分项计量。

6.1.5 公共建筑采暖通风空调及生活热水供应系统节能改造后应具备按实际需冷、需热量进行调节的功能。

6.1.6 公共建筑节能改造后，采暖空调系统应具备室温调控功能。

6.1.7 公共建筑采暖通风空调及生活热水供应系统的节能改造施工和调试应符合现行国家标准《建筑节能工程施工质量验收规范》GB 50411、《通风与空调工程施工质量验收规范》GB 50243 和《建筑给水排水及采暖工程施工质量验收规范》GB 50242 的规定。

6.2 冷热源系统

6.2.1 公共建筑的冷热源系统节能改造时，首先应充分挖掘现有设备的节能潜力，并应在现有设备不能满足需求时，再予以更换。

6.2.2 冷热源系统改造应根据原有冷热源运行记录，进行整个供冷、供暖季负荷的分析和计算，确定改造方案。

6.2.3 公共建筑的冷热源进行更新改造时，应在原有采暖通风空调及生活热水供应系统的基础上，根据改造后建筑的规模、使用特征，结合当地能源结构以及价格政策、环保规定等因素，综合论证后确定。

6.2.4 公共建筑的冷热源更新改造后，系统供回水温度应能保证原有输配系统和空调末端系统的设计要求。

6.2.5 冷水机组或热泵机组的容量与系统负荷不匹配时，在确保系统安全性、匹配性及经济性的情况下，宜采用在原有冷水机组或热泵机组上，增设变频装置，以提高机组的实际运行效率。

6.2.6 对于冷热需求时间不同的区域，宜分别设置冷热源系统。

6.2.7 当更换冷热源设备时，更换后的设备性能应符合本规范附录 A 的规定。

6.2.8 采用蒸汽吸收式制冷机组时，应回收所产生的凝结水，凝结水回收系统宜采用闭式系统。

6.2.9 对于冬季或过渡季存在供冷需求的建筑，在保证安全运行的条件下，宜采用冷却塔供冷的方式。

6.2.10 在满足使用要求的前提下，对于夏季空调室外计算湿球温度较低、温度的日较差大的地区，空气的冷却可考虑采用蒸发冷却的方式。

6.2.11 在符合下列条件的情况下，宜采用水环热泵空调系统：

1 有较大内区且有稳定的大量余热的建筑物；

2 原建筑冷热源机房空间有限，且以出租为主的办公楼及商业建筑。

6.2.12 当更换生活热水供应系统的锅炉及加热设备时，更换后的设备应根据设定的温度，对燃料的供给量进行自动调节，并应保证其出水温度稳定；当机组不能保证出水温度稳定时，应设置贮热水罐。

6.2.13 集中生活热水供应系统的热源应优先采用工业余热、废热和冷凝热；有条件时，应利用地热和太阳能。

6.2.14 生活热水供应系统宜采用直接加热热水机组。除有其他用汽要求外，不应采用燃气或燃油锅炉制备蒸汽再进行热交换后供应生活热水的热源方式。

6.2.15 对水冷冷水机组或热泵机组，宜采用具有实时在线清洗功能的除垢技术。

6.2.16 燃气锅炉和燃油锅炉宜增设烟气热回收装置。

6.2.17 集中供热系统应设置根据室外温度变化自动调节供热量的装置。

6.2.18 确定空调冷热源系统改造方案时，应结合建筑物负荷的实际变化情况，制定冷热源系统在不同阶段的运行策略。

6.3 输配系统

6.3.1 公共建筑的空调冷热水系统改造后，系统的最大输送能效比（*ER*）应符合表 6.3.1 的规定。

表 6.3.1 空调冷热水系统的最大输送能效比 （*ER*）

管道类型	两管制热水管道			四管制热水管道	空调冷水管道
	严寒地区	寒冷地区/夏热冬冷地区	夏热冬暖地区		
$ER×10^{-3}$	5.77	6.18	8.65	6.73	24.10

注：1 表中的数据适用于独立建筑物内的空调冷热水系统，最远环路总长度一般在 200~500m 范围；区域供冷（热）或超大型建筑物集中冷（热）站、管道总长过长的水系统可参照执行。

2 表中两管制热水管道系统中的输送能效比值，不适用于采用直燃式冷（温）水机组、空气源热泵、地源热泵等作为热源，供回水温差小于 10℃的系统。

6.3.2 公共建筑的集中热水采暖系统改造后，热水循环水泵的耗电输热比（EHR）应满足现行国家标准《公共建筑节能设计标准》GB 50189 的规定。

6.3.3 公共建筑空调风系统节能改造后，风机的单位风量耗功率应满足现行国家标准《公共建筑节能设计标准》GB 50189 的规定。

6.3.4 当对采暖通风空调系统的风机或水泵进行更新时，更换后的风机不应低于现行国家标准《通风机能效限定值及节能评价值》GB 19761 中的节能评价值；更换后的水泵不应低于现行国家标准《清水离心泵能效限定值及节能评价值》GB 19762 中的节能评价值。

6.3.5 对于全空气空调系统，当各空调区域的冷、热负荷差异和变化大、低负荷运行时间长，且需要分别控制各空调区温度时，宜通过增设风机变速控制装置，将定风量系统改造为变风量系统。

6.3.6 当原有输配系统的水泵选型过大时，宜采取叶轮切削技术或水泵变速控制装置等技术措施。

6.3.7 对于冷热负荷随季节或使用情况变化较大的系统，在确保系统运行安全可靠的前提下，可通过增设变速控制系统，将定水量系统改造为变水量系统。

6.3.8 对于系统较大、阻力较高、各环路负荷特性或压力损失相差较大的一次泵系统，在确保具有较大的节能潜力和经济性的前提下，可将其改造为二次泵系统，二次泵应采用变流量的控制方式。

6.3.9 空调冷却水系统应设置必要的控制手段，并应在确保系统运行安全可靠的前提下，保证冷却水系统能够随系统负荷以及外界温湿度的变化而进行自动调节。

6.3.10 对于设有多台冷水机组和冷却塔的系统，应防止系统在运行过程中发生冷水或冷却水通过不运行冷水机组而产生的旁通现象。

6.3.11 在采暖空调水系统的分、集水器和主管段处，应增设平衡装置。

6.3.12 在技术可靠、经济合理的前提下，采暖空调水系统可采用大温差、小流量技术。

6.3.13 对于设置集中热水水箱的生活热水供应系统，其供水泵宜采用变速控制装置。

6.4 末 端 系 统

6.4.1 对于全空气空调系统，宜采取措施实现全新风和可调新风比的运行方式。新风量的控制和工况转换，宜采用新风和回风的焓值控制方法。

6.4.2 过渡季节或供暖季节局部房间需要供冷时，宜优先采用直接利用室外空气进行降温的方式。

6.4.3 当进行新、排风系统的改造时，应对可回收能量进行分析，并应合理设置排风热回收装置。

6.4.4 对于风机盘管加新风系统，处理后的新风宜直接送入各空调区域。

6.4.5 对于餐厅、食堂和会议室等高负荷区域空调通风系统的改造，应根据区域的使用特点，选择合适的系统形式和运行方式。

6.4.6 对于由于设计不合理，或者使用功能改变而造成的原有系统分区不合理的情况，在进行改造设计时，应根据目前的实际使用情况，对空调系统重新进行分区设置。

7 供配电与照明系统改造

7.1 一 般 规 定

7.1.1 供配电与照明系统的改造不宜影响公共建筑的工作、生活环境，改造期间应有保障临时用电的技术措施。

7.1.2 供配电与照明系统的改造设计宜结合系统主要设备的更新换代和建筑物的功能升级进行。

7.1.3 供配电与照明系统的改造应在满足用电安全、功能要求和节能需要的前提下进行，并应采用高效节能的产品和技术。

7.1.4 供配电与照明系统的改造施工质量应符合现行国家标准《建筑节能工程施工质量验收规范》GB 50411 和《建筑电气工程施工质量验收规范》GB 50303 的要求。

7.2 供 配 电 系 统

7.2.1 当供配电系统改造需要增减用电负荷时，应重新对供配电容量、敷设电缆、供配电线路保护和保护电器的选择性配合等参数进行核算。

7.2.2 供配电系统改造的线路敷设宜使用原有路由进行敷设。当现场条件不允许或原有路由不合理时，应按照合理、方便施工的原则重新敷设。

7.2.3 对变压器的改造应根据用电设备实际耗电率总和，重新计算变压器容量。

7.2.4 未设置用电分项计量的系统应根据变压器、配电回路原设置情况，合理设置分项计量监测系统。分项计量电能表宜具有远传功能。

7.2.5 无功补偿宜采用自动补偿的方式运行，补偿后仍达不到要求时，宜更换补偿设备。

7.2.6 供用电电能质量改造应根据测试结果确定需进行改造的位置和方法。对于三相负载不平衡的回路宜采用重新分配回路上用电设备的方法；功率因数的改善宜采用无功自动补偿的方式；谐波治理应根据谐波源制定针对性方案，电压偏差高于标准值时宜采用合理方法降低电压。

7.3 照 明 系 统

7.3.1 照明配电系统改造设计时各回路容量应按现行国家标准《建筑照明设计标准》GB 50034 的规定

对原回路容量进行校核，并应选择符合节能评价值和节能效率的灯具。

7.3.2 当公共区照明采用就地控制方式时，应设置声控或延时等感应功能；当公共区照明采用集中监控系统时，宜根据照度自动控制照明。

7.3.3 照明配电系统改造设计宜满足节能控制的需要，且照明配电回路应配合节能控制的要求分区、分回路设置。

7.3.4 公共建筑进行节能改造时，应充分利用自然光来减少照明负荷。

8 监测与控制系统改造

8.1 一 般 规 定

8.1.1 对建筑物内的机电设备进行监视、控制、测量时，应做到运行安全、可靠、省省人力。

8.1.2 监测与控制系统应实时采集数据，对设备的运行情况进行记录，且应具有历史数据保存功能，与节能相关的数据应能至少保存 12 个月。

8.1.3 监测与控制系统改造应遵循下列原则：

    1 应根据控制对象的特性，合理设置控制策略；

    2 宜在原控制系统平台上增加或修改监控功能；

    3 当需要与其他控制系统连接时，应采用标准、开放接口；

    4 当采用数字控制系统时，宜将变配电、智能照明等机电设备的监测纳入该系统之中；

    5 涉及修改冷水机组、水泵、风机等用电设备运行参数时，应做好保护措施；

    6 改造应满足管理的需求。

8.1.4 冷热源、采暖通风空调系统的监测与控制系统调试，应在完成各自的系统调试并达到设计参数后再进行，并应确认采用的控制方式能满足预期的控制要求。

8.2 采暖通风空调及生活热水供应
系统的监测与控制

8.2.1 节能改造后，集中采暖与空气调节系统监测与控制应符合现行国家标准《公共建筑节能设计标准》GB 50189 的规定。

8.2.2 冷热源监控系统宜对冷冻、冷却水进行变流量控制，并应具备连锁保护功能。

8.2.3 公共场合的风机盘管温控器宜联网控制。

8.2.4 生活热水供应监控系统应具备下列功能：

    1 热水出口压力、温度、流量显示；

    2 运行状态显示；

    3 顺序启停控制；

    4 安全保护信号显示；

    5 设备故障信号显示；

    6 能耗量统计记录；

    7 热交换器按设定出水温度自动控制进汽或进水量；

    8 热交换器进汽或进水阀与热水循环泵连锁控制。

8.3 供配电与照明系统的监测与控制

8.3.1 低压配电系统电压、电流、有功功率、功率因数等监测参数宜通过数据网关与监测与控制系统集成，满足用电分项计量的要求。

8.3.2 照明系统的监测及控制宜具有下列功能：

    1 分组照明控制；

    2 经济技术合理时，宜采用办公区域的照明调节控制；

    3 照明系统与遮阳系统的联动控制；

    4 走道、门厅、楼梯的照明控制；

    5 洗手间的照明控制与感应控制；

    6 泛光照明的控制；

    7 停车场照明控制。

9 可再生能源利用

9.1 一 般 规 定

9.1.1 公共建筑进行节能改造时，有条件的场所应优先利用可再生能源。

9.1.2 当公共建筑采用可再生能源时，其外围护结构的性能指标宜符合现行国家标准《公共建筑节能设计标准》GB 50189 的规定。

9.2 地源热泵系统

9.2.1 公共建筑的冷热源改造为地源热泵系统前，应对建筑物所在地的工程场地及浅层地热能资源状况进行勘察，并应从技术可行性、可实施性和经济性等三方面进行综合分析，确定是否采用地源热泵系统。

9.2.2 公共建筑的冷热源改造为地源热泵系统时，地源热泵系统的工程勘察、设计、施工及验收应符合现行国家标准《地源热泵系统工程技术规范》GB 50366 的规定。

9.2.3 公共建筑的冷热源改造为地源热泵系统时，宜保留原有系统中与地源热泵系统相适合的设备和装置，构成复合式系统；设计时，地源热泵系统宜承担基础负荷，原有设备宜作为调峰或备用措施。

9.2.4 地源热泵系统供回水温度，应能保证原有输配系统和空调末端系统的设计要求。

9.2.5 建筑物有生活热水需求时，地源热泵系统宜采用热泵热回收技术提供或预热生活热水。

9.2.6 当地源热泵系统地埋管换热器的出水温度、地下水或地表水的温度满足末端进水温度需求时，应设置直接利用的管路和装置。

9.3 太阳能利用

9.3.1 公共建筑进行节能改造时，应根据当地的年太阳辐照量和年日照时数确定太阳能的可利用情况。

9.3.2 公共建筑进行节能改造时，采用的太阳能系统形式，应根据所在地的气候、太阳能资源、建筑物类型、使用功能、业主要求、投资规模及安装条件等因素综合确定。

9.3.3 在公共建筑上增设或改造的太阳能热水系统，应符合现行国家标准《民用建筑太阳能热水系统应用技术规范》GB 50364 的规定。

9.3.4 采用太阳能光伏发电系统时，应根据当地的太阳辐照参数和建筑的负载特性，确定太阳能光伏系统的总功率，并应依据所设计系统的电压电流要求，确定太阳能光伏电板的数量。

9.3.5 太阳能光伏发电系统生产的电能宜为建筑自用，也可并入电网。并入电网的电能质量应符合现行国家标准《光伏系统并网技术要求》GB/T 19939 的要求，并应符合相关的安全与保护要求。

9.3.6 太阳能光伏发电系统应设置电能计量装置。

9.3.7 连接太阳能光伏发电系统和电网的专用低压开关柜应有醒目标识。标识的形状、颜色、尺寸和高度应符合现行国家标准《安全标志》GB 2894 和《安全标志使用导则》GB 16179 的规定。

10 节能改造综合评估

10.1 一般规定

10.1.1 公共建筑节能改造后，应对建筑物的室内环境进行检测和评估，室内热环境应达到改造设计要求。

10.1.2 公共建筑节能改造后，应对建筑内相关的设备和运行情况进行检查。

10.1.3 公共建筑节能改造后，应对被改造的系统或设备进行检测和评估，并应在相同的运行工况下采取同样的检测方法。

10.1.4 公共建筑节能改造后，应定期对节能效果进行评估。

10.2 节能改造效果检测与评估

10.2.1 节能改造效果应采用节能量进行评估。改造后节能量应按下式进行计算：

$$E_{con} = E_{baseline} - E_{pre} + E_{cal} \qquad (10.2.1)$$

式中 E_{con} ——节能措施的节能量；

$E_{baseline}$ ——基准能耗，即节能改造前，1 年内设备或系统的能耗，也就是改造前的能耗；

E_{pre} ——当前能耗，即改造后的能耗；

E_{cal} ——调整量。

10.2.2 节能效果应按下列步骤进行检测和评估：

1 针对项目特点制定具体的检测和评估方案；

2 收集改造前的能耗及运行数据；

3 收集改造后的能耗和运行数据；

4 计算节能量并进行评估；

5 撰写节能改造效果评估报告。

10.2.3 节能改造效果可采用下列 3 种方法进行评估：

1 测量法；

2 账单分析法；

3 校准化模拟法。

10.2.4 符合下列情况之一时，宜采用测量法进行评估：

1 仅需评估受节能措施影响的系统的能效；

2 节能措施之间或与其他设备之间的相互影响可忽略不计或可测量和计算；

3 影响能耗的变量可以测量，且测量成本较低；

4 建筑内装有分项计量表；

5 期望得到单个节能措施的节能量；

6 参数的测量费用比采用校准化模拟法的模拟费用低。

10.2.5 符合下列情况之一时，宜采用账单分析法进行评估：

1 需评估改造前后整幢建筑的能效状况；

2 建筑中采取了多项节能措施，且存在显著的相互影响；

3 被改造系统或设备与建筑内其他部分之间存在较大的相互影响，很难采用测量法进行测量或测量费用很高；

4 很难将被改造的系统或设备与建筑的其他部分的能耗分开；

5 预期的节能量比较大，足以摆脱其他影响因素对能耗的随机干扰。

10.2.6 符合下列情况之一时，宜采用校准化模拟法进行评估：

1 无法获得整幢建筑改造前或改造后的能耗数据，或获得的数据不可靠；

2 建筑中采取了多项节能措施，且存在显著的相互影响；

3 采用多项节能措施的项目中需要得到每项节能措施的节能效果，用测量法成本过高；

4 被改造系统或设备与建筑内其他部分之间存在较大的相互影响，很难采用测量法进行测量或测量费用很高；

5 被改造的建筑和采取的节能措施可以用成熟的模拟软件进行模拟，并有实际能耗或负荷数据进行比对；

6 预期的节能量不够大，无法采用账单分析法通过账单或表计数据将其区分出来。

10.2.7 采用测量法进行评估时，应符合下列规定：

1 当被改造系统或设备运行负荷较稳定时，可只测量关键参数，其他参数宜估算确定；

2 当被改造系统或设备运行负荷变化较大时，应对与能耗相关的所有参数进行测量；

3 当实施节能改造的设备数量较多时，宜对被改造的设备进行抽样测量。

10.2.8 采用校准化模拟法进行评估时，应符合下列规定：

1 评估前应制定校准化模拟方案；

2 应采用逐时能耗模拟软件，且气象资料应为1年（8760h）的逐时气象参数；

3 除了节能改造措施外，改造前的能耗模型（基准能耗模型）和改造后的能耗模型应采用相同的输入条件；

4 能耗模拟输出的逐月能耗和峰值结果应与实际账单数据进行比对，月误差应控制在±15%之内，均方差应控制在±10%之内。

10.2.9 计算节能量时，应进行不确定性分析，并应注明计算得到节能量的不确定度或模型的精度。

附录 A 冷热源设备性能参数选择

A.0.1 当更换电机驱动压缩机的蒸汽压缩循环冷水机组或热泵机组时，在额定制冷工况和规定条件下，机组的制冷性能系数（COP）不应低于表 A.0.1 的规定。

表 A.0.1 冷水机组或热泵机组制冷性能系数

类	型	额定制冷量 CC（kW）	性能系数 COP（W/W）
水冷	活塞式/涡旋式	<528	4.10
		528~1163	4.30
		>1163	4.60
	螺杆式	<528	4.40
		528~1163	4.70
		>1163	5.10
	离心式	<528	4.70
		528~1163	5.10
		>1163	5.60
风冷或蒸发冷却	活塞式/涡旋式	≤50	2.60
		>50	2.80
	螺杆式	≤50	2.80
		>50	3.00

A.0.2 当更换电机驱动压缩机的蒸汽压缩循环冷水机组或热泵机组时，机组综合部分负荷性能系数（IPLV）不应低于现行国家标准《公共建筑节能设计标准》GB 50189 的规定。

A.0.3 当更换名义制冷量大于 7100W、采用电机驱动压缩机的单元式空气调节机、风管送风式和屋顶式空调（热泵）机组时，在名义制冷工况和规定条件下，机组能效比（EER）不应低于表 A.0.3 中的规定。

表 A.0.3 机组能效比

类	型	能效比（W/W）
风冷式	不接风管	2.80
	接风管	2.50
水冷式	不接风管	3.20
	接风管	2.90

A.0.4 当更换蒸汽、热水型溴化锂吸收式冷水机组及直燃型溴化锂吸收式冷（温）水机组时，机组的性能系数不应低于现行国家标准《公共建筑节能设计标准》GB 50189 的规定。

A.0.5 当更换多联式空调（热泵）机组时，机组的制冷综合性能系数不应低于表 A.0.5 的规定。

**表 A.0.5 多联式空调（热泵）
机组的制冷综合性能系数**

名义制冷量 CC（W）	制冷综合性能系数（W/W）
CC≤28000	3.20
28000<CC≤84000	3.15
CC>84000	3.10

注：1 多联式空调（热泵）机组包含双制冷循环和多制冷循环系统。

2 制冷综合性能系数按《多联式空调（热泵）机组》GB/T 18837 规定的工况进行试验和计算。

A.0.6 当更换房间空调器时，其能效等级不应低于表 A.0.6 的规定。房间空调器的能效等级测试方法应按照现行国家标准《房间空气调节器》GB/T 7725、《单元式空气调节机》GB/T 17758 的规定执行。

表 A.0.6 房间空调器能效等级

类型	额定制冷量 CC（W）	能效等级 EER（W/W）2
整体式	—	2.90
分体式	CC≤4500	3.20
	4500<CC≤7100	3.10
	7100<CC≤14000	3.00

A.0.7 当更换转速可控型房间空调器时，其能效等级不应低于表 A.0.7 的规定。转速可控型房间空调器能效等级的测试方法应按照现行国家标准《房间空气调节器》GB/T 7725 的规定执行。

表 A.0.7　转速可控型房间空调器能效等级

类型	额定制冷量 CC (W)	能效等级 EER（W/W）
		3
分体式	CC≤4500	3.90
	4500＜CC≤7100	3.60
	7100＜CC≤14000	3.30

注：能效等级的实测值保留两位小数。

A.0.8 当更换锅炉时，锅炉的额定效率不应低于现行国家标准《公共建筑节能设计标准》GB 50189 的规定。

本规范用词说明

1 为便于在执行本规范条文时区别对待，对要求严格程度不同的用词说明如下：

　1）表示很严格，非这样做不可的用词：
　　正面词采用"必须"，反面词采用"严禁"；
　2）表示严格，在正常情况下均应这样做的用词：
　　正面词采用"应"，反面词采用"不应"或"不得"；
　3）表示允许稍有选择，在条件许可时首先应这样做的用词：
　　正面词采用"宜"，反面词采用"不宜"；
　　表示有选择，在一定条件下可以这样做的用词，采用"可"。

2 规范中指明应按其他有关标准执行的写法为："应符合……的规定"或"应按……执行"。

引用标准名录

1　《建筑设计防火规范》GB 50016
2　《建筑照明设计标准》GB 50034
3　《高层民用建筑设计防火规范》GB 50045
4　《自动化仪表工程施工及验收规范》GB 50093
5　《民用建筑热工设计规范》GB 50176
6　《公共建筑节能设计标准》GB 50189
7　《屋面工程质量验收规范》GB 50207
8　《建筑内部装修设计防火规范》GB 50222
9　《建筑给水排水及采暖工程施工质量验收规范》GB 50242
10　《通风与空调工程施工质量验收规范》GB 50243
11　《建筑电气工程施工质量验收规范》GB 50303
12　《屋面工程技术规范》GB 50345
13　《民用建筑太阳能热水系统应用技术规范》GB 50364
14　《地源热泵系统工程技术规范》GB 50366
15　《建筑节能工程施工质量验收规范》GB 50411
16　《安全标志》GB 2894
17　《建筑外门窗气密、水密、抗风压性能分级及检测方法》GB/T 7106
18　《安全标志使用导则》GB 16179
19　《通风机能效限定值及节能评价值》GB 19761
20　《清水离心泵能效限定值及节能评价值》GB 19762
21　《光伏系统并网技术要求》GB/T 19939
22　《建筑幕墙》GB/T 21086
23　《金属与石材幕墙工程技术规范》JGJ 133
24　《外墙外保温工程技术规程》JGJ 144
25　《混凝土结构后锚固技术规程》JGJ 145
26　《公共建筑节能检验标准》JGJ 177

中华人民共和国行业标准

公共建筑节能改造技术规范

JGJ 176—2009

条 文 说 明

制 订 说 明

《公共建筑节能改造技术规范》JGJ 176—2009 经住房和城乡建设部 2009 年 5 月 19 日以第 313 号公告批准发布。

为便于广大设计、施工、科研、学校等单位的有关人员在使用本规程时能正确理解和执行条文规定，《公共建筑节能改造技术规范》编制组按章、节、条顺序编制了本规程的条文说明，供使用时参考。在使用中如发现本条文说明有不妥之处，请将意见函寄中国建筑科学研究院。

目　次

1　总则 ················· 27—21
3　节能诊断 ············· 27—21
　3.1　一般规定 ··········· 27—21
　3.2　外围护结构热工性能 ··· 27—21
　3.3　采暖通风空调及生活热水
　　　供应系统 ··········· 27—22
　3.4　供配电系统 ········· 27—22
　3.5　照明系统 ··········· 27—22
　3.6　监测与控制系统 ······ 27—23
　3.7　综合诊断 ··········· 27—24
4　节能改造判定原则与方法 27—24
　4.1　一般规定 ··········· 27—24
　4.2　外围护结构单项判定 ··· 27—24
　4.3　采暖通风空调及生活热水供应
　　　系统单项判定 ········ 27—25
　4.4　供配电系统单项判定 ··· 27—26
　4.5　照明系统单项判定 ···· 27—27
　4.6　监测与控制系统单项判定 27—27
　4.7　分项判定 ··········· 27—27
　4.8　综合判定 ··········· 27—28
5　外围护结构热工性能改造 27—28
　5.1　一般规定 ··········· 27—28
　5.2　外墙、屋面及非透明幕墙 27—29
　5.3　门窗、透明幕墙及采光顶 27—30
6　采暖通风空调及生活热水

供应系统改造 ············· 27—30
　6.1　一般规定 ··········· 27—30
　6.2　冷热源系统 ········· 27—31
　6.3　输配系统 ··········· 27—32
　6.4　末端系统 ··········· 27—34
7　供配电与照明系统改造 ··· 27—35
　7.1　一般规定 ··········· 27—35
　7.2　供配电系统 ········· 27—35
　7.3　照明系统 ··········· 27—35
8　监测与控制系统改造 ····· 27—36
　8.1　一般规定 ··········· 27—36
　8.2　采暖通风空调及生活热水供应
　　　系统的监测与控制 ····· 27—36
　8.3　供配电与照明系统的监测
　　　与控制 ············· 27—36
9　可再生能源利用 ········· 27—36
　9.1　一般规定 ··········· 27—36
　9.2　地源热泵系统 ········ 27—36
　9.3　太阳能利用 ········· 27—37
10　节能改造综合评估 ······ 27—37
　10.1　一般规定 ········· 27—37
　10.2　节能改造效果检测与评估 27—38
附录A　冷热源设备性能参数
　　　选择 ··············· 27—39

1 总 则

1.0.1 据推算，我国现有公共建筑面积约 45 亿 m^2，为城镇建筑面积的 27%，占城乡房屋建筑总面积的 10.7%，但公共建筑能耗约占建筑总能耗的 20%。公共建筑单位能耗较居住建筑高很多，以北京市为例，普通居民住宅每年的用电能耗仅为 $10\sim20kWh/m^2$，而大型公共建筑平均每年的耗电量约为 $150kWh/m^2$，是普通居民住宅用电能耗的 7.5～15 倍，因此公共建筑节能潜力巨大。

　　对公共建筑，过去在节能降耗方面重视不够，规范也不健全，2005 年才正式颁布《公共建筑节能设计标准》GB 50189，对新建或改、扩建公共建筑节能设计进行了规范，而对于大量的没有达到现行国家标准《公共建筑节能设计标准》GB 50189 的既有公共建筑，如何进行节能改造，目前还没有标准可依。制定并实施公共建筑节能改造标准，将改善既有公共建筑用能浪费的状况，推进建筑节能工作的开展，为实现国家节约能源和保护环境的战略作出贡献。

1.0.2 公共建筑包括办公、旅游、商业、科教文卫、通信及交通运输用房等。在公共建筑中，尤以办公建筑、高档旅馆及大中型商场等几类建筑，在建筑标准、功能及空调系统等方面有许多共性，而且能耗高、节能潜力大。因此，办公建筑、旅游建筑、商业建筑是公共建筑节能改造的重点领域。

　　在公共建筑（特别是高档办公楼、高档旅馆建筑及大型商场）的全年能耗中，大约 50%～60% 消耗于采暖、通风、空调、生活热水，20%～30% 用于照明。而在采暖、通风、空调、生活热水这部分能耗中，大约 20%～50% 由外围护结构传热所消耗（夏热冬暖地区大约 20%，夏热冬冷地区大约 35%，寒冷地区大约 40%，严寒地区大约 50%），30%～40% 为处理新风所消耗。从目前情况分析，公共建筑在外围护结构、采暖通风空调生活热水及照明方面有较大的节能潜力。所以本规范节能改造的主要目标是降低采暖、通风、空调、生活热水及照明方面的能源消耗。电梯节能也是公共建筑节能的重要组成部分，但由于电梯设备在应用及管理上的特殊性，电器设备的节能主要取决于产品，因此本规范不包括电梯、电器设备、炊事等方面的内容。

　　电器设备是指办公设备（电脑、打印机、复印机、传真机等）、饮水机、电视机、监控器等与采暖、通风、空调、生活热水及照明无关的用电设备。

　　本规范仅涉及建筑外围护结构、用能设备及系统等方面的节能改造。改造完毕后，运行管理节能至关重要。但由于运行方面的节能不单纯是技术问题，很大程度上取决于运行管理的水平，因此，本规范未包括运行管理方面的内容。

1.0.3 公共建筑节能改造的目的是节约能源消耗和改善室内热环境，但节约能源不能以降低室内热舒适度作为代价，所以要在保证室内热舒适环境的基础上进行节能改造。室内热舒适环境应该满足现行国家标准《采暖通风与空气调节设计规范》GB 50019 和《公共建筑节能设计标准》GB 50189 的相关规定。

1.0.4 节能改造的原则是最大限度挖掘现有设备和系统的节能潜力，通过节能改造，降低高能耗环节，提高系统的实际运行能效。

1.0.5 本规范对公共建筑进行节能改造时的节能诊断、节能改造判定原则与方法、进行节能改造的具体措施和方法及节能改造评估等内容进行了规定，但公共建筑节能改造涉及的专业较多，相关专业均制定有相应的标准及规定，特别是进行节能改造时，应保证改造建筑在结构、防火等方面符合相关标准的规定。因此在进行公共建筑节能改造时，除应符合本规范外，尚应符合国家现行的有关标准的规定。

3 节 能 诊 断

3.1 一 般 规 定

3.1.2 建筑物的竣工图、设备的技术参数和运行记录、室内温湿度状况、能源消费账单等是进行公共建筑节能诊断的重要依据，节能诊断前应予以提供。室内温湿度状况指建筑使用或管理人员对房间室内温湿度的概括性评价，如舒适、不舒适、偏热、偏冷等。

3.1.3 子系统节能诊断报告中系统概况是对子系统工程（建筑外围护结构、采暖通风空调及生活热水供应系统、供配电与照明系统、监测与控制系统）的系统形式、设备配置等情况进行文字或图表说明；检测结果为子系统工程测试结果；节能诊断与节能分析是依据节能改造判定原则与方法，在检测结果的基础上发现子系统工程存在节能潜力的环节并计算节能潜力；改造方案与经济性分析要提出子系统工程进行节能改造的具体措施并进行静态投资回收期计算。项目节能诊断报告是对各子系统节能诊断报告内容的综合、汇总。

3.1.5 为确保节能诊断结果科学、准确、公正，要求从事公共建筑节能检测的机构需要通过计量认证，且通过计量认证项目中应包括现行行业标准《公共建筑节能检验标准》JGJ 177 中规定的项目。

3.2 外围护结构热工性能

3.2.1 我国幅员辽阔，不同地区气候差异很大，公共建筑外围护结构节能改造时应考虑气候的差异。严寒、寒冷地区公共建筑外围护结构节能改造的重点应关注建筑本身的保温性能，而夏热冬暖地区应重点关注建筑本身的隔热与通风性能，夏热冬冷地区则二者均需兼顾。因此不同地区公共建筑外围护结构节能诊断的重点应有所差异。外围护结构的检测项目可根据建筑物所处气候区、外围护结构类型有所侧重，对上述检测项目进行选择性节能诊断。检测方法参照国家现行标准《建筑节能工程施工质量验收规范》GB 50411和《公共建筑节能检验标准》JGJ 177的有关规定。

建筑物外围护结构主体部位主要是指外围护结构中不受热桥、裂缝和空气渗漏影响的部位。外围护结构主体部位传热系数测试时测点位置应不受加热、制冷装置和风扇的直接影响，被测区域的外表面也应避免雨雪侵袭和阳光直射。

3.3 采暖通风空调及生活热水供应系统

3.3.1 由于不同公共建筑采暖通风空调及生活热水供应系统形式不同，存在问题不同，相应节能潜力也不同，节能诊断项目应根据具体情况选择确定。节能诊断相关参数的测试参见现行行业标准《公共建筑节能检验标准》JGJ 177。由于冷源及其水系统的节能诊断是在运行工况下进行的，而现行国家标准《公共建筑节能设计标准》GB 50189—2005中规定的集中热水采暖系统热水循环水泵的耗电输热比（EHR）和空调冷热水系统循环水泵的输送能效比（ER）是设计工况的数据，不便作为判定的依据，故在检测项目中不包含该两项指标，而是以水系统供回水温差、水泵效率及冷源系统能效系数代替此项性能。能量回收装置性能测试可参考现行国家标准《空气—空气能量回收装置》GB/T 21087的规定。

3.4 供配电系统

3.4.1 供配电系统是为建筑内所有用电设备提供动力的系统，因此用电设备是否运行合理、节能均从消耗电量来反映，因此其系统状况及合理性直接影响了建筑节能用电的水平。

3.4.2 根据有关部门规定应淘汰能耗高、落后的机电产品，检查是否有淘汰产品存在。

3.4.3 根据观察每台变压器所带常用设备一个工作周期耗电量，或根据目前正在运行的用电设备铭牌功率总和，核算变压器负载率，当变压器平均负载率在60%～70%时，为合理节能运行状况。

3.4.4 常用供电主回路一般包括：

1 变压器进出线回路；
2 制冷机组主供电回路；
3 单独供电的冷热源系统附泵回路；
4 集中供电的分体空调回路；
5 给水排水系统供电回路；
6 照明插座主回路；
7 电子信息系统机房；
8 单独计量的外供电回路；
9 特殊区供电回路；
10 电梯回路；
11 其他需要单独计量的用电回路。

以上这些回路设置是根据常规电气设计而定的，一般是指低压配电室内的配电柜的馈出线，分项计量原则上不在楼层配电柜（箱）处设置表计。基于这条原则，照明插座主回路就是指配电室内配电柜中的出线，而不包括层照明配电箱的出线。

对变压器进出线进行计量是为了实时监视变压器的损耗，因为负载损耗是随着建筑物内用电设备用电量的大小而变化的。

特殊区供电回路负载特性是指餐饮，厨房，信息中心，多功能区，洗浴，健身房等混合负载。

外供电是指出租部分的用电，也是混合负载，如一栋办公楼的一层出租给商场，包括照明、自备集中空调、地下超市的冷冻保鲜设备等，这部分供电费用需要与大厦物业进行结算，涉及内部的收费管理。

分项计量电能回路用电量校核检验采用现行行业标准《公共建筑节能检验标准》JGJ 177规定的方法。

3.4.5 建筑物内低压配电系统的功率因数补偿应满足设计要求，或满足当地供电部门的要求。要求核查调节方式主要是为了保证任何时候无功补偿均能达到要求，若建筑内用电设备出现周期性负荷变化很大的情况，如果未采用正确的补偿方式很容易造成电压水平不稳定的现象。

3.4.6 随着建筑物内大量使用的计算机、各种电子设备、变频电器、节能灯具及其他新型办公电器等，使供配电网的非线性（谐波）、非对称性（负序）和波动性日趋严重，产生大量的谐波污染和其他电能质量问题。这些电能质量问题会引起中性线电流超过相线电流、电容器爆炸、电机的烧损、电能计量不准、变压器过热、无功补偿系统不能正常投运、继电器保护和自动装置误动跳闸等危害。同时许多网络中心，广播电视台，大型展览馆和体育场馆，急救中心和医院的手术室等大量使用的敏感设备对供配电系统的电能质量也提出了更高和更严格的要求，因此应重视电能质量问题。三相电压不平衡度、功率因数、谐波电压及谐波电流、电压偏差检验均采用现行行业标准《公共建筑节能检验标准》JGJ 177规定的方法。

3.5 照 明 系 统

3.5.1 灯具类型诊断方法为核查光源和附件型号，是否采用节能灯具，其能效等级是否满足国家相关标准。

荧光灯包括光源部分、反光罩部分和灯具配件部分，灯具配件耗电部分主要是镇流器，国家对光源和镇流器部分的能效限定值都有相关标准，而我们使用灯具一般都配有反光罩，对于反光罩的反射效率国家目前没有相关规定，因此需要对灯具的整体效率有一个评判。照度值是测评照明是否符合使用要求的一个重要指标，防止有人为了达到规定的照明功率密度而使用照度水平低劣的产品，虽然可以满足功率密度指标而不能满足使用功能的需要。

照明功率密度值是衡量照明耗电是否符合要求的重要指标，需要根据改造前的实际功率密度值判断是否需要进行改造。

照明控制诊断方法为核查是否采用分区控制，公共区控制是否采用感应、声音等合理有效控制方式。目前公共区照明是能耗浪费的重灾区，经常出现长明灯现象，单靠人为的管理很难做到合理利用，因此需要对这部分照明加强控制和管理。

照明系统诊断还应检查有效利用自然光情况，有效利用自然光诊断方法为核查在靠近采光窗处的灯具能否在满足照度要求时手动或自动关闭。其采光系数和采光窗的面积比应符合规范要求。

照明灯具效率、照度值、功率密度值、公共区照明控制检验均采用《公共建筑节能检验标准》JGJ 177 中规定的检验方法。

3.5.2 照明系统节电率是衡量照明系统改造后节能效果的重要量化指标，它比照明功率密度指标更直接更准确地反映了改造后照明实际节省的电能。

3.6 监测与控制系统

3.6.1 现行国家标准《公共建筑节能设计标准》GB 50189—2005 中规定集中采暖与空气调节系统监测与控制的基本要求：

1 对于冷、热源系统，控制系统应满足下列基本要求：

1）冷、热量瞬时值和累计值的监测，冷水机组优先采用由冷量优化控制运行台数的方式；

2）冷水机组或热交换器、水泵、冷却塔等设备连锁启停；

3）供、回水温度及压差的控制或监测；

4）设备运行状态的监测及故障报警；

5）技术可靠时，宜考虑冷水机组出水温度优化设定。

2 对于空气调节冷却水系统，应满足下列基本控制要求：

1）冷水机组运行时，冷却水最低回水温度的控制；

2）冷却塔风机的运行台数控制或风机调速控制；

3）采用冷却塔供应空气调节冷水时的供水温度控制；

4）排污控制。

3 对于空气调节风系统（包括空气调节机组），应满足下列基本控制要求：

1）空气温、湿度的监测和控制；

2）采用定风量全空气空调系统时，宜采用变新风比焓值控制方式；

3）采用变风量系统时，风机宜采用变速控制方式；

4）设备运行状态的监测及故障报警；

5）需要时，设置盘管防冻保护；

6）过滤器超压报警或显示。

对间歇运行的空调系统，宜设自动启停控制装置；控制装置应具备按照预定时间进行最优启停的功能。

采用二次泵系统的空气调节水系统，其二次泵应采用自动变速控制方式。

对末端变水量系统中的风机盘管，应采用电动温控阀和三档风速结合的控制方式。

其中，空气温、湿度的监测和控制、供、回水压差的控制及末端变水量系统中的风机盘管控制性能检测均采用现行行业标准《公共建筑节能检验标准》JGJ 177 中规定的检验方法。

通常，生活热水系统监测与控制的基本要求包括：

1 供水量瞬时值和累计值的监测；

2 热源及水泵等设备连锁启停；

3 供水温度控制或监测；

4 设备运行状态的监测及故障报警。

照明、动力设备监测与控制应具有对照明或动力主回路的电压、电流、有功功率、功率因数、有功电度（kW/h）等电气参数进行监测记录的功能，以及对供电回路电器元件工作状态进行监测、报警的功能。检测方法采用现行行业标准《公共建筑节能检验标准》JGJ 177 中规定的检验方法。

3.6.2 阀门型号和执行器应配套，参数应符合设计要求，其安装位置、阀前后直管段长度、流体方向等应符合产品安装要求；执行器的安装位置、方向应符合产品要求。变频器型号和参数应符合设计要求及国家有关规定；流量仪表的型号和参数、仪表前后的直管段长度等应符合产品要求；压力和差压仪表的取压点、仪表配套的阀门安装应符合产品要求；温度传感器精度、量程应符合设计要求；安装位置、插入深度应符合产品要求等。传感器（包括温湿度、风速、流量、压力等）数据是否准确，量程是否合理，阀门执行器与阀门旋转方向是否一致，阀门开闭是否灵活，手动操作是否有效；变频器、节电器等设备是否处于自控状态，现场控制器是否工作正常（包括通信、输入输出点，电池等）等。监测与控制系统中安装了大量的传感器、阀门及配套执行器、变频器等现场设备，这些现场设备的安装直接影响控制功能和控制精度，因此应特别注意这些设备的安装和线路敷设方式，严格按照产品说明书的要求安装，产品说明中没有注明安装方式的应按照现行国家标准《自动化仪表工程施工及验收规范》GB 50093 的规定执行。

3.7 综合诊断

3.7.1 综合诊断的目的是为了在外围护结构热工性能、采暖通风空调及生活热水供应系统、供配电与照明系统、监测与控制系统分项诊断的基础上，对建筑物整体节能性能进行综合诊断，并给出建筑物的整体能源利用状况和节能潜力。

3.7.2 节能诊断总报告是在外围护结构、采暖通风空调及生活热水供应系统、供配电与照明系统、监测与控制系统各分报告的基础上，对建筑物的整体能耗量及其变化规律、能耗构成和分项能耗进行汇总与分析；针对各分报告中确定的主要问题、重点节能环节及其节能潜力，通过技术经济分析，提出建筑物综合节能改造方案。

4 节能改造判定原则与方法

4.1 一般规定

4.1.1 节能诊断涉及公共建筑外围护结构的热工性能、采暖通风空调及生活热水供应系统、供配电与照明系统以及监测与控制系统等方面的内容。节能改造内容的确定应根据目前系统的实际运行能效、节能改造的潜力以及节能改造的经济性综合确定。

4.1.2 单项判定是针对某一单项指标是否进行节能改造的判定；分项判定是针对外围护结构或采暖通风空调及生活热水供应系统或照明系统是否进行节能改造的判定；综合判定是综合考虑外围护结构、采暖通风空调及生活热水供应系统及照明系统是否进行节能改造的判定。

分项判定方法及综合判定方法是通过计算节能率及静态投资回收期进行判定，可以预测公共建筑进行节能改造时的节能潜力。

单项判定、分项判定、综合判定之间是并列的关系，满足任何一种判定原则，都可进行相应节能改造。

本规范提供了单项、分项、综合三种判定方法，业主可以根据需要选择采取一种或多种判定方法以及改造方案。

4.2 外围护结构单项判定

4.2.1 公共建筑在进行结构、防火等改造时，如涉及外围护结构保温隔热方面时，可考虑同步进行外围护结构方面的节能改造。但外围护结构是否需要节能改造，需结合公共建筑节能改造判定原则与方法确定。

4.2.2 严寒、寒冷地区主要考虑建筑的冬季防寒保温，建筑外围护结构传热系数对建筑的采暖能耗影响很大，提高这一地区的外围护结构传热系数，有利于提高改造对象的节能潜力，并满足节能改造的经济性综合要求。未设保温或保温破损面积过大的建筑，当进入冬季供暖期时，外墙内表面易产生结露现象，会造成外围护结构内表面材料受潮，严重影响室内环境。因此，对此类公共建筑节能改造时，应强化其外围护结构的保温要求。

夏热冬冷、夏热冬暖地区太阳辐射得热是造成夏季室内过热的主要原因，对建筑能耗的影响很大。这一地区应主要关注建筑外围护结构的夏季隔热，当公共建筑采用轻质结构和复合结构时，应提高其外围护结构的热稳定性，不能简单采用增加墙体、屋面保温隔热材料厚度的方式来达到降低能耗的目的。

外围护结构节能改造的单项判定中，外墙、屋面的热工性能考虑了现行国家标准《民用建筑热工设计规范》GB 50176 的设计要求，确定了判定的最低限值。

4.2.3 外窗、透明幕墙对建筑能耗高低的影响主要有两个方面，一是外窗和透明幕墙的热工性能影响冬季采暖、夏季空调室内外温差传热；另外就是窗和幕墙的透明材料（如玻璃）受太阳辐射影响而造成的建筑室内的得热。冬季，通过窗口和透明幕墙进入室内的太阳辐射有利于建筑的节能，因此，减小窗和透明幕墙的传热系数，抑制温差传热是降低窗口和透明幕墙热损失的主要途径之一；夏季，通过窗口透明幕墙进入室内的太阳辐射成为空调降温的负荷，因此，减少进入室内的太阳辐射以及减小窗或透明幕墙的温差传热都是降低空调能耗的途径。

外窗及透明幕墙的传热系数及综合遮阳系数的判定综合考虑了现行国家标准《采暖通风与空气调节设计规范》GB 50019 和原有《旅游旅馆建筑及空气调节节能设计标准》GB 50189—93（现已废止）的设计要求，并进行相应的补充，确定了判定外围护结构节能改造的最低限值。

许多公共建筑外窗的可开启率有逐渐下降的趋势，有的甚至使外窗完全封闭。在春、秋季节和冬、夏季的某些时段，开窗通风是减少空调设备的运行时间、改善室内空气质量和提高室内热舒适性的重要手段。对于有很多内区的公共建筑，扩大外窗的可开启面积，会显著增强建筑室内的自然通风降温效果。参考北京市《公共建筑节能设计标准》DBJ 01—621，采用占外墙总面积比例来控制外窗的可开启面积。而12%的外墙总面积，相当于窗墙比为0.40时，30%的窗面积。超高层建筑外窗的开启判定不执行本条规定。对于特别设计的透明幕墙，如双层幕墙，透明幕墙的可开启面积应按照双层幕墙的内侧立面上的可开启面积计算。

实际改造工程判定中，当遇到外窗及透明幕墙的热工性能优于条文规定的最低限值时，而业主有能力进行外立面节能改造的，也应在根据分项判定和综合判定后，确定节能改造的内容。

4.2.4 夏季屋面水平面太阳辐射强度最大，屋面的透明面积越大，相应建筑的能耗也越大，而屋面透明部分冬季天空辐射的散热量也很大，因此对屋面透明部分的热工性能改造应予以重视。

4.3 采暖通风空调及生活热水供应系统单项判定

4.3.1 按中国目前的制造水平和运行管理水平，冷、热源设备的使用年限一般为 15 年，但由于南北地域、气候差异等因素导致设备使用时间不同，在具体改造过程中，要根据设备实际运行状况来判定是否需要改造或更换。冷、热源设备所使用的燃料或工质要符合国家的相关政策。1991 年我国政府签署了《关于消耗臭氧层物质的蒙特利尔协议书》伦敦修正案，成为按该协议书第五条第一款行事的缔约国。我国编制的《中国消耗臭氧层物质逐步淘汰国家方案》由国务院批准，其中规定，对臭氧层有破坏作用的 CFC-11、CFC-12 制冷剂最终禁用时间为 2010 年 1 月 1 日。同时，我国政府在《蒙特利尔议定书》多边基金执委会上申请并获批准加速淘汰 CFC 计划，定于 2007 年 7 月 1 日起完全停止 CFC 的生产和消费，比原规定提前了两年半。对于目前广泛用于空气调节制冷设备的 HCFC-22 以及 HCFC-123 制冷剂，按"蒙特利尔议定书缔约方第十九次会议"对第五条缔约方的规定，我国将于 2030 年完成其生产与消费的加速淘汰，至 2030 年削减至 2.5%。

4.3.2 本条文中锅炉的运行效率是指锅炉日平均运行效率，其数值是根据现有锅炉实际运行状况确定的，且其值低于现行行业标准《居住建筑节能检测标准》JGJ 132—2009 中规定的节能合格指标值，如表 1 所示。锅炉日平均运行效率测试条件和方法见现行行业标准《居住建筑节能检测标准》JGJ 132。

表1　采暖锅炉日平均运行效率

锅炉类型、燃料种类		在下列锅炉额定容量（MW）下的日平均运行效率（%）						
		0.7	1.4	2.8	4.2	7.0	14.0	>28.0
燃煤	烟煤 Ⅱ	—	—	65	66	70	70	71
	Ⅲ	—	—	66	66	70	71	73
燃油、燃气		77	78	78	79	80	81	81

4.3.3 现行国家标准《冷水机组能效限定值及能源效率等级》GB 19577—2004 中，5 级产品是未来淘汰的产品，所以本条文对冷水机组或热泵机组制冷性能系数的规定以 5 级或低于 5 级作为进行改造或更换的依据。其中，水冷螺杆式、水冷离心式、风冷或蒸发冷却螺杆式机组以 5 级作为进行改造或更换的依据；

水冷活塞式/涡旋式、风冷或蒸发冷却活塞式/涡旋式机组以 5 级标准的 90% 作为进行改造或更换的依据。冷水机组或热泵机组实际性能系数的测试工况和方法见现行行业标准《公共建筑节能检验标准》JGJ 177。

4.3.4 现行国家标准《单元式空气调节机能效限定值及能源效率等级》GB 19576—2004 中，5 级产品是未来淘汰的产品，所以本条文对机组能效比的规定以 5 级作为进行改造或更换的依据。单元式空气调节机、风管送风式和屋顶式空调机组需进行送检，以测定其能效比。

4.3.5 本条文中溴化锂吸收式冷水机组实际性能系数（COP）约为《公共建筑节能设计标准》GB 50189—2005 中规定数值的 90%，其测试工况和方法见现行行业标准《公共建筑节能检验标准》JGJ 177。

4.3.6 用高品位的电能直接转换为低品位的热能进行采暖或空调的方式，能源利用率低，是不合适的。

4.3.7 当公共建筑采暖空调系统的热源设备无随室外气温变化进行供热量调节的自动控制装置时，容易造成冬季室温过高，无法调节，浪费能源。

4.3.8 本条文冷源系统能效系数的测试工况和方法见现行行业标准《公共建筑节能检验标准》JGJ 177。表 4.3.8 中的数值是综合考虑目前公共建筑中冷源系统的实际情况确定的，其值约为现行行业标准《公共建筑节能检验标准》JGJ 177 中规定数值的 80% 左右。

4.3.9 在过去的 30 年内，冷水机组的效率提高很快，使其占空调水系统能耗的比例已降低了 20% 以上，而水泵的能耗比例却相应提高了。在实际工程中，由于设计选型偏大而造成的系统大流量运行的现象非常普遍，因此以减少水泵能耗为目的的空调水系统改造方案，值得推荐。

4.3.10 由于受气象条件等因素变化的影响，空调系统的冷热负荷在全年是不断变化的，因此要求空调水系统具有随负荷变化的调节功能。长时间小温差运行是造成运行能耗高的主要原因之一。本条中的总运行时间是指一年中供暖季或制冷季空调系统的实际运行时间。

4.3.11 本条文的规定是为了降低输配能耗，并且二次泵变流量的设置不影响制冷主机对流量的要求。但为了系统的稳定性，变流量调节的最大幅度不宜超过设计流量的 50%。空调冷水系统改造为变流量调节方式后，应对系统进行调试，使得变流量的调节方式与末端的控制相匹配。

4.3.12 本条文风机的单位风量耗功率为风机实际耗电量与风机实际风量的比值。测试工况和方法见现行行业标准《公共建筑节能检验标准》JGJ 177。表 4.3.12 中的数值是综合考虑目前公共建筑中风机的单位风量耗功率的实际情况确定的，其值为现行国家标准《公共建筑节能设计标准》GB 50189—2005 中规定数值的 1.1 倍左右。根据本条文进行改造的空调风系统服务的区域不宜过大，在办公建筑中，空调风管道通常不应超过 90m，商业与旅游建筑中，空调风管不宜超过 120m。

4.3.13 在冬季需要制冷时，若启用人工冷源，势必会造成能源的大量浪费，不符合国家的能源政策，所以需要采用天然冷源。天然冷源包括：室外的空气、地下水、地表水等。

4.3.14 在过渡季，当室外空气焓值低于室内焓值时，为节约能源，应充分利用室外的新风。本条文适合于全空气空调系统，不适合于风机盘管加新风系统。

4.3.15 空调系统需要的新风主要有两个用途：一是稀释室内有害物质的浓度，满足人员的卫生要求；二是补充室内排风和保持室内正压。2003 年中国经历了 SARS 事件，使得人们意识到建筑内良好通风的重要性。现行国家标准《公共建筑节能设计标准》GB 50189—2005 中明确规定了公共建筑主要空间的设计新风量的要求。鉴于新风量的重要性，本条文对不满足现行国家标准《公共建筑节能设计标准》GB 50189—2005 中规定的新风量指标的公共建筑，提出了进行新风系统改造或增设新风系统的要求。现行国家标准《公共建筑节能设计标准》GB 50189—2005 中对主要空间的设计新风量的规定如表 2 所示。

表 2　公共建筑主要空间的设计新风量

建筑类型与房间名称			新风量 [m³/(h·p)]
旅游旅馆	客房	5 星级	50
		4 星级	40
		3 星级	30
	餐厅、宴会厅、多功能厅	5 星级	30
		4 星级	25
		3 星级	20
		2 星级	15
	大堂、四季厅	4～5 星级	10
	商业、服务	4～5 星级	20
		2～3 星级	10
	美容、理发、康乐设施		30
旅店	客房	1～3 星级	30
		4 级	20
文化娱乐	影剧院、音乐厅、录像厅		20
	游艺厅、舞厅（包括卡拉 OK 歌厅）		30
	酒吧、茶座、咖啡厅		10
体育馆			20
商场（店）、书店			20
饭馆（餐厅）			20
办公			30
学校	教室	小学	11
		初中	14
		高中	17

4.3.16 各主支管路回水温度最大差值即主支管路回水温度的一致性反映了水系统的水力平衡状况。主支管路回水温度的一致性测试工况和方法见现行行业标准《公共建筑节能检验标准》JGJ 177。

4.3.17 从卫生及节能的角度，不结露是冷水管保温的基本要求。

4.3.19 《中华人民共和国节约能源法》第三十七条规定："使用空调采暖、制冷的公共建筑应当实行室内温度控制制度。"第三十八条规定："新建建筑或者对既有建筑进行节能改造，应当按照规定安装用热计量装置、室内温度调控装置和供热系统调控装置。"为满足此要求，公共建筑必须具有室温调控手段。

4.3.20 集中空调系统的冷热量计量和我国北方地区的采暖热计量一样，是一项重要的节能措施。设置热量计量装置有利于管理与收费，用户也能及时了解和分析用能情况，及时采取节能措施。

4.4　供配电系统单项判定

4.4.1 当确定的改造方案中，涉及各系统的用电设备时，其配电柜（箱）、配电回路等均应根据更换的用电设备参数，进行改造。这首先是为了保证用电安全，其次是保证改造后系统功能的合理运行。

4.4.2 一般变压器容量是按照用电负荷确定的，但有些建筑建成后使用功能发生了变化，这样就造成了变压器容量偏大，造成低效率运行，变压器的固有损耗占全部电耗的比例会较大，用户消耗的电费中有很大一部分是变压器的固有损耗，如果建筑物的用电负荷在建筑的生命周期内可以确定不会发生变化，则应当更换合适容量的变压器。变压器平均负载率的周期应根据春夏秋冬四个季节的用电负荷计算。

4.4.3 设置电能分项计量可以使管理者清楚了解各种用电设备的耗电情况，进行准确的分类统计，制定科学的用电管理规定，从而节约电能。

4.4.4 在进行建筑供配电设计时设计单位均按照当地供电部门的要求设计了无功补偿，但随着建筑功能的扩展或变更，大量先进用电设备的投入，使原有无功补偿设备或调节方式不能满足要求，这时应制定详细的改造方案，应包含集中补偿或就地补偿的分析内容，并进行投资效益分析。

4.4.5 对于建筑电气节能要求，供用电电能质量只包含了三相电压不平衡度、功率因数、谐波和电压偏差。三相电压不平衡一般出现在照明和混合负载回路，初步判定不平衡可以根据 A、B、C 三相电流表示值，当某相电流值与其他相的偏差为 15% 左右时可以初步判定为不平衡回路。功率因数需要核查基波功率因数和总功率因数两个指标，一般我们所说的功率因数是指总功率因数。谐波的核查比较复杂，需要电气专业工程师来完成。电压偏差检验是为了考察是否具有节能潜力，当系统电压偏高时可以采取合理的改造措施实现节能。

4.5 照明系统单项判定

4.5.1 现行国家标准《建筑照明设计标准》GB 50034 中对各类建筑、各类使用功能的照明功率密度都有明确的要求，但由于此标准是 2004 年才公布的，对于很多既有公共建筑照明照度值和功率密度都可能达不到要求，有些建筑的功率密度值很低但实际上其照度没有达到要求的值，如果业主对不达标的照度指标可以接受，其功率密度低于标准要求，则可以不改造；如果大于标准要求则必须改造。

4.5.2 公共区的照明容易产生长明灯现象，尤其是既有公共建筑的公共区，一般都没有采用合理的控制方式。对于不同使用功能的公共照明应采用合理的控制方式，例如办公楼的公共区可以采用定时与感应控制相结合的控制方式，上班时间采用定时方式，下班时间采用声控方式，总之不要因为采用不合理的控制方式影响使用功能。

4.5.3 对于办公建筑，可核查靠近窗户附近的照明灯具是否可以单独开关，若不能则需要分析照明配电回路的设置是否可以进行相应的改造，改造应选择在非办公时间进行。

4.6 监测与控制系统单项判定

4.6.1 目前很多公共建筑没有设置监测控制系统，全部依靠人力对建筑设备进行简单的启停操作，人为操作有很大的随意性，尤其是耗能在建筑中占很大比例的空调系统，这种人为操作会造成能源的浪费或不能满足人们工作环境的要求，不利于设备运行管理和节能考核。

4.6.2 当对既有公共建筑的集中采暖与空气调节系统，生活热水系统，照明、动力系统进行节能改造时，原有的监测与控制系统应尽量保留，新增的控制功能应在原监测与控制系统平台上添加，如果原有监测与控制系统已不能满足改造后系统要求，且升级原系统的性价比已明显不合理时，应更换原系统。

4.6.3 有些既有公共建筑的监测与控制系统由于各种原因不能正常运行，造成人力、物力等资源的浪费，没有发挥监测与控制系统的先进控制管理功能；还有一些系统虽然控制功能比较完善，但没有数据存储功能，不能利用数据对运行能耗进行分析，无法满足节能管理要求。这些现象比较普遍，因此应查明原因，尽量恢复原系统的监测与控制功能，增加数据存储功能，如果恢复成本过高性价比已明显不合理时，则建议更换原监测与控制系统。

4.6.4 监测与控制系统配置的现场传感器及仪表等安装方式正确与否直接影响系统的控制功能和控制精度，有些系统不能正常运行的原因就是现场设备安装不合理，造成控制失灵。因此应严格按照产品要求和国家有关规范执行，这样才能确保监测与控制系统的正常运行。

4.6.5 用电分项计量是实施节能改造前后节能效果对比的基本条件。

4.7 分项判定

4.7.1 公共建筑外围护结构的节能改造，应采取现场考察与能耗模拟计算相结合的方式，应按以下步骤进行判定：

1 通过节能诊断，取得外围护结构各部分实际参数。首先进行复核检验，确定外围护结构保温隔热性能是否达到设计要求，对节能改造重点部位初步判断。

2 利用建筑能耗模拟软件，建立计算模型。对节能改造前后的能耗分别进行计算，判断能耗是否降低 10% 以上。

3 综合考虑每种改造方案的节能量、技术措施成熟度、一次性工程投资、维护费用以及静态投资回收期等因素，进行方案可行性优化分析，确定改造方案。

公共建筑节能改造技术方案的可行性，不但要从技术观点评价，还必须从经济观点评价，只有那些技术上先进，经济上合理的方案才能在实际中得到应用和推广。

在工程中，评价项目的经济性通常用投资回收期法。投资回收期是指项目投资的净收益回收项目投资所需要的时间，一般以年为单位。投资回收期分为静态投资回收期和动态投资回收期，两者的区别为静态投资回收期不考虑资金的时间价值，而动态投资回收期考虑资金的时间价值。

静态投资回收期虽然不考虑资金的时间价值，但在一定程度上反映了投资效果的优劣，经济意义明确、直观，计算简便。动态投资回收期虽然考虑了资金的时间价值，计算结果符合实际情况，但计算过程繁琐，非经济类专业人员难以掌握，因此，本标准中的投资回收期均采用静态投资回收期。本标准中，静态投资回收期的计算公式如下：

$$T = \frac{K}{M} \tag{1}$$

式中　T——静态投资回收期，年；

　　　K——进行节能改造时用于节能的总投资，万元；

　　　M——节能改造产生的年效益，万元/年。

在编制现行国家标准《公共建筑节能设计标准》时曾有过节能率分担比例的计算分析，以 20 世纪 80 年代为基准，通过改善围护结构热工性能，从北方至南方，围护结构可分担的节能率约 25%～13%。而对既有公共建筑外围护结构节能改造，经估算，改造前后建筑采暖空调能耗可降低 5%～8%。而从工程技术经济的角度，外围护结构改造的投资回收期一般为 15～20 年。另外，本规范编制时参考了国外能源服务公司的实际经验，为规避投资风险性和提高收益率，能源服务公司一般也都将外围护结构节能改造合同的投资回收期签订在 8 年以内。综上分析，本规范采用两项指标控制外围护结构节能改造的范围，指标要求是比较严格的。

4.7.2 本条文对采暖通风空调及生活热水供应系统分项判定方法作了规定。当进行两项以上的单项改造时，可以采用本条文进行判定。分项判定主要是根据节能量和静态投资回收期进行判定。对一些投资少，简单易行的改造项目可仅用静态投资回收期进行判定。系统的能耗降低 20% 是指由于采暖通风空调及生活热水供应系统采取一系列节能措施后，直接导致采暖通风空调及生活热水供应系统的能源消耗（电、燃煤、燃油、燃气）降低了 20%，不包括由于外围护结构的节能改造而间接导致采暖通风空调及生活热水供应系统的能源消耗的降低量。根据对现有公共建筑的调查情况，结合公共建筑节能改造经验，通过调节冷水机组的运行策略、变流量控制等节能措施，系统能耗可降低 20% 左右，静态投资回收期基本可控制在 5 年以内。同时大多数业主比较能接受的静态投资回收期在 5～8 年的范围内。对一些投资少，简单易行的改造项目，静态投资回收期基本可控制在 3 年以内。

4.7.3 目前国家对灯具的能耗有明确规定，现行国家标准有：《管形荧光灯镇流器能效限定值及节能评价值》GB 17896，《普通照明用双端荧光灯能效限定值及能效等级》GB 19043，《普通照明用自镇流荧光灯能效限定值及能效等级》GB 19044，《单端荧光灯能效限定值及节能评价值》GB 19415，《高压钠灯能效限定值及能效等级》GB 19573 等。这些标准规定了荧光灯和镇流器的能耗限定值等参数。如果建筑物中采用的灯具不是节能灯或不符合能效限定值的要求，就应该进行更换。

4.8 综 合 判 定

4.8.1 综合判定的目的是为了预测公共建筑进行节能改造的综合节能潜力。本规范中全年能耗仅包括采暖、通风、空调、生活热水、照明方面的能源消耗，不包括其他方面的能源消耗。

本规范中，进行节能改造的判定方法有单项判定、分项判定、综合判定，各判定方法之间是并列的关系，满足任何一种判定，都宜进行相应节能改造。综合判定涉及了外围护结构、采暖通风空调及生活热水供应系统、照明系统三方面的改造。

全年能耗降低 30% 是通过如下方法估算的：

以某一办公建筑为例，在分项判定中，通过进行外围护结构的改造，大概可以节约 10% 的能耗；通过采暖通风空调及生活热水供应系统的改造，可以节约 20% 的能耗；通过照明系统的改造，可以节约 20% 的照明能耗。而在上述全年能耗中，约有 80% 通过采暖通风空调及生活热水供应系统消耗，约有 20% 通过照明系统消耗。经过加权计算，通过进行外围护结构、采暖通风空调及生活热水供应系统、照明系统三方面的改造，大概可以节约 28% 以上的能耗。

静态投资回收期通过如下方法估算：在分项判定中，进行外围护结构的改造，静态投资回收期为 8 年；进行采暖通风空调及生活热水供应系统的改造，静态投资回收期为 5 年；进行照明系统的改造，静态投资回收期为 2 年。假定外围护结构、采暖通风空调及生活热水供应系统改造时，投资方面的比例约为 4 : 6。采暖通风空调及生活热水供应系统的能耗与照明系统的能耗比例约为 4 : 1。

根据以上条件，经过加权计算，进行外围护结构、采暖通风空调及生活热水供应系统、照明系统三方面的改造时，静态投资回收期为 5.36 年。

根据以上计算，若节约 30% 的能耗，则静态投资回收期为 5.74 年，取整后，规定为 6 年。

5 外围护结构热工性能改造

5.1 一 般 规 定

5.1.1 公共建筑的外围护结构节能改造是一项复杂的系统工程，一般情况下，其难度大于新建建筑。其难点在于需要在原有建筑基础上进行完善和改造，而既有公共建筑体系复杂、外围护结构的状况千差万别，出现问题的原因也多种多样，改造难度、改造成本都很大。但经确认需要进行节能改造的建筑，要求外围护结构进行节能改造后，所改部位的热工性能需至少达到新建公共建筑节能水平。

现行国家标准《公共建筑节能设计标准》GB 50189 对外围护结构的性能要求有两种方法：一是规定性指标要求，即不同窗墙比条件下的限值要求；二是性能性指标要求，即当不满足规定性指标要求时，需要通过权衡判断法进行计算确定建筑物整体节能性能是否满足要求。第二种方法相对复杂，不便于实施和监督。

为了便于判断改造后的公共建筑外围护结构是否满足要求，本规范要求公共建筑外围护结构经节能改造后，其热工性能限值需满足现行国家标准《公共建筑节能设计标准》GB 50189 的规定性指标要求，而不能通过权衡判断法进行判断。

5.1.2 节能改造对结构安全影响，主要是施工荷载、施工工艺对原结构安全影响，以及改造后增加的荷载或荷载重分布等对结构的影响，应分别复核、验算。

5.1.3 根据建筑防火设计多年实践，以及发生火灾的经验教训，完善外保温系统的防火构造技术措施，并在公共建筑节能改造中贯彻这些防火要求，这对于防止和减少公共建筑火灾的危害，保护人身和财产的安全，是十分必要的。

建筑外墙、幕墙、屋顶等部位的节能改造时，所采用的保温材料和建筑构造的防火性能应符合现行国家标准《建筑内部装修设计防火规范》GB 50222、《建筑设计防火规范》GB 50016 和《高层民用建筑设计防火规范》GB 50045 等的规定和设计要求。

公共建筑的外墙外保温系统、幕墙保温系统、屋顶保温系统等应具有一定的防火攻击能力和防止火焰蔓延能力。

5.1.4 外围护结构节能改造要求根据工程的实际情况，具体问题具体分析。虽然不可能存在一种固定的、普遍适用的方法，但公共建筑的外围护结构节能改造施工应遵循"扰民少、速度快、安全度高、环境污染少"的基本原则。建筑自身特点包括：建筑的历史、文化背景、建筑的类型、使用功能、建筑现有立面形式、外装饰材料、建筑结构形式、建筑层数、窗墙比、墙体材料性能、门窗形式等因素。严寒、寒冷地区宜优先选用外保温技术。对于那些有保留外部造型价值的建筑物可采用内保温技术，但必须处理好冷热桥和结露。目前国内可选择的保温系统和构造形式很多，无论采用哪种，保温系统的基本要求必须满足。保温系统有 7 项要求：力学安全性、防火性能、节能性能、耐久性、卫生健康和环保性、使用安全性、抗噪声性能。针对既有公共建筑节能改造的特点，在保证节能要求的基础上，保温系统的其他性能要求也应关注。

5.1.5 热桥是外墙和屋面等外围护结构中的钢筋混凝土或金属梁、柱、肋等部位，因其传热能力强，热流较密集，内表面温度较低，故容易造成结露。常见的热桥有外墙周转的钢筋混凝土抗震柱、圈梁、门窗过梁，钢筋混凝土或钢框架梁、柱，钢筋混凝土或金属屋面板中的边肋或小肋，以及金属玻璃窗幕墙中和金属窗中的金属框和框料等。冬季采暖期时，这些部位容易产生结露现象，影响人们生活。因此节能改造过程中应对冷热桥采取合理措施。

5.1.6 外围护结构节能改造的施工组织设计应遵循下列几方面原则：

1 做好对现状的保护，包括道路、绿化、停车场、通信、电力、照明等设施的现状；

2 做好场地规划，安全措施：

1) 通道安全及分流，包括施工人员通道、职工通道、施工车道；

2) 施工安装中的安全；

3) 室内工作人员的安全。

3 注意材料物品等堆放：

1) 材料和施工工具的堆放；

2) 拆除材料的堆放。

4 施工组织：

1) 原有墙面的处理；

2) 宜采用干作业施工，减少对环境的污染；

3) 拆除材料。

5.2 外墙、屋面及非透明幕墙

5.2.1 公共建筑中常见的旧墙面基层一般分为旧涂层表面和旧瓷砖表面等。对于旧涂层表面，常见的问题有：墙面污染、涂层起皮剥落、空鼓、裂缝、钢筋锈蚀等；对于旧瓷砖表面，常见的问题有：渗水、空鼓、脱落等。因此，旧墙面的诊断工作应按不同旧基层墙面（混凝土墙面、混凝土小砌块墙面、加气混凝土砌块墙面等）、不同旧基层饰面材料（旧陶瓷锦砖、瓷砖墙面、旧涂层墙面、旧水刷石墙面、湿贴石材等）、不同"病变"情况（裂缝、脱落、空鼓、发霉等），分门别类进行诊断分析。

既有公共建筑外墙表面满足条件时，方可采用可粘结工艺的外保温改造方案。可粘结工艺的外保温系统包括：聚苯板薄抹灰、聚苯板外墙挂板、胶粉聚苯颗粒保温浆料、硬质聚氨酯外墙外保温系统。

5.2.4 公共建筑节能改造中外墙外保温的技术要求应符合现行行业标准《外墙外保温工程技术规程》JGJ 144 的规定。另外，公共建筑室内温湿度状况复杂，特别对于游泳馆、浴室等室内散湿量较大的场所，外墙外保温改造时还应考虑室内湿度的影响。

5.2.5 幕墙节能改造工程使用的保温材料，其厚度应符合设计要求，保温系统安装应牢固，不得松脱。当外围护结构改造为非透明幕墙时，其龙骨支撑体系的后加锚固埋件应与原主体结构有效连接，并应满足现行行业标准《金属与石材幕墙技术规范》JGJ 133 的相关规定。非透明幕墙的主体平均传热系数应符合现行国家标准《公共建筑节能设计标准》GB 50189 的相关规定。

5.2.8 公共建筑屋面节能改造比较复杂，应注意保温和防水两方面处理方式。

平屋面节能改造前，应对原屋面面层进行处理，清理表面、修补裂缝、铲去空鼓部位。根据实际现场诊断勘查，确定保温层含水率和屋面传热系数。

屋面节能改造基本可以分为四种情况：

1 保温层不符合节能标准要求，防水层破损；

2 保温层破损，防水层完好；

3 保温层符合节能标准要求，防水层破损；

4 保温层、防水层均完好，但保温隔热效果达不到要求。

上述四种情况可按下列措施进行处理：

情况 1，这是屋面改造中最难的情况。可加设坡屋面。如仍保持平屋面，则需彻底翻修。应清除原有保温层、防水层，重新铺设保温及防水构造。施工中要做到上要防雨、下要防水。

情况2，当建筑原屋面保温层含水率较低时，可采用直接加铺保温层的方式进行倒置式屋面改造或架空屋面做法。倒置式屋面的保温层宜采用挤塑聚苯板（XPS）等吸湿率极低的材料。

情况3，需要重新翻修防水层。对传统屋面，宜在屋面板上加铺隔汽层。

情况4，可设置架空通风间层或加设坡屋面。

改造中保温材料的选用不应选用低密度EPS板、高密度的多孔砖，宜选用低密度、高强度的保温材料或复合材料。

如条件允许，可将平屋面改造为绿化屋面。也可根据屋面结构条件和设计要求加装太阳能设施。

屋面节能改造时，应根据工程特点、地区自然条件，按照屋面防水等级的设防要求，进行防水构造设计。应注意天沟、檐口、檐沟、泛水等部位的防水处理。

5.3 门窗、透明幕墙及采光顶

5.3.1 在北方严寒、寒冷地区，采取必要的改造措施，加强外窗的保温性能有利于提高公共建筑节能潜力。而在南方夏热冬暖地区，加强外窗的遮阳性能是外围护结构节能改造的重点之一。

既有公共建筑的门窗节能改造，可采用只换窗扇、换整窗或加窗的方法。只换窗扇：当既有公共建筑门窗的热工性能经诊断达不到本规程4.2节的要求时，可根据现场实际情况只进行更换窗扇的改造。整窗拆换：当既有公共建筑中门窗的热工性能经诊断达不到本规程4.2节的要求，且无法继续利用原窗框时，可实施整窗拆换的改造。加窗改造：当不想改变原外窗，而窗台又有足够宽度时，可以考虑加窗改造方案。

更新外窗可根据设计要求，选择节能铝合金窗、未增塑聚氯乙烯塑料窗、玻璃钢窗、隔热钢窗和铝木复合窗。

为了提高窗框与墙、窗框与窗扇之间的密封性能，应采用性能好的橡塑密封条来改善其气密性，对窗框与墙体之间的缝隙，宜采用高效保温气密材料加弹性密封胶封堵。

室内可安装手动卷帘式百叶外遮阳、电动式百叶外遮阳，也可安装有热反射和绝热功能的布窗帘。

为了保证建筑节能，要求外窗具有良好的气密性能，以避免冬季室外空气过多地向室内渗漏。现行国家标准《建筑外门窗气密、水密、抗风压性能分级及检测方法》GB/T 7106中规定的6级对应的性能是：在10Pa压差下，每小时每米缝隙的空气渗透量不大于1.5m³，且每小时每平方米面积的空气渗透量不大于4.5m³。

5.3.2 由于现代公共建筑透明玻璃窗面积较大，因而相当大部分的室内冷负荷是由透过玻璃的日射得热引起的。为了减少进入室内的日射得热，采用各种类型的遮阳设施是必要的。从降低空调冷负荷角度，外遮阳设施的遮阳效果明显。因此，对外窗的遮阳设施进行改造时，宜采用外遮阳措施。可设置水平或小幅倾斜简易固定外遮阳，其挑檐宽度按节能设计要求。室外可使用软质篷布可伸缩外遮阳。东西向外窗宜采用卷帘式百叶外遮阳。南向外窗若无简易外遮阳，也可安装手动卷帘式百叶外遮阳。

遮阳设施的安装应满足设计和使用要求，且牢固、安全。采用外遮阳措施时应对原结构的安全性进行复核、验算；当结构安全不能满足节能改造要求时，应采取结构加固措施或采用玻璃贴膜等其他遮阳措施。

遮阳设施的设计和安装宜与外窗或幕墙的改造进行一体化设计，同步实施。

5.3.3 为了保证建筑节能，要求外门、楼梯间门具有良好的气密性能，以避免冬季室外空气过多地向室内渗漏。严寒地区若设电子感应式自动门，门外宜增设门斗。

5.3.4 提高保温性能可增加中空玻璃的中空层数，对重要或特殊建筑，可采用双层幕墙或装饰性幕墙进行节能改造。

更换幕墙玻璃可采用充惰性气体中空玻璃、三中空玻璃、真空玻璃、中空玻璃暖边等技术，提高玻璃幕墙的保温性能。

提高幕墙玻璃的遮阳性能采用在原有玻璃的表面贴膜工艺时，可优先选择可见光透射比与遮阳系数之比大于1的高效节能型窗膜。

宜优先采用隔热铝合金型材，对有外露、直接参与传热过程的铝合金型材应采用隔热铝合金型材或其他隔热措施。

6 采暖通风空调及生活热水供应系统改造

6.1 一般规定

6.1.1 考虑到节能改造过程中的设备更换、管路重新铺设等，可能会对建筑物装修造成一定程度的破坏并影响建筑物的正常使用，因此建议节能改造与系统主要设备的更新换代和建筑物的功能升级结合进行，以减低改造的成本，提高改造的可行性。

6.1.3 空调系统是由冷热源、输配和末端设备组成的复杂系统，各设备和系统之间的性能相互影响和制约。因此在节能改造时，应充分考虑各系统之间的匹配问题。

6.1.4 通过设置采暖通风空调系统分项计量装置，用户可及时了解和分析目前空调系统的实际用能情况，并根据分析结果，自觉采取相应的节能措施，提高节能意识和节能的积极性。因此在某种意义上说，实现用能系统的分项计量，是培养用户节能意识、提高我国公共建筑能源管理水平的前提条件。

6.1.6 室温调控是建筑节能的前提及手段，《中华人民共和国节约能源法》要求，"使用空调采暖、制冷的公共建筑应当实行室内温度控制制度。"因此，节能改造后，公共建筑采暖空调系统应具有室温调控手段。

对于全空气空调系统可采用电动两通阀变水量和风机变速的控制方式；风机盘管系统可采用电动温控阀和三挡风速相结合的控制方式。采用散热器采暖时，在每组散热器的进水支管上，应安装散热器恒温控制阀或手动散热器调节阀。采用地板辐射采暖系统时，房间的室内温度也应有相应控制措施。

6.2 冷热源系统

6.2.1 与新建建筑相比，既有公共建筑更换冷热源设备的难度和成本相对较高，因此公共建筑的冷热源系统节能改造应以挖掘现有设备的节能潜力为主。压缩机的运行磨损，易损件的损坏，管路的脏堵，换热器表面的结垢，制冷剂的泄漏，电气系统的损耗等都会导致机组运行效率降低。以换热器表面结垢，污垢系数增加为例，可能影响换热效率 5%～10%，结垢情况严重则甚至更多。不注意冷、热源设备的日常维护保养是机组效率衰减的主要原因，建议定期（每月）检查机组运行情况，至少每年进行一次保养，使机组在最佳状态下运行。

在充分挖掘现有设备的节能潜力基础上，仍不能满足需求时，再考虑更换设备。设备更换之前，应对目前冷热源设备的实际性能进行测试和评估，并根据测评结果，对设备更换后系统运行的节能性和经济性进行分析，同时还要考虑更换设备的可实施性。只有同时具备技术可行性、改造可实施性和经济可行性时才考虑对设备进行更换。

6.2.2 运行记录是反映空调系统负荷变化情况、系统运行状态、设备运行性能和空调实际使用效果的重要数据，是了解和分析目前空调系统实际用能情况的主要技术依据。改造设计应建立在系统实际需求的基础上，保证改造后的设备容量和配置满足使用要求，且冷热源设备在不同负荷工况下，保持高效运行。目前由于我国空调系统运行人员的技术水平相对较低、管理制度不够完善，运行记录的重要性并未得到足够重视。运行记录过于简单、记录的数据误差较大、运行人员只是简单的记录数据，不具备基本的分析能力、不能根据记录结果对设备的运行状态进行调整是目前普遍存在的问题。针对上述情况，各用能单位应根据系统的具体配置情况制订详细的运行记录，通过对运行人员的培训或聘请相关技术人员加强对运行记录的分析能力，定期对空调系统的运行状态进行分析

和评价，保证空调系统始终处于高效运行的状态。

6.2.3 冷热源更新改造确定原则可参照现行国家标准《公共建筑节能设计标准》GB 50189—2005 第5.4.1 条的规定。

6.2.5 在对原有冷水机组或热泵机组进行变频改造时，应充分考虑变频后冷水机组或热泵机组运行的安全性问题。目前并不是所有冷水机组或热泵机组均可通过增设变频装置，来实现机组的变频运行。因此建议在确定冷水机组或热泵机组变频方案时，应充分听取原设备厂家的意见。另外，变频冷水机组或热泵机组的价格要高于普通的机组，所以改造前，要进行经济分析，保证改造方案的合理性。

6.2.6 由于所处内外区和使用功能的不同，可能导致部分区域出现需要提前供冷或供热的现象，对于上述区域宜单独设置冷热源系统，以避免由于小范围的供冷或供热需求，导致集中冷热源提前开启现象的发生。

6.2.7 附录 A 中部分冷热源设备的性能要求高于现行国家标准《公共建筑节能设计标准》GB 50189 中的相关规定。这主要是考虑到更换冷热源设备的难度较大、成本较高，因此在选择设备时，应具有一定的超前性，应优先选择高于现行国家标准《公共建筑节能设计标准》GB 50189 规定的产品。

6.2.9 冷却塔直接供冷是指在常规空调水系统基础上适当增设部分管路及设备，当室外湿球温度低至某个值以下时，关闭制冷机组，以流经冷却塔的循环冷却水直接或间接向空调系统供冷，提供建筑所需的冷负荷。由于减少了冷水机组的运行时间，因此节能效果明显。冷却塔供冷技术特别适用于需全年供冷或有需常年供冷内区的建筑如大型办公建筑内区、大型百货商场等。

冷却塔供冷可分为间接供冷系统和直接供冷系统两种形式。间接供冷系统是指系统中冷却水环路与冷水环路相互独立，不相连，能量传递主要依靠中间换热设备来进行。其最大优点是保证了冷水系统环路的完整性，保证环路的卫生条件，但由于其存在中间换热损失，使供冷效果有所下降。直接供冷系统是指在原有空调水系统中设置旁通管道，将冷水环路与冷却水环路连接在一起的系统形式。夏季按常规空调水系统运行，转入冷却塔供冷时，将制冷机组关闭，通过阀门打开旁通，使冷却水直接进入用户末端。对于直接供冷系统，当采用开式冷却塔时，冷却水与外界空气直接接触易被污染，污物易随冷却水进入室内空调水管路，从而造成盘管被污物阻塞。采用闭式冷却塔虽可满足卫生要求，但由于其靠间接蒸发冷却原理降温，传热效果会受到影响。目前在工程中通常采用冷却塔间接供冷的方式。对于同时需要供冷和供热的建筑，需要考虑系统分区和管路设置是否满足同时供冷和供热的要求。另外由于冷却塔供冷主要在过渡季

节和冬季运行，因此如果在冬季温度较低地区应用，冷却水系统应采取相应的防冻措施。

6.2.11 水环热泵空调系统是指用水环路将小型的水/空气热泵机组并联在一起，构成一个以回收建筑物内部余热为主要特点的热泵供暖、供冷的空调系统。与普通空调系统相比，水环热泵空调系统具有建筑物余热回收、节省冷热源设备和机房、便于分户计量、便于安装、管理等特点。实际设计中，应进行供冷、供热需求的平衡计算，以确定是否设置辅助热源或冷源及其容量。

6.2.12 当更换生活热水供应系统的锅炉及加热设备时，机组的供水温度应符合以下要求：生活热水水温低于60℃；间接加热热媒水水温低于90℃。

6.2.13 对于常年需要生活热水的建筑，如旅游宾馆、医院等，宜优先采用太阳能、热泵供热水技术和冷水机组或热泵机组热回收技术；特别对于夏季有供冷需求，同时有生活热水需求的公共建筑，应充分利用冷水机组或热泵机组的冷凝热。

6.2.15 水冷冷水机组或热泵机组应考虑实际运行过程中机组换热器结垢对换热效果的影响，冷水机组或热泵机组在实际运行使用过程中，换热管管壁所产生的水垢、污垢及细菌、微生物膜会逐渐堵塞腐蚀管道，降低热交换效率，增加运行能耗。相关研究成果表明1mm污垢，可多导致30%左右的耗电量。污垢严重时还会影响设备正常安全运行，同时也产生军团菌等细菌病毒，危害公共环境卫生安全。目前解决的方法主要是采用人工化学清洗，通过平时加药进行水处理，停机人工清洗的方式。该方式存在随意性大、效果不稳定、需要停机、不能实现实时在线清污、对设备腐蚀磨损等问题，而且会产生大量的化学污水，严重污染环境。所以建议使用实时在线清洗技术。目前实时在线清洗技术有两种，一种是橡胶球清洗技术，一种是清洗刷清洗技术。

6.2.16 燃气锅炉和燃油锅炉的排烟温度一般在120~250℃，烟气中大量热量未被利用就被直接排放到大气中，这不仅造成大量的能源浪费同时也加剧了环境的热污染。通过增设烟气热回收装置可降低锅炉的排烟温度，提高锅炉效率。

6.2.17 室外温度的变化很大程度上决定了建筑物需热量的大小，也决定了能耗的高低。运行参数（供暖水温、水量）应随室外温度的变化时刻进行调整，始终保持供热量与建筑物的需热量相一致，实现按需供热。

6.2.18 冷热源运行策略是指冷热源系统在整个制冷季或供热季的运行方式，是影响空调系统能耗的重要因素。应根据历年冷热源系统运行的记录，对建筑物在不同季节、不同月份和不同时间的冷热负荷进行分析，并根据建筑物负荷的变化情况，确定合理的冷热源运行策略。冷热源运行策略既应体现设备随建筑负

荷的变化进行调节的性能，也应保证冷热源系统在较高的效率下运行。

6.3 输配系统

6.3.4 通风机的节能评价值按表3~表5确定。

表3 离心通风机节能评价值

压力系数	比转速 n_s		使用区最高通风机效率 η_r（%）		
			2<机号<5	5≤机号<10	机号≥10
1.4~1.5	45<n_s≤65		61	65	—
1.1~1.3	35<n_s≤55		65	69	—
1.0	10≤n_s<20		69	72	75
	20≤n_s<30		71	74	77
0.9	5≤n_s<15		72	75	78
	15≤n_s<30		74	77	80
	30≤n_s<45		76	79	82
0.8	5≤n_s<15		72	75	78
	15≤n_s<30		75	78	81
	30≤n_s<45		77	80	82
0.7	10≤n_s<30		74	76	78
	30≤n_s<50		76	78	80
0.6	20≤n_s<45	翼型	77	79	81
		板型	74	76	78
	45≤n_s<70	翼型	78	80	82
		板型	75	77	79
0.5	10≤n_s<30	翼型	76	78	80
		板型	73	75	77
	30≤n_s<50	翼型	79	81	83
		板型	76	77	80
	50≤n_s<70	翼型	80	82	84
		板型	77	79	81
0.4	50≤n_s<65	翼型	81	83	85
		板型	78	80	82
	65≤n_s<80	/	机号<3.5	3.5≤机号<5	—
		翼型	75	80	84	86
		板型	72	77	81	83
0.3	65≤n_s<85	翼型	—	81	83
		板型	—	78	80

表 4　轴流通风机节能评价值

毂比 γ	使用区最高通风机效率 η_r（%）		
	2.5≤机号<5	5≤机号<10	机号≥10
γ<0.3	66	69	72
0.3≤γ<0.4	68	71	74
0.4≤γ<0.55	70	73	76
0.55≤γ<0.75	72	75	78

注：1　$\gamma = d/D$，γ——轴流通风机毂比；d——叶轮的轮毂外径；D——叶轮的叶片外径。

2　子午加速轴流通风机毂比按轮毂出口直径计算。

3　轴流通风机出口面积按圆面积计算。

表 5　采用外转子电动机的空调离心通风机节能评价值

压力系数	比转数 n_s	使用区最高总效率 η_e（%）				
		机号≤2	2<机号≤2.5	2.5<机号<3.5	3.5≤机号<4.5	机号≥4.5
1.0~1.4	40<n_s≤65	43	—	—	—	—
1.1~1.3	40<n_s≤65	—	49	—	—	—
1.0~1.2	40<n_s≤65	—	—	50	—	—
1.3~1.5	40<n_s≤65	—	—	48	—	—
1.2~1.4	40<n_s≤65	—	—	—	55	59
1.0~1.4	40<n_s≤65	—	—	—	—	—

水泵的节能评价值按现行国家标准《清水离心泵能效限定值及节能评价值》GB 19762 中规定的方法确定。

6.3.5　变风量空调系统是通过改变进入房间的风量来满足室内变化的负荷，当房间低于设计额定负荷时，系统随之减少送风量，亦即降低了风机的能耗。当全年需要送冷风时，它还可以通过直接采用低温全新风冷却的方式来实现节能。故变风量系统比较适合多房间且负荷有一定变化和全年需要送冷风的场合，如办公、会议、展厅等；对于大堂公共空间、影剧院等负荷变化较小的场合，采用变风量系统的意义不大。

变风量系统的形式和控制方式较多，系统的运行状态复杂，设计和调试的难度较大。因此在选择设计和调试单位时应慎重。另外，在变风量空调系统的实际运行过程中，随着送风量的变化，送至空调区域的新风量也相应改变。为了确保新风量能符合卫生标准的要求，应采取必要的措施，确保室内的最小新风量。

6.3.6　水泵的配用功率过大，是目前空调系统中普遍存在的问题。通过叶轮切削技术和水泵变速技术，可有效地降低水泵的实际运行能耗，因此推荐采用。在水泵变速改造，特别是对多台水泵并联运行进行变速改造时，应根据管路特性曲线和水泵特性曲线，对不同状态下的水泵实际运行参数进行分析，确定合理的变速控制方案，保证水泵变速的节能效果，否则如

果盲目使用，可能会事与愿违。而且变速调节不可能无限制调速，应结合水泵本身的运行特性，确定合理的调速范围。更换设备与增设变速装置，比较后选取。对于上述技术措施难以解决或经过经济分析，改造成本过高时，可考虑直接更换水泵。

6.3.7　一次泵变流量系统利用变速装置，根据末端负荷调节系统水流量，最大限度地降低了水泵的能耗，与传统的一次泵定流量系统和二次泵系统相比具有很大的节能优势。在进行系统变水量改造设计时，应同时考虑末端空调设备的水量调节方式和冷水机组对变水量系统的适应性，确保变水量系统的可行性和安全性。另外，目前大部分空调系统均存在不同程度的水力失调现象，在实际运行中，为了满足所有用户的使用要求，许多使用方不是采取调节系统平衡的措施，而是采用增大系统的循环水量来克服自身的水力失调，造成大量的空调系统处于"大流量、小温差"的运行状态。系统采用变水量后，由于在低负荷状态下，系统水量降低，系统自身的水力失调现象将会表现得更加明显，会导致不利端用户的空调使用效果无法保证。因此在进行变水量系统改造时，应采取必要的措施，保证末端空调系统的水力平衡特性。

6.3.8　二次泵系统冷源侧采用一次泵，定流量运行；负荷侧采用二次泵，变流量运行，既可保证冷水机组定水量运行的要求，同时也能满足各环路不同的负荷需求，因此适用于系统较大、阻力较高且各环路负荷特性和阻力相差悬殊的场合。但是由于需要增加耗能设备，因此建议在改造前，应根据系统历年来的运行记录，进行系统全年运行能耗的分析和对比，否则可能造成改造后系统的能耗反而增加。

6.3.9　对冷却水系统采取的节能控制方式有：

1　冷却塔风机根据冷却水温度进行台数或变速控制；

2　冷却水泵台数或变速控制。

冷却水系统改造时应考虑对主机性能的影响，确保水系统能耗的节省大于冷机增加的耗能，达到节能改造的效果。

6.3.10　为了适应建筑负荷的变化，目前大多数建筑物制冷系统都采用多台冷水机组、冷水泵、冷却水泵和冷却塔并联运行，并联系统的最大优势是可根据建筑负荷的变化情况，确定冷水机组开启的台数，保证冷水机组在较高的效率下运行，以达到节能运行的目的。对于并联系统，一般要求冷水机组与冷水泵、冷却水泵和冷却塔采用一对一运行，即开启一台冷水机组时，只需开启与其对应的冷水泵、冷却水泵和冷却塔。而目前大多数建筑的实际运行情况是冷水机组与冷水泵、冷却水泵和冷却塔采用一对多运行，即开启一台冷水机组时，同时开启多台冷水泵、冷却水泵和冷却塔，冷水和冷却水旁通导致的能耗浪费比较严重。造成冷水、冷却水旁通的主要原因是未开启冷水

机组的进出口阀门未关闭或空调水系统未进行平衡调试，系统水量分配不平衡，开启单台水泵时，末端散热设备水量降低，系统水力失调现象加重，部分区域空调效果无法保证。因此在改造设计时，应采取连锁控制和水量平衡等必要的手段，防止系统在运行过程中发生冷水和冷却水旁通现象。

6.3.11 系统的平衡装置一般采用静态平衡阀。

6.3.12 大温差、小流量是相对于冬季采暖空调为10℃温差，夏季空调为5℃温差的系统而言的。该技术通过提高供、回水温差、降低系统循环水量，可以达到降低输送水泵能耗的目的。但是由于加大供、回温差会导致主机、水泵和末端设备的运行参数发生变化，因此采用该方案时，应在技术可靠、经济合理的前提下进行。

6.4 末端系统

6.4.1 在过渡季，空调系统采用全新风或增大新风比的运行方式，既可以节省空气处理所消耗的能量，也可有效地改善空调区域内的空气品质。但要实现全新风运行，必须在设备的选择、新风口和新风管的设置、新风和排风之间的相互匹配等方面进行全面的考虑，以保证系统全新风和可调新风比的运行能够真正实现。

6.4.2 公共建筑，特别是大型公共建筑，由于其外围护结构负荷所占比例较小，因此其内外区和不同使用功能的区域之间冷热负荷需求相差较大。对于人员、设备和灯光较为密集的内区存在过渡或供暖季节需要供冷的情况，为了节约能源，推迟或减少人工冷源的使用时间，对于过渡季节或供暖季节局部房间需要供冷时，宜优先采用直接利用室外空气进行降温的方式。

6.4.3 空调区域排风中所含的能量十分可观，排风热回收装置通过回收排风中的冷热量来对新风进行预处理，具有很好的节能效益和环境效益。目前常用的排风热回收装置主要有转轮式热回收、板翅式热回收和热管式热回收等几种方式。在进行热回收系统的设计时，应根据当地的气候条件、使用环境等选用不同的热回收方式。不同热回收装置的主要优缺点详见表6。

表6　不同热回收装置的主要优缺点

热回收方式	优　点	缺　点
转轮式热回收	1　能同时回收潜热和显热； 2　排风和新风逆向交替过程中具有一定的自净作用； 3　通过转速控制，能适应不同室内外空气参数； 4　回收效率高，可达到70%～80%； 5　能适用于较高温度的排风系统	1　接管位置固定，配管的灵活性差； 2　有传动设备，自身需要消耗动力； 3　压力损失较大，易脏堵，维护成本高； 4　有渗漏，无法完全避免交叉污染

续表6

热回收方式	优　点	缺　点
板翅式热回收	1　传热效率高； 2　结构紧凑； 3　没有传动设备，不需要消耗电力； 4　设备初投资低，经济性好	1　换热效率低于转轮式热回收； 2　设备体积较大，占用建筑面积和空间多； 3　压力损失较大，易脏堵，维护成本高
热管式热回收	1　结构紧凑，单位面积的传热面积大； 2　没有传动设备，不需要消耗电力； 3　不易脏堵，便于更换，维护成本低； 4　使用寿命长	1　只能回收显热，不能回收潜热； 2　接管位置固定，配管的灵活性差

由于使用排风热回收装置时，装置自身要消耗能量，因此应本着回收能量高于其自身消耗能量的原则进行选择计算，表7和表8给出了我国不同气候分区代表城市办公建筑中排风热回收装置回收能量与装置自身消耗能量相等时热回收效率的限定值，只有排风热回收装置的效率高于限定值时，集中空调系统使用该装置才能实现节能。

表7　代表城市显热效率限定值

状态	哈尔滨	乌鲁木齐	北京	上海	广州	昆明
制热	0.09	0.10	0.14	0.20	0.44	0.26

表8　代表城市全热效率限定值

状态	哈尔滨	乌鲁木齐	北京	上海	广州	昆明
制热	0.06	0.09	0.11	0.18	0.42	0.18
制冷	—	0.31	0.30	0.26	0.21	—

注：表中"—"表示不建议采用。

6.4.4 新风直接送入吊顶或新风与回风混合后再进入风机盘管是目前风机盘管加新风系统普遍采用的设置方式。前者会导致新风的再次污染、新风利用率降低、不同房间和区域互相串味等问题；后者风机盘管的运行与否对新风量的变化有较大影响，易造成浪费或新风不足；并且采用这种方式增加了风机盘管中风机的风量，不利于节能。因此建议将处理后的新风直接送入空调区域。

6.4.5 与普通空调区域相比，餐厅、食堂和会议室等功能性用房，具有冷热负荷指标高、新风量大、使用时间不连续等特点。而且在过渡季，当其他区域需要供热时，上述区域由于设备、人员和灯光的负荷较大，可能存在需要供冷的情况。近年的调查发现，在大型公共建筑中，上述区域虽然所占的面积不大，但其能耗较高，属高耗能区域。因此在进行空调通风系统改造设计时，应充分考虑上述区域的使用特点，采用调节性强、运行灵活、具有排风热回收功能的系统形式，在条件允许的情况下，应考虑系统在过渡季全新风运行的可能性。

7 供配电与照明系统改造

7.1 一般规定

7.1.1 进行改造之前，施工方要提前制定详细的施工方案，方案中应包括进度计划、应急方案等。

7.1.2 尤其是配电系统改造，当变压器、配电柜中元器件等仍然使用国家淘汰产品时，要考虑更换。

7.1.3 应采用国家有关部门推荐的绿色节能产品和设备。照明灯具的选择应符合现行国家标准《建筑节能工程施工质量验收规范》GB 50411 中规定的光源和灯具。

7.1.4 此条规定了改造施工应满足的质量标准。

7.2 供配电系统

7.2.1 配电系统改造设计要认真核查负荷增减情况，避免因用电设备功率变化引起断路器、继电器及保护元件参数的不匹配。

7.2.2 供配电系统改造线路敷设非常重要，一定要进行现场踏勘，对原有路由需要仔细考虑，一些老建筑的配电线路很多都经过二次以上的改造，有些图纸与实际情况根本不符，如果不认真进行现场踏勘会严重影响改造施工的顺利进行。

7.2.3 目前建筑供配电设计容量是一个比较矛盾的问题，既需要考虑长久用电负荷的增长又要考虑变压器容量的合理性，如果没有充分考虑负荷的增长就会造成运行一段时间后变压器容量不能满足用电要求，而如果变压器容量选择太大又会造成变压器损耗的增加，不利于建筑节能，这两者之间应该有一个比较合理的平衡点，需要电气设计人员与业主充分讨论并对未来用电设备发展有较深入的了解。随着可再生能源的运用和节能型用电设备的推广，变压器容量的预留应合理。若变压器改造后，变压器容量有所改变，则需按照国家规定的要求重新进行报审。

7.2.4 设置电能分项计量可以使管理者清楚了解各种用电设备的耗电情况，进行准确的分类统计，制定科学的用电管理规定，从而节约电能。建筑面积超过2 万 m² 的为大型公共建筑，这类建筑的用电分项计量应采用具有远传功能的监测系统，合理设置用电分项计量是指采用直接计量和间接计量相结合的方式，在满足分项计量要求的基础上尽量减少安装表计的回路，以最少的投资获取数据。电能分项计量监测系统应包括下列回路的分项计量：

1 变压器进出线回路；

2 制冷机组主供电回路；

3 单独供电的冷热源系统附泵回路；

4 集中供电的分体空调回路；

5 给水排水系统供电回路；

6 照明插座主回路；

7 电子信息系统机房；

8 单独计量的外供电回路；

9 特殊区供电回路；

10 电梯回路；

11 其他需要单独计量的用电回路。

安装表计回路设置应根据常规电气设计而定。需要注意的是对变压器损耗的计量，但是否能在变压器进线回路上增加计量需要确定变配电室产权是属于业主还是属于供电部门，并与当地供电部门协商，是否具有增加表计的可能，需要特别注意的是在供电局计量柜中只能取其电压互感器的值，不能改动计量柜内的电流互感器，电流值需要取自变压器进线柜内单独设置 10kV 电流互感器，不要与原电流互感器串接。

7.2.5 无功补偿是电气系统节能和合理运行的重要因素，有些建筑虽然设计了无功补偿设备但不投入运行，或运行方式不合理，若补偿设备确实无法达到要求时，经过投资回收分析后可更换设备。

7.2.6 一般对谐波的治理可采用滤波器、增加电抗器等方法，采用何种方法需要对谐波源进行分析，最可靠的方法是首先对谐波源进行治理，例如节能灯是谐波源时，可对比直接改造灯具和增加各种谐波治理装置方案的优劣，最终确定改造方案。当照明回路的电压偏高时，有些节电设备的节能原理是利用智能化技术降低供电电压，既达到节电的目的又可延长灯管的使用寿命。

7.3 照明系统

7.3.1 照明回路配电设计应重新根据现行国家标准《建筑照明设计标准》GB 50034 中规定的功率密度值进行负荷计算，并核查原配电回路的断路器、电线电缆等技术参数。

7.3.2 面积较小且要求不高的公共区照明一般采用就地控制方式，这种控制方式价格便宜，能起到事半功倍的效果；大面积且要求较高公共区可根据需要设置集中监控系统，如已经具备楼宇自控系统的建筑可将此部分纳入其监控系统。

7.3.3 照明配电系统改造设计时要预留足够的接口，如果接口预留数量不足或不符合监测与控制系统要求，就无法实施对照明系统的控制，照明配电箱做成后若再增加接口，一是位置空间可能不合适，二是需要现场改增加很多麻烦。在大型建筑内，照明控制系统应采用分支配电方式。在这种情况下，可以在过道内分布若干个同样类型的分支配电装置，由楼层配电箱负责分支配电装置的供电。由此可以使线路敷设简单而且层次分明。

7.3.4 除对靠近窗户附近的照明灯具单独设置开关外，还可以在条件具备的情况下，通过光导管技术，将太阳光直接导入室内。

8 监测与控制系统改造

8.1 一般规定

8.1.1 此条规定了监测与控制系统改造的总原则。

8.1.2 节能改造时最重要的是根据改造前后的数据对比，判断节能量，因此涉及节能运行的关键数据必须经过 1 个供暖季、供冷季和过渡季，所以至少需要 12 个月的时间。由于数据的重要性，本条文规定，无论系统停电与否，与节能相关的数据应都能至少保存 12 个月。

8.1.3 此条分别规定了改造时需遵循的原则。尤其是当进行节能优化控制时需要修改其他机电设备运行参数，如进行变冷水量调节等，尤其需要做好保护措施，避免冷机出现故障。

8.1.4 监测与控制系统的节能调试不同于其他系统，调试和验收是非常重要的环节，且这个系统是否能够合理运行并起到节能作用与其涉及的空调、照明、配电等系统密切相关，因此必须在这些系统手动运行正常的情况下才能投入自控运行，否则会使原系统运行更加混乱，反而造成系统振荡。当工艺达到要求时，方可进行自控调试。

8.2 采暖通风空调及生活热水供应系统的监测与控制

8.2.3 主要考虑公共区人员复杂，每个人要求的温度不尽相同，温控器容易被人频繁改动，例如医院就诊等候区等，曾发现病人频繁改变温度设定值，造成温度较大波动，温控器损坏，因此在公共区设置联网控制有利于系统的稳定运行和延长设备使用寿命。

8.2.4 此条给出生活热水的基本监控要求，但不限于此种监控。

8.3 供配电与照明系统的监测与控制

8.3.1 一般供配电系统会单独设置其监测系统，可采用数据网关的形式和监测与控制系统相连，此方法已在很多项目上实施，具有安全可靠、使用方便等优点。以往在监测与控制系统中再设置低压配电系统传感器采集数据的方式，费时费力，不可能在所有重要回路设置传感器，造成数据不全，不能满足用电分项计量的要求。

8.3.2 照明系统有两种控制方式，一种是照明系统单独设置的监控系统，一般用于大型照明调光系统，如体育场馆等，这种系统以满足照明功能需求为主要条件，这种系统一般不和监测与控制系统相连。另一种照明系统只是单纯满足照度要求，不进行调光控制，这种系统一般应用于办公楼、酒店等一般建筑，这类建筑的公共区照明宜纳入监测与控制系统。

9 可再生能源利用

9.1 一般规定

9.1.1 在《中华人民共和国可再生能源法》中，国家将可再生能源的开发利用列为能源发展的优先领域，因此，本条文规定了公共建筑进行节能改造时，有条件的场所应优先利用可再生能源。可再生能源包括风能、太阳能、水能、生物质能、地热能、海洋能等非化石能源，其中与建筑用能紧密关联的主要有地热能和太阳能。目前，利用地热能的技术主要有地源热泵供热、制冷技术；利用太阳能的技术主要有被动式太阳房、太阳能热水、太阳能采暖与制冷、太阳能光伏发电及光导管技术等。

9.1.2 可再生能源的应用与其他常规能源相比，初投资较高，因此在利用可再生能源时，围护结构达到节能标准要求，可降低建筑物本身的冷、热负荷值，从而降低初投资及减少运行费用。可再生能源的应用与建筑外围护结构的节能改造相结合，可以最大限度地发挥可再生能源的节能、环保优势。

9.2 地源热泵系统

9.2.1 地源热泵系统包括地埋管、地下水及地表水地源热泵系统。工程场地状况调查及浅层地热能资源勘察的内容应符合现行国家标准《地源热泵系统工程技术规范》GB 50366 的相关规定。地源热泵系统技术可行性主要包括：

1 地埋管地源热泵系统：当地岩土体温度适宜，热物性参数适合地埋管换热器换热，冬、夏取热量和排热量基本平衡；

2 地下水地源热泵系统：当地政策法规允许抽灌地下水、水温适宜、地下水量丰富、取水稳定充足、水质符合热泵机组或换热设备使用要求、可实现同层回灌；

3 地表水地源热泵系统：地表水源水温适宜、水量充足、水质符合热泵机组或换热设备使用要求。

改造的可实施性应综合考虑各类地源热泵系统的性能特点进行分析：

1 地埋管地源热泵系统：是否具备足够的地埋管换热器设置空间、项目所在地地质条件是否适合地埋管换热器钻孔、成孔的施工；

2 地下水地源热泵系统：是否具备进行地下水钻井的条件、取排水管道的位置、钻井是否会对建筑基础结构或防水造成影响、是否会破坏地下管道或构筑物；

3 地表水地源热泵系统：调查当地水务部门是否允许建造取水和排水设施，是否具备设置取排水管道和取水泵站的位置；

4 进行改造可实施性分析时，还应同时考虑建筑物现有系统（如既有空调末端系统是否适应地源热泵系统的改造、供配电是否可以满足要求、机房面积和高度是否足够放置改造设备、穿墙孔洞及设备入口是否具备等）能否与改造后的地源热泵系统相适应。

改造的经济性分析应以全年为周期的动态负荷计算为基础，以建筑规模和功能适宜采用的常规空调的冷热源方式和当地能源价格为计算依据，综合考虑改造前后能源、电力、水资源、占地面积和管理人员的需求变化。

9.2.3 原有空调系统的冷热源设备，当与地源热泵系统可以较高的效率联合运行时，可以予以保留，构成复合式系统。在复合式系统中，地源热泵系统宜承担基础负荷，原有设备作为调峰或备用措施。另外，原有机房内补水定压设备和管道接口等能够满足改造后系统使用要求的也宜予以保留和再利用。

9.2.4 由于建筑节能改造，建筑物的空调负荷降低。因此，在进行地源热泵系统设计时，冬季可以适当降低供水温度，夏季可以适当提高供水温度，以提高地源热泵机组效率，减少主机电耗。供水温度提高或降低的程度应通过末端设备性能衰减情况和改造后空调负荷情况综合确定。

9.2.5 在有生活热水需求的项目中可将夏季供冷、冬季供暖和供应生活热水结合起来改造，并积极采用热回收技术在供冷季利用热泵机组的排热提供或预热生活热水。

9.2.6 当地埋管换热器的出水温度、地下水或地表水的温度可以满足末端需求时，应优先采用上述低位冷（热）源直接供冷（供热），而不应启动热泵机组，以降低系统的运行费用，当负荷增大，水温不能满足末端进水温度需求时，再启动热泵机组供冷（供热）。

9.3 太阳能利用

9.3.1 在太阳能资源丰富或较丰富的地区应充分利用太阳能；在太阳能资源一般的地区，宜结合建筑实际情况确定是否利用太阳能；在太阳能资源贫乏的地区，不推荐利用太阳能。各地区太阳能资源情况如表9所示。

表9 太阳能资源表

等级	太阳能条件	年日照时数 (h)	水平面上年太阳辐照量 [MJ/(m²·a)]	地 区
一	资源丰富区	3200~3300	>6700	宁夏北、甘肃西、新疆东南、青海西、西藏西

续表9

等级	太阳能条件	年日照时数 (h)	水平面上年太阳辐照量 [MJ/(m²·a)]	地 区
二	资源较丰富区	3000~3200	5400~6700	冀西北、京、津、晋北、内蒙古及宁夏南、甘肃中东、青海东、西藏南、新疆南
三	资源一般区	2200~3000	5000~5400	鲁、豫、冀东南、晋南、新疆北、吉林、辽宁、云南、陕北、甘肃东南、粤南
		1400~2200	4200~5000	湘、桂、赣、苏、浙、沪、皖、鄂、闽北、粤北、陕南、黑龙江
四	资源贫乏区	1000~1400	<4200	川、黔、渝

9.3.2 目前，利用太阳能的技术主要有被动式太阳房、太阳能热水、太阳能采暖与制冷、太阳能光伏发电及光导管技术等。为了最大限度发挥太阳能的节能作用，太阳能应能实现全年综合利用。

9.3.3 太阳能热水系统设计、安装与验收等方面要符合现行国家标准《民用建筑太阳能热水系统应用技术规范》GB 50364 的规定。

9.3.5 电能质量包括电压偏差、频率、谐波和波形畸变、功率因数、电压不平衡度及直流分量等。

10 节能改造综合评估

10.1 一般规定

10.1.1 建筑物室内环境检测的内容包括室内温度、相对湿度和风速。检测方法参见《公共建筑节能检验标准》JGJ 177。

10.1.2 这样做便于发现改造前后运行工况或建筑使用等的变化。一旦发生变化，应对改造前或改造后的能耗进行调整。

10.1.3 被改造系统或设备的检测方法参见现行行业标准《公共建筑节能检验标准》JGJ 177，评估方法按本规范10.2节的规定进行。在相同的运行工况下采取相同的检测方法进行检测主要是为了保证测试结果的一致性。

10.1.4 定期对节能效果进行评估，是为了保证节能量的持续性，定期评估的时间一般为1年。节能效果不应是短期的，而应至少在回收期内保持同样的节能效果。

10.2 节能改造效果检测与评估

10.2.1 调整量的产生是因为测量基准能耗和当前能耗时，两者的外部条件不同造成的。外部条件包括：天气、入住率、设备容量或运行时间等，这些因素的变化跟节能措施无关，但却会影响建筑的能耗。为了公正科学地评价节能措施的节能效果，应把两个时间段的能耗量放到"同等条件"下考察，而将这些非节能措施因素造成的影响作为"调整量"。调整量可正可负。

"同等条件"是指一套标准条件或工况，可以是改造前的工况、改造后的工况或典型年的工况。通常把改造后的工况作为标准工况，这样将改造前的能耗调整至改造后工况下，即为不采取节能措施时建筑当前状况下的能耗（图1中调整后的基准能耗），通过比较该值与改造后实际能耗即可得到节能量，见图1。

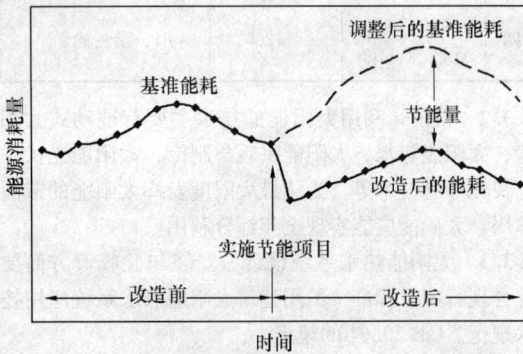

图 1 节能量的确定方法

10.2.2 节能改造项目实施前应编写节能效果检测与评估方案，节能检测和评估方案应精确、透明，具有可重复性。主要包括下列内容：

1 节能目标；

2 节能改造项目概况；

3 确定测量边界；

4 测量的参数、测点的布置、测量时间的长短、测量仪器的精度等；

5 采用的评估方法；

6 基准能耗及运行工况；

7 改造后的能耗及其运行工况；

8 建立标准工况；

9 明确影响能耗的各个因素的来源、说明调整情况；

10 能耗的计算方法和步骤、相关的假设等；

11 规定节能量的计算精度，建立不确定性控制目标。

10.2.3 测量法是将被改造的系统或设备的能耗与建筑其他部分的能耗隔离开，设定一个测量边界，然后

用仪表或其他测量装置分别测量改造前后该系统或设备与能耗相关的参数，以计算得到改造前后的能耗从而确定节能量。可根据节能项目实际需要测量部分参数或者对所有的参数进行测量。

一般来说，对运行负荷恒定或变化较小的设备进行节能改造可以只测量某些关键参数，其他的参数可进行估算，如，对定速水泵改造，可以只测量改造前后的功率，而对水泵的运行时间进行估算，假定改造前后运行时间不变。对运行负荷变化较大的设备改造，如冷机改造，则要对所有与能耗相关的参数进行测量。参数的测量方法参见《公共建筑节能检验标准》JGJ 177。

账单分析法是用电力公司或燃气公司的计量表及建筑内的分项计量表等对改造前后整幢大楼的能耗数据进行采集，通过分析账单和表计数据，计算得到改造前后整幢大楼的能耗，从而确定改造措施的节能量。

校准化模拟法是对采取节能改造措施的建筑，用能耗模拟软件建立模型（模型的输入参数应通过现场调研和测量得到），并对其改造前后的能耗和运行状况进行校准化模拟，对模拟结果进行分析从而计算得到改造措施的节能量。

测量法主要测量建筑中受节能措施影响部分的能耗量，因此该法侧重于评估具体节能措施的节能效果；账单分析法的研究对象是整幢建筑，主要用来评估建筑水平的节能效果。校准化模拟法既可以用来评估具体系统或设备的改造效果，也可用来评估建筑综合改造的节能效果，一般在前两种方法不适用的情况下才使用。

10.2.6 一般当测量法和账单分析法不适用时才使用校准化模拟法来计算节能效果。这主要是考虑到能耗模拟软件的局限性，目前很多建筑结构、空调系统形式、节能措施都无法进行模拟，如具有复杂外部形状的建筑、新型的空调系统形式等。

10.2.7 当设备的运行负荷较稳定或变化较小时（如照明灯具或定速水泵改造），可只测量影响能耗的关键参数，对其他参数进行估算，估算值可以基于历史数据、厂家样本或工程实际情况来判定。应确保估算值符合实际情况，估算的参数值及其对节能效果的影响程度应包含在节能效果评估报告中。如果参数估算导致误差较大，则应根据项目需要对其进行测量或采用账单分析法和校准化模拟法。对被改造的设备进行抽样测量时，抽样应能够代表总体情况，且测量结果具备统计意义的精确度。

10.2.8 校准化模拟方案应包括：采用的模拟软件的名称及版本、模拟结果与实际能耗数据的比对方法、比对误差。

"相同的输入条件"主要指改造前后的建筑模型、气象参数、运行时间、人员密度等参数应一致，这些

数据应通过调研收集。此外，还应对主要用能系统和设备进行调研和测试。

校准化模拟法的模拟过程和节能量的计算过程应进行记录并以文件的形式保存。文件应详细记录建模和校准化的过程，包括输入数据和气象数据，以便其他人可以核查模拟过程和结果。

10.2.9 三种评估方法都涉及一些不确定因素，如测量法中对某些参数进行估算、抽样测量等会给计算结果引入误差，账单分析法用账单或表计数据对综合节能改造效果进行评估时，非节能措施的影响是主要的误差，一般会对主要影响因素（天气、入住率、运行时间等）进行分析和调整。以天气为例，可以根据采暖能耗与采暖度日数之间的线性关系，见式（2），将改造前的采暖能耗调整至改造后的气象工况下、或将改造前和改造后的采暖能耗均调整至典型气象年工况下：

$$E_{(h)ajusted} = \frac{HDD}{HDD_0} \times E_{h0} \quad (2)$$

式中 E_{h0} ——改造前的采暖能耗；

$E_{(h)ajusted}$ ——调整后的改造前的采暖能耗；

HDD_0 ——改造前的采暖度日数；

HDD ——改造后的采暖度日数。

相应地，也可以建立能耗与入住率和运行时间等参数的关系式，对非节能措施的影响进行调整。这些关系式本身存在一定的误差，而且被忽略的影响因素也是账单分析法的误差来源之一。校准化模拟法的误差主要来源于模拟软件、输入数据与实际情况不一致等因素。因此，对节能量进行计算和评估时，必须考虑到计算过程存在的不确定性并建立正确、合理的不确定性控制目标。

附录 A 冷热源设备性能参数选择

A.0.1 现行国家标准《冷水机组能效限定值及能源效率等级》GB 19577—2004 中，将产品分成 1、2、3、4、5 五个等级。能效等级的含义，1 级是企业努力的目标；2 级代表节能型产品的门槛；3、4 级代表我国的平均水平，5 级产品是未来淘汰的产品。本条文对冷水或热泵机组制冷性能系数的规定高于现行国家标准《公共建筑节能设计标准》GB 50189—2005 的规定，其中，水冷离心式机组以 2 级作为选择的依据；水冷螺杆式、风冷或蒸发冷却螺杆式机组以 3 级

作为选择的依据；水冷活塞式/涡旋式、风冷或蒸发冷却活塞式/涡旋式机组以 4 级作为选择的依据。

A.0.3 本条文采用现行国家标准《单元式空气调节机能效限定值及能源效率等级》GB 19576—2004 中规定的 3 级产品的能效比。

A.0.5 本条文采用现行国家标准《多联式空调（热泵）机组能效限定值及能源效率等级》GB 21454—2008 中的 3 级标准，其他级别具体指标如表 10 所示。

表 10 多联式空调（热泵）机组的
制冷综合性能系数

名义制冷量 CC（W）	能 效 等 级				
	5	4	3	2	1
CC≤28000	2.80	3.00	3.20	3.40	3.60
28000<CC≤84000	2.75	2.95	3.15	3.35	3.55
CC>84000	2.70	2.90	3.10	3.30	3.50

A.0.6 本条文的房间空调器适用于采用空气冷却冷凝器、全封闭型电动机-压缩机，制冷量在 14000W 及以下的空气调节器，不适用于移动式、变频式、多联式空调机组。本条文采用现行国家标准《房间空气调节器能效限定值及能源效率等级》GB 12021.3—2004中的 2 级标准。其他级别具体指标如表 11 所示。

表 11 房间空调器能效等级

类型	额定制冷量 CC（W）	能 效 等 级				
		5	4	3	2	1
整体式	—	2.30	2.50	2.70	2.90	3.10
分体式	CC≤4500	2.60	2.80	3.00	3.20	3.40
	4500<CC≤7100	2.50	2.70	2.90	3.10	3.30
	7100<CC≤14000	2.40	2.60	2.80	3.00	3.20

A.0.7 本条文采用现行国家标准《转速可控型房间空气调节器能效限定值及能源效率等级》GB 21455—2008 中的 3 级标准，其他级别具体指标如表 12 所示。

表 12 转速可控型房间空调器能效等级

类型	额定制冷量 CC（W）	能 效 等 级				
		5	4	3	2	1
分体式	CC≤4500	3.00	3.40	3.90	4.50	5.20
	4500<CC≤7100	2.90	3.30	3.60	4.10	4.70
	7100<CC≤14000	2.80	3.00	3.30	3.70	4.20

中华人民共和国行业标准

公共建筑节能检测标准

Standard for energy efficiency test of public buildings

JGJ/T 177—2009

批准部门：中华人民共和国住房和城乡建设部
施行日期：２０１０年７月１日

中华人民共和国住房和城乡建设部
公　告

第 460 号

<hr>

关于发布行业标准
《公共建筑节能检测标准》的公告

现批准《公共建筑节能检测标准》为行业标准，编号为 JGJ/T 177‑2009，自 2010 年 7 月 1 日起实施。

本标准由我部标准定额研究所组织中国建筑工业出版社出版发行。

中华人民共和国住房和城乡建设部

2009 年 12 月 10 日

前　言

根据原建设部《关于印发〈2006 年工程建设标准规范制订、修订计划（第一批）〉的通知》（建标 [2006] 77 号）的要求，标准编制组经广泛调查研究，认真总结实践经验，参考有关国际标准和国外先进标准，并在广泛征求意见的基础上，制定了本标准。

本标准主要技术内容是：总则，术语，基本规定，建筑物室内平均温度、湿度检测，非透光外围护结构热工性能检测，透光外围护结构热工性能检测，建筑外围护结构气密性能检测，采暖空调水系统性能检测，空调风系统性能检测，建筑物年采暖空调能耗及年冷源系统能效系数检测，供配电系统检测，照明系统检测，监测与控制系统性能检测以及相关附录等。

本标准由住房和城乡建设部负责管理，由中国建筑科学研究院负责具体技术内容的解释。执行过程中如有意见或建议请寄送中国建筑科学研究院（地址：北京市北三环东路 30 号，邮政编码：100013，E-mail: kts@cabr.com.cn）。

本标准主编单位：中国建筑科学研究院

本标准参编单位：上海市建筑科学研究院（集团）有限公司
广东省建筑科学研究院
河南省建筑科学研究院
北京市建设工程安全质量监督总站
北京市建筑设计研究院
中国建筑材料检验认证中心
达尔凯国际股份有限公司（北京）
提赛（TSI）亚太公司（北京）
北京振利高新技术有限公司
深圳金粤幕墙装饰工程有限公司
安徽东合建筑节能工程研究有限公司

本标准主要起草人员：邹　瑜　徐　伟　曹　勇
王　虹　刘月莉　杨仕超
叶　倩　栾景阳　宋　波
张元勃　万水娥　王新民
王洪涛　徐选才　柳　松
俞　菁　周　楠　黄振利
万树春　朱永前　何仕英

本标准主要审查人员：许文发　冯　雅　付祥钊
龚延风　朱　能　林　洁
段　恺　郭维钧　孙述璞

目　次

1 　总则 ……………………………… 28—6

2 　术语 ……………………………… 28—6

3 　基本规定 ………………………… 28—6

4 　建筑物室内平均温度、
　　湿度检测 ………………………… 28—6

5 　非透光外围护结构热工
　　性能检测 ………………………… 28—7
　　5.1 　一般规定 ………………… 28—7
　　5.2 　热流计法传热系数检测 … 28—7
　　5.3 　同条件试样法传热系数检测 … 28—8

6 　透光外围护结构热工性能检测 …… 28—8
　　6.1 　一般规定 ………………… 28—8
　　6.2 　透明幕墙及采光顶热工性能
　　　　计算核验 ………………… 28—8
　　6.3 　透明幕墙及采光顶同条件试
　　　　样法传热系数检测 ……… 28—8
　　6.4 　外通风双层幕墙隔热性能检测 … 28—9

7 　建筑外围护结构气密性能检测 …… 28—9
　　7.1 　一般规定 ………………… 28—9
　　7.2 　外窗气密性能检测 ……… 28—9
　　7.3 　透明幕墙气密性能检测 … 28—10

8 　采暖空调水系统性能检测 ……… 28—10
　　8.1 　一般规定 ………………… 28—10
　　8.2 　冷水（热泵）机组实际性能
　　　　系数检测 ………………… 28—10
　　8.3 　水系统回水温度一致性检测 … 28—11
　　8.4 　水系统供、回水温差检测 … 28—11
　　8.5 　水泵效率检测 …………… 28—11
　　8.6 　冷源系统能效系数检测 … 28—11

9 　空调风系统性能检测 …………… 28—12
　　9.1 　一般规定 ………………… 28—12
　　9.2 　风机单位风量耗功率检测 … 28—12
　　9.3 　新风量检测 ……………… 28—12
　　9.4 　定风量系统平衡度检测 … 28—12

10 　建筑物年采暖空调能耗及年冷源系统
　　　能效系数检测 …………………… 28—12

11 　供配电系统检测 ………………… 28—13
　　11.1 　一般规定 ……………… 28—13
　　11.2 　三相电压不平衡检测 … 28—13
　　11.3 　谐波电压及谐波电流检测 … 28—13
　　11.4 　功率因数检测 ………… 28—14
　　11.5 　电压偏差检测 ………… 28—14
　　11.6 　分项计量电能回路用电量校
　　　　核检测 ………………… 28—14

12 　照明系统检测 …………………… 28—14
　　12.1 　照明节电率检测 ……… 28—14
　　12.2 　照度值检测 …………… 28—15
　　12.3 　功率密度值检测 ……… 28—15
　　12.4 　灯具效率检测 ………… 28—15
　　12.5 　公共区照明控制检测 … 28—15

13 　监测与控制系统性能检测 ……… 28—16
　　13.1 　送（回）风温度、湿度监控
　　　　功能检测 ………………… 28—16
　　13.2 　空调冷源水系统压差控制
　　　　功能检测 ………………… 28—16
　　13.3 　风机盘管变水量控制性能检测 … 28—16
　　13.4 　照明、动力设备监测与控制系
　　　　统性能检测 ……………… 28—16

附录 A 　仪器仪表测量性能要求 …… 28—17
附录 B 　建筑外围护结构整体气密性能
　　　　检测方法 ………………… 28—17
附录 C 　水系统供冷（热）量检测
　　　　方法 ……………………… 28—17
附录 D 　电机输入功率检测方法 …… 28—17
附录 E 　风量检测方法 …………… 28—18
本标准用词说明 …………………… 28—19
引用标准名录 ……………………… 28—19
附：条文说明 ……………………… 28—20

Contents

1　General Provisions ·············· 28—6

2　Terms ·················· 28—6

3　Basic Requirements ·············· 28—6

4　Average Indoor Air Temperature and Relative Humidity Test ··········· 28—6

5　Non-transparent Envelope Thermal Performance Test ·············· 28—7

5.1　General Requirements ············· 28—7

5.2　Heat Transfer Coefficient Test by Heat flow Meter ·········· 28—7

5.3　Heat Transfer Coefficent Test by Samples in the Same Conditions ······ 28—8

6　Transparent Envelope Thermal Performance Test ············· 28—8

6.1　General Requirements ············· 28—8

6.2　Transparent Walls and Skylight Roof Thermal Performance Calculation and Verified ·············· 28—8

6.3　Heat Transfer Coefficient Test by Samples in the Same Conditions ·············· 28—8

6.4　Outside Ventilated Double Transparent Walls Heat Insulation Performance ··········· 28—9

7　Building Envelope Air Tightness Test ·············· 28—9

7.1　General Requirements ············· 28—9

7.2　Exterior Window Air Tightness ······ 28—9

7.3　Transparent Walls Air Tightness ··· 28—10

8　Heating and Air-conditioning Water System Performance Test ······· 28—10

8.1　General Requirements ··········· 28—10

8.2　Chiller/Heat Pump Actual Coefficient of Performance ········ 28—10

8.3　Return Water Temperature Consistency ·············· 28—11

8.4　Temperature Difference of the Transfer Liquid ·············· 28—11

8.5　Pump Efficiency ·············· 28—11

8.6　Energy Efficiency Ratio of Cooling Source System ·············· 28—11

9　Air-conditioning Air System Performance Test ·············· 28—12

9.1　General Requirements ··········· 28—12

9.2　Fan Power Consumption Per Unit Air Volume ·············· 28—12

9.3　Fresh Air Volume ·············· 28—12

9.4　Constant Air Flow System Balance Ratio ·············· 28—12

10　Heating and Air-conditioning System Year Energy Consumption and Energy Efficiency Ratio of Cooling Source System Testing ·············· 28—12

11　Power Supply and Distribution System Test ·············· 28—13

11.1　General Requirements ··········· 28—13

11.2　Three-phase Voltage Unbalance ·············· 28—13

11.3　Harmonic Voltage and Harmonic Current ·············· 28—13

11.4　Power Factor ·············· 28—14

11.5　Deviation of Supply Voltage ········ 28—14

11.6　Sub-metering of Power Circuit Verification ·············· 28—14

12　Lighting System Test ·············· 28—14

12.1　Lighting Energy Saving Rate ········ 28—14

12.2　Illumination Value ·············· 28—15

12.3　Power Density ·············· 28—15

12.4　Lighting Efficiency ·············· 28—15

12.5　Public Area Lighting Control ········ 28—15

13　Monitoring and Control System Test ·············· 28—16

13.1　Supply (Return) Air Temperature and Relativity Humidity Monitoring and Control ·············· 28—16

13.2　Pressure Difference Control Function of Air-conditioning

   Water System ················ 28—16

13.3 Variable Water Control Performance

   on Fan Coil ··················· 28—16

13.4 Lighting and Low Voltage

   Distribution System ·············· 28—16

Appendix A Apparatus Performance

     Requirements ············· 28—17

Appendix B Testing Method of Overall

     Building Envelope Air

     Tightness Performance ····· 28—17

Appendix C Testing Method of Heating or

     Cooling Capacity ········ 28—17

Appendix D Testing Method of

     Input Power ·············· 28—17

Appendix E Testing Method of

     Air Flow ················· 28—18

Explanation of Wording in This

 Standard ···························· 28—19

Normative Standards ···················· 28—19

Explanation of Provisions ·············· 28—20

1 总　则

1.0.1　为了加强对公共建筑的节能监督与管理，规范建筑节能检测方法，促进我国建筑节能事业健康有序的发展，制定本标准。

1.0.2　本标准适用于公共建筑的节能检测。

1.0.3　从事节能检测的机构应具有相应检测资质，从事节能检测的人员应经过专门培训。

1.0.4　本标准规定了公共建筑节能检测的基本技术要求。当本标准与国家法律、行政法规的规定相抵触时，应按国家法律、行政法规的规定执行。

1.0.5　在进行公共建筑节能检测时，除应符合本标准外，尚应符合国家现行有关标准的规定。

2 术　语

2.0.1　建筑采光顶　skylight roof

太阳光可直接透射入室内的屋面。

2.0.2　透光外围护结构　transparent envelope

外窗、外门、透明幕墙和采光顶等太阳光可直接透射入室内的建筑物外围护结构。

2.0.3　冷源系统能效系数　energy efficiency ratio of cooling source system（EER$_{sys}$）

冷源系统单位时间供冷量与单位时间冷水机组、冷水泵、冷却水泵和冷却塔风机能耗之和的比值。

2.0.4　同条件试样　samples in the same conditions

根据工程实体的性能取决于内在材料性能和构造的原理，在施工现场抽取一定数量的工程实体组成材料，按同工艺、同条件的方法，在实验室制作能够反映工程实体热工性能的试样。

3 基 本 规 定

3.0.1　当进行公共建筑节能检测时，委托方宜提供工程竣工文件和有关技术资料。

3.0.2　检测中使用的仪器仪表应具有有效期内的检定证书、校准证书或检测证书。除另有规定外，仪器仪表的性能指标应符合本标准附录 A 的有关规定。

4 建筑物室内平均温度、湿度检测

4.0.1　室内温度、湿度的检测数量应符合下列规定：

　　1　设有集中采暖空调系统的建筑物，温度、湿度检测数量应按照采暖空调系统分区进行选取。当系统形式不同时，每种系统形式均应检测。相同系统形式应按系统数量的 20% 进行抽检。同一个系统检测数量不应少于总房间数量的 10%。

　　2　未设置集中采暖空调系统的建筑物，温度、湿度检测数量不应少于总房间数量的 10%。

　　3　检测数量在符合本条第 1、2 款规定的基础上也可按照委托方要求增加。

4.0.2　室内温度、湿度的检测方法应符合下列规定：

　　1　温度、湿度测点布置应符合下列原则：

　　　　1）3 层及以下的建筑物应逐层选取区域布置温度、湿度测点；

　　　　2）3 层以上的建筑物应在首层、中间层和顶层分别选取区域布置温度、湿度测点；

　　　　3）气流组织方式不同的房间应分别布置温度、湿度测点。

　　2　温度、湿度测点应设于室内活动区域，且应在距地面（700～1800）mm 范围内有代表性的位置，温度、湿度传感器不应受到太阳辐射或室内热源的直接影响。温度、湿度测点位置及数量还应符合下列规定：

　　　　1）当房间使用面积小于 16m² 时，应设测点 1 个；

　　　　2）当房间使用面积大于或等于 16m²，且小于 30m² 时，应设测点 2 个；

　　　　3）当房间使用面积大于或等于 30m²，且小于 60m² 时，应设测点 3 个；

　　　　4）当房间使用面积大于或等于 60m²，且小于 100m² 时，应设测点 5 个；

　　　　5）当房间使用面积大于或等于 100m² 时，每增加（20～30）m² 应增加 1 个测点。

　　3　室内平均温度、湿度检测应在最冷或最热月，且在供热或供冷系统正常运行后进行。室内平均温度、湿度应进行连续检测，检测时间不得少于 6h，且数据记录时间间隔最长不得超过 30min。

　　4　室内平均温度应按下列公式计算：

$$t_{rm} = \frac{\sum_{i=1}^{n} t_{rm,i}}{n} \qquad (4.0.2-1)$$

$$t_{rm,i} = \frac{\sum_{j=1}^{p} t_{i,j}}{p} \qquad (4.0.2-2)$$

式中：t_{rm}——检测持续时间内受检房间的室内平均温度（℃）；

　　　　$t_{rm,i}$——检测持续时间内受检房间第 i 个室内逐时温度（℃）；

　　　　n——检测持续时间内受检房间的室内逐时温度的个数；

　　　　$t_{i,j}$——检测持续时间内受检房间第 j 个测点的第 i 个温度逐时值（℃）；

　　　　p——检测持续时间内受检房间布置的温度测点的个数。

　　5　室内平均相对湿度应按下列公式计算：

$$\varphi_{rm} = \frac{\sum_{i=1}^{n} \varphi_{rm,i}}{n} \qquad (4.0.2\text{-}3)$$

$$\varphi_{rm,i} = \frac{\sum_{j=1}^{p} \varphi_{i,j}}{p} \qquad (4.0.2\text{-}4)$$

式中：φ_{rm}——检测持续时间内受检房间的室内平均相对湿度（%）；

$\varphi_{rm,i}$——检测持续时间内受检房间第 i 个室内逐时相对湿度（%）；

n——检测持续时间内受检房间的室内逐时相对湿度的个数；

$\varphi_{i,j}$——检测持续时间内受检房间第 j 个测点的第 i 个相对湿度逐时值（%）；

p——检测持续时间内受检房间布置的相对湿度测点的个数。

4.0.3 室内温度、湿度合格指标与判别方法应符合下列规定：

1 建筑物室内平均温度、湿度应符合设计文件要求，当设计文件无具体要求时，应符合现行国家标准《公共建筑节能设计标准》GB 50189 的规定；

2 当室内平均温度、平均相对湿度检测值符合本条第 1 款的规定时，应判为合格。

5 非透光外围护结构热工性能检测

5.1 一 般 规 定

5.1.1 非透光外围护结构热工性能检测应包括外围护结构的保温性能、隔热性能和热工缺陷等检测。

5.1.2 建筑物外围护结构热工缺陷、热桥部位内表面温度和隔热性能的检测应按照现行行业标准《居住建筑节能检测标准》JGJ/T 132 中的有关规定进行。

5.1.3 外围护结构传热系数应为包括热桥部位在内的加权平均传热系数。

5.1.4 非透光外围护结构热工性能检测可采用热流计法；当符合下列情况之一时，宜采用同条件试样法：

1 外保温材料层热阻不小于 1.2m² · K/W；

2 轻质墙体和屋面；

3 自保温隔热砌筑墙体。

5.2 热流计法传热系数检测

5.2.1 热流计法传热系数检测数量应符合下列规定：

1 每一种构造做法不应少于 2 个检测部位；

2 每个检测部位不应少于 4 个测点。

5.2.2 热流计法传热系数检测方法应符合下列规定：

1 热流计法是利用红外热像仪进行外墙和屋面的内、外表面温度场测量，通过红外热成像图分析确定热桥部位及其所占面积比例，采用热流计法检测建筑外墙（或屋面）主体部位传热系数和热桥部位温度、热流密度，并通过计算分析得到包括热桥部位在内的外墙（或屋面）加权平均传热系数。

2 热流计法检测应在受检墙体或屋面施工完成至少 12 个月后进行。

3 检测时间宜选在最冷月进行，检测期间建筑室内外温差不宜小于 15℃。

4 外墙（或屋面）主体部位传热系数的检测原理、热流和温度传感器的使用及安装要求、检测条件和数据整理分析应符合现行行业标准《居住建筑节能检测标准》JGJ/T 132 中的有关规定。

5 外墙热桥部位热流和温度传感器的安装应充分考虑覆盖不同的受热面。热桥部位应根据红外摄像仪的室内热成像图进行分析确定。热流传感器的布置位置宜根据红外热成像图中的温度分布确定，且应布置在该受热面的平均温度点处。每个受热面应至少布置 2 个热流传感器，并相应布置温度传感器；内表面温度传感器应靠近热流计安装；热桥部位外表面应至少布置 2 个温度传感器。

6 红外热成像仪测量应在无雨、室外平均风速不高于 3m/s 的夜间环境条件下进行。测量时，应避免非待测物体进入成像范围，拍摄角度宜小于 30°；同时，宜采用表面式温度计测量受检部位表面温度，并记录建筑物室内、外空气温度及室外风速、风向。

7 应根据外墙（或屋面）主体部位和热桥部位所占面积的比例，通过现场检测的平均温度和平均热流密度计算得到主体部位传热系数和热桥部位各受热面平均热流密度，并应按下列公式计算外墙（或屋面）的平均传热系数：

$$K_m = \frac{K_p \cdot F_p + \frac{\sum q_j \cdot F_j}{(T_{air \cdot in} - T_{air \cdot out})}}{F} \qquad (5.2.2\text{-}1)$$

$$T_{air \cdot in} = \frac{q}{8.7} + T_{in} \qquad (5.2.2\text{-}2)$$

$$T_{air \cdot out} = T_{out} - \frac{q}{23} \qquad (5.2.2\text{-}3)$$

式中：K_m——建筑外围护结构平均传热系数（W/m² · K）；

K_p——建筑外围护结构主体部位传热系数（W/m² · K）；

q_j——热桥部位第 j 个受热面平均热流密度（W/m² · K）；

q——热桥部位各受热面平均热流密度之和的算术平均值（W/m²）；

F_p——红外热成像图中外围护结构主体部位所占面积比；

F_j——热桥部位第 j 个受热面对应的表面积（m²）；

$T_{air \cdot in}$——室内空气温度（℃）；

$T_{air \cdot out}$——室外空气温度（℃）；

F——检测区域的外围护结构计算面积（m²）；

T_{in}——热桥部位平均内表面温度（℃）；

T_{out}——热桥部位平均外表面温度（℃）。

5.2.3 外墙（或屋面）平均传热系数合格指标与判别方法应符合下列规定：

1 外墙（或屋面）受检部位平均传热系数的检测值应小于或等于相应的设计值，且应符合国家现行有关标准的规定；

2 当外墙（或屋面）受检部位平均传热系数的检测值符合本条第1款的规定时，应判定为合格。

5.3 同条件试样法传热系数检测

5.3.1 同条件试样法传热系数检测数量应符合下列规定：

1 检测数量应以单体建筑物为单位随机抽取确定；

2 每种保温材料不应少于2组；

3 每种外围护结构构造做法不应少于2组，且应包括典型热桥部位。

5.3.2 同条件试样法传热系数检测方法应符合下列规定：

1 同条件试样法检测应在外围护结构保温施工时同步进行。同条件试样所对应的保温施工部位应由监理单位或建设单位与检测单位共同商定。

2 施工现场进行同条件试样的保温材料（包括砌体的砌块）、厚度尺寸等应与工程一致。保温浆料应同条件制作并养护试样。

3 轻质外围护结构可在现场抽取材料、构件，在实验室组装制作试样；自保温隔热砌体墙可在现场抽取砌块、砂浆，在实验室砌筑试样，并养护干燥。试样构造尺寸应与实物一致。

4 外围护结构热阻检测应按照现行国家标准《绝热　稳态传热性质的测定　标定和防护热箱法》GB/T 13475进行；保温材料导热系数检测应按照现行国家标准《绝热材料稳态热阻及有关特性的测定　防护热板法》GB 10294或《绝热材料稳态热阻及有关特性的测定　热流计法》GB 10295进行。其他材料可直接采用现行国家标准《民用建筑热工设计规范》GB 50176给出的有关参数。

5 传热系数应按现行国家标准《民用建筑热工设计规范》GB 50176给出的方法计算，也可采用传热学计算软件计算。

5.3.3 外墙（或屋面）平均传热系数合格指标与判别方法应符合下列规定：

1 外墙（或屋面）受检部位平均传热系数的检测值应小于或等于相应的设计值，且应符合国家现行有关标准的规定；

2 当外墙（或屋面）受检部位平均传热系数的检测值符合本条第1款的规定时，应判定为合格。

6 透光外围护结构热工性能检测

6.1 一般规定

6.1.1 透光外围护结构热工性能检测应包括保温性能、隔热性能和遮阳性能等检测。

6.1.2 建筑物外窗外遮阳设施的检测应按照现行行业标准《居住建筑节能检测标准》JGJ/T 132的有关规定进行。

6.1.3 当透明幕墙和采光顶的构造外表面无金属构件暴露时，其传热系数可采用现场热流计法进行检测。

6.2 透明幕墙及采光顶热工性能计算核验

6.2.1 透明幕墙及采光顶热工性能检测数量应符合下列规定：

1 每种面板、构造做法均应检测；

2 每种构造不应少于3处；

3 每种面板不应少于3件。

6.2.2 透明幕墙及采光顶热工性能检测方法应符合下列规定：

1 透明幕墙、采光顶构造尺寸应直接或剖开测量，幕墙的展开图、剖面图、节点构造图等应根据检测结果绘制或确认；

2 幕墙、采光顶面板（玻璃、附保温材料的金属板等）应从工程所用的材料中抽取试样，按照现行国家标准《建筑外门窗保温性能分级及检测方法》GB/T 8484规定的方法在实验室进行传热系数的检测；其他材料的导热系数可采取取样检测或与相应样品对比等方法获得；

3 每幅幕墙、采光顶的传热系数、遮阳系数、可见光透射比等参数应按照现行行业标准《建筑门窗玻璃幕墙热工计算规程》JGJ/T 151的规定计算确定，幕墙或采光顶整体热工性能应采用加权平均的方法计算。

6.2.3 透明幕墙及采光顶热工性能合格指标与判定方法应符合下列规定：

1 受检部位的传热系数应小于或等于相应的设计值，遮阳系数、可见光透射比应满足设计要求，且应符合国家现行有关标准的规定；

2 当受检部位的热工性能符合本条第1款的规定时，应判定为合格。

6.3 透明幕墙及采光顶同条件试样法传热系数检测

6.3.1 透明幕墙及采光顶同条件试样法传热系数的

检测数量应符合下列规定：

    1 每种幕墙、采光顶均应检测；

    2 每种构造不应少于一个。

6.3.2 透明幕墙及采光顶同条件试样法传热系数的检测方法应符合下列规定：

    1 对幕墙、采光顶进行构成单元分格，确定每单元应包括的构造和试样数量；

    2 每个幕墙、采光顶试样应包括至少一个典型构造、典型节点、典型分格，且有关框、面板的尺寸应与对应的部位一致；

    3 试样的传热系数检测应按照现行国家标准《建筑外门窗保温性能分级及检测方法》GB/T 8484有关规定进行；采光顶检测时，其安装洞口宜为水平设置，热箱位于采光顶试样的下方，检测所采用的设备洞口尺寸应符合试样的安装要求；当无条件进行水平安装时，其检测结果应进行表面换热系数的修正；

    4 传热系数计算应按现行国家标准《民用建筑热工设计规范》GB50176规定进行，也可采用传热学计算软件。

6.3.3 透明幕墙及采光顶传热系数的合格指标与判定方法符合下列规定：

    1 受检部位的传热系数应小于或等于相应的设计值，且应符合国家现行有关标准的规定；

    2 当受检部位的传热系数符合本条第1款的规定时，应判定为合格。

6.4 外通风双层幕墙隔热性能检测

6.4.1 外通风双层幕墙隔热性能检测数量应符合下列规定：

    1 应以房间为单位进行随机抽取确定；

    2 每种构造均应检测，且不宜少于2处。

6.4.2 外通风双层幕墙隔热性能检测应包括幕墙的室内表面温度、热通道通风量的检测。

6.4.3 幕墙的室内表面温度检测方法应符合下列规定：

    1 检测时温度传感器的布置应符合下列规定：

        1）每种杆件或玻璃的室内表面温度测点均不应少于3个；

        2）室内、外空气温度测点均不应少于2个，空气温度传感器应做好防辐射屏蔽。

    2 每个部位幕墙的室内表面温度应为测点的算术平均值，整幅幕墙的室内表面温度应按各部位面积进行加权平均。

6.4.4 热通道通风量检测方法应符合下列规定：

    1 热通道通风量应采用示踪气体恒定流量法检测；

    2 检测宜在最热月、晴朗无云且风力小于三级的天气下进行，检测时间应在当地太阳时10：00～15：00之间；检测期间室内空气温度宜为26℃，且

应保持稳定；

    3 检测应在遮阳板角度为45°工况下进行；

    4 示踪气体应采用SF_6气体，释放位置应在热通道下部进风口处，且应均匀释放；

    5 通风量连续检测时间宜为15min，检测时间间隔宜为30s；

    6 热通道通风量应根据示踪气体的释放流量和出口处的检测浓度按下式计算：

$$G = 3600 \times \frac{M}{\frac{1}{n}\sum_{i=1}^{n} C_i} \qquad (6.4.4)$$

式中：G ——热通道通风量（m³/h）；

       M ——由质量流量控制器控制的恒定SF_6释放量（mg/s）；

       C_i ——第i次检测测点浓度（mg/m³）；

       n ——测量次数，$n=30$。

6.4.5 外通风双层幕墙隔热性能合格指标与判定方法应符合下列规定：

    1 外通风双层幕墙的室内表面温度、热通道通风量检测结果应符合相应的设计要求；

    2 当检测结果符合本条第1款的规定时，应判定为合格。

7 建筑外围护结构气密性能检测

7.1 一 般 规 定

7.1.1 建筑外围护结构气密性能检测宜包括外窗、透明幕墙气密性能及外围护结构整体气密性能检测。

7.1.2 外围护结构整体气密性能检测方法可按本标准附录B进行。

7.2 外窗气密性能检测

7.2.1 外窗气密性能的检测数量应符合下列规定：

    1 单位工程建筑面积5000m²及以下（含5000m²）时，应随机选取同一生产厂家具有代表性的窗口部位1组；

    2 单位工程建筑面积5000m²以上时，应随机选取同一生产厂家具有代表性的窗口部位2组；

    3 每组应为同系列、同规格、同分格形式的3个窗口部位。

7.2.2 外窗气密性能的检测方法应按照现行行业标准《建筑外窗气密、水密、抗风压性能现场检测方法》JG/T 211规定的方法进行。

7.2.3 外窗气密性能的合格指标与判定方法应符合下列规定：

    1 受检外窗单位缝长分级指标值应小于或等于1.5m³/(m·h)或受检外窗单位面积分级指标值应小于或等于4.5m³/(m²·h)；

2 受检外窗检测结果符合本条第 1 款的规定时，应判定为合格。

7.3 透明幕墙气密性能检测

7.3.1 透明幕墙气密性能的检测数量应符合下列规定：

1 单位工程中面积超过 300m² 的每一种幕墙均应随机选取一个部位进行气密性能检测；

2 每个部位不应少于 1 个层高和 2 个水平分格，并应包括 1 个可开启部分。

7.3.2 透明幕墙气密性能的检测方法应按照现行行业标准《建筑外窗气密、水密、抗风压性能现场检测方法》JG/T 211 规定的方法进行。

7.3.3 合格指标与判定方法应符合下列规定：

1 受检幕墙开启部分气密性能分级指标值应小于或等于 1.5m³/(m·h)，受检幕墙整体气密性能分级指标值应小于或等于 2.0m³/(m²·h)；

2 受检幕墙检测结果符合本条第 1 款的规定时，应判定为合格。

8 采暖空调水系统性能检测

8.1 一 般 规 定

8.1.1 采暖空调水系统各项性能检测均应在系统实际运行状态下进行。

8.1.2 冷水（热泵）机组及其水系统性能检测工况应符合以下规定：

1 冷水（热泵）机组运行正常，系统负荷不宜小于实际运行最大负荷的 60%，且运行机组负荷不宜小于其额定负荷的 80%，并处于稳定状态；

2 冷水出水温度应在（6～9）℃之间；

3 水冷冷水（热泵）机组冷却水进水温度应在（29～32）℃之间；风冷冷水（热泵）机组要求室外干球温度在（32～35）℃之间。

8.1.3 锅炉及其水系统各项性能检测工况应符合以下规定：

1 锅炉运行正常；

2 燃煤锅炉的日平均运行负荷率不应小于 60%，燃油和燃气锅炉瞬时运行负荷率不应小于 30%。

8.1.4 锅炉运行效率、补水率检测方法应按照现行行业标准《居住建筑节能检测标准》JGJ/T 132 的有关规定执行。

8.1.5 采暖空调水系统管道的保温性能检测应按照现行国家标准《建筑节能工程施工质量验收规范》GB 50411 的有关规定执行。

8.2 冷水（热泵）机组实际性能系数检测

8.2.1 冷水（热泵）机组实际性能系数的检测数量

应符合下列规定：

1 对于 2 台及以下（含 2 台）同型号机组，应至少抽取 1 台；

2 对于 3 台及以上（含 3 台）同型号机组，应至少抽取 2 台。

8.2.2 冷水（热泵）机组实际性能系数的检测方法应符合下列规定：

1 检测工况下，应每隔（5～10）min 读 1 次数，连续测量 60min，并应取每次读数的平均值作为检测值。

2 供冷（热）量测量应符合本标准附录 C 的规定。

3 冷水（热泵）机组的供冷（热）量应按下式计算：

$$Q_0 = V\rho c\Delta t/3600 \qquad (8.2.2\text{-}1)$$

式中：Q_0 ——冷水（热泵）机组的供冷（热）量（kW）；

V ——冷水平均流量（m³/h）；

Δt ——冷水进、出口平均温差（℃）；

ρ ——冷水平均密度（kg/m³）；

c ——冷水平均定压比热 [kJ/(kg·℃)]；

ρ、c 可根据介质进、出口平均温度由物性参数表查取。

4 电驱动压缩机的蒸气压缩循环冷水（热泵）机组的输入功率应在电动机输入线端测量。输入功率检测应符合本标准附录 D 的规定。

5 电驱动压缩机的蒸气压缩循环冷水（热泵）机组的实际性能系数（COP_d）应按下式计算：

$$COP_d = \frac{Q_0}{N} \qquad (8.2.2\text{-}2)$$

式中：COP_d——电驱动压缩机的蒸气压缩循环冷水（热泵）机组的实际性能系数；

N ——检测工况下机组平均输入功率（kW）。

6 溴化锂吸收式冷水机组的实际性能系数（COP_x）应按下式计算：

$$COP_x = \frac{Q_0}{(Wq/3600) + p} \qquad (8.2.2\text{-}3)$$

式中：COP_x——溴化锂吸收式冷水机组的实际性能系数；

W——检测工况下机组平均燃气消耗量（m³/h），或燃油消耗量（kg/h）；

q——燃料发热值（kJ/m³ 或 kJ/kg）；

p——检测工况下机组平均电力消耗量（折算成一次能，kW）。

8.2.3 冷水（热泵）机组实际性能系数的合格指标与判定方法应符合下列规定：

1 检测工况下，冷水（热泵）机组的实际性能系数应符合现行国家标准《公共建筑节能设计标准》

GB 50189 - 2005 第 5.4.5、5.4.9 条的规定；

2 当检测结果符合本条第 1 款的规定时，应判定为合格。

8.3 水系统回水温度一致性检测

8.3.1 与水系统集水器相连的一级支管路均应进行水系统回水温度一致性检测。

8.3.2 水系统回水温度一致性的检测方法应符合下列规定：

1 检测位置应在系统集水器处；

2 检测持续时间不应少于 24h，检测数据记录间隔不应大于 1h。

8.3.3 水系统回水温度一致性的合格指标与判定方法应符合下列规定：

1 检测持续时间内，冷水系统各一级支管路回水温度间的允许偏差为 1℃；热水系统各一级支管路回水温度间的允许偏差为 2℃；

2 当检测结果符合本条第 1 款的规定时，应判定为合格。

8.4 水系统供、回水温差检测

8.4.1 检测工况下启用的冷水机组或热源设备均应进行水系统供、回水温差检测。

8.4.2 水系统供、回水温差的检测方法应符合下列规定：

1 冷水机组或热源设备供、回水温度应同时进行检测；

2 测点应布置在靠近被测机组的进、出口处，测量时应采取减少测量误差的有效措施；

3 检测工况下，应每隔（5～10）min 读数 1 次，连续测量 60min，并应取每次读数的平均值作为检测值。

8.4.3 水系统供、回水温差的合格指标与判定方法应符合下列规定：

1 检测工况下，水系统供、回水温差检测值不应小于设计温差的 80%；

2 当检测结果符合本条第 1 款的规定时，应判定为合格。

8.5 水泵效率检测

8.5.1 检测工况下启用的循环水泵均应进行效率检测。

8.5.2 水泵效率的检测方法应符合下列规定：

1 检测工况下，应每隔（5～10）min 读数 1 次，连续测量 60min，并应取每次读数的平均值作为检测值。

2 流量测点宜设在距上游局部阻力构件 10 倍管径，且距下游局部阻力构件 5 倍管径处。压力测点应设在水泵进、出口压力表处。

3 水泵的输入功率应在电动机输入线端测量，输入功率检测应符合本标准附录 D 的规定。

4 水泵效率应按下式计算：

$$\eta = V\rho g \Delta H / 3.6P \qquad (8.5.2)$$

式中：η ——水泵效率；

 V ——水泵平均水流量（m³/h）；

 ρ ——水的平均密度（kg/m³），可根据水温由物性参数表查取；

 g ——自由落体加速度，取 9.8（m/s²）；

 ΔH ——水泵进、出口平均压差（m）；

 P ——水泵平均输入功率（kW）。

8.5.3 水泵效率合格指标与判定方法应符合下列规定：

1 检测工况下，水泵效率检测值应大于设备铭牌值的 80%；

2 当检测结果符合本条第 1 款的规定时，应判定为合格。

8.6 冷源系统能效系数检测

8.6.1 所有独立冷源系统均应进行冷源系统能效系数检测。

8.6.2 冷源系统能效系数检测方法应符合下列规定：

1 检测工况下，应每隔（5～10）min 读数 1 次，连续测量 60min，并应取每次读数的平均值作为检测的检测值。

2 供冷量测量应符合本标准附录 C 的规定。

3 冷源系统的供冷量应按下式计算：

$$Q_0 = V\rho c \Delta t / 3600 \qquad (8.6.2-1)$$

式中：Q_0 ——冷源系统的供冷量（kW）；

 V ——冷水平均流量（m³/h）；

 Δt ——冷水平均进、出口温差（℃）；

 ρ ——冷水平均密度（kg/m³）；

 c ——冷水平均定压比热 [kJ/（kg·℃）]。

ρ、c 可根据介质进、出口平均温度由物性参数表查取。

4 冷水机组、冷水泵、冷却水泵和冷却塔风机的输入功率应在电动机输入线端同时测量；输入功率检测应符合本标准附录 D 的规定。检测期间各用电设备的输入功率应进行平均累加。

5 冷源系统能效系数（EER $_{-sys}$）应按下式计算：

$$EER_{-sys} = \frac{Q_0}{\sum N_i} \qquad (8.6.2-2)$$

式中：EER $_{-sys}$ ——冷源系统能效系数（kW/kW）；

 $\sum N_i$ ——冷源系统各用电设备的平均输入功率之和（kW）。

8.6.3 冷源系统能效系数合格指标与判定方法应符合下列规定：

1 冷源系统能效系数检测值不应小于表 8.6.3

的规定；

2 当检测结果符合本条第1款的规定时，应判定为合格。

表 8.6.3 冷源系统能效系数限值

类　　型	单台额定制冷量（kW）	冷源系统能效系数（kW/kW）
水冷冷水机组	＜528	2.3
	528~1163	2.6
	＞1163	3.1
风冷或蒸发冷却	≤50	1.8
	＞50	2.0

9 空调风系统性能检测

9.1 一般规定

9.1.1 空调风系统各项性能检测均应在系统实际运行状态下进行。

9.1.2 空调风系统管道的保温性能检测应按照现行国家标准《建筑节能工程施工质量验收规范》GB 50411的有关规定执行。

9.2 风机单位风量耗功率检测

9.2.1 风机单位风量耗功率的检测数量应符合下列规定：

1 抽检比例不应少于空调机组总数的20％；

2 不同风量的空调机组检测数量不应少于1台。

9.2.2 风机单位风量耗功率的检测方法应符合下列规定：

1 检测应在空调通风系统正常运行工况下进行；

2 风量检测应采用风管风量检测方法，并应符合本标准附录E的规定；

3 风机的风量应为吸入端风量和压出端风量的平均值，且风机前后的风量之差不应大于5％；

4 风机的输入功率应在电动机输入线端同时测量，输入功率检测应符合本标准附录D的规定；

5 风机单位风量耗功率（W_s）应按下式计算：

$$W_s = \frac{N}{L} \qquad (9.2.2)$$

式中：W_s——风机单位风量耗功率[W/(m³/h)]；

N——风机的输入功率（W）；

L——风机的实际风量（m³/h）。

9.2.3 风机单位风量耗功率的合格指标与判定方法应符合下列规定：

1 风机单位风量耗功率检测值应符合国家标准《公共建筑节能设计标准》GB 50189－2005第5.3.26条的规定；

2 当检测结果符合本条第1款的规定时，应判

定为合格。

9.3 新风量检测

9.3.1 新风量的检测数量应符合下列规定：

1 抽检比例不应少于新风系统数量的20％；

2 不同风量的新风系统不应少于1个。

9.3.2 新风量检测方法应符合以下规定：

1 检测应在系统正常运行后进行，且所有风口应处于正常开启状态；

2 新风量检测应采用风管风量检测方法，并应符合本标准附录E的规定。

9.3.3 新风量的合格指标与判别方法应符合下列规定：

1 新风量检测值应符合设计要求，且允许偏差应为±10％；

2 当检测结果符合本条第1款规定时，应判为合格。

9.4 定风量系统平衡度检测

9.4.1 定风量系统平衡度的检测数量应符合下列规定：

1 每个一级支管路均应进行风系统平衡度检测；

2 当其余支路小于或等于5个时，宜全数检测；

3 当其余支路大于5个时，宜按照近端2个，中间区域2个，远端2个的原则进行检测。

9.4.2 定风量系统平衡度的检测方法应符合下列规定：

1 检测应在系统正常运行后进行，且所有风口应处于正常开启状态；

2 风系统检测期间，受检风系统的总风量应维持恒定且宜为设计值的100％~110％；

3 风量检测方法可采用风管风量检测方法，也可采用风量罩风量检测方法，并应符合本标准附录E的规定；

4 风系统平衡度应按下式计算：

$$FHB_j = \frac{G_{a,j}}{G_{d,j}} \qquad (9.4.2)$$

式中：FHB_j——第j个支路的风系统平衡度；

$G_{a,j}$——第j个支路的实际风量（m³/h）；

$G_{d,j}$——第j个支路的设计风量（m³/h）；

j——支路编号。

9.4.3 定风量系统平衡度的合格指标与判别方法应符合下列规定：

1 90％的受检支路平衡度应为0.9~1.2；

2 检测结果符合本条第1款规定时，应判为合格。

10 建筑物年采暖空调能耗及年冷源系统能效系数检测

10.0.1 建筑物年采暖空调能耗检测应符合下列

原则：

1 建筑物年采暖空调能耗应采用全年统计或计量的方式进行；

2 建筑物年采暖空调能耗应包括采暖空调系统耗电量、其他类型的耗能量（燃气、蒸汽、煤、油等），及区域集中冷热源供热、供冷量；

3 建筑物年采暖空调能耗的统计或计量应在建筑物投入正常使用一年后进行；

4 当一栋建筑物的空调系统采用不同的能源时，宜通过换算将能耗计量单位进行统一。

10.0.2 对于没有设置用能分项计量的建筑，建筑物年采暖空调能耗可根据建筑物全年的运行记录、设备的实际运行功率和建筑的实际使用情况等统计分析得到。统计时应符合下列规定：

1 对于冷水机组、水泵、电锅炉等运行记录中记录了实际运行功率或运行电流的设备，运行数据经校核后，可直接统计得到设备的年运行能耗。

2 当运行记录没有有关能耗数据时，可先实测设备运行功率，并从运行记录中得到设备的实际运行时间，再分析得到该设备的年运行能耗。

10.0.3 对于设置用能分项计量的建筑，建筑物年采暖空调能耗可直接通过对分项计量仪表记录的数据统计，得到该建筑物的年采暖空调能耗。

10.0.4 单位建筑面积年采暖空调能耗应按下式进行计算：

$$E_0 = \frac{\sum E_i}{A} \qquad (10.0.4)$$

式中：E_0——单位建筑面积年采暖、空调能耗；

E_i——各个系统一年的采暖、空调能耗；

A——建筑面积（m^2），不应包含没有设置采暖空调的地下车库面积。

10.0.5 年冷源系统能效系数（EER_{SL}）应按下式进行计算：

$$EER_{-SL} = \frac{Q_{SL}}{\sum N_{si}} \qquad (10.0.5)$$

式中：EER_{-SL}——年冷源系统能效系数；

Q_{SL}——冷源系统供冷季的总供冷量（kW·h）；

N_{si}——冷源系统供冷季各设备所消耗的电量（kW·h）。

11 供配电系统检测

11.1 一般规定

11.1.1 低压供配电系统电能质量检测宜包括三相电压不平衡、谐波电压及谐波电流、功率因数、电压偏差检测，各类参数测量宜选择在配电室内低压配电柜断路器下端进行。

11.1.2 电能质量检测应在负荷率大于20%的配电回路，且应在负载正常使用的时间内进行。应采用A级或B级的仪器并配置不小于0.5级的互感器进行测量；当对测量结果有异议时，应采用A级测量仪器进行复检。

11.2 三相电压不平衡检测

11.2.1 初步判定的不平衡回路均应检测。

11.2.2 三相电压不平衡检测方法应符合下列规定：

1 检测前应初步判定不平衡回路。观察配电柜上三相电压表或三相电流表指示，当三相电压某相超过标称电压2%，或三相电流之间偏差超过15%时，可初步判定此回路为不平衡回路。

2 对初步判定为不平衡的回路应采用直接测量方法，测量方法应按国家标准《电能质量 三相电压不平衡》GB/T 15543-2008附录A中规定的方法进行。

11.2.3 合格指标与判别方法应符合下列规定：

1 三相电压不平衡允许值应为系统标称电压的2%，短时不得超过4%；

2 当检测结果符合本条第1款规定时，应判为合格。

11.3 谐波电压及谐波电流检测

11.3.1 谐波电压及谐波电流检测数量应符合下列规定：

1 变压器出线回路应全部测量；

2 照明回路应抽测5%，且不得少于2个回路；

3 配置变频设备的动力回路应抽测2%，且不得少于1个回路；

4 配置大型UPS的回路应抽测2%，且不得少于1个回路。

11.3.2 谐波电压及谐波电流检测方法应符合下列规定：

1 检测仪器宜采用新型数字智能化仪器，窗口宽度为10个周期并采用矩形加权，时间窗应与每一组的10个周期同步。仪器应保证其电压在标称电压±15%，频率在49Hz～51Hz范围内电压总谐波畸变率不超过8%的条件下能正常工作。

2 测量时间间隔宜为3s（150周期），测量时间宜为24h。

3 谐波测量数据应取测量时段内各相实测量值的95%概率值中最大相值，作为判断的依据。对于负荷变化慢的谐波源，宜选5个接近的实测值，取其算术平均值。

11.3.3 谐波电压及谐波电流合格指标与判别方法应符合下列规定：

1 谐波电压检测数据应按照国家标准《公用电网谐波》GB 14549-1993中附录A、附录B规定的换算和计算方法进行计算；谐波电压计算结果总谐波畸变率应为5.0%，其中奇次谐波电压含有率为4.0%，偶次谐波电压含有率为2.0%。

2 谐波电流计算结果应满足表11.3.3允许值的要求。

3 当谐波电压和谐波电流检测结果分别符合本条第1款和第2款规定时，应判为合格。

表 11.3.3　谐波电流允许值

标准电压 (kV)	基准短路容量 (MVA)	谐波次数及谐波电流允许值（A）										
		2	3	4	5	6	7	8	9	10	11	12	13
		78	62	39	62	26	44	19	21	16	28	13	24
0.38	10	谐波次数及谐波电流允许值（A）										
		14	15	16	17	18	19	20	21	22	23	24	25
		11	12	9.7	18	8.6	16	7.8	8.9	7.1	14	6.5	12

11.4　功率因数检测

11.4.1 补偿后功率因数均应检测。

11.4.2 功率因数检测方法应符合下列规定：

1 检测前应对补偿后功率因数进行初步判定。初步判定应采用读取补偿后功率因数表读数的方式，读值时间间隔宜为1min，读取10次取平均值。

2 对初步判定为不合格的回路应采用直接测量的方法，采用数字式智能化仪表在变压器出线回路进行测量。

3 直接测量时间间隔宜为3s（150周期），测量时间宜为24h。

4 功率因数测量宜与谐波测量同时进行。

11.4.3 功率因数合格指标与判别方法应符合下列规定：

1 功率因数不应低于设计值，当设计无要求时不应低于当地电力部门规定值；

2 当检测结果符合本条第1款的规定时，应判为合格。

11.5　电压偏差检测

11.5.1 电压偏差检测数量应符合下列规定：

1 电压（380V）时，变压器出线回路应全部测量；

2 电压（220V）时，照明出线回路应抽测5%，且不应少于2个回路。

11.5.2 电压偏差检测方法应符合下列规定：

1 检测前应进行初步判定。电压（380V）偏差测量应采用读取变压器低压进线柜上电能表中三相电压数值的方法；电压（220V）偏差测量应采用分别读取包含照明出线的低压配电柜上三相电压表数值的方法。读值时间间隔宜为1min，读取10次取平均值。

2 对初步判定为不合格的回路应采用直接测量的方法，电压（380V）偏差测量应采用数字式智能化仪表在变压器出线回路进行测量，且宜与谐波测量同时进行；电压（220V）偏差测量应采用数字式智能化仪表在照明回路断路器下端测量。

3 直接测量时间间隔宜为3s（150周期），测量时间宜为24h。

11.5.3 电压偏差合格指标与判别方法应符合下列规定：

1 电压（380V）偏差允许偏差为标称电压的±7%，电压（220V）偏差允许偏差应为标称电压的+7%～-10%。

2 当检测结果符合本条第1款的规定时，应判为合格。

11.6　分项计量电能回路用电量校核检测

11.6.1 安装分项计量电能回路应全数检测。

11.6.2 分项计量电能回路用电量校核检测方法应符合下列规定：

1 低压配供电系统的有功最大需量检测应与当地电力部门测量方法相一致；

2 校核时应采用0.2级标准三相或单相电能表作为标准电能表；标准电能表的采样时间应与分项计量安装的电能表采样时间一致，且累计采样时间不应小于1h。

11.6.3 分项计量电能回路用电量校核合格指标与判别方法应符合下列规定：

1 在标准电能表与分项计量安装的电能表时间一致的条件下，同一时刻开始数据采集，累计时间大于或等于1h后，两者测量值的测量误差应小于1%；

2 当检测结果符合本条第1款的规定时，应判为合格。

12　照明系统检测

12.1　照明节电率检测

12.1.1 改造区域的照明主回路应全部测量。

12.1.2 照明节电率检测方法应符合下列规定：

1 检测前应从区域配电箱中断除照明外其他用电设备电源，或关闭检测线路上除照明外的其他设备电源。

2 检测时应开启所测回路上所有灯具，并待光源的光输出达到稳定后开始测量。检测时间不应少于2h，数据采样间隔不应大于15min。

3 检测仪表应采用0.5级功率计或单相电能表。

4 照明回路改造前后耗电量应分别检测。

5 照明总耗电量应按下列公式计算：

$$e_n = \sum_{i=1}^{j} p_i \qquad (12.1.2\text{-}1)$$

$$E_0 = e_1 + e_2 + \cdots\cdots + e_n \qquad (12.1.2\text{-}2)$$

$$E_1 = E_0 + (e_{t1} + e_{t2} + \cdots\cdots + e_{tn})$$
$$(12.1.2\text{-}3)$$

式中：e_n——所测区域的照明总耗电量（kW·h）；

$\quad p_i$——第 i 条照明回路耗电量（kW·h）；

$\quad E_0$——层照明耗电量（kW·h）；

$\quad E_1$——照明总耗电量（kW·h）；

$\quad e_{tn}$——特殊区域照明耗电量；

$\quad t_n$——特殊区域编号。

6 当因故无法全部断开其他用电设备电源时，应记录未断开电源的其他正常工作设备功率和工作规律，在计算节电率时作为调整量（A）予以修正。照明系统节电率应按下式计算：

$$\eta = 1 - \frac{E'_z + A}{E_z} \times 100(\%) \qquad (12.1.2\text{-}4)$$

式中：η——节电率（%）；

$\quad E_z$、E'_z——改造前后照明电耗量（kW·h）；

$\quad A$——调整量（kW·h）。

7 照明系统改造前后检测条件应相同，检测宜选择在非工作时间进行。

12.2 照度值检测

12.2.1 每类房间或场所应至少抽测 1 个进行照度值检测。

12.2.2 照度值检测方法应采用现行国家标准《照明测量方法》GB/T 5700 中规定的照度值检测方法。

12.2.3 照度值合格指标与判别方法应符合下列规定：

1 检测照度值与设计要求或现行国家标准《建筑照明设计标准》GB 50034 中的照明标准值的允许偏差应为 ±10%；

2 当检测结果符合本条第 1 款的规定时，应判为合格。

12.3 功率密度值检测

12.3.1 每类房间或场所应至少抽测 1 个进行功率密度值检测。

12.3.2 照明功率密度值检测方法应采用现行国家标准《照明测量方法》GB/T 5700 中规定的照明功率密度值检测方法。

12.3.3 照明功率密度值应按下式计算：

$$\rho = \frac{P}{S} \qquad (12.3.3)$$

式中：ρ——照明功率密度（kW/m²）；

$\quad P$——实测照明功率（kW）；

$\quad S$——被检测区域面积（m²）。

12.3.4 功率密度值合格指标与判别方法应符合下列

规定：

1 照明功率密度应符合设计文件的规定；设计无要求时，应符合现行国家标准《建筑照明设计标准》GB 50034 的规定；

2 当检测结果符合本条第 1 款的规定时，应判为合格。

12.4 灯具效率检测

12.4.1 同类型灯具应抽测 5%，且不应少于 1 套。

12.4.2 灯具效率检测方法应参照《室内灯具光度测试》GB 9467 规定的光通量测试方法，在标准条件下分别测试灯具光通量与此条件下测得的裸光源（灯具内所包含的光源）的光通量之和，计算其比值即为灯具效率。

12.4.3 灯具效率合格指标与判别方法应符合下列规定：

1 灯具效率检测结果应满足表 12.4.3 的要求；

2 当检测结果符合本条第 1 款的规定时，应判为合格。

表 12.4.3 灯具效率合格指标

灯具出光口形式	开敞式	保护罩（玻璃或塑料）		格栅	透光罩
		透明	磨砂、棱镜		
荧光灯灯具	75%	65%	55%	60%	—
高强度气体放电灯灯具	75%	—	—	60%	60%

12.5 公共区照明控制检测

12.5.1 每类公共区应至少抽测 1 个房间或场所。

12.5.2 公共区照明控制检测方法应符合下列规定：

1 公共会议室应按照会议、投影等模式，公共走廊、卫生间应按照设置的控制要求，设定为节能控制模式，并应分别检测切换功能；

2 当采用感应控制时，应检测人员进入感应区域时灯具开启灵敏度，人员应能及时看清空间情况；

3 当采用声音控制时，检测人员采用击掌、踩脚等正常动作产生声音应能够使灯具开启；所有控制方式在人员离开时均应有延时，延时时间应满足人员安全离开区域的要求；

4 当采用多参数控制时，应分别对各个参数及联合控制的合理性进行检测。

12.5.3 公共区照明控制合格指标与判别方法应符合下列规定：

1 根据不同使用功能设置分区控制，控制方式应合理有效，当采用多参数控制照明开关时，不应影响使用功能，并符合管理的要求；

2 当检测结果符合本条第 1 款的规定时，应判为合格。

13 监测与控制系统性能检测

13.1 送（回）风温度、湿度监控功能检测

13.1.1 送（回）风温度、湿度监控功能检测数量应符合下列规定：

1 每类机组应按总数的 20% 抽测，且不应少于 3 台；

2 机组数不足 3 台时，应全部检测。

13.1.2 送（回）风温度、湿度监控功能检测方法应符合下列规定：

1 夏季工况检测时，应在中央监控计算机上，将温度、相对湿度起始值设定为空调设计参数，待控制系统稳定到此参数后，人为调高温度设定值 2℃，降低相对湿度设定值 10%；

2 冬季工况检测时，应在中央监控计算机上，将温度、相对湿度起始值设定为空调设计参数，待控制系统稳定到此参数后，人为降低温度设定值 2℃，调高相对湿度设定值 10%；

3 调整完成 2s，应开始记录送（回）风温度、相对湿度，记录时间不应少于 30min，记录间隔宜 5min。

13.1.3 送（回）风温度、湿度监控功能合格指标与判别方法应符合下列规定：

1 送（回）风温度控制允许偏差应为 ±2℃；控制系统动态响应时间不宜大于 30min；

2 送（回）风相对湿度控制允许偏差应为 ±15%；控制系统稳定时间不宜大于 20min；

3 当检测结果符合本条第 1 款和第 2 款的规定时，应判为合格。

13.2 空调冷源水系统压差控制功能检测

13.2.1 空调冷源水系统压差控制功能应全部检测。

13.2.2 空调冷源水系统压差控制功能检测方法应符合下列要求：

1 应在中央监控计算机上，将压差设定值调整到合理范围内并稳定 30min，然后在计算机上关闭 50% 的空调末端，并同时记录计算机上显示的压差值；

2 应在中央监控计算机上，开启 20% 的空调末端，并同时记录计算机上显示的压差值；

3 记录间隔宜为 5min，记录时间应不少于 30min。

13.2.3 空调冷源水系统压差控制功能合格指标与判别方法应符合下列规定：

1 压差控制值应满足空调设计要求；当设计无要求时，压差设定值应设置在水泵的额定扬程之内，控制偏差不宜大于设定值的 10%，动态响应时间不

宜大于 30min；

2 当检测结果符合本条第 1 款的规定时，应判为合格。

13.3 风机盘管变水量控制性能检测

13.3.1 风机盘管变水量控制性能检测数量应符合下列规定：

1 抽测数量应为总数的 20%；

2 不足 10 套时，应全部检测。

13.3.2 风机盘管变水量控制性能检测方法应符合下列要求：

1 检测中应保证检测区域环境温度和风速稳定，且风机盘管冷（热）水管路供水温度应满足设计要求；

2 检测应在中档风速条件下进行；

3 夏季工况检测时，应将温度起始值设定为夏季空调设计参数，待此参数稳定后，调高温控器温度设定值 5℃；

4 冬季工况检测时，应将温度起始值设定为冬季空调设计参数，待此参数稳定后，调低温控器温度设定值 5℃；

5 应在系统稳定运行至少 20min 后，检测房间回风口温度。

13.3.3 风机盘管变水量控制性能合格指标与判别方法应符合下列规定：

1 房间回风口温度检测值与温控器设定值允许偏差应为 ±2℃；

2 当检测结果符合本条第 1 款的规定时，应判为合格。

13.4 照明、动力设备监测与控制系统性能检测

13.4.1 照明、动力设备监测与控制系统性能检测数量应符合下列规定：

1 照明主回路总数的 20%，且不应小于 2 个回路；

2 动力主回路总数的 20%，且不应小于 2 个回路。

13.4.2 照明、动力设备监测与控制系统性能检测方法应符合下列要求：

1 应采用测量仪表对所抽测回路中央计算机上的所有电气参数进行比对；

2 比对时间不应少于 10min。

13.4.3 照明、动力设备监测与控制系统性能合格指标与判别方法应符合下列规定：

1 监测与控制系统应具有对照明或动力主回路的电压、电流、有功功率、功率因数、有功电度等电气参数进行监测记录的功能，以及对供电回路电器元件工作状态进行监测、报警的功能；

2 比对数值误差不应大于 1%；

3 当检测结果符合本条第 1、2 款的规定时，应判为合格。

附录 A 仪器仪表测量性能要求

A.0.1 仪器仪表测量性能应符合表 A.0.1 的规定。

表 A.0.1 仪器仪表测量性能要求

序号	检测参数	仪表准确度等级(级)	最大允许偏差
1	空气温度	—	≤0.5℃
2	空气相对湿度	—	≤5%(测量值)
3	采暖水温度	—	≤0.5℃
4	空调水温度	—	≤0.2℃
5	水流量	—	≤5%(测量值)
6	水压力	2.0	≤5%(测量值)
7	热量及冷量	3.0	≤5%(测量值)
8	耗电量	1.0	≤1.5%(测量值)
9	耗油量	1.0	≤1.5%(测量值)
10	耗气量	2.0(天然气) 2.5(蒸汽)	≤5%(测量值)
11	风速	—	≤5%(测量值)
12	太阳辐射照度	—	≤10%(测量值)
13	电功率	1.0	≤1.5%(测量值)
14	质量流量控制器	—	≤1%(测量值)

附录 B 建筑外围护结构整体气密性能检测方法

B.0.1 本方法适用于鼓风门法进行建筑物外围护结构整体气密性能的检测。

B.0.2 鼓风门法的检测应在 50Pa 和 -50Pa 压差下测量建筑物换气量，通过计算换气次数量化外围护结构整体气密性能。

B.0.3 采用鼓风门法检测时，宜同时采用红外热成像仪拍摄红外热成像图，并确定建筑物的渗漏源。

B.0.4 建筑外围护结构整体气密性能的检测应按下列步骤进行：

1 将调速风机密封安装在房间的外门框中；

2 利用红外热成像仪拍摄照片，确定建筑物渗漏源；

3 封堵地漏、风口等非围护结构渗漏源；

4 启动风机，使建筑物内外形成稳定压差；

5 测量建筑物的内外压差，当建筑物内外压差

稳定在 50Pa 或 -50Pa 时，测量记录空气流量，同时记录室内外空气温度、室外大气压。

B.0.5 建筑外围护结构整体气密性能的检测值的处理应符合下列规定：

1 换气次数应按下式计算：

$$N_{50}^{\pm} = L/V \qquad (B.0.5\text{-}1)$$

式中：N_{50}^{+}、N_{50}^{-} ——50Pa、-50Pa 压差下房间的换气次数(h^{-1})；

L ——空气流量的平均值(m^3/h)；

V ——被测房间换气体积(m^3)。

2 房间换气次数应按下式计算：

$$N = (N_{50}^{+} + N_{50}^{-})/34 \qquad (B.0.5\text{-}2)$$

式中：N——房间换气次数(h^{-1})。

附录 C 水系统供冷(热)量检测方法

C.0.1 水系统供冷(热)量应按现行国家标准《容积式和离心式冷水(热泵)机组性能试验方法》GB/T 10870 规定的液体载冷剂法进行检测。

C.0.2 检测时应同时分别对冷水(热水)的进、出口水温和流量进行检测，根据进、出口温差和流量检测值计算得到系统的供冷(热)量。检测过程中应同时对冷却侧的参数进行监测，并应保证检测工况符合检测要求。

C.0.3 水系统供冷(热)量测点布置应符合下列规定：

1 温度计应设在靠近机组的进出口处；

2 流量传感器应设在设备进口或出口的直管段上，并应符合产品测量要求。

C.0.4 水系统供冷(热)量测量仪表宜符合下列规定：

1 温度测量仪表可采用玻璃水银温度计、电阻温度计或热电偶温度计；

2 流量测量仪表应采用超声波流量计。

附录 D 电机输入功率检测方法

D.0.1 电机输入功率检测应按现行国家标准《三相异步电动机试验方法》GB/T 1032 规定方法进行。

D.0.2 电机输入功率检测宜采用两表(两台单相功率表)法测量，也可采用一台三相功率表或三台单相功率表测量。

D.0.3 当采用两表(两台单相功率表)法测量时，电机输入功率应为两表检测功率之和。

D.0.4 电功率测量仪表宜采用数字功率表。功率表精度等级宜为 1.0 级。

附录E 风量检测方法

E.1 风管风量检测方法

E.1.1 风管风量检测宜采用毕托管和微压计；当动压小于10Pa时，宜采用数字式风速计。

E.1.2 风量测量断面应选择在机组出口或入口直管段上，且宜距上游局部阻力部件大于或等于5倍管径（或矩形风管长边尺寸）；并距下游局部阻力构件大于或等于2倍管径（或矩形风管长边尺寸）的位置。

E.1.3 测量断面测点布置应符合下列规定：

1 矩形断面测点数及布置方法应符合表E.1.3-1和图E.1.3-1的规定；

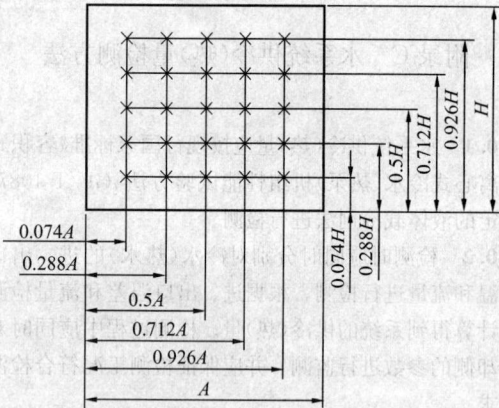

图E.1.3-1 矩形风管25个测点时的测点布置

2 圆形断面测点数及布置方法应符合表E.1.3-2和图E.1.3-2的规定。

表E.1.3-1 矩形断面测点位置

横线数或每条横线上的测点数目	测点	测点位置 X/A 或 X/H
5	1	0.074
	2	0.288
	3	0.500
	4	0.712
	5	0.926
6	1	0.061
	2	0.235
	3	0.437
	4	0.563
	5	0.765
	6	0.939

横线数或每条横线上的测点数目	测点	测点位置 X/A 或 X/H
7	1	0.053
	2	0.203
	3	0.366
	4	0.500
	5	0.634
	6	0.797
	7	0.947

注：1 当矩形截面的纵横比（长短边比）小于1.5时，横线（平行于短边）的数目和每条横线上的测点数目均不宜少于5个。当长边大于2m时，横线（平行于短边）的数目宜增加到5个以上。

2 当矩形截面的纵横比（长短边比）大于或等于1.5时，横线（平行于短边）的数目宜增加到5个以上。

3 当矩形截面的纵横比（长短边比）小于或等于1.2时，也可按等截面划分小截面，每个小截面边长宜为（200～250）mm。

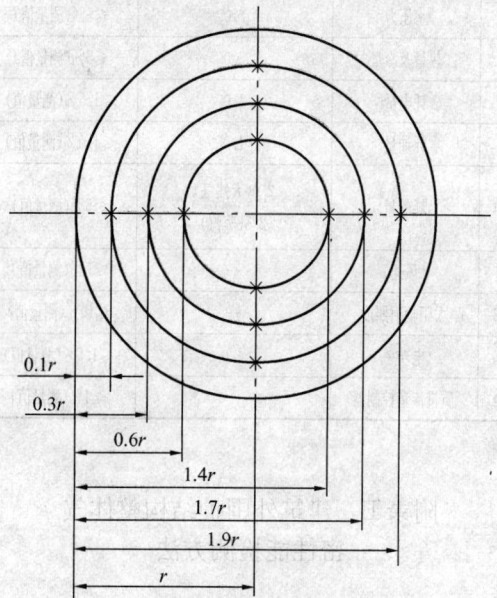

图E.1.3-2 圆形风管3个圆环时的测点布置

表E.1.3-2 圆形截面测点布置

风管直径	≤200mm	(200～400)mm	(400～700)mm	≥700mm
圆环个数	3	4	5	5～6
测点编号	测点到管壁的距离（r的倍数）			
1	0.10	0.05	0.05	0.05
2	0.30	0.20	0.20	0.15
3	0.60	0.40	0.30	0.25
4	1.40	0.70	0.50	0.35
5	1.70	1.30	0.70	0.50
6	1.90	1.60	1.30	0.70
7	—	1.80	1.50	1.30
8	—	1.90	1.70	1.50
9	—	—	1.80	1.65
10	—	—	1.95	1.75
11	—	—	—	1.85
12	—	—	—	1.95

E.1.4 测量时，每个测点应至少测量 2 次。当 2 次测量值接近时，应取 2 次测量的平均值作为测点的测量值。

E.1.5 当采用毕托管和微压计测量风量时，风量计算应按下列方法进行：

1 平均动压计算应取各测点的算术平均值作为平均动压。当各测点数据变化较大时，应按下式计算动压的平均值：

$$P_v = \left(\frac{\sqrt{P_{v1}} + \sqrt{P_{v2}} + \cdots\cdots \sqrt{P_{vn}}}{n} \right)^2$$

(E.1.5-1)

式中： P_v ——平均动压（Pa）；

P_{v1}、P_{v2} …… P_v ——各测点的动压（Pa）。

2 断面平均风速应按下式计算：

$$V = \sqrt{\frac{2P_v}{\rho}}$$

(E.1.5-2)

式中： V ——断面平均风速（m/s）；

ρ ——空气密度（kg/m³）， $\rho = 0.349B/(273.15+t)$ ；

B ——大气压力（hPa）；

t ——空气温度（℃）。

3 机组或系统实测风量应按下式计算：

$$L = 3600VF$$

(E.1.5-3)

式中： F ——断面面积（m²）；

L ——机组或系统风量（m³/h）。

E.1.6 采用数字式风速计测量风量时，断面平均风速应取算术平均值；机组或系统实测风量应按式（E.1.5-3）计算。

E.2 风量罩风口风量检测方法

E.2.1 风量罩安装应避免产生紊流，安装位置应位于检测风口的居中位置。

E.2.2 风量罩应将待测风口罩住，并不得漏风。

E.2.3 应在显示值稳定后记录读数。

本标准用词说明

1 为便于在执行本标准条文时区别对待，对要求严格程度不同的用词说明如下：

　　1）表示很严格，非这样做不可的：

　　　　正面词采用"必须"，反面词采用"严禁"；

　　2）表示严格，在正常情况下均应这样做的：正面词采用"应"，反面词采用"不应"或"不得"；

　　3）表示允许稍有选择，在条件许可时首先应这样做的：

　　　　正面词采用"宜"，反面词采用"不宜"；

　　4）表示有选择，在一定条件下可以这样做的采用"可"。

2 条文中指明应按其他有关标准执行的写法为："应符合……的规定"或"应按……执行"。

引用标准名录

1 《三相异步电动机试验方法》GB/T 1032

2 《照明测量方法》GB/T 5700

3 《建筑外门窗保温性能分级及检测方法》GB/T 8484

4 《室内灯具光度测试》GB 9467

5 《绝热材料稳态热阻及有关特性的测定 防护热板法》GB 10294

6 《绝热材料稳态热阻及有关特性的测定 热流计法》GB 10295

7 《容积式和离心式冷水（热泵）机组性能试验方法》GB/T 10870

8 《绝热 稳态传热性质的测定 标定和防护热箱法》GB/T 13475

9 《公用电网谐波》GB 14549

10 《电能质量 三相电压不平衡》GB/T 15543

11 《建筑照明设计标准》GB 50034

12 《民用建筑热工设计规范》GB 50176

13 《公共建筑节能设计标准》GB 50189

14 《建筑节能工程施工质量验收规范》GB 50411

15 《居住建筑节能检测标准》JGJ/T 132

16 《建筑门窗玻璃幕墙热工计算规程》JGJ/T 151

17 《建筑外窗气密、水密、抗风压性能现场检测方法》JG/T 211

中华人民共和国行业标准

公共建筑节能检测标准

JGJ/T 177—2009

条 文 说 明

制 订 说 明

《公共建筑节能检测标准》JGJ/T 177－2009，经住房和城乡建设部 2009 年 12 月 10 日以第 460 号公告批准、发布。

为便于广大设计、施工、科研、学校等单位有关人员在使用本标准时能正确理解和执行条文规定，

《公共建筑节能检测标准》编制组按章、节、条顺序编制了本标准的条文说明，对条文规定的目的、依据以及执行中需注意的有关事项进行了说明。但是，本条文说明不具备与标准正文同等的法律效力，仅供使用者理解和把握标准规定的参考。

目　次

1　总则 ················· 28—23

3　基本规定 ················· 28—23

4　建筑物室内平均温度、
　　湿度检测 ················· 28—23

5　非透光外围护结构热工
　　性能检测 ················· 28—23

　5.1　一般规定 ················· 28—23

　5.2　热流计法传热系数检测 ··· 28—24

　5.3　同条件试样法传热系数检测 ··· 28—24

6　透光外围护结构热工性能检测 ··· 28—24

　6.1　一般规定 ················· 28—24

　6.2　透明幕墙及采光顶热工性能
　　　　计算核验 ················· 28—24

　6.3　透明幕墙及采光顶同条件试样法
　　　　传热系数检测 ············· 28—24

　6.4　外通风双层幕墙隔热性能检测 ··· 28—24

7　建筑外围护结构气密性能检测 ····· 28—25

　7.1　一般规定 ················· 28—25

　7.2　外窗气密性能检测 ········· 28—25

　7.3　透明幕墙气密性能检测 ····· 28—26

8　采暖空调水系统性能检测 ········· 28—26

　8.1　一般规定 ················· 28—26

　8.2　冷水（热泵）机组实际性能
　　　　系数检测 ················· 28—26

　8.3　水系统回水温度一致性检测 ··· 28—27

　8.4　水系统供、回水温差检测 ··· 28—27

　8.6　冷源系统能效系数检测 ····· 28—27

9　空调风系统性能检测 ············· 28—27

　9.1　一般规定 ················· 28—27

　9.2　风机单位风量耗功率检测 ········· 28—27

　9.4　定风量系统平衡度检测 ········· 28—28

10　建筑物年采暖空调能耗及年
　　　冷源系统能效系数检测 ········· 28—28

11　供配电系统检测 ··············· 28—28

　11.1　一般规定 ················· 28—28

　11.2　三相电压不平衡检测 ······· 28—28

　11.3　谐波电压及谐波电流检测 ··· 28—28

　11.4　功率因数检测 ············· 28—28

　11.6　分项计量电能回路用电量
　　　　　校核检测 ··············· 28—29

12　照明系统检测 ················· 28—29

　12.1　照明节电率检测 ··········· 28—29

　12.2　照度值检测 ··············· 28—29

　12.3　功率密度值检测 ··········· 28—29

　12.4　灯具效率检测 ············· 28—29

　12.5　公共区照明控制检测 ······· 28—29

13　监测与控制系统性能检测 ······· 28—29

　13.4　照明、动力设备监测与控制
　　　　　系统性能检测 ··········· 28—29

附录A　仪器仪表测量性能要求 ······· 28—29

附录B　建筑外围护结构整体气
　　　　密性能检测方法 ··········· 28—29

附录C　水系统供冷（热）量
　　　　检测方法 ··············· 28—29

附录D　电机输入功率检测方法 ······· 28—30

附录E　风量检测方法 ············· 28—30

1 总　　则

1.0.1 公共建筑包含办公建筑（包括写字楼、政府办公楼等），商场建筑（如商场、金融建筑等），旅游建筑（如旅馆饭店、娱乐场所等），科教文卫建筑（包括文化、教育、科研、医疗卫生、体育建筑等），通信建筑（如邮电、通信、广播用房等）以及交通运输用房（如机场、车站建筑等）。我国现有公共建筑面积约 45 亿 m²，为城镇建筑面积的 27%，占城乡房屋建筑总面积的 10.7%，但据测算分析，公共建筑能耗约占建筑总能耗的 20%，因此，公共建筑节能已成为目前建筑节能工作的重点。2005 年、2007 年先后颁布实施了国家标准《公共建筑节能设计标准》GB 50189、《建筑节能工程施工质量验收规范》GB 50411，从设计、施工两个环节对公共建筑节能进行了规范。为了强化大型公共建筑节能管理，2007 年原建设部、国家发改委等五部委联合签发了《关于加强大型公共建筑工程建设管理的若干意见》，《意见》中明确要求："新建大型公共建筑必须严格执行《公共建筑节能设计标准》和有关的建筑节能强制性标准，建设单位要按照相应的建筑节能标准委托工程项目的规划设计，项目建成后应经建筑能效专项测评，凡达不到工程建设节能强制性标准的，有关部门不得办理竣工验收备案手续。"《民用建筑节能条例》自 2008 年 10 月 1 日起施行，《条例》中规定，国家机关办公建筑和大型公共建筑的所有权人应当对建筑的能源利用效率进行测评和标识。如何检测公共建筑是否达到节能标准，规范建筑节能检测方法，已成为落实公共建筑节能管理必需的支撑手段。

1.0.2 本标准不仅适用于新建、既有公共建筑的节能验收，也适用于公共建筑外围护结构、建筑用能系统的单项或多项节能性能的检测、鉴定及评估等。

1.0.3 检测机构应取得计量认证，且通过计量认证项目应符合本标准规定。节能检测是一项技术含量高、复杂程度高的工作，涉及建筑热工、采暖空调、检测技术、误差理论等多方面的专业知识，并不是简单地丈量尺寸、见证有无、操作仪表、抄表记数，所以，要求现场检测人员应具有一定理论分析和解决问题的能力。

3 基 本 规 定

3.0.1 工程竣工文件和有关技术文件应包括下列内容：（1）审图机构对工程施工图节能设计提出的审查文件；（2）工程竣工图纸；（3）由具有相关资质的检测机构出具的对从施工现场见证取样送检的外门（含阳台门）、外窗、透明幕墙、建筑采光顶和保温材料的有关性能（即外门窗、透明幕墙及采光顶的气密性

能、保温性能，玻璃的遮阳性能和保温材料的导热系数、密度、强度等）复验报告；（4）玻璃（或其他透明材料）、外门窗、建筑幕墙、遮阳设施、空调采暖、配电照明及监控系统设备以及保温材料的产品合格证、性能检测报告；（5）外墙、屋面（含建筑采光顶）、外门窗（含天窗）、建筑幕墙、热桥部位、空调采暖系统管道的保温施工方案及其隐蔽工程验收资料。

对既有建筑还应提供建筑维修资料、有关用能设备运行记录及维修记录等。

4 建筑物室内平均温度、湿度检测

4.0.2 通常在测点布置时，室内面积若不足 16m²，在室内活动区域中央布测点 1 个；16m² 及以上且不足 30m² 测 2 点时，将检测区域对角线三等分，其二个等分点作为测点；30m² 及以上且不足 60m² 测 3 点时，将室内对角线四等分，其三个等分点作为测点；60m² 及以上且不足 100m² 测 5 点时，在二对角线上成梅花布点；100m² 及以上时，每增加（20～30）m² 增加（1～2）个测点，均匀布置。

4.0.3 室内平均温度、湿度是指同一区域所有测点的平均温、湿度；国家标准《公共建筑节能设计标准》GB 50189 规定：空气调节系统室内计算参数宜符合表 1 规定。

表 1　空气调节系统室内计算参数

参　数		冬　季	夏　季
温度（℃）	一般房间	20	25
	大堂、过厅	18	室内外温差≤10
风速（v）（m/s）		$0.10{\leqslant}v{\leqslant}0.20$	$0.15{\leqslant}v{\leqslant}0.30$
相对湿度（%）		30～60	40～65

5 非透光外围护结构热工性能检测

5.1 一 般 规 定

5.1.1 本条文明确规定了非透光外围护结构热工性能检测的范围和内容。具体包括：外墙、屋面的传热系数、屋面和东西墙体的隔热性能、热工缺陷等检测。通常，夏热冬冷、夏热冬暖地区重点检测隔热性能，严寒、寒冷地区除重点检测外墙、屋面的传热系数外，还应检测其热工缺陷及热桥部位内表面温度。

5.1.2 行业标准《居住建筑节能检测标准》JGJ/T 132 中对建筑物外围护结构热工缺陷、热桥部位内表面温度和隔热性能的检验作出了详细的规定，公共建筑外围护结构热工缺陷、热桥部位内表面温度检测可参照执行。

5.1.3 国家标准《公共建筑节能设计标准》GB 50189—2005中明确规定了"外墙的传热系数为包括结构性热桥在内的平均值 k_m"。因此，本条文明确规定了外围护结构传热系数所应包含的范围和内容。

5.1.4 当保温材料的热阻大于或等于$1.2m^2 \cdot K/W$时，其热阻远大于其他材料对保温的贡献；轻质墙体和屋面一般包含众多金属构件，热桥较多，形成多维传热，因而在现场较难准确测量其传热系数；自保温砌体砖缝多，现场检测较难反映墙体保温性能。因此，本条文规定采用同条件试样法检测上述三类外围护结构的传热系数。同条件试样法仅适用于新建建筑。

5.2 热流计法传热系数检测

5.2.3 目前，国内外一般都采用热流计法进行外围护结构传热系数现场检测。国际标准《建筑构件热阻和传热系数的现场测量方法》ISO 9869、美国材料实验协会标准《现场测量建筑围护结构热流和温度的方法》ASTM C1046—95（2001）和《现场测量建筑构件热流和温度的操作规程》ASTM C1155—95（2001）以及行业标准《居住建筑节能检测标准》JGJ/T 132等标准均对热流计法检测外围护结构传热系数作出详细规定。《居住建筑节能检测标准》JGJ/T 132中，对外墙主体部位的传热系数检测作出了有关规定，但尚未考虑到热桥部位的检测。热桥部位是外围护结构阻抗传热的薄弱环节，其传热系数至少为主体部位的1.2倍以上，外墙的传热系数k_m是包括结构性热桥在内的传热系数平均值。因此，为了满足建筑节能检测工作的需要，经试验研究，本标准提出利用红外热成像仪配合热流计法进行现场检测，应用传热学及计算机图形学的有关技术计算分析得到外围护结构的平均传热系数的检测方法。该方法是根据红外热成像图分析确定建筑外围护结构主体部位和热桥部位各自所占面积比例，利用热流计法现场测得外围护结构主体部位的传热系数，通过现场测得的热桥部位内、外表面温度和热流密度计算得到其各受热面的平均热流密度。在此基础上根据现场检测的平均温度和平均热流密度对外围护结构保温层的厚度或导热系数进行修正，使得修正后的有关测点对应部位的温度和热流密度误差在3%以内，然后计算得到包括热桥部位在内的平均传热系数。计算中采用的室内、外空气温度为根据热桥部位受热面平均热流密度之和的算术平均值以及热桥部位平均内、外表面温度推算得到。为保证检测结果的准确，本条规定了检测期间的室内外温差。

5.3 同条件试样法传热系数检测

5.3.2 同条件试样法适用于外保温材料层热阻不小于$1.2m^2 \cdot K/W$、轻质墙体和屋面以及自保温隔热砌筑墙体平均传热系数的检测，其中轻质墙体和屋面一般都有金属构件形成的热桥。因而，为保证试样构造尺寸与实物一致，应将外围护结构分割为若干个试件，每个试件代表一个典型构造。计算平均传热系数时，将各个典型构造的传热系数按其所代表的面积进行加权平均计算。

6 透光外围护结构热工性能检测

6.1 一般规定

6.1.1 本条文明确规定了透光外围护结构热工性能检测的范围和内容。具体包括：透明幕墙、采光顶的传热系数，双层幕墙的隔热性能及外窗外遮阳设施的检测。

6.1.2 行业标准《居住建筑节能检测标准》JGJ/T 132中对外窗外遮阳设施的检测作出了详细的规定，公共建筑外窗外遮阳设施检测可参照执行。

6.1.3 对于隐框、全玻等类型玻璃幕墙及隐框采光顶，其构造无金属构件暴露在面板外表面。因此，可以按照本标准第5.2节的规定采用热流计法进行检测，计算时应采用日落后1h至次日日出前1h的检测数据处理得到受检部位的传热系数。

6.2 透明幕墙及采光顶热工性能计算核验

6.2.2 幕墙构造尺寸可采用钢卷尺、钢直尺、游标尺、超声波测厚仪等测量。幕墙、采光顶面板的传热系数在实验室采用标定热箱法检测得到，材料的导热系数可通过取样检测或对比等方法获得。在此基础上，按照《建筑门窗玻璃幕墙热工计算规程》JGJ/T 151的规定计算确定每幅幕墙、采光顶的传热系数、遮阳系数、可见光透射比等参数，幕墙或采光顶整体热工性能采用加权平均的方法计算得到。

6.3 透明幕墙及采光顶同条件试样法传热系数检测

6.3.2 本条文为同条件试样法，即为实验室原型试验法。由于幕墙、采光顶的构成单元均相对较大，鉴于目前我国多数相应检测机构的保温性能检测装置不能满足其整体进行检测的规格尺寸要求，故对幕墙、采光顶进行构成单元分格，再将每单元的构造拆分成若干试件，采用标定热箱法进行传热系数的检测。然后根据实测值进行加权平均计算得到幕墙、采光顶的平均传热系数。因此，检测件已包括热桥部位，则检测结果为透明幕墙（或采光顶）的平均传热系数。

6.4 外通风双层幕墙隔热性能检测

6.4.1 考虑到检测结果的代表性，本条文规定了双层幕墙每一种构造做法检测数量不宜少于2处。

6.4.4 对本条文说明如下：

  1 双层幕墙的隔热性能主要取决于热通道内空

气的流动性。因此，保持热通道内空气具有较好的流动特性非常重要。也就是在太阳辐射得热的作用下，热通道内的空气被加热、气温升高后，应能够利用烟囱效应快速地排出室外。而热通道的宽度、进出风口的设置以及通道内机构的设置（如遮阳百叶会改变空气流动方向和流场）等都会对热通道内的空气流动产生一定的影响，因此，热通道通风量的准确测量难度较大。目前，国际上通用的通风量检测方法有三种：压差法、风速测量法和示踪气体法。

由于双层幕墙结构复杂，通风机等设备加压将改变热通道内空气固有的流场特性，与实际运行工况相差过大，故压差法导致检测误差较大；而利用风速仪在通风道的进、出风口处测量测点风速的方法，由于断面处涡流的影响，风速均匀性差，数据的读取准确性较差，同时多个风速探头价格相对较高；采用示踪气体恒定流量法进行双层幕墙热通道的通风量测量，能够较好地模拟双层幕墙热通道的流动特性，并可根据入口处示踪气体平均释放率及出口处示踪气体平均浓度计算得到热通道的通风量。

2 双层幕墙热通道通风量检测系统如图1所示。

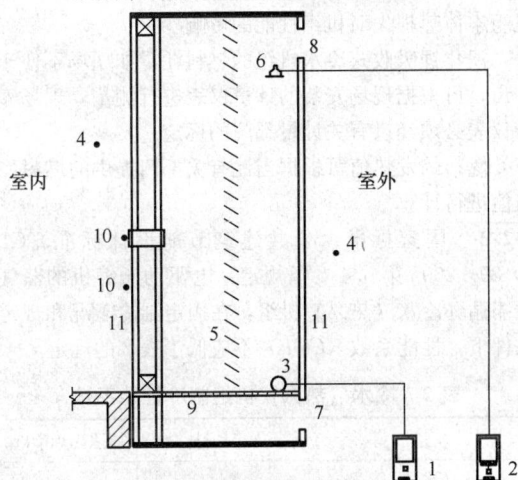

图 1　双层幕墙热通道通风量检测系统
1—气体释放控制仪；2—气体浓度测试仪；3—气体释放管；4—空气温度测点；5—遮阳百叶；6—气体浓度测点；7—进风口；8—出风口；9—格栅；10—表面温度测点；11—幕墙玻璃

在热通道下部通风进口（热压通风入口）处，设置示踪气体均匀释放管（直径为 10cm，沿长度方向钻有(150～180)个/m、直径为 1mm 小孔的塑料管），通过质量流量控制器控制示踪气体（SF_6）的释放率，采用多通道示踪气体浓度检测仪连接距热通道出口下0.5m 处的 6 个 SF_6 浓度检测点，计量 SF_6 气体浓度。

3 双层幕墙热通道内空气的流动主要体现在太阳辐射得热的作用下，热通道内的空气被加热后，气温升高并通过烟囱效应排出室外。因此，双层幕墙通

风量的测量时间应在太阳辐射强烈时效果较佳，故根据幕墙立面的朝向不同，其适宜的时间（当地太阳时）为：东向幕墙 10：00～11：00，南向幕墙 11：30～12：30，西向 14：00～15：00。

4 体积浓度与质量浓度单位的换算关系式为：

$$mg/m^3 = (M/22.4) \times ppm \times [273/(273+T)] \times (Ba/101325) \qquad (1)$$

式中：M——气体分子量，SF_6 为 146.06；
　　　T——测点温度（℃）；
　　　Ba——测点空气压力（Pa）。

6.4.5 一般情况下，建筑设计对双层幕墙的室内表面温度、热通道通风量作出规定。因此，本条文规定了外通风双层幕墙的合格指标参数为室内表面温度和热通道的通风量。

7　建筑外围护结构气密性能检测

7.1　一　般　规　定

7.1.2 公共建筑的结构形式多为框架、框剪结构。由于这类建筑围护结构渗漏热损失不仅与外门窗、幕墙的气密性有关，而且其外门窗框周边与墙体连接部位的缝隙，以及填充墙与柱子接合部位的缝隙填堵质量，也成为以对流方式进行室内外热量交换的通道，将导致建筑物采暖空调能耗升高。因此，围护结构整体气密性能是关系建筑节能的重要问题，本条文提出的围护结构整体气密性能检测方法，可为既有建筑节能改造提供设计依据。目前，国际上通用的气密性检测方法主要有两种：鼓风门法和示踪气体法。示踪气体法是模拟自然状态下的检测方法，该方法是在被测空间内释放示踪气体（通常采用 SF_6 气体），通过气体分析仪计量示踪气体浓度随时间的变化，进而计算得到该空间的换气次数。该方法的特点是：在自然状态下进行检测，与实际运行条件相近，检测结果比较符合自然条件下的情况；但是，其检测仪器设备价格较昂贵、操作较复杂、检测时间较长。鼓风门法是利用风机人为地制造一个室内、外较大的压差（一般为50Pa），使空气在压差的作用下从室内向室外（或室外向室内）渗透，通过流量表测得该压差下通过该空间的空气渗透量，进而计算得到该空间的换气次数。该方法具有设备价格相对低廉、操作简便、检测周期短、对检测环境条件要求不高等优点。本标准附录B给出了采用鼓风门法进行整体气密性能检测的方法，该方法在实际应用中简单易行。

7.2　外窗气密性能检测

7.2.1 检测数量每组三樘确定分级指标值是检测方法标准的规定，组批规则如果按照《建筑装饰装修工程质量验收规范》GB 50210的要求，会由于产品规

格过多导致无法操作，因此按照单体工程的建筑面积对组批进行了规定。

7.2.2 检测方法与行业标准《建筑外窗气密、水密、抗风压性能现场检测方法》JG/T 211 规定的原理、方法一致。

7.2.3 国家标准《公共建筑节能设计标准》GB 50189-2005 要求外窗的气密性不应低于《建筑外门窗气密、水密、抗风压性能分级及检测方法》GB/T 7106 的 4 级。由于现场检测时气密性能包含了外窗与外围护结构连接部位的渗漏，本标准的分级指标采用行业标准《建筑外窗气密、水密、抗风压性能现场检测方法》JG/T 211 的分级指标值。

判定方法参考国家标准《建筑装饰装修工程质量验收规范》GB 50210 的有关规定。

7.3 透明幕墙气密性能检测

7.3.1 检测数量要求与国家标准《建筑幕墙》GB 21086 一致。

7.3.2 检测方法与行业标准《建筑外窗气密、水密、抗风压性能现场检测方法》JG/T 211 规定的原理、方法一致。

7.3.3 国家标准《公共建筑节能设计标准》GB 50189-2005 要求透明幕墙的气密性不应低于《建筑幕墙物理性能分级》GB/T 15225-1994 中 3 级要求。即固定部分单位缝长的空气渗透量 $q_{01} \leqslant 0.10\mathrm{m^3/(m \cdot h)}$，可开部分单位缝长的空气渗透量 $q_{02} \leqslant 2.5\mathrm{m^3/(m \cdot h)}$。目前，国家标准《建筑幕墙》GB 21086-2007 已取代《建筑幕墙物理性能分级》GB/T 15225-1994，本条文提出合格指标值与《建筑幕墙》GB 21086-2007 一致。

8 采暖空调水系统性能检测

8.1 一般规定

8.1.1 本标准是对系统实际运行性能进行检测，即根据系统的实际运行状态对系统的能效进行检测，但可以根据检测条件和要求对末端负荷进行人为调节，以利于实现对系统性能的判别。

8.1.2 根据研究和检测结果，冷水机组性能系数（COP）在负荷 80% 以上时，同冷水机组满负荷时的性能相比，变化相对较小，同时考虑空调冷源系统多台冷水机组的匹配运行情况，确定检测工况下冷源系统运行负荷宜不小于其实际运行最大负荷的 60%，且运行机组负荷宜不小于其额定负荷的 80%。

控制冷水机组性能系数（COP）变化在 10% 左右，同时考虑空调冷源系统现场检测的可行性，确定冷水出水温度及冷却水进水温度参数。根据研究和检测结果，当冷水出水温度以 7℃ 为基准时，冷水出水

温度为（6～9）℃ 之间，冷水机组的性能（COP）变化在 -2%～4%；当冷却水进水温度以 32℃ 为基准时，冷却水进水温度为（29～32）℃ 之间，冷水机组的性能（COP）变化在 0～8%。

该现场检测工况满足或相对优于机组额定工况。

冷水（热泵）机组检测只针对采用冷却塔冷却的系统。对于地源热泵系统，由于其机组铭牌参数与其实际运行工况差距很大，检测工况很难达到。对低温工况机组，目前尚缺乏相应的检测研究。因此，本标准不包括用于地源热泵系统的机组及低温工况机组的检测。

8.2 冷水（热泵）机组实际性能系数检测

8.2.2 本检测是在本标准第 8.1.2 条规定的检测工况下进行的，所以反映的是冷水机组在实际空调系统下的实际性能水平。对于综合部分负荷性能系数的检测由于不同负荷下冷却水的进水温度不同，在现场检测过程中，不宜实现。因此，本标准没有要求对此项内容进行检测。

本检测方法是对现场安装后机组实际性能进行检测，不是对机组本身铭牌值的检测，所以不考虑冷水机组本体热损失对机组性能的影响。

溴化锂吸收式冷水机组的燃料耗量如现场不便于测量，可根据现场安装的计量仪表进行测量，现场安装仪表必须经过有关计量部门的标定。

燃料的发热值可根据当地有关部门提供的燃料发热值进行计算。

8.2.3 国家标准《公共建筑节能设计标准》GB 50189-2005 第 5.4.5 条规定：电驱动压缩机的蒸气压缩循环冷水（热泵）机组，在额定制冷工况和规定条件下，性能系数（COP）不应低于表 2 的规定。

表 2 冷水（热泵）机组制冷性能系数

类 型		额定制冷量（kW）	性能系数（kW/kW）
水冷	活塞式/涡旋式	<528	3.8
		528～1163	4.0
		>1163	4.2
	螺杆式	<528	4.1
		528～1163	4.3
		>1163	4.6
	离心式	<528	4.4
		528～1163	4.7
		>1163	5.1
风冷或蒸发冷却	活塞式/涡旋式	≤50	2.4
		>50	2.6
	螺杆式	≤50	2.6
		>50	2.8

国家标准《公共建筑节能设计标准》GB 50189-2005 第 5.4.9 条规定：溴化锂吸收式机组性能参数不应

低于表3的规定。

表3 溴化锂吸收式机组性能参数

机　型	运行工况		性能参数		
	蒸汽压力(MPa)	单位制冷量蒸汽耗量[kg/(kW·h)]	性能系数(kW/kW)		
			制冷	供热	
蒸汽双效	0.25	≤1.40	—	—	
	0.4	≤1.40	—	—	
	0.6	≤1.31	—	—	
	0.8	≤1.28	—	—	
直燃	—	—	≥1.10	—	
	—	—	—	≥0.90	

注：直燃机的性能系数为：制冷量（供热量）/［加热源消耗量（以低位热值计）＋电力消耗量（折算成一次能）］。

8.3　水系统回水温度一致性检测

8.3.1　因为水系统的集水器一般设在机房，便于操作，所以，仅规定与水系统集水器相连的一级支管路。

8.3.2　24h 代表一个完整的时间循环，所以，便于得到比较全面的结果。1h 作为数据的记录时间间隔的限值首先是便于对实际水系统的运行进行动态评估，另一方面实施起来也容易。

8.3.3　水系统回水温度一致性检测通过检测回水温度这一简便易行的方法，间接检测了系统水力平衡的状况。

8.4　水系统供、回水温差检测

8.4.2　测点尽量布置在靠近被测机组的进、出口处，可以减少由于管道散热所造成的热损失。当被检测系统预留安放温度计位置（或可将原来系统中安装的温度计暂时取出以得到放置检测温度计的位置）时，将导热油重新注入，测量水温。当没有提供安放温度计位置时，可以利用热电偶测量供回水管外壁面的温度，通过两者测量值相减得到供、回水温差。测量时注意在安放了热电偶后，应在测量位置覆盖绝热材料，保证热电偶和水管管壁的充分接触。热电偶测量误差应经校准确认符合测量要求，或保证热电偶是同向误差即同时保持正偏差或负偏差。

8.4.3　国家标准《公共建筑节能设计标准》GB 50189-2005 第5.3.18条规定：冷水机组的冷水供回水设计温差不应小于5℃。检测工况为冷水机组达到80%负荷，冷水流量保持不变，则冷水供回水温差应达到 4℃以上。

8.6　冷源系统能效系数检测

8.6.2、8.6.3　冷源系统用电设备包括制冷机房的冷水机组、冷水泵、冷却水泵和冷却塔风机，其中冷水泵如果是二次泵系统，一次泵和二次泵均包括在内。不包括空调系统的末端设备。

根据国内空调系统设计和实际运行过程中冷水机组占空调冷源系统总能耗的比例情况，综合考虑了冷水机组的性能系数限值，确定出检测工况的冷源系统能效系数限值。理论上不同容量的系统配置，冷机所占的能耗比率应有所区别，但对不同类型公共建筑典型系统设计工况下理论计算结果表明，冷机容量配置对其所占比例影响较小，因此，各类型机组在系统中的能耗比例取值可按相同考虑。根据不同类型公共建筑典型系统设计工况下冷源系统能效系数及水冷冷水机组所占的能耗比率的计算结果，水冷冷水机组所占的能耗比率约占 70%。根据理论计算分析，同时考虑目前国内实际运行水平，确定空调冷源系统能效系数限值计算参数为：对水冷冷水机组，检测工况下（机组负荷为额定负荷的 80%）其能耗按占系统能耗的 65% 计算；对风冷或蒸发式冷却冷水机组，检测工况下其能耗按占系统能耗的 75% 计算；冷水（热泵）机组制冷性能系数满足国家标准《公共建筑节能设计标准》GB 50189-2005 第5.4.5条的规定。

本检测方法是在检测工况下冷源系统能效系数，所以反映的是冷源系统接近设计工况下的实际性能水平。

9　空调风系统性能检测

9.1　一　般　规　定

9.1.1　本标准是对系统实际运行性能进行检测，即根据系统的实际运行状态对系统的能效进行检测，但可以根据检测条件和要求对末端负荷进行人为调节，以利于实现对系统性能的判别。

9.2　风机单位风量耗功率检测

9.2.3　国家标准《公共建筑节能设计标准》GB 50189-2005 第5.3.26条规定风机单位风量耗功率限值如表4所示。

表4　风机单位风量耗功率限值[W/(m³·h)]

系统形式	办公建筑		商业、旅馆建筑	
	粗效过滤	粗、中效过滤	粗效过滤	粗、中效过滤
两管制定风量系统	0.42	0.48	0.46	0.52
四管制定风量系统	0.47	0.53	0.51	0.58
两管制变风量系统	0.58	0.64	0.62	0.68
四管制变风量系统	0.63	0.69	0.67	0.74
普通机械通风系统	0.32			

注：1　普通机械通风系统中不包括厨房等需要特定过滤装置的房间的通风系统；

　　2　严寒地区增设预热盘管时，单位风量耗功率可增加 0.035[W/(m³/h)]；

　　3　当空气调节机组内采用湿膜加湿方法时，单位风量耗功率可增加 0.053[W/(m³/h)]。

9.4 定风量系统平衡度检测

9.4.2 由于变风量系统风平衡调试方法的特殊性，该方法不适用于变风量系统平衡度检测。

10 建筑物年采暖空调能耗及年冷源系统能效系数检测

10.0.1 能源换算表如表 5 所示。

表 5 能源换算表

能源名称	平均低位发热量	折标准煤系数
原煤	20908kJ/kg	0.7143kg 标准煤/kg
洗精煤	26344kJ/kg	0.9000kg 标准煤/kg
洗中煤	8363kJ/kg	0.2857kg 标准煤/kg
煤泥	8363~12545kJ/kg	0.2857~0.4286kg 标准煤/kg
焦炭	28435kJ/kg	0.9714kg 标准煤/kg
原油	41816kJ/kg	1.4286kg 标准煤/kg
燃料油	41816kJ/kg	1.4286kg 标准煤/kg
汽油	43070kJ/kg	1.4714kg 标准煤/kg
煤油	43070kJ/kg	1.4714kg 标准煤/kg
柴油	42652kJ/kg	1.4571kg 标准煤/kg
液化石油气	50179kJ/kg	1.7143kg 标准煤/kg
炼厂干气	45998kJ/kg	1.5714kg 标准煤/kg
天然气	38931kJ/kg	1.3300kg 标准煤/m³
焦炉煤气	16726~17981kJ/kg	0.5714~0.6143kg 标准煤/m³
发生煤气	5227kJ/kg	0.1786kg 标准煤/m³
重油催化裂解煤气	19235kJ/kg	0.6571kg 标准煤/m³
重油热裂解煤气	35544kJ/kg	1.2143kg 标准煤/m³
焦炭制气	16308kJ/kg	0.5571kg 标准煤/m³
压力气化煤气	15054kJ/kg	0.5143kg 标准煤/m³
水煤气	10454kJ/kg	0.3571kg 标准煤/m³
炼焦油	33453kJ/kg	1.1429kg 标准煤/kg
粗苯	41816kJ/kg	1.4286kg 标准煤/kg
热力（当量）	—	0.03412kg 标准煤/MJ
电力（等价）	—	上年度国家统计局发布的发电煤耗

注：此表平均低位发热量用千卡表示，如需换算成焦耳，只需乘 4.1816 即可。

表 5 为国家发展改革委、财政部印发的《节能项目节能量审核指南》中提供的能源换算表。2007 年全国平均发电煤耗为 357g/(kW·h)，全国 6000kW 及以上机组平均发电煤耗为 334g/(kW·h)。

11 供配电系统检测

11.1 一 般 规 定

11.1.2 要求在负荷率大于 20% 的回路进行测量，主要是考虑测量精度，如果负荷率太低，测量结果不能正确反映出供配电系统电能质量的问题。B 级仪器可用于统计调查、故障检修，以及其他无需更高不确定度指标的应用，其测量不确定度和测量间隔时间等由制造商规定，且测量不确定度不应超过满刻度的 ±2.0%。A 级仪器用于要求必须进行精确测量的地方。例如：在合同中应用，验证与标准的符合性，解决纠纷等。当对相同的信号进行测量时，使用两台符合 A 级要求的不同仪器对一个参数进行的任何测量，均在所规定的不确定度内得出一致的结果，且测量不确定度不应超过满刻度的 ±0.1%。

11.2 三相电压不平衡检测

11.2.2 容易产生不平衡的回路为照明、单相设备较多的回路。

11.3 谐波电压及谐波电流检测

11.3.3 一般大型公建至少配置 2 台变压器，需要对低压配电总进线柜断路器下口出线线缆或母排的谐波的测量；当变压器数量大于 2 台时，一般选取以照明为主的变压器和以安装变频设备较多的或大型 UPS 的网络机房变压器出线回路进行谐波测量，如果发现某条回路超标，则应分析其所带分支回路的设备类型，对可能产生谐波的分支回路再进行测量。商场、展览馆等照度要求高的建筑，由于大量使用荧光灯或装饰灯可能会造成谐波电流超标；大型 UPS 回路一般均由低压配电室中配电柜单独设置 1 条回路供网络机房使用，这种在线式 UPS 的容量一般能够达到 50kVA 以上，一般 2 万 m² 的大型公建变压器每台容量在（800~2000）kVA 之间，因此大型 UPS 的容量占变压器容量的 2.5%~6.25% 之间，当其工作时产生的谐波对配电系统的影响还是比较大的；配置变频器的水泵、风机回路也会产生谐波，因此需要特别注意。要求在负载率大于 20% 的回路测量是为了保障测量的准确性。

谐波测量仪器和测量判定方法综合了国家标准《公用电网谐波》GB 14549-93 和国际电工委员会电磁兼容性《检测与测量技术——电源系统及其相连设备的谐波、间谐波测量方法和测量仪器技术标准》IEC6 1000-4-7：2002、《试验和测量技术——电源质量测量方法》IEC 61000-4-30 的规定。

11.4 功率因数检测

11.4.3 设计人员在进行低压配电系统设计时，都会根据当地电力部门的要求进行功率因数补偿的计算，一般补偿后的功率因数不低于 0.9，室内照明回路的补偿后功率因数一般能达到 0.95 以上。对功率因数检测时应同时观察基波功率因数，对十基波功率因数的检测是为了判断是否有谐波存在，据此决定采用何种补偿方式，以达到最佳补偿效果。

11.6 分项计量电能回路用电量校核检测

11.6.2 用电分项计量安装完成后的采集数据校核很重要，如果不进行采集数据的校核，容易造成耗电数据不准确，无法准确得知建筑改造前后的节能量，也无法进行建筑耗电分析等工作。有功最大需量是衡量建筑内用电设备在需量周期内的最大平均有功负荷，一般电力公司取 15min 为需量周期，有功最大需量的测量是为了进行节能分析，可以将它与气象参数进行对比分析。

12 照明系统检测

12.1 照明节电率检测

12.1.2 为了使光源的光输出达到稳定，通常白炽灯需开启 5min，荧光灯需开启 15min，高强气体放电灯需开启 30min。照明节电率应仅测量照明负荷，其他负荷不应计入。改造前后灯具开启时间、工作规律等应尽量一致，当由于业主使用等原因不能满足一致条件时，则需要考虑调整量。调整量 A 是节能改造前后照明变化情况、灯具数量偏差等。

12.2 照度值检测

12.2.1 不同建筑不同房间或场所的划分原则可参照国家标准《建筑照明设计标准》GB 50034 中的规定。

12.3 功率密度值检测

12.3.1 不同建筑不同房间或场所的划分原则可参照国家标准《建筑照明设计标准》GB 50034 中的规定。

12.4 灯具效率检测

12.4.2 《室内灯具光度测试》GB 9467 中规定了灯具光度测试的精度和误差，测试仪器和实验室条件，测试用光源和被测灯具的选择，测试方法和过程，测试报告。灯具效率的检测需要严格按照标准执行，否则得出的结论偏差较大。采用光度的相对测量法测试光源和灯具的光通量。按照《室内灯具光度测试》GB 9467 第 5.3 节光源相对光通量测量，测量每个光源的相对光通量，如果灯具内不止一个光源，则将测得的每个光源的相对光通量相加，得到裸光源的总相对光通量（$\phi_{光源}$）。按照《室内灯具光度测试》GB

9467 第 5.4 节灯具光强的测量，测量灯具的光强分布后折算出灯具光通量（$\phi_{灯具}$），其比值即得出灯具效率。灯具效率按式（2）计算。

$$\eta = \frac{\phi_{光源}}{\phi_{灯具}}\%\qquad(2)$$

12.5 公共区照明控制检测

12.5.1 不同建筑不同场所的划分原则可参照国家标准《建筑照明设计标准》GB 50034 中的规定。

13 监测与控制系统性能检测

13.4 照明、动力设备监测与控制系统性能检测

13.4.1 照明主回路、动力主回路总数均指低压配电室内配电柜中常用出线回路。

附录 A 仪器仪表测量性能要求

A.0.1 表 A.0.1 中水压力、耗电量、耗油量、耗气量检测仪表准确度等级要求参照《用能单位能源计量器具配备和管理通则》GB/17167 确定。

附录 B 建筑外围护结构整体气密性能检测方法

B.0.1 鼓风门法的原理是依据流体力学的理想气体流动及流体能量方程等有关理论，人为地使建筑物内和室外大气环境之间产生一个稳定的压差，室内空气在此压差的作用下，从高压的一侧向低压的一侧流动，检测房间气密性即在空气流速、工作压力较低时，可以假定空气是不可以压缩的理想气体，遵守理想流体能量方程。为了减少因为室外环境变化对检测结果的影响，采用在 50Pa 压差下进行检测。

附录 C 水系统供冷（热）量检测方法

C.0.3 温度计设在靠近机组的进出口处，可以减少由于管道散热所造成的热损失。通常超声波流量计应设在距上游局部阻力构件 10 倍管径，距下游局部阻力构件 5 倍管径处。若现场不具备上述条件，也可根据现场的实际情况确定流量测点的具体位置。

附录 D 电机输入功率检测方法

D.0.3 两表法测量电机输入功率原理如图2所示。

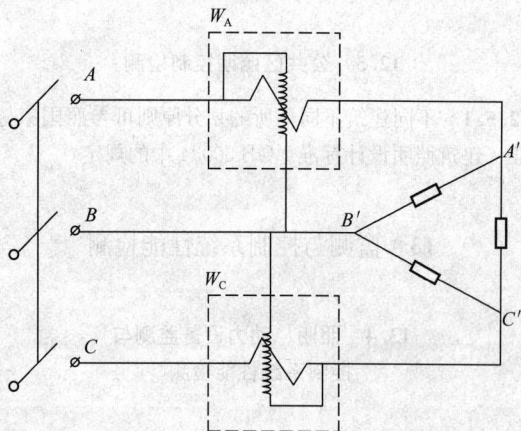

图2 两表法测量电机输入功率原理
A、B、C—电源接线接头；A′、B′、C′—电机进线接头；
W_A、W_C—单相功率表

附录 E 风量检测方法

E.1 风管风量检测方法

E.1.2 检测截面应选在气流比较均匀稳定的地方。一般都选在局部阻力之后大于或等于5倍管径（或矩形风管长边尺寸）和局部阻力之前大于或等于2倍管径（或矩形风管长边尺寸）的直管段上，当条件受到限制时，距离可适当缩短，且应适当增加测点数量。

E.1.3 检测截面内测点的位置和数目，主要根据风管形状而定，对于矩形风管，应将截面划分为若干个相等的小截面，并使各小截面尽可能接近于正方形，测点位于小截面的中心处，小截面的面积不得大于0.05m²。在圆形风管内测量平均速度时，应根据管径的大小，将截面分成若干个面积相等的同心圆环，每个圆环上测量4个点，且这4个点必须位于互相垂直的两个直径上。

E.1.5 当采用毕托管测量时，毕托管的直管必须垂直管壁，毕托管的测头应正对气流方向且与风管的轴线平行。测量过程中，应保证毕托管与微压计的连接软管通畅、无漏气。

中华人民共和国行业标准

民用建筑太阳能光伏系统应用技术规范

Technical code for application of solar photovoltaic system
of civil buildings

JGJ 203—2010

批准部门：中华人民共和国住房和城乡建设部
施行日期：2 0 1 0 年 8 月 1 日

中华人民共和国住房和城乡建设部
公 告

第 521 号

关于发布行业标准《民用建筑太阳能光伏系统应用技术规范》的公告

现批准《民用建筑太阳能光伏系统应用技术规范》为行业标准，编号为 JGJ 203-2010，自 2010 年 8 月 1 日起实施。其中，第 1.0.4、3.1.5、3.1.6、3.4.2、4.1.2、4.1.3、5.1.5 条为强制性条文，必须严格执行。

本规范由我部标准定额研究所组织中国建筑工业出版社出版发行。

中华人民共和国住房和城乡建设部

2010 年 3 月 18 日

前 言

根据原建设部《关于印发〈2007 年工程建设标准规范制订、修订计划（第一批）〉》的通知（建标〔2007〕125 号）的要求，规范编制组经广泛调查研究，认真总结实践经验，参考有关国际标准和国外先进标准，并在广泛征求意见的基础上，制定本规范。

本规范的主要技术内容是：1 总则；2 术语；3 太阳能光伏系统设计；4 规划、建筑和结构设计；5 太阳能光伏系统安装；6 工程验收。

本规范中以黑体字标志的条文为强制性条文，必须严格执行。

本规范由住房和城乡建设部负责管理和对强制性条文的解释，由中国建筑设计研究院负责具体技术内容的解释。执行过程中如有意见或建议，请寄送中国建筑设计研究院（地址：北京市西城区车公庄大街 19 号，邮编：100044）。

本规范主编单位：中国建筑设计研究院
　　　　　　　　中国可再生能源学会太阳能建筑专业委员会

本规范参编单位：中国标准化研究院
　　　　　　　　中山大学太阳能系统研究所
　　　　　　　　无锡尚德太阳能电力有限公司
　　　　　　　　常州天合光能有限公司
　　　　　　　　英利绿色能源控股有限公司
　　　　　　　　北京市计科能源新技术开发公司
　　　　　　　　上海太阳能工程技术研究中心有限公司
　　　　　　　　上海伏奥建筑科技发展有限公司
　　　　　　　　深圳市创益科技发展有限公司
　　　　　　　　深圳南玻幕墙及光伏工程有限公司
　　　　　　　　广东金刚玻璃科技股份有限公司

本规范主要起草人员：仲继寿　张　磊　李爱仙
　　　　　　　　　　沈　辉　孟昭渊　经士农
　　　　　　　　　　于　波　叶东嵘　赵欣侃
　　　　　　　　　　陈　涛　李　毅　徐　宁
　　　　　　　　　　庄大建　张晓泉　林建平
　　　　　　　　　　王　贺　娄　霓　曾　雁
　　　　　　　　　　张兰英　焦　燕　班　焯
　　　　　　　　　　王斯成　邱第明　李新春
　　　　　　　　　　郑寿森　熊景峰　李涛勇
　　　　　　　　　　李亮龙　黄向阳　何　清
　　　　　　　　　　温建军

本规范主要审查人员：赵玉文　张树君　吴达成
　　　　　　　　　　张文才　崔容强　王志峰
　　　　　　　　　　胡润青　黄　汇　杨西伟

目　次

1　总则 ·················· 29—5
2　术语 ·················· 29—5
3　太阳能光伏系统设计 ········ 29—5
　3.1　一般规定 ············ 29—5
　3.2　系统分类 ············ 29—6
　3.3　系统设计 ············ 29—6
　3.4　系统接入 ············ 29—7
4　规划、建筑和结构设计 ······ 29—8
　4.1　一般规定 ············ 29—8
　4.2　规划设计 ············ 29—8
　4.3　建筑设计 ············ 29—8
　4.4　结构设计 ············ 29—9
5　太阳能光伏系统安装 ······· 29—10

　5.1　一般规定 ············ 29—10
　5.2　基座 ··············· 29—10
　5.3　支架 ··············· 29—10
　5.4　光伏组件 ············ 29—10
　5.5　电气系统 ············ 29—11
　5.6　系统调试和检测 ········ 29—11
6　工程验收 ·············· 29—11
　6.1　一般规定 ············ 29—11
　6.2　分项工程验收 ········· 29—11
　6.3　竣工验收 ············ 29—11
本规范用词说明 ············ 29—11
引用标准名录 ············· 29—11
附：条文说明 ············· 29—13

Contents

1 General Provisions .... 29—5

2 Terms .... 29—5

3 Design of Solar PV System .... 29—5

  3. 1 General Requirement .... 29—5

  3. 2 System Classification .... 29—6

  3. 3 System Design .... 29—6

  3. 4 Grid-connecting of the System .... 29—7

4 Plan, Building and Structure
Design .... 29—8

  4. 1 General Requirement .... 29—8

  4. 2 Planning Design .... 29—8

  4. 3 Building Design .... 29—8

  4. 4 Structure Design .... 29—9

5 Installation of Solar PV
System .... 29—10

5. 1 General Requirement .... 29—10

5. 2 Foundation .... 29—10

5. 3 Bracket .... 29—10

5. 4 PV Module .... 29—10

5. 5 Electric System .... 29—11

5. 6 System Commissioning & Test ...... 29—11

6 Check and Accept .... 29—11

  6. 1 General Requirement .... 29—11

  6. 2 Check and Accept One by One ...... 29—11

  6. 3 Finally Check and Accept .... 29—11

Explanation of Wording in This
Code .... 29—11

List of Quoted Standards .... 29—11

Addition: Explanation of
Provisions .... 29—13

1 总 则

1.0.1 为推动太阳能光伏系统（简称光伏系统）在民用建筑中的应用，促进光伏系统与建筑的结合，规范太阳能光伏系统的设计、安装和验收，保证工程质量，制定本规范。

1.0.2 本规范适用于新建、改建和扩建的民用建筑光伏系统工程，以及在既有民用建筑上安装或改造已安装的光伏系统工程的设计、安装和验收。

1.0.3 新建、改建和扩建的民用建筑光伏系统设计应纳入建筑工程设计，统一规划、同步设计、同步施工、同步验收，与建筑工程同时投入使用。

1.0.4 在既有建筑上安装或改造光伏系统应按建筑工程审批程序进行专项工程的设计、施工和验收。

1.0.5 民用建筑应用太阳能光伏系统的设计、安装和验收除应符合本规范外，尚应符合国家现行有关标准的规定。

2 术 语

2.0.1 太阳能光伏系统 solar photovoltaic (PV) system

利用太阳电池的光伏效应将太阳辐射能直接转换成电能的发电系统，简称光伏系统。

2.0.2 光伏建筑一体化 building integrated photovoltaic (BIPV)

在建筑上安装光伏系统，并通过专门设计，实现光伏系统与建筑的良好结合。

2.0.3 光伏构件 PV components

工厂模块化预制的，具备光伏发电功能的建筑材料或建筑构件，包括建材型光伏构件和普通型光伏构件。

2.0.4 建材型光伏构件 PV modules as building components

太阳电池与建筑材料复合在一起，成为不可分割的建筑材料或建筑构件。

2.0.5 普通型光伏构件 conventional PV components

与光伏组件组合在一起，维护更换光伏组件时不影响建筑功能的建筑构件，或直接作为建筑构件的光伏组件。

2.0.6 光伏电池 PV cell

将太阳辐射能直接转换成电能的一种器件。

2.0.7 光伏组件 PV module

具有封装及内部联结的、能单独提供直流电流输出的，最小不可分割的太阳电池组合装置。

2.0.8 光伏方阵 PV array

由若干个光伏组件或光伏构件在机械和电气上按一定方式组装在一起，并且有固定的支撑结构而构成的直流发电单元。

2.0.9 光伏电池倾角 tilt angle of PV cell

光伏电池所在平面与水平面的夹角。

2.0.10 并网光伏系统 grid-connected PV system

与公共电网联结的光伏系统。

2.0.11 独立光伏系统 stand-alone PV system

不与公共电网联结的光伏系统。

2.0.12 光伏接线箱 PV connecting box

保证光伏组件有序连接和汇流功能的接线装置。该装置能够保障光伏系统在维护、检查时易于分离电路，当光伏系统发生故障时减小停电的范围。

2.0.13 直流主开关 DC main switch

安装在光伏方阵输出汇总点与后续设备之间的开关，包括隔离电器和短路保护电器。

2.0.14 直流分开关 DC branch switch

安装在光伏方阵侧，为维护、检查方阵，或分离异常光伏组件而设置的开关，包括隔离电器和短路保护电器。

2.0.15 并网接口 utility interface

光伏系统与电网配电系统之间相互联结的公共连接点。

2.0.16 并网逆变器 grid-connected inverter

将来自太阳电池方阵的直流电流变换为符合电网要求的交流电流的装置。

2.0.17 孤岛效应 islanding effect

电网失压时，并网光伏系统仍保持对失压电网中的某一部分线路继续供电的状态。

2.0.18 电网保护装置 protection device for grid

监测光伏系统并网的运行状态，在技术指标越限情况下将光伏系统与电网安全解列的装置。

2.0.19 应急电源系统 emergency power supply system

当电网因故停电时能够为特定负荷继续供电的电源系统。通常由逆变器、保护开关、控制电路、储能装置（如蓄电池）和充电控制装置等组成，简称应急电源。

3 太阳能光伏系统设计

3.1 一般规定

3.1.1 民用建筑太阳能光伏系统设计应有专项设计或作为建筑电气工程设计的一部分。

3.1.2 光伏组件或方阵的选型和设计应与建筑结合，在综合考虑发电效率、发电量、电气和结构安全、适用、美观的前提下，应优先选用光伏构件，并应与建筑模数相协调，满足安装、清洁、维护和局部更换的要求。

3.1.3 太阳能光伏系统输配电和控制用缆线应与其他管线统筹安排，安全、隐蔽、集中布置，满足安装维护的要求。

3.1.4 光伏组件或方阵连接电缆及其输出总电缆应符合现行国家标准《光伏（PV）组件安全鉴定 第1部分：结构要求》GB/T 20047.1的相关规定。

3.1.5 在人员有可能接触或接近光伏系统的位置，应设置防触电警示标识。

3.1.6 并网光伏系统应具有相应的并网保护功能，并应安装必要的计量装置。

3.1.7 太阳能光伏系统应满足国家关于电压偏差、闪变、频率偏差、相位、谐波、三相平衡度和功率因数等电能质量指标的要求。

3.2 系统分类

3.2.1 太阳能光伏系统按接入公共电网的方式可分为下列两种系统：

1 并网光伏系统；

2 独立光伏系统。

3.2.2 太阳能光伏系统按储能装置的形式可分为下列两种系统：

1 带有储能装置系统；

2 不带储能装置系统。

3.2.3 太阳能光伏系统按负荷形式可分为下列三种系统：

1 直流系统；

2 交流系统；

3 交直流混合系统。

3.2.4 太阳能光伏系统按系统装机容量的大小可分为下列三种系统：

1 小型系统，装机容量不大于20kW的系统；

2 中型系统，装机容量在20kW至100kW（含100kW）之间的系统；

3 大型系统，装机容量大于100kW的系统。

3.2.5 并网光伏系统按允许通过上级变压器向主电网馈电的方式可分为下列两种系统：

1 逆流光伏系统；

2 非逆流光伏系统。

3.2.6 并网光伏系统按其在电网中的并网位置可分为下列两种系统：

1 集中并网系统；

2 分散并网系统。

3.3 系统设计

3.3.1 应根据建筑物使用功能、电网条件、负荷性质和系统运行方式等因素，确定光伏系统的类型。

3.3.2 光伏系统设计应符合下列规定：

1 光伏系统设计应根据用电要求按表3.3.2进行选择；

2 并网光伏系统应由光伏方阵、光伏接线箱、并网逆变器、蓄电池及其充电控制装置（限于带有储能装置系统）、电能表和显示电能相关参数的仪表组成；

表3.3.2 光伏系统设计选用表

系统类型	电流类型	是否逆流	有无储能装置	适用范围
并网光伏系统	交流系统	是	有	发电量大于用电量，且当地电力供应不可靠
			无	发电量大于用电量，且当地电力供应比较可靠
		否	有	发电量小于用电量，且当地电力供应不可靠
			无	发电量小于用电量，且当地电力供应比较可靠
独立光伏系统	直流系统	否	有	偏远无电网地区，电力负荷为直流设备，且供电连续性要求较高
			无	偏远无电网地区，电力负荷为直流设备，且供电无连续性要求
	交流系统		有	偏远无电网地区，电力负荷为交流设备，且供电连续性要求较高
			无	偏远无电网地区，电力负荷为交流设备，且供电无连续性要求

3 并网光伏系统的线路设计宜包括直流线路设计和交流线路设计。

3.3.3 光伏系统的设备性能及正常使用寿命应符合下列规定：

1 系统中设备及其部件的性能应满足国家现行标准的相关要求，并应获得相关认证；

2 系统中设备及其部件的正常使用寿命应满足国家现行标准的相关要求。

3.3.4 光伏方阵的选择应符合下列规定：

1 光伏组件的类型、规格、数量、安装位置、安装方式和可安装场地面积应根据建筑设计及其电力负荷确定；

2 应根据光伏组件规格及安装面积确定光伏系统最大装机容量；

3 应根据并网逆变器的额定直流电压、最大功率跟踪控制范围、光伏组件的最大输出工作电压及其温度系数，确定光伏组件的串联数（简称光伏组件串）；

4 应根据总装机容量及光伏组件串的容量确定光伏组件串的并联数。

3.3.5 光伏接线箱设置应符合下列规定：

1 光伏接线箱内应设置汇流铜母排；

2 每一个光伏组件串应分别由线缆引至汇流母排，在母排前应分别设置直流分开关，并宜设置直流主开关；

3 光伏接线箱内应设置防雷保护装置；

4 光伏接线箱的设置位置应便于操作和检修，并宜选择室内干燥的场所。设置在室外的光伏接线箱应采取防水、防腐措施，其防护等级不应低于IP65。

3.3.6 并网光伏系统逆变器的总额定容量应根据光伏系统装机容量确定。独立光伏系统逆变器的总额定容量应根据交流侧负荷最大功率及负荷性质确定。并网逆变器的数量应根据光伏系统装机容量及单台并网逆变器额定容量确定。并网逆变器的选择还应符合下列规定：

1 并网逆变器应具备自动运行和停止功能、最大功率跟踪控制功能和防止孤岛效应功能；

2 逆流型并网逆变器应具备自动电压调整功能；

3 不带工频隔离变压器的并网逆变器应具备直流检测功能；

4 无隔离变压器的并网逆变器应具备直流接地检测功能；

5 并网逆变器应具有并网保护装置，并应与电力系统具备相同的电压、相数、相位、频率及接线方式；

6 并网逆变器应满足高效、节能、环保的要求。

3.3.7 直流线路的选择应符合下列规定：

1 耐压等级应高于光伏方阵最大输出电压的1.25倍；

2 额定载流量应高于短路保护电器整定值，短路保护电器整定值应高于光伏方阵的标称短路电流的1.25倍；

3 线路损耗应控制在2%以内。

3.3.8 光伏系统防雷和接地保护应符合下列规定：

1 设置光伏系统的民用建筑应采取防雷措施，其防雷等级分类及防雷措施应按现行国家标准《建筑物防雷设计规范》GB 50057的相关规定执行；

2 光伏系统防直击雷和防雷击电磁脉冲的措施应按现行国家标准《建筑物防雷设计规范》GB 50057的相关规定执行。

3.4 系统接入

3.4.1 光伏系统与公用电网并网时，除应符合现行国家标准《光伏系统并网技术要求》GB/T 19939的相关规定外，还应符合下列规定：

1 光伏系统在供电负荷与并网逆变器之间和公共电网与负荷之间应设置隔离开关，隔离开关应具有明显断开点指示及断零功能；

2 中型或大型光伏系统宜设置独立控制机房，机房内应设置配电柜、仪表柜、并网逆变器、监视器及蓄电池（限于带有储能装置系统）等；

3 光伏系统专用标识的形状、颜色、尺寸和安装高度应符合现行国家标准《安全标志及其使用导则》GB 2894的相关规定；

4 光伏系统在并网处设置的并网专用低压开关箱（柜）应设置手动隔离开关和自动断路器，断路器应采用带可视断点的机械开关；除非当地供电部门要求，否则不得采用电子式开关。

3.4.2 并网光伏系统与公共电网之间应设隔离装置。光伏系统在并网处应设置并网专用低压开关箱（柜），并应设置专用标识和"警告"、"双电源"提示性文字和符号。

3.4.3 并网光伏系统应具有自动检测功能及并网切断保护功能，并应符合下列规定：

1 光伏系统应安装电网保护装置，并应符合现行国家标准《光伏（PV）系统电网接口特性》GB/T 20046的相关规定；

2 光伏系统与公共电网之间的隔离开关和断路器均应具有断零功能，且相线和零线应能同时分断和合闸；

3 当公用电网电能质量超限时，光伏系统应自动与公用电网解列，在公用电网质量恢复正常后的5min之内，光伏系统不得向电网供电。

3.4.4 逆流光伏系统宜按照"无功就地平衡"的原则配置相应的无功补偿装置。

3.4.5 通信与电能计量装置应符合下列规定：

1 光伏系统自动控制、通信和电能计量装置应根据当地公共电网条件和供电机构的要求配置，并应与光伏系统工程同时设计、同时建设、同时验收、同时投入使用；

2 光伏系统宜配置相应的自动化终端设备，以采集光伏系统装置及并网线路的遥测、遥信数据，并传输至相应的调度主站；

3 光伏系统应在发电侧和电能计量点分别配置、安装专用电能计量装置，并宜接入自动化终端设备；

4 电能计量装置应符合现行行业标准《电测量及电能计量装置设计技术规程》DL/T 5137和《电能计量装置技术管理规程》DL/T 448的相关规定；

5 大型逆流并网光伏系统应配置2部调度电话。

3.4.6 作为应急电源的光伏系统应符合下列规定：

1 应保证在紧急情况下光伏系统与公用电网解列，并应切断由光伏系统供电的非消防负荷；

2 开关柜（箱）中的应急回路应设置相应的应急标志和警告标识；

3 光伏系统与电网之间的自动切换开关宜选用不自复方式。

4 规划、建筑和结构设计

4.1 一般规定

4.1.1 光伏组件类型、安装位置、安装方式和色泽的选择应结合建筑功能、建筑外观以及周围环境条件进行，并应使之成为建筑的有机组成部分。

4.1.2 安装在建筑各部位的光伏组件，包括直接构成建筑围护结构的光伏构件，应具有带电警告标识及相应的电气安全防护措施，并应满足该部位的建筑围护、建筑节能、结构安全和电气安全要求。

4.1.3 在既有建筑上增设或改造光伏系统，必须进行建筑结构安全、建筑电气安全的复核，并应满足光伏组件所在建筑部位的防火、防雷、防静电等相关功能要求和建筑节能要求。

4.1.4 建筑设计应根据光伏组件的类型、安装位置和安装方式，为光伏组件的安装、使用、维护和保养等提供必要的承载条件和空间。

4.2 规划设计

4.2.1 规划设计应根据建设地点的地理位置、气候特征及太阳能资源条件，确定建筑的布局、朝向、间距、群体组合和空间环境。安装光伏系统的建筑，主要朝向宜为南向或接近南向。

4.2.2 安装光伏系统的建筑不应降低相邻建筑或建筑本身的建筑日照标准。

4.2.3 光伏组件在建筑群体中的安装位置应合理规划，光伏组件周围的环境设施与绿化种植不应对投射到光伏组件上的阳光形成遮挡。

4.2.4 对光伏组件可能引起建筑群体间的二次辐射应进行预测，对可能造成的光污染应采取相应的措施。

4.3 建筑设计

4.3.1 光伏系统各组成部分在建筑中的位置应合理确定，并应满足其所在部位的建筑防水、排水和系统的检修、更新与维护的要求。

4.3.2 建筑体形及空间组合应为光伏组件接收更多的太阳能创造条件。宜满足光伏组件冬至日全天有3h以上建筑日照时数的要求。

4.3.3 建筑设计应为光伏系统提供安全的安装条件，并应在安装光伏组件的部位采取安全防护措施。

4.3.4 光伏组件不应跨越建筑变形缝设置。

4.3.5 光伏组件的安装不应影响所在建筑部位的雨水排放。

4.3.6 晶体硅电池光伏组件的构造及安装应符合通风降温要求，光伏电池温度不应高于85℃。

4.3.7 在多雪地区建筑屋面上安装光伏组件时，宜设置人工融雪、清雪的安全通道。

4.3.8 在平屋面上安装光伏组件应符合下列规定：

1 光伏组件安装宜按最佳倾角进行设计；当光伏组件安装倾角小于10°时，应设置维修、人工清洗的设施与通道；

2 光伏组件安装支架宜采用自动跟踪型或手动调节型的可调节支架；

3 采用支架安装的光伏方阵中光伏组件的间距应满足冬至日投射到光伏组件上的阳光不受遮挡的要求；

4 在建筑平屋面上安装光伏组件，应选择不影响屋面排水功能的基座形式和安装方式；

5 光伏组件基座与结构层相连时，防水层应铺设到支座和金属埋件的上部，并应在地脚螺栓周围做密封处理；

6 在平屋面防水层上安装光伏组件时，其支架基座下部应增设附加防水层；

7 对直接构成建筑屋面面层的建材型光伏构件，除应保障屋面排水通畅外，安装基层还应具有一定的刚度；在空气质量较差的地区，还应设置清洗光伏组件表面的设施；

8 光伏组件周围屋面、检修通道、屋面出入口和光伏方阵之间的人行通道上部应铺设保护层；

9 光伏组件的引线穿过平屋面处应预埋防水套管，并应做防水密封处理；防水套管应在平屋面防水层施工前埋设完毕。

4.3.9 在坡屋面上安装光伏组件应符合下列规定：

1 坡屋面坡度宜按光伏组件全年获得电能最多的倾角设计；

2 光伏组件宜采用顺坡镶嵌或顺坡架空安装方式；

3 建材型光伏构件与周围屋面材料连接部位应做好建筑构造处理，并应满足屋面整体的保温、防水等功能要求；

4 顺坡支架安装的光伏组件与屋面之间的垂直距离应满足安装和通风散热间隙的要求。

4.3.10 在阳台或平台上安装光伏组件应符合下列规定：

1 低纬度地区安装在阳台或平台栏板上的晶体硅光伏组件应有适当的倾角；

2 安装在阳台或平台栏板上的光伏组件支架应与栏板主体结构上的预埋件牢固连接；

3 构成阳台或平台栏板的光伏构件，应满足刚度、强度、防护功能和电气安全要求；

4 应采取保护人身安全的防护措施。

4.3.11 在墙面上安装光伏组件应符合下列规定：

1 低纬度地区安装在墙面上的晶体硅光伏组件宜有适当的倾角；

2 安装在墙面的光伏组件支架应与墙面结构主

体上的预埋件牢固锚固；

3 光伏组件与墙面的连接不应影响墙体的保温构造和节能效果；

4 对设置在墙面上的光伏组件，引线穿过墙面处应预埋防水套管；穿墙管线不宜设在结构柱处；

5 光伏组件镶嵌在墙面时，宜与墙面装饰材料、色彩、分格等协调处理；

6 对安装在墙面上提供遮阳功能的光伏构件，应满足室内采光和日照的要求；

7 当光伏组件安装在窗面上时，应满足窗面采光、通风等使用功能要求；

8 应采取保护人身安全的防护措施。

4.3.12 在建筑幕墙上安装光伏组件应符合下列规定：

1 安装在建筑幕墙上的光伏组件宜采用建材型光伏构件；

2 光伏组件尺寸应符合幕墙设计模数，光伏组件表面颜色、质感应与幕墙协调统一；

3 光伏幕墙的性能应满足所安装幕墙整体物理性能的要求，并应满足建筑节能的要求；

4 对有采光和安全双重性能要求的部位，应使用双玻光伏幕墙，其使用的夹胶层材料应为聚乙烯醇缩丁醛（PVB），并应满足建筑室内对视线和透光性能的要求；

5 玻璃光伏幕墙的结构性能和防火性能应满足现行行业标准《玻璃幕墙工程技术规范》JGJ 102 的要求；

6 由玻璃光伏幕墙构成的雨篷、檐口和采光顶，应满足建筑相应部位的刚度、强度、排水功能及防止空中坠物的安全性能要求。

4.3.13 光伏系统的控制机房宜采用自然通风，当不具备条件时应采取机械通风措施。

4.4 结 构 设 计

4.4.1 结构设计应与工艺和建筑专业配合，合理确定光伏系统各组成部分在建筑中的位置。

4.4.2 在新建建筑上安装光伏系统，应考虑其传递的荷载效应。

4.4.3 在既有建筑上增设光伏系统，应对既有建筑的结构设计、结构材料、耐久性、安装部位的构造及强度等进行复核验算，并应满足建筑结构及其他相应的安全性能要求。

4.4.4 支架、支撑金属件及其连接节点，应具有承受系统自重、风荷载、雪荷载、检修荷载和地震作用的能力。

4.4.5 对光伏系统的支架和连接件的结构设计应符合下列规定：

1 当非抗震设计时，应计算系统自重、风荷载和雪荷载作用效应；

2 当抗震设计时，应计算系统自重、风荷载、雪荷载和地震作用效应。

4.4.6 应考虑风压变化对光伏组件及其支架的影响。光伏组件或方阵宜安装在风压较小的位置。

4.4.7 蓄电池、并网逆变器等较重的设备和部件宜安装在承载能力大的结构构件上，并应进行构件的强度与变形验算。

4.4.8 当选用建材型光伏构件时，应向产品生产厂家确认相关结构性能指标，并应满足建筑物使用期间对产品的结构性能要求。

4.4.9 光伏组件或方阵的支架，应由埋设在钢筋混凝土基座中的钢制热浸镀锌连接件或不锈钢地脚螺栓固定。钢筋混凝土基座的主筋应锚固在主体结构内；当不能与主体结构锚固时，应设置支架基座。应采取提高支架基座与主体结构间附着力的措施，满足风荷载、雪荷载与地震荷载作用的要求。

4.4.10 连接件与基座的锚固承载力设计值应大于连接件本身的承载力设计值。

4.4.11 支架基座设计应进行抗滑移和抗倾覆等稳定性验算。

4.4.12 当光伏方阵与主体结构采用后加锚栓连接时，应符合下列规定：

1 锚栓产品应有出厂合格证；

2 碳素钢锚栓应经过防腐处理；

3 应进行锚栓承载力现场试验，必要时应进行极限拉拔试验；

4 每个连接节点不应少于 2 个锚栓；

5 锚栓直径应通过承载力计算确定，并不应小于 10mm；

6 不宜在与化学锚栓接触的连接件上进行焊接操作；

7 锚栓承载力设计值不应大于其选用材料极限承载力的 50%；

8 在地震设防区必须使用抗震适用型锚栓；

9 应符合现行行业标准《混凝土结构后锚固技术规程》JGJ 145 的相关规定。

4.4.13 安装光伏系统的预埋件设计使用年限应与主体结构相同。

4.4.14 支架、支撑金属件和其他的安装材料，应根据光伏系统设定的使用寿命选择相应的耐候性能材料并应采取适宜的维护保养措施。

4.4.15 受盐雾影响的安装区域和场所，应选择符合使用环境的材料及部件作为支撑结构，并应采取相应的防护措施。

4.4.16 地面安装光伏系统时，光伏组件最低点距硬质地面不宜小于 300mm，距一般地面不宜小于 1000mm，并应对地基承载力、基础的强度和稳定性进行验算。

5 太阳能光伏系统安装

5.1 一般规定

5.1.1 新建建筑光伏系统的安装施工应纳入建筑设备安装施工组织设计，并应制定相应的安装施工方案和采取特殊安全措施。

5.1.2 光伏系统安装前应具备下列条件：

1 设计文件齐备，且已审查通过；

2 施工组织设计及施工方案已经批准；

3 场地、供电、道路等条件能满足正常施工需要；

4 预留基座、预留孔洞、预埋件、预埋管和设施符合设计要求，并已验收合格。

5.1.3 安装光伏系统时，应制定详细的施工流程与操作方案，应选择易于施工、维护的作业方式。

5.1.4 安装光伏系统时，应对已完成土建工程的部位采取保护措施。

5.1.5 施工安装人员应采取防触电措施，并应符合下列规定：

1 应穿绝缘鞋、戴低压绝缘手套、使用绝缘工具；

2 当光伏系统安装位置上空有架空电线时，应采取保护和隔离措施；

3 不应在雨、雪、大风天作业。

5.1.6 光伏系统安装施工应采取安全措施，并应符合下列规定：

1 光伏系统的产品和部件在存放、搬运和吊装等过程中不得碰撞受损；吊装光伏组件时，光伏组件底部应衬垫木，背面不得受到碰撞和重压；

2 光伏组件在安装时，表面应铺遮光板遮挡阳光，防止电击危险；

3 光伏组件的输出电缆不得非正常短路；

4 对无断弧功能的开关进行连接时，不得在有负荷或能形成低阻回路的情况下接通正负极或断开；

5 连接完成或部分完成的光伏系统，遇有光伏组件破裂的情况应及时采取限制接近的措施，并应由专业人员处置；

6 不得局部遮挡光伏组件，避免产生热斑效应；

7 在坡度大于10°的坡屋面上安装施工，应采取专用踏脚板等安全措施。

5.2 基座

5.2.1 安装光伏组件或方阵的支架应设置基座。

5.2.2 基座应与建筑主体结构连接牢固，并应由专业施工人员完成施工。

5.2.3 屋面结构层上现场砌筑（或浇筑）的基座，完工后应做防水处理，并应符合现行国家标准《屋面工程质量验收规范》GB 50207 的规定。

5.2.4 预制基座应放置平稳、整齐，固定牢固，且不得破坏屋面的防水层。

5.2.5 钢基座顶面及混凝土基座顶面的预埋件，在支架安装前应涂防腐涂料，并应妥善保护。

5.2.6 连接件与基座之间的空隙，应采用细石混凝土填捣密实。

5.3 支架

5.3.1 安装光伏组件或方阵的支架应按设计要求制作。钢结构支架的安装和焊接应符合现行国家标准《钢结构工程施工质量验收规范》GB 50205 的要求。

5.3.2 支架应按设计要求安装在主体结构上，位置应准确，并应与主体结构牢靠固定。

5.3.3 固定支架前应根据现场安装条件采取合理的抗风措施。

5.3.4 钢结构支架应与建筑物接地系统可靠连接。

5.3.5 钢结构支架焊接完毕，应按设计要求做防腐处理。防腐施工应符合现行国家标准《建筑防腐蚀工程施工及验收规范》GB 50212 和《建筑防腐蚀工程质量检验评定标准》GB 50224 的要求。

5.3.6 装配式方阵支架梁柱连接节点应保证结构的安全可靠，不得采用单一摩擦型节点连接方式，各支架部件的防腐镀层要求应由设计根据实际使用条件确定。

5.4 光伏组件

5.4.1 光伏组件上应标有带电警告标识，光伏组件强度应满足设计强度要求。

5.4.2 光伏组件或方阵应按设计要求可靠地固定在支架或连接件上。

5.4.3 光伏组件或方阵应排列整齐。光伏组件之间的连接件，应便于拆卸和更换。

5.4.4 光伏组件或方阵与建筑面层之间应留有安装空间和散热间隙，并不得被施工等杂物填塞。

5.4.5 光伏组件或方阵安装时必须严格遵守生产厂指定的安装条件。

5.4.6 坡屋面上安装光伏组件时，其周边的防水连接构造必须严格按设计要求施工，且不得渗漏。

5.4.7 光伏幕墙的安装应符合下列规定：

1 双玻光伏幕墙应满足现行行业标准《玻璃幕墙工程质量检验标准》JGJ/T 139 的相关规定；

2 光伏幕墙应排列整齐、表面平整、缝宽均匀，安装允许偏差应满足现行国家标准《建筑幕墙》GB/T 21086 的相关规定；

3 光伏幕墙应与普通幕墙同时施工，共同接受幕墙相关的物理性能检测。

5.4.8 在盐雾、寒冷、积雪等地区安装光伏组件时，应与产品生产厂协商制定合理的安装施工和运营维护方案。

5.4.9 在既有建筑上安装光伏组件，应根据建筑物的建设年代、结构状况，选择可靠的安装方法。

5.5 电气系统

5.5.1 电气装置安装应符合现行国家标准《建筑电气工程施工质量验收规范》GB 50303 的相关规定。

5.5.2 电缆线路施工应符合现行国家标准《电气装置安装工程电缆线路施工及验收规范》GB 50168 的相关要求。

5.5.3 电气系统接地应符合现行国家标准《电气装置安装工程接地装置施工及验收规范》GB 50169 的相关要求。

5.5.4 光伏系统直流侧施工时，应标识正负极性，并宜分别布线。

5.5.5 带蓄能装置的光伏系统，蓄电池的上方和周围不得堆放杂物，并应保障蓄电池的正常通风，防止蓄电池两极短路。

5.5.6 在并网逆变器等控制器的表面，不得设置其他电气设备和堆放杂物，并应保证设备的通风环境。

5.5.7 穿过楼面、屋面和外墙的引线应做防水套管和防水密封处理。

5.6 系统调试和检测

5.6.1 建筑工程验收前应对光伏系统进行调试与检测。

5.6.2 调试和检测应符合国家现行标准的相关规定。

6 工程验收

6.1 一般规定

6.1.1 建筑工程验收时应对光伏系统工程进行专项验收。

6.1.2 光伏系统工程验收前，应在安装施工中完成下列隐蔽项目的现场验收：

　　1 预埋件或后置螺栓（或锚栓）连接件；

　　2 基座、支架、光伏组件四周与主体结构的连接节点；

　　3 基座、支架、光伏组件四周与主体围护结构之间的建筑构造做法；

　　4 系统防雷与接地保护的连接节点；

　　5 隐蔽安装的电气管线工程。

6.1.3 光伏系统工程验收应根据其施工安装特点进行分项工程验收和竣工验收。

6.1.4 所有验收应做好记录，签署文件，立卷归档。

6.2 分项工程验收

6.2.1 分项工程验收宜根据工程施工特点分期进行。

6.2.2 对影响工程安全和系统性能的工序，必须在本工序验收合格后才能进入下一道工序的施工。主要工序应包括下列内容：

　　1 在屋面光伏系统工程施工前，进行屋面防水工程的验收；

　　2 在光伏组件或方阵支架就位前，进行基座、支架和框架的验收；

　　3 在建筑管道井封口前，进行相关预留管线的验收；

　　4 光伏系统电气预留管线的验收；

　　5 在隐蔽工程隐蔽前，进行施工质量验收；

　　6 既有建筑增设或改造的光伏系统工程施工前，进行建筑结构和建筑电气安全检查。

6.3 竣工验收

6.3.1 光伏系统工程交付用户前，应进行竣工验收。竣工验收应在分项工程验收或检验合格后进行。

6.3.2 竣工验收应提交下列资料：

　　1 设计变更证明文件和竣工图；

　　2 主要材料、设备、成品、半成品、仪表的出厂合格证明或检验资料；

　　3 屋面防水检漏记录；

　　4 隐蔽工程验收记录和分项工程验收记录；

　　5 系统调试和试运行记录；

　　6 系统运行、监控、显示、计量等功能的检验记录；

　　7 工程使用、运行管理及维护说明书。

本规范用词说明

　　1 为便于在执行本规范条文时区别对待，对要求严格程度不同的用词说明如下：

　　　　1）表示很严格，非这样做不可的：

　　　　　　正面词采用"必须"，反面词采用"严禁"；

　　　　2）表示严格，在正常情况下均应这样做的：

　　　　　　正面词采用"应"，反面词采用"不应"或"不得"；

　　　　3）表示允许稍有选择，在条件许可时首先应这样做的：

　　　　　　正面词采用"宜"，反面词采用"不宜"；

　　　　4）表示有选择，在一定条件下可以这样做的，采用"可"。

　　2 条文中指明应按其他有关标准执行的写法为："应符合……的规定"或"应按……执行"。

引用标准名录

　　1 《建筑物防雷设计规范》GB 50057

2 《电气装置安装工程电缆线路施工及验收规范》GB 50168

3 《电气装置安装工程接地装置施工及验收规范》GB 50169

4 《钢结构工程施工质量验收规范》GB 50205

5 《屋面工程质量验收规范》GB 50207

6 《建筑防腐蚀工程施工及验收规范》GB 50212

7 《建筑防腐蚀工程质量检验评定标准》GB 50224

8 《建筑电气工程施工质量验收规范》GB 50303

9 《安全标志及其使用导则》GB 2894

10 《光伏系统并网技术要求》GB/T 19939

11 《光伏(PV)系统电网接口特性》GB/T 20046

12 《光伏(PV)组件安全鉴定 第1部分：结构要求》GB/T 20047.1

13 《建筑幕墙》GB/T 21086

14 《玻璃幕墙工程技术规范》JGJ 102

15 《玻璃幕墙工程质量检验标准》JGJ/T 139

16 《混凝土结构后锚固技术规程》JGJ 145

17 《电能计量装置技术管理规程》DL/T 448

18 《电测量及电能计量装置设计技术规程》DL/T5137

中华人民共和国行业标准

民用建筑太阳能光伏系统应用技术规范

JGJ 203—2010

条 文 说 明

制 订 说 明

《民用建筑太阳能光伏系统应用技术规范》JGJ 203-2010，经住房和城乡建设部 2010 年 3 月 18 日以第 521 号公告批准、发布。

本规范制订过程中，编制组进行了广泛、深入的调查研究，总结了国内主要的太阳能光伏系统优秀工程以及国外有代表性的太阳能光伏系统工程的实践经验，同时参考了德国、日本相关民用建筑太阳能光伏系统的设计指南。

为便于广大设计、施工、科研、学校等单位有关人员在使用本规范时能正确理解和执行条文规定，《民用建筑太阳能光伏系统应用技术规范》编制组按章、节、条顺序编制了本标准的条文说明，对条文规定的目的、依据以及执行中需注意的有关事项进行了说明，还着重对强制性条文的强制性理由做了解释。但是，本条文说明不具备与标准正文同等的法律效力，仅供使用者作为理解和把握标准规定的参考。

目　次

1　总则 ……………………………… 29—16
2　术语 ……………………………… 29—16
3　太阳能光伏系统设计 …………… 29—17
　3.1　一般规定 …………………… 29—17
　3.2　系统分类 …………………… 29—17
　3.3　系统设计 …………………… 29—18
　3.4　系统接入 …………………… 29—18
4　规划、建筑和结构设计 ………… 29—19
　4.1　一般规定 …………………… 29—19
　4.2　规划设计 …………………… 29—19
　4.3　建筑设计 …………………… 29—19

4.4　结构设计 ……………………… 29—21
5　太阳能光伏系统安装 …………… 29—22
　5.1　一般规定 …………………… 29—22
　5.2　基座 ………………………… 29—22
　5.3　支架 ………………………… 29—23
　5.4　光伏组件 …………………… 29—23
　5.5　电气系统 …………………… 29—23
6　工程验收 ………………………… 29—23
　6.1　一般规定 …………………… 29—23
　6.2　分项工程验收 ……………… 29—23
　6.3　竣工验收 …………………… 29—23

1 总 则

1.0.1 在我国，民用建筑工程中利用太阳能光伏发电技术正在成为建筑节能的新趋势。广大工程技术人员，尤其是建筑工程设计人员，只有掌握了光伏系统的设计、安装、验收和运行维护等方面的工程技术要求，才能促进光伏系统在建筑中的应用，并达到与建筑结合。为了确保工程质量，本规范编制组在大量工程实例调查分析的基础上，编制了本规范。

1.0.2 在我国，除了在新建、扩建、改建的民用建筑工程中设计安装光伏系统的项目不断增多，在既有建筑中安装光伏系统的项目也在增多。编制规范时对这两个方面的适应性进行了研究，使规范在两个方面均可适用。

1.0.3 新建民用建筑安装光伏系统时，光伏系统设计应纳入建筑工程设计；如有可能，一般建筑设计应为将来安装光伏系统预留条件。

1.0.4 在既有建筑上改造或安装光伏系统，容易影响房屋结构安全和电气系统的安全，同时可能造成对房屋其他使用功能的破坏。因此要求按建筑工程审批程序，进行专项工程的设计、施工和验收。

2 术 语

2.0.1 "太阳能光伏系统"为本规范主要用语，规范给出了英语的全称。在以下条文中简称为"光伏系统"。

2.0.2 光伏建筑一体化在光伏系统与建筑或建筑环境的结合上，具有更深的含义和更高的技术要求，也是当前人们努力追求的较高目标。这里的建筑环境除建筑本体环境外，还包括建筑小品、围墙、喷泉和景观照明等。

2.0.3~2.0.5 在民用建筑中，光伏构件包括建材型光伏构件和普通型光伏构件两种形式。

建材型光伏构件是指将太阳电池与瓦、砖、卷材、玻璃等建筑材料复合在一起、成为不可分割的建筑材料或建筑构件。

建材型光伏构件的表现形式为复合型光伏建筑材料（如光伏瓦、光伏砖、光伏卷材等），或复合型光伏建筑构件（如光伏幕墙、光伏窗、光伏雨篷、光伏遮阳板、光伏阳台板、光伏采光顶等）。

建材型光伏构件的安装形式包括：在平屋面上直接铺设光伏卷材或在坡屋面上采用光伏瓦，并可替代部分或全部屋面材料；直接替代建筑幕墙的光伏幕墙和直接替代部分或全部采光玻璃的光伏采光顶等。

普通型光伏构件是指与光伏组件组合在一起，维护更换光伏组件时不影响建筑功能的建筑构件，或直接作为建筑构件的光伏组件。

普通型光伏构件的表现形式为组合型光伏建筑构件或普通光伏组件。对于组合型光伏建筑构件，由于光伏组件与建筑构件仅仅是组合在一起，可以分开，因此，维护更换时只需针对光伏组件，而不会影响构件的建筑功能；当采用普通光伏组件直接作为建筑构件时，光伏组件在发电的同时，实现相应的建筑功能。比如，采用普通光伏组件或根据建筑要求定制的光伏组件直接作为雨篷构件、遮阳构件、栏板构件、檐口构件等建筑构件。

普通型光伏构件安装方式一般为支架式安装。为了实现光伏建筑一体化，支架式安装形式包括：在平屋面上采用支架安装的通风隔热屋面形式（如平改坡）；在构架上采用支架安装的屋面形式（如遮阳棚、雨篷）；在坡屋面上采用支架顺坡架空安装的通风隔热屋面形式（坡屋面上的主要安装形式）；在墙面上采用支架或支座与墙面平行安装的通风隔热墙面形式等。

2.0.6 目前已经商业化生产和规模化应用的光伏电池包括晶体硅光伏电池、薄膜光伏电池和硅异质结光伏电池（HIT）。

晶体硅光伏电池是使用晶体硅片制造的光伏电池，包括单晶硅光伏电池和多晶硅光伏电池等。其中，使用单晶硅片制成的光伏电池称单晶硅光伏电池（mono-silicon PV cell），具有较高的光电转化效率和价格；使用多晶硅片制成的光伏电池称多晶硅光伏电池（multi-silicon PV cell），其光电转换效率和价格一般稍低于单晶硅光伏电池。

薄膜光伏电池是以薄膜形态的半导体材料制造的光伏电池，主要有硅薄膜和化合物半导体薄膜等。其优点是消耗半导体材料少，制造成本较低，输出功率受温度影响小，电池组件易于设计成不同的形态。

HIT电池是以晶体硅和薄膜硅为原料制造的光伏电池，外形和封装工艺更像晶体硅光伏电池。由于其兼有晶体硅和薄膜硅两类光伏电池的优点，光电转换效率较高，价格也较高。

2.0.8 光伏方阵通过对组件串和必要的控制元件，进行适当的串联、并联，以电气及机械方式相连形成光伏方阵，能够输出供变换、传输和使用的支流电压和电功率。光伏方阵不包括基座、太阳跟踪器、温度控制器等类似的部件。如果一个方阵中有不同结构类型的组件，或组件的连接方式不同，一般将结构和连接方式相同的部分方阵称为子方阵。光伏方阵可由几个子方阵串并联组成。

2.0.9 光伏电池倾角和光伏组件的方位角唯一地决定了光伏电池的朝向。光伏组件的方位角指光伏组件向阳面的法线在水平面上的投影与正南方向的夹角。水平面内正南方向为0度，向西为正，向东为负，单位为度（°）。

2.0.16 并网逆变器可将电能变换成一种或多种电能

形式，以供后续电网使用。并网逆变器一般包括最大功率跟踪等功能。

3 太阳能光伏系统设计

3.1 一 般 规 定

3.1.1 民用建筑光伏系统由专业人员进行设计，并贯穿于工程建设的全过程，以提高光伏系统的投资效益。光伏系统应符合国家现行相关的民用建筑电气设计规范的要求。光伏组件形式的选择以及安装数量、安装位置的确定需要与建筑师配合进行设计，在设备承载及安装固定等方面需要与结构专业配合，在电气、通风、排水等方面与设备专业配合，使光伏系统与建筑物本身和谐统一，实现光伏系统与建筑的良好结合。

3.1.5 人员有可能接触或接近的、高于直流50V或240W以上的系统属于应用等级A，适用于应用等级A的设备被认为是满足安全等级Ⅱ要求的设备，即Ⅱ类设备。当光伏系统从交流侧断开后，直流侧的设备仍有可能带电，因此，在光伏系统直流侧设置必要的触电警示和防止触电的安全措施。

3.1.6 对于并网光伏系统，只有具备并网保护功能，才能保障电网和光伏系统的正常运行，确保上述一方如发生异常情况不至于影响另一方的正常运行。同时并网保护也是电力检修人员人身安全的基本要求。另外，安装计量装置还便于用户对光伏系统的运行效果进行统计、评估。同时也考虑到随着国家相关政策的出台，国家对光伏系统用户进行补偿的可能。

3.1.7 光伏系统所产电能应满足国家电能质量的指标要求，主要包括：

1 10kV及以下并网光伏系统正常运行时，与公共电网接口处电压允许偏差如下：三相为额定电压的±7%，单相为额定电压的+7%、−10%；

2 并网光伏系统与公共电网同步运行，频率允许偏差为±0.5Hz；

3 并网光伏系统的输出有较低的电压谐波畸变率和谐波电流含有率；总谐波电流含量小于功率调节器输出电流的5%；

4 光伏系统并网运行时，逆变器向公共电网馈送的直流分量不超过其交流额定值的1%。

3.2 系 统 分 类

3.2.1 并网光伏系统主要应用于当地已存在公共电网的区域，并网光伏系统为用户提供电能，不足部分由公共电网作为补充；独立光伏系统一般应用于远离公共电网覆盖的区域，如山区、岛屿等边远地区，独立光伏系统容量需满足用户最大电力负荷的需求。

3.2.2 光伏系统所提供电能受外界环境变化的影响

较大，如阴雨天气或夜间都会使系统提供电能大大降低，不能满足用户的电力需求。因此，对于无公共电网作为补充的独立光伏系统用户，要满足稳定的电能供应就需设置储能装置。储能装置一般用蓄电池，在阳光充足的时间产生的剩余电能储存在蓄电池内，阴雨天或夜间由蓄电池放电提供所需电能。对于供电连续性要求较高用户的独立光伏系统，需设置储能装置，对于无供电连续性要求的用户可不设储能装置。并网光伏系统是否设置成蓄电型系统，可根据用电负荷性质和用户要求设置。如光伏系统负荷仅为一般负荷，且又有当地公共电网作为补充，在这种情况下可不设置储能装置；若光伏系统负荷为消防等重要设备，就应该根据重要负荷的容量设置储能装置，同时，在储能装置放电为重要设备供电时，需首先切断光伏系统的非重要负荷。

3.2.3 只有直流负荷的光伏系统为直流系统。在直流系统中，由太阳电池产生的电能直接提供给负荷或经充电控制器给蓄电池充电。交流系统是指负荷均为交流设备的光伏系统，在此系统中，由太阳电池产生的直流电需经功率调节器进行直—交流转换再提供给负荷。对于并网光伏系统功率调节器尚需具备并网保护功能。负荷中既有交流供电设备又有直流供电设备的光伏系统为交直流混合系统。

3.2.4 装机容量（Capacity of installation）指光伏系统中所采用的光伏组件的标称功率之和，也称标称容量、总容量、总功率等，计量单位是峰瓦（W_P）。规范对光伏系统的大、中、小型系统规模进行了界定，既参照了日本建筑光伏系统的规模分级标准，也符合《光伏发电站接入电力系统技术规定》GB/Z 19964关于大规模光伏电站为100kW及以上的规定，同时可为将来出台其他建筑光伏电站管理规定提供规范依据。

3.2.5 在公共电网区域内的光伏系统往往是并网系统，原因是光伏系统输出功率受制于天气等外界环境变化的影响。为了使用户得到可靠的电能供应，有必要把光伏系统与当地公共电网并网，当光伏系统输出功率不能满足用户需求时，不足部分由当地公共电网补充。反之，当光伏系统输出电能超出用户本身的电能需求时，超出部分电能则向公共电网逆向流入。此种并网光伏系统称为逆流系统。非逆流并网光伏系统中，用户本身电能需求远大于光伏系统本身所产生的电能，在正常情况下，光伏系统产生的电能不可能向公共电网送入。逆流或非逆流并网光伏系统均须采取并网保护措施。各种光伏系统在并网前均需与当地电力公司协商取得一致后方能并入。

3.2.6 集中并网光伏系统的特点是系统所产生的电能被直接输送到当地公共电网，由公共电网向区域内电力用户供电。此种光伏系统一般需要建设大型光伏电站，规模大、投资大、建设周期长。由于上述条件的限制，目前集中并网光伏系统的发展受到一定的抑制。分散并网光伏系统由于具备规模小、占地面积小、建设周期短、投资相对少等特点而发展迅速。

3.3 系 统 设 计

3.3.3 民用建筑光伏系统各部件的技术性能包括：电气性能、耐久性能、安全性能、可靠性能等几个方面。

①电气性能强调了光伏系统各部件产品要满足国家标准中规定的电性能要求。如太阳电池的最大输出功率、开路电压、短路电流、最大输出工作电压、最大输出工作电流等，另外，系统中各电气部件的电压等级、额定电压、额定电流、绝缘水平、外壳防护类别等。

②耐久性能规定了系统中主要部件的正常使用寿命。如光伏组件寿命不少于20年，并网逆变器正常使用寿命不少于8年。在正常使用寿命期间，允许有主要部件的局部更换以及易损件的更换。

③安全性能是光伏系统各项技术性能中最重要的一项，其中特别强调了并网光伏系统需带有保证光伏系统本身及所并电力电网的安全。

④可靠性能强调了光伏系统要具有防御各种自然条件异常的能力，其中包括应有可靠的防结露、防过热、防雷、抗雹、抗风、抗震、除雪、除沙尘等技术措施。

⑤在民用建筑设计中，可采用各种防护措施以保证光伏系统的性能。如采用电热技术除结露、除雪，预留给水、排水条件除沙尘，在太阳电池下面预留通风道防电池板过热，选用抗雹电池板，光伏系统防雷与建筑物防雷统一设计施工，在结构设计上选择合适的加固措施防风、防震等。

3.3.5 设置在室外的光伏接线箱要具有可靠防止雨水向内渗漏的结构设计。

3.3.6 并网逆变器还需满足电能转换效率高、待机电能损失小、噪声小、谐波少、寿命长、可靠性高及起、停平稳等功能要求。

3.3.8 光伏系统防雷和接地保护的要求：

1 支架、紧固件等正常时不带电金属材料要采取等电位联结措施和防雷措施。安装在建筑屋面的光伏组件，采用金属固定构件时，每排（列）金属构件均可靠联结，且与建筑物屋顶避雷装置有不少于两点可靠联结；采用非金属固定构件时，不在屋顶避雷装置保护范围之内的光伏组件，需单独加装避雷装置。

2 光伏组件需采取严格措施防直击雷和雷击电磁脉冲，防止建筑光伏系统和电气系统遭到破坏。

3.4 系 统 接 入

3.4.1 光伏系统并网需满足并网技术要求。大型并网光伏系统要进行接入系统的方案论证，并先征得当地供电机构同意方可实施。

根据日本、德国等国家的经验，接入公共电网的光伏系统，其总装机容量一般控制在上级变压器单台主变额定容量的30%以内。

光伏系统电网接入点选择要根据系统总装机容量、电网条件和当地供电机构的要求确定：当系统总装机容量小于或等于100kW时，接入点电压等级宜为400V；当系统总装机容量大于100kW时，接入点电压等级可选择400V或10kV。

在中型或大型光伏系统中，功率调节器柜（箱）、仪表柜、配电柜较多，且系统又存留一定量的备品备件，因此，宜设置独立的光伏系统控制机房。

3.4.2 光伏系统并网后，一旦公共电网或光伏系统本身出现异常或处于检修状态时，两系统之间如果没有可靠的脱离，可能带来对电力系统或人身安全的影响或危害。因此，在公共电网与光伏系统之间一定要有专用的联结装置，在电网或系统出现异常时，能够通过醒目的联结装置及时人工切断两者之间的联系。另外，还需要通过醒目的标识提示光伏系统可能危害人身安全。

3.4.3 光伏系统和公共电网异常或故障时，为保障人员和设备安全，应具有相应的并网保护功能和装置，并应满足光伏系统并网保护的基本技术要求。

1 光伏系统要能具有电压自动检测及并网切断控制功能。

1） 在公共电网接口处的电压超出表1规定的范围时，光伏系统要停止向公共电网送电。

表1 公共电网接口处的电压

电压（公共电网接口处）	最大分闸时间[注1]
$U < 50\% \ U_{正常}$[注2]	0.1s
$50\%U_{正常} \leqslant U < 85\% \ U_{正常}$	2.0s
$85\%U_{正常} \leqslant U \leqslant 110\% \ U_{正常}$	继续运行
$110\%U_{正常} < U < 135\% \ U_{正常}$	2.0s
$135\%U_{正常} \leqslant U$	0.05s

注1：最大分闸时间是指异常状态发生到逆变器停止向公共电网送电的时间；

注2：$U_{正常}$为正常电压值（范围）。

2） 光伏系统在公共电网接口处频率偏差超出规定限值时，频率保护要在0.2s内动作，将光伏系统与公共电网断开。

3） 当公共电网失压时，防孤岛效应保护应在2s内完成，将光伏系统与公共电网断开。

4） 光伏系统对公共电网应设置短路保护。当公共电网短路时，逆变器的过电流不大于额定电流的1.5倍，并在0.1s内将光伏系统与公共电网断开。

 5）非逆流并网光伏系统在公共电网供电变压器次级设置逆流检测装置。当检测到的逆电流超出逆变器额定输出的5%时，逆向功率保护在0.5s～2s内将光伏系统与公共电网断开。

 2 在光伏系统与公共电网之间设置的隔离开关和断路器均应具有断零功能。目的是防止在并网光伏系统与公共电网脱离时，由于异常情况的出现而导致零线带电，容易发生电击检修人员的危险。

 3 当公用电网异常而导致光伏系统自动解列后，只有当公用电网恢复正常到规定时限后光伏系统方可并网。

3.4.4 光伏系统并入上级电网宜按照"无功就地平衡"的原则配置相应的无功补偿装置，对接入公共连接点的每个用户，其"功率因数"要符合现行的《供电营业规则》（中华人民共和国电力工业部1996年第8号令）的相关规定。光伏系统以三相并入公共电网，其三相电压不平衡度不超过《电能质量 三相电压允许不平衡度》GB/T 15543的相关规定。对接入公共连接点的每个用户，其电压不平衡度允许值不超过1.3%。

3.4.5 与民用建筑结合的光伏系统设计应包括通信与计量系统，以确保工程实施的可行性、安全性和可靠性。

3.4.6 作为应急电源的光伏系统应符合以下规定：

 1 当光伏系统作为消防应急电源时，需先切断光伏系统的日常设备负荷，并与公用电网解列，以确保消防设备启动的可靠性。

 2 光伏系统的标识需符合消防设施管理的基本要求。

 3 当光伏系统与公用电网分别作为消防设备的二路电源时，配电末端所设置的双电源自动切换开关宜选用自投不自复方式。因为电网是否真正恢复供电需判定，自动转换开关来回自投自复反而对设备和人身安全不利。

4 规划、建筑和结构设计

4.1 一 般 规 定

4.1.1 光伏系统的选型是建筑设计的重点内容，设计者不仅要创造新颖美观的建筑立面、设计光伏组件安装的位置，还要结合建筑功能及其对电力供应方式的需求，综合考虑环境、气候、太阳能资源、能耗、施工条件等因素，比较光伏系统的性能、造价，进行技术经济分析。

 光伏系统设计应由建筑设计单位和光伏系统产品供应商相互配合共同完成。建筑师不仅需要根据建筑类型和使用要求确定光伏系统的类型、安装位置、色调和构图要求，还应向建筑电气工程师提出对于电力的使用要求；电气工程师进行光伏系统设计、布置管线、确定管线走向；结构工程师在建筑结构设计时，应考虑光伏系统的荷载，以保证结构的安全性，并埋设预埋件，为光伏构件的锚固、安装提供安全牢靠的条件。光伏系统产品供应商需向建筑设计单位提供光伏组件的规格、尺寸、荷载，预埋件的规格、尺寸、安全位置及安全要求；提供光伏系统的发电性能等技术指标及其检测报告；保证产品质量和使用性能。

4.1.2 安装在建筑屋面、阳台、墙面、窗面或其他部位的光伏组件，应满足该部位的承载、保温、隔热、防水及防护要求，并应成为建筑的有机组成部分，保持与建筑和谐统一的外观。

4.1.3 在既有建筑上增设或改造的光伏系统，其重量会增加建筑荷载。另外，安装过程也会对建筑结构和建筑功能有影响，因此，必须进行建筑结构安全、建筑电气安全等方面的复核和检验。

4.1.4 一般情况下，建筑的设计寿命是光伏系统寿命的2～3倍，光伏组件及系统其他部件在构造、形式上应利于在建筑围护结构上安装，便于维护、修理、局部更换。为此建筑设计不仅要考虑地震、风荷载、雪荷载、冰雹等自然破坏因素，还应为光伏系统的日常维护，尤其是光伏组件的安装、维护、日常保养、更换提供必要的安全便利条件。

4.2 规 划 设 计

4.2.1 根据安装光伏系统的区域气候特征及太阳能资源条件，合理进行建筑群体的规划和建筑朝向的选择。建筑群体或建筑单体朝南可为光伏系统接收更多的太阳能创造条件。

4.2.2 安装光伏系统的建筑，建筑间距应满足所在地区日照间距要求，且不得因布置光伏系统而降低相邻建筑的日照标准。

4.2.3 在进行建筑周围的景观设计和绿化种植时，要避免对投射到光伏组件上的阳光造成遮挡，从而保证光伏组件的正常工作。

4.2.4 建筑上安装的光伏组件应优先选择光反射较低的材料，避免自身引起的太阳光二次辐射对本栋建筑或周围建筑造成光污染。

4.3 建 筑 设 计

4.3.1 建筑设计应与光伏系统设计同步进行。建筑设计根据选定的光伏系统类型，确定光伏组件形式、安装面积、尺寸大小、安装位置方式；了解连接管线走向；考虑辅助能源及辅助设施条件；明确光伏系统各部分的相对关系。然后，合理安排光伏系统各组成部分在建筑中的位置，并满足所在部位防水、排水等技术要求。建筑设计应为光伏系统各部分的安全检修、光伏构件表面清洗等提供便利条件。

4.3.2 光伏组件安装在建筑屋面、阳台、墙面或其他部位，不应有任何障碍物遮挡太阳光。光伏组件总面积根据需要电量、建筑上允许的安装面积、当地的气候条件等因素确定。安装位置要满足冬至日全天有3h以上日照时数的要求。有时，为争取更多的采光面积，建筑平面往往凹凸不规则，容易造成建筑自身对太阳光的遮挡。除此以外，对于体形为L形、凹形的平面，也要注意避免自身的遮挡。

本条中用于确定建筑日照条件的建筑日照时数（insolation standards）与用于计算光伏系统发电量的峰值日照时数（peak sun hours）不同。日照标准是根据建筑物所在的气候区，城市大小和建筑物的使用性质决定的，在规定的日照标准日（冬至日或大寒日）有效时间范围内，以底层窗台面为计算起点的建筑外窗获得的日照时间。峰值日照时数是指当地水平面上单位面积接受到的年平均辐射能转化为标准日照条件（AM1.5，1000W/m^2，25℃）的小时数。按年计算是全年标准日照时数，计量单位是（h/a）；按日计算是平均每天的标准日照时数，计量单位是（h/d）。

4.3.3 建筑设计时应考虑在安装光伏组件的墙面、阳台或挑檐等部位采取必要的安全防范措施，防止光伏组件损坏而掉下伤人，如设置挑檐、入口处设置雨篷或进行绿化种植等，使人不易靠近。

4.3.4 建筑主体结构在伸缩缝、沉降缝、防震缝的变形缝两侧会发生相对位移，光伏组件跨越变形缝时容易遭到破坏，造成漏电、脱落等危险。所以光伏组件不应跨越主体结构的变形缝，或应采用与主体建筑的变形缝相适应的构造措施。

4.3.5 光伏组件不应影响安装部位建筑雨水系统设计，不应造成局部积水、防水层破坏、渗漏等情况。

4.3.6 安装光伏组件时，应采取必要的通风降温措施以抑制其表面温度升高。一般情况下，组件与安装面层之间设置50mm以上的空隙，组件之间也留有空隙，会有效控制组件背面的温度升高。

4.3.7 冬季光伏组件上的积雪不易清除，因此在多雪地区的建筑屋面上安装光伏组件时，应采取融雪、扫雪及避免积雪滑落后遮挡光伏组件的措施。如采取扫雪措施，应设置扫雪通道及人员安全保障设施。

4.3.8 平屋面上安装光伏组件应符合以下要求：

1 在太阳高度角较小时，光伏方阵排列过密会造成彼此遮挡，降低运行效率。为使光伏方阵实现高效、经济的运行，应对光伏组件的相互遮挡进行日照计算和分析。

2 采用自动跟踪型和手动调节型支架可提高系统的发电量。自动跟踪型支架还需配置包括太阳辐射测量设备、计算机控制的步进电机等自动跟踪系统。手动调节型支架经济可靠，适合于以月、季度为周期

的调节系统。

3 屋面上设置光伏方阵时，前排光伏组件的阴影不应影响后排光伏组件正常工作。另外，还应注意组件的日斑影响。

4 在建筑屋面上安装光伏组件支架，应选择点式的基座形式，以利于屋面排水。特别要避免与屋面排水方向垂直的条形基座。

5 光伏组件支座与结构层相连时，防水层应包到支座和金属埋件的上部，形成较高的泛水，地脚螺栓周围缝隙容易渗水，应作密封处理。

6 支架基座部位应做附加防水层。附加层宜空铺，空铺宽度不应小于200mm。为防止卷材防水层收头翘边，避免雨水从开口处渗入防水层下部，应按设计要求做好收头处理。卷材防水层应用压条钉压固定，或用密封材料封严。

7 构成屋面面层的建材型光伏构件，其安装基层应为具有一定刚度的保护层，以避免光伏组件变形引起表面局部积灰现象。

8 需要经常维修的光伏组件周围屋面、检修通道、屋面出入口以及人行通道上面应设置刚性保护层保护防水层，一般可铺设水泥砖。

9 光伏组件的引线穿过屋面处，应预埋防水套管，并作防水密封处理。防水套管应在屋面防水层施工前埋设完毕。

4.3.9 坡屋面上安装光伏组件还应符合以下要求：

1 为了获得较多太阳光，屋面坡度宜采用光伏组件全年获得电能最多的倾角。一般情况下可根据当地纬度±10°来确定屋面坡度，低纬度地区还要特别注意保证屋面的排水功能。

2 安装在坡屋面上的光伏组件宜根据建筑设计要求，选择顺坡镶嵌设置或顺坡架空设置方式。

3 建材型光伏构件安装在坡屋面上时，其与周围屋面材料连接部位应做好建筑构造处理，并应满足屋面整体的保温、防水等围护结构功能要求。

4 顺坡架空在坡屋面上的光伏组件与屋面间宜留有大于100mm的通风间隙。控制通风间隙的目的有两个，一是通过加强屋面通风降低光伏组件背面温升，二是保证组件的安装维护空间。

4.3.10 阳台或平台上安装光伏组件应符合以下要求：

1 在低纬度地区，由于太阳高度角较小，安装在阳台栏板上的光伏组件或直接构成阳台栏板的光伏构件应有适当的倾角，以接受较多的太阳能光。

2 对不具有阳台栏板功能，通过其他连接方式安装在阳台栏板上的光伏组件，其支架应与阳台栏板上的预埋件牢固连接，并通过计算确定预埋件的尺寸与预埋深度，防止坠落事件的发生。

3 作为阳台栏板的光伏构件，应满足建筑阳台栏板强度及高度的要求。阳台栏板高度应随建筑高度

而增高，如低层、多层住宅的阳台栏板净高不应低于1.05m，中高层、高层住宅的阳台栏板不应低于1.10m，这是根据人体重心和心理因素而定的。

4 光伏组件背面温度较高，或电气连接损坏都可能会引起安全事故（儿童烫伤、电气安全），因此要采取必要的保护措施，避免人身直接触及光伏组件。

4.3.11 墙面上安装光伏组件应符合以下要求：

1 在低纬度地区，由于太阳高度角较小，因此安装在墙面上或直接构成围护结构的光伏组件应有适当的倾角，以接受较多的太阳光；

2 通过支架连接方式安装在外墙上的光伏组件，在结构设计时应作为墙体的附加永久荷载。对安装光伏组件而可能产生的墙体局部变形、裂缝等等，应通过构造措施予以防止；

3 光伏组件安装在外保温构造的墙体上时，其与墙面连接部位易产生冷桥，应作特殊断桥或保温构造处理；

4 预埋防水套管可防止水渗入墙体构造层；管线穿越结构柱会影响结构性能，因此穿墙管线不宜设在结构柱内；

5 光伏组件镶嵌在墙面时，应由建筑设计专业结合建筑立面进行统筹设计；

8 建筑设计时，为防止光伏组件损坏而掉下伤人，应考虑在安装光伏组件的墙面采取必要的安全防护措施，如设置挑檐、雨篷，或进行绿化种植，使人不易靠近。

4.3.12 幕墙上安装光伏组件应符合以下要求：

1 安装在幕墙上的光伏组件宜采用光伏幕墙，并根据建筑立面的需要进行统筹设计；

2 安装在幕墙上的光伏组件尺寸应符合所安装幕墙板材的模数，既有利于安装，又与建筑幕墙在视觉上融为一体；

3 光伏幕墙的性能应与所安装普通幕墙具备同等的强度，以及具有同等保温、隔热、防水等性能，保证幕墙的整体性能；

4 PVB（Polyvinyl butyral）中间膜是一种半透明的薄膜，是由聚乙烯醇缩丁醛树脂经增塑剂塑化挤压成型的一种高分子材料。使用PVB夹胶层的光伏构件可以满足建筑上使用安全玻璃的要求；用EVA（Ethylene viny acetate）层压的光伏构件需要采用特殊结构，防止玻璃自爆后因EVA强度不够而引发事故；

5 层间防火构造在正常使用条件下，应具有伸缩变形能力、密封性和耐久性；在遇火状态下，应在规定的耐火极限内，不发生开裂或脱落，保持相对稳定性；防火封堵时限应高于建筑幕墙本身的防火时限要求；玻璃光伏幕墙应尽量避免遮挡建筑室内视线，并应与建筑遮阳、采光统筹考虑；

6 为防止光伏组件损坏而掉下伤人，应安装牢固并采取必要的防护措施。

4.3.13 光伏系统控制机房，一般会布置较多的配电柜（箱）、逆变器、充电控制器等设备，上述设备在正常工作中都会产生一定的热量；当系统带有储能装置时，系统中的蓄电池在特定情况下可能对空气产生一定的污染，因此，控制机房应采取通风措施。

4.4 结 构 设 计

4.4.1 结构设计应根据光伏系统各组成部分在建筑中的位置进行专门设计，防止对结构安全造成威胁。

4.4.2 在新建建筑上安装光伏系统，结构设计时应事先考虑其传递的荷载效应。

4.4.3 既有建筑结构形式和使用年限各不相同。在既有建筑上增设光伏系统必须进行结构验算，保证结构本身的安全性。

4.4.4 进行结构设计时，不但要校核安装部位结构的强度和变形，而且需要计算支架、支撑金属件及各个连接节点的承载能力。

光伏方阵与主体结构的连接和锚固必须牢固可靠，主体结构的承载力必须经过计算或实物试验予以确认，并要留有余地，防止偶然因素产生破坏。光伏方阵和支架的重量大约在（0.24～0.49）kg/m²，建议设计时取不小于1.0kN/m²。

主体结构必须具备承受光伏方阵等传递的各种作用的能力。主体结构为混凝土结构时，混凝土强度等级不应低于C20。

4.4.5 光伏系统结构设计应区分是否抗震。对非抗震设防的地区，只需考虑系统自重、风荷载和雪荷载；对抗震设防的地区，还应考虑地震作用。

安装在建筑屋面等部位的光伏方阵主要受风荷载作用，抗风设计是主要考虑的因素。但由于地震是动力作用，对连接节点会产生较大影响，使连接发生震害甚至造成光伏方阵脱落，所以，除计算地震作用外，还必须加强构造措施。

4.4.6 墙角、凹口、山墙、屋檐、屋面坡度大于10°的屋脊等部位，风压大，变化复杂，在这些部位安装光伏系统，对抗风压性能要求较高，因此宜将光伏组件或方阵安装在风压较小的部位，如屋顶中央。在坡屋面上安装光伏组件或方阵时，宜采用与屋面平行的方式，减小风荷载的作用。

4.4.8 建材型光伏构件，应满足该类建筑材料本身的结构性能。如光伏幕墙，应至少满足普通幕墙的强度、抗风压和防热炸裂等要求，以及在木质、合成材料和金属框架上的安装要求，应符合《玻璃幕墙工程技术规范》JGJ 102 或《金属与石材幕墙工程技术规范》JGJ 133 中对幕墙材料结构性能的要求；作为屋面材料使用的光伏构件，应满足相应屋面材料的结构要求。

4.4.10 连接件与主体结构的锚固承载力应大于连接件本身的承载力，任何情况不允许发生锚固破坏。采用锚栓连接时，应有可靠的防松、防滑措施；采用挂接或插接时，应有可靠的防脱、防滑措施。

4.4.11 大多数情况下支架基座比较容易满足稳定性要求（抗滑移、抗倾覆）。但在风荷载较大的地区，支架基座的稳定性对结构安全起控制作用，必须经过验算来确保。

4.4.12 当土建施工中未设预埋件，预埋件漏放或偏离设计位置较远，设计变更，或在既有建筑增设光伏系统时，往往要使用后锚固螺栓进行连接。采用后锚固螺栓（机械膨胀螺栓或化学锚栓）时，应采取多种措施，保证连接的可靠性及安全性。

另外，在地震设防区使用金属锚栓时，应符合建筑行业标准《混凝土用膨胀型、扩孔型建筑锚栓》JG 160 相关抗震专项性能试验要求；在抗震设防区使用的化学锚栓，应符合国家标准《混凝土结构加固设计规范》GB 50367 中相关适用于开裂混凝土的定型化学锚栓的技术要求。

4.4.13 应进行光伏系统与建筑的同生命周期设计。预埋件的设计使用年限应与主体结构相同，避免光伏构件更新时对主体结构造成损害。

4.4.14 支架、支撑金属件应根据光伏系统设定的使用寿命选择材料及其维护保养方法。根据目前常见方法以及使用经验，给出如下几种建议：

1 钢制＋表面涂漆（有颜色）：5～10 年，再涂漆。

2 钢制＋热浸镀锌：20～30 年。

镀锌层的厚度要求取决于使用条件和使用寿命，应根据环境变化确定镀锌层的厚度。日本的经验表明，要获得 20 年的使用寿命，在国内重要工业区或沿海地区镀锌量为 $550g/m^2 \sim 600g/m^2$ 以上，郊区为 $400g/m^2$ 以上。

在任何特定的使用环境里，锌镀层的保护作用一般正比于单位面积内锌镀层的质量（表面密度），通常也正比于锌镀层的厚度，因此，对于某些特殊的用途，可采用 $40\mu m$ 厚度的锌镀层。

在我国，采用碳素钢和低合金高强度结构钢作为支撑结构时，一般采取热浸镀锌防腐处理，锌膜厚度应符合现行国家标准《金属覆盖层钢铁制品热浸镀锌技术要求》GB/T 13912 的相关规定。

钢构件采用氟碳喷涂或聚氨酯喷涂的表面处理办法时，涂膜厚度应满足《玻璃幕墙工程技术规范》JGJ 102 中的相关规定。

3 不锈钢：30 年以上。

不锈钢对盐害等具有高抵抗性，但价格较高，在海上安装的场合应用较多。

4 铝合金＋氟碳漆喷涂：20 年以上。

铝合金型材采用氟碳喷涂进行表面处理时，应符合现行国家标准《铝合金建筑型材》GB/T 5237 规定的质量要求，表面处理层的厚度：平均膜厚 $t \geqslant 40\mu m$，局部膜厚 $t \geqslant 34\mu m$。其他表面处理方法应满足《玻璃幕墙工程技术规范》JGJ 102 中的相关规定。

4.4.15 在有盐害的地方，不同的金属材料相互接触会产生接触腐蚀，所以应在不同金属材料之间垫上绝缘物，或采用同一金属材料的支撑结构。

4.4.16 地面安装光伏系统时，应对地基承载力、基础的强度和稳定性进行验算。光伏组件最低点距地面应有一定距离。当为一般地面时，为防止泥沙上溅或小动物的破坏，不宜小于1000mm。

5 太阳能光伏系统安装

5.1 一般规定

5.1.1 目前光伏系统施工安装人员的技术水平差别较大，为规范光伏系统的施工安装，应先设计后施工，严禁无设计的盲目施工。施工组织设计、施工方案以及安全措施应经监理和建设方审批后方可施工。

5.1.2 光伏系统安装应按照建筑设计和施工要求进行，应具备施工组织设计及施工方案。

5.1.3 光伏系统安装应进行施工组织设计，制定详细的施工流程与操作方案。

5.1.4 鉴于光伏系统的安装一般在土建工程完工后进行，而土建部位的施工多由其他施工单位完成，因此应加强对已施工土建部位的保护。

5.1.5 光伏系统安装时应采取防触电措施，确保人员安全。

5.1.6 光伏系统安装时应采取安全措施，以保证设备、系统和人员的安全。

5.2 基座

5.2.1 光伏组件或方阵的支架应固定在预设的基座上，不得直接放置在建筑面层上，否则既无法保证支架安装牢固，还会对建筑面层造成损害。

5.2.2 基座关系到光伏系统的稳定和安全，因此必须由专业技术人员来完成。

5.2.3 一般情况下，光伏组件或方阵的承重基座都是在屋面结构层上现场砌筑（或浇筑）。对于在既有建筑上安装的光伏系统工程，需要揭开建筑面层做基座，因此将破坏建筑原有的防水结构。基座完工后，被破坏的部位应重新做防水工程。

5.2.4 不少光伏系统工程采用预制支架基座，直接放置在建筑屋面上，易对屋面构造成损害，应附加防水层和保护层。

5.2.5 对外露的金属预埋件应进行防腐防锈处理，防止预埋件受损而失去强度。

5.2.6 连接件与基座之间的空隙，多为金属构件，为避免此部位锈蚀损坏，安装完毕后应采用细石混凝土填捣密实。

5.3 支 架

5.3.2 支架在基座上的安装位置不正确将造成支架偏移，影响主体结构的受力。

5.3.3 光伏组件或方阵的防风主要是通过支架实现的。由于现场条件不同，防风措施也不同。

5.3.4 为防止漏电伤人，钢结构支架应与建筑接地系统可靠连接。

5.3.6 由于光伏方阵支吊架用于室外，受到风、雪荷载作用，如果使用单一摩擦型节点连接方式，容易造成支架的松脱，存在使用安全隐患。

5.4 光伏组件

5.4.1 由于安装在不同建筑部位，光伏组件所受的风荷载、雪荷载和地震作用等均不同，安装时光伏组件的强度应与设计时选定的产品强度相符合。

5.4.2 光伏组件应按设计要求可靠地固定在支架上，防止脱落、变形，影响发电功能。

5.4.4 为抑制光伏组件使用期间产生温升，屋顶与光伏组件之间应留有通风间隙，从施工方便角度，通风间隙不宜小于100mm。

5.4.5 光伏组件的强度，一般与无色透明强化玻璃的厚度、铝框的厚度及形状、固定用金属零件或螺栓的直径、数量等有关，安装时必须严格遵守产品厂家指定的安装条件。

5.4.6 坡屋面上安装光伏组件时，会破坏周边的防水连接构造，因此必须制定专门的构造措施，如附加防水层等，并严格按要求施工，不得出现渗漏。

5.4.7 由于光伏幕墙的施工安装目前还没有对应的国家标准，光伏幕墙的安装应符合《玻璃幕墙建筑工程技术规范》JGJ 102和《建筑装饰装修工程质量验收规范》GB 50210等现行国家标准的相关规定。

幕墙中常用的双玻光伏幕墙也是建材型光伏构件的一种，是指由两片以上的玻璃，采用PVB胶片将太阳电池组装在一起，能单独提供直流输出的光伏构件。《玻璃幕墙工程技术规范》JGJ 102要求，玻璃幕墙采用夹层玻璃时，应采用干法加工合成，其夹层宜采用聚乙烯醇缩丁醛（PVB）胶片；夹层玻璃合片时，应严格控制温、湿度。

5.4.8 在盐雾、寒冷、积雪等地区，光伏系统对设备选型、材料和安装工艺均有特殊要求，产品生产厂家和安装施工单位应共同研究制定适宜的安装施工方案。

5.4.9 既有建筑的建造年代、承载状况等均不同，安装光伏系统时，应根据具体情况，选择支架式、叠合式或一体式的安装方法。

5.5 电 气 系 统

5.5.4 光伏系统直流部分的接线，由于目前采用了标准接头，一般不会发生正负极性错接的情况。但也经常会发生把接头切去、加长电缆后重新连接的情况，此时应严格防止接线错误。

5.5.5 蓄电池周围应保持良好通风，以保证蓄电池散热和正常工作。

5.5.6 并网逆变器等控制器的工作环境应保持良好，以保证其安全工作和检修方便。

5.5.7 光伏系统中的电缆防水套管与建筑主体之间的缝隙必须做好防水密封，建筑表面需进行光洁处理。

6 工 程 验 收

6.1 一 般 规 定

6.1.1 民用建筑光伏系统工程验收应包括建筑工程验收和光伏系统工程验收。

6.1.3 光伏系统工程验收应规范化。分项工程验收应由监理工程师（或建设单位项目技术负责人）组织施工单位专业质量（技术）负责人等进行验收。

6.1.4 光伏系统工程施工验收后，施工单位应向建设单位提交竣工验收报告和光伏系统施工图。建设单位收到工程竣工验收报告后，应组织设计、施工、监理等单位（项目）负责人联合进行竣工验收。所有验收应做好记录，签署文件，立卷归档。

6.2 分项工程验收

6.2.1 由于光伏系统工程施工受多种条件的制约，分项工程验收可根据工程施工特点分期进行。

6.2.2 为了保证工程质量，避免返工，光伏系统工程施工工序必须在前一道工序完成并质量合格后才能进行下道工序，并明确了必须验收的项目。

6.3 竣 工 验 收

6.3.1 当分项工程验收或检验合格后方可进行竣工验收。

中华人民共和国行业标准

采暖通风与空气调节工程检测技术规程

Technical specification for test of heating & ventilating
and air-conditioning engineering

JGJ/T 260—2011

批准部门：中华人民共和国住房和城乡建设部
施行日期：2 0 1 2 年 4 月 1 日

中华人民共和国住房和城乡建设部
公 告

第 1130 号

关于发布行业标准《采暖通风与空气调节工程检测技术规程》的公告

现批准《采暖通风与空气调节工程检测技术规程》为行业标准，编号为 JGJ/T 260-2011，自 2012 年 4 月 1 日起实施。

本规程由我部标准定额研究所组织中国建筑工业出版社出版发行。

中华人民共和国住房和城乡建设部
2011 年 8 月 29 日

前 言

根据原建设部《关于印发〈2005 年工程建设标准规范制订、修订计划（第一批）〉的通知》（建标函〔2005〕84 号）的要求，规程编制组经广泛调查研究，认真总结实践经验，参考有关国际标准和国外先进标准，并在广泛征求意见的基础上，制定本规程。

本规程主要技术内容包括：总则，基本规定，基本技术参数测试方法，采暖工程，通风与空调工程，洁净工程，恒温恒湿工程。

本规程由住房和城乡建设部负责管理，由中国建筑科学研究院负责具体技术内容的解释。执行过程中如有意见或建议，请寄送中国建筑科学研究院（地址：北京市北三环东路 30 号，邮政编码：100013，E-mail：JCGC163@163.com）。

本 规 程 主 编 单 位：中国建筑科学研究院
湖南望新建设集团股份有限公司

本 规 程 参 编 单 位：北京住总集团有限责任公司
北京市设备安装工程集团有限公司
北京建工总机电设备安装工程有限公司
北京市建设工程质量监督总站
国家空调设备质量监督检验中心
深圳市建设工程质量监督总站
深圳市建设工程质量检测中心
辽宁省建设科学研究院
上海市建设工程质量检测有限公司
北京建筑工程学院
沈阳紫薇机电设备有限公司
国际铜业中国协会
福禄克国际公司

本规程主要起草人：宋 波　宋松树　史新华
刘元光　李建军　孙世如
曹 勇　王智超　张彦国
柳 松　刘锋钢　陈少波
盖晓霞　路 宾　王庆辉
高尚现　邵宗义　李 攀
张建华　邱晨怡

本规程主要审查人：许文发　朱 能　李德英
万水娥　于晓明　曹 阳
朱伟峰　龚延风　董重成

目　次

1　总则 ……………………………… 30—5
2　基本规定 ………………………… 30—5
3　基本技术参数测试方法 ………… 30—5
  3.1　一般规定 …………………… 30—5
  3.2　风系统基本参数 …………… 30—5
  3.3　水系统基本参数 …………… 30—6
  3.4　室内环境基本参数 ………… 30—7
  3.5　电气参数和其他参数 …… 30—10
  3.6　系统性能参数 …………… 30—10
4　采暖工程 ……………………… 30—13
  4.1　一般规定 ………………… 30—13
  4.2　水压试验 ………………… 30—13
  4.3　冲洗与充水试验 ………… 30—15
  4.4　试运行与调试检测 ……… 30—15
5　通风与空调工程 ……………… 30—16
  5.1　一般规定 ………………… 30—16
  5.2　严密性试验 ……………… 30—16
  5.3　水压试验 ………………… 30—17
  5.4　冲洗与充水试验 ………… 30—17
  5.5　试运行与调试检测 ……… 30—17

6　洁净工程 ……………………… 30—18
  6.1　一般规定 ………………… 30—18
  6.2　高效过滤器扫描检漏 …… 30—19
  6.3　生物洁净室微生物检测 … 30—19
  6.4　洁净室微振检测 ………… 30—20
  6.5　围护结构表面导静电性检测 … 30—20
  6.6　洁净室气流检测 ………… 30—20
  6.7　非单向流洁净室自净能力
    检测 …………………… 30—20
  6.8　围护结构严密性检测 …… 30—20
  6.9　围护结构防渗漏检测 …… 30—21
7　恒温恒湿工程 ………………… 30—21
  7.1　一般规定 ………………… 30—21
  7.2　室内温度检测 …………… 30—21
  7.3　室内湿度检测 …………… 30—21
  7.4　室内噪声检测 …………… 30—22
  7.5　室内振动检测 …………… 30—22
本规程用词说明 ………………… 30—22
引用标准名录 …………………… 30—22
附：条文说明 …………………… 30—23

Contents

1 General Provisions ·············· 30—5

2 Basic Requirements ·············· 30—5

3 Testing Methods of Basic Technical Performance Parameters ·············· 30—5

3.1 General Requirements ·············· 30—5

3.2 Basic Parameters of Air System ·············· 30—5

3.3 Basic Parameters of Water System ·············· 30—6

3.4 Basic Parameters of Indoor Environment ·············· 30—7

3.5 Basic Parameters of Electricity System and Others ·············· 30—10

3.6 Performance Parameters of Heating, Air-conditioning & Cleaning System ·············· 30—10

4 Heating Engineering ·············· 30—13

4.1 General Requirements ·············· 30—13

4.2 Pressure Testing ·············· 30—13

4.3 Flushing and Water-filled Testing ·············· 30—15

4.4 Operation and Commissioning Testing ·············· 30—15

5 Ventilation & Air-conditioning Engineering ·············· 30—16

5.1 General Requirements ·············· 30—16

5.2 Leakage Testing ·············· 30—16

5.3 Pressure Testing ·············· 30—17

5.4 Flushing and Water-filled Testing ·············· 30—17

5.5 Operation and Commissioning Testing ·············· 30—17

6 Clean Engineering ·············· 30—18

6.1 General Requirements ·············· 30—18

6.2 Installed HEPA Leakage Scan Testing ·············· 30—19

6.3 Biological Test for Bio-cleanroom ·············· 30—19

6.4 Vibration Test for Cleanroom ·············· 30—20

6.5 Electrostatic Test for Construction ·············· 30—20

6.6 Airflow Direction Test and Visualization ·············· 30—20

6.7 Recovery Test for Non-unidirectional Airflow Cleanroom ·············· 30—20

6.8 Enclosure Leak Tightness Test ·············· 30—20

6.9 Enclosure Containment Leak Test ·············· 30—21

7 Constant Temperature and Humidity Engineering ·············· 30—21

7.1 General Requirements ·············· 30—21

7.2 Indoor Temperature Testing ·············· 30—21

7.3 Indoor Humidity Testing ·············· 30—21

7.4 Indoor Noise Testing ·············· 30—22

7.5 Indoor Vibration Testing ·············· 30—22

Explanation of Wording in This Specification ·············· 30—22

List of Quoted Standards ·············· 30—22

Addition: Explanation of Provisions ·············· 30—23

1 总 则

1.0.1 为了加强对采暖通风与空气调节工程的监督与管理，规范采暖通风与空气调节工程的检测方法，保证采暖通风与空气调节工程检测的质量，制定本规程。

1.0.2 本规程适用于采暖通风与空气调节工程中基本技术参数性能指标测试，以及采暖、通风、空调、洁净、恒温恒湿工程的试验、试运行及调试的检测。

1.0.3 采暖通风与空气调节工程检测除应符合本规程外，尚应符合国家现行有关标准的规定。

2 基 本 规 定

2.0.1 采暖通风与空气调节工程检测可分为过程检测、试运行与调试检测。

2.0.2 委托第三方检测的程序应符合下列规定：

1 委托方应提出检测要求，并应提供完整的技术资料；

2 委托方与检测机构应签订委托合同；

3 检测机构应组成检测小组，制定检测方案并实施；

4 检测机构应出具检测报告。

2.0.3 参加检测的工作人员应经专业技术培训，所使用的检测仪器和设备应在合格检定或校准有效期内。

2.0.4 检测人员应根据检测范围，选择和操作相关检测仪器设备，与检测仪器设备相关的技术资料应便于检测人员的取用。

2.0.5 检测时应妥善保管检测资料和检测结果，检测后应做好技术档案归档工作。

2.0.6 检测报告的保存管理应符合下列规定：

1 报告发出后，报告副本、原始记录和相关资料应统一管理；

2 报告的保存和销毁应按相应制度执行。

3 基本技术参数测试方法

3.1 一 般 规 定

3.1.1 采暖通风与空气调节系统各项性能均应在系统实际运行状态下进行检测。

3.1.2 冷水（热泵）机组及其水系统性能检测工况应符合现行行业标准《公共建筑节能检测标准》JGJ/T 177 的规定。

3.1.3 基本参数检测项目应包括风系统基本参数、水系统基本参数、室内环境基本参数、电气和其他参数，以及系统性能参数。

3.2 风系统基本参数

3.2.1 风系统基本参数检测仪表性能应符合表3.2.1的规定。

表 3.2.1 风系统基本参数检测仪表性能

序号	测量参数（单位）	检测仪器	仪表准确度
1	送、回风温度（℃）	玻璃水银温度计、热电阻温度计、热电偶温度计等各类温度计(仪)	0.5℃
2	风速(m/s)	风速仪、毕托管和微压计	0.5m/s
3	风量(m³/h)	毕托管和微压计、风速仪、风量罩	5%（测量值）
4	动压、静压(Pa)	毕托管和微压计	1.0Pa
5	大气压力（Pa）	大气压力计	2hPa

3.2.2 送、回风温度的检测应符合下列规定：

1 送、回风温度的测点布置应符合下列规定：

1）风口送、回温度检测位置应位于风口表面气流直接触及的位置（包含散流器出口）；

2）风管内和机组送、回风温度检测位置应位于风管中央或机组预留点。

2 送、回风温度可按下列步骤及方法进行测量：

1）根据委托要求和现场的实际情况确定检测状态；

2）检查系统是否运行稳定；

3）确定测点的具体位置以及测点的数目；

4）使用检测仪器设备进行检测。

3 送、回风温度应按下式计算：

$$t_p = \frac{\sum_{i=1}^{n} t_i}{n} \qquad (3.2.2)$$

式中：t_p——测点平均温度（℃）；

n——测试点的个数；

t_i——第 i 个测点温度（℃）。

3.2.3 风管风量、风速和风压的检测应符合下列规定：

1 风管风量、风速和风压测点布置应符合现行行业标准《公共建筑节能检测标准》JGJ/T 177 的规定。

2 风管风量、风速和风压可按下列步骤及方法进行检测：

1）检查系统和机组是否正常运行，并调整到检测状态；

2）确定风量测量的具体位置以及测点的数目

和布置方法，测量截面应选择在气流较均匀的直管段上，并距上游局部阻力管件4倍～5倍管径以上（或矩形风管长边尺寸），距下游局部阻力管件1.5倍～2倍管径以上（或矩形风管长边尺寸）的位置（图3.2.3）；

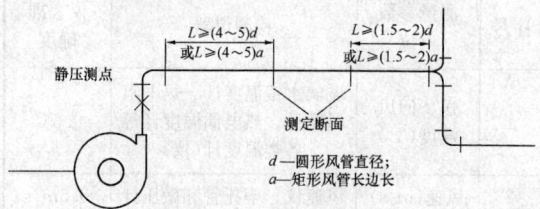

图 3.2.3　测定断面位置选择示意

3）依据仪表的操作规程，调整测试用仪表到测量状态；

4）逐点进行测量，每点宜进行2次以上测量；

5）当采用毕托管测量时，毕托管的直管应垂直管壁，毕托管的测头应正对气流方向且与风管的轴线平行，测量过程中，应保证毕托管与微压计的连接软管通畅无漏气；

6）记录所测空气温度和当时的大气压力。

3　数据处理应符合下列规定：

1）当采用毕托管和微压计测量时，应按下列公式计算风量：

$$\overline{P_v} = \left(\frac{\sqrt{P_{v1}} + \sqrt{P_{v2}} + \cdots\cdots \sqrt{P_{vn}}}{n} \right)^2$$

$$(3.2.3\text{-}1)$$

$$\overline{V} = \sqrt{\frac{2\overline{P_v}}{\rho}} \qquad (3.2.3\text{-}2)$$

$$L = 3600\overline{V}F \qquad (3.2.3\text{-}3)$$

$$L_s = \frac{L \cdot \rho}{1.2} \qquad (3.2.3\text{-}4)$$

$$\rho = 0.00349B/(273.15+t) \quad (3.2.3\text{-}5)$$

式中：　$\overline{P_v}$——平均动压(Pa)；

P_{v1}、P_{v2}……P_{vn}——各测点的动压(Pa)；

$\overline{V}$——断面平均风速(m/s)；

ρ——空气密度(kg/m³)；

B——大气压力(kPa)；

t——空气温度(℃)；

F——断面面积(m²)；

L——机组或系统风量(m³/h)；

L_s——标准空气状态下风量(m³/h)。

2）当采用热电风速计或数字式风速计测量风量时，断面平均风速为各测点风速测量值的平均值，实测风量和标准风量的计算方法与毕托管和微压计测量计算方法相同。

3.2.4　大气压力的检测应符合下列规定：

1　大气压力检测的测点布置应将大气压力测试装置放置于当地测点水平处，保持与测试环境充分接触，并不受外界相关因素干扰；

2　应在测试环境稳定后，对仪表进行读值；

3　大气压力检测的数据处理应取两次测试值的平均值作为测试结果。

3.2.5　室内换气次数检测应符合现行国家标准《公共场所室内换气率测定方法》GB/T 18204.19 的规定。

3.2.6　室内气流速度检测应符合下列规定：

1　室内气流速度检测的测点布置应将被测空间划分为若干个体积相等的正方体，在每个小的正方体内悬挂布置小型风速自动记录仪，测点的位置和数量由被测空间的大小和工艺要求确定。

2　室内气流速度可按下列步骤及方法进行检测：

1）对所有测点的风速自动记录仪校对时间，设置自动记录的启动时间和时间间隔；

2）开启被测空间工艺设备进行送风，待稳定后人员离开被测试空间；

3）风速自动记录仪按照预先设定进行自动测量和存储，测试完成后应使用相应的软件将数据下载进行分析。

3　室内气流速度检测的数据处理应依据采集的数据，做出室内气流速度场在空间和时间范围内的分布图。

3.3　水系统基本参数

3.3.1　水系统基本参数检测仪表性能应符合表3.3.1的要求。

表 3.3.1　水系统基本参数检测仪表性能

序号	测量参数	单位	检测仪器	仪表准确度
1	温度	℃	玻璃水银温度计、铂电阻温度计等各类温度计(仪)	0.2℃(空调) 0.5℃(采暖)
2	流量	m³/h	超声波流量计或其他形式流量计	≤2%(测量值)
3	压力	Pa	压力仪表	≤5%(测量值)

3.3.2　水温检测应符合下列规定：

1　水温检测的测点布置应尽量布置在靠近被测机组（设备）的进出口处；当被检测系统预留安放温度计位置时，可利用预留位置进行测试。

2　水温可按下列步骤进行检测：

1）确定检测状态，安装检测仪表；

2）依据仪表的操作规程，调整测试仪表到测量状态；

3）待测试状态稳定后，开始测量；

4）测试过程中，若测试工况发生比较大的变化，需对测试状态进行调整，重新进行测试。

3 水温检测的数据处理应将各次测量值的算术平均值作为测试值。

3.3.3 水流量检测应符合下列规定：

1 水流量检测的测点布置应设置在设备进口或出口的直管段上；对于超声波流量计，其最佳位置可为距上游局部阻力构件10倍管径、距下游局部阻力构件5倍管径之间的管段上。

2 水流量可按下列步骤进行检测：

1）确定检测状态，安装检测仪表；

2）依据仪表的操作规程，调整测试仪表到测量状态；

3）待测试状态稳定后，开始测量，测量时间宜取10min。

3 水流量检测的数据处理应取各次测量的算术平均值作为测试值。

3.3.4 压力检测应符合下列规定：

1 压力检测的测点布置应在系统原有压力表安装位置。

2 压力可按下列步骤进行检测：

1）确定检测状态，拆卸系统原有压力表，安装已标定或校准过的压力表；

2）依据仪表的操作规程，调整测试仪表到测量状态；

3）待测试状态稳定后，开始测量。

3 压力检测的数据处理应取各次测量的算术平均值作为测试值。

3.4 室内环境基本参数

3.4.1 室内环境基本参数检测仪表性能应符合表3.4.1的要求。

表3.4.1 室内环境基本参数检测仪表性能

序号	测量参数	单位	检测仪器	仪表准确度
1	温度	℃	温度计(仪)	0.5℃ 热响应时间不应大于90s
2	相对湿度	%RH	相对湿度仪	5%RH
3	风速	m/s	风速仪	0.5m/s
4	噪声	dB(A)	声级计	0.5dB(A)
5	洁净度	粒/m³	尘埃粒子计数器	采样速率大于1L/min
6	静压差	Pa	微压计	1.0Pa

3.4.2 室内环境温度、湿度检测应符合下列规定：

1 空调房间室内环境温度、湿度检测的测点布置应符合下列规定：

1）室内面积不足16m²，测室中央1点；

2）16m²及以上且不足30m²测2点（居室对角线三等分，其二个等分点作为测点）；

3）30m²及以上不足60m²测3点（居室对角线四等分，其三个等分点作为测点）；

4）60m²及以上不足100m²测5点（二对角线上梅花设点）；

5）100m²及以上每增加20m²~50m²酌情增加1个~2个测点（均匀布置）；

6）测点应距离地面以上0.7m~1.8m，且应离开外墙表面和冷热源不小于0.5m，避免辐射影响。

2 室内环境温度、湿度可按下列步骤及方法进行检测：

1）根据设计图纸绘制房间平面图，对各房间进行统一编号；

2）检查测试仪表是否满足使用要求；

3）检查空调系统是否正常运行，对于舒适性空调，系统运行时间不少于6h；

4）根据系统形式和测点布置原则布置测点；

5）待系统运行稳定后，依据仪表的操作规程，对各项参数进行检测并记录测试数据；

6）对于舒适性空调系统测量一次。

3 室内平均温度应按下列公式计算：

$$t_{rm} = \frac{\sum_{i=1}^{n} t_{rm,i}}{n} \qquad (3.4.2-1)$$

$$t_{rm,i} = \frac{\sum_{j=1}^{p} t_{i,j}}{p} \qquad (3.4.2-2)$$

式中：t_{rm} ——检测持续时间内受检房间的室内平均温度（℃）；

$t_{rm,i}$ ——检测持续时间内受检房间第i个室内逐时温度（℃）；

n ——检测持续时间内受检房间的室内逐时温度的个数；

$t_{i,j}$ ——检测持续时间内受检房间第j个测点的第i个温度逐时值（℃）；

p ——检测持续时间内受检房间布置的温度测点的点数。

4 室内平均相对湿度应按下列公式计算：

$$\varphi_{rm} = \frac{\sum_{i=1}^{n} \varphi_{rm,i}}{n} \qquad (3.4.2-3)$$

$$\varphi_{rm,i} = \frac{\sum_{j=1}^{p} \varphi_{i,j}}{p} \qquad (3.4.2-4)$$

式中：φ_{rm} ——检测持续时间内受检房间的室内平均相对湿度（%）；

$\varphi_{rm,i}$——检测持续时间内受检房间第 i 个室内
逐时相对湿度(%);

n——检测持续时间内受检房间的室内逐时
相对湿度的个数;

$\varphi_{i,j}$——检测持续时间内受检房间第 j 个测点
的第 i 个相对湿度逐时值(%);

p——检测持续时间内受检房间布置的相对
湿度测点的点数。

3.4.3 风口风速检测应符合下列规定:

1 风口风速检测的测点布置应符合下列规定:

1)当风口面积较大时,可用定点测量法,测
点不应少于 5 个,测点布置如图 3.4.3-1
所示;

2)当风口为散流器风口时,测点布置如图
3.4.3-2 所示。

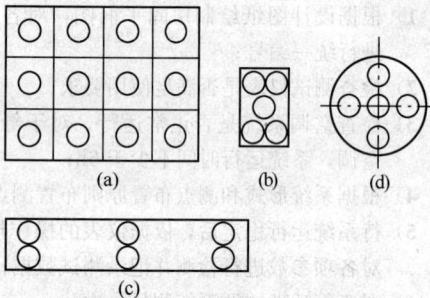

图 3.4.3-1 各种形式风口测点布置
(a)较大矩形风口;(b)较小矩形风口;
(c)条缝形风口;(d)圆形风口

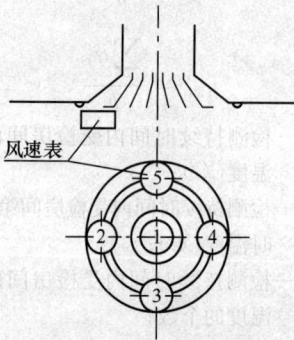

图 3.4.3-2 用风速仪测
定散流器出口平均风速

2 风口风速可按下列检测步骤及方法进行检测:

1)当风口为格栅或网格风口时,可用叶轮式
风速仪紧贴风口平面测定风速;

2)当风口为条缝形风口或风口气流有偏移时,
应临时安装长度为 0.5m～1.0m 且断面尺
寸与风口相同的短管进行测定。

3 风口风速应按下式计算:

$$V = \frac{V_1 + V_2 + V_3 + \cdots\cdots + V_n}{N} \quad (3.4.3)$$

式中:V_1、V_2……V_n——各测点的风速(m/s);

n——测点总数(个)。

3.4.4 风口风量的检测应符合下列规定:

1 风口风量检测测点布置应符合下列规定:

1)当采用风速计法测量风口风量时,在辅助
风管出口平面上,应按测点不少于 6 点均
匀布置测点;

2)当采用风量罩法测量风口风量时,应根据
设计图纸绘制风口平面布置图,并对各房
间风口进行统一编号。

2 风口风量可按下列检测步骤及方法进行检测:

1)当采用风速计法时,根据风口的尺寸,制
作辅助风管;辅助风管的截面尺寸应与风
口内截面尺寸相同,长度不小于 2 倍风口
边长;利用辅助风管将待测风口罩住,保
证无漏风;

2)当采用风量罩法时,根据待测风口的尺寸、
面积,选择与风口的面积较接近的风量罩
罩体,且罩体的长边长度不得超过风口长
边长度的 3 倍;风口的面积不应小于罩体
边界面积的 15%;确定罩体的摆放位置来
罩住风口,风口宜位于罩体的中间位置;
保证无漏风。

3 风口风量检测的数据处理应符合下列规定:

1)当采用风速计法时,以风口截面平均风速
乘以风口截面积计算风口风量,风口截面
平均风速为各测点风速测量值的算术平均
值,应按下式计算:

$$L = 3600 \cdot F \cdot V \quad (3.4.4)$$

式中:F——送风口的外框面积(m^2);

V——风口处测得的平均风速(m/s)。

2)当采用风量罩法时,观察仪表的显示值,
待显示值趋于稳定后,读取风量值,依据
读取的风量值,考虑是否需要进行背压补
偿,当风量值不大于 1500m^3/h 时,无需
进行背压补偿,所读风量值即为所测风口
的风量值;当风量值大于 1500m^3/h 时,
使用背压补偿挡板进行背压补偿,读取仪
表显示值即为所测的风口补偿后风量值。

3.4.5 室内环境噪声检测应符合下列规定:

1 室内环境噪声检测的测点布置应符合下列
规定:

1)当室内面积小于 50 m^2 时,测点应位于室
内中心且距地 1.1m～1.5m 高度处或按工
艺要求设定,距离操作者 0.5m 左右,距
墙面和其他主要反射面不小于 1m;

2)当室内面积大于 50m^2 时,每增加 50m^2 应增
加 1 个测点;

3)测量时声级计或传声器可采用手持或固定
在三脚架上,应使传声器指向被测声源。

2 室内环境噪声可按下列检测步骤及方法进行检测：

1）根据设计图纸绘制房间平面图，对各房间进行统一编号；

2）检查测试仪表是否满足使用要求；

3）检查空调系统是否正常运行；

4）根据测点布置原则布置测点；

5）关掉所有空调设备，测量背景噪声；

6）依据仪表的操作规程，测量各测点噪声。

3 室内环境噪声检测的数据处理应符合下列规定：

1）当实测噪声与背景噪声之差 $\Delta < 3\text{dB(A)}$ 时，测量无效；

2）当实测噪声与背景噪声之差 $\Delta = 3\text{dB(A)}$ 时，实测值 -3dB(A)；

3）当实测噪声与背景噪声之差 $\Delta = 4 \sim 5\text{dB}$(A)，实测值 -2dB(A)；

4）当实测噪声与背景噪声之差 $\Delta = 6 \sim 10\text{dB}$(A)，实测值 -1dB(A)；

5）当实测噪声与背景噪声之差 $\Delta > 10\text{dB(A)}$，不用修正。

3.4.6 截面风速的检测应符合下列规定：

1 截面风速检测的测点布置应符合下列规定：

1）对于为检测送风量而进行的单向流风速检测，应在距离过滤器出风面 $100\text{mm} \sim 300\text{mm}$ 的截面处进行。对于工作面平均风速的检测应与委托方协商确认工作面的位置，垂直单向流应选择距墙或围护结构内表面大于 0.5m，离地面 0.8m 作为工作区；水平单向流以距送风墙或围护结构内表面 0.5m 处的纵断面为第一工作面；

2）确定测点数时，可采用送风面积乘以 10，再计算平方根确定测点数量，不得少于 4 个点，且每个高效过滤风口或风机过滤器机组至少测量 1 个点；

3）确定测量时间时，为保证检测的可重复性，每点风速检测应保证一定的测量时间，可采用一定时间的平均值作为测点的检测值。

2 应检查空调系统运行是否正常，依据仪表的操作规程，测量并记录各测点截面风速。

3 截面风速检测的数据处理应符合下列规定：

1）对于为检测送风量和截面平均风速进行的风速检测，应以各点平均值作为检测结果；

2）工作面风速不均匀度可按下式计算：

$$\beta_v = \frac{\sqrt{\dfrac{\sum (v_i - \overline{v})^2}{n-1}}}{\overline{v}} \qquad (3.4.6)$$

式中：β_v——风速不均匀度；

v_i——任一点实测风速；

$\overline{v}$——平均风速；

n——测点数。

3.4.7 空气洁净度检测应符合下列规定：

1 空气洁净度检测仪表的选择应符合下列规定：

1）空气洁净度检测宜采用粒子计数器，采样量应大于 1L/min；

2）当测试粒径大于或等于 $0.5\mu\text{m}$ 的粒子时，宜采用光散射粒子计数器；

3）当测试粒径大于或等于 $0.1\mu\text{m}$ 的粒子时，宜采用大流量激光粒子计数器，采样量应大于或等于 28.3L/min；

4）当测试粒径小于 $0.1\mu\text{m}$ 的超微粒子时，宜采用凝结核激光粒子计数器。

2 空气洁净度检测采样点应按下式计算：

$$N_L = \sqrt{A} \qquad (3.4.7\text{-}1)$$

式中：N_L——最少采样点数；

A——洁净室（区）的面积（m^2）。

3 空气洁净度检测每次采样的最少采样量的确定应符合下列规定：

1）在每个采样点应采集足够的空气量，保证能检测出至少 20 个粒子，每个采样点的每次采样量应按下式计算：

$$V_s = \frac{20}{Cn \cdot m} \times 1000 \qquad (3.4.7\text{-}2)$$

式中：V_s——采样量（L）；

$Cn \cdot m$——被测洁净室（区）空气洁净度等级被测粒径的允许限制（p/m^3）。

2）每个采样点的采样量应至少为 2L，采样时间最少应为 1min；当洁净室（区）仅有 1 个采样点时，应在该点至少采样 3 次。

4 空气洁净度检测的数据处理应符合下列规定：

1）每个采样次数为 2 次或 2 次以上的采样点，该采样点平均粒子浓度应按下式计算：

$$\overline{X}_i = \frac{X_{i,1} + X_{i,2} + \Lambda + X_{i,n}}{n} \qquad (3.4.7\text{-}3)$$

式中：$\overline{X}_i$——采样点 i（代表任何位置）的平均粒子浓度；

$X_{i,1} \cdots\cdots X_{i,n}$——每次采样的粒子浓度；

n——在采样点 i 的采样次数。

2）当采样点为 1 个时，应按本规程式（3.4.7-3）计算该点平均粒子浓度。当采样点为 10 个或 10 个以上时，应按本规程式（3.4.7-3）计算各点的平均浓度后，按下式计算洁净室（区）总平均值：

$$\overline{\overline{X}} = \frac{\overline{X}_{i,1} + \overline{X}_{i,2} + \Lambda + \overline{X}_{i,m}}{m} \qquad (3.4.7\text{-}4)$$

式中：$\overline{\overline{X}}$——采样点平均值的总平均值；

m——采样点的总数。

3.4.8 静压差的检测应符合下列规定：

1 静压差检测点布置应在所有门关闭的条件下进行，宜由平面布置上与外界最远的里间房间开始，依次向外测定，通过门缝或预留测孔等位置进行检测。

2 静压差可按下列检测步骤及方法进行检测：

1）静压差的测试应在风量调试完成后进行；

2）根据房间平面图，制定检测顺序，检测前确认所有房门关闭；

3）根据安排好的顺序，依次对各房间的静压差进行检测，记录检测数据。

3.5 电气参数和其他参数

3.5.1 电气参数和其他参数等检测仪表性能应符合表3.5.1的要求。

表3.5.1 电气参数和其他参数等检测仪表性能

序号	测量参数	单位	检测仪器	仪表准确度
1	电流	A	交流电流表 交流钳形电流表	2.0级
2	电压	V	电压表	1.0级
3	功率	kW	功率表或 电流电压表	1.5级
4	功率因数	%	功率因数表	1.5级
5	转速	r/min	各类接触式 非接触式转速表	1.5级

3.5.2 电流检测应符合下列规定：

1 电流检测的测点布置应根据测试需求，确定被测电流的位置；

2 应检查测试状态是否正常，并依据仪表的操作规程，进行测量；

3 电流检测的数据处理应待被测电流稳定后，进行记录读值。

3.5.3 电压检测应符合下列规定：

1 电压检测的测点布置应根据测试需求确定被测电压的位置；

2 应检查测试状态是否正常，并依据仪表的操作规程，进行测量；

3 电压检测的数据处理应待被测电压稳定后，进行记录读值，取三相电压的算术平均值。

3.5.4 转速检测应符合下列规定：

1 转速检测的测点布置应根据测试需求确定被测位置；

2 应检查测试状态是否正常，并依据仪表的操作规程，进行测试；

3 转速检测的数据处理应直接测量机组主轴转速，在同一试验条件下测量三次，取平均值。

3.5.5 功率检测应符合下列规定：

1 功率检测的测点布置应根据测试需求确定被测位置，电机输入功率检测应按现行国家标准《三相异步电动机试验方法》GB/T 1032进行。

2 功率检测宜优先采用两表法（两台单相功率表）测量，也可采用一台三相功率表或三台单相功率表测量。

3 当功率检测的数据处理采用两表法（两台单相功率表）测量时，输入功率应为两表测试功率之和。

3.5.6 功率因数检测应符合下列规定：

1 功率因数检测的测点布置应根据测试需求确定被测设备的位置。

2 应检查测试状态是否正常，并依据仪表的操作规程，进行测量。

3 功率因数的数据处理应符合下列规定：

1）当测试仪表能够直接显示功率因数时，应直接读取功率因数作为测试值；

2）当测试仪表无法直接显示功率因数时，应根据功率表和交流电压表（交流电流表）测试的有功功率值和视在功率计算得出功率因数。

3.6 系统性能参数

3.6.1 制冷（热）量检测应符合下列规定：

1 制冷（热）量检测的测点布置应符合下列规定：

1）对于2台及以下同型号机组，应至少抽取1台；对于3台及以上同型号机组，应至少抽取2台；

2）温度计应设在靠近机组的进出口处；流量传感器应设在设备进口或出口的直管段上，并应符合测试要求。

2 制冷（热）量可按下列步骤及方法进行检测：

1）应按现行国家标准《容积式和离心式冷水（热泵）机组性能试验方法》GB/T 10870规定的液体载冷剂法进行检测；

2）检测时应同时分别对冷水（热水）的进、出口处水温和流量进行检测，根据进、出口温差和流量检测值计算得到系统的供冷（供热）量；

3）应每隔5min～10min读一次数，连续测量60min，取每次读数的平均值作为测试的测定值。

3 机组制冷（热）量应按下式计算：

$$Q_0 = V\rho c\Delta t/3600 \tag{3.6.1}$$

式中：Q_0——机组制冷（热）量（W）；

V——循环侧水平均流量（m³/h）；

Δt——循环侧水进、出口平均温差（℃）；

ρ——水平均密度（kg/m³）；

c——平均温度下水的比热容[kJ/(kg·℃)]。

3.6.2 冷水机组性能系数检测应符合下列规定：

1 冷水机组性能系数可按下列步骤及方法进行检测：

1) 应在被测机组测试状态稳定后，开始测量冷水机组的冷量，并同时测量冷水机组耗功率；

2) 应每隔 5min～10min 读一次数，连续测量 60min，取每次读数的平均值作为测试的测定值；

3) 冷水机组的校核试验热平衡率偏差不得大于 15%。

2 冷水机组性能系数检测的数据处理应符合下列规定：

1) 电驱动压缩机的蒸气压缩循环冷水机组的性能系数（COP）应按下式计算：

$$COP = \frac{Q_0}{N_i} \qquad (3.6.2-1)$$

式中：Q_0——机组测定工况下平均制冷量（kW）；

N_i——机组平均实际输入功率（kW）。

2) 溴化锂吸收式冷水机组的性能系数（COP）按下式计算：

$$COP = \frac{Q_0}{(Wq/3600) + P} \qquad (3.6.2-2)$$

式中：Q_0——机组测定工况下平均制冷量（kW）；

W——燃料耗量，其中燃气消耗量 W_g（m³/h），燃油消耗量 W_0（kg/h）；

q——燃料低位热值（kJ/m³ 或 kJ/kg）；

P——消耗电力（kW）。

3.6.3 水泵效率检测应符合下列规定：

1 水泵效率可按下列步骤及方法进行检测：

1) 应在被测水泵测试状态稳定后，开始测量；

2) 测试过程中，应测量水泵流量，并测试水泵进出口压差，以及水泵进出口压力表的高差，同时记录水泵输入功率；

3) 检测工况下，应每隔 5min～10min 读数 1次，连续测量 60min，并应取每次读数的平均值作为检测值。

2 水泵效率应按下式计算：

$$\eta = 10^{-6}V\rho g(\Delta H + Z)/3.6W \qquad (3.6.3-1)$$

$$\Delta H = (P_{out} + P_{in})/\rho g \qquad (3.6.3-2)$$

式中：V——水泵平均水流量（m³/h）；

ρ——水平均密度（kg/m³）；

g——自由落体加速度（m/s²）；

P_{out}——水泵出口压力（Pa）；

P_{in}——水泵进口压力（Pa）；

ΔH——水泵平均扬程，进、出口平均压差（m）；

Z——水泵进、出口压力表高度差（m）；

W——水泵平均输入功率（kW）。

3.6.4 冷却塔效率检测应符合下列规定：

1 冷却塔可按下列步骤及方法进行检测：

1) 应在被测冷却塔测试状态稳定后开始测量，冷却水量不得低于额定水量的 80%；

2) 应测量冷却塔进出口水温，并测试冷却塔周围环境空气湿球温度。

2 冷却塔效率应按下式计算：

$$\eta_{ic} = \frac{T_{ic,in} - T_{ic,out}}{T_{ic,in} - T_{iw}} \times 100\% \qquad (3.6.4)$$

式中：η_{ic}——冷却塔效率（%）；

$T_{ic,in}$——冷却塔进水温度（℃）；

$T_{ic,out}$——冷却塔出水温度（℃）；

T_{iw}——环境空气湿球温度（℃）。

3.6.5 冷源系统能效比（EER_{-sys}）检测应符合下列规定：

1 应在被测冷源系统运行状态稳定后开始测量冷源系统能效比，并可下列步骤及方法进行：

1) 应分别对系统的制冷量、机组输入功率、冷冻水泵输入功率、冷却水泵输入功率、冷却塔风机输入功率进行测试；

2) 供冷量的测试应符合本规程第 3.6.1 条的规定；

3) 检测工况下，应每隔 5min～10min 读数 1次，连续测量 60min，并应取每次读数的平均值作为检测的检测值。

2 冷源系统能效比应按下式计算：

$$EER_{-sys} = \frac{Q_0}{\sum N_i} \qquad (3.6.5)$$

式中：EER_{-sys}——冷源系统能效比（kW/kW）；

Q_0——冷源系统测定工况下平均制冷量（kW）；

$\sum N_i$——冷源系统各设备的平均输入功率之和（kW）。

3.6.6 风机单位风量耗功率检测应符合下列规定：

1 抽检比例不应少于空调机组总数的 20%，不同风量的空调机组检测数量不应少于 1 台。

2 风机单位风量耗功率可按下列步骤及方法进行检测：

1) 被测风机测试状态稳定后，开始测量；

2) 分别对风机的风量和输入功率进行测试，风管风量的检测方法应符合本规程第 3.2.3 条的规定；

3) 风机的风量应为吸入端风量和压出端风量的平均值，且风机前后的风量之差不应大于 5%。

3 风机单位风量耗功率应按下式计算：

$$W_s = \frac{N}{L} \qquad (3.6.6)$$

式中：W_s——风机单位风量耗功率[W/(m³·h)]；

N——风机的输入功率（W）；

L——风机的实际风量（m^3/h）。

3.6.7 水力平衡度检测应符合下列规定：

　1 水力平衡度检测的测点位置应符合下列规定：

　　1）当热力入口总数不超过 6 个时，应全数检测；

　　2）当热力入口总数超过 6 个时，应根据各个热力入口距热源距离的远近，按近端、远端、中间区域各选 2 处确定受检热力入口。

　2 水力平衡度可按下列步骤及方法进行检测：

　　1）检测应在采暖系统正常运行后进行；

　　2）水力平衡度检测期间，应保证系统总循环水量维持恒定且为设计值的 100%～110%；

　　3）热力入口流量测试应符合本规程第 3.3.3 条的规定；

　　4）循环水量的检测值应以相同检测持续时间内各热力入口处测得的结果为依据进行计算。

　3 水力平衡度应按下式计算：

$$HB_j = \frac{G_{wm,j}}{G_{wd,j}} \quad (3.6.7)$$

式中：HB_j——第 j 个支路处的系统水力平衡度；

　　　$G_{wm,j}$——第 j 个支路处的实际水流量（m^3/h）；

　　　$G_{wd,j}$——第 j 个支路处的设计水流量（m^3/h）；

　　　j——支路处编号。

3.6.8 补水率检测应符合下列规定：

　1 补水率检测的测点应布置在补水管道上适宜的位置。

　2 补水率可按下列步骤及方法进行检测：

　　1）应在采暖系统正常运行后进行，检测持续时间宜为整个采暖期；

　　2）总补水量应采用具有累计流量显示功能的流量计量装置检测，且应符合产品的使用要求；

　　3）当采暖系统中固有的流量计量装置在检定有效期内时，可直接利用该装置进行检测。

　3 采暖系统补水率应按下列公式计算：

$$R_{mp} = \frac{g_a}{g_d} \times 100\% \quad (3.6.8\text{-}1)$$

$$g_d = 0.861 \frac{q_q}{t_s - t_r} \quad (3.6.8\text{-}2)$$

$$g_a = \frac{G_a}{A_0} \quad (3.6.8\text{-}3)$$

式中：R_{mp}——采暖系统补水率（%）；

　　　g_a——检测持续时间内采暖系统单位建筑面积单位时间内的补水量[$kg/(m^2 \cdot h)$]；

　　　g_d——采暖系统单位建筑面积单位时间内理论设计循环水量[$kg/(m^2 \cdot h)$]；

　　　G_a——检测持续时间内采暖系统平均单位时

间内的补水量（kg/h）；

　　　A_0——居住小区内所有采暖建筑物的总建筑面积（m^2）；

　　　q_q——供热设计热负荷指标（W/m^2）；

　　　t_s，t_r——采暖系统设计供回水温度（℃）。

3.6.9 室外管网热损失率检测应符合下列规定：

　1 室外管网热损失率检测的测点应布置在热源总出口及各个热力入口。

　2 室外管网热损失率可按下列步骤及方法进行检测：

　　1）应在采暖系统正常运行 120h 后进行，检测持续时间不应少于 72h；

　　2）检测期间，采暖系统应处于正常运行工况，热源供水温度的逐时值不应低于 35℃；

　　3）采暖系统室外管网供水温降应采用温度自动检测仪进行同步检测，数据记录时间间隔不应大于 60min；

　　4）建筑物采暖供热量应采用热计量装置在建筑物热力入口处检测，供回水温度和流量传感器的安装宜满足相关产品的使用要求，温度传感器宜安装于受检建筑物外墙外侧且距外墙外表面 2.5m 以内的地方；

　　5）采暖系统总采暖供热量宜在采暖热源出口处检测，供回水温度和流量传感器宜安装在采暖热源机房内，当温度传感器安装在室外时，距采暖热源机房外墙外表面的垂直距离不应大于 2.5m。

　3 采暖系统室外管网热损失率应按下式计算：

$$\alpha_{ht} = \left(1 - \sum_{j=1}^{n} Q_{a,j} / Q_{a,t}\right) \times 100\% \quad (3.6.9)$$

式中：α_{ht}——采暖系统室外管网热损失率；

　　　$Q_{a,j}$——检测持续时间内第 j 个热力入口处的供热量（MJ）；

　　　$Q_{a,t}$——检测持续时间内热源的输出热量（MJ）。

3.6.10 锅炉运行效率检测应符合下列规定：

　1 锅炉运行效率可按下列步骤及方法进行检测：

　　1）应在采暖系统正常运行 120h 后进行，检测持续时间不应少于 24h；

　　2）检测期间，采暖系统应处于正常运行工况，燃煤锅炉的日平均运行负荷率不应小于 60%，燃油和燃气锅炉瞬时运行负荷率不应小于 30%，锅炉日累计运行时数不应少于 10h；

　　3）燃煤采暖锅炉的耗煤量应按批计量；燃油和燃气采暖锅炉的耗油量和耗气量应连续累计计量；

　　4）在检测持续时间内，煤样应用基低位发热值的化验批数应与采暖锅炉房进煤批次一致，且煤样的制备方法应符合现行国家标准《工业锅炉热工性能试验规程》GB/T 10180 的有关规定；燃油和燃气的低位发热值应根据油品种类和气源变化进行化验；

5）采暖锅炉的输出热量应采用热计量装置连续累计计量。

2 检测持续时间内采暖锅炉日平均运行效率应按下列公式进行计算：

$$\eta_{2,a} = \frac{Q_{a,t}}{Q_t} \times 100\% \qquad (3.6.10-1)$$

$$Q_t = G_c \cdot Q_c^y \cdot 10^{-3} \qquad (3.6.10-2)$$

式中：$\eta_{2,a}$——检测持续时间内采暖锅炉日平均运行效率；

Q_t——检测持续时间内采暖锅炉的输入热量（MJ）；

G_c——检测持续时间内采暖锅炉的燃煤量（kg）或燃油量（kg）或燃气量（Nm³）；

Q_c^y——检测持续时间内燃用煤的平均应用基低位发热值（kJ/kg）或燃用油的平均低位发热值（kJ/kg）或燃用气的平均低位发热值（kJ/Nm³）。

4 采 暖 工 程

4.1 一 般 规 定

4.1.1 采暖工程检测前应具备下列条件：

1 检测方案应已批准，并进行方案交底；

2 参与检测人员应掌握、熟悉检测内容和检测技术要求；

3 检测项目施工应已完成，且经检查符合设计要求；

4 检测设备齐备，水、电供应满足检测要求。

4.1.2 采暖工程检测应包括下列内容：

1 水压试验应包括阀门水压试验、散热器水压试验、地板辐射供暖盘管水压试验、室内采暖管道水压试验、换热器水压试验和室外供热管网水压试验；

2 冲洗试验应包括室内采暖系统冲洗试验，室外采暖管网冲洗试验；

3 试运行和调试应包括水泵单机试运转、室内采暖系统试运行和调试，地板辐射供暖系统的试运行和调试，室外供热管网试运行和调试。

4.2 水 压 试 验

4.2.1 阀门水压试验应符合下列规定：

1 阀门水压试验包括强度试验和严密性试验。

2 阀门外观检查应无损伤，规格应符合设计要求，质量合格证明文件及性能检测报告应齐全、有效。

3 阀门的强度试验压力应为公称压力的 1.5 倍；

严密性试验压力应为公称压力的 1.1 倍，试验压力在试验持续时间内应保持不变，且壳体填料及阀瓣密封面应无渗漏。

4 阀门试验应以水作为介质，温度应在 5℃～40℃之间。阀门持续试验时间应符合表 4.2.1-1 的规定。

表 4.2.1-1 阀门试验持续时间

公称直径 DN（mm）	最短试验持续时间(s)		
	严密性试验		强度试验
	金属密封	非金属密封	
≤50	15	15	15
65～200	30	15	60
250～450	60	30	180

5 阀门强度试验可按下列步骤进行：

1）把阀门放在试验台上，封堵好阀门两端，完全打开阀门启闭件；

2）从另一端口引入压力，打开进水阀门，充满水后，及时排气；

3）缓慢升至试验压力值，不得急剧升压；

4）到达强度试验压力后（止回阀应从进口端加压），在规定的时间内，检查阀门壳体是否发生破裂或产生变形，压力有无下降，壳体（包括填料阀体与阀盖连接处）是否有结构损伤；

5）阀门水压试验后，擦净阀门水渍存放，并逐个记录阀门强度试验情况。

6 阀门严密性试验可按下列步骤进行：

1）阀门严密性试验应在强度试验合格的基础上进行；主要阀类的严密性试验方法应符合表 4.2.1-2 的要求；

2）对于规定了介质流通方向的阀门，应按规定的流通方向加压（止回阀除外）；在试验压力下，规定时间内检查阀门的密封性能；

3）阀门严密性试验后，擦净阀门水渍存放，并逐个记录阀门严密性试验情况。

表 4.2.1-2 阀门严密性试验

序号	阀类	试验加压方法
1	闸阀	关闭启闭件，从一端引入压力，缓慢升压至试验压力，在规定的时间内检查阀瓣处是否严密，压力是否有下降；一端试验合格后，用同样的方法检验另一密封面，从另一端引入压力，检查阀瓣处是否严密，压力是否下降
2	球阀	
3	旋塞阀	
4	截止阀	试验程序同闸阀试验程序。在对阀座密封最不利的方向，引入压力至试验压力，在阀门完全关闭的状态下，在规定的试验时间内检查阀瓣是否渗漏
5	调节阀	

续表 4.2.1-2

序号	阀类	试验加压方法
6	蝶阀	沿着对密封最不利的方向引入介质并施加压力。对称阀座的蝶阀可沿任一方向加压。试验程序同闸阀试验程序
7	止回阀	沿着使阀瓣关闭的方向引入介质并施加压力，检查是否渗漏，试验程序同闸阀试验程序

4.2.2 散热器强度试验应符合下列规定：

1 散热器外观检查应无损伤，规格应符合设计要求，质量合格证明文件及性能检测报告应齐全、有效。

2 水压试验水温应在 5℃～40℃ 之间；当设计无要求时试验压力应为工作压力的 1.5 倍，但不得小于 0.6MPa，试验时间应为 2min～3min，压力不降且不渗漏。

3 散热器强度试验可按下列步骤进行：

1）将散热器轻放在试验台上，安装试验用临时丝堵和补芯、放气阀门、压力表和手动试压泵等试验部件；

2）试压管道连接后，开启进水阀门向散热器内充水，同时打开放气阀，待水灌满后，关闭放气阀门；

3）缓慢升压至散热器工作压力，检查无渗漏后再升压至规定的试验压力值，关闭进水阀门，稳压 2min～3min，观察散热器各接口是否有渗漏现象、压力表值是否下降；

4）散热器水压试验后应及时排空腔内积水，并分别填写每组散热器试验情况。

4.2.3 地面辐射供暖盘管水压试验应符合下列规定：

1 水压试验之前，管道敷设应符合设计要求，并对试压管道和管件采取安全有效的固定和保护措施；冬期进行水压试验时，还应采取可靠的防冻措施；水压试验应在盘管隐蔽前进行。

2 试验压力应为工作压力的 1.5 倍并不得小于 0.6MPa，稳压 1h 内压力降不得大于 0.05MPa 且不渗不漏。

3 地面辐射采暖盘管水压试验应按下列步骤进行：

1）水压试验时，经分水器缓慢注水，同时应将管道内空气排尽；

2）充满水后进行检查，观察无渗漏现象后再进行加压；

3）缓慢升压，升压至工作压力，观察管道无渗漏现象后，再继续升压至试验压力，时间不宜少于 15min；

4）升压至试验压力后停止加压，稳压 1h 观察有无渗漏现象，记录压力下降数值；

5）应按分集水器分别记录试验情况。

4.2.4 室内采暖管道水压试验应符合下列规定：

1 室内采暖管道水压试验应在管道安装完成，且经检查符合设计要求后进行。

2 冬期进行水压试验时，应采取可靠的防冻措施，试压结束后应及时将水放尽，必要时应采用压缩空气或氧气将低点处存水吹尽。

3 水压试验水温应在 5℃～40℃ 之间，试验压力应符合设计要求，当设计未注明时，应符合下列规定：

1）使用金属管道热水采暖系统，顶点试验压力应以系统顶点工作压力加 0.1MPa，同时在系统顶点的试验压力不应小于 0.3MPa；

2）使用塑料管及复合管的热水采暖系统，顶点试验压力应以系统顶点工作压力加 0.2MPa，同时在系统顶点的试验压力不应小于 0.4MPa；

3）隐蔽的局部管道，试验压力应为管道工作压力的 1.5 倍；

4）水压试验时应保证最低点试验压力不超过该处的设备和管道以及附件的最大承受压力；

5）加压泵所处位置的试验压力，应为顶点的试验压力与试压泵所处的位置与顶点的标高差的静水压力之和。

4 室内采暖管道水压试验应按下列步骤及方法进行：

1）应开启试压管路全部阀门，关闭试验段与非试验段连接处阀门；

2）打开进水阀门向管道系统中注水，同时开启系统高点排气阀，将管道及采暖设备内的空气排尽，待水注满后，关闭排气阀和进水阀；

3）使用加压泵向系统加压，宜分 2～3 次升至试验压力，升压过程中应对系统进行全面检查，无异常现象时继续加压；

4）缓慢升压至工作压力后，检查各部位是否存在渗漏现象，当无渗漏现象后再升压至试验压力，进行全面检查，当管道系统和设备检查结果符合要求后，降至工作压力，再作检查；

5）水压试验结束后，打开排气阀和泄水阀，将水排至指定地方，并填写试验记录。

4.2.5 热交换器水压试验应符合下列规定：

1 热交换器的质量合格证明文件及性能检测报告应齐全、有效。

2 热交换器的试验压力应为最大工作压力的 1.5 倍，且不应低于 0.4MPa，水压试验水温应在

5℃～40℃之间。

    3 热交换器水压试验应按下列步骤及方法进行：

      1）开启进水阀门向热交换器内充水，同时打开放气阀排气，充满水后关闭进水阀门和排气阀门；

      2）缓慢升压至规定试验压力，10min 内观察压力下降情况；

      3）试验结束后，开启排气阀和泄水阀门进行泄水，并记录试验情况。

4.2.6 室外供热管道水压试验应符合下列规定：

    1 室外供热管道水压试验应在管道安装工作全部完成后进行。

    2 冬期进行水压试验时，应采取可靠的防冻措施，试压合格后应及时将水放尽。

    3 水压试验压力应为工作压力的 1.5 倍，且不应低于 0.6MPa，水压试验水温应在 5℃～40℃之间。

    4 室外供热管网水压试验可按下列步骤及方法进行：

      1）将系统的阀门全部开启，同时开启各高点放气阀，关闭最低点泄水阀；

      2）向管道系统内充水，待管道中空气全部排净，放气阀不间断出水时，关闭放气阀和进水阀，全面检查管道是否存在漏水现象；

      3）管道无漏水现象后，使用加压泵对管道系统进行加压，加压宜分 2～3 次升至试验压力，加压过程中应检查系统管道是否存在渗漏、变形、破坏等现象；

      4）水压试验结束后应及时将管道内水排净，并记录试验情况。

4.3 冲洗与充水试验

4.3.1 室内采暖系统冲洗应符合下列规定：

    1 室内采暖系统冲洗应在水压试验合格后进行。

    2 系统冲洗应按管道的水流方向进行冲洗，系统冲洗水温应在 5℃～40℃之间。

    3 冲洗压力不应低于采暖工作压力，且不应大于管道水压试验压力，管道内冲洗流速不应低于介质工作流速，冲洗出水口流速不应小于 1.5m/s 且不宜大于 2m/s。

    4 冲洗出水口处管道管径不应小于被冲洗管径的 3/5。

    5 冲洗水排出时应具备排放条件。

    6 室内采暖系统冲洗可按下列步骤及方法进行：

      1）检查采暖系统各环路阀门，启闭应灵活、可靠；

      2）冲洗前应将系统滤网等附件全部卸下，待冲洗后复位；

      3）由待冲洗立支管的采暖入口向系统供水，

关闭其他立支管控制阀门，启动增压水泵向系统加压，观察出水口水质水量情况；

      4）按顺序冲洗其他各干、立、支管，直至全系统管道冲洗完毕为止。

4.3.2 室外管道冲洗应符合下列规定：

    1 室外管道冲洗应在管道试压合格后进行；

    2 冲洗要求应符合本规程第 4.3.1 条的规定；

    3 当条件具备时，可将供回水管道与换热站联网进行循环冲洗，循环冲洗时间宜为 20min～30min，打开除污器排污阀，反复灌水循环冲洗，直至从除污器排水口出的水与入口水相同为止。

4.4 试运行与调试检测

4.4.1 水泵单机试运行应按下列步骤及方法进行：

    1 水泵单机试运行应在测试水泵接地电阻、电机绝缘合格后进行；

    2 水泵带负荷试运行必须在水泵充水状态下运行，严禁无水进行水泵试运行；

    3 点动启动按钮检查水泵运行方向是否正确，有无异常振动、声响，确保无误后启动水泵运行；

    4 监测水泵启动电流和运行电流，待稳定后观察进、出水管段压力表显示值的波动范围值，满足设计要求后，逐渐打开水泵出水阀门，直至全部打开，系统正常运行；

    5 检查填料压盖滴水情况，普通填料泄漏量不应大于 60mL/h，机械密封的不应大于 5mL/h；

    6 试运行结束后，使用接触式温度计对水泵轴承温度进行检测，将感温包紧贴轴承外壳处，记录轴承温度；

    7 水泵单机试运行试验后记录试验结果。

4.4.2 室内采暖系统调试和试运行应符合下列规定：

    1 室内采暖系统调试和试运行应在系统试压、冲洗合格后进行。

    2 热力入口的相应设备（水力平衡阀、压力表、温度计等）应安装齐全。

    3 调试应在热源不间断供热时进行，室内温度不应低于设计计算温度 2℃，且不应高于 1℃。

    4 室内采暖系统试运行可按下列步骤及方法进行：

      1）开启系统的回水总阀门，关闭系统的供水阀门，同时开启系统最高点的排气阀门；

      2）外网热水经回水干管向系统注入，直至系统中空气排净充满热水；

      3）缓慢开启总供水阀门，使系统正常循环；

      4）巡查管道系统，对渗漏管道进行修理。

    5 室内采暖系统调试应按下列步骤进行：

      1）室内采暖系统调试前应在系统正常运行 24h 后进行；

      2）通过调节各分支环路水力平衡阀以及立管

和散热器支管阀门，使系统各环路流量不超过设计要求的10%；

3）检查各分支环路室内温度是否符合设计要求，不应存在过冷、过热情况。

6 记录采暖热力入口的供水压力、温度、流量，供、回水压差，平衡阀的锁定位置，室内温度以及膨胀水箱的水位与补水泵的连锁启动控制等。

4.4.3 地面辐射供暖系统调试和试运行应符合下列规定：

1 地面辐射供暖系统的调试和试运行应在系统冲洗完毕且混凝土填充层养护期满后，正式供暖运行前进行，并具备正常供暖条件；

2 初始加热时，热水升温应平缓，供水温度应控制在比室外环境温度高10℃左右，且不应高于32℃，连续运行48h后每隔24h升高约3℃，直至达到设计供水温度；

3 对每组分水器、集水器支管逐路进行调节，室内温度不应低于设计计算温度2℃，且不应高于1℃；

4 试运行和调试应按每组分集水器分别记录。

4.4.4 室外管网调试和试运行应符合下列规定：

1 室外供热管网调试和试运行应在水压试验、冲洗完成后进行。

2 各环路流量不应超过设计流量的10%。

3 调试时应做好保温、封闭工作，防止管道系统冻坏。

4 室外管网试运行可按下列步骤及方法进行：

1）关闭各建筑的供、回水阀门，打开循环管阀门，从回水总管处向供热管道注水，注水应经过处理软化，直至注满外管网，注水过程中应在换热站内供水总管的最高点排出系统内空气；

2）外管网注满水后，对系统水进行升温加热，同时开启循环水泵，使供水温度逐渐升高至设计温度；

3）应对巡查中发现的问题及时处理和修理，修好后随即开启阀门。

5 室外管网调试可按下列步骤及方法进行：

1）调试首先应从最不利支环路开始，关小其他环路阀门，调整最不利环路水力平衡阀至设计流量，并用智能仪表监测该阀门的压降值；

2）依次调节其他环路，按同样方法调整其他支环路水力平衡阀至设计流量，全部调试合格后，锁定各平衡阀开度，并做出标志；

3）调试同时应对建筑物室内温度进行测试，室内温度应符合设计要求，当室内温度达不到设计要求时，应重新进行调试直至合格为止。

5 通风与空调工程

5.1 一般规定

5.1.1 通风与空调工程检测应具备下列条件：

1 检测方案已批准，并进行方案交底；

2 参与检测人员掌握、熟悉检测内容和检测技术要求；

3 检测项目施工已完成，经检查应符合设计要求；

4 检测设备应齐备，水、电供应满足检测要求。

5.1.2 通风与空调工程检测应包括下列内容：

1 严密性试验包括漏光检验、风管漏风量试验、现场组装式空气处理机组漏风量测试；

2 水压试验包括阀门水压试验、风机盘管水压试验、供冷（热）管道水压试验；

3 冲洗与充水试验；

4 试运行与调试包括水泵单机试运行、风机单机试运行、风机盘管三速运行试验、冷却塔单机试运行、冷水机组单机试运行、供冷（热）水管道系统调试、风机风量及风压测试、风系统调试。

5.2 严密性试验

5.2.1 风管漏光试验应符合下列规定：

1 风管系统漏光检测时，可将移动光源置于风管内侧或外侧，其相对侧应为暗黑环境；

2 检测光源应沿着被检测风管接口、接缝处作垂直或水平缓慢移动，检查人员在另一侧观察漏光情况，当有光线射出时应作好记录，并统计漏光点；

3 系统风管的检测应以总管和主干管为主，宜采用分段检测。

5.2.2 风管漏风量检测应符合下列规定：

1 风管漏风量检测条件应符合下列规定：

1）风管漏风量检测应在风管分段连接完成或系统主干管安装完毕、漏光检测合格后进行；

2）系统分段、面积测试应完成，试验管段分支管口及端口应密封；

3）测试风管端面按仪器要求安装好连接软管；

4）检测场地应有220V～380V电源。

2 风管漏风量可按下列步骤及方法进行检测：

1）使用连接软管将漏风量测试仪的出风口与被测风管连接起来，并应确保严密不漏；

2）使用测压软管连接被测风管和微压计（或U形压力计）的一侧，使用测压软管将微压计与漏风量测试装置流量测试管测压口连接，或将微压计的双口与流量测试管的测压口连接；

3）接通电源，启动风机，通过调整节流器或变频调速器，向被测试风管内注入风量，缓慢升压，使被测风管压力（微压计或 U 形压力计）示值控制在要求测试的压力点上，并基本保持稳定，记录漏风量测试仪进口流量测试管的压力或孔板流量测试管的压差；

4）经计算得出测试风管的漏风量，记录测试数据，并根据测试风管的面积计算单位漏风量。

5.2.3 现场组装式空气处理机组漏风率检测应符合下列规定：

1 现场组装式空气处理机组漏风率检测应按照机组的使用进行分类，对于明显的漏风缝隙或漏风点应进行密封处理；

2 现场组装式空气处理机组漏风率检测应符合本规程第 5.2.2 条的规定。

5.3 水 压 试 验

5.3.1 阀门水压试验应符合本规程第 4.2.1 条的规定。

5.3.2 风机盘管水压试验压力应为工作压力的 1.5 倍，试验方法应符合本规程第 4.2.2 条的规定。

5.3.3 供冷（热）管道水压试验应符合下列规定：

1 水压试验应在管道安装完成并经检查符合设计要求后进行。

2 当冬期进行水压试验时，应采取可靠的防冻措施，试压结束后应及时将水放尽，必要时应采用压缩空气或氧气将低点存水吹尽。

3 水压试验水温应在 5℃～40℃ 之间，试验压力应符合设计要求，当设计未注明时，应符合下列规定：

1）冷热水、冷却水系统的试验压力，当工作压力不大于 1.0MPa 时，试验压力应为 1.5 倍工作压力，且不应小于 0.6MPa；当工作压力大于 1.0MPa 时，试验压力应为工作压力加 0.5MPa；

2）耐压塑料管的强度试验压力应为 1.5 倍工作压力，严密性试验压力应为 1.15 倍的工作压力。

4 供冷（热）管道水压试验步骤应符合本规程第 4.2.4 条的规定。

5.4 冲洗与充水试验

5.4.1 管道的冲洗应符合本规程第 4.3.1、4.3.2 条的规定。

5.4.2 冷凝水管道充水试验应符合下列规定：

1 冷凝水管道充水试验应分层分段进行；

2 应对冷凝水试验管段最低处进行封堵，由系统风机盘管托水盘向该管段内注水，水位应高于风机盘管托水盘最低点；

3 灌满水后观察 15min，应检查管道及接口有无渗漏，确认管道及接口无渗漏时，应从最低处泄水，同时检查各盘管托盘无存水为合格；

4 充水试验合格后，应填写冲洗试验记录。

5.5 试运行与调试检测

5.5.1 水泵单机试运行应符合本规程第 4.4.1 条的规定。

5.5.2 风机单机试运行应符合下列规定：

1 风机单机试运行之前应检查风机叶轮旋转方向、运转平稳状态、有无异常振动与声响，其电机运行功率应符合设备技术文件的规定。

2 风机运转平稳后应进行风机转速、风压、风量的测定，并应符合下列规定：

1）风机转速测定宜使用接触式或光电式转速表，根据风机的传动类型选择测定位置，传动风机可将测点设在风机传动轴的轴心处，并根据轴心孔的大小选择相应的转换头，将转速表调整到测定状态后把接触头正对轴心孔，拧紧转换头并观察转速显示器显示数值的稳定性，读取数值并记录；

2）风机风压、风量的检测方法应符合本规程第 3.2.3 条的规定。

5.5.3 风机盘管温控与调速运行试验应在风机正常运转的状态下进行，调整变速或温控开关的档位或状态，风机运行动作状态应与试验要求运行状态对应。

5.5.4 冷却塔运行应符合下列规定：

1 冷却塔运行前管道水压试验及冲洗应合格，冷却塔集水盘应清理干净，自动补水阀应动作灵活；

2 点动启动风机，检查冷却塔风机的转向及稳定性符合要求后，正式启动冷却塔风机和冷却水泵，系统循环试运行不应少于 2h，运行中无异常情况出现，冷却塔本体应稳固、无异常振动和声响，其噪声应符合设计要求和产品性能指标；

3 试运行过程中应检查测试冷却塔飘水率及噪声，并应分时段检测进出水温度的变化情况，对比设计要求及设备性能，冷却塔试运行工作结束后，应清洗集水盘。

5.5.5 冷水机组单机试运行应符合下列规定：

1 冷水机组单机试运行前准备工作应包括下列内容：

1）检查安全保护继电器的整定值，控制系统动作应灵敏、正常；

2）检查油箱的油面高度；

3）开启系统中相应的阀门；

4）设备冷却水系统应开通、运行稳定，冷冻水系统应满足运行要求；

5）向蒸发器供载冷剂液体应通畅；

6）将能量调节装置调到最小负荷位置或打开旁通阀。

2　冷水机组单机启动运行可按下列步骤及方法进行：

1）启动压缩机，检查油压，待压缩机转速稳定后，其油压应符合有关设备技术文件的规定；

2）容积式压缩机启动时应缓慢开启吸气截止阀和节流阀；

3）安全保护继电器的动作应灵敏；

4）根据现场情况和设备技术文件的规定，确定在最小负荷下所需运转的时间，并作好记录。

3　冷水机组单机试运行检查记录应包括下列内容：

1）油箱油面高度和各部位供油情况；

2）润滑油的压力和温度；

3）吸排气的压力和温度；

4）进排水温度和冷却水供应情况；

5）运动部件有无异常声响，各连接部位有无松动、漏气、漏油、漏水等现象；

6）电动机的电流、电压和温升；

7）能量调节装置动作是否灵敏，浮球阀及其他液位计工作是否稳定；

8）机组的噪声和振动。

5.5.6　水系统试运行与调试应符合下列规定：

1　调试运行前，水管道试压及管道系统的冲洗应全部合格，制冷设备、通风与空调设备单机试运行应合格。

2　水系统试运行与调试可按下列步骤及方法进行：

1）关闭水系统所有控制阀门，风机盘管及空调机组的旁通阀门应关闭严密；

2）检查风机盘管上的放气阀是否完好，并把放气阀的顶针拧紧，检查膨胀水箱的补水阀门是否关闭严密；

3）向系统内注入软化水，主干管及立管注满水后，对系统进行检查，确保无渗漏后对支路系统进行注水，待支路系统注满水，检查无渗漏后，进行风机盘管的注水、放气、查漏工作；

4）启动空调水系统循环水泵，进行系统循环，通过调整阀门的开启度调整水系统、分支管路的流量，运行时间不应少于8h，当北方冬季天气进行调试时，宜进行热水循环；

5）水系统调试时，在水泵运行稳定后应检查系统的平衡性。

3　水系统调试结果应符合下列规定：

1）空调冷热水、冷却水总流量测试结果与设计流量的偏差不应大于10%；

2）系统平衡调整后，各空调机组的水流量应符合设计要求，允许偏差为15%；

3）多台冷却塔并联运行时，各冷却塔的进、出水量应达到均衡一致。

5.5.7　风机风量及风压检测应符合本规程第3.2.3条的规定。

5.5.8　风系统风量调试应符合下列规定：

1　系统各支管风量调试应符合下列规定：

1）系统各支管风量调试应在风机单机试运行调试合格后进行；

2）从系统的最不利环路开始，使其支路风量与设计风量近似相等，利用各支路风阀依次进行风量调节，每调节一次风阀需要重新进行一次风量测试，直至系统各支路风量与设计风量基本一致；

3）风量调整达到设计要求后，在风阀上用油漆注上标记，并将风阀固定。

2　空调系统新风、回风量调试应符合下列规定：

1）在确定空调系统送风量符合设计要求的基础上，按照设计要求计算新风量和回风量数值；

2）根据系统特点及管路布置情况，可选取在回风管段或回风、新风管段共同确定测试断面进行回风量和新风量测试；

3）根据测试数据的大小调整新风阀、回风阀的开度使之符合设计要求，以达到风量平衡。

3　总风量实际测试值与设计值的偏差不应大于10%，各风口的实际测试值与设计值的偏差不应大于15%。

6　洁净工程

6.1　一般规定

6.1.1　洁净工程检测可分为常规检测和综合性能检测。

6.1.2　洁净工程常规检测应符合本规程第5章的规定。

6.1.3　洁净工程综合性能检测包括下列主要内容：

1　洁净室风量、风速、洁净度、压差的检测；

2　高效过滤器检漏；

3　洁净室温湿度、噪声检测；

4　生物洁净室微生物的检测；

5　精密操作的洁净室微振检测；

6　电子工业洁净室围护结构表面导静电性的检测；

7 洁净室气流检测；

8 非单向流洁净室自净能力检测；

9 围护结构严密性检测；

10 围护结构渗漏检测；

11 洁净室内甲醛、氨、臭氧、二氧化碳浓度的检测；

12 洁净室分子态污染物和表面污染物的检测。

6.1.4 洁净室试运行和调试应在空态或静态条件下进行，需要时也可与建设方（用户）协商确定检测状态。试运行和调试时，冷（热）源系统运转应正常，试运行时间不应少于 8h。

6.1.5 综合性能检验应在系统连续稳定运行 12h 以上进行。

6.1.6 洁净室风量、风速、洁净度、压差、温湿度、噪声的检测应符合第 3 章的规定，对于有恒温恒湿项目的检测应符合本规程第 7 章的规定。

6.1.7 洁净室内甲醛、氨、臭氧、二氧化碳浓度的检测，应符合国家室内空气质量相关标准的规定，对于洁净室分子态污染物和表面污染物的检测，应符合现行国家标准《洁净室施工及验收规范》GB 50591 的规定。

6.2 高效过滤器扫描检漏

6.2.1 高效过滤器扫描检漏应符合下列规定：

1 对送、排（回）风高效空气过滤器的现场检漏，应采用扫描法，采用光度计或粒子计数器在过滤器与安装框架接触面、过滤器边框与滤纸接触面以及其全部滤芯出风面上进行。过滤器上游用于现场扫描检漏检测的气溶胶可为液态，也可为固态。

2 被检过滤器的风量宜在设计风量的 80%～120% 之间。

3 当高效过滤器上游大气尘浓度低于 4000 粒/L，且过滤器上游系统上可设置检漏气溶胶注入点时，可采用光度计法进行检漏。

4 粒子计数器法可适用于所有等级的洁净场所过滤器检漏，适用过滤器最大穿透率可低至 0.000005% 或更低。

5 采用光度计扫描检漏时，高效过滤器上游气溶胶浓度宜在 20mg/m³～80mg/m³，不得低于 10mg/m³；采用粒子计数器扫描检漏时，高效过滤器上游浓度及采样流量应符合表 6.2.1 的规定。当上游浓度达不到规定要求时，应采用适当措施增加上游浓度。

表 6.2.1 粒子计数器扫描检漏时的参数

高效过滤器	采样流量 （L/min）	过滤器上游浓度 （粒/L）
普通高效过滤器 （国标 A、B、C 类）	≥2.83	≥0.5μm：≥4000

续表 6.2.1

高效过滤器	采样流量 （L/min）	过滤器上游浓度 （粒/L）
超高效过滤器 （国标 D、E、F 类）	≥28.3	≥0.3μm：≥6000

6.2.2 高效过滤器扫描检漏应按下列方法进行：

1 检漏时将采样口放在距离被检过滤器表面 2cm～3cm 处，宜以 1.5cm/s（2.83L/min）或 2cm/s（28.3L/min）的速度移动，对被检过滤器进行扫描。

2 当上游浓度较大时可提高扫描速度。

3 采用光度计扫描检漏时，过滤器局部透过率不应超过 0.01%；采用粒子计数器扫描检漏时，粒子计数器显示值为检测结果。

6.3 生物洁净室微生物检测

6.3.1 生物洁净室微生物检测应符合下列规定：

1 生物洁净室微生物检测宜采用沉降菌法和浮游菌法。

2 微生物的静态或空态检测前，应对各类表面进行擦拭消毒，但不应对室内空气进行熏蒸、喷洒等消毒；动态检测禁止对表面和空气进行消毒。

3 采样点的位置应协商确定，宜布置在有代表性的地点和气流扰动极小的地点，在乱流洁净室内培养皿不应布置在送风口正下方，当无特殊要求时，可在洁净区内均匀布置。

6.3.2 生物洁净室微生物的检测应按下列步骤及方法进行：

1 检测之前，应确保培养皿、采样器等检测设备没有受到污染。测试人员必须穿着无菌服，戴口罩，头、手均不应裸露，裤管应塞在袜套内。应制定和记录检测计划，包括采样位置、数量、顺序等，所有培养皿均在底部编号，记录各采样位置相对应的培养皿编号。

2 采用沉降法测试时，放置培养皿宜从内向外依次布置，将带盖的培养皿放置在适当位置，拿开盖子，搭在皿边上，并使培养基完全暴露，过程中避免跨越已经暴露的培养皿。经过沉降后，宜从外向内依次收皿，将盖子盖好后倒置，收起培养皿。为防止脱水，最长沉降时间不宜超过 1h。

3 采用浮游菌测试时，应开动真空泵，排除残余消毒剂后，再放入培养皿或培养基条，置采样口于采样点后，开启采样器、真空泵，设定采样时间，进行采样。

4 收皿后应及时放入培养箱培养，在培养箱外时间不宜超过 2h。当无专业标准规定时，对于检测细菌总数，培养温度应采用 35℃～37℃，培养时间应为 24h～48h；对于检测真菌，培养温度应采用 27℃～29℃，培养时间宜为 3d。对培养后的皿进行菌落计数时，应采用 5 倍~10 倍放大镜查看，当有 2 个或更多的菌落重叠时，可分辨时应以 2 个或多个菌落计数。

6.4 洁净室微振检测

6.4.1 洁净室微振检测应符合下列规定：

　　1 室内微振的检测应采用能满足检测精度要求的振动分析仪；

　　2 测点应选在室中心地面和有必要测定振动位置的地面上，以及各壁板表面的中心处。

6.4.2 洁净室微振检测应按下列步骤及方法进行：

　　1 应分别测出室内全部净化空调设备正常运转和停止运转两种情况下纵轴、横轴和垂直轴三个方向的振幅值；

　　2 微振测试宜分阶段进行，首先应进行本底环境振动测试，再进行建筑结构振动测试，对于精密设备仪器应首先进行安装地点的环境振动测试，再进行精密设备仪器的微振测试。

6.5 围护结构表面导静电性检测

6.5.1 地面、墙面和工作台面等表面导静电性能应采用符合精度要求的高阻计检测。

6.5.2 围护结构表面导静电性检测应在测试表面上选定代表区域的两点，用导线把高阻计和圆柱形铜电极连接起来进行测量。

6.6 洁净室气流检测

6.6.1 洁净室气流检测应符合下列规定：

　　1 不应用气流动态数值模拟（CFD）的分析结果代替洁净室气流检测；

　　2 气流检测包括气流流型、气流流向、流线平行性等，可采用丝线法或示踪剂法（发烟等）等，逐点观察和记录气流流向，并可用量角器测量气流角度，也可采用照相机或摄像机等图像处理技术进行记录，采用热球式风速仪或超声三维风速仪等测量各点气流速度；

　　3 采用丝线法时可采用尼龙单丝线、薄膜带等轻质材料，放置在测试杆的末端，或装在气流中细丝格栅上，直接观察出气流的方向和因干扰引起的波动；

　　4 采用示踪剂法时，可采用去离子（DI）水，用固态二氧化碳（干冰）或超声波雾化器等生成直径为 $0.5\mu m \sim 50\mu m$ 的水雾，采用四氯化钛（TiCl₄）等"酸雾"作示踪剂时，应确保不致对洁净室、室内设备以及操作人员产生危害。

6.6.2 洁净室气流检测应按下列步骤及方法进行：

　　1 气流流型检测时，对于垂直单向流洁净室可选择洁净室纵、横剖面各一个，以及距地面高度 0.8m、1.5m 的水平面各一个；水平单向流洁净室可选择纵剖面和工作区高度水平面各一个，以及距送、回风墙面 0.5m 和房间中心处等 3 个横剖面。所有面上的测点间距均应为 0.2m~1.0m。对于乱流洁净室，应选择通过代表性送风口中心的纵、横剖面和工作区高度的水平面各 1 个，剖面上的测点间距应为 0.2m~0.5m，水平面上的测点间距应为 0.5m~1.0m。两个风口之间的中线上应设置测点；

　　2 气流流向检测时，应在被测区域内前后之间设置多个测点；

　　3 流线平行性检测时，应在每台过滤器下设置测点。

6.7 非单向流洁净室自净能力检测

6.7.1 非单向流洁净室自净能力检测应符合下列规定：

　　1 非单向流洁净室自净能力检测宜适用于 ISO6 级和 ISO7 级洁净室，对于更低级别的洁净室不宜检测；

　　2 自净能力检测可采用计算自净时间和实测自净时间比对的方法，具体检测方法应符合现行国家标准《洁净室施工及验收规范》GB 50591 的规定；

　　3 宜采用 100：1 自净时间检测法进行检测，同时采用大气尘或人工尘源，采用粒子计数器测试。

6.7.2 非单向流洁净室自净能力检测应按下列步骤及方法进行：

　　1 将室内浓度升高到 100 倍的洁净室级别上限浓度，采用尘埃粒子计数器对室内洁净度进行间隔 1min 的连续检测，记录达到级别上限浓度所需要的时间；

　　2 自净速率、100：1 自净时间应按下列公式计算：

$$N = -2.3 \times \frac{1}{t_1} \log_{10}\left(\frac{C_1}{C_0}\right) \quad (6.7.2\text{-}1)$$

$$N = 4.6 \times \frac{1}{t_{0.01}} \quad (6.7.2\text{-}2)$$

式中：N——自净速率；

　　　t_1——两次测量的间隔时间；

　　　C_0——初始浓度；

　　　C_1——t_1 时间后的浓度；

　　　$t_{0.01}$——指室内浓度达到初始浓度 1% 所需要的时间。

6.8 围护结构严密性检测

6.8.1 围护结构严密性检测应符合下列规定：

　　1 围护结构严密性检测宜使用目测法、压力衰减法和恒压法；

　　2 压力衰减法和恒压法的压力设定值，应根据工程实际情况与建设方协商确定，且不应超过围护结构的承受能力；

3 测试过程中室内温度应保持稳定。

6.8.2 围护结构严密性检测应按下列步骤及方法进行：

1 当采用目测法时，应采用发烟管等示踪指示剂，在有压洁净室的待测位置进行气流示踪检查，观察有无明显的渗漏气流；

2 当采用压力衰减法时，被测洁净室内到达某一设定压力后，应观察室内压力随时间的衰减情况，记录压力衰减到一半时所用的时间；

3 当采用恒压法时，被测洁净室内到达某一设定压力后，应通过补气或抽气使室内压差维持稳定，采用流量计读漏泄量，每分钟读数一次，取平均值，测试不宜超过 5min。

6.9 围护结构防渗漏检测

6.9.1 围护结构防渗漏检测应符合下列规定：

1 围护结构防渗漏测试宜采用粒子计数器和光度计；

2 应检查围护结构的连接处、各种缝隙、工艺管道穿墙处，测试点的数目和位置宜协商确定。

6.9.2 围护结构防渗漏检测应按下列步骤及方法进行：

1 应在洁净室内，距被测部位 5cm 处，以 5cm/s 的速度进行扫描，检查渗漏情况。

2 当采用粒子计数器时，应首先测量洁净室外部紧邻围护结构或入口处的粒子浓度，该浓度不应小于洁净室内浓度的 10^3 倍，且不应低于 $3.5×10^6$ 粒/m^3，当浓度小于该值时，应采用人工尘提高浓度。对于打开的入口的防渗漏检测，宜采用示踪法检测入口处的气流流向。

3 当采用光度计时，宜在洁净室围护结构外侧发人工尘，其浓度应超过光度计在 0.1% 设置时的满量程，对于打开的入口的防渗漏检测，应采用光度计测量门内侧 0.3m～1.0m 处的微粒浓度。

7 恒温恒湿工程

7.1 一 般 规 定

7.1.1 恒温恒湿工程的通风空调系统检测应符合本规程第 5 章的规定。

7.1.2 在对恒温恒湿工程进行检测之前，其空调系统应连续正常运行不少于 24h。

7.1.3 在对恒温恒湿工程进行检测时，应对空调系统的送、回风空气的温湿度和风量进行检测并符合要求。

7.1.4 对于有噪声或者振动控制要求的恒温恒湿工程，应符合本规程第 7.4 节和第 7.5 节进行噪声和振动检测的规定。

7.2 室内温度检测

7.2.1 恒温恒湿房间的温度检测仪器宜采用具有自动记录功能的温度记录仪，也可采用其他类似的温度采集系统，检测时应根据温度波动范围选择高一级精度的仪器。

7.2.2 检测的时间间隔宜为 30s～60s，并应连续检测 24h～48h。

7.2.3 室内温度测点布置应符合下列规定：

1 送回风口处应布置测点。

2 恒温恒湿工作区具有代表性的地点应布置测点。

3 测点应布置在距外墙表面大于 0.5m、离地 0.8m 的同一高度上；也可根据恒温恒湿区的大小，分别布置在离地不同高度的几个平面上，测点数应符合表 7.2.3 的规定。

表 7.2.3 温度测点数要求

波动范围	室内面积不大于 50m²	每增加 20m²～50m²
$Δt≤±0.5℃$	点间距不应大于 2m，点数不应少于 5 个	
$Δt=±0.5℃～±2℃$	5 个	增加 3 个～5 个

7.3 室内湿度检测

7.3.1 恒温恒湿房间的湿度检测仪器宜采用具有自动记录功能的湿度记录仪，也可采用其他的湿度采集系统，检测时应根据湿度波动范围选择高一级精度的仪器。

7.3.2 检测的时间间隔宜为 30s～60s，并应连续检测 24h～48h。

7.3.3 室内湿度测点布置应符合下列规定：

1 送回风口处应布置测点。

2 恒温恒湿工作区具有代表性的地点应布置测点。

3 测点应布置在距外墙表面大于 0.5m、离地 0.8m 的同一高度上；也可根据恒温恒湿区的大小，分别布置在离地不同高度的几个平面上，测点数应符合表 7.3.3 的规定。

表 7.3.3 湿度测点数要求

波动范围	室内面积不大于 50m²	每增加 20m²～50m²
$ΔRH≤±5%$	点间距不应大于 2m，点数不应少于 5 个	
$ΔRH=±5%～±10%$	5 个	增加 3 个～5 个

7.4 室内噪声检测

7.4.1 恒温恒湿房间内的噪声检测宜采用带倍频程分析的声级计。

7.4.2 测点布置可按室内面积均分或按照工艺特定要求进行。当按室内面积均分时，可每 50m² 设一点，测点应位于其中心，距地面 1.1m～1.5m 高度处。

7.5 室内振动检测

7.5.1 当空调机组邻近恒温恒湿房间且工艺设备有振动要求时，恒温恒湿房间内的振动检测应采用振动仪测定。

7.5.2 测点应按工艺特定要求进行布置。

本规程用词说明

1 为便于在执行本规程条文时区别对待，对要求严格程度不同的用词说明如下：

　　1）表示很严格，非这样做不可的：

　　　　正面词采用"必须"，反面词采用"严禁"；

　　2）表示严格，在正常情况下均应这样做的：

　　3）表示允许稍有选择，在条件许可时首先应这样做的；

　　　　正面词采用"宜"，反面词采用"不宜"；

　　4）表示有选择，在一定条件下可以这样做的采用"可"。

2 条文中指明应按其他有关标准执行的写法为："应符合……的规定"或"应按……执行"。

引用标准名录

1《三相异步电动机试验方法》GB/T 1032

2《工业锅炉热工性能试验规程》GB/T 10180

3《容积式和离心式冷水（热泵）机组性能试验方法》GB/T 10870

4《公共场所室内换气率测定方法》GB/T 18204.19

5《洁净室施工及验收规范》GB 50591

6《公共建筑节能检测标准》JGJ/T 177

正面词采用"应"，反面词采用"不应"或"不得"；

中华人民共和国行业标准

采暖通风与空气调节工程检测技术规程

JGJ/T 260—2011

条 文 说 明

制 定 说 明

《采暖通风与空气调节工程检测技术规程》JGJ/T 260-2011，经住房和城乡建设部 2011 年 8 月 29 日以第 1130 号公告批准、发布。

本规程制定过程中，编制组进行了广泛调查研究，总结我国采暖通风与空气调节工程检测的实践经验，同时参考了有关国际标准和国外先进标准，通过试验取得了采暖通风与空气调节工程检测技术的重要技术参数。

为便于广大设计、施工、科研、学校等单位有关人员在使用本规程时能正确理解和执行条文规定，《采暖通风与空气调节工程检测技术规程》编制组按章、节、条顺序编制了本规程的条文说明，对条文规定的目的、依据以及执行中需注意的有关事项进行了说明。但是，本条文说明不具备与规程正文同等的法律效力，仅供使用者作为理解和把握规程规定的参考。

目　次

1 总则 …………………………………… 30—26

2 基本规定 ………………………………… 30—26

3 基本技术参数测试方法 ………………… 30—26

 3.2 风系统基本参数 ……………………… 30—26

 3.3 水系统基本参数 ……………………… 30—26

 3.4 室内环境基本参数 …………………… 30—26

 3.5 电气参数和其他参数 ………………… 30—27

 3.6 系统性能参数 ………………………… 30—27

4 采暖工程 ………………………………… 30—27

 4.2 水压试验 ……………………………… 30—27

 4.3 冲洗与充水试验 ……………………… 30—27

 4.4 试运行与调试检测 …………………… 30—28

5 通风与空调工程 ………………………… 30—28

 5.1 一般规定 ……………………………… 30—28

 5.2 严密性试验 …………………………… 30—28

 5.3 水压试验 ……………………………… 30—28

5.4 冲洗与充水试验 ……………………… 30—28

5.5 试运行与调试检测 …………………… 30—28

6 洁净工程 ………………………………… 30—29

 6.1 一般规定 ……………………………… 30—29

 6.2 高效过滤器扫描检漏 ………………… 30—29

 6.3 生物洁净室微生物检测 ……………… 30—29

 6.7 非单向流洁净室自净能力
  检测 …………………………………… 30—29

 6.9 围护结构防渗漏检测 ………………… 30—29

7 恒温恒湿工程 …………………………… 30—29

 7.1 一般规定 ……………………………… 30—29

 7.2 室内温度检测 ………………………… 30—30

 7.3 室内湿度检测 ………………………… 30—30

 7.4 室内噪声检测 ………………………… 30—30

 7.5 室内振动检测 ………………………… 30—30

1 总　则

为了加强对采暖通风与空气调节工程的监督与管理，规范采暖通风与空气调节工程的检测方法，保证采暖通风与空气调节工程检测中采暖、通风与空调、洁净、恒温恒湿工程的试验、试运行及调试的质量，制定本规程。

2 基本规定

2.0.2 本条所规定的内容是委托第三方检测时的检测条件与程序，具备相应能力的施工单位也可自行完成检测工作。

3 基本技术参数测试方法

3.2 风系统基本参数

3.2.1 本条为检测仪器的基本要求，检测仪器的选择需根据检测量程范围和检测精度的要求进行确定。

3.2.2 风口送、回风干球温度检测时，检测传感器应尽量同出口气流充分接触。

3.2.3 风量的测量方法主要参照《公共建筑节能检测标准》JGJ/T 177-2009附录 E.1.3 中的方法，现场进行检测时，可根据现场的情况和检测位置对风管的截面测点进行确定。

3.2.6 室内风场和温湿度的测试主要采用小型风速、温度、湿度自动记录设备以保证尽可能少地对室内原有的风场、温度场、湿度场的影响；各个点气流速度的测量必须同时进行；这种气流的测试应是室内空间立体的测试。对于只有气流最大风速限定的测试场合，可采用无指向风速探头。

3.3 水系统基本参数

3.3.1 本条为检测仪器的基本要求，检测仪器的选择需根据检测量程范围和检测精度的要求进行确定。

3.3.2 对本条说明如下：

1　测点布置应考虑尽量减少由于管道散热造成的测量偏差。

2　当没有提供安放温度计的位置时，可以利用热电偶或表面温度计等测量供回水管外壁面的温度，通过两者测量值相减得到供回水温差。测量时注意在安放热电偶后，应在测量位置覆盖绝热材料，保证热电偶和水管管壁的充分接触。热电偶测量误差应经校准确认满足测量要求，或保证热电偶是同向误差，即同时保持正偏差或负偏差。

3.3.3 可采用系统已有的孔板流量计、涡轮流量计等进行测量，但应进行校准。

3.4 室内环境基本参数

3.4.1 本条为检测仪器的基本要求，检测仪器的选择需根据检测范围和检测精度的要求进行确定，如对室内风速有特殊要求的乒乓球场馆、羽毛球场馆等，需要根据测试要求进行确定。

湿球温度检测可采用通风干湿球温度仪，精度要求不低于 0.5℃。对恒温恒湿系统，温度和相对湿度测量仪器精度根据其不同精度要求而定。

3.4.2 对本条说明如下：

1　对于工艺性空调区域和委托方有特殊要求的空调区域可根据本条原则进行测点的增加。

2　测点距离地面高度是根据检测人员使用手持式温湿度检测仪器和我国空调房间具有温度控制功能的控制面板的高度而确定的。

3.4.4 风量罩罩体与风口尺寸相差较大会造成较大的测量误差，所以需要尺寸相近的罩体进行测量。当风口风量较大时，风量罩罩体和测量部分的节流对风口的阻力会增加，造成风量下降较多，为了消除这部分阻力，需要进行背压补偿。

3.4.5 在《洁净室施工及验收规范》GB 50591-2010中规定：F.6.3 有条件时，宜测定空调净化系统停止运行后的本底噪声，室内噪声与本底噪声相差小于10dB(A)时，应对测点值进行修正：6～9dB(A)时减1dB(A)，4～5dB(A)时减 2dB(A)，3dB(A)时减 3dB(A)，＜3dB(A)时测定值无效。在《工业企业厂界环境噪声排放标准》GB 12348-2008 中也有相同规定。《采暖通风与空气调节设备噪声声功率级的测定　工程法》GB 9068-88 中的 7.4.1.2，规定测量值与背景噪声相差大于 10dB(A)时不修正，小于 6dB(A)时，测量无效，当差值为 6～8dB(A)时，修正值为－1dB(A)，当差值为 9～10dB(A)时，修正值为－0.5dB(A)。对于工程现场检测，要求不必过高。建议采用最新国家标准，《洁净室施工及验收规范》GB 50591-2010 和《工业企业厂界环境噪声排放标准》GB 12348-2008 中的规定。

3.4.6 关于截面风速的测量，一般指层流洁净室的截面风速，包括高效过滤器出风面和工作面。测量位置和测点的确定方法，参考《洁净室及相关受控环境——第 3 部分　计量和测试方法》ISO 14644-3 中的 B 4.2.2。

单向流风速的检测方法，参照 ISO 14644-3 中的规定。但在 ISO 14644-3 中没有规定工作面的检测，相对于国内的很多洁净室相关规范均有工作面截面风速的要求，因此在这里作了检测规定。另外以往国内检测方法中，对于单向流风速检测的测点要求数量很多，尤其是对于大面积单向流洁净室，造成检测工作量巨大，在此参照最新 ISO 14644-3 中的规定，减少了测点数量。此外，这里规定的测点数量为最低要求，在实际工程中，可根据工程要求作调整。

3.4.7 对于单向流洁净室，采样口应对着气流方向，对于非单向流洁净室，采样口宜向上，采样速度宜接近室内气流速度。室内测试人员必须穿洁净服，不得超过 3 人，应位于测试点下风侧并远离测试点，并应保持静止。进行换点操作时动作要轻，应减少人员对室内洁净度的干扰。

3.5 电气参数和其他参数

3.5.1 本条为检测仪器的基本要求，检测仪器的选择须根据检测的量程范围和检测精度的要求进行确定。

3.5.2 当线路的电流较小且要求测量精度较高时，测量仪器的干扰较大，所以应该将测量电流表串入电路中进行测量。

3.6 系统性能参数

3.6.2 《容积式和离心式冷水（热泵）机组性能试验方法》GB/T 10870 - 2001 中规定校核试验偏差不应大于 6%，考虑现场的测试条件和仪表准确度的规定，现场冷水机组性能的校核试验热平衡率偏差取不大于 15%。

溴化锂吸收式冷水机组的燃料耗量如现场不便于测量，可现场安装计量仪表进行测量，现场安装仪表必须经过相关计量部门的标定；燃料的发热值可根据当地相关部门提供的燃料发热值进行计算。

3.6.3 当测量水泵进出口压力时，应注意两个测点之间的阻力部件（如过滤器、软连接和弯头等）对测量结果的影响，如影响不能忽略，则应进行修正。

3.6.5 冷源系统用电设备包括冷水机房的冷水机组、冷冻水泵、冷却水泵和冷却塔风机，其中冷冻水泵如果是二次泵系统，一次泵和二次泵均包括在内。冷源系统不包括空调系统的末端设备。

4 采 暖 工 程

4.2 水 压 试 验

4.2.1 阀门强度及严密性试验应根据不同的阀门类型分别进行。阀门的强度性能是指阀门承受介质压力的能力。阀门是承受内压的机械产品，因而必须具有足够的强度和刚度，以保证长期使用而不发生破裂或产生变形，因此，强度试验主要是检验壳体、填料函及阀体与阀盖连接处的耐压强度，不应有结构损伤；阀门的密封性能是指阀门各密封部位阻止介质泄漏的能力，它是阀门最重要的技术性能指标。阀门的密封部位有三处：启闭件与阀座两密封面间的接触处；填料与阀杆和填料函的配合处；阀体与阀盖的连接处。其中前一处的泄漏叫做内漏，也就是通常所说的关不

严，它将影响阀门截断介质的能力。对于截断阀类来说，内漏是不允许的。后两处的泄漏叫做外漏，即介质从阀内泄漏到阀外。外漏会造成物料损失，污染环境，严重时还会造成事故。对于易燃易爆、有毒或放射性的介质，外漏更是不允许的，因而阀门必须具有可靠的密封性能。

4.2.2 无论是订购成品散热器还是现场组装散热器，散热器的强度试验均应逐组进行，试验的关键是要求散热器各接口必须无渗漏现象，且压力表值无下降。

4.2.3 塑料管材一般都具有透氧性，同时塑料管材的可塑性也较钢管要大，所以在进行水压试验时，需较长时间的观察才能真实反映出耐压强度和严密性；也是因为塑料管材的可塑性大，在水压试验的过程中，升压过快，有可能使局部的压力过高，而压力表却无法反映出来，容易出现爆管事故。冬期施工进行水压试验时，应进行防冻保护，并在水压试验合格后把水放尽并吹扫干净。

4.2.4 本条规定了采暖系统水压试验的程序和方法。采暖系统水压试验的压力是指试压泵的出口压力，通常应由设计给出。如果设计未注明，验收规范规定了可根据系统顶点的工作压力来确定的方法。采暖系统水压试验压力确定方法是根据采暖系统管道内工作介质的特性、工作压力的状况和便于操作的要求等因素综合考虑的。

热水采暖系统中，当采用上供下回式的供热方式时，根据其系统动水压图可知，系统运行时其顶点的工作压力高于系统底点的工作压力。

采暖系统施工，有些部位随着装修进度需要提前隐蔽，如导管、主立管等，对于该部位应提前进行单项试压。试验压力应按较为严格的强度试验压力要求，为 1.5 倍工作压力，在试验压力下不得有压力下降，这也是考虑因为管道相对较少，且隐蔽后在系统试压时不便检查，无任何渗漏的可能。

4.2.5 热交换器水压试验时，应以最大工作压力进行试验进行。升压过程应缓慢，以免造成局部压力过大，损坏加热面。

4.2.6 室外管网的管径比较大，焊口较多，水压试验的关键是排净管道系统中的空气，缓慢升压，分几次升压至试验压力，才能真实反映试验情况。

4.3 冲洗与充水试验

4.3.1 冲洗时应保证有一定流速及压力。流速过大，不容易观察水质情况，流速过小，冲洗无力。冲洗应先冲洗大管，后冲洗小管；先冲洗横导管，然后冲洗立管，再冲洗支管。严禁以水压试验过程中的放水代替管道冲洗。

4.3.2 室外网管安装成品保护是关键的问题，作业条件比较差，管内容易掉进杂物。因此，冲洗是关键的工序，否则杂物会进入室内管网，堵塞管道。

4.4 试运行与调试检测

4.4.1 本条提出电机和水泵在试运行前和试运行过程中检查的内容，主要是检查电机的安全保障、水泵的性能及确保水泵安全运行的状态。水泵转动方向不正确将无法检查水泵的性能状况，要求连续运行时间主要是观察其性能状态的稳定性，各转动部件的异常振动和声响，异常的振动和声响将是设备故障的先兆。由于轴承的摩擦运转过程要产生热量，摩擦越大产生的热量越多，其连接体的温度也将越高，通过实验和经验判断，温度过高会对转动件造成损坏，因而提出轴承的温度要求。

4.4.2 采暖系统试运行和调试是检验采暖系统是否符合设计要求、是否满足使用功能的重要工序。试运行可以在热状态下进行，也可以在冷状态下进行，主要是检验系统的水力运转情况，检查室内管道循环是否正常。

调试必须在热源不间断供热的情况下，并且在热负荷 24h 后进行，检验各环路的水流量平衡情况，最终使房间温度相对于设计计算温度偏差不大于 2℃。

4.4.3 地面辐射采暖铺设的管道一般采用复合管道或塑料管道，因其热膨胀系数大，如果首次通水温度过高，会造成管道急剧膨胀而被损坏，因此要求供水温度不宜过高，并且是缓慢升温。

4.4.4 室外管网平衡是关系到各用户正常供热的重要因素，调试应在系统试运行正常的基础上进行。

5 通风与空调工程

5.1 一般规定

5.1.2 本条对系统必要的检测项目进行界定，以满足工程追溯检查和验收的需要，同时也是对系统安装过程的定性检查的需要及工程交付使用性能的检验。因为在实际施工过程中，一些施工单位为了赶进度往往忽视一些必要的检测项目和内容，造成竣工验收过程中一些核查资料的缺失。

5.2 严密性试验

5.2.2 对系统安装状态提出要求，对需要进行漏风试验的管段先进行漏光试验是为了减少重复试验的次数，漏光检查是为了把一些明显的漏点提前发现并采取措施进行封堵，确保系统的严密，如果不进行漏光试验直接进行漏风试验往往很难做到一次试验成功，甚至无法做到升压、保压，过程不稳定，无法记录试验数据。

因为目前使用的漏风量测试装置主要由风机、节流器、测压仪表、标准孔板、整流栅、连接软管等构成，每一台标准的测试装置都有一个特定的数学关系式来表示或已经绘制出完整的图表，因而我们在测试之前一定要详细地阅读设备使用说明书，明确操作要领及需要使用哪些仪表、用哪些仪表测试出哪些数据，按照关系式的要求代入即可计算出漏风量或通过图表查取要获得的数据。按照《通风与空调工程施工质量验收规范》GB 50243-2002 中第 4.2.5 条的计算结果对比所测试的漏风量进行判定是否符合要求。

5.3 水压试验

5.3.3 由于分段试验完成后系统当中存在部分没有进行试验的接点，同时现场的交叉作业可能对已进行试压完成的管段造成损坏，本条提出在系统安装完成后要求进行系统管路强度试验。由于系统的最低点为最大承压点，提出试验压力以系统最低点的压力为准。管道系统试压完成后，及时排除管内积水主要是考虑北方地区冬季较为寒冷，防止管道发生冻胀裂，给后续施工带来不必要的隐患、返工和经济损失。

5.4 冲洗与充水试验

5.4.2 由于冷凝水管道多为开式系统，不便于进行封闭耐压试验，因而要求进行灌水试验，目的在于检查各管道接口处是否有渗漏现象。检查盘管托盘有无存水主要是为了发现风机盘管安装是否有倒坡现象。由于存在漏点或不检的现象，在夏季空气湿度大的情况下，冷凝水骤然剧增造成排水不畅，形成外溢而渗漏，损坏建筑装饰。

5.5 试运行与调试检测

5.5.2 风机转动方向不正确将无法检查风机的性能状况，要求连续运行时间主要是观察其性能状态的稳定性、各转动部件的异常振动和声响，异常的振动和声响是设备故障的先兆。由于轴承的摩擦运转过程要产生热量，摩擦越大产生的热量越多，其连接体的温度也将越高，通过实验和经验判断，温度过高会对转动件造成损坏，因而提出轴承的温度要求。

风机试运行时，在额定转速下连续运行 2h 后，其轴承温度应符合下列规定：

1 滑动轴承外壳温度最高不得超过 70℃；

2 滚动轴承温度最高不得超过 80℃。

5.5.4 冷却水系统的清洁状态直接影响着冷水机组的运行工况，施工现场存在试水排放代替冲洗的现象，然而其水量和排放速度无法将管道内的杂物排除干净，在系统运行时会造成冷凝器管路的堵塞或交换器管壁的损伤，降低冷水机组的制冷效果和使用寿命。管路的渗漏会加大补水量，补水阀的灵活性将影响系统的安全性。冷却塔的运行基于风机的运转状态，其异常振动和声响将影响冷却塔的安全性，必须查清原因、消除隐患。排除系统内的积水是为了防止北方冬季天气较冷，积水冻结冻坏设备和管路，造成不必要的返修和经济损失。

5.5.5 本条中检查的项目和要求主要是为了确保冷水机组的安全性。程序上的错误和检测数据的异常在机组启动时就可能造成机组的损坏，因而在机组启动前要按照要求进行检查和各项测试工作，发现异常必须立即停止，排除异常和故障，重新启动。

5.5.6 系统的安装完成、试压、冲洗是确保水系统调试的条件。一部分项目为了满足提前使用的需要往往存在甩项调试的情况，而不考虑系统的完整性，或者在甩项内容安装完成后直接利用已运行系统内的水进行运行压力试压和简单的冲洗即投入运行，为以后的整体运行埋下隐患。

本条给出了空调水系统调试、风机风量及风压测定的方法和要求，主要是检查空调系统的运行状态、调试结果及合格判定标准。

5.5.8 本条给出了风量调整的先后顺序和具体的调试方法及调试结果判定的标准。

6 洁净工程

6.1 一般规定

6.1.4 通常工程调试时的检测为空态，工程验收的检测为空态或静态，工程使用验收和日常监测为动态。空态通常是指全部建成且设施齐备，净化空调系统运行正常，只是没有生产设备、材料及人的洁净室状态。静态指全部建成且设施齐备，净化空调系统运行正常，现场没有人员。此时生产设备已安装完毕而未运行的洁净室状态；或生产设备停止运行并进行自净达到规定时间后的洁净室状态；或正在按建设方（用户）和施工方商定的方式运行的洁净室状态。动态通常是指全部建成、设施齐备，正在以规定的模式运行，且现场有规定数量的人员正以商定方式工作的洁净室状态。通常在静态的定义上有些分歧，在《洁净室及相关受控环境》ISO 14644 上，将静态定义为"在全部建成、设施齐备的洁净室中，已安装好的生产设备正在按用户和供应商商定好的方式运行，但场内没有人员。"《洁净室及相关受控环境》ISO 14644 规定设备运行却无人员在场，侧重高自动化程度的电子厂房，并不适用于所有洁净室。通过与 ISO 工作组的交流，认为不同行业的洁净室应针对行业特点对运行状态进行定义，《洁净室及相关受控环境》ISO 14644 中的定义偏向于自动化程度高的生产厂房。在新版欧盟《药品生产质量管理规范》GMP 中，对静态的定义也作了修改。

6.1.7 新增项目如甲醛、氨、臭氧、二氧化碳等的检测，是环保要求的新需要，突显对洁净室质量要求的提高。分子态污染物和表面洁净度则是国际上新出现的内容，在国际标准中也无具体方法。在现行国家标准《洁净室施工及验收规范》GB 50591中，根据相关资料和企业实践作了相关规定。

6.2 高效过滤器扫描检漏

6.2.1 有些行业出于安全、环保等原因，不提倡使用 DOP 进行过滤器测试，而有些行业出于对有机物缓释挥发方面的担忧，不提倡使用油性气溶胶进行过滤器测试。所发生的气溶胶可以为单分散气溶胶，也可以为多分散气溶胶，但无论发生哪种气溶胶，应保证所发生气溶胶的浓度以及粒径分布在测试过程中保持稳定。常用液态物质包括 DEHS/DES/DOS（癸二酸二辛酯）、DOP（邻苯二甲酸二辛酯）、PAO（聚 α 烯烃）等，常用固态物质包括 PSL（聚苯乙烯乳胶球）、大气气溶胶。人工多分散气溶胶一般采用 Laskin 喷嘴来发生。

6.2.2 高效过滤器安装后的检漏方法主要参照《洁净室及相关受控环境》ISO 14644 以及《洁净室施工及验收规范》GB 50591 中的要求，并结合工程实践制定，光度计法发尘量大，操作复杂，易污染，一般宜采用粒子计数器法。

对于单个安装高效过滤器，四周形成空腔时，应采取适宜的隔离措施，如不采用措施，在安装边框扫描处会受周围环境洁净度影响，造成无法判断。

6.3 生物洁净室微生物检测

6.3.2 对于生物洁净室是以控制生物微粒为主要目的，细菌检测要经常进行，沉降菌法相对简便易行，建议优先采用。

6.7 非单向流洁净室自净能力检测

6.7.2 这里介绍的洁净室自净能力检测方法是 ISO 14644-3 中的两种方法，《洁净室施工及验收规范》GB 50591 中采用实测自净时间和理论自净时间相比较的方法，可根据需要采用。

6.9 围护结构防渗漏检测

6.9.2 围护结构渗漏测试是《洁净室及相关受控环境》ISO 14644 上新增的检测内容，用以检查围护结构严密性，以往一般采用目测，实际工程中，可根据需要进行测试，通常用于高级别洁净室。采用粒子计数器时，如果被测位置的含尘浓度超过室外相同粒径的粒子浓度的 1% ，则认为有渗漏，采用光度计时，当 0.1% 设置的光度计的读数超过 0.01% 时，则认为有渗漏。

7 恒温恒湿工程

7.1 一般规定

7.1.2 本条文对恒温恒湿工程的空调系统连续正常运行的时间作出了规定。检测工作必须在恒温恒湿空调系统运行稳定和可靠之后进行。空调系统连续正常运行24h以后，应已适应了周围环境对它的影响，可以认为达到了稳定的状态。

7.1.3 空调系统的送、回风空气的温湿度和风量不仅能最直接地反映出空调系统的实际运行情况，而且是检验空调系统是否达到设计工况的主要依据，因此在恒温恒湿工程检测过程中，应对其进行检测。

7.1.4 恒温恒湿控制区域一般都离空调机组较近，对于一些有特殊要求的工艺或者操作间，噪声或者振动可能会对工艺或者操作有所影响。这种情况下，应对恒温恒湿控制区域的噪声或者振动进行检测。

7.2 室内温度检测

7.2.1 本条文对恒温恒湿工程温度检测所使用的仪器进行了规定。对于恒温恒湿工程，不同的测量仪器具有的精度不同，检测时应根据温度波动范围选择相应的具有足够精度的仪器。推荐采用带有锂电池的温度自记仪进行检测，这样既方便检测，又可减少测量仪器对工程的影响。

7.2.2 本条文对恒温恒湿工程温度检测时间间隔和检测持续时间进行了规定。检测的时间间隔主要考虑检测仪器的反应时间和环境对检测的影响，一般地，时间间隔取为30s～60s，既可保证检测仪器具有足够的反应时间，又可忽略环境对检测的影响；连续记录时间应在周围环境完整变化一个周期（昼夜），即24h以上，同时，检测也无需无限进行下去，在周围环境完整变化两个周期，即48h以内即可。检测的时间间隔和连续检测持续的时间也可由委托方和检测方约定。

7.2.3 本条对恒温恒湿工程室内温度测点布置原则进行了规定。对送回风温度进行检测的主要目的是检查空调系统实际运行情况是否能达到设计工况。对恒温恒湿工作区具有代表性点的温度进行检测，可以查看出空调系统的运行效果。测点的布置应离外墙一定距离（大于0.5m），从而避免外墙对检测产生影响；考虑到操作人员的操作高度，测点一般布置在离地0.8m的同一高度上；对于一些特殊工艺或者有特殊要求的恒温恒湿区，可根据恒温恒湿区的大小，分别布置在离地不同高度的几个平面上。

7.3 室内湿度检测

7.3.1 本条对恒温恒湿工程湿度检测所使用的仪器进行了规定。对于恒温恒湿工程，推荐采用带有锂电池的湿度自记仪进行检测，这样既方便检测，又可减少测量仪器对工程的影响。不同的测量仪器具有的精度不同，检测时应根据湿度波动范围选择相应的具有足够精度的仪器。

7.3.2 本条对恒温恒湿工程湿度检测时间间隔和检测持续时间进行了规定。检测的时间间隔主要考虑检测仪器的反应时间和环境对检测的影响，一般地，时间间隔取为30s～60s，既可保证检测仪器具有足够的反应时间，又可忽略环境对检测的影响；连续记录时间应在周围环境完整变化一个周期（昼夜），即24h以上，同时，检测也无需无限进行下去，在周围环境完整变化两个周期，即48h以内即可。检测的时间间隔和连续检测持续的时间也可由委托方和检测方约定。

7.3.3 对送回风湿度进行检测的主要目的是检查空调系统实际运行情况是否能达到设计工况。对恒温恒湿工作区具有代表性点的湿度进行检测，可以查看出空调系统的运行效果。测点的布置应离外墙一定距离（大于0.5m），从而避免外墙对检测产生影响；考虑到操作人员的操作高度，测点一般布置在离地0.8m的同一高度上；对于一些特殊工艺或者有特殊要求的恒温恒湿区，可根据恒温恒湿区的大小，分别布置在离地不同高度的几个平面上。

7.4 室内噪声检测

7.4.1 本条对恒温恒湿工程噪声检测所使用的仪器进行了规定。采用带倍频程分析的声级计可以测量出各个频段的噪声，便于分析出现较大噪声的原因。

7.4.2 本条对恒温恒湿工程噪声测点布置进行了规定。因为噪声在一定面积（50m²）内是几乎不变的，所以在按室内面积均分进行噪声检测时，每50m²检测一点，测点设置于中心，同时考虑操作人员的听觉高度，测点设置于距地面1.1m～1.5m高度处。

7.5 室内振动检测

7.5.2 本条对恒温恒湿工程振动测点布置进行了规定。振动测点主要考虑按工艺特定的要求进行布置。

中华人民共和国行业标准

外墙内保温工程技术规程

Technical specification for interior thermal
insulation on external walls

JGJ/T 261—2011

批准部门：中华人民共和国住房和城乡建设部
施行日期：２０１２年５月１日

中华人民共和国住房和城乡建设部
公　告

第 1193 号

关于发布行业标准
《外墙内保温工程技术规程》的公告

现批准《外墙内保温工程技术规程》为行业标准，编号为 JGJ/T 261-2011，自 2012 年 5 月 1 日起实施。

本规程由我部标准定额研究所组织中国建筑工业

出版社出版发行。

中华人民共和国住房和城乡建设部

2011 年 12 月 6 日

前　言

根据住房和城乡建设部《关于印发〈2010 年工程建设标准规范制订、修订计划〉的通知》（建标［2010］43 号）的要求，《外墙内保温工程技术规程》编制组经大量调查研究，认真总结实践经验，参考有关国际标准和国外先进标准，并在广泛征求意见的基础上，编制本规程。

本规程的主要技术内容是：1. 总则；2. 术语；3. 基本规定；4. 性能要求；5. 设计与施工；6. 内保温系统构造和技术要求；7. 工程验收。

本规程由住房和城乡建设部负责管理，由中国建筑标准设计研究院负责具体技术内容的解释。执行过程中如有意见或建议，请寄送中国建筑标准设计研究院（地址：北京市海淀区首体南路 9 号主语国际 2 号楼；邮政编码：100048）。

本 规 程 主 编 单 位：中国建筑标准设计研究院
武汉建工股份有限公司

本 规 程 参 编 单 位：中国建筑科学研究院
国家防火建筑材料质量监督检验中心
浙江大学
北京中建建筑科学研究院有限公司
中国建筑材料检验认证中心
中国聚氨酯工业协会
圣戈班石膏建材（上海）有限公司
四川科文建材科技有限公司

可耐福石膏板（天津）有限公司
宜春市金特建材实业有限公司
拜耳材料科技（中国）有限公司
欧文斯科宁（中国）投资有限公司
杭州泰富龙新型建筑材料有限公司
浙江鑫得建筑节能科技有限公司
上海贝恒化学建材有限公司
绍兴市中基建筑节能科技有限公司
太原思科达科技发展有限公司
山东联创节能新材料股份有限公司
江苏万科建筑节能工程有限公司
天津住宅集团建设工程总承包有限公司
南阳银通节能建材高新技术开发有限公司
上海天宇装饰建材发展有限公司
上海卡迪诺节能建材有限

公司

湖北邱氏节能建材高新技术有限公司

河南玛纳建筑模板有限公司

本规程主要起草人员：曹　彬　陆　兴　费慧慧
　　　　　　　　　　魏素巍　王新民　李晓明
　　　　　　　　　　冯　雅　赵成刚　张三明
　　　　　　　　　　胡宝明　王建强　宋晓辉
　　　　　　　　　　柳建峰　杜长青　沙拉斯

刘建勇　姜　涛　田　辉
朱国亮　孙　强　余　骏
马恒忠　刘元珍　孙振国
邵金雨　冯　云　杜　峰
徐　松　王宝玉　刘定安
杨金明　邱杰儒　鲍　威

本规程主要审查人员：金鸿祥　冯金秋　王庆生
　　　　　　　　　　杨星虎　钱选青　马道贞
　　　　　　　　　　吕大鹏　钱建军　焦冀曾

目　次

1 总则 ……………………………… 31—6
2 术语 ……………………………… 31—6
3 基本规定 ………………………… 31—6
4 性能要求 ………………………… 31—6
  4.1 内保温系统 ………………… 31—6
  4.2 组成材料 …………………… 31—7
5 设计与施工 ……………………… 31—11
  5.1 设计 ………………………… 31—11
  5.2 施工 ………………………… 31—12
6 内保温系统构造和技术要求 …… 31—12
  6.1 复合板内保温系统 ………… 31—12
  6.2 有机保温板内保温系统 …… 31—13

6.3 无机保温板内保温系统 ………… 31—14
6.4 保温砂浆内保温系统 …………… 31—14
6.5 喷涂硬泡聚氨酯内保温系统 …… 31—15
6.6 玻璃棉、岩棉、喷涂硬泡聚氨酯
    龙骨固定内保温系统 ………… 31—15
7 工程验收 …………………………… 31—16
  7.1 一般规定 ……………………… 31—16
  7.2 主控项目 ……………………… 31—17
  7.3 一般项目 ……………………… 31—17
本规程用词说明 ……………………… 31—17
引用标准名录 ………………………… 31—17
附：条文说明 ………………………… 31—19

Contents

1 General Provisions ···················· 31—6

2 Terms ······························· 31—6

3 Basic Requirement ················· 31—6

4 Performance Requirement ·········· 31—6

  4.1 Interior Thermal Insulation
     System ····························· 31—6

  4.2 Materials ························· 31—7

5 Design and Construction ·········· 31—11

  5.1 Design ···························· 31—11

  5.2 Construction ···················· 31—12

6 Technical and Constructive
  Requirement for Interior
  Thermal Insulation
  System ······························ 31—12

  6.1 Interior Insulation Composite
     Panel System ···················· 31—12

  6.2 Interior Insulation System
     Based on Organic Thermal
     Insulation Panel ·············· 31—13

  6.3 Interior Insulation System Based
     on Inorganic Thermal Insulation

     Panel ····························· 31—14

  6.4 Interior Insulation System Based on
     Thermal Insulation Mortar ·········· 31—14

  6.5 Polyurethane Spray Foam Interior
     Thermal Insulation System ·········· 31—15

  6.6 Interior Insulation System
     with Lightgage Steel Joist as
     Framework and Glass wool,
     Rock wool, Polyurethane
     Spray Foam as Insulation
     Layer ····························· 31—15

7 Construction Acceptance ·········· 31—16

  7.1 General Requirement ·········· 31—16

  7.2 Main Items ···················· 31—17

  7.3 General Items ················· 31—17

Explanation of Wording in
  This Specification ·············· 31—17

List of Quoted Standards ··········· 31—17

Addition: Explanation of
       Provisions ··············· 31—19

1 总 则

1.0.1 为规范外墙内保温工程技术要求，保证工程质量，做到技术先进、安全可靠、经济合理，制定本规程。

1.0.2 本规程适用于以混凝土或砌体为基层墙体的新建、扩建和改建居住建筑外墙内保温工程的设计、施工及验收。

1.0.3 外墙内保温工程的设计、施工及验收，除应符合本规程外，尚应符合国家现行有关标准的规定。

2 术 语

2.0.1 外墙内保温系统 interior thermal insulation system on external walls

主要由保温层和防护层组成，用于外墙内表面起保温作用的系统，简称内保温系统。

2.0.2 外墙内保温工程 interior thermal insulation on external walls

内保温系统通过设计、施工或安装，固定在外墙内表面上形成保温构造，简称内保温工程。

2.0.3 基层墙体 substrate

内保温系统所依附的外墙。

2.0.4 内保温复合墙体 wall composed with interior thermal insulation

由基层墙体和内保温系统组合而成。

2.0.5 保温层 thermal insulation layer

由保温材料组成，在内保温系统中起保温作用的构造层。

2.0.6 抹面层 rendering coat

抹在保温层（或保温层的找平层）上，中间夹有增强网，保护保温层并具有防裂、防水、抗冲击和防火作用的构造层。

2.0.7 饰面层 finish coat

内保温系统的表面装饰构造层。

2.0.8 防护层 protecting coat

抹面层（或面板）和饰面层的总称。

2.0.9 隔汽层 vapour barrier layer

阻隔水蒸气渗透的构造层。

2.0.10 内保温复合板 interior insulation composite panel

保温材料单侧复合无机面层，在工厂预制成型，具有保温、隔热和防护功能的板状制品，简称复合板。

2.0.11 无机保温板 inorganic thermal insulation board

以无机轻骨料或发泡水泥、泡沫玻璃为保温材料，在工厂预制成型的保温板。

2.0.12 保温砂浆 thermal insulation mortar

以无机轻骨料或聚苯颗粒为保温材料，无机、有机胶凝材料为胶结料，并掺加一定的功能性添加剂而制成的建筑砂浆。

2.0.13 界面砂浆 interface treating mortar

用以改善基层墙体与保温砂浆材料表面粘结性能的聚合物水泥砂浆。

2.0.14 胶粘剂 adhesive

用于保温板与基层墙体粘结的聚合物水泥砂浆。

2.0.15 粘结石膏 gypsum binders

用于保温板与基层墙体粘结的石膏类胶粘剂。

2.0.16 抹面胶浆 rendering coat mortar

由高分子聚合物、水泥、砂为主要材料制成，具有一定变形能力和良好粘结性能的聚合物水泥砂浆。

3 基 本 规 定

3.0.1 内保温工程应能适应基层墙体的正常变形而不产生裂缝、空鼓和脱落。

3.0.2 内保温工程各组成部分应具有物理—化学稳定性。所有组成材料应彼此相容，并应具有防腐性。在可能受到生物侵害时，内保温工程应具有防生物侵害性能；所有组成材料应符合现行国家标准《民用建筑工程室内环境污染控制规范》GB 50325 和《建筑材料放射性核素限量》GB 6566 的相关规定。

3.0.3 内保温工程应防止火灾危害。

3.0.4 内保温工程应与基层墙体有可靠连接。

3.0.5 内保温工程用于厨房、卫生间等潮湿环境时，应具有防水渗透性能。

3.0.6 内保温复合墙体的保温、隔热和防潮性能应符合现行国家标准《民用建筑热工设计规范》GB 50176 和国家现行有关建筑节能设计标准的规定。

3.0.7 内保温工程有关检测数据的判定，应采用现行国家标准《数值修约规则与极限数值的表示和判定》GB/T 8170 中规定的修约值比较法。

4 性 能 要 求

4.1 内保温系统

4.1.1 内保温系统性能应符合表 4.1.1 的规定。

表 4.1.1 内保温系统性能

检验项目	性能要求	试验方法
系统拉伸粘结强度（MPa）	≥0.035	JGJ 144
抗冲击性（次）	≥10	JG/T 159
吸水量（kg/m²）	系统在水中浸泡 1h 后的吸水量应小于 1.0	JGJ 144

检验项目	性能要求	试验方法
热阻	符合设计要求	GB/T 13475
抹面层不透水性	2h 不透水	JGJ 144
防护层水蒸气渗透阻	符合设计要求	JGJ 144
燃烧性能	不低于 B 级	GB/T 8626 和 GB/T 20284；GB/T 5464 和（或）GB/T 14402
燃烧性能附加分级	产烟量	不低于 s2 级	GB/T 20284
	燃烧滴落物/微粒	不低于 d1 级	GB/T 8626 和 GB/T 20284
	产烟毒性	不低于 t1 级	GB/T 20285

注：1 对于玻璃棉、岩棉、喷涂硬泡聚氨酯龙骨固定内保温系统，当玻璃棉板（毡）和岩棉板（毡）主要依靠塑料钉固定在基层墙体上时，可不做系统拉伸粘结强度试验。

　　2 仅用于厨房、卫生间等潮湿环境时，吸水量、抹面层不透水性和防护层水蒸气渗透阻应满足表 4.1.1 的规定。

　　3 燃烧性能分级采用 GB 8624-2006。

4.2 组 成 材 料

4.2.1 复合板性能应符合表 4.2.1 的规定。

表 4.2.1 复合板性能

检验项目	性 能 要 求			试验方法
	纸面石膏板面层时	无石棉硅酸钙板面层时	无石棉纤维水泥平板面层时	
抗弯荷载（N）	宽度方向 ≥160 长度方向 ≥400	≥G （板材重量）	≥G （板材重量）	GB/T 9775 或 JG/T 159
拉伸粘结强度（MPa）	≥0.035 且纸面与保温板界面破坏	≥0.10 且保温板破坏	≥0.10 且保温板破坏	JG 149
抗冲击性（次）	≥10			JG/T 159
面板收缩率（%）	—	≤0.06	≤0.06	JG/T 159
燃烧性能	不低于 B 级			GB/T 8626 和 GB/T 20284；GB/T 5464 和（或）GB/T 14402

检验项目	性 能 要 求			试验方法
	纸面石膏板面层时	无石棉硅酸钙板面层时	无石棉纤维水泥平板面层时	
燃烧性能附加分级	产烟量	不低于 s2 级			GB/T 20284
	燃烧滴落物/微粒	不低于 d1 级			GB/T 8626 和 GB/T 20284
	产烟毒性	不低于 t1 级			GB/T 20285

注：1 当纸面石膏板的断裂荷载、无石棉硅酸钙板及无石棉纤维水泥平板的抗折强度满足国家现行有关产品标准的要求时，可不做复合板的抗弯荷载试验。

　　2 燃烧性能分级采用 GB 8624-2006。

4.2.2 有机保温板性能应符合表 4.2.2 的规定。

表 4.2.2 有机保温板性能

检验项目	性 能 要 求			试验方法
	模塑聚苯乙烯泡沫塑料板（EPS板）	挤塑聚苯乙烯泡沫塑料板（XPS板）	硬泡聚氨酯（PU板）	
密度（kg/m³）	18～22	22～35	35～45	GB/T 6343
导热系数[W/(m·K)]	≤0.039	≤0.032	≤0.024	GB/T 10294 或 GB/T 10295
垂直于板面方向抗拉强度（MPa）	≥0.10			JGJ 144
尺寸稳定性（%）	≤1.0	≤1.5	≤1.5	GB 8811
燃烧性能	不低于 D 级			GB/T 8626 和 GB/T 20284
氧指数（%）	≥30	≥26	≥26	GB/T 2406.2

注：1 导热系数仲裁试验应按 GB/T 10294 进行。

　　2 燃烧性能分级采用 GB 8624-2006。

4.2.3 纸蜂窝填充憎水型膨胀珍珠岩保温板性能应符合表 4.2.3 的规定。

表 4.2.3 纸蜂窝填充憎水型膨胀珍珠岩保温板性能

检验项目	性能要求	试验方法
密度（kg/m³）	≤100	JC 209
当量导热系数[W/(m·K)]	≤0.049	GB/T 10294 或 GB/T 10295
燃烧性能	不低于 B 级	GB/T 8626 和 GB/T 20284；GB/T 5464 和（或）GB/T 14402
抗拉强度（MPa）	≥0.035	JG 149

注：1 当量导热系数仲裁试验应按 GB/T 10294 进行。

　　2 燃烧性能分级采用 GB 8624-2006。

4.2.4 无机保温板性能应符合表 4.2.4 的规定。

表 4.2.4 无机保温板性能

检验项目		性能要求	试验方法
干密度(kg/m³)		≤350	GB/T 5486
导热系数[W/(m·K)]		≤0.070	GB/T 10294 或 GB/T 10295
蓄热系数[W/(m²·K)]		≥1.2	JG/T 283
抗压强度(MPa)		≥0.40	GB/T 5486.2
垂直于板面方向抗拉强度(MPa)		≥0.10	JGJ 144
吸水率(V/V)(%)		≤12	JC/T 647
软化系数		≥0.60	JG/T 283
干燥收缩值(mm/m)		<0.80	GB/T 11969
燃烧性能		不低于 A2 级	GB/T 5464 和(或)GB/T 14402
放射性核素限量	内照射指数 I_{Ra}	≤1.0	GB 6566
	外照射指数 I_γ	≤1.0	

注：1 导热系数仲裁试验应按 GB/T 10294 进行。
　　2 燃烧性能分级采用 GB 8624-2006。

4.2.5 保温砂浆性能应符合表 4.2.5 的规定。

表 4.2.5 保温砂浆性能

检验项目		性能要求		试验方法
		无机轻集料保温砂浆	聚苯颗粒保温砂浆	
干密度(kg/m³)		≤350		JG/T 283
抗压强度(MPa)		≥0.20		JG/T 283
抗拉强度(MPa)		≥0.10		JG/T 283
压剪粘结强度(MPa)(与水泥砂浆块)	原强度	≥0.050		JG/T 283
	耐水强度			
导热系数[W/(m·K)]		≤0.070		GB/T 10294 或 GB/T 10295
蓄热系数[W/(m²·K)]		≥1.20	≥0.95	JG/T 283
稠度保留率(1h)(%)		≥60	—	JGJ/T 70
线性收缩率(28d)(%)		≤0.30		JG/T 283
软化系数		≥0.60	≥0.55	JG/T 283
石棉含量		不含石棉纤维		HBC19
放射性核素限量	内照射指数 I_{Ra}	≤1.0		GB 6566
	外照射指数 I_γ	≤1.0		
燃烧性能		不低于 A2 级	不低于 C 级	GB/T 8626 和 GB/T 20284；GB/T 5464 和(或)GB/T 14402

注：1 导热系数仲裁试验应按 GB/T 10294 进行。
　　2 燃烧性能分级采用 GB 8624-2006。

4.2.6 喷涂硬泡聚氨酯性能应符合表 4.2.6 的规定。

表 4.2.6 喷涂硬泡聚氨酯性能

检验项目	性能要求	试验方法
密度(kg/m³)	≥35	GB/T 6343
导热系数[W/(m·K)]	≤0.024	GB/T 10294 或 GB/T 10295
压缩性能(形变 10%)(kPa)	≥0.10	GB/T 8813
尺寸稳定性(%)	≤1.5	GB 8811
拉伸粘结强度(与水泥砂浆，常温)(MPa)	≥0.10，且破坏部位不得位于粘结界面	GB 50404
吸水率(%)	≤3	GB/T 8810
燃烧性能	不低于 D 级	GB/T 8626 和 GB/T 20284
氧指数(%)	≥26	GB/T 2406.2

注：1 导热系数仲裁试验应按 GB/T 10294 进行。
　　2 燃烧性能分级采用 GB 8624-2006。

4.2.7 玻璃棉、岩棉、喷涂硬泡聚氨酯龙骨固定内保温系统用玻璃棉板(毡)性能应符合表 4.2.7 的规定。

表 4.2.7 玻璃棉、岩棉、喷涂硬泡聚氨酯龙骨固定内保温系统用玻璃棉板(毡)性能

检验项目	性能要求				试验方法
标称密度(kg/m³)	24	32	40	48	GB/T 5486
粒径>0.25mm 渣球含量(%)	≤0.3				GB/T 5480
纤维平均直径(μm)	≤7.0				GB/T 5480
质量吸湿率(%)	≤5.0				GB/T 5480
憎水率(%)	≥98.0				GB/T 10299
导热系数[W/(m·K)]	≤0.043	≤0.040	≤0.037	≤0.034	GB/T 10295
有机物含量(%)	≤8.0				GB/T 11835
甲醛释放量(mg/L)	≤1.5				GB/T 18580
基棉燃烧性能	不低于 A2 级				GB/T 5464 和(或)GB/T 14402

注：1 玻璃棉板标称密度 32kg/m³~48kg/m³，玻璃棉毡标称密度 24kg/m³~48kg/m³。
　　2 燃烧性能分级采用 GB 8624-2006。

4.2.8 玻璃棉、岩棉、喷涂硬泡聚氨酯龙骨固定内保温系统用岩棉板(毡)性能应符合表 4.2.8 的规定。

表 4.2.8 玻璃棉、岩棉、喷涂硬泡聚氨酯龙骨固定内保温系统用岩棉板(毡)性能

检验项目	性能要求	试验方法
标称密度（kg/m³）	板 120～150；毡 80～100	GB/T 5480
粒径＞0.25mm 渣球含量（%）	≤4.0	GB/T 5480
纤维平均直径（μm）	≤5.0	GB/T 5480
酸度系数	≥1.6	GB/T 5480
导热系数 [W/(m·K)]	≤0.045	GB/T 10295
质量吸湿率（%）	≤1.0	GB/T 5480
有机物含量（%）	≤4.0	GB/T 11835
甲醛释放量（mg/L）	≤1.5(可通过包覆达到)	GB/T 18580
憎水率（%）	≥98.0	GB/T 10299
基棉燃烧性能	不低于 A2 级	GB/T 5464 和（或）GB/T 14402

注：燃烧性能分级采用 GB 8624-2006。

4.2.9 界面砂浆按适用的基层可分为Ⅰ型和Ⅱ型，其性能应符合表 4.2.9 的规定。

表 4.2.9 界面砂浆性能

检验项目		性能要求		试验方法
		Ⅰ型	Ⅱ型	
拉伸粘结强度（与保温砂浆）（MPa）	未处理	14d	≥0.1 且保温层破坏	JC/T 907
	浸水处理			
拉伸粘结强度（与水泥砂浆）（MPa）	未处理	7d	≥0.4	≥0.3
		14d	≥0.6	≥0.5
	浸水处理		≥0.5	≥0.3
	热处理			
	冻融循环处理			
	碱处理			
晾置时间（min）			—	≥10

注：Ⅰ型产品的晾置时间，应根据工程需要由供需双方确定。

4.2.10 胶粘剂性能应符合表 4.2.10 的规定。

表 4.2.10 胶粘剂性能

检验项目		性能要求		试验方法
		与水泥砂浆	与保温板和复合板	
拉伸粘结强度（MPa）	原强度	≥0.60	≥0.10 和保温板破坏	JGJ 144
	耐水强度	浸水 48h，干燥 2h	≥0.30	≥0.06	
		浸水 48h，干燥 7d	≥0.60	≥0.10	
可操作时间（h）		1.5～4.0		JG 149

4.2.11 粘结石膏性能应符合表 4.2.11 的规定。

表 4.2.11 粘结石膏性能

检验项目		性能要求	试验方法
细度	1.18mm 筛网筛余（%）	0	JC/T 1025
	150μm 筛网筛余（%）	≤25	
凝结时间	初凝（min）	≥25	JC/T 517
	终凝（min）	≤120	
	抗折强度（MPa）	≥5.0	JC/T 1025
	抗压强度（MPa）	≥10.0	
拉伸粘结强度（MPa）	与有机保温板	≥0.10	JG 149
	与水泥砂浆	≥0.50	

4.2.12 抹面胶浆性能应符合表 4.2.12 的规定。

表 4.2.12 抹面胶浆性能

检验项目		性能要求			试验方法
		与有机保温材料	与无机保温板或无机轻集料保温砂浆	聚苯颗粒保温砂浆	
拉伸粘结强度（与保温材料）（MPa）	原强度	≥0.10，破坏发生在保温层中			JG 149
	耐水强度	浸水 48h，干燥 2h	≥0.06	≥0.08	≥0.08	
		浸水 48h，干燥 7d	≥0.10			
拉伸粘结强度（与水泥砂浆）（MPa）	原强度	≥0.5			
	耐水强度	浸水 48h，干燥 2h	≥0.3			
		浸水 48h，干燥 7d	≥0.5			

检验项目		性能要求			试验方法
		与有机保温材料	与无机保温板或无机轻集料保温砂浆	聚苯颗粒保温砂浆	
吸水量（g/m²）		≤1000			JG 149
不透水性（2h）		试样抹面层内侧无水渗透			JG 149
柔韧性	压折比（水泥基）	≤3.0			JG 149
	开裂应变（非水泥基）（%）	≥1.5			
可操作时间（水泥基）（h）		1.5～4.0			JG 149
放射性限量	内照射指数 I_{Ra}	≤1.0			GB 6566
	外照射指数 I_γ	≤1.0			

注：1 仅用于面砖饰面时，抹面胶浆与水泥砂浆之间的拉伸粘结强度应满足表 4.2.12 的规定。

2 仅用于厨房、卫生间等潮湿环境时，吸水量和不透水性应满足表 4.2.12 的规定。

4.2.13 粉刷石膏性能应符合表 4.2.13 的规定。

表 4.2.13 粉刷石膏性能

检验项目		性能要求	试验方法
凝结时间（min）	初凝时间（h）	≥1	
	终凝时间（h）	≤8	
保水率（%）		≥75	JC/T 517
抗折强度（MPa）		≥2.0	
抗压强度（MPa）		≥4.0	
粘结强度（MPa）		≥0.4	
拉伸粘结强度（与有机保温板）（MPa）		≥0.10	JG 149
放射性	内照射指数 I_{Ra}	≤1.0	GB 6566
	外照射指数 I_γ	≤1.0	

4.2.14 中碱玻璃纤维网布、涂塑中碱玻璃纤维网布、耐碱玻璃纤维网布的性能应分别符合表 4.2.14-1、表 4.2.14-2、表 4.2.14-3 的规定。

表 4.2.14-1 中碱玻璃纤维网布性能

检验项目	性能要求		试验方法
	A 型	B 型	
经、纬密度（根/25mm）	4～5	8～10	GB/T 7689.2
单位面积质量（g/m²）	≥80	45～60	JC 561.1

检验项目	性能要求		试验方法
	A 型	B 型	
拉伸断裂强力（经、纬向）（N/50mm）	≥840	≥780	GB/T 7689.5
断裂伸长率（经、纬向）（%）	≤5.0		GB/T 7689.5

表 4.2.14-2 涂塑中碱玻璃纤维网布性能

检验项目	性能要求	试验方法
经、纬密度（根/25mm）	4～5	GB/T 7689.2
单位面积质量（g/m²）	≥130	JC 561.1
拉伸断裂强力（经、纬向）（N/50mm）	≥1200	GB/T 7689.5
耐碱拉伸断裂强力保留率（%）	≥50	JC 561.2
断裂伸长率（经、纬向）（%）	≤5.0	GB/T 7689.5
可燃物含量（%）	≥20	GB/T 9914.2
碱金属氧化物含量（%）	11.6～12.4	GB/T 1549

表 4.2.14-3 耐碱玻璃纤维网布性能

检验项目	性能要求	试验方法
经、纬密度（根/25mm）	4～5	GB/T 7689.2
单位面积质量（g/m²）	≥130	GB/T 9914.3
拉伸断裂强力（经、纬向）（N/50mm）	≥1000	GB/T 7689.5
断裂伸长率（经、纬向）（%）	≤4.0	
耐碱拉伸断裂强力保留率（经、纬向）（%）	≥75	GB/T 20102
可燃物含量（%）	≥12	GB/T 9914.2
氧化锆、氧化钛含量（%）	ZrO_2 含量（14.5±0.8）且 TiO_2 含量（6±0.5）或 ZrO_2 和 TiO_2 含量≥19.2 且 ZrO_2 含量≥13.7 或 ZrO_2 含量≥16	JC 935

4.2.15 锚栓性能应符合表 4.2.15 的规定。

表 4.2.15 锚栓性能

检验项目	性能要求	试验方法
单个锚栓抗拉承载力标准值（kN）	≥0.30	JG 149

4.2.16 内保温系统用腻子性能应符合表 4.2.16 的规定。

表 4.2.16　内保温系统用腻子性能

检验项目		性能要求						试验方法
		普通型 (P)	普通耐水型 (PN)	柔性 (R)	柔性耐水型 (RN)	弹性 (T)	弹性耐水型 (TN)	
容器中状态		无结块、均匀						JG/T 298
施工性		刮涂无障碍						
干燥时间（表干）	单道施工厚度 <2mm 的产品	≤2h						按 GB/T 1728-1979 (1989) 中乙法的规定进行
	单道施工厚度 ≥2mm 的产品	≤5h						
初期干燥抗裂性	单道施工厚度 <2mm 的产品	3h 无裂纹						JG/T 24
	单道施工厚度 ≥2mm 的产品							
打磨性		手工可打磨						JG/T 298
耐水性		4h 无起泡、开裂及明显掉粉	48h 无起泡、开裂及明显掉粉	4h 无起泡、开裂及明显掉粉	48h 无起泡、开裂及明显掉粉	4h 无起泡、开裂及明显掉粉	48h 无起泡、开裂及明显掉粉	GB/T 1733 GB 6682
粘结强度 (MPa)	标准状态	>0.40	>0.50	>0.40	>0.50	>0.40	>0.50	JG/T 24
	浸水后	—	>0.30	—	>0.30	—	>0.30	
腻子膜柔韧性		直径 100mm，无裂纹		直径 50mm，无裂纹		—		JG/T 157
动态抗开裂性（mm）		≥0.04，<0.08		≥0.08，<0.3		≥0.3		
低温贮存稳定性		三次循环不变质						按 GB/T 9268-2008 中 A 法进行
有害物质限量		符合现行国家标准《室内装饰装修材料　内墙涂料中有害物质限量》GB 18582-2008 水性墙面腻子的规定						GB 18582-2008

注：1　普通型腻子及普通型耐水腻子、柔性腻子及柔性耐水型腻子，腻子膜柔韧性或动态抗开裂性通过其中一项即可。
　　2　液态组合或膏状组合需测试低温贮存稳定性指标。

4.2.17　纸面石膏板应符合下列规定：

1　纸面石膏板应符合现行国家标准《纸面石膏板》GB/T 9775 的规定；

2　纸面石膏板的放射性核素限量，应符合现行国家标准《建筑材料放射性核素限量》GB 6566 中对建筑主体材料天然放射性的规定。

4.2.18　无石棉纤维水泥平板应符合下列规定：

1　无石棉纤维水泥平板应符合国家现行标准《纤维水泥平板　第 1 部分：无石棉纤维水泥平板》JC/T 412.1 的规定；

2　无石棉纤维水泥平板的放射性核素限量，应符合现行国家标准《建筑材料放射性核素限量》GB 6566 中对建筑主体材料天然放射性的规定。

4.2.19　无石棉硅酸钙板应符合下列规定：

1　无石棉硅酸钙板应符合国家现行标准《纤维增强硅酸钙板　第 1 部分：无石棉硅酸钙板》JC/T 564.1 的规定；

2　无石棉硅酸钙板的放射性核素限量，应符合

现行国家标准《建筑材料放射性核素限量》GB 6566 中对建筑主体材料天然放射性的要求。

4.2.20　建筑用轻钢龙骨应符合现行国家标准《建筑用轻钢龙骨》GB/T 11981 的规定。

4.2.21　接缝带和嵌缝材料的性能应符合国家现行有关标准的规定。

4.2.22　隔汽层的透湿率不应大于 4.0×10^{-8} g/(Pa·s·m²)。

5　设计与施工

5.1　设　计

5.1.1　内保温工程应合理选用内保温系统，并应确保系统各项性能满足具体工程的要求。

5.1.2　内保温工程的热工和节能设计应符合下列规定：

1　外墙平均传热系数应符合国家现行建筑节能

标准对外墙的要求。

2 外墙热桥部位内表面温度不应低于室内空气在设计温度、湿度条件下的露点温度，必要时应进行保温处理。

3 内保温复合墙体内部有可能出现冷凝时，应进行冷凝受潮验算，必要时应设置隔汽层。

5.1.3 内保温工程砌体外墙或框架填充外墙，在混凝土构件外露时，应在其外侧加强保温处理。

5.1.4 内保温工程宜在墙体易裂部位及与屋面板、楼板交接部位采取抗裂构造措施。

5.1.5 内保温系统各构造层组成材料的选择，应符合下列规定：

1 保温板及复合板与基层墙体的粘结，可采用胶粘剂或粘结石膏。当用于厨房、卫生间等潮湿环境或饰面层为面砖时，应采用胶粘剂。

2 厨房、卫生间等潮湿环境或饰面层为面砖时不得使用粉刷石膏抹面。

3 无机保温板或保温砂浆的抹面层的增强材料宜采用耐碱玻璃纤维网布。有机保温材料的抹面层为抹面胶浆时，其增强材料可选用涂塑中碱玻璃纤维网布；当抹面层为粉刷石膏时，其增强材料可选用中碱玻璃纤维网布。

4 当内保温工程用于厨房、卫生间等潮湿环境采用腻子时，应选用耐水型腻子；在低收缩性面板上刮涂腻子时，可选普通型腻子；保温层尺寸稳定性差或面层材料收缩值大时，宜选用弹性腻子，不得选用普通型腻子。

5.1.6 设计保温层厚度时，保温材料的导热系数应进行修正。

5.1.7 有机保温材料应采用不燃材料或难燃材料做防护层，且防护层厚度不应小于 6mm。

5.1.8 门窗四角和外墙阴阳角等处的内保温工程抹面层中，应设置附加增强网布。门窗洞口内侧面应做保温。

5.1.9 在内保温复合墙体上安装设备、管道或悬挂重物时，其支承的埋件应固定于基层墙体上，并应做密封设计。

5.1.10 内保温基层墙体应具有防水能力。

5.2 施 工

5.2.1 内保温工程应按照经审查合格的设计文件和经审查批准的施工方案施工，并应编制专项施工方案。施工前应对施工人员进行技术交底和必要的实际操作培训。

5.2.2 内保温工程施工前，外门窗应安装完毕。水暖及装饰工程需要的管卡、挂件等预埋件，应留出位置或预埋完毕。电气工程的暗管线、接线盒等应埋设完毕，并应完成暗管线的穿带线工作。

5.2.3 内保温工程施工现场应采取可靠的防火安全措施，并应符合下列规定：

1 内保温工程施工作业区域，严禁明火作业；

2 施工现场灭火器的配置和消防给水系统，应符合现行国家标准《建设工程施工现场消防安全技术规范》GB 50720 的规定；

3 对可燃保温材料的存放和保护，应采取符合消防要求的措施；

4 可燃保温材料上墙后，应及时做防护层，或采取相应保护措施；

5 施工用照明等高温设备靠近可燃保温材料时，应采取可靠的防火措施；

6 当施工电气线路采取暗敷设时，应敷设在不燃烧体结构内，且其保护层厚度不应小于 30mm；当采用明敷设时，应穿金属管、阻燃套管或封闭式阻燃线槽；

7 喷涂硬泡聚氨酯现场作业时，施工工艺、工具及服装等应采取防静电措施。

5.2.4 内保温工程施工期间以及完工后 24h 内，基层墙体及环境空气温度不应低于 0℃，平均气温不应低于 5℃。

5.2.5 内保温工程施工，应在基层墙体施工质量验收合格后进行。基层应坚实、平整、干燥、洁净。施工前，应按设计和施工方案的要求对基层墙体进行检查和处理，当需要找平时，应符合下列规定：

1 应采用水泥砂浆找平，找平层厚度不宜小于 12mm；找平层与基层墙体应粘结牢固，粘结强度不应小于 0.3MPa，找平层垂直度和平整度应符合现行国家标准《建筑装饰装修工程质量验收规范》GB 50210 的规定；

2 基层墙体与找平层之间，应涂刷界面砂浆。当基层墙体为混凝土墙及砖砌体时，应涂刷Ⅰ型界面砂浆界面层；基层墙体为加气混凝土时，应采用Ⅱ型界面砂浆界面层。

5.2.6 内保温工程应采取下列抗裂措施：

1 楼板与外墙、外墙与内墙交接的阴阳角处应粘贴一层 300mm 宽玻璃纤维网布，且阴阳角的两侧应各为 150mm；

2 门窗洞口等处的玻璃纤维网布应翻折满包内口；

3 在门窗洞口、电器盒四周对角线方向，应斜向加铺不小于 400mm×200mm 玻璃纤维网布。

5.2.7 内保温工程完工后，应做好成品保护。

6 内保温系统构造和技术要求

6.1 复合板内保温系统

6.1.1 复合板内保温系统的基本构造应符合表 6.1.1 的规定。

表 6.1.1 复合板内保温系统基本构造

基层墙体①	系统基本构造				构造示意
	粘结层②	复合板③		饰面层④	
		保温层	面板		
混凝土墙体，砌体墙体	胶粘剂，或粘结石膏+锚栓	EPS板，XPS板，PU板，纸蜂窝填充憎水型膨胀珍珠岩保温板	纸面石膏板，无石棉纤维水泥平板，无石棉纤维硅酸钙板	腻子层+涂料或墙纸（布）或面砖	

注：1 当面板带饰面时，不再做饰面层。
2 面砖饰面不做腻子层。

6.1.2 复合板的规格尺寸应符合下列规定：

1 复合板公称宽度宜为 600mm、900mm、1200mm、1220mm、1250mm。

2 石膏板面板公称厚度不得小于 9.5mm，无石棉纤维增强硅酸钙板面板和无石棉纤维水泥平板面板公称厚度不得小于 6.0mm。

6.1.3 施工时，宜先在基层墙体上做水泥砂浆找平层，采用以粘为主、粘锚结合方式将复合板固定于垂直墙面，并应采用嵌缝材料封填板缝。

6.1.4 当复合板的保温层为 XPS 板或 PU 板时，在粘贴前应在保温板表面做界面处理。XPS 板应涂刷表面处理剂，表面处理剂的 pH 值应为 6～9，聚合物含量不应小于 35%；PU 板应采用水泥基材料作界面处理，界面层厚度不宜大于 1mm。

6.1.5 复合板与基层墙体之间的粘贴，应符合下列规定：

1 涂料饰面时，粘贴面积不应小于复合板面积的 30%；面砖饰面时，粘贴面积不应小于复合板面积的 40%；

2 在门窗洞口四周、外墙转角和复合板上下两端距顶面和地面 100mm 处，均应采用通长粘结，且宽度不应小于 50mm。

6.1.6 复合板内保温系统采用的锚栓应符合下列规定：

1 应采用材质为不锈钢或经过表面防腐处理的碳素钢制成的金属钉锚栓；

2 锚栓进入基层墙体的有效锚固深度不应小于 25mm，基层墙体为加气混凝土时，锚栓的有效锚固深度不应小于 50mm。有空腔结构的基层墙体，应采用旋入式锚栓。

3 当保温层为 EPS、XPS、PU 板时，其单位面积质量不宜超过 $15kg/m^2$，且每块复合板顶部离边缘 80mm 处，应采用不少于 2 个金属钉锚栓固定在基层墙体上，锚栓的钉头不得凸出板面。

4 当保温层为纸蜂窝填充憎水型膨胀珍珠岩时，

锚栓间距不应大于 400mm，且距板边距离不应小于 20mm。

6.1.7 基层墙体阴角和阳角处的复合板，应做切边处理。

6.1.8 复合板内保温系统接缝处理应符合下列规定：

1 板间接缝和阴角宜采用接缝带，可采用嵌缝石膏（或柔性勾缝腻子）粘贴牢固；

2 阳角宜采用护角，可采用嵌缝石膏（或柔性勾缝腻子）粘贴牢固；

3 复合板之间的接缝不得位于门窗洞口四角处，且距洞口四角不得小于 300mm。

6.2 有机保温板内保温系统

6.2.1 有机保温板内保温系统的基本构造应符合表 6.2.1 的规定。

表 6.2.1 有机保温板内保温系统的基本构造

基层墙体①	系统基本构造				构造示意
	粘结层②	保温层③	防护层		
			抹面层④	饰面层⑤	
混凝土墙体，砌体墙体	胶粘剂或粘结石膏	EPS板，XPS板，PU板	做法一：6mm 抹面胶浆复合涂塑中碱玻璃纤维网布 做法二：用粉刷石膏 8mm～10mm 厚横向压入 A 型中碱玻璃纤维网布；涂刷 2mm 厚专用胶粘剂压入 B 型中碱玻璃纤维网布	腻子层+涂料或墙纸（布）或面砖	

注：1 做法二不适用面砖饰面和厨房、卫生间等潮湿环境。
2 面砖饰面不做腻子层。

6.2.2 有机保温板宽度不宜大于 1200mm，高度不宜大于 600mm。

6.2.3 施工时，宜先在基层墙体上做水泥砂浆找平层，采用粘结方式将有机保温板固定于垂直墙面。

6.2.4 当保温层为 XPS 板和 PU 板时，在粘贴及抹面层施工前应做界面处理。XPS 板面应涂刷表面处理剂，表面处理剂的 pH 值应为 6～9，聚合物含量不应小于 35%；PU 板应采用水泥基材料做界面处理，界面层厚度不宜大于 1mm。

6.2.5 有机保温板与基层墙体的粘贴，应符合下列规定：

1 涂料饰面时，粘贴面积不得小于有机保温板面积的 30%；面砖饰面时，不得小于有机保温板面积的 40%；

2 保温板在门窗洞口四周、阴阳角处和保温板上下两端距顶面和地面 100mm 处，均应采用通长粘结，且宽度不应小于 50mm。

6.2.6 在墙面粘贴有机保温板时，应错缝排列，门窗洞口四角处不得有接缝，且任何接缝距洞口四角不得小于 300mm。阴角和阳角处的有机保温板，应做切边处理。

6.2.7 有机保温板的终端部，应用玻璃纤维网布翻包。

6.2.8 抹面层施工应在保温板粘贴完毕 24h 后方可进行。

6.3 无机保温板内保温系统

6.3.1 无机保温板内保温系统的基本构造应符合表 6.3.1 的规定。

表 6.3.1 无机保温板内保温系统的基本构造

基层墙体①	系统基本构造				构造示意
	粘结层②	保温层③	防护层		
			抹面层④	饰面层⑤	
混凝土墙体,砌体墙体	胶粘剂	无机保温板	抹面胶浆+耐碱玻璃纤维网布	腻子层+涂料或墙纸(布)或面砖	

注：面砖饰面不做腻子层。

6.3.2 无机保温板的规格尺寸宜为 300mm×300mm、300mm×450mm、300mm×600mm、450mm×450mm、450mm×600mm，厚度不宜大于 50mm。

6.3.3 无机保温板粘贴前，应清除板表面的碎屑浮尘。

6.3.4 无机保温板的粘贴应符合下列规定：

1 在外墙阳角、阴角以及门窗洞口周边应采用满粘法，其余部位可采用条粘法或点粘法，总的粘贴面积不应小于保温板面积的 40%；

2 上下排之间保温板的粘贴，应错缝 1/2 板长，板的侧边不应涂抹胶粘剂；

3 阳角上下排保温板应交错互锁；

4 门窗洞口四角保温板应采用整板截割，且板的接缝距洞口四角不得小于 150mm；

5 保温板四周应靠紧且板缝不得大于 2mm；

6 保温板的终端部应采用玻璃纤维网布翻包。

6.3.5 无机保温板内保温系统的抹面胶浆施工应符合下列规定：

1 无机保温板粘贴完毕后，应在室内环境温度条件静待 1d～2d 后，再进行抹面胶浆施工。

2 施工前应采用 2m 靠尺检查无机保温板板面的平整度，对凸出部位应刮平，并应清理碎屑后再进行抹面施工。

6.4 保温砂浆内保温系统

6.4.1 保温砂浆内保温系统基本构造应符合表 6.4.1 的规定。

表 6.4.1 保温砂浆内保温系统基本构造

基层墙体①	系统基本构造				构造示意
	界面层②	保温层③	防护层		
			抹面层④	饰面层⑤	
混凝土墙体,砌体墙体	界面砂浆	保温砂浆	抹面胶浆+耐碱纤维网布	腻子层+涂料或墙纸(布)或面砖	

注：面砖饰面不做腻子层。

6.4.2 界面砂浆应均匀涂刷于基层墙体。

6.4.3 保温砂浆施工应符合下列规定：

1 应采用专用机械搅拌，搅拌时间不宜少于 3min，且不宜大于 6min。搅拌后的砂浆应在 2h 内用完。

2 应分层施工，每层厚度不应大于 20mm。后一层保温砂浆施工，应在前一层保温砂浆终凝后进行（一般为 24h）。

3 应先用保温砂浆做标准饼，然后冲筋，其厚度应以墙面最高处抹灰厚度不小于设计厚度为准，并应进行垂直度检查，门窗口处及墙体阳角部分宜做护角。

6.4.4 抹面胶浆施工应符合下列规定：

1 应预先将抹面胶浆均匀涂抹在保温层上，再将耐碱玻璃纤维网布埋入抹面胶浆层中，不得先将耐碱玻璃纤维网布直接铺在保温层面上，再用砂浆涂布粘结；

2 耐碱玻璃纤维网布搭接宽度不应小于 100mm，两层搭接耐碱玻璃纤维网布之间必须满布抹面胶浆，严禁干茬搭接；

3 抹面胶浆层厚度：保温层为无机轻集料保温砂浆时，涂料饰面不应小于 3mm，面砖饰面不应小于 5mm，保温层为聚苯颗粒保温砂浆时，不应小于 6mm；

4 对需要加强的部位，应在抹面胶浆中铺贴双层耐碱玻璃纤维网布，第一层应采用对接法搭接，第二层应采用压茬法搭接。

6.4.5 保温砂浆内保温系统的各构造层之间的粘结应牢固，不应脱层、空鼓和开裂。

6.4.6 保温砂浆内保温系统采用涂料饰面时，宜采用弹性腻子和弹性涂料。

6.5 喷涂硬泡聚氨酯内保温系统

6.5.1 喷涂硬泡聚氨酯内保温系统的基本构造应符合表 6.5.1 的规定。

表 6.5.1 喷涂硬泡聚氨酯内保温系统基本构造

基层墙体①	系统基本构造							构造示意
	界面层②	保温层③	界面层④	找平层⑤	防护层			
					抹面层⑥	饰面层⑦		
混凝土墙体、砌体墙体	水泥砂浆聚氨酯防潮底漆	喷涂硬泡聚氨酯	专用界面砂浆或专用界面剂	保温砂浆或聚合物水泥砂浆	抹面胶浆复合涂塑中碱玻璃纤维网布	腻子层＋涂料或墙纸(布)或面砖		

注：面砖饰面不做腻子层。

6.5.2 喷涂硬泡聚氨酯的施工应符合下列规定：

1 环境温度不应低于 10℃，空气相对湿度宜小于 85%。

2 硬泡聚氨酯应分层喷涂，每遍厚度不宜大于 15mm。当日的施工作业面应在当日连续喷涂完毕。

3 喷涂过程中应保证硬泡聚氨酯保温层表面平整度，喷涂完毕后保温层平整度偏差不宜大于 6mm。

4 阴阳角及不同材料的基层墙体交接处，保温层应连续不留缝。

6.5.3 喷涂硬泡聚氨酯保温层的密度、厚度，应抽样检验。

6.5.4 硬泡聚氨酯喷涂完工 24h 后，再进行下道工序施工。用于喷涂硬泡聚氨酯保温层找平的保温砂浆的性能应符合本规程表 4.2.5 的规定。

6.6 玻璃棉、岩棉、喷涂硬泡聚氨酯龙骨固定内保温系统

6.6.1 玻璃棉、岩棉、喷涂硬泡聚氨酯龙骨固定内保温系统的基本构造应符合表 6.6.1 的规定。

表 6.6.1 玻璃棉、岩棉、喷涂硬泡聚氨酯龙骨固定内保温系统基本构造

基层墙体①	系统基本构造						构造示意图
	保温层②	隔汽层③	龙骨④	龙骨固定件⑤	防护层		
					面板⑥	饰面层⑦	
混凝土墙体、砌体墙体	离心法玻璃棉板(或毡)或摆锤法岩棉板(或毡)或喷涂硬泡聚氨酯	PVC、聚丙烯薄膜、铝箔等	建筑用轻钢龙骨或复合龙骨	敲击式或旋入式塑料螺栓	纸面石膏板或无石棉硅酸钙板或无石棉纤维水泥平板＋自攻螺钉	腻子层＋涂料或墙纸(布)或面砖	做法一： 做法二：

注：1 玻璃棉、岩棉应设隔汽层，喷涂硬泡聚氨酯可不设隔汽层；

2 面砖饰面不做腻子层。

6.6.2 龙骨应采用专用固定件与基层墙体连接，面板与龙骨应采用螺钉连接。当保温材料为玻璃棉板(毡)、岩棉板(毡)时，应采用塑料钉将保温材料固定在基层墙体上。

6.6.3 复合龙骨应由压缩强度为 250kPa～500kPa、燃烧性能不低于 D 级的挤塑聚苯乙烯泡沫塑料板条和双面镀锌量不应小于 100g/m² 的建筑用轻钢龙骨复合而成。复合龙骨的尺寸允许偏差应符合表 6.6.3 的规定。

表 6.6.3 复合龙骨的尺寸允许偏差（mm）

项 目		指 标	构 造
断面尺寸	A	±2.0	
	B	±1.0	
	C	±0.3	
轻钢龙骨厚度		公差应符合相应材料的国家标准要求	

注：1 建筑用轻钢龙骨基本规格可为 2700mm×50 (A) mm×10 (C) mm。

2 挤塑板条规格可为 2700mm×50 (A) mm×30 (B) mm。

6.6.4 对于固定龙骨的锚栓，实心基层墙体可采用敲击式固定锚栓或旋入式固定锚栓；空心砌块的基层墙体应采用旋入式固定锚栓。锚栓进入基层墙体的有

效锚固深度应符合本规程第 6.1.6 条的规定。

6.6.5 当保温材料为玻璃棉板（毡）、岩棉板（毡）时，应在靠近室内的一侧，连续铺设隔汽层，且隔汽层应完整、严密，锚栓穿透隔汽层处应采取密封措施。

6.6.6 纸面石膏板最小公称厚度不得小于 12mm；无石棉硅酸钙板及无石棉纤维水泥平板最小公称厚度，对高密度板不得小于 6.0mm，对中密度板不得小于 7.5mm，低密度板不得小于 8.0mm。对易受撞击场所面板厚度应适当增加。竖向龙骨间距不宜大于 610mm。

7 工程验收

7.1 一般规定

7.1.1 内保温工程应按现行国家标准《建筑工程施工质量验收统一标准》GB 50300 和《建筑节能工程施工质量验收规范》GB 50411 的有关规定进行施工质量验收。

7.1.2 内保温工程主要组成材料进场时，应提供产品品种、规格、性能等有效的型式检验报告，并应按表 7.1.2 规定进行现场抽样复验，抽样数量应符合现行国家标准《建筑节能工程施工质量验收规范》GB 50411 的规定。

表 7.1.2 内保温系统主要组成材料复验项目

组 成 材 料	复 验 项 目
复合板	拉伸粘结强度，抗冲击性
有机保温板	密度，导热系数，垂直于板面方向的抗拉强度
喷涂硬泡聚氨酯	密度，导热系数，拉伸粘结强度
纸蜂窝填充憎水型膨胀珍珠岩保温板	导热系数，抗拉强度
岩棉板（毡）	标称密度，导热系数
玻璃棉板（毡）	标称密度，导热系数
无机保温板	干密度，导热系数，垂直于板面方向的抗拉强度
保温砂浆	干密度，导热系数，抗拉强度
界面砂浆	拉伸粘结强度
胶粘剂	与保温板或复合板拉伸粘结强度的原强度
粘结石膏	凝结时间，与有机保温板拉伸粘结强度
粉刷石膏	凝结时间，拉伸粘结强度
抹面胶浆	拉伸粘结强度
玻璃纤维网布	单位面积质量，拉伸断裂强力

续表 7.1.2

组 成 材 料	复 验 项 目
锚栓	单个锚栓抗拉承载力标准值
腻子	施工性，初期干燥抗裂性

注：界面砂浆、胶粘剂、抹面胶浆、制样后养护 7d 进行拉伸粘结强度检验。发生争议时，以养护 28d 为准。

7.1.3 内保温分项工程需进行验收的主要施工工序应符合表 7.1.3 的规定。

表 7.1.3 内保温分项工程需进行验收的主要施工工序

分 项 工 程	施 工 工 序
复合板内保温系统	基层处理，保温板安装，板缝处理，饰面层施工
有机保温板内保温系统	基层处理，保温板粘贴，抹面层施工，饰面层施工
无机保温板内保温系统	基层处理，保温板粘贴，抹面层施工，饰面层施工
保温砂浆内保温系统	基层处理，涂抹保温砂浆，抹面层施工，饰面层施工
喷涂硬泡聚氨酯内保温系统	基层处理，喷涂保温层，保温层找平，抹面层施工，饰面层施工
玻璃棉、岩棉、喷涂硬泡聚氨酯龙骨内保温系统	基层处理，保温板安装，面板安装，饰面层施工

7.1.4 内保温工程应按现行国家标准《建筑节能工程施工质量验收规范》GB 50411 规定进行隐蔽工程验收。对隐蔽工程应随施工进度及时验收，并应做好下列内容的文字记录和图像资料：

　　1 保温层附着的基层及其表面处理；

　　2 保温板粘结或固定，空气层的厚度；

　　3 锚栓安装；

　　4 增强网铺设；

　　5 墙体热桥部位处理；

　　6 复合板的板缝处理；

　　7 喷涂硬泡聚氨酯、保温砂浆或被封闭的保温材料厚度；

　　8 隔汽层铺设；

　　9 龙骨固定。

7.1.5 内保温分项工程宜以每 500m² ～1000m² 划分为一个检验批，不足 500m² 也宜划分为一个检验批；每个检验批每 100m² 应至少抽查一处，每处不得小于 10m²。

7.1.6 内保温工程竣工验收应提交下列文件：

　　1 内保温系统的设计文件、图纸会审、设计变更和洽商记录；

    2 施工方案和施工工艺；

    3 内保温系统的型式检验报告及其主要组成材料的产品合格证、出厂检验报告、进场复检报告和现场检验记录；

    4 施工技术交底；

    5 施工工艺记录及施工质量检验记录。

7.2 主 控 项 目

7.2.1 内保温工程及主要组成材料性能应符合本规程的规定。

    检查方法：检查产品合格证、出厂检验报告和进场复验报告。

7.2.2 保温层厚度应符合设计要求。

    检查方法：插针法检查。

7.2.3 复合板内保温系统、有机保温板内保温系统和无机保温板内保温系统保温板粘贴面积应符合本规程规定。

    检查方法：现场测量。

7.2.4 复合板内保温系统、有机保温板内保温系统和无机保温板内保温系统，保温板与基层墙体拉伸粘结强度不得小于 0.10MPa，并且应为保温板破坏。

    检查方法：按现行行业标准《建筑工程饰面砖粘结强度检验标准》JGJ 110 的规定现场检验，试样尺寸应为 100mm×100mm。

7.2.5 保温砂浆内保温系统，保温砂浆与基层墙体拉伸粘结强度不得小于 0.1MPa，且应为保温层破坏。

    检查方法：按现行行业标准《建筑工程饰面砖粘结强度检验标准》JGJ 110 的规定现场检验，试样尺寸应为 100mm×100mm。

7.2.6 保温砂浆内保温系统，应在施工中制作同条件养护试件，检测其导热系数、干密度和抗压强度。保温砂浆的同条件养护试件应见证取样送检。

    检验方法：核查试验报告。

    保温砂浆干密度应符合设计要求，且不应大于 $350kg/m^3$。

    检查方法：现场制样，并按现行国家标准《建筑保温砂浆》GB/T 20473 的规定检验。

7.2.7 喷涂硬泡聚氨酯内保温系统，保温层与基层墙体的拉伸粘结强度不得小于 0.10MPa，抹面层与保温层的拉伸粘结强度不得小于 0.10MPa，且破坏部位不得位于各层界面。

    检查方法：按现行国家标准《硬泡聚氨酯保温防水工程技术规范》GB 50404 的规定现场检验。

7.2.8 当设计要求在墙体内设置隔汽层时，隔汽层的位置、使用的材料及构造做法应符合设计要求和有关标准的规定。隔汽层应完整、严密，穿透隔汽层处应采取密封措施。

    检验方法：对照设计观察检查；核查质量证明文件和隐蔽工程验收记录。

7.2.9 热桥部位的处理应符合设计和本规程的要求。

    检验方法：对照设计和施工方案观察检查；检查隐蔽工程验收记录。

7.3 一 般 项 目

7.3.1 内保温工程的饰面层施工质量应符合现行国家标准《建筑装饰装修工程质量验收规范》GB 50210 的有关规定。

7.3.2 抹面层厚度应符合本规程要求。

    检查方法：插针法检查。

7.3.3 内保温系统抗冲击性应符合本规程规定。

    检查方法：按现行行业标准《外墙内保温板》JG/T 159 的规定检验。

7.3.4 当采用增强网作为防止开裂的措施时，增强网的铺贴和搭接应符合设计和施工方案的要求。抹面胶浆抹压应密实，不得空鼓，增强网不得皱褶、外露。

    检验方法：观察检查；核查隐蔽工程验收记录。

7.3.5 复合板之间及龙骨固定系统面板之间的接缝方法应符合施工方案要求，复合板接缝应平整严密。

    检验方法：观察检查。

7.3.6 墙体上易碰撞的阳角、门窗洞口及不同材料基体的交接处等特殊部位，抹面层的加强措施和增强网做法，应符合设计和施工方案的要求。

    检验方法：观察检查；核查隐蔽工程验收记录。

本规程用词说明

1 为便于在执行本规程条文时区别对待，对要求严格程度不同的用词说明如下：

    1） 表示很严格，非这样做不可的：

        正面词采用"必须"，反面词采用"严禁"。

    2） 表示严格，在正常情况下均应这样做的：

        正面词采用"应"，反面词采用"不应"和"不得"。

    3） 表示允许稍有选择，在条件许可时首先应这样做的：

        正面词采用"宜"，反面词采用"不宜"。

    4） 表示允许有选择，在一定条件下可以这样做的，采用"可"。

2 条文中指明应按其他有关标准的规定执行的写法为："应符合……规定"或"应按……执行"。

引用标准名录

1 《民用建筑热工设计规范》GB 50176

2 《建筑装饰装修工程质量验收规范》GB 50210

3 《建筑工程施工质量验收统一标准》GB 50300

4 《民用建筑工程室内环境污染控制规范》GB 50325

5 《硬泡聚氨酯保温防水工程技术规范》GB 50404

6 《建筑节能工程施工质量验收规范》GB 50411

7 《建设工程施工现场消防安全技术规范》GB 50720

8 《纤维玻璃化学分析方法》GB/T 1549

9 《漆膜、腻子膜干燥时间测定法》GB/T 1728-1979(1989)

10 《漆膜耐水性测定法》GB/T 1733

11 《塑料 用氧指数法测定燃烧行为 第2部分:室温试验》GB/T 2406.2

12 《建筑材料不燃性试验方法》GB/T 5464

13 《矿物棉及其制品试验方法》GB/T 5480

14 《无机硬质绝热制品试验方法》GB/T 5486

15 《无机硬质绝热制品试验方法 力学性能》GB/T 5486.2

16 《泡沫塑料及橡胶 表观密度的测定》GB/T 6343

17 《建筑材料放射性核素限量》GB 6566

18 《分析实验室用水规格和试验方法》GB 6682

19 《增强材料 机织物试验方法 第2部分:经、纬密度的测定》GB/T 7689.2

20 《增强材料 机织物试验方法 第5部分:玻璃纤维拉伸断裂强力和断裂伸长的测定》GB/T 7689.5

21 《数值修约规则与极限数值的表示和判定》GB/T 8170

22 《建筑材料及制品燃烧性能分级》GB 8624-2006

23 《建筑材料可燃性试验方法》GB/T 8626

24 《硬质泡沫塑料吸水率测定》GB/T 8810

25 《硬质泡沫塑料 尺寸稳定性试验方法》GB 8811

26 《硬质泡沫塑料压缩性能的测定》GB/T 8813

27 《乳胶漆耐冻融性的测定》GB/T 9268-2008

28 《纸面石膏板》GB/T 9775

29 《建筑石膏》GB 9776

30 《增强制品试验方法 第2部分:玻璃纤维可燃物含量的测定》GB 9914.2

31 《增强制品试验方法 第3部分:单位面积质量的测定》GB/T 9914.3

32 《绝热材料稳态热阻及有关特性的测定 防护热板法》GB/T 10294

33 《绝热材料稳态热阻及有关特性的测定 热流计法》GB/T 10295

34 《保温材料憎水性试验方法》GB/T 10299

35 《绝热用岩棉、矿渣棉及其制品》GB/T 11835

36 《蒸压加气混凝土试验方法》GB/T 11969

37 《建筑用轻钢龙骨》GB/T 11981

38 《绝热 稳态传热性质的测定 标定和防护热箱法》GB/T 13475

39 《建筑材料燃烧值试验方法》GB/T 14402

40 《室内装饰装修材料 人造板及其制品中甲醛释放限量》GB/T 18580

41 《室内装饰装修材料 内墙涂料中有害物质限量》GB 18582-2008

42 《玻璃纤维网布耐碱性试验方法 氢氧化钠溶液浸泡法》GB/T 20102

43 《建筑材料或制品的单体燃烧试验》GB/T 20284

44 《材料产烟毒性危险分级》GB/T 20285

45 《建筑保温砂浆》GB/T 20473

46 《建筑砂浆基本性能试验方法标准》JGJ/T 70

47 《建筑工程饰面砖粘结强度检验标准》JGJ 110

48 《外墙外保温工程技术规程》JGJ 144

49 《合成树脂乳液砂壁状建筑涂料》JG/T 24

50 《膨胀聚苯板薄抹灰外墙外保温系统》JG 149

51 《建筑外墙用腻子》JG/T 157

52 《外墙内保温板》JG/T 159

53 《膨胀玻化微珠轻质砂浆》JG/T 283

54 《建筑室内用腻子》JG/T 298

55 《膨胀珍珠岩》JC 209

56 《纤维水泥平板 第1部分:无石棉纤维水泥平板》JC/T 412.1

57 《粉刷石膏》JC/T 517

58 《增强用玻璃纤维网布 第1部分:树脂砂轮用玻璃纤维网布》JC 561.1

59 《增强用玻璃纤维网布 第2部分:聚合物基外墙外保温用玻璃纤维网布》JC561.2

60 《纤维增强硅酸钙板 第1部分:无石棉硅酸钙板》JC/T 564.1

61 《泡沫玻璃绝热制品》JC/T 647

62 《混凝土界面处理剂》JC/T 907

63 《玻璃纤维工业用玻璃球》JC 935

64 《粘结石膏》JC/T 1025

65 《环境标志产品认证技术要求 轻质墙体板材》HBC19

中华人民共和国行业标准

外墙内保温工程技术规程

JGJ/T 261—2011

条 文 说 明

制 定 说 明

《外墙内保温工程技术规程》JGJ/T 261－2011，经住房和城乡建设部 2011 年 12 月 6 日以第 1193 号公告批准、发布。

本规程制定过程中，编制组进行了大量的调查研究，总结了我国工程建设中外墙内保温工程的实践经验，同时参考了国外先进技术法规、技术标准，通过试验取得了外墙内保温系统和材料的重要技术参数。

为便于广大设计、施工、科研、学校等单位有关人员，在使用本规程时能正确理解和执行条文规定，《外墙内保温工程技术规程》编制组按章、节、条顺序编制了本规程的条文说明，对条文规定的目的、依据以及执行中应注意的有关事项进行了说明。但是，本条文说明不具备与规程正文同等的法律效力，仅供使用者作为理解和把握规程规定的参考。

目　次

1　总则 ……………………………… 31—22
2　术语 ……………………………… 31—22
3　基本规定 ………………………… 31—22
4　性能要求 ………………………… 31—23
　　4.1　内保温系统 ………………… 31—23
　　4.2　组成材料 …………………… 31—23
5　设计与施工 ……………………… 31—25
　　5.1　设计 ………………………… 31—25
　　5.2　施工 ………………………… 31—25
6　内保温系统构造和技术要求 ……… 31—25
　　6.1　复合板内保温系统 ………… 31—25

6.2　有机保温板内保温系统 ………… 31—26
6.3　无机保温板内保温系统 ………… 31—26
6.4　保温砂浆内保温系统 …………… 31—26
6.5　喷涂硬泡聚氨酯内保温系统 …… 31—26
6.6　玻璃棉、岩棉、喷涂硬泡聚氨酯龙
　　　骨固定内保温系统 …………… 31—27
7　工程验收 ………………………… 31—27
　　7.1　一般规定 …………………… 31—27
　　7.2　主控项目 …………………… 31—27
　　7.3　一般项目 …………………… 31—27

1 总 则

1.0.1 建筑外围护结构的保温形式，主要有外墙内保温、外墙外保温、外墙内外复合保温及自保温等形式。采用何种保温形式，应根据建筑的类别、建筑结构形式、所处的气候分区、供暖的形式、全寿命周期的经济分析及安全评估等因素综合确定。

外墙内保温是一种较为广泛采用的外墙保温方式，与外墙外保温相比，内保温的优势在于安全性高、维护成本低、使用寿命长、便于外立面装饰装修、室内变温快等。由于内保温保温层设在内部，墙体无需蓄热，开启空调后可迅速变温达到设定温度，对于间歇采暖的建筑比外墙外保温更节能。

制定本规程的目的在于规范外墙内保温的设计和施工，保证外墙内保温工程质量，促进外墙内保温行业健康发展。

本规程给出了内保温系统及组成材料的性能及检验方法，并对设计、施工和工程验收做出相应规定。

本规程收入了应用广泛，技术较为成熟或有发展前景的6种外墙内保温系统，其他系统待工程应用成熟后再行增补。

1.0.2 规程适用于以混凝土或砌体为基层墙体的新建、扩建和改建居住建筑的内保温系统，也适用于内外复合保温系统。

新建公共建筑外墙内保温和既有建筑节能改造情况比较复杂，技术上主要涉及构造设计、热桥处理、基层处理等方面。某些公共建筑物会有穿堂风（如开敞式走廊），还存在风荷载作用下外墙内保温系统的粘结强度和锚栓设置等一系列问题。

外墙内保温系统在夏热冬暖地区、夏热冬冷地区更为适用，在严寒地区和寒冷地区仅采用内保温的话，可能不能满足节能要求，需要同时采用内外复合保温系统（即同时采用外保温和内保温）。

1.0.3 本条的规定是为了明确本规程与相关标准之间的关系。在进行外墙内保温工程的设计、施工和验收时，除要执行本规程外，还需要执行其他的相关标准。这里的"国家现行有关标准"是指现行的工程建设国家标准和行业标准，不包括地方标准。

2 术 语

2.0.1 本规程包含的内保温系统按构造设计分为以下6种系统。

1 复合板内保温系统：系统采用粘锚结合方式固定于基层墙体。锚栓固定板面，又不得凸出板面。锚栓的主要作用是避免室内失火时保温层熔化，面板脱落造成人员伤亡。

2 有机保温板内保温系统：系统采用粘结方式

固定于基层墙体。

3 无机保温板内保温系统：系统采用条粘法或点粘法与基层墙体连接。

4 保温砂浆内保温系统：基层墙体经界面砂浆处理后，保温砂浆直接粘结在基层墙体上。

5 喷涂硬泡聚氨酯内保温系统：硬泡聚氨酯通过机械喷涂方式固定于经过聚氨酯防潮底漆处理的基层墙体上。为避免防护层开裂，保温层上必须设界面层和找平层。

6 玻璃棉、岩棉、喷涂硬泡聚氨酯龙骨固定内保温系统：玻璃棉或岩棉靠塑料钉固定在基层墙体，硬泡聚氨酯靠喷涂固定在基层墙体。建筑轻钢龙骨用敲击式或旋入式塑料锚栓固定在基层墙体上，建筑轻钢龙骨与基层墙体间应经断热处理。玻璃棉或岩棉温度较高的一侧，应连续铺设隔汽层。

2.0.3 适合于内保温系统的外墙，一般由混凝土墙体（预制或现浇）或各种砌体（砖、砌块）构成。

2.0.6~2.0.8 一般来说，防护层由抹面层（或面板）和饰面层构成。

1 抹面层：直接抹在保温材料（或其上找平层）上的涂层，中间夹有涂塑中碱玻璃纤维网布或耐碱玻璃纤维网布增强。防护层的大部分功能均由其保证。

2 饰面层：保温系统的最外层。其作用是保护内保温系统免受外界因素破坏，并起装饰作用。

2.0.9 隔汽层是水蒸气渗透阻较大的材料层，作为阻碍水蒸气通过绝热层之用。常用的材料有PVC、聚丙烯、铝箔等，其透湿率不应大于 4.0×10^{-8} g/(Pa·s·m^2)。一般来说，采暖建筑应在保温层内侧做隔汽层，空调建筑应在隔热层外侧做隔汽层。若全年出现水蒸气渗透现象，则应根据具体情况决定是否在保温层内、外侧双向布置隔汽层。采用双向布置隔汽层时，施工时应确保保温材料不会受潮，否则会在使用时内部产生冷凝，不易挥发。一般情况下，不宜用双面布置隔汽层的做法。

3 基 本 规 定

3.0.1 墙体的正常变形是指温度、含水率、风荷载、撞击力造成的变形，这种变形不应造成内保温复合墙体的裂缝，或形成空鼓脱落。系统的各构造层次间具有变形协调能力，可减少甚至避免保温系统产生裂缝，若基层墙体、保温层、保护层材料的弹性模量、线膨胀系数相差过大，由温度、湿度变化造成的变形率和变形速度不一致，易造成保温层裂缝。

3.0.2 本条文包含两项内容：一是组成材料的耐久性，二是组成材料的环保性。

1 组成材料的耐久性

在正常使用条件和正常维护下，所有组成材料在系统使用寿命期内均应保持其特性。这就要求符合以下几点：

1）所有组成材料都应表现出物理—化学稳定性。在相互接触的材料之间出现反应的情况下，这些反应应该是缓慢进行的。

2）所有材料应是天然耐腐蚀或经耐腐蚀处理。这涉及玻璃纤维网布耐碱性，金属固定件镀锌或涂防锈漆等防锈处理。

3）所有材料应是彼此相容的。

彼此相容是要求内保温系统中任何一种组成材料应与其他所有组成材料相容。这也就是说，胶粘剂、抹面材料、饰面材料、密封材料和附件等应与有机保温材料或无机保温材料相容，并且各种材料之间都应相容。鼠类、白蚁会咬食 EPS 板等。在有白蚁等虫害的地区，应做好防虫害构造设计。

2 组成材料的环保性能

为了预防和控制室内环境污染，保障人民身体健康，所有组成材料的有害物质，包括放射性物质、总挥发性有机化合物（TVOC）、甲醛、氨、苯、甲苯、二甲苯、重金属等，均应符合国家现行有关标准的规定。

3.0.3 为防止和减少火灾危害，保护人身和财产安全，设计人员根据建筑防火设计的要求，合理选择内保温系统的燃烧性能及其附加分级。

3.0.4 内保温工程应与基层墙体有可靠连接，避免在地震时脱落。

3.0.5 内保温工程用于厨房、卫生间等潮湿环境时，应具有防水渗透性能，避免对保温层造成损害。其防水渗透性能，主要靠系统的各构造层次组成材料。需要慎重选择粘结层材料、保温层材料、防护层材料。

4 性能要求

4.1 内保温系统

4.1.1 本条文对内保温系统性能提出了要求：

1 为保证室内失火时生命和财产的安全性，规定了内保温系统的燃烧性能不低于 B 级。

2 考虑到室内失火时，人员伤亡大多因烟气中毒或窒息死亡，故本条文增加了对内保温系统燃烧性能附加分级的要求，控制产烟量不低于 s2 级、产烟毒性不低于 t1 级、燃烧滴落物/微粒不低于 d1 级。若对燃烧性能附加分级有更高要求时，可控制为 s1、d0、t0，当然工程造价要相应增加很多。

3 内保温系统用于潮湿环境时，应计算防护层水蒸气渗透阻，越大越好（不同于外保温系统要求防护层水蒸气渗透阻越小越好），特别是基层墙体为重质材料时。必要时应设隔汽层。

4.2 组成材料

4.2.1 本条文对复合板性能提出了要求。

1 参考《保温隔声复合石膏板—定义、要求和试验方法》EN 13950：2005，当纸面石膏板的断裂荷载和无石棉纤维增强硅酸钙板、无石棉纤维水泥平板的抗折强度符合相应产品标准的要求时，可不做复合板的抗弯荷载试验。

2 增加了对复合板的燃烧性能分级和燃烧性能附加分级指标，以防止和减少火灾危害，保护人身和财产安全。

4.2.2 本条文对内保温系统用有机保温板性能提出了要求。

1 本规程中有机保温板是指模塑聚苯板（EPS）、挤塑聚苯板（XPS）和硬泡聚氨酯板（PU）。

2 对 EPS 板、XPS 板和 PU 板不但提出了燃烧性能要求，而且还提出了氧指数要求，以增加防火安全性。

3 根据国外经验，PU 板密度小于 35kg/m³ 时，孔壁过薄、易碎、气孔内气体逸出，保温性能下降。

4.2.3 本条文根据内保温系统的性能要求及产品现状并结合工程实践对纸蜂窝填充憎水型膨胀珍珠岩保温板性能提出了要求。

填充的膨胀珍珠岩应符合《膨胀珍珠岩》JC 209-92（96）的要求，并应经憎水处理，憎水率不应小于 98%。

4.2.4 本条文的性能要求是根据内保温系统的性能要求及产品现状并结合工程实践而制定。

1 规定了干密度的上限值。干密度大、导热系数大，不适用于外墙内保温系统。

2 因保温材料厚度大，故放射性核素限量应按《建筑材料放射性核素限量》GB 6566 中建筑主体材料要求，不应按装修材料要求。

4.2.5 本条文的性能要求依据内保温系统的性能要求，选取了《胶粉聚苯颗粒外墙外保温系统》JG/T 158 和《膨胀玻化微珠轻质砂浆》JG/T 283 中保温砂浆的部分指标。

1 保温砂浆干密度大、抗压强度和抗拉强度大，导热系数也大。做内保温用，干密度≤350kg/m³，导热系数较小，抗压强度和抗拉强度也可满足内保温要求，是一个较合适的选择。当选用干密度较小的聚苯颗粒保温砂浆时，特别要注意其抗拉强度、软化系数和燃烧性能是否能满足设计要求和表 4.2.5 的规定。

2 放射性要求应按建筑主体材料考虑。

4.2.6 本条文对喷涂硬泡聚氨酯性能提出了要求

1 明确规定喷涂硬泡聚氨酯密度不得小于 35kg/m³，以避免喷涂硬泡聚氨酯壁薄、易破损，导热系数加大。

2 通过调研得出，多数厂家硬泡聚氨酯导热系数在 0.019W/(m·K)～0.023W/(m·K) 之间，故本规程规定其导热系数不得大于 0.024W/(m·K)。

4.2.7 本条文对玻璃棉、岩棉、喷涂硬泡聚氨酯龙骨固定内保温系统用玻璃棉板（毡）性能提出了要求。

1 龙骨固定内保温系统用玻璃棉板（毡）采用离心法工艺生产。

2 在《墙体材料应用统一技术规范》GB 50574－2010中，玻璃棉板标称密度为32kg/m³～48kg/m³。考虑到工程中玻璃棉毡也在大量采用，本条文增加了玻璃棉毡品种，标称密度定为24kg/m³～48kg/m³。

3 由于玻璃棉板（毡）采用塑料钉固定在基层墙体上，所以不考虑岩棉板垂直于板面的抗拉强度。

4 本条文其他性能指标，同时参考了《绝热用玻璃棉及其制品》GB/T 13350、《建筑绝热用玻璃棉制品》GB/T 17795，《工业设备及管道绝热工程设计规范》GB 50264、《火力发电厂保温材料技术条件及检验方法》DLT 776等相关标准。

4.2.8 本条文对玻璃棉、岩棉、喷涂硬泡聚氨酯龙骨固定内保温系统用岩棉板（毡）性能提出了要求。

1 龙骨固定内保温系统用岩棉板（毡）选用摆锤法工艺生产的产品。

2 增加了酸度系数（岩棉产品化学组成中二氧化硅、三氧化二铝质量分数之和与氧化硅，氧化镁质量分数之和的比值）大于等于1.6的要求。酸度系数越大，产品的耐久性越好，优良产品的酸度系数应大于等于1.8。

3 在《墙体材料应用统一技术规范》GB 50574－2010中，岩棉板的干密度为80kg/m³～150kg/m³，岩棉毡的干密度为60kg/m³～100kg/m³，本规程从应用角度和施工角度，适度提高了岩棉板（毡）干密度的下限值。

4 从室内环境质量考虑，甲醛释放量要求不应大于1.5mg/L。若甲醛释放量大于1.5mg/L，建议用抗水蒸气渗透的外覆层材料六面包覆，确保甲醛释放量不大于1.5mg/L，同时避免岩棉受潮。

5 由于岩棉板（毡）采用塑料钉固定在基层墙体上，所以不考虑岩棉板垂直于板面的抗拉强度。

6 本条文其他性能指标，同时参考了《建筑用岩棉、矿渣棉绝热制品》GB 19686、《建筑外墙外保温用岩棉制品》GB/T 25975、《工业设备及管道绝热工程设计规范》GB 50264等相关标准。

4.2.9 本条文对界面砂浆性能提出了要求。界面砂浆是为了改善保温砂浆与基层的拉伸粘结强度，在《混凝土界面处理剂》JC/T 907只规定了界面砂浆与水泥砂浆（基层）的拉伸粘结强度，故本规程增加了界面砂浆与保温砂浆的拉伸粘结强度。

按适用的水泥混凝土基层或加气混凝土基层，将界面砂浆分为Ⅰ型和Ⅱ型，分别提出不同的性能要求。

4.2.10 本条文对胶粘剂性能提出了要求。

浸水试样处理条件按ETAG 004修改为浸水2d，水中取出后干燥2h和浸水2d，水中取出后干燥7d。

4.2.11 本条文对粘结石膏性能提出了要求。

1 不得用于厨房、卫生间等潮湿环境，也不得用于面砖饰面。

2 推荐用普通型粘结石膏，不用快干型粘结石膏。

4.2.12 本条文对抹面胶浆性能提出了要求。为了确保材料的使用性能，增加了面砖饰面时抹面胶浆与水泥砂浆之间的拉伸粘结强度的要求。

当抹面胶浆用于涂料或墙纸（布）饰面时，只要求与保温材料的拉伸粘结强度；当抹面胶浆用于面砖饰面时，抹面砂浆拉伸粘结强度应同时满足与保温材料的拉伸粘结强度及与水泥砂浆的拉伸粘结强度。

4.2.13 本条文对粉刷石膏性能提出了要求。本条文的性能要求依据内保温系统的工程需要，选取了《粘结石膏》JC/T 1025中底层粉刷石膏，并在条文说明6.2.1中给出了具体做法。

1 不得用于厨房、卫生间等潮湿环境，也不得用于面砖饰面。

2 明确粉刷石膏的放射性要求按建筑主体材料考虑。

4.2.14 本条文对玻璃纤维网布性能提出了要求。

本条文包括了中碱玻璃纤维网布、涂塑中碱玻璃纤维网布和耐碱玻璃纤维网布三种玻璃纤维网布。

1 中碱玻璃纤维网布分为A型和B型两种，只适用于底层粉刷石膏抹面。

2 涂塑中碱玻璃纤维网布的性能指标参考《增强用玻璃纤维网布 第2部分：聚合物基外墙外保温用玻璃纤维网布》JC 561.2－2006制定。该标准还规定了对材料可燃物含量和碱金属氧化物含量的要求。采用的是玻璃纤维网布经向和纬向拉伸断裂强力及耐碱拉伸断裂强力保留率。

3 耐碱玻璃纤维网布主要用于无机保温板和保温砂浆的抹面胶浆中，也适用于面砖饰面的抹面胶浆。

耐碱玻璃纤维网布的性能指标参考《耐碱玻璃纤维网布》JC/T 841－2007制定。采用的是玻璃纤维网布经向和纬向拉伸断裂强力和耐碱拉伸断裂强力保留率。该标准还规定了对材料氧化锆、氧化钛含量和可燃物含量的要求。

4.2.15 本条文对锚栓性能提出了要求。内保温系统锚栓的作用与外保温的要求不同，内保温系统用锚栓只是为保证火灾发生时，复合板的面板能可靠挂在基层墙体上，所以只要求了单个锚栓抗拉承载力标准值。

4.2.16 本条文对外墙内保温用腻子性能提出了要求。由于《建筑室内用腻子》JG/T 298不适用于保温材料的基层上，因此增加了腻子膜柔韧性和动态抗开裂性的要求。给出了6种外墙内保温用腻子，建筑师应根据室内环境、面层的收缩性和保温层的尺寸稳定性，选择适宜的品种。

4.2.22 本条文对隔汽层性能提出了要求。

隔汽层的透湿率应符合《矿物棉绝热制品用复合贴面材料》JC/T 2028 - 2010 的规定，不应大于 4.0×10^{-8} g/(Pa·s·m²)。

5 设计与施工

5.1 设 计

5.1.1 本规程规定了6种内保温构造系统，同一系统的粘结层、保温层、防护层也不尽相同，各具特色。选用时应根据建筑所在的气候分区、使用环境及对保温、隔热、防火等各项性能的要求，选择适宜的系统构造，满足工程要求。

5.1.2 内保温工程的热工和节能设计除应符合本规程第3.0.6条的规定外，尚应符合下列规定：

2 结露会恶化室内环境、有害人体健康。一般情况下内保温系统外围护墙内表面出现大面积结露的可能性不大，只需核算热桥部位内表面温度是否高于露点温度即可。由于热桥是出现高密度热流的部位，应采取辅助保温措施，加强热桥部位的保温，以减小采暖负荷。对室内、外温差较小的夏热冬暖和部分夏热冬冷地区，在有内保温情况下，结构性热桥部位出现结露的几率很小，设计验算结果满足热工规范要求时，结构热桥部位可不做辅助性保温措施。

3 内保温复合墙体内部有可能出现冷凝时，应进行冷凝受潮验算，必要时应设置隔汽层，防止结露。

5.1.3、5.1.4 条文是为避免内保温系统的外围护墙，因温度变形而引起墙体开裂的行之有效的措施。

1 对现浇混凝土等不能设置分隔缝的构件，应放置在墙体之内用砌体覆盖或设置高效保温材料的保温层，预防温度变形过大，导致墙体开裂。

2 外露的屋面挑檐、梁板内外廊和女儿墙压顶等现浇混凝土构件，未设置保温层时，应采取每隔12m～20m设置分隔缝的做法，减少温度作用效应，预防墙体开裂。

5.1.5 本条文对内保温系统各构造层次组成材料提出要求。

1、2 明确石膏基材料，不得用于潮湿环境和面砖饰面。

3 明确耐碱玻璃纤维网布、涂塑中碱玻璃纤维网布和中碱玻璃纤维网布的选用原则。

4 明确外墙内保温用腻子的选用原则。

5.1.6 设计保温层厚度时，保温材料导热系数的修正系数可参考《民用建筑热工设计规范》GB 50176 及

相关标准文件采用。

5.1.7 为确保外墙内保温系统的防火性能，明确有机保温材料应采用不燃材料或难燃材料做防护层，且厚度不应小于6mm。

5.1.8 门窗洞口四角和外墙阴阳角等处设置局部增强网，防止墙体开裂；外门窗洞口为热桥部位，其内侧面应设置保温层。保温层厚度视门窗构造与安装情况而定，但不宜小于20mm。

5.1.10 对无外保温的内保温基层墙体，宜按年降水量和基本风压，依据《建筑外墙防水工程技术规程》JG/T 235 - 2011 采取墙面整体防水和（或）节点构造防水措施。对于年降水量大于等于 600mm 的地区未采取墙面整体防水时，应采用节点构造防水措施和基层墙体内表面设找平层的做法。

5.2 施 工

5.2.1 本条文是对内保温工程施工的基本要求。施工图设计文件应经设计图纸审查机构审查，施工方案应经建设和监理单位审查。文件一经确定，施工中不得变更。如要变更，应按原程序重新审查、确认后，方可施工。

5.2.2 这些部位均属热桥部位，内保温施工前必须处理好，以便于内保温施工时热桥部位的保温处理。

5.2.3 保温工程施工现场防火管理不严，导致火灾时有发生。为确保防火安全，特制定本施工现场防火措施。

5.2.4 室内温度低于5℃施工，保温砂浆、找平层材料、界面砂浆、粘结材料、抹面材料等的长期性能下降，造成工程隐患。

5.2.5 基层是否平整、坚实，对保温层的粘结可靠性、抹面层和饰面层的尺寸允许偏差影响极大，因此必须待基层施工质量验收合格后，方可进行内保温工程施工。

为确保基层平整、坚实，保温层粘结施工前，应用水泥砂浆找平处理。不但改善基层平整度，还可提高基层墙体防水功能。为保证水泥砂浆找平层与基层墙体可靠粘结，应根据基层墙体的性质，在基层与水泥砂浆找平层之间，选用不同的界面砂浆，改善水泥砂浆找平层与基层墙体的粘结性能，并防止空鼓、开裂、脱层。

5.2.6 本条文为内保温工程施工的基本抗裂措施，施工中必须严格执行。其他抗裂措施，详见本规范第6章的相关条文。

6 内保温系统构造和技术要求

6.1 复合板内保温系统

6.1.1 本条文给出了粘结层、保温层、面板、饰面

层的多种组合方式和系统的基本构造，供设计选择。

复合板为工厂预制。潮湿环境下，宜选用 XPS 或 PU 保温材料，纸面石膏板应选用耐水纸面石膏板，腻子层应选用耐水型腻子。粘结石膏不得用于潮湿环境和面砖饰面。

6.1.2 本条文规定了复合板规格尺寸，面板由于有保温层做背衬，厚度可适度减薄，但石膏面板最小公称厚度为 9.5mm，无石棉硅酸钙板及无石棉纤维水泥平板面板最小公称厚度为 6.0mm。

6.1.3 为提高墙面基层平整度并防止墙体渗水，宜做水泥砂浆找平层。界面层应按本规程第 5.2.5 条选用。复合板采用以粘为主、粘锚结合方式固定。

6.1.6 本条文规定了复合板内保温系统锚栓的相关要求。1、2 款分别规定了锚栓的材质和锚固深度和锚栓类型。3、4 款规定了锚栓的数量和锚固注意事项。为防止以 EPS、XPS、PU 为保温层的复合板，在火灾发生时 EPS、XPS、PU 熔化而造成面板脱落伤人，规定应用两个金属钉锚栓固定复合板。

6.1.7 阴角和阳角处的保温板，应做切边处理，以便保温层闭合。

6.1.8 阴、阳角，门窗洞口四角为应力集中部位，且易受磕碰，故应按本条做增强处理。

6.2 有机保温板内保温系统

6.2.1 本条文给出了粘结层、保温层、抹面层和饰面层的多种组合方式和系统的基本构造，供设计选择。

潮湿环境下，宜选用 XPS 或 PU 保温材料，腻子层应选用耐水型腻子，粘结石膏不得用于潮湿环境和面砖饰面。

采用抹面胶浆作抹面层时，施工应按下列步骤进行：

　　1 先在保温层表面抹底层抹面胶浆，厚度 4mm～5mm；

　　2 将涂塑中碱玻璃纤维网布满铺并压入抹面胶浆表面；

　　3 在底层抹面胶浆凝结前抹面层抹面胶浆，厚度 1mm～2mm。抹面层总厚度不小于 6mm。

采用粉刷石膏作抹面层时，施工应按下列步骤进行：

　　1 先用粉刷石膏砂浆（可用粉刷石膏与建筑中砂按体积比 2：1 混合配制，也可直接使用预混好中砂的粉刷石膏）在有机保温板面上做出标准灰饼，灰饼厚度应为 8mm～10mm，待灰饼硬化后抹灰。对于 XPS 板，应提前 4h 在 XPS 板上涂刷界面剂。

　　2 根据灰饼厚度用杠尺将粉刷石膏砂浆刮平，用抹子搓毛后，在抹灰初凝前横向绷紧 A 型中碱玻璃纤维网布，用抹子压入到抹灰层内，搓平、压光。玻璃纤维网布应靠近抹灰层的外表面。

　　3 待粉刷石膏砂浆抹灰层基本干燥后，在抹灰层表面刷专用胶粘剂并压入、绷紧 B 型中碱玻璃纤维网布。玻璃纤维网布接搓处搭接长度和玻璃纤维网布拐过相邻墙体的长度，均不应小于 150mm。一般来说，北方地区气候干燥，不做 B 型中碱玻璃纤维网布抗裂增强，抹面层无法保证不开裂；若南方地区有工程实践经验，不做 B 型中碱玻璃纤维网布，可以保证抹面层不开裂，也可以省去。

6.2.2 有机保温板尺寸过大时，可能因基层和保温板的不平整而导致虚粘及表面平整度不易调整等施工问题。

6.2.6、6.2.7 为防止墙面开裂采取的措施。

6.3 无机保温板内保温系统

6.3.1 本条文给出了粘结层、保温层、抹面层和不同饰面层的多种组合方式和系统的基本构造，供设计选用。

6.3.2 无机保温板面积过大，施工和运输过程中易损，且施工不便。

6.3.3 无机保温板在生产、运输和保管中会产生碎屑、浮尘，粘结前必须清除干净，以确保工程质量。

6.3.4 本条文为对无机保温板的粘结要求和防止墙面开裂的措施。

6.4 保温砂浆内保温系统

6.4.1 本条文规定了保温砂浆内保温系统的基本构造。

为保证保温砂浆与基层墙体粘结的可靠性，基层墙体内侧应均匀涂刷界面砂浆。混凝土墙及灰砂砖、硅酸盐砖砌体应选用本规程表 4.2.9 中的 Ⅰ 型界面砂浆，加气混凝土墙体应选用表 4.2.9 中的 Ⅱ 型界面砂浆。

6.4.2 界面砂浆用以改善保温砂浆与基层墙体的粘结性能，否则粘结强度难以保证。

6.4.3 本条文规定了保温砂浆施工时的注意事项。

保温砂浆应分层施工、逐层压实，每层厚度不宜大于 20mm。一次性抹灰过厚，干缩大，易出现空鼓、脱层和开裂。

6.4.4 本条文为保温砂浆内保温系统的重要抗裂措施。

6.4.6 由于保温砂浆线性收缩率较大，容易引起涂层龟裂，故宜选用弹性腻子，可选用柔性腻子，不得选用普通型腻子。

6.5 喷涂硬泡聚氨酯内保温系统

6.5.1 本条文规定了喷涂硬泡聚氨酯内保温系统的基本构造，供设计选用。

基层墙体的界面层不是必要的，只在基层含水率较高时，使用聚氨酯防潮底漆等界面材料，提高喷涂硬泡聚氨酯与基层墙面的粘结力；基层墙体清洁、干燥，可不做界面处理。

喷涂硬泡聚氨酯表面上的界面层是必需的，以确保找平层与保温层的粘结强度，避免起鼓、脱皮、开裂等现象。界面材料可选用专用的界面砂浆或界面剂。

喷涂硬泡聚氨酯保温层的平整度难以达工程质量要求，应用保温砂浆或聚合物水泥砂浆找平，避免起鼓、脱层、开裂现象发生，同时提高了系统的防火性能。

6.5.2 本条文规定了喷涂硬泡聚氨酯施工时的注意事项。

1 施工环境温度过低或空气相对湿度过高，均会影响喷涂硬泡聚氨酯的发泡反应，尤其是室温过低不易发泡、固化时间长。

2 每遍喷涂厚度控制在 15mm 以内，以确保发泡质量，也有利于表面平整度的控制。当日喷涂完毕，是指施工作业面必须当日连续喷涂至设计规定厚度，确保每一遍喷涂的间隔时间不能过长，以免影响喷涂硬泡聚氨酯层间的粘结性能。这就要求施工前应根据工程量备足材料，确保施工连续性。

3 喷涂硬泡聚氨酯保温层平整度对后续施工影响极大，保温层平整度小于 6mm 时，可采用保温砂浆或聚合物水泥砂浆找平。若保温层平整度偏差过大，在保证保温层厚度能满足设计要求的前提下，可采取切削、刨平等修整措施，再用压缩空气等方式除去浮尘，满足下道工序施工要求。

4 对各类不易喷涂的部位，可采用粘贴聚氨酯板的方式修补，但必须保证粘贴聚氨酯板后，其外表面的平整度与喷涂施工保持一致。

6.5.3 硬泡聚氨酯的密度与导热系数密切相关。只要控制了硬泡聚氨酯的密度和厚度，保温层的保温性能就有了保证，所以现场抽样检验十分重要。

6.6 玻璃棉、岩棉、喷涂硬泡聚氨酯龙骨固定内保温系统

6.6.1 本条文规定了玻璃棉、岩棉、喷涂硬泡聚氨酯龙骨固定内保温系统的基本构造，供设计选用。

本规程推荐采用的是离心法工艺生产的玻璃棉和摆锤法工艺生产的岩棉，不建议采用火焰法工艺生产的玻璃棉和沉降法工艺生产的岩棉。

6.6.3 为避免产生热桥，龙骨应进行断热处理。

轻钢龙骨双面镀锌量体现表面防腐蚀能力，直接影响其使用寿命。正常室内环境下轻钢龙骨双面镀锌量不应小于 $100g/m^2$；室内潮湿环境下，轻钢龙骨双面镀锌量不宜小于 $120g/m^2$。

6.6.5 当岩棉板(毡)为防止甲醛超标，已采用抗水蒸气渗透的外覆层(如 PVC、聚丙烯薄膜、铝箔等)六面包覆，且透湿率不应大于 $4.0×10^{-8}g/(Pa·s·m^2)$ 时，可不再连续铺设抗水蒸气的隔汽层。

6.6.6 本系统面板的厚度，参考对内隔墙板厚度的要求确定。复合板的面板由于有保温层做衬板，所以板的厚度相对较薄。

7 工程验收

7.1 一般规定

7.1.2 保温材料的密度、导热系数和抗拉强度是控制保温材料性能的关键参数，反映了材料化学组成、均匀性、熔合或成型质量等生产环节的控制，通常情况下，基本上就可控制其热工性能和力学性能。

7.1.3 由于施工过程中存在大量隐蔽工程施工，后道工序施工后较难判定前道工序的施工质量，因此，应在前道工序验收合格后，方可进行后续工序施工。

7.1.4 本条文对隐蔽工程的验收项目和保存的档案资料作出明确规定。

7.2 主控项目

7.2.2 在保温材料种类已确定的条件下，保温层厚度可直接影响到是否达到节能设计要求。

7.2.6 由于保温砂浆为现场搅拌施工，其干密度与施工过程有较大关系，干密度可直接决定其导热系数大小，从而影响是否达到节能设计要求。

7.3 一般项目

7.3.1 有机保温板内保温系统和无机保温板内保温系统抹面层和饰面层尺寸偏差取决于基层和保温板粘贴的尺寸偏差。由于抹面层和饰面层厚度较薄，只有当保温板尺寸偏差符合《建筑装饰装修工程质量验收规范》GB 50210 规定时，才能做到抹面层和饰面层尺寸偏差符合规定。保温板的尺寸偏差又与基层有关，内保温工程的施工应在基层施工质量验收合格后进行。

中华人民共和国行业标准

被动式太阳能建筑技术规范

Technical code for passive solar buildings

JGJ/T 267—2012

批准部门：中华人民共和国住房和城乡建设部
施行日期：2 0 1 2 年 5 月 1 日

中华人民共和国住房和城乡建设部
公 告

第 1238 号

关于发布行业标准
《被动式太阳能建筑技术规范》的公告

现批准《被动式太阳能建筑技术规范》为行业标准，编号为 JGJ/T 267-2012，自 2012 年 5 月 1 日起实施。

本规范由我部标准定额研究所组织中国建筑工业出版社出版发行。

中华人民共和国住房和城乡建设部

2012 年 1 月 6 日

前 言

根据住房和城乡建设部《关于印发〈2008 年工程建设标准规范制订、修订计划（第一批）〉的通知》（建标〔2008〕102 号）的要求，规范编制组经广泛调查研究，认真总结实践经验，参考有关国际标准和国外先进标准，并在广泛征求意见的基础上，编制本规范。

本规范的主要技术内容是：1 总则；2 术语；3 基本规定；4 规划与建筑设计；5 技术集成设计；6 施工与验收；7 运行维护及性能评价。

本规范由住房和城乡建设部负责管理，由中国建筑设计研究院负责具体技术内容的解释。执行过程中如有意见或建议，请寄送中国建筑设计研究院国家住宅工程中心（地址：北京市西城区车公庄大街 19 号，邮编：100044）。

本 规 范 主 编 单 位：中国建筑设计研究院
　　　　　　　　　　　山东建筑大学

本 规 范 参 编 单 位：中国建筑西南设计研究院
　　　　　　　　　　　国家住宅与居住环境工程
　　　　　　　　　　　技术研究中心
　　　　　　　　　　　中国建筑标准设计研究院
　　　　　　　　　　　甘肃自然能源研究所
　　　　　　　　　　　大连理工大学

天津大学
国家太阳能热水器质量监督检验中心（北京）
中国可再生能源学会太阳能建筑专业委员会
深圳华森建筑与工程设计咨询顾问有限公司
上海中森建筑与工程设计顾问有限公司
昆明新元阳光科技有限公司

本规范主要起草人员：仲继寿　张　磊　王崇杰
　　　　　　　　　　　薛一冰　冯　雅　喜文华
　　　　　　　　　　　陈　滨　张树君　王立雄
　　　　　　　　　　　鞠晓磊　刘叶瑞　何　涛
　　　　　　　　　　　曾　雁　管振忠　高庆龙
　　　　　　　　　　　刘　鸣　朱佳音　杨倩苗
　　　　　　　　　　　徐　丹　朱培世　郝睿敏
　　　　　　　　　　　梁咏华　鲁永飞

本规范主要审查人员：孙克放　薛　峰　黄　汇
　　　　　　　　　　　陈衍庆　刘加平　杨西伟
　　　　　　　　　　　袁　镔　曾　捷　张伯仑

目　次

1 总则 …………………………………… 32—5
2 术语 …………………………………… 32—5
3 基本规定 ……………………………… 32—5
4 规划与建筑设计 ……………………… 32—6
　4.1 一般规定 ………………………… 32—6
　4.2 场地与规划 ……………………… 32—6
　4.3 形体、空间与围护结构 ………… 32—6
　4.4 集热与蓄热 ……………………… 32—7
　4.5 通风降温与遮阳 ………………… 32—7
　4.6 建筑构造 ………………………… 32—7
　4.7 建筑设计评估 …………………… 32—7
5 技术集成设计 ………………………… 32—8
　5.1 一般规定 ………………………… 32—8
　5.2 采暖 ……………………………… 32—8
　5.3 通风 ……………………………… 32—9
　5.4 降温 ……………………………… 32—9
6 施工与验收 …………………………… 32—9
　6.1 一般规定 ………………………… 32—9
　6.2 施工 ……………………………… 32—9
　6.3 验收 ……………………………… 32—9
7 运行维护及性能评价 ………………… 32—9

7.1 一般规定 ……………………………… 32—9
7.2 运行与管理 …………………………… 32—10
7.3 性能评价 ……………………………… 32—10
附录A 全国主要城市平均
　　　 日照时数 ……………………… 32—10
附录B 全国部分代表性城市采暖
　　　 期日照保证率 ………………… 32—11
附录C 全国主要城市垂直南向面总
　　　 日射月平均日辐照量 ………… 32—12
附录D 被动式太阳能建筑太阳能
　　　 贡献率计算方法 ……………… 32—13
附录E 被动式太阳能建筑建造与
　　　 运行成本计算方法 …………… 32—14
附录F 被动式太阳能建筑投资回收
　　　 年限计算方法 ………………… 32—14
本规范用词说明 ………………………… 32—14
引用标准名录 …………………………… 32—14
附：条文说明 …………………………… 32—15

Contents

1　General Provisions ·················· 32—5

2　Terms ······························· 32—5

3　Basic Requirement ················· 32—5

4　Planning and Building Design ········ 32—6

  4. 1　General Requirement ·············· 32—6

  4. 2　Site and Planning ··············· 32—6

  4. 3　Shape, Space and Envelop ············ 32—6

  4. 4　Heat Collecting and
Thermal Storage ··············· 32—7

  4. 5　Ventilation Cooling and
Shading ······················ 32—7

  4. 6　Building Construction Detail ··········· 32—7

  4. 7　Building Design Evaluation ··········· 32—7

5　Technology Integrated Design ········ 32—8

  5. 1　General Requirement ·············· 32—8

  5. 2　Passive Heating ················ 32—8

  5. 3　Ventilation ··················· 32—9

  5. 4　Passive Cooling ················ 32—9

6　Construction, Inspection and
Acceptance ······················ 32—9

  6. 1　General Requirement ·············· 32—9

  6. 2　Construction ················· 32—9

  6. 3　Inspection and Acceptance ··········· 32—9

7　Operational Maintenance and
Performance Evaluation ············· 32—9

  7. 1　General Requirement ·············· 32—9

  7. 2　Operation and Maintenance ··········· 32—10

  7. 3　Performance Evaluation ············· 32—10

Appendix A　The Mean Sunshine
Duration in
Major Cities ·············· 32—10

Appendix B　Sunshine Guarantee
Fraction in Major
Cities ····················· 32—11

Appendix C　Global Solar Radiation
Monthly Mean
Daily Irradiation of
Vertical Southward
Surface in Major
Cities ····················· 32—12

Appendix D　Calculation Method of
Energy Saving
Fraction of Passive
Solar Building ············· 32—13

Appendix E　Calculation Method of
Construction and
Running Costs of
Passive Solar
Building ·················· 32—14

Appendix F　Payback Period
Calculation Method of
Passive Solar
Building ·················· 32—14

Explanation of Wording
in This Code ····················· 32—14

List of Quoted Standards ·············· 32—14

Addition: Explanation of
Provisions ······················· 32—15

1 总　则

1.0.1 为在建筑中充分利用太阳能，推广和应用被动式太阳能建筑技术，规范被动式太阳能建筑设计、施工、验收、运行和维护，保证工程质量，制定本规范。

1.0.2 本规范适用于新建、扩建、改建被动式太阳能建筑的设计、施工、验收、运行和维护。

1.0.3 被动式太阳能建筑设计，应充分考虑环境因素和建筑的使用特性，满足建筑的功能要求，实现其环境效益、经济效益和社会效益。

1.0.4 被动式太阳能建筑设计、施工、验收、运行和维护除应符合本规范外，尚应符合国家现行有关标准的规定。

2 术　语

2.0.1 被动式太阳能建筑　passive solar building

不借助机械装置，冬季直接利用太阳能进行采暖、夏季采用遮阳散热的房屋。

2.0.2 直接受益式　direct gain

太阳辐射直接通过玻璃或其他透光材料进入需采暖的房间的采暖方式。

2.0.3 集热蓄热墙式　thermal storage wall

利用建筑南向垂直的集热蓄热墙面吸收穿过玻璃或其他透光材料的太阳辐射热，然后通过传导、辐射及对流的方式将热量送到室内的采暖方式。

2.0.4 附加阳光间　attached sunspace

在建筑的南侧采用玻璃等透光材料建造的能够封闭的空间，空间内的温度会因温室效应而升高。该空间既可以对建筑的房间提供热量，又可以作为一个缓冲区，减少房间的热损失。

2.0.5 蓄热屋顶　thermal storage roof

利用设置在建筑屋面上的集热蓄热材料，白天吸热，晚上通过顶棚向室内放热的屋顶。

2.0.6 对流环路式　convective loop

在被动式太阳能建筑南墙设置太阳能空气集热蓄热墙或空气集热器，利用在墙体上设置的上下通风口进行对流循环的采暖方式。

2.0.7 集热部件　thermal storage component

被动式太阳能建筑的直接受益窗、集热蓄热墙或附加阳光间等用来完成被动式太阳能采暖的集热功能设施或构件。

2.0.8 参照建筑　reference building

是与设计的被动式太阳能建筑同种类型、同样面积、符合当地现行节能设计标准热工参数规定的建筑，作为计算节能率和经济性的比较对象。

2.0.9 辅助热量　auxiliary heat

当被动式太阳能建筑的室内温度低于设计计算温度时，由辅助能源系统向房间提供的热量。

2.0.10 太阳能贡献率　energy saving fraction

太阳能建筑的供热负荷中，太阳能得热所占的百分率。

2.0.11 蓄热体　thermal mass

能够吸收和储存热量的密实材料。

2.0.12 南向辐射温差比　south radiation temperature difference ratio

南向垂直面的平均辐照度与室内外温差的比值。

3 基本规定

3.0.1 被动式太阳能建筑设计应遵循因地制宜的原则，结合所在地区的气候特征、资源条件、技术水平、经济条件和建筑的使用功能等要素，选择适宜的被动式建筑技术。

3.0.2 被动式太阳能建筑围护结构的热工与节能设计，应符合现行国家标准《民用建筑热工设计规范》GB 50176 和国家现行有关建筑节能设计标准的规定。

3.0.3 当建筑仅采用被动式太阳能技术时，室内的温度和空气品质应满足人体健康及基本舒适度的要求。

3.0.4 被动式太阳能采暖气候分区可按表 3.0.4 划分为四个气候区。

表 3.0.4　被动式太阳能采暖气候分区

被动太阳能采暖气候分区		南向辐射温差比 ITR [W/(m²·℃)]	南向垂直面太阳辐照度 I(W/m²)	典型城市
最佳气候区	A区 (SHIa)	ITR≥8	I≥160	拉萨，日喀则，稻城，小金，理塘，得荣，昌都，巴塘
	B区 (SHIb)	ITR≥8	160>I≥60	昆明，大理，西昌，会理，木里，林芝，马尔康，九龙，道孚，德格
适宜气候区	A区 (SHⅡa)	6≤ITR<8	I≥120	西宁，银川，格尔木，哈密，民勤，敦煌，甘孜，松潘，阿坝，若尔盖
	B区 (SHⅡb)	6≤ITR<8	120>I≥60	康定，阳泉，昭觉，昭通
	C区 (SHⅡc)	4≤ITR<4	I≥60	北京，天津，石家庄，太原，呼和浩特，长春，上海，济南，西安，兰州，青岛，郑州，长春，张家口，吐鲁番，安康，伊宁，民和，大同，锦州，保定，承德，庆阳，大连，洛阳，日照，徐州，宝鸡，开封，玉树，齐齐哈尔
一般气候区 (SHⅢ)		3≤ITR<4	I≥60	乌鲁木齐，沈阳，吉林，武汉，长沙，南京，杭州，合肥，南昌，延安，商丘，邢台，淄博，泰安，海拉尔，克拉玛依，鹤岗，天水，安阳，通化

被动太阳能采暖气候分区	南向辐射温差比 ITR [W/(m²·℃)]	南向垂直面太阳辐照度 I(W/m²)	典型城市
不宜气候区 (SHⅣ)	ITR≤3	—	成都，重庆，贵阳，绵阳，遂宁，南充，达县，泸州，南阳，遵义，岳阳，信阳，吉首，常德
	—	I<60	

3.0.5 被动式降温气候分区可按表 3.0.5 划分为四个气候区。

表 3.0.5 被动式降温气候分区

被动降温气候分区	7月平均气温 T(℃)	7月平均相对湿度 φ(%)	典型城市
最佳气候区	A区 (CHⅠa)	T≥26	φ<50	吐鲁番，若羌，克拉玛依，哈密，库尔勒
	B区 (CHⅠb)	T≥26	φ≥50	天津，石家庄，上海，南京，合肥，南昌，济南，郑州，武汉，长沙，广州，南宁，海口，重庆，西安，福州，杭州，桂林，香港，台北，澳门，珠海，常德，景德镇，宜昌，蚌埠，达县，信阳，驻马店，安康，南阳，济南，郑州，商丘，徐州，宜宾
适宜气候区	A区 (CHⅡa)	22<T<26	φ<50	乌鲁木齐，敦煌，民勤，库车，喀什，和田，莎车，安西，民丰，阿勒泰
	B区 (CHⅡb)	22<T<26	φ≥50	北京，太原，沈阳，长春，吉林，哈尔滨，成都，贵阳，兰州，银川，齐齐哈尔，汉中，宝鸡，酉阳，雅安，承德，绥德，通辽，黔西，安达，延安，伊宁，西昌，天水
可利用气候区 (CHⅢ)		18<T≤22	—	昆明，呼和浩特，大同，盘县，毕节，张掖，会理，玉溪，小金，民和，敦化，昭通，巴塘，腾冲，昭觉
不需降温气候区 (CHⅣ)		T≤18	—	拉萨，西宁，丽江，康定，林芝，日喀则，格尔木，马尔康，昌都，道孚，九龙，松潘，德格，甘孜，玉树，阿坝，稻城，红原，若尔盖，理塘，色达，石渠

3.0.6 被动式太阳能建筑设计应体现共享、平衡、

集成的理念。规划、建筑、结构、暖通空调、电气与智能化、经济等各专业应紧密配合。

4 规划与建筑设计

4.1 一般规定

4.1.1 被动式太阳能建筑规划、建筑设计前期，应对建设场地周边的环境和建筑使用功能等要素进行调研。

4.1.2 被动式太阳能建筑规划与设计应依据地理、气候等基本要素，结合工程性质和使用功能，满足被动式太阳能建筑的朝向、日照条件。

4.1.3 被动式太阳能建筑的集热部件和通风口等，应与建筑功能和造型有机结合，应有防风、雨、雪、雷电、沙尘等技术措施。

4.2 场地与规划

4.2.1 场地设计应充分利用场地地形、地表水体、植被和微气候等资源，或通过改造场地地形地貌，调节场地微气候。

4.2.2 以采暖为主地区的被动式太阳能建筑规划应符合下列规定：

　　1 当仅采用被动式太阳能集热部件供暖时，集热部件在冬至日应有 4h 以上日照；

　　2 宜在建筑冬季主导风向一侧设置挡风屏障。

4.2.3 以降温为主地区的被动式太阳能建筑规划应符合下列规定：

　　1 建筑应朝向夏季主导风向，充分利用自然通风；

　　2 应利用道路、景观通廊等措施引导夏季通风，满足夏季被动式降温的要求。

4.3 形体、空间与围护结构

4.3.1 建筑形体宜规整，体形系数应符合国家现行建筑节能设计标准的规定。

4.3.2 建筑的主要朝向宜为南向或南偏东至南偏西不大于30°范围内。

4.3.3 建筑南向采光房间的进深不宜大于窗上口至地面距离的 2 倍，双侧采光房间的进深不宜大于窗上口至地面距离的 4 倍。

4.3.4 建筑设计应对平面功能进行合理分区。以采暖为主地区的建筑主要房间宜避开冬季主导风向，对热环境要求较高的房间宜布置在南侧。

4.3.5 以采暖为主的地区，建筑围护结构应符合下列规定：

　　1 外围护结构的保温性能不应低于所在地区的国家现行建筑节能设计标准的规定；

　　2 墙面、地面应选用蓄热材料；

3 在满足天然采光与室内热环境要求的前提下，应加大南向开窗面积，减少北向开窗面积；

4 建筑的主要出入口应设置防风门斗。

4.3.6 以降温为主的地区，建筑围护结构宜符合下列规定：

1 宜具有良好的隔热性能；

2 建筑在主导风向迎风面上的开窗面积不宜小于在背风面上的开窗面积；

3 在满足天然采光的前提下，受太阳直接辐射的建筑外窗宜设置外遮阳；

4 屋面宜采用架空隔热、植被绿化、被动蒸发等降温技术；

5 围护结构表面宜采用太阳吸收率小于 0.4 的饰面材料，外墙宜采用垂直绿化等隔热措施。

4.4 集热与蓄热

4.4.1 在以采暖为主的地区，建筑南向可根据需要，选择直接受益窗、集热蓄热墙、附加阳光间、对流环路等集热装置。

4.4.2 采取直接受益窗时，应根据其面积、玻璃层数、传热系数和空气渗透系数等参数确定房间的集热量。

4.4.3 采取集热蓄热墙时，应根据其集热面积、空腔厚度、蓄热性能、进出风口大小等参数确定房间的集热量，并应采取夏季通风降温措施。

4.4.4 蓄热材料应根据需要，因地制宜地选用砖、石、混凝土等重质材料及水体、相变材料等。

4.4.5 蓄热体的设置方式、位置、厚度和面积应根据建筑采暖或降温的要求确定。

4.4.6 蓄热体宜与建筑构件相结合，并应布置在阳光直射且有利于蓄热换热的部位。

4.5 通风降温与遮阳

4.5.1 附加阳光间宜与走廊、阳台、露台、温室等功能空间结合设计，并应采取夏季通风降温措施。

4.5.2 建筑设计宜设置天井、中庭等垂直公用空间。当利用垂直公用空间的通风降温效果不能满足要求时，宜采用通风道等其他措施。

4.5.3 直接受益窗、附加阳光间应设置夏季遮阳和避免眩光的装置。

4.5.4 建筑遮阳应优先采用活动外遮阳。

4.5.5 固定式水平遮阳设施的设置不应影响室内冬季日照的要求。

4.5.6 建筑南墙面和山墙面宜采用植被遮阳。

4.5.7 建筑南侧场地宜种植枝少叶茂的落叶乔木。

4.6 建筑构造

4.6.1 建筑外门窗的气密性等级应符合国家现行建筑节能设计标准的规定。以采暖为主的地区，窗户宜

加装活动保温装置。

4.6.2 采暖为主地区的建筑，应减少建筑构配件、窗框、窗扇等设施对南向集热窗的遮挡。

4.6.3 当采用辅助能源系统时，建筑设计应为设备的布置、安装和维护提供条件。多层、高层建筑应考虑集热装置、构件的更换和清洁。

4.7 建筑设计评估

4.7.1 被动式太阳能建筑设计应进行评估，且应符合下列规定：

1 在被动式太阳能建筑方案设计阶段，应对被动式太阳能建筑运行效果进行预评估；

2 在被动式太阳能建筑扩初设计文件中，应对被动式太阳能建筑规划要求和选用技术进行专项说明；

3 在被动式太阳能建筑施工图设计阶段，应对建筑耗热量指标进行评估，并应对需要的辅助热源系统进行优化设计；

4 在施工图设计文件中，应对被动式太阳能建筑设计、施工与验收、运行与维护等技术要求进行专项说明；

5 在建筑运行一年后，应对建筑能耗、运行成本、回收年限、节能率以及太阳能贡献率等进行技术经济性能评价。

4.7.2 对于被动式太阳能建筑的综合节能效果，居住建筑应高于国家现行居住建筑节能设计标准的规定；公共建筑应高于现行国家标准《公共建筑节能设计标准》GB 50189 的规定。被动式太阳能建筑的太阳能贡献率应按本规范附录 A～附录 D 估算，并宜符合表 4.7.2 的规定。

表 4.7.2 被动式太阳能建筑的太阳能贡献率

被动式太阳能采暖气候分区		典型城市	太阳能贡献率	
			室内设计温度 13℃	室内设计温度 16℃～18℃
最佳气候区	A区(SHⅠa)	西藏的拉萨及山南地区	≥65%	45%～50%
	B区(SHⅠb)	昆明	≥90%	60%～80%
适宜气候区	A区(SHⅡa)	兰州、北京、呼和浩特、乌鲁木齐	≥35%	20%～30%
	B区(SHⅡb)	石家庄、济南	≥40%	25%～35%
可利用气候区(SHⅢ)		长春、沈阳、哈尔滨	≥30%	20%～25%
一般气候区(SHⅣ)		西安、郑州、杭州、上海、南京、福州、武汉、合肥、南宁	≥25%	15%～20%
不利气候区(SHⅤ)		贵阳、重庆、成都、长沙	≥20%	10%～15%

注：当同时采用主被动式采暖措施时，室内设计温度取16℃～18℃，太阳能贡献率限值应对应其室内设计温度的取值。

4.7.3 冬季被动式太阳能采暖的室内计算温度宜大于 13℃；夏季被动式降温的室内计算温度宜为 29℃～31℃，高温高湿地区取值宜低于 29℃。

5 技术集成设计

5.1 一般规定

5.1.1 被动式太阳能供暖和降温设施，应结合建筑形式综合考虑冬季采暖和夏季降温的技术措施，减少设施在冬季的热量损失和冷风渗透以及夏季向室内的传热。

5.1.2 被动式太阳能建筑设计不能满足建筑基本热舒适度要求时，应设置其他辅助供暖或制冷系统，辅助系统设计应与被动式太阳能建筑设计同步进行。

5.2 采 暖

5.2.1 建筑采暖方式应根据采暖气候分区、太阳能利用效率和房间热环境设计指标，按表 5.2.1 进行选用。

表 5.2.1 建筑采暖方式

被动式太阳能建筑采暖气候分区		推荐选用的单项或组合采暖方式
最佳气候区	最佳气候 A 区	集热蓄热墙式、附加阳光间式、直接受益式、对流环路式、蓄热屋顶式
	最佳气候 B 区	集热蓄热墙式、附加阳光间式、对流环路式、蓄热屋顶式
适宜气候区	适宜气候 A 区	直接受益式、集热蓄热墙式、附加阳光间式、蓄热屋顶式
	适宜气候 B 区	集热蓄热墙式、附加阳光间式、直接受益式、蓄热屋顶式
	适宜气候 C 区	集热蓄热墙式、附加阳光间式、蓄热屋顶式
可利用气候区		集热蓄热墙式、附加阳光间式、蓄热屋顶式
一般气候区		直接受益式、附加阳光间式

5.2.2 采暖方式应根据建筑结构、房间使用性质、造价，选择适宜的单项或组合采暖方式。以白天使用为主的房间，宜选用直接受益窗式或附加阳光间式；以夜间使用为主的房间，宜选用具有较大蓄热能力的集热蓄热墙式和蓄热屋顶式。

5.2.3 直接受益窗设计应符合下列规定：

1 应对建筑的得热与失热进行热工计算，合理确定窗洞口面积，南向集热窗的窗墙面积比宜为 50%；

2 窗户的热工性能应优于国家现行有关建筑节能设计标准的规定。

5.2.4 集热蓄热墙设计应符合下列规定：

1 集热蓄热墙的组成材料应有较大的热容量和

导热系数，并应确定其合理厚度；

2 集热蓄热墙向阳面外侧应安装玻璃或透明材料，并应与集热蓄热墙向阳面保持 100mm 以上的距离；

3 集热蓄热墙向阳面应选择太阳辐射吸收系数大、耐久性能强的表面涂层进行涂覆；

4 透光和保温装置的外露边框构造应坚固耐用、密封性好；

5 应根据建筑热工计算或南墙条件确定集热蓄热墙的形式和面积；

6 集热蓄热墙应设置对流风口，对流风口上应设置可自动或者便于关闭的保温风门，并宜设置风门逆止阀；

7 宜利用建筑结构构件作为集热蓄热体；

8 应设置防止夏季室内过热的排气口。

5.2.5 附加阳光间设计应符合下列规定：

1 附加阳光间应设置在南向或南偏东至南偏西夹角不大于 30°范围内的墙外侧；

2 附加阳光间与采暖房间之间公共墙上的开孔位置应有利于空气热循环，并应方便开启和严密关闭，开孔率宜大于 15%；

3 采光窗宜设置活动遮阳设施；

4 附加阳光间内地面和墙面宜采用深色表面；

5 应合理确定透光盖板的层数，并应设置夜间保温措施；

6 附加阳光间应设置夏季降温用排风口。

5.2.6 蓄热屋顶设计应符合下列规定：

1 蓄热屋顶保温盖板宜采用轻质、防水、耐候性强的保温构件；

2 蓄热屋顶盖板应根据房间温度、蓄热介质（水等）温度和室外太阳辐射照度进行灵活调节和启闭；

3 保温板下方放置蓄热体的空间净高宜为 200mm～300mm；

4 蓄热屋顶应有良好的保温性能，并应符合国家现行有关建筑节能设计标准的规定。

5.2.7 对流环路设计应符合下列规定：

1 集热器安装位置应低于蓄热体，集热器背面应设置保温材料；

2 蓄热材料应选用重质材料，蓄热体接受集热器空气流的表面面积宜为集热器面积的 50%～75%；

3 集热器应设置防止空气反向流动的逆止风门。

5.2.8 蓄热体设计应符合下列规定：

1 应采用能抑制室温波动、成本低、比热容大、性能稳定、无毒、无害、吸热放热能力强的材料作为建筑蓄热体；

2 蓄热体应布置在能直接接收阳光照射的位置，蓄热地面、墙面内表面不宜铺设地毯、挂毯等隔热材料；

3 蓄热体的厚度和质量应根据建筑整体的热平衡计算确定；蓄热体的面积宜为集热面积的（3～5）倍。

5.3 通 风

5.3.1 应组织好建筑的自然通风。宜采用可开启的外窗作为自然通风的进风口和排风口，或专设自然通风的进风口和排风口。

5.3.2 自然通风口应设置可开启、关闭装置。应按空调和采暖季节卫生通风的要求设置卫生通风口或进行机械通风。卫生通风口应有防雨、隔声、防水、防虫的功能，其净面积（S_f）应满足下式要求：

$$S_f \geqslant 0.0016S \qquad (5.3.2)$$

式中：S_f——卫生通风口净面积（m^2）；
　　　S——该房间的地板净面积（m^2）。

5.4 降 温

5.4.1 应控制室内热源散热。室内热源散热量大的房间应设置隔热性能良好的门窗，房间内产生的废热应能直接排放到室外。

5.4.2 建筑外窗不宜采用两层通窗和天窗。

5.4.3 夏热冬冷、夏热冬暖、温和地区的建筑屋面宜采用浅色面层，采用植被屋面或蒸发冷却屋面时，应设置被动蒸发冷却屋面的液态物质补给装置和清洁装置。

5.4.4 夏热冬冷、夏热冬暖、温和地区的建筑外墙外饰面层宜采用浅色材料，并辅助外遮阳及绿化等隔热措施，外饰面材料太阳吸收率宜小于 0.4。

5.4.5 建筑遮阳应综合考虑地区气候特征、经济技术条件、房间使用功能等因素，在满足建筑夏季遮阳、冬季阳光入射、自然通风、采光、视野等要求的情况下，确定遮阳形式和措施。

5.4.6 夏季室外计算湿球温度较低、日间温差较大的干热地区，应采用被动蒸发冷却降温方式。

5.4.7 应优先采用能产生穿堂风、烟囱效应和风塔效应的建筑形式，合理组织被动式通风降温。

6 施工与验收

6.1 一般规定

6.1.1 被动式太阳能建筑验收应符合现行国家标准《建筑节能工程施工质量验收规范》GB 50411 的规定。

6.1.2 被动式太阳能建筑应进行专项验收。

6.2 施 工

6.2.1 建筑施工及设备安装不得破坏建筑的结构、屋面防水层、建筑保温和附属设施，不得削弱建筑在寿命期内承受荷载作用的能力。

6.2.2 被动式太阳能建筑施工前，应编制详细的施工组织方案。太阳能系统及装置安装应与建筑主体结构施工、其他设备安装、装饰装修等相配合。

6.2.3 被动式太阳能建筑施工应做好细部处理，并应做好密封和防水等。

6.2.4 被动式太阳能集热部件的安装应符合下列规定：

1 安装直接受益窗、集热器等部件时，应对预埋件、连接件进行防腐处理；

2 边框与墙体间缝隙应用密封胶填嵌饱满密实，表面应平整光滑、无裂缝，填塞材料及方法应符合设计要求。

6.2.5 被动式太阳能建筑构造施工应符合下列规定：

1 围护结构周边热桥部位应采取保温措施；

2 地面应选用蓄热性能较好的材料，宜设置防潮层。

6.3 验 收

6.3.1 被动式太阳能建筑工程验收应符合下列规定：

1 被动式太阳能建筑屋面应符合现行国家标准《屋面工程质量验收规范》GB 50207 的有关规定；

2 保温门的内装保温材料应填充密实，性能应满足设计要求，门与门框间应加设密封条；

3 在结构墙体开洞时，开洞位置和洞口截面大小应满足结构抗震及受力的要求；

4 墙面留洞的位置、大小及数量应符合设计要求；应按图纸设计逐个检查核对墙体上洞口的尺寸大小、数量及位置的准确性，洞边框正侧面垂直度允许偏差不应大于 1.5mm，框的对角线长度差不宜大于 1mm；洞口及墙洞内抹灰应平直光滑，洞内宜刷深色（无光）漆；

5 热桥部位应按设计要求采取隔断热桥的措施。

6.3.2 应在工程移交用户前、分项工程验收合格后进行系统调试和竣工验收，并应提交包括系统热性能在内的检验记录。

7 运行维护及性能评价

7.1 一般规定

7.1.1 设计单位应编制被动式太阳能建筑用户使用手册。

7.1.2 被动式太阳能建筑应按建筑类型，分类制定相应的维护管理措施。

7.1.3 被动式太阳能建筑节能、环保效益的分析评定指标应包括系统的年节能量、年节能费用、费效比、回收年限和温室气体减排量。

7.2 运行与管理

7.2.1 对被动式太阳能建筑系统和装置应定期检查维护，并应符合下列规定：

1 对附加阳光间或集热部件的密封性能应进行定期检查，对流环路系统和蓄热屋顶系统的上下通风孔应保持畅通，并应确保开闭设施能够正常使用；

2 蓄热地面不应有影响蓄热性能的覆盖物；

3 应确保通风换气设施的正常使用，气流通道上不得覆盖障碍物；

4 对于安装有可调节天窗、移动式遮阳或保温设施的建筑，应对调节装置、移动轨道和限位机构等

进行定期的检查和维护；

5 应对集热装置、蓄热装置定期进行系统检查、清洁与更换；

6 应对蓄热屋顶的蓄热水箱、屋面、保温盖板等做定期的防水、防破损检修，并应定期补充和更新蓄热介质（水等）。

7.3 性能评价

7.3.1 应对被动式太阳能建筑的建造、运行成本和投资回收年限及对环境的影响进行评价。建造与运行成本应按本规范附录E估算，投资回收年限应按本规范附录F估算。

附录 A 全国主要城市平均日照时数

表 A　全国主要城市平均日照时数（h）

城市	月　份												全年
	1	2	3	4	5	6	7	8	9	10	11	12	
北　京	210.3	160.2	270.8	254.9	261.2	231.7	200.5	185.4	192.3	216.3	192.7	199.8	2576.1
天　津	178.4	132.3	244.3	219.5	237.8	229.1	183.4	148.9	199.3	215.9	174.4	184.9	2348.2
石家庄	168.4	98.5	266	250.1	247.8	203.5	144.9	170.4	168	189.9	195.4	171.2	2274.1
太　原	157.4	147.4	256.7	277.9	271.1	254.2	251.5	243.8	166.1	190.6	220.7	183.5	2620.9
呼和浩特	121.6	151.9	285.2	279.1	313.1	300.3	276.9	236.4	235	233	209	175.3	2816.8
沈　阳	148.8	169.5	263.1	211.3	212.2	140.6	166.7	146.5	234.3	220.6	172.8	163.5	2249.9
大　连	228.2	198.2	269.6	245.7	286.6	246.9	204.4	218.6	235.7	253.4	195.8	166.6	2749.7
长　春	154.9	196.5	238.3	204.3	228.6	151	147.1	188	241.9	221.5	190.6	161.9	2324.6
哈尔滨	77.5	148.5	245.4	162	213.7	234.7	155.1	201.8	212.3	215.4	159.7	107.9	2134
上　海	113.9	83	170.2	195.3	176.5	201.5	154.9	161.4	164.7	159.5	112.6	135.5	1829
南　京	130	98.3	202.1	230.5	184.5	211.1	195.7	138.9	131.5	161.6	106.6	146.7	1937.5
杭　州	92.4	56.4	161.3	200.2	124	216.9	180.8	156.4	197	132.9	102.6	141.8	1762.2
合　肥	98.2	75.2	184.6	219.2	194.6	214	191.4	141	130.3	156	95.3	134.3	1834.1
福　州	74.4	34.1	100.3	137.9	66.8	123.8	246.5	154.4	174.8	120.2	111.1	124.9	1469.2
南　昌	43.7	51.6	109.2	200	106.9	183.4	274.3	222.7	214.7	165	86.8	136.2	1794.5
济　南	197.7	115.5	219.6	249.1	286.5	254.1	159.3	185.7	139.9	194.4	183.9	183.8	2369.5
青　岛	201.8	151.9	235.4	256.6	278.8	209.2	160.9	165.3	138.1	210.7	174.5	171.9	2355.1
武　汉	110.4	51.3	149.5	212.4	170.3	177.5	233.8	173	167.4	139.6	110.2	134.3	1829.7
郑　州	83.8	79.5	181.5	227.8	186.6	201.5	78.7	139.8	125.4	147.5	146.9	141.9	1740.9
广　州	83.9	16	52.8	44.3	72.6	61	175.3	147.7	146.7	210.6	145.7	131.9	1288.5

城市	月　份												
	1	2	3	4	5	6	7	8	9	10	11	12	全年
长　沙	26.8	38.1	80.6	158.4	80	149	249.4	181.6	144	116.9	91.6	106.7	1423.1
南　宁	33.4	19.7	44	92.4	189.6	84.9	231.1	171	164	170.6	121.7	100.8	1423.2
海　口	88.4	103.6	104.2	138.6	232	165.3	228.4	225.5	180.5	180.4	132.9	60.7	1840.5
桂　林	37	17.1	33.6	109.3	143	80.4	246.9	208.2	202.4	174.9	111.4	102.6	1466.8
重　庆	12.2	29.7	62.3	125.1	80.6	118.3	179.4	97.2	171	17.9	5.9	4.3	903.9
温　江	30.7	26.5	78.2	111.9	94.7	118	76.4	77.3	70.7	32.8	30.1	29.7	777
贵　阳	25.5	51	39.2	117.5	106.4	97.2	188.9	97.7	145.9	76.1	49.4	9.3	1004.1
昆　明	216.4	244.7	188	238	280.4	105.5	109.6	96.6	114.4	129.7	181.4	149.6	2054.3
拉　萨	237.6	208.2	253.6	267.7	273.9	291.7	263.3	206.4	277.8	267.3	284.7	267.8	3100
西　安	82.3	76.9	198.2	228.3	207.8	253	190.6	143.3	153.4	131.9	129.2	154.5	1949.4
兰　州	185.9	180.8	201.5	235.7	251.5	260	221.6	215	163.8	167.9	184.1	202.1	2469.9
西　宁	186.2	188.2	189.5	253.6	259.1	261.1	198.4	198.6	153.9	161.9	207	220	2477.5
银　川	165.2	171.6	262	273.7	282.2	293.3	262.7	253.9	216.4	225.1	214.2	193.1	2813.4
乌鲁木齐	40	88.5	204.7	294	311.4	334.8	289.8	270.2	285.3	225.6	109.6	74.8	2528.7

注：本表引自《中国统计年鉴数据库》（2005 年版）。

附录 B　全国部分代表性城市采暖期日照保证率

表 B　全国部分代表性城市采暖期日照保证率（%）

城　市	月　份				
	11	12	1	2	3
北　京	26.76	27.75	29.21	22.25	37.61
天　津	24.22	25.68	24.78	18.38	33.93
石家庄	27.14	23.78	23.39	13.68	36.94
太　原	30.65	25.49	21.86	20.47	35.65
呼和浩特	29.03	24.35	16.89	21.10	39.61
沈　阳	24.00	22.71	20.67	23.54	36.54
大　连	27.19	23.14	31.69	27.53	37.44
长　春	26.47	22.49	21.51	27.29	33.10
哈尔滨	22.18	14.99	10.76	20.63	34.08
上　海	15.64	18.82	15.82	11.53	23.64
南　京	14.81	20.38	18.06	13.65	28.07
杭　州	14.25	19.69	12.83	7.83	22.40
合　肥	13.24	18.65	13.64	10.44	25.64

城　市	月　份				
	11	12	1	2	3
福　州	15.43	17.35	10.33	4.74	13.93
南　昌	12.06	18.92	6.07	7.17	15.17
济　南	25.54	25.53	27.46	16.04	30.50
青　岛	24.24	23.88	28.03	21.10	32.69
郑　州	20.40	19.71	11.64	11.04	25.21
武　汉	15.31	18.65	15.33	7.13	20.76
长　沙	12.72	14.82	3.72	5.29	11.19
广　州	20.24	18.32	11.65	2.22	7.33
南　宁	16.90	14.00	4.64	2.74	6.11
海　口	18.46	8.43	12.28	14.39	14.47
桂　林	15.47	14.25	5.14	2.38	4.67
重　庆	0.82	0.60	1.69	4.13	8.65
温　江	4.18	4.13	4.26	3.68	10.86
贵　阳	6.86	1.29	3.54	7.08	5.44
昆　明	25.19	20.78	30.06	33.99	26.11
拉　萨	39.54	37.19	33.00	28.92	35.22
西　安	17.94	21.46	11.43	10.68	27.53
兰　州	25.57	28.07	25.82	25.11	27.99
西　宁	28.75	30.56	25.86	26.14	26.32
银　川	29.75	26.82	22.94	23.83	36.39
乌鲁木齐	15.22	10.39	5.56	12.29	28.43

注：本表根据附录 A 提供的日照时数计算得出。

附录 C　全国主要城市垂直南向面总日射月平均日辐照量

表 C　全国主要城市垂直南向面总日射月平均日辐照量[MJ/(m^2·d)]

城市 ＼ 月份	1	2	3	4	5	6	7	8	9	10	11	12
北　京	14.81	15.00	13.70	11.07	10.28	8.99	8.46	9.25	12.43	14.41	13.84	13.75
沈　阳	11.93	14.20	13.49	10.97	9.63	8.43	8.02	9.02	12.35	14.03	12.71	11.40
哈尔滨	12.63	14.00	13.33	10.84	9.40	9.08	8.68	9.62	12.26	13.73	7.35	11.12
长　春	14.80	15.83	14.13	11.01	9.61	8.92	8.19	9.11	12.69	14.30	14.01	12.97
西　安	9.18	8.89	8.34	7.79	7.49	7.61	7.36	8.59	7.70	8.84	9.12	9.00
呼和浩特	15.73	17.30	14.53	11.64	10.61	10.15	9.52	10.81	14.09	16.99	15.74	16.25
乌鲁木齐	11.18	12.11	13.09	11.72	11.11	10.27	10.16	11.82	13.35	16.20	14.44	11.24
拉　萨	23.93	19.90	15.05	10.83	8.70	7.87	8.45	9.73	12.79	20.11	24.62	25.20

月份\城市	1	2	3	4	5	6	7	8	9	10	11	12
兰　　州	9.77	11.68	10.91	10.37	9.17	8.87	8.22	9.23	9.72	11.83	11.03	9.27
郑　　州	11.34	10.68	9.56	8.30	8.07	7.43	6.90	7.78	8.74	11.02	11.35	11.34
银　　川	16.48	16.37	13.16	11.38	10.20	9.34	8.99	10.28	12.35	15.50	16.92	16.32
济　　南	12.56	12.51	11.45	9.26	8.68	7.72	6.85	7.74	10.47	12.87	13.15	12.76
太　　原	14.50	14.12	12.41	10.16	9.49	8.42	7.84	8.96	10.75	13.67	13.90	13.84
南　　京	10.34	9.73	8.75	7.43	6.89	6.53	6.66	8.02	8.39	11.19	11.53	11.26
合　　肥	9.94	8.95	8.15	7.04	6.77	6.68	6.39	7.56	7.81	10.38	10.61	10.10
上　　海	9.95	9.20	8.17	7.06	6.53	6.26	6.94	7.98	7.99	10.01	10.69	10.47
成　　都	5.30	5.48	6.48	6.76	6.71	6.66	6.73	7.15	6.13	5.44	5.43	5.03
汉　　口	8.94	8.33	7.23	6.96	6.78	6.95	7.13	8.47	9.07	10.10	10.14	9.42
福　　州	8.65	5.54	4.38	4.50	5.23	4.97	6.48	6.02	6.98	8.25	7.63	7.72
广　　州	6.42	4.69	3.52	4.06	4.71	4.10	5.07	4.86	6.19	8.58	9.31	9,17
南　　宁	5.57	4.28	4.26	4.42	4.28	4.96	4.93	5.51	6.92	7.04	7.88	7.55
贵　　阳	3.91	5.23	5.33	4.86	5.19	5.83	7.31	6.31	5.09	4.40	6.23	4.68
海　　口	6.37	6.83	5.53	5.04	5.30	8.82	6.61	5.49	6.32	7.47	6.63	7.11
石 家 庄	7.64	8.33	7.67	7.83	6.89	5.94	5.68	7.12	8.45	8.49	8.37	7.91
长　　沙	4.20	3.38	4.13	3.90	4.46	4.34	4.50	5.41	6.22	6.67	6.48	6.83
南　　昌	5.51	3.91	3.74	4.81	4.30	3.62	4.39	6.37	7.23	8.94	8.21	7.84
杭　　州	7.23	7.33	6.38	5.56	5.58	5.60	5.67	6.45	6.25	7.55	8.48	10.12
西　　宁	16.74	16.01	13.28	11.30	9.69	8.79	8.49	9.94	10.98	14.71	17.06	17.11

注：本表引自《中国建筑热环境分析专用气象数据集》。

附录D 被动式太阳能建筑太阳能贡献率计算方法

D.0.1 太阳能贡献率（f）应按下式计算：

$$f = \frac{Q_u}{q} \qquad (D.0.1)$$

式中：Q_u——采暖期单位建筑面积净太阳辐射得热量（MJ/m^2）；

q——参照建筑的采暖期单位建筑耗热量（MJ/m^2）。

D.0.2 采暖期单位建筑面积净太阳辐射得热量（Q_u）应按下式计算：

$$Q_u = \sum_i \eta_i I_i c_i \qquad (D.0.2)$$

式中：η_i——第 i 个集热部件热效率（%）；

I_i——采暖期内投射在第 i 个集热部件所在面

上的总日射辐照量（MJ/m^2）；

c_i——第 i 个集热部件集热面积占总建筑面积的百分比（%）。

D.0.3 单位建筑面积耗热量（q）应按下式计算：

$$q = q_{HT} + q_{INF} - q_{IH} \qquad (D.0.3)$$

式中：q_{HT}——单位建筑面积通过围护结构的传热耗热量（W/m^2）；

q_{INF}——单位建筑面积的空气渗透耗热量（W/m^2）；

q_{IH}——单位建筑面积的建筑物内部，包括炊事、照明、家电和人体散热在内的得热量（W/m^2），住宅取 $3.8W/m^2$。

D.0.4 单位建筑面积围护结构的传热耗热量（q_{HT}）应按下式计算：

$$q_{HT} = (t_i - t_e) \times \left(\sum_{i=1}^{n} \xi_i K_i F_i\right) / A_0 \qquad (D.0.4)$$

式中：t_i——室内设计温度（℃），根据是否采取主动采暖措施，选取 13℃ 或 16℃；

t_e——采暖期室外平均温度（℃）；

A_0——建筑面积（m^2）；

ξ——围护结构传热系数的修正系数；

K_i——围护结构的平均传热系数 [W/(m^2 · K)]；

F_i——围护结构的面积（m^2）。

D.0.5 单位建筑面积的空气渗透耗热量应按下式计算：

$$q_{INF} = 0.278 c_p V\rho (t_i - t_e)/A_0 \quad (D.0.5)$$

式中：c_p——干空气的定压质量比热容 [kJ/(kg · ℃)]，可取 1.0056kJ/(kg · ℃)；

ρ——室外温度下的空气密度（kg/m^3）；

V——渗透空气的体积流量（m^3/h），可由建筑物换气次数与建筑总体积之乘积求得。

附录 E 被动式太阳能建筑建造与运行成本计算方法

E.0.1 建筑建造与运行成本（LCC）应按下式计算：

$$LCC = CF \cdot E_{LCE} \quad (E.0.1)$$

式中：CF——常规能源价格（元/kWh）；

E_{LCE}——建筑建造与运营能耗（kWh）。

E.0.2 常规能源价格（CF）应按下式计算：

$$CF = CF'/(g \cdot E_{ff}) \quad (E.0.2)$$

式中：CF'——常规燃料价格（元/kg），可取标准煤；

g——常规燃料发热量（kWh/kg），标煤发热量为 8.13kWh/kg；

E_{ff}——常规采暖设备的热效率（%）。

E.0.3 建筑建造与运行周期内，建材生产总能耗（E_1）应按下式计算：

$$E_1 = \sum_{i=1}^{n} \frac{L_b}{L_i} m_i (1 + w_i/100) M_i \quad (E.0.3)$$

式中：n——材料种类数；

L_b——建筑寿命（年）；

L_i——建筑材料的使用寿命（年）；

m_i——i 材料的总使用量（t 或 m^3）；

w_i——建造过程中 i 材料的废弃比率（%）；

M_i——生产单位使用量 i 材料的能耗（kWh/t 或 kWh/m^3）。

E.0.4 建筑建造与运行周期内，运行能耗（E_4）应按下式计算：

$$E_4 = L_b E_a \quad (E.0.4)$$

式中：E_a——全年采暖及空调能耗之和（kWh）。

附录 F 被动式太阳能建筑投资回收年限计算方法

F.0.1 回收年限（n）应按下式计算：

$$n = \frac{\ln[1 - PI(d - e)]}{\ln\left(\frac{1+e}{1+d}\right)} \quad (F.0.1)$$

式中：PI——折现系数；

d——银行贷款利率（%）；

e——年燃料价格上涨率（%）。

F.0.2 折现系数（PI）应按下式计算：

$$PI = A/(\Delta Q_{aux,q} \cdot CF - A \cdot DJ) \quad (F.0.2)$$

式中：A——总增加投资（元）；

$\Delta Q_{aux,q}$——被动式太阳能建筑与参照建筑相比的节能量（kWh）；

CF——常规燃料价格（元/kWh）；

DJ——维修费用系数（%）。

F.0.3 常规能源价格应按本规范式（E.0.2）计算。

F.0.4 总增加投资（A）应按下式计算：

$$A = A_p - A_{ref} \quad (F.0.4)$$

式中：A_p——被动式太阳能建筑的总初投资（元）；

A_{ref}——参照建筑初投资（元）。

本规范用词说明

1 为便于在执行本规范条文时区别对待，对要求严格程度不同的用词说明如下：

1）表示很严格，非这样做不可的：
正面词采用"必须"，反面词采用"严禁"；

2）表示严格，在正常情况下均应这样做的：
正面词采用"应"，反面词采用"不应"或"不得"；

3）表示允许稍有选择，在条件许可时首先应这样做的：
正面词采用"宜"，反面词采用"不宜"；

4）表示有选择，在一定条件下可以做的，采用"可"。

2 条文中指明应按其他有关标准执行的写法为："应符合……的规定"或"应按……执行"。

引用标准名录

1 《民用建筑热工设计规范》GB 50176

2 《公共建筑节能设计标准》GB 50189

3 《屋面工程质量验收规范》GB 50207

4 《建筑节能工程施工质量验收规范》GB 50411

中华人民共和国行业标准

被动式太阳能建筑技术规范

JGJ/T 267—2012

条 文 说 明

制 订 说 明

《被动式太阳能建筑技术规范》JGJ/T 267－2012，经住房和城乡建设部 2012 年 1 月 6 日以第 1238 号公告批准、发布。

本规范制订过程中，编制组进行了广泛的调查研究，总结了我国被动式太阳能建筑工程建设的实践经验，同时参考了国外先进技术法规、技术标准。

为便于广大设计、施工、科研、学校等单位有关人员在使用本规范时能正确理解和执行条文规定，《被动式太阳能建筑技术规范》编制组按章、节、条顺序编制了本规范的条文说明，对条文规定的目的、依据以及执行中需注意的有关事项进行了说明。但是，本条文说明不具备与规范正文同等的法律效力，仅供使用者作为理解和把握规范规定的参考。

目　次

1 总则 .... 32—18
2 术语 .... 32—18
3 基本规定 .... 32—19
4 规划与建筑设计 .... 32—21
  4.1 一般规定 .... 32—21
  4.2 场地与规划 .... 32—21
  4.3 形体、空间与围护结构 .... 32—22
  4.4 集热与蓄热 .... 32—22
  4.5 通风降温与遮阳 .... 32—23
  4.6 建筑构造 .... 32—24
  4.7 建筑设计评估 .... 32—24
5 技术集成设计 .... 32—25
  5.1 一般规定 .... 32—25
  5.2 采暖 .... 32—25
  5.3 通风 .... 32—27

5.4 降温 .... 32—27
6 施工与验收 .... 32—28
  6.1 一般规定 .... 32—28
  6.2 施工 .... 32—28
  6.3 验收 .... 32—29
7 运行维护及性能评价 .... 32—29
  7.1 一般规定 .... 32—29
  7.2 运行与管理 .... 32—29
  7.3 性能评价 .... 32—29
附录 B 全国部分代表性城市
      采暖期日照保证率 .... 32—29
附录 D 被动式太阳能建筑太阳
      能贡献率计算方法 .... 32—30

1 总　则

1.0.1 被动式太阳能建筑像生态住宅、绿色建筑一样,是建筑理念或技术手段之一。被动式太阳能建筑的核心理念是被动技术在建筑中的应用。被动技术(passive techniques)强调直接利用阳光、风力、气温、湿度、地形、植物等场地自然条件,通过优化规划和建筑设计,实现建筑在非机械、不耗能或少耗能的运行方式下,全部或部分满足建筑采暖采温等要求,达到降低建筑使用能耗,提高室内环境性能的目的。被动式太阳能建筑技术通常包括天然采光,自然通风,围护结构的保温、隔热、遮阳、集热、蓄热等方式。与之对应的是主动技术(active techniques),是指通过采用消耗能源的机械系统,提高室内舒适度,通常包括以消耗能源为基础的机械方式满足建筑采暖、空调、通风等要求,当然也包括太阳能采暖、空调等主动太阳能利用技术。

我国正处于快速城镇化和大规模建设时期,在建筑的全生命周期内,推广被动式太阳能建筑理念和技术,对于节约资源和能源,实现与自然和谐共生具有重要意义。制定本规范的目的是引导人们从规划阶段入手,在建筑设计、施工、验收、运行和维护的过程中,充分利用太阳能,正确实施被动式太阳能建筑理念和技术,促进建筑的可持续发展。

1.0.2 本规范不仅适用于新建的被动式太阳能建筑,同时也适用于改建和扩建的被动式太阳能建筑,包括局部采用被动式太阳能技术的建筑。被动式太阳能建筑理念与既有建筑改造在节约资源、降低运行能耗、减少环境污染方面目的一致,在既有建筑改造中更应充分应用被动优先的建筑设计与运营理念。

1.0.3 被动式太阳能建筑的目标是在建筑全寿命周期内,适应地区气候特征,充分利用阳光、风力、地形、植被等场地自然条件,在满足建筑使用功能的同时,减少对自然环境的扰动,降低建筑运营对化石能源的需求,实现其经济效益、社会效益和环境效益。

1.0.4 符合国家现行法律法规与相关标准是被动式太阳能建筑的必要条件。本规范没有涵盖通常建筑物所应有的功能和性能要求,而是着重提出与被动技术应用相关的内容,主要包括规划与建筑设计、集热与降温设计、施工与验收、运行维护及性能评价等方面。因此,对建筑的基本要求,如结构安全、防火安全等重要要求未列入本规范,而由其他相关的国家现行标准进行规定。

2 术　语

2.0.1 被动式太阳能建筑是指通过建筑朝向的合理选择和周围环境的合理布置,内部空间和外部形体的巧妙处理,以及建筑材料和结构、构造的恰当选择,使其在冬季能集取、蓄存并使用太阳能,从而解决建筑物的采暖问题;同时在夏季通过采取遮阳等措施又能遮蔽太阳辐射,及时地散逸室内热量,从而解决建筑物的降温问题。其他的降温方式还有对流降温、辐射降温、蒸发降温和大地降温。

2.0.2 在北半球阳光通过南向窗玻璃直接进入房间,被室内地板、墙壁、家具等吸收后转变为热能,为房间供暖。直接受益式供热效率较高,缺点是晚上降温快,室内温度波动较大。对于仅需要白天供热的办公室、学校教室等比较适用,直接受益式太阳能建筑利用方式参见图1。

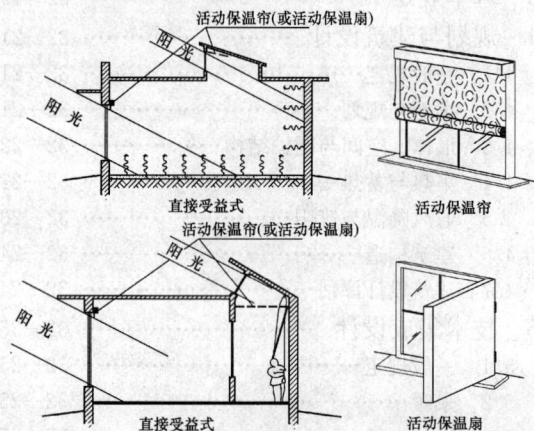

图 1　直接受益式太阳能建筑利用方式

2.0.3 集热蓄热墙又称特朗勃墙,在南向外墙除窗户以外的墙面上覆盖玻璃,墙表面涂成黑色,在墙的上下部位留有通风口,使热风自然对流循环,把热量交换到室内。一部分热量通过热传导传送到墙的内表面,然后以辐射和对流的形式向室内供热;另一部分热量加热玻璃与墙体间夹层内的空气,热空气由墙体上部的风口向室内供热。室内冷空气由墙体下部风口进入墙外的夹层,再由太阳加热进入室内,如此反复循环,向室内供热,集热蓄热墙参见图2。

2.0.4 阳光间附加在房间南侧,通过墙体将房间与阳光间隔开,墙上开有门窗。阳光间的南墙或屋面为玻璃或其他透明材料。阳光间受到太阳照射而升温,白天可向室内供热,晚间可作房间的保温层。东西朝向的阳光间提供的热量比南向少一些,且夏季西向阳光间会产生过热,因而不宜采用。北向虽不能提供太阳热能,但可获得介于室内与室外之间的温度,从而减少房间的热量损失。附加阳光间参见图3。

2.0.5 蓄热屋顶也称屋顶浅池,有两种应用方式。其中一种是在屋顶建造浅水池,利用浅水池集热蓄热,而后通过屋面板向室内传热;另一种是由充满水的黑色袋子"覆盖屋面"。冬季,它们受到太阳照射时,集取、储存太阳能,热量通过支撑它的金属顶棚,将热量辐射到房间;夏季,室内热量向上传递给

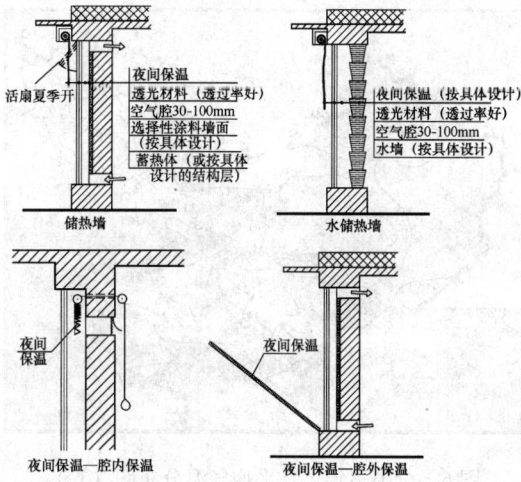

图 2 集热蓄热墙

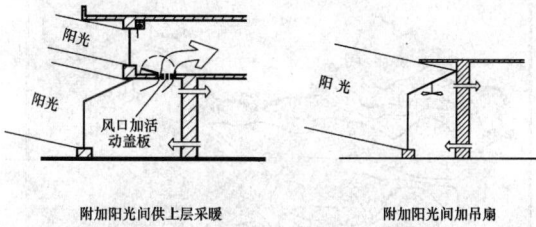

附加阳光间供上层采暖　　附加阳光间加吊扇

图 3 附加阳光间

水池，从而使室内降温。夜间，水中的热量通过辐射、对流和蒸发，释放到空气中。浅池或水袋上设置可移动的保温板，冬季白天开启，夜间关闭；夏季白天关闭，夜间开启，从而提高屋顶浅池的采暖降温性能。利用其他蓄热体也可达到同样的效果。蓄热屋顶参见图4。

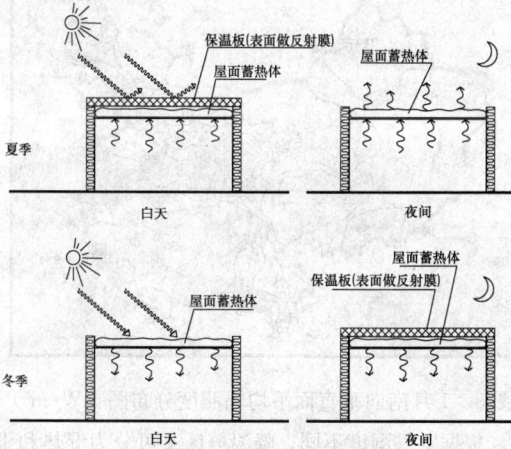

图 4 蓄热屋顶

2.0.6 对流环路式是唯一在无太阳照射时不损失热量的采暖方式。早期对流环路式是借助建筑地坪与室外地面的高差安装空气集热器并用风道与地面卵石床连通，卵石设在室内地坪以下，热空气加热卵石后借助风扇强制循环向室内供热。现在对流环路式是利用

南向外墙中的对流环路金属板（铁板、铝板）和保温材料，补充南向窗户直接提供太阳能的不足。对流环路板是一层或两层高透光率玻璃或阳光板，覆盖在一层黑色金属吸热板上，吸热板后面有保温层，墙上下部位开有通风孔。对流环路式参见图5。

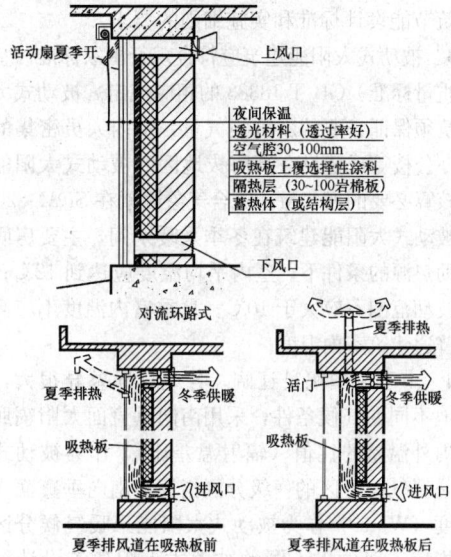

夏季排风道在吸热板前　　夏季排风道在吸热板后

图 5 对流环路集热方式

2.0.8 参照建筑是指以设计的被动式太阳能建筑为原型，将设计建筑各项围护结构的传热系数改为符合当地建筑节能设计标准的限值，窗墙比改为符合本规范推荐值的虚拟建筑，计算所得的建筑物耗热量指标，即参照建筑耗热量指标，作为设计的被动式太阳能建筑的耗热量指标下限值。设计建筑的实际耗热量指标，应在满足至少小于参照建筑耗热量指标的基础上，同时满足被动式太阳能采暖气候分区所对应的太阳能贡献率下限值时，才可判定为被动式太阳能建筑设计。

2.0.9 由于太阳辐射存在较大的间歇性和不稳定性，所以必须设置辅助能源系统以提供能量补充。

2.0.10 太阳能贡献率是分析被动式太阳能利用经济效益的重要指标之一。它是指被动式太阳能贡献的能量与总能量消耗及占用量之比，即产出量与投入量之比，或所得量与所费量之比。计算公式为，太阳能贡献率（%）＝贡献量（产出量，所得量）/投入量（消耗量，占用量）×100%

2.0.12 南向辐射温差比是衡量南向窗太阳辐射得热和因室内外温度差失热平衡关系的指标。

3 基 本 规 定

3.0.1 被动式太阳能建筑设计应因地制宜，遵循适用、坚固、经济的原则。并应注意建筑造型美观大方，符合地域文化特点，与周围建筑群体相协调，同时必须兼顾所在地区气候、资源、生态环境、经济水

平等因素，合理地选择被动式采暖与降温技术。

3.0.2 本条文的目的是要求被动式太阳能建筑必须是节能建筑，相应被动式太阳能建筑围护结构的热工与节能设计，必须符合《民用建筑热工设计规范》GB 50176 建筑热工设计分区中所在气候区国家和地方建筑节能设计标准和实施细则的要求。

3.0.3 被动式太阳能建筑应符合现行国家标准《室内空气质量标准》GB/T 18883 的相应规定。被动式太阳能建筑须保证必要的新鲜空气量，室内人员密集的学校、办公楼等或建设在高海拔地区的被动式太阳能建筑应核算必要的换气量。综合气象因素在 SDM>20 地区，被动式太阳能建筑在冬季采暖期间，主要房间在无辅助热源的条件下，室内平均温度应达到 12℃；室温日波动范围不应大于 10℃。夏季室内温度不应高于当地普通建筑室内温度。

3.0.4 由于我国幅员辽阔，各地气候差异很大，针对各地不同的气候条件，采用南向垂直面太阳辐照度与室内外温差的比值（辐射温差比），作为被动式太阳能采暖气候分区的一级分区指标，南向垂直面太阳辐照度（W/m²）作为被动式太阳能采暖气候分区的二级指标，划分出不同的被动式太阳建筑设计气候区。采用南向垂直面太阳能辐照度作为气候分区的主要参数是因为被动式太阳能采暖建筑的集热构件一般采用南向垂直布置的方式。条文中根据不同的累年 1 月平均气温、水平面或南向垂直墙面 1 月太阳平均辐照度，将被动式太阳能采暖划分为四个气候区。

某地方是否可以采用被动式太阳能采暖设计，应该用不同的指标进行分类。被动式太阳能采暖设计除了 1 月水平面和南向垂直墙面太阳辐照度外，还与一年中最冷月的平均温度有直接的关系，当太阳辐射很强时，即使最冷月的平均温度较低，在不采用其他能源采暖，室内最低温度也能达到 10℃ 以上。因此，本标准用累年 1 月南向垂直墙面太阳辐照度与 1 月室内外温差的比值作为被动太阳能采暖建筑设计气候分区的一级指标，同时采用南向垂直面的太阳辐照度作为二级分区指标比较科学。

图 6~图 9 中各气候区具体城市依据本地的累年 1 月平均气温、1 月水平面和南向垂直墙面太阳辐照度值、南向辐射温差比，靠近相邻不同气候区城市作比较，选择气候类似的邻近城市作为气候分区区属。

建筑设计阶段是决定建筑全年能耗的重要环节。在建筑规划及建筑设计过程中，应充分考察地域气候条件和太阳能资源，巧妙地利用室外气候的季节变化和周期性波动规律，综合运用保温隔热、蓄热构件的蓄放热特性、自然通风、被动采暖降温技术等建筑设计方法，以最大限度地降低建筑全年室内环境调节的能量需求。

3.0.5 被动式降温分区的主要思路为，当最热月温度高于舒适的温度时，应采用遮阳等被动式降温措

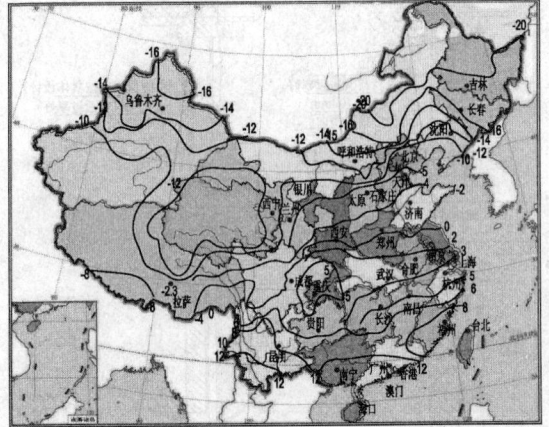

图 6 全国累年 1 月平均气温分布图（℃）

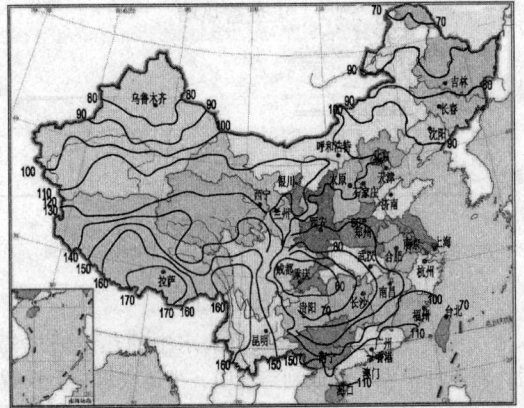

图 7 1 月水平面平均辐照度分布图（W/m²）

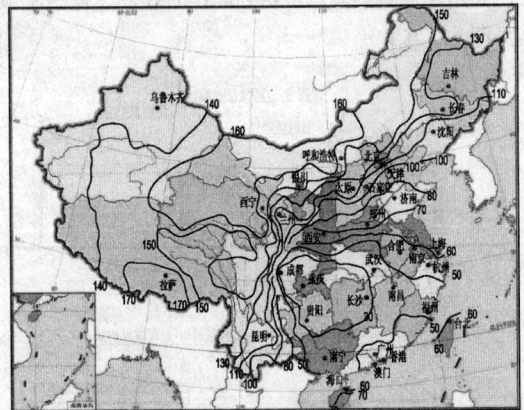

图 8 1 月南向垂直面平均辐照度分布图（W/m²）

施。根据空气湿度不同，降温分区又可分为湿热和干热两种类型，所以本规范根据最热月的相对湿度、平均温度确定分区指标。

根据累年 7 月平均气温和 7 月平均相对湿度指标，将被动式太阳能降温气候分区划分为条文中表3.0.5 所示的四个区，被动降温应充分利用遮蔽太阳辐射、增强自然通风、蒸发冷却等被动式降温措施。被动降温技术的效率主要由夏季太阳辐照度、平均温

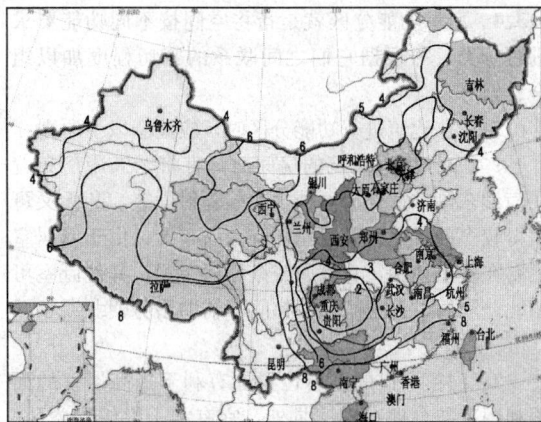

图 9　1月南向辐射温差比等值曲线分布图

度、相对湿度来确定。因此，本规范采用累年7月平均气温和相对湿度作为被动式太阳能建筑降温设计气候分区的指标，见图10、图11。

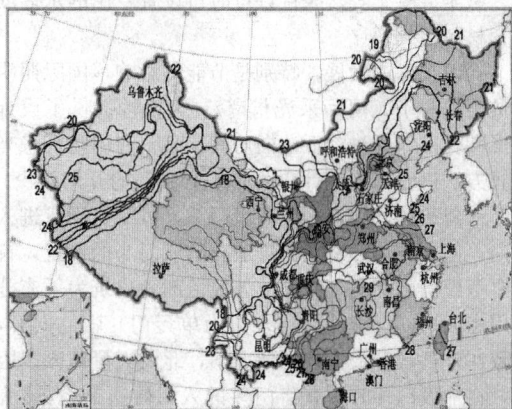

图 10　7月平均干球温度等高线分布图（℃）

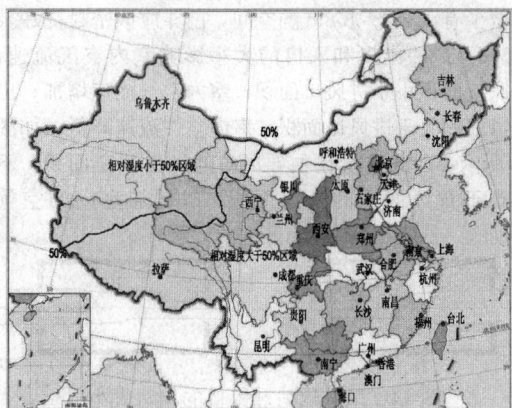

图 11　累年7月相对湿度等于50%分界图（%）

3.0.6　本条文规定被动式太阳能建筑设计应体现学科和专业之间的结合，尤其强调各专业间的相互配合。被动式太阳能建筑技术是多学科、多层面、多技术相融合的综合性工程，在相关技术的实用性、先进性与可操作性等方面需要共享、平衡与集成，才能使设计的被动式太阳能建筑性能发挥得更好。

4　规划与建筑设计

4.1　一般规定

4.1.1　在建筑设计开展之前，应收集与被动式太阳能建筑设计相关的数据，充分掌握建筑所在地区的特征，包括：

　　1　太阳能资源：太阳辐射强度、全年的太阳日照时数、在典型日和时段的太阳高度角等；

　　2　气候条件：全年温度数据、冬季的主导风向及风速、夏季的主导风向及风速、全年的主导风向及风速、全年的采暖度日数和全年的空调度日数等；

　　3　建筑场地环境：建筑周围其他建筑或构筑物、自然地形、植被等的遮挡情况，建筑周围有无水体等；

　　4　能源供应情况：建筑物冬季供暖情况、建筑周围有无可利用的冷热源。

4.1.2　在进行建筑规划设计时，应确保建筑特别是建筑的集热部分有充分的日照时间和强度，以保证建筑充分地利用太阳能。如果一天的日照时数少于4h，太阳能的利用价值会大大下降，因此设计被动式太阳能建筑时应尽可能地利用自然条件，避免因遮挡造成的有效日照时数缩短。拟建建筑向阳面的前方应无固定遮挡，同时应避免周围地形、地物（包括附近建筑物）在冬季对建筑物接收阳光的遮挡。

4.1.3　集热部件和通风口等应与建筑功能和造型有机结合，应有防风、雨、雪、雷电、沙尘以及防火、防震等技术措施。例如集热蓄热墙的玻璃盖板应是部分或全部可开启的，以便定期清扫灰尘，保证集热效率。同时玻璃盖板周边应密封，防止冷风渗透。

4.2　场地与规划

4.2.1　改造和利用现有地形及自然条件，以创造有利于被动式太阳能建筑的外部环境。例如植被在夏季提供阴影，并利用蒸腾作用产生凉爽的空气流；落叶乔木的冬夏变化、水环境的合理设计等。以上措施都能改变建筑的外部热环境。

4.2.2　通常冬季9时至15时之间6h中太阳辐照度值占全天总太阳辐照度的90%左右，若前后各缩短半小时（9：30～14：30），则降为75%左右。因此，为在冬季能获得较多的太阳辐射，被动式太阳能建筑日照间距应保证冬至日正午前后4h～6h的日照时间，并且在9时至15时之间没有较大遮挡。

冬季防风不仅能提高户外活动空间的舒适度，同时也能减少建筑由冷风渗透引起的热损失。在冬季上风向处，利用地形或周边建筑、构筑物及常绿植被为建筑竖立起一道风屏障，避免冷风的直接侵袭，能有效减少建筑冬季的热损失。有关研究表明，距4倍建筑高度处的单排、高密度的防风林（穿透率为36%），能使风速降低90%，同时可以减少被遮挡建筑60%的冷风渗透量，节约15%的常规能源消耗。设置适当高度、密度与间距的防风林会取得很好的挡风效果。

4.2.3 应在场地规划中优化建筑布局，结合道路、景观等设计，提高组团内的风环境质量，引导夏季季风朝向主要建筑，加快局部风速，降低建筑周边环境温度；另一方面，还要考虑控制冬季局部最大风速以减少冷风渗透。

4.3 形体、空间与围护结构

4.3.1 建筑的体形系数是指建筑与室外大气接触的外表面面积（不包括地面）与其所包围的建筑体积之比。体形系数越大，单位建筑空间散热面积越大，能耗越多。

4.3.2 当接收面面积相同时，由于方位的差异，其各自所接收到的太阳辐射也不相同。假设朝向正南的垂直面在冬季所能接收到的太阳辐照量为100%，其他方向的垂直面所能接收到的太阳辐照量如图12所示。从图中看出，当集热面的方位角超过30°时，其接收到的太阳辐照量就会急剧减少。因此，为了尽可能多地接收太阳辐射，应使建筑的主要朝向在偏离正南±30°夹角以内。最佳朝向是南向，以及南偏东或西15°范围。超过了这一范围，不但影响冬季被动式太阳能采暖效果，而且会造成其他季节室内过热的现象。

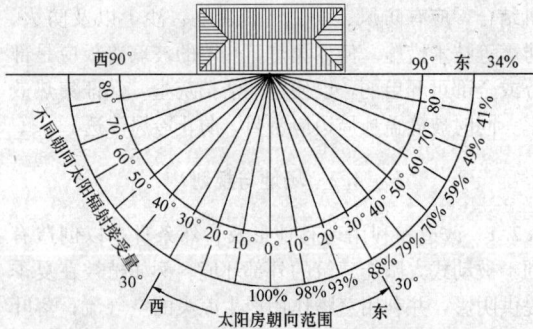

图 12 不同方向的太阳辐照量

4.3.3 根据《建筑采光设计标准》GB/T 50033，一般单侧采光时房间进深不大于窗上口至地面距离的2倍，双侧采光时进深可较单侧采光时增大一倍，如图13所示。

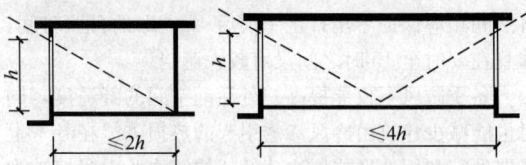

图 13 进深与采光方式的关系

4.3.4 所谓功能分区就是指将空间按不同功能要求进行分类，并根据它们之间联系的密切程度加以组合、划分。

对居住建筑进行功能分区时，应注意以下原则：

1 布置住宅建筑的房间时，宜将老人用房布置在南偏东侧，在夏天可减少太阳辐射得热，冬天又可获得较多的日照；儿童用房宜南向布置；由于起居室主要在晚上使用，宜南向或南偏西布置，其他卧室可朝北；厕所、卫生间及楼梯间等辅助用房朝北或朝西均可。

2 门窗洞口的开启位置除有利于提高居室的面积利用率与合理布置家具外，宜有利于组织穿堂风，避免"口袋屋"形平面布局。

3 厨房和卫生间进出排风口的设置要避免强风时的倒灌现象和油烟等对周围环境的污染。

4.3.5 墙体、地面应采用比热容大的材料，如砖、石、密实混凝土等。条件许可时可设置专用的水墙或相变材料蓄热。

随着技术的发展，特别是节能的影响，国际照明委员会编写了《国际采光指南》，为设计提供了设计依据和标准。通过降低北向房间层高，利用晴天采光计算方法进行采光设计，约可减小15%的开窗面积。

在建筑的外门口加设防风门斗，可减少冷风进入室内，使室内热环境更为舒适。防风门斗的设置，首先要考虑门的朝向。我国北方地区部分建筑为了充分利用南向房间，把外门（多数为单元门）朝北向开，以致在外门敞开或损坏的情况下，北风大量灌入。因此，在加设门斗时，宜将门斗的入口转折90°。转为朝东，以避开冬天主要风向——北向和西北向，减少寒风吹袭。其次，还要考虑门斗的尺寸大小。门斗后应至少有1.2m～1.8m的空间，门斗应该密封良好。

4.3.6 风的出口和入口的大小影响室内空气流速，出风口面积小于进风口面积，室内空气流速增加；出风口面积大于进风口面积，室内空气流速降低，如图14所示。因此建筑在主导风向迎风面开窗面积，不应小于背风面上的开窗面积，以增加室内的空气流动。

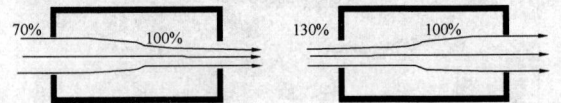

图 14 风的出口和入口的相对大小
对室内空气流速的影响

4.4 集热与蓄热

4.4.1 被动式太阳能采暖按照南向集热方式分为直接受益式、集热蓄热墙式、附加阳光间式、对流环路式等基本集热方式，可根据使用情况采用其中任何一种基本方式。但由于每种基本形式各有其不足之处，如直接受益式易产生过热现象，集热蓄热墙式构造复杂，操作稍显繁琐，且与建筑立面设计难于协调。因此在设计中，建议采用两种或三种集热方式相组合的复合式太阳能供暖。

4.4.2 直接受益窗的形式有侧窗、高侧窗、天窗三种。在相同面积的情况下，天窗获得的太阳辐照量最多；同样，由于热空气分布在房间顶部，通过天窗对外辐射散失的热量也最多。一般的天窗玻璃、保温板很难保证天窗全天热收支盈余，因此，直接受益窗多选用侧窗、高侧窗两种形式。应用天窗时应进行热工计算，确保天窗全天热收支盈余。

4.4.3 采用集热蓄热墙时，空气间层宽度宜取其垂直高度的1/20～1/30。集热蓄热墙空气间层宽度宜为80mm～100mm。对流风口面积一般取集热蓄热墙面积的1%～3%，集热蓄热墙风口可略大些，对流风口面积等于空气间层截面积。风口形状一般为矩形，宜做成扁宽形。对于较宽的集热蓄热墙可将风口分成若干个，在宽度方向均匀布置。上下风口垂直间距应尽量拉大。

夏天为避免热风从集热蓄热墙上风口进入室内应关闭上风口，打开空气夹层通向室外的风口，使间层中热空气排入大气，并可辅之以遮阳板遮挡阳光的直射。但必须合理地设计以避免其冬天对集热蓄热墙的遮挡。

4.4.4 常用蓄热材料的热物理参数见表1。

表1 常用蓄热材料的热物理参数

材料名称	表观密度 ρ_0 kg/m³	比热 C_p kJ/ (kg·℃)	容积比热 $y·C_p$ kJ/ (m³·℃)	导热系数 λ W/ (m·K)
水	1000	4.20	4180	2.10
砾石	1850	0.92	1700	1.20～1.30
砂子	1500	0.92	1380	1.10～1.20
土（干燥）	1300	0.92	1200	1.90
土（湿润）	1100	1.10	1520	4.60
混凝土砌块	2200	0.84	1840	5.90
砖	1800	0.84	1920	3.20
松木	530	1.30	665	0.49
硬纤维板	500	1.30	628	0.33
塑料	1200	1.30	1510	0.84
纸	1000	0.84	837	0.42

4.4.5 通过控制蓄热体的蓄热和散热，减小因室外太阳辐射变化对室内热舒适度的影响。蓄热体应能够直接而又长时间地接收太阳辐射，因为要储存同样数量的太阳辐射热量，非直接照射所需的蓄热体体积要比直接照射的蓄热体大4倍。

根据建筑整体的热收支、蓄热体位置、蓄热体表面性质和蓄热材料来决定蓄热体的厚度和面积，建议采用以下厚度的蓄热墙：土坯墙200mm～300mm，黏土砖墙240mm～360mm，混凝土墙300mm～400mm，水墙150mm以上。半透明或透明的水墙可应用于建筑的门厅，在创造柔和的光环境的同时储存

太阳热能，减小室温波动。采用直接受益窗时，蓄热体的表面积占室内总表面积的1/2以上为宜。

4.4.6 蓄热体可以是建筑构件本身，也可以另外设置。蓄热体设在容易接收太阳照射的位置，其位置如图15所示。

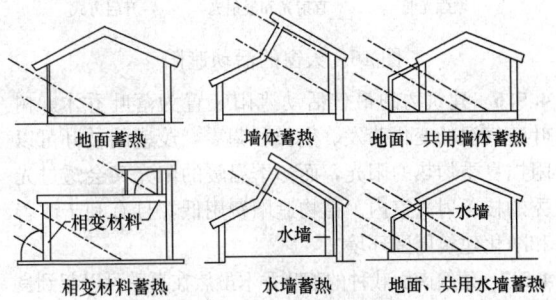

图15 蓄热体的位置

地面蓄热　墙体蓄热　地面、共用墙体蓄热
相变材料蓄热　水墙蓄热　地面、共用水墙蓄热

4.5 通风降温与遮阳

4.5.1 附加阳光间室内阳光充足可作多种生活空间，也可作为温室种植花卉，美化室内外环境；阳光间与相邻内层房间之间的关系变化比较灵活，既可设砖石墙，又可设落地门窗或带槛墙的门窗，适应性较强。附加阳光间的冬季通风也很重要，因为种植植物等原因，阳光间内湿度较大，容易出现结露现象。夏季可以利用室外植物遮阳，或安装遮阳板、百叶帘，开启甚至拆除玻璃扇来达到通风降温目的。

4.5.2 采用天井、楼梯、中庭等自然通风措施时应满足相关防火规范的要求。

4.5.3 夏季应通过遮阳设施有效地遮挡太阳辐射，防止室内过热。遮阳设施主要有内遮阳和外遮阳两种，外遮阳能更有效地遮挡太阳辐射。建筑使用的外遮阳通常分为四种类型：水平式、垂直式、格子式、表面式。垂直式对东、西向的遮阳有效，不适合南向的直接受益窗。格子式遮挡率高，但难以安装活动构件，不利于室内在冬季接收太阳辐射。表面式外遮阳主要为热反射玻璃、热吸收玻璃、细条纹玻璃板、金属丝网，特种平板玻璃，其不占用额外的空间，但对室内冬季接收太阳辐射造成很大阻碍，影响直接受益窗的集热效果。水平式对南向窗户遮阳效果最佳，适合直接受益窗的夏季遮阳。水平式外遮阳又分为固定遮阳和活动遮阳。附加阳光间的夏季遮阳设置与直接受益窗相同。

4.5.4 由于太阳方位角在一天中随着太阳的运动而变化，活动遮阳装置可根据太阳高度角来调节角度以控制入光量，从而起到遮挡太阳辐射的作用。屋顶天窗（包括采光顶）、东西向外窗（包括透明幕墙）尤其应采用有效的活动遮阳装置，如图16所示。

4.5.5 固定式遮阳应与墙体隔开一定距离（一般为100mm），目的是使大部分热空气沿墙排走，起到散热的作用。

(a) 冬季反射板　　(b) 夏季反射板遮挡　　(c) 冬夏季天窗
增强光照　　　　　直射光和漫射光　　　开启方式

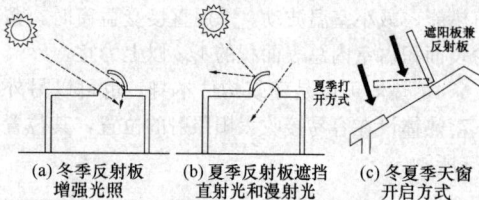

图16　天窗的活动遮阳

4.5.6 建筑物的最佳活动遮阳装置为落叶乔木。树叶随气温的变化萌发、生长和凋零，茂盛的枝叶可以阻挡夏季灼热的阳光，而冬季温暖的阳光又会透过光秃的枝条射入室内。植物遮阳费用低，且有利于改善和净化建筑周围环境。

4.5.7 建筑南面栽种的落叶乔木虽然在夏季可以起到良好的遮荫作用，但是在冬季干秃的枝干也会遮挡30%～60%的阳光。所以，建筑南面的树木高度最好总是控制在太阳能采集边界的高度以下，既可以遮挡夏季阳光，又可以在冬季让阳光照射到建筑的南墙面上。

4.6　建　筑　构　造

4.6.1 门窗的气密性能和绝热性能是提高太阳能利用率的重要因素，平开窗的气密性好，因此宜优先采用平开窗。冬季夜晚通过窗户大约会损失50%的热量，所以在以冬季采暖为主的地区的建筑上安装了节能窗户后还必须对窗户采取保温措施，表2给出了6种窗户的活动保温装置。

表2　外窗活动保温装置

卷帘式窗帘	嵌入式窗户板	折叠式窗户板	旋转百叶窗户板	铰接式窗户板	屋顶天窗
单层卷帘式窗帘	使用磁力窗钩或碰珠窗钩	折叠式窗户板	水平百叶窗户板	顶部铰接式窗户板（向内开）	
双层卷帘式窗帘	内包空气层型	向上折叠窗户板	竖直百叶窗户板	底部铰接式窗户板（向外开）	异向折叠式天窗板
外卷百叶窗帘	内卷百叶窗帘	顶部收纳式百叶窗板	门板式窗户板	推拉式窗户板	对折式天窗板
				平开式窗户板	推拉式天窗板

4.6.2 在以采暖为主地区，合理加大窗格尺寸，在满足通风的前提下，缩小开启扇，减少窗框与窗扇的自身遮挡，可获得更多的太阳光。

4.6.3 主动式太阳能供暖应与被动式太阳能建筑统一设计、施工、管理，以减少初投资和运行费用。多层、高层建筑应考虑集热装置、构件的更换和清洁。例如非上人坡屋面考日后更换集热板的搭梯口和维修通道，集热器表面设置自动清洗积灰装置等。

4.7　建筑设计评估

4.7.1 被动式太阳能建筑除必须遵守建筑现行相关设计、施工规范、规程之外，还有其他的特殊要求，所以应在规划设计、建筑设计和系统设计方案阶段的设计文件节能专篇中，对被动式太阳能建筑技术进行同步说明。在施工图设计文件中除应对被动式太阳能建筑的施工与验收、运行与维护等技术要求进行说明外，特别应对特殊构造部位（例如集热蓄热墙、夹心墙、保温隔热层、防水等部位）和重点施工部位，以及重要材料或非常规材料，如透光材料、蓄热材料以及非定型构件、防水材料的铺设等技术验收要求进行说明。

对被动式太阳能建筑的舒适性和节能率进行评估的目的是为了保证在任何天气情况下都能满足人们对热舒适性的基本需求。由于被动式太阳能建筑采暖受室外天气影响，其热性能具有不确定性，而太阳能贡献率不可能达到100%，因此，在连阴天、下雪天、下雨天等特殊时期，为保证室内的设计温度，配置合适的辅助供暖系统是有必要的。

4.7.2 太阳能贡献率是对被动式太阳能建筑性能进行评价的重要指标，体现了在设计过程中被动式太阳能采暖降温技术的应用水平。在计算各太阳能资源区划对应地区被动式太阳能建筑的太阳能贡献率最低限值时，太阳能集热部件的热效率应高于30%。

由于太阳能贡献率与建筑的耗热量指标密切相关，所以室内设计温度至关重要。根据我国国情及冬季人体可接受的舒适性温度下限值，当只采取被动式措施时，被动式太阳能建筑的室内设计温度设为13℃；当同时采用主被动式采暖措施时，室内设计温度应达到16℃～18℃。下面选取北京市为例，给出太阳能贡献率的计算过程。

选取北京地区某四单元五层居住建筑，建筑朝向为南北向，按照北京市居住建筑节能65%标准选择围护结构的墙体材料、厚度及窗户类型。建筑信息见表3。被动式太阳能建筑在与参照建筑相同的建筑类型、建筑面积与围护结构基础上，增加被动式太阳能采暖措施。

表3 建 筑 信 息

建筑类型	建筑外形尺寸 长度×进深×高度 (m)	体形系数	建筑面积 (m²)	围护结构传热系数 W/ (m²·K)			
				外墙	屋顶	地面	窗户
多层	41×14.04×14.45	0.264	2328.8	0.6	0.6	0.5	2.8

1 围护结构的传热耗热量

假设采取主被动式采暖措施，室内设计温度设为16℃，北京市采暖期室外空气平均温度为-1.6℃，依次代入各围护结构的传热系数及面积，则依照本规范式（D.0.4）可计算得单位建筑面积围护结构的传热耗热量为12.88W/m²。

2 空气渗透耗热量

根据北京市新颁布的《居住建筑节能设计标准》，冬季室内的换气次数取0.5次/h，代入公式（D.0.5）计算得出 q_{INF} 为5.58W/m²。

3 参照建筑的耗热量

依照《居住建筑节能设计标准》，北京市采暖期天数取为129d，则参照建筑的采暖期内单位面积的总耗热量按公式（D.0.3）计算得163.39MJ/m²。

4 根据附录C，查得北京地区垂直南向面的总日射月平均日辐照量，计算得知采暖期内垂直南向面上总日射辐照量为1834.38MJ/m²。

5 假设在参照建筑的南向垂直面上安装太阳能空气集热器，根据参照建筑的南墙面积及南向窗墙比计算得知，南向垂直面的可利用最大集热面积为338m²，集热面积可达到建筑面积的14.5%。在这里集热器热效率、集热面积占总建筑面积比例分别取下限值为30%和10%，则依据公式（D.0.2）计算得采暖期内单位建筑面积净太阳辐射得热量 Q_s 为55.03MJ/m²。

6 太阳能贡献率

利用以上计算数据，参照公式（D.0.1）计算得太阳能贡献率 f 为33.68%。

4.7.3 从表4可以看出，在13℃～18℃之间人体感觉微凉，会产生轻微冷应激反应。采用被动式太阳能技术措施的目的是节能减排，不能保证满足人体的舒适度要求；主动式太阳能技术和常规采暖降温技术，能充分达到舒适度的要求。因此室内采暖计算温度取13℃，能满足人体的耐受要求。

表4 PET及相应人体热感觉

PET（℃）	人体感觉	生理应激水平
<4	很冷	极端冷应激反应
4～8	冷	强烈冷应激反应
8～13	凉	中等冷应激反应
13～18	微凉	轻微冷应激反应

续表4

PET（℃）	人体感觉	生理应激水平
18～23	舒适	无冷应激反应
23～29	温暖	轻微热应激反应
29～35	暖	中等热应激反应
35～41	热	强烈热应激反应
>41	很热	极端热应激反应

南方大部分地区夏季高温高湿气候居多，同时无风日也较多，室内温度过高，人会觉得闷热难耐，因此室内温度的取值略低于北方地区。另外，通过对南、北方一些夏季较炎热的主要城市典型气候年夏季室外温度变化数据的统计分析可知，南方地区平均日温差为7℃左右，北方地区为9℃左右，都具有夜间自然通风降温的潜力。

5 技术集成设计

5.1 一 般 规 定

5.1.1 本条是针对进行被动式太阳能建筑设计给出的总的设计原则。

5.1.2 对于被动式太阳能建筑采暖，在阴天和夜间不能保证室内基本热舒适度要求时，应采用其他主动式采暖系统进行辅助采暖，来保证建筑室内热舒适度要求。要根据当地太阳能资源条件、常规能源的供应状况、建筑热负荷和周围环境条件等因素，做综合经济性分析，以确定适宜的辅助加热设备。太阳能供暖系统中可以选择的辅助热源主要有小型燃气壁挂炉、城市热网或区域锅炉房、空气源热泵、地源热泵等。

5.2 采 暖

5.2.1 五种太阳能系统的集热形式、特点和适用范围见表5。

表5 被动式太阳能建筑基本集热方式及特点

基本集热方式	集热及热利用过程	特点及适应范围
直接受益式	1. 采暖房间开设大面积南向玻璃窗，晴天时阳光直接射入室内，使室温上升。 2. 射入室内的阳光照到地面、墙面上，使其吸收并蓄存一部分热量。 3. 夜晚室内降温时，将保温帘或保温扇关闭，此时储存在地板和墙内的热量开始释放，使室温维持在一定水平	1. 构造简单，施工、管理及维修方便。 2. 室内光照好，便于建筑外形处理。 3. 晴天时升温快，白天室温高，但日夜波幅大。 4. 较适用于主要为白天使用的房间

基本集热方式	集热及热利用过程	特点及适应范围
 集热蓄热墙式	1. 在采暖房间南墙上设置带玻璃外罩的吸热墙体，晴天时接受阳光照射。 2. 阳光透过玻璃外罩照到墙体表面使其升温，并将间层空气加热。 3. 供热方式：被加热的空气靠风压经上下风口与室内空气对流，使室温上升；受热的墙体传热至内墙面，夜晚以辐射和对流方式向室内供热	1. 构造比直接受益式复杂，清理及维修稍困难。 2. 晴天时室内升温较直接受益式慢。但由于蓄热墙体可在夜晚向室内供热，日夜波幅小，室温较均匀。 3. 适用于全天或主要为夜间使用的房间，如卧室等
 附加阳光间式	1. 在带南窗的采暖房间外用玻璃等透明材料围合成一定的空间。 2. 阳光透过大面积透光外罩，加热阳光间空气，并照射到地面、墙面上，使其吸收和储存一部分热能；一部分阳光可直接射入采暖房间。 3. 供热方式：靠风压经上下风口与室内空气循环对流，使室温上升；受热墙体传热至内墙面，夜晚以辐射和对流方式向室内供热	1. 材料用量大，造价较高。但清理、维修较方便。 2. 阳光间内晴天时升温快温度高，但日夜温差大。应组织好气流循环，向室内供热，否则易产生白天过热现象。 3. 阳光间内可放置盆花，具有观赏、娱乐、休息等多种功能；也可作为入口兼起冬季室内外空间缓冲区的作用
 白天 夜晚 蓄热屋顶式	1. 冬季采暖季节，晴天白天打开盖板，将蓄热体暴露在阳光下，吸收热量；夜晚盖上隔热板保温，使白天吸收了太阳能的蓄热体释放热量，并以辐射和对流的形式传到室内。 2. 夏季白天盖上隔热板，阻止太阳能通过屋顶向室内传递热量，夜间移去隔热板，利用天空辐射、长波辐射和对流换热等自然传热过程降低屋顶池内蓄热体的温度从而达到夏天降温的目的	1. 适合冬季不太寒冷且纬度低的地区。 2. 要求系统中隔热板的热阻大，且封装蓄热材料容器的密闭性好。 3. 使用相变材料，可提高热效率

基本集热方式	集热及热利用过程	特点及适应范围
 对流环路式	1. 系统由太阳能集热器和蓄热体组成。 2. 集热器内被加热的空气，借助于温差产生的热压直接送入采暖房间，也可送入蓄热材料储存热量，在需要时向房间供热	1. 构造较复杂，造价较高。 2. 集热和蓄热量大，蓄热体的位置合理，能获得较好的室内热环境。 3. 适用于有一定高差的南向坡地建筑

5.2.2 这几种基本集热方式具有各自的特点和适用性，对起居室（堂屋）等主要在白天使用的房间，为保证白天的用热环境，宜选用直接受益窗或附加阳光间。对于以夜间使用为主的房间（卧室等），宜选用具有较大蓄热能力的集热蓄热墙。常用的蓄热材料分为建筑类材料和相变类化学材料。建筑类蓄热材料包括土、石、砖及混凝土砌块，室内家具（木、纤维板等）也可作为蓄热材料，其性能见表1。水的比热容大，且无毒、价廉，是最佳的显热蓄热材料，但需有容器。鹅卵石、混凝土、砖等蓄热材料的比热容比水小得多，因此在蓄热量相同的条件下，所需体积就要大得多，但这些材料可以作为建筑构件，不需额外容器。在建筑设计中选用太阳能集热方式时，还应根据建筑的使用功能、技术及经济的可行性来确定。

5.2.3 为了获得更多的太阳辐射，南向集热窗的面积应尽可能大，但同时需要避免产生过热现象及减少外窗的传热损失，要确定合理的窗口面积，同时做好夜间保温。

能耗软件动态模拟结果表明，随着窗墙比的增大，采暖能耗逐渐降低。当南向集热窗的窗墙面积比大于50%后，单位建筑面积采暖能耗量的减少将趋于稳定，但随着窗户面积的增大，通过窗户散失的热量也会增大，因此，规定南向集热窗的窗墙面积比取50%较为合适。

5.2.4 集热蓄热墙是在玻璃与它所供暖的房间之间设置蓄热体。与直接受益窗相比较，由于其良好的蓄热能力，室内的温度波动较小，热舒适性较好。但是集热蓄热墙系统构造较复杂，系统效率取决于集热蓄热墙的蓄热能力、是否设置通风口以及外表面的玻璃性能。经过分析计算，在总辐射强度大于300W/m²时，有通风孔的实体墙式效率最高，其效率较无通风孔的实体墙式高出一倍以上。集热效率的大小随风口面积与空气间层截面面积的比值的增大略有增加，适宜比值为0.80左右。集热蓄热墙表面的玻璃应具有良好的透光性和保温性。

5.2.5 附加阳光间增加了地面部分为蓄热体，同时减少了温度波动和眩光。当共用墙上的开孔率大于15％时，附加阳光间内的可利用热量可通过空气自然循环进入采暖房间。采用附加阳光间集热时，应根据设定的太阳能节能率确定集热负荷系数，选取合理的玻璃层数和夜间保温装置。阳光间进深加大，将会减少进入室内的热量，热损失增加。

5.2.6 蓄热屋顶兼有冬季采暖和夏季降温两种功能，适合冬季不甚寒冷，而夏季较热的地区。用装满水的密封塑料袋作为蓄热体，置于屋顶顶棚之上，其上设置可水平推拉开闭的保温板。冬季白天晴天时，将保温板敞开，水袋充分吸收太阳辐射热，其所蓄热量通过辐射和对流传至下面房间。夜间则关闭保温板，阻止向外的热损失。夏季保温板启闭情况则与冬季相反。白天关闭保温板，隔绝阳光及室外热空气，同时水袋吸收房间内的热量，降低室内温度，夜晚则打开保温板，使水袋冷却。保温板还可根据房间温度、水袋内水温和太阳辐照度，实现自动调节启闭。

5.2.7 对流环路板的传热系数宜小于2；蓄热材料多为石块，石块的最佳尺寸取决于石床的深度，蓄热体接受集热器空气流的横断面面积宜为集热器面积的50％～75％；在集热器中设置防止空气反向流动的逆止风门或者集热器安装位置低于蓄热体的位置都能有效防止空气反向气流。

5.2.8 在利用太阳能采暖的房间中，为了营造良好的室内热环境，可采用砖、石、密实混凝土、水体或相变蓄热材料作为建筑蓄热体。蓄热体可按以下原则设置：

1）设置足够的蓄热体，防止室内温度波动过大。

2）蓄热体应尽量布置在能受阳光直接照射的地方。参考国外的经验，单位集热蓄热墙面积，宜设置（3～5）倍面积的蓄热体。如采用直接受益窗系统时，包括地面在内，最好蓄热体的表面积在室内总面积的50％以上。

5.3 通 风

5.3.1 建筑室内通风是提高室内空气质量、改善室内热环境的重要措施。目前建筑外窗设计中，尽管外窗面积有越来越大的趋势，但外窗的可开启面积却逐渐减少，甚至达不到外窗面积30％的要求。在这种外窗开启面积下创造一个室内自然通风良好的热环境是不可能的。为保证居住建筑室内的自然通风环境，提出本条规定是非常必要和现实的。

5.3.2 自然通风是我国南方地区防止室内过热的有效措施。为了达到空气品质与节能的平衡而对房间通风口的面积作出规定，以在满足改善室内热环境条件、室内卫生要求的同时，达到节约能源的目的。自

然通风口净面积 S_f 的确定主要根据以下理由：

热压通风口的面积与进排风口的垂直距离、室内外的温差、房间面积密切相关。表6给出了房间面积为18m²、夏季空调时段室内温度为26℃时，不同的上下通风口垂直距离 H、不同的室内外温差 Δt 下的进排风口的面积 F。图17给出了单个通风口面积与上下通风口的垂直距离、室内外温差的关系。

表6 不同的上下通风口垂直距离 H、不同的室内外温差 Δt 下的进排风口的面积 F（m²）

Δt(℃) \ H(m)	1	1.2	1.4	1.6	1.8	2	2.2	2.4
6	0.032	0.029	0.027	0.025	0.024	0.023	0.022	0.021
8	0.028	0.025	0.024	0.022	0.021	0.02	0.019	0.018
10	0.025	0.023	0.021	0.02	0.019	0.018	0.017	0.016
12	0.023	0.021	0.019	0.018	0.017	0.016	0.015	0.015
14	0.02	0.018	0.017	0.016	0.015	0.014	0.013	0.013

当房间面积 $A \neq 18m^2$ 时，单个通风口的面积 F' 可按下式计算：

$$F' = nF \tag{1}$$

式中：n——修正系数，$n = A/18$；
A——实际房间面积（m²）。

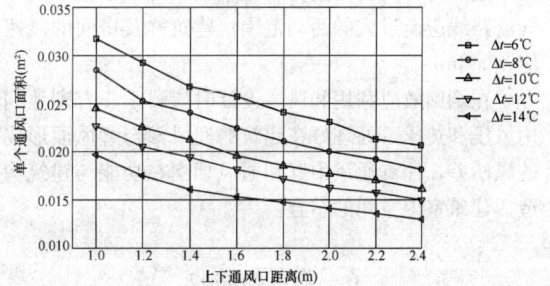

图17 单个通风口面积与上下通风口垂直距离、室内外温差的关系曲线

5.4 降 温

5.4.1 夏季室内过热除了建筑室外热作用外，室内热源散热也是一个重要的因素，因此，控制室内热源散热是非常重要的降温措施。

5.4.2 太阳辐射通过窗户进入室内的热量是造成夏季室内过热的主要原因，特别是别墅或跃层式建筑在外窗设计时采用连通两层的通窗，其建筑窗墙面积比过大，不利于夏季建筑的隔热。为此，对天窗的节能设计也作了规定。

5.4.3 生态植被绿化屋面不仅具有优良的保温隔热性能，也是集环境生态效益、节能效益和热环境舒适效益为一体的屋顶形式，适用于夏热冬冷地区、夏热冬暖地区与温和地区。

屋面多孔材料被动式蒸发冷却降温技术是利用水分蒸发消耗大量的太阳热量，以减少传入建筑的热量，在我国南方实际工程应用中有非常好的隔热降温效果。

5.4.4 采用浅色饰面材料的围护结构外墙面，在夏季能反射较多的太阳辐射，从而能降低外墙内表面温度；当无太阳直射时，能将围护结构内部在白天所积蓄的太阳辐射热较快地向天空辐射出去。

活动外遮阳装置应便于操作和维护，如外置活动百叶窗、遮阳帘等。外遮阳措施应避免对窗口通风产生不利影响。

5.4.5 建筑物外、内遮阳宜采用活动式遮阳，可以随季节的变化，或一天中时间的变化和天空的阴暗情况进行调节，在不影响自然通风、采光、视野的前提下冬季争取日照，遮阳设施应注意窗口向外眺望的视野以及它与建筑立面造型之间的协调，并且力求遮阳系统构造简单。

5.4.7 在夏季夜间或室外温度较低时，利用室外温度较低的空气进行通风是建筑降温、降低能耗的有效措施。穿堂风是我国南方地区传统建筑解决潮湿闷热和通风换气的主要措施，不论是在住宅群体的布局上，或是在单个住宅的平面与空间构成上，都应注重穿堂风的利用。

建筑与房间所需要的穿堂风应满足两个要求，即气流路线应流过人的活动范围；建筑群及房间的风速应≥0.3m/s。

在烟囱效应利用和风塔设计时应科学、合理地利用风压和热压，处理好在建筑的迎风面与背风面形成的风压差，注重通风中庭和通风烟囱在功能与建筑构造、建筑室内空间的结合。

6 施工与验收

6.1 一般规定

6.1.1 本条强调被动式太阳能建筑验收应符合的国家规范。

6.1.2 被动式太阳能建筑竣工后，主要通过包括热性能评价（通过太阳能贡献率衡量）、经济评价（被动式太阳能建筑节能率衡量）、相对于参照建筑的辅助热量、年节约的标煤量、年节能收益及投资回收年限等指标对其进行验收。

6.2 施 工

6.2.1 被动式太阳能建筑施工安装不能破坏建筑的结构、屋面防水层和附属设施，确保建筑在寿命期内承受荷载的能力。

1 太阳能集热部件施工

集热部件主要包括直接受益窗、空气集热器、附

加阳光间等。这些部件的框架宜采用隔热性能好，对框扇遮挡少的材料，最大限度地接收太阳辐射，满足保温隔热要求。直接受益窗、空气集热器等部件的安装，应采用不锈钢预埋件、连接件，如非不锈钢件应做镀锌防腐处理。连接件每边不少于2个，且不大于400mm。为防止在使用过程中由于窗缝隙及施工缝造成冷风渗透，边框与墙体间缝隙应用密封胶填嵌饱满密实，表面平整光滑，无裂缝，填塞材料、方法符合设计要求。窗扇应嵌贴经济耐用、密封效果好的弹性密封条。

2 屋面施工顺序及施工方法

被动式太阳能建筑屋面保温做法有两种形式，一种是平屋顶屋面保温，另一种是坡屋顶屋面保温。

1）平屋顶施工顺序及施工方法

平屋顶施工顺序是：屋面板、找平层、隔汽层、保温层、找坡层、找平层、防水层、保护层。

保温层一般采用板状保温材料或散状保温材料，厚度根据当地的纬度和气候条件决定。在保温层上按600mm×600mm配置φ6钢筋网后做找平层；散状保温材料施工时，应设加气混凝土支撑垫块，在支撑垫块之间均匀地码放用塑料袋包装封口的散状保温材料，厚度为180mm左右，支撑垫块上铺薄混凝土板。其他做法与一般建筑相同。

2）坡屋顶施工顺序及施工方法

坡屋顶屋面一般坡度为26°～30°。屋面基层的构造通常有三种：①檩条、望板、顺水条、挂瓦条；②檩条、椽条、挂瓦条；③檩条、椽条、苇箔、草泥。

坡屋顶屋面保温一般采用室内吊顶。吊顶方法很多，有轻钢龙骨吊纸面石膏板或吸声板、木方龙骨吊PVC板或胶合板、高粱秆抹麻刀灰等。保温材料有袋装珍珠岩、岩棉毡等。

3 地面施工方法

被动式太阳能建筑地面除了具有普通房屋地面的功能以外，还具有蓄热和保温功能，由于地面散失热量较少，仅占房屋总散热量的5％左右，因此，被动式太阳能建筑地面与普通房屋的地面稍有不同。其做法有两种：

1）保温地面法

素土夯实，铺一层油毡或塑料薄膜用来防潮。铺150mm～200mm厚干炉渣来保温。铺300mm～400mm厚毛石、碎砖或砂石用来蓄热，按常规方法做地面。

2）防寒沟地面法

在房屋基础四周挖600mm深，400mm～500mm宽的沟，内填干炉渣保温。

6.2.2～6.2.4 施工前应熟悉被动式太阳能建筑的全套施工图纸，在确定施工方案时要着重确定各主要部件、节点的施工方法和施工顺序，在材料的选择和采购中，应该注意以下问题：

1　保温材料性能指标应符合设计要求；

2　为确保保温材料的耐久和保温性能，其含水率必须严格控制，如果设计无要求时，应以自然风干状态的含水率为准；吸水性较强的材料必须采取严格的防水防潮措施，不宜露天存放；

3　保温材料进场所提供的质量证明文件应包括其技术指标；

4　选用稻壳、棉籽壳、麦秸等有机材料作保温材料时，应进行防腐、防蛀、防潮处理；

5　板状保温材料在运输及搬运过程中应轻拿轻放，防止损伤断裂，缺棱掉角，以保证板的外形完整；

6　吸热、透光材料应按设计要求选用，无设计要求时，按下列指标选用：吸热体材料，如铁皮、铝板的厚度应该不小于 0.05mm；纤维板、胶合板的厚度应该不小于 3mm；透光材料，如玻璃厚度不小于 3mm；

7　对集热材料、蓄热材料的使用有特殊设计要求时，施工中应严格执行保证措施；使用蓄热材料、化学材料应有相应的防水、防毒、防潮等安全措施。

6.2.5　本条根据被动式太阳能建筑构造区别于普通建筑的情况，强调指出被动式太阳能建筑在外围护结构的构造及其施工过程中的要求。

6.3　验　　收

6.3.2　本条强调被动式太阳能建筑系统工程相对复杂，所以在验收时必须进行系统调试，以确保系统正常运行。

7　运行维护及性能评价

7.1　一般规定

7.1.1　编制用户使用手册的目的是使用户能够借助本手册，了解被动式太阳能系统、装置的作用及如何通过被动式调节手段，营造适宜的室内环境，减少对常规能源的依赖。

7.1.2　不同的被动式太阳能建筑类型，其使用功能和时间都有所不同，根据具体情况制定相应的维护管理措施是非常必要的。

7.1.3　被动式太阳能建筑是具有超低能耗特征的建筑形式。对这类特殊建筑进行性能评价是为了更好地了解被动式设计策略的有效性，对其技术经济综合性能、节能率等进行评价以及为辅助能源系统设计提供参考依据。

7.2　运行与管理

7.2.1　对被动式太阳能建筑系统进行定期检查维护是十分必要的。

1　附加阳光间和集热部件的密封状况直接影响太阳能的利用效率，所以必须对其进行定期密封检查，确保集热部件的正常使用。对流换热式集热蓄热构件是通过集热构件上下通风孔的热空气循环达到采暖目的的，如果通风孔内堆满杂物，热空气无法流动，则会降低甚至失去采暖效果。

2　由于热质材料的衰减和延迟特性，热质蓄热地面白天通过窗户吸收太阳辐射热，所吸收的热量在夜间释放出来，起到抑制室温波动的作用。如果地面有其他覆盖物会影响热质蓄热地面的蓄放热效果。

3　气流通道受阻，会直接影响自然通风效果，甚至完全失去自然通风作用，从而影响室内空气品质和自然通风降温效果。

4　冬季，可调节天窗能起到增强室内天然采光、控制太阳辐射、调节室内换气次数等作用；夏季和过渡季节，可调节天窗可诱导自然通风避免室内过热。因此有必要定期检查天窗调节部件，确保其开关正常，充分发挥可调节天窗的优势。

5　集热部件外表面涂有吸收率高的深色无光涂层，若表面覆盖灰尘，集热效率就会大幅度下降。所以应对蓄热装置定期进行系统检查与清洁，确保灰尘、杂质等不会影响其蓄热性能。

6　蓄热屋顶的屋面、蓄热水箱、保温板如有破损，势必会降低屋顶的蓄热能力，而且屋顶很可能出现漏水、渗水现象。

7.3　性能评价

7.3.1　建筑建造和运行成本是指建筑材料的生产、建筑规划、设计、施工、运行维护过程花费的费用。环境影响的评价包括以下几个方面：资源、能源枯竭、沙漠化、温室效应、城市热岛、土壤污染、臭氧层破坏、对生态系统的恶劣影响等。

附录 B　全国部分代表性城市采暖期日照保证率

采暖期日照保证率（f_{ss}）按下式计算：

$$f_{ss} = \frac{n}{N} \qquad (2)$$

式中：n——月平均日照时数（h）；

　　　　N——月总小时数（h）。

依据附录 B 及公式（2），可得到部分代表性城市采暖期日照保证率。

《中国建筑热环境分析专用气象数据集》以中国气象局气象信息中心气象资料室收集的全国 270 个地面气象台站 1971 年～2003 年的实测气象数据为基础，通过分析、整理、补充源数据以及合理的插值计算，获得了全国 270 个台站的建筑热环境分析专用气象数据集。其内容包括根据观测资料整理出的设计用室外气象参数，以及由实测数据生成的动态模拟分析用逐时气象参数。

附录 D 被动式太阳能建筑太阳能贡献率计算方法

D.0.1 太阳能贡献率 f 是指被动式太阳能建筑与参照建筑相比所节省的采暖能耗百分比。即采暖期内单位建筑面积被动太阳能建筑的净太阳辐射得热量 Q_s 与参照建筑耗热量 q 之比。

中华人民共和国行业标准

公共建筑能耗远程监测系统技术规程

Technical specification for the remote monitoring system
of public building energy consumption

JGJ/T 285—2014

批准部门：中华人民共和国住房和城乡建设部
施行日期：2 0 1 5 年 5 月 1 日

中华人民共和国住房和城乡建设部
公 告

第 599 号

住房城乡建设部关于发布行业标准
《公共建筑能耗远程监测系统技术规程》的公告

现批准《公共建筑能耗远程监测系统技术规程》为行业标准，编号为 JGJ/T 285 - 2014，自 2015 年 5 月 1 日起实施。

本规程由我部标准定额研究所组织中国建筑工业

出版社出版发行。

中华人民共和国住房和城乡建设部

2014 年 10 月 20 日

前　言

根据住房和城乡建设部《关于印发〈2008 年工程建设标准规范制定、修订计划（第一批）〉的通知》（建标〔2008〕102 号）的要求，规程编制组经广泛调查研究，认真总结实践经验，参考国际标准和国外先进标准，并在广泛征求意见的基础上，编制本规程。

本规程主要技术内容是：1. 总则；2. 术语；3. 基本规定；4. 系统设计；5. 系统施工；6. 系统调试与检查；7. 系统验收；8. 运行维护。

本规程由住房和城乡建设部负责管理，由深圳市建筑科学研究院股份有限公司负责具体技术内容的解释。执行过程中如有意见或建议，请寄送深圳市建筑科学研究院股份有限公司（地址：深圳市福田区上梅林梅坳三路 29 号，邮编：518049）。

本 规 程 主 编 单 位：深圳市建筑科学研究院股份有限公司

本 规 程 参 编 单 位：中国建筑科学研究院
上海市建筑科学研究院（集团）有限公司
广州市建筑科学研究院有

限公司
深圳市紫衡技术有限公司
西安建筑科技大学
天津大学
中国建筑设计研究院
同济大学
中控科技集团有限公司

本规程主要起草人员：刘俊跃　卢　振　郭春雨
陈勤平　任　俊　何　影
邹　骁　王良平　阎增峰
朱　能　丁　高　臧建彬
马晓雯　刘　勇　何晓燕
陈国朝　刘　芳　田　喆
赵　伟　李　辉

本规程主要审查人员：方修睦　谢　卫　魏庆芃
操云甫　屈利娟　张　欧
许锦峰　金丽娜　冯家禄
姚志明　徐斌斌

目　次

1 总则 ···················· 33—5
2 术语 ···················· 33—5
3 基本规定 ················ 33—5
4 系统设计 ················ 33—5
　4.1 能耗数据采集系统的设计 ··· 33—5
　4.2 能耗数据传输系统的设计 ··· 33—6
　4.3 能耗数据中心的设计 ······ 33—6
　4.4 监测系统应用软件的开发 ··· 33—7
5 系统施工 ················ 33—8
　5.1 一般规定 ·············· 33—8
　5.2 施工准备 ·············· 33—8
　5.3 管线施工 ·············· 33—8
　5.4 能耗计量装置与能耗数据采集器的
　　　安装 ················· 33—8
　5.5 能耗数据中心的施工 ······ 33—9
6 系统调试与检查 ·········· 33—9
　6.1 一般规定 ·············· 33—9
　6.2 系统调试 ·············· 33—9
　6.3 系统检查 ·············· 33—10
7 系统验收 ················ 33—10

　7.1 一般规定 ············· 33—10
　7.2 验收内容 ············· 33—11
　7.3 验收结论 ············· 33—11
8 运行维护 ··············· 33—11
　8.1 能耗数据采集与传输系统的运行
　　　维护 ················ 33—11
　8.2 能耗数据中心的运行维护 ··· 33—11
附录A 建筑基本信息 ········ 33—11
附录B 建筑附加信息 ········ 33—12
附录C 建筑能耗的分类 ······ 33—12
附录D 通信过程和数据传输格式 ··· 33—13
附录E 能耗数据编码规则 ····· 33—18
附录F 各类能源折算标准煤的折算
　　　系数 ················ 33—20
附录G 各类能源折算等效电值 ··· 33—20
本规程用词说明 ············ 33—20
引用标准名录 ·············· 33—20
附：条文说明 ·············· 33—21

Contents

1 General Provisions ···················· 33—5

2 Terms ·································· 33—5

3 Basic Requirements ················· 33—5

4 System Design ····················· 33—5

  4.1 Design of Energy Consumption Data
Acquisition System ···················· 33—5

  4.2 Design of Energy Consumption Data
Transmission ·················· 33—6

  4.3 Design of Energy Consumption of Data
Center ······················· 33—6

  4.4 Development of Remote Monitoring
System of Enery Consumption
Software ·················· 33—7

5 System Construction ··············· 33—8

  5.1 General Requirements ············· 33—8

  5.2 Implementation Preparation ········· 33—8

  5.3 Pipeline Installation ··············· 33—8

  5.4 Metering Device and Data Acquistion
Unit Installation ················· 33—8

  5.5 Energy Consumption Data Center
Construction ················· 33—9

6 System Calibration and Test ········ 33—9

  6.1 General Requirements ············· 33—9

  6.2 System Calibration ·············· 33—9

  6.3 System Test ················· 33—10

7 System Acceptance ················· 33—10

  7.1 General Requirements ············· 33—10

  7.2 System Acceptance Contents ········ 33—11

  7.3 System Acceptance Conclusions ····· 33—11

8 Operation and Maintenance ········ 33—11

  8.1 Operation and Maintenance of
Data Collection and Transmission
System ················· 33—11

  8.2 Operation and Maintenance of Energy
Consumption Data Center ············ 33—11

Appendix A   Building Basic
Information ················ 33—11

Appendix B   Building Additional
Infromation ················ 33—12

Appendix C   Building Energy Consumption
Classification ·············· 33—12

Appendix D   Communication Process
and Data Transmission
Format ···················· 33—13

Appendix E   Encoding Rules for Energy
Consumption Data ······ 33—18

Appendix F   Standard Coal Coefficient for
Energy Resouces ········ 33—20

Appendix G   Equivalent Electricity
Coefficient for Energy
Resouces ················· 33—20

Explanation of Wording in This
Specification ·············· 33—20

List of Quoted Standards ·················· 33—20

Addition: Explanation of Provisions ····· 33—21

1 总　则

1.0.1 为贯彻执行国家有关法律法规和方针政策，推进建筑节能工作，加强公共建筑的节能监管，规范公共建筑能耗远程监测系统的设计、施工、调试与检查、验收和运行维护，制定本规程。

1.0.2 本规程适用于新建和既有公共建筑能耗远程监测系统的设计、施工、调试与检查、验收和运行维护。

1.0.3 公共建筑能耗远程监测系统的设计、施工、调试与检查、验收和运行维护除应符合本规程的规定外，尚应符合国家现行有关标准的规定。

2 术　语

2.0.1 建筑能耗远程监测系统　remote monitoring system of building energy consumption

通过对公共建筑安装分类和分项能耗计量装置，采用远程传输等手段实时采集能耗数据，实现公共建筑能耗在线监测和动态分析功能的硬件和软件系统的统称。

2.0.2 建筑能耗数据中心　energy consumption data center

由计算机系统和与之配套的网络系统、存储系统、数据通信连接、环境控制设备以及各种安全装置组成，具有采集、存储建筑能耗数据，并对能耗数据进行处理、分析、显示和发布等功能的一整套设施。

2.0.3 分类能耗　energy consumption of different sorts

根据公共建筑消耗的主要能源种类划分的能耗，包括电、水、燃气（天然气、液化石油气和人工煤气）、集中供热量、集中供冷量、煤、汽油、煤油、柴油、建筑直接使用的可再生能源及其他能源消耗等。

2.0.4 分项能耗　energy consumption of different items

根据公共建筑中各项按用途划分的用电能耗，包括照明插座用电能耗、采暖空调用电能耗、动力用电能耗和特殊用电能耗等。

2.0.5 大数审核　massive data mining

审核数据或数据变动是否符合实际用能情况，是否存在逻辑性或趋势性差错的过程。

2.0.6 数据采集器　data acquisition unit

通过信道对其管辖的各类计量装置的信息进行采集、处理和存储，并与数据中心交换数据，具有实时采集、自动存储、即时显示、即时反馈、自动处理以及自动传输等功能的设备。

2.0.7 定时采集　timing acquisition

数据采集器根据设定的参数自动定时采集建筑能耗数据的模式。

2.0.8 命令采集　command acquisition

数据采集器根据数据中心下达的指令采集建筑能耗数据的模式。

2.0.9 增量备份　incremental backup

对上一次备份后发生变化的文件进行备份。

2.0.10 完全备份　complete backup

备份时不依赖文件的存档属性，对全部文件进行备份，包括系统和数据。

3 基 本 规 定

3.0.1 公共建筑能耗远程监测系统应由能耗数据采集系统、能耗数据传输系统和能耗数据中心的软硬件设备及系统组成。

3.0.2 公共建筑能耗远程监测系统应采集建筑基本信息和建筑附加信息。建筑基本信息应符合本规程附录 A 的规定，建筑附加信息宜符合本规程附录 B 的规定。

3.0.3 公共建筑能耗远程监测内容应包括分类能耗和分项能耗，并应符合本规程附录 C 的规定。

3.0.4 建筑中的电、水、燃气、集中供热（冷）及建筑直接使用的可再生能源等能耗应采用自动实时采集方式；当无法采用自动方式采集时，可采用人工采集方式。

3.0.5 公共建筑能耗远程监测数据应按统一的通信协议及数据传输格式进行数据通信与传输。通信过程与数据传输格式应符合本规程附录 D 的规定。

3.0.6 用于能耗远程监测系统的能耗计量装置应采用国家认可计量核定单位检定合格的产品。

3.0.7 能耗远程监测系统的建设不应影响用能系统与设备的功能，不应降低用能系统与设备的技术指标。

3.0.8 新建公共建筑的能耗远程监测系统应与用能系统和配电系统同步设计、同步施工并同步验收。

3.0.9 既有公共建筑的能耗远程监测系统应以各用能系统现状、变配电相关技术资料和现场条件为基础进行建设，并应充分利用公共建筑现有的监测系统或设备。

4 系 统 设 计

4.1 能耗数据采集系统的设计

4.1.1 能耗数据采集系统的设计应包括下列内容：

1 确定需要进行能耗数据采集的用能系统和设备。

2 选择能耗计量装置，并确定安装位置。

3 选择能耗数据采集器，并确定安装位置。

4 设计采集系统的布线，包括能耗计量装置与能耗数据采集器之间的布线、能耗数据采集器与网络接口间的布线。当能耗数据采集器与网络接口间的布线存在困难时，可采用无线网络传输方式。

4.1.2 能耗数据采集系统的设计文件应满足工程设计深度要求，并应包括下列内容：

1 建筑的基本信息、用能系统状况、用能类别和用量的描述。

2 能耗计量装置、能耗数据采集器及布线平面布置图。

3 能耗计量装置系统图，包括出线开关额定容量、互感器变比、供电回路名称、能耗计量装置位置及编号。

4 能耗计量装置和能耗数据采集器的接线原理图和安装详图。

5 能耗计量装置与能耗数据采集器的通信传输接线图。

6 能耗数据采集系统的设备与材料表，包括系统所需的能耗计量装置、表箱、能耗数据采集器和所有安装所需的材料及线缆。

4.1.3 能耗计量装置的性能应符合下列规定：

1 应具有 RS-485 标准的串行通信接口，并能实现数据远传功能。通信接口应符合国家现行标准《基于 Modbus 协议的工业自动化网络规范》GB/T 19582 和《多功能电能表通信协议》DL/T 645 的有关规定。

2 电能表精度等级不应低于 1 级，水表精度等级不应低于 2 级，热（冷）量表精度不应低于 3 级。

3 水表、热（冷）量表和燃气表应符合国家现行标准《户用计量仪表数据传输技术条件》CJ/T 188 或《基于 Modbus 协议的工业自动化网络规范》GB/T 19582 的有关规定。

4.1.4 能耗数据采集器的性能应符合下列规定：

1 应具备 2 路及以上 RS-485 串行接口，每个接口应具备至少连接 32 块能耗计量装置的功能。接口应具有完整的串口属性配置功能，支持完整的通信协议配置功能，并应符合国家现行标准《基于 Modbus 协议的工业自动化网络规范》GB/T 19582、《多功能电能表通信协议》DL/T 645 和《户用计量仪表数据传输技术条件》CJ/T 188 的有关规定。

2 应支持有线通信方式或无线通信方式，且应具有支持至少与 2 个能耗数据中心同时建立连接并进行数据传输的功能。

3 存储容量不应小于 32M。

4 应具有采集频率可调节的功能。

5 应采用低功耗嵌入式系统，且功率应小于 10W。

6 应支持现场和远程配置、调试及故障诊断的

功能。

4.1.5 能耗数据采集器应支持根据能耗数据中心命令采集和定时采集两种数据采集模式，定时采集频率不宜大于 1 次/h。

4.1.6 能耗数据采集系统的设备应布置在不影响数据稳定采集与传输的场所，并应留有检修空间。

4.1.7 能耗数据采集系统的供电与接地应符合现行行业标准《民用建筑电气设计规范》JGJ 16 的有关规定。

4.2 能耗数据传输系统的设计

4.2.1 能耗数据传输系统的设计应包括传输网络的选择、数据传输通信协议和数据加密。

4.2.2 能耗计量装置与能耗数据采集器之间的数据传输通信协议应符合国家现行标准《多功能电能表通信协议》DL/T 645 或《基于 Modbus 协议的工业自动化网络规范》GB/T 19582 的有关规定。

4.2.3 能耗数据采集器与能耗数据中心之间的数据通信应采用基于 TCP/IP 协议的数据网络。

4.2.4 能耗数据采集器与能耗数据中心建立连接时，能耗数据中心应采用消息摘要算法第 5 版（MD5）对能耗数据采集器进行身份认证。

4.2.5 能耗数据采集器与能耗数据中心之间、能耗数据中心与能耗数据中心之间的数据包传输应采用可扩展标记语言（XML）格式，并应采用高级数据加密标准（AES）进行加密。

4.2.6 能耗数据采集器上传数据出现故障时，应有报警和信息记录；与能耗数据中心重新建立连接后，应能进行历史数据的断点续传。

4.3 能耗数据中心的设计

4.3.1 能耗数据中心的设计应根据辖区内的实际需求进行，包括计算机和网络的硬件配置、软件设计、网络布线及机房设计。

4.3.2 能耗数据中心硬件设备的配置应满足功能要求和数据存储容量需求。硬件设备配置应包括服务器、交换机、防火墙、存储设备、备份设备、不间断电源设备和机柜。

4.3.3 能耗数据中心软件的设计应符合下列规定：

1 应包括能耗远程监测系统应用软件和基础软件，基础软件应包括操作系统、数据库软件、杀毒软件和备份软件。

2 基础软件设计时应考虑相互兼容性。

4.3.4 能耗数据中心机房的网络布线系统设计应符合现行国家标准《综合布线系统工程设计规范》GB 50311 的有关规定。

4.3.5 能耗数据中心机房设计应符合现行国家标准《电子信息系统机房设计规范》GB 50174 的有关规定。

4.3.6 能耗数据中心设计成果应包括下列内容：

1 公共建筑能耗远程监测系统基本情况描述。

2 能耗数据中心软、硬件部署图。

3 能耗数据中心计算机、网络等硬件配置清单。

4 能耗数据中心的基础软件配置清单。

5 能耗远程监测系统应用软件架构和功能说明。

6 能耗数据中心接收和上传数据的方式和协议。

4.3.7 能耗数据中心的设计宜符合现行国家标准《电子政务系统总体设计要求》GB/T 21064 的有关规定。

4.4 监测系统应用软件的开发

4.4.1 能耗远程监测系统应用软件的开发应符合现行国家标准《软件工程产品质量》GB/T 16260 的有关规定，软件开发文档应包括用户需求规格说明书、系统架构设计说明书和用户手册。

4.4.2 能耗远程监测系统应用软件应具有下列功能：

1 能耗数据采集器命令下达、数据采集接收、数据处理、数据分析、数据展示和系统管理。

2 支持 B/S 架构。

3 能耗数据的直观反映和对比展示。

4.4.3 能耗远程监测系统应用软件的数据编码应保证数据可进行计算机或人工识别与处理，并应保证数据得到有效的管理，支持高效率的查询服务，实现数据组织、存储及交换的一致性。

4.4.4 数据的编码规则应符合下列规定：

1 能耗数据编码应包括 7 类细则编码，包括行政区划代码编码、建筑类别编码、建筑识别编码、分类能耗编码、分项能耗编码、分项能耗一级子项编码和分项能耗二级子项编码。

2 数据采集点识别编码应包括 5 类细则编码，包括行政区划代码编码、建筑类别编码、建筑识别编码、能耗数据采集器识别编码和数据采集点识别编码。

3 能耗数据和数据采集点识别的编码规则应符合本规程附录 E 的规定。

4.4.5 能耗远程监测系统应用软件能耗指标的计算应符合下列规定：

1 建筑总能耗应按下式计算：

$$E_0 = \sum_{i=1}^{n}(E_{si} \times p_i) \qquad (4.4.5-1)$$

式中：E_0——建筑总能耗（tce）；

　　　E_{si}——建筑消耗的第 i 类能源实物量；

　　　p_i——第 i 类能源标准煤当量值折算系数；各类能源标准煤当量值折算系数应按本规程附录 F 取值。

2 总用电量应按下式计算：

$$E_e = \sum_{i=1}^{n}E_{li} + \sum_{j=1}^{m}E_{hj} \qquad (4.4.5-2)$$

式中：E_e——总用电量（kWh）；

　　　E_{li}——建筑第 i 个变压器低压侧总表直接计量值（kWh）；

　　　E_{hj}——建筑第 j 个高压设备用电量计量值（kWh）。

3 单位建筑面积用电量应按下式计算：

$$e_e = E_e/A \qquad (4.4.5-3)$$

式中：e_e——单位建筑面积用电量（kWh/m²）；

　　　A——总建筑面积（m²）。

4 单位建筑面积各分类能耗量应按下式计算：

$$e_s = E_s/A \qquad (4.4.5-4)$$

式中：e_s——单位建筑面积某类能源消耗量；

　　　E_s——建筑消耗的某类能源实物量。

5 单位建筑面积分类能耗等效用电量应按下列公式计算：

$$e_{eq} = E_{eq}/A \qquad (4.4.5-5)$$

$$E_{eq} = \sum_{i=1}^{n}(E_{si} \times q_i) \qquad (4.4.5-6)$$

式中：e_{eq}——单位建筑面积分类能耗等效用电量（kWh/m²）；

　　　E_{eq}——分类能耗等效电量值（kWh）；

　　　E_{si}——建筑消耗的第 i 类能源实物量；

　　　q_i——第 i 类能源等效电量折算系数，各类能源等效电量折算系数应按本规程附录 G 的规定取值。

6 单位建筑面积分项用电量应按下式计算：

$$e_{le} = E_{le}/A \qquad (4.4.5-7)$$

式中：e_{le}——单位面积分项用电量（kWh/m²）；

　　　E_{le}——分项用电量直接计量值（kWh）。

4.4.6 能耗远程监测系统应用软件能耗指标的计算根据实际情况及要求可包括单位体积能耗、单位采暖面积采暖系统能耗、单位空调面积空调系统能耗、单位营业额能耗、建筑人均能耗、单位床（座位）数能耗等，能耗指标计算应符合下列规定：

1 单位体积能耗应按下式计算：

$$e_v = E_0/V \qquad (4.4.6-1)$$

式中：e_v——单位建筑体积能源消耗量（tce/m³）；

　　　V——建筑体积（m³）。

2 单位采暖面积采暖系统能耗应按下式计算：

$$e_n = E_n/A_n \qquad (4.4.6-2)$$

式中：e_n——单位采暖面积能耗（MJ/m²）；

　　　E_n——采暖系统能耗量（MJ）；

　　　A_n——建筑采暖面积（m²）。

3 单位空调面积空调系统能耗应按下式计算：

$$e_k = E_k/A_k \qquad (4.4.6-3)$$

式中：e_k——单位空调面积能耗（kWh/m²）；

　　　E_k——空调系统能耗量（kWh）；

A_k——建筑空调面积（m^2）。

4 单位营业额能耗应按下式计算：

$$e_m = E_0/M \qquad (4.4.6\text{-}4)$$

式中：e_m——单位营业额能耗（tce/万元）；

M——总营业额（万元）。

5 建筑人均能耗应按下式计算：

$$e_p = E_0/P \qquad (4.4.6\text{-}5)$$

式中：e_p——建筑人均能耗（tce/人）；

P——办公建筑为固定办公人数，商场/交通建筑为年客流量，学校建筑为学校注册学生人数（人）。

6 单位床（座位）数能耗应按下式计算：

$$e_w = E_0/W \qquad (4.4.6\text{-}6)$$

式中：e_w——单位床（座位）数能耗（tce/床或 tce/座位）；

W——总床位数或总座位数（床或座）。

4.4.7 分类和分项能耗增量应根据能耗计量装置的原始数据增量计算能耗日结数据，包括当天的能耗增量和采集数据的最大值、最小值与平均值；并应根据能耗日结数据计算逐月、逐年能耗数据及最大值、最小值与平均值。

4.4.8 能耗远程监测系统应用软件数据展示功能宜包括下列内容：

1 辖区内建筑数量和总建筑面积。

2 辖区内各类建筑数量和建筑面积。

3 各建筑的基本信息、能源使用种类和分项能耗监测情况。

4 辖区内不同类型不同范围建筑能耗指标的展示，包括逐时、逐日、逐月、逐年指标值。

5 辖区内建筑总能耗的平均值和各分类能耗的平均值。

6 辖区内各类建筑的总能耗平均值和分类能耗的平均值。

7 辖区内同一类建筑的相关能耗指标的排序，上、下四分位值和建筑数量。

8 辖区内各类建筑的相关指标的最大值、最小值与平均值。

9 辖区内下级能耗数据中心相关能耗指标的对比和排序。

4.4.9 能耗远程监测系统应用软件的数据质量控制应包括下列数据自动验证功能：

1 能耗计量装置采集数据一般性验证：应根据能耗计量装置量程的最大值和最小值进行判定，小于最小值或者大于最大值的采集数据应判定为无效数据。

2 电表有功电能验证：应通过两次连续采集数据计算出该段时间的耗电量，不应大于本支路耗能设备在该段时间额定耗电量的 2 倍。

5 系统施工

5.1 一般规定

5.1.1 能耗远程监测系统施工应符合现行国家标准《智能建筑工程质量验收规范》GB 50339 和《建筑电气工程施工质量验收规范》GB 50303 的有关规定。

5.1.2 能耗远程监测系统数据传输线路的施工应符合现行国家标准《综合布线系统工程验收规范》GB 50312 的有关规定。

5.1.3 能耗远程监测系统隐蔽工程的过程检查和质量验收应进行记录。

5.1.4 能耗远程监测系统施工与设计文件不符时，应及时提出设计变更，并形成书面文件及时归档。

5.2 施工准备

5.2.1 施工场地应具备能耗远程监测系统能耗计量装置的安装条件。

5.2.2 施工前应做好技术准备工作并应符合下列规定：

1 系统施工图应经建设单位、设计单位、施工单位会审会签。

2 原材料及设备进场时应进行验收并经监理工程师认可，且应形成质量记录。

3 应对施工人员进行安全培训。

5.3 管线施工

5.3.1 桥架和管线的施工应符合现行国家标准《智能建筑工程施工规范》GB 50606 的有关规定。

5.3.2 电力线缆和信号线缆不得在同一线管内敷设。

5.3.3 电线、电缆的线路两端标记应清晰，编号应准确。

5.3.4 能耗计量装置与能耗数据采集器之间的连接线规格应符合设计要求。

5.3.5 安装设备前应对系统所有线路进行全面检查，避免断线、短路或绝缘损坏现象。

5.3.6 端接完毕后，应对连接的正确性进行检查，绑扎导线束应整齐。设备端管线接头安装应符合现行国家标准《建筑电气工程施工质量验收规范》GB 50303 的有关规定。

5.4 能耗计量装置与能耗数据采集器的安装

5.4.1 能耗计量装置与能耗数据采集器安装前应对型号、规格、尺寸、数量、性能参数进行检验，并应符合设计要求。

5.4.2 能耗计量装置的施工应符合现行国家标准《自动化仪表工程施工及质量验收规范》GB 50093 的有关规定。

5.4.3 能耗数据采集器应安装在安全、便于管理与维护的位置。能耗计量装置与能耗数据采集器之间的有线连接长度不宜大于 200m。

5.5 能耗数据中心的施工

5.5.1 能耗数据中心机房的施工应符合现行国家标准《电子信息系统机房设计规范》GB 50174 和《电子信息系统机房施工及验收规范》GB 50462 的有关规定。

5.5.2 能耗数据中心的施工应包括部署和配置计算机、网络硬件、基础软件和应用软件，设置运行环境和参数。施工后应确认软件运行正常。

6 系统调试与检查

6.1 一 般 规 定

6.1.1 公共建筑能耗远程监测系统的调试应由施工单位负责，监理单位、设计单位与建设单位共同配合完成。

6.1.2 公共建筑能耗远程监测系统调试宜按下列步骤进行：调试准备、系统接线和校线调试、网络通信调试、单体设备调试、系统联动调试和能耗数据中心调试。

6.1.3 系统调试的过程应进行记录，并应包括下列内容：

    1 调试时间、对象和人员。

    2 调试内容和调试方案。

    3 调试的输入和输出数据及分析。

    4 调试结论。

6.1.4 公共建筑能耗远程监测系统检查应具备下列条件：

    1 设计、供货、安装的相关技术文件及工程实施和质量控制记录应齐全。

    2 工程安装质量应检验合格，并应具有结论报告。

    3 系统应完成调试并自检合格。

    4 系统调试后在实际工作条件下试运行不应少于 120h。

6.1.5 公共建筑能耗远程监测系统的检查应符合现行国家标准《智能建筑工程质量验收规范》GB 50339 的有关规定，并应对系统功能和设备性能进行重点检查。

6.1.6 公共建筑能耗远程监测系统的检查应依据下列文件：

    1 工程设计文件。

    2 设备及产品的技术文件。

    3 国家现行有关标准。

6.1.7 公共建筑能耗远程监测系统的检查结果应分为合格和不合格两个等级。系统查测不合格项应整改直至合格，重新检查时抽样数量应加倍。系统重新检查不合格时应全部检查。

6.2 系 统 调 试

6.2.1 系统调试前的准备应符合下列规定：

    1 应编制调试大纲，内容包括项目概况、调试范围和内容、进度计划、人员组织、调试方案、调试质量保障措施和调试记录。

    2 对安装完毕的设备外观和安装状况应进行检查，确认设备外观良好，安装质量、安装位置符合设计要求。

    3 应确认设备的工作环境符合设计和产品说明书要求。

    4 应规划和设置系统网络上节点设备名称、通信地址和参数，并进行记录。

6.2.2 能耗计量装置与能耗数据采集器的调试应符合下列规定：

    1 应测试能耗计量装置的直读数据与通信数据的一致性。

    2 应在能耗数据采集器中配置能耗计量装置监测点参数，设置通信端口、波特率和校验位等信息，并应测试监测点值与相关能耗计量装置的直读数据的一致性。

    3 应测试能耗计量装置与能耗数据采集器之间的通信，并应符合下列规定：

        1）应按现行行业标准《多功能电能表通信协议》DL/T 645，通过能耗数据采集器按通信地址测试能耗计量装置正常通信情况。

        2）应按现行国家标准《基于 Modbus 协议的工业自动化网络规范》GB/T 19582 的有关要求，通过能耗数据采集器按能耗计量装置的地址测试正常通信情况。

        3）应按现行行业标准《户用计量仪表数据传输技术条件》CJ/T 188、《热量表》CJ 128 的有关规定，通过能耗数据采集器按能耗计量装置的地址测试正常通信情况。

6.2.3 能耗数据采集器与能耗数据中心的调试应符合下列规定：

    1 应按现场分配的 IP 地址、网关及 DNS，测试所分配 IP 地址与互联网的网络通信连接、网络带宽和网络延时，保证网络通畅、稳定。

    2 应设置能耗数据采集器的现场 IP 地址、网关及 DNS 和能耗数据中心的 IP 地址、端口，测试能耗数据采集器与能耗数据中心服务器的数据正常传输情况。

6.2.4 能耗数据中心网络和硬件的调试应符合下列规定：

    1 应对局域网内计算机及路由器的

规划，包括 IP 地址分段、子网掩码、网关和 DNS 的设定。

2 应设定能耗数据中心的通信服务器、处理服务器、展示服务器和数据库服务器的固定 IP 地址。

3 服务器、网络性能应符合设计要求。

4 应设定防火墙策略，并可设置 DMZ 安全区，数据展示服务器、数据通信服务器可连接互联网。

5 应架设防病毒的主服务器，并应安装防病毒客户端并保证病毒库的持续更新。

6.2.5 能耗远程监测系统应用软件的调试应符合下列规定：

1 应登录网站查看能耗远程监测系统应用软件的显示功能情况。

2 能耗远程监测系统应用软件的数据采集、处理及发布功能应正常，并应验证数据处理的正确性。

3 能耗远程监测系统应用软件各项性能应满足设计要求。

6.2.6 能耗远程监测系统联动调试应符合下列规定：

1 能耗远程监测系统的能耗计量装置、能耗数据采集器、服务器、交换机、存储设备等设备之间的网络连接应正确无误，并应符合设计和产品说明书要求。

2 网络上各节点通信接口的通信协议、数据传输格式、传输频率、校验方式、地址设置应符合设计和产品说明书要求并应正确无误。

3 应对通信过程中发送和接收数据的准确性、及时性、可靠性进行验证，并应符合设计要求。

6.3 系 统 检 查

6.3.1 能耗计量装置的检查应符合下列规定：

1 能耗计量装置的安装与标识应与设计相符。

2 能耗计量装置的接线应连接正确，RS-485 通信屏蔽线应接地，接线端子标识应清晰。

3 需要供电的能耗计量装置应接通电源检查。

4 应逐点核对能耗计量装置地址、传输协议，并确认无误。

5 应对能耗计量装置进行检测：单相电能表按每栋建筑抽检 20%，且数量不得少于 20 点，数量少于 20 点时应全部检测；三相多功能电能表、冷/热表、水表等能耗计量装置应全部检测，被检参数合格率应为 100%。

6.3.2 能耗数据采集器的检查应符合下列规定：

1 能耗数据采集器的安装与标识应与设计相符。

2 通信线与能耗数据采集器的通信端口连接应正确。

3 能耗数据采集器的 IP 地址、网关应与现场所分配 IP 地址、网关一致。

6.3.3 能耗数据采集系统的检查应符合下列规定：

1 能耗数据采集器采集的数据和能耗计量装置的读数应准确、真实和稳定。

2 数据传输、采集数据发送频率应符合设计要求。

3 能耗数据采集器的上传数据应正常、稳定，通过大数审核，并应符合设计要求。

4 能耗数据采集器的接收和数据打包后的发送应正常，并应符合设计要求。

5 数据的分类、格式和编码应符合设计要求。

6.3.4 能耗数据中心的检查应具备下列条件：

1 至少有 5 栋建筑完成了能耗数据采集系统和能耗数据传输系统的建设，并能稳定上传数据。

2 完成能耗数据中心机房建设，完成服务器、网络和存储系统的安装，网络传输应满足规定的网络性能要求，硬件环境应满足规定的信息安全要求，同时相应的服务器、交换机和数据存储系统应满足规定的性能要求。

3 完成基础软件和能耗远程监测系统应用软件的部署，应用软件应通过第三方检测，并满足软件开发的功能需求。

4 能够正常接收上传的能耗数据并进行相关计算。

5 能够按设定的时间和数据质量要求向上一级能耗数据中心上传数据。

6.3.5 能耗数据中心的检查应包括机房检查、硬件检查、软件检查、能耗数据检查和运行维护制度检查，并应符合下列规定：

1 机房检查应符合现行国家标准《电子信息系统机房施工及验收规范》GB 50462 的有关规定。

2 硬件检查应根据硬件配置清单，逐项检查硬件的型号、配置、数量、售后服务等情况。

3 软件检查应检查基础软件的配置、性能。能耗远程监测系统应用软件应能够对能耗数据进行处理、分析、展示和发布，并反馈能耗异常情况。

4 能耗数据检查应检查能耗数据中心采集能耗数据的准确性、真实性和稳定性。

5 运行维护制度检查应检查能耗数据中心运行维护制度是否健全。

7 系 统 验 收

7.1 一 般 规 定

7.1.1 公共建筑能耗远程监测系统的竣工验收应符合现行国家标准《智能建筑工程质量验收规范》GB 50339 的有关规定。

7.1.2 公共建筑能耗远程监测系统的竣工验收应在完成设备和管线安装、系统调试与检查、系统试运行后进行。

7.1.3 公共建筑能耗远程监测系统试运行的正常连

续投运时间不应少于 3 个月。

7.2 验 收 内 容

7.2.1 公共建筑能耗远程监测系统的质量控制资料应完整，并应包括下列内容：

  1 施工现场质量管理检验记录。

  2 设备材料进场检验记录。

  3 隐蔽工程验收记录。

  4 工程安装质量及观感质量验收记录。

  5 系统试运行记录。

  6 设计变更审核记录。

7.2.2 公共建筑能耗远程监测系统的竣工验收文件资料应完整，并应包括下列内容：

  1 工程合同技术文件。

  2 竣工图纸。

  3 系统设备产品说明书。

  4 系统技术、操作和维护手册。

  5 设备及系统测试记录。

  6 其他文件。

7.2.3 能耗数据中心的软硬件应符合设计要求，能耗远程监测系统应用软件应通过国家第三方测试机构评测。

7.3 验 收 结 论

7.3.1 验收结论应分为合格和不合格，验收合格的系统应全部符合要求。

7.3.2 验收不合格时，建设单位应责成责任单位限期整改，直至验收合格，否则不得通过验收。

8 运 行 维 护

8.1 能耗数据采集与传输系统的运行维护

8.1.1 能耗数据采集与传输系统的运行维护应建立技术档案和信息台账。信息台账应包括系统技术规格、设置信息、运行维护的工作日志、事故及处理情况记录、检修记录和密码设置等内容。

8.1.2 能耗计量装置和能耗数据采集器应定期进行检查、维护和管理，并应按相关规定对能耗计量装置进行标定。

8.1.3 传输线路应定期进行检查，保证传输数据的准确性和完整性。

8.2 能耗数据中心的运行维护

8.2.1 能耗数据中心硬件维护应包括下列内容：

  1 定期检查硬件设备的供电。

  2 定期检查网络是否正常。

  3 定期检查设备是否正常运行。

  4 定期检查备用设备是否正常运行。

8.2.2 能耗数据中心软件维护应符合下列规定：

  1 应定期对基础软件和能耗远程监测系统应用软件进行升级维护。

  2 能耗数据中心应每 24h 对数据进行增量备份，每周进行完全备份，定期使用离线存储介质进行备份存档，并应在线保存近 5 年的能耗数据。

  3 公共建筑能耗远程监测系统采集数据的大数审核每年不应少于 2 次，发现错误或负载配电线路变更时应采取必要的更正措施。

附录 A 建筑基本信息

A.0.1 建筑基本信息应符合表 A.0.1 的规定。

表 A.0.1 建筑基本信息

序号	名 称	序号	名 称
1	建筑名称	9	建筑结构形式
2	建筑地址	10	建筑外墙材料类型
3	竣工时间	11	建筑外墙保温形式
4	建筑层数（地上和地下）	12	建筑外窗类型
5	建筑类型	13	建筑玻璃类型
6	总建筑面积	14	建筑窗框材料类型
7	体形系数	15	建筑采暖形式
8	窗墙面积比	16	建筑空调形式

A.0.2 建筑类型应符合表 A.0.2 的规定。

表 A.0.2 建筑类型

序号	名 称	序号	名 称
1	办公建筑	6	体育建筑
2	商场建筑	7	交通建筑
3	宾馆饭店建筑	8	综合建筑
4	学校建筑	9	其他建筑
5	医疗卫生建筑		

A.0.3 建筑结构形式应符合表 A.0.3 的规定。

表 A.0.3 建筑结构形式

序号	名 称	序号	名 称
1	砖混结构	4	木结构
2	混凝土结构	5	其他
3	钢结构		

A.0.4 建筑外墙材料类型应符合表 A.0.4 的规定。

表 A.0.4　建筑外墙材料类型

序号	名　称	序号	名　称
1	实心黏土砖	4	加气混凝土砌块
2	空心黏土砖（多孔）	5	玻璃幕墙
3	灰砂砖	6	其他

A.0.5　建筑外墙保温形式应符合表 A.0.5 的规定。

表 A.0.5　建筑外墙保温形式

序号	名　称	序号	名　称
1	内保温	3	夹芯保温
2	外保温	4	其他

A.0.6　建筑外窗类型应符合表 A.0.6 的规定。

表 A.0.6　建筑外窗类型

序号	名　称	序号	名　称
1	单玻单层窗	5	中空三层玻璃窗
2	单玻双层窗	6	中空充惰性气体
3	单玻单层窗＋单玻双层窗	7	其他
4	中空双层玻璃窗		

A.0.7　建筑玻璃类型应符合表 A.0.7 的规定。

表 A.0.7　建筑玻璃类型

序号	名　称	序号	名　称
1	普通玻璃	3	Low-E 玻璃
2	镀膜玻璃	4	其他

A.0.8　建筑窗框材料类型应符合表 A.0.8 的规定。

表 A.0.8　建筑窗框材料类型

序号	名　称	序号	名　称
1	钢窗	4	断热窗
2	铝合金窗	5	其他
3	木窗		

A.0.9　建筑采暖形式应符合表 A.0.9 的规定。

表 A.0.9　建筑采暖形式

序号	名　称	序号	名　称
1	散热器采暖	3	电辐射采暖
2	地板辐射采暖	4	其他

A.0.10　建筑空调形式应符合表 A.0.10 的规定。

表 A.0.10　建筑空调形式

序号	名　称	序号	名　称
1	全空气系统	3	分体式空调或变制冷剂流量多联式分体空调机组
2	风机盘管＋新风系统	4	其他

附录 B　建筑附加信息

表 B　建筑附加信息

序号	建筑类型	名　称	单位
1	各类建筑	空调面积	m²
2		采暖面积	m²
3		运营时间	h/d
4	办公建筑	固定办公人数	人
5	商场建筑	商场年客流量	人/年
6	宾馆饭店建筑	宾馆星级（饭店档次）	星
		宾馆平均入住率	%
		宾馆客房数量	间
7	学校建筑	学校注册学生人数	人
8	医疗卫生建筑	医院等级	级（等）
		床位数	个
		年就诊人数	人/年
9	体育建筑	座位数	个
		年均上座率	%
10	交通建筑	年客流量	人/年
11	综合建筑	反映建筑用能特点情况的信息	—
12	其他建筑	反映建筑用能特点情况的信息	—

附录 C　建筑能耗的分类

C.0.1　建筑能耗分类应符合表 C.0.1 的规定。

表 C.0.1　建筑能耗分类

序号	名　称	单位
1	电	kWh
2	水	t
3	燃气 — 天然气	m³
	液化石油气	kg
	人工煤气	m³
4	集中供热量	MJ
5	集中供冷量	MJ
6	煤	t
7	汽油	t
8	煤油	t
9	柴油	t
10	建筑直接使用的可再生能源	—
11	其他能源	—

C.0.2　建筑能耗分项应符合表 C.0.2 的规定。

表 C.0.2　建筑能耗分项（kWh）

分项能耗	一级子项	二级子项
照明插座用电	房间照明和插座	建筑物房间内照明灯具和包括计算机、打印机等办公设备和风机盘管、分体空调等没有单独供电回路的空调设备等从插座取电的室内设备
	公共区域照明	走廊、大堂等公共区域的灯具照明和应急照明等
	室外景观照明	建筑室外的照明灯具、室外景观等
采暖空调用电	冷热源系统	冷源系统主要包括冷水机组、冷却泵和冷却塔；热源系统包括电锅炉、采暖循环泵（对于热网通过板换供热的建筑，仅包括板换二次泵；对于采用自备锅炉的，包括一、二次泵）、补水泵和定压泵
	空调水系统	包括一次冷冻泵、二次冷冻泵、冷冻水加压泵等
	空调风系统	包括空调机组、新风机组、变风量末端、热回收机组和有单独供电回路的风机盘管等
动力用电	电梯	包括货梯、客梯、消防梯、扶梯及其附属设备，如专用空调等
	水泵	包括给水泵、生活热水泵、排污泵、中水泵等
	通风机	包括地下室通风机、车库通风机、厕所排风机等
特殊用电	信息机房	包括通信、网络和计算机设备和机房空调设备等
	洗衣房	包括洗衣机、脱水机、烘干机和烫平机等
	厨房	包括电炉、微波炉、冷柜、洗碗机、消毒柜、电蒸锅和厨房送、排风机等
	游泳池	包括采暖、空调、通风和水处理等设备
	健身房	包括健身器械、空调和通风等
	洁净室	包括净化空调、工艺设备等
	其他	包括开水器、电热水器等建筑中所需的其他设备

附录 D　通信过程和数据传输格式

D.1　能耗数据采集器的身份认证过程和数据加密

D.1.1　能耗数据中心应使用消息摘要算法第五版（MD5）对能耗数据采集器进行身份认证，密钥长度应为 128bit。

D.1.2　能耗数据采集器的身份认证过程应符合下列程序：

1　TCP 连接建立成功后，能耗数据采集器向能耗数据中心发送身份认证请求。

2　能耗数据中心向能耗数据采集器发送一个随机序列。

3　能耗数据采集器将接收到的随机序列和本地存储的认证密钥组合成一连接串，计算连接串的 MD5 值并发送给能耗数据中心。

4　能耗数据中心将接收到的 MD5 值和本地计算结果相比较，如果一致则认证成功，否则认证失败。

5　认证密钥存储在能耗数据中心和能耗数据采集器的本地文件系统中，能耗数据中心可以通过网络对能耗数据采集器的认证密钥进行更新。

D.1.3　能耗数据采集器应使用 AES 加密算法对 XML 数据包进行加密，密钥长度为 128bit。AES 采用 CBC 算法模式，PKCS7/PKCS5 填充模式。加密密钥应存储在能耗数据中心和能耗数据采集器的本地文件系统中，能耗数据中心可通过网络对能耗数据采集器的加密密钥进行更新。

D.2　能耗数据采集器和能耗数据中心的通信过程

D.2.1　能耗数据采集器和能耗数据中心的通信过程应符合下列规定：

1　能耗数据采集器和能耗数据中心连接成功后，能耗数据采集器应定时向能耗数据中心发送心跳包以保持连接的有效性。

2　能耗数据采集器应根据系统配置，在主动定时和被动查询模式间选择。

3　能耗数据采集器对能耗数据的处理功能应根据系统配置选择。

D. 2. 2 能耗数据采集器和能耗数据中心的通信过程宜符合下列流程（图 D. 2.2）。

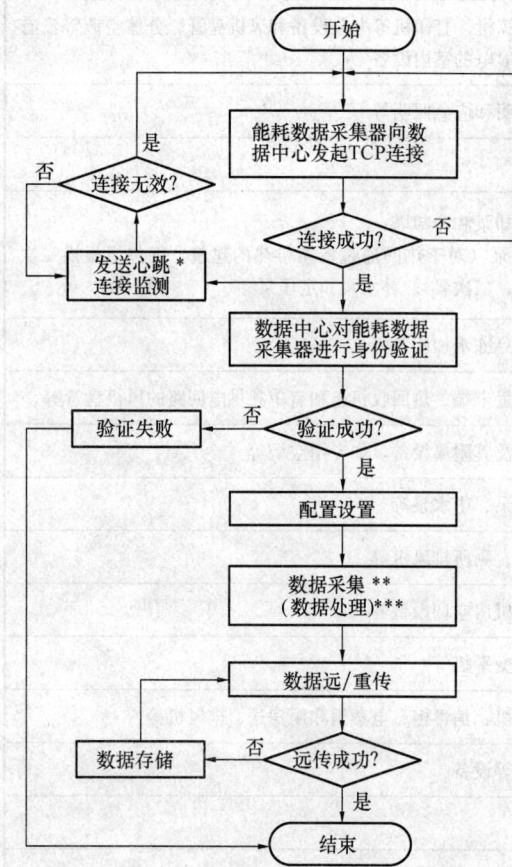

图 D. 2. 2　能耗数据采集器和能耗
数据中心的通信过程

D. 3　数据封包格式

D. 3. 1　数据封包的基本结构应符合表 D. 3. 1 的规定。

表 D. 3. 1　数据封包的基本结构

项目	长度	定　义	说　明
包头	4 字节	0×68　0×68 0×16　0×16	—
有效数据 总长度	4 字节	—	代表当前数据包中的"有效数据"的长度
有效数据	N 字节 (M+4)	—	"有效数据" 为数据包的 实体内容
包尾	4 字节	0×55　0×AA 0×55　0×AA	—

D. 3. 2　有效数据结构应符合表 D. 3. 2 的规定。

表 D. 3. 2　有效数据结构

项目	长度	定义	说　明
指令序号	4 字节	1.1	该标识符由指令发起方指定，标识了指令发起方向指令应答方发送的指令，指令应答方应答时，本项内容需要按照指令发起方提供的标识符来进行填充
指令内容	M 字节	1.2	根据指令的不同，内容不同，指令内容为经过 AES 加密后的 XML 文本

D. 4　数据传输的 XML 数据格式

D. 4. 1　身份验证数据包格式应符合下列规定：

1　能耗数据采集器发送请求身份验证应按下列格式编写：

```
<?xml version = "1.0" encoding = "utf-8"?>
<root>
<common>
 <building_id><!-- 建筑编号--></building_id>
 <gateway_id><!-- 采集器编号--></gateway_id>
 <type>request</type>
</common>
<id_validate operation = "request">
</id_validate>
</root>
```

2　能耗数据中心发送一串随机序列应按下列格式编写：

```
<?xml version = "1.0" encoding = "utf-8"?>
<root>
<common>
 <building_id><!-- 建筑编号--></building_id>
 <gateway_id><!-- 采集器编号--></gateway_id>
 <type>sequence</type>
</common>
<id_validate operation = "sequence">
 <sequence><!-- 随机序列--></sequence>
</id_validate>
</root>
```

3　能耗数据采集器发送计算的 MD5 值应按下列格式编写：

```
<?xml version = "1.0" encoding = "utf-8"?>
<root>
<common>
 <building_id><!-- 建筑编号--></building_id>
 <gateway_id><!-- 采集器编号--></gateway_id>
 <type>md5</type>
</common>
<id_validate operation = "md5">
 <md5><!-- 能耗数据中心随机序列MD5值--></md5>
</id_validate>
</root>
```

4　能耗数据中心发送验证结果应按下列格式编写：

```xml
<?xml version = "1.0" encoding = "utf-8" ?>
<root>
  <common>
    <building_id><!-- 建筑编号--></building_id>
    <gateway_id><!-- 采集器编号--></gateway_id>
    <type>result</type>
  </common>
  <id_validate operation = "result">
    <result><!-- 验证成功:pass;验证失败:fail--></result>
  </id_validate>
</root>
```

D.4.2 心跳/校时数据包格式应符合下列规定:

1 能耗数据采集器定期给能耗数据中心发送存活通知应按下列格式编写:

```xml
<?xml version = "1.0" encoding = "utf-8" ?>
<root>
  <common>
    <building_id><!-- 建筑编号--></building_id>
    <gateway_id><!-- 采集器编号--></gateway_id>
    <type>notify</type>
  </common>
  <heart_beat operation = "notify" />
</root>
```

2 能耗数据中心在收到存活通知后发送授时信息应按下列格式编写:

```xml
<?xml version = "1.0" encoding = "utf-8" ?>
<root>
  <common>
    <building_id><!-- 建筑编号--></building_id>
    <gateway_id><!-- 采集器编号--></gateway_id>
    <type>time</type>
  </common>
  <heart_beat operation = "time">
    <time><!-- 格式:yyyyMMhhHmmss--></time>
  </heart_beat>
</root>
```

D.4.3 能耗数据远传数据格式包应符合下列规定:

1 能耗数据中心查询能耗数据采集器应按下列格式编写:

```xml
<?xml version = "1.0" encoding = "utf-8" ?>
<root>
  <common>
    <building_id><!-- 建筑编号--></building_id>
    <gateway_id><!-- 采集器编号--></gateway_id>
    <type>query</type>
  </common>
  <data operation = "query" />
  </data>
</root>
```

2 能耗数据采集器对能耗数据中心查询的应答应按下列格式编写:

```xml
<?xml version = "1.0" encoding = "utf-8" ?>
<root>
  <common>
    <building_id><!-- 建筑编号--></building_id>
    <gateway_id><!-- 采集器编号--></gateway_id>
    <type>reply</type>
  </common>
```

```xml
  <data operation = "reply">
    <sequence>
      <!-- 采集器向能耗数据中心发送数据的序号-->
    </sequence>
    <parse>
      <!--
      yes:向能耗数据中心发送的数据经过采集器解析;
      no:向能耗数据中心发送的数据未经过采集器解析;
      -->
    </parse>
    <time>
      <!-- 数据采集时间 -->
    </time>
    <!--
    计量装置信息,一个或多个
      meter 元素属性:
        id:计量装置的数据采集功能编号
        conn:计量装置诊断信息,取值 conn:计量装置连接正常 disconn:计量装置连接断开
      -->
    <meter id = "1" conn = "conn">
      <!--
      计量装置的具体采集功能,一个或多个
        function 元素属性:
          id:计量装置的具体采集功能编号
          coding:能耗数据分类/分项编号
          error:该功能出现错误的状态码,0表示没有错误
        -->
      <function id = "1" coding = "abc" error = "0" sample_time = "yyyyMMddHHmmss">
        <!-- 具体数据-->
      </function>
    </meter>
  </data>
</root>
```

3 能耗数据采集器定时上报的能耗数据应按下列格式编写:

```xml
<?xml version = "1.0" encoding = "utf-8" ?>
<root>
  <common>
    <building_id><!-- 建筑编号--></building_id>
    <gateway_id><!-- 采集器编号--></gateway_id>
    <type>report</type>
  </common>
  <data operation = "report">
    <sequence>
      <!-- 采集器向能耗数据中心发送数据的序号-->
    </sequence>
    <parse>
      <!--
      yes:向能耗数据中心发送的数据经过采集器解析;
      no:向能耗数据中心发送的数据未经过采集器解析;
      -->
    </parse>
    <time>
      <!-- 数据采集时间-->
    </time>
    <!--
    计量装置信息,一个或多个
      meter 元素属性:
        id:计量装置的数据采集功能编号
```

```
        conn:计量装置诊断信息,取值conn:计量装置连接正常 dis-
conn:计量装置连接断开
        -->
        <meter id="1" conn="conn">
        <!--
计量装置的具体采集功能,一个或多个
        function元素属性:
                id:计量装置的具体采集功能编号
                coding:能耗数据分类/分项编号
                error:该功能出现错误的状态码,0表示没有错误
        -->
        <function id="1" coding="abc" error="0"
sample_time="yyyyMMddHHmmss">
                <!--具体数据-->
                </function>
        </meter>
        </data>
</root>
```

4 能耗数据采集器断点续传的能耗数据应按下列格式编写:

```
<?xml version="1.0" encoding="utf-8"?>
<root>
        <common>
                <building_id><!--建筑编号--></building_id>
                <gateway_id><!--采集器编号--></gateway_id>
                <type>continuous</type>
        </common>
        <data operation="continuous">
                <sequence>
                <!--采集器向能耗数据中心发送数据的序号-->
                </sequence>
                <parse>
                <!--
                yes:向能耗数据中心发送的数据经过采集器解析;
                no:向能耗数据中心发送的数据未经过采集器解析;
                -->
                </parse>
                <time>
                <!--数据采集时间-->
                </time>
                <total>
                <!--需要断点续传数据包的总数-->
                </total>
                <current>
                <!--当前断点续传数据包的编号-->
                </current>
                <!--
计量装置信息,一个或多个
        meter元素属性:
                id:计量装置的数据采集功能编号
                conn:计量装置诊断信息,取值conn:计量装置连接正常disconn:计量
装置连接断开
                -->
                <meter id="1" conn="conn">
                <!--
计量装置的具体采集功能,一个或多个
                function元素属性:
                        id:计量装置的具体采集功能编号
                        coding:能耗数据分类/分项编号
                        error:该功能出现错误的状态码,0表示没有错误
                        -->
```

```
                <function id="1" coding="abc" error="0"
sample_time="yyyyMMddHHmmss">
                        <!--具体数据-->
                </function>
                </meter>
        </data>
</root>
```

5 全部续传数据包接收完成后,能耗数据中心对断点续传的应答应按下列格式编写:

```
<?xml version="1.0" encoding="utf-8"?>
<root>
        <common>
                <building_id><!--建筑编号--></building_id>
                <gateway_id><!--采集器编号--></gateway_id>
                <type>continuous_ack</type>
        </common>
        <data operation="continuous_ack"/>
        </data>
</root>
```

D.4.4 配置信息数据包格式应符合下列规定:

1 能耗数据中心对能耗数据采集器采集周期的配置应按下列格式编写:

```
<?xml version="1.0" encoding="utf-8"?>
<root>
        <common>
                <building_id><!--建筑编号--></building_id>
                <gateway_id><!--采集器编号--></gateway_id>
                <type>period</type>
        </common>
        <config operation="period">
                <period>
                <!--能耗数据中心对采集器采集的周期-->
                </period>
        </config>
</root>
```

2 能耗数据采集器对能耗数据中心采集周期的配置的应答应按下列格式编写:

```
<?xml version="1.0" encoding="utf-8"?>
<root>
        <common>
                <building_id><!--建筑编号--></building_id>
                <gateway_id><!--采集器编号--></gateway_id>
                <type>period_ack</type>
        </common>
        <config operation="period_ack"/>
        </config>
</root>
```

D.4.5 标准应答指令格式应符合下列规定:

```
<?xml version="1.0" encoding="utf-8"?>
<root>
        <common>
                <building_id><!--建筑编号--></building_id>
                <gateway_id><!--采集器编号--></gateway_id>
                <type>*_ack</type>
        </common>
        <extend operation="*_ack">
                <return>
<!---1:成功;0:不支持请求指令;<0:执行失败,表示错误代码-->
                </return>
        </extend>
```

```
</root>
```

D.4.6 获取设备信息记录格式应符合下列规定：

1 能耗数据中心发送应按下列格式编写：

```xml
<?xml version = "1.0" encoding = "utf-8" ?>
<root>
  <common>
    <building_id><!-- 建筑编号--></building_id>
    <gateway_id><!-- 采集器编号--></gateway_id>
    <type>getrunninginfo</type>
  </common>
  <!--
获取系统运行记录
  -->
  <extend operation = "getrunninginfo" />
    <type>
      <!--
        0:系统运行信息
        1:报警信息
      -->
    </type>
</root>
```

2 能耗数据采集器应答应按下列格式编写：

```xml
<?xml version = "1.0" encoding = "utf-8" ?>
<root>
  <common>
    <building_id><!-- 建筑编号--></building_id>
    <gateway_id><!-- 采集器编号--></gateway_id>
    <type>getrunninginfo_ack</type>
  </common>
  <!--
运行信息记录
  -->
  <extend operation = "getrunninginfo_ack">
    <return><!-- 1:成功;0:不支持请求指令;<0:执行失败,表示错误代码--></return>
    <type>
      <!--
        0:系统运行信息
        1:报警信息
      -->
    </type>
    <value>
      <!-- 信息内容-->
    </value>
  </extend>
</root>
```

D.4.7 设备重启格式应符合下列规定：

1 能耗数据中心发送应按下列格式编写：

```xml
<?xml version = "1.0" encoding = "utf-8" ?>
<root>
  <common>
    <building_id><!-- 建筑编号--></building_id>
    <gateway_id><!-- 采集器编号--></gateway_id>
    <type>restart</type>
  </common>
  <!--
重新启动设备
  -->
  <extend operation = "restart" />
  </extend>
</root>
```

2 能耗数据采集器应答应按下列格式编写：

```xml
<?xml version = "1.0" encoding = "utf-8" ?>
<root>
  <common>
    <building_id><!-- 建筑编号--></building_id>
    <gateway_id><!-- 采集器编号--></gateway_id>
    <type> * _ack</type>
  </common>
  <extend operation = " * _ack">
  <return>
  <!--1:成功;0:不支持请求指令;<0:执行失败,表示错误代码 -->
  </return>
  </extend>
</root>
```

D.4.8 主动历史数据续传申请格式应符合下列规定：

1 能耗数据采集器发送给能耗数据中心应按下列格式编写：

```xml
<?xml version = "1.0" encoding = "utf-8" ?>
<root>
  <common>
    <building_id><!-- 建筑编号--></building_id>
    <gateway_id><!-- 采集器编号--></gateway_id>
    <type>auto_history</type>
  </common>
  <!-- 启动历史数据发送指令-->
  <extend operation = "auto_history" />
  </extend>
</root>
```

2 能耗数据中心应答应按下列格式编写：

```xml
<?xml version = "1.0" encoding = "utf-8" ?>
<root>
  <common>
    <building_id><!-- 建筑编号--></building_id>
    <gateway_id><!-- 采集器编号--></gateway_id>
    <type>auto_history_ack</type>
  </common>
  <extend operation = "auto_history_ack">
  <type>
  <!-- 启动历史数据发送指令,type：0：禁止,1：允许-->
  </type>
  </extend>
</root>
```

D.4.9 获取全部位号历史数据格式应符合下列规定：

1 能耗数据采集器发送给能耗数据中心应按下列格式编写：

```xml
<?xml version = "1.0" encoding = "utf-8" ?>
<root>
  <common>
    <building_id><!-- 建筑编号--></building_id>
    <gateway_id><!-- 采集器编号--></gateway_id>
    <type>history</type>
  </common>
  <!--获取历史数据指令-->
  <extend operation = "history">
  <begin_at>
    <!-- 起始时间：yyyy-MM-dd HH:mm:ss-->
  </begin_at>
  <end_at>
```

```
        <!--结束时间 yyyy-MM-dd HH:mm:ss-->
      </end_at>
      <interval>
        <!--采样间隔-->
      </interval>
      <!--type="0"表示全部。-->
      <ids type="1">
          <id>XXXX</id>
  </ids>
   </extend>
</root>
```

2 能耗数据中心应答应按下列格式编写：

```
<?xml version="1.0" encoding="utf-8"?>
<root>
  <common>
    <building_id><!--建筑编号--></building_id>
    <gateway_id><!--采集器编号--></gateway_id>
    <type>*_ack</type>
  </common>
  <extend operation="*_ack">
<return>
<!--1:成功;0:不支持请求指令;<0:执行失败,表示错误代码-->
</return>
  </extend>
</root>
```

D.4.10 设置密钥格式应符合下列规定：

1 能耗数据中心发送应按下列格式编写：

```
<?xml version="1.0" encoding="utf-8"?>
<root>
  <common>
    <building_id><!--建筑编号--></building_id>
    <gateway_id><!--采集器编号--></gateway_id>
    <type>setkey</type>
  </common>
  <extend operation="setkey">
      <type>
      <!--
          0:设置 MD5 密钥
          1:设置 AES 密钥
          2:设置 AES 初始向量
      -->
      </type>
      <key>
      <!--密钥-->
      </key>
   </extend>
</root>
```

2 能耗数据采集器应答应按下列格式编写：

```
<?xml version="1.0" encoding="utf-8"?>
  <root>
  <common>
    <building_id><!--建筑编号--></building_id>
    <gateway_id><!--采集器编号--></gateway_id>
    <type>*_ack</type>
  </common>
  <extend operation="*_ack">
<return>
<!--1:成功;0:不支持请求指令;<0:执行失败,表示错误代码-->
</return>
  </extend>
  </root>
```

附录 E 能耗数据编码规则

E.0.1 能耗数据编码后（图 E.0.1）应由 16 位符号组成；当某一项目无须使用某编码时，应采用相应位数的"0"代替，并应符合下列规定：

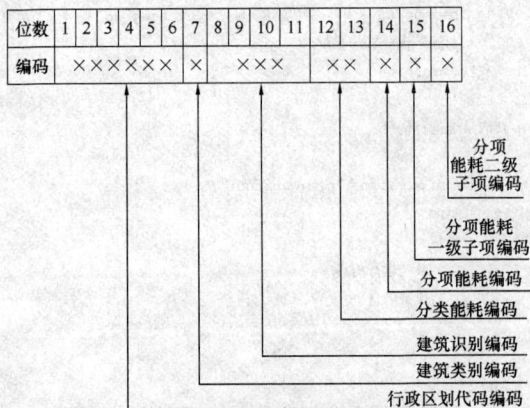

图 E.0.1 能耗数据编码示意图

1 行政区划代码编码应为第 1～6 位数编码，建筑所在地的行政区划代码应符合现行国家标准《中华人民共和国行政区划代码》GB/T 2260 的有关规定，编码分到区、县（市）。

2 建筑类别编码应为第 7 位数编码，采用 1 位大写英文字母表示；建筑类别编码应符合表 E.0.1-1 的规定。

3 建筑识别编码应为第 8～11 位数编码，应采用 4 位阿拉伯数字表示；根据建筑基本情况数据采集指标，建筑识别编码应由建筑所在地的县市建设行政主管部门统一规定；建筑识别编码结合行政区划代码编码后，应保证各县市内所监测建筑识别编码的唯一性。

表 E.0.1-1 建筑类别编码

建筑类别	编码
办公建筑	A
商场建筑	B
宾馆饭店建筑	C
学校建筑	D
医疗卫生建筑	E
体育建筑	F
交通建筑	G
综合建筑	H
其他建筑	J

4 分类能耗编码应为第12、13位数编码，应采用2位阿拉伯数字表示；分类能耗编码应符合表E.0.1-2的规定。

表 E.0.1-2　分类能耗编码

分类能耗	编码
电	01
水	02
燃气（天然气、液化石油气和人工煤气）	03
集中供热量	04
集中供冷量	05
煤	06
汽油	07
煤油	08
柴油	09
建筑直接使用的可再生能源	10
其他能源	11

5 分项能耗编码应为第14位数编码，应采用1位大写英文字母表示；分项能耗编码应符合表E.0.1-3的规定。

表 E.0.1-3　分项能耗编码

分项能耗	编码
照明插座用电	A
采暖空调用电	B
动力用电	C
特殊用电	D

6 分项能耗一级子项编码应为第15位数编码，应采用1位阿拉伯数字表示；分项能耗一级子项编码应符合表E.0.1-4的规定。

表 E.0.1-4　分项能耗一级子项编码

分项能耗	分项能耗编码	一级子项	一级子项编码
照明插座用电	A	房间照明与插座	1
		公共区域	2
		室外景观	3
空调用电	B	冷热源系统	1
		空调水系统	2
		空调风系统	3
动力用电	C	电梯	1
		水泵	2
		通风机	3

续表 E.0.1-4

分项能耗	分项能耗编码	一级子项	一级子项编码
特殊用电	D	信息中心	1
		洗衣房	2
		厨房	3
		游泳池	4
		健身房	5
		洁净室	6
		其他	7

7 分项能耗二级子项编码应为第16位数编码，应采用1位大写英文字母表示；分项能耗二级子项编码应符合表E.0.1-5的规定。

表 E.0.1-5　分项能耗二级子项编码

二级子项	二级子项编码
冷机	A
冷却泵	B
冷却塔	C
电锅炉	D
采暖循环泵	E
补水泵	F
定压泵	G
冷冻泵	H
加压泵	I
空调机组	J
新风机组	K
风机盘管	L
变风量末端	M
热回收机组	N

E.0.2 能耗数据采集点识别编码（图E.0.2）应由17位符号组成；当某一项目无须使用某编码时，应采用相应位数的"0"代替；并应符合下列规定：

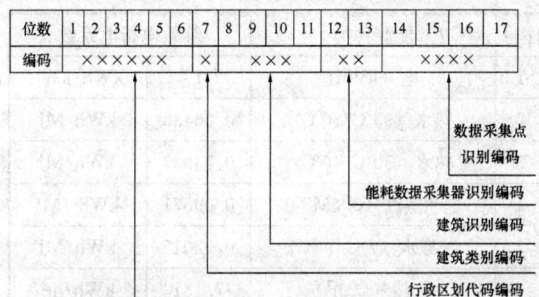

图 E.0.2　能耗数据编码示意图

1 行政区划代码编码应为第1～6位，建筑类别编码应为第7位，建筑识别编码应为第8～11位，编码方法应符合本规程第 E.0.1 条的规定。

2 能耗数据采集器识别编码为第 12、13 位，并采用 2 位阿拉伯数字表示；应根据单一建筑内的能耗数据采集器布置数量，按顺序编号。

3 数据采集点识别编码应为第 14～17 位数编码，并采用 4 位阿拉伯数字表示；应根据单一建筑内数据采集点的数量，按顺序编号。

附录 F 各类能源折算标准煤的折算系数

F.0.1 各类能源折算标准煤的折算系数应符合表 F.0.1 的规定。

表 F.0.1 各类能源折算标准煤的折算系数

序号	能源类型	标准煤量/各类能源量
1	电	3050kgce/万 kWh
2	水	0.0857kgce/t
3	天然气	12143kgce/万 m³
4	液化石油气	1.7143kgce/kg
5	人工煤气	3570～6143kgce/万 m³
6	集中供热/热量	34.12kgce /百万 kJ
7	煤	0.7143kgce/kg
8	汽油	1.4714kgce/kg
9	煤油	1.4714kgce/kg
10	柴油	1.4571kgce/kg

F.0.2 其他类型能源折算标准煤的折算系数应按下式计算：

$$p = H_{value}/7000 \quad (F.0.2)$$

式中：p——某种能源折标准煤的折算系数；

H_{value}——某种能源实际热值（kcal）。

附录 G 各类能源折算等效电值

表 G 各类能源折算等效电值

序号	能源种类	等效电折电系数	
1	电（kWh）	1	kWh/kWh
2	热水（95℃/70℃）	0.06435	kWh/MJ
3	热水（50℃/40℃）	0.03927	kWh/MJ
4	饱和蒸汽（0.4MPa）	0.09571	kWh /MJ
5	冷冻水（7℃/12℃）	0.02015	kWh/MJ
6	天然气（m³）	7.131	kWh/m³
7	液化石油气（kg）	6.977	kWh/kg
8	人工煤气（m³）	3.578	kWh/m³
9	煤（kg）	2.928	kWh/kg

续表 G

序号	能源种类	等效电折电系数	
10	原油（kg）	7.659	kWh/kg
11	汽油（kg）	7.889	kWh/kg
12	柴油（kg）	7.812	kWh/kg

本规程用词说明

1 为便于在执行本规程条文时区别对待，对要求严格程度不同的用词说明如下：

1）表示很严格，非这样做不可的：

正面词采用"必须"，反面词采用"严禁"；

2）表示严格，在正常情况下均应这样做的：

正面词采用"应"，反面词采用"不应"或"不得"；

3）表示允许稍有选择，在条件许可时首先应这样做的：

正面词采用"宜"，反面词采用"不宜"；

4）表示有选择，在一定条件下可以这样做的，采用"可"。

2 规程中指明应按其他有关标准执行的写法为："应符合……的规定"或"应按……执行"。

引用标准名录

1 《自动化仪表工程施工及质量验收规范》GB 50093

2 《电子信息系统机房设计规范》GB 50174

3 《建筑电气工程施工质量验收规范》GB 50303

4 《综合布线系统工程设计规范》GB 50311

5 《综合布线系统工程验收规范》GB 50312

6 《智能建筑工程质量验收规范》GB 50339

7 《电子信息系统机房施工及验收规范》GB 50462

8 《智能建筑工程施工规范》GB 50606

9 《中华人民共和国行政区划代码》GB/T 2260

10 《软件工程产品质量》GB/T 16260

11 《基于 Modbus 协议的工业自动化网络规范》GB/T 19582

12 《电子政务系统总体设计要求》GB/T 21064

13 《户用计量仪表数据传输技术条件》CJ/T 188

14 《热量表》CJ 128

15 《多功能电能表通信协议》DL/T 645

16 《民用建筑电气设计规范》JGJ 16

中华人民共和国行业标准

公共建筑能耗远程监测系统技术规程

JGJ/T 285—2014

条 文 说 明

制 订 说 明

《公共建筑能耗远程监测系统技术规程》JGJ/T
285-2014，经住房和城乡建设部 2014 年 10 月 20 日
以第 599 号公告批准、发布。

本规程编制过程中，编制组对我国公共建筑能耗
远程监测系统进行了调查研究，总结了我国公共建筑
能耗远程监测系统工程中的实践经验，同时参考了国
外先进技术法规、技术标准，对公共建筑能耗远程监
测系统的设计、施工、调试与检查、验收和运行维护

等分别作了规定。

为便于广大设计、施工、科研、学校等单位的有
关人员在使用本规程时能正确理解和执行条文规定，
《公共建筑能耗远程监测系统技术规程》编制组按章、
节、条顺序编制了本规程的条文说明，对条文规定的
目的、依据以及执行中需注意的有关事项进行了说
明。但是，本条文说明不具备规程正文同等的法律效
力，仅供使用者作为理解和把握规程规定的参考。

目　　次

1　总则 ······················· 33—24

3　基本规定 ················· 33—24

4　系统设计 ················· 33—25

  4.1　能耗数据采集系统的设计 ······· 33—25

  4.2　能耗数据传输系统的设计 ······· 33—25

  4.3　能耗数据中心的设计 ··········· 33—25

  4.4　监测系统应用软件的开发 ······· 33—25

5　系统施工 ················· 33—26

  5.1　一般规定 ··················· 33—26

  5.2　施工准备 ··················· 33—26

  5.4　能耗计量装置与能耗数据采集器的

      安装 ······················· 33—26

6　系统调试与检查 ·········· 33—26

  6.1　一般规定 ··················· 33—26

  6.3　系统检查 ··················· 33—26

7　系统验收 ················· 33—26

  7.2　验收内容 ··················· 33—26

8　运行维护 ················· 33—26

  8.1　能耗数据采集与传输系统的运行

      维护 ······················· 33—26

  8.2　能耗数据中心的运行维护 ······· 33—26

附录 C　建筑能耗的分类 ········· 33—27

附录 E　能耗数据编码规则 ······· 33—27

1 总 则

1.0.1 我国现有公共建筑面积约 50 亿 m^2，为城镇建筑面积的 27%，占城乡房屋建筑总面积的 10.7%，但据测算分析，公共建筑能耗约占建筑总能耗的 20%。因此，公共建筑节能已成为目前建筑节能的重点。2007 年国家住房城乡建设部和财政部发布《关于加强国家机关办公建筑和大型公共建筑节能管理工作的实施意见》(建科[2007]245 号)，要求开展节能监管体系建设工作。通过逐步建立国家机关办公建筑和大型公共建筑能耗监测平台，对重点建筑能耗进行实时监测，采用能耗定额和超定额加价等制度，促使国家机关办公建筑和大型公共建筑提高节能运行管理水平，为高能耗建筑的进一步节能改造准备条件。

早期大型公共建筑（建筑面积大于或等于 2 万 m^2）多采用中央空调系统，室内舒适性以及能耗特性与中小型公共建筑（建筑面积小于 2 万 m^2）差异较为明显。但随着经济的发展，人们对室内舒适度要求的提升，越来越多中小型公共建筑的用能系统、能耗特点与大型公共建筑的差距缩小，能耗水平甚至超过大型公共建筑。另一方面，随着人们对管理节能认识的加深，建筑面积小于 2 万 m^2 的中小型公共建筑也实施了能耗远程监测，其技术措施无异于大型公建能耗远程监测。因此，本规程涵盖对象包括所有公共建筑。

1.0.2 既有公共建筑是我国建筑节能的重要组成部分，实施能耗远程监测系统建设是此类建筑节能的主要措施。新建建筑建成后也属于节能监管范围。新建建筑可考虑与能耗远程监测系统同步设计、同步施工。因此本规程不仅适用于既有建筑，也适用于新建建筑。

3 基 本 规 定

3.0.1 公共建筑能耗远程监测系统的组成包括三部分：

能耗数据采集系统，由能耗计量装置和能耗数据采集器组成，实现对公共建筑分类、分项能耗数据的采集功能。

能耗数据传输系统，采用有线网络（如 Internet）或无线网络（如 GPRS），提供能耗计量装置、数据采集器及能耗数据中心之间的数据传输功能。

能耗数据中心，由数据通信服务器、数据处理服务器、数据展示服务器、数据库服务器、能耗监测系统应用软件和中心机房组成，实现能耗数据的采集并存储其管理区域内监测建筑的能耗数据，并对区域内的能耗数据进行处理、分析、展示和发布的场所等功能。

3.0.2 公共建筑能耗远程监测系统采集的建筑信息内容包括：建筑基本信息和建筑附加信息。采集建筑基本信息与附加信息的主要目的是，计算建筑的各种能耗指标，根据建筑不同类型和用能情况，进行对比分析挖掘建筑节能潜力。建筑基本信息是分析指标的基础，为便于能耗远程监测系统应用软件对基础分析指标进行统计、分析、比较及评价监测建筑的能耗情况，因此建筑基本信息是必选项。由于建筑类型、功能及能耗分析程度的不同，建筑附加信息可进行有选择性和针对性的采集。

3.0.3 公共建筑能耗远程监测目的在于掌握公共建筑的各类能源消耗量和用电系统的分项能耗情况，为进一步开展建筑的节能降耗工作准备条件和提供基础数据依据。因此公共建筑消耗的各种能源电、燃气（天然气、液化石油气和人工煤气）、集中供热量、集中供冷量、煤、汽油、煤油、柴油、建筑直接使用的可再生能源和其他能源及公共建筑的照明插座用电、采暖空调用电、动力用电和特殊用电等分项能耗均属于监测内容。

3.0.4 公共建筑能耗数据采集方式分自动采集和人工采集两种方式。其中，电、水、燃气、集中供热（冷）及建筑直接使用的可再生能源等通过能耗计量装置自动获得实时数据，因此应采用自动实时采集方式；其他不能通过自动计量装置获取、无法采用自动方式采集的能耗数据采用人工采集方式。

3.0.5 能耗数据采集器与能耗数据中心之间以及数据中心与数据中心之间的数据通信和传输均需要统一格式以便维护和数据的汇总、分析，因此采用统一的通信过程和数据传输格式。

3.0.6 建立公共建筑能耗远程监测系统旨在为开展建筑节能运行管理及政府监管提供基础数据，因此要保证监测数据的准确性和可靠性。对于新采购的能耗计量装置，需具有出厂检验的质量合格证。对于原有的能耗计量装置，需到具备检定资质的单位进行计量检定，合格后方可使用。

3.0.7 能耗远程监测系统能耗计量装置的安装不能影响原有系统电表、水表等能耗计量装置的使用，或降低其计量精度，也不能干扰原有系统的正常功能。

3.0.8 新建建筑在配电系统的规划、设计阶段考虑能耗远程监测系统的建设要满足本规程的有关要求，并与配电系统同步施工、验收，这可降低能耗监测系统的建设难度，减少重复性工作。

3.0.9 公共建筑能耗数据采集系统应根据配电系统和用能系统的实际状况进行设计，以满足分类、分项能耗监测的目的。对既有建筑而言，由于其配电系统的复杂性，在使用过程中难免会发生变动，因此在设计前应详细调研既有建筑的现状，同时可适当结合业主提出的一些便于实际运行管理的要求进行系统设计。当既有建筑已有监测系统或设备时，充分利用已有资源，以减少重复建设。

4 系 统 设 计

4.1 能耗数据采集系统的设计

4.1.2 公共建筑能耗远程监测采集系统根据建筑的实际用能情况进行设计，设计文件明确能耗采集系统材料、设备及有关施工安装要求，达到施工图深度，指导施工和确保实施按照设计的有关要求。

4.1.3 根据现行国家标准《电力装置的电测量仪表装置设计规范》GB/T 50063 的有关规定，月平均用电量在 100MWh 以上或负荷量为 315kVA 及以上的计费用户，应安装Ⅲ类计量装置，有功电能表对应的为 1.0 级。这符合大多数公共建筑的配电情况。

根据实际情况，电表、水表、冷（热）量表可在设计阶段由设计人员选用，因此给出了相应的精度要求，而燃气表一般是由燃气公司统一配置，因此只对传输条件进行了规定。

4.1.4 能耗数据采集器是能耗数据采集系统的重要装置，负责采集能耗计量装置的能耗数据并向数据中心发送。作为数据终端设备，能耗数据采集器应符合计量仪表等关于通信方面的规定。

4.1.5 一般每小时采集 1 次的能耗数据能够满足对建筑的用能分析和运行管理的要求，同时为了减轻数据中心的存储容量，因此建议采集频率为每小时 1 次。

4.1.6 本条规定了能耗数据采集系统的仪器设备布置场所的要求。由于公共建筑能耗远程监测采用 Internet 技术，采集器向能耗数据中心发送数据包过程需要无干扰环境，为避免其他信号影响监测系统数据传输的稳定性和正确性，能耗数据采集系统的仪器设备应布置在不影响数据稳定采集与传输的场所。为保证后期对系统的运行维护和检修，需留有一定的检修空间。

4.1.7 数据采集系统的设计应满足建筑电气方面的有关要求。

4.2 能耗数据传输系统的设计

4.2.1 传输网络可以简单地分为有线（包括架设光缆、电缆或租用电信专线）和无线（分为建立专用无线数据传输系统或借用 CDPD、GSM、CDMA 等公用网信息平台）两大类方式。

4.2.3 能耗数据中心为服务器端，建立 TCP 监听，接收来自能耗数据采集器的连接。能耗数据采集器为客户端，不启动 TCP 监听。能耗数据采集器启动后向设定好的数据中心发起 TCP 连接，TCP 连接建立后保持连接状态不主动断开，能耗数据采集器定时向数据中心发送心跳包并检测 TCP 连接的状态，一旦连接断开则重新建立连接。

4.2.4 消息摘要算法第 5 版（即 Message Digest Al-gorithm MD5）为计算机安全领域广泛使用的一种散列函数，用以提供消息的完整性保护。

4.2.5 XML（extensible markup language）即可扩展标记语言，它与 HTML 一样，都是 SGML（standard gen-eralized markup language，标准通用标记语言）。XML 是 Internet 环境中跨平台的，依赖于内容的技术，是当前处理结构化文档信息的有力工具。

AES：密码学中的高级加密标准（advanced en-cryption standard，AES），又称 Rijndael 加密法，是美国联邦政府采用的一种区块加密标准，用来替代原先的 DES，已经被多方分析且为全世界所使用。

4.2.6 本条规定了能耗数据采集器的报警和信息记录功能，以及历史数据的断点续传功能，从而避免数据的重复上传或数据丢失。

4.3 能耗数据中心的设计

4.3.1 本条规定了能耗数据中心设计的基本内容。

4.3.2 本条规定了能耗数据中心为满足功能要求一般需要具备的硬件设备。

4.3.3 本条文规定了能耗数据中心的软件要求，数据库软件应符合 ANSI/ISO SQL-99 标准的规定。

4.3.6 本条规定了能耗数据中心设计的成果文件。

4.3.7 能耗数据中心的数据传输、数据处理、数据展示、数据库服务、防火墙防病毒服务、存储备份和管理服务等功能和要求与电子政务系统接近，因此在设计时宜参照现行国家标准《电子政务系统总体设计要求》GB/T 21064 的有关规定，来确定系统设计目标、设计要素和实际实施方法等。

4.4 监测系统应用软件的开发

4.4.1 能耗监测系统应用软件除应符合软件工程开发的相关规定和要求外，还应符合《国家机关办公建筑和大型公共建筑能耗监测系统软件开发指导说明书》的要求。

4.4.4 为了统一数据便于交流和计算，规定能耗远程监测系统应用软件的编码规则，包括能耗数据编码和数据采集点编码规则。编码规则应符合本规程附录 E 的规定。

4.4.5 此条规定了能耗监测系统指标计算应包含的内容。

为便于统一比较，对采用多种不同能源种类的建筑计算其总能耗时可统一折算成标准煤或等效电。各类能源折算标准煤和等效电系数分别应符合本规程附录 F 和附录 G 的规定。

可根据具体情况采用标准煤或等效电对能耗进行计算。对民用建筑一般变压器容量为低压，因此其总用电量为各变压器低压侧总表直接计量值之和；但也有极个别用电负荷较高的建筑，用电设备为高压供电，对此类建筑，其总用电为各变压器低压侧总表直接计量值及高压供电计量值之和。

高压设备是指电压等级在 1000V 以上的用电设备。

4.4.6 能耗监测系统指标可根据实际需求选用的参考指标内容。

4.4.7 各分项能耗增量应根据各能耗计量装置的原始数据增量进行数学计算获得。分项能耗日结、月结和年度数据均应根据各分项能耗增量计算获得。

4.4.8 本条规定了能耗远程监测系统应用软件需具备的展示功能。对能耗数据的展示应直观、清楚，采用图和表的形式以反映其中的规律性。

4.4.9 为控制数据质量，能耗远程监测系统应用软件的应具备自动验证功能，本条只规定了最基本的两个自动验证功能，鼓励软件开发过程中增加更多的自动验证功能以提高数据质量。

5 系 统 施 工

5.1 一 般 规 定

5.1.3 本系统工程中的线缆或桥架，被安装于封闭部位或埋设于结构内或直接埋地时，均属于隐蔽工程。隐蔽工程在封闭前，必须对该部分工程的施工质量进行验收，且必须得到现场监理人员认可的合格签证，否则不得进行封闭作业。

5.1.4 本条文是对施工单位提出的。由施工人员发现工程施工图纸实施中的问题和部分差错是正常的，如能耗计量装置所计量的回路负载与设计不符等。要按正规的手续反映情况和及时更正，并将文件归档，这符合工程管理的基本规定。

5.2 施 工 准 备

5.2.2 第 3 款 在能耗计量装置的安装过程中为保证安全应尽量停电施工，但有时由于建筑的使用无法停电，需要带电施工时，则需符合有关安全施工的规定。

5.4 能耗计量装置与能耗数据采集器的安装

5.4.3 目前采用 RS-485 总线的能耗数据采集器的有线传输距离可以达到更远，但是考虑到每栋建筑宜采用独立的能耗数据采集器，以及传输距离过长信号的干扰问题，根据相关实践经验，本条给出了传输距离的建议值。

6 系 统 调 试 与 检 查

6.1 一 般 规 定

6.1.1 公共建筑能耗远程监测系统工程完工后的调试，是将施工完毕的工程系统进行正确地调整，直至

符合设计规定要求。本条文规定系统的调试应以施工单位为主，监理单位监督，设计单位和建设单位参与配合。设计单位的参与，除应提供工程设计的参数外，还应对调试过程中出现的问题提出明确的修改意见。

6.1.3 本条规定系统调试工作应形成书面记录和记录应包括的内容。调试记录是日后进行验收、保养、维护的重要文档资料。

6.1.5 本章关于检查的内容既适用于第三方检查，也适用于施工单位的自检自查。施工单位的自检自查应当全部检查，并有自检记录，接受第三方检查时，应提供自检记录。

公共建筑能耗远程监测系统检查以系统的功能和设备的性能为主，设备的选择和安装质量对系统的功能和性能起重要作用，必须严格检查。

6.3 系 统 检 查

6.3.4 第 3 款 能耗远程监测系统应用软件的功能应能够满足设计的需求，包括监测建筑数量、能耗指标、安装环境和页面刷新时间等。

能耗数据中心能耗监测系统软件应优先选用经过建设主管部门认定的软件。

7 系 统 验 收

7.2 验 收 内 容

7.2.2 竣工图纸应包括设计说明、系统图、平面布置图和设备清单等。

系统及设备测试记录包括设备测试记录、系统功能检查及测试记录、系统联动功能测试记录。

其他文件是指工程实施和质量控制资料等。

8 运 行 维 护

8.1 能耗数据采集与传输系统的运行维护

8.1.1 能耗数据采集与传输系统的运行维护技术档案包括各种规章制度，如岗位责任制度、运行值班制度、巡回检查制度、维修保养制度、事故报告制度及系统操作规定及突发事件应急处预案等。数据中心技术档案的建立可参照本条执行。

8.2 能耗数据中心的运行维护

8.2.2 由于建筑末端用电设备的配电线路有时会发生变动，一般建筑业主很难及时发出通知，因此应对采集数据进行大数审核，判断是否有逻辑性、趋势性的变化，及时核对发现错误和变更，采取相应的措施。建筑的主要耗能系统——空调系统和采暖系统是按季节来运行的，因此一年至少要进行 2 次大数审核。

附录 C 建筑能耗的分类

C.0.2 建筑分项能耗分为 4 项，包括照明插座用电、采暖空调用电、动力用电和特殊用电。

1 照明插座用电

照明插座用电是指建筑物主要功能区域的照明、插座等设备用电的总称。照明插座用电包括房间照明和插座用电、公共区域照明用电和室外景观照明用电，共 3 个子项。

房间照明和插座用电是指建筑物房间内照明灯具和从插座取电的室内设备的用电，如计算机等办公设备；若空调末端设备用电不可单独计量，则应计算在房间照明和插座子项中，如风机盘管和分体式空调器等。

公共区域照明用电是指建筑物内的公共区域灯具照明和应急用电等，如走廊、大堂等的照明用电。

室外景观照明用电是指建筑物室外的照明灯具用电及用于室外的景观用电。

2 采暖空调用电

采暖空调用电是为建筑物提供空调、采暖服务的设备用电的统称。暖通空调用电包括冷热源系统、空调水系统和空调风系统的用电，共 3 个子项。

冷热源系统是暖通空调系统中制备冷/热量的设备总称。常见的冷源系统主要包括冷水机组、冷却泵和冷却塔；热源系统包括电锅炉、采暖循环泵（对于热网通过板换供热的建筑，仅包括板换二次泵；对于采用自备锅炉的，包括一、二次泵）、补水泵和定压泵。

空调水系统包括一次冷冻泵、二次冷冻泵、冷冻水加压泵等。

空调风系统是指可单独测量的所有空调系统末端设备，包括空调机组、新风机组、风机盘管、变风量末端和热回收机组等。

3 动力用电

动力用电是集中提供各种动力服务（包括电梯、非空调区域通风、生活热水、自来水加压、排污等）的设备（不包括空调采暖系统设备）用电的统称。动力用电包括电梯用电、水泵用电和通风机用电，共 3 个子项。

电梯用电是指建筑物中所有电梯（包括货梯、客梯、消防梯、扶梯等）及其附属的机房专用空调等设备的用电。

水泵用电是指除空调采暖系统和消防系统以外的所有水泵，包括自来水加压泵、生活热水泵、排污泵、中水泵等的用电。

通风机用电是指除空调采暖系统和消防系统以外的风机，如车库通风机、厕所排风机等的用电。

4 特殊用电

特殊区域用电是指不属于建筑物常规功能的用电设备的耗电量，特殊用电的特点是能耗密度高、满足建筑某种功能或生产需要的区域及设备用电。特殊用电包括信息机房、洗衣房、厨房、游泳池、健身房设备、洁净室和其他特殊设备或工艺用电。

信息机房用电包括通信、网络和计算机设备，及机房空调设备等的用电。

洗衣房用电包括用于满足洗衣服务的所有设备，包括洗衣机、脱水机、烘干机和烫平机等的用电。

厨房用电包括电炉、微波炉、冷柜、洗碗机、消毒柜、电蒸锅和厨房送、排风机等的用电。

游泳池用电包括满足游泳池使用功能的所有设备，包括采暖、通风、水处理等设备的用电。

健身房用电包括满足健身房使用功能的所用设备，包括健身器械、空调和通风等设备的用电。

洁净室用电包括各种洁净室中满足净化要求的工艺空调和洁净室中的各种功能设备的用电。

其他用电是指开水器、电热水器等建筑中所需的其他特殊设备或工艺的用电。

附录 E 能耗数据编码规则

E.0.1 能耗数据编码示例如表 1 所示。

表 1 能耗数据编码示例

序号	能耗数据的描述分段与组合示例	编码
1	北京市 东城区 第 0001 号商场建筑 电 照明插座用电	110101 B 0001 01 A 1 0
2	吉林省长春市 南关区 第 0009 号办公建筑 电 空调用电 冷热站 冷却泵	220102 A 0009 01 B 1 B
3	北京市 朝阳区 第 0099 号宾馆饭店建筑 水	110105 C 0099 02 0 0 0

E.0.2 能耗数据采集点识别编码示例如表 2 所示。

表 2 能耗数据采集点识别编码示例

序号	能耗数据采集端识别编码的描述分段与组合示例	编码
1	北京市 朝阳区 第 0025 号医疗卫生建筑 第 08 号数据采集器 第 0003 号采集点	110105 E 0025 08 0003
2	吉林省长春市 南关区 第 0009 号办公建筑 第 25 号数据采集器 第 0112 号采集点	220102 A 0009 25 0112

中华人民共和国行业标准

建筑反射隔热涂料节能检测标准

Standard for energy efficiency test of solar heat reflecting
insulation coatings of buildings

JGJ/T 287—2014

批准部门：中华人民共和国住房和城乡建设部
施行日期：2 0 1 5 年 6 月 1 日

中华人民共和国住房和城乡建设部
公　告

第 619 号

住房城乡建设部关于发布行业标准
《建筑反射隔热涂料节能检测标准》的公告

现批准《建筑反射隔热涂料节能检测标准》为行业标准，编号为 JGJ/T 287‑2014，自 2015 年 6 月 1 日起实施。

本标准由我部标准定额研究所组织中国建筑工业出版社出版发行。

中华人民共和国住房和城乡建设部
2014 年 11 月 5 日

前　言

根据住房和城乡建设部《关于印发〈2008 年工程建设标准规范制定、修订计划(第一批)〉的通知》(建标[2008]102 号)的要求，标准编制组经广泛调查研究，认真总结实践经验，参考有关国际标准和国外先进标准，并在广泛征求意见的基础上，编制本标准。

本标准的主要技术内容是：1. 总则；2. 术语；3. 基本规定；4. 实验室检测；5. 现场检测。

本标准由住房和城乡建设部负责管理，由华南理工大学负责具体技术内容的解释。执行过程中如有意见或建议，请寄送华南理工大学建筑节能研究中心(地址：广州市天河区五山路 381 号，邮编：510640)。

本标准主编单位：华南理工大学
本标准参编单位：中国建筑科学研究院
　　　　　　　　　中国建材检验认证集团股份有限公司
　　　　　　　　　西安建筑科技大学
　　　　　　　　　中国建筑西南设计研究院有限公司
　　　　　　　　　广东省建筑科学研究院
　　　　　　　　　广州市建筑科学研究院有限公司
　　　　　　　　　江苏省建筑科学研究院有限公司
　　　　　　　　　上海市建筑科学研究院(集团)有限公司
　　　　　　　　　中国建筑材料科学研究总院
　　　　　　　　　中国空间技术研究院
　　　　　　　　　广州市鲁班建筑工程技术有限公司
　　　　　　　　　上海广毅涂料有限公司
　　　　　　　　　北京爱万提斯科技有限公司
　　　　　　　　　广州标旗电子科技有限公司

本标准主要起草人员：孟庆林　赵立华　张宇峰　张磊　李宁　罗涛　杨文颐　刘艳峰　杨柳　冯雅　任俊　杨仕超　许锦峰　胡晓珍　冀志江　沈自才　邓天宁　徐耀标　严志伟　蒋二龙　宋光均

本标准主要审查人员：路宾　刘月莉　陆津龙　冀兆良　龙恩深　周孝清　江刚　任普亮　夏贽　丁力行　刘俊跃

目　次

1 总则 ……………………………… 34—5

2 术语 ……………………………… 34—5

3 基本规定 ………………………… 34—5

4 实验室检测 ……………………… 34—5

  4.1 一般规定 …………………… 34—5

  4.2 太阳反射比测试 …………… 34—6

  4.3 半球发射率测试 …………… 34—6

  4.4 检测报告 …………………… 34—7

5 现场检测 ………………………… 34—7

  5.1 一般规定 …………………… 34—7

  5.2 检测设备 …………………… 34—7

  5.3 采样要求 …………………… 34—7

  5.4 检测要求 …………………… 34—8

  5.5 检测报告 …………………… 34—8

附录 A 绝对光谱法测定太阳
     反射比 ………………… 34—8

附录 B 辐射积分法测定太阳
     反射比 ………………… 34—8

附录 C 太阳光谱辐照度 ………… 34—9

附录 D 293K 下热辐射相对
     光谱分布 ……………… 34—10

本标准用词说明 …………………… 34—10

引用标准名录 ……………………… 34—10

附：条文说明 ……………………… 34—11

Contents

1　General Provisions ························ 34—5

2　Terms ···································· 34—5

3　Basic Requirements ···················· 34—5

4　Lab Testing ···························· 34—5

  4.1　Genaral Requirements ············ 34—5

  4.2　Testing for Solar Reflectance ··········· 34—6

  4.3　Testing for Hemispherical

     Emittance ······················ 34—6

  4.4　Testing Report ················ 34—7

5　In-situ Testing ···················· 34—7

  5.1　Genaral Requirements ··········· 34—7

  5.2　Testing Equipments ············· 34—7

  5.3　Sample Requirements ·········· 34—7

  5.4　Testing Requirements ············· 34—8

  5.5　Testing Report ················ 34—8

Appendix A　Testing for Solar

          Reflectance-Absolute

          Spectrum Method ········ 34—8

Appendix B　Testing for Solar

          Reflectance-Radiation

          Integral Method ··········· 34—8

Appendix C　Reference Spectral

          Solar Irradiance

          Distribution ·················· 34—9

Appendix D　Thermal Radiation

          Relative Spectral

          Distribution at 293K ··· 34—10

Explanation of Wording in This

  Standard ····························· 34—10

List of Quoted Standards ················ 34—10

Addition: Explanation of

  Provisions ···························· 34—11

1 总　则

1.0.1 为在建筑反射隔热涂料工程应用中贯彻执行国家技术经济政策，规范建筑用反射隔热涂料节能性能参数检测，做到技术先进、安全使用、经济合理、确保质量，制定本标准。

1.0.2 本标准适用于新建、扩建及既有建筑墙面、屋面的建筑反射隔热涂料节能性能参数的检测。

1.0.3 建筑反射隔热涂料节能性能参数检测除应符合本标准外，尚应符合国家现行有关标准的规定。

2 术　语

2.0.1 建筑反射隔热涂料　solar heat reflecting insulation coatings for buildings

具有较高太阳热反射比和半球发射率，可以达到明显隔热效果的涂料。

2.0.2 太阳反射比　solar reflectance

反射的与入射的太阳辐射能通量之比值。

2.0.3 半球发射率　hemispherical emissivity

热辐射体在半球方向上的辐射出射度与处于相同温度的全辐射体（黑体）的辐射出射度之比值。

2.0.4 太阳光谱辐照度　spectral solar irradiance

在某一给定波长范围内，单位波长间隔的太阳辐照度。

2.0.5 绝对光谱法　absolute spectral method

将试样放置于积分球中心位置，通过测试试样在规定波长上的绝对光谱反射比，计算试样太阳反射比的方法。

2.0.6 相对光谱法　relative spectral method

通过测试试样在规定波长上相对于标准白板的光谱反射比，计算试样太阳反射比的方法。

2.0.7 光纤光谱仪　fiber spectral method

采用光纤作为信号耦合器件，将试样反射光耦合到光谱仪中进行光谱分析测定试样反射比的仪器。

2.0.8 辐射积分法　radiation integral method

漫射光照射被测表面，利用多个探测器探测一定角度上不同波段的反射辐射能，加权计算得到被测表面太阳反射比的方法。

2.0.9 定位片　locating piece

在测量头触接面与被测面之间设置的用于采样孔定位和闭光的垫片。

2.0.10 热沉　heat sink

温度不随传热量变化的物体。

3 基 本 规 定

3.0.1 建筑反射隔热涂料节能检测可分为实验室检测和现场检测。

3.0.2 建筑反射隔热涂料的节能设计验证、进场复验和抽样送检应采用实验室检测；建筑反射隔热涂料施工完成后的工程节能性能检测应采用现场检测。

3.0.3 建筑反射隔热涂料节能性能的现场检测应按下列流程（图3.0.3）。

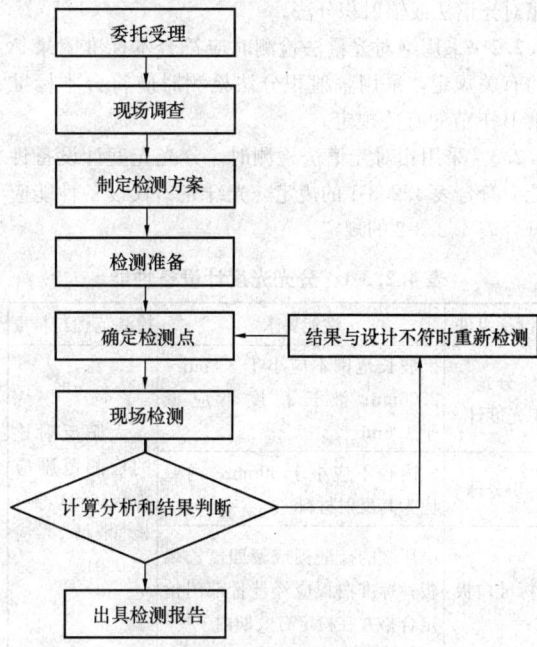

图 3.0.3　建筑反射隔热涂料节能
性能的现场检测流程

3.0.4 检测设备应在合格检定或校准有效期内。自行研制的设备应经过技术鉴定和校准合格。

4 实验室检测

4.1 一 般 规 定

4.1.1 实验室检测的产品取样应符合现行国家标准《色漆、清漆和色漆与清漆用原材料 取样》GB/T 3186 的有关规定，并应满足检测需要。

4.1.2 试样制备应符合下列规定：

1 涂料应在容器中充分搅拌混合均匀，并用涂布器或刮板分两道均匀涂覆在 1mm～2mm 厚的铝合金板表面，涂层干膜厚度应为 200μm～300μm，且涂层应平整，无气泡、裂纹等缺陷；

2 水性涂料涂膜，两道涂布的时间间隔应为 6h；溶剂型涂料涂膜，两道涂布的时间间隔应为 24h；

3 涂膜养护时间应为 7d；

4 试样制备环境的温度应为 23℃±2℃，试样制备环境的相对湿度应为 50%±5%；

5 检测试样尺寸应根据仪器确定，检测试样数量应为3个。

4.1.3 实验室检测环境的温度应为 23℃±5℃，实验室检测环境的相对湿度不得高于 60%。

4.2 太阳反射比测试

4.2.1 太阳反射比的实验室检测应采用绝对光谱法、相对光谱法或辐射积分法。

4.2.2 采用绝对光谱法检测时应符合本标准附录 A 的有关规定，采用辐射积分法检测时应符合本标准第 B.1 节的有关规定。

4.2.3 采用相对光谱法检测时，分光光度计设备性能应符合表 4.2.3-1 的规定，光纤光谱仪设备性能应符合表 4.2.3-2 的规定。

表 4.2.3-1 分光光度计设备性能

设备组件	性能要求	检测范围与精度
分光光度计	波长范围不应小于 350nm～2500nm；波长精度不应低于 1.6nm	太阳反射比的检测范围应为 0.02～0.97；检测精度应为 0.01
积分球	内径不应小于 30mm，内壁应为高反射材料	
标准白板	压制的硫酸钡或聚四氟乙烯板；标准白板应经计量部门检定合格并在检定有效期内	

表 4.2.3-2 光纤光谱仪设备性能

设备组件	性能要求	检测范围与精度
光纤光谱仪	波长范围应为 350nm～2500nm；在 350nm～1100nm 波长范围精度不应低于 0.5nm，在 1100nm～2500nm 波长范围精度不应低于 3.2nm	太阳反射比检测范围应为 0.02～0.97；检测精度应为 0.01
光源	卤钨灯	
光纤	多模光纤芯径不应小于 600μm；数值孔径应为 0.22±0.02；光纤长度不宜超过 3m	
积分球	内径应为 30mm～120mm；在 400nm～1500nm 波长范围的最低反射率不得低于 96%，在 250nm～2500nm 的最低反射率不得低于 93%，采样孔直径不应小于 9mm	
标准白板	压制的硫酸钡或聚四氟乙烯板；标准白板应经计量部门检定合格并在检定有效期内	

4.2.4 相对光谱法检测程序应符合下列规定：
 1 仪器应正确连接并处于正常工作状态；
 2 仪器工作参数设定应正确；

 3 将标准白板安装在积分球试样孔处，应在仪器规定的波长范围内测量绝对光谱反射比的基线；

 4 将试样安装在积分球试样孔处，应在同一波长范围内测定试样相对于标准白板的光谱反射比。

4.2.5 相对光谱法数据处理应符合下列规定：

 1 太阳反射比应按下列公式计算：

$$\rho_s = \frac{\sum_{i=1}^{n} \rho_{0\lambda_i} \rho_{b\lambda_i} E_s(\lambda_i) \Delta\lambda_i}{\sum_{i=1}^{n} E_s(\lambda_i) \Delta\lambda_i} \quad (4.2.5\text{-}1)$$

$$\Delta\lambda_i = (\lambda_{i+1} - \lambda_{i-1})/2 \quad (4.2.5\text{-}2)$$

式中：ρ_s——太阳反射比；

i——波长 350nm～2500nm 范围内的计算点；

λ_i——计算点 i 对应的波长（nm），应按本标准附录 C 的规定选取；

n——计算点的数目，应取 96 个；

$\rho_{0\lambda_i}$——波长为 λ_i 的标准白板的绝对光谱反射比测定值，应采用计量部门的检定值；

$\rho_{b\lambda_i}$——波长为 λ_i 的试样相对于标准白板的光谱反射比测定值；

$E_s(\lambda_i)$——在波长 λ_i 处太阳光谱辐照度［W/（m²·nm）］，应按本标准附录 C 的规定选取；

$\Delta\lambda_i$——计算点波长间隔（nm）。

 2 应测试 3 个试样的太阳反射比，并取算术平均值作为最终结果。

4.3 半球发射率测试

4.3.1 半球发射率可采用辐射计或红外分光光度计检测。

4.3.2 辐射计设备性能应符合表 4.3.2-1 的规定，红外分光光度计设备性能应符合表 4.3.2-2 的规定。

表 4.3.2-1 辐射计设备性能

设备组件	性能要求	检测范围与精度
辐射计探测器	重复性±1%	半球发射率检测范围应为 0.03～0.95；检测精度应为 0.01
毫伏计	灵敏度 0.01mV	
热沉	导热良好；表面高辐射	

表 4.3.2-2 红外分光光度计设备性能

设备组件	性能要求	检测范围与精度
红外分光光度计	波长范围不小于 2.5μm～25.0μm	半球发射率检测范围应为 0.05～0.90；检测精度应为 0.01
积分球	内径不小于 60mm，内壁为高反射材料	
标准板	聚四氟乙烯板或金镜板；应经计量部门检定合格并在检定有效期内	

4.3.3 检测程序应符合下列规定：

1 采用辐射计检测时，检测程序应符合下列规定：

    1）将发射率参比试样置于热沉上，再将辐射探测器放到参比试样上，通过微调应使仪表读数等于参比试样值；

    2）将被测试样置于热沉上，再将辐射探测器放到被检测试样表面上，待读数稳定后即为被检测试样的发射率。此过程应至少进行3次。

2 采用红外分光光度计检测时，检测程序应符合下列规定：

    1）仪器应正确连接并处于正常工作状态；

    2）仪器工作参数设定应正确；

    3）将标准板安装在积分球试样孔处，应在仪器规定的波长范围内进行基线扫描；

    4）将试样安装在积分球试样孔处，应在同一波长范围内进行相对于标准板的试样光谱反射比扫描。

4.3.4 数据处理应符合下列规定：

1 采用辐射计检测时，应取3次读数的算术平均值作为该试样的半球发射率，应测试3个试样的半球发射率，并取算术平均值作为最终结果。

2 采用红外分光光度计检测时，应符合下列规定：

    1）半球发射率应按下式计算：

$$\varepsilon = 1 - \sum_{4.5}^{25} G_\lambda \rho_{(\lambda)} \qquad (4.3.4)$$

式中：ε——半球发射率；

    $\rho_{(\lambda)}$——试样的热辐射光谱反射比；

    G_λ——293K下热辐射相对光谱分布，应按本标准附录D的规定选取。

    2）应测试3个试样的半球发射率，并取算术平均值作为最终结果。

4.4 检测报告

4.4.1 检测报告应包括下列信息：

1 报告的名称、编号及页码、检测单位名称及地址、委托单位名称和地址；

2 样品的名称、描述、尺寸、送样或抽样的地点与日期；

3 检测的依据、设备和条件；

4 环境描述；

5 检测的结果；

6 附图、附表；

7 报告主检人、审核人和批准人的签名。

4.4.2 检测报告宜包括测点及其周围环境照片。

5 现场检测

5.1 一般规定

5.1.1 太阳反射比的现场检测应采用相对光谱法或辐射积分法。

5.1.2 检测点的选择应符合下列规定：

1 检测点的涂层外观应平整、清洁，涂层表面拉毛的凸起高度不宜大于2.0mm；

2 检测点的涂层表面应干燥；

3 检测时检测点应避免受太阳直接照射。

5.1.3 现场检测环境应符合下列规定：

1 现场检测环境的温度宜为5℃～35℃；

2 现场检测环境的相对湿度不宜高于80%；

3 现场检测应避免在雨、雾天气进行；

4 环境风速宜小于5m/s。

5.2 检测设备

5.2.1 采用相对光谱法检测时，检测设备性能应符合本标准表4.2.3-2的有关规定；当采用辐射积分法检测时，检测设备性能应符合本标准表B.1.1的有关规定。

5.2.2 检测设备应具有抗振动、抗干扰和防尘等性能，并应满足能在本标准第5.1.3条规定的环境条件下使用。

5.3 采样要求

5.3.1 现场检测采样时，测量头触接面与检测点之间应配置定位片。

5.3.2 定位片（图5.3.2）应符合下列规定：

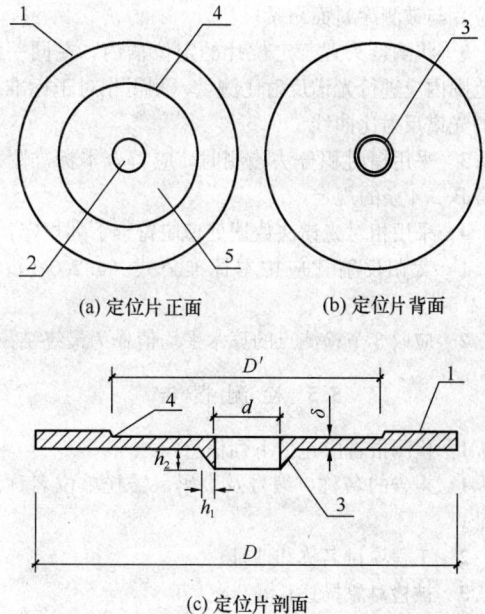

(a) 定位片正面   (b) 定位片背面

(c) 定位片剖面

图 5.3.2 定位片

1—定位片；2—采样孔；3—采样孔边牙；

4—测量头定位槽；5—测量头触接面；

D—定位片直径；δ—触接面板厚度；d—采样孔直径；

D'—定位槽底内径；h_1—边牙厚度；h_2—边牙高度

1 定位片应带有采样孔、采样孔边牙和测量头定位槽;

2 定位片应采用不锈钢板制作,测量头触接面范围的板厚(δ)不应大于 0.3mm,直径(D)不应小于测量头采样孔直径的 10 倍,采样孔直径(d)应比测量头采样孔直径大 1.0mm;

3 定位片的定位槽底内径(D')应比测量头触接面轮廓直径大 0.5mm;

4 定位片背面的采样孔边缘上应带有边牙,边牙的锋刃程度以左右旋转定位片时易于切入被测面为宜,厚度(h_1)不宜大于 0.2mm,高度(h_2)应等于被测涂层表面拉毛的凸起高度;

5 定位片的采样孔内壁应涂白,其余面应涂黑。

5.4 检 测 要 求

5.4.1 每个检测区域应确定 3 个检测点,3 个检测点宜按等边三角形布置,检测点间距不宜小于 500mm。

5.4.2 采用相对光谱法检测时,检测程序应符合下列规定:

1 仪器应正确连接并处于正常工作状态;

2 仪器工作参数设定应正确;

3 将标准白板与定位片背面靠紧,将积分球采样孔对准定位片的采样孔,在仪器规定的波长范围内应进行光谱反射比的光谱基线测量;

4 将定位片背面的采样孔对准检测点,并应使定位片与被测涂料面靠紧;

5 将测量头置于定位片的定位槽内,在同一波长范围内应进行光谱反射比测量,测得相对于标准白板的光谱反射比曲线。

5.4.3 采用辐射积分法检测时,应符合本标准附录 B 第 B.2.4 条的规定。

5.4.4 采用相对光谱法数据处理应符合下列规定:

1 太阳反射比应按本标准公式(4.2.5-1)和(4.2.5-2)计算;

2 应取 3 个检测点的算术平均值作为最终结果。

5.5 检 测 报 告

5.5.1 检测报告应包括下列信息:

1 报告的名称、编号及页码、委托单位名称和地址;

2 工程项目名称和地址;

3 被检对象描述;

4 检测环境描述;

5 检测方法;

6 检测依据的标准文件;

7 检测设备、仪器的型号、编号、计量有效期等信息;

8 检测结果;

9 附图、附表;

10 检测单位名称及地址;

11 报告主检人、审核人和批准人的签名。

5.5.2 检测报告宜包括测点及其周围环境照片。

附录 A 绝对光谱法测定太阳反射比

A.0.1 采用绝对光谱法检测时,分光光度计设备性能应符合表 A.0.1 的规定。

表 A.0.1 分光光度计设备性能

设备组件	性能要求	检测范围与精度
分光光度计	波长范围不应小于 350nm～2500nm;波长精度不应低于 1.6nm	太阳反射比检测范围应为 0.02～0.97;检测精度应为 0.01
积分球	内径不应小于 60mm,内壁应为高反射材料	

A.0.2 检测程序应符合下列规定:

1 仪器应正确连接并处于正常工作状态;

2 仪器工作参数设定应正确;

3 应将试样安装在试样架上放入积分球内中间部位;

4 应在仪器规定的波长范围内测定试样的绝对光谱反射比。

A.0.3 数据处理应符合下列规定:

1 太阳反射比应按下式计算:

$$\rho_s = \frac{\sum_{i=1}^{n} \rho_{\lambda_i} E_s(\lambda_i) \Delta\lambda_i}{\sum_{i=1}^{n} E_s(\lambda_i) \Delta\lambda_i} \quad (A.0.3)$$

式中:ρ_{λ_i}——波长为 λ_i 时试样的光谱反射比。

2 应测试 3 个试样的太阳反射比,并取算术平均值作为最终结果。

附录 B 辐射积分法测定太阳反射比

B.1 实验室检测

B.1.1 采用辐射计分法检测时,辐射积分仪设备性能应符合表 B.1.1 的规定。

表 B.1.1　辐射积分仪设备性能

设备组件	性能要求	检测范围与精度
测量头（集成式积分球）	波长范围不应小于 350nm～2500nm，测量波段不应少于 4 个；应由卤钨灯、过滤器和探测器组成；测量头内壁为高反射材料；探测器应能探测到紫外、蓝光、红光和近红外区的电子感应；测量头采样孔孔径应为 25mm～26mm；重复性应为±0.003；偏差应为±0.002	太阳反射比检测范围应为 0.02～0.97；检测精度应为 0.01
读数模块	应具有数据采集、处理和显示功能，数显分辨率应为 0.001；数字显示器不稳定度应小于±[（读数的 1%＋0.003）/h]	
校准装置	包括黑腔体和高反射比的标准陶瓷白板，标准白板应经计量部门检定合格并在检定有效期内	

B.1.2 检测程序应符合下列规定：

1 仪器应正确连接并处于正常工作状态；

2 仪器工作参数设定应正确；

3 开机预热期间应盖罩采样孔，预热 30min 后进行仪器校准；

4 应采用反射比为零的黑腔体调零，采用高反射比标准板校准；

5 应将试样放在测量头的采样孔上靠紧，并应在显示值稳定后读数。

B.1.3 数据处理应符合下列规定：

1 应取 3 次读数的算术平均值作为该试样的太阳反射比；

2 应测试 3 个试样的太阳反射比，并取算术平均值作为最终结果。

B.2　现 场 检 测

B.2.1 现场检测设备应由读数模块、校准装置、测量头和定位片等组成。

B.2.2 检测点的确定应符合本标准第 5.4.1 条的规定。

B.2.3 检测采样应符合本标准第 5.3 节的规定。

B.2.4 检测程序应符合下列规定：

1 仪器应正确连接并处于正常工作状态；

2 仪器工作参数设定应正确；

3 开机预热期间应盖罩采样孔，预热 30min 后进行仪器校准；

4 应采用反射比为零的黑腔体调零，采用高反射比标准板校准；

5 应将定位片背面的采样孔对准检测点，并应使定位片与被测涂料面靠紧；

6 应将测量头置于定位片的定位槽内靠紧，并应在显示值稳定后读数。

B.2.5 数据处理应符合下列规定：

1 应取 3 次读数的算术平均值作为该检测点的太阳反射比；

2 应测试 3 个检测点的太阳反射比，并取算术平均值作为该检测区域的最终结果。

附录 C　太阳光谱辐照度

表 C　太阳光谱辐照度 $E_s(\lambda_i)$ 表

λ_i (nm)	$E_s(\lambda_i)$ [W/(m²·nm)]	λ_i (nm)	$E_s(\lambda_i)$ [W/(m²·nm)]	λ_i (nm)	$E_s(\lambda_i)$ [W/(m²·nm)]	λ_i (nm)	$E_s(\lambda_i)$ [W/(m²·nm)]
305.0	0.0092	570.0	1.4471	980.0	0.6230	1800.0	0.0290
310.0	0.0408	590.0	1.3449	993.5	0.7197	1860.0	0.0019
315.0	0.1039	610.0	1.4315	1040.0	0.6655	1920.0	0.0012
320.0	0.1744	630.0	1.3821	1070.0	0.6144	1960.0	0.0204
325.0	0.2379	650.0	1.3684	1100.0	0.3976	1985.0	0.0878
330.0	0.3810	670.0	1.3418	1120.0	0.1058	2005.0	0.0258
335.0	0.3760	690.0	1.0890	1130.0	0.1822	2035.0	0.0959
340.0	0.4195	710.0	1.2690	1137.0	0.1274	2065.0	0.0582
345.0	0.4230	718.0	0.9737	1161.0	0.3267	2100.0	0.0859
350.0	0.4662	724.4	1.0054	1180.0	0.4433	2148.0	0.0792
360.0	0.5014	740.0	1.1673	1200.0	0.4082	2198.0	0.0689
370.0	0.6421	752.5	1.1506	1235.0	0.4631	2270.0	0.0677
380.0	0.6867	757.5	1.1329	1290.0	0.3981	2360.0	0.0598
390.0	0.6946	762.5	0.6198	1320.0	0.2411	2450.0	0.0204
400.0	0.9764	767.5	0.9938	1350.0	0.0313	2494.0	0.0178
410.0	1.1162	780.0	1.0901	1395.0	0.0015	2537.0	0.0031
420.0	1.1411	800.0	1.0424	1442.5	0.0537	2941.0	0.0042
430.0	1.0330	816.0	0.8184	1462.5	0.1013	2973.0	0.0073
440.0	1.2548	823.7	0.7565	1477.0	0.1017	3005.0	0.0063
450.0	1.4707	831.5	0.8832	1497.0	0.1755	3056.0	0.0031
460.0	1.5416	840.0	0.9251	1520.0	0.2531	3132.0	0.0052
470.0	1.5237	860.0	0.9434	1539.0	0.2643	3156.0	0.0187
480.0	1.5693	880.0	0.8994	1558.0	0.2650	3204.0	0.0013
490.0	1.4834	905.0	0.7214	1578.0	0.2357	3245.0	0.0031
500.0	1.4926	915.0	0.6433	1592.0	0.2384	3317.0	0.0126
510.0	1.5290	925.0	0.6653	1610.0	0.2204	3344.0	0.0031
520.0	1.4311	930.0	0.3890	1630.0	0.2356	3450.0	0.0128
530.0	1.5154	937.0	0.2489	1646.0	0.2263	3573.0	0.0115
540.0	1.4945	948.0	0.3022	1678.0	0.2125	3765.0	0.0094
550.0	1.5049	965.0	0.5077	1740.0	0.1653	4045.0	0.0072

附录 D   293K 下热辐射相对光谱分布

表 D   293K 下热辐射相对光谱分布 G_λ 表

波长（μm）	G_λ	波长（μm）	G_λ
4.5	0.0053	15.0	0.0281
5.0	0.0094	15.5	0.0266
5.5	0.0143	16.0	0.0252
6.0	0.0194	16.5	0.0238
6.5	0.0244	17.0	0.0225
7.0	0.0290	17.5	0.0212
7.5	0.0328	18.0	0.0200
8.0	0.0358	18.5	0.0189
8.5	0.0379	19.0	0.0179
9.0	0.0393	19.5	0.0168
9.5	0.0401	20.0	0.0159
10.0	0.0402	20.5	0.0150
10.5	0.0399	21.0	0.0142
11.0	0.0392	21.5	0.0134
11.5	0.0382	22.0	0.0126
12.0	0.0370	22.5	0.0119
12.5	0.0356	23.0	0.0113
13.0	0.0342	23.5	0.0107
13.5	0.0327	24.0	0.0101
14.0	0.0311	24.5	0.0096
14.5	0.0296	25.0	0.0091

本标准用词说明

1 为便于在执行本标准条文时区别对待，对要求严格程度不同的用词说明如下：

1）表示很严格，非这样做不可的：
正面词采用"必须"，反面词采用"严禁"；

2）表示严格，在正常情况下均应这样做的：
正面词采用"应"，反面词采用"不应"或"不得"；

3）表示允许稍有选择，在条件许可时首先应这样做的：
正面词采用"宜"，反面词采用"不宜"；

4）表示允许有选择，在一定条件下可以这样做的，采用"可"。

2 条文中指明应按其他有关标准执行的写法为："应符合……的规定"或"应按……执行"。

引用标准名录

1 《色漆、清漆和色漆与清漆用原材料 取样》GB/T 3186

中华人民共和国行业标准

建筑反射隔热涂料节能检测标准

JGJ/T 287—2014

条 文 说 明

制 订 说 明

《建筑反射隔热涂料节能检测标准》JGJ/T 287-2014，经住房和城乡建设部 2014 年 11 月 5 日以第 619 号公告批准发布。

本标准编制过程中，编制组进行了广泛的调查研究，总结了我国建筑反射隔热涂料工程应用的经验，同时参考了《Standard Test Method for Determination of Solar Reflectance Near Ambient Temperature Using a Portable Solar Reflectometer》ASTM C 1549 - 2009 等国外先进技术标准，通过对光纤光谱仪、分光光度计及辐射积分仪等关键仪器设备进行比对试验，确定了太阳辐射比等关键参数的检测方法。

为便于广大设计、施工、管理和科研院校等单位的有关人员在使用本标准时能正确理解和执行条文规定，《建筑反射隔热涂料节能检测标准》编制组按章、节、条顺序编制了本标准的条文说明，对条文规定的目的、依据以及执行中需要注意的有关事项进行了说明。但是，本条文说明不具备与标准正文同等的法律效力，仅供使用者作为理解和把握标准规定的参考。

目　次

1　总则 ················· 34—14

2　术语 ················· 34—14

3　基本规定 ············· 34—14

4　实验室检测 ··········· 34—14

　4.1　一般规定 ········· 34—14

　4.2　太阳反射比测试 ··· 34—14

　4.3　半球发射率测试 ··· 34—15

　4.4　检测报告 ········· 34—15

5　现场检测 ············· 34—15

　5.1　一般规定 ········· 34—15

　5.2　检测设备 ········· 34—15

　5.3　采样要求 ········· 34—16

　5.4　检测要求 ········· 34—16

　5.5　检测报告 ········· 34—16

附录A　绝对光谱法测定太阳

　　　　反射比 ········· 34—16

附录B　辐射积分法测定太阳

　　　　反射比 ········· 34—16

附录C　太阳光谱辐照度 ····· 34—17

附录D　293K下热辐射相对

　　　　光谱分布 ······· 34—17

1 总　则

1.0.1 建筑反射隔热涂料是建筑围护结构节能的一项有效措施之一，近年来国内外各类具有热反射性能的建筑外装涂料不断出现，特别是在我国南方地区的应用量在逐年增大，建筑节能行业面临着如何控制此类工程的施工质量和节能验收的问题。目前我国现行标准中，围绕实验室检测都给出了建筑反射隔热涂料节能参数的测试方法，一定程度上适应了建筑节能工程施工阶段材料进场复验的需要。根据目前的实际情况，建筑反射隔热涂料的新建工程的施工验收、既有建筑节能改造等现场检测工作还需要提出相关的检测方法和技术要求，本标准编制是从工程检测的需求出发，提出建筑用反射隔热涂料节能性能参数检测的方法和技术要求，根本目的是为促进建筑反射隔热涂料这一建筑节能措施发挥更大应用。

此外，本标准规定的检测内容和方法，也为现行国家标准《建筑节能工程施工质量验收规范》GB 50411 中的相关内容提供依据。

1.0.2 本标准适用于新建、扩建及既有建筑墙面、屋面的建筑反射隔热涂料在施工阶段的进场复验和节能专项竣工验收的检测，也适用于反射隔热涂料建筑节能效果的评价性和研究性测试。目前专业领域内作为建筑反射隔热涂料的节能性能参数有 2 个，即太阳反射比（γ）值和半球发射率（ε）值，总则中在界定范围和内容时，对此做了界定。

1.0.3 建筑反射涂料节能性能检测还应符合我国现行的建筑节能施工、验收、检测的相关标准。

2 术　语

2.0.1 建筑反射隔热涂料是通过较高的太阳反射比和对外较高的热辐射本领实现隔热的基本原理。

2.0.7 基于光纤耦合传输原理进行光谱分析的方法测试太阳反射比。

2.0.8 是按照美国建筑材料协会标准 ASTM C 1549 设计的一种便携式太阳反射比测试方法。

2.0.9 为了防止积分球测头采样孔不易对正检测点并防止触探面漏光而设计的一种专用垫片。

3 基本规定

3.0.1 为建筑反射隔热涂料节能设计提供依据的验证检测应采用实验室检测，并应在设计前进行。实验室检测测得的数据较现场检测得到的数据要更加精确。

3.0.3 给出了建筑反射隔热涂料节能现场检测流程，其中的现场调查应包括下列内容：涂料技术资料、涂料施工工艺，建筑节能设计文件及施工资料，涂料进场复验报告，委托方的具体要求，现场检测条件。检测方案宜包含以下内容：工程概况，检测方法及其依据的标准，检测数量，抽样方案，所需的仪器设备和人员，试验时间要求，必要时还应包括测试点搭建脚手架、爬梯等要求。

4 实验室检测

4.1 一般规定

4.1.1 规定了实验室检测时涂料取样所依据的标准。

4.1.2、4.1.3 规定了试样制作的要求、试样制作的环境条件和实验室检测环境，提高检测结果的可靠性。

4.2 太阳反射比测试

4.2.1~4.2.3 太阳反射比检测可采用光谱法或辐射积分法，光谱法又分为相对光谱法和绝对光谱法。当采用相对光谱法检测时，主要的仪器为分光光度计和光纤光谱仪，两者的共同特点是都可以进行光谱分析，不同的是分光光度计的光路固定，测试精准度高，但该仪器测头是装配在专用的样品仓内，检测时必须制作符合规定的样品，故适合用在实验室检测，而光纤光谱仪是通过光纤连接测头和光谱仪，测头采样灵活，适合用在实验室和现场检测。经华南理工大学建筑节能研究中心的对比研究表明，分光光度计和光纤光谱仪两者测试结果最大相差绝对值不超过3.0%，如表1所示，能够满足建筑工程检测的要求。

表 1　光纤光谱仪与分光光度计测试对比

试件名称	可见光反射比（%）			太阳反射比（%）		
	分光光度计	光纤光谱仪	相差	分光光度计	光纤光谱仪	相差
LB-2-1 粉	72.28	72.73	0.62	79.44	81.76	2.92
LB-3-1 黄	82.92	82.52	-0.48	77.92	77.87	-0.06
LB-4-1 蓝	63.92	63.65	-0.42	73.23	73.76	0.72
JNJ-1-1 浅灰	82.42	83.37	1.15	78.35	78.92	0.73
JNJ-2-1 粉红	84.92	85.09	0.20	83.49	84.36	1.04
JNJ-3-1 黄	86.06	87.43	1.59	83.31	84.97	1.99
JNJ-4-1 浅绿	84.62	84.04	-0.69	81.4	81.53	0.16
JNJ-5-1 浅蓝	76.15	75.26	-1.17	76.18	75.7	-0.63

国家现行相关标准《建筑用反射隔热涂料》GB/T 25261、《建筑反射隔热涂料》JG/T 235 和《建筑外表面用热反射隔热涂料》JC/T 1040 都推荐采用了

绝对光谱法，考虑到绝对光谱法的检测过程和数据处理方法与相对光谱法不同，与我国建筑工程检测行业现有的玻璃光学性能检测仪器不能通用，所以将绝对光谱法列于附录 A，供已有相关设备的检测单位选择采用。辐射积分法是美国材料协会公布的一种便携式仪器检测太阳反射比方法，其测试与光谱法不同，该仪器是使用漫射钨卤素灯照射样品，通过 4 个探测器测量辐射反射，每个探测器配备滤光装置，使得它能与太阳光光谱的特定波段产生电子感应，这些电子感应经过读数模块处理后得出太阳反射比。该方法测试时需要采用黑色腔体来校零，使用已知反射比的标准板进行校准。经中国建筑材料检验认证中心的对比结果表明，辐射积分法与采用分光光度计的光谱法测试结果相差不足 1.0%，能够满足建筑反射涂料节能性能检测要求，检测时应符合本标准附录 B 要求。

4.2.4 采用相对光谱法检测时，应先测定标准白板的绝对光谱反射比，记忆在仪器中最为基准光谱线，再测试试样相对于标准白板的光谱反射比。

4.2.5 采用相对光谱法检测时，应按本条文公式（4.2.5）计算太阳反射比，公式中 n 是波长 350nm～2500nm 范围内的计算点数目，计算点的波长 λ_i 应以本标准附录表 C 中 350nm～2494nm 范围内的逐点作为反射比分析用的计算点，共 96 个。之所以规定具体的计算点波长，目的是避免因计算点选择的不统一而产生计算结果的差异，计算过程更为严谨规范，结果也便于比较。$\rho_{0\lambda_i}$ 为标准白板的绝对反射比，是由计量部门检定的数值，对应各计算点波长的绝对反射比值，可根据检定值按照相邻波长对应的绝对光谱反射比，采用内插法逐个确定。$\rho_{b\lambda_i}$ 在各计算点的数值，可根据测定值按相邻波长对应的光谱反射比，采用内插法逐个确定。

4.3 半球发射率测试

4.3.1 半球发射率测定给出了两种检测方法，是国内目前建设行业检测中的主要方法。辐射计法的检测原理如下：辐射计探测器的输出信号应与被检测样的发射率成线性关系，通过比较辐射计配备的高、低发射率参比试样和被检测样输出信号的大小，直接得到被检测样的发射率。红外分光光度计法检测，主要是参考了现行国家标准《建筑玻璃 可见光透射比、太阳光直接透射比、太阳能总透射比、紫外线透射比及有关窗玻璃参数的测定》GB/T 2680 中有关半球发射率部分的测试方法。

4.4 检 测 报 告

4.4.1 样品描述中应包括表面状态、颜色等；环境描述应包括试样制备环境和检测环境的温度、湿度等；附图、附表应包括样品或试样的照片或测试图、表等。

5 现 场 检 测

5.1 一 般 规 定

5.1.1 采用相对光谱法和辐射积分法检测时，是通过触探方式进行采样，检测过程简单易于操作，由于采用绝对光谱法的检测时样品必须要放在仪器的积分球内，不适合工程现场检测。采用辐射积分法检测的原理与光谱法的不同，但两者经实验室环境下对比相差仅有 1%，可以作为现场检测的方法之一，采用时应符合附录 B 的规定。

5.1.2 检测点应符合检测要求，特别是对于涂料外墙面有较大的凸凹时，当在检测区域不能找到大于积分球的采样孔面积并且表面拉毛凸起高度小于2mm 的平面时，不符合检测条件。检测点应保持干燥并应避免日晒，必要时可采用遮阳伞进行防护。

5.1.3 检测环境条件的确定是为了确保检测人员安全和防护仪器，确保检测精度。仪器应避免太阳直接照射测量仪器，测量仪器受太阳直接照射后，仪器外壳会吸收热量，从而影响测量结果，因此必要时可采用遮阳伞进行防护。

5.2 检 测 设 备

5.2.1 采用相对光谱法现场检测设备的组成，还应包括蓄电池电源、便携式计算机等。也可以采用集成化程度较高的便携式仪器，如将光谱仪和计算机整合为一体、积分球和光源整合为一体的便携式仪器。相对光谱法现场检测设备的安装示意，如图 1 所示。

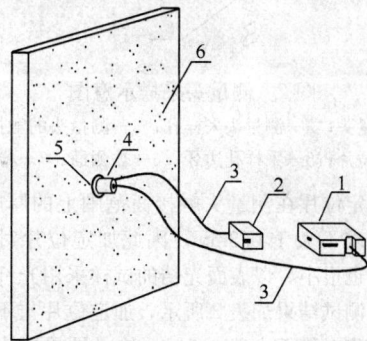

图 1 相对光谱法太阳反射比现场检测设备示意图
1—光谱仪；2—光源；3—光纤；4—积分球测量头；
5—定位片；6—检测区域

5.2.2 用于现场检测的光纤光谱仪、辐射积分仪等设备属于精密仪器，除应符合本标准要求的测试性能外，还应针对现场检测环境具备抗振动性能，仪器及组件的连接等应牢固可靠，确保测试信号的传输不受现场环境振动、检测中的移动等影响，对现场环境中某些电气设备产生的快速脉冲群干扰或其他电磁干扰，检测设备应具备抗干扰能力，现场环境下仪器设备应具备防尘、防潮和防紫外性能。检测仪器应能满足本标准要求的现场测试环境条件。

5.3 采 样 要 求

5.3.1 采样孔与检测点之间配置定位片有两个重要作用：一是给测量头采样准确定位，二是封闭测量头采样孔边缘因被测面凸凹不平产生的缝隙，避免测量头触接面漏光产生测试误差。

5.3.2 规定了定位片的尺寸和做法。实际常见的光纤光谱法采用的积分球测量头和辐射积分法采用的辐射测量头，其测量的触接面和采样孔均为圆形平面，只是尺寸、口径不同而已，均适合配置定位片。定位片实质上应是仪器测量头本身配备的专门用于现场检测时的部件。定位片上采样孔边缘上的边牙，对防止采样孔和测量头触接面漏光起主要作用，因此其边牙高度应该视被测面涂料面层厚度和基层材料特性确定，以边牙易于切入涂料层做到采样孔周边封堵严密为目的。检测时，定位片的安装示意，如图2所示。

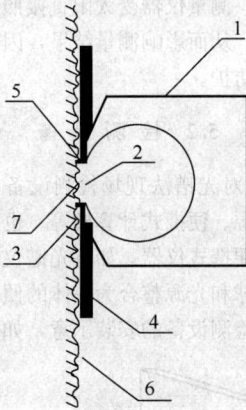

图 2　测量头采样示意图

1—测量头；2—测量头采样孔；3—测量头的触接面；4—定位片；5—采样孔边牙；6—被测面；7—检测点

由于定位片在测量头触接面范围上的厚度较小，本标准要求不大于 0.3mm，因此加定位片对测试结果的影响也很小，以表面光洁的试样采用光纤光谱法进行对比测试结果如表2所示，加定位片与不加定位片的相差绝对值不大于 0.5%，这一结果远小于因被测面凸凹不平测量头漏光引起的误差。

表 2　加定位片前后测试结果对比

试件名称	太阳光反射比（%）		相差（%）
	未加定位片检测	加定位片检测	
LB-1-2 白	82.24	82.57	0.40
LB-3-2 黄	74.33	74.08	−0.34
LB-4-2 蓝	68.46	68.38	0.12

注：1 采用光纤光谱仪现场测试；2 试样表面光滑；3 华南理工大学建筑节能研究中心测试。

5.4 检 测 要 求

5.4.1 每个检测区域确定 3 个检测点，是为了避免偶然性，3 个检测点呈等边三角形均匀布置，规定检测点的间距最小为 500mm，是检测区域上检测人员展开手臂可以够及的位置。

5.4.2 标准白板与定位片靠紧时，定位片的边牙会切入标准白板，以使标准白板与测头采样孔部位封闭不漏光，保证测试基准线的准确性，同时也和在检测点上采样情况一致，保证相对标准白板的光谱反射比测试结果的准确性。测试标准白板的光谱基线时，为了避免标准白板破坏，可采用与现场检测的定位片同规格的不带边牙的定位片测试，同规格是指除了不带边牙外，基线测试用定位片的其他尺寸和要求均与采样用的定位片相同。

5.5 检 测 报 告

5.5.1 被检对象描述中应包括被测表面状态、颜色等；检测环境条件描述应包括温度、湿度、风速等；附图、附表应包括被检对象及检测区域的照片或测试图、表等。

附录 A　绝对光谱法测定太阳反射比

A.0.1 采用绝对光谱法检测时，分光光度计和积分球的性能要求与采用相对光谱法测试时的相同，但绝对光谱法测试时不使用标准白板。

A.0.2 检测程序与采用相对光谱法区别在于试样要放在积分球中。

A.0.3 数据处理中太阳反射比计算公式（A.0.3）中除注释外，符号的意义与本标准公式（4.2.5-1）和（4.2.5-2）的相同。

附录 B　辐射积分法测定太阳反射比

B.1　实验室检测

B.1.1 产品取样、试样制备和检测条件与采用光谱法检测时的一致。检测设备性能要求是依据《Standard Test Method for Determination of Solar Reflectance Near Ambient Temperature Using a Portable Solar Reflectometer》ASTM C 1549－2009 提出的。

B.1.2 辐射积分法的检测程序与光谱法的不同，本条文提出了针对性要求。

B.2　现 场 检 测

B.2.1 现场检测时，检测点和环境要求与采用光谱法检测时的要求一致。

B. 2. 2　现场检测设备除应包括读书模块、校准装置、测量头和定位片外，还可配置蓄电池或太阳能电池等，检测设备的性能参数应符合本附录表 B. 1. 1 要求，定位片应符合本标准第 5. 3. 2 条要求。

B. 2. 3、B. 2. 4　采样点的确定和采样要求与采用相对光谱法检测的要求相同。

附录 C　太阳光谱辐照度

本附录采用现行国家标准《太阳能　在地面不同接收条件下的太阳光谱辐照度标准　第 1 部分：大气质量 1.5 的法向直接日射辐照度和半球向日射辐照度》GB/T 17683.1 的表 1 第 5 列数据。

附录 D　293K 下热辐射相对光谱分布

本附录根据现行国家标准《建筑玻璃可见光透射比、太阳光直接透射比、太阳能总透射比、紫外线透射比及有关窗玻璃参数的测定》GB/T 2680 表 5 的规定编制。

中华人民共和国行业标准

建筑能效标识技术标准

Standard for building energy performance certification

JGJ/T 288—2012

批准部门：中华人民共和国住房和城乡建设部
施行日期：2 0 1 3 年 3 月 1 日

中华人民共和国住房和城乡建设部
公　告

第 1512 号

住房城乡建设部关于发布行业标准
《建筑能效标识技术标准》的公告

现批准《建筑能效标识技术标准》为行业标准，编号为 JGJ/T 288－2012，自 2013 年 3 月 1 日起实施。

本标准由我部标准定额研究所组织中国建筑工业

出版社出版发行。

中华人民共和国住房和城乡建设部

2012 年 11 月 1 日

前　言

根据住房和城乡建设部《关于印发〈2009 年工程建设标准规范制订、修订计划〉的通知》（建标〔2009〕88 号）的要求，标准编制组经广泛调查研究，认真总结实践经验，参考有关国际标准和国外先进标准，并在广泛征求意见的基础上，编制本标准。

本标准的主要技术内容是：1. 总则；2. 术语；3. 基本规定；4. 测评与评估方法；5. 居住建筑能效测评；6. 公共建筑能效测评；7. 居住建筑能效实测评估；8. 公共建筑能效实测评估；9. 建筑能效标识报告。

本标准由住房和城乡建设部负责管理，由中国建筑科学研究院负责具体技术内容的解释。执行过程中如有意见或建议，请寄送中国建筑科学研究院（地址：北京市北三环东路 30 号；邮政编码：100013）。

本 标 准 主 编 单 位：中国建筑科学研究院

　　　　　　　　　　住房和城乡建设部科技发展促进中心

本 标 准 参 加 单 位：河南省建筑科学研究院

　　　　　　　　　　上海市建筑科学研究院

　　　　　　　　　　深圳市建筑科学研究院有

限公司

陕西省建筑科学研究院

四川省建筑科学研究院

辽宁省建设科学研究院

福建省建筑科学研究院

山东省建筑科学研究院

甘肃土木工程科学研究院

特灵空调系统（中国）有

限公司

本标准主要起草人员：邹　瑜　徐　伟　郝　斌

　　　　　　　　　　吕晓辰　栾景阳　叶　倩

　　　　　　　　　　刘俊跃　宋业辉　李　荣

　　　　　　　　　　于　忠　王庆辉　周　辉

　　　　　　　　　　赵士怀　孙峙峰　曹　勇

　　　　　　　　　　程　杰　王守宪　杜　雷

　　　　　　　　　　贾　晶　朱伟峰　刘　珊

本标准主要审查人员：冯　雅　郎四维　万水娥

　　　　　　　　　　杨仕超　李安桂　方廷勇

　　　　　　　　　　田　喆　田桂清　莫争春

目 次

1 总则 ……………………………… 35—5

2 术语 ……………………………… 35—5

3 基本规定 ………………………… 35—5

4 测评与评估方法 ………………… 35—6

5 居住建筑能效测评 ……………… 35—6

  5.1 基础项 ……………………… 35—6

  5.2 规定项 ……………………… 35—7

  5.3 选择项 ……………………… 35—8

6 公共建筑能效测评 ……………… 35—9

  6.1 基础项 ……………………… 35—9

  6.2 规定项 ……………………… 35—9

  6.3 选择项 ……………………… 35—10

7 居住建筑能效实测评估 ………… 35—11

  7.1 基础项 ……………………… 35—11

  7.2 规定项 ……………………… 35—11

8 公共建筑能效实测评估 ………… 35—11

  8.1 基础项 ……………………… 35—11

  8.2 规定项 ……………………… 35—11

9 建筑能效标识报告 ……………… 35—11

附录A 居住建筑能效测评

     基础项能耗计算 ………………… 35—12

  A.1 严寒和寒冷地区居住建筑 ……… 35—12

  A.2 夏热冬冷地区居住建筑 ……… 35—13

  A.3 夏热冬暖地区居住建筑 ……… 35—13

附录B 公共建筑能效测评

     基础项能耗计算 ………………… 35—13

附录C 居住建筑能效测评表 ……… 35—15

附录D 公共建筑能效测评表 ……… 35—15

附录E 建筑能效测评汇总表 ……… 35—16

附录F 居住建筑围护结构

     热工性能表 …………………… 35—17

附录G 公共建筑围护结构热工性

     能表 …………………………… 35—17

附录H 居住建筑能效实测评估表 …… 35—18

附录J 公共建筑能效实测评估表 …… 35—18

附录K 建筑能效实测评估汇总表 …… 35—19

本标准用词说明 …………………… 35—19

引用标准名录 ……………………… 35—19

附：条文说明 ……………………… 35—20

Contents

1 General Provisions ·············· 35—5

2 Terms ···························· 35—5

3 Basic Requirements ············· 35—5

4 Evaluation Methods ············· 35—6

5 Residential Building
Energy Performance
Evaluation ····················· 35—6

  5. 1 Basic Option ··············· 35—6

  5. 2 Prescribed Options ·········· 35—7

  5. 3 Alternative Options ········· 35—8

6 Public Building Energy
Performance Evaluation ········· 35—9

  6. 1 Basic Option ··············· 35—9

  6. 2 Prescribed Options ·········· 35—9

  6. 3 Alternative Options ········· 35—10

7 Residential Building Energy
Performance Measurement
and Evaluation ················· 35—11

  7. 1 Basic Option ··············· 35—11

  7. 2 Prescribed Options ·········· 35—11

8 Public Building Energy
Performance Measurement
and Evaluation ················· 35—11

  8. 1 Basic Option ··············· 35—11

  8. 2 Prescribed Options ·········· 35—11

9 Report on Building Energy
Performance Certification ······· 35—11

Appendix A   Calculation of Bacis
Option on Residential
Building Energy Performance
Evaluation ····················· 35—12

  A. 1 Severe Cold and Cold Zones ········· 35—12

  A. 2 Hot Summer and Cold Winter Zone ··· 35—13

  A. 3 Hot Summer and Warm Winter
Zone ························· 35—13

Appendix B   Calculation of Bacis
Option on Public
Building Energy
Performance
Evaluation ····················· 35—13

Appendix C   Sheet of Residential
Building Energy
Performance
Evaluation ····················· 35—15

Appendix D   Sheet of Public Building
Energy Performance
Evaluation ····················· 35—15

Appendix E   Summary Sheet of Building
Energy Performance
Evaluation ····················· 35—16

Appendix F   Thermal Performance
Table of Residential
Building Envelop ········· 35—17

Appendix G   Thermal Performance
Table of Public Building
Envelop ····················· 35—17

Appendix H   Sheet of Residential
Building Energy
Performance Measurement
and Evaluation ············· 35—18

Appendix J   Sheet of Public Building
Energy Performance
Measurement and
Evaluation ····················· 35—18

Appendix K   Summary Sheet of Building
Energy Performance
Measurement and
Evaluation ···················· 35—19

Explanation of Wording in
This Code ························· 35—19

List of Quoted Standards ············· 35—19

Addition: Explanation of
Provisions ························· 35—20

1 总 则

1.0.1 为建设资源节约型和环境友好型社会，提高建筑能源利用效率，推行民用建筑能效标识，制定本标准。

1.0.2 本标准适用于民用建筑能效标识。

1.0.3 民用建筑能效标识除应符合本标准外，尚应符合国家现行有关标准的规定。

2 术 语

2.0.1 建筑物用能系统 building energy system

与建筑物同步设计、同步安装的用能设备及其配套设施的集合。居住建筑的用能设备是指供暖通风空调及生活热水系统的用能设备，公共建筑的用能设备是指供暖通风空调、生活热水和照明系统的用能设备；配套设施是指与设备相配套的、为满足设备运行需要而设置的服务系统。

2.0.2 建筑能效测评 building energy performance evaluation

对反映建筑物能源消耗量及建筑物用能系统效率等性能指标进行计算、核查与必要的检测，并给出其所处等级的活动。

2.0.3 建筑能效标识 building energy performance certification

依据建筑能效测评结果，对建筑能耗相关信息向社会或产权所有人明示的活动。

2.0.4 比对建筑 comparitive building

形状、大小、朝向、内部的空间划分和使用功能等与所标识建筑完全一致，围护结构热工性能指标及供暖通风、空调系统及照明节能性能满足国家现行有关节能设计标准的假想建筑。

2.0.5 相对节能率 relative energy saving rate

标识建筑全年单位建筑面积能耗与比对建筑全年单位建筑面积能耗之间的差值，与比对建筑全年单位建筑面积能耗之比。

2.0.6 建筑能效实测评估 building energy performance measurement and evaluation

对建筑物实际使用能耗进行实测，并对建筑物用能系统效率进行现场检测与判定。

3 基 本 规 定

3.0.1 建筑能效标识应包括建筑能效测评和建筑能效实测评估两个阶段。建筑能效标识应以建筑能效测评结果为依据。居住建筑和公共建筑应分别进行建筑能效标识。对于兼有居住、公共建筑双重特性的综合建筑，当居住或公共建筑面积占整个建筑面积的比例

大于 10%，且面积大于 1000m² 时，应分别进行标识。

3.0.2 新建建筑能效测评应在建筑节能分部工程验收合格后、建筑物竣工验收之前进行。建筑能效实测评估应在建筑物正常使用 1 年后，且入住率大于 30% 时进行。

3.0.3 建筑能效标识应以单栋建筑为对象。对居住小区中的同类型建筑进行建筑能效标识时，可抽取有代表性的单体建筑进行测评，作为同类型建筑能效标识依据。抽测数量不得少于 10%，并不得少于 1 栋。同类型建筑能效标识的等级应按抽测单体建筑能效标识的最低级别确定。

3.0.4 建筑能效测评时，应将与该建筑物用能系统相连的管网和冷热源设备包括在测评范围内，并应在对相关文件资料、构配件性能检测报告审查、现场检查及性能检测的基础上，结合全年建筑能耗计算结果进行测评。建筑能耗计算应采用国务院建设主管部门认定备案的软件。

3.0.5 建筑能效测评应包括基础项、规定项与选择项，并应符合下列规定：

1 基础项应为计算得到的相对节能率。相对节能率计算时，应先将电能之外的其他能源折算为标准煤，再根据上年度国家统计部门发布的发电煤耗折算为耗电量进行计算。

2 规定项应为按国家现行有关建筑节能设计标准的规定，围护结构及供暖空调、照明系统需满足的要求。

3 选择项应为对规定项中未包括且国家鼓励的节能环保新技术进行加分的项目。对未明确节能环保新技术应用比例的选择项，该技术应用比例应达到 60% 以上时，才能作为加分项目。

3.0.6 建筑能效标识等级划分应符合表 3.0.6-1 和表 3.0.6-2 的规定。

表 3.0.6-1 居住建筑能效标识等级

标识等级	基础项(η)	规定项	选 择 项
☆	$0 \leqslant \eta < 15\%$	均满足国家现行有关建筑节能设计标准的要求	若得分超过 60 分（满分130分）则再加一星
☆☆	$15\% \leqslant \eta < 30\%$		
☆☆☆	$\eta \geqslant 30\%$		—

表 3.0.6-2 公共建筑能效标识等级

标识等级	基础项(η)	规定项	选 择 项
☆	$0 \leqslant \eta < 15\%$	均满足国家现行有关建筑节能设计标准的要求	若得分超过 60 分（满分150分）则再加一星
☆☆	$15\% \leqslant \eta < 30\%$		
☆☆☆	$\eta \geqslant 30\%$		—

3.0.7 建筑能效实测评估应包括基础项与规定项，并应符合下列规定：

1 基础项应为实测得到的全年单位建筑面积实

际使用能耗；

 2 规定项应为按国家现行建筑节能设计标准的规定，围护结构及供暖空调、照明系统需满足的要求。规定项实测结果应全部满足要求。

3.0.8 申请建筑能效测评时，应提交下列资料：

 1 土地使用证、立项批复文件、规划许可证、施工许可证等项目立项、审批文件；

 2 建筑施工设计文件审查报告及审查意见；

 3 全套竣工图纸；

 4 与建筑节能相关的设备、材料和构配件的产品合格证；

 5 由国家认可的检测机构出具的围护结构热工性能及产品节能性能检测报告；对于提供建筑门窗节能性能标识证书和标签的门窗，可不提供检测报告；

 6 节能工程及隐蔽工程施工质量检查记录和验收报告；

 7 节能环保新技术的应用情况报告。

3.0.9 申请建筑能效实测评估时，应提交下列资料：

 1 建筑能耗计量报告；

 2 与建筑节能相关的设备运行记录。

4 测评与评估方法

4.0.1 建筑能效测评的基础项应采用计算评估的方法，且计算评估的方法应符合国家现行有关建筑节能设计标准的规定。采用软件进行计算评估时，标识建筑和比对建筑的建模与计算方法应一致。所采用的软件应包含下列功能：

 1 建筑几何建模和能耗计算参数的输入与设置；

 2 逐时的建筑使用时间表的设置与修改；

 3 全年逐时冷、热负荷计算；

 4 全年供暖、空调和照明能耗计算。

4.0.2 建筑能效测评的规定项宜采用文件审查、现场检查的方法；当无国家认可检测机构出具的检测报告时，宜进行性能检测。

4.0.3 建筑能效测评的选择项应采用文件审查、现场检查的方法。

4.0.4 文件审查应对文件的合法性、完整性、科学性及时效性等进行审查；现场检查应采用现场核对的方式，进行设计符合性检查。性能检测应符合国家现行有关建筑节能检测标准的规定。

4.0.5 建筑能效实测评估应符合下列规定：

 1 基础项的实测评估宜采用统计分析方法。对设有用能分项计量装置的建筑，可利用能源消耗清单分析获得。统计分析方法应符合国家现行有关建筑节能检测标准的规定。

 2 规定项的实测评估采用性能检测方法。性能检测方法应符合国家现行有关建筑节能检测标准的规定。

5 居住建筑能效测评

5.1 基 础 项

5.1.1 居住建筑能效测评的基础项计算应符合下列规定：

 1 严寒和寒冷地区，应以全年单位建筑面积供暖能耗为基础，计算相对节能率；

 2 夏热冬冷地区，应以全年单位建筑面积供暖和空调能耗为基础，计算相对节能率；

 3 夏热冬暖地区，应以全年单位建筑面积空调能耗为基础，计算相对节能率；

 4 温和地区，应按与其最接近的建筑气候分区进行相对节能率的计算。

5.1.2 确定居住建筑能效测评的基础项时，应先分别计算标识建筑及比对建筑的全年单位建筑面积供暖空调能耗，再按下式计算相对节能率：

$$\eta = \left(\frac{B_0 - B_1}{B_0}\right) \times 100\% \qquad (5.1.2)$$

式中：η——相对节能率；

 B_1——标识建筑全年单位建筑面积供暖空调能耗（kWh/m²）；

 B_0——比对建筑全年单位建筑面积供暖空调能耗（kWh/m²）。

5.1.3 标识建筑全年能耗计算所需数据应按下列方法确定：

 1 建筑物构造尺寸及围护结构构造做法应按竣工图纸确定。

 2 对于透明幕墙和不具有建筑门窗节能性能标识的外窗的传热系数、气密性能及遮阳系数，应以施工进场见证取样检测报告为准；当存在异议时，应现场抽样检测，并以检测数据为准。对于具有建筑门窗节能性能标识的外窗的传热系数、气密性能及遮阳系数，可按标识证书和标签确定。

 3 外墙保温材料的导热系数应以施工进场见证取样检测报告为准，其厚度应按现场钻芯检验的厚度和施工验收时厚度的平均值确定。当差异较大时，应现场抽样检测，并以检测数据为准。

 4 屋面及楼地面、楼梯间隔墙、地下室外墙、不供暖地下室上部顶板保温材料的导热系数应以施工进场见证取样检测报告为准，其厚度应按施工验收时的平均厚度。如有必要时，可现场抽样检测，并以检测数据为准。

5.1.4 计算标识建筑全年能耗时，计算条件应按下列规定设置：

 1 建筑物构造尺寸、围护结构参数应符合本标准第5.1.3条的规定。

 2 建筑的通风、室内热源应按设计文件确定。

当设计文件没有要求时，可按国家现行居住建筑节能设计标准确定。

  3 室内供暖温度和空调温度应均取设计值。当设计文件没有要求时，可按国家现行居住建筑节能设计标准确定。

  4 供暖空调系统的年运行时间表和日运行时间表，可按国家现行居住建筑节能设计标准确定。

5.1.5 计算比对建筑全年能耗时，计算条件应按下列规定设置：

  1 建筑的形状、大小、朝向、内部的空间划分和使用功能应与所标识建筑完全一致；

  2 建筑体形系数、窗墙面积比及围护结构热工性能参数应按国家现行居住建筑节能设计标准的规定值进行取值；

  3 建筑的通风、室内得热平均强度设定应符合国家现行居住建筑节能设计标准的规定；

  4 室内热环境设计计算指标应符合国家现行居住建筑节能设计标准的规定；

  5 供暖空调系统的年运行时间表和日运行时间表应符合国家现行居住建筑节能设计标准的规定；

  6 供暖、空调末端形式应与标识建筑相同。水环路的划分应与所标识建筑的空气调节和供暖系统的划分一致。

5.1.6 标识建筑和比对建筑供暖空调的全年累计冷热负荷应采用同一计算方法计算，计算模型建立及参数输入符合本标准第 5.1.4 条、第 5.1.5 条规定的计算条件。采用软件计算时，室外气象计算参数应采用典型气象年数据。

5.1.7 严寒和寒冷地区居住建筑供暖能耗应为供暖热源及水泵等设备能耗之和，并应符合下列规定：

  1 比对建筑供暖热源应为燃煤锅炉，锅炉额定热效率及室外管网输送效率应按现行行业标准《严寒和寒冷地区居住建筑节能设计标准》JGJ 26 取值；锅炉耗煤量应折算为耗电量；

  2 标识建筑应根据实际采用的热源系统形式计算；

  3 循环水泵能耗应根据耗电输热比计算。

5.1.8 夏热冬冷地区居住建筑供暖空调系统能耗应为供暖热源及空调冷源、水泵等设备能耗之和，并应符合下列规定：

  1 比对建筑供暖、空调冷热源应为家用空气源热泵空调器，性能参数应按现行行业标准《夏热冬冷地区居住建筑节能设计标准》JGJ 134 取值。

  2 标识建筑应根据实际采用的冷热源系统形式计算。热源效率应按设计工况确定。冷源采用单元式空调时，冷源效率应按设计工况确定；冷源采用冷水（热泵）机组时，冷源效率根据不同负荷时的性能系数确定。

5.1.9 夏热冬暖地区居住建筑空调系统能耗应包括空调冷源及水泵等设备能耗之和，并应符合下列规定：

  1 比对建筑冷源应为家用空气源热泵空调器，性能参数应按现行行业标准《夏热冬暖地区居住建筑节能设计标准》JGJ 75 取值。

  2 标识建筑应根据实际采用的冷源系统形式计算。冷源采用单元式空调时，冷源效率应按设计工况确定；冷源采用冷水（热泵）机组时，冷源效率应根据不同负荷时的性能系数确定。

5.1.10 居住建筑能效测评基础项的能耗计算方法可按本标准附录 A 执行。

5.2 规 定 项

Ⅰ 围 护 结 构

5.2.1 外窗应具有良好的密闭性能，外窗气密性等级应符合设计和国家现行居住建筑节能设计标准的规定。

5.2.2 严寒、寒冷地区和夏热冬冷地区外门窗洞口室外部分的侧墙面、变形缝及外墙与屋面的热桥部位均应采取保温措施，且在室内空气设计温、湿度条件下，热桥部位的内表面温度不应低于露点温度。

5.2.3 严寒、寒冷地区和夏热冬冷地区外门窗框与墙体之间的缝隙，应采用保温材料填堵，不得采用普通水泥砂浆补缝。

5.2.4 严寒地区除南向外，不应设置凸窗；寒冷地区北向的卧室、起居室不得设置凸窗。夏热冬冷和夏热冬暖地区居住建筑外窗（包括阳台门）的可开启面积应分别符合现行行业标准《夏热冬冷地区居住建筑节能设计标准》JGJ 134 和《夏热冬暖地区居住建筑节能设计标准》JGJ 75 的规定。

5.2.5 夏热冬暖地区的房间窗地面积比及外窗玻璃的可见光透射比应符合现行行业标准《夏热冬暖地区居住建筑节能设计标准》JGJ 75 的规定。

Ⅱ 冷热源及空调系统

5.2.6 除当地电力充足和供电政策支持或者建筑所在地无法利用其他形式的能源外，严寒寒冷及夏热冬冷地区的居住建筑，不应设计直接电热供暖。

5.2.7 锅炉额定热效率应符合现行行业标准《严寒和寒冷地区居住建筑节能设计标准》JGJ 26 的规定。

5.2.8 采用户式燃气炉作为热源时，其热效率应达到国家标准《家用燃气快速热水器和燃气采暖热水炉能效限定值及能效等级》GB 20665－2006 中的第 2 级。

5.2.9 采用户式燃气炉作为热源时，应设置专用的进气及排烟通道，并应符合下列规定：

  1 燃气炉应配置完善、可靠的自动安全保护装置；

2 应具有同时自动调节燃气量和燃烧空气量的功能，并应配置室温控制器；

3 配套供应的循环水泵的工况参数应与供暖系统的要求相匹配。

5.2.10 锅炉房和热力站的总管上，应设置计量总供热量的热量表。集中供暖系统或集中空调系统中建筑物的热力入口处，应设置楼前热量表。

5.2.11 室外管网应进行水力平衡计算。当室外管网通过阀门截流进行阻力平衡时，各并联环路之间的压力损失差值不应大于15%。当室外管网水力平衡计算达不到要求时，应在热力站和建筑物热力入口处设置静态水力平衡阀。

5.2.12 集中供暖系统循环水泵的耗电输热比应符合现行行业标准《严寒和寒冷地区居住建筑节能设计标准》JGJ 26 的规定。

5.2.13 集中冷热源采用自动监测与控制的运行方式时，应符合现行行业标准《严寒和寒冷地区居住建筑节能设计标准》JGJ 26 的规定。

5.2.14 对于未采用计算机自动监测与控制的锅炉房和热力站，应设置供热量控制装置。

5.2.15 集中供暖或集中空调系统，应设置住户分室（户）温度调节、控制装置及分户热（冷）量计量或分摊装置。

5.2.16 电驱动压缩机的蒸汽压缩循环冷水（热泵）机组，在额定制冷工况和规定条件下，性能系数（COP）不应低于现行国家标准《公共建筑节能设计标准》GB 50189 中的规定值。

5.2.17 名义制冷量大于7100W、采用电机驱动压缩机的单元式空气调节机时，在名义制冷工况和规定条件下，其能效比（EER）不应低于现行国家标准《公共建筑节能设计标准》GB 50189中的规定值。

5.2.18 蒸汽、热水型溴化锂吸收式冷水机组及直燃型溴化锂吸收式冷（温）水机组应选用能量调节装置灵敏、可靠的机型，在名义工况下的性能参数应符合现行国家标准《公共建筑节能设计标准》GB 50189 的规定。

5.2.19 当设计采用多联式空调（热泵）机组作为户式集中空调（供暖）机组时，所选用机组的制冷综合性能系数不应低于国家标准《多联式空调（热泵）机组能效限定值及能源效率等级》GB 21454-2008 中规定的第3级。

5.2.20 严寒和寒冷地区设有集中新风供应的居住建筑，当新风系统的送风量大于或等于3000 m³/h 时，应设置排风热回收装置。

5.2.21 当选择地源热泵系统作为居住区或户用空调（热泵）机组的冷热源时，严禁破坏、污染地下资源。

5.3 选择项

5.3.1 居住建筑宜根据当地气候和自然资源条件，充分利用太阳能、浅层地能等可再生能源。居住建筑可再生能源利用的加分应符合表5.3.1的规定。

表 5.3.1 居住建筑可再生能源利用的加分

项　目	比　例	分　数
设计太阳能供生活热水保证率（或太阳能供暖保证率）	≥30%（或≥20%）	10（或15）
	≥50%（或≥30%）	20（或25）
可再生能源发电装机容量占建筑配电装机容量的比例	≥2%	5
地源热泵系统设计供暖供热量占建筑热源总装机容量的比例	≥50%	10
	≥75%	15
	100%	20
地源热泵系统设计生活热水供热量占建筑生活热水总装机容量的比例	≥50%	5
	100%	10

注：1 设计地源热泵供热量占建筑热源总装机容量的比例满足要求，且全年供暖供热量占全年供暖供冷量之和的比例不低于20%，才能加分；

2 地源热泵系统包括土壤源、地下水、地表水、海水、污水、利用电厂冷却水余热等形式的热泵系统。

5.3.2 在住宅小区规划布局、单体建筑设计时，应对自然通风进行优化设计，并实现良好的自然通风利用效果。加分应符合下列规定：

1 在居住小区规划布局时，进行室外风环境模拟设计，且小区未出现滞留区，或即使出现滞留但采取了增绿化、水体等改善措施，可得5分；

2 在单体建筑设计时，进行合理的自然通风模拟设计，可得10分。

5.3.3 在单体建筑设计时，对自然采光进行优化设计，并符合现行国家标准《建筑采光设计标准》GB 50033 的规定时，应加5分。

5.3.4 在单体建筑设计时，采用合理的遮阳措施，严寒和寒冷地区应加5分；夏热冬冷和夏热冬暖地区应加10分。

5.3.5 建筑外窗选用具有建筑门窗节能性能标识的产品，且气密性等级比国家现行居住建筑节能设计标准要求的等级高一个级别，应加5分。

5.3.6 集中供热（冷）系统根据负荷变化采用循环泵变流量或变速等调节措施时，应加5分。

5.3.7 居住建筑选用的电动蒸汽压缩循环冷水（热泵）机组、单元式空调机、多联机比现行国家标准的限定值高一个等级以上的产品时，应加5分。

5.3.8 当采用其他新型节能措施时，应提供相应节能技术分析报告。加分方法应符合下列规定：

1 每项技术加分不应高于5分，总分不应高于25分；

2 每项技术节能率不应小于 2%。

6 公共建筑能效测评

6.1 基 础 项

6.1.1 公共建筑能效测评的基础项计算时，应综合考虑围护结构和设备系统等因素，进行建筑物单位建筑面积供暖空调、照明全年能耗计算及相对节能率的计算。

6.1.2 确定公共建筑能效测评的基础项时，应先分别计算标识建筑及比对建筑的全年单位建筑面积供暖空调、照明能耗，再按下式计算相对节能率：

$$\eta = \left(\frac{B_0 - B_1}{B_0}\right) \times 100\% \qquad (6.1.2)$$

式中：η——相对节能率；

B_1——标识建筑全年单位建筑面积的供暖、空调、照明能耗（kWh/m²）；

B_0——比对建筑全年单位建筑面积的供暖、空调、照明能耗（kWh/m²）。

6.1.3 计算标识建筑全年能耗时，计算条件应按下列规定设置：

1 建筑物构造尺寸、围护结构参数应符合本标准第 5.1.3 条的规定。

2 标识建筑运行时间、室内温度、照明功率、人员密度及电气设备功率宜按所标识建筑设计文件确定；当设计文件没有确定时，可按国家标准《公共建筑节能设计标准》GB 50189 的规定设置。

3 标识建筑空气调节和供暖应采用两管制风机盘管系统。供暖空调系统的年运行时间表和日运行时间表可按现行国家标准《公共建筑节能设计标准》GB 50189 执行。

6.1.4 计算比对建筑全年能耗时，计算条件应按下列要求设置：

1 比对建筑的形状、大小、朝向、内部的空间划分和使用功能应与所标识建筑完全一致；

2 比对建筑各部分的围护结构传热系数、遮阳系数、窗墙比、屋面开窗面积和体形系数应按现行国家标准《公共建筑节能设计标准》GB 50189 的规定值进行取值；

3 比对建筑室内温度、照明功率、人员密度及电气设备功率应符合现行国家标准《公共建筑节能设计标准》GB 50189 的规定；

4 比对建筑供暖空调系统的年运行时间表和日运行时间表应符合现行国家标准《公共建筑节能设计标准》GB 50189 的规定；

5 比对建筑空气调节和供暖应采用两管制风机盘管系统。水环路的划分应与所标识建筑的空气调节和供暖系统的划分一致。

6.1.5 标识建筑和比对建筑供暖空调的年累计冷热负荷应采用同一软件计算，且计算模型与参数应符合本标准第 6.1.3 条、第 6.1.4 条的规定。计算能耗时，室外气象计算参数应采用典型气象年数据。

6.1.6 公共建筑能耗应为供暖空调系统、照明系统能耗之和。供暖空调能耗应包括冷水（热泵）机组及循环泵等设备能耗，并应符合下列规定：

1 比对建筑热源应为燃煤锅炉，冷源为冷水机组；冷热源效率应符合国家现行有关标准的规定；

2 标识建筑应根据实际采用的冷热源系统形式计算。

6.1.7 公共建筑能效测评的基础项能耗计算方法可按本标准附录 B 执行。

6.2 规 定 项

Ⅰ 围护结构

6.2.1 外窗应具有良好的密闭性能，外窗气密性等级应符合设计和现行国家标准《公共建筑节能设计标准》GB 50189 的规定。透明幕墙的气密性应符合现行国家标准《建筑幕墙》GB/T 21086 的规定。

6.2.2 外墙与屋面的热桥部位应采取保温措施，且在室内空气设计温、湿度条件下，热桥部位的内表面温度不应低于露点温度。

6.2.3 严寒、寒冷地区和夏热冬冷地区外门窗框与墙体之间的缝隙，应采用保温材料填堵，不得采用普通水泥砂浆补缝。

6.2.4 除卫生间、楼梯间、设备房以外，每个房间的外窗可开启面积应符合现行国家标准《公共建筑节能设计标准》GB 50189 的规定。透明幕墙应具有可开启部分或设有通风换气装置。

Ⅱ 冷热源及空调系统

6.2.5 公共建筑主要空间的空调设计新风量应符合现行国家标准《公共建筑节能设计标准》GB 50189 的规定。

6.2.6 集中空调系统冷热源设备、末端设备容量的选择确定应以逐项逐时的冷负荷计算值作为基本依据。

6.2.7 除了符合下列情况之一外，不得采用电热锅炉、电热水器作为直接供暖和空气调节系统的热源：

1 电力充足、供电政策支持和电价优惠地区的建筑；

2 以供冷为主，供暖负荷较小且无法利用热泵提供热源的建筑；

3 无集中供热与燃气源，用煤、油等燃料受到环保或消防限制的建筑；

4 利用可再生能源发电地区的建筑；

5 内、外区合一的变风量系统中需要对局部外区进行加热的建筑；

6 夜间可利用低谷电进行蓄热，且蓄热式电锅炉不在昼间用电高峰时段启用的建筑。

6.2.8 当选择地源热泵系统作为冷热源时，严禁破坏、污染地下资源。

6.2.9 锅炉额定热效率应符合现行国家标准《公共建筑节能设计标准》GB 50189 的规定。

6.2.10 对于电机驱动压缩机的蒸汽压缩循环冷水（热泵）机组，在额定制冷工况和规定条件下，性能系数（COP）不应低于现行国家标准《公共建筑节能设计标准》GB 50189 的规定。

6.2.11 名义制冷量大于 7100W、采用电机驱动压缩机的单元式空气调节机、风管送风式和屋顶式空气调节机组时，在名义制冷工况和规定条件下，其能效比（EER）不应低于现行国家标准《公共建筑节能设计标准》GB 50189 的规定。

6.2.12 蒸汽、热水型溴化锂吸收式冷水机组及直燃型溴化锂吸收式冷（温）水机组应选用能量调节装置灵敏、可靠的机型，且在名义工况下的性能参数应符合现行国家标准《公共建筑节能设计标准》GB 50189 的规定。

6.2.13 多联式空调（热泵）机组的空调部分负荷综合性能系数［IPLV（C）］不应低于现行国家标准《多联式空调（热泵）机组能效限定值及能源效率等级》GB 21454-2008 中规定的第 2 级。

6.2.14 集中热水供暖系统热水循环水泵的耗电输热比应符合现行国家标准《公共建筑节能设计标准》GB 50189 的规定。

6.2.15 集中空调系统风机单位风量耗功率应符合现行国家标准《公共建筑节能设计标准》GB 50189 中的规定。

6.2.16 空气调节冷热水系统的输送能效比应符合现行国家标准《公共建筑节能设计标准》GB 50189 中的规定。

6.2.17 设置集中供暖和（或）集中空调系统的建筑，应具备室温调节功能。

6.2.18 采用区域供热空调的建筑，集中冷、热源及建筑热力入口处均应设置冷、热量计量装置。采用独立冷热源的单体建筑，其冷、热源系统应设冷、热量计量装置。对有使用分区要求的建筑，空调系统的划分和布置应考虑能实现分区冷、热量计量。

6.2.19 集中供暖空调水系统应采取有效的水力平衡措施。

6.2.20 集中供暖与空气调节系统应设有监控系统。

Ⅲ 照 明

6.2.21 照明功率密度应满足现行国家标准《建筑照明设计标准》GB 50034 的规定。

6.2.22 照明设计应采用适当控制方式，对室内公共区域及室外功能性照明和景观照明进行控制，降低照明能耗。当公共区照明采用就地控制方式时，应设置声控或感应延时等措施。

6.3 选 择 项

6.3.1 公共建筑宜根据当地气候和自然资源条件，充分利用太阳能、浅层地能等可再生能源。公共建筑可再生能源利用的加分项目应符合表 6.3.1 的规定。

表 6.3.1 公共建筑可再生能源利用的加分

项　目	比　例	分　数
生活热水系统设计太阳能保证率	≥30%	5
	≥50%	10
供暖系统设计太阳能保证率	20%	5
可再生能源发电装机容量占建筑总配电装机容量的比例	≥1%	5
地源热泵系统设计供暖或供冷量占建筑热源或冷源总装机容量的比例	≥50%	10
	100%	15
地源热泵系统设计生活热水供热量占建筑热源总装机容量的比例	≥50%	5
	100%	10

注：地源热泵系统包括土壤源、地下水、地表水、海水、污水、利用电厂冷却水余热等形式的热泵系统。

6.3.2 在单体建筑设计时，对自然通风进行优化设计，实现良好的自然通风利用效果的，应加 5 分。

6.3.3 在单体建筑设计时，对自然采光进行优化设计，实现良好的自然采光效果，并符合现行国家标准《建筑采光设计标准》GB 50033 的规定时，应加 5 分。

6.3.4 单体建筑设计采用合理遮阳措施时，严寒和寒冷地区应加 5 分，夏热冬冷和夏热冬暖地区应加 10 分。

6.3.5 采用分布式冷热电联供技术，并具有节能效益时，应加 5 分。

6.3.6 采用适宜的蓄冷蓄热技术达到调节昼夜电力峰谷差异的作用时，应加 5 分。

6.3.7 利用排风对新风预热（或预冷）处理，且回收比例不低于 60% 时，应加 10 分。

6.3.8 选用空调冷凝热等方式提供 60% 以上建筑所需生活热水负荷，或集中空调系统空调冷凝热全部回收用以加热生活热水时，应加 5 分。

6.3.9 空调系统能根据全年空调负荷变化规律，进行全新风或可变新风比等节能控制调节，满足季节及部分负荷要求时，应加 10 分。

6.3.10 空调系统采用水泵变流量或风机变风量节能控制方式时，应加 10 分。

6.3.11 空调水系统的供回水温差大于 5℃，应加 5 分。

6.3.12 对建筑空调系统、照明等部分能耗实现分项和分区域计量与统计，并具备下列节能控制措施中的 3 项及以上时，应加 5 分：

    1 冷热源设备采用群控方式，楼宇自控系统（BAS）根据冷热源负荷的需求自动调节冷热源机组的启停控制；

    2 进行空调系统设备最佳启停和运行时间控制，进行空调系统末端装置的运行时间和负荷控制；

    3 根据区域照度、人体动作或使用时间自动控制公共区域和室外照明的开启和关闭；

    4 在人员密度相对较大且变化较大的房间，根据室内 CO_2 浓度检测值，实现新风量需求控制；

    5 停车库的通风系统采用自然通风方式；采用机械通风方式时，采取了下列措施之一：

        1）对通风机设置定时启停、变频或改变运行台数的控制；

        2）设置 CO_2 气体浓度传感器，根据车库内的 CO_2 浓度，自动控制通风机的运行状态。

6.3.13 公共建筑选用的电动蒸汽压缩循环冷水（热泵）机组、单元式空调机、多联机比现行国家标准《公共建筑节能设计标准》GB 50189 的规定值高一个等级或一个等级以上，且高等级产品所占比例达到 50％以上时，应加 5 分。

6.3.14 当采用其他新型节能措施时，应提供相应节能技术分析报告，且加分方法应符合下列规定：

    1 每项加分不应高于 5 分，总分不应高于 25 分；

    2 每项技术节能率不应小于 2％。

7 居住建筑能效实测评估

7.1 基 础 项

7.1.1 居住建筑能效实测评估的基础项应为单位建筑面积建筑实际使用总能耗；对于采用集中供暖或空调的居住建筑，基础项还应包括单位建筑面积供暖或空调实际使用能耗。

7.1.2 居住建筑实际使用总能耗应包括全年供暖空调、照明、生活热水等所有耗能系统及设备的耗能总量。

7.2 规 定 项

7.2.1 居住建筑室内平均温度检测值应达到设计文件要求，当设计文件无要求时，应符合国家现行有关居住建筑节能设计标准的规定。室内平均温度检测应符合下列规定：

    1 应考虑不同体形系数、不同楼层、不同朝向

用户等因素，抽检有代表性的用户。抽检数量不得少于用户总数的 10％，并不得少于 3 户，每户不得少于 2 个房间。

    2 检测方法应符合现行行业标准《居住建筑节能检测标准》JGJ/T 132 的规定。

7.2.2 居住建筑供暖系统能效应按现行行业标准《居住建筑节能检测标准》JGJ/T 132 的规定进行检测。供热系统能效检测应包括下列项目：

    1 锅炉运行效率；

    2 室外管网热损失率；

    3 集中供暖系统耗电输热比。

8 公共建筑能效实测评估

8.1 基 础 项

8.1.1 公共建筑能效实测评估的基础项应包括单位建筑面积实际使用总能耗、单位建筑面积供暖或空调实际使用能耗。

8.1.2 公共建筑实际使用总能耗应包括全年供暖空调系统、照明系统、办公设备、动力设备、生活热水等所有耗能系统的耗能总量。

8.1.3 公共建筑供暖空调实际使用能耗应包括供暖空调系统耗电量，燃气、蒸汽、煤、油等类型的能耗及区域集中冷热源提供的供暖、供冷量。

8.1.4 公共建筑区域集中冷热源提供的供暖、供冷量的检测方法应符合现行行业标准《公共建筑节能检测标准》JGJ/T 177 的规定。

8.2 规 定 项

8.2.1 公共建筑室内平均温度、湿度检测值应达到设计文件要求，当设计文件无要求时，应符合现行国家标准《公共建筑节能设计标准》GB 50189 的规定。公共建筑室内平均温度、湿度的检测方法应符合现行行业标准《公共建筑节能检测标准》JGJ/T 177 的规定。

8.2.2 公共建筑供暖空调水系统性能应按现行行业标准《公共建筑节能检测标准》JGJ/T 177 的方法进行检测。公共建筑供暖空调水系统性能的检测应包括下列项目：

    1 冷水（热泵）机组实际性能系数；

    2 冷源系统能效系数。

8.2.3 公共建筑空调风系统应按现行行业标准《公共建筑节能检测标准》JGJ/T 177 的方法对风机单位风量耗功率进行检测。

9 建筑能效标识报告

9.0.1 建筑能效测评报告应包括下列内容：

    1 建筑能效测评表；

2 建筑能效测评汇总表;

3 建筑围护结构热工性能表;

4 建筑和用能系统概况;

5 基础项计算说明书;

6 测评过程中依据的文件及性能检测报告;

7 建筑能效测评联系人、电话和地址等。

9.0.2 建筑能效测评表可按本标准附录 C～附录 E 执行。围护结构热工性能表可按本标准附录 F～附录 G 执行。

9.0.3 建筑能效测评的基础项计算说明书应包括计算输入数据、软件的名称、版本与出品公司及计算过程等。

9.0.4 建筑能效实测评估报告应包括下列内容:

1 建筑能效实测评估表;

2 建筑能效实测评估汇总表;

3 建筑和用能系统概况;

4 基础项实测评估报告;

5 规定项实测评估报告;

6 实测评估过程中依据的文件及性能检测报告;

7 建筑能效实测评估联系人、电话和地址等。

9.0.5 建筑能效实测评估表可按本标准附录 H～附录 K 执行。

附录 A 居住建筑能效测评基础项能耗计算

A.1 严寒和寒冷地区居住建筑

A.1.1 严寒和寒冷地区居住建筑能效测评时,比对建筑单位建筑面积全年供暖能耗（B_{0h}）可按下列公式计算:

$$B_{0h} = E_{01h} + E_{02h} \qquad (A.1.1-1)$$

$$E_{01h} = \frac{Q_{0h}}{A\eta_{01}\eta_{02}q_1 q_2} \qquad (A.1.1-2)$$

$$Q_{0h} = 0.024q_{0h} \times Z \times A \qquad (A.1.1-3)$$

$$E_{02h} = 0.024q_{0h} \times A \times EHR_0 \times Z \qquad (A.1.1-4)$$

式中:B_{0h}——比对建筑单位建筑面积全年供暖能耗 （kWh/m²）;

E_{01h}——比对建筑单位建筑面积全年锅炉耗煤量折合的耗电量（kWh/m²）;

E_{02h}——比对建筑单位建筑面积全年循环水泵能耗 （kWh/m²）;

Q_{0h}——比对建筑全年累计热负荷（kWh）;

A——总建筑面积（m²）;

η_{01}——室外管网热输送效率,取 0.92;

η_{02}——锅炉的设计效率限值,按现行行业标准《严寒和寒冷地区居住建筑节能设计标准》JGJ 26 的规定取值;

q_1——标准煤热值（kWh/kg）,取 8.14;

q_2——上年度国家统计局发布的发电煤耗 （kg/kWh）;

q_{0h}——比对建筑建筑物耗热量指标（W/m²）;

Z——计算供暖期天数（d）;

EHR_0——集中供暖系统热水循环水泵的耗电输热比,按现行行业标准《严寒和寒冷地区居住建筑节能设计标准》JGJ 26 的规定取值。

A.1.2 严寒和寒冷地区居住建筑能效测评时,标识建筑能耗计算应符合下列规定:

1 热源为锅炉时,标识建筑单位建筑面积全年供暖能耗（B_{1h}）可按下列公式计算:

$$B_{1h} = E_{1h} + E_{2h} \qquad (A.1.2-1)$$

$$E_{1h} = \frac{Q_{1h}}{A\eta_1 \eta_2 q_1 q_2} \qquad (A.1.2-2)$$

$$E_{2h} = Q_{1h} \times EHR_1 \qquad (A.1.2-3)$$

式中:B_{1h}——标识建筑单位建筑面积全年供暖能耗 （kWh/m²）;

E_{1h}——标识建筑单位建筑面积全年锅炉耗煤量折合的耗电量（kWh/m²）;

E_{2h}——标识建筑单位建筑面积全年循环水泵能耗 （kWh/m²）;

Q_{1h}——标识建筑全年累计热负荷（kWh）;

η_1——室外管网热输送效率,取 0.92;

η_2——标识建筑锅炉额定热效率;

EHR_1——标识建筑集中供暖系统热水循环水泵的耗电输热比,按现行行业标准《严寒和寒冷地区居住建筑节能设计标准》JGJ 26 规定的方法计算。

2 热源为热泵时,标识建筑应进行全年动态负荷计算,标识建筑单位建筑面积全年供暖能耗（B_{1h}）可按下式计算:

$$B_{1h} = \left(\frac{Q_{1h,a}}{COP_{s,a}} + \frac{Q_{1h,b}}{COP_{s,b}} + \frac{Q_{1h,c}}{COP_{s,c}} + \frac{Q_{1h,d}}{COP_{s,d}} \right) \cdot \frac{1}{A} \qquad (A.1.2-4)$$

$$COP_{s,a} = \frac{Q_{jz,a}}{W_{jz,a} + W_{b,a}} \qquad (A.1.2-5)$$

$$COP_{s,b} = \frac{Q_{jz,b}}{W_{jz,b} + W_{b,b}} \qquad (A.1.2-6)$$

$$COP_{s,c} = \frac{Q_{jz,c}}{W_{jz,c} + W_{b,c}} \qquad (A.1.2-7)$$

$$COP_{s,d} = \frac{Q_{jz,d}}{W_{jz,d} + W_{b,d}} \qquad (A.1.2-8)$$

式中:$Q_{1h,a}$、$Q_{1h,b}$、$Q_{1h,c}$、$Q_{1h,d}$——负荷率分别在 0～25%、25%～50%、50%～75%、75%～100%区间内的累计热负荷（kWh）;

$COP_{s,a\sim d}$——负荷率分别在0~25%、25%~50%、50%~75%、75%~100%区间内的系统性能系数；

$Q_{jz,a\sim d}$——热泵机组分别在系统25%、50%、75%、100%负荷下的制热量（kW）；

$W_{jz,a\sim d}$——热泵机组分别在系统25%、50%、75%、100%负荷下的耗电量（kW）；

$W_{b,a\sim d}$——水泵在系统25%、50%、75%、100%负荷下的耗电量（kW）。

3 热源为市政热力时，标识建筑单位建筑面积全年供暖能耗（B_{1h}）可按下列公式计算：

$$B_{1h} = E_{1h} + E_{2h} \qquad (A.1.2-9)$$

$$E_{1h} = \frac{Q_{1h}}{A\eta_1 q_1 q_2} \qquad (A.1.2-10)$$

式中：E_{1h}——市政热力单位建筑面积全年耗热量折算后的耗电量（kWh/m²）；

E_{2h}——标识建筑二次网循环水泵单位建筑面积全年能耗（kWh/m²），按本标准式（A.1.2-3）计算。

A.2 夏热冬冷地区居住建筑

A.2.1 夏热冬冷地区居住建筑能效测评时，比对建筑单位建筑面积全年供暖空调能耗（B_0）可按下列公式计算：

$$B_0 = B_{0h} + B_{0c} \qquad (A.2.1-1)$$

$$B_{0h} = \frac{Q_{0h}}{COP_h} \cdot \frac{1}{A} \qquad (A.2.1-2)$$

$$B_{0c} = \frac{Q_{0c}}{COP_c} \cdot \frac{1}{A} \qquad (A.2.1-3)$$

式中：B_0——比对建筑单位建筑面积全年供暖空调能耗（kWh/m²）；

B_{0h}——比对建筑单位建筑面积全年供暖能耗（kWh/m²）；

B_{0c}——比对建筑单位建筑面积全年空调能耗（kWh/m²）；

Q_{0h}——比对建筑全年累计热负荷（kWh）；

Q_{0c}——比对建筑全年累计冷负荷（kWh）；

COP_h——比对建筑供暖额定能效比，取1.9；

COP_c——比对建筑供冷额定能效比，取2.3。

A.2.2 夏热冬冷地区居住建筑能效测评时，标识建筑单位建筑面积全年供暖空调能耗（B_1）可按下式计算：

$$B_1 = B_{1h} + B_{1c} \qquad (A.2.2)$$

式中：B_1——标识建筑单位建筑面积全年供暖空调能耗（kWh/m²）；

B_{1h}——标识建筑单位建筑面积全年供暖能耗（kWh/m²）；

B_{1c}——标识建筑单位建筑面积全年空调能耗（kWh/m²）。

A.2.3 采用冷水（热泵）机组时，标识建筑单位建筑面积全年空调能耗（B_{1c}）或供暖能耗（B_{1h}）可按本标准第A.1.2条第2款的规定进行计算。

A.3 夏热冬暖地区居住建筑

A.3.1 夏热冬暖地区居住建筑能效测评时，比对建筑单位建筑面积全年空调能耗（B_{0c}）可按下式计算：

$$B_{0c} = \frac{Q_{0c}}{COP_c} \cdot \frac{1}{A} \qquad (A.3.1)$$

式中：B_{0c}——比对建筑单位建筑面积全年空调能耗（kWh/m²）；

Q_{0c}——比对建筑全年累计冷负荷（kWh）；

COP_c——比对建筑空调额定能效比，取2.7。

A.3.2 夏热冬暖地区居住建筑能效测评时，标识建筑单位建筑面积全年空调能耗（B_{1c}）的计算方法可按本标准第A.1.2条第2款的规定进行计算。

附录B 公共建筑能效测评基础项能耗计算

B.0.1 公共建筑能效测评时，比对建筑单位建筑面积全年供暖空调及照明能耗（B_0）可按下式计算：

$$B_0 = E_{01} + E_{02} + E_{03} \qquad (B.0.1)$$

式中：B_0——比对建筑单位建筑面积全年供暖空调及照明能耗（kWh/m²）；

E_{01}——单位建筑面积全年冷热源能耗（kWh/m²）；

E_{02}——单位建筑面积全年循环水泵能耗（kWh/m²）；

E_{03}——单位建筑面积全年照明能耗（kWh/m²）。

B.0.2 公共建筑能效测评时，比对建筑单位建筑面积全年冷热源能耗（E_{01}）可按下列公式计算：

$$E_{01} = E_{01h} + E_{01c} \qquad (B.0.2-1)$$

$$E_{01c} = \left(\frac{Q_{0c,a}}{COP_a} + \frac{Q_{0c,b}}{COP_b} + \frac{Q_{0c,c}}{COP_c} + \frac{Q_{0c,d}}{COP_d} \right) \cdot \frac{1}{A}$$

$$(B.0.2\text{-}2)$$

式中：E_{01h}——单位建筑面积全年锅炉耗煤量折合的耗电量（kWh/m^2），按本标准第A.1.1条规定计算；

E_{01c}——单位建筑面积全年冷水机组耗电量（kWh/m^2）；

$Q_{0c,a\sim d}$——比对建筑负荷率分别在 $0\sim25\%$、$25\%\sim50\%$、$50\%\sim75\%$、$75\%\sim100\%$ 区间内的累计冷负荷（kWh）；

$COP_{a\sim d}$——比对建筑负荷率分别在 $0\sim25\%$、$25\%\sim50\%$、$50\%\sim75\%$、$75\%\sim100\%$ 区间内的机组性能系数；可按本标准第 B.0.4 条确定。

B.0.3 公共建筑能效测评时，比对建筑单位建筑面积全年循环水泵能耗（E_{02}）可按下列公式计算：

$$E_{02} = E_{02h} + E_{02c} + E_{02e} \quad (B.0.3\text{-}1)$$

$$E_{02h} = q_{h,max} \times EHR_0$$
$$\times \frac{n_{h1} \cdot T_a + n_{h2} \cdot T_b + n_{h3} \cdot T_c + n_{h4} \cdot T_d}{n_h}$$

$$(B.0.3\text{-}2)$$

$$E_{02c} = q_{c,max} \times ER_0$$
$$\times \frac{n_{c1} \cdot T_a + n_{c2} \cdot T_b + n_{c3} \cdot T_c + n_{c4} \cdot T_d}{n_c} \quad (B.0.3\text{-}3)$$

$$E_{02e} = q_{c,max} \times \left(1 + \frac{1}{COP_c} \right) \times ER_e$$
$$\times \frac{n_{e1} \cdot T_a + n_{e2} \cdot T_b + n_{e3} \cdot T_c + n_{e4} \cdot T_d}{n_e} \quad (B.0.3\text{-}4)$$

式中：E_{02h}——单位建筑面积全年供暖循环泵能耗（kWh/m^2）；

E_{02c}——单位建筑面积全年空调冷冻水循环泵能耗（kWh/m^2）；

E_{02e}——单位建筑面积全年空调冷却水循环泵能耗（kWh/m^2）；

$q_{h,max}$——比对建筑的峰值热负荷（kW）；

EHR_0——供暖循环水泵输送能效比，取现行国家标准《公共建筑节能设计标准》GB 50189 的限定值；

n_h——供暖循环泵总台数，与标识建筑供暖循环泵台数相同；

$n_{h1\sim4}$——供暖循环泵分别在系统 $0\sim25\%$负荷、$25\%\sim50\%$负荷、$50\%\sim75\%$负荷、$75\%\sim100\%$负荷下的开启台数；

$T_{a\sim d}$——水泵分别在系统 $0\sim25\%$负荷、$25\%\sim50\%$负荷、$50\%\sim75\%$负荷、$75\%\sim100\%$负荷下的运行时间（h）；

$q_{c,max}$——比对建筑的峰值冷负荷（kW）；

ER_0——空调冷冻水水泵输送能效比，取现行国家标准《公共建筑节能设计标准》

GB 50189 的限定值；

n_c——空调冷冻水循环泵总台数，与标识建筑空调冷冻水循环泵台数相同；

$n_{c1\sim4}$——空调冷冻水循环泵分别在系统 $0\sim25\%$负荷、$25\%\sim50\%$负荷、$50\%\sim75\%$负荷、$75\%\sim100\%$负荷下的开启台数；

COP_c——取现行国家标准《公共建筑节能设计标准》GB 50189中规定的冷机 COP 的限值；

ER_e——冷却水泵输送能效比，取 0.0214；

n_e——空调冷却水循环泵总台数，与标识建筑空调冷却水循环泵台数相同；

$n_{e1\sim4}$——空调冷却水循环泵分别在系统 $0\sim25\%$负荷、$25\%\sim50\%$负荷、$50\%\sim75\%$负荷、$75\%\sim100\%$负荷下的开启台数。

B.0.4 公共建筑能效测评时，比对建筑不同负荷区间内的机组性能系数应根据标识建筑机组设置台数及比对建筑单台机组部分负荷性能系数综合确定。比对建筑单台机组部分负荷性能系数可按表 B.0.4 选取。

表 B.0.4 比对建筑单台机组部分负荷性能系数

冷机类型		额定制冷量	COP限值	100%负荷	75%负荷	50%负荷	25%负荷	$IPLV$限值
水冷	螺杆	<528	4.1	4.11	4.21	4.77	4.26	4.47
		528~1163	4.3	4.28	4.65	5.12	4.23	4.82
		>1163	4.6	4.62	5.03	5.41	4.35	5.13
	离心式	<528	4.4	4.44	4.81	4.47	3.32	4.49
		528~1163	4.7	4.73	5.32	4.80	3.51	4.88
		>1163	5.1	5.13	5.68	5.41	4.45	5.42

B.0.5 公共建筑能效测评且建筑冷热源分别为锅炉或市政热力及冷水机组时，标识建筑单位建筑面积全年供暖空调及照明能耗计算应符合下列规定：

1 标识建筑单位建筑面积全年供暖空调及照明能耗（B_1）可按下式计算：

$$B_1 = E_{1h} + E_{2h} + E_{1c} + E_{1l} \quad (B.0.5)$$

式中：B_1——标识建筑单位建筑面积全年供暖空调及照明能耗（kWh/m^2）；

E_{1h}——单位建筑面积全年锅炉折合耗电量或市政热力折合耗电量（kWh/m^2）；

E_{2h}——单位建筑面积全年供暖循环水泵能耗（kWh/m^2）；

E_{1c}——单位建筑面积全年供冷耗电量（kWh/m^2）；

E_{1l}——单位建筑面积全年照明耗电量（kWh/m^2）。

2 锅炉或市政热力及供暖循环泵能耗可按本标准第 B.0.2 条和第 B.0.3 条规定的方法计算，性能参数应按设计文件取值。市政热力折合耗电量计算方法可按本标准式（A.1.2-10）计算。

3 供冷耗电量（E_{1c}）可按本标准第 A.1.2 条第 2 款的规定进行计算。

B.0.6 公共建筑能效测评且标识建筑冷热源为冷水（热泵）机组时，单位建筑面积全年供暖空调及照明能耗计算应符合下列规定：

1 标识建筑单位建筑面积全年供暖空调及照明能耗（B_1）可按下式计算：

$$B_1 = E_{1h} + E_{1c} + E_{1l} \qquad (B.0.6)$$

式中：B_1——单位建筑面积全年供暖空调及照明能耗（kWh/ m²）；

E_{1h}——单位建筑面积全年供热耗电量（kWh/ m²）；

E_{1c}——单位建筑面积全年供冷耗电量（kWh/ m²）；

E_{1l}——单位建筑面积全年照明耗电量（kWh/ m²）。

2 供热耗电量（E_{1h}）和供冷耗电量（E_{1c}）可按本标准第 A.1.2 条第 2 款的规定进行计算。

附录 C 居住建筑能效测评表

表 C 居住建筑能效测评表

项目名称					
项目地址					
建筑面积（m²）/层数			气候区域		
建设单位					
设计单位					
施工单位					

	测 评 内 容		测评方法	测评结果	备注
基础项	相对节能率				5.1.1
规定项	围护结构	外窗气密性			5.2.1
		热桥部位（严寒寒冷/夏热冬冷）			5.2.2
		门窗保温（严寒寒冷/夏热冬冷）			5.2.3
		外窗			5.2.4
		外窗玻璃可见光透射比			5.2.5
	冷热源及空调系统	热源			5.2.6
		锅炉类型及额定热效率			5.2.7
		户式燃气炉			5.2.8 5.2.9
		热量表			5.2.10
		水力平衡			5.2.11
		集中供暖系统循环水泵耗电输热比			5.2.12
		自动监测与控制			5.2.13

续表 C

	测 评 内 容	测评方法	测评结果	备注
规定项	冷热源及空调系统	供热量控制			5.2.14
		分户温控及计量			5.2.15
		冷水（热泵）机组			5.2.16
		单元式机组			5.2.17
		溴化锂吸收式机组			5.2.18
		多联式空调（热泵）机组			5.2.19
		排风热回收			5.2.20
		地源热泵系统			5.2.21
选择项	可再生能源			5.3.1
	自然通风			5.3.2
	自然采光			5.3.3
	遮阳措施			5.3.4
	建筑外窗			5.3.5
	变流量或变速			5.3.6
	高等级设备			5.3.7
	其他			5.3.8
民用建筑能效测评机构意见：				

测评人员： 　测评机构： 　　年 月 日

注：测评方法填入内容为计算评估、文件审查、现场检查或性能检测；测评结果基础项为节能率，规定项为是否满足对应条目要求，选择项为所加分数；备注为各项所对应的条目。

附录 D 公共建筑能效测评表

表 D 公共建筑能效测评表

项目名称					
项目地址					
建筑面积（m²）/层数			气候区域		
建设单位					
设计单位					
施工单位					

	测评内容	测评方法	测评结果	备注
基础项	相对节能率			6.1.1

续表 D

	测评内容		测评方法	测评结果	备注
规定项	围护结构	外窗、透明幕墙气密性			6.2.1
		热桥部位			6.2.2
		门窗洞口密封			6.2.3
		外窗、透明幕墙可开启面积			6.2.4
	冷热源及空调系统	设计新风量			6.2.5
		设备选型依据			6.2.6
		热源			6.2.7
		地源热泵系统			6.2.8
		锅炉			6.2.9
		冷水（热泵）机组			6.2.10
		单元式机组			6.2.11
		溴化锂吸收式机组			6.2.12
		多联式空调（热泵）机组			6.2.13
规定项	冷热源及空调系统	集中供暖系统热水循环泵耗电输热比			6.2.14
		风机单位风量耗功率			6.2.15
		空调水系统输送能效比			6.2.16
		室温调节			6.2.17
		计量方式			6.2.18
		水力平衡			6.2.19
		监控系统			6.2.20
	照明	照明功率密度			6.2.21
		照明控制			6.2.22
选择项	可再生能源				6.3.1
	自然通风				6.3.2
	自然采光				6.3.3
	遮阳措施				6.3.4
	分布式冷热电联供				6.3.5
	蓄冷蓄热技术				6.3.6
	能量回收				6.3.7
	冷凝热利用				6.3.8
	全新风/变新风比				6.3.9
	变水量/变风量				6.3.10
	供回水温差				6.3.11
	计量＋节能控制				6.3.12
	高等级设备				6.3.13
	其他				6.3.14

民用建筑能效测评机构意见：

测评人员：　　测评机构：　　　年 月 日

附录 E　建筑能效测评汇总表

表 E　建筑能效测评汇总表

项目名称			
项目地址			
建筑面积（m²）/层数		气候区域	
建设单位			
设计单位			
施工单位			
审 查 内 容			
基础项	相对节能率（％）		
规定项	共 项，满足 项		
选择项	满 足 项		分数
	1		
	2		
	3		
	4		
	5		
	合计		
能效等级		有效期限	
节能建议	1		
	2		
	3		
测评机构	负责人	审核人	日期

说明：

本表中相对节能率等数据根据我国现行节能设计标准，基于建筑所处地理位置、标准化的假设的空调供暖系统运行时间等数据计算得出（居住建筑为供暖空调能耗，公共建筑为供暖空调及照明能耗），未考虑其他服务、维护、安检等辅助设备的能耗。建筑在实际使用过程中不可能完全按照能耗计算中假设的标准工况运行，因此本表中数据仅供不同建筑之间的节能率比较，不用作其他用途。

附录 F 居住建筑围护结构热工性能表

表 F 居住建筑围护结构热工性能表

项目名称	项目地址		建筑类型	建筑面积（m²）/层数
建筑外表面积 F_0	建筑体积 V_0		体形系数 $S=F_0/V_0$	
围护结构部位	传热系数 K [W/ (m²·K)]、热惰性指标		做 法	
屋面				
外墙				
底面接触室外空气的架空或外挑楼板				
非供暖地下室顶板				
分隔供暖与非供暖空间的隔墙、楼板				
分户墙和楼板				
户门				
阳台门下部门芯板				
地面　周边地面				
地面　非周边地面				
地下室外墙（与土壤接触的外墙）				

外窗（含阳台门透明部分）	方向	窗墙面积比	传热系数 K [W/ (m²·K)]	遮阳系数 SC	外遮阳系数

窗地面积比（夏热冬暖地区）					
外窗通风开口面积（夏热冬暖地区）					
天窗					

单位面积全年能耗（kWh/m²）	计算方法（软件名称）	

计算人员	日期	审核人员	日期

附录 G 公共建筑围护结构热工性能表

表 G 公共建筑围护结构热工性能表

项目名称	项目地址		建筑类型	建筑面积（m²）/层数
建筑外表面积 F_0（m²）	建筑体积 V_0（m³）		体形系数 $S=F_0/V_0$	
围护结构部位	传热系数 K [W/ (m²·K)] /热阻 R (m²·K/W)		做 法	
屋面				
外墙（含非透明幕墙）				
底面接触室外空气的架空或外挑楼板				
分隔供暖与非供暖空间的隔墙、楼板				
地面　周边地面				
地面　非周边地面				
供暖空调地下室外墙（与土壤接触的墙）				

外窗（含透明幕墙）	方向	窗墙面积比	传热系数 K [W/ (m²·K)]	遮阳系数 SC	玻璃可见光透射比

屋顶透明部分					

单位面积全年能耗（kWh/m²）	计算软件	

计算人员	日期	审核人员	日期

附录 H 居住建筑能效实测评估表

表 H 居住建筑能效实测评估表

项目名称			
项目地址			
建筑面积（m²）/层数		占地面积（m²）	
建筑类型		竣工时间	
气候区域		抽样描述	
建设单位			
设计单位			
施工单位			

评 估 内 容		评估方法	评估结果	备注
基础项	单位建筑面积供暖能耗（kWh/m²）（严寒寒冷、夏热冬冷）			7.1.1
	单位建筑面积空调能耗（kWh/m²）（夏热冬冷、夏热冬暖）			
	单位建筑面积实际使用总能耗（kWh/m²）			
规定项	室内平均温度			7.2.1
	锅炉运行效率			7.2.2
	室外管网热损失率			
	集中供暖系统耗电输热比			

民用建筑能效测评机构意见：

测评人员：　　测评机构：　　　年 月 日

附录 J 公共建筑能效实测评估表

表 J 公共建筑能效实测评估表

项目名称			
项目地址			
建筑面积（m²）/层数		占地面积（m²）	
建筑类型		竣工时间	
气候区域		抽样描述	
建设单位			
设计单位			
施工单位			

评 估 内 容			评估方法	评估结果	备注
基础项	单位建筑面积供暖能耗（kWh/m²）				8.1.1
	单位建筑面积空调能耗（kWh/m²）				
	单位建筑面积实际使用总能耗（kWh/m²）				
规定项		室内平均温/湿度			8.2.1
	水系统	机组性能系数			8.2.2
		系统能效系数			
	风系统	风机单位风量耗功率			8.2.3

民用建筑能效测评机构意见：

测评人员：　　测评机构：　　　年 月 日

附录 K 建筑能效实测评估汇总表

表 K 建筑能效实测评估汇总表

项目名称				
项目地址				
建筑面积 (m²) /层数		占地面积 (m²)		
建筑类型		竣工时间		
气候区域		抽样描述		
建设单位				
设计单位				
施工单位				
	评 估 内 容			
基础项	单位建筑面积供暖能耗 (kWh/m²)			
	单位建筑面积空调能耗 (kWh/m²)			
	单位建筑面积实际使用总能耗 (kWh/m²)			
规定项	共 项,满足 项			
合格判定		有效期限		
节能建议	1			
	2			
	3			
测评机构	负责人	审核人		日期

本标准用词说明

1 为便于在执行本标准条文时区别对待,对要求严格程度不同的用词说明如下:

1）表示很严格,非这样做不可的:

正面词采用"必须",反面词采用"严禁";

2）表示严格,在正常情况下均应这样做的:

正面词采用"应",反面词采用"不应"或"不得";

3）表示允许稍有选择,在条件许可时首先应这样做的:

正面词采用"宜",反面词采用"不宜";

4）表示有选择,在一定条件下可以这样做的,采用"可"。

2 条文中指明应按其他有关标准执行的写法为:"应符合……的规定"或"应按……执行"。

引用标准名录

1 《建筑采光设计标准》GB 50033

2 《建筑照明设计标准》GB 50034

3 《公共建筑节能设计标准》GB 50189

4 《家用燃气快速热水器和燃气采暖热水炉能效限定值及能效等级》GB 20665

5 《建筑幕墙》GB/T 21086

6 《多联式空调（热泵）机组能效限定值及能源效率等级》GB 21454

7 《严寒和寒冷地区居住建筑节能设计标准》JGJ 26

8 《夏热冬暖地区居住建筑节能设计标准》JGJ 75

9 《夏热冬冷地区居住建筑节能设计标准》JGJ 134

10 《居住建筑节能检测标准》JGJ/T 132

11 《公共建筑节能检测标准》JGJ/T 177

中华人民共和国行业标准

建筑能效标识技术标准

JGJ/T 288—2012

条 文 说 明

制 订 说 明

《建筑能效标识技术标准》JGJ/T 288－2012，经住房和城乡建设部 2012 年 11 月 1 日以第 1512 号公告批准、发布。

本标准编制过程中，编制组进行了广泛深入的调查研究，总结了我国工程建设建筑能效标识领域的实践经验，同时参考了国外先进技术法规、技术标准，提出了定性与定量相结合的建筑能效测评标识的内容及方法，明确了能效标识的两个阶段，提出了相对节能率的概念、计算条件及方法，并据其进行等级划分。

为便于广大设计、施工、科研、学校等单位有关人员在使用本标准时能正确理解和执行条文规定，《建筑能效标识技术标准》编制组按章、节、条顺序编制了本标准的条文说明，对条文规定的目的、依据以及执行中需注意的有关事项进行了说明。但是，本条文说明不具备与标准正文同等的法律效力，仅供使用者作为理解和把握标准规定的参考。

目 次

2 术语 ·········· 35—23

3 基本规定 ·········· 35—23

4 测评与评估方法 ·········· 35—24

5 居住建筑能效测评 ·········· 35—24

  5.1 基础项 ·········· 35—24

  5.2 规定项 ·········· 35—24

  5.3 选择项 ·········· 35—29

6 公共建筑能效测评 ·········· 35—30

  6.1 基础项 ·········· 35—30

  6.2 规定项 ·········· 35—30

  6.3 选择项 ·········· 35—32

7 居住建筑能效实测评估 ·········· 35—34

7.1 基础项 ·········· 35—34

7.2 规定项 ·········· 35—34

8 公共建筑能效实测评估 ·········· 35—35

  8.1 基础项 ·········· 35—35

  8.2 规定项 ·········· 35—35

附录 A 居住建筑能效测评基础
     项能耗计算 ·········· 35—36

  A.1 严寒和寒冷地区居住建筑 ·········· 35—36

  A.2 夏热冬冷地区居住建筑 ·········· 35—36

附录 B 公共建筑能效测评基础
     项能耗计算 ·········· 35—36

2 术 语

2.0.5 对于居住建筑，全年能耗为供暖空调能耗；对于公共建筑，全年能耗为供暖空调及照明能耗。

3 基 本 规 定

3.0.2 建筑能效标识分两步进行，第一步以竣工资料为依据进行建筑能效测评，第二步在建筑投入正常运行后，以实际运行能效为依据进行建筑能效实测评估。既有建筑节能改造项目建筑能效标识应在改造工程竣工验收之前进行。

3.0.3 裙房连通的建筑群视为单栋建筑；只有地下车库连通的建筑视为多栋建筑。同类型建筑是指同期建设的使用相同设计图纸、使用功能相同的建筑，具体划分为低层、多层、小高层、高层。

3.0.4 建筑能效测评应包括与建筑物相关的整个供暖空调系统，对设有集中供热空调系统的建筑而言，应包括室外管网及集中冷热源设备。建筑能效测评应尽可能利用已有文件资料及测试报告，避免重复检测；同时注重建筑能耗理论计算及实际效果的结合。

建筑能耗计算分析结果是标识的主要依据，所以计算评估方法和软件必须统一要求。

3.0.5 根据《综合能耗计算通则》GB/T 2589-2008，燃料能源应以其低位发热量为计算基础折算。各种能源折标准煤参考系数见表1。

表1 各种能源折标准煤参考系数

能源名称	平均低位发热量	折标准煤系数
原煤	20908kJ/kg(5000kcal/kg)	0.7143kgce/kg
标准煤	29307kJ/kg(7000kcal/kg)	1.0000kgce/kg
原油/燃料油	41816kJ/kg(10000kcal/kg)	1.4286kgce/kg
汽油/煤油	43070kJ/kg(10300kcal/kg)	1.4714kgce/kg
柴油	42652kJ/kg(10200kcal/kg)	1.4571kgce/kg
油田天然气	38931kJ/m³(9310kcal/m³)	1.3300kgce/m³
气田天然气	35544kJ/m³(8500kal/m³)	1.2143kgce/m³
热力(当量值)	—	0.03412kgce/MJ
蒸汽(低压)	3763MJ/t(900Mcal/t)	0.1286kgce/kg

注：引自《综合能耗计算通则》GB/T 2589-2008。

规定项依据的国家现行建筑节能设计标准包括《严寒和寒冷地区居住建筑节能设计标准》JGJ 26、《夏热冬冷地区居住建筑节能设计标准》JGJ 134、《夏热冬暖地区居住建筑节能设计标准》JGJ 75 及《公共建筑节能设计标准》GB 50189。

3.0.6 基础项即相对节能率 η，为标识建筑相对于满足国家现行节能设计标准的建筑的节能率，该值与国家现行节能设计标准对应的节能率无关，即不论国家现行节能设计标准对应的节能率是50%或65%，只要相对节能率一样，标识级别也一样。基础项计算方法应符合本标准第5.1.2条和第6.1.2条的规定。

节能率 η' 是指标识建筑相对于20世纪80年代建筑（即基准建筑）的节能率。相对节能率与节能率的关系见表2～表4。

表2 居住建筑能效标识等级
（相对于节能65%标准）

标识等级	相对节能率 η（相对于满足现行节能设计标准的节能率）	节能率 η'（相对于20世纪80年代建筑的节能率）
☆	$0 \leqslant \eta < 15\%$	$65\% \leqslant \eta' < 70.25\%$
☆☆	$15\% \leqslant \eta < 30\%$	$70.25\% \leqslant \eta' < 75.5\%$
☆☆☆	$\eta \geqslant 30\%$	$\eta' \geqslant 75.5\%$

表3 居住建筑能效标识等级
（相对于节能50%标准）

标识等级	相对节能率 η（相对于满足现行节能设计标准的节能率）	节能率 η'（相对于20世纪80年代建筑的节能率）
☆	$0 \leqslant \eta < 15\%$	$50\% \leqslant \eta' < 57.5\%$
☆☆	$15\% \leqslant \eta < 30\%$	$57.5\% \leqslant \eta' < 65\%$
☆☆☆	$\eta \geqslant 30\%$	$\eta' \geqslant 65\%$

表4 公共建筑能效标识等级

标识等级	相对节能率 η（相对于满足现行节能设计标准的节能率）	节能率 η'（相对于20世纪80年代建筑的节能率）
☆	$0 \leqslant \eta < 15\%$	$50\% \leqslant \eta' < 57.5\%$
☆☆	$15\% \leqslant \eta < 30\%$	$57.5\% \leqslant \eta' < 65\%$
☆☆☆	$\eta \geqslant 30\%$	$\eta' \geqslant 65\%$

3.0.7 对居住建筑，基础项为实测得到的全年单位建筑面积实际使用总能耗、供暖或空调实际使用能耗；对公共建筑，基础项为实测得到的全年单位建筑面积实际使用总能耗，供暖、空调和照明实际使用能耗。建筑面积采用备案竣工建筑面积。建筑能效实测评估的规定项依国家现行建筑节能检测标准《居住建筑节能检测标准》JGJ/T 132 和《公共建筑节能检测标准》JGJ/T 177 进行检测，检测结果全部满足要求时，判定建筑能效实测评估合格。

3.0.8 本条第5款中建筑门窗节能性能标识包括证书和标签。证书内容包括证书编号、企业名称、产品产地、产品规格、窗框生产企业、玻璃生产企业、主要配件生产企业、标准规格产品的节能性能指标（传热系数、遮阳系数、空气渗透率和可见光透射比）、批准日期与有效期、标识实验室、用户指导信息及查询网址等，并附该产品不同尺寸组合的节能性能数据表。标签包括的基本内容：（一）标识编号；（二）企业名称；（三）产品基本信息（产地）；（四）节能性能指标；（五）标识使用证书的批准日；（六）标识实验室代码、查询网址；（七）用户指导信息。建筑门窗标识实验室出具的《建筑门窗节能性能标识测评报告》包括《企业生产条件现场检查报告》和《建筑门窗节能性能模拟计算与检测报告》。

4 测评与评估方法

4.0.2 规定项性能检测包括建筑外窗（玻璃幕墙）气密、水密、抗风压性能及借助红外热像仪进行热工缺陷的检测。

4.0.4 国家现行建筑节能检测标准包括《居住建筑节能检测标准》JGJ/T 132、《公共建筑节能检测标准》JGJ/T 177。

4.0.5 按建筑能效测评规定项要求，标识建筑在建筑热力入口处必须安装冷热计量表。实测评估基础项即全年单位建筑面积供暖空调能耗或供暖、空调和照明能耗，对于设置用能分项计量的建筑，可直接通过分项计量仪表记录的数据，统计得到该建筑物的年供暖空调能耗。对于没有设置用能分项计量的建筑，建筑物年供暖空调能耗可根据建筑物全年的运行记录、设备的实际运行功率和建筑的实际使用情况等统计分析得到。统计时应符合下列规定：

1 对于冷水机组、水泵、电锅炉等运行记录中记录了实际运行功率或运行电流的设备，运行数据经校核后，可直接统计得到设备的年运行能耗；

2 当运行记录没有有关能耗数据时，可先实测设备运行功率，并从运行记录中得到设备的实际运行时间，再分析得到该设备的年运行能耗。

5 居住建筑能效测评

5.1 基 础 项

5.1.2 测评方法：计算评估。

5.1.3 外墙、屋面、外窗（含透明幕墙）、底面接触室外空气的架空或外挑楼板、分户墙、供暖空调与非供暖空调房间隔墙、屋顶透明部分、地下室外墙、不供暖地下室上部顶板、地面、外门等围护结构构造做法均按竣工图纸确定。

外门、外窗（含透明幕墙）的保温性能在无见证取样检测报告时，可采用门窗的型式检验报告或理论

计算值，但必须现场核实，确保其和设计一致，在必要情况下，应现场取样检测。

5.2 规 定 项

Ⅰ 围 护 结 构

5.2.1 测评方法：文件审查、现场检查、性能检测。

测评要点：审查设计文件、进场见证取样检测报告，查看门窗气密性等级是否符合设计或国家现行标准中相应等级要求，在无复检报告情况下，可现场检测门窗气密性，检测方法应按照现行行业标准《建筑外窗气密、水密、抗风压性能现场检测方法》JG/T 211规定的方法进行。

为了保证建筑节能，要求外窗具有良好的气密性能，以避免夏季和冬季室外空气过多地向室内渗漏，本标准要求窗的气密性等级符合现行行业标准《严寒和寒冷地区居住建筑节能设计标准》JGJ 26、《夏热冬冷地区居住建筑节能设计标准》JGJ 134及《夏热冬暖地区居住建筑节能设计标准》JGJ 75的相关规定。

严寒地区外窗及敞开式阳台门的气密性等级不应低于现行国家标准《建筑外门窗气密、水密、抗风压性能分级及检测方法》GB/T 7106-2008中规定的6级。寒冷地区1～6层的外窗及敞开式阳台门的气密性等级不应低于现行国家标准《建筑外门窗气密、水密、抗风压性能分级及检测方法》GB/T 7106-2008中规定的4级；7层及7层以上不应低于6级。

夏热冬冷地区建筑物1～6层的外窗及敞开式阳台门的气密性等级不应低于现行国家标准《建筑外门窗气密、水密、抗风压性能分级及检测方法》GB/T 7106-2008中规定的4级；7层及7层以上的外窗及敞开式阳台门的气密性等级，不应低于该标准规定的6级。

夏热冬暖地区建筑物1～9层的外窗及敞开式阳台门的气密性等级不应低于现行国家标准《建筑外门窗气密、水密、抗风压性能分级及检测方法》GB/T 7106-2008中规定的4级；10层及10层以上的外窗及敞开式阳台门的气密性等级，不应低于该标准规定的6级。

现行国家标准《建筑外门窗气密、水密、抗风压性能分级及检测方法》GB/T 7106-2008中规定的4级对应的性能是：在10Pa压差下，每小时每米缝隙的空气渗透量不大于2.5m³，且每小时每平方米的空气渗透量不大于7.5m³；6级对应的性能是：在10Pa压差下，每小时每米缝隙的空气渗透量不大于1.5m³，且每小时每平方米的空气渗透量不大于4.5m³。

5.2.2 测评方法：文件审查、现场检查、性能检测。

测评要点：审查设计文件，要求应按设计要求采

取隔断热桥或节能保温措施。查看外墙、屋面主体部位及结构性冷（热）桥部位热阻或传热系数值，看是否低于本地区低限热阻或传热系数。同时应进行现场检查，查看外墙、屋面结构性冷（热）桥部位是否存在发霉、起壳等现象，必要时应借助红外热像仪进行热工缺陷的检测。

严寒寒冷地区和夏热冬冷地区室外温度相对较低，都易在冬季出现结露现象，故作此项规定。严寒寒冷地区的外墙与屋面热桥对于围护结构总体保温效果影响较大。

住宅室内表面发生结露会给室内环境带来负面影响，给居住者的生活带来不便。如果长时间的结露还会滋生霉菌，对居住者的健康造成有害影响，这是不允许的。室内表面出现结露最直接的原因是表面温度低于室内空气的露点温度。

一般说来，外围护结构的内表面大面积结露的可能性不大，结露大都出现在金属窗框、窗玻璃表面、墙角、墙面、屋面上可能出现热桥的位置附近。本条文规定在设计过程中，应注意外墙与屋面可能出现热桥的部位的特殊保温措施，核算在设计条件下可能结露部位的内表面温度是否高于露点温度，防止在室内温、湿度设计条件下产生结露现象。

另一方面，热桥是出现高密度热流的部位，加强热桥部位的保温，可以减小供暖负荷。

值得指出的是，要彻底杜绝内表面的结露现象有时也是非常困难的。本条文规定的是在"室内空气设计温、湿度条件下"不应出现结露。"室内空气设计温、湿度条件下"就是一般的正常情况，不包括室内特别潮湿的情况。

5.2.3 测评方法：文件审查、现场检查。

测评要点：审查设计文件，查看门窗洞口之间的密封方法和材料是否符合设计要求，同时还应现场检查，查看是否和设计一致。

窗框四周与抹灰层之间的缝隙，宜采用保温材料和嵌缝密封膏密封，避免不同材料界面开裂影响窗户的热工性能。

5.2.4 测评方法：文件审查、现场检查。

测评要点：《严寒和寒冷地区居住建筑节能设计标准》JGJ 26 - 2010 中规定：当设置凸窗时，凸窗凸出（从外墙面至凸窗外表面）不应大于 400mm；凸窗的传热系数限值应比普通窗降低 15%，且其不透明的顶部、底部、侧面的传热系数应小于或等于外墙的传热系数。当计算窗墙面积比时，凸窗的窗面积和凸窗所占的墙面积应按窗洞口面积计算。

5.2.5 测评方法：文件审查、现场检查。

测评要点：审查玻璃（透明材料）可见光透射比检测报告。

自然采光对于居住建筑很重要，因此不能为节能只注意低的遮阳系数，而忽略可见光透射比。

Ⅱ　冷热源及空调系统

5.2.6 测评方法：文件审查、现场检查。

测评要点：文件审查该地区情况是否符合条文所指的特殊情况。

本条内容为《严寒和寒冷地区居住建筑节能设计标准》JGJ 26 - 2010、《夏热冬冷地区居住建筑节能设计标准》JGJ 134 - 2010 强制性条文。

建设节约型社会已成为全社会的责任和行动，用高品位的电能直接转换为低品位的热能进行供暖，热效率低，是不合适的。同时，必须指出，"火电"并非清洁能源。在发电过程中，不仅对大气环境造成严重污染；而且，还产生大量温室气体（CO_2），对保护地球、抑制全球气候变暖非常不利。

严寒和寒冷地区全年有 4～6 个月供暖期，时间长，供暖能耗占有较高比例。近年来由于供暖用电所占比例逐年上升，致使一些省市冬季尖峰负荷迅速增长，电网运行困难，出现冬季电力紧缺。盲目推广没有蓄热配置的电锅炉，直接电热供暖，将进一步劣化电力负荷特性，影响民众日常用电。因此，应严格限制应用直接电热进行集中供暖的方式。当然，作为居住建筑来说，并不限制居住者选择直接电热方式自行进行分散形式的供暖。考虑到国内各地区的具体情况，在只有符合本条所指的特殊情况时方可采用。

5.2.7 测评方法：文件审查、现场检查。

测评要点：文件审查所使用锅炉的检测报告，现场核查锅炉型号。

本条内容为《严寒和寒冷地区居住建筑节能设计标准》JGJ 26 - 2010 强制性条文。

锅炉的选型，应与当地长期供应的燃料种类相适应。锅炉的设计效率不应低于表 5 中规定的数值。

表 5　锅炉的最低设计效率（%）

锅炉类型、燃料种类		在下列锅炉容量（MW）下的额定热效率（%）						
		0.7	1.4	2.8	4.2	7.0	14.0	>28.0
燃煤	烟煤 Ⅱ	—	—	73	74	78	79	80
	烟煤 Ⅲ	—	—	74	76	78	80	82
燃油、燃气		86	87	87	88	89	90	90

锅炉运行效率是以长期监测和记录数据为基础，统计时期内全部瞬时效率的平均值。本标准中规定的锅炉运行效率是以整个供暖季作为统计时间的，它是反映各单位锅炉运行管理水平的重要指标。它既和锅炉及其辅机的状况有关，也和运行制度等因素有关。国务院于 1982 年发布节约工业锅炉用煤的四号指令，规定了运行效率的最低要求（在燃烧Ⅱ、Ⅲ类烟煤的条件下）如表 6 所示。

表6　锅炉运行效率的最低要求

锅炉容量 MW（t/h）	运行效率（%）
0.7（1）	55
1.4（2）	60
2.8~4.2（4~6）	65
≥7.0（10）	72

为了保证达到上述要求，所选锅炉额定热效率应高于运行效率。锅炉运行效率要达到70%的要求，首先要保证所选用锅炉的锅炉额定热效率不应低于73%。表5中数据是根据目前国内企业生产的锅炉的设计效率来确定的。

5.2.8　测评方法：文件审查、现场检查。

测评要点：文件审查所使用户式燃气炉的检测报告，现场核查型号。

现行国家标准《家用燃气快速热水器和燃气采暖热水炉能效限定值及能效等级》GB 20665-2006中规定采暖炉能效等级分为3级，其中1级能效最高。能效限定值为能效等级的3级。节能评价值为能效等级的2级。第2级数值见表7。

表7　热水器和供暖炉能效等级

类　型		热负荷	最低热效率值（%）（能效等级2级）
热水器		额定热负荷	88
		≤60%额定热负荷	84
供暖炉（单供暖）		额定热负荷	88
		≤50%额定热负荷	84
供暖炉（两用型）	供暖	额定热负荷	88
		≤50%额定热负荷	84
	热水	额定热负荷	88
		≤50%额定热负荷	84

本条内容为《夏热冬冷地区居住建筑节能设计标准》JGJ 134强制性条文。

采用户式燃气炉作为热源时，其热效率应达到现行国家标准《家用燃气快速热水器和燃气采暖热水炉能效限定值和能效等级》GB 20665中的节能评价等级要求。

5.2.9　测评方法：文件审查、现场检查。

测评要点：审查设计文件、所使用户式燃气炉的检测报告；现场核查。

户式燃气供暖炉包括热风炉和热水炉，已经在一定范围内应用于多层住宅和低层住宅供暖，在建筑围护结构热工性能较好（至少达到节能标准规定）和产品选用得当的条件下，也是一种可供选择的供暖方式。

为保证锅炉运行安全，要求户式供暖炉设置专用的进气及排气通道。燃气炉自身必须配置有完善且可靠的自动安全保护装置。

燃气供暖炉大部分时间只需要部分负荷运行，如果单纯进行燃烧量调节而不相应改变燃烧空气量，会由于过剩空气系数增大使热效率下降。因此宜采用具有自动同时调节燃气量和燃烧空气量功能的产品。

设计提供水泵校核计算书，保证水泵满足供暖系统要求。

5.2.10　测评方法：文件审查、现场检查。

测评要点：审查设计文件中是否设计热计量装置、所使用热量表的见证检测报告；现场核查是否安装了热计量装置。

本条内容为《严寒和寒冷地区居住建筑节能设计标准》JGJ 26-2010强制性条文。锅炉房安装总热计量装置，可以确定供热单位的热量输出，作为核算供热成本的基础。热力站的一次侧安装热计量装置，可以确定一次管线的热输送效率。二次侧安装热计量装置，可以确定热力站的热量输出，作为评估二次管线供热效率的基础。建筑物热力入口处安装热量表，可以作为该建筑物供暖耗热量的依据。

5.2.11　测评方法：文件审查、现场检查。

测评要点：审查水力计算设计文件，现场检查系统是否安装了水力平衡装置。热水供暖系统各并联环路是否压力平衡。

本条内容为《严寒和寒冷地区居住建筑节能设计标准》JGJ 26-2010强制性条文。

5.2.12　测评方法：文件审查、现场检查。

测评要点：应文件审查和现场检查公式中的各项参数，详细计算后进行判定。

规定耗电输热比EHR，是为了防止采用过大的水泵，以使得水泵的选择在合理范围。

集中供暖系统循环水泵的耗电输热比应符合下式要求：

$$EHR = \frac{N}{Q\eta} \leqslant \frac{A \times (20.4 + a\Sigma L)}{\Delta t}$$

式中：EHR——循环水泵的耗电输热比；

N——水泵在设计工况点的轴功率（kW）；

Q——建筑供热负荷（kW）；

η——电机和传动部分的效率，应按表7选取；

Δt——设计供回水温度差（℃），应按设计要求选取；

A——与热负荷有关的计算系数，应按表8选取；

ΣL——室外主干线（包括供回水管）总长度（m）；

a——与ΣL有关的计算系数，应按如下选取或计算：

当 $\Sigma L \leqslant 400m$ 时，$a=0.0115$；

当 $400m < \Sigma L < 1000m$ 时，$a=0.003833+3.067/\Sigma L$；

当 $\Sigma L \geqslant 1000m$ 时，$a=0.0069$。

表8　电机和传动部分的效率及循环水泵的耗电输热比计算系数

热负荷 Q(kW)		<2000	≥2000
电机和传动部分的效率 η	直联方式	0.87	0.89
	联轴器连接方式	0.85	0.87
计算系数 A		0.0062	0.0054

5.2.13 测评方法：文件审查、现场检查。

测评要点：应文件审查和现场检查是否满足上述功能要求。

本条内容为《严寒和寒冷地区居住建筑节能设计标准》JGJ 26 - 2010 强制性条文。

集中冷热源采用自动监测与控制的运行方式时，应满足下列规定：

1 应通过计算机自动监测系统，全面、及时地了解锅炉或冷热站的运行状况；

2 应随时测量室外的温度和整个热网的需求，按照预先设定的程序，通过调节投入燃料量实现锅炉供热量调节，满足整个热网的热量需求，保证供暖质量；

3 应通过锅炉系统热特性识别和工况优化分析程序，根据前几天的运行参数、室外温度，预测该时段的最佳工况；

4 应通过对锅炉或冷热站机组运行参数的分析，作出及时判断；

5 应建立各种信息数据库，对运行过程中的各种信息数据进行分析，并能够根据需要打印各类运行记录，储存历史数据；

6 锅炉房、冷热站的动力用电、水泵用电和照明用电应分别计量。

条文中提出的 6 项要求，是确保安全，实现高效、节能与经济运行的必要条件。

5.2.14 测评方法：文件审查、现场检查。

测评要点：应文件审查和现场检查是否设置供热量控制装置。

本条内容为《严寒和寒冷地区居住建筑节能设计标准》JGJ 26 - 2010 强制性条文。设置供热量控制装置的主要目的是对供热系统进行总体调节，使锅炉运行参数在保持室内温度的前提下，随室外空气温度的变化随时进行调整，始终保持锅炉房的供热量与建筑物的需热量基本一致，实现按需供热；达到最佳的运行效率和最稳定的供热质量。

5.2.15 测评方法：文件审查、现场检查。

测评要点：应文件审查和现场检查是否设置温控与计量装置，并达到分室（户）调节及分户热计量要求。

本条内容为《严寒和寒冷地区居住建筑节能设计标准》JGJ 26 - 2010、《夏热冬冷地区居住建筑节能设计标准》JGJ 134 - 2010 强制性条文。

集中供暖（集中空调）系统分室（户）温控及用热（冷）计量是一项重要的建筑节能措施。设置分户计量装置不仅有利于管理与收费，用户也能及时了解和分析用能情况，提高节能意识和节能积极性，自觉采取节能措施。在采用计量的情况下，必须允许使用人员根据自身需求进行温度控制，才能保证行为节能的公平性。因此规定了分户室内温度控制的要求。在夏热冬冷地区可以根据严寒、寒冷地区热量计量的原则和适当的方法，进行用户使用热（冷）量的计量和收费。

5.2.16 测评方法：文件审查、现场检查。

测评要点：应文件审查所使用机组的检测报告，现场检查机组型号。

国家标准《公共建筑节能设计标准》GB 50189 - 2005 中的规定值见表9。

表9　冷水（热泵）机组制冷性能系数

类型		额定制冷量（kW）	性能系数（W/W）
水冷	活塞式/涡旋式	<528	3.8
		528～1163	4.0
		>1163	4.2
	螺杆式	<528	4.10
		528～1163	4.30
		>1163	4.60
	离心式	<528	4.40
		528～1163	4.70
		>1163	5.10
风冷或蒸发冷却	活塞式/涡旋式	≤50	2.40
		>50	2.60
	螺杆式	≤50	2.60
		>50	2.80

本条内容为《严寒和寒冷地区居住建筑节能设计标准》JGJ 26 - 2010 强制性条文，当采用电机驱动压缩机的蒸汽压缩循环冷水（热泵）机组或采用名义制冷量大于 7100W 的电机驱动压缩机单元式空气调节机作为住宅小区或整栋楼的冷热源机组时，所选用机组的能效比（性能系数）不应低于现行国家标准《公共建筑节能设计标准》GB 50189 中的规定值。《公共建筑节能设计标准》GB 50189 - 2005 在确定能效最

低值时，以国家标准《冷水机组能效限定值及能源效率等级》GB 19577 - 2004、《单元式空气调节机能效限定值及能源效率等级》GB 19576 - 2004 等强制性国家能效标准为依据。能源效率等级判定方法，目的是配合我国能效标识制度的实施。能源效率等级划分的依据：一是拉开档次，鼓励先进，二是兼顾国情，以及对市场产生的影响，三是逐步与国际接轨。根据我国能效标识管理办法（征求意见稿）和消费者调查结果，建议依据能效等级的大小，将产品分成 1、2、3、4、5 五个等级。能效等级的含义：1 等级是企业努力的目标；2 等级代表节能型产品的门槛（最小寿命周期成本）；3、4 等级代表我国的平均水平；5 等级产品是未来淘汰的产品。目的是能够为消费者提供明确的信息，帮助其购买的选择，促进高效产品的市场。表 10 摘录国家标准《冷水机组能效限定值及能源效率等级》GB 19577 - 2004 中"能源效率等级指标"。

表 10　冷水机组能源效率等级指标

类　型	额定制冷量 CC (kW)	能效等级（COP，W/W）				
		1	2	3	4	5
风冷式或蒸发冷却式	$CC \leqslant 50$	3.20	3.00	2.80	2.60	2.40
	$50 < CC$	3.40	3.20	3.00	2.80	2.60
水冷式	$CC \leqslant 528$	5.00	4.70	4.40	4.10	3.80
	$528 < CC \leqslant 1163$	5.50	5.10	4.70	4.30	4.00
	$1163 < CC$	6.10	5.60	5.10	4.60	4.20

表 10 中制冷性能系数（COP）值考虑了以下因素：国家的节能政策；我国产品现有与发展水平；鼓励国产机组尽快提高技术水平。同时，从科学合理的角度出发，考虑到不同压缩方式的技术特点，对其制冷性能系数分别作了不同要求。活塞/涡旋式采用第 5 级，水冷离心式采用第 3 级，螺杆则采用第 4 级。

5.2.17 测评方法：文件审查、现场检查。

测评要点：应文件审查所使用机组的检测报告，现场检查机组型号。

国家标准《公共建筑节能设计标准》GB 50189 - 2005 中的规定值见表 11。

表 11　单元式机能效比

类　型		能效比（W/W）
风冷式	不接风管	2.60
	接风管	2.30
水冷式	不接风管	3.00
	接风管	2.70

表 11 中名义制冷量时能效比（EER）值，相当于国家标准《单元式空气调节机能效限定值及能源效率等级》GB 19576 - 2004 中"能源效率等级指标"的第 4 级（见表 12）。

表 12　单元式空气调节机能源效率等级指标

类　型		能效等级（COP，W/W）				
		1	2	3	4	5
风冷式	不接风管	3.20	3.00	2.80	2.60	2.40
	接风管	2.90	2.70	2.50	2.30	2.10
水冷式	不接风管	3.60	3.40	3.20	3.00	2.80
	接风管	3.30	3.10	2.90	2.70	2.50

5.2.18 测评方法：文件审查、现场检查。

国家标准《公共建筑节能设计标准》GB 50189 - 2005 中的规定见表 13。

表 13　溴化锂吸收式机组性能参数

机型	名义工况			性能参数		
	冷(温)水进/出口温度（℃）	冷却水进/出口温度（℃）	蒸汽压力（MPa）	单位制冷量蒸汽耗量 [kg/(kWh)]	性能参数（W/W）	
					制冷	供热
蒸汽双效	18/13	30/35	0.25	≤1.40		
	12/7		0.4			
			0.6	≤1.31		
			0.8	≤1.28		
直燃	空调 12/7	30/35	—	—	≥1.10	—
	供热出口 60	—	—	—	—	≥0.90

注：直燃机的性能系数为：制冷量(供热量)/[加热源消耗量(以低位热值计)＋电力消耗量(折算成一次能)]。

5.2.19 测评方法：文件审查、现场检查。

测评要点：审查设计文件、机组性能检测报告；现场核查机组型号。

本条为《严寒和寒冷地区居住建筑节能设计标准》JGJ 26 - 2010、《夏热冬冷地区居住建筑节能设计标准》JGJ 134 - 2010 强制性条文。国家标准《多联式空调（热泵）机组能效限定值及能源效率等级》GB 21454 - 2008 将多联机产品的能效水平分成 5 个等级，其中 1 级产品的能效水平最高，2 级是达到节能认证所允许的最小值即节能评价值，3、4 等级代表了我国多联机产品的平均能效水平，5 级是标准实施后市场准入的门槛即能效限定值。同时，标准还明确将 3 级能效水平作为超前性能效指标，该指标的实施时间为 2011 年，标准中的 4、5 级能效水平的产品被淘汰。国家标准《多联式空调（热泵）机组能效限定值及能源效率等级》GB 21454 - 2008 中规定的第 3 级数值见表 14。

表 14　多联式空调（热泵）机组制冷综合性能系数［IPLV（C）］限定值

名义制冷量（CC）（W）	空调部分负荷综合性能系数［IPLV（C）］（W/W）
CC≤28000	3.20
28000<CC≤84000	3.15
CC>84000	3.10

5.2.20　测评方法：文件审查、现场检查。

测评要点：审查设计文件，现场核查是否具备运行条件。

对于供暖期较长的地区，比如 HDD 大于 2000 的地区，回收排风热，能效和经济效益都很明显。

5.2.21　测评方法：文件审查、现场检查。

测评要点：文件审查是否具备前期工程勘察报告，包括土壤源热泵系统岩土热响应试验报告与土壤热平衡分析报告，地下水抽回灌试验报告及抽水量、回灌量及其水质监测系统，地表水、污水水源水资源勘察报告等；现场检查抽回灌井数量及回灌情况。

本条为《严寒和寒冷地区居住建筑节能设计标准》JGJ 26 - 2010 强制性条文。地源热泵系统包括土壤源、地下水源、地表水源（淡水、海水、污水）热泵系统。应用时，不能破坏地下资源。《地源热泵系统工程技术规范》GB 50366 - 2009 的强制性条文第 3.1.1 条规定：地源热泵系统方案设计前，应进行工程场地状况调查，并对浅层地热能资源进行勘察。第 5.1.1 条规定：地下水换热系统应根据水文地质勘察资料进行设计，并必须采取可靠的回灌措施，确保置换冷量或热量后的地下水全部回灌到同一含水层，不得对地下水资源造成浪费及污染。地源热泵系统投入运行后，应对抽水量、回灌量及其水质进行监测。

水源热泵对水资源的利用还应符合《中华人民共和国水法》、《取水许可和水资源费征收管理条例》、《取水许可管理办法》、《地下水环境质量标准》GB/T 14848 - 1993 等法律法规、标准规范的规定。水源热泵热源井设计除应符合现行国家标准《供水管井技术规范》GB 50296 的相关规定外，还应包括以下内容，体现对水资源的保护：

1　热源井抽水量和回灌量、水温和水质；

2　热源井数量、井位分布及取水层位；

3　井管配置及管材选用，抽灌设备选择；

4　井身结构、填砾位置、滤料规格及止水材料；

5　抽水试验和回灌试验要求及措施；

6　井口装置及附属设施。

水源热泵对水资源的保护是否符合要求，主要从以下方面来评定：

1　抽灌是否在同一含水层内；

2　回灌水质是否不低于原地下水水质；

3　对抽水井和回灌井分别安装计量水表，回灌水量是否与抽水水量相当。

另外，如果地源热泵系统采用地下埋管式换热器，要注意并进行长期应用后土壤温度变化趋势的预测。由于应用地区供暖和空调使用时间不同，对于以供暖为主的地区，抽取土壤热量（冬季）会大于向地下土壤排热量（夏季），长期使用后（如 5 年、10 年、15 年），土壤温度会逐渐下降，以致冬季机组运行效率下降，甚至不能正常运行。对于以空调为主的地区，向地下土壤排热量（夏季）会大于抽取土壤热量（冬季），长期使用后，土壤温度会逐渐上升，同样，导致机组夏季运行效率下降。因此，在设计阶段，应进行长期应用后（如 25 年）土壤温度变化趋势平衡模拟计算，或者要考虑如果地下土壤温度出现下降或上升变化时的应对措施，如采用冷却塔、地下埋管式地源热泵产生热水、辅助热源、复合式系统等。

5.3　选　择　项

5.3.1　测评方法：文件审查、现场检查。

目前我国可再生能源在建筑中的应用情况，主要包括太阳能光热利用，即应用太阳能热水器供生活热水、供暖等，以及应用地源热泵系统进行供暖、供热水和空调。

测评要点：

1　文件审查设计选用的太阳能保证率，现场检查设备设置情况。户式热水器的太阳能保证率是对整栋楼的热水热量而言。对于采用太阳能供生活热水的系统，供生活热水保证率≥30％时加 10 分，供生活热水保证率≥50％时加 20 分；对于采用太阳能供暖的系统，供暖保证率≥20％时加 15 分，供暖保证率≥30％时加 25 分。例如，某系统太阳能供生活热水保证率为 30％，供暖保证率为 10％，则加 10 分。

2　文件审查设计可再生能源发电装机容量及建筑配电装机容量，现场检查设备设置情况。

3　文件审查地源热泵供暖设计文件，现场检查设备设置情况。由于夏热冬暖地区全年供热量较低，因此除了设计地源热泵供热量占建筑热源总装机容量的比例满足要求外，还需满足全年供暖供热量占全年供暖供冷量之和的比例不应低于 20％。

4　文件审查地源热泵供生活热水设计文件，现场检查设备设置情况。地源热泵系统包括土壤源、地下水、地表水、海水、污水、利用电厂冷却水余热等多种形式的热泵系统。对无常规辅助热源的系统，其比例即为 100％。

5.3.2　测评方法：文件审查、现场检查。

测评要点：文件审查自然通风模拟设计文件，进行竣工图和现场检查。

单体建筑物自然通风设计应以夏季为主，重点考虑夜间自然通风。设置本条文的目的是提倡在进行住宅小区规划布局、单体建筑设计时，采用计算机模拟软件或其他计算工具，对自然通风进行专项分析，实现良好的自然通风利用效果。

自然通风对于减少空调能耗、改善建筑室内外热环境具有重要意义，其实现需要从居住区规划开始，到单体建筑设计落脚。合理的自然通风设计可以向室内引导更多室外新鲜空气，在过渡季节还可取代（或部分取代）传统空调制冷系统，在不消耗能源的情况下达到对室内温度的调节。传统的自然通风设计主要是定性分析，随着近年来计算机技术的发展和新技术的进步，自然通风设计开始由定性分析到定量计算转变，通风效果通过具体指标被量化和评判。

小区自然通风设计可按以下步骤进行：（1）自然通风定性设计；（2）自然通风软件模拟设计；（3）建筑物布局修改设计。即根据当地夏季主导风向及风速，考虑建筑物对气流的阻挡与引导作用，以有利于小区气流流动顺畅为原则，定性地布置建筑物，然后应用自然通风模拟软件，对建筑小区内自然通风进行定量的模拟设计。模型建立时，应将小区周边沿风向距离 50 m 范围内的建筑、地形等影响通风的因素考虑在内，再根据模拟结果调整建筑物布局，使建筑小区的规划布局有利于自然通风。

单体建筑自然通风设计应在完成建筑小区自然通风模拟设计的基础上进行。可按以下步骤进行：（1）自然通风定性设计；（2）自然通风软件模拟设计；（3）单体建筑外窗修改设计。即定性地布置单体建筑开窗位置、开窗大小、户内布局，然后将建筑小区建筑物前后的风压差或风速作为单体建筑自然通风模拟设计的边界条件进行单体建筑自然通风模拟设计，再根据模拟结果调整建筑物开窗位置、开窗大小、户内布局，使建筑物户内有利于自然通风。

5.3.3 测评方法：文件审查、现场检查。

测评要点：文件审查自然采光设计文件，进行竣工图和现场检查。

自然采光即在室内引入自然光线，除了可以创造空间氛围外，还可以满足室内的照明，减少人工照明，节约能源。传统的自然采光设计主要是定性分析，随着近年来计算机技术的发展和新技术的进步，自然采光设计开始由定性分析到定量计算转变，自然采光效果通过具体指标被量化和评判。

本标准设置本条文的目的是提倡在进行单体建筑设计时，采用计算机模拟软件或其他计算工具，对自然采光进行专项分析，实现良好的自然采光利用效果。

5.3.4 测评方法：文件审查、现场检查。

测评要点：文件审查遮阳模拟报告，进行竣工图和现场检查。

本标准设置本条文的目的是提倡在进行单体建筑设计时，采用计算机模拟软件或其他计算工具，对遮阳进行专项分析，实现良好的遮阳效果。

对于温和地区，按与其最接近的建筑气候分区加分。

5.3.5 测评方法：文件检查、现场检查。

"建筑门窗节能性能标识"是指门窗的传热系数、遮阳系数、空气渗透率、可见光透射比等节能性能指标的一种信息性标识，反映该性能信息的标签粘贴在门窗显著位置，能够综合体现其节能性能，标签上同时标明有门窗产品的适宜地区，便于选择使用。"门窗节能性能标识"认证由企业自愿提出申请，住房城乡建设部认定批准的"建筑门窗节能性能标识实验室"负责申请企业的生产条件现场检查、产品抽样和样品节能性能指标的检测与模拟计算，并出具《建筑门窗节能性能标识测评报告》。门窗标识包括证书和标签，证书由住房城乡建设部印制并统一编号和发放，标签由企业按照统一的样式、规格以及标注规定自行印制。建筑外窗选用通过标识认证的产品，有利于建筑物提高节能性能，降低能耗。标识产品是有地区适宜性的，应避免盲目选用。外窗使用地区应与标识推荐的适宜地区相一致。

5.3.6 测评方法：文件审查、现场检查。

测评要点：空调的水系统设计是否有变水量设计（包括可分区域启停或分档控制），或者循环泵是否采用变频等。

5.3.7 测评方法：文件检查、现场检查。

5.3.8 测评方法：文件审查、现场检查。

每项技术节能率为采用节能措施的节能量占全年供暖空调能耗的比例。

6 公共建筑能效测评

6.1 基 础 项

6.1.1 测评方法：计算评估。

6.2 规 定 项

Ⅰ 围 护 结 构

6.2.1 测评方法：文件审查、现场检查、性能检测。

为了保证公共建筑的节能，外窗和幕墙需要具有良好的气密性能，以抵御夏季室外空气过多的向室内渗透。

测评要点：审查设计文件、进场复检报告，查看门窗气密性等级是否符合设计或国家标准《建筑外门窗气密、水密、抗风压性能分级及检测方法》GB/T 7106-2008 中相应等级要求；透明幕墙的气密性是否符合设计或现行国家标准《建筑幕墙》GB/T 21086 中的规定。在无复检报告情况下，可现场检测，检测方法应按照国家现行行业标准《公共建筑节能检测标准》JGJ/T 177 规定的方法进行。

6.2.2 测评方法：文件审查、现场检查、性能检测（围护结构热工缺陷检测）。

测评要点：审查设计文件，要求应按设计要求采取隔断热桥或节能保温措施。查看外墙、屋面主体部位及结构性冷（热）桥部位热阻或传热系数值，看是否低于本地区低限热阻或传热系数。同时应进行现场检查，查看外墙、屋面结构性冷（热）桥部位是否存在发霉、起壳等现象，宜借助红外热像仪进行热工缺陷的检测。

6.2.3 测评方法：文件审查、现场检查。

测评要点：审查设计文件，查看门窗洞口之间的密封方法和材料是否符合设计要求，同时还应现场检查，查看是否和设计一致。

窗框四周与抹灰层之间的缝隙，宜采用保温材料和嵌缝密封膏密封，避免不同材料界面开裂影响窗户的热工性能。

6.2.4 测评方法：审查竣工图、现场核查。

设置本条是为了保证室内有良好的自然通风。

Ⅱ 冷热源及空调系统

6.2.5 测评方法：文件审查、现场检查。

测评要点：审查空调竣工图纸及新风处理机组说明书，计算评估。

《公共建筑节能设计标准》GB 50189 - 2005 第3.0.2 条规定的公共建筑主要空间的空调设计新风量见表15。

表15　公共建筑主要空间的空调设计新风量

建筑类型与房间名称		新风量 [m³/ (h·p)]
旅游旅馆	客房 5 星级	50
	客房 4 星级	40
	客房 3 星级	30
	餐厅、宴会厅、多功能厅 5 星级	30
	餐厅、宴会厅、多功能厅 4 星级	25
	餐厅、宴会厅、多功能厅 3 星级	20
	餐厅、宴会厅、多功能厅 2 星级	15
	大堂、四季厅 4~5 星级	10
	商业、服务 4~5 星级	20
	商业、服务 2~3 星级	10
	美容、理发、康乐设施	30

续表 15

建筑类型与房间名称		新风量 [m³/ (h·p)]
旅店	客房 一~三级	30
	客房 四级	20
文化娱乐	影剧院、音乐厅、录像厅	20
	游艺厅、舞厅（包括卡拉OK歌厅）	30
	酒吧、茶座、咖啡厅	10
	体育馆	20
	商场（店）、书店	20
	饭馆（餐厅）	20
	办公	30
学校	教室 小学	11
	教室 初中	14
	教室 高中	17

6.2.6 测评方法：文件审查、现场检查。

测评要点：审查空调设计计算书，现场核查空调冷热源设备选型是否相符合。

本条依据《公共建筑节能设计标准》GB 50189 - 2005 第5.1.1：竣工图设计阶段必须进行热负荷和逐项逐时的冷负荷计算。电动压缩式冷水机组的总装机容量，应根据计算的空调系统冷负荷值直接选定，不另作附加；在设计条件下，当机组的规格不能符合计算冷负荷的要求时，所选择机组的总装机容量与计算冷负荷的比值不得超过1.1。

6.2.7 测评方法：文件审查、现场检查。

本条依据《公共建筑节能设计标准》GB 50189 - 2005 第5.4.2条。

6.2.8 测评方法：文件审查、现场检查。

6.2.9 测评方法：文件审查、现场检查。

6.2.10 测评方法：文件审查、现场检查。

《公共建筑节能设计标准》GB 50189 - 2005 第5.4.5条规定了。冷水（热泵）机组制冷性能系数见本标准表9。

6.2.11 测评方法：文件审查、现场检查。

《公共建筑节能设计标准》GB 50189 - 2005 第5.4.8条规定了。单元式机组能效比见本标准表11。

6.2.12 测评方法：文件审查、现场检查。

《公共建筑节能设计标准》GB 50189 - 2005 第5.4.9条规定了。溴化锂吸收式机组性能参数见本标准表13。

6.2.13 测评方法：文件审查、现场检查。

国家标准《多联式空调（热泵）机组能效限定值及能源效率等级》GB 21454 - 2008 中规定的第2级限定值见表16。

表 16　多联式空调（热泵）机组部分负荷综合性能系数〔IPLV（C）〕限定值

名义制冷量 CC（W）	空调部分负荷综合性能系数 $IPLV$（C）（W/W）
$CC \leqslant 28000$	3.40
$28000 < CC \leqslant 84000$	3.35
$CC > 84000$	3.30

6.2.14　测评方法：文件审查、现场检查。

6.2.15　测评方法：文件审查、现场检查。

《公共建筑节能设计标准》GB 50189 - 2005 第 5.3.26 条规定。

集中空调系统风机单位风量耗功率（W_s）应按下式计算：

$$W_s = P/（3600\eta）$$

式中：W_s——单位风量耗功率〔W/（m³/h）〕，风机的单位风量耗功率限值见表17。

　　　　P—— 风机全压值（Pa）；

　　　　η——包含风机、电机及传动效率在内的总效率（%）。

表 17　风机的单位风量耗功率限值〔W/（m³/h）〕

系统形式	办公建筑		商业、旅馆建筑	
	粗效过滤	粗、中效过滤	粗效过滤	粗、中效过滤
两管制定风量系统	0.42	0.48	0.46	0.52
四管制定风量系统	0.47	0.53	0.51	0.58
两管制变风量系统	0.58	0.64	0.62	0.68
四管制变风量系统	0.63	0.69	0.67	0.74
普通机械通风系统	0.32			

注：1 普通机械通风系统中不包括厨房等需要特定过滤装置的房间的通风系统；

　　2 严寒地区增设预热盘管时，单位风量耗功率可增加0.035〔W/（m³/h）〕；

　　3 当空气调节机组内采用湿膜加湿方法时，单位风量耗功率可增加0.053〔W/（m³/h）〕。

6.2.16　测评方法：文件审查、现场检查。

6.2.17　测评方法：文件审查、现场检查。

室温调控是建筑节能的前提及手段，《中华人民共和国节约能源法》要求"使用空调供暖、制冷的公共建筑应当实行室内温度控制制度"。公共建筑供暖空调系统应具有室温调控手段。

对于全空气空调系统可采用电动两通阀变水量和风机变速的控制方式；风机盘管系统可采用电动温控阀和三挡风速相结合的控制方式。采用散热器供暖时，在每组散热器的进水支管上，应安装散热器恒温控制阀或手动散热器调节阀。采用地板辐射供暖系统时，房间的室内温度也应有相应控制措施。

6.2.18　测评方法：文件审查、现场检查。

目前，我国出租型公共建筑中，集中空调费用多按照用户承租建筑面积大小收取，这种收费方式的效果是用与不用一个样、用多用少一个样，使用户产生"不用白不用"的心理，使室内过热或过冷，造成能源浪费。公共建筑集中空调系统，按用冷量计量收取空调使用费是更合理的方式，也是今后的发展趋势，它不仅能够降低空调运行能耗，也能够有效地提高公共建筑的能源管理水平。

　　1）采用区域性冷源时，在每栋公共建筑的冷源入口处，应设置冷量计量装置；

　　2）公共建筑内部归属不同的使用单位时，应分别设置冷量计量装置。

6.2.19　测评方法：文件审查、现场检查。

审查是否具有水力平衡计算书，现场检查平衡装置设置情况。

6.2.20　测评方法：文件审查、现场检查。

监测与控制系统应包括参数检测、参数与设备状态显示、自动调节与控制、工况自动转换、设备连锁与自动保护、能量计量以及中央监控与管理等；系统规模大，制冷空气调节设备台数多且相关联各部分相距较远时，应采用集中监控系统。

Ⅲ　照　　明

6.2.21　测评方法：审查电气竣工图、现场抽查核实，抽查面积不低于20%。

当房间或场所的照度值高于或低于现行国家标准《建筑照明设计标准》GB 50034 规定的对应照度值时，其照明功率密度值应按比例提高或折减。

6.2.22　测评方法：审查电气竣工图、现场检查。

6.3　选　择　项

6.3.1　测评方法：文件审查、现场检查。

1　根据各地的太阳能资源条件和经济合理性，本条规定太阳能提供的热量不低于建筑生活热水消耗热量的30%，加5分；太阳能提供的热量不低于建筑生活热水消耗热量的50%，加10分；

2　设计可再生能源发电装机容量不低于建筑总配电装机容量的1%，加5分；

3　当设计建筑热负荷大于冷负荷时，判断比例为地源热泵系统设计供暖容量占建筑供暖热源总装机容量的比例；反之，当设计建筑冷负荷大于热负荷时，判断比例为地源热泵系统设计供冷容量占建筑冷源总装机容量的比例。

6.3.2　测评方法：文件审查、现场检查。

测评要点：文件审查自然通风模拟设计文件，进行竣工图和现场检查。公共空间尽量采用自然通风以减少空调安装。例如在海南、湛江等气候条件适宜的地区，尽量充分利用自然通风，以最低的费用、最少的能耗获得最大的收益。

6.3.3　测评方法：文件审查、现场检查。

测评要点：对照自然采光设计文件及分析报告，

进行竣工图和现场核查，达到要求可得 5 分。

本条依据现行国家标准《建筑采光设计标准》GB 50033 确定采光系数标准值。

6.3.4 测评方法：文件审查、现场检查。

测评要点：文件审查遮阳模拟报告，进行竣工图和现场检查。

本标准设置本条文的目的是提倡在进行单体建筑设计时，采用计算机模拟软件或其他计算工具，对遮阳进行专项分析，实现良好的遮阳效果。

对于温和地区，按与其最接近的建筑气候分区加分。

6.3.5 测评方法：文件审查、现场检查。

测评要点：

1 应对建筑物的热负荷、电负荷进行详细分析；

2 从系统配置、运行模式以及经济和环保效益等方面对拟采用的分布式热电联供系统进行可行性分析；

3 系统设计应满足规范要求；

4 应有对选用系统的效率分析，以实现一定规模下系统效率最高。

6.3.6 测评方法：文件审查、现场检查。

测评要点：

1 使用蓄能材料时，需针对气候、用能特点进行详细论证；

2 审查蓄冷蓄热技术设计说明及计算报告；

3 在蓄能系统设计说明中，提供用于蓄冷的电驱动蓄能设备提供空调量的比例计算过程。

合理采用蓄冷蓄热技术对于调节昼夜电力峰谷差异有积极的作用，能够满足城市能源结构调整和环境保护的要求。

常见的蓄冷蓄热技术设备有：冰蓄冷、水蓄冷、溶液除湿机组中的储液罐、太阳能热水系统的蓄水池等。采用冰蓄冷、水蓄冷的空调系统，电驱动溶液除湿机组中的储液罐，太阳能热水系统的储水池均可利用夜间电力蓄能，起到调节昼夜电力峰谷的作用；而热驱动溶液除湿机组由于不使用电力作为动力，故其储液罐无法起到调节昼夜电力峰谷的作用，不属于本条文中提出的蓄冷蓄热技术。

通过专家论证，合理采用蓄冷蓄热的定量指标为：用于蓄冷的电驱动蓄能设备提供的冷量达到30%；参考《公共建筑节能设计标准》GB 50189 - 2005，电加热装置的蓄能设备能保证高峰时段不用电，则判定此项达标。

6.3.7 测评方法：文件审查、现场检查。

测评要点：审查热回收系统设计说明，包括系统形式、对应的建筑区域、经济性分析等；暖通设计图纸中应包括利用排风对新风预热（冷）的系统设计图。

近年来随着空调的普及，空调的耗能已成为人们的关注焦点，空调耗能已经占到了整个建筑耗能的 30%～40%，而且在空调系统中，大部分空调回风经冷却和再热后作为送风送到空调房间，而其余的回风则排出室外，回风携带的热（冷）量就白白浪费了，同时送风进入空调房间时必须经过加热（冷却）处理，需要消耗相当多的能量，所以如何将空调系统回风热（冷）量回收，再用于空调系统，对空调系统节能将具有重要的意义。

在排风热回收系统中，通过排风和新风实现热湿传递，将排风带出的能量传递给新风，能够使能量得以最大限度地保留。在夏季，如采用高效的吸湿性转轮热回收装置，其全热回收效率可达 48%，十分可观。

6.3.8 测评方法：文件审查、现场检查。

达到以下任一要求者，可得 5 分。

1 不低于 60% 的生活热水由空调冷凝热提供；

2 集中空调系统空调冷凝热全部回收用以加热生活热水。

空调系统一般通过冷水机组和冷却塔将室内的热量排出室外，从而将室内温度降至人体感觉舒适的温度。大量的冷凝热量如果直接排入大气，除了造成较大的能源浪费，还使环境温度升高，造成环境热污染。冷凝热回收技术可以很好地利用这部分热量，对空调系统向室外排放的这部分热量进行回收再利用，从而有效降低建筑的运行费用。

宾馆、酒店、医院等公共建筑，在使用空调的同时，还利用各种燃料或电加热锅炉、热水炉、蒸汽炉等制备热水，消耗大量能源。若在空调机组上设置废热回收装置，可实现在开空调的同时，把制冷循环中制冷工质冷凝放热过程放出的热量利用起来制备热水，一是可少用或停用现有的热水制备系统，节省燃料；二是对于改造后的制冷机组，冷凝效果大大提高，降低制冷机组和冷却系统的电耗，减少对环境的污染。

6.3.9 测评方法：文件审查、现场检查。

空调系统设计时不仅要考虑到设计工况，而且应考虑全年运行模式。在过渡季，空调系统采用全新风或增大新风比运行，都可以有效改善空调区内空气的品质，大量节省空气处理所需消耗的能量，应该大力推广应用。但要实现全新风运行，设计时必须认真考虑新风取风口和新风管所需的截面积，妥善安排好排风出路，并应确保室内合理的正压值。

测评要点：

1 审核图纸中新风取风口和新风道面积，其新风风道尺寸应能满足最大新风运行的需要，以此判断是否具有新风可调性；

2 施工图设计说明中应明确提出新风系统在过渡季节、冬夏季节的运行策略；

3 需提供空调机组调节新风比的范围；最大总

新风比不应低于50%，允许时宜取更大值；

4 具备调节功能的系统占新风系统的比例应不低于50%。

6.3.10 测评方法：文件审查、现场检查。

测评要点：

1 当循环水系统变流量运行时：审核图纸中末端机组出水管段是否设电动二通阀，并与机组联动开闭。循环水泵是否选用变频水泵和恒压差控制方法。循环水系统是否采用总流量根据末端机组的运行数量改变的变流量运行方式。

2 采用变风量系统时：审核图纸中是否采用根据设定的室内温度改变末端设备的一次风风量的运行方式。是否根据室内温度控制末端装置风机的启停。风机是否采用变速控制。

大多数公共建筑的空调系统都是按照最不利情况（满负荷）进行系统设计和设备选型的，而建筑在绝大部分时间内是处于部分负荷状况的，或者同一时间仅有一部分空间处于使用状态。面对这种部分负荷、部分空间使用条件的情况，如何采取有效的措施以节约能源，就显得至关重要。系统设计应能保证在建筑物处于部分冷热负荷时和仅部分建筑使用时，能根据实际需要提供恰当的能源供给，同时不降低能源转换效率。要实现这一目的，空调系统在部分负荷下的变水量或变风量调控措施也是十分必要的。

6.3.11 测评方法：文件审查、现场检查。

测评要点：

1 应对建筑物的冷水机组、水泵的能耗及冷水系统的整体能耗进行详细分析；

2 对拟采用的大温差小流量系统进行技术经济的分析比较；

3 系统设计应满足空调末端的供冷要求。

6.3.12 测评方法：文件审查、现场检查。

公共建筑的空调、通风和照明系统能耗是建筑运行中的主要能耗。为此，空调通风系统冷热源、风机、水泵等设备应进行有效监测，对关键数据进行实时采集并记录；对上述设备系统按照设计要求进行可靠的自动化控制。对照明系统，除了在保证照明质量的前提下尽量减小照明功率密度设计外，还应根据区域照度、人体动作感应器和使用时间实现对该区域照明的自动控制，达到建筑照明节能运行的目的。

6.3.13 测评方法：文件检查、现场检查。

在民用建筑中，供暖空调设备的能效对建筑能耗影响是很大的。《公共建筑节能设计标准》GB 50189-2005确定的供暖空调设备能效等级采用值见表18。

以离心式冷水机组为例，摘录了一家国外品牌机组和一家国产品牌机组的制冷效率与《公共建筑节能设计标准》GB 50189-2005规定的机组制冷效率和节电效果进行对比，见表19。

表18 供暖空调设备能效等级采用值

冷热源类型		能效等级
冷水（热泵）机组	活塞/涡旋式	第5级
	螺杆式	第4级
	离心式	第3级
单元式机组	风冷式/水冷式	第4级

表19 制冷机制冷效率对比和节电效果

类型	《公共建筑节能设计标准》COP规定值	国外品牌机组		国产品牌机组	
		平均COP	节电效果	平均COP	节电效果
水冷离心式机组制冷量(kW)	528~1163	4.70	5.05	6.93%	4.93	4.67%
	>1163	5.10	5.55	8.11%	5.62	9.25%

从表19可看出，国内外品牌的空调制冷机组能效大部分超过3级，接近或达到2级，机组节电5%～9%。目前市场上，大部分制冷机组能效值均超过《公共建筑节能设计标准》GB 50189-2005的规定值。这表明，应考虑制冷机组实际能效对建筑节能和能效测评的影响。

6.3.14 测评方法：文件审查、现场检查。

采用新型节能措施包括采用新型节能材料、新型节能设备、新型节能施工工艺、新型节能控制系统等。

每项技术节能率为采用节能措施的节能量占全年供暖空调及照明能耗的比例。

7 居住建筑能效实测评估

7.1 基 础 项

7.1.2 评估方法：统计分析、现场性能检测。

建筑总能耗通过查阅建筑物的能源消耗清单，并辅以现场实测的方法确定。不同能耗的计量单位进行统一折算。

7.2 规 定 项

7.2.1 评估方法：现场检测。

7.2.2 评估方法：现场检测。

锅炉运行效率测评要点：检测应在供暖系统正常运行120h后进行，检测持续时间不应小于24h。

锅炉的负荷率对锅炉的运行效率影响较大，所以，检测期间，燃煤锅炉的日平均运行负荷不应低于额定负荷的60%。由于燃油和燃气锅炉的负荷特性好，当负荷率在30%以上时，锅炉效率可接近额定效率，所以，燃油和燃气锅炉的负荷率应大于30%。由于在日供热量相同的条件下，运行时数长的锅炉日平均运行效率高于运行时数短的锅炉，所以，锅炉日累计运行时数应不小于10h。

燃煤锅炉的耗煤量应按批计量，在一个供暖期内锅炉房所需的煤量往往不只一批，为了防止在检测期间，当各批煤煤质之间存在较大差异时可能导致的较大误差，所以煤样低位发热值的化验批数应与供暖锅炉房进煤批数相一致。燃油和燃气的低位发热值也应根据需要进行取样化验，以保证取得准确的数据。

对以热电厂为热源的系统，此项不作测评。

室外管网热损失率不应大于10%。小区供暖系统室外管网热输送效率的检测应在供暖系统正常运行120h后进行，检测持续时间不应少于72h。检测期间，热源供水温度的逐时值不应低于35℃。

建筑物的供暖供热量应在建筑物热力入口处采用热计量装置测量，热计量装置中温度计和流量计的安装应符合相关产品的使用规定。

按规定建筑物外墙外表面2.5m以内属于室内系统，而2.5m以外属于室外管网系统。供回水温度传感器宜位于受检建筑物外墙外侧且距外墙外表面2.5m以内的地方。供暖系统总供暖供热量应在供暖热源出口处测量，热量计量装置中供回水温度传感器宜安装在供暖锅炉房或热力站内，安装在室外时，距锅炉房或热力站或热泵机房外墙外表面的垂直距离不应超过2.5m。

对以热电厂为热源的系统，室外管网热损失率测评范围为热力站到用户。

为了监管和杜绝设备供应商和承包商偷工减料、以次充好等现象的发生，要求检测前对水泵铭牌参数进行校核，即循环水泵的水量和扬程。

供热负荷率达到50%时，即可实施对集中供暖系统耗电输热比检测。供热负荷率达到50%时，系统的流量调节量和温差调整值均偏离设计值不大。

在供暖系统循环水泵的配备上，一般有四种方式，即变频制、多台泵并联制、大小泵制和常规一用一备制系统。变频制水泵通过调节水泵电机的输入频率来跟踪系统阻力的变化，为供暖系统提供恒定的资用压头。这种系统由于采用了变频技术，使得实际耗电输热比较低。多台泵并联制系统根据室外气温的变化，增加或减少水泵的台数，例如，严寒期启动两台泵，初寒期和末寒期启动一台泵，这样可以实现阶段量调节，再结合质调节便可以适应全供暖期负荷的变化。但这种方式下，当并联的水泵台数超过三台时，并联的效率降低显著。大小泵制也是一种行之有效的方式，严寒期使用大泵，初寒和末寒期使用小泵，小泵的流量为大泵的75%左右，扬程为大泵的60%左右，轴功率为大泵的45%左右。这种方式将负荷调节和设备的安全备用合二为一考虑，不失为一种智慧之举。常规一用一备制系统节能效果最差，但仍然有不少的系统在使用之中，因为它的安全余量大。但不管对何种系统，检测均应在水泵运行在设计状态进

行，以便使系统的实际耗电输热比取最大值，才能鉴别系统的优劣，检测时间应为24h。

对以热电厂为热源的系统，集中供暖系统耗电输热比测评范围为热力站到用户二次网。

8 公共建筑能效实测评估

8.1 基 础 项

8.1.2 评估方法：统计分析、现场检测。

建筑总能耗通过查阅建筑物的能源消耗清单，并辅以现场实测的方法确定。不同能耗的计量单位进行统一折算。特殊区域（如24h空调的计算中心、网络中心、大型通信机房、有大型实验装置的实验室等）的能耗不包含在建筑总能耗中。

8.1.3 评估方法：统计分析、现场检测。

单位供暖空调能耗可采用以下方法：

1 对于已设分项计量装置的建筑，其供暖空调能耗可根据计量结果确定；

2 对于未设分项计量装置的建筑，可采用以下方法确定建筑能耗：

　　1）对供暖空调系统性能进行现场测试，根据测试结果并结合以往运行记录进行分析计算；

　　2）设置监测仪表，对供暖空调系统能耗进行长期监测，根据监测结果计算。

8.1.4 评估方法：现场检测。

水系统供冷（热）量应按现行国家标准《容积式和离心式冷水（热泵）机组性能试验方法》GB/T 10870规定的液体载冷剂法进行检测。

检测时应同时分别对冷水（热水）的进、出口水温和流量进行检测，根据进出口温差和流量检测值计算得到系统的供冷（热）量。检测过程中应同时对冷却侧的参数进行监测，并应保证检测工况符合检测要求。

水系统供冷（热）量测点布置应符合下列规定：

1 温度计应设在靠近机组的进出口处；

2 流量传感器应设在设备进口或出口的直管段上，并应符合产品测量要求。

水系统供冷（热）量测量仪表应符合下列规定：

1 温度测量仪表可采用玻璃水银温度计、电阻温度计或热电偶温度计；

2 流量测量仪表应采用超声波流量计。

8.2 规 定 项

8.2.1 评估方法：现场检测。

根据国家标准《公共建筑节能设计标准》GB 50189-2005，空气调节系统室内计算参数宜符合表20的规定。

表 20　空气调节系统室内计算参数

参　数		冬　季	夏　季
温度（℃）	一般房间	20	25
	大堂、过厅	18	室内外温差≤10
风速（v）（m/s）		0.10≤v≤0.20	0.15≤v≤0.30
相对湿度（%）		30～60	40～65

8.2.2　评估方法：现场检测。

8.2.3　评估方法：现场检测。

附录 A　居住建筑能效测评基础项能耗计算

A.1　严寒和寒冷地区居住建筑

A.1.1　基础项能耗计算是相对节能率计算的基础。计算标识建筑的全年单位面积供暖空调能耗量时，其计算条件应符合本标准第 5.1.4 条的规定；计算比对建筑的全年单位面积供暖空调系统耗能量时，其计算条件应符合本标准第 5.1.5 条的规定。能耗模拟计算应采用典型气象年数据，计算中不考虑电梯、生活热水等设备及照明的运行能耗。

行业标准《严寒和寒冷地区居住建筑节能设计标准》JGJ 26-2010 规定了锅炉的最低设计效率，如表21 所示。

表 21　锅炉的最低设计效率

锅炉类型、燃料种类		在下列锅炉容量（MW）下的额定热效率（%）						
		0.7	1.4	2.8	4.2	7.0	14.0	>28.0
燃煤 烟煤	Ⅱ	—	—	73	74	78	79	80
	Ⅲ	—	—	74	76	78	80	82
燃油、燃气		86	87	87	88	89	90	90

A.1.2　严寒和寒冷地区标识建筑的热源为锅炉或市政热力时，标识建筑全年累计热负荷可采用建筑物耗热量指标进行计算，当热源为热泵时，根据国家标准《地源热泵系统工程技术规范》GB 50366-2005（2009 年版）第 4.3.2 条的规定，标识建筑应进行全年动态负荷计算。

A.2　夏热冬冷地区居住建筑

A.2.3　空调系统水泵能耗包括冷冻循环泵、冷却循环泵的能耗。

附录 B　公共建筑能效测评基础项能耗计算

B.0.1～B.0.3　采用比对建筑对比评定法，比较整幢建筑的单位面积供暖空调全年能耗相对值。计算时，应符合本标准第 6.1.4 和第 6.1.5 条的规定。能耗模拟计算应采用典型气象年数据，计算中不考虑电梯、生活热水等设备的运行能耗。

由于公共建筑空气侧输配系统的设备能耗计算复杂，供暖空调能耗未考虑空气侧输配系统的设备能耗；若系统使用冷却塔，由于冷却塔能耗相对很小，供暖空调能耗忽略冷却塔能耗。

在计算水泵能耗时，按照选取多台相同水泵计算，若选取大小泵制或其他方式，可参照此方法根据 4 段负荷下的运行时间和对应的水泵能耗进行计算。

关于冷却水泵输送能效比 ER_c，考虑一般建筑冷却水泵的扬程小于冷冻水泵的扬程，因此，取冷却水泵扬程为 32m，效率为 70%，供回水温差为 5℃，冷却塔为闭式冷却塔，则冷却水泵输送能效比的限值为：

$$ER_c = 0.002342H/(\Delta T \cdot \eta)$$
$$= 0.002342 \times 32/(5 \times 0.7) = 0.0214$$

B.0.4　在计算比对建筑冷水机组的耗电量时，由于单纯根据 COP 或 IPLV 计算都不可取，计算供冷系统能耗时不分气候区域、不分建筑类型仅给出一个供冷系统 COP 又过于笼统。因此本标准根据《公共建筑节能设计标准》GB 50189-2005 中针对冷水（热泵）机组规定的 COP 和 IPLV 限值给出了机组分别在 100% 负荷、75% 负荷、50% 负荷和 25% 负荷下的性能系数，在冷水（热泵）机组的耗电量计算中根据建筑的不同负荷分段计算。

例如，冷水机组台数为 2 台。当建筑负荷在 0～25% 负荷区间时，设定单台机组在 0～50% 负荷区间运行；当建筑负荷在 25%～50% 负荷区间时，设定 2 台机组均在 25%～50% 负荷区间运行；当建筑负荷在 50%～75% 负荷区间时，设定 2 台机组均在 50%～75% 负荷区间运行；当建筑负荷在 75%～100% 负荷区间时，设定 2 台机组均在 75%～100% 负荷区间运行。按以上设定条件，计算比对建筑冷水机组在不同负荷工况下的 COP。

B.0.5　采用冷水机组时，标识建筑单位建筑面积全年供冷耗电量 E_{1c} 可按下式计算：

$$E_{1c} = \left(\frac{Q_{1c,a}}{COP_{s,a}} + \frac{Q_{1c,b}}{COP_{s,b}} + \frac{Q_{1c,c}}{COP_{s,c}} + \frac{Q_{1c,d}}{COP_{s,d}} \right) \cdot \frac{1}{A}$$

$$COP_{s,a} = \frac{Q_{jz,a}}{W_{jz,a} + W_{b,a}}$$

$$COP_{s,b} = \frac{Q_{jz,b}}{W_{jz,b} + W_{b,b}}$$

$$COP_{s,c} = \frac{Q_{jz,c}}{W_{jz,c} + W_{b,c}}$$

$$COP_{s,d} = \frac{Q_{jz,d}}{W_{jz,d} + W_{b,d}}$$

式中：E_{1c}——单位建筑面积全年供冷耗电量（kWh/m²）；

$Q_{lc,a \sim d}$——负荷率分别在 0～25%、25%～50%、50%～75%、75%～100%区间内的累计冷负荷（kWh）；

$COP_{s,a \sim d}$——负荷率分别在 0～25%、25%～50%、50%～75%、75%～100%区间内的系统性能系数，为冷水机组制冷量之和与冷水机组、冷冻水泵、冷却水泵等功率叠加总和的比值；

A——总建筑面积（m²）；

$Q_{jz,a \sim d}$——冷水机组分别在系统 25%、50%、75%、100%负荷下的制冷量（kW）；

$W_{jz,a \sim d}$——冷水机组分别在系统 25%、50%、75%、100%负荷下的耗电量（kW）；

$W_{b,a \sim d}$——冷冻水泵和冷却水泵分别在系统 25%、50%、75%、100%负荷下的耗电量（kW）。

B.0.6 采用冷水（热泵）机组时，标识建筑单位建

筑面积全年供热耗电量（E_{1h}）和供冷耗电量（E_{1c}）可按下式计算：

$$E_{1h} = \left(\frac{Q_{1h,a}}{COP_{s,a}} + \frac{Q_{1h,b}}{COP_{s,b}} + \frac{Q_{1h,c}}{COP_{s,c}} + \frac{Q_{1h,d}}{COP_{s,d}} \right) \cdot \frac{1}{A}$$

$$E_{1c} = \left(\frac{Q_{1c,a}}{COP_{s,a}} + \frac{Q_{1c,b}}{COP_{s,b}} + \frac{Q_{1c,c}}{COP_{s,c}} + \frac{Q_{1c,d}}{COP_{s,d}} \right) \cdot \frac{1}{A}$$

式中：E_{1h}——单位建筑面积全年供热耗电量（kWh/m²）；

E_{1c}——单位建筑面积全年供冷耗电量（kWh/m²）；

$COP_{s,a \sim d}$——负荷率分别在 0～25%、25%～50%、50%～75%、75%～100%区间内的系统性能系数，为冷水（热泵）机组制冷（热）量之和与冷水（热泵）机组、循环水泵等功率叠加总和的比值。计算方法与第 B.0.5 条类似。

中华人民共和国行业标准

城市照明节能评价标准

Evaluation standard for urban green
lighting energy efficiency

JGJ/ T 307—2013

批准部门：中华人民共和国住房和城乡建设部
施行日期：２０１４ 年 ２ 月 １ 日

中华人民共和国住房和城乡建设部
公 告

第 90 号

住房城乡建设部关于发布行业标准
《城市照明节能评价标准》的公告

现批准《城市照明节能评价标准》为行业标准，编号为 JGJ/T 307－2013，自 2014 年 2 月 1 日起实施。

本标准由我部标准定额研究所组织中国建筑工业出版社出版发行。

中华人民共和国住房和城乡建设部

2013 年 07 月 26 日

前 言

本标准根据住房和城乡建设部《关于印发 2011 年工程建设标准规范制订、修订计划的通知》（建标[2011] 17 号）的要求，标准编制组经广泛调查研究，认真总结实践经验，参考有关国际标准和国外先进标准，并在广泛征求意见的基础上，编制本标准。

本标准的主要技术内容是：1. 总则；2. 术语；3. 基本规定；4. 单项项目评价指标；5. 区域项目评价指标。

本标准由住房和城乡建设部负责管理，由中国城市科学研究会负责具体技术内容的解释。在执行过程中，如有意见或建议请寄中国城市科学研究会低碳照明研究中心标准编制组（地址：北京市海淀区三里河路 11 号建材南新楼 1207 室，邮编：100835）。

本标准主编单位：中国城市科学研究会
通广建工集团有限公司

本标准参编单位：苏州市城市照明管理处
南京市路灯管理处
国城科绿色照明科技研究

中心
北京国发华企节能科技有限公司
塞里克鲁电源系统（北京）有限公司
山东泰华电讯有限责任公司
深圳市高力特实业有限公司
中国电子科技集团公司第五十研究所

本标准主要起草人：黄跃辉　叶　峰　刘磊实
高思光　王义山　马述杰
王旭东　耿文良　张卫东
林　涛　缪　戎

本标准主要审查人：詹庆旋　章海璁　吴贵才
翟克俊　林若慈　俞丽华
严永红　刘　虹　梁　峥
张明宇

目　次

1　总则 ·················· 36—5
2　术语 ·················· 36—5
3　基本规定 ············· 36—5
　3.1　一般要求 ········· 36—5
　3.2　评价与等级划分 ··· 36—5
4　单项项目评价指标········ 36—5
　4.1　照明质量 ········· 36—5
　4.2　节能与能源利用 ··· 36—6
　4.3　节材与材料资源利用 ··· 36—6
　4.4　安全 ············· 36—6
　4.5　环境保护 ········· 36—6
　4.6　运营管理 ········· 36—7
5　区域项目评价指标········ 36—7
　5.1　城市照明管理体系建设 ··· 36—7

5.2　照明质量 ········· 36—7
5.3　节能与能源利用 ··· 36—7
5.4　节材与材料资源利用 ··· 36—8
5.5　安全 ············· 36—8
5.6　环境保护 ········· 36—8
5.7　运营管理 ········· 36—8
附录A　城市照明节能评价单项
　　　项目评分表 ······· 36—8
附录B　城市照明节能评价区域
　　　项目评分表 ······· 36—11
本标准用词说明 ·········· 36—14
引用标准名录 ············ 36—14
附：条文说明 ············ 36—15

Contents

1 General Provisions ···················· 36—5

2 Terms ······························· 36—5

3 Basic Rules ·························· 36—5

  3. 1 General Requirements ················ 36—5

  3. 2 Energy Saving Evaluation and
     Grades of Urban Lighting ············ 36—5

4 Evaluation Index for A Single
  Project ····························· 36—5

  4. 1 Lighting Quality ···················· 36—5

  4. 2 Energy Saving and Energy Use ········ 36—6

  4. 3 Material Saving and Material
     Resources ························ 36—6

  4. 4 Security ·························· 36—6

  4. 5 Environmental Protection ············ 36—6

  4. 6 Management ······················ 36—7

5 Evaluation Index for Regional
  Projects ···························· 36—7

  5. 1 Management System of Urban

     Lighting ·························· 36—7

  5. 2 Lighting Quality ···················· 36—7

  5. 3 Energy Saving and Energy Use ········ 36—7

  5. 4 Material Saving and Material
     Resources ························ 36—8

  5. 5 Security ·························· 36—8

  5. 6 Environmental Protection ············ 36—8

  5. 7 Management ······················ 36—8

Appendix A Evaluation Chart for A
         Single Project ············ 36—8

Appendix B Evaluation Chart for
         Regional Projects ········ 36—11

Explanation of Wording in This
  Standard ·························· 36—14

List of Quoted Standards ·············· 36—14

Addition: Explanation of
  Provisions ························ 36—15

1 总 则

1.0.1 为提高城市照明的节能水平，规范城市照明工作的节能评价，制定本标准。

1.0.2 本标准适用于单项或区域的城市照明的节能评价。

1.0.3 城市照明的节能评价除应符合本标准外，尚应符合国家现行有关标准的规定。

2 术 语

2.0.1 城市照明 urban lighting

在城市规划区内城市道路、隧道、广场、公园、公共绿地、名胜古迹以及其他建（构）筑物的功能照明或者景观照明。

2.0.2 城市照明节能评价 evaluation of urban lighting energy efficiency

为提高城市照明的节能水平，有效推进城市照明的节能工作，从全寿命周期评价效益、成本和能耗，对城市照明的节能指标进行评价。

2.0.3 单项项目 single project

某个独立建设的项目或几个同类型建设项目组成的城市照明工程。

2.0.4 区域项目 regional projects

多个城市照明单项项目所组成的区域性项目。

2.0.5 功能照明 function lighting

保障人们出行和户外活动安全与便利的人工照明。

2.0.6 景观照明 landscape lighting

以户外装饰和造景为目的的人工照明。

2.0.7 节电率 electricity saving ratio

采用节电措施后节省的电量与未采用节电措施时用电量的百分比。

2.0.8 亮灯率 right light ratio

亮灯数与全部灯数的百分比。

2.0.9 设施完好率 good facilities ratio

完好设施数与设施总数的百分比。

2.0.10 达标率 qualified ratio

照明质量达到标准要求的项目数量与项目总数的百分比。

3 基 本 规 定

3.1 一 般 要 求

3.1.1 新建、扩建与改建的城市照明项目的节能评价，应在竣工验收并使用一年后进行。

3.1.2 申请评价方应进行项目全寿命周期技术和经济分析，提交规划设计、施工建设和维护管理阶段全过程的文件资料。

3.1.3 城市照明节能项目中应优先选用列入国家推荐名录的节能环保材料和设备，不得使用国家或地方有关部门明令禁止和淘汰的高耗低效材料和设备。

3.2 评价与等级划分

3.2.1 城市照明节能项目评价包括城市照明管理体系建设、照明质量、节能与能源利用、节材与材料资源利用、安全、环境保护和运营管理等内容。

3.2.2 评价指标分为控制项、一般项、优选项三类。控制项为必要条件，应全部满足要求。城市照明节能评价等级应符合表3.2.2的规定。

表 3.2.2 城市照明节能评价等级

城市照明节能等级	得分		等级标志
	一般项	优选项	
一星级	≥70	—	★
二星级	≥80	≥40	★★
三星级	≥90	≥80	★★★

3.2.3 城市照明节能的单项项目应按本标准第4章的规定评价；城市照明节能的区域项目应按本标准第5章的规定评价。

3.2.4 本标准中定性条款的评价结论为通过或不通过；对有多项要求的条款，各项均符合要求时方能评为通过。

4 单项项目评价指标

4.1 照 明 质 量

Ⅰ 控 制 项

4.1.1 项目照明质量应符合现行行业标准《城市道路照明设计标准》CJJ 45、《城市夜景照明设计规范》JGJ/T 163 和《公路隧道通风照明设计规范》JTJ 026.1 的有关规定。

Ⅱ 一 般 项

4.1.2 功能照明设施诱导性良好，或景观照明被照物的亮度与背景亮度的对比度适宜，并符合现行行业标准《城市道路照明设计标准》CJJ 45 和《城市夜景照明设计规范》JGJ/T 163 的有关规定，分值为5分。

4.1.3 选择的照明方式合理，并符合现行行业标准《城市道路照明设计标准》CJJ 45 和《城市夜景照明设计规范》JGJ/T 163 的有关规定，分值为5分。

4.1.4 照明设施不对周边环境造成光污染，不影响户外活动与交通出行，并符合现行行业标准《城市道路照明设计标准》CJJ 45 和《城市夜景照明设计规范》JGJ/T 163 的有关规定，分值为 5 分。

4.1.5 城市照明中无不协调的颜色对比，并符合现行行业标准《城市夜景照明设计规范》JGJ/T 163 的有关规定，分值为 5 分。

Ⅲ 优 选 项

4.1.6 项目城市道路路面亮度或照度、均匀度、眩光限制阈值增量、环境比等指标符合《城市道路照明设计标准》CJJ 45 的有关规定，每项优于标准值 10%，分值为 1 分，最高得分为 20 分。

4.2 节能与能源利用

Ⅰ 控 制 项

4.2.1 项目照明功率密度值应符合现行行业标准《城市道路照明设计标准》CJJ 45、《城市夜景照明设计规范》JGJ/T 163 和《公路隧道通风照明设计规范》JTJ 026.1 的有关规定。

4.2.2 未使用国家或地方有关部门明令禁止和淘汰的高耗低效材料和设备。

Ⅱ 一 般 项

4.2.3 项目的照明产品能效应达到能效等级 2 级以上水平，分值为 5 分。

4.2.4 项目功能照明灯具效率不应低于 75%，分值为 5 分。

4.2.5 项目泛光灯灯具效率不应低于 70%，分值为 5 分。

4.2.6 项目线路的功率因数不应小于 0.85，分值为 5 分。

4.2.7 项目所选用的照明节能产品，应符合国家现行标准，并通过有资质的检测机构检测鉴定，优先选用通过认证的光源、灯具和光源电器等高效节能产品，分值为 5 分。

4.2.8 项目应纳入城市照明信息管理系统，具有统计设施的基本信息和能耗情况的功能，分值为 2 分。

Ⅲ 优 选 项

4.2.9 节电率每提高 2%，加 1 分，最高得分为 20 分。

4.2.10 项目功率密度值在符合现行行业标准《城市道路照明设计标准》CJJ 45、《城市夜景照明设计规范》JGJ/T 163 和《公路隧道通风照明设计规范》JTJ 026.1 有关规定的基础上，每降低 2%，加 1 分，最高得分为 20 分。

4.2.11 在节能改造项目中应合理利用太阳能、风能等可再生能源的新产品新技术，经济性和节电率达到设计

要求，分值为 10 分。

4.2.12 项目应选用具有节能功能的控制系统产品，分值为 10 分。

4.3 节材与材料资源利用

Ⅰ 控 制 项

4.3.1 所用的照明光源平均寿命不应低于 8000h。

Ⅱ 一 般 项

4.3.2 次干道及以上等级道路的功能照明和景观照明的光源平均寿命不应低于 20000h，分值为 5 分。

4.3.3 项目所用功能照明灯具使用寿命不应低于 10 年，景观照明灯具使用寿命不应低于 5 年，分值为 3 分。

4.3.4 次干道及以上等级道路的功能照明和景观照明的灯具防护等级不应低于 IP65，分值为 3 分。

Ⅲ 优 选 项

4.3.5 废旧物资回收率应达到 80%，每增加 2%，加 1 分，最高得分为 10 分。

4.4 安　　全

Ⅰ 控 制 项

4.4.1 所使用的材料和设备均应符合国家现行有关标准的相关安全要求。

Ⅱ 一 般 项

4.4.2 项目所用产品对电气线路产生的谐波和电磁兼容指标应符合国家现行有关标准的要求，分值为 5 分。

4.4.3 节电器故障不应影响照明设施的正常运行，分值为 5 分。

4.5 环 境 保 护

Ⅰ 控 制 项

4.5.1 主次干道的功能照明不应采用非截光型灯具。

4.5.2 除超高层建筑外，景观照明不应采用功率大于 1000W 的泛光灯和探照灯。

4.5.3 对居民住宅窗户上产生的垂直照度和射向窗户的光强不得超过现行行业标准《城市道路照明设计标准》CJJ 45 和《城市夜景照明设计规范》JGJ/T 163 的有关规定。

4.5.4 无对交通信号识别的光干扰现象。

Ⅱ 一 般 项

4.5.5 不影响天文观察，分值为 3 分。

4.5.6 不影响动物生态，分值为3分。

4.5.7 不影响植物生态，分值为3分。

4.5.8 运行中无有毒有害物质扩散，分值为3分。

4.6 运 营 管 理

Ⅰ 控 制 项

4.6.1 主干道亮灯率不应低于98%，次干道亮灯率不应低于96%，景观照明不应低于90%。

4.6.2 功能照明设施完好率不应低于95%，景观照明设施完好率不应低于90%。

Ⅱ 一 般 项

4.6.3 项目照明设施应由具备相应资质的专业单位维护，分值为4分。

4.6.4 定期应对照明灯具进行清洁，维护系数不应低于0.7，分值为4分。

4.6.5 通过控制系统实现照明设施的开关灯或分时、分区智能化控制，分值为8分。

4.6.6 控制系统的控制终端在通信中断时应具有自动或手动开关灯的功能，分值为4分。

Ⅲ 优 选 项

4.6.7 项目节能投资回收期不应超过五年，每少半年，加1分，最高得分为10分。

5 区域项目评价指标

5.1 城市照明管理体系建设

一 般 项

5.1.1 城市照明规划的内容应包括功能照明规划和景观照明规划，应符合国家相关城市照明规划的要求，并有独立的节能篇章，分值为1分。

5.1.2 项目应纳入城市照明信息管理系统，具有统计设施的基本信息和能耗情况的功能，分值为2分。

5.2 照 明 质 量

Ⅰ 控 制 项

5.2.1 项目照明质量达标率不应低于85%。

Ⅱ 一 般 项

5.2.2 功能照明设施诱导性良好，或景观照明被照物的亮度与背景亮度的对比度适宜，并符合现行行业标准《城市道路照明设计标准》CJJ 45和《城市夜景照明设计规范》JGJ/T 163的有关规定，分值为5分。

5.2.3 选择的照明方式合理并符合现行行业标准

《城市道路照明设计标准》CJJ 45和《城市夜景照明设计规范》JGJ/T 163的有关规定，分值为5分。

5.2.4 照明设施不应对周边环境造成光污染，不应影响户外活动与交通出行，并符合现行行业标准《城市道路照明设计标准》CJJ 45和《城市夜景照明设计规范》JGJ/T 163的有关规定，分值为5分。

5.2.5 城市照明中无不协调的颜色对比，并符合现行行业标准《城市夜景照明设计规范》JGJ/T 163的有关规定，分值为5分。

Ⅲ 优 选 项

5.2.6 项目照明质量达标率应高于85%，每提高1%，加2分，最高得分为20分。

5.3 节能与能源利用

Ⅰ 控 制 项

5.3.1 项目照明功率密度达标率不应低于80%。

5.3.2 未使用国家或地方有关部门明令禁止和淘汰的高耗低效材料和设备。

Ⅱ 一 般 项

5.3.3 项目的照明产品能效应达到能效等级2级以上水平，分值为5分。

5.3.4 项目功能照明灯具效率不应低于75%，分值为4分。

5.3.5 项目泛光灯灯具效率不应低于70%，分值为4分。

5.3.6 项目线路的功率因数不应小于0.85，分值为4分。

5.3.7 项目所选用的照明节能产品，应符合国家现行有关标准的要求，并通过有资质的检测机构检测鉴定，优先选用通过认证的光源、灯具和光源电器等高效节能产品，分值为4分。

5.3.8 项目灯具效率在80%以上的高效节能灯具应用率达85%以上，分值为4分。

Ⅲ 优 选 项

5.3.9 节电率每提高2%，加1分，最高得分为20分。

5.3.10 项目照明功率密度达标率应大于80%，在照明质量符合国家现行有关标准设计要求的前提下，每增加2%，加1分，最高得分为10分。

5.3.11 在节能改造项目中应合理利用太阳能、风能等可再生能源的新产品新技术，经济性和节电率达到设计要求，分值为10分。

5.3.12 项目应选用具有节能功能的控制系统产品，分值为10分。

5.4 节材与材料资源利用

Ⅰ 控 制 项

5.4.1 所用的照明光源平均寿命不应低于 8000h。

Ⅱ 一 般 项

5.4.2 项目所用功能照明灯具使用寿命不应低于 10 年，景观照明灯具使用寿命不应低于 5 年，分值为 4 分。

5.4.3 次干道或以上道路的功能照明和景观照明的灯具防护等级不应低于 IP65，分值为 3 分。

5.4.4 项目城市照明不低于 20000h 的高光效、长寿命光源的应用率不应低于 85％，分值为 4 分。

Ⅲ 优 选 项

5.4.5 废旧物资回收率应达到 80％，每增加 2％，加 1 分，最高得分为 10 分。

5.5 安 全

Ⅰ 控 制 项

5.5.1 所使用的材料和设备均应符合国家现行有关标准的相关安全要求。

Ⅱ 一 般 项

5.5.2 项目所用产品对电气线路产生的谐波和电磁兼容指标应符合国家现行有关标准的要求，分值为 5 分。

5.5.3 节电器故障不应影响照明设施的正常运行，分值为 5 分。

5.6 环 境 保 护

Ⅰ 控 制 项

5.6.1 主次干道的功能照明不应采用非截光型灯具。

5.6.2 除超高层建筑外，景观照明不应采用功率大于 1000W 的泛光灯和探照灯。

5.6.3 对居民住宅窗户上产生的垂直照度和射向窗户的光强不得超过现行行业标准《城市道路照明设计标准》CJJ 45 和《城市夜景照明设计规范》JGJ/T 163 的有关规定。

5.6.4 无对交通信号识别的光干扰现象。

Ⅱ 一 般 项

5.6.5 不影响天文观察，分值为 2 分。

5.6.6 不影响动物生态，分值为 2 分。

5.6.7 不影响植物生态，分值为 2 分。

5.6.8 运行中无有毒有害物质扩散，分值为 2 分。

5.6.9 建立城市照明产品的回收管理制度，实现照明产品的回收利用，降低有毒有害物质对环境的影响，分值为 3 分。

Ⅲ 优 选 项

5.6.10 实现有毒有害物质的无害化处理，每处理 10％加 1 分，最高得分为 10 分。

5.7 运 营 管 理

Ⅰ 控 制 项

5.7.1 主干道亮灯率不应低于 98％，次干道亮灯率不应低于 96％，景观照明不应低于 90％。

5.7.2 功能照明设施完好率不应低于 95％，景观照明设施完好率不应低于 90％。

Ⅱ 一 般 项

5.7.3 项目照明设施应全部纳入监管，责任单位明确，设施监管计划翔实，分值为 4 分。

5.7.4 定期应对照明灯具进行清洁，维护系数不应低于 0.7，分值为 4 分。

5.7.5 通过控制系统应实现照明设施的开关灯或分时、分区智能化控制，分值为 8 分。

5.7.6 控制系统的控制终端在通信中断时应具有自动或手动开关灯的功能，分值为 4 分。

Ⅲ 优 选 项

5.7.7 项目节能投资回收期不应超过五年，每少半年，加 1 分，最高得分为 10 分。

附录 A 城市照明节能评价单项项目评分表

表 A 城市照明节能评价单项项目评分表

单项项目名称：

序号	指标名称	分项名称	评价内容、标准分值	控制项合格/不合格	评分项评价得分	备注
1	照明质量	控制项	1.1 项目照明质量应符合现行行业标准《城市道路照明设计标准》CJJ 45、《城市夜景照明设计规范》JGJ/T 163 和《公路隧道通风照明设计规范》JTJ 026.1 的有关规定。			

序号	指标名称	分项名称	评价内容、标准分值	控制项合格/不合格	评分项评价得分	备注
1	照明质量	一般项	1.2　功能照明设施诱导性良好，或景观照明被照物的亮度与背景亮度的对比度适宜，并符合现行行业标准《城市道路照明设计标准》CJJ 45 和《城市夜景照明设计规范》JGJ/T 163 的有关规定，分值为5分。			
			1.3　选择的照明方式合理并符合现行行业标准《城市道路照明设计标准》CJJ 45 和《城市夜景照明设计规范》JGJ/T 163 的有关规定，分值为5分。			
			1.4　照明设施不对周边环境造成光污染，不影响户外活动与交通出行，并符合现行行业标准《城市道路照明设计标准》CJJ 45 和《城市夜景照明设计规范》JGJ/T 163 的有关规定，分值为5分。			
			1.5　城市照明中无不协调的颜色对比，并符合现行行业标准《城市夜景照明设计规范》JGJ/T 163 的有关规定，分值为5分。			
		优选项	1.6　项目城市道路路面亮度或照度、均匀度、眩光限制阈值增量、环境比等指标符合《城市道路照明设计标准》CJJ 45 的规定，每项优于标准值10%，分值为1分，最高得分为20分。			
	本分项控制项计数/评价合格数：/1；一般项标准分值合计/评价分值合计：/20；优选项标准分值合计/评价分值合计：/20					
2	节能与能源利用	控制项	2.1　项目照明功率密度值应符合现行行业标准《城市道路照明设计标准》CJJ 45、《城市夜景照明设计规范》JGJ/T 163 和《公路隧道通风照明设计规范》JTJ 026.1 的有关规定。			
			2.2　未使用国家或地方有关部门明令禁止和淘汰的高耗低效材料和设备。			
		一般项	2.3　项目的照明产品能效应达到国家现行标准能效等级2级以上水平，分值为5分。			
			2.4　项目功能照明灯具效率不应低于75%，分值为5分。			
			2.5　项目泛光灯灯具效率不应低于70%，分值为5分。			
			2.6　项目线路的功率因数不应小于0.85，分值为5分。			
			2.7　项目所选用的照明节能产品，应符合国家现行标准，并通过有资质的检测机构检测鉴定，优先选用通过认证的光源、灯具和光源电器等高效节能产品，分值为5分。			
			2.8　项目应纳入城市照明信息管理系统，具有统计城市照明设施的基本信息和能耗情况的功能，分值为2分			

序号	指标名称	分项名称	评价内容、标准分值	控制项合格/不合格	评分项评价得分	备注
2	节能与能源利用	优选项	2.9 节电率每提高 2%，加 1 分，最高得分为 20 分。			
			2.10 项目功率密度值在符合现行行业标准《城市道路照明设计标准》CJJ 45、《城市夜景照明设计规范》JGJ/T 163 和《公路隧道通风照明设计规范》JTJ 026.1 有关规定的基础上，每降低 2%，加 1 分，最高得分为 20 分。			
			2.11 在节能改造项目中应合理利用太阳能、风能等可再生能源新产品新技术，经济性和节电率达到设计要求，分值为 10 分。			
			2.12 项目应选用具有节能功能的控制系统产品，分值为 10 分。			
	本分项控制项合计数/评价合格数：/2；一般项标准分值合计/评价分值合计：/27；优选项标准分值合计/评价分值合计：/60					
3	节材与材料资源利用	控制项	3.1 所用的照明光源平均寿命不应低于 8000h。			
		一般项	3.2 次干道及以上等级道路的功能照明和景观照明的光源平均寿命不应低于 20000h，分值为 5 分。			
			3.3 项目所用功能照明灯具使用寿命不应低于 10 年，景观照明灯具使用寿命不应低于 5 年，分值为 3 分。			
			3.4 次干道及以上等级道路的功能照明和景观照明的灯具防护等级应不低于 IP65，符合要求，分值为 3 分。			
		优选项	3.5 废旧物资回收率应达到 80%，每增加 2%，加 1 分，最高得分为 10 分。			
	本分项控制项合计数/评价合格数：/1；一般项标准分值合计/评价分值合计：/11；优选项标准分值合计/评价分值合计：/10					
4	安全	控制项	4.1 所使用的材料和设备均应符合国家现行有关标准的相关安全要求。			
		一般项	4.2 项目所用产品对电气线路产生的谐波和电磁兼容指标应符合国家现行标准的要求，分值为 5 分。			
			4.3 节电器故障不应影响照明设施的正常运行，分值为 5 分。			
	本分项控制项合计数/评价合格数：/1；一般项标准分值合计/评价分值合计：/10；优选项标准分值合计/评价分值合计：0/0					
5	环境保护	控制项	5.1 主次干道的功能照明不应采用非截光型灯具。			
			5.2 除超高层建筑外，景观照明不应采用功率大于 1000W 的泛光灯和探照灯。			
			5.3 对居民住宅窗户上产生的垂直照度和射向窗户的光强不得超过现行行业标准《城市道路照明设计标准》CJJ 45 和《城市夜景照明设计规范》JGJ/T 163 的有关规定。			
			5.4 无对交通信号识别的光干扰现象。			

序号	指标名称	分项名称	评价内容、标准分值	控制项合格/不合格	评分项评价得分	备注
5	环境保护	一般项	5.5 不影响天文观察，分值为3分。			
			5.6 不影响动物生态，分值为3分。			
			5.7 不影响植物生态，分值为3分。			
			5.8 运行中无有毒有害物质扩散，分值为3分。			
		本分项控制项合计数/评价合格数：/4；一般项标准分值合计/评价分值合计：/12；优选项标准分值合计/评价分值合计：0/0				
6	运营管理	控制项	6.1 主干道亮灯率不应低于98%，次干道亮灯率不应低于96%，景观照明不应低于90%。			
			6.2 功能照明设施完好率不应低于95%，景观照明设施完好率不应低于90%。			
		一般项	6.3 项目照明设施应由具备相应资质的专业单位维护，分值为4分。			
			6.4 定期应对照明灯具进行清洁，维护系数不应低于0.7，分值为4分。			
			6.5 通过控制系统应实现照明设施的开关灯或分时、分区智能化控制，分值为8分。			
			6.6 控制系统的控制终端在通信中断时应具有自动或手动开关灯的功能，分值为4分。			
		优选项	6.7 项目节能投资回收期不应超过五年，每少半年，加1分，最高得分为10分。			
		本分项控制项合计数/评价合格数：/2；一般项标准分值合计/评价分值合计：/20；优选项标准分值合计/评价分值合计：/10				
控制项合格总数：　　一般项评价总分：　　优选项评价总分： 评价人员签字：　　　　　　　　　　　　　　　　　评价日期：						

附录 B　城市照明节能评价区域项目评分表

表 B　城市照明节能评价区域项目评分表

区域项目名称：						
序号	指标名称	分项名称	评价内容、标准分值	控制项合格/不合格	评分项评价得分	备注
1	城市照明管理体系建设	一般项	1.1 城市照明规划的内容应包括功能照明规划和景观照明规划，应符合国家相关城市照明规划的要求，并有独立的节能篇章，分值为1分。			
			1.2 项目应纳入城市照明信息管理系统，具有统计城市照明设施的基本信息和能耗情况的功能，分值为2分			
		本分项控制项合计数/评价合格数：0/0；一般项标准分值合计/评价分值合计：/3；优选项标准分值合计/评价分值合计：0/0				

续表 B

序号	指标名称	分项名称	评价内容、标准分值	控制项合格/ 不合格	评分项评价 得分	备注
2	照明 质量	控制项	2.1 项目照明质量达标率不应低于85%。			
		一般项	2.2 功能照明设施诱导性良好，或景观照明被照物的亮度与背景亮度的对比度适宜，并符合现行行业标准《城市道路照明设计标准》CJJ 45 和《城市夜景照明设计规范》JGJ/T 163 的有关规定，分值为5分。			
			2.3 选择的照明方式合理并符合现行行业标准《城市道路照明设计标准》CJJ 45 和《城市夜景照明设计规范》JGJ/T 163 的有关规定，分值为5分。			
			2.4 照明设施不应对周边环境造成光污染，不应影响户外活动与交通出行，并符合现行行业标准《城市道路照明设计标准》CJJ 45 和《城市夜景照明设计规范》JGJ/T 163 的有关规定，分值为5分。			
			2.5 城市照明中无不协调的颜色对比，并符合现行行业标准《城市夜景照明设计规范》JGJ/T 163 的有关规定，分值为5分。			
		优选项	2.6 项目照明质量达标率应高于85%，每提高1%，加2分，最高得分为20分。			
	本分项控制项合计数/评价合格数：/1；一般项标准分值合计/评价分值合计：/20；优选项标准分值合计/评价分值合计：/20					
3	节能与能 源利用	控制项	3.1 项目照明功率密度达标率不应低于80%。			
			3.2 未使用国家或地方有关部门明令禁止和淘汰的高耗低效材料和设备。			
		一般项	3.3 项目的照明产品能效应达到国家现行标准能效等级2级以上水平，分值为5分。			
			3.4 项目功能照明灯具效率不应低于75%，分值为4分。			
			3.5 项目泛光灯灯具效率不应低于70%，分值为4分。			
			3.6 项目线路的功率因数不应小于0.85，分值为4分。			
			3.7 项目所选用的照明节能产品，应符合国家现行标准，并通过有资质的检测机构检测鉴定，优先选用通过认证的光源、灯具和光源电器等高效节能产品，分值为4分。			
			3.8 项目灯具效率在80%以上的高效节能灯应用率达85%以上，分值为4分。			
		优选项	3.9 节电率每提高2%，加1分，最高得分为20分。			
			3.10 项目照明功率密度达标率应大于80%，在照明质量符合国家相关设计标准规范要求的前提下，每增加2%，加1分，最高得分为10分。			
			3.11 在节能改造项目中应合理利用太阳能、风能等可再生能源新产品新技术，经济性和节电率达到设计要求，分值为10分。			
			3.12 项目应选用具有节能功能的控制系统产品，分值为10分。			
	本分项控制项合计数/评价合格数：/2；一般项标准分值合计/评价分值合计：/ 25；优选项标准分值合计/评价分值合计：/50					

序号	指标名称	分项名称	评价内容、标准分值	控制项合格/不合格	评分项评价得分	备注
4	节材与材料资源利用	控制项	4.1 所用的照明光源平均寿命不应低于8000h。			
		一般项	4.2 项目所用功能照明灯具使用寿命不应低于10年，景观照明灯具使用寿命不应低于5年，分值为4分。			
			4.3 次干道或以上道路的功能照明和景观照明的灯具防护等级不应低于IP65，分值为3分。			
			4.4 项目城市照明不低于20000h的高光效、长寿命光源的应用率不应低于85%，分值为4分。			
		优选项	4.5 废旧物资回收率应达到80%，每增加2%，加1分，最高得分为10分。			
	本分项控制项合计数/评价合格数：/1；一般项标准分值合计/评价分值合计：/11；优选项标准分值合计/评价分值合计：/10					
5	安全	控制项	5.1 所使用的材料和设备均应符合国家现行有关标准的相关安全要求。			
		一般项	5.2 项目所用产品对电气线路产生的谐波和电磁兼容指标应符合国家现行有关标准的要求，分值为5分。			
			5.3 节电器故障不应影响照明设施的正常运行，分值为5分。			
	本分项控制项合计数/评价合格数：/1；一般项标准分值合计/评价分值合计：/10；优选项标准分值合计/评价分值合计：0/0					
6	环境保护	控制项	6.1 主次干道的功能照明不应采用非截光型灯具。			
			6.2 除超高层建筑外，景观照明不应采用功率大于1000W的泛光灯和探照灯。			
			6.3 对居民住宅窗户上产生的垂直照度和射向窗户的光强不得超过现行行业标准《城市道路照明设计标准》CJJ 45和《城市夜景照明设计规范》JGJ/T 163的有关规定。			
			6.4 无对交通信号识别的光干扰现象。			
		一般项	6.5 不影响天文观察，分值为2分。			
			6.6 不影响动物生态，分值为2分。			
			6.7 不影响植物生态，分值为2分。			
			6.8 运行中无有毒有害物质扩散，分值为2分。			
			6.9 建立城市照明产品的回收管理制度，实现照明产品的回收利用，降低有毒有害物质对环境的影响，分值为3分。			
		优选项	6.10 实现有毒有害物质的无害化处理，每处理10%加1分，最高得分为10分。			
	本分项控制项合计数/评价合格数：/4；一般项标准分值合计/评价分值合计：/11；优选项标准分值合计/评价分值合计：/10					

续表 B

序号	指标名称	分项名称	评价内容、标准分值	控制项合格/不合格	评分项评价得分	备注
7	运营管理	控制项	7.1 主干道亮灯率不应低于98%，次干道亮灯率不应低于96%，景观照明不应低于90%。			
			7.2 功能照明设施完好率不应低于95%，景观照明设施完好率不应低于90%。			
		一般项	7.3 项目照明设施应全部纳入监管，责任单位明确，设施监管计划翔实，分值为4分。			
			7.4 定期应对照明灯具进行清洁，维护系数不应低于0.7，分值为4分。			
			7.5 通过控制系统应实现照明设施的开关灯或分时、分区智能化控制，分值为8分。			
			7.6 控制系统的控制终端在通信中断时应具有自动或手动开关灯的功能，分值为4分。			
		优选项	7.7 项目节能投资回收期不应超过五年，每少半年，加1分，最高得分为10分。			
			本分项控制项合计数/评价合格数：/2；一般项标准分值合计/评价分值合计：/20；优选项标准分值合计/评价分值合计：/10			
控制项合格总数：		一般项评价总分：		优选项评价总分：		
评价人员签字：					评价日期：	

本标准用词说明

1 为便于在执行本规程条文时区别对待，本规程对条文要求严格程度不同的用词说明如下：

　　1）表示很严格，非这样做不可的用词：

　　　　正面词采用"必须"；反面词采用"严禁"；

　　2）表示严格，在正常情况下均应这样做的用词：

　　　　正面词采用"应"；反面词采用"不应"或"不得"；

　　3）表示允许稍有选择，在条件许可时首先应这样做的用词：

　　　　正面词采用"宜"；反面词采用"不宜"；

　　4）表示有选择，在一定条件下可以这样做的用词，采用"可"。

2 条文中指定应按其他有关标准执行的写法为："应符合……的规定"或"应按……执行"。

引用标准名录

1 《城市道路照明设计标准》CJJ 45

2 《城市夜景照明设计规范》JGJ/T 163

3 《公路隧道通风照明设计规范》JTJ 026.1

中华人民共和国行业标准

城市照明节能评价标准

JGJ/T 307—2013

条 文 说 明

制 订 说 明

行业标准《城市照明节能评价标准》JGJ/T 307-2013，经住房和城乡建设部2013年7月26日以第90号公告批准、发布。

为便于广大设计、施工、科研、学校等单位有关人员在使用本标准时能正确理解和执行条文规定，《城市照明节能评价标准》编制组按章、节、条顺序编制了本标准的条文说明，对条文规定的目的、依据以及执行中需注意的有关事项进行了说明。但是，本条文说明不具备与标准正文同等的法律效力，仅供使用者作为理解和把握标准规定的参考。

目　次

1　总则 ················· 36—18

2　术语 ················· 36—18

3　基本规定 ················· 36—18

　3.1　一般要求 ················· 36—18

　3.2　评价与等级划分 ················· 36—18

4　单项项目评价指标 ················· 36—18

　4.1　照明质量 ················· 36—18

　4.2　节能与能源利用 ················· 36—19

　4.3　节材与材料资源利用 ················· 36—20

　4.4　安全 ················· 36—20

4.5　环境保护 ················· 36—20

4.6　运营管理 ················· 36—20

5　区域项目评价指标 ················· 36—21

5.1　城市照明管理体系建设 ················· 36—21

5.2　照明质量 ················· 36—21

5.3　节能与能源利用 ················· 36—22

5.4　节材与材料资源利用 ················· 36—22

5.5　安全 ················· 36—23

5.6　环境保护 ················· 36—23

5.7　运营管理 ················· 36—23

1 总 则

1.0.1 我国正处于城市照明快速发展阶段，城市照明的设施量和用电量逐年迅速增长，因此，通过对城市绿色照明核心内容——节能指标的有效评价，能进一步提高城市照明的节能水平，有效推进城市照明节能工作。

1.0.2 此条说明本标准的适用范围，即包括功能照明和景观照明两类城市照明项目。

1.0.3 符合国家的相关标准规范，是参与城市照明节能评价的前提条件。本标准未全部涵盖城市照明应有的所有功能和技术要求，而是着重评价与城市照明节能相关的内容，主要包括管理体制、照明质量、节能、节材、安全、环保和运营管理等方面。注重经济性，从全寿命周期评价效益、成本和能耗，顺应功能需求及地方经济状况，提倡朴实简约，反对浮华铺张，实现经济效益、社会效益和环境效益的统一。

2 术 语

本章编列了本标准所采用的术语，共10条，分别参考了《城市照明管理规定》（住房和城乡建设部令第4号）、《城市道路照明设计标准》CJJ 45 - 2006以及其他一些相关标准和规范。

2.0.3 指单项城市照明工程项目，通常是某个独立建设的项目或几个同类型建设项目，如一条道路的功能照明项目、一个景观区域的景观照明项目或某种节能产品的节能改造项目。

2.0.4 指多个城市照明单项项目所组成的区域性项目，区域范围可以是一个城市、建成区或开发区等。

3 基本规定

3.1 一般要求

3.1.1 根据照明系统的特性，经过一年的运行后系统的稳定性和节能的成效方可进行评定。

3.1.2 城市照明节能要求在全寿命周期内，在满足照明质量要求的前提下，最大限度地节能、节材和保护环境，同时还要考虑经济合理性。满足功能需求和节能、节材、保护环境、经济五者之间的矛盾必须放在全寿命周期内统筹考虑与正确处理，为此需要相关材料证明项目在全寿命周期内的过程控制及其科学性和经济合理性。

3.1.3 项目所采用的材料和设备是实现城市照明节能的基本保障，因此所用材料和设备必须是符合国家相关要求。

3.2 评价与等级划分

3.2.1 单项目与区域项目部分评价指标相同，为便于评价使用，在各章节中分别列出，达到条目清晰内容齐全的目的。

3.2.2 通过调研得出城市照明节能的评价等级和对应分值，依据符合条文要求的情况酌情给分。在指标评价中，没有扣分即为得分。评价得分汇总详见下表。

单项项目得分汇总表

指标名称	控制项数	一般项分数	优选项分数
照明质量	1	20	20
节能与能源利用	2	27	60
节材与材料资源利用	1	11	10
安全	1	10	0
环境保护	4	12	0
运营管理	2	20	10
合计	11	100	100

区域项目得分汇总表

指标名称	控制项分数	一般项分数	优选项分数
管理体系建设	0	3	0
照明质量	1	20	20
节能与能源利用	2	25	50
节材与材料资源利用	1	11	10
安全	1	10	0
环境保护	4	11	10
运营管理	2	20	10
合计	11	100	100

4 单项项目评价指标

4.1 照 明 质 量

Ⅰ 控 制 项

4.1.1 依据《城市道路照明设计标准》CJJ 45 - 2006表3.3.1规定，对相关照明标准值进行测量，亮度或照度、均匀度、眩光阈值增量、环境比均需满足要求。

本条的评价方法为现场测量，测量方法参照《照明测量方法》GB/T 5700 - 2008。

Ⅱ 一 般 项

4.1.2 《城市道路照明设计标准》CJJ 45 - 2006第

3.3.2条，在设计道路照明时，应确保其具有良好的诱导性。诱导性是一项重要的评价指标，但无法用光度参数来表示，故列入一般项。如建筑物的照度或亮度与周围照度或亮度的对比度应当有相对合理，对于不同的建筑物饰面应采用不同的照明方式，具体要求和内容依据《城市夜景照明设计规范》JGJ/T 163 - 2008 第5章照明设计。

本条的评价方法为现场检查。

4.1.3 根据不同的道路或场所的特点，实现同样的功能需求可以有多种方式，不同的灯高、灯间距、布灯方式都可以满足某种功能需求。在达到标准规范和设计要求的前提下，最大限度地实现节能节材的方式，是最合理的方式。

本条的评价方法为现场检查。

4.1.4 具体要求和内容依据《城市夜景照明设计规范》JGJ/T 163 - 2008 第7章光污染的限制。

本条的评价方法为现场检查。

4.1.5 如建筑物夜景照明设计应根据建筑物表面色彩，合理选择光的颜色以使其与建筑物及周边环境相协调，具体要求和内容依据《城市夜景照明设计规范》JGJ/T 163 - 2008 第5章照明设计。

本条的评价方法为现场检查。

Ⅲ 优 选 项

4.1.6 在功率密度值等各项控制项满足要求的前提下，鼓励提高照明质量水平。

本条的评价方法为现场测量，测量方法参照《照明测量方法》GB/T 5700 - 2008。

4.2 节能与能源利用

Ⅰ 控 制 项

4.2.1 功能照明中关于照明功率密度值的规定，在《城市道路照明设计标准》CJJ 45 - 2006 为强制性条款，必须严格遵守。景观照明的功率密度值也要遵守《城市夜景照明设计规范》JGJ/T 163 - 2008 的相关规定。

本条的评价方法为资料审核和现场检查。

4.2.2 自2004年以来，建设部建城〔2004〕204号等多个文件中明确规定严禁使用高耗、低效照明设施和产品，诸如在道路照明中禁止使用多光源无控光器的低效灯具，在景观照明中严禁使用强力探照灯和大功率泛光灯等产品，在项目中如有发现，即不通过。

本条的评价方法为现场检查。

Ⅱ 一 般 项

4.2.3 此项要求自《"十一五"城市绿色照明工程规划纲要》开始即有要求，相关光源和电器产品的能效

值必须比能效限定值即国家允许产品的最低能效值高一个等级以上。目前我国已制定了《普通照明用双端荧光灯能效限定值及能效等级》GB 19043、《单端荧光灯能效限定值及节能评价值》GB 19415、《高压钠灯能效限定值及能效等级》GB 19573、《管形荧光灯镇流器能效限定值及能效等级》GB 17896、《高压钠灯用镇流器能效限定值及节能评价值》GB 19574 等标准。为了节约能源，应选择符合这些标准中关于节能评价值规定的光源和电器新产品。

本条的评价方法为资料审核和现场检查，必要时可送相关实验室检测。

4.2.4、4.2.5 《"十二五"城市绿色照明规划纲要》具体目标第7条中对灯具效率的要求，比《城市道路照明设计标准》CJJ 45 - 2006 中第7.2.3条第2款要求提高5%，作为城市照明节能项目，应当做到。

本条的评价方法为资料审核和现场检查，必要时可送相关实验室检测。

4.2.6 气体放电灯的功率因数一般在 0.4～0.6，可通过实施电容补偿或配用电子镇流器来予以提高。从经济合理的角度考虑，补偿后的功率因数在 0.8～0.9 为宜，本标准规定其不小于 0.85。

本条的评价方法为资料审核和现场检查。

4.2.7 引导用户使用优质、高效、节能的照明产品，为城市照明节能提供器材保障。

本条的评价方法为审核相关资料文件。

4.2.8 住房和城乡建设部《"十二五"城市绿色照明规划纲要》重点工作第（二）项，推进城市照明信息化平台建设，建立城市照明信息监管系统，统计城市照明设施的基本信息和能耗情况，进一步提高城市照明管理工作信息化水平。项目应当能够纳入城市照明信息系统，及时反映该项目的实际状况和节能水平。

本条的评价方法为检查系统运行功能和审核相关台账资料文件。

Ⅲ 优 选 项

4.2.9 节电率为采用节电措施后与未采用节电措施的用电量百分比值，即节电率＝(现用电量/原用电量)×100%。

本条的评价方法主要为资料审核，必要时结合现场检查。

4.2.10 在照明质量达标前提下，鼓励最大限度地实现节能目标。

本条的评价方法为资料审核和现场检查。

4.2.11 对城市照明节能工作的导向，鼓励通过科学技术研究，提高城市照明的科学水平，鼓励在城市照明设施建设和改造中安装和使用太阳能、风能等可再生能源利用系统，鼓励城市照明的低碳方向发展，鼓励采用太阳能、风能等零排放清洁可再生

能源。

由于密封铅酸蓄电池（包括糊状的）的充放电时间的限制造成的整个设备的寿命问题，建议此条只在没有电力线铺设可能的城市、缺电和少电的边缘地区、有人力和财力维护更新蓄电池能力的地区以及使用锂电池（仅指到目前）为蓄电池的类似产品的情况下推广应用。

本条的评价方法为资料审核和现场检查。

4.3 节材与材料资源利用

Ⅰ 控 制 项

4.3.1 国家自"十一五"以来鼓励使用高光效、长寿命光源，城市照明中常用的高压钠灯、陶瓷金卤灯等传统光源及 LED 新光源，其寿命均超过 8000h。寿命过短的光源将增加材料的耗费和维护成本，不利于节材和材料资源的利用。

本条的评价方法为资料审核和现场检查。

Ⅱ 一 般 项

4.3.2 根据《城市道路照明设计标准》CJJ 45 - 2006，快速路、主干路、次干路和支路的光源选择应采用高压钠灯，高压钠灯的寿命可达 20000h 以上。目前新兴的 LED 路灯平均寿命也可达到 20000h 以上。

本条的评价方法为资料审核和现场检查。

4.3.4 采用密闭式道路照明灯具时，较高的 IP 等级能在环境污染严重、维护困难的道路和场所保证较高的维护系数，提高灯具使用效率和寿命。

本条的评价方法为资料审核和现场检查。

Ⅲ 优 选 项

4.3.5 废旧物资的回收率越高，对材料资源的耗费就越少。回收率等于回收的设施数量除以总废旧设施数量，即回收率＝（回收的设施数量/总废旧设施数量）×100%。

本条的评价方法为台账资料审核。

4.4 安 全

Ⅰ 控 制 项

4.4.1 灯具的安全性要求应当符合《灯具第一部分：一般安全要求与实验》GB 7000.1 - 2007 的规定，在某些特殊的环境中，需要针对性地选用具有特殊性能的灯具，以满足安全性和功能性的需求。

本条的评价方法为资料审核和现场检查。

Ⅱ 一 般 项

4.4.2 节能产品的电磁兼容性能应满足国家现行标准《一般照明用设备电磁兼容抗扰度要求》GB/T 18595 - 2001 以及《电磁兼容限值》GB 17625 等规定要求，不应对电气线路产生谐波干扰，影响其他用户的正常使用。

本条的评价方法为产品检测报告等资料审核。

4.4.3 节能产品作为照明设施的附加装置，其故障时不应影响到照明设施正常的功能使用。

本条的评价方法为资料审核和现场检查。

4.5 环 境 保 护

Ⅰ 控 制 项

4.5.1 主次干道功能照明采用非截光型灯具，无法满足眩光限制的定量要求，同时会产生大量的上射光通，上射光通通过大气散射使夜空发亮，妨碍天文观测，或产生其他危害。

本条的评价方法为资料审核和现场检查。

4.5.3 随着社会、经济和城市建设的发展，在居住区的光干扰问题越来越突出，需要在设计、建设和运行阶段予以重视和控制。居住区及其附近的照明应合理选择灯杆位置、光源、灯具及照明方式在居室窗户上产生的垂直照度和射向窗户的光强不得超过相关标准规范的规定。

本条的评价方法为现场检查。

4.5.4 城市照明设施产生的光强、光色、闪烁、动态等效果不应干扰行人和驾驶员对交通信号的辨识。

Ⅱ 一 般 项

4.5.5 城市照明的光污染不应当干扰天文观察的正常工作。

本条的评价以当地环保部门的文件为判断依据，如有干扰天文观察或相关行政处罚记录则不得分。

4.5.6 城市照明的光污染不应当影响动物生存状态。

本条的评价以当地环保部门的文件为判断依据，如有影响动物生态或相关行政处罚记录则不得分。

4.5.7 城市照明的光污染不应当影响植物的正常生长。

本条的评价以当地环保部门的文件为判断依据，如有影响植物生态或相关行政处罚记录则不得分。

4.5.8 照明设施在运行中不应当产生有毒有害物质，造成对环境的影响。

本条的评价以当地环保部门的文件为判断依据，如有有毒有害物质扩散或相关行政处罚记录则不得分。

4.6 运 营 管 理

Ⅰ 控 制 项

4.6.1、4.6.2 住房和城乡建设部《"十二五"城市绿色照明规划纲要》具体目标第 4 条要求。

本条的评价方法为资料审核和现场检查。

4.6.3 照明设施的维护管理是落实城市照明节能的重要环节，应当建立照明设施的管理体制和运行维护机制，由专业单位进行专业化管理，依据照明规划的要求，根据设施的具体情况，制定具体的维护计划，确保照明质量和节能成效。

本条的评价方法为台账资料审核和现场检查。

4.6.4 对于照明设施的定期清洁提高了设施的维护系数，提高了设施的效率，减少了系统的能源消耗，是在维护阶段的有效的节能措施之一。

本条的评价方法为台账资料审核和现场检查。

4.6.5 通过自动控制系统实现管理节能，是节能的有效措施之一，随着自动控制系统的普及和照明设施量的增加，通过智能化控制来实现节能的效果越来越显著。

本条的评价方法为相关文件审核和现场检查。

4.6.6 为确保控制系统的可靠性，必须通过可靠的手段实现，在终端与控制中心通信中断的情况下，照明设施能正常地投入运营，确保功能需求的满足。

本条的评价方法为相关文件审核和现场检查。

Ⅲ 优 选 项

4.6.7 项目的节能投资指为实现照明节能所产生的投入成本。城市照明节能要求在全寿命周期内，在满足照明质量要求的前提下，最大限度地节能、节材和保护环境，同时还要考虑经济合理性，过长的节能投资回收周期，会增加投资风险和投资成本，从经济性的角度考虑是不合理的。

本条的评价方法为相关文件审核。

5 区域项目评价指标

5.1 城市照明管理体系建设

一 般 项

5.1.1 城市照明专项规划是城市照明建设的基础和前提，是城市总体规划的一个重要组成部分。城市照明规划应当涵盖功能照明和景观照明。城市照明规划对实施城市绿色照明，节约能源，保护环境起着引领作用，因此必须在规划中有独立的节能篇章，才能更好地指导城市照明节能工作的开展。

本条的评价方法为审核城市照明专项规划及相关资料。

5.1.2 住房和城乡建设部《"十二五"城市绿色照明规划纲要》重点工作第（二）项，推进城市照明信息

化平台建设，建立城市照明信息监管系统，统计城市照明设施的基本信息和能耗情况，进一步提高城市照明管理工作信息化水平。项目应当能够纳入城市照明信息系统，及时反映该项目的实际状况和节能水平。

本条的评价方法为检查系统运行功能和审核相关台账资料文件。

5.2 照明质量

Ⅰ 控 制 项

5.2.1 住房和城乡建设部《"十二五"城市绿色照明规划纲要》具体目标第 5 项，照明质量达标率不小于 85%。功能照明依据《城市道路照明设计标准》CJJ 45 - 2006 表 3.3.1 规定，对相关照明标准值进行测量，亮度或照度、均匀度、眩光限制值、环境比每项均需满足要求。

本条的评价方法为现场测量，测量方法参照《照明测量方法》GB/T 5700 - 2008。

Ⅱ 一 般 项

5.2.2 《城市道路照明设计标准》CJJ 45 - 2006 第 3.3.2 条，在设计道路照明时，应确保其具有良好的诱导性。诱导性是一项重要的评价指标，但无法用光度参数来表示，故列入一般项。建筑物的照度或亮度与周围照度或亮度的对比度应当有相对合理，对于不同的建筑物饰面应采用不同的照明方式，具体要求和内容依据《城市夜景照明设计规范》JGJ/T 163 - 2008 第 5 章照明设计。

本条的评价方法为现场检查。

5.2.3 根据不同的道路或场所的特点，实现同样的功能需求可以有多种方式，不同的灯高、灯间距，布灯方式都可以满足某种功能需求。在达到标准规范和设计要求的前提下，最大限度地实现节能节材的方式，是最合理的方式。

本条的评价方法为现场检查。

5.2.4 具体要求和内容依据《城市夜景照明设计规范》JGJ/T 163 - 2008 第 7 章光污染的限制。

本条的评价方法为现场检查。

5.2.5 如建筑物夜景照明设计应根据建筑物表面色彩，合理选择光的颜色以使其与建筑物及周边环境相协调，具体要求和内容依据《城市夜景照明设计规范》JGJ/T 163 - 2008 第 5 章照明设计。

本条的评价方法为现场检查。

Ⅲ 优 选 项

5.2.6 住房和城乡建设部《"十二五"城市绿色照明规划纲要》具体目标第 5 项，照明质量达标率不小于 85%。功能照明依据《城市道路照明设计标准》CJJ 45 - 2006 表 3.3.1 规定，对相关照明标准值进行测

量，亮度或照度、均匀度、眩光限制值、环境比每项均需满足要求。对于区域项目，鼓励提高照明质量达标率水平。

本条的评价方法为现场测量，测量方法参照《照明测量方法》GB/T 5700-2008。

5.3 节能与能源利用

Ⅰ 控 制 项

5.3.1 住房和城乡建设部《"十二五"城市绿色照明规划纲要》具体目标第5项，既有道路照明节能评价达标率不小于70%。功能照明中关于照明功率密度值的规定，在《城市道路照明设计标准》CJJ 45-2006为强制性条款，必须严格遵守。景观照明的功率密度值也要遵守《城市夜景照明设计规范》JGJ/T 163-2008的相关规定。达标率等于达标道路数量除以总道路数量。

本条的评价方法为资料审核和现场检查。

5.3.2 自2004年以来，建设部建城〔2004〕204号等多个文件中明确规定严禁使用高耗、低效照明设施和产品，诸如在道路照明中禁止使用多光源无控光器的低效灯具，在景观照明中严禁使用强力探照灯和大功率泛光灯等产品，在项目中如有发现，即不通过。

本条的评价方法为现场检查。

Ⅱ 一 般 项

5.3.3 此项要求自《"十一五"城市绿色照明工程规划纲要》开始即有要求，相关光源和电器产品的能效值必须比能效限定值即国家允许产品的最低能效值高一个等级以上。目前我国已制定了《普通照明用双端荧光灯能效限定值及能效等级》GB 19043、《单端荧光灯能效限定值及节能评价值》GB 19415、《高压钠灯能效限定值及能效等级》GB 19573、《管形荧光灯镇流器能效限定值及能效等级》GB 17896、《高压钠灯用镇流器能效限定值及节能评价值》GB 19574等标准。为了节约能源，应选择符合这些标准中关于节能评价值规定的光源和电器新产品。

本条的评价方法为资料审核和现场检查，必要时可送相关实验室检测。

5.3.4、5.3.5 《"十二五"城市绿色照明规划纲要》具体目标第7条中对灯具效率的要求，比《城市道路照明设计标准》CJJ 45-2006第7.2.3条第2款要求提高5%，作为城市照明节能项目，应当做到。

本条的评价方法为资料审核和现场检查，必要时可送相关实验室检测。

5.3.6 气体放电灯的功率因数一般在0.4～0.6，可通过实施电容补偿或配用电子镇流器来予以提高。从经济合理的角度考虑，补偿后的功率因数在0.8～

0.9为宜，本标准规定其不小于0.85。

本条的评价方法为资料审核和现场检查。

5.3.7 引导用户使用优质、高效、节能的照明产品，为城市照明节能提供器材保障。

本条的评价方法为审核相关资料文件。

5.3.8 此条为《"十一五"城市绿色照明工程规划纲要》主要目标第6条要求。

本条的评价方法为资料审核和现场检查。

Ⅲ 优 选 项

5.3.9 节电率为采用节电措施后与未采用节电措施的用电量百分比值，即节电率＝（现用电量/原用电量）×100%。

本条的评价方法主要为资料审核，必要时结合现场检查。

5.3.10 此条鼓励对区域中照明功率密度不达标的既有道路进行改造。

本条的评价方法为资料审核和现场检查。

5.3.11 对城市照明节能工作的导向，鼓励通过科学技术研究，提高城市照明的科学水平，鼓励在城市照明设施建设和改造中安装和使用太阳能、风能等可再生能源利用系统，鼓励城市照明的低碳方向发展，鼓励采用太阳能、风能等零排放清洁可再生能源。

本条的评价方法为资料审核和现场检查。

5.4 节材与材料资源利用

Ⅰ 控 制 项

5.4.1 国家自"十一五"以来鼓励使用高光效、长寿命光源，城市照明中常用的高压钠灯、陶瓷金卤灯等传统光源及LED新光源，其寿命均超过8000h。寿命过短的光源将增加材料的耗费和维护成本，不利于节材和材料资源的利用。

本条的评价方法为资料审核和现场检查。

Ⅱ 一 般 项

5.4.3 采用密闭式道路照明灯具时，较高的IP等级能在环境污染严重、维护困难的道路和场所保证较高的维护系数，提高灯具使用效率和寿命。

本条的评价方法为资料审核和现场检查。

5.4.4 次干道以上功能照明的光源主要为高压钠灯，在部分商业区、步行街、居住区、人行道路会使用金卤灯、紧凑型荧光灯。寿命较短的光源应用率不应过高。

本条的评价方法为资料审核和现场检查。

Ⅲ 优 选 项

5.4.5 废旧物资的回收率越高，对材料资源的耗费就越少。回收率等于回收的设施数量除以总废旧设施数量，即回收率＝（回收的设施数量/总废旧设施数量）×100％。

本条的评价方法为台账资料审核。

5.5 安　全

Ⅰ　控　制　项

5.5.1 灯具的安全性要求应当符合《灯具第一部分：一般安全要求与实验》GB 7000.1－2007 的规定，在某些特殊的环境中，需要针对性地选用具有特殊性能的灯具，以满足安全性和功能性的需求。

本条的评价方法为资料审核和现场检查。

Ⅱ　一　般　项

5.5.2 节能产品的电磁兼容性能应满足国家现行标准，不应对电气线路产生谐波干扰，影响其他用户的正常使用。

本条的评价方法为产品检测报告等资料审核。

5.5.3 节能产品作为照明设施的附加装置，其故障时不应影响到照明设施正常的功能使用。

本条的评价方法为资料审核和现场检查。

5.6 环 境 保 护

Ⅰ　控　制　项

5.6.1 主次干道功能照明采用非截光型灯具，无法满足眩光限制的定量要求，同时会产生大量的上射光通，上射光通通过大气散射使夜空发亮，妨碍天文观测，或产生其他危害。

本条的评价方法为资料审核和现场检查。

5.6.3 随着社会、经济和城市建设的发展，在居住区的光干扰问题越来越突出，需要在设计、建设和运行阶段予以重视和控制。居住区及其附近的照明应合理选择灯杆位置、光源、灯具及照明方式在居室窗户上产生的垂直照度和射向窗户的光强不得超过相关标准规范的规定。

本条的评价方法为现场检查。

5.6.4 城市照明设施产生的光强、光色、闪烁、动态等效果不应干扰行人和驾驶员对交通信号的辨识。

本条的评价方法为相关信息收集和现场检查。

Ⅱ　一　般　项

5.6.5 城市照明的光污染不应当干扰天文观察的正常工作。

本条的评价以当地环保部门的文件为判断依据，如有干扰天文观察或相关行政处罚记录则不得分。

5.6.6 城市照明的光污染不应当影响动物生存状态。

本条的评价以当地环保部门的文件为判断依据，如有影响动物生态或相关行政处罚记录则不得分。

5.6.7 城市照明的光污染不应当影响植物的正常生长。

本条的评价以当地环保部门的文件为判断依据，如有影响植物生态或相关行政处罚记录则不得分。

5.6.8 照明设施在运行中不应当产生有毒有害物质，造成对环境的影响。

本条的评价以当地环保部门的文件为判断依据，如有有毒有害物质扩散或相关行政处罚记录则不得分。

5.6.9 大部分光源等照明产品含有汞、铅等重金属，如果没有有效的回收管理制度，将会对土壤和水质造成污染。《"十二五"城市绿色照明规划纲要》的基本原则要求加强对照明产品的回收利用，降低有毒有害物质对环境的影响。

本条的评价方法为相关台账资料和现场检查。

Ⅲ　优　选　项

5.6.10 本条引导对照明产品中有毒有害物质无害化处理，将有毒有害物质对环境的影响降到最低，从而真正实现对污染的控制。

本条的评价方法为相关信息收集和现场检查。

5.7 运 营 管 理

Ⅰ　控　制　项

5.7.1、5.7.2 住房和城乡建设部《"十二五"城市绿色照明规划纲要》要求。

Ⅱ　一　般　项

5.7.3 照明设施的维护管理是落实城市照明节能的重要环节，应当建立照明设施的管理体制和运行维护机制，由专业单位进行专业化管理，依据照明规划的要求，根据设施的具体情况，制定具体的维护计划，确保照明质量和节能成效。

本条的评价方法为台账资料审核和现场检查。

5.7.4 对于照明设施的定期清洁提高了设施的维护系数，提高了设施的效率，减少了系统的能源消耗，是在维护阶段的有效的节能措施之一。

本条的评价方法为台账资料审核和现场检查。

5.7.5 通过自动控制系统实现管理节能，是节能的有效措施之一，随着自动控制系统的普及和照明设施量的增加，通过智能化控制来实现节能的效果越来越显著。

本条的评价方法为相关文件审核和现场检查。

5.7.6 为确保控制系统的可靠性，必须通过可靠的手段实现，在终端与控制中心通信中断的情况下，照明设施能正常地投入运营，确保功能需求的满足。

本条的评价方法为相关文件审核和现场检查。

Ⅲ 优 选 项

5.7.7 城市照明节能要求在全寿命周期内，在满足照明质量要求的前提下，最大限度地节能、节材和保护环境，同时还要考虑经济合理性，过长的节能投资回收周期，会增加投资风险和投资成本，从经济性的角度考虑是不合理的。

本条的评价方法为相关文件审核。

中华人民共和国行业标准

变风量空调系统工程技术规程

Technical specification for VAV air conditioning system

JGJ 343—2014

批准部门：中华人民共和国住房和城乡建设部
施行日期：２０１５年３月１日

中华人民共和国住房和城乡建设部
公　　告

第 497 号

住房城乡建设部关于发布行业标准
《变风量空调系统工程技术规程》的公告

现批准《变风量空调系统工程技术规程》为行业标准，编号为 JGJ 343 - 2014，自 2015 年 3 月 1 日起实施。其中，第 5.3.2 条为强制性条文，必须严格执行。

本规程由我部标准定额研究所组织中国建筑工业出版社出版发行。

中华人民共和国住房和城乡建设部

2014 年 7 月 29 日

前　　言

根据住房和城乡建设部《关于印发〈2011 年工程建设标准规范制订、修订计划〉的通知》（建标［2011］17 号）的要求，规程编制组经广泛调查研究，认真总结实践经验，参考有关国际标准和国外先进标准，并在广泛征求意见的基础上，编制本规程。

本规程的主要技术内容是：1. 总则；2. 术语；3. 设计；4. 设备与材料；5. 施工与安装；6. 调试；7. 综合效能调适；8. 运行管理。

本规程中以黑体字标志的条文为强制性条文，必须严格执行。

本规程由住房和城乡建设部负责管理和对强制性条文的解释，由中国建筑科学研究院负责具体技术内容的解释。执行过程中如有意见或建议，请寄送中国建筑科学研究院（地址：北京市朝阳区北三环东路 30 号，邮编：100013）。

本 规 程 主 编 单 位：中国建筑科学研究院
　　　　　　　　　　　浙江鸿翔建设集团有限公司

本 规 程 参 编 单 位：北京市建筑设计研究院有限公司
　　　　　　　　　　　现代设计集团华东建筑设计研究院
　　　　　　　　　　　中国建筑业协会智能建筑专委会
　　　　　　　　　　　同方泰德国际科技（北京）有限公司

皇家空调设备工程（广东）有限公司
杭州源牌环境科技有限公司
上海新晃空调设备有限公司
开利空调销售服务（上海）有限公司
广州柏诚智能科技有限公司
特灵空调系统（中国）有限公司
北京康孚环境控制有限公司
广东省珠海格力电器股份有限公司
宁波奥克斯电气有限公司
德州中傲空调设备有限公司
朗德华信（北京）自控技术有限公司
无锡市天兴净化空调设备有限公司

本规程主要起草人员：曹　阳　徐宏庆　叶大法
　　　　　　　　　　　祝敬国　赵晓宇　曹　勇
　　　　　　　　　　　余绍培　刘月琴　许　骏

目　次

1　总则 ································· 37—6
2　术语 ································· 37—6
3　设计 ································· 37—6
　3.1　一般规定 ······················ 37—6
　3.2　室内外设计参数 ················ 37—6
　3.3　负荷计算 ······················ 37—6
　3.4　系统设计 ······················ 37—7
　3.5　空气处理机组 ·················· 37—7
　3.6　末端装置 ······················ 37—8
　3.7　自动控制 ······················ 37—8
　3.8　节能设计 ····················· 37—10
4　设备与材料 ······················· 37—10
　4.1　一般规定 ····················· 37—10
　4.2　变风量空气处理机组 ··········· 37—10
　4.3　变风量末端装置 ··············· 37—10
　4.4　风口、风管和保温 ············· 37—10
5　施工与安装 ······················· 37—11
　5.1　一般规定 ····················· 37—11
　5.2　通风空调系统施工安装 ········· 37—11

　5.3　电气及自控系统施工安装 ········ 37—11
6　调试 ································ 37—11
　6.1　一般规定 ····················· 37—11
　6.2　调试流程 ····················· 37—12
7　综合效能调适 ····················· 37—12
　7.1　一般规定 ····················· 37—12
　7.2　综合效能调适项目 ············· 37—12
　7.3　质量检测与验收 ··············· 37—13
8　运行管理 ························· 37—13
　8.1　一般规定 ····················· 37—13
　8.2　管理要求 ····················· 37—13
　8.3　运行要求 ····················· 37—14
　8.4　维护要求 ····················· 37—14
　8.5　节能运行 ····················· 37—14
本规程用词说明 ····················· 37—14
引用标准名录 ······················· 37—14
附：条文说明 ······················· 37—16

Contents

1 General Provisions .... 37—6

2 Terms .... 37—6

3 Design .... 37—6
 3. 1 General Requirements .... 37—6
 3. 2 Indoor and Outdoor Design Conditions .... 37—6
 3. 3 Load Calculation .... 37—6
 3. 4 System Design .... 37—7
 3. 5 Air Handling Units .... 37—7
 3. 6 Terminals .... 37—8
 3. 7 Automatic Control .... 37—8
 3. 8 Energy Saving .... 37—10

4 Equipment and Material .... 37—10
 4. 1 General Requirements .... 37—10
 4. 2 VAV Air Handling Units .... 37—10
 4. 3 VAV Terminals .... 37—10
 4. 4 Air Distributor, Duct and Insulation .... 37—10

5 Construction and Installation .... 37—11
 5. 1 General Requirements .... 37—11
 5. 2 Air Conditioning And Ventilation System .... 37—11

5. 3 Electrical and Control System .... 37—11

6 Testing Adjusting and Balancing .... 37—11
 6. 1 General Requirements .... 37—11
 6. 2 Working Procedure .... 37—12

7 Commissioning .... 37—12
 7. 1 General Requirements .... 37—12
 7. 2 Items for Commissioning .... 37—12
 7. 3 Quality Inspection and Acceptance .... 37—13

8 Operational Management .... 37—13
 8. 1 General Requirements .... 37—13
 8. 2 Management Requirements .... 37—13
 8. 3 Operational Requirements .... 37—14
 8. 4 Maitanence Requirements .... 37—14
 8. 5 Energy Saving Operation .... 37—14

Explanation of Wording in This Specification .... 37—14

List of Quoted Standards .... 37—14

Addition: Explanation of Provisions .... 37—16

1 总 则

1.0.1 为规范变风量空调系统工程的设计、施工与安装、调试、综合效能调适和运行管理，做到技术先进、经济合理、安全适用，保证工程质量，制定本规程。

1.0.2 本规程适用于采用全空气变风量空调技术的工程系统设计、施工与安装、调试、综合效能调适和运行管理。

1.0.3 变风量空调系统工程的设计、施工与安装、综合效能调适和运行管理，除应执行本规程的规定外，尚应符合国家现行有关标准的规定。

2 术 语

2.0.1 变风量空调系统 variable air volume air conditioning system

通过保持空气处理机组的送风温度稳定、改变空气处理机组或空调末端装置的送风量，实现室内空气温度参数控制的全空气空调系统，简称 VAV 空调系统。

2.0.2 单区域变风量空调系统 zone variable air volume air conditioning system

空调系统中，空气处理机组服务于单个空调区且送风温度基本保持稳定，通过改变机组的送风量，实现该区域室内空气温度参数控制的全空气空调系统。

2.0.3 带末端装置的变风量空调系统 variable air volume air conditioning system with terminal device

空调系统中，空气处理机组服务于多个空调区且送风温度基本保持稳定，通过改变机组及末端装置的送风量，实现各区域室内空气温度参数控制的全空气空调系统。

2.0.4 变风量末端装置 variable air volume terminal device

能根据空调房间的温度变化情况，通过自动调节出口处的送风量或送风温度，实现室内空气温度参数控制的装置。

2.0.5 调试 testing adjusting and balancing

对各个系统在安装、单机试运转、性能测试、系统联合试运转的整个过程中，采用规定的方法完成测试、调整和平衡工作。

2.0.6 综合效能调适 commissioning

通过对建筑各个系统的调试、性能验证、验收和季节性工况验证进行全过程管理，以确保实现设计意图和满足业主的实际使用要求的工作程序和方法。

3 设 计

3.1 一 般 规 定

3.1.1 根据建筑物的用途、规模、使用特点、负荷变化情况、参数要求、所在地区气象条件以及设备价格、能源预期价格等，经技术经济比较合理时，下列情况的全空气空调系统应采用变风量空调系统：

1 服务于单个空调区，且部分负荷运行时间较长时，应采用单区域变风量空调系统；

2 服务于多个空调区，且各区负荷变化相差大、部分负荷运行时间较长，并要求温度独立控制时，应采用带末端装置的变风量空调系统。

3.1.2 温湿度允许波动范围要求严格的空调区，不宜采用变风量空调系统；噪声标准要求较高的空调区，不宜采用风机动力型末端装置的变风量空调系统。

3.1.3 空调内外区的划分应根据建筑物用途、使用特点、围护结构热工性能以及当地气候条件等确定。

3.1.4 变风量空调工程施工图设计文件，除应符合建设工程设计文件编制深度的规定外，尚应有系统检测与监控、运行控制方案等设计内容。

3.2 室内外设计参数

3.2.1 室内空气设计参数应符合现行国家标准《民用建筑供暖通风与空气调节设计规范》GB 50736 和《公共建筑节能设计标准》GB 50189 的有关规定。

3.2.2 室外设计计算参数的选用应符合现行国家标准《民用建筑供暖通风与空气调节设计规范》GB 50736 的有关规定。

3.2.3 空调区空气质量应符合国家现行标准有关室内空气质量、污染物浓度控制等的卫生要求。

3.2.4 空调区采用低温送风空调系统时，夏季室内设计温度宜比采用常温送风的空调系统提高1℃；当空调区划分内外区且外区需要供暖时，外区冬季室内设计温度不宜比内区高2℃。

3.3 负 荷 计 算

3.3.1 空调负荷计算应符合现行国家标准《民用建筑供暖通风与空气调节设计规范》GB 50736 的有关规定。

3.3.2 地板送风空调系统的空调区冷负荷计算，除应符合本规程第 3.3.1 条的规定外，尚应符合下列规定：

1 根据空调区热分层高度，应分别计算热分层以下空调区负荷、热分层以上非空调区负荷以及架空地板和楼板传给地板静压箱的热量；

2 热分层高度应在人员活动区上方；

3 不应计入非空调区内的对流热量。

3.3.3 空调区划分内外区时，内区冬季冷负荷计算中的室内照明功率、人员数量、设备功率等项目的取值应根据内区面积、气流组织等确定，且宜小于夏季的取值。

3.3.4 空气通过风机引起的夏季附加冷负荷中，空气通过风机后的温升可按下式计算：

$$\Delta t = \frac{0.0008 H \cdot \eta}{\eta_1 \cdot \eta_2} \qquad (3.3.4)$$

式中：Δt——空气通过风机后的温升（℃）；

H——风机的全压（Pa）；

η——电动机安装位置的修正系数；当电动机安装在气流内时，$\eta=1$；当电动机安装在气流外时，$\eta=\eta_2$；

η_1——风机的全压效率，应取实际效率；

η_2——电动机效率。

3.4 系 统 设 计

3.4.1 变风量空调系统类型，应根据建筑物特性、冷热源状况，并经技术经济比较后确定，且宜符合下列规定：

1 有低温冷源可利用时，宜采用低温送风空调系统；

2 空调区已设有架空地板体系且需要个人或岗位送风时，宜采用地板送风空调系统。

3.4.2 变风量空调系统的布置宜符合下列规定：

1 内区采用全年供冷的变风量空调系统时，外区可采用风机盘管、定风量空调系统等；

2 内外区合用空气处理机组时，外区末端装置宜采用带热水盘管的末端装置；

3 内外区分别设置空气处理机组时，外区空气处理机组宜按朝向分别设置；

4 空调区新风量需要恒定时，宜采用独立新风系统。

3.4.3 变风量空调系统设计应符合下列规定：

1 宜采用单风管系统；

2 宜采用一次回风、大送风温差系统；

3 同一个空气处理系统中，应避免再热过程；

4 回风系统阻力较大或排风措施不能适应新风量的变化要求时，宜设置回风机。

3.4.4 变风量空调系统的夏季系统送风量计算应符合下列规定：

1 最大送风量应根据系统逐时冷负荷的综合最大值确定，且送风温差不宜小于 8℃；

2 最小送风量应根据冷负荷变化范围、空调区气流组织要求、末端装置风量调节范围及风机调速范围等确定，且不应小于系统最小新风量。

3.4.5 空调区、空调系统的新风量计算，应符合现行国家标准《民用建筑供暖通风与空气调节设计规范》GB 50736 的有关规定。

3.4.6 当变风量空调系统服务于不同新风比的多个空调区时，不应采用空调区新风比最大的数值作为系统的总新风比，其系统的新风量应按下列公式进行计算：

$$Y = X/(1 + X - Z) \qquad (3.4.6\text{-}1)$$
$$Y = V_{ot}/V_{st} \qquad (3.4.6\text{-}2)$$
$$X = V_{on}/V_{st} \qquad (3.4.6\text{-}3)$$
$$Z = V_{oc}/V_{sc} \qquad (3.4.6\text{-}4)$$

式中：Y——修正后的系统新风量在送风量中的比例；

V_{ot}——修正后的总新风量（m^3/h）；

V_{st}——总送风量，即系统中所有房间送风量之和（m^3/h）；

X——未修正的系统新风量在送风量中的比例；

V_{on}——系统中所有房间的新风量之和（m^3/h）；

Z——需求最大的房间的新风比；

V_{oc}——需求最大的房间的新风量（m^3/h）；

V_{sc}——需求最大的房间的送风量（m^3/h）。

3.4.7 变风量空调系统的新风和排风系统设计应符合下列规定：

1 应采取保证系统最小新风量的措施，并具备最大限度地利用新风做冷源的条件；

2 排风系统应与新风系统匹配，并适应新风量的变化。

3.4.8 变风量系统下列设计内容应符合现行国家标准《民用建筑供暖通风与空气调节设计规范》GB 50736 的规定：

1 空调风、水系统的设计；

2 设备、管道的绝热设计；

3 空调系统的消声与隔声设计。

3.5 空气处理机组

3.5.1 空气处理机组的风机应符合下列规定：

1 机组要求风量大及静压高时，宜采用后倾式离心通风机；

2 风机风量应考虑附加系统漏风量，风压应为系统计算总压力损失；

3 风机应采用变速调节方式。

3.5.2 空气处理机组的冷热盘管除应符合现行国家标准《民用建筑供暖通风与空气调节设计规范》GB 50736 的规定外，尚应符合下列规定：

1 技术经济合理时，应加大冷热水供回水温差；

2 机组采用四管制且需要防冻时，热水盘管应设在冷水盘管的上游。

3.5.3 变风量空调系统的新风和回风应经过滤处理，空气过滤器的设置应符合下列规定：

1 过滤器效率应符合现行国家标准《空气过滤

器》GB/T 14295 的有关规定；

    2 当采用粗效空气过滤器不能满足要求时，应设置中效空气过滤器；

    3 空气过滤器的阻力应按终阻力计算。

3.5.4 人员密集或空气质量要求较高的空调区宜设置空气净化装置。空气净化装置的类型，应根据人员密度、初投资、运行费用及空调区环境要求，并经技术经济比较后确定，且应符合现行国家标准《民用建筑供暖通风与空气调节设计规范》GB 50736 的有关规定。

3.5.5 冬季空调区湿度有要求时，宜设置加湿装置。加湿装置的类型，应根据加湿量、相对湿度允许波动范围要求，并经技术经济比较后确定。加湿装置应符合现行国家标准《民用建筑供暖通风与空气调节设计规范》GB 50736 的有关规定。

3.5.6 空气处理机组全新风运行时，宜设置旁通风阀。当旁通风阀的迎面风速超过 7.5m/s 时，应采用翼型风阀片。

3.5.7 空气处理机组应安装在空调机房内且邻近所服务的空调区。

3.6 末 端 装 置

3.6.1 变风量末端装置的一次风夏季送风量计算应符合下列规定：

    1 最大送风量应根据所服务空调区的逐时显热冷负荷综合最大值和送风温差确定；

    2 最小送风量应根据末端装置调节范围、控制区域的最小新风量和气流组织要求确定。

3.6.2 严寒及寒冷地区应用的变风量末端装置，冬季送风温差不宜大于 8℃。

3.6.3 串联式风机动力型末端装置的内置风机风量应符合下列规定：

    1 风量应为一次送风和二次回风风量之和；

    2 低温送风空调系统，应按供冷时室内舒适度要求和送风口特性确定送风温度，并经计算确定风机风量。

3.6.4 并联式风机动力型末端装置的内置风机风量，应按冬季工况进行计算，并应根据一次送风的最小风量和室内舒适度要求确定。

3.6.5 风机动力型末端装置的内置风机压力应符合下列规定：

    1 串联式风机动力型末端装置的内置风机压力应克服风机下游风管至风口阻力；

    2 并联式风机动力型末端装置的内置风机静压应与一次送风在最小风量时相匹配，并应克服加热器阻力。

3.6.6 变风量末端装置的一次送风口入口处最小风速，应根据末端装置的风速传感器类型确定。

3.6.7 变风量末端装置宜选用压力无关型。

3.6.8 设有动力型变风量末端装置的空调区消声与隔声设计，除应符合现行国家标准《民用建筑供暖通风与空气调节设计规范》GB 50736 的规定外，尚应符合下列规定：

    1 消声量计算应根据动力型变风量末端装置、系统自然衰减量及要求确定；

    2 空调区吊顶所采用的材料应满足室内噪声级的隔声要求。

3.7 自 动 控 制

3.7.1 变风量空调系统的自控设计应包含下列内容：

    1 传感器和执行器的位置和安装要求；

    2 控制点参数设计值和工况转换边界条件；

    3 空调机组冷热水阀门的流通能力；

    4 控制策略。

3.7.2 变风量空调系统的自控策略应包括下列内容：

    1 室内温度控制；

    2 空调机组送风温度控制；

    3 送风静压控制；

    4 新风量或空气品质控制功能；

    5 空调机组开关机顺序控制和设备连锁控制功能；

    6 风机状态监视、过滤网压差报警等功能，寒冷地区还应有防冻保护控制。

3.7.3 采用回风机或排风机的变风量空调系统，应进行回风机或排风机的变频和连锁控制设计。

3.7.4 低温送风变风量空调系统，应采用符合逐步降低送风温度送风的控制技术。

3.7.5 变风量空调系统风量控制设计应符合暖通工艺要求。

3.7.6 变风量空调系统的监测应包括下列内容：

    1 应对下列参数进行监测：

    1）室内温控区的温度；

    2）室外空气的温、湿度；

    3）末端装置的送风量；

    4）空调机组的送风温度；

    5）空调机组的回风温、湿度；

    6）空气过滤器进出口的静压差；

    7）风机及变频器、水阀、风阀的启停状态、故障状态、就地/远程状态和运行参数。

    2 宜对下列参数进行监测：

    1）送风管静压测点的静压值；

    2）空气冷却器进出口的冷水温度；

    3）空气加热器进出口的热水温度；

    4）室内空气品质或二氧化碳浓度；

    5）新风量。

3.7.7 变风量空调系统的安全保护功能应包括下列内容：

    1 风机/变频器故障报警和电机过电流断电

保护；

2 空气过滤器堵塞报警；

3 对于冬季有冻结可能的地区，系统的防冻报警和自动保护；

4 监测参数的超限报警或提示功能。

3.7.8 当空调机组配置电加热器时，电加热器应与送风机连锁，并应设无风断电、超温断电保护装置；电加热器应采取接地及剩余电流保护措施。

3.7.9 变风量空调机组的风机电控柜应设置远程/就地转换开关。当转换开关处于远程状态时，可执行下列远动功能：

1 调整风机的启停或频率；

2 调整水阀的开度；

3 设定、修改房间温度的设定值。

3.7.10 变风量空调系统的自动启停应符合下列规定：

1 应按使用时间进行风机定时启停；

2 风机停止运行时新风阀连锁应关闭；

3 供冷工况下风机停止运行时，水阀连锁应关闭；

4 采用回风机或排风机的变风量空调系统，应进行回风机或排风机与送风机的连锁启停。

3.7.11 变风量空调系统的自动调节应符合下列规定：

1 应根据全年多工况边界条件自动选择运行的工况；

2 机组送风温度设定值应根据运行工况自动调整；

3 变风量末端装置应根据室内温度自动调节送风量；

4 水阀应根据机组送风温度调节开度；

5 风机频率应根据需求自动调节；

6 低温送风变风量空调系统，应在启动过程中逐步降低送风温度设定值。

3.7.12 变风量空调系统的节能优化控制宜符合下列规定：

1 过渡季能宜增大新风比例运行；

2 变风量末端装置宜根据服务区域的使用状况启停；

3 新风量宜根据服务区域的使用状况调节；

4 宜根据室外温度参数优化室内温度的设定值；

5 宜根据空调机组运行状况给出需要供水温度的信息；

6 宜根据服务区域的工作时间优化风机的启停时间。

3.7.13 传感器的选择应符合下列规定：

1 当只以安全保护和设备状态监视为目的时，应选择以开关量形式输出的传感器；

2 模拟量和数值输出的传感器测量范围和精度应与二次仪表匹配，并应高于工艺要求的控制和测量精度；

3 壁挂式空气温湿度传感器应安装在空气流通、避免阳光直射、能反映被测房间空气状态的位置；

4 风道内温湿度传感器应保证插入深度，且不应在探测头与风道外侧形成热桥；

5 插入式水管温度传感器应保证测头插入深度在水流的主流区范围内，安装位置附近不应有热源及水滴；

6 机组送风温度传感器应安装在挡水板后有代表性的位置，并应避免辐射热、振动、水滴及二次回风的影响；

7 风道压力传感器应设置在管内流动稳定的地方，并应满足产品安装条件，且宜在主要分支处分别设置；

8 风量传感器安装位置前后的直管段长度应根据产品要求设置。

3.7.14 水路控制阀宜采用模拟量调节阀，口径应根据流通能力确定。

3.7.15 调节风量用风阀宜采用对开多叶调节阀。风阀执行器的扭矩应满足设计风速和压力的要求，并应具备阀位反馈功能。

3.7.16 空调机组的风机应采用变速控制。变频器应根据电机的额定电流选择，且宜选择带有防电磁干扰措施的环保产品。

3.7.17 电加热器宜采用通断量输出控制，要求调节精度较高时可采用高频脉冲通断比控制。

3.7.18 变风量末端控制设计应包括下列内容：

1 一次送风量、再热、风机的调节控制方法；

2 室温传感器选择与设置；

3 与中央监控系统通信。

3.7.19 变风量末端控制器的选择应符合下列规定：

1 输入、输出通道数量应满足变风量末端装置的要求；

2 输入、输出通道的信号类型应与变风量末端装置配套的室温传感器、流速/风量传感器、风阀执行器和风机控制等的信号类型相匹配；

3 应独立存储服务区域的室温设定值并完成室温控制和风量调节；

4 应具有风量计算和室温控制调节方法的专用软件，且程序中参数宜可修改；

5 应与该末端装置所属变风量空调机组的现场控制器双向通信。

3.7.20 变风量空调机组的现场控制器应符合下列规定：

1 输入和输出通道应与传感器、执行器的信号类型相匹配；

2 当风机变频器自带控制单元时，宜与其控制单元通信，并可采用标准电信号的输入和输出通道监控变频器运行、变频器故障、电机转速和就地/远程开关状态；

3 同一变风量空调系统中，空气处理机组和所有关联变风量末端的控制点宜连接在同一控制器中；

4 应能根据本规程第3.7.10～3.7.13条的功能要求提供控制算法的软件编程，且程序中参数应可修改；

5 应与监控计算机双向通信。

3.7.21 变风量空调系统的监控通信网络应符合下列规定：

1 整个系统通信网络宜采用同一通信协议；当采用两种及以上通信协议时应配置网关或通信协议转换设备；

2 网络结构、网络传输距离、网络能够连接设备的数量、网段划分、电气连接方式应符合所采用通信技术的要求；

3 网络设备端口容量应满足网络结构要求。

3.7.22 监控计算机的功能应符合下列规定：

1 应能即时显示监测的运行参数和设备状态，并应连续存储一年以上的运行参数，且可导出到存储介质上；

2 应能计算系统的能量消耗、各台设备连续和累计运行时间；

3 应能改变各控制器的设定值，并能对设置为"远程"状态的设备直接进行启停和调节；

4 应根据预定的时间表或节能控制程序自动进行系统或设备的启停；

5 应设立操作者权限控制安全机制；

6 应有参数越限报警、事故报警及报警记录功能；

7 宜有系统或设备故障诊断功能；

8 应能与冷热源站的监控计算机进行信息共享；

9 宜为建筑设备监控系统的一部分，并可与其他建筑智能化系统进行信息共享。

3.7.23 能耗监测和统计功能宜利用自控系统的监测参数进行设置。

3.8 节 能 设 计

3.8.1 当变风量空调系统设有集中排风系统，且经技术经济比较合理时，宜设置空气—空气能量回收装置。

3.8.2 能量回收装置除应符合现行国家标准《民用建筑供暖通风与空气调节设计规范》GB 50736的有关规定外，尚应符合下列规定：

1 新风和排风应设有旁通措施；

2 严寒地区应对新风进行预热；

3 新风和排风的入口处应设空气过滤器。

3.8.3 变风量空调系统的自然冷却方式应根据建筑物特性和气候条件，并经技术经济比较后确定。

3.8.4 变风量空调系统应进行全年空调工况分析，并制定相应的运行控制策略。

4 设备与材料

4.1 一 般 规 定

4.1.1 变风量空调工程系统中采用的设备与材料应符合国家现行标准的有关规定。

4.1.2 变风量空调工程系统中使用的设备与材料应经进场检查确认合格后，方可使用。

4.2 变风量空气处理机组

4.2.1 变风量空气处理机组应符合现行国家标准《组合式空调机组》GB/T 14294的有关规定，离心风机应能在30%～100%的风量调节范围内稳定运行。

4.2.2 采用低温送风变风量空调机组时，通过空调机组冷却盘管的迎风面风速宜为1.5 m/s～2.3m/s。箱体应满足防结露要求。

4.2.3 变风量空调机组宜采用强弱电一体化变频动力柜，并应内置控制器、变频器及其他电气元器件。

4.2.4 控制器与变频器应采取完善的强弱电隔离措施。

4.3 变风量末端装置

4.3.1 变风量末端装置应配置控制器，并应对末端和控制器的组合进行测试。

4.3.2 变风量控制器应具有风量、阀位、运行模式、运行状态等反馈功能，并宜具备计量功能。

4.3.3 变风量温控器应具备手动和远程调节温度功能，温度显示分辨率不宜低于0.5℃，且宜具备就地开关机功能。

4.3.4 压力无关型末端装置风量控制器精度不应低于5%，风量调节范围宜在20%～100%之间。

4.3.5 变风量末端装置应提供完备齐全的技术资料。

4.4 风口、风管和保温

4.4.1 变风量系统用风口应符合现行行业标准《通风空调风口》JG/T 14的有关规定。

4.4.2 低温风口应符合下列规定：

1 应满足低温送风条件下的防结露要求；

2 低温风口的性能应综合考虑诱导比和阻力的因素；

3 在最小风量下应具备较好的空气分布特性；

4 低温风口的噪声应满足设计要求。

4.4.3 变风量空调工程系统的风管和保温材料应符合现行国家标准《通风与空调工程施工质量验收规范》GB 50243的有关规定。

4.4.4 变风量系统风管制作应符合现行行业标准

《通风管道技术规程》JGJ 141 的有关规定。

4.4.5 柔性软管应具有消声和保温功能，并应采用防火、防腐、防潮、不透气、不易霉变的材料制成。

5 施工与安装

5.1 一般规定

5.1.1 变风量空调系统的通风空调、电气及自控系统的施工安装，应符合现行国家标准《通风与空调工程施工质量验收规范》GB 50243、《建筑电气工程施工质量验收规范》GB 50303 和《智能建筑工程质量验收规范》GB 50339 的有关规定。

5.1.2 设备安装前检查、就位前基础验收、设备的搬运和吊装应符合设计图纸、产品说明书和国家现行标准的有关规定。

5.2 通风空调系统施工安装

5.2.1 空气处理机组的施工安装应符合设计图纸和现行国家标准《通风与空调工程施工质量验收规范》GB 50243 的有关规定。

5.2.2 变风量空调末端装置的施工安装应符合下列规定：

1 变风量末端装置的安装应满足设计和设备说明书的要求；

2 变风量末端装置的安装位置应符合风量测量准确的要求；

3 变风量末端装置安装时，应设单独支、吊架，吊架之间应设橡胶减震隔垫；

4 变风量末端装置出风口与风道的连接宜采用套接的方式；

5 应根据变风量末端装置的保温形式，选择正确的保温安装方式，且不应影响风阀的运行；

6 带热水盘管的变风量末端再热热水盘管与水管的连接应采用金属软接头，软接头长度不应大于300mm；设备吊装时应在吊件上下均匀配置螺母，并应进行调节保证末端设备的水平度；

7 并联风机的变风量末端和风机的出口处应设置止回流风门；

8 变风量末端箱体距其他管线的距离应为5cm～10cm；接线箱距其他管线及墙体应有充足的检修空间，且宜大于60cm；

9 变风量末端装置应预留调试检修口；

10 搬运和安装时应对末端装置的传感器采取保护措施。

5.2.3 风管的施工安装应符合下列规定：

1 空调风管安装应符合现行国家标准《通风与空调工程施工质量验收规范》GB 50243 的有关规定；

2 系统主干风管的转弯处、与空调设备连接处应设固定支架；

3 低温送风的风管保温应满足设计要求。

5.3 电气及自控系统施工安装

5.3.1 风机动力型变风量末端的电机和带电加热功能变风量末端的电加热器应可靠接地。

5.3.2 变风量末端的电动执行器、控制器和变风量空调机组控制器箱（柜）的可导电外壳必须可靠接地。

5.3.3 电气设备安装应牢固，螺栓及防松零件应齐全、不松动。变风量末端电气设备的接线入口及接线盒应作密封处理。

5.3.4 设备接线盒内裸露的不同相导线间和导线对地间的最小距离应大于8mm。

5.3.5 安装变风量末端装置时，接线箱距其他管线及墙体的距离不应小于对接线箱内设备操作的距离。

5.3.6 风阀和水阀执行器安装后应保证阀门执行器和附件开闭、操作灵活。

5.3.7 室内温控器安装位置反馈的温度应能代表该房间的温度，并不应受其他热源的影响。

5.3.8 控制器箱（或柜）的安装应符合下列规定：

1 控制器箱（或柜）接地应接入建筑智能化系统接地网；

2 挂墙安装时，机柜底边距地面高度应为1.5m，正面操作空间距离应大于1.2m，靠近门轴的侧面空间距离应大于0.5m。

5.3.9 传感器的安装质量应符合现行国家标准《智能建筑工程质量验收规范》GB 50339 的有关规定。

5.3.10 变风量末端的压力和差压仪表的取压点、仪表配套的阀门安装应符合产品和设计要求。

5.3.11 温度传感器的安装位置、插入深度应符合产品和设计要求。

5.3.12 变风量系统采用静压控制时，静压测量点应按设计要求布置。

5.3.13 空气质量传感器应安装在能反映被测区域气体浓度的位置。

5.3.14 流量传感器的安装应满足设计和产品技术文件要求。

5.3.15 变风量末端装置的温度设定器安装应符合产品和设计要求。

5.3.16 变风量空调系统电动水阀门安装应符合产品和设计要求，且安装前应进行通电试验和压力试验。

6 调 试

6.1 一般规定

6.1.1 测试仪器和仪表的性能应稳定可靠，精度等级和最小分度值应能满足测定的要求，并应符合国家有关计量法规和检定规程的规定。

6.1.2 系统调试应由施工单位负责、监理单位监督，设计单位与建设单位参与和配合。系统调试的实施可由施工企业或其他具有调试能力的单位完成。

6.1.3 系统调试前应编制调试方案，并报送专业监理工程师审核批准。调试结束后，应提供完整的调试资料和报告。

6.1.4 系统无生产负荷的联合试运转应符合现行国家标准《通风与空调工程施工质量验收规范》GB 50243 的有关规定。

6.2 调 试 流 程

6.2.1 变风量空调系统调试应包括下列内容：
   1 系统检查；
   2 设备单机试运转及调试；
   3 风系统平衡调试；
   4 无生产负荷下的系统联合试运转。

6.2.2 安装完成后应进行系统检查，系统检查应包括下列内容：
   1 设计符合性检查；
   2 施工质量符合性检查；
   3 设备安装质量符合性检查；
   4 控制系统传感器的检查。

6.2.3 通风机、空调机组中的风机单机试运转应按下列程序进行：
   1 叶轮旋转应方向正确、运转平稳、无异常震动与声响，电机运行功率应符合设备技术文件的规定；
   2 在额定转速下连续运转 2h 后，滑动轴承外壳最高温度不得超过 70℃；滚动轴承外壳最高温度不得超过 80℃；
   3 风机噪声不应超过产品说明书的规定值。

6.2.4 变风量空调系统联合试运转前宜进行一次风静态平衡调试。

6.2.5 无生产负荷的系统联合试运转应在设备单机试运转、风系统平衡调试、水系统平衡调试等工作完成之后进行。

7 综合效能调适

7.1 一 般 规 定

7.1.1 变风量空调系统工程交工前，应进行有生产负荷的综合效能调适。

7.1.2 变风量空调系统的综合效能调适环境应包括夏季工况、冬季工况以及过渡季节工况。

7.2 综合效能调适项目

7.2.1 变风量末端装置的综合效能调适可包括下列内容：
   1 一次风阀开度与室内温控器之间的控制逻辑验证；
   2 热水阀启停与室内温控器之间的控制逻辑验证；
   3 一次风阀开度与一次风风量之间的控制逻辑验证；
   4 一次风阀开度与室内温度和设定温度之间的控制逻辑验证。

7.2.2 变风量空调系统的综合效能调适可包括下列内容：
   1 送风静压设定值与风机频率之间的控制逻辑验证；
   2 静压点处静压值的测定与调整；
   3 系统送风温度的测定与调整；
   4 空气处理机组冷热水调节阀动作符合性验证；
   5 自力式流量平衡阀或自力式压差控制阀的控制逻辑验证；
   6 新风调节阀自控逻辑验证及新风系统平衡调试；
   7 系统联合运行情况及功能验证。

7.2.3 单机试运转阶段应检查变风量末端装置一次风风量传感器读数整定。对照厂家提供技术资料中的风量风压曲线，读数的准确性应在测试校准范围之内。

7.2.4 变风量末端装置控制逻辑应通过变风量末端装置一次风阀开度、再热热水阀与室内温度、设定温度之间的关系符合性进行验证。

7.2.5 空调系统定静压控制法自控逻辑可通过在监控平台界面上更改送风静压设定值，并观察或测试风机频率的变化进行验证。

7.2.6 空调系统定静压点的调试应按下列步骤进行：
   1 变频器在设计频率下，按风系统平衡调试的方法确定每个空调系统的最不利环路；
   2 定静压点后端的所有变风量末端装置均在最大一次风量工况运行的情况下，通过调小定静压点前端的变风量末端装置的一次风量，使最不利末端的变风量末端装置在一次风阀全开的状态下，达到最大一次风量设计值的 90%～100%；
   3 选取上述条件下的静压点的静压反馈值作为空调系统定压点的设定值。

7.2.7 空调系统定静压点调试时，串联型变风量末端装置的风机应运行，并联型变风量末端装置的风机应关闭；最不利环路的变风量末端装置应保持一次风量最大工况。

7.2.8 系统送风温度的调试应按下列步骤进行：
   1 在典型季节或空调系统设计工况下调试；
   2 维持所有变风量末端装置的一次风量均处在最大风量和最小风量之间，调整送风温度，使房间内的温度达到设计要求，该温度作为系统送风温度。

7.2.9 空气处理机组冷热水调节阀自控逻辑验证应通过改变空气处理机组的送风温度设定值，观察冷热水调节阀动作符合性进行验证。

7.2.10 空气处理机组新风调节阀应根据设计要求逐一进行自控逻辑验证检查。

7.2.11 新风系统调试应保证新风系统平衡，并应满足各区域的新风要求。

7.2.12 系统综合效能调适及功能验证应符合下列要求：

1 选择验证项目应包括室内温度测试、变风量末端装置一次风量、系统总风量、系统静压测试、空气处理机组频率测试、系统送风温度测试、空气处理机组水阀开度测试、系统总水量测试、系统供回水压差测试、水泵频率测试、供回水温度测试、冷水机组功率测试；

2 功能验证应在接近最不利室外温度气象条件下，随机挑选若干个空气处理机组对应的系统，将系统所带的变风量末端装置室内温控装置的设定温度进行分段调整，分段进行项目验证。夏季工况和冬季工况的判断应针对单风道型和风机动力型等不同的末端形式分别加以判定。

7.3 质量检测与验收

7.3.1 变风量空调工程应在系统调适完成后应进行质量检测和验收。

7.3.2 检测样本的应根据工程性质、使用情况和设计要求抽取，由建设单位负责，设计单位和施工单位配合。

7.3.3 变风量空调工程的检测项目应包括下列内容：

1 室内空气温度测试；

2 室内空气相对湿度测试；

3 室内噪声测试。

7.3.4 变风量空调工程的验证项目应包括下列内容：

1 控制器风量控制效果；

2 空气处理机组送风温度控制效果；

3 空气处理机组送风静压控制效果；

4 二氧化碳浓度控制效果。

7.3.5 变风量末端装置控制器的实测风量值与设定风量值的偏差宜小于或等于 5%，且完成调整时间不宜超过 5min。

7.3.6 空气处理机组送风温度实测值与设定值偏差应满足设计要求，且完成调整时间不宜超过 5min。

7.3.7 当系统采用定静压或可变静压控制方式时，空气处理机组送风静压实测值与设定值偏差应小于或等于 10Pa 或满足设计要求，且完成调整时间不宜超过 5min。

7.3.8 当系统采用回风二氧化碳浓度控制新风量时，回风二氧化碳浓度显示值与设定值偏差应小于或等于

50×10^{-6} 或满足设计要求，且完成调整时间不宜超过 10min。

8 运 行 管 理

8.1 一 般 规 定

8.1.1 变风量空调系统工程项目完成安装、调试、质量检测和验收后，应有配套运行管理措施。

8.1.2 变风量空调系统的运行管理应符合现行国家标准《空调通风系统运行管理规范》GB 50365 的有关规定。

8.1.3 当建筑类型和布局、人员密度发生重大变化或变风量空调系统与设计不一致时，应重新评估变风量空调系统的设计和操作的适应性，并应作相应的调整。

8.1.4 变风量空调系统投入运行时，应配置专职的运行管理部门和专职技术人员，并应健全规章制度，完善操作流程。

8.1.5 变风量空调系统的设计、施工、调试、竣工、检修、运行管理记录等技术资料应齐全并妥善保存。

8.1.6 变风量空调系统的运行管理应符合下列规定：

1 应保证室内热环境参数和空气品质满足设计要求；

2 应保证系统在高能效状态下运行；

3 应最大限度延长设备和管道系统的使用寿命。

8.2 管 理 要 求

8.2.1 运行管理技术人员应根据建筑和变风量空调系统的规模、复杂程度和维护管理工作量的大小配备，并应建立运行管理和维修班组，且配置相应的维修设备和检测仪表。

8.2.2 应根据系统的实际情况核对变风量系统相关技术文件，并应保证技术文件的真实性和准确性。

8.2.3 制度与合同管理应符合下列规定：

1 运行管理部门应根据变风量空调系统运行特性建立健全设备操作规程、制冷期、采暖期常规运行调节方案、机房管理等相关规章制度，并应在实践工作中不断完善；

2 运行管理部门应建立健全岗位责任制、安全卫生制度（包含突发事件应急处理预案）、运行值班制度、巡回检查制度、维修保养制度和事故报告制度等规章制度；

3 运行管理部门应定期检查规章制度的执行情况，所有规章制度应严格执行；

4 运行管理部门应对工作人员和系统状态进行定时或不定时抽查，并进行数据统计和运行技术分析，发现异常时应及时纠正或改进，

5 运行管理部门应对系统的运行状况、设备的完好程度、能耗状况、节能改进措施等进行制冷期、采暖期与年度运行总结和分析；

6 在设备工作期内，运行管理部门应根据合同或服务承诺，充分利用设备供应商提供的实时监控服务、保修服务、售后服务以及配件供应等技术支持手段，以保证设备处于良好的运行状态。

8.3 运行要求

8.3.1 变风量空调系统运行前应制定运行维护手册，并应完成运行前检查。

8.3.2 变风量空调系统运行应按运行维护手册确定的策略进行。

8.3.3 运行管理部门应保留变风量空调系统运行监控与运行管理记录。

8.4 维护要求

8.4.1 变风量空调系统的组合式空调机组、变风量末端装置、送回风口等应进行日常和定期维护保养。

8.4.2 变风量空调系统涉及的水系统、风系统、测控系统应进行日常和定期维护保养。

8.4.3 变风量空调系统初次运行和停止运行六个月以上再次运行之前，应对空气处理机组的空气过滤器、表冷器、加热器、加湿器、冷凝水盘、变风量末端装置、热回收装置等部位进行全面检查，并应根据检查结果进行清洗或更换。

8.4.4 系统新风应直接来自室外，运行中严禁从机房、楼道及顶棚吊顶等处间接吸取新风。新风口设置的防护网和初效过滤器应定期清洗。

8.4.5 变风量末端装置的监测仪表、温控器、传感器、上位机、监测装置等关键器件，应每年进行一次检验和维护。

8.4.6 室内温控器的安装位置应符合国家现行标准的有关规定。当房间功能或布局发生变化时，室内温控器的安装位置应加以调整。

8.4.7 空调风道系统应每两年进行一次检验和维护，并应去除风道内的集尘、污物、铁锈和菌斑等污染物。

8.4.8 寒冷地区应在冬季工况运行前检查防冻设施是否能正常运行。冬季工况结束后应将防冻盘管内的水排尽。

8.5 节能运行

8.5.1 空调房间的温度设定值，冬季工况运行下不得高于设计值，夏季工况运行下不得低于设计值。

8.5.2 变风量空调系统机组送风温度的设定值应优选大送（回）风温差的运行策略，但应保证变风量末端装置的最低风量要求，不影响系统的风量平衡。送风温度的设定值应根据不同的季节工况在运行实践中不断加以优化调整。

8.5.3 采用新风量监测的变风量空调系统，新风量的设定值大小应根据室内人员数量，在运行实践中加以优化调整，并应保证室内卫生条件符合国家现行标准的有关规定。

8.5.4 无新风量监测功能的变风量空调系统，应增设新风需求控制装置，并应根据室内二氧化碳浓度值控制系统新风量。

8.5.5 通过管道静压传感器调节风机变速的变风量空调系统，静压传感器的安装位置、设定值大小，应在运行实践中加以优化调整。

8.5.6 当建筑物内区在冬季工况需要供冷时，宜采用新风或冷却塔直接供冷降温。

8.5.7 当启动冷热源设备对系统进行预热或预冷时，宜关闭新风系统；当采用室外空气对系统进行预冷时，宜充分利用新风系统。

8.5.8 带有再热盘管的变风量空气处理系统，运行中应优先考虑通过降低风量的方式减少冷热相抵发生的能源浪费。

8.5.9 运行管理部门宜在不同季节工况对典型房间的热环境参数和空气品质进行抽查检测，并应对不合格的环节加以整改调整。

8.5.10 运行管理部门应每年进行一次系统能耗分析，并应对耗能较大的设备、运行模式加以更新或调整。

本规程用词说明

1 为便于在执行本规程条文时区别对待，对要求严格程度不同的用词说明如下：

　1） 表示很严格，非这样不可的：
　　　正面词采用"必须"，反面词采用"严禁"；

　2） 表示严格，在正常情况下均应这样做的：
　　　正面词采用"应"，反面词采用"不应"或"不得"；

　3） 表示允许稍有选择，在条件许可时首先应这样做的：
　　　正面词采用"宜"，反面词采用"不宜"；

　4） 表示有选择，在一定条件下可以这样做的：
　　　采用"可"。

2 条文中指明应按其他有关标准执行的写法为："应符合……的规定"或"应按……执行"。

引用标准名录

1 《公共建筑节能设计标准》GB 50189

2 《通风与空调工程施工质量验收规范》GB 50243

3 《建筑电气工程施工质量验收规范》GB 50303

4　《智能建筑工程质量验收规范》GB 50339

5　《空调通风系统运行管理规范》GB 50365

6　《民用建筑供暖通风与空气调节设计规范》
GB 50736

7　《组合式空调机组》GB/T 14294

8　《空气过滤器》GB/T 14295

9　《通风管道技术规程》JGJ 141

10　《通风空调风口》JG/T 14

中华人民共和国行业标准

变风量空调系统工程技术规程

JGJ 343—2014

条 文 说 明

制 订 说 明

《变风量空调系统工程技术规程》JGJ 343-2014 经住房和城乡建设部 2014 年 7 月 29 日以第 497 号公告批准、发布。

本标准编制过程中，编制组进行了广泛的调查研究，总结了我国变风量空调系统工程的实践经验，同时参考了国外先进技术法规、技术标准。

为便于广大设计、施工、管理、科研、学校等单位有关人员在使用规程时能正确理解和执行条文规定，《变风量空调系统工程技术规程》编制组按章、节、条顺序编制了本规程的条文说明，对条文规定的目的、依据以及执行中需要注意的有关事项进行了说明，还着重对强制性条文的强制性理由做了解释。但是，本条文说明不具备与规程正文同等的法律效力，仅供使用者作为理解和把握规程规定的参考。

目 次

1 总则 ················· 37—19
2 术语 ················· 37—19
3 设计 ················· 37—19
  3.1 一般规定 ············ 37—19
  3.2 室内外设计参数 ········ 37—20
  3.3 负荷计算 ············ 37—20
  3.4 系统设计 ············ 37—20
  3.5 空气处理机组 ········· 37—21
  3.6 末端装置 ············ 37—22
  3.7 自动控制 ············ 37—22
  3.8 节能设计 ············ 37—24
4 设备与材料 ············ 37—25
  4.1 一般规定 ············ 37—25
  4.3 变风量末端装置 ········ 37—25

4.4 风口、风管和保温 ········ 37—25
5 施工与安装 ············ 37—25
  5.2 通风空调系统施工安装 ···· 37—25
  5.3 电气及自控系统施工安装 ·· 37—26
6 调试 ················· 37—28
  6.2 调试流程 ············ 37—28
7 综合效能调适 ·········· 37—28
  7.1 一般规定 ············ 37—28
  7.2 综合效能调适项目 ······ 37—28
  7.3 质量检测与验收 ········ 37—30
8 运行管理 ·············· 37—31
  8.2 管理要求 ············ 37—31
  8.3 运行要求 ············ 37—31
  8.4 维护要求 ············ 37—32

1 总　则

1.0.1 本条阐明了制定本规程的目的。

1.0.2 本条明确了本规程的适用对象。变风量空调系统有多种形式，本条强调规程适用于传统意义上的全空气变风量空调系统。

1.0.3 全空气变风量空调系统工程涉及较多的配套工程技术和设备，根据国家主管部门有关编制和修订工程建设标准的统一规定，为了精简规程内容，凡引用或参照其他全国通用的设计标准的内容，除必要的以外，本规程不再另设条文，本条强调在设计中除执行本规程外，还应执行与设计相关的安全、环保、节能、卫生等方面的国家现行有关标准的规定。

2 术　语

2.0.1 变风量系统（Variable Air Volume System，VAV 系统）20 世纪 60 年代诞生在美国，根据室内负荷变化或室内要求参数的变化，保持恒定送风温度，自动调节空调系统送风量，从而使室内参数达到要求的全空气空调系统。近年来随着温湿度独立控制技术的发展，出现了保持送风含湿量基本稳定，自动调节室内湿度的变风量空调系统。

变风量空调系统有很多种形式，本规程仅涉及目前国内常用的几种形式：常温送风变风量空调系统、低温送风变风量空调系统以及地板送风变风量空调系统，其他形式的全空气变风量空调系统可参照本规程的规定执行。

因节流型末端的差异，变风量空调系统还有采用单风道型末端的变风量系统、采用风机动力型末端的变风量系统、组合型单风道系统。

2.0.4 变风量末端装置是变风量空调系统的关键设备之一。空调系统通过末端装置调节一次风送风量，跟踪负荷变化，维持室温。一般又分为单风道型变风量末端装置、串联式风机动力型变风量末端装置、并联式风机动力型变风量末端装置、旁通型变风量末端装置、诱导型变风量末端装置等。各种变风量末端装置按补偿系统压力变化来分类，又可分为压力相关型和压力无关型两类。

单风道型末端主要由风量调节阀、风速传感器、控制系统和箱体组成。单风道型末端可以细分为单冷型、冷热型和单冷再热型，单冷型末端和冷热型末端不带加热器，单冷再热型末端带热水再热盘管或电加热器。

风机动力型末端主要由风量调节阀、内置风机、风速传感器、控制系统和箱体组成。风机动力型末端可以细分为串联式风机动力型和并联式风机动力型，两者都可以附带热水再热盘管或电加热器成为再热型末端。

串联式风机动力型末端的特点是：内置风机风量约为一次风最大风量的 100%～130% 且连续运行，无论一次风量如何变化，末端送风量恒定；供冷时一、二次风混合可提高末端的送风温度；供热时可大幅提高加热风量。

并联式风机动力型末端的特点是：内置风机风量约为一次风最大风量的 60%，且仅在供冷小风量或供热时运行，末端送风量变化；供冷小风量时，一、二次风混合可提高末端送风温度和送风量，改善气流组织；供热时可增加加热风量。

2.0.6 本定义参照 ASHRAE 指南 1-1996 中关于 commissioning 的定义，在建筑的全过程管理中，对建筑各个系统在调试、性能验证、验收和季节性工况验证的整个体系过程进行管理的控制方法。

3 设　计

3.1 一般规定

3.1.1 全空气变风量空调系统属于全空气空调系统形式之一，它又分为区域变风量空调系统和带末端装置的变风量空调系统两种形式。

区域变风量空调系统是指空调系统服务于单个空调区，其系统组成通常由空气处理机组、风管系统及自动控制系统三个基本部分构成。当空调区负荷变化时，区域变风量空调系统是通过改变空气处理机组送风机的转速来实现空调区风量的调节，以达到维持空调区设计参数及节省风机能耗的目的。

带末端装置的变风量空调系统是指空调系统服务于多个空调区，其系统组成通常由变风量末端装置、空气处理机组、风管系统及自动控制系统四个基本部分构成。当空调区负荷变化时，带末端装置的变风量空调系统是通过改变空气处理机组送风机的转速以及各末端装置的送风量来实现各空调区风量的独立调节，以达到维持各空调区设计参数及节省风机能耗的目的。

变风量空调系统相对于定风量空调系统而言，具有控制灵活、节电等特点：

1 温度可控性：对带末端装置的变风量空调系统而言，由于末端装置的一次风风量调节采用比例调节方式，空调区温度的控制质量优于风机盘管机组的风量双位调节方式；

2 系统节能性：相对定风量空调系统而言，当变风量空调系统部分负荷运行时，它可通过变频装置来改变空气处理机组送风机的转速，以达到调节送风机风量，降低了风机能耗的目的；另外，也可通过改变系统新风比来实现利用室外新风进行自然冷却的目的；

3 系统可靠性：由于变风量空调系统无空调水管道或至少无空调冷水管道进入空调区内，可避免因冷凝水造成的滴水、滋生的微生物和病菌等对系统可靠性、空气质量等造成的影响。

另外，全空气变风量空调系统与其他空调系统相比，其投资较大、自动控制较复杂；与风机盘管加新风系统相比，其占用空间也较大，这也是其应用受到限制的主要原因之一。

近年来全空气变风量空调系统在我国应用有所发展，因此本规程对其适用条件和要求作出了相应规定。

3.1.2 由于变风量空调系统的风量在较大的范围内变化，易造成其所服务空调区的湿度或气流组织产生波动和变化，不易控制。因此，在温湿度允许波动范围要求严格的空调区不宜采用，如藏品库房及医院手术室等。

对带风机动力型末端装置的变风量系统而言，由于末端装置的内置风机会产生较大噪声，处理不好会对空调区的噪声产生影响。因此，对噪声要求较高的空调区不宜应用。

3.1.3 采用变风量空调系统的办公、商业建筑等，由于其室内不同区域的空调负荷通常呈现出不同的负荷特性，一般按其负荷特性将空调区划分外区和内区。外区是指与建筑物外围护结构较近，直接受日照得热、温差传热和空气渗透等外扰因素影响的区域，其负荷特性是夏季为冷负荷，冬季一般为热负荷（与不同气候区有关）；内区是指与建筑物外围护结构有一定距离，不受外围护结构的日射得热、温差传热和空气渗透等外扰因素影响，具有相对稳定的边界温度条件的区域，其负荷特性是全年仅有冷负荷。

内外区的划分应根据空调区的用途、使用情况、围护结构热工性能、负荷变化规律等确定。当空调区的进深小于 6m 时，可不划分内外区；当空调区的进深大于 6m 时，可划分内外区，且空调外区的进深宜取 2m～4m。

3.1.4 为规范变风量空调工程的施工图设计，解决设计、施工、产品供应商等多方的协调集成问题，设计文件除满足建设工程设计文件编制深度规定的有关要求，还应包括变风量空调系统的检测与监控、运行控制策略等内容，以便于施工单位、设备供应商等配合完成变风量空调工程图纸的深化设计及施工调试等。

3.2 室内外设计参数

3.2.1 变风量空调系统主要服务于高档办公、商业建筑等，其室内设计参数的确定在符合国家现行标准的前提下，可适当提高标准。

3.2.3 空调区的空气质量按《室内空气质量标准》GB/T 18883 的要求有物理、化学、生物和放射四类

质量要求，本规程要求除了物理性指标应符合《民用建筑供暖通风与空气调节设计规范》GB 50736 和《公共建筑节能设计标准》GB 50189 的有关规定外，其他指标应满足《室内空气质量标准》GB/T 18883 的要求。

3.2.4 常温送风空调系统的室内相对湿度为 50%～60%，而低温送风空调系统的室内相对湿度为 40% 左右，根据 ASHRAE 标准，室内相对湿度从 50% 下降到 35% 时，干球温度可提高 0.56℃ 而热舒适度不变，近年的研究证明提高的数值可达 1℃ 或更高。如不提高设计干球温度，系统将增加潜热负荷，夏季人穿衣少时会感觉偏冷。因此，推荐将室内设计温度提高 1℃，以免空调负荷过大。

冬季内、外区分别供冷、供暖时，为限制室内混合损失，减小外围护结构热负荷，外区室内设计温度一般低于内区设计温度，如当内区室内设计温度取 22℃ 时，外区室内设计温度应低于内区，可取 20℃。

3.3 负 荷 计 算

3.3.2 地板送风空调系统：

1 地板送风空调系统是指利用地板静压箱，将经热湿处理后的空气由地板送风口送到人员活动区内的空调系统。由于地板送风是以较高的风速从尺寸较小的地板送风口送出，并形成相对较强的空气混合，因此，其送风温度较传统空调系统要高。

2 地板送风在房间内产生垂直温度梯度和空气分层。典型的空气分层分为三个区域，第一个区域为低区（混合区），此区域内送风空气与房间空气混合，射流末端速度为 0.25m/s。第二个区域为中区（分层区），此区域内房间温度梯度呈线性分布。第三个区域为高区（混合区），此区域内房间热空气停止上升，风速很低。一旦房间内空气上升到分层区以上时，就不会再进入分层区以下的区。

3 空调区热分层控制的目的，是在满足人员活动区的舒适度和空气质量要求下，减少空调区的送风量，降低系统输配能耗，以达到节能的目的。热分层主要受送风量和室内冷负荷之间的平衡关系影响，设计时应将热分层高度维持在室内人员活动区以上，一般可取 1.8m 左右。

3.4 系 统 设 计

3.4.1 变风量空调系统类型：

1 变风量空调系统有很多种类型，本规程仅涉及目前常用的几种类型：常温送风变风量空调系统、低温送风空调系统及地板送风空调系统。

2 低温送风空调系统，具有以下优点：

1) 由于送风温差和冷水温升比常规系统大，系统的送风量和循环水量小，减小了空气处理设备、水泵、风道等的初投资，节省

了机房面积和风管所占空间高度；

  2）由于需要的冷水温度低，当冷源采用制冷机直接供冷时制冷能耗比常规系统高；当冷源采用蓄冷系统时，由于制冷能耗主要发生在非用电高峰期，可明显地减少用电高峰期的电力需求和运行费用；

  3）特别适用于空调负荷增加而又不允许加大风管、降低房间净高的改造工程；

  4）由于送风除湿量的加大，造成了室内空气的含湿量降低，增强了室内的热舒适性。

  3 与常规的顶送风的变风量空调系统相比，地板送风空调系统由置于架空地板送风层内的变风量末端控制室内温度，地板或隔断风口送风。具有个性化舒适性好、通风效率高、节能、降低层高以及施工维护方便等特点，被应用于各种办公、商业建筑：

  1）个性化舒适性好：室内人员可利用地板送风口调节送风量、送风方向甚至送风温度，对自己的局部热环境进行控制，提高工作效率；

  2）改善通风效率：通过地板或隔板上的送风口送出含有新风的空气，在吊顶处回风和排风，形成向上的置换流态，使室内人员处于相对清洁、新鲜的空气环境中，提高了通风效率，改善了人员工作区的室内空气品质；

  3）节能：由于送风温度高，过渡季节可利用室外新风供冷的时间长，冷水机组的能效比较高；因房间内形成热力分层，可以减少工作区的空调冷负荷；采用地板静压箱进行送风，不设或少设送风管，系统阻力较小，空气输送能耗较低；此外，还可以利用混凝土楼板蓄热的特性，利用夜间室外空气进行预冷。

3.4.2 变风量空调系统的布置：

  1 内区采用全年供冷的变风量空调系统，由内区单风道系统与外区窗边其他空调设施组合应用，系统消除了系统中的再热现象，通过细分系统和送风温度解决区域的"过冷再热"问题，因此被广泛应用于各种办公、商业建筑。由于外区空调设备可能采用风机盘管、周边散热器等，对建筑通透性有一定影响。

  风机盘管加单风道系统由外区窗边的风机盘管和内外区单风道系统组成。由于风机盘管承担了建筑负荷且独立控制，单风道系统风量减小。风机盘管有吊顶卧式、窗边立式和窗下低矮式之分：吊顶卧式不占窗边空间，但气流不顺，水管仍有滴水之虑；窗边立式简单易行，窗际热环境好，但需占据窗边空间；低矮式隐蔽在楼板沟槽和架空地板内，窗际热环境和建筑通透性，应为优先采用，但设计较复杂。

  周边散热器加单风道系统由外区窗边的散热器和内外区单风道系统组成。散热器有多种形式：按散热方式分类，有对流型、辐射型和对流辐射型；按空气对流方式分类，有带窗边风机型和无风机自然对流型；按热源分类，有热水型和电热型。电热型散热器采用电热膜、电热缆或陶瓷电热元件，仅对窗际温度进行微调。

  2 内外区分别设置空气处理机组时，外区空气处理机组按朝向设置，主要使每个系统中各末端装置服务区域的转换时间一致，以达到节能的目的。

3.4.3 变风量空调系统设计：

  1 一般情况下，在变风量空调系统中，不应采用分别送冷热风的双风管系统，因该系统易存在冷热量互相抵消现象，不符合节能原则；同时，系统造价较高，不经济。

  2 目前，空调系统控制送风温度常采用改变冷热水流量方式，在不使用再热的前提下，推荐采用系统简单、易于控制的一次回风式系统，同时加大送风温差，以利于系统节能。

  3 一般情况下，同一机组负担的区域负荷特性尽量一致，同一个空气处理系统不应同时有加热和冷却过程，因冷热量互相抵消，不符合节能原则。

  4 单风机式空调系统具有系统简单、占地少、一次投资省、运行耗电量少等优点，因此常被采用。

  当回风系统阻力大时，单风机式空调系统存在送风机风压较高、耗电量较大、噪声也较大等缺点；当需要新风、回风和排风量变化时，尤其过渡季的排风措施，如开窗面积、排风系统等，无法满足系统最大新风量运行要求时，单风机式空调系统存在系统新、回风量调节困难等缺点。因此，在这些情况下变风量空调系统可设回风机。

3.5 空气处理机组

3.5.1 空气处理机组的风机：

  1 风机指空调系统中的送风机、回风机和排风机。变风量空调系统的风机一般为离心式风机。

  2 离心式风机的叶轮有前倾与后倾之分，前倾式离心风机体积小，噪声低，价格便宜，但风机的静压不高、效率较低，风量-风压曲线呈马鞍形，对系统变风量运行过程中的压力稳定有一定影响。前倾式离心风机多用于风量在 $20000m^3/h$ 以内、风压在 $1100Pa$ 以下的中小型空调系统，如立式或柜式空调器。后倾式离心风机风量大、风压高、效率高；但风机的体积较大、噪声较高、价格也略高，风量-风压曲线平滑，在变风量运行时压力比较稳定。后向式离心风机一般用于风量大于 $20000m^3/h$、风压在 $1100Pa$ 以上的大中型空调系统，如组合式空调器。近年来，有些空调器采用无蜗壳风机。此类风机可使空调器体积稍小些，出风方向比较灵活。

  3 变风量风机的风量调节方法有：风阀调节、

风机入口导叶调节和变频调速，大型轴流风机也可采用翼角调节。其中最佳的调节方法是采用变频装置调节风机转速，目前几乎都采用变频调速方式。

3.5.5 常用加湿方式有：

1 蒸汽加湿：干蒸汽加湿器加湿迅速、均匀、稳定且不带水滴、省电、运行费用低、布置方便，但需要蒸汽源；

2 电极式、电热式加湿器耗电量大、运行费用高，需使用软化水，清洗困难，一般应用于小型系统中；

3 气化式加湿：简单节能，缺点是装置上易产生微生物污染，必须进行水处理，管理要求高，气化装置具有一定的空气阻力，会增加风机能耗；

4 水喷雾式加湿：有高压喷雾和离心式喷雾两种形式。这类加湿器雾化度较差，水气中易带菌，湿度控制精度不高，不宜用于高级民用建筑的变风量空调系统。

3.6 末端装置

3.6.1 末端的一次风最小风量体现了末端的有效调节能力或可控范围。对于再热型变风量系统，减小一次风最小风量还可减少因再热引起的冷、热混合损失和降低系统风机能耗。因此末端在满足下列要求下应该尽可能取较小值，通常为一次风最大风量的30%～40%。

1 末端风速传感器精度：皮托管型风速传感器最小可测风速约3m/s；螺旋桨式、超声波涡旋式、热线热膜式等非压力型风速传感器最小可测流速为1m/s；

2 温度控制区内新风分配均匀性要求；

3 加热需求；

4 气流组织要求。

3.6.6 变风量末端装置采用皮托管式风速传感器时，一般一次风入口处的最小风速不宜小于3m/s；采用螺旋桨式、超声波式风速传感器等末端装置，一次风入口处的最小风速不宜小于1m/s。

3.6.7 变风量末端有压力相关型与压力无关型之分。除少数变风量风口外，宜采用压力无关型末端。

3.6.8 吊顶采用材料对室内噪声有较大影响，若某些吊顶材料对低频噪声的衰减很小，隔声效果不佳，则可将末端装置移至次要房间的吊顶上，或改用隔声效果较好的吊顶材料，如16mm厚560kg/m³的矿棉纤维板。一般情况下，风机动力型变风量末端不应设置在噪声要求低于RC40（N）的空调房间的吊顶上，回风口的布置应远离末端装置的安装位置。

3.7 自动控制

3.7.1 变风量空调系统的自控设计内容。控制点参数包括送风温度设定值、送风静压设定值和二氧化碳浓度设定值等具体参数；工况转换边界条件包括冬、夏和过渡季转换时的温度、焓值等设定值。

3.7.2 空调系统送风温度控制时，温度传感器应设于气流稳定的送风管上，夏季控制冷却盘管水量，冬季控制热水盘管水量。在过渡季时，宜采用送风温度自动重设功能，适当提高送风温度保证空调舒适度及避免再热损失。

送风静压控制时，静压传感器应置于气流稳定的送风直管段上一般处于送风管离风机2/3～3/4处（越靠近末端越有利于节能），风机变频调节可以采用定静压、变定静压、变静压和总风量控制等方式实现部分负荷下节能运行。

变风量空调系统在过渡季时，通过提高新风比或全新风运行，可实现节能。

3.7.4 低温送风变风量空调系统启动时送风温度过低容易在室内产生结露，所以控制设计应为逐步降低送风温度。

3.7.5 变风量空气处理机组的风量控制是变风量空调系统最主要的控制内容之一。当空调区域负荷减小、变风量末端装置一次风量减少时，控制器依照某种系统风量控制方法减小系统风量；反之，当空调区域负荷增加、变风量末端装置一次风量增加时，控制器将增大系统风量。变风量空调系统的风量控制方法主要有：定静压法、变定静压法、总风量法和变静压法。

1 定静压控制法的基本思路是在送风管中的最低静压处设置静压传感器测得静压；因负荷变化，末端调节风量使系统静压变大或变小，系统控制器变频调节风机转速减低或提高，维持测压点静压恒定不变。定静压控制法的优点是控制逻辑简单，缺点是最低静压点不易找准、被测静压有波动以及静压设定值不能变化。

2 变定静压控制法的基本思路是测静压，同时每个末端控制器将各自的末端的阀位通过自控网络传递给空调系统的现场控制器，根据阀位反馈值改变系统静压设定值，尽可能使风阀开度加大有利于系统运行节能。现场控制器变频调节风机转速减低或提高，维持测压点静压与静压设定值一致。变定静压控制法解决了静压设定值可变的问题，但还是存在最低静压点不易找准、被测静压有波动等缺点。

3 总风量控制法的基本原理是建立系统设定风量与风机设定转速的函数关系，无需静压测定，用各变风量末端需求风量求和值作为系统设定总风量，直接求得风机设定转速。总风量控制法的优点是回避了静压测定经常会遇到压力波动和风管内湍流等问题，缺点是前馈控制，相对粗糙。

4 变静压控制法的基本原理是利用监控网络数据通信的优势，累计各末端的需求风量，确定风机初始转速，对总风量进行初步控制；再根据阀位情况

（类似变定静压法）对风机转速进行微调，确保每一个变风量末端装置风量需求。变静压控制法的优点是当末端装置的风阀开度较小时，还可不失时机地降低风机转速，实现风机节能运行，是一种比较节能的系统风量控制方法。缺点是依赖阀位反馈信号，故系统调试工作量较大，信号采集量多。

随着变风量空调技术与直接数字式控制技术的发展，出现了高低负荷法、最大负荷法、投票法等多种变送风温度控制方法。变送风温度控制与变风量控制相结合，使系统在节能、降噪的同时，兼顾到系统送风量，保证室内气流分布与换气性能。

最小新风量控制时，中、小系统通常采用定风量装置控制，大型系统可采用新、回风混合箱压差控制。

3.7.6 变风量空调系统的参数监测点的设置要求。本条给出了应设置的参数监测点，为最低要求；宜设置的参数监测点，推荐在有条件时设置。设计时应根据空调系统的设置加以确定。

3.7.8 电加热器的连锁与保护要求。当空调机组配置电热器时，应具备相关的连锁和保护措施，这是《民用建筑供暖通风与空气调节设计规范》GB 50736 中第9.4.9条的强制性条文要求。电加热器与送风机连锁，是一种保护控制，可避免系统中因无风电加热器单独工作导致的火灾。为了进一步提高安全可靠性，还要求设无风断电、超温断电保护措施，例如，用监视风机运行的风压差开关信号及在电加热器后面设超温断电信号与风机启停连锁等方式，来保证电加热器的安全运行。电加热器采取接地及剩余电流保护，可避免因漏电造成触电类的事故。

3.7.14 为了调节系统正常工作，保证在负荷全部变化范围内的调节质量和稳定性，提高设备的利用率和经济性，正确选择调节阀的特性十分重要。

调节阀的选择原则，应以调节阀的工作流量特性即调节阀的放大系数来补偿对象放大系数的变化，以保证系统总开环放大系数不变，进而使系统达到较好的控制效果。但实际上由于影响对象特性的因素很多，用分析法难以求解，多数是通过经验法粗定，并以此来选用不同特性的调节阀。

此外，在系统中由于配管阻力的存在，阀权度 S 值的不同，调节阀的工作流量特性并不同于理想的流量特性。如理想线性流量特性，当 $S<0.3$ 时，工作流量特性近似为快开特性，等百分比特性也畸变为接近线性特性，可调比显著减小，因此通常是不希望 $S<0.3$ 的。而 S 值过高则可能导致通过阀门的水流速过高和/或水泵输送能耗增大，不利于设备安全和运行节能，因此管路设计时选取的 S 值一般不大于0.7。

关于水路两通阀流量特性的选择，由试验可知，空气加热器和空气冷却器的放大系数是随流量的增大

而变小，而等百分比特性阀门的放大系数是随开度的加大而增大，同时由于水系统管道压力损失往往较大，$S<0.6$ 的情况居多，因而选用等百分比特性阀门具有较强的适应性。

调节阀的口径应根据使用对象要求的流通能力来定。口径选用过大或过小会导致满足不了调节质量或不经济。

水路调节阀的选择应按下列原则确定：

1 阀权度 S 应按式（1）确定，S 值宜取 $0.3\sim0.7$。

$$S = \Delta p_{min}/\Delta p \qquad (1)$$

式中：S ——阀权度；

Δp_{min} ——调节阀全开时的压力损失（Pa）；

Δp ——调节阀所在串联支路的总压力损失（Pa）。

2 调节阀的流量特性应根据调节对象特性和阀权度选择，宜采用等百分比特性的阀门；

3 调节阀的口径应根据使用对象要求的流通能力，通过计算选择确定；

4 阀门执行器的转矩应符合设计工作压力和最大允许压差的要求。

3.7.18 变风量末端控制：

1 末端控制内容：

1）依据末端类型和空调工况，风量设定值可由表1确定。

表1 末端装置一次风量控制内容

变风量末端装置	供冷阶段	过渡阶段	供热阶段
风机动力型	根据室内温度设定值与实测值的偏差，比例积分计算确定一次风量	按设计计算确定的最小一次风量	按设计计算确定的最小一次风量
单风道单冷型			最小一次风量或可变风量
单风道再热型			根据室温设定值与实测值的偏差，比例积分计算确定一次风量
冷热型			
零最小风量		末端装置达到最小一次风量后关闭调节风阀	
可关闭型	末端装置不使用时关闭调节风阀		
定风量末端装置	按设计计算确定的设定值（可再设定）		

2）风机动力型末端风机运行工况：串联式风机动力型末端风机连续运行；并联式风机动力型末端风机可以间歇运行（小风量供冷时或供热时运行，大风量供冷时不运行），也可以连续运行（小风量供冷时或供热时运行，大风量供冷时定速或变速运行）。

3）末端DDC控制器根据需要可与中央监控系

统实现以下信号通信：

①室内空气温度检测值与设定值输出，可用于中央监控系统管理；

②风量检测值与设定值输出，可用于中央监控系统管理和系统风量控制；

③末端装置运行状态输出，可用于中央监控系统管理；

④末端装置调节风阀阀位输出，可用于中央监控系统管理和系统风量控制；

⑤室内温度再设定输入，可用于中央监控系统调整室内温度设定值；

⑥末端装置运行状态变更输入，可用于中央监控系统启停末端装置。

2 室温传感器选择与设置：

墙置式温感器具有温度显示、设定、启动、操作等功能，能感测空调区空气温度，使用方便、灵活。缺点是易被非专业人员随意拨弄，使控制混乱，且价格较高。它适用于大、中、小型各种变风量空调系统。

吊顶式温感器设置在吊顶上，仅有感温功能，温度设定、末端启停等功能则由 BA 系统统一操作管理，价格较便宜。缺点是只能感应吊顶内空气温度而非工作区空气温度；使用区域无法显示室内空气温度；无法就地进行温度设定、启停末端装置等操作。吊顶式温感器适用于管理水平较高的大型变风量空调系统。

设计时应根据空调系统要求，将室温传感器位置标在施工图上，以免被室内装修或控制分包商随意设置。

3 末端控制器：

压力无关型变风量末端装置风量检测的准确性对室内空气温度控制十分重要。末端装置风速传感器的自身精度、安装位置、DDC 控制器的气电转换器性能都将影响风量检测准确性。由于皮托管类风速传感器在测量方式、精度、稳定性和防堵塞方面都存在缺陷，鼓励使用精度更高、更加稳定的电子式风速传感器，在结合控制器和测风方面达到更佳效果。此外，控制器应由末端装置生产厂组合在变风量末端装置上，并经调试整定，作为机电一体化产品送到现场，而不允许在现场组装调试。

3.7.19 室温控制调节方法与变风量末端装置的类型和空调机组的配置相关，调节对象包括有一次风阀、风机动力型的风机和再热型的水阀或电再热器。例如，供冷工况均是根据室内温度与设定温度之间的偏差调节一次风阀的开度；而供热工况时，可以调节变风量末端装置的一次风阀，也可以维持一次风阀在最小开度而调节再加热器的水阀。

3.7.20 第 4 款，关于控制器中软件编程的规定，应该满足本规程第 3.7.10～3.7.13 条的功能要求。需

要注意的是，同一时刻被监控设备只能接受唯一的动作指令，因此根据不同功能要求逻辑计算中的动作指令不同时，还要有优先级比较的算法，如安全保护功能应优先于自动调节功能的执行。

3.7.22 监控计算机的功能要求。一般情况下监控计算机可安装于大楼的弱电机房或物业管理办公室等处，便于集中管理。其基本操作功能包括监视功能、显示功能、操作功能、控制功能、数据管理辅助功能、安全保障管理功能等。它是由监控系统的软件包实现的，各厂家的软件包虽然各有特点，但是软件包功能类似。

运行记录对于系统运行节能具有重要作用，应能保存一年以上以便进行优化调节。一般情况下，要求计算机屏幕上显示的参数应接近于连续，时间间隔较小，为几秒到几分钟量级；而存储在数据库或硬盘中的记录可以时间间隔较大，为小时量级。监控系统的软件包中可根据需要定制日、周、月、季、年等不同的运行报表。

实际工程中，由于没有按照条文中的要求去做，致使所安装的集中监控系统管理不善的例子屡见不鲜。例如，不设立安全机制，任何人都可进入修改程序的级别，就会造成系统运行故障；不定期统计系统的能量消耗并加以改进，就达不到节能的目标；不记录系统运行参数并保存，就缺少改进系统运行性能的依据等。

随着智能建筑技术的发展，主要以管理暖通空调系统为主的集中监控系统只是建筑弱电子系统之一。为了实现建筑各弱电子系统数据共享，就要求各子系统间（例如，消防子系统、安全防范子系统等）有统一的通信平台，因而应考虑预留与统一的通信平台相连接的接口。

3.7.23 为保证系统有效地节能运行，系统设计具有利用自控系统监测参数完成能耗监测和统计的功能，通过用户对变风量空调的用量进行计费，促进行为节能。

3.8 节 能 设 计

3.8.3 变风量空调系统的自然冷却：

1 自然冷却主要有两种方式：

1）利用室外低温空气冷却空调冷水，再通过冷却盘管冷却室内空气，主要用于寒冷地区与严寒地区；

2）直接利用室外低温、低焓空气向室内供冷，可用于各类地区，且与变风量空调技术直接相关。

2 变风量系统全年空调工况分析和控制策略：

1）夏季室外空气焓值高于回风焓值或室外空气温度高于回风温度时，系统维持最小新风量，混合风经冷却盘管冷却，同时应尽

可能通过全热交换器进行新、排风热回收；

2）当室外空气熔值略高于回风熔值，热回收量已无节能意义时，应进入全热交换器旁通工况；

3）当室外空气熔值小于回风熔值且室外空气温度低于回风温度，系统全新风并通过盘管冷却、去湿处理到盘管的出风状态；

4）当室外空气温度低于系统送风温度时，调节新风比维持出风温度，对混合风适当加湿到出风状态。

3.8.4 变风量空调系统全/变新风供冷工况判别控制方法：

1 变风量空调系统从最小新风供冷工况进入全新风供冷工况的判别条件是回风熔值，当室外空气熔值低于回风熔值时进入全新风供冷工况。可以通过检测室内外熔差进行判别，由于熔差不宜测准，推荐采用检测不同气候下的固定温度值代替，见表 2。

表 2　不同气候下的固定温度值

气候	城市	固定温度值	对应相对湿度下熔值
干燥地区	哈尔滨、呼和浩特、昆明、兰州、拉萨、太原、西宁、乌鲁木齐、银川	24℃	50%，熔值为 47kJ/kg
中等地区	北京、长春、大连、贵阳、沈阳、石家庄、天津、西安	21℃	64%，熔值为 47kJ/kg
潮湿地区	上海、长沙、成都、福州、广州、杭州、合肥、济南、青岛、澳门、南昌、南京、南宁、武汉、厦门、郑州、台北、香港、海口	18℃	85%，熔值为 47kJ/kg

2 变风量空调系统从全新风供冷工况进入变新风供冷工况的判别条件是系统送风温度，当室外空气温度低于系统送风温度时进入变新风供冷工况。

3 变风量空调系统从全新风供冷工况进入最小新风供热工况的判别条件是系统回风温度，当系统回风温度低于冬季室内设计温度时进入最小新风供热工况。

4　设备与材料

4.1　一般规定

4.1.1 变风量空调系统中采用的空调冷热交换设备，如组合式空调机组、变风量空调末端装置等都有相应的产品标准，包括：《组合式空调机组》GB/T 14294、《变风量空调末端装置》JG/T 295，工程采用这些设备应保证满足标准要求进行生产。

4.1.2 变风量空调工程系统中使用的设备在进场时应有产品合格证明和同类产品性能检验报告，并经确认设备的性能应满足设计要求。

4.3　变风量末端装置

4.3.1 变风量末端控制装置风量测量和控制精度的高低决定变风量系统最终的节能效果，国内工程系统中采用的变风量末端装置生产和安装有两种形式，一是变风量末端调节装置与测量、控制器不是同一企业，工程现场集成；二是变风量末端调节装置与测量、控制器为同一企业。不论哪种形式，变风量末端应进行末端和控制器的组合测试，为保证组合测试的精度，宜在工厂进行，也可在工程现场通过符合测试精度的装置进行，保证控制器形式及控制精度应满足设计要求，作为机电一体化产品在工程中安装。

4.3.5 变风量末端设备应提供的技术资料应包含普通异步有装箱清单、产品说明书、产品质量合格证书、产品性能检测报告、变风量末端工厂整定记录和控制器地址编码等资料，进口设备还应具有商检合格的证明文件。

4.4　风口、风管和保温

4.4.4 变风量系统从风机到末端之间的风管一般都处于中压中速系统，运行时风道内的静压、振动与常规定风量系统相比要高，会产生附加噪声和较高的漏风率，同时变风量系统为减小风道占用空间尺寸和空调通风输配能耗，多采用低温送风系统，漏风率高会导致冷风没有送到空调区域，增加能耗。为了保证节能和低噪声的要求，本条规定了变风量系统风管的最低要求。

5　施工与安装

5.2　通风空调系统施工安装

5.2.1 空气处理机组安装除满足《通风与空调工程施工质量验收规范》GB 50243—2002 中第 7 章的规定，还应满足以下要求：

落地空调机组的安装按基础几何中心线进行设备就位；设备就位后，安装减震装置；减震装置安装牢固后，用加减薄钢片的方法精调水平度和垂直度，要求偏差不大于 0.1/1000。

吊装空调机组的安装采用 φ＝10～16 圆钢制作的吊杆，并采用弹簧减震器，吊装牢固后，调整吊杆螺丝使空调机组的安装水平度、垂直度符合规范要求；安装时宜尽量提高其标准，以免影响天花高度。

相关电气设备如动力柜、变频器、电动水阀、电动风阀等应连接正确。

空调机组安装就位后，应在系统连通前做好外部防护措施，应不受损坏；机组进出口用塑料布封堵，防止杂物落入机组内；空调机组安装就绪后未正式移交使用单位的情况下，空调机房应上锁保护，防止损坏丢失零部件。

5.2.2 变风量末端设备安装前应进行开箱验收，检查与说明书的一致性，同时检查箱体外壳是否完好，有无变形等缺陷；部件是否出现松动现象；箱体表面有无划伤、划花现象；箱体是否可靠接地；保温隔热层有无脱粘现象；风阀叶片及轴连接可靠、转动是否灵活。

变风量末端的安装一般在 AHU 及主支风管安装完毕，将 AHU 开启对风管进行吹污后进行。变风量末端应按照标识的方向安装，与末端设备进、出口相连的风管要求不小于 4 倍管径长度直管段，以便建立稳定的气流，从而使流量测定较为准确，外加保温。

为减小变风量空调装置的噪声振动，变风量末端装置吊装应水平，末端箱体和吊架之间应设橡胶减震隔垫，若是采用带动力的 VAV 末端，末端箱体和吊架之间还应设采用弹簧减震器、减震隔垫。

VAV 箱需单独设置支架，其重量不由风管支架承受；由于变风量末端一般重心不在中间，设备吊装时在吊件上下应均备螺母，并进行调节以保证末端设备本体的水平度。通过支架安装固定后，应保证机组不晃动，且处于水平状态。

变风量末端的标准进风口与进风管通过套接方式连接，安装到位后，用自攻螺钉固定，数量以 4 个～6 个为宜，连接缝处涂胶密封。变风量末端的出风口采用法兰连接时，与送风管法兰之间的连接处粘贴密封条，再用螺栓紧固，两段之间连接不应有松动及漏风现象存在。变风量末端的安装后进风、出风风管必须完好不变形。

变风量末端装置有保温型也有非保温型，当采用非保温型末端装置时，该末端装置必须保温。有些末端装置采用了内保温，所以一、二次风管保温与末端设备箱体接口处要处理严密，防止因冷桥现象产生冷凝水。进行保温时，保温材料不能影响风阀等执行机构的运行，保温形式须便于箱体上控制器、执行器的维修和保养。

风机具有前向多翼离心叶轮、双吸结构、电动机直接驱动，通常安装在机组的出口，分吸入和压出两种不同的安装形式。为了防止停机时的回流，当末端设备没有设置止回风阀时，在风机的出口处设止回流风门。

末端装置由于风量传感器压力信号传感器等外露线路较多，搬运和安装时要注意保护，不能用进出口风管、控制箱、风阀轴的外延伸段作为受力点。

5.2.3 现行国家标准《通风与空调工程施工质量验收规范》GB 50243 对风管的安装提出了具体的要求。除了满足该规范要求外，还应注意应用于噪声要求较高的场所宜采用复合材料风管，长度不宜超过 2m，

并不应有死弯或塌凹，风管系统安装完毕后，应按系统类别进行严密性检验。

变风量末端装置与风口静压箱连接软管安装时，要有独立的、适当的承托；一个 VAV 末端装置带多个送风口时，要配置多出风口噪声衰减器（出风过渡静压箱），该衰减器安装时要单独设置吊架，与变风量箱连接要保持水平。

5.3 电气及自控系统施工安装

5.3.1 本条文主要来源于《建筑电气工程施工质量验收规范》GB 50303—2002 第 7.1.1 条"电动机、电加热器及电动执行机构的可接近裸露导体必须接地（PE）或接零（PEN）。"由于风机电机和电加热器的电源电压在 220V 或以上，用电功率也较大，因此一旦电源接地故障等会导致操作维护人员电击伤亡以及设备损坏，故作此强制性规定。

实施中检测安装工程中的接地装置、接地线、接地电阻和等电位联结满足设计的要求，本条中的可接近裸露导体应采用单独的保护导体与保护干线相连或用单独的接地导体与接地极相连。接地电阻值除另有规定外，设备接地电阻值不应大于 4Ω，接地系统共用接地电阻不应大于 1Ω。当设备接地与防雷接地系统分开时，两接地装置的距离不应小于 10m。

5.3.2 强制性条文。本条文主要来源于《智能建筑工程质量验收规范》GB 50339—2013 第 22.0.4 条"智能建筑的接地系统必须保证建筑物内各智能化系统的正常运行和人身、设备安全"。本条中列出的元件是变风量空调系统的重要控制设备，直接影响到变风量空调系统的运行、室内环境的保障、被控设备的安全以及操作维护人员的人身安全等，故作此强制性规定。

智能化系统电子设备的接地系统，一般可分为功能性接地、直流接地、保护性接地和防雷接地，接地系统的设置直接影响到智能化系统的正常运行和人身安全。

实施与检查控制中，接地装置、接地线、接地电阻和等电位联结应满足设计的要求，并应检测浪涌保护器、屏蔽设施、静电防护设施、自控系统设备及线路可靠接地。接地电阻值除另有规定外，设备接地电阻值不应大于 4Ω，接地系统共用接地电阻不应大于 1Ω。当设备接地与防雷接地系统分开时，两接地装置的距离不应小于 10m。

目前采用的产品，变风量末端的电动执行机构和变风量末端控制器等均有专用的接地端子，在施工时连接到智能化接地系统即可。而控制器箱（柜）的外壳如采用非导电体时，应将内部的接地端子连接到智能化接地系统；如外壳采用金属等导电体时，应将内部的接地端子与外壳一同连接到智能化接地系统。

5.3.4 在设备接线盒内裸露的不同相导线间和导线对地间最小距离不满足要求时，应采取绝缘防护措施。

5.3.5 注意使电气控制箱便于接线、检修（顶棚需留有检修口）；末端设备接线箱要进行接线、调试及检修，所以接线箱距其他管线及墙体要有充足的距离，保证接线箱开启方便。

5.3.8 落地式机柜安装可采用槽钢或混凝土基础，基础应平整。控制柜应与基础平面垂直，并应与基础固定牢固。

壁挂式机柜的安装应在墙面装修完成后进行，安装应平正，与墙面固定应牢固，并应可靠接地。

5.3.9 变风量空调系统涉及的传感器包括空气温湿度、空气品质、压力、压差、流量和液体温度流量等多种类型传感器，传感器的安装质量影响变风量系统的测量准确度和控制效果，应严格控制其安装质量。

5.3.10 气体压力传感器在风管上安装时，应在风管保温前开测压孔，测压点与风管连接处应采取密封措施。液体压力传感器的导压管应垂直安装在直管段上，不应选择在阀门等附件附近或水流死角、振动较大的位置；不应装在有气体积存的管道上部；液体压力传感器的导压管安装应与管道预制和安装同时进行；导压管上应设检修阀门。

压差传感器（压差开关）安装前应进行零点校准；连接导压管的端口应朝下安装；高、低压接入点应与高、低压管道相对应；安装位置应便于检修，固定应牢固；与导压管的连接应设置避震弯管。

5.3.11 温度传感器的安装影响测量准确度和控制效果，液体和空气传感器的位置应考虑如下要求：1）液体温度传感器安装在水流稳定的直管段上；传感器的探针置于套管内，安装前应保证套管内导热硅胶充满，套管宜迎水流方向倾斜安装，且不应接触管道内壁；传感器的底座安装应与管道预制和安装同时进行。2）室内空气温湿度传感器安装位置应空气流通且不易积尘，风管型温湿度传感器的安装应在风管保温层完成后进行，应在避开空气滞流的风管直管段上，传感器插入时应加密封圈，固定后应对接口周围用密封胶密封。室外温湿度传感器安装位置应避免阳光直射，避免进水或水汽凝结，探头宜向下；安装点应最能反映温湿度变化点，条件许可时可考虑采用气象站。

5.3.12 采用定静压控制的变风量末端应在送风系统管网的适当位置（常在离风机 2/3 处或距系统末端 1/3 处送风管段处）设置静压传感器，并以此通过调节风机受电频率来改变空调系统的送风量。

5.3.13 空气质量传感器在检测气体密度小于空气密度时，空气质量传感器应安装在风管或房间的上部；检测气体密度大于空气密度时，空气质量传感器应安装在风管或房间的下部；风管空气质量传感器的安装

应在风管保温层完成之后进行。室内空气质量传感器的安装位置，一般其他电气开关和温控器等的安装高度统 为 1.4m，测量密度低（如 CO）的空气质量传感器宜安装于 1.8m 以上，测量密度高（如 CO_2）的空气质量传感器宜安装于 1.2m 以下。

5.3.14 空气流量测量时，当风速传感器采用适合材料"十"字形结构制造时，应布置多个测孔，各测孔连通，并应安装在进风口中心对称位置，使测得的动压平均值更准确。

水流量测量，流量传感器应安装在便于检修、不受曝晒、污染或冻结的管道上，当环境温度低于 0℃ 时，应采取保温、防冻措施；流量传感器安装的管道向下有落差时，在流量计的上游最高位置上应安装自动排气阀。

流量传感器入口直管段长度宜大于或等于管道直径的 10 倍，不应小于管道直径的 5 倍，出口直管段长度宜大于或等于管道直径的 5 倍，不应小于管道直径的 3 倍。

流量传感器上的箭头所指方向应与水流动方向一致（避免死区）；管道式流量计安装在管道较长的地方时，安装支架和采取避震措施。

5.3.15 室温传感器必须设置在温度控制区内通风、背阳处，也应避免受到附近发热体的影响。

5.3.16 电动阀的安装应满足设计和产品技术文件要求，电动阀安装前，应进行模拟动作和压力试验，执行机构行程、开关动作及最大关紧力应符合设计和产品技术文件的要求；电动阀的口径与管道通径不一致时，采用渐缩管件，同时电动阀口径一般不低于管道口径二个等级；空调机组的电动阀旁宜装有旁通管路；执行机构应固定牢固，操作手轮宜处于便于操作的位置。有阀位指示装置的电动阀，阀位指示装置宜面向便于观察的方向；电动阀应垂直安装于水平管道上，尤其大口径电动阀不得倾斜；电动阀安装在管道较长的地方时，安装支架和采取避震措施；安装于室外的电动阀适当加防晒、防潮防雨措施。电动阀安装前检查阀门的驱动器，其行程、压力和最大关紧力（关阀的压力）必须满足设计和产品说明书的要求；阀门的型号、材质必须符合设计要求，其阀体强度、阀芯查漏经试验必须满足产品说明书有关规定。电磁阀一般安装在回水管上，阀体上箭头的指向与水流方向一致；电磁阀的口径与管道通径不一致时，采用渐缩管件，同时电磁阀口径一般不低于管道口径两个等级；执行机构应固定牢固，操作手轮处于便于操作的位置，机械传动灵活，无松动或卡涩现象；有阀位指示装置的电磁阀，阀位指示装置宜面向便于操作的方向；电磁阀安装前应检查线圈与阀体间的电阻，如条件许可，应进行模拟动作和试压试验；电磁阀在管道冲洗前应完全打开。

6 调 试

6.2 调试流程

6.2.1 变风量空调系统调试内容是根据大量的调试过程管理的实际经验，按照工程的进度特点，总结出的调试过程和步骤。在开展以上变风量空调系统调试前应分别确认系统已进行静态水力平衡调试和动态水力平衡调试。无生产负荷下的系统联合试运转是在工程竣工验收前室内无人员负荷时进行的。

6.2.2 对变风量系统进行检查是保证调试工作正常开展的前提，包括设计、系统安装质量、设备安装质量和传感器安装质量，设计符合性检查是检查工程实施结果是否同设计图纸相符，施工质量符合性检查是检查系统施工是否符合本规程的要求，设备安装质量符合性检查是检查设备是否满足设计和产品要求；控制系统传感器检查是检查传感器是否满足设计和产品要求。

  1 施工质量应保证：

    1）风管及保温情况良好，主风道出口处应具有足够的直管段以保证总风量测试条件，手动风阀可以任意开度调节。

    2）变风量末端装置的送风管路所安装的软管长度不宜超过2m，箱体密闭性良好，吊装处有减震措施，各连接处均不存在明显漏风现象。回风过滤网无堵塞现象。对于具有再热水盘管的变风量末端装置，还应确保水管连接处无漏水现象。

    3）电控防火、防排烟风阀均处于全开状态，且阀体手动、电动操作应灵活、可靠，信号输出正确。

    4）冷冻水管上的保温层完好，管道上所用设备、阀门、仪表、绝热材料等产品与设计相符，安装齐全，性能参数满足要求。工程水系统各分支管路水力平衡装置、温控装置与仪表的安装位置、方向应符合设计要求，并便于观察、操作和调试。

    5）阀门的安装位置、型号、参数与设计相同，启闭灵活，关闭严密，常开和常闭阀门均处于相应开度。阀门前后具有足够长的直管段，且阀门位置便于调节。

  2 设备安装质量应保证：

    1）现场实际安装的设备的各项参数或指标与设计情况相符。

    2）设备安装位置、高度及连接处符合规范要求。

    3）设备配电情况良好，开关标识明确，电路连接牢固。

    4）设备外观无明显损坏、划伤，各组件外表清洁、无杂物。

对于变风量空调系统所涉及的各项传感器装置应随机抽样，进行测量精度校验，如该类传感器精度均在测试校准范围之内，则认为该类传感器符合要求。

6.2.4 变风量空调系统通过一次风静态平衡调试可保证变风量末端装置的执行器和风阀具有较好的调节精度，并且有利于维持系统各房间的平均舒适度。

6.2.5 系统联合试运转主要是联合自动控制系统，针对从冷、热源到末端的各个相关环节，通过设置、更改、调整相应的控制参数，调节相应的动作元件，以达到系统联合试运转正常，各项功能均满足设计使用要求。

7 综合效能调适

7.1 一 般 规 定

7.1.1 综合效能调适包含传统意义上的调试。变风量空调系统综合效能调适应在设备安装和控制系统等相关环节施工均完成后，按调适流程进行。决定变风量空调系统运行是否良好的技术关键是系统综合效能调适。传统的工程建设体制是由设计院设计、业主订货、施工安装等多方构成，在空调设备、电气、控制专业结合的分界面上经常出现脱节、管理混乱、联合调试相互扯皮、调试困难的现象。传统的调试体系已不能满足变风量系统正常运行的要求，因此，为了使变风量空调系统能够达到设计的要求，必须建立由业主指定的第三方开展新的综合效能调适体系方法，使得系统满足各种实际运行工况。综合效能调适工作宜由独立的第三方专业机构来操作完成。

7.1.2 不同的季节运行工况，变风量空调系统的运行控制策略有非常大的差别，另外，在过渡季节如何保证变风量空调系统的效果，一直是变风量空调系统的较大问题，因此，变风量空调系统的综合效能调适应包括夏季工况、冬季工况以及过渡季节工况调适或验证，以便验证变风量空调系统调适结果。

7.2 综合效能调适项目

7.2.4 控制逻辑检查方法：抄录一台空气处理机组系统所在的全部变风量末端装置的各项参数数值，观察所记录的各项数据是否符合逻辑关系。更改室内温控器的设定温度，观察一次风阀、风机（风机动力型）及热水阀的变化情况。更改空气处理机组的变频器设定频率，观察一次风阀是否发生相应变化。

控制逻辑判定条件采用如下方法：

    1）夏季工况：如房间温度高于设定温度，则一次风阀应尽量开大，直到达到标定的最大风量或100%全开为止，否则视为控制功能不正常；

    2) 夏季工况：如房间温度低于设定温度，则一次风阀应尽量关小，直到达到标定的最小风量为止，否则视为控制功能不正常。

    3) 夏季工况：更改空气处理机组的变频器设定频率，如设定频率下降，机组出风量降低，则该台空气处理机组所带的各台变风量末端装置的一次风阀开度应变大，反之，设定频率升高，各台变风量末端装置的一次风阀开度应变小。

    4) 冬季工况：如房间温度低于设定温度，则并联风机动力型的末端动力风机应开启，电动热水阀也应同时开启，且一次风阀开度维持在最小风量附近，否则视为控制功能不正常。

7.2.5 在监控平台界面上更改送风静压设定值，等待 10min 到 20min 后，观察或测试风机频率是否发生相应的变化。例如，将设定数值调小，则风机频率也应下降。测试过程中应详细记录原始的设定值和更改的设定值，以及相应的其他发生变化的数值。

7.2.6 空调系统定静压点调试，应在变频器设计频率下进行，通过确定空调系统合理的静压值，保证系统能够实现跟随系统静压变化而实现合理的变频运行。定静压点调试过程中，如果风管内的静压反馈值达到该静压点不超过设计值的 1.1 倍或空调机组的额定静压值的 2/3 时，最不利末端的变风量末端装置在一次风阀全开的状态下，达到最大一次风量设计值的 90%～100%，则系统正常，反之则无法达到使用要求，建议检查风系统和联系设计单位校核风系统阻力。

7.2.7 空调系统定静压点调试时，对于串联型变风量末端装置，调试时变风量末端装置的风机一般是高速状态运行；对于并联型变风量末端装置，调试时变风量末端装置在风机关闭状态下运行。最不利环路的变风量末端装置应在最大一次风量工况下运行，可通过设定室内温控器设定值小于室内实际温度方法实现。

7.2.8 系统送风温度主要通过空气处理机组的出风温度来保证，通过设置合理的送风温度设定值，保证送风温度满足设计要求，同时满足室内舒适度要求。

　　在夏季典型季节或空调系统设计工况下（总风量达到设计要求、空气处理机组进水温度和水流量达到设计要求等）运行，通过设置合理的送风温度使房间内的温度达到设计和使用要求，所有的变风量末端装置的一次风量均处在最大风量和最小风量之间。一般在设置合理的送风温度后，观察一天内的空调系统及其末端的运行工况和室内温度，如果送风温度有设计值，按照设计值设定。

　　在典型季节室内温度全部满足设计和使用要求，所有的变风量末端装置的一次风量均处在最大风量和最小风量之间，该温度可以作为设置温度，如果室内大部分房间的室内温度过热，大部分变风量末端装置均在最大一次风量的工况下运行，则降低送风温度的设定值，反之则提高送风温度的设定值。

　　如果冬季工况时，一次风为制热模式，则送风温度设定值的调适方法可参照上述夏季工况的调适方法进行，一般由设计方提供初始的温度值范围，由调适方根据实际情况进行相应的调整。如果冬季工况时，一次风为制冷模式，则应根据内区房间的热负荷情况，通过设置合理的送风温度，使得室内温度满足设计要求。

7.2.9 空气处理机组冷、热水调节阀自控逻辑验证可通过手动更改控制面板上该台机组送风温度设定值，并在现场观察冷、热水调节阀是否进行了相应的正确动作。检查过程中应详细记录原始的设定值和更改的设定值，以及相应的其他发生变化的数值。应检查全部的空气处理机组冷、热水调节阀。

7.2.10 变风量系统新风满足卫生要求是空调环境内舒适安全的重要保证，如空气处理机组新风调节阀调节方法为二氧化碳浓度调节法，则在控制面板上更改二氧化碳浓度设定值，观察新风阀是否做相应的变动，并测试新风量是否发生相应变化。如该系统新风管路上安装定风量阀，则测试新风量是否为设定值。

7.2.11 新风系统具体调试方法可采用如下步骤：

    1 调整各层或各系统的新风风量，使新风系统平衡，并满足各区域的新风要求。

    2 无论新风量是通过回风的二氧化碳浓度控制，还是采用定风量阀设定新风量，均将新风阀的新风量的设定值调整为新风的设计值。

    3 在新风系统最大风量运行时，观察每层或每个系统的新风量是否满足要求，如果均满足要求，则新风系统平衡，新风量满足要求。

    4 如果大多数系统的新风量无法满足要求，则建议设计单位校核新风系统的阻力和设备的选型是否满足要求。

7.2.12 变风量系统工艺和控制相对于常规空调系统复杂，综合效能调适是检验变风量空调系统最终效果的重要环节，需要逐项实施。

    1 本部分工作内容主要是在系统联合运行调试结束之后，对于综合效能调适效果的一个验证过程，旨在保证整个空调系统的运转良好以及各项功能均可以正常实现。此阶段工作作为系统运行情况验证，不单独专注于某个环节的运行状况，所验证的各项自控逻辑均为常见的通用逻辑，至于一些特殊的控制逻辑和方法，还应根据项目的具体情况制定验证方案，尤其是变风量末端装置的控制逻辑。此环节所涉及的验证项目遍布整个空调系统，验证时间应相对较长。

    2 四次验证包括：一次全部调整为最小设定温

度，一次全部调整为最大设定温度，一次全部调整为室内设计温度，以及一次随机任意调整设定温度，每次验证的时间为一个工作日。调整完设定温度后，需等待1h，而后观察并记录上述验证项目的反应情况及各房间的实际测试温度。

3 判定条件如下：

1）夏季工况：对于单风道节流型变风量末端装置及风机动力型变风量末端装置，均采用如下判定方法。如果将室内温度设定值调低（低于房间实际温度），则变风量末端装置一次风阀开度应变大。如变风量末端装置为风机动力串联型，则风机应始终处于开启状态，如为风机动力并联型，则风机应始终处于关闭状态。而后，系统静压测试值应降低，变频风机功率增大，风机出口风量增大，空气处理机组冷水阀门开度增大，变频水泵功率增大，回水温度升高，冷机功率升高。如果将室内温度设定值调高，则以上测试项目将按照相反的逻辑关系运作。

2）冬季工况，风机动力型：如室内温度设定值高于房间实际温度，则变风量末端装置热水阀门（或电加热）应打开，且变风量末端装置的风机无论何种情况应一直处于开启工作的状态，变风量末端装置一次风阀开度不变，一次风量始终维持在最小风量设定值附近，系统静压测试值不变，变频风机功率不变，风机出口风量不变，空气处理机组热水阀门开度不变，但由于各末端设备的热水阀门开启，导致系统阻力变小，故变频水泵功率增大。如果将室内温度设定值调低，则以上测试项目将按照相反的逻辑关系运作。

3）冬季工况，单风道节流型，一次风为热风，无再热盘管：如室内温度设定值高于房间实际温度，则变风量末端装置一次风阀开度变大，系统静压测试值下降，变频风机功率升高，风机出口风量变大，空气处理机组热水阀门开度变大，由于热水系统阻力下降，导致变频水泵功率应相应增大。如果将室内温度设定值调低，则以上测试项目将按照相反的逻辑关系运作。

4）冬季工况，单风道节流型，一次风为冷风，有再热盘管：如室内温度设定值高于房间实际温度，则变风量末端装置热水阀门（或电加热）应打开，且变风量末端装置一次风阀开度不变，始终维持在最小风量设定值附近，系统静压测试值不变，变频风机功率不变，风机出口风量不变，空气处理机组热水阀门开度不变，但由于各末端设备的热水阀门开启，导致系统阻力变小，故变频水泵功率增大。如果将室内温度设定值调低，则以上测试项目将按照相反的逻辑关系运作。

5）冬季工况，单风道节流型，一次风为热风，有再热盘管：如室内温度设定值高于房间实际温度，则首先变风量末端装置一次风阀开度变大，系统静压测试值下降，变频风机功率升高，风机出口风量变大，空气处理机组热水阀门开度变大，当变风量末端装置达到最大风量设定值时，热水阀门（或电加热）应打开，由于热水系统阻力下降，导致变频水泵功率应相应增大。如果将室内温度设定值调低，则以上测试项目将按照相反的逻辑关系运作。

6）冬季工况，单风道节流型，一次风为冷风，无再热盘管：应根据建筑内区冬季是否供冷以及其控制策略制定验证方案。

7.3 质量检测与验收

7.3.2 变风量空调工程应在系统调试完成后进行抽样质量检测和验收，抽检样本的确定应根据工程性质、使用情况和设计要求，由建设单位负责，设计单位和施工单位配合，检查数量一般按系统总数抽检10%，且不得少于2套系统；若系统有内外分区，则应按内区和外区系统分别抽检10%，且内区和外区均不少于2套系统。

7.3.3 室内温度和湿度的测试应包含夏季工况和冬季工况，并符合现行国家标准《通风与空调工程施工质量验收规范》GB 50243 的规定，实测值与设定值偏差满足设计要求。

系统中每个房间应测试室内噪声，测试应符合现行国家标准《通风与空调工程施工质量验收规范》GB 50243 的规定。

7.3.5 根据控制器的精度要求，变风量末端装置的控制器风量控制偏差测试检测方法为：记录上位机中实测风量值和设定风量值，系统数据记录应在系统连续稳定运行1h后进行，数据记录应连续记录不小于2h，时间间隔不大于15min，根据记录数据进行比较分析。

7.3.6 空气处理机组送风温度控制精度测试检测方法为：记录上位机中送风温度实测值和设定温度值，系统数据记录应在系统连续稳定运行1h以上的条件下进行，数据记录应连续记录2h以上，时间间隔不大于15min，根据记录数据进行比较分析。

7.3.7 送风静压控制精度测试方法为，记录上位机中送风静压实测值和设定静压值，系统数据记录应在系统连续稳定运行1h以上的条件下进行，数据记录应连续记录 1h 以上，时间间隔不能大于 5min，根据记录数据进行比较分析。

7.3.8 二氧化碳浓度控制检测方法，记录上位机中回风二氧化碳浓度实测值和设定浓度值，系统数据记录应在系统连续稳定运行 1h 以上的条件下进行，数据记录应连续记录 2h 以上，时间间隔不能大于 15min，根据记录数据进行比较分析。

8 运行管理

8.2 管理要求

8.2.1 变风量系统良好节能运行需要经过一定专业培训的人员在运行中摸索才能达到理想的效果，对运行管理人员的要求高于常规的空调系统。

1 管理和操作人员应经过专业培训及教育，经考核合格后才能上岗。用人部门应建立、健全管理和操作人员的培训、考核档案。

2 管理和操作人员应当熟悉其所管理的变风量空调系统，应具有系统管理知识和节能意识，应坚持实事求是、责任明确的原则，做好系统运行的日常工作。

3 管理或操作人员应忠于职守、安全操作，认真分析系统运行指标，对系统节能整改方案和系统运行管理提出合理化建议。

8.2.2 下列文件应为必备文件档案，并作为运行管理、责任分析、管理评定的重要依据：

1）变风量空调系统的设备明细表；
2）主要材料、设备的技术资料、出厂合格证明及进场检（试）验报告；
3）仪器仪表的出厂合格证明、使用说明书和校正纪录；
4）图纸会审记录、设计变更通知书和竣工图（含更新改造和维修改造）；
5）隐蔽部位或内容检查验收记录和必要的影像资料；
6）设备、水管系统、制冷剂管路、风管系统安装及检验记录；
7）管道压力试验记录；
8）设备单机试运转记录；
9）系统联合试运转与调试记录；
10）系统综合能效测试报告；
11）维护保养记录、检修记录和运行记录；
12）冷冻水、冷却水监测及水质化验报告；
13）变风量空调系统运行的冷、热量统计记录；
14）变风量空调系统的运行能耗统计记录；
15）系统运行维护手册。

8.3 运行要求

8.3.1 系统运行维护手册是指导运行管理人员对经质量检测和验收合格后的变风量系统运行、维护、操作的书面规程。在制定中除依靠业主自身拥有高水平的专业技术人员外，还应委托设备供应商、系统集成商、设计单位专业技术人员或社会服务机构的专业技术人员参与和承担，并在实践中不断予以完善。

1 系统运行维护手册应包含以下内容：

1）工程概括；
2）建筑变风量空调系统的构成；
3）变风量空调系统的最终图纸；
4）变风量空调系统的运行、维护过程与措施；
5）变风量空调系统运行全年调节策略，包括各工况下的设定控制、工况转换和使用方法；
6）运行维护的要求、频率和时间表。

2 变风量空调系统初次运行和停止运行六个月以上再次运行之前，应对空气处理机组的空气过滤器、表冷器、加热器、加湿器、冷凝水盘、VAV 末端装置等部位进行全面检查，根据检查结果进行清洗或更换。

运行前检查应按如下要求进行：

1）系统日常运行中，设备、阀门和管道的表面应保持整洁，无明显锈蚀，绝热层无脱落和破损，无跑、冒、滴、漏、堵现象；设备、管道及附件的绝热外表面不应结露、腐蚀或虫蛀；
2）风管内外表面应光滑平整，非金属风管不得出现龟裂和粉化现象；
3）对于空调风系统中的温度、压力、流量、热量、耗电量、燃料消耗量等计量监测仪表，应定期检验、标定和维护，仪表工作应正常，失效或缺少的仪表应更换或增设；
4）空调自控设备和控制系统应定期检查、维护和检修，定期校验传感器和控制设备，按照工况变化调整控制模式和设定参数；
5）空调风系统的测量和检测传感器的布置位置，应符合相关设计规范的要求，并应在实践中加以调整和维护；
6）空调风系统的主要设备和风管的检查孔、检修孔和测量孔，不应取消或被遮挡；
7）空调末端装置、空调机组和控制设备等设备应定期维护和保养；
8）对空调风系统的设备进行更换更新时，应选用节能环保型产品，不得采用国家已明令淘汰的产品。

8.3.2 变风量空调系统运行策略应能保证如下要求：

1 系统的运行参数应接近或达到设计和设备说

明书上要求的设备运行参数。保证系统各设备尽可能在最高能效（效率）工况下运行。

2 系统可采用等效温度（ET）、PMV指标等人体舒适度综合指标对室内热环境进行控制，实现舒适与节能的最佳搭配。

3 保证室内最小新风量参数。有条件的场合，空调系统的新风入口或新风道内宜配多点热线式风量计，对于人员密度及负荷变化较大的场所，应采用新风需求式控制模式，实现新风量的精确控制。

4 系统应在保证建筑物热环境、室内空气品质满足要求的前提下按实际负荷需求控制通风空调系统的各执行机构和设备启停，追求最大限度的节能效果。

5 采用全年多工况分区控制方案，优化空气热湿处理过程，尽可能避免冷热抵消、除湿加湿工况并存现象。全年合理调节新回风比，多区域空气处理系统的应用，冬季和过渡季应最大限度采用新风冷源，冬季尽可能避免使用制冷机供应的人工冷源。

6 根据室外天气的变化和各个房间的用户需求，制定系统节能运行的全年调节策略，确定相应的风、水系统的质、量调节方式，空调设备的开启台数、水系统的供回水温度，风系统的送风温度、新风的用量，及时调节供冷、供热量。

8.3.3 运行管理部门通过保留的变风量空调系统运行监控与运行管理记录，可以追踪系统的运行效果，改善运行能效。

1 监测与控制系统应符合其有关规定的参数、监控点、系统构成方式的要求，支持开放式系统技术，符合技术发展的方向，具备开放性、扩展性，满足监测控制管理要求，具有易操作、维护和升级性能，能确保系统和信息的安全性。

2 监测与控制系统内容宜包括参数检测、参数与设备状态显示、自动调节与控制、工况自动转换、能量计量以及中央监控与管理等，具体内容应根据系统功能、系统类型、相关标准等通过技术经济比较确定。

3 系统各种运行管理记录应齐全，资料应填写详细、准确、清楚，并符合相关管理制度的要求，填写人应签名。主要包括：

1）主要设备运行记录；

2）事故分析及其处理记录；

3）巡回检查及运行值班记录；

4）维护保养记录；

5）设备和系统部件大修和更换情况记录；

6）年度能耗统计表格、运行总结和分析资料等。

不停机运行的系统，应当有交接班记录等。采用计算机集中控制监测的系统，可用定期打印汇总报表和数据数字化储存的方式记录并保存运行原始资料。

8.4 维护要求

8.4.1 变风量系统的空调设备包括空气处理机组、VAV末端装置、热回收装置等；电控箱包括动力启动柜、弱电控制箱；阀门包括水、汽管道上手动和电动调节阀，以及风道上的手动和电动调节风阀；风口包括空调系统的新风口、排风口、回风口和送风口。

1 对于组合式空调机组的日常维护保养和定期维护保养应满足下列要求：

1）日常维护保养：

① 控制器的动作不正常或控制失灵，要及时修理或更换；

② 调节阀的动作不正常或控制失灵要及时修理或更换；

③ 每3个月清洗一次空气过滤网，1～2月清洗一次连接室外新风的过滤网；

④ 水管接头或阀门漏水要及时修理或更换；

⑤ 接水盘、水管、风管绝热层损坏要及时修补或更换；

⑥ 及时排除盘管内积存的空气；

⑦ 每个月调整一次离心机皮带。

2）定期维护保养：

① 空调维修组每半年对机组进行一次清洁、维护保养，如果机组只是季节性使用，则在使用结束后进行依次清洁保养。

② 清洁维护保养的内容：

a. 吹吸、清洗空气过滤网、冲刷、消毒接水盘、清洗风机风叶、盘管上的污物；盐酸溶液清洗盘管内壁的污垢；清洁风机盘管的外壳；

b. 盘管肋片有压倒的用翅梳梳好；

c. 检查风机转动是否灵活，如果转动中有阻滞现象，则应加注润滑油，如有异常的摩擦响声应更换风机的轴承；

d. 对于带动风机的电机，用500V摇表检测线圈绝缘电阻，应不低于0.5MΩ，否则应作干燥处理或整修更换，检查各接线头是否牢固；

e. 拧紧所有的紧固件；

f. 风机轴承每年需换一次润滑油。

3）停机使用时的维护保养：

① 机组不使用时，盘管内要保证充满水，以减少管道腐蚀；

② 在冬季不使用的盘管，且无供暖的环境下要采取防冻措施，以免盘管冻裂。

2 对变风量末端的维护应满足下列要求：

1）风机叶轮需定期的检查有没有灰尘或者异物，如有请及时的清除和清洁；

2）电机运行环境要求定期检查风机和电机端件的尘土，污垢积累情况，及时清洁；

3）热水盘管的定期的检查盘管，清洁盘管的翅片；

    4）机组的风速传感器和调节风阀定期检查和校核其准确性、灵活性，清洁表面；

    5）控制器——需要定期预防维护。

  3 对送、回风口的维护应满足下列要求：

    1）日常维护保养工作主要是做好清洁和紧固工作，不让叶片积尘和松动。根据使用情况，送风口3个月左右拆下来清洁一次，回风口和新风口则可以结合过滤网的清洁周期一起清洁。

    2）对于调风型风口，在根据空调或送风要求调节后要能保证调后的位置不变，而且转动部件与风管的结合处不漏风；对于风口的可调叶片或叶片调解零部件，应松紧适度，既能转动又不松动。

8.4.2 本条是变风量空调系统涉及的水系统、风系统、测控系统进行日常和定期维护保养的内容。

  1 水系统的维护保养包括冷冻水、冷却水和凝结水管系统的管道和阀门的维护保养，应满足下列要求：

    1）日常维护保养：

    ① 及时修补水系统破损和脱落的绝热层、表面防潮层及保护层，更换胀裂、开胶的绝热层或防潮层接缝的胶带；

    ② 及时封堵、修理和更换漏水的设备、管道、阀门及附件；

    ③ 及时疏通堵塞的凝结水管道；

    ④ 及时检修动作不灵敏的自动动作阀门和清理自动排气阀门的堵塞。

    2）定期维护保养：

    ① 空调维修组每半年对冷冻（热）水管道、冷却水管、凝结水管系统管道和阀门、进行一次维护保养；具体的维护保养内容如下：

    a. 修补或重做水系统管道和阀门处破损的绝热层、表面防潮层及保护层；更换胀裂、开胶的绝热层或防潮层接缝的胶带；

    b. 从凝结水盘排水口处用加压清水或药水冲洗凝结水管路；

    c. 检查修理或更换动作失灵的自动动作阀门，

如止回阀和自动排气阀。

    ② 每3个月清洗一次水泵入口处的水过滤器的过滤网，又破损要更换。

    ③ 空调维修工每半年对中央空调水系统所有阀类进行一次维护保养；进行润滑、封堵、修理、更换。

  2 风系统的维护保养包括风系统管道和阀门的维护保养，应按下列要求完成：

    1）每3个月修补一次风系统破损和脱落的绝热层、表面防潮层及保护层，更换胀裂、开胶的绝热层或防潮层接缝的胶带；

    2）每3个月对送回风口进行一次清洁和紧固，每2个月清洗一次带过滤网的风口的过滤网；

    3）每3个月对风系统的风阀进行一次维护保养，检查各类风阀的灵活性、稳固性和开启准确性，进行必要的润滑和封堵。

  3 测控系统维护要求：

    1）定期检测修理或更换动作不正常或控制失灵的温控开关；

    2）定期维修或更换损坏的压力表、流量计、温度计等计量仪表，缺少的应及时增设；

    3）每半年对控制柜内外进行一次清洗，并紧固所有接线螺钉；

    4）每年校准一次检测器件（主机、控制器、控制模块、DDC、温度计、压力表、传感器等）和指示仪表，达不到要求的更换；

    5）每年清理一次各种电气部件（如主机、控制器、交流接触器、热继电器、自动空气开关、中间继电器等）。

8.4.5 系统中计量仪表应工作正常，并保持设计精度范围内。失效或缺少的仪表应更换或增设。系统中的温度、压力、流量、热量、耗电量等监测仪表，室内温控器、送风温（湿）度传感器、管道静压传感器、室外温（湿）度传感器、CO_2浓度传感器、上位机、新风量监测装置、过滤器前后压差仪表、VAV末端装置内关键器件，应每年检验、维护一次，发现问题及时校准。

中华人民共和国行业标准

建筑节能气象参数标准

Standard for weather data of building energy efficiency

JGJ/T 346—2014

批准部门：中华人民共和国住房和城乡建设部
施行日期：２０１５年６月１日

中华人民共和国住房和城乡建设部
公　告

第 621 号

住房城乡建设部关于发布行业标准
《建筑节能气象参数标准》的公告

　　现批准《建筑节能气象参数标准》为行业标准，编号为 JGJ/T 346 - 2014，自 2015 年 6 月 1 日起实施。

　　本标准由我部标准定额研究所组织中国建筑工业出版社出版发行。

中华人民共和国住房和城乡建设部
2014 年 11 月 5 日

前　言

　　根据原建设部《关于印发〈二〇〇四年度工程建设城建、建工行业标准制订、修订计划〉的通知》（建标[2004]66 号）的要求，标准编制组经广泛调查研究，认真总结实践经验，参考有关国际标准和国外先进标准，并在广泛征求意见的基础上，编制本标准。

　　本标准的主要技术内容是：1. 总则；2. 术语；3. 度日数及计算采暖期参数；4. 典型气象年参数。

　　本标准由住房和城乡建设部负责管理，由中国建筑科学研究院负责具体技术内容的解释。执行过程中如有意见或建议，请寄送中国建筑科学研究院（地址：北京市北三环东路 30 号；邮政编码：100013）。

　　本 标 准 主 编 单 位：中国建筑科学研究院

　　本 标 准 参 编 单 位：西安建筑科技大学

　　中国建筑业协会建筑节能专业委员会

　　哈尔滨工业大学

　　福建省建筑科学研究院

　　中国西南建筑设计研究院

　　本标准主要起草人员：林海燕　杨　柳　董　宏　周　辉　郎四维　刘加平　涂逢祥　方修睦　赵士怀　高庆龙　刘大龙

　　本标准主要审查人员：江　亿　许文发　徐　影　薛德强　孙延勋　张锡虎　龙惟定　陈　莉　孟庆林　莫争春

目　次

1　总则 ·················· 38—5
2　术语 ·················· 38—5
3　度日数及计算采暖期参数 ·········· 38—5
　3.1　全国主要城镇的度日数 ······ 38—5
　3.2　计算采暖期参数 ·········· 38—6
4　典型气象年参数 ············ 38—7
附录 A　全国主要城镇采暖度日数
　　　　和空调度日数表 ········ 38—8
附录 B　严寒、寒冷地区计算采暖

期参数表 ·············· 38—20
附录 C　参考城镇表 ··············· 38—28
附录 D　全国主要城镇典型气象年
　　　　（TMY）参数 ········· 38—34
本标准用词说明 ··············· 38—34
引用标准名录 ··············· 38—34
附：条文说明 ··············· 38—35

Contents

1 General Provisions ·················· 38—5

2 Terms ································· 38—5

3 Degree-day and Weather Data for
   Heating Period ····················· 38—5

   3.1 Degree-day List of 450 Cities ········ 38—5

   3.2 Heating Period Weather Data ········· 38—6

4 TMY Data for Building Energy
   Efficiency Design ·················· 38—7

Appendix A   HDD18 and CDD26 Data
             List of 450 Cities ······ 38—8

Appendix B   Heating Period Weather
             Data List of Severe Cold

             and Cold Zones ········· 38—20

Appendix C   Refernce Cities
             List ···················· 38—28

Appendix D   TMY Data of 450
             Cities ··················· 38—34

Explanation of Wording inThis
   Standard ···························· 38—34

List of Quoted Standards ·············· 38—34

Addition: Explanation of
   Provisions ·························· 38—35

1 总　　则

1.0.1 为统一节能设计计算用气象数据，更好地执行相关建筑节能设计标准，提高节能设计质量，制定本标准。

1.0.2 本标准适用于建筑节能设计、节能评估等相关工作。

1.0.3 建筑节能气象参数的选用除应符合本标准的规定外，尚应符合国家现行有关标准的规定。

2 术　　语

2.0.1 采暖度日数　heating degree-day

从需要采暖的强度和需要采暖的天数两个方面反映一地气候寒冷程度的指标。一年中，当室外日平均温度低于冬季采暖室内计算温度时，将日平均温度与冬季采暖室内计算温度差的绝对值累加，得到一年的采暖度日数。本标准中冬季采暖室内计算温度采用18℃，以 HDD18 表示。

2.0.2 空调度日数　cooling degree-day

从需要空调降温的强度和需要空调降温的天数两个方面反映一地气候炎热程度的指标。一年中，当室外日平均温度高于夏季空调室内计算温度时，将日平均温度与夏季空调室内计算温度差的绝对值累加，得到一年的空调度日数。本标准中夏季空调室内计算温度采用26℃，以 CDD26 表示。

2.0.3 计算采暖期　heating period for calculation

采用滑动平均法计算出的累年日平均温度低于或等于采暖室外临界温度的时段。

2.0.4 积日　day of year

从历年的第一天起连续累计的日数，数值在1到366之间。

2.0.5 典型气象月　typical meteorological month（TMM）

在累年的时间跨度内，依据气象观测数据的月平均值而选取的某年的某个月，该年该月气象观测数据的月平均值与累年对应月份气象观测数据的平均值最接近。

2.0.6 典型气象年　typical meteorological year（TMY）

由12个逐月的典型气象月构成的一个假想年。典型气象年的气象数据取自于这12个典型气象月，并对月间的逐时气象参数进行平滑处理。典型气象年的逐时气象数据主要用于建筑物的能耗模拟。

2.0.7 水平面太阳总辐射照度　horizontal global solar irradiation

到水平地面上的太阳直射辐射照度和散射辐射照度之和。

2.0.8 水平面太阳散射辐射照度　horizontal diffuse solar irradiation

由于大气对太阳辐射的散射作用，从半球天空到达水平地面的那部分太阳辐射照度。

2.0.9 法向太阳直射辐射照度　direct normal irradiation

在与太阳直射辐射方向相垂直的平面上接收到的太阳的直射辐射照度。

3 度日数及计算采暖期参数

3.1 全国主要城镇的度日数

3.1.1 全国主要城镇的采暖度日数、空调度日数的数值应根据本标准附录A确定。

3.1.2 采暖度日数、空调度日数的计算宜采用逐时干球温度观测值或至少每日四次定时观测值。

3.1.3 采暖度日数（HDD18）应按下列方法进行计算：

1 选择连续 n 年（$n \geqslant 10$）的逐日日平均干球温度 $t_{m,i}$（$1 \leqslant m \leqslant n, 1 \leqslant i \leqslant 365$），形成下式所示的 n 个数列：

$$\begin{bmatrix} t_{1,1} & t_{1,2} & \cdots & t_{1,365} \\ t_{2,1} & t_{2,2} & \cdots & t_{2,365} \\ \cdots & \cdots & \cdots & \cdots \\ t_{n,1} & t_{n,2} & \cdots & t_{n,365} \end{bmatrix} \tag{3.1.3-1}$$

式中：日平均干球温度采用逐时干球温度观测值或每日四次定时观测值的算术平均值。

2 在第 m 年中，当日平均干球温度低于 18℃时，计算日平均干球温度与 18℃的差值，并将此差值累加，得到第 m 年的采暖度日数 t_m^{hdd}：

$$t_m^{\text{hdd}} = \sum_{i=1}^{365} (18 - t_{m,i}) \times \text{sign}(18 - t_{m,i})$$

$$\text{sign}(18 - t_{m,i}) = \begin{cases} 1, & 18 - t_{m,i} > 0 \\ 0, & 18 - t_{m,i} \leqslant 0 \end{cases}$$

$$\tag{3.1.3-2}$$

3 将 t_m^{hdd} 形成下式所示的数列：

$$(t_1^{\text{hdd}} \quad t_2^{\text{hdd}} \quad \cdots \quad t_m^{\text{hdd}} \quad \cdots \quad t_n^{\text{hdd}}) \tag{3.1.3-3}$$

4 计算 n 年采暖度日数 t_m^{hdd} 的平均值，得到该地方的采暖度日数（HDD18）值：

$$HDD18 = \frac{t_1^{\text{hdd}} + t_2^{\text{hdd}} + \cdots + t_n^{\text{hdd}}}{n} \tag{3.1.3-4}$$

3.1.4 空调度日数（CDD26）应按下列方法计算：

1 选择连续 n 年（$n \geqslant 10$）的逐日日平均干球温

度 $t_{m,i}(1 \leqslant m \leqslant n, 1 \leqslant i \leqslant 365)$，形成下式所示的 n 个数列：

$$\begin{bmatrix} t_{1,1} & t_{1,2} & \cdots & t_{1,365} \\ t_{2,1} & t_{2,2} & \cdots & t_{2,365} \\ \cdots & \cdots & \cdots & \cdots \\ t_{n,1} & t_{n,2} & \cdots & t_{n,365} \end{bmatrix} \quad (3.1.4\text{-}1)$$

式中：日平均干球温度采用逐时干球温度观测值或每日四次定时观测值的算术平均值。

2 在第 m 年中，当日平均干球温度高于 26℃ 时，计算日平均干球温度与 26℃ 的差值，并将此差值累加，得到第 m 年的空调度日数 t_m^{cdd}：

$$t_m^{\text{cdd}} = \sum_{i=1}^{365} (t_{m,i} - 26) \times \text{sign}(t_{m,i} - 26)$$

$$\text{sign}(t_{m,i} - 26) = \begin{cases} 1, & t_{m,i} - 26 > 0 \\ 0, & t_{m,i} - 26 \leqslant 0 \end{cases}$$

$$(3.1.4\text{-}2)$$

3 将 t_m^{cdd} 形成下式所示数列：

$$(t_1^{\text{cdd}} \quad t_2^{\text{cdd}} \quad \cdots \quad t_m^{\text{cdd}} \quad \cdots \quad t_n^{\text{cdd}}) \quad (3.1.4\text{-}3)$$

4 计算 n 年空调度日数 t_n^{cdd} 的平均值，得到该地方的空调度日数（*CDD*26）值：

$$CDD26 = \frac{t_1^{\text{cdd}} + t_2^{\text{cdd}} + \cdots + t_n^{\text{cdd}}}{n} \quad (3.1.4\text{-}4)$$

3.2 计算采暖期参数

3.2.1 按现行行业标准《严寒和寒冷地区居住建筑节能设计标准》JGJ 26 计算建筑物耗热量指标时，计算采暖期室外气象参数的数值应根据本标准附录 B 确定。

3.2.2 计算采暖期参数的计算宜采用逐时气象参数观测值。干球温度、露点温度、云量等观测数据至少应为每日四次定时观测值。水平面太阳总辐射照度、水平面太阳散射辐射照度观测值可采用日总值。

3.2.3 计算采暖期应按下列步骤确定：

1 选择连续 n 年（$n \geqslant 10$）的逐日日平均干球温度 $t_{m,i}(1 \leqslant m \leqslant n, 1 \leqslant i \leqslant 365)$，形成下式所示的 n 个数列：

$$\begin{bmatrix} t_{1,1} & t_{1,2} & \cdots & t_{1,365} \\ t_{2,1} & t_{2,2} & \cdots & t_{2,365} \\ \cdots & \cdots & \cdots & \cdots \\ t_{n,1} & t_{n,2} & \cdots & t_{n,365} \end{bmatrix} \quad (3.2.3\text{-}1)$$

式中：日平均干球温度采用逐时干球温度观测值或每日四次定时观测值的算术平均值。

2 计算 n 年逐日日平均干球温度的平均值 t_i^{dny}：

$$t_i^{\text{dny}} = \frac{1}{n} \sum_{m=1}^{n} t_{m,i} \quad (3.2.3\text{-}2)$$

式中：$t_{m,i}$ 为第 m 年第 i 天的日平均干球温度。

将 t_i^{dny} 形成下式所示数列：

$$(t_1^{\text{dny}} \quad t_2^{\text{dny}} \quad \cdots \quad t_i^{\text{dny}} \quad \cdots \quad t_{365}^{\text{dny}}) \quad (3.2.3\text{-}3)$$

3 计算每日起连续 5 日时间段内 t_i^{dny} 的滑动平均值 t_i^{5dny}：

$$t_i^{\text{5dny}} = \frac{1}{5} \sum_{k=i}^{i_1} t_k^{\text{dny}}, \ 1 \leqslant i \leqslant 365; \quad i_1 = \text{mod}(i+4, 365)$$

$$(3.2.3\text{-}4)$$

式中：i_1 表示被除数是 365 时，$(i+4)$ 的余函数值。

将 t_i^{5dny} 形成下式所示数列：

$$(t_1^{\text{5dny}} \quad t_2^{\text{5dny}} \quad \cdots \quad t_i^{\text{5dny}} \quad \cdots \quad t_{365}^{\text{5dny}})$$

$$(3.2.3\text{-}5)$$

4 将式（3.2.3-4）所示数列以积日数 183 为起始重新排列成式（3.2.3-6），将第一个数值小于或等于 5℃（采暖室外临界温度）的日期作为采暖期开始日，其积日数记为 N_{hps}；最后一个数值小于或等于 5℃ 的日期之后第 4 日作为采暖期结束日，其积日数记为 N_{hpe}。

$$(t_{183}^{\text{5dny}} \quad t_{184}^{\text{5dny}} \quad \cdots \quad t_{365}^{\text{5dny}} \quad t_1^{\text{5dny}} \quad t_2^{\text{5dny}} \quad \cdots \quad t_{182}^{\text{5dny}})$$

$$(3.2.3\text{-}6)$$

N_{hps}、N_{hpe} 应满足以下三个条件之一：

1）$183 \leqslant N_{\text{hps}} \leqslant 365$ 且 $1 \leqslant N_{\text{hpe}} < 183$；

2）$1 \leqslant N_{\text{hps}} < N_{\text{hpe}} < 183$；

3）$183 \leqslant N_{\text{hps}} < N_{\text{hpe}} \leqslant 365$。

5 从确定的采暖期开始日（积日数 N_{hps}）到结束日（积日数 N_{hpe}）之间的时段即为计算采暖期，计算采暖期天数 Z 应按下式确定：

$$Z = \begin{cases} 365 - N_{\text{hps}} + N_{\text{hpe}} + 1, \\ \quad N_{\text{hpe}} - N_{\text{hps}} + 1, \end{cases}$$

$$\begin{array}{l} 1 \leqslant N_{\text{hpe}} < 183 \text{ 且 } 183 \leqslant N_{\text{hps}} \leqslant 365 \\ 1 \leqslant N_{\text{hps}} < N_{\text{hpe}} < 183 \text{ 或 } 183 \leqslant N_{\text{hps}} < N_{\text{hpe}} \leqslant 365 \end{array}$$

$$(3.2.3\text{-}7)$$

3.2.4 计算采暖期室外平均温度应按下列步骤确定：

1 选择连续 n 年（$n \geqslant 10$）每年的计算采暖期的日平均干球温度，形成下式所示数列：

$$\begin{bmatrix} t_{1,N_{\text{hps}}} & t_{1,N_{\text{hps}}+1} & \cdots & t_{1,N_{\text{hpe}}} \\ t_{2,N_{\text{hps}}} & t_{2,N_{\text{hps}}+1} & \cdots & t_{2,N_{\text{hpe}}} \\ \cdots & \cdots & \cdots & \cdots \\ t_{n,N_{\text{hps}}} & t_{n,N_{\text{hps}}+1} & \cdots & t_{n,N_{\text{hpe}}} \end{bmatrix} \quad (3.2.4\text{-}1)$$

2 计算逐年采暖期室外平均温度 t_m^{hp}：

$$t_m^{hp} = \frac{t_{m,N_{hps}} + t_{m,N_{hps}+1} + \cdots + t_{m,N_{hpe}}}{Z}, m = 1,2\cdots n$$

(3.2.4-2)

将逐年 t_m^{hp} 形成下式所示数列：

$$(t_1^{hp} \quad t_2^{hp} \quad \cdots \quad t_m^{hp} \quad \cdots \quad t_n^{hp})$$ (3.2.4-3)

3 计算 n 年采暖期室外平均温度的平均值，得到计算采暖期室外平均温度：

$$t^{hp} = \frac{t_1^{hp} + t_2^{hp} + \cdots + t_n^{hp}}{n}$$ (3.2.4-4)

3.2.5 计算采暖期各朝向太阳辐射照度计算应按下列步骤确定：

1 根据逐时实测值或逐时太阳辐射模型计算水平面太阳总辐射照度、水平面太阳散射辐射照度和法向直射辐射照度。

2 将逐时法向直射辐射照度和散射辐射照度投影到各朝向，计算出各朝向太阳总辐射照度逐时值。

3 对计算采暖期时段内的各朝向太阳总辐射照度逐时值进行累年平均。

3.2.6 本标准附录 B 中未涉及的目标城镇，宜根据本标准附录 C 确定参考城镇，目标城镇的室外气象参数可按参考城镇的室外气象参数选取。当参考其他城镇气象参数时，应注明被参考城镇的名称。

4 典型气象年参数

4.0.1 按现行行业标准《夏热冬冷地区居住建筑节能设计标准》JGJ 134、《夏热冬暖地区居住建筑节能设计标准》JGJ 75 进行建筑节能设计的综合评价以及按现行国家标准《公共建筑节能设计标准》GB 50189 进行围护结构热工性能的权衡判断计算时，全国主要城镇的典型气象年参数应根据本标准附录 D 确定。

4.0.2 确定典型气象年（TMY）宜采用逐时气象参数观测值。干球温度、露点温度、风速、风向、云量等观测数据至少应为每日四次定时观测值，水平面太阳总辐射照度可采用逐时观测值或逐时太阳辐射模型计算值。

4.0.3 本标准附录 D 典型气象年（TMY）数据中的 8 项逐时气象参数、单位、精度应符合表 4.0.3 的规定。

表 4.0.3 典型气象年（TMY）参数构成

气象参数	单 位	精 度
干球温度	℃	0.1 ℃
露点温度	℃	0.1 ℃

续表 4.0.3

气象参数	单 位	精 度
当地大气压力	mbar	0.1 mbar
云量	成	1 成
风速	m/s	0.1 m/s
风向	°	1°
水平面太阳总辐射照度	W/m²	0.1 W/m²
法向太阳直射辐射照度	W/m²	0.1 W/m²

注：云量单位"成"是指"云遮蔽天空视野的成数"。

4.0.4 典型气象年（TMY）数据宜按下列步骤确定：

1 选择 n 年（$n \geq 10$）气象资料中的干球温度、露点温度、风速的日平均值。

2 计算 n 年的逐日干球温度（最高、最低、平均值）、逐日露点温度（最高、最低、平均值）、逐日风速（最高、平均值）、逐日太阳总辐射照度 9 种气象要素的长期累积分布函数值（CDF^l）和月累积分布函数值（CDF^m），然后计算上述 9 种气象要素逐年各分析月的 Finkelstein-Schafer（FS）统计值：

$$FS = \frac{\sum_{i=1}^{n} \delta_i}{n} = \frac{\sum_{i=1}^{n} (CDF_i^l - CDF_i^m)}{n}$$

(4.0.4-1)

式中：δ_i——各气象要素的长期累计分布值 CDF^l 与逐年各分析月累积分布值 CDF^m 之间差值；

n——所选择月的天数（如 1 月，$n=31$）。

3 将上述各气象要素逐日值的 FS 统计值与相应加权系数 W_i 相乘并汇总成一个加权平均值 WS，再将每年分析月份的加权平均值 WS 按升序排列，挑选出 WS 值最小的年份所对应的月份即为典型气象月（TMM）。加权平均值（WS）按下式计算：

$$WS = \sum_{k=1}^{9} W_k \times FS_k$$ (4.0.4-2)

式中：WS——参数的加权平均值；

W_k——第 k 个指标的权重系数；

FS_k——第 k 个指标的 FS 统计值。

4 各典型气象月（TMM）的逐时气象数据组成典型气象年（TMY）初步数据。

5 对典型气象年（TMY）初步数据中的温度、湿度值进行月间平滑处理。

6 用平滑处理后的温、湿度值，取代原始温、湿度，得到典型气象年（TMY）8760h 数据。

4.0.5 本标准附录 D 中未涉及的目标城镇，宜根据本标准附录 C 确定参考城镇，目标城镇的典型年气象参数可按参考城镇选取。当参考其他城镇气象参数时，应注明被参考城镇的名称。

附录 A 全国主要城镇采暖度日数和空调度日数表

表 A 全国主要城镇采暖度日数（HDD18）和空调度日数（CDD26）

城镇	东经 （度）	北纬 （度）	海拔 （m）	HDD18 （℃·d）	CDD26 （℃·d）
直辖市					
北京	116.28	39.93	55	2699	94
天津	117.17	39.10	5	2743	92
上海	121.43	31.17	3	1540	199
重庆沙坪坝	106.47	29.58	259	1089	217
奉节	109.53	31.02	300	1457	126
梁平	107.80	30.68	455	1435	102
酉阳	108.77	28.83	664	1731	22
黑龙江省					
哈尔滨	126.77	45.75	143	5032	14
漠河	122.52	52.13	433	7994	0
呼玛	126.65	51.72	179	6805	4
黑河	127.45	50.25	166	6310	4
嫩江	125.23	49.17	243	6352	5
孙吴	127.35	49.43	235	6517	2
克山	125.88	48.05	237	5888	7
齐齐哈尔	123.92	47.38	148	5259	23
海伦	126.97	47.43	240	5798	5
伊春	128.90	47.72	232	6100	1
富锦	131.98	47.23	65	5594	6
泰来	123.42	46.40	150	5005	26
安达	125.32	46.38	150	5291	15
宝清	132.18	46.32	83	5190	9
通河	128.73	45.97	110	5675	3
尚志	127.97	45.22	191	5467	3
鸡西	130.95	45.28	234	5105	7
虎林	132.97	45.77	103	5351	2
牡丹江	129.60	44.57	242	5066	7
绥芬河	131.15	44.38	498	5422	1
吉林省					
长春	125.22	43.90	238	4642	12
松原	124.87	45.08	136	4800	17
长岭	123.97	44.25	190	4718	15
四平	124.33	43.18	167	4308	15

城镇	东经 (度)	北纬 (度)	海拔 (m)	HDD18 (℃·d)	CDD26 (℃·d)
敦化	128.02	43.37	525	5221	1
桦甸	126.75	42.98	264	5007	4
延吉	129.47	42.88	178	4687	5
临江	126.92	41.72	333	4736	4
集安	126.15	41.10	179	4142	9
长白	128.17	41.35	1018	5542	0
辽宁省					
沈阳	123.43	41.77	43	3929	25
清原	124.95	42.10	235	4598	8
朝阳	120.45	41.55	176	3559	53
锦州	121.12	41.13	70	3458	26
本溪	123.78	41.32	185	4046	16
营口	122.20	40.67	4	3526	29
宽甸	124.78	40.72	261	4095	4
丹东	124.33	40.05	14	3566	6
大连	121.63	38.90	97	2924	16
彰武	122.53	42.42	84	4134	13
内蒙古自治区					
呼和浩特	111.68	40.82	1065	4186	11
图里河	121.70	50.45	733	8023	0
呼伦贝尔	119.75	49.22	611	6713	3
诺敏	123.72	49.20	286	6558	2
新巴尔虎右旗	116.82	48.67	556	6157	13
博克图	121.92	48.77	739	6622	0
阿尔山	119.93	47.17	997	7372	0
东乌珠穆沁旗	116.97	45.52	840	5940	11
额济纳旗	101.07	41.95	941	3884	130
拐子湖	102.37	41.37	960	3836	173
巴音毛道	104.50	40.75	1329	4208	30
阿拉善右旗	101.68	39.22	1510	3758	34
二连浩特	112.00	43.65	966	5131	36
那仁宝拉格	114.15	44.62	1183	6153	4
满都拉	110.13	42.53	1223	4746	20
阿巴嘎旗	114.95	44.02	1128	5892	7
海力素	106.38	41.45	1510	4780	14
朱日和	112.90	42.40	1152	4810	16
乌拉特后旗	108.52	41.57	1290	4675	10
达尔和茂名安联合旗	110.43	41.70	1377	4969	5

城镇	东经 (度)	北纬 (度)	海拔 (m)	HDD18 (℃·d)	CDD26 (℃·d)
化德	114.00	41.90	1484	5366	0
乌兰察布	113.07	41.03	1416	4873	0
吉兰太	105.75	39.78	1143	3746	68
巴彦淖尔	107.40	40.77	1041	3777	30
鄂托克旗	107.98	39.10	1381	4045	9
鄂尔多斯	109.98	39.83	1459	4226	3
西乌珠穆沁旗	117.60	44.58	997	5812	4
扎鲁特旗	120.90	44.57	266	4398	32
巴林左旗	119.40	43.98	485	4704	10
锡林浩特	116.12	43.95	1004	5545	12
林西	118.07	43.60	800	4858	7
通辽	122.27	43.60	180	4376	22
多伦	116.47	42.18	1247	5466	0
赤峰	118.97	42.27	572	4196	20
宝国图	120.70	42.33	401	4197	20
山东省					
济南	117.05	36.60	169	2211	160
德州	116.32	37.43	21	2527	97
陵县	116.57	37.33	19	2613	103
惠民县	117.53	37.50	12	2622	96
长岛	120.72	37.93	40	2570	20
龙口	120.32	37.62	5	2551	60
成山头	122.68	37.40	47	2672	2
莘县	115.67	36.23	38	2521	90
沂源	118.15	36.18	302	2660	45
潍坊	119.18	36.77	22	2735	63
青岛	120.33	36.07	77	2401	22
海阳	121.17	36.77	64	2631	20
菏泽	115.43	35.25	50	2395	89
定陶	115.55	35.10	51	2319	107
兖州	116.85	35.57	53	2390	97
费县	117.95	35.25	121	2278	82
临沂	118.35	35.05	88	2375	70
日照	119.53	35.43	37	2361	39
河北省					
石家庄	114.42	38.03	81	2388	147
蔚县	114.57	39.83	910	3955	9
邢台	114.50	37.07	78	2268	155

城镇	东经 (度)	北纬 (度)	海拔 (m)	HDD18 (℃·d)	CDD26 (℃·d)
丰宁	116.63	41.22	661	4167	5
围场	117.75	41.93	844	4602	3
张家口	114.88	40.78	726	3637	24
怀来	115.50	40.40	538	3388	32
承德	117.95	40.98	386	3783	20
青龙	118.95	40.40	228	3532	23
唐山	118.15	39.67	29	2853	72
乐亭	118.90	39.43	12	3080	37
保定	115.57	38.85	19	2564	129
沧州	116.83	38.33	10	2652	92
泊头	116.55	38.08	13	2593	126
河南省					
郑州	113.65	34.72	111	2106	125
安阳	114.40	36.05	64	2309	131
孟津	112.43	34.82	333	2221	89
南阳	112.58	33.03	129	1967	123
西华	114.52	33.78	53	2096	110
驻马店	114.02	33.00	83	1956	142
信阳	114.05	32.13	115	1863	137
固始	115.62	32.17	43	1803	168
山西省					
太原	112.55	37.78	779	3160	11
大同	113.33	40.10	1069	4120	8
河曲	111.15	39.38	861	3913	18
原平	112.70	38.75	838	3399	14
吕梁	111.10	37.50	951	3424	16
榆社	112.98	37.07	1042	3529	1
介休	111.92	37.03	745	2978	24
运城	111.05	35.05	365	2267	185
阳城	112.40	35.48	659	2698	21
陕西省					
西安	108.93	34.30	398	2178	153
榆林	109.70	38.23	1058	3672	19
吴旗	108.17	36.92	1331	3776	1
延安	109.50	36.60	959	3127	15
长武	107.80	35.20	1207	3396	3
铜川	109.07	35.08	979	3073	9
宝鸡	107.13	34.35	610	2301	86

城镇	东经 (度)	北纬 (度)	海拔 (m)	HDD18 (℃·d)	CDD26 (℃·d)
略阳	106.15	33.32	794	2208	12
汉中	107.03	33.07	510	1945	63
佛坪	107.98	33.52	827	2601	2
镇安	109.15	33.43	694	2175	39
安康	109.03	32.72	291	1743	135
甘肃省					
兰州	103.88	36.05	1518	3094	16
马鬃山	97.03	41.80	1770	4937	1
敦煌	94.68	40.15	1140	3518	40
安西	95.77	40.53	1171	3797	32
玉门镇	97.03	40.27	1526	4083	3
鼎新	99.52	40.30	1177	3808	18
酒泉	98.48	39.77	1478	3971	3
张掖	100.43	38.93	1483	4001	9
永昌	101.97	38.23	1977	4589	0
民勤	103.08	38.63	1367	3715	17
乌鞘岭	102.87	37.20	3044	6329	0
靖远	104.68	36.57	1398	3459	3
华家岭	105.00	35.38	2451	4997	0
环县	107.30	36.58	1256	3580	4
平凉	106.67	35.55	1348	3334	1
庆阳	107.63	35.73	1423	3364	1
合作	102.90	35.00	2910	5432	0
岷县	104.02	34.43	2315	4383	0
陇南	104.92	33.40	1079	1776	65
天水	105.75	34.58	1143	2729	13
宁夏回族自治区					
银川	106.20	38.47	1112	3472	11
中宁	105.68	37.48	1193	3349	22
盐池	107.38	37.80	1356	3700	10
青海省					
西宁	101.77	36.62	2296	4478	0
茫崖	90.85	38.25	2945	5075	0
冷湖	93.38	38.83	2771	5395	0
托勒	98.42	38.80	3367	7373	0
塔尔丁	93.68	36.80	2767	5048	0
大柴旦	95.37	37.85	3174	5616	0
德令哈	97.37	37.37	2982	4874	0

中文

城镇	东经 (度)	北纬 (度)	海拔 (m)	HDD18 (℃·d)	CDD26 (℃·d)
刚察	100.13	37.33	3302	6471	0
门源	101.62	37.38	7850	6029	0
格尔木	94.90	36.42	2809	4436	0
诺木洪	96.42	36.43	2790	4594	0
都兰	98.10	36.30	3192	5161	0
茶卡	99.08	36.78	3088	5630	0
共和	100.62	36.27	2835	4873	0
五道梁	93.08	35.22	4613	8331	0
同德	100.65	35.27	3290	6191	0
托托河	92.43	34.22	4535	7878	0
杂多	95.30	32.90	4068	6153	0
曲麻莱	95.78	34.13	4176	7148	0
玉树	97.02	33.02	3682	5154	0
玛多	98.22	34.92	4273	7683	0
清水河	97.13	33.80	4415	7971	0
达日	99.65	33.75	3968	6721	0
河南	101.60	34.73	3501	6591	0
久治	101.48	33.43	3629	6031	0
襄谦	96.48	32.20	3644	4752	0
新疆维吾尔自治区					
乌鲁木齐	87.65	43.80	947	4329	36
哈巴河	86.35	48.05	534	4867	10
阿勒泰	88.08	47.73	737	5081	11
富蕴	89.52	46.98	827	5458	22
塔城	83.00	46.73	535	4143	20
和布克赛尔	85.72	46.78	1294	5066	1
阿拉山口	82.57	45.18	336	4289	177
克拉玛依	84.85	45.60	428	4234	196
北塔山	90.53	45.37	1651	5434	2
精河	82.90	44.62	321	4236	70
奇台	89.57	44.02	794	4989	10
伊宁	81.33	43.95	664	3501	9
巴仑台	86.30	42.73	1739	3992	0
七角井	91.73	43.22	721	3496	222
巴音布鲁克	84.15	43.03	2458	7952	0
吐鲁番	89.20	42.93	37	2758	579
库车	82.95	41.72	1100	3162	42
库尔勒	86.13	41.75	933	3115	123

城镇	东经 (度)	北纬 (度)	海拔 (m)	HDD18 (℃·d)	CDD26 (℃·d)
乌恰	75.25	39.72	2176	4064	1
喀什	75.98	39.47	1291	2767	46
阿合奇	78.45	40.93	1986	4118	0
巴楚	78.57	39.80	1117	2892	77
阿拉尔	81.05	40.50	1013	3296	22
铁干里克	87.70	40.63	847	3353	133
若羌	88.17	39.03	889	3149	152
莎车	77.27	38.43	1232	2858	27
皮山	78.28	37.62	1376	2761	70
和田	79.93	37.13	1375	2595	71
民丰	82.72	37.07	1410	2990	35
安德河	83.65	37.93	1263	3342	78
且末	85.55	38.15	1247	3313	31
于田	81.65	36.85	1422	2996	14
伊吾	94.70	43.27	1729	5042	0
哈密	93.52	42.82	739	3682	104
西藏自治区					
拉萨	91.13	29.67	3650	3425	0
狮泉河	80.08	32.50	4280	6048	0
改则	84.42	32.15	4415	6339	0
班戈	90.02	31.38	4700	6699	0
安多	91.10	32.35	4800	7061	0
那曲	92.07	31.48	4508	6722	0
普兰	81.25	30.28	4900	5156	0
申扎	88.63	30.95	4672	6402	0
日喀则	88.88	29.25	3837	4047	0
定日	87.08	28.63	4300	5305	0
隆子	92.47	28.42	3861	4473	0
帕里	89.08	27.73	4300	6435	0
索县	93.78	31.88	4023	5775	0
丁青	95.60	31.42	3873	5197	0
昌都	97.17	31.15	3307	3764	0
林芝	94.47	29.57	3001	3191	0
安徽省					
合肥	117.30	31.78	27	1725	210
砀山	116.33	34.43	44	2147	148
亳州	115.77	33.88	42	2030	154
阜阳	115.73	32.87	33	1931	154

城镇	东经（度）	北纬（度）	海拔（m）	HDD18（℃·d）	CDD26（℃·d）
寿县	116.78	32.55	23	1985	135
蚌埠	117.38	32.92	22	1852	185
霍山	116.32	31.40	86	1815	151
芜湖县	118.58	31.15	21	1699	186
安庆	117.05	30.53	20	1504	253
黄山市	118.28	29.72	143	1630	171
江苏省					
南京	118.80	32.00	7	1775	176
徐州	117.15	34.28	42	2090	137
赣榆	119.13	34.83	10	2226	83
盱眙	118.52	32.98	41	1997	134
淮安	119.03	33.60	18	2100	105
射阳	120.25	33.77	7	2083	92
高邮	119.45	32.80	5	1947	144
东台	120.32	32.87	4	1934	120
南通	120.88	31.98	6	1792	151
吕泗	121.60	32.07	6	1772	105
常州	119.98	31.88	4	1757	194
溧阳	119.48	31.43	8	1726	187
东山	120.43	31.07	18	1734	171
浙江省					
杭州	120.17	30.23	42	1509	211
平湖	121.08	30.62	5	1708	180
嵊泗	122.45	30.73	80	1431	81
嵊山	122.82	30.73	125	1596	24
舟山	122.10	30.03	36	1403	118
金华	119.65	29.12	63	1463	302
嵊州	120.82	29.60	104	1529	186
宁波	121.57	29.87	5	1493	235
石浦	121.95	29.20	128	1395	101
衢州	118.90	29.00	82	1383	211
丽水	119.92	28.45	60	1178	257
龙泉	119.13	28.07	196	1234	215
温州	120.65	28.03	28	1117	175
临海	121.13	28.85	8	1235	212
台州	121.42	28.62	5	1343	169
大陈岛	121.90	28.45	86	1237	73
玉环	121.27	28.08	96	1326	93

城镇	东经 (度)	北纬 (度)	海拔 (m)	HDD18 (℃·d)	CDD26 (℃·d)
北麂	121.20	27.63	42	1188	88
湖北省					
武汉	114.13	30.62	23	1501	283
房县	110.77	32.03	427	2014	49
老河口	111.67	32.38	90	1741	157
枣阳	112.75	32.15	126	1773	171
钟祥	112.57	31.17	66	1637	181
广水	113.82	31.62	93	1836	172
麻城	115.02	31.18	59	1599	221
恩施	109.47	30.28	457	1554	81
绿葱坡	110.23	30.78	1819	3601	0
五峰	110.67	30.20	620	2102	20
宜昌	111.30	30.70	133	1437	159
荆州	112.15	30.35	32	1528	203
来凤	109.42	29.52	460	1656	85
英山	115.67	30.73	124	1637	199
黄石	115.03	30.23	32	1525	277
湖南省					
长沙	112.92	28.22	68	1466	230
桑植	110.17	29.40	322	1556	98
石门	111.37	29.58	117	1574	177
南县	112.40	29.37	36	1621	197
岳阳	113.08	29.38	53	1426	242
吉首	109.73	28.32	208	1501	152
沅陵	110.40	28.47	152	1451	141
常德	111.68	29.05	35	1420	239
安化	111.22	28.38	128	1584	189
沅江	112.37	28.85	37	1535	240
平江	113.57	28.72	106	1556	222
芷江	109.68	27.45	272	1490	108
邵阳	111.47	27.23	249	1418	172
双峰	112.17	27.45	100	1562	260
通道	109.78	26.17	398	1464	49
武冈	110.63	26.73	341	1461	114
零陵	111.62	26.23	173	1303	221
衡阳	112.60	26.90	105	1410	334
道县	111.60	25.53	192	1228	319
郴州	113.03	25.80	185	1255	274

城镇	东经 (度)	北纬 (度)	海拔 (m)	HDD18 (℃·d)	CDD26 (℃·d)
江西省					
南昌	115.92	28.60	47	1326	250
修水	114.58	29.03	147	1543	140
宜春	114.38	27.80	131	1380	185
吉安	114.92	27.05	71	1190	279
宁冈	113.97	26.72	263	1402	203
赣州	115.00	25.87	138	984	280
鄱阳	116.68	29.00	40	1487	299
景德镇	117.20	29.30	62	1322	238
樟树	115.55	28.07	30	1440	336
贵溪	117.22	28.30	51	1301	382
玉山	118.25	28.68	116	1431	273
南城	116.65	27.58	81	1287	208
广昌	116.33	26.85	144	1170	212
寻乌	115.65	24.95	304	873	99
四川省					
成都	104.02	30.67	506	1344	56
若尔盖	102.97	33.58	3441	5972	0
德格	98.57	31.80	3185	4088	0
甘孜	100.00	31.62	3394	4414	0
色达	100.33	32.28	3896	6274	0
道孚	101.12	30.98	2959	3601	0
马尔康	102.23	31.90	2666	3390	0
红原	102.55	32.80	3492	5846	0
松潘	103.57	32.65	2852	4218	0
平武	104.52	32.42	893	1710	12
绵阳	104.73	31.45	523	1392	82
巴塘	99.10	30.00	2589	2100	0
理塘	100.27	30.00	3950	5173	0
雅安	103.00	29.98	628	1372	42
稻城	100.30	29.05	3729	4762	0
康定	101.97	30.05	2617	3873	0
九龙	101.50	29.00	2994	3191	0
雷波	103.58	28.27	1256	1974	1
宜宾	104.60	28.80	341	1099	122
西昌	102.27	27.90	1591	983	6
会理	102.25	26.65	1787	1394	0
万源	108.03	32.07	674	1804	30

城镇	东经 (度)	北纬 (度)	海拔 (m)	HDD18 (℃·d)	CDD26 (℃·d)
阆中	105.97	31.58	383	1384	120
达县	107.50	31.20	345	1368	142
南充	106.10	30.78	310	1307	156
内江	105.05	29.58	347	1190	145
泸州	105.43	28.88	335	1134	144
贵州省					
贵阳	106.73	26.58	1224	1703	3
威宁	104.28	26.87	2236	2636	0
毕节	105.23	27.30	1511	2125	0
遵义	106.88	27.70	844	1606	30
思南	108.25	27.95	416	1293	127
三穗	108.67	26.97	627	1778	19
兴义	105.18	25.43	1379	1430	0
罗甸	106.77	25.43	440	741	112
独山	107.55	25.83	1013	1608	1
榕江	108.53	25.97	286	1069	102
云南省					
昆明	102.65	25.00	1887	1103	0
德钦	98.88	28.45	3320	4266	0
昭通	103.75	27.33	1950	2394	0
丽江	100.22	26.87	2392	1884	0
会泽	103.28	26.42	2111	1954	0
腾冲	98.50	25.02	1655	1130	0
保山	99.18	25.12	1652	973	0
大理	100.18	25.70	1991	1295	0
元谋	101.87	25.73	1121	343	104
楚雄	101.55	25.03	1824	971	0
曲靖	103.83	25.58	1899	1455	0
瑞丽	97.85	24.02	777	272	8
泸西	103.77	24.53	1704	1330	0
孟定	99.08	23.57	511	161	116
耿马	99.40	23.55	1105	457	2
临沧	100.08	23.88	1502	627	0
澜沧	99.93	22.57	1055	348	0
景洪	100.78	22.00	582	90	59
思茅	100.97	22.78	1302	413	0
元江	101.98	23.60	401	121	364
勐腊	101.57	21.48	632	128	16

城镇	东经 (度)	北纬 (度)	海拔 (m)	HDD18 (℃·d)	CDD26 (℃·d)
江城	101.85	22.58	1121	467	0
蒙自	103.38	23.38	1301	547	2
屏边	103.68	22.98	1414	1032	1
广南	105.07	24.07	1250	1046	3
福建省					
福州	119.28	26.08	84	681	267
邵武	117.47	27.33	218	1145	138
武夷山市	118.03	27.77	222	1084	133
浦城	118.53	27.92	277	1257	116
建瓯	118.32	27.05	155	984	285
福鼎	120.20	27.33	36	978	190
泰宁	117.17	26.90	343	1290	153
南平	118.17	26.65	126	816	241
宁德	119.52	26.67	32	918	273
台山	120.70	27.00	107	1217	50
长汀	116.37	25.85	310	1035	81
上杭	116.42	25.05	198	691	257
永安	117.35	25.97	206	814	193
漳平	117.42	25.30	205	634	162
龙岩	117.03	25.10	342	606	162
平潭	119.78	25.52	32	665	202
厦门	118.07	24.48	139	490	178
广东省					
广州	113.33	23.17	41	373	313
连州	112.38	24.78	98	863	251
韶关	113.60	24.68	61	747	249
佛岗	113.53	23.87	69	546	216
连平	114.48	24.37	215	673	160
梅州	116.10	24.27	88	484	278
高要	112.45	23.03	41	350	334
河源	114.73	23.80	71	436	290
汕头	116.68	23.40	3	306	302
信宜	110.93	22.35	85	277	286
深圳	114.00	22.53	63	223	374
汕尾	115.37	22.80	17	243	265
湛江	110.30	21.15	53	183	399
阳江	111.97	21.83	90	241	301
上川岛	112.77	21.73	22	229	301

续表 A

城镇	东经 （度）	北纬 （度）	海拔 （m）	HDD18 （℃·d）	CDD26 （℃·d）
广西壮族自治区					
南宁	108.22	22.63	122	473	259
融安	109.40	25.22	121	936	260
桂林	110.30	25.32	164	989	195
河池	108.03	24.70	260	613	253
柳州	109.40	24.35	97	684	326
蒙山	110.52	24.20	146	775	152
那坡	105.83	23.42	794	673	17
百色	106.60	23.90	174	389	295
桂平	110.08	23.40	43	466	291
梧州	111.30	23.48	115	551	232
龙州	106.85	22.33	129	344	284
钦州	108.62	21.95	5	365	315
北海	109.13	21.45	13	318	346
涠洲岛	109.10	21.03	55	239	382
海南省					
海口	110.25	20.00	64	75	427
东沙岛	116.43	20.40	6	2	487
东方	108.62	19.10	8	42	530
儋州	109.58	19.52	169	119	281
琼海	110.47	19.23	24	61	379
三亚	109.52	18.23	6	3	498
西沙	112.33	16.83	5	0	632
珊瑚岛	111.62	16.53	4	0	721
永暑礁	112.53	9.23	8	0	782
南沙岛	114.22	10.23	5	0	849

附录 B 严寒、寒冷地区计算采暖期参数表

表 B 严寒、寒冷地区计算采暖期参数表

城镇	计算采暖期						
	天	室外平均温度 （℃）	不同朝向平均太阳总辐射照度（W/m²）				
			水平	南向	北向	东向	西向
直辖市							
北京	114	0.1	102	120	33	59	59
天津	118	−0.2	99	106	34	56	57

38—20

续表 B

城镇	计算采暖期						
	天	室外平均温度（℃）	不同朝向平均太阳总辐射照度（W/m²）				
			水平	南向	北向	东向	西向
黑龙江省							
哈尔滨	167	−8.5	83	86	28	49	48
漠河	225	−14.7	100	91	33	57	58
呼玛	202	−12.9	84	90	31	49	49
黑河	193	−11.6	80	83	27	47	47
嫩江	193	−11.9	83	84	28	49	48
孙吴	201	−11.5	69	74	24	40	41
克山	186	−10.6	83	85	28	49	48
齐齐哈尔	177	−8.7	90	94	31	54	53
海伦	185	−10.3	82	84	28	49	48
伊春	188	−10.8	77	78	27	46	45
富锦	184	−9.5	84	85	29	49	50
泰来	168	−8.3	89	94	31	54	52
安达	174	−9.1	90	93	30	53	52
宝清	174	−8.2	86	90	29	49	50
通河	185	−9.7	84	85	29	50	48
尚志	184	−8.8	90	90	30	53	52
鸡西	175	−7.7	91	92	31	53	53
虎林	177	−8.8	88	88	30	51	51
牡丹江	168	−8.2	93	97	32	56	54
绥芬河	184	−7.6	94	94	32	56	54
吉林省							
长春	165	−6.7	90	93	30	53	51
松原	165	−7.6	93	98	32	55	54
长岭	165	−7.2	96	100	32	56	55
四平	162	−5.5	94	97	32	55	53
敦化	183	−7.0	94	93	31	55	53
桦甸	168	−7.9	86	87	29	49	48
延吉	166	−6.1	91	92	31	53	51
临江	165	−6.7	84	84	28	47	47
集安	159	−4.5	85	85	28	48	47

城镇	计算采暖期						
	天	室外平均温度（℃）	不同朝向平均太阳总辐射照度（W/m²）				
			水平	南向	北向	东向	西向
长白	186	−7.8	96	92	31	54	53
辽宁省							
沈阳	150	−4.5	94	97	32	54	53
清原	165	−6.3	86	86	29	49	48
朝阳	143	−3.1	96	103	35	56	55
锦州	141	−2.5	91	100	32	55	52
本溪	157	−4.4	90	91	30	52	50
营口	142	−2.9	89	95	31	51	51
宽甸	158	−4.1	92	93	31	52	52
丹东	145	−2.2	91	100	32	51	55
大连	125	0.1	104	108	35	57	60
彰武	158	−4.9	104	109	35	60	59
内蒙古自治区							
呼和浩特	158	−4.4	116	122	37	65	64
图里河	225	−14.4	105	101	33	58	57
呼伦贝尔	206	−12.0	77	82	27	47	46
新巴尔虎右旗	195	−10.6	83	90	29	51	49
博克图	208	−10.3	75	81	26	46	44
阿尔山	218	−12.1	119	103	37	68	67
东乌珠穆沁旗	189	−10.1	104	106	34	59	58
额济纳旗	150	−4.3	128	140	42	75	71
巴音毛道	158	−4.7	137	149	44	75	78
二连浩特	176	−8.0	113	112	39	64	63
那仁宝拉格	200	−9.9	108	112	35	62	60
满都拉	175	−5.8	133	139	43	73	76
阿巴嘎旗	188	−9.9	109	111	36	62	61
海力素	176	−5.8	136	140	43	76	75
朱日和	174	−6.1	122	125	39	71	68
乌拉特后旗	173	−5.6	139	146	44	77	78
达尔和茂名安联合旗	176	−6.4	134	139	43	73	76
化德	187	−6.8	124	125	40	71	68

续表 B

城镇	计算采暖期						
	天	室外平均温度（℃）	不同朝向平均太阳总辐射照度（W/m²）				
			水平	南向	北向	东向	西向
乌兰察布	177	−5.4	128	129	41	73	70
吉兰太	150	−3.4	132	140	43	71	76
巴彦淖尔	151	−3.1	122	130	40	69	68
鄂托克旗	156	−3.6	130	136	42	70	73
鄂尔多斯	160	−3.8	128	133	41	70	73
西乌珠穆沁旗	198	−8.4	102	107	34	59	57
扎鲁特旗	164	−5.6	105	112	36	63	60
巴林左旗	167	−6.4	110	116	37	65	62
锡林浩特	186	−8.6	107	109	35	61	60
林西	174	−6.3	118	124	39	69	65
通辽	164	−5.7	105	111	35	62	60
多伦	186	−7.4	121	123	39	69	67
赤峰	161	−4.5	116	123	38	66	64
山东省							
济南	92	1.8	97	104	33	56	53
德州	115	1.0	113	119	37	65	62
陵县	111	0.5	102	110	34	58	57
惠民县	111	0.4	101	108	34	56	55
长岛	106	1.4	105	110	35	59	60
龙口	108	1.1	104	108	35	57	59
成山头	115	2.0	109	116	37	62	63
莘县	104	0.8	98	105	33	54	54
沂源	116	0.7	102	106	34	56	56
潍坊	117	0.3	106	111	35	58	57
青岛	99	2.1	118	114	37	65	63
海阳	109	1.1	109	113	36	61	59
菏泽	111	2.0	104	107	34	58	57
定陶	93	1.5	100	106	33	56	55
兖州	103	1.5	101	107	33	56	55
费县	94	1.7	103	108	34	57	58
临沂	100	1.7	102	104	33	56	56

城镇	计算采暖期						
	天	室外平均温度（℃）	不同朝向平均太阳总辐射照度（W/m²）				
			水平	南向	北向	东向	西向
日照	98	2.1	125	119	41	70	66
河北省							
石家庄	97	0.9	95	102	33	54	54
蔚县	151	−3.9	110	115	36	62	61
邢台	93	1.4	96	102	33	56	53
丰宁	161	−4.2	120	126	39	67	67
围场	172	−5.1	118	121	38	66	66
张家口	145	−2.7	106	118	36	62	60
怀来	143	−1.8	105	117	36	61	59
承德	150	−3.4	107	112	35	60	60
青龙	146	−2.5	107	112	35	61	59
唐山	120	−0.6	100	108	34	58	56
乐亭	124	−1.3	104	111	35	60	57
保定	108	0.4	94	102	32	55	52
沧州	115	0.3	102	107	35	58	58
泊头	119	0.4	101	106	34	58	56
河南省							
郑州	88	2.5	99	106	33	56	56
安阳	93	1.3	99	105	33	57	54
孟津	92	2.3	97	102	32	54	52
西华	77	2.4	93	97	31	53	50
卢氏	103	1.5	99	104	32	53	53
山西省							
太原	127	−1.1	108	118	36	62	60
大同	158	−4.0	119	124	39	67	66
河曲	150	−4.0	120	126	38	64	67
原平	141	−1.7	108	118	36	61	61
吕梁	140	−1.8	102	108	34	56	57
榆社	143	−1.7	111	118	37	62	62
介休	121	−0.3	109	114	36	60	61
运城	84	1.3	91	97	30	50	49

城镇	计算采暖期						
	天	室外平均温度（℃）	不同朝向平均太阳总辐射照度（W/m²）				
			水平	南向	北向	东向	西向
阳城	112	0.7	104	109	34	57	57
陕西省							
西安	82	2.1	87	91	29	48	47
榆林	143	−2.9	108	118	36	61	59
延安	127	−0.9	103	111	34	55	57
宝鸡	91	2.1	93	97	31	51	50
甘肃省							
兰州	126	−0.6	116	125	38	64	64
敦煌	139	−2.8	121	140	40	67	70
酒泉	152	−3.4	135	146	43	77	74
张掖	155	−3.6	136	146	43	75	75
民勤	150	−2.6	135	143	43	73	75
乌鞘岭	245	−4.0	157	139	47	84	81
平凉	139	−0.3	107	112	35	57	58
庆阳	141	−0.3	106	111	35	59	57
合作	192	−3.4	144	139	44	75	77
岷县	170	−1.5	134	132	41	73	70
成县	94	3.6	145	154	45	81	79
天水	110	1.0	98	99	33	54	53
宁夏回族自治区							
银川	140	−2.1	117	124	40	64	67
中宁	137	−1.6	119	127	41	67	66
盐池	149	−2.3	130	134	42	70	73
青海省							
西宁	161	−3.0	138	140	43	77	75
冷湖	193	−5.6	145	154	45	80	81
大柴旦	196	−5.8	148	155	46	82	83
德令哈	186	−3.7	144	142	44	78	79
刚察	226	−5.2	161	149	48	87	84
格尔木	170	−3.1	157	162	49	88	87
都兰	191	−3.6	154	152	47	84	82

城镇	计算采暖期						
	天	室外平均温度（℃）	不同朝向平均太阳总辐射照度（W/m²）				
			水平	南向	北向	东向	西向
同德	218	−5.5	161	160	49	88	85
托托河	276	−7.2	178	156	52	98	93
杂多	229	−3.8	155	132	45	83	80
曲麻莱	256	−5.8	175	156	52	94	92
玉树	191	−2.2	162	149	48	84	86
玛多	277	−6.4	180	162	53	96	94
达日	251	−4.5	170	148	49	88	89
河南	246	−4.5	168	155	50	89	88
新疆维吾尔自治区							
乌鲁木齐	149	−6.5	101	113	34	59	58
哈巴河	172	−6.9	105	116	35	60	62
阿勒泰	174	−7.9	109	123	36	63	64
富蕴	174	−10.1	118	135	39	67	70
塔城	148	−5.1	90	111	32	52	54
和布克赛尔	186	−5.6	119	131	39	69	68
克拉玛依	144	−7.9	95	116	33	56	57
北塔山	192	−6.2	113	123	37	65	64
精河	148	−6.9	98	108	34	58	57
奇台	161	−9.2	120	136	39	68	68
伊宁	137	−2.8	97	117	34	55	57
巴伦台	146	−3.2	90	101	32	52	52
吐鲁番	109	−2.5	102	121	35	58	60
库车	121	−2.7	127	138	41	71	72
库尔勒	121	−2.5	127	138	41	71	73
喀什	109	−1.3	130	150	42	72	72
阿合奇	149	−3.6	131	144	42	72	73
巴楚	115	−2.1	133	155	43	72	75
阿拉尔	129	−3.0	125	148	41	69	71
铁干里克	128	−3.5	125	148	41	69	72
若羌	122	−2.9	141	150	45	77	80
莎车	113	−1.5	134	152	43	73	76

续表 B

城镇	计算采暖期						
	天	室外平均温度（℃）	不同朝向平均太阳总辐射照度（W/m²）				
			水平	南向	北向	东向	西向
皮山	110	−1.3	134	150	43	73	74
和田	107	−0.6	128	142	42	70	72
安德河	129	−3.3	141	160	45	76	79
哈密	143	−4.1	120	136	40	68	69
西藏自治区							
拉萨	126	1.6	148	147	46	80	79
狮泉河	224	−5.0	209	191	62	118	114
改则	232	−5.7	255	148	74	136	130
班戈	245	−4.2	183	152	53	97	94
那曲	242	−4.8	147	127	43	80	75
申扎	231	−4.1	189	158	55	101	98
日喀则	157	0.3	168	153	51	91	87
隆子	173	−0.3	161	139	47	86	81
帕里	242	−3.1	178	141	50	94	89
索县	215	−3.1	182	141	52	96	93
丁青	194	−1.8	152	132	45	81	78
昌都	140	0.6	120	115	37	64	64
林芝	100	2.2	170	169	51	94	90
安徽省							
亳州	74	2.5	83	88	28	47	45
江苏省							
徐州	84	2.5	88	94	30	50	49
赣榆	87	2.1	93	100	32	52	51
射阳	83	3.0	95	102	32	52	52
四川省							
若尔盖	227	−2.9	161	142	47	83	82
德格	156	0.8	125	119	37	64	63
甘孜	173	−0.2	162	163	52	93	93
色达	228	−3.8	166	154	53	97	94
马尔康	115	1.3	137	139	43	72	73
松潘	156	−0.1	136	132	41	71	70

城镇	计算采暖期						
	天	室外平均温度（℃）	不同朝向平均太阳总辐射照度（W/m²）				
			水平	南向	北向	东向	西向
巴塘	50	3.8	149	156	49	79	81
理塘	188	−1.2	167	154	50	86	90
稻城	177	−0.7	173	175	60	104	109
康定	141	0.6	119	117	37	61	62
贵州省							
威宁	75	3.0	109	108	34	57	57
毕节	70	3.7	102	101	33	54	54
云南省							
德钦	171	0.9	143	126	41	73	72
昭通	73	3.1	135	136	42	69	74

附录 C 参考城镇表

表 C 参考城镇表

目标城镇	东经（度）	北纬（度）	海拔（m）	参考城镇	与参考地之间球面距离（km）	与参考地之间海拔高差（m）
黑龙江省						
海林	129.38	44.57	262.2	牡丹江	17	20
宁安	129.46	44.34	272.4	牡丹江	28	30
大庆	125.01	46.60	150.1	安达	34	0
穆林	130.55	44.93	266.7	鸡西	50	33
吉林省						
龙井	129.42	42.77	242.4	延吉	13	64
图们	129.84	42.97	141.0	延吉	32	37
白山	126.42	41.93	332.8	临江	48	0
辽宁省						
凌海	121.35	41.17	28.3	锦州	20	42
东港	124.14	39.88	8.1	丹东	25	6
大石桥	122.51	40.63	12.1	营口	27	8
盖州	122.37	40.40	31.1	营口	33	27
北票	120.76	41.81	177.6	朝阳	39	2
灯塔	123.32	41.42	42.8	沈阳	40	0
抚顺	123.94	41.87	120.4	沈阳	44	77
葫芦岛	120.84	40.75	26.0	锦州	48	44

目标城镇	东经（度）	北纬（度）	海拔（m）	参考城镇	与参考地之间球面距离（km）	与参考地之间海拔高差（m）
山东省						
曲阜	116.98	35.59	69.1	兖州	12	16
蓬莱	120.76	37.81	48.4	长岛	14	8
昌邑	119.39	36.85	8.8	潍坊	21	13
邹城	116.97	35.40	78.9	兖州	22	26
济宁	116.59	35.41	45.2	兖州	30	8
招远	120.39	37.36	81.2	龙口	30	76
乳山	121.52	36.91	38.4	海阳	35	26
荣城	122.41	37.16	38.9	成山头	36	8
即墨	120.45	36.39	26.2	青岛	37	51
胶南	119.99	35.88	10.1	青岛	37	67
胶州	120.00	36.28	16.7	青岛	38	60
聊城	115.98	36.46	34.0	莘县	38	4
安丘	119.20	36.43	64.7	潍坊	38	43
乐陵	117.21	37.73	12.7	惠民县	38	1
滨州	118.01	37.38	11.4	惠民县	45	1
章丘	117.53	36.71	75.1	济南	45	94
禹城	116.63	36.93	25.0	陵县	45	6
莱阳	120.70	36.98	3.6	海阳	48	60
泰安	117.13	36.19	134.0	济南	46	35
河北省						
鹿泉	114.31	38.09	81.2	石家庄	12	0
沙河	114.50	36.86	69.0	邢台	23	9
藁城	114.84	38.02	52.9	石家庄	37	28
新乐	114.69	38.35	75.2	石家庄	43	6
黄骅	117.33	38.37	7.2	沧州	44	3
任丘	116.09	38.70	10.4	保定	48	9
河南省						
周口	114.65	33.62	47.6	西华	22	5
荥阳	113.38	34.79	140.5	郑州	26	30
三门峡	111.19	34.78	411.8	运城	33	47
新郑	113.73	34.40	111.9	郑州	36	1
山西省						
孝义	111.77	37.14	770.7	介休	18	26
晋中	112.73	37.69	831.4	太原	19	52

目标城镇	东经 （度）	北纬 （度）	海拔 （m）	参考 城镇	与参考地之间 球面距离 （km）	与参考地之间 海拔高差 （m）
汾阳	111.78	37.27	748.9	介休	30	4
忻州	112.73	38.41	799.0	原平	38	39
晋城	112.85	35.49	743.5	阳城	41	85
陕西省						
咸阳	108.71	34.34	472.8	西安	21	75
兴平	108.48	34.30	411.5	西安	41	14
甘肃省						
嘉峪关	98.27	39.80	1478.2	酒泉	18	0
宁夏回族自治区						
灵武	106.33	38.10	1117.3	银川	43	5
中卫	105.19	37.52	1226.8	中宁	44	34
新疆维吾尔自治区						
阿图什	76.17	39.71	1299.3	喀什	31	8
图木舒克	79.08	39.86	1117.4	巴楚	44	0
安徽省						
淮南	117.01	32.65	36.9	寿县	24	14
宣城	118.75	30.95	34.0	芜湖县	28	13
马鞍山	118.50	31.70	20.1	南京	44	13
天长	119.00	32.69	21.0	高邮	44	16
池州	117.49	30.66	39.4	安庆	45	19
淮北	116.79	33.96	32.3	徐州	49	10
江苏省						
通州	121.07	32.09	5.4	南通	22	1
吴江	120.64	31.17	9.0	东山	23	9
连云港	119.17	34.60	4.1	赣榆	26	6
江阴	120.27	31.91	9.7	常州	28	6
启东	121.66	31.81	8.7	吕泗	30	3
海门	121.18	31.90	5.5	南通	30	1
苏州	120.58	31.31	10.7	东山	30	7
靖江	120.26	32.02	8.5	常州	31	5
宜兴	119.81	31.37	7.7	溧阳	32	0
泰兴	120.02	32.17	7.0	常州	33	3
太仓	121.11	31.45	6.3	上海	33	0
张家港	120.54	31.88	7.5	南通	34	2
句容	119.16	31.94	27.1	南京	35	20

目标城镇	东经 (度)	北纬 (度)	海拔 (m)	参考 城镇	与参考地之间 球面距离 (km)	与参考地之间 海拔高差 (m)
金坛	119.57	31.75	10.1	溧阳	37	2
兴化	119.83	32.93	7.3	高邮	38	2
常熟	120.74	31.65	5.4	南通	39	1
大丰	120.46	33.20	7.3	东台	39	3
丹阳	119.57	32.00	9.3	常州	41	5
江都	119.56	32.43	10.3	高邮	43	5
扬中	119.82	32.24	5.8	常州	43	2
姜堰	120.14	32.51	6.3	东台	44	2
盐城	120.13	33.38	3.4	射阳	45	4
昆山	120.96	31.39	8.6	上海	47	3
扬州	119.42	32.38	11.1	高邮	47	6
仪征	119.18	32.27	14.9	南京	47	8
无锡	120.33	31.58	11.4	常州	47	7
浙江省						
兰溪	119.47	29.22	48.3	金华	21	15
奉化	121.42	29.67	8.6	宁波	27	4
瑞安	120.64	27.78	9.5	温州	28	19
温岭	121.37	28.37	6.5	台州	28	2
富阳	119.94	30.06	11.0	杭州	29	31
乐清	120.96	28.12	6.9	玉环	31	89
嘉兴	120.74	30.76	6.0	平湖	36	1
江山	118.62	28.74	95.8	玉山	37	20
海宁	120.69	30.53	11.1	平湖	39	6
湖州	120.09	30.87	4.1	东山	39	14
永康	120.03	28.90	90.2	金华	44	27
余姚	121.15	30.05	13.0	宁波	45	8
慈溪	121.24	30.17	8.1	宁波	46	3
义乌	120.08	29.31	75.0	金华	47	12
上虞	120.86	30.02	15.6	嵊州	47	88
绍兴	120.58	30.00	8.0	杭州	47	34
临安	119.72	30.24	42.6	杭州	43	1
桐乡	120.55	30.63	11.2	东山	50	7
湖北省						
大冶	114.96	30.10	38.2	黄石	16	6
鄂州	114.88	30.40	22.1	黄石	24	10

目标城镇	东经 （度）	北纬 （度）	海拔 （m）	参考 城镇	与参考地之间 球面距离 （km）	与参考地之间 海拔高差 （m）
丹江口	111.52	32.57	135.8	老河口	25	46
汉川	113.83	30.65	25.9	武汉	29	3
黄冈	114.87	30.45	41.2	黄石	29	9
宜都	111.45	30.39	71.6	宜昌	37	61
荆门	112.20	31.04	112.3	钟祥	38	46
枝江	111.75	30.43	50.7	荆州	39	19
孝感	113.92	30.93	26.1	武汉	40	3
石首	112.40	29.73	36.7	南县	40	1
松滋	111.77	30.18	67.2	荆州	41	35
安陆	113.69	31.26	53.7	广水	42	39
随州	113.37	31.72	97.5	广水	44	5
当阳	111.78	30.83	91.5	宜昌	48	42
湖南省						
永州	111.60	26.44	109.6	零陵	24	63
资兴	113.23	25.98	135.6	郴州	28	49
益阳	112.35	28.59	46.3	沅江	29	9
怀化	109.97	27.55	250.4	芷江	31	22
娄底	111.99	27.74	151.0	双峰	37	51
临湘	113.46	29.48	55.1	岳阳	39	2
湘潭	112.90	27.87	63.9	长沙	39	4
湘乡	112.52	27.74	84.9	双峰	47	15
津市	111.87	29.63	39.6	石门	49	77
汨罗	113.07	28.81	46.7	平江	50	59
韶山	112.53	27.93	89.5	长沙	50	22
江西省						
鹰潭	117.03	28.24	54.6	贵溪	20	4
丰城	115.79	28.19	26.9	樟树	27	3
南康	114.75	25.66	127.0	赣州	34	11
乐平	117.13	28.97	35.0	景德镇	37	27
上饶	117.96	28.45	114.9	玉山	38	1
高安	115.37	28.42	45.7	樟树	43	16
四川省						
崇州	103.67	30.63	534.2	成都	34	28
彭州	103.94	30.98	583.3	成都	35	77
自贡	104.77	29.36	357.0	内江	37	10

目标城镇	东经 (度)	北纬 (度)	海拔 (m)	参考 城镇	与参考地之间 球面距离 (km)	与参考地之间 海拔高差 (m)
江油	104.74	31.78	531.8	绵阳	37	9
广汉	104.28	30.98	474.9	成都	43	31
德阳	104.39	31.13	500.7	绵阳	48	22
贵州省						
清镇	106.47	26.57	1262.5	贵阳	26	39
赤水	105.70	28.59	294.3	泸州	42	41
仁怀	106.41	27.81	878.6	遵义	48	35
云南省						
安宁	102.48	24.92	1847.0	昆明	19	40
普洱	101.04	23.07	1321.4	思茅	33	19
福建省						
长乐	119.50	25.96	8.0	福州	26	76
建阳	118.11	27.33	196.1	建瓯	38	41
福清	119.38	25.72	38.0	福州	41	46
三明	117.63	26.27	213.0	永安	44	7
福安	119.64	27.09	46.4	宁德	48	14
广东省						
肇庆	112.47	23.05	12.4	高要	3	29
佛山	113.11	23.04	6.5	广州	27	35
潮州	116.62	23.66	11.3	汕头	30	8
陆丰	115.64	22.95	5.1	汕尾	32	12
雷州	110.09	20.91	22.2	湛江	35	31
从化	113.58	23.55	34.5	佛岗	36	35
揭阳	116.36	23.54	3.7	汕头	36	1
英德	113.40	24.19	44.4	佛岗	38	25
兴宁	115.73	24.14	123.0	梅州	40	35
阳春	111.78	22.17	17.1	阳江	43	73
四会	112.69	23.35	48.3	高要	43	7
云浮	112.04	22.93	99.6	高要	44	59
东莞	113.76	23.05	19.8	广州	46	21
高州	110.85	21.92	31.4	信宜	49	54
广西壮族自治区						
防城港	108.34	21.62	100.0	钦州	47	95
海南省						
万宁	110.39	18.80	9.6	琼海	49	14

附录 D 全国主要城镇典型气象年（TMY）参数

D.0.1 全国主要城镇典型气象年（TMY）数据应按本标准所附光盘选取。

本标准用词说明

1 为便于在执行本标准条文时区别对待，对要求严格程度不同的用词说明如下：

　1) 表示很严格，非这样做不可的：

　　正面词采用"必须"，反面词采用"严禁"；

　2) 表示严格，在正常情况下均应这样做的：

　　正面词采用"应"，反面词采用"不应"或"不得"；

　3) 表示允许稍有选择，在条件许可时首先应这样做的：

　　正面词采用"宜"，反面词采用"不宜"；

　4) 表示有选择，在一定条件下可以这样做的，采用"可"。

2 条文中指明应按其他有关标准执行的写法为："应符合……的规定"或"应按……执行"。

引用标准名录

1 《公共建筑节能设计标准》GB 50189

2 《严寒和寒冷地区居住建筑节能设计标准》JGJ 26

3 《夏热冬暖地区居住建筑节能设计标准》JGJ 75

4 《夏热冬冷地区居住建筑节能设计标准》JGJ 134

中华人民共和国行业标准

建筑节能气象参数标准

JGJ/T 346—2014

条 文 说 明

制 订 说 明

《建筑节能气象参数标准》JGJ/T 346-2014，经住房和城乡建设部 2014 年 11 月 5 日以第 621 号公告批准、发布。

本标准编制过程中，编制组进行了大量的调查研究，同时参考了国外先进技术法规、技术标准，以中国气象局地面气候观测站实测数据为基础，经过插值、计算模型生成等数据处理过程，得到了建筑节能设计用气象参数。

为便于广大设计、施工、科研、学校等单位有关人员在使用本标准时能正确理解和执行条文规定，《建筑节能气象参数标准》编制组按章、节、条顺序编制了本标准的条文说明，对条文规定的目的、依据以及执行中需注意的有关事项进行了说明。但是，本条文说明不具备与标准正文同等的法律效力，仅供使用者作为理解和把握标准规定的参考。

目　次

1　总则 ………………………………… 38—38

2　术语 ………………………………… 38—38

3　度日数及计算采暖期参数 ………… 38—38

　　3.1　全国主要城镇的度日数 ………… 38—38

3.2　计算采暖期参数 ………………… 38—39

4　典型气象年参数 …………………… 38—41

附录 C　参考城镇表 ………………… 38—42

1 总　　则

1.0.1 我国地域辽阔，按照现行的气候分区指标，有严寒地区、寒冷地区、夏热冬冷地区、夏热冬暖地区和温和地区。建筑用能与气候关系紧密，各地气候条件差别很大，采暖与制冷的需求各有不同。在目前我国倡导节能减排、可持续发展的大背景下，国家非常重视建筑节能工作。随着建筑节能工作的开展，一系列建筑节能设计标准相继进行了修编，并陆续颁布执行。一方面，提高了节能潜力较大地区和建筑类型的节能设计目标；另一方面，对能耗计算的方法进行了修改，使之更加合理和完善。从目前颁布的各类建筑节能设计标准看，评判设计建筑是否达到标准规定要求，都采用了规定性指标和性能化方法相结合的途径。其中，采用性能化指标进行判定时，需要通过计算设计建筑和参照建筑的能耗作为判定的依据。而计算时所选用的气象参数将直接影响最终的计算结果。

由于建筑室内环境和能耗受建筑所在地气象条件的影响非常大。所以，对建筑用气象数据的研究工作很早就受到特别的重视。1987 年，当时的城乡建设环境保护部就颁布实施了《建筑气象参数标准》JGJ 35 - 87。该标准选取了 209 个城镇，每个城镇列出 55 项常用的气象参数及气候特征数据，供工业与民用建筑工程设计、施工中使用。1993 年，国家技术监督局和原建设部联合发布了《建筑气候区划标准》GB 50178 - 93，主要是为了区分我国不同地区气候条件对建筑影响的差异性，明确各气候区的建筑基本要求，并提供了 203 个气象台站的 48 项气候参数。上述两本标准给出了对建筑产生影响的气象参数数据，均是气象观测数据的长期统计值。另外，在一些设计标准、规范中，如：《民用建筑热工设计规范》GB 50176、《采暖通风与空气调节设计规范》GB 50019 等，就相关计算需要用到的气象数据进行了规定。但是，从现行的几本建筑节能设计标准看，除了《严寒和寒冷地区居住建筑节能设计标准》JGJ 26 - 2010 外，都没有给出进行节能设计所必须的气象数据。在标准的实际实施中，各种计算软件、设计机构往往选择自己可以得到的气象数据进行节能设计计算工作。这样就不可避免地出现了由于计算基础不统一，影响计算结果，造成计算结果缺乏可比性的情况。

因此，本标准编制的主要目的就是为建筑节能设计提供统一的气象参数数据。在按照节能设计标准对设计建筑进行节能计算时，以标准的形式统一节能计算的基础条件，消除由于气象参数取值的不同而带来的计算结果差异，使不同软件、设计机构进行的节能计算结果具备可比性，便于进行方案比选、设计优化等工作，从而进一步提高节能设计质量，促进节能设计标准的顺利执行。

1.0.2 本标准的编制目的是为建筑节能设计提供统一的气象参数数据。标准从建筑节能角度出发，给出了全国主要城镇的建筑节能用气象参数，涵盖了全国所有气候区的绝大多数城镇，可为全国各类民用建筑节能设计中能耗计算（稳态计算和动态计算）提供统一的气象参数数据。

凡是按照各种节能设计标准进行节能设计的各类建筑，在进行节能设计标准规定的各项计算以及进行节能评估时，参与计算的气象数据均应符合本标准的规定。现行的节能设计标准主要有《严寒和寒冷地区居住建筑节能设计标准》JGJ 26、《夏热冬冷地区居住建筑节能设计标准》JGJ 134、《夏热冬暖地区居住建筑节能设计标准》JGJ 75、《公共建筑节能设计标准》GB 50189。其他标准、规范中需要用到的气象参数、当无具体规定或可靠来源时，也可参考本标准。

1.0.3 本标准对节能设计计算中需要用到的气象数据作出了规定，是一个基础性数据标准。但建筑节能设计所涉及的专业及内容很多，完成一个建筑的节能设计尚须执行其他相关标准、规范。因此，在进行民用建筑节能设计时，除应符合本标准的规定外，尚应符合国家现行有关标准、规范的规定。

2 术　　语

2.0.1 采暖度日数是一个从需要采暖的强度和需要采暖的天数两个方面反映某地气候寒冷程度的指标。一年中最冷月的平均温度比较直接地反映了当地寒冷的程度，但是采暖的需求除了温度的高低这个因素外，还与低温持续的时间长短有着密切的关系。采暖度日数指标包含了冷的程度和持续冷的时间长度两个因素，用它更可能反映该地区采暖需求的大小。同样，空调度日数也是反映该地区空调需求的重要指标。

与积温概念相似，这两个指标可以℃为单位，有时也以℃·d 表示。

3 度日数及计算采暖期参数

3.1 全国主要城镇的度日数

3.1.1 采暖度日数、空调度日数反映了该地区建筑采暖、空调需求的大小，虽然不直接参与节能计算，但这两项指标对确定建筑围护结构热工性能要求非常重要，欧洲和北美大部分国家的建筑节能规范都是依据采暖度日数作为分区指标。

现行行业标准《严寒和寒冷地区居住建筑节能设计标准》JGJ 26、《夏热冬冷地区居住建筑节能设计标准》JGJ 134 中曾给出我国部分地区、部分城镇的采暖度日数和空调度日数。本标准在原有基础研究上进行拓展，给出全国 450 个主要城镇的采暖度日数、空调度日数。

目前，我国有些省市的地方节能设计标准中给出当地的采暖度日数和空调度日数，可能会与本标准中所给数值不完全相同。产生这一差异的原因比较复杂，其中一个主要原因是二者统计原始数据的年份不完全相同。本标准给出全国各个地区采暖度日数和空调度日数的计算方法，同时也给出相应数值。主要目的是为全国建筑节能进行建筑能耗计算时提供一套相对完整、统一、可比较的数据平台。

各地方开展建筑节能工作时以本标准所提供气象参数为基础，在此基础上按照标准提供的统一计算方法进行扩展，补充更多的城镇气象数据。

在我国，30 年前的气象观测数据多为手工记录，原始数据中缺漏测现象较普遍，数据质量较差，真正具有完整 30 年原始数据可统计价值的台站数量较少。因此，编制本标准中 450 个站点的采暖度日数、空调度日数统计值时，所采用有原始观测数据的年份数 n 为 10 年（1995～2004 年）。

3.1.2 为保证采暖度日数、空调度日数统计值的准确性，地面气象观测数据最好采用逐时观测值。考虑我国目前有逐时观测值台站的台站数量和年份数不是非常普遍，也可采用每日四次、六次或八次定时观测值。观测值能够反映当地逐日气温的最高值、最低值和平均值。观测时使用的气象观测仪器性能和制定的观测方法要满足相关气象观测规范规定的准确度要求，且观测记录有代表性，能真实地反映实际气象状况。地面气象观测在观测时间、观测仪器、观测方法和数据处理等方面能够保持统一。同一个气象台站在不同时间观测的同一气象要素值能进行比较，从而能分别表示出气象要素的地区分布特征和随时间的变化特点。

原始数据需经过气候学界限值、气候极值、逻辑、内部一致性、时间一致性检查，保证地面观测记录的非实时质量控制。

3.1.3 在以前的标准规范中，有些建筑节能计算参数的计算方法不完全统一，所以目前需统一确定这些指标的计算方法。

另外有标准中提出过计算采暖期度日数。本标准所提供的采暖度日数与计算采暖期度日数在统计方法和数值上有明显区别。本标准所提供的采暖度日数是统计连续 10 年逐日的日平均气温；而计算采暖期度日数则是统计计算采暖期内的日平均气温，其统计时间长度会随所在城镇的计算采暖期天数变化而变化。在数值上，本标准所提供的采暖度日数应大于等于计算采暖期度日数。为了统一术语，本标准不再提计算采暖期度日数，但这项参数可从本标准附录 B 中给出的计算采暖期天数、计算采暖期室外平均温度计算

得到。

3.2 计算采暖期参数

3.2.1 按照现行节能设计标准的规定，严寒和寒冷地区居住建筑节能设计应将采暖能耗控制在规定的范围内，建筑的节能性能是否符合标准要求则以建筑耗热量指标为判据。该标准中规定的耗热量指标计算方法是以一维稳态传热为基础的。因此，在计算中需要用到建筑所在地冬季的室外气象参数。本条对进行节能设计计算所需要用到的冬季室外气象参数，如计算采暖期天数、计算采暖期室外平均温度以及计算采暖期各朝向平均太阳总辐射照度数值进行了规定，以统一计算的基础。

由于我国幅员辽阔，各地计算采暖期天数不一，计算采暖期天数是根据当地多年的平均气象条件计算出来的，仅供建筑节能设计计算时使用。它可以从气候角度反映采暖建筑物消耗能量的高低，是进行技术经济分析与比较等不可缺少的数据，并不指具体某地方的实际采暖期。当地的法定采暖日期是根据当地的气象条件从行政的角度确定的。两者有一定的联系，但计算采暖期天数和当地法定的采暖天数不一定相等。

目前，我国有些省市的地方节能设计标准中给出当地的计算采暖期天数或计算采暖期室外平均温度，可能会与本标准中所给数值不完全相同。产生这一差异的原因比较复杂，其中一个原因是二者统计原始数据的年份不完全相同。本标准给出全国各个地区计算采暖天数和计算采暖期室外平均温度的计算方法，同时也给出相应数值。主要目的是为全国建筑节能进行建筑能耗计算时提供一套相对完整、统一、可比较的数据平台。

各地方开展建筑节能工作时以本标准所提供气象参数为基础，在此基础上按照标准提供的统一计算方法进行扩展，补充更多城镇的气象数据。

3.2.2 本条文对温度参数的观测数据要求与第 3.1.2 条相同，同时还增加了露点温度、风速、风向、云量等观测数据的要求。原始观测数据精度和单位要求：干球温度、露点温度为 0.1℃，云量为 1 成，风速为 0.1 m/s，风向 1°。

观测数据中若存在缺测、漏测、异常数据时，应首先进行缺测记录的处理和不完整记录的统计。

3.2.3 计算采暖期是一个日平均温度稳定低于或等于采暖室外临界温度 5℃的连续时间段。对于某确定年而言，确定计算采暖期比较麻烦，因为不同年份日平均温度稳定低于或等于 5℃的连续时间段长度可能差别较大，所以确定计算采暖期天数时本标准采用了滑动平均和"先平均再计算"的方法。先将多年逐日的 5 天日平均温度的滑动平均值组成一个"日历年"，再将其变成"采暖年"，可以滤掉气象数据中频繁的

随机起伏，显示出平缓的变化趋势。以"采暖年"内第一个数值小于或等于5℃的日期作为采暖期开始日，最后一个数值小于或等于5℃的日期之后第4日作为采暖期结束日。

3.2.4 计算采暖期室外平均温度与供暖城市实际采暖期室外温度不同，它是从气象观测数据中统计计算得到的，与选用的气象观测数据的时段、时长等因素有关。确定计算采暖期是先计算逐年采暖期天数，再确定累年平均值。

需要说明，求算采暖期终日时，取第一个5日滑动平均大于等于5℃的第4天。这种方法，对于青海、西藏这些常年都很冷的地区，会出现计算出来的采暖期偏短的现象。因此在判断采暖终日时，针对上述地区附加了一个判据：在第一个5日滑动平均大于等于5℃后，要29个5日滑动平均大于等于5℃，才视为终日。

3.2.5 受太阳辐射观测台站数量的限制，截至1996年，我国仅有部分台站有太阳辐射观测值，大部分气象观测台站都没有太阳辐射的观测数据。在能够进行辐射观测的台站中，能观测逐时直射、散射辐射台站的数量更少。因此，在实际太阳辐射观测数据大范围缺少的前提下，对于没有太阳辐射观测值或太阳辐射观测值不全的台站，本标准中给出的太阳辐射值是根据太阳辐射模型计算得到的。本标准中各朝向太阳总辐射计算方法如下：

1 水平面太阳总辐射照度逐时值按公式（1）计算：

$$I_h = \frac{1}{k}\left\{I_0 \cdot sinh \cdot \left[C_0 + C_1 \cdot \frac{\alpha}{10} + C_2 \cdot \left(\frac{\alpha}{10}\right)^2 + C_3 \cdot (\theta_n - \theta_{n-3}) + C_4 \cdot \phi\right] - C_5\right\}$$

(1)

式中：$C_0 \sim C_5$，k —— 常数。

I_h —— 太阳总辐射照度（W/m²）；

I_0 —— 太阳常数（W/m²）；

h —— 太阳高度角（°）；

α —— 云量（成），范围：0~10；

θ_n —— 某时刻气温（℃）；

θ_{n-3} —— 3h前的气温（℃）；

ϕ —— 相对湿度（%）。

2 太阳辐射中法向直射辐射照度和散射辐射照度按公式（2）计算：

$$\begin{cases} I_N = K_n I_0 \\ I_d = I_h - I_N \cdot sinh \\ K_n = A_1 A_2^{-A_3 A_2^{-A_4 K_t}} \\ K_t = \frac{I_h}{I_0 \cdot sinh} \end{cases}$$

(2)

式中：$A_1 = -0.1556\,sin^2 h + 0.1028 sinh + 1.3748$；

$A_2 = 0.7973 \cdot sin^2 h + 0.1509 sinh + 3.035$；

$A_3 = 5.4307 sinh + 7.2182$；

$A_4 = 2.990$；

I_N —— 法向太阳直射辐射照度（W/m²）；

I_d —— 太阳散射辐射照度（W/m²）。

3 各朝向太阳总辐射照度应按公式（3）～（6）计算：

$$I_s = I_N cosh \cdot cos\gamma_s + 0.63 I_d + 0.1 I_h \quad (3)$$

$$I_n = I_N cosh \cdot cos\gamma_s + 0.37 I_d + 0.1 I_h \quad (4)$$

$$I_e = I_N cosh \cdot sin\gamma_s + 0.50 I_d + 0.1 I_h \quad (5)$$

$$I_w = I_N cosh \cdot sin\gamma_s + 0.50 I_d + 0.1 I_h \quad (6)$$

式中：I_s —— 南向太阳总辐射照度（W/m²）；

I_n —— 北向太阳总辐射照度（W/m²）；

I_e —— 东向太阳总辐射照度（W/m²）；

I_w —— 西向太阳总辐射照度（W/m²）；

γ_s —— 太阳方位角（°）。

其中，水平面太阳总辐射瞬时值采用"张-黄"模型计算；水平面总辐射的直散分离采用了Gompertz函数型直散分离模型；各朝向太阳总辐射值的计算引入了不等灰度天空模型。在总辐射瞬时值的计算公式中，有一些通过观测数据拟合出来的系数。理论上讲，这些系数每个地区应当不同，没有观测数据的地区是无法得到本地区系数值的。因此，未知系数地区太阳辐射的计算参照了相邻已知地区的系数。使得各地区太阳辐射值之间的相对关系基本正确，这样也保证了按照这些气象参数计算出的建筑能耗之间相对关系基本符合通常的认识。

3.2.6 本标准附录B以及附录D所列城镇的气象参数均是以气象观测数据为基础通过一定的统计计算方法计算出来的。受所掌握气象观测资料的限制，本标准最多仅能提供表中所列450个城镇的节能计算用气象参数。而在我国的行政区划中，至2009年底，全国31个省级行政区中（不包括港、澳、台地区），有333个地级行政区划单位，2858个县级行政区划单位。从城市数量看，截至2009年，我国城市数量达到654个（其中：4个直辖市、283个地级市、367个县级市）。因此，本标准所给出的城镇数量远远不及实际城镇的数量，更无法覆盖全部行政区。

在标准未涉及的地区进行节能计算，所需要用到的气象参数可以通过两种方式解决：当能够获得满足要求的气象观测数据时，可依照本标准条文及条文说明中的方法，通过计算得到该地区的节能计算用气象参数。这种方式首先要获得可靠的、足够参数和数量的气象观测数据，其次还需要对原始数据进行预处理，并在掌握气象参数（特别是典型气象年）统计计算方法的基础上，计算出所需参数。更为重要的是，对于制作出的计算用气象参数必须得到建设主管部门的批准，方可用于节能设计计算，以保证本标准编制的基本目标。另一种方式是按照本条文的规定，选用已有临近地点的气象参数作为替代，以弥补气象数据缺乏的问题。

按照《建筑气象参数标准》JGJ 35-87 中的规定，当建设地点与拟引用数据的气象台站水平距离在 50km 以内，海拔高度差在 100m 以内时可以直接引用。附录 C 中给出了附录 B 和附录 D 中未涉及的我国县级以上城镇的地理信息，以及与之距离最近的已知气象数据地点的列表。从表中可以看到，未知城市与参考地点之间符合《建筑气象参数标准》JGJ 35-87 中关于数据直接引用的规定。考虑到本标准编制的目的主要是为建筑节能设计计算提供统一的计算参数平台，而节能设计标准中进行节能计算的目的是为了评价建筑围护结构是否满足标准要求，或对设计进行优化，而并不是为了准确计算建筑负荷进行采暖空调设计。因此，统一的计算参数显然更为重要。特别是考虑到已有气象数据地点的数量少，而我国地域广大的现实情况。所以，本条文规定了可以按照附录 C 确定未知城镇的气象参数。

条文用词为"宜"，意即在标准执行中，推荐按照本条文的规定，为无气象数据城镇选取气象数据。主要是考虑这样做首先较为简单，其次也便于执行统一标准，有利于节能设计标准的贯彻执行。

计算目标城镇与参考城镇之间的球面距离宜采用本标准附录 C 条文说明中给出的高斯平均引数反算公式。

4 典型气象年参数

4.0.1 按照现行节能设计标准的要求，夏热冬冷、夏热冬暖地区居住建筑以及全部气候区的公共建筑以全年采暖空调能耗作为建筑围护结构是否满足节能设计标准要求的判据。全年采暖空调能耗要求采用动态逐时模拟的方法计算，计算需要逐时典型气象年数据。本标准提供 450 个城镇的典型气象年参数，以统一计算的基础，用于这些城镇所在区域的节能设计。

4.0.2 本标准挑选典型气象年（TMY）时，采用的数据源为中国气象局 686 个基本、基准地面气象观测站 1987~2004 年间的观测数据。作为统计室外气象参数和生成典型气象年数据的基础资料，本标准对上述的观测数据进行预处理，剔除观测数据缺漏测严重的站点，保证有完整观测数据的年份不少于 7 年，最终实际选出其中的 450 个站点。气象观测值主要包括干球温度、露点温度、气压、风速、风向、云量、地面温度、日照等气象观测要素，有条件时还包括太阳总辐射、散射辐射。观测值的采集频率为（4~8）次/d。

关于 450 个台站的原始数据代表性，按照现行行业标准《地面气候资料 30 年整编常规项目及其统计方法》QX/T 22 的有关规定，统计累年值的原始数据一般不少于 10 年。但最新气象学研究也表明，统

计资料的原始数据可放宽至不少于 7 年。本标准附录 C 所给出的 450 个站点中，有 7 年~10 年原始观测数据的台站数为 68 个，有 10 年以上原始观测数据的台站数为 382 个，可见绝大多数的台站的原始数据年份数能够满足气象学统计的要求。虽然有 68 个台站的原始数据少于 10 年，但考虑到这些数据毕竟是真实测量值，同时考虑到各地建筑节能工作的实际需要，气象参数有胜于无，所以本标准中仍将原始数据少于 10 年的台站列出（表 1）。

表 1　有不同原始数据年份数的站点统计

有原始数据的年数（年）	站点数量（个）
7~10	68
10~15	27
18	355

关于本标准用作统计资料的原始数据观测时间不足传统意义上的 30 年，这主要受所能取得的原始数据条件所限。而长期气象观测表明，近 10 年间，全球气温变化明显，目前我国很多城市的气候与 30 年前相比有一定差异，因此以近年数据作为建筑节能室外气象参数的统计基础，更能反映当前我国建筑节能需求。

4.0.3 气象参数的观测数据中存在缺测、漏测、异常的数据，应参考现行行业标准《地面气象观测规范　第 21 部分：缺损记录的处理和不完整记录的统计》QX/T 65 规定进行记录的处理统计。本标准按照以下方法进行数据的预处理：

1 温度采用调和分析的方法插补；

2 风速、云量采用直线内插的方法插补；

3 风向采用重复上一时刻的方法插补；

4 水平面太阳总辐射照度和法向直射辐射照度采用本标准第 3.2.5 条条文说明中所给出的公式计算。

4.0.4 典型气象年具有以下特征：其太阳辐射、空气温度与风速等气象数据发生频率分布与过去多年的长期分布相似；其气象参数与过去多年的参数具有相似的日参数标准连续性；其气象参数与过去多年的参数具有不同参数间的关联相似性。

国内外有很多关于计算典型气象年的文献，其中挑选典型月的方法不完全相同，最普遍的方法是构建气象参数的累积分布函数（Cumulative Distribution Functions）法，利用 Filkenstein-Schafer（Filkenstein and Schafer，1971）统计法计算 FS 值，从过去多年的气象数据中计算选择出 12 个典型月气象数据组成典型气象年。这一方法是 1978 年最先由 Hall 等人提出，后人称之为 Sandia Mothed。该方法适用于类似于气象、生物种群这类样本总体分布规律未知的数理统计。后来有关典型气象年的研究成果都遵循了 Sandia Mothed 的基本思路，只是在构建累积分布函数和挑选典型气象月（TMM）判据时略有区别。本标准所构建的累积分布函数按下式计算：

$$CDF_j = \frac{1}{n}j, \quad j = 1, 2 \cdots n \quad (7)$$

例如，在某一年给定月份的日均值被称为"短期"日均值，而若干年给定月份某一天的日均值的平均被称为"长期"日均值。设 n 是给定月份中的天数，对于给定的参数，在一个月我们有 n 个值。因此，某参数值在任何给定日出现的概率是 $1/n$。在 CDF 计算中第一步是将数据进行升序排序，然后按上述公式计算给定参数在给定月份参数的累积分布函数 CDF_j 值。本标准中长期累积分布函数值（CDF^l）为 18 年的累积分布函数 CDF_j 值；而月累积分布函数值（CDF^m）为给定月份的累积分布函数 CDF_j 值。

本标准中不同参数所采用权重系数 W_k 采用美国国家可再生能源实验室（National Renewable Energy Laboratory）的技术报告中给出的 TMY 权重系数取值，见表 2。

表 2　不同参数所采用权重系数 W_k 参数表

气象要素	最大干球温度	最小干球温度	平均干球温度	最大露点温度	最小露点温度	平均露点温度	最大风速	平均风速	太阳辐射总量
W_k	1/24	1/24	2/24	1/24	1/24	2/24	2/24	2/24	12/24

另外，本标准对 TMY 初步数据中的温度、湿度值进行月间平滑处理，采用的计算方法是将相邻月间的前后各 6h 的干球温度、露点温度进行平滑连接。其计算公式如下：

$$X_i = \frac{(12-i)}{12} \cdot X_i' + \frac{i}{12} \cdot X_i'' \quad (8)$$

式中：X_i——平滑处理后的 i 时刻数据；

　　　X_i'——前一天的 i 时刻数据；

　　　X_i''——后一天的 i 时刻数据；

　　　i——从前一天 18 时起，$i=0$；到后一天 6 时止，$i=12$。

附录 C　参考城镇表

表 C 中计算目标城镇与参考城镇间的距离（即椭球面上两点间的最短程曲线）采用了高斯平均引数反算公式，该公式可用于球面距离 200km 以下的计算。

计算步骤如下：

已知椭球面上两点经度分别为 L_1、L_2，纬度分别为 B_1、B_2。设 M 点是两点之间的中点，则 A_m、B_m、L_m、η_m、t_m、N_m、V_m 都是 M 点的参数。

其中：$t = \tan B$，$\eta^2 = e'^2 \cos^2 B$，$V = \sqrt{1 + e'^2 \cos^2 B}$，$N = \frac{a}{W}$，$W = \sqrt{1 - e^2 \sin^2 B}$，$\Delta L = L_2 - L_1$，$\Delta B = B_2 - B_1$，$B_m = \frac{1}{2}(B_1 + B_2)$，$\rho'' = 206265''$，$e = \sqrt{\frac{a^2 - b^2}{a^2}}$，$e' = \sqrt{\frac{a^2 - b^2}{b^2}}$。

大地坐标系参数：a——长半轴 6378140m；

　　　　　　　　b——短半轴 6356755.288157m；

　　　　　　　　e——椭圆第一偏心率；

　　　　　　　　e'——椭圆第二偏心率；

　　　　　　　　$e'^2 = 0.00673950181947$；

　　　　　　　　$e^2 = 0.00669438499959$。

1　计算 $S \cdot \sin A_m$，$S \cdot \cos A_m$：

$$S \cdot \sin A_m = r_{01}\Delta L'' + r_{21}\Delta B''^2 \Delta L'' + r_{03}\Delta L''^3 \quad (9)$$

$$S \cdot \cos A_m = S_{10}\Delta B'' + S_{20}\Delta B'' \Delta L''^2 + S_{30}\Delta B''^3 \quad (10)$$

其中，$r_{01} = \frac{N_m}{\rho''}\cos B_m$，

$r_{21} = \frac{N_m \cos B_m}{24\rho''^3 V_m^4}(1 + \eta_m^2 - 9\eta_m^2 t_m^2)$，

$r_{03} = -\frac{N_m}{24\rho''^3}\cos^3 B_m t_m^2$

$S_{10} = \frac{N_m}{\rho'' V_m^2}$，

$S_{20} = \frac{N_m \cos^2 B_m}{24\rho''^3 V_m^2}(-2 - 3t_m^2 - 2\eta_m^2)$，

$S_{30} = \frac{N_m}{8\rho''^3 V_m^6}(\eta_m^2 - \eta_m^2 t_m^2)$。

式中：S——大地线长度（m）；

　　　L——经度（°）；

　　　B——纬度（°）；

　　　A——大地方位角（°）。

2　计算 A_m：

$$\tan A_m = \frac{S \cdot \sin A_m}{S \cdot \cos A_m} \quad (11)$$

3　计算 S：

$$S = \frac{S \cdot \sin A_m}{\sin A_m} = \frac{S \cdot \cos A_m}{\cos A_m} \quad (12)$$

中华人民共和国行业标准

建筑热环境测试方法标准

Standard of test methods for thermal environment of building

JGJ/T 347—2014

批准部门：中华人民共和国住房和城乡建设部
施行日期：２０１５年４月１日

中华人民共和国住房和城乡建设部
公　告

第 505 号

住房城乡建设部关于发布行业标准
《建筑热环境测试方法标准》的公告

现批准《建筑热环境测试方法标准》为行业标准，编号为 JGJ/T 347-2014，自 2015 年 4 月 1 日起实施。

本标准由我部标准定额研究所组织中国建筑工业出版社出版发行。

中华人民共和国住房和城乡建设部

2014 年 7 月 31 日

前　　言

根据住房和城乡建设部《关于印发〈2008 年工程建设标准规范制订、修订计划(第一批)〉的通知》(建标[2008]102 号)的要求，标准编制组经广泛调查研究，认真总结实践经验，参考有关国际标准和国外先进标准，并在广泛征求意见的基础上，编制本标准。

本标准的主要技术内容是：1. 总则；2. 术语；3. 基本规定；4. 测试方法；5. 数据处理；6. 测试报告。

本标准由住房和城乡建设部负责管理，由华南理工大学负责具体技术内容的解释。执行过程中如有意见或建议，请寄送华南理工大学(地址：广州市天河区五山路 381 号华南理工大学建筑节能研究中心，邮编：510640)。

本 标 准 主 编 单 位：华南理工大学

本 标 准 参 编 单 位：中国建筑科学研究院
中国建筑西南设计研究院有限公司
江苏省建筑科学研究院有限公司
西安建筑科技大学
深圳市建筑科学研究院有限公司
广东省建筑科学研究院
哈尔滨工业大学
中国疾病预防控制中心
广东省疾病预防控制中心
重庆大学

本标准主要起草人员：孟庆林　张宇峰　林海燕
　　　　　　　　　　冯　雅　赵立华　许锦峰
　　　　　　　　　　刘月莉　张　磊　刘艳峰
　　　　　　　　　　杨　柳　任　俊　杨仕超
　　　　　　　　　　方修睦　戴自祝　张建鹏
　　　　　　　　　　李百战　任　鹏　李　琼
　　　　　　　　　　李　楠

本标准主要审查人员：路　宾　刘明明　龙惟定
　　　　　　　　　　由世俊　丁力行　林波荣
　　　　　　　　　　刘　鸣　金　虹　冀兆良
　　　　　　　　　　陈祖铭　刘俊跃

目　次

1　总则 ·················· 39—5

2　术语 ·················· 39—5

3　基本规定 ················ 39—5

  3.1　基本测试参数与仪器性能 ···· 39—5

  3.2　测点布置 ············· 39—5

  3.3　测试条件与时间 ········ 39—6

4　测试方法 ············· 39—6

  4.1　空气干球温度的测试 ······ 39—6

  4.2　空气相对湿度的测试 ······ 39—6

  4.3　空气流速的测试 ········ 39—7

  4.4　黑球温度的测试 ········ 39—7

  4.5　定向辐射热的测试 ········ 39—7

  4.6　表面温度的测试 ········ 39—7

5　数据处理 ············· 39—7

  5.1　基本测试参数 ·········· 39—7

  5.2　导出参数 ············· 39—8

6　测试报告 ··············· 39—9

本标准用词说明 ············ 39—9

引用标准名录 ············· 39—9

附：条文说明 ············ 39—10

Contents

1 General Provisions ·················· 39—5

2 Terms ···························· 39—5

3 Basic Requirements ················ 39—5

   3. 1 Basic Quantities and Instruments
       Requirements ················ 39—5

   3. 2 Measuring Positions ········· 39—5

   3. 3 Testing Conditions and Time ········· 39—6

4 Test Methods ···················· 39—6

   4. 1 Air Temperature ············ 39—6

   4. 2 Air Relative Humidity ········· 39—6

   4. 3 Air Velocity ················ 39—7

   4. 4 Global Temperature ········· 39—7

   4. 5 Radiant Heat of Fixed Direction ······ 39—7

   4. 6 Surface Temperature ·············· 39—7

5 Data Analysis ·················· 39—7

   5. 1 Basic Quantities ············· 39—7

   5. 2 Derived Quantities ············ 39—8

6 Report ························· 39—9

Explanation of Wording in This
Code ···························· 39—9

List of Quoted Standards ············ 39—9

Addition: Explanation of
Provisions ······················ 39—10

1 总 则

1.0.1 为规范建筑室内热环境测试方法，为室内热环境评价提供测试依据，制定本标准。

1.0.2 本标准适用于民用建筑与工业辅助性建筑的室内热环境测试。

1.0.3 建筑室内热环境测试除应符合本标准外，尚应符合国家现行有关标准的规定。

2 术 语

2.0.1 黑球温度 globe temperature

黑色薄壁球体在环境中达热平衡时，球内中心处的空气干球温度。

2.0.2 定向辐射热 radiant heat of fixed direction

某一小平面单元接收到的来自某一方向的半球辐射热流量。

2.0.3 平均辐射温度 mean radiant temperature

假想的黑色包围体均匀表面的温度，人在该包围体中的辐射换热量与在实际非均匀空间的换热量相同。

2.0.4 平面辐射温度 plane radiant temperature

包围体的均匀温度，在该包围体中某一小平面单元一侧的入射辐射热流量与实际环境中的相同。

2.0.5 响应时间 response time

测试值接近待测值90%的时间，可通过时间常数计算得到。

2.0.6 紊流强度 turbulence intensity

空气流速的标准偏差与平均值之比，以百分比形式表示。

2.0.7 头脚垂直空气温差 air temperature difference between head and feet

人体头部与脚部空气干球温度之差。

2.0.8 不对称辐射温度 radiant temperature asymmetry

某一小平面单元两侧平面辐射温度的差异。

3 基 本 规 定

3.1 基本测试参数与仪器性能

3.1.1 建筑室内热环境的基本测试参数应包括空气干球温度、空气相对湿度、空气流速、黑球温度、定向辐射热和表面温度。

3.1.2 建筑室内热环境测试仪器性能的基本要求应符合表3.1.2的规定。

表3.1.2 建筑室内热环境测试仪器性能的基本要求

测试参数	量程	测试精度
空气干球温度	$-10℃\sim50℃$	$\pm0.5℃$

续表3.1.2

测试参数	量程	测试精度
空气相对湿度	$10\%\sim100\%$	$\pm5\%$
空气流速	$0m/s\sim5m/s$	$\pm(0.05+5\%$ 读数$)m/s$
黑球温度	$0℃\sim60℃$	$\pm0.5℃$
定向辐射热	$-2kW/m^2\sim2kW/m^2$	$\pm5\%$
表面温度	$-10℃\sim60℃$	$\pm1℃$

注：空气流速的测试精度应确保在任意风向下满足规定要求，且0.9倍的响应时间不应大于0.5s。

3.1.3 仪器应按国家现行相关标准进行检定校准，并应在检定校准有效期内使用。

3.2 测点布置

3.2.1 空气干球温度、空气相对湿度、空气流速、黑球温度和定向辐射热的测点布置应符合下列规定：

1 当被测对象为四边形平面房间时，应符合下列规定：

1）当房间面积小于16m²时，应在房间平面对角线交点处布点；

2）当房间面积大于等于16m²但小于30m²时，应取房间平面最长的对角线作为布点定位线，并应在其3等分点处布点（图3.2.1a）；

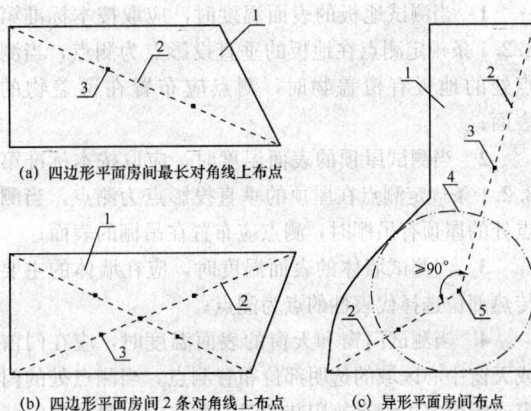

(a) 四边形平面房间最长对角线上布点

(b) 四边形平面房间2条对角线上布点　　(c) 异形平面房间布点

图3.2.1　房间平面的测点布置

1—房间平面；2—布点定位线；3—等分点；
4—最大内接圆；5—圆心

3）当房间面积大于等于30m²但小于60m²时，应取房间平面最长的对角线作为布点定位线，并应在其4等分点处布点；

4）当房间面积大于等于60m²时，应取房间平面的2条对角线作为布点定位线，并应在其交点和3等分点处布点（图3.2.1b）。

2 当被测对象为异形平面房间时，应符合下列规定：

1） 当房间面积小于 16m² 时，应在房间平面的最大内接圆圆心处布点；

2） 当房间面积大于等于 16m² 但小于 30m² 时，应取房间平面最大内接圆圆心与房间角部连线中最长的且夹角不小于 90°的 2 条连线作为布点定位线，并应在该圆心及 2 条定位线的 2 等分点处布点（图 3.2.1c）；

3） 当房间面积大于等于 30m² 时，应取房间平面最大内接圆圆心与房间角部连线中最长的且夹角不小于 90°的 2 条连线作为布点定位线，并应在该圆心及 2 条定位线的 3 等分点处布点。

3.2.2 空气干球温度和空气流速的测点布置高度应按表 3.2.2 选取。

表 3.2.2 空气干球温度和空气流速的测点布置高度（m）

坐姿	站姿	对应人体部位
1.10	1.70	头部
0.60	1.10	腹部
0.10	0.10	脚踝

注：坐姿和站姿指测点处人员的主要活动情况。

3.2.3 空气相对湿度、黑球温度和定向辐射热的测点布置高度，坐姿应取 0.6m，站姿应取 1.1m。

3.2.4 表面温度的测点布置应符合下列规定：

1 当测试地板的表面温度时，应取按本标准第 3.2.1 条规定测点在地板的垂直投影点为测点，当测点处的地板有覆盖物时，测点应布置在覆盖物的表面；

2 当测试屋顶的表面温度时，应取按本标准第 3.2.1 条规定测点在屋顶的垂直投影点为测点，当测点处的屋顶有吊棚时，测点应布置在吊棚的表面；

3 当测试墙体的表面温度时，应在墙体的主要传热部位选择代表性的点为测点；

4 当测试门窗和天窗的表面温度时，应在门窗或天窗中心区域的透明部位布置测点，当测点处的门窗或天窗室内侧有遮阳装置时，测点应布置在遮阳装置的表面。

3.3 测试条件与时间

3.3.1 建筑室内热环境测试，应在被测环境的主动和被动热环境调节手段、室内人员和主要发热设备处于正常工作状态时进行。

3.3.2 当对采暖状态下的建筑热环境进行工程评价测试时，应在设计设定的天气条件，或在室内外温差不小于设计温差的 50%且多云或少云天气条件下进行。

3.3.3 当对空调状态下的建筑热环境进行工程评价

测试时，应在设计设定的天气条件，或在室内外温差和相对湿度差不小于设计温差和设计湿度差的 50%且晴或少云天气条件下进行。

3.3.4 当对自然通风或机械通风状态下的建筑热环境测试时，应在典型天气条件下进行。

3.3.5 每次测试的测试时段不应少于被测环境的典型使用时段，数据记录时刻的时间间隔不应大于 30min。

4 测 试 方 法

4.1 空气干球温度的测试

4.1.1 空气干球温度宜采用热电偶、铂电阻、热敏电阻的数字式温度计或水银温度计进行测试。

4.1.2 温度计的测头应设置辐射热防护罩，辐射热防护罩应符合下列规定：

1 辐射热防护罩应为两端开口的圆筒，圆筒的内径尺寸应满足当圆筒内置入测头时的通风过流面积不小于圆筒内径面积的 50%，圆筒长度应为其内径的（2～4）倍；

2 辐射热防护罩内、外表面应采用半球发射率不大于 0.04 且太阳辐射吸收系数不大于 0.15 的光面金属箔。

4.1.3 测试时，应将测头置于辐射热防护罩中部，辐射热防护罩的开口不得朝向房间的冷热源。

4.1.4 当采用水银温度计测试时，除符合本标准外，尚应符合现行国家标准《公共场所空气温度测定方法》GB/T 18204.13 的有关规定。

4.2 空气相对湿度的测试

4.2.1 空气相对湿度宜采用通风干湿球温度计、露点湿度计或电子式湿度计进行测试。

4.2.2 当采用通风干湿球温度计测试时，应符合下列规定：

1 应采用符合现行行业标准《气象用湿球纱布》QX/T 35 要求的纱布完全包裹测头并固定，纱布包裹层数应为（2～3）层，纱布下端应浸入蒸馏水水壶，测头至壶口的距离应为 30mm～50mm；

2 测头应设置辐射热防护罩，辐射热防护罩应符合本标准第 4.1.2 条的规定；

3 辐射热防护罩内应设置强制通风装置，罩内过流风速不应低于 2.5m/s；

4 测试时，辐射热防护罩的开口不得朝向房间的冷热源。

4.2.3 当采用通风干湿球温度计测试时，辐射防护罩的强制通风不得对附近的空气流速测试产生干扰。

4.2.4 当采用露点湿度计或电子式湿度计测试时，应符合现行国家标准《湿度测量方法》GB/T 11605

的有关规定。

4.3 空气流速的测试

4.3.1 空气流速宜采用热电风速计进行测试。

4.3.2 当使用有方向性的风速计时，应保证测头正对来流方向。

4.3.3 测试时，每次数据记录应连续读数 3min，读数的时间间隔不应大于 0.5s。

4.3.4 测试应避免人员或其他测试仪器对测点附近的气流产生干扰。

4.4 黑球温度的测试

4.4.1 黑球温度应采用黑球温度计进行测试。

4.4.2 当测点处有太阳直射时，应采用球体外表面太阳辐射吸收系数为 0.65～0.75 且直径为 40mm～50mm 的黑球温度计。

4.4.3 测试时，应避免测点附近人员或其他测试仪器产生的风速或辐射热干扰。

4.5 定向辐射热的测试

4.5.1 定向辐射热应采用辐射热计进行测试。

4.5.2 每处测点应测试上下、前后、左右共 6 个方向的定向辐射热，各方向的定向方法应符合下列规定：

1 当确定上下方向时，应将辐射热计水平放置，并应以测头面向上者为"上"，测头面向下者为"下"；

2 当确定前后或左右方向时，应将辐射热计竖直放置，按顺时针方向旋转并每隔 15°读取辐射热值，应将辐射热值的绝对值最大者对应的方向定为"前"，其相反的方向定为"后"，其逆时针旋转 90°的方向定为"左"，其顺时针旋转 90°的方向定为"右"。

4.5.3 测试时，应避免测点附近人员或其他测试仪器产生的辐射热干扰。

4.6 表面温度的测试

4.6.1 表面温度宜采用热电偶、铂电阻或热敏电阻的数字式温度计进行测试。

4.6.2 当测试非透明表面的表面温度时，应符合下列规定：

1 应对测头及其引出的 80mm～100mm 长导线做绝缘处理；

2 应将测头及其引出的 80mm～100mm 长导线埋入或贴附于被测表面，当采用埋入做法时，埋入深度不应大于 1.0mm 并应保证测头和导线与表面紧密接触，当采用贴附做法时，应确保测头和导线与被测表面粘贴密实，粘贴面不应残留气泡；

3 应对布置测头和导线的部位做表面处理，应使该表面的发射率与被测表面的发射率相差不大

于 10%。

4.6.3 当测试透明表面温度时，应符合下列规定：

1 应采用热电偶测试，测头直径不应大于 1.0mm，引出导线直径不应大于 0.3mm；

2 应对热电偶测头及其引出的 80mm～100mm 长导线做绝缘处理；

3 应采用透明材料将测头和导线与被测表面粘贴密实，粘贴面不应残留气泡。

5 数 据 处 理

5.1 基本测试参数

5.1.1 空气干球温度的数据处理应符合下列规定：

1 某测点的逐时刻空气干球温度应取该测点在测试时段上各时刻的记录数据；

2 某测点的空气干球温度应为该测点在测试时段上逐时刻空气干球温度平均值；

3 房间某测试高度的空气干球温度应为该测试高度上各测点的空气干球温度平均值；

4 房间的空气干球温度应为房间各测试高度的空气干球温度平均值。

5.1.2 空气相对湿度的数据处理应符合下列规定：

1 某测点逐时刻空气相对湿度应取该测点在测试时段上各时刻的记录数据；

2 当采用通风干湿球温度计测试时，某测点逐时刻相对湿度应按下列公式计算：

$$\varphi = \frac{P_{q,b}(t_s) - A(t_a - t_s)B}{P_{q,b}(t_a)} \times 100\%$$

(5.1.2-1)

$$P_{q,b}(t_a) = \text{EXP} \left[\begin{array}{l} \dfrac{-5800.2206}{t_a + 273} + 1.3914993 - 0.04860239 \\ (t_a + 273) + 0.41764768 \times 10^{-4}(t_a + 273)^2 \\ -0.14452093 \times 10^{-7}(t_a + 273)^3 \\ + 6.5459673 \ln(t_a + 273) \end{array} \right]$$

(5.1.2-2)

$$P_{q,b}(t_s) = \text{EXP} \left[\begin{array}{l} \dfrac{-5800.2206}{t_s + 273} + 1.3914993 - 0.04860239 \\ (t_s + 273) + 0.41764768 \times 10^{-4}(t_s + 273)^2 \\ -0.14452093 \times 10^{-7}(t_s + 273)^3 \\ + 6.5459673 \ln(t_s + 273) \end{array} \right]$$

(5.1.2-3)

式中：φ——某测点的逐时刻空气相对湿度（%）；

t_a——该测点某时刻的空气干球温度（℃）；

t_s——该测点某时刻的空气湿球温度（℃）；

$P_{q,b}(t_a)$——对应于 t_a 的饱和水蒸气压力（Pa）；

$P_{q,b}(t_s)$——对应于 t_s 的饱和水蒸气压力（Pa）；

A——温度计系数，取 0.000677；

B——测试时大气压（Pa）。

3 某测点的空气相对湿度应为该测点在测试时段上逐时刻空气相对湿度的平均值；

4 房间的空气相对湿度应为房间各测点的空气相对湿度平均值。

5.1.3 空气流速的数据处理应符合下列规定：

1 某测点的逐时刻空气流速应按下式计算：

$$v_a = \frac{1}{n} \sum_{i=1}^{n} v_{ai} \qquad (5.1.3)$$

式中：v_a——某测点的逐时刻空气流速（m/s）；

v_{ai}——该测点某时刻的第 i 个空气流速的读数（m/s）；

n——该测点某时刻的连续读数的个数。

2 某测点的空气流速应为该测点在测试时段上逐时刻空气流速的平均值。

3 房间某测试高度的空气流速应为该测试高度上各测点的空气流速平均值。

4 房间的空气流速应为房间各测试高度的空气流速平均值。

5.1.4 某测点的逐时刻黑球温度应取测试时段上该测点各时刻的黑球温度记录值。

5.1.5 某测点某方向的逐时刻定向辐射热应取测试时段上该测点该方向的各时刻的定向辐射热记录值。

5.1.6 表面温度的数据处理应符合下列规定：

1 应按地板表面温度、屋顶表面温度、墙体表面温度、门窗或天窗表面温度分别进行数据处理；

2 某表面某测点的逐时刻表面温度应取测试时段上各时刻的表面温度记录数据；

3 某表面某测点的表面温度应为该测点在测试时段上逐时刻表面温度的平均值；

4 房间某表面的表面温度应为房间该表面各测点的表面温度平均值。

5.2 导 出 参 数

5.2.1 房间的头脚垂直空气温差应按下式计算：

$$\Delta t_{a,v} = t_{a,h} - t_{a,f} \qquad (5.2.1)$$

式中：$\Delta t_{a,v}$——房间的头脚垂直空气温差（℃）；

$t_{a,h}$——房间头部测试高度的空气干球温度（℃），应按本标准第 5.1.1 条第 3 款确定；

$t_{a,f}$——房间脚踝测试高度的空气干球温度（℃），应按本标准第 5.1.1 条第 3 款确定。

5.2.2 紊流强度的数据处理应符合下列规定：

1 某测点的逐时刻紊流强度应按下式计算：

$$TU = \frac{\sqrt{\frac{1}{n-1} \sum_{i=1}^{n} (v_{ai} - v_a)^2}}{v_a} \times 100 \qquad (5.2.2)$$

式中：TU——某测点的逐时刻紊流强度（%）；

v_a——该测点某时刻的空气流速（m/s），应按本标准第 5.1.3 条第 1 款确定；

v_{ai}——该测点某时刻的第 i 个空气流速的读数（m/s）；

n——该测点某时刻的连续读数的个数。

2 某测点的紊流强度应为该测点在测试时段上逐时刻紊流强度的平均值；

3 房间某测试高度的紊流强度应为该测试高度上各测点的紊流强度平均值；

4 房间的紊流强度应为房间各测试高度的紊流强度平均值。

5.2.3 平均辐射温度的数据处理应符合下列规定：

1 某测点逐时刻平均辐射温度应按下列公式计算：

$$\bar{t}_r = \left[(t_g + 273)^4 + \frac{0.25 \times 10^8}{\varepsilon_g} \left(\frac{|t_g - t_a|}{D} \right)^{1/4} \right.$$
$$\left. \times (t_g - t_a) \right]^{1/4} - 273 \text{（自然对流）} \qquad (5.2.3-1)$$

$$\bar{t}_r = \left[(t_g + 273)^4 + \frac{1.1 \times 10^8 \times v_a^{0.6}}{\varepsilon_g \times D^{0.4}} (t_g - t_a) \right]^{1/4}$$
$$- 273 \text{（强制对流）} \qquad (5.2.3-2)$$

式中：$\bar{t}_r$——某测点的逐时刻平均辐射温度（℃）；

t_g——该测点某时刻的黑球温度（℃），应按本标准第 5.1.4 条确定；

t_a——该测点某时刻的空气干球温度（℃），应按本标准第 5.1.1 条第 1 款确定；

ε_g——黑球的发射率；

D——黑球直径（m）。

2 某测点的平均辐射温度应为该测点在测试时段上逐时刻平均辐射温度的平均值；

3 房间的平均辐射温度应为房间各测点的平均辐射温度平均值。

5.2.4 某测点某方向的逐时刻平面辐射温度应按下式计算：

$$t_{pr} = \left[\frac{E}{\sigma} + (t_c + 273)^4 \right]^{1/4} - 273 \qquad (5.2.4)$$

式中：t_{pr}——某测点某方向的逐时刻平面辐射温度（℃）；

E——该测点该方向的某时刻定向辐射热（W/m²），应按本标准第 5.1.5 条确定；

σ——斯蒂芬-玻尔兹曼常数（W/(m²·K⁴)），取 5.67×10^{-8} W/(m²·K⁴)；

t_c——该测点该时刻该方向的辐射热传感器温度（℃）。

5.2.5 不对称辐射温度的数据处理应符合下列规定：

1 某测点某方向的逐时刻不对称辐射温度应为测试时段上该测点该方向的逐时刻平面辐射温度与该测点相反方向的逐时刻平面辐射温度之差的绝对值，某测点某方向的逐时刻平面辐射温度应按本标准第

5.2.4 条确定；

2 某测点某方向的不对称辐射温度应为该测点在测试时段上各时刻该方向的不对称辐射温度平均值；

3 房间某方向的不对称辐射温度应为房间各测点该方向的不对称辐射温度平均值。

6 测试报告

6.0.1 测试报告应包括下列基本信息：

1 报告的名称、编号及页码、委托单位名称和地址；

2 被测建筑物名称和地址；

3 被测房间在建筑物中的位置；

4 测试目的及依据；

5 测试单位名称及地址；

6 测试人、审核人和批准人。

6.0.2 测试报告应包括下列状态条件内容：

1 围护结构可调节部位的使用状态；

2 环境控制设备的工作状态；

3 室内人员和主要发热设备的工作状况；

4 测试日的天气状况。

6.0.3 测试报告应包括下列测试信息：

1 测试方法；

2 仪器名称、型号、测试量程、精度及响应时间；

3 测点平面、剖面布置图，测点高度或定位方向，测点数；

4 测试仪器的安装方法；

5 测试起止时间及记录时间间隔。

6.0.4 测试报告应包括基本测试参数和导出参数的数据处理过程及计算公式等。

6.0.5 测试结果应包括基本测试参数和导出参数。

6.0.6 测试报告宜包括被测室内环境、仪器及测点布置等情况图片。

本标准用词说明

1 为便于在执行本标准条文时区别对待，对要求严格程度不同的用词说明如下：

　　1）表示很严格，非这样做不可的：
　　　　正面词采用"必须"，反面词采用"严禁"；

　　2）表示严格，在正常情况下均应这样做的：
　　　　正面词采用"应"，反面词采用"不应"或"不得"；

　　3）表示允许稍有选择，在条件许可时首先应这样做的：
　　　　正面词采用"宜"，反面词采用"不宜"；

　　4）表示有选择，在一定条件下可以这样做的，采用"可"。

2 条文中指明应按其他有关标准执行的写法为："应符合……的规定"或"应按……执行"。

引用标准名录

1 《湿度测量方法》GB/T 11605

2 《公共场所空气温度测定方法》GB/T 18204.13

3 《气象用湿球纱布》QX/T 35

中华人民共和国行业标准

建筑热环境测试方法标准

JGJ/T 347—2014

条 文 说 明

制 订 说 明

《建筑热环境测试方法标准》JGJ/T 347－2014，经住房和城乡建设部 2014 年 7 月 31 日以第 505 号公告批准、发布。

本标准编制过程中，编制组进行了广泛的调查研究，总结了国家现行标准《室内热环境条件》GB/T 5701、《民用建筑热湿环境评价标准》GB/T 50785 和《采暖通风与空气调节工程检测技术规程》JGJ/T 260 等应用的实际经验，同时参考了《Ergonomics of thermal environment-Analyticaldetermination and interpretation of thermal comfort using calculation of the PMV and PPD indices and local thermal comfortcriteria》ISO 7730-2005、《Thermal Environmental Conditions for Human Occupancy》ASHRAE Standard 55-2004 等国外先进技术标准，通过对热环境进行实际测试验证，确定了本标准的测试要求和数据处理方法。

为便于广大设计、施工、管理和科研院校等单位的有关人员在使用本标准时能正确理解和执行条文规定，《建筑热环境测试方法标准》编制组按章、节、条顺序编制了本标准的条文说明，对条文规定的目的、依据以及执行中需要注意的有关事项进行了说明。但是，本条文说明不具备与标准正文同等的法律效力，仅供使用者作为理解和把握标准规定的参考。

目 次

1 总则 ················· 39—13

2 术语 ················· 39—13

3 基本规定 ············· 39—13

  3.1 基本测试参数与仪器性能 ···· 39—13

  3.2 测点布置 ············· 39—14

  3.3 测试条件与时间 ········ 39—15

4 测试方法 ············· 39—15

  4.1 空气干球温度的测试 ····· 39—15

  4.2 空气相对湿度的测试 ····· 39—15

4.3 空气流速的测试 ············ 39—15

4.4 黑球温度的测试 ············ 39—15

4.5 定向辐射热的测试 ·········· 39—16

4.6 表面温度的测试 ············ 39—16

5 数据处理 ················· 39—16

  5.1 基本测试参数 ············ 39—16

  5.2 导出参数 ··············· 39—16

6 测试报告 ················· 39—17

1 总 则

1.0.1 本标准规定了建筑室内热环境的测试方法以及与室内热环境测试有关的室外天气条件。

1.0.2 本标准以建筑室内热环境的人体舒适性为出发点，适用于人员使用和活动为主的舒适性建筑，即民用建筑和工业辅助性建筑。

2 术 语

2.0.1~2.0.4 建筑室内各表面的热辐射影响人体舒适性。黑球温度和定向辐射热是辐射影响的测试参数，平均辐射温度和平面辐射温度是辐射影响的表征参数。以上术语在已发布的标准中较为分散或不全，在本标准中统一规定。

黑球温度术语参考《Hot environments-Estimation of the heat stress on working man, based on the WBGT-index（wet bulb globe temperature）》ISO 7243 - 1989；定向辐射热术语参考现行国家标准《高温作业分级》GB/T 4200；平均辐射温度和平面辐射温度术语参考现行国家标准《室内热环境条件》GB/T 5701。

2.0.5、2.0.6 因自然通风和风扇的普遍性，建筑室内热环境的气流变化较为丰富。空气流速的动态变化可影响人体舒适性。响应时间为测试空气流速变化的仪器要求，紊流强度为表征空气流速变化影响的指标，在本标准中加以说明。术语参考现行国家标准《室内热环境条件》GB/T 5701。

2.0.7、2.0.8 头脚垂直空气温差和不对称辐射温度是计算局部不适指标的必要参数。术语参考现行国家标准《室内热环境条件》GB/T 5701。

3 基 本 规 定

3.1 基本测试参数与仪器性能

3.1.1 本标准依据国内外现行建筑室内热环境评价方法和相关的测试标准，结合我国目前工程检测与评价现状，确定建筑室内热环境测试的 6 个基本测试参数。

需要说明的是，空气干球温度、空气相对湿度、空气流速和由黑球温度导出的平均辐射温度是用于计算全身热舒适指标 PMV、PPD 的必要参数；空气干球温度、空气流速及其导出量紊流强度是计算冷吹风感不满意百分比的必要参数；头脚部空气干球温度是计算垂直温差不满意百分比的必要参数；由定向辐射热导出的平面辐射温度是计算各种不对称辐射不满意百分比的必要参数；地板的表面温度是计算冷暖地板

不满意百分比的必要参数。

本标准在确定基本测试参数时，也考虑到了国内建设行业检测机构对建筑热环境测试的经验和习惯，例如，与空气绝对湿度相比，空气相对湿度的应用更广，测试仪器更为多见和普遍，也与热舒适评价指标关系密切，因此以空气相对湿度作为本标准的基本测试参数；平均辐射温度是影响人体热舒适的基本参数，但目前国内还没有直接可测的仪器，而测试黑球温度是获取平均辐射温度的方法之一，因其测试方法成熟、应用普及，故将黑球温度作为基本测试参数。同理，选择定向辐射热作为面向平面辐射温度的基本测试参数。

表面温度作为基本测试参数的意义在于：其一，因冷热地板引起的局部不适只能由地板表面温度计算得到，其他参数无法替代；其二，平均辐射温度和平面辐射温度可由房间各表面的温度计算得到；其三，表面温度测试可提供辐射较强表面或部位的详细信息。

3.1.2 参考建筑室内热环境测试仪器标准《Ergonomics of the thermal environment-Instruments for measuring physical quantities》ISO 7726 - 1998（中文名称：热环境工效学—物理量测试仪器）（以下简称 ISO 7726），结合我国各地气候条件和建筑室内热环境现状，以及我国相关测试仪器的市场和使用现状，确定测试仪器的基本性能要求。

ISO 7726 在建筑室内热环境研究基础上，提出面向舒适性评价的测试仪器性能基本要求如表 1 所示：

表 1　ISO 7726 面向舒适性评价的测试仪器性能基本要求

测试参数	量程	测试精度
空气干球温度	10℃～40℃	±0.5℃
空气绝对湿度	0.5kPa～3.0kPa	±0.15kPa
空气流速	0.05m/s～1m/s	±（0.05+5%读数）m/s
平均辐射温度	10℃～40℃	±2℃
定向辐射热	−35W/m² ～35W/m²	±5W/m²
表面温度	0℃～50℃	±1℃

在仪器精度方面，考虑到国际标准 ISO 7726 的规定有较多研究和实践积累，较为成熟可靠，且可与国内相关标准顺利衔接，目前普遍使用的仪器也易实现，故主要参照 ISO 7726 确定仪器的精度要求。其中，空气绝对湿度和平均辐射温度在本标准中替换为空气相对湿度和黑球温度，精度要求作相应调整；定向辐射热考虑到与国内广泛执行的现行国家标准《公共场所辐射热测定方法》GB/T 18204.17 衔接，作相应调整。

在仪器量程方面，因 ISO 7726 主要面向欧美发达国家业已广泛普及的采暖空调建筑，而我国目前的空调采暖普及率不及发达国家，南北方还普遍存在自然通风建筑，故在广泛调研我国自然通风建筑室内热环境现状的基础上，对量程要求作相应调整。

通过科技期刊文献搜索，查阅近年来我国南北方不同气候地区在自然通风建筑所做的室内热环境研究，获得以下参考信息（表2和表3）：

表2 我国自然通风建筑室内热环境的冬季测试结果

热工分区	城市	测试时间及地点	空气干球温度范围	空气相对湿度范围	空气流速范围	平均辐射温度范围
严寒地区	哈尔滨	2000及2001年冬季，住宅	(12～25.6)℃	22%～53%	(0.01～0.22) m/s	(12.2～34.4)℃
寒冷地区	北京	2008.12－2009.3，农宅	(6.1～22.3)℃	20%～78%	(0.02～1.09) m/s	—
寒冷地区	北京	2011.11－12，住宅	(16.2～23.1)℃	19%～63%	约0.05m/s	—
夏热冬冷地区	上海	2011.11－12，住宅	(12.6～21.6)℃	53%～84%	约0.05m/s	—
夏热冬冷地区	武汉	2007.10－2008.1，教室	(8.9～23.1)℃	36%～88%	—	—
夏热冬冷地区	重庆	2006.1，教室	(8.8～15.3)℃	77%～95%	(0.01～0.16) m/s	—

表3 我国自然通风建筑室内热环境的夏季测试结果

热工分区	城市	测试时间及地点	空气干球温度范围	空气相对湿度范围	空气流速范围	平均辐射温度范围
寒冷地区	北京	1998.7，住宅	(26～31)℃	53%～88%	(0.02～1.5) m/s	—
夏热冬冷地区	重庆	2006.7，教室	(29.7～38.1)℃	42%～89%	(0.16～0.53) m/s	—
夏热冬暖地区	广州	2008.5－10，教室及宿舍	(25.4～34.4)℃	49%～82%	0～2.8m/s	(26.7～35.7)℃

综合表2和表3可知，我国自然通风建筑的室内空气干球温度范围约为0～40℃。考虑严寒和夏热冬冷地区冬季不采暖的个别情况及常见的仪器性能，温度量程下限调整为－10℃，考虑夏热冬暖地区夏季非空调的个别情况及常见的仪器性能，温度上限调整至50℃。

相应的，空气相对湿度范围约为10%～100%，现有仪器设备容易实现，故以此作为量程要求。空气流速范围约为（0～3）m/s，考虑以上研究的局限性和风扇在夏季的普遍使用，以及瞬时风速较大的情况，空气流速测试仪器的量程上限调整为5m/s。

由较为有限的平均辐射温度测试结果可推知，黑球温度可高于空气干球温度。结合目前黑球温度计的测试性能，确定黑球温度测试仪器的基本量程为0℃～60℃。

定向辐射热参照现行国家标准《公共场所辐射热测定方法》GB/T 18204.17确定量程要求，并对冷辐射加以考虑。表面温度测试仪器的量程要求参照空气干球温度确定，并适当提高上限。

建筑物的室内气流受各种因素（开窗、风扇和空调送回风等）影响作用，较温湿度和辐射而言，更为活跃，无论是大小还是方向，均有可能随时发生变化。标准从全身舒适性和局部吹风不适感两个角度出发，提出方向性和响应时间两个空气流速测试仪器的额外要求。因人体可感知来自不同方向的气流，且对风速向量的绝对值敏感，故要求空气流速的测试精度在任意风向下满足。有研究表明，人体对频率1Hz以下的气流动态变化敏感，故要求仪器0.9倍的响应时间不应大于0.5s（0.9倍的响应时间在数值上等于2.3倍的时间常数）。

使用集成式仪器，如热舒适仪和WBGT指数仪时，应分别查看其各项基本参数的测试量程、精度及相关要求是否满足本条规定。

3.2 测点布置

3.2.1 建筑室内热环境为人所感受，服务于人，建筑室内热环境测试时应主要在人员使用和活动位置布置测点。但事实上，人员的位置或固定（办公室）或活动（商场），或已知（既有建筑）或未知（新建建筑），或多（大型会议室和体育场馆）或少（住宅），同时，受采暖空调和围护结构设计等影响，各位置处的热环境或相近（同一空调送风区域）或相异（临近大玻璃、门口），如果要求在多数或典型的人员使用和活动位置处布置测点，实际中很难操作。因此，本标准参照现行国家标准《民用建筑热湿环境评价标准》GB/T 50785和《公共场所空气干球温度测定方法》GB/T 18204.13等提出了测点布置要求，其中，考虑到建筑平面设计的多样化，尤其在公共建筑中容易出现有别于四边形的异形房间，对异形平面房间的测点布置做出了相应规定，提出了采用异形平面房间最大内接圆定位的方法，一定程度上把测点确定在异形房间中人员使用和活动的主要区域，可以避免现场测试布点的随意性。

3.2.2 空气干球温度对人体舒适性影响最为显著，且在建筑室内热环境中容易因局部热源、温差或气流等因素作用出现分布不均。空气流速变动丰富，受门窗、风扇和空调气流组织等影响，也易出现分布不均。有研究表明，人体不同部位的热感觉对全身热感觉及舒适性有显著影响，其中，头脸部的影响较大，胸腹部次之，下半身较小。此外，现行标准规定对建筑室内热环境作垂直温差方面的考察和评价，这要求测试头脚处的空气干球温度。因此，本标准参照 ISO 7726，规定测点应设置在头部、腹部和脚踝对应的三个高度上。

3.2.3 相对湿度、黑球温度和定向辐射热对人体舒适性的影响相对较弱，且在不同高度上的分布较为均匀。0.6m 和 1.1m 分别对应坐姿和站姿人体的腹部位置。本条文亦参照 ISO 7726。

3.2.4 铺设在地板的覆盖物、吊设在屋顶下的吊棚和门窗室内侧的遮阳装置，是与人体发生实际换热的表面，测试应在其表面进行。

3.3 测试条件与时间

3.3.1 本条文规定了建筑方面的测试条件。正常工作状态是指门窗、风扇等被动调节手段状态正常，采暖、空调、机械通风等主动调节手段正常运行，室内人员正常活动，室内主要发热设备运转正常。

3.3.2、3.3.3 本条文针对安装和使用采暖或空调设备的建筑，为其采暖或空调设计评价提供参考，部分内容也参照现行国家标准《室内热环境条件》GB/T 5701 第 7.4 条。

3.3.4 本条文针对建筑处于自然通风或机械通风的情况。典型天气是指历年中较为常见的天气。

3.3.5 由于测试目的不同测试周期的长短也不同，本标准规定以典型使用时段为最低限，强调测试应起码涵盖人员使用建筑环境的一个完整周期，如办公室应测试 8h。考虑仪器的响应时间和连续测试的必要性，规定测试时间间隔不超过 30min。

4 测 试 方 法

4.1 空气干球温度的测试

4.1.2、4.1.3 当温度探头与热源相邻时，测得的温度不是实际的空气干球温度，而是介于空气干球温度和平均辐射温度之间的温度，此时应注意保护温度探头不受辐射的影响。

常见的防辐射方法是在感温部分加设辐射热防护罩，一般为内外表面贴反射型金属箔（如铝箔）的圆筒。防护罩应保留足够空间给感温探头，以形成自然的空气流动。或加装小型风扇驱动防护罩内的空气流动，此时应注意将感温探头置于风扇的吸风段，以免风扇发热对测试产生影响。

筒长与内径的比例越大，防辐射效果（指防止圆筒开口处入射辐射热的影响）越好，通风效果越差；反之，通风好而防辐射差。综合考虑，一般的建筑室内，风速小而辐射不强，故以加强通风为先确定比例要求，同时要求测试时开口不应朝向房间的冷热源。

4.1.4 现行国家标准《公共场所空气温度测定方法》

GB/T 18204.13 给出了玻璃液体温度计的测定步骤和读数方法。

4.2 空气相对湿度的测试

4.2.2 如果湿纱布未包裹整个感温部分，包裹部分会因蒸发冷却而达到湿球温度，而未包裹部分未被冷却，接近干球温度，两部分间导热，从而造成湿度测试的误差。湿润纱布的水应用蒸馏水，因为含盐的水可能造成水蒸气分压力降低，自来水可能使纱布硬结。与空气干球温度测试相同，湿度测试的感温部分也应采取防辐射处理。采用强制通风使测头风速不低于 2.5m/s，才能保证空气与水的热湿平衡。本条文参照了国家现行标准《公共场所空气湿度测定方法》GB/T 18204.14 和《地面气象观测规范 第 6 部分：空气温度和湿度观测》QX/T50。

4.3 空气流速的测试

4.3.2 指对方向敏感的热电风速计。此类风速计一般在测头处刻有标记，测试空气流速时，应保持有标记面正对来流方向。可用烟雾确定来流方向。

4.3.3 参见本标准 3.1.2 条的条文说明，建筑室内气流十分活跃，无论是大小还是方向，均有可能随时发生变化。本标准 3.1.2 条规定空气流速测试仪器 0.9 倍的响应时间不应大于 0.5s。参照 ISO 7726 表 2 和现行国家标准《室内热环境条件》GB/T 5701 第 7.3.1 条，提出空气流速读数的持续时间和时间间隔要求。

4.3.4 如测试人员应处于下风向，如避免通风干湿球温度计的强制通风对风速计测头处气流的干扰。

4.4 黑球温度的测试

4.4.1 单独的黑球温度计较为少见，一般与干湿球温度计组合而成 WBGT 指数仪，或再加风速计而成热舒适仪。

4.4.2 这种情况在大玻璃幕墙建筑中容易出现。当测点处有太阳直射时，太阳辐射对黑球温度有较大影响。为准确测试太阳辐射对人体的影响，应从人体表面的太阳辐射吸收系数和有效照射面积比两方面，对黑球温度测试作相应规定。查阅有关资料得知，着中间色服装的人体表面太阳辐射吸收率约为 0.7，故规定球体表面的太阳辐射吸收系数应为 0.65～0.75。有效照射面积比跟太阳和人体的相对位置以及人体的姿势有关，情况较为复杂，暂不规定。

受太阳辐射变化的影响，透过玻璃进入室内的短波辐射和玻璃自身的长波辐射在短时间内可能发生剧烈变化。通常使用的黑球温度计直径为 0.15m，因其热惯性大，响应时间长，一般需要 20min～30min 才能稳定。当测试环境的辐射变化较快时，在黑球温度计未达稳定前，环境辐射便可能发生变化，如此将无法测得准确数值。有研究表明，使用涂黑乒乓球（直径约 40mm）制作而成的黑球温度计，其响应时间仅为标准黑球温度计的一半，且其测试精度与标准黑球温度计接近。目前市场常见的小直径黑球温度计尺寸在 40mm～50mm 之间，响应时间较短，故推荐在有太阳直射时选用直径为 40mm～50mm 的黑球温度计。

另外，圆球形黑球温度计可能过高估计人体接收的来自上下两个方向，也即吊顶和地面的辐射（参见表 4）。对于冷辐射吊顶或地板采暖房间，建议使用椭球型黑球温度计。人体的主要活动姿势不同时，椭球型黑球温度计的测头摆放倾角也应跟随变化，站姿时长轴垂直放置，坐姿时倾斜 30°。

表 4　投影面积系数

姿势	物体	方向		
		上/下	左/右	前/后
站姿	人体	0.08	0.23	0.35
	圆球	0.25	0.25	0.25
	椭球	0.08	0.28	0.28
坐姿	人体	0.18	0.22	0.30
	圆球	0.25	0.25	0.25
	椭球	0.18	0.22	0.28

4.4.3　如测试人员不应站立在黑球与环境主要辐射表面之间。黑球温度与空气干球温度、空气流速和环境各表面辐射均有关（参见本标准 5.2.3 条的条文说明）。

4.5　定向辐射热的测试

4.5.1　定向辐射热计由黑白片组成，利用黑片吸收辐射热和抛光金属白片反射辐射热的特性，测试一定辐射热作用下黑白片间的温差，以此得到入射的定向辐射热。

4.5.2　如本标准第 3.1.1 条条文说明所述，由定向辐射热导出的平面辐射温度用于计算各种不对称辐射不满意百分比。目前相关评价标准规定的不对称辐射可由冷/暖吊顶或冷/暖墙引起，对应每种情况，均需测试相对两个方向上的定向辐射热。故规定应对上下、左右、前后 6 个方向分别进行定向辐射热的测试。

确定具体方向时，以房间内最大冷/热辐射方向为重要目标，定之为"前"。

4.5.3　人员影响主要是房间内测试人员或其他人员如处于辐射热计与被测方向主要辐射源之间时会影响测试结果，仪器影响主要是测点附近体积较大的其他测试仪器如黑球测头、温湿度自记仪等，如彼此距离

很近则会对测试结果造成相互影响。

4.6　表面温度的测试

4.6.2　绝缘处理是为了防止表面结露等因素造成的导电影响；引出导线的埋入和贴附是为了避免导线因暴露在空气中与测头发生温差传热；可用导热胶辅助促进测头与表面的紧密接触和良好导热；表面处理是为了保持被测表面原有的辐射换热特性。

5　数　据　处　理

5.1　基本测试参数

5.1.1　基本参数的数据处理，首先应确定测点的逐时刻的数据，然后按"测点—测试高度平面—房间"的顺序进行处理。

5.1.2　参照现行国家标准《公共场所空气湿度测定方法》GB/T 18204.14。

5.2　导　出　参　数

5.2.3　平均辐射温度通过测定黑球温度经计算得到，两者之间的关系是建立在黑球处于被测环境中达到热平衡基础上的。当黑球置于被测环境时，球体外表面在辐射和对流换热作用下达到热平衡，此时，可假定球体外表面温度和球体内表面及置于球体内部的传感器温度相等，那么有：

$$q_r + q_c = 0 \qquad (1)$$

式中：q_r——环境各表面与球体之间的辐射换热（W/m^2）；

q_c——空气和球体之间的对流换热（W/m^2）。

环境各表面与球体之间的辐射换热用平均辐射温度表示：

$$q_r = \varepsilon_g \sigma \left[(\overline{t}_r + 273)^4 - (t_g + 273)^4 \right] \qquad (2)$$

式中：ε_g——黑球的发射率；

σ——斯蒂芬-玻尔兹曼常数［$W/(m^2 \cdot K^4)$］；

$\overline{t}_r$——平均辐射温度（℃）；

t_g——黑球温度（℃）。

空气和球体之间的对流换热由下式表示：

$$q_c = h_{cg}(t_a - t_g) \qquad (3)$$

式中：h_{cg}——球体的对流换热系数［$W/(m^2 \cdot K)$］；

t_a——球体附近的空气干球温度（℃）。

对于自然对流：

$$h_{cg} = 1.4 \left(\frac{|t_g - t_a|}{D} \right)^{1/4} \qquad (4)$$

对于强制对流：

$$h_{cg} = 6.3 \frac{v_a^{0.6}}{D^{0.4}} \qquad (5)$$

式中：D——黑球直径（m）；

v_a——球体附近的空气流速（m/s）。

如无法判断对流形态，对流换热系数则取二者中的较大者。

那么，黑球的热平衡可表达为：

$$\varepsilon_g\sigma\left[(\bar{t}_r+273)^4-(t_g+273)^4\right]+h_{cg}(t_a-t_g)=0 \tag{6}$$

由此可得平均辐射温度的表达式为：

$$\bar{t}_r=\left[(t_g+273)^4+\frac{h_{cg}}{\varepsilon_g\sigma}(t_g-t_a)\right]^{1/4}-273 \tag{7}$$

于是，对于自然对流：

$$\bar{t}_r=\left[(t_g+273)^4+\frac{0.25\times10^8}{\varepsilon_g}\left(\frac{|t_g-t_a|}{D}\right)^{1/4}\right.$$
$$\left.\times(t_g-t_a)\right]^{1/4}-273 \tag{8}$$

对于强制对流：

$$\bar{t}_r=\left[(t_g+273)^4+\frac{1.1\times10^8\times v_a^{0.6}}{\varepsilon_g\times D^{0.4}}(t_g-t_a)\right]^{1/4}-273 \tag{9}$$

5.2.4 本条文计算公式取自现行国家标准《公共场所辐射热测定方法》GB/T 18204.17 第 5.2 条。

5.2.5 本文规定了不对称辐射温度的数据处理方法。

6 测 试 报 告

6.0.1～6.0.6 给出了测试报告应包含的内容。测试应根据具体对象和目的，依据本标准及相关标准，选定热环境测试的仪器、测点、条件和时间以及需要计算的导出参数。测试报告应包括基本信息、状态条件、测试信息、数据处理和测试结果等五部分内容。

中华人民共和国行业标准

围护结构传热系数现场检测技术规程

Technical specification for in-situ measurement of thermal
transmittance of building envelope

JGJ/T 357—2015

批准部门：中华人民共和国住房和城乡建设部
施行日期：2 0 1 5 年 1 0 月 1 日

中华人民共和国住房和城乡建设部
公 告

第 743 号

住房城乡建设部关于发布行业标准
《围护结构传热系数现场检测技术规程》的公告

现批准《围护结构传热系数现场检测技术规程》为行业标准，编号为 JGJ/T 357 - 2015，自 2015 年 10 月 1 日起实施。

本规程由我部标准定额研究所组织中国建筑工业出版社出版发行。

中华人民共和国住房和城乡建设部
2015 年 2 月 5 日

前 言

根据住房和城乡建设部《关于印发〈2008 年工程建设标准规范制订、修订计划(第一批)〉的通知》(建标[2008]102 号)的要求，规程编制组经广泛调查研究，认真总结实践经验，参考有关国际标准和国外先进标准，并在广泛征求意见的基础上，编制本规程。

本规程的主要技术内容是：1. 总则；2. 术语和符号；3. 检测仪器；4. 测试；5. 数据处理；6. 检测报告。

本规程由住房和城乡建设部负责管理，由广州市建筑科学研究院有限公司负责具体技术内容的解释。执行过程中如有意见或建议，请寄送广州市建筑科学研究院有限公司（地址：广州市白云大道北 833 号，邮编：510440）。

本 规 程 主 编 单 位：广州市建筑科学研究院有限公司

本 规 程 参 编 单 位：中国建筑科学研究院
哈尔滨工业大学
深圳市建筑科学研究院股份有限公司
江苏省建筑科学研究院有限公司
北京中建建筑科学研究院有限公司
广东省建筑科学研究院集团股份有限公司
华南理工大学
中国建筑西南设计研究院有限公司
西安建筑科技大学

本 规 程 参 加 单 位：沈阳微特应用技术开发有限公司

本规程主要起草人员：任 俊 林海燕 方修睦
许锦峰 段 恺 杨仕超
孟庆林 冯 雅 刘俊跃
宋 波 杨玉忠 杨 柳
谭 伟 刘大龙 罗 刚
王智勇

本规程主要审查人员：路 宾 龙恩深 陆津龙
刘月莉 赵立华 丁力行
冀兆良 任普亮 夏 赟
江 刚

目　次

1　总则 ……………………………… 40—5
2　术语和符号 …………………… 40—5
　　2.1　术语 …………………… 40—5
　　2.2　符号 …………………… 40—5
3　检测仪器 ……………………… 40—5
　　3.1　温度传感器 ……………… 40—5
　　3.2　热流计 …………………… 40—6
　　3.3　热箱仪 …………………… 40—6
　　3.4　环境箱 …………………… 40—6
4　测试 …………………………… 40—6
　　4.1　一般规定 ………………… 40—6
　　4.2　空气温度 ………………… 40—6
　　4.3　热流计法 ………………… 40—6
　　4.4　热箱法 …………………… 40—7
5　数据处理 ……………………… 40—7
　　5.1　一般规定 ………………… 40—7
　　5.2　热流计法数据处理 ……… 40—7
　　5.3　热箱法数据处理 ………… 40—8
6　检测报告 ……………………… 40—8

附录 A　仪器核查与标定 ………… 40—8
　　A.1　温度传感器核查 ………… 40—8
　　A.2　热流计核查 ……………… 40—9
　　A.3　热箱仪标定 ……………… 40—9
附录 B　保温材料含湿率微波法
　　　　测试 …………………… 40—9
　　B.1　含湿率标定 ……………… 40—9
　　B.2　测试方法 ………………… 40—9
附录 C　保温材料含湿率质量法
　　　　测试 …………………… 40—10
附录 D　动态分析法 ……………… 40—10
附录 E　蓄热修正热容计算方法 … 40—11
附录 F　保温材料导热系数含湿率
　　　　修正系数 ……………… 40—11
本规程用词说明 …………………… 40—11
引用标准名录 ……………………… 40—12
附：条文说明 ……………………… 40—13

Contents

1 General Provisions ················· 40—5

2 Terms and Symbols ··············· 40—5

  2.1 Terms ························ 40—5

  2.2 Symbols ····················· 40—5

3 Apparatus ······················· 40—5

  3.1 Temperature Sensor ········· 40—5

  3.2 Heat Flow Meter ··········· 40—6

  3.3 Hot Box ···················· 40—6

  3.4 Environment Box ············ 40—6

4 Measurements ··················· 40—6

  4.1 General Requirements ········ 40—6

  4.2 Air Temperature ············ 40—6

  4.3 Method of Heat Flow Meter ··· 40—6

  4.4 Method of Hot Box ·········· 40—7

5 Data Analysis ··················· 40—7

  5.1 General Requirements ········ 40—7

  5.2 Heat Flower Meter Method

    Analysis ···················· 40—7

  5.3 Hot Box Method Analysis ······ 40—8

6 Test Report ····················· 40—8

Appendix A Apparatus Check and

         Calibration ·················· 40—8

  A.1 Temperature Sensor Check ······ 40—8

  A.2 Heat Flow Meter Check ········· 40—9

A.3 Hot Box Calibration ············· 40—9

Appendix B Material Moisture Content

         Test by Microwave

         Tomography ·············· 40—9

  B.1 Material Moisture Content

    Calibration ················· 40—9

  B.2 Method of Material Moisture

    Content ···················· 40—9

Appendix C Material Moisture Content

         Test by Mass ············· 40—10

Appendix D Dynamic Analysis

         Method ·················· 40—10

Appendix E Thermal Mass Factors

         Calculation ··············· 40—11

Appendix F Moisture Correction for

         Thermal Conductivity

    ···························· 40—11

Explanation of Wording in This

  Specification ···················· 40—11

List of Quoted Standards ·············· 40—12

Addition: Explanation of

  Provisions ······················ 40—13

1 总　　则

1.0.1 为贯彻执行国家的技术经济政策，做到技术先进、经济合理、确保质量，规范建筑围护结构传热系数的现场检测，制定本规程。

1.0.2 本规程适用于现场采用热流计法和热箱法检测建筑不透明围护结构的传热系数。

1.0.3 围护结构传热系数现场检测除应符合本规程外，尚应符合国家现行有关标准的规定。

2　术语和符号

2.1　术　　语

2.1.1 构件　element

建筑围护结构的组成单元，包括墙、屋顶、楼板、窗户、楼梯等。

2.1.2 热流计　heat flow meter

测量建筑构件热流密度的传感器，输出的电信号是热流密度的函数。本规程所指热流计为温度梯度型热流计。

2.1.3 热流计法　method of heat flow meter

采用热流计及温度传感器测量通过构件的热流密度和表面温度，通过计算得到被测部位传热系数的测试方法。

2.1.4 热箱仪　hot box

现场测量构件传导热阻的一种装置，由计量热箱与显示仪表组成。

2.1.5 环境箱　environment box

在围护结构两侧形成温差，以满足传热系数现场检测温差要求的箱体。

2.1.6 热箱法　method of hot box

采用热箱仪测量热箱的发热量及表面温度，通过计算得到被测部位传热系数的测试方法。

2.1.7 期间核查　intermediate checks

为保持对检测仪器设备校准状态的可信度，在两次检定之间对仪器设备进行的核查。

2.1.8 蓄热修正热容　thermal mass factor

消除周期性热作用下构件蓄热对热流密度的影响而对其测试值进行修正的热容。蓄热修正热容包括内、外蓄热修正热容。

2.1.9 均质材料　homogeneous material

具有均匀的密度和组分，其热工性能与内部位置、方向无关的材料。

2.1.10 非均质材料　heterogeneous material

组成不均匀，其热工性能与内部位置、方向有关的材料。

2.1.11 轻质构件　light elements

单位面积热容量小于 $20kJ/(m^2 \cdot K)$ 的构件。

2.1.12 重质构件　heavier elements

单位面积热容量大于等于 $20kJ/(m^2 \cdot K)$ 的构件。

2.1.13 质量含湿率　moisture content mass by mass

可蒸发水的质量与材料质量之比。

2.2　符　　号

A —— 热箱开口面积；

C —— 单位面积热容量；

D —— 保温材料厚度；

d —— 测试天数；

F_e —— 外蓄热修正热容；

F_i —— 内蓄热修正热容；

Q —— 热箱加热功率；

q —— 热流密度；

R —— 构件热阻；

R_T —— 测试热阻；

R_e —— 外表面换热阻；

R_i —— 内表面换热阻；

R_{hfm} —— 热流计热阻；

R_{ik} —— 内热阻；

R_{ek} —— 外热阻；

T_i —— 室内空气温度；

T_e —— 室外空气温度；

t —— 时间；

U —— 围护结构传热系数；

φ —— 材料质量含湿率；

λ —— 材料导热系数；

μ_1 —— 热箱系数；

μ_2 —— 保温材料含湿率修正系数；

θ_i —— 构件内表面温度；

θ_e —— 构件外表面温度；

τ —— 时间常数。

3　检测仪器

3.1　温度传感器

3.1.1 围护结构传热系数宜采用热电偶、铂电阻、半导体等类型温度传感器进行测试。

3.1.2 围护结构表面温度宜选用表面式温度传感器进行测量。

3.1.3 温度传感器应符合现行行业标准《温度传感器系列型谱》JB/T 7486、《气象用铂电阻温度传感器》QX/T 24 的有关规定，且温度传感器应进行定期检定，检定周期应符合国家现行标准的有关规定。

3.1.4 温度传感器的精度不应低于 0.3K，且在 2 次检定之间应进行期间核查，核查方法应符合本规程附录 A 第 A.1 节的规定。

3.2 热 流 计

3.2.1 热流计应符合现行行业标准《建筑用热流计》JG/T 3016 的有关规定，且应定期进行标定，标定周期不应大于 3 年。

3.2.2 热流计测量不确定度不应大于 5%。

3.2.3 热流计表面的辐射系数宜与受检表面的接近，否则受检表面宜作表面处理。

3.2.4 热流计在 2 次标定之间应进行期间核查，核查周期为 1 年，核查方法应符合本规程附录 A 第 A.2 节的规定。

3.2.5 当使用范围内核查的标定值变化大于 2% 时，应对热流计标定值进行校正。

3.3 热 箱 仪

3.3.1 热箱仪应符合下列规定：

　　1 开口面积不应小于 1.2m²，单边不应小于 1m，进深不应小于 220mm；

　　2 外壁热阻值应大于 1.0m²·K/W；

　　3 加热功率不应小于 120W，控制箱功率计量误差不应大于量程的 0.5%；

　　4 温度控制精度不应大于 ±0.3K。

3.3.2 热箱仪应定期进行热箱系数标定，标定周期应为 1 年，标定方法应符合本规程附录 A 第 A.3 节的规定。

3.4 环 境 箱

3.4.1 热流计法用环境箱的开口面积不应小于 1.44m²，热箱法用环境箱的开口面积不应小于 2.88m²，环境箱进深不应小于 220mm。

3.4.2 环境箱外壁热阻值应大于 1.0m²·K/W。

3.4.3 环境加热功率不应小于 120W，制冷功率不应小于 500W。

3.4.4 环境箱内加热器应采取措施避免对构件产生辐射传热影响。

3.4.5 环境箱内温度波动范围应为 ±1K。

4 测 试

4.1 一 般 规 定

4.1.1 围护结构传热系数测试应在被测部位自然干燥 30d 后进行。

4.1.2 检测区域应在构件无裂纹等结构缺陷的典型部位选取；检测区域外表面应避免阳光直射，无法避免时应进行遮挡。

4.1.3 测试前应使用红外热像仪对测试区域进行预选，传感器测点布置时应避开热桥及热工缺陷位置。

4.1.4 传热系数现场检测应避开气温剧烈变化的天气，宜在冬季进行。在其他季节测试，应采取下列措施：

　　1 室内加热；

　　2 室内制冷；

　　3 加环境箱。

4.1.5 热流计法不宜用于非均质材料自保温和基墙非均质的外保温墙体。

4.1.6 砌筑龄期小于 2 年的墙体，宜进行构件的含湿率检验。

4.1.7 传热系数测试完成后宜用钻或锯取样检查构造，测量各层材料厚度。

4.1.8 构件含湿率检验应在传热系数测试完成后立即进行，测试方法应按本规程附录 B 或附录 C 的规定进行。

4.1.9 热流密度、温度、加热功率等参数应采用自动采集装置。

4.2 空 气 温 度

4.2.1 测试时应关闭被测房间门窗，待室内温度稳定后进行测试。

4.2.2 室内空气温度测试点应避开冷热源，宜设在被测房间中央，靠近层高 1/2 处均匀布置两个点。当房间存在冷热源时，应安装防辐射罩且保持通风。

4.2.3 室外空气温度测试点宜设置在临近测试区域的建筑外空旷处的阴影下，或加装防辐射罩，距构件外表面不应小于 0.5m。室外空气温度测试点不宜少于 2 个。

4.3 热 流 计 法

4.3.1 检测区域不应小于 1.2m×1.2m。

4.3.2 检测期间围护结构内外表面温差不宜小于 10K。

4.3.3 热流计和温度传感器的安装区域应符合下列规定：

　　1 采用红外热像仪对待测部位进行测试，选取表面温度分布温差不应大于 0.5K 的区域；

　　2 被测部位应避开热源或冷源及通风气流的影响，宜避免雨雪侵袭；

　　3 热流计宜布置在温度稳定的环境一侧，有保温层时，热流计宜布置在保温层一侧；

　　4 热流计不应安装在金属饰面上。

4.3.4 热流计和温度传感器的安装应符合下列规定：

　　1 热流计应直接安装在受检围护结构的表面上，且应与表面完全接触；

　　2 表面温度传感器应靠近热流计安装，另一侧表面温度传感器应在相对应的位置安装，温度传感器连同不应小于 100mm 长的引线应与受检表面紧密接触。

4.3.5 传感器布置数量应符合下列规定：

    1 待检区域应至少布置 3 个热流计；

    2 每个热流计应布置不少于 1 个表面温度传感器，对应另一侧应布置与之数量等同的表面温度传感器。

4.3.6 检测期间，应定时记录室内外空气温度、内外表面温度和热流密度，采样间隔不宜大于 1min，记录时间间隔不应大于 5min。

4.3.7 对轻质构件，宜取日落后 1h 到日出前的数据，在连续三个夜间数据得到的热阻相差不大于 ±5% 时，可结束测试。

4.3.8 对重质构件，测试结束应同时满足下列条件：

    1 传热稳定后，采用动态分析法数据处理的测试时间应超过 72h，采用算术平均法数据处理的测试时间应超过 96h；

    2 测试结束时得到的热阻值与 24h 前得到的热阻值偏差不应超过 5%；

    3 检测期间内第一个 INT（$2 \times d/3$）天内与最后一个同样长的天数内热阻的计算值相差不大于 5%。

4.3.9 检测期间，应采取措施使室内空气温度波动小于 1K。

4.4 热 箱 法

4.4.1 热箱边缘距离热桥不宜小于围护结构厚度的 1.7 倍，应确保热箱周边与被测表面紧密接触，必要时应采取密封措施。

4.4.2 在被测部位内外表面分别布置不应少于 3 个的温度传感器，温度传感器距热箱开口边缘不得小于 200mm。

4.4.3 热箱内温度设定应与室内温度一致，测试时控制室内空气温度与热箱内空气温度平均温差不应大于 0.5K。

4.4.4 室内外表面温差不宜小于 8K。

4.4.5 检测期间，应定时记录室内外空气温度、内外表面温度和热箱消耗的功率，采样间隔不宜大于 1min，记录时间间隔不应大于 5min。

4.4.6 传热稳定后测试时间不应少于 72h。

5 数 据 处 理

5.1 一 般 规 定

5.1.1 热流密度及表面温度测试值应符合下列规定：

    1 计算同一采集目标的一组传感器记录数据的算术平均值，热流密度应精确到 0.01W/m^2，温度应精确到 0.01K。

    2 应剔除记录数据中偏差超过算数平均值 15% 的数据，重新计算算术平均值；当该组记录数据中偏差小于算数平均值 15% 的数据少于 2 个时，则该组数据无效；

    3 应取有效算术平均值为该时刻测试值。

5.1.2 热流计法测试数据宜采用动态分析法处理，当满足下列条件时可采用算术平均值法处理：

    1 构件主体部位热阻的末次计算值与 24h 之前的计算值相差不应大于 5%；

    2 检测期间内第一个 INT（$2 \times d/3$）天内与最后一个同样长的天数内热阻的计算值相差不应大于 5%。

5.1.3 构件传热系数测试数据的修正应符合下列规定：

    1 采用算术平均值法处理检测数据时，对热阻值大于 $1.0\text{m}^2 \cdot \text{K/W}$ 的构件或重质构件，当第一天和最后一天的室内外平均温度差大于第一天的室内外平均温度的 5% 时，应对检测的热流密度进行蓄热影响修正；

    2 当构件热阻小于 $0.3\text{m}^2 \cdot \text{K/W}$，且表面温度传感器贴在热流计旁边时，应对热阻进行热流计热阻的修正；

    3 当构件中保温材料含湿率对热阻的影响大于 5% 时，应对构件热阻进行含湿率修正。

5.2 热流计法数据处理

5.2.1 采用算术平均法进行数据分析时，构件测试热阻应按下式计算：

$$R_\text{T} = \frac{\sum_{j=1}^{n}(\theta_{ij} - \theta_{ej})}{\sum_{j=1}^{n} q_j} \tag{5.2.1}$$

式中：R_T——构件测试热阻（$\text{m}^2 \cdot \text{K/W}$）；

    q_j —— j 时刻热流密度测试值（W/m^2）；

    θ_{ij} —— j 时刻构件内表面温度（K）；

    θ_{ej} —— j 时刻构件外表面温度（K）。

5.2.2 采用动态分析法进行数据分析时，构件测试热阻计算应符合本规程附录 D 的规定。

5.2.3 在进行蓄热影响修正时，构件测试热阻应按下式计算：

$$R_\text{T} = \frac{\sum_{j=1}^{n}(\theta_{ij} - \theta_{ej})}{\sum_{j=1}^{n} q_j - (F_\text{i}(\Delta\theta_{i2} + \Delta\theta_{i3} + \cdots + \Delta\theta_{id}) + F_\text{e}(\Delta\theta_{e2} + \Delta\theta_{e3} + \cdots + \Delta\theta_{ed}))/\Delta t}$$

$$\tag{5.2.3}$$

式中：Δt ——读数时间间隔（s）；

    $\Delta\theta_{i2}$、$\Delta\theta_{i3}$、$\cdots\Delta\theta_{id}$ ——第 2、3、$\cdots d$ 天内表面平均温度和第一天内表面平均温度之差（K）；

    $\Delta\theta_{e2}$、$\Delta\theta_{e3}$、$\cdots\Delta\theta_{ed}$ ——第 2、3、$\cdots d$ 天外表面平均温度和第一天外表面平均温

度之差（K）；

F_e——外蓄热修正热容 [J/（m²·K）]，按本规程附录 E 的规定确定；

F_i——内蓄热修正热容 [J/（m²·K）]，按本规程附录 E 的规定确定。

5.2.4 热流计热阻修正时，构件热阻应按下式计算：

$$R = R_T - R_{hfm} \quad (5.2.4)$$

式中：R——构件热阻（m²·K/W）；

R_{hfm}——热流计热阻（m²·K/W）。

5.2.5 含湿保温材料导热系数修正系数应按本规程附录 F 的规定确定。

5.2.6 含湿保温材料修正热阻应按下式计算：

$$R_\lambda = \mu_2 \cdot \frac{D}{\lambda} \quad (5.2.6)$$

式中：R_λ——含湿保温材料修正热阻（m²·K/W）；

μ_2——保温材料含湿率修正系数；

D——保温材料厚度（m）；

λ——材料导热系数 [W/（m·K）]。

5.2.7 构件热阻按下式进行修正。

$$R = R_T + R_\lambda \quad (5.2.7)$$

5.2.8 围护结构传热系数应按下式计算：

$$U = \frac{1}{R_i + R + R_e} \quad (5.2.8)$$

式中：U——围护结构传热系数 [W/（m²·K）]；

R_i——内表面换热阻，取 0.11m²·K/W；

R_e——外表面换热阻，取 0.04m²·K/W。

5.3 热箱法数据处理

5.3.1 构件测试热阻应按下式计算：

$$R_T = \mu_1 \cdot \frac{\sum\limits_{j=1}^{n}(\theta_{ij} - \theta_{ej})}{\sum\limits_{j=1}^{n}(Q_j/A)} \quad (5.3.1)$$

式中：A——热箱开口面积（m²）；

μ_1——热箱系数；

Q_j——j 时刻热箱加热功率（W）。

5.3.2 含湿保温材料修正热阻应按本规程公式（5.2.6）计算。

5.3.3 围护结构传热系数应按本规程公式（5.2.8）计算。

6 检 测 报 告

6.0.1 检测报告中关于被测对象的基本信息应包括下列内容：

1 工程名称地址；

2 构件在建筑中的位置；

3 测试目的及依据；

4 围护结构类型；

5 围护结构的构造形式，包括构造图；

6 围护结构的厚度；

7 委托单位名称。

6.0.2 检测报告中关于检测方法及过程信息应包括下列内容：

1 测试方法；

2 温度传感器和热流计的类型和特征；

3 热箱的布置说明；

4 传感器的安装方法；

5 传感器布点位置及数量；

6 测试起始和结束日期、时刻；

7 测试间隔和测点数。

6.0.3 检测报告中关于数据分析应包括下列内容：

1 处理方法：均值法、动态法；

2 当进行蓄热修正时，应包括各层热容和热阻、累计第 1 天和最后一天的平均温度；

3 当进行动态分析时，应包括方程数目、最佳时间常数、热流的标准偏差、置信区间；

4 热流计热阻及保温材料导热系数修正。

6.0.4 检测报告结果应包括下列内容：

1 热阻和传热系数；

2 依据测试目的而附加的任何测试，包括含湿量、红外热像图分析、围护结构检查等。

6.0.5 检测报告可包括传热系数测量不确定度说明。

附录 A 仪器核查与标定

A.1 温度传感器核查

A.1.1 温度传感器核查前应进行外观检查，外观检查内容应包括焊接点是否光滑、牢固，热电极是否变脆、变色、发黑，严重腐蚀等。

A.1.2 温度传感器核查装置应由恒温水浴、电位差计、热电偶、热电阻、冰点仪、数据采集装置、低电势转换开关和标准玻璃温度计等组成。

A.1.3 热电偶的核查应采用标准热电偶法。将待核查热电偶与标准热电偶一起置于恒温介质中，逐点改变恒温介质的温度，待热电偶处于热平衡状态下测出每一点的温差电势，其偏差不应超过最大允许偏差。

A.1.4 热电阻的核查应将标准温度计与被校电阻温度计一同插入恒温水浴中，在稳定温度下进行读数，并对标准温度计和被校电阻温度计的读数进行比较，其偏差不应超过最大允许偏差。标准温度计可为一等标准水银温度计或标准铂电阻温度计。

A.2 热流计核查

A.2.1 应采用热半板设备对热流计标定值进行核查，核查方法按现行国家标准《绝热材料稳态热阻及有关特性的测定 防护热板法》GB/T 10294 的有关规定进行。

A.2.2 核查时选用的材料、热流密度和温度范围应符合下列规定：

1 应选取至少三种不同的、导热系数分布满足检测范围需要的材料；

2 应选取至少三个不同的、分布满足检测范围的热流密度；

3 应至少选取三个不同的、分布满足室内外极端温度的温度。

A.2.3 核查时若对零热流密度有非零输出，应进行零点自校。

A.2.4 核查中垂直夹紧力和宜小于 2.5kPa，平行应力对标定值的影响可忽略不计。

A.2.5 核查不确定度应为±5%。

A.3 热箱仪标定

A.3.1 标定热箱仪的设备宜符合现行国家标准《绝热 稳态传热性质的测定 标定和防护热箱法》GB/T 13475 或《建筑外门窗保温性能分级及检测方法》GB/T 8484 的有关规定。

A.3.2 标定用的标准试件内部的接缝不应形成热桥。

A.3.3 标准试件宜采用 X250 以上等级已知导热系数的挤塑聚苯乙烯板。

A.3.4 热箱仪安装在热室内，应与标准试件表面紧密接触。

A.3.5 热箱仪修正系数应按下式计算：

$$\mu_1 = \frac{R_2}{R_1} \qquad (A.3.5)$$

式中：μ_1——热箱系数；

　R_1——采用标定热箱仪的设备检测出的试件热阻 [W/ (m² · K)]；

　R_2——采用热箱仪标定出的试件热阻 [W/ (m² · K)]。

附录 B 保温材料含湿率微波法测试

B.1 含湿率标定

B.1.1 含湿率标定应针对不同的材料、不同探测深度的探头分类进行。

B.1.2 每一类标定应制作 4 块 300mm×300mm，且厚度与探头测试深度相同的样品。

B.1.3 应保证样品完全浸泡于 25℃ 的自来水水平面 25mm 以下，浸泡时间应为 24h。24h 后应连续迅速称重，直到两次样品质量变化小于 0.2g。确定样品处于饱和吸湿状态，称重时间间隔应为 1h。

B.1.4 依次取出样品，可用软质聚氨酯泡沫塑料吸去样品表面附的残余水分，记录此时样品的质量，然后用保鲜膜将样品整体包裹，同时用微波湿度测试系统测量样品的含湿率指数。

B.1.5 测试含湿率时，每块样品应均匀选取 4 个测点（图 B.1.5），每一测点应分别测 3 次并取平均值。

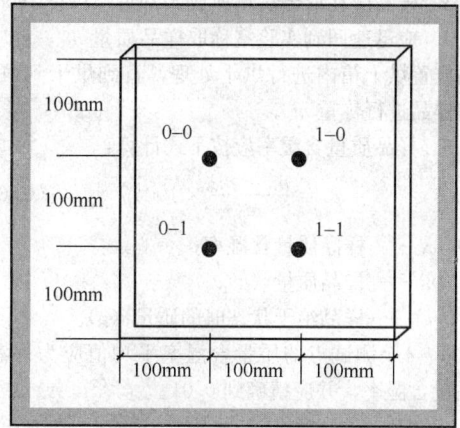

图 B.1.5 测点布置图

B.1.6 应在去掉样品表面的保鲜膜后，将样品放置烘干箱内进行烘干处理，直至烘干至恒重，取出样品进行称重和含湿率指数测量。

B.1.7 饱和吸湿状态样品重量含湿率应按下式计算：

$$\varphi_w = \frac{m_w - m_0}{m_0} \times 100\% \qquad (B.1.7)$$

式中：φ_w——样品饱和吸湿状态质量含湿率；

　m_w——样品饱和吸湿状态质量（g）；

　m_0——样品绝干状态时的质量（g）。

B.1.8 将每个样品的饱和含湿状态及绝干状态对应的含湿率指数测量值与重量含湿率进行线性回归，线性回归函数关系式应按下式进行标定：

$$\varphi = a \cdot X + b \qquad (B.1.8)$$

式中：φ——材料质量含湿率（%）；

　X——含湿率指数；

　a、b——回归系数。

B.2 测 试 方 法

B.2.1 测试时宜选取热流计布置部位或附近部位，至少均匀选取 5 点。

B.2.2 去除粉刷层上探头大小的区域，应保证探头直接接触到保温材料。

B.2.3 应选取与材料厚度相适应的探头进行含湿率指数测量，同一测点测试 3 次数，取平均值。

B.2.4 应将 5 个测试点的含湿率指数取平均值，代入对应材料及探头的回归函数关系式，确定材料的质量含湿率。

附录 C 保温材料含湿率质量法测试

C.0.1 含湿量检验取样应减少操作对材料含湿率的影响。

C.0.2 取样点应选取在传热系数的测试部位，应至少均匀选取 2 点。

C.0.3 样品应在取出后迅速放入密封塑料袋中封存。

C.0.4 应迅速回到实验室称取样品质量 m_t，且应将样品放置烘干箱内进行烘干处理，直到烘干到恒重，取出样品进行称重 m_0。

C.0.5 样品质量含湿率应按下式计算：

$$\varphi_t = \frac{m_t - m_0}{m_0} \times 100\% \qquad (C.0.5)$$

式中：φ_t ——样品质量含湿率；

   m_t ——样品质量（g）；

   m_0 ——样品绝干状态时的质量（g）。

C.0.6 2 个测试点的质量含湿率平均值应为保温材料质量含湿率，并应精确到 0.01。

附录 D 动态分析法

D.0.1 热流计法测试构件传热系数，测试时间间隔应按下式计算：

$$\Delta t = t_{i+1} - t_i \qquad (D.0.1)$$

D.0.2 t_i 时刻热流应是 t_i 时刻和以前所有时间温度的函数，并应按下列公式计算：

$$q_i = \frac{1}{R}(\theta_{ii} - \theta_{ei}) + K_1\dot{\theta}_{ii} - K_2\dot{\theta}_{ei} + \sum_n P_n \sum_{j=i-p}^{i-1} \dot{\theta}_{ij}(1-\beta_n)\beta_n^{j-j}$$

$$+ \sum_n Q_n \sum_{j=i-p}^{i-1} \dot{\theta}_{ej}(1-\beta_n)\beta_n^{j-j} \qquad (D.0.2-1)$$

$$\dot{\theta}_{ii} = \frac{(\theta_{ii} - \theta_{i,i-1})}{\Delta t} \qquad (D.0.2-2)$$

$$\dot{\theta}_{ei} = \frac{(\theta_{ei} - \theta_{e,i-1})}{\Delta t} \qquad (D.0.2-3)$$

$$\beta_n = \exp\left(-\frac{\Delta t}{\tau_n}\right) \qquad (D.0.2-4)$$

式中： q_i ——热流密度；

   θ_{ii} ——构件内表面温度；

   θ_{ei} ——构件外表面温度；

   $\dot{\theta}_{ii}$ ——内表面温度的变化率，按公式（D.0.2-2）计算；

   $\dot{\theta}_{ei}$ ——外表面温度的变化率，按公式（D.0.2-3）计算；

   K_1、K_2、P_n、Q_n ——构件动态特性，依赖于时间常数 τ_n；

   τ_n ——时间常数，一般取 1～3 个；

   β_n ——变量，是时间常数 τ_n 的幂函数，按式（D.0.2-4）计算。

D.0.3 选取 m 个时间常数，本规程公式（D.0.2-1）应包含 R、K_1、K_2、P_1、Q_1、P_2、Q_2、…、P_m、Q_m 等共 $2m+3$ 个未知参数。

D.0.4 应将本规程公式（D.0.2-1）依变化时间写出 $2m+3$ 个方程，解这组线性方程可得到本规程附录 D 第 D.0.3 条要求的参数，推算构件热阻。

D.0.5 应补充 p 组为本规程公式（D.0.2-1）超过 j 的积分和（图 D.0.5）。数据组数 N 应满足下列公式要求：

$$p = N - M \qquad (D.0.5-1)$$

$$M \geqslant 2M + 3 \qquad (D.0.5-2)$$

式中：N ——检测数据组数；

   M ——数据点，应满足公式（D.0.5-2）。

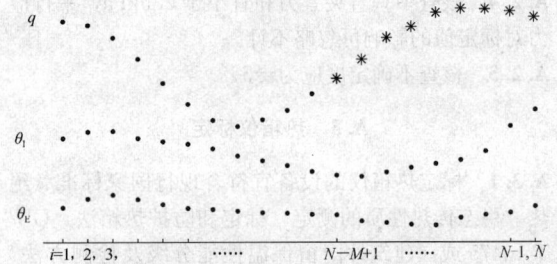

图 D.0.5 动态分析法数据的利用

* ——用于拟合的热流密度数据

D.0.6 热流密度矩阵应按下式计算：

$$\vec{q} = (X)\vec{Z} \qquad (D.0.6-1)$$

式中：$\vec{q}$ ——向量，其 M 个分量是最后的 M 个热流密度数据 q_i，且 i 取 $N-M+1$ 至 N；

   $\vec{Z}$ ——向量，它的 $2m+3$ 个分量式是本规程公式（D.0.3）的未知参数；

   (X) ——矩阵，M 行（$i = N-M+1$ 至 N），$2m+3$ 列（1 至 $2m+3$）的矩形矩阵。矩阵的元素应按下列公式计算：

$$X_{i1} = \theta_{ii} - \theta_{ei} \qquad (D.0.6-2)$$

$$X_{i2} = \dot{\theta}_i = (\theta_{ii} - \theta_{i,i-1})/\Delta t \qquad (D.0.6-3)$$

$$X_{i3} = \dot{\theta}_e = (\theta_{ei} - \theta_{e,i-1})/\Delta t \qquad (D.0.6-4)$$

$$X_{i4} = \sum_{j=i-p}^{i-1} \dot{\theta}_{ij}(1-\beta_1)\beta_1(i-j) \qquad (D.0.6-5)$$

$$X_{i5} = \sum_{j=i-p}^{i-1} \dot{\theta}_{ej}(1-\beta_1)\beta_1(i-j) \qquad (D.0.6-6)$$

$$X_{i5} = \sum_{j=i-p}^{i-1} \dot{\theta}_{ej}(1-\beta_1)\beta_1(i-j) \qquad (D.0.6-7)$$

$$X_{i6} = \sum_{j=i-p}^{i-1} \dot{\theta}_{ij}(1-\beta_2)\beta_2(i-j) \qquad (D.0.6-8)$$

$$X_{i7} = \sum_{j=i-p}^{i-1} \dot{\theta}_{ej}(1-\beta_2)\beta_2(i-j) \qquad (D.0.6-9)$$

$$\vdots$$

$$X_{i,2m+2} = \sum_{j=i-p}^{i-1} \dot{\theta}_{ij}(1-\beta_m)\beta_m(i-j)$$

$$(\text{D.}0.6\text{-}10)$$

$$X_{i,2m+3} = \sum_{j=i-p}^{i-1} \dot{\theta}_{ej}(1-\beta_m)\beta_m(i-j)$$

$$(\text{D.}0.6\text{-}11)$$

D. 0.7 估计向量 Z^* 应按下式计算：

$$\underline{Z}^* = ((X)'(X))^{-1}(X)'q \qquad (\text{D.}0.7)$$

式中：$(X)'$ —— (X) 的转移矩阵。

D. 0.8 时间常数间的不变比率 r 应按下式计算：

$$\tau_1 = r \cdot \tau_2 = r^2 \cdot \tau_3 \qquad (\text{D.}0.8)$$

D. 0.9 最大的时间常数的选取范围应符合下式要求：

$$\Delta t/10 < \tau_1 < p \cdot \Delta t/2 \qquad (\text{D.}0.9)$$

D. 0.10 热流向量的估计值 q^* 应按下式计算：

$$q^* = (X)Z^* \qquad (\text{D.}0.10)$$

D. 0.11 传热系数估计值与测试值的总方差应按下式计算：

$$S^2 = (q-q^*)^2 = \sum(q_i - q_i^*)^2 \quad (\text{D.}0.11)$$

D. 0.12 动态分析法处理数据，热阻的置信区间应按下列公式计算：

$$I = \sqrt{\frac{S^2 Y(1,1)}{M-2m-4}} F(P, M-2m-5)$$

$$(\text{D.}0.12\text{-}1)$$

$$[Y] = [(X)'(X)]^{-1} \qquad (\text{D.}0.12\text{-}2)$$

式中：S^2 —— 由本规程公式（D. 0.11）得到的总方差；

$Y(1, 1)$ —— 本规程公式（D. 0.12-2）矩阵的第一个元素；

M —— 矩阵内的方程个数；

m —— 时间常数个数；

F —— 学生分布临界值；

P —— 概率；

$M-2m-5$ —— 自由度。

附录 E　蓄热修正热容计算方法

E. 0.1 从内到外由 N 个平行层组成的多层构件（图 E. 0.1），任一层 k 的内热阻和外热阻应按下列公式计算：

$$R_{ik} = \sum_{j=1}^{k-1} R_j \qquad (\text{E.}0.1\text{-}1)$$

$$R_{ek} = \sum_{j=k+1}^{n} R_j \qquad (\text{E.}0.1\text{-}2)$$

式中：R_{ik} —— 内热阻（$\text{m}^2 \cdot \text{K/W}$），对内层（$j=k=1$），$R_{ik}=0$；

R_{ek} —— 外热阻（$\text{m}^2 \cdot \text{K/W}$），对外层（$j=k=N$），$R_{ek}=0$。

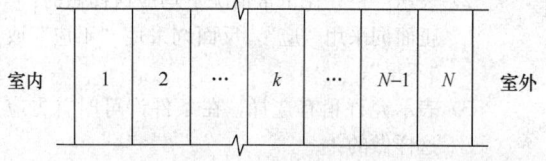

图 E. 0.1　构件示意图

E. 0.2 第 k 层内蓄热修正热容及外蓄热修正热容应按下列公式计算：

$$F_{ik} = C_k\left[\frac{R_{ek}}{R} + \frac{R_k^2}{3R^2} - \frac{R_{ik}R_{ek}}{R^2}\right] \quad (\text{E.}0.2\text{-}1)$$

$$F_{ek} = C_k\left[\frac{R_k}{R}\left(\frac{1}{6} + \frac{R_{ik}+R_{ek}}{3R}\right) + \frac{R_{ik}R_{ek}}{R^2}\right]$$

$$(\text{E.}0.2\text{-}2)$$

式中：C_k —— 材料层单位面积热容量 $[\text{J}/(\text{m}^2 \cdot \text{K})]$。

E. 0.3 构件内蓄热修正热容及外蓄热修正热容应按下列公式计算：

$$F_i = \sum_{j=1}^{n} F_{ik} \qquad (\text{E.}0.3\text{-}1)$$

$$F_e = \sum_{k=1}^{n} F_{ek} \qquad (\text{E.}0.3\text{-}2)$$

E. 0.4 对于单层材料组成的构件，蓄热修正热容可按下列公式进行估算：

$$F_i = C/3 \qquad (\text{E.}0.4\text{-}1)$$

$$F_e = C/6 \qquad (\text{E.}0.4\text{-}2)$$

式中：C —— 单位面积热容量 $[\text{J}/(\text{m}^2 \cdot \text{K})]$。

附录 F　保温材料导热系数含湿率修正系数

F. 0.1 保温材料导热系数含湿率修正系数计算应符合表 F. 0.1 的有关规定。

表 F. 0.1　保温材料导热系数含湿率修正系数

保温材料	密度（kg/m³）	含湿率修正系数（μ_2）
模塑聚苯乙烯泡沫塑料	18～25	$1+1.994\varphi-0.371\varphi^2$
挤塑聚苯乙烯泡沫塑料	25～35	$1+1.708\varphi-2.382\varphi^2$
黏土砖	1800～2300	$1+8.073\varphi-17.178\varphi^2$
加气混凝土	400～700	$1+1.047\varphi+3.999\varphi^2$

注：φ —— 质量含水率（%）。

本规程用词说明

1 为便于在执行本规程条文时区别对待，对要求严格程度不同的用词说明如下：

1）表示很严格，非这样做不可的：

正面词采用"必须"，反面词采用"严禁"；

2）表示严格，在正常情况下均应这样做的：

正面词采用"应"，反面词采用"不应"或"不得"；

3）表示允许稍有选择，在条件许可时首先应这样做的：

正面词采用"宜"，反面词采用"不宜"；

4）表示有选择，在一定条件下可以这样做的，采用"可"。

2 条文中指明应按其他有关标准执行的写法为："应符合……规定"或"应按……执行"。

引用标准名录

1 《建筑外门窗保温性能分级及检测方法》GB/T 8484

2 《绝热材料稳态热阻及有关特性的测定 防护热板法》GB/T 10294

3 《绝热 稳态传热性质的测定 标定和防护热箱法》GB/T 13475

4 《温度传感器系列型谱》JB/T 7486

5 《建筑用热流计》JG/T 3016

6 《气象用铂电阻温度传感器》QX/T 24

中华人民共和国行业标准

围护结构传热系数现场检测技术规程

JGJ/T 357—2015

条 文 说 明

制 订 说 明

《围护结构传热系数现场检测技术规程》JGJ/T 357-2015，经住房和城乡建设部 2015 年 2 月 5 日以第 743 号公告批准、发布。

本规程制定过程中，编制组进行了大量的调查研究，总结了我国围护结构现场检测的实践经验，同时参考了国际标准 Thermal insulation—Building elements—In-situ measurement of thermal resistance and thermal transmittance ISO 9869，通过研究在数据动态处理、围护结构蓄热修正、含湿量影响等方面取得了重要技术参数。

为便于广大设计、施工、科研、学校等单位有关人员在使用本规程时能正确理解和执行条文规定，《围护结构传热系数现场检测技术规程》编制组按章、节、条顺序编制了本规程的条文说明，对条文规定的目的、依据以及执行中需要注意的有关事项进行了说明。但是，本条文说明不具备与规程正文同等的法律效力，仅供使用者作为理解和把握规程规定的参考。

目 次

1 总则 ………………………………… 40—16
2 术语和符号 ……………………… 40—16
  2.1 术语 …………………………… 40—16
  2.2 符号 …………………………… 40—16
3 检测仪器 ………………………… 40—16
  3.1 温度传感器 …………………… 40—16
  3.2 热流计 ………………………… 40—17
  3.3 热箱仪 ………………………… 40—17
  3.4 环境箱 ………………………… 40—17
4 测试 ……………………………… 40—17
  4.1 一般规定 ……………………… 40—17
  4.2 空气温度 ……………………… 40—18
  4.3 热流计法 ……………………… 40—18
  4.4 热箱法 ………………………… 40—18
5 数据处理 ………………………… 40—19

  5.1 一般规定 ……………………… 40—19
  5.2 热流计法数据处理 …………… 40—19
6 检测报告 ………………………… 40—19
附录A 仪器核查与标定 ………… 40—19
  A.1 温度传感器核查 …………… 40—19
  A.2 热流计核查 ………………… 40—19
  A.3 热箱仪标定 ………………… 40—20
附录B 保温材料含湿率微波法
        测试 ……………………… 40—20
附录C 保温材料含湿率质量法
        测试 ……………………… 40—20
附录D 动态分析法 ……………… 40—20
附录F 保温材料导热系数含湿率
        修正系数 ………………… 40—20

1 总 则

1.0.1 现场测试围护结构传热系数可以得到实际使用状态的传热系数，现场测试试验设备比在试验室测试用的防护热板、热箱等设备造价低，现场测试成本较低。

建筑构件传热系数（U 值）是指：在稳态条件下系统两侧空气温差为 1K 时，通过单位面积的热流密度。从原理上讲，可在稳态下用热流计测通过构件的热流密度及测构件两侧温差得到 U 值。然而，实际上现场稳态是达不到的，可以采用以下方法：

1 假设在足够长的时间内的平均热流密度和平均温度是对稳态下热流密度和温度的无偏估计，要求在试验的温度范围内，材料的热物理性质为常量，以及围护结构的蓄热量变化与通过围护结构的热量相比可以忽略不计。此法应用范围广，但试验周期长。

2 在分析试验数据时考虑热流密度和温度的波动，用动态处理方法。

1.0.2 本规程适用于建筑不透明的建筑构件，包括墙体、屋顶、楼板，不包括透明围护结构。检测围护结构传热系数是基于"一维传热"的基本假定，即围护结构被测部位具有基本平行的两表面，其长度和宽度远远大于其厚度，视为无限大平板。目前，传热系数现场检测国内外一般都采用热流计法，国内也有研究开发了热箱法。本规程未包括其他传热系数现场检测方法。

1.0.3 国际标准、美国材料实验协会标准及国家现行标准均对热流计法检测围护结构传热系数作出详细规定。

本规程参考标准如下：

《建筑物围护结构传热系数及采暖供热量检测方法》GB/T 23483

《温度传感器系列型谱》JB/T 7486

《建筑用热流计》JG/T 3016

《居住建筑节能检测标准》JGJ/T 132

《公共建筑节能检测标准》JGJ/T 177

《气象用铂电阻温度传感器》QX/T 24

Building components and building elements—Thermal resistance and thermal transmittance—Calculation method ISO 6946

Thermal insulation—Physical quantities and definitions ISO 7345

Thermal insulation—Determination of steady-state thermal resistance and related properties—Heat flow meter apparatus ISO 8301

Thermal insulation—Determination of steady-state thermal resistance and related properties—Guarded hot plate apparatus ISO 8302

Thermal insulation—Building elements—In-situmeasurement of thermal resistance and thermal transmittance ISO 9869

Standard practice for In-situ measurement of heat flux and temperature on building envelope components ASTM C1046

Standard practice for determining thermal resistance of building envelope components from the In-situ data ASTM C1155

2 术语和符号

2.1 术 语

2.1.1～2.1.13 本节的术语主要针对本规程采用的、其他标准未加以说明的术语，也有术语在本规程有特定的涵义，而环境箱、蓄热修正热容则是本规程特有的术语。

热箱法测传热系数是在被测部件的内侧用热箱仪模拟采暖建筑室内条件，并使热箱内温度与室内空气温度保持一致，被测构件另一侧为室外自然条件或扣上环境箱。热箱内温度稳定到设定温度（高于室外温度 10K 以上），使被测部位的热流总是从室内向室外传递，当热箱内加热量与通过被测部位传递的热量达到平衡时，热箱的加热量（所测量的加热器输入功率减去箱壁热流和侧向迂回热流后的加热器净功率）就是被测部位的传热量。测量热箱内消耗的电能并进行积累，作为热箱的发热量，测量构件内外表面温度，经运算得到被测部位的传热系数。

2.2 符 号

本规程采用的符合尽量与《居住建筑节能检测标准》JGJ/T 132 等国家现行标准一致。

3 检测仪器

3.1 温度传感器

3.1.1 温度传感器主要有热电偶温度传感器、热电阻温度传感器、半导体温度传感器等，输出的电信号是温度的单调函数。热电偶由两种不同成分的导体两端接合成回路时，当热电偶的工作端与参比端存有温差时，显示仪表将会指示出热电偶产生的热电势所对应的温度值。热电偶的热电动势将随着测量端温度升高而增长，它的大小只与热电偶材料和两端的温度有关，与热电极的长度、直径无关。各种热电偶的外形常因需要而不相同，但是它们的基本结构却大致相同，通常由热电极、绝缘套保护管和接线盒等主要部分组成，通常和显示仪表，记录仪表和电子调节器配套使用。性能好的热电偶的温度误差与构件两侧温度相比应很小。

3.1.2 各类型温度传感器的检定要求不同，检定计划要注意时间要求。

3.1.3 围护结构表面温度测量应选用表面式温度传感器，如薄片式热电偶温度传感器、铂电阻表面式温度传感器、数字式温度传感器。由于薄片式热电偶温度传感器制作简单，精度可满足测试要求，故建议采用薄片式热电偶温度传感器。

3.1.4 实验室一般对仪器进行定期检定或校准，以保证其量值的溯源性，并加以必要的维护和保养，以保证设备的有效性和可靠性。因此，大多数实验室认为，只要对仪器进行了定期检定或校准，仪器就是可靠的，出具的数据就是有效的，使仪器的期间核查成为实验室最易忽视也最不重视的环节。实际上，使用频率高、易损坏、性能不稳定的仪器在使用一段时间后，由于操作方法、环境条件（电磁干扰、辐射、灰尘、温度、湿度、供电、声级）以及移动、振动、样品和试剂溶液污染等因素的影响，并不能保证检定或校准状态的持续可信度。因此，实验室应对这些仪器进行期间核查。

仪器的期间核查并不等于检定周期内的再次检定，而是核查仪器的稳定性、分辨率、灵敏度等指标是否持续符合仪器本身的检测/校准工作的技术要求。针对不同仪器的特性，可使用不同的核查方法，如仪器间比对、方法间比对、标准物质验证、添加回收标准物质等。条件允许时，也可以按检定规程进行自校。期间核查的时间间隔一般以在仪器的检定或校准周期内进行一、二次为宜。对于使用频率比较高的仪器，应增加核查的次数。

实验室应根据仪器的性能和使用情况，在规定的时间间隔内，使用相应的核查方法对仪器进行期间核查，只要检查方法有效，周期稳定，就一定能及时预防和发现不合格的仪器并避免误用，保证检验结果持续的准确性、有效性，为客户和社会提供可信的数据和满意的服务。

3.2 热流计

3.2.1～3.2.4 热流计是具有热阻的薄平板，平板内壁布有热电偶，热电偶输出的信号直接取决于通过平板的热流密度。平板外层为保护层，提高了热电偶的稳定性。热流计应具备这样的性能：热阻小，以减少对测试的干扰；灵敏度高，在测试分辨率范围内使最小的热流也有足够大的输出信号；输出信号是热流密度的单调函数。

3.2.5 标定值漂移，可能由于材料老化或剥层。

3.3 热 箱 仪

3.3.1、3.3.2 热箱仪工作原理示意图见图1。

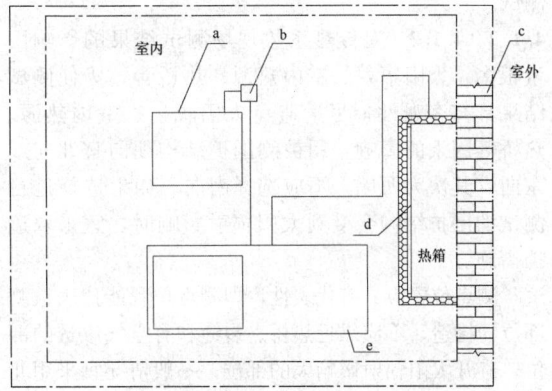

图1　热箱仪工作原理示意图

a—室内加热器；b—室内加热控制器；c—被测围护结构；d—热箱加热装置；e—控制仪

热箱仪是人工制造一个一维传热环境，内壁采用保温材料，以减少热箱内热量向室内的传递。

3.4 环 境 箱

3.4.1～3.4.5 环境箱工作原理示意图见图2。

环境箱是用于模拟室外环境条件降低构件外侧温度，保证获得热流计法及热箱法需要的温差的设备，环境箱开口尺寸长宽比热箱开口尺寸至少大 600mm，箱内可采用制冷水浴循环冷却。在检测时，将原来布置的外墙外表面和室外空气温度传感器布置在环境内，用于模拟室外环境。

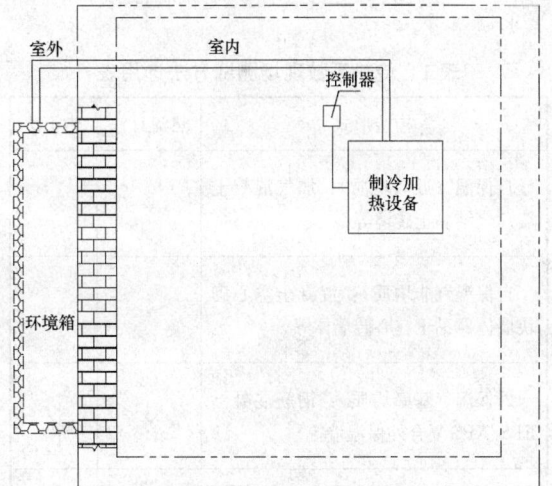

图2　环境箱工作原理示意图

4 测 试

4.1 一 般 规 定

4.1.1 围护结构的传热系数检验宜在被测部位工程完成 30d 后，且构件表面不严重的潮湿就能进行测试。

4.1.2、4.1.3 对传热系数现场测试结果的影响因素很多，太阳辐射、室内热源、热桥等，为使测试结果具有客观性，尽量避免太阳辐射、室内热源、热桥等因素的影响，用被测围护结构朝向宜北向或东向，其次为西墙，不应选择南向。如果选择进行测试的围护结构会受到太阳辐射影响时，宜采取遮挡措施。

测点位置应具有代表性，即测点位置能代表被测部位的构造，不应靠近热桥、裂缝和有空气渗透的部位；避开太阳辐射影响大的部位，一般情况宜采用北向墙；

4.1.4 环境箱是一种人工加热（降温）的箱体，主要针对室内外温差不满足15℃时，在构件外侧附加，室内空调降温至22℃左右，室外环境箱加热到38℃～40℃。当冬季室外平均空气温度大于20℃，应使用环境箱降低被测构件室外的温度。

4.1.5 规定了热流计法及热箱法的适用范围。热流计法适用于垂直于热流方向的准均匀材料组成、各向异性方向的尺寸与平行于热流计的壁面相比很小的构件测试。对其他类型的构件，则采用热箱法测传热系数。热箱法的特点是测量结果为代表"面"的数据，它的有效测试面积为 1.2㎡，所以适合测试均质材料墙体及空心砌块等非均匀构造墙体，不适用于具有上下连通的通孔构造的空心砌块墙体。

传热系数现场测试方法选用条件宜符合表 1 的要求。

表 1 传热系数现场测试方法选用表

构造形式	热流计法	热箱法
自保温（近似均质）：加气混凝土墙、烧结黏土砖墙等	✓	✓
自保温（非均质）：混凝土空心砌块墙体、黏土空心砖墙体等	—	✓
外保温（基墙均质）：钢筋混凝土 EPS/XPS 复合外保温墙等	✓	✓
外保温（基墙非均质）：空心砌块 EPS/XPS复合外保温墙等	—	✓
内保温：钢筋混凝土 EPS/XPS 复合内保温墙、空心砌块 EPS/XPS 复合内保温墙	✓	✓
均质材料屋面	✓	✓
楼板	✓	✓

4.1.6 一般围护结构在一年乃至几年后才能达到干湿相对平衡状态，在此期间需检测保温材料的含湿率，以分析传热系数测试结果。

4.2 空气温度

4.2.1～4.2.3 参考现行行业标准《居住建筑节能检测标准》JGJ/T 132 给出的环境温度的测试方法。环境温度热电偶宜选用铂热电阻温度传感器，这种传感器要屏蔽太阳和热辐射且通风。

4.3 热流计法

4.3.3 实际应用中，要求热流计与表面热电偶与基底有相同颜色和辐射率，将传感器置于日晒之下是绝对避免的。

4.3.4 热流计（及可能有的表面温度传感器）直接附在构件表面，该表面与受控气候（加热或制冷空间）接触，要避免在热流计和构件表面间的任何空气流，为使热接触良好，可使用软膏或胶。

表面温度传感器若与热流计不是一体，则内表面温度传感器装在热流计里面或附近，外表面温度传感器装在外表面。

4.3.5 匀质构件可布 3 个测点，测点要有代表性。

4.3.6 数据采集周期取决于分析方法，由于计算机技术的发展，采样频率缩短已不是难题。采样周期与记录周期是不同的概念。连续采样的间隔要能跟踪最高频率的波动，将其平均作为一个记录。

4.3.8 热流计周围温度波动不大于 2℃时，可以认为进入稳定状态。同时应测试足够长时间，以使测试结果相对稳定。

数据采集在完整测试期间，连续或以固定时间间隔记录热流计和热电偶的信号，对轻质构件，一夜就可能得到合适的结果，但为了准确，建议测几昼夜。最大的测试间隔及最小的试验周期依据下列关系：

——构件性质（重、轻、内保温、外保温）；

——室内、外温度（在测试前及测试期间的平均值和波动情况）；

——试验数据整理方法，对重质构件采用算术平均法处理数据要求进行蓄热影响修正，因此测试周期不小于 96h。

实际的试验周期可依据试验中得到的数据确定。数据采集过程中不能中断。

4.3.9 检测期间应采取封闭、加热、制冷等方式，维持室内温度相对稳定。

4.4 热 箱 法

4.4.3 热箱内与室内空气温度相等是一维传热的另一个条件，当室内温度与热箱内温度相差 0.5℃以内时可以用热箱的散热/得热给予修正；当室内与热箱内温差大于 0.5℃ 以上时应重新调整设置进行测试。

4.4.4 对室内外温差的规定是为了保证得到一维传热的主要条件。

5 数 据 处 理

5.1 一 般 规 定

5.1.2 热流计法数据处理采用两种方法。算术平均法比较简单；动态分析法较复杂，测试的精度高，对重质构件能缩短试验周期，适合于变化的室内外气温条件。

5.1.3 由于现场测试时室内外空气温度每天在变化，而且变化周期无规律，将温度变化的影响分为两部分：

1 由于室内或室外温度每天变化的影响；

2 室内外温度中平均值变化的影响。

第一个因素造成的热阻值振荡随测试时间会衰减，测试继续进行直到振荡相对小。

室内或室外平均温度的改变意味着构件中蓄热的变化，用蓄热影响修正被测热流密度值对高热阻值和重质构件很重要。这种修正方法的使用，常常缩短满足那些判据而需要的测试周期。

5.2 热流计法数据处理

5.2.1 算术平均法假定构件传热系数可用平均温差除平均热流密度得到，平均值取自一较长的测试周期。在每次测试后计算一个估计值，估计值收敛于渐近值，这个渐近值在下列条件下可作为真值：

——构件在测试起始和结束时热焓未变；

——热流计未受太阳照射影响，当热流计受日射时会给出错误读数；

——构件热性能在测试周期内未改变。

若不满足这些条件，会得到错误结果。

5.2.2 使用动态分析法对结果的判定应注意 2 个问题：当时间常数 $< p\Delta t/2$ 时，所得结果可靠；置信区间小于传热系数的 5% 时，计算值与实际值很接近。若不满足上述条件，可能是测试数据少，或测试数据稳定性差。一般通过增加测试数据量，删除开头变动比较大的测试数据等方法解决。

5.2.3 蓄热影响修正涉及构件内、外蓄热修正热容（F_i 和 F_e）的计算。

5.2.4 热流计把一层热阻加到构件上，若该层无限大和薄则可忽略其修正，若热流计的热阻已知，则应该计算。

5.2.5 保温材料含湿率对构件传热系数产生很大影响，修正由于含湿率的影响可以更好地反映构件使用中的传热系数。我国在这方面的研究不多，一方面现场取样方法难以真实反映材料含湿率，另一方面含湿率对材料导热系数的影响关系也缺少分析。本规程编制过程中引进了微波含湿率测试方法，同时参考了哈尔滨工业大学在保温材料含湿率研究的成果。

5.2.8 传热系数计算中的内、外表面换热阻按现行国家标准《民用建筑热工设计规范》GB 50176 中规定的"冬季换热阻"进行确定。

6 检 测 报 告

6.0.1 检测报告应包括被测对象的围护结构类型包括：墙、屋顶、楼板等。

6.0.5 传热系数现场从测试精度取决于：

——热流计和温度传感器的标定精度，若标定精确，误差可忽略（<5%）；

——采样系统精度；

——传感器和表面接触轻微波动引起的统计偏差，当传感器接触良好时，这个偏差平均值约为 5%；

——对热流计的修正合理，这个偏差平均值大约 2%~3%；

——温度和热流波动引起的误差，这种误差可能很大，若选择合适的数据处理方法，误差可减少到小于 10%。

在上述条件均满足时，总精度为 ±13%。

附录 A 仪器核查与标定

A.1 温度传感器核查

A.1.2 恒温水浴上具有搅拌、加热与温度控制装置，可根据要求将温度稳定在设定值附近。

A.1.3 热电偶是将两种不同材质的金属导线连接成闭合回路，如果两接点的温度不同，由于金属的热电效应，在回路中就会产生一个与温差有关的电动势，称为温差电势。

标准热电偶法，将待标热电偶与标准热电偶一起置于恒温介质中，逐点改变恒温介质的温度，待热电偶处于热平衡状态下测出每一点的温差电势。

A.2 热流计核查

A.2.1 按现行国家标准《绝热材料稳态热阻及有关特性的测定防护热板法》GB/T 10294 的方法，将热流计及具有相同厚度和平均热阻的保护框放到热平板设备的已知导热系数的材料和绝热层之间进行核查。

热流计标定值会随温度、时间、被测材料的导热系数和热流量而改变。若热流计只用于一种特殊材料，可只选用在这种材料上进行标定。任何改动的热流计（如新的面层或加新保护框）或已标定2年以上的热流计必须进行核查。

A.2.2 核查至少要选温度的上限、下限、平均值，如关系非线性，则要选择更多的温度，以得到标定值对温度的关系。

核查至少要选用导热系数低、中、高的三种材料，若发现任何依赖关系，则要用更多的材料，以得到标定值与材料导热系数的完整关系。

核查应选取 $3W/m^2$，$10W/m^2$，$20W/m^2$ 的热流密度，以检验热流计函数响应的线性程度，若关系呈非线性，需测试更多的热流密度，以得到精确的函数。

A.2.3 零点自校：若对零热流有非零输出，这可能由于电接触已损坏，需要进行检查。

A.3 热箱仪标定

A.3.1~A.3.5 热箱法检测时，会因为室内空气温度与箱内空气温度有差异，而造成室内与热箱内有热交换；以及热箱与被测构件接触的边框位置，因为密封不严或两侧空气温度及表面温度不一致产生热损失。这些热损失对一维传热的状态产生了影响，造成检测误差，在设备制作完成后，应定期对其进行标定，修正检测误差。

附录B 保温材料含湿率微波法测试

B.1 含湿率标定

B.1.1~B.1.8 微波（Microwave）是指电磁波谱中波长由1mm至100mm的一部分，介乎于光波与无线电波之间。微波与其他电磁波一样，是由互相垂直的电场与磁场组合而成，它们在空间中以光速传播。

微波扫描测湿（Microwave Tomography，MT）是一种利用广阔微波频谱中特定频率进行含湿率检测的技术。微波扫描的原理是透过磁控管产生轻微的电场，并穿越及深入所检测的结构。由于水分子是极性化的，结构中的水分子也开始跟随电场频率振动，并且产生介电效应（Dielectric Effect）。因为水分子在微波电场下有强烈及明显的电介效应，其介电常数约为80。但绝大部分的结构材料在微波电场下却只有轻微的介电效应，其介电值主要在3~6之间。由于水分子及结构材料的介电值之间有极大差异，因此在结构材料中即使有少量水分子都能被探测出来。

微波含湿率测试系统包括一组探头，探测深度为(0~80)cm。

微波含湿率测试系统需要针对不同的材料、不同深度的探头进行标定，以找到材料含湿率与含湿率指数的对应关系。

附录C 保温材料含湿率质量法测试

C.0.1~C.0.6 为了解释传热系数测试值并与理论计算值比较，要检验构件保温材料的含湿量。质量法测试含湿率关键是要减少取样过程对材料含湿率的影响。

附录D 动态分析法

D.0.1~D.0.11 为了在温度和热流都有大的波动的建筑构件上用热流计测试得到物件的稳态性质，可用动态分析法。动态分析法在热平衡方程中考虑了热的波动，采用计算机解一组线性方程。

针对方程组 j 选方程个数 M，M 大于 $2m+3$，但小于数据组数，通常15到40个方程就足够了，这就需要每个测点30到100个数据。

时间常数间的不变比率 r 通常在3~10之间。

D.0.12 若热阻的置信区间 $P=0.9$ 的置信区间小于热阻的5%，计算的热阻与"直值"很近，在良好的测量条件（例如，对于轻型围护结构在夜间稳定状态下进行检测；而对于重型围护结构经过长时间的检测）下会出现这样的结果。对于一个给定的检测持续时间，置信区间越小，则若干次测量结果的分布就越窄。然而当检测持续时间较短时，测量结果的分布范围大且平均值可能不正确（一般是偏低）。因此，该判定标准是不充分的。

附录F 保温材料导热系数含湿率修正系数

F.0.1 根据研究，保温材料导热系数随含湿率而变化。模塑聚苯乙烯泡沫塑料聚苯板的最大含水率能够达到221.85%，最大导热系数与最小导热系数（干燥状态）之比为234%~256%；挤塑聚苯乙烯泡沫塑料最大含水率能够达到41.94%，最大导热系数与最小导热系数（干燥状态）之比为142%~172%。

模塑聚苯乙烯泡沫塑料不同含水率状态下的导热系数见图3。

挤塑聚苯乙烯泡沫塑料不同含水率状态下的导热系数见图4。

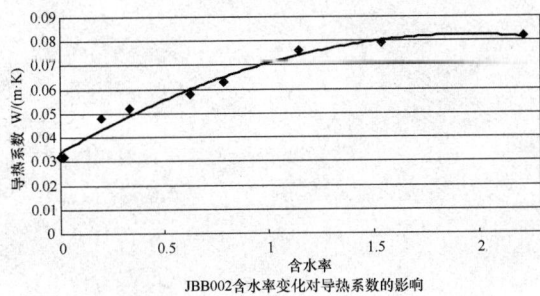

图 3　模塑聚苯乙烯泡沫塑料不同含水率
　　状态下的导热系数

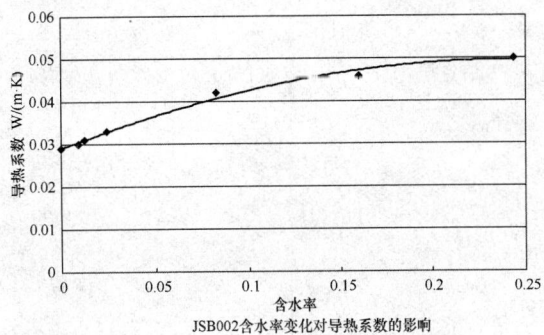

图 4　挤塑聚苯乙烯泡沫塑料不同含
　　水率状态下的导热系数

中华人民共和国行业标准

城镇供热系统节能技术规范

Technical code for energy efficiency of city heating system

CJJ/T 185—2012

批准部门：中华人民共和国住房和城乡建设部
施行日期：2 0 1 3 年 3 月 1 日

中华人民共和国住房和城乡建设部
公 告

第 1532 号

住房城乡建设部关于发布行业标准
《城镇供热系统节能技术规范》的公告

现批准《城镇供热系统节能技术规范》为行业标准，编号为 CJJ/T 185-2012，自 2013 年 3 月 1 日起实施。

本规范由我部标准定额研究所组织中国建筑工业出版社出版发行。

中华人民共和国住房和城乡建设部
2012 年 11 月 2 日

前 言

根据原建设部《关于印发〈2007 年工程建设标准规范制订、修订计划（第一批）〉的通知》（建标〔2007〕125 号）的要求，规范编制组经广泛调查研究，认真总结实践经验，参考有关国际标准和国外先进标准，并在广泛征求意见的基础上，编制了本规范。

本规范的主要技术内容：1. 总则；2. 术语；3. 设计；4. 施工、调试与验收；5. 运行与管理；6. 节能评价。

本规范由住房和城乡建设部负责管理，由北京市煤气热力工程设计院有限公司负责具体技术内容的解释。执行过程中如有意见或建议，请寄送北京市煤气热力工程设计院有限公司（地址：北京市西单北大街小酱坊胡同甲 40 号；邮编：100032）。

本规范主编单位：北京市煤气热力工程设计院有限公司

本规范参编单位：北京市住宅建筑设计研究院有限公司
乌鲁木齐市热力总公司
天津市热电公司
唐山市热力总公司

本规范主要起草人员：段洁仪 冯继蓓 王建国
杨宏斌 刘芃 贾震
胡颐蘅 李庆平 路爱武
裴连军 郭华

本规范主要审查人员：廖荣平 姚约翰 万水娥
黄晓飞 李先瑞 马景涛
陈鸿恩 栾晓伟 田雨辰
张敏 杨明

目 次

1 总则 ································· 41—5
2 术语 ································· 41—5
3 设计 ································· 41—5
　3.1 一般规定 ······················ 41—5
　3.2 供热系统 ······················ 41—5
　3.3 热源 ·························· 41—5
　3.4 热力网 ························· 41—6
　3.5 热力站 ························· 41—7
　3.6 街区供热管网 ·················· 41—7
　3.7 室内采暖系统 ·················· 41—8
　3.8 监控系统 ······················ 41—8
4 施工、调试与验收 ··············· 41—8
　4.1 一般规定 ······················ 41—8
　4.2 热源与热力站 ·················· 41—8
　4.3 供热管网 ······················ 41—9

　4.4 室内采暖系统 ·················· 41—9
　4.5 监控装置 ······················ 41—9
　4.6 工程验收 ······················ 41—9
5 运行与管理 ······················ 41—9
　5.1 一般规定 ······················ 41—9
　5.2 热源 ·························· 41—10
　5.3 供热管网 ····················· 41—10
　5.4 热力站 ························ 41—11
　5.5 室内采暖系统 ················· 41—11
　5.6 监控系统 ····················· 41—11
6 节能评价 ························ 41—11
本规范用词说明 ···················· 41—12
引用标准名录 ······················ 41—12
附：条文说明 ······················ 41—13

Contents

1　General Provisions ·················· 41—5

2　Terms ······························· 41—5

3　Design ····························· 41—5

  3. 1　General Requirements ·············· 41—5

  3. 2　Heating System ················· 41—5

  3. 3　Heat Source ················ 41—5

  3. 4　District Heating Network ··········· 41—6

  3. 5　Substation ·················· 41—7

  3. 6　Block Heating Network ··········· 41—7

  3. 7　Indoor Heating System ·········· 41—8

  3. 8　Monitoring and Control System ········ 41—8

4　Construction, Test and
Acceptance ···················· 41—8

  4. 1　General Requirements ·············· 41—8

  4. 2　Heat Source and Substation ·········· 41—8

  4. 3　Heating Network ·············· 41—9

  4. 4　Indoor Heating System ·········· 41—9

  4. 5　Monitoring and Control Device ········ 41—9

  4. 6　Acceptance Check of
Construction ················ 41—9

5　Operation and Management ··········· 41—9

  5. 1　General Requirements ················ 41—9

  5. 2　Heat Source ················ 41—10

  5. 3　Heating Network ············· 41—10

  5. 4　Substation ················ 41—11

  5. 5　Indoor Heating System ·········· 41—11

  5. 6　Monitoring and Control System ······ 41—11

6　Energy Efficiency Evaluation ········· 41—11

Explanation of Wording in
This Code ···················· 41—12

List of Quoted Standards ················ 41—12

Addition: Explanation of
Provisions ···················· 41—13

1 总　则

1.0.1 为贯彻国家节约能源和保护环境的法规和政策，落实建筑节能目标，减少供热系统能耗，制定本规范。

1.0.2 本规范适用于供应民用建筑采暖的新建、扩建、改建的集中供热系统，包括供热热源、热力网、热力站、街区供热管网及室内采暖系统的规划、设计、施工、调试、验收、运行管理中与能耗有关的部分。

1.0.3 在供热系统的设计、施工、改造和运行过程中，应采取合理的技术措施，提高系统的运行效率。

1.0.4 供热项目设计文件应标明与能耗有关的设计指标及参数。工程建设完成后应进行系统调试，调试后应对能耗指标进行检测及验证，其各项指标应达到设计的要求。

1.0.5 供热系统的设计、施工、验收、调试、运行节能除应符合本规范外，尚应符合国家现行有关标准的规定。

2 术　语

2.0.1 热力网　district heating network

以热电厂或区域锅炉房为热源，自热源经市政道路至热力站的供热管网。

2.0.2 街区供热管网　block heating network

自热力站或用户锅炉房、热泵机房等小型热源至建筑物热力入口的室外供热管网。

2.0.3 分布式循环泵　distributed pump

设置在热力站热力网侧的循环水泵。

2.0.4 水力平衡度　hydraulic balance level

供热系统运行时供给各热力站（或热用户）的规定流量与实际流量之比。

2.0.5 负荷率　heating load ratio

锅炉运行热负荷与额定出力的比值。

3 设　计

3.1 一般规定

3.1.1 供热系统各设计阶段均应对能耗进行计算，并应与前一设计阶段的设计能耗进行比较。当存在偏差时，应找出偏差原因。

3.1.2 确定供热系统设计热负荷时，应调查核实供热范围内的建筑热负荷与热指标。

3.1.3 供热系统所有设备应采用高效率低能耗产品，选用设备的能效指标不应低于现行国家标准规定的节能评价值。

3.1.4 保温材料的主要技术性能应符合现行国家标准《设备及管道绝热技术通则》GB/T 4272 的规定。

3.1.5 供热系统的附属建筑设计应符合现行国家标准《公共建筑节能设计标准》GB 50189 的规定。

3.2 供热系统

3.2.1 以采暖热负荷为主的供热系统应采用热水作为供热介质。主要热负荷为采暖热负荷的既有蒸汽供热系统，应改为热水供热系统。

3.2.2 热水热力网的供热半径不宜大于 20km，蒸汽热力网的供热半径不宜大于 6km。

3.2.3 热水供热管网供、回水温度应符合下列规定：

　　1 以热电厂或大型区域锅炉房为热源时，热力网设计回水温度不应高于 70℃，供回水温差不宜小于 50℃；

　　2 街区供热管网设计供回水温差不宜小于 25℃；

　　3 利用余热或可再生能源时，供水温度应根据热源条件确定。

3.2.4 供热系统中供热热源的设置应符合下列规定：

　　1 在有热电厂的地区应以热电厂为基本热源，且应在供热区域内设置调峰热源，并应按多热源联网运行进行设计；

　　2 当热源为燃煤锅炉房时，宜在热负荷集中的地区设置区域锅炉房；

　　3 当热源为燃气锅炉房并独立供热时，锅炉房宜设置在热用户街区内，供热范围不宜超出本街区；

　　4 在天然气供应充足的地区，对全年有冷热负荷需求的建筑，可采用燃气冷热电联供系统。冷热电联供能源站应设在用户附近，其供能半径不宜大于 2km；

　　5 在有工业余热可利用的地区应优先利用余热供热；

　　6 在资源条件适宜的地区应优先利用可再生能源供热。

3.2.5 当热水热力网设有中继泵站时，中继泵站宜设置在维持系统水力循环所需总功率最小的位置。

3.2.6 当热水供热系统经能耗比较，适合采用分布式循环泵系统，且符合下列条件时，可在热力站设置分布式循环泵：

　　1 既有供热系统的增容改造；

　　2 一次建成或建设周期短的新建供热系统；

　　3 热力网干线阻力较高；

　　4 热力站分布较分散，热力网各环路阻力相差悬殊。

3.3 热　源

3.3.1 可行性研究文件应标明下列内容：

　　1 设计热负荷、供热面积；

2 锅炉额定热效率；

3 供热介质设计温度、压力、流量；

4 供热参数调节控制方式；

5 年供热量、燃料耗量、总耗电量、热网循环泵耗电量；

6 节能措施。

3.3.2 初步设计文件除应标明第3.3.1条的内容外，还应标明设备、管道及管路附件的保温方式。

3.3.3 施工图设计文件应逐项落实可行性研究和初步设计文件提出的节能措施和要求，并应标明下列内容：

1 设计热负荷、供热面积；

2 锅炉额定热效率；

3 供热介质设计温度、压力、流量；

4 供热参数调节控制方式；

5 主要用能设备的运行调节方式。

3.3.4 锅炉房设计时应根据热负荷曲线优化锅炉的配置方案，使锅炉房的综合运行效率达到最高。

3.3.5 燃油、燃气锅炉应采用自动调节。当单台锅炉容量大于或等于1.4MW时，燃烧器应采用自动比例调节方式。

3.3.6 燃煤锅炉房运煤系统应符合下列规定：

1 运煤系统的布置应利用地形，使提升高差小、运输距离短；

2 运煤系统应设均匀给煤装置或均匀布煤装置；

3 炉排给煤系统宜设调速装置。

3.3.7 燃煤锅炉房除灰渣系统应符合下列规定：

1 除灰渣系统动力驱动系统宜设调速装置；

2 炉前的漏煤应进行回收利用；

3 含碳量高的灰渣应进行回收利用。

3.3.8 燃煤锅炉房烟风系统应符合下列规定：

1 烟、风道布置宜简短；

2 通风阻力应进行计算，每台锅炉所受到的引力应均衡；

3 锅炉鼓风机、引风机宜单炉配置；

4 锅炉鼓风机、引风机应设调速装置。

3.3.9 热水供热管网循环泵应符合下列规定：

1 循环泵性能参数应根据水力计算结果确定。当热用户分期建设，建设周期长且负荷差别较大时，应分期进行水力计算，并应根据计算结果确定循环泵性能参数；既有系统改造时，应按实测水力工况校核循环泵性能参数；

2 循环泵的配置应根据热网运行调节曲线和水泵特性曲线确定，循环泵在整个供热期内应处于高效运行区；

3 循环泵应设调速装置，并联运行的循环泵组的每台泵均应设置调速装置。

3.3.10 有蒸汽汽源时，大型鼓风机、引风机、热网循环泵宜采用工业汽轮机驱动。

3.3.11 锅炉产生的各种余热应进行利用，锅炉房应设下列余热利用设施：

1 燃油、燃气锅炉宜设烟气冷凝装置；

2 燃煤锅炉应配置省煤器，宜配置空气预热器；

3 锅炉间、凝结水箱间、水泵间等房间应采用有组织的通风；

4 蒸汽锅炉的排污水余热应综合利用。

3.3.12 锅炉房的锅炉台数大于或等于3台时，应采用集中控制系统。

3.3.13 热源应设置调节供热参数的装置，供热参数应根据供热系统的运行负荷确定。

3.3.14 热源应监测下列参数：

1 供热管道总管的供热介质温度、压力、流量；

2 总热负荷、总供热量；

3 每台锅炉或热网加热器的供热介质温度、压力；

4 每台锅炉的供热介质流量、排烟温度。

3.3.15 热源应计量下列参数：

1 每台锅炉的燃料量、供热量；

2 燃煤锅炉房的进厂燃料量和输煤皮带处的燃料量；

3 供热管网总出口处的供热量；

4 热水供热系统的补水量；

5 蒸汽供热系统的凝结水回收量及热量；

6 供电系统应装设电流表、有功和无功电度表，且额定功率大于等于100kW的动力设备宜分别计量。

3.3.16 电气系统应对无功功率进行补偿，最大电负荷时的功率因数应大于0.9。

3.3.17 当电动机容量大于或等于250kW时，宜采用高压电动机。

3.3.18 设计温度大于或等于50℃的管道、管路附件、设备应保温，保温外表面计算温度不应大于40℃。

3.4 热 力 网

3.4.1 可行性研究和初步设计文件应标明下列内容：

1 供热范围、供热面积、设计热负荷、年耗热量；

2 多热源供热系统各热源设计热负荷、设计流量、年供热量；

3 供热介质设计温度、压力、流量；

4 热水热力网供热调节曲线；

5 热力网循环泵（包括热源循环泵、中继泵、分布式循环泵）年总耗电量；

6 设备、管道及管路附件的保温方式。

3.4.2 施工图设计文件应标明下列内容：

1 供热介质设计温度、压力；

2 设备、管道及管路附件的保温结构、保温材料及其导热系数、保温层厚度。

3.4.3 热力网主干线宜布置在热负荷集中区域。管线应按减少管线阻力的原则布置走向及设置管路附件。

3.4.4 热力网应设分段阀门，并应符合现行行业标准《城镇供热管网设计规范》CJJ 34 的规定。

3.4.5 高温热水和蒸汽管道阀门的密封等级应符合现行国家标准《工业阀门 压力试验》GB/T 13927-2008规定的 A 级的要求。

3.4.6 管道、管路附件应采用焊接连接。

3.4.7 供热管道宜采用直埋敷设。热水直埋管道及管件应采用整体保温结构，并应采用无补偿敷设方式。

3.4.8 供热管道、管路附件均应保温，保温结构应具有防水性能。保温厚度计算应符合现行国家标准《设备及管道绝热技术通则》GB/T 4272 的规定。

3.4.9 蒸汽管道支座应采取隔热措施。

3.4.10 蒸汽管道的疏水宜回用。

3.5 热 力 站

3.5.1 可行性研究和初步设计文件应标明下列内容：

　1　供热面积、设计热负荷；

　2　供热介质设计温度、压力、流量；

　3　供热参数调节控制方式；

　4　年总耗电量；

　5　节能措施。

3.5.2 施工图设计文件应标明下列内容：

　1　各系统供热面积、设计热负荷；

　2　热力网侧供热介质设计温度、压力、流量；

　3　用户侧供热介质设计温度、压力、流量；

　4　供热参数调节控制方式；

　5　凝结水回收方式；

　6　设备、管道及管路附件的保温结构、保温材料及其导热系数。

3.5.3 热力站的供热面积不宜大于 $5 \times 10^4 \mathrm{m}^2$，并宜设置楼栋热力站。当热力站用户侧设计供回水温差小于或等于 10℃ 时，应采用楼栋热力站。

3.5.4 公共建筑和住宅应分别设置系统，非连续使用的场所宜单独设置环路。

3.5.5 用户采暖系统循环泵的设置应符合下列规定：

　1　循环泵应采用调速泵，并联运行的循环泵组的每台泵均应设置调速装置；

　2　循环泵选型时应进行水力工况分析，水泵特性曲线应与运行调节工况相匹配，循环泵在整个供热期内应处于高效运行区。既有系统改造时，应按实测水力工况进行分析；

　3　空调系统冷、热水循环泵应分别选型；

　4　当 1 个系统只设 1 台循环泵时，循环泵出口不宜设止回阀。

3.5.6 在热力站设分布式循环泵时，分布式循环泵的设置应符合下列规定：

　1　每个系统宜单独设置分布式循环泵；

　2　分布式循环泵应采用调速泵；

　3　水泵特性曲线应满足热力网流量调节需要，在各种调节工况下水泵均应处于高效运行区。

3.5.7 热力站采暖系统循环泵宜按设定的管网末端压头自动控制循环泵转速。

3.5.8 热力站应自动控制用户侧供热参数，并应根据室外温度变化设定采暖供水温度。

3.5.9 热力网侧的调控装置应符合下列规定：

　1　每个采暖系统应设电动调节阀，并应按设定的采暖供水温度自动调节热力网流量；

　2　规模较大的热力网，在热力站的热力网总管上宜设自力式压差控制阀；

　3　设置分布式循环泵的热力站可不设自力式压差控制阀和电动调节阀，但应按设定的采暖供水温度自动调节分布式循环泵转速；

　4　热力站控制系统宜设热力网回水温度限制程序。

3.5.10 热力网侧应设置热量表。

3.5.11 蒸汽热力站应设闭式凝结水回收系统，凝结水泵应自动启停。

3.5.12 输送供热介质的管道、管路附件、设备应进行保温，保温外表面计算温度不应大于 40℃。

3.6 街区供热管网

3.6.1 可行性研究和初步设计文件应标明下列内容：

　1　供热面积、设计热负荷；

　2　供热介质设计温度、压力、流量；

　3　调节控制方式、热计量方式；

　4　管道及管路附件的保温方式。

3.6.2 施工图设计文件应标注下列内容：

　1　每个热力入口的设计热负荷、采暖面积；

　2　每个热力入口供热介质设计温度、流量；

　3　每个热力入口室内侧资用压头；

　4　管道保温结构、保温材料及其导热系数、保温层厚度；

　5　热量表的量程范围和精度等级。

3.6.3 在建筑物热力入口处应设置热量表。

3.6.4 新建管网和既有管网改造时应进行水力计算，当各并联环路的计算压力损失差值大于 15% 时，应在热力入口处设自力式压差控制阀。

3.6.5 当热力入口处设有混水泵时，应采用调速泵。

3.6.6 热水管道宜采用直埋敷设。直埋敷设管道应采用整体结构的预制保温管及管件，并应采用无补偿敷设方式。

3.6.7 管道、管路附件均应进行保温，保温结构应具有良好的防水性能。保温厚度应符合现行行业标准《严寒和寒冷地区居住建筑节能设计标准》JGJ 26 的规定。

3.7 室内采暖系统

3.7.1 施工图设计文件应标明下列内容：

1 建筑设计热负荷及设计热指标；

2 设计供回水温度；

3 室内温度调节控制方法、调节控制装置的技术要求；

4 热力入口及每个热计量（或分摊）环路的设计热负荷、循环流量；

5 热力入口供回水压差。

3.7.2 采暖系统应分室（或分户）设置室内温度调节控制装置，并应满足分户热计量（或分摊）的要求。

3.7.3 当利用低品位热能和可再生能源供热时，宜采用地面辐射采暖、风机盘管等采暖系统。

3.7.4 对位于采暖房间以外的管道及管路附件应进行保温。

3.8 监 控 系 统

3.8.1 供热系统应建立集中监控系统。监控系统应具备以下功能：

1 监控中心应能完成热源、热力网关键点、热力站或热力入口运行参数的集中监测、显示及储存，并应具备能耗分析功能，实现优化调度；

2 监控中心应根据供热管网运行参数，建立管网运行实时水压图；

3 监控中心应根据室外温度等气象条件和供热调节曲线确定供热参数，并应能向热源、热力站下达调度指令；

4 热源供热参数及供热量的调节，应根据监控中心指令由本地监控系统完成；

5 热力站供热参数及供热量的调节，可由本地监控系统完成，也可由监控中心通过远程控制完成。

3.8.2 热源、热力站应设自动监测装置，热力入口可设自动监测装置，并应能向监控中心传送数据。

3.8.3 热源应监测下列参数：

1 热电厂首站蒸汽耗量，锅炉房燃料耗量；

2 供热介质温度、压力、流量；

3 补水量、凝结水回收量；

4 热源瞬时和累计供热量；

5 热网循环泵耗电量；

6 锅炉排烟温度。

3.8.4 热力站应监测下列参数：

1 热力网侧供热介质温度、压力、流量、热负荷和累计热量；

2 用户侧供热介质温度、压力、补水量；

3 热力站耗电量。

3.8.5 热力入口可监测供热介质温度、压力、热负荷和累计热量。

4 施工、调试与验收

4.1 一 般 规 定

4.1.1 供热系统施工组织设计中应有节能措施。施工应加强现场管理，不得浪费材料和能源，且应减少二次搬运。

4.1.2 保温材料的品种、规格、性能等应符合国家现行产品标准和设计要求，产品应有质量合格证明文件，并应对保温材料的导热系数、密度、吸水率进行复验。保温材料进入现场后应按产品说明书进行保管，不得受潮，受潮的材料不得使用。

4.1.3 热水、蒸汽、凝结水系统的设备、管道及管路附件均应进行保温，保温层应粘贴、捆扎紧密、牢固，保护层应进行密封。保温施工完成后应检查保温结构及保温厚度，保温层的实测厚度不应小于设计保温厚度。

4.2 热源与热力站

4.2.1 锅炉安装应符合下列规定：

1 锅炉锅筒（火管锅炉的锅壳、炉胆和封头）、集箱及受热面管道内的污垢应清除干净；

2 锅炉炉墙（包括隔火墙、折烟墙）、炉拱应严密；

3 锅炉炉门、灰门、风门、看火门等应能关闭严实；

4 锅炉风道、烟道内的调节门、闸板应严实，且应开关灵活、指示准确；

5 锅炉挡风门、炉排风管及其法兰结合处、各段风室、落灰门等应平整，密封应严实，挡板开启灵活；

6 加煤斗与炉墙结合处应严实，煤闸门下缘与炉排表面的距离偏差不应大于 5mm；

7 侧密封块与炉排的间隙应符合设计要求，且应防止炉排卡涩、漏煤和漏风。

4.2.2 锅炉安装完成后应进行漏风试验、严密性试验、烘炉、煮炉和试运行。现场组装锅炉应带负荷正常连续试运行 48h，整体出厂锅炉应带负荷正常连续试运行 24h。

4.2.3 现场组装锅炉验收应进行热效率测定，测试值不应低于设计热效率。

4.2.4 锅炉房和热力站系统安装完成后应检查动力设备调速装置、供热参数检测装置、调节控制装置、计量装置、余热利用装置等节能设施，节能设施应按设计文件要求安装到位。

4.2.5 锅炉房和热力站节能设施应进行调试，各项参数应达到规定的性能指标。

4.3 供热管网

4.3.1 地下管沟、检查室结构的防水和排水措施应符合设计要求，防水等级不应低于2级。位于地下水位以下的管沟、检查室宜采用防水混凝土结构，绿地中的检查室井口应高于地面，且不应小于150mm。

4.3.2 直埋敷设供热管道应采用预制直埋保温管及管件。预制直埋保温管在运输、现场存放、安装过程中，应对端口进行封闭，保温层不得被水浸泡，外护层不得损坏。

4.3.3 直埋保温管接头的保温和密封应符合下列规定：

1 接头施工采取的工艺应有合格的型式检验报告；

2 外护层的防水性能和机械强度应与直管相同；

3 临时发泡孔应及时进行密封；

4 当直埋保温管进入检查室或管沟与其他形式保温结构连接时，直埋保温管保温端口应安装防水端帽。

4.3.4 街区供热管网安装完成后应检查调节控制装置、计量及检测装置等节能设施，节能设施应按设计文件要求安装到位。

4.3.5 供热系统新建完成后或扩建、改造后，街区供热管网应与室内采暖系统联合进行水力平衡调试和检测，各项指标应符合本规范第6章的规定。

4.4 室内采暖系统

4.4.1 散热器应明装。当散热器暗装时，装饰罩应设置合理的气流通道。

4.4.2 室内温度调节控制装置的温度传感器应安装在能正确反映房间温度的位置。

4.4.3 设有水力平衡装置的系统安装完成后，应按规定的参数进行调试或设定。

4.5 监控装置

4.5.1 热工仪表及控制装置安装前应进行检查和校验，精度等级应符合规定，并应有完整的校验记录。

4.5.2 测温元件应安装在能代表测试温度的位置。室外温度传感器应安装在通风、遮阳、不受干扰的位置。

4.5.3 监测与计量装置的输出模式和精度应符合设计文件的要求。

4.5.4 热量和流量仪表安装应符合下列规定：

1 流量传感器前后直管段长度应符合产品要求；

2 热量表采用配套的温度传感器。

4.5.5 涉及节能控制的传感器应预留检测孔或检测位置，并应在保温结构外做明显标记。

4.5.6 系统安装完成后应对调节阀、控制阀进行调试，系统供回水压差、流量应与规定值一致。

4.5.7 监控系统安装完成后应进行调试和检测，热源、热力网、热力站等关键点的运行数据采集和传送应准确，监控中心的通信、数据计算、监测、显示及储存应符合预定要求。

4.6 工程验收

4.6.1 热源、热网、热力站、室内采暖系统的联合调试和试运行应在采暖期内进行，并应带负荷连续试运行48h，各项能耗指标应达到规定值。

4.6.2 工程验收时应具备下列技术资料：

1 系统严密性试验记录；

2 水力平衡调试记录；

3 系统节能性能检测报告。

4.6.3 供热系统节能性能检测报告应包括下列内容：

1 锅炉的平均运行热效率；

2 热源单位供热量的平均燃料耗量（折算标准煤量）、辅机和辅助设备耗电量；

3 热网循环泵的年耗电量；

4 热力站单位供热面积的年耗热量、耗电量；

5 热源、热力站的补水率；

6 热源、热力站、热力入口的水力平衡度；

7 室内温度实测值与设计值的偏差；

8 各种节能设施的有效性；

9 各种实测数据与节能评价标准的比较。

5 运行与管理

5.1 一般规定

5.1.1 供热单位应定期检测供热系统实际能耗。

5.1.2 供热单位应根据供热系统实际能耗和供热负荷实际发展情况，合理确定该供热系统的节能运行方式。

5.1.3 供热单位应根据实际供热负荷对供热调节方式进行优化，并应绘制供热系统供热调节曲线。

5.1.4 供热单位应建立节能运行与管理制度和操作规程，并应对运行与管理人员进行节能教育和培训。运行与管理人员应执行有关节能的规章制度。

5.1.5 供热单位应对供热系统的运行状况进行记录，并应建立技术档案。技术档案应包括能效测试报告、能耗状况记录、节能改造技术资料。

5.1.6 供热系统的动力设备调速装置、供热参数检测装置、调节控制装置、计量装置等节能设施应定期进行维护保养，并应有效使用。

5.1.7 能量计量仪器仪表应定期进行校验、检修。

5.1.8 当既有供热系统中有国家公布的非节能产品时，应及时进行更换。

5.1.9 对能耗高的既有建筑和供热系统，应对建筑和供热系统进行节能改造。

5.2 热　源

5.2.1 热源运行单位应在运行期间检测下列内容：

　　1 供热负荷、供热量；

　　2 供热介质温度、压力、流量；

　　3 补水量；

　　4 燃料消耗量及低位发热值；

　　5 锅炉辅机和辅助设备耗电量、热网循环泵耗电量；

　　6 锅炉排烟温度；

　　7 额定功率大于等于14MW锅炉应检测排烟含氧量，额定功率大于4MW小于14MW锅炉宜检测排烟含氧量。

5.2.2 热源运行单位应每日计算下列能效指标，并应逐日进行对比分析：

　　1 单位供热面积的供热负荷、热网循环水量；

　　2 单位供热量的燃料消耗量、折算标准煤量；

　　3 单位供热量的锅炉辅机和辅助设备耗电量；

　　4 单位供热量的热网循环泵耗电量；

　　5 热网补水率。

5.2.3 运行人员应定时、准确地记录供热参数。主要监控数据及设备运行状态应实时上传至监控中心。

5.2.4 热源的供热参数应符合供热系统调节曲线。锅炉运行台数应根据热负荷和锅炉的负荷效率特性确定。

5.2.5 燃煤锅炉应燃用与设计煤种相近的燃料，并应按批次进行煤质分析和化验，并应根据煤的特性进行预处理。

5.2.6 燃煤链条炉排锅炉的煤质应符合现行国家标准《链条炉排锅炉用煤技术条件》GB/T 18342的规定。

5.2.7 锅炉燃烧过程应采用自动控制。

5.2.8 锅炉运行时应控制送风量和二次风比例。排烟处过量空气系数不应大于表5.2.8的规定。

表5.2.8　锅炉运行排烟处过量空气系数

锅炉类型		过量空气系数
层燃锅炉	无尾部受热面	1.65
	有尾部受热面	1.75
流化床锅炉		1.50
燃油、燃气锅炉		1.20

5.2.9 采用负压燃烧的锅炉炉膛与外界的负压差不应大于30Pa，运行时炉门及观察孔应关闭。

5.2.10 锅炉运行时排烟温度不应大于表5.2.10的规定。

表5.2.10　锅炉运行排烟温度

锅炉容量（MW）	排烟温度（℃）	
	燃油、燃气锅炉	燃煤锅炉
≤1.4	200	180
>1.4	160	

5.2.11 层燃锅炉炉渣或流化床锅炉飞灰中，可燃物含量重量百分比在额定负荷下运行时不应大于表5.2.11的值。

表5.2.11　可燃物含量重量百分比

锅炉容量（MW）	可燃物含量（%）		
	烟煤Ⅰ	烟煤Ⅱ	烟煤Ⅲ
≤5.6	15	16	14
>5.6	12	13	11

注：当锅炉在非额定负荷下运行时，可燃物含量最大值可取锅炉负荷率与表中数值的乘积。

5.2.12 锅炉应定期检查，并应清除受热面结渣、积灰、水垢及腐蚀物。

5.2.13 蒸汽锅炉房运行应符合下列规定：

　　1 供应采暖热负荷的蒸汽总凝结水回收率应大于90%；

　　2 锅炉排污率宜小于10%；

　　3 排污水应综合利用；

　　4 疏水器排出的凝结水应设置回收系统进行余热利用。

5.2.14 锅炉在新安装、大修及技术改造后应进行热效率测试。运行热效率测试时间间隔不应超过3年。当锅炉运行热效率不符合本规范第6章规定时，应维修或技术改造。

5.2.15 循环泵应根据实测运行参数调整水泵转速。当供热负荷长期未达到设计热负荷或长期偏离设计热负荷时，应更换水泵。

5.3 供热管网

5.3.1 热力网运行单位应在运行期间检测下列内容：

　　1 各热源及中继泵站供热介质温度、压力、流量；

　　2 各热源供热量、补水量；

　　3 中继泵站耗电量；

　　4 各热力站热力网侧供热介质温度、压力、流量；

　　5 各热力站供热量。

5.3.2 街区供热管网运行单位应在运行期间检测下列内容：

　　1 热力站或热源供热介质温度、压力、流量；

　　2 热力站或热源供热量、补水量；

　　3 各热力入口供热介质温度、压力、流量；

4 各热力入口供热量。

5.3.3 运行单位在运行期间应定期计算、分析下列能效指标，并应及时对系统进行优化调整：

1 各热力站或建筑入口单位供热面积的供热负荷；

2 各热力站或建筑入口的水力平衡度；

3 热力网或街区供热管网的补水率；

4 管网单位长度的平均温度降。

5.3.4 新并入集中供热管网的新建、改建和既有系统，在并入前应按本规范第5.3.1条～第5.3.3条规定的内容进行检测和分析，当能效指标低于集中供热系统时应进行调试或改造。

5.3.5 新建及既有街区供热管网，在室外管网或室内系统进行改造后，应在采暖期前进行水力平衡检测和调试，各热力入口的流量和压头应符合水力平衡要求。采暖开始后应根据实际检测数据再次调整热力入口控制装置的设定值。

5.3.6 热网设备、附件、保温应定期检查和维护。保温结构不应有破损脱落。管道、设备及附件不得有可见的漏水、漏汽现象。

5.3.7 地下管沟、检查室中的积水应及时排除。

5.4 热 力 站

5.4.1 热力站运行单位应在运行期间检测下列内容：

1 热力网侧供热介质温度、压力、流量；

2 热力网侧热负荷、供热量；

3 用户侧各系统供热介质温度、压力、流量；

4 用户侧各系统热负荷、补水量；

5 耗电量。

5.4.2 运行单位在运行期间应定期计算、分析下列能效指标，并及时对系统进行优化调整：

1 单位供热面积的热负荷、耗热量、耗电量；

2 热力网侧单位供热面积的循环流量；

3 用户侧各系统单位供热面积的循环流量；

4 用户侧各系统的补水率。

5.4.3 每年采暖期前应核实供热面积和热负荷。当热负荷或供热参数有变化时，应按预测数据计算并调整循环流量。

5.4.4 系统初调节应在采暖初期进行，供水温度应符合当年的供热调节曲线。

5.4.5 运行人员应定时、准确地记录热力站能耗情况，并应定期对比分析。无人值守的热力站应定时巡视，主要监控数据应实时上传至监控中心。

5.4.6 用户侧供水温度可根据室外气象条件和统一的调度指令设定，并应通过调节热力网流量控制采暖供水温度符合设定值。

5.4.7 循环泵应根据实测运行参数调整水泵转速。当供热负荷长期未达到设计热负荷或水泵运行长期偏离高效区时，应更换水泵。

5.4.8 蒸汽热力站采暖系统的凝结水应全部回收。

5.5 室内采暖系统

5.5.1 当采暖系统的布置形式、散热设备、调控装置、运行方式等改变时，应重新进行水力平衡检测和调节。

5.5.2 供热单位应定期检测、维护或更换热量计量装置或分摊装置。

5.5.3 供热单位应定时巡视记录建筑物热力入口处每个系统的供热参数。当供热参数与规定值偏差较大时，应调节控制阀门。

5.6 监 控 系 统

5.6.1 热源、热网、热力站的运行参数应由热网监控中心进行统一调度，供热参数应根据室外气象条件及热网供热调节曲线确定。

5.6.2 供热调节曲线应根据热用户的用热规律绘制，且应根据实际供热效果进行修正。

5.6.3 每年采暖期前应依据供热面积的增减情况，重新核实新采暖期的热负荷、编制当年的供热系统运行方案、绘制新采暖期的水压图，并应针对每个热用户进行初调节、建立新的水力平衡。

5.6.4 多热源供热系统应根据各热源的能耗指标确定热源的投入顺序。能耗较低的热源应作为基本热源，能耗较高的热源应作为调峰热源。

5.6.5 监控系统采集的热源、热网、热力站、热力入口等处的运行参数应定期进行人工核实，并应及时修正测量误差。

6 节 能 评 价

6.0.1 供热系统所有设备的能效指标不应低于国家现行标准规定的节能评价值。

6.0.2 锅炉运行应符合现行国家标准《工业锅炉经济运行》GB/T 17954的规定，热效率应达到二等热效率指标，综合技术指标宜达到二级运行标准。

6.0.3 热水锅炉房（不包括热网循环泵）总电功率与总热负荷的比值不宜大于表6.0.3规定的数值。

表6.0.3 锅炉房电功率与热负荷比值（kW/MW）

锅炉类型	电功率与热负荷比值
层燃锅炉	14
流化床锅炉	29
燃油、燃气锅炉	4.5

6.0.4 热网循环泵单位输热量的耗电量不应高于规定值的1.1倍。

6.0.5 热水供热系统平均补水率应符合下列规定：

1 间接连接热力网的热源补水率不应大

于 0.5%；

2 直接连接热力网的热源补水率不应大于 2%；

3 当街区供热管网设计供回水温差大于 15℃ 时，热力站（或热源）补水率不应大于 1%；

4 当街区供热管网设计供回水温差小于或等于 15℃ 时，热力站（或热源）补水率不应大于 0.3%。

6.0.6 蒸汽热源的采暖系统凝结水总回收率宜大于 90%。

6.0.7 供热管网水力工况应符合下列规定：

1 热源、热力站的循环流量不应大于规定流量的 1.1 倍；

2 街区热水管网水力平衡度应在 0.9～1.1 范围内；

3 热源、热力站出口供回水温差不宜小于调节曲线规定供回水温差的 0.8 倍。

6.0.8 室内温度不应低于设计温度 2℃，且不宜高于设计温度 5℃。

6.0.9 供热管道保温应符合下列规定：

1 地下敷设的热水管道，在设计工况下沿程温度降不应大于 0.1℃/km；

2 地上敷设的热水管道，在设计工况下沿程温度降不应大于 0.2℃/km；

3 蒸汽管道在设计工况下沿程温度降不应大于 10℃/km。

本规范用词说明

1 为便于在执行本规范条文时区别对待，对要求严格程度不同的用词说明如下：

  1）表示很严格，非这样做不可的用词：

    正面词采用"必须"，反面词采用"严禁"；

  2）表示严格，在正常情况下均应这样做的用词：

    正面词采用"应"，反面词采用"不应"或"不得"；

  3）表示允许稍有选择，在条件许可时首先应这样做的用词：

    正面词采用"宜"，反面词采用"不宜"；

  4）表示有选择，在一定条件下可以这样做的用词，采用"可"。

2 本规范中指定应按其他有关标准、规范执行的写法为"应符合……的规定"或"应按……执行"。

引用标准名录

1 《公共建筑节能设计标准》GB 50189

2 《设备及管道绝热技术通则》GB/T 4272

3 《工业阀门 压力试验》GB/T 13927-2008

4 《工业锅炉经济运行》GB/T 17954

5 《链条炉排锅炉用煤技术条件》GB/T 18342

6 《城镇供热管网设计规范》CJJ 34

7 《严寒和寒冷地区居住建筑节能设计标准》JGJ 26

中华人民共和国行业标准

城镇供热系统节能技术规范

CJJ/T 185—2012

条 文 说 明

制 订 说 明

《城镇供热系统节能技术规范》CJJ/T 185－2012 经住房和城乡建设部 2012 年 11 月 2 日以第 1532 号公告批准、发布。

为便于广大设计、施工、科研、院校等单位有关人员在使用本规范时能正确理解和执行条文规定，《城镇供热系统节能技术规范》编制组按章、节、条顺序编制了本规范的条文说明，对条文规定的目的、依据以及执行中需注意的有关事项进行了说明。但是，本条文说明不具备与标准正文同等的法律效力，仅供使用者作为理解和把握标准规定的参考。

目　次

1　总则 ················· 41—16
3　设计 ················· 41—16
　3.1　一般规定 ··········· 41—16
　3.2　供热系统 ··········· 41—16
　3.3　热源 ············· 41—17
　3.4　热力网 ············ 41—18
　3.5　热力站 ············ 41—19
　3.6　街区供热管网 ········ 41—20
　3.7　室内采暖系统 ········ 41—20
　3.8　监控系统 ··········· 41—21
4　施工、调试与验收 ········· 41—21
　4.1　一般规定 ··········· 41—21
　4.2　热源与热力站 ········ 41—21
　4.3　供热管网 ··········· 41—21
　4.4　室内采暖系统 ········ 41—21
　4.5　监控装置 ··········· 41—22
　4.6　工程验收 ··········· 41—22
5　运行与管理 ············ 41—22
　5.1　一般规定 ··········· 41—22
　5.2　热源 ············· 41—22
　5.3　供热管网 ··········· 41—23
　5.4　热力站 ············ 41—23
　5.5　室内采暖系统 ········ 41—23
　5.6　监控系统 ··········· 41—24
6　节能评价 ············· 41—24

1 总　则

1.0.1 《中华人民共和国节约能源法》规定，节约资源是我国的基本国策，国家实施节约与开发并举、把节约放在首位的能源发展战略，鼓励、支持开发和利用新能源、可再生能源，对实行集中供热的建筑分步骤实行供热分户计量、按照用热量收费的制度，新建建筑或者对既有建筑进行节能改造，应当按照规定安装用热计量装置、室内温度调控装置和供热系统调控装置。同时要求有关部门依法组织制定并适时修订有关节能的国家标准、行业标准，建立健全节能标准体系。

在我国北方地区建筑能耗中采暖能耗占较大比重，减少采暖能耗的途径包括围护结构节能和供热系统节能两个方面，其中供热系统节能的潜力很大，是实现建筑节能目标的关键。编制本规范的目的是制订一部针对整个供热系统的关于节能的专门规范，对民用建筑集中供热工程从建设到运行的全过程提出节能要求，为落实国家有关政策提供技术支撑。

1.0.2 本规范适用对象为供应民用建筑（住宅及公共建筑）采暖的供热系统，内容包括热源、管网、热力站、热用户等供热系统的各个环节，从设计、施工、验收、运行及改造的全过程提出节能要求。其中热源包括热电厂首站、区域锅炉房、用户锅炉房、热泵机房等，不包括户用空调、燃气壁挂炉等分户采暖热源。本规范的规定只涉及供热系统中与能耗有关的部分，供热系统其他方面的规定由相应标准规定。

1.0.3 节能的目的是通过合理用能、提高效率，减少能源浪费。

1.0.4 在项目可行性研究、初步设计、施工图等各阶段设计文件中，应明示各项能耗指标，作为项目立项、评估、设计、审查、验收、运行的依据。

3 设　计

3.1　一般规定

3.1.1 本条规定的目的是要在整个设计过程对供热系统能耗进行控制，随着工程设计的深化，切实落实节能措施。

3.1.2 进行供热系统设计时，首先需要确定设计热负荷，根据热负荷进行水力分析，选择管网及设备的规格容量，制定系统运行方案。因此准确确定设计热负荷是供热系统节能设计的基础。设计时要对供热范围内的热用户的具体情况进行分析，对既有建筑需调查历年实际运行热负荷及耗热量，对新建建筑可参考条件相近建筑的实际热指标，根据供热建筑围护结构及供热系统条件核实该项目的设计热负荷。对不符合

节能标准的既有建筑，在供热系统进行设计时，需考虑围护结构和采暖系统节能改造后耗热量的变化情况。

3.1.3 集中供热系统涉及多种设备，设计时应选用符合国家节能标准的产品。我国已有多项工业产品的能效等级标准，规定了能效限定值和节能评价值，本条要求设备的能效等级达到相应标准规定的节能评价值。相关的标准有《工业锅炉能效限定值及能效等级》GB 24500、《通风机能效限定值及能效等级》GB 19761、《清水离心泵能效限定值及节能评价值》GB 19762、《冷水机组能效限定值及能源效率等级》GB 19577、《中小型三相异步电动机能效限定值及能效等级》GB 18613、《三相配电变压器能效限定值及节能评价值》GB 20052等。

3.1.4 保温材料性能采用《设备及管道绝热技术通则》GB/T 4272的规定。

3.1.5 供热系统附属建筑主要指独立建造的监控中心、客服中心及办公楼等，要符合公共建筑节能标准。

3.2　供热系统

3.2.1 热水作为供热介质具有热能利用率高、运行工况稳定、输送距离长、供热运行调节方便、热损失小、热网建设投资少等优点，采暖热负荷一般均采用热水作供热介质。当热网以蒸汽热负荷为主时，应在采暖热负荷集中的区域设置区域汽水换热站或在用户热力站设汽水换热器供应采暖热负荷。我国有些城市的既有蒸汽管网因工业布局调整，蒸汽热用户逐步减少变为以采暖热负荷为主，因蒸汽管网凝结水回收较难，排放热损失大，造成系统能源浪费。因此对以采暖为主的蒸汽供热管网需逐步改造为热水供热管网。

3.2.2 考虑到目前我国热电联产项目建设的实际情况，新建燃煤热电厂规模较大且远离城市中心区，供热半径较大，本条规定主要针对燃煤热电联产系统。热水管网如果供热半径大于10km，一般需要设置中继泵站，管网循环泵能耗高且对安全运行不利，因此规定供热半径不宜大于20km。蒸汽管网散热损失和凝结水损失较大，不适合长距离输送，根据对城市蒸汽热力网的技术经济分析，供热半径6km以内是比较可行的。

3.2.3 供回水温度的确定需兼顾系统电耗和能源的品位。设计时应根据项目具体条件选择供回水温度。

1　大型供热系统一般采用高温热水供热，在热力站换热或混水，再将低温热水供至用户。提高热源供水温度和降低回水温度，可减少循环水流量节约循环泵电耗，并增加管网供热能力。目前国内大型供热系统热电厂和区域锅炉房常规设计供回水温度为130℃/70℃，经热力站换热后采暖系统设计供回水温度为85℃/60℃。热力网温度130℃以下可以使用直

埋预制保温管，用户采暖系统温度 85℃ 也满足常用塑料管材的耐温要求。如室内采暖系统采用低温热水采暖方式，或热力站采用热泵等供热方式，热力网回水温度还可以降低，进一步提高热力网输送效率。

2 用户小型热源和热力站与用户距离较近，直接与室内系统连接，供水温度、供回水温差的确定与室内系统形式及采用的管材有关。现行行业标准《严寒和寒冷地区居住建筑节能设计标准》JGJ 26 - 2010 的规定，散热器采暖系统采用金属管道供水温度≤95℃，采用热塑性塑料管供水温度≤85℃，采用铝塑复合管供水温度≤90℃，供回水温差均要求≥25℃。本条与其规定一致，目的是避免小温差大流量运行，减少循环泵电耗。

3 利用余热或可再生能源供热时，降低供热温度可以节约高品位热能，充分利用低品位热源，并可增加余热和可再生能源利用量。此时根据具体情况优化调整系统形式，热源温度可以低于常规采暖系统设计温度。

3.2.4 热源形式及布局的选择会受到资源、环境等多种因素影响和制约，热源远离用户对改善城市环境有利，但输送距离加大将会增加供热系统能耗，为此必须客观全面地进行分析比较，从节能、环保、经济等角度综合考虑。

1 热电联产能源利用率高，是大型集中供热的主要形式。大型供热系统采用多热源供热，不仅提高了供热可靠性，热源间还可进行经济调度，降低整个系统的总能耗，最大限度地发挥热电联产的节能、环保效益。为减少热网投资和运行能耗，要求调峰热源建设在热用户附近，并按多热源联网运行方式制定合理的运行方案。

2 燃煤锅炉房锅炉容量较大时热效率较高，且污染物排放控制较好，供热范围较大时总能耗较低。

3 燃气锅炉房使用清洁燃料，且锅炉容量对热效率影响较小，供热范围较小时管网输送能耗较低。

4 燃气冷热电联供系统设在用户附近，以燃气为一次能源用于发电，利用发电余热制冷、供暖、供生活热水，燃气梯级利用与单纯供热相比提高了能源综合利用率，适用于有全年冷热负荷的公共建筑。由于冷水输送距离不长，冷热电联供系统供能范围较小。

5 利用企业生产过程产生的余热（包括电厂冷却水余热）为周边的建筑供热，不仅利用了余热能，而且减少了处理余热的能耗。当余热温度较低时，可利用热泵提高温度。

6 国家鼓励、支持开发和利用新能源、可再生能源，充分利用地区资源优势，开发利用可再生能源供热符合国家节能环保政策。

3.2.5 确定中继泵站的位置首先要满足水力工况要求，在进行站址方案比选时，要计算热源循环泵和所有中继泵运行功率，使热网循环泵和中继泵总能耗最小。

3.2.6 在热力站设置分布式变频循环泵代替热源循环泵或中继泵的方式，分布式循环泵可以在所有热力站均设置，也可在部分热力站设置，在一定条件下比集中循环泵或中继泵节能。但一般大型水泵效率高于小型水泵效率，且随着运行期间供热参数的调节，热力站入口处压力、压差及分布式加压泵运行工作点也会变化，循环泵总效率在实际运行工况可能低于设计工况。因此只有比较全年总耗电量，才能明确分布式加压泵系统是否节能。

采用分布式循环泵时要注意适用条件，才能达到节能效果。

1 既有供热系统改造时在热力网末端设分布式加压泵，可以减少管网改造和中继泵站建设，因既有管网的水力工况已有实测数据，各热力站的加压泵扬程选择可以比较准确，水泵可在高效区运行。

2 新建供热系统如果建设周期长，逐期发展过程中热力网水力工况会有较大差异，不适合采用分布式加压泵系统；建设周期较短的系统，热力网压差较稳定，加压泵工作点可长期在高效区。

3 热力网干线阻力较高，分布式加压泵节能效果较明显。

4 热力网各环路阻力相差悬殊时，集中式循环泵需按最不利环路阻力确定扬程，水泵功率较高。采用分布式加压泵可根据各环路阻力分别确定扬程，循环泵总功率较小。

3.3 热　源

3.3.1～3.3.3 在供热项目可行性研究、初步设计、施工图各阶段设计文件中，应制定实现节能目标的技术措施，并明示有关能耗指标，以便在下一阶段工程实施中落实和检验。本规范所指热源包括热电厂首站、区域锅炉房、用户锅炉房、热泵机房等，本条列出的内容是为了满足系统能耗分析的需要，热源运行需要的其他内容不在本规范中重复。热源设计时，热力网及热力站系统也在同时设计，热源设计单位可以根据热网设计方案确定热网循环泵耗电量和供热参数调节控制方式，作为项目节能评估和运行评价的参考依据。

3.3.4 根据民用建筑采暖热负荷的特点，采暖锅炉运行负荷经常低于设计负荷，锅炉负荷率降低时热效率降低，因此不宜使锅炉长时间低负荷运行。锅炉房设计时根据热负荷变化规律和锅炉效率变化规律，通过锅炉容量与运行台数的组合，提高单台锅炉负荷率，在供热系统低负荷运行工况下锅炉机组能高效运行。

3.3.5 燃油、燃气锅炉自动化程度较高，能够根据设定的出水温度自动调节燃烧方式，较大容量的锅炉采用比例调节方式比分段调节方式更节能。

3.3.6 燃煤锅炉房运煤系统的节能措施应考虑运输系统布置、设备选择、调节控制、燃料计量等环节。从受煤斗向带式输送机、斗式提升机等设备给料应装设均匀给料设备，链条锅炉宜采用分层给煤燃烧装置，流化床锅炉的给料设备应能控制给料量。

3.3.7 锅炉除灰渣系统设计时应考虑运行调节和节煤措施。

3.3.8 锅炉烟风系统应优化配置，减小阻力，均匀送风，并具备调节手段，提高锅炉运行效率，减少电能消耗。

3.3.9 热网循环泵是供热系统主要耗能设备之一，合理选型是供热系统节能的基本条件。

    1 新建系统设计和既有系统改造设计时均应进行水力计算，循环泵流量和扬程应与系统设计流量和计算阻力接近，避免水泵选型过大。分期建设和既有系统循环泵偏大时，要考虑调整水泵运行参数的可行性，运行能耗大的系统需更换水泵。

    2 循环泵选型时应分析热源与热网调节方式，热网流量与阻力变化规律，水泵流量、扬程、转速与效率的关系，保证水泵在整个供热期内高效运行。

    3 水泵调速的特性要满足热网调节的功能要求，并联运行的水泵同时调速可以保证水泵在调速时高效运行。

3.3.10 热电厂首站、大型工业锅炉房等使用蒸汽的热源，在蒸汽参数适合时，可利用较高压力的蒸汽驱动鼓风机、引风机、热网循环泵等耗能较高的设备，再用较低压力的蒸汽加热热网循环水，蒸汽能量得到梯级利用，可明显节约设备电耗。

3.3.11 充分利用余热是提高锅炉房能效的途径。

    1 燃油燃气锅炉排烟中水蒸气含量较大，采暖系统回水温度一般低于烟气露点温度，有效利用烟气中水的潜热可以提高锅炉运行热效率。设置烟气冷凝装置的方法可以选用冷凝式锅炉，也可以采用烟道冷凝器。

    2 选用设有省煤器和空气预热器的燃煤锅炉可以有效利用烟气余热。如锅炉排烟温度过高也可以设外置式省煤器或空气预热器。

    3 有组织通风可减少设备间排风量，同时利用设备散热量。锅炉鼓风机从房间上部吸取热空气，可以减少加热室外冷空气的耗热量。但在冬季锅炉鼓风机的室内吸风量要根据热平衡计算确定。

    4 蒸汽系统要防止泄漏损失，并充分利用凝结水、连续排污水和二次蒸汽的热量。蒸汽锅炉的排污水还可作热水热网的补充水。

3.3.12 自动控制是提高运行效率的重要措施。

3.3.13 热源出口的供热参数应按热负荷需要进行调节。

3.3.14 应根据系统调节控制要求设置参数监测仪表，为节能运行提供实时运行数据。

3.3.15 单独计量设备的耗燃料量、耗电量有利于进行运行能耗分析，选择和采取适当的节能措施。国家标准《用能单位能源计量器具配备和管理通则》GB 17167-2006 规定，单台设备耗电量大于或等于 100kW 的为主要用电设备，要求主要用电设备的计量器具配备率为 95%。供热热源的主要用电设备包括热网循环泵、锅炉辅机和辅助设备，上述标准要求在每个用能单元配备计量器具。

3.3.16 无功补偿可按现行国家标准《供配电系统设计规范》GB 50052 计算。

3.3.17 容量较大的用电设备采用高压供电可减少配变电系统的电能损耗。本条规定采用《民用建筑电气设计规范》JGJ 16 规定，当用电设备容量在 250kW 及以上时，宜以 10kV 或 6kV 供电。

3.3.18 保温是供热系统节能的重要措施之一。现行国家标准《设备及管道绝热技术通则》GB/T 4272 规定，表面温度高于 50℃ 的设备、管道及其附件必须保温。热源内除输送供热介质的管道及附件需要保温外，换热器、锅炉、烟道、水箱等有可利用热能的设备也需要保温。

3.4 热 力 网

3.4.1 热力网指以热电厂或区域锅炉房为热源，自热源经市政道路至热力站的供热管网，热力网供热介质一般为高温热水或过热蒸汽。在热力网项目可行性研究、初步设计阶段的设计文件中，应明示有关能耗指标，以便在下一阶段工程实施中落实和检验。大型城市供热系统常采用多热源供热系统，需要热力网设计单位确定供热调节方式，并绘制供热调节曲线。热源、热力站、中继泵站的优化运行需要根据热网调节曲线进行，在非设计工况下初调节和检测时需要根据热网调节曲线确定运行参数及能耗指标。根据供热调节曲线，可以计算各热源运行时间、年供热量、循环泵流量及扬程等数据，提供给各热源设计单位计算热源能耗量。

3.4.2 在热网施工图设计阶段，保温是与能耗直接相关的主要内容，应按管道敷设条件确定管道保温材料，并标明保温结构的各种数据。

3.4.3 管线走向及管路附件设置均影响管网循环泵能耗，管网选线要考虑节能因素，并选择阻力小的管路附件。

3.4.4 城镇热力网管线长、管径大，检修时要排掉大量软化水或除氧水，设分段阀门可以减少检修时的放水量，节约水处理的能耗。《城镇供热管网设计规范》CJJ 34-2010 规定，热水热力网输送干线分段阀门的间距宜为 2000m～3000m；输配干线分段阀门的间距宜为 1000m～1500m。

3.4.5 高温热水和蒸汽管道运行温度高，泄漏的能量损失大。现行国家标准《工业阀门 压力试验》GB/T 13927 规定 A 级的允许泄漏为在试验压力持续时间内无可见泄漏。

3.4.6 热力网管道运行温度高、受力大，法兰连接处容易泄漏，从节能、节水和安全方面考虑，阀门应采用焊接连接。

3.4.7 供热管道直埋敷设没有管沟，节省材料、占地和施工能耗，防水保温效果较好。热水直埋保温管的保温层采用聚氨酯硬质泡沫塑料，工作管、保温层、外护层之间牢固结合为连续整体保温结构，可以利用土壤与保温管间的摩擦力约束管道的热伸长，从而实现无补偿敷设，减少补偿器散热和泄漏损失，与管沟敷设相比可大量节约能源。蒸汽直埋保温管的工作管与外护管能相对移动，管道和管路附件均在工厂预制。直埋敷设供热管道的设计可执行行业标准《城镇直埋供热管道工程技术规程》CJJ/T 81 和《城镇供热直埋蒸汽管道技术规程》CJJ 104。

3.4.8 热力网管道和阀门、补偿器等管路附件均要求保温。《设备及管道绝热技术通则》GB/T 4272 规定了保温材料要求及管道允许最大散热损失值。直埋保温管保温层厚度计算还需要考虑土壤热阻使外护层温度升高的影响。

3.4.9 蒸汽管道温度高，保温结构设计应避免热桥的产生，对支座采取隔热措施。

3.4.10 蒸汽系统回收凝结水可以减少热源水处理能耗，并利用凝结水热能。蒸汽管网沿线产生的凝结水尽量回收至凝结水管道。

3.5 热 力 站

3.5.1、3.5.2 热力站是用来转换供热介质种类、改变供热介质参数、分配、控制及计量供给热用户热量的综合体。根据热力网与用户的连接方式，热力站系统分为直接连接和间接连接形式。间接连接系统设置换热器，热力网的供热介质不直接进入用户，用户侧需设循环泵及补水装置。直接连接系统不设换热器，热力网的供热介质直接进入用户，热力网供水温度高于用户供水温度的系统设有混水装置，温度一致时只通过阀门连接，直接连接系统用户侧可设循环泵也可直接利用热力网压差进行循环。

热力站耗热量的大小直接影响整个供热系统的能耗水平，控制耗热量最有效的途径是随室外温度变化及时调整供热参数及供热量，减少因超温超流量带来的热能浪费。因此采用适当的调节控制方式，按照设定的供热调节曲线控制运行参数，是热力站节能的关键。本规范要求在供热项目可行性研究、初步设计、施工图各阶段设计文件中，制定热力站实现节能目标的技术措施，并明示与能耗相关的参数调节控制方式，以便在下一阶段工程中落实和检验。

3.5.3 热力站的位置尽量靠近用户，有利于用户侧

管网水力平衡，并减少循环泵电耗。热力站规模的研究考虑了工程投资、运行费用、运行能耗、水力平衡、调节控制等因素，研究条件为大型城市建筑密度较高的地区，对建筑密度较低的地区热力站合理规模更小。楼栋热力站采用无人值守全自动供热机组，针对用户使用规律确定控制方式，随时监测用户需求自动调节供热量，节能效果更好。供回水温差小的系统流量大，循环泵能耗高，采用楼栋热力站可以缩短室外管网，减少循环泵耗电量。

低温地面辐射采暖及风机盘管等系统供回水温差只有 10℃ 左右，循环水量较大，室外管网较长时循环泵耗电量很大，因此推荐采用楼栋热力站，缩小室外管网长度。或热力站按常规温度设计，室外管网采用大温差、小流量运行，在热力入口或住户入口设混水泵，满足室内系统循环水量要求。

3.5.4 供热系统或环路的划分要考虑建筑物的用途、使用特点、热负荷变化规律、室内采暖系统形式、管道与设备材质、供热介质温度及压力、调节控制方式等。公共建筑和住宅的供热时间及使用规律不同，分别设置采暖系统有利于供热参数调节和热计量。学校的教室、商场的营业厅、剧场的观众厅、体育馆的比赛厅等非连续使用的场所，分别设置环路可以实现分时供热，如热力站单独设置环路不具备条件，也可以在室内系统进行控制。

3.5.5 热力站采暖系统循环泵耗能较高，合理选型是热力站节能的基本条件。

1 本条要求循环泵均采用调速泵，适应系统调节控制需要，节省水泵电耗。

2 新建系统设计和既有系统改造设计时均应进行水力分析，循环泵流量和扬程应与系统设计流量和计算阻力接近，避免水泵选型过大。分期建设和既有系统循环泵偏大时，要考虑调整水泵运行参数的可行性，运行能耗大的系统可更换水泵。

3 两管制风机盘管空调系统冬季供暖与夏季供冷使用同一条管道，因冬、夏季供回水流量及阻力不同，需要分别进行水力计算，确定冷、热水循环泵能否共用。

4 水泵出口设置止回阀的作用是防止水倒流损坏水泵。并联水泵部分运行时需关闭停运水泵的出口阀门，设止回阀可以减少倒泵时的操作。而只有一台循环泵的系统，水泵停运时进出口压力一致，止回阀不起作用，循环泵出口不设止回阀可以减少系统阻力损失。

3.5.6 当热力网的条件符合第 3.2.6 条时，设置分布式循环泵可以节能。由于分布式循环泵代替了调节阀，系统设计要满足热力站调节控制的要求。

1 每个系统单独设置分布式循环泵，可以根据各系统的运行特点单独调节，代替电动调节阀的作用。

2 分布式循环泵调速除节电外，主要是为了满足功能需要。通过调节水泵转速改变热力网供水流量，满足用户热负荷需求。

3 水泵扬程与热力网水力工况吻合才能达到更好的节能效果。对运行期间压力变化较大的热力网（如多热源或变流量系统），水泵运行时压力与流量变化不同步会偏离高效点，选择水泵特性曲线时应考虑热力网压力变化特性。

3.5.7 循环泵转速按管网末端压头控制的节能效果好于按站内供回水压差控制，但受条件限制远程控制有一定难度。本条程度用词采用"宜"，建议压差控制点尽量接近末端用户。

3.5.8 热力站设置自动控制系统，能够保证节能效果。监控系统可由监控中心根据室外温度、日照、风速等气象条件和供热调节曲线确定供水温度，通过通信网络设定用户侧供热参数，由热力站自动控制供热量。如果不能实现集中设置供热参数，则在每座热力站设室外温度监测装置，根据设定的供热调节曲线设定用户侧供热参数，自动控制供热量。

3.5.9 热力站自动控制用户侧供热参数和供热量的方法，要依靠热力网侧的调控装置实现。

1 热力站各系统设电动调节阀，通过调节热力网流量，维持用户侧供水温度符合设定值，达到根据气象条件自动控制供热量的目的。

2 在热力网总管设压差控制阀，可以保证电动调节阀的调节性能。

3 分布式循环泵通过调速达到与电动调节阀同样的功能。如果循环泵的调节范围不能适应热力网压力变化范围，仍需设压差控制阀。

4 热力站控制总回水温度，可以避免回水温度过高，保证热力网水力平衡。

3.5.10 热力站在热力网侧设热计量装置，有利于分析热力网水力平衡状况，为系统调节提供依据。用户侧是否再设热计量装置需要根据具体情况确定。

3.5.11 本规范的适用范围为民用采暖供热系统，热力站汽水换热器排出的凝结水全部可以回收。采用闭式凝结水回收系统的目的在于避免凝结水接触空气，减少凝结水溶氧，减少凝结水管道腐蚀，提高送回热源的凝结水质量，从而减少热源进行再处理的能耗。

3.5.12 热力站所有输送供热介质的管道、管路附件及换热器等设备，不论介质温度高低均需要保温。

3.6 街区供热管网

3.6.1 街区供热管网是指热力站或用户锅炉房、热泵机房等小型热源至建筑物热力入口的室外供热管网。在可行性研究和初步设计阶段要确定供热参数、水力平衡方式和热计量方式。

3.6.2 街区供热管网施工图文件要标注每个热力入口的供回水温度、流量和资用压头，作为水力平衡检

测、调试和运行调节的依据。

3.6.3 热力入口处设置调控装置及检测仪表，以便调节室外管网的水力平衡。

3.6.4 街区管网水力不平衡是造成供热系统热能和电能浪费的主要原因之一，水力平衡是节能的重点工作。此处规定各并联环路的计算压力损失差值不大于15%，与暖通设计相关标准取得一致。当管网供热范围较小时，通过调整管径可以做到各环路阻力基本平衡；当供热范围较大时，仅通过调整管径很难满足平衡要求，因此需要设置调控装置。调控装置可以在所有热力入口安装，或在部分资用压头大的热力入口安装，必要时也可装在管网支线上。调控装置采用压差控制阀能更好地适应用户自主调节的变流量系统。

3.6.5 室内采用低温地面辐射或风机盘管等采暖方式时设计供水温度较低，要求水流量较大。当管网供热半径较大时，在用户室内或热力入口处设混水装置，混水装置将室外管网供水与部分室内回水混合，保证室内系统供水温度和流量符合要求。管网采用较高的供水温度，室外管网水流量较小，可以减少热力站循环泵能耗。

3.6.6 供热管道直埋敷设取消了管沟，节省材料、占地和施工能耗，防水保温效果较好。热水直埋保温管为预制整体保温结构，可以实现无补偿敷设，减少补偿器热损失和故障率，与管沟敷设相比可大量节约能源。供热管道无补偿直埋敷设的设计方法见行业标准《城镇直埋供热管道工程技术规程》CJJ/T 81。

3.6.7 行业标准《严寒和寒冷地区居住建筑节能设计标准》JGJ 26 中规定了常用管径的保温最小厚度，低温热水管道可以比较方便地选用。

3.7 室内采暖系统

3.7.1 室内采暖系统是供热系统的终端，由室内散热设备和管道等组成，使室内获得热量并保持一定温度。本规范所指室内采暖系统形式包括散热器采暖、辐射采暖、风机盘管采暖等。由于室内采暖系统的能耗是整个供热项目能耗的基础，合理调节对供热系统整体节能目标的实现起了至关重要的作用，因此要求在施工图设计阶段，除了标明与室内采暖系统相关的能耗参数外，还应标明室内温度调节控制方法、调节控制装置的技术要求、室外管网入口处的参数要求等，以便在下一阶段工程实施中落实和检验。

室内温度控制是建筑节能的必要条件，在散热设备管路上安装恒温控制阀，将室温控制在适宜的水平，避免住户因室温过高开窗通风等浪费热能的行为。设计要根据系统特点规定室内温度调节控制方法，并提出调节控制装置的特性参数、安装、调试、检验、验收、使用、维护等技术要求，以保证采暖房间室温调节效果。

3.7.2 室内采暖系统环路的布置应考虑调控与计量

的要求，既有采暖系统改造要结合原采暖系统形式选择适用的调控与计量形式。在每个采暖房间均设置室内温度调控装置，可以满足用户对室内温度的不同需求，室内舒适度和节能效果更好。如既有采暖系统改造难以实现分室控制，也可采用分户控制的方式。

3.7.3 采用地面辐射采暖、风机盘管采暖等低温热水采暖方式适合较低的供水温度，可以充分利用低品位热能和可再生能源，提高供热系统的节能效益。

3.7.4 为减少热损失，敷设在管沟、管井、楼梯间、设备层、吊顶内的管道及附件应保温。分户热计量系统在供回水干管和共用立管至户内系统接点前，位于室内的管道也应保温。

3.8 监 控 系 统

3.8.1 监控系统包括供热监控中心 SCC、本地监控站 LCM 及通信系统。监控中心具有能耗分析软件和水力分析软件，根据供热管网实际运行数据，建立管网运行实时水压图，能够及时调整循环泵运行参数，对各热源、中继泵站、热力站的供热量及供热参数进行优化调度。

3.8.2 供热系统的监测数据是监控中心进行各种能耗分析及调度的依据。

3.8.3 为了进行能耗分析并实现优化调度，监控中心需了解热源的能耗量、供热量、供热参数等信息。

3.8.4 热力站热力网侧的运行参数能反映热力网的水力工况，将各热力站的监测数据传至监控中心，则可了解全网的运行工况，及时进行调节，实现节能运行。用户侧的运行参数反映热力站调节水平和能耗水平。本条规定热力网侧要监测热量，用户侧是否监测热量要根据热力站实际情况决定。

3.8.5 如果有条件也可以在热力入口设自动监测装置，及时发现街区管网水力失调等问题。

4 施工、调试与验收

4.1 一 般 规 定

4.1.1 强化供热系统施工现场管理，在施工过程中加强节能节约活动，杜绝施工浪费现象，是城镇供热系统节能的重要环节。

4.1.2 导热系数、密度、吸水率是保温材料的关键性能指标，对设备及管道散热损失影响较大，除应具有出厂证明文件外还要求材料到达现场后进行抽检。

4.1.3 设备、管道及管路附件保温结构施工需符合设计要求，以达到供热系统能耗指标。

4.2 热源与热力站

4.2.1 锅炉受热面存在污垢影响传热效率，锅炉安装完成后要将污垢清除干净。锅炉各部位应严密，防止漏风、漏煤，保证锅炉良好的燃烧状态，减少热损失。

4.2.2 锅炉漏风试验发现的漏风缺陷要采取措施进行处理。现场组装锅炉带负荷连续试运行48h的要求与现行国家标准《锅炉安装工程施工及验收规范》GB 50273-2009规定一致，目的是检验锅炉的设计、制造、安装、燃料及操作情况。

4.2.3 现场组装锅炉验收要求进行热效率测定。

4.2.4 系统安装完成后检查各项节能设施是否安装到位。

4.2.5 节能设施安装完成后，需要进行调试并达到规定的性能指标，才能保证运行时的节能效果。

4.3 供 热 管 网

4.3.1 管沟、检查室进水保温层受潮会明显增加散热损失，直埋管道保温端头吸水也可造成整个保温结构失效。检查室内环境湿度过高，其中安装的设备、阀门、仪表等容易腐蚀或损坏。管沟、检查室结构及管道穿墙处要严格做好防水，并且应有集水、排水设施，必要时可加通风措施，以便及时排除管沟、检查室内水汽。

4.3.2 工厂预制直埋保温管的质量更可靠，目前直埋敷设热水和蒸汽管道均采用预制直埋保温管。在整个施工安装过程中要保护好保温接口和外护层，保温管接头处进水和外护层损坏会影响保温结构密封质量，使直埋保温管散热损失增大，还可能腐蚀管道。

4.3.3 直埋保温管接头是直埋管道的薄弱环节，接头施工质量是管网保温效果和安全运行的关键环节。

1 施工环境、材料成分配比等条件均影响保温接头质量，应事先进行工艺型式检验。

2 外护层或外护管及其粘接材料、防腐材料与预制保温管材料粘结牢固，抗拉和抗剪切强度应与直管相同，才能保证直埋管道结构稳定。

3 直埋热水管道聚氨酯保温层发泡时在外护层或外护管上留有临时发泡孔，不及时进行密封，水汽进入会破坏接头保温结构。

4 直埋热水管道聚氨酯保温层端口应安装收缩端帽，直埋蒸汽管道保温端口应安装防水封端，防止积水或水汽进入保温层。

4.3.4 系统安装要保证各项节能设施安装到位。

4.3.5 街区供热管网在热力入口或管网支线装有调节阀门，为满足所有用户供热质量要求，需要进行水力平衡调试。当室外管网或室内采暖系统进行扩建或改造后，原有水力工况发生改变，会造成水力失调，需要重新进行水力平衡调试。

4.4 室内采暖系统

4.4.1 散热器罩设置不当会严重影响散热效果。

4.4.2 恒温阀的温度传感器正确反映房间温度，才能有效控制室内温度。温度传感器要装在通风、无遮挡、无日晒的位置，不要装在散热器罩内、采暖管道上方、外墙上等位置。

4.4.3 在经过计算不能达到水力平衡要求时，系统需要安装水力平衡装置。室内系统水力平衡装置包括可以预设定的恒温阀、静态平衡阀、自力式控制阀等，安装后要按规定参数进行调试或设置，保证所有恒温阀正常工作。

4.5 监 控 装 置

4.5.1 监控系统的仪表及装置安装前需校验，满足监测、控制、计量、能耗分析的需要。进行贸易结算的计量仪表要符合贸易结算精度要求。

4.5.2 测温元件应能反映所处介质的温度，水温测点不应在水流死角，空气温度测点不应设在高温管道或烟道上方，且不应直接日晒。

4.5.3 监测、计量装置的性能要统筹考虑，便于供热系统各部位监测数据的集中管理和分析。

4.5.4 为计量准确提出的要求。

　　1 应根据计量表产品形式确定前后直管段长度。

　　2 热量表由流量传感器、温度传感器和计算器组成，要求采用配套的温度传感器以保证热量计量精度。

4.5.5 管道施工时要按仪表要求预留传感器安装条件，保温管道在保温施工时也要注意预留检测孔，并在管道外及保温结构外做标记，以免安装仪表时再次开孔。

4.5.6 调控装置安装完成后需进行调试，以达到要求的运行状态。

4.5.7 监控系统要满足预定的功能，需进行调试和检测。将供热系统各关键点的运行数据采集和传送至监控中心，进行数据计算及分析，并下达调度指令。

4.6 工 程 验 收

4.6.1 带负荷试运行时间的规定与现行国家标准《锅炉安装工程施工及验收规范》GB 50273 - 2009 规定一致。试运行期间不一定达到满负荷，所检测的参数根据当时的供热范围及室外温度等条件折算后，判断是否满足要求。

4.6.2 供热工程验收应具备与节能有关的证明文件、试验记录及报告。

4.6.3 要求供热工程总验收前进行系统节能性能检测，了解系统能耗水平。

5 运行与管理

5.1 一 般 规 定

5.1.1 供热系统节能的关键环节是运行管理，供热系统实际能耗的测定和分析，是制定节能运行方案和进行节能改造的依据。

5.1.2 很多供热系统是逐年发展的，每年的实际供热负荷会发生变化，供热单位需要分析实际热负荷情况，合理确定该供热系统的节能运行方式。

5.1.3 供热系统热负荷及热源的发展对供热调节方式有不同的要求，供热单位要根据系统的节能运行方式优化供热参数调节方案，按优化的供热调节曲线设定每日的供热参数。

5.1.4 实现供热系统节能，需要运行管理人员掌握节能技术，并严格执行节能措施。

5.1.5 详细的运行能耗记录是进行供热系统能耗分析的基础资料，对节能运行和节能改造非常重要。

5.1.6 供热单位有责任保证节能设施的有效使用。

5.1.7 供热单位要保证能量计量的准确性，仪器仪表需要定期校验和检修。

5.1.8 供热系统要逐步淘汰既有系统中正在使用的非节能产品。

5.1.9 近些年我国正在逐步实施既有建筑围护结构和既有供热系统的节能改造。

5.2 热　　源

5.2.1 本规范适用对象为供应民用建筑采暖的供热系统，供热单位检测并分析采暖期能耗指标，作为优化运行控制的依据。额定功率大于等于 14MW 锅炉应检测排烟含氧量，额定功率大于 4MW 小于 14MW 锅炉宜检测排烟含氧量，检测范围与《锅炉房设计规范》GB 50041 - 2008 规定一致。

5.2.2 《工业锅炉能效测试与评价规则》TSG G0003 - 2010 规定，工业锅炉系统的主要能效评价指标为系统单位输出热量的燃料消耗量、辅机和辅助设备消耗电量、介质补充量。本条针对供热热源的行业特点做了以下调整：

　　1 增加了热指标，用于评价供热建筑围护结构节能水平；

　　2 增加了循环水量指标，用于评价系统水力平衡状况；

　　3 增加了单位供热量的热网循环泵耗电量，用于评价循环泵运行效率；

　　4 补水量指标采用补水率，符合供热行业习惯。补水率为供热系统平均单位时间补水量与总循环流量的百分比。

5.2.3 详细的运行记录是进行供热系统能耗分析的基础资料，对节能运行和节能改造非常重要。

5.2.4 锅炉运行调节的目的是最大限度地保证锅炉在高效率下运行，当初、末寒期热负荷需求较低时，可以调整锅炉运行台数，提高单台锅炉的负荷率。

5.2.5 为了保证燃煤锅炉高效运行，要求按批次进行煤质分析和化验。

5.2.7 自动控制是提高运行效率的重要措施。

5.2.8 锅炉运行送风量应在满足燃烧工况的同时减少过量空气热损失，并以合理比例使用二次风减少排烟固体不完全燃烧热损失。本条过量空气系数控制值摘自现行国家标准《工业锅炉经济运行》GB/T 17954-2007。

5.2.9 负压燃烧锅炉应防止冷空气吸入炉膛，减少热损失。

5.2.10 减少排烟热损失可以提高锅炉热效率。本条数值摘自现行国家标准《工业锅炉经济运行》GB/T 17954-2007，采用有尾部受热面的数据。

5.2.11 燃煤锅炉灰渣或飞灰可燃物含量高会降低锅炉热效率。本条数值摘自现行国家标准《工业锅炉经济运行》GB/T 17954-2007，表中数值为层燃锅炉对炉渣可燃物含量及流化床燃烧锅炉飞灰可燃物含量的要求。

5.2.12 锅炉受热面应清洁，保证传热效率。

5.2.13 蒸汽热源减少热损失的节能要求。

5.2.14 现行国家标准《工业锅炉经济运行》GB/T 17954-2007规定，运行考核的时间间隔不超过3年。发现锅炉热效率明显降低时应及时检修维护。

5.2.15 供热系统实际运行的水力工况会与设计参数有差异，需要在运行时实测系统流量、压力等数据，调整水泵运行特性，才能达到节能目的。如果供热负荷发展缓慢长期不能达到设计热负荷，或长期偏离设计热负荷，循环泵长期在低效区运行能耗较大，要考虑过渡措施。

5.3 供热管网

5.3.1 热力网运行单位需要监测各关键点的供热参数及供热量，及时了解管网水力工况和各项能耗以优化调整运行状态，热力网运行关键点主要是起点、末端及中间参数变化点。热源出口参数代表管网起点运行参数，多热源供热系统要检测各热源出口管网参数；典型热力站入口参数可以代表管网末端及支线运行参数；中继泵站是管网主要参数变化点。热力网中主要耗电设备为中继泵，与热源循环泵共同克服热力网循环阻力。

5.3.2 街区管网主要监测起点和末端运行参数。

5.3.3 供热管网能效指标针对供热行业特点做了以下规定：

1 热指标用于评价建筑围护结构节能水平；

2 水力平衡度通过各热力站或建筑入口实测流量计算，用于评价系统水力平衡状况；

3 补水率用于检查管网失水状况；

4 管道热损失是供热管网的主要节能指标，检测管网温度降可以比较方便地评价管道保温的有效性。

5.3.4 供热系统施工完成后要对管网进行调节，以保证水力平衡减少能耗损失。当集中供热系统有新用户并入时，需重新对管网进行调节，并评估其对热网能耗水平的影响，避免对既有热网中其他部分造成不利影响。

5.3.5 街区供热管网对水力平衡要求较高，热负荷变化较大时应及时调整。

5.3.6 保温损坏和管路附件密封不严造成管网热损失和失水，管网巡检时应特别注意。

5.3.7 管沟、检查室可能有地表或地下水渗入，潮热环境容易损坏保温结构，应及时排除积水保持管沟、检查室干燥。

5.4 热力站

5.4.1 热力站与节能运行有关的内容主要包括供热参数、热负荷、流量、耗电量等。

5.4.2 针对热力站特点规定能效指标：

1 热指标用于评价建筑围护结构节能水平；

2 耗热量及耗电量是指一段时间内或一个采暖期总耗热量及耗电量，用于评价总能耗水平；

3 热力网侧循环水量指标用于评价系统热力站控制系统的运行状况；

4 用户网侧循环水量指标用于评价管网水力平衡状况；

5 补水率用于检查管网失水状况。

5.4.3 热力站应按当年的热负荷和调节曲线设定循环流量，避免大流量运行。

5.4.4 集中供热系统每年会有新用户接入，热力网水力工况可能发生变化，热力站应在采暖初期按当年的热负荷和调节曲线校核供热参数，不符合时应调节控制阀门。

5.4.5 详细的运行能耗记录是进行供热系统能耗分析的基础资料，对节能运行和节能改造非常重要。无人值守的热力站定时巡视检查监控系统上传数据的准确性。

5.4.6 热力站的调节方式为按调节曲线设定用户侧温度，由用户侧温度信号控制热力网侧调节阀开度。

5.4.7 供热系统实际运行的水力工况会与设计参数有差异，需要在运行时实测系统流量、压力等数据，调整水泵运行特性，才能达到节能目的。如果供热负荷发展缓慢长期不能达到设计热负荷，或长期偏离设计热负荷，循环泵长期在低效区运行能耗较大，需考虑过渡措施。

5.4.8 本规范适用对象为供应民用建筑采暖的供热系统，蒸汽热力站采暖系统采用间接换热方式，凝结水热量应回收利用。

5.5 室内采暖系统

5.5.1 室内采暖系统不能随意改动，进行较大改动后要重新进行水力平衡调试。

5.5.2 热量计量及分摊装置有多种形式，用户不能私自拆卸和更换。

5.5.3 供热单位应定时记录运行数据，并及时修正初调节的偏差。

5.6 监控系统

5.6.1 热网监控中心同时监测热源和热用户运行数据，根据实测室外温度、气象预报、热源状况等因素，确定各热源运行方式、供水温度和循环泵运行参数，有利于整个供热系统节能运行。

5.6.2 热水供热系统根据确定的调节方式绘制供热调节曲线，供热调节曲线是以室外温度为横坐标，以热网供回水温度、总循环流量为纵坐标的温度、流量曲线图，根据调节曲线可实现热源、热力站、中继泵站的优化运行。已经投入运行的供热系统根据实测数据修正理论误差，并总结优化调节方式。

5.6.3 大型供热系统每年会有新的热用户或新的热源接入，在采暖期运行前应对运行方案进行节能优化。

5.6.4 多热源供热系统通过各热源运行时间的调度可以最大限度地节能。

5.6.5 监控系统测量误差要及时修正。

6 节 能 评 价

6.0.1 要求供热系统设备的能效指标达到国家相应产品标准规定的节能评价值。

6.0.2 《工业锅炉经济运行》GB/T 17954-2007 中所列综合评判技术指标包括运行热效率、排烟温度、过量空气系数和燃煤锅炉灰渣可燃物含量，其中运行热效率为总控制指标。达到一等热效率指标值且其他各项指标均达标为一级运行标准，本条规定取二级运行指标作为节能评价标准。

6.0.3 本条数据参照了《城镇供热厂项目工程建设标准》（建标112-2008）中规定的数值，并根据理论测算分析和供热厂实际运行数据确定。对于燃煤锅炉房是考虑了除尘和脱硫设施的电耗，但由于其除尘、脱硫设施不同，有的增设了脱硝设施，可能会超过该数值，但应尽量降低这些设备的烟气阻力，减少电耗。

6.0.4 热网循环泵耗电量指标根据城镇供热管网规模及设计参数计算。

6.0.5 间接连接热水供热系统的热力网因管材质量、施工及运行管理水平较高，失水率较低；街区供热管网直接连接用户室内系统，管理难度较大，失水率较高。根据实际调查，目前供热企业实际运行的大型热力网补水率为 0.7%～1%，街区热网补水率一般大于 1%。为了进一步降低补水耗热损失，本规范规定间接连接热力网的补水率不大于 0.5%，街区供热管网的补水率不大于 1%，低温采暖系统供热温差小，单位供热量循环水量较大，同样规模供热系统失水率数值较低，且本规范第 3 章推荐低温采暖系统采用楼栋热力站，室外管网较少，规定补水率不大于 0.3%。

6.0.6 蒸汽热力网凝结水热损失较大，将换热后的凝结水回收至热源，能够利用凝结水的热能，并能减少蒸汽锅炉给水处理的能耗。

6.0.7 水力平衡是供热系统节能的重要指标。

6.0.8 采暖房间室内温度基本一致是供热系统运行调节的目标，不应存在室温过高的浪费现象。

6.0.9 管道保温在满足经济厚度和技术厚度的同时，应控制管道散热损失，检测沿程温度降比计算管网输送热效率更容易操作。根据现行国家标准《设备及管道绝热技术通则》GB/T 4272 给出的季节运行工况允许最大散热损失值，分别计算 $DN200～DN1200$ 直埋管道在介质温度为 $130℃$，流速为 $2m/s$ 时的最大沿程温降为 $0.07℃/km～0.1℃/km$。综合考虑各种管径直埋管道的保温层厚度，将地下敷设热水管道的温降定为 $0.1℃/km$。